A Dictionary of Seed Plant Names

Vol. 2 In Latin, Chinese and English (E-O)

种子植物名称

卷2 拉汉英名称 (E-O)

(139739-279356)

尚衍重 编著

中国林业出版社

图书在版编目(CIP)数据

种子植物名称. 卷2，拉汉英名称. E－O／尚衍重编著.
—北京：中国林业出版社，2012.6

ISBN 978－7－5038－6654－8

Ⅰ.①种…　Ⅱ.①尚…　Ⅲ.①种子植物－专有名称－拉丁语、汉语、英语　Ⅳ.①Q949.4－61

中国版本图书馆 CIP 数据核字(2012)第139440号

中国林业出版社·自然保护图书出版中心

出 版 人：金　旻
策划编辑：温　晋
责任编辑：刘家玲　温　晋　周军见　李　敏

出版　中国林业出版社(100009　北京市西城区刘海胡同7号)
网址　http://lycb.forestry.gov.cn
E-mail　wildlife_cfph@163.com　电话　010－83225836

发行　中国林业出版社
营销电话：(010)83284650　83227566

印刷　北京中科印刷有限公司
版次　2012年6月第1版
印次　2012年6月第1次
开本　889mm×1194mm　1/16
印张　124.25
字数　10200千字
印数　1～2000册
定价　738.00元

A Dictionary
of Seed Plant Names
种子植物名称

139739 Eadesia F. Muell. = Anthocercis Labill. ●■☆
139740 Eaphrasia schlagintweitii Wettst. = Euphrasia amurensis Freyn ■
139741 Eaplosia Raf. = Baptisia Vent. ■☆
139742 Earina Lindl.(1834);春兰属■☆
139743 Earina autumnalis Hook. f.;复活节春兰;Easter Orchid ■☆
139744 Earina suaveolens Lindl.;芳香春兰■☆
139745 Earleocassia Britton = Cassia L.(保留属名)●■
139746 Earleocassia Britton = Senna Mill. ●■
139747 Earlia F. Muell. = Graptophyllum Nees ●
139748 Eastwoodia Brandegee(1894);黄菀木属●☆
139749 Eastwoodia elegans Brandegee;黄菀木;Yellow-aster ●☆
139750 Eatonella A. Gray(1883);银绒菊属■☆
139751 Eatonella congdonii A. Gray = Monolopia congdonii (A. Gray) B. G. Baldwin ■☆
139752 Eatonella nivea (D. C. Eaton) A. Gray;银绒菊■☆
139753 Eatonia Raf. = Panicum L. ■
139754 Eatonia Raf. = Panicum L. + Sphenopholis Scribn. ■☆
139755 Eatonia Riddell ex Raf. = Ludwigia L. ●■
139756 Eatonia intermedia Rydb. = Sphenopholis intermedia (Rydb.) Rydb. ■☆
139757 Eatonia purpurascens Raf. = Panicum virgatum L. ■
139758 Ebandoua Pellegr. = Jollydora Pierre ex Gilg ●☆
139759 Ebandoua cauliflora Pellegr. = Jollydora duparquetiana (Baill.) Pierre ●☆
139760 Ebelia Rchb. = Diodia L. ■
139761 Ebelia Rchb. = Triodon DC. ■
139762 Ebelingia Rchb. = Harrisonia R. Br. ex A. Juss.(保留属名)●
139763 Ebenaceae Gürke(1891)(保留科名);柿树科(柿科);Ebony Family ●
139764 Ebenaceae Juss. = Ebenaceae Gürke(保留科名)●
139765 Ebenaceae Vent = Ebenaceae Gürke(保留科名)●
139766 Ebenidium Jaub. et Spach = Ebenus L. ●☆
139767 Ebenopsis Britton et Rose = Havardia Small ●☆
139768 Ebenopsis Britton et Rose = Pithecellobium Mart.(保留属名)●
139769 Ebenopsis Britton et Rose = Siderocarpos Small ●■
139770 Ebenoxylon Spreng. = Ebenoxylum Lour. ●
139771 Ebenoxylum Lour. = Ebenum Raf. ●
139772 Ebenoxylum Lour. = Maba J. R. Forst. et G. Forst. ●
139773 Ebenum Raf. = Diospyros L. ●
139774 Ebenus Kuntze = Ebenum Raf. ●
139775 Ebenus Kuntze = Maba J. R. Forst. et G. Forst. ●
139776 Ebenus L.(1753);黑檀属●☆
139777 Ebenus Rumph. ex Burm. = Ebenus Kuntze ●
139778 Ebenus pinnata Aiton;羽黑檀●☆
139779 Ebenus stellata Boiss.;黑檀●☆
139780 Ebenus tragacanthioides Jaub. et Spach = Ebenus stellata Boiss. ●☆
139781 Eberhardtia Lecomte(1920);梭子果属(血胶树属);Eberhardtia,Shuttleleaffruit ●
139782 Eberhardtia aurata (Pierre ex Dubard) Lecomte;锈毛梭子果(山枇杷,水母鸡果,梭子果,血胶树,油柯木);Common Eberhardtia,Common Shuttleleaffruit ●
139783 Eberhardtia concinnula Hance = Staurogyne concinnula (Hance) Kuntze ■
139784 Eberhardtia tonkinensis Lecomte;梭子果(公鸡果,越南梭子果,越南血胶树);Tonkin Eberhardtia,Tonkin Shuttleleaffruit ●
139785 Eberlanzia Schwantes(1926);白玉树属●☆
139786 Eberlanzia aculeata (N. E. Br.) Schwantes = Ruschia spinosa (L.) Dehn ●☆
139787 Eberlanzia albertensis (L. Bolus) L. Bolus = Ruschia spinosa (L.) Dehn ●☆
139788 Eberlanzia armata (L. Bolus) L. Bolus = Arenifera stylosa (L. Bolus) H. E. K. Hartmann ■☆
139789 Eberlanzia cradockensis (Kuntze) Schwantes = Ruschia cradockensis (Kuntze) H. E. K. Hartmann et Stüber ●☆
139790 Eberlanzia cyathiformis (L. Bolus) H. E. K. Hartmann;杯状白玉树●☆
139791 Eberlanzia dichotoma (L. Bolus) H. E. K. Hartmann;二歧白玉树●☆
139792 Eberlanzia disarticulata (L. Bolus) L. Bolus = Antimima hantamensis (Engl.) H. E. K. Hartmann et Stüber ■☆
139793 Eberlanzia divaricata (L. Bolus) L. Bolus = Ruschia divaricata L. Bolus ●☆
139794 Eberlanzia ebracteata (L. Bolus) H. E. K. Hartmann;无苞白玉树●☆
139795 Eberlanzia ferox (L. Bolus) L. Bolus = Ruschia intricata (N. E. Br.) H. E. K. Hartmann et Stüber ●☆
139796 Eberlanzia globularis (L. Bolus) L. Bolus = Ruschia spinosa (L.) Dehn ●☆
139797 Eberlanzia horrescens (L. Bolus) L. Bolus = Ruschia cradockensis (Kuntze) H. E. K. Hartmann et Stüber ●☆
139798 Eberlanzia horrescens (L. Bolus) L. Bolus var. densa (L. Bolus) H. Jacobsen = Ruschia cradockensis (Kuntze) H. E. K. Hartmann et Stüber ●☆
139799 Eberlanzia horrida (L. Bolus) L. Bolus = Ruschia cradockensis (Kuntze) H. E. K. Hartmann et Stüber ●☆
139800 Eberlanzia hospitalis (Dinter) Schwantes = Ruschia spinosa (L.) Dehn ●☆
139801 Eberlanzia intricata (N. E. Br.) Schwantes = Ruschia intricata (N. E. Br.) H. E. K. Hartmann et Stüber ●☆
139802 Eberlanzia macroura (L. Bolus) L. Bolus = Ruschia spinosa (L.) Dehn ●☆
139803 Eberlanzia micrantha (Pax) Schwantes = Ruschia spinosa (L.) Dehn ●☆
139804 Eberlanzia mucronifera (Haw.) Schwantes = Ruschia spinosa (L.) Dehn ●☆
139805 Eberlanzia munita (L. Bolus) Schwantes = Ruschia intricata (N. E. Br.) H. E. K. Hartmann et Stüber ●☆
139806 Eberlanzia parvibracteata (L. Bolus) H. E. K. Hartmann;小苞白玉树●☆
139807 Eberlanzia persistens (L. Bolus) L. Bolus = Ruschia intricata (N. E. Br.) H. E. K. Hartmann et Stüber ●☆
139808 Eberlanzia puniens (L. Bolus) L. Bolus = Ruschia intricata (N. E. Br.) H. E. K. Hartmann et Stüber ●☆
139809 Eberlanzia schneideriana (A. Berger) H. E. K. Hartmann;施奈德白玉树●☆
139810 Eberlanzia sedoides (Dinter et A. Berger) Schwantes;景天白玉树●☆
139811 Eberlanzia spinosa (L.) Schwantes = Ruschia spinosa (L.) Dehn ●☆
139812 Eberlanzia stellata L. Bolus = Antimima hantamensis (Engl.) H. E. K. Hartmann et Stüber ■☆
139813 Eberlanzia stylosa (L. Bolus) L. Bolus = Arenifera stylosa (L. Bolus) H. E. K. Hartmann ■☆
139814 Eberlanzia tatasbergensis L. Bolus = Ruschia divaricata L. Bolus ●☆

139815 Eberlanzia triticiformis (L. Bolus) L. Bolus = Ruschia cradockensis (Kuntze) H. E. K. Hartmann et Stüber subsp. triticiformis (L. Bolus) H. E. K. Hartmann et Stüber ●☆

139816 Eberlanzia triticiformis (L. Bolus) L. Bolus var. subglobosa L. Bolus = Ruschia cradockensis (Kuntze) H. E. K. Hartmann et Stüber subsp. triticiformis (L. Bolus) H. E. K. Hartmann et Stüber ●☆

139817 Eberlanzia vanheerdei L. Bolus = Leipoldtia alborosea (L. Bolus) H. E. K. Hartmann et Stüber ●☆

139818 Eberlanzia vulnerans (L. Bolus) L. Bolus = Ruschia divaricata L. Bolus ●☆

139819 Eberlea Riddell ex Nees = Hygrophila R. Br. + Justicia L. ●■

139820 Ebermaiera Nees = Staurogyne Wall. ■

139821 Ebermaiera concinnula Hance = Staurogyne concinnula (Hance) Kuntze ■

139822 Ebermaiera letestuana (Benoist) Benoist = Staurogyne letestuana Benoist ■☆

139823 Ebertia Speta = Urginea Steinh. ■☆

139824 Ebertia Speta(1998);尼日利亚海葱属■☆

139825 Ebertia nana (Oyewole) Speta;矮小白玉树●☆

139826 Ebertia pauciflora (Baker) Speta;少花白玉树●☆

139827 Ebingeria Chrtek et Krisa = Luzula DC.(保留属名)■

139828 Ebingeria Chrtek et Krisa(1974);肖地杨梅属■☆

139829 Ebingeria elegans (Lowe) Chrtek et Krisa;雅致肖地杨梅■☆

139830 Ebnerella Buxb. = Mammillaria Haw.(保留属名)●

139831 Ebracteola Dinter et Schwantes(1927);花球玉属■☆

139832 Ebracteola candida L. Bolus = Ebracteola derenbergiana (Dinter) Dinter et Schwantes ■☆

139833 Ebracteola derenbergiana (Dinter) Dinter et Schwantes;德朗花球玉■☆

139834 Ebracteola fulleri (L. Bolus) Glen;富勒花球玉■☆

139835 Ebracteola montis-moltkei (Dinter) Dinter et Schwantes;莫尔花球玉■☆

139836 Ebracteola vallis-pacis Dinter = Ebracteola derenbergiana (Dinter) Dinter et Schwantes ■☆

139837 Ebracteola wilmaniae (L. Bolus) Glen;威尔曼花球玉■☆

139838 Ebraxis Raf. = Silene L.(保留属名)■

139839 Ebulum Garcke = Sambucus L. ●■

139840 Ebulus Fabr. = Sambucus L. ●■

139841 Ebulus chinensis (Lindl.) Nakai = Sambucus javanica Blume ■●

139842 Ebulus formosana (Nakai) Nakai = Sambucus javanica Blume ■●

139843 Eburnangis Thouars = Angraecum Bory ■

139844 Eburnax Raf. = Mimosa L. ●■

139845 Eburopetalum Becc. = Anaxagorea A. St. -Hil. ●

139846 Eburophyton A. Heller = Cephalanthera Rich. ■

139847 Eburophyton austiniae (A. Gray) A. Heller = Cephalanthera austiniae (A. Gray) A. Heller ■☆

139848 Ecastaphyllum Adans. = Dalbergia L. f.(保留属名)●

139849 Ecastaphyllum P. Browne(废弃属名) = Dalbergia L. f.(保留属名)●

139850 Ecastaphyllum pachycarpum De Wild. et T. Durand = Dalbergia pachycarpa (De Wild. et T. Durand) Ulbr. ex De Wild. ●☆

139851 Ecballium A. Rich.(1824)(保留属名);喷瓜属(铁炮瓜属);Squirtgourd, Squirting Cucumber ■

139852 Ecballium elaterium (L.) A. Rich.;喷瓜;Elaterium Fruit, Leaping Cucumer, Squirtgourd, Squirting Cucumber, Wild Cucumber ■

139853 Ecballium elaterium (L.) A. Rich. subsp. dioicum (Batt.) Costich = Ecballium elaterium (L.) A. Rich. ■

139854 Ecballium elaterium (L.) A. Rich. var. dioicum Batt. = Ecballium elaterium (L.) A. Rich. ■

139855 Ecballium elaterium (L.) A. Rich. var. monoicum Batt. = Ecballium elaterium (L.) A. Rich. ■

139856 Ecbolium Kuntze = Justicia L. ●■

139857 Ecbolium Kurz(1871);掷爵床属●☆

139858 Ecbolium albiflorum Vollesen;白花掷爵床●☆

139859 Ecbolium amplexicaule S. Moore;抱茎掷爵床●☆

139860 Ecbolium anisacanthus (Schweinf.) C. B. Clarke = Megalochlamys violacea (Vahl) Vollesen ●☆

139861 Ecbolium auriculatum C. B. Clarke = Ecbolium amplexicaule S. Moore ●☆

139862 Ecbolium barlerioides (S. Moore) Lindau;假杜鹃掷爵床●☆

139863 Ecbolium benoistii Vollesen;本诺掷爵床●☆

139864 Ecbolium betonica (L.) Kuntze = Justicia betonica L. ■☆

139865 Ecbolium boranense Vollesen;博兰掷爵床●☆

139866 Ecbolium clarkei Hiern;克拉克掷爵床●☆

139867 Ecbolium clarkei Hiern var. puberulum Vollesen;微毛掷爵床●☆

139868 Ecbolium cognatum N. E. Br. = Megalochlamys revoluta (Lindau) Vollesen subsp. cognata (N. E. Br.) Vollesen ●☆

139869 Ecbolium diffusum (Willd.) Kuntze = Justicia diffusa Willd. ■

139870 Ecbolium ecklonianum (Nees) Kuntze = Isoglossa eckloniana (Nees) Lindau ■☆

139871 Ecbolium fimbriatum Benoist;流苏掷爵床●☆

139872 Ecbolium flanaganii C. B. Clarke;弗拉纳根掷爵床●☆

139873 Ecbolium gendarussa (Burm. f.) Kuntze = Justicia gendarussa Burm. f. ●■

139874 Ecbolium glabratum Vollesen;光滑掷爵床●☆

139875 Ecbolium gymnostachyum (Nees) Milne-Redh.;裸穗掷爵床●☆

139876 Ecbolium hamatum (Klotzsch) C. B. Clarke = Megalochlamys hamata (Klotzsch) Vollesen ●☆

139877 Ecbolium hastatum Vollesen;戟形掷爵床●☆

139878 Ecbolium humbertii Vollesen;亨伯特掷爵床●☆

139879 Ecbolium kotschyi (Hochst.) Kuntze = Justicia ladanoides Lam. ■☆

139880 Ecbolium linneanum Kurz var. alluaudii Benoist = Ecbolium syringifolium (Vahl) Vollesen ●☆

139881 Ecbolium linneanum Kurz var. cordatum Benoist = Ecbolium palmatum Vollesen ●☆

139882 Ecbolium linneanum Kurz var. cuspidatum (Baker) Benoist = Ecbolium syringifolium (Vahl) Vollesen ●☆

139883 Ecbolium linneanum Kurz var. decaryi Benoist = Ecbolium madagascariense Vollesen ●☆

139884 Ecbolium linneanum Kurz var. oblongum Benoist = Ecbolium oblongifolium Vollesen ●☆

139885 Ecbolium longiflorum Turrill = Ecbolium madagascariense Vollesen ●☆

139886 Ecbolium lugardiae N. E. Br. = Megalochlamys hamata (Klotzsch) Vollesen ●☆

139887 Ecbolium madagascariense Vollesen;马岛掷爵床●☆

139888 Ecbolium oblongifolium Vollesen;矩圆叶掷爵床●☆

139889 Ecbolium palmatum Vollesen;掌裂掷爵床●☆

139890 Ecbolium parvibracteatum Rendle = Ecbolium gymnostachyum (Nees) Milne-Redh. ●☆

139891 Ecbolium pectorale (Jacq.) Kuntze;胸骨状掷爵床●☆

139892 Ecbolium revolutum (Lindau) C. B. Clarke = Megalochlamys revoluta (Lindau) Vollesen ●☆

139893 Ecbolium schlechteri Lindau = Megalochlamys revoluta (Lindau) Vollesen subsp. cognata (N. E. Br.) Vollesen ●☆
139894 Ecbolium subcordatum C. B. Clarke;近心形掷爵床●☆
139895 Ecbolium subcordatum C. B. Clarke var. glabratum Vollesen;光滑近心形掷爵床●☆
139896 Ecbolium syringifolium (Vahl) Vollesen;丁香叶掷爵床●☆
139897 Ecbolium tanzaniense Vollesen;坦桑尼亚掷爵床●☆
139898 Ecbolium trinervium C. B. Clarke = Megalochlamys trinervia (C. B. Clarke) Vollesen ●☆
139899 Ecbolium violaceum (Vahl) Hillc. et Wood = Megalochlamys violacea (Vahl) Vollesen ●☆
139900 Ecbolium viride (Forssk.) Alston;绿掷爵床●☆
139901 Ecclimusa Mart. ex A. DC. = Ecclinusa Mart. ●☆
139902 Ecclinusa Mart. (1839);外倾山榄属●☆
139903 Ecclinusa Mart. = Ecclimusa Mart. ex A. DC. ●☆
139904 Ecclinusa balata Ducke;外倾山榄;Balata ●☆
139905 Eccoilopus Steud. (1854);油芒属;Eccoilopus, Oilawn ■
139906 Eccoilopus Steud. = Spodiopogon Trin. ■
139907 Eccoilopus andropogonoides Steud. = Eccoilopus cotulifer (Thunb.) A. Camus ■
139908 Eccoilopus bambusoides P. C. Keng = Spodiopogon bambusoides (P. C. Keng) S. M. Phillips et S. L. Chen ■
139909 Eccoilopus bambusoides P. C. Keng ex L. Liou = Spodiopogon bambusoides (P. C. Keng) S. M. Phillips et S. L. Chen ■
139910 Eccoilopus cotulifer (Thunb.) A. Camus = Spodiopogon cotulifer (Thunb.) Hack. ■
139911 Eccoilopus cotulifer (Thunb.) A. Camus f. sagittiformis Ohwi;箭叶油芒■
139912 Eccoilopus cotulifer (Thunb.) A. Camus subsp. densiflorus (Ohwi) T. Koyama = Eccoilopus cotulifer (Thunb.) A. Camus ■
139913 Eccoilopus cotulifer (Thunb.) A. Camus var. densiflorus Ohwi;密花油芒■
139914 Eccoilopus cotulifer (Thunb.) A. Camus var. densiflorus Ohwi = Eccoilopus cotulifer (Thunb.) A. Camus ■
139915 Eccoilopus cotulifer (Thunb.) A. Camus var. sagittiformis Ohwi = Spodiopogon cotulifer (Thunb.) Hack. ■
139916 Eccoilopus formosanus (Rendle) A. Camus = Spodiopogon formosanus Rendle ■
139917 Eccoilopus formosanus (Rendle) A. Camus var. tohoensis (Hayata) Honda;东埔油芒■
139918 Eccoilopus formosanus (Rendle) A. Camus var. tohoensis (Hayata) Honda = Eccoilopus formosanus (Rendle) A. Camus ■
139919 Eccoilopus formosanus Honda var. tohoensis (Hayata) Honda = Spodiopogon formosanus Rendle ■
139920 Eccoilopus hookeri (Hack.) Grassl = Saccharum longisetosum (Andersson) V. Naray. ex Bor. ■
139921 Eccoilopus longesetosus (Andersson) Grassl = Saccharum longisetosum (Andersson) V. Naray. ex Bor. ■
139922 Eccoilopus taiwanicus Honda = Eccoilopus formosanus (Rendle) A. Camus ■
139923 Eccoilopus taiwanicus Honda = Spodiopogon formosanus Rendle ■
139924 Eccoilopus tohoensis (Hayata) A. Camus = Spodiopogon formosanus Rendle ■
139925 Eccoptocarpha Launert(1965);稃柄草属■☆
139926 Eccoptocarpha obconiciventris Launert;稃柄草■☆
139927 Eccremanthus Thwaites = Pometia J. R. Forst. et G. Forst. ●
139928 Eccremidaceae Doweld = Hemerocallidaceae R. Br. ■
139929 Eccremis Baker = Eccremis Willd. ex Baker ■☆
139930 Eccremis Willd. ex Baker = Excremis Willd. ex Baker ■☆
139931 Eccremis Willd. ex Baker(1876);垂麻属■☆
139932 Eccremis coarctata (Ruiz et Pav.) Baker;垂麻■☆
139933 Eccremocactus Britton et Rose = Weberocereus Britton et Rose ●☆
139934 Eccremocactus Britton et Rose(1913);短花孔雀属;Chilean Glory Flower, Chilean Glory Vine ■☆
139935 Eccremocarpus Ruiz et Pav. (1794);垂果藤属(灯笼紫葳属);Glory Flower ●☆
139936 Eccremocarpus scaber Ruiz et Pav.;智利垂果藤(灯笼紫葳,荣耀花);Chilean Glory Flower, Chilean Glory Vive, Chilian Gloryflower, Chupachupa, Glory Flower, Glory Vive ●☆
139937 Eccremocereus Frič et Kreuz. = Eccremocactus Britton et Rose ■☆
139938 Eccremocereus Frič et Kreuz. = Weberocereus Britton et Rose ●☆
139939 Eccrernocactus Britton et Rose = Weberocereus Britton et Rose ●☆
139940 Ecdeiocolea F. Muell. (1874);沟秆草属(脱鞘草属)■☆
139941 Ecdeiocolea monostachya F. Muell.;沟秆草■☆
139942 Ecdeiocoleaceae D. F. Cutler et Airy Shaw = Restionaceae R. Br.(保留科名)■
139943 Ecdeiocoleaceae D. F. Cutler et Airy Shaw(1965);沟秆草科(二柱草科,脱鞘草科)■☆
139944 Ecdysanthera Hook. = Ecdysanthera Hook. et Arn. ●
139945 Ecdysanthera Hook. et Arn. (1837);花皮胶藤属(乳藤属,酸藤属);Ecdysanthera ●
139946 Ecdysanthera Hook. et Arn. = Urceola Roxb.(保留属名)●
139947 Ecdysanthera brachiata A. DC. = Urceola micrantha (Wall. ex G. Don) D. J. Middleton ●
139948 Ecdysanthera linearicarpa Pierre = Urceola linearicarpa (Pierre) D. J. Middleton ●
139949 Ecdysanthera micrantha (Wall. ex G. Don) A. DC. = Urceola micrantha (Wall. ex G. Don) D. J. Middleton ●
139950 Ecdysanthera micrantha A. DC. = Urceola micrantha (Wall. ex G. Don) D. J. Middleton ●
139951 Ecdysanthera micrantha Quint. = Urceola quintaretii (Pierre) D. J. Middleton ●
139952 Ecdysanthera multiflora King et Gamble = Urceola micrantha (Wall. ex G. Don) D. J. Middleton ●
139953 Ecdysanthera napeensis (Quint.) Pierre = Urceola napeensis (Quintaret) D. J. Middleton ●
139954 Ecdysanthera parameroides Tsiang = Urceola quintaretii (Pierre) D. J. Middleton ●
139955 Ecdysanthera quintaretii Pierre = Urceola quintaretii (Pierre) D. J. Middleton ●
139956 Ecdysanthera rosea Hook. et Arn. = Urceola rosea (Hook. et Arn.) D. J. Middleton ●
139957 Ecdysanthera tournieri Pierre = Parabarium tournieri (Pierre) Pierre ex Spire ●
139958 Ecdysanthera tournieri Pierre = Urceola tournieri (Pierre) D. J. Middleton ●
139959 Ecdysanthera utilis Hayata et Kawak.;花皮胶藤(刺耳蓝,刺耳南,喉崩癞,花杜仲藤,花喉崩,乳藤,头钳模,眼角蓝);Lightyellowflower Ecdysanthera, Rubber Creeper ●
139960 Ecdysanthera utilis Hayata et Kawak. = Urceola micrantha (Wall. ex G. Don) D. J. Middleton ●
139961 Ecdysanthera xylinabariopsoides (Tsiang) P. T. Li = Urceola xylinabariopsoides (Tsiang) D. J. Middleton ●

139962 Echaltium Wight = Melodinus J. R. Forst. et G. Forst. ●
139963 Echeandia Ortega(1800);埃氏吊兰属■☆
139964 Echeandia chandleri (Greenm. et C. H. Thomps.) M. C. Johnst.;钱德勒吊兰■☆
139965 Echeandia flavescens (Schult. et Schult. f.) Cruden;浅黄埃氏吊兰■☆
139966 Echeandia leptophylla Benth. = Echeandia flavescens (Schult. et Schult. f.) Cruden ■☆
139967 Echenais Cass. = Cirsium Mill. ■
139968 Echenais sieversii Fisch. et C. A. Mey. = Cirsium sieversii (Fisch. et C. A. Mey.) Sch. Bip. ■
139969 Echetrosis Phil. = Parthenium L. ■●
139970 Echeveria DC. (1828);石莲花属(莲座草属,拟石莲花属);Echeveria ●■☆
139971 Echeveria × imbricata Deleuil ex E. Morren;覆瓦石莲花;Hen and Chicks ■☆
139972 Echeveria × set-oliver ?;奥里弗石莲花;Echeveria 'Set-Oliver' ■☆
139973 Echeveria affinis E. Walther;亲缘石莲花■☆
139974 Echeveria agavoides Lem.;龙舌兰莲座草(东云,厚叶莲座草);Carpet Urbinea, Molded Wax Agave ■☆
139975 Echeveria albiflora A. Berger;白花石莲花;Whiteflower Echeveria ■☆
139976 Echeveria alpina E. Walther;高山石莲花■☆
139977 Echeveria atropurpurea (Baker) E. Morren;紫叶石莲花■☆
139978 Echeveria bella Alexander;美丽石莲花■☆
139979 Echeveria bracteolata Schum. ex Rümpler;瓮花玉莲■☆
139980 Echeveria carnicolor (Baker) E. Morren;银色石莲花(珊瑚匙叶草)■☆
139981 Echeveria chihuahuaensis Poelln.;墨西哥石莲花■☆
139982 Echeveria coccinea DC.;绯红石莲花;Scarlet Echeveria ■☆
139983 Echeveria craigiana E. Walther;克雷格石莲花■☆
139984 Echeveria crassicaulis E. Walther;肥茎石莲花■☆
139985 Echeveria crenulata Rose;钝齿石莲花■☆
139986 Echeveria derenbergii J. A. Purpus;德氏石莲花(德氏莲座草,静夜);Baby Echeveria, Echeveria, Painted Lady ■☆
139987 Echeveria elegans (Rose) A. Berger;优美石莲花(白雪莲座草,优雅莲座草,玉莲,月影);Echeveria, Hen and Chicks ■☆
139988 Echeveria gibbiflora DC.;伞房石莲花(淡云,霜鹤)■☆
139989 Echeveria gilva E. Walther;红黄石莲花■☆
139990 Echeveria glauca (Baker) Baker;石莲花(银莲座草);Glaucous Echeveria, Gray Echeveria ■☆
139991 Echeveria harmsii J. F. Macbr.;哈姆斯石莲花(花司)■☆
139992 Echeveria humilis Rose ex Britton et Rose;小石莲花■☆
139993 Echeveria leucotricha J. A. Purpus;白兔耳石莲花(白兔耳);Chenille Plant ■☆
139994 Echeveria liguifolia Lem.;舌叶石莲花■☆
139995 Echeveria longissima E. Walther;长梗石莲花■☆
139996 Echeveria lurida Haw.;赭叶石莲花■☆
139997 Echeveria lutea Rose;黄色石莲花■☆
139998 Echeveria nodulosa (Baker) Otto;红司石莲花(红司,红缘莲座草)■☆
139999 Echeveria pallida E. Walther;白石莲花■☆
140000 Echeveria peacockii Baker;皮氏石莲花(莲座草,养老);Peacock Echeveria ■☆
140001 Echeveria piloas J. A. Purpus;柔毛掌■☆
140002 Echeveria pubescens Schltdl.;细毛石莲花(掌叶绒毛掌)■☆
140003 Echeveria pulidonis E. Walther;普氏石莲花■☆
140004 Echeveria pulvinata Rose ex Hook. f.;绒毛掌(金晃星,毛拟石莲花);Cushionshaped Echeveria, Plush Plant ■☆
140005 Echeveria purpusorum A. Berger;大和锦■☆
140006 Echeveria rosea Lindl.;紫莲■☆
140007 Echeveria runyonii Rose ex E. Walther;鲁氏石莲花■☆
140008 Echeveria secunda Booth ex Lindl.;七福神(拟石莲花,银莲座草);Hen and Chicks ■☆
140009 Echeveria setosa Rose;刺毛石莲花(白毛莲座草,锦司晃);Mexican Firecracker ■☆
140010 Echeveria shaviana E. Walther;美叶石莲花;Mexican Hens ■☆
140011 Echeveria simulans Rose;雅致石莲花■☆
140012 Echeveria subrigida Rose ex Britton et Rose;长花梗石莲花■☆
140013 Echiaceae Raf. = Boraginaceae Juss.(保留科名)■●
140014 Echidiocarya A. Gray = Plagiobothrys Fisch. et C. A. Mey. ■☆
140015 Echidiocarya A. Gray ex Benth. et Hook. f. = Plagiobothrys Fisch. et C. A. Mey. ■☆
140016 Echidnium Schott = Dracontium L. ■☆
140017 Echidnopsis Hook. f. (1871);苦瓜掌属;Echidnopsis ■☆
140018 Echidnopsis angustiloba Druce et Bally;狭浅裂苦瓜掌■☆
140019 Echidnopsis archeri Bally;阿氏苦瓜掌;Archer Echidnopsis ■☆
140020 Echidnopsis ballyi (Marn. -Lap.) P. R. O. Bally;博利苦瓜掌■☆
140021 Echidnopsis cereiformis Hook. f.;柱状苦瓜掌(青龙角);Cereusform Echidnopsis, Clumn Echidnopsis ■☆
140022 Echidnopsis chrysantha Lavranos;金花苦瓜掌■☆
140023 Echidnopsis chrysantha Lavranos subsp. filipes (Lavranos) Plowes;线梗柱状苦瓜掌■☆
140024 Echidnopsis chrysantha Lavranos var. filipes Lavranos = Echidnopsis chrysantha Lavranos subsp. filipes (Lavranos) Plowes ■☆
140025 Echidnopsis ciliata P. R. O. Bally;缘毛苦瓜掌■☆
140026 Echidnopsis columnaris (Nel) R. A. Dyer et D. S. Hardy = Richtersveldia columnaris (Nel) Meve et Liede ●☆
140027 Echidnopsis dammanniana Spreng.;达曼苦瓜掌■☆
140028 Echidnopsis ericiflora Lavranos;毛花苦瓜掌■☆
140029 Echidnopsis flavicorona Plowes;黄苦瓜掌■☆
140030 Echidnopsis golathii Schweinf. ex Deflers = Caralluma penicillata (Deflers) N. E. Br. ■☆
140031 Echidnopsis hirsuta Plowes;粗毛苦瓜掌■☆
140032 Echidnopsis jacksonii P. R. O. Bally ex Plowes;杰克逊苦瓜掌■☆
140033 Echidnopsis lavraniana Plowes = Echidnopsis sharpei A. C. White et B. Sloane ■☆
140034 Echidnopsis leachii Lavranos;利奇苦瓜掌■☆
140035 Echidnopsis malum (Lavranos) Bruyns = Pseudopectinaria malum Lavranos ■☆
140036 Echidnopsis mariae Lavranos;玛利亚苦瓜掌■☆
140037 Echidnopsis modesta P. R. O. Bally ex Plowes;适度苦瓜掌■☆
140038 Echidnopsis montana (R. A. Dyer et E. A. Bruce) P. R. O. Bally;山地苦瓜掌■☆
140039 Echidnopsis nubica N. E. Br.;云雾苦瓜掌■☆
140040 Echidnopsis oviflora T. A. McCoy;卵花苦瓜掌■☆
140041 Echidnopsis penicillata (Deflers) Engl. = Caralluma penicillata (Deflers) N. E. Br. var. robusta (N. E. Br.) A. C. White et B. Sloane ■☆
140042 Echidnopsis planiflora P. R. O. Bally;平花苦瓜掌■☆
140043 Echidnopsis radians Bleck;辐射苦瓜掌■☆
140044 Echidnopsis repens R. A. Dyer et I. Verd.;匍匐苦瓜掌■☆
140045 Echidnopsis rubrolutea Plowes;红黄苦瓜掌■☆

140046 Echidnopsis scutellata (Deflers) A. Berger subsp. planiflora (P. R. O. Bally) Bruyns = Echidnopsis planiflora P. R. O. Bally ■☆

140047 Echidnopsis serpentina (Nel) A. C. White et B. Sloane = Notechidnopsis tessellata (Pillans) Lavranos et Bleck ■☆

140048 Echidnopsis sharpei A. C. White et B. Sloane;夏普苦瓜掌■☆

140049 Echidnopsis sharpei A. C. White et B. Sloane subsp. ciliata (P. R. O. Bally) Bruyns = Echidnopsis ciliata P. R. O. Bally ■☆

140050 Echidnopsis sharpei A. C. White et B. Sloane subsp. repens (R. A. Dyer et I. Verd.) Bruyns = Echidnopsis repens R. A. Dyer et I. Verd. ■☆

140051 Echidnopsis similis Plowes;相似苦瓜掌■☆

140052 Echidnopsis somalensis N. E. Br. = Echidnopsis dammanniana Spreng. ■☆

140053 Echidnopsis specksii T. A. McCoy;斯佩克斯苦瓜掌■☆

140054 Echidnopsis stellata Lavranos = Echidnopsis virchowii K. Schum. ■☆

140055 Echidnopsis urceolata P. R. O. Bally;坛状苦瓜掌■☆

140056 Echidnopsis virchowii K. Schum.;菲而霍苦瓜掌■☆

140057 Echidnopsis virchowii K. Schum. var. stellata (Lavranos) Plowes = Echidnopsis virchowii K. Schum. ■☆

140058 Echidnopsis watsonii P. R. O. Bally;沃森苦瓜掌■☆

140059 Echinacanthus Nees(1832);恋岩花属●■

140060 Echinacanthus calycinus (Nees) Nees = Pteracanthus calycinus (Nees) Bremek. ●

140061 Echinacanthus flaviflorus H. S. Lo et D. Fang = Echinacanthus lofuensis (H. Lév.) J. R. I. Wood ●

140062 Echinacanthus lofuensis (H. Lév.) J. R. I. Wood;黄花恋岩花(接骨草,接骨马蓝)●

140063 Echinacanthus longipes H. S. Lo et D. Fang;长柄恋岩花■

140064 Echinacanthus longzhouensis H. S. Lo;龙洲恋岩花●

140065 Echinacanthus madagascariensis Baker = Mimulopsis madagascariensis (Baker) Benoist ■☆

140066 Echinacea Moench(1794);松果菊属(紫花马蔺菊属,紫松果菊属,紫锥花属,紫锥菊属);Cone Flower, Coneflower, Echinacea, Purple Coneflower ■☆

140067 Echinacea angustifolia DC.;狭叶松果菊(狭叶紫锥花);Narrow-leaved Purple Coneflower, Purple Coneflower, Rattlesnake-weed ■☆

140068 Echinacea angustifolia DC. var. strigosa McGregor;糙毛松果菊■☆

140069 Echinacea angustifolia DC. var. strigosa McGregor = Echinacea angustifolia DC. ■☆

140070 Echinacea atrorubens (Nutt.) Nutt.;托皮卡松果菊;Topeka Purple Coneflower ■☆

140071 Echinacea atrorubens (Nutt.) Nutt. var. graminifolia Torr. et A. Gray = Rudbeckia graminifolia (Torr. et A. Gray) C. L. Boynton et Beadle ■☆

140072 Echinacea atrorubens (Nutt.) Nutt. var. neglecta (McGregor) Binns, B. R. Baum et Arnason = Echinacea paradoxa (Norton) Britton var. neglecta McGregor ■☆

140073 Echinacea laevigata (C. L. Boynton et Beadle) S. F. Blake;光滑松果菊;Smooth Purple Coneflower ■☆

140074 Echinacea pallida (Nutt.) Nutt.;苍白松果菊(淡紫松果菊);Pale Purple Coneflower, Prairie Coneflower ■☆

140075 Echinacea pallida (Nutt.) Nutt. f. albida Steyerm. = Echinacea pallida (Nutt.) Nutt. ■☆

140076 Echinacea pallida (Nutt.) Nutt. var. sanguinea (Nutt.) Gandhi et R. D. Thomas = Echinacea sanguinea Nutt. ■☆

140077 Echinacea pallida (Nutt.) Nutt. var. simulata (McGregor) Binns, B. R. Baum et Arnason = Echinacea simulata McGregor ■☆

140078 Echinacea pallida (Nutt.) Nutt. var. tennesseensis (Beadle) Binns, B. R. Baum et Arnason = Echinacea tennesseensis (Beadle) Small ■☆

140079 Echinacea paradoxa (Norton) Britton;黄松果菊;Yellow Coneflower ■☆

140080 Echinacea paradoxa (Norton) Britton var. neglecta McGregor;布什松果菊;Bush's Purple Coneflower ■☆

140081 Echinacea purpurea (L.) Moench;松果菊(紫松果菊,紫锥花,紫锥菊);Broad-leaved Purple Coneflower, Coneflower, Eastern Purple Coneflower, Hedgehog Coneflower, Pale Coneflower, Purple Cone Flower, Purple Coneflower, Purple Cone-flower, Purple Echinacea ■☆

140082 Echinacea purpurea (L.) Moench var. arkansana Steyerm. = Echinacea purpurea (L.) Moench ■☆

140083 Echinacea purpurea (L.) Moench var. laevigata (C. L. Boynton et Beadle) Cronquist = Echinacea laevigata (C. L. Boynton et Beadle) S. F. Blake ■☆

140084 Echinacea purpurea Moench 'Bright Star';亮星松果菊;Iridescent Rosy Coneflower ■☆

140085 Echinacea purpurea Moench 'Robert Bloom';罗伯特紫松果菊 ■☆

140086 Echinacea purpurea Moench 'White Lustre';白光紫松果菊■☆

140087 Echinacea sanguinea Nutt.;血红松果菊;Sanguine Purple Coneflower ■☆

140088 Echinacea simulata McGregor;波叶松果菊;Pale Purple Coneflower, Wavy-leaf Purple Coneflower ■☆

140089 Echinacea speciosa McGregor = Echinacea simulata McGregor ■☆

140090 Echinacea tennesseensis (Beadle) Small;田纳西松果菊;Tennessee Purple Coneflower ■☆

140091 Echinais C. Koch = Cirsium Mill. ■

140092 Echinais C. Koch = Echenais Cass. ■

140093 Echinais K. Koch = Cirsium Mill. ■

140094 Echinais K. Koch = Echenais Cass. ■

140095 Echinalysium Trin. = Elytrophorus P. Beauv. ■

140096 Echinanthus Cerv. = Tragus Haller(保留属名)■

140097 Echinanthus Cerv. et Cord. ? = Tragus Haller(保留属名)■

140098 Echinanthus Neck. = Echinops L. ■

140099 Echinaria Desf. (1799)(保留属名);刺草属;Echinaria ■☆

140100 Echinaria Desf. = Cenchrus L. ■

140101 Echinaria Fabr. (废弃属名) = Cenchrus L. ■

140102 Echinaria Fabr. (废弃属名) = Echinaria Desf. (保留属名)■☆

140103 Echinaria Heist. ex Fabr. = Cenchrus L. ■

140104 Echinaria Heist. ex Fabr. = Echinaria Desf. (保留属名)■☆

140105 Echinaria capitata (L.) Desf.;头状刺草;Head Echinaria ■☆

140106 Echinaria capitata (L.) Desf. var. subacaulis Andr. = Echinaria capitata (L.) Desf. ■☆

140107 Echinaria spicata Debeaux;穗刺草■☆

140108 Echinariaceae Link = Gramineae Juss. (保留科名)■●

140109 Echinariaceae Link = Poaceae Barnhart(保留科名)■●

140110 Echinocactus Fabr. = Melocactus Link et Otto(保留属名)●

140111 Echinocactus Link et Otto(1827);金琥属(金鯱属,仙人球属);Barrel Cactus, Eagle-claw Cactus, Echinocactus, Visnaga ●

140112 Echinocactus albatus A. Dietr.;浅白金琥●☆

140113 Echinocactus asterias Siebold et Zucc. = Astrophytum asterias (Siebold et Zucc.) Lem. ■

140114 Echinocactus asterias Zucc. = Astrophytum asterias (Siebold et Zucc.) Lem. ■

140115 Echinocactus bicolor Galeotti ex Pfeiff. = Thelocactus bicolor (Galeotti ex Pfeiff.) Britton et Rose ●

140116 Echinocactus borchersii Boed.;暮云阁●☆

140117 Echinocactus brevihamatus Engelm. = Sclerocactus brevihamatus (Engelm.) D. R. Hunt ●☆

140118 Echinocactus chilensis Hildm. ex K. Schum. = Neoporteria chilensis (Hildm. ex K. Schum.) Britton et Rose ●☆

140119 Echinocactus conothele Regel et E. Klein bis = Torreycactus conothele (Regel et E. Klein bis) Doweld ●☆

140120 Echinocactus crispatus DC.;皱叶金琥●☆

140121 Echinocactus emoryi Engelm. = Ferocactus emoryi (Engelm.) Orcutt ■☆

140122 Echinocactus emoryi Engelm. = Ferocactus wilslizenii (Engelm. et J. M. Bigelow) Britton et Rose ●

140123 Echinocactus erectocentrus J. M. Coult. = Echinomastus erectocentrus (J. M. Coult.) Britton et Rose ■☆

140124 Echinocactus eyriesii Turpin = Echinopsis eyriesii Pfeiff. et Otto ■

140125 Echinocactus glaucus K. Schum. = Sclerocactus glaucus (K. Schum.) L. D. Benson ●☆

140126 Echinocactus grandis Rose;弁庆(大仙人球);Large Visnaga ●

140127 Echinocactus grusonii Hildm.;金琥(金刺仙人球,金鯱,象牙球);Barrel Cactus,Golden Ball Cactus,Golden Barrel,Golden Barrel Cactus, Golden Barrel-cactus, Golden-ball, Mother-in-law's Seat, Mother-in-law's Armchair ●

140128 Echinocactus grusonii Hildm. var. albispinus Y. Ito;白刺金琥(白刺金鲈)●☆

140129 Echinocactus grusonii Hildm. var. intertextus Y. Ito;狂刺金琥●☆

140130 Echinocactus grusonii Hildm. var. subinermis Y. Ito;短刺金琥●☆

140131 Echinocactus hamatocanthus Muehlenpf. = Ferocactus haematacanthus (Salm-Dyck) Borg ex Backeb. ■☆

140132 Echinocactus hastatus Hopffer;戟金琥●☆

140133 Echinocactus horizonthalonius Lem.;太平球(太平丸);Blue Barrel Cactus,Devil's Head, Devil's-head Cactus, Eagleclaws, Mule-grippler Cactus,Turk's Head ●

140134 Echinocactus horizonthalonius Lem. var. nicholii L. D. Benson = Echinocactus horizonthalonius Lem. ●

140135 Echinocactus ingens Zucc.;巨仙人球●☆

140136 Echinocactus ingens Zucc. ex Pfeiff. = Echinocactus platyacanthus Link et Otto ●☆

140137 Echinocactus intertextus Engelm. = Echinomastus intertextus (Engelm.) Britton et Rose ■☆

140138 Echinocactus intertextus Englem. var. dasyacanthus Engelm. = Echinomastus intertextus (Engelm.) Britton et Rose var. dasyacanthus (Engelm.) Backeb. ■☆

140139 Echinocactus johnsonii Parry ex Engelm. = Echinomastus johnsonii (Parry ex Engelm.) E. M. Baxter ●☆

140140 Echinocactus mariposensis ?;劳氏金琥;Lloyd's Mariposa Cactus ●☆

140141 Echinocactus mesae-verdae (Boissev. et C. Davidson) L. D. Benson = Sclerocactus mesae-verdae (Boissev. et C. Davidson) L. D. Benson ●☆

140142 Echinocactus myriostigma Salm-Dyck = Astrophytum myriostigma (Salm-Dyck) Lem. ■

140143 Echinocactus ornatus DC. = Astrophytum ornatum (DC.) Britton et Rose ■

140144 Echinocactus palmeri Rose;春雷●☆

140145 Echinocactus parviflorus (Clover et Jotter) L. D. Benson = Sclerocactus parviflorus Clover et Jotter ●☆

140146 Echinocactus parviflorus (Clover et Jotter) L. D. Benson var. havasupaiensis (Clover) L. D. Benson = Sclerocactus parviflorus Clover et Jotter ●☆

140147 Echinocactus parviflorus (Clover et Jotter) L. D. Benson var. roseus (Clover) L. D. Benson = Sclerocactus parviflorus Clover et Jotter ●☆

140148 Echinocactus pectinatus Scheidw. = Echinocereus pectinatus (Scheidw.) Engelm. ●

140149 Echinocactus pentacanthus Lem.;五花金琥●☆

140150 Echinocactus platyacanthus Link et Otto;岩金琥(广刺球);Biznaga Gigante ●☆

140151 Echinocactus polyancistrus Engelm. et J. M. Bigelow = Sclerocactus polyancistrus (Engelm. et J. M. Bigelow) Britton et Rose ●☆

140152 Echinocactus polycephalus Engelm. et J. M. Bigelow;大龙冠;Cottontop Cactus,Manyhead Visnaga,Many-headed Barrel Cactus ●☆

140153 Echinocactus pubispinus Engelm. = Sclerocactus pubispinus (Engelm.) L. D. Benson ●☆

140154 Echinocactus reichenbachii Walp. = Echinocereus reichenbachii (Walp.) Haage ex Britton et Rose ●☆

140155 Echinocactus scheeri Salm-Dyck = Sclerocactus scheeri (Salm-Dyck) N. P. Taylor ●☆

140156 Echinocactus scopa Link et Otto = Notocactus scopa (Link et Otto) A. Berger ■

140157 Echinocactus sileri Engelm. = Pediocactus sileri (Engelm. ex J. M. Coult.) L. D. Benson ●☆

140158 Echinocactus sileri Engelm. ex J. M. Coult. = Pediocactus sileri (Engelm. ex J. M. Coult.) L. D. Benson ●☆

140159 Echinocactus simpsonii Engelm. = Pediocactus simpsonii (Engelm.) Britton et Rose ●☆

140160 Echinocactus simpsonii Engelm. var. minor Engelm. = Pediocactus simpsonii (Engelm.) Britton et Rose ●☆

140161 Echinocactus simpsonii Engelm. var. robustior J. M. Coult. = Pediocactus simpsonii (Engelm.) Britton et Rose ●☆

140162 Echinocactus sinuatus A. Dietr. = Ferocactus hamatacanthus Britton et Rose var. sinuatus (A. Dietr.) L. D. Benson ■☆

140163 Echinocactus texensis Hopffer = Homalocephala texensis (Hopffer) Britton et Rose ■☆

140164 Echinocactus uncinatus Engelm. ex Scheer = Sclerocactus uncinatus (Galeotti) N. P. Taylor ■☆

140165 Echinocactus uncinatus Galeotti = Glandulicactus uncinatus (Galeotti) Backeb. ■☆

140166 Echinocactus uncinatus Galeotti var. wrightii Engelm. = Glandulicactus uncinatus (Galeotti) Backeb. var. wrightii (Engelm.) Backeb. ■☆

140167 Echinocactus viridescens Torr. et A. Gray = Ferocactus viridescens (Torr. et A. Gray) Britton et Rose ■

140168 Echinocactus viridescens Torr. et A. Gray var. cylindraceus Engelm. = Ferocactus cylindraceus (Engelm.) Orcutt ■☆

140169 Echinocactus viridiflorus Pritz.;青虾花●☆

140170 Echinocactus visnaga Hook.;鬼头球(鬼头丸)●☆

140171 Echinocactus whipplei Engelm. et J. M. Bigelow = Sclerocactus whipplei (Engelm. et J. M. Bigelow) Britton et Rose ●☆

140172 Echinocactus whipplei Engelm. et J. M. Bigelow var. spinosior

Engelm. = Sclerocactus spinosior (Engelm.) D. Woodruff et L. D. Benson ●☆

140173 Echinocactus williamsii Lem. ex Salm-Dyck = Lophophora williamsii (Lem.) J. M. Coult. ■

140174 Echinocactus wislizeni Engelm. = Ferocactus wilslizenii (Engelm. et J. M. Bigelow) Britton et Rose ●

140175 Echinocactus xeranthemoides (J. M. Coult.) Rydb.;龙女冠; Xeranthemumlike Visnaga ●

140176 Echinocactus xeranthemoides Engelm. ex K. Schum. = Echinocactus xeranthemoides (J. M. Coult.) Rydb. ●

140177 Echinocalyx Benth. = Sindora Miq. ●

140178 Echinocarpus Blume = Sloanea L. ●

140179 Echinocarpus assamicus Benth. = Sloanea assamica Rehder et E. H. Wilson ●

140180 Echinocarpus assamicus Benth. = Sloanea sterculiacea (Benth.) Rehder et E. H. Wilson var. assamica (Benth.) Coode ●

140181 Echinocarpus cavaleriei H. Lév. = Euonymus acanthoxanthus Pit. ●

140182 Echinocarpus dasycarpus Benth. = Sloanea dasycarpa Hemsl. ●

140183 Echinocarpus erythrocarpus H. Lév. = Euonymus acanthocarpus Franch. ●

140184 Echinocarpus hederirhizus H. Lév. = Euonymus aculeatus Hemsl. ●

140185 Echinocarpus hemsleyanus T. Ito = Sloanea hemsleyana Rehder et E. H. Wilson ●

140186 Echinocarpus sigun Blume = Sloanea sigun (Blume) K. Schum. ●

140187 Echinocarpus sinensis Hance = Sloanea hemsleyana Rehder et E. H. Wilson ●

140188 Echinocarpus sinensis Hance = Sloanea sinensis (Hance) Hemsl. ●

140189 Echinocarpus sterculiaceus Benth. = Sloanea sterculiacea (Benth.) Rehder et E. H. Wilson ●

140190 Echinocarpus tomentosus Benth. = Sloanea tomentosa Rehder et E. H. Wilson ●

140191 Echinocassia Britton et Rose = Cassia L.(保留属名)●■

140192 Echinocassia Britton et Rose = Senna Mill. ●■

140193 Echinocaulon (Meisn.) Spach = Persicaria (L.) Mill. ■

140194 Echinocaulon (Meisn.) Spach(1841);杠板归属■

140195 Echinocaulon Meisn. ex Spach = Echinocaulos (Meisn. ex Endl.) Hassk. ●■

140196 Echinocaulon Spach = Echinocaulon (Meisn.) Spach ■

140197 Echinocaulon Spach = Persicaria (L.) Mill. ■

140198 Echinocaulon Spach = Polygonum L.(保留属名)■●

140199 Echinocaulon perfoliatum (L.) Meisn. ex Hassk. = Polygonum perfoliatum L. ■

140200 Echinocaulos (Meisn. ex Endl.) Hassk. = Polygonum L.(保留属名)■●

140201 Echinocaulos (Meisn.) Hassk. = Polygonum L.(保留属名)■●

140202 Echinocaulos Hassk. = Polygonum L.(保留属名)■●

140203 Echinocaulos perfoliatus Hassk. = Polygonum perfoliatum L. ■

140204 Echinocephalum Gardner = Melanthera Rohr ■●☆

140205 Echinocephalum Gardner(1848);猬头菊属■☆

140206 Echinocephalum angustifolium Gardner;窄叶猬头菊■☆

140207 Echinocephalum lanceolatum Gardner;披针叶猬头菊■☆

140208 Echinocephalum latifolium Gardner;宽叶猬头菊■☆

140209 Echinocereus Engelm.(1848);鹿角柱属(老头掌属,鹿角掌属);Echinocereus, Hedgehog Cactus, Pitaya, Pitaya Hedgehog Cereus, Strawberry Hedgehog Cactus ●

140210 Echinocereus acifer (Salm-Dyck) Lem.;针虾●☆

140211 Echinocereus adustus Engelm.;紫红玉●☆

140212 Echinocereus apachensis Blume et Rutow = Echinocereus bonkerae Thornber et Bonker ●☆

140213 Echinocereus arizonicus Rose ex Orcutt;亚利桑那鹿角柱; Arizona Claret-cup Cactus, Arizona Hedgehog Cactus ●☆

140214 Echinocereus baileyi Rose;花杯●☆

140215 Echinocereus baileyi Rose var. vaespiticus Backeb.;旭虾●☆

140216 Echinocereus berlandieri (Engelm.) Haage;金龙(紫花仙人柱);Alicoche, Berlandier's Hedgehog Cactus ●

140217 Echinocereus berlandieri (Engelm.) Haage var. papillosus (Linke ex Haage) L. D. Benson;乳突鹿角柱●☆

140218 Echinocereus berlandieri Small = Echinocereus berlandieri (Engelm.) Haage ●

140219 Echinocereus blankii Palmer;玄武柱(花守)●

140220 Echinocereus bonkerae Thornber et Bonker;邦克鹿角柱; Bonker Hedgehog ●☆

140221 Echinocereus boyce-thompsonii Orcutt;托马森鹿角柱;Boyce-Thompson Hedgehog ●☆

140222 Echinocereus brandegeei K. Schum.;墨西哥鹿角柱(下加利福尼亚州鹿角柱)●☆

140223 Echinocereus bristolii T. Marshall var. pseudopectinatus N. P. Taylor = Echinocereus pseudopectinatus (N. P. Taylor) N. P. Taylor ●☆

140224 Echinocereus caespitosus (Engelm.) Engelm.;紫金虾; Lace cactus ●☆

140225 Echinocereus chisosensis T. Marshall;得州鹿角柱●☆

140226 Echinocereus chloranthus (Engelm.) Haage = Echinocereus viridiflorus (Engelm.) Engelm. ●☆

140227 Echinocereus chloranthus (Engelm.) Haage var. cylindricus (Engelm.) N. P. Taylor = Echinocereus viridiflorus (Engelm.) Engelm. ●☆

140228 Echinocereus chloranthus (Engelm.) Haage var. neocapillus D. Weniger = Echinocereus viridiflorus (Engelm.) Engelm. ●☆

140229 Echinocereus chloranthus (Engelm.) Rümpler;绿花鹿角柱●☆

140230 Echinocereus cinerascens Lem.;银仙人柱(赤花虾,灰色虾)●

140231 Echinocereus coccineus Engelm.;绯虾(赤花虾,鬼见城); Claret Cup, Claret-cup Cactus, Mexican Claret Cup, Scarlet Hedgehog Cactus ●☆

140232 Echinocereus coccineus Engelm. subsp. aggregatus (Engelm. ex S. Watson) W. Blum = Echinocereus coccineus Engelm. ●☆

140233 Echinocereus coccineus Engelm. var. arizonicus (Rose ex Orcutt) D. J. Ferguson = Echinocereus arizonicus Rose ex Orcutt ●☆

140234 Echinocereus coccineus Engelm. var. gurneyi (L. D. Benson) S. Brack et K. D. Heil;格尼鹿角柱;Gurney's Claret-cup ●☆

140235 Echinocereus conglomeratus C. F. Först.;山岚●☆

140236 Echinocereus dasyacanthus (Engelm.) Engelm.;繁刺仙人柱(粗刺三光球,御旗);Spiny Hedgehog Cactus, Texas Rainbow, Texas Rainbow Cactus, Texas Rainbow Hedgehog, Yellow Pitaya ●

140237 Echinocereus dasyacanthus Engelm. = Echinocereus dasyacanthus (Engelm.) Engelm. ●

140238 Echinocereus davisii Houghton;戴维斯鹿角柱;Davis' Hedgehog Cactus ●☆

140239 Echinocereus delaetii (Gürke) Gürke;翁锦;Lesser Old-man ●

140240 Echinocereus dubius (Engelm.) Engelm. ex Rümpler;龙妃●☆

140241 Echinocereus engelmannii (Engelm.) Lem. subsp. fasciculatus (Engelm. ex S. Watson) Blume et Mich. Lange = Echinocereus fasciculatus (Engelm. ex S. Watson) L. D. Benson ●☆
140242 Echinocereus engelmannii (Parry ex Engelm.) Lem.;武勇球(武勇丸);Engelmann's Hedgehog Cactus, Hedgehog Cactus, Strawberry Hedgehog Cactus ●☆
140243 Echinocereus engelmannii (Parry ex Engelm.) Lem. var. armatus L. D. Benson;具刺武勇球(具刺武勇丸)●☆
140244 Echinocereus engelmannii (Parry ex Engelm.) Lem. var. chrysocentrus (Engelm. et Bigelow) Rümpler = Echinocereus engelmannii (Parry ex Engelm.) Lem. ●☆
140245 Echinocereus engelmannii (Parry ex Engelm.) Lem. var. howei L. D. Benson = Echinocereus engelmannii (Parry ex Engelm.) Lem. ●☆
140246 Echinocereus engelmannii (Parry ex Engelm.) Lem. var. nicholii L. D. Benson = Echinocereus nicholii (L. D. Benson) B. D. Parfitt ●☆
140247 Echinocereus engelmannii (Parry ex Engelm.) Rümpler = Echinocereus engelmannii (Parry ex Engelm.) Lem. ●☆
140248 Echinocereus enneacanthus (Engelm.) Engelm.;九刺仙人柱(九刺虾);Cob Cactus, Pitaya, Strawberry Cactus ●
140249 Echinocereus enneacanthus (Engelm.) Engelm. var. brevispinus (W. O. Moore) L. D. Benson;短九刺仙人柱●☆
140250 Echinocereus enneacanthus (Engelm.) Engelm. var. dubius (Engelm.) L. D. Benson = Echinocereus enneacanthus (Engelm.) Engelm. ●
140251 Echinocereus enneacanthus Engelm. = Echinocereus enneacanthus (Engelm.) Engelm. ●
140252 Echinocereus enneacanthus Engelm. var. brevispinus (W. O. Moore) L. D. Benson = Echinocereus enneacanthus (Engelm.) Engelm. var. brevispinus (W. O. Moore) L. D. Benson ●☆
140253 Echinocereus enneacanthus Engelm. var. stramineus (Engelm.) L. D. Benson = Echinocereus stramineus (Engelm.) Engelm. ex Rümpler ●
140254 Echinocereus enneacanthus f. brevispinus W. O. Moore = Echinocereus enneacanthus (Engelm.) Engelm. var. brevispinus (W. O. Moore) L. D. Benson ●☆
140255 Echinocereus fasciculatus (Engelm. ex B. D. Jacks.) L. D. Benson var. bonkerae (Thornber et Bonker) L. D. Benson = Echinocereus bonkerae Thornber et Bonker ●☆
140256 Echinocereus fasciculatus (Engelm. ex S. Watson) L. D. Benson;鸡冠鹿角柱;Cockscomb Hedgehog Cactus, Robust Hedgehog ●☆
140257 Echinocereus fasciculatus (Engelm. ex S. Watson) L. D. Benson var. boyce-thompsonii (Orcutt) L. D. Benson = Echinocereus fasciculatus (Engelm. ex S. Watson) L. D. Benson ●☆
140258 Echinocereus fendleri (Engelm.) Sencke ex J. N. Haage;卫美玉(堇花仙人柱);Fendler's Hedgehog Cactus, Strawberry Cactus ●☆
140259 Echinocereus fendleri (Engelm.) Sencke ex J. N. Haage var. bonkerae (Thornber et Bonker) L. D. Benson = Echinocereus bonkerae Thornber et Bonker ●☆
140260 Echinocereus fendleri (Engelm.) Sencke ex J. N. Haage var. ledingii (Peebles) N. P. Taylor = Echinocereus ledingii Peebles ●☆
140261 Echinocereus fendleri (Engelm.) Sencke ex J. N. Haage var. robustus (Peebles) L. D. Benson = Echinocereus fasciculatus (Engelm. ex S. Watson) L. D. Benson ●☆
140262 Echinocereus fendleri Small = Echinocereus fendleri (Engelm.) Sencke ex J. N. Haage ●☆
140263 Echinocereus fendleri Small var. kuenzleri (Castetter, P. Pierce et K. H. Sehwer.) L. D. Benson = Echinocereus fendleri (Engelm.) Sencke ex J. N. Haage ●☆
140264 Echinocereus fendleri Small var. rectispinus (Peebles) L. D. Benson = Echinocereus fendleri (Engelm.) Sencke ex J. N. Haage ●☆
140265 Echinocereus ferreirianus H. E. Gates;幻虾●☆
140266 Echinocereus fitchii Britton et Rose = Echinocereus reichenbachii (Terscheck) Britton et Rose subsp. fitchii (Britton et Rose) N. P. Taylor ●☆
140267 Echinocereus knippelianus Liebner;宇宙殿;Peyote Verde ●☆
140268 Echinocereus ledingii Peebles;赖丁鹿角柱;Leding's Hedgehog Ccactus ●☆
140269 Echinocereus leeanus Lem.;李氏虾●☆
140270 Echinocereus leptacanthus K. Schum.;司天龙●
140271 Echinocereus leucanthus N. P. Taylor;白花银钮●☆
140272 Echinocereus melanocentrus Graessn.;折墨●
140273 Echinocereus merkeri Hildm. ex K. Schum.;银铠仙人柱(将虾)●
140274 Echinocereus mojavensis (Engelm. et J. M. Bigelow) Rümpler;大花虾●☆
140275 Echinocereus nicholii (L. D. Benson) B. D. Parfitt;尼氏鹿角柱;Golden Hedgehog, Golden Hedgehog Cactus, Nichol's Hedgehog Cactus, Nichol's Hedgehog ●☆
140276 Echinocereus nivosus Glass et R. A. Foster;覆雪鹿角柱●☆
140277 Echinocereus octacanthus (Muehlenpf.) Britton et Rose;月影虾●
140278 Echinocereus pacificus (Engelm.) Britton et Rose;太洋虾●☆
140279 Echinocereus palmeri Britton et Rose;春高楼●☆
140280 Echinocereus papillosus Linke ex Haage;黄花鹿角柱(华山);Allicoche Cactus, Yellow Alicoche, Yellow-flowered Alicoche ●☆
140281 Echinocereus papillosus Linke ex Haage var. angusticeps T. Marshall = Echinocereus papillosus Linke ex Haage ●☆
140282 Echinocereus pectinatus (Scheidw.) Engelm.;三光球(三光丸,栉形仙人柱);Comb Hedgehog, Pectinate Hedgehog Cactus, Rainbow Cactus ●
140283 Echinocereus pectinatus (Scheidw.) Engelm. var. dasyacanthus (Engelm.) W. H. Earle ex N. P. Taylor = Echinocereus dasyacanthus (Engelm.) Engelm. ●
140284 Echinocereus pectinatus (Scheidw.) Engelm. var. rigidissimus (Engelm.) Rümpler = Echinocereus rigidissimus (Engelm.) F. Haage ●
140285 Echinocereus pectinatus (Scheidw.) Engelm. var. rubrispinus G. Frank et A. B. Lau;红刺三光球;Rainbow Candle Cactus ●☆
140286 Echinocereus pectinatus (Scheidw.) Engelm. var. wenigeri L. D. Benson;韦尼格三光球;Weniger's Hedgehog Cactus ●☆
140287 Echinocereus pensilis (K. Brandegee) J. A. Purpus = Morangaya pensilis (K. Brandegee) G. D. Rowley ●☆
140288 Echinocereus pentalophus (DC.) H. P. Kelsey et Dayton;鹿角柱(鹿角掌,美花角,美花仙人柱,匍匐鹿角柱,司天龙);Alicoche, Fivehel Hedgehog Cactus, Lady Finger Cactus, Ladyfinger Cactus, Procumbent Hedgehog Cactus ●
140289 Echinocereus pentalophus (DC.) Haage = Echinocereus pentalophus (DC.) H. P. Kelsey et Dayton ●
140290 Echinocereus perbellus Britton et Rose;幸福虾●☆
140291 Echinocereus polyacanthus Engelm.;多刺虾(大龙冠);Claret Cup ●☆
140292 Echinocereus polyacanthus Engelm. subsp. acifer (Otto ex Salm-

Dyck) N. P. Taylor;大多刺虾;Giant Claret Cup ●☆

140293 Echinocereus poselgeri Lem.;大丽花鹿角柱;Dahlia Hedgehog Cactus, Pencil Cactus, Sacasil, Zocoxochiti ●☆

140294 Echinocereus procumbens (Engelm.) Lem. = Echinocereus pentalophus (DC.) H. P. Kelsey et Dayton ●

140295 Echinocereus pseudopectinatus (N. P. Taylor) N. P. Taylor;假三光球●☆

140296 Echinocereus pulchellus K. Schum.;明石球(明石丸)●☆

140297 Echinocereus pulchellus K. Schum. var. amoenus (Hemsl.) H. P. Kelsey et Dayton;喜悦球●☆

140298 Echinocereus pulchellus K. Schum. var. weinbergii (Weing.) N. P. Taylor;魏氏明石球●☆

140299 Echinocereus purpureus Lahman;红阳虾(紫焰丸)●☆

140300 Echinocereus radians Engelm. = Echinocereus adustus Engelm. ●☆

140301 Echinocereus rayonesensis N. P. Taylor;拟螺萦球●☆

140302 Echinocereus rectispinus Peebles var. robustus Peebles = Echinocereus fasciculatus (Engelm. ex S. Watson) L. D. Benson ●☆

140303 Echinocereus reichenbachii (Terscheck ex Walp.) Britton et Rose = Echinocereus reichenbachii (Walp.) Haage ex Britton et Rose ●☆

140304 Echinocereus reichenbachii (Terscheck) Britton et Rose subsp. fitchii (Britton et Rose) N. P. Taylor;锦照虾●☆

140305 Echinocereus reichenbachii (Terscheck) Britton et Rose subsp. perbellus (Britton et Rose) N. P. Taylor;华丽丽光球●☆

140306 Echinocereus reichenbachii (Terscheck) Britton et Rose var. armatus (Poselger) N. P. Taylor;具刺丽光球●☆

140307 Echinocereus reichenbachii (Walp.) Haage ex Britton et Rose;丽光球(花杯,丽光丸);Lace Hedgehog Cactus ●☆

140308 Echinocereus reichenbachii (Walp.) Haage ex Britton et Rose subsp. baileyi (Rose) N. P. Taylor = Echinocereus reichenbachii (Walp.) Haage ex Britton et Rose ●☆

140309 Echinocereus reichenbachii (Walp.) Haage ex Britton et Rose subsp. caespitosus (Engelm.) W. Blum et Mich. Lange = Echinocereus reichenbachii (Walp.) Haage ex Britton et Rose ●☆

140310 Echinocereus reichenbachii (Walp.) Haage ex Britton et Rose subsp. fitchii (Britton et Rose) L. D. Benson = Echinocereus reichenbachii (Walp.) Haage ex Britton et Rose ●☆

140311 Echinocereus reichenbachii (Walp.) Haage ex Britton et Rose var. albispinus (Lahman) L. D. Benson = Echinocereus reichenbachii (Walp.) Haage ex Britton et Rose ●☆

140312 Echinocereus reichenbachii (Walp.) Haage ex Britton et Rose var. chisosensis (T. Marshall) L. D. Benson = Echinocereus chisosensis T. Marshall ●☆

140313 Echinocereus rigidissimus (Engelm.) F. Haage;彩虹仙人柱(硬刺鹿角柱);Arizona Rainbow Hedgehog Cactus, Arizona Rrainbow Cactus, Cabeza De Viejo, Rainbow Cactus, Rainbow Hedgehog Cactus ●

140314 Echinocereus rigidissimus (Engelm.) Rose = Echinocereus rigidissimus (Engelm.) F. Haage ●

140315 Echinocereus rigidissimus Rose subsp. rubispinus (G. Frank et A. B. Lau) N. P. Taylor;红刺柱●☆

140316 Echinocereus roetteri Rümpler;劳埃德鹿角柱;Lloyd's Hedgehog Cactus ●☆

140317 Echinocereus rosei Wooton et Standl.;狂山岚●☆

140318 Echinocereus russanthus D. Weniger = Echinocereus viridiflorus (Engelm.) Engelm. ●☆

140319 Echinocereus salm-dyckianus Scheer;公爵虾●☆

140320 Echinocereus scheeri (Salm-Dyck) Scheer;草木角;Choyita, Colgajito ●☆

140321 Echinocereus schmollii (Weing.) N. P. Taylor;珠毛柱(毛刺仙人鞭);Lamb's-tail Cactus ●☆

140322 Echinocereus sciurus Britton et Rose;松鼠尾球●☆

140323 Echinocereus sciurus Britton et Rose var. floresii (Backeb.) N. P. Taylor;富丽鹿角柱●☆

140324 Echinocereus scopulorum Britton et Rose;索诺拉鹿角柱;Sonoran Rainbow Cactus ●☆

140325 Echinocereus scopulorum Britton et Rose subsp. pseudopectinatus (N. P. Taylor) W. Blum et Mich. Lange = Echinocereus pseudopectinatus (N. P. Taylor) N. P. Taylor ●☆

140326 Echinocereus stoloniferus T. Marshall;匍匐鹿角柱●☆

140327 Echinocereus stramineus (Engelm.) Engelm. ex Rümpler;褐刺柱(荒武者,武勇丸);Straw-colored Hedgehog ●

140328 Echinocereus stramineus (Engelm.) F. Seitz = Echinocereus stramineus (Engelm.) Engelm. ex Rümpler ●

140329 Echinocereus subinermis Salm-Dyck ex Scheer;微刺鹿角柱(微刺虾)●☆

140330 Echinocereus subinermis Salm-Dyck ex Scheer var. ochoterenae (J. F. Ortega) Unger;墨西哥微刺鹿角柱(墨西哥微刺虾)●☆

140331 Echinocereus subterraneus Backeb.;小桃●☆

140332 Echinocereus triglochidiatus (Engelm.) Engelm.;疏刺仙人柱(篝火,三钩毛鹿角掌);Claret Cup, Claret-cup Cactus, Kingcup Cactus, Mojave Mound Cactus, Strawberry Cactus ●

140333 Echinocereus triglochidiatus (Engelm.) Engelm. var. gonacanthus (Engelm. et J. M. Bigelow) Boissev. = Echinocereus triglochidiatus (Engelm.) Engelm. ●

140334 Echinocereus triglochidiatus (Engelm.) Engelm. var. gurneyi L. D. Benson;格尼疏刺仙人柱;Gurney's Claret-cup ●☆

140335 Echinocereus triglochidiatus (Engelm.) Engelm. var. inermis (Schum.) Arp = Echinocereus triglochidiatus (Engelm.) Engelm. ●

140336 Echinocereus triglochidiatus (Engelm.) Engelm. var. mojavensis (Engelm. et J. M. Bigelow) L. D. Benson = Echinocereus triglochidiatus (Engelm.) Engelm. ●

140337 Echinocereus triglochidiatus (Engelm.) Engelm. var. paucispinus (Engelm.) T. Marshall;疏刺虾●☆

140338 Echinocereus triglochidiatus Engelm. = Echinocereus triglochidiatus (Engelm.) Engelm. ●

140339 Echinocereus triglochidiatus Engelm. var. arizonicus (Rose ex Orcutt) L. D. Benson = Echinocereus arizonicus Rose ex Orcutt ●☆

140340 Echinocereus triglochidiatus Engelm. var. melanacanthus (Engelm.) L. D. Benson = Echinocereus coccineus Engelm. ●☆

140341 Echinocereus tuberosus (Poselg.) Rümpler = Echinocereus poselgeri Lem. ●☆

140342 Echinocereus viridiflorus (Engelm.) Engelm.;青花虾;Green Pitaya, Nylon Hedgehog Cactus, Varied Hedgehog ●☆

140343 Echinocereus viridiflorus (Engelm.) Engelm. var. chloranthus (Engelm.) Backeb.;绿花仙人柱;Brown-spine Hedgehog, Nylon Hedgehog Cactus, Small-flowered Hedgehog Cactus ●☆

140344 Echinocereus viridiflorus (Engelm.) Engelm. var. cylindricus (Engelm.) Rümpler = Echinocereus viridiflorus (Engelm.) Engelm. ●☆

140345 Echinocereus viridiflorus (Engelm.) Engelm. var. rhyolithensis W. Blum et Mich. Lange = Echinocereus viridiflorus (Engelm.) Engelm. ●☆

140346 Echinocereus viridiflorus Engelm. = Echinocereus viridiflorus

(Engelm.) Engelm. ●☆

140347 Echinocereus viridiflorus Engelm. var. davisii (Houghton) T. Marshall ex Backeb. = Echinocereus davisii Houghton ●☆

140348 Echinocereus weinbergii Weing. = Echinocereus pulchellus K. Schum. var. weinbergii (Weing.) N. P. Taylor ●☆

140349 Echinochlaena Spreng. = Echinolaena Desv. ■☆

140350 Echinochlaenia Börner = Carex L. ■

140351 Echinochloa P. Beauv. (1812)(保留属名);稗属;Barnyard-grass, Cockspur, Shanwamillet ■

140352 Echinochloa aristifera (Peter) Robyns et Tournay = Echinochloa haploclada (Stapf) Stapf ■☆

140353 Echinochloa barbata Vanderyst;髯毛稗■☆

140354 Echinochloa brevipedicellata (Peter) Clayton;短梗稗■☆

140355 Echinochloa callopus (Pilg.) Clayton;硬稗■☆

140356 Echinochloa caudata Roshev.;长芒稗(长芒野稗);Longawn Barnyardgrass ■

140357 Echinochloa caudata Roshev. = Echinochloa crus-galli (L.) P. Beauv. var. aristata Gray ■☆

140358 Echinochloa coarctata (Steven) Koss. = Echinochloa oryzoides (Ard.) Fritsch ■

140359 Echinochloa coarctata Koss. = Echinochloa oryzoides (Ard.) Fritsch ■

140360 Echinochloa colona (L.) Link;光头稗(扒草,穇草,光头稗子,芒稗,芒稷);Beardless Barnyardgrass, Corn Panicgrass, Jungle Rice, Junglerice, Shama Millet, Shanwamillet ■

140361 Echinochloa colona (L.) Link var. arabica (Steud.) A. Chev. = Paspalidium desertorum (A. Rich.) Stapf ■☆

140362 Echinochloa colona (L.) Link var. equitans (Hochst. ex A. Rich.) Cufod. = Echinochloa colona (L.) Link ■

140363 Echinochloa colona (L.) Link var. frumentacea (Link) Ridl. = Echinochloa crus-galli (L.) P. Beauv. ■

140364 Echinochloa colona (L.) Link var. frumentacea (Roxb.) Ridl. = Echinochloa frumentacea (Roxb.) Link ■

140365 Echinochloa colona (L.) Link var. frumentacea Ridl. = Echinochloa frumentacea (Roxb.) Link ■

140366 Echinochloa compressa (Sw.) Roberty = Axonopus compressus (Sw.) P. Beauv. ■

140367 Echinochloa crus-galli (L.) P. Beauv.;稗(稗草,稗子,扁扁草,旱稗,湖南稷子,申穇子,水稗,水高粱,台湾野稗,细叶旱稗,野稗);Barnyard Grass, Barnyardgrass, Barnyard-grass, Billion Dollar Grass, Billion-dollar Grass, Cockspur, Cockspur Grass, Cockspur-grass, Indian Millet, Japanese Millet, Jungle Rice, Large Barnyard Grass, Sanwa Millet ■

140368 Echinochloa crus-galli (L.) P. Beauv. f. longiseta (Trin.) Farw. = Echinochloa muricata (P. Beauv.) Fernald ■☆

140369 Echinochloa crus-galli (L.) P. Beauv. f. viridissima (Honda) Kitag.;绿芒稗■

140370 Echinochloa crus-galli (L.) P. Beauv. subsp. caudata (Roshev.) Tzvelev = Echinochloa caudata Roshev. ■

140371 Echinochloa crus-galli (L.) P. Beauv. subsp. caudata (Roshev.) Tzvelev = Echinochloa crus-galli (L.) P. Beauv. var. aristata Gray ■☆

140372 Echinochloa crus-galli (L.) P. Beauv. subsp. colona (L.) Honda = Echinochloa colona (L.) Link ■

140373 Echinochloa crus-galli (L.) P. Beauv. subsp. colona Honda = Echinochloa colona (L.) Link ■

140374 Echinochloa crus-galli (L.) P. Beauv. subsp. f. zelayensis (Kunth) Farw. = Echinochloa crus-galli (L.) P. Beauv. var. zelayensis (Kunth) Hitchc. ■

140375 Echinochloa crus-galli (L.) P. Beauv. subsp. oryzicola (Vasinger) T. Koyama = Echinochloa oryzicola (Vasinger) Vasinger ■

140376 Echinochloa crus-galli (L.) P. Beauv. subsp. oryzicola (Vasinger) T. Koyama = Echinochloa oryzoides (Ard.) Fritsch ■

140377 Echinochloa crus-galli (L.) P. Beauv. subsp. spiralis (Vasinger) Tzvelev = Echinochloa crus-galli (L.) P. Beauv. var. mitis (Pursh) Peterm. ■

140378 Echinochloa crus-galli (L.) P. Beauv. subsp. submutica (Mey.) Honda = Echinochloa crus-galli (L.) P. Beauv. var. praticola Ohwi ■

140379 Echinochloa crus-galli (L.) P. Beauv. subsp. submuticum Honda = Echinochloa crus-galli (L.) P. Beauv. var. praticola Ohwi ■

140380 Echinochloa crus-galli (L.) P. Beauv. subsp. utilis (Ohwi et Yabuno) T. Koyama = Echinochloa crus-galli (L.) P. Beauv. ■

140381 Echinochloa crus-galli (L.) P. Beauv. subsp. utilis (Ohwi et Yabuno) T. Koyama = Echinochloa esculenta (A. Braun) H. Scholz ■

140382 Echinochloa crus-galli (L.) P. Beauv. var. aristata Gray;尾状稗■☆

140383 Echinochloa crus-galli (L.) P. Beauv. var. aristata Gray f. kanashiroi Ohwi;金城稗■☆

140384 Echinochloa crus-galli (L.) P. Beauv. var. austrojaponensis Ohwi;小旱稗;Japan Barnyardgrass, S. Japan Barnyardgrass ■

140385 Echinochloa crus-galli (L.) P. Beauv. var. austrojaponensis Ohwi = Echinochloa crus-galli (L.) P. Beauv. ■

140386 Echinochloa crus-galli (L.) P. Beauv. var. breviseta (Döll) Neilr. = Echinochloa crus-galli (L.) P. Beauv. var. breviseta (Döll) Podpéra ■

140387 Echinochloa crus-galli (L.) P. Beauv. var. breviseta (Döll) Neilr. = Echinochloa crus-galli (L.) P. Beauv. ■

140388 Echinochloa crus-galli (L.) P. Beauv. var. breviseta (Döll) Podpéra;短芒稗;Shortawn Japan Barnyardgrass ■

140389 Echinochloa crus-galli (L.) P. Beauv. var. caudata (Roshev.) Kitag. = Echinochloa crus-galli (L.) P. Beauv. var. aristata Gray ■☆

140390 Echinochloa crus-galli (L.) P. Beauv. var. caudata (Roshev.) Kitag. = Echinochloa caudata Roshev. ■

140391 Echinochloa crus-galli (L.) P. Beauv. var. caudata (Roshev.) Kitag. f. praticola (Ohwi) T. Koyama = Echinochloa crus-galli (L.) P. Beauv. var. praticola Ohwi ■

140392 Echinochloa crus-galli (L.) P. Beauv. var. crus-pavonis (Kunth) Hitchc. = Echinochloa crus-pavonis (Kunth) Schult. ■

140393 Echinochloa crus-galli (L.) P. Beauv. var. crus-pavonis (Kunth) Hitchc. = Echinochloa caudata Roshev. ■

140394 Echinochloa crus-galli (L.) P. Beauv. var. edulis Hitchc. = Echinochloa frumentacea (Roxb.) Link ■

140395 Echinochloa crus-galli (L.) P. Beauv. var. formosana Ohwi = Echinochloa crus-galli (L.) P. Beauv. ■

140396 Echinochloa crus-galli (L.) P. Beauv. var. formosensis Ohwi = Echinochloa glabrescens Munro ex Hook. f. ■

140397 Echinochloa crus-galli (L.) P. Beauv. var. frumentacea (Link) W. Wight = Echinochloa crus-galli (L.) P. Beauv. ■

140398 Echinochloa crus-galli (L.) P. Beauv. var. frumentacea (Link) W. Wight = Echinochloa frumentacea (Roxb.) Link ■

140399 Echinochloa crus-galli (L.) P. Beauv. var. frumentacea (Roxb.) W. Wight = Echinochloa frumentacea (Roxb.) Link ■

140400 Echinochloa crus-galli (L.) P. Beauv. var. hispidula (Retz.)

Honda = Echinochloa hispidula (Retz.) Nees ■

140401 Echinochloa crus-galli (L.) P. Beauv. var. kasaharae Ohwi = Echinochloa crus-galli (L.) P. Beauv. var. formosensis Ohwi ■

140402 Echinochloa crus-galli (L.) P. Beauv. var. longiseta (Doell.) Neilr. = Echinochloa crus-galli (L.) P. Beauv. ■

140403 Echinochloa crus-galli (L.) P. Beauv. var. mitis (Pursh) Peterm.;无芒稗(落地稗);Beardless Barnyardgrass ■

140404 Echinochloa crus-galli (L.) P. Beauv. var. mitis (Pursh) Peterm. = Echinochloa crus-galli (L.) P. Beauv. ■

140405 Echinochloa crus-galli (L.) P. Beauv. var. mitis Pursh = Echinochloa crus-galli (L.) P. Beauv. var. mitis (Pursh) Peterm. ■

140406 Echinochloa crus-galli (L.) P. Beauv. var. oryzicola (Vasinger) Ohwi = Echinochloa phyllopogon (Stapf) Stapf ex Koss ■

140407 Echinochloa crus-galli (L.) P. Beauv. var. oryzicola (Vasinger) Ohwi = Echinochloa oryzicola (Vasinger) Vasinger ■

140408 Echinochloa crus-galli (L.) P. Beauv. var. praticola Ohwi;细叶旱稗■

140409 Echinochloa crus-galli (L.) P. Beauv. var. praticola Ohwi = Echinochloa crus-galli (L.) P. Beauv. ■

140410 Echinochloa crus-galli (L.) P. Beauv. var. riukiuensis Ohwi = Echinochloa oryzoides (Ard.) Fritsch ■

140411 Echinochloa crus-galli (L.) P. Beauv. var. submutica Mey. = Echinochloa crus-galli (L.) P. Beauv. var. praticola Ohwi ■

140412 Echinochloa crus-galli (L.) P. Beauv. var. submutica Mey. = Echinochloa crus-galli (L.) P. Beauv. ■

140413 Echinochloa crus-galli (L.) P. Beauv. var. utilis (Ohwi et Yabuno) Kitam. = Echinochloa esculenta (A. Braun) H. Scholz ■

140414 Echinochloa crus-galli (L.) P. Beauv. var. zelayensis (Kunth) Hitchc.;锡兰稗(西来稗);Alkali Barnyardgrass ■

140415 Echinochloa crus-pavonis (Kunth) Schult.;孔雀稗;Gulf Barnyardgrass, Gulf Cockspur, Gulf Cockspur Grass, Peakock Barnyardgrass ■

140416 Echinochloa crus-pavonis (Kunth) Schult. var. rostrata Stapf = Echinochloa rostrata (Stapf) P. W. Michael ■☆

140417 Echinochloa divaricata Andersson = Echinochloa colona (L.) Link ■

140418 Echinochloa equitans (Hochst. ex A. Rich.) C. E. Hubb. = Echinochloa colona (L.) Link ■

140419 Echinochloa eruciformis (Sm.) K. Koch = Brachiaria eruciformis (Sm.) Griseb. ■

140420 Echinochloa eruciformis K. Koch = Brachiaria eruciformis (Sm.) Griseb. ■

140421 Echinochloa esculenta (A. Braun) H. Scholz;日本稗(紫穗稗);Japanese Millet ■

140422 Echinochloa esculenta (A. Braun) H. Scholz = Echinochloa crus-galli (L.) P. Beauv. ■

140423 Echinochloa frumentacea (Roxb.) Link;湖南稗子(稗穇,稗子,穇,穇子,谷稗,湖南稷子,家稗);Barnyard Millet, Barnyardgrass, Billion Dollar Grass, Billion-dollar Grass, Hunan Barnyardgrass, Japanese Barnyard Millet, Japanese Millet, Jungle Rice, Sanwa Millet, White Millet ■

140424 Echinochloa frumentacea Link = Echinochloa crus-galli (L.) P. Beauv. ■

140425 Echinochloa frumentacea Link = Echinochloa frumentacea (Roxb.) Link ■

140426 Echinochloa frumentacea Link subsp. utilis (Ohwi et Yabuno) Tzvelev = Echinochloa esculenta (A. Braun) H. Scholz ■

140427 Echinochloa frumentacea Link subsp. utilis (Ohwi et Yabuno) Tzvelev = Echinochloa utilis Ohwi et Yabuno ■

140428 Echinochloa frumentacea Link subsp. utilis (Ohwi et Yabuno) Tzvelev = Echinochloa crus-galli (L.) P. Beauv. ■

140429 Echinochloa geminata (Forssk.) Roberty = Paspalidium geminatum (Forssk.) Stapf ■

140430 Echinochloa glabrescens Kossenko;硬稃稗;Hardlemma Barnyardgrass ■

140431 Echinochloa glabrescens Kossenko = Echinochloa crus-galli (L.) P. Beauv. ■

140432 Echinochloa glabrescens Munro ex Hook. f. = Echinochloa crus-galli (L.) P. Beauv. var. formosensis Ohwi ■

140433 Echinochloa glabrescens Munro ex Hook. f. = Echinochloa glabrescens Kossenko ■

140434 Echinochloa glabrescens Munro ex Hook. f. var. barbata Kossenko = Echinochloa glabrescens Kossenko ■

140435 Echinochloa glabrescens Munro ex Hook. f. var. glabra Kossenko = Echinochloa glabrescens Kossenko ■

140436 Echinochloa haploclada (Stapf) Stapf;单枝稗■☆

140437 Echinochloa haploclada (Stapf) Stapf var. stenostachya Chiov. = Echinochloa haploclada (Stapf) Stapf ■☆

140438 Echinochloa hispidula (Retz.) Nees;旱稗(九谷考,水田稗);Dryland Barnyardgrass, Hispid Barnyardgrass ■

140439 Echinochloa hispidula (Retz.) Nees = Echinochloa crus-galli (L.) P. Beauv. ■

140440 Echinochloa hispidula (Retz.) Nees ex Royle = Echinochloa crus-galli (L.) P. Beauv. ■

140441 Echinochloa holubii (Stapf) Stapf = Echinochloa pyramidalis (Lam.) Hitchc. et Chase ■☆

140442 Echinochloa hostii (M. Bieb.) Stev. = Echinochloa oryzoides (Ard.) Fritsch ■

140443 Echinochloa jubata Stapf;鬃毛稗■☆

140444 Echinochloa lanceolata (Retz.) Roem. et Schult. = Oplismenus compositus (L.) P. Beauv. ■

140445 Echinochloa lelievrei (A. Chev.) Berhaut = Echinochloa stagnina (Retz.) P. Beauv. ■☆

140446 Echinochloa macrocarpa Vasinger = Echinochloa coarctata (Steven) Koss. ■

140447 Echinochloa macrocarpa Vasinger = Echinochloa oryzicola (Vasinger) Vasinger ■

140448 Echinochloa micans Kossenko = Echinochloa glabrescens Kossenko ■

140449 Echinochloa microstachya (Wiegand) Rydb. = Echinochloa muricata (P. Beauv.) Fernald var. microstachya Wiegand ■☆

140450 Echinochloa microstachys (Wiegand) Rydb.;小穗稗;Small-spike Barnyardgrass ■☆

140451 Echinochloa muricata (P. Beauv.) Fernald;粗稗;American Barnyard Grass, Barnyard Grass, Cockspur Grass, Muricate Barnyardgrass, Rough Barnyard Grass, Rough Barnyardgrass ■☆

140452 Echinochloa muricata (P. Beauv.) Fernald var. ludoviciana Wiegand = Echinochloa muricata (P. Beauv.) Fernald ■☆

140453 Echinochloa muricata (P. Beauv.) Fernald var. microstachya Wiegand;小穗粗稗;Rough Barnyard Grass ■☆

140454 Echinochloa muricata (P. Beauv.) Fernald var. occidentalis Wiegand = Echinochloa crus-galli (L.) P. Beauv. ■

140455 Echinochloa muricata (P. Beauv.) Fernald var. occidentalis Wiegand = Echinochloa muricata (P. Beauv.) Fernald ■☆

140456 Echinochloa muricata (P. Beauv.) Fernald var. wiegandii Fassett = Echinochloa muricata (P. Beauv.) Fernald var. microstachya Wiegand ■☆

140457 Echinochloa muricata (P. Beauv.) Fernald var. wiegandii Fassett = Echinochloa muricata (P. Beauv.) Fernald ■☆

140458 Echinochloa nervosa (Stapf) Roberty = Acroceras gabunense (Hack.) Clayton ■☆

140459 Echinochloa obtusiflora Stapf;钝花稗■☆

140460 Echinochloa occidentalis (Wiegand) Rydb. = Echinochloa crus-galli (L.) P. Beauv. ■

140461 Echinochloa oryzetorum (A. Chev.) A. Chev. = Echinochloa stagnina (Retz.) P. Beauv. ■☆

140462 Echinochloa oryzicola (Vasinger) Vasinger;稻田稗(稻稗)■

140463 Echinochloa oryzicola (Vasinger) Vasinger = Echinochloa oryzoides (Ard.) Fritsch ■

140464 Echinochloa oryzicola (Vasinger) Vasinger = Echinochloa phyllopogon (Stapf) Stapf ex Koss ■

140465 Echinochloa oryzicola Vasinger = Echinochloa oryzoides (Ard.) Fritsch ■

140466 Echinochloa oryzoides (Ard.) Fritsch;水田稗;Early Water Grass,Paddy Barnyardgrass ■

140467 Echinochloa oryzoides (Ard.) Fritsch subsp. phyllopogon (Stapf) Tzvelev = Echinochloa phyllopogon (Stapf) Stapf ex Koss ■

140468 Echinochloa oryzoides (Stapf) Roberty = Acroceras zizanioides (Kunth) Dandy ■☆

140469 Echinochloa oryzoides (Vasinger) Vasinger subsp. phyllopogon (Stapf) Tzvelev = Echinochloa oryzoides (Ard.) Fritsch ■

140470 Echinochloa pachychloa Kossenko = Echinochloa glabrescens Kossenko ■

140471 Echinochloa pachychloa Kossenko = Echinochloa phyllopogon (Stapf) Stapf ex Koss ■

140472 Echinochloa paludigena Wiegand;佛罗里达稗;Florida Cockspur ■☆

140473 Echinochloa paniculata (Benth.) Roberty = Alloteropsis paniculata (Benth.) Stapf ■☆

140474 Echinochloa persistentia Z. S. Diao;宿穗稗;Persistent Barnyardgrass ■

140475 Echinochloa persistentia Z. S. Diao = Echinochloa oryzoides (Ard.) Fritsch ■

140476 Echinochloa phyllopogon (Stapf) Kossenko = Echinochloa oryzoides (Ard.) Fritsch ■

140477 Echinochloa phyllopogon (Stapf) Stapf ex Koss;水稗;Aquatic Barnyardgrass,Rice Barnyardgrass ■

140478 Echinochloa phyllopogon (Stapf) Stapf ex Kossenko = Echinochloa oryzoides (Ard.) Fritsch ■

140479 Echinochloa phyllopogon (Stapf) Stapf ex Kossenko subsp. oryzicola (Vasinger) Kossenko = Echinochloa oryzoides (Ard.) Fritsch ■

140480 Echinochloa phyllopogon (Stapf) Vasc. = Echinochloa oryzoides (Ard.) Fritsch ■

140481 Echinochloa picta (Koen.) P. W. Michael;色稗;Varigated Cockspur Grass ■☆

140482 Echinochloa polystachya (Kunth) Roberty = Pseudechinolaena polystachya (Kunth) Stapf ■

140483 Echinochloa pungens (Poir.) Rydb.;刺穗稗;Prickly Barnyardgrass ■☆

140484 Echinochloa pungens (Poir.) Rydb. = Echinochloa muricata (P. Beauv.) Fernald ■☆

140485 Echinochloa pungens (Poir.) Rydb. var. coarctata Fernald et Griscom = Echinochloa crus-galli (L.) P. Beauv. ■

140486 Echinochloa pungens (Poir.) Rydb. var. ludoviciana (Wiegand) Fernald et Griscom = Echinochloa muricata (P. Beauv.) Fernald ■☆

140487 Echinochloa pungens (Poir.) Rydb. var. microstachya (Wiegand) Fernald et Griscom = Echinochloa muricata (P. Beauv.) Fernald var. microstachya Wiegand ■☆

140488 Echinochloa pungens (Poir.) Rydb. var. multiflora (Wiegand) Fernald et Griscom = Echinochloa muricata (P. Beauv.) Fernald var. microstachya Wiegand ■☆

140489 Echinochloa pungens (Poir.) Rydb. var. wiegandii Fassett = Echinochloa muricata (P. Beauv.) Fernald var. microstachya Wiegand ■☆

140490 Echinochloa pyramidalis (Lam.) Hitchc. et Chase;塔稗;Antelope Grass ■☆

140491 Echinochloa quadrifaria (Hochst. ex A. Rich.) Chiov. = Echinochloa pyramidalis (Lam.) Hitchc. et Chase ■☆

140492 Echinochloa quadrifaria (Hochst. ex A. Rich.) Chiov. var. atroviolacea (A. Rich.) Chiov. = Echinochloa pyramidalis (Lam.) Hitchc. et Chase ■☆

140493 Echinochloa ramosa (L.) Roberty = Brachiaria ramosa (L.) Stapf ■

140494 Echinochloa reptans (L.) Roberty = Urochloa reptans (L.) Stapf ■

140495 Echinochloa rostrata (Stapf) P. W. Michael;喙稗■☆

140496 Echinochloa rotundiflora Clayton;圆花稗■☆

140497 Echinochloa scabra (Lam.) Roem. et Schult. = Echinochloa stagnina (Retz.) P. Beauv. ■☆

140498 Echinochloa senegalensis Mez = Echinochloa pyramidalis (Lam.) Hitchc. et Chase ■☆

140499 Echinochloa spiralis Vasinger = Echinochloa crus-galli (L.) P. Beauv. var. mitis (Pursh) Peterm. ■

140500 Echinochloa stagnina (Retz.) P. Beauv.;河马稗;Hippo Grass ■☆

140501 Echinochloa subverticillata Pilg. = Echinochloa crus-galli (L.) P. Beauv. ■

140502 Echinochloa ugandensis Snowden et C. E. Hubb.;乌干达稗■☆

140503 Echinochloa utilis Ohwi et Yabuno;紫穗稗;Japanese Millet, Sanwa Millet,Violetspike Barnyardgrass ■

140504 Echinochloa utilis Ohwi et Yabuno = Echinochloa crus-galli (L.) P. Beauv. ■

140505 Echinochloa utilis Ohwi et Yabuno = Echinochloa esculenta (A. Braun) H. Scholz ■

140506 Echinochloa verticillata Berhaut = Echinochloa pyramidalis (Lam.) Hitchc. et Chase ■☆

140507 Echinochloa villosa (Thunb.) Kunth;毛稗■☆

140508 Echinochloa walteri (Pursh) A. Heller = Echinochloa walteri (Pursh) A. Heller et Nash ■☆

140509 Echinochloa walteri (Pursh) A. Heller et Nash;海岸稗;Coast Barnyard Grass,Coast Cockspur,Salt-marsh Cockspur Grass,Walter's Millet,Water-millet ■☆

140510 Echinochloa walteri (Pursh) A. Heller f. laevigata Wiegand = Echinochloa walteri (Pursh) A. Heller et Nash ■☆

140511 Echinochloa wiegandii (Fassett) McNeill et Dore = Echinochloa muricata (P. Beauv.) Fernald var. microstachya Wiegand ■☆

140512 Echinochloa zelayense (Kunth) Schult. = Echinochloa crus-galli (L.) P. Beauv. var. zelayensis (Kunth) Hitchc. ■
140513 Echinochloa zizanoides (Kunth) Roberty = Acroceras zizanioides (Kunth) Dandy ■☆
140514 Echinocitrus Tanaka = Triphasia Lour. ●☆
140515 Echinocitrus Tanaka (1928); 刺柑属●☆
140516 Echinocitrus brassii Tanaka; 刺柑●☆
140517 Echinocodon D. Y. Hong (1984) ('Echicocodon'); 刺萼参属; Echinocodon ■★
140518 Echinocodon Kolak. = Campanula L. ■●
140519 Echinocodon Kolak. = Echinocodonia Kolak. ■●
140520 Echinocodon lobophyllus D. Y. Hong; 刺萼参; Echinocodon ■
140521 Echinocodonia Kolak. = Campanula L. ■●
140522 Echinocoryne H. Rob. (1987); 刺毛斑鸠菊属■☆
140523 Echinocoryne H. Rob. = Vernonia Schreb. (保留属名) ●■
140524 Echinocoryne echinocephala (H. Rob.) H. Rob.; 刺毛斑鸠菊■☆
140525 Echinocroton F. Muell. = Mallotus Lour. ●
140526 Echinocystis Torr. et A. Gray (1840) (保留属名); 刺瓜属; Mock Cucumber, Mock-cucumber, Wild Balsam-apple, Wild Cucumber ■☆
140527 Echinocystis echinata (Muhl.) Vassilcz.; 刺瓜; Balsam Apple, Balsam-apple, Mock Cucumber, Mock-cucumber, Prickly Cucumber, Wild Balsam Apple, Wild Cucumber, Wild Cucumber Vine, Wild-cucumber ■☆
140528 Echinocystis lobata (Michx.) Torr. et A. Gray = Echinocystis echinata (Muhl.) Vassilcz. ■☆
140529 Echinodendrum A. Rich. = Catesbaea L. ■☆
140530 Echinodendrum A. Rich. = Scolosanthus Vahl☆
140531 Echinodiscus (DC.) Benth. = Pterocarpus Jacq. (保留属名) ●
140532 Echinodiscus Benth. = Pterocarpus Jacq. (保留属名) ●
140533 Echinodium Poit. ex Cass. = Acanthospermum Schrank (保留属名) ■
140534 Echinodorus Rich. = Echinodorus Rich. ex Engelm. ■☆
140535 Echinodorus Rich. et Engelm. ex A. Gray = Echinodorus Rich. ex Engelm. ■☆
140536 Echinodorus Rich. ex Engelm. (1848); 刺果泽泻属; Bur Head, Burhead, Echinodorus, Sword Plant ■☆
140537 Echinodorus africanus Rataj; 非洲刺果泽泻■☆
140538 Echinodorus angustifolius Rataj; 狭叶刺果泽泻; Narrowleaf Echinodorus ■☆
140539 Echinodorus berteroi (Spreng.) Fassett; 高刺果泽泻; Cellophane Plant, Erect Bur-head, Tall Burhead, Tall Bur-head, Upright Bur-head ■☆
140540 Echinodorus berteroi (Spreng.) Fassett var. lanceolatus (Engelm. ex S. Watson et J. M. Coult.) Fassett = Echinodorus berteroi (Spreng.) Fassett ■☆
140541 Echinodorus berteroi (Spreng.) Fassett var. lanceolatus (Engelm.) Fassett = Echinodorus berteroi (Spreng.) Fassett ■☆
140542 Echinodorus brevipedicellatus (Kuntze) Buchenau; 短柄刺果泽泻; Short-stalk Echinodorus ■☆
140543 Echinodorus cordifolius (L.) Griseb.; 心叶刺果泽泻; Creeping Burhead ■☆
140544 Echinodorus grandiflorus (Cham. et Schltdl.) Micheli; 大花刺果泽泻; Large-flower Echinodorus ■☆
140545 Echinodorus grandiflorus (Cham. et Schltdl.) Micheli subsp. aureus (Fassett) R. R. Haynes et Holm-Niels.; 黄大花刺果泽泻■☆
140546 Echinodorus humilis (Rich.) Buchenau = Ranalisma humile (Rich.) Hutch. ■☆
140547 Echinodorus intermedius Griseb.; 中间刺果泽泻; Dwarf Amazon Sword Plant ■☆
140548 Echinodorus longistylis Buchenau; 长柱刺果泽泻; Long-style Echinodorus ■☆
140549 Echinodorus macrophyllus (Kunth) Micheli; 大叶刺果泽泻■☆
140550 Echinodorus martii Micheli; 马氏刺果泽泻; Ruffled Sword Plant ■☆
140551 Echinodorus nymphaeifolius (Griseb.) Buchenau; 睡莲叶刺果泽泻; Nymphae-leaf Echinodorus ■☆
140552 Echinodorus paniculatus Micheli; 伞花刺果泽泻; Paniculate Echinodorus ■☆
140553 Echinodorus parvulus Engelm. = Echinodorus tenellus (Mart.) Buchenau ■☆
140554 Echinodorus radicans (Nutt.) Engelm.; 耐寒刺果泽泻■☆
140555 Echinodorus radicans (Nutt.) Engelm. = Echinodorus cordifolius (L.) Griseb. ■☆
140556 Echinodorus ranunculoides (L.) Engelm.; 毛茛状刺果泽泻; Crowfoot-like Echinodorus ■☆
140557 Echinodorus ranunculoides (L.) Engelm. var. repens (Lam.) Asch. = Baldellia repens (Lam.) Lawalrée ■☆
140558 Echinodorus ranunculoides Engelm. = Echinodorus ranunculoides (L.) Engelm. ■☆
140559 Echinodorus rostratus (Nutt.) Engelm. = Echinodorus berteroi (Spreng.) Fassett ■☆
140560 Echinodorus rostratus (Nutt.) Engelm. f. lanceolatus (Engelm. ex S. Watson et J. M. Coult.) Fernald = Echinodorus berteroi (Spreng.) Fassett ■☆
140561 Echinodorus rostratus (Nutt.) Engelm. var. lanceolatus Engelm. ex S. Watson et J. M. Coult. = Echinodorus berteroi (Spreng.) Fassett ■☆
140562 Echinodorus schinzii Buchenau = Burnatia enneandra Micheli ■☆
140563 Echinodorus tenellus (Mart.) Buchenau; 柔弱刺果泽泻; Dwarf Burhead, Slender Echinodorus ■☆
140564 Echinodorus tenellus (Mart.) Buchenau var. parvulus (Engelm.) Fassett = Echinodorus tenellus (Mart.) Buchenau ■☆
140565 Echinofossulocactus Britton et Rose = Stenocactus (K. Schum.) A. Berger ●☆
140566 Echinofossulocactus Lawr. (1841); 多棱球属; Brain Cactus ■
140567 Echinofossulocactus Lawr. = Echinocactus Link et Otto ●
140568 Echinofossulocactus Lawr. = Melocactus Link et Otto (保留属名) ●
140569 Echinofossulocactus albatus (A. Dietr.) Britton et Rose; 雪溪球(雪溪丸); White Brain Cactus ■
140570 Echinofossulocactus cadoroyi Hort.; 曲棱球■☆
140571 Echinofossulocactus coptonogonus (Lem.) Lawr.; 龙剑球■☆
140572 Echinofossulocactus crispatus Lawr.; 龙玉(龙球) ■
140573 Echinofossulocactus grandicornis Britton et Rose; 大角玉■
140574 Echinofossulocactus hastatus (Britton et Rose) Britton et Rose; 戟刺仙人球■
140575 Echinofossulocactus hastatus (Hopffer ex K. Schum.) Britton et Rose; 枪穗玉■
140576 Echinofossulocactus lamellosus Britton et Rose; 剑恋玉(龙舌玉); Echinofosslocactus ■
140577 Echinofossulocactus multicostatus (Hildm.) Britton et Rose; 多棱球(多棱玉); Manyribbed Brain Cactus, Multicostate Brain Cactus ■
140578 Echinofossulocactus pentacanthus (Lem.) Britton et Rose; 五刺

玉■

140579 Echinofossulocactus phyllacanthus (Mart.) Lawr.;大刀岚;Leafspine Brain Cactus ■

140580 Echinofossulocactus vaupelianus (Werderm.) Tiegel et Oehme;秋阵营;Vaupel Brain Cactus ■

140581 Echinofossulocactus wippermannii Britton et Rose;初阵球(初阵丸)■

140582 Echinofossulocactus xiphacanthus (Miq.) Backeb.;杀阵玉(薄棱仙人球)■

140583 Echinofossulocactus zacatecasensis Britton et Rose;缩玉■

140584 Echinoglochin (A. Gray) Brand = Echinospermum Sw. ■

140585 Echinoglochin (A. Gray) Brand = Plagiobothrys Fisch. et C. A. Mey. ■☆

140586 Echinoglochin Brand = Plagiobothrys Fisch. et C. A. Mey. ■☆

140587 Echinoglossum Blume = Cleisostoma Blume ■

140588 Echinoglossum Rchb. = Acampe Lindl.(保留属名)■

140589 Echinoglossum Rchb. = Cleisostoma Blume ■

140590 Echinoglossum Rchb. = Echinoglossum Blume ■

140591 Echinoglossum Rchb. = Sarcanthus Lindl.(废弃属名)■

140592 Echinolaena Desv.(1813);刺衣黍属■☆

140593 Echinolaena brachystachya Kunth;短穗刺衣黍■☆

140594 Echinolaena gracilis Swallen;细刺衣黍■☆

140595 Echinolaena madagascariensis Baker;马岛刺衣黍■☆

140596 Echinolaena polystachya Kunth;多穗刺衣黍■☆

140597 Echinolaena polystachya Kunth = Pseudechinolaena polystachya (Kunth) Stapf ■

140598 Echinolema J. Jacq. ex DC. = Acicarpha Juss. ■☆

140599 Echinolitrum Steud. = Echinolytrum Desv. ■

140600 Echinolitrum Steud. = Fimbristylis Vahl(保留属名)■

140601 Echinolobium Desv. = Hedysarum L.(保留属名)●■

140602 Echinolobium biarticulatum (L.) Desv. = Aphyllodium biarticulatum (L.) Gagnep. ●

140603 Echinolobium biarticulatum (L.) Desv. = Dicerma biarticulatum (L.) DC. ●

140604 Echinolobivia Y. Ito = Echinopsis Zucc. ●

140605 Echinolobivia Y. Ito = Lobivia Britton et Rose ■

140606 Echinoloma Steud. = Acicarpha Juss. ■☆

140607 Echinoloma Steud. = Echinolema J. Jacq. ex DC. ■☆

140608 Echinolysium Benth. = Echinalysium Trin. ■

140609 Echinolysium Benth. = Elytrophorus P. Beauv. ■

140610 Echinolytrum Desv. = Fimbristylis Vahl(保留属名)■

140611 Echinomastus Britton et Rose = Sclerocactus Britton et Rose ●☆

140612 Echinomastus Britton et Rose(1922);美刺球属(刺金刚纂属)■☆

140613 Echinomastus acunensis T. Marshall = Echinomastus erectocentrus (J. M. Coult.) Britton et Rose var. acunensis (T. Marshall) Bravo ■☆

140614 Echinomastus erectocentrus (J. M. Coult.) Britton et Rose;白琅玉(红帘玉);Needle Spined Pineapple Cactus ■☆

140615 Echinomastus erectocentrus (J. M. Coult.) Britton et Rose var. acunensis (T. Marshall) Bravo;美刺玉■☆

140616 Echinomastus intertextus (Engelm.) Britton et Rose;樱丸(乱刺仙人球)■☆

140617 Echinomastus intertextus (Engelm.) Britton et Rose var. dasyacanthus (Engelm.) Backeb.;毛花樱球(毛花樱丸)■☆

140618 Echinomastus johnsonii (Parry ex Engelm.) E. M. Baxter;英冠(约翰逊美刺球);Pygmy Barrel Cactus ●☆

140619 Echinomastus johnsonii (Parry ex Engelm.) E. M. Baxter var. lutescens (Parish) Wiggins = Echinomastus johnsonii (Parry ex Engelm.) E. M. Baxter ●☆

140620 Echinomastus macdowellii (Rebut ex Quehl) Britton et Rose;太白球(栗仙人球,太白丸)■☆

140621 Echinomastus mariposensis Hester = Sclerocactus mariposensis (Hester) N. P. Taylor ■☆

140622 Echinomastus unguispinus (Engelm.) Britton et Rose;紫宝玉(紫宝球)■☆

140623 Echinomastus unicinatus (Galeotti) F. M. Knuth var. wrightii (Engelm.) F. M. Knuth = Glandulicactus uncinatus (Galeotti) Backeb. var. wrightii (Engelm.) Backeb. ■☆

140624 Echinomastus warnockii (L. D. Benson) Glass et R. A. Foster;瓦尔美刺球■☆

140625 Echinomeria Nutt. = Helianthus L. ■

140626 Echinonyctanthus Lem. = Echinopsis Zucc. ●

140627 Echinopaceae Bercht. et J. Presl = Asteraceae Bercht. et J. Presl (保留科名)●■

140628 Echinopaceae Bercht. et J. Presl = Compositae Giseke(保留科名)●■

140629 Echinopaceae Dumort. = Asteraceae Bercht. et J. Presl(保留科名)●■

140630 Echinopaceae Dumort. = Compositae Giseke(保留科名)●■

140631 Echinopaceae Link = Asteraceae Bercht. et J. Presl(保留科名)●■

140632 Echinopaceae Link = Compositae Giseke(保留科名)●■

140633 Echinopaepale Bremek. = Strobilanthes Blume ●■

140634 Echinopanax Decne. et Planch. = Oplopanax (Torr. et A. Gray) Miq. ●

140635 Echinopanax Decne. et Planch. ex Harms = Oplopanax (Torr. et A. Gray) Miq. ●

140636 Echinopanax elatus Nakai = Oplopanax elatus (Nakai) Nakai ●◇

140637 Echinopanax horridum Decne. et Planch. = Oplopanax elatus (Nakai) Nakai ●◇

140638 Echinopanax japonicus Nakai = Oplopanax japonicus (Nakai) Nakai ●

140639 Echinopepon Naudin = Echinocystis Torr. et A. Gray(保留属名)■☆

140640 Echinophora L.(1753);刺梗芹属;Prickly Parsnip ■☆

140641 Echinophora Tourn. ex L. = Echinophora L. ■☆

140642 Echinophora scabra Gilli;粗糙刺芹■☆

140643 Echinophora sibthorpiana Guss.;西布索普刺梗芹■☆

140644 Echinophora spinosa L.;刺梗芹■☆

140645 Echinophora trichophylla Sm.;毛叶刺梗芹☆

140646 Echinopogon P. Beauv.(1812);刺猬草属■☆

140647 Echinopogon asper Trin.;粗糙刺猬草■☆

140648 Echinopogon intermedius C. E. Hubb.;间型刺猬草■☆

140649 Echinopogon ovatus (G. Forst.) P. Beauv.;卵形刺猬草■☆

140650 Echinopogon ovatus P. Beauv. = Echinopogon ovatus (G. Forst.) P. Beauv. ■☆

140651 Echinopogon purpurascens Gand.;紫刺猬草■☆

140652 Echinops L.(1753);蓝刺头属(刺球花蓟属,漏芦属,仙人球属);Globe Thistle,Globethistle,Globe-thistle ■

140653 Echinops acaulis J. F. Gmel. = Echinops ritro L. ■

140654 Echinops albicaulis Kar. et Kir.;白茎蓝刺头;Whitestem Globethistle ■

140655 Echinops albicaulis Kar. et Kir. = Echinops przewalskyi Iljin ■

140656 Echinops amplexicaulis Oliv.;抱茎蓝刺头■☆

140657 Echinops angustilobus S. Moore;狭蓝刺头■☆

140658 Echinops babatagensis Tscherneva;巴巴塔戈蓝刺头■☆

140659 Echinops bampsianus Lisowski = Echinops himantophyllus Mattf. ■☆

140660 Echinops bannaticus Rochel et Borza;巴纳特蓝刺头;Blue Globe-thistle,Yugoslav Globe Thistle,Yugoslav Globe-thistle ■☆

140661 Echinops bannaticus Rochel et Borza 'Taplow Blue';亮蓝巴纳特蓝刺头■☆

140662 Echinops bathrophyllus Mattf. = Echinops longifolius A. Rich. ■☆

140663 Echinops bequaertii De Wild. = Echinops giganteus A. Rich. ■☆

140664 Echinops boranensis Lanza = Echinops pappii Chiov. ■☆

140665 Echinops boranensis Lanza var. minor Cufod. = Echinops pappii Chiov. ■☆

140666 Echinops bovei Boiss. = Echinops spinosissimus Turra ■☆

140667 Echinops bovei Boiss. var. glabrescens Emb. et Maire = Echinops bovei Boiss. ■☆

140668 Echinops bovei Boiss. var. jallui Maire = Echinops bovei Boiss. ■☆

140669 Echinops bovei Boiss. var. longisetus Maire = Echinops bovei Boiss. ■☆

140670 Echinops bovei Boiss. var. mekinensis Emb. et Maire = Echinops bovei Boiss. ■☆

140671 Echinops bovei Boiss. var. oligadenus Maire = Echinops bovei Boiss. ■☆

140672 Echinops bovei Boiss. var. pallens Maire = Echinops bovei Boiss. ■☆

140673 Echinops bovei Boiss. var. submacrochaetus Maire = Echinops bovei Boiss. ■☆

140674 Echinops brevipenicillatus Tschemeva;短笔蓝刺头■☆

140675 Echinops brevisetus S. Moore = Echinops giganteus A. Rich. ■☆

140676 Echinops bromeliifolius Baker = Echinops eryngiifolius O. Hoffm. ■☆

140677 Echinops cathayanus Kitag. = Echinops grijisii Hance ■

140678 Echinops chaetocephalus Pomel = Echinops spinosissimus Turra ■☆

140679 Echinops chamaecephalus Hochst. ex A. Rich. = Echinops hispidus Fresen. ■☆

140680 Echinops chamaecephalus Hochst. ex A. Rich. var. caulescens Cufod. = Echinops hispidus Fresen. ■☆

140681 Echinops chantavicus Trautv.;汉塔蓝刺头(高蓝刺头,准噶尔蓝刺头)■

140682 Echinops cirsiifolius K. Koch = Echinops sphaerocephalus L. ■

140683 Echinops claessensii De Wild. = Echinops amplexicaulis Oliv. ■☆

140684 Echinops colchicus Sosn. ex Kem. -Nath.;黑海蓝刺头■☆

140685 Echinops commutatus Jur. = Echinops exaltatus Schrad. ■☆

140686 Echinops connatus K. Koch;合生蓝刺头■☆

140687 Echinops conrathii Freyn;康拉特蓝刺头■☆

140688 Echinops coriophyllus C. Shih;截叶蓝刺头(硬叶蓝刺头);Rigidleaf Globethistle,Thickleaf Globethistle ■

140689 Echinops cornigerus DC.;角蓝刺头(长毛蓝刺头,硬刺蓝刺头)■☆

140690 Echinops cyrenaicus E. A. Durand et Barratte;昔兰尼蓝刺头■☆

140691 Echinops cyrenaicus E. A. Durand et Barratte var. bereniceus Maire = Echinops cyrenaicus E. A. Durand et Barratte ■☆

140692 Echinops dagestanicus Iljin;达吉斯坦蓝刺头■☆

140693 Echinops dahuricus Fisch. = Echinops latifolius Tausch ■

140694 Echinops dahuricus Fisch. var. angustilobus DC. = Echinops latifolius Tausch ■

140695 Echinops dahuricus Fisch. var. latilobus DC. = Echinops latifolius Tausch ■

140696 Echinops dasyanthus Regel et Schmalh.;毛花蓝刺头■☆

140697 Echinops dissectus Kitag.;褐毛蓝刺头(老虎球,天蓝刺头,天蓝漏芦);Brownhair Globethistle ■

140698 Echinops dubjanskyi Iljin;杜氏蓝刺头■☆

140699 Echinops echinatus Roxb.;棘蓝刺头■☆

140700 Echinops elegans Hutch. et Dalziel = Echinops guineensis C. D. Adams ■☆

140701 Echinops ellenbeckii O. Hoffm.;埃伦蓝刺头■☆

140702 Echinops eryngiifolius O. Hoffm.;刺芹叶蓝刺头■☆

140703 Echinops exaltatus Koch = Echinops exaltatus Schrad. ■☆

140704 Echinops exaltatus Schrad.;高大蓝刺头;Globe-thistle,Russian Globe Thistle,Tall Globethistle,Tall Globe-thistle ■☆

140705 Echinops fedtschenkoi Iljin;范氏蓝刺头■☆

140706 Echinops foliosus Sommier et H. Lév.;多花蓝刺头■☆

140707 Echinops fontqueri Pau;丰特蓝刺头■☆

140708 Echinops francinianus Pic. Serm. = Echinops giganteus A. Rich. ■☆

140709 Echinops giganteus A. Rich.;巨大蓝刺头■☆

140710 Echinops giganteus A. Rich. var. lelyi (C. D. Adams) C. D. Adams = Echinops giganteus A. Rich. ■☆

140711 Echinops glaberrimus DC.;光滑蓝刺头■☆

140712 Echinops gmelinii Turcz.;砂蓝刺头(刺甲盖,刺头,刺头火绒草,恶背火草,火绒草,沙蓝刺头,沙漏芦);Gmelin Globe Thistle,Gmelin Globethistle ■

140713 Echinops gmelinii Turcz. = Echinops latifolius Tausch ■

140714 Echinops gondarensis Chiov. = Echinops hispidus Fresen. ■☆

140715 Echinops gracilis O. Hoffm.;纤细蓝刺头■☆

140716 Echinops grijisii Hance;华东蓝刺头(大蓟根,东南蓝刺头,格利氏蓝刺头,漏卢,漏芦,南蓝刺头,山防风,升麻根,土防风);E. China Globethistle,East China Globethistle ■

140717 Echinops guineensis C. D. Adams;几内亚蓝刺头■☆

140718 Echinops himantophyllus Mattf.;扇索叶蓝刺头■☆

140719 Echinops hispidus Fresen.;硬毛蓝刺头■☆

140720 Echinops hoehnelii Schweinf.;赫内尔蓝刺头■☆

140721 Echinops hoffmannianus Mattf. = Echinops longisetus A. Rich. ■☆

140722 Echinops humilis M. Bieb.;矮蓝刺头(西伯利亚蓝刺头);Dwarf Globethistle,Siberian Globethistle ■

140723 Echinops iljinii Mulk.;伊尔金蓝刺头■☆

140724 Echinops integrifolius Kar. et Kir.;全缘叶蓝刺头;Integrifolious Globethistle ■

140725 Echinops karabachensis Mulk.;卡拉巴赫蓝刺头■☆

140726 Echinops karatavicus Regel et Schmalh.;卡拉塔夫蓝刺头■☆

140727 Echinops knorringianus Iljin;克诺氏蓝刺头■☆

140728 Echinops koroborii De Wild. = Echinops amplexicaulis Oliv. ■☆

140729 Echinops kulsii Cufod. = Echinops giganteus A. Rich. ■☆

140730 Echinops lanatus C. Jeffrey et Mesfin;绵毛蓝刺头■☆

140731 Echinops lanceolatus Mattf. = Echinops mildbraedii Mattf. ■☆

140732 Echinops latifolius Tausch;驴欺口(八里花,八里麻,大口袋花,单州漏芦,和尚头,华州漏芦,火绒草,火绒根子,蓝刺头,漏芦,牛蔓头,禹州漏芦,追骨风);Broadleaf Globethistle ■

140733 Echinops latifolius Tausch var. angustifolius (DC.) Kitag.;狭叶蓝刺头■

140734 Echinops leiopolyceras Bornm.;光角蓝刺头■☆

140735 Echinops leucographus Bunge;白纹蓝刺头■☆
140736 Echinops lineari-lancifolius De Wild. = Echinops eryngiifolius O. Hoffm. ■☆
140737 Echinops lipskyi Iljin;利普斯基蓝刺头■☆
140738 Echinops longifolius A. Rich.;长叶蓝刺头■☆
140739 Echinops longisetus A. Rich.;长刚毛蓝刺头■☆
140740 Echinops luckii R. E. Fr. = Echinops longifolius A. Rich. ■☆
140741 Echinops luckii R. E. Fr. var. pinnatiloba Mattf. = Echinops longifolius A. Rich. ■☆
140742 Echinops macrochaetus Fresen.;大毛蓝刺头■☆
140743 Echinops macrochaetus Fresen. var. pseudoviscosus Fiori = Echinops macrochaetus Fresen. ■☆
140744 Echinops macrophyllus Boiss. et Hausskn.;大叶蓝刺头■☆
140745 Echinops maracandicus Bunge;马拉坎达蓝刺头■☆
140746 Echinops maritimus L.;滨蓝刺头■
140747 Echinops maurus Maire = Echinops fontqueri Pau ■☆
140748 Echinops maximus Siev. ex Pall. = Echinops sphaerocephalus L. ■
140749 Echinops meyeri Iljin;麦氏蓝刺头■☆
140750 Echinops mildbraedii Mattf.;米尔德蓝刺头■☆
140751 Echinops multicaulis Nevski;多茎蓝刺头■☆
140752 Echinops multiflorus Lam. = Echinops sphaerocephalus L. ■
140753 Echinops nanus Bunge;丝毛蓝刺头(矮蓝刺头,小蓝刺头);Dwarf Globethistle,Silkhair Globethistle ■
140754 Echinops negrii Chiov. = Echinops giganteus A. Rich. ■☆
140755 Echinops neumannii O. Hoffm. = Echinops amplexicaulis Oliv. ■☆
140756 Echinops nistrii Pic. Serm. = Echinops giganteus A. Rich. ■☆
140757 Echinops obliquilobus Iljin;斜裂蓝刺头■☆
140758 Echinops ochroleucus Mattf. = Echinops giganteus A. Rich. ■☆
140759 Echinops oehlerianus Mattf. = Echinops aberdaricus R. E. Fr. ■☆
140760 Echinops opacifolius Iljin ex Grossh.;暗叶蓝刺头■☆
140761 Echinops orientalis Trautv.;东方蓝刺头■☆
140762 Echinops ossicus K. Koch;奥斯蓝刺头■☆
140763 Echinops otarus Mattf. = Echinops longifolius A. Rich. ■☆
140764 Echinops pappii Chiov.;保普蓝刺头■☆
140765 Echinops persicus Fisch.;波斯蓝刺头■☆
140766 Echinops polyacanthus Iljin;多刺蓝刺头■☆
140767 Echinops polygraphus Tscherneva;多文蓝刺头■☆
140768 Echinops praetermissus Nevski;疏忽蓝刺头■☆
140769 Echinops przewalskyi Iljin;火烙草;Przewalsk Globethistle ■
140770 Echinops pseudosetifer Kitag.;羽裂蓝刺头(华北蓝刺头,华北漏芦);Pinnate Globethistle,Pinnatifid Globethistle ■
140771 Echinops pseudosetifer Kitag. = Echinops latifolius Tausch ■
140772 Echinops pubisquameus Iljin;毛鳞蓝刺头■☆
140773 Echinops pungens Trautv.;显刺蓝刺头■☆
140774 Echinops rangei Mattf. = Echinops himantophyllus Mattf. ■☆
140775 Echinops reticulatus E. A. Bruce;网状蓝刺头■☆
140776 Echinops ritro L.;硬叶蓝刺头(小蓝刺头,新疆蓝刺头);Blue Ball, Globe Thistle, Globe-thisde, Small Globe Thistle, Small Globethistle, Small Globe-thistle, Southern Globethistle, Steel Globe Thistle ■
140777 Echinops ritro L. 'Veitch's Blue';维茨蓝硬叶蓝刺头(维茨蓝小蓝刺头)■☆
140778 Echinops ritro L. subsp. ruthenicus (M. Bieb.) Nyman;南方硬叶蓝刺头;Southern Globethistle,Southern Globe-thistle ■☆
140779 Echinops ruthenicus M. Bieb.;俄罗斯蓝刺头;Rossia Globethistle ■☆
140780 Echinops ruthenicus M. Bieb. = Echinops ritro L. subsp. ruthenicus (M. Bieb.) Nyman ■☆
140781 Echinops saissanicus (Keller) Bobrov;赛加蓝刺头■☆
140782 Echinops schweinfurthii Mattf. = Echinops longifolius A. Rich. ■☆
140783 Echinops seretii De Wild. = Echinops giganteus A. Rich. ■☆
140784 Echinops seretii De Wild. var. setifer Mattf. = Echinops giganteus A. Rich. ■☆
140785 Echinops serratifolius Sch. Bip. = Echinops longifolius A. Rich. ■☆
140786 Echinops setifer Iljin;糙毛蓝刺头(单州漏芦,刚毛蓝刺头);Bristly Globethistle,Scabrous Globethistle ■
140787 Echinops sevanensis Mulk.;塞凡蓝刺头■☆
140788 Echinops sidamensis Cufod. = Echinops amplexicaulis Oliv. ■☆
140789 Echinops sphaerocephalus L.;蓝刺头(球花蓝刺头,圆蓝刺头);Ballflower Globethistle, Common Globe Thistle, Common Globethistle, Common Globe-thistle, Glandular Globe-thistle, Globe-thistle, Great Globe Thistle, Great Globethistle, Great Globe-thistle ■
140790 Echinops spiniger Iljin ex Bobrov;刺蓝刺头■☆
140791 Echinops spinosissimus Turra;大刺蓝刺头■☆
140792 Echinops spinosissimus Turra subsp. bovei (Boiss.) Greuter = Echinops bovei Boiss. ■☆
140793 Echinops spinosissimus Turra subsp. fontqueri (Pau) Greuter = Echinops fontqueri Pau ■☆
140794 Echinops spinosus L.;具刺蓝刺头■☆
140795 Echinops spinosus L. subsp. bovei (Boiss.) Murb. = Echinops bovei Boiss. ■☆
140796 Echinops spinosus L. subsp. fontqueri (Pau) Valdés = Echinops fontqueri Pau ■☆
140797 Echinops spinosus L. var. chaetocephalus (Pomel) Batt. = Echinops spinosissimus Turra ■☆
140798 Echinops spinosus L. var. fallax Faure et Maire = Echinops spinosissimus Turra ■☆
140799 Echinops spinosus L. var. fontqueri (Pau) Maire = Echinops fontqueri Pau ■☆
140800 Echinops spinosus L. var. glabrescens Emb. et Maire = Echinops spinosissimus Turra ■☆
140801 Echinops spinosus L. var. homolepis Chiov. = Echinops pappii Chiov. ■☆
140802 Echinops spinosus L. var. jallui (Maire) Maire = Echinops spinosissimus Turra ■☆
140803 Echinops spinosus L. var. laevicaulis Maire = Echinops spinosissimus Turra ■☆
140804 Echinops spinosus L. var. longisetus (Maire) Maire = Echinops spinosissimus Turra ■☆
140805 Echinops spinosus L. var. macrochaetus (Boiss.) Maire = Echinops spinosissimus Turra ■☆
140806 Echinops spinosus L. var. maurus (Maire) Maire = Echinops spinosissimus Turra ■☆
140807 Echinops spinosus L. var. mekinensis (Emb. et Maire) Maire = Echinops spinosissimus Turra ■☆
140808 Echinops spinosus L. var. oligadenus Maire = Echinops spinosissimus Turra ■☆
140809 Echinops spinosus L. var. pallens (Maire) Maire = Echinops spinosissimus Turra ■☆
140810 Echinops spinosus L. var. tenuisectus Maire = Echinops spinosissimus Turra ■☆
140811 Echinops steudneri O. Hoffm. = Echinops longisetus A. Rich. ■☆
140812 Echinops strigosus L.;糙伏毛蓝刺头■☆

140813 Echinops subglaber Schrenk;亚光蓝刺头■☆
140814 Echinops sylvicola C. Shih;林生蓝刺头;Forest Globethistle, Woodland Globethistle ■
140815 Echinops szovitsii Fisch. et C. A. Mey. ex DC.;瑟维茨蓝刺头■☆
140816 Echinops talassicus Golosk.;大蓝刺头;Yili Globethistle ■
140817 Echinops tauricus Willd. ex Ledeb. = Echinops ritro L. ■
140818 Echinops tenuifolius Fisch. ex Schkuhr = Echinops ritro L. ■
140819 Echinops tibeticus Bunge;蛛毛蓝刺头(西藏蓝刺头)■
140820 Echinops tjanschanicus Bobrov; 天山蓝刺头; Tianshan Globethistle ■
140821 Echinops tournefortii Ledeb. ex Trautv.;图内福尔蓝刺头■☆
140822 Echinops transcaspicus Bornm.;里海蓝刺头■☆
140823 Echinops transcaucasicus Iljin;外高加索蓝刺头■☆
140824 Echinops tricholepis Schrenk;薄叶蓝刺头(毛鳞蓝刺头); Thinleaf Globethistle ■
140825 Echinops tschimganicus B. Fedtsch.;契穆干蓝刺头■☆
140826 Echinops turczaninovii Ledeb. ex Turcz. = Echinops gmelinii Turcz. ■
140827 Echinops velutinus O. Hoffm. = Echinops giganteus A. Rich. ■☆
140828 Echinops velutinus O. Hoffm. var. lelyi C. D. Adams = Echinops giganteus A. Rich. ■☆
140829 Echinops viridifolius Iljin;绿叶蓝刺头■☆
140830 Echinopsilon Moq. (1834);刺果藜属■
140831 Echinopsilon Moq. = Bassia All. ■●
140832 Echinopsilon Moq. = Kochia Roth ●■
140833 Echinopsilon dasyphyllus Fisch. et C. A. Mey. = Bassia dasyphylla (Fisch. et C. A. Mey.) Kuntze ■
140834 Echinopsilon diffusum (Thunb.) Moq. = Bassia diffusa (Thunb.) Kuntze ■☆
140835 Echinopsilon divaricatus Kar. et Kir. = Bassia dasyphylla (Fisch. et C. A. Mey.) Kuntze ■
140836 Echinopsilon hirsutus Moq. = Bassia hirsuta Asch. ex Nyman ■☆
140837 Echinopsilon hyssopifolius (Pall.) Moq. = Bassia hyssopifolia (Pall.) Kuntze ■
140838 Echinopsilon muricatus (L.) Moq. = Bassia muricata (L.) Asch. ■☆
140839 Echinopsilon sedoides (Pall.) Moq. = Bassia sedoides (Pall.) Asch. ■
140840 Echinopsilon sedoides (Schrad.) Moq. = Bassia sedoides (Schrad.) Asch. ■
140841 Echinopsilon sericeus (Aiton) Moq. = Bassia diffusa (Thunb.) Kuntze ■☆
140842 Echinopsis Zucc. (1837);仙人球属(刺猬掌属,荷包掌属,猬状仙人球属); Hedgehog Cactus, Hedgehogcactus, Sea Urchin Cactus, Sea-urchin Cactus ●
140843 Echinopsis albispinosa K. Schum.;白盛球(白盛丸)■
140844 Echinopsis ancistrophora Speg.;芳春球(芳春丸)■☆
140845 Echinopsis antezanae (Cárdenas) H. Friedrich et G. D. Rowley; 伟凤龙■
140846 Echinopsis arachnacantha (Buining et F. Ritter) H. Friedrich; 光虹球(光虹丸,光丸)■☆
140847 Echinopsis aurea Britton et Rose;黄裳球(黄裳丸);Golden Easter Lily Cactus ■☆
140848 Echinopsis aurea Britton et Rose var. elegans Backeb.;美裳球(美裳丸)■☆
140849 Echinopsis aurea Britton et Rose var. fallax (Oehme) J. Ullmann;豪裳球(豪裳丸)■☆
140850 Echinopsis backebergii Werderm.;牡丹仙人球(牡丹丸,牡丹球);Backeberg Cob Cactus ■
140851 Echinopsis bridgesii Salm-Dyck = Echinopsis lageniformis (C. F. Först.) H. Friedrich et G. D. Rowley ■
140852 Echinopsis calochlora K. Schum.;金盛球(黄毛球,金盛丸,美绿仙人球);Fairgreen Sea-urchin Cactus ■
140853 Echinopsis calorubra Cárdenas;丽红仙人球●☆
140854 Echinopsis candicans (Gillies ex Salm-Dyck) F. A. C. Weber ex D. R. Hunt;金城柱■☆
140855 Echinopsis chamaecereus H. Friedrich et G. D. Rowley; 白虾(花生仙人掌);Peanut Cactus ■☆
140856 Echinopsis chiloensis (Colla) H. Friedrich et G. D. Rowley; 智利仙人球●☆
140857 Echinopsis cinnabarina (Hook.) Labour.;龟甲球(龟甲丸); Scarlet Cob Cactus ■
140858 Echinopsis cordobensis Speg.;金春■
140859 Echinopsis deminuta F. A. C. Weber = Rebutia deminuta Britton et Rose ●☆
140860 Echinopsis eyriesii Pfeiff. et Otto;短刺球(短刺多仔球,短毛球,短毛仙人球);Eyries Sea-urchin Cactus, Pink Easter Lily Cactus ■
140861 Echinopsis ferox (Britton et Rose) Backeb.;狂风球(多刺仙人掌,狂风丸)■☆
140862 Echinopsis haematantha (Speg.) D. R. Hunt;丰丽球(丰丽丸,钩刺仙人球)■☆
140863 Echinopsis huotti Labour.;春凤球(春凤丸)■
140864 Echinopsis kermesina (Krainz) Krainz;克迈斯仙人球(胭脂红辉凤球)■☆
140865 Echinopsis kratochviliana Backeb.;香丽球(香丽丸)■☆
140866 Echinopsis lageniformis (C. F. Först.) H. Friedrich et G. D. Rowley;白聚球(白聚丸)■
140867 Echinopsis leucantha (Gillies ex Salm-Dyck) Walp.;魔剑球(魔剑丸)■
140868 Echinopsis leucorhodantha Backeb.;桃香球(桃香丸)■☆
140869 Echinopsis longispina (Britton et Rose) Werderm.;黄朱球(黄朱丸)■☆
140870 Echinopsis mamillosa Gürke;辉凤球(辉凤丸)■
140871 Echinopsis mirabilis Speg.;奇异仙人球■☆
140872 Echinopsis multiplex (Pfeiff. et Otto) Zucc. ex Pfeiff.;长盛球(八封癀,薄荷包掌,长盛丸,翅翅球,翅球,刺球,多仔球,天鹅蛋,仙人球,仙人拳,雪球); Barrel Cactus, Easterlily, Thin Hedgehogcactus ■
140873 Echinopsis multiplex (Pfeiff. et Otto) Zucc. ex Pfeiff. = Echinopsis oxygona (Link) Zucc. ■
140874 Echinopsis multiplex (Pfeiff. et Otto) Zucc. ex Pfeiff. var. cristata Hort.;厚荷包掌(福裱);Thick Hedgehogcactus ■
140875 Echinopsis obrepanda (Salm-Dyck) K. Schum.;剑芒球(剑芒丸);Violet Easter Lily Cactus ■☆
140876 Echinopsis oxygona (Link) Zucc.;旺盛球(鹅髻,旺盛丸,仙人球);Easter Lily Cactus, Sharpangular Sea-urchin Cactus ■
140877 Echinopsis pachanoi (Britton et Rose) H. Friedrich et G. D. Rowley;帕氏仙人球;Ecuador, San Pedro Cactus ■☆
140878 Echinopsis pelecyrhachis Backeb.;瑞香球(瑞香丸)■☆
140879 Echinopsis pentlandii Salm-Dyck;青玉(红罗绯,青玉锦)■☆
140880 Echinopsis peruviana (Britton et Rose) H. Friedrich et G. D. Rowley;秘鲁仙人球;San Pedro Macho ■☆
140881 Echinopsis polyancistra Backeb.;馨丽球(多钩仙人球)■☆

140882 Echinopsis potosina Werderm.;假美花仙人球(魔王丸)■☆
140883 Echinopsis rhodotricha K. Schum.;红毛仙人球(赤刺海胆,赤毛海胆,仁王球,仁王丸);Redhair Cactus ■
140884 Echinopsis rojasii Cárdenas;布袋球(布袋丸)■☆
140885 Echinopsis schwantesii Frič;星盘玉■
140886 Echinopsis shaferi Britton et Rose;登云球(登云丸)■
140887 Echinopsis silvestrii Speg.;银丽玉(银丽球)■
140888 Echinopsis spachiana (Lem.) H. Friedrich et G. D. Rowley;黄大文字(金刺仙人柱,毛花柱);Golden Column, Golden Torch Cereus, Torch Cactus, White Torch Cactus ■☆
140889 Echinopsis spegazziniana Britton et Rose;雷凤球(雷凤丸)■
140890 Echinopsis toralapana Cárdenas;紫花荷包掌■
140891 Echinopsis tubiflora (Pfeiff.) Zucc. ex A. Dietr.;仙人球(草球,大花仙人球,花盛球);Tubeflower Sea-urchin Cactus ■
140892 Echinopsis tucumanensis Y. Ito;银刺仙人球;Tucuman Cactus ■
140893 Echinopsis turbinata (Pfeiff.) Zucc. ex Pfeiff. et Otto = Echioglossum turbinata (Pfeiff.) Zucc. ex Pfeiff. et Otto ■
140894 Echinopsis valida Monv. ex Salm-Dyck;益荒球(益荒丸)■
140895 Echinopsus St. -Lag. = Echinops L. ■
140896 Echinopterys A. Juss. (1843);刺翼果属●☆
140897 Echinopterys eglandulosa (A. Juss.) Small;无腺刺翼果■☆
140898 Echinopteryx Dalla Torre et Harms = Echinopterys A. Juss. ●☆
140899 Echinopus Adans. = Echinops L. ■
140900 Echinopus Mill. = Echinops L. ■
140901 Echinopus Tourn. ex Adans. = Echinops L. ■
140902 Echinorebutia Frič = Rebutia K. Schum. ●
140903 Echinorhyncha Dressler;刺喙兰属■☆
140904 Echinorhyncha antonii (P. Ortiz) Dressler;刺喙兰■☆
140905 Echinoschoenus Nees et Meyen = Rynchospora Vahl ■☆
140906 Echinoschoenus Nees et Meyen(1834);刺莎属■☆
140907 Echinoschoenus triceps (Vahl) Nees et Meyen;刺莎■☆
140908 Echinosciadium Zohary = Anisosciadium DC. ■☆
140909 Echinosepala Pridgeon et M. W. Chase = Aechmea Ruiz et Pav. (保留属名)■☆
140910 Echinosepala Pridgeon et M. W. Chase(2002);刺萼兰属■☆
140911 Echinosepala tomentosa (Luer.) Pridgeon et M. W. Chase;刺萼兰■☆
140912 Echinosophora Nakai = Sophora L. ●■
140913 Echinosparton Fourr. = Echinospartum (Spach) Fourr. ●☆
140914 Echinospartum (Spach) Fourr. (1868)('Echinosparton');海胆染料木属●☆
140915 Echinospartum (Spach) Fourr. = Genista L. ●
140916 Echinospartum barnadesii (Graells) Rothm.;海胆染料木●☆
140917 Echinospermum Sw. = Lappula Moench ■
140918 Echinospermum Sw. ex Lehm. = Lappula Moench ■
140919 Echinospermum anisacanthum Turcz. = Lappula heteracantha (Ledeb.) Gurke ■
140920 Echinospermum barbatum (M. Bieb.) Lehm. = Lappula barbata (M. Bieb.) Gürke ■☆
140921 Echinospermum brachycentrum Ledeb. = Lappula brachycentra (Ledeb.) Gürke ■
140922 Echinospermum canum Benth. = Eritrichium canum (Benth.) Kitam. ■
140923 Echinospermum capense A. DC. = Lappula capensis (A. DC.) Gürke ■☆
140924 Echinospermum casipicum Fisch. et C. A. Mey. = Lappula semiglabra (Ledeb.) Gürke ■
140925 Echinospermum ceratophorum Popov = Lappula spinocarpa (Forssk.) Asch. ex Kuntze subsp. ceratophora (Popov) Y. J. Nasir ■☆
140926 Echinospermum consanguineum Fisch. et C. A. Mey. = Lappula consanguinea (Fisch. et C. A. Mey.) Gürke ■
140927 Echinospermum cynoglossoides Lam. = Lappula capensis (A. DC.) Gürke ■☆
140928 Echinospermum deflexum (Wahlenb.) Lehm. var. americanum A. Gray = Hackelia deflexa (Wahlenb.) Opiz var. americana (A. Gray) Fernald et I. M. Johnst. ■☆
140929 Echinospermum deflexum Lehm. = Eritrichium deflexum (Wahlenb.) Y. S. Lian et J. Q. Wang ■
140930 Echinospermum deflexum Lehm. var. pumilum Ledeb. = Hackelia thymifolia (A. DC.) I. M. Johnst. ■
140931 Echinospermum divaricatum Bunge = Lappula sinaica (DC.) Asch. ex Schweinf. ■
140932 Echinospermum fremontii Torr. = Lappula squarrosa (Retz.) Dumort. ■☆
140933 Echinospermum glochidiatum DC. = Hackelia uncinata (Royle ex Benth.) C. E. C. Fisch. ■
140934 Echinospermum heteracanthum Ledeb. = Lappula heteracantha (Ledeb.) Gurke ■
140935 Echinospermum heterocaryum Bunge = Heterocaryum rigidum A. DC. ■
140936 Echinospermum intermedium Ledeb. = Lappula intermedia (Ledeb.) Popov ■
140937 Echinospermum intermedium Ledeb. = Lappula redowskii (Hornem.) Greene ■
140938 Echinospermum karelinii Fisch. et C. A. Mey. = Lappula karelinii (Fisch. et C. A. Mey.) Kamelin ■
140939 Echinospermum kotschyii Boiss. = Lappula sinaica (DC.) Asch. ex Schweinf. ■
140940 Echinospermum lappula (L.) Lehm. = Lappula myosotis Wolf ■
140941 Echinospermum lappula (L.) Lehm. var. consanguineum (Fisch. et C. A. Mey.) Regel = Lappula consanguinea (Fisch. et C. A. Mey.) Gürke ■
140942 Echinospermum lappula Lehm. = Lappula squarrosa (Retz.) Dumort. ■☆
140943 Echinospermum latifolium Hochst. ex A. Rich. = Cynoglossopsis latifolia (Hochst. ex A. Rich.) Brand ■☆
140944 Echinospermum macranthum Ledeb. = Lappula macrantha Popov ex Pavlov ■
140945 Echinospermum matsudairai Makino = Hackelia deflexa (Wahlenb.) Opiz ■
140946 Echinospermum microcarpum Ledeb. = Lappula microcarpa (Ledeb.) Gürke ■
140947 Echinospermum minimum Lehm. = Heterocaryum rigidum A. DC. ■
140948 Echinospermum oligacanthum Ledeb. = Lappula microcarpa (Ledeb.) Gürke ■
140949 Echinospermum patulum Lehm. = Lappula patula (Lehm.) Asch. ex Gürke ■
140950 Echinospermum redowskii (Hornem.) Lehm. var. occidentalis S. Watson = Lappula redowskii (Hornem.) Greene ■
140951 Echinospermum redowskii Lehm. = Lappula redowskii (Hornem.) Greene ■
140952 Echinospermum semiglabrum Ledeb. = Lappula semiglabra (Ledeb.) Gürke ■

140953 Echinospermum sericeum Benth. = Eritrichium villosum (Ledeb.) Bunge ■
140954 Echinospermum sessiliflorum Boiss. = Lappula sessiliflora (Boiss.) Gurke ■☆
140955 Echinospermum sinaicum DC. = Lappula sinaica (DC.) Asch. ex Schweinf. ■
140956 Echinospermum spathulatum Benth. = Eritrichium canum (Benth.) Kitam. var. spathulatum (Benth.) Y. J. Nasir ■☆
140957 Echinospermum spinocarpos (Forssk.) Boiss. = Lappula spinocarpa (Forssk.) Asch. ex Kuntze ■
140958 Echinospermum strictum Ledeb. = Lappula stricta (Ledeb.) Gürke ■
140959 Echinospermum stylosum Kar. et Kir. = Lappula microcarpa (Ledeb.) Gürke ■
140960 Echinospermum szovitsianum Boiss. = Heterocaryum rigidum A. DC. ■
140961 Echinospermum tenue Ledeb. = Lappula tenuis (Ledeb.) Gurke ■
140962 Echinospermum texanum Scheele = Lappula patula (Lehm.) Gürke ■☆
140963 Echinospermum thymifolium A. DC. = Eritrichium thymifolium (DC.) Y. S. Lian et J. Q. wang ■
140964 Echinospermum thymifolium DC. = Hackelia thymifolia (A. DC.) I. M. Johnst. ■
140965 Echinospermum vahlianum Lehm. = Lappula spinocarpa (Forssk.) Asch. ex Kuntze ■
140966 Echinospermum zeylanicum Lehm. = Cynoglossum zeylanicum (Vahl ex Hornem.) Thunb. ex Lehm. ■☆
140967 Echinosphaera Siebold ex Steud. = Ricinocarpos Desf. ●☆
140968 Echinosphaera Steud. = Ricinocarpos Desf. ●☆
140969 Echinostachys Brongn. = Aechmea Ruiz et Pav. (保留属名)■☆
140970 Echinostachys E. Mey. (1838);刺花凤梨属■☆
140971 Echinostachys E. Mey. = Pycnostachys Hook. ●■☆
140972 Echinostachys oblonga Brongn.;刺花凤梨■☆
140973 Echinostachys reticulata E. Mey. = Pycnostachys reticulata (E. Mey.) Benth. ■☆
140974 Echinostephia (Diels) Domin(1926);刺冠藤属●☆
140975 Echinostephia aculeata (Bailey) Domin;刺冠藤●☆
140976 Echinothamnus Engl. (1891);刺灌莲属●☆
140977 Echinothamnus Engl. = Adenia Forssk. ●
140978 Echinothamnus pechuelii Engl. = Adenia pechuelii (Engl.) Harms ●☆
140979 Echinus L. Bolus = Braunsia Schwantes ●☆
140980 Echinus L. Bolus = Mesembryanthemum L. (保留属名)■●
140981 Echinus L. Bolus(1927);猬籽玉属●☆
140982 Echinus L. Lour. = Mallotus Lour. ●
140983 Echinus apiculatus (Kensit) L. Bolus = Braunsia apiculata (Kensit) L. Bolus ●☆
140984 Echinus edentulus (Haw.) N. E. Br. = Ruschia edentula (Haw.) L. Bolus ●☆
140985 Echinus mathewsii (L. Bolus) N. E. Br. = Braunsia geminata (Haw.) L. Bolus ●☆
140986 Echinus maximilianii (Schltr. et A. Berger) N. E. Br. = Braunsia maximilianii (Schltr. et A. Berger) Schwantes ●☆
140987 Echinus philippinensis Lam. = Mallotus philippensis (Lam.) Müll. Arg. ●
140988 Echinus stayneri L. Bolus = Braunsia stayneri (L. Bolus) L. Bolus ●☆
140989 Echinus trisulcus Lour. = Mallotus paniculatus (Lam.) Müll. Arg. ●
140990 Echinus vanrensburgii L. Bolus = Braunsia vanrensburgii (L. Bolus) L. Bolus ●☆
140991 Echiochilon Desf. (1798);刺唇紫草属■☆
140992 Echiochilon adenophorum I. M. Johnst. = Echiochilon longiflorum Benth. ■☆
140993 Echiochilon albidum (Franch.) I. M. Johnst. = Echiochilon persicum (Burm. f.) I. M. Johnst. ■☆
140994 Echiochilon arabicum (O. Schwartz) I. M. Johnst.;阿拉伯刺唇紫草■☆
140995 Echiochilon arenarium (I. M. Johnst.) I. M. Johnst.;沙地刺唇紫草■☆
140996 Echiochilon callianthum Lönn;美花刺唇紫草■☆
140997 Echiochilon chazaliei (H. Boissieu) I. M. Johnst.;沙扎里刺唇紫草■☆
140998 Echiochilon chazaliei (H. Boissieu) I. M. Johnst. var. muratii Dubuis et Faurel = Echiochilon chazaliei (H. Boissieu) I. M. Johnst. ■☆
140999 Echiochilon cryptocephalum (Baker) I. M. Johnst. = Buchnera cryptocephala (Baker) Philcox ■☆
141000 Echiochilon cyananthum Lönn;蓝花刺唇紫草■☆
141001 Echiochilon fruticosum Desf.;灌丛刺唇紫草■☆
141002 Echiochilon johnstonii Cufod. = Echiochilon arenarium (I. M. Johnst.) I. M. Johnst. ■☆
141003 Echiochilon kotschyi (Boiss. et Hohen.) I. M. Johnst.;科奇刺唇紫草■☆
141004 Echiochilon lithospermoides (S. Moore) I. M. Johnst. = Echiochilon arenarium (I. M. Johnst.) I. M. Johnst. ■☆
141005 Echiochilon longiflorum Benth.;长花刺唇紫草■☆
141006 Echiochilon nubicum I. M. Johnst. = Echiochilon persicum (Burm. f.) I. M. Johnst. ■☆
141007 Echiochilon persicum (Burm. f.) I. M. Johnst.;波斯刺唇紫草■☆
141008 Echiochilon somalense (Franch.) I. M. Johnst. = Echiochilon longiflorum Benth. ■☆
141009 Echiochilon vatkei (Baker) I. M. Johnst. = Echiochilon persicum (Burm. f.) I. M. Johnst. ■☆
141010 Echiochilon verrucosum (Beck) I. M. Johnst. = Echiochilon persicum (Burm. f.) I. M. Johnst. ■☆
141011 Echiochilopsis Caball. (1935);拟刺唇紫草属■☆
141012 Echiochilopsis Caball. = Echiochilon Desf. ■☆
141013 Echiochilopsis coerulea Caball. = Echiochilon chazaliei (H. Boissieu) I. M. Johnst. ■☆
141014 Echiochilus Post et Kuntze = Echiochilon Desf. ■☆
141015 Echiodes Post et Kuntze = Echioides Desf. ■
141016 Echiodes Post et Kuntze = Echioides Fabr. ■
141017 Echiodes Post et Kuntze = Echioides Moench ■
141018 Echiodes Post et Kuntze = Echioides Ortega ●■
141019 Echioglossum Blume = Acampe Lindl. (保留属名)■
141020 Echioglossum Blume = Sarcanthus Lindl. (废弃属名)■
141021 Echioglossum birmanicum Schltr. = Cleisostoma birmanicum (Schltr.) Garay ■
141022 Echioglossum simondii (Gagnep.) Szlach. = Vanda watsonii Rolfe ■☆
141023 Echioglossum striatum Rchb. f. = Cleisostoma striatum (Rchb.

f.) Garay ■
141024 Echioglossum turbinata (Pfeiff.) Zucc. ex Pfeiff. et Otto;白花仙人球■
141025 Echioglossum williamsonii (Rchb. f.) Szlach. = Cleisostoma williamsonii (Rchb. f.) Garay ■
141026 Echioides Desf. = Nonea Medik. ■
141027 Echioides Fabr. = Lycopsis L. ■
141028 Echioides Moench = Myosotis L. ■
141029 Echioides Ortega = Aipyanthus Steven ●■
141030 Echioides Ortega = Arnebia Forssk. ●■
141031 Echioides asperrima (Delile) Rothm. = Arnebia hispidissima (Sieber ex Lehm.) DC. ■☆
141032 Echioides longiflora (K. Koch) I. M. Johnst. = Arnebia longiflora K. Koch ■☆
141033 Echioides longiflora (K. Koch) I. M. Johnst. = Arnebia pulchra (Willd. ex Roem. et Schult.) J. R. Edm. ■☆
141034 Echioides nigricans Desf. = Nonea vesicaria (L.) Rchb. ■☆
141035 Echioides violacea Desf. = Nonea vesicaria (L.) Rchb. ■☆
141036 Echion St. -Lag. = Echium L. ●■
141037 Echiopsis Rchb. = Echium L. ●■
141038 Echiopsis Rchb. = Lobostemon Lehm. ■☆
141039 Echiostachys Levyns = Lobostemon Lehm. ■☆
141040 Echiostachys Levyns(1934);肖裂蕊紫草属■☆
141041 Echiostachys ecklonianus (H. Buek) Levyns;埃氏肖裂蕊紫草■☆
141042 Echiostachys incanus (Thunb.) Levyns;灰毛肖裂蕊紫草■☆
141043 Echiostachys spicatus (Burm. f.) Levyns;穗状肖裂蕊紫草■☆
141044 Echisachys Neck. = Tragus Haller(保留属名)■
141045 Echitella Pichon = Mascarenhasia A. DC. ●☆
141046 Echitella Pichon(1950);小蛇木属(小伊奇得木属)●☆
141047 Echitella lisianthiflora (A. DC.) Pichon;小蛇木(小伊奇得木)●☆
141048 Echitella lisianthiflora (A. DC.) Pichon = Mascarenhasia lisianthiflora A. DC. ●☆
141049 Echitella perrieri (Lassia) Pichon = Echitella lisianthiflora (A. DC.) Pichon ●☆
141050 Echitella perrieri (Lassia) Pichon = Mascarenhasia lisianthiflora A. DC. ●☆
141051 Echites P. Browne(1756);蛇木属(美蛇藤属,伊奇得木属);Savanna Flower ●☆
141052 Echites acuminata Roxb. = Aganosma cymosa (Roxb.) G. Don ●
141053 Echites antidysenterica (L.) Roxb. ex Fleming = Holarrhena pubescens (Buch. -Ham.) Wall. ex G. Don ●
141054 Echites antidysenterica Roth = Holarrhena pubescens (Buch. -Ham.) Wall. ex G. Don ●
141055 Echites antidysenterica Roth = Holarrhena pubescens Wall. ex G. Don ●
141056 Echites bispinosa L. f. = Pachypodium bispinosum (L. f.) A. DC. ●☆
141057 Echites caudata Burm. f. = Strophanthus caudatus (Burm. f.) Kurz ●
141058 Echites caudata L. = Strophanthus caudatus (L.) Kurz ●
141059 Echites cymosa Roxb. = Aganosma cymosa (Roxb.) G. Don ●
141060 Echites erecta Vell. = Mandevilla erecta (Vell.) Woodson ●☆
141061 Echites fragrans Moon = Chonemorpha fragrans (Moon) Alston ●
141062 Echites frutescens (L.) Roxb. = Ichnocarpus frutescens (L.) W. T. Aiton ●
141063 Echites frutescens Wall. = Ichnocarpus frutescens (L.) W. T. Aiton ●
141064 Echites frutescens Wall. ex Roxb. = Ichnocarpus frutescens (L.) W. T. Aiton ●
141065 Echites grandiflora Roxb. = Beaumontia grandiflora Wall. ●◇
141066 Echites guineensis Schumach. et Thonn. = Ancylobotrys scandens (Schumach. et Thonn.) Pichon ●☆
141067 Echites guineensis Thonn. = Motandra guineensis (Thonn.) A. DC. ●☆
141068 Echites hirsutus Ruiz et Pav.;美蛇藤(伊奇得木)●☆
141069 Echites laevigata Moon = Parsonsia alboflavescens (Dennst.) Mabb. ●
141070 Echites laevigatus Wall. = Parsonsia alboflavescens (Dennst.) Mabb. ●
141071 Echites laxa Ruiz et Pav. = Mandevilla laxa (Ruiz et Pav.) Woodson ●
141072 Echites macrophylla Roxb. = Chonemorpha fragrans (Moon) Alston ●
141073 Echites marginata Roxb. = Aganosma marginata (Roxb.) G. Don ●
141074 Echites micrantha Wall. = Urceola micrantha (Wall. ex G. Don) D. J. Middleton ●
141075 Echites micrantha Wall. ex G. Don = Urceola micrantha (Wall. ex G. Don) D. J. Middleton ●
141076 Echites paniculata Thonn. ex A. DC. = Motandra guineensis (Thonn.) A. DC. ●☆
141077 Echites pubescens Buch. -Ham. = Holarrhena pubescens (Buch. -Ham.) Wall. ex G. Don ●
141078 Echites pubescens Buch. -Ham. = Holarrhena pubescens Wall. ex G. Don ●
141079 Echites religiosa Teijsm. et Binn. = Wrightia religiosa (Teijsm. et Binn.) Benth. ●
141080 Echites rhynchosperm Wall. = Chonemorpha verrucosa (Blume) D. J. Middleton ●
141081 Echites rhynchosperma Wall. = Chonemorpha verrucosa (Blume) D. J. Middleton ●
141082 Echites scholaris L. = Alstonia congensis Engl. ●☆
141083 Echites scholaris L. = Alstonia scholaris (L.) R. Br. ●
141084 Echites succulenta L. f. = Pachypodium succulentum (Jacq.) Sweet ●☆
141085 Echites umbellatus Jacq.;三花蛇木●☆
141086 Echithes Thunb. = Echites P. Browne ●☆
141087 Echium L. (1753);蓝蓟属;Blue Devil, Bluethistle, Blueweed, Bugloss, Echium, Viper's Bugloss ●■
141088 Echium Tourn. ex L. = Echium L. ●■
141089 Echium abdelrhamanii Sennen = Echium sabulicola Pomel ■☆
141090 Echium acanthocarpum Svent.;刺果蓝蓟■☆
141091 Echium aculeatum Poir.;皮刺蓝蓟■☆
141092 Echium aculeatum Poir. var. leucophaeum Christ = Echium aculeatum Poir. ■☆
141093 Echium aequale Coincy = Echium tenue Roth ■☆
141094 Echium agustini Sennen et Mauricio = Echium sabulicola Pomel ■☆
141095 Echium alonsoi Sennen et Mauricio = Echium plantagineum L. ■☆
141096 Echium alopecuroideum DC. et A. DC. = Echiostachys spicatus (Burm. f.) Levyns ■☆
141097 Echium amoenum Fisch. et C. A. Mey.;普里亚特蓝蓟●☆

141098 Echium angustifolium Mill.;窄叶蓝蓟■☆
141099 Echium angustifolium Mill. subsp. elongatum Klotz;伸长窄叶蓝蓟■☆
141100 Echium angustifolium Mill. subsp. sericeum (Vahl) Klotz;绢毛蓝蓟■☆
141101 Echium angustifolium Mill. var. eriobotryum (Pomel) Coincy = Echium humile Desf. subsp. pycnanthum (Pomel) Greuter et Burdet ■☆
141102 Echium angustifolium Mill. var. genuina Coincy = Echium angustifolium Mill. ■☆
141103 Echium angustifolium Mill. var. heterophyllum Coincy = Echium angustifolium Mill. ■☆
141104 Echium angustifolium Mill. var. humile (Desf.) Coincy = Echium humile Desf. ■☆
141105 Echium angustifolium Mill. var. mogadorense Coincy = Echium angustifolium Mill. ■☆
141106 Echium angustifolium Mill. var. nanum Coincy = Echium humile Desf. subsp. nanum (Coincy) Greuter et Burdet ■☆
141107 Echium angustifolium Mill. var. onosmoides (Pomel) Coincy = Echium humile Desf. subsp. pycnanthum (Pomel) Greuter et Burdet ■☆
141108 Echium angustifolium Thunb. = Lobostemon glaucophyllus (Jacq.) H. Buek ■☆
141109 Echium arenarium Guss.;沙地蓝蓟■☆
141110 Echium arenarium Guss. var. debile Pamp. = Echium arenarium Guss. ■☆
141111 Echium argenteum P. J. Bergius = Lobostemon argenteus (P. J. Bergius) H. Buek ■☆
141112 Echium asperrimum Lam.;粗糙蓝蓟■☆
141113 Echium aurelianum Sennen = Echium humile Desf. ■☆
141114 Echium australe Lam. = Echium creticum L. ■☆
141115 Echium australe Lam. var. grandiflorum (Desf.) Lacaita = Echium creticum L. ■☆
141116 Echium barrattei Coincy = Echium modestum Ball ■☆
141117 Echium barrattei Coincy var. brevicalyx Murb. = Echium modestum Ball ■☆
141118 Echium bifrons DC. = Echium webbii Coincy ■☆
141119 Echium bifrons DC. var. hierrense (Bolle) Christ = Echium hierrense Bolle ■☆
141120 Echium boissieri Steud.;布瓦西耶蓝蓟■☆
141121 Echium bonnetii Coincy;邦尼特蓝蓟■☆
141122 Echium bonnetii Coincy var. fuerteventurae (Lems et Holzapfel) Bramwell = Echium bonnetii Coincy ■☆
141123 Echium bourgaeanum Webb;布氏蓝蓟●☆
141124 Echium bourgaeanum Webb = Echium wildpretii H. Pearson ex Hook. f. ■☆
141125 Echium briquetii Sennen = Echium sabulicola Pomel ■☆
141126 Echium buekii I. M. Johnst. = Lobostemon echioides Lehm. ■☆
141127 Echium callithyrsum Bolle;美伞蓝蓟■☆
141128 Echium calycinum Viv.;萼状蓝蓟■☆
141129 Echium candicans L. f.;马德拉蓝蓟(亮毛蓝蓟);Madeira Bluethistle, Madeira Viper's Bugloss, Pride of Maderira ●☆
141130 Echium canum Emb. et Maire;灰色蓝蓟■☆
141131 Echium canum Emb. et Maire var. microcalycinum ? = Echium tuberculatum Hoffmanns. et Link ■☆
141132 Echium capitatum L. = Lobostemon capitatus (L.) H. Buek ■☆
141133 Echium capitiforme (A. DC.) I. M. Johnst. = Lobostemon capitatus (L.) H. Buek ■☆
141134 Echium cephaloideum (A. DC.) I. M. Johnst. = Lobostemon capitatus (L.) H. Buek ■☆
141135 Echium clandestinum Pomel;隐匿蓝蓟■☆
141136 Echium coincyanum Lacaita = Echium sabulicola Pomel subsp. decipiens (Pomel) Klotz ■☆
141137 Echium confusum Coincy = Echium sabulicola Pomel ■☆
141138 Echium confusum Coincy var. bracteatum Sommier = Echium sabulicola Pomel ■☆
141139 Echium confusum Coincy var. decipiens (Pomel) Coincy = Echium sabulicola Pomel subsp. decipiens (Pomel) Klotz ■☆
141140 Echium confusum Coincy var. perplexans (Maire) Sauvage et Vindt = Echium sabulicola Pomel ■☆
141141 Echium confusum Coincy var. philotei (Sennen) Maire = Echium sabulicola Pomel ■☆
141142 Echium confusum Coincy var. sabulicola (Pomel) Batt. = Echium sabulicola Pomel ■☆
141143 Echium connatum H. Lév. = Triosteum himalayanum Wall. ■
141144 Echium creticum Forssk. = Echium sericeum Vahl ■☆
141145 Echium creticum L.;克里特蓝蓟;Cretan Viper's Bugloss ■☆
141146 Echium creticum Lam. = Echium violaceum L. ■☆
141147 Echium creticum Pall. ex DC. = Echium rubrum Jacq. ■☆
141148 Echium creticum Sibth. et Sm. = Echium calycinum Viv. ■☆
141149 Echium curvifolium (H. Buek) I. M. Johnst. = Lobostemon curvifolius H. Buek ■☆
141150 Echium decaisnei Webb et Berthel.;德凯纳蓟■☆
141151 Echium decipiens Pomel = Echium sabulicola Pomel subsp. decipiens (Pomel) Klotz ■☆
141152 Echium densiflorum Pomel = Echium humile Desf. subsp. pycnanthum (Pomel) Greuter et Burdet ■☆
141153 Echium diversifolium (H. Buek) I. M. Johnst. = Lobostemon echioides Lehm. ■☆
141154 Echium dumosum Coincy = Echium tenue Roth subsp. dumosum (Coincy) Klotz ●☆
141155 Echium echioides (Lehm.) I. M. Johnst. = Lobostemon echioides Lehm. ■☆
141156 Echium ecklonianum (H. Buek) DC. et A. DC. = Echiostachys ecklonianus (H. Buek) Levyns ■☆
141157 Echium elegans Lehm. = Echium angustifolium Mill. ■☆
141158 Echium eriobotryum Pomel = Echium humile Desf. subsp. pycnanthum (Pomel) Greuter et Burdet ■☆
141159 Echium eriostachyum (H. Buek) DC. et A. DC. = Echiostachys spicatus (Burm. f.) Levyns ■☆
141160 Echium espagnolis Sennen et Mauricio = Echium sabulicola Pomel subsp. decipiens (Pomel) Klotz ■☆
141161 Echium exasperatum Coincy = Echium strictum L. f. subsp. exasperatum (Coincy) Bramwell ■☆
141162 Echium falcatum Lam. = Lobostemon glaucophyllus (Jacq.) H. Buek ■☆
141163 Echium fastigiatum (H. Buek) I. M. Johnst. = Lobostemon echioides Lehm. ■☆
141164 Echium fastuosum DC.;高贵蓝蓟;Noble Bluethistle, Pride of Madeira Viper's Bugloss, Pride-of-madeira ■☆
141165 Echium ferocissimum Andr. = Lobostemon argenteus (P. J. Bergius) H. Buek ■☆
141166 Echium ferox Pers. = Lobostemon argenteus (P. J. Bergius) H. Buek ■☆

141167 Echium flavum Desf.;黄蓝蓟■☆

141168 Echium fontqueri Sennen = Echium humile Desf. ■☆

141169 Echium formosum Pers. = Lobostemon regulareflorus (Ker Gawl.) Buys ■☆

141170 Echium fruticosum L.;灌丛蓝蓟■☆

141171 Echium fruticosum L. var. major Lehm. = Lobostemon fruticosus (L.) H. Buek ■☆

141172 Echium fruticosum L. var. minor Curtis = Lobostemon fruticosus (L.) H. Buek ■☆

141173 Echium fuerteventurae Lems et Holzapfel = Echium bonnetii Coincy ■☆

141174 Echium gaditanum Boiss.;加迪特蓝蓟■☆

141175 Echium galpinii (C. H. Wright) I. M. Johnst. = Echiostachys ecklonianus (H. Buek) Levyns ■☆

141176 Echium gentianoides Coincy;龙胆蓝蓟■☆

141177 Echium giganteum L. f.;大蓝蓟;Big Bluethistle, Teneriffe Viper's Bugloss ■☆

141178 Echium glaber Thunb. = Lobostemon glaucophyllus (Jacq.) H. Buek ■☆

141179 Echium glabrescens Pett. = Echium stenosiphon Webb ■☆

141180 Echium glabrum Vahl = Lobostemon glaber (Vahl) H. Buek ■☆

141181 Echium glaucophyllum Jacq. = Lobostemon glaucophyllus (Jacq.) H. Buek ■☆

141182 Echium glomeratum Poir.;团集蓝蓟■☆

141183 Echium grandiflorum Andréws = Lobostemon regulareflorus (Ker Gawl.) Buys ■☆

141184 Echium grandiflorum Desf. = Echium creticum L. ■☆

141185 Echium hierrense Bolle;耶罗蓝蓟■☆

141186 Echium hispidissimo-pustulatum Sennen = Echium horridum Batt. ■☆

141187 Echium hispidum Burm. = Lobostemon capitatus (L.) H. Buek ■☆

141188 Echium hispidum Thunb. = Lobostemon glaber (Vahl) H. Buek ■☆

141189 Echium hoffmannseggii Litard. = Echium tuberculatum Hoffmanns. et Link ■☆

141190 Echium horrendum Sennen et Mauricio = Echium sabulicola Pomel ■☆

141191 Echium horridum Batt.;多刺蓝蓟■☆

141192 Echium humile Desf.;微小蓝蓟■☆

141193 Echium humile Desf. subsp. caespitosum (Maire) Greuter et Burdet;丛生微小蓝蓟■☆

141194 Echium humile Desf. subsp. nanum (Coincy) Greuter et Burdet;矮小蓝蓟■☆

141195 Echium humile Desf. subsp. pycnanthum (Pomel) Greuter et Burdet;密花微小蓝蓟■☆

141196 Echium humile Desf. var. albiflorum Dobignard = Echium humile Desf. ■☆

141197 Echium humile Desf. var. fallax Maire = Echium humile Desf. ■☆

141198 Echium humile Desf. var. saharicum Maire = Echium humile Desf. ■☆

141199 Echium hypertropicum Webb;肥蓝蓟■☆

141200 Echium hypertropicum Webb var. nudum Coincy = Echium hypertropicum Webb ■☆

141201 Echium incanum Thunb. = Echiostachys incanus (Thunb.) Levyns ■☆

141202 Echium italicum L.;意大利蓝蓟;Itali Stairweed, Italian Viper's Bugloss ■☆

141203 Echium italicum L. subsp. flavum (Desf.) O. Bolòs et Vigo = Echium flavum Desf. ■☆

141204 Echium jahandiezii Sennen et Mauricio = Echium humile Desf. ■☆

141205 Echium laevigatum L. = Lobostemon laevigatus (L.) H. Buek ■☆

141206 Echium laevigatum Lam. = Lobostemon glaucophyllus (Jacq.) H. Buek ■☆

141207 Echium lancerottense Lems et Holz.;兰斯罗特蓝蓟■☆

141208 Echium lancerottense Lems et Holz. var. macrantha ? = Echium lancerottense Lems et Holz. ■☆

141209 Echium latifolium (H. Buek) DC. et A. DC. = Echiostachys spicatus (Burm. f.) Levyns ■☆

141210 Echium laurentii Sennen et Mauricio = Echium humile Desf. subsp. pycnanthum (Pomel) Greuter et Burdet ■☆

141211 Echium lindbergii Pett. = Echium stenosiphon Webb subsp. lindbergii (Pett.) Bramwell ■☆

141212 Echium lineatum J. Jacq. var. gomerae Pit. = Echium strictum L. f. subsp. gomerae (Pit.) Bramwell ■☆

141213 Echium longifolium Delile;长叶蓝蓟■☆

141214 Echium longifolium Delile var. macrocalycinum Maire et Weiller = Echium longifolium Delile ■☆

141215 Echium longifolium Delile var. maroccanum Ball = Echium horridum Batt. ■☆

141216 Echium lucidum Lehm. = Lobostemon lucidus (Lehm.) H. Buek ■☆

141217 Echium lusitanicum L.;卢西塔尼亚蓝蓟;Violet-vein Viper's Bugloss ■☆

141218 Echium lycopsis L. = Echium plantagineum L. ■☆

141219 Echium maireanum Sennen = Echium modestum Ball ■☆

141220 Echium maroccanum Murb. = Echium horridum Batt. ■☆

141221 Echium masguindalii Sennen = Echium sabulicola Pomel subsp. decipiens (Pomel) Klotz ■☆

141222 Echium melillense Pau = Echium horridum Batt. ■☆

141223 Echium mentagense Maire = Echium velutinum Coincy subsp. versicolor (H. Lindb.) Sauvage et Vindt ■☆

141224 Echium mentagense Maire var. versicolor (H. Lindb.) Maire = Echium velutinum Coincy subsp. versicolor (H. Lindb.) Sauvage et Vindt ■☆

141225 Echium menziesii Lehm. = Amsinckia menziesii (Lehm.) A. Nelson et J. F. Macbr. ■☆

141226 Echium micranthum Schousb. = Echium tenue Roth ■☆

141227 Echium micranthum Schousb. var. exsertum H. Lindb. = Echium tenue Roth ■☆

141228 Echium micranthum Schousb. var. inclusum H. Lindb. = Echium tenue Roth ■☆

141229 Echium microphyllum (H. Buek) I. M. Johnst. = Lobostemon echioides Lehm. ■☆

141230 Echium modestum Ball;适度蓝蓟■☆

141231 Echium modestum Ball var. barrattei (Coincy) Maire = Echium modestum Ball ■☆

141232 Echium modestum Ball var. brevicalyx (Murb.) Maire = Echium modestum Ball ■☆

141233 Echium modestum Ball var. decipiens (Pomel) Maire = Echium sabulicola Pomel subsp. decipiens (Pomel) Klotz ■☆

141234 Echium modestum Ball var. masguindalii (Sennen) Maire = Echium sabulicola Pomel subsp. decipiens (Pomel) Klotz ■☆

141235 Echium modestum Ball var. rifanum Maire = Echium modestum Ball ■☆

141236 Echium modestum Ball var. vidalii (Sennen) Maire = Echium sabulicola Pomel ■☆

141237 Echium modestum Ball var. wilczekianum Maire = Echium modestum Ball ■☆

141238 Echium montanum (H. Buek) A. DC. = Lobostemon montanus H. Buek ■☆

141239 Echium montanum Sennen et Mauricio;山地蓝蓟■☆

141240 Echium nervosum Dryand.;多脉蓝蓟■☆

141241 Echium nitidum (C. H. Wright) I. M. Johnst. = Lobostemon echioides Lehm. ■☆

141242 Echium obovatum (A. DC.) I. M. Johnst. = Lobostemon fruticosus (L.) H. Buek ■☆

141243 Echium obtusifolium I. M. Johnst. = Lobostemon trigonus (Thunb.) H. Buek ■☆

141244 Echium onosmifolium Webb et Berthel.;滇紫草蓝蓟■☆

141245 Echium onosmifolium Webb et Berthel. subsp. spectabile G. Kunkel;壮观蓝蓟■☆

141246 Echium onosmoides Pomel = Echium humile Desf. subsp. pycnanthum (Pomel) Greuter et Burdet ■☆

141247 Echium paniaguae Sennen et Mauricio = Echium sabulicola Pomel subsp. decipiens (Pomel) Klotz ■☆

141248 Echium paniculatum Lag. = Echium tuberculatum Hoffmanns. et Link ■☆

141249 Echium paniculatum Thunb. = Lobostemon paniculatus (Thunb.) H. Buek ■☆

141250 Echium paniculiforme (A. DC.) I. M. Johnst. = Lobostemon paniculiformis DC. et A. DC. ■☆

141251 Echium perplexans Maire = Echium sabulicola Pomel ■☆

141252 Echium petiolatum Barratte et Coincy;柄叶蓝蓟■☆

141253 Echium philothei Sennen = Echium sabulicola Pomel ■☆

141254 Echium pilicaule (C. H. Wright) I. M. Johnst. = Lobostemon argenteus (P. J. Bergius) H. Buek ■☆

141255 Echium pininana Webb et Berthel.;丰花蓝蓟;Giant's Viper's-bugloss ■☆

141256 Echium pitardii Bramwell = Echium lancerottense Lems et Holz. ■☆

141257 Echium pitardii Bramwell var. macrantha (Lems et Holzapfel) Bramwell = Echium lancerottense Lems et Holz. ■☆

141258 Echium plantagineum L.;车前蓝蓟;Australian Bluebell, Blue Bell, Bugloss, Parple Viper's-bugloss, Paterson's Curse, Purple Viper's Bugloss, Salvation Jane ■☆

141259 Echium plantagineum L. var. grandiflorum DC. = Echium plantagineum L. ■☆

141260 Echium plantagineum L. var. maroccanum Sennen = Echium plantagineum L. ■☆

141261 Echium plantagineum Webb et Berthel. = Echium plantagineum L. ■☆

141262 Echium pomponium Boiss. = Echium boissieri Steud. ■☆

141263 Echium pomponium Boiss. var. tangerinum Pau = Echium boissieri Steud. ■☆

141264 Echium pomponium Boiss. var. velutinum Pau = Echium boissieri Steud. ■☆

141265 Echium pubiflorum (C. H. Wright) I. M. Johnst. = Lobostemon echioides Lehm. ■☆

141266 Echium pulchrum Sennen et Mauricio = Echium humile Desf. ■☆

141267 Echium pustulatum Lehm. = Echium tuberculatum Hoffmanns. et Link ■☆

141268 Echium pustulatum Sibth. et Sm. = Echium vulgare L. subsp. pustulatum (Sm.) Bonnier et Layens ■☆

141269 Echium pustulatum Sibth. et Sm. var. paniculatum (Lag.) Pau et Font Quer = Echium tuberculatum Hoffmanns. et Link ■☆

141270 Echium pycnanthum Pomel = Echium humile Desf. subsp. pycnanthum (Pomel) Greuter et Burdet ■☆

141271 Echium pycnanthum Pomel subsp. caespitosum Maire = Echium humile Desf. subsp. caespitosum (Maire) Greuter et Burdet ■☆

141272 Echium pycnanthum Pomel subsp. humile (Desf.) Jahand. et Maire = Echium humile Desf. ■☆

141273 Echium pycnanthum Pomel subsp. nanum (Coincy) Jahand. et Maire = Echium humile Desf. subsp. nanum (Coincy) Greuter et Burdet ■☆

141274 Echium pycnanthum Pomel var. djeneiense Le Houér. = Echium humile Desf. subsp. pycnanthum (Pomel) Greuter et Burdet ■☆

141275 Echium pycnanthum Pomel var. eriobotryum (Pomel) Maire = Echium humile Desf. subsp. pycnanthum (Pomel) Greuter et Burdet ■☆

141276 Echium pycnanthum Pomel var. fallaciosum Maire et Weiller = Echium humile Desf. subsp. pycnanthum (Pomel) Greuter et Burdet ■☆

141277 Echium pycnanthum Pomel var. garianicum Maire et Weiller = Echium humile Desf. subsp. pycnanthum (Pomel) Greuter et Burdet ■☆

141278 Echium pycnanthum Pomel var. heterophyllum Coincy = Echium humile Desf. subsp. pycnanthum (Pomel) Greuter et Burdet ■☆

141279 Echium pycnanthum Pomel var. mogadorense Coincy = Echium humile Desf. subsp. pycnanthum (Pomel) Greuter et Burdet ■☆

141280 Echium pycnanthum Pomel var. pseudosericeum Maire et Weiller = Echium humile Desf. subsp. pycnanthum (Pomel) Greuter et Burdet ■☆

141281 Echium rauwolfii Delile;勒乌蓝蓟■☆

141282 Echium regulareflorum Ker Gawl. = Lobostemon regulareflorus (Ker Gawl.) Buys ■☆

141283 Echium rifanum (Maire) Sennen = Echium modestum Ball ■☆

141284 Echium rifeum Pau = Echium sabulicola Pomel ■☆

141285 Echium riofrioi Sennen = Echium sabulicola Pomel subsp. decipiens (Pomel) Klotz ■☆

141286 Echium rosmarinifolium Vahl = Lobostemon rosmarinifolius (Vahl) DC. et A. DC. ■☆

141287 Echium rosulatum Lange;莲座蓝蓟;Lax Viper's-bugtoss ■☆

141288 Echium rubrum Forssk. = Echium rubrum Jacq. ■☆

141289 Echium rubrum Jacq.;红蓝蓟■☆

141290 Echium russicum J. F. Gmel.;俄罗斯蓝蓟■☆

141291 Echium sabulicola Pomel;沙栖蓝蓟■☆

141292 Echium sabulicola Pomel subsp. decipiens (Pomel) Klotz;迷惑蓝蓟■☆

141293 Echium sabulicola Pomel var. briquetii (Sennen) Klotz = Echium sabulicola Pomel ■☆

141294 Echium sabulicola Pomel var. confusum (Coincy) Klotz = Echium sabulicola Pomel ■☆

141295 Echium sabulicola Pomel var. decipiens (Pomel) Klotz = Echium sabulicola Pomel ■☆

141296 Echium sabulicola Pomel var. rifeum (Pau) Klotz = Echium sabulicola Pomel ■☆

141297 Echium sabulicola Pomel var. tenue (Roth) Hadidi = Echium tenue Roth ■☆
141298 Echium sanguineum (Schltr.) I. M. Johnst. = Lobostemon sanguineus Schltr. ■☆
141299 Echium scabrum Lehm. = Lobostemon strigosus (Lehm.) H. Buek ■☆
141300 Echium scabrum Thunb. = Lobostemon fruticosus (L.) H. Buek ■☆
141301 Echium schlechteri I. M. Johnst. = Lobostemon collinus Schltr. ex C. H. Wright ■☆
141302 Echium sennenii Pau = Echium plantagineum L. ■☆
141303 Echium sericeum Vahl = Echium angustifolium Mill. ■☆
141304 Echium sericeum Vahl var. diffusum Boiss. = Echium angustifolium Mill. subsp. sericeum (Vahl) Klotz ■☆
141305 Echium setosum Vahl = Echium rubrum Forssk. ■☆
141306 Echium simplex DC.;简单蓝蓟■☆
141307 Echium sphaerocephalum Vahl = Lobostemon capitatus (L.) H. Buek ■☆
141308 Echium spicatum Burm. f. = Echiostachys spicatus (Burm. f.) Levyns ■☆
141309 Echium spinescens Medik. = Echium creticum L. ■☆
141310 Echium splendens (H. Buek) DC. et A. DC. = Echiostachys incanus (Thunb.) Levyns ■☆
141311 Echium sprenglianum (H. Buek) DC. et A. DC. = Lobostemon montanus H. Buek ■☆
141312 Echium stachydeum (A. DC.) I. M. Johnst. = Lobostemon stachydeus DC. et A. DC. ■☆
141313 Echium stenosiphon Webb;细管蓝蓟■☆
141314 Echium stenosiphon Webb subsp. lindbergii (Pett.) Bramwell = Echium stenosiphon Webb ■☆
141315 Echium strictum L. f.;刚直蓝蓟■☆
141316 Echium strictum L. f. subsp. exasperatum (Coincy) Bramwell;粗糙刚直蓝蓟■☆
141317 Echium strictum L. f. subsp. gomerae (Pit.) Bramwell;戈梅拉蓝蓟■☆
141318 Echium strigosum Lehm. = Lobostemon strigosus (Lehm.) H. Buek ■☆
141319 Echium suffruticosum Barratte;亚灌木蓝蓟●☆
141320 Echium sventenii Bramwell;斯文顿蓝蓟■☆
141321 Echium swartzii Lehm. = Lobostemon glaber (Vahl) H. Buek ■☆
141322 Echium tenue Roth;瘦蓝蓟■☆
141323 Echium tenue Roth subsp. dumosum (Coincy) Klotz;灌丛瘦蓝蓟●☆
141324 Echium thellungii Sennen et Mauricio = Echium humile Desf. ■☆
141325 Echium trichotomum Thunb. = Lobostemon trichotomus (Thunb.) A. DC. ■☆
141326 Echium trigonum Thunb. = Lobostemon trigonus (Thunb.) H. Buek ■☆
141327 Echium triste Svent.;暗淡蓝蓟■☆
141328 Echium triste Svent. var. gomeraeum ? = Echium triste Svent. ■☆
141329 Echium trygorrhizum Pomel = Echium humile Desf. ■☆
141330 Echium tuberculatum Hoffmanns. et Link;多疣蓝蓟■☆
141331 Echium tubiferum Poir. = Lobostemon regulareflorus (Ker Gawl.) Buys ■☆
141332 Echium vahlii Roem. et Schult. = Lobostemon glaber (Vahl) H. Buek ■☆
141333 Echium velutinum Coincy;短绒毛蓝蓟■☆
141334 Echium velutinum Coincy subsp. versicolor (H. Lindb.) Sauvage et Vindt;变色蓝蓟■☆
141335 Echium velutinum Coincy var. mentagense (Maire) Klotz = Echium velutinum Coincy subsp. versicolor (H. Lindb.) Sauvage et Vindt ■☆
141336 Echium velutinum Coincy var. versicolor (H. Lindb.) Sauvage et Vindt = Echium velutinum Coincy ■☆
141337 Echium velutinum Coincy var. vilmorianum (Sauvage et Vindt) Klotz = Echium velutinum Coincy ■☆
141338 Echium verrucosum Thunb. = Lobostemon trichotomus (Thunb.) A. DC. ■☆
141339 Echium versicolor H. Lindb. = Echium velutinum Coincy subsp. versicolor (H. Lindb.) Sauvage et Vindt ■☆
141340 Echium vidalii Sennen = Echium sabulicola Pomel ■☆
141341 Echium violaceum L. = Echium plantagineum Webb et Berthel. ■☆
141342 Echium virescens DC.;浅绿蓝蓟■☆
141343 Echium virescens DC. var. angustissimum Christ = Echium virescens DC. ■☆
141344 Echium virgatum (H. Buek) I. M. Johnst. = Lobostemon echioides Lehm. ■☆
141345 Echium viridi-argenteum (H. Buek) DC. et A. DC. = Echiostachys incanus (Thunb.) Levyns ■☆
141346 Echium vulcanorum A. Chev.;火蓝蓟■☆
141347 Echium vulgare L.;蓝蓟;Blue Cat's Tail, Blue Cat's Tails, Blue Devil, Blue Thistle, Bluebottle, Blue-devil, Bluethistle, Blueweed, Blue-weed, Bugle, Cat's Tails, Cat's Tall, Common Viper's Bugloss, Common Viper's-bugloss, Gringel, Iron-weed, Our Lord's Flannel, Our Saviour's Flannel, Snake Bugloss, Snake's Bugloss, Snake's Flower, Soldiers-and-sailors, Today-and-tomorrow, Viper's Bugloss, Viper's Grass, Viper's Herb, Viper's-bugloss, Wild Bugloss ■
141348 Echium vulgare L. subsp. pustulatum (Sm.) Bonnier et Layens;泡状蓝蓟;Bluedevil ■☆
141349 Echium webbii Coincy;韦布蓝蓟■☆
141350 Echium wildpretii H. Pearson ex Hook. f.;银叶蓝蓟(加那利蓝蓟);Red Viper's Bugloss, Tower of Jewels ■☆
141351 Echium wildpretii H. Pearson ex Hook. f. subsp. trichosiphon (Svent.) Bramwell;毛管银叶蓝蓟■☆
141352 Echium wildpretii Hook. f. = Echium wildpretii H. Pearson ex Hook. f. ■☆
141353 Echium wurmbii (A. DC.) I. M. Johnst. = Lobostemon trichotomus (Thunb.) A. DC. ■☆
141354 Echthronema Herb. = Sisyrinchium L. ■
141355 Echtrosis T. Durand = Echetrosis Phil. ■●
141356 Echtrus Lour. = Argemone L. ■
141357 Echyrospermum Schott(废弃属名) = Plathymenia Benth.(保留属名)●★
141358 Eckardia Endl. = Eckartia Rchb. ■☆
141359 Eckartia Rchb. = Peristeria Hook. ■☆
141360 Eckebergia Batsch = Ekebergia Sparrm. ●☆
141361 Ecklonea Steud. = Trianoptiles Fenzl ex Endl. ■☆
141362 Ecklonea capensis Steud. = Trianoptiles capensis (Steud.) Harv. ■☆
141363 Ecklonia Schrad. = Ecklonea Steud. ■☆
141364 Eclecticus P. O'Byrne(2009);泰兰属■☆
141365 Eclipta L. (1771)(保留属名);鳢肠属(醴肠属);Eclipta ■
141366 Eclipta alba (L.) Hassk.;美国鳢肠■

141367 Eclipta alba (L.) Hassk. = Eclipta prostrata (L.) L. ■
141368 Eclipta dentata H. Lév. et Vaniot = Wedelia prostrata (Hook. et Arn.) Hemsl. ■
141369 Eclipta erecta L. = Eclipta prostrata (L.) L. ■
141370 Eclipta erecta L. var. diffusa DC. = Eclipta prostrata (L.) L. ■
141371 Eclipta filicaulis Schumach. et Thonn. = Acmella caulirhiza Delile ■☆
141372 Eclipta latifolia L. f. = Blainvillea acmella (L.) Phillipson ■
141373 Eclipta marginata Boiss = Eclipta prostrata (L.) L. ■
141374 Eclipta prostrata (L.) L.;鳢肠(八哥草,白旱莲,白花草,白花螃蜞草,白花螃蜞菊,白鳢肠,冰冻草,臭脚把子草,臭脚桠,滴落乌,古城墨,汉莲草,旱莲草,旱莲子,旱子,黑斗草,黑墨草,黑头草,猢狲头,火旦草,火炭草,假莲蓬,节节乌,金陵草,金丝麻,鳢肠,醴肠,莲草,莲子草,麦豆草,墨菜,墨斗菜,墨斗草,墨旱莲,墨记菜,墨水草,墨头草,墨烟草,墨汁草,耐惊菜,绕莲花,水凤仙草,水旱莲,水葵花,跳鱼草,乌心草,野日头花子,野水凤仙,野向日葵,摘头乌,猪食草,猪牙草);False Daisy, White Yerbadetajo ■
141375 Eclipta prostrata (L.) L. f. aureoreticulata Y. T. Chang;金脉鳢肠;Golden-nerve Yerbadetajo ■
141376 Eclipta prostrata (L.) L. var. zippeliana (Blume) H. Kost. = Eclipta zippeliana Blume ■
141377 Eclipta thermalis Bunge = Eclipta prostrata (L.) L. ■
141378 Eclipta zippeliana Blume;毛鳢肠;Zippel Yerbadetajo ■
141379 Ecliptica Kuntze = Eclipta L. (保留属名) ■
141380 Ecliptica Rumph. = Eclipta L. (保留属名) ■
141381 Ecliptica Rumph. ex Kuntze = Eclipta L. (保留属名) ■
141382 Ecliptostelma Brandegee (1917);弱冠萝藦属●☆
141383 Ecliptostelma molle Brandegee;弱冠萝藦●☆
141384 Eclopes Gaertn. = Relhania L'Hér. (保留属名) ●☆
141385 Eclopes apiculata DC. = Relhania calycina (L. f.) L'Hér. subsp. apiculata (DC.) K. Bremer ●☆
141386 Eclopes centauroides (L.) DC. = Athanasia crenata (L.) L. ●☆
141387 Eclopes glutinosa DC. = Oedera viscosa (L'Hér.) Anderb. et K. Bremer ●☆
141388 Eclopes parallelinervis Less. var. angustifolia DC. = Relhania pungens L'Hér. subsp. angustifolia (DC.) K. Bremer ●☆
141389 Eclopes schizolepis DC. = Relhania speciosa (DC.) Harv. ●☆
141390 Eclopes sedifolia DC. = Oedera sedifolia (DC.) Anderb. et K. Bremer ●☆
141391 Eclopes speciosa DC. = Relhania speciosa (DC.) Harv. ●☆
141392 Eclopes styphelioides DC. = Relhania speciosa (DC.) Harv. ●☆
141393 Eclotoripa Raf. = Digera Forssk. ■☆
141394 Eclypta E. Mey. = Eclipta L. (保留属名) ■
141395 Ecpoma K. Schum. (1896);外盖茜属■☆
141396 Ecpoma bicarpellata (K. Schum.) N. Hallé = Bertiera bicarpellata (K. Schum.) N. Hallé ■☆
141397 Ecpoma cauliflorum (Hiern) N. Hallé;茎花外盖茜■☆
141398 Ecpoma gigantostipulum (K. Schum.) N. Hallé;巨托叶外盖茜■☆
141399 Ecpoma hiernianum (Wernham) N. Hallé et F. Hallé;希尔恩外盖茜■☆
141400 Ecpomanthera Pohl;巴西外盖茜属■☆
141401 Ectadiopsis Benth. (1876);拟凸萝藦属●☆
141402 Ectadiopsis Benth. = Cryptolepis R. Br. ●
141403 Ectadiopsis acutifolia (Sond.) K. Schum. = Cryptolepis oblongifolia (Meisn.) Schltr. ●☆
141404 Ectadiopsis buettneri K. Schum. = Cryptolepis oblongifolia (Meisn.) Schltr. ●☆
141405 Ectadiopsis cryptolepidioides Schltr. = Cryptolepis cryptolepidioides (Schltr.) Bullock ●☆
141406 Ectadiopsis lanceolata Baill. = Cryptolepis oblongifolia (Meisn.) Schltr. ●☆
141407 Ectadiopsis myrtifolia Baill. = Cryptolepis oblongifolia (Meisn.) Schltr. ●☆
141408 Ectadiopsis nigritana Benth. = Cryptolepis oblongifolia (Meisn.) Schltr. ●☆
141409 Ectadiopsis nigritana Benth. var. congesta K. Schum. = Cryptolepis oblongifolia (Meisn.) Schltr. ●☆
141410 Ectadiopsis oblongifolia (Meisn.) Schltr. = Cryptolepis oblongifolia (Meisn.) Schltr. ●☆
141411 Ectadiopsis producta (N. E. Br.) Bullock;伸展拟凸萝藦●☆
141412 Ectadiopsis ruspolii Chiov. = Cryptolepis oblongifolia (Meisn.) Schltr. ●☆
141413 Ectadiopsis scandens K. Schum. = Cryptolepis oblongifolia (Meisn.) Schltr. ●☆
141414 Ectadiopsis suffruticosa K. Schum. = Cryptolepis oblongifolia (Meisn.) Schltr. ●☆
141415 Ectadiopsis welwitschii Baill. = Cryptolepis oblongifolia (Meisn.) Schltr. ●☆
141416 Ectadium E. Mey. (1838);凸萝藦属●☆
141417 Ectadium latifolium (Schinz) N. E. Br.;宽叶凸萝藦●☆
141418 Ectadium oblongifolium Meisn. = Cryptolepis oblongifolia (Meisn.) Schltr. ●☆
141419 Ectadium rotundifolium (H. Huber) Venter et Kotze;圆叶凸萝藦●■☆
141420 Ectadium virgatum E. Mey.;条纹凸萝藦●☆
141421 Ectadium virgatum E. Mey. var. latifolium Schinz = Ectadium latifolium (Schinz) N. E. Br. ●☆
141422 Ectadium virgatum E. Mey. var. rotundifolium H. Huber = Ectadium rotundifolium (H. Huber) Venter et Kotze ●■☆
141423 Ectasis D. Don = Erica L. ●☆
141424 Ecteinanthus T. Anderson = Isoglossa Oerst. (保留属名) ■★
141425 Ecteinanthus T. Anderson = Rhytiglossa Nees (废弃属名) ●■
141426 Ecteinanthus divaricatus T. Anderson = Isoglossa ciliata (Nees) Lindau ■☆
141427 Ecteinanthus ecklonianus (Nees) T. Anderson = Isoglossa eckloniana (Nees) Lindau ■☆
141428 Ecteinanthus origanoides (Nees) T. Anderson = Isoglossa origanoides (Nees) Lindau ■☆
141429 Ecteinanthus ovatus (Nees) T. Anderson = Isoglossa ovata (Nees) Lindau ■☆
141430 Ecteinanthus prolixus (Nees) T. Anderson = Isoglossa prolixa (Nees) Lindau ■☆
141431 Ectemls Raf. = Cordia L. (保留属名) ●
141432 Ectinanthus Post et Kuntze = Ecteinanthus T. Anderson ■★
141433 Ectinanthus Post et Kuntze = Isoglossa Oerst. (保留属名) ■★
141434 Ectinocladus Benth. = Alafia Thouars ●☆
141435 Ectinocladus benthamii Baill. ex Stapf = Alafia benthamii (Baill.) Stapf ●☆
141436 Ectopopterys W. R. Anderson (1980);异翅金虎尾属●☆
141437 Ectopopterys soejartoi W. R. Anderson;异翅金虎尾●☆
141438 Ectosperma Swallen = Swallenia Soderstr. et H. F. Decker ■☆
141439 Ectotropis N. E. Br. (1927);外玉属■☆

141440 Ectotropis N. E. Br. = Delosperma N. E. Br. ●☆
141441 Ectotropis alpina N. E. Br. = Delosperma alpinum (N. E. Br.) S. A. Hammer et A. P. Dold ■☆
141442 Ectozoma Miers = Juanulloa Ruiz et Pav. ●☆
141443 Ectozoma Miers = Markea Rich. ●☆
141444 Ectrosia R. Br. (1810);兔迹草属(刺毛叶草属)■☆
141445 Ectrosia leporina R. Br.;兔迹草■☆
141446 Ectrosia ovata Night.;卵形兔迹草■☆
141447 Ectrosiopsis (Ohwi) Jansen(1952);拟兔迹草属■☆
141448 Ectrosiopsis subtriflora (Ohwi) Jansen;拟兔迹草■☆
141449 Ecua D. J. Middleton(1996);摩鹿加夹竹桃属●☆
141450 Ecuadendron D. A. Neill(1998);厄瓜多尔豆属●☆
141451 Ecuadoria Dodson et Dressler = Microthelys Garay ■☆
141452 Ecuadoria Dodson et Dressler(1994);厄瓜多尔肋枝兰属■☆
141453 Edanthe O. F. Cook et Doyle = Chamaedorea Willd.(保留属名)●☆
141454 Edbakeria R. Vig. = Pearsonia Dümmer ●☆
141455 Edbakeria madagascariensis R. Vig. = Pearsonia madagascariensis (R. Vig.) Polhill ●☆
141456 Eddya Torr. et A. Gray = Coldenia L. ■
141457 Eddya Torr. et A. Gray = Tiquilia Pers. ■☆
141458 Edechi Loefl. = Guettarda L. ●
141459 Edemias Raf. = Conyza Less.(保留属名)■
141460 Edemias Raf. = Eschenbachia Moench(废弃属名)■
141461 Edgaria C. B. Clarke(1876);三棱瓜属;Edgaria,Triribmelon ■
141462 Edgaria darjeelingensis C. B. Clarke; 三棱瓜; Common Triribmelon,Darjeeling Edgaria ■
141463 Edgeworthia Falc. = Monotheca A. DC. ●☆
141464 Edgeworthia Falc. = Reptonia A. DC. ●☆
141465 Edgeworthia Falc. = Sideroxylon L. ●☆
141466 Edgeworthia Meisn. (1841);结香属(黄瑞香属);Paper Bush, Paperbush,Paper-bush ●
141467 Edgeworthia albiflora Nakai;白结香;Whiteflower Paperbush ●
141468 Edgeworthia buxifolia Falc. = Monotheca buxifolia (Falc.) A. DC. ●☆
141469 Edgeworthia buxifolia Falc. = Sideroxylon mascatense (A. DC.) T. D. Penn. ●☆
141470 Edgeworthia chrysantha Lindl.;结香(白蚁树,百结树,宝皮鞍,打结花,黄瑞香,金腰带,金腰袋,檬花树,蒙花,蒙花珠,梦冬花,梦花,密蒙花,三叉树,三椏皮,山棉皮,沈杏花,水菖花,喜花,新蒙花,雪花皮,雪花树,雪里开,岩泽兰,野蒙花,野梦花,叶质结香,一身宝暖,迎春花);Mitsumata, Oriental Caper-bush, Oriental Paper Bush, Oriental Paperbush, Paper Bush, Paperbush, Paper-bush ●
141471 Edgeworthia eriosolenoides K. M. Feng et S. C. Huang;西畴结香;Cichou Paperbush ●
141472 Edgeworthia gardneri (Wall.) Meisn.;滇结香(长梗结香,构皮树,黄瑞香,结香,蒙花,密蒙花,山结香);Yunnan Paperbush ●
141473 Edgeworthia involucrata (Wall.) Tiegh. = Eriosolena composita (L. f.) Tiegh. ●
141474 Edgeworthia longipes Lace;长梗结香●☆
141475 Edgeworthia papyrifera (Siebold) Siebold et Zucc. = Edgeworthia chrysantha Lindl. ●
141476 Edgeworthia papyrifera Siebold et Zucc. = Edgeworthia chrysantha Lindl. ●
141477 Edgeworthia psammophila (Chiov.) Bremek. = Oldenlandia richardsonioides (K. Schum.) Verdc. var. laxiflora (Bremek.) Verdc. ●☆
141478 Edgeworthia psammophila (Chiov.) Bremek. var. compactehirtella Bremek. = Oldenlandia richardsonioides (K. Schum.) Verdc. ●☆
141479 Edgeworthia psammophila (Chiov.) Bremek. var. hirtella ? = Oldenlandia richardsonioides (K. Schum.) Verdc. var. hirtella (Chiov.) Verdc. ●☆
141480 Edgeworthia psammophila (Chiov.) Bremek. var. laxiflora Bremek. = Oldenlandia richardsonioides (K. Schum.) Verdc. var. laxiflora (Bremek.) Verdc. ●☆
141481 Edgeworthia tomentosa (Thunb.) Nakai = Edgeworthia chrysantha Lindl. ●
141482 Edisonia Small = Matelea Aubl. ●☆
141483 Editeles Raf. = Lythrum L. ●■
141484 Edithcolea N. E. Br. (1895);爱迪草属■☆
141485 Edithcolea grandis N. E. Br.;爱迪草;Persian Carpet Flower ■☆
141486 Edithcolea grandis N. E. Br. var. baylissiana Lavranos et Hardy;贝利斯爱迪草■☆
141487 Edithcolea sordida N. E. Br. = Edithcolea grandis N. E. Br. ■☆
141488 Edithea Standl. = Omiltemia Standl. ●☆
141489 Edmondia Cass. (1818);白苞紫绒草属●■☆
141490 Edmondia Cass. = Helichrysum Mill.(保留属名)●■
141491 Edmondia Cogn. = Calycophysum H. Karst. et Triana ■☆
141492 Edmondia bicolor Cass. = Edmondia sesamoides (L.) Hilliard ●☆
141493 Edmondia bracteata Cass. = Edmondia pinifolia (Lam.) Hilliard ●☆
141494 Edmondia fasciculata (Andréws) Hilliard;簇生白苞紫绒草●☆
141495 Edmondia pinifolia (Lam.) Hilliard;针叶白苞紫绒草●☆
141496 Edmondia sesamoides (L.) Hilliard;芝麻白苞紫绒草●☆
141497 Edmondia splendens Cass. = Edmondia sesamoides (L.) Hilliard ●☆
141498 Edmonstonia Seem. = Tetrathylacium Poepp. ●☆
141499 Edmundoa Leme = Nidularium Lem. ■☆
141500 Edmundoa Leme(1997);巴西巢凤梨属■☆
141501 Edosmia Nutt. = Atenia Hook. et Arn. ■☆
141502 Edosmia Nutt. ex Torr. et A. Gray = Carum L. ■
141503 Edosmia neurophylla Maxim. = Pterygopleurum neurophyllum (Maxim.) Kitag. ■
141504 Edosmia neurophyllum Maxim. = Pterygopleurum neurophyllum (Maxim.) Kitag. ■
141505 Edouardia Corrêa = Melloa Bureau ●☆
141506 Edraiantbus graminifolius (L.) DC.;禾叶草钟■☆
141507 Edraianthus (A. DC.) A. DC. = Edraianthus A. DC.(保留属名)■☆
141508 Edraianthus A. DC. (1839)(保留属名);草钟属■☆
141509 Edraianthus dalmaticus A. DC.;多花草钟■☆
141510 Edraianthus owerinianus Rupr.;奥氏草钟■☆
141511 Edraianthus pumilio A. DC.;小草钟■☆
141512 Edraianthus serpyllifolius A. DC.;睫毛草钟■☆
141513 Edrajanthus A. DC. = Edraianthus A. DC.(保留属名)■☆
141514 Edrastenia B. D. Jacks. = Edrastima Raf. ●■
141515 Edrastima Raf. = Hedyotis L.(保留属名)●■
141516 Edrastima Raf. = Oldenlandia L. ●■
141517 Edrissa Endl. = Hedyotis L.(保留属名)●■
141518 Edritria Raf. = Carex L. ■
141519 Eduandrea Leme, W. Till, G. K. Br., J. R. Grant et Govaerts

(2008);硬蕊凤梨属■☆
141520 Eduardoregelia Popov = Orithyia D. Don ■
141521 Eduardoregelia Popov = Tulipa L. ■
141522 Eduardoregella Popov = Tulipa L. ■
141523 Edusaron Medik. = Desmodium Desv.(保留属名)●■
141524 Edusaron Medik. = Meibomia Heist. ex Fabr.(废弃属名)●■
141525 Edusarum Steud. = Edusaron Medik. ●■
141526 Edwardia Raf. = Bichea Stokes(废弃属名)●☆
141527 Edwardia Raf. = Cola Schott et Endl.(保留属名)●☆
141528 Edwardia Raf. ex DC. = Cola Schott et Endl.(保留属名)●☆
141529 Edwardsia Endl. = Bidens L. ■●
141530 Edwardsia Endl. = Edwardsia Salisb. ■☆
141531 Edwardsia Endl. = Edwarsia Neck. ■●
141532 Edwardsia Neck. = Bidens L. ■●
141533 Edwardsia Salisb.(1808);爱槐属■☆
141534 Edwardsia Salisb. = Sophora L. ●■
141535 Edwardsia hortensis Boiss. et Buhse = Sophora mollis (Royle) Baker ●
141536 Edwardsia mollis Royle = Sophora mollis (Royle) Baker ●
141537 Edwardsia persica Boiss. et Buhse = Sophora mollis (Royle) Baker ●
141538 Edwarsia Dumort. = Edwardsia Salisb. ■☆
141539 Edwarsia Neck. = Bidens L. ■●
141540 Edwinia A. Heller = Jamesia Torr. et A. Gray(保留属名)●☆
141541 Edymion aristidis (Coss.) Chouard = Hyacinthoides aristidis (Coss.) Rothm. ■☆
141542 Edymion cedretorus Pomel = Hyacinthoides cedretorum (Pomel) Dobignard ■☆
141543 Edymion hispanicus (Mill.) Chouard = Hyacinthoides hispanica (Mill.) Rothm. ■☆
141544 Edymion kabylicus (Chabert) Chouard = Hyacinthoides cedretorum (Pomel) Dobignard ■☆
141545 Edymion lingulatus (Poir.) Chouard = Hyacinthoides lingulata (Poir.) Rothm. ■☆
141546 Edymion mauritanicus (Schousb.) Chouard = Hyacinthoides mauritanica (Schousb.) Speta ■☆
141547 Edymion patulus Gren. et Godr. = Hyacinthoides cedretorum (Pomel) Dobignard ■☆
141548 Edymion patulus Gren. et Godr. var. algeriensis Batt. = Hyacinthoides cedretorum (Pomel) Dobignard ■☆
141549 Eedianthe (Rchb.) Rchb. = Silene L.(保留属名)■
141550 Eeldea T. Durand = Candollea Labiil.(1806)●☆
141551 Eeldea T. Durand = Hibbertia Andréws ●☆
141552 Eenia Hiern et S. Moore = Anisopappus Hook. et Arn. ■
141553 Eenia damarensis Hiern et S. Moore = Anisopappus pinnatifidus (Klatt) O. Hoffm. ex Hutch. ■☆
141554 Effusiella Luer = Pleurothallis R. Br. ■☆
141555 Effusiella Luer(2007);哥兰属■☆
141556 Efossus Orcutt = Echinofossulocactus Lawr. ■
141557 Efossus Orcutt = Stenocactus (K. Schum.) A. Berger ●☆
141558 Efulensia C. H. Wright = Deidamia E. A. Noronha ex Thouars ■☆
141559 Efulensia C. H. Wright(1897);爱夫莲属■☆
141560 Efulensia clematoides C. H. Wright;爱夫莲■☆
141561 Efulensia montana W. J. de Wilde;山地爱夫莲■☆
141562 Egania J. Rémy = Chaetanthera Ruiz et Pav. ■☆
141563 Eganthus Tiegh. = Minquartia Aubl. ●☆
141564 Egassea Pierre ex De Wild. = Oubanguia Baill. ●☆
141565 Egassea laurifolia Pierre ex De Wild. = Oubanguia laurifolia (Pierre ex De Wild.) Tiegh. ●☆
141566 Egassea pierreana De Wild. = Scytopetalum pierreanum (De Wild.) Tiegh. ●☆
141567 Egena Raf. = Clerodendrum L. ●■
141568 Egeria Planch.(1849);水蕴草属(埃格草属,艾格藻属);Large-flowered Waterweed,South American Elodea ■
141569 Egeria densa Planch.;水蕴草(埃格草);Brazilian Water Weed,Brazilian Waterweed,Common Waterweed,Dense-leaved Elodea,Giant Elodea,Giant Waterweed,Large-flowered Waterweed,Water-weed ■
141570 Eggelingia Summerh.(1951);埃格兰属■☆
141571 Eggelingia clavata Summerh.;棒状埃格兰■☆
141572 Eggelingia gabonensis P. J. Cribb et Laan;加蓬埃格兰■☆
141573 Eggelingia ligulifolia Summerh.;埃格兰■☆
141574 Eggersia Hook. f. = Neea Ruiz et Pav. ●☆
141575 Egleria L. T. Eiten(1964);埃格莎草属■☆
141576 Egleria fluctuans L. T. Eiten;埃格莎草■☆
141577 Eglerodendron Aubrév. et Pellegr. = Pouteria Aubl. ●
141578 Egletes Cass.(1817);热雏菊属(埃勒菊属);Tropic Daisy ■☆
141579 Egletes viscosa (L.) Less.;热雏菊(粘性埃勒菊);Tropical Daisy ■☆
141580 Egletes viscosa (L.) Less. var. dissecta Shinners = Egletes viscosa (L.) Less. ■☆
141581 Egletes viscosa Less. = Egletes viscosa (L.) Less. ■☆
141582 Ehrardia Benth. et Hook. f. = Aiouea Aubl. ●☆
141583 Ehrardia Benth. et Hook. f. = Ehrhardia Scop. ●☆
141584 Ehrartha P. Beauv. = Ehrharta Thunb.(保留属名)■☆
141585 Ehrartia Benth. = Ehrhartia Weber ■
141586 Ehrenbergia Mart. = Kallstroemia Scop. ■☆
141587 Ehrenbergia Spreng. = Amaioua Aubl. ●☆
141588 Ehrendorferia Fukuhara et Lidén(1997);埃氏罂粟属■☆
141589 Ehrendorferia chrysantha (Hook. et Arn.) Rylander;金花埃氏罂粟■☆
141590 Ehrendorferia ochroleuca (Engelm.) Fukuhara;埃氏罂粟;Golden Eardrops ■☆
141591 Ehretia L. = Ehretia P. Browne ●
141592 Ehretia P. Browne(1756);厚壳树属(粗糠树属,厚壳属);Ehretia ●
141593 Ehretia abyssinica R. Br. ex Fresen. = Ehretia cymosa Thonn. var. abyssinica (R. Br. ex Fresen.) Brenan ●☆
141594 Ehretia abyssinica R. Br. ex Fresen. var. silvatica (Gürke) Riedl = Ehretia cymosa Thonn. var. silvatica (Gürke) Brenan ●☆
141595 Ehretia acuminata R. Br.;厚壳树(大岗茶,大红茶,厚壳仔,苦丁茶,岭南白莲茶,松杨,台湾厚壳树);Acuminate Ehretia,Heliotrope Ehretia,Kodo Wood ●
141596 Ehretia acuminata R. Br. var. grandifolia Pamp. = Ehretia acuminata R. Br. ●
141597 Ehretia acuminata R. Br. var. obovata (Lindl.) I. M. Johnst.;大岗茶(厚壳树,台湾厚壳树);Obovata Acuminate Ehretia ●
141598 Ehretia acuminata R. Br. var. obovata (Lindl.) I. M. Johnst. = Ehretia acuminata R. Br. ●
141599 Ehretia acuminata R. Br. var. serrata (Roxb.) I. M. Johnst. = Ehretia serrata Roxb. ●☆
141600 Ehretia acutifolia Baker = Cordia senegalensis Juss. ●☆
141601 Ehretia alba Retief et A. E. van Wyk;白厚壳树●☆
141602 Ehretia amoena Klotzsch;悦人厚壳树(砂纸木);Sandpaper

Bush ●☆

141603 Ehretia anacua I. M. Johnst.;硬叶厚壳树●☆

141604 Ehretia angolensis Baker;安哥拉厚壳树●☆

141605 Ehretia argyi H. Lév. = Ehretia acuminata R. Br. ●

141606 Ehretia asperula Zoll. et Moritzi;宿苞厚壳树(宿萼厚壳树);Asperulous Ehretia, Slightlyrough Ehretia ●

141607 Ehretia australis J. S. Mill.;南方厚壳树●☆

141608 Ehretia bakeri Britten;贝克厚壳树●☆

141609 Ehretia braunii Vatke = Ehretia obtusifolia Hochst. ex A. DC. ●☆

141610 Ehretia breviflora De Wild. = Ehretia cymosa Thonn. var. breviflora (De Wild.) Taton ●☆

141611 Ehretia buxifolia Roxb.;黄杨叶厚壳树;Falsetea Ehretia, Fukien Tea ●

141612 Ehretia buxifolia Roxb. = Carmona microphylla (Lam.) G. Don ●

141613 Ehretia buxifolia Roxb. var. latisepala Gagnep. = Carmona microphylla (Lam.) G. Don ●

141614 Ehretia changjiangensis F. W. Xing et Ze X. Li;昌江厚壳树;Changjiang Ehretia ●

141615 Ehretia coerulea Gürke;蓝厚壳树●☆

141616 Ehretia coerulea Gürke var. glandulosa Suess. = Ehretia coerulea Gürke ●☆

141617 Ehretia confinis I. M. Johnst.;云南粗糠树(滇西厚壳树);West Yunnan Ehretia, Yunnan Ehretia ●

141618 Ehretia corylifolia C. H. Wright;西南粗糠树(滇厚朴);Southwestern Ehretia, South-western Ehretia, SW. China Ehretia ●

141619 Ehretia cymosa Thonn.;聚伞厚壳树●☆

141620 Ehretia cymosa Thonn. var. abyssinica (R. Br. ex Fresen.) Brenan;阿比西尼亚厚壳树●☆

141621 Ehretia cymosa Thonn. var. breviflora (De Wild.) Taton;短花聚伞厚壳树●☆

141622 Ehretia cymosa Thonn. var. divaricata (Baker) Brenan;叉开厚壳树●☆

141623 Ehretia cymosa Thonn. var. silvatica (Gürke) Brenan;森林聚伞厚壳树●☆

141624 Ehretia cymosa Thonn. var. zenkeri (Gürke ex Baker et C. H. Wright) Brenan;岑克尔厚壳树●☆

141625 Ehretia decaryi J. S. Mill.;德卡里厚壳树●☆

141626 Ehretia densiflora F. N. Wei et H. Q. Wen;密花厚壳树;Denseflower Ehretia ●

141627 Ehretia dentata Courchet = Carmona microphylla (Lam.) G. Don ●

141628 Ehretia dichotoma Blume = Ehretia takaminei Hatus. ●

141629 Ehretia dicksonii Hance;粗糠树(粗桐,大叶厚壳树,滇厚朴,厚壳,金连子,满福木,破布乌,破布子,台湾狄氏厚壳,野枇杷,云南厚壳树);Dickson Ehretia, Largeleaf Ehretia, Macrophyllous Ehretia ●

141630 Ehretia dicksonii Hance = Ehretia macrophylla Wall. ●

141631 Ehretia dicksonii Hance var. glabrascens Nakai = Ehretia macrophylla Wall. ex Roxb. var. glabrescens (Nakai) Y. L. Liu ●

141632 Ehretia dicksonii Hance var. glabrescens Nakai = Ehretia dicksonii Hance ●

141633 Ehretia dicksonii Hance var. japonica Nakai;日本厚壳树●

141634 Ehretia dicksonii Hance var. japonica Nakai = Ehretia dicksonii Hance ●

141635 Ehretia dicksonii Hance var. liukiuensis Nakai = Ehretia dicksonii Hance ●

141636 Ehretia dicksonii Hance var. tilioides Johnst. = Ehretia dicksonii Hance ●

141637 Ehretia dicksonii Hance var. tomentosa Nakai = Ehretia dicksonii Hance ●

141638 Ehretia dicksonii Hance var. typica Nakai = Ehretia dicksonii Hance ●

141639 Ehretia divaricata Baker = Ehretia cymosa Thonn. var. divaricata (Baker) Brenan ●☆

141640 Ehretia dunniana H. Lév.;云南厚壳树(云贵厚壳树);Dunn Ehretia ●

141641 Ehretia ferrea Willd. = Diospyros ferrea (Willd.) Bakh. ●

141642 Ehretia fischeri Gürke = Ehretia obtusifolia Hochst. ex A. DC. ●☆

141643 Ehretia floribunda Benth. = Ehretia laevis Roxb. ●

141644 Ehretia formosana Hemsl. = Ehretia resinosa Hance ●

141645 Ehretia glandulosissima Verdc.;多腺厚壳树●☆

141646 Ehretia glaucescens Hayata = Ehretia longiflora Champ. ex Benth. ●

141647 Ehretia goetzei Gürke = Ehretia amoena Klotzsch ●☆

141648 Ehretia hainanensis I. M. Johnst.;海南厚壳树;Hainan Ehretia ●

141649 Ehretia hanceana Hemsl. = Ehretia asperula Zoll. et Moritzi ●

141650 Ehretia hottentotica Burch. = Ehretia rigida (Thunb.) Druce ●☆

141651 Ehretia inamoena Standl. = Ehretia cymosa Thonn. var. silvatica (Gürke) Brenan ●☆

141652 Ehretia internodis L'Hér. = Hilsenbergia petiolaris (Lam.) J. S. Mill. ●☆

141653 Ehretia kaessneri Vaupel;卡斯纳厚壳树●☆

141654 Ehretia kantonensis Masam. = Ehretia acuminata R. Br. ●

141655 Ehretia laevis Roxb.;毛萼厚壳树(光滑厚壳树);Smooth Ehretia ●

141656 Ehretia laevis Roxb. var. aspera C. B. Clarke = Ehretia obtusifolia Hochst. ex A. DC. ●☆

141657 Ehretia laevis Roxb. var. floribunda (Benth.) Brandis = Ehretia laevis Roxb. ●

141658 Ehretia laevis Roxb. var. platyphylla Merr. = Ehretia laevis Roxb. ●

141659 Ehretia lanyuensis Tang S. Liu et T. I. Chuang = Ehretia philippinensis A. DC. ●

141660 Ehretia lanyuensis Tang S. Liu et T. I. Chuang = Ehretia takaminei Hatus. ●

141661 Ehretia litoralis Gürke = Hilsenbergia nemoralis (Gürke) J. S. Mill. ●☆

141662 Ehretia longiflora Champ. ex Benth.;长花厚壳树(长叶厚壳树,鸡肉树,旧刀痕,山槟榔);Longflower Ehretia, Long-flowered Ehretia ●

141663 Ehretia longistyla De Wild. et T. Durand = Ehretia angolensis Baker ●☆

141664 Ehretia macrophylla Baker = Ehretia bakeri Britten ●☆

141665 Ehretia macrophylla Wall. = Ehretia dicksonii Hance ●

141666 Ehretia macrophylla Wall. ex Roxb. = Ehretia dicksonii Hance ●

141667 Ehretia macrophylla Wall. ex Roxb. var. glabrescens (Nakai) Y. L. Liu;光叶粗糠树;Glabrescent Ehretia, Glabrous Largeleaf Ehretia ●

141668 Ehretia macrophylla Wall. ex Roxb. var. glabrescens (Nakai) Y. L. Liu = Ehretia dicksonii Hance ●

141669 Ehretia macrophylla Wall. ex Roxb. var. tomentosa Gagnep. et Courchet = Ehretia dicksonii Hance ●

141670 Ehretia macrophylla Wall. var. glabrescens (Nakai) Y. L. Liu = Ehretia macrophylla Wall. ex Roxb. var. glabrescens (Nakai) Y. L. Liu ●

141671 Ehretia meyersii J. S. Mill. ;迈尔厚壳树●☆
141672 Ehretia microcalyx Vaupel;小萼厚壳树●☆
141673 Ehretia microphylla Lam. = Carmona microphylla (Lam.) G. Don ●
141674 Ehretia microphylla Lam. = Carmona retusa (Vahl) Masam. ●
141675 Ehretia mossambicensis Klotzsch = Ehretia amoena Klotzsch ●☆
141676 Ehretia namibiensis Retief et A. E. van Wyk;纳米比亚厚壳树●☆
141677 Ehretia namibiensis Retief et A. E. van Wyk subsp. kaokoensis Retief et A. E. van Wyk;卡奥科厚壳树●☆
141678 Ehretia navesii Vidal = Ehretia resinosa Hance ●
141679 Ehretia nemoralis Gürke = Hilsenbergia nemoralis (Gürke) J. S. Mill. ●☆
141680 Ehretia obovata R. Br. = Ehretia obtusifolia Hochst. ex A. DC. ●☆
141681 Ehretia obtusifolia Hochst. ex A. DC. ;钝叶厚壳树●☆
141682 Ehretia orbicularis Hutch. et E. A. Bruce = Hilsenbergia orbicularis (Hutch. et E. A. Bruce) J. S. Mill. ●☆
141683 Ehretia ovalifolia Hassk. ;卵叶厚壳树(小粗糠树);Ovateleaf Ehretia ●
141684 Ehretia ovalifolia Hassk. = Ehretia acuminata R. Br. var. obovata (Lindl.) I. M. Johnst. ●
141685 Ehretia ovalifolia Hassk. var. latifolia H. Hara = Ehretia acuminata R. Br. var. obovata (Lindl.) I. M. Johnst. ●
141686 Ehretia petiolaris Lam. = Hilsenbergia petiolaris (Lam.) J. S. Mill. ●☆
141687 Ehretia philippinensis A. DC. ;菲律宾厚壳树(菲律宾白莲茶,兰屿厚壳树);Philippine Ehretia ●
141688 Ehretia philippinensis A. DC. = Ehretia takaminei Hatus. ●
141689 Ehretia phillipsonii J. S. Mill. ;菲利厚壳树●☆
141690 Ehretia pingbianensis Y. L. Liu;屏边厚壳树;Pingbian Ehretia ●
141691 Ehretia resinosa Hance;台湾厚壳树(恒春厚壳树,山槟榔);Formosa Ehretia, Formosan Ehretia, Taiwan Ehretia ●
141692 Ehretia rigida (Thunb.) Druce;硬厚壳树●☆
141693 Ehretia rigida (Thunb.) Druce subsp. nervifolia Retief et A. E. van Wyk;脉叶硬厚壳树●☆
141694 Ehretia rigida (Thunb.) Druce subsp. silvatica Retief et A. E. van Wyk;林地硬厚壳树●☆
141695 Ehretia rosea Gürke;粉红厚壳树●☆
141696 Ehretia saligna R. Br. ;柳叶厚壳树●☆
141697 Ehretia scrobiculata Hiern;蜂窝状厚壳树●☆
141698 Ehretia serrata Roxb. ;具齿厚壳树●☆
141699 Ehretia serrata Roxb. var. obovata Lindl. = Ehretia acuminata R. Br. ●
141700 Ehretia serrata Roxb. var. obovata Lindl. = Ehretia acuminata R. Br. var. obovata (Lindl.) I. M. Johnst. ●
141701 Ehretia seyrigii J. S. Mill. ;塞里格厚壳树●☆
141702 Ehretia silvatica Gürke = Ehretia cymosa Thonn. var. silvatica (Gürke) Brenan ●☆
141703 Ehretia stuhlmannii Gürke = Ehretia amoena Klotzsch ●☆
141704 Ehretia taiwaniana Nakai = Ehretia acuminata R. Br. ●
141705 Ehretia taiwaniana Nakai = Ehretia acuminata R. Br. var. obovata (Lindl.) I. M. Johnst. ●
141706 Ehretia takaminei Hatus. = Ehretia philippinensis A. DC. ●
141707 Ehretia teitensis Gürke = Hilsenbergia teitensis (Gürke) J. S. Mill. ●☆
141708 Ehretia ternifolia Kunth;三叶厚壳树;Threeleaf Ehretia ●
141709 Ehretia tetrandra Gürke = Premna senensis Klotzsch ●☆
141710 Ehretia thonningiana Exell = Ehretia cymosa Thonn. ●☆
141711 Ehretia thyrsiflora (Siebold et Zucc.) Nakai = Ehretia acuminata R. Br. ●
141712 Ehretia thyrsiflora (Siebold et Zucc.) Nakai = Ehretia ovalifolia Hassk. ●
141713 Ehretia thyrsiflora Siebold et Zucc. = Ehretia acuminata R. Br. var. obovata (Lindl.) I. M. Johnst. ●
141714 Ehretia tinifolia L. ;荚蒾叶厚壳树(毛荚蒾叶厚壳树)●☆
141715 Ehretia trachyphylla C. H. Wright;糙叶厚壳树●☆
141716 Ehretia triphylla Hochst. = Clerodendrum glabrum E. Mey. ●☆
141717 Ehretia tsangii I. M. Johnst. ;上思厚壳树(大天王,疏毛厚壳树);Tsang Ehretia ●
141718 Ehretia uhehensis Gürke;乌赫厚壳树●☆
141719 Ehretia umbellulata Wall. = Ilex umbellulata (Wall.) Loes. ●
141720 Ehretia viminea Wall. = Rotula aquatica Lour. ●
141721 Ehretia volubilis Hand. -Mazz. = Ehretia dunniana H. Lév. ●
141722 Ehretia zenkeri Gürke ex Baker et C. H. Wright = Ehretia cymosa Thonn. var. zenkeri (Gürke ex Baker et C. H. Wright) Brenan ●☆
141723 Ehretia zeyheriana H. Buek ex Harv. = Ehretia rigida (Thunb.) Druce ●☆
141724 Ehretiaceae Lindl. = Boraginaceae Juss. (保留科名)■●
141725 Ehretiaceae Lindl. = Ehretiaceae Mart. (保留科名)●
141726 Ehretiaceae Lindl. = Elaeagnaceae Juss. (保留科名)●
141727 Ehretiaceae Mart. (1827)(保留科名);厚壳树科●
141728 Ehretiaceae Mart. (保留科名) = Boraginaceae Juss. (保留科名)■●
141729 Ehretiaceae Mart. (保留科名) = Elaeagnaceae Juss. (保留科名)●
141730 Ehretiaceae Mart. ex Lindl. = Boraginaceae Juss. (保留科名)■●
141731 Ehretiaceae Mart. ex Lindl. = Ehretiaceae Mart. (保留科名)●
141732 Ehretiaceae Mart. ex Lindl. = Elaeagnaceae Juss. (保留科名)●
141733 Ehretiana Collinson = Periploca L. ●
141734 Ehrhardia Scop. = Aiouea Aubl. ●☆
141735 Ehrhardta R. Hedw. = Ehrharta Thunb. (保留属名)■☆
141736 Ehrharta Thunb. (1779)(保留属名);皱稃草属(沙地牧草属);Weeping-grass ■☆
141737 Ehrharta abyssinica Hochst. = Ehrharta erecta Lam. var. abyssinica (Hochst.) Pilg. ■☆
141738 Ehrharta aemula Schrad. = Ehrharta bulbosa Sm. ■☆
141739 Ehrharta aphylla Schrad. = Ehrharta ramosa (Thunb.) Thunb. subsp. aphylla (Schrad.) Gibbs Russ. ■☆
141740 Ehrharta aphylla Schrad. var. filiformis Nees = Ehrharta rehmannii Stapf subsp. filiformis (Stapf) Gibbs Russ. ■☆
141741 Ehrharta brevifolia Schrad. ;短叶皱稃草■☆
141742 Ehrharta brevifolia Schrad. var. cuspidata Nees;骤尖皱稃草■☆
141743 Ehrharta calycina Sm. ;沙地牧草;Perennial Veldtgrass, Veldt Grass ■☆
141744 Ehrharta calycina Sm. var. angustifolia Kunth = Ehrharta calycina Sm. ■☆
141745 Ehrharta calycina Sm. var. versicolor (Schrad.) Stapf = Ehrharta calycina Sm. ■☆
141746 Ehrharta capensis Thunb. ;好望角皱稃草■☆
141747 Ehrharta caudata Munro = Brylkinia caudata (Munro ex A. Gray) F. Schmidt ■
141748 Ehrharta caudata Munro ex A. Gray = Brylkinia caudata (Munro) F. Schmidt ■

141749 Ehrharta delicatula Stapf;姣美皱稃草■☆
141750 Ehrharta diffusa Mez;松散皱稃草■☆
141751 Ehrharta dodii Stapf = Ehrharta rupestris Nees ex Trin. subsp. dodii (Stapf) Gibbs Russ. ■☆
141752 Ehrharta dura Nees ex Trin.;硬皱稃草■☆
141753 Ehrharta eburnea Gibbs Russ.;象牙白皱稃草■☆
141754 Ehrharta ecklonian Schrad. = Ehrharta longiflora Sm. ■☆
141755 Ehrharta erecta Lam.;皱稃草;Panic Veldtgrass ■
141756 Ehrharta erecta Lam. var. abyssinica (Hochst.) Pilg.;阿比西尼亚皱稃草■☆
141757 Ehrharta erecta Lam. var. natalensis Stapf;纳塔尔皱稃草■☆
141758 Ehrharta filiformis (Nees) Mez = Ehrharta rehmannii Stapf subsp. filiformis (Stapf) Gibbs Russ. ■☆
141759 Ehrharta geniculata Thunb. = Ehrharta calycina Sm. ■☆
141760 Ehrharta gigantea Thunb. = Ehrharta thunbergii Gibbs Russ. ■☆
141761 Ehrharta longiflora Sm.;长花皱稃草;Longflowered Veldtgrass ■☆
141762 Ehrharta longifolia Schrad.;长叶皱稃草■☆
141763 Ehrharta longigluma C. E. Hubb.;长颖皱稃草■☆
141764 Ehrharta melicoides Thunb.;臭草皱稃草■☆
141765 Ehrharta microlaena Nees ex Trin.;小皱稃草■☆
141766 Ehrharta mnemateia L. f. = Ehrharta capensis Thunb. ■☆
141767 Ehrharta ovata Nees = Ehrharta calycina Sm. ■☆
141768 Ehrharta panicea Sm. = Ehrharta erecta Lam. ■
141769 Ehrharta paniciformis Nees ex Trin. = Ehrharta erecta Lam. ■
141770 Ehrharta pusilla Nees ex Trin.;微小皱稃草■☆
141771 Ehrharta ramosa (Thunb.) Thunb.;分枝皱稃草■☆
141772 Ehrharta ramosa (Thunb.) Thunb. subsp. aphylla (Schrad.) Gibbs Russ.;无叶分枝皱稃草■☆
141773 Ehrharta ramosa (Thunb.) Thunb. var. aphylla (Schrad.) Gluckman = Ehrharta ramosa (Thunb.) Thunb. subsp. aphylla (Schrad.) Gibbs Russ. ■☆
141774 Ehrharta rehmannii Stapf;雷曼皱稃草■☆
141775 Ehrharta rehmannii Stapf subsp. filiformis (Stapf) Gibbs Russ.;线形拉赫曼皱稃草■☆
141776 Ehrharta rehmannii Stapf subsp. subspicata (Stapf) Gibbs Russ.;穗状拉赫曼皱稃草■☆
141777 Ehrharta rupestris Nees ex Trin.;岩生皱稃草■☆
141778 Ehrharta rupestris Nees ex Trin. subsp. dodii (Stapf) Gibbs Russ.;多德皱稃草■☆
141779 Ehrharta rupestris Nees ex Trin. subsp. tricostata (Stapf) Gibbs Russ.;三脉皱稃草■☆
141780 Ehrharta schlechteri Rendle = Ehrharta brevifolia Schrad. var. cuspidata Nees ■☆
141781 Ehrharta setacea Nees;刚毛皱稃草■☆
141782 Ehrharta setacea Nees subsp. disticha Gibbs Russ.;二列皱稃草■☆
141783 Ehrharta setacea Nees subsp. uniflora (Burch. ex Stapf) Gibbs Russ.;单花二列皱稃草■☆
141784 Ehrharta stipoides Labill.;悬垂皱稃草;Meadow Rice Grass, Weeping Grass, Weeping-grass ■☆
141785 Ehrharta stipoides Labill. = Microlaena stipoides (Labill.) R. Br. ■☆
141786 Ehrharta stricta Nees ex Trin. = Ehrharta calycina Sm. ■☆
141787 Ehrharta subspicata Stapf = Ehrharta rehmannii Stapf subsp. subspicata (Stapf) Gibbs Russ. ■☆
141788 Ehrharta tenella A. Spreng. = Sporobolus tenellus (A. Spreng.) Kunth ■☆
141789 Ehrharta thunbergii Gibbs Russ.;通贝里皱稃草■☆
141790 Ehrharta triandra Nees ex Trin.;三蕊皱稃草■☆
141791 Ehrharta tricostata Stapf = Ehrharta rupestris Nees ex Trin. subsp. tricostata (Stapf) Gibbs Russ. ■☆
141792 Ehrharta uniflora Burch. ex Stapf = Ehrharta setacea Nees subsp. uniflora (Burch. ex Stapf) Gibbs Russ. ■☆
141793 Ehrharta varicosa Nees ex Trin. = Ehrharta longifolia Schrad. ■☆
141794 Ehrharta versicolor Schrad. = Ehrharta calycina Sm. ■☆
141795 Ehrharta villosa Schult. f.;长柔毛皱稃草■☆
141796 Ehrharta villosa Schult. f. var. maxima Stapf;大皱稃草■☆
141797 Ehrharta virgata Launert = Ehrharta thunbergii Gibbs Russ. ■☆
141798 Ehrhartaceae Link = Gramineae Juss.(保留科名)■●
141799 Ehrhartaceae Link = Poaceae Barnhart(保留科名)■●
141800 Ehrhartia Post et Kuntze = Aiouea Aubl. ●☆
141801 Ehrhartia Post et Kuntze = Ehrhardia Scop. ●☆
141802 Ehrhartia Post et Kuntze = Ehrharta Thunb.(保留属名)■☆
141803 Ehrhartia Weber = Homalocenchrus Mieg. ex Haller ■
141804 Ehrhartia Weber = Leersia Sw.(保留属名)■
141805 Eichhornia Kunth(1843)(保留属名);凤眼蓝属(布袋莲属,凤眼莲属,水葫芦属);Water Hyacinth, Waterhyacinth, Water-hyacinth ■
141806 Eichhornia azurea (Sw.) Kunth;粗根凤眼蓝;Rooted Water-hyacinth ■☆
141807 Eichhornia azurea Kunth;齿瓣凤眼蓝;Anchored Water Hyacinth, Rooted Water Hyacinth, Sawpetal Waterhyacinth ■☆
141808 Eichhornia crassipes (Mart.) Solms;凤眼蓝(布袋莲,大水萍,凤眼花,凤眼兰,凤眼莲,浮水莲花,美丽凤眼蓝,石莲,水浮莲,水葫芦,水莲花,水鸭婆,洋水仙,洋雨久花);Common Water Hyacinth, Common Waterhyacinth, Common Water-hyacinth, Showy Waterhyacinth, Water Hyacinth, Water - hyacinth ■
141809 Eichhornia crassipes (Mart.) Solms var. aurea Hort.;黄花凤眼蓝(黄花凤眼莲);Yellow Waterhyacinth ■☆
141810 Eichhornia crassipes (Mart.) Solms var. major Hort.;大花凤眼蓝(大花凤眼莲);Rosy Waterhyacinth ■☆
141811 Eichhornia natans (P. Beauv.) Solms;浮水凤眼蓝■☆
141812 Eichhornia paniculata (Spreng.) Solms;圆锥凤眼蓝■☆
141813 Eichhornia speciosa Kunth = Eichhornia crassipes (Mart.) Solms ■
141814 Eichlerago Carrick = Prostanthera Labill. ●☆
141815 Eichleria M. M. Hartog = Labourdonnaisia Bojer ●☆
141816 Eichleria M. M. Hartog = Manilkara Adans.(保留属名)●
141817 Eichleria Progel = Rourea Aubl.(保留属名)●
141818 Eichleria discolor (Sond.) Hartog = Manilkara discolor (Sond.) J. H. Hemsl. ●☆
141819 Eichlerina Tiegh. = Loranthus Jacq.(保留属名)●
141820 Eichlerina Tiegh. = Struthanthus Mart.(保留属名)●☆
141821 Eichlerodendron Briq. = Xylosma G. Forst.(保留属名)●
141822 Eichornia A. Rich. = Eichhornia Kunth(保留属名)■
141823 Eichornia Kunth = Eichhornia Kunth(保留属名)■
141824 Eichwaldia Ledeb. = Reaumuria L. ●
141825 Eicosia Blume = Eucosia Blume ■☆
141826 Eidothea A. W. Douglas et B. Hyland(1995);艾道木属●☆
141827 Eidothea hardeniana P. H. Weston et Kooijman;哈氏艾道木●☆
141828 Eidothea zoexylocarya A. W. Douglas et B. Hyland;艾道木●☆
141829 Eigia Soják(1980);长花柱芥属■☆
141830 Eigia longistyla (Eig) Soják;长花柱芥■☆

141831 Eilemanthus Hochst. = Indigofera L. ●■

141832 Eilemanthus strobilifer Hochst. = Indigofera strobilifera (Hochst.) Hochst. ex Baker ●☆

141833 Einadia Raf. (1838);埃纳藜属●☆

141834 Einadia Raf. = Rhagodia R. Br. ●☆

141835 Einadia nutans (R. Br.) A. J. Scott;埃纳藜●☆

141836 Einomeia Raf. (1828);五裂兜铃属■☆

141837 Einomeia Raf. = Aristolochia L. ■●

141838 Einomeia bracteolata (Retz.) Klotzsch;五裂兜铃■☆

141839 Einomeia pentandra Raf. = Einomeia bracteolata (Retz.) Klotzsch ■☆

141840 Einomeria Rchb. = Einomeia Raf. ■☆

141841 Einsteinia Ducke = Kutchubaea Fisch. ex DC. ●☆

141842 Eionitis Bremek. = Oldenlandia L. ●■

141843 Eionitis chiovendae Bremek. = Oldenlandia chiovendae (Bremek.) Verdc. ■☆

141844 Eirmocephala H. Rob. (1987);翼柄斑鸠菊属■☆

141845 Eirmocephala H. Rob. = Vernonia Schreb. (保留属名) ●■

141846 Eirmocephala brachiata (Benth. ex Oersted) H. Rob.;翼柄斑鸠菊■☆

141847 Eisenmannia Sch. Bip. = Blainvillea Cass. ■●

141848 Eisenmannia Sch. Bip. ex Hochst. = Blainvillea Cass. ■●

141849 Eisocreochiton Quisumb. et Merr. = Creochiton Blume ●☆

141850 Eitenia R. M. King et H. Rob. (1974);肋毛泽兰属■☆

141851 Eitenia polyseta R. M. King et H. Rob.;多刚毛肋毛泽兰■☆

141852 Eitenia praxeloides R. M. King et H. Rob.;肋毛泽兰■☆

141853 Eithea Ravenna = Griffinia Ker Gawl. ■☆

141854 Eithea Ravenna(2002);爱特石蒜属■☆

141855 Eithea blumenavia (K. Koch et C. D. Bouché ex Carrière) Ravenna;爱特石蒜■☆

141856 Eizaguirrea J. Rémy = Leuceria Lag. ■☆

141857 Eizia Standl. (1940);埃兹茜属☆

141858 Eizia mexicana Standl.;埃兹茜☆

141859 Ekebergia Sparrm. (1779);埃克楝属(类岑楝属)●☆

141860 Ekebergia arborea Baker f. = Ekebergia benguelensis Welw. ex C. DC. ●☆

141861 Ekebergia benguelensis Welw. ex C. DC.;本格拉埃克楝●☆

141862 Ekebergia buchananii Harms = Ekebergia capensis Sparrm. ●☆

141863 Ekebergia capensis Sparrm.;好望角埃克楝(好望角类岑楝);Cape Ash, Dog Plum ●☆

141864 Ekebergia complanata Baker f. = Ekebergia capensis Sparrm. ●☆

141865 Ekebergia dahomensis A. Chev.;达荷姆埃克楝●☆

141866 Ekebergia discolor O. Hoffm. = Ekebergia benguelensis Welw. ex C. DC. ●☆

141867 Ekebergia fruticosa C. DC. = Ekebergia benguelensis Welw. ex C. DC. ●☆

141868 Ekebergia holtzii Harms = Ekebergia capensis Sparrm. ●☆

141869 Ekebergia meyeri C. Presl ex C. DC. = Ekebergia capensis Sparrm. ●☆

141870 Ekebergia mildbraedii Harms = Ekebergia capensis Sparrm. ●☆

141871 Ekebergia nana Harms = Ekebergia benguelensis Welw. ex C. DC. ●☆

141872 Ekebergia petitiana A. Rich. = Ekebergia capensis Sparrm. ●☆

141873 Ekebergia petitiana A. Rich. var. australis Baker f. = Ekebergia capensis Sparrm. ●☆

141874 Ekebergia pterophylla (C. DC.) Hofmeyr;翅叶埃克楝●☆

141875 Ekebergia pumila I. M. Johnst. = Ekebergia benguelensis Welw. ex C. DC. ●☆

141876 Ekebergia rueppelliana (Fresen.) A. Rich. = Ekebergia capensis Sparrm. ●☆

141877 Ekebergia ruppeliana A. Rich.;肯尼亚类岑楝●☆

141878 Ekebergia sclerophylla Harms = Ekebergia benguelensis Welw. ex C. DC. ●☆

141879 Ekebergia senegalensis A. Juss. = Ekebergia capensis Sparrm. ●☆

141880 Ekebergia velutina Dunkley = Ekebergia benguelensis Welw. ex C. DC. ●☆

141881 Ekebergia welwitschii Hiern ex C. DC. = Ekebergia benguelensis Welw. ex C. DC. ●☆

141882 Ekimia H. Duman et M. F. Watson = Prangos Lindl. ■☆

141883 Ekimia H. Duman et M. F. Watson(1999);土耳其栓翅芹属■☆

141884 Ekmania Gleason(1919);多鳞落苞菊属●☆

141885 Ekmania lepidota Griseb.;多鳞落苞菊■☆

141886 Ekmanianthe Urb. (1924);埃克曼紫葳属●☆

141887 Ekmanianthe actinophylla Urb.;埃克曼紫葳●☆

141888 Ekmanianthe longiflora Urb.;长花埃克曼紫葳●☆

141889 Ekmaniocharis Urb. (1921);埃克曼野牡丹属●☆

141890 Ekmaniocharis Urb. = Mecranium Hook. f. ●☆

141891 Ekmaniocharis crassinervis Urb.;埃克曼野牡丹●☆

141892 Ekmaniopappus Borhidi(1992);对叶藤菊属●☆

141893 Ekmaniopappus alainii (J. Jiménez Alm.) Borhidi;对叶藤菊●☆

141894 Ekmanochloa Hitchc. (1936);古巴禾属■☆

141895 Ekmanochloa subaphylla Hitchc.;古巴禾■☆

141896 Elachanthemum Y. Ling et Y. R. Ling = Stilpnolepis Krasch. ■★

141897 Elachanthemum Y. Ling et Y. R. Ling (1978);紊蒿属;Elachanthemum ■

141898 Elachanthemum intricatum (Franch.) Y. Ling et Y. R. Ling;紊蒿;Common Elachanthemum ■

141899 Elachanthemum intricatum (Franch.) Y. Ling et Y. R. Ling = Stilpnolepis intricata (Franch.) C. Shih ■

141900 Elachanthemum intricatum (Franch.) Y. Ling et Y. R. Ling var. macrocephalum H. C. Fu;大头紊蒿;Big-head Elachanthemum ■

141901 Elachanthemum polycephalum Z. Y. Chu et C. Z. Liang;多头紊蒿■

141902 Elachanthera F. Muell. (1886);微药花属■☆

141903 Elachanthera F. Muell. = Asparagus L. ■

141904 Elachanthera F. Muell. = Myrsiphyllum Willd. ■

141905 Elachanthus F. Muell. (1853);小花层菀属■☆

141906 Elachia DC. = Chaetanthera Ruiz et Pav. ■☆

141907 Elachocroton F. Muell. = Sebastiania Spreng. ●

141908 Elachocroton asperococcus F. Muell. = Sebastiania chamaelea (L.) F. Muell. ●

141909 Elacholoma F. Muell. et Tate = Elacholoma F. Muell. et Tate ex Tate ■☆

141910 Elacholoma F. Muell. et Tate ex Tate(1895);小边玄参属■☆

141911 Elacholoma hornii F. Muell. et Tate;小边玄参■☆

141912 Elachopappus F. Muell. = Myriocephalus Benth. ■☆

141913 Elachothamnos DC. = Minuria DC. ■●☆

141914 Elachyptera A. C. Sm. (1940);小翅卫矛属●☆

141915 Elachyptera bipindensis (Loes.) N. Hallé ex R. Wilczek;比平迪小翅卫矛●☆

141916 Elachyptera holtzii (Loes. ex Harms) R. Wilczek ex N. Hallé;霍尔茨小翅卫矛●☆

141917 Elachyptera minimiflora (H. Perrier) N. Hallé;微花小翅卫矛●☆

141918 Elachyptera parvifolia (Oliv.) N. Hallé;小叶小翅卫矛●☆

141919 Elacocarpus floribundus Blume;丰花杜英●☆
141920 Elaeagia Wedd. (1849);美古茜属●☆
141921 Elaeagia grandis (Rusby) Rusby;大美古茜●☆
141922 Elaeagia mariae Wedd.;迈氏美古茜●☆
141923 Elaeagia microcarpa Steyerm.;小果美古茜●☆
141924 Elaeagia myriantha (Standl.) C. M. Taylor et Hammel;多花美古茜●☆
141925 Elaeagia obovata Rusby = Elaeagia mariae Wedd. ●☆
141926 Elaeagia utilis Wedd.;有用美古茜;Pasto Lacquer●☆
141927 Elaeagnaceae Adans. = Elaeagnaceae Juss.(保留科名)●
141928 Elaeagnaceae Juss. (1789)(保留科名);胡颓子科;Oleaster Family,Sea-buckthorn Family●
141929 Elaeagnus L. (1753);胡颓子属;Elaeagnus,Oleaster,Olive,Russian Olive●
141930 Elaeagnus angustata (Rehder) C. Yu Chang;窄叶木半夏;Angustifoliate Elaeagnus,Narrowleaf Elaeagnus,Oleaster,Russian Olive,Russian-olive●
141931 Elaeagnus angustata (Rehder) C. Yu Chang var. songmingensis W. K. Hu et H. F. Chow;嵩明木半夏;Songming Elaeagnus●
141932 Elaeagnus angustifolia L.;沙枣(刺柳,桂香柳,红豆,黄花沙枣,金铃花,七里香,四味果,香柳,牙格达,银柳,银柳胡颓子);Elaeopian Olive,Narrow-leaved Oleaster,Oleaster,Rebizond Dates,Russia Elaeagnus,Russian Elaeagnus,Russian Olive,Russian-olive,Sharpfruit Elaeagnus,Trebizond Dale●
141933 Elaeagnus angustifolia L. f. culta Sosn. = Elaeagnus angustifolia L.●
141934 Elaeagnus angustifolia L. subsp. orientalis (L.) Soják = Elaeagnus angustifolia L. var. orientalis (L.) Kuntze●
141935 Elaeagnus angustifolia L. var. caspica Sosn. = Elaeagnus angustifolia L.●
141936 Elaeagnus angustifolia L. var. orientalis (L.) Kuntze;东方沙枣(大沙枣);Eastern Elaeagnus,Russian Elaeagnus,Trebizond Date●
141937 Elaeagnus angustifolia L. var. spinosa Kuntze;刺沙枣;Spiny Russian-olive●
141938 Elaeagnus angustifolia L. var. spinosa Kuntze = Elaeagnus oxycarpa Schltdl.●
141939 Elaeagnus angustifolia L. var. virescens Sosn. = Elaeagnus angustifolia L.●
141940 Elaeagnus arakiana Koidz.;荒木胡颓子●☆
141941 Elaeagnus argentea Colla;银果胡颓子(变化胡颓子,美洲胡颓子);Silver Berry,Silver Elaeagnus,Silverberry,Wolf Willow,Wolf-willow●☆
141942 Elaeagnus argyi H. Lév.;佘山胡颓子(牛奶子,佘山羊奶子,羊奶子);Argy Elaeagnus●
141943 Elaeagnus asakawana Sa. Kurata;朝川胡颓子●☆
141944 Elaeagnus attenuata Nakai = Elaeagnus montana Makino●☆
141945 Elaeagnus aureopicta ? = Elaeagnus pungens Thunb. f. fredericii ?●
141946 Elaeagnus bambusetora Hand.-Mazz.;竹生羊奶子;Bamboo Elaeagnus●◇
141947 Elaeagnus bockii Diels;长叶胡颓子(马鹊树,牛奶果,牛奶子);Bock Elaeagnus●
141948 Elaeagnus bockii Diels var. muliensis C. Yu Chang;木里胡颓子;Muli Elaeagnus●
141949 Elaeagnus buisanensis Hayata = Elaeagnus glabra Thunb.●
141950 Elaeagnus calcarea Z. R. Xu;石山胡颓子;Shishan Elaeagnus●
141951 Elaeagnus canadensis (L.) A. Nelson = Shepherdia canadensis (L.) Nutt.●☆
141952 Elaeagnus chekiangensis Matsuda = Elaeagnus argyi H. Lév.●
141953 Elaeagnus cinnamomifolia W. K. Hu et H. F. Chow;樟叶胡颓子;Camphorleaf Elaeagnus,Cinnamon-leaf Elaeagnus,Cinnamon-leaved Elaeagnus●
141954 Elaeagnus commutata Bernh. = Elaeagnus argentea Colla●☆
141955 Elaeagnus commutata Bernh. ex Rydb. = Elaeagnus argentea Colla●☆
141956 Elaeagnus conferta Roxb.;密花胡颓子;Denseflower Elaeagnus,Dense-flowered Elaeagnus●
141957 Elaeagnus conferta Roxb. = Elaeagnus latifolia L.●
141958 Elaeagnus conferta Roxb. subsp. euconferta Servett. = Elaeagnus conferta Roxb.●
141959 Elaeagnus conferta Roxb. var. menghaiensis W. K. Wu et H. F. Chow;勐海胡颓子;Menghai Denseflower Elaeagnus,Menghai Elaeagnus●
141960 Elaeagnus convexolepidota Hayata = Elaeagnus oldhamii Maxim.●
141961 Elaeagnus convexolepidota Hayata = Elaeagnus umbellata Thunb.●
141962 Elaeagnus coreana H. Lév. = Elaeagnus umbellata Thunb.●
141963 Elaeagnus coreana H. Lév. = Elaeagnus umbellata Thunb. var. coreana (H. Lév.) H. Lév.●☆
141964 Elaeagnus courtoisi Belval;毛木半夏;Courtois Elaeagnus●
141965 Elaeagnus crispa Thunb.;秋胡颓子;Crisped Elaeagnus●
141966 Elaeagnus crispa Thunb. = Elaeagnus umbellata Thunb.●
141967 Elaeagnus crispa Thunb. var. coreana ? = Elaeagnus umbellata Thunb. f. nakaiana (Araki) H. Ohba●☆
141968 Elaeagnus crispa Thunb. var. higuchiana ? = Elaeagnus umbellata Thunb.●
141969 Elaeagnus crispa Thunb. var. macrocarpa ? = Elaeagnus umbellata Thunb.●
141970 Elaeagnus crispa Thunb. var. parvifolia ? = Elaeagnus umbellata Thunb. var. coreana (H. Lév.) H. Lév.●☆
141971 Elaeagnus crispa Thunb. var. rotundifolia ? = Elaeagnus umbellata Thunb. var. rotundifolia Makino●☆
141972 Elaeagnus crispa Thunb. var. subcoriacea ? = Elaeagnus umbellata Thunb.●
141973 Elaeagnus crocea Nakai = Elaeagnus umbellata Thunb.●
141974 Elaeagnus cupria Rehder = Elaeagnus difficilis Servett.●
141975 Elaeagnus daibuensis Hayata = Elaeagnus glabra Thunb.●
141976 Elaeagnus daibuensis Hayata = Elaeagnus thunbergii Servett.●
141977 Elaeagnus davidii Franch.;四川胡颓子;David Elaeagnus●
141978 Elaeagnus delavayi Lecomte;长柄胡颓子;Delavay Elaeagnus,Longstalk Elaeagnus●
141979 Elaeagnus difficilis Servett.;巴东胡颓子(铜色胡颓子,铜色叶胡颓子,盐匏藤,羊圈子);Badong Elaeagnus,Patung Elaeagnus●
141980 Elaeagnus difficilis Servett. var. brevistyla W. K. Hu et H. F. Chow;短柱胡颓子;Bravistyle Elaeagnus●
141981 Elaeagnus ebbingei Door.;速生胡颓子(埃氏胡颓子);Ebbing's Silverberry,Silver Berry●☆
141982 Elaeagnus ebbingei Door. 'Gilt Edge';金边速生胡颓子●☆
141983 Elaeagnus ebbingei Door. 'Limelight';彩光胡颓子●☆
141984 Elaeagnus edulis Carrière = Elaeagnus multiflora Thunb.●
141985 Elaeagnus edulis Siebold ex Carrière = Elaeagnus multiflora Thunb.●
141986 Elaeagnus edulis Siebold ex E. Mey. = Elaeagnus multiflora

Thunb. var. hortensis (Maxim.) Servett. ●☆

141987 Elaeagnus epitricha Momiy. ex H. Ohba;上毛胡颓子●☆

141988 Elaeagnus erosifolia Hayata = Elaeagnus glabra Thunb. ●

141989 Elaeagnus erosifolia Hayata = Elaeagnus thunbergii Servett. ●

141990 Elaeagnus fargesii Lecomte = Elaeagnus henryi Warb. ex Diels ●

141991 Elaeagnus formosana Nakai;台湾胡颓子;Formosan Elaeagnus, Taiwan Elaeagnus ●

141992 Elaeagnus formosensis Hatus.;蓬莱胡颓子(福摩沙胡颓子)●

141993 Elaeagnus fragrans Nakai = Elaeagnus umbellata Thunb. ●

141994 Elaeagnus fragrans Nakai = Elaeagnus umbellata Thunb. var. rotundifolia Makino ●☆

141995 Elaeagnus fruticosa (Lour.) A. Chev.;锈花胡颓子;Shrubby Elaeagnus ●

141996 Elaeagnus geniculata D. Fang;膝柱胡颓子;Geniculate Elaeagnus ●

141997 Elaeagnus glabra Hort. ex K. Koch = Elaeagnus argentea Colla ●☆

141998 Elaeagnus glabra K. Koch = Elaeagnus argentea Colla ●☆

141999 Elaeagnus glabra Thunb.;蔓胡颓子(半春子,抱君子,桂香柳,鸡卵果,加豆叶,蒲颓子,旗糊,蔷蜜树,三月黄仔,三月黄子,藤胡颓子,甜棒槌,甜棒锤,羊母奶子,羊奶子,疑吴);Glabrous Elaeagnus,Smooth Elaeagnus,Yama Gumi ●

142000 Elaeagnus glabra Thunb. = Elaeagnus liukiuensis Rehder ●☆

142001 Elaeagnus glabra Thunb. f. ovalifolia Araki;卵叶蔓胡颓子●☆

142002 Elaeagnus glabra Thunb. f. oxyphylla (Servett.) Sugim. = Elaeagnus glabra Thunb. var. lanceolata Nakai ●☆

142003 Elaeagnus glabra Thunb. f. oxyphylla Servett. = Elaeagnus glabra Thunb. ●

142004 Elaeagnus glabra Thunb. subsp. crassifolia ? = Elaeagnus glabra Thunb. ●

142005 Elaeagnus glabra Thunb. subsp. oxyphylla Servett. = Elaeagnus glabra Thunb. ●

142006 Elaeagnus glabra Thunb. subsp. tenuiflora (Benth.) Servett. = Elaeagnus glabra Thunb. ●

142007 Elaeagnus glabra Thunb. var. jotanii Honda;八丈岛胡颓子●☆

142008 Elaeagnus glabra Thunb. var. lanceolata Nakai;尖叶蔓胡颓子●☆

142009 Elaeagnus glabra Thunb. var. ovalifolia ? = Elaeagnus glabra Thunb. ●

142010 Elaeagnus glabropungens Maxim. ex Nakai = Elaeagnus reflexa E. Morren et Decne. ●☆

142011 Elaeagnus gonyanthes Benth.;角花胡颓子(吊中子藤,羊母奶子);Angularflower Elaeagnus,Angular-flowered Elaeagnus ●

142012 Elaeagnus gonyanthes Benth. var. loureirii Champ.;羊奶果;Loureir Angularflower Elaeagnus ●

142013 Elaeagnus grandifolia Hayata;慈恩胡颓子;Cien Elaeagnus ●

142014 Elaeagnus grandifolia Hayata = Elaeagnus morrisonensis Hayata ●

142015 Elaeagnus griffithii Servett.;钟花胡颓子;Griffith Elaeagnus ●

142016 Elaeagnus griffithii Servett. var. multiflora C. Yu Chang;那坡胡颓子;Many-flower Griffith Elaeagnus ●

142017 Elaeagnus griffithii Servett. var. paucifora C. Yu Chang;少花胡颓子;Few-flower Griffith Elaeagnus ●

142018 Elaeagnus grijsii Hance;多毛羊奶子;Grijs Elaeagnus, Hairy Elaeagnus ●◇

142019 Elaeagnus guadichaudiana Schltdl. = Elaeagnus gonyanthes Benth. ●

142020 Elaeagnus guineensis Jacq.;几内亚胡颓子;Oil Palm ●☆

142021 Elaeagnus guizhouensis C. Yu Chang;贵州羊奶子;Guizhou Elaeagnus ●

142022 Elaeagnus henryi Warb. ex Diels;宜昌胡颓子(串串子,红鸡踢香,红面将军,金背藤,金耳环,三月黄,羊奶奶);Henry Elaeagnus ●

142023 Elaeagnus heterophylla D. Fang et D. R. Liang;异叶胡颓子;Diversileaf Elaeagnus ●

142024 Elaeagnus higoensis Nakai = Elaeagnus umbellata Thunb. ●

142025 Elaeagnus higoensis Nakai = Elaeagnus umbellata Thunb. var. rotundifolia Makino ●☆

142026 Elaeagnus hisauchii Makino ex Nakai = Elaeagnus maritima Koidz. ●☆

142027 Elaeagnus hortensis M. Bieb.;庭园胡颓子●☆

142028 Elaeagnus hortensis M. Bieb. = Elaeagnus angustifolia L. ●

142029 Elaeagnus hortensis M. Bieb. subsp. moorcroftii (Wall. ex Schltr.) Servett. = Elaeagnus angustifolia L. ●

142030 Elaeagnus hortensis M. Bieb. var. orientalis (L.) Loudon = Elaeagnus angustifolia var. orientalis (L.) Kuntze ●

142031 Elaeagnus hypoargentea Hatus. = Elaeagnus liukiuensis Rehder ●☆

142032 Elaeagnus hypoargentea Hatus. = Elaeagnus reflexa E. Morren et Decne. ●☆

142033 Elaeagnus inermis Mill. = Elaeagnus angustifolia L. ●

142034 Elaeagnus infundibularis Momiy.;漏斗形胡颓子●☆

142035 Elaeagnus isensis Makino = Elaeagnus multiflora Thunb. ●

142036 Elaeagnus jiangxiensis C. Yu Chang;江西羊奶子;Jiangxi Elaeagnus ●◇

142037 Elaeagnus jingdonensis C. Yu Chang;景东羊奶子;Jingdong Elaeagnus ●◇

142038 Elaeagnus jucundicocca Koidz. = Elaeagnus multiflora Thunb. ●

142039 Elaeagnus kanaii Momiy.;喜马拉雅胡颓子●

142040 Elaeagnus kiusiana Nakai = Elaeagnus multiflora Thunb. var. hortensis (Maxim.) Servett. ●☆

142041 Elaeagnus kotoensis Hayata = Elaeagnus formosana Nakai ●

142042 Elaeagnus kotoensis Hayata = Elaeagnus macrophylla Thunb. ●

142043 Elaeagnus lanceolata Warb. = Elaeagnus lanceolata Warb. ex Diels ●

142044 Elaeagnus lanceolata Warb. ex Diels;披针叶胡颓子(补阴丹,沉匏,柳叶胡颓子,咸匏柴,盐匏藤);Lanceolate Elaeagnus ●

142045 Elaeagnus lanceolata Warb. ex Diels subsp. grandifolia Servett.;大披针叶胡颓子(补阴丹,沉匏);Grandifoliate Lanceolate Elaeagnus ●

142046 Elaeagnus lanceolata Warb. ex Diels subsp. grandifolia Servett. = Elaeagnus lanceolata Warb. ex Diels ●

142047 Elaeagnus lanceolata Warb. ex Diels subsp. rubescens Lecomte;红枝胡颓子;Redbranch Lanceolate Elaeagnus ●

142048 Elaeagnus lanceolata Warb. ex Diels subsp. rubescens Lecomte = Elaeagnus lanceolata Warb. ex Diels ●

142049 Elaeagnus lanceolata Warb. ex Diels subsp. stricta Servett. = Elaeagnus lanceolata Warb. ex Diels ●

142050 Elaeagnus lanceolata Warb. subsp. grandifolia Servett. = Elaeagnus lanceolata Warb. ex Diels subsp. grandifolia Servett. ●

142051 Elaeagnus lanceolata Warb. subsp. rubescens Lecomte = Elaeagnus lanceolata Warb. ex Diels subsp. rubescens Lecomte ●

142052 Elaeagnus lanceolata Warb. subsp. stricta Servett. = Elaeagnus lanceolata Warb. ●

142053 Elaeagnus lanpingensis C. Yu Chang;兰坪胡颓子;Lanping Elaeagnus ●

142054 Elaeagnus latifolia L.;宽叶胡颓子(牛奶子,沙枣);Broadleaf Elaeagnus ●

142055 Elaeagnus lipoensis Z. R. Xu;荔波胡颓子;Libo Elaeagnus ●
142056 Elaeagnus liukiuensis Rehder;琉球胡颓子●☆
142057 Elaeagnus liuzhouensis C. Yu Chang;柳州胡颓子;Liuzhou Elaeagnus ●◇
142058 Elaeagnus longidrupa Hayata = Elaeagnus glabra Thunb. ●
142059 Elaeagnus longidrupa Hayata = Elaeagnus morrisonensis Hayata ●
142060 Elaeagnus longiloba C. Yu Chang;长裂胡颓子;Longlobed Elaeagnus,Long-lobed Elaeagnus ●
142061 Elaeagnus longipes A. Gray = Elaeagnus multiflora Thunb. ●
142062 Elaeagnus longipes A. Gray = Elaeagnus multiflora Thunb. f. orbiculata Araki ●☆
142063 Elaeagnus longipes A. Gray var. angustifolia ? = Elaeagnus multiflora Thunb. ●
142064 Elaeagnus longipes A. Gray var. crispa (Thunb.) Maxim. = Elaeagnus multiflora Thunb. f. orbiculata Araki ●☆
142065 Elaeagnus longipes A. Gray var. crispa (Thunb.) Maxim. = Elaeagnus umbellata Thunb. ●
142066 Elaeagnus longipes A. Gray var. hortensis Maxim. = Elaeagnus multiflora Thunb. var. hortensis (Maxim.) Servett. ●☆
142067 Elaeagnus longipes A. Gray var. orbiculata ? = Elaeagnus multiflora Thunb. f. orbiculata Araki ●☆
142068 Elaeagnus longipes A. Gray var. ovata ? = Elaeagnus montana Makino var. ovata (Maxim.) Araki ●☆
142069 Elaeagnus longipes A. Gray var. ovoidea ? = Elaeagnus multiflora Thunb. f. orbiculata Araki ●☆
142070 Elaeagnus longipes A. Gray var. sulcata ? = Elaeagnus multiflora Thunb. f. orbiculata Araki ●☆
142071 Elaeagnus loureiroi Champ.;紫藤胡颓子(灯吊子,吊灯笼,吊灯子,吊中仔藤,胡颓子,鸡柏柴藤,鸡柏胡颓子,鸡柏紫藤,金耳环,炮仗花,铺山燕);Loureir Elaeagnus ●
142072 Elaeagnus luoxiangensis C. Yu Chang;罗香胡颓子;Luoxiang Elaeagnus ●
142073 Elaeagnus luxiensis C. Yu Chang;潞西胡颓子;Luxi Elaeagnus ●
142074 Elaeagnus macrantha Rehder;大花胡颓子(细刺木半夏);Bigflower Elaeagnus,Big-flowered Elaeagnus ●
142075 Elaeagnus macrophylla Thunb.;大叶胡颓子(圆叶胡颓子);Broadleaf Elaeagnus,Large-leaved Elaeagnus,Longleaf Elaeagnus ●
142076 Elaeagnus macrophylla Thunb. var. kotoensis (Hayata) S. S. Ying = Elaeagnus formosana Nakai ●
142077 Elaeagnus magna (Servett.) Rehder;银果牛奶子(银果胡颓子);Siveryfruit Elaeagnus,Sivery-fruited Elaeagnus ●
142078 Elaeagnus maritima Koidz.;滨海胡颓子●☆
142079 Elaeagnus matsunoana Makino;松野胡颓子●☆
142080 Elaeagnus mayeharai Nakai = Elaeagnus montana Makino ●☆
142081 Elaeagnus micrantha C. Yu Chang;小花羊奶子;Littleflower Elaeagnus,Small-flowered Elaeagnus ●
142082 Elaeagnus mollis Diels;翅果油树(柴禾,毛折子,仄棱蛋,贼绿柴);Wingfruit Elaeagnus,Wing-fruited Elaeagnus ●◇
142083 Elaeagnus montana Makino;山地胡颓子●☆
142084 Elaeagnus montana Makino var. ovata (Maxim.) Araki;卵形山地胡颓子●☆
142085 Elaeagnus moorcroftii Wall. ex Schltdl.;沙生沙枣(大果沙枣,砂生沙枣,西藏沙枣)●
142086 Elaeagnus moorcroftii Wall. ex Schltdl. = Elaeagnus angustifolia L. ●
142087 Elaeagnus morrisonensis Hayata = Elaeagnus thunbergii Servett. ●
142088 Elaeagnus multiflora Thunb.;木半夏(多花胡颓子,骆驼花,麦粒团,莓粒团,明子,牛奶子,牛脱,判渣,四月子,小米饭树,羊不来,羊奶子,野樱桃,枣皮树);Cherry Elaeagnus,Cherry Silverberry,Goumi,Gumi,Long-stalked Oleaster ●
142089 Elaeagnus multiflora Thunb. f. angustata Rehder = Elaeagnus angustata (Rehder) C. Yu Chang ●
142090 Elaeagnus multiflora Thunb. f. elliptica ? = Elaeagnus multiflora Thunb. f. orbiculata Araki ●☆
142091 Elaeagnus multiflora Thunb. f. oblongata ? = Elaeagnus multiflora Thunb. var. hortensis (Maxim.) Servett. f. jucundicocca (Koidz.) Araki ●☆
142092 Elaeagnus multiflora Thunb. f. orbiculata Araki;椭圆叶木半夏●☆
142093 Elaeagnus multiflora Thunb. f. pacifica ? = Elaeagnus multiflora Thunb. f. orbiculata Araki ●☆
142094 Elaeagnus multiflora Thunb. subsp. yoshinoi ? = Elaeagnus yoshinoi Makino ●☆
142095 Elaeagnus multiflora Thunb. var. angustifolia ? = Elaeagnus multiflora Thunb. ●
142096 Elaeagnus multiflora Thunb. var. arakiana (Koidz.) Momiy. ex H. Hara = Elaeagnus arakiana Koidz. ●☆
142097 Elaeagnus multiflora Thunb. var. crispa (Maxim.) Servett. = Elaeagnus multiflora Thunb. ●
142098 Elaeagnus multiflora Thunb. var. edulis (Siebold ex Carrière) C. K. Schneid. = Elaeagnus multiflora Thunb. ●
142099 Elaeagnus multiflora Thunb. var. edulis (Siebold ex Carrière) C. K. Schneid. = Elaeagnus multiflora Thunb. var. hortensis (Maxim.) Servett. ●☆
142100 Elaeagnus multiflora Thunb. var. gigantea Araki;大木半夏●☆
142101 Elaeagnus multiflora Thunb. var. gigantea Araki = Elaeagnus multiflora Thunb. var. hortensis (Maxim.) Servett. f. jucundicocca (Koidz.) Araki ●☆
142102 Elaeagnus multiflora Thunb. var. hortensis (Maxim.) Servett.;庭园木半夏;Goumi ●☆
142103 Elaeagnus multiflora Thunb. var. hortensis (Maxim.) Servett. f. jucundicocca (Koidz.) Araki;惬意木半夏●☆
142104 Elaeagnus multiflora Thunb. var. jucundicocca (Koidz.) Ohwi = Elaeagnus multiflora Thunb. var. hortensis (Maxim.) Servett. f. jucundicocca (Koidz.) Araki ●☆
142105 Elaeagnus multiflora Thunb. var. obvoidea C. Yu Chang;倒卵果木半夏(倒果木半夏);Obovoidberry Cherry Elaeagnus ●
142106 Elaeagnus multiflora Thunb. var. orbiculata ? = Elaeagnus multiflora Thunb. f. orbiculata Araki ●☆
142107 Elaeagnus multiflora Thunb. var. ovata ? = Elaeagnus montana Makino var. ovata (Maxim.) Araki ●☆
142108 Elaeagnus multiflora Thunb. var. ovoidea ? = Elaeagnus multiflora Thunb. f. orbiculata Araki ●☆
142109 Elaeagnus multiflora Thunb. var. parvifolia ? = Elaeagnus multiflora Thunb. ●
142110 Elaeagnus multiflora Thunb. var. siphonantha (Nakai) C. Yu Chang;长萼木半夏;Tubularflower Cherry Elaeagnus ●
142111 Elaeagnus multiflora Thunb. var. sulcata ? = Elaeagnus multiflora Thunb. f. orbiculata Araki ●☆
142112 Elaeagnus multiflora Thunb. var. tenuipes C. Yu Chang;细枝木半夏;Slenderbranch Cherry Elaeagnus ●
142113 Elaeagnus multiflora Thunb. var. tsukubana (Makino) Ohwi = Elaeagnus montana Makino var. ovata (Maxim.) Araki ●☆
142114 Elaeagnus murakamiana Makino;村上胡颓子●☆
142115 Elaeagnus murakamiana Makino f. longifolia (Nakai) Momiy. ex

H. Hara;长叶村上胡颓子●☆
142116 Elaeagnus murakamiana Makino f. longifolia (Nakai) Momiy. ex H. Hara = Elaeagnus murakamiana Makino ●☆
142117 Elaeagnus nagasakiana Nakai;长崎胡颓子●☆
142118 Elaeagnus nanchuanensis C. Yu Chang;南川牛奶子;Nanchuan Elaeagnus ●
142119 Elaeagnus nikaii Nakai = Elaeagnus submacrophylla Servett. ●☆
142120 Elaeagnus nikoensis Nakai ex Makino et Nemoto = Elaeagnus montana Makino var. ovata (Maxim.) Araki ●☆
142121 Elaeagnus nokoensis Hayata = Elaeagnus formosana Nakai ●
142122 Elaeagnus numajiriana Makino;沼尻胡颓子●☆
142123 Elaeagnus numajiriana Makino var. yakusimensis ? = Elaeagnus yakusimensis Masam. ●☆
142124 Elaeagnus obovata H. L. Li;倒卵叶胡颓子(小叶胡颓子)●
142125 Elaeagnus obovata H. L. Li = Elaeagnus umbellata Thunb. ●
142126 Elaeagnus obovatifolia D. Fang;弄化胡颓子;Nonghua Elaeagnus ●
142127 Elaeagnus obtusa C. Yu Chang;钝叶胡颓子;Obtuse Elaeagnus, Obtuse-leaf Elaeagnus ●
142128 Elaeagnus odoratiedulis Lavallée = Elaeagnus multiflora Thunb. ●
142129 Elaeagnus ohashii T. C. Huang = Elaeagnus formosensis Hatus. ●
142130 Elaeagnus oiwakensis Hayata = Elaeagnus glabra Thunb. ●
142131 Elaeagnus oiwakensis Hayata = Elaeagnus thunbergii Servett. ●
142132 Elaeagnus oldhamii Maxim.;福建胡颓子(白叶刺,锅底刺,胡颓子,柿糊,咸匏柴,楦梧);Fujian Elaeagnus, Fukien Elaeagnus, Oldham Elaeagnus ●
142133 Elaeagnus oldhamii Maxim. var. nakaii Hayata;细叶胡颓子;Thinleaf Oldham Elaeagnus ●
142134 Elaeagnus oldhamii Maxim. var. nakaii Hayata = Elaeagnus oldhamii Maxim. ●
142135 Elaeagnus oleaster L. = Elaeagnus angustifolia L. ●
142136 Elaeagnus oleifera (Kunth) Cortes;油胡颓子;American Oil Palm ●☆
142137 Elaeagnus orientalis L. = Elaeagnus angustifolia L. ●
142138 Elaeagnus orientalis L. = Elaeagnus angustifolia L. var. orientalis (L.) Kuntze ●
142139 Elaeagnus ovata Servett.;卵叶胡颓子;Ovateleaf Elaeagnus ●
142140 Elaeagnus oxycarpa Schltdl.;尖果沙枣(黄果沙枣,尖果胡颓子);Sharpfruit Elaeagnus, Sharp-fruited Elaeagnus ●
142141 Elaeagnus oxycarpa Schltdl. = Elaeagnus angustifolia L. ●
142142 Elaeagnus pallidiflora C. Yu Chang;白花胡颓子;White Elaeagnus, Whiteflower Elaeagnus, White-flowered Elaeagnus ●
142143 Elaeagnus parviflora Wall. = Elaeagnus angustifolia var. orientalis (L.) Kuntze ●
142144 Elaeagnus parvifolia Wall. = Elaeagnus umbellata Thunb. ●
142145 Elaeagnus parvifolia Wall. ex Royle = Elaeagnus umbellata Thunb. ●
142146 Elaeagnus paucilepidota Hayata = Elaeagnus glabra Thunb. ●
142147 Elaeagnus philippensis Perr. = Elaeagnus triflora Roxb. ●
142148 Elaeagnus philippinensis Perr. = Elaeagnus triflora Roxb. ●
142149 Elaeagnus pilostyla C. Yu Chang;毛柱胡颓子;Pilose-styled Elaeagnus, Pilostyle Elaeagnus ●
142150 Elaeagnus pingnanensis C. Yu Chang;平南胡颓子;Pingnan Elaeagnus ●
142151 Elaeagnus praematura (Koidz.) Araki;早熟胡颓子●☆
142152 Elaeagnus pungens Thunb.;胡颓子(白蔦蓄,斑楂,半春子,半含春,补阴丹,大麦奶,大麦前果,大叶巴楂子,灯蒲,干茄,贯榨根,鸡笛树,鸡卵子,浆米草,卢都子,麦果果,麦榄,牛奶子,潘桑果,瓶匏,蒲栗子,蒲颓子,清明子,雀儿酥,三月枣,石滚子,石磙子,柿模,柿蒲,四枣,糖罐头,田蒲,甜棒槌,甜棒子,甜果儿,土萸肉,王婆奶,咸匏头,羊母奶子,羊奶奶,羊奶子,野枇杷,野水葡萄,野樱桃,野枣子,叶刺头野荸荠);Natsu Gumi, Russian Olive, Silverberry, Silverthorn, Thorny Elaeagnus, Thorny Olive, Thorny-olive ●
142153 Elaeagnus pungens Thunb. 'Aurea';金黄边胡颓子●☆
142154 Elaeagnus pungens Thunb. 'Aureuovariegata' = Elaeagnus pungens Thunb. 'Maculata' ●☆
142155 Elaeagnus pungens Thunb. 'Golden';金边胡颓子●☆
142156 Elaeagnus pungens Thunb. 'Maculata Aurea';金斑胡颓子;Golden Elaeagnus ●☆
142157 Elaeagnus pungens Thunb. 'Maculata';斑叶胡颓子;Variegated Silverberry ●☆
142158 Elaeagnus pungens Thunb. 'Variegata';乳黄边胡颓子(金银木);Yellow-edge Elaeagnus ●☆
142159 Elaeagnus pungens Thunb. f. angustifolia (Araki) Sugim. = Elaeagnus pungens Thunb. ●
142160 Elaeagnus pungens Thunb. f. aurea (Servett.) Rehder = Elaeagnus pungens Thunb. 'Aurea' ●☆
142161 Elaeagnus pungens Thunb. f. fredericii ? = Elaeagnus pungens Thunb. ●
142162 Elaeagnus pungens Thunb. f. maculata ? = Elaeagnus pungens Thunb. ●
142163 Elaeagnus pungens Thunb. f. megaphylla (Araki) Sugim. = Elaeagnus pungens Thunb. ●
142164 Elaeagnus pungens Thunb. f. rotundifolia (Servett.) H. Hara;圆叶胡颓子●☆
142165 Elaeagnus pungens Thunb. f. rotundifolia (Servett.) H. Hara = Elaeagnus pungens Thunb. ●
142166 Elaeagnus pungens Thunb. f. variegata (Rehder) Rehder = Elaeagnus pungens Thunb. 'Variegata' ●☆
142167 Elaeagnus pungens Thunb. f. variegata (Rehder) Rehder = Elaeagnus pungens Thunb. ●
142168 Elaeagnus pungens Thunb. subsp. eupungens ? = Elaeagnus pungens Thunb. ●
142169 Elaeagnus pungens Thunb. subsp. reflexa ? = Elaeagnus reflexa E. Morren et Decne. ●☆
142170 Elaeagnus pungens Thunb. subsp. subpungens ? = Elaeagnus reflexa E. Morren et Decne. ●☆
142171 Elaeagnus pungens Thunb. var. angustifolia ? = Elaeagnus pungens Thunb. ●
142172 Elaeagnus pungens Thunb. var. aureovariegata ? = Elaeagnus pungens Thunb. ●
142173 Elaeagnus pungens Thunb. var. fredericii ? = Elaeagnus pungens Thunb. ●
142174 Elaeagnus pungens Thunb. var. latifolia ? = Elaeagnus pungens Thunb. ●
142175 Elaeagnus pungens Thunb. var. maculata ? = Elaeagnus pungens Thunb. ●
142176 Elaeagnus pungens Thunb. var. megaphylla ? = Elaeagnus pungens Thunb. ●
142177 Elaeagnus pungens Thunb. var. rotundata ? = Elaeagnus rotundata Nakai ●☆
142178 Elaeagnus pungens Thunb. var. rotundifolia ? = Elaeagnus pungens Thunb. ●

142179 Elaeagnus pungens Thunb. var. simonii (Carrière) G. Nicholson = Elaeagnus reflexa E. Morren et Decne. ●☆
142180 Elaeagnus pungens Thunb. var. variegata Rehder = Elaeagnus pungens Thunb. 'Variegata' ●☆
142181 Elaeagnus reflexa E. Morren et Decne.;反卷胡颓子●☆
142182 Elaeagnus retrostyla C. Yu Chang;卷柱胡颓子;Retrostyle Elaeagnus, Retro-styled Elaeagnus, Rollstyle Elaeagnus ●
142183 Elaeagnus rhamnoides (L.) A. Nelson = Hippophae rhamnoides L. ●
142184 Elaeagnus rotundata Nakai;圆齿胡颓子●☆
142185 Elaeagnus rotundifolia Servett. = Elaeagnus multiflora Thunb. var. hortensis (Maxim.) Servett. ●☆
142186 Elaeagnus salicifolia (D. Don) A. Nelson = Hippophae salicifolia D. Don ●
142187 Elaeagnus salicifolia D. Don ex Loudon = Elaeagnus umbellata Thunb. ●
142188 Elaeagnus sarmentosa Rehder;攀缘胡颓子(长匍茎胡颓子,蒙自胡颓子,牛虱子果,羊奶果,羊山咪树);Sarmentose Elaeagnus ●
142189 Elaeagnus sativa Dippel = Elaeagnus multiflora Thunb. ●
142190 Elaeagnus schlechtendalii Servett.;小胡颓子;Small Elaeagnus ●
142191 Elaeagnus schnabeliana Hand. -Mazz. = Elaeagnus argyi H. Lév. ●
142192 Elaeagnus simonii Carrière = Elaeagnus pungens Thunb. ●
142193 Elaeagnus simonii Carrière = Elaeagnus pungens Thunb. var. simonii (Carrière) G. Nicholson ●☆
142194 Elaeagnus siphonantha Nakai = Elaeagnus multiflora Thunb. var. siphonantha (Nakai) C. Yu Chang ●
142195 Elaeagnus songarica Bernh. ex Schltdl.;准噶尔沙枣;Dzungar Elaeagnus, Songar Elaeagnus ●
142196 Elaeagnus songarica Bernh. ex Schltdl. = Elaeagnus angustifolia L. ●
142197 Elaeagnus spinosa L. = Elaeagnus angustifolia L. ●
142198 Elaeagnus spinosa L. = Elaeagnus oxycarpa Schltdl. ●
142199 Elaeagnus stellipila Rehder;星毛羊奶子(马奶子,牛奶子,星毛胡颓子);Stellate Elaeagnus ●
142200 Elaeagnus stylata Z. R. Xu;之形柱胡颓子;Stylate Elaeagnus ●
142201 Elaeagnus submacrophylla Servett. = Elaeagnus ebbingei Door. ●☆
142202 Elaeagnus takeshitae Makino;竹下胡颓子●☆
142203 Elaeagnus taliensis C. Yu Chang;大理胡颓子;Dali Elaeagnus ●
142204 Elaeagnus tarokoensis S. Y. Lu et Yuen P. Yang;太鲁阁胡颓子;Taroko Elaeagnus ●
142205 Elaeagnus tenuiflora Benth. = Elaeagnus glabra Thunb. ●
142206 Elaeagnus tenuiflora Mhoro = Elaeagnus glabra Thunb. ●
142207 Elaeagnus thunbergii Servett.;薄叶胡颓子(阿里胡颓子,邓氏胡颓子,莫里森胡颓子,少果胡颓子,威氏胡颓子,玉山胡颓子); E. H. Wilson Elaeagnus, Fewfruit Elaeagnus, Morrison Elaeagnus, Thinleaf Elaeagnus, Thunberg Elaeagnus, Wilson Elaeagnus, Yushan Elaeagnus ●
142208 Elaeagnus thunbergii Servett. = Elaeagnus liukiuensis Rehder ●☆
142209 Elaeagnus tonkinensis Servett.;越南胡颓子;Viet Nam Elaeagnus, Vietnam Elaeagnus ●
142210 Elaeagnus triflora Roxb.;菲律宾胡颓子;Triflorous Elaeagnus ●
142211 Elaeagnus tsukubana Makino = Elaeagnus montana Makino var. ovata (Maxim.) Araki ●☆
142212 Elaeagnus tubiflora C. Yu Chang;管花胡颓子;Tubeflower Elaeagnus, Tubiflorous Elaeagnus ●
142213 Elaeagnus tutcheri Dunn;香港胡颓子;Hongkong Elaeagnus ●
142214 Elaeagnus umbellata Thunb.;牛奶子(半春子,倒卵叶胡颓子,禾了子,剪子果,剪子梢,麦粒子,芒珠子,梅梅树,密毛子,木半夏,牛奶奶,秋胡颓子,天清下白,甜枣,魏氏胡颓子,小叶胡颓子,岩麻子,羊母奶子,羊奶子,阳春子); Autumn Elaeagnus, Autumn Olive, Autumn-olive, Elaeagnus, Masiro Gumi, Obovate-leaf Elaeagnus, Oleaster ●
142215 Elaeagnus umbellata Thunb. f. argyrea Araki;银白牛奶子●☆
142216 Elaeagnus umbellata Thunb. f. argyrea Araki = Elaeagnus umbellata Thunb. ●
142217 Elaeagnus umbellata Thunb. f. higuchiana (Honda) H. Hara;火口牛奶子●☆
142218 Elaeagnus umbellata Thunb. f. macrocarpa (Sugim.) H. Hara;大果牛奶子●☆
142219 Elaeagnus umbellata Thunb. f. nakaiana (Araki) H. Ohba;中井氏胡颓子●☆
142220 Elaeagnus umbellata Thunb. f. parvifolia (Wall. ex Royle) Kitam. = Elaeagnus umbellata Thunb. var. coreana (H. Lév.) H. Lév. ●☆
142221 Elaeagnus umbellata Thunb. f. parvifolia (Wall. ex Royle) Kitam. = Elaeagnus parvifolia Wall. ●
142222 Elaeagnus umbellata Thunb. f. parvifolia (Wall. ex Royle) Kitam. = Elaeagnus umbellata Thunb. ●
142223 Elaeagnus umbellata Thunb. f. rotundifolia (Makino) Kitam. = Elaeagnus umbellata Thunb. var. rotundifolia Makino ●☆
142224 Elaeagnus umbellata Thunb. f. subcoriacea (Nakai et Masam.) Masam. = Elaeagnus umbellata Thunb. ●
142225 Elaeagnus umbellata Thunb. f. sulcata (Honda) H. Hara;纵沟牛奶子●☆
142226 Elaeagnus umbellata Thunb. subsp. magna Servett. = Elaeagnus magna (Servett.) Rehder ●
142227 Elaeagnus umbellata Thunb. subsp. parvifolia (Wall. ex Royle) Servett. = Elaeagnus umbellata Thunb. ●
142228 Elaeagnus umbellata Thunb. subsp. parvifolia (Wall. ex Royle) Servett. = Elaeagnus parvifolia Wall. ●
142229 Elaeagnus umbellata Thunb. var. borealis ? = Elaeagnus umbellata Thunb. var. coreana (H. Lév.) H. Lév. ●☆
142230 Elaeagnus umbellata Thunb. var. coreana (H. Lév.) H. Lév.;朝鲜牛奶子●☆
142231 Elaeagnus umbellata Thunb. var. coreana (H. Lév.) H. Lév. = Elaeagnus umbellata Thunb. ●
142232 Elaeagnus umbellata Thunb. var. macrocarpa ? = Elaeagnus umbellata Thunb. ●
142233 Elaeagnus umbellata Thunb. var. nakaiana Araki = Elaeagnus umbellata Thunb. f. nakaiana (Araki) H. Ohba ●☆
142234 Elaeagnus umbellata Thunb. var. obtusifolia ? = Elaeagnus umbellata Thunb. ●
142235 Elaeagnus umbellata Thunb. var. parvifolia (Wall. ex Royle) C. K. Schneid. = Elaeagnus umbellata Thunb. ●
142236 Elaeagnus umbellata Thunb. var. parvifolia Wall. ex Royle;小叶牛奶子;Autumn Olive ●☆
142237 Elaeagnus umbellata Thunb. var. parvifolia Wall. ex Royle = Elaeagnus parvifolia Wall. ●
142238 Elaeagnus umbellata Thunb. var. rotundifolia Makino;圆叶牛奶子●☆
142239 Elaeagnus umbellata Thunb. var. siphonantha (Nakai) Hand. -Mazz. = Elaeagnus multiflora Thunb. var. siphonantha (Nakai) C. Yu Chang ●

142240 Elaeagnus utilis A. Nelson = Shepherdia argentea (Pursh) Nutt. ●☆
142241 Elaeagnus viridis Servett.;绿叶胡颓子(羊奶子);Greenleaf Elaeagnus,Green-leaved Elaeagnus ●
142242 Elaeagnus viridis Servett. var. delavayi C. Yu Chang;白绿叶胡颓子(白绿叶,胡颓子,丽江胡颓子,天青地白,小羊奶果,羊肋树,羊奶果);Delavay Greenleaf Elaeagnus ●
142243 Elaeagnus viridis Servett. var. delavayi Lecomte = Elaeagnus viridis Servett. ●
142244 Elaeagnus wenshanensis C. Yu Chang;文山胡颓子;Wenshan Elaeagnus ●
142245 Elaeagnus wilsonii H. L. Li;少果胡颓子●
142246 Elaeagnus wilsonii H. L. Li = Elaeagnus thunbergii Servett. ●
142247 Elaeagnus wushanensis C. Yu Chang;巫山胡颓子(巫山牛奶子);Wushan Elaeagnus ●
142248 Elaeagnus xichouensis C. Yu Chang;西畴胡颓子;Xichou Elaeagnus ●
142249 Elaeagnus xingwenensis C. Yu Chang;兴文胡颓子;Xingwen Elaeagnus ●
142250 Elaeagnus xizangensis C. Yu Chang;西藏胡颓子;Xizang Elaeagnus ●
142251 Elaeagnus yakusimensis Masam.;屋久岛胡颓子●☆
142252 Elaeagnus yoshinoi Makino;吉野氏胡颓子●
142253 Elaeagnus yunnanensis Servett.;云南羊奶子;Yunnan Elaeagnus ●
142254 Elaeagrus Pall. = Elaeagnus L. ●
142255 Elaeis Jacq. (1763);油棕属(油椰属,油椰子属);Oil Palm, Oilpalm ●
142256 Elaeis dybowskii Hua = Elaeis guineensis Jacq. ●
142257 Elaeis guineensis Jacq.;油棕(油椰,油椰子);African Oil Palm, African Oilpalm, Macaw Fat, Macaw-fat, Oil Palm, Oilpalm, Palm Cabbage ●
142258 Elaeis guineensis Jacq. subsp. nigrescens A. Chev. = Elaeis guineensis Jacq. ●
142259 Elaeis guineensis Jacq. subsp. virescens A. Chev. = Elaeis guineensis Jacq. ●
142260 Elaeis guineensis Jacq. var. madagascariensis Jum. et H. Perrier = Elaeis guineensis Jacq. ●
142261 Elaeis macrophylla A. Chev. = Elaeis guineensis Jacq. ●
142262 Elaeis melanococca Gaertn.;黑果油棕●☆
142263 Elaeis odora Trail = Barcella odora (Trail) Trail ex Drude ●☆
142264 Elaeis oleifera Cortes;美洲油棕(产油油棕);American Oil Palm, American Oilpalm, Corozo Palm ●☆
142265 Elaeis oleifera Cortes = Alfonsia oleifera Kunth ●☆
142266 Elaeocarpaceae DC. = Elaeocarpaceae Juss.(保留科名)●
142267 Elaeocarpaceae Juss. (1816)(保留科名);杜英科;Elaeocarpus Family ●
142268 Elaeocarpaceae Juss. ex DC. = Elaeocarpaceae Juss.(保留科名)●
142269 Elaeocarpus L. (1753);杜英属(胆八树属);Elaeocarpus ●
142270 Elaeocarpus alatus Kunth = Elaeocarpus glabripetalus Merr. var. alatus (Kunth) Hung T. Chang ●
142271 Elaeocarpus americanus ?;美洲杜英;American Elaeocarpus ●☆
142272 Elaeocarpus angustifolius Blume;圆果杜英(念珠菩提树)●
142273 Elaeocarpus apiculatus Mast.;长芒杜英(尖叶杜英,细叶尖叶杜英);Apiculate Elaeocarpus ●
142274 Elaeocarpus apiculatus Mast. var. annamensis Gagnep. = Elaeocarpus apiculatus Mast. ●
142275 Elaeocarpus argenteus Merr. = Elaeocarpus sylvestris (Lour.) Poir. var. argenteus (Merr.) Y. C. Liu ●
142276 Elaeocarpus arthropus Ohwi;节柄杜英●
142277 Elaeocarpus arthropus Ohwi = Elaeocarpus multiflorus (Turcz.) Fern.-Vill. ●
142278 Elaeocarpus assimilis Chun;冬桃;Similar Elaeocarpus, Winter Elaeocarpus ●
142279 Elaeocarpus atropunctatus Hung T. Chang;黑腺杜英;Blackgland Elaeocarpus, Blackglandule Elaeocarpus, Black-glandule Elaeocarpus ●
142280 Elaeocarpus auricomus C. Y. Wu = Elaeocarpus auricomus C. Y. Wu ex Hung T. Chang ●
142281 Elaeocarpus auricomus C. Y. Wu ex Hung T. Chang;金毛杜英;Goldenhair Elaeocarpus, Golden-haired Elaeocarpus ●
142282 Elaeocarpus austrosinica Hung T. Chang = Elaeocarpus bachmaensis Gagnep. ●
142283 Elaeocarpus austrosinicus Hung T. Chang;华南杜英;S. China Elaeocarpus, South China Elaeocarpus ●
142284 Elaeocarpus austrosinicus Hung T. Chang = Elaeocarpus bachmaensis Gagnep. ●
142285 Elaeocarpus austro-yunnanensis Hu;滇南杜英(繁花杜英);Numerousflower Elaeocarpus, S. Yunnan Elaeocarpus, South Yunnan Elaeocarpus ●
142286 Elaeocarpus bachmaensis Gagnep.;少花杜英;Fewflower Elaeocarpus, Few-flowered Elaeocarpus ●
142287 Elaeocarpus balansae A. DC.;大叶杜英;Balansa Elaeocarpus, Bigleaf Elaeocarpus ●
142288 Elaeocarpus bancroftii F. Muell.;昆士兰杜英;Ebony Heart, Karanda Nuts, Keranda Nut ●☆
142289 Elaeocarpus bifidus Hook. et Arn.;夏威夷杜英●☆
142290 Elaeocarpus boreali-yunnanensis Hung T. Chang;滇北杜英;N. Yunnan Elaeocarpus, North Yunnan Elaeocarpus ●
142291 Elaeocarpus boreali-yunnanensis Hung T. Chang = Elaeocarpus lacunosus Wall. ex Kurz ●
142292 Elaeocarpus braceanus Watt ex C. B. Clarke;滇藏杜英(中印杜英);Bracted Elaeocarpus ●
142293 Elaeocarpus brachyphyllus (Merr.) Kunth = Elaeocarpus hainanensis Oliv. var. brachyphyllus Merr. ●
142294 Elaeocarpus brachystachyus Hung T. Chang;短穗杜英;Shortspike Elaeocarpus, Short-spiked Elaeocarpus ●
142295 Elaeocarpus brachystachyus Hung T. Chang var. fengii C. Chen et Y. Tang;贡山杜英;Feng's Elaeocarpus ●
142296 Elaeocarpus capuronii Tirel;凯普伦杜英●☆
142297 Elaeocarpus carolinensis Koidz.;卡罗来纳杜英(加罗林杜英)●☆
142298 Elaeocarpus chinensis (Gardner et Champ.) Hook. f. ex Benth.;中华杜英(高山望,华杜英,老来红,桃榅,小冬桃,羊尿乌,羊尿木);China Elaeocarpus, Chinese Elaeocarpus ●
142299 Elaeocarpus cyaneus Sims = Elaeocarpus reticulatus Sm. ●☆
142300 Elaeocarpus decandrus Merr.;缘瓣杜英●
142301 Elaeocarpus deccumpens Hemsl. = Elaeocarpus sylvestris (Lour.) Poir. ●
142302 Elaeocarpus decipiens Hemsl. = Elaeocarpus sylvestris (Lour.) Poir. var. ellipticus (Thunb.) H. Hara ●
142303 Elaeocarpus decipiens Hemsl. ex Forbes et Hemsl.;杜英;Blueberry Tree, Common Elaeocarpus, Elaeocarpus ●

142304 Elaeocarpus decipiens Hemsl. ex Forbes et Hemsl. = Elaeocarpus sylvestris (Lour.) Poir. ●

142305 Elaeocarpus decipiens Hemsl. ex Forbes et Hemsl. var. changii Y. Tang;兰屿杜英●

142306 Elaeocarpus decurvatus Diels;下延杜英(大叶杜英,乌口果)●

142307 Elaeocarpus decurvatus Diels = Elaeocarpus varunua Buch.-Ham. ex Mast. ●

142308 Elaeocarpus dentatus (J. R. Forst. et G. Forst.) Vahl;齿叶杜英;Hinau,Hinau Elaeocarpus,Toothleaf Elaeocarpus ●

142309 Elaeocarpus dentatus Vahl = Elaeocarpus dentatus (J. R. Forst. et G. Forst.) Vahl ●

142310 Elaeocarpus dubius A. DC.;显脉杜英(高枝杜英,拟杜英);False Elaeocarpus ●

142311 Elaeocarpus duclouxii Gagnep.;褐毛杜英(大关杜英,冬桃,多克龙,广西杜英);Brownhair Elaeocarpus,Ducloux Elaeocarpus ●

142312 Elaeocarpus duclouxii Gagnep. var. funingensis Y. C. Hsu et Y. Tang;富宁杜英;Funing Elaeocarpus ●

142313 Elaeocarpus ellipticus (Thunb.) Makino = Elaeocarpus sylvestris (Lour.) Poir. var. ellipticus (Thunb.) H. Hara ●

142314 Elaeocarpus ellipticus (Thunb.) Makino = Elaeocarpus sylvestris (Lour.) Poir. ●

142315 Elaeocarpus fengjieensis P. C. Tuan;奉节杜英;Fengjie Elaeocarpus ●

142316 Elaeocarpus fleuryi A. Chev. ex Gagnep.;大果杜英;Bigfruit Elaeocarpus,Fleury Elaeocarpus ●

142317 Elaeocarpus floribundioides Hung T. Chang;多花杜英(假多花杜英);Manyflower Elaeocarpus,Multiflorous Elaeocarpus ●

142318 Elaeocarpus floribundioides Hung T. Chang = Elaeocarpus austro-yunnanensis Hu ●

142319 Elaeocarpus ganitrus Roxb. ex G. Don = Elaeocarpus angustifolius Blume ●

142320 Elaeocarpus glabripetalus Merr.;秃瓣杜英;Glabripetal Elaeocarpus,Glabripetaled Elaeocarpus ●

142321 Elaeocarpus glabripetalus Merr. = Elaeocarpus sylvestris (Lour.) Poir. ●

142322 Elaeocarpus glabripetalus Merr. var. alatus (Kunth) Hung T. Chang;棱枝杜英;Ridgybranch Elaeocarpus,Winged Elaeocarpus ●

142323 Elaeocarpus glabripetalus Merr. var. grandifructus Y. Tang;大果秃瓣杜英;Big-fruit Glabripetal Elaeocarpus ●

142324 Elaeocarpus glabripetalus Merr. var. teres Hung T. Chang;圆枝杜英;Terete Glabripetal Elaeocarpus ●

142325 Elaeocarpus glabripetalus Merr. var. teres Hung T. Chang = Elaeocarpus glabripetalus Merr. ●

142326 Elaeocarpus grandis F. Muell.;高大杜英(大杜英);Blue Marble Tree,Blue Quandong ●☆

142327 Elaeocarpus gymnogynus Hung T. Chang;秃蕊杜英(秃雌杜英);Baldpistil Elaeocarpus,Bare Elaeocarpus ●

142328 Elaeocarpus hainanensis Oliv.;水石榕(海南胆八树,水柳树);Hainan Elaeocarpus ●

142329 Elaeocarpus hainanensis Oliv. var. brachyphyllus Merr.;短叶水石榕;Short-leaf Hainan Elaeocarpus ●

142330 Elaeocarpus harmandii Pierre;肿柄杜英;Harmand Elaeocarpus,Largepetiole Elaeocarpus,Swellstipe Elaeocarpus ●

142331 Elaeocarpus hayatae Kaneh. et Sasaki;球果杜英●

142332 Elaeocarpus hayatae Kaneh. et Sasaki = Elaeocarpus decipiens Hemsl. ex Forbes et Hemsl. ●

142333 Elaeocarpus hayatae Kaneh. et Sasaki = Elaeocarpus sylvestris (Lour.) Poir. var. hayatae (Kaneh. et Sasaki) Y. C. Liu ●

142334 Elaeocarpus hemsleyanus Ito = Sloanea hemsleyana Rehder et E. H. Wilson ●

142335 Elaeocarpus henryi Hance = Elaeocarpus sylvestris (Lour.) Poir. ●

142336 Elaeocarpus hookerianus Raoul;胡克杜英;Hooker Elaeocarpus,Pokaka ●☆

142337 Elaeocarpus howii Merr. et Chun;锈毛杜英;How Elaeocarpus,Rustyhair Elaeocarpus,Rusty-haired Elaeocarpus ●

142338 Elaeocarpus integerrimus Lour. = Ochna integerrima (Lour.) Merr. ●

142339 Elaeocarpus integripetalus Gagnep. = Elaeocarpus chinensis (Gardner et Champ.) Hook. f. ex Benth. ●

142340 Elaeocarpus japonicus Siebold;日本杜英(高山望,牛屎柯,薯豆,薯豆杜英,香菇柴,羊仔屎);Japan Elaeocarpus,Japanese Elaeocarpus ●

142341 Elaeocarpus japonicus Siebold = Elaeocarpus sylvestris (Lour.) Poir. ●

142342 Elaeocarpus japonicus Siebold var. auricomus ? = Elaeocarpus auricomus C. Y. Wu ex Hung T. Chang ●

142343 Elaeocarpus japonicus Siebold var. euphlebius Merr. = Elaeocarpus japonicus Siebold ●

142344 Elaeocarpus japonicus Siebold var. lantsangensis (Hu) Hung T. Chang = Elaeocarpus lantsangensis Hu ●

142345 Elaeocarpus japonicus Siebold var. yunnanensis C. Chen et Y. Tang;云南杜英(腺叶杜英);Yunnan Elaeocarpus ●

142346 Elaeocarpus kobanmochi Koidz. = Elaeocarpus japonicus Siebold ●

142347 Elaeocarpus kwangsiensis Hung T. Chang;广西杜英;Guangxi Elaeocarpus ●

142348 Elaeocarpus kwangsiensis Hung T. Chang = Elaeocarpus glabripetalus Merr. var. alatus (Kunth) Hung T. Chang ●

142349 Elaeocarpus kwangtungensis Hu = Elaeocarpus sylvestris (Lour.) Poir. ●

142350 Elaeocarpus lacunosus Wall. ex Kurz;多沟杜英;Grooved Elaeocarpus,Many-dissected Elaeocarpus,Manyfurrow Elaeocarpus ●

142351 Elaeocarpus lanceifolius Roxb.;披针叶杜英(剑叶杜英,狭叶杜英);Lanceolate Elaeocarpus ●

142352 Elaeocarpus lanceifolius Roxb. = Elaeocarpus decipiens Hemsl. ex Forbes et Hemsl. ●

142353 Elaeocarpus lantsangensis Hu;澜沧杜英;Lancang Elaeocarpus ●

142354 Elaeocarpus lantsangensis Hu = Elaeocarpus japonicus Siebold var. lantsangensis (Hu) Hung T. Chang ●

142355 Elaeocarpus lanyuensis C. E. Chang = Elaeocarpus sylvestris (Lour.) Poir. var. lanyuensis (C. E. Chang) C. E. Chang ●

142356 Elaeocarpus laoticus Gagnep.;老挝杜英;Laos Elaeocarpus ●

142357 Elaeocarpus limitaneioides Y. Tang;小花杜英;Small-flower Elaeocarpus ●

142358 Elaeocarpus limitaneus Hand.-Mazz.;灰毛杜英(毛叶杜英);Grayhair Elaeocarpus,Gray-haired Elaeocarpus ●

142359 Elaeocarpus longlingensis Y. C. Hsu et Y. Tang;龙陵杜英;Longling Elaeocarpus ●

142360 Elaeocarpus longlingensis Y. C. Hsu et Y. Tang var. funingensis Y. C. Hsu et Y. Tang = Elaeocarpus duclouxii Gagnep. var. funingensis Y. C. Hsu et Y. Tang ●

142361 Elaeocarpus maclurei Merr. = Elaeocarpus limitaneus Hand.-Mazz. ●

142362 Elaeocarpus multiflorus (Turcz.) Fern.-Vill.;繁花杜英(繁花

薯豆，节柄杜英）；Densely-flowered Elaeocarpus，Nodose Elaeocarpus，Nodostipe Elaeocarpus ●

142363 Elaeocarpus nitentifolius Merr. et Chun；绢毛杜英（海南杜英，亮叶杜英）；Shiningleaf Elaeocarpus，Shiny-leaved Elaeocarpus ●

142364 Elaeocarpus oblongilimbus Hung T. Chang；长圆叶杜英；Oblongateleaf Elaeocarpus，Oblongileaved Elaeocarpus，Oblongleaf Elaeocarpus ●

142365 Elaeocarpus obovatus Arn.；矮杜英；Hard Quandong ●☆

142366 Elaeocarpus occidentalis Tirel；西方杜英●☆

142367 Elaeocarpus omeiensis Rehder et E. H. Wilson = Elaeocarpus sylvestris（Lour.）Poir. ●

142368 Elaeocarpus pachycarpus Koidz. = Elaeocarpus sylvestris（Lour.）Poir. ●

142369 Elaeocarpus pachycarpus Koidz. = Elaeocarpus sylvestris（Lour.）Poir. var. pachycarpus（Koidz.）H. Ohba ●

142370 Elaeocarpus perrieri Tirel；佩里耶杜英●☆

142371 Elaeocarpus petiolatus（Jack）Wall. ex Steud.；长柄杜英；Longipetioled Elaeocarpus ●

142372 Elaeocarpus photiniifolius Hook. et Arn.；石楠叶杜英●☆

142373 Elaeocarpus poilanei Gagnep.；滇越杜英（大果山杜英，小叶滇越杜英）；Littleleaf Elaeocarpus，Small-leaf Elaeocarpus，Small-leaved Elaeocarpus ●

142374 Elaeocarpus prunifolioides Hu；假樱叶杜英（樱叶杜英）；Cherry-leaf Elaeocarpus，Cherry-leaved Elaeocarpus ●

142375 Elaeocarpus prunifolioides Hu var. rectinervis Hung T. Chang；直脉杜英；Straight-nerve Cherry-leaf Elaeocarpus ●

142376 Elaeocarpus prunifolioides Hu var. rectinervis Hung T. Chang = Elaeocarpus prunifolioides Hu ●

142377 Elaeocarpus prunifolius Wall. ex Mast.；李叶杜英●☆

142378 Elaeocarpus reticulatus Sm.；蓝果杜英（短花杜英）；Blueberry Ash，Blueberryash，Blueberry-ash ●☆

142379 Elaeocarpus robustus Roxb. = Elaeocarpus tectorius（Lour.）Poir. ●☆

142380 Elaeocarpus rufovestitus Baker；褐包被杜英●☆

142381 Elaeocarpus rugosus Roxb. et G. Don；毛果杜英（长芒杜英）；Rugose Elaeocarpus ●

142382 Elaeocarpus serratus L.；锯齿杜英（锡兰杜英，锡兰橄榄）；Ceylon Elaeocarpus，Ceylon Olive，Ceylonolive，Wild Olive ●

142383 Elaeocarpus serrulatus Benth. = Elaeocarpus lanceifolius Roxb. ●

142384 Elaeocarpus shunningensis Hu = Elaeocarpus braceanus Watt ex C. B. Clarke ●

142385 Elaeocarpus sikkimensis Mast.；锡金杜英（大果杜英）●

142386 Elaeocarpus sphaericus（Gaertn.）K. Schum. = Elaeocarpus ganitrus Roxb. et G. Don ●

142387 Elaeocarpus sphaericus（Gaertn.）K. Schum. var. hayatae（Kaneh. et Sasaki）C. E. Chang = Elaeocarpus sylvestris（Lour.）Poir. var. hayatae（Kaneh. et Sasaki）Y. C. Liu ●

142388 Elaeocarpus sphaericus（Gaertn.）Schum. var. hayatae（Kaneh. et Sasaki）C. E. Chang = Elaeocarpus hayatae Kaneh. et Sasaki ●

142389 Elaeocarpus sphaerocarpus Hung T. Chang；阔叶圆果杜英（阔叶杜英）；Broadleaf Elaeocarpus，Broad-leaved Elaeocarpus ●

142390 Elaeocarpus subglobosus Merr. = Elaeocarpus angustifolius Blume ●

142391 Elaeocarpus subglobosus Merr. = Elaeocarpus ganitrus Roxb. et G. Don ●

142392 Elaeocarpus subglobosus Merr. = Elaeocarpus sphaericus（Gaertn.）K. Schum. ●

142393 Elaeocarpus subpetiolatus Hung T. Chang；屏边杜英（肖长柄杜英）；Pingbian Elaeocarpus ●

142394 Elaeocarpus subserratus Baker；具齿杜英●☆

142395 Elaeocarpus subsessilis Hand. -Mazz. = Elaeocarpus glabripetalus Merr. ●

142396 Elaeocarpus sylvestris（Lour.）Poir.；山杜英（杜英，猴欢喜，青果，山橄榄，椭圆杜英，腺叶杜英，羊屎树，羊仔树）；Common Elaeocarpus，Elliptic Elaeocarpus，Sylvestral Elaeocarpus ●

142397 Elaeocarpus sylvestris（Lour.）Poir. var. argenteus（Merr.）Y. C. Liu；腺叶杜英；Glandulose-leaved Elaeocarpus ●

142398 Elaeocarpus sylvestris（Lour.）Poir. var. argenteus（Merr.）Y. C. Liu = Elaeocarpus argenteus Merr. ●

142399 Elaeocarpus sylvestris（Lour.）Poir. var. ellipticus（Thunb.）H. Hara；椭圆杜英●

142400 Elaeocarpus sylvestris（Lour.）Poir. var. hayatae（Kaneh. et Sasaki）Y. C. Liu；早田氏杜英（球果杜英）；Hayata Elaeocarpus ●

142401 Elaeocarpus sylvestris（Lour.）Poir. var. hayatae（Kaneh. et Sasaki）Y. C. Liu = Elaeocarpus hayatae Kaneh. et Sasaki ●

142402 Elaeocarpus sylvestris（Lour.）Poir. var. lanyuensis（C. E. Chang）C. E. Chang；兰屿山杜英（兰屿杜英）；Lanyu Elaeocarpus ●

142403 Elaeocarpus sylvestris（Lour.）Poir. var. lanyuensis（C. E. Chang）C. E. Chang = Elaeocarpus lanyuensis C. E. Chang ●

142404 Elaeocarpus sylvestris（Lour.）Poir. var. pachycarpus（Koidz.）H. Ohba；胖果山杜英●☆

142405 Elaeocarpus sylvestris（Lour.）Poir. var. pachycarpus（Koidz.）H. Ohba = Elaeocarpus sylvestris（Lour.）Poir. ●

142406 Elaeocarpus sylvestris（Lour.）Poir. var. photiniifolius（Hook. et Arn.）Yas. Endo = Elaeocarpus photiniifolius Hook. et Arn. ●☆

142407 Elaeocarpus sylvestris（Lour.）Poir. var. viridescens Chun et F. C. How；绿叶山杜英；Greenleaf Elaeocarpus ●

142408 Elaeocarpus sylvestris（Lour.）Poir. var. viridescens Chun et F. C. How = Elaeocarpus poilanei Gagnep. ●

142409 Elaeocarpus sylvestris F. P. Metcalf = Elaeocarpus glabripetalus Merr. ●

142410 Elaeocarpus tectorius（Lour.）Poir.；粗壮杜英●☆

142411 Elaeocarpus thorelii Pierre；多利杜英；Thorel Elaeocarpus ●☆

142412 Elaeocarpus varunua Buch. -Ham. ex Mast.；滇印杜英（大叶杜英，美脉杜英，乌口果，云南杜英）；Decurved Elaeocarpus，Yunnan Elaeocarpus ●

142413 Elaeocarpus yentangensis Hu = Elaeocarpus japonicus Siebold ●

142414 Elaeocarpus yunnanensis E. Brandis = Elaeocarpus japonicus Siebold ●

142415 Elaeocarpus yunnanensis E. Brandis ex Tutcher = Elaeocarpus japonicus Siebold ●

142416 Elaeocharis Brongn. = Eleocharis R. Br. ■

142417 Elaeochytris Fenzl = Peucedanum L. ■

142418 Elaeococca Comm. ex A. Juss. = Vernicia Lour. ●

142419 Elaeococca cordata A. Juss. = Aleurites cordata（Thunb.）R. Br. ex Steud. ●☆

142420 Elaeococca verrucosa A. Juss. ex Spreng. = Aleurites cordata（Thunb.）R. Br. ex Steud. ●☆

142421 Elaeococcus Spreng. = Elaeococca Comm. ex A. Juss. ●

142422 Elaeodendron J. Jacq.（1782）；福木属（洋橄榄属）；False Olive，Falseolive，Oil-wood ●☆

142423 Elaeodendron J. Jacq. ex Jacq. = Cassine L.（保留属名）●☆

142424 Elaeodendron J. Jacq. ex Jacq. = Elaeodendron J. Jacq. ●☆

142425 Elaeodendron L. = Cassine L. (保留属名)●☆
142426 Elaeodendron aethiopicum (Thunb.) Oliv. = Mystroxylon aethiopicum (Thunb.) Loes. ●☆
142427 Elaeodendron afzelii O. Loes. = Elaeodendron buchananii (Loes.) Loes. ●☆
142428 Elaeodendron afzelii O. Loes. var. djalonense Roberty;贾隆福木●☆
142429 Elaeodendron albivenosum Chiov. = Elaeodendron schweinfurthianum (Loes.) Loes. ●☆
142430 Elaeodendron angustifolium C. Presl = Robsonodendron eucleiforme (Eckl. et Zeyh.) R. H. Archer ●☆
142431 Elaeodendron aquifolium (Fiori) Chiov. ;冬青叶福木●☆
142432 Elaeodendron argan Retz. = Argania spinosa (L.) Skeels ●☆
142433 Elaeodendron athranthum (Eckl. et Zeyh.) C. Presl = Mystroxylon aethiopicum (Thunb.) Loes. ●☆
142434 Elaeodendron australe Vent. ;澳洲福木;Red Olive Plum ●☆
142435 Elaeodendron australe Vent. var. angustifolia Benth. ;狭叶澳洲福木●☆
142436 Elaeodendron buchananii (Loes.) Loes. ;布坎南福木(布昌福木,布昌假橄榄)●☆
142437 Elaeodendron bussei Loes. = Elaeodendron schlechterianum (Loes.) Loes. ●☆
142438 Elaeodendron capense Eckl. et Zeyh. = Elaeodendron croceum (Thunb.) DC. ●☆
142439 Elaeodendron confertifolium (Tul.) Szyszyl. = Mystroxylon aethiopicum (Thunb.) Loes. ●☆
142440 Elaeodendron croceum (Thunb.) DC. ;好望角福木;Cape False Olive, Cape Falseolive, Cape Oil-wood, Gape False-olive ●☆
142441 Elaeodendron croceum (Thunb.) DC. var. heterophyllum Loes. = Elaeodendron transvaalense (Burtt Davy) R. H. Archer ●☆
142442 Elaeodendron croceum (Thunb.) DC. var. triandrum Dinter = Elaeodendron transvaalense (Burtt Davy) R. H. Archer ●☆
142443 Elaeodendron dregeanum C. Presl = Pterocelastrus dregeanus (C. Presl) Sond. ●☆
142444 Elaeodendron eucleiforme (Eckl. et Zeyh.) Ettingsh. = Robsonodendron eucleiforme (Eckl. et Zeyh.) R. H. Archer ●☆
142445 Elaeodendron excelsum (Eckl. et Zeyh.) Ettingsh. = Elaeodendron zeyheri Spreng. ex Turcz. ●☆
142446 Elaeodendron fortunei Turcz. = Euonymus fortunei (Turcz.) Hand. -Mazz. ●
142447 Elaeodendron friesianum Loes. = Elaeodendron buchananii (Loes.) Loes. ●☆
142448 Elaeodendron glaucum (Rottb.) Pers. = Cassine glauca (Pers.) Kuntze ●☆
142449 Elaeodendron glaucum Pers. ;灰福木;Ceylon Tea Tree, Glaucous Oil-wood, Olive Plum ●☆
142450 Elaeodendron glaucum Pers. var. cochinechinense Pierre;越南福木;Cochinchina Glaucous Oil-wood ●☆
142451 Elaeodendron glaucum Pers. var. kamerunense Loes. = Elaeodendron kamerunense (Loes.) Villiers ●☆
142452 Elaeodendron glaucum Pers. var. roxburghii Lawson;罗克斯伯福木;Roxburgh Glaucous Oil-wood ●☆
142453 Elaeodendron japonicum Franch. et Sav. = Microtropis japonica (Franch. et Sav.) Hallier f. ●
142454 Elaeodendron kamerunense (Loes.) Villiers;喀麦隆福木●☆
142455 Elaeodendron keniense Loes. = Elaeodendron buchananii (Loes.) Loes. ●☆
142456 Elaeodendron kraussianum (Bernh.) Sim = Cassine peragua L. ●☆
142457 Elaeodendron lacinulatum (Loes.) Loes. = Elaeodendron schlechterianum (Loes.) Loes. ●☆
142458 Elaeodendron laneanum A. H. Moore;百慕大福木;Bermuda Falseolive, Bermuda Oil-wood ●☆
142459 Elaeodendron laurifolium Harv. = Allocassine laurifolia (Harv.) N. Robson ●☆
142460 Elaeodendron oligocarpum (Eckl. et Zeyh.) Ettingsh. = Robsonodendron eucleiforme (Eckl. et Zeyh.) R. H. Archer ●☆
142461 Elaeodendron orientale Jacq. ;东方福木;Oriental Falseolive, Oriental Oil-wood ●☆
142462 Elaeodendron papillosum Hochst. = Elaeodendron croceum (Thunb.) DC. ●☆
142463 Elaeodendron rehmannii Szyszyl. = Mystroxylon aethiopicum (Thunb.) Loes. subsp. burkeanum (Sond.) R. H. Archer ●☆
142464 Elaeodendron reticulatum (Eckl. et Zeyh.) Ettingsh. = Lauridia reticulata Eckl. et Zeyh. ●☆
142465 Elaeodendron roxburghii Wight et Arn. = Cassine glauca (Rottb.) Kuntze ●☆
142466 Elaeodendron schinoides Spreng. = Cassine schinoides (Spreng.) R. H. Archer ●☆
142467 Elaeodendron schlechterianum (Loes.) Loes. ;施莱福木●☆
142468 Elaeodendron schweinfurthianum (Loes.) Loes. ;施韦福木●☆
142469 Elaeodendron somalense Engl. ex Loes. = Elaeodendron schweinfurthianum (Loes.) Loes. ●☆
142470 Elaeodendron sphaerophyllum (Eckl. et Zeyh.) C. Presl = Mystroxylon aethiopicum (Thunb.) Loes. ●☆
142471 Elaeodendron stolzii Loes. = Elaeodendron buchananii (Loes.) Loes. ●☆
142472 Elaeodendron stuhlmannii Loes. = Elaeodendron schlechterianum (Loes.) Loes. ●☆
142473 Elaeodendron transvaalense (Burtt Davy) R. H. Archer;德兰士瓦福木●☆
142474 Elaeodendron velutinum Harv. = Mystroxylon aethiopicum (Thunb.) Loes. ●☆
142475 Elaeodendron warneckei Loes. = Elaeodendron buchananii (Loes.) Loes. ●☆
142476 Elaeodendron xylocarpum DC. ;木果福木;Cocoron Elaeodendron, Woody-fruited Oil-wood ●☆
142477 Elaeodendron zeyheri Spreng. ex Turcz. ;泽赫福木●☆
142478 Elaeodendrum Murr. = Elaeodendron J. Jacq. ●☆
142479 Elaeogene Miq. = Vatica L. ●
142480 Elaeoluma Baill. (1891);榄袍木属●☆
142481 Elaeoluma glabrescens (Mart. et Eichler ex Miq.) Aubrév. ;渐光榄袍木●☆
142482 Elaeoluma nuda (Baehni) Aubrév. ;裸榄袍木●☆
142483 Elaeoluma schomburgkiana Baill. ;榄袍木●☆
142484 Elaeophora Ducke = Plukenetia L. ●☆
142485 Elaeophora Ducke(1925);橄榄大戟属●☆
142486 Elaeophora abutifolia Ducke;橄榄大戟●☆
142487 Elaeophora polyadenia Ducke;多腺橄榄大戟●☆
142488 Elaeophorbia Stapf(1906);油戟属(多肉大戟属)●☆
142489 Elaeophorbia acuta N. E. Br. ;锐利油戟●☆
142490 Elaeophorbia beillei (A. Chev.) Jacobsen = Euphorbia beillei A. Chev. ●☆
142491 Elaeophorbia drupifera (Thonn.) Stapf;核果油戟●☆

142492 Elaeophorbia grandifolia (Haw.) Croizat;大叶油戟●☆
142493 Elaeophorbia hiernii Croizat;希尔恩油戟●☆
142494 Elaeophorbia leonensis (N. E. Br.) Jacobsen = Euphorbia leonensis N. E. Br. ■☆
142495 Elaeopleurum Korovin = Seseli L. ■
142496 Elaeoselinum W. D. J. Koch ex DC. (1830);橄榄芹属■☆
142497 Elaeoselinum asclepium (L.) Bertol. subsp. meoides (Desf.) Maire = Elaeoselinum meoides (Desf.) DC. ■☆
142498 Elaeoselinum asclepium (L.) Bertol. var. australe Font Quer = Elaeoselinum meoides (Desf.) DC. ■☆
142499 Elaeoselinum cadevallii Sennen et Mauricio = Elaeoselinum meoides (Desf.) DC. ■☆
142500 Elaeoselinum cuatrecasasii Sennen et Mauricio = Elaeoselinum meoides (Desf.) DC. ■☆
142501 Elaeoselinum foetidum (L.) Boiss.;臭橄榄芹(臭油戟)●☆
142502 Elaeoselinum foetidum (L.) Boiss. var. brachylobum Pau = Elaeoselinum meoides (Desf.) DC. ■☆
142503 Elaeoselinum fontanesii Boiss.;丰塔纳橄榄芹■☆
142504 Elaeoselinum gummiferum (Desf.) Samp. = Margotia gummifera (Desf.) Lange ■☆
142505 Elaeoselinum humile Ball = Elaeoselinum fontanesii Boiss. ■☆
142506 Elaeoselinum laxum Pomel;疏松橄榄芹■☆
142507 Elaeoselinum mangenotianum Emb.;芒热诺橄榄芹■☆
142508 Elaeoselinum meoides (Desf.) DC.;西部橄榄芹■☆
142509 Elaeoselinum meoides (Desf.) DC. var. australe Font Quer = Elaeoselinum meoides (Desf.) DC. ■☆
142510 Elaeoselinum thapsioides (Desf.) Maire = Elaeoselinum fontanesii Boiss. ■☆
142511 Elaeosticta Fenzl(1843);斑驳芹属■☆
142512 Elaeosticta glaucescens Boiss.;渐灰斑驳芹■☆
142513 Elaeosticta gracilis Kamelin et Pimenov;细斑驳芹■☆
142514 Elaeosticta lutea (Hoffm.) Kljuykov, Pimenov et V. N. Tikhom.;黄斑驳芹■☆
142515 Elaeosticta meifolia Fenzl;斑驳芹■☆
142516 Elaeosticta paniculata (Korovin) Kljuykov et Pimenov;圆锥斑驳芹■☆
142517 Elaeosticta platyphylla (Korovin) Kljuykov, Pimenov et V. N. Tikhom.;宽叶斑驳芹■☆
142518 Elais L. = Elaeis Jacq. ●
142519 Elalia cumingii (Nees) A. Camus = Eulalia leschenaultiana (Decne.) Ohwi ■
142520 Elangis Thouars = Angraecum Bory ■
142521 Elangis Thouars = Cryptopus Lindl. ■☆
142522 Elaphandra Strother(1991);鹿蕊菊属(鹿菊属)■●☆
142523 Elaphandra bicornis Strother;鹿蕊菊■●☆
142524 Elaphanthera N. Hallé(1988);鹿药檀香属●☆
142525 Elaphanthera baumannii (Stauffer) N. Hallé;鹿药檀香●☆
142526 Elaphoboscum Rupr. = Pastinaca L. ■
142527 Elaphoboscum sativum (L.) Rupr. = Pastinaca sativa L. ■
142528 Elaphrium Jacq. (废弃属名) = Bursera Jacq. ex L. (保留属名)●☆
142529 Elaphrium inaequale DC. = Clausena anisata (Willd.) Hook. f. ex Benth. ●☆
142530 Elasis D. R. Hunt(1978);须花草属■☆
142531 Elasis hirsuta (Kunth) D. R. Hunt;须花草■☆
142532 Elasmatium Dulac = Goodyera R. Br. ■
142533 Elasmatium Dulac. = Epipactis Ség. (废弃属名)■
142534 Elasmatium repens (L.) Dulac = Goodyera repens (L.) R. Br. ■
142535 Elasmocarpus Hochst. ex Chiov. = Indigofera L. ●■
142536 Elate L. = Phoenix L. ●
142537 Elate sylvestris L. = Phoenix sylvestris (L.) Roxb. ●
142538 Elateriodes Kuntze = Elateriospermum Blume ■☆
142539 Elaterioides Kuntze = Elateriospermum Blume ■☆
142540 Elateriopsis Ernst(1873);弹丝瓜属■☆
142541 Elateriopsis caracasana Ernst;弹丝瓜■☆
142542 Elateriopsis macropoda Cogn.;大足弹丝瓜■☆
142543 Elateriospermum Blume(1826);褶籽大戟属■☆
142544 Elateriospermum tapos Blume;褶籽大戟☆
142545 Elaterispermum Rchb. = Elateriospermum Blume ■☆
142546 Elaterium Adans. = Ecballium A. Rich. (保留属名)■
142547 Elaterium Jacq. = Ecballium A. Rich. (保留属名)■
142548 Elaterium Jacq. = Rytidostylis Hook. et Arn. ■☆
142549 Elaterium Mill. (废弃属名) = Ecballium A. Rich. (保留属名)■
142550 Elaterium brachystachyum Ser. = Cyclanthera brachystachya (Ser.) Cogn. ■☆
142551 Elateum Raf. = Phoenix L. ●
142552 Elatinaceae Dumort. (1829)(保留科名);沟繁缕科;Waterwort Family ■
142553 Elatine Hill = Kickxia Dumort. ●☆
142554 Elatine L. (1753);沟繁缕属;Pipewort, Water Pepper, Water Wort, Waterwort ■
142555 Elatine alsinastrum L.;繁缕叶沟繁缕■☆
142556 Elatine ambigua Wight;长梗沟繁缕;Asian Waterwort, Longstipe Waterwort ■
142557 Elatine ambigua Wight = Elatine triandra Schkuhr var. pedicellata Krylov ■☆
142558 Elatine americana (Pursh) Arn.;美洲沟繁缕;America Waterwort, American Waterwort ■☆
142559 Elatine americana Arn. = Elatine triandra Schkuhr ■
142560 Elatine americana Pursh = Elatine triandra Schkuhr ■
142561 Elatine ammannioides (Roxb. ex Roth) Wight et Arn. = Bergia ammannioides Roxb. ex Roth ●■
142562 Elatine brachycarpa A. Gray = Elatine triandra Schkuhr ■
142563 Elatine brachysperma A. Gray;短籽沟繁缕;Shortseed Waterwort ■☆
142564 Elatine brochonii Clavaud;布罗沟繁缕■☆
142565 Elatine calitrichoides Rupr. ex Petrovsky;水马齿沟繁缕■☆
142566 Elatine campylosperma Seub. = Elatine macropoda Guss. ■☆
142567 Elatine chilensis Gay = Elatine triandra Schkuhr ■
142568 Elatine hexandra DC.;六雄沟繁缕(六蕊沟繁缕);Sixstamen Waterwort, Six-stamened Waterwort, Water Pepper, Waterwort ■☆
142569 Elatine hungarica Moeszi;匈牙利沟繁缕■☆
142570 Elatine hydropiper L.;马蹄沟繁缕(水蓼沟繁缕);Eightstamen Waterwort, Eight-stamened Waterwort, Horsehoof Waterwort, Water Pepper ■
142571 Elatine macropoda Guss.;大足沟繁缕■☆
142572 Elatine minima (Nutt.) Fisch. et C. A. Mey.;微小沟繁缕;Least Waterwort, Mud-purslane, Small Waterwort ■☆
142573 Elatine orthosperma Dueb.;直籽沟繁缕■☆
142574 Elatine triandra Schkuhr;三蕊沟繁缕(沟繁缕,三萼沟繁缕,三雄沟繁缕,智利沟繁缕);Chilean Waterwort, Greater Waterwort, Long-stem Waterwort, Threestamen Waterwort, Three-stamened Waterwort, Water-purslane, Waterwort ■

142575 Elatine triandra Schkuhr f. submersa Seub. ;沉水沟繁缕■☆
142576 Elatine triandra Schkuhr f. terrestris Seub. ;陆生三蕊沟繁缕■☆
142577 Elatine triandra Schkuhr var. americana (Pursh) Fassett = Elatine triandra Schkuhr ■
142578 Elatine triandra Schkuhr var. orientalis Makino;东方三蕊沟繁缕;Oriental Threestamen Waterwort ■☆
142579 Elatine triandra Schkuhr var. pedicellata Krylov;梗花三蕊沟繁缕■☆
142580 Elatine williamsii Rydb. ;威廉斯氏沟繁缕;Williams Waterwort ■☆
142581 Elatinella (Seub.) Opiz = Elatine L. ■
142582 Elatinella (Seub.) Opiz = Elatinella Opiz ■
142583 Elatinella Opiz = Elatine L. ■
142584 Elatinella Opiz(1852);小沟繁缕属■☆
142585 Elatinella hydropiper Opiz;小沟繁缕■☆
142586 Elatinoides (Chav.) Wettst. = Kickxia Dumort. ●☆
142587 Elatinoides Wettst. = Kickxia Dumort. ●☆
142588 Elatinoides aegyptiaca (L.) Wettst. = Kickxia aegyptiaca (L.) Nábelek ■☆
142589 Elatinopsis Clavaud = Elatine L. ■
142590 Elatinopsis Clavaud(1884);类沟繁缕属■☆
142591 Elatinopsis brochoni Clavaud;类沟繁缕■☆
142592 Elatinopsis brochoni Clavaud = Elatine brochonii Clavaud ■☆
142593 Elatosema Franch. et Sav. = Elatostema J. R. Forst. et G. Forst. (保留属名)●■
142594 Elatostema J. R. Forst. et G. Forst. (1775)(保留属名);楼梯草属;Elatostema, Stairweed ●■
142595 Elatostema J. R. Forst. et G. Forst. (保留属名) = Procris Comm. ex Juss. ●
142596 Elatostema acuminatum (Poir.) Brongn. ;渐尖楼梯草(半个脸,尖叶楼梯草,人羊参,通关散);Acuminate Elatostema, Acuminate Stairweed ●
142597 Elatostema acuminatum (Poir.) Brongn. var. striolatum W. T. Wang;短齿渐尖楼梯草(多齿渐尖楼梯草)●
142598 Elatostema acuteserratum B. L. Shih et Yuen P. Yang;台湾楼梯草(尖齿楼梯草,锐齿楼梯草);Acutesrrate Stairweed ■
142599 Elatostema acutitepalum W. T. Wang;尖被楼梯草;Acutetepal Elatostema, Acutetepal Stairweed ■
142600 Elatostema albopilosum W. T. Wang;疏毛楼梯草;Albopilose Elatostema, Laxhair Stairweed ■
142601 Elatostema aliferum W. T. Wang;翅苞楼梯草;Webbract Stairweed, Wingbract Elatostema ■
142602 Elatostema alnifolium W. T. Wang;桤叶楼梯草;Alderleaf Elatostema, Alderleaf Stairweed ■
142603 Elatostema angulosum W. T. Wang;翅棱楼梯草;Wingridge Elatostema, Wingridge Stairweed ■
142604 Elatostema angustitepalum W. T. Wang;狭被楼梯草;Narrowtepal Elatostema, Narrowtepal Stairweed ■
142605 Elatostema approximatum Wedd. = Elatostema cuneatum Wight ■
142606 Elatostema asterocephalum W. T. Wang;星序楼梯草;Starhead Elatostema, Starhead Stairweed ■
142607 Elatostema atropurpureum Gagnep. ;深紫楼梯草(红果楼梯草);Deepviolet Stairweed, Redfruit Elatostema ■
142608 Elatostema atroviride W. T. Wang;深绿楼梯草;Darkgreen Elatostema, Darkgreen Stairweed ■
142609 Elatostema atroviride W. T. Wang var. lobulatum W. T. Wang = Elatostema atroviride W. T. Wang ■
142610 Elatostema attenuatum W. T. Wang;渐狭楼梯草;Attenuate Elatostema, Attenuate Stairweed ■
142611 Elatostema auriculatum W. T. Wang;耳状楼梯草;Auriculatum Elatostema, Earshape Stairweed ■
142612 Elatostema auriculatum W. T. Wang var. strigosum W. T. Wang;毛茎耳状楼梯草(伏毛楼梯草);Hairstem Auriculatum Elatostema, Hairstem Earshape Stairweed ■
142613 Elatostema backeri H. Schroet. ;滇黔楼梯草;Backer Elatostema, Backer Stairweed ■
142614 Elatostema backeri H. Schroet. var. villosulum W. T. Wang;展毛滇黔楼梯草;Villosus Elatostema ■
142615 Elatostema baiseense W. T. Wang;百色楼梯草;Baise Elatostema, Baise Stairweed ■
142616 Elatostema balansae Gagnep. ;华南楼梯草;S. China Stairweed, South China Elatostema ■
142617 Elatostema beibengense W. T. Wang;背崩楼梯草;Beibeng Elatostema, Beibeng Stairweed ●■
142618 Elatostema beshengii W. T. Wang;渤生楼梯草;Bosheng Elatostema, Bosheng Stairweed ■
142619 Elatostema biglomeratum W. T. Wang;叉序楼梯草;Biglomerate Elatostema, Forkglome Stairweed ●■
142620 Elatostema bijiangense W. T. Wang;碧江楼梯草;Bijiang Elatostema, Bijiang Stairweed ■
142621 Elatostema bodinieri (H. Lév.) Hand. -Mazz. = Elatostema oblongifolium S. H. Fu ex W. T. Wang ■
142622 Elatostema bodinieri H. Lév. = Elatostema cuspidatum Wight ■
142623 Elatostema boehmerioides W. T. Wang;苎麻楼梯草(荨麻楼梯草);Falsenettle-like Elatostema, Ramielike Stairweed ●■
142624 Elatostema brachyodontum (Hand. -Mazz.) W. T. Wang;短齿楼梯草(倒老嫩,上天梯);Shorttooth Elatostema, Shorttooth Stairweed ■
142625 Elatostema bracteosum W. T. Wang;显苞楼梯草;Bractacious Elatostema, Bractacious Stairweed ■
142626 Elatostema breviacuminatum W. T. Wang;短尖楼梯草;Shortacuminate Elatostema, Shorttine Stairweed ■
142627 Elatostema brevifolium (Benth.) Hallier f. = Pellionia brevifolia Benth. ■
142628 Elatostema brevipedunculatum W. T. Wang;短梗楼梯草;Shortstalk Elatostema, Shortstalk Stairweed ■
142629 Elatostema brunneinerve W. T. Wang;褐脉楼梯草;Brownvein Elatostema, Brownvein Stairweed ■
142630 Elatostema calciferum W. T. Wang;具钙楼梯草(灰岩楼梯草)■
142631 Elatostema cavalerieri (H. Lév.) Hand. -Mazz. ;江南楼梯草■
142632 Elatostema cavalerieri Hand. -Mazz. = Elatostema ichangense H. Schroet. ■
142633 Elatostema coriaceifolium W. T. Wang;革叶楼梯草;Leatherleaf Elatostema, Leatherleaf Stairweed ■
142634 Elatostema crassiusculum W. T. Wang;厚叶楼梯草;Thickleaf Elatostema, Thickleaf Stairweed ■
142635 Elatostema crenatum W. T. Wang;浅齿楼梯草;Crenate Elatostema, Crenate Stairweed ●■
142636 Elatostema crispulum W. T. Wang;弯毛楼梯草;Curvehair Stairweed ■
142637 Elatostema cuneatum Wight;稀齿楼梯草;Cuneate Elatostema, Cuniform Stairweed ■
142638 Elatostema cuneiforme W. T. Wang;楔苞楼梯草;Wedgebract Elatostema, Wedgebract Stairweed ■

142639 Elatostema cuneiforme W. T. Wang var. gracilipes W. T. Wang; 细梗楔苞楼梯草; Thinstalk Wedgebract Elatostema, Thinstalk Wedgebract Stairweed ■

142640 Elatostema cuspidatum Wight; 骤尖楼梯草; Cuspidate Elatostema, Cuspidate Stairweed ■

142641 Elatostema cuspidatum Wight var. dolichoceras W. T. Wang; 长角骤尖楼梯草; Longcorn Elatostema, Longcorn Stairweed ■

142642 Elatostema cyrtandrifolium (Zoll. et Moritzi) Miq.; 锐齿楼梯草(台湾楼梯草); Sawtooth Elatostema, Sawtooth Stairweed, Taiwan Stairweed ■

142643 Elatostema cyrtandrifolium (Zoll. et Moritzi) Miq. var. brevicaudatum (W. T. Wang) W. T. Wang; 短尾楼梯草; Shorttail Sawtooth Elatostema ■

142644 Elatostema cyrtandrifolium (Zoll. et Moritzi) Miq. var. daweishanicum W. T. Wang; 大围山楼梯草; Daweishan Elatostema ■

142645 Elatostema daveauanum (N. E. Br.) Haller f. = Pellionia repens (Lour.) Merr. ■

142646 Elatostema densiflorum Franch. et Sav. = Elatostema cuneatum Wight ■

142647 Elatostema densiflorum Franch. et Sav. ex Maxim.; 密花楼梯草 ■☆

142648 Elatostema didymocephalum W. T. Wang; 双头楼梯草; Doublehead Elatostema, Doublehead Stairweed ■

142649 Elatostema dissectoides W. T. Wang; 拟盘托楼梯草; Dish-like Stairweed ■

142650 Elatostema dissectum Wedd.; 盘托楼梯草(螃蟹苦); Dish Stairweed, Dissected Elatostema ■

142651 Elatostema diversifolium Wedd. = Elatostema monandrum (D. Don) Hara ■

142652 Elatostema dulongense W. T. Wang; 独龙楼梯草; Dulong Elatostema, Dulong Stairweed ■

142653 Elatostema ebracteatum W. T. Wang; 无苞楼梯草; Bractless Elatostema, Bractless Stairweed ■

142654 Elatostema edule C. B. Rob.; 食用楼梯草(阔叶赤车使者,阔叶楼梯草,南海楼梯草); Edible Stairweed, Nanhai Elatostema, Nanhai Stairweed ■

142655 Elatostema elegans H. J. P. Winkl.; 新几内亚楼梯草■☆

142656 Elatostema eriocephalum W. T. Wang; 绒序楼梯草; Flosshead Elatostema, Flosshead Stairweed ■

142657 Elatostema ferrugineum W. T. Wang; 锈茎楼梯草; Ruststem Elatostema, Ruststem Stairweed ■

142658 Elatostema ficoides Wedd.; 梨序楼梯草(飞柯冷清草); Fighead Stairweed, Pearlikeinflorescence Elatostema ■

142659 Elatostema ficoides Wedd. = Elatostema hainanense W. T. Wang ■

142660 Elatostema ficoides Wedd. = Elatostema nasutum Hook. f. ■

142661 Elatostema ficoides Wedd. var. brachyodontum Hand. -Mazz. = Elatostema brachyodontum (Hand. -Mazz.) W. T. Wang ■

142662 Elatostema ficoides Wedd. var. puberulum W. T. Wang; 毛茎梨序楼梯草; Hairy Fighead Stairweed ■

142663 Elatostema filipes W. T. Wang; 丝梗楼梯草; Silkstalk Elatostema, Silkstalk Stairweed ■

142664 Elatostema filipes W. T. Wang var. floribundum W. T. Wang; 多花丝梗楼梯草; Manyflower Silkstalk Elatostema, Manyflower Silkstalk Stairweed ■

142665 Elatostema gabonense H. Schroet. = Elatostema paivaeanum Wedd. ■☆

142666 Elatostema gagnepainianum H. Schroet. = Procris crenata C. B. Rob. ●■

142667 Elatostema gibbosum Kurz = Pellionia repens (Lour.) Merr. ■

142668 Elatostema glochidioides W. T. Wang; 算盘楼梯草■

142669 Elatostema goniocephalum W. T. Wang; 角托楼梯草; Hornedhead Elatostema, Hornedhead Stairweed ■

142670 Elatostema grandidentatum W. T. Wang; 粗齿楼梯草; Bigtooth Elatostema, Bigtooth Stairweed ■

142671 Elatostema griffithianum (Wedd.) Hallier f. = Pellionia heteroloba Wedd. ■

142672 Elatostema guelinense W. T. Wang; 桂林楼梯草; Guilin Elatostema, Guilin Stairweed ■

142673 Elatostema gungshanense W. T. Wang; 贡山楼梯草; Gongshan Elatostema, Gongshan Stairweed ■

142674 Elatostema hainanense W. T. Wang; 海南楼梯草; Hainan Elatostema, Hainan Stairweed ■

142675 Elatostema hekouense W. T. Wang; 河口楼梯草; Hekou Elatostema, Hekou Stairweed ■

142676 Elatostema henryanum Hand. -Mazz. = Pellionia heteroloba Wedd. ■

142677 Elatostema henryanum Hand. -Mazz. var. oligodontum Hand. - Mazz. = Pellionia paucidentata (H. Schroet.) S. S. Chien ■

142678 Elatostema herbaceifolium Hayata = Elatostema cyrtandrifolium (Zoll. et Moritzi) Miq. ■

142679 Elatostema herbaceifolium Hayata var. brevicaudatum W. T. Wang = Elatostema cyrtandrifolium (Zoll. et Moritzi) Miq. var. brevicaudatum (W. T. Wang) W. T. Wang ■

142680 Elatostema heyneanum (Wedd.) Hallier f. = Pellionia heyneana Wedd. ●■

142681 Elatostema hirtellipedunculata B. L. Shih et Yuen P. Yang; 糙梗楼梯草; Hairypedicel Stairweed ■

142682 Elatostema hirtellum (W. T. Wang) W. T. Wang; 硬毛楼梯草; Hardhair Stairweed, Hispid Elatostema ●■

142683 Elatostema hirticaule W. T. Wang; 毛基楼梯草; Hairbase Elatostema, Hairbase Stairweed ■

142684 Elatostema hirticaule W. T. Wang = Pellionia retrohispida W. T. Wang ■

142685 Elatostema hookerianum Wedd.; 疏晶楼梯草; Hooker Elatostema, Hooker Stairweed ■

142686 Elatostema hunanense W. T. Wang; 湖南楼梯草; Hunan Elatostema, Hunan Stairweed ■

142687 Elatostema hunanense W. T. Wang = Pellionia retrohispida W. T. Wang ■

142688 Elatostema hypoglauca B. L. Shih et Yuen P. Yang; 白背楼梯草; Hypoglaucous Stairweed ■

142689 Elatostema ichangense H. Schroet.; 宜昌楼梯草(六月寒,水水草); Yichang Elatostema, Yichang Stairweed ■

142690 Elatostema imbricans Dunn; 刀叶楼梯草; Swardleaf Elatostema, Swardleaf Stairweed ■

142691 Elatostema incisoserratum H. Schroet. = Pellionia incisoserrata (H. Schroet.) W. T. Wang ■

142692 Elatostema integrifolium (D. Don) Wedd.; 全缘楼梯草; Entire Elatostema, Entireleaf Stairweed ●■

142693 Elatostema integrifolium (D. Don) Wedd. var. tomentosum (Hook. f.) W. T. Wang; 朴叶楼梯草; Tomentose Entire Elatostema, Tomentose Entireleaf Stairweed ●■

142694 Elatostema involucratum Franch. et Sav.; 楼梯草(半边伞,半边山,赤车使者,大楼梯草,大伞花楼梯草,大叶楼梯草,到老嫩,拐枣七,冷草,冷饭团,鹿角七,上天梯,石边采,细水麻,细叶水麻,小白沙,小锦枝,养血草);Involucrate Elatostema,Stairweed ■

142695 Elatostema involucratum Franch. et Sav. = Elatostema japonicum Wedd. var. majus (Maxim.) H. Nakai et H. Ohashi ■

142696 Elatostema japonicum Wedd.;日本楼梯草■☆

142697 Elatostema japonicum Wedd. var. majus (Maxim.) H. Nakai et H. Ohashi;大日本楼梯草■

142698 Elatostema javanicum (Wedd.) Haller f. = Pellionia latifolia (Blume) Boerl. ■

142699 Elatostema jianshanicum W. T. Wang;尖山楼梯草;Jianshan Elatostema ■

142700 Elatostema jinpingense W. T. Wang;金平楼梯草;Jinping Elatostema,Jinping Stairweed ■

142701 Elatostema kamerunense Engl.;喀麦隆楼梯草■☆

142702 Elatostema kiwuense Engl.;基武楼梯草■☆

142703 Elatostema laetevirens Makino;鲜绿楼梯草■☆

142704 Elatostema laevissimum W. T. Wang;光叶楼梯草(光叶楼梯菜,假榄角,金玉叶,连甲棒,石骨丹,石羊菜,石羊草,藤麻,下山连);Brightleaf Stairweed,Laevigate Elatostema ●■

142705 Elatostema laevissimum W. T. Wang var. puberulum W. T. Wang;毛枝光叶楼梯草;Hairy Laevigate Elatostema,Puberulous Elatostema ●■

142706 Elatostema lasiocephalum W. T. Wang;毛序楼梯草;Hairhead Elatostema,Hairhead Stairweed ■

142707 Elatostema latifolium (Blume) Boerl. var. acaule (Hook. f.) H. Schroet. = Pellionia latifolia (Blume) Boerl. ■

142708 Elatostema latifolium Blume ex H. Schroet. = Pellionia latifolia (Blume) Boerl. ■

142709 Elatostema latifolium var. eulatifolium H. Schroet. = Pellionia latifolia (Blume) Boerl. ■

142710 Elatostema laxicymosum W. T. Wang;疏伞楼梯草;Laxumbrella Elatostema,Laxumbrella Stairweed ■

142711 Elatostema laxisericeum W. T. Wang;绿春楼梯草(绢毛楼梯草);Sericfous Elatostema,Thinsilk Stairweed ■

142712 Elatostema leiocephalum W. T. Wang;光序楼梯草;Brighthead Elatostema,Brighthead Stairweed ■

142713 Elatostema leiocephalum W. T. Wang = Elatostema atroviride W. T. Wang ■

142714 Elatostema leucocephalum W. T. Wang;白序楼梯草;Whitehead Elatostema,Whitehead Stairweed ■

142715 Elatostema liboense W. T. Wang;荔波楼梯草;Libo Elatostema,Libo Stairweed ■

142716 Elatostema lihengianum W. T. Wang;李恒楼梯草;Liheng Stairweed ●■

142717 Elatostema lineolatum Wight;狭叶楼梯草(豆瓣七,多齿楼梯草,冷清草,万年青,线条楼梯草,鱼公草);Lineolate Elatostema,Narrowleaf Elatostema,Narrowleaf Stairweed ●■

142718 Elatostema lineolatum Wight var. majus W. T. Aiton = Elatostema lineolatum Wight var. majus Wedd. ●■

142719 Elatostema lineolatum Wight var. majus Wedd.;鱼公草(豆瓣七,多齿楼梯草,冷清草,万年青,狭叶楼梯草);Large Lineolate Elatostema ●■

142720 Elatostema lineolatum Wight var. majus Wedd. = Elatostema laevissimum W. T. Wang ●■

142721 Elatostema litseifolium W. T. Wang;木姜楼梯草;Litseleaf Elatostema,Litseleaf Stairweed ■

142722 Elatostema longiacuminatum (De Wild.) Hauman = Elatostema monticola Hook. f. ■☆

142723 Elatostema longibracteatum W. T. Wang;长苞楼梯草;Longbract Elatostema,Longbract Stairweed ■

142724 Elatostema longipes W. T. Wang;长梗楼梯草;Longstalk Elatostema,Longstalk Stairweed ■

142725 Elatostema longipetiolatum W. T. Wang;长柄楼梯草;Longpetiole Elatostema,Longpetiole Stairweed ■

142726 Elatostema longipetiolatum W. T. Wang = Elatostema pachyceras W. T. Wang ■

142727 Elatostema longistipulum Hand.-Mazz.;显脉楼梯草;Longstipular Stairweed,Nervose Elatostema ■

142728 Elatostema luchunense W. T. Wang;禄春楼梯草(绿春楼梯草);Luchun Elatostema,Luchun Stairweed ■

142729 Elatostema lungzhouense W. T. Wang;龙州楼梯草;Longzhou Elatostema,Longzhou Stairweed ■

142730 Elatostema luxiense W. T. Wang;潞西楼梯草;Luxi Elatostema,Luxi Stairweed ■

142731 Elatostema mabienense W. T. Wang;马边楼梯草;Mabian Elatostema,Mabian Stairweed ■

142732 Elatostema mabienense W. T. Wang var. sexbracteatum W. T. Wang;六苞楼梯草(三裂楼梯草);Sixbract Elatostema,Sixbract Mabian Stairweed ■

142733 Elatostema macintyrei Dunn;多序楼梯草(大青叶,阔叶楼梯草,青叶楼梯草,山泽兰,石生楼梯草);Manyhead Stairweed,Manyinflorescence Elatostema,Rock Elatostema,Saxicolous Stairweed ●■

142734 Elatostema macrocephalantha Hayata;球花楼梯草(球花赤车使者);Ballflower Elatostema ■

142735 Elatostema manhaoense W. T. Wang;曼豪楼梯草;Manhao Elatostema,Manhao Stairweed ■

142736 Elatostema mannii Wedd.;曼氏楼梯草■☆

142737 Elatostema medogense W. T. Wang;墨脱楼梯草;Motuo Elatostema,Motuo Stairweed ■

142738 Elatostema medogense W. T. Wang var. oblongum W. T. Wang;长叶墨脱楼梯草;Oblong Motuo Elatostema,Oblong Motuo Stairweed ■

142739 Elatostema megacephalum W. T. Wang;巨序楼梯草;Gianthead Elatostema,Gianthead Stairweed ■

142740 Elatostema menglunense W. T. Wang et G. D. Tao;勐仑楼梯草;Menglun Elatostema,Menglun Stairweed ■

142741 Elatostema microcephalanthum Hayata;微序楼梯草(微头花楼梯草);Microhead Elatostema,Microhead Stairweed ■

142742 Elatostema microdontum W. T. Wang;微齿楼梯草;Smalltoothed Elatostema,Tinytooth Stairweed ■

142743 Elatostema microtrichum W. T. Wang;微毛楼梯草;Tinyhair Elatostema,Tinyhair Stairweed ■

142744 Elatostema minutifurfuraceum W. T. Wang;微鳞楼梯草;Tinyscale Elatostema,Tinyscale Stairweed ■

142745 Elatostema minutum Hayata = Elatostema parvum (Blume) Miq. ■

142746 Elatostema mollifolium W. T. Wang;毛叶楼梯草;Hairleaf Elatostema,Hairleaf Stairweed ■

142747 Elatostema monandrum (D. Don) Hara;异叶楼梯草;Differleaf Stairweed,Diversifolious Elatostema ■

142748 Elatostema monandrum (D. Don) Hara f. ciliatum (Hook. f.) Hara;锈毛楼梯草;Ciliate Elatostema ■

142749 Elatostema monandrum (D. Don) Hara f. pinnatifidum (Hook.

f.) Hara;羽裂楼梯草;Pinnatifid Elatostema ■
142750 Elatostema monticola Hook. f.;山地楼梯草■☆
142751 Elatostema multicanaliculatum B. L. Shih et Yuen P. Yang;多沟楼梯草;Many-dissected Elatostema ■
142752 Elatostema muscicola W. T. Wang;苔地楼梯草;Muscicolous Elatostema ■
142753 Elatostema muscicola W. T. Wang = Elatostema monandrum (D. Don) Hara f. ciliatum (Hook. f.) Hara ■
142754 Elatostema myrtillus (H. Lév.) Hand. -Mazz.;瘤茎楼梯草(疣茎楼梯草);Tumorstem Stairweed,Verrucousstem Elatostema ■
142755 Elatostema nanchuanense W. T. Wang;南川楼梯草;Nanchuan Elatostema,Nanchuan Stairweed ■
142756 Elatostema napoense W. T. Wang;那坡楼梯草;Napo Elatostema,Napo Stairweed ■
142757 Elatostema nasutum Hook. f.;托叶楼梯草;Stipulate Elatostema,Stipulate Stairweed ■
142758 Elatostema nasutum Hook. f. f. puberulum (W. T. Wang) W. T. Wang;短毛托叶楼梯草(短毛楼梯草);Puberulous Elatostema ■
142759 Elatostema nipponicum Makino;本州楼梯草(楼梯草,日本楼梯草);Japanese Elatostema ■☆
142760 Elatostema nipponicum Makino = Elatostema cuneatum Wight ■
142761 Elatostema oblongifolium S. H. Fu ex W. T. Wang;长圆楼梯草(冷草,六月合,毛楼梯草,水惊风,无梗楼梯草,小水药);Oblongleaf Elatostema,Oblongleaf Stairweed ■
142762 Elatostema obscurinerve W. T. Wang;隐脉楼梯草;Latentvein Elatostema,Latentvein Stairweed ■
142763 Elatostema obtusidentatum W. T. Wang;钝齿楼梯草;Blunttooth Stairweed,Obtuse-tooth Elatostema ●■
142764 Elatostema obtusum Wedd.;钝叶楼梯草;Bluntleaf Stairweed,Obtuseleaf Elatostema ■
142765 Elatostema obtusum Wedd. var. glabrescens W. T. Wang;光茎钝叶楼梯草;Smoothstem Obtuseleaf Elatostema ■
142766 Elatostema obtusum Wedd. var. trilobulatum (Hayata) W. T. Wang;三齿钝叶楼梯草(裂叶赤车使者,裂叶楼梯草);Threetooth Obtuseleaf Elatostema ■
142767 Elatostema omeiense W. T. Wang;峨眉楼梯草;Emei Elatostema,Emei Stairweed ■
142768 Elatostema oreocnidioides W. T. Wang;紫麻楼梯草;Woodnettle Like Elatostema,Woodnettlelike Stairweed ●■
142769 Elatostema orientale Engl. = Elatostema monticola Hook. f. ■☆
142770 Elatostema orientale Engl. var. longeacuminatum De Wild. = Elatostema monticola Hook. f. ■☆
142771 Elatostema oshimense (Hatus.) T. Yamaz.;奄美楼梯草■☆
142772 Elatostema ovatum Wight = Lecanthus peduncularis (Wall. ex Royle) Wedd. ■
142773 Elatostema pachyceras W. T. Wang;粗角楼梯草;Thickhorn Stairweed ■
142774 Elatostema pachyceras W. T. Wang var. majus W. T. Wang;大叶粗角楼梯草;Bigleaf Thickhorn Elatostema ■
142775 Elatostema pachyceras W. T. Wang var. majus W. T. Wang = Elatostema pachyceras W. T. Wang ■
142776 Elatostema paivaeanum Wedd.;派瓦楼梯草■☆
142777 Elatostema paivaeanum Wedd. var. conrauanum Engl. = Elatostema paivaeanum Wedd. ■☆
142778 Elatostema papilionaceum W. T. Wang;蝶托楼梯草■
142779 Elatostema papilionaceum W. T. Wang = Elatostema atroviride W. T. Wang ■
142780 Elatostema papillosum Wedd.;微晶楼梯草(乳突楼梯草);Papillose Stairweed ■
142781 Elatostema paracuminatum W. T. Wang;拟渐尖楼梯草;Paracuminate Stairweed ■
142782 Elatostema paragungshanense W. T. Wang;拟贡山楼梯草;Gongshan-like Stairweed ■
142783 Elatostema paragungshanense W. T. Wang = Elatostema dissectum Wedd. ■
142784 Elatostema parvum (Blume) Miq.;小叶楼梯草(绒茎楼梯草);Littleleaf Stairweed,Smallleaf Elatostema ■
142785 Elatostema parvum (Blume) Miq. var. brevicuspus W. T. Wang;骤尖小叶楼梯草;Cuspidate Smallleaf Elatostema ■
142786 Elatostema paucidentatum H. Schroet. = Pellionia paucidentata (H. Schroet.) S. S. Chien ■
142787 Elatostema pedunculatum J. R. Forst. et G. Forst. = Procris pedunculata (J. R. Forst. et G. Forst.) Wedd. ●
142788 Elatostema pellioniifolium W. T. Wang;赤车状楼梯草;Pellionifoliate Elatostema ■
142789 Elatostema pellioniifolium W. T. Wang = Pellionia scabra Benth. ●■
142790 Elatostema pergameneum W. T. Wang;坚纸楼梯草(纸质楼梯草);Harpaper Stairweed,Parchment-like Elatostema ●■
142791 Elatostema petelotii Gagnep.;樟叶楼梯草;Camphorleaf Stairweed,Petelot Elatostema ■
142792 Elatostema platyceras W. T. Wang;宽角楼梯草;Broadhorn Elatostema,Broadhorn Stairweed ■
142793 Elatostema platyphylloides B. L. Shih et Yuen P. Yang;阔叶楼梯草;Broadleaved Stairweed ■
142794 Elatostema platyphyllum Wedd.;宽叶楼梯草(阔叶楼梯草,峦大冷清草,峦大楼梯草);Broadleaf Elatostema,Broadleaf Stairweed ●■
142795 Elatostema platyphyllum Wedd. var. balansae (Gagnep.) Yahara = Elatostema balansae Gagnep. ■
142796 Elatostema polystachyoides W. T. Wang;多歧楼梯草(多枝楼梯草);Forkful Stairweed,Manybranch Elatostema ■
142797 Elatostema prunifolium W. T. Wang;樱叶楼梯草;Plumleaf Elatostema,Plumleaf Stairweed ■
142798 Elatostema pseudobrachyodontum W. T. Wang;隆林楼梯草;False Shorttooth Elatostema,False Shorttooth Stairweed ■
142799 Elatostema pseudocuspidatum W. T. Wang;假骤尖楼梯草(拟骤尖楼梯草);False Cuspidate Elatostema, False Cuspidate Stairweed ■
142800 Elatostema pseudodissectum W. T. Wang;滇桂楼梯草;Yun-Gui Stairweed,Yunnan-Guangxi Elatostema ■
142801 Elatostema pseudoficoides W. T. Wang;多脉楼梯草;Veiny Stairweed ■
142802 Elatostema pseudoficoides W. T. Wang var. pubicaule W. T. Wang;毛茎多脉楼梯草;Hairy-stemed Veiny Stairweed ■
142803 Elatostema pubipes W. T. Wang;毛梗楼梯草(毛茎楼梯草);Hairstalk Stairweed,Hairystem Elatostema ■
142804 Elatostema pulchrum Haller f. = Pellionia repens (Lour.) Merr. ■
142805 Elatostema pycnodontum W. T. Wang;密齿楼梯草;Densetooth Elatostema,Densetooth Stairweed ■
142806 Elatostema quinquecostatum W. T. Wang;五肋楼梯草;Fiverib Elatostema,Fiverib Stairweed ■
142807 Elatostema radicans (Siebold et Zucc.) Wedd. = Pellionia

radicans (Siebold et Zucc.) Wedd. ■

142808 Elatostema radicans (Siebold et Zucc.) Wedd. var. grande (Gagnep.) H. Schroet. = Pellionia radicans (Siebold et Zucc.) Wedd. f. grandis Gagnep. ■

142809 Elatostema radicans (Siebold et Zucc.) Wedd. var. grande (Gagnep.) H. Schroet. = Pellionia radicans (Siebold et Zucc.) Wedd. ■

142810 Elatostema radicans (Siebold et Zucc.) Wedd. var. minimum (Makino) H. Schroet. = Pellionia minima Makino ■

142811 Elatostema radicans (Siebold et Zucc.) Wedd. var. minimum (Makino) H. Schroet. = Pellionia brevifolia Benth. ■

142812 Elatostema ramosum W. T. Wang; 多枝楼梯草; Branchy Stairweed ■

142813 Elatostema ramosum W. T. Wang var. villosum W. T. Wang; 密毛多枝楼梯草; Villosus Branchy Elatostema ■

142814 Elatostema recticaudatum W. T. Wang; 直尾楼梯草; Straight-tail Elatostema, Straighttail Stairweed ●■

142815 Elatostema repens (Lour.) Haller f. = Pellionia repens (Lour.) Merr. ■

142816 Elatostema repens (Lour.) Haller f. var. pelchrum H. Schroet. = Pellionia repens (Lour.) Merr. ■

142817 Elatostema repens (Lour.) Haller f. var. pulchrum (N. E. Br.) H. Schroet. = Pellionia repens (Lour.) Merr. ■

142818 Elatostema repens (Lour.) Haller f. var. viride (N. E. Br.) H. Schroet. = Pellionia repens (Lour.) Merr. ■

142819 Elatostema retrohirtum Dunn; 曲毛楼梯草(铁螃蟹); Bendhair Stairweed, Retrosehair Elatostema ■

142820 Elatostema rhombiforme W. T. Wang; 菱叶楼梯草; Rhombicleaf Stairweed, Rhombicleaved Elatostema ■

142821 Elatostema rivulare B. L. Shih et Yuen P. Yang; 溪间楼梯草(溪涧楼梯草) ■

142822 Elatostema rupestre (Buch. -Ham.) Wedd. = Elatostema macintyrei Dunn ●■

142823 Elatostema salvinioides W. T. Wang; 迭叶楼梯草; Imbricateleaf Stairweed, Scabrousleaf Elatostema ■

142824 Elatostema salvinioides W. T. Wang var. angustius W. T. Wang; 狭迭叶楼梯草; Narrow Scabrousleaf Elatostema ■

142825 Elatostema salvinioides W. T. Wang var. angustius W. T. Wang = Elatostema salvinioides W. T. Wang ■

142826 Elatostema salvinioides W. T. Wang var. robustum W. T. Wang; 粗壮迭叶楼梯草; Robust Imbricateleaf Stairweed, Robust Scabrousleaf Elatostema ■

142827 Elatostema scabrum (Benth.) Haller f. = Pellionia scabra Benth. ●■

142828 Elatostema schizocephalum W. T. Wang; 裂序楼梯草; Splitehead Elatostema, Splitehead Stairweed ■

142829 Elatostema sesquifolium (Reinw. ex Blume) Hassk. = Elatostema integrifolium (D. Don) Wedd. ●■

142830 Elatostema sesquifolium Hassk. var. integrifolium (D. Don) Wedd. = Elatostema integrifolium (D. Don) Wedd. ●■

142831 Elatostema sesquifolium Hassk. var. tomentosum Hook. f. = Elatostema integrifolium (D. Don) Wedd. var. tomentosum (Hook. f.) W. T. Wang ●■

142832 Elatostema sessile J. R. Forst. et G. Forst. = Elatostema oblongifolium S. H. Fu ex W. T. Wang ■

142833 Elatostema sessile J. R. Forst. et G. Forst. var. cuspidatum (Wight) Wedd. = Elatostema cuspidatum Wight ■

142834 Elatostema sessile J. R. Forst. et G. Forst. var. cyrtandrifolium (Zoll. et Moritzi) Wedd. = Elatostema cyrtandrifolium (Zoll. et Moritzi) Miq. ■

142835 Elatostema sessile J. R. Forst. et G. Forst. var. pubescens Hook. f. = Elatostema cyrtandrifolium (Zoll. et Moritzi) Miq. ■

142836 Elatostema setulosum W. T. Wang; 刚毛楼梯草; Bristle Elatostema, Bristle Stairweed ■

142837 Elatostema shanglinense W. T. Wang; 上林楼梯草; Shanglin Elatostema, Shanglin Stairweed ■

142838 Elatostema shuii W. T. Wang; 玉民楼梯草; Shui Elatostema ■

142839 Elatostema shuzhii W. T. Wang; 树志楼梯草; Shuzhi Elatostema, Shuzhi Stairweed ■

142840 Elatostema sinense H. Schroet.; 对叶楼梯草; Chinese Elatostema, Oppositeleaf Stairweed ■

142841 Elatostema sinense H. Schroet. var. longecornutum (H. Schroet.) W. T. Wang; 角苞楼梯草; Longhorned Elatostema ■

142842 Elatostema sinense H. Schroet. var. trilobatum W. T. Wang; 三裂楼梯草; Elatostema ■

142843 Elatostema sinense H. Schroet. var. xinningense (W. T. Wang) L. D. Duan et Q. Lin = Elatostema xinningense W. T. Wang ■

142844 Elatostema stewardii Merr.; 庐山楼梯草(白龙骨,赤车使者,痱痒草,猢狲接竹,鸡血七,接骨草,冷坑兰,冷坑青,软骨飞扬,史氏赤车使者,乌骨麻,蜈蚣七,枵枣七,雪里开花,血和山); Lushan Elatostema, Lushan Stairweed ■

142845 Elatostema stigmatosum W. T. Wang; 显柱楼梯草; Stigmatiferous Elatostema, Stigmatiferous Stairweed ■

142846 Elatostema stipulosum Hand. -Mazz. = Elatostema nasutum Hook. f. ■

142847 Elatostema stipulosum Hand. -Mazz. var. puberulum W. T. Wang; 短毛楼梯草; Short-haired Stipule Elatostema ■

142848 Elatostema stipulosum Hand. -Mazz. var. puberulum W. T. Wang = Elatostema nasutum Hook. f. f. puberulum (W. T. Wang) W. T. Wang ■

142849 Elatostema stracheyanum Wedd. = Elatostema parvum (Blume) Miq. ■

142850 Elatostema stracheyanum Wedd. = Elatostema pycnodontum W. T. Wang ■

142851 Elatostema strigillosum B. L. Shih et Yuen P. Yang; 微粗毛楼梯草; Strigillose Stairweed ■

142852 Elatostema strigulosum W. T. Wang; 伏毛楼梯草; Adpresedleaf Elatostema, Adpresedleaf Stairweed ■

142853 Elatostema strigulosum W. T. Wang var. semitriplinerve W. T. Wang; 赤水楼梯草; Chishui Elatostema ■

142854 Elatostema subcoriaceum B. L. Shih et Yuen P. Yang; 近革叶楼梯草; Subleather-leaved Elatostema ■

142855 Elatostema subcuspidatum W. T. Wang; 拟骤尖楼梯草; Paracuspidate Elatostema, Paracuspidate Stairweed ■

142856 Elatostema subfalcatum W. T. Wang; 镰状楼梯草; Sickle Elatostema, Sickle Stairweed ■

142857 Elatostema sublineare W. T. Wang; 条叶楼梯草(接骨草); Linearleaf Elatostema, Linearleaf Stairweed ■

142858 Elatostema subpenninerve W. T. Wang; 近羽脉楼梯草; Parapinnatevein Elatostema, Parapinnatevein Stairweed ■

142859 Elatostema subtrichotomum W. T. Wang; 歧序楼梯草; Subtrichotomous Stairweed, Trichotomous Elatostema ■

142860 Elatostema subtrichotomum W. T. Wang var. corniculatum W. T. Wang; 角萼楼梯草; Corncalyx Elatostema ■

142861 Elatostema subtrichotomum W. T. Wang var. hirtellum W. T. Wang = Elatostema hirtellum (W. T. Wang) W. T. Wang ●■

142862 Elatostema sukungianum W. T. Wang; 素功楼梯草; Sugong Elatostema ■

142863 Elatostema surculosum Wight = Elatostema monandrum (D. Don) Hara ■

142864 Elatostema surculosum Wight var. ciliatum Hook. f. = Elatostema monandrum (D. Don) Hara f. ciliatum (Hook. f.) Hara ■

142865 Elatostema surculosum Wight var. elegan Hook. f. = Elatostema monandrum (D. Don) Hara ■

142866 Elatostema surculosum Wight var. pinnattfidum Hook. f. = Elatostema monandrum (D. Don) Hara f. pinnatifidum (Hook. f.) Hara ■

142867 Elatostema suzukii T. Yamaz.;铃木楼梯草■☆

142868 Elatostema tenuicaudatoides W. T. Wang; 拟细尾楼梯草; Like Slendertail Elatostema, Paratinytail Stairweed ●■

142869 Elatostema tenuicaudatum W. T. Wang;细尾楼梯草;Slendertail Elatostema, Tinytail Stairweed ●■

142870 Elatostema tenuicaudatum W. T. Wang var. lasiocladum W. T. Wang;毛枝细尾楼梯草;Hairy Slendertail Elatostema ●■

142871 Elatostema tenuicaudatum W. T. Wang var. orientalis W. T. Wang;钦朗当楼梯草;Qinlangdang Elatostema ■

142872 Elatostema tenuicornutum W. T. Wang; 细角楼梯草; Thinhorn Elatostema, Thinhorn Stairweed ■

142873 Elatostema tenuifolium W. T. Wang; 薄叶楼梯草; Thinleaf Elatostema, Thinleaf Stairweed ■

142874 Elatostema tenuireceptaculum W. T. Wang; 薄托楼梯草; Thinrecepatacle Elatostema ■

142875 Elatostema tetratepalum W. T. Wang; 四被楼梯草; Fourtepal Elatostema, Fourtepal Stairweed ■

142876 Elatostema thomense Henriq.;爱岛楼梯草■☆

142877 Elatostema tianlinense W. T. Wang; 田林楼梯草; Tianlin Elatostema ■

142878 Elatostema trichocarpum Hand. -Mazz.; 疣果楼梯草; Wartleaf Elatostema, Wartleaf Stairweed ■

142879 Elatostema trichotomum W. T. Wang;三岐楼梯草■

142880 Elatostema trilobulatum (Hayata) T. Yamaz. = Elatostema obtusum Wedd. var. trilobulatum (Hayata) W. T. Wang ■

142881 Elatostema trinerve Hochst. = Urera trinervis (Hochst.) Friis et Immelman ■☆

142882 Elatostema tsoongii (Merr.) H. Schroet. = Pellionia latifolia (Blume) Boerl. ■

142883 Elatostema tsoongii (Merr.) H. Schroet. = Pellionia tsoongii (Merr.) Merr. ■

142884 Elatostema tumidulum Koidz. = Elatostema lineolatum Wight var. majus Wedd. ●■

142885 Elatostema umbellatum Blume = Elatostema japonicum Wedd. ■☆

142886 Elatostema umbellatum Blume var. majus Maxim. = Elatostema involucratum Franch. et Sav. ■

142887 Elatostema umbellatum Blume var. majus Maxim. = Elatostema japonicum Wedd. var. majus (Maxim.) H. Nakai et H. Ohashi ■

142888 Elatostema villosum B. L. Shih et Yuen P. Yang;柔毛楼梯草; Villose Stairweed ■

142889 Elatostema viride (C. H. Wright) Hand. -Mazz. = Pellionia viridis C. H. Wright ●■

142890 Elatostema viridicaule W. T. Wang; 绿茎楼梯草; Greenstem Elatostema, Green-stem Elatostema, Greenstem Stairweed ●■

142891 Elatostema wangii Q. Lin et L. D. Duan;文采楼梯草■

142892 Elatostema welwitschii Engl.;韦尔楼梯草■☆

142893 Elatostema welwitschii Engl. var. cameroonense Rendle = Elatostema welwitschii Engl. ■☆

142894 Elatostema wenxienense W. T. Wang et Z. X. Peng; 文县楼梯草; Wenxian Elatostema, Wenxian Stairweed ■

142895 Elatostema xanthophyllum W. T. Wang;变黄楼梯草;Yellowleaf Elatostema, Yellowleaf Stairweed ■

142896 Elatostema xichouense W. T. Wang; 西畴楼梯草; Xichou Elatostema, Xichou Stairweed ■

142897 Elatostema xinningense W. T. Wang; 新宁楼梯草; Xinning Elatostema, Xinning Stairweed ■

142898 Elatostema yakushimense Hatus.;屋久岛楼梯草■☆

142899 Elatostema yangbiense W. T. Wang; 漾濞楼梯草; Yangbi Elatostema, Yangbi Stairweed ■

142900 Elatostema yaoshanense W. T. Wang; 瑶山楼梯草; Yaoshan Elatostema, Yaoshan Stairweed ■

142901 Elatostema yonakuniense Hatus.;与那国楼梯草■☆

142902 Elatostema youyangense W. T. Wang; 酉阳楼梯草; Youyang Elatostema, Youyang Stairweed ■

142903 Elatostema yui W. T. Wang; 俞氏楼梯草; Yu Elatostema, Yu Stairweed ■

142904 Elatostema yungshunense W. T. Wang;永顺楼梯草; Yongshun Elatostema, Yongshun Stairweed ■

142905 Elatostema yunnanense H. Schroet. = Pellionia yunnanensis (H. Schroet.) W. T. Wang ●■

142906 Elatostema zimmermannii Engl.;齐默尔曼楼梯草■☆

142907 Elatostematoides C. B. B. Rob. = Elatostema J. R. Forst. et G. Forst. (保留属名)●■

142908 Elatostemma Endl. = Elatostema Gaudich. + Procris Comm. ex Juss. ●

142909 Elatostemon Post et Kuntze = Elatostema J. R. Forst. et G. Forst. (保留属名)●■

142910 Elattosis Gagnep. = Tenagocharis Hochst. ■☆

142911 Elattospermum Soler. = Breonia A. Rich. ex DC. ●☆

142912 Elattospermum longipetiolatum Soler. = Breonia sphaerantha (Baill.) Homolle ex Ridsdale ●☆

142913 Elattostachys (Blume) Radlk. (1879);小穗无患子属●☆

142914 Elattostachys Radlk. = Elattostachys (Blume) Radlk. ●☆

142915 Elattostachys apetala Radlk.;小穗无患子●☆

142916 Elattostachys microcarpa S. T. Reynolds;小果小穗无患子●☆

142917 Elattostachys nervosa Radlk.;多脉小穗无患子●☆

142918 Elayuna Raf. (废弃属名) = Piliostigma Hochst. (保留属名)■☆

142919 Elbunis Raf. = Ballota L. ●■☆

142920 Elbunis Raf. = Phlomis L. ●■

142921 Elburzia Hedge(1969);穿孔芥属■☆

142922 Elburzia fenestrata (Boiss.) Hedge;穿孔芥■☆

142923 Elcaja Forssk. = Trichilia P. Browne(保留属名)●

142924 Elcana Blanco = Cerbera L. ●

142925 Elcismia B. L. Rob. = Celmisia Cass. (保留属名)■☆

142926 Elcomarhiza Barb. Rodr. = Marsdenia R. Br. (保留属名)●

142927 Elcomarhiza Barb. Rodr. ex K. Schum. = Marsdenia R. Br. (保留属名)●

142928 Eleagnus Hill = Elaeagnus L. ●

142929 Electra DC. = Coreopsis L. ●■

142930 Electra Noronha = Sapindus L. (保留属名)●

142931 Electra Panz. = Schismus P. Beauv. ■

142932 Electrosperma P. Muell. = Eriocaulon L. ■
142933 Elegia L. (1771);短片帚灯草属■☆
142934 Elegia acuminata Mast. = Elegia thyrsifera (Rottb.) Pers. ■☆
142935 Elegia altigena Pillans;高地短片帚灯草■☆
142936 Elegia amoena Pillans = Elegia racemosa (Poir.) Pers. ■☆
142937 Elegia asperiflora (Nees) Kunth;糙叶短片帚灯草■☆
142938 Elegia asperiflora (Nees) Kunth var. lacerata (Pillans) Pillans = Elegia asperiflora (Nees) Kunth ■☆
142939 Elegia atratiflora Esterh.;黑花短片帚灯草■☆
142940 Elegia bella Pillans = Elegia racemosa (Poir.) Pers. ■☆
142941 Elegia caespitosa Esterh.;丛生短片帚灯草■☆
142942 Elegia capensis (Burm. f.) Schelpe;好望角短片帚灯草; Broom Reed ■☆
142943 Elegia ciliata Mast. = Elegia asperiflora (Nees) Kunth ■☆
142944 Elegia cuspidata Mast.;骤尖短片帚灯草■☆
142945 Elegia deusta (Rottb.) Kunth = Chondropetalum deustum Rottb. ■☆
142946 Elegia dregeana Kunth = Elegia asperiflora (Nees) Kunth ■☆
142947 Elegia elongata Mast. = Chondropetalum nudum Rottb. ■☆
142948 Elegia equisetacea (Mast.) Mast.;木贼短片帚灯草■☆
142949 Elegia esterhuyseniae Pillans;埃斯特短片帚灯草■☆
142950 Elegia esterhuyseniae Pillans var. dispar ? = Elegia esterhuyseniae Pillans ■☆
142951 Elegia exilis Mast. = Elegia coleura Mast. ■☆
142952 Elegia extensa Pillans;伸展短片帚灯草■☆
142953 Elegia fastigiata Mast.;帚状短片帚灯草■☆
142954 Elegia fenestrata Pillans;窗孔短片帚灯草■☆
142955 Elegia filacea Mast.;线形短片帚灯草■☆
142956 Elegia fistulosa Kunth;管状短片帚灯草■☆
142957 Elegia fistulosa Kunth var. parviflora Pillans = Elegia fistulosa Kunth ■☆
142958 Elegia fucata Esterh.;着色短片帚灯草■☆
142959 Elegia fusca N. E. Br. = Elegia racemosa (Poir.) Pers. ■☆
142960 Elegia galpinii N. E. Br.;盖尔短片帚灯草■☆
142961 Elegia glauca Mast. = Elegia asperiflora (Nees) Kunth ■☆
142962 Elegia gracilis N. E. Br. = Elegia filacea Mast. ■☆
142963 Elegia grandis (Nees) Kunth;大短片帚灯草■☆
142964 Elegia grandispicata H. P. Linder;大穗短片帚灯草■☆
142965 Elegia hutchinsonii Pillans;哈钦森短片帚灯草■☆
142966 Elegia intermedia (Steud.) Pillans;间型短片帚灯草■☆
142967 Elegia juncea L.;灯芯草状短片帚灯草■☆
142968 Elegia juncea L. var. geniculata Pillans = Elegia juncea L. ■☆
142969 Elegia lacerata Pillans = Elegia asperiflora (Nees) Kunth ■☆
142970 Elegia membranacea (Nees) Kunth = Elegia intermedia (Steud.) Pillans ■☆
142971 Elegia mucronata (Nees) Kunth = Chondropetalum mucronatum (Nees) Pillans ■☆
142972 Elegia muirii Pillans;缪里短片帚灯草■☆
142973 Elegia neesii Mast.;尼斯短片帚灯草■☆
142974 Elegia nuda (Rottb.) Kunth = Chondropetalum nudum Rottb. ■☆
142975 Elegia obtusiflora Mast. = Elegia rigida Mast. ■☆
142976 Elegia paniciodes Kunth = Chondropetalum mucronatum (Nees) Pillans ■☆
142977 Elegia paniculata Pers. = Cannomois virgata (Rottb.) Steud. ■☆
142978 Elegia parviflora (Thunb.) Kunth = Cannomois parviflora (Thunb.) Pillans ■☆
142979 Elegia parviflora Pillans = Elegia filacea Mast. ■☆
142980 Elegia parviflora Pillans var. filacea (Mast.) Pillans = Elegia filacea Mast. ■☆
142981 Elegia parviflora Pillans var. rigida (Mast.) Pillans = Elegia rigida Mast. ■☆
142982 Elegia pectinata Pillans = Elegia squamosa Mast. ■☆
142983 Elegia persistens Mast.;宿存短片帚灯草■☆
142984 Elegia prominens Pillans;突起短片帚灯草■☆
142985 Elegia propinqua (Nees) Kunth = Elegia juncea L. ■☆
142986 Elegia propinqua (Nees) Kunth var. equisetacea Mast. = Elegia equisetacea (Mast.) Mast. ■☆
142987 Elegia propinqua (Nees) Kunth var. minor Mast. = Elegia juncea L. ■☆
142988 Elegia racemosa (Poir.) Pers.;总序短片帚灯草■☆
142989 Elegia rehmannii Mast. = Elegia filacea Mast. ■☆
142990 Elegia rigida Mast.;硬短片帚灯草■☆
142991 Elegia spathacea Mast.;佛焰苞短片帚灯草■☆
142992 Elegia spathacea Mast. var. attenuata Pillans = Elegia rigida Mast. ■☆
142993 Elegia squamosa Mast.;多鳞短片帚灯草■☆
142994 Elegia stipularis Mast.;托叶短片帚灯草■☆
142995 Elegia stokoei Pillans;斯托克帚灯草■☆
142996 Elegia thyrsifera (Rottb.) Pers.;聚伞短片帚灯草■☆
142997 Elegia thyrsoidea (Mast.) Pillans;拟聚伞短片帚灯草■☆
142998 Elegia vaginulata Mast.;具鞘短片帚灯草■☆
142999 Elegia verreauxii Mast.;韦罗短片帚灯草■☆
143000 Elegia verticillaris (L. f.) Kunth = Elegia capensis (Burm. f.) Schelpe ■☆
143001 Elegiaceae Raf. = Restionaceae R. Br.(保留科名)■
143002 Eleiastis Raf. = Tetracera L. ●
143003 Eleiodoxa (Becc.) Burret(1942);双雄椰属(克鲁比刺椰属)●☆
143004 Eleiodoxa conferta (Griff.) Burret;双雄椰●☆
143005 Eleiosina Raf. = Spiraea L. ●
143006 Eleiotis DC. (1825);鼠耳豆属(姊妹豆属)■☆
143007 Eleiotis monophylla DC.;单叶鼠耳豆■☆
143008 Eleiotis trifoliolata Cooke;三小叶鼠耳豆■☆
143009 Elekmania B. Nord. (2006);钝柱千里光属●☆
143010 Elekmania barahonensis (Urb.) B. Nord.;钝柱千里光●☆
143011 Elelis Raf. = Salvia L. ●■
143012 Elemanthus Schltdl. = Eilemanthus Hochst. ●■
143013 Elemanthus Schltdl. = Indigofera L. ●■
143014 Elemi Adans. = Amyris P. Browne ●☆
143015 Elemifera Burm. f. = Elemi Adans. ●☆
143016 Elengi Adans. = Mimusops L. ●☆
143017 Eleocaris Sanguin. = Eleocharis R. Br. ■
143018 Eleocharis Lestib. = Eleocharis R. Br. ■
143019 Eleocharis R. Br. (1810);荸荠属(针蔺属);Spike Rush, Spike Sedge, Spike-rush, Spikesedge, Spike-sedge ■
143020 Eleocharis R. Br. = Heleocharis R. Br. ■
143021 Eleocharis abnorma Y. D. Chen;阔基荸荠■
143022 Eleocharis acicularis (L.) Roem. et Schult.;牛毛毡(牛毛颤,松毛蔺);Least Spike Rush, Needle Spike Sedge, Needle Spikerush, Needle Spike-rush, Needle Spikesedge, Needle Spike-sedge, Slender Spike Rush, Slender Spikesedge, Spikesedge ■
143023 Eleocharis acicularis (L.) Roem. et Schult. f. fluitans (Döll ex Glück) Svenson = Eleocharis acicularis (L.) Roem. et Schult. ■
143024 Eleocharis acicularis (L.) Roem. et Schult. f. inundata Svenson

= Eleocharis acicularis (L.) Roem. et Schult. ■

143025 Eleocharis acicularis (L.) Roem. et Schult. f. longicaulis (Desm.) Hegi = Eleocharis acicularis (L.) Roem. et Schult. ■

143026 Eleocharis acicularis (L.) Roem. et Schult. f. longiseta (Svenson) T. Koyama;长刺牛毛毡;Longseta Needle Spikesedge ■

143027 Eleocharis acicularis (L.) Roem. et Schult. f. longiseta (Svenson) T. Koyama = Eleocharis acicularis (L.) Roem. et Schult. ■

143028 Eleocharis acicularis (L.) Roem. et Schult. f. longiseta (Svenson) T. Koyama = Eleocharis acicularis (L.) Roem. et Schult. subsp. yokoscensis (Franch. et Sav.) T. V. Egorova ■

143029 Eleocharis acicularis (L.) Roem. et Schult. subsp. yokoscensis (Franch. et Sav.) T. V. Egorova;松毛蔺(地毛,牛毛毡);Caw Hairs Spikesedge, Cow's Hair-felt Spikesedge, Needle Spikesedge ■

143030 Eleocharis acicularis (L.) Roem. et Schult. subsp. yokoscensis (Franch. et Sav.) T. V. Egorova = Eleocharis acicularis (L.) Roem. et Schult. var. longiseta Svenson ■

143031 Eleocharis acicularis (L.) Roem. et Schult. var. bella Piper = Eleocharis bella (Piper) Svenson ■☆

143032 Eleocharis acicularis (L.) Roem. et Schult. var. gracilescens Svenson = Eleocharis acicularis (L.) Roem. et Schult. ■

143033 Eleocharis acicularis (L.) Roem. et Schult. var. longiseta Svenson = Eleocharis acicularis (L.) Roem. et Schult. f. longiseta (Svenson) T. Koyama ■

143034 Eleocharis acicularis (L.) Roem. et Schult. var. minima Torr. ex Britton = Eleocharis bella (Piper) Svenson ■☆

143035 Eleocharis acicularis (L.) Roem. et Schult. var. occidentalis Svenson = Eleocharis acicularis (L.) Roem. et Schult. ■

143036 Eleocharis acicularis (L.) Roem. et Schult. var. porcata S. G. Sm. = Eleocharis acicularis (L.) Roem. et Schult. ■

143037 Eleocharis acicularis (L.) Roem. et Schult. var. radicans (Poir.) Britton = Eleocharis radicans (Poir.) Kunth ■☆

143038 Eleocharis acicularis (L.) Roem. et Schult. var. submersa (Nilsson) Svenson = Eleocharis acicularis (L.) Roem. et Schult. ■

143039 Eleocharis acicularis (L.) Roem. et Schult. var. typica Svenson = Eleocharis acicularis (L.) Roem. et Schult. ■

143040 Eleocharis acicularis (L.) Roem. et Schult. var. typica Svenson f. inundata Svenson = Eleocharis acicularis (L.) Roem. et Schult. ■

143041 Eleocharis acuminata (Muhl.) Nees = Eleocharis compressa Sull. ■☆

143042 Eleocharis acutangula (Roxb.) Schult.;蕊棱荸荠(桃圆蔺);Acuteangular Spikesedge ■

143043 Eleocharis acutisquamata Buckley = Eleocharis compressa Sull. var. acutisquamata (Buckley) S. G. Sm. ■☆

143044 Eleocharis ambigens Fernald;漫生荸荠■☆

143045 Eleocharis anceps Ridl. = Eleocharis complanata Boeck. ■☆

143046 Eleocharis angolensis H. E. Hess;安哥拉荸荠■☆

143047 Eleocharis annua House = Eleocharis ovata (Roth) Roem. et Schult. ■

143048 Eleocharis antunesii H. E. Hess;安图内思荸荠■☆

143049 Eleocharis arenicola Torr. = Eleocharis montevidensis Kunth ■☆

143050 Eleocharis argyrolepidoides Zinserl.;假银鳞荸荠■☆

143051 Eleocharis argyrolepis Kierulff ex Bunge;银鳞荸荠;Silveryscale Spikesedge ■

143052 Eleocharis atropurpurea (Retz.) C. Presl;暗紫荸荠■☆

143053 Eleocharis atropurpurea (Retz.) J. Presl et C. Presl;紫果蔺(黑果蔺,紫果针蔺);Purple Spikerush, Purplefruit Spikesedge, Spike Rush ■

143054 Eleocharis atropurpurea (Retz.) J. Presl et C. Presl var. hashimotoi Ohwi;端元荸荠■☆

143055 Eleocharis attenuata (Franch. et Sav.) Palla;渐尖穗荸荠(渐狭针蔺);Attenuate Spikesedge ■

143056 Eleocharis attenuata (Franch. et Sav.) Palla f. laeviseta (Nakai) H. Hara;平滑渐尖穗荸荠■☆

143057 Eleocharis attenuata (Franch. et Sav.) Palla f. laeviseta (Nakai) H. Hara = Eleocharis attenuata (Franch. et Sav.) Palla ■

143058 Eleocharis attenuata (Franch. et Sav.) Palla var. erhizomatosa Ts. Tang et F. T. Wang;无根状茎荸荠;Erhizomatose Spikesedge, Rhizomeless Spikesedge ■

143059 Eleocharis attenuata (Franch. et Sav.) Palla var. laeviseta (Nakai) H. Hara = Eleocharis attenuata (Franch. et Sav.) Palla f. laeviseta (Nakai) H. Hara ■☆

143060 Eleocharis austriaca Hayek;欧洲北方荸荠;Northern Spike-rush ■☆

143061 Eleocharis austrotexana M. C. Johnst. = Eleocharis ravenelii Britton ■☆

143062 Eleocharis baldwinii (Torr.) Chapm.;鲍德温荸荠;Baldwin's Spike-rush ■☆

143063 Eleocharis baldwinii Chapm.;巴氏荸荠;Road-grass ■☆

143064 Eleocharis bella (Piper) Svenson;丽荸荠;Pretty Spikerush ■☆

143065 Eleocharis bernardina (Munz et I. M. Johnst.) Munz;伯纳德荸荠■☆

143066 Eleocharis bolanderi A. Gray;鲍兰德荸荠■☆

143067 Eleocharis brainii Svenson;布雷恩荸荠■☆

143068 Eleocharis braviseta Kurz et Skvortsov;短刺针蔺;Shortspine Spikesedge ■☆

143069 Eleocharis brittonii Svenson ex Small;布里顿荸荠;Britton's Spike-rush ■☆

143070 Eleocharis caduca (Delile) Schult.;脱落荸荠■☆

143071 Eleocharis caillei Hutch. et Dalziel = Eleocharis naumanniana Boeck. var. caillei (Hutch. ex Nelmes) S. S. Hooper ■☆

143072 Eleocharis callensii H. E. Hess;卡伦斯荸荠■☆

143073 Eleocharis callosa Y. D. Chen;硬秆荸荠(无毛荸荠);Hardstem Spikesedge ■

143074 Eleocharis calocarpa Cherm.;美果荸荠■☆

143075 Eleocharis calocarpa Cherm. var. nuda ?;裸美果荸荠■☆

143076 Eleocharis calva Torr.;秃荸荠;Bald Spike-rush, Kohekobe ■☆

143077 Eleocharis calva Torr. = Eleocharis erythropoda Steud. ■☆

143078 Eleocharis calva Torr. var. australis (Nees) H. St. John = Eleocharis palustris (L.) Roem. et Schult. ■

143079 Eleocharis camptotricha (C. Wright) C. B. Clarke = Eleocharis nana Kunth ■☆

143080 Eleocharis capitata (L.) R. Br. = Eleocharis geniculata (L.) Roem. et Schult. ■

143081 Eleocharis capitata (L.) R. Br. var. borealis Svenson = Eleocharis elliptica Kunth ■☆

143082 Eleocharis capitata (L.) R. Br. var. pseudoptera Weath. = Eleocharis tenuis (Willd.) Schult. var. pseudoptera (Weath.) Svenson ■☆

143083 Eleocharis capitata (L.) R. Br. var. verrucosa Svenson = Eleocharis tenuis (Willd.) Schult. var. verrucosa (Svenson) Svenson ■☆

143084 Eleocharis capitata R. Br. = Eleocharis braviseta Kurz et

Skvortsov ■☆

143085 Eleocharis capitata R. Br. = Eleocharis geniculata (L.) Roem. et Schult. ■

143086 Eleocharis capitata R. Br. = Heleocharis caribaea (Rottb.) Blake ■☆

143087 Eleocharis caribaea (Rottb.) S. F. Blake;黑籽荸荠;Caribbean Spikesedge ■

143088 Eleocharis caribaea (Rottb.) S. F. Blake = Eleocharis geniculata (L.) Roem. et Schult. ■

143089 Eleocharis cellulosa Torr.;棒荸荠;Club-rush ■☆

143090 Eleocharis chaetaria Hance = Eleocharis mitracarpa Steud. ■

143091 Eleocharis chaetaria Hance = Heleocharis yokoscensis (Franch. et Sav.) Ts. Tang et F. T. Wang ■

143092 Eleocharis chaetaria Roem. et Schult.;贝壳叶荸荠;Bristly Spikesedge ■

143093 Eleocharis chaetaria Roem. et Schult. = Eleocharis retroflexa (Poir.) Urb. subsp. chaetaria (Roem. et Schult.) T. Koyama ■☆

143094 Eleocharis coloradoensis (Britton) Gilly;科罗拉多荸荠;Dwarf Spike-rush ■☆

143095 Eleocharis complanata Boeck.;扁平荸荠■☆

143096 Eleocharis compressa Sull.;扁茎荸荠;Compressed Spike-rush, Flat-stemmed Spike Rush, Flat-stemmed Spike-rush ■☆

143097 Eleocharis compressa Sull. var. acutisquamata (Buckley) S. G. Sm.;尖鳞扁茎荸荠■☆

143098 Eleocharis compressa Sull. var. atrata Svenson = Eleocharis elliptica Kunth ■☆

143099 Eleocharis compressa Sull. var. borealis (Svenson) Drapalik et Mohlenbr. = Eleocharis elliptica Kunth ■☆

143100 Eleocharis congesta D. Don;密花蔺(密花荸荠,针蔺);Denseflower Spikesedge ■

143101 Eleocharis congesta D. Don f. dolichochaeta T. Koyama;长毛荸荠■☆

143102 Eleocharis congesta D. Don subsp. japonica (Miq.) T. Koyama;针蔺■

143103 Eleocharis congesta D. Don subsp. subvivipara (Boeck.) T. Koyama = Eleocharis congesta D. Don var. subvivipara (Boeck.) T. Koyama ■☆

143104 Eleocharis congesta D. Don subsp. thermalis (Hultén) T. Koyama = Eleocharis congesta D. Don var. thermalis (Hultén) T. Koyama ■☆

143105 Eleocharis congesta D. Don var. japonica (Miq.) T. Koyama = Eleocharis congesta D. Don subsp. japonica (Miq.) T. Koyama ■

143106 Eleocharis congesta D. Don var. nipponica (Makino) Ohwi = Eleocharis congesta D. Don var. subvivipara (Boeck.) T. Koyama ■☆

143107 Eleocharis congesta D. Don var. subvivipara (Boeck.) T. Koyama;亚母体荸荠■☆

143108 Eleocharis congesta D. Don var. thermalis (Hultén) T. Koyama;温泉荸荠■☆

143109 Eleocharis crassa Fisch. et C. A. Mey. ex Beck.;粗荸荠■☆

143110 Eleocharis cubangensis H. E. Hess;库邦戈荸荠■☆

143111 Eleocharis cubensis Boeck. = Eleocharis microcarpa Torr. ■☆

143112 Eleocharis curtisii Small = Eleocharis vivipara Link ■☆

143113 Eleocharis cylindrica Buckley;圆柱荸荠■☆

143114 Eleocharis decoriglumis Berhaut;饰颖荸荠■☆

143115 Eleocharis decumbens C. B. Clarke;外倾荸荠■☆

143116 Eleocharis deightonii S. S. Hooper;戴顿荸荠■☆

143117 Eleocharis depauperata Kunth = Eleocharis retroflexa (Poir.) Urb. ■☆

143118 Eleocharis disciformis Parish = Eleocharis parishii Britton ■☆

143119 Eleocharis dispar E. J. Hill = Eleocharis geniculata (L.) Roem. et Schult. ■

143120 Eleocharis dregeana Steud.;德雷荸荠■☆

143121 Eleocharis dulcis (Burm. f.) Henschel = Eleocharis dulcis (Burm. f.) Trin. ex Hensch. ■

143122 Eleocharis dulcis (Burm. f.) Trin. ex Hensch.;荸荠(葧脐,慈姑,大灯芯草,地栗,地栗梗,凫茈,凫茨,黑山棱,红慈姑,马薯,马蹄,钱葱,芍,水灯芯草,水芋,铁葧脐,通天草,乌茨,乌芋,野地栗苗,莯菇);Chinese Water Chestnut, Chinese Water-chestnut, Ma-hai, Waterchestnut, Waternut ■

143123 Eleocharis dulcis (Burm. f.) Trin. ex Hensch. var. tuberosa (Roxb.) T. Koyama;甜荸荠(荸荠,马荠);Chinese Water Chestnut, Common Spikesedge ■

143124 Eleocharis durandii Boeck. = Eleocharis minima Kunth ■☆

143125 Eleocharis ecarinata Zinserl.;无脊荸荠■☆

143126 Eleocharis elliottii A. Dietr. = Eleocharis equisetoides (Elliott) Torr. ■☆

143127 Eleocharis elliptica Kunth;椭圆荸荠;Elliptic Spike-rush ■☆

143128 Eleocharis elliptica Kunth f. atrata (Svenson) Drapalik et Mohlenbr. = Eleocharis elliptica Kunth ■☆

143129 Eleocharis elliptica Kunth var. atrata (Svenson) S. G. Sm. = Eleocharis elliptica Kunth ■☆

143130 Eleocharis elliptica Kunth var. compressa (Sull.) Drapalik et Mohlenbr. = Eleocharis compressa Sull. ■☆

143131 Eleocharis elliptica Kunth var. pseudoptera (Weath.) L. J. Harms = Eleocharis tenuis (Willd.) Schult. var. pseudoptera (Weath.) Svenson ■☆

143132 Eleocharis engelmannii Steud.;恩格尔曼荸荠;Engelmann's Spike-rush ■☆

143133 Eleocharis engelmannii Steud. = Eleocharis ovata (Roth) Roem. et Schult. ■

143134 Eleocharis engelmannii Steud. f. detonsa (A. Gray) Svenson = Eleocharis engelmannii Steud. ■☆

143135 Eleocharis engelmannii Steud. var. detonsa A. Gray = Eleocharis engelmannii Steud. f. detonsa (A. Gray) Svenson ■☆

143136 Eleocharis engelmannii Steud. var. detonsa A. Gray = Eleocharis engelmannii Steud. ■☆

143137 Eleocharis engelmannii Steud. var. monticola (Fernald) Svenson = Eleocharis engelmannii Steud. ■☆

143138 Eleocharis engelmannii Steud. var. robusta Fernald = Eleocharis engelmannii Steud. ■☆

143139 Eleocharis equisetiformis (Meinsh.) B. Fedtsch.;假木贼状荸荠(木贼状荸荠)■☆

143140 Eleocharis equisetina J. Presl et C. Presl = Eleocharis mitracarpa Steud. ■

143141 Eleocharis equisetoides (Elliott) Torr.;拟木贼荸荠;Horsetail Spike Rush, Horsetail Spike-rush, Jointed Spike-sedge, Knotted Spike-rush, Spikesedge ■☆

143142 Eleocharis erhaiensis Y. D. Chen;耳海荸荠;Erhai Spikesedge ■

143143 Eleocharis erythropoda Steud.;红足荸荠;Bald Spike-rush, Spike Rush ■☆

143144 Eleocharis eupalustris H. Lindb. = Eleocharis palustris (L.) Roem. et Schult. ■

143145 Eleocharis fennica Pall. ex Kneuck.;扁基荸荠(扁基针蔺);Flatstylebase Spikesedge ■

143146 Eleocharis fennica Palla ex Kneuck. et Zinserl. f. sareptana (Zinserl.) Ts. Tang et F. T. Wang;具刚毛扁基荸荠(刚毛扁基荸荠);Bristlebearing, Spikesedge ■

143147 Eleocharis fernaldii (Svenson) Á. Löve = Eleocharis quinqueflora (Hartm.) O. Schwarz ■

143148 Eleocharis fistulosa (Poir.) Link var. obtusetrigona (Lindl. et Nees) Barros = Eleocharis obtusetrigona (Lindl. et Nees) Steud. ■☆

143149 Eleocharis fistulosa (Poir.) Schult.;空心秆荸荠;Culm Spikesedge, Hollow-culm Spikesedge ■

143150 Eleocharis fistulosa Link = Eleocharis acutangula (Roxb.) Schult. ■

143151 Eleocharis fistulosa Link ex Roem. et Schult. = Eleocharis acutangula (Roxb.) Schult. ■

143152 Eleocharis fistulosa Link var. robusta Boeck. = Eleocharis robusta (Boeck.) H. E. Hess ■☆

143153 Eleocharis flaccida (Rchb.) Urb. var. olivacea (Torr.) Fernald et Griscom = Eleocharis flavescens (Poir.) Urb. var. olivacea (Torr.) Gleason ■☆

143154 Eleocharis flavescens (Poir.) Urb.;浅黄荸荠;Pale Spikerush, Pale Spike-rush, Wrinkle-sheathed Spike-rush, Yellow Spike-rush ■☆

143155 Eleocharis flavescens (Poir.) Urb. var. olivacea (Torr.) Gleason;榄绿荸荠;Bright Green Spike-rush, Capitate Spike-rush, Green Spikerush, Green Spike-rush ■☆

143156 Eleocharis flavescens (Poir.) Urb. var. thermalis (Rydb.) Cronquist = Eleocharis flavescens (Poir.) Urb. ■☆

143157 Eleocharis fluitans (L.) Hook. = Isolepis fluitans (L.) R. Br. ■☆

143158 Eleocharis geniculata (L.) Roem. et Schult.;弯形蔺;Annual Spikerush, Bent Spikerush, Capitate Spike-rush, Geniculate Spikesedge ■

143159 Eleocharis glabella Y. D. Chen;无毛荸荠(郭氏荸荠);Hairless Spikesedge ■

143160 Eleocharis glaucescens (Willd.) Roem. et Schult. = Eleocharis erythropoda Steud. ■☆

143161 Eleocharis globularis Zinserl.;小球荸荠■☆

143162 Eleocharis gossweileri H. E. Hess;戈斯荸荠■☆

143163 Eleocharis halophila (Fernald et Brackett) Fernald = Eleocharis uniglumis (Link) Schult. et Zinserl. ■

143164 Eleocharis helenae Buscal. et Muschl.;海伦娜荸荠■☆

143165 Eleocharis intermedia (Muhl.) Schult.;席状针蔺;Intermediary Spike-rush, Matted Spike-rush, Matted Spikesedge ■☆

143166 Eleocharis intermedia Schult. = Eleocharis intermedia (Muhl.) Schult. ■☆

143167 Eleocharis intermedia Schult. var. habereri Fernald = Eleocharis intermedia (Muhl.) Schult. ■☆

143168 Eleocharis intersita G. Zinserl. ex Kom.;中间型荸荠(中间型针蔺);Intermediate Spikesedge ■

143169 Eleocharis intersita G. Zinserl. ex Kom. f. acetosa Ts. Tang et F. T. Wang;内蒙古荸荠;Inner Mongolia Spikesedge ■

143170 Eleocharis intersita Zinserl. = Eleocharis palustris (L.) Roem. et Schult. ■

143171 Eleocharis interstincta (Vahl) Roem. et Schult.;接缝荸荠;Jointed Spikerush ■☆

143172 Eleocharis intricata Kük. = Eleocharis caduca (Delile) Schult. ■☆

143173 Eleocharis intricata Kük. var. peteri W. Schultze-Motel = Eleocharis caduca (Delile) Schult. ■☆

143174 Eleocharis jamesonii (Steud.) N. E. Br. = Eleocharis minima Kunth ■☆

143175 Eleocharis japonica Miq. = Eleocharis congesta D. Don subsp. japonica (Miq.) T. Koyama ■

143176 Eleocharis japonica Miq. = Eleocharis pellucida J. Presl et C. Presl var. japonica (Miq.) Ts. Tang et F. T. Wang ■

143177 Eleocharis japonica Miq. var. thermalis (Hultén) H. Hara = Eleocharis congesta D. Don var. thermalis (Hultén) T. Koyama ■☆

143178 Eleocharis kamtschatica (C. A. Mey.) Kom.;大基荸荠;Bristleless Spikesedge, Kamtschatka Spikesedge ■

143179 Eleocharis kamtschatica (C. A. Mey.) Kom. f. reducta (Ohwi) Ohwi;无刚毛荸荠;Hispidless Spikesedge ■

143180 Eleocharis kamtschatica (C. A. Mey.) Kom. f. reducta Ohwi = Eleocharis kamtschatica (C. A. Mey.) Kom. f. reducta (Ohwi) Ohwi ■

143181 Eleocharis kirkii C. B. Clarke;柯克荸荠■☆

143182 Eleocharis klinsei (Meinsh.) B. Fedtsch.;克林斯荸荠■☆

143183 Eleocharis komarovii Zinserl.;科马罗夫荸荠■☆

143184 Eleocharis komarovii Zinserl. = Heleocharis kamtschatica (C. A. Mey.) Kom. ■

143185 Eleocharis korshinskyana Zinserl.;考尔荸荠■☆

143186 Eleocharis kuoi Y. D. Chen;郭氏荸荠;Guo Spikesedge ■

143187 Eleocharis lanceolata Fernald;矛荸荠;Lancelike Spike Rush ■☆

143188 Eleocharis laxiflora (Thwaites) H. Pfeiff.;疏花荸荠■☆

143189 Eleocharis lepta C. B. Clarke;细荸荠■☆

143190 Eleocharis leptostylopodiata Zinserl.;细柱荸荠■☆

143191 Eleocharis limosa (Schrad.) Schult.;湿地荸荠■☆

143192 Eleocharis lindheimeri Svenson = Eleocharis radicans (Poir.) Kunth ■☆

143193 Eleocharis liouana Ts. Tang et F. T. Wang;昆明蔺(刘氏荸荠);Ellipticfruit Spikesedge, Liu Spikesedge ■

143194 Eleocharis macounii Fernald;马氏荸荠;Macoun's Spike-rush ■☆

143195 Eleocharis macrostachya Britton;大穗荸荠■☆

143196 Eleocharis macrostachya Britton = Eleocharis palustris (L.) Roem. et Schult. ■

143197 Eleocharis madagascariensis Cherm. = Eleocharis caduca (Delile) Schult. ■☆

143198 Eleocharis mamillata (H. Lindb.) H. Lindb.;乳头基荸荠(乳头基针蔺);Mamillate Spike-rush, Mamillate Spikesedge, Mamillatestylebase Spikesedge ■

143199 Eleocharis mamillata (H. Lindb.) H. Lindb. subsp. ussuriensis (Zinserl.) T. V. Egorova = Eleocharis mamillata (H. Lindb.) H. Lindb. var. ussuriensis (Zinserl.) Y. L. Chang ■

143200 Eleocharis mamillata (H. Lindb.) H. Lindb. var. cyclocarpa Kitag.;圆果乳头基荸荠;Roundfruit Spikesedge ■

143201 Eleocharis mamillata (H. Lindb.) H. Lindb. var. ussuriensis (Zinserl.) Y. L. Chang;乌苏里荸荠;Ussuri Spikesedge ■

143202 Eleocharis mamillata H. Lindb. subsp. ussuriensis (Zinserl.) T. V. Egorova = Eleocharis mamillata H. Lindb. var. cyclocarpa Kitag. ■

143203 Eleocharis mamillata H. Lindb. var. cyclocarpa Kitag. = Eleocharis mamillata (H. Lindb.) H. Lindb. var. cyclocarpa Kitag. ■

143204 Eleocharis mamillata H. Lindb. var. ussuriensis (Zinserl.) Y. L. Chang = Eleocharis mamillata (H. Lindb.) H. Lindb. var. ussuriensis (Zinserl.) Y. L. Chang ■

143205 Eleocharis margaritacea (Hultén) Miyabe et Kudo;珍珠荸荠■☆

143206 Eleocharis marginulata Hochst. ex Steud.;具边荸荠■☆

143207 Eleocharis maximowiczii Zinserl.;细秆荸荠(马针蔺);Maximowicz Spikesedge ■☆

143208 Eleocharis melanocarpa Torr.;黑果荸荠;Black-fruited Spike-rush ■☆

143209 Eleocharis meridionalis Zinserl.;南方荸荠;Southern Spikesedge ■

143210 Eleocharis microcarpa Torr. = Eleocharis setifolia (A. Rich.) J. Raynal ■☆

143211 Eleocharis microcarpa Torr. var. brittonii (Svenson ex Small) Svenson = Eleocharis brittonii Svenson ex Small ■☆

143212 Eleocharis microcarpa Torr. var. filiculmis Torr.;托里荸荠■☆

143213 Eleocharis migoana Ohwi et T. Koyama;江南荸荠;S. China Spikesedge, South China Spikesedge ■

143214 Eleocharis minima Kunth;小荸荠■☆

143215 Eleocharis minima Kunth var. ambigua Kük. = Eleocharis minima Kunth ■☆

143216 Eleocharis minuta Boeck.;微小荸荠■☆

143217 Eleocharis mitracarpa Steud.;单稃蔺(槽秆荸荠,槽秆针蔺,单鳞苞荸荠,刚毛荸荠,具槽秆荸荠,木贼荸荠,木贼状荸荠);Horsetails-like Spikesedge, Ribbedculm Spikesedge ■

143218 Eleocharis monantha Nelmes;单花荸荠■☆

143219 Eleocharis montana (Kunth) Roem. et Schult.;山荸荠■☆

143220 Eleocharis montana (Kunth) Roem. et Schult. subsp. montevidensis (Kunth) Osten = Eleocharis montevidensis Kunth ■☆

143221 Eleocharis montana (Kunth) Roem. et Schult. var. nodulosa Svenson = Eleocharis montana (Kunth) Roem. et Schult. ■☆

143222 Eleocharis montevidensis Kunth;沙丘荸荠;Spike Rush ■☆

143223 Eleocharis montevidensis Kunth var. decumbens (C. B. Clarke) V. E. Grant = Eleocharis decumbens C. B. Clarke ■☆

143224 Eleocharis montevidensis Kunth var. disciformis (Parish) V. E. Grant = Eleocharis parishii Britton ■☆

143225 Eleocharis montevidensis Kunth var. parishii (Britton) V. E. Grant = Eleocharis parishii Britton ■☆

143226 Eleocharis monticola Fernald = Eleocharis engelmannii Steud. ■☆

143227 Eleocharis monticola Fernald var. leviseta Fernald = Eleocharis engelmannii Steud. ■☆

143228 Eleocharis monticola Fernald var. pallida H. St. John = Eleocharis engelmannii Steud. ■☆

143229 Eleocharis multicaulis (Sm.) Desv.;多茎荸荠;Many-stalked Spike-rush ■☆

143230 Eleocharis multiseta Zinserl.;多刺荸荠■☆

143231 Eleocharis mutata (L.) Roem. et Schult.;易变荸荠■☆

143232 Eleocharis mutata (L.) Roem. et Schult. var. obtusetrigona (Lindl. et Nees) C. B. Clarke = Eleocharis obtusetrigona (Lindl. et Nees) Steud. ■☆

143233 Eleocharis nana Kunth;矮小荸荠■☆

143234 Eleocharis naumanniana Boeck.;瑙曼荸荠■☆

143235 Eleocharis naumanniana Boeck. var. caillei (Hutch. ex Nelmes) S. S. Hooper;卡耶荸荠■☆

143236 Eleocharis nigrescens (Nees) Steud.;浅黑荸荠■☆

143237 Eleocharis nitida Fernald;光亮荸荠;Neat Spike-rush, Quill Spike-rush, Shining Spike-rush, Slender Spike-rush ■☆

143238 Eleocharis nodulosa (Roth) Schult. = Eleocharis montana (Kunth) Roem. et Schult. ■☆

143239 Eleocharis obtusa (Willd.) Schult.;钝针蔺;Blunt Spike-rush, Blunt Spikesedge ■☆

143240 Eleocharis obtusa (Willd.) Schult. = Eleocharis ovata (Roth) Roem. et Schult. ■

143241 Eleocharis obtusa (Willd.) Schult. var. detonsa (A. Gray) Drapalik et Mohlenbr. = Eleocharis ovata (Roth) Roem. et Schult. ■

143242 Eleocharis obtusa (Willd.) Schult. var. ellipsoidales Fernald = Eleocharis nitida Fernald ■☆

143243 Eleocharis obtusa (Willd.) Schult. var. ellipsoidalis Fernald = Eleocharis obtusa (Willd.) Schult. ■☆

143244 Eleocharis obtusa (Willd.) Schult. var. engelmannii (Steud.) Gilly = Eleocharis ovata (Roth) Roem. et Schult. ■

143245 Eleocharis obtusa (Willd.) Schult. var. engelmannii (Steud.) Gilly = Eleocharis engelmannii Steud. ■☆

143246 Eleocharis obtusa (Willd.) Schult. var. gigantea Fernald = Eleocharis obtusa (Willd.) Schult. ■☆

143247 Eleocharis obtusa (Willd.) Schult. var. gigantea Fernald = Eleocharis nitida Fernald ■☆

143248 Eleocharis obtusa (Willd.) Schult. var. heuseri Uechtr. = Eleocharis ovata (Roth) Roem. et Schult. ■

143249 Eleocharis obtusa (Willd.) Schult. var. jejuna Fernald = Eleocharis nitida Fernald ■☆

143250 Eleocharis obtusa (Willd.) Schult. var. jejuna Fernald = Eleocharis obtusa (Willd.) Schult. ■☆

143251 Eleocharis obtusa (Willd.) Schult. var. jejuna Fernald = Eleocharis ovata (Roth) Roem. et Schult. ■

143252 Eleocharis obtusa (Willd.) Schult. var. lanceolata (Fernald) Gilly = Eleocharis lanceolata Fernald ■☆

143253 Eleocharis obtusa (Willd.) Schult. var. ovata (Roth) Drapalik et Mohlenbr. = Eleocharis ovata (Roth) Roem. et Schult. ■

143254 Eleocharis obtusa (Willd.) Schult. var. peasei Svenson = Eleocharis nitida Fernald ■☆

143255 Eleocharis obtusa (Willd.) Schult. var. peasei Svenson = Eleocharis obtusa (Willd.) Schult. ■☆

143256 Eleocharis obtusetrigona (Lindl. et Nees) Steud.;钝三角针蔺■☆

143257 Eleocharis ochrostachys Steud.;假马蹄(日月潭蔺);Cylindrycculm Spikesedge ■

143258 Eleocharis olivacea Torr. = Eleocharis flavescens (Poir.) Urb. var. olivacea (Torr.) Gleason ■☆

143259 Eleocharis olivacea Torr. var. reductiseta (Schuyler et Ferren) Schuyler et Ferren = Eleocharis flavescens (Poir.) Urb. var. olivacea (Torr.) Gleason ■☆

143260 Eleocharis oropuchensis Britton = Eleocharis minima Kunth ■☆

143261 Eleocharis ovata (Roth) Roem. et Schult.;卵穗针蔺(卵穗荸荠);Annual Spike Rush, Oval Spike-rush, Ovate Spike-rush, Ovate Spikesedge, Ovoid Spike Sege, Ovoid Spikesedge, Ovoid Spike-sedge ■

143262 Eleocharis ovata (Roth) Roem. et Schult. var. detonsa (A. Gray) Mohlenbr. = Eleocharis engelmannii Steud. ■☆

143263 Eleocharis ovata (Roth) Roem. et Schult. var. engelmannii (Steud.) Britton = Eleocharis ovata (Roth) Roem. et Schult. ■

143264 Eleocharis ovata (Roth) Roem. et Schult. var. engelmannii (Steud.) Britton = Eleocharis engelmannii Steud. ■☆

143265 Eleocharis ovata (Roth) Roem. et Schult. var. gaetula Maire = Eleocharis caduca (Delile) Schult. ■☆

143266 Eleocharis ovata (Roth) Roem. et Schult. var. heuseri Uetrichtz = Eleocharis ovata (Roth) Roem. et Schult. ■

143267 Eleocharis ovata (Roth) Roem. et Schult. var. obtusa (Willd.) Kük. = Eleocharis ovata (Roth) Roem. et Schult. ■

143268 Eleocharis oxylepis (Meinsh.) B. Fedtsch.;尖鳞荸荠■☆

143269 Eleocharis pachycarpa C. B. Clarke;毛果蔺;Black Sand Spikerush ■☆

143270 Eleocharis palmeri Svenson = Eleocharis montevidensis Kunth ■☆

143271 Eleocharis palustris (L.) Roem. et Schult.;沼泽荸荠(沼针蔺);Boggy Spike Sedge,Boggy Spike-sedge,Common Spike Sedge,Common Spike-rush, Common Spike-sedge, Creeping Spikesedge,Marsh Spike-rush,Marshy Spikesedge,Swamp Spike-rush ■

143272 Eleocharis palustris (L.) Roem. et Schult. subsp. intersita (Zinserl.) T. Koyama = Eleocharis palustris (L.) Roem. et Schult. ■

143273 Eleocharis palustris (L.) Roem. et Schult. subsp. iranica Kukkonen;伊朗荸荠■☆

143274 Eleocharis palustris (L.) Roem. et Schult. subsp. parvinux (Ohwi) T. Koyama = Eleocharis parvinux Ohwi ■☆

143275 Eleocharis palustris (L.) Roem. et Schult. var. australis Nees = Eleocharis palustris (L.) Roem. et Schult. ■

143276 Eleocharis palustris (L.) Roem. et Schult. var. glaucescens (Willd.) Asch. et Graebn. = Eleocharis palustris (L.) Roem. et Schult. ■

143277 Eleocharis palustris (L.) Roem. et Schult. var. kurilensis A. E. Kozhevn. = Eleocharis palustris (L.) Roem. et Schult. ■

143278 Eleocharis palustris (L.) Roem. et Schult. var. minor Schur = Eleocharis palustris (L.) Roem. et Schult. ■

143279 Eleocharis palustris (L.) Roem. et Schult. var. nebrodensis (Parl.) Trab. = Eleocharis palustris (L.) Roem. et Schult. ■

143280 Eleocharis palustris (L.) Roem. et Schult. var. parvinux (Ohwi) T. Koyama = Eleocharis parvinux Ohwi ■☆

143281 Eleocharis palustris (L.) Roem. et Schult. var. quaesita (Kitag.) T. Koyama = Eleocharis quaesita Kitag. ■☆

143282 Eleocharis palustris (L.) Roem. et Schult. var. reptans (Thuill.) Trab. = Eleocharis palustris (L.) Roem. et Schult. ■

143283 Eleocharis palustris Bunge = Eleocharis valleculosa Ohwi f. setosa (Ohwi) Kitag. ■

143284 Eleocharis palustris Bunge = Heleocharis valleculosa Ohwi f. setosa (Ohwi) Kitag. ■

143285 Eleocharis paradoxa Y. D. Chen; 怪基荸荠; Wonderful Spikesedge ■

143286 Eleocharis parishii Britton;帕里什荸荠■☆

143287 Eleocharis parvinux Ohwi;小果荸荠■☆

143288 Eleocharis parvula (Roem. et Schult.) Link = Eleocharis parvula (Roem. et Schult.) Link ex Bluff, Nees et Schauer ■☆

143289 Eleocharis parvula (Roem. et Schult.) Link ex Bluff, Nees et Schauer; 矮荸荠; Dwarf Spike Sedge, Dwarf Spike-rush, Dwarf Spikesedge, Dwarf Spike-sedge, Low Spike-rush, Small Spike Rush, Small Spike-rush ■☆

143290 Eleocharis parvula (Roem. et Schult.) Link ex Bluff, Nees et Schauer var. anachaeta (Torr.) Svenson = Eleocharis parvula (Roem. et Schult.) Link ex Bluff, Nees et Schauer ■☆

143291 Eleocharis parvula (Roem. et Schult.) Link ex Bluff, Nees et Shauer var. anachaeta (Torr.) Svenson = Eleocharis coloradoensis (Britton) Gilly ■☆

143292 Eleocharis paucidentata Zinserl.;少齿荸荠■☆

143293 Eleocharis pauciflora (Lightf.) Link = Eleocharis quinqueflora (Hartm.) O. Schwarz ■

143294 Eleocharis pauciflora (Lightf.) Link = Eleocharis uniglumis (Link) Schult. et Zinserl. ■

143295 Eleocharis pauciflora (Lightf.) Link var. bernardina (Munz et I. M. Johnst.) Svenson = Eleocharis bernardina (Munz et I. M. Johnst.) Munz ■☆

143296 Eleocharis pauciflora (Lightf.) Link var. fernaldii Svenson = Eleocharis quinqueflora (Hartm.) O. Schwarz ■

143297 Eleocharis paucifora (Lightf.) Link var. suksdorfiana (Beauverd) Hultén = Eleocharis suksdorfiana Beauverd ■☆

143298 Eleocharis pellucida J. Presl et C. Presl;透明鳞荸荠(谷星草,膜苞蔺,膜鳞针蔺);Membraneousbract Spikesedge, Scabrousscale Spikesedge, Transparent Spikesedge ■

143299 Eleocharis pellucida J. Presl et C. Presl = Eleocharis congesta D. Don var. japonica (Miq.) T. Koyama ■

143300 Eleocharis pellucida J. Presl et C. Presl var. japonica (Miq.) Ts. Tang et F. T. Wang; 稻田荸荠(稻田膜苞蔺); Japanese Spikesedge, Paddy-field Spikesedge ■

143301 Eleocharis pellucida J. Presl et C. Presl var. japonica (Miq.) Ts. Tang et F. T. Wang = Eleocharis congesta D. Don var. japonica (Miq.) T. Koyama ■

143302 Eleocharis pellucida J. Presl et C. Presl var. sanguinolenta Ts. Tang et F. T. Wang;血红穗荸荠;Sanguinespikelet Spikesedge ■

143303 Eleocharis pellucida J. Presl et C. Presl var. spogiosa Ts. Tang et F. T. Wang;海绵基荸荠;Spongystylebase Spikesedge ■

143304 Eleocharis pellucida J. Presl et C. Presl var. thermalis (Hultén) H. Hara = Eleocharis congesta D. Don var. thermalis (Hultén) T. Koyama ■☆

143305 Eleocharis penchaoi Y. D. Chen;本兆荸荠;Benzhao Spikesedge ■

143306 Eleocharis perlonga Fernald et Brackett = Eleocharis macrostachya Britton ■☆

143307 Eleocharis petasata (Maxim.) Zinserl. = Eleocharis wichurae Boeck. f. petasata (Maxim.) H. Hara ■☆

143308 Eleocharis petasata (Maxim.) Zinserl. = Eleocharis wichurai Boeck. ■

143309 Eleocharis philippinensis Svenson; 菲律宾荸荠; Philippine Spikesedge ■☆

143310 Eleocharis planifolia (Spreng.) Nees = Trichophorum planifolium (Spreng.) Palla ■☆

143311 Eleocharis plantaginea R. Br. = Eleocharis dulcis (Burm. f.) Trin. ex Hensch. ■

143312 Eleocharis plantagineiformis Ts. Tang et F. T. Wang; 野荸荠; Thickculm Spikesedge ■

143313 Eleocharis punctata Boeck. = Eleocharis nana Kunth ■☆

143314 Eleocharis pygmaea Torr. = Eleocharis parvula (Roem. et Schult.) Link ex Bluff, Nees et Schauer ■☆

143315 Eleocharis qinghaiensis Y. D. Chen; 青海荸荠; Qinghai Spikesedge ■

143316 Eleocharis quadrangulata (Michx.) Roem. et Schult.;方茎针蔺;Angled Spike-rush, Square Rush, Squareculm Spikesedge, Square-stem Spike-rush, Square-stemmed Spike-rush ■☆

143317 Eleocharis quadrangulata (Michx.) Roem. et Schult. var. crassior Fernald = Eleocharis quadrangulata (Michx.) Roem. et Schult. ■☆

143318 Eleocharis quaesita Kitag.;精致荸荠■☆

143319 Eleocharis quinqueflora (Hartm.) O. Schwarz;少花荸荠(少花针蔺);Fewflower Spikesedge, Few-flowered Spike-rush ■

143320 Eleocharis quinqueflora (Hartm.) O. Schwarz var. bernardina (Munz et I. M. Johnst.) S. González et P. M. Peterson = Eleocharis bernardina (Munz et I. M. Johnst.) Munz ■☆

143321 Eleocharis quinqueflora (Hartm.) O. Schwarz var. suksdorfiana (Beauverd) J. T. Howell = Eleocharis suksdorfiana Beauverd ■☆

143322 Eleocharis quinqueflora (Hartm.) Schwarz subsp. fernaldii (Svenson) Hultén = Eleocharis quinqueflora (Hartm.) O. Schwarz ■

143323 Eleocharis radicans (Poir.) Kunth;辐射荸荠■☆

143324 Eleocharis ravenelii Britton;雷夫纳尔荸荠■☆
143325 Eleocharis reclinata Kunth = Eleocharis intermedia (Muhl.) Schult. ■☆
143326 Eleocharis retroflexa (Poir.) Urb.;反卷荸荠■☆
143327 Eleocharis retroflexa (Poir.) Urb. subsp. chaetaria (Roem. et Schult.) T. Koyama;毛反卷荸荠■☆
143328 Eleocharis retroflexa (Poir.) Urb. subsp. subtilissima (Nelmes) Lye;纤细荸荠■☆
143329 Eleocharis robbinsii Oakes;罗氏荸荠;Robbins' Spike-rush ■☆
143330 Eleocharis robusta (Boeck.) H. E. Hess;粗壮荸荠■☆
143331 Eleocharis rostellata (Torr.) Torr.;小喙荸荠;Beaked Spike-rush, Walking Sedge ■☆
143332 Eleocharis rostellata (Torr.) Torr. var. congdonii Jeps. = Eleocharis rostellata (Torr.) Torr. ■☆
143333 Eleocharis rostellata (Torr.) Torr. var. occidentalis S. Watson = Eleocharis rostellata (Torr.) Torr. ■☆
143334 Eleocharis sachalinensis (Meinsh.) Kom.;库页荸荠■☆
143335 Eleocharis satoi Ohwi = Eleocharis mamillata (H. Lindb.) H. Lindb. var. cyclocarpa Kitag. ■
143336 Eleocharis satoi Ohwi = Heleocharis mamillata (H. Lindb.) H. Lindb. var. cyclocarpa Kitag. ■
143337 Eleocharis savannarum Britton = Eleocharis minima Kunth ■☆
143338 Eleocharis savatieri C. B. Clarke ex H. Lév. = Eleocharis kamtschatica (C. A. Mey.) Kom. f. reducta (Ohwi) Ohwi ■
143339 Eleocharis savatieri C. B. Clarke ex H. Lév. = Heleocharis kamtschatica (C. A. Mey.) Kom. f. reducta Ohwi ■
143340 Eleocharis schaffneri Boeck.;沙氏荸荠;Schaffner's Spikerush ■☆
143341 Eleocharis schlechteri C. B. Clarke;施莱荸荠■☆
143342 Eleocharis schweinfurthiana Boeck. = Eleocharis setifolia (A. Rich.) J. Raynal subsp. schweinfurthiana (Boeck.) Simpson ■☆
143343 Eleocharis septentrionalis Zinserl.;北方荸荠■☆
143344 Eleocharis setacea R. Br. = Eleocharis chaetaria Roem. et Schult. ■
143345 Eleocharis setacea R. Br. = Heleocharis chaetaria Roem. et Schult. ■
143346 Eleocharis setifolia (A. Rich.) J. Raynal;小果刚毛荸荠■☆
143347 Eleocharis setifolia (A. Rich.) J. Raynal subsp. schweinfurthiana (Boeck.) Simpson;施韦荸荠■☆
143348 Eleocharis setulosa P. C. Li;短刚针蔺;Shortsetose Spikesedge ■
143349 Eleocharis seydeliana Podlech = Eleocharis schlechteri C. B. Clarke ■☆
143350 Eleocharis shimadai Hayata = Eleocharis pellucida J. Presl et C. Presl ■
143351 Eleocharis smallii Britton = Eleocharis palustris (L.) Roem. et Schult. ■
143352 Eleocharis smallii Britton var. major (Sond.) F. Seym. = Eleocharis palustris (L.) Roem. et Schult. ■
143353 Eleocharis soloniensis (Dubois) H. Hara = Eleocharis ovata (Roth) Roem. et Schult. ■
143354 Eleocharis sphacelata R. Br.;澳洲荸荠;Australian Earth Chestnut ■☆
143355 Eleocharis spiralis (Rottb.) Roem. et Schult.;螺旋鳞荸荠;Spiralscale Spikesedge ■
143356 Eleocharis spongostyla H. E. Hess;海绵柱荸荠■☆
143357 Eleocharis striata Hochst. ex Steud. = Eleocharis marginulata Hochst. ex Steud. ■☆
143358 Eleocharis subangulata T. Koyama;棱角荸荠■☆
143359 Eleocharis subtilis Boeck. = Eleocharis minima Kunth ■☆
143360 Eleocharis subtilissima Nelmes = Eleocharis retroflexa (Poir.) Urb. subsp. subtilissima (Nelmes) Lye ■☆
143361 Eleocharis suksdorfiana Beauverd;苏克荸荠■☆
143362 Eleocharis sumatrana Valeton;苏门答腊荸荠(苏门答腊拟小豆蔻)■☆
143363 Eleocharis svensonii Zinserl. = Eleocharis acicularis (L.) Roem. et Schult. var. longiseta Svenson ■
143364 Eleocharis tenerrima Peter;极细荸荠■☆
143365 Eleocharis tenuis (Willd.) Schult.;细针蔺;Dog's Hair, Slender Spike-rush, Slender Spikesedge ■☆
143366 Eleocharis tenuis (Willd.) Schult. var. atrata (Svenson) B. Boivin = Eleocharis elliptica Kunth ■☆
143367 Eleocharis tenuis (Willd.) Schult. var. borealis (Svenson) Gleason = Eleocharis elliptica Kunth ■☆
143368 Eleocharis tenuis (Willd.) Schult. var. pseudoptera (Weath.) Svenson;假翼细针蔺■☆
143369 Eleocharis tenuis (Willd.) Schult. var. verrucosa (Svenson) Svenson;具疣细针蔺;Dog's Hair, Slender Spike-rush ■☆
143370 Eleocharis tenuis (Willd.) Schult. var. verrucosa (Svenson) Svenson = Eleocharis vivipara Link ■☆
143371 Eleocharis tenuissima Boeck. = Eleocharis minima Kunth ■☆
143372 Eleocharis testui Cherm.;泰斯蒂荸荠■☆
143373 Eleocharis tetraquetra Kom. = Heleocharis wichurai Boeck. ■
143374 Eleocharis tetraquetra Nees;龙师草(四角蔺);Fourangledculm Spikesedge ■
143375 Eleocharis tetraquetra Nees f. tsurumachii (Ohwi) T. Koyama = Eleocharis tetraquetra Nees var. tsurumachii (Ohwi) Ohwi ■☆
143376 Eleocharis tetraquetra Nees var. tsurumachii (Ohwi) Ohwi;鹤町荸荠■☆
143377 Eleocharis tetraquetra Nees var. wichurae (Boeck.) Makino = Eleocharis wichurae Boeck. ■
143378 Eleocharis texana Britton = Eleocharis cylindrica Buckley ■☆
143379 Eleocharis thermalis (Hultén) T. V. Egorova = Eleocharis congesta D. Don var. thermalis (Hultén) T. Koyama ■☆
143380 Eleocharis thermalis Rydb. = Eleocharis flavescens (Poir.) Urb. ■☆
143381 Eleocharis tibestica Quézel = Eleocharis caduca (Delile) Schult. ■☆
143382 Eleocharis torreyana Boeck. = Eleocharis microcarpa Torr. var. filiculmis Torr. ■☆
143383 Eleocharis tortilis (Link) Schult.;扭转荸荠■☆
143384 Eleocharis transcaucasica Zinserl.;外高加索荸荠■☆
143385 Eleocharis trilateralis Ts. Tang et F. T. Wang;三面秆荸荠(龙师草);Spikesedge, Threewingedculm Spikesedge ■
143386 Eleocharis trilophus C. B. Clarke;三冠荸荠■☆
143387 Eleocharis truncatovaginata T. Koyama = Eleocharis valleculosa Ohwi f. setosa (Ohwi) Kitag. ■
143388 Eleocharis truncatovaginata T. Koyama = Heleocharis valleculosa Ohwi f. setosa (Ohwi) Kitag. ■
143389 Eleocharis tsurumachii Ohwi = Eleocharis tetraquetra Nees var. tsurumachii (Ohwi) Ohwi ■☆
143390 Eleocharis tuberculosa (Michx.) Roem. et Schult.;瘤荸荠■☆
143391 Eleocharis tuberosa (Roxb.) Roem. et Schult.;马蹄荸荠(荸荠,苾荠,葧脐,葧荠,地梨,凫茈,凫茨,黑山棱,红慈姑,红慈菇,马薯,马蹄,芍,水芋,铁葧脐,通天草,乌茨,乌芋,菲菇);Common Spikesedge ■

143392 Eleocharis tuberosa (Roxb.) Roem. et Schult. = Eleocharis dulcis (Burm. f.) Trin. ex Hensch. var. tuberosa (Roxb.) T. Koyama ■

143393 Eleocharis tuberosa Roxb. = Eleocharis dulcis (Burm. f.) Trin. ex Hensch. var. tuberosa (Roxb.) T. Koyama ■

143394 Eleocharis tuberosa Schult. = Heleocharis dulcis (Burm. f.) Trin. ex Hensch. var. tuberosa (Roxb.) T. Koyama ■

143395 Eleocharis turcomanica Zinserl.;土库曼荸荠■☆

143396 Eleocharis uniglumis (Link) Schult. = Eleocharis uniglumis (Link) Schult. et Zinserl. ■

143397 Eleocharis uniglumis (Link) Schult. et Zinserl.;单鳞荸荠(单鳞苞荸荠,三棱蔺,三面秆荸荠);Few-flowered Spike Sedge,Few-flowered Spike-sedge,Single-scaled Spike-rush,Slender Spike-rush,Uniglume Spikesedge ■

143398 Eleocharis uniglumis var. halophila Fernald et Brackett = Eleocharis uniglumis (Link) Schult. et Zinserl. ■

143399 Eleocharis ussuriensis Zinserl. = Eleocharis mamillata (H. Lindb.) H. Lindb. var. cyclocarpa Kitag. ■

143400 Eleocharis ussuriensis Zinserl. = Eleocharis mamillata (H. Lindb.) H. Lindb. var. ussuriensis (Zinserl.) Y. L. Chang ■

143401 Eleocharis valleculosa Ohwi;具槽秆荸荠■

143402 Eleocharis valleculosa Ohwi = Eleocharis equisetiformis (Meinsh.) B. Fedtsch. ■

143403 Eleocharis valleculosa Ohwi = Eleocharis mitracarpa Steud. ■

143404 Eleocharis valleculosa Ohwi f. setosa (Ohwi) Kitag.;刚毛荸荠(刚毛秆针蔺,具刚毛荸荠,针蔺);Retrorsesetose Spikesedge ■

143405 Eleocharis variegata (Poir.) C. Presl;斑叶荸荠■☆

143406 Eleocharis variegata (Poir.) C. Presl var. laxiflora (Thwaites) C. B. Clarke = Eleocharis laxiflora (Thwaites) H. Pfeiff. ■☆

143407 Eleocharis variegata Dunn et Tutcher = Eleocharis ochrostachys Steud. ■

143408 Eleocharis variegata Dunn et Tutcher = Heleocharis ochrostachys Steud. ■

143409 Eleocharis variegata Dunn et Tutcher var. laxiflora (Thwaites) C. B. Clarke = Eleocharis ochrostachys Steud. ■

143410 Eleocharis verrucosa (Svenson) L. J. Harms = Eleocharis tenuis (Willd.) Schult. var. verrucosa (Svenson) Svenson ■☆

143411 Eleocharis villaricensis Maury = Eleocharis minima Kunth ■☆

143412 Eleocharis vivipara Link;胎生荸荠;Spike Rush,Sprouting Spike-rush,Viviparous Spike-rush ■☆

143413 Eleocharis welwitschii Nelmes;韦尔荸荠■☆

143414 Eleocharis wichurae Boeck.;羽毛荸荠(羽毛针蔺);Wichura Spikesedge ■

143415 Eleocharis wichurae Boeck. f. petasata (Maxim.) H. Hara;帽荸荠■☆

143416 Eleocharis wichurae Boeck. f. vivipara Y. Ueno;胎生羽毛荸荠;Sprouting Spikerush ■☆

143417 Eleocharis wichurae Boeck. var. liukiuensis (Makino) Ohwi;琉球针蔺■☆

143418 Eleocharis wolfii (A. Gray) A. Gray ex Britton;沃氏荸荠;Wolf's Spike Rush,Wolf's Spike-rush ■☆

143419 Eleocharis wrightiana Boeck. = Eleocharis minima Kunth ■☆

143420 Eleocharis xyridiformis Fernald et Brackett = Eleocharis macrostachya Britton ■☆

143421 Eleocharis yezoensis H. Hara;北海道荸荠■☆

143422 Eleocharis yokoscensis (Franch. et Sav.) Ts. Tang et F. T. Wang = Eleocharis acicularis (L.) Roem. et Schult. var. longiseta Svenson ■

143423 Eleocharis yokoscensis (Franch. et Sav.) Ts. Tang et F. T. Wang = Eleocharis acicularis (L.) Roem. et Schult. subsp. yokoscensis (Franch. et Sav.) T. V. Egorova ■

143424 Eleocharis yunnanensis Svenson;滇针蔺(云南荸荠);Yunnan Spikesedge ■

143425 Eleogenus Nees = Eleocharis R. Br. ■

143426 Eleogiton Link = Isolepis R. Br. ■

143427 Eleogiton Link = Scirpidiella Rauschert ■☆

143428 Eleogiton Link = Scirpus L. (保留属名) ■

143429 Eleogiton crassiusculum (Hook. f.) Soják = Isolepis crassiuscula Hook. f. ■☆

143430 Eleogiton digitatus (Schrad.) Nees = Isolepis digitata Schrad. ■☆

143431 Eleogiton digitatus (Schrad.) Nees var. dissolutus Nees = Isolepis digitata Schrad. ■☆

143432 Eleogiton fascicularis Nees = Isolepis fluitans (L.) R. Br. ■☆

143433 Eleogiton fluitans (L.) Link = Isolepis fluitans (L.) R. Br. ■☆

143434 Eleogiton longifolius Nees = Isolepis digitata Schrad. ■☆

143435 Eleogiton rubicundus Nees = Isolepis rubicunda (Nees) Kunth ■☆

143436 Eleogiton striatus Nees = Isolepis striata (Nees) Kunth ■☆

143437 Eleogiton tenuissimus Nees = Isolepis tenuissima (Nees) Kunth ■☆

143438 Eleorchis F. Maek. (1935);沼地兰属(旭兰属)■☆

143439 Eleorchis conformis F. Maek. = Eleorchis japonica (A. Gray) F. Maek. var. conformis (F. Maek.) F. Maek. ex H. Hara et M. Mizush. ■☆

143440 Eleorchis japonica (A. Gray) F. Maek.;沼地兰■☆

143441 Eleorchis japonica (A. Gray) F. Maek. f. albiflora T. Ito;白花沼地兰■☆

143442 Eleorchis japonica (A. Gray) F. Maek. var. conformis (F. Maek.) F. Maek. ex H. Hara et M. Mizush.;同形沼地兰■☆

143443 Elephantella Rydb. = Pedicularis L. ■

143444 Elephantina Bertol. = Rhinanthus L. ■

143445 Elephantina Bertol. = Rhynchocorys Griseb. (保留属名)■☆

143446 Elephantodon Salisb. = Dioscorea L. (保留属名)■

143447 Elephantomene Barneby et Krukoff(1974);象牙藤属●☆

143448 Elephantomene eburnea Barneby et Krukoff;象牙藤●☆

143449 Elephantopsis (Sch. Bip.) C. F. Baker = Elephantopus L. ■

143450 Elephantopsis (Sch. Bip.) C. F. Baker = Elephantosis Less. ■

143451 Elephantopsis D. Dietr. = Elephantopus L. ■

143452 Elephantopsis D. Dietr. = Elephantosis Less. ■

143453 Elephantopus L. (1753);地胆草属(苦胆属,苦地胆属);Earthgallgrass,Elephantfoot,Elephant's-foot ■

143454 Elephantopus angolensis O. Hoffm.;安哥拉地胆草■☆

143455 Elephantopus bodimeri Gagnep. = Elephantopus tomentosus L. ■

143456 Elephantopus carolinianus Raeusch.;卡罗林地胆草;Carolin Elephantfoot,Elephant's Foot ■☆

143457 Elephantopus carolinianus Willd. = Elephantopus carolinianus Raeusch. ■☆

143458 Elephantopus gossweileri S. Moore = Elephantopus senegalensis (Klatt) Oliv. et Hiern ■☆

143459 Elephantopus mendoncae Philipson;门东萨地胆草■☆

143460 Elephantopus mollis Kunth;柔毛地胆草(地胆草,毛莲菜);Hairy Elephantfoot ■

143461 Elephantopus mollis Kunth = Elephantopus tomentosus L. ■

143462 Elephantopus multisetus O. Hoffm.;多刚毛地胆草■☆

143463 Elephantopus nudatus A. Gray;裸地胆草■☆
143464 Elephantopus scaber L.;地胆草(草鞋底,草鞋根,吹火根,灯竖杇,地胆头,地苦胆,地枇杷,疔疮药,鸡疴粘,苦地胆,理肺散,鹿耳草,马驾百兴,毛兜细辛,毛连菜,毛刷子,磨地胆,牛插鼻,牛吃埔,牛托鼻,披地桂,铺地娘,天芥菜,铁灯盏,铁灯柱,铁丁镜,铁箸杯,铁扫帚,铁烛台,铁柱台,土柴胡,土公英,土蒲公英,药丸草,一刺针);Earthgallgrass,Scabrous Elephantfoot ■
143465 Elephantopus scaber L. subsp. oblanceolata Kitam. = Elephantopus scaber L. ■
143466 Elephantopus scaber L. subsp. plurisetus (O. Hoffm.) Philipson;多毛地胆草■☆
143467 Elephantopus scaber L. var. argenteus C. Jeffrey;银白地胆草■☆
143468 Elephantopus scaber L. var. brevisetus Philipson;短刚毛地胆草■☆
143469 Elephantopus scaber L. var. hirsutus Philipson;粗毛地胆草■☆
143470 Elephantopus scaber L. var. plurisetus O. Hoffm. = Elephantopus scaber L. subsp. plurisetus (O. Hoffm.) Philipson ■☆
143471 Elephantopus senegalensis (Klatt) Oliv. et Hiern;塞内加尔地胆草■☆
143472 Elephantopus spicatus Juss. ex Aubl.;穗花地胆草(假地胆草);Spiked Earthgallgrass ■
143473 Elephantopus spicatus Juss. ex Aubl. = Pseudelephantopus spicatus (Juss. ex Aubl.) Gleason ■
143474 Elephantopus tomentosus L.;白花地胆草(白毛地胆草,高地胆草,毛地胆草,牛舌草);Tomentose Elephantfoot, Whiteflower Earthgallgrass ■
143475 Elephantopus vernonioides S. Moore = Elephantopus multisetus O. Hoffm. ■☆
143476 Elephantopus welwitschii Hiern;韦尔地胆草■☆
143477 Elephantorrhiza Benth. (1841);象根豆属●☆
143478 Elephantorrhiza burchellii Benth. = Elephantorrhiza elephantina (Burch.) Skeels ●☆
143479 Elephantorrhiza burkei Benth.;伯克象根豆●☆
143480 Elephantorrhiza dinteri E. Phillips = Elephantorrhiza elephantina (Burch.) Skeels ●☆
143481 Elephantorrhiza elephantina (Burch.) Skeels;普通象根豆●☆
143482 Elephantorrhiza elephantina (Burch.) Skeels var. burkei (Benth.) Merr. = Elephantorrhiza burkei Benth. ●☆
143483 Elephantorrhiza goetzei (Harms) Harms;格兹象根豆●☆
143484 Elephantorrhiza obliqua Burtt Davy;斜生象根豆●☆
143485 Elephantorrhiza obliqua Burtt Davy var. glabra E. Phillips;光滑斜生象根豆●☆
143486 Elephantorrhiza petersiana Bolle = Elephantorrhiza goetzei (Harms) Harms ●☆
143487 Elephantorrhiza praetermissa J. H. Ross;疏忽象根豆●☆
143488 Elephantorrhiza pubescens E. Phillips = Elephantorrhiza woodii E. Phillips var. pubescens ? ●☆
143489 Elephantorrhiza rangei Harms;朗格象根豆●☆
143490 Elephantorrhiza rubescens Gibbs = Elephantorrhiza goetzei (Harms) Harms ●☆
143491 Elephantorrhiza schinziana Dinter;欣兹象根豆●☆
143492 Elephantorrhiza suffruticosa Schinz;亚灌木象根豆●☆
143493 Elephantorrhiza transvaalensis E. Phillips = Elephantorrhiza obliqua Burtt Davy var. glabra E. Phillips ●☆
143494 Elephantorrhiza woodii E. Phillips;伍得象根豆●☆
143495 Elephantorrhiza woodii E. Phillips var. pubescens ?;短柔毛象根豆●☆
143496 Elephantosis Less. = Elephantopus L. ■
143497 Elephantusia Willd. = Phytelephas Ruiz et Pav. ●☆
143498 Elephas Mill.(废弃属名) = Rhynchocorys Griseb.(保留属名)■☆
143499 Elettaria Maton(1811);小豆蔻属;Cardamon,Cardamom ■
143500 Elettaria cardamomum (L.) Maton = Amomum cardamomum L. ■
143501 Elettaria cardamomum (Roxb.) Maton = Amomum cardamomum L. ■
143502 Elettaria cardamomum L.;小豆蔻;Cardamom, Cardamon, Grains of Paradise,Green Cardamom ■
143503 Elettaria cardamomum L. var. major ?;大果小豆蔻;Ceylon Cardamom ■☆
143504 Elettaria cardamomum L. var. minuscula Burkill;小果小豆蔻;Malabar Cardamom ■☆
143505 Elettaria cardamomum Maton = Amomum cardamomum L. ■
143506 Elettaria major Sm.;印度小豆蔻■
143507 Elettaria major Sm. = Elettaria cardamomum L. ■
143508 Elettaria speciosa Blume = Etlingera elatior (Jack) R. M. Sm. ■
143509 Elettariopsis Baker(1892);拟豆蔻属■
143510 Elettariopsis longipetiolata (Merr.) D. Fang = Amomum longipetiolatum Merr. ■
143511 Elettariopsis monophylla (Gagnep.) Loes.;单叶拟豆蔻(单叶姜,拟豆蔻)■
143512 Eleusine Gaertn. (1788);穇属(龙爪稷属,穇属,蟋蟀草属,鸭脚稗属);Crab Grass,Crabgrass,Eleusine,Goosegrass,Ragimillet,Yardgrass,Yard-grass ■
143513 Eleusine aegyptia (L.) Desf. = Dactyloctenium aegyptium (L.) Willd. ■
143514 Eleusine aegyptia Desf. = Dactyloctenium aegyptium (L.) Willd. ■
143515 Eleusine aegyptiaca (L.) Desf.;埃及穇;Egyptian Millet ■☆
143516 Eleusine africana Kenn. -O'Byrne = Eleusine coracana (L.) Gaertn. subsp. africana (Kenn. -O'Byrne) Hilu et de Wet ■☆
143517 Eleusine arabica Hochst. et Steud. ex Steud. = Ochthochloa compressa (Forssk.) Hilu ■☆
143518 Eleusine arabica Hochst. ex Steud. = Ochthochloa compressa (Forssk.) Hilu ■☆
143519 Eleusine caespitosa A. Rich. = Ochthochloa compressa (Forssk.) Hilu ■☆
143520 Eleusine compressa (Forssk.) Asch. et Schweinf. ex C. Chr. = Ochthochloa compressa (Forssk.) Hilu ■☆
143521 Eleusine conglomerata Peter = Drake-brockmania haareri (Stapf et C. E. Hubb.) S. M. Phillips ■☆
143522 Eleusine coracana (L.) Gaertn.;穇(穇子,鸡爪稷,鸡爪粟,龙爪稗,龙爪稷,龙爪粟,穇子,鸭脚稗,鸭脚粟,鸭距粟,鸭掌稗,鸭掌粟,鸭爪稗,鸭爪粟,雁爪稗,野铲粟,云南稗);African Millet,Bird's Foot Millet,Coracan,Corakan,Finger Millet,Korakan,Kurakkan,Ragee,Raggee,Ragi,Ragi Millet,Ragimillet,Tocusso ■
143523 Eleusine coracana (L.) Gaertn. subsp. africana (Kenn. -O'Byrne) Hilu et de Wet;非洲穇;African Finger Millet ■☆
143524 Eleusine cruciata Lam. = Dactyloctenium aegyptium (L.) Willd. ■
143525 Eleusine flagellifera Nees = Ochthochloa compressa (Forssk.) Hilu ■☆
143526 Eleusine floccifolia (Forssk.) Spreng.;簇毛穇■☆
143527 Eleusine glabra Schumach. = Eleusine indica (L.) Gaertn. ■

143528 Eleusine glaucophylla (Courbon) Benth. = Dactyloctenium scindicum Boiss. ■☆

143529 Eleusine glaucophylla (Courbon) Munro ex Benth. = Dactyloctenium scindicum Boiss. ■☆

143530 Eleusine indica (L.) Gaertn.;牛筋草(扁草,稗子草,大屁股草,蹲倒驴,稷子草,假粟草,老牛拽,路边草,牛顿草,千斤草,千金草,千金踏,千千踏,千人拔,千人踏,水枯草,粟牛茄草,粟仔越,粟子越,忝仔草,蟋蟀草,鸭脚草,野鸡爪,野碱谷,野鸭脚粟,野鸭爪,油葫芦草);Apimpe, Craw Foot Grass, Crowfoot Grass, Dutch Grass, Fowlfoot, Goose Grass, Goosegrass, Goose-grass, Indian Goose Grass, Indian Goosegrass, Manienie-alii, Silver Crab-grass, Wire Grass, Wiregrass, Yard Grass, Yard-grass ■

143531 Eleusine indica (L.) Gaertn. subsp. africana (Kenn.-O'Byrne) S. M. Phillips = Eleusine coracana (L.) Gaertn. subsp. africana (Kenn.-O'Byrne) Hilu et de Wet ■☆

143532 Eleusine indica (L.) Gaertn. var. coracana (L.) Makino = Eleusine coracana (L.) Gaertn. ■

143533 Eleusine indica (L.) Gaertn. var. intermedia Chiov. = Eleusine intermedia (Chiov.) S. M. Phillips ■☆

143534 Eleusine intermedia (Chiov.) S. M. Phillips;间型稗■☆

143535 Eleusine jaegeri Pilg.;耶格稗■☆

143536 Eleusine jaegeri Pilg. var. maxima Peter = Eleusine jaegeri Pilg. ■☆

143537 Eleusine kigeziensis S. M. Phillips;基盖济稗■☆

143538 Eleusine mucronata Michx. = Leptochloa mucronata (Michx.) Kunth ■☆

143539 Eleusine multiflora Hochst. ex A. Rich.;多花稗;Fat-spiked Yard-grass ■☆

143540 Eleusine pectinata Moench = Dactyloctenium aegyptium (L.) Willd. ■

143541 Eleusine pilosa Gilli = Eleusine coracana (L.) Gaertn. ■

143542 Eleusine prostrata Spreng. = Dactyloctenium aegyptium (L.) Willd. ■

143543 Eleusine racemosa Roem. et Schult. = Acrachne racemosa (Roem. et Schult.) Ohwi ■

143544 Eleusine reniformis Divak.;肾形稗■☆

143545 Eleusine robecchii Chiov. = Dactyloctenium robecchii (Chiov.) Chiov. ■☆

143546 Eleusine scindica (Boiss.) Duthie = Dactyloctenium scindicum Boiss. ■☆

143547 Eleusine semisterilis S. M. Phillips;半育稗■☆

143548 Eleusine somalensis Hack. = Drake-brockmania somalensis Stapf ■☆

143549 Eleusine stolonifera R. Br. ex Salt;匍匐稗■☆

143550 Eleusine tenerrima (Hornem.) Hornem. = Leptochloa panicea (Retz.) Ohwi ■

143551 Eleusine tocussa Fresen.;阿比西尼亚稗;Abyssinian Millet ■☆

143552 Eleusine tocussa Fresen. = Eleusine coracana (L.) Gaertn. ■

143553 Eleusine tristachya (Lam.) Kunth;三穗稗;American Yard-grass, Threespike Goosegrass ■

143554 Eleusine tristachya (Lam.) Lam. = Eleusine tristachya (Lam.) Kunth ■

143555 Eleusine tristachya Kunth = Eleusine tristachya (Lam.) Kunth ■

143556 Eleusine verticillata Roxb. = Acrachne racemosa (K. Heyne ex Roth et Schult.) Ohwi ■

143557 Eleutharrhena Forman (1975);藤枣属;Eleutharrhena, Jujubevine ●

143558 Eleutharrhena macrocarpa (Diels) Forman;藤枣(苦枣);Bigfruit Eleutharrhena, Jujubevine, Largefruit Eleutharrhena ●◇

143559 Eleutherandra Slooten(1925);离蕊木属●☆

143560 Eleutherandra pes-cervi Slooten;离蕊木●☆

143561 Eleutheranthera Poit. = Eleutheranthera Poit. ex Bosc ■☆

143562 Eleutheranthera Poit. ex Bosc(1802);分药菊属(离花菊属)■☆

143563 Eleutheranthera madagascariensis Humbert = Exomiocarpon madagascariense (Humbert) Lawalrée ■☆

143564 Eleutheranthera ovata Poit. ex Steud. = Eleutheranthera ruderalis (Sw.) Sch. Bip. ■☆

143565 Eleutheranthera ruderalis (Sw.) Sch. Bip.;分药菊(离花菊);Ogiera ■☆

143566 Eleutheranthera ruderalis Bosc = Eleutheranthera ruderalis (Sw.) Sch. Bip. ■☆

143567 Eleutheranthus K. Schum. = Eleuthranthes F. Muell. ex Benth. ■☆

143568 Eleutheria Triana et Planch. = Elutheria M. Roem. ●☆

143569 Eleutheria Triana et Planch. = Schmardaea H. Karst. ●☆

143570 Eleutherine Herb. (1843)(保留属名);红葱属(红根水仙属,红蒜兰属,红蒜属);Eleutherine, Red-onion ■

143571 Eleutherine americana Merr. ex K. Heyne;小红葱(红葱头,小红蒜);America Red-onion, American Eleutherine ■☆

143572 Eleutherine bulbosa (Mill.) Urb.;鳞茎红葱;Bulb Red-onion ■☆

143573 Eleutherine plicata Herb.;红葱(百步还阳,红蒜,牛筋草,小红葱,小红蒜);Common Eleutherine ■

143574 Eleutherocarpum Schltdl. = Osteomeles Lindl. ●

143575 Eleutherococcus Maxim. (1859);五加属(刺五加属);Acanthopanax ●

143576 Eleutherococcus Maxim. = Acanthopanax Miq. ●

143577 Eleutherococcus baoxinensis (X. P. Fang et C. K. Hsieh) P. S. Hsu et S. L. Pan;宝兴五加;Baoxing Acanthopanax ●

143578 Eleutherococcus bodinieri H. Lév. = Schefflera bodinieri (H. Lév.) Rehder ●

143579 Eleutherococcus brachypus (Harms) Nakai;短柄五加(倒挂牛,倒卵叶五加);Shortpetiole Acanthopanax, Shortstalk Acanthopanax, Short-stalked Acanthopanax ●

143580 Eleutherococcus brachypus (Harms) Nakai = Acanthopanax brachypus Harms ●

143581 Eleutherococcus brachypus (Harms) Nakai var. omeiensis C. H. Kim et B. Y. Sun = Eleutherococcus brachypus (Harms) Nakai ●

143582 Eleutherococcus cissifolius (Griff. ex C. B. Clarke) Nakai;乌蔹莓五加(乌蔹莓叶五加);Cissusleaf Acanthopanax, Treebineleaf Acanthopanax, Treebine-leaved Acanthopanax ●

143583 Eleutherococcus cissifolius (Griff. ex C. B. Clarke) Nakai var. glaber (Y. R. Li) P. S. Hsu et S. L. Pan;无毛乌蔹莓五加;Smooth Treebineleaf Acanthopanax ●

143584 Eleutherococcus cissifolius (Griff. ex C. B. Clarke) Nakai var. glaber (Y. R. Li) P. S. Hsu et S. L. Pan = Eleutherococcus cissifolius (Griff. ex C. B. Clarke) Nakai ●

143585 Eleutherococcus cissifolius (Griff.) Nakai = Acanthopanax cissifolius (Griff.) Harms ●

143586 Eleutherococcus connatistylus (S. C. Li et X. M. Liu) C. H. Kim et B. Y. Sun = Eleutherococcus henryi Oliv. var. faberi (Harms) S. Y. Hu ●

143587 Eleutherococcus cuspidatus (G. Hoo) H. Ohashi = Eleutherococcus leucorrhizus Oliv. ●

143588 Eleutherococcus divaricatus (Siebold et Zucc.) S. Y. Hu;两歧

五加(叉柱五加);Divaricate Acanthopanax ●☆
143589 Eleutherococcus divaricatus (Siebold et Zucc.) S. Y. Hu = Acanthopanax divaricatus (Siebold et Zucc.) Seem. ●☆
143590 Eleutherococcus divaricatus (Siebold et Zucc.) S. Y. Hu f. inermis (Nakai) H. Ohashi = Acanthopanax divaricatus (Siebold et Zucc.) Seem. var. inerme Makino ●☆
143591 Eleutherococcus divaricatus (Siebold et Zucc.) S. Y. Hu f. inermis (Nakai) H. Ohashi;无刺两歧五加(无刺五加)●☆
143592 Eleutherococcus eleutheristylus (G. Hoo) H. Ohashi;离柱五加;Separatestyle Acanthopanax, Separate-styled Acanthopanax ●
143593 Eleutherococcus eleutheristylus (G. Hoo) H. Ohashi var. simplex (G. Hoo) H. Ohashi;单叶离柱五加;Simpleleaf Separatestyle Acanthopanax ●
143594 Eleutherococcus eleutheristylus (G. Hoo) H. Ohashi var. simplex (G. Hoo) H. Ohashi = Eleutherococcus eleutheristylus (G. Hoo) H. Ohashi ●
143595 Eleutherococcus fargesii (Franch.) H. Ohashi = Chengiopanax fargesii (Franch.) C. B. Shang et J. Y. Huang ●
143596 Eleutherococcus giraldii (Harms) Nakai;红毛五加(刺五甲,纪氏五加,毛五加,毛五甲,陕甘五加);Girald Acanthopanax ●
143597 Eleutherococcus giraldii (Harms) Nakai = Acanthopanax giraldii Harms ●
143598 Eleutherococcus giraldii (Harms) Nakai f. hispidus (G. Hoo) H. Ohashi;毛梗红毛五加;Hispid Girald Acanthopanax ●
143599 Eleutherococcus giraldii (Harms) Nakai f. hispidus (G. Hoo) H. Ohashi = Eleutherococcus giraldii (Harms) Nakai ●
143600 Eleutherococcus giraldii (Harms) Nakai var. hispidus (G. Hoo) Q. S. Wang = Eleutherococcus giraldii (Harms) Nakai ●
143601 Eleutherococcus giraldii (Harms) Nakai var. inermis (Harms et Rehder) Nakai = Eleutherococcus giraldii (Harms) Nakai ●
143602 Eleutherococcus giraldii (Harms) Nakai var. pilosulus (Rehder) S. Y. Hu = Eleutherococcus wilsonii (Harms) Nakai var. pilosulus (Rehder) P. S. Hsu et S. L. Pan ●
143603 Eleutherococcus giraldii (Harms) Nakai var. villosus (Y. R. Li) P. S. Hsu et S. L. Pan = Eleutherococcus giraldii (Harms) Nakai ●
143604 Eleutherococcus gracili stylus (W. W. Sm.) S. Y. Hu var. major (G. Hoo) H. Ohashi = Eleutherococcus nodiflorus (Dunn) S. Y. Hu ●
143605 Eleutherococcus gracilistylus (W. W. Sm.) S. Y. Hu = Eleutherococcus nodiflorus (Dunn) S. Y. Hu ●
143606 Eleutherococcus gracilistylus (W. W. Sm.) S. Y. Hu var. nodiflorus (Dunn) H. Ohashi = Eleutherococcus nodiflorus (Dunn) S. Y. Hu ●
143607 Eleutherococcus gracilistylus (W. W. Sm.) S. Y. Hu var. pubescens (Pamp.) S. Y. Hu = Eleutherococcus nodiflorus (Dunn) S. Y. Hu ●
143608 Eleutherococcus gracilistylus (W. W. Sm.) S. Y. Hu var. trifoliolatus (C. B. Shang) H. Ohashi = Eleutherococcus nodiflorus (Dunn) S. Y. Hu ●
143609 Eleutherococcus gracilistylus (W. W. Sm.) S. Y. Hu var. villosulus (Harms) Q. S. Wang = Eleutherococcus nodiflorus (Dunn) S. Y. Hu ●
143610 Eleutherococcus henryi Oliv.;糙叶五加(刺五加,亨利五加);Henry Acanthopanax ●
143611 Eleutherococcus henryi Oliv. = Acanthopanax henryi (Oliv.) Harms ●
143612 Eleutherococcus henryi Oliv. var. faberi (Harms) S. Y. Hu;毛梗糙叶五加(费伯糙叶五加);Pubescentpedicel Henry Acanthopanax ●
143613 Eleutherococcus higoensis (Hatus.) H. Ohba;肥后五加●☆
143614 Eleutherococcus higoensis (Hatus.) H. Ohba = Acanthopanax higoensis Hatus. ●☆
143615 Eleutherococcus huangshanensis C. H. Kim et B. Y. Sun = Eleutherococcus henryi Oliv. var. faberi (Harms) S. Y. Hu ●
143616 Eleutherococcus humillimus (Y. S. Lian et Xue L. Chen) Y. F. Deng = Eleutherococcus giraldii (Harms) Nakai ●
143617 Eleutherococcus hypoleucus (Makino) Nakai;里白叶五加●☆
143618 Eleutherococcus hypoleucus (Makino) Nakai = Acanthopanax hypoleucus Makino ●☆
143619 Eleutherococcus innovans (Siebold et Zucc.) H. Ohba = Gamblea innovans (Siebold et Zucc.) C. B. Shang, Lowry et Frodin ●☆
143620 Eleutherococcus japonicus (Franch. et Sav.) Nakai = Eleutherococcus spinosus (L. f.) S. Y. Hu var. japonicus (Franch. et Sav.) H. Ohba ●☆
143621 Eleutherococcus japonicus (Franch. et Sav.) Nakai f. ionanthus (Nakai) H. Ohashi = Eleutherococcus spinosus (L. f.) S. Y. Hu var. japonicus (Franch. et Sav.) H. Ohba f. ionanthus (Nakai) H. Ohba ●☆
143622 Eleutherococcus japonicus (Franch. et Sav.) Nakai f. kiusianus (Nakai) H. Ohashi = Eleutherococcus spinosus (L. f.) S. Y. Hu var. japonicus (Franch. et Sav.) H. Ohba f. kiusianus (Nakai) H. Ohba ●☆
143623 Eleutherococcus japonicus Nakai = Acanthopanax japonicus Franch. et Sav. ●☆
143624 Eleutherococcus japonicus Nakai = Acanthopanax nipponicus Makino ●☆
143625 Eleutherococcus lasiogyne (Harms) S. Y. Hu;康定五加(藏三加,箭炉五加,毛蕊三加,毛蕊五加,三加皮);Hairypistil Acanthopanax, Hairy-pistiled Acanthopanax, Kangding Acanthopanax ●
143626 Eleutherococcus lasiogyne (Harms) S. Y. Hu = Acanthopanax lasiogyne Harms ●
143627 Eleutherococcus lasiogyne (Harms) S. Y. Hu var. ferrugineus (Y. R. Li) H. Ohashi = Eleutherococcus lasiogyne (Harms) S. Y. Hu ●
143628 Eleutherococcus leucorrhizus Oliv.;藤五加(白根五加,秤杆树,刺五加);Cane Acanthopanax, Whiteroot Acanthopanax, White-rooted Acanthopanax ●
143629 Eleutherococcus leucorrhizus Oliv. = Acanthopanax leucorrhizus (Oliv.) Harms ●
143630 Eleutherococcus leucorrhizus Oliv. var. axillaritomentosus (G. Hoo) H. Ohashi = Eleutherococcus leucorrhizus Oliv. ●
143631 Eleutherococcus leucorrhizus Oliv. var. brevipedunculatus Y. R. Ling = Eleutherococcus leucorrhizus Oliv. ●
143632 Eleutherococcus leucorrhizus Oliv. var. fulvescens (Harms et Rehder) Nakai;毛叶藤五加(糙叶藤五加);Muricateleaf Whiteroot Acanthopanax ●
143633 Eleutherococcus leucorrhizus Oliv. var. scaberulus (Harms et Rehder) Nakai;狭叶藤五加;Narrowleaf Whiteroot Acanthopanax ●
143634 Eleutherococcus leucorrhizus Oliv. var. setchuenensis (Harms ex Diels) C. B. Shang et J. Y. Huang;蜀五加(红毛五加,四川五加,无毛五加);Sichuan Acanthopanax, Szechwan Acanthopanax ●
143635 Eleutherococcus leucorrhizus Oliv. var. setchuenensis (Harms) C. B. Shang et J. Y. Huang = Eleutherococcus leucorrhizus Oliv. var. setchuenensis (Harms ex Diels) C. B. Shang et J. Y. Huang ●

143636 Eleutherococcus mairei H. Lév. = Aralia chinensis L. var. nuda Nakai ●

143637 Eleutherococcus mairei H. Lév. = Aralia stipulata Franch. ●

143638 Eleutherococcus malayanus (Hend.) B. C. Stone = Acanthopanax malayanus M. R. Hend. ●

143639 Eleutherococcus melanocarpus H. Lév. = Aralia melanocarpa (H. Lév.) Lauener ■

143640 Eleutherococcus nanpingensis (X. P. Fang et C. K. Hsieh) P. S. Hsu et S. L. Pan = Eleutherococcus wilsonii (Harms) Nakai ●

143641 Eleutherococcus nikaianus (Koidz. ex Nakai) H. Ohashi = Eleutherococcus spinosus (L. f.) S. Y. Hu var. nikaianus (Koidz. ex Nakai) H. Ohba ●☆

143642 Eleutherococcus nodiflorus (Dunn) S. Y. Hu;细柱五加(白刺,白刺尖,白簕树,豺节,糙毛五加,刺五加,刺五甲,大叶五加,南五加,五花,五加,五加蕻,五加蕻豹漆,五加皮,五佳,五叶路刺,五叶木,追风使);Bigleaf Slenderstyle Acanthopanax, Hispid Slenderstyle Acanthopanax, Majorleaf Slenderstyle Acanthopanax, Slender Acanthopanax, Slenderstyle Acanthopanax, Slender-styled Acanthopanax ●

143643 Eleutherococcus obovatus (G. Hoo) H. Ohashi = Eleutherococcus brachypus (Harms) Nakai ●

143644 Eleutherococcus pentaphyllus Nakai = Acanthopanax sieboldianus Makino ●

143645 Eleutherococcus pentaphyllus Nakai = Eleutherococcus sieboldianus (Makino) Koidz. ●

143646 Eleutherococcus phanerophlebius (Merr. et Chun) S. Y. Hu = Brassaiopsis tripteris (H. Lév.) Rehder ●

143647 Eleutherococcus pilosulus (Rehder) C. H. Kim et B. Y. Sun = Eleutherococcus wilsonii (Harms) Nakai var. pilosulus (Rehder) P. S. Hsu et S. L. Pan ●

143648 Eleutherococcus pseudosetulosus C. H. Kim et B. Y. Sun = Eleutherococcus setulosus (Franch.) S. Y. Hu ●

143649 Eleutherococcus pubescens (Pamp.) C. H. Kim et B. Y. Sun = Eleutherococcus nodiflorus (Dunn) S. Y. Hu ●

143650 Eleutherococcus rehderianus (Harms) Nakai;匙叶五加(白五加皮,芮氏五加);Rehder Acanthopanax ●

143651 Eleutherococcus rehderianus (Harms) Nakai = Acanthopanax rehderianus Harms ●

143652 Eleutherococcus rehderianus (Harms) Nakai var. longipedunculatus (G. Hoo) H. Ohashi;长梗匙叶五加(芮氏五加长梗变型);Longipeduncle Rehder Acanthopanax ●

143653 Eleutherococcus rehderianus (Harms) Nakai var. longipedunculatus (G. Hoo) H. Ohashi = Eleutherococcus rehderianus (Harms) Nakai ●

143654 Eleutherococcus scandens (G. Hoo) H. Ohashi;匍匐五加;Creeping Acanthopanax, Scandent Acanthopanax ●

143655 Eleutherococcus sciadophylloides (Franch. et Sav.) H. Ohashi = Chengiopanax sciadophylloides (Franch. et Sav.) C. B. Shang et J. Y. Huang ●☆

143656 Eleutherococcus sciadophylloides (Franch. et Sav.) H. Ohashi f. albovariegatus (Sugaya) H. Ohashi = Chengiopanax sciadophylloides (Franch. et Sav.) C. B. Shang et J. Y. Huang ●☆

143657 Eleutherococcus senticosus (Rupr. et Maxim.) Maxim.;刺五加(刺拐棒,刺花棒,刺木棒,坎拐棒子,老虎潦,老虎潦子,五加皮,一百针);Many Prickle Acanthopanax, Manyprickle Acanthopanax, Multiprickeled Acanthopanax, Siberian Ginseng ●

143658 Eleutherococcus senticosus (Rupr. et Maxim.) Maxim. = Acanthopanax senticosus (Rupr. et Maxim.) Harms ●

143659 Eleutherococcus senticosus (Rupr. et Maxim.) Maxim. f. inermis Kom. = Acanthopanax senticosus (Rupr. et Maxim.) Harms f. inermis (Kom.) Harms ●☆

143660 Eleutherococcus senticosus (Rupr. et Maxim.) Maxim. f. inermis Kom. = Acanthopanax senticosus (Rupr. et Maxim.) Harms ●

143661 Eleutherococcus senticosus (Rupr. et Maxim.) Maxim. f. inermis Kom. = Eleutherococcus senticosus (Rupr. et Maxim.) Maxim. ●

143662 Eleutherococcus senticosus (Rupr. et Maxim.) Maxim. f. subinermis Regel = Acanthopanax senticosus (Rupr. et Maxim.) Harms ●

143663 Eleutherococcus senticosus (Rupr. et Maxim.) Maxim. var. subinermis Regel = Eleutherococcus divaricatus (Siebold et Zucc.) S. Y. Hu f. inermis (Nakai) H. Ohashi ●☆

143664 Eleutherococcus senticosus (Rupr. et Maxim.) Maxim. var. subinermis Regel = Eleutherococcus senticosus (Rupr. et Maxim.) Maxim. ●

143665 Eleutherococcus sessiliflorus (Rupr. et Maxim.) S. Y. Hu;无梗五加(刺拐棒,短梗五加,乌鸦子);Sessileflower Acanthopanax, Sessile-flowered Acanthopanax, Wangrangkura ●

143666 Eleutherococcus sessiliflorus (Rupr. et Maxim.) S. Y. Hu = Acanthopanax sessiliflorus (Rupr. et Maxim.) Seem. ●

143667 Eleutherococcus sessiliflorus (Rupr. et Maxim.) S. Y. Hu var. parviceps (Rehder) S. Y. Hu;小果无梗五加;Small-fruit Sessileflower Acanthopanax ●

143668 Eleutherococcus sessiliflorus (Rupr. et Maxim.) S. Y. Hu var. parviceps (Rehder) S. Y. Hu = Eleutherococcus sessiliflorus (Rupr. et Maxim.) S. Y. Hu ●

143669 Eleutherococcus setchuenensis (Harms ex Diels) Nakai = Eleutherococcus leucorrhizus Oliv. var. setchuenensis (Harms ex Diels) C. B. Shang et J. Y. Huang ●

143670 Eleutherococcus setchuenensis (Harms ex Diels) Nakai var. latifoliatus (G. Hoo) H. Ohashi = Eleutherococcus leucorrhizus Oliv. var. setchuenensis (Harms ex Diels) C. B. Shang et J. Y. Huang ●

143671 Eleutherococcus setchuenensis (Harms) Nakai = Acanthopanax setchuenensis Harms ex Diels ●

143672 Eleutherococcus setchuenensis (Harms) Nakai = Eleutherococcus leucorrhizus Oliv. var. setchuenensis (Harms ex Diels) C. B. Shang et J. Y. Huang ●

143673 Eleutherococcus setchuenensis (Harms) Nakai var. latifoliatus (G. Hoo) H. Ohashi = Eleutherococcus leucorrhizus Oliv. var. setchuenensis (Harms ex Diels) C. B. Shang et J. Y. Huang ●

143674 Eleutherococcus setchuensis Nakai = Acanthopanax setchuenensis Harms ex Diels ●

143675 Eleutherococcus setosus (H. L. Li) Y. R. Ling;刚毛白簕(刚毛五加,毛脉三叶五加,毛三叶五加);Hispid Trifoliate Acanthopanax ●

143676 Eleutherococcus setulosus (Franch.) S. Y. Hu;细刺五加;Setulose Acanthopanax, Smallthorn Acanthopanax ●

143677 Eleutherococcus sieboldianus (Makino) Koidz.;异株五加(匙叶五加,五加,席氏五加);Fiveleaf Aralia, Ginseng, Shrub Angelica, Siebold Acanthopanax ●

143678 Eleutherococcus sieboldianus (Makino) Koidz. = Acanthopanax sieboldianus Makino ●

143679 Eleutherococcus sieboldianus (Makino) Koidz. f. variegatus (Rehder) S. Y. Hu;斑叶异株五加●

143680 Eleutherococcus simonii (Simon-Louis ex Mouill.) Hesse =

Eleutherococcus leucorrhizus Oliv. var. scaberulus (Harms et Rehder) Nakai ●

143681 Eleutherococcus simonii (Simon-Louis ex Mouill.) Hesse var. longipedicellatus (G. Hoo) H. Ohashi = Eleutherococcus leucorrhizus Oliv. var. scaberulus (Harms et Rehder) Nakai ●

143682 Eleutherococcus spinosus (L. f.) S. Y. Hu;疏刺五加(八角菜,八角茶,八角叶,刺棒头,刺包头,莿包头,莿葱,楤,鹊不踏,文章草,五加,五加皮);Spinose Acanthopanax ●☆

143683 Eleutherococcus spinosus (L. f.) S. Y. Hu = Acanthopanax spinosus (L. f.) Miq. ●☆

143684 Eleutherococcus spinosus (L. f.) S. Y. Hu f. espinosus H. Hara;无刺五加●☆

143685 Eleutherococcus spinosus (L. f.) S. Y. Hu var. japonicus (Franch. et Sav.) H. Ohba;日本五加(日本刺五加);Japan Acanthopanax,Japanese Acanthopanax ●☆

143686 Eleutherococcus spinosus (L. f.) S. Y. Hu var. japonicus (Franch. et Sav.) H. Ohba f. ionanthus (Nakai) H. Ohba;堇花日本五加●☆

143687 Eleutherococcus spinosus (L. f.) S. Y. Hu var. japonicus (Franch. et Sav.) H. Ohba f. kiusianus (Nakai) H. Ohba;九州五加●☆

143688 Eleutherococcus spinosus (L. f.) S. Y. Hu var. nikaianus (Koidz. ex Nakai) H. Ohba;二阶五加●☆

143689 Eleutherococcus stenophyllus (Harms) Nakai = Acanthopanax stenophyllus Harms ●

143690 Eleutherococcus stenophyllus (Harms) Nakai = Eleutherococcus wilsonii (Harms) Nakai ●

143691 Eleutherococcus stenophyllus (Harms) Nakai f. angustissimus (Rehder) S. Y. Hu = Eleutherococcus wilsonii (Harms) Nakai ●

143692 Eleutherococcus stenophyllus (Harms) Nakai f. dilatatus (Rehder) S. Y. Hu = Eleutherococcus wilsonii (Harms) Naka ●

143693 Eleutherococcus trichodon (Franch. et Sav.) H. Ohashi;毛齿五加●☆

143694 Eleutherococcus trifoliatus (L.) S. Y. Hu;白簕(白刺藤,白竻,白竻花,白竻蔃,白勒花,白簕花,臭刺,刺三加,刺三甲,刺藤乌,刺五加,倒钩刺,鹅掌簕,禾掌簕,红芦刺,苦刺,苦竻葱,苦竻蔃,簕钩菜,三股风,三加,三加皮,三甲皮,三叶刺,三叶五加,三爪风,山花莲,山五甲,土三加皮,五虎刺,五加皮);Three-leaved Acanthopanax,Trifoliate Acanthopanax ●

143695 Eleutherococcus trifoliatus (L.) S. Y. Hu = Acanthopanax trifoliatus (L.) Merr. ●

143696 Eleutherococcus trifoliatus (L.) S. Y. Hu var. setosus (H. L. Li) H. Ohashi = Acanthopanax setosus (H. L. Li) C. B. Shang ●

143697 Eleutherococcus trifoliatus (L.) S. Y. Hu var. setosus (H. L. Li) H. Ohashi = Eleutherococcus setosus (H. L. Li) Y. R. Ling ●

143698 Eleutherococcus verticillatus (G. Hoo) H. Ohashi;轮伞五加(轮叶五加);Verticillaster Acanthopanax,Verticillate Acanthopanax ●

143699 Eleutherococcus villosulus (Harms) S. Y. Hu = Eleutherococcus nodiflorus (Dunn) S. Y. Hu ●

143700 Eleutherococcus wardii (W. W. Sm.) S. Y. Hu = Eleutherococcus lasiogyne (Harms) S. Y. Hu ●

143701 Eleutherococcus wilsonii (Harms) Nakai;狭叶五加(魏氏五加);E. H. Wilson Acanthopanax,Wilson Acanthopanax ●

143702 Eleutherococcus wilsonii (Harms) Nakai var. pilosulus (Rehder) P. S. Hsu et S. L. Pan;毛叶红毛五加(毛梗红毛五加,毛狭叶五加,毛叶狭叶五加);Hispidpeduncle Girald Acanthopanax,Piloseleaf Girald Acanthopanax ●

143703 Eleutherococcus yui (H. L. Li) S. Y. Hu = Eleutherococcus giraldii (Harms) Nakai ●

143704 Eleutherococcus zhejiangensis (X. J. Xue et S. T. Fang) H. Ohashi = Eleutherococcus setulosus (Franch.) S. Y. Hu ●

143705 Eleutheroglossum (Schltr.) M. A. Clem. et D. L. Jones = Dendrobium Sw. (保留属名)■

143706 Eleutheroglossum (Schltr.) M. A. Clem. et D. L. Jones(2002);由舌石斛属■☆

143707 Eleutheropetalum (H. Wendl.) H. Wendl. ex Oerst. (1859);离瓣花椰子属●☆

143708 Eleutheropetalum (H. Wendl.) H. Wendl. ex Oerst. = Chamaedorea Willd. (保留属名)●☆

143709 Eleutheropetalum H. Wendl. = Chamaedorea Willd. (保留属名)●☆

143710 Eleutheropetalum H. Wendl. ex Oerst. = Chamaedorea Willd. (保留属名)●☆

143711 Eleutheropetalum Oerst. = Eleutheropetalum (H. Wendl.) H. Wendl. ex Oerst. ●☆

143712 Eleutheropetalum ernesti-augusti Oerst.;离瓣花椰子●☆

143713 Eleutheropetalum sartorii Liebm. ex Oerst.;萨氏离瓣花椰子●☆

143714 Eleutherospermum C. Koch = Eleutherospermum K. Koch ■☆

143715 Eleutherospermum K. Koch(1842);离籽芹属■☆

143716 Eleutherospermum lazicum Boiss. et Balansa;拉扎离籽芹■☆

143717 Eleutherostemon Herzog = Diogenesia Sleumer ●☆

143718 Eleutherostemon Klotzsch = Philippia Klotzsch ●☆

143719 Eleutherostemon multiglandulosum Klotzsch = Philippia multiglandulosa (Klotzsch) Alm et T. C. E. Fr. ●☆

143720 Eleutherostigma Pax et K. Hoffm. (1919);游柱大戟属●☆

143721 Eleutherostigma Pax et K. Hoffm. = Plukenetia L. ●☆

143722 Eleutherostigma lehmannianum Pax et K. Hoffm.;游柱大戟●☆

143723 Eleutherostylis Burret(1926);游柱椴属●☆

143724 Eleutherostylis renistipulata Burret;游柱椴●☆

143725 Eleuthrantheron Steud. = Eleutheranthera Poit. ex Bosc ■☆

143726 Eleuthranthes F. Muell. = Eleuthranthes F. Muell. ex Benth. ■☆

143727 Eleuthranthes F. Muell. = Opercularia Gaertn. ■☆

143728 Eleuthranthes F. Muell. ex Benth. (1867);澳盖茜属■☆

143729 Eleuthranthes F. Muell. ex Benth. = Opercularia Gaertn. ■☆

143730 Eleuthranthes opercularina Benth. = Eleuthranthes opercularina F. Muell. ex Benth. ■☆

143731 Eleuthranthes opercularina F. Muell. = Eleuthranthes opercularina F. Muell. ex Benth. ■☆

143732 Eleuthranthes opercularina F. Muell. ex Benth.;澳盖茜■☆

143733 Eliaea Cambess. = Eliea Cambess. ●☆

143734 Eliastis Post et Kuntze = Eleiastis Raf. ●

143735 Eliastis Post et Kuntze = Tetracera L. ●

143736 Elichrysaceae Link = Asteraceae Bercht. et J. Presl(保留科名)●■

143737 Elichrysaceae Link = Compositae Giseke(保留科名)●■

143738 Elichrysum Mill. = Helichrysum Mill. (保留属名)●■

143739 Elichrysum nepalense Spreng. = Anaphalis nepalensis (Spreng.) Hand. -Mazz. ■

143740 Elichrysum proliferum (L.) Willd. = Phaenocoma prolifera (L.) D. Don ●☆

143741 Elichrysum spinosum (Delile) Sch. Bip. ex Hochst. = Helichrysum citrispinum Delile ●☆

143742 Elictotrichon Besser ex Andrz. = Helictotrichon Besser ex Schult. et Schult. f. ■

143743 Elide Medik. = Asparagus L. ■
143744 Elide Medik. = Myrsiphyllum Willd. ■
143745 Elidurandia Buckley = Fugosia Juss. ■●☆
143746 Eliea Cambess. (1830);埃利木属●☆
143747 Eliea G. Don = Eliaea Cambess. ●☆
143748 Eliea articulata (Lam.) Cambess.;埃利木●☆
143749 Eliea articulata (Lam.) Cambess. subsp. brevistyla (Drake) H. Perrier = Eliea articulata (Lam.) Cambess. ●☆
143750 Eliea articulata (Lam.) Cambess. subsp. cloiselii H. Perrier = Eliea articulata (Lam.) Cambess. ●☆
143751 Eliea brevistyla Drake = Eliea articulata (Lam.) Cambess. ●☆
143752 Eliea majorifolia Hochr. = Eliea articulata (Lam.) Cambess. ●☆
143753 Eligia Dumort. = Elegia L. ■☆
143754 Eligmocarpus Capuron(1968);折扇豆属●☆
143755 Eligmocarpus cynometroides Capuron;折扇豆●☆
143756 Elimus Nocca = Elymus L. ■
143757 Elingamita G. T. S. Baylis(1951);新西兰紫金牛属●☆
143758 Elingamita johnsonii G. T. S. Baylis;新西兰紫金牛●☆
143759 Eliokarmos Raf. (1837);小籽风信子属■☆
143760 Eliokarmos Raf. = Ornithogalum L. ■
143761 Eliokarmos aureum Raf.;黄小籽风信子■☆
143762 Eliokarmos caudatum Raf.;尾小籽风信子■☆
143763 Eliokarmos maculatus Raf.;斑点小籽风信子■☆
143764 Eliokarmos thyrsoides Raf.;小籽风信子■☆
143765 Elionurus Humb. et Bonpl. ex Willd. (1815)(保留属名);胶鳞禾属(睡鼠尾草属,伊利草属)■☆
143766 Elionurus Kunth = Elionurus Humb. et Bonpl. ex Willd. (保留属名)■☆
143767 Elionurus argenteus Nees = Elionurus muticus (Spreng.) Kuntze ■☆
143768 Elionurus brazzae Franch. = Elionurus platypus (Trin.) Hack. ■☆
143769 Elionurus chevalieri Stapf = Elionurus muticus (Spreng.) Kuntze ■☆
143770 Elionurus ciliaris Kunth;缘毛胶鳞禾■☆
143771 Elionurus elegans Kunth;雅致胶鳞禾■☆
143772 Elionurus glaber E. Phillips = Elionurus muticus (Spreng.) Kuntze ■☆
143773 Elionurus glaber E. Phillips var. villosus ? = Elionurus muticus (Spreng.) Kuntze ■☆
143774 Elionurus gobariensis Vanderyst = Elionurus muticus (Spreng.) Kuntze ■☆
143775 Elionurus grisebachii J. A. Schmidt = Elionurus royleanus Nees ex A. Rich. ■☆
143776 Elionurus hensii K. Schum.;汉斯胶鳞禾■☆
143777 Elionurus hirtifolius Hack.;毛叶胶鳞禾■☆
143778 Elionurus latiflorus Nees ex Steud.;宽花胶鳞禾(宽花伊利草)■☆
143779 Elionurus ledermannii Pilg. = Loxodera ledermannii (Pilg.) Clayton ■☆
143780 Elionurus marunguensis P. A. Duvign. = Elionurus muticus (Spreng.) Kuntze ■☆
143781 Elionurus muticus (Spreng.) Kuntze;无尖胶鳞禾■☆
143782 Elionurus pallidus K. Schum. = Elionurus platypus (Trin.) Hack. ■☆
143783 Elionurus platypus (Trin.) Hack.;宽足胶鳞禾■☆
143784 Elionurus pobeguinii Stapf = Elionurus ciliaris Kunth ■☆
143785 Elionurus pretoriensis E. Phillips = Elionurus muticus (Spreng.) Kuntze ■☆
143786 Elionurus royleanus Nees ex A. Rich.;胶鳞禾(伊利草)■☆
143787 Elionurus royleanus Nees ex A. Rich. var. albiflorus A. Terracc. = Elionurus royleanus Nees ex A. Rich. ■☆
143788 Elionurus royleanus Nees ex A. Rich. var. niveus Chiov. = Elionurus royleanus Nees ex A. Rich. ■☆
143789 Elionurus tenax Stapf = Elionurus ciliaris Kunth ■☆
143790 Elionurus thymiodorus Nees = Elionurus muticus (Spreng.) Kuntze ■☆
143791 Elionurus trapnellii C. E. Hubb. = Elionurus tripsacoides Humb. et Bonpl. ex Willd. ■☆
143792 Elionurus tripsacoides Humb. et Bonpl. ex Willd.;磨擦草胶鳞禾■☆
143793 Elionurus welwitschii Rendle = Elionurus tripsacoides Humb. et Bonpl. ex Willd. ■☆
143794 Elionurus wombaliensis Vanderyst = Elionurus platypus (Trin.) Hack. ■☆
143795 Eliopia Raf. = Heliotropium L. ●■
143796 Eliopia Rafi. = Tiaridium Lehm. ●■
143797 Eliosina Post et Kuntze = Eleiosina Raf. ●
143798 Eliotls Post et Kuntze = Eleiotis DC. ■☆
143799 Eliottia Steud. = Elliottia Muhl. ex Elliott ●☆
143800 Elisabetha Post et Kuntze = Elizabetha Schomb. ex Benth. ■☆
143801 Elisanthe (Endl.) Rchb. (1841);伊利花属■☆
143802 Elisanthe (Endl.) Rchb. = Silene L. (保留属名)■
143803 Elisanthe (Fenzl) Rchb. = Silene L. (保留属名)■
143804 Elisanthe Rchb. = Elisanthe (Endl.) Rchb. ■☆
143805 Elisanthe Rchb. = Silene L. (保留属名)■
143806 Elisanthe noctiflora (L.) Rupr. = Silene noctiflora L. ■
143807 Elisanthe viscosa (L.) Rupr.;伊利花■☆
143808 Elisarrhena Benth. et Hook. f. = Elissarrhena Miers ●☆
143809 Elisena Herb. (1837);爱丽塞娜兰属■☆
143810 Elisena Herb. = Liriopsis Rchb. ■☆
143811 Elisena Herb. = Urceolina Rchb. (保留属名)■☆
143812 Elisena M. Roem. = Boophone Herb. ■☆
143813 Elisena M. Roem. = Imhofia Heist. (废弃属名)■☆
143814 Elisena M. Roem. = Nerine Herb. (保留属名)■☆
143815 Elisena longipetala Lindl.;长瓣爱丽塞娜兰■☆
143816 Elisena marginata (Jacq.) M. Roem.;花边爱丽塞娜兰■☆
143817 Elisena marginata M. Roem. = Elisena marginata (Jacq.) M. Roem. ■☆
143818 Elisena ringens (Ruiz et Pav.) Herb.;爱丽塞娜兰■☆
143819 Elisia Milano = Brugmansia Pers. ●
143820 Elisma Buchenau = Luronium Raf. ■☆
143821 Elisma natans (L.) Buchenau = Luronium natans Raf. ■☆
143822 Elismataceae Nakai = Alismataceae Vent. (保留科名)■
143823 Elissarrhena Miers = Anomospermum Miers ●☆
143824 Elizabetha Schomb. ex Benth. (1840);伊丽莎白豆属■☆
143825 Elizabetha bicolor Ducke;二色伊丽莎白豆■☆
143826 Elizabetha macrostachya Benth.;大穗伊丽莎白豆■☆
143827 Elizabetha oxyphylla Harms;尖叶伊丽莎白豆■☆
143828 Elizabetha speciosa Ducke;美丽伊丽莎白豆■☆
143829 Elizaldia Willk. (1852);埃利紫草属●☆
143830 Elizaldia calycina (Roem. et Schult.) Maire = Nonea calycina (Roem. et Schult.) Selvi et Bigazzi et al. ■☆
143831 Elizaldia calycina (Roem. et Schult.) Maire subsp. embergeri

(Sauvage et Vindt) Dobignard = Nonea embergeri (Sauvage et Vindt) Selvi et Bigazzi et al. ■☆

143832 Elizaldia calycina (Roem. et Schult.) Maire subsp. multicolor (Kunze) Chater = Nonea calycina (Roem. et Schult.) Selvi et Bigazzi et al. ■☆

143833 Elizaldia calycina (Roem. et Schult.) Maire var. embergeri Sauvage et Vindt = Nonea embergeri (Sauvage et Vindt) Selvi et Bigazzi et al. ■☆

143834 Elizaldia heterostemon (Murb.) I. M. Johnst. = Nonea heterostemon Murb. ■☆

143835 Elizaldia violacea (Desf.) I. M. Johnst.;堇色埃利紫草●☆

143836 Elizaldia violacea (Desf.) I. M. Johnst. subsp. calycina (Roem. et Schult.) Maire = Nonea calycina (Roem. et Schult.) Selvi et Bigazzi et al. ■☆

143837 Elizaldia violacea (Desf.) I. M. Johnst. subsp. multicolor (Kunze) Maire = Nonea calycina (Roem. et Schult.) Selvi et Bigazzi et al. ■☆

143838 Elkaja M. Poem. = Elcaja Forssk. ●

143839 Elkaja M. Poem. = Trichilia P. Browne(保留属名)●

143840 Elkania Schltdl. ex Wedd. = Pouzolzia Gaudich. ●■

143841 Elleanthus C. Presl(1827);海勒兰属(埃伦兰属)■☆

143842 Elleanthus auriculatus Garay;小耳海勒兰■☆

143843 Elleanthus glaucophyllus Schltr.;灰叶海勒兰■☆

143844 Elleanthus gracilis Rchb. f.;细海勒兰■☆

143845 Elleanthus graminifolius (Barb. Rodr.) Lojtnant;禾叶海勒兰■☆

143846 Elleanthus grandiflorus Schltr.;大花海勒兰■☆

143847 Elleanthus linifolius C. Presl;亚麻叶海勒兰■☆

143848 Elleanthus maculatus Rchb. f.;斑点海勒兰■☆

143849 Elleanthus purpureus Rchb. f.;紫海勒兰■☆

143850 Elleanthus smithii Schltr.;史密斯海勒兰■☆

143851 Elleborus Vill. = Helleborus L. ■

143852 Elleimataenia Koso-Pol. = Osmorhiza Raf.(保留属名)■

143853 Ellenbergia Cuatrec.(1964);外腺菊属■☆

143854 Ellenbergia glandulata Cuatrec.;外腺菊■☆

143855 Ellertonia Wight = Kamettia Kostel. ●☆

143856 Ellertonia madagascariensis Radlk. = Petchia erythrocarpa (Vatke) Leeuwenb. ●☆

143857 Ellimia Nutt.(废弃属名) = Oligomeris Cambess.(保留属名)■●

143858 Ellimia Nutt. ex Torr. et A. Gray = Oligomeris Cambess.(保留属名)■●

143859 Elliottia Muhl. = Elliottia Muhl. ex Elliott ●☆

143860 Elliottia Muhl. ex Elliott(1817);翅柱杜鹃属(埃氏杜鹃属,翅柱李属)●☆

143861 Elliottia Muhl. ex Nutt. = Elliottia Muhl. ex Elliott ●☆

143862 Elliottia bracteata (Maxim.) Hook. f. = Cladothamnus bracteatus (Maxim.) T. Yamaz. ●☆

143863 Elliottia bracteata (Maxim.) Hook. f. f. longiracemosa (Nakai) Brim et P. F. Stevens = Cladothamnus bracteatus (Maxim.) T. Yamaz. ●☆

143864 Elliottia paniculata (Siebold et Zucc.) Hook. f. = Tripetaleia paniculata Siebold et Zucc. ●☆

143865 Elliottia racemosa Muhl. = Elliottia racemosa Muhl. ex Elliott ●☆

143866 Elliottia racemosa Muhl. ex Elliott;翅柱杜鹃(埃氏杜鹃,翅柱李)●☆

143867 Ellipanthus Hook. f.(1862);单叶豆属;Ellipanthus ●

143868 Ellipanthus glabrifolius Merr.;单叶豆(鬼荔枝,知荆);Glabrousleaf Ellipanthus,Glabrous-leaved Ellipanthus ●

143869 Ellipanthus hemandradenioides Brenan = Ellipanthus madagascariensis (G. Schellenb.) Capuron et Rabenant. ●☆

143870 Ellipanthus madagascariensis (G. Schellenb.) Capuron et Rabenant.;马岛单叶豆●☆

143871 Ellipanthus unifoliolatus Thwaites;锡兰单叶豆;Ceylon Ellipanthus ●

143872 Ellipeia Hook. f. et Thomson(1855);短瓣玉盘属●☆

143873 Ellipeia cuneifolia Hook. f. et Thomson;楔叶短瓣玉盘●☆

143874 Ellipeia ferruginea Hook. f. et Thomson;锈色短瓣玉盘●☆

143875 Ellipeia glabra Hook. f. et Thomson;无毛短瓣玉盘●☆

143876 Ellipeia leptopoda King;细梗短瓣玉盘●☆

143877 Ellipeiopsis R. E. Fr.(1955);类短瓣玉盘属●☆

143878 Ellipeiopsis cherrevensis (Pierre ex Finet et Gagnep.) R. E. Fr.;类短瓣玉盘●☆

143879 Ellipeiopsis ferruginea (Buch.-Ham. ex Hook. f. et Thomson) R. E. Fr.;锈色类短瓣玉盘●☆

143880 Ellisia Garden = Frasera Walter ■☆

143881 Ellisia Garden = Gelsemium Juss. ●

143882 Ellisia L.(1763)(保留属名);埃氏麻属■☆

143883 Ellisia P. Browne(废弃属名) = Duranta L. ●

143884 Ellisia P. Browne(废弃属名) = Ellisia L.(保留属名)■☆

143885 Ellisia acuta L. = Duranta plumieri Jacq. ●

143886 Ellisia nyctelea (L.) L.;埃氏麻;Aunt Lucy,Ellisia,Nyctelea,Waterpod,Water-pod ■☆

143887 Ellisia nyctelea (L.) L. var. coloradensis Brand = Ellisia nyctelea (L.) L. ■☆

143888 Ellisiaceae Bercht. et J. Presl = Boraginaceae Juss.(保留科名)■●

143889 Ellisiaceae Bercht. et J. Presl = Hydrophyllaceae R. Br.(保留科名)●■

143890 Ellisiana Garden = Gelsemium Juss. ●

143891 Ellisiophyllaceae Honda = Plantaginaceae Juss.(保留科名)■

143892 Ellisiophyllaceae Honda = Scrophulariaceae Juss.(保留科名)●■

143893 Ellisiophyllaceae Honda;幌菊科■

143894 Ellisiophyllum Maxim.(1871);幌菊属(海螺菊属);Ellisiophyllum,Signdaisy ■

143895 Ellisiophyllum pinnatum (Benth.) Makino = Ellisiophyllum pinnatum (Wall. ex Benth.) Makino ■

143896 Ellisiophyllum pinnatum (Wall. ex Benth.) Makino;幌菊(海螺菊);Pinnate Ellisiophyllum,Pinnate Signdaisy ■

143897 Ellisiophyllum pinnatum (Wall. ex Benth.) Makino var. reptans (Maxim.) T. Yamaz.;匍匐幌菊■☆

143898 Ellisiophyllum pinnatum (Wall.) Makino = Ellisiophyllum pinnatum (Wall. ex Benth.) Makino ■

143899 Ellisiophyllum reptans Maxim. = Ellisiophyllum pinnatum (Wall. ex Benth.) Makino var. reptans (Maxim.) T. Yamaz. ■☆

143900 Ellisiophyllum reptans Maxim. = Ellisiophyllum pinnatum (Wall. ex Benth.) Makino ■

143901 Ellobium Lilja = Fuchsia L. ●■

143902 Ellobum Blume(废弃属名) = Didissandra C. B. Clarke(保留属名)●■

143903 Ellsma Buchen. = Luronium Raf. ■☆

143904 Elmera Rydb.(1905);埃尔莫草属■☆

143905 Elmera racemosa (S. Watson) Rydb.;埃尔莫草■☆

143906 Elmeria Ridl. = Adelmeria Ridl. ■

143907 Elmeria Ridl. = Alpinia Roxb.(保留属名)■

143908 Elmerrillia Dandy = Michelia L. ●
143909 Elmerrillia Dandy(1927);埃梅木属●☆
143910 Elmerrillia papuana Dandy;巴新埃梅木(巴新南洋含笑)●☆
143911 Elmigera Rchb. = Penstemon Schmidel ●■
143912 Elodea Jack = Cratoxylum Blume ●
143913 Elodea Juss. = Triadenum Raf. ●
143914 Elodea Michx. (1803);美洲水鳖属(黑藻属,伊乐藻属,蕴草属);Ditch-moss,Elodea,Waterweed,Water-weed ■☆
143915 Elodea Rich. = Elodea Michx. ■☆
143916 Elodea bifoliata H. St. John;双叶美洲水鳖■☆
143917 Elodea brandegeae H. St. John = Elodea canadensis Michx. ■☆
143918 Elodea callitrichoides (Rich.) Casp.;南美水鳖(美洲水鳖,乌拉圭水鳖);South American Waterweed ■☆
143919 Elodea callitrichoides Rich. = Elodea callitrichoides (Rich.) Casp ■☆
143920 Elodea canadensis Michx.;美洲水鳖;American Water Weed, American Waterweed, Basswood, Canada Waterweed, Canadian Pondweed, Canadian Water-thyme, Canadian Waterweed, Common Waterweed, Ditch Moss, Elodea, Water Thyme ■☆
143921 Elodea canadensis Rich. = Anacharis canadensis A. Gray ■☆
143922 Elodea columbiana H. St. John = Elodea nuttallii (Planch.) H. St. John ■☆
143923 Elodea densa (Planch.) Casp. = Egeria densa Planch. ■
143924 Elodea ernstae H. St. John = Elodea callitrichoides (Rich.) Casp. ■☆
143925 Elodea ernstae H. St. John = Elodea canadensis Michx. ■☆
143926 Elodea fraseri Spach = Triadenum fraseri (Spach) Gleason ■☆
143927 Elodea ioensis Wylie = Elodea canadensis Michx. ■☆
143928 Elodea linearis (Rydb.) H. St. John = Elodea canadensis Michx. ■☆
143929 Elodea longivaginata H. St. John = Elodea bifoliata H. St. John ■☆
143930 Elodea minor (Engelm. ex Casp.) Farw. = Elodea nuttallii (Planch.) H. St. John ■☆
143931 Elodea nuttallii (Planch.) H. St. John;纳托尔美洲水鳖;Basswed, Elodea, Free-flowered Waterweed, Slender Waterweed, Waterweed ■☆
143932 Elodea nuttallii (Planch.) H. St. John = Hydrilla verticillata (L. f.) Royle ■
143933 Elodea occidentalis (Pursh) H. St. John = Elodea nuttallii (Planch.) H. St. John ■☆
143934 Elodea planchonii Casp. = Elodea canadensis Michx. ■☆
143935 Elodea verticillata F. Muell. = Hydrilla verticillata (L. f.) Royle ■
143936 Elodeaceae Dumort. = Hydrocharitaceae Juss. (保留科名)■
143937 Elodes Adans. = Hypericum L. ■●
143938 Elodes Spach = Hypericum L. ■●
143939 Elodes Spach = Spachelodes Y. Kimura ■●
143940 Elodes chinensis (Retz.) Hance = Cratoxylum cochinchinense (Lour.) Blume ●
143941 Elodes formosa Jack = Cratoxylum formosum (Jack) Benth. et Hook. f. ex Dyer ●
143942 Elodes japonica Blume = Triadenum japonicum (Blume) Makino ■
143943 Elodes virginica (L.) Nutt. var. asiatica Maxim. = Triadenum japonicum (Blume) Makino ■
143944 Elodes virginica (L.) Nutt. var. japonica (Blume) Makino = Triadenum japonicum (Blume) Makino ■
143945 Elongatia (Luer) Luer = Pleurothallis R. Br. ■☆
143946 Elopium Schott = Philodendron Schott(保留属名)■●
143947 Eloyella P. Ortiz = Phymatidium Lindl. ■☆
143948 Elphegea Cass. = Psiadia Jacq. ●☆
143949 Elphegea Less. = Felicia Cass. (保留属名)●■
143950 Elphegea bergeriana (Spreng.) Less. = Felicia bergeriana (Spreng.) O. Hoffm. ■☆
143951 Elphegea microcephala Less. = Zyrphelis microcephala (Less.) Nees ■☆
143952 Elphegea reflexa (L.) Less. = Polyarrhena reflexa (L.) Cass. ●☆
143953 Elsbolzia Rchb. = Elsholtzia Willd. ●■
143954 Elschozia Raf. = Elsholtzia Willd. ●■
143955 Elsholtia W. D. J. Koch = Elsholtzia Willd. ●■
143956 Elsholtzia Neck. = Couroupita Aubl. ●☆
143957 Elsholtzia Neck. = Couroupita Aubl. ●☆
143958 Elsholtzia Willd. (1790);香薷属;Elsholtzia, Mint Shrub ●■
143959 Elsholtzia alopecuroides H. Lév. et Vaniot = Elsholtzia cypriani (Pavol.) S. Chow ex Y. C. Hsu ■
143960 Elsholtzia angustifolia (Loes.) Kitag. = Elsholtzia splendens Nakai ex F. Maek. ■
143961 Elsholtzia aquatica C. H. Wright = Pogostemon aquaticus (C. H. Wright) Press ■☆
143962 Elsholtzia argyi H. Lév.;紫花香薷(臭草,假紫苏,金鸡草,荆芥草,土荆芥,香薷,牙刷花,野薄荷);Purpleflower Elsholtzia, Purple-flowered Elsholtzia ■
143963 Elsholtzia argyi H. Lév. var. nipponica (Ohwi) Murata = Elsholtzia nipponica Ohwi ■☆
143964 Elsholtzia barbinervia Miq. = Leucosceptrum japonicum (Miq.) Kitam. et Murata f. barbinerve (Miq.) Kitam. et Murata ■☆
143965 Elsholtzia blanda (Benth.) Benth.;四方蒿(白香薷,大扫把茶,大香薷,滇香薷,黑头草,黑头叶,鸡肝散,鸡骨柴,荆芥,蔓坝,杀虫药,沙虫药,四棱蒿,铁扫把,细野菝子,野薄荷,野鸡散,野苏);Secundspike Elsholtzia ■
143966 Elsholtzia blanda Benth. = Elsholtzia blanda (Benth.) Benth. ■
143967 Elsholtzia bodinieri Vaniot;东紫苏(半边红花,凤尾茶,山茶,山茶叶,铁线夏枯草,土茶,香苏茶,小山茶,小松毛茶,小香茶,小香薷,小叶茶,锈山茶,鸭子草,牙刷草,野山茶,云松茶);Bodinier Elsholtzia ■
143968 Elsholtzia calycocarpa Diels = Elsholtzia densa Benth. ■
143969 Elsholtzia calycocarpa Diels = Elsholtzia densa Benth. var. calycocarpa (Diels) C. Y. Wu et S. C. Huang ■
143970 Elsholtzia capituligera C. Y. Wu;头花香薷;Headflower Elsholtzia, Head-flowered Elsholtzia ●
143971 Elsholtzia carsonii Baker;卡森香薷■☆
143972 Elsholtzia cavaleriei H. Lév. et Vaniot = Rostrinucula sinensis (Hemsl.) C. Y. Wu ●
143973 Elsholtzia cephalantha Hand.-Mazz.;小头花香薷;Head Elsholtzia ■
143974 Elsholtzia ciliata (Thunb. ex Murray) Hyl.;香薷(半边苏,边枝花,臭荆芥,臭香麻,德昌香薷,火胡麻,荆芥,酒饼叶,拉拉香,蚂蝗痧,蜜蜂草,排香草,青龙刀香薷,山苏子,水芳花,水荆芥,土香薷,香草,香茹草,香薷草,小荆芥,小叶苏子,野芭子,野坝蒿,野苏,野香薷,野鱼香,野芝麻,野紫苏,鱼香草,真荆芥);Common Elsholtzia, Crested Latesummer Mint, Crested Late-summer Mint, Elsholtzia ■
143975 Elsholtzia ciliata (Thunb. ex Murray) Hyl. f. leucantha (Nakai)

T. B. Lee ex W. T. Lee;白花香薷■

143976 Elsholtzia ciliata (Thunb. ex Murray) Hyl. var. brevipes C. Y. Wu et S. C. Huang;短苞柄香薷;Shortstipe Elsholtzia ■

143977 Elsholtzia ciliata (Thunb. ex Murray) Hyl. var. brevipes C. Y. Wu et S. C. Huang = Elsholtzia ciliata (Thunb. ex Murray) Hyl. ■

143978 Elsholtzia ciliata (Thunb. ex Murray) Hyl. var. depauperata C. Y. Wu et S. C. Huang;少花香薷;Fewflower Elsholtzia ■

143979 Elsholtzia ciliata (Thunb. ex Murray) Hyl. var. depauperata C. Y. Wu et S. C. Huang = Elsholtzia ciliata (Thunb. ex Murray) Hyl. ■

143980 Elsholtzia ciliata (Thunb. ex Murray) Hyl. var. duplicatocrenata C. Y. Wu et S. C. Huang;重圆齿香薷■

143981 Elsholtzia ciliata (Thunb. ex Murray) Hyl. var. duplicatocrenata C. Y. Wu et S. C. Huang = Elsholtzia ciliata (Thunb. ex Murray) Hyl. ■

143982 Elsholtzia ciliata (Thunb. ex Murray) Hyl. var. ramosa (Nakai) C. Y. Wu et S. C. Huang;多枝香薷;Manybranched Elsholtzia ■

143983 Elsholtzia ciliata (Thunb. ex Murray) Hyl. var. ramosa (Nakai) C. Y. Wu et S. C. Huang = Elsholtzia ciliata (Thunb. ex Murray) Hyl. ■

143984 Elsholtzia ciliata (Thunb. ex Murray) Hyl. var. remota C. Y. Wu et S. C. Huang;疏穗香薷;Loosespike Elsholtzia ■

143985 Elsholtzia ciliata (Thunb. ex Murray) Hyl. var. remota C. Y. Wu et S. C. Huang = Elsholtzia ciliata (Thunb. ex Murray) Hyl. ■

143986 Elsholtzia ciliata (Thunb.) Hyl. = Elsholtzia ciliata (Thunb. ex Murray) Hyl. ■

143987 Elsholtzia ciliata (Thunb.) Hyl. var. brevipes C. Y. Wu et S. C. Huang = Elsholtzia ciliata (Thunb. ex Murray) Hyl. ■

143988 Elsholtzia ciliata (Thunb.) Hyl. var. depauperata C. Y. Wu et S. C. Huang = Elsholtzia ciliata (Thunb. ex Murray) Hyl. ■

143989 Elsholtzia ciliata (Thunb.) Hyl. var. ramosa (Nakai) C. Y. Wu et H. W. Li = Elsholtzia ciliata (Thunb. ex Murray) Hyl. ■

143990 Elsholtzia ciliata (Thunb.) Hyl. var. remota C. Y. Wu et S. C. Huang = Elsholtzia ciliata (Thunb. ex Murray) Hyl. ■

143991 Elsholtzia communis (Collett et Hemsl.) Diels;吉龙草(吉笼草,暹罗香菜,野香薷);Fragrant Elsholtzia ■

143992 Elsholtzia communis (Collett et Hemsl.) Diels var. longipilosa Hand. -Mazz. = Elsholtzia cypriani (Pavol.) S. Chow ex Y. C. Hsu var. longipilosa (Hand. -Mazz.) C. Y. Wu et S. C. Huang ■

143993 Elsholtzia cristata Willd.;鸡冠香薷;Crestate Elsholtzia, Elsholtzia ■

143994 Elsholtzia cristata Willd. = Elsholtzia ciliata (Thunb. ex Murray) Hyl. ■

143995 Elsholtzia cristata Willd. f. saxatilis Kom. = Elsholtzia saxatilis (Kom.) Nakai ex Kitag. ■

143996 Elsholtzia cristata Willd. var. angustifolia (Loes.) Kitag. = Elsholtzia splendens Nakai ex F. Maek. ■

143997 Elsholtzia cristata Willd. var. angustifolia Loes. = Elsholtzia splendens Nakai ex F. Maek. ■

143998 Elsholtzia cypriani (Pavol.) S. Chow ex P. S. Hsu;野香草(常山,粪水药,狗屎香,狗尾巴草,狗尾草,满山香,木姜花,木浆花,牛膝,野白木香,野薄荷,野草香,野狗兰麻,野狗芝麻,野苏麻,野香苏,鱼香菜);Tomentosecalyx Elsholtzia ■

143999 Elsholtzia cypriani (Pavol.) S. Chow ex P. S. Hsu var. angustifolia C. Y. Wu et S. C. Huang;窄叶野草香;Narrowleaf Elsholtzia ■

144000 Elsholtzia cypriani (Pavol.) S. Chow ex P. S. Hsu var. angustifolia C. Y. Wu et S. C. Huang = Elsholtzia cypriani (Pavol.) S. Chow ex Y. C. Hsu ■

144001 Elsholtzia cypriani (Pavol.) S. Chow ex P. S. Hsu var. longipilosa (Hand. -Mazz.) C. Y. Wu et S. C. Huang;长毛野草香;Longpilose Elsholtzia ■

144002 Elsholtzia densa Benth.;密花香薷(臭香茹,咳嗽草,密香薷,土香薷,香薷,野紫苏);Denseflower Elsholtzia ■

144003 Elsholtzia densa Benth. var. calycocarpa (Diels) C. Y. Wu et S. C. Huang;矮株密花香薷(短密花香薷,萼果香薷,土香薷,香薷);Dwarf Denseflower Elsholtzia ■

144004 Elsholtzia densa Benth. var. calycocarpa (Diels) C. Y. Wu et S. C. Huang = Elsholtzia densa Benth. ■

144005 Elsholtzia densa Benth. var. ianthina (Maxim. ex Kanitz) C. Y. Wu et S. C. Huang;细穗密花香薷(密香薷,细穗香薷);Thinspike Denseflower Elsholtzia ■

144006 Elsholtzia densa Benth. var. ianthina (Maxim. ex Kanitz) C. Y. Wu et S. C. Huang = Elsholtzia densa Benth. ■

144007 Elsholtzia dependens Rehder = Rostrinucula dependens (Rehder) Kudo ●

144008 Elsholtzia dielsii H. Lév. = Elsholtzia fruticosa (D. Don) Rehder ●

144009 Elsholtzia eriocalyx C. Y. Wu et S. C. Huang;毛萼香薷(绵萼香薷);Haircalyx Elsholtzia, Hairycalyx Elsholtzia ●

144010 Elsholtzia eriocalyx C. Y. Wu et S. C. Huang var. tomentosa C. Y. Wu et S. C. Huang;绒毛毛萼香薷;Tomentose Hairycalyx Elsholtzia ●

144011 Elsholtzia eriostachya Benth.;毛穗香薷(黄花香薷);Eriostachys Elsholtzia ■

144012 Elsholtzia eriostachya Benth. var. pusilla (Benth.) Hook. f. = Elsholtzia eriostachya Benth. ■

144013 Elsholtzia exigua Hand. -Mazz. = Elsholtzia strobilifera Benth. ■

144014 Elsholtzia feddei H. Lév.;高原香薷(香薷,小红苏,野木香叶);Fedde Elsholtzia, Plateau Elsholtzia ■

144015 Elsholtzia feddei H. Lév. f. heterophylla C. Y. Wu et S. C. Huang;异叶高原香薷;Diverseleaf Fedde Elsholtzia ■

144016 Elsholtzia feddei H. Lév. f. heterophylla C. Y. Wu et S. C. Huang = Elsholtzia feddei H. Lév. ■

144017 Elsholtzia feddei H. Lév. f. remotibracteata C. Y. Wu et S. C. Huang;疏苞高原香薷;Loxbrct Fedde Elsholtzia ■

144018 Elsholtzia feddei H. Lév. f. remotibracteata C. Y. Wu et S. C. Huang = Elsholtzia feddei H. Lév. ■

144019 Elsholtzia feddei H. Lév. f. robusta C. Y. Wu et S. C. Huang;粗壮高原香薷;Robust Fedde Elsholtzia ■

144020 Elsholtzia feddei H. Lév. f. robusta C. Y. Wu et S. C. Huang = Elsholtzia feddei H. Lév. ■

144021 Elsholtzia flava (Benth.) Benth.;黄花香薷(大叶坝艾,大叶香薷,大叶香芝麻,大叶紫苏,修仙果,野苏,野苏子,野紫苏);Yellow Elsholtzia ●■

144022 Elsholtzia formosana Hayata = Elsholtzia ciliata (Thunb. ex Murray) Hyl. ■

144023 Elsholtzia fruticosa (D. Don) Rehder;鸡骨柴(柴油苏,大柴胡,灌木状香薷,酒药花,老妈妈棵,木本香薷,扫地茶,杀虫药,沙虫药,山野坝子,瘦狗还阳草,双翎草,香叶芝麻,香芝麻叶,小花香棵,紫油苏);Cockbone Elsholtzia, Shrubby Elsholtzia ●

144024 Elsholtzia fruticosa (D. Don) Rehder = Colebrookea oppositifolia Sm. ●

144025 Elsholtzia fruticosa (D. Don) Rehder f. inclusa Sun ex C. H. Hu = Elsholtzia fruticosa (D. Don) Rehder ●

144026 Elsholtzia fruticosa (D. Don) Rehder f. inclusa Y. Z. Sun ex C. H. Hu;藏蕊鸡骨柴;Xizang Shrubby Elsholtzia ●
144027 Elsholtzia fruticosa (D. Don) Rehder f. leptostachya C. Y. Wu et S. C. Huang;长穗鸡骨柴;Longspike Shrubby Elsholtzia ●
144028 Elsholtzia fruticosa (D. Don) Rehder f. leptostachya C. Y. Wu et S. C. Huang = Elsholtzia fruticosa (D. Don) Rehder ●
144029 Elsholtzia fruticosa (D. Don) Rehder var. glabrifolia C. Y. Wu et S. C. Huang;光叶鸡骨柴;Smooth-leaf Shrubby Elsholtzia ●
144030 Elsholtzia fruticosa (D. Don) Rehder var. parvifolia C. Y. Wu et S. C. Huang;小叶鸡骨柴;Smallleaf Cockbone Elsholtzia, Small-leaf Shrubby Elsholtzia ●
144031 Elsholtzia fruticosa (D. Don) Rehder var. parvifolia C. Y. Wu et S. C. Huang = Elsholtzia fruticosa (D. Don) Rehder ●
144032 Elsholtzia fruticosa (D. Don) Rehder var. paucidentata Hand. -Mazz. = Elsholtzia eriocalyx C. Y. Wu et S. C. Huang ●
144033 Elsholtzia fruticosa (D. Don) Rehder var. tomentella Rehder = Elsholtzia myosurus Dunn ●■
144034 Elsholtzia glabra C. Y. Wu et S. C. Huang;光香薷;Glabrous Elsholtzia ■
144035 Elsholtzia griffithii Hook. f.;格氏香薷;Griffith Elsholtzia ■☆
144036 Elsholtzia haichowensis Y. Z. Sun ex C. H. Hu = Elsholtzia splendens Nakai ex F. Maek. ■
144037 Elsholtzia heterophylla Diels;异叶香薷(凤尾茶,松茶,野山茶);Differentleaf Elsholtzia, Heterophyllous Elsholtzia ■
144038 Elsholtzia hoffmeisteri Klotzsch = Elsholtzia eriostachya Benth. ■
144039 Elsholtzia hunanensis Hand. -Mazz.;湖南香薷(耳齿紫苏);Hunan Elsholtzia ■
144040 Elsholtzia ianthina (Maxim. ex Kanitz) Dunn = Elsholtzia densa Benth. ■
144041 Elsholtzia incisa (Benth.) Benth. = Elsholtzia stachyodes (Link) C. Y. Wu ■
144042 Elsholtzia integrifolia Benth. = Nepeta tenuifolia Benth. ■
144043 Elsholtzia japonica Miq. = Comanthosphace japonica (Miq.) S. Moore ex Hook. f. ■
144044 Elsholtzia japonica Miq. = Elsholtzia ciliata (Thunb. ex Murray) Hyl. ■
144045 Elsholtzia japonica Miq. = Leucosceptrum japonicum (Miq.) Kitam. et Murata ●■
144046 Elsholtzia kachinensis Prain;水香薷(水薄荷,猪菜草);Kachin Elsholtzia ■
144047 Elsholtzia kachinensis Prain var. petiolata Y. Z. Sun ex C. H. Hu = Elsholtzia kachinensis Prain ■
144048 Elsholtzia labordei Vaniot = Elsholtzia rugulosa Hemsl. ●■
144049 Elsholtzia lampradena H. Lév. = Elsholtzia ochroleuca Dunn ●
144050 Elsholtzia leptostachya Benth. = Elsholtzia stachyodes (Link) C. Y. Wu ■
144051 Elsholtzia loeseneri Hand. -Mazz. = Elsholtzia splendens Nakai ex F. Maek. ■
144052 Elsholtzia lungtangensis Y. Z. Sun ex C. H. Hu = Elsholtzia splendens Nakai ex F. Maek. ■
144053 Elsholtzia luteola Diels;淡黄香薷(寸薷,黄香薷,香薷);Paleyellow Elsholtzia ■
144054 Elsholtzia luteola Diels var. holostegia Hand. -Mazz.;金苞淡黄香薷■
144055 Elsholtzia lychnitis H. Lév. et Vaniot = Isodon ternifolius (D. Don) Kudo ●■
144056 Elsholtzia lychnitis H. Lév. et Vaniot = Rabdosia ternifolia (D. Don) H. Hara ●■
144057 Elsholtzia macrostemon Hand. -Mazz. = Elsholtzia argyi H. Lév. ■
144058 Elsholtzia mairei H. Lév. = Elsholtzia rugulosa Hemsl. ●■
144059 Elsholtzia manshurica (Kitag.) Kitag. = Elsholtzia densa Benth. ■
144060 Elsholtzia minina Nakai = Elsholtzia ciliata (Thunb. ex Murray) Hyl. ■
144061 Elsholtzia monostachya H. Lév. et Vaniot = Agastache rugosa (Fisch. et C. A. Mey.) Kuntze ■
144062 Elsholtzia myosurus Dunn;鼠尾香薷(大香花棵,大香花木果,大香兰麻木棵,大香芝麻棵,疳积散,理肺散,密花香薷,鼠尾草香薷,四棱蒿,土藿香,香紫苏);Myose-tail Elsholtzia, Myosurus Elsholtzia, Rattail Elsholtzia ●■
144063 Elsholtzia nipponica Ohwi;日本香薷■☆
144064 Elsholtzia ochroleuca Dunn;黄白香薷;Yellow-white Elsholtzia ●
144065 Elsholtzia ochroleuca Dunn var. parvifolia C. Y. Wu et S. C. Huang;小叶黄白香薷;Small-leaf Yellow-white Elsholtzia ●
144066 Elsholtzia ochroleuca Dunn var. parvifolia C. Y. Wu et S. C. Huang = Elsholtzia ochroleuca Dunn ●
144067 Elsholtzia oldhamii Hemsl.;台湾香薷;Taiwan Elsholtzia ■
144068 Elsholtzia oldhamii Hemsl. = Perilla frutescens (L.) Britton ■
144069 Elsholtzia oldhamii Hemsl. var. argyi ? = Elsholtzia nipponica Ohwi ■☆
144070 Elsholtzia oppositifolia (Sm.) Poir. = Colebrookea oppositifolia Sm. ●
144071 Elsholtzia oppostifolia Poir. = Colebrookea oppositifolia Sm. ●
144072 Elsholtzia patrini (Lepech.) Garcke = Elsholtzia ciliata (Thunb. ex Murray) Hyl. ■
144073 Elsholtzia patrini (Lepech.) Garcke var. ramosa Nakai = Elsholtzia ciliata (Thunb. ex Murray) Hyl. ■
144074 Elsholtzia patrinii (Lepech.) Garcke = Elsholtzia ciliata (Thunb. ex Murray) Hyl. ■
144075 Elsholtzia patrinii (Lepech.) Garcke var. ramosa Nakai = Elsholtzia ciliata (Thunb. ex Murray) Hyl. ■
144076 Elsholtzia penduliflora W. W. Sm.;大黄药(垂花香薷,垂衣香薷,大黑头草,吊吊黄,黄药,小香薷,野苏子棵,野芝麻,野紫苏,一号黄药);Large Elsholtzia, Noddingflower Elsholtzia ●■
144077 Elsholtzia pilosa (Benth.) Benth.;长毛香薷(大薷);Pilose Elsholtzia ■
144078 Elsholtzia polystachya Benth. = Elsholtzia fruticosa (D. Don) Rehder ●
144079 Elsholtzia pseudocristata H. Lév. et Vaniot;假香薷■☆
144080 Elsholtzia pseudocristata H. Lév. et Vaniot = Elsholtzia ciliata (Thunb. ex Murray) Hyl. ■
144081 Elsholtzia pseudocristata H. Lév. et Vaniot var. angustifolia (Loes.) P. Y. Fu = Elsholtzia splendens Nakai ex F. Maek. ■
144082 Elsholtzia pseudocristata H. Lév. et Vaniot var. saxatilis (Kom.) E. Y. Fu = Elsholtzia saxatilis (Kom.) Nakai ex Kitag. ■
144083 Elsholtzia pseudocristata H. Lév. et Vaniot var. splendens (Nakai ex F. Maek.) Kitag.;小假香薷■☆
144084 Elsholtzia pusilla Benth. = Elsholtzia eriostachya Benth. ■
144085 Elsholtzia pygmaea W. W. Sm.;矮香薷;Dwarf Elsholtzia ■
144086 Elsholtzia rugulosa Hemsl.;野拔子(矮香薷,把子草,白背蒿,半边香,崩疮药,草拔子,臭香薷,地檀香,狗巴子,狗尾巴香,蒿巴巴棵,腊悠麻,傈倮茶,青牛藤,扫把茶,松花,铁苏棵,铁苏苏,土荆芥,细皱香薷,香明草,香苏草,香芝麻,香芝麻蒿,小山苏,小铁苏,小香芝麻叶,小紫苏,野巴蒿,野巴子,野坝草,野坝蒿,

野坝子,野苏,野苏子,野香苏,皱叶香薷);Rugulose Elsholtzia ●■
144087 Elsholtzia saxatilis (Kom.) Nakai = Elsholtzia saxatilis (Kom.) Nakai ex Kitag. ■
144088 Elsholtzia saxatilis (Kom.) Nakai ex Kitag.;岩生香薷(狭叶香薷);Cliff Elsholtzia ■
144089 Elsholtzia schimperi Hochst. ex Briq. = Achyrospermum schimperi (Hochst. ex Briq.) Perkins ex Mildbr. ■☆
144090 Elsholtzia serotina Kuru;晚熟香薷■☆
144091 Elsholtzia souliei H. Lév.;川滇香薷(木姜菜,香薷);Soulie Elsholtzia,SW. China Elsholtzia ■
144092 Elsholtzia souliei H. Lév. = Elsholtzia fruticosa (D. Don) Rehder ●
144093 Elsholtzia splendens Nakai ex F. Maek.;海州香薷(白花香薷,陈香薷,华荆芥,江香薷,堇茉,茂药,蜜蜂草,蜜香薷,青香薷,茉,山翁,石解,铜草,西香薷,香菜,香草,香茸,香茉,香茹,香薷,香戎,窄叶香薷,紫花香茉);Haichow Elsholtzia, Haizhou Elsholtzia ■
144094 Elsholtzia splendens Nakai ex F. Maek. = Elsholtzia pseudocristata H. Lév. et Vaniot var. splendens (Nakai ex F. Maek.) Kitag. ■☆
144095 Elsholtzia stachyodes (Link) C. Y. Wu;穗状香薷(蕊裂香薷,土香薷);Incised Elsholtzia,Spicate Elsholtzia ■
144096 Elsholtzia stauntonii Benth.;木香薷(柴荆芥,臭荆芥,黄花鸡骨柴,荆芥,山荆芥,山菁芥,香荆芥,野荆芥,紫花鸡骨柴,紫荆芥); Mint Bush, Mint Shrub, Mint-bush, Mint-musk, Stauton Elsholtzia,Wood Elsholtzia ●
144097 Elsholtzia stauntonii Benth. f. albiflora H. Wei Jen et Y. J. Chang;白花木香薷;Whiteflower Wood Elsholtzia ●
144098 Elsholtzia stellipila Miq. = Leucosceptrum stellipilum (Miq.) Kitam. et Murata ●
144099 Elsholtzia strobilifera Benth.;球穗香薷(臭苏麻,球花香薷,野苏麻);Strobilus Elsholtzia ■
144100 Elsholtzia strobilifera Benth. var. exigua (Hand.-Mazz.) C. Y. Wu et S. C. Huang;小株球穗香薷(小球穗香薷);Small Strobilus Elsholtzia ■
144101 Elsholtzia strobilifera Benth. var. exigua (Hand.-Mazz.) C. Y. Wu et S. C. Huang = Elsholtzia strobilifera Benth. ■
144102 Elsholtzia sublanceolata Miq. = Leucosceptrum japonicum (Miq.) Kitam. et Murata ●■
144103 Elsholtzia thompsonii Hook. f.;汤波森香薷;Thomson Elsholtzia ■☆
144104 Elsholtzia tristis H. Lév. = Elsholtzia fruticosa (D. Don) Rehder ●
144105 Elsholtzia winitiana Craib;白香薷(毛香薷,四方蒿);White Elsholtzia ■
144106 Elsholtzia yushania S. S. Ying = Elsholtzia strobilifera Benth. ■
144107 Elsholzia Moench = Elsholtzia Willd. ●■
144108 Elsholzia Willd. = Elsholtzia Willd. ●■
144109 Elshotzia Brongn. = Elsholtzia Willd. ●■
144110 Elshotzia Raf. = Eschscholzia Cham. ■
144111 Elshotzia Roxb. = Pleurothallis R. Br. ■☆
144112 Elsiea F. M. Leight. = Ornithogalum L. ■
144113 Elsiea flanaganii (Baker) F. M. Leight. = Ornithogalum paludosum Baker ■☆
144114 Elsneria Walp. = Bowlesia Ruiz et Pav. ■☆
144115 Elsota Adans. = Securidaca L.(保留属名)●
144116 Elssholzia Garcke = Elsholtzia Willd. ●■
144117 Elssholzia Post et Kuntze = Couroupita Aubl. ●☆
144118 Elssholzia Post et Kuntze = Elsholtzia Neck. ●☆
144119 Eltnztherostemon Herzog = Diogenesia Sleumer ●☆
144120 Eltroplectris Raf. (1837);萼距兰属■☆
144121 Eltroplectris Raf. = Centrogenium Schltr. ■☆
144122 Eltroplectris Raf. = Stenorrhynchos Rich. ex Spreng. ■☆
144123 Eltroplectris calcarata (Sw.) Garay et H. R. Sweet;长萼距兰;Longclaw Orchid,Spurred Neottia ■☆
144124 Eluteria Steud. = Croton L. ●
144125 Elutheria M. Roem. = Schmardaea H. Karst. ●☆
144126 Elutheria M. Roem. = Swietenia Jacq. ●
144127 Elutheria P. Browne(废弃属名) = Guarea F. Allam.(保留属名)●☆
144128 Elvasia DC. (1811);南美金莲木属●☆
144129 Elvasia calophyllea DC.;南美金莲木●☆
144130 Elvasia oligandra Cuatrec.;寡蕊南美金莲木●☆
144131 Elvina Steud. = Elvira Cass. ■☆
144132 Elvira Cass. (1824);墨西哥圆苞菊属■☆
144133 Elvira Cass. = Delilia Spreng. ■☆
144134 Elvira biflora (L.) DC. = Delilia biflora (L.) Kuntze ■☆
144135 Elwendia Boiss. = Carum L. ■
144136 Elwertia Raf. = Clusia L. ●☆
144137 Elymandra Stapf(1919);箭袋草属■☆
144138 Elymandra androphila (Stapf) Stapf;附雄箭袋草■☆
144139 Elymandra gossweileri (Stapf) Clayton;戈斯箭袋草■☆
144140 Elymandra grallata (Stapf) Clayton;高腿箭袋草■☆
144141 Elymandra lithophila (Trin.) Clayton;喜石箭袋草■☆
144142 Elymandra monostachya Jacq.-Fél. = Elymandra gossweileri (Stapf) Clayton ■☆
144143 Elymandra subulata Jacq.-Fél.;钻形箭袋草■☆
144144 Elymus L. (1753);披碱草属(滨麦属,砂麦属,野麦属);Blue Lyme Grass,Couch,Lyme Grass,Lymegrass,Lyme-grass,Wild Rye, Wildrye,Wild-rye,Wildryegrass ■
144145 Elymus Mitch. = Zizania L. ■
144146 Elymus abolinii (Drobow) Tzvelev;异芒披碱草■
144147 Elymus abolinii (Drobow) Tzvelev = Roegneria abolinii (Drobow) Nevski ■
144148 Elymus abolinii (Drobow) Tzvelev var. divaricans (Nevski) Tzvelev;曲芒异芒草■
144149 Elymus abolinii (Drobow) Tzvelev var. divaricans (Nevski) Tzvelev = Roegneria abolinii (Drobow) Nevski f. divaricans Nevski ■
144150 Elymus abolinii (Drobow) Tzvelev var. divaricans Nevski = Elymus abolinii (Drobow) Tzvelev var. divaricans (Nevski) Tzvelev ■
144151 Elymus abolinii (Drobow) Tzvelev var. nudiusculus (L. B. Cai) S. L. Chen et G. Zhu;裸穗异芒草■
144152 Elymus abolinii (Drobow) Tzvelev var. pluriflorus D. F. Cui;多花异芒草■
144153 Elymus abolinii (Drobow) Tzvelev var. pluriflorus D. F. Cui = Roegneria abolinii (Drobow) Nevski var. pluriflorus (D. F. Cui) L. B. Cai ■
144154 Elymus aegilopoides (Drobow) Vorosch. = Elytrigia gmelinii (Trin.) Nevski ■
144155 Elymus africanus Á. Löve;非洲披碱草■☆
144156 Elymus alaicus Korsh.;阿莱鹅观草■☆
144157 Elymus alashanicus (Keng ex Keng et S. L. Chen) S. L. Chen;阿拉善鹅观草;Alashan Goosecomb,Alashan Roegneria ■
144158 Elymus alashanicus (Keng) S. L. Chen = Elymus alashanicus (Keng ex Keng et S. L. Chen) S. L. Chen ■

144159 Elymus alatavicus (Drobow) Á. Löve;阿勒泰以礼草(毛稃鹅观草);Alatai Goosecomb ■
144160 Elymus alatavicus (Drobow) Á. Löve = Kengyilia alatavica (Drobow) J. L. Yang, C. Yen et B. R. Baum ■
144161 Elymus alienus (Keng) S. L. Chen;涞源披碱草■
144162 Elymus alpinus L. B. Cai;高原披碱草■
144163 Elymus altaicus D. F. Cui = Elymus pseudocaninus G. Zhu et S. L. Chen ■
144164 Elymus altaicus D. F. Cui = Roegneria altaicus (D. F. Cui) L. B. Cai ■
144165 Elymus altissimus (Keng) Á. Löve ex B. Rong Lu;高株披碱草(高株鹅观草)■
144166 Elymus angustispiculatus S. L. Chen et G. Zhu;狭穗披碱草■
144167 Elymus angustus Trin. = Leymus angustus (Trin.) Pilg. ■
144168 Elymus anthosachnoides (Keng) Á. Löve ex B. Rong Lu;假花鳞草;Anthosachne Roegneria, Anthosachnelike Goosecomb ■
144169 Elymus anthosachnoides (Keng) Á. Löve ex B. Rong Lu var. scabrilemmatus (L. B. Cai) S. L. Chen;糙稃花鳞草;Scabrous Anthosachne Roegneria ■
144170 Elymus antiquus (Nevski) Tzvelev;古老披碱草(小颖披碱草)■
144171 Elymus aralensis Regel = Leymus multicaulis (Kar. et Kir.) Tzvelev ■
144172 Elymus aralensis Regel var. aristatus Regel = Leymus multicaulis (Kar. et Kir.) Tzvelev ■
144173 Elymus aralensis Regel var. glaucus Regel = Leymus multicaulis (Kar. et Kir.) Tzvelev ■
144174 Elymus arenarius L. = Leymus arenarius (L.) Hochst. ■☆
144175 Elymus arenarius L. subsp. mollis (Trin. ex Spreng.) Hultén = Leymus mollis (Trin. ex Spreng.) Hara ■
144176 Elymus arenarius L. subsp. mollis (Trin.) Hultén = Leymus mollis (Trin. ex Spreng.) Pilg. ■
144177 Elymus arenarius L. var. coreensis Hack. = Leymus mollis (Trin. ex Spreng.) Pilg. ■
144178 Elymus arenarius L. var. mollis (Trin.) Koidz. = Leymus mollis (Trin. ex Spreng.) Pilg. ■
144179 Elymus arenarius L. var. scabrinervis (Bowden) B. Boivin = Leymus mollis (Trin. ex Spreng.) Pilg. ■
144180 Elymus arenarius L. var. simulans (Bowden) B. Boivin = Elymus maltei Bowden ■☆
144181 Elymus arenarius L. var. villosus E. Mey. = Leymus mollis (Trin. ex Spreng.) Pilg. ■
144182 Elymus aristatus Merr.;紫野麦;Purple Lymegrass, Purple Wildryegrass ■☆
144183 Elymus aristiglumis (Keng et S. L. Chen) S. L. Chen;芒颖鹅观草(芒颖披碱草);Awnedglume Goosecomb, Awnedglume Roegneria ■
144184 Elymus aristiglumis (Keng et S. L. Chen) S. L. Chen var. hirsutus (H. L. Yang) S. L. Chen;毛芒颖草■
144185 Elymus aristiglumis (Keng et S. L. Chen) S. L. Chen var. leianthus (H. L. Yang) S. L. Chen;平滑披碱草■
144186 Elymus asiaticus Á. Löve subsp. longearistatus (Hack.) Á. Löve = Hystrix duthiei (Stapf) Bor subsp. longearistata (Hack.) Baden, Fred. et Seberg ■☆
144187 Elymus athericus (Link) Kerguélen = Elytrigia atherica (Link) M. A. Carreras ex Kerguélen ■☆
144188 Elymus atratus (Nevski) Hand.-Mazz.;黑紫披碱草;Atropurple Lymegrass, Atropurple Wildryegrass ■
144189 Elymus auritus Keng = Leymus chinensis (Trin. ex Bunge) Tzvelev ■
144190 Elymus australis Scribn. et Ball = Elymus virginicus L. ■☆
144191 Elymus baldshuanicus Roshev.;巴尔德披碱草■☆
144192 Elymus barbicallus (Ohwi) S. L. Chen;毛盘草■
144193 Elymus barbicallus (Ohwi) S. L. Chen var. pubifolius (Keng) S. L. Chen;毛叶毛盘草■
144194 Elymus barbicallus (Ohwi) S. L. Chen var. pubinodis (Keng) S. L. Chen;毛节毛盘草■
144195 Elymus barystachyus L. B. Cai;硕穗披碱草(硬穗披碱草);Bigstachys Wildryegrass ■
144196 Elymus batalinii (Krasn.) Á. Löve = Kengyilia batalinii (Krasn.) J. L. Yang, C. Yen et B. R. Baum ■
144197 Elymus batalinii (Krasn.) Á. Löve = Triticum batalinii Krasn. ■
144198 Elymus batalinii (Krasn.) Á. Löve subsp. alaica (Drobow) Á. Löve = Kengyilia alaica (Drobow) J. L. Yang, C. Yen et B. R. Baum ■☆
144199 Elymus beijingensis B. S. Sun = Elymus dahuricus Turcz. ex Griseb. var. cyhndricus Franch. ■
144200 Elymus borealis (Turcz.) D. F. Cui;少花鹅观草;Few-flowered Wildryegrass ■
144201 Elymus borealis (Turcz.) D. F. Cui = Elymus kronokensis (Kom.) Tzvelev ■
144202 Elymus brachystachys Scribn. et Ball = Elymus canadensis L. ■
144203 Elymus breviaristatus Keng ex P. C. Keng = Elymus yilianus S. L. Chen ■
144204 Elymus breviglumis (Keng ex Keng et S. L. Chen) Loeve = Elymus burchan-buddae (Nevski) Tzvelev ■
144205 Elymus breviglumis (Keng) A. Löve = Elymus burchan-buddae (Nevski) Tzvelev ■
144206 Elymus breviglumis (Keng) A. Löve ex D. F. Cui = Elymus burchan-buddae (Nevski) Tzvelev ■
144207 Elymus brevipes (Keng) Á. Löve = Elymus brevipes (Keng) S. L. Chen ■
144208 Elymus brevipes (Keng) Á. Löve = Roegneria breviglumis Keng ex Keng et S. L. Chen ■
144209 Elymus brevipes (Keng) S. L. Chen;短柄披碱草■
144210 Elymus burchan-buddae (Nevski) Tzvelev;短颖披碱草(昆仑披碱草);Kunlunshan Wildryegrass ■
144211 Elymus cacuminis B. Rong Lu et B. Salomon;峰峦披碱草■
144212 Elymus cacuminis B. Rong Lu et B. Salomon = Roegneria cacumina (B. Rong Lu et Salomon) L. B. Cai ■
144213 Elymus caesifolius Á. Löve ex S. L. Chen;蓝绿披碱草(马格草)■
144214 Elymus caianus S. L. Chen et G. Zhu;纤瘦披碱草■
144215 Elymus calcicola (Keng) S. L. Chen;钙生披碱草■
144216 Elymus canadensis L.;加拿大披碱草;Canada Lime-grass, Canada Lymegrass, Canada Wildrye, Canada Wild-rye ■
144217 Elymus canadensis L. f. crescendus Ramaley = Elymus canadensis L. ■
144218 Elymus canadensis L. f. glaucifolius (Muhl.) Fernald = Elymus canadensis L. ■
144219 Elymus canadensis L. var. brachystachys (Scribn. et Ball) Farw. = Elymus canadensis L. ■
144220 Elymus canadensis L. var. brachystachys (Scribn. et C. R. Ball) Farw. = Elymus canadensis L. ■
144221 Elymus canadensis L. var. hirsutus (Farw.) Dorn = Elymus

canadensis L. ■

144222 Elymus canadensis L. var. interruptus (Buckley) Church = Elymus diversiglumis Scribn. et C. R. Ball ■☆

144223 Elymus canadensis L. var. riparius (Wiegand) B. Boivin = Elymus riparius Wiegand ■☆

144224 Elymus canadensis L. var. robustus (Scribn. et J. G. Sm.) Mack. et Bush = Elymus canadensis L. ■

144225 Elymus canadensis L. var. virginicus (Muhl.) Shinners = Elymus villosus Muhl. ex Willd. ■☆

144226 Elymus canadensis L. var. wiegandii (Fernald) Bowden = Elymus wiegandii Fernald ■☆

144227 Elymus canaliculatus (Nevski) Tzvelev;沟槽披碱草■

144228 Elymus caninus (L.) L.;狗冰草(普通鹅观草,犬草);Bearded Couch, Bearded Wheatgrass, Canine Goosecomb, Canine Roegneria, Don's Twitch ■

144229 Elymus capitatus Scribn. = Leymus mollis (Trin. ex Spreng.) Pilg. ■

144230 Elymus caput-medusae L. = Taeniatherum caput-medusae (L.) Nevski ■☆

144231 Elymus caput-medusae L. = Taeniatherum crinitum (Schreb.) Nevski ■☆

144232 Elymus caput-medusae L. subsp. bobartii Asch. et Graebn. = Taeniatherum caput-medusae (L.) Nevski ■☆

144233 Elymus caput-medusae L. var. asper (Degen) Fiori = Taeniatherum caput-medusae (L.) Nevski subsp. asperum (Simonk.) Melderis ■☆

144234 Elymus caucasicus (K. Koch) Tzvelev;高加索披碱草■☆

144235 Elymus cheniae (L. B. Cai) G. Zhu;陈氏披碱草■

144236 Elymus chinensis (Trin. ex Bunge) Keng = Leymus chinensis (Trin. ex Bunge) Tzvelev ■

144237 Elymus chinensis (Trin.) T. Koyama = Leymus chinensis (Trin. ex Bunge) Tzvelev ■

144238 Elymus ciliaris (Trin. ex Bunge) Tzvelev;纤毛披碱草■

144239 Elymus ciliaris (Trin. ex Bunge) Tzvelev var. amurensis (Drobow) S. L. Chen;阿穆尔披碱草(阿麦纤毛草)■

144240 Elymus ciliaris (Trin. ex Bunge) Tzvelev var. hackelianus (Honda) G. Zhu et S. L. Chen;日本纤毛草■

144241 Elymus ciliaris (Trin. ex Bunge) Tzvelev var. hirtiflorus (C. P. Wang et H. L. Yang) S. L. Chen;毛花纤毛草■

144242 Elymus ciliaris (Trin. ex Bunge) Tzvelev var. lasiophyllus (Kitag.) S. L. Chen;毛叶纤毛草■

144243 Elymus ciliaris (Trin. ex Bunge) Tzvelev var. submuticus (Honda) S. L. Chen = Roegneria ciliaris (Trin. ex Bunge) Nevski var. submutica (Honda) Keng ■

144244 Elymus ciliaris (Trin.) Tzvelev = Roegneria ciliaris (Trin.) Nevski ■

144245 Elymus ciliaris (Trin.) Tzvelev subsp. amurensis (Drobow) Tzvelev = Elymus ciliaris (Trin.) Tzvelev var. amurensis (Drobow) S. L. Chen ■

144246 Elymus ciliaris (Trin.) Tzvelev subsp. japonicus Á. Löve = Elymus ciliaris (Trin.) Tzvelev var. hackelianus (Honda) G. Zhu et S. L. Chen ■

144247 Elymus ciliaris (Trin.) Tzvelev subsp. japonicus Á. Löve = Roegneria ciliaris (Trin.) Nevski var. hackeliana (Honda) L. B. Cai ■

144248 Elymus ciliaris (Trin.) Tzvelev var. amurensis (Drobow) S. L. Chen = Elymus ciliaris (Trin. ex Bunge) Tzvelev var. amurensis (Drobow) S. L. Chen ■

144249 Elymus ciliaris (Trin.) Tzvelev var. hackelianus (Honda) G. Zhu et S. L. Chen = Elymus ciliaris (Trin. ex Bunge) Tzvelev var. hackelianus (Honda) G. Zhu et S. L. Chen ■

144250 Elymus ciliaris (Trin.) Tzvelev var. hirtiflorus (C. P. Wang et H. L. Yang) S. L. Chen = Elymus ciliaris (Trin. ex Bunge) Tzvelev var. hirtiflorus (C. P. Wang et H. L. Yang) S. L. Chen ■

144251 Elymus ciliaris (Trin.) Tzvelev var. japonensis (Honda) S. L. Chen = Agropyron ciliare (Trin.) Franch. f. japonense (Honda) Ohwi ■

144252 Elymus ciliaris (Trin.) Tzvelev var. japonensis (Honda) S. L. Chen = Elymus ciliaris (Trin.) Tzvelev var. hackelianus (Honda) G. Zhu et S. L. Chen ■

144253 Elymus ciliaris (Trin.) Tzvelev var. lasiophyllus (Kitag.) S. L. Chen = Elymus ciliaris (Trin. ex Bunge) Tzvelev var. lasiophyllus (Kitag.) S. L. Chen ■

144254 Elymus ciliaris (Trin.) Tzvelev var. submuticus (Honda) S. L. Chen = Elymus racemifer (Steud.) Tzvelev ■☆

144255 Elymus cinereus Scribn. et Merr.;巨披碱草;Giant Wild Rye ■☆

144256 Elymus cognatus (Hack.) Cope = Pseudoroegneria cognata (Hack.) Á. Löve ■

144257 Elymus condensatus J. Presl;密叶野麦■☆

144258 Elymus confusus (Roshev.) Tzvelev = Roegneria confusa (Roshev.) Nevski ■

144259 Elymus confusus (Roshev.) Tzvelev var. breviaristatus (Keng) S. L. Chen;短芒紊草(紊草);Shortawned Confuse Roegneria, Shortawned Roegneria ■

144260 Elymus coreanus Honda = Hystrix coreana (Honda) Ohwi ■

144261 Elymus crescendus (Ramaley) L. C. Wheeler = Elymus canadensis L. ■

144262 Elymus crinitus Schreb. = Taeniatherum crinitum (Schreb.) Nevski ■☆

144263 Elymus curtiaristatus (L. B. Cai) S. L. Chen et G. Zhu;缩芒披碱草■

144264 Elymus curvatus (Nevski) D. F. Cui = Elymus fedtschenkoi Tzvelev ■

144265 Elymus curvatus Piper = Elymus submuticus Keng ex P. C. Keng ■

144266 Elymus cylindricus (Franch.) Honda;圆柱披碱草;Cylindric Lymegrass, Cylindric Wildryegrass ■

144267 Elymus cylindricus (Franch.) Honda = Elymus dahuricus Turcz. ex Griseb. var. cylindricus Franch. ■

144268 Elymus czilikensis (Drobow) Tzvelev = Roegneria tianschanica (Drobow) Nevski ■

144269 Elymus czimganicus Drobow = Roegneria tschimganica (Drobow) Nevski ■

144270 Elymus dahuricus Turcz. = Elymus dahuricus Turcz. ex Griseb. ■

144271 Elymus dahuricus Turcz. ex Griseb.;披碱草(硷草,碱草,直穗大麦草);Dahur Lymegrass, Dahurian Wild Rye, Dahurian Wildrye ■

144272 Elymus dahuricus Turcz. ex Griseb. subsp. cylindricus (Franch.) N. R. Cui = Elymus dahuricus Turcz. ex Griseb. var. cyhndricus Franch. ■

144273 Elymus dahuricus Turcz. ex Griseb. subsp. excelsus (Turcz. ex Griseb.) Tzvelev = Elymus excelsus Turcz. ex Griseb. ■

144274 Elymus dahuricus Turcz. ex Griseb. subsp. micranthus (Melderis) Á. Löve = Elymus dahuricus Turcz. ex Griseb. ■

144275 Elymus dahuricus Turcz. ex Griseb. subsp. villosulus (Ohwi) Á. Löve = Elymus dahuricus Turcz. ex Griseb. var. villosulus (Ohwi) Ohwi ■☆

144276 Elymus dahuricus Turcz. ex Griseb. var. cyhndricus Franch. = Elymus cylindricus (Franch.) Honda ■

144277 Elymus dahuricus Turcz. ex Griseb. var. excelsus (Turcz. ex Griseb.) Roshev. = Elymus excelsus Turcz. ex Griseb. ■

144278 Elymus dahuricus Turcz. ex Griseb. var. excelsus (Turcz.) Roshev. = Elymus excelsus Turcz. ex Griseb. ■

144279 Elymus dahuricus Turcz. ex Griseb. var. villosulus (Ohwi) Ohwi;日本毛披碱草■☆

144280 Elymus dahuricus Turcz. ex Griseb. var. violeus C. P. Wang et X. L. Yang;青紫披碱草;Violet Wildryegrass ■

144281 Elymus dahuricus Turcz. ex Griseb. var. xiningensis (L. B. Cai) S. L. Chen;西宁披碱草■

144282 Elymus dasyctachys Trin. = Elymus dasystachys (Trin.) Pilg. ■☆

144283 Elymus dasystachys (Trin.) Pilg. = Leymus secalinus (Georgi) Tzvelev ■

144284 Elymus dasystachys Trin. = Leymus secalinus (Georgi) Tzvelev ■

144285 Elymus dasystachys Trin. var. ligulatus Keng = Leymus secalinus (Georgi) Tzvelev ■

144286 Elymus dasystachys Trin. var. maximoviczii Kom. = Hystrix coreana (Honda) Ohwi ■

144287 Elymus dasystachys Trin. var. pubescens O. Fedtsch. = Leymus secalinus (Georgi) Tzvelev subsp. pubescens (O. Fedtsch.) Tzvelev ■

144288 Elymus debilis (L. B. Cai) S. L. Chen et G. Zhu;柔弱披碱草■

144289 Elymus dentatus (Hook. f.) Tzvelev;尖齿披碱草■☆

144290 Elymus dentatus (Hook. f.) Tzvelev subsp. uga-micus (Drobow) Tzvelev = Elymus nevskii Tzvelev ■

144291 Elymus distichus (Thunb.) Melderis;二列披碱草■☆

144292 Elymus diversiglumis Scribn. et C. R. Ball; 异颖披碱草; Minnesota Wild-rye, Unequal-glumed Wild-rye ■☆

144293 Elymus dolichatherus (Keng) S. L. Chen;长芒披碱草■

144294 Elymus durus (Keng) S. L. Chen;岷山披碱草■

144295 Elymus ebingeri G. C. Tucker; 埃宾格尔披碱草; Ebinger's Wild-rye, Wild Rye, Wild-rye ■☆

144296 Elymus elongatiformis (Drobow) Assadi = Elytrigia repens (L.) Desv. ex B. D. Jacks. subsp. elongatiformis (Drobow) Tzvelev ■☆

144297 Elymus elongatus (Host) Runemark; 伸长披碱草; Rush Wheatgrass, Tall Wheatgrass, Wild Rye ■☆

144298 Elymus elongatus (Host) Runemark = Elytrigia elongata (Host) Nevski ■

144299 Elymus elymoides (Raf.) Swezey subsp. brevifolius (J. G. Sm.) Barkworth = Elymus longifolius (J. G. Sm.) Gould ■☆

144300 Elymus elytrigioides (C. Yen et J. L. Yang) S. L. Chen;昌都披碱草■

144301 Elymus embergeri (Maire) Ibn Tattou = Elytrigia embergeri (Maire) Dobignard ■☆

144302 Elymus europaeus L. = Hordelymus europaeus (L.) Harz ■☆

144303 Elymus excelsus Turcz. ex Griseb.;肥披碱草;High Lymegrass, High Wildryegrass ■

144304 Elymus farctus (Viv.) Runemark ex Melderis = Elytrigia juncea (L.) Nevski ■

144305 Elymus farctus (Viv.) Runemark ex Melderis subsp. boreoatlanticus (Simonet et Guin.) Melderis = Elytrigia juncea (L.) Nevski subsp. boreoatlantica (Simonet et Guin.) Hyl. ■☆

144306 Elymus fedtschenkoi Tzvelev;光鞘披碱草(大芒鹅观草); Curvate Wildryegrass ■

144307 Elymus festucoides (Maire) Ibn Tattou;羊茅披碱草■☆

144308 Elymus formosanus (Honda) Á. Löve;台湾披碱草■

144309 Elymus formosanus (Honda) Á. Löve var. pubigerus (Keng) S. L. Chen;毛鞘台湾草■

144310 Elymus franchetii Kitag. = Elymus dahuricus Turcz. ex Griseb. var. cyhndricus Franch. ■

144311 Elymus geminatus (Keng et S. L. Chen) S. L. Chen = Kengyilia geminata (Keng et S. L. Chen) S. L. Chen ■

144312 Elymus giganteus Vahl;巨野麦■☆

144313 Elymus giganteus Vahl = Leymus racemosus (Lam.) Tzvelev ■

144314 Elymus glaberrimus (Keng et S. L. Chen) S. L. Chen;光穗鹅观草(光穗披碱草); Glabrous Goosecomb, Glabrous Roegneria, Glabrous-spiked Lymegrass ■

144315 Elymus glaberrimus (Keng et S. L. Chen) S. L. Chen var. breviarista S. L. Chen ex D. F. Cui = Roegneria breviarista (S. L. Chen ex D. F. Cui) L. B. Cai ■

144316 Elymus glabrifloris (Vasey) Scribn. et C. R. Ball var. australis (Scribn. et C. R. Ball) J. J. N. Campb. = Elymus virginicus L. ■☆

144317 Elymus glabriflorus (Vasey) Scribn. et C. R. Ball = Elymus virginicus L. ■☆

144318 Elymus glaucus Buckley;灰绿披碱草;Blue Wild Rye ■☆

144319 Elymus glaucus Regel = Elymus glaucus Buckley ■☆

144320 Elymus gmelinii (Ledeb.) Tzvelev;直穗披碱草■

144321 Elymus gmelinii (Ledeb.) Tzvelev = Roegneria turczaninovii (Drobow) Nevski ■

144322 Elymus gmelinii (Ledeb.) Tzvelev subsp. strictus (Keng) K. B. Jensen = Elymus strictus (Keng ex Keng et S. L. Chen) S. L. Chen ■

144323 Elymus gmelinii (Ledeb.) Tzvelev subsp. tenuisetus (Ohwi) Á. Löve = Elymus gmelinii (Ledeb.) Tzvelev var. tenuisetus (Ohwi) Osada ■☆

144324 Elymus gmelinii (Ledeb.) Tzvelev subsp. tenuisetus (Ohwi) Á. Löve = Elymus gmelinii (Ledeb.) Tzvelev ■

144325 Elymus gmelinii (Ledeb.) Tzvelev subsp. ugamicus (Drobow) Á. Löve = Elymus nevskii Tzvelev ■

144326 Elymus gmelinii (Ledeb.) Tzvelev var. macrantherus (Ohwi) S. L. Chen et G. Zhu;大芒披碱草■

144327 Elymus gmelinii (Ledeb.) Tzvelev var. tenuisetus (Ohwi) Osada;细毛直穗鹅观草■☆

144328 Elymus grandiglumis (Keng et S. L. Chen) Á. Löve = Kengyilia grandiglumis (Keng) J. L. Yang, C. Yen et B. R. Baum ■

144329 Elymus grandis (Keng) S. L. Chen;大披碱草■

144330 Elymus himalayanus (Nevski) Tzvelev;喜马拉雅披碱草■☆

144331 Elymus hirsutiglumis Scribn. = Elymus virginicus L. ■☆

144332 Elymus hispanicus (Boiss.) Talavera;西班牙披碱草■☆

144333 Elymus hispidus (Opiz) Melderis;硬毛披碱草■☆

144334 Elymus hondae (Kitag.) S. L. Chen;本田披碱草■

144335 Elymus hongyuanensis (L. B. Cai) S. L. Chen et G. Zhu;红原披碱草■

144336 Elymus humidus (Ohwi et Sakam.) Á. Löve;潮湿披碱草■☆

144337 Elymus humilis (Keng et S. L. Chen) S. L. Chen;矮鹅观草(矮披碱草,短鹅观草); Dwarf Goosecomb, Dwarf Lymegrass, Low Roegneria ■

144338 Elymus hyalanthus Rupr. = Psathyrostachys juncea (Fisch.) Nevski subsp. hyalantha (Rupr.) Tzvelev ■

144339 Elymus hybridus (Keng) S. L. Chen;杂交披碱草■

144340 Elymus hystrix L.;多刺披碱草; Bottlebrush Grass, Eastern Bottlebrush Grass, Glumeless Wild-rye ■☆

144341 Elymus hystrix L. f. bigelovianus (Fernald) Dore = Elymus hystrix L. ■☆
144342 Elymus hystrix L. f. bigelovianus (Fernald) Dore = Elymus hystrix L. var. bigeloviana (Fernald) Bowden ■☆
144343 Elymus hystrix L. var. bigeloviana (Fernald) Bowden;毕氏披碱草;Bigelow's Bottlebrush Grass,Eastern Bottlebrush Grass ■☆
144344 Elymus hystrix L. var. bigeloviana (Fernald) Bowden = Elymus hystrix L. ■☆
144345 Elymus interruptus Buckley = Elymus diversiglumis Scribn. et C. R. Ball ■☆
144346 Elymus intramongolicus (Shan Chen et W. Gao) S. L. Chen;内蒙披碱草■
144347 Elymus jacquemontii (Hook. f.) Tzvelev;低株披碱草■
144348 Elymus japonicus (Honda) Á. Löve = Hystrix duthiei (Stapf) Bor subsp. japonica (Hack.) Baden,Fred. et Seberg ■☆
144349 Elymus jejunus (Ramaley) Rydb. = Elymus virginicus L. ■☆
144350 Elymus jufinshanicus (C. P. Wang et H. L. Yang) S. L. Chen;九峰山披碱草■
144351 Elymus junceus Fisch = Psathyrostachys juncea (Fisch.) Nevski ■
144352 Elymus junceus Fisch. var. villosus Drobow = Psathyrostachys juncea (Fisch.) Nevski ■
144353 Elymus kamoji (Ohwi) S. L. Chen;柯孟披碱草(鹅观草,茅草箭,茅灵芝,莓川草,弯穗);Common Goosecomb,Common Roegneria ■
144354 Elymus kamoji (Ohwi) S. L. Chen var. macerrimus (Keng) G. Zhu;细瘦披碱草■
144355 Elymus kamojus (Ohwi) S. L. Chen = Elymus kamoji (Ohwi) S. L. Chen ■
144356 Elymus karelinii Turcz. = Leymus karelinii (Turcz.) Tzvelev ■
144357 Elymus kaschgaricus D. F. Cui;喀什披碱草(喀什鹅观草);Kaschgar Lymegrass ■
144358 Elymus kaschgaricus D. F. Cui = Kengyilia kaschgarica (D. F. Cui) L. B. Cai ■
144359 Elymus kengii (Tzvelev) Á. Löve = Kengyilia hirsuta (Keng) J. L. Yang,C. Yen et B. R. Baum ■
144360 Elymus kengii (Tzvelev) D. F. Cui;耿氏鹅观草;Keng Lymegrass ■
144361 Elymus kokonoricus (Keng ex Keng et S. L. Chen) Á. Löve = Kengyilia kokonorica (Keng et S. L. Chen) J. L. Yang,C. Yen et B. R. Baum ■
144362 Elymus kokonoricus (Keng) Á. Löve ex D. F. Cui = Kengyilia kokonorica (Keng) J. L. Yang,C. Yen et B. R. Baum ■
144363 Elymus komarovii (Nevski) Tzvelev;偏穗披碱草■
144364 Elymus komarovii (Nevski) Tzvelev = Roegneria komarovii (Nevski) Nevski ■
144365 Elymus koryoensis (Honda);广陵披碱草■☆
144366 Elymus kronokensis (Kom.) Tzvelev;少花披碱草■
144367 Elymus kronokensis subsp. borealis (Turcz.) Tzvelev = Elymus kronokensis (Kom.) Tzvelev ■
144368 Elymus kurilensis Prob. = Elymus nipponicus Jaaska ■☆
144369 Elymus kuznetzovii Pavlov = Leymus karelinii (Turcz.) Tzvelev ■
144370 Elymus lanceolatus (Scribn. et J. G. Sm.) Gould = Elytrigia dasystachya (Hook.) Á. Löve et D. Löve ■☆
144371 Elymus lanceolatus (Scribn. et J. G. Sm.) Gould var. riparius (Scribn. et J. G. Sm.) Dorn = Elytrigia dasystachya (Hook.) Á. Löve et D. Löve ■☆
144372 Elymus lanuginosus Trin. = Psathyrostachys lanuginosa (Trin.) Nevski ■
144373 Elymus laxiflorus (Keng et S. L. Chen) Á. Löve = Kengyilia laxiflora (Keng et S. L. Chen) J. L. Yang,C. Yen et B. R. Baum ■
144374 Elymus laxinodis (L. B. Cai) S. L. Chen et G. Zhu;稀节披碱草■
144375 Elymus leianthus (Keng) S. L. Chen;光花披碱草■
144376 Elymus leiotropis (Keng) S. L. Chen;光脊披碱草■
144377 Elymus longe-aristatus (Boiss.) Tzvelev subsp. canaliculatus (Nevski) Tzvelev = Roegneria longearistata (Boiss.) C. Y. Wu var. canaliculatus (Nevski) L. B. Cai ■
144378 Elymus longe-aristatus (Boiss.) Tzvelev subsp. canaliculatus (Nevski) Tzvelev = Elymus canaliculatus (Nevski) Tzvelev ■
144379 Elymus longifolius (J. G. Sm.) Gould;长叶披碱草;Squirreltail ■☆
144380 Elymus macgregorii R. E. Brooks et J. J. N. Campb.;马克披碱草;MacGregor's Wild-rye ■☆
144381 Elymus mackenzii Bush = Elymus glaucus Buckley ■☆
144382 Elymus macrolepis (Drobow) Tzvelev = Elymus fedtschenkoi Tzvelev ■
144383 Elymus magnicaespes D. F. Cui;大丛披碱草(大丛鹅观草);Bigtuft Lymegrass ■
144384 Elymus magnicaespes D. F. Cui = Roegneria magnicaespes (D. F. Cui) L. B. Cai ■
144385 Elymus magnipodus (L. B. Cai) S. L. Chen et G. Zhu;大柄披碱草■
144386 Elymus maltei Bowden;马尔特披碱草■☆
144387 Elymus maltei Bowden var. brownii Bowden = Elymus maltei Bowden ■☆
144388 Elymus maltei Bowden var. churchii Bowden = Elymus maltei Bowden ■☆
144389 Elymus maltei Bowden var. simulans Bowden = Elymus maltei Bowden ■☆
144390 Elymus marginatus (H. Lindb.) Á. Löve;具边披碱草■☆
144391 Elymus marginatus (H. Lindb.) Á. Löve subsp. kabylicus (Maire et Weiller) Valdés et H. Scholz;卡比利亚披碱草■☆
144392 Elymus mayebaranus (Honda) S. L. Chen = Roegneria mayebarana (Honda) Ohwi ■
144393 Elymus melantherus (Keng) Á. Löve = Kengyilia melanthera (Keng) J. L. Yang,C. Yen et B. R. Baum ■
144394 Elymus melantherus (Keng) Á. Löve = Kengyilia thoroldiana (Oliv.) J. L. Yang,C. Yen et B. R. Baum var. melanthera (Keng) L. B. Cai ■
144395 Elymus microlepis (Melderis) Á. Löve = Elymus antiquus (Nevski) Tzvelev ■
144396 Elymus microlepis (Melderis) Melderis = Elymus antiquus (Nevski) Tzvelev ■
144397 Elymus mollis Trin. = Leymus mollis (Trin. ex Spreng.) Pilg. ■
144398 Elymus mollis Trin. ex Spreng. = Leymus mollis (Trin. ex Spreng.) Pilg. ■
144399 Elymus mollis Trin. ex Spreng. var. corensis (Hack.) Honda = Leymus mollis (Trin. ex Spreng.) Pilg. ■
144400 Elymus mollis Trin. var. coreensis (Hack.) Honda = Leymus mollis (Trin. ex Spreng.) Pilg. ■
144401 Elymus molliusculus L. B. Cai = Elymus tangutorus (Nevski) Hand. -Mazz. ■
144402 Elymus multicaulis Kar. et Kir. = Leymus multicaulis (Kar. et

Kir.) Tzvelev ■

144403 Elymus mutabilis (Drobow) Tzvelev;狭颖披碱草■

144404 Elymus mutabilis (Drobow) Tzvelev = Roegneria mutabilis (Drobow) Hyl. ■

144405 Elymus mutabilis (Drobow) Tzvelev subsp. praecaespitosus (Nevski) Tzvelev = Elymus mutabilis (Drobow) Tzvelev var. praecaespitosus (Nevski) S. L. Chen ■

144406 Elymus mutabilis (Drobow) Tzvelev var. nemoralis (S. L. Chen ex D. F. Cui) L. B. Cai;林缘鹅观草(林缘狭颖披碱草)■

144407 Elymus mutabilis (Drobow) Tzvelev var. nemoralis S. L. Chen ex D. F. Cui = Elymus mutabilis (Drobow) Tzvelev var. nemoralis (S. L. Chen ex D. F. Cui) L. B. Cai ■

144408 Elymus mutabilis (Drobow) Tzvelev var. praecaespitosus (Nevski) S. L. Chen;密丛披碱草■

144409 Elymus muticus (Keng et S. L. Chen) Á. Löve = Kengyilia mutica (Keng et S. L. Chen) J. L. Yang, C. Yen et B. R. Baum ■

144410 Elymus nakaii (Kitag.) S. L. Chen;吉林披碱草■

144411 Elymus nevskii Tzvelev;齿披碱草(聂威鹅观草);Nevski Wildryegrass ■

144412 Elymus nipponicus Jaaska;日本披碱草■☆

144413 Elymus nodosus (Nevski) Melderis;大节冰草■☆

144414 Elymus nutans Griseb.;垂穗披碱草(三颖披碱草);Drooping Lymegrass, Drooping Wildryegrass ■

144415 Elymus nutans Griseb. var. triglumis (Q. B. Zhang) G. Zhu et S. L. Chen;三颖披碱草;Threeglume Wildryegrass ■

144416 Elymus nutans Keng = Elymus burchan-buddae (Nevski) Tzvelev ■

144417 Elymus ovatus Trin. = Leymus ovatus (Trin.) Tzvelev ■

144418 Elymus paboanus Claus = Leymus paboanus (Claus) Pilg. ■

144419 Elymus parviglumus (Keng) Á. Löve = Elymus antiquus (Nevski) Tzvelev ■

144420 Elymus pauciflorus (Schwein.) Gould = Elymus trachycaulus (Link) Gould ex Shinners ■☆

144421 Elymus pendulinus (Nevski) Tzvelev;缘毛披碱草■

144422 Elymus pendulinus (Nevski) Tzvelev subsp. multiculmis (Kitag.) Á. Löve;多秆缘毛草■

144423 Elymus pendulinus (Nevski) Tzvelev subsp. pubicaulis (Keng) S. L. Chen;毛秆披碱草■

144424 Elymus philadelphicus L. = Elymus canadensis L. ■

144425 Elymus philadelphicus L. var. hirsutus Farw. = Elymus canadensis L. ■

144426 Elymus pilifer Banks et Sol. = Heteranthelium piliferum (Banks et Sol.) Hochst. ■☆

144427 Elymus platyphyllus (Keng) Á. Löve = Elymus platyphyllus (Keng) Á. Löve ex D. F. Cui ■

144428 Elymus platyphyllus (Keng) Á. Löve ex D. F. Cui;宽叶鹅观草(宽叶披碱草);Broadleaf Goosecomb, Broadleaf Roegneria, Broad-leaved Wildryegrass ■

144429 Elymus praecaespitosus (Nevski) Tzvelev;密丛鹅观草■

144430 Elymus praecaespitosus (Nevski) Tzvelev = Elymus mutabilis (Drobow) Tzvelev var. praecaespitosus (Nevski) S. L. Chen ■

144431 Elymus pseudocaninus G. Zhu et S. L. Chen;阿尔泰披碱草■

144432 Elymus pseudonutans Á. Löve;假垂穗鹅观草(垂穗鹅观草)■

144433 Elymus pseudonutans Á. Löve = Elymus burchan-buddae (Nevski) Tzvelev ■

144434 Elymus puberulus (Keng) S. L. Chen;微毛披碱草■

144435 Elymus pulanensis (H. L. Yang) S. L. Chen;普兰披碱草■

144436 Elymus purpuraristatus C. P. Wang et H. L. Yang;紫芒披碱草;Purpleawn Lymegrass, Purpleawn Wildryegrass ■

144437 Elymus purpurascens (Keng) S. L. Chen;紫穗披碱草■

144438 Elymus pycnanthus (Godr.) Melderis = Elytrigia atherica (Link) M. A. Carreras ex Kerguélen ■☆

144439 Elymus racemifer (Steud.) Tzvelev;总序披碱草■☆

144440 Elymus racemifer (Steud.) Tzvelev var. japonensis (Honda) Osada;日本总序披碱草■☆

144441 Elymus racemifer (Steud.) Tzvelev var. japonensis (Honda) Osada = Elymus ciliaris (Trin.) Tzvelev var. hackelianus (Honda) G. Zhu et S. L. Chen ■

144442 Elymus racemosus Lam. = Leymus racemosus (Lam.) Tzvelev ■

144443 Elymus regelii Roshev. = Leymus chinensis (Trin. ex Bunge) Tzvelev ■

144444 Elymus repens (L.) Gould = Elytrigia repens (L.) Desv. ex B. D. Jacks. ■

144445 Elymus repens (L.) Gould = Triticum repens L. ■

144446 Elymus repens (L.) Gould subsp. elongatiformis (Drobow) Melderis = Elytrigia repens (L.) Desv. ex B. D. Jacks. subsp. elongatiformis (Drobow) Tzvelev ■☆

144447 Elymus retroflexus B. Rong Lu et B. Salomon;反折披碱草■

144448 Elymus retroflexus B. Rong Lu et B. Salomon = Roegneria retroflexa (B. Rong Lu et B. Salomon) L. B. Cai ■

144449 Elymus riparius Wiegand;河岸披碱草;Riverbank Wild-rye, Streambank Wild Rye, Streambank Wild-rye ■☆

144450 Elymus robustus Scribn. et J. G. Sm. = Elymus canadensis L. ■

144451 Elymus salsuginosus (Griseb.) Steud. var. paboanus (Claus) Roshev. = Leymus paboanos (Claus) Pilg. ■

144452 Elymus scabridulus (Ohwi) Tzvelev;粗糙披碱草■

144453 Elymus scabrus ?;澳大利亚披碱草;Australian Couch ■☆

144454 Elymus schrenkianus (Fisch. et C. A. Mey.) Tzvelev = Roegneria schrenkiana (Fisch. et C. A. Mey.) Nevski ■

144455 Elymus sclerus Á. Löve;岷山鹅观草(耐久鹅观草);Hard Goosecomb, Hard Roegneria ■

144456 Elymus sclerus Á. Löve = Elymus durus (Keng) S. L. Chen ■

144457 Elymus sclerus Á. Löve = Roegneria tschimganica (Drobow) Nevski var. varriglumis (Keng ex Keng et S. L. Chen) L. B. Cai ■

144458 Elymus secalinus (Georgi) Bobrov = Leymus secalinus (Georgi) Tzvelev ■

144459 Elymus semicostatus (Nees ex Steud.) Melderis;斯基台冰草(半脉冰草);Drooping Wildrye ■☆

144460 Elymus semicostatus (Nees ex Steud.) Melderis subsp. scabridulus (Ohwi) Á. Löve = Elymus scabridulus (Ohwi) Tzvelev ■

144461 Elymus serotinus (Keng) Á. Löve ex B. Rong Lu;秋披碱草■

144462 Elymus serpentinus (L. B. Cai) S. L. Chen et G. Zhu;蜿轴披碱草■

144463 Elymus shandongensis B. Salomon;山东披碱草■

144464 Elymus shandongensis B. Salomon = Roegneria shandongensis (B. Salomon) L. B. Cai ■

144465 Elymus shouliangiae (L. B. Cai) G. Zhu;守良披碱草■

144466 Elymus sibiricus L.;老芒麦(西伯利亚野麦);Siberian Lymegrass, Siberian Wildrye ■

144467 Elymus sibiricus L. = Elymus nutans Griseb. ■

144468 Elymus sibiricus L. var. brachstachys Keng = Elymus sibiricus L. ■

144469 Elymus sibiricus L. var. erectiusculus L. B. Cai = Elymus sibiricus L. ■

144470 Elymus sibiricus L. var. gracilis L. B. Cai = Elymus sibiricus L. ■
144471 Elymus sibiricus L. var. minor ? = Elymus nutans Griseb. ■
144472 Elymus sinicus (Keng) S. L. Chen;中华披碱草■
144473 Elymus sinicus (Keng) S. L. Chen var. medius (Keng) S. L. Chen et G. Zhu;中间披碱草■
144474 Elymus sinkiangensis D. F. Cui;新疆披碱草(新疆鹅观草);Xinjiang Lymegrass ■
144475 Elymus sinkiangensis D. F. Cui = Roegneria sinkiangensis (D. F. Cui) L. B. Cai ■
144476 Elymus sinoflexuosus (L. B. Cai) S. L. Chen et G. Zhu;弯曲披碱草■
144477 Elymus sinohirtiflorus S. L. Chen = Elymus ciliaris (Trin.) Tzvelev var. hirtiflorus (C. P. Wang et H. L. Yang) S. L. Chen ■
144478 Elymus smithii (Rydb.) Gould;史密斯披碱草;Western Wheatgrass ■
144479 Elymus smithii (Rydb.) Gould = Elytrigia smithii (Rydb.) Nevski ■
144480 Elymus stenachyrus (Keng et S. L. Chen) Á. Löve = Kengyilia stenachyra (Keng et S. L. Chen) J. L. Yang, C. Yen et B. R. Baum ■
144481 Elymus striatus Willd. = Elymus virginicus L. ■☆
144482 Elymus strictus (Keng ex Keng et S. L. Chen) S. L. Chen;肃草;Strict Goosecomb, Strict Roegneria ■
144483 Elymus strictus (Keng ex Keng et S. L. Chen) S. L. Chen var. crassus (L. B. Cai) S. L. Chen;粗壮肃草■
144484 Elymus strictus (Keng) S. L. Chen = Elymus strictus (Keng ex Keng et S. L. Chen) S. L. Chen ■
144485 Elymus submuticus (Hook.) Smyth = Elymus submuticus Keng ex P. C. Keng ■
144486 Elymus submuticus (Hook.) Smyth = Elymus virginicus L. ■☆
144487 Elymus submuticus Keng ex P. C. Keng;无芒披碱草;Awnless Lymegrass, Awnless Wild-rye, Awnless Wildryegrass ■
144488 Elymus sylvaticus (Keng et S. L. Chen) S. L. Chen;林地鹅观草(林地披碱草);Woody Goosecomb, Woody Roegneria ■
144489 Elymus tangutorus (Nevski) Hand. -Mazz.;麦宾草;Tangut Lymegrass, Tangut Wildryegrass ■
144490 Elymus thomsonii Hook. f. = Leymus secalinus (Georgi) Tzvelev ■
144491 Elymus thoroldianus (Oliv.) Á. Löve = Kengyilia thoroldiana (Oliv.) J. L. Yang, C. Yen et B. R. Baum ■
144492 Elymus thoroldianus (Oliv.) G. Singh = Kengyilia thoroldiana (Oliv.) J. L. Yang, C. Yen et B. R. Baum ■
144493 Elymus thoroldianus (Oliv.) G. Singh. = Roegneria thoroldiana (Oliv.) Keng ex Keng et S. L. Chen ■
144494 Elymus tianschanicus (Drobow) Nevski = Elymus tianschanigenus Czerep. ■
144495 Elymus tianschanicus Drobow = Leymus tianschanicus (Drobow) Tzvelev ■
144496 Elymus tianschanigenus Czerep.;天山披碱草■
144497 Elymus tibeticus (Melderis) G. Singh;西藏披碱草■
144498 Elymus trachycaulus (Link) Gould ex Shinners;纤细冰草;Awned Wheat Grass, Dog Couch-grass, Bearded Wheat Grass, Slender Wheat Grass, Slender Wheat-grass ■☆
144499 Elymus trachycaulus (Link) Gould ex Shinners subsp. glaucus (Pease et A. H. Moore) Cody = Elymus trachycaulus (Link) Gould ex Shinners subsp. subsecundus (Link) Á. Löve et D. Löve ■☆
144500 Elymus trachycaulus (Link) Gould ex Shinners subsp. novae-angliae (Scribn.) Tzvelev = Elymus trachycaulus (Link) Gould ex Shinners ■☆
144501 Elymus trachycaulus (Link) Gould ex Shinners subsp. subsecundus (Link) Á. Löve et D. Löve;芒纤细冰草;Bearded Wheat Grass, Slender Wheat Grass ■☆
144502 Elymus trachycaulus (Link) Gould ex Shinners var. andinus (Scribn. et J. G. Sm.) Dorn = Elymus trachycaulus (Link) Gould ex Shinners ■☆
144503 Elymus trachycaulus (Link) Gould ex Shinners var. majus (Vasey) Beetle = Elymus trachycaulus (Link) Gould ex Shinners ■☆
144504 Elymus trachycaulus (Link) Gould ex Shinners var. unilateralis (Cassidy) Beetle = Elymus trachycaulus (Link) Gould ex Shinners subsp. subsecundus (Link) Á. Löve et D. Löve ■☆
144505 Elymus trichospiculus (L. B. Cai) S. L. Chen et G. Zhu;毛穗披碱草■
144506 Elymus tridentatus (C. Yen et J. L. Yang) S. L. Chen;三齿披碱草■
144507 Elymus triglumis Q. B. Zhang = Elymus nutans Griseb. var. triglumis (Q. B. Zhang) G. Zhu et S. L. Chen ■
144508 Elymus trinii Melderis = Leymus ramosus Tzvelev ■
144509 Elymus tschimganicus (Drobow) Tzvelev = Roegneria tschimganica (Drobow) Nevski ■
144510 Elymus tschimganicus (Drobow) Tzvelev var. glabrispiculus D. F. Cui = Roegneria glabrispicula (D. F. Cui) L. B. Cai ■
144511 Elymus tschimuganicus (Drobow) Tzvelev;云山披碱草(曲芒鹅观草)■
144512 Elymus tschimuganicus (Drobow) Tzvelev var. glabrispiculus D. F. Cui;光稃披碱草(光穗曲芒鹅观草,光穗曲芒披碱草)■
144513 Elymus tschimuganicus Drobow = Roegneria tschimganica (Drobow) Nevski ■
144514 Elymus tsukushiensis Honda = Roegneria tsukushiensis (Drobow) Nevski ■
144515 Elymus tsukushiensis Honda var. transiens (Hack.) Ohwi = Roegneria tsukushiensis (Drobow) Nevski var. transiens (Hack.) B. Rong Lu, C. Yen et J. L. Yang ■
144516 Elymus tsukushiensis Honda var. transiens (Hack.) Osada = Elymus kamoji (Ohwi) S. L. Chen ■
144517 Elymus turgaicus Roshev.;中亚野麦;Centrol Asia Lymegrass ■☆
144518 Elymus uralensis (Nevski) Tzvelev subsp. komarovii (Nevski) Tzvelev = Elymus komarovii (Nevski) Tzvelev ■
144519 Elymus uralensis (Nevski) Tzvelev subsp. tianschanicus (Drobow) Tzvelev = Elymus tianschanigenus Czerep. ■
144520 Elymus uralensis (Nevski) Tzvelev subsp. tianschanicus (Drobow) Tzvelev = Elymus czilikensis (Drobow) Tzvelev ■
144521 Elymus villifer C. P. Wang et H. L. Yang;毛披碱草;Hairy Lymegrass, Hairy Wildryegrass ■
144522 Elymus villosissimus Scribn.;长柔毛披碱草■☆
144523 Elymus villosulus Ohwi = Elymus dahuricus Turcz. ex Griseb. var. villosulus (Ohwi) Ohwi ■☆
144524 Elymus villosus Muhl. ex Willd.;多毛披碱草;Downy Wild Rye, Downy Wild-rye, Hairy Wild-rye, Silky Wild-rye ■☆
144525 Elymus villosus Muhl. ex Willd. f. arkansanus (Scribn. et Ball) Fernald = Elymus villosus Muhl. ex Willd. ■☆
144526 Elymus villosus Muhl. ex Willd. var. arkansanus (Scribn. et Ball) J. J. N. Campb. = Elymus villosus Muhl. ex Willd. ■☆
144527 Elymus virgidulus (Keng ex Keng et S. L. Chen) S. L. Chen;绿穗鹅观草(绿穗披碱草);Greenspike Goosecomb, Greenspike Roegneria, Green-spiked Wildryegrass ■

144528 Elymus virginicus L.;弗吉尼亚野麦;Common Eastern Wild-rye,Terrell Grass, Virginia Lime-grass, Virginia Wild Rye, Virginia Wild-rye ■☆

144529 Elymus virginicus L. f. australis (Scribn. et Ball) Fernald = Elymus virginicus L. ■☆

144530 Elymus virginicus L. f. hirsutiglumis (Scribn.) Fernald = Elymus virginicus L. ■☆

144531 Elymus virginicus L. var. australis (Scribn. et Ball) Hitchc. = Elymus virginicus L. ■☆

144532 Elymus virginicus L. var. glabriflorus (Vasey) Bush = Elymus virginicus L. ■☆

144533 Elymus virginicus L. var. hirsutiglumis (Scribn.) Hitchc. = Elymus virginicus L. ■☆

144534 Elymus virginicus L. var. intermedius (Vasey) Bush = Elymus virginicus L. ■☆

144535 Elymus virginicus L. var. jejeunus (Ramaley) Bush = Elymus virginicus L. ■☆

144536 Elymus virginicus L. var. jejunus (Ramaley) Bush = Elymus virginicus L. ■☆

144537 Elymus virginicus L. var. jenkinsii Bowden = Elymus virginicus L. ■☆

144538 Elymus virginicus L. var. submuticus Hook. = Elymus submuticus Keng ex P. C. Keng ■

144539 Elymus virginicus L. var. typicus Fernald = Elymus virginicus L. ■☆

144540 Elymus virginicus L. var. typicus Fernald f. hirsutiglumis (Scribn.) Fernald = Elymus virginicus L. ■☆

144541 Elymus wiegandii Fernald;维氏披碱草;Broad-leaved Wild-rye, Northern Riverbank Wild-rye, Wiegand's Lime-grass, Wiegand's Wild-rye ■☆

144542 Elymus xiningensis L. B. Cai = Elymus dahuricus Turcz. ex Griseb. var. xiningensis (L. B. Cai) S. L. Chen ■

144543 Elymus yangiae B. Rong Lu;杨氏披碱草■

144544 Elymus yangiae B. Rong Lu = Roegneria yangiae (B. Rong Lu) L. B. Cai ■

144545 Elymus yezoensis (Honda) Osada = Elymus nipponicus Jaaska ■☆

144546 Elymus yilianus S. L. Chen;短芒披碱草;Shortawn Lymegrass, Shortawn Wildryegrass ■

144547 Elymus yilianus S. L. Chen = Elymus breviaristatus Keng ex P. C. Keng ■

144548 Elymus yubaridakensis (Honda) Ohwi = Elymus sibiricus L. ■

144549 Elymus yushuensis (L. B. Cai) S. L. Chen et G. Zhu;玉树披碱草■

144550 Elymus zhui S. L. Chen;小株披碱草■

144551 Elyna Schrad. = Kobresia Willd. ■

144552 Elyna bellardii (All.) Hartm = Kobresia myosuroides (Vill.) Fiori et Paol. ■

144553 Elyna capillifolia Decne. = Kobresia capillifolia (Decne.) C. B. Clarke ■

144554 Elyna capillifolia Decne. var. filifolia (Turcz.) Kük. = Kobresia filifolia (Turcz.) C. B. Clarke ■

144555 Elyna filifolai Turcz. = Kobresia filifolia (Turcz.) C. B. Clarke ■

144556 Elyna humilis C. A. Mey. ex Trautv. = Kobresia humilis (C. A. Mey. ex Trautv.) Serg. ■

144557 Elyna kokanica Regel = Kobresia royleana (Nees) Boeck. ■

144558 Elyna myosuroides (Vill.) Fritsch ex Janch. = Kobresia myosuroides (Vill.) Fiori et Paol. ■

144559 Elyna pygmaea C. B. Clarke = Kobresia pygmaea (C. B. Clarke) C. B. Clarke ■

144560 Elyna schoenoides C. A. Mey. = Kobresia schoenoides (C. A. Mey.) Steud. ■

144561 Elyna sibirica Turcz. ex Ledeb. = Kobresia sibirica (Turcz. ex Ledeb.) Boeck. ■☆

144562 Elyna spicata Schrad. = Kobresia myosuroides (Vill.) Fiori et Paol. ■

144563 Elyna stenocarpa Kar. et Kir. = Kobresia royleana (Nees) Boeck. ■

144564 Elynaceae Rchb. ex Barnhart = Cyperaceae Juss.(保留科名)■

144565 Elynanthus Nees = Tetraria P. Beauv. ■☆

144566 Elynanthus P. Beauv. ex T. Lestib. = Tetraria P. Beauv. ■☆

144567 Elynanthus arenarius (Schrad.) Nees = Tetraria compar (L.) T. Lestib. ■☆

144568 Elynanthus aristatus Boeck. = Tetraria flexuosa (Thunb.) C. B. Clarke ■☆

144569 Elynanthus cuspidatus Nees = Tetraria cuspidata (Rottb.) C. B. Clarke ■☆

144570 Elynanthus dregeanus Boeck. = Epischoenus dregeanus (Boeck.) Levyns ■☆

144571 Elynanthus gracilis Nees = Tetraria exilis Levyns ■☆

144572 Elynanthus ligulatus Boeck. = Tetraria ligulata (Boeck.) C. B. Clarke ■☆

144573 Elynanthus pictus Boeck. = Tetraria picta (Boeck.) C. B. Clarke ■☆

144574 Elynanthus sylvaticus Nees = Tetraria sylvatica (Nees) C. B. Clarke ■☆

144575 Elynanthus ustulatus (L.) Nees = Tetraria ustulata (L.) C. B. Clarke ■☆

144576 Elynanthus viscosus (Schrad.) Nees = Tetraria compar (L.) T. Lestib. ■☆

144577 Elyonorus Bartl. = Elyonurus Humb. et Bonpl. ex Willd. ■☆

144578 Elyonurus Humb. et Bonpl. ex Willd. = Elionurus Humb. et Bonpl. ex Willd.(保留属名)■☆

144579 Elyonurus Willd. = Elionurus Humb. et Bonpl. ex Willd.(保留属名)■☆

144580 Elythranthe Rchb. = Elytranthe (Blume) Blume ●

144581 Elythranthe henryi Lecomte = Elytranthe albida (Blume) Blume ●

144582 Elythranthe robinsonii Gamble = Macrosolen robinsonii (Gamble) Danser ●

144583 Elythranthera (Endl.) A. S. George = Elytranthera (Endl.) A. S. George ■☆

144584 Elythranthera A. S. George = Elytranthera (Endl.) A. S. George ■☆

144585 Elythranthera brunonis (Endl.) A. S. George;鞘药兰■☆

144586 Elythraria D. Dietr. = Elytraria Michx.(保留属名)●☆

144587 Elythrophorus Dumort. = Elytrophorus P. Beauv. ■

144588 Elythrospermum Steud. = Scirpus L.(保留属名)■

144589 Elythrostamma Bojer = Ipomoea L.(保留属名)●■

144590 Elythrostamna Bojer = Ipomoea L.(保留属名)●■

144591 Elytranthaceae Tiegh. = Loranthaceae Juss.(保留科名)●

144592 Elytranthaceae Tiegh. ex Nakai = Loranthaceae Juss.(保留科名)●

144593 Elytranthe (Blume) Blume(1830);大苞鞘花属(苞花寄生属,鞘花属);Elytranthe ●

144594 Elytranthe Blume = Elytranthe (Blume) Blume ●

144595 Elytranthe albida (Blume) Blume;大苞鞘花(苞花寄生);Common Elytranthe,Whitish Elytranthe ●
144596 Elytranthe ampullacea (Roxb.) G. Don = Macrosolen cochinchinensis (Lour.) Tiegh. ●
144597 Elytranthe ampullacea (Roxb.) G. Don var. tonkinensis Lecomte = Macrosolen cochinchinensis (Lour.) Tiegh. ●
144598 Elytranthe bibracteolata (Hance) Lecomte = Macrosolen bibracteolatus (Hance) Danser ●
144599 Elytranthe bibracteolata (Hance) Lecomte var. acuminatissima Merr. = Macrosolen bibracteolatus (Hance) Danser ●
144600 Elytranthe bibracteolata (Hance) Lecomte var. sinensis Lecomte = Macrosolen bibracteolatus (Hance) Danser ●
144601 Elytranthe cochinchinensis (Lour.) G. Don = Macrosolen cochinchinensis (Lour.) Tiegh. ●
144602 Elytranthe cochinchinensis (Lour.) G. Don var. tonkinensis (Lecomte) H. L. Li = Macrosolen cochinchinensis (Lour.) Tiegh. ●
144603 Elytranthe fordii (Hance) Merr. = Macrosolen cochinchinensis (Lour.) Tiegh. ●
144604 Elytranthe henryi Lecomte = Elytranthe albida (Blume) Blume ●
144605 Elytranthe lonicerioides (L.) G. Don = Elytranthe parasitica (L.) Danser ●
144606 Elytranthe niitakayamensis Yamam. = Taxillus limprichtii (Grüning) H. S. Kiu ●
144607 Elytranthe parasitica (L.) Danser;墨脱大苞鞘花(墨脱苞花寄生);Motuo Elytranthe,Parasite Scurrula ●
144608 Elytranthe robinsonii Gamble = Macrosolen robinsonii (Gamble) Danser ●
144609 Elytranthe suberosa Lauterb. = Macrosolen geminatus (Merr.) Danser ●
144610 Elytranthe suberosa Lauterb. = Macrosolen suberosus (Lauterb.) Danser ●
144611 Elytranthe tricolor Lecomte = Macrosolen tricolor (Lecomte) Danser ●
144612 Elytranthera (Endl.) A. S. George(1963);鞘药兰属■☆
144613 Elytraria Michx. (1803)(保留属名);艾里爵床属●☆
144614 Elytraria acaulis (L. f.) Lindau = Elytraria marginata Vahl ●☆
144615 Elytraria acaulis (L. f.) Lindau var. lyrata (Vahl) Bremek. = Elytraria lyrata Vahl ●☆
144616 Elytraria crenata Vahl = Elytraria nodosa E. Hossain ●☆
144617 Elytraria ivorensis Dokosi;伊沃里艾里爵床●☆
144618 Elytraria lyrata Vahl;大头羽裂艾里爵床●☆
144619 Elytraria madagascariensis (Benoist) E. Hossain;马岛艾里爵床●☆
144620 Elytraria marginata Vahl;具边艾里爵床●☆
144621 Elytraria maritima J. K. Morton;滨海艾里爵床●☆
144622 Elytraria minor Dokosi;小艾里爵床●☆
144623 Elytraria nodosa E. Hossain;多节艾里爵床●☆
144624 Elytrigia Desv. (1810);偃麦草属;Conch,Elytrigia ■
144625 Elytrigia Desv. = Elymus L. ■
144626 Elytrigia Desv. = Triticum L. ■
144627 Elytrigia aegilopoides (Drobow) N. R. Cui = Elytrigia gmelinii (Trin.) Nevski ■
144628 Elytrigia aegilopoides (Drobow) Peschkova = Elytrigia gmelinii (Trin.) Nevski ■
144629 Elytrigia alaicus (Drobow) Nevski;阿莱偃麦草■☆
144630 Elytrigia alatavica (Drobow) Nevski = Elymus alatavicus (Drobow) Á. Löve ■
144631 Elytrigia alatavica (Drobow) Nevski = Kengyilia alatavica (Drobow) J. L. Yang,C. Yen et B. R. Baum ■
144632 Elytrigia argentea Nevski = Kengyilia batalinii (Krasn.) J. L. Yang,C. Yen et B. R. Baum ■
144633 Elytrigia argentea Nevski = Triticum batalinii Krasn. ■
144634 Elytrigia atherica (Link) M. A. Carreras ex Kerguélen;刚毛偃麦草;Sea Couch ■☆
144635 Elytrigia batalinii (Krasn.) Nevski;巴塔林偃麦草■☆
144636 Elytrigia batalinii (Krasn.) Nevski = Kengyilia batalinii (Krasn.) J. L. Yang,C. Yen et B. R. Baum ■
144637 Elytrigia batalinii (Krasn.) Nevski = Triticum batalinii Krasn. ■
144638 Elytrigia canina (L.) Drobow = Elymus caninus (L.) L. ■
144639 Elytrigia cognata (Hack.) O. Anders et Podlech = Pseudoroegneria cognata (Hack.) Á. Löve ■
144640 Elytrigia dasystachya (Hook.) Á. Löve et D. Löve;直穗偃麦草;Thick-spike Wheat Grass ■☆
144641 Elytrigia dasystachya (Hook.) Á. Löve et D. Löve subsp. psammophila (J. M. Gillett et Senn) Dewey;喜沙直穗偃麦草;Streambank Wheat Grass,Thick-spike Wheat Grass ■☆
144642 Elytrigia dschungarica Nevski = Pseudoroegneria cognata (Hack.) Á. Löve ■
144643 Elytrigia elongata (Host ex P. Beauv.) Nevski;长穗偃麦草(长冰草);Elongate Elytrigia,Tall Wheatgrass,Tall Wheat-grass ■
144644 Elytrigia elongata (Host) Nevski = Elytrigia elongata (Host ex P. Beauv.) Nevski ■
144645 Elytrigia elongatiformis (Drobow) Nevski = Elytrigia repens (L.) Desv. ex B. D. Jacks. subsp. elongatiformis (Drobow) Tzvelev ■☆
144646 Elytrigia embergeri (Maire) Dobignard;恩贝格尔偃麦草■☆
144647 Elytrigia farcta (Viv.) Holub = Elytrigia juncea (L.) Nevski ■
144648 Elytrigia ferganensis (Drobow) Nevski;费尔干偃麦草;Fergan Elytrigia ■
144649 Elytrigia ferganensis (Drobow) Nevski = Pseudoroegneria cognata (Hack.) Á. Löve ■
144650 Elytrigia geniculata (Trin.) Nevski subsp. ferganensis (Drobow) Tzvelev = Pseudoroegneria cognata (Hack.) Á. Löve ■
144651 Elytrigia gmelinii (Trin.) Nevski;曲芒偃麦草■
144652 Elytrigia intermedia (Host) Nevski;中间偃麦草(中冰草);Intermediate Elytrigia,Intermediate Whentgrass ■
144653 Elytrigia intermedia (Host) Nevski subsp. trichophora (Link) Á. Löve = Elytrigia trichophora (Link) Nevski ■
144654 Elytrigia juncea (L.) Nevski;脆轴偃麦草(灯芯草冰草);Rushlike Elytrigia,Russia Wild Rye ■
144655 Elytrigia juncea (L.) Nevski subsp. boreoatlantica (Simonet et Guin.) Hyl.;北非偃麦草■☆
144656 Elytrigia junceiforme Á. Löve et D. Löve = Elytrigia juncea (L.) Nevski subsp. boreoatlantica (Simonet et Guin.) Hyl. ■☆
144657 Elytrigia littoralis (Host) Hyl. = Elytrigia atherica (Link) M. A. Carreras ex Kerguélen ■☆
144658 Elytrigia pontica (Podp.) Holub = Elymus elongatus (Host) Runemark ■☆
144659 Elytrigia propinqua (Nevski) Nevski = Elytrigia gmelinii (Trin.) Nevski ■
144660 Elytrigia pycnantha (Godr.) Á. Löve = Elytrigia atherica (Link) M. A. Carreras ex Kerguélen ■☆
144661 Elytrigia repens (L.) Desv. ex B. D. Jacks.;偃麦草(匍匐冰草,匍根冰草,匍状冰草,速生草);Blue Joints,Cassocks,Common

Couch, Couch, Couch Grass, Couchgrass, Couch-grass, Creeping Quackgrass, Creeping Wheat-grass, Creeping Wild Rye, Dog Grass, Foul-grass, Hound's Tooth, Huff Cap, Huff-cap, Kett, Kwigga, Lonachies, Quack, Quack Grass, Quackgrass, Quercitron Oak, Quicken-grass, Quickgrass, Quitch, Quitch-grass, Rack, Ronnochs, Scoutch, Scryle, Scuch Grass, Sheep's Cheese, Skally, Spear-grass, Spoil, Squitch, Strap-grass, Stroll, Stroyl, Twike, Twitch, Twitch-grass, Whicken, Whicks, Wicken, Witch Grass, Wizzard, Yawl ■

144662 Elytrigia repens (L.) Desv. ex B. D. Jacks. subsp. elongatiformis (Drobow) Tzvelev;长偃麦草■☆

144663 Elytrigia repens (L.) Desv. ex B. D. Jacks. var. vaillantiana (Wulfen et Schreb.) Prokudin = Elytrigia repens (L.) Desv. ex B. D. Jacks. ■

144664 Elytrigia repens (L.) Desv. ex Nevski = Elytrigia repens (L.) Desv. ex B. D. Jacks. ■

144665 Elytrigia repens (L.) Desv. ex Nevski subsp. elongatiformis (Drobow) Tzvelev;多花偃麦草■

144666 Elytrigia repens (L.) Desv. ex Nevski subsp. longearistata N. R. Cui;芒偃麦草;Long Quackgrass ■

144667 Elytrigia repens (L.) Desv. ex Nevski var. aristata (Döll) Prokudin;亚洲偃麦草■☆

144668 Elytrigia repens (L.) Nevski = Elymus repens (L.) Gould ■

144669 Elytrigia repens (L.) Nevski = Elytrigia repens (L.) Desv. ex B. D. Jacks. ■

144670 Elytrigia repens (L.) Nevski subsp. longearistata N. R. Cui = Elytrigia repens (L.) Desv. ex Nevski subsp. longearistata N. R. Cui ■

144671 Elytrigia repens (L.) Nevski var. aristata (Döll) Prokudin = Elytrigia repens (L.) Desv. ex Nevski var. aristata (Döll) Prokudin ■☆

144672 Elytrigia riparia (Scribn. et J. G. Sm.) Beetle = Elytrigia dasystachya (Hook.) Á. Löve et D. Löve ■☆

144673 Elytrigia scirpea (C. Presl) Holub;灯芯草状偃麦草■☆

144674 Elytrigia smithii (Rydb.) Á. Löve = Elymus smithii (Rydb.) Gould ■

144675 Elytrigia smithii (Rydb.) Nevski;硬叶偃麦草(北美偃麦草, 史密斯冰草, 史氏偃麦草); Bluestem Wheat Grass, Bluestem Wheat-grass, Colorado Bluestem, Hardleaf Elytrigia, Smith Elytrigia, Western Wheat Grass, Western Wheat-grass ■

144676 Elytrigia smithii (Rydb.) Nevski var. molle (Scribn. et J. G. Sm.) Beetle = Elytrigia smithii (Rydb.) Nevski ■

144677 Elytrigia spicata (Pursh) D. R. Dewey;穗花偃麦草;Bluebunch Wheat Grass ■☆

144678 Elytrigia strigosa (M. Bieb.) Nevski subsp. aegilopoides (Drobow) Tzvelev = Elytrigia gmelinii (Trin.) Nevski ■

144679 Elytrigia strigosa (M. Bieb.) Nevski subsp. aegilopoides (Drobow) Tzvelev = Elytrigia aegilopoides (Drobow) N. R. Cui ■

144680 Elytrigia trichophora (Link) Nevski; 毛偃麦草; Piliferous Elytrigia, Stiff-hair Wheat Grass, Stiff-hair Wheat-grass ■

144681 Elytrigium Benth. = Elytrigia Desv. ■

144682 Elytroblepharum (Steud.) Schltdl. = Digitaria Haller(保留属名)■

144683 Elytropappus Cass. (1816);鞘冠帚鼠麹属●☆

144684 Elytropappus aridus Koekemoer;旱生鞘冠帚鼠麹●☆

144685 Elytropappus canescens DC.;灰鞘冠帚鼠麹■☆

144686 Elytropappus cyathiformis DC. = Elytropappus hispidus (L. f.) Druce ●☆

144687 Elytropappus glandulosus Less.;多腺鞘冠帚鼠麹●☆

144688 Elytropappus glandulosus Less. var. microphyllus DC.;小叶多腺鞘冠帚鼠麹●☆

144689 Elytropappus glandulosus Less. var. pallens DC.;苍白多腺鞘冠帚鼠麹●☆

144690 Elytropappus hispidus (L. f.) Druce;硬毛鞘冠帚鼠麹●☆

144691 Elytropappus longifolius (DC.) Levyns;长叶鞘冠帚鼠麹●☆

144692 Elytropappus monticola Koekemoer;山地鞘冠帚鼠麹●☆

144693 Elytropappus ruschianus Dinter = Seriphium plumosum L. ●☆

144694 Elytropappus spinellosus Cass. = Elytropappus hispidus (L. f.) Druce ●☆

144695 Elytrophorum Poir. = Elytrophorus P. Beauv. ■

144696 Elytrophorus P. Beauv. (1812);总苞草属;Elytrophorus ■

144697 Elytrophorus africanus Schweick. = Elytrophorus globularis Hack. ■☆

144698 Elytrophorus articulatus P. Beauv. = Elytrophorus spicatus (Willd.) A. Camus ■

144699 Elytrophorus globularis Hack.;非洲总苞草■☆

144700 Elytrophorus interruptus Pilg. = Elytrophorus globularis Hack. ■☆

144701 Elytrophorus spicatus (Willd.) A. Camus; 总苞草; Spicate Elytrophorus ■

144702 Elytropus Müll. Arg. (1860);鞘足夹竹桃属●☆

144703 Elytropus chilensis Müll. Arg.;鞘足夹竹桃●☆

144704 Elytrospermum C. A. Mey. (废弃属名) = Schoenoplectus (Rchb.) Palla(保留属名)■

144705 Elytrospermum C. A. Mey. (废弃属名) = Scirpus L. (保留属名)■

144706 Elytrospermum californicum C. A. Mey. = Schoenoplectus californicus (C. A. Mey.) Soják ■☆

144707 Elytrostachys McClure(1942);甲稃竹属●☆

144708 Elytrostachys clavigera McClure;棒甲稃竹●☆

144709 Elytrostachys typica McClure;甲稃竹●☆

144710 Elytrostamna Choisy = Elythrostamna Bojer ●■

144711 Elytrostamna Choisy = Ipomoea L. (保留属名)●■

144712 Emarhendia Kiew, A. Weber et B. L. Burtt(1998);爱玛苣苔属■☆

144713 Embadium J. M. Black(1931);澳南紫草属●☆

144714 Embadium stagnense J. M. Black;澳南紫草●☆

144715 Embamma Griff. = Pterisanthes Blume ●☆

144716 Embelia Burm. f. (1768)(保留属名);酸藤子属(赛山椒属, 酸藤果属, 藤木槲属, 信筒子属);Embelia ●■

144717 Embelia aberrans E. Walker = Ardisia aberrans (E. Walker) C. Y. Wu et C. Chen ●◇

144718 Embelia abyssinica Baker = Embelia schimperi Vatke ●☆

144719 Embelia arborea A. DC.;树状酸藤子●☆

144720 Embelia bambuseti Gilg et G. Schellenb.;邦布塞特酸藤子●☆

144721 Embelia barbeyana Mez;巴贝酸藤子;Barbey Embelia ●☆

144722 Embelia basankusuensis Taton;巴桑库苏酸藤子●☆

144723 Embelia batesii S. Moore = Embelia schimperi Vatke ●☆

144724 Embelia blinii H. Lév. = Embelia pauciflora Diels ●

144725 Embelia bodinieri H. Lév. = Embelia vestita Roxb. ●

144726 Embelia boivinii Mez = Embelia obovata Mez ●

144727 Embelia bonii Gagnep. = Sabia swinhoei Hemsl. ex Forbes et Hemsl. ●

144728 Embelia carnosisperma C. Y. Wu et C. Chen; 肉果酸藤子; Fleshyfruit Embelia, Fleshy-fruited Embelia ●

144729 Embelia cavaleriei H. Lév. = Ilex metabaptista Loes. var. myrsinoides (H. Lév.) Rehder ●

144730 Embelia concinna Baker;整洁酸藤子●☆

144731 Embelia dahomensis A. Chev. = Embelia rowlandii Gilg ●☆

144732 Embelia dielsii H. Lév. = Embelia pauciflora Diels ●

144733 Embelia djalonensis A. Chev. ex Hutch. et Dalziel;贾隆酸藤子●☆

144734 Embelia erythrocarpa Gilg = Embelia schimperi Vatke ●☆

144735 Embelia esculenta D. Don = Embelia floribunda Wall. ●

144736 Embelia floribunda Wall.;繁花酸藤子;Manyflower Embelia, Multiflorous Embelia ●

144737 Embelia foetida Gilg et G. Schellenb.;臭酸藤子●☆

144738 Embelia fordii Mez = Ardisia fordii Hemsl. ●

144739 Embelia gamblei Kurz ex C. B. Clarke;皱叶酸藤子;Gamble Embelia ●

144740 Embelia gerardii Taton;杰勒德酸藤子●☆

144741 Embelia gilgii Mez = Embelia guineensis Baker ●☆

144742 Embelia gossweileri Cavaco = Embelia welwitschii (Hiern) K. Schum. ●☆

144743 Embelia guineensis Baker;几内亚酸藤子●☆

144744 Embelia hainanensis Merr. = Embelia scandens (Lour.) Mez ●

144745 Embelia henryi Walker;毛果酸藤子;Hairyfruit Embelia, Hairy-fruited Embelia ●

144746 Embelia incumbens Mez;斜倚酸藤子●☆

144747 Embelia jussiaei A. DC. = Embelia pyrifolia (Willd. ex Roem. et Schult.) Mez ●☆

144748 Embelia kaopoensis H. Lév. = Embelia pauciflora Diels ●

144749 Embelia keniensis R. E. Fr.;肯尼亚酸藤子●☆

144750 Embelia kilimandscharica Gilg = Embelia schimperi Vatke ●☆

144751 Embelia kraussii Harv. = Embelia ruminata (E. Mey. ex A. DC.) Mez ●☆

144752 Embelia laeta (L.) Mez;酸藤子(八地龙,白背酸藤,海底龙,鸡母酸,炮子藤,入地龙,山盐酸鸡,酸醋木,酸醋藤,酸果藤,酸蕴子,酸藤果,酸藤木,酸藤头,藤木槲,甜酸叶,通天霸,透地龙,挖不尽,咸酸果,信筒子,正藤木槲);Common Embelia, Joyful Embelia, Typic Twig-hanging Embelia ●

144753 Embelia laeta (L.) Mez subsp. papilligera (Nakai) Pipoly et C. Chen;腺毛酸藤子(藤毛木槲,藤木槲);Nipplebearing Embelia, Twig-hanging Embelia ●

144754 Embelia laeta (L.) Mez var. papilligera (Nakai) E. Walker = Embelia laeta (L.) Mez subsp. papilligera (Nakai) Pipoly et C. Chen ●

144755 Embelia ledermannii Gilg et G. Schellenb.;莱德酸藤子●☆

144756 Embelia lenticellata Hayata;赛山椒●

144757 Embelia lenticellata Hayata = Embelia vestita Roxb. ●

144758 Embelia libeniana Taton;利本酸藤子●☆

144759 Embelia longifolia (Benth.) Hemsl.;长叶酸藤子(长叶酸藤果,大叶酸藤,吊罗果,酸盘子);Longleaf Embelia, Long-leaved Embelia ●

144760 Embelia longifolia (Benth.) Hemsl. = Embelia undulata (Wall.) Mez ●

144761 Embelia madagascariensis A. DC.;马岛酸藤子●☆

144762 Embelia micrantha A. DC.;小花酸藤子●☆

144763 Embelia mildbraedii Gilg et G. Schellenb.;米尔德酸藤子●☆

144764 Embelia multilflora Taton;多花酸藤子●☆

144765 Embelia myrtifolia Hemsl. et Mez = Embelia parviflora Wall. et A. DC. ●

144766 Embelia nagushia D. Don = Embelia vestita Roxb. ●

144767 Embelia nagushia D. Don var. subcoriacea C. B. Clarke = Embelia undulata (Wall.) Mez ●

144768 Embelia nigroviridis C. Chen;墨绿酸藤子;Blackgreen Embelia, Black-green Embelia ●

144769 Embelia nigroviridis C. Chen = Embelia vestita Roxb. ●

144770 Embelia nilotica Oliv.;尼罗河酸藤子●☆

144771 Embelia nitida Mez = Embelia obovata Mez ●

144772 Embelia nyassana Gilg = Embelia schimperi Vatke ●☆

144773 Embelia oblongifolia Hemsl.;多脉酸藤子(长圆叶酸藤子,粗糖果,断骨藤,多脉信筒子,红果藤,矩叶酸藤果,矩叶酸藤子,麻桂华,马桂花,纽子果,日头果,赛山椒);Lenticel-bearing Embelia, Manynerve Embelia, Nervate Embelia, Oblongleaf Embelia, Oblong-leaved Embelia ●

144774 Embelia oblongifolia Hemsl. = Embelia vestita Roxb. ●

144775 Embelia obovata (Benth.) Hemsl. = Embelia laeta (L.) Mez ●

144776 Embelia obovata Hemsl. = Embelia laeta (L.) Mez ●

144777 Embelia obovata Mez = Embelia laeta (L.) Mez ●

144778 Embelia parviflora Wall. et A. DC.;当归藤(簸箕墙,大力王,虎尾草,纽子树,筛箕蕴,小花酸藤子);Smallflower Embelia, Small-flowered Embelia ●

144779 Embelia parviflora Wall. var. blinii Walker;少花当归藤(过山消,开喉箭,狭叶少花酸藤子);Few-flower Embelia ●

144780 Embelia pauciflora Diels;疏花酸藤子(过山消,开喉箭);Laxflower Embelia, Lax-flowered Embelia ●

144781 Embelia pauciflora Diels var. blinii (H. Lév.) E. Walker = Embelia pauciflora Diels ●

144782 Embelia pauciflora Diels var. blinii Walker = Embelia pauciflora Diels ●

144783 Embelia pellucida (Hiern) K. Schum. = Embelia guineensis Baker ●☆

144784 Embelia penduliramula Hayata = Embelia laeta (L.) Mez subsp. papilligera (Nakai) Pipoly et C. Chen ●

144785 Embelia philippensis A. DC.;菲律宾酸藤子●☆

144786 Embelia polypodioides Hemsl. et Mez;龙骨酸藤子;Polypodium-like Embelia ●

144787 Embelia procumbens Hemsl.;匍匐酸藤子;Procumbent Embelia ■

144788 Embelia prunifolia Mez = Embelia vestita Roxb. ●

144789 Embelia pulchella Mez;艳花酸藤子;Showyflower Embelia, Showy-flowered Embelia ●

144790 Embelia pulchella Mez = Embelia parviflora Wall. et A. DC. ●

144791 Embelia pyrifolia (Willd. ex Roem. et Schult.) Mez;梨叶酸藤子●☆

144792 Embelia retusa Gilg;微凹酸藤子●☆

144793 Embelia ribes Burm. f.;白花酸藤子(白花朴只藤,白花酸藤果,黑头果,拟茶蔗子,牛脾蕊,牛尾藤,枪子果,入地龙,丧间,水林果,酸藤,酸味蕴,碎米果,蓑衣果,咸酸蕴,香胶腾,小种楠藤,信筒子,羊公板仔);Whiteflower Embelia, White-flowered Embelia ●

144794 Embelia ribes Burm. f. subsp. pachyphylla (Chun ex C. Y. Wu et C. Chen) Pipoly et C. Chen;厚叶白花酸藤子(厚叶白花酸藤果);Thickleaf Whiteflower Embelia ●

144795 Embelia ribes Burm. f. subsp. pachyphylla Chun ex C. Y. Wu et C. Chen = Embelia ribes Burm. f. subsp. pachyphylla (Chun ex C. Y. Wu et C. Chen) Pipoly et C. Chen ●

144796 Embelia ribes Burm. f. var. pachyphylla Chun ex C. Y. Wu = Embelia ribes Burm. f. subsp. pachyphylla (Chun ex C. Y. Wu et C. Chen) Pipoly et C. Chen ●

144797 Embelia robusta Roxb.;粗壮酸藤子●☆

144798 Embelia rowlandii Gilg;罗兰酸藤子●☆
144799 Embelia rubrinervis H. Lév. = Chaydaia rubrinervis (H. Lév.) C. Y. Wu ●
144800 Embelia rubrinervis H. Lév. = Rhamnella rubrinervis (H. Lév.) Rehder ●
144801 Embelia rubroviolacea H. Lév. = Ilex chinensis Sims ●
144802 Embelia rudis Hand. -Mazz.;网脉酸藤子(白木浆果,红杨梅,老鸦果,了哥利,蚂蟥藤,山胡椒,网脉叶酸藤果,网脉叶酸藤子,野山椒);Reticulate Embelia,Retinerved Embelia,Wild Embelia ●
144803 Embelia rudis Hand. -Mazz. = Embelia vestita Roxb. ●
144804 Embelia ruminata (E. Mey. ex A. DC.) Mez;啮噬酸藤子●☆
144805 Embelia sarmentosa Baker = Embelia pyrifolia (Willd. ex Roem. et Schult.) Mez ●☆
144806 Embelia saxatilis Hemsl. = Embelia procumbens Hemsl. ■
144807 Embelia scandens (Lour.) Mez;瘤皮孔酸藤子(假刺藤,乌肺叶);Climbing Embelia ●
144808 Embelia schimperi Vatke;欣珀信筒子;Schimper Embelia ●☆
144809 Embelia schlechteri H. Lév. = Embelia pauciflora Diels ●
144810 Embelia sessiliflora Kurz;短梗酸藤子(酸鸡藤,酸苔果,酸藤子,野猫酸);Sessile Embelia ●
144811 Embelia stricta Craib = Embelia sessiliflora Kurz ●
144812 Embelia subcoriacea (C. B. Clarke) Mez;大叶酸藤子(近革叶酸藤果);Bigleaf Embelia,Subcoriaceous Embelia,Subcoriaceous-leaf Embelia ●
144813 Embelia subcoriacea (C. B. Clarke) Mez = Embelia undulata (Wall.) Mez ●
144814 Embelia tenuis Mez = Embelia ribes Burm. f. subsp. pachyphylla (Chun ex C. Y. Wu et C. Chen) Pipoly et C. Chen ●
144815 Embelia tessmannii Gilg et G. Schellenb. = Embelia schimperi Vatke ●☆
144816 Embelia togoensis Gilg et G. Schellenb.;多哥酸藤子●☆
144817 Embelia undulata (Wall.) Mez;平叶酸藤子;Undulate Embelia ●
144818 Embelia upembensis Taton;乌彭贝酸藤子●☆
144819 Embelia valbrayi H. Lév. = Schisandra propinqua (Wall.) Baill. var. sinensis Oliv. ●
144820 Embelia vaniotii H. Lév. = Gaultheria leucocarpa Blume var. yunnanensis (Franch.) T. Z. Hsu et R. C. Fang ●
144821 Embelia vestita Roxb.;密齿酸藤子(打虫果,米汤果);Clothed Embelia ●
144822 Embelia vestita Roxb. var. lenticenallata (Hayata) C. Y. Wu et C. Chen;多皮孔酸藤子(赛山椒);Lenticellate Embelia ●
144823 Embelia vestita Roxb. var. lenticenallata (Hayata) C. Y. Wu et C. Chen = Embelia vestita Roxb. ●
144824 Embelia viridiflora (DC.) Scheff.;绿花酸藤子●☆
144825 Embelia welwitschii (Hiern) K. Schum.;韦氏酸藤子●☆
144826 Embelia welwitschii (Hiern) K. Schum. var. grandiflora Taton;大花韦氏酸藤子●☆
144827 Embelia xylocarpa P. Halliday;木果酸藤子●☆
144828 Embeliaceae J. Agardah = Myrsinaceae R. Br.(保留科名)●
144829 Embeliaceae J. Agardah;酸藤子科●
144830 Embelica Bojer = Embergeria Boulos ■
144831 Embergeria Boulos = Sonchus L. ■
144832 Emblemantha B. C. Stone(1988);凸花紫金牛属●☆
144833 Emblemantha urnulata B. C. Stone;凸花紫金牛●☆
144834 Emblica Gaertn.(1790);庵罗果属●
144835 Emblica Gaertn. = Phyllanthus L. ●■
144836 Emblica officinalis Gaertn.;庵罗果●☆
144837 Emblica officinalis Gaertn. = Phyllanthus emblica L. ●
144838 Emblingia F. Muell.(1860);澳远志属●☆
144839 Emblingia calceoliflora F. Muell.;澳远志●☆
144840 Emblingiaceae (Pax) Airy Shaw = Polygalaceae Hoffmanns. et Link(保留科名)■●
144841 Emblingiaceae Airy Shaw = Emblingiaceae (Pax) Airy Shaw ■●☆
144842 Emblingiaceae Airy Shaw = Polygalaceae Hoffmanns. et Link (保留科名)■●
144843 Emblingiaceae J. Agardh(1958);澳远志科■●☆
144844 Embolanthera Merr.(1909);活塞花属●☆
144845 Embolanthera glabrescens H. L. Li;渐光活塞花●☆
144846 Embolanthera spicata Merr.;活塞花●☆
144847 Embothrium J. R. Forst. et G. Forst.(1775);红柱花属(筒瓣花属,洋翅籽属);Chilean Firebush,Embothrium,Firebush,Redstyle Flower ●☆
144848 Embothrium coccineum J. R. Forst. et G. Forst.;绯红柱花(筒瓣花,智利红柱花);Chilean Firebush,Chilean Fire-bush,Chilen Fire Bush,Chilen Fire Tree ●☆
144849 Embothrium salicifolium Vent. = Hakea salicifolia (Vent.) B. L. Burtt ●☆
144850 Embothrium salignum Andréws = Hakea salicifolia (Vent.) B. L. Burtt ●☆
144851 Embreea Dodson(1980);埃姆兰属■☆
144852 Embreea rodigasiana (Claes ex Cogn.) Dodson;埃姆兰■☆
144853 Embryogonia Blume = Combretum Loefl.(保留属名)●
144854 Embryogonia arborea Teijsm. et Binn. = Terminalia chebula Retz. ●
144855 Embryogonia latifolia (Blume) Blume = Combretum latifolium Blume ●
144856 Embryopteria Gaertn. = Diospyros L. ●
144857 Emelia Wight = Emilia (Cass.) Cass. ■
144858 Emelianthe Danser(1933);埃默寄生属●☆
144859 Emelianthe galpinii (Schinz ex Sprague) Danser = Pedistylis galpinii (Schinz ex Sprague) Wiens ●☆
144860 Emelianthe panganensis (Engl.) Danser;埃默寄生●☆
144861 Emelista Raf. = Cassia L.(保留属名)●■
144862 Emelista tora sensu Britton et Rose = Senna obtusifolia (L.) H. S. Irwin et Barneby ●☆
144863 Emeorhiza Pohl = Emmeorhiza Pohl ex Endl. ●☆
144864 Emericia Roem. et Schult. = Vallaris Burm. f. ●
144865 Emericia divaricata (Lour.) Roem. et Schult. = Strophanthus divaricatus (Lour.) Hook. et Arn. ●
144866 Emericia divaricata Roem. et Schult. = Strophanthus divaricatus (Lour.) Hook. et Arn. ●
144867 Emericia sinensis (Lour.) Schult. = Cryptolepis sinensis (Lour.) Merr. ●
144868 Emericia sinensis Roem. et Schult. = Cryptolepis sinensis (Lour.) Merr. ●
144869 Emerus Kuntze = Sesbania Scop.(保留属名)●■
144870 Emerus Mill. = Coronilla L.(保留属名)●■
144871 Emerus Tourn. ex Mill. = Coronilla L.(保留属名)●■
144872 Emeticaceae Dulac = Apocynaceae Juss.(保留科名)●■
144873 Emetila (Raf.) Raf. ex S. Watson = Ilex L. ●
144874 Emex Campd.(1819)(保留属名);尖刺酸模属■☆
144875 Emex Neck. = Emex Campd.(保留属名)■☆
144876 Emex Neck. ex Campd. = Emex Campd.(保留属名)■☆

144877 Emex australis Steinh.; 南方尖刺酸模; Cape Spinach, Doublegee, Southern Threecornerjack, Spiny Emex ■☆
144878 Emex centropodium Meisn. = Emex australis Steinh. ■☆
144879 Emex podocentrum Meisn. ex Drège = Emex australis Steinh. ■☆
144880 Emex spinosa (L.) Campd.; 尖刺酸模; Devil's-thorn, Little Jack, Spiny Emex, Spiny Threecornerjack ■☆
144881 Emex spinosa (L.) Campd. var. pusilla Bég. et Vacc. = Emex spinosa (L.) Campd. ■☆
144882 Emicocarpus K. Schum. et Schltr. (1900); 东南非萝藦属■☆
144883 Emicocarpus fissifolius K. Schum. et Schltr.; 半裂叶东南非萝藦■☆
144884 Emilia (Cass.) Cass. (1817); 一点红属(红苦菜属, 绒线花属, 紫背草属); Tassel Flower, Tasselflower ■
144885 Emilia Cass. = Emilia (Cass.) Cass. ■
144886 Emilia abyssinica (Sch. Bip. ex A. Rich.) C. Jeffrey; 阿比西尼亚一点红■☆
144887 Emilia abyssinica (Sch. Bip. ex A. Rich.) C. Jeffrey var. macroglossa C. Jeffrey; 大舌阿比西尼亚一点红■☆
144888 Emilia adscendens DC.; 上举一点红■☆
144889 Emilia albocostata Hiern = Emilia marlothiana (O. Hoffm.) C. Jeffrey ■☆
144890 Emilia ambifaria (S. Moore) C. Jeffrey; 重瓣一点红■☆
144891 Emilia angustifolia DC. = Emilia prenanthoidea DC. ■
144892 Emilia arvensis Mesfin et Beentje; 田野一点红■☆
144893 Emilia bampsiana Lisowski; 邦氏一点红■☆
144894 Emilia basifolia Baker; 基叶一点红■☆
144895 Emilia bathiei Humbert; 巴西一点红■☆
144896 Emilia baumii (O. Hoffm.) S. Moore; 鲍姆一点红■☆
144897 Emilia bellioides (Chiov.) C. Jeffrey; 白菊一点红■☆
144898 Emilia bianoensis Lisowski; 比亚诺一点红■☆
144899 Emilia brachycephala (R. E. Fr.) C. Jeffrey; 短头一点红■☆
144900 Emilia caespitosa Oliv.; 丛生一点红■☆
144901 Emilia capillaris Humbert; 发状一点红■☆
144902 Emilia chiovendeana (Muschl.) Lisowski; 基奥文达一点红■☆
144903 Emilia coccinea (Sims) G. Don; 绒缨菊(绯色一点红, 画笔菊, 绒缨花, 一点红, 一点缨, 缨绒花, 缨绒菊, 止血丹); Earleaf Tasselflower, Flame Tasselflower, Floras-paintbrush, Tassel Flower ■
144904 Emilia crepidioides Garab.; 还阳参一点红■☆
144905 Emilia crispata C. Jeffrey; 皱波一点红■☆
144906 Emilia debilis S. Moore; 弱小一点红■☆
144907 Emilia decaryi Humbert; 德卡里一点红■☆
144908 Emilia decipiens C. Jeffrey; 迷惑一点红■☆
144909 Emilia discifolia (Oliv.) C. Jeffrey; 盘叶一点红■☆
144910 Emilia djalonensis Lisowski; 贾隆一点红■☆
144911 Emilia duvigneaudii Lisowski; 迪维尼奥一点红■☆
144912 Emilia emilioides (Sch. Bip.) C. Jeffrey; 普通一点红■☆
144913 Emilia fallax (Mattf.) C. Jeffrey; 含糊一点红■☆
144914 Emilia flaccida C. Jeffrey; 柔软一点红■☆
144915 Emilia flammea Cass. = Emilia coccinea (Sims) G. Don ■
144916 Emilia fosbergii Nicolson; 缨绒花; Florida Tasselflower, Florida Tassel-flower, Fosberg Tasselflower, Fosberg's Pualele ■
144917 Emilia fugax C. Jeffrey; 早萎一点红■☆
144918 Emilia gossweileri (S. Moore) C. Jeffrey; 戈斯一点红■☆
144919 Emilia graminea DC.; 禾状一点红■☆
144920 Emilia graminea var. latifolia Humbert = Emilia crepidioides Garab. ■☆
144921 Emilia guineensis Hutch. et Dalziel; 几内亚一点红■☆
144922 Emilia hantamensis J. C. Manning et Goldblatt; 汉塔姆一点红■☆
144923 Emilia herbacea Mesfin et Beentje; 草本一点红■☆
144924 Emilia hiernii C. Jeffrey; 希尔恩一点红■☆
144925 Emilia hockii (De Wild. et Muschl.) C. Jeffrey; 霍克一点红■☆
144926 Emilia homblei (De Wild.) C. Jeffrey; 洪布勒一点红■☆
144927 Emilia humbertii Robyns = Emilia caespitosa Oliv. ■☆
144928 Emilia humbertii Robyns var. angustifolia ? = Emilia caespitosa Oliv. ■☆
144929 Emilia humifusa DC.; 平伏一点红■☆
144930 Emilia integrifolia Baker; 全缘叶一点红■☆
144931 Emilia irregularibracteata (De Wild.) C. Jeffrey; 苞片一点红■☆
144932 Emilia javanica (Burm. f.) C. B. Rob. = Emilia coccinea (Sims) G. Don ■
144933 Emilia javanica (Burm. f.) C. B. Rob. = Emilia sonchifolia (L.) DC. ex Wight var. javanica (Burm. f.) Mattf. ■
144934 Emilia jeffreyana Lisowski; 杰弗里一点红■☆
144935 Emilia juncea Robyns; 灯芯草一点红■☆
144936 Emilia kasaiensis Lisowski; 开赛一点红■☆
144937 Emilia kikuyorum R. E. Fr. = Emilia debilis S. Moore ■☆
144938 Emilia kivuensis (Muschl.) C. Jeffrey; 基伍一点红■☆
144939 Emilia lejolyana Lisowski; 勒若利一点红■☆
144940 Emilia leptocephala (Mattf.) C. Jeffrey; 细头一点红■☆
144941 Emilia leucantha C. Jeffrey; 白花一点红■☆
144942 Emilia libeniana Lisowski; 利本一点红■☆
144943 Emilia limosa (O. Hoffm.) C. Jeffrey; 湿地一点红■☆
144944 Emilia lisowskiana C. Jeffrey; 利索一点红■☆
144945 Emilia longifolia C. Jeffrey; 长叶一点红■☆
144946 Emilia longipes C. Jeffrey; 长梗一点红■☆
144947 Emilia longiramea (S. Moore) C. Jeffrey; 长序一点红■☆
144948 Emilia lopollensis (Hiern) C. Jeffrey; 洛波尔一点红■☆
144949 Emilia macaulayae Garab. = Emilia caespitosa Oliv. ■☆
144950 Emilia malaisseana Lisowski; 马莱泽一点红■☆
144951 Emilia marlothiana (O. Hoffm.) C. Jeffrey; 马洛斯一点红■☆
144952 Emilia micrura C. Jeffrey; 小尾一点红■☆
144953 Emilia myriocephala C. Jeffrey; 多头一点红■☆
144954 Emilia negellensis Mesfin et Beentje; 呐格莱一点红■☆
144955 Emilia newtonii (O. Hoffm.) C. Jeffrey = Psednotrichia newtonii (O. Hoffm.) Anderb. et P. O. Karis ■☆
144956 Emilia parnassifolia a (De Wild. et Muschl.) S. Moore; 梅花草一点红■☆
144957 Emilia perrieri Humbert; 佩里耶一点红■☆
144958 Emilia petitiana Lisowski; 佩蒂蒂一点红■☆
144959 Emilia praetermissa Milne-Redh.; 疏忽一点红■☆
144960 Emilia prenanthoidea DC.; 小一点红(散血草, 天青地红, 挖耳草, 细红背叶, 羊蹄草, 一点红)■
144961 Emilia protracta S. Moore; 伸长一点红■☆
144962 Emilia rehmanniana Lisowski; 雷曼一点红■☆
144963 Emilia rigida C. Jeffrey; 坚挺一点红■☆
144964 Emilia robynsiana Lisowski; 罗宾斯一点红■☆
144965 Emilia sagitatta (Vahl) DC. = Emilia coccinea (Sims) G. Don ■
144966 Emilia sagittata DC. = Emilia coccinea (Sims) G. Don ■
144967 Emilia schmitzii Lisowski; 施密茨一点红■☆
144968 Emilia serpentina Mesfin et Beentje; 蛇形一点红■☆
144969 Emilia serrata Humbert; 具齿一点红■☆
144970 Emilia shabensis Lisowski; 沙巴一点红■☆
144971 Emilia simulans C. Jeffrey; 相似一点红■☆
144972 Emilia sinica Miq. = Emilia sonchifolia (L.) DC. ex Wight ■

144973 Emilia somalensis (S. Moore) C. Jeffrey;索马里一点红■☆

144974 Emilia sonchifolia (L.) DC. = Emilia sonchifolia (L.) DC. ex Wight ■

144975 Emilia sonchifolia (L.) DC. ex Wight;一点红(爆仗草,饿死老公公,红背草,红背果,红背叶,红背缨绒菊,红头草,花古帽,假芥兰,喇叭红草,牛奶奶,牛石花,牛石屎,牛石条,牛屎花,牛尾膝,片红青,七十二枝花,山羊草,天毛草,土黄连,小蒲公英,羊蹄草,野芥兰,野木耳菜,叶背红,叶下红,紫背草,紫背犁头草);Lilac Pualele, Lilac Tasselflower, Red Tasselflower, Sowthistle Tasselflower, Sowthistleleaf Tasselflower ■

144976 Emilia sonchifolia (L.) DC. ex Wight var. javanica (Burm. f.) Mattf.;紫背草(缨绒花,缨绒菊,爪哇缨绒花);Flora's Paintbrush, Java Tasselflower, Lilac Tasselflower, Tassel Flower ■

144977 Emilia sonchifolia DC. = Emilia coccinea (Sims) G. Don ■

144978 Emilia subscaposa Lisowski;亚花茎一点红■☆

144979 Emilia taiwanensis S. S. Ying = Emilia sonchifolia (L.) DC. ex Wight var. javanica (Burm. f.) Mattf. ■

144980 Emilia tenellula (S. Moore) C. Jeffrey;柔弱一点红■☆

144981 Emilia tenera (O. Hoffm.) C. Jeffrey;极细一点红■☆

144982 Emilia tenuipes C. Jeffrey;细梗一点红■☆

144983 Emilia tenuis C. Jeffrey;纤细一点红■☆

144984 Emilia tessmannii (Mattf.) C. Jeffrey;泰斯曼一点红■☆

144985 Emilia transvaalensis (Bolus) C. Jeffrey;德兰士瓦一点红■☆

144986 Emilia tricholepis C. Jeffrey;毛鳞一点红■☆

144987 Emilia ukambensis (O. Hoffm.) C. Jeffrey;乌卡一点红■☆

144988 Emilia ukingensis (O. Hoffm.) C. Jeffrey;热非一点红■☆

144989 Emilia vanmeelii Lawalrée;范米尔一点红■☆

144990 Emilia violacea Cronquist;堇色一点红■☆

144991 Emilia xyridopsis (O. Hoffm.) C. Jeffrey = Psednotrichia xyridopsis (O. Hoffm.) Anderb. et P. O. Karis ■☆

144992 Emilia zairensis Lisowski;扎伊尔一点红■☆

144993 Emiliella S. Moore(1918);一点紫属(小一点红属)■☆

144994 Emiliella drummondii Torre;德拉蒙德一点紫■☆

144995 Emiliella drummondii Torre var. moxicoensis ?;莫希克一点紫■☆

144996 Emiliella epapposa Lisowski;无冠毛一点紫■☆

144997 Emiliella exigua S. Moore;一点紫(小一点红)■☆

144998 Emiliella zambiensis Torre;赞比亚一点紫■☆

144999 Emiliomarcelia T. Durand et H. Durand = Trichoscypha Hook. f. ●☆

145000 Emiliomarcelia arborea A. Chev. = Trichoscypha arborea (A. Chev.) A. Chev. ●☆

145001 Emiliomarcelia oddonii (De Wild.) T. Durand et H. Durand = Trichoscypha oddonii De Wild. ●☆

145002 Eminia Taub. (1891);热非鹿藿属■☆

145003 Eminia antennulifera (Baker) Taub.;热非鹿藿■☆

145004 Eminia benguellensis Torre;本格拉热非鹿藿■☆

145005 Eminia benguellensis Torre var. huillensis ? = Eminia benguellensis Torre ■☆

145006 Eminia eminens Taub. = Eminia antennulifera (Baker) Taub. ■☆

145007 Eminia harmsiana De Wild.;哈姆斯热非鹿藿■☆

145008 Eminia holubii (Hemsl.) Taub.;霍勒布热非鹿藿■☆

145009 Eminia major Harms = Eminia antennulifera (Baker) Taub. ■☆

145010 Eminia noldeana Harms = Eminia holubii (Hemsl.) Taub. ■☆

145011 Eminia polyadenia Hauman = Eminia holubii (Hemsl.) Taub. ■☆

145012 Eminia polyadenia Hauman var. intermedia ? = Eminia holubii (Hemsl.) Taub. ■☆

145013 Eminium (Blume) Schott(1855);中亚南星属■☆

145014 Eminium Schott = Eminium (Blume) Schott ■☆

145015 Eminium albertii (Regel) Engl.;阿尔中亚南星■☆

145016 Eminium lehmannii (Bunge) Kuntze;莱曼中亚南星■☆

145017 Eminium spiculatum (Blume) Schott;细刺中亚南星■☆

145018 Emlenia Raf. = Cynanchum L. ●■

145019 Emlenia Raf. = Enslenia Nutt. ●☆

145020 Emmenanthe Benth. (1835);黄幡铃属;Californian Whispering Bells ■☆

145021 Emmenanthe penduliflora Benth.;黄幡铃;Whispering Bells ■☆

145022 Emmenanthus Hook. et Arn. = Ixonanthes Jack ●

145023 Emmenopterys Oliv. (1889);香果树属;Emmenopterys ●★

145024 Emmenopterys henryi Oliv.;香果树(大猫舌,大叶水桐子,丁木,茄子树,香果,香果木,小冬瓜);Henry Emmenopterys ●

145025 Emmenopterys rehderi Metcalf;雷氏香果树(瑞德香果树)●

145026 Emmenopteryx Dalla Torre et Harms = Emmenopterys Oliv. ●★

145027 Emmenosperma F. Muell. (1862);细革果属●☆

145028 Emmenosperma alphitonioides F. Muell.;细革果;Yellow Ash ●☆

145029 Emmenospermum Benth. = Emmenosperma F. Muell. ●☆

145030 Emmenospermum C. B. Clarke ex Hook. f. = Phtheirospermum Bunge ex Fisch. et C. A. Mey. ■

145031 Emmenospermum F. Muell. = Emmenosperma F. Muell. ●☆

145032 Emmeorhiza Endl. = Emmeorhiza Pohl ex Endl. ●☆

145033 Emmeorhiza Pohl ex Endl. (1838);南美根茜属●☆

145034 Emmeorhiza Pohl ex Endl. = Endlichera C. Presl(废弃属名)●☆

145035 Emmeorhiza umbellata Schum.;南美根茜●☆

145036 Emmotaceae Tiegh. = Icacinaceae Miers(保留科名)●■

145037 Emmotium Meisn. = Emmotum Desv. ex Ham. ●☆

145038 Emmotum Desv. = Emmotum Desv. ex Ham. ●☆

145039 Emmotum Desv. ex Ham. (1825);埃莫藤属●☆

145040 Emmotum Ham. = Emmotum Desv. ex Ham. ●☆

145041 Emmotum falgifolium Desv. ex Ham.;埃莫藤(水青冈叶埃莫藤)●☆

145042 Emmotum floribundum R. A. Howard;多花埃莫藤●☆

145043 Emorya Torr. (1859);管花醉鱼草属●☆

145044 Emorya suaveolens Torr.;管花醉鱼草●☆

145045 Emorycactus Doweld = Echinocactus Link et Otto ●

145046 Empedoclea A. St. -Hil. = Tetracera L. ●

145047 Empedoclesia Sleumer = Orthaea Klotzsch ●☆

145048 Empedoclia Raf. = Sideritis L. ■●

145049 Empetraceae Bercht. et J. Presl = Empetraceae Hook. et Lindl. (保留科名)●

145050 Empetraceae Gray = Empetraceae Hook. et Lindl. (保留科名)●

145051 Empetraceae Gray = Ericaceae Juss. (保留科名)●

145052 Empetraceae Hook. et Lindl. (1821)(保留科名);岩高兰科;Crowberry Family ●

145053 Empetron Adans. = Empetrum L. ●

145054 Empetrum L. (1753);岩高兰属(岩石南属);Crowberry ●

145055 Empetrum albidum V. N. Vassil. = Empetrum nigrum L. var. japonicum K. Koch ●◇

145056 Empetrum album L. = Corema album (L.) D. Don ●☆

145057 Empetrum androgynum V. N. Vassil.;同序岩高兰●☆

145058 Empetrum arcticum V. N. Vassil.;北极岩高兰●☆

145059 Empetrum asiaticum (Nakai) Nakai ex V. N. Vassil. = Empetrum nigrum L. var. japonicum K. Koch ●◇

145060 Empetrum asiaticum Nakai = Empetrum nigrum L. var. japonicum K. Koch ●◇

145061 Empetrum atropurpureum Fernald et Wiegand;北美岩高兰;Purple Crowberry ●☆

145062 Empetrum hermaphroditum (Lange) Hagerup;两性岩高兰;Bisexual-flowered Crowberry, Mountain Crowberry ●☆

145063 Empetrum kardakovii V. N. Vassil.;卡尔达科夫岩高兰●☆

145064 Empetrum kurilense V. N. Vassil. = Empetrum nigrum L. var. japonicum K. Koch ●◇

145065 Empetrum nigrum L. = Empetrum sibiricum V. N. Vassil. ●◇

145066 Empetrum nigrum L. f. japonicum Good. = Empetrum nigrum L. var. japonicum K. Koch ●◇

145067 Empetrum nigrum L. var. asiaticum Nakai = Empetrum sibiricum V. N. Vassil. ●◇

145068 Empetrum nigrum L. var. asiaticum Nakai ex H. Ito = Empetrum nigrum L. var. japonicum K. Koch ●◇

145069 Empetrum nigrum L. var. japonicum K. Koch;东北岩高兰;Crakeberry ●◇

145070 Empetrum nigrum L. var. japonicum K. Koch = Empetrum sibiricum V. N. Vassil. ●◇

145071 Empetrum nigrum L. var. japonicum K. Koch f. albicarphum Honda ex H. Hara;白花岩高兰●☆

145072 Empetrum rubrum Vahl ex Willd.;南美岩高兰;South American Crowberry ●☆

145073 Empetrum sibiricum V. N. Vassil.;岩高兰(东北岩高兰,黑果岩高兰,西伯利亚岩高兰);Berry-girse, Black Crowberry, Blackberry, Common Crowberry, Crakeberry, Crane, Craw Berry, Crawcrooks, Crawcroups, Craw-taes, Croupans, Crow Ling, Crow Pea, Crow Peas, Crowberry, Crow-berry, Curlew Berry, Curlewberry, Deer-grass, Heath, Heath Urts, Heathberry, Japanese Black Crowberry, Japanese Crowberry, Knauperts, Lingberry, Monnaghs Heather, Monnocs Heather, Monox, Monox Heather, Moonogs, Northeast Crowberry, She-heather, Wire Ling ●◇

145074 Empetrum sibiricum V. N. Vassil. = Empetrum nigrum L. var. japonicum K. Koch ●◇

145075 Empetrum sibiricum V. N. Vassil. var. japonicum (K. Koch) Tzvelev = Empetrum nigrum L. var. japonicum K. Koch ●◇

145076 Empetrum sibiricum V. N. Vassil. var. japonicum (Siebold et Zucc. ex K. Koch) Tzvelev = Empetrum nigrum L. var. japonicum K. Koch ●◇

145077 Emphysopus Hook. f. = Lagenophora Cass.(保留属名)■●

145078 Emplectanthus N. E. Br.(1908);凹脉萝藦属●☆

145079 Emplectanthus cordatus N. E. Br.;凹脉萝藦●☆

145080 Emplectanthus gerrardii N. E. Br.;吉拉德凹脉萝藦●☆

145081 Emplectocladus Torr. = Prunus L. ●

145082 Empleuridium Sond. et Harv.(1859);小凹脉芸香属●☆

145083 Empleuridium Sond. et Harv. ex Harv. = Empleuridium Sond. et Harv. ●☆

145084 Empleuridium juniperinum Sond. et Harv.;小凹脉芸香●☆

145085 Empleurosma Bartl. = Dodonaea Mill. ●

145086 Empleurum Aiton = Empleurum Sol. ex Aiton ■☆

145087 Empleurum Sol. = Empleurum Sol. ex Aiton ■☆

145088 Empleurum Sol. ex Aiton(1789);凹脉芸香属■☆

145089 Empleurum fragrans P. E. Glover;芳香凹脉芸香■☆

145090 Empleurum serrulatum Sol.;细齿凹脉芸香■☆

145091 Empleurum serrulatum Sol. ex Aiton = Empleurum unicapsulare (L. f.) Skeels ■☆

145092 Empleurum unicapsulare (L. f.) Skeels;非洲凹脉芸香■☆

145093 Empodisma L. A. S. Johnson et D. F. Cutler(1974);内足草属■☆

145094 Empodisma gracillimum (F. Muell.) L. A. S. Johnson et D. F. Cutler;内足草■☆

145095 Empodisma minus (Hook. f.) L. A. S. Johnson et D. F. Cutler;小内足草■☆

145096 Empodium Salisb.(1866);棘茅属■☆

145097 Empodium Salisb. = Curculigo Gaertn. ■

145098 Empodium elongatum (Nel) B. L. Burtt;伸长棘茅■☆

145099 Empodium flexile (Nel) M. F. Thomps. ex Snijman;弯棘茅■☆

145100 Empodium gloriosum (Nel) B. L. Burtt;华丽棘茅■☆

145101 Empodium monophyllum (Nel) B. L. Burtt;单叶棘茅■☆

145102 Empodium namaquensis (Baker) M. F. Thomps.;纳马夸棘茅■☆

145103 Empodium occidentale (Nel) B. L. Burtt = Saniella occidentalis (Nel) B. L. Burtt ■☆

145104 Empodium plicatum (Thunb.) Garside;折叠棘茅■☆

145105 Empodium veratrifolium (Willd.) M. F. Thomps.;藜芦叶棘茅■☆

145106 Empogona Hook. f. = Tricalysia A. Rich. ex DC. ●

145107 Empogona allenii Stapf = Tricalysia allenii (Stapf) Brenan ●☆

145108 Empogona filiformi-stipulata (De Wild.) Bremek. = Tricalysia filiformi-stipulata (De Wild.) Brenan ●☆

145109 Empogona junodii Schinz = Tricalysia junodii (Schinz) Brenan ●☆

145110 Empogona kirkii Hook. f. = Tricalysia allenii (Stapf) Brenan ●☆

145111 Empogona kirkii Hook. f. var. australis Schweick. = Tricalysia junodii (Schinz) Brenan ●☆

145112 Empogona kirkii Hook. f. var. glabrata Oliv. = Tricalysia ovalifolia Hiern var. glabrata (Oliv.) Brenan ●☆

145113 Empogona taylorii S. Moore = Tricalysia ovalifolia Hiern var. taylorii (S. Moore) Brenan ●☆

145114 Empusa Lindl. = Liparis Rich.(保留属名)■

145115 Empusa ferruginea (Lindl.) M. A. Clem. et D. L. Jones = Liparis ferruginea Lindl. ■

145116 Empusa paradoxa Lindl. = Liparis odorata (Willd.) Lindl. ■

145117 Empusaria Rchb. = Empusa Lindl. ■

145118 Empusaria Rchb. f. = Liparis Rich.(保留属名)■

145119 Empusella (Luer) Luer = Pleurothallis R. Br. ■☆

145120 Emularia Raf. = Justicia L. ●■

145121 Emulina Raf. = Jacquemontia Choisy ☆

145122 Emurtia Raf. = Eugenia L. ●

145123 Enaemon Post et Kuntze = Enaimon Raf. ●

145124 Enaimon Raf. = Olea L. ●

145125 Enalcida Cass. = Tagetes L. ■●

145126 Enallagma (Miers) Baill.(1888)(保留属名);黑炮弹果属;Black Calabash ●☆

145127 Enallagma (Miers) Baill.(保留属名) = Amphitecna Miers ●☆

145128 Enallagma Baill. = Enallagma (Miers) Baill.(保留属名)●☆

145129 Enallagma cucurbitina (L.) K. Schum.;黑炮弹果●☆

145130 Enallagma latifolia (Mill.) Small;宽叶黑炮弹果●☆

145131 Enallagma macrophylla (Seem.) Lundell;大叶黑炮弹果●☆

145132 Enalus Asch. et Guerke = Enhalus Rich. ■

145133 Enantia Faic. = Sabia Colebr. ●

145134 Enantia Oliv.(1865);依南木属(恩南番荔枝属)●☆

145135 Enantia Oliv. = Annickia Setten et Maas ●☆

145136 Enantia affinis Exell;近缘依南木(高恩南番荔枝)●☆

145137 Enantia affinis Exell = Annickia chlorantha (Oliv.) Setten et Maas ●☆

145138 Enantia ambigua Robyns et Ghesq.;可疑依南木(恩南番荔

枝)●☆
145139 Enantia ambigua Robyns et Ghesq. = Annickia ambigua (Robyns et Ghesq.) Setten et Maas ●☆
145140 Enantia atrocyanescens Robyns et Ghesq. = Annickia atrocyanescens (Robyns et Ghesq.) Setten et Maas ●☆
145141 Enantia chlorantha Oliv.;依南木(绿花恩南番荔枝);African Whitewood,African Yellow-wood ●☆
145142 Enantia chlorantha Oliv. = Annickia chlorantha (Oliv.) Setten et Maas ●☆
145143 Enantia chlorantha Oliv. var. soyauxii Engl. et Diels = Annickia chlorantha (Oliv.) Setten et Maas ●☆
145144 Enantia kummeriae Engl. et Diels = Annickia kummeriae (Engl. et Diels) Setten et Maas ■☆
145145 Enantia kwiluensis Robyns et Ghesq. = Annickia kwiluensis (Robyns et Ghesq.) Setten et Maas ●☆
145146 Enantia lebrunii Robyns et Ghesq.;勒氏依南木(勒氏恩南番荔枝)●☆
145147 Enantia lebrunii Robyns et Ghesq. = Annickia lebrunii (Robyns et Ghesq.) Setten et Maas ●☆
145148 Enantia letestui Le Thomas = Annickia letestui (Le Thomas) Setten et Maas ●☆
145149 Enantia olivacea Robyns et Ghesq. = Annickia olivacea (Robyns et Ghesq.) Setten et Maas ●☆
145150 Enantia pilosa Exell = Annickia pilosa (Exell) Setten et Maas ●☆
145151 Enantia polycarpa (DC.) Engl. et Diels = Annickia polycarpa (DC.) Setten et Maas ●☆
145152 Enantia polycarpa Engl. et Diels;多果依南木(多果恩南番荔枝)●☆
145153 Enantiophylla J. M. Coult. et Rose(1893);反叶草属■☆
145154 Enantiophylla heydeana J. M. Coult. et Rose;反叶草■☆
145155 Enantiosparton C. Koch = Genista L. ●
145156 Enantiosparton K. Koch = Genista L. ●
145157 Enantiotrichum E. Mey. ex DC. = Euryops (Cass.) Cass. ●■☆
145158 Enarganthe N. E. Br. (1930);紫玉树属●☆
145159 Enarganthe octonaria (L. Bolus) N. E. Br.;紫玉树●☆
145160 Enargea Banks = Luzuriaga Ruiz et Pav. (保留属名)■☆
145161 Enargea Banks ex Gaertn. (废弃属名) = Luzuriaga Ruiz et Pav. (保留属名)■☆
145162 Enargea Gaertn. = Luzuriaga Ruiz et Pav. (保留属名)■☆
145163 Enargea Steud. = Luzuriaga Ruiz et Pav. (保留属名)■☆
145164 Enartea Steud. = Enargea Banks ex Gaertn. (废弃属名)■☆
145165 Enarthrocarpus Labill. (1812);羚角芥属■☆
145166 Enarthrocarpus anceps Godr. = Enarthrocarpus strangulatus Boiss. ■☆
145167 Enarthrocarpus chevallieri L. Chevall. = Eremophyton chevallieri (L. Chevall.) Bég. ■☆
145168 Enarthrocarpus clavatus Delile ex Godr.;棒状羚角芥■☆
145169 Enarthrocarpus clavatus Godr. var. eriocarpus Maire et Weiller = Enarthrocarpus clavatus Delile ex Godr. ■☆
145170 Enarthrocarpus clavatus Godr. var. leiocarpus O. E. Schulz = Enarthrocarpus clavatus Delile ex Godr. ■☆
145171 Enarthrocarpus clavatus Godr. var. trabalis (Pomel) Batt. = Enarthrocarpus clavatus Delile ex Godr. ■☆
145172 Enarthrocarpus lyratus (Forssk.) DC.;大头羽裂羚角芥■☆
145173 Enarthrocarpus lyratus (Forssk.) DC. var. desertorum O. E. Schulz;荒漠羚角芥■☆
145174 Enarthrocarpus lyratus (Forssk.) DC. var. paucijugus O. E. Schulz;少轭羚角芥■☆
145175 Enarthrocarpus pterocarpus (Pers.) DC.;翅果羚角芥■☆
145176 Enarthrocarpus pterocarpus (Pers.) DC. var. hispidus Pamp. = Enarthrocarpus pterocarpus (Pers.) DC. ■☆
145177 Enarthrocarpus recurvus Pomel = Enarthrocarpus lyratus (Forssk.) DC. ■☆
145178 Enarthrocarpus strangulatus Boiss.;收缩羚角芥■☆
145179 Enarthrocarpus strangulatus Boiss. var. anceps (Godr.) Thell. = Enarthrocarpus strangulatus Boiss. ■☆
145180 Enarthrocarpus strangulatus Boiss. var. cylindrocarpus Bég. = Enarthrocarpus strangulatus Boiss. ■☆
145181 Enarthrocarpus strangulatus Boiss. var. pterocarpoides Bég. = Enarthrocarpus strangulatus Boiss. ■☆
145182 Enarthrocarpus strangulatus Boiss. var. vaccarii Bég. = Enarthrocarpus strangulatus Boiss. ■☆
145183 Enarthrocarpus trabalis Pomel = Enarthrocarpus clavatus Delile ex Godr. ■☆
145184 Enartocarpus Poir. = Enarthrocarpus Labill. ■☆
145185 Enaulophyton Steenis(1932);缅甸野牡丹属●☆
145186 Enaulophyton lanceolatum Steenis;缅甸野牡丹●☆
145187 Encelia Adans. (1763);恩氏菊属(扁果菊属,脆菊木属);Brittlebush ●■☆
145188 Encelia farinosa A. Gray ex Torr.;具粉恩氏菊(具粉扁果菊);Brittle Bush,Brittlebush,Brittle-bush,Incienso ■☆
145189 Encelia farinosa A. Gray ex Torr. var. phenicodonta (S. F. Blake) I. M. Johnst. = Encelia farinosa A. Gray ex Torr. ■☆
145190 Encelia frutescens (A. Gray) A. Gray;灌木恩氏菊●☆
145191 Encelia frutescens (A. Gray) A. Gray var. resinosa M. E. Jones ex S. F. Blake = Encelia resinifera C. Clark ■☆
145192 Encelia frutescens (A. Gray) A. Gray var. virginensis (A. Nelson) S. F. Blake = Encelia virginensis A. Nelson ■☆
145193 Encelia microcephala A. Gray = Helianthella microcephala (A. Gray) A. Gray ■☆
145194 Encelia nivea Benth. = Helianthus niveus (Benth.) Brandegee ■☆
145195 Encelia nudicaulis A. Gray = Enceliopsis nudicaulis (A. Gray) A. Nelson ■☆
145196 Encelia nutans Eastw.;悬垂恩氏菊■☆
145197 Encelia resinifera (A. Gray) A. Gray subsp. tenuifolia C. Clark = Encelia resinifera C. Clark ■☆
145198 Encelia resinifera C. Clark;产胶恩氏菊■☆
145199 Encelia scaposa (A. Gray) A. Gray;粗糙恩氏菊■☆
145200 Encelia scaposa (A. Gray) A. Gray var. stenophylla Shinners = Encelia scaposa (A. Gray) A. Gray ■☆
145201 Encelia ventora Brandegee;巴亚恩氏菊(巴亚扁果菊);Baja Bush Sunflower ■☆
145202 Encelia virginensis A. Nelson;维尔吉亚恩氏菊■☆
145203 Encelia viscida A. Gray = Geraea viscida (A. Gray) S. F. Blake ■☆
145204 Enceliopsis (A. Gray) A. Nelson(1909);拟恩氏菊属(光线菊属);Sunray ■●☆
145205 Enceliopsis A. Nelson = Enceliopsis (A. Gray) A. Nelson ■●☆
145206 Enceliopsis argophylla (D. C. Eaton) A. Nelson;银叶拟恩氏菊■☆
145207 Enceliopsis argophylla (D. C. Eaton) A. Nelson var. grandiflora Jeps. = Enceliopsis covillei (A. Nelson) S. F. Blake ■☆
145208 Enceliopsis covillei (A. Nelson) S. F. Blake;科维尔拟恩氏菊;

Panamint Daisy ■☆
145209 Enceliopsis nudicaulis (A. Gray) A. Nelson;拟恩氏菊;Naked-stemmed Daisy, Sunray ■☆
145210 Enceliopsis nudicaulis (A. Gray) A. Nelson var. bairdii S. L. Welsh = Enceliopsis nudicaulis (A. Gray) A. Nelson ■☆
145211 Enceliopsis nudicaulis (A. Gray) A. Nelson var. corrugata Cronquist = Enceliopsis nudicaulis (A. Gray) A. Nelson ■☆
145212 Enceliopsis nutans (Eastw.) A. Nelson = Encelia nutans Eastw. ■☆
145213 Encentrus C. Presl (废弃属名) = Gymnosporia (Wight et Arn.) Benth. et Hook. f. (保留属名) ●
145214 Encentrus linearis (L. f.) C. Presl = Gymnosporia linearis (L. f.) Loes. ●☆
145215 Encephalartaceae A. Schenck ex Doweld = Zamiaceae Rchb. ●☆
145216 Encephalartaceae Schimp. et Schenk = Zamiaceae Rchb. ●☆
145217 Encephalartos Lehm. (1834);大头苏铁属(大苏铁属,非洲苏铁属,非洲铁属,鹰苏铁属);Encephalartos, Kaffir Bread, Sago Palm ●☆
145218 Encephalartos Lindl. = Encephalartos Lehm. ●☆
145219 Encephalartos aemulans Vorster;毛过奈特大头苏铁(毛过奈特非洲铁)●☆
145220 Encephalartos altensteinii Lehm.;欧登斯大头苏铁;Altenstein Encephalartos ●☆
145221 Encephalartos arenarius R. A. Dyer;沙地大头苏铁;Alexandria Cycad, Altenstein Encephalartos ●☆
145222 Encephalartos caffer Hook. = Encephalartos longifolius Lehm. ●☆
145223 Encephalartos caffer Lehm. = Encephalartos lanuginosus Lehm. ●☆
145224 Encephalartos ferox G. Bertol.;刺叶大头苏铁(刺叶非洲铁,大刺鹰苏铁)●☆
145225 Encephalartos friderici-guilielmi Lehm.;费氏大头苏铁(大头苏铁,费氏非洲铁)●☆
145226 Encephalartos ghellinckii Lem.;盖里大头苏铁●☆
145227 Encephalartos gratus Prain;可爱大头苏铁(合意非洲铁,可爱苏铁)●☆
145228 Encephalartos hildebrandtii A. Br. et Bouché;海德非洲铁(休得布朗大头苏铁);Hildebrandt Encephalartos ●☆
145229 Encephalartos horridus Lehm.;粉叶大头苏铁;Ferocious Blue Cycad, Glaucous Encephalartos ●☆
145230 Encephalartos hybrid Hort.;杂种大头苏铁;Giant Bushman's River Hybrid Cycad ●☆
145231 Encephalartos kisambo Faden et Beentje;沙步大头苏铁(沙步苏铁)●☆
145232 Encephalartos kosiensis Hutch. = Encephalartos ferox G. Bertol. ●☆
145233 Encephalartos laevifolius Stapf et Burtt Davy;滑叶大头苏铁(滑叶苏铁)●☆
145234 Encephalartos lanuginosus Lehm.;卡菲尔大头苏铁●☆
145235 Encephalartos latifrons Lehm.;阔叶大头苏铁(阔叶苏铁)●☆
145236 Encephalartos laurentianus De Wild. et Lebrun;矮干大头苏铁;Short-stem Encephalartos ●☆
145237 Encephalartos lehmanni Lehm.;深绿大头苏铁(来氏非洲铁,雷曼氏非洲铁);Dark-green Encephalartos ●☆
145238 Encephalartos longifolius Lehm.;长叶大头苏铁(长叶非洲苏铁,长叶非洲铁,长叶苏铁,长叶鹰苏铁);Cycad ●☆
145239 Encephalartos manikensis (Gilliland) Gilliland;长籽大头苏铁(长籽苏铁);Gorongowe Cycad ●☆
145240 Encephalartos natalensis R. A. Dyer et Verd.;纳塔尔大头苏铁(纳塔尔非洲铁);Cycad ●☆
145241 Encephalartos princeps R. A. Dyer;王侯大头苏铁;Kei Cycad ●☆
145242 Encephalartos transvenosis Stapf et Burtt Davy;雨王大头苏铁(雨王非洲铁);Modjadjis Palm ●☆
145243 Encephalartos trispinosus (Hook.) R. A. Dyer;布什曼大头苏铁;Bushman's River Cycad ●☆
145244 Encephalartos villosus Lem.;亮绿大头苏铁(柔毛非洲铁);Glossy Encephalartos ●☆
145245 Encephalartos woodii Sander;伍得大头苏铁●☆
145246 Encephalocarpus A. Berger = Pelecyphora C. Ehrenb. ●
145247 Encephalocarpus A. Berger(1929);银牡丹属(松球玉属,松球属)■☆
145248 Encephalocarpus strobiliformis A. Berger;银牡丹(松球玉)■☆
145249 Encephalosphaera Lindau(1904);内球爵床属●☆
145250 Encephalosphaera vitellina Lindau;内球爵床●☆
145251 Encheiridion Summerh. = Microcoelia Lindl. ■☆
145252 Encheiridion leptostele Summerh. = Microcoelia leptostele (Summerh.) L. Jonss. ■☆
145253 Encheiridion macrorrhynchium (Schltr.) Summerh. = Microcoelia macrorrhynchia (Schltr.) Summerh. ■☆
145254 Enchelya Lem. = Encelia Adans. ●■☆
145255 Enchidion Müll. Arg. = Trigonostemon Blume(保留属名)●
145256 Enchidium Jack (废弃属名) = Trigonostemon Blume (保留属名)●
145257 Encholirium Mart. = Encholirium Mart. ex Schult. et Schult. f. ■☆
145258 Encholirium Mart. ex Schult. (1830);思口莲属■☆
145259 Encholirium Mart. ex Schult. et Schult. f. = Encholirium Mart. ex Schult. ■☆
145260 Encholirium Mart. ex Schult. f. = Encholirium Mart. ex Schult. ■☆
145261 Encholirium brachypodum L. B. Sm. et Read;短梗思口莲■☆
145262 Encholirium longiflorum Leme;长花思口莲■☆
145263 Enchosanthera King et Stapf = Creochiton Blume ●☆
145264 Enchosanthera King et Stapf ex Guillaumin = Creochiton Blume ●☆
145265 Enchydra F. Muell. = Enydra Lour. ■
145266 Enchylaena R. Br. (1810);肉被蓝澳藜属●☆
145267 Enchylaena micrantha Benth.;小花肉被蓝澳藜■☆
145268 Enchylaena tomentosa R. Br.;肉被蓝澳藜;Ruby Salt Bush, Ruby Saltbush, Ruby Sheepbush ■☆
145269 Enchylus Ehrh. = Sedum L. ●■
145270 Enchysia C. Presl = Laurentia Adans. ■☆
145271 Encilia Rchb. = Ercilla A. Juss. ●☆
145272 Enckea Kunth = Piper L. ●■
145273 Enckianthus Desf. = Enkianthus Lour. ●
145274 Enckleia Pfeiff. = Enkleia Griff. ■☆
145275 Encliandra Zucc. = Fuchsia L. ●■
145276 Encopa Griseb. = Encopella Pennell ■☆
145277 Encopea C. Presl = Faramea Aubl. ●☆
145278 Encopella Pennell(1920);凹玄参属■☆
145279 Encopella tenuifolia Pennell;凹玄参■☆
145280 Encrypta Post et Kuntze = Eucrypta Nutt. ■☆
145281 Encurea Walp. = Enourea Aubl. ●☆
145282 Encurea Walp. = Paullinia L. ●☆
145283 Encyanthus Spreng. = Enkianthus Lour. ●
145284 Encycla Benth. = Eriogonum Michx. ●■☆

145285 Encycla Benth. = Eucycla Nutt. ●■☆
145286 Encyclia Hook. (1828);围柱兰属■☆
145287 Encyclia Poepp. et Endl. = Polystachya Hook. (保留属名)■
145288 Encyclia bidentata (Lindl.) Hágsater et Soto Arenas subsp. erythronioides (Small) Hágsater = Prosthechea boothiana (Lindl.) W. E. Higgins var. erythronioides (Small) W. E. Higgins ■☆
145289 Encyclia boothiana (Lindl.) Dressler var. erythronioides (Small) Luer = Prosthechea boothiana (Lindl.) W. E. Higgins var. erythronioides (Small) W. E. Higgins ■☆
145290 Encyclia cochleata (L.) Dressler; 螺形围柱兰; Clamshell Orchid, Cockle Orchid ■☆
145291 Encyclia cochleata (L.) Dressler var. triandra (Ames) Dressler = Prosthechea cochleata (L.) W. E. Higgins var. triandra (Ames) W. E. Higgins ■☆
145292 Encyclia cochleata (L.) Lemée subsp. triandra (Ames) Hágsater = Prosthechea cochleata (L.) W. E. Higgins var. triandra (Ames) W. E. Higgins ■☆
145293 Encyclia pygmaea (Hook.) Dressler = Prosthechea pygmaea (Hook.) W. E. Higgins ■☆
145294 Encyclia radiata (Lindl.) Dressler;辐状围柱兰■☆
145295 Encyclia rufa (Lindl.) Porto et Brade; 红褐围柱兰; Rufous Butterfly Orchid ■☆
145296 Encyclia rufa Porto et Brade = Encyclia rufa (Lindl.) Porto et Brade ■☆
145297 Encyclia tampensis (Lindl.) Schltr. = Encyclia tampensis (Lindl.) Small ■☆
145298 Encyclia tampensis (Lindl.) Small;佛罗里达围柱兰;Butterfly Orchid, Florida Butterfly Orchid ■☆
145299 Encyclium Neum. = Encyclia Hook. ■☆
145300 Endacanthus Baill. = Pyrenacantha Wight(保留属名)●
145301 Endacanthus humblotii Baill. ex Grandid. = Pyrenacantha humblotii (Baill. ex Grandid.) Sleumer ●☆
145302 Endadenium L. C. Leach(1973);隐腺大戟属☆
145303 Endadenium gossweileri (N. E. Br.) L. C. Leach = Euphorbia neogossweileri Bruyns ■☆
145304 Endallex Raf. = Phalaris L. ■
145305 Endammia Raf. = Corema D. Don ●☆
145306 Endecaria Raf. = Cuphea Adans. ex P. Browne ●■
145307 Endeisa Raf. = Dendrobium Sw. (保留属名)■
145308 Endema Pritz. = Eudema Humb. et Bonpl. ■☆
145309 Endera Regel = Taccarum Brongn. ex Schott ■☆
145310 Endertia Steenis et de Wit(1947);加岛豆属■☆
145311 Endertia spectabilis Steenis et de Wit;加岛豆■☆
145312 Endesmia R. Br. = Eucalyptus L'Hér. ●
145313 Endespermum Blume(废弃属名) = Dalbergia L. f. (保留属名)●
145314 Endespermum Blume(废弃属名) = Endospermum Benth. (保留属名)●
145315 Endiandra R. Br. (1810);土楠属(内药樟属,三蕊楠属);Endiandra ●
145316 Endiandra coriacea Merr.;革叶土楠(革瓣黄肉楠,革瓣三蕊楠,三蕊楠);Botle Tobago Endiandra, Coriaceous Endiandra ●
145317 Endiandra dolichocarpa S. K. Lee et Y. T. Wei; 长果土楠; Longfruit Endiandra, Long-fruited Endiandra ●
145318 Endiandra hainanensis Merr. et Metcalf ex Allen; 土楠; Hainan Endiandra ●
145319 Endiandra lanyuensis C. E. Chang = Dehaasia incrassata (Jack) Kosterm. ●◇
145320 Endiandra palmerstonii C. T. White;昆士兰土楠(澳洲胡桃,澳洲月桂,东方木,胡桃豆,昆士兰胡桃);Australian Laurel, Australian Walnut, Oriental Wood, Queensland Walnut, Walnut Bean ●☆
145321 Endiandra sieberi Nees;粉红土楠;Corkwood, Pink Walnut ●☆
145322 Endiandra virens F. Muell.;绿土楠;New South Wales Walnut ●☆
145323 Endiplus Raf. = Phacelia Juss. ■☆
145324 Endisa Post et Kuntze = Dendrobium Sw. (保留属名)■
145325 Endisa Post et Kuntze = Endeisa Raf. ■
145326 Endiusa Alef. = Vicia L. ■
145327 Endivla Hill = Cichorium L. ■
145328 Endlichera C. Presl(废弃属名) = Emmeorhiza Pohl ex Endl. ●☆
145329 Endlichera C. Presl(废弃属名) = Endlicheria Nees(保留属名)●☆
145330 Endlicheria Nees(1833)(保留属名);恩德桂属●☆
145331 Endlicheria acuminata Kosterm.;渐尖恩德桂●☆
145332 Endlicheria argentea Chanderb.;银白恩德桂●☆
145333 Endlicheria aurea Chanderb.;黄恩德桂●☆
145334 Endlicheria boliviensis Kosterm.;玻利维亚恩德桂●☆
145335 Endlicheria ferruginosa Chanderb.;锈色恩德桂●☆
145336 Endlicheria formosa A. C. Sm.;美丽恩德桂●☆
145337 Endlicheria gracilis Kosterm.;细恩德桂●☆
145338 Endlicheria grandis Mez;大恩德桂●☆
145339 Endlicheria hirsuta (Schott) Nees;毛恩德桂●☆
145340 Endlicheria longicaudata (Ducke) Kosterm.;长尾恩德桂●☆
145341 Endlicheria longifolia Mez;长叶恩德桂●☆
145342 Endlicheria macrophylla Mez;大叶恩德桂●☆
145343 Endlicheria multiflora Mez;多花恩德桂●☆
145344 Endlicheria rubiflora Mez;红花恩德桂●☆
145345 Endlicheria tomentella Mez = Aiouea tomentella (Mez) S. S. Renner ●☆
145346 Endocarpa Raf. = Aiouea Aubl. ●☆
145347 Endocaulos C. Cusset(1973);内茎苔草属■☆
145348 Endocaulos mangorense (Perr.) C. Cusset;内茎苔草■☆
145349 Endocellion Turcz. ex Herder = Petasites Mill. ■
145350 Endocellion Turcz. ex Herder(1865);北蜂斗菜属(北蜂斗叶属)■☆
145351 Endocellion boreale Turcz. ex Herder;北蜂斗菜■☆
145352 Endochromaceae Dulac = Phytolaccaceae R. Br. (保留科名)●■
145353 Endocles Salisb. = Zigadenus Michx. ■
145354 Endocodon Raf. = Calathea G. Mey. ■
145355 Endocodon Raf. = Goeppertia Nees(1831)●☆
145356 Endocoma Raf. = Bottionea Colla ■☆
145357 Endocomia W. J. de Wilde = Horsfieldia Willd. ●
145358 Endocomia W. J. de Wilde(1984);内毛楠属●☆
145359 Endocomia macrocoma (Miq.) W. J. de Wilde;内毛楠●☆
145360 Endocomia macrocoma (Miq.) W. J. de Wilde subsp. prainii (King) W. J. de Wilde = Horsfieldia prainii (King) Warb. ●
145361 Endodeca Raf. (1828);蛇根兜铃属■☆
145362 Endodeca Raf. = Aristolochia L. ■●
145363 Endodeca serpentaria Raf.;蛇根兜铃●☆
145364 Endodesmia Benth. (1862);内索藤黄属●☆
145365 Endodesmia calophylloides Benth.;内索藤黄●☆
145366 Endodia Raf. = Leersia Sw. (保留属名)■
145367 Endogona Raf. = Anthericum L. ■☆
145368 Endogonia (Turcz.) Lindl. = Trigonotis Steven ■

145369 Endogonia Lindl. = Trigonotis Steven ■
145370 Endogonia Turcz. = Trigonotis Steven ■
145371 Endoisila Raf. = Euphorbia L. ●■
145372 Endolasia Turcz. = Manettia Mutis ex L.(保留属名)●■☆
145373 Endolepis Torr. = Endolepis Torr. ex A. Gray ■☆
145374 Endolepis Torr. ex A. Gray = Atriplex L. ■●
145375 Endolepis Torr. ex A. Gray(1860);肉滨藜属■☆
145376 Endolepis suckleyi Torr. = Atriplex suckleyi (Torr.) Rydb. ■☆
145377 Endoleuca Cass. = Metalasia R. Br. ●☆
145378 Endoleuca pulchella Cass. = Metalasia pulchella (Cass.) P. O. Karis ●☆
145379 Endolimna Raf. = Heteranthera Ruiz et Pav.(保留属名)■☆
145380 Endolithodes Bartl. = Retiniphyllum Humb. et Bonpl. ●☆
145381 Endolithodes Bartl. = Synisoon Baill. ●☆
145382 Endoloma Raf. = Amphilophium Kunth ●☆
145383 Endomallus Gagnep.(1915);越豆属■
145384 Endomallus Gagnep. = Cajanus Adans.(保留属名)●
145385 Endomallus pellitus Gagnep.;越豆■
145386 Endomelas Raf. = Thunbergia Retz.(保留属名)●■
145387 Endonema A. Juss.(1846);内丝木属●☆
145388 Endonema lateriflora (L. f.) Gilg;侧花内丝木●☆
145389 Endonema retzioides Sond.;内丝木●☆
145390 Endopappus Sch. Bip.(1860);内毛菊属(内冠菊属)■☆
145391 Endopappus Sch. Bip. = Chrysanthemum L.(保留属名)■●
145392 Endopappus macrocarpus Sch. Bip.;内毛菊■☆
145393 Endopappus macrocarpus Sch. Bip. subsp. maroccanus (Jahand. et Weiller) Ibn Tattou;摩洛哥内冠菊■☆
145394 Endoplectris Raf. = Epimedium L. ■
145395 Endopleura Cuatrec.(1961);凹脉核果树属●☆
145396 Endopleura uchi (Huber) Cuatrec.;凹脉核果树●☆
145397 Endopogon Nees = Mecardonia Ruiz et Pav. ■☆
145398 Endopogon Nees = Strobilanthes Blume ●■
145399 Endopogon Raf.(1818) = Gratiola L. ■
145400 Endopogon Raf.(1818) = Pagesia Raf. ■☆
145401 Endopogon Raf.(1836) = Diodia L. ■
145402 Endopogon vitellina Nees = Phlogacanthus vitellinus (Roxb.) T. Anderson ●■
145403 Endoptera DC. = Crepis L. ■
145404 Endorima Raf.(1819) = Balduina Nutt.(保留属名)■☆
145405 Endorima Raf.(1836) = Helipterum DC. ex Lindl. ■☆
145406 Endosamara R. Geesink = Robinia L. ●
145407 Endosamara R. Geesink(1984);总状崖豆花属●☆
145408 Endosamara racemosa (Roxb.) R. Geesink;总状崖豆花●☆
145409 Endosiphon T. Anderson ex Benth. = Ruellia L. ■●
145410 Endosiphon T. Anderson ex Benth. et Hook. f. = Ruellia L. ■●
145411 Endosiphon obliquus C. B. Clarke = Ruellia primuloides (T. Anderson ex Benth.) Heine ■☆
145412 Endosiphon primuloides T. Anderson ex Benth. = Ruellia primuloides (T. Anderson ex Benth.) Heine ■☆
145413 Endospermum Benth.(1861)(保留属名);黄桐属;Endospermum, Yellowtung ●
145414 Endospermum Blume = Endospermum Benth.(保留属名)●
145415 Endospermum Endl. = Dalbergia L. f.(保留属名)●
145416 Endospermum Endl. = Endospermum Benth.(保留属名)●
145417 Endospermum chinense Benth.;黄桐(大树跌打,黄虫树);China Yellowtung, Chinese Endospermum ●
145418 Endospermum malaccense Müll. Arg.;马来亚黄桐●☆
145419 Endospermum moluccanum (Teijsm. et Binn.) Becc.;摩鹿加黄桐●☆
145420 Endospermum peltatum Merr.;盾状黄桐●☆
145421 Endosteira Turcz. = Cassipourea Aubl. ●☆
145422 Endostemon N. E. Br.(1910);内蕊草属●■☆
145423 Endostemon albus A. J. Paton et Harley et M. M. Harley;白内蕊草●☆
145424 Endostemon angolensis R. D. Good = Endostemon membranaceus (Benth.) Ayob. ex A. J. Paton et Harley ●☆
145425 Endostemon camporum (Gürke) M. Ashby;弯内蕊草●☆
145426 Endostemon dissitifolius (Baker) M. Ashby;疏叶内蕊草●☆
145427 Endostemon ellenbeckii (Gürke) M. Ashby = Endostemon kelleri (Briq.) Ryding ●☆
145428 Endostemon friisii Ayob. = Endostemon kelleri (Briq.) Ryding ●☆
145429 Endostemon glandulosus Harley et Sebsebe;具腺内蕊草●☆
145430 Endostemon gracilis (Benth.) M. Ashby;纤细内蕊草●☆
145431 Endostemon kelleri (Briq.) Ryding;凯勒内蕊草●☆
145432 Endostemon leucosphaerus (Briq.) A. J. Paton, Harley et M. M. Harley;白球内蕊草■☆
145433 Endostemon malosanus (Baker) M. Ashby = Endostemon dissitifolius (Baker) M. Ashby ●☆
145434 Endostemon membranaceus (Benth.) Ayob. ex A. J. Paton et Harley;膜质内蕊草●☆
145435 Endostemon obbiadensis (Chiov.) M. Ashby;奥比亚德内蕊草■☆
145436 Endostemon obtusifolius (E. Mey. ex Benth.) N. E. Br.;钝叶内蕊草■☆
145437 Endostemon ocimoides Bremek. = Endostemon tereticaulis (Poir.) M. Ashby ■☆
145438 Endostemon racemosus Ryding et A. J. Paton et Thulin;总花内蕊草■☆
145439 Endostemon retinervis (Briq.) M. Ashby = Endostemon membranaceus (Benth.) Ayob. ex A. J. Paton et Harley ●☆
145440 Endostemon stenocaulis (Hedge) Ryding et A. J. Paton et Thulin;窄茎内蕊草■☆
145441 Endostemon tenuiflorus (Benth.) M. Ashby;细花内蕊草■☆
145442 Endostemon tereticaulis (Poir.) M. Ashby;圆柱茎内蕊草■☆
145443 Endostemon tomentosus Harley et Sebsebe;绒毛内蕊草■☆
145444 Endostemon tubifer R. D. Good = Endostemon dissitifolius (Baker) M. Ashby ●☆
145445 Endostemon usambarensis M. Ashby;乌桑巴拉内蕊草■☆
145446 Endostemon villosus (Briq.) M. Ashby = Endostemon dissitifolius (Baker) M. Ashby ●☆
145447 Endostemon wakefieldii (Baker) M. Ashby;韦克菲尔德内蕊草■☆
145448 Endostephium Turcz. = Galipea Aubl. ●☆
145449 Endotheca Raf. = Aristolochia L. ■●
145450 Endotheca Raf. = Endodeca Raf. ■☆
145451 Endotheca serpentaria (L.) Raf. = Aristolochia serpentaria L. ●■☆
145452 Endotis Raf. = Allium L. ■
145453 Endotricha Aubrév. et Pellegr. = Aubregrinia Heine ●☆
145454 Endotricha taiensis Aubrév. et Pellegr. = Aubregrinia taiensis (Aubrév. et Pellegr.) Heine ●☆
145455 Endotriche (Bunge) Steud. = Gentianella Moench(保留属名)■
145456 Endotriche Steud. = Gentianella Moench(保留属名)■

145457 Endotropis Endl.(1838);牛皮消属●■
145458 Endotropis Endl. = Cynanchum L. ●■
145459 Endotropis Endl. = Gymnema Endl. ●■
145460 Endotropis Raf. = Rhamnus L. ●
145461 Endotropis auriculata (Royle ex Wight) Decne. = Cynanchum auriculatum Royle ex Wight ●■
145462 Endotropis auriculata Decne. = Cynanchum auriculatum Hemsl. ■
145463 Endotropis caudata Miq. = Cynanchum caudatum (Miq.) Maxim. ■☆
145464 Endotropis caudata Miq. = Cynanchum maximowiczii Pobed. ■☆
145465 Endotropis jacquemontianum (Decne.) DC. = Cynanchum jacquemontianum Decne. ■☆
145466 Endrachium Juss. = Humbertia Comm. ex Lam. ●☆
145467 Endrachium madagascariense J. F. Gmel. = Humbertia madagascariensis Lam. ●☆
145468 Endrachne Augier = Endrachium Juss. ●☆
145469 Endresiella Schltr. = Trevoria F. Lehm. ■☆
145470 Endressia J. Gay = Arpitium Neck. ex Sweet ■☆
145471 Endressia J. Gay(1832);昂德草属■☆
145472 Endressia Whiffin = Endressia J. Gay ■☆
145473 Endressia pyrenaica J. Gay;昂德草■☆
145474 Endusa Miers = Minquartia Aubl. ●☆
145475 Endusa Miers ex Benth. = Minquartia Aubl. ●☆
145476 Endusia Benth. et Hook. f. = Endiusa Alef. ■
145477 Endusia Benth. et Hook. f. = Viola L. ■●
145478 Endymion Dumort.(1827);西班牙风信子属(恩底弥翁属);Spanish Bluebell ■☆
145479 Endymion Dumort. = Hyacinthoides Heist. ex Fabr. ■☆
145480 Endymion aristidis (Coss.) Chouard = Hyacinthoides aristidis (Coss.) Rothm. ■☆
145481 Endymion cedretorus Pomel = Hyacinthoides cedretorum (Pomel) Dobignard ■☆
145482 Endymion hispanicus (Mill.) Chouard = Hyacinthoides hispanica (Mill.) Rothm. ■☆
145483 Endymion kabylicus (Chabert) Chouard = Hyacinthoides cedretorum (Pomel) Dobignard ■☆
145484 Endymion lingulatus (Poir.) Chouard = Hyacinthoides lingulata (Poir.) Rothm. ■☆
145485 Endymion mauritanicus (Schousb.) Chouard = Hyacinthoides mauritanica (Schousb.) Speta ■☆
145486 Endymion non-scriptus (L.) Garcke = Hyacinthoides non-scripta (L.) Chouard ex Rothm. ■☆
145487 Endymion non-scriptus Garcke;西班牙风信子;Bell Bottle, Bell-bottle, Bloody Bones, Blue Bonnets, Blue Goggles, Blue Granfer Greygle, Blue Granfer-greygles, Blue Muck, Blue Rocket, Blue Trumpet, Bluebell, Bluebottle, Crakefeet, Crawfoot, Craw-taes, Cross Flower, Crow Bells, Crow Flower, Crow Foot, Crow Leek, Crow Toe, Crow Toes, Crowfoot, Crow's Legs, Cuckoo, Cuckoo Boots, Cuckoo's Boots, Cuckoo's Stockings, Culverkeys, Culvers, Darmell Goddard, English Harebell, English Hare's Bell, English Hare's Bells, English Hyacinth, Fairy's Bells, Goosey Gander, Goosey-gander, Goosey-goosey-gander, Gowk's Hose, Grammer Greygle, Granfer Grigg, Granfer Griggle, Granfer Griggle-sticks, Granfer-gregor, Granfer-griggles, Granny Griggle, Granny-griggles, Grawmpy Griggle, Greggle, Greygle, Greygole, Griggle, Guckoo-flower, Guckoos, Harebell, Lady's Thimble, Lady's Thimbles, Locks-and-keys, Old Man's Beard, Old Man's Bell, Old Man's Bells, Periwinkle, Pride of the Woods, Ring O' Bells, Ring-o'-bells, Rook's Flower, Sea Onion, Single Gussies, Snake's Flower, Spanish Bluebell, Spanish Hyacinth, St. George's Bells, St. George's Flower, Wild Hyacinth, Wood Bells, Wood Hyacinth ☆
145488 Endymion non-scriptus Garcke 'English';英国风信子;English Hare's Bells ☆
145489 Endymion patulus Gren. et Godr. = Hyacinthoides cedretorum (Pomel) Dobignard ■☆
145490 Endymion patulus Gren. et Godr. var. algeriensis Batt. = Hyacinthoides hispanica (Mill.) Rothm. ■☆
145491 Endysa Post et Kuntze = Minquartia Aubl. ●☆
145492 Enemion Raf.(1820);拟扁果草属(假扁果草属);Enemion, False Rue-anemone ■
145493 Enemion Raf. = Isopyrum L.(保留属名)■
145494 Enemion biternatum Raf.;三出拟扁果草;False Rue Anemone ■☆
145495 Enemion hallii (A. Gray) J. R. Drumm. et Hutch.;霍尔拟扁果草;Willamette Rue-anemone ■☆
145496 Enemion manshuricum Kom. = Isopyrum manshuricum (Kom.) Kom. ex W. T. Wang et P. K. Hsiao ■
145497 Enemion occidentale (Hook. et Arn.) J. R. Drumm. et Hutch.;西方拟扁果草;Western Rue-anemone ■☆
145498 Enemion raddeanum Regel;拟扁果草(假扁果草);False Rue Anemone, Radde Enemion ■
145499 Enemion savilei (Calder et R. L. Taylor) Keener;萨维尔拟扁果■☆
145500 Enemion stipitatum (A. Gray) J. R. Drumm. et Hutch.;锡斯基尤扁果草;Siskiyou Rue-anemone ■☆
145501 Enemosyne Lehm. = Eremosyne Endl. ■☆
145502 Eneodon Raf. = Leucas Burm. ex R. Br. ●■
145503 Enetophyton Nieuwl. = Utricularia L. ■
145504 Engelhardia Lesch. ex Blume(1826);黄杞属(烟包树属);Engelhardia, Basket Willow ●
145505 Engelhardia aceriflora (Reinw.) Blume;爪哇黄杞(豆腐渣树,黄皮药,胖婆娘,槭果黄杞);Java Engelhardia ●
145506 Engelhardia aceriflora (Reinw.) Blume = Engelhardia spicata Lesch. ex Blume var. aceriflora (Reinw.) Koord. et Valeton ●
145507 Engelhardia chrysolepis Hance = Engelhardia roxburghiana Wall. ●
145508 Engelhardia colebrookeana Lindl. = Engelhardia spicata Lesch. ex Blume var. colebrookiana (Lindl.) Koord. et Valeton ●
145509 Engelhardia colebrookiana Lindl. = Engelhardia colebrookiana Lindl. ex Wall. ●
145510 Engelhardia colebrookiana Lindl. ex Wall.;毛叶黄杞(豆腐渣树,短翅黄杞,黄榉,胖母猪果,胖母猪果树,胖婆娘树,烟包树);Hairyleaf Engelhardia, Hairy-leaved Engelhardia ●
145511 Engelhardia esquirolii H. Lév. = Engelhardia spicata Lesch. ex Blume var. colebrookiana (Lindl.) Koord. et Valeton ●
145512 Engelhardia fenzelii Merr.;少叶黄杞(茶木,黄榉);Fenzel Engelhardia ●
145513 Engelhardia fenzelii Merr. = Engelhardia roxburghiana Wall. ●
145514 Engelhardia formosana Hayata = Engelhardia roxburghiana Wall. ●
145515 Engelhardia hainanensis P. Y. Chen;海南黄杞;Hainan Engelhardia ●
145516 Engelhardia roxburghiana Lindl. ex Wall. = Engelhardia spicata Lesch. ex Blume ●

145517 Engelhardia roxburghiana Wall.;黄杞(黑油换,黄棒,黄古木,黄久,黄榉,黄鳞黄杞,黄泡木,假玉桂,仁杞,三麻柳,台湾黄杞,土厚朴,杨杞,印缅黄杞);Common Engelhardia, Roxburgh Engelhardia, Yellow Basket Willow, Yellow Basket-willow ●

145518 Engelhardia roxburghiana Wall. f. brevialata Manning = Engelhardia roxburghiana Wall. ●

145519 Engelhardia roxburghiana Wall. var. dasyrhachis C. S. Ding;毛轴黄杞;Hairy-rhachis Engelhardia ●

145520 Engelhardia serrata Blume;齿叶黄杞(豆腐渣树,胖婆娘);Serrate Engelhardia, Toothleaf Engelhardia ●

145521 Engelhardia serrata Blume var. combodica Manning = Engelhardia serrata Blume ●

145522 Engelhardia spicata Lesch. ex Blume;云南黄杞(烟包树);Yunnan Engelhardia ●

145523 Engelhardia spicata Lesch. ex Blume var. aceriflora (Reinw.) Koord. et Valeton = Engelhardia aceriflora (Reinw.) Blume ●

145524 Engelhardia spicata Lesch. ex Blume var. colebrookiana (Lindl.) Koord. et Valeton = Engelhardia colebrookiana Lindl. ex Wall. ●

145525 Engelhardia spicata Lesch. ex Blume var. formosana Hayata = Engelhardia roxburghiana Wall. ●

145526 Engelhardia unijuga Chun ex P. Y. Chen;对叶黄杞(二叶黄杞);Oppositeleaf Engelhardia, Unijugate Engelhardia ●

145527 Engelhardia unijuga Chun ex P. Y. Chen = Engelhardia roxburghiana Wall. ●

145528 Engelhardia villosa Kurz = Engelhardia spicata Lesch. ex Blume var. colebrookiana (Lindl.) Koord. et Valeton ●

145529 Engelhardia villosa Kurz var. integra Kurz = Engelhardia spicata Lesch. ex Blume var. colebrookiana (Lindl.) Koord. et Valeton ●

145530 Engelhardia wallichiana Lindl. = Engelhardia roxburghiana Wall. ●

145531 Engelhardia wallichiana Lindl. var. chrysolepis (Hance) G. DC. = Engelhardia roxburghiana Wall. ●

145532 Engelhardiaceae Reveal et Doweld = Juglandaceae DC. ex Perleb(保留科名)●

145533 Engelhardtiaceae Reveal et Doweld = Juglandaceae DC. ex Perleb(保留科名)●

145534 Engelhardtiaceae Reveal et Doweld;黄杞科●

145535 Engelia H. karst. ex Nees = Mendoncia Vell. ex Vand. ●☆

145536 Engelmannia A. Gray ex Nutt. = Engelmannia Torr. et A. Gray ex Nutt. ■☆

145537 Engelmannia Klotzsch = Croton L. ●

145538 Engelmannia Klotzsch = Gynamblosis Torr. ●

145539 Engelmannia Pfeiff. = Buchingera F. Schultz ■

145540 Engelmannia Pfeiff. = Cuscuta L. ■

145541 Engelmannia Torr. et A. Gray = Engelmannia Torr. et A. Gray ex Nutt. ■☆

145542 Engelmannia Torr. et A. Gray ex Nutt. (1840);梳脉菊属;Cutleaf Daisy, Engelmann Daisy, Engelmann's Daisy ■☆

145543 Engelmannia peristenia (Raf.) Goodman et C. A. Lawson;梳脉菊;Cutleaf Daisy, Engelmann Daisy, Engelmann's Daisy ■☆

145544 Engelmannia pinnatifida Nutt. = Engelmannia peristenia (Raf.) Goodman et C. A. Lawson ■☆

145545 Englera Post et Kuntze = Engleria O. Hoffm. ■●☆

145546 Englerastrum Briq. (1894);恩氏草属■●☆

145547 Englerastrum Briq. = Plectranthus L'Hér. (保留属名)●■

145548 Englerastrum adenophorum (Gürke) T. C. E. Fr. = Plectranthus adenophorus Gürke ■☆

145549 Englerastrum alstonianum Hutch. et Dandy;奥尔斯顿恩氏草■☆

145550 Englerastrum conglomeratum T. C. E. Fr. = Plectranthus conglomeratus (T. C. E. Fr.) Hutch. et Dandy ■☆

145551 Englerastrum diffusum Alston = Plectranthus gracillimus (T. C. E. Fr.) Hutch. et Dandy ■☆

145552 Englerastrum djalonense A. Chev. = Englerastrum schweinfurthii Briq. ■☆

145553 Englerastrum floribundum (N. E. Br.) T. C. E. Fr. = Plectranthus esculentus N. E. Br. ■☆

145554 Englerastrum floribundum (N. E. Br.) T. C. E. Fr. var. longipes = Plectranthus esculentus N. E. Br. ■☆

145555 Englerastrum gracillimum T. C. E. Fr. = Plectranthus gracillimus (T. C. E. Fr.) Hutch. et Dandy ■☆

145556 Englerastrum hjalmari T. C. E. Fr. = Plectranthus hjalmarii (T. C. E. Fr.) Hutch. et Dandy ■☆

145557 Englerastrum hutchinsonianum Alston = Englerastrum schweinfurthii Briq. ■☆

145558 Englerastrum kassneri T. C. E. Fr. = Plectranthus kassneri (T. C. E. Fr.) Hutch. et Dandy ■☆

145559 Englerastrum melanocarpum (Gürke) T. C. E. Fr. = Plectranthus tetragonus Gürke ■☆

145560 Englerastrum modestum (Baker) T. C. E. Fr. = Plectranthus modestus Baker ■☆

145561 Englerastrum nigericum Alston;尼日利亚恩氏草■☆

145562 Englerastrum rhodesianum N. E. Br.;罗得西亚恩氏草■☆

145563 Englerastrum scandens (Gürke) Alston;攀缘恩氏草■☆

145564 Englerastrum schlechteri Alston = Englerastrum alstonianum Hutch. et Dandy ■☆

145565 Englerastrum schlechteri T. C. E. Fr. = Plectranthus schlechteri (T. C. E. Fr.) Hutch. et Dandy ■☆

145566 Englerastrum schweinfurthii Briq.;施韦恩氏草■☆

145567 Englerastrum tetragonum (Gürke) T. C. E. Fr. = Plectranthus tetragonus Gürke ■☆

145568 Englerella Pierre = Pouteria Aubl. ●

145569 Engleria O. Hoffm. (1888);窄翅菀属■●☆

145570 Engleria africana O. Hoffm.;非洲窄翅菀■☆

145571 Engleria africana O. Hoffm. var. radiata Oliv. = Engleria decumbens (Welw. ex Hiern) Hiern ■☆

145572 Engleria decumbens (Welw. ex Hiern) Hiern;窄翅菀■☆

145573 Englerina Tiegh. (1895);恩氏寄生属●☆

145574 Englerina Tiegh. = Loranthus Jacq. (保留属名)●

145575 Englerina Tiegh. = Tapinanthus (Blume) Rchb. (保留属名)●☆

145576 Englerina concinna Polhill et Wiens;整洁恩氏寄生●☆

145577 Englerina cordata Polhill et Wiens;心形恩氏寄生●☆

145578 Englerina drummondii Polhill et Wiens;德拉蒙德恩氏寄生●☆

145579 Englerina gabonensis (Engl.) Balle;加蓬恩氏寄生●☆

145580 Englerina gabonensis (Engl.) Balle subsp. subquadrangularis (De Wild.) Balle = Englerina subquadrangularis (De Wild.) Polhill et Wiens ●☆

145581 Englerina heckmanniana (Engl.) Polhill et Wiens;赫克曼恩氏寄生●☆

145582 Englerina heckmanniana (Engl.) Polhill et Wiens subsp. polytricha Polhill et Wiens;多毛恩氏寄生●☆

145583 Englerina holstii (Engl.) Tiegh.;霍尔恩氏寄生●☆

145584 Englerina inaequilatera (Engl.) Gilli;不等恩氏寄生●☆

145585 Englerina kagehensis (Engl.) Polhill et Wiens;科格恩氏寄生

●☆

145586 Englerina kapiriensis (Balle) Polhill et Wiens;卡皮里恩氏寄生●☆

145587 Englerina kwaiensis (Engl.) Polhill et Wiens;夸伊恩氏寄生●☆

145588 Englerina lecardii (Engl.) Balle;莱卡德恩氏寄生●☆

145589 Englerina longiflora Polhill et Wiens;长花恩氏寄生●☆

145590 Englerina luluensis (Engl.) Polhill et Wiens;卢卢恩氏寄生●☆

145591 Englerina macilenta Polhill et Wiens;贫弱恩氏寄生●☆

145592 Englerina muerensis (Engl.) Polhill et Wiens;穆尔恩氏寄生●☆

145593 Englerina ochroleuca (Engl. et K. Krause) Balle;淡黄白恩氏寄生●☆

145594 Englerina oedostemon (Danser) Polhill et Wiens;瘤冠恩氏寄生●☆

145595 Englerina parviflora (Engl.) Balle;小花恩氏寄生●☆

145596 Englerina ramulosa (Sprague) Polhill et Wiens;密枝恩氏寄生●☆

145597 Englerina schlechteri (Engl.) Polhill et Wiens;施莱恩氏寄生●☆

145598 Englerina schubotziana (Engl. et K. Krause) Polhill et Wiens;舒博恩氏寄生●☆

145599 Englerina subquadrangularis (De Wild.) Polhill et Wiens;四角恩氏寄生●☆

145600 Englerina swynnertonii (Sprague) Polhill et Wiens;斯温纳顿恩氏寄生●☆

145601 Englerina tenuifolius (Engl.) Gilli = Englerina inaequilatera (Engl.) Gilli ●☆

145602 Englerina triplinervia (Baker et Sprague) Polhill et Wiens;短花恩氏寄生●☆

145603 Englerina woodfordioides (Schweinf.) Balle;伍德恩氏寄生●☆

145604 Englerina woodfordioides (Schweinf.) Balle var. adolfi-friderici (Engl. et K. Krause) Balle = Englerina woodfordioides (Schweinf.) Balle ●☆

145605 Englerina woodfordioides (Schweinf.) Balle var. umbelliflora (De Wild.) Balle = Englerina woodfordioides (Schweinf.) Balle ●☆

145606 Englerocharis Muschl. (1908);恩格勒芥属■☆

145607 Englerodaphne Gilg = Gnidia L. ●☆

145608 Englerodaphne leiosiphon Gilg = Gnidia subcordata Meisn. ●☆

145609 Englerodaphne ovalifolia (Meisn.) E. Phillips;椭圆叶恩格勒芥■☆

145610 Englerodaphne pilosa Burtt Davy;疏毛恩格勒芥■☆

145611 Englerodaphne subcordata (Meisn.) Engl. = Gnidia subcordata Meisn. ●☆

145612 Englerodendron Harms(1907);恩格勒豆属●☆

145613 Englerodendron conchyliophorum (Pellegr.) Breteler;贝梗恩格勒豆●☆

145614 Englerodendron gabunense (J. Léonard) Breteler;加蓬恩格勒豆●☆

145615 Englerodendron korupense Burgt;科鲁普恩格勒豆●☆

145616 Englerodendron sargosii Pellegr. = Anthonotha sargosii (Pellegr.) J. Léonard ●☆

145617 Englerodendron usambarense Harms;乌桑巴拉恩格勒豆●☆

145618 Englerodoxa Hoerold = Ceratostema Juss. ●☆

145619 Englerophoenix Kuntze = Maximiliana Mart. (保留属名)●

145620 Englerophytum K. Krause(1914);恩格勒山榄属●☆

145621 Englerophytum congolense (De Wild.) Aubrév. et Pellegr.;刚果恩格勒山榄●☆

145622 Englerophytum iturense (Engl.) L. Gaut.;伊图里恩格勒山榄●☆

145623 Englerophytum letestui Aubrév. et Pellegr.;莱泰斯图恩格勒山榄●☆

145624 Englerophytum magalismontanum (Sond.) T. D. Penn.;马山恩格勒山榄●☆

145625 Englerophytum natalense (Sond.) T. D. Penn.;纳塔尔恩格勒山榄●☆

145626 Englerophytum oblanceolatum (S. Moore) T. D. Penn.;倒披针恩格勒山榄●☆

145627 Englerophytum oubanguiense (Aubrév. et Pellegr.) Aubrév. et Pellegr.;乌班吉恩格勒山榄●☆

145628 Englerophytum somiferanum Aubrév. = Englerophytum iturense (Engl.) L. Gaut. ●☆

145629 Englerophytum stelechanthum K. Krause;干花恩格勒山榄(柱头恩格勒山榄)●☆

145630 Englerophytum vermoesenii (De Wild.) Aubrév. et Pellegr. = Englerophytum iturense (Engl.) L. Gaut. ●☆

145631 Engomegoma Breteler(1996);加蓬铁青树属●☆

145632 Engysiphon G. J. Lewis = Geissorhiza Ker Gawl. ■☆

145633 Engysiphon brevitubus G. J. Lewis = Geissorhiza brevituba (G. J. Lewis) Goldblatt ■☆

145634 Engysiphon exscapus (Thunb.) G. J. Lewis = Geissorhiza exscapa (Thunb.) Goldblatt ■☆

145635 Engysiphon longifolius G. J. Lewis = Geissorhiza longifolia (G. J. Lewis) Goldblatt ■☆

145636 Engysiphon longitubus G. J. Lewis = Geissorhiza exscapa (Thunb.) Goldblatt ■☆

145637 Engysiphon roseoalbus (G. J. Lewis) G. J. Lewis = Geissorhiza roseoalba (G. J. Lewis) Goldblatt ■☆

145638 Engysiphon roseus (Schinz) G. J. Lewis = Geissorhiza tenella Goldblatt ■☆

145639 Engysiphon schinzii (Baker) G. J. Lewis = Geissorhiza schinzii (Baker) Goldblatt ■☆

145640 Enhalaceae Nakai = Hydrocharitaceae Juss. (保留科名)■

145641 Enhalaceae Nakai;海菖蒲科■

145642 Enhalus Rich. (1814);海菖蒲属(恩海藻属);Seaflag, Enhalus ■

145643 Enhalus acoroides (L. f.) Rich. ex Steud.;海菖蒲;Seaflag, Sweetflaglike Enhalus ■

145644 Enhalus acoroides (L. f.) Royle = Enhalus acoroides (L. f.) Rich. ex Steud. ■

145645 Enhalus koenigii Rich. = Enhalus acoroides (L. f.) Rich. ex Steud. ■

145646 Enhydra DC. = Enydra Lour. ■

145647 Enhydra fluctuans Lour. = Enydra fluctuans Lour. ■

145648 Enhydria Kanitz = Enydria Vell. ■

145649 Enhydria Kanitz = Myriophyllum L. ■

145650 Enhydrias Ridl. = Blyxa Noronha ex Thouars ■

145651 Enicosanthellum Ban = Disepalum Hook. f. ●

145652 Enicosanthellum Ban = Polyalthia Blume ●

145653 Enicosanthellum petelotii (Merr.) Ban = Polyalthia petelotii Merr. ●

145654 Enicosanthellum plagioneurum (Diels) Ban = Polyalthia plagioneura Diels ●

145655 Enicosanthum Becc. (1871);丝柱玉盘属●☆

145656 Enicosanthum acuminatum (Thwaites) Airy Shaw;尖丝柱玉盘●☆

145657 Enicosanthum fuscum (King) Airy Shaw;褐丝柱玉盘●☆
145658 Enicosanthum grandiflorum (Becc.) Airy Shaw;大花丝柱玉盘●☆
145659 Enicosanthum nitidum (A. DC.) Airy Shaw;光亮丝柱玉盘●☆
145660 Enicostema Blume. (1826)(保留属名);单蕊龙胆属(热带龙胆属)■☆
145661 Enicostema axillare (Lam.) A. Raynal;腋花单蕊龙胆(腋花热带龙胆)■☆
145662 Enicostema axillare (Lam.) A. Raynal subsp. latilobum (N. E. Br.) A. Raynal;宽裂腋花单蕊龙胆(宽裂腋花热带龙胆)■☆
145663 Enicostema elizabethae Veldkamp;伊丽莎白单蕊龙胆■☆
145664 Enicostema hyssopifolium (Willd.) I. Verd. = Enicostema axillare (Lam.) A. Raynal ■☆
145665 Enicostema latiloba N. E. Br. = Enicostema axillare (Lam.) A. Raynal subsp. latilobum (N. E. Br.) A. Raynal ■☆
145666 Enicostema littorale Blume;滨海单蕊龙胆(滨海热带龙胆)■☆
145667 Enicostema littorale Blume = Enicostema axillare (Lam.) A. Raynal ■☆
145668 Enicostema verticillatum (L.) Engl. ex Gilg = Enicostema axillare (Lam.) A. Raynal subsp. latilobum (N. E. Br.) A. Raynal ■☆
145669 Enicostema verticillatum L.;轮生单蕊龙胆(轮生热带龙胆)■☆
145670 Enipea Raf. = Salvia L. ●■
145671 Enkea Walp. = Enckea Kunth ●■
145672 Enkea Walp. = Piper L. ●■
145673 Enkianthus Lour. (1790);吊钟花属(满天星属);Enkianthus, Pendent-bell, Red Bells ●
145674 Enkianthus brachyphyllus Franch. = Enkianthus chinensis Franch. ●
145675 Enkianthus calophyllus T. Z. Hsu;美叶吊钟花;Beautiful-leaf Enkianthus, Beautiful-leaf Pendent-bell ●
145676 Enkianthus calophyllus T. Z. Hsu = Enkianthus serrulatus (E. H. Wilson) C. K. Schneid. ●
145677 Enkianthus campanulatus (Miq.) G. Nicholson;黄吊钟花;Redvein Enkianthus, Yellow Enkianthus, Yellow Pendent-bell ●☆
145678 Enkianthus campanulatus (Miq.) G. Nicholson = Enkianthus sikokianus (Palib.) Ohwi ●☆
145679 Enkianthus campanulatus (Miq.) G. Nicholson f. albiflorus (Makino) Makino;白花黄吊钟花●☆
145680 Enkianthus campanulatus (Miq.) G. Nicholson f. lutescens Yokouchi;浅黄吊钟花●☆
145681 Enkianthus campanulatus (Miq.) G. Nicholson subsp. longilobus (Nakai) Kitam. = Enkianthus campanulatus (Miq.) G. Nicholson var. longilobus (Nakai) Makino ●☆
145682 Enkianthus campanulatus (Miq.) G. Nicholson var. kikuchi-masaoi (Mochizuki) Sugim.;政尾吊钟花■☆
145683 Enkianthus campanulatus (Miq.) G. Nicholson var. longilobus (Nakai) Makino;长裂黄吊钟花●☆
145684 Enkianthus campanulatus (Miq.) G. Nicholson var. palibinii (Craib) Bean;帕利宾吊钟花●☆
145685 Enkianthus campanulatus (Miq.) G. Nicholson var. rubicundus (Matsum. et Nakai) Makino = Enkianthus campanulatus (Miq.) G. Nicholson var. palibinii (Craib) Bean ●☆
145686 Enkianthus campanulatus (Miq.) G. Nicholson var. sikokianus Palib. = Enkianthus sikokianus (Palib.) Ohwi ●☆
145687 Enkianthus cavaleriei H. Lév. = Enkianthus quinqueflorus Lour. ●
145688 Enkianthus cerasiflorus (H. Lév.) H. Lév. = Enkianthus chinensis Franch. ●
145689 Enkianthus cernuus (Siebold et Zucc.) Makino;俯垂吊钟花(红吊钟花,红铃儿花);Nodding Enkianthus, Nodding Pendent-bell ●☆
145690 Enkianthus cernuus (Siebold et Zucc.) Makino f. rubens (Maxim.) Ohwi;红俯垂吊钟花●☆
145691 Enkianthus cernuus (Siebold et Zucc.) Makino var. matsudae (Komatsu) Makino = Enkianthus cernuus (Siebold et Zucc.) Makino f. rubens (Maxim.) Ohwi ●☆
145692 Enkianthus cernuus Franch. f. rubens (Maxim.) Ohwi = Enkianthus cernuus (Siebold et Zucc.) Makino f. rubens (Maxim.) Ohwi ●☆
145693 Enkianthus chinensis Franch.;灯笼吊钟花(灯笼花,灯笼树,钓鱼钩树,钩钟,钩钟花,荔枝木,曼榕,女儿红,贞榕);China Pendent-bell, Chinese Enkianthus, Chinese Lantern Flower ●
145694 Enkianthus deflexus (Griff.) C. K. Schneid.;毛叶吊钟花(小丁花,小丁木,油萝树);Deflexed Enkianthus, Deflexed Pendent-bell, Hairy-leaves Enkianthus ●
145695 Enkianthus deflexus (Griff.) C. K. Schneid. var. glabrescens R. C. Fang;腺梗吊钟花●
145696 Enkianthus deflexus (Griff.) C. K. Schneid. var. variegatus (Forrest) Forrest = Enkianthus deflexus (Griff.) C. K. Schneid. ●
145697 Enkianthus deflexus (Griff.) C. K. Schneid. var. variegatus Forrest = Enkianthus deflexus (Griff.) C. K. Schneid. ●
145698 Enkianthus dunnii H. Lév.;疏齿吊钟花;Laxtooth Pendent-bell, Loose Serrulate Enkianthus ●☆
145699 Enkianthus dunnii H. Lév. = Enkianthus quinqueflorus Lour. ●
145700 Enkianthus himalaicus Hook. f. et Thomson = Enkianthus deflexus (Griff.) C. K. Schneid. ●
145701 Enkianthus hirtinervus M. Y. Fang = Enkianthus serrulatus (E. H. Wilson) C. K. Schneid. var. hirtinervus (M. Y. Fang) T. Z. Hsu ●
145702 Enkianthus hirtinervus M. Y. Fang = Enkianthus serrulatus (E. H. Wilson) C. K. Schneid. ●
145703 Enkianthus japonicus Hook. = Enkianthus perulatus (Miq.) C. K. Schneid. ●
145704 Enkianthus kikuchi-masaoi Mochizuki = Enkianthus campanulatus (Miq.) G. Nicholson var. kikuchi-masaoi (Mochizuki) Sugim. ■☆
145705 Enkianthus kirnalaicus Hook. f. et Thomson = Enkianthus deflexus (Griff.) C. K. Schneid. ●
145706 Enkianthus leveilleanus Craib = Enkianthus chinensis Franch. ●
145707 Enkianthus longilobus (Nakai) Ohwi = Enkianthus campanulatus (Miq.) G. Nicholson var. longilobus (Nakai) Makino ●☆
145708 Enkianthus nudipes (Honda) Ohwi;裸梗吊钟花●☆
145709 Enkianthus pauciflorus E. H. Wilson;少花吊钟花(单花吊钟花);Fewflower Enkianthus, Fewflower Pendent-bell, Pauciflorous Enkianthus ●
145710 Enkianthus perulatus (Miq.) C. K. Schneid.;芽鳞吊钟花(白花吊钟花,日本吊钟花,台湾吊钟花);Japan Pendent-bell, Japanese Enkianthus, Taiwan Enkianthus, Taiwan Pendent-bell ●
145711 Enkianthus perulatus (Miq.) C. K. Schneid. f. japonicus (Hook. f.) Kitam.;日本芽鳞吊钟花●☆
145712 Enkianthus perulatus (Miq.) C. K. Schneid. var. japonicus (Hook. f.) Nakai = Enkianthus perulatus (Miq.) C. K. Schneid. f. japonicus (Hook. f.) Kitam. ●☆
145713 Enkianthus perulatus (Miq.) C. K. Schneid. var. taiwanianus (S. S. Ying) Y. C. Liu = Enkianthus perulatus (Miq.) C. K.

Schneid. ●

145714 Enkianthus quinqueflorus Lour.;吊钟花(白鸡烂树,铃儿花,山连召);Common Enkianthus, Evergreen Enkianthus, Evergreen Pendent-bell, Five-flowers Enkianthus, Hanging Bellflower ●

145715 Enkianthus quinqueflorus Lour. var. ciliatoserrulatus P. C. Huang et K. M. Li = Enkianthus quinqueflorus Lour. ●

145716 Enkianthus quinqueflorus Lour. var. serrulatus E. H. Wilson = Enkianthus serrulatus (E. H. Wilson) C. K. Schneid. ●

145717 Enkianthus rosthornii Diels = Enkianthus chinensis Franch. ●

145718 Enkianthus ruber Dop;越南吊钟花;Red Enkianthus, Viet Nam Enkianthus, Vietnam Pendent-bell ●

145719 Enkianthus serotinus Chun et W. P. Fang; 晚花吊钟花; Enkianthus, Lateflower Pendent-bell, Late-flowered Enkianthus ●

145720 Enkianthus serrulatus (E. H. Wilson) C. K. Schneid.;齿缘吊钟花(齿叶吊钟花,黄叶吊钟花,九骨筋,莫铁硝,山枝仁,野支子); Serrulate Enkianthus, Serrulate Leaves Enkianthus, Serrulate Pendent-bell ●

145721 Enkianthus serrulatus (E. H. Wilson) C. K. Schneid. var. hirtinervus (M. Y. Fang) T. Z. Hsu; 毛脉吊钟花; Hairy-nerve Pendent-bell, Hairy-nerve Serrulate Enkianthus ●

145722 Enkianthus serrulatus (E. H. Wilson) C. K. Schneid. var. hirtinervus (M. Y. Fang) T. Z. Hsu = Enkianthus serrulatus (E. H. Wilson) C. K. Schneid. ●

145723 Enkianthus serrulatus (E. H. Wilson) C. K. Schneid. var. sichuanensis (T. Z. Hsu) R. C. Fang = Enkianthus serrulatus (E. H. Wilson) C. K. Schneid. ●

145724 Enkianthus sichuanensis T. Z. Hsu; 四川吊钟花; Sichuan Enkianthus, Sichuan Pendent-bell ●

145725 Enkianthus sichuanensis T. Z. Hsu. = Enkianthus serrulatus (E. H. Wilson) C. K. Schneid. ●

145726 Enkianthus sinohimalaicus Craib = Enkianthus chinensis Franch. ●

145727 Enkianthus subsessilis (Miq.) Makino;短柄吊钟花(短柄俯垂吊钟花);Short-petiole Enkianthus, Short-petiole Pendent-bell ●☆

145728 Enkianthus subsessilis (Miq.) Makino f. angustifolius H. Hatta ex T. Yamaz. = Enkianthus subsessilis (Miq.) Makino var. angustifolius H. Hatta et K. Yoshida ●☆

145729 Enkianthus subsessilis (Miq.) Makino subsp. nudipes (Honda) Kitam. = Enkianthus nudipes (Honda) Ohwi ●☆

145730 Enkianthus subsessilis (Miq.) Makino var. angustifolius H. Hatta et K. Yoshida;狭叶短柄吊钟花●☆

145731 Enkianthus subsessilis (Miq.) Makino var. nudipes (Honda) Ohwi = Enkianthus nudipes (Honda) Ohwi ●☆

145732 Enkianthus sulcatus Craib = Enkianthus deflexus (Griff.) C. K. Schneid. ●

145733 Enkianthus taiwanianus S. S. Ying;台湾吊钟花●

145734 Enkianthus taiwanianus S. S. Ying = Enkianthus perulatus (Miq.) C. K. Schneid. ●

145735 Enkianthus tubulatus P. C. Tam; 翡翠吊钟花; Tubulate Enkianthus, Tubulate Pendent-bell ●

145736 Enkianthus tubulatus P. C. Tam = Enkianthus serrulatus (E. H. Wilson) C. K. Schneid. ●

145737 Enkianthus tubulatus P. C. Tam. = Enkianthus serotinus Chun et W. P. Fang ●

145738 Enkianthus uniflorus Benth. = Enkianthus quinqueflorus Lour. ●

145739 Enkianthus variegatus Forrest = Enkianthus deflexus (Griff.) C. K. Schneid. ●

145740 Enkianthus xanthoxantha H. Lév. = Enkianthus quinqueflorus Lour. ●

145741 Enkiantus sulcatus Craib = Enkianthus deflexus (Griff.) C. K. Schneid. ●

145742 Enkleia Griff. (1843);宽柱瑞香属■☆

145743 Enkleia malaccensis Griff.;宽柱瑞香■☆

145744 Enkyanthus DC. = Enkianthus Lour. ●

145745 Enkylia Griff. = Gynostemma Blume ■

145746 Enkylia digyna Griff. = Gynostemma pentaphyllum (Thunb.) Makino ■

145747 Enkylia trigyna Griff. = Gynostemma pentaphyllum (Thunb.) Makino ■

145748 Enkylista Benth. et Hook. f. = Eukylista Benth. ●☆

145749 Enkylista Hook. f. = Calycophyllum DC. ●☆

145750 Enneadynamis Bubani = Parnassia L. ■

145751 Ennealophus N. E. Br. (1909);九冠鸢尾属■☆

145752 Ennealophus amazonicus N. E. Br.;亚马孙九冠鸢尾■☆

145753 Ennealophus boliviensis (Baker) Ravenna;玻利维亚九冠鸢尾■☆

145754 Ennealophus foliosus (Kunth) Ravenna;多叶九冠鸢尾■☆

145755 Enneapogon Desv. et N. T. Burb. = Enneapogon Desv. ex P. Beauv. ■

145756 Enneapogon Desv. ex P. Beauv. (1812);九顶草属(冠芒草属);Enneapogon ■

145757 Enneapogon P. Beauv. = Enneapogon Desv. ex P. Beauv. ■

145758 Enneapogon abyssinicus (Hochst.) Rendle = Enneapogon cenchroides (Licht. ex Roem. et Schult.) C. E. Hubb. ■☆

145759 Enneapogon benguellense Rendle = Enneapogon scaber Lehm. ■☆

145760 Enneapogon borealis (Griseb.) Honda = Enneapogon desvauxii P. Beauv. ■

145761 Enneapogon brachystachyus (Jaub. et Spach) Stapf = Enneapogon desvauxii P. Beauv. ■

145762 Enneapogon brachystachyus Stapf = Enneapogon borealis (Griseb.) Honda ■

145763 Enneapogon cenchroides (Licht. ex Roem. et Schult.) C. E. Hubb.;柔软九顶草;Soft Feather Pappusgrass ■☆

145764 Enneapogon cenchroides (Licht.) C. E. Hubb. = Enneapogon cenchroides (Licht. ex Roem. et Schult.) C. E. Hubb. ■☆

145765 Enneapogon cenchroides (Roem. et Schult.) C. E. Hubb. = Enneapogon cenchroides (Licht. ex Roem. et Schult.) C. E. Hubb. ■☆

145766 Enneapogon desvauxii P. Beauv.;九顶草(冠芒草);Northern Enneapogon ■

145767 Enneapogon desvauxii P. Beauv. subsp. borealis (Griseb.) Tzvelev = Enneapogon borealis (Griseb.) Honda ■

145768 Enneapogon desvauxii P. Beauv. subsp. borealis (Griseb.) Tzvelev = Enneapogon desvauxii P. Beauv. ■

145769 Enneapogon elegans (Nees ex Steud.) Stapf = Enneapogon persicus Boiss. ■☆

145770 Enneapogon elegans (Nees ex Steud.) Stapf = Enneapogon schimperanus (Hochst. ex A. Rich.) Renvoize ■☆

145771 Enneapogon filifolius (Pilg.) Stapf ex Garab. = Enneapogon scoparius Stapf ■☆

145772 Enneapogon glumosus (Hochst.) Maire et Weiller = Enneapogon persicus Boiss. ■☆

145773 Enneapogon jinjiangensis B. S. Sun et S. Wang = Enneapogon desvauxii P. Beauv. ■

145774 Enneapogon lophotrichus Chiov. ex H. Scholz et P. König;冠毛

九顶草■☆

145775 Enneapogon mollis Lehm. = Enneapogon cenchroides (Licht. ex Roem. et Schult.) C. E. Hubb. ■☆

145776 Enneapogon persicus Boiss.;波斯九顶草■☆

145777 Enneapogon pretoriensis Stent;比勒陀利亚九顶草■☆

145778 Enneapogon purpurascens (R. Br.) P. Beauv.;紫九顶草■☆

145779 Enneapogon purpurascens P. Beauv. = Enneapogon purpurascens (R. Br.) P. Beauv. ■☆

145780 Enneapogon pusillus Rendle = Enneapogon desvauxii P. Beauv. ■

145781 Enneapogon scaber Lehm.;粗糙九顶草■☆

145782 Enneapogon schimperanus (A. Rich.) Renvoize = Enneapogon persicus Boiss. ■☆

145783 Enneapogon schimperianus (Hochst. ex A. Rich.) Renvoize = Enneapogon persicus Boiss. ■☆

145784 Enneapogon scoparius Stapf;帚状九顶草■☆

145785 Enneapogon spathaceus Gooss.;佛焰苞九顶草■☆

145786 Ennearina Raf. = Pleea Michx. ■☆

145787 Enneastemon Exell(1932)(保留属名);九冠番荔枝属●☆

145788 Enneastemon Exell(保留属名) = Monanthotaxis Baill. ●☆

145789 Enneastemon angustifolius Exell = Monanthotaxis angustifolia (Exell) Verdc. ●☆

145790 Enneastemon barteri (Baill.) Keay = Monanthotaxis barteri (Baill.) Verdc. ●☆

145791 Enneastemon biglandulosa Boutique;双腺九顶草■☆

145792 Enneastemon capea (E. G. Camus et A. Camus) Ghesq. = Monanthotaxis capea (E. G. Camus et A. Camus) Verdc. ●☆

145793 Enneastemon ferrugineus Robyns et Ghesq. = Monanthotaxis foliosa (Engl. et Diels) Verdc. var. ferruginea (Robyns et Ghesq.) Verdc. ●☆

145794 Enneastemon foliosus (Engl. et Diels) Robyns et Ghesq. = Monanthotaxis foliosa (Engl. et Diels) Verdc. ●☆

145795 Enneastemon foliosus (Engl. et Diels) Robyns et Ghesq. var. ferrugineus (Robyns et Ghesq.) Le Thomas = Monanthotaxis foliosa (Engl. et Diels) Verdc. var. ferruginea (Robyns et Ghesq.) Verdc. ●☆

145796 Enneastemon fornicatus (Baill.) Exell = Monanthotaxis fornicata (Baill.) Verdc. ●☆

145797 Enneastemon mannii (Baill.) Keay = Monanthotaxis mannii (Baill.) Verdc. ●☆

145798 Enneastemon nigritianus (Baker f.) Exell = Monanthotaxis barteri (Baill.) Verdc. ●☆

145799 Enneastemon ochroleucus (Diels) R. E. Fr. = Monanthotaxis schweinfurthii (Engl. et Diels) Verdc. ●☆

145800 Enneastemon ochroleucus (Diels) R. E. Fr. var. keniensis (R. E. Fr.) R. E. Fr. = Monanthotaxis schweinfurthii (Engl. et Diels) Verdc. ●☆

145801 Enneastemon schweinfurthii (Engl. et Diels) Robyns et Ghesq. = Monanthotaxis schweinfurthii (Engl. et Diels) Verdc. ●☆

145802 Enneastemon schweinfurthii (Engl. et Diels) Robyns et Ghesq. var. seretii (De Wild.) Le Thomas = Monanthotaxis schweinfurthii (Engl. et Diels) Verdc. var. seretii (De Wild.) Verdc. ●☆

145803 Enneastemon seretii (De Wild.) Robyns et Ghesq. = Monanthotaxis schweinfurthii (Engl. et Diels) Verdc. var. seretii (De Wild.) Verdc. ●☆

145804 Enneastemon seretii (De Wild.) Robyns et Ghesq. var. tisserantii Le Thomas = Monanthotaxis schweinfurthii (Engl. et Diels) Verdc. var. tisserantii (Le Thomas) Verdc. ●☆

145805 Enneatypus Herzog(1922);九数蓼属●☆

145806 Enneatypus nordenskjoldii Herzog;九数蓼●☆

145807 Ennepta Raf. = Ilex L. ●

145808 Enochoria Baker f. (1921);新喀五加属●☆

145809 Enochoria sylvicola Baker f.;新喀五加●☆

145810 Enodium Gaudin = Molinia Schrank ■

145811 Enodium Pers. ex Gauclin = Molinia Schrank ■

145812 Enomegra A. Nelson = Argemone L. ■

145813 Enomeia Spach = Aristolochia L. ■●

145814 Enomeia Spach = Einomeia Raf. ■☆

145815 Enosanthes A. Cunn. ex Schauer = Homoranthus A. Cunn. ex Schauer ●☆

145816 Enothrea Raf. = Octomeria R. Br. ■☆

145817 Enourea Aubl. = Paullinia L. ●☆

145818 Enrila Blanco = Ventilago Gaertn. ●

145819 Enriquebeltrania Rzed. (1980);墨西哥大戟属☆

145820 Enriquebeltrania crenatifolia (Miranda) Rzed.;墨西哥大戟☆

145821 Ensatae Ker Gawl. = Iridaceae Juss. (保留科名) ■●

145822 Ensete Bruce = Ensete Bruce ex Horan. ■

145823 Ensete Bruce ex Horan. (1862);象腿蕉属(矮蕉属);Ensete ■

145824 Ensete Horan. = Ensete Bruce ex Horan. ■

145825 Ensete arnoldianum (De Wild.) Cheesman = Ensete ventricosum (Welw.) Cheesman ■☆

145826 Ensete bagshawei (Rendle et Greaves) Cheesman = Ensete ventricosum (Welw.) Cheesman ■☆

145827 Ensete buchananii (Baker) Cheesman = Ensete ventricosum (Welw.) Cheesman ■☆

145828 Ensete davyae (Stapf) Cheesman = Ensete ventricosum (Welw.) Cheesman ■☆

145829 Ensete edule Horan. = Ensete ventricosum (Welw.) Cheesman ■☆

145830 Ensete edulis Horan.;可食象腿蕉;False Banana ■☆

145831 Ensete fecundum (Stapf) Cheesman = Ensete ventricosum (Welw.) Cheesman ■☆

145832 Ensete gilletii (De Wild.) Cheesman;吉勒特象腿蕉■☆

145833 Ensete glaucum (Roxb.) Cheesman;象腿蕉(桂丁掌,康光,象腿芭蕉);Greyblue Ensete ■

145834 Ensete holstii (K. Schum.) Cheesman = Ensete ventricosum (Welw.) Cheesman ■☆

145835 Ensete homblei (Bequaert ex De Wild.) Cheesman;洪布勒象腿蕉■☆

145836 Ensete lasiocarpum (Franch.) Cheesman = Musella lasiocarpa (Franch.) C. Y. Wu ex H. W. Li ■

145837 Ensete laurentii (De Wild.) Cheesman = Ensete ventricosum (Welw.) Cheesman ■☆

145838 Ensete livingstonianum (Kirk) Cheesman;利文斯顿象腿蕉■☆

145839 Ensete perrieri (Claverie) Cheesman;佩里耶象腿蕉■☆

145840 Ensete proboscideum (Oliv.) Cheesman = Ensete ventricosum (Welw.) Cheesman ■☆

145841 Ensete ruandense (De Wild.) Cheesman = Ensete ventricosum (Welw.) Cheesman ■☆

145842 Ensete rubronervatum (De Wild.) Cheesman = Ensete ventricosum (Welw.) Cheesman ■☆

145843 Ensete schweinfurthii (K. Schum. et Warb.) Cheesman = Ensete ventricosum (Welw.) Cheesman ■☆

145844 Ensete superbum (Roxb.) Cheesman;华丽象腿蕉■☆

145845 Ensete ulugurense (Warb.) Cheesman = Ensete ventricosum

(Welw.) Cheesman ■☆
145846 Ensete ventricosum (Welw.) Cheesman;佛肚蕉;Abyssinian Banana,Ensete,Ethiopian Banana,Red Abyssinian Banana,Red Banana ■☆
145847 Ensete ventricosum (Welw.) Cheesman 'Dwarf';矮生象腿蕉 ■☆
145848 Ensete ventricosum (Welw.) Cheesman var. montbeliardii (Bois) Cufod. = Ensete ventricosum (Welw.) Cheesman ■☆
145849 Ensete wilsonii (Tutcher) Cheesman;象头蕉■
145850 Enskide Raf. = Utricularia L. ■
145851 Enslemia T. Durand = Enslenia Nutt. ●☆
145852 Enslenia Nutt. = Ampelamus Raf. ●☆
145853 Enslenia Nutt. = Cynanchum L. ●■
145854 Enslenia Raf. = Ruellia L. ■●
145855 Ensolenanthe Schott = Alocasia (Schott) G. Don(保留属名)■
145856 Enstoma A. Juss. = Eustoma Salisb. ■☆
145857 Entada Adans. (1763)(保留属名);榼藤子属(榼藤属,鸭腱藤属);Entada ●
145858 Entada abyssinica A. Rich. = Entada abyssinica Steud. ex A. Rich. ●☆
145859 Entada abyssinica Steud. ex A. Rich.;阿比西尼亚榼藤子●☆
145860 Entada africana Guillaumin et Perr.;非洲榼藤子●☆
145861 Entada arenaria Schinz;沙地榼藤子●☆
145862 Entada arenaria Schinz subsp. microcarpa (Brenan) J. H. Ross;小果沙地榼藤子●☆
145863 Entada bequaertii De Wild. = Entada mannii (Oliv.) Tisser. ●☆
145864 Entada boiviniana (Baill.) Drake = Entada chrysostachys (Benth.) Drake ●☆
145865 Entada camerunensis Villiers;喀麦隆榼藤子●☆
145866 Entada chrysostachys (Benth.) Drake;金穗榼藤子●☆
145867 Entada claessensii De Wild. = Pseudoprosopis claessensii (De Wild.) G. C. C. Gilbert et Boutique ●☆
145868 Entada coulteria Roberty = Prosopis africana (Guillaumin et Perr.) Taub. ●☆
145869 Entada dolichorrhachis Brenan;长轴榼藤子●☆
145870 Entada duparquetiana Baill. = Newtonia duparquetiana (Baill.) Keay ●☆
145871 Entada flexuosa Hutch. et Dalziel = Entada wahlbergii Harv. ●☆
145872 Entada formosana Kaneh. = Entada phaseoloides (L.) Merr. ●
145873 Entada formosana Kaneh. = Entada pursaetha DC. var. formosana (Kaneh.) C. N. Ho ●
145874 Entada formosana Kaneh. = Entada rheedii Spreng. ●
145875 Entada gigas (L.) Fawc. et Rendle;剑豆榼藤子(榼藤子);Mackay Bean,Nicker Bean,Sea Bean,Sword Bean ●☆
145876 Entada glandulosa Pierre;腺毛榼藤子●☆
145877 Entada gogo (Blanco) I. M. Johnst. = Entada rheedei Spreng. ●
145878 Entada grandidieri (Baill.) Drake = Entada chrysostachys (Benth.) Drake ●☆
145879 Entada hockii De Wild.;霍克榼藤子●☆
145880 Entada koshumensis Hayata et Kaneh. = Entada parvifolia Merr. ●
145881 Entada koshunensis Hayata = Entada phaseoloides (L.) Merr. ●
145882 Entada koshunensis Hayata et Kaneh. = Entada phaseoloides (L.) Merr. ●
145883 Entada koshunensis Hayata et Kaneh. = Entada rheedii Spreng. ●
145884 Entada laotica Gagnep. = Entada rheedii Spreng. ●
145885 Entada leptostachya Harms;细穗榼藤子●☆
145886 Entada louvelii (R. Vig.) Brenan;卢韦尔榼藤子●☆
145887 Entada mannii (Oliv.) Tisser.;曼氏榼藤子●☆
145888 Entada monostachya DC. = Entada rheedei Spreng. ●
145889 Entada mossambicensis Torre;莫桑比克榼藤子●☆
145890 Entada nana Harms = Entada arenaria Schinz ●☆
145891 Entada nana Harms subsp. microcarpa Brenan = Entada arenaria Schinz subsp. microcarpa (Brenan) J. H. Ross ●☆
145892 Entada natalensis Benth. var. aculeata Harv. = Adenopodia spicata (E. Mey.) C. Presl ■☆
145893 Entada nudiflora Brenan;裸花榼藤子●☆
145894 Entada parvifolia Merr.;台湾小叶榼藤子(恒春鸭腱藤,台湾榼藤子,小叶榼藤)●
145895 Entada pervillei (Vatke) R. Vig.;佩氏榼藤子●☆
145896 Entada pervillei (Vatke) R. Vig. var. genuina R. Vig. = Entada pervillei (Vatke) R. Vig. ●☆
145897 Entada pervillei (Vatke) R. Vig. var. louvelii R. Vig. = Entada louvelii (R. Vig.) Brenan ●☆
145898 Entada phaneroneura Brenan;显脉榼藤子●☆
145899 Entada phaseoloides (L.) Merr.;榼藤子(扁龙,大血藤,过岗扁龙,过岗龙,过江龙,过山枫,过山龙,合子,恒春鸭腱藤,脊龙,榼藤,榼子,榼子藤,木腰子,牛肠麻,牛眼睛,牛眼睛豆,扭骨风,扭龙,攀缘榼藤子,皮带藤,台湾榼藤子,台湾鸭腱藤,象豆,鸭腱藤,眼睛豆,眼镜豆,猪腰子,左右扭);Acacia Nut,Barra Bean,Climbing Entada,Giant's Rattle,Lady Nut,Mackay Bean,Mary's Nut,Nicker Bean,Queensland Bean,Sea Bean,Sea Heart,Snuffbox Bean,Soap-bark Vine,St. Thomas Bean ●
145900 Entada phaseoloides (L.) Merr. var. sinohimalensis Grierson et D. G. Long;大榼藤子●
145901 Entada phaseoloides Merr. = Entada phaseoloides (L.) Merr. ●
145902 Entada philippinensis Gagnep. = Entada parvifolia Merr. ●
145903 Entada planoseminata (De Wild.) G. C. C. Gilbert et Boutique = Entada gigas (L.) Fawc. et Rendle ●☆
145904 Entada pursaetha DC.;台湾榼藤子(台湾鸭腱藤,鸭腱藤);Taiwan Entada ●
145905 Entada pursaetha DC. = Entada phaseoloides (L.) Merr. ●
145906 Entada pursaetha DC. = Entada rheedei Spreng. ●
145907 Entada pursaetha DC. subsp. sinohimalensis Grierson et D. G. Long = Entada rheedii Spreng. ●
145908 Entada pursaetha DC. var. formosana (Kaneh.) C. N. Ho;台湾鸭腱藤●
145909 Entada rheedii Spreng.;鸭腱藤(眼镜豆)●
145910 Entada rheedii Spreng. = Entada parvifolia Merr. ●
145911 Entada rotundifolia Harms = Adenopodia rotundifolia (Harms) Brenan ■☆
145912 Entada scandens (L.) Benth. = Entada phaseoloides (L.) Merr. ●
145913 Entada scandens (L.) Benth. subsp. planoseminata De Wild. = Entada gigas (L.) Fawc. et Rendle ●☆
145914 Entada scandens (L.) Benth. subsp. umbonata De Wild. = Entada gigas (L.) Fawc. et Rendle ●☆
145915 Entada scelerata A. Chev. = Adenopodia scelerata (A. Chev.) Brenan ■☆
145916 Entada schlechteri (Harms) Harms = Adenopodia schlechteri (Harms) Brenan ■☆
145917 Entada spicata (E. Mey.) Druce = Adenopodia spicata (E. Mey.) C. Presl ■☆
145918 Entada spinescens Brenan;细刺榼藤子●☆
145919 Entada stuhlmannii (Taub.) Harms;斯图榼藤子●☆

145920 Entada sudanica Schweinf. ;苏丹榼藤子●☆
145921 Entada sudanica Schweinf. = Entada africana Guillaumin et Perr. ●☆
145922 Entada sudanica Schweinf. var. pauciflora De Wild. = Entada mannii (Oliv.) Tisser. ●☆
145923 Entada sudanica Schweinf. var. pubescens Jum. et H. Perrier = Entada chrysostachys (Benth.) Drake ●☆
145924 Entada suffruticosa Vatke = Mimosa suffruticosa (Vatke) Drake ●☆
145925 Entada tuberosa R. Vig. ;块状榼藤子●☆
145926 Entada ubanguiensis De Wild. = Entada africana Guillaumin et Perr. ●☆
145927 Entada umbonata (De Wild.) G. C. C. Gilbert et Boutique = Entada gigas (L.) Fawc. et Rendle ●☆
145928 Entada wahlbergii Harv. ;瓦尔贝里榼藤子●☆
145929 Entada yunnanensis P. C. Huang; 云南榼藤子(眼睛豆); Yunnan Entada ●
145930 Entadopsis Britton = Entada Adans. (保留属名)●
145931 Entadopsis Britton(1928);类榼藤子属●☆
145932 Entadopsis abyssinica (Steud. ex A. Rich.) G. C. C. Gilbert et Boutique = Entada abyssinica Steud. ex A. Rich. ●☆
145933 Entadopsis flexuosa (Hutch. et Dalziel) G. C. C. Gilbert et Boutique = Entada wahlbergii Harv. ●☆
145934 Entadopsis hockii (De Wild.) G. C. C. Gilbert et Boutique = Entada hockii De Wild. ●☆
145935 Entadopsis leptostachya (Harms) Cufod. = Entada leptostachya Harms ●☆
145936 Entadopsis mannii (Oliv.) G. C. C. Gilbert et Boutique = Entada mannii (Oliv.) Tisser. ●☆
145937 Entadopsis nana (Harms) G. C. C. Gilbert et Boutique = Entada arenaria Schinz ●☆
145938 Entadopsis polyphylla Britton;多叶类榼藤子●☆
145939 Entadopsis polystachya (L.) Britton;类榼藤子●☆
145940 Entadopsis rotundifolia (Harms) Pedro = Adenopodia rotundifolia (Harms) Brenan ■☆
145941 Entadopsis scelerata (A. Chev.) G. C. C. Gilbert et Boutique = Adenopodia scelerata (A. Chev.) Brenan ■☆
145942 Entadopsis schlechteri (Harms) Pedro = Adenopodia schlechteri (Harms) Brenan ■☆
145943 Entadopsis stuhlmannii (Taub.) Pedro = Entada stuhlmannii (Taub.) Harms ●☆
145944 Entadopsis sudanica (Schweinf.) G. C. C. Gilbert et Boutique = Entada africana Guillaumin et Perr. ●☆
145945 Entadopsis wahlbergii (Harv.) Pedro = Entada wahlbergii Harv. ●☆
145946 Entagonum Poir. = Entoganum Banks ex Gaertn. ●
145947 Entagonum Poir. = Melicope J. R. Forst. et G. Forst. ●
145948 Entandrophragma C. DC. (1894);内雄楝属;Sapele ●☆
145949 Entandrophragma C. E. C. Fisch. = Entandrophragma C. DC. ●☆
145950 Entandrophragma angolense (Welw.) C. DC. ;安哥拉内雄楝; Edinam,Gedu Nohor ●☆
145951 Entandrophragma angolense C. DC. = Entandrophragma angolense (Welw.) C. DC. ●☆
145952 Entandrophragma bussei Harms;布瑟内雄楝●☆
145953 Entandrophragma candolleanum De Wild. et T. Durand = Entandrophragma angolense (Welw.) C. DC. ●☆
145954 Entandrophragma candollei Harms;康多勒内雄楝●☆
145955 Entandrophragma caudatum (Sprague) Sprague;尾状内雄楝●☆
145956 Entandrophragma cedreloides Harms;洋椿内雄楝●☆
145957 Entandrophragma choriandrum Harms = Entandrophragma candollei Harms ●☆
145958 Entandrophragma congoense (Pierre ex De Wild.) A. Chev. ;刚果内雄楝●☆
145959 Entandrophragma cylindricum (Sprague) Sprague; 柱状内雄楝; Aboudikro, Sapele ●☆
145960 Entandrophragma cylindricum Sprague = Entandrophragma cylindricum (Sprague) Sprague ●☆
145961 Entandrophragma deiningeri Harms = Entandrophragma excelsum (Dawe et Sprague) Sprague ●☆
145962 Entandrophragma delevoyi De Wild. ;德氏内雄楝●☆
145963 Entandrophragma ekebergioides (Harms) Sprague;埃克楝●☆
145964 Entandrophragma excelsum (Dawe et Sprague) Sprague; 高大内雄楝●☆
145965 Entandrophragma ferrugineum A. Chev. = Entandrophragma candollei Harms ●☆
145966 Entandrophragma gillardinii Ledoux = Entandrophragma excelsum (Dawe et Sprague) Sprague ●☆
145967 Entandrophragma leplaei Vermoesen = Entandrophragma angolense (Welw.) C. DC. ●☆
145968 Entandrophragma lucens Hoyle = Entandrophragma delevoyi De Wild. ●☆
145969 Entandrophragma macrocarpum A. Chev. = Entandrophragma utile (Dawe et Sprague) Sprague ●☆
145970 Entandrophragma macrophyllum A. Chev. = Entandrophragma angolense (Welw.) C. DC. ●☆
145971 Entandrophragma palustre Staner;沼泽内雄楝●☆
145972 Entandrophragma pierrei A. Chev. ;皮埃尔内雄楝●☆
145973 Entandrophragma platanoides Vermoesen = Entandrophragma angolense (Welw.) C. DC. ●☆
145974 Entandrophragma rederi Harms = Entandrophragma angolense (Welw.) C. DC. ●☆
145975 Entandrophragma roburoides Vermoesen = Entandrophragma utile (Dawe et Sprague) Sprague ●☆
145976 Entandrophragma rufum A. Chev. = Entandrophragma cylindricum (Sprague) Sprague ●☆
145977 Entandrophragma septentrionale A. Chev. = Entandrophragma angolense (Welw.) C. DC. ●☆
145978 Entandrophragma speciosum Harms = Entandrophragma excelsum (Dawe et Sprague) Sprague ●☆
145979 Entandrophragma spicatum (C. DC.) Sprague;长穗内雄楝●☆
145980 Entandrophragma stolzii Harms = Entandrophragma excelsum (Dawe et Sprague) Sprague ●☆
145981 Entandrophragma thomasii Ledoux = Entandrophragma utile (Dawe et Sprague) Sprague ●☆
145982 Entandrophragma tomentosum A. Chev. ex Hutch. et Dalziel = Entandrophragma cylindricum (Sprague) Sprague ●☆
145983 Entandrophragma utile (Dawe et Sprague) Sprague; 有用内雄楝●☆
145984 Entasicum Post et Kuntze = Trepocarpus Nutt. ex DC. ■☆
145985 Entasikom Raf. = Trepocarpus Nutt. ex DC. ■☆
145986 Entasikon Raf. = Trepocarpus Nutt. ex DC. ■☆
145987 Entaticus Gray = Coeloglossum Hartm. ■
145988 Entaticus Gray = Coeloglossum Hartm. + Leucorchis E. Mey. ■
145989 Entaticus Gray = Habenaria Willd. ■

145990 Entelea R. Br. (1824);乌哈木属;Corkwood, Cork-wood, Whau ●☆

145991 Entelea arborescens R. Br.;乌哈木;Cork Wood, Corkwood, Cork-wood, Whau ●☆

145992 Enterolobium Mart. (1837);象耳豆属(番龟树属);Earpod, Earpod Tree, Ear-pod Tree, Earpodtree ●

145993 Enterolobium contortisiliquum (Vell.) Morong;青皮象耳豆(密茂象耳豆,象耳豆);Earpodtree, Elephant's Ear, Pacara Earpod Tree, Pacara Earpodtree ●

145994 Enterolobium cyclocarpum (Jacq.) Griseb.;红皮象耳豆(环果番龟树,象耳草,象耳豆,圆荚果);Earpod, Elephant's Ear, Elephant's Ear Tree, Elephant's Earpodtree, Elephant's-ear, Guanacaste, Guanacaste Earpodtree, Monkeysoap ●

145995 Enterolobium saman (Jacq.) Prain = Samanea saman (Jacq.) Merr. ●

145996 Enterolobium saman (Jacq.) Prain ex King = Samanea saman (Jacq.) Merr. ●

145997 Enterolobium timbouva Benth. = Enterolobium contortisiliquum (Vell.) Morong ●

145998 Enterolobium timbouva Mart. = Enterolobium contortisiliquum (Vell.) Morong ●

145999 Enteropogon Nees (1836);肠须草属;Enteropogon ■

146000 Enteropogon barbatus C. E. Hubb.;髯毛肠须草■☆

146001 Enteropogon dolichostachyos (Lag.) Keng = Chloris dolichostachya Lag. ■

146002 Enteropogon dolichostachyus (Lag.) Keng;肠须草;Longspiked Enteropogon ■

146003 Enteropogon gracilior Rendle = Enteropogon unispiceus (F. Muell.) Clayton ■

146004 Enteropogon longiaristata (Napper) Clayton;长穗肠须草■☆

146005 Enteropogon macrostachyus (Hochst. ex A. Rich.) Munro ex Benth.;大穗肠须草■☆

146006 Enteropogon melicoides (König) Nees;印度肠须草(单穗肠须草);Single Spike Enteropogon ■

146007 Enteropogon monostachyus (Vahl) K. Schum.;单穗肠须草■☆

146008 Enteropogon monostachyus (Vahl) K. Schum. subsp. africanus Clayton;非洲单穗肠须草■☆

146009 Enteropogon muticus Hack. = Microchloa altera (Rendle) Stapf ■☆

146010 Enteropogon prieurii (Kunth) Clayton;坡氏肠须草;Prieur's Umbrellagrass ■☆

146011 Enteropogon rupestris (J. A. Schmidt) A. Chev.;索马里肠须草■☆

146012 Enteropogon ruspolianus Chiov. = Enteropogon rupestris (J. A. Schmidt) A. Chev. ■☆

146013 Enteropogon simplex (Schumach. et Thonn.) A. Chev. = Enteropogon macrostachyus (Hochst. ex A. Rich.) Munro ex Benth. ■☆

146014 Enteropogon somalensis Chiov. = Enteropogon rupestris (J. A. Schmidt) A. Chev. ■☆

146015 Enteropogon unispiceus (F. Muell.) Clayton;细穗肠须草(细肠须草);Slender Enteropogon, Smallspike Enteropogon ■

146016 Enterospermum Hiern = Tarenna Gaertn. ●

146017 Enterospermum gracile (A. Rich. ex DC.) Bremek. = Tarenna richardii Verdc. ●☆

146018 Enterospermum gracile (DC.) Bremek. = Tarenna grevei (Drake) Homolle ●☆

146019 Enterospermum littorale Hiern = Coptosperma littorale (Hiern) Degreef ●☆

146020 Enterospermum pruinosum (Baill.) Dubard et Dop = Coptosperma nigrescens Hook. f. ●☆

146021 Enterospermum rhodesiacum Bremek. = Coptosperma rhodesiacum (Bremek.) Degreef ●☆

146022 Enthomanthus Moc. et Sessé ex Ramirez = Lopezia Cav. ■☆

146023 Entoganum Banks ex Gaertn. = Melicope J. R. Forst. et G. Forst. ●

146024 Entolasia Stapf(1920);潘神草属(灌丛草属)■☆

146025 Entolasia imbricata Stapf;覆瓦潘神草■☆

146026 Entolasia marginata (R. Br.) Hughes;澳洲潘神草;Australian Panicgrass ■☆

146027 Entolasia olivacea Stapf;橄榄绿潘神草■☆

146028 Entomophobia de Vogel(1984);虫兰属■☆

146029 Entomophobia kinabaluensis (Ames) de Vogel;虫兰■☆

146030 Entoplocamia Stapf(1900);假穗草属■☆

146031 Entoplocamia aristulata (Hack. et Rendle ex Scott-Elliot) Stapf;假穗草■☆

146032 Entoplocamia benguellensis Rendle;本格拉假穗草■☆

146033 Entoplocamia procera Chiov.;高大假穗草■☆

146034 Entosiphon Bedd. = Atuna Raf. ●☆

146035 Entosiphon Bedd. = Cyclandrophora Hassk. ●☆

146036 Entrecasteauxia Montrouz. = Duboisia R. Br. ●☆

146037 Entrochium Raf. = Eupatorium L. ■●

146038 Enula Boehm. = Inula L. ●■

146039 Enula Neck. = Inula L. ●■

146040 Enurea J. F. Gmel. = Enourea Aubl. ●☆

146041 Enurea J. F. Gmel. = Paullinia L. ●☆

146042 Enydra Lour. (1790);沼菊属;Bogdaisy ■

146043 Enydra caesulioides Cass. = Enydra radicans (Willd.) Lack ■☆

146044 Enydra fluctuans Lour.;沼菊;Bogdaisy ■

146045 Enydra radicans (Willd.) Lack;辐射沼菊■☆

146046 Enydria Vell. = Myriophyllum L. ■

146047 Enydria aquatica Vell. = Myriophyllum aquaticum (Vell.) Verdc. ■☆

146048 Enymion Raf. = Enemion Raf. ■

146049 Enymion Raf. = Isopyrum L. (保留属名)■

146050 Enymonospermum Spreng. ex DC. = Pleurospermum Hoffm. ■

146051 Eomatucana F. Ritter = Matucana Britton et Rose ●☆

146052 Eomatucana F. Ritter = Oreocereus (A. Berger) Riccob. ●

146053 Eomecon Hance(1884);血水草属(止血草属);Poppy-of-the-dawn, Snow Poppy, Snowpoppy ■★

146054 Eomecon chionantha Hance;血水草(扒山虎,兜蓬莱,斗篷草,广扁线,黄水草,黄水芋,黄芋菜,黄芋芽,鸡爪连,鸡爪莲,见血参,见肿消,金手圈,金腰带,捆仙绳,马蹄草,片莲,全血草,散血草,水黄连,水黄莲,雪花罂粟);Cyclamen Poppy, Snow Poppy, Snowpoppy ■

146055 Eopepon Naudin = Trichosanthes L. ■●

146056 Eophylon A. Gray = Cotylanthera Blume ■

146057 Eophyton Benth. et Hook. f. = Eophylon A. Gray ■

146058 Eora O. F. Cook = Rhopalostylis H. Wendl. et Drude ●☆

146059 Eosanthe Urb. (1923);晓花茜属■☆

146060 Eosanthe cubensis Urb.;晓花茜■☆

146061 Eosterelia Airy Shaw = Fosterella L. B. Sm. ■☆

146062 Eotaiwania Yendo = Taiwania Hayata ●★

146063 Eothinanthes Raf. = Etheosanthes Raf. ■

146064 Eothinanthes Raf. = Tradescantia L. ■

146065 Epacridaceae R. Br. (1810)(保留科名);尖苞木科(澳石南科,顶花科,尖苞树科,冷地木科,伊帕克木科)●☆

146066 Epacridaceae R. Br. (保留科名) = Ericaceae Juss. (保留科名)●

146067 Epacris Cav. (1797)(保留属名);尖苞木属(顶花属,尖苞树属,伊帕克木属);Australian Fuchsia, Australian Heath, Epacris ●☆

146068 Epacris J. R. Forst. et G. Forst. (废弃属名) = Epacris Cav. (保留属名)●☆

146069 Epacris J. R. Forst. et G. Forst. (废弃属名) = Leucopogon R. Br. (保留属名) + Dracocephalum L. (保留属名) + Cyathodes Labill. + Pentachondra R. Br. ●☆

146070 Epacris calvertiana F. Muell. ;湿生尖苞木(湿生伊帕克木)●☆

146071 Epacris impressa Labill. ;尖苞木(凹陷尖苞木,伊帕克木);Australian Heath, Common Heath, Pink Heath, Victorian Common Heath ●☆

146072 Epacris longiflora Cav. ;长花尖苞木(长花伊帕克木);Fuchsia Heath, Mountain Heath, Native Fuchsia ●☆

146073 Epacris microphylla R. Br. ;小叶尖苞木(小叶伊帕克木);Coral Heath ●☆

146074 Epacris obtusifolia Sm. ;钝叶尖苞木(钝叶伊帕克木);Blunt-leaf Heath, Swamp Heath ●☆

146075 Epacris paludosa R. Br. ;沼泽尖苞木;Swamp Heath ●☆

146076 Epacris pauciflora A. Rich. ;少花尖苞木(少花顶花)●☆

146077 Epacris pulchella Cav. ;美丽尖苞木;N. S. W. Coral Heath ●☆

146078 Epactium Willd. = ? Ludwigia L. ●■

146079 Epactium Willd. ex J. A. et J. H. Schultes = ? Ludwigia L. ●■

146080 Epallage DC. = Anisopappus Hook. et Arn. ■

146081 Epallage africana S. Moore = Anisopappus chinensis Hook. et Arn. subsp. africanus (Hook. f.) S. Ortiz et Paiva ■☆

146082 Epallage anemonifolia DC. = Anisopappus anemonifolius (DC.) G. Taylor ■☆

146083 Epallage boinensis Humbert = Anisopappus chinensis (L.) Hook. et Arn. ■

146084 Epallage buchwaldii (O. Hoffm.) Humbert = Anisopappus chinensis Hook. et Arn. var. buchwaldii (O. Hoffm.) S. Ortiz, Paiva et Rodr. Oubina ■☆

146085 Epallage calva Humbert = Anisopappus anemonifolius (DC.) G. Taylor ■☆

146086 Epallage dentata DC. = Anisopappus chinensis Hook. et Arn. var. dentatus (DC.) S. Ortiz, Paiva et Rodr. Oubina ■☆

146087 Epallage dentata DC. var. macrocephala Humbert = Anisopappus chinensis Hook. et Arn. var. buchwaldii (O. Hoffm.) S. Ortiz, Paiva et Rodr. Oubina ■☆

146088 Epallage dentata v DC. ar. boinensis (Humbert) Humbert = Anisopappus boinensis (Humbert) Wild ■☆

146089 Epallage imbricata Humbert = Anisopappus orbicularis (Humbert) Wild ■☆

146090 Epallage longipes (Comm. ex Cass.) Humbert = Anisopappus longipes (Comm. ex Cass.) Wild ■☆

146091 Epallage orbicularis Humbert = Anisopappus orbicularis (Humbert) Wild ■☆

146092 Epallage rupestris DC. = Anisopappus chinensis Hook. et Arn. var. dentatus (DC.) S. Ortiz, Paiva et Rodr. Oubina ■☆

146093 Epallage salviifolia DC. = Anisopappus salviifolius (DC.) Wild ■☆

146094 Epallage sylvatica Humbert = Anisopappus sylvatica (Humbert) Wild ■☆

146095 Epallageiton Koso-Pol. = Aulospermum J. M. Coult. et Rose ■☆

146096 Epaltes Cass. (1818);鹅不食草属(球菊属);Epaltes ■

146097 Epaltes alata (Sond.) Steetz = Litogyne gariepina (DC.) Anderb. ■☆

146098 Epaltes australis Less. ;鹅不食草(大吐金菊,地胡椒,老鼠脚迹,老鼠足迹,球菊,拳头草,拳头菊,苡芭菊);Southern Epaltes ■

146099 Epaltes divaricata (L.) Cass. ;翅柄鹅不食草(翅柄球菊);Divaricate Epaltes ■

146100 Epaltes divaricata (L.) Cav. = Epaltes divaricata (L.) Cass. ■

146101 Epaltes gariepina (DC.) Steetz = Litogyne gariepina (DC.) Anderb. ■☆

146102 Epaltes madagascariensis Humbert;马岛鹅不食草■☆

146103 Epaltes umbelliformis Steetz var. serratifolia ? = Litogyne gariepina (DC.) Anderb. ■☆

146104 Eparmatostigma Garay(1972);膨柱兰属■☆

146105 Eparmatostigma dives (Rchb. f.) Garay;膨柱兰■☆

146106 Epatitis Raf. = Adenostyles Cass. ■☆

146107 Eperua Aubl. (1775);木荚苏木属(木荚属);Wallaba, Wallaba Tree, Wallaba-tree ●☆

146108 Eperua falcata Aubl. ;镰形木荚苏木(镰状木荚);Bat-poll, Flagelliflory ●☆

146109 Eperua falcata Blanco = Eperua falcata Aubl. ●☆

146110 Eperua grandiflora Benth. et Hook. f. ;大花木荚苏木●☆

146111 Eperua jenmani Oliv. ;软木荚苏木;Soft Wallaba ●☆

146112 Eperua purpurea Benth. ;紫木荚苏木●☆

146113 Eperua rubiginosa Miq. ;锈木荚苏木●☆

146114 Epetetiorhiza Steud. = Epetorhiza Steud. ■

146115 Epetorhiza Steud. = Physalis L. ■

146116 Ephaeola Post et Kuntze = Ephaiola Raf. ●☆

146117 Ephaiola Raf. = Acnistus Schott ●☆

146118 Ephebepogon Nees et Meyen = Pollinia Trin. ■☆

146119 Ephebopogon Nees et Meyen ex Steud. = Pollinia Trin. ■☆

146120 Ephebopogon Steud. = Microstegium Nees ■

146121 Ephebopogon gratus Nees et Mey. ex Steud. = Microstegium vagans (Nees ex Steud.) A. Camus ■

146122 Ephedra L. (1753);麻黄属;Ephedra, Joint Fir, Jointfir, Joint-fir, Mexican Tea, Mormon Tea, Mormon-tea ●■

146123 Ephedra Tourn. ex L. = Ephedra L. ●■

146124 Ephedra aitchisonii (Stapf) V. V. Nikitin;爱氏麻黄●☆

146125 Ephedra alata Decne. ;翼麻黄●☆

146126 Ephedra alata Decne. subsp. decaisnei Maire = Ephedra alata Decne. ●☆

146127 Ephedra alte C. A. Mey. = Ephedra aphylla Forssk. ●☆

146128 Ephedra altissima Desf. ;高大麻黄;High-climbing Jointfir ●☆

146129 Ephedra altissima Desf. var. algerica Stapf = Ephedra altissima Desf. ●☆

146130 Ephedra altissima Desf. var. mauritanica Stapf = Ephedra altissima Desf. ●☆

146131 Ephedra altissima Desf. var. nana Ball = Ephedra altissima Desf. ●☆

146132 Ephedra altissima Desf. var. scabra Trab. = Ephedra altissima Desf. ●☆

146133 Ephedra altissima Desf. var. tripolitana Pamp. = Ephedra altissima Desf. ●☆

146134 Ephedra americana Endl. ;美洲麻黄;American Ephedra ●☆

146135 Ephedra andina Poepp. ex C. A. Mey. ;安第斯山麻黄●☆

146136 Ephedra antisyphilitica Berland. ex C. A. Mey.;直立麻黄(藤麻黄);Clap-weed,Erect Ephedra,Joint-fir ●☆
146137 Ephedra antisyphilitica Berland. ex C. A. Mey. var. brachycarpa Cory;短果直立麻黄;Shortfruit Erect Ephedra ●☆
146138 Ephedra antisyphilitica Berland. ex C. A. Mey. var. brachycarpa Cory = Ephedra antisyphilitica Berland. ex C. A. Mey. ●☆
146139 Ephedra antisyphilitica S. Watson = Ephedra nevadensis S. Watson ●☆
146140 Ephedra antisyphilitica S. Watson var. pedunculata S. Watson = Ephedra nevadensis S. Watson ●☆
146141 Ephedra aphylla Forssk.;无叶麻黄●☆
146142 Ephedra arenicola Cutler;沙丘麻黄;Dune Ephedra ●☆
146143 Ephedra aspera Engelm. ex S. Watson;粗糙麻黄;Boundary Ephedra,Pitamoreal ●☆
146144 Ephedra californica S. Watson;加州麻黄;California Ephedra, California Joint Fir ●☆
146145 Ephedra californica S. Watson var. funerea (Coville et C. V. Morton) L. D. Benson = Ephedra funerea Coville et C. V. Morton ●☆
146146 Ephedra campylopoda C. A. Mey. = Ephedra foeminea Forssk. ●☆
146147 Ephedra ciliata C. A. Mey. = Ephedra ciliata Fisch. et C. A. Mey. ●☆
146148 Ephedra ciliata Fisch. et C. A. Mey.;缘毛麻黄(叶麻黄);Leafy Ephedra ●☆
146149 Ephedra clokeyi Cutler = Ephedra fasciculata A. Nelson ●☆
146150 Ephedra compacta Rose;紧密麻黄●☆
146151 Ephedra coryi E. L. Reed;科里麻黄;Cory Ephedra,Cory's Ephedra ●☆
146152 Ephedra coryi E. L. Reed var. viscida Cutler = Ephedra cutleri Peebles ●☆
146153 Ephedra cutleri Peebles;卡特勒麻黄;Navajo ephedra ●☆
146154 Ephedra distachya L.;双穗麻黄(两穗麻黄,山麻黄,蛇麻黄);European Shrubby Horsetail,Jointfir,Joint-fir,Jointfir Ephedra, Joint-fir Ephedra, Joint-pine, Mormon Tea, Sea Grape, Sea-grape, Twinspike Ephedra ●
146155 Ephedra equisetina Bunge;木贼麻黄(卑相,卑盐,狗骨,结力根,苦椿菜,龙沙,麻黄,木麻黄,色道麻,山麻黄);Mongol Ephedra,Mongolian Ephedra ●
146156 Ephedra equisetina Bunge var. monoica Y. Yang;两性木贼麻黄●
146157 Ephedra fasciculata A. Nelson;簇生麻黄;Fasciculate ephedra ●☆
146158 Ephedra fasciculata A. Nelson var. clokeyi (Cutler) Clokey = Ephedra fasciculata A. Nelson ●☆
146159 Ephedra fedtschenkoae Paulsen;雌雄麻黄(昆仑麻黄,小麻黄);Fedtschenko Ephedra ●
146160 Ephedra ferganensis V. Nikitin;费尔干麻黄●☆
146161 Ephedra ferganensis V. Nikitin = Ephedra intermedia Schrenk et C. A. Mey. ●
146162 Ephedra flava Sm. = Ephedra sinica Stapf ●
146163 Ephedra foeminea Forssk.;阿拉伯麻黄;Joint-pine ●☆
146164 Ephedra foliata Boiss. et Kotschy ex Boiss. = Ephedra ciliata C. A. Mey. ●☆
146165 Ephedra foliata C. A. Mey.;多叶麻黄●☆
146166 Ephedra foliata C. A. Mey. var. ciliata Stapf = Ephedra ciliata Fisch. et C. A. Mey. ●☆
146167 Ephedra foltata Boiss. = Ephedra ciliata Fisch. et C. A. Mey. ●☆
146168 Ephedra fragilis Desf.;脆麻黄;Joint-pine ●☆
146169 Ephedra fragilis Desf. subsp. campylopoda (C. A. Mey.) K. Richt. = Ephedra foeminea Forssk. ●☆
146170 Ephedra fragilis Desf. subsp. cossonii (Stapf) Maire;科森麻黄 ●☆
146171 Ephedra fragilis Desf. subsp. desfontainii Asch. et Graebn. = Ephedra fragilis Desf. ●☆
146172 Ephedra fragilis Desf. var. cossonii (Stapf) Trab. = Ephedra fragilis Desf. subsp. cossonii (Stapf) Maire ●☆
146173 Ephedra fragilis Desf. var. dissoluta (Webb) Trab. = Ephedra fragilis Desf. ●☆
146174 Ephedra fragilis Desf. var. gibraltarica (Boiss.) Trab. = Ephedra fragilis Desf. ●☆
146175 Ephedra fragilis Desf. var. wettsteinii (Buxb.) Maire et Weiller = Ephedra fragilis Desf. ●☆
146176 Ephedra funerea Coville et C. V. Morton;墓地麻黄;Death Valley Ephedra,Death Valley Joint-fir ●☆
146177 Ephedra gerardiana Wall.;杰勒德麻黄;Gerrard's Ephedra ●☆
146178 Ephedra gerardiana Wall. et Florin = Ephedra gerardiana Wall. ex C. A. Mey. ●
146179 Ephedra gerardiana Wall. et Florin var. congesta C. Y. Cheng = Ephedra gerardiana Wall. ex C. A. Mey. ●
146180 Ephedra gerardiana Wall. et Florin var. saxatilis Stapf = Ephedra saxatilis (Stapf) Royle ex Florin ●
146181 Ephedra gerardiana Wall. et Florin var. sikkimensis Stapf = Ephedra likiangensis Florin f. mairei (Florin) C. Y. Cheng ●
146182 Ephedra gerardiana Wall. et Florin var. wallichii Stapf = Ephedra gerardiana Wall. et Florin ●
146183 Ephedra gerardiana Wall. ex C. A. Mey.;山岭麻黄(矮麻黄,卑相,卑盐,康藏麻黄,龙沙,麻黄,马黄);Gerard Ephedra ●
146184 Ephedra gerardiana Wall. ex C. A. Mey. var. congesta C. Y. Cheng;垫状山岭麻黄;Dense Gerard Ephedra ●
146185 Ephedra gerardiana Wall. ex C. A. Mey. var. congesta C. Y. Cheng = Ephedra gerardiana Wall. ex C. A. Mey. ●
146186 Ephedra gerardiana Wall. ex C. A. Mey. var. saxatilis Stapf = Ephedra saxatilis (Stapf) Royle ex Florin ●
146187 Ephedra gerardiana Wall. ex Stapf = Ephedra gerardiana Wall. ex C. A. Mey. ●
146188 Ephedra glauca Regel;蓝枝麻黄(蓝麻黄);Blue-branched Ephedra ●
146189 Ephedra glauca Regel = Ephedra heterosperma V. V. Nikitin ●☆
146190 Ephedra glauca Regel = Ephedra intermedia Schrenk ex C. A. Mey. ●
146191 Ephedra heterosperma V. V. Nikitin;异籽麻黄●☆
146192 Ephedra intermedia Schrenk ex C. A. Mey.;中麻黄(卑相,卑盐,狗骨,结力根,苦椿菜,龙沙,麻黄,色道麻);Intermediate Ephedra,Middle Ephedra ●
146193 Ephedra intermedia Schrenk ex C. A. Mey. var. glauca (Regel) Stapf = Ephedra intermedia Schrenk ex C. A. Mey. ●
146194 Ephedra intermedia Schrenk ex C. A. Mey. var. glauca Stapf;灰茎中麻黄●
146195 Ephedra intermedia Schrenk ex C. A. Mey. var. glauca Stapf = Ephedra intermedia Schrenk et C. A. Mey. ●
146196 Ephedra intermedia Schrenk ex C. A. Mey. var. schrenkii Stapf = Ephedra intermedia Schrenk et C. A. Mey. ●
146197 Ephedra intermedia Schrenk ex C. A. Mey. var. tibetica Stapf;西藏中麻黄(西藏麻黄);Tibet Intermediate Ephedra, Xizang Ephedra,Xizang Middle Ephedra ●
146198 Ephedra intermedia Schrenk ex C. A. Mey. var. tibetica Stapf = Ephedra intermedia Schrenk et C. A. Mey. ●

146199 Ephedra kaschgarica B. Fedtsch. et Bobrov = Ephedra przewalskii Stapf ●

146200 Ephedra kaschgarica B. Fedtsch. et Bobrov = Ephedra przewalskii Stapf var. kaschgarica (Fedtsch. et Bobrov) C. Y. Cheng ●

146201 Ephedra lematolepis Schrenk.;沙麻黄●☆

146202 Ephedra lepidospermum C. Y. Cheng = Ephedra rhytidosperma Pachom. ●◇

146203 Ephedra likiangensis Florin;丽江麻黄(麻黄);Lijiang Ephedra,Likiang Ephedra ●

146204 Ephedra likiangensis Florin f. mairei (Florin) C. Y. Cheng;匍枝丽江麻黄;Mairei Ephedra ●

146205 Ephedra likiangensis Florin f. mairei (Florin) C. Y. Cheng = Ephedra saxatilis (Stapf) Royle ex Florin ●

146206 Ephedra likiangensis Florin var. mairei (Florin) C. Y. Cheng = Ephedra saxatilis (Stapf) Royle ex Florin ●

146207 Ephedra likiangensis Florin var. mairei (Florin) C. Y. Cheng = Ephedra likiangensis Florin f. mairei (Florin) C. Y. Cheng ●

146208 Ephedra likiangensis Florin var. mairei (Florin) L. K. Fu et Y. F. Yu = Ephedra saxatilis (Stapf) Royle ex Florin ●

146209 Ephedra lomatolepis Schrenk;沙地麻黄(窄膜麻黄);Sandy Ephedra ●

146210 Ephedra ma-huang Liou = Ephedra sinica Stapf ●

146211 Ephedra major Host;粉麻黄(内山麻黄)●☆

146212 Ephedra microsperma V. V. Nikitin;小籽麻黄;Small-seeded Ephedra ●☆

146213 Ephedra microsperma V. V. Nikitin = Ephedra intermedia Schrenk ex C. A. Mey. ●

146214 Ephedra minima K. S. Hao = Ephedra monosperma J. G. Gmel. ex C. A. Mey. ●

146215 Ephedra minuta Florin;矮麻黄(川麻黄,小麻黄);Small Ephedra ●

146216 Ephedra minuta Florin var. dioeca C. Y. Cheng;异株矮麻黄;Dioecious Ephedra ●

146217 Ephedra minuta Florin var. dioeca C. Y. Cheng = Ephedra minuta Florin ●

146218 Ephedra monosperma C. A. Mey. = Ephedra monosperma J. G. Gmel. ex C. A. Mey. ●

146219 Ephedra monosperma J. G. Gmel. ex C. A. Mey.;单籽麻黄(单子麻黄,麻黄,小麻黄);Monospermous Ephedra,Oneseed Ephedra ●

146220 Ephedra monosperma J. G. Gmel. ex C. A. Mey. var. disperma Regel = Ephedra regeliana Florin ●

146221 Ephedra nebrodensis Tineo;南欧麻黄;Nebrod Ephedra,S. Europe Ephedra ●☆

146222 Ephedra nebrodensis Tineo var. villarsii Stapf = Ephedra nebrodensis Tineo ●☆

146223 Ephedra nebrodensisTineo var. procera (Fisch. et C. A. Mey.) = Ephedra procera Fisch. et C. A. Mey. ●☆

146224 Ephedra nevadensis S. Watson;内华达麻黄;Miner's Tea, Mormon Tea, Nevada Ephedra, Nevada Joint Fir, Nevada Jointfir, Nevada Joint-fir,Popotillo,Teamster's Tea ●☆

146225 Ephedra nevadensis S. Watson subvar. paucibracteata Stapf = Ephedra nevadensis S. Watson ●☆

146226 Ephedra nevadensis S. Watson subvar. pluribracteata Palmer ex Stapf = Ephedra viridis Coville ●☆

146227 Ephedra nevadensis S. Watson var. aspera (Engelm. ex S. Watson) L. D. Benson = Ephedra aspera Engelm. ex S. Watson ●☆

146228 Ephedra nevadensis S. Watson var. viridis (Coville) M. E. Jones = Ephedra viridis Coville ●☆

146229 Ephedra nevadensis Tineo = Ephedra nevadensis S. Watson ●☆

146230 Ephedra nevadensis Tineo var. aspera (Engelm. ex S. Watson) L. D. Benson;粗麻黄;Boundry Ephedra,Popotillo,Rough Ephedra ●☆

146231 Ephedra occidentalis Torr. ex Parl. = Ephedra antisyphilitica Berland. ex C. A. Mey. ●☆

146232 Ephedra pachyclada Boiss.;粗枝麻黄●☆

146233 Ephedra pedunculata Engelm. = Ephedra pedunculata Engelm. ex S. Watson ●☆

146234 Ephedra pedunculata Engelm. ex S. Watson;藤麻黄(花梗麻黄);Clap-weed ●☆

146235 Ephedra peninsularis I. M. Johnst. = Ephedra aspera Engelm. ex S. Watson ●☆

146236 Ephedra persica (Stapf) V. V. Nikitin = Ephedra intermedia Schrenk et C. A. Mey. ●

146237 Ephedra procera Fisch. et C. A. Mey.;树状麻黄●☆

146238 Ephedra przewalskii Stapf;膜果麻黄(勃麻黄,勃氏麻黄,麻黄);Przewalsk Ephedra ●

146239 Ephedra przewalskii Stapf var. kaschgarica (Fedtsch. et Bobrov) C. Y. Cheng;喀什膜果麻黄(喀什麻黄);Kaschgar Ephedra ●

146240 Ephedra przewalskii Stapf var. kaschgarica (Fedtsch. et Bobrov) C. Y. Cheng = Ephedra przewalskii Stapf ●

146241 Ephedra pulvinaris V. Nikitin;垫状麻黄●☆

146242 Ephedra reedii Cory = Ephedra aspera Engelm. ex S. Watson ●☆

146243 Ephedra regeliana Florin;细籽麻黄(细子麻黄);Regel Ephedra ●

146244 Ephedra rhytidosperma Pachom.;斑籽麻黄(斑子麻黄);Scalyseed Ephedra,Scalyseeded Ephedra ●◇

146245 Ephedra rollandii Maire = Ephedra foliata C. A. Mey. ●☆

146246 Ephedra sarcocarpa Aitch. et Hemsl.;肉果麻黄●☆

146247 Ephedra saxatilis (Stapf) Royle ex Florin;藏麻黄(麻黄);Cliff Ephedra ●

146248 Ephedra saxatilis (Stapf) Royle ex Florin var. mairei Florin;云南麻黄(石麻黄);Yunnan Ephedra ●

146249 Ephedra saxatilis (Stapf) Royle ex Florin var. mairei Florin = Ephedra saxatilis (Stapf) Royle ex Florin ●

146250 Ephedra saxatilis (Stapf) Royle ex Florin var. sikkimensis (Stapf) Florin;锡金麻黄;Sikkim Ephedra ●

146251 Ephedra saxatilis (Stapf) Royle ex Florin var. sikkimensis (Stapf) Florin = Ephedra gerardiana Wall. et Florin var. sikkimensis Stapf ●

146252 Ephedra shunnungiana Ts. Tang = Ephedra equisetina Bunge ●

146253 Ephedra sinica Stapf;草麻黄(卑相,卑盐,狗骨,华麻黄,结力根,苦椿菜,龙沙,麻黄,色道麻);China Ephedra, Chinese Ephedra,Chinese Joint Fir,Sea Grape ●

146254 Ephedra somalensis Freitag et Maier-St.;索马里麻黄●☆

146255 Ephedra strobilacea Bunge;球果麻黄●☆

146256 Ephedra tesquorum V. Nikitin = Ephedra intermedia Schrenk et C. A. Mey. ●

146257 Ephedra texana E. L. Reed = Ephedra antisyphilitica Berland. ex C. A. Mey. ●☆

146258 Ephedra tibetica (Stapf) V. Nikitin = Ephedra intermedia Schrenk et C. A. Mey. var. tibetica Stapf ●

146259 Ephedra tibetica (Stapf) V. Nikitin = Ephedra intermedia Schrenk ex C. A. Mey. ●

146260 Ephedra torreyana S. Watson;托里麻黄(榧麻黄);Mormon Tea,Mormon-tea,Torrey Mormon Tea ●☆

146261 Ephedra trifurca Torr. = Ephedra trifurca Torr. ex S. Watson ●☆
146262 Ephedra trifurca Torr. ex S. Watson;长叶麻黄(三叉麻黄);Brigham Tea, Brigham Young Tea, Desert Tea, Joint-pine, Long-leaf Ephedra, Long-leaved Joint Fir, Long-leaved Joint-fir, Mexican Tea, Mexican-tea, Mormon Tea, Squaw Tea, Teamster's Tea ●☆
146263 Ephedra valida V. V. Nikitin = Ephedra intermedia Schrenk et C. A. Mey. ●
146264 Ephedra villarsii Gren. et Godr. = Ephedra nebrodensis Tineo ●☆
146265 Ephedra viridis Coville;绿麻黄;Brigham Tea, Brigham Young Tea, Green Ephedra, Green Mormon Tea, Mountain Joint Fir ●☆
146266 Ephedra viridis Coville var. viscida (Cutler) L. D. Benson = Ephedra cutleri Peebles ●☆
146267 Ephedra vulgaris Rich. = Ephedra gerardiana Wall. et Florin ●
146268 Ephedra vulgaris sensu Hook. f. = Ephedra gerardiana Wall. ex Stapf ●
146269 Ephedra wallichii Stapf = Ephedra gerardiana Wall. ex Stapf ●
146270 Ephedraceae Dumort. (1829)(保留科名);麻黄科;Ephedra Family, Joint-fir Family, Mormon-tea Family ●
146271 Ephedranthus S. Moore(1895);麻黄花属●☆
146272 Ephedranthus amazonicus R. E. Fr.;亚马孙麻黄花●☆
146273 Ephedranthus fragrans R. E. Fr.;香麻黄花●☆
146274 Ephedranthus parviflorus S. Moore;小花麻黄花●☆
146275 Ephedranthusa S. Moore = Ephedranthus S. Moore ●☆
146276 Ephemeraceae Batsch = Commelinaceae Mirb. (保留科名)●■
146277 Ephemerantha P. F. Hunt et Summerh. = Flickingeria A. D. Hawkes ■
146278 Ephemerantha Summerh. = Flickingeria A. D. Hawkes ■
146279 Ephemerantha angustifolia (Blume) P. F. Huntet Summerh. = Flickingeria angustifolia (Blume) A. D. Hawkes ■
146280 Ephemerantha comata (Blume) Hunt et Summerh. = Flickingeria comata (Blume) A. D. Hawkes ■
146281 Ephemerantha fimbriata (Blume) P. F. Hunt et Summerh. = Flickingeria fimbriata (Blume) A. D. Hawkes ■
146282 Ephemerantha fimbriatolabella (Hayata) P. F. Hunt et Summerh. = Flickingeria comata (Blume) A. D. Hawkes ■
146283 Ephemerantha lonchophylla (Hook. f.) P. F. Hunt et Summerh. = Flickingeria lonchophylla (Hook. f.) A. D. Hawkes ■☆
146284 Ephemerantha pallens (Ridl.) Hunt et Summerh. = Flickingeria pallens (Ridl.) A. D. Hawkes ■
146285 Ephemerantha tairukounia S. S. Ying = Flickingeria comata (Blume) A. D. Hawkes ■
146286 Ephemerantha tairukounia S. S. Ying = Flickingeria tairukounia (S. S. Ying) T. P. Lin ■
146287 Ephemeranthaceae Batsch = Commelinaceae Mirb. (保留科名)●■
146288 Ephemeron Mill. = Ephemerum Mill. ■
146289 Ephemerum Mill. = Tradescantia L. ■
146290 Ephemerum Rchb. = Lerouxia Merat ●■
146291 Ephemerum Rchb. = Lysimachia L. ●■
146292 Ephemerum Tourn. ex Moench = Tradescantia L. ■
146293 Ephemerum congestum Moench = Tradescantia virginiana L. ■
146294 Ephemerum discolor (L'Hér.) Moench. = Rhoeo spathacea (Sw.) Stearn ■
146295 Ephialis Banks et Sol. ex A. Cunn. = Vitex L. ●
146296 Ephialis Seem. = Vitex L. ●
146297 Ephialis Sol. ex Seem. = Vitex L. ●
146298 Ephialum Wittst. = Ephialis Banks et Sol. ex A. Cunn. ●
146299 Ephielis Banks et Sol. ex Seem. = Vitex L. ●
146300 Ephielis Schreb. = Matayba Aubl. ●☆
146301 Ephielis Schreb. = Ratonia DC. ●☆
146302 Ephippiandra Decne. (1858);鞍蕊花属●☆
146303 Ephippiandra madagascariensis (Danguy) Lorence;马岛鞍蕊花●☆
146304 Ephippiandra myrtoidea Decne.;鞍蕊花●☆
146305 Ephippianthus Rchb. f. (1868);鞍花兰属(马鞍兰属)■☆
146306 Ephippianthus sachalinensis Rchb. f. = Ephippianthus schmidtii Rchb. f. ■☆
146307 Ephippianthus sawadanus (F. Maek.) Ohwi ex Masam. et Satomi;泽田氏鞍花兰■☆
146308 Ephippianthus schmidtii Rchb. f.;库页鞍花兰(马鞍兰)■☆
146309 Ephippiocarpa Markgr. (1923);鞍果木属●☆
146310 Ephippiocarpa Markgr. = Callichilia Stapf ●☆
146311 Ephippiocarpa humilis (Chiov.) Boiteau;肖丽唇夹竹桃●☆
146312 Ephippiocarpa orientalis (S. Moore) Markgr. = Callichilia orientalis S. Moore ●☆
146313 Ephippiorhynchium Nees = Rhynchospora Vahl(保留属名)■
146314 Ephippium Blume(废弃属名) = Bulbophyllum Thouars(保留属名)■
146315 Ephippium lepidum Blume = Bulbophyllum lepidum (Blume) J. J. Sm ■
146316 Ephynes Raf. (废弃属名) = Monochaetum (DC.) Naudin(保留属名)●☆
146317 Epiadena Raf. = Salvia L. ●■
146318 Epiandra Benth. et Hook. f. = Epiandria C. Presl ■
146319 Epiandra C. Presl = Gahnia J. R. Forst. et G. Forst. ■
146320 Epiandria C. Presl = Gahnia J. R. Forst. et G. Forst. ■
146321 Epibaterium J. R. Forst. et G. Forst. (废弃属名) = Cocculus DC. (保留属名)●
146322 Epibaterium carolinum (L.) Britton = Cocculus carolinus (L.) DC. ●☆
146323 Epibathertum Raeusch. = Epibaterium J. R. Forst. et G. Forst. ●
146324 Epibatrium pendulum J. R. Forst. et G. Forst. = Cocculus pendulus (J. R. Forst. et G. Forst.) Diels ●☆
146325 Epibiastrum Scop. = Epibaterium J. R. Forst. et G. Forst. ●
146326 Epiblastus Schltr. (1905);上枝兰属■☆
146327 Epiblastus acuminatus Schltr.;上枝兰■☆
146328 Epiblema R. Br. (1810);上被兰属■☆
146329 Epiblema grandifrorum R. Br.;上被兰■☆
146330 Epiblepharis Tiegh. = Luxemburgia A. St. -Hil. ●☆
146331 Epicampes J. Presl = Muhlenbergia Schreb. ■
146332 Epicampes J. Presl et C. Presl = Muhlenbergia Schreb. ■
146333 Epicarpura Hassk. = Epicarpurus Blume ●
146334 Epicarpurus Blume = Streblus Lour. ●
146335 Epicarpurus zeylanicus Thwaites = Streblus zeylanicus (Thwaites) Kurz ●
146336 Epicharis Blume = Dysoxylum Blume ●
146337 Epicharis densiflora Blume = Dysoxylum densiflorum (Blume) Miq. ●
146338 Epicharis procera (Wall.) Pierre = Dysoxylum excelsum Blume ●
146339 Epichrocantha Eckl. et Zeyh. ex Meisn. = Gnidia L. ●☆
146340 Epichroxantha Eckl. et Zeyh. ex Tiegh. = Epichrocantha Eckl. et Zeyh. ex Meisn. ●☆
146341 Epichysianthus Voigt = Chonemorpha G. Don(保留属名)●
146342 Epicion (Griseb.) Small = Metastelma R. Br. ●☆

146343 Epicion Small = Metastelma R. Br. ●☆
146344 Epicladium Small = Epidendrum L. (保留属名) ■☆
146345 Epicladium Small = Prosthechea Knowles et Westc. ■☆
146346 Epicladium boothianum (Lindl.) Small var. erythronioides (Small) Acuna = Prosthechea boothiana (Lindl.) W. E. Higgins var. erythronioides (Small) W. E. Higgins ■☆
146347 Epiclastopelma Lindau(1895);片梗爵床属■☆
146348 Epiclastopelma glandulosum Lindau = Mimulopsis thomsonii C. B. Clarke ■☆
146349 Epiclastopelma macranthum Mildbr.;大花片梗爵床■☆
146350 Epiclinastrum Bojer ex DC. = Gerbera L. (保留属名) ■
146351 Epicoila Raf. = Loranthus L. (废弃属名) ●
146352 Epicoila Raf. = Psittacanthus Mart. ●☆
146353 Epicoila Raf. = Tristerix Mart. ●
146354 Epicostorus Raf. (废弃属名) = Physocarpus (Cambess.) Raf. (保留属名) ●
146355 Epicranthes Blume = Bulbophyllum Thouars(保留属名) ■
146356 Epicranthes barbata (Lindl.) Rchb. f. = Monomeria barbata Lindl. ■
146357 Epicrianthes Blume = Epicranthes Blume ■
146358 Epicrianthus Blume = Bulbophyllum Thouars(保留属名) ■
146359 Epicryanthes Blume ex Penzig = Epirixanthes Blume ■
146360 Epicryanthes Blume ex Penzig = Salomonia Lour. (保留属名) ■
146361 Epicycas de Laub. = Cycas L. ●
146362 Epicycas micholitzii (Dyer) de Laub. = Cycas micholitzii Dyer ●◇
146363 Epicycas miquelii (Warb.) de Laub. = Cycas miquelii Warb. ●
146364 Epicycas multipinnata (C. J. Chen et S. Y. Yang) de Laub. = Cycas multipinnata C. J. Chen et S. Y. Yang ●
146365 Epidanthus L. O. Williams = Epidendrum L. (保留属名) ■☆
146366 Epidendraceae A. Kern. = Orchidaceae Juss. (保留科名) ■
146367 Epidendroides Sol. = Myrmecodia Jack ☆
146368 Epidendropsis Garay et Dunst. (1976);类柱瓣兰属■☆
146369 Epidendropsis Garay et Dunst. = Epidendrum L. (保留属名) ■☆
146370 Epidendropsis violascens (Ridl.) Garay et Dunst.;类柱瓣兰■☆
146371 Epidendrum L. (1753) (保留属名);柱瓣兰属(南美树兰属,树兰属);Dragon's-mouth Orchid, Epidendrum, Epidendrum Orchid ■☆
146372 Epidendrum acunae Dressler;盖尔柱瓣兰;Galé's Epidendrum ■☆
146373 Epidendrum aemulum Lindl. = Epidendrum fragrans Sw. ■☆
146374 Epidendrum aggregatum Roxb. ex Steud. = Dendrobium lindleyi Steud. ■
146375 Epidendrum alatum Bateman; 翼柱瓣兰(树兰); Winged Epidendrum ■☆
146376 Epidendrum aloifolium L. = Cymbidium aloifolium (L.) Sw. ■☆
146377 Epidendrum anceps Jacq.;扁平柱瓣兰;Flattened Epidendrum ■☆
146378 Epidendrum arachnoglossum Rchb. f. ex André; 柱瓣兰; Common Epidendrum ■☆
146379 Epidendrum arachnoglossum Rchb. f. ex André var. candidum (Rchb. f.) A. D. Hawkes;白柱瓣兰;White Epidendrum ■☆
146380 Epidendrum armeniacum Lindl.;亚美尼亚柱瓣兰; Armenia Epidendrum ■☆
146381 Epidendrum aromaticum Bateman; 芳香柱瓣兰; Aromatic Epidendrum ■☆
146382 Epidendrum arrogans Hayata = Cymbidium ensifolium (L.) Sw. ■
146383 Epidendrum atropurpureum Willd.;暗紫柱瓣兰(弯瓣攀缘兰);Dark-purple Epidendrum ■☆
146384 Epidendrum bicolor Rchb. f. = Cattleya bicolor Lindl. ■☆
146385 Epidendrum boothianum Lindl. = Prosthechea boothiana (Lindl.) W. E. Higgins ■☆
146386 Epidendrum boothii (Lindl.) L. O. Williams;布氏柱瓣兰; Booth Epidendrum ■☆
146387 Epidendrum brachystachyum Thouars = Beclardia macrostachya (Thouars) A. Rich. ■☆
146388 Epidendrum brassavolae Rchb. f.;伯拉氏柱瓣兰; Brassavol Epidendrum ■☆
146389 Epidendrum calceolare Buch. -Ham. ex D. Don = Gastrochilus calceolaris (Buch. -Ham. ex Sm.) D. Don ■
146390 Epidendrum capense L. f. = Mystacidium capense (L. f.) Schltr. ■☆
146391 Epidendrum carolinianum Lam. = Epidendrum nocturnum Jacq. ■☆
146392 Epidendrum carpophorum Barb. Rodr.;圆叶柱瓣兰; Round-leaf Star Orchid ■☆
146393 Epidendrum caudatum L. = Brassia caudata (L.) Lindl. ■☆
146394 Epidendrum cespitosum Lam. = Liparis caespitosa (Thouars) Lindl. ■
146395 Epidendrum chinense (Lindl.) Ames;中华柱瓣兰; Chinese Epidendrum ■☆
146396 Epidendrum ciliare L.;缘毛柱瓣兰(白花树兰); Ciliare Epidendrum ■☆
146397 Epidendrum cinnabarinum Salzm. ex Lindl.;朱红柱瓣兰; Scarlet Epidendrum ■☆
146398 Epidendrum clavatum Lindl.;棒状柱瓣兰; Club-shaped Epidendrum ■☆
146399 Epidendrum cochleatum L.;螺壳柱瓣兰(扇贝兰); Shell-shaped Epidendrum ■☆
146400 Epidendrum cochleatum L. = Prosthechea cochleata (L.) W. E. Higgins ■☆
146401 Epidendrum cochleatum L. var. triandrum Ames = Prosthechea cochleata (L.) W. E. Higgins var. triandra (Ames) W. E. Higgins ■☆
146402 Epidendrum concretum Jacq. = Polystachya concreta (Jacq.) Garay et H. R. Sweet ■
146403 Epidendrum concretum Jacq. = Polystachya modesta Rchb. f. ■
146404 Epidendrum conopseum R. Br. = Epidendrum magnoliae Muhl. ■☆
146405 Epidendrum cooperianum Bateman;库珀柱瓣兰■☆
146406 Epidendrum dichromum Lindl.;二色柱瓣兰■☆
146407 Epidendrum difforme Jacq.;不齐柱瓣兰(异树兰); Diffomed Epidendrum ■☆
146408 Epidendrum distichum Lam. = Oberonia disticha (Lam.) Schltr. ■☆
146409 Epidendrum elegans Rchb. f.; 雅致柱瓣兰; Elegant Epidendrum ■☆
146410 Epidendrum ellipticum Graham; 椭圆柱瓣兰; Elliptic Epidendrum ■☆
146411 Epidendrum ensifolium (L.) Sw. var. misericors (Hayata) T. P. Lin = Cymbidium ensifolium (L.) Sw. ■
146412 Epidendrum ensifolium (L.) Sw. var. misericors (Hayata) Tang S. Liu et H. J. Su = Cymbidium ensifolium (L.) Sw. ■
146413 Epidendrum ensifolium (L.) Sw. var. rubrigemum (Hayata) Tang S. Liu et H. J. Su = Cymbidium ensifolium (L.) Sw. ■

146414 Epidendrum ensifolium (L.) Sw. var. xiphiifolium (Lindl.) S. S. Ying = Cymbidium ensifolium (L.) Sw. ■

146415 Epidendrum ensifolium L. = Cymbidium ensifolium (L.) Sw. ■

146416 Epidendrum equitans G. Forst. = Oberonia disticha (Lam.) Schltr. ■☆

146417 Epidendrum erythronioides Small = Prosthechea boothiana (Lindl.) W. E. Higgins var. erythronioides (Small) W. E. Higgins ■☆

146418 Epidendrum falcatum Lindl.;镰形柱瓣兰■☆

146419 Epidendrum floribundum Kunth;密花柱瓣兰;Manyflower Epidendrum ■☆

146420 Epidendrum floridense Hágsater;佛罗里达柱瓣兰■☆

146421 Epidendrum fragrans Sw.;香花柱瓣兰(香攀缘兰);Fragrant Epidendrum ■☆

146422 Epidendrum fucatum Lindl.;有色柱瓣兰;Painted Epidendrum ■☆

146423 Epidendrum fulgens Hook. = Epidendrum schomburkii Lindl. ■☆

146424 Epidendrum gracile Lindl.;纤细柱瓣兰;Slender Epidendrum ■☆

146425 Epidendrum gyokuchin Makino var. arrogans (Hayata) S. S. Ying = Cymbidium ensifolium (L.) Sw. ■

146426 Epidendrum heishanense Hayata = Dendrobium moniliforme (L.) Sw. ■

146427 Epidendrum humile Sm. = Pleione humilis (Sm.) D. Don ■

146428 Epidendrum hybrida Hort.;杂种柱瓣兰;Reed Stem Epidendrum ■☆

146429 Epidendrum ibaguense Kunth;血红树兰(攀缘兰);Crucifix Orchid ■☆

146430 Epidendrum ionophlebium Rchb. f.;堇脉柱瓣兰■☆

146431 Epidendrum ionosmum Lindl.;紫罗兰香柱瓣兰;Stock-violet-odor Epidendrum ■☆

146432 Epidendrum kanran Makino var. misericors (Hayata) S. S. Ying = Cymbidium ensifolium (L.) Sw. ■

146433 Epidendrum lancifolium Lindl.;披针叶柱瓣兰■☆

146434 Epidendrum lancifolium R. Br. = Epidendrum cochleatum L. ■☆

146435 Epidendrum lasiopetalum (Willd.) Poiret = Dendrolirium lasiopetalum (Willd.) S. C. Chen et J. J. Wood ■

146436 Epidendrum lindleyanum Rchb. f.;林德利柱瓣兰■☆

146437 Epidendrum longifolium Barb. Rodr.;长叶柱瓣兰;Longleaf Epidendrum ■☆

146438 Epidendrum macrostachys Thouars = Beclardia macrostachya (Thouars) A. Rich. ■☆

146439 Epidendrum magnoliae Muhl.;马格柱瓣兰;Green-fly Orchid ■☆

146440 Epidendrum minutum Aubl. = Polystachya concreta (Jacq.) Garay et H. R. Sweet ■

146441 Epidendrum misericors Hayata = Cymbidium ensifolium (L.) Sw. ■

146442 Epidendrum monile Thunb. = Dendrobium moniliforme (L.) Sw. ■

146443 Epidendrum monile Thunb. ex A. Murray = Dendrobium moniliforme (L.) Sw. ■

146444 Epidendrum moniliforme L. = Dendrobium moniliforme (L.) Sw. ■

146445 Epidendrum moschatum Buch.-Ham. = Dendrobium moschatum (Buch.-Ham.) Sw. ■

146446 Epidendrum myosurus G. Forst. = Oberonia myosurus (G. Forst.) Lindl. ■

146447 Epidendrum nemorale Lindl.;森林柱瓣兰;Woods Epidendrum ■☆

146448 Epidendrum nervosum (Thunb. ex A. Murray) Thunb. = Liparis nervosa (Thunb. ex A. Murray) Lindl. ■

146449 Epidendrum nervosum (Thunb.) Thunb. = Liparis nervosa (Thunb.) Lindl. ■

146450 Epidendrum nocturnum Jacq.;夜花柱瓣兰;Night-blooming Epidendrum,Night-smelling Epidendrum ■☆

146451 Epidendrum obrienianum Rolfe;美洲柱瓣兰;Epidendrum Orchid,None Found ■☆

146452 Epidendrum ochraceum Lindl.;赭黄柱瓣兰;Ochreyellow Epidendrum ■☆

146453 Epidendrum odoratissimum Lindl.;极香柱瓣兰;Fragrant Epidendrum ■☆

146454 Epidendrum ophrydis J. König = Dienia ophrydis (J. König) Ormerod et Seidenf. ■

146455 Epidendrum osmanthum Barb. Rodr.;桂香柱瓣兰;Osmanthus Epidendrum ■☆

146456 Epidendrum paniculatum Ruiz et Pav.;圆锥序柱瓣兰;Paniculate Epidendrum ■☆

146457 Epidendrum parkinsonianum Hook. = Epidendrum falcatum Lindl. ■☆

146458 Epidendrum pendulum Roxb. = Cymbidium aloifolium (L.) Sw. ■☆

146459 Epidendrum phoeniceum Lindl.;紫红柱瓣兰;Purple-red Epidendrum ■☆

146460 Epidendrum polyanthum Lindl.;多花柱瓣兰;Manyflower Epidendrum ■☆

146461 Epidendrum polyphyllum Vell. = Cyrtopodium polyphyllum (Vell.) Pabst ex F. Barrios ■☆

146462 Epidendrum polystachys Thouars = Oeoniella polystachys (Thouars) Schltr. ■☆

146463 Epidendrum praecox Sm. = Pleione praecox (Sm.) D. Don ■

146464 Epidendrum praemosum Roxb. = Acampe pachyglossa Rchb. f. ■☆

146465 Epidendrum prismatocarpum Rchb. f.;角柱状柱瓣兰;Primaticfruit Epidendrum ■☆

146466 Epidendrum pristes Rchb. f. = Epidendrum schomburkii Lindl. ■☆

146467 Epidendrum punctatum L. = Cyrtopodium punctatum (L.) Lindl. ■☆

146468 Epidendrum pygmaeum Hook. = Prosthechea pygmaea (Hook.) W. E. Higgins ■☆

146469 Epidendrum radiatum Hoffmanns.;辐射状柱瓣兰;Radiant Epidendrum ■☆

146470 Epidendrum radicans Pav.;长根柱瓣兰(红花树兰);Fire Star Orchid ■☆

146471 Epidendrum radicans Pav. = Epidendrum ibaguense Kunth ■☆

146472 Epidendrum retusum L. = Rhynchostylis retusa (L.) Blume ■

146473 Epidendrum rigidum Jacq.;硬柱瓣兰;Rigid Epidendrum ■☆

146474 Epidendrum rubrigemum Hayata = Cymbidium ensifolium (L.) Sw. ■

146475 Epidendrum schomburkii Lindl.;尚氏柱瓣兰■☆

146476 Epidendrum selligerum Bateman = Epidendrum selligerum Bateman ex Lindl. ■☆

146477 Epidendrum selligerum Bateman ex Lindl.;鞍形柱瓣兰■☆

146478 Epidendrum sessile Sw. = Maxillaria crassifolia (Lindl.) Rchb. f. ■☆

146479 Epidendrum simplex (Schltr.) Spreng. = Nervilia simplex (Thouars) Schltr. ■☆

146480 Epidendrum sinense Jacks. ex Andréws = Cymbidium sinense

(Jacks. ex Andréws) Willd. ■

146481 Epidendrum skinneri Bateman;斯氏柱瓣兰■☆

146482 Epidendrum stenopetalum Hook.;狭瓣柱瓣兰;Narrow-petal Epidendrum ■☆

146483 Epidendrum striatum (Thunb.) Thunb. = Bletilla striata (Thunb. ex A. Murray) Rchb. f. ■

146484 Epidendrum strobiliferum Rchb. f.;松果柱瓣兰;Pine-cone Epidendrum ■☆

146485 Epidendrum taiwanianum S. S. Ying = Dendrobium moniliforme (L.) Sw. ■

146486 Epidendrum tampense Lindl. = Encyclia tampensis (Lindl.) Small ■☆

146487 Epidendrum tampense Lindl. var. albolabium A. D. Hawkes = Encyclia tampensis (Lindl.) Small ■☆

146488 Epidendrum teres Thunb. = Luisia teres (Thunb. ex A. Murray) Blume ■

146489 Epidendrum teres Thunb. ex A. Murray = Luisia teres (Thunb. ex A. Murray) Blume ■

146490 Epidendrum teretifolium Sw.;圆柱叶柱瓣兰;Terete-leaf Epidendrum ■☆

146491 Epidendrum tomentosum J. König = Dendrolirium tomentosum (J. König) S. C. Chen et J. J. Wood ■

146492 Epidendrum tomentosum J. König = Eria tomentosa (J. König) Hook. f. ■

146493 Epidendrum triandrum (Ames) House = Prosthechea cochleata (L.) W. E. Higgins var. triandra (Ames) W. E. Higgins ■☆

146494 Epidendrum umbellatum G. Forst. = Bulbophyllum lemurense Bosser et P. J. Cribb ■☆

146495 Epidendrum umbellatum G. Forst. = Bulbophyllum longiflorum Thouars ■☆

146496 Epidendrum undulatum Sw. = Trichocentrum undulatum (Sw.) Ackerman et M. W. Chase ■☆

146497 Epidendrum utricularioides Sw. = Ionopsis utricularioides (Sw.) Lindl. ■☆

146498 Epidendrum vanilla L. = Vanilla mexicana Mill. ■☆

146499 Epidendrum varicosum Bateman;张脉柱瓣兰;Varicose Epidendrum ■☆

146500 Epidendrum verrucosum Sw.;多疣柱瓣兰;Warty Epidendrum ■☆

146501 Epidendrum virens Lindl. et Paxton;绿色柱瓣兰;Green Epidendrum ■☆

146502 Epidendrum virgatum Lindl.;帚状柱瓣兰;Virgate Epidendrum ■☆

146503 Epidendrum vitellinum Lindl.;蛋黄色柱瓣兰;Egg-yolk-colour Epidendrum ■☆

146504 Epidendrum wallisii Rchb. f.;瓦氏柱瓣兰■☆

146505 Epidendrum xanthinum Lindl.;金黄色柱瓣兰;Goldenyellow Epidendrum ■☆

146506 Epidorchis Kuntze = Oeonia Lindl.(保留属名)■☆

146507 Epidorchis Thouars = Oeonia Lindl.(保留属名)■☆

146508 Epidorchis calceolus (Thouars) Kuntze = Angraecum calceolus Thouars ■☆

146509 Epidorchis carpophora (Thouars) Kuntze = Angraecum calceolus Thouars ■☆

146510 Epidorchis caulescens (Thouars) Kuntze = Angraecum caulescens Thouars ■☆

146511 Epidorchis graminifolia (Ridl.) Kuntze = Angraecum pauciramosum Schltr. ■☆

146512 Epidorchis multiflora (Thouars) Kuntze = Angraecum multiflorum Thouars ■☆

146513 Epidorchis parviflora (Thouars) Kuntze = Angraecopsis parviflora (Thouars) Schltr. ■☆

146514 Epidorchis tenella (Ridl.) Kuntze = Angraecum tenellum (Ridl.) Schltr. ■☆

146515 Epidorchis viridis (Ridl.) Kuntze = Angraecum rhynchoglossum Schltr. ■☆

146516 Epidorkis Thouars = Oeonia Lindl.(保留属名)■☆

146517 Epidryos Maguire(1962);单室光药花属■☆

146518 Epidryos micrantherus (Maguire) Maguire;单室光药花■☆

146519 Epifagus Nutt.(1818)(保留属名);山毛榉寄生属■☆

146520 Epifagus americana Nutt.;山毛榉寄生(美国山毛榉寄生);Beech Drops, Beechdrops, Beech-drops, Cancer-root ●☆

146521 Epifagus virginiana (L.) W. P. C. Barton = Epifagus americana Nutt. ●☆

146522 Epigaea L.(1753);藤地莓属(地桂属,蔓地莓属,岩梨属);Trailing Arbatus, Trailing Arbutus ●☆

146523 Epigaea asiatica Maxim.;亚洲藤地莓(伏地杜鹃,日本地桂,岩梨)●☆

146524 Epigaea gaultherioides (Boiss. et Balansa) Takht.;白珠树状藤地莓(白珠树状地桂)●☆

146525 Epigaea gaultherioides (Boiss.) Takht. = Epigaea gaultherioides (Boiss. et Balansa) Takht. ●☆

146526 Epigaea repens L.;藤地莓(蔓地莓,匍匐地桂);Mayflower, Trailing Arbutus, Trailing-arbutus ●☆

146527 Epigaea repens L. var. glabrifolia Fernald = Epigaea repens L. ●☆

146528 Epigeneium Gagnep.(1932);厚唇兰属(著颏兰属);Epigeneium ■

146529 Epigeneium acuminatum (Rolfe) Summerh.;渐尖厚唇兰;Acuminate Epigeneium ■☆

146530 Epigeneium amplum (Lindl. ex Wall.) Summerh.;宽叶厚唇兰;Broadleaf Epigeneium ■

146531 Epigeneium amplum (Lindl.) Summerh. = Epigeneium amplum (Lindl. ex Wall.) Summerh. ■

146532 Epigeneium clemensiae Gagnep.;厚唇兰;Epigeneium ■

146533 Epigeneium coelogyne (Rchb. f.) Summerh. = Epigeneium amplum (Lindl. ex Wall.) Summerh. ■

146534 Epigeneium coelogynei (Rchb. f.) Summerh.;考氏厚唇兰;Coelogyne Epigeneium ■☆

146535 Epigeneium cymbidioides (Blume) Summerh.;建兰样厚唇兰;Cymbidium-like Epigeneium ■☆

146536 Epigeneium fargesii (Finet) Gagnep.;单叶厚唇兰(三星石斛,石米,小攀龙,著颏兰);Farges Epigeneium ■

146537 Epigeneium fargesii (Finet) Gagnep. = Epigeneium clemensiae Gagnep. ■

146538 Epigeneium forrestii Ormerod;双角厚唇兰■

146539 Epigeneium fuscescens (Griff.) Summerh.;景东厚唇兰;Jingdong Epigeneium ■

146540 Epigeneium gaoligongense H. Yu et S. G. Zhang;高黎贡厚唇兰■

146541 Epigeneium lyonii (Ames) Summerh.;里氏厚唇兰;Lyon Epigeneium ■☆

146542 Epigeneium mimicum Ormerod;拟色厚唇兰■

146543 Epigeneium nakaharae (Schltr.) Summerh.;台湾厚唇兰(颏兰,蜡著颏兰,连珠石斛,三星石斛);Taiwan Epigeneium ■

146544 Epigeneium rotundatum (Lindl.) Summerh.;双叶厚唇兰;Twoleaf Epigeneium ■
146545 Epigeneium sanseiense (Hayata) Nakaj. = Epigeneium nakaharai (Schltr.) Summerh. ■
146546 Epigeneium sanseiense (Hayata) Summerh. = Epigeneium nakaharae (Schltr.) Summerh. ■
146547 Epigeneium treutleri (Hook. f.) Ormerod;长爪厚唇兰;Longclaw Epigeneium ■
146548 Epigeneium tsangianum Ormerod;广西厚唇兰■
146549 Epigeneium yunnanense Ts. Tang et Z. H. Tsi = Epigeneium treutleri (Hook. f.) Ormerod ■
146550 Epigenia Vell. = Styrax L. ●
146551 Epigogium W. D. J. Koch = Epipogium J. G. Gmel. ex Borkh. ■
146552 Epigynanthus Blume = Hydrilla Rich. ■
146553 Epigynium Klotzsch = Vaccinium L. ●
146554 Epigynium dunalianum (Wight) Klotzsch = Vaccinium dunalianum Wight ●
146555 Epigynium leucobotrys Nutt. = Vaccinium leucobotrys (Nutt.) Nicholson ●
146556 Epigynium serratum (G. Don) Klotzsch = Vaccinium vacciniaceum (Roxb.) Sleumer ●
146557 Epigynium venosum (Wight) Klotzsch = Vaccinium venosum Wight ●
146558 Epigynum Wight(1848);思茅藤属;Epigynum,Simaovine ●
146559 Epigynum auritum (C. K. Schneid.) Tsiang et P. T. Li;思茅藤(具耳络石);Longeared Epigynum, Long-eared Epigynum, Longeared Simaovine ●
146560 Epigynum chinense Merr. = Sindechites chinensis (Merr.) Markgr. et Tsiang ●
146561 Epigynum lachnocarpum Pichon = Epigynum auritum (C. K. Schneid.) Tsiang et P. T. Li ●
146562 Epihanes javanica Blume = Gastrodia javanica (Blume) Lindl. ■
146563 Epihanes stapfii Hayata = Gastrodia javanica (Blume) Lindl. ■
146564 Epikeros Raf. = Selinum L.(保留属名)■
146565 Epilasia (Bunge) Benth. (1873);鼠毛菊属;Rathairdaisy, Epilasia ■
146566 Epilasia Benth. et Hook. f. = Epilasia (Bunge) Benth. ■
146567 Epilasia acrolasia (Bunge) C. B. Clarke;顶毛鼠毛菊;Tophair Epilasia ■
146568 Epilasia acrolasia (Bunge) Soják = Epilasia acrolasia (Bunge) C. B. Clarke ■
146569 Epilasia ammophila (Bunge) C. B. Clarke = Epilasia acrolasia (Bunge) C. B. Clarke ■
146570 Epilasia bungeana C. B. Clarke = Epilasia hemilasia (Bunge) C. B. Clarke ■
146571 Epilasia cenopleura (Bunge) C. B. Clarke = Epilasia hemilasia (Bunge) C. B. Clarke ■
146572 Epilasia cenoplura (Bunge) Soják. = Epilasia hemilasia (Bunge) C. B. Clarke ■
146573 Epilasia hemilasia (Bunge) C. B. Clarke;鼠毛菊(环子苣,腰毛果,腰毛鼠毛菊);Common Epilasia,Common Rathairdaisy ■
146574 Epilasia hemilasia (Bunge) C. B. Clarke var. nana (Boiss. et Buhse) Kuntze = Epilasia hemilasia (Bunge) C. B. Clarke ■
146575 Epilasia intermedia (Bunge) C. B. Clarke = Epilasia hemilasia (Bunge) C. B. Clarke ■
146576 Epilasia intermedia (Bunge) Soják. = Epilasia hemilasia (Bunge) C. B. Clarke ■
146577 Epilasia mirabilis Lipsch.;奇异鼠毛菊■☆
146578 Epilatoria Comm. ex Steud. = Elphegea Cass. ●☆
146579 Epilatoria Comm. ex Steud. = Psiadia Jacq. ●☆
146580 Epilepis Benth. = Coreopsis L. ●■
146581 Epilepsis Lindl. = Epilepis Benth. ●■
146582 Epilinella Pfeiff. = Cuscuta L. ■
146583 Epilithes Blume = Serpicula L. ■☆
146584 Epilobiaceae Vent. = Onagraceae Juss.(保留科名)■●
146585 Epilobium Dill. ex L. = Epilobium L. ■
146586 Epilobium L. (1753);柳叶菜属(柳兰属);Californian Fuchsia, Fireweed, Rosebay Willowherb, Willow Herb, Willow Weed, Willowherb, Willow-herb, Willowweed ■
146587 Epilobium adenocaulon Hausskn.;黏柳叶菜(腺茎柳叶菜);American Willowherb, Fireweed, Northern Willowherb, Sticky Willow Weed, Sticky Willowweed ■
146588 Epilobium adenocaulon Hausskn. = Epilobium ciliatum Raf. ■
146589 Epilobium adenocaulon Hausskn. var. cinerascens (Piper) M. Peck = Epilobium ciliatum Raf. subsp. glandulosum (Lehm.) Hoch et P. H. Raven ■☆
146590 Epilobium adenocaulon Hausskn. var. ecomosum (Fassett) Munz = Epilobium ciliatum Raf. ■
146591 Epilobium adenocaulon Hausskn. var. holosericeum (Trel.) Munz = Epilobium ciliatum Raf. ■
146592 Epilobium adenocaulon Hausskn. var. occidentale Trel. = Epilobium ciliatum Raf. subsp. glandulosum (Lehm.) Hoch et P. H. Raven ■☆
146593 Epilobium adenocaulon Hausskn. var. parishii (Trel.) Munz = Epilobium ciliatum Raf. ■
146594 Epilobium adenocaulon Hausskn. var. perplexans Trel. = Epilobium ciliatum Raf. ■
146595 Epilobium adnatum Griseb.;抱茎柳叶菜(附柳叶菜);Square-stalked Willowherb ■
146596 Epilobium adnatum Griseb. = Epilobium tetragonum L. ■
146597 Epilobium almaatense Steinb. = Epilobium roseum (Schreb.) Pers. subsp. subsessile (Boiss.) P. H. Raven ■
146598 Epilobium alpestre Jacq.;山生柳叶菜■☆
146599 Epilobium alpinum L.;高山柳叶菜;Alpine Willow Weed, Alpine Willowweed ■☆
146600 Epilobium alpinum L. = Epilobium anagallidifolium Lam. ■
146601 Epilobium alsinifolium Vill.;繁缕叶柳叶菜;Chickweed Willowherb ■☆
146602 Epilobium americanum Hausskn. = Epilobium ciliatum Raf. ■
146603 Epilobium amplectens (Benth. ex C. B. Clarke) Hausskn. = Epilobium laxum Royle ■
146604 Epilobium amplectens Benth. = Epilobium laxum Royle ■
146605 Epilobium amurense Hausskn.;毛脉柳叶菜(黑龙江柳叶菜,水串草,水泽兰,稀花柳叶菜,虾筏草,小柳叶菜);Amur Willow Weed, Amur Willowweed ■
146606 Epilobium amurense Hausskn. subsp. cephalostigma (Hausskn.) C. J. Chen, Hoch et P. H. Raven;光滑柳叶菜(东北柳叶菜,水串草,虾筏草,岩生柳叶菜);Capitatestigma Willow Weed, Capitatestigma Willowweed ■
146607 Epilobium amurense Hausskn. subsp. cephalostigma (Hausskn.) C. J. Chen, Hoch et P. H. Raven f. leucanthum (Honda) Yonek.;白花光滑柳叶菜■☆
146608 Epilobium amurense Hausskn. subsp. laetum (Wall. ex Hausskn.) P. H. Raven = Epilobium amurense Hausskn. ■

146609 Epilobium anagallidifolium Lam.;新疆柳叶菜;Alpine Willowherb,Xinjiang Willowweed ■

146610 Epilobium anagallidifolium Lam. = Epilobium alpinum L. ■☆

146611 Epilobium anatolicum Hausskn.;阿纳托里柳叶菜■☆

146612 Epilobium angulatum Kom.;无毛柳叶菜;Angular Willowweed ■

146613 Epilobium angulatum Kom. = Epilobium amurense Hausskn. subsp. cephalostigma (Hausskn.) C. J. Chen, Hoch et P. H. Raven ■

146614 Epilobium angustifolium L.;窄叶柳叶菜;Fire Weed, Fireweed, Great Willow-herb, Rose Bay, Rose-bay Willow-herb, Wickup, Willowherb ■

146615 Epilobium angustifolium L. = Chamaenerion angustifolium (L.) Scop. ■

146616 Epilobium angustifolium L. = Chamerion angustifolium (L.) Holub ■

146617 Epilobium angustifolium L. f. albiflorum (Dumort.) Hausskn. = Epilobium angustifolium L. subsp. circumvagum Mosquin ■☆

146618 Epilobium angustifolium L. f. pleniflorum (Nakai) H. Hara = Rhododendron kaempferi Planch. f. komatsui (Nakai) H. Hara ●☆

146619 Epilobium angustifolium L. subsp. circumvagum Mosquin;圆鞘窄叶柳叶菜;Fireweed, Great Willow-herb ■☆

146620 Epilobium angustifolium L. subsp. circumvagum Mosquin = Chamerion angustifolium (L.) Holub subsp. circumvagum (Mosquin) Hoch ■

146621 Epilobium angustifolium L. var. canescens A. W. Wood = Epilobium angustifolium L. subsp. circumvagum Mosquin ■☆

146622 Epilobium angustifolium L. var. pubescens Hausskn. = Chamerion angustifolium (L.) Holub subsp. circumvagum (Mosquin) Hoch ■

146623 Epilobium arcticum Sam.;北极柳叶菜;Arctic Willowweed ■☆

146624 Epilobium arcuatum H. Lév. = Epilobium pyrricholophum Franch. et Sav. ■

146625 Epilobium atlanticum Litard. et Maire;大西洋柳叶菜■☆

146626 Epilobium axillare Franch. ex Koidz. = Epilobium pyrricholophum Franch. et Sav. ■

146627 Epilobium baicalense Popov = Epilobium fastigiatoramosum Nakai ■

146628 Epilobium beauverdianum H. Lév. = Epilobium cylindricum D. Don ■

146629 Epilobium behringianum Hausskn.;贝林柳叶菜■☆

146630 Epilobium bifarium Kom.;双列柳叶菜■☆

146631 Epilobium biforme Hausskn. = Epilobium capense Buchinger ex Hochst. ■☆

146632 Epilobium billardiereanum DC.;土著柳叶菜;Aboriginal Willowherb ■☆

146633 Epilobium billardiereanum DC. subsp. cinereum (A. Rich.) P. H. Raven et Engelhorn;灰土著柳叶菜;Aboriginal Willowherb, Pukamole ■☆

146634 Epilobium blinii H. Lév.;长柱柳叶菜(酸沼柳叶菜,沼柳叶菜);Blin Willowweed ■

146635 Epilobium bongardii Hausskn.;邦加德柳叶菜■☆

146636 Epilobium boreale Hausskn.;北方柳叶菜;Northern Willowweed ■☆

146637 Epilobium boreale Hausskn. = Epilobium ciliatum Raf. subsp. glandulosum (Lehm.) Hoch et P. H. Raven ■☆

146638 Epilobium brachycarpum C. Presl;短果柳叶菜;Annual Willow-herb ■☆

146639 Epilobium brevifolium D. Don;短叶柳叶菜(钝叶柳叶菜);Shortleaf Willow Weed, Shortleaf Willowweed ■

146640 Epilobium brevifolium D. Don subsp. pannosum (Hausskn.) P. H. Raven = Epilobium pannosum Hausskn. ■

146641 Epilobium brevifolium D. Don subsp. trichoneurum (Hausskn.) P. H. Raven;腺茎短叶柳叶菜(短叶柳叶菜,广布柳叶菜,毛脉钝叶柳叶菜,腺茎柳叶菜,羊角草,羊角豆)■

146642 Epilobium brevistylum Barbey = Epilobium ciliatum Raf. ■

146643 Epilobium brevistylum Barbey var. ursinum (Parish ex Trel.) Jeps. = Epilobium ciliatum Raf. ■

146644 Epilobium brunnescens (Cockayne) P. H. Raven et Engelhorn;新西兰柳叶菜;New Zealand Spinach, New Zealand Willowherb, Prostrate Willowherb, Rockery Willowherb ■☆

146645 Epilobium californicum Hausskn. = Epilobium ciliatum Raf. ■

146646 Epilobium californicum Hausskn. var. holosericeum (Trel.) Munz = Epilobium ciliatum Raf. ■

146647 Epilobium calycinum Hausskn. = Epilobium amurense Hausskn. subsp. cephalostigma (Hausskn.) C. J. Chen, Hoch et P. H. Raven ■

146648 Epilobium canum (D. D. Keck) P. H. Raven subsp. latifolium (Hook.) P. H. Raven;宽叶矮柳叶菜;Arizona Fuschsia, Hardy Hummingbird Trumpet ■☆

146649 Epilobium canum (D. D. Keck) P. H. Raven subsp. mexicanum (C. Presl) P. H. Raven;墨西哥矮柳叶菜■☆

146650 Epilobium canum (Greene) P. H. Raven;矮柳叶菜■☆

146651 Epilobium canum (Greene) P. H. Raven subsp. angustifolium (D. D. Keck) P. H. Raven;狭叶矮柳叶菜;California Fuschia, Hummingbird Trumpet ■☆

146652 Epilobium capense Buch. = Epilobium capense Buchinger ex Hochst. ■☆

146653 Epilobium capense Buchinger ex Hochst.;好望角柳叶菜■☆

146654 Epilobium cavalieri H. Lév. = Epilobium brevifolium D. Don subsp. trichoneurum (Hausskn.) P. H. Raven ■

146655 Epilobium cephalostigma Hausskn. = Epilobium amurense Hausskn. subsp. cephalostigma (Hausskn.) C. J. Chen, Hoch et P. H. Raven ■

146656 Epilobium cephalostigma Hausskn. f. leucanthum Honda = Epilobium amurense Hausskn. subsp. cephalostigma (Hausskn.) C. J. Chen, Hoch et P. H. Raven f. leucanthum (Honda) Yonek. ■☆

146657 Epilobium cephalostigma Hausskn. var. linearifolium Hisauti = Epilobium platystigmatosum C. B. Rob. ■

146658 Epilobium cephalostigma Hausskn. var. nudicarpum (Kom.) H. Hara = Epilobium amurense Hausskn. subsp. cephalostigma (Hausskn.) C. J. Chen, Hoch et P. H. Raven ■

146659 Epilobium changaicum Grubov = Chamerion latifolium (L.) Holub ■

146660 Epilobium changaicum Grubov = Epilobium latifolium L. ■

146661 Epilobium christii H. Lév. = Epilobium cylindricum D. Don ■

146662 Epilobium chrysocoma H. Lév. = Epilobium pyrricholophum Franch. et Sav. ■

146663 Epilobium ciliatum Raf.;东北柳叶菜;American Willow-herb, Bald Willowherb, Coast Willow-weed, Hairy Willow-herb, NE. China Willowweed ■

146664 Epilobium ciliatum Raf. subsp. glandulosum (Lehm.) Hoch et P. H. Raven;腺点缘毛柳叶菜(美洲柳叶菜);American Willowherb, American Willow-herb, Glandular Willow-weed, Hairy Willow-herb ■☆

146665 Epilobium ciliatum Raf. var. ecomosum (Fassett) B. Boivin =

Epilobium ciliatum Raf. ■
146666 Epilobium ciliatum Raf. var. glandulosum (Lehm.) Dorn = Epilobium ciliatum Raf. subsp. glandulosum (Lehm.) Hoch et P. H. Raven ■☆
146667 Epilobium cinerascens Piper = Epilobium ciliatum Raf. subsp. glandulosum (Lehm.) Hoch et P. H. Raven ■☆
146668 Epilobium clarkeanum Hausskn.;雅致柳叶菜;C. B. Clarke Willowweed ■
146669 Epilobium collinum C. C. Gmel.;山柳叶菜■☆
146670 Epilobium coloratum Muhl. ex Willd.;紫叶柳叶菜;Cinnamon Willow Herb, Cinnamon Willow-herb, Eastern Willow-herb, Purple Veined Willowherb, Purpleleaf Willowweed, Purple-leaved Willow Herb ■☆
146671 Epilobium confusum Hausskn.;混乱柳叶菜■☆
146672 Epilobium consimile Hausskn. var. japonicum Nakai = Epilobium amurense Hausskn. subsp. cephalostigma (Hausskn.) C. J. Chen, Hoch et P. H. Raven ■
146673 Epilobium conspersum Hausskn. = Chamerion conspersum (Hausskn.) Holub ■
146674 Epilobium cordifolium A. Rich. = Epilobium stereophyllum Fresen. ■☆
146675 Epilobium cordouei H. Lév. = Epilobium brevifolium D. Don subsp. trichoneurum (Hausskn.) P. H. Raven ■
146676 Epilobium coreanum H. Lév. = Epilobium amurense Hausskn. subsp. cephalostigma (Hausskn.) C. J. Chen, Hoch et P. H. Raven ■
146677 Epilobium cylindricum D. Don;圆柱柳叶菜(华西柳叶菜);Cylindric Willowweed ■
146678 Epilobium cylindrostigma Kom. = Epilobium amurense Hausskn. subsp. cephalostigma (Hausskn.) C. J. Chen, Hoch et P. H. Raven ■
146679 Epilobium cylindrostigma Kom. = Epilobium ciliatum Raf. ■
146680 Epilobium dahuricum Fisch.;达呼里柳叶菜;Dahur Willowweed ■☆
146681 Epilobium davuricum Fisch. = Epilobium dahuricum Fisch. ■☆
146682 Epilobium decipiens Hausskn. = Epilobium minutiflorum Hausskn. ■
146683 Epilobium delicatum Trel. = Epilobium ciliatum Raf. ■
146684 Epilobium densum Raf.;灰毛柳叶菜;Canescent Willowherb, Canescent Willowweed ■☆
146685 Epilobium densum Raf. = Epilobium strictum Muhl. ex Spreng. ■☆
146686 Epilobium densum Raf. var. nesophilum Fernald = Epilobium leptophyllum Raf. ■☆
146687 Epilobium dielsii H. Lév. = Epilobium anagallidifolium Lam. ■
146688 Epilobium dodoanaei Vill.;多氏柳叶菜■☆
146689 Epilobium dodoanaei Vill. = Epilobium rosmarinifolium Haenke ■☆
146690 Epilobium dolichopodum Sam. = Epilobium stereophyllum Fresen. ■☆
146691 Epilobium duclouxii H. Lév. = Epilobium wallichianum Hausskn. ■
146692 Epilobium duthiei Hausskn. = Epilobium laxum Royle ■
146693 Epilobium ecomosum (Fassett) Fernald = Epilobium ciliatum Raf. ■
146694 Epilobium esquirolii H. Lév. = Epilobium brevifolium D. Don subsp. trichoneurum (Hausskn.) P. H. Raven ■
146695 Epilobium fangii C. J. Chen, Hoch et P. H. Raven;川西柳叶菜;W. Sichuan Willowweed ■
146696 Epilobium fastigiatoramosum Nakai;多枝柳叶菜;Fastigiate-branch Willow Weed, Manybranch Willowweed ■
146697 Epilobium fauriei H. Lév.;法氏柳叶菜■☆
146698 Epilobium fischerianum Pavlov. = Epilobium palustre L. ■
146699 Epilobium flavescens E. Mey. ex Harv. = Epilobium capense Buchinger ex Hochst. ■☆
146700 Epilobium fleischeri Hochst.;弗氏柳叶菜(弗来歇氏柳叶菜);Fleischer Willowweed ■☆
146701 Epilobium fontanum Chaix ex Hausskn.;泉柳叶菜■☆
146702 Epilobium formosanum Masam. = Epilobium platystigmatosum C. B. Rob. ■
146703 Epilobium forrestii Diels = Epilobium blinii H. Lév. ■
146704 Epilobium foucaudianum H. Lév. = Epilobium hornemannii Rchb. ■☆
146705 Epilobium franciscanum Barbey;弗兰西氏柳叶菜;Francisco Willowweed ■☆
146706 Epilobium frigidum Retz.;耐寒柳叶菜■☆
146707 Epilobium gansuense H. Lév. = Epilobium amurense Hausskn. ■
146708 Epilobium glaciale P. H. Raven;冰雪柳叶菜■☆
146709 Epilobium glandulosum Lahman;腺茎柳叶菜(密叶柳叶菜,腺柳叶菜);Glandstem Willowweed, Glandular Willowherb, Northern Willowherb ■☆
146710 Epilobium glandulosum Lehm. = Epilobium ciliatum Raf. subsp. glandulosum (Lehm.) Hoch et P. H. Raven ■☆
146711 Epilobium glandulosum Lehm. var. adenocaulon (Hausskn.) Fernald = Epilobium ciliatum Raf. ■
146712 Epilobium glandulosum Lehm. var. asiaticum H. Hara = Epilobium ciliatum Raf. ■
146713 Epilobium glandulosum Lehm. var. cardiophyllum Fernald = Epilobium ciliatum Raf. subsp. glandulosum (Lehm.) Hoch et P. H. Raven ■☆
146714 Epilobium glandulosum Lehm. var. ecomosum Fassett = Epilobium ciliatum Raf. ■
146715 Epilobium glandulosum Lehm. var. kurilense (Nakai) H. Hara = Epilobium ciliatum Raf. ■
146716 Epilobium glandulosum Lehm. var. macounii (Trel.) C. L. Hitchc. = Epilobium ciliatum Raf. ■
146717 Epilobium glandulosum Lehm. var. occidentale (Trel.) Fernald = Epilobium ciliatum Raf. subsp. glandulosum (Lehm.) Hoch et P. H. Raven ■☆
146718 Epilobium glandulosum Lehm. var. perplexans (Trel.) Fernald = Epilobium ciliatum Raf. ■
146719 Epilobium gouldii P. H. Raven;鳞根柳叶菜(帕里柳叶菜)■
146720 Epilobium hakkodense H. Lév. = Epilobium pyrricholophum Franch. et Sav. ■
146721 Epilobium hammondii Howell = Epilobium brachycarpum C. Presl ■☆
146722 Epilobium hectori Hausskn.;赫氏柳叶菜;Hector Willowweed ■☆
146723 Epilobium himalayense Hausskn. = Epilobium royleanum Hausskn. ■
146724 Epilobium hirsutum L.;柳叶菜(白带草,菜籽灵,菜子灵,长角草,大婆针,大样干鱼草,地母,地母怀胎草,光明草,怀胎草,鸡脚参,九牛造,九牛造接骨丹,柳叶莲,柳叶梅,牛造接骨丹,绒棒紫花草,水朝阳花,水丁香,水红花,水葫芦,水接骨丹,水兰花,水窝窝,通经草,小杨柳,血留参,一把参,益母草,鱼鳞草);Apple Pie, Blooming Sally, Cherry Pie, Cherry-pie, Codded

Willowherb, Coddled Apples, Codlins, Codlins and Cream, Codlins-and-cream, Currant Dumpling, Currant-dumpling, Custard Cup, Custard-cups, European Fireweed, Fiddle-grass, Gooseberry Pie, Gooseberry Pudding, Great Willowherb, Hairy Willow Weed, Hairy Willowherb, Hairy Willow-herb, Hairy Willowweed, Large-flowered Willowherb, Love Apple, Milner Flower, Plum Pudding, Ragged Robin, Red Withyherb, Sod Apple, Son-before-the-father, Sugar Codlins, Wild Phlox, Wild Willow, Willow Flower ■

146725 Epilobium hirsutum L. var. laetum Wall. ex C. B. Clarke = Epilobium hirsutum L. ■

146726 Epilobium hirsutum L. var. sericeum Benth. ex C. B. Clarke = Epilobium hirsutum L. ■

146727 Epilobium hirsutum L. var. tomentosum (Vent.) Boiss. = Epilobium hirsutum L. ■

146728 Epilobium hirsutum L. var. villosissimum Koch = Epilobium hirsutum L. ■

146729 Epilobium hirsutum L. var. villosum (Thunb.) H. Hara = Epilobium hirsutum L. ■

146730 Epilobium hirsutum L. var. villosum (Thunb.) Hausskn. ex H. Hara = Epilobium hirsutum L. ■

146731 Epilobium hohuanense S. S. Ying;合欢柳叶菜(合欢山柳叶菜)■

146732 Epilobium holosericeum Trel. = Epilobium ciliatum Raf. ■

146733 Epilobium hookeri C. B. Clarke = Epilobium brevifolium D. Don subsp. trichoneurum (Hausskn.) P. H. Raven ■

146734 Epilobium hornemannii Rchb.;侯尼氏柳叶菜(霍氏柳叶菜);Horneman Willow Weed, Hornemann's Willowweed ■☆

146735 Epilobium hornemannii Rchb. var. foucaudianum (H. Lév.) H. Hara = Epilobium hornemannii Rchb. ■☆

146736 Epilobium inornatum Melville = Epilobium komarovianum H. Lév. ■☆

146737 Epilobium japonicum (Miq.) Hausskn. = Epilobium pyrricholophum Franch. et Sav. ■

146738 Epilobium japonicum Hausskn.;日本柳叶菜■☆

146739 Epilobium japonicum Hausskn. = Epilobium pyrricholophum Franch. et Sav. ■

146740 Epilobium japonicum Hausskn. var. glandulosopubescens Hausskn. = Epilobium pyrricholophum Franch. et Sav. ■

146741 Epilobium jonanthum Hausskn. = Epilobium capense Buchinger ex Hochst. ■☆

146742 Epilobium juncundum A. Gray = Epilobium brachycarpum C. Presl ■☆

146743 Epilobium karsteniae Compton = Epilobium capense Buchinger ex Hochst. ■☆

146744 Epilobium kermodei P. H. Raven;锐齿柳叶菜(片马柳叶菜);Kermode Willowweed ■

146745 Epilobium kesamitsui T. Yamaz. = Chamerion latifolium (L.) Holub ■

146746 Epilobium kesamitsui T. Yamaz. = Epilobium latifolium L. ■

146747 Epilobium khasianum C. B. Clarke = Epilobium pannosum Hausskn. ■

146748 Epilobium kilimandscharensis H. Lév. = Epilobium stereophyllum Fresen. ■☆

146749 Epilobium kingdonii P. H. Raven;矮生柳叶菜(曲林柳叶菜);Kingdon Willowweed ■

146750 Epilobium kitadakense Koidz. = Epilobium fauriei H. Lév. ■☆

146751 Epilobium kiusianum Nakai = Epilobium pyrricholophum Franch. et Sav. ■

146752 Epilobium kiwuense Loes. = Epilobium stereophyllum Fresen. var. kiwuense (Loes.) Brenan ■☆

146753 Epilobium komarovianum H. Lév.;科马罗夫柳叶菜;Bronzy Willowherb ■☆

146754 Epilobium kurilense Nakai = Epilobium ciliatum Raf. ■

146755 Epilobium lactiflorum Hausskn.;乳花柳叶菜■☆

146756 Epilobium laetum Wall. = Epilobium amurense Hausskn. ■

146757 Epilobium laetum Wall. ex Hausskn. = Epilobium amurense Hausskn. ■

146758 Epilobium laevicaule Rydb. = Epilobium brachycarpum C. Presl ■☆

146759 Epilobium lamyi Schultz = Epilobium tetragonum L. ■

146760 Epilobium lanceolatum Sebast. et Mauri;披针叶柳叶菜;Spear-leaved Willowherb ■☆

146761 Epilobium latifolium L. = Chamerion latifolium (L.) Holub ■

146762 Epilobium latifolium L. subsp. speciosum (Decne.) P. H. Raven = Chamerion speciosum (Decne.) Holub ■

146763 Epilobium laxum Royle;大花柳叶菜(灰白柳叶菜);Bigflower Willow Weed ■

146764 Epilobium leiospermum Hausskn. = Epilobium tibetanum Hausskn. ■

146765 Epilobium leptocarpum Raf. var. macounii Trel. = Epilobium ciliatum Raf. ■

146766 Epilobium leptophyllum Raf.;美洲沼泽柳叶菜;American Marsh Willow-herb, Bog Willow Herb, Bog Willow-herb, Fen Willow-herb, Narrow-leaved Willow Herb, Narrow-leaved Willowherb ■☆

146767 Epilobium lineare Muhl. = Epilobium palustre L. ■

146768 Epilobium linnaeoides Hook. f. = Epilobium brunnescens (Cockayne) P. H. Raven et Engelhorn ■☆

146769 Epilobium lividum Hausskn. = Epilobium royleanum Hausskn. ■

146770 Epilobium lucens Pursh = Epilobium hornemannii Rchb. ■☆

146771 Epilobium luteum Pursh;黄花柳叶菜■☆

146772 Epilobium mairei H. Lév. = Epilobium wallichianum Hausskn. ■

146773 Epilobium makinoense H. Lév. = Epilobium pyrricholophum Franch. et Sav. ■

146774 Epilobium maximowiczii Hausskn. = Epilobium ciliatum Raf. ■

146775 Epilobium minutiflorum Hausskn.;细籽柳叶菜(微花柳叶菜,新疆柳叶菜)■

146776 Epilobium mirei Quézel = Epilobium hirsutum L. ■

146777 Epilobium miyabei H. Lév. = Epilobium amurense Hausskn. ■

146778 Epilobium modestum Hausskn. = Epilobium minutiflorum Hausskn. ■

146779 Epilobium molle Torr.;绢毛柳叶菜;Downy Willowherb ■☆

146780 Epilobium molle Torr. = Epilobium strictum Muhl. ex Spreng. ■☆

146781 Epilobium molle Torr. var. sabulonense Fernald = Epilobium leptophyllum Raf. ■☆

146782 Epilobium montanum L.;山地柳叶菜;Broad Smooth-leaved Willowherb, Broad-leaved Willowherb, Mountain Willow Weed, Mountain Willowweed, MountainWillow-herb, Tea Flower, Wood Willowherb ■☆

146783 Epilobium mundtii Hausskn. = Epilobium salignum Hausskn. ■☆

146784 Epilobium myokoense Koidz. = Epilobium pyrricholophum Franch. et Sav. ■

146785 Epilobium nakaharanum Nakai = Epilobium anagallidifolium Lam. ■

146786 Epilobium nakaianum H. Lév. = Epilobium pyrricholophum

Franch. et Sav. ■

146787 Epilobium nankotaizanense Yamam.;南湖柳叶菜;Nanhudashan Willowweed ■

146788 Epilobium natalense Hausskn. = Epilobium salignum Hausskn. ■☆

146789 Epilobium nepalense Hausskn. = Epilobium amurense Hausskn. ■

146790 Epilobium neriifolium H. Lév. = Chamerion angustifolium (L.) Holub ■

146791 Epilobium neriophyllum Hausskn. = Epilobium salignum Hausskn. ■☆

146792 Epilobium neriophyllum Hausskn. subsp. ellenbeckii Engl. = Epilobium stereophyllum Fresen. ■☆

146793 Epilobium nerlifolium H. Lév. = Epilobium angustifolium L. ■☆

146794 Epilobium nerterioides A. Cunn. = Epilobium brunnescens (Cockayne) P. H. Raven et Engelhorn ■☆

146795 Epilobium nervosum Boiss. et Buhse;显脉柳叶菜;Nerved Willow Weed ■

146796 Epilobium nervosum Boiss. et Buhse = Epilobium roseum (Schreb.) Pers. subsp. subsessile (Boiss.) P. H. Raven ■

146797 Epilobium nesophilum (Fernald) Fernald = Epilobium leptophyllum Raf. ■☆

146798 Epilobium nesophilum (Fernald) Fernald var. sabulonense Fernald = Epilobium leptophyllum Raf. ■☆

146799 Epilobium nudicarpum Kom. = Epilobium amurense Hausskn. subsp. cephalostigma (Hausskn.) C. J. Chen, Hoch et P. H. Raven ■

146800 Epilobium numidicum Batt.;努米底亚柳叶菜■☆

146801 Epilobium nummularifolium R. Cunn. ex A. Cunn.;币叶柳叶菜■☆

146802 Epilobium nuristanicum K. H. Rech. = Epilobium tibetanum Hausskn. ■

146803 Epilobium nutans F. W. Schmidt;悬垂柳叶菜■☆

146804 Epilobium obcordatum A. Gray;倒心形柳叶菜(岩生柳叶菜)■☆

146805 Epilobium obscurum (Schreb.) Schreb.;暗绿柳叶菜(矮柳叶菜);Dwarf Willowherb, Dwarf Willowweed, Short-fruited Willowherb ■☆

146806 Epilobium obscurum Schreb. = Epilobium obscurum (Schreb.) Schreb. ■☆

146807 Epilobium occidentale (Trel.) Rydb. = Epilobium ciliatum Raf. subsp. glandulosum (Lehm.) Hoch et P. H. Raven ■☆

146808 Epilobium oliganthum Michx. = Epilobium palustre L. ■

146809 Epilobium oligodontum Hausskn. = Epilobium pyrricholophum Franch. et Sav. ■

146810 Epilobium origanifolium Hausskn. var. pubescens Masam. = Epilobium amurense Hausskn. ■

146811 Epilobium ovale Takeda = Epilobium amurense Hausskn. ■

146812 Epilobium palustre L.;沼生柳叶菜(独木牛,水湿柳叶菜,沼柳叶菜,沼泽柳叶菜);Marsh Willow Herb, Marsh Willowherb, Marsh Willow-herb, Marshy Willow Weed, Marshy Willowweed, Narrow-leaved Marsh Willowherb, Swamp Willowherb ■

146813 Epilobium palustre L. var. gracile (Farw.) Dorn = Epilobium leptophyllum Raf. ■☆

146814 Epilobium palustre L. var. grammadophyllum Hausskn. = Epilobium palustre L. ■

146815 Epilobium palustre L. var. labradoricum Hausskn. = Epilobium palustre L. ■

146816 Epilobium palustre L. var. lapponicum Wahlenb. = Epilobium palustre L. ■

146817 Epilobium palustre L. var. lavandulifolium Lecoq et Lamotte ex Hausskn. = Epilobium palustre L. ■

146818 Epilobium palustre L. var. longirameum Fernald et Wiegand = Epilobium palustre L. ■

146819 Epilobium palustre L. var. majus C. B. Clarke = Epilobium palustre L. ■

146820 Epilobium palustre L. var. minimum C. B. Clarke = Epilobium palustre L. ■

146821 Epilobium palustre L. var. oliganthum (Michx.) Fernald = Epilobium palustre L. ■

146822 Epilobium palustre L. var. sabulonense (Fernald) B. Boivin = Epilobium leptophyllum Raf. ■☆

146823 Epilobium palustre L. var. typicum C. B. Clarke = Epilobium palustre L. ■

146824 Epilobium paniculatum Nutt. ex Torr. et A. Gray = Epilobium brachycarpum C. Presl ■☆

146825 Epilobium paniculatum Nutt. ex Torr. et A. Gray f. subulatum Hausskn. = Epilobium brachycarpum C. Presl ■☆

146826 Epilobium paniculatum Nutt. ex Torr. et A. Gray var. hammondii (Howell) M. Peck = Epilobium brachycarpum C. Presl ■☆

146827 Epilobium paniculatum Nutt. ex Torr. et A. Gray var. juncundum (A. Gray) Trel. = Epilobium brachycarpum C. Presl ■☆

146828 Epilobium paniculatum Nutt. ex Torr. et A. Gray var. laevicaule (Rydb.) Munz = Epilobium brachycarpum C. Presl ■☆

146829 Epilobium paniculatum Nutt. ex Torr. et A. Gray var. subulatum (Hausskn.) Fernald = Epilobium brachycarpum C. Presl ■☆

146830 Epilobium paniculatum Nutt. ex Torr. et A. Gray var. tracyi (Rydb.) Munz = Epilobium brachycarpum C. Presl ■☆

146831 Epilobium paniculatum Nutt. ex Torr. et Gray;圆锥柳叶菜;Panicle Willowweed ■☆

146832 Epilobium pannosum Hausskn.;硬毛柳叶菜(丝毛柳叶菜)■

146833 Epilobium parishii Trel. = Epilobium ciliatum Raf. ■

146834 Epilobium parviflorum Schreb.;小花柳叶菜(地母怀胎草);Eyebright, Hoary Willowherb, Smallflower Hairy Willowherb, Smallflower Willow Weed, Smallflower Willowweed, Smallflowered Willow Herb, Small-flowered Willowherb, Small-flowered Willowweed, Wolewort ■

146835 Epilobium parviflorum Schreb. var. vestitum Benth. = Epilobium parviflorum Schreb. ■

146836 Epilobium parviflorum Schreb. var. vestitum Benth. ex C. B. Clarke = Epilobium parviflorum Schreb. ■

146837 Epilobium pedunculare A. Cunn. = Epilobium brunnescens (Cockayne) P. H. Raven et Engelhorn ■☆

146838 Epilobium pengii C. J. Chen, Hoch et P. H. Raven;网籽柳叶菜(彭氏柳叶菜);Peng Willow Weed ■

146839 Epilobium philippinense C. B. Rob. = Epilobium brevifolium D. Don subsp. trichoneurum (Hausskn.) P. H. Raven ■

146840 Epilobium platystigmatosum C. B. Rob.;阔柱柳叶菜(高柱柳叶菜,鬼松针,心胆草,针筒线);Broadstyle Willow Weed ■

146841 Epilobium ponticum Hausskn.;蓬特柳叶菜■☆

146842 Epilobium propinquum Hausskn.;异叶柳叶菜;Diverseleaf Willowweed ■

146843 Epilobium propinquum Hausskn. = Epilobium minutiflorum Hausskn. ■

146844 Epilobium prostratum H. Lév. = Epilobium pyrricholophum Franch. et Sav. ■

146845 Epilobium pseudobscurum Hausskn. = Epilobium tibetanum Hausskn. ■

146846 Epilobium psilotum Maire et Sam.;平滑柳叶菜■☆
146847 Epilobium puncatatum H. Lév. = Epilobium ciliatum Raf. ■
146848 Epilobium pylaieanum Fernald = Epilobium palustre L. ■
146849 Epilobium pyrricholophum Franch. et Sav.;长籽柳叶菜(柳叶菜,水朝阳花,小对经草,心胆草,针筒线);Longseed Willow Weed,Longseed Willowweed ■
146850 Epilobium pyrricholophum Franch. et Sav. f. kiusianum (Nakai) Nakai = Epilobium pyrricholophum Franch. et Sav. ■
146851 Epilobium pyrricholophum Franch. et Sav. var. anuoleucholophum H. Lév. = Epilobium pyrricholophum Franch. et Sav. ■
146852 Epilobium pyrricholophum Franch. et Sav. var. curvatopilosum H. Hara = Epilobium pyrricholophum Franch. et Sav. ■
146853 Epilobium pyrricholophum Franch. et Sav. var. japonicum (Miq.) H. Hara = Epilobium pyrricholophum Franch. et Sav. ■
146854 Epilobium quadrangulum H. Lév. = Epilobium pyrricholophum Franch. et Sav. ■
146855 Epilobium reticulatum C. B. Clarke = Chamerion conspersum (Hausskn.) Holub ■
146856 Epilobium reticulatum C. B. Clarke = Epilobium conspersum Hausskn. ■
146857 Epilobium rhynchocarpum Boiss. = Epilobium palustre L. ■
146858 Epilobium rhynchospermum Hausskn.;喙籽柳叶菜■☆
146859 Epilobium roseum (Schreb.) Pers.;长柄柳叶菜(瑰红柳叶菜,蔷薇柳叶菜);Pale Willowherb,Pale Willowweed,Rose Willow Weed ■
146860 Epilobium roseum (Schreb.) Pers. subsp. subsessile (Boiss.) P. H. Raven;多脉柳叶菜■
146861 Epilobium roseum (Schreb.) Pers. var. cylindricum (D. Don) C. B. Clarke = Epilobium cylindricum D. Don ■
146862 Epilobium roseum (Schreb.) Pers. var. indicum C. B. Clarke = Epilobium royleanum Hausskn. ■
146863 Epilobium roseum (Schreb.) Pers. var. subsessile Boiss. = Epilobium roseum (Schreb.) Pers. subsp. subsessile (Boiss.) P. H. Raven ■
146864 Epilobium roseum Schreb. var. cylindricum (D. Don) C. B. Clarke = Epilobium cylindricum D. Don ■
146865 Epilobium roseum Schreb. var. dalhousieanum C. B. Clarke = Epilobium royleanum Hausskn. ■
146866 Epilobium roseum Schreb. var. indicum C. B. Clarke = Epilobium royleanum Hausskn. ■
146867 Epilobium rosmarinifolium Haenke;迷迭香叶柳叶菜■☆
146868 Epilobium rosmarinifolium Pursh = Epilobium leptophyllum Raf. ■☆
146869 Epilobium rougyeanum H. Lév. = Epilobium pyrricholophum Franch. et Sav. ■
146870 Epilobium royleanum Hausskn.;短梗柳叶菜(滇藏柳叶菜,怀胎草,刷把草,喜马拉雅柳叶菜,喜山柳叶菜);Himalayan Willow Weed,Himalayas Willowweed ■
146871 Epilobium royleanum Hausskn. f. glabrum P. H. Raven = Epilobium royleanum Hausskn. ■
146872 Epilobium royleanum Hausskn. f. glandulosum P. H. Raven = Epilobium royleanum Hausskn. ■
146873 Epilobium rupicola Pavlov;岩生柳叶菜■☆
146874 Epilobium sadae H. Lév. = Epilobium laxum Royle ■
146875 Epilobium salignum Hausskn.;柳林柳叶菜■☆
146876 Epilobium schimperianum Hochst. ex A. Rich. = Epilobium stereophyllum Fresen. ■☆
146877 Epilobium schinzii Hausskn. = Epilobium salignum Hausskn. ■☆
146878 Epilobium semiadnatum Borbás = Epilobium tetragonum L. ■
146879 Epilobium sertulatum Hausskn.;小齿柳叶菜■☆
146880 Epilobium shiroumense Matsum. et Nakai = Epilobium lactiflorum Hausskn. ■☆
146881 Epilobium sikkimense Hausskn.;鳞片柳叶菜(高大锡金柳叶菜,褐鳞柳叶菜,锡金柳叶菜,亚东柳叶菜,走茎柳叶菜);Sikkim Willowweed ■
146882 Epilobium sikkimense Hausskn. subsp. ludlowianum P. H. Raven = Epilobium sikkimense Hausskn. ■
146883 Epilobium sinense H. Lév.;中华柳叶菜;China Willowweed ■
146884 Epilobium smyrnaeum Boiss. et Balansa = Epilobium roseum (Schreb.) Pers. subsp. subsessile (Boiss.) P. H. Raven ■
146885 Epilobium soboliferum P. H. Raven = Epilobium sikkimense Hausskn. ■
146886 Epilobium sohayakiense Koidz. = Epilobium platystigmatosum C. B. Rob. ■
146887 Epilobium souliei H. Lév. = Epilobium wallichianum Hausskn. ■
146888 Epilobium speciosum Decne. = Chamerion speciosum (Decne.) Holub ■
146889 Epilobium spicatum Lam. = Chamerion angustifolium (L.) Holub ■
146890 Epilobium spicatum Lam. = Epilobium angustifolium L. ■☆
146891 Epilobium squamosum P. H. Raven = Epilobium sikkimense Hausskn. ■
146892 Epilobium squamosum P. H. Raven = Epilobium williamsii Hausskn. ■
146893 Epilobium stereophyllum Fresen.;硬叶柳叶菜■☆
146894 Epilobium stereophyllum Fresen. var. kiwuense (Loes.) Brenan;邱园柳叶菜■☆
146895 Epilobium strictum Muhl. ex Spreng.;直立柳叶菜;Downy Willowherb,Downy Willow-herb,Northeastern Willow-herb ■☆
146896 Epilobium subcoriaceum Hausskn.;亚革质柳叶菜■
146897 Epilobium subnivale Popov = Epilobium laxum Royle ■
146898 Epilobium subnivale Popov ex Pavlov = Epilobium laxum Royle ■
146899 Epilobium sugaharae Koidz. = Epilobium amurense Hausskn. subsp. cephalostigma (Hausskn.) C. J. Chen,Hoch et P. H. Raven ■
146900 Epilobium sykesii P. H. Raven = Epilobium wallichianum Hausskn. ■
146901 Epilobium taiwanianum C. J. Chen,Hoch et P. H. Raven;台湾柳叶菜;Taiwan Willowweed ■
146902 Epilobium tanguticum Hausskn.;唐古柳叶菜;Tangut Willowweed ■
146903 Epilobium tanguticum Hausskn. = Epilobium wallichianum Hausskn. ■
146904 Epilobium tenue Kom. = Epilobium amurense Hausskn. ■
146905 Epilobium tetragonum L.;四棱柳叶菜(拉氏柳叶菜);Fourangular Willowweed,Lamy Willow Weed,Lamy Willowweed,Lamy's Willowweed,Southern Willowherb,Square-stalked Willowherb ■
146906 Epilobium tetragonum L. = Epilobium adnatum Griseb. ■
146907 Epilobium tetragonum L. = Epilobium tetragonum L. subsp. adnatum (Griseb.) Cabanès ■
146908 Epilobium tetragonum L. subsp. adnatum (Griseb.) Cabanès = Epilobium tetragonum L. ■
146909 Epilobium tetragonum L. subsp. obscurum (Schreb.) Hook. f. = Epilobium obscurum Schreb. ■☆
146910 Epilobium tetragonum L. subsp. tournefortii (Michalet) H.

Lév. ;图内福尔柳叶菜■☆

146911 Epilobium tetragonum L. var. ampelusii Maire = Epilobium tetragonum L. ■

146912 Epilobium tetragonum L. var. amplectens Benth. ex C. B. Clarke = Epilobium laxum Royle ■

146913 Epilobium tetragonum L. var. grandiflorum Coss. = Epilobium tetragonum L. subsp. tournefortii (Michalet) H. Lév. ■☆

146914 Epilobium tetragonum L. var. japonica Miq. = Epilobium pyrricholophum Franch. et Sav. ■

146915 Epilobium tetragonum L. var. minutiflorum (Hausskn.) Boiss. = Epilobium minutiflorum Hausskn. ■

146916 Epilobium tetragonum L. var. rodriguezii (Hausskn.) Maire = Epilobium tetragonum L. ■

146917 Epilobium tetragonum L. var. tingitanum (Salzm.) Ball = Epilobium tetragonum L. ■

146918 Epilobium thermophilum Paulsen;温泉柳叶菜■☆

146919 Epilobium tianschanicum Pavlov; 天山柳叶菜; Tianshan Willowweed ■

146920 Epilobium tibetanum Hausskn. ;光籽柳叶菜■

146921 Epilobium tomentosum Vent. = Epilobium hirsutum L. ■

146922 Epilobium tournefortii Michalet = Epilobium tetragonum L. subsp. tournefortii (Michalet) H. Lév. ■☆

146923 Epilobium tracyi Rydb. = Epilobium brachycarpum C. Presl ■☆

146924 Epilobium treleaseanum H. Lév. = Epilobium leptophyllum Raf. ■☆

146925 Epilobium trichoneurum Hausskn. = Epilobium brevifolium D. Don subsp. trichoneurum (Hausskn.) P. H. Raven ■

146926 Epilobium trichoneurum Hausskn. var. brachyphyllum Hausskn. = Epilobium brevifolium D. Don ■

146927 Epilobium trilectorum P. H. Raven = Epilobium sikkimense Hausskn. ■

146928 Epilobium tundrarum Sam. ;冻原柳叶菜■☆

146929 Epilobium tundricola Sam. ;冻原生柳叶菜■☆

146930 Epilobium uralense Rupr. ;乌拉尔柳叶菜;Ural Willowweed ■☆

146931 Epilobium ursinum Parish ex Trel. = Epilobium ciliatum Raf. ■

146932 Epilobium velutinum Nevski;短毛柳叶菜■

146933 Epilobium velutinum Nevski = Epilobium hirsutum L. ■

146934 Epilobium vestitum Benth. = Epilobium parviflorum Schreb. ■

146935 Epilobium villosum Thunb. = Epilobium hirsutum L. ■

146936 Epilobium virgatum Lam. = Epilobium obscurum Schreb. ■☆

146937 Epilobium wallichianum Hausskn. ;滇藏柳叶菜(薄叶柳叶菜,大花柳叶菜,胆黄草,对对草,通经草,紫药参);Wallich Willowweed ■

146938 Epilobium wallichianum Hausskn. subsp. souliei (H. Lév.) P. H. Raven = Epilobium wallichianum Hausskn. ■

146939 Epilobium watsonii Barbey var. occidentale (Trel.) C. L. Hitchc. = Epilobium ciliatum Raf. subsp. glandulosum (Lehm.) Hoch et P. H. Raven ■☆

146940 Epilobium watsonii Barbey var. parishii (Trel.) C. L. Hitchc. = Epilobium ciliatum Raf. ■

146941 Epilobium williamsii Hausskn. = Epilobium williamsii P. H. Raven ■

146942 Epilobium williamsii P. H. Raven;埋鳞柳叶菜(高山柳叶菜);Williams Willow Weed ■

146943 Epilobium wisconsinense Ugent;威斯康星柳叶菜;Wisconsin Willow-herb ■☆

146944 Epilobium wyomingense A. Nelson = Epilobium palustre L. ■

146945 Epilobium yabei H. Lév. = Epilobium amurense Hausskn. ■

146946 Epiluma Baill. = Lucuma Molina ●

146947 Epiluma Baill. = Pichonia Pierre ●☆

146948 Epilyna Schltr. = Elleanthus C. Presl ■☆

146949 Epimediaceae F. Lestib. ;淫羊藿科■

146950 Epimediaceae F. Lestib. = Berberidaceae Juss. (保留科名)●■

146951 Epimediaceae Menge = Berberidaceae Juss. (保留科名)●■

146952 Epimedion Adans. = Epimedium L. ■

146953 Epimedium L. (1753);淫羊藿属;Barrenwort, Bishop's Hat, Epimedium ■

146954 Epimedium × perralchicum Stearn;短距淫羊藿;Fairy Wings, Yellow Epimedium ■☆

146955 Epimedium × sasakii F. Maek. ;佐佐木淫羊藿■☆

146956 Epimedium × setosum Koidz. ;刚毛淫羊藿■☆

146957 Epimedium × warleyense Stearn;橙花淫羊藿■☆

146958 Epimedium × youngianum 'Niveum';雪白扬氏淫羊藿;Epimedium, White ■☆

146959 Epimedium × youngianum Fisch. et C. A. Mey. ;扬氏淫羊藿■☆

146960 Epimedium acuminatum Franch. ;粗毛淫羊藿(尖叶淫羊藿,渐尖淫羊藿,三枝九叶草,小定药,淫羊藿);Acuminate Barrenwort, Acuminate Epimedium ■

146961 Epimedium alpinum L. ;高山淫羊藿;Alpine Barrenwort, Alpine Epimedium, Barrenwort, Barren-wort, Bishop's Hat ■☆

146962 Epimedium alpinum L. var. rubrum Hook. ;红色高山淫羊藿;Red Alpine Barrenwort, Red Epimedium ■☆

146963 Epimedium baojingense Q. L. Chen et B. M. Yang;保靖淫羊藿;Baojing Barrenwort, Baojing Epimedium ■

146964 Epimedium borealiguizhouense S. Z. He et Y. K. Yang;黔北淫羊藿;N. Guizhou Barrenwort, N. Guizhou Epimedium ■

146965 Epimedium brachyrrhizum Stearn; 短茎淫羊藿; Shortstem Epimedium ■

146966 Epimedium brevicornu Maxim. ;淫羊藿(短角淫羊藿,放杖草,肺经草,干鸡筋,刚前,鬼见愁,含阴草,黄连祖,牛角花,弃杖草,千两金,三叉风,三叉骨,三角莲,三枝九叶草,铁打杵,铁菱角,铜丝草,仙灵毗,仙灵脾,心叶淫羊藿,羊藿叶,羊角风,野黄连);Shorthorn Barrenwort, Shorthorned Epimedium ■

146967 Epimedium cavaleriei (Gagnep.) H. Lév. = Stauntonia cavalerieana Gagnep. ●

146968 Epimedium chlorandrum Stearn; 绿药淫羊藿; Green-thrum Epimedium ■

146969 Epimedium coactum H. R. Liang et W. M. Yan = Epimedium pubescens Maxim. ■

146970 Epimedium coactum H. R. Liang et W. M. Yan var. longtouhum H. R. Liang = Epimedium sagittatum (Siebold et Zucc.) Maxim. ■

146971 Epimedium coccinnum Vatke;深红淫羊藿;Scarlet Barrenwort, Scarlet Epimedium ■☆

146972 Epimedium coelestre Nakai;天蓝淫羊藿■☆

146973 Epimedium colchicum (Boiss.) Trautv. ;黑海淫羊藿■☆

146974 Epimedium cremeum Nakai = Epimedium koreanum Nakai ■

146975 Epimedium cremeum Nakai et F. Maek. = Epimedium koreanum Nakai ■

146976 Epimedium cremeum Nakai et F. Maek. ex Honda = Epimedium koreanum Nakai ■

146977 Epimedium davidii Franch. ;宝兴淫羊藿(川滇淫羊藿,华西淫羊藿,膜叶淫羊藿,三咳草,兴阳草,淫羊藿);David Barrenwort, David Epimedium, Membranous Epimedium ■

146978 Epimedium davidii Franch. var. hunanense Hand. -Mazz. =

Epimedium hunanense (Hand. -Mazz.) Hand. -Mazz. ■
146979 Epimedium dewuense S. Z. He, Probst et W. F. Xu;德务淫羊藿■
146980 Epimedium diphyllum (C. Morren et Decne.) Lodd.;二叶淫羊藿;Twoleaf Epimedium ■☆
146981 Epimedium diphyllum (C. Morren et Decne.) Lodd. subsp. kitamuranum (T. Yamanaka) K. Suzuki;北村氏淫羊藿■☆
146982 Epimedium diphyllum (C. Morren et Decne.) Lodd. var. kitamuranum (T. Yamanaka) K. Suzuki = Epimedium diphyllum (C. Morren et Decne.) Lodd. subsp. kitamuranum (T. Yamanaka) K. Suzuki ■☆
146983 Epimedium dolichostemon Stearn;长蕊淫羊藿;Longstamen Epimedium ■
146984 Epimedium ecalcaratum G. Y. Zhong;无距淫羊藿;Spurless Barrenwort, Spurless Epimedium ■
146985 Epimedium elachyphyllum Stearn = Epimedium parvifolium S. Z. He et T. L. Zhang ■
146986 Epimedium elatum Morren et Decne. = Epipactis gigantea Douglas ex Hook. ■☆
146987 Epimedium elongatum Kom.;川西淫羊藿(长柄淫羊藿,羊藿,淫羊藿);Elongate Barrenwort, Elongate Epimedium ■
146988 Epimedium enshiense B. L. Guo et P. K. Hsiao;恩施淫羊藿;Enshi Barrenwort, Enshi Epimedium ■
146989 Epimedium epsteinii Stearn;紫距淫羊藿;Purplespur Epimedium ■
146990 Epimedium fangii Stearn;方氏淫羊藿;Fang Barrenwort, Fang Epimedium ■
146991 Epimedium fargesii Franch.;川鄂淫羊藿;Farges Barrenwort, Farges Epimedium ■
146992 Epimedium flavum Stearn;天全淫羊藿;Tianquan Barrenwort, Tianquan Epimedium ■
146993 Epimedium franchetii Stearn;木鱼坪淫羊藿;Franchet Barrenwort, Franchet Epimedium ■
146994 Epimedium glandulosopilosum H. R. Liang;腺毛淫羊藿;Glandhair Epimedium ■
146995 Epimedium grandiflorum C. Morren;大花淫羊藿(长距淫羊藿,放杖草,干鸡筋,刚前,蒟包草,黄连祖,千两金,三枝九叶草,仙灵脾,叶状草,淫羊藿);Largeflower Epimedium, Large-flowered Epimedium, Longspur Barrenwort, Longspur Epimedium ■☆
146996 Epimedium grandiflorum C. Morren 'Crimson Beauty';红丽大花淫羊藿■☆
146997 Epimedium grandiflorum C. Morren 'Rose Queen';玫瑰皇后大花淫羊藿■☆
146998 Epimedium grandiflorum C. Morren subsp. koreanum (Nakai) Kitam. = Epimedium koreanum Nakai ■
146999 Epimedium grandiflorum C. Morren subsp. sempervirens (Nakai et F. Maek.) Kitam. var. hypoglaucum (Makino) Kitam. = Epimedium sempervirens Nakai ex F. Maek. var. hypoglaucum (Makino) Ohwi ■☆
147000 Epimedium grandiflorum C. Morren subsp. sempervirens (Nakai et F. Maek.) Kitam. = Epimedium sempervirens Nakai ex F. Maek. ■☆
147001 Epimedium grandiflorum C. Morren var. higoense T. Shimizu = Epimedium grandiflorum C. Morren ■☆
147002 Epimedium grandiflorum C. Morren var. koreanum (Nakai) K. Suzuki = Epimedium koreanum Nakai ■
147003 Epimedium grandiflorum C. Morren var. thunbergianum (Miq.) Nakai;童氏淫羊藿■☆
147004 Epimedium grandiflorum C. Morren var. thunbergianum (Miq.) Nakai f. humile (T. Ito) Nakai;通贝里淫羊藿(桑柏淫羊藿,小童氏淫羊藿)■☆
147005 Epimedium grandiflorum C. Morren var. thunbergianum (Miq.) Nakai f. heterochroum Hayashi;异色淫羊藿■☆
147006 Epimedium grandiflorum C. Morren var. violaceum Stearn;堇色大花淫羊藿;Violet Large-flowered Epimedium ■☆
147007 Epimedium hexandrum Hook. = Vancouveria hexandra (Hook.) C. Morren et Decne. ■☆
147008 Epimedium hunanense (Hand. -Mazz.) Hand. -Mazz.;湖南淫羊藿(阴阳和,淫羊藿);Hunan Barrenwort, Hunan Epimedium ■
147009 Epimedium hypoglaucum (Makino) F. Maek. ex Nakai = Epimedium sempervirens Nakai ex F. Maek. var. hypoglaucum (Makino) Ohwi ■☆
147010 Epimedium ilicifolium Stearn;镇坪淫羊藿;Epimedium, Zhenping Barrenwort ■
147011 Epimedium kitamuranum T. Yamanaka = Epimedium diphyllum (C. Morren et Decne.) Lodd. subsp. kitamuranum (T. Yamanaka) K. Suzuki ■☆
147012 Epimedium komarovii H. Lév. = Epimedium acuminatum Franch. ■
147013 Epimedium koreanum Nakai;朝鲜淫羊藿(大花淫羊藿,东北淫羊藿,放杖草,肺经草,干鸡筋,刚前,广当幌子,黄连祖,牛角花,弃杖草,千两金,三叉风,三叉骨,三角莲,三枝九叶草,四叶细辛,铁打杵,铁菱角,铜丝草,仙灵毗,仙灵脾,羊藿刺,羊藿叶,羊角风,淫羊藿);Korea Barrenwort, Korean Epimedium ■
147014 Epimedium kunawarense S. Clay = Epimedium hunanense (Hand. -Mazz.) Hand. -Mazz. ■
147015 Epimedium latisepalum Stearn;宽萼淫羊藿;Broadsepal Epimedium ■
147016 Epimedium leptorrhizum Stearn;黔岭淫羊藿(近裂淫羊藿,黔鄂淫羊藿,淫羊藿);Thinrhizome Epimedium, Thinrhizomous Barrenwort ■
147017 Epimedium lishihchenii Stearn;时珍淫羊藿;Lishizhen Barrenwort, Lishizhen Epimedium ■
147018 Epimedium lobophyllum L. H. Liu et B. G. Li;裂叶淫羊藿;Lobedleaf Epimedium ■
147019 Epimedium macranthum E. Morren et Decne. = Epimedium grandiflorum C. Morren ■☆
147020 Epimedium macranthum E. Morren et Decne. = Epimedium leptorrhizum Stearn ■
147021 Epimedium macranthum E. Morren et Decne. var. violaceum Franch.;日本淫羊藿;Japan Barrenwort, Japanese Epimedium ■☆
147022 Epimedium macranthum H. Lév. = Epimedium leptorrhizum Stearn ■
147023 Epimedium macrosepalum Stearn;大萼淫羊藿;Big-sepaled Epimedium ■☆
147024 Epimedium membranaceum K. Mey. = Epimedium davidii Franch. ■
147025 Epimedium membranaceum K. Mey. subsp. orientale Stearn = Epimedium lishihchenii Stearn ■
147026 Epimedium mikinorii Stearn;直距淫羊藿;Mikinor Epimedium ■
147027 Epimedium multiflorum T. S. Ying;多花淫羊藿;Manyflower Barrenwort, Manyflower Epimedium ■
147028 Epimedium multifoliolatum (Koidz.) Koidz. = Epimedium koreanum Nakai ■
147029 Epimedium myrianthum Stearn;天平山淫羊藿(铺散淫羊藿);Pyramidal Epimedium, Taipingshan Epimedium ■

147030 Epimedium ogisui Stearn;芦山淫羊藿;Lushan Epimedium ■

147031 Epimedium parvifolium S. Z. He et T. L. Zhang;小叶淫羊藿;Littleleaf Epimedium, Smallleaf Epimedium ■

147032 Epimedium pauciflorum K. C. Yen;少花淫羊藿;Fewflower Barrenwort, Fewflower Epimedium ■

147033 Epimedium perralderianum Coss.;阿尔及利亚淫羊藿■☆

147034 Epimedium pinnatum Fisch.;羽状淫羊藿(齿瓣淫羊藿);Persia Barrenwort, Persia Epimedium ■☆

147035 Epimedium pinnatum Fisch. var. colchicum Boiss.;金毛淫羊藿;Goldenfleece Epimedium ■☆

147036 Epimedium platypetalum K. Mey.;茂汶淫羊藿;Broadpetal Barrenwort, Broadpetal Epimedium ■

147037 Epimedium platypetalum K. Mey. var. tenue B. L. Guo et P. K. Hsiao;纤细淫羊藿;Slender Broadpetal Epimedium ■

147038 Epimedium pseudowushanense B. L. Guo;拟巫山淫羊藿■

147039 Epimedium pubescens Maxim.;柔毛淫羊藿(放杖草,肺经草,千鸡筋,刚前,黄连祖,牛角花,弃杖草,千两金,三叉风,三叉骨,三角莲,三枝九叶草,铁打杵,铁菱角,铜丝草,仙灵毗,仙灵脾,羊藿叶,羊角风,淫羊藿,毡毛淫羊藿);Pubescent Barrenwort, Pubescent Epimedium, Velvety Epimedium ■

147040 Epimedium pubescens Maxim. subsp. primarium Stearn = Epimedium pubescens Maxim. ■

147041 Epimedium pubescens Maxim. var. cavaleriei Steam. = Epimedium pubescens Maxim. ■

147042 Epimedium pubigerum (DC.) Morren et Decne.;独叶淫羊藿■☆

147043 Epimedium qingchengshanense G. Y. Zhong et B. L. Guo;青城山淫羊藿■

147044 Epimedium reticulatum C. Y. Wu ex S. Y. Bao;革叶淫羊藿;Reticulate Epimedium ■

147045 Epimedium rhizomatosum Stearn;强茎淫羊藿;Thickstem Epimedium ■

147046 Epimedium rotundatum K. S. Hao = Epimedium brevicornu Maxim. ■

147047 Epimedium rubrum E. Morren;红花淫羊藿(红淫羊藿);Red Barrenwort, Red Bishop's Hat, Red Epimedium ■☆

147048 Epimedium sagittatum (Siebold et Zucc.) Maxim.;箭叶淫羊藿(乏力草,放杖草,肺经草,千鸡筋,刚前,光叶淫羊藿,黄连祖,龙头虎毡毛淫羊藿,牛角花,弃杖草,千两金,三叉风,三叉骨,三角莲,三枝九叶草,三枝九叶藿,铁打杵,铁箭头,铁菱角,铜丝草,仙灵毗,仙灵脾,羊合叶,羊藿叶,羊角风,阴阳和,淫羊藿);Longtouhu Epimedium, Sagittate Barrenwort, Sagittate-leaved Epimedium, Smooth-leaved Epimedium ■

147049 Epimedium sagittatum (Siebold et Zucc.) Maxim. subsp. pyramidale (Franch.) Stearn = Epimedium myrianthum Stearn ■

147050 Epimedium sagittatum (Siebold et Zucc.) Maxim. var. glabratum T. S. Ying;光叶淫羊藿;Glabrous Barrenwort Epimedium ■

147051 Epimedium sagittatum (Siebold et Zucc.) Maxim. var. oblongifoliolatum Z. Zheng;长圆叶淫羊藿;Oblong-leaved Epimedium ■☆

147052 Epimedium sagittatum (Siebold et Zucc.) Maxim. var. oblongifoliolatum Z. Cheng = Epimedium sagittatum (Siebold et Zucc.) Maxim. ■

147053 Epimedium sagittatum (Siebold et Zucc.) Maxim. var. pyramidale (Franch.) Stearn = Epimedium myrianthum Stearn ■

147054 Epimedium sempervirens Nakai ex F. Maek.;常绿淫羊藿;Bishop's Hat ■☆

147055 Epimedium sempervirens Nakai ex F. Maek. var. hypoglaucum (Makino) Ohwi;里白常绿淫羊藿■☆

147056 Epimedium sempervirens Nakai ex F. Maek. var. multifoliolatum (Koidz.) T. Shimizu = Epimedium koreanum Nakai ■

147057 Epimedium sempervirens Nakai ex F. Maek. var. pyramidale (Franch.) Stearn;铺散淫羊藿(宽序淫羊藿)■☆

147058 Epimedium sempervirens Nakai ex F. Maek. var. rugosum (Nakai) K. Suzuki = Epimedium sempervirens Nakai ex F. Maek. var. hypoglaucum (Makino) Ohwi ■☆

147059 Epimedium setosum Koidz.;刺毛淫羊藿■☆

147060 Epimedium shuichengense S. Z. He;水城淫羊藿;Shuicheng Epimedium ■

147061 Epimedium simplicifolium T. S. Ying;单叶淫羊藿;Simpleleaf Barrenwort, Simpleleaf Epimedium ■

147062 Epimedium sinense Siebold = Epimedium sagittatum (Siebold et Zucc.) Maxim. ■

147063 Epimedium sinense Siebold ex Miq. = Epimedium sagittatum (Siebold et Zucc.) Maxim. ■

147064 Epimedium sinense Siebold ex Miq. var. pyramidale Franch. = Epimedium myrianthum Stearn ■

147065 Epimedium stellulatum Stearn;星花淫羊藿;Stellulate Barrenwort, Stellulate Epimedium ■

147066 Epimedium sulphurellum Nakai = Epimedium koreanum Nakai ■

147067 Epimedium sutchuenense Franch.;四川淫羊藿(淫羊藿);Sichuan Barrenwort, Sichuan Epimedium, Szechuan Epimedium ■

147068 Epimedium trifoliatobinatum (Koidz.) Koidz.;三托叶淫羊藿■☆

147069 Epimedium trifoliatobinatum (Koidz.) Koidz. f. rosiflorum Akasawa;粉红花三托叶淫羊藿■☆

147070 Epimedium trifoliatobinatum (Koidz.) Koidz. subsp. maritimum K. Suzuki;滨海淫羊藿■☆

147071 Epimedium truncatum H. R. Liang;偏斜淫羊藿;Truncate Epimedium ■

147072 Epimedium versicolor E. Morren;多色淫羊藿(变色淫羊藿);Versicolor Epimedium ■☆

147073 Epimedium versicolor E. Morren var. neosulphureum Stearn;新硫黄淫羊藿(新黄淫羊藿);Neo-sulphur-colored Epimedium ■☆

147074 Epimedium versicolor E. Morren var. sulphureum Stearn;黄淫羊藿;Sulphur-colored Epimedium ■☆

147075 Epimedium wushanense T. S. Ying;巫山淫羊藿(放杖草,肺经草,千鸡筋,刚前,黄连祖,牛角花,弃杖草,千两金,三叉风,三叉骨,三角莲,三枝九叶草,铁打杵,铁菱角,铜丝草,仙灵毗,仙灵脾,羊藿叶,羊角风);Wushan Barrenwort, Wushan Epimedium ■

147076 Epimedium youngianum Fisch. et C. A. Mey.;杨氏淫羊藿;Young Epimedium ■☆

147077 Epimedium youngianum Fisch. et C. A. Mey. 'Nineum';白花淫羊藿(白雪淫羊藿);White-flowered Young Epimedium ■☆

147078 Epimedium youngianum Fisch. et C. A. Mey. var. niveum Stearn = Epimedium youngianum Fisch. et C. A. Mey. 'Nineum' ■☆

147079 Epimedium youngianum Fisch. et C. A. Mey. var. roseum Stearn;玫瑰紫淫羊藿;Rose-lilac Young Epimedium ■☆

147080 Epimedium zhushanense K. F. Wu et S. X. Qian;竹山淫羊藿;Zhushan Barrenwort, Zhushan Epimedium ■

147081 Epimenidion Raf. = Scilla L. ■

147082 Epimeredi Adans. (1763);广防风属;Epimeredi, Enisomeles ■

147083 Epimeredi Adans. = Anisomeles R. Br. ■●

147084 Epimeredi indica (L.) Rothm.;广防风(白艾花,薄荷,臭草,臭秽草,臭苏,臭苏头,大密草,大簇草,大羊古骚,大羊胡臊,防风草,茴苹,秽草,假藿香,假豨莶,假豨莶草,假紫苏,金剑草,荆芥,九层楼,癞蛤蟆,落马衣,马衣叶,芒草,密草,抹草,排风草,七草,四方茎,土防风,土藿香,旺草,豨莶草,鸭儿蔑,野薄荷,野苏,野苏麻,野紫苏,移草,印度广防风,鱼针草,猪麻苏);India Epimeredi,Indian Epimeredi ■

147085 Epimeredi indica (L.) Rothm. = Anisomeles indica (L.) Kuntze ■

147086 Epinetrum Hiern = Albertisia Becc. ●

147087 Epinetrum apiculatum Troupin = Albertisia apiculata (Troupin) Forman ●☆

147088 Epinetrum capituliflorum (Diels) Troupin = Albertisia capituliflora (Diels) Forman ●☆

147089 Epinetrum cordifolium Mangenot et J. Miège = Albertisia cordifolia (Mangenot et J. Miège) Forman ●☆

147090 Epinetrum cuneatum Keay = Albertisia cuneata (Keay) Forman ●☆

147091 Epinetrum delagoense (N. E. Br.) Diels = Albertisia delagoensis (N. E. Br.) Forman ●☆

147092 Epinetrum exellianum Troupin = Albertisia exelliana (Troupin) Forman ●☆

147093 Epinetrum ferrugineum (Diels) Keay = Albertisia ferruginea (Diels) Forman ●☆

147094 Epinetrum glabrum Diels ex Troupin = Albertisia glabra (Diels ex Troupin) Forman ●☆

147095 Epinetrum mangenotii Guillaumet et Debray = Albertisia mangenotii (Guillaumet et Debray) Forman ●☆

147096 Epinetrum scandens Mangenot et J. Miège = Albertisia scandens (Mangenot et J. Miège) Forman ●☆

147097 Epinetrum undulatum Hiern = Albertisia undulata (Hiern) Forman ●☆

147098 Epinetrum villosum (Exell) Troupin = Albertisia villosa (Exell) Forman ●☆

147099 Epionix Raf. = Baeometra Salisb. ex Endl. ■☆

147100 Epionix Raf. = Kolbea Schltdl. ■☆

147101 Epipactis Pers. = Neottia Guett. (保留属名) ■

147102 Epipactis Raf. = Limodorum Boehm. (保留属名) ■☆

147103 Epipactis Ség. (废弃属名) = Epipactis Zinn(保留属名) ■

147104 Epipactis Ség. (废弃属名) = Goodyera R. Br. ■

147105 Epipactis Sw. = Epipactis Zinn(保留属名) ■

147106 Epipactis Zinn(1757)(保留属名);火烧兰属(铃兰属,柿兰属);Epipactis,Helleborine ■

147107 Epipactis abortiva All. = Limodorum abortivum (L.) Sw. ■☆

147108 Epipactis abyssinica Pax = Epipactis veratrifolia Boiss. et Hohen. ex Boiss. ■

147109 Epipactis africana Rendle;非洲火烧兰■☆

147110 Epipactis alata Aver. et Efimov;短苞火烧兰■

147111 Epipactis amoena Buch. -Ham. = Epipactis consimilis D. Don ■

147112 Epipactis atrorubens (Hoffm. ex Bernh.) Besser;深红火烧兰;Dark Red Helleborine,Purple Helleborine,Royal Helleborine,Small-flowered Helleborine ■☆

147113 Epipactis atrorubens Rostk. ex Spreng. = Epipactis atrorubens (Hoffm. ex Bernh.) Besser ■☆

147114 Epipactis biflora (Lindl.) A. A. Eaton = Goodyera biflora (Lindl.) Hook. f. ■

147115 Epipactis cambrensis C. Thomas = Epipactis phyllanthes G. E. Sm. ■☆

147116 Epipactis carinata Roxb. = Nervilia aragoana Gaudich. ■

147117 Epipactis chinensis (Schltr.) Hu = Goodyera repens (L.) R. Br. ■

147118 Epipactis cleistogama C. Thomas = Epipactis leptochila Godfery ■☆

147119 Epipactis condensata Boiss. ex D. P. Young;紧缩火烧兰;Eastern Violet Helleborine ■☆

147120 Epipactis confusa D. P. Young = Epipactis phyllanthes G. E. Sm. ■☆

147121 Epipactis consimilis D. Don;疏花火烧兰(似火烧兰,小火烧兰);Consimilar Epipactis,Handel Epipactis,Poorflower Epipactis,Scarce Marsh Helleborine ■

147122 Epipactis consimilis sensu Wall. ex Hook. f. = Epipactis veratrifolia Boiss. et Hohen. ex Boiss. ■

147123 Epipactis convallarioides Sw. = Listera convallarioides (Sw.) Elliott ■☆

147124 Epipactis cordata (Lindl.) A. A. Eaton = Goodyera viridiflora (Blume) Blume ■

147125 Epipactis decipiens (Hook.) Ames = Goodyera oblongifolia Raf. ■☆

147126 Epipactis decipiens Ames;迷惑火烧兰;Menzies' Rattlesnake Plantain ■☆

147127 Epipactis discoidea (Rchb. f.) A. A. Eaton = Hetaeria oblongifolia Blume ■

147128 Epipactis discolor Kraenzl. = Epipactis helleborine (L.) Crantz ■

147129 Epipactis dunensis Godfery = Epipactis leptochila Godfery ■☆

147130 Epipactis ensifolia Sw. = Cephalanthera longifolia (L.) Fritsch ■

147131 Epipactis epipogium (L.) All. = Epipogium aphyllum (F. W. Schmidt) Sw. ■

147132 Epipactis erecta (Thunb.) Sw. = Cephalanthera erecta (Thunb. ex A. Murray) Blume ■

147133 Epipactis erecta Sw. = Cephalanthera erecta (Thunb. ex A. Murray) Blume ■

147134 Epipactis erimae (Schltr.) A. A. Eaton = Hetaeria oblongifolia Blume ■

147135 Epipactis excelsa Kraenzl. = Epipactis africana Rendle ■☆

147136 Epipactis falcata (Thunb.) Sw. = Cephalanthera falcata (Thunb. ex A. Murray) Blume ■

147137 Epipactis falcata Sw. = Cephalanthera falcata (Thunb. ex A. Murray) Blume ■

147138 Epipactis foliosa (Lindl.) A. A. Eaton = Goodyera foliosa (Lindl.) Benth. ex C. B. Clarke ■

147139 Epipactis formosana (Rolfe) A. A. Eaton = Goodyera fumata Thwaites ■

147140 Epipactis fumata (Thwaites) A. A. Eaton = Goodyera fumata Thwaites ■

147141 Epipactis fusca (Lindl.) A. A. Eaton = Goodyera fusca (Lindl.) Hook. f. ■

147142 Epipactis gigantea Douglas ex Hook.;巨火烧兰;Chatterbox,Dune Helleborine,Giant Helleborine,Giant Orchid,Giantic Epipactis,Stream Orchid ■☆

147143 Epipactis gigantea Douglas var. manshurica Maxim. ex Kom. = Epipactis thunbergii A. Gray ■

147144 Epipactis gigantea Douglas var. thunbergii (A. Gray) M. Hiroe = Epipactis thunbergii A. Gray ■

147145 Epipactis grandis (Blume) A. A. Eaton = Goodyera rubicunda (Rchb. f.) J. J. Sm. ■

147146 Epipactis hachijoensis (Yatabe) A. A. Eaton = Goodyera hachijoensis Yatabe ■

147147 Epipactis handelii Schltr. = Epipactis consimilis D. Don ■
147148 Epipactis handelii Schltr. = Epipactis veratrifolia Boiss. et Hohen. ■
147149 Epipactis helleborine (L.) Crantz;火烧兰(膀胱七,鸡嗉子花,宽叶火烧兰,牛舌片,肾叶火烧兰,台湾铃兰,无色火烧兰,小杓兰,小花火烧兰,小舌火烧兰,野竹兰);Broad Helleborine, Broadleaf Epipactis, Broadleaf Helleborine, Broad-leaved Epipactis, Broad-leaved Helleborine, Common Epipactis, Discolor Epipactis, Helleborine, Helleborine Orchid, Large-leaved Epipactis, Lingulate Epipactis, Reniform-leaf Epipactis, Smallflower Epipactis ■
147150 Epipactis helleborine (L.) Crantz subsp. atrorubens (Hoffm. ex Bernh.) Syme = Epipactis atrorubens (Hoffm. ex Bernh.) Besser ■☆
147151 Epipactis helleborine (L.) Crantz subsp. ohwii (Fukuy.) H. J. Su = Epipactis helleborine (L.) Crantz ■
147152 Epipactis helleborine (L.) Crantz subsp. tremolsii (Pau) Klein = Epipactis tremolsii Pau ■☆
147153 Epipactis helleborine (L.) Crantz var. papillosa (Franch. et Sav.) T. Hashim. = Epipactis papillosa Franch. et Sav. ■
147154 Epipactis helleborine (L.) Crantz var. platyphylla Irmisch = Epipactis tremolsii Pau ■☆
147155 Epipactis helleborine (L.) Crantz var. rubiginosa Crantz. = Epipactis helleborine (L.) Crantz ■
147156 Epipactis helleborine (L.) Crantz var. tangutica (Schltr.) S. C. Chen et G. H. Zhu;青海火烧兰■
147157 Epipactis helleborine (L.) Crantz var. thomsonii (Hook. f.) R. R. Stewart = Epipactis helleborine (L.) Crantz ■
147158 Epipactis helleborine (L.) Crantz var. viridans Crantz = Epipactis helleborine (L.) Crantz ■
147159 Epipactis henryi (Rolfe) A. A. Eaton = Goodyera henryi Rolfe ■
147160 Epipactis humilior (Ts. Tang et F. T. Wang) S. C. Chen et G. H. Zhu;短茎火烧兰(矮大叶火烧兰);Dwarf Largeleaf ■
147161 Epipactis kamtschatica (Georgi) Lindl. = Neottia camtschatea (L.) Rchb. f. ■
147162 Epipactis labiata (Pamp.) Hu = Goodyera schlechtendaliana Rchb. f. ■
147163 Epipactis latifolia (L.) All. = Epipactis helleborine (L.) Crantz ■
147164 Epipactis latifolia (L.) All. var. papillosa (Franch. et Sav.) Maxim. ex Kom. = Epipactis papillosa Franch. et Sav. ■
147165 Epipactis latifolia All. = Epipactis helleborine (L.) Crantz ■
147166 Epipactis latifolia All. var. papillosa (Franch. et Sav.) Maxim. ex Kom. = Epipactis papillosa Franch. et Sav. ■
147167 Epipactis latifolia All. var. thomsonii Hook. f. = Epipactis helleborine (L.) Crantz ■
147168 Epipactis leptochila Godfery;狭唇火烧兰;Dune Helleborine, Green-leaved Helleborine, Mueller's Helleborine, Narrow-lipped Helleborine, Slender-lipped Helleborine ■☆
147169 Epipactis lingulata Hand. -Mazz. = Epipactis helleborine (L.) Crantz ■
147170 Epipactis longibracteata (Blume) Wettst. = Cephalanthera longibracteata Blume ■
147171 Epipactis longibracteata (C. Schweinf.) S. Y. Hu = Epipactis helleborine (L.) Crantz ■
147172 Epipactis macrantha (Maxim. ex Regel) A. A. Eaton = Goodyera biflora (Lindl.) Hook. f. ■
147173 Epipactis macrostachya Lindl. ex Wall. = Epipactis helleborine (L.) Crantz ■
147174 Epipactis macrostachys Lindl. = Epipactis helleborine (L.) Crantz ■
147175 Epipactis mairei (Schltr.) Hu = Goodyera repens (L.) R. Br. ■
147176 Epipactis mairei Schltr.;大叶火烧兰(黑搜山虎,红将军,火烧兰,鸡嗉子花,鸡子花,见血飞,兰竹参,牛舌片,牌楼七,青竹兰,小乌纱,小紫含笑);Largeleaf Epipactis ■
147177 Epipactis mairei Schltr. var. humilior Ts. Tang et F. T. Wang = Epipactis humilior (Ts. Tang et F. T. Wang) S. C. Chen et G. H. Zhu ■
147178 Epipactis matsumurana (Schltr.) A. A. Eaton = Goodyera hachijoensis Yatabe ■
147179 Epipactis matsumurana A. A. Eaton = Goodyera hachijoensis Yatabe ■
147180 Epipactis melinostele (Schltr.) Hu = Goodyera schlechtendaliana Rchb. f. ■
147181 Epipactis micrantha E. Peter ex Hand. -Mazz. = Epipactis helleborine (L.) Crantz var. tangutica (Schltr.) S. C. Chen et G. H. Zhu ■
147182 Epipactis micrantha E. Peter ex Hand. -Mazz. = Epipactis helleborine (L.) Crantz ■
147183 Epipactis microphylla Sw.;小叶火烧兰;Smallleaf Epipactis, Small-leaved Helleborine ■☆
147184 Epipactis monophylla (L.) F. W. Schmidt = Malaxis monophylla (L.) Sw. ■
147185 Epipactis monorchis (L.) F. W. Schmidt = Herminium monorchis (L.) R. Br. ■
147186 Epipactis monticola Schltr. = Epipactis helleborine (L.) Crantz ■
147187 Epipactis muelleri Godfery = Epipactis leptochila Godfery ■☆
147188 Epipactis nebularum (Hance) A. A. Eaton = Goodyera foliosa (Lindl.) Benth. ex C. B. Clarke ■
147189 Epipactis nephrocordia Schltr. = Epipactis helleborine (L.) Crantz ■
147190 Epipactis ohwii Fukuy.;台湾火烧兰(台湾铃兰);Taiwan Epipactis ■
147191 Epipactis ohwii Fukuy. = Epipactis helleborine (L.) Crantz ■
147192 Epipactis ophioides (Fernald) House ex A. Heller;蛇状火烧兰;Lesser Rattlesnake Plantain ■☆
147193 Epipactis ovata (L.) Crantz = Listera ovata R. Br. ■
147194 Epipactis paludosa (L.) F. W. Schmidt = Malaxis paludosa (L.) Sw. ■☆
147195 Epipactis palustris (L.) Crantz;新疆火烧兰(火烧兰,沼生火烧兰,沼泽火烧兰);Marsh Helleborine, Xinjiang Epipactis ■
147196 Epipactis papillosa Franch. et Sav.;细毛火烧兰(鸡嗉子花,牛舌片);Papillose Epipactis ■
147197 Epipactis papillosa Franch. et Sav. var. sayekiana (Makino) T. Koyama et Asai;佐伯细毛火烧兰■☆
147198 Epipactis papillosa Franch. et Sav. var. sayekiana (Makino) T. Koyama et Asai f. rotundifolia Asai;圆叶细毛火烧兰■☆
147199 Epipactis papuana (Ridl.) A. A. Eaton = Goodyera rubicunda (Rchb. f.) J. J. Sm. ■
147200 Epipactis pauciflora (Schltr.) Hu = Goodyera biflora (Lindl.) Hook. f. ■
147201 Epipactis pendula (Maxim.) A. A. Eaton = Goodyera pendula Maxim. ■
147202 Epipactis pendula A. A. Eaton = Epipactis phyllanthes G. E. Sm. ■☆
147203 Epipactis persica (Soó) Nannf.;波斯火烧兰;Persian Helleborine ■☆

147204 Epipactis phyllanthes G. E. Sm. ; 垂花火烧兰; Green Helleborine, Green-flowered Helleborine, Isle-of-wight Hellehorine, Pendulous-flowered Helleborine ■☆
147205 Epipactis plicata Roxb. = Nervilia plicata (Andréws) Schltr. ■
147206 Epipactis pontica Taubenheim; 蓬特火烧兰; Pontic Helleborine ■☆
147207 Epipactis prainii (Hook. f.) A. A. Eaton = Goodyera recurva Lindl. ■
147208 Epipactis procera (Ker Gawl.) A. A. Eaton = Goodyera procera (Ker Gawl.) Hook. ■
147209 Epipactis pubescens (Willd.) A. A. Eaton; 柔毛火烧兰; Downy Rattlesnake Plantain ■☆
147210 Epipactis pubescens (Willd.) A. A. Eaton = Goodyera pubescens (Willd.) R. Br. ■☆
147211 Epipactis pubescens A. A. Eaton = Epipactis pubescens (Willd.) A. A. Eaton ■☆
147212 Epipactis purpurata D. Grose; 紫火烧兰; Black Hellebore, Clustered Helleborine, Purple-washed Helleborine, Violet Helleborine ■☆
147213 Epipactis pycnostachys K. Koch; 密穗火烧兰■☆
147214 Epipactis recurva (Lindl.) A. A. Eaton = Goodyera recurva Lindl. ■
147215 Epipactis repens (L.) Crantz = Goodyera repens (L.) R. Br. ■
147216 Epipactis repens (L.) Crantz var. ophioides (Fernald) A. A. Eaton = Goodyera repens (L.) R. Br. ■
147217 Epipactis robusta (Hook. f.) A. A. Eaton = Goodyera robusta Hook. f. ■
147218 Epipactis royleana Lindl. ; 卵叶火烧兰; Royl Epipactis ■
147219 Epipactis royleana Lindl. = Epipactis gigantea Douglas ex Hook. ■☆
147220 Epipactis rubicunda (Blume) A. A. Eaton = Goodyera rubicunda (Rchb. f.) J. J. Sm. ■
147221 Epipactis rubiginosa (Crantz) W. D. J. Koch = Epipactis atrorubens (Hoffm. ex Bernh.) Besser ■☆
147222 Epipactis rubiginosa Crantz; 红褐火烧兰(点头草)■☆
147223 Epipactis salassia Pers. = Liparis salassia (Pers.) Summerh. ■☆
147224 Epipactis sayekiana Makino = Epipactis papillosa Franch. et Sav. ■
147225 Epipactis schensiana Schltr. = Epipactis mairei Schltr. ■
147226 Epipactis schensiana Schltr. ex Limpr. = Epipactis mairei Schltr. ■
147227 Epipactis schlechtendaliana (Rchb. f.) A. A. Eaton = Goodyera schlechtendaliana Rchb. f. ■
147228 Epipactis secundiflora (Griff.) Hu = Goodyera schlechtendaliana Rchb. f. ■
147229 Epipactis secundiflora (Lindl.) Hu = Goodyera schlechtendaliana Rchb. f. ■
147230 Epipactis setschuanica Ames et Schltr. = Epipactis mairei Schltr. ■
147231 Epipactis somaliensis Rolfe = Epipactis veratrifolia Boiss. et Hohen. ex Boiss. ■
147232 Epipactis squamellosa Schltr. = Epipactis helleborine (L.) Crantz ■
147233 Epipactis tangutica Schltr. = Epipactis helleborine (L.) Crantz var. tangutica (Schltr.) S. C. Chen et G. H. Zhu ■
147234 Epipactis tangutica Schltr. = Epipactis helleborine (L.) Crantz ■
147235 Epipactis tenii Schltr. ; 灰岩火烧兰(野竹兰); Ten Epipactis ■
147236 Epipactis tenii Schltr. = Epipactis helleborine (L.) Crantz ■
147237 Epipactis tesselata (Lodd.) A. A. Eaton = Goodyera tesselata Lodd. ■☆
147238 Epipactis thunbergii A. Gray; 尖叶火烧兰(火烧兰, 小叶火烧兰); Tineleaf Epipactis ■
147239 Epipactis thunbergii A. Gray = Epipactis xanthophaea Schltr. ■
147240 Epipactis thunbergii A. Gray f. flava Ohwi; 黄尖叶火烧兰■☆
147241 Epipactis thunbergii A. Gray f. subconformis Sakata; 近同形尖叶火烧兰■☆
147242 Epipactis thunbergii A. Gray var. manshurica (Maxim. ex Kom.) Ts. Tang et F. T. Wang = Epipactis thunbergii A. Gray ■
147243 Epipactis tremolsii Pau; 特雷火烧兰■☆
147244 Epipactis trinervia Roxb. ; 三脉火烧兰■☆
147245 Epipactis troodii H. Lindb. ; 特罗德火烧兰; Cyprus Helleborine ■☆
147246 Epipactis ulugurica Mansf. ; 乌卢古尔火烧兰■☆
147247 Epipactis vectensis (T. Stephenson et T. A. Stephenson) Brooke et F. Rose = Epipactis phyllanthes G. E. Sm. ■☆
147248 Epipactis velutina (Maxim. ex Regel) A. A. Eaton = Goodyera velutina Maxim. ■
147249 Epipactis veratrifolia Boiss. = Epipactis consimilis D. Don ■
147250 Epipactis veratrifolia Boiss. et Hohen. = Epipactis consimilis D. Don ■
147251 Epipactis veratrifolia Boiss. et Hohen. ex Boiss. = Epipactis consimilis D. Don ■
147252 Epipactis viridiflora (Blume) Ames = Goodyera viridiflora (Blume) Blume ■
147253 Epipactis wallichii Schltr. = Epipactis veratrifolia Boiss. et Hohen. ■
147254 Epipactis wilsonii Schltr. = Epipactis mairei Schltr. ■
147255 Epipactis xanthophaea Schltr. ; 北火烧兰; Nothern Epipactis, Yellowblack Epipactis ■
147256 Epipactis youngiana A. J. Richards et A. F. Porter; 阳氏火烧兰; Young's Helleborine ■☆
147257 Epipactis yunnanensis (Schltr.) Hu = Goodyera yunnanensis Schltr. ■
147258 Epipactis yunnanensis Schltr. ; 云南火烧兰; Yunnan Epipactis ■
147259 Epipactis yunnanensis Schltr. = Epipactis helleborine (L.) Crantz ■
147260 Epipactum Ritgen = Epipactis Zinn(保留属名)■
147261 Epipetrum Phil. (1864); 隐果薯蓣属■☆
147262 Epipetrum Phil. = Dioscorea L. (保留属名)■
147263 Epipetrum bilobum Phil. ; 二裂隐果薯蓣●☆
147264 Epipetrum humile Phil. ; 隐果薯蓣●☆
147265 Epipetrum polyanthes F. Phil. ; 多花隐果薯蓣●☆
147266 Epiphanes Blume = Gastrodia R. Br. ■
147267 Epiphanes javanica Blume = Gastrodia javanica (Blume) Lindl. ■
147268 Epiphanes micradenia Rchb. f. = Didymoplexis micradenia (Rchb. f.) Hemsl. ■
147269 Epiphegus Spreng. = Epifagus Nutt. (保留属名)■☆
147270 Epiphora Lindl. = Polystachya Hook. (保留属名)■
147271 Epiphora pobeguinii Finet = Polystachya pobeguinii (Finet) Rolfe ■☆
147272 Epiphora pubescens Lindl. = Polystachya pubescens (Lindl.) Rchb. f. ■☆
147273 Epiphora saccata Finet = Polystachya saccata (Finet) Rolfe ■☆

147274 Epiphorella Mytnik et Szlach. (2008);拟多穗兰属■☆
147275 Epiphyllanthus A. Berger = Schlumbergera Lem. ●
147276 Epiphyllopsis (A. Berger) Backeb. et F. M. Knuth = Hatiora Britton et Rose ●
147277 Epiphyllopsis (A. Berger) Backeb. et F. M. Knuth = Rhipsalidopsis Britton et Rose ●
147278 Epiphyllopsis A. Berger = Hatiora Britton et Rose ●
147279 Epiphyllopsis A. Berger(1929);类昙花属(叶昙花属)■☆
147280 Epiphyllopsis Backeb. et F. M. Knuth = Hatiora Britton et Rose ●
147281 Epiphyllopsis gaertneri (K. Schum.) A. Berger;类昙花■☆
147282 Epiphyllopsis gaertneri (Regel) A. Berger = Epiphyllum russellianum Hook. var. gaertneri Regel ■☆
147283 Epiphyllum Haw. (1812);昙花属(令箭荷花属);Climbing Cactus, Epiphyllum, Leaf Cactus, Leaf-flowering Cactus, Orchid Cactus, Pond-lily Cactus, Strape Cactus ●
147284 Epiphyllum Pfeiff. = Schlumbergera Lem. ●
147285 Epiphyllum ackermannii Haw. = Nopalxochia ackermannii (Haw.) F. M. Knuth ■
147286 Epiphyllum anguliger (Lem.) H. P. Kelsey et Dayton;角裂昙花(多枝昙花);Fishbone Cactus ■☆
147287 Epiphyllum crenatum (Lindl.) G. Don;锦绣仙人掌(黄昙花,圆齿昙花)■
147288 Epiphyllum hookeri Haw.;胡克昙花;Climbing Cactus, Night-flowering Cactus ■☆
147289 Epiphyllum hybrida Haw.;大朵令箭荷花■☆
147290 Epiphyllum laui Kimnach;矮丛昙花■☆
147291 Epiphyllum oxypetalum (DC.) Haw.;昙花(凤花,金钩莲,琼花,叶下莲,月下待友,月下美人);Broadleaf Epiphyllum, Dutchman's Pipe Cactus, Dutchman's-pipe ■
147292 Epiphyllum oxypetalum Haw. = Epiphyllum oxypetalum (DC.) Haw. ■
147293 Epiphyllum phyllanthus (L.) Haw.;叶花昙花(孔雀花)■☆
147294 Epiphyllum phyllanthus (L.) Haw. var. hookeri (Haw.) Kimnach = Epiphyllum hookeri Haw. ■☆
147295 Epiphyllum russellianum Hook.;巴西昙花■☆
147296 Epiphyllum russellianum Hook. var. gaertneri Regel;盖特纳昙花■☆
147297 Epiphystls Trin. = Torulinium Desv. ex Ham. ■
147298 Epiphyton Maguire = Epidryos Maguire ■☆
147299 Epipogion St. -Lag. = Epipogium J. G. Gmel. ex Borkh. ■
147300 Epipogium Borkh. = Epipogium J. G. Gmel. ex Borkh. ■
147301 Epipogium Ehrh. = Epipogium J. G. Gmel. ex Borkh. ■
147302 Epipogium Ehrh. = Satyrium Sw. (保留属名)■
147303 Epipogium J. G. Gmel. ex Borkh. (1792);虎舌兰属(上须兰属);Epipogium, Ghost Orchid ■
147304 Epipogium R. Br. = Epipogium J. G. Gmel. ex Borkh. ■
147305 Epipogium africans Schltr. = Epipogium roseum (D. Don) Lindl. ■
147306 Epipogium africanum Schltr. = Epipogium roseum (D. Don) Lindl. ■
147307 Epipogium aphyllum (F. W. Schmidt) Sw.;裂唇虎舌兰(无叶虎舌兰);Ghost Orchid, Leafless Epipogium, Leafless Orchid, Splitlip Epipogium, Spurred Coral Root, Spurred Coral-root, Spurred Coral-root Orchid ■
147308 Epipogium aphyllum (F. W. Schmidt) Sw. f. albiflorum Y. N. Lee et K. S. Lee = Epipogium aphyllum (F. W. Schmidt) Sw. ■
147309 Epipogium aphyllum (F. W. Schmidt) Sw. var. stenochilum Hand. -Mazz. = Epipogium aphyllum (F. W. Schmidt) Sw. ■
147310 Epipogium dentilabellum Ohtani et S. Suzuki = Epipogium roseum (D. Don) Lindl. ■
147311 Epipogium gmelinii Rich. = Epipogium aphyllum (F. W. Schmidt) Sw. ■
147312 Epipogium guilfoylii F. Muell. = Epipogium roseum (D. Don) Lindl. ■
147313 Epipogium indicum H. J. Chowdhery, G. D. Pal et G. S. Giri = Epipogium roseum (D. Don) Lindl. ■
147314 Epipogium japonicum Makino;日本虎舌兰(日本上须兰)■
147315 Epipogium japonicum Makino = Epipogium roseum (D. Don) Lindl. ■
147316 Epipogium kassnerianum Kraenzl. = Epipogium roseum (D. Don) Lindl. ■
147317 Epipogium kusukusense (Hayata) Schltr. = Epipogium roseum (D. Don) Lindl. ■
147318 Epipogium makinoanum Schltr. = Epipogium roseum (D. Don) Lindl. ■
147319 Epipogium nutans (Blume) Rchb. f. = Epipogium roseum (D. Don) Lindl. ■
147320 Epipogium nutans Rchb. f. = Epipogium roseum (D. Don) Lindl. ■
147321 Epipogium poneranthum Fukuy. = Epipogium roseum (D. Don) Lindl. ■
147322 Epipogium rolfei (Hayata) Schltr. = Epipogium roseum (D. Don) Lindl. ■
147323 Epipogium roseum (D. Don) Lindl.;虎舌兰(高士佛上须兰);Common Epipogium, Epipogium ■
147324 Epipogium roseum (D. Don) Lindl. var. stenochilum Hand. -Mazz.;窄唇虎舌兰;Narrowlip Epipogium ■
147325 Epipogium sessanum S. N. Hegde et A. N. Rao = Epipogium roseum (D. Don) Lindl. ■
147326 Epipogium sinicum C. L. Tso = Epipogium roseum (D. Don) Lindl. ■
147327 Epipogium tuberosum Duthie;块根虎舌兰■☆
147328 Epipogium tuberosum Duthie = Epipogium roseum (D. Don) Lindl. ■
147329 Epipogon Ledeb. = Epipogum Rich. ■
147330 Epipogon S. G. Gmel. = Epipogium J. G. Gmel. ex Borkh. ■
147331 Epipogon aphyllum (F. W. Schmidt) Sw. = Epipogium aphyllum (F. W. Schmidt) Sw. ■
147332 Epipogum Rich. = Epipogium J. G. Gmel. ex Borkh. ■
147333 Epipremnopsis Engl. = Amydrium Schott ●
147334 Epipremnopsis hainanense K. C. Ting et Y. C. Wu ex H. Li et al. = Amydrium hainanense (K. C. Ting et Y. C. Wu ex H. Li et al.) H. Li ●
147335 Epipremnopsis sinense Engl. = Amydrium sinense (Engl.) H. Li ●
147336 Epipremnum Schott(1857);麒麟叶属(拎树藤属,麒麟尾属,树干芋属);Epipremnum, Kylinleaf, Tongavine ●■
147337 Epipremnum aureum (Linden et André) Bunting = Epipremnum pinnatum (L.) Engl. ●■
147338 Epipremnum aureum (Linden ex André) Bunting;绿萝(黄金葛,黄金藤,藤芋);Aureus Epipremnum, Aureus Kylinleaf, Devil's Ivy, Devil's Ivyarum, Golden Pothos, Pothos, Solomon Islands Ivyarum ●■
147339 Epipremnum aureum (Linden ex André) Bunting 'Marble

Queen';银后绿萝(白金藤)■☆
147340 Epipremnum elegans Engl.;雅致麒麟叶■☆
147341 Epipremnum falcifolium Engl.;镰形麒麟叶■☆
147342 Epipremnum formosanum Hayata;台湾麒麟叶(台湾拎树藤);Taiwan Kylinleaf,Taiwan Tongavine ●■
147343 Epipremnum giganteum Schott;大麒麟叶(巨大麒麟叶)■☆
147344 Epipremnum kelungense Hayata;基隆扁叶芋;Jilong Epipremnum ■
147345 Epipremnum mirabile Schott = Epipremnum pinnatum (L.) Engl. ●■
147346 Epipremnum philippinense Engl. et Krause;菲律宾麒麟叶(菲律宾扁叶芋);Philippin Epipremnum ■☆
147347 Epipremnum pictum (L.) Engl. 'Argyraeus';星点藤;Devil's Ivy,Silver Vine,Siver Ivy-arum ■☆
147348 Epipremnum pictum (L.) Engl. 'Argyraeus' = Scindapsus pictus Hassk. 'Argyraeus' ■☆
147349 Epipremnum pinnatum (L.) Engl.;麒麟叶(百巨藤,百宿蕉,百足藤,搭壁蕉,飞来凤,飞天蜈蚣,龟背竹,过山标,拎树藤,爬树龙,蓬莱蕉,麒麟尾,上树百足,上树龙,上树蜈蚣,狮尾草,狮子尾,羽叶藤);Centipede Tongavine,Common Epipremnum,Common Kylinleaf,Devil's Ivy,Golden Pothos,Pothos,Tonga-creeper ●■
147350 Epipremnum pinnatum (L.) Engl. 'Aureum';黄麒麟叶;Money Plant ●■
147351 Epipremnum wallisii (Mart.) Regel;春雪芋■☆
147352 Epipremum T. Durand = Epipremnum Schott ●■
147353 Epiprinus Griff. (1854);风轮桐属(长绿栎树属,肋巴树属,鳞萼木属);Epiprinus,Windmilltung ●
147354 Epiprinus hanianensis Croizat = Epiprinus siletianus (Bailey) Croizat ●
147355 Epiprinus malayanus Griff.;马来风轮桐;Malaya Windmilltung ●☆
147356 Epiprinus siletianus (Bailey) Croizat;风轮桐;Common Windmilltung ●
147357 Epirhixanthes Steud. = Epirixanthes Blume ■
147358 Epirhizanthaceae Barkley = Polygalaceae Hoffmanns. et Link (保留科名)■●
147359 Epirhizanthaceae Barkley = Polygalaceae Juss. ■●
147360 Epirhizanthes Benth. et Hook. f. = Salomonia Lour. (保留属名)■
147361 Epirhizanthes Blume = Epirixanthes Blume ■
147362 Epirhizanthes Blume = Salomonia Lour. (保留属名)■
147363 Epirhizanthus Lindl. = Salomonia Lour. (保留属名)■
147364 Epirixanthes Blume = Salomonia Lour. (保留属名)■
147365 Epirixanthes Blume(1823);寄生鳞叶草属(寄生莎萝属)■
147366 Epirixanthes aphylla Merr. = Epirixanthes elongata Blume ■
147367 Epirixanthes aphylla Merr. = Salomonia elongata (Blume) Kurz ex Koord. ■
147368 Epirixanthes elongata Blume;寄生鳞叶草(寄生莎萝莽);Parasitic Salomonia ■
147369 Epirixanthes elongata Blume = Salomonia elongata (Blume) Kurz ex Koord. ■
147370 Epirizanthes Baill. = Salomonia Lour. (保留属名)■
147371 Epirrhizanthes Chod. = Salomonia Lour. (保留属名)■
147372 Epirrhizanthus Wittst. = Salomonia Lour. (保留属名)■
147373 Episanthera Hochst. ex Nees = Paulo-Wilhelmia Hochst. ■☆
147374 Epischoenus C. B. Clarke(1898);异赤箭莎属■☆
147375 Epischoenus adnatus Levyns;贴生异赤箭莎■☆
147376 Epischoenus cernuus Levyns;俯垂异赤箭莎■☆
147377 Epischoenus complanatus Levyns;扁平异赤箭莎■☆
147378 Epischoenus dregeanus (Boeck.) Levyns;德雷异赤箭莎■☆
147379 Epischoenus eriophorus Levyns = Epischoenus lucidus (C. B. Clarke) Levyns ■☆
147380 Epischoenus gracilis Levyns;纤细异赤箭莎■☆
147381 Epischoenus lucidus (C. B. Clarke) Levyns;光亮异赤箭莎■☆
147382 Epischoenus quadrangularis (Boeck.) C. B. Clarke;棱角异赤箭莎■☆
147383 Epischoenus villosus Levyns;长柔毛异赤箭莎■☆
147384 Episcia Mart. (1829);毛毡苣苔属(喜荫花属);Carpet Plant,Episcia,Episia,Flame Violet,Lovejoy ■☆
147385 Episcia 'Cleopatra';粉红喜荫花■☆
147386 Episcia cupreata Hanst.;铜色毛毡苣苔(红桐草,喜荫花);Flame Violet,Flame-violet,Peacock Plant ■☆
147387 Episcia cupreata Hanst. 'Acajou';银叶喜荫花■☆
147388 Episcia cupresta Hanst. 'Metallica';银纹喜荫花■☆
147389 Episcia cupresta Hanst. 'Tropical Topaz';热带蜂鸟喜荫花■☆
147390 Episcia dianthiflora H. E. Moore et R. G. Wilson;石竹花毛毡苣苔(绒花喜荫花,石竹喜荫花);Lace Flower,Lace Flower Vine,Lace-flower ■☆
147391 Episcia lilacina Hanst.;紫心喜荫花;Flame Violet ■☆
147392 Episcia lilacina Hanst. 'Cuprea';铜色紫心喜荫花■☆
147393 Episcia reptans Mart.;匍匐喜荫花(火红紫罗兰);Flame Violet,Red Violet,Scarlet Violet ■☆
147394 Episcopia Moritz ex Klotzsch = Themistoclesia Klotzsch ●☆
147395 Episcothamnus H. Rob. = Lychnophoriopsis Sch. Bip. ●☆
147396 Episiphis Raf. = Elodes Adans. ■●
147397 Episiphis Raf. = Hypericum L. ■●
147398 Episteira Raf. = Glochidion J. R. Forst. et G. Forst. (保留属名)●
147399 Epistemma D. V. Field et J. B. Hall(1982);显冠萝藦属☆
147400 Epistemma decurrens H. Huber;下延显冠萝藦☆
147401 Epistemma rupestre H. Huber;岩生显冠萝藦☆
147402 Epistemum Walp. = Amphithalea Eckl. et Zeyh. ■☆
147403 Epistemum ferrugineum Walp. = Amphithalea cuneifolia Eckl. et Zeyh. ■☆
147404 Epistephium Kunth(1822);爱波属(爱波斯提夫兰属)■☆
147405 Epistephium elatum Kunth;爱波■☆
147406 Epistephium ellipticum R. O. Williams et Summerh.;椭圆爱波■☆
147407 Epistephium laxiflorum Barb. Rodr.;疏花爱波■☆
147408 Epistephium lucidum Cogn.;亮爱波■☆
147409 Epistephium tenuifolium Mansf. ex Hoehne;细叶爱波■☆
147410 Epistira Post et Kuntze = Episteira Raf. ●
147411 Epistira Post et Kuntze = Glochidion J. R. Forst. et G. Forst. (保留属名)●
147412 Epistylium Sw. = Phyllanthus L. ●■
147413 Epistylium leptocladon Hance = Phyllanthus leptoclados F. P. Metcalf ●
147414 Epistylium pulchrum Baill. = Phyllanthus pulcher Wall. ex Müll. Arg. ●
147415 Episyzygium Suess. et A. Ludw. = Eugenia L. ●
147416 Epitaberna K. Schum. = Heinsia DC. ●☆
147417 Epithecia Knowles et Westc. = Epidendrum L. (保留属名)■☆
147418 Epithecia Knowles et Westc. = Prosthechea Knowles et Westc. ■☆
147419 Epithecium Benth. et Hook. f. = Epithecia Knowles et Westc. ■☆

147420 Epithelantha Britton et Rose = Epithelantha F. A. C. Weber ex Britton et Rose ●

147421 Epithelantha F. A. C. Weber = Epithelantha F. A. C. Weber ex Britton et Rose ●

147422 Epithelantha F. A. C. Weber ex Britton et Rose(1922);月世界属(疣花球属);Button Cactus,Ping-pong Ball Cactus ●

147423 Epithelantha bokei L. D. Benson;博氏月世界;Boke's Button Cactus ■☆

147424 Epithelantha micromeris (Engelm.) Britton et Rose = Epithelantha micromeris (Engelm.) F. A. C. Weber ex Britton et Rose ■

147425 Epithelantha micromeris (Engelm.) F. A. C. Weber ex Britton et Rose;月世界;Button Cactus,Common Button Cactus ■

147426 Epithelantha micromeris (Englem.) F. A. C. Weber ex Britton et Rose var. bokei (L. D. Benson) Glass et R. A. Foster = Epithelantha bokei L. D. Benson ■☆

147427 Epithema Blume(1826);盾座苣苔属;Epithema ■

147428 Epithema brunonum Decne. var. fasciculata C. B. Clarke = Epithema taiwanensum S. S. Ying var. fasciculatum (C. B. Clarke) Z. Yu Li et M. T. Kao ■

147429 Epithema carnosum (G. Don) Benth.;盾座苣苔;Carnose Epithema ■

147430 Epithema graniticola A. Chev. = Epithema tenue C. B. Clarke ■☆

147431 Epithema taiwanensum S. S. Ying;台湾盾座苣苔(台湾苣苔);Taiwan Epithema ■

147432 Epithema taiwanensum S. S. Ying var. fasciculatum (C. B. Clarke) Z. Yu Li et M. T. Kao;密花苣苔;Dense-flowered Taiwan Epithema ■

147433 Epithema tenue C. B. Clarke;非洲盾座苣苔■☆

147434 Epithinia Jack = Scyphiphora C. F. Gaertn. ●

147435 Epithymum Opiz = Cuscuta L. ■

147436 Epitrachys C. Koch = Cirsium Mill. ■

147437 Epitrachys K. Koch = Cirsium Mill. ■

147438 Epitriche Turcz. (1851);无冠鼠麹草属■☆

147439 Epitriche Turcz. = Angianthus J. C. Wendl. (保留属名)■●☆

147440 Epitriche demissus (A. Gray) SHort.;无冠鼠麹草■☆

147441 Epixiphium (A. Gray) Munz. = Epixiphium (Engelm. ex A. Gray) Munz. ■☆

147442 Epixiphium (Engelm. ex A. Gray) Munz. (1926);剑婆婆纳属■☆

147443 Epixiphium Munz = Epixiphium (Engelm. ex A. Gray) Munz. ■☆

147444 Epixiphium wislizenii (A. Gray) Munz = Epixiphium wislizenii (Engelm. ex A. Gray) Munz ■☆

147445 Epixiphium wislizenii (Engelm. ex A. Gray) Munz;剑婆婆纳;Balloonbush ■☆

147446 Epixiphium wislizenii Munz = Epixiphium wislizenii (Engelm. ex A. Gray) Munz ■☆

147447 Eplateia Raf. = Acnistus Schott ●☆

147448 Eplateia Raf. = Withania Pauquy(保留属名)●■

147449 Eplcharis Blume = Dysoxylum Blume ●

147450 Epleienda Raf. = Eugenia L. ●

147451 Eplejenda Post et Kuntze = Eugenia L. ●

147452 Eplidium Raf. = Peplidium Delile ■

147453 Eplingia L. O. Williams = Trichostema L. ●■☆

147454 Epurga Fourr. = Euphorbia L. ●■

147455 Equitiris Thouars = Cymbidium Sw. ■

147456 Eraclissa Forssk. = Andrachne L. ●☆

147457 Eraclyssa Scop. = Eraclissa Forssk. ●☆

147458 Eraeliss Forssk. = Andrachne L. ●☆

147459 Eragrostidaceae (Stapf) Herter = Gramineae Juss. (保留科名)■●

147460 Eragrostidaceae (Stapf) Herter = Poaceae Barnhart(保留科名)■●

147461 Eragrostidaceae Herter = Gramineae Juss. (保留科名)■●

147462 Eragrostidaceae Herter = Poaceae Barnhart(保留科名)■●

147463 Eragrostiella Bor(1940);细画眉草属;Eragrostiella ■

147464 Eragrostiella bifaria (Vahl) Bor;三列细画眉草(二列细画眉草);Distichous Eragrostiella ■

147465 Eragrostiella lolioides (Hand. -Mazz.) P. C. Keng;细画眉草;Eragrostiella,Ryegrass-like Eragrostiella ■

147466 Eragrostiella nardoides (Trin.) Bor;喜马细画眉草;Himalayan Eragrostiella ■

147467 Eragrostis P. Beauv. = Eragrostis Wolf ■

147468 Eragrostis Wolf(1781);画眉草属(知风草属);Lovegrass,Love Grass,Love-grass,Sand Love Grass,Teff ■

147469 Eragrostis abrumpens Kabuye = Eragrostis sennii Chiov. ■☆

147470 Eragrostis abyssinica (Jacq.) Link = Eragrostis tef (Zuccagni) Trotter ■☆

147471 Eragrostis acamptoclada Cope;直枝画眉草■☆

147472 Eragrostis acutissima Jedwabn. = Eragrostis nindensis Ficalho et Hiern ■☆

147473 Eragrostis adenocoleos Pilg. = Eragrostis cylindriflora Hochst. ■☆

147474 Eragrostis advena (Stapf) S. M. Phillips;外来画眉草;Coolabar Grass ■☆

147475 Eragrostis aegyptiaca (Willd.) Delile;埃及画眉草;Egyptian Lovegrass ■☆

147476 Eragrostis aegyptiaca (Willd.) Delile subsp. humifusa H. Scholz;平伏埃及画眉草■☆

147477 Eragrostis aegyptiaca Delile = Eragrostis aegyptiaca (Willd.) Delile ■☆

147478 Eragrostis aethiopica Chiov.;埃塞俄比亚画眉草■☆

147479 Eragrostis afghanica Gand. = Eragrostis pilosa (L.) P. Beauv. ■

147480 Eragrostis agrostoidea Rendle = Eragrostis cylindriflora Hochst. ■☆

147481 Eragrostis airiformis Rendle = Eragrostis rogersii C. E. Hubb. ■☆

147482 Eragrostis airoides Nees;毒麦画眉草;Darnel Lovegrass ■☆

147483 Eragrostis albescens Steud. = Eragrostis domingensis (Pers.) Steud. ■☆

147484 Eragrostis albida Hitchc. = Eragrostis aegyptiaca (Willd.) Delile ■☆

147485 Eragrostis alopecuroides Balansa = Eragrostis ciliata (Roxb.) Nees ■

147486 Eragrostis alta Keng;高画眉草;Tall Lovegrass ■

147487 Eragrostis amabilis (L.) Hook. et Arn. = Eragrostis tenella (L.) P. Beauv. ex Roem. et Schult. ■

147488 Eragrostis amabilis (L.) Wight et Arn. = Eragrostis amabilis (L.) Wight et Arn. ex Hook. et Arn. ■

147489 Eragrostis amabilis (L.) Wight et Arn. ex Hook. et Arn. = Eragrostis tenella (L.) P. Beauv. ex Roem. et Schult. ■

147490 Eragrostis amabilis (L.) Wight et Arn. ex Nees = Eragrostis unioloides (Retz.) Nees ex Steud. ■

147491 Eragrostis amabilis (L.) Wight et Arn. var. insularis (C. E. Hubb.) P. Umam. et P. Daniel;海岛画眉草■☆

147492 Eragrostis andongensis Rendle = Eragrostis nindensis Ficalho et

Hiern ■☆

147493 Eragrostis angolensis Hack.;安哥拉画眉草■☆

147494 Eragrostis angusta Hack. = Eragrostis rogersii C. E. Hubb. ■☆

147495 Eragrostis annulata Chiov. = Eragrostis cylindriflora Hochst. ■☆

147496 Eragrostis annulata Rendle ex Scott-Elliot;水画眉草■☆

147497 Eragrostis aquatica Honda = Eragrostis annulata Rendle ex Scott-Elliot ■☆

147498 Eragrostis araiostachya Chiov. = Eragrostis perbella K. Schum. ■☆

147499 Eragrostis arenicola C. E. Hubb.;沙生画眉草■☆

147500 Eragrostis arida Hitchc. = Eragrostis pectinacea (Michx.) Nees ■☆

147501 Eragrostis aristata De Winter;具芒画眉草■☆

147502 Eragrostis aristiglumis Kabuye;芒颖画眉草■☆

147503 Eragrostis articulata De Wild. = Eragrostis cilianensis (All.) Vignolo ex Janch. ■

147504 Eragrostis arundinacea (L.) Roshev. = Eragrostis collina Trin. ■

147505 Eragrostis aspera (Jacq.) Nees;粗糙画眉草■☆

147506 Eragrostis aspera (Jacq.) Nees var. major Peter = Eragrostis aspera (Jacq.) Nees ■☆

147507 Eragrostis atherstonei Stapf = Eragrostis trichophora Coss. et Durieu ■☆

147508 Eragrostis atropurpurea Hochst. ex Steud. = Eragrostis nigra Nees ex Steud. ■

147509 Eragrostis atrovirens (Desf.) Trin. ex Steud.;鼠妇草(串鱼草,卡氏画眉草,鼠妇画眉草,鱼串草);Ratwife Lovegrass, Thalia Lovegrass ■

147510 Eragrostis atrovirens (Desf.) Trin. ex Steud. var. congesta Robyns et Tournay = Eragrostis botryodes Clayton ■☆

147511 Eragrostis atrovirens (Desf.) Trin. ex Steud. var. fontanesiana Maire = Eragrostis atrovirens (Desf.) Trin. ex Steud. ■

147512 Eragrostis atrovirens (Desf.) Trin. ex Steud. var. hesperidum Emb. et Maire = Eragrostis atrovirens (Desf.) Trin. ex Steud. ■

147513 Eragrostis atroviridis Maire = Eragrostis atrovirens (Desf.) Trin. ex Steud. ■

147514 Eragrostis aulacosperma (Fresen.) Steud. = Eragrostis papposa (Roem. et Schult.) Steud. ■☆

147515 Eragrostis aulacosperma (Fresen.) Steud. var. perennis Schweinf. = Eragrostis papposa (Roem. et Schult.) Steud. ■☆

147516 Eragrostis auriculata Hack. = Eragrostis echinochloidea Stapf ■☆

147517 Eragrostis autumnalis Keng;秋画眉草;Autumn Lovegrass ■

147518 Eragrostis baguirmiensis A. Chev. = Eragrostis pilosa (L.) P. Beauv. ■

147519 Eragrostis bahiensis Schrad. ex Roem. et Schult.;巴伊亚画眉草;Bahia Lovegrass ■☆

147520 Eragrostis barrelieri Daveau;地中海画眉草;Mediterranean Love Grass, Mediterranean Lovegrass ■☆

147521 Eragrostis barrelieri Daveau subsp. ambigua (Dobignard et Portal) H. Scholz et Valdés = Eragrostis barrelieri Daveau var. ambigua Dobignard et Portal ■☆

147522 Eragrostis barrelieri Daveau subsp. pygmaea (Daveau) Portal et H. Scholz;矮小地中海画眉草■☆

147523 Eragrostis barrelieri Daveau var. ambigua Dobignard et Portal;可疑画眉草■☆

147524 Eragrostis barrelieri Daveau var. pygmaea (Daveau) Dobignard et Portal = Eragrostis barrelieri Daveau subsp. pygmaea (Daveau) Portal et H. Scholz ■☆

147525 Eragrostis barteri C. E. Hubb.;巴特画眉草■☆

147526 Eragrostis basilepis Pilg. = Eragrostis caespitosa Chiov. ■☆

147527 Eragrostis bellissima B. S. Sun et S. Wang = Eragrostis brownii (Kunth) Nees ■

147528 Eragrostis benguelensis Peyr.;本格拉画眉草■☆

147529 Eragrostis beninensis Steud. = Megastachya mucronata (Poir.) P. Beauv. ■☆

147530 Eragrostis bequaertii De Wild. = Eragrostis hispida K. Schum. ■☆

147531 Eragrostis bergiana (Kunth) Trin.;贝格画眉草■☆

147532 Eragrostis beroensis Rendle = Eragrostis rogersii C. E. Hubb. ■☆

147533 Eragrostis bicolor Nees;双色画眉草■☆

147534 Eragrostis bifaria (Vahl) Wight = Eragrostiella bifaria (Vahl) Bor ■

147535 Eragrostis biflora Hack. ex Schinz;双花画眉草■☆

147536 Eragrostis biformis (Kunth) Benth. = Eragrostis atrovirens (Desf.) Trin. ex Steud. ■

147537 Eragrostis bipinnata (L.) K. Schum. = Desmostachya bipinnata (L.) Stapf ■

147538 Eragrostis bipinnata (L.) Muschl. = Desmostachya bipinnata (L.) Stapf ■

147539 Eragrostis blastocaulos Pilg. = Eragrostis schweinfurthii Chiov. ■☆

147540 Eragrostis blepharoglumis K. Schum. = Eragrostis olivacea K. Schum. ■☆

147541 Eragrostis blepharolepis Hack. = Eragrostis hispida K. Schum. ■☆

147542 Eragrostis blepharostachya K. Schum.;毛穗画眉草■☆

147543 Eragrostis boehmii Hack. = Eragrostis racemosa (Thunb.) Steud. ■☆

147544 Eragrostis boinensis A. Camus;博伊纳画眉草■☆

147545 Eragrostis botryodes Clayton;葡萄画眉草■☆

147546 Eragrostis bovonei Chiov.;博奥画眉草■☆

147547 Eragrostis brachyphylla Hack. = Eragrostis angolensis Hack. ■☆

147548 Eragrostis brainii (Stent) Launert;布雷恩画眉草■☆

147549 Eragrostis braunii Schweinf.;布劳恩画眉草■☆

147550 Eragrostis brevispica Keng = Eragrostis ciliata (Roxb.) Nees ■

147551 Eragrostis brizoides (L. f.) Nees = Eragrostis capensis (Thunb.) Trin. ■☆

147552 Eragrostis bromoides Jedwabn. = Eragrostis atrovirens (Desf.) Trin. ex Steud. ■

147553 Eragrostis brownii (Kunth) Nees;长画眉草(布朗画眉草);Sri Lanka Lovegrass ■

147554 Eragrostis buchananii Gand. = Eragrostis aspera (Jacq.) Nees ■☆

147555 Eragrostis buchananii K. Schum. = Eragrostis nindensis Ficalho et Hiern ■☆

147556 Eragrostis bulbillifera Steud. = Eragrostis brownii (Kunth) Nees ■

147557 Eragrostis bulbillifera Steud. f. ramosa (Honda) Masam. = Eragrostis brownii (Kunth) Nees ■

147558 Eragrostis burchellii Stapf;伯切尔画眉草■☆

147559 Eragrostis caesia Stapf;淡蓝画眉草■☆

147560 Eragrostis caespitosa Chiov.;丛生画眉草■☆

147561 Eragrostis calantha Peter = Eragrostis inamoena K. Schum. ■☆

147562 Eragrostis cambessediana (Kunth) Steud. = Eragrostis gangetica (Roxb.) Steud. ■☆

147563 Eragrostis camerunensis Clayton;喀麦隆画眉草■☆

147564 Eragrostis canescens C. E. Hubb.;灰白画眉草■☆

147565 Eragrostis capensis (Thunb.) Trin.;好望角画眉草■☆

147566 Eragrostis capillaris (L.) Nees;毛样画眉草;Lace Grass ■☆

147567 Eragrostis capillifolia Nees;毛叶画眉草■☆

147568 Eragrostis capitulifera Chiov.;头状画眉草■☆

147569 Eragrostis capuronii A. Camus;凯普伦画眉草■☆
147570 Eragrostis caroliniana (Biehler) Scribn. = Eragrostis pectinacea (Michx.) Nees ■☆
147571 Eragrostis castellaneana Buscal. et Muschl.;卡地画眉草■☆
147572 Eragrostis cephalotes Chiov. = Eragrostis capitulifera Chiov. ■☆
147573 Eragrostis chaetophylla Steud.;刚毛画眉草;Bristleleaf Lovegrass ■☆
147574 Eragrostis chalarantha Gilli = Eragrostis homblei De Wild. ■☆
147575 Eragrostis chalarothyrsos C. E. Hubb.;聚伞画眉草■☆
147576 Eragrostis chalcantha Trin. = Eragrostis racemosa (Thunb.) Steud. ■☆
147577 Eragrostis chalcantha Trin. var. composita Jedwabn. = Eragrostis schweinfurthii Chiov. ■☆
147578 Eragrostis chalcantha Trin. var. effusa Rendle = Eragrostis racemosa (Thunb.) Steud. ■☆
147579 Eragrostis chalcantha Trin. var. hirsuta Peter = Eragrostis racemosa (Thunb.) Steud. ■☆
147580 Eragrostis chalcantha Trin. var. holstii Engl. et K. Schum. = Eragrostis schweinfurthii Chiov. ■☆
147581 Eragrostis chalcantha Trin. var. intermedia Peter = Eragrostis racemosa (Thunb.) Steud. ■☆
147582 Eragrostis chapelieri (Kunth) Nees;长穗画眉草■☆
147583 Eragrostis chapelieri (Kunth) Nees var. vexillaris Peter = Eragrostis chapelieri (Kunth) Nees ■☆
147584 Eragrostis chariis (Schult.) Hitchc. = Eragrostis atrovirens (Desf.) Trin. ex Steud. ■
147585 Eragrostis chariis Hitchc. = Eragrostis atrovirens (Desf.) Trin. ex Steud. ■
147586 Eragrostis chaunantha Pilg. = Eragrostis lehmanniana Nees ■☆
147587 Eragrostis chloromelas Steud. = Eragrostis curvula (Schrad.) Nees ■
147588 Eragrostis cilianensis (All.) F. T. Hubb. = Eragrostis cilianensis (All.) Vignolo ex Janch. ■
147589 Eragrostis cilianensis (All.) Janch. subsp. major (Host) Maire et Weiller = Eragrostis cilianensis (All.) Vignolo ex Janch. ■
147590 Eragrostis cilianensis (All.) Janch. subsp. poaeoides (P. Beauv.) Husn. = Eragrostis minor Host ■
147591 Eragrostis cilianensis (All.) Link ex Vignolo = Eragrostis cilianensis (All.) Vignolo ex Janch. ■
147592 Eragrostis cilianensis (All.) Vignolo ex F. T. Hubb. = Eragrostis cilianensis (All.) Vignolo ex Janch. ■
147593 Eragrostis cilianensis (All.) Vignolo ex Janch.;大画眉草(大穗画眉草,画眉草,蚊子草,星星草);Stink Grass,Stinkgrass,Stink-grass ■
147594 Eragrostis ciliaris (L.) R. Br.;毛画眉草(美洲画眉草)■
147595 Eragrostis ciliaris (L.) R. Br. subsp. brachystachya (Boiss.) H. Scholz = Eragrostis ciliaris (L.) R. Br. ■
147596 Eragrostis ciliaris (L.) R. Br. var. brachystachya Boiss. = Eragrostis ciliaris (L.) R. Br. ■
147597 Eragrostis ciliaris (L.) R. Br. var. latifolia Hack. = Eragrostis ciliaris (L.) R. Br. ■
147598 Eragrostis ciliata (Roxb.) Nees;纤毛画眉草;Ciliate Lovegrass ■
147599 Eragrostis ciliata Link. = Eragrostis ciliata (Roxb.) Nees ■
147600 Eragrostis cilindrica (Roxb.) Nees,Hook. et Arn. = Eragrostis cylindrica (Roxb.) Nees ex Hook. et Arn. ■
147601 Eragrostis coelachyrum Benth. = Coelachyrum brevifolium Nees ■☆
147602 Eragrostis collina Trin.;戈壁画眉草(灯芯草型画眉草)■
147603 Eragrostis collocarpa K. Schum. = Eragrostis tenuifolia (A. Rich.) Steud. ■☆
147604 Eragrostis comata Peter = Eragrostis lappula Nees ■☆
147605 Eragrostis comptonii De Winter;康普顿画眉草■
147606 Eragrostis congesta Oliv.;密集画眉草■
147607 Eragrostis conradsii Pilg. = Eragrostis schweinfurthii Chiov. ■
147608 Eragrostis crassinervis Hack.;粗脉画眉草■
147609 Eragrostis cumingii Steud.;珠芽画眉草(肯氏画眉草);Bulbiliferous Lovegrass,Cuming's Lovegrass ■
147610 Eragrostis cumingii Steud. = Eragrostis bulbillifera Steud. ■
147611 Eragrostis curtipedicellata Buckley;胶画眉草;Gummy Love Grass ■☆
147612 Eragrostis curvula (Schrad.) Nees;弯叶画眉草(恋风草);African Love Grass,African Love-grass,Curve Lovegrass,Weeping Love Grass,Weeping Lovegrass,Weeping Love-grass ■
147613 Eragrostis curvula (Schrad.) Nees var. atrata (Schweinf.) Curtis = Eragrostis curvula (Schrad.) Nees ■
147614 Eragrostis cylindrica (Roxb.) Nees ex Hook. et Arn.;短穗画眉草;Cylindrical Lovegrass ■
147615 Eragrostis cylindriflora Hochst.;柱花画眉草;Cylinderflower Lovegrass ■☆
147616 Eragrostis cylindriflora Hochst. var. gymnorrhachis Schweinf. = Eragrostis cylindriflora Hochst. ■☆
147617 Eragrostis cylindrispica Rendle = Eragrostis flavicans Rendle ■☆
147618 Eragrostis cynosuroides (Retz.) P. Beauv. = Desmostachya bipinnata (L.) Stapf ■
147619 Eragrostis cynosuroides (Retz.) Roem. et Schult. = Desmostachya bipinnata (L.) Stapf ■
147620 Eragrostis cynosuroides P. Beauv. = Desmostachya bipinnata (L.) Stapf ■
147621 Eragrostis cyperoides (Thunb.) P. Beauv. = Cladoraphis cyperoides (Thunb.) S. M. Phillips ●☆
147622 Eragrostis dakarensis A. Chev. = Eragrostis gangetica (Roxb.) Steud. ■☆
147623 Eragrostis damiensiana (Bonnet) Thell. = Limonium sinuatum (L.) Mill. subsp. bonduellei (F. Lestib.) Sauvage et Vindt ■☆
147624 Eragrostis decidua Hochst. = Eragrostis macilenta (A. Rich.) Steud. ■☆
147625 Eragrostis dekindtii Pilg. = Eragrostis macilenta (A. Rich.) Steud. ■☆
147626 Eragrostis densa De Wild. = Eragrostis welwitschii Rendle ■☆
147627 Eragrostis densiflora Rendle = Eragrostis rogersii C. E. Hubb. ■☆
147628 Eragrostis dentifera Launert;尖齿画眉草■☆
147629 Eragrostis denudata Hack. = Eragrostis nindensis Ficalho et Hiern ■☆
147630 Eragrostis depauperata Andersson = Eragrostis japonica (Thunb.) Trin. ■
147631 Eragrostis deqenensis B. S. Sun et S. Wang;德钦画眉草;Deqin Lovegrass ■
147632 Eragrostis deqenensis B. S. Sun et S. Wang = Eragrostis nigra Nees ex Steud. ■
147633 Eragrostis devolvens Gand. = Eragrostis aspera (Jacq.) Nees ■☆
147634 Eragrostis diarrhena (Schult.) Steud. = Eragrostis japonica (Thunb.) Trin. ■
147635 Eragrostis dieterlenii Hack. = Eragrostis caesia Stapf ■☆
147636 Eragrostis diffusa Buckley = Eragrostis pectinacea (Michx.)

Nees ■☆
147637 Eragrostis dinteri Stapf;丁特画眉草■☆
147638 Eragrostis diplachnoides Steud. = Eragrostis japonica (Thunb.) Trin. ■
147639 Eragrostis diplostachya Peter = Coelachyrum yemenicum (Schweinf.) S. M. Phillips ■☆
147640 Eragrostis divaricata Cope;叉开画眉草■☆
147641 Eragrostis dolichostachya Peter = Eragrostis chapelieri (Kunth) Nees ■☆
147642 Eragrostis domingensis (Pers.) Steud.;多明画眉草■☆
147643 Eragrostis dura Stapf = Eragrostis pallens Hack. ■☆
147644 Eragrostis duricaulis B. S. Sun et S. Wang;针仓画眉草■
147645 Eragrostis echinochloidea Stapf;非洲画眉草;African Lovegrass ■☆
147646 Eragrostis egregia Clayton;优秀画眉草■☆
147647 Eragrostis eichingeri Pilg. = Eragrostis congesta Oliv. ■☆
147648 Eragrostis elata Munro ex Ficalho et Hiern = Eragrostis superba Peyr. ■☆
147649 Eragrostis elatior Stapf;较高画眉草■☆
147650 Eragrostis elegans Nees;雅致画眉草;Graceful Love Grass, Graceful Lovegrass, Love-grass ■☆
147651 Eragrostis elegantissima Chiov.;雅丽画眉草■☆
147652 Eragrostis elegantula (Kunth) Nees ex Steud. = Eragrostis atrovirens (Desf.) Trin. ex Steud. ■
147653 Eragrostis elegantula Nees = Eragrostis atrovirens (Desf.) Trin. ex Steud. ■
147654 Eragrostis elisabethae Peter = Eragrostis hispida K. Schum. ■☆
147655 Eragrostis elliottii S. Watson;埃氏画眉草;Elliott Love Grass, Elliott's Love Grass ■☆
147656 Eragrostis elongata (Willd.) Jacq.;双药画眉草(长画眉草);Elongated Lovegrass, Long Lovegrass ■
147657 Eragrostis elongata (Willd.) Jacq. = Eragrostis zeylanica Nees et Meyen ■
147658 Eragrostis elongata Jacq. = Eragrostis zeylanica Nees et Meyen ■
147659 Eragrostis elongato-compressa De Wild. = Eragrostis capensis (Thunb.) Trin. ■☆
147660 Eragrostis emarginata Hack. = Eragrostis porosa Nees ■☆
147661 Eragrostis emsonii C. E. Hubb. = Eragrostis homblei De Wild. ■☆
147662 Eragrostis enodis Hack. = Cladoraphis cyperoides (Thunb.) S. M. Phillips ●☆
147663 Eragrostis eragrostis (L.) P. Beauv. = Eragrostis minor Host ■
147664 Eragrostis exasperata Peter;糙画眉草■☆
147665 Eragrostis exelliana Launert;埃克塞尔画眉草■☆
147666 Eragrostis fascicularis Trin. = Eragrostis prolifera (Sw.) Steud. ■☆
147667 Eragrostis fasciculata Peter = Eragrostis caespitosa Chiov. ■☆
147668 Eragrostis fasciculata Peter var. stenophylla ? = Eragrostis caespitosa Chiov. ■☆
147669 Eragrostis fastigiata Cope;帚状画眉草■☆
147670 Eragrostis fauriei Ohwi;佛欧里画眉草;Faurie Lovegrass ■
147671 Eragrostis ferruginea (Thunb.) P. Beauv.;知风草(香草);Korea Lovegrass, Korean Lovegrass ■
147672 Eragrostis ferruginea (Thunb.) P. Beauv. f. viridis Honda;绿知风草■☆
147673 Eragrostis ferruginea (Thunb.) P. Beauv. var. fujianensis N. X. Zhao et X. T. Ma;福建知风草;Fujian Lovegrass ■
147674 Eragrostis ferruginea (Thunb.) P. Beauv. var. yunnanensis Keng;云南知风草;Yunnan Lovegrass ■
147675 Eragrostis ferruginea (Thunb.) P. Beauv. var. yunnanensis Keng = Eragrostis ferruginea (Thunb.) P. Beauv. ■
147676 Eragrostis ferruginea P. Beauv. = Eragrostis ferruginea (Thunb.) P. Beauv. ■
147677 Eragrostis fimbrillata Cope;流苏画眉草■☆
147678 Eragrostis flamignii De Wild. = Eragrostis gangetica (Roxb.) Steud. ■☆
147679 Eragrostis flavicans Rendle;浅黄画眉草■☆
147680 Eragrostis fleuryi A. Chev. = Eragrostis pobeguinii C. E. Hubb. ■☆
147681 Eragrostis floccosa Hack. ex Jedwabn.;丛卷毛画眉草■☆
147682 Eragrostis fluviatilis A. Chev. = Eragrostis barteri C. E. Hubb. ■☆
147683 Eragrostis formosana Hayata = Eragrostis unioloides (Retz.) Nees ex Steud. ■
147684 Eragrostis fracta S. C. Sun et H. Q. Wang = Eragrostis atrovirens (Desf.) Trin. ex Steud. ■
147685 Eragrostis fractus S. C. Sun et H. Q. Wang;垂穗画眉草;Nutantspike Lovegrass ■
147686 Eragrostis frankii C. A. Mey. ex Steud.;沙洲画眉草;Sandbar Love Grass ■☆
147687 Eragrostis frankii C. A. Mey. ex Steud. var. brevipes Fassett = Eragrostis frankii C. A. Mey. ex Steud. ■☆
147688 Eragrostis frederici Rendle = Eragrostis lappula Nees ■☆
147689 Eragrostis friesii Pilg.;弗里斯画眉草■☆
147690 Eragrostis fumigata Peter = Eragrostis paniciformis (A. Braun) Steud. ■☆
147691 Eragrostis galpinii Stent = Eragrostis inamoena K. Schum. ■☆
147692 Eragrostis gangetica (Roxb.) Steud.;细花画眉草(恒河画眉草);Slimflower Lovegrass ■☆
147693 Eragrostis geniculata Nees et Meyen = Eragrostis cylindrica (Roxb.) Nees ex Hook. et Arn. ■
147694 Eragrostis georgi A. Chev.;乔治画眉草■☆
147695 Eragrostis glabrata Nees = Eragrostis sabulosa (Steud.) Schweick. ■☆
147696 Eragrostis glandulosipedata De Winter;腺鸟足画眉草■☆
147697 Eragrostis glanvillei C. E. Hubb. = Eragrostis invalida Pilg. ■☆
147698 Eragrostis gloeophylla S. M. Phillips;鞘叶画眉草■☆
147699 Eragrostis glomerata (Walter) L. H. Dewey;团集画眉草;Love Grass ■☆
147700 Eragrostis glutinosa Trin.;黏画眉草;Sticky Lovegrass ■☆
147701 Eragrostis gracilis Peter = Eragrostis mollior Pilg. ex R. E. Fr. ■☆
147702 Eragrostis gracillima Hack. = Eragrostis aethiopica Chiov. ■☆
147703 Eragrostis guangxiensis S. C. Sun et H. Q. Wang;广西画眉草;Guangxi Lovegrass ■
147704 Eragrostis guangxiensis S. C. Sun et H. Q. Wang = Eragrostis nutans (Retz.) Nees ex Steud. ■
147705 Eragrostis guingensis Rendle = Eragrostis nindensis Ficalho et Hiern ■☆
147706 Eragrostis gummiflua Nees;产胶画眉草■☆
147707 Eragrostis hagerupii Hitchc. = Eragrostis domingensis (Pers.) Steud. ■☆
147708 Eragrostis hainanensis L. C. Chia;海南画眉草;Hainan Lovegrass ■
147709 Eragrostis halophila A. Chev. = Eragrostis squamata (Lam.) Steud. ■☆
147710 Eragrostis hararensis Chiov. = Eragrostis mahrana Schweinf. ■☆
147711 Eragrostis harpachnoides Hack. = Harpachne harpachnoides

(Hack.) B. S. Sun et S. Wang ■

147712 Eragrostis hekouensis B. S. Sun et S. Wang = Eragrostis perennans Keng ■

147713 Eragrostis henrardii Jansen = Eragrostis trichophora Coss. et Durieu ■☆

147714 Eragrostis hereroënsis Hack. = Eragrostis porosa Nees ■☆

147715 Eragrostis heteromera Stapf;异数画眉草■☆

147716 Eragrostis hierniana Rendle;希尔恩画眉草■☆

147717 Eragrostis hildebrandtii Jedwabn.;希尔德画眉草■☆

147718 Eragrostis hirsuta (Michx.) Nees;大头画眉草;Bigtop Love Grass ■☆

147719 Eragrostis hirsuta (Michx.) Nees var. laevivaginata Fernald = Eragrostis hirsuta (Michx.) Nees ■☆

147720 Eragrostis hirsutissima Peter = Eragrostis viscosa (Retz.) Trin. ■☆

147721 Eragrostis hispida K. Schum.;硬毛画眉草■☆

147722 Eragrostis hispida K. Schum. var. psilothyrsus Peter = Eragrostis hispida K. Schum. ■☆

147723 Eragrostis hochstetteri Steud. = Eragrostis japonica (Thunb.) Trin. ■

147724 Eragrostis hockii De Wild. = Eragrostis racemosa (Thunb.) Steud. ■☆

147725 Eragrostis holstii (Engl. et K. Schum.) Engl. ex Peter = Eragrostis schweinfurthii Chiov. ■☆

147726 Eragrostis holstii (Engl. et K. Schum.) Engl. ex Peter var. contracta Peter = Eragrostis schweinfurthii Chiov. ■☆

147727 Eragrostis homblei De Wild.;洪布勒画眉草■☆

147728 Eragrostis homomalla Nees;同毛画眉草■☆

147729 Eragrostis horizontalis Peter = Eragrostis cylindriflora Hochst. ■☆

147730 Eragrostis huillensis Rendle;威拉画眉草■☆

147731 Eragrostis humidicola Napper;湿地画眉草■☆

147732 Eragrostis hygrophila C. E. Hubb. et Schweick. = Eragrostis homomalla Nees ■☆

147733 Eragrostis hypnoides (Lam.) Britton, Sterns et Poggenb.;水鸭画眉草;Creeping Love Grass, Creeping Love-grass, Pony Grass, Teal Love Grass ■☆

147734 Eragrostis inamoena K. Schum.;不悦画眉草■☆

147735 Eragrostis incrassata Cope;粗画眉草■☆

147736 Eragrostis insulatlantica A. Chev. = Eragrostis barrelieri Daveau ■☆

147737 Eragrostis intermedia Hitchc.;全叶画眉草;Plains Love Grass ■☆

147738 Eragrostis interrupta (Lam.) Doell. = Eragrostis elegans Nees ■☆

147739 Eragrostis interrupta (Lam.) Doell. = Eragrostis japonica (Thunb.) Trin. ■

147740 Eragrostis interrupta (Lam.) Doell. var. diarrhena (Schult.) Stapf = Eragrostis japonica (Thunb.) Trin. ■

147741 Eragrostis interrupta (Lam.) Doell. var. diplachnoides (Steud.) Stapf = Eragrostis japonica (Thunb.) Trin. ■

147742 Eragrostis interrupta (Lam.) Doell. var. koenigii (Kunth) Stapf = Eragrostis japonica (Thunb.) Trin. ■

147743 Eragrostis interrupta (Lam.) Doell. var. tenuissima (Schrad.) Stapf = Eragrostis japonica (Thunb.) Trin. ■

147744 Eragrostis interrupta Doell. = Eragrostis elegans Nees ■☆

147745 Eragrostis invalida Pilg.;粗壮画眉草■☆

147746 Eragrostis japonica (Thunb.) Trin.;乱草(长穗鲫鱼草,鲫鱼草,日本鲫鱼草,碎米知风草,香榧草);Japan Lovegrass, Pond Lovegrass ■

147747 Eragrostis jardinii Steud. = Megastachya mucronata (Poir.) P. Beauv. ■☆

147748 Eragrostis jeffreysii Hack.;杰弗里斯画眉草■☆

147749 Eragrostis keniensis Pilg. = Eragrostis paniciformis (A. Braun) Steud. ■☆

147750 Eragrostis kinshasaensis Vanderyst;金沙萨画眉草■☆

147751 Eragrostis kiwuensis Jedwabn. = Eragrostis schweinfurthii Chiov. var. kiwuensis (Jedwabn.) Phillips ■☆

147752 Eragrostis kneuckeri Hack. et Bornm. = Eragrostis sarmentosa (Thunb.) Trin. ■☆

147753 Eragrostis koenigii (Kunth) Steud. = Eragrostis japonica (Thunb.) Trin. ■

147754 Eragrostis kossinskyi Roshev.;柯辛氏画眉草;Kossinsky Lovegrass ■☆

147755 Eragrostis kwaiensis Peter = Eleusine multiflora Hochst. ex A. Rich. ■☆

147756 Eragrostis kwamouthensis Vanderyst = Eragrostis mildbraedii Pilg. ■☆

147757 Eragrostis laevissima Hack.;无毛画眉草■☆

147758 Eragrostis lamarckii Steud. = Eragrostis tremula Hochst. ex Steud. ■☆

147759 Eragrostis lamprospicula De Winter = Eragrostis patentipilosa Hack. ■☆

147760 Eragrostis lappula Nees;鹤虱画眉草■☆

147761 Eragrostis lappula Nees var. divaricata Stapf = Eragrostis lappula Nees ■☆

147762 Eragrostis lasiantha Stapf = Eragrostis olivacea K. Schum. ■☆

147763 Eragrostis lasiophylla K. Schum. = Eragrostis racemosa (Thunb.) Steud. ■☆

147764 Eragrostis latifolia Cope;宽叶画眉草■☆

147765 Eragrostis laxiflora Schrad. = Eragrostis aspera (Jacq.) Nees ■☆

147766 Eragrostis ledermannii Pilg. = Eragrostis turgida (Schumach.) De Wild. ■☆

147767 Eragrostis leersiiformis Launert;假稻画眉草■☆

147768 Eragrostis lehmanniana Nees;莱曼画眉草;Lehmann Lovegrass, Lehmann's Love Grass ■☆

147769 Eragrostis lepida (A. Rich.) Hochst. ex Steud.;鳞画眉草■☆

147770 Eragrostis lepidobasis Cope;鳞基画眉草■☆

147771 Eragrostis leprieurii Steud. = Eragrostis japonica (Thunb.) Trin. ■

147772 Eragrostis leptocalymma Pilg. = Eragrostis trichophora Coss. et Durieu ■☆

147773 Eragrostis leptostachya (R. Br.) Steud.;澳洲画眉草;Australian Lovegrass ■☆

147774 Eragrostis leptotricha Cope;细毛画眉草■☆

147775 Eragrostis lincangensis B. S. Sun et S. Wang;临沧画眉草;Lincang Lovegrass ■

147776 Eragrostis lincangensis B. S. Sun et S. Wang = Eragrostis perennans Keng ■

147777 Eragrostis linearis (Schumach.) Benth. = Eragrostis domingensis (Pers.) Steud. ■☆

147778 Eragrostis lingulata Clayton;舌状画眉草■☆

147779 Eragrostis linozodes Gilli = Eragrostis homblei De Wild. ■☆

147780 Eragrostis lolioides Hand.-Mazz. = Eragrostiella lolioides (Hand.-Mazz.) P. C. Keng ■

147781 Eragrostis longifolia Hochst. ex Steud.;长叶鼠妇草■☆

147782 Eragrostis longipaniculata De Wild. = Eragrostis mollior Pilg. ex

R. E. Fr. ■☆

147783 Eragrostis longispicula S. C. Sun et H. Q. Wang;长穗鼠妇草;Longspike Lovegrass ■

147784 Eragrostis longispicula S. C. Sun et H. Q. Wang = Eragrostis atrovirens (Desf.) Trin. ex Steud. ■

147785 Eragrostis lukwangulensis Pilg. = Eragrostis homblei De Wild. ■☆

147786 Eragrostis lumeneensis Vanderyst = Eragrostis olivacea K. Schum. ■☆

147787 Eragrostis lutensis Cope;淡黄画眉草■☆

147788 Eragrostis macilenta (A. Rich.) Steud.;贫弱画眉草■☆

147789 Eragrostis macrochlamys Pilg.;大被画眉草■☆

147790 Eragrostis macrochlamys Pilg. var. wilmaniae (C. E. Hubb. et Schweick.) De Winter;威尔曼大被画眉草■☆

147791 Eragrostis madagascariensis (Lam.) Steud. = Megastachya mucronata (Poir.) P. Beauv. ■☆

147792 Eragrostis mahrana Schweinf.;马氏画眉草■☆

147793 Eragrostis mairei Hack.;梅氏画眉草(东川画眉草,广东画眉草,丽江画眉草);Maire Lovegrass ■

147794 Eragrostis mairei Hack. = Eragrostis ferruginea (Thunb.) P. Beauv. ■

147795 Eragrostis mairei Hack. var. eglandia B. S. Sun et S. Wang;无腺东川画眉草;Glanduleless Maire Lovegrass ■

147796 Eragrostis mairei Hack. var. eglandis B. S. Sun et S. Wang = Eragrostis ferruginea (Thunb.) P. Beauv. ■

147797 Eragrostis major Host;大株画眉草;Stink Grass ■☆

147798 Eragrostis major Host = Eragrostis cilianensis (All.) Vignolo ex Janch. ■

147799 Eragrostis makinoi Hack. = Eragrostis pilosissima Link ■

147800 Eragrostis manikensis De Wild. = Eragrostis capensis (Thunb.) Trin. ■☆

147801 Eragrostis margaritacea Stapf = Eragrostis rogersii C. E. Hubb. ■☆

147802 Eragrostis mariae Launert;玛利亚画眉草■☆

147803 Eragrostis maritima A. Chev. = Eragrostis japonica (Thunb.) Trin. ■

147804 Eragrostis marlothii Hack. = Pogonarthria squarrosa (Roem. et Schult.) Pilg. ■☆

147805 Eragrostis maxima Baker = Megastachya mucronata (Poir.) P. Beauv. ■☆

147806 Eragrostis megastachya (Koeler) Link = Eragrostis cilianensis (All.) Vignolo ex Janch. ■

147807 Eragrostis membranacea Hack. ex Schinz;膜质画眉草■☆

147808 Eragrostis mexicana (Hornem.) Link;墨西哥画眉草;Mexican Love Grass, New Mexico Love Grass ■☆

147809 Eragrostis mexicana (Hornem.) Link subsp. virescens (J. Presl) S. D. Koch et Sánchez Vega;浅绿墨西哥画眉草■☆

147810 Eragrostis micrantha Hack.;非洲小花画眉草■☆

147811 Eragrostis microsperma Rendle;小籽画眉草■☆

147812 Eragrostis mildbraedii Pilg.;米尔德画眉草■☆

147813 Eragrostis milnei Launert ex Cope;米尔恩画眉草■☆

147814 Eragrostis minima Jedwabn. = Eragrostis aegyptiaca (Willd.) Delile ■☆

147815 Eragrostis minor Host;小画眉草(极小画眉草,蚊蚊草,星星草);Little Love Grass, Little Lovegrass, Little Love-grass, Small Lovegrass, Small Love-grass ■

147816 Eragrostis minor Host var. minima B. S. Sun et S. Wang = Eragrostis minor Host ■

147817 Eragrostis moggii De Winter;莫格画眉草■☆

147818 Eragrostis moggii De Winter var. contracta ?;紧缩画眉草■☆

147819 Eragrostis mollior Pilg. ex R. E. Fr.;柔软画眉草■☆

147820 Eragrostis monodii A. Camus;莫诺画眉草■☆

147821 Eragrostis montana Balansa;山地画眉草■

147822 Eragrostis mucronata (L.) Defleurs = Halopyrum mucronatum (L.) Stapf ■☆

147823 Eragrostis multicaulis Steud.;多秆画眉草;Manystem Lovegrass ■

147824 Eragrostis multicaulis Steud. = Eragrostis pilosa (L.) P. Beauv. ■

147825 Eragrostis multiflora (Forssk.) Asch. = Eragrostis cilianensis (All.) Vignolo ex Janch. ■

147826 Eragrostis multiflora (Forssk.) Asch. var. biformis (Kunth) A. Chev. = Eragrostis atrovirens (Desf.) Trin. ex Steud. ■

147827 Eragrostis multiflora (Forssk.) Asch. var. insularis A. Terracc. ex Chiov. = Eragrostis minor Host ■

147828 Eragrostis multiflora (Forssk.) Asch. var. pappiana Chiov. = Eragrostis minor Host ■

147829 Eragrostis multiflora (Forssk.) Asch. var. poaeoides (P. Beauv.) Trab. = Eragrostis minor Host ■

147830 Eragrostis multinodis B. S. Sun et S. Wang = Eragrostis atrovirens (Desf.) Trin. ex Steud. ■

147831 Eragrostis multipilosa Hochst. ex Mattei = Eragrostis cylindriflora Hochst. ■☆

147832 Eragrostis multispicula Kitag. = Eragrostis pilosa (L.) P. Beauv. ■

147833 Eragrostis namaquensis Nees ex Schrad.;纳马夸画眉草■☆

147834 Eragrostis namaquensis Nees ex Schrad. = Diandrochloa namaquensis (Nees ex Schrad.) De Winter ■☆

147835 Eragrostis namaquensis Nees ex Schrad. = Eragrostis japonica (Thunb.) Trin. ■

147836 Eragrostis namaquensis Nees ex Schrad. var. diplachnoides (Steud.) Clayton = Eragrostis japonica (Thunb.) Trin. ■

147837 Eragrostis natalensis Hack.;纳塔尔画眉草■☆

147838 Eragrostis nebulosa Stapf = Eragrostis planiculmis Nees ■☆

147839 Eragrostis neesii Trin.;尼斯画眉草;Nees Lovegrass ■☆

147840 Eragrostis neomexicana Vasey = Eragrostis mexicana (Hornem.) Link ■☆

147841 Eragrostis nervosa Hochst.;多脉画眉草■☆

147842 Eragrostis nevinii Hance;华南画眉草(川淡画眉草,广东画眉草,尼氏画眉草,尼文氏画眉草,石骨儿);Nevin Lovegrass ■

147843 Eragrostis nigerica A. Chev. = Eragrostis aegyptiaca (Willd.) Delile ■☆

147844 Eragrostis nigra Nees ex Steud.;黑穗画眉草(露水草);Blackspiked Lovegrass ■

147845 Eragrostis nindensis Ficalho et Hiern;宁达画眉草■☆

147846 Eragrostis niwahokori Honda = Eragrostis multicaulis Steud. ■

147847 Eragrostis nutans (Retz.) Nees ex Steud.;细叶画眉草;Thin-leaved Lovegrass ■

147848 Eragrostis obtusa Munro ex Ficalho et Hiern;钝画眉草■☆

147849 Eragrostis oligostachya Launert ex Cope;寡穗画眉草■☆

147850 Eragrostis olivacea K. Schum. = Eragrostis olivacea K. Schum. ex Engl. ■☆

147851 Eragrostis olivacea K. Schum. ex Engl.;橄榄绿画眉草■☆

147852 Eragrostis olivacea K. Schum. var. congesta ? = Eragrostis olivacea K. Schum. ■☆

147853 Eragrostis omahekensis De Winter;奥马哈克画眉草■☆

147854 Eragrostis oxylepis (Torr.) Torr. = Eragrostis secundiflora C. Presl ■☆

147855 Eragrostis pallens Hack.;苍白画眉草■☆

147856 Eragrostis pallescens Hitchc. = Eragrostis domingensis (Pers.) Steud. ■☆

147857 Eragrostis palustris Zon;沼泽画眉草■☆

147858 Eragrostis paniciformis (A. Braun) Steud.;圆锥画眉草■☆

147859 Eragrostis pappiana (Chiov.) Chiov. = Eragrostis minor Host ■

147860 Eragrostis pappiana (Chiov.) Chiov. var. insularis (A. Terracc. ex Chiov.) Mattei = Eragrostis minor Host ■

147861 Eragrostis pappii Gand. = Eragrostis cilianensis (All.) Vignolo ex Janch. ■

147862 Eragrostis papposa (Roem. et Schult.) Steud.;冠毛画眉草■☆

147863 Eragrostis paradoxa Launert;奇异画眉草■☆

147864 Eragrostis parviflora (R. Br.) Trin.;小花画眉草;Smallflower Lovegrass, Weeping Love-grass ■☆

147865 Eragrostis passa Rendle = Eragrostis macilenta (A. Rich.) Steud. ■☆

147866 Eragrostis patens Oliv.;铺展画眉草■☆

147867 Eragrostis patens Oliv. var. congoensis Franch. = Eragrostis patens Oliv. ■☆

147868 Eragrostis patens Oliv. var. pilosa Peter = Eragrostis patens Oliv. ■☆

147869 Eragrostis patentipilosa Hack.;展毛画眉草■☆

147870 Eragrostis patentissima Hack.;伸展画眉草■☆

147871 Eragrostis pectinacea (Michx.) Nees;卡罗来纳画眉草;Carolina Love Grass, Low Love Grass, Pectinate Love-grass, Small Love Grass, Tufted Love Grass ■☆

147872 Eragrostis pendula Peter = Eragrostis olivacea K. Schum. ■☆

147873 Eragrostis perbella K. Schum.;极美画眉草■☆

147874 Eragrostis peregrina Wiegand = Eragrostis pilosa (L.) P. Beauv. ■

147875 Eragrostis perennans Keng;宿根画眉草(串鱼草);Perennial Lovegrass ■

147876 Eragrostis perlaxa Keng ex P. C. Keng et L. Liou;疏穗画眉草;Looswspike Lovegrass ■

147877 Eragrostis perrieri A. Camus;佩里耶画眉草■☆

147878 Eragrostis phaeantha C. E. Hubb. = Eragrostis homblei De Wild. ■☆

147879 Eragrostis phyllacantha Cope;叶刺画眉草■☆

147880 Eragrostis piercei Benth. = Coelachyrum piercei (Benth.) Bor ■☆

147881 Eragrostis pilgeriana Dinter ex Pilg.;皮尔格画眉草■☆

147882 Eragrostis pilifera Scheele = Eragrostis trichodes (Nutt.) A. W. Wood ■☆

147883 Eragrostis pilosa (L.) P. Beauv.;画眉草(榧子草,蚊子草,星星草);India Love Grass, India Lovegrass, India Love-grass, Indian Love Grass, Indian Lovegrass, Jersey Love-grass ■

147884 Eragrostis pilosa (L.) P. Beauv. subsp. abyssinica (Jacq.) Asch. et Graebn. = Eragrostis tef (Zuccagni) Trotter ■☆

147885 Eragrostis pilosa (L.) P. Beauv. subsp. multicaulis (Steud.) Tzvelev = Eragrostis multicaulis Steud. ■

147886 Eragrostis pilosa (L.) P. Beauv. subsp. neglecta H. Scholz;忽视画眉草■☆

147887 Eragrostis pilosa (L.) P. Beauv. subsp. subspontanea H. Scholz;野生画眉草■☆

147888 Eragrostis pilosa (L.) P. Beauv. var. imberbis Franch.;无芒画眉草(无芒画眉,无毛画眉草);Beardless Indian Lovegrass, Beardless Lovegrass ■

147889 Eragrostis pilosa (L.) P. Beauv. var. imberbis Franch. = Eragrostis multicaulis Steud. ■

147890 Eragrostis pilosa (L.) P. Beauv. var. tef (Zuccagni) Fiori = Eragrostis tef (Zuccagni) Trotter ■☆

147891 Eragrostis pilosissima Link;多毛知风草(毛画眉草);Hairy Lovegrass, Manyhairy Lovegrass ■

147892 Eragrostis pilosiuscula Ohwi;毛叶知风草(多毛知风草,有毛知风草)■

147893 Eragrostis plana Nees;南非画眉草;South African Lovegrass ■☆

147894 Eragrostis planiculmis Nees;扁秆画眉草■☆

147895 Eragrostis platyphylla Rendle;阔叶画眉草■☆

147896 Eragrostis platyphylla Rendle = Eragrostis rogersii C. E. Hubb. ■☆

147897 Eragrostis platystachys Franch. = Eragrostis superba Peyr. ■☆

147898 Eragrostis plumosa (Retz.) Link = Eragrostis amabilis (L.) Wight et Arn. ■

147899 Eragrostis plumosa (Retz.) Link = Eragrostis tenella (L.) P. Beauv. ex Roem. et Schult. ■

147900 Eragrostis plurigluma C. E. Hubb.;多颖画眉草■☆

147901 Eragrostis poaeoides P. Beauv. = Eragrostis minor Host ■

147902 Eragrostis poaeoides P. Beauv. ex Roem. et Schult. = Eragrostis minor Host ■

147903 Eragrostis pobeguinii C. E. Hubb.;波别画眉草■☆

147904 Eragrostis poculiformis Cope;杯状画眉草■☆

147905 Eragrostis podotricha Chiov. = Eragrostis porosa Nees ■☆

147906 Eragrostis poecilantha Stapf = Eragrostis crassinervis Hack. ■

147907 Eragrostis polyadenia Mattei;多腺画眉草■☆

147908 Eragrostis polysperma Peter = Eragrostis cilianensis (All.) Vignolo ex Janch. ■

147909 Eragrostis pooides P. Beauv. = Eragrostis minor Host ■

147910 Eragrostis porosa Nees;多孔画眉草■☆

147911 Eragrostis procerior Rendle;高大画眉草■☆

147912 Eragrostis procumbens Nees;平铺画眉草■☆

147913 Eragrostis prolifera (Sw.) Steud.;多育画眉草■☆

147914 Eragrostis psammophila S. M. Phillips;喜沙画眉草■☆

147915 Eragrostis pseudohispida Napper = Eragrostis canescens C. E. Hubb. ■☆

147916 Eragrostis pseudonigra Mattei = Eragrostis macilenta (A. Rich.) Steud. ■☆

147917 Eragrostis pseudo-obtusa De Winter;假钝画眉草■☆

147918 Eragrostis pseudosclerantha Chiov. = Eragrostis patentipilosa Hack. ■☆

147919 Eragrostis puberula Steud.;微毛画眉草■☆

147920 Eragrostis pubiculmis Jedwabn.;短毛秆画眉草■☆

147921 Eragrostis pulchella Parl. = Eragrostis ciliaris (L.) R. Br. ■

147922 Eragrostis pulchra S. C. Sun et H. Q. Wang;美丽画眉草;Beautiful Lovegrass ■

147923 Eragrostis pulchra S. C. Sun et H. Q. Wang = Eragrostis multicaulis Steud. ■

147924 Eragrostis pumila A. Chev. = Eragrostis gangetica (Roxb.) Steud. ■☆

147925 Eragrostis punctiglandulosa Cope;斑腺画眉草■☆

147926 Eragrostis purshii Schrad. = Eragrostis pectinacea (Michx.) Nees ■☆

147927 Eragrostis pusilla Hack. = Diandrochloa pusilla (Hack.) De Winter ■☆

147928 Eragrostis pycnostachys Clayton;密穗画眉草■☆

147929 Eragrostis pygmaea De Winter;矮小画眉草■☆

147930 Eragrostis quadriflora Rendle = Eragrostis cylindriflora Hochst. ■☆

147931 Eragrostis quinquenervis B. S. Sun et S. Wang;五脉画眉草;Five-veined Lovegrass ■

147932 Eragrostis quinquenervis B. S. Sun et S. Wang = Eragrostis perennans Keng ■

147933 Eragrostis quintasii Gand. = Eragrostis aspera (Jacq.) Nees ■☆

147934 Eragrostis racemosa (Thunb.) Steud.;多枝画眉草■☆

147935 Eragrostis racemosa (Thunb.) Steud. var. holstii (Engl. et K. Schum.) Chiov. = Eragrostis schweinfurthii Chiov. ■☆

147936 Eragrostis ramosa Hack. = Eragrostis annulata Rendle ex Scott-Elliot ■☆

147937 Eragrostis raynaliana J. -P. Lebrun;雷纳尔画眉草■☆

147938 Eragrostis reflexa Hack.;扭枝画眉草;Flex Lovegrass ■

147939 Eragrostis reflexa Hack. = Eragrostis brownii (Kunth) Nees ■

147940 Eragrostis remotiflora De Winter;疏花画眉草■☆

147941 Eragrostis reptans (Michx.) Nees;匍匐画眉草;Creeping Love Grass, Pony Grass ■☆

147942 Eragrostis rigidior Pilg.;硬画眉草■☆

147943 Eragrostis robusta Stent = Eragrostis curvula (Schrad.) Nees ■

147944 Eragrostis rogersii C. E. Hubb.;罗杰斯画眉草■☆

147945 Eragrostis rotifer Rendle;圆画眉草■☆

147946 Eragrostis rubens (Lam.) Hochst. ex Miq. = Eragrostis unioloides (Retz.) Nees ex Steud. ■

147947 Eragrostis rubida B. S. Sun et S. Wang;红穗画眉草;Red-spiked Lovegrass ■

147948 Eragrostis rubida B. S. Sun et S. Wang = Eragrostis perennans Keng ■

147949 Eragrostis rubiginosa Trin. = Eragrostis turgida (Schumach.) De Wild. ■☆

147950 Eragrostis rufinerva L. C. Chia;红脉画眉草;Redvein Lovegrass ■

147951 Eragrostis sabinae Launert;萨比纳画眉草■☆

147952 Eragrostis sabulicola Pilg. ex Koechlin;砂生画眉草■☆

147953 Eragrostis sabulosa (Steud.) Schweick.;砂地画眉草■☆

147954 Eragrostis sapinii De Wild. = Eragrostis thollonii Franch. ■☆

147955 Eragrostis sarmentosa (Thunb.) Trin.;蔓茎画眉草■☆

147956 Eragrostis schweinfurthiana Jedwabn. = Eragrostis cilianensis (All.) Vignolo ex Janch. ■

147957 Eragrostis schweinfurthii Chiov.;施韦画眉草■☆

147958 Eragrostis schweinfurthii Chiov. var. kiwuensis (Jedwabn.) Phillips;邱园画眉草■☆

147959 Eragrostis sclerantha Nees subsp. villosipes (Jedwabn.) Launert;长柔毛画眉草■☆

147960 Eragrostis sclerantha Nees var. villosipes (Jedwabn.) De Winter = Eragrostis sclerantha Nees subsp. villosipes (Jedwabn.) Launert ■☆

147961 Eragrostis sclerochlaena Chiov. = Eragrostis thollonii Franch. ■☆

147962 Eragrostis secundiflora C. Presl;红画眉草;Red Love Grass ■☆

147963 Eragrostis seineri Jedwabn. = Eragrostis rigidior Pilg. ■☆

147964 Eragrostis senegalensis Nees = Eragrostis aegyptiaca (Willd.) Delile ■☆

147965 Eragrostis sennii Chiov.;森恩画眉草■☆

147966 Eragrostis sericata Cope;绢毛画眉草■☆

147967 Eragrostis serpula Chiov. = Eragrostis tremula Hochst. ex Steud. ■☆

147968 Eragrostis seticaulis Chiov. = Eragrostis volkensii Pilg. ■☆

147969 Eragrostis silveana Swallen;森林画眉草■☆

147970 Eragrostis somaliensis A. Terracc. ex Engl.;索马里画眉草■☆

147971 Eragrostis spectabilis (Pursh) Steud.;紫色画眉草;Purple Love Grass, Tumble Grass ■☆

147972 Eragrostis spectabilis (Pursh) Steud. var. sparsihirsuta Farw. = Eragrostis spectabilis (Pursh) Steud. ■☆

147973 Eragrostis spicigera Cope;穗花画眉草■☆

147974 Eragrostis spinosa (L. f.) Trin. = Cladoraphis spinosa (L. f.) S. M. Phillips ●☆

147975 Eragrostis sporoboloides Stapf = Eragrostis stapfii De Winter ■☆

147976 Eragrostis squamata (Lam.) Steud.;小鳞画眉草■☆

147977 Eragrostis stapfii De Winter;施塔普夫画眉草■☆

147978 Eragrostis starosselskyi Grossh.;斯达画眉草■☆

147979 Eragrostis stenophylla Hochst. ex Miq.;狭叶画眉草;Narrowleaf Lovegrass ■☆

147980 Eragrostis stenosoma Peter = Eragrostis mollior Pilg. ex R. E. Fr. ■☆

147981 Eragrostis stenothyrsa Pilg.;狭伞画眉草■☆

147982 Eragrostis stentiae Bremek. et Oberm. = Eragrostis laevissima Hack. ■☆

147983 Eragrostis stolonifera A. Camus;匍枝画眉草■☆

147984 Eragrostis stolzii Gilli = Eragrostis canescens C. E. Hubb. ■☆

147985 Eragrostis strigosa Andersson = Eragrostis viscosa (Retz.) Trin. ■☆

147986 Eragrostis suaveolens Becker ex Claus;香画眉草;Fragrant Lovegrass ■

147987 Eragrostis subglandulosa Cope;小腺画眉草■☆

147988 Eragrostis subulata Nees = Eragrostis curvula (Schrad.) Nees ■

147989 Eragrostis sudanica A. Chev. = Eragrostis atrovirens (Desf.) Trin. ex Steud. ■

147990 Eragrostis superba Peyr.;华美画眉草;Wilman Lovegrass ■☆

147991 Eragrostis superba Peyr. var. contracta Peter = Eragrostis superba Peyr. ■☆

147992 Eragrostis sylviae Cope;西尔维亚画眉草■☆

147993 Eragrostis taffzagra Steud. = Eragrostis paniciformis (A. Braun) Steud. ■☆

147994 Eragrostis tef (Zuccagni) Trotter;塔夫画眉草;Teff ■☆

147995 Eragrostis tenella (L.) P. Beauv. ex Roem. et Schult.;鲫鱼草(乱草,南部知风草,碎米知风草,香榧草,秀丽画眉草,须须草);Crucia Lovegrass, Feather Lovegrass, Japanese Lovegrass ■

147996 Eragrostis tenella (L.) P. Beauv. ex Roem. et Schult. = Eragrostis amabilis (L.) Wight et Arn. ■

147997 Eragrostis tenella (L.) P. Beauv. ex Roem. et Schult. var. plumosa (Retz.) Stapf = Eragrostis tenella (L.) P. Beauv. ex Roem. et Schult. ■

147998 Eragrostis tenella (L.) Roem. et Schult. = Eragrostis amabilis (L.) Wight et Arn. ■

147999 Eragrostis tenella (L.) Roem. et Schult. var. insularis C. E. Hubb. = Eragrostis amabilis (L.) Wight et Arn. var. insularis (C. E. Hubb.) P. Umam. et P. Daniel ■☆

148000 Eragrostis tenella (L.) Roem. et Schult. var. viscosa ? = Eragrostis viscosa (Retz.) Trin. ■☆

148001 Eragrostis tenellula (Kunth) Steud. = Eragrostis japonica (Thunb.) Trin. ■

148002 Eragrostis tenuiflora Rupr. ex Steud. = Eragrostis pilosa (L.) P. Beauv. ■

148003 Eragrostis tenuifolia (A. Rich.) Hochst. ex Steud.;线叶画眉草;Elastic Grass ■☆

148004 Eragrostis tenuifolia (A. Rich.) Steud. = Eragrostis tenuifolia (A. Rich.) Hochst. ex Steud. ■☆

148005 Eragrostis tenuifolia (A. Rich.) Steud. var. polytricha Peter =

Eragrostis tenuifolia (A. Rich.) Steud. ■☆
148006 Eragrostis tenuissima Schrad. ex Nees = Eragrostis japonica (Thunb.) Trin. ■
148007 Eragrostis tephrosanthos Schult.;灰花画眉草;Ashy-greyflower Lovegrass ■☆
148008 Eragrostis tephrosanthos Schult. = Eragrostis pectinacea (Michx.) Nees ■☆
148009 Eragrostis thollonii Franch.;托伦画眉草■☆
148010 Eragrostis thunbergiana Steud. = Eragrostis curvula (Schrad.) Nees ■
148011 Eragrostis thunbergiana Steud. var. atrata Schweinf. = Eragrostis curvula (Schrad.) Nees ■
148012 Eragrostis tincta S. M. Phillips = Stiburus alopecuroides (Hack.) Stapf ■☆
148013 Eragrostis trachyantha Cope;糙花画眉草■☆
148014 Eragrostis trachyphylla Pilg. = Eragrostis capensis (Thunb.) Trin. ■☆
148015 Eragrostis transvaalensis Gand. = Eragrostis viscosa (Retz.) Trin. ■☆
148016 Eragrostis tremula Hochst. ex Steud.;颤画眉草■☆
148017 Eragrostis trepidula C. E. Hubb. = Eragrostis plurigluma C. E. Hubb. ■☆
148018 Eragrostis trichocordia Gilli = Eragrostis exasperata Peter ■☆
148019 Eragrostis trichodes (Nutt.) A. W. Wood;沙地画眉草;Sand Love Grass, Tall Love Grass, Thread Love Grass ■☆
148020 Eragrostis trichodes (Nutt.) A. W. Wood var. pilifera (Scheele) Fernald = Eragrostis trichodes (Nutt.) A. W. Wood ■☆
148021 Eragrostis trichophora Coss. et Durieu;毛花画眉草;Hairyflower Lovegrass ■☆
148022 Eragrostis tridentata Cope;三齿画眉草■☆
148023 Eragrostis trimucronata Napper;三短尖画眉草■☆
148024 Eragrostis truncata Hack.;平截画眉草■☆
148025 Eragrostis tubiformis Hack. ex De Wild.;管状画眉草■☆
148026 Eragrostis turgida (Schumach.) De Wild.;膨胀画眉草■☆
148027 Eragrostis uniglumis Hack. = Eragrostis hierniana Rendle ■☆
148028 Eragrostis unioloides (Retz.) Nees ex Steud.;牛虱草(虱螂草);Chinese Lovegrass, Ox-louse Lovegrass ■
148029 Eragrostis usambarensis Napper;乌桑巴拉画眉草■☆
148030 Eragrostis uzondoiensis Sánchez-Ken;乌祖多伊画眉草■☆
148031 Eragrostis valida Pilg.;刚直画眉草■☆
148032 Eragrostis vanderystii De Wild. = Eragrostis nindensis Ficalho et Hiern ■☆
148033 Eragrostis vansonii Bremek. et Oberm. = Eragrostis lehmanniana Nees ■☆
148034 Eragrostis variegata Welw. ex Rendle;杂色画眉草■☆
148035 Eragrostis venustula Launert ex Cope;美艳画眉草■☆
148036 Eragrostis verticillata (Cav.) Roem. et Schult. = Eragrostis pilosa (L.) P. Beauv. ■
148037 Eragrostis villosipes Jedwabn. = Eragrostis sclerantha Nees subsp. villosipes (Jedwabn.) Launert ■☆
148038 Eragrostis virescens J. Presl;绿画眉草■☆
148039 Eragrostis virescens J. Presl = Eragrostis mexicana (Hornem.) Link subsp. virescens (J. Presl) S. D. Koch et Sánchez Vega ■☆
148040 Eragrostis viscosa (Retz.) Trin.;黏性画眉草■☆
148041 Eragrostis volkensii Pilg.;福尔画眉草■☆
148042 Eragrostis vulgaris Coss. et Germ.;普通画眉草■☆
148043 Eragrostis vulgaris Coss. et Germ. var. megastachya (Link) Coss. et Durieu = Eragrostis cilianensis (All.) Vignolo ex Janch. ■
148044 Eragrostis vulgaris Coss. et Germ. var. microstachya Coss. et Durieu = Eragrostis barrelieri Daveau ■☆
148045 Eragrostis vulgaris Coss. et Germ. var. speirostachya Coss. et Durieu = Eragrostis papposa (Roem. et Schult.) Steud. ■☆
148046 Eragrostis walteri Pilg.;瓦尔特画眉草■☆
148047 Eragrostis weberae Peter = Eragrostis castellaneana Buscal. et Muschl. ■☆
148048 Eragrostis welwitschii Rendle;韦尔画眉草■☆
148049 Eragrostis wilmaniae C. E. Hubb. et Schweick. = Eragrostis macrochlamys Pilg. var. wilmaniae (C. E. Hubb. et Schweick.) De Winter ■☆
148050 Eragrostis wilmsii Stapf = Eragrostis heteromera Stapf ■☆
148051 Eragrostis yemenica Schweinf. = Coelachyrum yemenicum (Schweinf.) S. M. Phillips ■☆
148052 Eragrostis zeylanica Nees et Meyen = Eragrostis brownii (Kunth) Nees ■
148053 Eranthemum L. (1753);可爱花属(爱春花属,喜花草属);Eranthemum, Lovableflower •■
148054 Eranthemum L. = Pigafetta (Blume) Becc. (保留属名)•☆
148055 Eranthemum acanthophorum (Nees) Roem. et Schult. = Barleria acanthophora Nees •☆
148056 Eranthemum affine Spreng. = Ruspolia hypocrateriformis (Vahl) Milne-Redh. •☆
148057 Eranthemum angustatum L. = Microdon dubius (L.) Hilliard •☆
148058 Eranthemum angustifolium Murray = Microdon dubius (L.) Hilliard •☆
148059 Eranthemum atropurpureum Hook. f. = Pseuderanthemum kewense L. H. Bailey et E. Z. Bailey ■☆
148060 Eranthemum atropurpureum Hort. = Pseuderanthemum atropurpureum L. H. Bailey •☆
148061 Eranthemum austrosinense H. S. Lo;华南可爱花;S. China Lovableflower, South China Eranthemum ■
148062 Eranthemum bicolor Schrank = Pseuderanthemum bicolor (Schrank) Radlk. ■
148063 Eranthemum bilabiale C. B. Clarke = Pseuderanthemum ludovicianum (Büttner) Lindau ■☆
148064 Eranthemum crenulatum Nees = Pseuderanthemum graciliflorum (Nees) Ridl. •
148065 Eranthemum decurrens Hochst. ex Nees = Ruspolia decurrens (Hochst. ex Nees) Milne-Redh. •☆
148066 Eranthemum elegans (P. Beauv.) Roem. et Schult. = Lankesteria elegans (P. Beauv.) T. Anderson •☆
148067 Eranthemum graciliflorum Nees = Pseuderanthemum graciliflorum (Nees) Ridl. •
148068 Eranthemum hildebrandtii (Lindau) C. B. Clarke = Pseuderanthemum hildebrandtii Lindau ■☆
148069 Eranthemum hispidum (Willd.) Nees = Lankesteria hispida (Willd.) T. Anderson •☆
148070 Eranthemum hypocrateriforme (Vahl) Sol. ex Roem. et Schult. = Ruspolia hypocrateriformis (Vahl) Milne-Redh. •☆
148071 Eranthemum igneum Linden;焰可爱花;Fiery Love-flower ■☆
148072 Eranthemum lindaui C. B. Clarke = Pseuderanthemum tunicatum (Afzel.) Milne-Redh. ■☆
148073 Eranthemum ludovicianum Büttner = Pseuderanthemum ludovicianum (Büttner) Lindau ■☆
148074 Eranthemum malaccense C. B. Clarke = Pseuderanthemum

graciliflorum (Nees) Ridl. ●
148075 Eranthemum nervosum (Vahl) R. Br. ex Roem. et Schult. = Eranthemum pulchellum Andréws ●
148076 Eranthemum nigritianum T. Anderson = Pseuderanthemum tunicatum (Afzel.) Milne-Redh. ■☆
148077 Eranthemum nigrum Linden;黑可爱花;Black Magic ■☆
148078 Eranthemum palatiferium (Wall. ex Nees) Nees = Pseuderanthemum latifolium (Vahl) B. Hansen ■
148079 Eranthemum parviflorum P. J. Bergius = Microdon parviflorus (P. J. Bergius) Hilliard ●☆
148080 Eranthemum parvifolium L. = Microdon parviflorus (P. J. Bergius) Hilliard ●☆
148081 Eranthemum platiferum (Wall.) Nees = Pseuderanthemum latifolium (Vahl) B. Hansen ■
148082 Eranthemum plumbaginoides Maury = Pseuderanthemum tunicatum (Afzel.) Milne-Redh. ■☆
148083 Eranthemum polyanthum C. B. Clarke = Pseuderanthemum polyanthum (C. B. Clarke) Merr. ■
148084 Eranthemum polyanthum C. B. Clarke ex Kuntze = Pseuderanthemum polyanthum (C. B. Clarke) Merr. ■
148085 Eranthemum polyanthum C. B. Clarke ex Oliv. = Pseuderanthemum polyanthum (C. B. Clarke ex Oliv.) Merr. ■
148086 Eranthemum pubipetalum S. Z. Huang;毛冠可爱花;Hairy-flowered Lovableflower ■
148087 Eranthemum pulchellum Andréws;可爱花(爱春花,蓝花仔,蓝喜花草,琉璃花伞,喜花草);Blue Sage, Blue-sage, Lovableflower, Vened Eranthemum ●
148088 Eranthemum salsoloides L. f. = Campylanthus salsoloides (L. f.) Roth ●☆
148089 Eranthemum senense Klotzsch = Ruspolia decurrens (Hochst. ex Nees) Milne-Redh. ●☆
148090 Eranthemum seticalyx C. B. Clarke = Ruspolia seticalyx (C. B. Clarke) Milne-Redh. ●☆
148091 Eranthemum shweliense W. W. Sm. = Pseuderanthemum shweliense (W. W. Sm.) C. Y. Wu et C. C. Hu ●■
148092 Eranthemum spinosum Lour. = Barleria acanthophora Nees ●☆
148093 Eranthemum splendens (T. Anderson) Siebold et Voss;云南可爱花;Yunnan Eranthemum ■
148094 Eranthemum subviscosum C. B. Clarke = Pseuderanthemum subviscosum (C. B. Clarke) Stapf ■☆
148095 Eranthemum tapinense W. W. Sm. = Pseuderanthemum tapingense (W. W. Sm.) C. Y. Wu et H. S. Lo ex C. C. Hu ●■
148096 Eranthemum tapingense W. W. Sm.;太平喜花草;Taiping Eranthemum ■
148097 Eranthemum tapingense W. W. Sm. = Pseuderanthemum tapingense (W. W. Sm.) C. Y. Wu et C. C. Hu ●■
148098 Eranthemum teysmanni C. B. Clarke = Pseuderanthemum teysmannii (C. B. Clarke) Ridl. ●
148099 Eranthemum vincoides (Lam.) R. Br. ex Roem. et Schult. = Oplonia vincoides (Lam.) Stearn ●☆
148100 Eranthemum wattii Stapf;阔叶喜花草●☆
148101 Eranthis Salisb. (1807)(保留属名);菟葵属;Winter Aconite, Winteraconite, Winter-aconite ■
148102 Eranthis albiflora Franch.;白花菟葵;White Winteraconite ■
148103 Eranthis cilicica Schott et Kotschy = Eranthis hyemalis Salisb. ■☆
148104 Eranthis hyemalis (L.) Salisb.;欧洲菟葵(冬菟葵,土耳其菟葵,菟葵);Christmas Flower, Christmas Rose, Common Winter Aconite, Devil's Wort, Europe Winteraconite, New Year's Gift, Winter Aconite, Winter Hellebore, Winter Wolf's Bane, Winter-aconite, Winterling, Yellow Aconite, Yellow Star ■☆
148105 Eranthis hyemalis (L.) Salisb. var. cilicica Huth. = Eranthis hyemalis (L.) Salisb. ■☆
148106 Eranthis hyemalis Salisb. = Eranthis hyemalis (L.) Salisb. ■☆
148107 Eranthis lobulata W. T. Wang;浅裂菟葵;Lobulate Winteraconite ■
148108 Eranthis lobulata W. T. Wang var. elatior W. T. Wang;高浅裂菟葵■
148109 Eranthis longistipitata Regel;长柄菟葵;Longstipe Winteraconite ■☆
148110 Eranthis pinnatifida Maxim.;羽裂菟葵(菟葵,羽状菟葵)■☆
148111 Eranthis sibirica DC.;矮菟葵(西伯利亚菟葵);Dwarf Winteraconite, Siberian Winteraconite ■☆
148112 Eranthis stellata Maxim.;菟葵(黄花菟葵);Stellate Winteraconite, Winter Aconite, Winteraconite ■
148113 Eranthis tubergenii Hoog = Eranthis hyemalis (L.) Salisb. ■☆
148114 Eranthis uncinata Turcz. var. puberula Regel et Maack = Eranthis stellata Maxim. ■
148115 Eranthis vaniotiana H. Lév. = Sanicula rubriflora F. Schmidt ex Maxim. ■
148116 Erasanthe P. J. Cribb, Hermans et D. L. Roberts(2007);隐花兰属■☆
148117 Erasanthe henrici (Schltr.) P. J. Cribb, Hermans et D. L. Roberts;隐花兰■☆
148118 Erasma R. Br. = Lonchostoma Wikstr. (保留属名)●☆
148119 Erasmia Miq. = Peperomia Ruiz et Pav. ■
148120 Eratica Hort. ex Dipp. = Eurybia (Cass.) Cass. ■☆
148121 Eratica Hort. ex Dipp. = Olearia Moench(保留属名)●☆
148122 Erato DC. (1836);绿背黑药菊属■☆
148123 Erato DC. = Liabum Adans. ■●☆
148124 Erato polymnioides DC.;绿背黑药菊■☆
148125 Erato stenolepis (S. F. Blake) H. Rob.;窄鳞绿背黑药菊■☆
148126 Eratobotrys Fenzl ex Endl. = Scilla L. ■
148127 Eratobotrys bifolia Hochst. ex A. Rich. = Ledebouria revoluta (L. f.) Jessop ■☆
148128 Eratobotrys lilacina Fenzl ex Kunth = Ledebouria revoluta (L. f.) Jessop ■☆
148129 Erblichia Seem. (1854);埃尔时钟花属●☆
148130 Erblichia madagascariensis O. Hoffm.;马岛埃尔时钟花●☆
148131 Erblichia odorata Seem.;埃尔时钟花●☆
148132 Erblichia xylocarpa (Sprague et L. Riley) Standl. et Steyerm.;木果埃尔时钟花●☆
148133 Ercilia Endl. = Ercilla A. Juss. ●☆
148134 Ercilla A. Juss. (1832);攀缘商陆属●☆
148135 Ercilla spicata Moq. = Ercilla volubilis A. Juss. ●☆
148136 Ercilla syncarpellata Nowicke;集果攀缘商陆●☆
148137 Ercilla volubilis A. Juss.;攀缘商陆●☆
148138 Ercmopogon Stapf = Dichanthium Willemet ■
148139 Erdisia Britton et Rose = Corryocactus Britton et Rose ●☆
148140 Erdisia Britton et Rose(1920);潜龙掌属●☆
148141 Erdisia meyenii Britton et Rose;迷路玉(黄潜龙)●☆
148142 Erdisia meyenii Britton et Rose = Cereus aureus Meyen ●☆
148143 Erdisia spiniflora (Phil.) Britton et Rose;紫潜龙●☆
148144 Erdisia squarrosa (Vaupel) Britton et Rose;须久轮玉(晓潜龙)●☆

148145 Erebennus Alef. = Hibiscus L.（保留属名）●■
148146 Erebinthus Mitch.（废弃属名）= Tephrosia Pers.（保留属名）●■
148147 Erechthites Less. = Erechtites Raf. ■
148148 Erechtites Raf.（1817）；菊芹属（饥荒草属，梁子菜属）；Burnweed，Fireweed ■
148149 Erechtites argutus A. Rich. = Erechtites glomeratus（Desf. ex Poir.）DC. ■☆
148150 Erechtites argutus DC. = Erechtites glomeratus（Desf. ex Poir.）DC. ■☆
148151 Erechtites cacalioides Less. = Erechtites hieraciifolius（L.）Raf. ex DC. var. cacalioides（Fisch. ex Spreng.）Griseb. ■☆
148152 Erechtites glomeratus（Desf. ex Poir.）DC.；黏菊芹；Cutleaf Burnweed ■☆
148153 Erechtites hieracifolius（L.）Raf. ex DC.；梁子菜（大旱菜，飞机菜，革命菜，饥荒草，菊芹，美洲菊芹，水三七，野青菜，野茼菊）；America Burnweed，American Burnweed，American Burn-weed，Bumweed，Fireweed，Pilewort ■
148154 Erechtites hieraciifolius（L.）Raf. ex DC. var. cacalioides（Fisch. ex Spreng.）Griseb.；蟹甲草梁子菜■☆
148155 Erechtites hieraciifolius（L.）Raf. ex DC. var. cacalioides（Fisch. ex Spreng.）Griseb. = Erechtites hieraciifolius（L.）Raf. ex DC. ■
148156 Erechtites hieraciifolius（L.）Raf. ex DC. var. intermedius Fernald = Erechtites hieracifolius（L.）Raf. ex DC. ■
148157 Erechtites hieraciifolius（L.）Raf. ex DC. var. megalocarpus（Fernald）Cronquist；大果梁子菜■☆
148158 Erechtites hieraciifolius（L.）Raf. ex DC. var. praealtus（Raf.）Fernald = Erechtites hieracifolius（L.）Raf. ex DC. ■
148159 Erechtites hieraciifolius（L.）Raf. ex DC. var. typica Fernald = Erechtites hieracifolius（L.）Raf. ex DC. ■
148160 Erechtites megalocarpus Fernald = Erechtites hieraciifolius（L.）Raf. ex DC. var. megalocarpus（Fernald）Cronquist ■☆
148161 Erechtites minima（Poir.）DC.；海岸菊芹；Coastal Burnweed ■☆
148162 Erechtites prealta Raf.；美洲梁子菜■
148163 Erechtites prenanthoides（A. Rich.）DC.；大洋洲菊芹；Australia Burnweed，Australian Burnweed ■☆
148164 Erechtites valerianifolius（Wolf ex Rchb.）DC.；败酱叶菊芹（飞机草，昭和草）；Tropical Burnweed ■
148165 Ereicoctis Kuntze = Arcytophyllum Willd. ex Schult. et Schult. f. ●☆
148166 Ereicotis（DC.）Kuntze = Arcytophyllum Willd. ex Schult. et Schult. f. ●☆
148167 Eremaea Lindl.（1839）；澳西桃金娘属●☆
148168 Eremaea Lindl. = Eremaeopsis Kuntze ●☆
148169 Eremaea acutifolia F. Muell.；尖叶澳西桃金娘●☆
148170 Eremaea brevifolia Domin；短叶澳西桃金娘●☆
148171 Eremaea pauciflora Domin；少花澳西桃金娘●☆
148172 Eremaea pilosa Lindl.；毛澳西桃金娘●☆
148173 Eremaea purpurea C. A. Gardner；紫澳西桃金娘●☆
148174 Eremaeopsis Kuntze = Eremaea Lindl. ●☆
148175 Eremalche Greene（1906）；美洲多片锦葵属■☆
148176 Eremalche exilis（A. Gray）Greene；美洲多片锦葵■☆
148177 Eremalche exilis Greene = Eremalche exilis（A. Gray）Greene ■☆
148178 Eremalche rotundifolia（A. Gray）Greene；圆叶美洲多片锦葵■☆
148179 Eremalche rotundifolia Greene = Eremalche rotundifolia（A. Gray）Greene ■☆
148180 Eremanthe Spach = Hypericum L. ■●
148181 Eremanthna Royle = Erismanthus Wall. ex Müll. Arg. ●
148182 Eremanthus Less.（1829）；巴西菊属（单蕊菊属，荒漠菊属）●☆
148183 Eremanthus elaeagnus Sch. Bip.；巴西菊●☆
148184 Eremia D. Don = Erica L. ●☆
148185 Eremia D. Don（1834）；偏僻杜鹃属●☆
148186 Eremia bartlingiana Klotzsch = Erica totta Thunb. ●☆
148187 Eremia calycina Compton = Erica bokkeveldia E. G. H. Oliv. ●☆
148188 Eremia curvistyla（N. E. Br.）E. G. H. Oliv. = Erica curvistyla（N. E. Br.）E. G. H. Oliv. ●☆
148189 Eremia florifera Compton = Erica florifera（Compton）E. G. H. Oliv. ●☆
148190 Eremia lanata（Klotzsch）Benth. = Erica xeranthemifolia Salisb. ●☆
148191 Eremia parviflora Klotzsch = Erica eremioides（MacOwan）E. G. H. Oliv. ●☆
148192 Eremia recurvata Klotzsch = Erica recurvifolia E. G. H. Oliv. ●☆
148193 Eremia totta（Thunb.）D. Don = Erica totta Thunb. ●☆
148194 Eremia totta（Thunb.）D. Don var. bartlingiana N. E. Br. = Erica totta Thunb. ●☆
148195 Eremia tubercularis（Salisb.）Benth. = Erica tubercularis Salisb. ●☆
148196 Eremia virgata Compton = Erica bokkeveldia E. G. H. Oliv. ●☆
148197 Eremiastrum A. Gray = Monoptilon Torr. et A. Gray ■☆
148198 Eremiastrum bellioides A. Gray = Monoptilon bellioides（A. Gray）H. M. Hall ■☆
148199 Eremiella Compton = Erica L. ●☆
148200 Eremiella Compton（1953）；小偏僻杜鹃属●☆
148201 Eremiella outeniquae Compton = Erica outeniquae（Compton）E. G. H. Oliv. ●☆
148202 Ereminula Greene = Dimeresia A. Gray ■☆
148203 Eremiolirion J. C. Manning et F. Forest = Cyanella L. ■☆
148204 Eremiopsis N. E. Br. = Eremia D. Don ●☆
148205 Eremiopsis N. E. Br. = Scyphogyne Brongn. ●☆
148206 Eremiopsis curvistyla N. E. Br. = Erica curvistyla（N. E. Br.）E. G. H. Oliv. ●☆
148207 Eremiris（Spach）Rodion. = Iris L. ■
148208 Eremites Benth. = Eremitis Döll ■☆
148209 Eremitilla Yatsk. et J. L. Contr.（2009）；墨西哥列当属■☆
148210 Eremitis Döll = Pariana Aubl. ■☆
148211 Eremitis Döll（1877）；独焰禾属■☆
148212 Eremitis monothalamia Döll；独焰禾■☆
148213 Eremitis parviflora（Trin.）C. E. Calderón et Soderstr.；小花独焰笨■☆
148214 Eremium Seberg et Linde-Laursen = Elymus L. ■
148215 Eremobium Boiss.（1867）；沙生芥属■☆
148216 Eremobium aegyptiacum（Spreng.）Boiss. = Eremobium aegyptiacum（Spreng.）Hochr. ■☆
148217 Eremobium aegyptiacum（Spreng.）Boiss. subsp. diffusum（Decne.）Maire = Eremobium aegyptiacum（Spreng.）Hochr. ■☆
148218 Eremobium aegyptiacum（Spreng.）Boiss. subsp. longisiliquum（Coss.）Maire = Eremobium longisiliquum（Coss.）Boiss. ■☆
148219 Eremobium aegyptiacum（Spreng.）Boiss. var. dasycarpum（Batt.）Maire = Eremobium longisiliquum（Coss.）Boiss. ■☆
148220 Eremobium aegyptiacum（Spreng.）Boiss. var. glabrescens Faure et Maire = Eremobium longisiliquum（Coss.）Boiss. ■☆
148221 Eremobium aegyptiacum（Spreng.）Boiss. var. lineare（Delile）

Zohary = Eremobium longisiliquum (Coss.) Boiss. ■☆
148222 Eremobium aegyptiacum (Spreng.) Boiss. var. longisiliquum (Coss.) Hochr. = Eremobium longisiliquum (Coss.) Boiss. ■☆
148223 Eremobium aegyptiacum (Spreng.) Boiss. var. pyramidum (C. Presl) Täckh. et Boulos = Eremobium longisiliquum (Coss.) Boiss. ■☆
148224 Eremobium aegyptiacum (Spreng.) Hochr.;埃及沙生芥■☆
148225 Eremobium longisiliquum (Coss.) Boiss.;长荚沙生芥■☆
148226 Eremoblastus Botsch. (1980);旱花芥属■☆
148227 Eremoblastus caspicus Botsch.;旱花芥■☆
148228 Eremocallis Salisb. ex S. F. Gray. = Ericoides Heist. ex Fabr. ●☆
148229 Eremocallls Salisb. ex S. F. Gray = Erica L. ●☆
148230 Eremocarpus Benth. (1844);旱果属■☆
148231 Eremocarpus Benth. = Croton L. ●
148232 Eremocarpus Benth. = Piscaria Piper ■☆
148233 Eremocarpus Lindl. = Eremocarpus Benth. ■☆
148234 Eremocarpus Lindl. = Eremodaucus Bunge ■☆
148235 Eremocarpus Lindl. = Trachydium Lindl. ■
148236 Eremocarpus Spach ex Rchb. = Eremosporus Spach ■●
148237 Eremocarpus Spach ex Rchb. = Hypericum L. ■●
148238 Eremocarpus setigerus (Hook.) Benth.;刚毛旱果;Dove-weed, Little Mullein, Turkey Mullein ■☆
148239 Eremocarya Greene = Cryptantha Lehm. ex G. Don ■☆
148240 Eremocaulon Soderstr. et Londoño(1987);巴西簕竹属(巴西簕竹属)●☆
148241 Eremocaulon aureofimbriaturn Soderstr. et Londono;巴西簕竹●☆
148242 Eremocharis F. Phil. (1860);荒野草属■☆
148243 Eremocharis R. Br. = Clianthus Sol. ex Lindl. (保留属名)●
148244 Eremocharis flexuosa F. Phil.;荒野草■☆
148245 Eremochion Gilli = Horaninovia Fisch. et C. A. Mey. ■
148246 Eremochion Gilli = Salsola L. ●■
148247 Eremochlamys A. Peter = Tricholaena Schrad. ex Schult. et Schult. f. ■☆
148248 Eremochlamys arenaria Peter = Tricholaena monachne (Trin.) Stapf et C. E. Hubb. ■☆
148249 Eremochloa Büse(1854);蜈蚣草属(假俭草属);Centipede-grass, Doplopod, Centipede Grass ■
148250 Eremochloa bimaculata Hack.;西南马陆草;Twoblotch Doplopod ■
148251 Eremochloa ciliaris (L.) Merr.;蜈蚣草(百足草);Centipede-grass, Ciliate Centipede-grass, Fringed Centipede Grass ■
148252 Eremochloa leersioides (Munro) Hack. = Eremochloa ciliaris (L.) Merr. ■
148253 Eremochloa muricata (Retz.) Hack.;瘤糙假俭草■
148254 Eremochloa ophiuroides (Munro) Hack.;假俭草(百足草,爬根草);Centipede Grass, Common Centipedegrass, Snaketailgrass Centipedegrass ■
148255 Eremochloa ophiuroides Munro var. longifolia Hayata = Eremochloa ophiuroides (Munro) Hack. ■
148256 Eremochloa truncata W. C. Wu;截翼假俭草;Truncate Centipedegrass ■
148257 Eremochloa truncata W. C. Wu = Eremochloa muricata (Retz.) Hack. ■
148258 Eremochloa zeylanica (Hack. ex Trimen) Hack.;马陆草;Sri Lank Doplopod, Zeyland Centipedegrass ■
148259 Eremochloa zeylanica Hack. = Eremochloa zeylanica (Hack. ex Trimen) Hack. ■
148260 Eremochloe S. Watson = Blepharidachne Hack. ■☆
148261 Eremocitrus Swingle(1914);沙橘属(澳沙檬属)●☆
148262 Eremocitrus glauca (Lindl.) Swingle;沙橘;Australian Desert Lime, Desert Kumquat ●☆
148263 Eremocrinum M. E. Jones(1893);沙漠吊兰属;Sand Lily ■☆
148264 Eremocrinum albomarginatum (M. E. Jones) M. E. Jones;沙漠吊兰;Lonely Lily, Sand Lily ■☆
148265 Eremodaucus Bunge(1843);沙萝卜属■☆
148266 Eremodaucus lehmannii Bunge;沙萝卜■☆
148267 Eremodendron DC. ex Meisn. = Eremophila R. Br. ●☆
148268 Eremodendron Meisn. = Eremophila R. Br. ●☆
148269 Eremodraba O. E. Schulz(1924);旱葶苈属■☆
148270 Eremodraba intricatissima O. E. Schulz;旱葶苈■☆
148271 Eremogeton Standl. et L. O. Williams(1953);荒野玄参属●☆
148272 Eremogeton grandiflorus (A. Gray) Standl. et L. O. Williams;荒野玄参●☆
148273 Eremogone Fenzl = Arenaria L. ■
148274 Eremogone aberrans (M. E. Jones) Ikonn. = Arenaria aberrans M. E. Jones ■☆
148275 Eremogone aculeata (S. Watson) Ikonn. = Arenaria aculeata S. Watson ■☆
148276 Eremogone capillaris (Poir.) Fenzl = Arenaria capillaris Poir. ■
148277 Eremogone capillaris (Poir.) Fenzl var. americana (Maguire) R. L. Hartm. et Rabeler = Arenaria capillaris Poir. subsp. americana Maguire ■☆
148278 Eremogone congesta (Nutt.) Ikonn. = Arenaria congesta Nutt. ■☆
148279 Eremogone congesta (Nutt.) Ikonn. var. charlestonensis (Maguire) R. L. Hartm. et Rabeler = Arenaria congesta Nutt. var. charlestonensis Maguire ■☆
148280 Eremogone congesta (Nutt.) Ikonn. var. glandulifera (Maguire) R. L. Hartm. et Rabeler = Arenaria congesta Nutt. var. glandulifera Maguire ■☆
148281 Eremogone congesta (Nutt.) Ikonn. var. lithophila (Rydb.) Dorn = Arenaria subcongesta Nutt. var. lithophila Rydb. ■☆
148282 Eremogone congesta (Nutt.) Ikonn. var. prolifera (Maguire) R. L. Hartm. et Rabeler = Arenaria congesta Nutt. var. prolifera Maguire ■☆
148283 Eremogone congesta (Nutt.) Ikonn. var. simulans (Maguire) R. L. Hartm. et Rabeler = Arenaria congesta Nutt. var. simulans Maguire ■☆
148284 Eremogone congesta (Nutt.) Ikonn. var. subcongesta (S. Watson) R. L. Hartm. et Rabeler = Arenaria fendleri A. Gray var. subcongesta S. Watson ■☆
148285 Eremogone congesta (Nutt.) Ikonn. var. suffrutescens (A. Gray) R. L. Hartm. et Rabeler = Arenaria suffrutescens (A. Gray) A. Heller ■☆
148286 Eremogone congesta (Nutt.) Ikonn. var. wheelerensis (Maguire) R. L. Hartm. et Rabeler = Arenaria congesta Nutt. var. simulans Maguire ■☆
148287 Eremogone congesta (Nutt.) Ikonn. var. wheelerensis (Maguire) R. L. Hartm. et Rabeler = Eremogone congesta (Nutt.) Ikonn. var. simulans (Maguire) R. L. Hartm. et Rabeler ■☆
148288 Eremogone eastwoodiae (Rydb.) Ikonn. = Arenaria eastwoodiae Rydb. ■☆
148289 Eremogone eastwoodiae (Rydb.) Ikonn. var. adenophora (Kearney et Peebles) R. L. Hartm. et Rabeler = Arenaria eastwoodiae Rydb. var. adenophora Kearney et Peebles ■☆

148290 Eremogone fendleri (A. Gray) Ikonn. = Arenaria fendleri A. Gray ■☆

148291 Eremogone ferrisiae (Abrams) R. L. Hartm. et Rabeler = Arenaria macradenia S. Watson subsp. ferrisiae Abrams ■☆

148292 Eremogone franklinii (Douglas ex Hook.) R. L. Hartm. et Rabeler = Arenaria franklinii Douglas ex Hook. ■☆

148293 Eremogone franklinii (Douglas ex Hook.) R. L. Hartm. et Rabeler var. thompsonii (M. Peck) R. L. Hartm. et Rabeler = Arenaria franklinii Douglas ex Hook. var. thompsonii M. Peck ■☆

148294 Eremogone hookeri (Nutt.) W. A. Weber = Arenaria hookeri Nutt. ■☆

148295 Eremogone hookeri (Nutt.) W. A. Weber subsp. desertorum (Maguire) W. A. Weber = Eremogone hookeri (Nutt.) W. A. Weber ■☆

148296 Eremogone hookeri (Nutt.) W. A. Weber subsp. desertorum (Maguire) W. A. Weber = Arenaria hookeri Nutt. ■☆

148297 Eremogone hookeri (Nutt.) W. A. Weber subsp. pinetorum (A. Nelson) W. A. Weber = Arenaria pinetorum A. Nelson ■☆

148298 Eremogone hookeri (Nutt.) W. A. Weber subsp. pinetorum (A. Nelson) W. A. Weber = Eremogone hookeri (Nutt.) W. A. Weber var. pinetorum (A. Nelson) Dorn ■☆

148299 Eremogone hookeri (Nutt.) W. A. Weber var. pinetorum (A. Nelson) Dorn = Arenaria pinetorum A. Nelson ■☆

148300 Eremogone kingii (S. Watson) Ikonn. = Arenaria kingii (S. Watson) M. E. Jones ■☆

148301 Eremogone kingii (S. Watson) Ikonn. subsp. uintahensis (A. Nelson) W. A. Weber = Eremogone kingii (S. Watson) Ikonn. var. glabrescens (S. Watson) Dorn ■☆

148302 Eremogone kingii (S. Watson) Ikonn. subsp. uintahensis (A. Nelson) W. A. Weber = Arenaria fendleri A. Gray var. glabrescens S. Watson ■☆

148303 Eremogone kingii (S. Watson) Ikonn. var. glabrescens (S. Watson) Dorn = Arenaria fendleri A. Gray var. glabrescens S. Watson ■☆

148304 Eremogone kingii (S. Watson) Ikonn. var. plateauensis (Maguire) R. L. Hartm. et Rabeler = Eremogone kingii (S. Watson) Ikonn. var. glabrescens (S. Watson) Dorn ■☆

148305 Eremogone kingii (S. Watson) Ikonn. var. plateauensis (Maguire) R. L. Hartm. et Rabeler = Arenaria fendleri A. Gray var. glabrescens S. Watson ■☆

148306 Eremogone kingii (S. Watson) Ikonn. var. rosea (Maguire) R. L. Hartm. et Rabeler = Eremogone kingii (S. Watson) Ikonn. var. glabrescens (S. Watson) Dorn ■☆

148307 Eremogone kingii (S. Watson) Ikonn. var. rosea (Maguire) R. L. Hartm. et Rabeler = Arenaria fendleri A. Gray var. glabrescens S. Watson ■☆

148308 Eremogone macradenia (S. Watson) Ikonn. = Arenaria macradenia S. Watson ■☆

148309 Eremogone macradenia (S. Watson) Ikonn. var. arcuifolia (Maguire) R. L. Hartm. et Rabeler = Arenaria macradenia S. Watson var. arcuifolia Maguire ■☆

148310 Eremogone macradenia S. Watson var. ferrisiae (Abrams) R. L. Hartm. et Rabeler = Eremogone ferrisiae (Abrams) R. L. Hartm. et Rabeler ■☆

148311 Eremogone macradenia S. Watson var. ferrisiae (Abrams) R. L. Hartm. et Rabeler = Arenaria macradenia S. Watson subsp. ferrisiae Abrams ■☆

148312 Eremogone macradenia S. Watson var. kuschei (Eastw.) R. L. Hartm. et Rabeler = Arenaria macradenia S. Watson var. arcuifolia Maguire ■☆

148313 Eremogone macradenia S. Watson var. kuschei (Eastw.) R. L. Hartm. et Rabeler = Eremogone macradenia (S. Watson) Ikonn. var. arcuifolia (Maguire) R. L. Hartm. et Rabeler ■☆

148314 Eremogone parishiorum (B. L. Rob.) Ikonn. = Arenaria macradenia S. Watson ■☆

148315 Eremogone parishiorum (B. L. Rob.) Ikonn. = Eremogone macradenia (S. Watson) Ikonn. ■☆

148316 Eremogone pumicola (Coville et Leiberg) Ikonn. = Arenaria pumicola Coville et Leiberg ■☆

148317 Eremogone stenomeres (Eastw.) Ikonn. = Arenaria stenomeres Eastw. ■☆

148318 Eremogone ursina (B. L. Rob.) Ikonn. = Arenaria ursina B. L. Rob. ■☆

148319 Eremohylema A. Nelson = Berthelotia DC. ●■

148320 Eremohylema A. Nelson = Pluchea Cass. ●■

148321 Eremolaena Baill. (1884);单被花属●☆

148322 Eremolaena boinensis H. Perrier = Perrierodendron boinense (H. Perrier) Cavaco ●☆

148323 Eremolaena humblotiana Baill.;单被花●☆

148324 Eremolaena rotundifolia (F. Gérard) Danguy;圆叶单被花●☆

148325 Eremolepidaceae Tiegh. (1952);绿乳科(菜萸寄生科,房底珠科)●☆

148326 Eremolepidaceae Tiegh. = Santalaceae R. Br. (保留科名)●■

148327 Eremolepidaceae Tiegh. ex Nakai = Eremolepidaceae Tiegh. ●☆

148328 Eremolepidaceae Tiegh. ex Nakai = Santalaceae R. Br. (保留科名)●■

148329 Eremolepis Griseb. (1854);绿乳属(菜萸寄生属)●☆

148330 Eremolepis Griseb. = Antidaphne Poepp. et Endl. ●☆

148331 Eremolepis angustifolia Benth. et Hook. f.;窄叶绿乳●☆

148332 Eremolepis microcalyx Ernst;小萼绿乳●☆

148333 Eremolepis wrightii Griseb.;绿乳●☆

148334 Eremolimon Lincz. (1985);管萼补血草属■☆

148335 Eremolimon Lincz. = Limonium Mill. (保留属名)●■

148336 Eremolimon sogdianum (Ik. -Gal.) Lincz.;管萼补血草■☆

148337 Eremolithia Jepson = Scopulophila M. E. Jones ■☆

148338 Eremolobium Asch. ex Boiss. = Eremobium Boiss. ■☆

148339 Eremoluma Baill. = Lucuma Molina ●

148340 Eremoluma Baill. = Pouteria Aubl. ●

148341 Eremomastax Lindau(1894);单口爵床属■☆

148342 Eremomastax crossandriflora Lindau = Eremomastax speciosa (Hochst.) Cufod. ■☆

148343 Eremomastax polysperma (Benth.) Dandy = Eremomastax speciosa (Hochst.) Cufod. ■☆

148344 Eremomastax speciosa (Hochst.) Cufod.;单口爵床■☆

148345 Eremonanus I. M. Johnst. = Eriophyllum Lag. ●■☆

148346 Eremonanus mohavensis I. M. Johnst. = Eriophyllum mohavense (I. M. Johnst.) Jeps. ■☆

148347 Eremopanax Baill. = Arthrophyllum Blume ●☆

148348 Eremopappus Takht. = Centaurea L. (保留属名)●■

148349 Eremopappus Takht. = Hyalea (DC.) Jaub. et Spach ■

148350 Eremopappus pulchellus (Ledeb.) Takht. = Hyalea pulchella (Ledeb.) K. Koch ■

148351 Eremophea Paul G. Wilson(1984);木果澳藜属●☆

148352 Eremophea aggregata Paul G. Wilson;木果澳藜●☆

148353 Eremophea spinosa Paul G. Wilson;多刺木果澳藜●☆
148354 Eremophila R. Br. (1810);沙漠木属(荒漠木属,沙木属,喜沙木属);Emu-bush,Emu Bush ●☆
148355 Eremophila alternifolia R. Br.;互叶沙漠木●☆
148356 Eremophila bignoniiflora (Benth.) F. Muell.;沙漠木(紫葳叶沙木);Eufah ●☆
148357 Eremophila cuneifolia Kraenzl.;楔叶沙木●☆
148358 Eremophila debilis (Andréws) Chinnock;匍匐柳沙漠木;Creeping Boobialla ●☆
148359 Eremophila deserti (Benth.) Chinnock;荒漠沙漠木;Ellangowan Poison Bush ●☆
148360 Eremophila duttonii F. Muell.;卷瓣沙漠木;Emu Bush,Harlequin Fuchsia Bush ●☆
148361 Eremophila fraseri F. Muell.;弗雷沙漠木●☆
148362 Eremophila freelingii F. Muell.;弗里沙漠木●☆
148363 Eremophila glabra Ostenf.;普通沙漠木;Common Emu Bush ●☆
148364 Eremophila laanii F. Muell.;拉恩沙漠木;Common Emu Bush ●☆
148365 Eremophila latrobei F. Muell.;毛沙漠木;Crimson Turkey Bush ●☆
148366 Eremophila longifolia (R. Br.) F. Muell.;长叶沙漠木(长叶沙木);Emu Bush ●☆
148367 Eremophila maculata F. Muell.;斑花沙漠木(斑点沙木,斑沙漠木);Spotted Emu Bush,Spotted Emu-bush ●☆
148368 Eremophila nivea Chinnock;美丽沙漠木●☆
148369 Eremophila oppositifolia R. Br.;对叶沙漠木●☆
148370 Eremophila polyclada (F. Muell.) F. Muell.;球冠沙漠木;Flowering Lignum ●☆
148371 Eremophila scoparia (R. Br.) F. Muell.;银色沙漠木;Silvery Emu-bush ●☆
148372 Eremophyton Bég. (1913);北非旱芥属■☆
148373 Eremophyton chevallieri (L. Chevall.) Bég.;北非旱芥■☆
148374 Eremopoa Roshev. (1934);旱禾属(旱熟禾属,旱早熟禾属)■
148375 Eremopoa altaica (Trin.) Roshev.;阿尔泰旱禾■
148376 Eremopoa altaica (Trin.) Roshev. = Poa diaphora Trin. ■
148377 Eremopoa altaica (Trin.) Roshev. subsp. oxyglumis (Boiss.) Tzvelev = Eremopoa oxyglumis (Boiss.) Roshev. ■
148378 Eremopoa altaica (Trin.) Roshev. subsp. oxyglumis (Boiss.) Tzvelev = Poa diaphora Trin. subsp. oxyglumis (Boiss.) Soreng et G. Zhu ■
148379 Eremopoa altaica (Trin.) Roshev. subsp. songarica (Schrenk) Tzvelev = Eremopoa songarica (Schrenk) Roshev. ■
148380 Eremopoa altaica (Trin.) Roshev. subsp. songarica (Schrenk) Tzvelev = Poa diaphora Trin. ■
148381 Eremopoa bellula (Regel) Roshev.;美丽旱禾■
148382 Eremopoa bellula (Regel) Roshev. = Eremopoa altaica (Trin.) Roshev. ■
148383 Eremopoa oxyglumis (Boiss.) Roshev.;尖颖旱禾■
148384 Eremopoa oxyglumis (Boiss.) Roshev. = Poa diaphora Trin. subsp. oxyglumis (Boiss.) Soreng et G. Zhu ■
148385 Eremopoa persica (Trin.) Roshev.;旱禾■
148386 Eremopoa persica (Trin.) Roshev. var. songarica (Schrenk) Bor = Eremopoa songarica (Schrenk) Roshev. ■
148387 Eremopoa persica (Trin.) Roshev. var. songarica (Schrenk) Bor = Poa diaphora Trin. ■
148388 Eremopoa persica var. oxyglumis (Boiss.) Grossh. = Poa diaphora Trin. subsp. oxyglumis (Boiss.) Soreng et G. Zhu ■
148389 Eremopoa songarica (Schrenk) Roshev.;新疆旱禾■
148390 Eremopoa songarica (Schrenk) Roshev. = Poa diaphora Trin. ■
148391 Eremopogon Stapf = Dichanthium Willemet ■
148392 Eremopogon Stapf(1917);旱茅属;Dryquitch,Eremopogon ■
148393 Eremopogon delavayi (Hack.) A. Camus;旱茅;Delavay Dryquitch,Delavay Eremopogon ■
148394 Eremopogon delavayi (Hack.) A. Camus = Schizachyrium delavayi (Hack.) Bor ■
148395 Eremopogon foveolatus (Delile) Stapf;非洲旱茅;African Eremopogon ■☆
148396 Eremopogon foveolatus (Delile) Stapf = Dichanthium foveolatum (Delile) Roberty ■☆
148397 Eremopogon strictus (Roxb.) A. Camus = Dichanthium foveolatum (Delile) Roberty ■☆
148398 Eremopyrum (Ledeb.) Jaub. et Spach(1851);旱麦草属(旱麦属);Drywheatgrass,Eremopyrum ■
148399 Eremopyrum Jaub. et Spach = Eremopyrum (Ledeb.) Jaub. et Spach ■
148400 Eremopyrum bonaepartis (Spreng.) Nevski;光穗旱麦草(硬旱麦草);Hard Eremopyrum,Tapertip False Wheatgrass ■
148401 Eremopyrum bonaepartis (Spreng.) Nevski var. pakistanicum Meld = Eremopyrum bonaepartis (Spreng.) Nevski ■
148402 Eremopyrum bonaepartis (Spreng.) Nevski var. sublanuginosum (Drobow) Melderis = Eremopyrum bonaepartis (Spreng.) Nevski ■
148403 Eremopyrum bonaepartis (Spreng.) Nevski var. turkestani-cum (Gand.) Tzvelev = Eremopyrum bonaepartis (Spreng.) Nevski ■
148404 Eremopyrum confusum (Spreng.) Nevski var. pakistanicum (Melderis) Melderis = Eremopyrum bonaepartis (Spreng.) Nevski ■
148405 Eremopyrum cristatum (L.) Willk. et Lange = Agropyron cristatum (L.) Gaertn. ■
148406 Eremopyrum cristatum (L.) Willk. et Lange var. brachyatherum Maire = Agropyron cristatum (L.) Gaertn. ■
148407 Eremopyrum cristatum (L.) Willk. et Lange var. ciliatiglume Maire = Agropyron cristatum (L.) Gaertn. ■
148408 Eremopyrum cristatum (L.) Willk. et Lange var. laeviglume Maire = Agropyron cristatum (L.) Gaertn. ■
148409 Eremopyrum cristatum (L.) Willk. et Lange var. puberulum Boiss. = Agropyron cristatum (L.) Gaertn. ■
148410 Eremopyrum cristatum (L.) Willk. et Lange var. scabriglume Maire = Agropyron cristatum (L.) Gaertn. ■
148411 Eremopyrum distans (C. Koch) Nevski = Eremopyrum distans (K. Koch) Nevski ■
148412 Eremopyrum distans (K. Koch) Nevski;毛穗旱麦草■
148413 Eremopyrum hirsutum (Bertol.) Nevski;硬毛旱麦草;Hirsute Eremopyrum ■☆
148414 Eremopyrum hirsutum (Bertol.) Nevski = Eremopyrum bonaepartis (Spreng.) Nevski ■
148415 Eremopyrum orientale (L.) Jaub. et Spach;东方旱麦草(东方冰草);Oriental Drywheatgrass,Oriental Eremopyrum,Oriental False Wheatgrass ■
148416 Eremopyrum orientale (L.) Jaub. et Spach var. lasianthum (Boiss.) Maire = Eremopyrum distans (K. Koch) Nevski ■
148417 Eremopyrum orientale (L.) Jaub. et Spach var. lasianthum (Boiss.) Maire = Eremopyrum orientale (L.) Jaub. et Spach ■
148418 Eremopyrum prostratum (Pall.) P. Candargy = Eremopyrum triticeum (Gaertn.) Nevski ■
148419 Eremopyrum squarrosum (Roth) Jaub. et Spach = Eremopyrum bonaepartis (Spreng.) Nevski ■

148420 Eremopyrum triticeum (Gaertn.) Nevski;旱麦草;Annual Wheatgrass,Common Drywheatgrass,Common Eremopyrum ■

148421 Eremopyxis Baill. = Baeckea L. ●

148422 Eremopyxis Baill. = Thryptomene Endl.(保留属名)●☆

148423 Eremopyxis Baill. = Triplarina Raf. ●

148424 Eremorchis D. L. Jones et M. A. Clem. = Pterostylis R. Br.(保留属名)■☆

148425 Eremosemium Greene = Grayia Hook. et Arn. ●☆

148426 Eremosis (DC.) Gleason = Critoniopsis Sch. Bip. ●■☆

148427 Eremosis (DC.) Gleason(1906);孤独菊属●☆

148428 Eremosis Gleason = Eremosis (DC.) Gleason ●☆

148429 Eremosis angusta Gleason;窄孤独菊●☆

148430 Eremosis barbinervis (Sch. Bip.) Gleason;毛脉孤独菊●☆

148431 Eremosis foliosa Gleason;多叶孤独菊●☆

148432 Eremosis leiocarpa DC.;光果孤独菊●☆

148433 Eremosis leiophylla Gleason;光叶孤独菊●☆

148434 Eremosis littoralis Gleason;滨海孤独菊●☆

148435 Eremosis melanocarpa Gleason;黑果孤独菊●☆

148436 Eremosis obtusa Gleason;钝孤独菊●☆

148437 Eremosis oolepis Gleason;卵鳞孤独菊●☆

148438 Eremosis ovata Gleason;卵形孤独菊●☆

148439 Eremosis salicifolia Gleason;柳叶孤独菊●☆

148440 Eremosis tomentosa (La Llave et Lex.) Gleason;毛孤独菊●☆

148441 Eremosparton Fisch. et C. A. Mey. (1841);无叶豆属;Eremosparton,Leaflessbean ●

148442 Eremosparton Fisch. et C. A. Mey. = Lebeckia Thunb. ■☆

148443 Eremosparton aphyllum (Pall.) Fisch. et Mey. var. songoricum Litv. = Eremosparton songoricum (Litv.) V. N. Vassil. ●◇

148444 Eremosparton aphyllum Fisch. et C. A. Mey.;无叶豆;Eremosparton ●☆

148445 Eremosparton aphyllum Fisch. et C. A. Mey. var. songoricum Litv. = Eremosparton songoricum (Litv.) V. N. Vassil. ●◇

148446 Eremosparton flaccidim Litv.;柔软无叶豆●☆

148447 Eremosparton songoricum (Litv.) V. N. Vassil.;准噶尔无叶豆;Dzungar Leaflessbean,Songarian Eremosparton ●◇

148448 Eremosparton turkestanum Franch.;土耳其斯坦无叶豆●☆

148449 Eremospatha (G. Mann et H. Wendl.) H. Wendl. (1878);单苞藤属(独苞藤属)●

148450 Eremospatha Mann et H. Wendl. = Eremospatha (G. Mann et H. Wendl.) H. Wendl. ●

148451 Eremospatha cabrae (T. Durand et Schinz) De Wild.;卡布拉单苞藤●☆

148452 Eremospatha cuspidata (G. Mann et H. Wendl.) G. Mann et H. Wendl.;骤尖单苞藤●☆

148453 Eremospatha dransfieldii Sunderl.;德兰斯菲尔德单苞藤●☆

148454 Eremospatha haullevilleana De Wild.;豪尔单苞藤●☆

148455 Eremospatha hookeri (G. Mann et H. Wendl.) H. Wendl.;胡克单苞藤●☆

148456 Eremospatha laurentii De Wild.;洛朗单苞藤●☆

148457 Eremospatha macrocarpa (G. Mann et H. Wendl.) H. Wendl.;大果单苞藤●☆

148458 Eremospatha rhomboidea Burret = Eremospatha cabrae (T. Durand et Schinz) De Wild. ●☆

148459 Eremospatha sapinii De Wild.;萨潘单苞藤●☆

148460 Eremospatha suborbicularis Burret;亚圆单苞藤●☆

148461 Eremospatha tessmanniana Becc.;泰斯曼单苞藤●☆

148462 Eremospatha wendlandiana Dammer ex Becc.;文德兰单苞藤●☆

148463 Eremosperma Chiov. = Hewittia Wight et Arn. ■

148464 Eremosperma puccionianum Chiov. = Hewittia malabarica (L.) Suresh ■

148465 Eremosporus Spach = Hypericum L. ■●

148466 Eremostachys Bunge(1830);沙穗属(雅穗草属);Desert Rod,Eremostachys,Sandspike ■

148467 Eremostachys acanthocalyx Boiss.;刺萼沙穗;Spinecalyx Eremostachys ■☆

148468 Eremostachys affinis Schrenk;近缘沙穗■☆

148469 Eremostachys albertii Regel;阿尔伯特沙穗■☆

148470 Eremostachys aralensis Bunge;阿拉尔沙穗■☆

148471 Eremostachys arctiifolia Popov;尖叶沙穗■☆

148472 Eremostachys baissunensis Popov;拜孙苓菊沙穗■☆

148473 Eremostachys baldschuanica Regel;巴尔德沙穗■☆

148474 Eremostachys boissieriana Regel;布瓦西耶沙穗■☆

148475 Eremostachys canescens Popov;灰沙穗■☆

148476 Eremostachys cephalariifolia Popov;头叶沙穗■☆

148477 Eremostachys cordifolia Regel;心叶沙穗■☆

148478 Eremostachys desertorum Regel;沙生沙穗■

148479 Eremostachys ebracteolata Popov;无苞沙穗■☆

148480 Eremostachys eriocalyx Regel;毛萼沙穗■☆

148481 Eremostachys fetissovii Regel;范梯沙穗■☆

148482 Eremostachys fulgens Bunge;光沙穗■

148483 Eremostachys glanduligera Popov;腺点沙穗■☆

148484 Eremostachys gymnocalyx Schrenk;裸萼沙穗■☆

148485 Eremostachys gypsacea Popov;钙沙穗■☆

148486 Eremostachys hajastanica Sosn.;哈贾斯坦沙穗■☆

148487 Eremostachys hissarica Regel;希萨尔沙穗■☆

148488 Eremostachys iberica Vis.;伊比利亚沙穗■☆

148489 Eremostachys iliensis Regel;伊犁沙穗■☆

148490 Eremostachys kaufmanniana Regel;考夫曼沙穗■☆

148491 Eremostachys korovinii Popov;科罗沙穗■☆

148492 Eremostachys labiosa Bunge;唇瓣沙穗■☆

148493 Eremostachys labiosiformis (Popov) Knorring;唇状沙穗■☆

148494 Eremostachys laciniata (L.) Bunge;撕裂沙穗;Desert Rod ■☆

148495 Eremostachys lehmanniana Bunge;华丽沙穗;Superb Eremostachys ■☆

148496 Eremostachys macorphylla Montbret et Aucher = Eremostachys molucelloides Bunge ■

148497 Eremostachys molucelloides Bunge;沙穗;Common Eremostachys,Common Sandspike ■

148498 Eremostachys nuda Regel;裸沙穗■☆

148499 Eremostachys paniculata Regel;圆锥沙穗■☆

148500 Eremostachys pectinata Popov;篦状沙穗■☆

148501 Eremostachys phlomoides Bunge;糙苏沙穗■

148502 Eremostachys popovii Gontsch.;波氏沙穗■☆

148503 Eremostachys pulchra Popov;美丽沙穗■☆

148504 Eremostachys regeliana Aitch. et Hemsl.;雷格尔沙穗■☆

148505 Eremostachys rotata Schrenk;辐射沙穗■☆

148506 Eremostachys schugnanica (Popov) Knorring;舒格南沙穗■☆

148507 Eremostachys seravschanica Regel;塞拉夫沙穗■☆

148508 Eremostachys speciosa Rupr.;美花沙穗;Showy Eremostachys,Showy Sandspike ■

148509 Eremostachys speciosa Rupr. var. viridifolia Popov;绿叶美丽沙穗■

148510 Eremostachys subspicata Popov;亚穗状沙穗■☆

148511 Eremostachys tadschikistanica B. Fedtsch.;塔什克沙穗■☆

148512 Eremostachys tianschanica Popov；天山穗草；Tianshan Eremostachys ■☆
148513 Eremostachys transoxana Bunge；外阿穆达尔沙穗■☆
148514 Eremostachys tuberosa Bunge；管雅穗草■☆
148515 Eremostachys uniflora Regel；单花沙穗■☆
148516 Eremostachys vicaryi Benth.；维加利沙穗；Vicary Eremostachys ■☆
148517 Eremostachys zenaidae Popov；塞奈达沙穗■☆
148518 Eremosyce Steud. = Eremosyne Endl. ■☆
148519 Eremosynaceae Dandy = Saxifragaceae Juss.（保留科名）●■
148520 Eremosynaceae Dandy(1959)；寄奴花科（旱生草科，柔毛小花草科，小花草科）■☆
148521 Eremosynaceae Takht. = Escalloniaceae R. Br. ex Dumort.（保留科名）●
148522 Eremosynaceae Takht. = Saxifragaceae Juss.（保留科名）●■
148523 Eremosyne Endl.(1837)；寄奴花属（旱生草属，柔毛小花草属，小花草属）■☆
148524 Eremosyne pectinata Endl.；寄奴花（旱生草，柔毛小花草，小花草）■☆
148525 Eremothamnus O. Hoffm.(1888)；沙刺菊属●☆
148526 Eremothamnus marlothianus O. Hoffm.；沙刺菊●☆
148527 Eremotropa Andrés = Cheilotheca Hook. f. ■
148528 Eremotropa Andrés = Monotropastrum Andrés ■★
148529 Eremotropa sciaphila Andres = Monotropastrum sciaphilum (Andres) G. D. Wallace ■
148530 Eremotropa wuana Y. L. Chou；五瓣沙晶兰；Fivepetal Eremotropa ■
148531 Eremurus M. Bieb.(1810)；独尾草属（独尾属，沙漠烛属）；Desert Candle，Desertcandle，Desert-candle，Fox Tail Lily，Foxtail Lily，Giant Asphodel，King's-spear ■
148532 Eremurus alberti Regel；阿氏独尾草■☆
148533 Eremurus altaicus (Pall.) Steven；阿尔泰独尾草；Altai Mountains Desertcandle ■
148534 Eremurus anisopteris (Kar. et Kir.) Regel；异翅独尾草；Anisopterous Desertcandle ■
148535 Eremurus aurantiacus Baker；橘黄独尾草；Orange Desertcandle ■☆
148536 Eremurus bucharicus Regel；布哈拉独尾草■☆
148537 Eremurus bungei Baker；邦奇独尾草（本吉氏独尾草）；Bunge Desertcandle ■☆
148538 Eremurus capusii Franch.；卡氏独尾草■☆
148539 Eremurus chinensis O. Fedtsch.；独尾草（龙须草）；China Sandspike，Chinese Desert Candle，Chinese Desertcandle ■
148540 Eremurus comosus O. Fedtsch.；丛毛独尾草；Comose Desertcandle ■☆
148541 Eremurus elwesii Micheli；埃耳威氏独尾草；Desert Desertcandle ■☆
148542 Eremurus hilariae Popov et Vved.；伊拉独尾草■☆
148543 Eremurus himalaicus Baker；喜马独尾草；Himalayan Desertcandle ■☆
148544 Eremurus inderiensis (M. Bieb.) Regel；粗柄独尾草（沙独尾草，印得独尾）；Thickstipe Desertcandle ■
148545 Eremurus inderiensis (Steven) Regel = Eremurus inderiensis (M. Bieb.) Regel ■
148546 Eremurus kaufmannii Regel；考氏独尾草（寇氏独尾草）；Kaufmann Desertcandle ■☆
148547 Eremurus kopetdaghensis Popov；科佩特独尾草■☆
148548 Eremurus korovinii B. Fedtsch.；考罗独尾草■☆
148549 Eremurus korshinskii O. Fedtsch.；考尔独尾草■☆
148550 Eremurus lactiflorus O. Fedtsch.；宽花独尾草■☆
148551 Eremurus luteus Baker；黄独尾草■☆
148552 Eremurus olgae Regel；奥氏独尾草；Olga Desertcandle ■☆
148553 Eremurus regelii Vved.；雷格尔独尾草■☆
148554 Eremurus robustus Regel；巨独尾草；Giant Desertcandle ■☆
148555 Eremurus saprjagajevii B. Fedtsch.；萨氏独尾草■☆
148556 Eremurus sogdianus (Regel) Benth. et Hook. f.；索格独尾草■☆
148557 Eremurus spectabilis M. Bieb.；壮丽独尾（优美独尾草）；Majestic Eremurus ■☆
148558 Eremurus stenophyllus (Boiss. et Buhse) Baker；狭叶独尾草■☆
148559 Eremurus tauricus Steven；克里木独尾；Klimu Desertcandle，Taurus Desertcandle ■☆
148560 Eremurus turkestanicus Regel；土耳其斯坦独尾草；Turkestan Desertcandle ■☆
148561 Eremurus warei Reuthe；沃里独尾草；Ware Desertcandle ■☆
148562 Erepsia N. E. Br.(1925)；蝴蝶玉属；Lesser Sea-fig ●☆
148563 Erepsia anceps (Haw.) Schwantes；二棱蝴蝶玉●☆
148564 Erepsia aperta L. Bolus；无盖蝴蝶玉●☆
148565 Erepsia aristata (L. Bolus) Liede et H. E. K. Hartmann；具芒蝴蝶玉●☆
148566 Erepsia aspera (Haw.) L. Bolus；粗糙蝴蝶玉●☆
148567 Erepsia bracteata (Aiton) Schwantes；具苞蝴蝶玉●☆
148568 Erepsia brevipetala L. Bolus；短瓣蝴蝶玉●☆
148569 Erepsia carterae L. Bolus；卡特拉蝴蝶玉●☆
148570 Erepsia carterae L. Bolus = Erepsia gracilis (Haw.) L. Bolus ●☆
148571 Erepsia carterae L. Bolus var. lepta ? = Erepsia gracilis (Haw.) L. Bolus ●☆
148572 Erepsia distans L. Bolus；远离蝴蝶玉●☆
148573 Erepsia dubia Liede；可疑蝴蝶玉●☆
148574 Erepsia dunensis (Sond.) Klak；砂丘蝴蝶玉●☆
148575 Erepsia esterhuyseniae L. Bolus；埃斯特蝴蝶玉●☆
148576 Erepsia forficata (L.) Schwantes；剪形蝴蝶玉●☆
148577 Erepsia gracilis (Haw.) L. Bolus；纤细蝴蝶玉●☆
148578 Erepsia hallii L. Bolus；霍尔蝴蝶玉●☆
148579 Erepsia heteropetala (Haw.) Schwantes；异瓣蝴蝶玉；Lesser Sea-fig ●☆
148580 Erepsia inclaudens (Haw.) Schwantes；双棱草■
148581 Erepsia insignis (Schltr.) Schwantes；显著蝴蝶玉●☆
148582 Erepsia lacera (Haw.) Liede；撕裂蝴蝶玉●☆
148583 Erepsia laxa L. Bolus = Erepsia anceps (Haw.) Schwantes ●☆
148584 Erepsia levis L. Bolus = Erepsia gracilis (Haw.) L. Bolus ●☆
148585 Erepsia marlothii N. E. Br. = Erepsia saturata L. Bolus ■☆
148586 Erepsia muirii L. Bolus = Erepsia aspera (Haw.) L. Bolus ●☆
148587 Erepsia mutabilis (Haw.) Schwantes = Erepsia forficata (L.) Schwantes ●☆
148588 Erepsia nudicaulis (A. Berger) H. Jacobsen = Erepsia aspera (Haw.) L. Bolus ●☆
148589 Erepsia oxysepala (Schltr.) L. Bolus；尖萼蝴蝶玉●☆
148590 Erepsia pageae L. Bolus = Erepsia patula (Haw.) Schwantes ■☆
148591 Erepsia patula (Haw.) Schwantes；张开蝴蝶玉■☆
148592 Erepsia pentagona (L. Bolus) L. Bolus；五角蝴蝶玉■☆
148593 Erepsia pillansii (Kensit) Liede；皮朗斯蝴蝶玉■☆
148594 Erepsia polita (L. Bolus) L. Bolus；光亮蝴蝶玉■☆
148595 Erepsia polypetala (A. Berger et Schltr.) L. Bolus；多瓣蝴蝶玉■☆

148596 Erepsia promontorii L. Bolus;普罗蒙特里蝴蝶玉●☆
148597 Erepsia purpureostyla (L. Bolus) Schwantes = Acrodon purpureostylus (L. Bolus) Burgoyne ■☆
148598 Erepsia racemosa (N. E. Br.) Schwantes = Erepsia bracteata (Aiton) Schwantes ●☆
148599 Erepsia radiata (Haw.) Schwantes = Erepsia bracteata (Aiton) Schwantes ●☆
148600 Erepsia ramosa L. Bolus;分枝蝴蝶玉●☆
148601 Erepsia restiophila L. Bolus = Erepsia aspera (Haw.) L. Bolus ●☆
148602 Erepsia roseo-alba L. Bolus = Erepsia ramosa L. Bolus ●☆
148603 Erepsia saturata L. Bolus;富色蝴蝶玉■☆
148604 Erepsia serrata (L.) L. Bolus = Circandra serrata (L.) N. E. Br. ■☆
148605 Erepsia simulans (L. Bolus) Klak;相似蝴蝶玉■☆
148606 Erepsia stokoei L. Bolus = Erepsia oxysepala (Schltr.) L. Bolus ●☆
148607 Erepsia tenuicaulis (A. Berger) H. Jacobsen = Erepsia gracilis (Haw.) L. Bolus ●☆
148608 Erepsia tuberculata N. E. Br. = Erepsia aspera (Haw.) L. Bolus ●☆
148609 Erepsia urbaniana (Schltr.) Schwantes;乌尔巴尼亚蝴蝶玉●☆
148610 Erepsia villiersii L. Bolus;维利尔斯蝴蝶玉●☆
148611 Erepsia viridis (Haw.) L. Bolus = Smicrostigma viride (Haw.) N. E. Br. ●☆
148612 Eresda Spach = Reseda L. ■
148613 Eresimus Raf. = Cephalanthus L. ●
148614 Eretia Stokas = Ehretia P. Browne ●
148615 Ergocarpon C. C. Towns. (1964);隐花芹属■☆
148616 Ergocarpon cryptanthum (Rech. f.) C. C. Towns.;隐花芹■☆
148617 Erharta Juss. = Ehrharta Thunb. (保留属名)■☆
148618 Erhetie Hill = Ehretia P. Browne ●
148619 Eria Lindl. (1825)(保留属名);毛兰属(欧石南属,绒兰属);Hairorchis, Eria, Heath ■
148620 Eria acervata Lindl. = Pinalia acervata (Lindl.) Kuntze ■
148621 Eria alba Lindl. = Eria excavata Lindl. ■
148622 Eria albidotomentosa (Blume) Lindl.;白毛毛兰;White-tomentose Eria ■☆
148623 Eria albidotomentosa (Blume) Lindl. = Dendrolirium lasiopetalum (Willd.) S. C. Chen et J. J. Wood ■
148624 Eria ambrosia Hance = Bulbophyllum ambrosium (Hance) Schltr. ■
148625 Eria amica Rchb. f. = Pinalia amica (Rchb. f.) Kuntze ■
148626 Eria andersonii Hook. f. = Eria amica Rchb. f. ■
148627 Eria andersonii Hook. f. = Pinalia amica (Rchb. f.) Kuntze ■
148628 Eria arisanensis Hayata = Conchidium japonicum (Maxim.) S. C. Chen et J. J. Wood ■
148629 Eria arisanensis Hayata = Eria reptans (Franch. et Sav.) Makino ■
148630 Eria bambusifolia Lindl.;竹叶毛兰;Bambooleaf Eria, Bambooleaf Hairorchis ■
148631 Eria bambusifolia Lindl. = Callostylis bambusifolia (Lindl.) S. C. Chen et J. J. Wood ■
148632 Eria barbarosa Rchb. f.;马来毛兰■☆
148633 Eria barbata (Lindl.) Rchb. f.;髯毛毛兰;Beard Eria ■☆
148634 Eria barbata (Lindl.) Rchb. f. = Eriodes barbata (Lindl.) Rolfe ■
148635 Eria barbata Rchb. f. = Eriodes barbata (Lindl.) Rolfe ■
148636 Eria bidentata Nakai = Eria luchuensis Yatabe ■☆
148637 Eria biflora Griff.;双花毛兰;Twoflower Eria ■☆
148638 Eria bipunctata Lindl. = Pinalia bipunctata (Lindl.) Kuntze ■
148639 Eria bractescens Lindl.;具苞毛兰;Bracteate Eria ■☆
148640 Eria bulbophylloides Ts. Tang et F. T. Wang = Campanulorchis thao (Gagnep.) S. C. Chen et J. J. Wood ■
148641 Eria bulbophylloides Ts. Tang et F. T. Wang = Eria thao Gagnep. ■
148642 Eria caespitosa Rolfe;丛茎毛兰■☆
148643 Eria caespitosa Rolfe = Ceratostylis hainanensis Z. H. Tsi ■
148644 Eria calamifolia Hook. f. = Eria pannea Lindl. ■
148645 Eria calamifolia Hook. f. = Mycaranthes pannea (Lindl.) S. C. Chen et J. J. Wood ■
148646 Eria clausa King et Pantl.;匍茎毛兰;Rhizome Eria, Rhizome Hairorchis ■
148647 Eria conferta S. C. Chen et Z. H. Tsi = Pinalia conferta (S. C. Chen et Z. H. Tsi) S. C. Chen et J. J. Wood ■
148648 Eria confusa Hook. f. = Eria amica Rchb. f. ■
148649 Eria confusa Hook. f. = Pinalia amica (Rchb. f.) Kuntze ■
148650 Eria convallarioides Lindl.;铃兰状毛兰;Lily-of-the-valley-like Eria ■☆
148651 Eria convallarioides Lindl. = Eria spicata (D. Don) Hand.-Mazz. ■
148652 Eria convallarioides Lindl. = Pinalia spicata (D. Don) S. C. Chen et J. J. Wood ■
148653 Eria convallarioides Lindl. var. major Lindl. = Pinalia spicata (D. Don) S. C. Chen et J. J. Wood ■
148654 Eria copelandii Leav. = Eria formosana Rolfe ■
148655 Eria copelandii Leav. = Pinalia copelandii (Leav.) W. Suarez et Cootes ■
148656 Eria corneri Rchb. f.;半柱毛兰(干氏毛兰,黄绒兰,老虎牙,蜢臂兰,石壁风,足茎毛兰);Corner Eria, Halfstyle Hairorchis ■
148657 Eria corneri Rchb. f. var. clausa (King et Pantl.) A. N. Rao = Eria clausa King et Pantl. ■
148658 Eria coronaria (Lindl.) Rchb. f.;足茎毛兰(半柱毛兰);Blacken Eria, Corolla Hairorchis ■
148659 Eria coronaria (Lindl.) Rchb. f. = Eria gagnepainii A. D. Hawkes et A. H. Heller ■
148660 Eria coronaria Rchb. f. = Eria coronaria (Lindl.) Rchb. f. ■
148661 Eria coronaria Rchb. f. = Eria gagnepainii A. D. Hawkes et A. H. Heller ■
148662 Eria crassifolia Z. H. Tsi et S. C. Chen = Pinalia pachyphylla (Aver.) S. C. Chen et J. J. Wood ■
148663 Eria cristata Rolfe = Cylindrolobus cristatus (Rolfe) S. C. Chen et J. J. Wood ■
148664 Eria cylindropoda Griff. = Eria coronaria (Lindl.) Rchb. f. ■
148665 Eria dalatensis Gagnep. = Eria microphylla (Blume) Blume ■
148666 Eria dasyphylla Parl. et Rchb. f. = Trichotosia dasyphylla (Parl. et Rchb. f.) Kraenzl. ■
148667 Eria densa Ridl.;稠密花毛兰(密花毛兰);Denseflower Eria ■☆
148668 Eria discolor Lindl. = Callostylis rigida Blume ■
148669 Eria donnaiensis (Gagnep.) Seidenf. = Pinalia donnaiensis (Gagnep.) S. C. Chen et J. J. Wood ■
148670 Eria eberhardtii Gagnep. = Pinalia bipunctata (Lindl.) Kuntze ■
148671 Eria elongata Blume = Callostylis rigida Blume ■
148672 Eria euryloba Schltr.;宽裂毛兰■☆

148673 Eria excavata Lindl. = Eria amica Rchb. f. ■
148674 Eria excavata Lindl. = Pinalia excavata (Lindl.) Kuntze ■
148675 Eria extinctoria (Lindl.) Oliv. ex Hook.;落叶毛兰;Deciduous Leaf Eria ■☆
148676 Eria ferox (Blume) Blume;多刺毛兰;Manyspine Eria ■☆
148677 Eria ferruginea Lindl.;铁红毛兰;Manyflowers Eria ■☆
148678 Eria flava Lindl.;黄色毛兰■☆
148679 Eria flava Lindl. = Dendrolirium lasiopetalum (Willd.) S. C. Chen et J. J. Wood ■
148680 Eria flava Lindl. = Eria lasiopetala (Willd.) Ormerod ■
148681 Eria flava Lindl. = Eria pubescens (Hook.) Steud. ■
148682 Eria flava Lindl. var. rubida Lindl. = Pinalia excavata (Lindl.) Kuntze ■
148683 Eria floribunda Lindl.;多花毛兰;Rust-red Eria ■☆
148684 Eria formosana Rolfe;台湾毛兰(赤色毛花兰,树绒兰,台湾绒兰);Taiwan Eria,Taiwan Hairorchis ■
148685 Eria formosana Rolfe = Pinalia copelandii (Leav.) W. Suarez et Cootes ■
148686 Eria fragrans Rchb. f. = Eria javanica (Sw.) Blume ■
148687 Eria gagnepainii A. D. Hawkes et A. H. Heller;香港毛兰;Hongkong Eria,Hongkong Hairorchis ■
148688 Eria gladschmidtiana Schltr. = Eria corneri Rchb. f. ■
148689 Eria goldschmidtiana Schltr. = Eria coronaria (Lindl.) Rchb. f. ■
148690 Eria gracilicaulis S. C. Chen et Z. H. Tsi = Cylindrolobus tenuicaulis (S. C. Chen et Z. H. Tsi) S. C. Chen et J. J. Wood ■
148691 Eria gracilicaulis S. C. Chen et Z. H. Tsi = Eria tenuicaulis S. C. Chen et Z. H. Tsi ■
148692 Eria gracilis Hook. f.;纤细毛兰■☆
148693 Eria graminifolia Lindl. = Pinalia graminifolia (Lindl.) Kuntze ■
148694 Eria hainanensis Rolfe;海南毛兰■
148695 Eria hainanensis Rolfe = Dendrolirium tomentosum (J. König) S. C. Chen et J. J. Wood ■
148696 Eria hainanensis Rolfe = Eria tomentosa (J. König) Hook. f. ■
148697 Eria herklotsii P. J. Craib = Eria gagnepainii A. D. Hawkes et A. H. Heller ■
148698 Eria hosokawae A. D. Hawkes et A. H. Heller = Conchidium japonicum (Maxim.) S. C. Chen et J. J. Wood ■
148699 Eria hyacinthoides (Blume) Lindl.;风信子毛兰;Hyacinth Like Eria ■☆
148700 Eria hyacinthoides Lindl. = Eria hyacinthoides (Blume) Lindl. ■☆
148701 Eria hypomelana Hayata = Eria amica Rchb. f. ■
148702 Eria hypomelana Hayata = Pinalia amica (Rchb. f.) Kuntze ■
148703 Eria japonica Maxim. = Conchidium japonicum (Maxim.) S. C. Chen et J. J. Wood ■
148704 Eria japonica Maxim. = Eria reptans (Franch. et Sav.) Makino ■
148705 Eria javanica (Sw.) Blume;香花毛兰(大叶绒兰,爪哇毛兰);Fragrant Hairorchis,Java Eria ■
148706 Eria lasiopetala (Willd.) Ormerod = Dendrolirium lasiopetalum (Willd.) S. C. Chen et J. J. Wood ■
148707 Eria latifolia (Blume) Rchb. f.;宽叶毛兰;Broad Leaf Eria ■☆
148708 Eria lindleyana Wall. = Eria obesa Lindl. ■☆
148709 Eria lochongensis C. L. Tso = Eria szetschuanica Schltr. ■
148710 Eria lochongensis C. L. Tso = Pinalia szetschuanica (Schltr.) S. C. Chen et J. J. Wood ■
148711 Eria longlingensis S. C. Chen = Pinalia longlingensis (S. C. Chen) S. C. Chen et J. J. Wood ■
148712 Eria luchuensis Yatabe;琉球毛兰■☆
148713 Eria luchuensis Yatabe = Eria ovata Lindl. ■
148714 Eria luchuensis Yatabe = Pinalia ovata (Lindl.) W. Suarez et Cootes ■
148715 Eria marginata Rolfe = Cylindrolobus marginatus (Rolfe) S. C. Chen et J. J. Wood ■
148716 Eria matsudae Hayata = Conchidium japonicum (Maxim.) S. C. Chen et J. J. Wood ■
148717 Eria matsudai Hayata = Eria reptans (Franch. et Sav.) Makino ■
148718 Eria medogensis S. C. Chen et Z. H. Tsi;墨脱毛兰;Motuo Eria, Motuo Hairorchis ■
148719 Eria medogensis S. C. Chen et Z. H. Tsi = Eria coronaria (Lindl.) Rchb. f. ■
148720 Eria microphylla (Blume) Blume = Trichotosia microphylla Blume ■
148721 Eria monophylla Schltr. = Bryobium pudicum (Ridl.) Y. P. Ng et P. J. Cribb ■
148722 Eria muscicola (Lindl.) Lindl.;网鞘毛兰;Mossgrowing Eria, Mossy Hairorchis ■
148723 Eria muscicola (Lindl.) Lindl. = Conchidium muscicola (Lindl.) Rauschert ■
148724 Eria nudicaulis Hayata = Eria ovata Lindl. ■
148725 Eria nudicaulis Hayata = Pinalia ovata (Lindl.) W. Suarez et Cootes ■
148726 Eria obesa Lindl.;丰满毛兰■☆
148727 Eria obvia W. W. Sm. = Pinalia obvia (W. W. Sm.) S. C. Chen et J. J. Wood ■
148728 Eria odoratissima Teijsm. et Binn. = Mycaranthes pannea (Lindl.) S. C. Chen et J. J. Wood ■
148729 Eria ovata (Lindl.) W. Suarez et Cootes var. retroflexa (Lindl.) Garay et H. R. Sweet = Pinalia ovata (Lindl.) W. Suarez et Cootes ■
148730 Eria ovata Lindl. = Pinalia ovata (Lindl.) W. Suarez et Cootes ■
148731 Eria ovata Lindl. var. retroflexa (Lindl.) Garay et H. R. Sweet = Eria ovata Lindl. ■
148732 Eria pachyphylla Aver. = Pinalia pachyphylla (Aver.) S. C. Chen et J. J. Wood ■
148733 Eria paniculata Lindl.;竹枝毛兰;Paniculate Eria, Paniculate Hairorchis ■
148734 Eria paniculata Lindl. = Mycaranthes floribunda (D. Don) S. C. Chen et J. J. Wood ■
148735 Eria pannea Lindl.;指叶毛兰(毛兰,石葱,树葱,蜈蚣草,岩葱);Digitatelaef Eria,Fingerleaf Hairorchis ■
148736 Eria pannea Lindl. = Mycaranthes pannea (Lindl.) S. C. Chen et J. J. Wood ■
148737 Eria pendula Ridl. = Callostylis rigida Blume ■
148738 Eria philippinensis Ames;菲律宾毛兰(树绒兰);Philippine Eria ■☆
148739 Eria philippinensis Ames = Eria formosana Rolfe ■
148740 Eria pholidotoides Gagnep. = Callostylis rigida Blume ■
148741 Eria plicatilabella Hayata = Eria formosana Rolfe ■
148742 Eria plicatilabella Hayata = Eria tomentosiflora Hayata ■
148743 Eria plicatilabella Hayata = Pinalia copelandii (Leav.) W. Suarez et Cootes ■
148744 Eria poilanei Gagnep. = Eria acervata Lindl. ■
148745 Eria poilanei Gagnep. = Pinalia acervata (Lindl.) Kuntze ■
148746 Eria pubescens (Hook.) Lindley ex Loudon = Dendrolirium

lasiopetalum (Willd.) S. C. Chen et J. J. Wood ■
148747 Eria pubescens (Hook.) Steud. = Eria lasiopetala (Willd.) Ormerod ■
148748 Eria pudica Ridl. = Bryobium pudicum (Ridl.) Y. P. Ng et P. J. Cribb ■
148749 Eria pulvinata Lindl. = Trichotosia pulvinata (Lindl.) Kraenzl. ■
148750 Eria pusilla (Griff.) Lindl.;对茎毛兰;Mini Eria, Mini Hairorchis ■
148751 Eria pusilla (Griff.) Lindl. = Conchidium pusillum Griff. ■
148752 Eria pusilla (Griff.) Lindl. = Eria sinica (Lindl.) Lindl. ■
148753 Eria quinquelamellosa Ts. Tang et F. T. Wang = Pinalia quinquelamellosa (Ts. Tang et F. T. Wang) S. C. Chen et J. J. Wood ■
148754 Eria reptans (Franch. et Sav.) Makino;高山毛兰(高山绒兰,连珠毛兰,连珠绒兰,日本毛兰);Alp Hairorchis, Creeping Eria ■
148755 Eria reptans (Kuntze) Makino = Conchidium japonicum (Maxim.) S. C. Chen et J. J. Wood ■
148756 Eria reptans (Kuntze) Makino = Eria japonica Maxim. ■
148757 Eria reptans (Kuntze) Makino var. matsudae (Hayata) S. S. Ying = Conchidium japonicum (Maxim.) S. C. Chen et J. J. Wood ■
148758 Eria reptans Makino = Eria reptans (Franch. et Sav.) Makino ■
148759 Eria retroflexa Lindl. = Pinalia ovata (Lindl.) W. Suarez et Cootes ■
148760 Eria rhomboidalis Ts. Tang et F. T. Wang;菱唇毛兰;Rhombiclip Eria, Rhombiclip Hairorchis ■
148761 Eria rhomboidalis Ts. Tang et F. T. Wang = Conchidium rhomboidale (Ts. Tang et F. T. Wang) S. C. Chen et J. J. Wood ■
148762 Eria rigida Rchb. f. = Callostylis rigida Blume ■
148763 Eria robusta (Blume) Lindl.;长囊毛兰(细花绒兰);Longbag Hairorchis, Robust Eria ■
148764 Eria rosea Lindl. = Cryptochilus roseus (Lindl.) S. C. Chen et J. J. Wood ■
148765 Eria rubropunctata Seidenf. = Eria gagnepainii A. D. Hawkes et A. H. Heller ■
148766 Eria rufinula Rchb. f. = Eria pulvinata Lindl. ■
148767 Eria rufinula Rchb. f. = Trichotosia pulvinata (Lindl.) Kraenzl. ■
148768 Eria salwinensis Hand. -Mazz.;怒江毛兰;Salwin Eria ■
148769 Eria salwinensis Hand. -Mazz. = Eria spicata (Lindl.) Lindl. ■
148770 Eria salwinensis Hand. -Mazz. = Pinalia spicata (D. Don) S. C. Chen et J. J. Wood ■
148771 Eria sawadae Yamam. = Eria robusta (Blume) Lindl. ■
148772 Eria secundiflora Griff. = Pinalia stricta (Lindl.) Kuntze ■
148773 Eria septemlamella Hayata = Eria coronaria (Lindl.) Rchb. f. ■
148774 Eria septemlamellata Hayata = Eria corneri Rchb. f. ■
148775 Eria sinica (Lindl.) Lindl.;小毛兰;China Hairorchis, China Eria ■
148776 Eria sinica (Lindl.) Lindl. = Conchidium pusillum Griff. ■
148777 Eria sphaerochila Lindl. = Pinalia excavata (Lindl.) Kuntze ■
148778 Eria spicata (D. Don) Hand. -Mazz. = Pinalia spicata (D. Don) S. C. Chen et J. J. Wood ■
148779 Eria spicata (Lindl.) Lindl. = Pinalia spicata (D. Don) S. C. Chen et J. J. Wood ■
148780 Eria stellata Lindl. = Eria javanica (Sw.) Blume ■
148781 Eria stricta Lindl. = Pinalia stricta (Lindl.) Kuntze ■
148782 Eria striolata Rchb. f. = Eria javanica (Sw.) Blume ■
148783 Eria suavis (Lindl.) Lindl. = Eria coronaria (Lindl.) Rchb. f. ■
148784 Eria suavis (Lindl.) Lindl. = Trichosma suavis Lindl. ■
148785 Eria szetschuanica Schltr. = Pinalia szetschuanica (Schltr.) S. C. Chen et J. J. Wood ■
148786 Eria tenuicaulis S. C. Chen et Z. H. Tsi = Cylindrolobus tenuicaulis (S. C. Chen et Z. H. Tsi) S. C. Chen et J. J. Wood ■
148787 Eria teretifolia Griff. = Mycaranthes pannea (Lindl.) S. C. Chen et J. J. Wood ■
148788 Eria thao Gagnep. = Campanulorchis thao (Gagnep.) S. C. Chen et J. J. Wood ■
148789 Eria tomentosa (J. König) Hook. f. = Dendrolirium tomentosum (J. König) S. C. Chen et J. J. Wood ■
148790 Eria tomentosiflora Hayata;树绒兰;Tomentose-leaved Eria ■
148791 Eria tomentosiflora Hayata = Eria formosana Rolfe ■
148792 Eria tomentosiflora Hayata = Pinalia copelandii (Leav.) W. Suarez et Cootes ■
148793 Eria uchiyamae Tuyama = Eria robusta (Blume) Lindl. ■
148794 Eria ustulata E. C. Parish et Rchb. f. = Porpax ustulata (Parl. et Rchb. f.) Rolfe ■
148795 Eria velutina L.;褐绒毛兰■☆
148796 Eria vittata Lindl.;条纹毛兰;Vittate Eria, Vittate Hairorchis ■
148797 Eria xanthocheila Ridl.;黄唇毛兰;Yellowlip Eria ■☆
148798 Eria yakushimensis Nakai = Eria corneri Rchb. f. ■
148799 Eria yanshanensis S. C. Chen;砚山毛兰;Yanshan Eria, Yanshan Hairorchis ■
148800 Eria yunnanensis S. C. Chen et Z. H. Tsi = Pinalia yunnanensis (S. C. Chen et Z. H. Tsi) S. C. Chen et J. J. Wood ■
148801 Eriachaenium Sch. Bip. (1855);败育菊属■☆
148802 Eriachaenium magellanicum Sch. Bip.;败育菊■☆
148803 Eriachna Post et Kuntze = Achneria Munro ■☆
148804 Eriachna Post et Kuntze = Eriachne Phil. ■
148805 Eriachna Post et Kuntze = Panicum L. ■
148806 Eriachne Phil. = Digitaria Haller(保留属名)■
148807 Eriachne Phil. = Panicum L. ■
148808 Eriachne R. Br. (1810);鹧鸪草属(毛稃草属);Eriachne, Partridgegrass ■
148809 Eriachne ampla Nees = Pentaschistis ampla (Nees) McClean ■☆
148810 Eriachne armittii F. Muell.;阿氏鹧鸪草■☆
148811 Eriachne assimilis Steud. = Pentaschistis ecklonii (Nees) McClean ■☆
148812 Eriachne aurea Nees var. virens ? = Pentaschistis ampla (Nees) McClean ■☆
148813 Eriachne capensis Steud. = Pentaschistis malouinensis (Steud.) Clayton ■☆
148814 Eriachne chinensis Hance = Eriachne pallescens R. Br. ■
148815 Eriachne malouinensis Steud. = Pentaschistis malouinensis (Steud.) Clayton ■☆
148816 Eriachne microphylla Nees = Pentaschistis microphylla (Nees) McClean ■☆
148817 Eriachne mucronata R. Br.;短尖鹧鸪草■☆
148818 Eriachne pallescens R. Br.;鹧鸪草;Common Eriachne, Partridgegrass ■
148819 Eriachne pallida Nees = Pentaschistis ampla (Nees) McClean ■☆
148820 Eriachne rara R. Br.;澳洲鹧鸪草;Australian Eriachne ■☆
148821 Eriachne steudelii (Nees) Nees = Pentaschistis malouinensis (Steud.) Clayton ■☆
148822 Eriachne tawadae Ohwi = Eriachne armittii F. Muell. ■☆
148823 Eriachne tuberculata Nees = Pentaschistis setifolia (Thunb.) McClean ■☆

148824 Eriadenia Miers = Mandevilla Lindl. ●
148825 Eriander H. Winkler = Oxystigma Harms ●☆
148826 Eriander engleri H. J. P. Winkl. = Prioria mannii (Baill.) Breteler ●☆
148827 Eriandra P. Royen et Steenis(1952);强蕊远志属●☆
148828 Eriandra fragrans P. Royen et Steenis;强蕊远志●☆
148829 Eriandrostachys Baill. = Macphersonia Blume ●☆
148830 Erianthecium L. (1943);结节根草属■☆
148831 Erianthecium Parodi = Erianthecium L. ■☆
148832 Erianthecium bulbosum Parodi;结节根草■☆
148833 Erianthemum Tiegh. (1895);壮花寄生属●☆
148834 Erianthemum aethiopicum Balle ex Wiens et Polhill;埃塞俄比亚壮花寄生●☆
148835 Erianthemum dregei (Eckl. et Zeyh.) Tiegh.;德雷壮花寄生●☆
148836 Erianthemum heterochromum Danser = Erianthemum dregei (Eckl. et Zeyh.) Tiegh. ●☆
148837 Erianthemum lanatum Wiens et Polhill;绵毛壮花寄生●☆
148838 Erianthemum lindense (Sprague) Danser;林德壮花寄生●☆
148839 Erianthemum linguiforme (Peter) Danser = Erianthemum dregei (Eckl. et Zeyh.) Tiegh. ●☆
148840 Erianthemum melanocarpum (Balle) Wiens et Polhill;黑果壮花寄生●☆
148841 Erianthemum ngamicum (Sprague) Danser;恩加姆壮花寄生●☆
148842 Erianthemum nyikense (Sprague) Danser;尼卡壮花寄生●☆
148843 Erianthemum occultum (Sprague) Danser;隐蔽壮花寄生●☆
148844 Erianthemum rotundifolium Wiens et Polhill;圆叶壮花寄生●☆
148845 Erianthemum schelei (Engl.) Tiegh.;谢勒壮花寄生●☆
148846 Erianthemum schmitzii Balle ex Wiens et Polhill;施密茨壮花寄生●☆
148847 Erianthemum taborense (Engl.) Tiegh.;泰伯壮花寄生●☆
148848 Erianthemum ulugurense (Engl.) Danser = Erianthemum schelei (Engl.) Tiegh. ●☆
148849 Erianthemum virescens (N. E. Br.) Wiens et Polhill;浅绿壮花寄生●☆
148850 Erianthemum viticola Balle ex Wiens et Polhill;葡萄壮花寄生●☆
148851 Erianthera Benth. = Alajja Ikonn. ■
148852 Erianthera Nees = Andrographis Wall. ex Nees ■
148853 Erianthera anomala Juz. = Alajja anomala (Juz.) Ikonn. ■
148854 Erianthera rhomboidea Benth. = Alajja rhomboidea (Benth.) Ikonn. ■
148855 Erianthus Michx. (1803);蔗茅属(芒属);Plume Grass, Plumegrass, Plume-grass ■
148856 Erianthus Michx. = Saccharum L. ■
148857 Erianthus alopecuroides (L.) Elliott;银蔗茅;Silver Plume Grass ■☆
148858 Erianthus articulatum (Trin.) F. Muell. = Pseudopogonatherum contortum (Brongn.) A. Camus ■
148859 Erianthus arundinaceus (Retz.) Jeswiet = Saccharum arundinaceum Retz. ■
148860 Erianthus capensis Nees = Miscanthus capensis (Nees) Andersson ■☆
148861 Erianthus capensis Nees var. villosa Stapf = Miscanthus capensis (Nees) Andersson ■☆
148862 Erianthus chrysothrix Hack. = Narenga fallax (Balansa) Bor ■
148863 Erianthus ciliaris (Andersson) Jeswiet = Saccharum bengalense Retz. ■☆
148864 Erianthus contortus (Brongn.) Kuntze = Pseudopogonatherum contortum (Brongn.) A. Camus ■
148865 Erianthus contortus Baldwin ex Elliott;弯芒蔗茅;Bentawn Plumegrass ■☆
148866 Erianthus elephantinus Hook. f. = Saccharum ravennae (L.) Murray ■
148867 Erianthus fallax (Balansa) Ohwi = Narenga fallax (Balansa) Bor ■
148868 Erianthus fallax (Balansa) Ohwi = Saccharum fallax Balansa ■
148869 Erianthus fastigiatus Nees = Erianthus formosanus Stapf ■
148870 Erianthus filifolius (Nees ex Steud.) Jacks. = Saccharum filifolium Nees ex Steud. ■☆
148871 Erianthus flavescens K. Schum. = Miscanthus violaceus (K. Schum.) Pilg. ■☆
148872 Erianthus formosanus Stapf = Saccharum formosanum (Stapf) Ohwi ■
148873 Erianthus formosanus Stapf var. pollinioides (Rendle) Ohwi;紫台蔗茅(紫毛蔗茅);Purplehair Taiwan Plumegrass ■
148874 Erianthus formosanus Stapf var. pollinioides (Rendle) Ohwi = Saccharum formosanum (Stapf) Ohwi var. pollinioides (Rendle) Ohwi ■
148875 Erianthus fulvus Nees ex Hack. = Saccharum rufipilum Steud. ■
148876 Erianthus fulvus Nees ex Steud. = Erianthus rufipilus (Steud.) Griseb. ■
148877 Erianthus giganteus (Walter) Muhl.;大蔗茅;Sugarcane Plume Grass, Sugarcane Plumegrass ■
148878 Erianthus giganteus (Walter) Muhl. = Saccharum giganteum (Walter) Pursh ■
148879 Erianthus giganteus (Walter) P. Beauv. = Erianthus giganteus (Walter) Muhl. ■
148880 Erianthus griffithii (Munro ex Boiss.) Hook. f. = Saccharum griffithii Munro ex Boiss. ■☆
148881 Erianthus griffithii Hook. f. var. trichophyllus Hand. -Mazz. = Erianthus trichophyllus (Hand. -Mazz.) Hand. -Mazz. ■
148882 Erianthus griffithii Hook. f. var. trichophyllus Hand. -Mazz. = Saccharum arundinaceum Retz. var. trichophyllum (Hand. -Mazz.) S. M. Phillips et S. L. Chen ■
148883 Erianthus hookeri Hack.;西南蔗茅;Hooker Plumegrass ■
148884 Erianthus hookeri Hack. = Saccharum longisetosum (Andersson) V. Naray. ex Bor. ■
148885 Erianthus japonicus P. Beauv. = Miscanthus sinensis Andersson ■
148886 Erianthus junceus Stapf = Miscanthus junceus (Stapf) Pilg. ■☆
148887 Erianthus kajkaiensis Melderis = Saccharum kajkaiense (Melderis) Melderis ■☆
148888 Erianthus kanashiroi Ohwi = Saccharum × kanashiroi (Ohwi) Ohwi ■☆
148889 Erianthus lancangensis Y. Y. Qian = Saccharum rufipilum Steud. ■
148890 Erianthus longesetosus Andersson = Saccharum longisetosum (Andersson) V. Naray. ex Bor. ■
148891 Erianthus longifolius (Munro) A. Camus = Narenga fallax (Balansa) Bor ■
148892 Erianthus longisetosus T. Anderson var. hookeri (Hack.) Bor = Erianthus hookeri Hack. ■
148893 Erianthus macratherus Pilg. = Saccharum filifolium Nees ex Steud. ■☆
148894 Erianthus mollis Griseb. = Eulalia mollis (Griseb.) Kuntze ■
148895 Erianthus munja (Roxb.) Jeswiet = Saccharum bengalense

Retz. ■☆

148896 Erianthus nepalensis (Trin.) Steud. = Miscanthus nepalensis (Trin.) Hack. ■

148897 Erianthus nudipes Griseb. = Diandranthus nudipes (Griseb.) L. Liou ■

148898 Erianthus nudipes Griseb. = Miscanthus nudipes (Griseb.) Hack. ■

148899 Erianthus pallens Hack. = Saccharum rufipilum Steud. ■

148900 Erianthus pollinioides Rendle = Erianthus formosanus Stapf var. pollinioides (Rendle) Ohwi ■

148901 Erianthus pollinioides Rendle = Saccharum formosanum (Stapf) Ohwi ■

148902 Erianthus procerus (Roxb.) Raizada = Saccharum procerum Roxb. ■

148903 Erianthus purpurascens Andersson;紫蔗茅■☆

148904 Erianthus purpurascens Andersson = Erianthus ravennae (L.) P. Beauv. ■

148905 Erianthus purpurascens Roshev. = Erianthus ravennae (L.) P. Beauv. ■

148906 Erianthus ravennae (L.) P. Beauv.;沙生蔗茅(毛叶蔗茅,皮山蔗茅,羽蔗茅);Common Plumegrass, Hardy Pampas Grass, Pampas Grass, Plume-grass, Ravenna Grass, Ravennagrass, Ravenna-grass, Sandy Plumegrass ■

148907 Erianthus ravennae (L.) P. Beauv. = Saccharum ravennae (L.) L. ■

148908 Erianthus ravennae (L.) P. Beauv. = Saccharum ravennae (L.) Murray ■

148909 Erianthus ravennae (L.) P. Beauv. = Tripidium ravennae (L.) H. Scholz ■

148910 Erianthus ravennae (L.) P. Beauv. subsp. parviflorus (Pilg.) Scholz;小花沙生蔗茅■

148911 Erianthus ravennae (L.) P. Beauv. subsp. parviflorus (Pilg.) Scholz = Tripidium ravennae (L.) H. Scholz subsp. parviflorum (Pilg.) H. Scholz ■

148912 Erianthus repens (Willd.) P. Beauv. = Melinis repens (Willd.) Zizka ■

148913 Erianthus rockii Keng;滇蔗茅;Rock Plumegrass, Yunnan Plumegrass ■

148914 Erianthus rockii Keng = Saccharum longisetosum (Andersson) V. Naray. ex Bor. ■

148915 Erianthus rufipilus (Steud.) Griseb.;蔗茅(桃花芦);Plumegrass, Redhair Plumegrass, Yellow Plumegrass ■

148916 Erianthus rufipilus (Steud.) Griseb. = Saccharum rufipilum Steud. ■

148917 Erianthus sara (Roxb.) Rumke = Saccharum bengalense Retz. ■☆

148918 Erianthus sorghum Nees = Miscanthus capensis (Nees) Andersson ■☆

148919 Erianthus speciosus Debeaux = Eulalia speciosa (Debeaux) Kuntze ■

148920 Erianthus stenophyllus L. Liou;窄叶蔗茅;Narrowleaf Plumegrass ■

148921 Erianthus strictus Baldwin;窄蔗茅;Narrow Plumegrass ■

148922 Erianthus teretifolius Pilg. = Miscanthus junceus (Stapf) Pilg. ■☆

148923 Erianthus teretifolius Stapf = Miscanthus junceus (Stapf) Pilg. ■☆

148924 Erianthus trichophyllus (Hand.-Mazz.) Hand.-Mazz.;毛叶蔗茅;Hairleaf Plumegrass ■

148925 Erianthus trichophyllus (Hand.-Mazz.) Hand.-Mazz. = Saccharum arundinaceum Retz. var. trichophyllum (Hand.-Mazz.) S. M. Phillips et S. L. Chen ■

148926 Erianthus versicolor (Nees ex Steud.) Hack. = Saccharum filifolium Nees ex Steud. ■☆

148927 Erianthus violacens K. Schum. = Miscanthus violaceus (K. Schum.) Pilg. ■☆

148928 Eriastrum Wooton et Standl. (1913);上蕊花葱属■●☆

148929 Eriastrum Wooton et Standl. = Welwitschia Rchb. (废弃属名) ■☆

148930 Eriastrum densifolium (Benth.) H. Mason;密叶上蕊花葱●☆

148931 Eriastrum filifolium Wooton et Standl.;线叶上蕊花葱●☆

148932 Eriastrum luteum (Benth.) Mason;黄上蕊花葱●☆

148933 Eriastrum Wooton et Standl. = Welwitschia Rchb. (废弃属名) ■☆

148934 Eriathera B. D. Jacks. = Andrographis Wall. ex Nees ■

148935 Eriathera B. D. Jacks. = Erianthera Nees ■

148936 Eriaxis Rchb. f. (1876);新喀兰属■☆

148937 Eribroma Pierre = Sterculia L. ●

148938 Eribroma oblongum (Mast.) Pierre ex A. Chev.;新喀兰■☆

148939 Erica Boehm. = Andromeda L. ●☆

148940 Erica Kuntze = Calluna Salisb. ●☆

148941 Erica L. (1753);欧石南属(欧石楠属,荣树属,石南属);Heath, Pentapera ●☆

148942 Erica × darleyensis Bean;达尔利石南(代尔欧石南);Darley Dale Heath ●☆

148943 Erica × darleyensis Bean 'Archie Graham';阿尔奇·格雷汉姆达尔利石南●☆

148944 Erica × darleyensis Bean 'Arthur Johnson';亚瑟·约翰逊达尔利石南●☆

148945 Erica × darleyensis Bean 'Darley Dale';达雷代尔欧石南(达尔利谷达尔利石南)●☆

148946 Erica × darleyensis Bean 'George Rendall';乔治·伦德尔达尔利石南●☆

148947 Erica × darleyensis Bean 'Ghost Hills';鬼山代尔欧石南(精灵山达尔利石南)●☆

148948 Erica × darleyensis Bean 'J. W. Porter';波特达尔利石南●☆

148949 Erica × darleyensis Bean 'Jack H. Brummage';杰克达尔利石南●☆

148950 Erica × darleyensis Bean 'Jenny Porter';珍妮·鲍尔特代尔欧石南●☆

148951 Erica × darleyensis Bean 'Kramer's Rote';科拉玛旧刁代尔欧石南(克拉默红达尔利石南)●☆

148952 Erica × darleyensis Bean 'Molten Silver' = Erica × darleyensis Bean 'Silberschmelze'●☆

148953 Erica × darleyensis Bean 'Silberschmelze';银花代尔欧石南(洒银达尔利石南)●☆

148954 Erica × darleyensis Bean 'White Glow';白亮达尔利石南●☆

148955 Erica × darleyensis Bean 'White Perfection';白无暇达尔利石南●☆

148956 Erica × stuartii (Macfarl.) Mast.;斯图尔特欧石南(斯图亚特石南)●☆

148957 Erica × stuartii (Macfarl.) Mast. 'Charles Stuart';查理斯·图尔特欧石南●☆

148958 Erica × stuartii (Macfarl.) Mast. 'Irish Lemon';爱尔兰柠檬图尔特欧石南(爱尔兰橙红斯图亚特石南)●☆

148959 Erica × stuartii (Macfarl.) Mast. 'Irish Orange';爱尔兰橙斯图尔特欧石南(爱尔兰橙红斯图亚特石南)●☆
148960 Erica × watsonii Benth.;艳芽石南●☆
148961 Erica × watsonii Benth. 'Cherry Turpin';彻丽·特平艳芽石南●☆
148962 Erica × watsonii Benth. 'Dawn';黎明艳芽石南●☆
148963 Erica × williamsii Druce;威廉姆斯欧石南(展枝石南)●☆
148964 Erica × williamsii Druce 'Gwavas';瓜瓦斯展枝石南●☆
148965 Erica × williamsii Druce 'P. D. Williams';威廉姆斯展枝石南●☆
148966 Erica abbottii E. G. H. Oliv.;阿巴特欧石南●☆
148967 Erica abietina L.;冷杉欧石南●☆
148968 Erica abietina L. subsp. atrorosea E. G. H. Oliv. et I. M. Oliv.;暗粉红欧石南●☆
148969 Erica abietina L. subsp. aurantiaca E. G. H. Oliv. et I. M. Oliv.;橙黄冷杉欧石南●☆
148970 Erica abietina L. subsp. petraea E. G. H. Oliv. et I. M. Oliv.;岩生冷杉欧石南●☆
148971 Erica absinthoides Thunb. = Erica tristis Bartl. ●☆
148972 Erica accommodata Klotzsch ex Benth. var. subviscidula Bolus;微黏欧石南●☆
148973 Erica acockii Compton = Erica alexandri Guthrie et Bolus subsp. acockii (Compton) E. G. H. Oliv. ●☆
148974 Erica acrophya Fresen. = Erica arborea L. ●☆
148975 Erica acuta Andréws;锐利欧石南●☆
148976 Erica acuta Andréws var. breviflora Dulfer;短花锐利欧石南●☆
148977 Erica adenophylla Bolus = Erica odorata Andréws ●☆
148978 Erica adenostoma Kunze = Erica plukenetii L. ●☆
148979 Erica adnata L. Bolus;贴生欧石南●☆
148980 Erica adunca Benth. = Erica triceps Link ●☆
148981 Erica aemula Guthrie et Bolus;匹敌欧石南●☆
148982 Erica aemula Guthrie et Bolus var. pubescens ? = Erica distorta Bartl. ●☆
148983 Erica aequalis (D. Don) Benth. = Erica polifolia Salisb. ex Benth. ●☆
148984 Erica aestiva Markötter;夏欧石南●☆
148985 Erica aestiva Markötter var. minor Dulfer;小夏欧石南●☆
148986 Erica affinis Benth.;近缘欧石南●☆
148987 Erica aghillana Guthrie et Bolus var. latifolia ?;宽叶近缘欧石南●☆
148988 Erica aitonia Masson = Erica jasminiflora Salisb. ●☆
148989 Erica albens L.;微白欧石南●☆
148990 Erica albens L. var. longiflora Benth.;长花微白欧石南●☆
148991 Erica albescens Klotzsch ex Benth.;浅白欧石南●☆
148992 Erica albescens Klotzsch ex Benth. var. erecta Bolus;直立浅白欧石南●☆
148993 Erica albida (Thunb.) Thunb. = Erica muscosa (Aiton) E. G. H. Oliv. ●☆
148994 Erica albospicata Hilliard et B. L. Burtt;白穗欧石南●☆
148995 Erica alexandri Guthrie et Bolus;亚历山大欧石南●☆
148996 Erica alexandri Guthrie et Bolus subsp. acockii (Compton) E. G. H. Oliv.;阿考克欧石南●☆
148997 Erica alfredii Guthrie et Bolus;艾尔欧石南●☆
148998 Erica alnea E. G. H. Oliv.;桤状欧石南●☆
148999 Erica alopecurus Harv.;看麦娘欧石南●☆
149000 Erica alopecurus Harv. var. glabriflora Bolus;光花欧石南●☆
149001 Erica alticola Guthrie et Bolus;高原欧石南●☆
149002 Erica altiphila E. G. H. Oliv.;高地欧石南●☆
149003 Erica amicorum E. G. H. Oliv.;可爱欧石南●☆
149004 Erica amoena J. C. Wendl.;秀丽欧石南●☆
149005 Erica amphigena Guthrie et Bolus;遍生欧石南●☆
149006 Erica ampullacea Curtis;瓶形欧石南●☆
149007 Erica andevalensis Cabezudo et J. Rivera;安欧石南●☆
149008 Erica andringitrensis (H. Perrier) Dorr et E. G. H. Oliv.;安德林吉特拉山欧石南●☆
149009 Erica andromedaeflora Andréws = Erica holosericea Salisb. ●☆
149010 Erica anguliger (N. E. Br.) E. G. H. Oliv.;窄小花欧石南●☆
149011 Erica angulosa E. G. H. Oliv.;窄欧石南●☆
149012 Erica angustata Bartl. = Erica parviflora L. var. ternifolia Bolus ●☆
149013 Erica annectens Guthrie et Bolus;连合欧石南●☆
149014 Erica anomala Hilliard et B. L. Burtt;异常欧石南●☆
149015 Erica arachnocalyx E. G. H. Oliv.;蛛毛萼欧石南●☆
149016 Erica arachnoidea Klotzsch = Erica cordata Andréws var. arachnoidea (Klotzsch) Dulfer ●☆
149017 Erica arborea L.;树状欧石南(欧石南,乔状欧石楠,荣树,烟斗木);Briar, Briar Root, Bruyere, Giant Heath, Tree Heath, Tree Heather ●☆
149018 Erica arborea L. 'Albert's Gold';阿伯特黄金石南●☆
149019 Erica arborea L. subsp. parviflora Spirlet = Erica arborea L. ●☆
149020 Erica arcuata Compton;拱欧石南●☆
149021 Erica arenaria L. Bolus;沙地欧石南●☆
149022 Erica areolata (N. E. Br.) E. G. H. Oliv.;网状欧石南●☆
149023 Erica argentea Klotzsch ex Benth.;银白欧石南●☆
149024 Erica argentea Klotzsch ex Benth. var. rigida Bolus;硬银白欧石南●☆
149025 Erica argyrea Guthrie et Bolus;银色欧石南●☆
149026 Erica aristata Andréws;具芒欧石南●☆
149027 Erica aristata Andréws var. minor (L. Bolus) Dulfer;较小具芒欧石南●☆
149028 Erica aristifolia Benth.;芒叶欧石南●☆
149029 Erica armandiana Dorr et E. G. H. Oliv.;阿尔芒欧石南●☆
149030 Erica armata Klotzsch ex Benth.;具刺欧石南●☆
149031 Erica armata Klotzsch ex Benth. var. breviaristata Bolus;短芒欧石南●☆
149032 Erica artemisioides (Klotzsch) E. G. H. Oliv.;蒿状欧石南●☆
149033 Erica articularis L. var. implexa Bolus;错乱欧石南●☆
149034 Erica articularis L. var. meyeriana (Klotzsch) Bolus;迈尔欧石南●☆
149035 Erica articulata (L.) Thunb. = Erica similis (N. E. Br.) E. G. H. Oliv. ●☆
149036 Erica aspalathifolia Bolus;芳香木叶欧石南●☆
149037 Erica aspalathifolia Bolus var. bachmannii ?;巴克曼欧石南●☆
149038 Erica aspalathoides Guthrie et Bolus;芳香木状欧石南●☆
149039 Erica atricha Dulfer;无毛欧石南●☆
149040 Erica atromontana E. G. H. Oliv.;山地暗色欧石南●☆
149041 Erica atropurpurea Dulfer;暗紫欧石南●☆
149042 Erica atrovinosa E. G. H. Oliv.;暗脉欧石南●☆
149043 Erica aurea Andréws = Erica pinea Thunb. ●☆
149044 Erica auricularis Salisb. = Erica caffra L. var. auricularis (Salisb.) Bolus ●☆
149045 Erica auriculata Guthrie et Bolus = Erica greyi Guthrie et Bolus ●☆
149046 Erica australis L.;南欧石南(西班牙欧石南,西班牙石南);Southern Heath, Spainish Heath, Spainish Tree Heath, Spanish Tree-

heath ●☆
149047 Erica australis L. 'Mr. Robert';罗伯特先生南欧石南(罗伯特西班牙石南)●☆
149048 Erica australis L. 'Riverslea';利维斯特南欧石南(大草地西班牙石南)●☆
149049 Erica austronyassana Alm et T. C. E. Fr.;南尼亚萨欧石南●☆
149050 Erica austroverna Hilliard = Erica revoluta (Bolus) L. E. Davidson ●☆
149051 Erica autumnalis L. Bolus;秋欧石南●☆
149052 Erica axillaris Thunb.;腋生欧石南●☆
149053 Erica axilliflora Bartl.;腋花欧石南●☆
149054 Erica baccans L.;浆果欧石南;Berry Heath ●☆
149055 Erica bakeri Salter;贝克欧石南●☆
149056 Erica banksia Andréws;班克斯欧石南●☆
149057 Erica banksia Andréws = Erica banksii Andréws ●☆
149058 Erica banksii Andréws;班氏欧石南●☆
149059 Erica banksii Andréws subsp. comptonii (Salter) E. G. H. Oliv. et I. M. Oliv.;康普顿欧石南●☆
149060 Erica banksii Andréws subsp. purpurea ?;紫班氏欧石南●☆
149061 Erica barbata Andréws var. major = Erica pannosa Salisb. ●☆
149062 Erica barbata Lodd. = Erica pannosa Salisb. ●☆
149063 Erica barbertona Galpin = Erica cerinthoides L. var. barbertona (Galpin) Bolus ●☆
149064 Erica barbigera Klotzsch ex Benth. = Erica bruniifolia Salisb. var. barbigera (Klotzsch ex Benth.) Dulfer ●☆
149065 Erica barbigera Salisb.;胡须欧石南●☆
149066 Erica barbigeroides E. G. H. Oliv.;拟胡须欧石南●☆
149067 Erica baroniana Dorr et E. G. H. Oliv.;巴龙欧石南●☆
149068 Erica bartlingiana Klotzsch = Erica daphniflora Salisb. ●☆
149069 Erica bauera Andréws;拜尔欧石南;Bridal Heath ●☆
149070 Erica baueri Andréws;鲍威欧石南●☆
149071 Erica baurii Bolus;巴利欧石南●☆
149072 Erica beaumontia Andréws = Erica odorata Andréws ●☆
149073 Erica benguelensis (Welw. ex Engl.) E. G. H. Oliv.;本格拉欧石南●☆
149074 Erica benguelensis (Welw. ex Engl.) E. G. H. Oliv. var. albescens (R. Ross) E. G. H. Oliv.;白本格拉欧石南●☆
149075 Erica benthamiana E. G. H. Oliv.;本瑟姆欧石南●☆
149076 Erica bequaertii De Wild. = Erica kingaensis Engl. subsp. bequaertii (De Wild.) R. Ross ●☆
149077 Erica bergiana L.;贝格欧石南●☆
149078 Erica bergiana L. var. glabra J. C. Wendl.;光滑贝格欧石南●☆
149079 Erica bergiana L. var. parviflora (Klotzsch ex Benth.) Dulfer;小花贝格欧石南●☆
149080 Erica berzelioides Guthrie et Bolus;饰球花欧石南●☆
149081 Erica betsileana (H. Perrier) Dorr et E. G. H. Oliv.;贝齐尔欧石南●☆
149082 Erica bicolor Thunb.;二色欧石南●☆
149083 Erica blancheana L. Bolus = Erica hispidula L. ●☆
149084 Erica blanda Andréws = Erica doliiformis Salisb. ●☆
149085 Erica blandfordii Andréws;布兰福德欧石南●☆
149086 Erica blenna Salisb.;布伦欧石南●☆
149087 Erica bodkinii Guthrie et Bolus;博德金欧石南●☆
149088 Erica bojeri Dorr et E. G. H. Oliv.;博耶尔欧石南●☆
149089 Erica bokkeveldia E. G. H. Oliv.;博凯欧石南●☆
149090 Erica bolusantha E. G. H. Oliv.;博卢斯欧石南●☆
149091 Erica bolusiae Salter;博氏欧石南●☆
149092 Erica bolusiae Salter var. cyathiformis H. A. Baker;杯状博氏欧石南●☆
149093 Erica bondiae Compton = Erica glandulosa Thunb. var. bondiae (Compton) Dulfer ●☆
149094 Erica bosseri Dorr;博瑟欧石南●☆
149095 Erica botryoides Dulfer;葡萄欧石南●☆
149096 Erica boucheri E. G. H. Oliv.;布谢欧石南●☆
149097 Erica boutonii Dorr et E. G. H. Oliv.;布顿欧石南●☆
149098 Erica bowieana Lodd.;鲍伊欧石南●☆
149099 Erica bowieana Lodd. = Erica baueri Andréws ●☆
149100 Erica brachycentra Benth.;短距欧石南●☆
149101 Erica brachysepala Guthrie et Bolus;短瓣欧石南●☆
149102 Erica bracteata Thunb. = Erica corifolia L. var. bracteata (Thunb.) Dulfer ●☆
149103 Erica bracteolaris Lam.;苞片欧石南●☆
149104 Erica brevicaulis Guthrie et Bolus;短茎欧石南●☆
149105 Erica breviflora Dulfer = Erica plukenetii L. subsp. breviflora (Dulfer) E. G. H. Oliv. et I. M. Oliv. ●☆
149106 Erica brevifolia Sol. ex Salisb.;短叶欧石南●☆
149107 Erica brownii E. G. H. Oliv.;布朗欧石南●☆
149108 Erica bruniifolia Salisb.;鳞叶树欧石南●☆
149109 Erica bruniifolia Salisb. var. barbigera (Klotzsch ex Benth.) Dulfer;胡须鳞叶树欧石南●☆
149110 Erica bruniifolia Salisb. var. solandroides (Andréws) Dulfer;金盏藤欧石南●☆
149111 Erica bruniifolia Salisb. var. stellata (Lodd.) Dulfer;星状欧石南●☆
149112 Erica bruniifolia Salisb. var. subglabra (Bolus) Dulfer;近光欧石南●☆
149113 Erica buccinaeformis Salisb. = Erica curviflora L. ●☆
149114 Erica burchelliana E. G. H. Oliv.;伯切尔欧石南●☆
149115 Erica burchellii Benth. = Erica curviflora L. ●☆
149116 Erica butaguensis De Wild. = Erica kingaensis Engl. subsp. bequaertii (De Wild.) R. Ross ●☆
149117 Erica caduca Thunb. = Erica polifolia Salisb. ex Benth. ●☆
149118 Erica caespitosa Hilliard et B. L. Burtt;丛生欧石南●☆
149119 Erica caffra L.;开菲尔欧石南●☆
149120 Erica caffra L. var. auricularis (Salisb.) Bolus;耳状卡福拉欧石南●☆
149121 Erica caffrorum Bolus;小开菲尔欧石南●☆
149122 Erica caffrorum Bolus var. glomerata ?;团集开小菲尔欧石南●☆
149123 Erica caffrorum Bolus var. luxurians ?;茂盛小开菲尔欧石南●☆
149124 Erica calcareophila E. G. H. Oliv.;喜钙欧石南●☆
149125 Erica calcicola (E. G. H. Oliv.) E. G. H. Oliv.;钙生欧石南●☆
149126 Erica caledonica A. Spreng.;卡利登欧石南●☆
149127 Erica calyciflora Tausch = Erica axillaris Thunb. ●☆
149128 Erica calycina L.;萼状欧石南●☆
149129 Erica calycina L. var. fragrans (Andréws) Bolus;脆萼状欧石南●☆
149130 Erica calycina L. var. longibracteata Esterh. et T. M. Salter;长苞萼状欧石南●☆
149131 Erica calycina L. var. periplociflora (Salisb.) Bolus;杠柳花萼状欧石南●☆
149132 Erica calycina L. var. viscidiflora (Esterh.) Dulfer = Erica viscidiflora Esterh. ●☆
149133 Erica calyculata J. C. Wendl. = Erica penicilliformis Salisb. ●☆
149134 Erica calyculata J. C. Wendl. var. chrysantha (Klotzsch ex

Benth.) Bolus = Erica penicilliformis Salisb. var. chrysantha (Klotzsch ex Benth.) Dulfer●☆
149135 Erica cameronii L. Bolus;卡梅伦欧石南●☆
149136 Erica campanularis Salisb.;风铃草状欧石南●☆
149137 Erica campanulata Andréws = Erica campanularis Salisb.●☆
149138 Erica canaliculata Andréws;圣诞欧石南(沟皮石南,黑药石南);Black-eyed Heather, Channelled Heath, Christmas Heath, Christmas Heather, Purple Heath, Scotch Heather, Tree Heath●☆
149139 Erica canescens J. C. Wendl.;灰白欧石南●☆
149140 Erica canescens J. C. Wendl. var. micranthera (Bolus) Dulfer;小药欧石南●☆
149141 Erica capensis Salter;好望角欧石南;Cape Heath●☆
149142 Erica capillaris Bartl.;发状欧石南●☆
149143 Erica capitata L.;头状欧石南●☆
149144 Erica caprina E. G. H. Oliv.;山羊欧石南●☆
149145 Erica carduifolia Salisb.;飞廉欧石南●☆
149146 Erica carinata Klotzsch ex Benth. = Erica atricha Dulfer●☆
149147 Erica carnea L.;春花欧石南(春石南,欧石南,雪欧石南);Alpine Heath, Snow Heath, Spring Heath, Winter Heath, Winter-flowering Heather●☆
149148 Erica carnea L. 'Altadena';阿尔塔登那春石南●☆
149149 Erica carnea L. 'Ann Aparkes';安斯帕克春花欧石南(安·斯帕克斯春石南)●☆
149150 Erica carnea L. 'Bell's Extra Special';贝尔良种春石南●☆
149151 Erica carnea L. 'Cecilia M. Beale';塞西利亚·比尔春石南●☆
149152 Erica carnea L. 'Challenger';挑战者春花欧石南●☆
149153 Erica carnea L. 'December Red';十二月红春花欧石南(腊月红春石南)●☆
149154 Erica carnea L. 'Foxhollow';狐狸洞春花欧石南(狐狸洞春石南)●☆
149155 Erica carnea L. 'Golden Starlet';小金星春石南●☆
149156 Erica carnea L. 'Ice Princess';冰雪公主春石南●☆
149157 Erica carnea L. 'Isabell';伊莎贝尔春石南●☆
149158 Erica carnea L. 'King George';乔治王春石南●☆
149159 Erica carnea L. 'Loughrigg';罗夫里格春石南●☆
149160 Erica carnea L. 'March Seeding';三月播种春花欧石南(三月实生春石南)●☆
149161 Erica carnea L. 'Mouse Hole';鼠洞春花欧石南●☆
149162 Erica carnea L. 'Myretoun Ruby';米雷登红宝石春花欧石南(默城红宝石春石南);Ruby Spring Heath●☆
149163 Erica carnea L. 'Nathalie';纳塔莉春石南●☆
149164 Erica carnea L. 'Pink Mist';粉雾春花欧石南●☆
149165 Erica carnea L. 'Pink Spangles';粉闪春花欧石南(粉红晶春石南)●☆
149166 Erica carnea L. 'Pirbright Rose';皮尔布莱特玫红春石南●☆
149167 Erica carnea L. 'R. B. Cooke';库克春花欧石南(库克春石南)●☆
149168 Erica carnea L. 'Rosalie';罗莎利春石南●☆
149169 Erica carnea L. 'Springwood White';春材白春花欧石南(春木白春石南)●☆
149170 Erica carnea L. 'Vivellii';维弗利春石南●☆
149171 Erica carnea L. 'Westwood Yellow';卫兹伍德黄叶春石南●☆
149172 Erica carnea L. 'Winter Beauty';冬美春花欧石南●☆
149173 Erica carnea L. 'Winter Sun = Erica carnea L. 'Wintersonne'●☆
149174 Erica carnea L. 'Wintersonne';冬太阳春石南●☆
149175 Erica carnea L. subsp. occidentalis (Benth.) Lainz;西方春花欧石南●☆
149176 Erica casta Guthrie et Bolus;卡斯塔欧石南●☆
149177 Erica casta Guthrie et Bolus = Erica regia Bartl.●☆
149178 Erica casta Guthrie et Bolus var. breviflora ? = Erica regia Bartl.●☆
149179 Erica caterviflora Salisb.;团花欧石南●☆
149180 Erica caterviflora Salisb. var. glabrata Benth.;光滑簇花欧石南●☆
149181 Erica cerinthoides L.;琉璃苣欧石南●☆
149182 Erica cerinthoides L. var. barbertona (Galpin) Bolus;巴伯顿欧石南●☆
149183 Erica cernua Montin;俯垂欧石南●☆
149184 Erica chamissonis Klotzsch ex Benth.;哈氏欧石南●☆
149185 Erica chamissonis Klotzsch ex Benth. var. hirtifolia Dulfer;毛叶哈氏欧石南●☆
149186 Erica chamissonis Klotzsch ex Benth. var. polyantha (Klotzsch ex Benth.) Dulfer;多花哈氏欧石南●☆
149187 Erica chartacea Guthrie et Bolus;澳非纸质欧石南●☆
149188 Erica chionodes E. G. H. Oliv.;雪白欧石南●☆
149189 Erica chionophila Guthrie et Bolus;喜雪欧石南●☆
149190 Erica chlamydiflora Salisb. = Erica brevifolia Sol. ex Salisb.●☆
149191 Erica chloroloma Lindl.;绿欧石南●☆
149192 Erica chlorosepala Benth.;绿萼欧石南●☆
149193 Erica chrysantha Klotzsch ex Benth. = Erica penicilliformis Salisb. var. chrysantha (Klotzsch ex Benth.) Dulfer●☆
149194 Erica chrysocodon Guthrie et Bolus;金欧石南●☆
149195 Erica ciliaris L.;缘毛欧石南(隧毛欧石南);Ciliate Heath, Dorest Heath, Fringed Heath●☆
149196 Erica ciliaris L. 'Aurea';金叶缘毛欧石南●☆
149197 Erica ciliaris L. 'Corfe Castle';山隘城堡缘毛欧石南(科菲城堡春石南)●☆
149198 Erica ciliaris L. 'David McClintock';大卫·麦克林托克缘毛欧石南(戴维·马克林缝毛欧石南)●☆
149199 Erica ciliaris L. 'Egdon Heath';艾登缘毛欧石南●☆
149200 Erica ciliaris L. 'Mrs C. H. Gill';基尔夫人缘毛欧石南●☆
149201 Erica ciliaris L. 'Stapehill';斯塔皮尔缘毛欧石南●☆
149202 Erica ciliaris L. 'White Wings';白翅缘毛欧石南●☆
149203 Erica ciliciiflora Salisb. = Erica plumosa Thunb.●☆
149204 Erica cincta L. Bolus;围绕欧石南●☆
149205 Erica cinerea L.;苏格兰欧石南(灰色欧石南,灰色石南,钟状欧石南);Bell Heather, Bell Ling, Bell-heather, Black Heath, Cariin Heath, Carlin Heather, Carlin-heath, Carlin-heather, Cat Heather, Crow Ling, Fine-leaved Heath, Fine-leaved Heather, Grey Heath, Heather, Purple Heather, Scotch Heath, Scotch Heather, Scottish Heather, She Heather, She-heather, Small-leaved Heath, Twisted Heath●☆
149206 Erica cinerea L. 'Alba Major';大白苏格兰欧石南●☆
149207 Erica cinerea L. 'Alba Minor';小白苏格兰欧石南●☆
149208 Erica cinerea L. 'Alice Anne Davies';艾利斯苏格兰欧石南●☆
149209 Erica cinerea L. 'Altadena';阿尔塔迪纳苏格兰欧石南●☆
149210 Erica cinerea L. 'Atropurpurea';深紫灰色石南●☆
149211 Erica cinerea L. 'Atrorubens';暗红苏格兰欧石南●☆
149212 Erica cinerea L. 'Atrosanguinea';暗血红苏格兰欧石南●☆
149213 Erica cinerea L. 'C. D. Eason';伊宋苏格兰欧石南(伊森灰色石南)●☆
149214 Erica cinerea L. 'C. G. Best';百思特灰色石南●☆
149215 Erica cinerea L. 'Carnea';卡尔尼苏格兰欧石南●☆
149216 Erica cinerea L. 'Cevennes';塞文山脉灰色石南●☆

149217 Erica cinerea L. 'Cindy';辛迪苏格兰欧石南●☆
149218 Erica cinerea L. 'Contrast';对比苏格兰欧石南●☆
149219 Erica cinerea L. 'Eden Valley';伊甸园灰色石南●☆
149220 Erica cinerea L. 'Fiddler's Gold';费德勒金苏格兰欧石南(菲得尔金叶灰色石南)●☆
149221 Erica cinerea L. 'Flamingo';弗拉明戈苏格兰欧石南●☆
149222 Erica cinerea L. 'Golden Hue';金彩灰色石南●☆
149223 Erica cinerea L. 'Golden Trop';金点苏格兰欧石南●☆
149224 Erica cinerea L. 'Hardwicks Rose';哈德维克斯露茜苏格兰欧石南●☆
149225 Erica cinerea L. 'Hookstone White';虎克斯顿白灰色石南●☆
149226 Erica cinerea L. 'Katinka';卡廷卡苏格兰欧石南●☆
149227 Erica cinerea L. 'Lime Soda';石灰苏打灰色石南●☆
149228 Erica cinerea L. 'Mrs Dill';迪尔夫人苏格兰欧石南●☆
149229 Erica cinerea L. 'P. C. Patrick';帕特里克灰色石南●☆
149230 Erica cinerea L. 'Pentreath';彭特里斯灰色石南●☆
149231 Erica cinerea L. 'Pink Ice';粉冰灰色石南●☆
149232 Erica cinerea L. 'Plummers Variety';承载台苏格兰欧石南●☆
149233 Erica cinerea L. 'Prostrate Lavender';匍匐紫苏格兰欧石南●☆
149234 Erica cinerea L. 'Purple Beauty';紫美人苏格兰欧石南(紫丽灰色石南)●☆
149235 Erica cinerea L. 'Rorbert Michael';罗伯特·米切尔苏格兰欧石南●☆
149236 Erica cinerea L. 'Startler';惊奇者苏格兰欧石南●☆
149237 Erica cinerea L. 'Stephen Davis';斯蒂芬·大卫灰色石南●☆
149238 Erica cinerea L. 'Velvet Night';天鹅绒之夜灰色石南●☆
149239 Erica cinerea L. 'Vivienne Partricia';维维帕切苏格兰欧石南●☆
149240 Erica cinerea L. 'Windlebrooke';温德尔布鲁克灰色石南●☆
149241 Erica cinerea L. 'Wine';葡萄酒苏格兰欧石南●☆
149242 Erica cinerea L. var. maderensis DC. = Erica maderensis (DC.) Bornm. ●☆
149243 Erica cinerea L. var. numidica Maire = Erica cinerea L. ●☆
149244 Erica claviflora Salisb. = Erica sessiliflora L. f. ●☆
149245 Erica clavisepala Guthrie et Bolus;棒萼欧石南●☆
149246 Erica coacervata H. A. Baker;聚集欧石南●☆
149247 Erica coarctata J. C. Wendl.;密集欧石南●☆
149248 Erica coarctata J. C. Wendl. var. longipes (Bartl.) Bolus;长梗密集欧石南●☆
149249 Erica coccinea L.;绯红欧石南●☆
149250 Erica coccinea L. subsp. uniflora E. G. H. Oliv. et I. M. Oliv.;单花绯红欧石南●☆
149251 Erica coccinea L. var. inflata H. A. Baker = Erica melastoma Andréws ●☆
149252 Erica coccinea L. var. intermedia (Klotzsch ex Benth.) Dulfer = Erica intermedia Klotzsch ex Benth. ●☆
149253 Erica coccinea L. var. melastoma (Andréws) H. A. Baker = Erica melastoma Andréws ●☆
149254 Erica coccinea L. var. pubescens (Bolus) Dulfer = Erica coccinea L. ●☆
149255 Erica coccinea L. var. willdenovii (Bolus) H. A. Baker = Erica melastoma Andréws ●☆
149256 Erica coccinea P. J. Bergius = Erica abietina L. ●☆
149257 Erica coccinea P. J. Bergius var. echiiflora (Andréws) Benth. = Erica viscaria L. subsp. gallorum (L. Bolus) E. G. H. Oliv. et I. M. Oliv. ●☆
149258 Erica coerulea Willd. = Phyllodoce caerulea (L.) Bab. ●◇
149259 Erica collina Guthrie et Bolus;山丘欧石南●☆
149260 Erica colorans Andréws var. breviflora H. A. Baker = Erica plena L. Bolus ●☆
149261 Erica columnaris E. G. H. Oliv.;圆柱欧石南●☆
149262 Erica comata Guthrie et Bolus;束毛欧石南●☆
149263 Erica comptonii Salter = Erica banksii Andréws subsp. comptonii (Salter) E. G. H. Oliv. et I. M. Oliv. ●☆
149264 Erica concinna Sol. = Erica verticillata P. J. Bergius ●☆
149265 Erica condensata Benth.;团集欧石南●☆
149266 Erica condensata Benth. var. quadrifida Bolus;五裂团集欧石南●☆
149267 Erica confusa Guthrie et Bolus = Erica permutata Dulfer ●☆
149268 Erica conspicua Sol.;显著欧石南●☆
149269 Erica conspicua Sol. subsp. roseoflora E. G. H. Oliv. et I. M. Oliv.;粉红显著欧石南●☆
149270 Erica cooperi Bolus;库珀欧石南●☆
149271 Erica copiosa J. C. Wendl.;丰富欧石南●☆
149272 Erica copiosa J. C. Wendl. var. linearisepala Bolus;线萼欧石南●☆
149273 Erica copiosa J. C. Wendl. var. longicauda Bolus = Erica bicolor Thunb. ●☆
149274 Erica copiosa J. C. Wendl. var. parvisepala Bolus = Erica florifera (Compton) E. G. H. Oliv. ●☆
149275 Erica coralliflora Compton = Erica haematosiphon Guthrie et Bolus ●☆
149276 Erica cordata Andréws;心形欧石南●☆
149277 Erica cordata Andréws var. arachnoidea (Klotzsch) Dulfer;蛛毛欧石南●☆
149278 Erica corifolia L. var. bracteata (Thunb.) Dulfer;具苞欧石南●☆
149279 Erica corifolia L. var. concolor Dulfer;同色欧石南●☆
149280 Erica corifolia L. var. erectiuscula (J. C. Wendl. ex Klotzsch) Dulfer;直立心形欧石南●☆
149281 Erica cornuta Salisb. = Erica cristiflora Salisb. var. blanda (Salisb.) Bolus ●☆
149282 Erica coronanthera Compton;冠药欧石南●☆
149283 Erica coronifera Benth. = Erica cubica L. var. coronifera (Benth.) Bolus ●☆
149284 Erica coruscans L. Bolus var. minor = Erica aristata Andréws var. minor (L. Bolus) Dulfer ●☆
149285 Erica corymbosa Tausch = Erica caterviflora Salisb. var. glabrata Benth. ●☆
149286 Erica costatisepala H. A. Baker;单脉萼欧石南●☆
149287 Erica crassisepala Benth.;粗萼欧石南●☆
149288 Erica crateriformis Guthrie et Bolus;量杯状欧石南●☆
149289 Erica cremnophila Esterh. et T. M. Salter = Erica depressa L. ●☆
149290 Erica crenata E. Mey. ex Benth. = Erica ferrea P. J. Bergius ●☆
149291 Erica crinita Lodd. = Erica aristata Andréws ●☆
149292 Erica cristata Dulfer;冠状欧石南●☆
149293 Erica cristiflora Salisb. var. blanda (Salisb.) Bolus;光滑冠状欧石南●☆
149294 Erica cristiflora Salisb. var. moschata (Andréws) Dulfer;麝香欧石南●☆
149295 Erica croceovirens E. G. H. Oliv. et I. M. Oliv.;镉绿欧石南●☆
149296 Erica crucistigmatica Dulfer = Erica gnaphaloides L. ●☆
149297 Erica cruenta Sol.;血红欧石南;Blood Red Heath, Bloody Heath ●☆
149298 Erica cruenta Sol. var. buccinula Bolus = Erica cruenta Sol. ●☆

149299 Erica cruenta Sol. var. campanulata Bolus = Erica elimensis L. Bolus ●☆
149300 Erica cruenta Sol. var. mutica Bolus = Erica cruenta Sol. ●☆
149301 Erica cryptanthera Guthrie et Bolus;隐药欧石南●☆
149302 Erica cryptoclada (Baker) Dorr et E. G. H. Oliv.;隐枝欧石南●☆
149303 Erica cubica L.;古巴欧石南●☆
149304 Erica cubica L. var. coronifera (Benth.) Bolus;冠生欧石南●☆
149305 Erica cubica L. var. natalensis Bolus;纳塔尔古巴欧石南●☆
149306 Erica cupressiformis Salisb. = Erica discolor Andréws ●☆
149307 Erica cupuliflora Dulfer = Erica floribera (Compton) E. G. H. Oliv. ●☆
149308 Erica curtophylla Guthrie et Bolus;小短叶欧石南●☆
149309 Erica curviflora L.;弯花欧石南(湿生欧石南);Water Heath ●☆
149310 Erica curviflora L. var. burchellii (Benth.) Bolus = Erica curviflora L. ●☆
149311 Erica curviflora L. var. diffusa Bolus = Erica curviflora L. ●☆
149312 Erica curviflora L. var. splendens (J. C. Wendl.) Dulfer = Erica conspicua Sol. ●☆
149313 Erica curviflora L. var. sulcata (Benth.) Dulfer;纵沟弯花欧石南●☆
149314 Erica curviflora L. var. sulphurea (Andréws) Bolus;硫色欧石南●☆
149315 Erica curviflora L. var. versatilis Bolus;丁字弯花欧石南●☆
149316 Erica curvifolia Salisb.;折叶弯花欧石南●☆
149317 Erica curvifolia Salisb. var. zeyheri (A. Spreng.) Bolus;泽耶尔欧石南●☆
149318 Erica curvirostris Salisb.;弯喙欧石南●☆
149319 Erica curvirostris Salisb. var. longisepala L. Bolus;长萼弯喙欧石南●☆
149320 Erica curvistyla (N. E. Br.) E. G. H. Oliv.;弯柱欧石南●☆
149321 Erica cyathiformis Salisb.;杯状欧石南●☆
149322 Erica cyathiformis Salisb. var. orientalis L. Bolus;东方杯状欧石南●☆
149323 Erica cylindrica Thunb.;柱形欧石南●☆
149324 Erica cymosa E. Mey. ex Benth.;聚伞欧石南●☆
149325 Erica cymosa E. Mey. ex Benth. subsp. grandiflora E. G. H. Oliv. et I. M. Oliv.;大花聚伞欧石南●☆
149326 Erica cyrilliflora Salisb.;翅萼树欧石南●☆
149327 Erica danguyana (H. Perrier) Dorr et E. G. H. Oliv.;当吉欧石南●☆
149328 Erica daphniflora Salisb.;月桂花欧石南●☆
149329 Erica daphniflora Salisb. var. glabripes (L. Bolus) Dulfer = Erica glabripes L. Bolus ●☆
149330 Erica daphniflora Salisb. var. latisepala Bolus;宽萼月桂花欧石南●☆
149331 Erica daphniflora Salisb. var. leipoldtii Bolus;莱波尔德欧石南●☆
149332 Erica daphniflora Salisb. var. muscari (Andréws) Bolus;帚状月桂花欧石南●☆
149333 Erica daphniflora Salisb. var. pedicellata (Klotzsch) Bolus;梗花欧石南●☆
149334 Erica decipiens A. Spreng. = Erica simulans Dulfer ●☆
149335 Erica decipiens A. Spreng. var. tetragona Bolus = Erica simulans Dulfer var. tetragona (Bolus) Dulfer ●☆
149336 Erica decipiens A. Spreng. var. trivialis (Klotzsch ex Benth.) Bolus = Erica simulans Dulfer var. trivialis (Klotzsch ex Benth.) Dulfer ●☆
149337 Erica decipiens Spreng.;迷惑欧石南;Infattyation Heath ●☆
149338 Erica decora Andréws = Erica longifolia F. A. Bauer subsp. decora (Andréws) E. G. H. Oliv. et I. M. Oliv. ●☆
149339 Erica deflexa Sinclair;外折欧石南●☆
149340 Erica deliciosa H. L. Wendl. ex Benth. = Erica nutans J. C. Wendl. ●☆
149341 Erica demissa Klotzsch ex Benth.;下垂欧石南●☆
149342 Erica demissa Klotzsch ex Benth. var. crassifolia Dulfer;厚叶下垂欧石南●☆
149343 Erica densata Dorr et E. G. H. Oliv.;稍密欧石南●☆
149344 Erica densifolia Willd.;密叶欧石南●☆
149345 Erica denticulata L.;细齿欧石南●☆
149346 Erica denticulata L. var. grandiloba Bolus;大裂细齿欧石南●☆
149347 Erica denticulata L. var. longiflora Bolus;长花细齿欧石南●☆
149348 Erica denticulata L. var. retusa (Tausch) Dulfer;微凹欧石南●☆
149349 Erica depressa L.;凹欧石南●☆
149350 Erica desmantha Benth.;束花欧石南●☆
149351 Erica desmantha Benth. var. urceolata H. A. Baker;坛状束花欧石南●☆
149352 Erica diaphana Spreng.;蜡花欧石南;Waxy Heath ●☆
149353 Erica dilatata H. L. Wendl. ex Benth.;膨大欧石南●☆
149354 Erica diosmifolia Salisb.;逸香木欧石南●☆
149355 Erica diotiflora Salisb.;灰肉菊欧石南●☆
149356 Erica discolor Andréws;异色欧石南●☆
149357 Erica discolor Andréws var. puberula Benth.;微毛异色欧石南●☆
149358 Erica dispar (N. E. Br.) E. G. H. Oliv.;异型欧石南●☆
149359 Erica dissimulans Hilliard et B. L. Burtt;不似欧石南●☆
149360 Erica distans Benth. = Erica daphniflora Salisb. var. pedicellata (Klotzsch) Bolus ●☆
149361 Erica distorta Bartl.;缠扭欧石南●☆
149362 Erica dodii Guthrie et Bolus;多德欧石南●☆
149363 Erica doliiformis Salisb.;常花法国欧石南;Everblooming French Heath ●☆
149364 Erica dracomontana E. G. H. Oliv.;德拉科欧石南●☆
149365 Erica draconis L. Bolus = Erica carduifolia Salisb. ●☆
149366 Erica drakensbergensis Guthrie et Bolus;德拉肯斯欧石南●☆
149367 Erica dregei E. G. H. Oliv.;德雷欧石南●☆
149368 Erica dubia Rach;可疑欧石南●☆
149369 Erica dulcis L. Bolus;甜欧石南●☆
149370 Erica dumosa Andréws = Erica longipedunculata Lodd. ●☆
149371 Erica dumosa Andréws var. intermedia Bolus = Erica longipedunculata Lodd. var. intermedia (Bolus) Dulfer ●☆
149372 Erica dumosa Andréws var. setifera Bolus = Erica longipedunculata Lodd. var. setifera (Bolus) Dulfer ●☆
149373 Erica duthieae L. Bolus;达泰欧石南●☆
149374 Erica dykei Bolus = Erica thodei Guthrie et Bolus ●☆
149375 Erica ebracteata Bolus;无苞欧石南●☆
149376 Erica eburnea Salter;象牙白欧石南●☆
149377 Erica echiiflora Andréws = Erica viscaria L. subsp. gallorum (L. Bolus) E. G. H. Oliv. et I. M. Oliv. ●☆
149378 Erica echiiflora Andréws var. purpurea ? = Erica viscaria L. subsp. gallorum (L. Bolus) E. G. H. Oliv. et I. M. Oliv. ●☆
149379 Erica ecklonii E. G. H. Oliv.;埃氏欧石南●☆
149380 Erica eglandulosa (Klotzsch) E. G. H. Oliv.;无腺欧石南●☆
149381 Erica elegans Andréws = Erica glauca Andréws var. elegans

(Andréws) Bolus ●☆
149382 Erica elgonensis (Mildbr.) Alm et T. C. E. Fr. = Erica trimera (Engl.) Beentje subsp. elgonensis (Mildbr.) Beentje ●☆
149383 Erica elimensis L. Bolus;埃利姆欧石南●☆
149384 Erica elimensis L. Bolus var. parvibracteata ?;小苞埃利姆欧石南●☆
149385 Erica elongata Lodd. = Erica pectinifolia Salisb. var. oblongifolia Dulfer ●☆
149386 Erica elsieana (E. G. H. Oliv.) E. G. H. Oliv.;埃尔西欧石南●☆
149387 Erica embolifera Salisb. = Erica glabella Thunb. ●☆
149388 Erica embothriifolia Salisb.;红柱花欧石南●☆
149389 Erica embothriifolia Salisb. var. longiflora Bolus;长红柱花欧石南●☆
149390 Erica embothriifolia Salisb. var. subaequalis Bolus;近对称红柱花欧石南●☆
149391 Erica empetrifolia L. = Erica empetrina L. ●☆
149392 Erica empetroides Andréws = Erica pyxidiflora Salisb. ●☆
149393 Erica equisetifolia Salisb.;对叶欧石南●☆
149394 Erica eremioides (MacOwan) E. G. H. Oliv.;偏僻杜鹃欧石南●☆
149395 Erica eremioides (MacOwan) E. G. H. Oliv. subsp. eglandula (N. E. Br.) E. G. H. Oliv.;无腺偏僻杜鹃欧石南●☆
149396 Erica eremioides (MacOwan) E. G. H. Oliv. subsp. pubescens (E. G. H. Oliv.) E. G. H. Oliv.;短毛偏僻杜鹃欧石南●☆
149397 Erica ericoides (L.) E. G. H. Oliv.;热非欧石南●☆
149398 Erica erigena R. Ross;爱尔兰欧石南(地中海欧石南,地中海石南,荣冠);Biscay Heath,Irish Heath,Mediterranean Heath,Twisted Heath,Winter Heath ●☆
149399 Erica erigena R. Ross 'Brightness';明亮地中海石南●☆
149400 Erica erigena R. Ross 'Golden Lady';金女士爱尔兰欧石南(金女士地中海石南)●☆
149401 Erica erigena R. Ross 'Irish Dusk';爱尔兰黄昏欧石南(爱尔兰暮色地中海石南);Spring Heath ●☆
149402 Erica erigena R. Ross 'Mediterranea Superba' = Erica erigena R. Ross 'Superba' ●☆
149403 Erica erigena R. Ross 'Superba';极美爱尔兰欧石南(华丽地中海石南)●☆
149404 Erica erigena R. Ross 'W. T. Rackliff';乌·特·可拉利夫爱尔兰欧石南(拉克利夫地中海石南)●☆
149405 Erica erigena R. Ross = Erica carnea L. subsp. occidentalis (Benth.) Lainz ●☆
149406 Erica erina (Klotzsch ex Benth.) E. G. H. Oliv.;刺猬欧石南●☆
149407 Erica eriocephala Lam.;毛头欧石南●☆
149408 Erica eriocodon Bolus;毛齿欧石南●☆
149409 Erica eriophoros Guthrie et Bolus;毛梗欧石南●☆
149410 Erica eriopus Benth. = Erica mucronata Andréws ●☆
149411 Erica erubescens Andréws = Erica pectinifolia Salisb. ●☆
149412 Erica esterhuyseniae Compton;埃斯泰欧石南●☆
149413 Erica esterhuyseniae Compton var. tetramera ? = Erica esterhuyseniae Compton ●☆
149414 Erica esteriana E. G. H. Oliv.;伊斯特欧石南●☆
149415 Erica esteriana E. G. H. Oliv. subsp. swartbergensis (E. G. H. Oliv.) E. G. H. Oliv.;斯瓦特欧石南●☆
149416 Erica euryphylla R. C. Turner;宽叶欧石南●☆
149417 Erica evansii (N. E. Br.) E. G. H. Oliv.;埃文斯欧石南●☆
149418 Erica excavata L. Bolus;凹陷欧石南●☆
149419 Erica excelsa (Alm et T. C. E. Fr.) Beentje = Erica rossii Dorr ●☆
149420 Erica exigua Salisb. = Erica parviflora L. var. exigua (Salisb.) Bolus ●☆
149421 Erica exilis Salisb. = Erica glabella Thunb. ●☆
149422 Erica exsurgens Andréws = Erica abietina L. subsp. aurantiaca E. G. H. Oliv. et I. M. Oliv. ●☆
149423 Erica fabrilis Salisb. = Erica lycopodiastrum Lam. ●☆
149424 Erica fascicularis L. f.;扁欧石南●☆
149425 Erica fascicularis L. f. var. imperialis (Andréws) Bolus;壮丽欧石南●☆
149426 Erica fasciculata Thunb. = Erica glabella Thunb. ●☆
149427 Erica fastigiata L.;帚状欧石南●☆
149428 Erica fastigiata L. var. immaculata Bolus;无斑帚状欧石南●☆
149429 Erica fastigiata L. var. longituba L. Bolus;长管帚状欧石南●☆
149430 Erica fausta Salisb.;福斯特欧石南●☆
149431 Erica ferox Salisb. = Erica totta Thunb. ●☆
149432 Erica ferrea P. J. Bergius;费雷欧石南●☆
149433 Erica fervida L. Bolus = Erica pillansii Bolus subsp. fervida (L. Bolus) E. G. H. Oliv. et I. M. Oliv. ●☆
149434 Erica filago (Alm et T. C. E. Fr.) Beentje;絮菊欧石南●☆
149435 Erica filamentosa Andréws;丝状欧石南●☆
149436 Erica filamentosa Andréws var. longiflora Bolus = Erica nematophylla Guthrie et Bolus ●☆
149437 Erica filialis E. G. H. Oliv.;具丝欧石南●☆
149438 Erica filiformis Salisb.;线形欧石南●☆
149439 Erica filiformis Salisb. var. longibracteata Bolus;长苞线形欧石南●☆
149440 Erica filiformis Salisb. var. maritima Bolus = Erica radicans (L. Guthrie) E. G. H. Oliv. subsp. schlechteri (N. E. Br.) E. G. H. Oliv. ●☆
149441 Erica filipendula Benth.;悬丝欧石南●☆
149442 Erica filipendula Benth. subsp. parva E. G. H. Oliv. et I. M. Oliv.;较小悬丝欧石南●☆
149443 Erica filipendula Benth. var. major Bolus = Erica penduliflora E. G. H. Oliv. ●☆
149444 Erica filipendula Benth. var. minor Bolus = Erica filipendula Benth. subsp. parva E. G. H. Oliv. et I. M. Oliv. ●☆
149445 Erica fimbriata Andréws;流苏欧石南●☆
149446 Erica flammea Andréws;火焰欧石南;Flame Heath ●☆
149447 Erica flanaganii Bolus;弗拉纳根欧石南●☆
149448 Erica flavicans Klotzsch ex Benth. = Erica campanularis Salisb. ●☆
149449 Erica flavicoma Bartl.;黄冠欧石南●☆
149450 Erica flavisepala Guthrie et Bolus;萼欧石南●☆
149451 Erica flexistyla E. G. H. Oliv.;曲柱欧石南●☆
149452 Erica floccifera Zahlbr.;簇毛欧石南●☆
149453 Erica flocciflora Benth.;簇毛花欧石南●☆
149454 Erica floccosa Bartl. = Erica floccifera Zahlbr. ●☆
149455 Erica floribunda Lodd. = Erica sparsa Lodd. ●☆
149456 Erica florida Thunb. = Erica bergiana L. ●☆
149457 Erica florida Thunb. var. parviflora Klotzsch ex Benth. = Erica bergiana L. var. parviflora (Klotzsch ex Benth.) Dulfer ●☆
149458 Erica florifera (Compton) E. G. H. Oliv.;花生欧石南●☆
149459 Erica flosculosa Salisb. = Erica paucifolia (J. C. Wendl.) E. G. H. Oliv. ●☆
149460 Erica foliacea Andréws;多叶欧石南●☆

149461 Erica foliacea Andréws subsp. fulgens (Klotzsch) E. G. H. Oliv. et I. M. Oliv.;光亮多叶欧石南●☆

149462 Erica foliacea Andréws var. fulgens (Klotzsch) Bolus = Erica foliacea Andréws subsp. fulgens (Klotzsch) E. G. H. Oliv. et I. M. Oliv. ●☆

149463 Erica foliacea Andréws var. galpinii (Salter) Dulfer = Erica galpinii Salter ●☆

149464 Erica follicularis Salisb. = Erica melastoma Andréws ●☆

149465 Erica fontana L. Bolus;泉欧石南●☆

149466 Erica fontensis Salter;泉地欧石南●☆

149467 Erica forbesiana Klotzsch;福布斯欧石南●☆

149468 Erica formosa Thunb.;美丽欧石南●☆

149469 Erica fourcadei L. Bolus = Erica glandulosa Thunb. subsp. fourcadei (L. Bolus) E. G. H. Oliv. et I. M. Oliv. ●☆

149470 Erica fragrans Andréws = Erica calycina L. var. fragrans (Andréws) Bolus ●☆

149471 Erica frigida Bolus;耐寒欧石南●☆

149472 Erica fucata Klotzsch ex Benth. = Erica rubiginosa Dulfer ●☆

149473 Erica fucata Klotzsch ex Benth. var. caespitosa Bolus = Erica rubiginosa Dulfer var. caespitosa (Bolus) Dulfer ●☆

149474 Erica fulgens Klotzsch = Erica foliacea Andréws subsp. fulgens (Klotzsch) E. G. H. Oliv. et I. M. Oliv. ●☆

149475 Erica fulgida Sinclair = Erica vestita Thunb. ●☆

149476 Erica fuscescens (Klotzsch) E. G. H. Oliv.;浅棕欧石南●☆

149477 Erica gallorum L. Bolus = Erica viscaria L. subsp. gallorum (L. Bolus) E. G. H. Oliv. et I. M. Oliv. ●☆

149478 Erica galpinii Salter;盖尔欧石南●☆

149479 Erica garciae E. G. H. Oliv.;加西亚欧石南●☆

149480 Erica gazensis Wild = Erica lanceolifera S. Moore ●☆

149481 Erica genistifolia Salisb.;金雀叶欧石南●☆

149482 Erica georgica Guthrie et Bolus;乔治欧石南●☆

149483 Erica gibbosa Klotzsch ex Benth. = Erica scabriuscula Lodd. ●☆

149484 Erica gigantea Klotzsch ex Benth.;巨大欧石南●☆

149485 Erica gillii Benth.;吉尔欧石南●☆

149486 Erica gilva J. C. Wendl. = Erica mammosa L. ●☆

149487 Erica glabella Thunb.;近光滑欧石南●☆

149488 Erica glabella Thunb. subsp. laevis E. G. H. Oliv.;光滑欧石南●☆

149489 Erica glabra Thunb. = Erica inaequalis (N. E. Br.) E. G. H. Oliv. ●☆

149490 Erica glabripes L. Bolus;光梗欧石南●☆

149491 Erica glandulifera Klotzsch;腺体欧石南●☆

149492 Erica glandulipila Compton;腺点欧石南●☆

149493 Erica glandulosa Thunb.;腺毛欧石南;Glandular-hairy Heath ●☆

149494 Erica glandulosa Thunb. subsp. bondiae (Compton) E. G. H. Oliv. et I. M. Oliv.;邦德欧石南●☆

149495 Erica glandulosa Thunb. subsp. breviflora (Bolus) E. G. H. Oliv. et I. M. Oliv.;短花腺毛欧石南●☆

149496 Erica glandulosa Thunb. subsp. fourcadei (L. Bolus) E. G. H. Oliv. et I. M. Oliv.;富尔卡德欧石南●☆

149497 Erica glandulosa Thunb. var. bondiae (Compton) Dulfer = Erica glandulosa Thunb. subsp. bondiae (Compton) E. G. H. Oliv. et I. M. Oliv. ●☆

149498 Erica glandulosa Thunb. var. breviflora Bolus = Erica glandulosa Thunb. subsp. breviflora (Bolus) E. G. H. Oliv. et I. M. Oliv. ●☆

149499 Erica glauca Andréws;灰绿欧石南;Glaucous Leaves Heath ●☆

149500 Erica glauca Andréws var. elegans (Andréws) Bolus;雅致灰绿欧石南●☆

149501 Erica globiceps (N. E. Br.) E. G. H. Oliv.;球头欧石南●☆

149502 Erica globiceps (N. E. Br.) E. G. H. Oliv. subsp. gracilis (Benth.) E. G. H. Oliv.;纤细球头欧石南●☆

149503 Erica globosa Andréws;圆叶欧石南;Globose-urceolate Heath ●☆

149504 Erica globosa Andréws = Erica hirta Thunb. ●☆

149505 Erica globosa Andréws var. subterminalis (Klotzsch ex Benth.) Bolus = Erica hirta Thunb. ●☆

149506 Erica glomerata Andréws = Erica bracteolaris Lam. ●☆

149507 Erica glomiflora Salisb. = Erica glumiflora Klotzsch ex Benth. ●☆

149508 Erica glumiflora Klotzsch ex Benth.;卵花欧石南●☆

149509 Erica glutinosa P. J. Bergius;黏性欧石南●☆

149510 Erica glutinosa P. J. Bergius var. parviflora Benth.;小卵花欧石南●☆

149511 Erica gnaphalodes Thunb. = Erica gnaphaloides L. ●☆

149512 Erica gnaphaloides L.;鼠麹草欧石南●☆

149513 Erica gossypioides E. G. H. Oliv.;棉欧石南●☆

149514 Erica goudotiana (Klotzsch) Dorr et E. G. H. Oliv.;古多欧石南●☆

149515 Erica gracilipes Guthrie et Bolus;肆梗欧石南●☆

149516 Erica gracilis J. C. Wendl.;纤细欧石南(纤细石南);Slender Heath ●☆

149517 Erica grandiflora L. f.;大花欧石南●☆

149518 Erica grandiflora L. f. = Erica abietina L. subsp. aurantiaca E. G. H. Oliv. et I. M. Oliv. ●☆

149519 Erica grandiflora L. f. var. exsurgens (Andréws) E. G. H. Oliv. = Erica abietina L. subsp. aurantiaca E. G. H. Oliv. et I. M. Oliv. ●☆

149520 Erica granulatifolia H. A. Baker;腺叶欧石南●☆

149521 Erica granulosa H. A. Baker;颗粒欧石南●☆

149522 Erica grata Guthrie et Bolus;愉悦欧石南●☆

149523 Erica greyi Guthrie et Bolus;格雷欧石南●☆

149524 Erica guthriei Bolus;格斯里欧石南●☆

149525 Erica guthriei Bolus var. strictior ?;劲直格斯里欧石南●☆

149526 Erica gysbertii Guthrie et Bolus;吉斯欧石南●☆

149527 Erica gysbertii Guthrie et Bolus var. ampliata L. Bolus;膨大吉斯欧石南●☆

149528 Erica gysbertii Guthrie et Bolus var. longiflora L. Bolus;长花吉斯欧石南●☆

149529 Erica haemantha Bolus = Erica lateralis Willd. ●☆

149530 Erica haematostoma J. C. Wendl.;血红口欧石南●☆

149531 Erica haematosiphon Guthrie et Bolus;血管欧石南●☆

149532 Erica hansfordii E. G. H. Oliv.;汉斯福德欧石南●☆

149533 Erica harveyana Guthrie et Bolus;哈维欧石南●☆

149534 Erica hebecalyx Benth.;柔毛萼欧石南●☆

149535 Erica hebeclada Dorr et E. G. H. Oliv.;柔毛枝欧石南●☆

149536 Erica hendricksei H. A. Baker;亨德里克塞欧石南●☆

149537 Erica hendricksei H. A. Baker var. alba ?;白亨德里克塞欧石南●☆

149538 Erica herbacea L. = Erica carnea L. ●☆

149539 Erica herbacea L. subsp. occidentalis (Benth.) Lainz = Erica carnea L. subsp. occidentalis (Benth.) Lainz ●☆

149540 Erica hermanii E. G. H. Oliv.;赫尔曼欧石南●☆

149541 Erica hesseana Klotzsch = Erica abietina L. subsp. atrorosea E. G. H. Oliv. et I. M. Oliv. ●☆

149542 Erica heterophylla Guthrie et Bolus;互叶欧石南●☆

149543 Erica hexandra (S. Moore) E. G. H. Oliv.;六蕊欧石南●☆

149544 Erica hiemalis Nichols;冬花欧石南;French Heath ●☆

149545 Erica hiemalis Nichols 'Inspector Vorwerk';沃维尔克警官冬花欧石南●☆
149546 Erica hiemalis Nichols 'Osterglocken';奥斯特格劳肯冬花欧石南●☆
149547 Erica hiemalis Nichols 'Prof. Diels';迭尔教授冬花欧石南●☆
149548 Erica hippurus Compton;杉叶藻欧石南●☆
149549 Erica hirsuta Thunb. = Erica eriocephala Lam. ●☆
149550 Erica hirta Thunb.;硬毛欧石南●☆
149551 Erica hirtiflora Curtis;硬毛花欧石南;Hairy Flowers Heath ●☆
149552 Erica hirtiflora Curtis var. minor (Andréws) Benth.;小硬毛欧石南●☆
149553 Erica hispidula L.;细毛欧石南●☆
149554 Erica hispidula L. var. micrantha Benth.;小花短硬毛欧石南●☆
149555 Erica hispidula L. var. serpyllifolia (Andréws) Benth.;百里香叶细毛欧石南●☆
149556 Erica hispidula L. var. viscidula (L. Bolus) Dulfer;微黏细毛欧石南●☆
149557 Erica hispiduloides E. G. H. Oliv.;假细毛欧石南●☆
149558 Erica holosericea Salisb.;全毛欧石南●☆
149559 Erica holosericea Salisb. var. parviflora Bolus;小花全毛欧石南●☆
149560 Erica hottentotica E. G. H. Oliv.;霍屯督欧石南●☆
149561 Erica humbertii (H. Perrier) Dorr et E. G. H. Oliv.;亨伯特欧石南●☆
149562 Erica humidicola E. G. H. Oliv.;湿生欧石南●☆
149563 Erica humifusa Hibbert ex Salisb.;平伏欧石南●☆
149564 Erica humilis Benth. = Erica filiformis Salisb. ●☆
149565 Erica hyemalis W. Watson;冬白花欧石南(法国欧石南);Hearth French Heath,White Winter ●☆
149566 Erica ibityensis (H. Perrier) Dorr et E. G. H. Oliv.;伊比提欧石南●☆
149567 Erica ignescens J. C. Wendl. = Erica curviflora L. ●☆
149568 Erica imbricata L.;覆瓦欧石南●☆
149569 Erica imerinensis (H. Perrier) Dorr et E. G. H. Oliv.;伊梅里纳欧石南●☆
149570 Erica inaequalis (N. E. Br.) E. G. H. Oliv.;不等欧石南●☆
149571 Erica incana Wendl.;污白欧石南;Twisted Heath ●☆
149572 Erica incarnata Thunb.;肉色欧石南●☆
149573 Erica incomta Klotzsch ex Benth. = Erica copiosa J. C. Wendl. ●☆
149574 Erica inconspicua Bartl. = Erica unilateralis Klotzsch ex Benth. ●☆
149575 Erica inconspicua Thunb. = Erica conspicua Sol. ●☆
149576 Erica incurva J. C. Wendl.;内折欧石南●☆
149577 Erica incurva J. C. Wendl. = Erica bruniifolia Salisb. ●☆
149578 Erica incurva J. C. Wendl. var. barbigera (Klotzsch ex Benth.) Bolus = Erica bruniifolia Salisb. var. barbigera (Klotzsch ex Benth.) Dulfer ●☆
149579 Erica incurva J. C. Wendl. var. solandroides (Andréws) Bolus = Erica bruniifolia Salisb. var. solandroides (Andréws) Dulfer ●☆
149580 Erica incurva J. C. Wendl. var. stellata (Lodd.) Bolus = Erica bruniifolia Salisb. var. stellata (Lodd.) Dulfer ●☆
149581 Erica incurva J. C. Wendl. var. subglabra Bolus = Erica bruniifolia Salisb. var. subglabra (Bolus) Dulfer ●☆
149582 Erica inermis Klotzsch = Erica parviflora L. var. inermis (Klotzsch) Bolus ●☆
149583 Erica inflata Thunb.;膨胀欧石南●☆
149584 Erica inflaticalyx E. G. H. Oliv.;胀萼欧石南●☆
149585 Erica infundibuliformis Andréws;漏斗状欧石南●☆
149586 Erica inops Bolus = Erica hispidula L. ●☆
149587 Erica insignis E. G. H. Oliv.;标志欧石南●☆
149588 Erica intermedia Klotzsch ex Benth.;间型欧石南●☆
149589 Erica intermedia Klotzsch ex Benth. subsp. albiflora E. G. H. Oliv. et I. M. Oliv.;白花间型欧石南●☆
149590 Erica interrupta (N. E. Br.) E. G. H. Oliv.;间断欧石南●☆
149591 Erica intervallaris Salisb.;谷地欧石南●☆
149592 Erica intervallaris Salisb. var. breviflora Dulfer = Erica duthieae L. Bolus ●☆
149593 Erica intervallaris Salisb. var. grandiflora Bolus;大花谷地欧石南●☆
149594 Erica intervallaris Salisb. var. trifolia H. A. Baker;三叶欧石南●☆
149595 Erica intonsa L. Bolus;须毛欧石南●☆
149596 Erica intricata H. A. Baker;缠结欧石南●☆
149597 Erica involucrata Klotzsch ex Benth.;总苞欧石南●☆
149598 Erica involvens Benth.;内卷欧石南●☆
149599 Erica ionii H. A. Baker = Erica umbelliflora Klotzsch ex Benth. ●☆
149600 Erica irregularis Benth.;不对称欧石南●☆
149601 Erica irrorata Guthrie et Bolus;露珠欧石南●☆
149602 Erica isaloensis (H. Perrier) Dorr et E. G. H. Oliv.;伊萨卢欧石南●☆
149603 Erica jacksoniana H. A. Baker;杰克逊欧石南●☆
149604 Erica jasminiflora Salisb.;茉莉花欧石南●☆
149605 Erica jeppei L. Bolus = Erica harveyana Guthrie et Bolus ●☆
149606 Erica johnstoniana Britten;约翰斯顿欧石南●☆
149607 Erica johnstonii (Schweinf. ex Engl.) Dorr;约氏欧石南●☆
149608 Erica jumellei (H. Perrier) Dorr et E. G. H. Oliv.;朱迈尔欧石南●☆
149609 Erica juniperifolia Salisb. = Erica taxifolia F. A. Bauer ●☆
149610 Erica juniperina E. G. H. Oliv.;刺柏状欧石南●☆
149611 Erica karooica E. G. H. Oliv.;卡鲁欧石南●☆
149612 Erica karwyderi E. G. H. Oliv.;卡尔维德欧石南●☆
149613 Erica keetii L. Bolus;克特欧石南●☆
149614 Erica keniensis S. Moore = Erica whyteana Britten ●☆
149615 Erica kingaensis Engl.;金加欧石南●☆
149616 Erica kingaensis Engl. subsp. bequaertii (De Wild.) R. Ross;贝卡尔欧石南●☆
149617 Erica kingaensis Engl. subsp. leleupiana Spirlet = Erica kingaensis Engl. subsp. bequaertii (De Wild.) R. Ross ●☆
149618 Erica kingaensis Engl. subsp. multiflora Spirlet = Erica kingaensis Engl. subsp. rugegensis (Engl.) Alm et T. C. E. Fr. ●☆
149619 Erica kingaensis Engl. subsp. rugegensis (Engl.) Alm et T. C. E. Fr.;吕盖欧石南●☆
149620 Erica kiwuensis (Engl.) F. White = Erica silvatica (Engl.) Beentje ●☆
149621 Erica klotzschii (Alm et T. C. E. Fr.) E. G. H. Oliv.;克洛彻欧石南●☆
149622 Erica kougabergensis H. A. Baker;科加伯格欧石南●☆
149623 Erica kougabergensis H. A. Baker var. recurvifolia H. A. Baker;折叶科加伯格欧石南●☆
149624 Erica kraussiana Klotzsch;克劳斯欧石南●☆
149625 Erica krigeae Compton = Erica petraea Benth. ●☆
149626 Erica labialis Salisb.;软唇欧石南●☆
149627 Erica lachnaeoides G. Don;毛瑞香欧石南●☆
149628 Erica laeta Bartl.;悦人欧石南●☆

149629 Erica laevigata Bartl.;平滑欧石南●☆
149630 Erica laevigata Bartl. var. elongata Bolus;伸长平滑欧石南●☆
149631 Erica laevis Andréws = Erica cyathiformis Salisb. ●☆
149632 Erica lageniformis Salisb.;长颈瓶欧石南●☆
149633 Erica lamprotes Klotzsch = Erica plumigera Bartl. ●☆
149634 Erica lanata Andréws;绵毛欧石南●☆
149635 Erica lanceolifera S. Moore;披针形欧石南●☆
149636 Erica langebergensis H. A. Baker;朗厄山欧石南●☆
149637 Erica lanuginosa Andréws;多绵毛欧石南●☆
149638 Erica lasiocarpa Guthrie et Bolus.;毛果欧石南●☆
149639 Erica lateralis Willd.;侧生欧石南;Lateral Flowers Heath ●☆
149640 Erica lateriflora E. G. H. Oliv.;侧花欧石南●☆
149641 Erica latiflora L. Bolus;宽花欧石南●☆
149642 Erica latifolia Andréws;阔叶欧石南●☆
149643 Erica latituba L. Bolus;宽管欧石南●☆
149644 Erica latituba L. Bolus = Erica curviflora L. ●☆
149645 Erica lavandulifolia Salisb.;薰衣草叶欧石南●☆
149646 Erica lawsonii Andréws;劳森欧石南●☆
149647 Erica laxa Andréws = Erica lucida Salisb. var. laxa (Andréws) Bolus ●☆
149648 Erica laxiflora Benth. ex Regel = Erica walkeri Andréws var. praestans (Andréws) Bolus ●☆
149649 Erica lecomtei (H. Perrier) Dorr et E. G. H. Oliv.;勒孔特欧石南●☆
149650 Erica leea Andréws = Erica longifolia F. A. Bauer ●☆
149651 Erica lehmannii Klotzsch ex Benth.;莱曼欧石南●☆
149652 Erica leiophylla Benth. = Erica melanthera L. ●☆
149653 Erica lepidota Rach;小齿欧石南●☆
149654 Erica leptantha Dulfer;细花欧石南●☆
149655 Erica leptoclada Van Heurck et Müll. Arg.;细枝欧石南●☆
149656 Erica leptoclada Van Heurck et Müll. Arg. var. aristata Bolus;具芒细枝欧石南●☆
149657 Erica leptopus Benth.;细梗欧石南●☆
149658 Erica leptopus Benth. var. breviloba Bolus;短裂细梗欧石南●☆
149659 Erica leptostachya Guthrie et Bolus var. glabra Dulfer = Erica natalitia Bolus ●☆
149660 Erica lerouxiae Bolus;勒鲁丹欧石南●☆
149661 Erica leucantha Link;白花欧石南●☆
149662 Erica leucanthera L. f.;白药欧石南●☆
149663 Erica leucoclada (Baker) Dorr et E. G. H. Oliv.;白枝欧石南●☆
149664 Erica leucodesmia Benth.;白皮欧石南●☆
149665 Erica leucopelta Tausch;白盾欧石南●☆
149666 Erica leucopelta Tausch var. luxurians I. Verd.;茂盛欧石南●☆
149667 Erica leucopelta Tausch var. pubescens Bolus;短柔毛白盾欧石南●☆
149668 Erica leucosiphon L. Bolus;白管欧石南●☆
149669 Erica leucotrachela H. A. Baker subsp. monicae E. G. H. Oliv. et I. M. Oliv.;念珠欧石南●☆
149670 Erica lignosa H. A. Baker;木质欧石南●☆
149671 Erica limosa L. Bolus;湿地欧石南●☆
149672 Erica linderi Mildbr. = Erica kingaensis Engl. subsp. rugegensis (Engl.) Alm et T. C. E. Fr. ●☆
149673 Erica lineata Benth. = Erica plukenetii L. subsp. lineata (Benth.) E. G. H. Oliv. et I. M. Oliv. ●☆
149674 Erica lithophila E. G. H. Oliv. et I. M. Oliv.;喜石欧石南●☆
149675 Erica loganii Compton;洛根欧石南●☆
149676 Erica longiaristata Benth.;长芒欧石南●☆
149677 Erica longifolia F. A. Bauer;长叶欧石南●☆
149678 Erica longifolia F. A. Bauer = Erica viscaria L. subsp. longifolia (F. A. Bauer) E. G. H. Oliv. et I. M. Oliv. ●☆
149679 Erica longifolia F. A. Bauer subsp. decora (Andréws) E. G. H. Oliv. et I. M. Oliv.;装饰长叶欧石南●☆
149680 Erica longifolia F. A. Bauer subsp. gallorum (L. Bolus) E. G. H. Oliv. et I. M. Oliv.;五倍子长叶欧石南●☆
149681 Erica longifolia F. A. Bauer subsp. pendula E. G. H. Oliv. et I. M. Oliv.;下垂长叶欧石南●☆
149682 Erica longifolia F. A. Bauer subsp. pustulata (H. A. Baker) E. G. H. Oliv. et I. M. Oliv.;泡状长叶欧石南●☆
149683 Erica longifolia F. A. Bauer var. amplicata Bolus = Erica vestita Thunb. ●☆
149684 Erica longifolia F. A. Bauer var. breviflora Dulfer = Erica viscaria L. subsp. pustulata (H. A. Baker) E. G. H. Oliv. et I. M. Oliv. ●☆
149685 Erica longifolia F. A. Bauer var. contracta Bolus = Erica viscaria L. subsp. longifolia (F. A. Bauer) E. G. H. Oliv. et I. M. Oliv. ●☆
149686 Erica longifolia F. A. Bauer var. maritima Bolus = Erica vestita Thunb. ●☆
149687 Erica longifolia F. A. Bauer var. squarrosa Bolus = Erica viscaria L. subsp. longifolia (F. A. Bauer) E. G. H. Oliv. et I. M. Oliv. ●☆
149688 Erica longifolia F. A. Bauer var. stricta Dulfer = Erica viscaria L. subsp. longifolia (F. A. Bauer) E. G. H. Oliv. et I. M. Oliv. ●☆
149689 Erica longifolia F. A. Bauer var. viridis (Andréws) Bolus = Erica viscaria L. subsp. macrosepala E. G. H. Oliv. et I. M. Oliv. ●☆
149690 Erica longimontana E. G. H. Oliv.;山地长梗欧石南●☆
149691 Erica longipedunculata Lodd.;长梗欧石南●☆
149692 Erica longipedunculata Lodd. var. intermedia (Bolus) Dulfer;间型长梗欧石南●☆
149693 Erica longipedunculata Lodd. var. intermedia (Bolus) Dulfer = Erica dumosa Andréws var. intermedia Bolus ●☆
149694 Erica longipedunculata Lodd. var. setifera (Bolus) Dulfer;刚毛长梗欧石南●☆
149695 Erica longipes Bartl. = Erica coarctata J. C. Wendl. var. longipes (Bartl.) Bolus ●☆
149696 Erica longisepala Guthrie et Bolus = Erica parilis Salisb. ●☆
149697 Erica longistyla L. Bolus;长柱欧石南●☆
149698 Erica lowryensis L. Bolus;劳里欧石南●☆
149699 Erica lowryensis L. Bolus var. glandulifera Dulfer;具腺长柱欧石南●☆
149700 Erica lucida Salisb.;光亮欧石南●☆
149701 Erica lucida Salisb. var. laxa (Andréws) Bolus;松散光亮欧石南●☆
149702 Erica lucida Salisb. var. pauciflora Bolus;少花光亮欧石南●☆
149703 Erica lusitanica Rudolph;西班牙欧石南(葡萄牙欧石南,葡萄牙石南);Biscay Heath, Lusitanian Heath, Portugal Heath, Portuguese Heath, Spanish Heath, Tree Heath, Western Heath ●☆
149704 Erica lusitanica Rudolph 'George Hunt';乔治·亨特西班牙欧石南(乔治·亨特西班牙石南)●☆
149705 Erica lutea P. J. Bergius;黄欧石南●☆
149706 Erica lyallii Dorr et E. G. H. Oliv.;莱尔欧石南●☆
149707 Erica lycopodiastrum Lam.;小石松欧石南●☆
149708 Erica macilenta Guthrie et Bolus;贫弱欧石南●☆
149709 Erica mackaiana Bab.;白背叶欧石南(垂乳欧石南,马凯石南);Mackay's Heath, White Beneath Leaves Heath ●☆
149710 Erica mackaiana Bab. 'Donegal';杜纳加尔白背叶欧石南●☆

149711 Erica mackaiana Bab. 'Dr. Ronald Gray';罗纳德·格雷马凯石南●☆
149712 Erica mackaiana Bab. 'Plena';重瓣白背叶欧石南(重瓣马凯石南)●☆
149713 Erica mackaiana Bab. 'Shining Light';亮光白背叶欧石南●☆
149714 Erica macowanii Cufino;麦克欧文欧石南●☆
149715 Erica macowanii Cufino subsp. lanceolata (Bolus) E. G. H. Oliv. et I. M. Oliv.;披针形麦克欧文欧石南●☆
149716 Erica macra Guthrie et Bolus = Erica nubigena Bolus ●☆
149717 Erica macrocalyx (Baker) Dorr et E. G. H. Oliv.;大萼欧石南●☆
149718 Erica macrophylla Klotzsch ex Benth.;大叶欧石南●☆
149719 Erica macropus Guthrie et Bolus = Erica haematosiphon Guthrie et Bolus ●☆
149720 Erica macrotrema Guthrie et Bolus;大欧石南●☆
149721 Erica macrotrema Guthrie et Bolus var. glabripedicellata Dulfer;光梗大欧石南●☆
149722 Erica madagascariensis (H. Perrier) Dorr et E. G. H. Oliv.;马岛欧石南●☆
149723 Erica maderensis (DC.) Bornm.;梅德拉欧石南●☆
149724 Erica maderi Guthrie et Bolus;梅德欧石南●☆
149725 Erica madida E. G. H. Oliv.;湿润欧石南●☆
149726 Erica mafiensis (Engl.) Dorr;马菲欧石南●☆
149727 Erica mammosa L.;垂乳欧石南(欧石南);Pendulous Bammula Heath ●☆
149728 Erica manifesta Compton var. campanulata Dulfer = Erica umbelliflora Klotzsch ex Benth. ●☆
149729 Erica manifesta Compton var. manifesta ? = Erica umbelliflora Klotzsch ex Benth. ●☆
149730 Erica manipuliflora Salisb.;簇花欧石南●☆
149731 Erica manipuliflora Salisb. 'Korcula';考尔库拉束花欧石南●☆
149732 Erica mannii (Hook. f.) Beentje;曼氏欧石南●☆
149733 Erica mannii (Hook. f.) Beentje subsp. pallidiflora (Engl.) E. G. H. Oliv.;苍白花曼氏欧石南●☆
149734 Erica mannii (Hook. f.) Beentje subsp. usambarensis (Alm et T. C. E. Fr.) Beentje;乌桑巴拉欧石南●☆
149735 Erica margaritacea Sol.;珍珠欧石南●☆
149736 Erica mariae Guthrie et Bolus = Erica regia Bartl. subsp. mariae (Guthrie et Bolus) E. G. H. Oliv. et I. M. Oliv. ●☆
149737 Erica marifolia Sol.;芋叶欧石南●☆
149738 Erica maritima Guthrie et Bolus;滨海欧石南●☆
149739 Erica marlothii Bolus;马洛斯欧石南●☆
149740 Erica marojejyensis Dorr;马罗欧石南●☆
149741 Erica massonii L. f.;马森欧石南●☆
149742 Erica massonii L. f. var. minor Benth.;小马森欧石南●☆
149743 Erica mauritanica L.;毛里塔尼亚欧石南●☆
149744 Erica maximiliani Guthrie et Bolus;马克西米利亚诺欧石南●☆
149745 Erica media Klotzsch ex Benth. = Erica umbelliflora Klotzsch ex Benth. ●☆
149746 Erica mediterranea L. = Erica erigena R. Ross ●☆
149747 Erica mediterranea L. = Erica lusitanica Rudolph ●☆
149748 Erica melanacme Guthrie et Bolus;黑边欧石南●☆
149749 Erica melanomontana E. G. H. Oliv.;山地黑欧石南●☆
149750 Erica melanthera L.;黑药欧石南;Black Anthers Heath, Black-anthered Heath, Black-eyed Heath ●☆
149751 Erica melastoma Andréws;黑孔欧石南●☆
149752 Erica melastoma Andréws subsp. minor E. G. H. Oliv. et I. M. Oliv.;小黑孔欧石南●☆
149753 Erica mertensiana J. C. Wendl. ex Klotzsch;梅尔滕斯欧石南●☆
149754 Erica merxmuelleri Dulfer = Erica natalitia Bolus ●☆
149755 Erica meuroni Benth. = Erica verticillata P. J. Bergius ●☆
149756 Erica meyeriana Klotzsch = Erica articularis L. var. meyeriana (Klotzsch) Bolus ●☆
149757 Erica micrandra Guthrie et Bolus;小蕊欧石南●☆
149758 Erica micrococodon Guthrie et Bolus = Erica mundii Guthrie et Bolus ●☆
149759 Erica microdonta (C. H. Wright) E. G. H. Oliv. = Ericinella microdonta (C. H. Wright) Alm et T. C. E. Fr. ●☆
149760 Erica milanjiana Bolus;米兰吉欧石南●☆
149761 Erica miniscula E. G. H. Oliv.;瘦欧石南●☆
149762 Erica minutifolia (Baker) Dorr et F. Oliv.;微叶欧石南●☆
149763 Erica minutissima Klotzsch ex Benth. = Erica quadrangularis Salisb. ●☆
149764 Erica mira Klotzsch ex Benth.;奇异欧石南●☆
149765 Erica modesta Salisb.;适度欧石南●☆
149766 Erica mollis Andréws;绢毛欧石南●☆
149767 Erica monadelpha Andréws;单体雄蕊欧石南●☆
149768 Erica monantha Compton;单花欧石南●☆
149769 Erica monsoniana L. f. var. exserta Klotzsch;伸出欧石南●☆
149770 Erica montana L. Bolus = Erica lateralis Willd. ●☆
149771 Erica moschata Andréws = Erica cristiflora Salisb. var. moschata (Andréws) Dulfer ●☆
149772 Erica mucosa L. = Erica ferrea P. J. Bergius ●☆
149773 Erica mucronata Andréws;短尖欧石南●☆
149774 Erica muirii L. Bolus;缪里欧石南●☆
149775 Erica multiflexuosa E. G. H. Oliv.;曲折欧石南●☆
149776 Erica multiflora L.;多花欧石南;Dense Raceme Heath ●☆
149777 Erica multumbellifera P. J. Bergius;多伞欧石南●☆
149778 Erica muscari Andréws = Erica daphniflora Salisb. var. muscari (Andréws) Bolus ●☆
149779 Erica muscosa (Aiton) E. G. H. Oliv.;苔地欧石南●☆
149780 Erica myriadenia (Baker) Dorr et E. G. H. Oliv.;多腺欧石南●☆
149781 Erica myriocodon Guthrie et Bolus;多钟欧石南●☆
149782 Erica nana Salisb.;矮欧石南●☆
149783 Erica natalensis Dulfer;纳塔尔欧石南●☆
149784 Erica natalitia Bolus;纳塔利特欧石南●☆
149785 Erica natalitia Bolus var. robusta Dulfer;粗壮欧石南●☆
149786 Erica nematophylla Guthrie et Bolus;蠕虫叶欧石南●☆
149787 Erica nemorosa Klotzsch ex Benth.;森林欧石南●☆
149788 Erica nervata Guthrie et Bolus;多脉欧石南●☆
149789 Erica nevillei L. Bolus;内维尔欧石南●☆
149790 Erica newdigateae Dulfer;纽迪盖特欧石南●☆
149791 Erica nidularia Lodd.;巢状欧石南●☆
149792 Erica nigrita L. = Erica calycina L. ●☆
149793 Erica nivalis Andréws;雪地欧石南●☆
149794 Erica niveniana E. G. H. Oliv.;尼文欧石南●☆
149795 Erica nodiflora Klotzsch = Erica rhopalantha Dulfer ●☆
149796 Erica nubigena Bolus;云雾欧石南●☆
149797 Erica nudiflora L.;裸花欧石南●☆
149798 Erica nutans J. C. Wendl.;悬垂欧石南●☆
149799 Erica nyassana (Alm et T. C. E. Fr.) E. G. H. Oliv.;尼亚萨欧石南●☆
149800 Erica oatesii Rolfe;奥茨欧石南●☆
149801 Erica oatesii Rolfe var. latifolia Bolus;宽叶奥茨欧石南●☆
149802 Erica obconica H. A. Baker;倒圆锥欧石南●☆

149803 Erica obliqua Thunb.;斜生欧石南●☆
149804 Erica oblongiflora Benth.;矩圆花欧石南●☆
149805 Erica obtecta Tausch = Erica corifolia L. ●☆
149806 Erica obtusata Klotzsch ex Benth.;钝欧石南●☆
149807 Erica occulta E. G. H. Oliv.;隐蔽欧石南●☆
149808 Erica ocellata Guthrie et Bolus;单眼欧石南●☆
149809 Erica odorata Andréws;芳香欧石南●☆
149810 Erica oligantha Guthrie et Bolus;寡花欧石南●☆
149811 Erica oliveri H. A. Baker;奥里弗欧石南●☆
149812 Erica onosmiflora Salisb. = Erica viscaria L. subsp. macrosepala E. G. H. Oliv. et I. M. Oliv. ●☆
149813 Erica oophylla Benth.;卵叶欧石南●☆
149814 Erica oreina Dulfer = Erica lateralis Willd. ●☆
149815 Erica oreophila Guthrie et Bolus;喜山欧石南●☆
149816 Erica oresigena Bolus var. mollipila ? = Erica taylorii E. G. H. Oliv. ●☆
149817 Erica orientalis R. A. Dyer;东方欧石南●☆
149818 Erica outeniquae (Compton) E. G. H. Oliv.;南非欧石南●☆
149819 Erica ovina Klotzsch;羊欧石南●☆
149820 Erica ovina Klotzsch var. purpurea Bolus;紫羊欧石南●☆
149821 Erica oxyandra Guthrie et Bolus;尖蕊欧石南●☆
149822 Erica oxycoccifolia Salisb.;红莓苔子欧石南●☆
149823 Erica oxysepala Guthrie et Bolus;尖萼欧石南●☆
149824 Erica oxysepala Guthrie et Bolus var. pubescens ? = Erica sphaerocephala J. C. Wendl. ex Benth. ●☆
149825 Erica pageana L. Bolus;佩氏石南●☆
149826 Erica paleacea Salisb. = Erica similis (N. E. Br.) E. G. H. Oliv. ●☆
149827 Erica pallens Andréws;变苍白欧石南●☆
149828 Erica palliiflora Salisb.;苍白花欧石南●☆
149829 Erica paludicola L. Bolus;沼生欧石南●☆
149830 Erica palustris Andréws = Erica cyrilliflora Salisb. ●☆
149831 Erica paniculata L.;锥形欧石南●☆
149832 Erica paniculata Thunb. = Erica quadrifida (Benth.) E. G. H. Oliv. ●☆
149833 Erica pannosa Salisb.;毡状欧石南●☆
149834 Erica papyracea Guthrie et Bolus;纸质欧石南●☆
149835 Erica parilis Salisb.;相似欧石南●☆
149836 Erica parilis Salisb. var. parviflora Benth.;小花相似欧石南●☆
149837 Erica parkeri (Baker) Dorr et E. G. H. Oliv.;帕克欧石南●☆
149838 Erica parviflora L.;小花欧石南●☆
149839 Erica parviflora L. var. exigua (Salisb.) Bolus;小欧石南●☆
149840 Erica parviflora L. var. glabra Compton;光小花欧石南●☆
149841 Erica parviflora L. var. hispida Bolus;粗毛小花欧石南●☆
149842 Erica parviflora L. var. inermis (Klotzsch) Bolus;无刺欧石南●☆
149843 Erica parviflora L. var. puberula (Bartl.) Bolus;微毛小花欧石南●☆
149844 Erica parviflora L. var. ternifolia Bolus;顶生小花欧石南●☆
149845 Erica parvula Guthrie et Bolus = Erica equisetifolia Salisb. ●☆
149846 Erica parvulisepala H. A. Baker = Erica xanthina Guthrie et Bolus ●☆
149847 Erica passerinae Montin;雀状欧石南;Sparrow-wort ●☆
149848 Erica passerinoides (Bolus) E. G. H. Oliv.;拟雀状欧石南●☆
149849 Erica patens Andréws;铺展欧石南●☆
149850 Erica patersonia Thunb.;穗状欧石南;Mealie Heath ●☆
149851 Erica patersonii Andréws;帕特森欧石南●☆
149852 Erica patersonii L. Bolus = Erica viscaria L. subsp. pustulata (H. A. Baker) E. G. H. Oliv. et I. M. Oliv. ●☆
149853 Erica patula Klotzsch = Erica corifolia L. ●☆
149854 Erica paucifolia (J. C. Wendl.) E. G. H. Oliv.;少叶欧石南●☆
149855 Erica paucifolia (J. C. Wendl.) E. G. H. Oliv. subsp. ciliata (Klotzsch) E. G. H. Oliv.;缘毛少叶欧石南●☆
149856 Erica paucifolia (J. C. Wendl.) E. G. H. Oliv. subsp. squarrosa (Benth.) E. G. H. Oliv.;粗鳞少叶欧石南●☆
149857 Erica pavettiflora Salisb. = Erica infundibuliformis Andréws ●☆
149858 Erica pearsoniana L. Bolus;皮尔逊欧石南●☆
149859 Erica pectinata Bartl. = Erica totta Thunb. ●☆
149860 Erica pectinata Klotzsch = Erica cristata Dulfer ●☆
149861 Erica pectinifolia Salisb.;蓖齿叶欧石南●☆
149862 Erica pectinifolia Salisb. var. oblongifolia Dulfer;矩圆叶欧石南●☆
149863 Erica pedicellata Klotzsch = Erica daphniflora Salisb. var. pedicellata (Klotzsch) Bolus ●☆
149864 Erica peduncularis Salisb.;序花欧石南●☆
149865 Erica peltata Andréws;盾状欧石南●☆
149866 Erica pelviformis Salisb. = Erica mauritanica L. ●☆
149867 Erica penduliflora E. G. H. Oliv.;垂花欧石南●☆
149868 Erica penicillata Andréws = Erica plukenetii L. subsp. penicellata (Andréws) E. G. H. Oliv. et I. M. Oliv. ●☆
149869 Erica penicilliflora Salisb. = Erica penicilliformis Salisb. ●☆
149870 Erica penicilliformis Salisb.;毛笔欧石南●☆
149871 Erica penicilliformis Salisb. var. chrysantha (Klotzsch ex Benth.) Dulfer;金花毛笔欧石南●☆
149872 Erica perhispida Dorr et E. G. H. Oliv.;周毛欧石南●☆
149873 Erica periplociflora Salisb. = Erica calycina L. var. periplociflora (Salisb.) Bolus ●☆
149874 Erica perlata Sinclair;极宽欧石南●☆
149875 Erica permutata Dulfer;改变欧石南●☆
149876 Erica perplexa E. G. H. Oliv.;缠绕欧石南●☆
149877 Erica perrieri Dorr et E. G. H. Oliv.;佩里耶欧石南●☆
149878 Erica persoluta L.;疏毛欧石南;Slightly Downy Flower Heath ●☆
149879 Erica persoluta L. = Erica subdivaricata P. J. Bergius ●☆
149880 Erica perspicua J. C. Wendl.;透明欧石南●☆
149881 Erica perspicua J. C. Wendl. subsp. latifolia (Benth.) E. G. H. Oliv. et I. M. Oliv.;宽叶透明欧石南●☆
149882 Erica perspicua J. C. Wendl. var. lanceolata Bolus;披针透明欧石南●☆
149883 Erica perspicua J. C. Wendl. var. latifolia Bolus = Erica perspicua J. C. Wendl. subsp. latifolia (Benth.) E. G. H. Oliv. et I. M. Oliv. ●☆
149884 Erica petiolaris Lam.;柄叶欧石南●☆
149885 Erica petiolata Thunb. = Erica petiolaris Lam. ●☆
149886 Erica petiveri L. = Erica coccinea L. ●☆
149887 Erica petiveri L. var. intemedia (Klotzsch ex Benth.) Bolus = Erica intermedia Klotzsch ex Benth. ●☆
149888 Erica petiveri L. var. melastoma (Andréws) Benth. = Erica melastoma Andréws ●☆
149889 Erica petiveri L. var. pubescens Bolus = Erica coccinea L. ●☆
149890 Erica petiveri L. var. willdenovii Bolus = Erica melastoma Andréws ●☆
149891 Erica petiverii Willd. = Erica melastoma Andréws ●☆
149892 Erica petraea Benth.;岩石欧石南●☆
149893 Erica petrophila L. Bolus;喜岩欧石南●☆
149894 Erica peziza Lodd.;毛枝矮欧石南;Downy Heath, Kapokkie

Heath ●☆
149895 Erica phacelanthera E. G. H. Oliv.;束药欧石南●☆
149896 Erica phaeocarpa E. G. H. Oliv.;褐果欧石南●☆
149897 Erica philippioides Compton;肖石南状欧石南●☆
149898 Erica phillipsii L. Bolus;菲利欧石南●☆
149899 Erica phylicifolia Salisb. = Erica abietina L. subsp. atrorosea E. G. H. Oliv. et I. M. Oliv. ●☆
149900 Erica physantha Benth.;胀花叶欧石南●☆
149901 Erica physantha Benth. var. aristulata Bolus = Erica fimbriata Andréws ●☆
149902 Erica physophylla Benth.;胀叶欧石南●☆
149903 Erica pilifera Thunb. = Erica banksii Andréws ●☆
149904 Erica pillansii Bolus;皮朗斯欧石南●☆
149905 Erica pillansii Bolus subsp. fervida (L. Bolus) E. G. H. Oliv. et I. M. Oliv.;亮欧石南●☆
149906 Erica pilosiflora E. G. H. Oliv.;毛花欧石南●☆
149907 Erica pilosiflora E. G. H. Oliv. subsp. purpurea E. G. H. Oliv.;紫毛花欧石南●☆
149908 Erica pilulifera L.;小球欧石南●☆
149909 Erica pinea Thunb.;松林欧石南●☆
149910 Erica pinea Thunb. var. argentiflora (Andréws) Bolus = Erica pinea Thunb. ●☆
149911 Erica pinea Thunb. var. viscosissima Bolus = Erica pinea Thunb. ●☆
149912 Erica pinguis Klotzsch;肥厚欧石南●☆
149913 Erica piquetbergensis (N. E. Br.) E. G. H. Oliv.;皮克特欧石南●☆
149914 Erica planifolia L.;平叶欧石南●☆
149915 Erica planifolia L. var. calycina Bolus;萼状平叶欧石南●☆
149916 Erica platycalyx E. G. H. Oliv.;宽萼欧石南●☆
149917 Erica pleiotricha S. Moore;多毛欧石南●☆
149918 Erica plena L. Bolus;重瓣欧石南●☆
149919 Erica plukenetii L.;普拉克内特欧石南●☆
149920 Erica plukenetii L. subsp. breviflora (Dulfer) E. G. H. Oliv. et I. M. Oliv.;短花普卢欧石南●☆
149921 Erica plukenetii L. subsp. lineata (Benth.) E. G. H. Oliv. et I. M. Oliv.;条纹欧石南●☆
149922 Erica plukenetii L. subsp. penicellata (Andréws) E. G. H. Oliv. et I. M. Oliv.;小尾欧石南●☆
149923 Erica plukenetii L. var. bicarinata Bolus = Erica plukenetii L. subsp. penicellata (Andréws) E. G. H. Oliv. et I. M. Oliv. ●☆
149924 Erica plukenetii L. var. brevifolia Bolus = Erica plukenetii L. ●☆
149925 Erica plumigera Bartl.;羽毛欧石南●☆
149926 Erica plumosa Thunb.;羽状欧石南●☆
149927 Erica podophylla Benth.;具柄欧石南●☆
149928 Erica pogonanthera Bartl.;须药欧石南●☆
149929 Erica polifolia Salisb. ex Benth.;灰叶欧石南●☆
149930 Erica polifolia Salisb. ex Benth. var. angustata Bolus;狭灰叶欧石南●☆
149931 Erica polyantha Klotzsch ex Benth. = Erica chamissonis Klotzsch ex Benth. var. polyantha (Klotzsch ex Benth.) Dulfer ●☆
149932 Erica polycodon Benth. = Erica nemorosa Klotzsch ex Benth. ●☆
149933 Erica porteri Compton = Erica thomae L. Bolus ●☆
149934 Erica praecox Klotzsch;早欧石南●☆
149935 Erica praestans Andréws = Erica walkeri Andréws var. praestans (Andréws) Bolus ●☆
149936 Erica primulina Bolus = Erica viridiflora Andréws subsp. primulina (Bolus) E. G. H. Oliv. et I. M. Oliv. ●☆
149937 Erica princeana Engl. = Erica whyteana Britten ●☆
149938 Erica princeana Engl. var. aberdarica T. C. E. Fr. = Erica whyteana Britten ●☆
149939 Erica priorii Guthrie et Bolus;普赖里欧石南●☆
149940 Erica propendens Andréws;俯卧欧石南●☆
149941 Erica propinqua Guthrie et Bolus;邻近欧石南●☆
149942 Erica pseudocalycina Compton;假萼欧石南●☆
149943 Erica psittacina E. G. H. Oliv. et I. M. Oliv.;鹦鹉欧石南●☆
149944 Erica puberula Bartl. = Erica parviflora L. var. puberula (Bartl.) Bolus ●☆
149945 Erica puberuliflora E. G. H. Oliv.;微毛花欧石南●☆
149946 Erica pubescens Andréws var. minor = Erica hirtiflora Curtis var. minor (Andréws) Benth. ●☆
149947 Erica pubescens L.;短柔毛欧石南●☆
149948 Erica pubescens L. var. glabrifolia Dulfer;光叶欧石南●☆
149949 Erica pubigera Salisb.;短毛欧石南●☆
149950 Erica pulchella Houtt.;艳丽欧石南●☆
149951 Erica pulchella Houtt. var. major Salter;小艳丽欧石南●☆
149952 Erica pulchelliflora E. G. H. Oliv.;艳花欧石南●☆
149953 Erica pulvinata Guthrie et Bolus;叶枕欧石南●☆
149954 Erica pumila Andréws;矮小欧石南●☆
149955 Erica purpurea Andréws;紫欧石南;Purple Heath ●☆
149956 Erica purpurea Andréws = Erica abietina L. subsp. atrorosea E. G. H. Oliv. et I. M. Oliv. ●☆
149957 Erica pusilla Salisb. = Erica canescens J. C. Wendl. ●☆
149958 Erica pusilla Salisb. var. micranthera Bolus = Erica canescens J. C. Wendl. var. micranthera (Bolus) Dulfer ●☆
149959 Erica pustulata H. A. Baker = Erica viscaria L. subsp. pustulata (H. A. Baker) E. G. H. Oliv. et I. M. Oliv. ●☆
149960 Erica pycnantha Benth.;密花欧石南●☆
149961 Erica pyramidalis Sol.;塔形欧石南●☆
149962 Erica pyramidalis Sol. var. vernalis (Lodd.) Benth.;春塔形欧石南●☆
149963 Erica pyrantha L. Bolus = Erica pillansii Bolus subsp. fervida (L. Bolus) E. G. H. Oliv. et I. M. Oliv. ●☆
149964 Erica pyxidiflora Salisb.;箱花欧石南●☆
149965 Erica quadraeflora Salisb. = Erica quadrangularis Salisb. ●☆
149966 Erica quadrangularis Salisb.;棱角欧石南●☆
149967 Erica quadratiflora (H. Perrier) Dorr et E. G. H. Oliv.;微花欧石南●☆
149968 Erica quadrifida (Benth.) E. G. H. Oliv.;四裂欧石南●☆
149969 Erica quadrisulcata L. Bolus;四沟欧石南●☆
149970 Erica racemosa Thunb.;总花欧石南●☆
149971 Erica racemosa Thunb. var. aristata L. Bolus;具芒总花欧石南●☆
149972 Erica radicans (L. Guthrie) E. G. H. Oliv.;辐射欧石南●☆
149973 Erica radicans (L. Guthrie) E. G. H. Oliv. subsp. schlechteri (N. E. Br.) E. G. H. Oliv.;施莱辐射欧石南●☆
149974 Erica rakotozafyana Dorr et E. G. H. Oliv.;拉库图扎菲欧石南●☆
149975 Erica ramentacea L. = Erica multumbellifera P. J. Bergius ●☆
149976 Erica recta Bolus;直立欧石南●☆
149977 Erica recurvifolia E. G. H. Oliv.;折叶欧石南●☆
149978 Erica reenensis Zahlbr.;里恩欧石南●☆
149979 Erica regia Bartl.;艾林欧石南;Elim Heath ●☆
149980 Erica regia Bartl. subsp. mariae (Guthrie et Bolus) E. G. H. Oliv. et I. M. Oliv.;马利欧石南●☆

149981 Erica regia Bartl. var. variegata Bolus = Erica regia Bartl. ●☆
149982 Erica regia Bartl. var. williana Bolus = Erica regia Bartl. ●☆
149983 Erica rehmii Dulfer;雷姆欧石南●☆
149984 Erica remota (N. E. Br.) E. G. H. Oliv.;稀疏欧石南●☆
149985 Erica retorta Montin;反扭欧石南●☆
149986 Erica retusa Tausch = Erica denticulata L. var. retusa (Tausch) Dulfer ●☆
149987 Erica revoluta (Bolus) L. E. Davidson;外卷欧石南●☆
149988 Erica rhodantha Guthrie et Bolus;粉红花欧石南●☆
149989 Erica rhodesiaca Alm et T. C. E. Fr. = Erica woodii Bolus ●☆
149990 Erica rhopalantha Dulfer;杖花欧石南●☆
149991 Erica richardii E. G. H. Oliv. et I. M. Oliv.;理查德欧石南●☆
149992 Erica rigidula (N. E. Br.) E. G. H. Oliv.;稍硬欧石南●☆
149993 Erica riparia H. A. Baker;河岸欧石南●☆
149994 Erica rivularis L. E. Davidson;溪边欧石南●☆
149995 Erica robynsiana Spirlet;罗宾斯欧石南●☆
149996 Erica rosacea (L. Guthrie) E. G. H. Oliv.;玫瑰欧石南●☆
149997 Erica rosacea (L. Guthrie) E. G. H. Oliv. subsp. glabrata E. G. H. Oliv.;光滑玫瑰欧石南●☆
149998 Erica roseoloba E. G. H. Oliv.;红白欧石南●☆
149999 Erica rossii Dorr;罗斯欧石南●☆
150000 Erica rubens Thunb.;变淡红欧石南●☆
150001 Erica rubiginosa Dulfer;锈红欧石南●☆
150002 Erica rubiginosa Dulfer var. caespitosa (Bolus) Dulfer;丛生锈红欧石南●☆
150003 Erica rudolfii Bolus;鲁道夫欧石南●☆
150004 Erica rufescens Klotzsch;浅红欧石南●☆
150005 Erica rugata E. G. H. Oliv.;皱缩欧石南●☆
150006 Erica rugegensis Engl. = Erica kingaensis Engl. subsp. rugegensis (Engl.) Alm et T. C. E. Fr. ●☆
150007 Erica rupicola Klotzsch;岩地欧石南●☆
150008 Erica russakiana E. G. H. Oliv.;拉萨克欧石南●☆
150009 Erica rusticula E. G. H. Oliv.;乡村欧石南●☆
150010 Erica ruwenzoriensis Alm et T. C. E. Fr. = Erica kingaensis Engl. subsp. bequaertii (De Wild.) R. Ross ●☆
150011 Erica sacciflora Salisb.;囊花欧石南●☆
150012 Erica sagittata Klotzsch ex Benth.;箭头欧石南●☆
150013 Erica salicina E. G. H. Oliv. et I. M. Oliv.;柳欧石南●☆
150014 Erica salteri L. Bolus;索尔特欧石南●☆
150015 Erica sanguinea Lodd. = Erica abietina L. subsp. ●☆
150016 Erica savileae Andréws var. mutica L. Bolus;无尖欧石南●☆
150017 Erica saxicola Guthrie et Bolus;岩栖欧石南●☆
150018 Erica saxigena Dulfer;岩生欧石南●☆
150019 Erica scabra Thunb. = Erica glabella Thunb. ●☆
150020 Erica scabriuscula Lodd.;略粗糙欧石南●☆
150021 Erica scariosa P. J. Bergius = Erica spumosa L. ●☆
150022 Erica scariosa Thunb. = Erica plukenetii L. subsp. breviflora (Dulfer) E. G. H. Oliv. et I. M. Oliv. ●☆
150023 Erica sceptriformis Salisb. = Erica sessiliflora L. f. ●☆
150024 Erica schlechteri Bolus;施莱欧石南●☆
150025 Erica schmidtii Dulfer;施密特欧石南●☆
150026 Erica schumannii E. G. H. Oliv.;舒曼欧石南●☆
150027 Erica scoparia L.;残雪欧石南(残雪,帚状欧石南,帚状石南);Besom Heath,Green Heather ●☆
150028 Erica scoparia L. 'Minima';袖珍帚状石南●☆
150029 Erica scoparia L. subsp. platycodon (Webb et Berthel.) A. Hansen et G. Kunkel;宽钟欧石南●☆
150030 Erica scoparia L. var. platycodon Webb et Berthel. = Erica scoparia L. subsp. platycodon (Webb et Berthel.) A. Hansen et G. Kunkel ●☆
150031 Erica scytophylla Guthrie et Bolus;革叶欧石南●☆
150032 Erica sebana Donn = Erica coccinea L. ●☆
150033 Erica selaginifolia Salisb.;石松欧石南●☆
150034 Erica senilis Klotzsch ex Benth.;老人欧石南●☆
150035 Erica serpyllifolia Andréws = Erica hispidula L. var. serpyllifolia (Andréws) Benth. ●☆
150036 Erica serrata Thunb.;具齿欧石南●☆
150037 Erica serratifolia Andréws;齿叶欧石南●☆
150038 Erica sessiliflora L. f.;无梗欧石南●☆
150039 Erica sessiliflora L. f. var. claviflora (Salisb.) Bolus = Erica sessiliflora L. f. ●☆
150040 Erica sessiliflora L. f. var. oblanceolata Bolus = Erica sessiliflora L. f. ●☆
150041 Erica sessiliflora L. f. var. sceptriformis (Salisb.) Bolus = Erica sessiliflora L. f. ●☆
150042 Erica setacea Andréws;刚毛欧石南●☆
150043 Erica setifera Klotzsch ex Benth. = Erica bruniifolia Salisb. var. stellata (Lodd.) Dulfer ●☆
150044 Erica setociliata H. A. Baker;缘刚毛欧石南●☆
150045 Erica setosa Bartl.;多刚毛欧石南●☆
150046 Erica setulosa Benth.;细刚毛欧石南●☆
150047 Erica sexfaria F. A. Bauer;六列欧石南●☆
150048 Erica shalliana Berol ex Klotzsch = Erica eremioides (MacOwan) E. G. H. Oliv. ●☆
150049 Erica sicifolia Salisb.;短剑叶欧石南;Dagger-leaves Heath ●☆
150050 Erica sicula Guss.;西西里欧石南●☆
150051 Erica sicula Guss. subsp. cyrenaica Brullo et Furnari;昔兰尼欧石南●☆
150052 Erica silvatica (Engl.) Beentje;林地欧石南(短花欧石南)●☆
150053 Erica simii (S. Moore) E. G. H. Oliv.;西姆欧石南●☆
150054 Erica similis (N. E. Br.) E. G. H. Oliv.;近似欧石南●☆
150055 Erica simulans Dulfer var. tetragona (Bolus) Dulfer;四角相似欧石南●☆
150056 Erica simulans Dulfer var. trivialis (Klotzsch ex Benth.) Dulfer;三脉欧石南●☆
150057 Erica sitiens Klotzsch;耐旱欧石南;Thirsty Heath ●☆
150058 Erica socciflora Salisb. = Erica coccinea L. ●☆
150059 Erica sociorum L. Bolus;群集欧石南●☆
150060 Erica solandra Andréws var. mollis Dulfer = Erica setulosa Benth. ●☆
150061 Erica solandroides Andréws = Erica bruniifolia Salisb. var. solandroides (Andréws) Dulfer ●☆
150062 Erica sonderiana Guthrie et Bolus;森诺欧石南●☆
150063 Erica sonora Compton = Erica aristifolia Benth. ●☆
150064 Erica sparsa Lodd.;散生欧石南●☆
150065 Erica sparsa Lodd. var. glanduloso-pedicellata Dulfer;腺梗欧石南●☆
150066 Erica speciosa Andréws;美花欧石南●☆
150067 Erica speciosa Andréws var. tomentosa Klotzsch = Erica hebecalyx Benth. ●☆
150068 Erica spectabilis Klotzsch ex Benth.;壮观欧石南●☆
150069 Erica sphaerocephala J. C. Wendl. ex Benth.;拟球头欧石南●☆
150070 Erica sphaeroidea Dulfer;球形欧石南●☆
150071 Erica sphaeroidea Dulfer = Erica hirta Thunb. ●☆

150072 Erica sphaeroidea Dulfer var. subterminalis (Klotzsch ex Benth.) Dulfer = Erica hirta Thunb. ●☆
150073 Erica sphenanthera Tausch;球花欧石南●☆
150074 Erica spicata Thunb. = Erica sessiliflora L. f. ●☆
150075 Erica spiculifolia Salisb. = Bruckenthalia spiculifolia (Salisb.) Rchb. ●☆
150076 Erica spinifera (H. Perrier) Dorr et E. G. H. Oliv.;刺欧石南●☆
150077 Erica splendens Andréws = Erica tumida Ker Gawl. ●☆
150078 Erica splendens J. C. Wendl. = Erica conspicua Sol. ●☆
150079 Erica spumosa L.;泡沫状欧石南●☆
150080 Erica squarrosa Salisb.;粗鳞欧石南●☆
150081 Erica stagnalis Salisb.;沼泽欧石南●☆
150082 Erica stagnalis Salisb. subsp. minor E. G. H. Oliv. et I. M. Oliv.;小沼泽欧石南●☆
150083 Erica staminea Andréws = Erica leucanthera L. f. ●☆
150084 Erica steinbergiana H. L. Wendl. ex Klotzsch var. abbreviata Bolus;缩短欧石南●☆
150085 Erica stellata Lodd. = Erica bruniifolia Salisb. var. stellata (Lodd.) Dulfer ●☆
150086 Erica stenantha Klotzsch ex Benth.;狭花欧石南●☆
150087 Erica stenophylla Benth. = Erica cyathiformis Salisb. ●☆
150088 Erica stokoeanthus E. G. H. Oliv.;斯花欧石南●☆
150089 Erica stokoei L. Bolus;斯托克欧石南●☆
150090 Erica straminea J. C. Wendl.;草黄欧石南●☆
150091 Erica straussiana Gilg;斯特劳斯欧石南●☆
150092 Erica stricta Don = Erica terminalis Salisb. ●☆
150093 Erica strigilifolia Salisb.;毛叶欧石南●☆
150094 Erica strigilifolia Salisb. var. rosea Bolus;粉红欧石南●☆
150095 Erica strigosa Sol.;糙伏毛欧石南●☆
150096 Erica stylaris Spreng.;花柱欧石南●☆
150097 Erica suaveolens Andréws;香欧石南●☆
150098 Erica subcapitata (N. E. Br.) E. G. H. Oliv.;亚头状欧石南●☆
150099 Erica subdivaricata P. J. Bergius;春霞●☆
150100 Erica subimbricata Compton = Erica imbricata L. ●☆
150101 Erica subterminalis Klotzsch ex Benth. = Erica hirta Thunb. ●☆
150102 Erica subulata J. C. Wendl.;钻形欧石南●☆
150103 Erica subverticillaris Diels ex Guthrie et Bolus;轮生欧石南●☆
150104 Erica subverticillaris Diels ex Guthrie et Bolus var. revoluta Bolus = Erica revoluta (Bolus) L. E. Davidson ●☆
150105 Erica suffulta J. C. Wendl. ex Benth.;支柱欧石南●☆
150106 Erica sulcata Benth. = Erica curviflora L. var. sulcata (Benth.) Dulfer ●☆
150107 Erica sulphurea Andréws = Erica curviflora L. var. sulphurea (Andréws) Bolus ●☆
150108 Erica swaziensis E. G. H. Oliv.;斯威士欧石南●☆
150109 Erica swynnertonii S. Moore = Erica whyteana Britten ●☆
150110 Erica sylvainiana Dorr et E. G. H. Oliv.;西尔万欧石南●☆
150111 Erica symonsii L. Bolus = Erica straussiana Gilg ●☆
150112 Erica syngenesia Compton;辛格欧石南●☆
150113 Erica taxifolia F. A. Bauer;紫杉叶欧石南●☆
150114 Erica taylorii E. G. H. Oliv.;泰勒欧石南●☆
150115 Erica tenax L. Bolus = Erica thomae L. Bolus ●☆
150116 Erica tenella Andréws;柔弱欧石南●☆
150117 Erica tenella Andréws var. gracilior Bolus;细弱欧石南●☆
150118 Erica tenuibractea Bolus = Erica doliiformis Salisb. ●☆
150119 Erica tenuicaulis Klotzsch ex Benth.;细茎欧石南●☆
150120 Erica tenuiflora Andréws = Erica cylindrica Thunb. ●☆
150121 Erica tenuifolia L.;细叶欧石南●☆
150122 Erica tenuipedicellata Compton = Erica rubiginosa Dulfer ●☆
150123 Erica tenuipilosa (Engl. ex Alm et T. C. E. Fr.) Cheek = Erica silvatica (Engl.) Beentje ●☆
150124 Erica tenuipilosa (Engl. ex Alm et T. C. E. Fr.) Cheek subsp. spicata (Hochst. ex A. Rich.) Cheek = Erica silvatica (Engl.) Beentje ●☆
150125 Erica tenuis Salisb.;细欧石南●☆
150126 Erica teretiuscula J. C. Wendl. = Erica articularis L. ●☆
150127 Erica terminalis Salisb.;科西嘉欧石南(顶花石南,刚直欧石南,科西嘉岛欧石南);Corsican Heath, Upright Heath ●☆
150128 Erica terminalis Salisb. 'Thelma Woolner';赛儿玛·乌尔纳科西嘉欧石南●☆
150129 Erica terniflora E. G. H. Oliv.;顶花欧石南●☆
150130 Erica tetragona L. f.;四角欧石南●☆
150131 Erica tetralix L.;十字叶欧石南(轮生叶欧石南,四齿欧石南,四叶石南,沼泽欧石南,直皮木);Bell Heath, Bell Heather, Besom Heath, Bog Heather, Broom, Broom Heath, Bull Heather, Cat Heather, Crossed Heath, Crossleaf Heath, Cross-leaved Heath, Crow Ling, Father of Heath, Father-of-heath, Grig, Heath Broom, Heather Bell, Honeybottle, Low Dutch Heath, Ringe Heather, She Heather, She-heather, Wire Ling ●☆
150132 Erica tetralix L. 'Alba Mollis';莫里斯白沼泽欧石南(白毛四叶石南)●☆
150133 Erica tetralix L. 'Con Underwood';康·安德武德沼泽欧石南(冈·安德伍德石南)●☆
150134 Erica tetralix L. 'George Frazer';乔治·福来瑟沼泽欧石南●☆
150135 Erica tetralix L. 'Hoohstone Pink';虎克斯顿粉红四叶石南●☆
150136 Erica tetralix L. 'Pink Star';粉星沼泽欧石南(粉红星四叶石南)●☆
150137 Erica tetralix L. 'Rubra';红花沼泽欧石南●☆
150138 Erica tetrastigmata Bolus = Erica gnaphaloides L. ●☆
150139 Erica tetrathecoides Benth.;四囊欧石南●☆
150140 Erica thamnoides E. G. H. Oliv.;灌木欧石南●☆
150141 Erica thodei Gilg = Erica natalensis Dulfer ●☆
150142 Erica thodei Guthrie et Bolus;索德欧石南●☆
150143 Erica thomae L. Bolus;托玛欧石南●☆
150144 Erica thomae L. Bolus var. brevisepala ? = Erica thomae L. Bolus ●☆
150145 Erica thomensis (Henriq.) Dorr et E. G. H. Oliv.;爱岛欧石南●☆
150146 Erica thunbergii Montin;通贝里欧石南●☆
150147 Erica thunbergii Montin var. sphaerocephala J. C. Wendl. ex Benth. = Erica flavisepala Guthrie et Bolus ●☆
150148 Erica thymifolia Andréws = Erica planifolia L. ●☆
150149 Erica tomentosa Salisb.;绒毛欧石南●☆
150150 Erica totta Thunb.;澳非欧石南●☆
150151 Erica trachysantha Bolus;糙花欧石南●☆
150152 Erica triceps Link;三头欧石南●☆
150153 Erica trichadenia Bolus;毛腺欧石南●☆
150154 Erica trichoclada Guthrie et Bolus;毛枝花欧石南●☆
150155 Erica trichophora Benth.;毛梗花欧石南●☆
150156 Erica trichophylla Benth.;毛叶花欧石南●☆
150157 Erica trichostigma Salter;毛柱花欧石南●☆
150158 Erica trichroma Benth.;三色欧石南●☆
150159 Erica trichroma Benth. var. imbricata Bolus;覆瓦三色欧石南●☆
150160 Erica triflora L.;三花欧石南●☆

150161 Erica triflora L. var. rosea Benth.;粉红三花欧石南●☆
150162 Erica trimera (Engl.) Beentje;三数欧石南●☆
150163 Erica trimera (Engl.) Beentje subsp. abyssinica (Pic. Serm. et Heiniger) Dorr;阿比西尼亚欧石南●☆
150164 Erica trimera (Engl.) Beentje subsp. elgonensis (Mildbr.) Beentje;埃尔贡欧石南●☆
150165 Erica trimera (Engl.) Beentje subsp. jaegeri (Engl.) Beentje;耶格欧石南●☆
150166 Erica trimera (Engl.) Beentje subsp. keniensis (S. Moore) Beentje;肯尼亚欧石南●☆
150167 Erica trimera (Engl.) Beentje subsp. kilimanjarica (Hedberg) Beentje;基利曼欧石南●☆
150168 Erica trimera (Engl.) Beentje subsp. meruensis (R. Ross) Dorr;梅鲁欧石南●☆
150169 Erica tristis Bartl.;暗淡欧石南●☆
150170 Erica trivialis Klotzsch ex Benth. = Erica simulans Dulfer var. trivialis (Klotzsch ex Benth.) Dulfer●☆
150171 Erica truncata L. Bolus;平截欧石南●☆
150172 Erica tubercularis Salisb.;块根欧石南●☆
150173 Erica tubiflora L. = Erica curviflora L. ●☆
150174 Erica tubiflora Willd. = Erica curviflora L. ●☆
150175 Erica tumida Ker Gawl.;肿胀欧石南●☆
150176 Erica tumida Ker Gawl. var. minor Bolus;小株肿胀欧石南●☆
150177 Erica turbinata Andréws = Erica spumosa L. ●☆
150178 Erica turbiniflora Salisb. = Erica capensis Salter●☆
150179 Erica turbiniflora Salisb. var. aristata Bolus = Erica capensis Salter●☆
150180 Erica turgida Salisb.;膨肿欧石南●☆
150181 Erica turmalis Salisb.;群生欧石南●☆
150182 Erica turneri E. G. H. Oliv.;特纳欧石南●☆
150183 Erica tysonii Bolus;泰森欧石南●☆
150184 Erica tysonii Bolus var. krookii Zahlbr.;克鲁科欧石南●☆
150185 Erica uberiflora E. G. H. Oliv.;肥花欧石南●☆
150186 Erica uhria Andréws = Erica densifolia Willd. ●☆
150187 Erica umbellata L.;伞形欧石南(伞花欧石南,伞花石南);Dwarf Spanish Heath,Umbels Heath●☆
150188 Erica umbelliflora Klotzsch ex Benth.;伞花欧石南●☆
150189 Erica umbonata Compton = Erica glandulipila Compton●☆
150190 Erica umbratica E. G. H. Oliv. et I. M. Oliv.;荫蔽欧石南●☆
150191 Erica umbrosa H. A. Baker = Erica armata Klotzsch ex Benth. ●☆
150192 Erica unibracteata Klotzsch ex Benth. = Erica leucopelta Tausch●☆
150193 Erica unicolor J. C. Wendl.;单色欧石南●☆
150194 Erica unicolor J. C. Wendl. subsp. georgensis E. G. H. Oliv. et I. M. Oliv.;乔治单色欧石南●☆
150195 Erica unicolor J. C. Wendl. subsp. mutica E. G. H. Oliv. et I. M. Oliv.;无尖单色欧石南●☆
150196 Erica unilateralis Klotzsch ex Benth.;单侧生欧石南●☆
150197 Erica urceolaris P. J. Bergius = Erica caffra L. ●☆
150198 Erica urceolata (Klotzsch) E. G. H. Oliv.;坛状欧石南●☆
150199 Erica utriculosa L. Bolus;囊果欧石南●☆
150200 Erica uysii H. A. Baker;委西欧石南●☆
150201 Erica vagans L.;漂泊欧石南(英国欧石南,英国石南);Cornish Heath,Cornish Heather,Moor Heath,Wandering Heath●☆
150202 Erica vagans L. 'Birch Glow';桦采英国石南●☆
150203 Erica vagans L. 'Lyonesse';利奥纳斯漂泊欧石南(里昂尼斯英国石南)●☆
150204 Erica vagans L. 'Mrs D. F. Maxwell';麦克斯维尔夫人漂泊欧石南(麦克斯维尔夫人英国石南)●☆
150205 Erica vagans L. 'St. Keverne';圣凯文尼漂泊欧石南(圣凯文英国石南)●☆
150206 Erica vagans L. 'Valerie Proudley';瓦尔·普鲁德雷漂泊欧石南(沃勒列之光英国石南)●☆
150207 Erica vagans L. 'Viridiflora';绿花漂泊欧石南●☆
150208 Erica valida H. A. Baker;刚直欧石南●☆
150209 Erica vallis-fluminis E. G. H. Oliv.;河流欧石南●☆
150210 Erica varia Lodd. = Erica melanthera L. ●☆
150211 Erica variabilis Klotzsch ex Benth. = Erica setacea Andréws●☆
150212 Erica velitaris Salisb. var. hemisphaerica Bolus;半球欧石南●☆
150213 Erica velitaris Salisb. var. parvibracteata L. Bolus;小苞欧石南●☆
150214 Erica ventricosa Thunb.;偏肿欧石南;Porcelain Heath,Ventricose Heath●☆
150215 Erica ventricosa Thunb. 'Grandiflora';大花偏肿欧石南●☆
150216 Erica ventricosa Thunb. var. meyeriana Dulfer;迈尔偏肿欧石南●☆
150217 Erica venusta Klotzsch = Erica pectinifolia Salisb. var. oblongifolia Dulfer●☆
150218 Erica venustiflora E. G. H. Oliv.;丽花欧石南●☆
150219 Erica venustiflora E. G. H. Oliv. subsp. glandulosa E. G. H. Oliv.;具腺欧石南●☆
150220 Erica verecunda Salisb.;羞涩欧石南●☆
150221 Erica vernalis Lodd. = Erica pyramidalis Sol. var. vernalis (Lodd.) Benth. ●☆
150222 Erica verniciflua Salisb.;漆欧石南●☆
150223 Erica vernicosa E. G. H. Oliv.;光泽欧石南●☆
150224 Erica vernix Andréws = Erica blenna Salisb. ●☆
150225 Erica versicolor Andréws;多色欧石南;Versicolour Heath●☆
150226 Erica versicolor Andréws var. ciliata J. C. Wendl. = Erica versicolor Andréws●☆
150227 Erica versicolor Andréws var. longiflora ? = Erica versicolor Andréws●☆
150228 Erica versicolor Andréws var. monticola Bolus = Erica versicolor Andréws●☆
150229 Erica verticillaris Salisb.;轮茎欧石南;Erica●☆
150230 Erica verticillata P. J. Bergius;轮生叶欧石南(轮叶石南);Verticilate Heath●☆
150231 Erica vespertina L. f. = Erica calycina L. var. vespertina (L. f.) Dulfer●☆
150232 Erica vestiflua Salisb. = Erica melastoma Andréws●☆
150233 Erica vestita Thunb.;包被欧石南;Trembling Heath●☆
150234 Erica vestita Thunb. var. fulgida Andréws = Erica vestita Thunb. ●☆
150235 Erica viguieri (H. Perrier) Dorr et E. G. H. Oliv.;维基耶欧石南●☆
150236 Erica villosa J. C. Wendl.;长柔毛欧石南●☆
150237 Erica viminalis E. G. H. Oliv. = Erica salicina E. G. H. Oliv. et I. M. Oliv. ●☆
150238 Erica virescens Link = Erica unicolor J. C. Wendl. ●☆
150239 Erica virginalis Klotzsch ex Benth.;洁白欧石南●☆
150240 Erica viridescens Lodd.;绿变欧石南●☆
150241 Erica viridescens Lodd. = Erica unicolor J. C. Wendl. ●☆
150242 Erica viridescens Lodd. var. latituba (L. Bolus) Dulfer = Erica curviflora L. ●☆
150243 Erica viridiflora Andréws;绿花欧石南●☆

150244 Erica viridiflora Andréws subsp. primulina (Bolus) E. G. H. Oliv. et I. M. Oliv.;报春绿花欧石南●☆

150245 Erica viridimontana E. G. H. Oliv. et I. M. Oliv.;山地绿欧石南●☆

150246 Erica viridipurpurea L.;紫绿欧石南;Greenish Purple Heath ●☆

150247 Erica viridipurpurea L. = Erica mauritanica L. ●☆

150248 Erica viridis Andréws = Erica viscaria L. subsp. macrosepala E. G. H. Oliv. et I. M. Oliv. ●☆

150249 Erica viscaria L.;黏胶欧石南●☆

150250 Erica viscaria L. subsp. gallorum (L. Bolus) E. G. H. Oliv. et I. M. Oliv.;五倍子欧石南●☆

150251 Erica viscaria L. subsp. longifolia (F. A. Bauer) E. G. H. Oliv. et I. M. Oliv.;长叶黏胶欧石南●☆

150252 Erica viscaria L. subsp. macrosepala E. G. H. Oliv. et I. M. Oliv.;大萼黏胶欧石南●☆

150253 Erica viscaria L. subsp. pendula E. G. H. Oliv. et I. M. Oliv.;下垂黏胶欧石南●☆

150254 Erica viscaria L. subsp. pustulata (H. A. Baker) E. G. H. Oliv. et I. M. Oliv.;泡状欧石南●☆

150255 Erica viscaria L. var. decora (Andréws) Bolus = Erica longifolia F. A. Bauer subsp. decora (Andréws) E. G. H. Oliv. et I. M. Oliv. ●☆

150256 Erica viscaria L. var. decora Andréws = Erica viscaria L. ●☆

150257 Erica viscaria L. var. hispida Bolus = Erica longifolia F. A. Bauer subsp. gallorum (L. Bolus) E. G. H. Oliv. et I. M. Oliv. ●☆

150258 Erica visciflora Esterh.;黏花欧石南●☆

150259 Erica viscidula L. Bolus = Erica hispidula L. var. viscidula (L. Bolus) Dulfer ●☆

150260 Erica viscosissima E. G. H. Oliv.;极黏欧石南●☆

150261 Erica vlokii E. G. H. Oliv.;弗劳克欧石南●☆

150262 Erica vulgaris L. = Calluna vulgaris (L.) Hill ●☆

150263 Erica walkeri Andréws;沃克欧石南●☆

150264 Erica walkeri Andréws var. praestans (Andréws) Bolus;优秀欧石南●☆

150265 Erica wangfatiana Dorr et E. G. H. Oliv.;王欧石南●☆

150266 Erica wendlandiana Klotzsch;文德兰欧石南●☆

150267 Erica westii L. Bolus = Erica straussiana Gilg ●☆

150268 Erica whyteana Britten;怀特欧石南●☆

150269 Erica whyteana Britten subsp. princeana (Engl.) Hedberg = Erica whyteana Britten ●☆

150270 Erica wildii Brenan;维尔德欧石南●☆

150271 Erica williamsiorum E. G. H. Oliv.;威廉斯欧石南●☆

150272 Erica winteri H. A. Baker;温特欧石南●☆

150273 Erica wittebergensis Dulfer;维特伯格欧石南●☆

150274 Erica woodii Bolus;伍得欧石南●☆

150275 Erica woodii Bolus var. rhodesiaca (Alm et T. C. E. Fr.) Dulfer = Erica woodii Bolus ●☆

150276 Erica woodii Bolus var. robusta Dulfer;粗壮伍得欧石南●☆

150277 Erica wyliei Bolus;怀利欧石南●☆

150278 Erica xanthina Guthrie et Bolus;黄色欧石南●☆

150279 Erica xeranthemifolia Salisb.;干花菊欧石南●☆

150280 Erica xerophila Bolus = Erica wendlandiana Klotzsch ●☆

150281 Erica zebrensis Compton;泽布拉欧石南●☆

150282 Erica zeyheri A. Spreng. = Erica curvifolia Salisb. var. zeyheri (A. Spreng.) Bolus ●☆

150283 Erica zeyheriana (Klotzsch) E. G. H. Oliv.;泽赫欧石南●☆

150284 Erica zwartbergensis Bolus;茨瓦特伯格欧石南●☆

150285 Ericaceae Durande = Ericaceae Juss. (保留科名)●

150286 Ericaceae Juss. (1789)(保留科名);杜鹃花科(欧石南科);Heath Family, Heather Family ●

150287 Ericaceae Nutt. ex Sweet = Ericaceae Juss. (保留科名)●

150288 Ericaceae Sweet = Ericaceae Juss. (保留科名)●

150289 Ericala Gray = Ericoila Borkh. ■

150290 Ericala Gray = Gentiana L. ■

150291 Ericala Renealm. ex Gray = Ericoila Borkh. ■

150292 Ericala Renealm. ex Gray = Gentiana L. ■

150293 Ericala aquatica (L.) Borkh. = Gentiana aquatica L. ■

150294 Ericala argentea D. Don = Gentiana argentea (D. Don) Griseb. ■

150295 Ericala capitata (Buch.-Ham. ex D. Don) D. Don = Gentiana capitata Buch.-Ham. ex D. Don ■

150296 Ericala capitata D. Don = Gentiana capitata Buch.-Ham. ex D. Don ■

150297 Ericala depressa D. Don ex G. Don = Gentiana depressa D. Don et C. E. C. Fisch. ■

150298 Ericala loureiroi G. Don = Gentiana loureirii (G. Don) Griseb. ■

150299 Ericala pedicellata D. Don = Gentiana pedicellata (D. Don) Wall. ex Griseb. ■

150300 Ericala pedicellata Wall. ex D. Don = Gentiana pedicellata (D. Don) Wall. ex Griseb. ■

150301 Ericala procumbens D. Don ex G. Don = Gentiana pedicellata (D. Don) Wall. ex Griseb. ■

150302 Ericala squarrosa G. Don = Gentiana squarrosa Ledeb. ■

150303 Ericala thunbergii G. Don = Gentiana thunbergii (G. Don) Griseb. ■

150304 Ericala tubiflora G. Don = Gentiana tubiflora (G. Don) Wall. ex Griseb. ■

150305 Ericala tubiflora Wall. ex G. Don = Gentiana tubiflora (G. Don) Wall. ex Griseb. ■

150306 Ericameria Nutt. (1840);金菊木属;Goldenbush ●☆

150307 Ericameria albida (M. E. Jones ex A. Gray) L. C. Anderson;白花金菊木;Whiteflower Rabbitbrush ●☆

150308 Ericameria arborescens (A. Gray) Greene;大金菊木;Goldenfleece ●☆

150309 Ericameria arizonica R. P. Roberts;亚利桑那金菊木;Arizona Goldenbush ●☆

150310 Ericameria austrotexana M. C. Johnst. = Neonesomia palmeri (A. Gray) Urbatsch et R. P. Roberts ●☆

150311 Ericameria bloomeri (A. Gray) J. F. Macbr.;布卢默金菊木;Bloomer's Goldenbush ●☆

150312 Ericameria brachylepis (A. Gray) H. M. Hall;短鳞金菊木;Boundary Goldenbush, Chaparral Goldenweed ●☆

150313 Ericameria cervina (S. Watson) Rydb.;鹿金菊木;Deer Goldenbush, Goldenweed ●☆

150314 Ericameria compacta (H. M. Hall) G. L. Nesom;查尔斯顿金菊木;Charleston Mountain Goldenbush ●☆

150315 Ericameria cooperi (A. Gray) H. M. Hall;库珀金菊木;Cooper's Goldenbush ●☆

150316 Ericameria crispa (L. C. Anderson) G. L. Nesom;皱波金菊木;Crisped Goldenbush ●☆

150317 Ericameria cuneata (A. Gray) McClatchie;悬崖金菊木;Cliff Goldenbush ●☆

150318 Ericameria cuneata (A. Gray) McClatchie var. macrocephala Urbatsch;大头悬崖金菊木●☆

150319 Ericameria cuneata (A. Gray) McClatchie var. spathulata (A.

Gray) H. M. Hall;匙叶悬崖金菊木●☆

150320 Ericameria discoidea (Nutt.) G. L. Nesom;西部金菊木;Sharp-scale Goldenweed,Whitestem Goldenbush ●☆

150321 Ericameria discoidea (Nutt.) G. L. Nesom var. linearis (Rydb.) G. L. Nesom = Ericameria linearis (Rydb.) R. P. Roberts et Urbatsch ●☆

150322 Ericameria ericoides (Less.) Jeps.;加州金菊木;California Goldenbush,Heather Goldenweed ●☆

150323 Ericameria ericoides (Less.) Jeps. var. pachylepis (H. M. Hall) Hoover = Ericameria palmeri (A. Gray) H. M. Hall var. pachylepis (H. M. Hall) G. L. Nesom ●☆

150324 Ericameria fasciculata (Eastw.) J. F. Macbr.;伊斯伍德金菊木;Eastwood's Goldenbush ●☆

150325 Ericameria gilmanii (S. F. Blake) G. L. Nesom;吉尔曼金菊木;Whiteflower Goldenbush ●☆

150326 Ericameria greenei (A. Gray) G. L. Nesom;格林金菊木;Greene's Goldenbush,Rabbitbrush ●☆

150327 Ericameria laricifolia (A. Gray) Shinners;落叶松叶金菊木;Aguirre,Turpentine Brush,Turpentine-brush ●☆

150328 Ericameria lignumviridis (S. L. Welsh) G. L. Nesom;石楠金菊木;Greenwood's Goldenbush,Heath-goldenrod ●☆

150329 Ericameria linearifolia (DC.) Urbatsch et Wussow;线叶金菊木;Narrowleaf Goldenbush ●☆

150330 Ericameria linearis (Rydb.) R. P. Roberts et Urbatsch;线形金菊木;Linear-leaved Discoid Gumweed,Wyoming Goldenbush ●☆

150331 Ericameria nana Nutt.;小金菊木;Dwarf Goldenbush ●☆

150332 Ericameria nauseosa (Pall. ex Pursh) G. L. Nesom et G. I. Baird;橡胶金菊木;Rabbitbrush,Rabbitbush Chamisa,Rubber Rabbitbrush ●☆

150333 Ericameria nauseosa (Pall. ex Pursh) G. L. Nesom et G. I. Baird subsp. consimilis (Greene) G. L. Nesom et G. I. Baird = Ericameria nauseosa (Pall. ex Pursh) G. L. Nesom et G. I. Baird var. oreophila (A. Nelson) G. L. Nesom et G. I. Baird ●☆

150334 Ericameria nauseosa (Pall. ex Pursh) G. L. Nesom et G. I. Baird subsp. turbinata (M. E. Jones) H. M. Hall et Clem. = Ericameria nauseosa (Pall. ex Pursh) G. L. Nesom et G. I. Baird var. turbinata (M. E. Jones) G. L. Nesom et G. I. Baird ●☆

150335 Ericameria nauseosa (Pall. ex Pursh) G. L. Nesom et G. I. Baird var. arenaria (L. C. Anderson) G. L. Nesom et G. I. Baird;沙地金菊木;Sand Rabbitbrush ●☆

150336 Ericameria nauseosa (Pall. ex Pursh) G. L. Nesom et G. I. Baird var. arta (A. Nelson) G. L. Nesom et G. I. Baird = Ericameria nauseosa (Pall. ex Pursh) G. L. Nesom et G. I. Baird var. oreophila (A. Nelson) G. L. Nesom et G. I. Baird ●☆

150337 Ericameria nauseosa (Pall. ex Pursh) G. L. Nesom et G. I. Baird var. bernardina (H. M. Hall) G. L. Nesom et G. I. Baird;伯纳德金菊木;Bernardina Rabbitbrush ●☆

150338 Ericameria nauseosa (Pall. ex Pursh) G. L. Nesom et G. I. Baird var. bigelovii (A. Gray) G. L. Nesom et G. I. Baird;毕氏金菊木;Bigelow's Rabbitbrush ●☆

150339 Ericameria nauseosa (Pall. ex Pursh) G. L. Nesom et G. I. Baird var. ceruminosa (Durand et Hilg.) G. L. Nesom et G. I. Baird;荒漠金菊木;Desert Rabbitbrush ●☆

150340 Ericameria nauseosa (Pall. ex Pursh) G. L. Nesom et G. I. Baird var. glabrata (A. Gray) G. L. Nesom et G. I. Baird = Ericameria nauseosa (Pall. ex Pursh) G. L. Nesom et G. I. Baird var. graveolens (Nutt.) Reveal et Schuyler ●☆

150341 Ericameria nauseosa (Pall. ex Pursh) G. L. Nesom et G. I. Baird var. graveolens (Nutt.) Reveal et Schuyler;烈味金菊木;Pungent Rabbitbrush ●☆

150342 Ericameria nauseosa (Pall. ex Pursh) G. L. Nesom et G. I. Baird var. hololeuca (A. Gray) G. L. Nesom et G. I. Baird;全白金菊木;White Rabbitbrush ●☆

150343 Ericameria nauseosa (Pall. ex Pursh) G. L. Nesom et G. I. Baird var. hololeuca (A. Gray) G. L. Nesom et G. I. Baird = Bigelowia graveolens Nutt. var. hololeuca A. Gray ●☆

150344 Ericameria nauseosa (Pall. ex Pursh) G. L. Nesom et G. I. Baird var. iridis (L. C. Anderson) G. L. Nesom et G. I. Baird;彩虹金菊木;Rainbow Hills Rabbitbrush ●☆

150345 Ericameria nauseosa (Pall. ex Pursh) G. L. Nesom et G. I. Baird var. juncea (Greene) G. L. Nesom et G. I. Baird;灯芯草金菊木;Rush Rabbitbrush ●☆

150346 Ericameria nauseosa (Pall. ex Pursh) G. L. Nesom et G. I. Baird var. latisquamea (A. Gray) G. L. Nesom et G. I. Baird;宽鳞金菊木;Broadscale Rabbitbrush ●☆

150347 Ericameria nauseosa (Pall. ex Pursh) G. L. Nesom et G. I. Baird var. leiosperma (A. Gray) G. L. Nesom et G. I. Baird;光果金菊木;Smooth-fruit Rabbitbrush ●☆

150348 Ericameria nauseosa (Pall. ex Pursh) G. L. Nesom et G. I. Baird var. mohavensis (Greene) G. L. Nesom et G. I. Baird;莫哈韦金菊木;Mojave Rabbitbrush ●☆

150349 Ericameria nauseosa (Pall. ex Pursh) G. L. Nesom et G. I. Baird var. nana (Cronquist) G. L. Nesom et G. I. Baird;小橡胶金菊木;Dwarf Rabbitbrush ●☆

150350 Ericameria nauseosa (Pall. ex Pursh) G. L. Nesom et G. I. Baird var. nitida (L. C. Anderson) G. L. Nesom et G. I. Baird;光亮金菊木;Shiny-bract Rabbitbrush ●☆

150351 Ericameria nauseosa (Pall. ex Pursh) G. L. Nesom et G. I. Baird var. oreophila (A. Nelson) G. L. Nesom et G. I. Baird;山地金菊木;Great Basin Rabbitbrush ●☆

150352 Ericameria nauseosa (Pall. ex Pursh) G. L. Nesom et G. I. Baird var. psilocarpa (S. F. Blake) G. L. Nesom et G. I. Baird;光果橡胶金菊木;Smooth-fruit Rabbitbrush ●☆

150353 Ericameria nauseosa (Pall. ex Pursh) G. L. Nesom et G. I. Baird var. salicifolia (Rydb.) G. L. Nesom et G. I. Baird;柳叶金菊木;Willowlike Rabbitbrush ●☆

150354 Ericameria nauseosa (Pall. ex Pursh) G. L. Nesom et G. I. Baird var. speciosa (Nutt.) G. L. Nesom et G. I. Baird;丽胶金菊木●☆

150355 Ericameria nauseosa (Pall. ex Pursh) G. L. Nesom et G. I. Baird var. texensis (L. C. Anderson) G. L. Nesom et G. I. Baird;得州金菊木;Texas Rabbitbrush ●☆

150356 Ericameria nauseosa (Pall. ex Pursh) G. L. Nesom et G. I. Baird var. turbinata (M. E. Jones) G. L. Nesom et G. I. Baird;陀螺金菊木 ●☆

150357 Ericameria obovata (Rydb.) G. L. Nesom;倒卵金菊木;Rydberg's Goldenbush ●☆

150358 Ericameria ophitidis (J. T. Howell) G. L. Nesom;蛇蜒金菊木;Serpentine Goldenbush ●☆

150359 Ericameria palmeri (A. Gray) H. M. Hall;帕默金菊木;Palmer's Goldenbush,Palmer's Goldenweed ●☆

150360 Ericameria palmeri (A. Gray) H. M. Hall var. pachylepis (H. M. Hall) G. L. Nesom;厚鳞金菊木;Thickbracted Goldenbush ●☆

150361 Ericameria palmeri A. Gray var. pachylepis (H. M. Hall) Munz = Ericameria palmeri (A. Gray) H. M. Hall var. pachylepis (H. M.

Hall) G. L. Nesom ●☆
150362 Ericameria paniculata (A. Gray) Rydb.;圆锥金菊木;Mojave, Punctate Rabbitbrush ●☆
150363 Ericameria parishii (Greene) H. M. Hall;帕里什金菊木;Parish's Goldenbush, Parish's Rabbitbrush ●☆
150364 Ericameria parryi (A. Gray) G. L. Nesom et G. I. Baird;帕里金菊木●☆
150365 Ericameria parryi (A. Gray) G. L. Nesom et G. I. Baird var. affinis (A. Nelson) G. L. Nesom et G. I. Baird;近缘金菊木●☆
150366 Ericameria parryi (A. Gray) G. L. Nesom et G. I. Baird var. aspera (Greene) G. L. Nesom et G. I. Baird;粗糙帕里金菊木;Rough Rabbitbrush ●☆
150367 Ericameria parryi (A. Gray) G. L. Nesom et G. I. Baird var. attenuata (M. E. Jones) G. L. Nesom et G. I. Baird;窄苞金菊木;Narrow-bract Rabbitbrush ●☆
150368 Ericameria parryi (A. Gray) G. L. Nesom et G. I. Baird var. howardii (Parry ex A. Gray) G. L. Nesom et G. I. Baird;霍华德金菊木;Howard's Rabbitbrush ●☆
150369 Ericameria parryi (A. Gray) G. L. Nesom et G. I. Baird var. imula (H. M. Hall et Clem.) G. L. Nesom et G. I. Baird;矮帕里金菊木;Low Rabbitbrush ●☆
150370 Ericameria parryi (A. Gray) G. L. Nesom et G. I. Baird var. latior (H. M. Hall et Clem.) G. L. Nesom et G. I. Baird;宽叶帕里金菊木;Broadleaf Rabbitbrush ●☆
150371 Ericameria parryi (A. Gray) G. L. Nesom et G. I. Baird var. monocephala (A. Nelson et P. B. Kenn.) G. L. Nesom et G. I. Baird;单头帕里金菊木;One-headed Rabbitbrush ●☆
150372 Ericameria parryi (A. Gray) G. L. Nesom et G. I. Baird var. montana (L. C. Anderson) G. L. Nesom et G. I. Baird;山地帕里金菊木;Mountain Rabbitbrush ●☆
150373 Ericameria parryi (A. Gray) G. L. Nesom et G. I. Baird var. nevadensis (A. Gray) G. L. Nesom et G. I. Baird;内华达金菊木;Nevada Rabbitbrush ●☆
150374 Ericameria parryi (A. Gray) G. L. Nesom et G. I. Baird var. salmonensis (L. C. Anderson) G. L. Nesom et G. I. Baird;萨蒙河金菊木;Salmon River Rabbitbrush ●☆
150375 Ericameria parryi (A. Gray) G. L. Nesom et G. I. Baird var. vulcanica (Greene) G. L. Nesom et G. I. Baird;武尔坎金菊木;Vulcan Rabbitbrush ●☆
150376 Ericameria pinifolia (A. Gray) H. M. Hall;松叶金菊木;Pine Goldenweed, Pinebush ●☆
150377 Ericameria resinosa Nutt.;金菊木;Columbia Goldenweed, Columbian Goldenbush ●☆
150378 Ericameria suffruticosa (Nutt.) G. L. Nesom;单头金菊木;Goldenweed, Singlehead Goldenbush ●☆
150379 Ericameria teretifolia (Durand et Hilg.) Jeps.;圆叶金菊木;Green Rabbitbrush, Round-leaf Rabbitbrush ●☆
150380 Ericameria triantha (S. F. Blake) Shinners = Haplopappus trianthus S. F. Blake ■☆
150381 Ericameria watsonii (A. Gray) G. L. Nesom;沃森金菊木;Watson's Goldenbush ●☆
150382 Ericameria zionis (L. C. Anderson) G. L. Nesom;亚高山金菊木;Cedar Breaks Goldenbush, Subalpine Breaks Goldenbush ●☆
150383 Ericaulon Lour. = Eriocaulon L. ■
150384 Ericentrodea S. F. Blake = Ericentrodea S. F. Blake et Sherff ■☆
150385 Ericentrodea S. F. Blake et Sherff(1923);坛果菊属■☆
150386 Ericentrodea corazonensis S. F. Blake et Sherff;坛果菊■☆
150387 Erichsenia Hemsl. (1905);澳钩豆属■☆
150388 Erichsenia uncinata Hemsl.;澳钩豆■☆
150389 Ericilla Steud. = Ercilla A. Juss. ●☆
150390 Ericinella Klotzsch = Erica L. ●☆
150391 Ericinella brassii Brenan = Ericinella microdonta (C. H. Wright) Alm et T. C. E. Fr. ●☆
150392 Ericinella gracilis Benth. = Erica rakotozafyana Dorr et E. G. H. Oliv. ●☆
150393 Ericinella mannii Hook. f. = Erica mannii (Hook. f.) Beentje ●☆
150394 Ericinella microdonta (C. H. Wright) Alm et T. C. E. Fr. = Blaeria microdonta C. H. Wright ●☆
150395 Ericinella microdonta (C. H. Wright) Alm et T. C. E. Fr. var. craspedotricha Brenan = Ericinella microdonta (C. H. Wright) Alm et T. C. E. Fr. ●☆
150396 Ericinella passerinoides Bolus = Erica passerinoides (Bolus) E. G. H. Oliv. ●☆
150397 Ericinella shinniae S. Moore = Ericinella microdonta (C. H. Wright) Alm et T. C. E. Fr. ●☆
150398 Ericksonella Hopper et A. P. Br. (2004);澳洲埃氏兰属■☆
150399 Ericksonella Hopper et A. P. Br. = Caladenia R. Br. ■☆
150400 Ericodes Kuntze = Ericoides Boehm. ●☆
150401 Ericoides Boehm. = Erica L. ●☆
150402 Ericoides Fabr. = Erica L. ●☆
150403 Ericoides Hiest. ex Fabr. = Erica L. ●☆
150404 Ericoila Borkh. = Gentiana L. ■
150405 Ericoila Borkh. = Tretorhiza Adans. ■
150406 Ericoila Renealm. ex Borkh. = Gentiana L. ■
150407 Ericoma Vascy = Eriocoma Nutt. ■
150408 Ericoma Vascy = Oryzopsis Michx. ■
150409 Ericomyrtus Turcz. = Baeckea L. ●
150410 Ericopsis C. A. Gardner = Lechenaultia R. Br. ●■
150411 Erigenia Nutt. (1818);迎春草属■☆
150412 Erigenia bulbosa (Michx.) Nutt.;迎春草;Harbinger of Spring, Harbinger-of-spring, Pepper and Salt, Pepper-and-salt ■☆
150413 Erigerodes Kuntze = Epaltes Cass. ■
150414 Erigeron L. (1753);飞蓬属(小紫苑属);Erigeron, Fleabane, Fleabane Daisy, Gentian ■●
150415 Erigeron abajoensis Cronquist;阿巴乔飞蓬;Abajo Fleabane ■☆
150416 Erigeron abruptorus Lunell = Erigeron glabellus Nutt. var. pubescens Hook. ■☆
150417 Erigeron abyssinicus (Sch. Bip. ex A. Rich.) Sch. Bip. ex Schweinf. = Conyza abyssinica Sch. Bip. ex A. Rich. ■☆
150418 Erigeron accedens Greene = Erigeron divergens Torr. et A. Gray ■☆
150419 Erigeron acer L.;飞蓬(北飞蓬);Bitter Fleabane, Bitter Gentian, Blue Fleabane, Fleabane, Purple Fleablane ■
150420 Erigeron acer L. subsp. kamtschaticus (DC.) H. Hara = Erigeron acer L. var. kamtschaticus (DC.) Herder ■
150421 Erigeron acer L. var. amplifolius Kitam.;大叶飞蓬■☆
150422 Erigeron acer L. var. kamtschaticus (DC.) Herder;勘察加飞蓬(飞蓬,蓬);Kamtschatka Fleabane, Kamtschatka Gentian ■
150423 Erigeron acer L. var. linearifolius (Koidz.) Kitam.;线叶飞蓬■☆
150424 Erigeron acer L. var. manshuricus Kom. = Erigeron kamtschaticus DC. ■
150425 Erigeron acomanus Spellenb. et P. Knight;无毛飞蓬;Acoma Fleabane ■☆
150426 Erigeron acris L. = Erigeron acer L. ■

150427 Erigeron acris L. subsp. debilis (A. Gray) Piper = Erigeron nivalis Nutt. ■☆
150428 Erigeron acris L. subsp. kamtschaticus (DC.) H. Hara = Erigeron acer L. var. kamtschaticus (DC.) Herder ■
150429 Erigeron acris L. subsp. racemosus (Nutt.) Clem. et E. G. Clem. = Erigeron lonchophyllus Hook. ■
150430 Erigeron acris L. var. arcuans Fernald = Erigeron elatus (Hook.) Greene ■☆
150431 Erigeron acris L. var. debilis A. Gray = Erigeron nivalis Nutt. ■☆
150432 Erigeron acris L. var. elatus (Hook.) Cronquist = Erigeron elatus (Hook.) Greene ■☆
150433 Erigeron acris L. var. fuscomarginatus Emb. et Maire = Erigeron acris L. ■
150434 Erigeron acris L. var. kamtschaticus (DC.) Herder = Erigeron acer L. var. kamtschaticus (DC.) Herder ■
150435 Erigeron aegyptiacus L. = Conyza aegyptiaca (L.) Aiton ■
150436 Erigeron aequifolius H. M. Hall;霍尔飞蓬;Hall's Fleabane ■☆
150437 Erigeron alamosanus Rose = Erigeron velutipes Hook. et Arn. ■☆
150438 Erigeron alaskanus Cronquist = Erigeron hyperboreus Greene ■☆
150439 Erigeron alatum D. Don = Blumea crispata (Vahl) Merxm. ■☆
150440 Erigeron alatum D. Don = Laggera alata (D. Don) Sch. Bip. ex Oliv. ■
150441 Erigeron alexeenkoi Krasch.;阿氏飞蓬■☆
150442 Erigeron algidus Jeps.;高茎飞蓬;Stalked Fleabane ■☆
150443 Erigeron aliceae Howell; 艾丽丝飞蓬; Alice Eastwood's Fleabane ■☆
150444 Erigeron allochrous Botsch.;异色飞蓬;Fleabane, Variantcolor Gentian ■
150445 Erigeron allocotus S. F. Blake;大角飞蓬;Bighorn Fleabane ■☆
150446 Erigeron alpicola Makino;日本高山飞蓬;Alpine Fleabane ■
150447 Erigeron alpicola Makino = Erigeron komarovii Botsch. ■☆
150448 Erigeron alpicola Makino = Erigeron thunbergii A. Gray subsp. glabratus (A. Gray) H. Hara ■☆
150449 Erigeron alpicola Makino var. angustifolius (Tatew.) Hara;细叶日本高山飞蓬■☆
150450 Erigeron alpiniformis Cronquist; 阿尔卑斯飞蓬; Alpine Fleabane ■☆
150451 Erigeron alpinus L. = Erigeron pseudoseravschanicus Botsch. ■
150452 Erigeron alpinus L. var. elatus Hook. = Erigeron elatus (Hook.) Greene ■☆
150453 Erigeron alpinus L. var. oreades Trautv. = Erigeron oreades (Schrenk) Fisch. et C. A. Mey. ■
150454 Erigeron alpinus Lam.; 高山飞蓬(深山飞蓬); Alpine Fleabane, Blue Fleabane ■☆
150455 Erigeron alpinus Lam. var. eriocalyx Ledeb. = Erigeron eriocalyx (Ledeb.) Vierhapper ■☆
150456 Erigeron alpinus Lam. var. oreades Trautv. = Erigeron oreades (Schrenk) Fisch. et C. A. Mey. ■
150457 Erigeron altaicus Popov;阿尔泰飞蓬;Altai Gentian, Fleabane ■
150458 Erigeron anchana G. L. Nesom;齿飞蓬;Sierra Ancha Fleabane ■☆
150459 Erigeron androssovii Popov;安氏飞蓬■☆
150460 Erigeron andryaloides (DC.) Benth. ex Hook. f. = Psychrogeton poncinsii (Franch.) Y. Ling et Y. L. Chen ■
150461 Erigeron andryaloides Benth. ex C. B. Clarke;毛托菊飞蓬■☆
150462 Erigeron angulosus Gaudin subsp. debilis (A. Gray) Piper = Erigeron nivalis Nutt. ■☆
150463 Erigeron angustatus (A. Gray) Greene = Erigeron greenei G. L. Nesom ■☆
150464 Erigeron annuus (L.) Pers.;一年蓬(白顶飞蓬,白马兰,长毛草,地白菜,女菀,千层塔,千张草,墙头草,牙根消,牙肿消,野蒿,油麻草,治疟草);Annual Fleabane, Annual Gentian, Daisy Fleabane, Eastern Daisy Fleabane, Lesser Daisy Fleabane, Sweet Scabious, Tall Fleabane, White Top, Whitetop Fleabane ■
150465 Erigeron annuus (L.) Pers. f. discoideus Vict. et J. Rousseau = Erigeron annuus (L.) Pers. ■
150466 Erigeron annuus (L.) Pers. subsp. septentrionalis (Fernald et Wiegand) Wagenitz = Erigeron strigosus Muhl. ex Willd. var. septentrionalis (Fernald et Wiegand) Fernald ■☆
150467 Erigeron annuus (L.) Pers. subsp. strigosus (Muhl. ex Willd.) Wagenitz = Erigeron strigosus Muhl. ex Willd. ■☆
150468 Erigeron annuus (L.) Pers. var. discoideus (Vict. et J. Rousseau) Cronquist = Erigeron annuus (L.) Pers. ■
150469 Erigeron anodonta Lunell = Erigeron glabellus Nutt. var. pubescens Hook. ■☆
150470 Erigeron anomalus DC. = Brachyactis anomala (DC.) Kitam. ■
150471 Erigeron arenarioides (D. C. Eaton ex A. Gray) A. Gray ex Rydb.;拟沙地飞蓬;Wasatch Fleabane ■☆
150472 Erigeron arenarius Greene = Erigeron bellidiastrum Nutt. var. arenarius (Greene) G. L. Nesom ■☆
150473 Erigeron argentatus A. Gray;银色飞蓬;Silver Fleabane ■☆
150474 Erigeron arizonicus A. Gray;亚利桑那飞蓬;Arizona Fleabane ■☆
150475 Erigeron armerifolius Turcz. ex DC. = Erigeron lonchophyllus Hook. ■
150476 Erigeron armeriifolius Turcz. ex DC. var. elatior Ledeb. = Erigeron lonchophyllus Hook. ■
150477 Erigeron arthrotrichus Hiern = Felicia welwitschii (Hiern) Grau ●☆
150478 Erigeron asper Nutt. = Erigeron glabellus Nutt. ■☆
150479 Erigeron asper Nutt. = Erigeron glabellus Nutt. var. pubescens Hook. ■☆
150480 Erigeron asper Nutt. var. pubescens (Hook.) Breitung = Erigeron glabellus Nutt. var. pubescens Hook. ■☆
150481 Erigeron asperugineus (D. C. Eaton) A. Gray;爱达荷飞蓬;Idaho Fleabane ■☆
150482 Erigeron asteroides Andrz. ex Besser;紫菀飞蓬■☆
150483 Erigeron aucheri Boiss.;奥切尔飞蓬■☆
150484 Erigeron aurantiacus Regel;橙花飞蓬(橙红飞蓬,橙黄飞蓬,橙舌飞蓬);Orange Daisy, Orange Fleabane, Orange Gentian ■
150485 Erigeron aureus Greene;金黄飞蓬;Golden Fleabane ■☆
150486 Erigeron aureus Greene 'Canary Bird';金丝雀金黄飞蓬■☆
150487 Erigeron awapensis S. L. Welsh = Erigeron abajoensis Cronquist ■☆
150488 Erigeron azureus Regel;天蓝飞蓬■☆
150489 Erigeron badachschanicus Botsch.;巴达飞蓬■☆
150490 Erigeron baicalensis Botsch.;拜卡尔飞蓬■☆
150491 Erigeron barbellulatus Greene;光亮飞蓬;Shining Fleabane ■☆
150492 Erigeron basalticus Hoover;灰岩飞蓬;Basalt Fleabane ■☆
150493 Erigeron baumii O. Hoffm.;鲍姆飞蓬■☆
150494 Erigeron bellidiastrum Nutt.;沙地飞蓬;Sand Fleabane ■☆
150495 Erigeron bellidiastrum Nutt. var. arenarius (Greene) G. L. Nesom;沙漠飞蓬■☆
150496 Erigeron bellidifolius Muhl. ex Willd. = Erigeron pulchellus Michx. ■☆

150497 Erigeron bellidiformis Popov;禾鼠麹飞蓬■☆
150498 Erigeron bellidioides (Hook. f.) S. J. Forbes et D. I. Morris var. integrifolius Franch. ex H. Lév. = Erigeron breviscapus (Vaniot) Hand. -Mazz. ■
150499 Erigeron bigelovii A. Gray;比奇洛飞蓬;Bigelow's Fleabane ■☆
150500 Erigeron biolettii Greene;比奥莱特飞蓬;Biolett's Fleabane ■☆
150501 Erigeron biramosus Botsch.;双枝飞蓬■☆
150502 Erigeron bistiensis G. L. Nesom et Hevron = Erigeron pulcherrimus A. Heller ■☆
150503 Erigeron blochmaniae Greene;布洛赫曼飞蓬;Blochman's Fleabane ■☆
150504 Erigeron bloomeri A. Gray;布卢默飞蓬;Bloomer's Fleabane ■☆
150505 Erigeron bloomeri A. Gray var. nudatus (A. Gray) Cronquist;俯垂飞蓬■☆
150506 Erigeron bloomeri A. Gray var. pubens D. D. Keck = Erigeron bloomeri A. Gray ■☆
150507 Erigeron bonariensis L. = Conyza bonariensis (L.) Cronquist ■
150508 Erigeron borealis (Vierh.) Simmons;北方飞蓬;Alpine Fleabane, Boreal Fleabane, Highland Fleabane ■☆
150509 Erigeron bovei (DC.) Boiss. = Blumea bovei (DC.) Vatke ■☆
150510 Erigeron brachycephalus H. Lindb.;短头飞蓬■☆
150511 Erigeron brachyspermus Botsch.;短籽飞蓬■☆
150512 Erigeron brandegeei A. Gray = Erigeron concinnus (Hook. et Arn.) Torr. et A. Gray ■☆
150513 Erigeron breviscapus (Vaniot) Hand. -Mazz.;短葶飞蓬(灯盏草,灯盏花,灯盏细辛,地朝阳,地顶草,东菊,短茎飞蓬,双葵花,细药,野菠菜);Shortscape Fleabane, Shortscape Gentian ■
150514 Erigeron breviscapus (Vaniot) Hand. -Mazz. var. alboradiatus Y. Ling et Y. L. Chen;白舌短葶飞蓬;Whitetongue Shortscape Fleabane ■
150515 Erigeron breviscapus (Vaniot) Hand. -Mazz. var. tibeticus Y. Ling et Y. L. Chen;西藏短葶飞蓬;Xizang Gentian, Xizang Shortscape Fleabane ■
150516 Erigeron breweri A. Gray;布鲁尔飞蓬;Brewer's Fleabane ■☆
150517 Erigeron breweri A. Gray var. covillei (Greene) G. L. Nesom;考氏布鲁尔飞蓬■☆
150518 Erigeron breweri A. Gray var. elmeri (Greene) Jeps. = Erigeron elmeri (Greene) Greene ■☆
150519 Erigeron breweri A. Gray var. klamathensis G. L. Nesom = Erigeron klamathensis (G. L. Nesom) G. L. Nesom ■☆
150520 Erigeron breweri A. Gray var. porphyreticus (M. E. Jones) Cronquist;紫布鲁尔飞蓬■☆
150521 Erigeron cabulicus (Boiss.) Botsch.;卡布尔飞蓬■☆
150522 Erigeron caespitosus Nutt.;缨飞蓬;Tufted Fleabane ■☆
150523 Erigeron caespitosus Nutt. subsp. anactis S. F. Blake = Erigeron ovinus Cronquist ■☆
150524 Erigeron caespitosus Nutt. var. nauseosus M. E. Jones = Erigeron nauseosus (M. E. Jones) A. Nelson ■☆
150525 Erigeron caespitosus Nutt. var. tenerus A. Gray = Erigeron tener (A. Gray) A. Gray ■☆
150526 Erigeron calderae Hansen;卡尔德拉飞蓬■☆
150527 Erigeron callianthemus Greene = Erigeron glacialis (Nutt.) A. Nelson ■☆
150528 Erigeron calvus Coville;秃飞蓬;Bald Daisy ■☆
150529 Erigeron camphoratus L. = Pluchea camphorata (L.) DC. ●■
150530 Erigeron canaani S. L. Welsh;卡那飞蓬;Abajo Fleabane ■☆
150531 Erigeron canadensis L. = Conyza canadensis (L.) Cronquist ■
150532 Erigeron canadensis L. f. coloratus Fassett = Conyza canadensis (L.) Cronquist ■
150533 Erigeron canadensis L. var. pusillus (Nutt.) B. Boivin = Conyza canadensis (L.) Cronquist ■
150534 Erigeron canus A. Gray;灰白飞蓬;Hoary Fleabane ■☆
150535 Erigeron capense Houtt. = Vernonia capensis (Houtt.) Druce ■☆
150536 Erigeron carolinianus L. = Euthamia caroliniana (L.) Greene ex Porter et Britton ■☆
150537 Erigeron carringtonii S. L. Welsh = Erigeron untermannii S. L. Welsh et Goodrich ■☆
150538 Erigeron cascadensis A. Heller;层叠飞蓬;Cascade Fleabane ■☆
150539 Erigeron caucasicus Stev.;高加索飞蓬■☆
150540 Erigeron cavernensis S. L. Welsh et N. D. Atwood;孤独飞蓬;Lone Fleabane ■☆
150541 Erigeron celerieri Emb. et Maire;塞勒里耶飞蓬■☆
150542 Erigeron cervinus Greene;锡斯基尤飞蓬;Siskiyou Fleabane ■☆
150543 Erigeron chrysopsidis A. Gray;小黄飞蓬;Dwarf Yellow Fleabane ■☆
150544 Erigeron ciliaris Miq. = Inula ciliaris (Miq.) Maxim. ■☆
150545 Erigeron ciliatus Ledeb. = Brachyactis ciliata Ledeb. ■
150546 Erigeron ciliatus Ledeb. = Symphyotrichum ciliatum (Ledeb.) G. L. Nesom ■☆
150547 Erigeron cinereus A. Gray = Erigeron tracyi Greene ■☆
150548 Erigeron clokeyi Cronquist;克洛基飞蓬;Clokey's Fleabane ■☆
150549 Erigeron cochinchinensis Spreng. = Blumea aromatica DC. ■
150550 Erigeron coeruleus Popov = Erigeron tianschanicus Botsch. ■
150551 Erigeron colomexicanus A. Nelson = Erigeron tracyi Greene ■☆
150552 Erigeron commixtus Greene = Erigeron tracyi Greene ■☆
150553 Erigeron compactus S. F. Blake;蕨叶飞蓬;Fern-leaf Fleabane ■☆
150554 Erigeron compactus S. F. Blake var. consimilis (Cronquist) S. F. Blake = Erigeron consimilis Cronquist ■☆
150555 Erigeron compositus Pursh;小山飞蓬;Dwarf mountain Fleabane ■☆
150556 Erigeron compositus Pursh var. discoideus A. Gray = Erigeron compositus Pursh ■☆
150557 Erigeron compositus Pursh var. glabratus Macoun = Erigeron compositus Pursh ■☆
150558 Erigeron compositus Pursh var. multifidus (Rydb.) J. F. Macbr. et Payson = Erigeron compositus Pursh ■☆
150559 Erigeron compositus Pursh var. pinnatisectus A. Gray = Erigeron pinnatisectus (A. Gray) A. Nelson ■☆
150560 Erigeron compositus Pursh var. trifidus (Hook.) A. Gray;三裂蕨叶飞蓬■☆
150561 Erigeron concinnus (Hook. et Arn.) Torr. et A. Gray;纳瓦霍飞蓬;Navajo Fleabane ■☆
150562 Erigeron concinnus (Hook. et Arn.) Torr. et A. Gray var. condensatus D. C. Eaton;紧缩飞蓬■☆
150563 Erigeron concinnus (Hook. et Arn.) Torr. et A. Gray var. subglaber (Cronquist) G. L. Nesom;近光纳瓦霍飞蓬■☆
150564 Erigeron condensatus (D. C. Eaton) Greene = Erigeron concinnus (Hook. et Arn.) Torr. et A. Gray var. condensatus D. C. Eaton ■☆
150565 Erigeron confinis Howell = Erigeron foliosus Nutt. var. confinis (Howell) Jeps. ■☆
150566 Erigeron consanguineus Kitam. = Erigeron komarovii Botsch. ■
150567 Erigeron consimilis Cronquist;相似飞蓬;San Rafael Fleabane ■☆
150568 Erigeron conspicuus Rydb. = Erigeron speciosus (Lindl.) DC.

■☆

150569 Erigeron controversus Greene = Erigeron garrettii A. Nelson ■☆

150570 Erigeron corymbosus Nutt.;长叶飞蓬;Long-leaf Fleabane ■☆

150571 Erigeron coulteri Porter;库尔特飞蓬;Coulter's Fleabane ■☆

150572 Erigeron covillei Greene = Erigeron breweri A. Gray var. covillei (Greene) G. L. Nesom ■☆

150573 Erigeron crispus Pourr. = Conyza bonariensis (L.) Cronquist ■

150574 Erigeron crispus Pourr. subsp. naudinii (Bonnet) Bonnier = Conyza bonariensis (L.) Cronquist ■

150575 Erigeron cronquistii Maguire;克龙飞蓬;Cronquist's Fleabane ■☆

150576 Erigeron davisii (Cronquist) G. L. Nesom;戴维斯飞蓬;Davis' Fleabane ■☆

150577 Erigeron debilis (A. Gray) Rydb. = Erigeron nivalis Nutt. ■☆

150578 Erigeron decumbens Nutt.;威拉飞蓬;Willamette Fleabane ■☆

150579 Erigeron decumbens Nutt. subsp. robustior Cronquist = Erigeron robustior (Cronquist) G. L. Nesom ■☆

150580 Erigeron decumbens Nutt. var. robustior (Cronquist) Cronquist = Erigeron robustior (Cronquist) G. L. Nesom ■☆

150581 Erigeron decurrens Vahl = Blumea decurrens (Vahl) Merxm. ■☆

150582 Erigeron delavayi (Franch.) Botsch. = Aster diplostephioides Benth. et Hook. f. ■

150583 Erigeron delicatus Cronquist = Erigeron cervinus Greene ■☆

150584 Erigeron delphiniifolius Willd. subsp. neomexicanus (A. Gray) Cronquist = Erigeron neomexicanus A. Gray ■☆

150585 Erigeron delphiniifolius Willd. var. euneomexicanus Cronquist = Erigeron neomexicanus A. Gray ■☆

150586 Erigeron delphiniifolius Willd. var. oreophilus (Greenm.) Cronquist = Erigeron oreophilus Greenm. ■☆

150587 Erigeron denalii A. Nelson;德纳里飞蓬;Denali Fleabane ■☆

150588 Erigeron dielsii H. Lév. = Erigeron breviscapus (Vaniot) Hand. -Mazz. ■

150589 Erigeron diplostephioides (DC.) Botsch. = Aster diplostephioides Benth. et Hook. f. ■

150590 Erigeron disparipilus Cronquist;白垫飞蓬;White Cushion Fleabane ■☆

150591 Erigeron divaricatus Michx.;矮飞蓬;Dwarf Fleabane ■☆

150592 Erigeron divaricatus Michx. = Conyza ramosissima Cronquist ■☆

150593 Erigeron divaricatus Nutt. = Erigeron divergens Torr. et A. Gray ■☆

150594 Erigeron divergens Torr. et A. Gray;北美绿飞蓬(散布飞蓬);Fleabane, Fleabane Daisy, Green Rabbit Bush, Spreading Fleabane ■☆

150595 Erigeron divergens Torr. et A. Gray var. cinereus A. Gray = Erigeron tracyi Greene ■☆

150596 Erigeron diversifolium Cav. = Conyza gouanii (L.) Willd. ■☆

150597 Erigeron dolichostylus Botsch.;长柱飞蓬■☆

150598 Erigeron drummondii Greene = Erigeron glabellus Nutt. var. pubescens Hook. ■☆

150599 Erigeron dubius Makino;日本蓬(含糊飞蓬)■☆

150600 Erigeron dubius Makino = Erigeron thunbergii A. Gray ■

150601 Erigeron dubius Makino var. alpicola Makino = Erigeron alpicola Makino ■

150602 Erigeron dubius Makino var. alpicola Makino = Erigeron komarovii Botsch. ■

150603 Erigeron eatonii A. Gray;伊顿飞蓬;Eaton's Fleabane ■☆

150604 Erigeron eatonii A. Gray var. lavandulus Strother et Ferlatte;薰衣草飞蓬■☆

150605 Erigeron eatonii A. Gray var. nevadincola (S. F. Blake) G. L. Nesom;内华达飞蓬;Nevada Fleabane ■☆

150606 Erigeron eatonii A. Gray var. sonnei (Greene) G. L. Nesom;索恩飞蓬■☆

150607 Erigeron eatonii A. Gray var. villosus (Cronquist) Cronquist;毛伊顿飞蓬■☆

150608 Erigeron eatonii subsp. villosus Cronquist = Erigeron eatonii A. Gray var. villosus (Cronquist) Cronquist ■☆

150609 Erigeron echioides Sch. Bip. = Conyza tigrensis Oliv. et Hiern ■☆

150610 Erigeron elatior (A. Gray) Greene;高大飞蓬;Tall Fleabane ■☆

150611 Erigeron elatus (Hook.) Greene;沼泽飞蓬;Swamp Fleabane ■☆

150612 Erigeron elatus (Hook.) Greene var. bakeri Greene = Erigeron nivalis Nutt. ■☆

150613 Erigeron elatus (Hook.) Greene var. oligocephalus (Fernald et Wiegand) Fernald = Erigeron elatus (Hook.) Greene ■☆

150614 Erigeron elegantulus Greene;火山飞蓬;Volcanic Daisy ■☆

150615 Erigeron elmeri (Greene) Greene;埃尔默飞蓬;Elmer's Fleabane ■☆

150616 Erigeron elongatus Ledeb.;长茎飞蓬(白带丹,灯盏花,红蓝地花,紫苞飞蓬,紫苞蓬);Longstem Fleabane, Longstem Gentian ■

150617 Erigeron elongatus Ledeb. var. glandulosus Y. Wei et C. H. An;腺毛飞蓬■

150618 Erigeron engelmannii A. Nelson;恩格尔曼飞蓬;Engelmann's Fleabane ■☆

150619 Erigeron engelmannii A. Nelson subsp. davisii Cronquist = Erigeron davisii (Cronquist) G. L. Nesom ■☆

150620 Erigeron engelmannii A. Nelson var. davisii (Cronquist) Cronquist = Erigeron davisii (Cronquist) G. L. Nesom ■☆

150621 Erigeron eriocalyx (Ledeb.) Vierh.;绵苞飞蓬(棉苞飞蓬);Eriocalyx Fleabane, Eriocalyx Gentian ■

150622 Erigeron eriocalyx (Ledeb.) Vierhapper;绵萼飞蓬■☆

150623 Erigeron eriocephalus J. Vahl;绵头飞蓬■☆

150624 Erigeron eriocephalus J. Vahl = Erigeron uniflorus L. var. eriocephalus (J. Vahl) B. Boivin ■☆

150625 Erigeron eriocephalus Regel et Schmalh. = Erigeron schmalhausenii Popov ■

150626 Erigeron eriophyllus A. Gray = Laennecia eriophylla (A. Gray) G. L. Nesom ■☆

150627 Erigeron evermannii Rydb.;埃弗曼飞蓬;Evermann's Fleabane ■☆

150628 Erigeron eximius Greene;云冷杉飞蓬;Spruce-fir Fleabane ■☆

150629 Erigeron expansus Poepp. ex Spreng. = Symphyotrichum subulatum (Michx.) G. L. Nesom var. parviflorum (Nees) S. D. Sundb. ■☆

150630 Erigeron farreri (W. W. Sm. et Jeffrey) Botsch. = Aster farreri W. W. Sm. et Jeffrey ■

150631 Erigeron filifolius (Hook.) Nutt.;丝叶飞蓬;Thread-leaf Fleabane ■☆

150632 Erigeron filifolius (Hook.) Nutt. var. robustior M. Peck = Erigeron filifolius (Hook.) Nutt. ■☆

150633 Erigeron flabellifolius Rydb.;扇叶飞蓬;Fan-leaf Fleabane ■☆

150634 Erigeron flaccidus (Bunge) Botsch. = Aster flaccidus Bunge ■

150635 Erigeron flagellaris A. Gray;匍匐枝飞蓬;Trailing Fleabane ■☆

150636 Erigeron flagellaris A. Gray var. trilobatus Maguire ex Cronquist = Erigeron sionis Cronquist var. trilobatus (Maguire ex Cronquist) S. L. Welsh ■☆

150637 Erigeron flettii G. N. Jones;弗莱特飞蓬;Flett's Fleabane ■☆

150638 Erigeron flexuosus Cronquist = Erigeron lassenianus Greene ■☆

150639 Erigeron floribundus (Kunth) Sch. Bip. = Conyza albida Spreng. ■
150640 Erigeron florifer Hook. = Townsendia florifer (Hook.) A. Gray ■☆
150641 Erigeron foliosus Nutt.;叶飞蓬;Leafy Fleabane ■☆
150642 Erigeron foliosus Nutt. var. blochmaniae (Greene) H. M. Hall = Erigeron blochmaniae Greene ■☆
150643 Erigeron foliosus Nutt. var. confinis (Howell) Jeps.;近邻飞蓬■☆
150644 Erigeron foliosus Nutt. var. covillei (Greene) G. R. Compton = Erigeron breweri A. Gray var. covillei (Greene) G. L. Nesom ■☆
150645 Erigeron foliosus Nutt. var. hartwegii (Greene) Jeps.;哈特飞蓬■☆
150646 Erigeron foliosus Nutt. var. inornatus A. Gray = Erigeron inornatus (A. Gray) A. Gray ■☆
150647 Erigeron foliosus Nutt. var. stenophyllus (Nutt.) A. Gray = Erigeron foliosus Nutt. ■☆
150648 Erigeron formosissimus Greene;美丽枝飞蓬;Beautiful Fleabane ■☆
150649 Erigeron formosissimus Greene var. viscidus (Rydb.) Cronquist;黏美丽枝飞蓬■☆
150650 Erigeron fukuyamae Kitam. = Erigeron morrisonensis Hayata var. fukuyamae (Kitam.) Kitam. ■
150651 Erigeron garrettii A. Nelson;加勒特飞蓬;Garrett's Fleabane ■☆
150652 Erigeron geiseri Shinners;盖泽飞蓬;Geiser's Fleabane ■☆
150653 Erigeron geiseri Shinners var. calcicola Shinners = Erigeron versicolor (Greenm.) G. L. Nesom ■☆
150654 Erigeron gilensis Wooton et Standl. = Erigeron versicolor (Greenm.) G. L. Nesom ■☆
150655 Erigeron glabellus Nutt.;河畔飞蓬;Fleabane, Streamside Fleabane ■☆
150656 Erigeron glabellus Nutt. subsp. pubescens (Hook.) Cronquist = Erigeron glabellus Nutt. var. pubescens Hook. ■☆
150657 Erigeron glabellus Nutt. var. mollis A. Gray = Erigeron subtrinervis Rydb. ex Porter et Britton ■☆
150658 Erigeron glabellus Nutt. var. pubescens Hook.;毛河畔飞蓬;Fleabane, Streamside Fleabane ■☆
150659 Erigeron glabellus Nutt. var. viscidus (Rydb.) B. Boivin = Erigeron formosissimus Greene var. viscidus (Rydb.) Cronquist ■☆
150660 Erigeron glabellus Nutt. var. yukonensis (Rydb.) Hultén = Erigeron yukonensis Rydb. ■☆
150661 Erigeron glabratus Endr. ex Willk. et Lange var. angustifolius Tatew. = Erigeron thunbergii A. Gray subsp. glabratus (A. Gray) H. Hara var. angustifolius (Tatew.) H. Hara ■☆
150662 Erigeron glacialis (Nutt.) A. Nelson;冰川飞蓬;Subalpine Fleabane ■☆
150663 Erigeron glacialis (Nutt.) A. Nelson var. hirsutus (Cronquist) G. L. Nesom;毛冰川飞蓬■☆
150664 Erigeron glandulosus Porter = Erigeron vetensis Rydb. ■☆
150665 Erigeron glaucus Ker Gawl.;滨飞蓬;Beach Aster, Beach Fleabane, Seaside Daisy, Seaside Fleabane ■☆
150666 Erigeron glaucus Ker Gawl. 'Elstead Pink';粉红花滨飞蓬■☆
150667 Erigeron goodrichii S. L. Welsh;古德里奇飞蓬;Uinta Mountain Fleabane ■☆
150668 Erigeron gormanii Greene = Erigeron compositus Pursh ■☆
150669 Erigeron gouanii L. = Conyza gouanii (L.) Willd. ■☆
150670 Erigeron gouanii L. var. diffusa DC. = Conyza gouanii (L.) Willd. ■☆
150671 Erigeron gouanii L. var. gracile Pit. = Conyza gouanii (L.) Willd. ■☆
150672 Erigeron gracilis Rydb.;细羽飞蓬;Quill Fleabane ■☆
150673 Erigeron gramineus L. = Arctogeron gramineum (L.) DC. ■
150674 Erigeron grandiflorus Hook.;大花飞蓬;Rocky Mountain Alpine Fleabane ■☆
150675 Erigeron grandiflorus Hook. subsp. arcticus A. E. Porsild = Erigeron porsildii G. L. Nesom et D. F. Murray ■☆
150676 Erigeron grandiflorus Hook. subsp. muirii (A. Gray) Hultén = Erigeron muirii A. Gray ■☆
150677 Erigeron grandiflorus Hook. var. elatior A. Gray = Erigeron elatior (A. Gray) Greene ■☆
150678 Erigeron grantii Oliv. et Hiern = Felicia grantii (Oliv. et Hiern) Grau ●☆
150679 Erigeron grantii Oliv. et Hiern var. angustifolia O. Hoffm. = Felicia welwitschii (Hiern) Grau ●☆
150680 Erigeron graveolens L. = Dittrichia graveolens (L.) Greuter ■☆
150681 Erigeron greenei G. L. Nesom;格林飞蓬;Greene's Narrow-leaf Fleabane ■☆
150682 Erigeron hartwegii Greene = Erigeron foliosus Nutt. var. hartwegii (Greene) Jeps. ■☆
150683 Erigeron hessii G. L. Nesom;赫斯飞蓬;Hess' Fleabane ■☆
150684 Erigeron heterochaeta (Benth.) Botsch. = Aster flaccidus Bunge ■
150685 Erigeron heterochaeta (C. B. Clarke) Botsch. = Aster flaccidus Bunge ■
150686 Erigeron heterophyllus Muhl. ex Willd. = Erigeron annuus (L.) Pers. ■
150687 Erigeron heterotrichus H. Hara = Erigeron thunbergii A. Gray subsp. glabratus (A. Gray) H. Hara var. heterotrichus (H. Hara) H. Hara ■☆
150688 Erigeron hieracifolium D. Don = Blumea hieraciifolia (D. Don) DC. ■
150689 Erigeron higginsii S. L. Welsh = Erigeron canaani S. L. Welsh ■☆
150690 Erigeron himalajensis Vierh.;珠峰飞蓬;Himalayan Fleabane, Himalayan Gentian ■
150691 Erigeron hirsutum Lour. = Aster sampsonii (Hance) Hemsl. ■
150692 Erigeron hispanicus (Vierh.) Maire = Erigeron acris L. ■
150693 Erigeron hispidum DC. = Conyza aegyptiaca (L.) Aiton ■
150694 Erigeron hissaricus Botsch.;希萨尔飞蓬■☆
150695 Erigeron hochstetteri (Sch. Bip. ex A. Rich.) Sch. Bip. = Conyza gouanii (L.) Willd. ■☆
150696 Erigeron howellii (A. Gray) A. Gray;豪厄尔飞蓬;Howell's Fleabane ■☆
150697 Erigeron huberi S. L. Welsh et N. D. Atwood = Erigeron radicatus Hook. ■☆
150698 Erigeron humilis Graham;北极飞蓬;Arctic Alpine Fleabane ■☆
150699 Erigeron hybridus Hieron.;杂种飞蓬;Hybrid Fleabane ■☆
150700 Erigeron hyperboreus Greene;苔原飞蓬;Tundra Fleabane ■☆
150701 Erigeron hypoleucus (A. Rich.) Sch. Bip. = Conyza hypoleuca A. Rich. ■☆
150702 Erigeron hyssopifolius Michx.;钩刺叶飞蓬;Hyssop-leaf Fleabane, Hyssop-leaved Fleabane ■☆
150703 Erigeron hyssopifolius Michx. var. anticostensis Vict. et J. Rousseau = Erigeron hyssopifolius Michx. ■☆
150704 Erigeron hyssopifolius Michx. var. villicaulis Fernald = Erigeron hyssopifolius Michx. ■☆

150705 Erigeron incanum Vahl = Conyza incana (Vahl) Willd. ■☆
150706 Erigeron incisum Thunb. = Conyza ulmifolia (Burm. f.) Kuntze ■☆
150707 Erigeron incomptus A. Gray = Erigeron divergens Torr. et A. Gray ■☆
150708 Erigeron inornatus (A. Gray) A. Gray;喜灰岩飞蓬;Lava rayless Fleabane ■☆
150709 Erigeron inornatus (A. Gray) A. Gray var. angustatus A. Gray = Erigeron greenei G. L. Nesom ■☆
150710 Erigeron inornatus (A. Gray) A. Gray var. angustatus A. Gray = Erigeron reductus (Cronquist) G. L. Nesom var. angustatus (A. Gray) G. L. Nesom ■☆
150711 Erigeron inornatus (A. Gray) A. Gray var. biolettii (Greene) Jeps. = Erigeron biolettii Greene ■☆
150712 Erigeron inornatus (A. Gray) A. Gray var. reductus Cronquist = Erigeron reductus (Cronquist) G. L. Nesom ■☆
150713 Erigeron inornatus (A. Gray) A. Gray var. viscidulus A. Gray = Erigeron petrophilus Greene var. viscidulus (A. Gray) G. L. Nesom ■☆
150714 Erigeron inuloides Poir. = Erigeron multiradiatus (Lindl. ex DC.) Benth. ■
150715 Erigeron inuloides Poir. = Pulicaria inuloides (Poir.) DC. ■☆
150716 Erigeron japonicus Thunb. = Conyza japonica (Thunb.) Less. ■
150717 Erigeron jonesii Cronquist;琼斯飞蓬;Jones' Fleabane ■☆
150718 Erigeron jucundus Greene = Erigeron nivalis Nutt. ■☆
150719 Erigeron kachinensis S. L. Welsh et M. O. Moore;卡恰飞蓬;Kachina Fleabane ■☆
150720 Erigeron kamtschaticus DC. = Erigeron acer L. var. kamtschaticus (DC.) Herder ■
150721 Erigeron kamtschaticus DC. var. hirsutus Y. Ling = Erigeron acer L. ■
150722 Erigeron kamtschaticus DC. var. linearifolius Koidz. = Erigeron acer L. var. linearifolius (Koidz.) Kitam. ■☆
150723 Erigeron kamtschaticus DC. var. manshuricus (Kom.) Koidz. = Erigeron kamtschaticus DC. ■
150724 Erigeron karvinskianus DC.;墨西哥飞蓬(卡尔飞蓬);Bonytip Fleabane, Daisy Fleabane, Karwinsky's Fleabane, Latin American Fleabane, Mexican Daisy, Mexican Fleabane, Santa Barbara Daisy ■☆
150725 Erigeron karvinskianus DC. = Erigeron mucronatus DC. ■☆
150726 Erigeron karvinskianus DC. var. mucronatus Hieron. = Erigeron karvinskianus DC. ■☆
150727 Erigeron kaszachstanicus Serg. = Psychrogeton nigromontanus (Boiss. et Buhse) Grierson ■
150728 Erigeron khorassanicus Boiss.;霍拉桑飞蓬■☆
150729 Erigeron kiukiangensis Y. Ling et Y. L. Chen;俅江飞蓬;Kiujiang Fleabane, Qiujiang Fleabane, Qiujiang Gentian ■
150730 Erigeron klamathensis (G. L. Nesom) G. L. Nesom;可拉马斯飞蓬;Klamath Fleabane ■☆
150731 Erigeron koidzumii Honda = Erigeron acer L. var. linearifolius (Koidz.) Kitam. ■☆
150732 Erigeron komarovii Botsch.;山飞蓬;Komarov's Fleabane, Wild Gentian ■
150733 Erigeron komarovii Botsch. var. heilongjiangense P. H. Huang et W. H. Ye;黑龙江飞蓬;Heilongjiang Fleabane ■
150734 Erigeron kopetdaghensis Popov;科佩特飞蓬■☆
150735 Erigeron koraginensis (Kom.) Botsch.;科拉金飞蓬■☆
150736 Erigeron kraussii Sch. Bip. ex Walp. = Nidorella auriculata DC. ■☆
150737 Erigeron krylovii Serg.;西疆飞蓬;Krylov Gentian, Krylov's Fleabane ■
150738 Erigeron kunshanensis Y. Ling et Y. L. Chen;贡山飞蓬;Gongshan Fleabane, Gongshan Gentian ■
150739 Erigeron kuschei Eastw.;奇里卡华飞蓬;Chiricahua Fleabane ■☆
150740 Erigeron lachnocephalus Botsch.;毛苞飞蓬;Hairbract Gentian, Woolly Fleabane ■
150741 Erigeron lackschewitzii G. L. Nesom et W. A. Weber;拉克飞蓬;Lackschewitz Fleabane ■☆
150742 Erigeron laetevirens Rydb. = Erigeron ochroleucus Nutt. ■☆
150743 Erigeron lanatus Hook.;西方毛飞蓬;Woolly Fleabane ■☆
150744 Erigeron lanuginosus Y. L. Chen;绵毛飞蓬(棉毛飞蓬);Lanose Fleabane, Lanose Gentian ■
150745 Erigeron lassenianus Greene;拉森飞蓬;Mt. Lassen Fleabane ■☆
150746 Erigeron latisquamus Boiss. = Brachyactis ciliata Ledeb. ■
150747 Erigeron latisquamus Maxim. = Brachyactis ciliata Ledeb. ■
150748 Erigeron latus (A. Nelson et J. F. Macbr.) Cronquist;宽飞蓬;Broad Fleabane ■☆
150749 Erigeron leiomerus A. Gray;岩堆飞蓬;Rockslide Fleabane ■☆
150750 Erigeron leioreades Popov;光山飞蓬;Glabrous Fleabane, Glabrous Gentian ■
150751 Erigeron lemmonii A. Gray;莱蒙飞蓬;Lemmon's Fleabane ■☆
150752 Erigeron leucanthema Buch.-Ham. ex D. Don = Conyza leucantha (D. Don) Ludlow et P. H. Raven ■
150753 Erigeron leucanthum D. Don = Conyza leucantha (D. Don) Ludlow et P. H. Raven ■
150754 Erigeron leucoglossus Y. Ling et Y. L. Chen;白舌飞蓬;White Ray-floret Fleabane, Whitetongue Gentian ■
150755 Erigeron leucophyllus (Sch. Bip. ex A. Rich.) Schweinf. = Conyza incana (Vahl) Willd. ■☆
150756 Erigeron leucophyllus Boiss.;白叶飞蓬■☆
150757 Erigeron linearifolius Cav. = Conyza bonariensis (L.) Cronquist ■
150758 Erigeron linearis (Hook.) Piper;线形飞蓬;Desert Yellow Fleabane ■☆
150759 Erigeron linearis (Hook.) Piper var. elegantulus (Greene) J. T. Howell = Erigeron elegantulus Greene ■☆
150760 Erigeron linifolius Willd. = Conyza bonariensis (L.) Cronquist ■
150761 Erigeron lobatus A. Nelson;浅裂飞蓬;Lobed Fleabane ■☆
150762 Erigeron lobatus A. Nelson var. warnockii Shinners = Erigeron modestus A. Gray ■☆
150763 Erigeron lonchophyllus Hook.;矛叶飞蓬;Narrowleaf Fleabane, Pikeleaf Gentian, Short-ray Fleabane ■
150764 Erigeron lonchophyllus L. var. laurentianus Vict. = Erigeron lonchophyllus Hook. ■
150765 Erigeron macounii Greene = Erigeron radicatus Hook. ■☆
150766 Erigeron macranthus Nutt. = Erigeron speciosus (Lindl.) DC. ■☆
150767 Erigeron macrorrhizus (Sch. Bip. ex A. Rich.) Sch. Bip. = Conyza stricta Willd. ex DC. ■
150768 Erigeron maguirei Cronquist;马圭尔飞蓬;Maguire's Fleabane ■☆
150769 Erigeron maguirei Cronquist var. harrisonii S. L. Welsh = Erigeron maguirei Cronquist ■☆
150770 Erigeron mairei Braun-Blanq.;迈雷飞蓬■☆
150771 Erigeron mancus Rydb.;不全飞蓬;Imperfect Fleabane ■☆
150772 Erigeron maniopotamicus G. L. Nesom et T. W. Nelson;马德飞蓬;Mad River Fleabane ■☆
150773 Erigeron mariposanus Congdon;丘陵飞蓬;Foothill Fleabane ■☆
150774 Erigeron matsudae Koidz. = Aster flaccidus Bunge ■

150775 Erigeron melanocephalus (A. Nelson) A. Nelson;黑头飞蓬;Black-head Fleabane ■☆
150776 Erigeron mexiae K. M. Becker = Erigeron denalii A. Nelson ■☆
150777 Erigeron mildbraedii Muschl. = Conyza limosa O. Hoffm. ■☆
150778 Erigeron mimegletes Shinners = Erigeron versicolor (Greenm.) G. L. Nesom ■☆
150779 Erigeron minor (Hook.) Rydb. = Erigeron lonchophyllus Hook. ■
150780 Erigeron miser A. Gray;米瑟飞蓬;Starved Fleabane ■☆
150781 Erigeron miyabeanus (Tatew. et Kitam.) Tatew. et Kitam. ex H. Hara;宫部氏飞蓬■☆
150782 Erigeron modestus A. Gray;平原飞蓬;Plains Fleabane ■☆
150783 Erigeron mollis D. Don = Blumea axillaris (Lam.) DC. ■
150784 Erigeron mollis D. Don = Blumea dregeanoides Sch. Bip. ex A. Rich. ■☆
150785 Erigeron mollis D. Don = Blumea mollis (D. Don) Merr. ■
150786 Erigeron montanus Rydb. = Erigeron ochroleucus Nutt. ■☆
150787 Erigeron morrisonense Hayata var. fukuyamae Kitam. = Erigeron fukuyamae Kitam. ■
150788 Erigeron morrisonensis Hayata;玉山飞蓬(福山氏飞蓬);Jade Mountain Fleabane,Yushan Gentian ■
150789 Erigeron morrisonensis Hayata var. fukuyamae (Kitam.) Kitam.;台湾飞蓬(肺英草,福山氏飞蓬);Taiwan Fleabane,Taiwan Gentian ■
150790 Erigeron morrisonensis Hayata var. fukuyamae (Kitam.) Kitam. = Erigeron fukuyamae Kitam. ■
150791 Erigeron moupinensis Franch. = Aster moupinensis (Franch.) Hand. -Mazz. ■
150792 Erigeron mucronatus DC.;微凸飞蓬;Mexican Daisy,Mexican Fleabane,St. Peter Port Daisy ■☆
150793 Erigeron mucronatus DC. = Erigeron karvinskianus DC. ■☆
150794 Erigeron muirii A. Gray;缪尔飞蓬;Muir's Fleabane ■☆
150795 Erigeron multiceps Greene;多头飞蓬;Kern River Fleabane ■☆
150796 Erigeron multifolius Hand. -Mazz.;密叶飞蓬(多叶飞蓬,牙痛药);Manyleaf Fleabane,Manyleaf Gentian ■
150797 Erigeron multifolius Hand. -Mazz. var. amplisquamus Y. Ling et Y. L. Chen;阔苞密叶飞蓬;Broadbract Manyleaf Gentian ■
150798 Erigeron multifolius Hand. -Mazz. var. pilanthus Y. Ling et Y. L. Chen;毛花密叶飞蓬;Hairflower Manyleaf Fleabane ■
150799 Erigeron multiradiatus (Lindl. ex DC.) Benth. = Erigeron multiradiatus (Lindl.) Benth. et Hook. f. ■
150800 Erigeron multiradiatus (Lindl.) Benth. et Hook. f.;多舌飞蓬(复萼飞蓬);Multiradiate Fleabane,Multiradiate Gentian ■
150801 Erigeron multiradiatus (Lindl.) Benth. et Hook. f. ex Hook. f. = Erigeron multiradiatus (Lindl.) Benth. et Hook. f. ■
150802 Erigeron multiradiatus (Lindl.) Benth. et Hook. f. var. glabrescens Y. Ling et Y. L. Chen;无毛多舌飞蓬;Glabrous Multiradiate Fleabane ■
150803 Erigeron multiradiatus (Lindl.) Benth. et Hook. f. var. ovatifolius Y. Ling et Y. L. Chen;卵叶多舌飞蓬;Ovateleaf Multiradiate Fleabane ■
150804 Erigeron multiradiatus (Lindl.) Benth. et Hook. f. var. platyphyllus Franch. ex H. Lév. = Erigeron multiradiatus (Lindl.) Benth. et Hook. f. et Hook. f. ■
150805 Erigeron multiradiatus (Lindl.) Benth. et Hook. f. var. salicifolius Y. Ling et Y. L. Chen;柳叶多舌飞蓬;Willowleaf Multiradiate Fleabane ■
150806 Erigeron myrionactis Small = Erigeron procumbens (Houst. ex Mill.) G. L. Nesom ■☆
150807 Erigeron nanus Nutt.;微小飞蓬;Dwarf Fleabane ■☆
150808 Erigeron natalensis Sch. Bip. = Microglossa mespilifolia (Less.) B. L. Rob. ●☆
150809 Erigeron naudinii (Bonnet) Bonnier = Conyza bonariensis (L.) Cronquist ■
150810 Erigeron naudinii (Bonnet) Humbert = Conyza bonariensis (L.) Cronquist ■
150811 Erigeron nauseosus (M. E. Jones) A. Nelson;厌飞蓬;Marysvale Fleabane ■☆
150812 Erigeron nematophyllus Rydb.;针叶飞蓬;Needle-leaf Fleabane ■☆
150813 Erigeron neomexicanus A. Gray;新墨西哥飞蓬;New Mexico Fleabane ■☆
150814 Erigeron nervosus Willd. = Pityopsis graminifolia (Michx.) Nutt. var. latifolia (Fernald) Semple et F. D. Bowers ■☆
150815 Erigeron nevadensis A. Gray = Erigeron eatonii A. Gray var. nevadincola (S. F. Blake) G. L. Nesom ■☆
150816 Erigeron nevadensis A. Gray var. pygmaeus A. Gray = Erigeron pygmaeus (A. Gray) Greene ■☆
150817 Erigeron nevadensis A. Gray var. sonnei (Greene) Smiley = Erigeron eatonii A. Gray var. sonnei (Greene) G. L. Nesom ■☆
150818 Erigeron nevadincola S. F. Blake = Erigeron eatonii A. Gray var. nevadincola (S. F. Blake) G. L. Nesom ■☆
150819 Erigeron nigromontanus Boiss. et Buhse = Psychrogeton nigromontanus (Boiss. et Buhse) Grierson ■
150820 Erigeron nivalis Nutt.;雪白飞蓬■☆
150821 Erigeron nudatus A. Gray = Erigeron bloomeri A. Gray var. nudatus (A. Gray) Cronquist ■☆
150822 Erigeron nudiflorus Buckley = Erigeron flagellaris A. Gray ■☆
150823 Erigeron oblanceolatus Rydb. = Erigeron glabellus Nutt. ■☆
150824 Erigeron obovatus Boiss.;倒卵飞蓬■☆
150825 Erigeron ochroleucus Nutt.;黄绿飞蓬;Buff Fleabane ■☆
150826 Erigeron ochroleucus Nutt. var. scribneri (Canby ex Rydb.) Cronquist = Erigeron ochroleucus Nutt. ■☆
150827 Erigeron oharae (Nakai) Botsch.;奥氏飞蓬■☆
150828 Erigeron oharae (Nakai) Botsch. = Aster spathulifolius Maxim. var. oharae (Nakai) Nakai ex Kitam. ■☆
150829 Erigeron olgae Regel et Schmalh. ex Regel;奥尔噶飞蓬■☆
150830 Erigeron oligodontus Lunell = Erigeron glabellus Nutt. var. pubescens Hook. ■☆
150831 Erigeron oreades (Schrenk) Fisch. et C. A. Mey.;山地飞蓬;Mountain Fleabane,Mountain Gentian ■
150832 Erigeron oreganus A. Gray;峡谷飞蓬;Gorge Fleabane ■☆
150833 Erigeron oreophilus Greenm.;丛林飞蓬;Chaparral Fleabane ■☆
150834 Erigeron orientalis Boiss.;东方飞蓬■☆
150835 Erigeron ovinus Cronquist;绵羊飞蓬■☆
150836 Erigeron oxyodontus Lunell = Erigeron glabellus Nutt. var. pubescens Hook. ■☆
150837 Erigeron oxyphyllus Greene;尖叶飞蓬;Wand Fleabane ■☆
150838 Erigeron pachyrhizus Greene = Erigeron cascadensis A. Heller ■☆
150839 Erigeron pacificus Howell = Erigeron eatonii A. Gray var. lavandulus Strother et Ferlatte ■☆
150840 Erigeron pallens Cronquist;淡白飞蓬;Pale Fleabane ■☆
150841 Erigeron pallidus Popov;苍白飞蓬■☆
150842 Erigeron panduratus C. C. Chang = Aster sphaerotus Y. Ling ■

150843 Erigeron parishii A. Gray;帕尔什飞蓬;Parish's Fleabane ■☆
150844 Erigeron parryi Canby et Rose;帕里飞蓬;Parry's Fleabane ■☆
150845 Erigeron patens Greene = Erigeron vreelandii Greene ■☆
150846 Erigeron patentisquemus Jeffrey; 展苞飞蓬; Patentbract Fleabane, Patentbract Gentian ■
150847 Erigeron pecosensis Standl. = Erigeron formosissimus Greene ■☆
150848 Erigeron peregrinus (Banks ex Pursh) Greene var. angustifolius (A. Gray) Cronquist = Erigeron glacialis (Nutt.) A. Nelson ■☆
150849 Erigeron peregrinus (Banks ex Pursh) Greene var. hirsutus Cronquist = Erigeron glacialis (Nutt.) A. Nelson var. hirsutus (Cronquist) G. L. Nesom ■☆
150850 Erigeron peregrinus (Banks ex Pursh) Greene var. thompsonii (S. F. Blake ex J. W. Thomps.) Cronquist;汤普森飞蓬■☆
150851 Erigeron peregrinus (Pursh) Greene; 蜿蜒飞蓬; Wandering Fleabane ■☆
150852 Erigeron peregrinus (Pursh) Greene subsp. callianthemus (Greene) Cronquist = Erigeron glacialis (Nutt.) A. Nelson ■☆
150853 Erigeron peregrinus (Pursh) Greene var. callianthemus (Greene) Cronquist = Erigeron glacialis (Nutt.) A. Nelson ■☆
150854 Erigeron peregrinus (Pursh) Greene var. dawsonii Greene = Erigeron peregrinus (Pursh) Greene ■☆
150855 Erigeron peregrinus (Pursh) Greene var. scaposus (Torr. et A. Gray) Cronquist = Erigeron glacialis (Nutt.) A. Nelson ■☆
150856 Erigeron perglaber S. F. Blake = Erigeron concinnus (Hook. et Arn.) Torr. et A. Gray var. subglaber (Cronquist) G. L. Nesom ■☆
150857 Erigeron persicariifolius Benth. = Conyza attenuata DC. ■☆
150858 Erigeron persicifolius Benth. = Conyza attenuata DC. ■☆
150859 Erigeron petiolaris Greene; 柄叶飞蓬; Petioled Fleabane, Petioled Gentian ■
150860 Erigeron petrophilus Greene var. viscidulus (A. Gray) G. L. Nesom;无饰飞蓬■☆
150861 Erigeron peucephyllus A. Gray = Erigeron linearis (Hook.) Piper ■☆
150862 Erigeron philadelphicus L.; 费城飞蓬(春紫菀); Common Fleabane, Daisy Fleabane, Marsh Fleabane, Philadelphia Daisy, Philadelphia Fleabane, Robin's-plantain, Skevish ■☆
150863 Erigeron philadelphicus L. var. provancheri (Vict. et J. Rousseau) B. Boivin;普罗飞蓬■☆
150864 Erigeron philadelphicus L. var. scaturicola (Fernald) Fernald = Erigeron philadelphicus L. ■☆
150865 Erigeron phoenicodontus S. F. Blake = Erigeron canus A. Gray ■☆
150866 Erigeron pilosus Walter = Chrysopsis gossypina (Michx.) Elliott ■☆
150867 Erigeron pinnatifida D. Don = Conyza stricta Willd. ex DC. ■
150868 Erigeron pinnatifidum Thunb. = Conyza pinnatifida (Thunb.) Less. ■☆
150869 Erigeron pinnatifidus D. Don = Conyza stricta Willd. ex DC. var. pinnatifida (D. Don) Kitam. ■
150870 Erigeron pinnatisectus (A. Gray) A. Nelson; 羽叶飞蓬; Feather-leaf Fleabane ■☆
150871 Erigeron pinnatisectus (A. Gray) A. Nelson var. insolens J. F. Macbr. et Payson = Erigeron mancus Rydb. ■☆
150872 Erigeron pinnatus L. f. = Conyza pinnata (L. f.) Kuntze ■☆
150873 Erigeron piperianus Cronquist;皮珀飞蓬;Piper's Fleabane ■☆
150874 Erigeron piscaticus G. L. Nesom; 鱼夫飞蓬; Fish Creek Fleabane ■☆
150875 Erigeron plateauensis Cronquist = Erigeron modestus A. Gray ■☆
150876 Erigeron platyphyllus Greene = Erigeron vreelandii Greene ■☆
150877 Erigeron plurifolius Botsch.;多叶飞蓬■☆
150878 Erigeron podolicus Besser;波多尔斯克飞蓬■☆
150879 Erigeron podolicus Besser var. pusillus Ledeb. = Erigeron lonchophyllus Hook. ■
150880 Erigeron poliospermus A. Gray var. latus A. Nelson et J. F. Macbr. = Erigeron latus (A. Nelson et J. F. Macbr.) Cronquist ■☆
150881 Erigeron polymorphus Scop.;多型飞蓬■☆
150882 Erigeron poncinsii (Franch.) Botsch. = Psychrogeton poncinsii (Franch.) Y. Ling et Y. L. Chen ■
150883 Erigeron popovii Botsch.;波氏飞蓬■☆
150884 Erigeron porphyreticus M. E. Jones = Erigeron breweri A. Gray var. porphyreticus (M. E. Jones) Cronquist ■☆
150885 Erigeron porphyrolepis Y. Ling et Y. L. Chen;紫苞飞蓬;Purple Phyllary Fleabane, Purplebract Gentian ■
150886 Erigeron porsildii G. L. Nesom et D. F. Murray; 鲍尔飞蓬; Porsild's Arctic Fleabane ■☆
150887 Erigeron praecox Vierh. et Hand.-Mazz. = Erigeron breviscapus (Vaniot) Hand.-Mazz. ■
150888 Erigeron primuloides Popov;报春飞蓬■☆
150889 Erigeron pringlei A. Gray;普林格尔飞蓬;Pringle's Fleabane ■☆
150890 Erigeron procumbens (Houst. ex Mill.) G. L. Nesom; 仰卧飞蓬;Corpus Christi Fleabane ■☆
150891 Erigeron proselyticus G. L. Nesom = Erigeron sionis Cronquist var. trilobatus (Maguire ex Cronquist) S. L. Welsh ■☆
150892 Erigeron pseuderigeron (Bunge) Popov ex Novopokr.; 假飞蓬状飞蓬■☆
150893 Erigeron pseuderiocephalus Popov;假头飞蓬■☆
150894 Erigeron pseudoannuus Makino;假一年蓬■☆
150895 Erigeron pseudoelongatus Botsch.;伸长飞蓬■☆
150896 Erigeron pseudoneglectus Popov = Erigeron petiolaris Greene ■
150897 Erigeron pseudoseravschanicus Botsch.; 假泽山飞蓬; False Zeshan Gentian, North-Xinjiang Fleabane ■
150898 Erigeron pseudoseravschanicus Botsch. f. glabrescens Y. Ling et Y. L. Chen;无毛假泽山飞蓬;Glabrous North-Xinjiang Fleabane ■
150899 Erigeron pulchellus DC. = Erigeron allochrous Botsch. ■
150900 Erigeron pulchellus DC. = Erigeron venustus Botsch. ■☆
150901 Erigeron pulchellus Michx.; 洛宾飞蓬; Hairy Fleabane, Poor Robin's Plantain, Rib Plantain, Ribwort Plantain, Robin-plantain, Robin's Plantain ■☆
150902 Erigeron pulchellus Michx. var. typicus Cronquist = Erigeron pulchellus Michx. ■☆
150903 Erigeron pulcherrimus A. Heller;盆地飞蓬;Basin Fleabane ■☆
150904 Erigeron pulcherrimus A. Heller var. wyomingia (Rydb.) Cronquist = Erigeron pulcherrimus A. Heller ■☆
150905 Erigeron pulvinatus Rydb. = Erigeron compactus S. F. Blake ■☆
150906 Erigeron pumilus Nutt.;蓬松飞蓬;Shaggy Fleabane ■☆
150907 Erigeron pumilus Nutt. subsp. concinnoides Cronquist = Erigeron concinnus (Hook. et Arn.) Torr. et A. Gray ■☆
150908 Erigeron pumilus Nutt. subsp. intermedius Cronquist = Erigeron pumilus Nutt. var. intermedius Cronquist ■☆
150909 Erigeron pumilus Nutt. var. concinnoides Cronquist = Erigeron concinnus (Hook. et Arn.) Torr. et A. Gray ■☆
150910 Erigeron pumilus Nutt. var. condensatus (D. C. Eaton) Cronquist = Erigeron concinnus (Hook. et Arn.) Torr. et A. Gray var. condensatus D. C. Eaton ■☆
150911 Erigeron pumilus Nutt. var. gracilior Cronquist = Erigeron

pumilus Nutt. var. intermedius Cronquist ■☆
150912 Erigeron pumilus Nutt. var. intermedius Cronquist;全叶蓬松飞蓬■☆
150913 Erigeron pumilus Nutt. var. subglaber Cronquist = Erigeron concinnus (Hook. et Arn.) Torr. et A. Gray var. subglaber (Cronquist) G. L. Nesom ■☆
150914 Erigeron purpurascens Y. Ling et Y. L. Chen;紫茎飞蓬;Purplestem Fleabane, Purplestem Gentian ■
150915 Erigeron purpuratus Greene;紫飞蓬;Purple Fleabane ■☆
150916 Erigeron purpuratus Greene var. dilatatus B. Boivin = Erigeron denalii A. Nelson ■☆
150917 Erigeron pusillus Nutt. = Conyza canadensis (L.) Cronquist var. pusilla (Nutt.) Cronquist ■
150918 Erigeron pusillus Nutt. = Conyza canadensis (L.) Cronquist ■
150919 Erigeron pygmaeus (A. Gray) Greene;侏儒飞蓬;Pygmy Fleabane ■☆
150920 Erigeron pyrifolius (Lam.) Benth. = Microglossa pyrifolia (Lam.) Kuntze ●
150921 Erigeron pyrrhopappus (Sch. Bip. ex A. Rich.) Sch. Bip. ex Schweinf. = Conyza pyrrhopappa Sch. Bip. ex A. Rich. ■☆
150922 Erigeron quercifolius Lam.;栎叶飞蓬;Oak-leaf Fleabane, Southern Fleabane ■☆
150923 Erigeron racemosus Nutt. = Erigeron lonchophyllus Hook. ■
150924 Erigeron radicatus Hook.;胡克飞蓬;Hooker's Fleabane ■☆
150925 Erigeron ramosus (Walter) Britton, Sterns et Poggenb.;北美飞蓬;Branching Fleabane, Daisy Fleabane, Whitetop ■☆
150926 Erigeron ramosus (Walter) Britton, Sterns et Poggenb. = Erigeron strigosus Muhl. ex Willd. ■☆
150927 Erigeron ramosus (Walter) Britton, Sterns et Poggenb. var. septentrionalis Fernald et Wiegand = Erigeron strigosus Muhl. ex Willd. var. septentrionalis (Fernald et Wiegand) Fernald ■☆
150928 Erigeron ramosus Britton, Sterns et Poggenb. = Erigeron ramosus (Walter) Britton, Sterns et Poggenb. ■☆
150929 Erigeron ramosus Muhl. ex Willd. var. beyrichii (Fisch. et C. A. Mey.) Trel. = Erigeron strigosus Muhl. ex Willd. ■☆
150930 Erigeron reductus (Cronquist) G. L. Nesom;加州暗飞蓬;California Rayless Fleabane ■☆
150931 Erigeron reductus (Cronquist) G. L. Nesom var. angustatus (A. Gray) G. L. Nesom;狭加州暗飞蓬■☆
150932 Erigeron religiosus Cronquist;不祥飞蓬;Clear Creek Fleabane ■☆
150933 Erigeron rhizomatus Cronquist;祖尼飞蓬;Zuni Fleabane ■☆
150934 Erigeron robustior (Cronquist) G. L. Nesom;粗飞蓬;White Cushion Fleabane ■☆
150935 Erigeron rudis Wooton et Standl. = Erigeron vreelandii Greene ■☆
150936 Erigeron rusbyi A. Gray = Erigeron arizonicus A. Gray ■☆
150937 Erigeron rybius G. L. Nesom;萨克拉曼多飞蓬;Sacramento Mountain Fleabane ■☆
150938 Erigeron rydbergii Cronquist;吕德贝里飞蓬;Rydberg's Fleabane ■☆
150939 Erigeron sachalinensis Botsch. = Erigeron acer L. ■
150940 Erigeron salishii G. W. Douglas et Packer;萨里什飞蓬;Salish Fleabane ■☆
150941 Erigeron salmonensis Brunsfeld et G. L. Nesom;萨蒙飞蓬;Salmon River Fleabane ■☆
150942 Erigeron salsuginosus (Richardson ex R. Br.) A. Gray var. glacialis (Nutt.) A. Gray = Erigeron glacialis (Nutt.) A. Nelson ■☆
150943 Erigeron salsuginosus (Richardson ex R. Br.) A. Gray var. howellii A. Gray = Erigeron howellii (A. Gray) A. Gray ■☆
150944 Erigeron salsuginosus A. Gray;阿拉斯加飞蓬;Alaska Fleabane ■☆
150945 Erigeron sanctarum S. Watson;圣徒飞蓬;Saints Fleabane ■☆
150946 Erigeron saxatilis G. L. Nesom;岩生飞蓬;Rock Fleabane ■☆
150947 Erigeron scabrum Thunb. = Pulicaria scabra (Thunb.) Druce ■☆
150948 Erigeron scandens Thunb. = Pertya scandens (Thunb.) Sch. Bip. ●
150949 Erigeron scandens Thunb. ex A. Murray = Pertya scandens (Thunb.) Sch. Bip. ●
150950 Erigeron sceptrifer G. L. Nesom;节杖飞蓬;Scepter-bearing Fleabane ■☆
150951 Erigeron schalbusii Vierh.;沙尔飞蓬■☆
150952 Erigeron schiedeanus Less. = Laennecia schiedeana (Less.) G. L. Nesom ■☆
150953 Erigeron schikotanensis Barkalov;希考坦飞蓬■☆
150954 Erigeron schimperi (Sch. Bip. ex A. Rich.) Sch. Bip. = Conyza schimperi Sch. Bip. ex A. Rich. ■☆
150955 Erigeron schmalhausenii Popov;革叶飞蓬;Coriaceous Fleabane, Leatherleaf Gentian ■
150956 Erigeron scopulinus G. L. Nesom et V. D. Roth;岩地飞蓬;Rock Fleabane ■☆
150957 Erigeron scotteri B. Boivin = Erigeron nivalis Nutt. ■☆
150958 Erigeron scribneri Canby ex Rydb. = Erigeron ochroleucus Nutt. ■☆
150959 Erigeron seravschanicus Popov;泽山飞蓬;Serav Mountain Fleabane, Zeshan Gentian ■
150960 Erigeron serpentinus G. L. Nesom;蛇形飞蓬;Serpentine Fleabane ■☆
150961 Erigeron silenifolius (Turcz.) Botsch.;蝇子草飞蓬■☆
150962 Erigeron simplex Greene = Erigeron grandiflorus Hook. ■☆
150963 Erigeron simulans Greene = Erigeron concinnus (Hook. et Arn.) Torr. et A. Gray ■☆
150964 Erigeron sionis Cronquist;锡安山飞蓬;Zion Fleabane ■☆
150965 Erigeron sionis Cronquist var. trilobatus (Maguire ex Cronquist) S. L. Welsh;三裂锡安山飞蓬■☆
150966 Erigeron sivinskii G. L. Nesom;西氏飞蓬;Sivinski's Fleabane ■☆
150967 Erigeron solisaltator G. L. Nesom = Erigeron divergens Torr. et A. Gray ■☆
150968 Erigeron songaricus Y. Wei et C. H. An;新疆飞蓬;Xinjiang Fleabane ■
150969 Erigeron sonnei Greene = Erigeron eatonii A. Gray var. sonnei (Greene) G. L. Nesom ■☆
150970 Erigeron sparsifolius Eastw.;苞叶飞蓬;Bracted Utah Fleabane ■☆
150971 Erigeron spatulifolius Howell = Erigeron cascadensis A. Heller ■☆
150972 Erigeron speciosus (Lindl.) DC.;美丽飞蓬(飞蓬);Oregon Fleabane, Showy Daisy, Showy Fleabane ■☆
150973 Erigeron speciosus (Lindl.) DC. var. conspicuus (Rydb.) Breitung = Erigeron speciosus (Lindl.) DC. ■☆
150974 Erigeron speciosus (Lindl.) DC. var. macranthus (Nutt.) Cronquist = Erigeron speciosus (Lindl.) DC. ■☆
150975 Erigeron speciosus (Lindl.) DC. var. mollis (A. Gray) S. L. Welsh = Erigeron subtrinervis Rydb. ex Porter et Britton ■☆
150976 Erigeron specisous (Lindl.) DC. 'Pink Jewel';粉宝石美丽飞蓬■
150977 Erigeron sprengelii Sch. Bip. ex Walp. = Nidorella auriculata

DC. ■☆

150978 Erigeron stenophyllus A. Gray = Erigeron utahensis A. Gray ■☆

150979 Erigeron steudelii (Sch. Bip. ex A. Rich.) Sch. Bip. ex Schweinf. = Conyza steudelii Sch. Bip. ex A. Rich. ■☆

150980 Erigeron strigosus Muhl. ex Willd.;糙毛飞蓬;Common Eastern Fleabane, Daisy Fleabane, Prairie Fleabane, Rough Fleabane, Whitetop Fleabane ■☆

150981 Erigeron strigosus Muhl. ex Willd. = Erigeron annuus (L.) Pers. ■

150982 Erigeron strigosus Muhl. ex Willd. f. discoideus (J. W. Robbins ex A. Gray) Fernald = Erigeron strigosus Muhl. ex Willd. ■☆

150983 Erigeron strigosus Muhl. ex Willd. var. beyrichii (Fisch. et C. A. Mey.) Torr. et A. Gray = Erigeron strigosus Muhl. ex Willd. ■☆

150984 Erigeron strigosus Muhl. ex Willd. var. calcicola J. R. Allison;石灰石飞蓬;Limestone Fleabane ■☆

150985 Erigeron strigosus Muhl. ex Willd. var. discoideus Robbins = Erigeron strigosus Muhl. ex Willd. ■☆

150986 Erigeron strigosus Muhl. ex Willd. var. discoideus Robbins ex A. Gray = Erigeron strigosus Muhl. ex Willd. ■☆

150987 Erigeron strigosus Muhl. ex Willd. var. dolomiticola J. R. Allison;多罗米蒂飞蓬;Cahaba Fleabane ■☆

150988 Erigeron strigosus Muhl. ex Willd. var. eligulatus Cronquist = Erigeron strigosus Muhl. ex Willd. ■☆

150989 Erigeron strigosus Muhl. ex Willd. var. septentrionalis (Fernald et Wiegand) Fernald;北方粗糙飞蓬;Daisy Fleabane, Prairie Fleabane ■☆

150990 Erigeron strigosus Muhl. ex Willd. var. typicus Cronquist = Erigeron strigosus Muhl. ex Willd. ■☆

150991 Erigeron subglaber Cronquist;近无毛飞蓬;Hairless Fleabane ■☆

150992 Erigeron subtrinervis Rydb. ex Porter et Britton;亚三脉飞蓬;Hairy Showy Daisy ■☆

150993 Erigeron subtrinervis Rydb. ex Porter et Britton subsp. conspicuus (Rydb.) Cronquist = Erigeron speciosus (Lindl.) DC. ■☆

150994 Erigeron subtrinervis Rydb. ex Porter et Britton var. conspicuus (Rydb.) Cronquist = Erigeron speciosus (Lindl.) DC. ■☆

150995 Erigeron sumatrensis Retz. = Conyza albida Spreng. ■

150996 Erigeron sumatrensis Retz. = Conyza bonariensis (L.) Cronquist ■

150997 Erigeron sumatrensis Retz. = Conyza sumatrensis (Retz.) E. Walker ■

150998 Erigeron superbus Greene ex Rydb. = Erigeron eximius Greene ■☆

150999 Erigeron supplex A. Gray;柔软飞蓬;Supple Fleabane ■☆

151000 Erigeron talpeiensis Y. Ling et Y. L. Chen;太白飞蓬;Taibai Fleabane, Taibai Gentian, Taipai Mountain Fleabane ■

151001 Erigeron telekii Schweinf. = Senecio telekii (Schweinf.) O. Hoffm. ■☆

151002 Erigeron tenellus DC.;格兰德飞蓬;Rio Grande Fleabane ■☆

151003 Erigeron tener (A. Gray) A. Gray;细弱飞蓬;Slender Fleabane ■☆

151004 Erigeron tenuicaulis Y. Ling et Y. L. Chen;细茎飞蓬;Slender Stem Fleabane, Slenderstem Gentian ■

151005 Erigeron tenuis Torr. et A. Gray;纤弱飞蓬;Fleabane, Slender-leaf Fleabane ■☆

151006 Erigeron tenuissimus Greene = Erigeron foliosus Nutt. ■☆

151007 Erigeron thompsonii S. F. Blake ex J. W. Thomps. = Erigeron peregrinus (Banks ex Pursh) Greene var. thompsonii (S. F. Blake ex J. W. Thomps.) Cronquist ■☆

151008 Erigeron thunbergii A. Gray;通氏飞蓬■

151009 Erigeron thunbergii A. Gray f. leucanthus H. Hara;白花通氏飞蓬■☆

151010 Erigeron thunbergii A. Gray subsp. glabratus (A. Gray) H. Hara;无毛通氏飞蓬■☆

151011 Erigeron thunbergii A. Gray subsp. glabratus (A. Gray) H. Hara f. albus (Nakai) H. Hara;白花无毛通氏飞蓬■☆

151012 Erigeron thunbergii A. Gray subsp. glabratus (A. Gray) H. Hara f. haruoi Toyok.;东夫飞蓬■☆

151013 Erigeron thunbergii A. Gray subsp. glabratus (A. Gray) H. Hara var. angustifolius (Tatew.) H. Hara;狭叶无毛通氏飞蓬■☆

151014 Erigeron thunbergii A. Gray subsp. glabratus (A. Gray) H. Hara var. angustifolius (Tatew.) H. Hara f. furusei Sugim.;古施飞蓬■☆

151015 Erigeron thunbergii A. Gray subsp. glabratus (A. Gray) H. Hara var. heterotrichus (H. Hara) H. Hara;异毛通氏飞蓬■☆

151016 Erigeron thunbergii A. Gray var. glabratum A. Gray = Erigeron komarovii Botsch. ■

151017 Erigeron thunbergii A. Gray var. glabratus A. Gray = Erigeron thunbergii A. Gray subsp. glabratus (A. Gray) H. Hara ■☆

151018 Erigeron tianschanicus Botsch.;天山飞蓬;Tianshan Fleabane, Tianshan Gentian, Tienshan Fleabane ■

151019 Erigeron tracyi Greene;特拉西飞蓬;Running Fleabane ■☆

151020 Erigeron traversii Shinners = Erigeron strigosus Muhl. ex Willd. ■☆

151021 Erigeron trifidus Hook.;三裂飞蓬;Alberta Fleabane ■☆

151022 Erigeron trilobus (Decne.) Boiss. = Conyza stricta Willd. ex DC. ■

151023 Erigeron trilobus (Decne.) Boiss. var. pygmaeum Maire = Conyza stricta Willd. ex DC. ■

151024 Erigeron trisulcum D. Don = Conyza stricta Willd. ex DC. var. pinnatifida (D. Don) Kitam. ■

151025 Erigeron turkestanus Vierh. = Erigeron lachnocephalus Botsch. ■

151026 Erigeron tweedyanus Canby et Rose = Erigeron ochroleucus Nutt. ■☆

151027 Erigeron tweedyi Canby;特威迪飞蓬;Tweedy's Fleabane ■☆

151028 Erigeron uintahensis Cronquist;尤地飞蓬;Uinta Fleabane ■☆

151029 Erigeron umbrosus (Kar. et Kir.) Buser = Brachyactis roylei (DC.) Wendelbo ■

151030 Erigeron unalaschkensis (DC.) Vierh. = Erigeron humilis Graham ■☆

151031 Erigeron unalaschkensis L. var. eriocephalus (J. Vahl) A. E. Porsild = Erigeron uniflorus L. var. eriocephalus (J. Vahl) B. Boivin ■☆

151032 Erigeron unalaschkensis Less. = Erigeron peregrinus (Pursh) Greene ■☆

151033 Erigeron uncialis S. F. Blake;孤立飞蓬;Lone Fleabane ■☆

151034 Erigeron uncialis S. F. Blake subsp. conjugans (S. F. Blake) Cronquist = Erigeron uncialis S. F. Blake var. conjugans S. F. Blake ■☆

151035 Erigeron uncialis S. F. Blake var. conjugans S. F. Blake;联合飞蓬■☆

151036 Erigeron uniflorus L.;单花飞蓬;Arctic Fleabane, Arctic Gentian, One-flower Fleabane, Pygmy Fleabane ■

151037 Erigeron uniflorus L. = Erigeron oreades (Schrenk) Fisch. et C. A. Mey. ■

151038 Erigeron uniflorus L. subsp. eriocephalus (J. Vahl) Cronquist =

Erigeron uniflorus L. var. eriocephalus (J. Vahl) B. Boivin ■☆
151039 Erigeron uniflorus L. var. eriocephalus (J. Vahl) B. Boivin;毛头孤立飞蓬■☆
151040 Erigeron uniflorus L. var. melanocephalus A. Nelson = Erigeron melanocephalus (A. Nelson) A. Nelson ■☆
151041 Erigeron uniflorus L. var. unalaschkensis (DC.) Ostenf. = Erigeron humilis Graham ■☆
151042 Erigeron untermannii S. L. Welsh et Goodrich;印度峡谷飞蓬;Indian Canyon Fleabane ■☆
151043 Erigeron uralensis Less.;乌拉尔飞蓬■☆
151044 Erigeron ursinus D. C. Eaton;贝尔河飞蓬;Bear River Fleabane ■☆
151045 Erigeron ursinus D. C. Eaton var. gracilis (Rydb.) A. Nelson = Erigeron gracilis Rydb. ■☆
151046 Erigeron ursinus D. C. Eaton var. meyerae S. L. Welsh = Erigeron ursinus D. C. Eaton ■☆
151047 Erigeron utahensis A. Gray;犹他飞蓬;Utah Fleabane ■☆
151048 Erigeron utahensis A. Gray var. sparsifolius (Eastw.) Cronquist = Erigeron sparsifolius Eastw. ■☆
151049 Erigeron utahensis A. Gray var. tetrapleuris (A. Gray) Cronquist = Erigeron utahensis A. Gray ■☆
151050 Erigeron vagus Payson;漫步飞蓬;Rambling Fleabane ■☆
151051 Erigeron variegatus (Sch. Bip. ex A. Rich.) Sch. Bip. = Conyza variegata Sch. Bip. ex A. Rich. ■☆
151052 Erigeron varius Webb = Conyza varia (Webb) Wild ■☆
151053 Erigeron velutipes Hook. et Arn.;毛梗飞蓬;Delicate Fleabane ■☆
151054 Erigeron venustus Botsch.;蓬;Poor Robins Plantain ■☆
151055 Erigeron vernus (L.) Torr. et A. Gray;早春白顶飞蓬;Early White-top Fleabane ■☆
151056 Erigeron versicolor (Greenm.) G. L. Nesom;彩色飞蓬;Bald-fruit Fleabane ■☆
151057 Erigeron vetensis Rydb.;早春蓝顶飞蓬;Early blue-top Fleabane ■☆
151058 Erigeron vicarius Botsch.;蓝舌飞蓬;Blue Ray-floret Fleabane, Bluetongue Gentian ■
151059 Erigeron vicinus G. L. Nesom;邻近飞蓬;Neighbor Fleabane ■☆
151060 Erigeron vilmorinii (Franch.) Botsch. = Aster yunnanensis Franch. var. angustior Hand. -Mazz. ■
151061 Erigeron violaceus Popov;紫罗兰飞蓬■☆
151062 Erigeron viscidus Rydb. = Erigeron formosissimus Greene var. viscidus (Rydb.) Cronquist ■☆
151063 Erigeron viscosus L. = Dittrichia viscosa (L.) Greuter ■
151064 Erigeron vivax (A. Nelson) Rydb. = Erigeron sparsifolius Eastw. ■☆
151065 Erigeron vreelandii Greene;高黏飞蓬;Sticky tall Fleabane ■☆
151066 Erigeron wahwahensis S. L. Welsh = Erigeron jonesii Cronquist ■☆
151067 Erigeron warnockii (Shinners) Shinners = Erigeron modestus A. Gray ■☆
151068 Erigeron watsonii (A. Gray) Cronquist;沃森飞蓬;Watson's Fleabane ■☆
151069 Erigeron welwitschii Hiern = Felicia welwitschii (Hiern) Grau ●☆
151070 Erigeron wilkenii O'Kane;威尔肯飞蓬;Wilken's Fleabane ■☆
151071 Erigeron yellowstonensis A. Nelson = Erigeron acer L. var. kamtschaticus (DC.) Herder ■
151072 Erigeron yukonensis Rydb.;育空飞蓬;Yukon Fleabane ■☆
151073 Erigeron zothecinus S. L. Welsh = Erigeron concinnus (Hook. et Arn.) Torr. et A. Gray var. subglaber (Cronquist) G. L. Nesom ■☆
151074 Erigone Salisb. = Crinum L. ■
151075 Erigonia A. Juss. = Erigenia Nutt. ■☆
151076 Erimatalia Roem. et Schult. = Erycibe Roxb. ●
151077 Erinacea Adans. (1763);猬豆属(刺金雀属);Hedgehog Broom ●☆
151078 Erinacea anthyllis Link;猬豆(刺金雀);Branch Thorn, Hedgehog Broom ●☆
151079 Erinacea anthyllis Link subsp. schoenenbergeri Raynaud = Erinacea schoenenbergeri (Raynaud) Raynaud ●☆
151080 Erinacea pungens Boiss. = Erinacea anthyllis Link ●☆
151081 Erinacea schoenenbergeri (Raynaud) Raynaud;绍氏猬豆●☆
151082 Erinaceae Duvau = Scrophulariaceae Juss.(保留科名)●■
151083 Erinaceae Pfeiff. = Orobanchaceae Vent.(保留科名)●■
151084 Erinaceae Pfeiff. = Scrophulariaceae Juss.(保留科名)●■
151085 Erinacella (Rech. f.) Dostál = Centaurea L.(保留属名)●■
151086 Erinacella (Rech. f.) Dostál(1973);小刺金雀属●☆
151087 Erinacella rechingeri Dostál;小刺金雀●☆
151088 Eringiaceae Raf. = Apiaceae Lindl.(保留科名)●■
151089 Eringiaceae Raf. = Umbelliferae Juss.(保留科名)■●
151090 Eringium Neck. = Eryngium L. ■
151091 Erinia Noulet = Campanula L. ■●
151092 Erinia Noulet = Roucela Dumort. ■●
151093 Erinna Phil.(1864);爱利葱属■☆
151094 Erinna gilliesioides Phil.;爱利葱■☆
151095 Erinocarpus Nimmo ex J. Graham(1839);刺花椴属●☆
151096 Erinocarpus nimmonii J. Graham;刺花椴●☆
151097 Erinosma Herb. = Leucojum L. ■●
151098 Erinus L.(1753);狐地黄属;Fairy Foxglove, Liver-Balsam ■☆
151099 Erinus aethiopicus Thunb. = Zaluzianskya capensis (L.) Walp. ■☆
151100 Erinus africanus L. = Zaluzianskya villosa F. W. Schmidt ■☆
151101 Erinus africanus Thunb. = Zaluzianskya pumila (Benth.) Walp. ■☆
151102 Erinus alpinus L.;狐地黄;Alpine Liver-balsam, Fairy Foxglove, Summer Starwort ■☆
151103 Erinus alpinus L. var. albus Hort.;白花狐地黄■☆
151104 Erinus alpinus L. var. atlanticus Batt. = Erinus alpinus L. ■☆
151105 Erinus alpinus L. var. carmineus Hort.;红花狐地黄■☆
151106 Erinus alpinus L. var. glaberrimus Font Quer = Erinus alpinus L. ■☆
151107 Erinus alpinus L. var. glabratus Lange = Erinus alpinus L. ■☆
151108 Erinus alpinus L. var. hirsutus Hort.;刚毛狐地黄■☆
151109 Erinus alpinus L. var. macrantha Font Quer = Erinus alpinus L. ■☆
151110 Erinus capensis L. = Zaluzianskya capensis (L.) Walp. ■☆
151111 Erinus fragrans Aiton = Lyperia lychnidea (L.) Druce ■☆
151112 Erinus gracilis Lehm.;纤细狐地黄■☆
151113 Erinus incisus Thunb. = Jamesbrittenia incisa (Thunb.) Hilliard ●☆
151114 Erinus lychnideus (L.) L. f. = Lyperia lychnidea (L.) Druce ■☆
151115 Erinus maritimus L. f. = Zaluzianskya maritima (L. f.) Walp. ■☆
151116 Erinus patens Thunb.;铺展狐地黄■☆
151117 Erinus procumbens Mill. = Bacopa procumbens (Mill.)

Greenm. ■☆

151118 Erinus pulchellus Jarosz;美丽狐地黄■☆

151119 Erinus selaginoides Thunb. = Zaluzianskya villosa F. W. Schmidt ■☆

151120 Erinus simplex Thunb. = Buchnera simplex (Thunb.) Druce ■☆

151121 Erinus tomentosus Thunb. = Jamesbrittenia thunbergii (G. Don) Hilliard ■☆

151122 Erinus tristis L. f. = Lyperia tristis (L. f.) Benth. ■☆

151123 Erinus umbellatus Burm. f. = Polycarena capensis (L.) Benth. ■☆

151124 Erinus verticillatus Mill. = Stemodia verticillata (Mill.) Bold. ■☆

151125 Erinus villosus Thunb. = Zaluzianskya villosa F. W. Schmidt ■☆

151126 Erinus viscosus (Aiton) Salisb. = Sutera caerulea (L. f.) Hiern ■☆

151127 Erioblastus Honda = Deschampsia P. Beauv. ■

151128 Erioblastus Honda ex Nakai = Vahlodea Fr. ■☆

151129 Erioblastus Nakai ex Honda = Deschampsia P. Beauv. ■

151130 Eriobotrya Lindl. (1821);枇杷属(琵琶属);Loquat ●

151131 Eriobotrya ambigua Merr. = Stranvaesia nussia (Buch. -Ham. ex D. Don) Decne. ●

151132 Eriobotrya bengalensis (Roxb.) Hook. f.;南亚枇杷(云南枇杷);Bengal Loquat ●

151133 Eriobotrya bengalensis (Roxb.) Hook. f. f. angustifolia (Cardot) Vidal;狭叶南亚枇杷(窄叶南亚枇杷);Narrowleaf Bengal Loquat ●

151134 Eriobotrya bengalensis (Roxb.) Hook. f. f. intermedia Vidal;四柱南亚枇杷●

151135 Eriobotrya bengalensis (Roxb.) Hook. f. var. angustifolia Cardot = Eriobotrya bengalensis (Roxb.) Hook. f. f. angustifolia (Cardot) Vidal ●

151136 Eriobotrya bengalensis Hook. f. = Eriobotrya prinoides Rehder et E. H. Wilson ●

151137 Eriobotrya brackloi Hand. -Mazz. = Eriobotrya cavaleriei (H. Lév.) Rehder ●

151138 Eriobotrya brackloi Hand. -Mazz. var. atrichophylla Hand. -Mazz. = Eriobotrya cavaleriei (H. Lév.) Rehder ●

151139 Eriobotrya buisanensis (Hayata) Kaneh. ex Nakai = Eriobotrya deflexa (Hemsl.) Nakai f. buisanensis (Hayata) Nakai ●

151140 Eriobotrya buisanensis (Hayata) Makino et Nemoto = Eriobotrya deflexa (Hemsl.) Nakai ●

151141 Eriobotrya busisanensis Kaneh. = Eriobotrya deflexa (Hemsl.) Nakai f. buisanensis (Hayata) Nakai ●

151142 Eriobotrya cavaleriei (H. Lév.) Rehder;大花枇杷(山枇杷);Bigflower Loquat, Big-flowered Loquat ●

151143 Eriobotrya cavaleriei (H. Lév.) Rehder var. brackloi (Hand. -Mazz.) Rehder = Eriobotrya cavaleriei (H. Lév.) Rehder ●

151144 Eriobotrya deflexa (Hemsl.) Nakai;台湾枇杷(恒春枇杷,恒春山枇杷,山枇杷,夏粥,野枇杷);Bronze Loquat, Hengchun Loquat, Taiwan Loquat ●

151145 Eriobotrya deflexa (Hemsl.) Nakai f. buisanensis (Hayata) Nakai;武威山枇杷(恒春枇杷,恒春台湾枇杷,武威山台湾枇杷);Wuweishan Loquat ●

151146 Eriobotrya deflexa (Hemsl.) Nakai f. buisanensis (Hayata) Nakai = Eriobotrya deflexa (Hemsl.) Nakai ●

151147 Eriobotrya deflexa (Hemsl.) Nakai f. koshunensis (Kaneh. et Sasaki) H. L. Li = Eriobotrya deflexa (Hemsl.) Nakai ●

151148 Eriobotrya deflexa (Hemsl.) Nakai f. koshunensis (Kaneh. et Sasaki) H. L. Li = Eriobotrya deflexa (Hemsl.) Nakai f. buisanensis (Hayata) Nakai ●

151149 Eriobotrya deflexa (Hemsl.) Nakai var. buisanensis (Hayata) Hayata = Eriobotrya deflexa (Hemsl.) Nakai ●

151150 Eriobotrya deflexa (Hemsl.) Nakai var. buisanensis (Hayata) Nakai = Eriobotrya deflexa (Hemsl.) Nakai f. buisanensis (Hayata) Nakai ●

151151 Eriobotrya deflexa (Hemsl.) Nakai var. grandiflora (Rehder et E. H. Wilson) Nakai = Eriobotrya cavaleriei (H. Lév.) Rehder ●

151152 Eriobotrya deflexa (Hemsl.) Nakai var. koshunensis Kaneh. et Sasaki ex Kaneh. = Eriobotrya deflexa (Hemsl.) Nakai f. buisanensis (Hayata) Nakai ●

151153 Eriobotrya deflexa (Hemsl.) Nakai var. koshunensis Kaneh. et Sasaki = Eriobotrya deflexa (Hemsl.) Nakai ●

151154 Eriobotrya elliptica Lindl.;椭圆枇杷●

151155 Eriobotrya fragrans Champ. ex Benth.;香花枇杷(山枇杷);Fragrant Loquat ●

151156 Eriobotrya fseguinii (H. Lév.) Card ex Guillaumin = Eriobotrya seguinii (H. Lév.) Cardot ex Guillaumin ●

151157 Eriobotrya grandiflora Rehder et E. H. Wilson = Eriobotrya cavaleriei (H. Lév.) Rehder ●

151158 Eriobotrya griffithii (Decne.) Franch. = Photinia glomerata Rehder et E. H. Wilson ●

151159 Eriobotrya griffithii Franch. = Photinia glomerata Rehder et E. H. Wilson ●

151160 Eriobotrya henryi Nakai;窄叶枇杷;Henry Loquat ●

151161 Eriobotrya integrifolia (Lindl.) Kurz = Photinia integrifolia Lindl. ●

151162 Eriobotrya japonica (Thunb. ex Murray) Lindl.;枇杷(金林子,款冬花,卢橘,庐橘,芦橘,栌橘,枇杷树,土冬花);Chinese Medlar, Coppertone Loquat, Japan Loquat, Japan Medlar, Japanese Loquat, Japanese Medlar, Japanese Plum, Loquat, Nespoli, Nispero ●

151163 Eriobotrya japonica (Thunb.) Lindl. = Eriobotrya japonica (Thunb. ex Murray) Lindl. ●

151164 Eriobotrya lasiogyna Franch. = Photinia lasiogyna (Franch.) C. K. Schneid. ●

151165 Eriobotrya malipoensis K. C. Kuan;麻栗坡枇杷;Malipo Loquat ●

151166 Eriobotrya obovata W. W. Sm.;倒卵叶枇杷;Obovate Loquat ●

151167 Eriobotrya ochracea Hand. -Mazz. = Sorbus ochracea (Hand. -Mazz.) J. E. Vidal ●

151168 Eriobotrya prinoides Rehder et E. H. Wilson;栎叶枇杷;Oakleaf Loquat, Oak-leaved Loquat ●

151169 Eriobotrya prionophylla Franch. = Photinia prionophylla (Franch.) C. K. Schneid. ●

151170 Eriobotrya pseudoraphiolepis Cardot = Eriobotrya seguinii (H. Lév.) Cardot ex Guillaumin ●

151171 Eriobotrya salwinensis Hand. -Mazz.;怒江枇杷;Nujiang Loquat, Salwin Loquat ●

151172 Eriobotrya seguinii (H. Lév.) Cardot ex Guillaumin;小叶枇杷;Seguin Loquat ●

151173 Eriobotrya serrata Vidal;齿叶枇杷;Serrate Loquat ●

151174 Eriobotrya tengyuehensis W. W. Sm.;腾越枇杷;Tengyue Loquat ●

151175 Eriobotrya undulata (Decne.) Franch. = Stranvaesia davidiana Decne. var. undulata (Decne.) Rehder et E. H. Wilson ●

151176 Eriobotrya undulata Franch. = Stranvaesia davidiana Decne. var. undulata (Decne.) Rehder et E. H. Wilson ●

151177 Eriocachrys DC. = Magydaris W. D. J. Koch ex DC. ■☆
151178 Eriocactus Backeb. (1942);金晃属■☆
151179 Eriocactus Backeb. = Eriocephala Backeb. ●
151180 Eriocactus Backeb. = Notocactus (K. Schum.) A. Berger et Backeb. ■
151181 Eriocactus Backeb. = Parodia Speg. (保留属名)●
151182 Eriocactus leninghausii (F. Haage) Backeb. ex Schaffnit = Parodia leninghausii (F. Haage) F. H. Brandt ■☆
151183 Eriocactus schumannianus (Nicolai) Backeb.;金晃■☆
151184 Eriocalia Sm. = Actinotus Labill. ●■☆
151185 Eriocalyx Endl. = Aspalathus L. ●☆
151186 Eriocapitella Nakai = Anemone L. (保留属名)■
151187 Eriocapitella elegans (Decne.) Nakai = Anemone vitifolia Buch. -Ham. ex DC. ■
151188 Eriocapitella japonica (Thunb.) Nakai = Anemone hupehensis (Lemoine) Lemoine var. japonica (Thunb. ex A. Murray) Bowler et Stern ■
151189 Eriocapitella vitifolia (Buch. -Ham. ex DC.) Nakai = Anemone vitifolia Buch. -Ham. ex DC. ■
151190 Eriocapitella vitifolia (Buch. -Ham. ex DC.) Nakai var. tomentosa (Maxim.) Nakai = Anemone tomentosa (Maxim.) C. P'ei ■
151191 Eriocapitella vitifolia (Buch. -Ham.) Nakai = Anemone vitifolia Buch. -Ham. ex DC. ■
151192 Eriocarpaea Bertol. = Onobrychis Mill. ■
151193 Eriocarpha Cass. = Montanoa Cerv. ■●☆
151194 Eriocarpha Lag. ex DC. = Lasiospermum Lag. ■☆
151195 Eriocarpha peduncularis Lag. ex DC. = Lasiospermum pedunculare Lag. ■☆
151196 Eriocarpum Nutt. = Haplopappus Cass. (保留属名)■●☆
151197 Eriocarpum grindelioides Nutt. = Xanthisma grindelioides (Nutt.) D. R. Morgan et R. L. Hartm. ■☆
151198 Eriocarpus Post et Kuntze = Eriocarpaea Bertol. ■
151199 Eriocarpus Post et Kuntze = Eriocarpha Lag. ex DC. ■☆
151200 Eriocarpus Post et Kuntze = Eriocarpum Nutt. ■●☆
151201 Eriocarpus Post et Kuntze = Haplopappus Cass. (保留属名)■●☆
151202 Eriocarpus Post et Kuntze = Lasiospermum Lag. ■☆
151203 Eriocarpus Post et Kuntze = Onobrychis Mill. ■
151204 Eriocaucanthus Chiov. = Caucanthus Forssk. ●☆
151205 Eriocaulaceae Desv. = Eriocaulaceae Martinov(保留科名)■
151206 Eriocaulaceae Martinov (1820) (保留科名);谷精草科; Pipewort Family ■
151207 Eriocaulaceae P. Beauv. ex Desv. = Eriocaulaceae Martinov(保留科名)■
151208 Eriocaulon L. (1753);谷精草属;Button-rods, Eriocaulon, Hatpins, Pipewort ■
151209 Eriocaulon abyssinicum Hochst.;阿比西尼亚谷精草■☆
151210 Eriocaulon acutibracteatum W. L. Ma;双江谷精草;Doubleriver Pipewort ■
151211 Eriocaulon acutifolium S. M. Phillips;尖叶谷精草■☆
151212 Eriocaulon adamesii Meikle;阿达梅斯谷精草■☆
151213 Eriocaulon aethiopicum S. M. Phillips;埃塞俄比亚谷精草■☆
151214 Eriocaulon africanum Hochst.;非洲谷精草■☆
151215 Eriocaulon afzelianum Wikstr. ex Körn.;阿芙泽尔谷精草■☆
151216 Eriocaulon alaeum Kimpouni = Eriocaulon stenophyllum R. E. Fr. ■☆
151217 Eriocaulon alatum Lecomte = Eriocaulon zollingerianum Körn. ■
151218 Eriocaulon albocapitatum Kimpouni;白头谷精草■☆
151219 Eriocaulon alpestre Hook. f. et Thomson ex Körn.;高山谷精草(九死还魂草);Alp Pipewort ■
151220 Eriocaulon alpestre Hook. f. et Thomson ex Körn. var. robustius Maxim. = Eriocaulon robustius (Maxim.) Makino ■
151221 Eriocaulon alpestre Hook. f. et Thomson ex Körn. var. sichuanense W. L. Ma;四川谷精草;Sichuan Pipewort ■
151222 Eriocaulon amanoanum T. Koyama;天农谷精草■☆
151223 Eriocaulon amboense Schinz = Eriocaulon cinereum R. Br. ■
151224 Eriocaulon amphibium Rendle = Eriocaulon pictum Fritsch ■☆
151225 Eriocaulon anceps Walter = Lachnocaulon anceps (Walter) Morong ■☆
151226 Eriocaulon andongense Welw. ex Rendle;安东谷精草■☆
151227 Eriocaulon angustibracteum Kimpouni;狭苞谷精草■☆
151228 Eriocaulon angustisepalum H. E. Hess = Eriocaulon mutatum N. E. Br. var. angustisepalum (H. E. Hess) S. M. Phillips ■☆
151229 Eriocaulon angustulum W. L. Ma;狭叶谷精草■
151230 Eriocaulon annuum Milne-Redh. = Eriocaulon truncatum Mart. ■☆
151231 Eriocaulon antunesii Engl. et Ruhland;安图内思谷精草■☆
151232 Eriocaulon aquaticum (Hill) Druce;七角谷精草;Common Pipewort, Pipe Wort, Pipewort, Seven-angle Pipewort, White Buttons ■☆
151233 Eriocaulon aquaticum Sagot ex Körn. = Eriocaulon setaceum L. ■
151234 Eriocaulon aristatum H. E. Hess = Eriocaulon welwitschii Rendle ■☆
151235 Eriocaulon articulatum (Huds.) Morong = Eriocaulon aquaticum (Hill) Druce ■☆
151236 Eriocaulon asteroides S. M. Phillips;星状黑谷精草■☆
151237 Eriocaulon atroides Satake;拟黑谷精草■☆
151238 Eriocaulon atrum Nakai;黑谷精草■☆
151239 Eriocaulon atrum Nakai var. glaberrimum (Satake) T. Koyama = Eriocaulon atrum Nakai ■☆
151240 Eriocaulon atrum Nakai var. hananoegoense (Masam.) T. Koyama = Eriocaulon atrum Nakai ■☆
151241 Eriocaulon atrum Nakai var. intermedium Nakai ex Satake = Eriocaulon kiusianum Maxim. ■☆
151242 Eriocaulon atrum Nakai var. nakasimanum (Satake) T. Koyama = Eriocaulon kiusianum Maxim. ■☆
151243 Eriocaulon australe R. Br.;毛谷精草(谷精草,流星草,文星草);Hair Pipewort ■
151244 Eriocaulon bamendae S. M. Phillips;巴门达谷精草■☆
151245 Eriocaulon banani Lecomte = Eriocaulon latifolium Sm. ■☆
151246 Eriocaulon baurii N. E. Br. = Eriocaulon sonderianum Körn. ■☆
151247 Eriocaulon benthami Kunth;本瑟姆谷精草;Bentham's Pipewort ■☆
151248 Eriocaulon bicolor Kimpouni;二色谷精草■☆
151249 Eriocaulon bifistulosum Van Heurck et Müll. Arg. = Eriocaulon setaceum L. ■
151250 Eriocaulon bilobatum W. L. Ma;裂瓣谷精草;Twolobe Pipewort ■
151251 Eriocaulon bilobatum W. L. Ma = Eriocaulon kunmingense Z. X. Zhang ■
151252 Eriocaulon bongense Engl. et Ruhland ex Ruhland;邦加谷精草■☆
151253 Eriocaulon brownianum Mart.;云南谷精草(勃氏谷精草);Yunnan Pipewort ■
151254 Eriocaulon brownianum Mart. var. nilagirens (Steud.) Fyson;印度谷精草■
151255 Eriocaulon buchananii Ruhland;布坎南谷精草■☆

151256 Eriocaulon buchananii Ruhland var. andongense (Welw. ex Rendle) Kimpouni = Eriocaulon andongense Welw. ex Rendle ■☆
151257 Eriocaulon buergerianum Körn.;谷精草(卜氏谷精草,戴星草,耳朵刷子,佛顶草,佛顶珠,谷精,谷精只,谷精珠,鼓槌草,灌耳草,连萼谷精草,流星草,七星山谷精草,赛谷精草,台湾谷精草,天星草,挖耳草,挖耳朵草,文星草,小谷精草,衣钮草,移星草,翳星草,鱼眼草,珍珠草);Buerger Pipewort,Pipewort ■
151258 Eriocaulon burttii S. M. Phillips;伯特谷精草■☆
151259 Eriocaulon cantoniensis Hook. et Arn. = Eriocaulon sexangulare L. ■
151260 Eriocaulon capillus-naiadis Hook. f. = Eriocaulon setaceum L. ■
151261 Eriocaulon cauliferum Makino;具茎谷精草■☆
151262 Eriocaulon cephalotes Michx. = Eriocaulon compressum Lam. ■☆
151263 Eriocaulon chinorossicum Kom.;中俄谷精草;Sino-Russia Pipewort ■
151264 Eriocaulon chinorossicum Kom. = Eriocaulon alpestre Hook. f. et Thomson ex Körn. ■
151265 Eriocaulon chishingsanensis C. E. Chang = Eriocaulon buergerianum Körn. ■
151266 Eriocaulon ciliipetalum H. E. Hess = Eriocaulon truncatum Mart. ■☆
151267 Eriocaulon ciliisepalum Rendle = Eriocaulon abyssinicum Hochst. ■☆
151268 Eriocaulon cinereum R. Br.;白药谷精草(谷精草,流星草,赛谷精草,小谷精草,异花谷精草,异叶谷精草);Ashy Pipewort,Baiyao Pipewort,Siebold Pipewort ■
151269 Eriocaulon cinereum R. Br. var. sieboldianum (Siebold et Zucc. ex Steud.) Murata = Eriocaulon cinereum R. Br. ■
151270 Eriocaulon cinereum R. Br. var. sieboldianum (Siebold et Zucc. ex Steud.) T. Koyama = Eriocaulon buergerianum Körn. ■
151271 Eriocaulon cinereum R. Br. var. sieboldianum (Siebold et Zucc. ex Steud.) T. Koyama = Eriocaulon cinereum R. Br. ■
151272 Eriocaulon cinereum R. Br. var. sieboldianum (Siebold et Zucc.) T. Koyama = Eriocaulon cinereum R. Br. ■
151273 Eriocaulon cinereum R. Br. var. sieboldianum (Siebold et Zucc.) T. Koyama ex Y. P. Yang = Eriocaulon cinereum R. Br. ■
151274 Eriocaulon cinereum R. Br. var. sieboldianum Y. P. Yang = Eriocaulon cinereum R. Br. ■
151275 Eriocaulon cinereum R. Br. var. sieboldianum Y. P. Yang = Eriocaulon cinereum R. Br. var. sieboldianum (Siebold et Zucc.) T. Koyama ex Y. P. Yang ■
151276 Eriocaulon compressum Lam.;压扁谷精草;Compressed Pipewort,Hatpins Pipewort ■☆
151277 Eriocaulon congense Moldenke = Eriocaulon schimperi Körn. ex Ruhland ■☆
151278 Eriocaulon congolense Moldenke;刚果谷精草■☆
151279 Eriocaulon crassiusculum Lye;厚叶谷精草■☆
151280 Eriocaulon cristatum Mart. = Eriocaulon henryanum Ruhland ■
151281 Eriocaulon cristatum Mart. ex Körn.;冠瓣谷精草;Crested Pipewort ■☆
151282 Eriocaulon cristatum Mart. ex Körn. var. brevicalyx C. H. Wright = Eriocaulon tonkinense Ruhland ■
151283 Eriocaulon cristatum Mart. ex Körn. var. mackii Hook. f. = Eriocaulon henryanum Ruhland ■
151284 Eriocaulon cristatum Mart. var. brevicalyx C. H. Wright = Eriocaulon tonkinense Ruhland ■
151285 Eriocaulon cristatum sensu Benth. = Eriocaulon tonkinense Ruhland ■
151286 Eriocaulon decangulare L.;十棱谷精草;Tenangle Pipewort ■☆
151287 Eriocaulon decangulare Walter = Eriocaulon compressum Lam. ■☆
151288 Eriocaulon decemflorum Maxim.;长苞谷精草(长苞谷精珠);Longbract Pipewort ■
151289 Eriocaulon decemflorum Maxim. var. nipponicum (Maxim.) Nakai = Eriocaulon decemflorum Maxim. ■
151290 Eriocaulon decipiens N. E. Br. = Eriocaulon sonderianum Körn. ■☆
151291 Eriocaulon dehniae H. E. Hess = Eriocaulon matopense Rendle ■☆
151292 Eriocaulon deightonii Meikle;戴顿谷精草■☆
151293 Eriocaulon denticulum Kimpouni;细齿谷精草■☆
151294 Eriocaulon diaguissense Bourdu = Eriocaulon sessile Meikle ■☆
151295 Eriocaulon dimorphoelytrum T. Koyama;二型谷精草■☆
151296 Eriocaulon dregei Hochst.;德雷谷精草■☆
151297 Eriocaulon dregei Hochst. var. sonderianum (Körn.) Oberm. = Eriocaulon sonderianum Körn. ■☆
151298 Eriocaulon echinulatum Mart.;尖苞谷精草;Tinebract Pipewort ■
151299 Eriocaulon echinulatum Mart. var. seticuspe (Ohwi) Ohwi = Eriocaulon seticuspe Ohwi ■☆
151300 Eriocaulon elegantulum Engl.;雅致谷精草■☆
151301 Eriocaulon emeiense W. L. Ma et Z. X. Zhang;峨眉谷精草;Emei Pipewort ■
151302 Eriocaulon faberi Ruhland;江南谷精草;S. Changjiang Pipewort ■
151303 Eriocaulon filifolium Hand. -Mazz. = Eriocaulon tonkinense Ruhland ■
151304 Eriocaulon flavidulum Michx. = Syngonanthus flavidulus (Michx.) Ruhland ■☆
151305 Eriocaulon fluitans Baker = Eriocaulon setaceum L. ■
151306 Eriocaulon fluviafile Trimen;溪生谷精草;Fluvial Pipewort ■☆
151307 Eriocaulon fluviatile Trimen = Eriocaulon tonkinense Ruhland ■
151308 Eriocaulon formosanum Hayata = Eriocaulon cinereum R. Br. ■
151309 Eriocaulon fulvum N. E. Br.;黄褐谷精草■☆
151310 Eriocaulon fuscum S. M. Phillips;棕色谷精草■☆
151311 Eriocaulon giganteum Afzel. ex Körn. = Mesanthemum radicans (Benth.) Körn. ■☆
151312 Eriocaulon gilgianum Ruhland = Eriocaulon abyssinicum Hochst. ■☆
151313 Eriocaulon glaberrimum Satake = Eriocaulon atrum Nakai ■☆
151314 Eriocaulon glabripetalum W. L. Ma;光瓣谷精草;Nakepetal Pipewort ■
151315 Eriocaulon glandulosum Kimpouni;具腺谷精草■☆
151316 Eriocaulon gnaphalodes Michx. = Eriocaulon compressum Lam. ■☆
151317 Eriocaulon guineense Moldenke = Mesanthemum albidum Lecomte ■☆
151318 Eriocaulon guineense Steud. = Mesanthemum radicans (Benth.) Körn. ■☆
151319 Eriocaulon hananoegoense Masam. = Eriocaulon atrum Nakai ■☆
151320 Eriocaulon hanningtonii N. E. Br. = Eriocaulon transvaalicum N. E. Br. subsp. hanningtonii (N. E. Br.) S. M. Phillips ■☆
151321 Eriocaulon heleocharioides Satake;荸荠谷精草■☆
151322 Eriocaulon henryanum Ruhland;蒙自谷精草;Henry Pipewort ■
151323 Eriocaulon hessii Moldenke;黑斯谷精草■☆
151324 Eriocaulon heteranthum Benth. = Eriocaulon cinereum R. Br. ■
151325 Eriocaulon heteranthum Benth. = Eriocaulon cinereum R. Br.

var. sieboldianum (Siebold et Zucc.) T. Koyama ex Y. P. Yang ■
151326 Eriocaulon heudelotii N. E. Br. = Eriocaulon cinereum R. Br. ■
151327 Eriocaulon huillense Engl. et Ruhland = Eriocaulon teusczii Engl. et Ruhland ■☆
151328 Eriocaulon huillense Rendle = Eriocaulon mutatum N. E. Br. ■☆
151329 Eriocaulon hydrophilum Markötter;喜水谷精草■☆
151330 Eriocaulon intrusum Meikle = Eriocaulon teusczii Engl. et Ruhland ■☆
151331 Eriocaulon inundatum Moldenke;洪水地谷精草■☆
151332 Eriocaulon inyangense Arw.;伊尼扬加谷精草■☆
151333 Eriocaulon iringense S. M. Phillips;伊林加谷精草■☆
151334 Eriocaulon irregulare Meikle;不整谷精草■☆
151335 Eriocaulon jaegeri Moldenke = Eriocaulon plumale N. E. Br. subsp. jaegeri (Moldenke) Meikle ■☆
151336 Eriocaulon japonicum Körn.;日本谷精草■☆
151337 Eriocaulon kaikoense Masam. = Eriocaulon truncatum Buch. -Ham. ex Mart. ■
151338 Eriocaulon katangaense Kimpouni = Eriocaulon inyangense Arw. ■☆
151339 Eriocaulon kengii Ruhland = Eriocaulon miquelianum Körn. ■
151340 Eriocaulon kindiae Lecomte = Eriocaulon plumale N. E. Br. subsp. kindiae (Lecomte) Meikle ■☆
151341 Eriocaulon kiusianum Maxim.;九州谷精草■☆
151342 Eriocaulon kouroussense Lecomte = Eriocaulon afzelianum Wikstr. ex Körn. ■☆
151343 Eriocaulon kunmingense Z. X. Zhang;昆明谷精草;Kunming Pipewort ■
151344 Eriocaulon kusiroense Miyabe et Kudo ex Satake = Eriocaulon sachalinense Miyabe et Nakai ■☆
151345 Eriocaulon kwangtungense Ruhland = Eriocaulon sexangulare L. ■
151346 Eriocaulon lacteum Rendle = Eriocaulon teusczii Engl. et Ruhland ■☆
151347 Eriocaulon lanatum H. E. Hess;绵毛谷精草■☆
151348 Eriocaulon laniceps S. M. Phillips;毛头谷精草■☆
151349 Eriocaulon latifolium Sm.;宽叶谷精草■☆
151350 Eriocaulon latifolium Sm. f. proliferum Moldenke = Eriocaulon latifolium Sm. ■☆
151351 Eriocaulon leianthum W. L. Ma;光萼谷精草;Nakesepal Pipewort ■
151352 Eriocaulon limosum Engl. et Ruhland = Eriocaulon setaceum L. ■
151353 Eriocaulon linearitepalum Kimpouni;线被片谷精草■☆
151354 Eriocaulon longifolium Nees = Eriocaulon sexangulare L. ■
151355 Eriocaulon longipetalum Rendle;长瓣谷精草■☆
151356 Eriocaulon luzulifolium Mart.;小谷精草;Small Pipewort ■
151357 Eriocaulon luzulifolium Mart. = Eriocaulon nantoense Hayata ■
151358 Eriocaulon luzulifolium Mart. = Eriocaulon senile Honda ■
151359 Eriocaulon maculatum Schinz;斑点谷精草■☆
151360 Eriocaulon malaissei Moldenke;马莱泽谷精草■☆
151361 Eriocaulon malaissei Moldenke f. viviparum ? = Eriocaulon ramocaulon Kimpouni ■☆
151362 Eriocaulon mangshanense W. L. Ma;莽山谷精草;Mangshan Pipewort ■
151363 Eriocaulon mannii N. E. Br.;曼氏谷精草■☆
151364 Eriocaulon matopense Rendle;马托谷精草■☆
151365 Eriocaulon matsumurae Nakai = Eriocaulon miquelianum Körn. var. matsumurae (Nakai) Z. X. Zhang ■
151366 Eriocaulon mbalensis S. M. Phillips;姆巴莱谷精草■☆
151367 Eriocaulon melanocephalum Kunth = Eriocaulon setaceum L. ■
151368 Eriocaulon merrillii Ruhland = Eriocaulon truncatum Buch. -Ham. ex Mart. ■
151369 Eriocaulon merrillii Ruhland ex Perkins;菲律宾谷精草;Philippine Pipewort ■
151370 Eriocaulon merrillii Ruhland ex Perkins = Eriocaulon truncatum Buch. -Ham. ex Mart. ■
151371 Eriocaulon merrillii Ruhland ex Perkins var. longibrecteatum W. L. Ma;长菲谷精草;Longbract Philippine Pipewort ■
151372 Eriocaulon merrillii Ruhland ex Perkins var. longibrecteatum W. L. Ma = Eriocaulon truncatum Buch. -Ham. ex Mart. ■
151373 Eriocaulon merrillii Ruhland ex Perkins var. suishaense (Hayata) C. E. Chang = Eriocaulon truncatum Buch. -Ham. ex Mart. ■
151374 Eriocaulon merrillii Ruhland var. longibracteatum W. L. Ma = Eriocaulon truncatum Buch. -Ham. ex Mart. ■
151375 Eriocaulon merrillii Ruhland var. suishanense (Hayata) C. E. Chang = Eriocaulon truncatum Buch. -Ham. ex Mart. ■
151376 Eriocaulon mesanthemoides Ruhland;间花谷精草■☆
151377 Eriocaulon mikawanum Satake et T. Koyama;三河国谷精草■☆
151378 Eriocaulon mikawanum Satake et T. Koyama var. azumianum Hid. Takah. et Hid. Suzuki;安住谷精草■☆
151379 Eriocaulon minusculum Moldenke;极小谷精草;Muchsmall Pipewort ■
151380 Eriocaulon miquelianum Körn.;四国谷精草;Sikoku Pipewort ■
151381 Eriocaulon miquelianum Körn. f. involucratum (Nakai) Murata;总苞四国谷精草■☆
151382 Eriocaulon miquelianum Körn. var. atrosepalum Satake;暗瓣谷精草■☆
151383 Eriocaulon miquelianum Körn. var. lutchuense (Koidz.) T. Koyama;琉球谷精草■☆
151384 Eriocaulon miquelianum Körn. var. matsumurae (Nakai) Z. X. Zhang;松村氏谷精草■
151385 Eriocaulon miquelianum Körn. var. monococcon (Nakai) T. Koyama = Eriocaulon monococcon Nakai ■☆
151386 Eriocaulon miyagianum Koidz. = Eriocaulon sexangulare L. ■
151387 Eriocaulon monococcon Nakai;单壳谷精草■☆
151388 Eriocaulon monodii Moldenke = Eriocaulon transvaalicum N. E. Br. subsp. hanningtonii (N. E. Br.) S. M. Phillips ■☆
151389 Eriocaulon mutatum N. E. Br.;易变谷精草■☆
151390 Eriocaulon mutatum N. E. Br. var. angustisepalum (H. E. Hess) S. M. Phillips;窄萼易变谷精草■☆
151391 Eriocaulon mutatum N. E. Br. var. majus S. M. Phillips;大株易变谷精草■☆
151392 Eriocaulon nadjae S. M. Phillips;纳吉谷精草■☆
151393 Eriocaulon nakasimanum Satake = Eriocaulon kiusianum Maxim. ■☆
151394 Eriocaulon nanellum Ohwi;极矮谷精草■☆
151395 Eriocaulon nanellum Ohwi f. albescens (Satake) Murata;白花极矮谷精草■☆
151396 Eriocaulon nanellum Ohwi var. albescens Satake = Eriocaulon nanellum Ohwi f. albescens (Satake) Murata ■☆
151397 Eriocaulon nanellum Ohwi var. filamentosum (Satake) Satake = Eriocaulon nanellum Ohwi ■☆
151398 Eriocaulon nanellum Ohwi var. nosoriense (Ohwi) Ohwi et T. Koyama;野地谷精草■☆

151399 Eriocaulon nanellum Ohwi var. piliferum Satake;纤毛谷精草■☆
151400 Eriocaulon nantoense Hayata;南投谷精草;Nantou Pipewort ■
151401 Eriocaulon nantoense Hayata var. micropetalum W. L. Ma;小瓣谷精草;Small-petaled Pipewort ■
151402 Eriocaulon nantoense Hayata var. parviceps (Hand. -Mazz.) W. L. Ma = Eriocaulon parkeri B. L. Rob. ■
151403 Eriocaulon nantoense Hayata var. parviceps (Hand. -Mazz.) W. L. Ma = Eriocaulon nepalense Prescott ex Bong. ■
151404 Eriocaulon nantoense Hayata var. satsumense Hatus. et Sakata;萨摩谷精草■☆
151405 Eriocaulon nantoense Hayata var. trisectum (Satake) C. E. Chang = Eriocaulon nepalense Prescott ex Bong. ■
151406 Eriocaulon nantoense Hayata var. trisectum (Satake) C. E. Chang = Eriocaulon parkeri B. L. Rob. ■
151407 Eriocaulon nasuense Satake = Eriocaulon kiusianum Maxim. ■☆
151408 Eriocaulon natalense Schinz = Eriocaulon africanum Hochst. ■☆
151409 Eriocaulon nepalense Prescott ex Bong.;尼泊尔谷精草(莲花池谷精草,舟萼谷精草);Nepal Pipewort ■
151410 Eriocaulon nigericum Meikle;尼日利亚谷精草■☆
151411 Eriocaulon nigrocapitatum Kimpouni;黑头谷精草■☆
151412 Eriocaulon nigrum Lecomte var. suishaense (Hayata) Hatus. et T. Koyama = Eriocaulon truncatum Buch. -Ham. ex Mart. ■
151413 Eriocaulon nilagirense Steud. = Eriocaulon brownianum Mart. var. nilagirens (Steud.) Fyson ■
151414 Eriocaulon niponieum Maxim. = Eriocaulon decemflorum Maxim. ■
151415 Eriocaulon nosoriense Ohwi = Eriocaulon nanellum Ohwi var. nosoriense (Ohwi) Ohwi et T. Koyama ■☆
151416 Eriocaulon nudicuspe Maxim.;白珠谷精草■☆
151417 Eriocaulon nutans F. Muell. ex M. R. Schomb. = Eriocaulon setaceum L. ■
151418 Eriocaulon obtriangulare Kimpouni;倒三角谷精草■☆
151419 Eriocaulon omuranum T. Koyama;小村谷精草■☆
151420 Eriocaulon oryzetorum Mart.;南亚谷精草■
151421 Eriocaulon ozense T. Koyama;小濑谷精草■☆
151422 Eriocaulon pachypetalum Hayata = Eriocaulon buergerianum Körn. ■
151423 Eriocaulon pallescens (Nakai ex Miyabe et Kudo) Satake;变苍白谷精草■☆
151424 Eriocaulon parkeri B. L. Rob.;帕克尔谷精草(莲花池谷精草);Parker Pipewort, Parker's Pipewort ■
151425 Eriocaulon parvistoloniferum Kimpouni;小匍匐枝谷精草■☆
151426 Eriocaulon parvitepalum Kimpouni;小片谷精草■☆
151427 Eriocaulon parvulum S. M. Phillips;较小谷精草■☆
151428 Eriocaulon parvum Körn.;朝日谷精草■
151429 Eriocaulon pellucidum Michx. = Eriocaulon aquaticum (Hill) Druce ■☆
151430 Eriocaulon perplexum Satake et H. Hara;紊乱谷精草■☆
151431 Eriocaulon pictum Fritsch;着色谷精草■☆
151432 Eriocaulon plumale N. E. Br.;塞内加尔谷精草■☆
151433 Eriocaulon plumale N. E. Br. subsp. jaegeri (Moldenke) Meikle;耶格尔谷精草■☆
151434 Eriocaulon plumale N. E. Br. subsp. kindiae (Lecomte) Meikle;金迪亚谷精草■☆
151435 Eriocaulon polhillii S. M. Phillips;普尔谷精草■☆
151436 Eriocaulon prescottianum Bong. = Mesanthemum prescottianum (Bong.) Körn. ■☆
151437 Eriocaulon pseudomutatum Kimpouni = Eriocaulon mutatum N. E. Br. ■☆
151438 Eriocaulon pseudopygmaeum Dinter;矮小谷精草■☆
151439 Eriocaulon pterosepalum Hayata = Eriocaulon sexangulare L. ■
151440 Eriocaulon pulchellum Körn.;美丽谷精草■☆
151441 Eriocaulon pullum T. Koyama;褐色谷精草;Brown Pipewort ■
151442 Eriocaulon pullum T. Koyama = Eriocaulon nepalense Prescott ex Bong. ■
151443 Eriocaulon pumilum Afzel. ex Körn. = Eriocaulon pulchellum Körn. ■☆
151444 Eriocaulon pumilum Raf. = Eriocaulon aquaticum (Hill) Druce ■☆
151445 Eriocaulon quinquangulare L.;五角谷精草■☆
151446 Eriocaulon radicans Benth. = Mesanthemum radicans (Benth.) Körn. ■☆
151447 Eriocaulon ramocaulon Kimpouni;茎枝谷精草■☆
151448 Eriocaulon recurvibracteum Kimpouni;曲苞谷精草■☆
151449 Eriocaulon recurvifolium C. H. Wright = Syngonanthus wahlbergii (Wikstr. ex Körn.) Ruhland ■☆
151450 Eriocaulon remotum Lecomte;稀疏谷精草■☆
151451 Eriocaulon rivulare G. Don ex Benth. = Eriocaulon latifolium Sm. ■☆
151452 Eriocaulon robustius (Maxim.) Makino;粗壮高山谷精草(宽叶谷精草);Broadleaf Pipewort, Robust Pipewort ■
151453 Eriocaulon robustius (Maxim.) Makino = Eriocaulon alpestre Hook. f. et Thomson ex Körn. var. robustius Maxim. ■
151454 Eriocaulon robustius (Maxim.) Makino var. nigrum Satake = Eriocaulon alpestre Hook. f. et Thomson ex Körn. ■
151455 Eriocaulon robustius (Maxim.) Makino var. perpusillum (Nakai) Satake = Eriocaulon alpestre Hook. f. et Thomson ex Körn. ■
151456 Eriocaulon rockianum Hand. -Mazz.;玉龙山谷精草;Yulongshan Pipewort ■
151457 Eriocaulon rockianum Hand. -Mazz. var. latifolium W. L. Ma;宽叶玉龙山谷精草(宽叶谷精草)■
151458 Eriocaulon rosenii (Pax) Lye;罗森谷精草■☆
151459 Eriocaulon rufum Lecomte;浅红谷精草■☆
151460 Eriocaulon ruhlandii Schinz = Eriocaulon schlechteri Ruhland ■☆
151461 Eriocaulon sachalinense Miyabe et Nakai;库叶谷精草■☆
151462 Eriocaulon sachalinense Miyabe et Nakai var. kusiroense (Miyabe et Kudo ex Satake) T. Koyama = Eriocaulon sachalinense Miyabe et Nakai ■☆
151463 Eriocaulon satakeanum Tatew. et Koji Ito;佐竹谷精草■☆
151464 Eriocaulon scariosum Sm.;糙谷精草;Rough Pipewort ■☆
151465 Eriocaulon schimperi Körn. ex Ruhland;欣珀谷精草■☆
151466 Eriocaulon schimperi Körn. ex Ruhland var. gigas Moldenke = Eriocaulon schimperi Körn. ex Ruhland ■☆
151467 Eriocaulon schimperianum Körn. = Eriocaulon schimperi Körn. ex Ruhland ■☆
151468 Eriocaulon schippii Standl. ex Moldenke;希普谷精草■☆
151469 Eriocaulon schlechteri Ruhland;施莱谷精草■☆
151470 Eriocaulon schochianum Hand. -Mazz.;云贵谷精草(滇谷精草);Yun-Gui Pipewort, Yunnan-Guizhou Pipewort ■
151471 Eriocaulon schochianum Hand. -Mazz. var. parviceps Hand. -Mazz. = Eriocaulon nepalense Prescott ex Bong. ■
151472 Eriocaulon schweickerdtii Moldenke = Eriocaulon transvaalicum N. E. Br. ■☆
151473 Eriocaulon schweinfurthii Engl. et Ruhland = Eriocaulon

setaceum L. ■
151474 Eriocaulon sclerophyllum W. L. Ma;硬叶谷精草;Hardleaf Pipewort ■
151475 Eriocaulon sekimotoi Honda;关本谷精草■☆
151476 Eriocaulon sekimotoi Honda f. glabrum Satake;光滑谷精草■☆
151477 Eriocaulon selousii S. M. Phillips;塞卢斯谷精草■☆
151478 Eriocaulon senegalense N. E. Br. = Eriocaulon plumale N. E. Br. ■☆
151479 Eriocaulon senile Honda;老谷精草;Old Pipewort ■
151480 Eriocaulon senile Honda = Eriocaulon nepalense Prescott ex Bong. ■
151481 Eriocaulon septangulare With.;七棱谷精草;Duckgrass, Sevenangular Pipewort ■☆
151482 Eriocaulon septangulare With. = Eriocaulon aquaticum (Hill) Druce ■☆
151483 Eriocaulon serotinum Walter = Eriocaulon decangulare L. ■☆
151484 Eriocaulon sessile Meikle;无梗谷精草■☆
151485 Eriocaulon setaceum L.;丝叶谷精草;Silkleaf Pipewort ■
151486 Eriocaulon seticuspe Ohwi;刚毛谷精草■☆
151487 Eriocaulon sexangulare L.;华南谷精草(大叶谷精草,谷精草,谷精珠,簪子草);S. China Pipewort,Sixangular Pipewort ■
151488 Eriocaulon sexangulare L. var. longifolium (Nees ex Kunth) Hook. f. = Eriocaulon sexangulare L. ■
151489 Eriocaulon sexangulare Mart. = Eriocaulon cinereum R. Br. var. sieboldianum (Siebold et Zucc.) T. Koyama ex Y. P. Yang ■
151490 Eriocaulon sexangulare Ruhland = Eriocaulon cinereum R. Br. ■
151491 Eriocaulon sieboldianum Siebold et Zucc. ex Steud. = Eriocaulon cinereum R. Br. var. sieboldianum (Siebold et Zucc.) T. Koyama ex Y. P. Yang ■
151492 Eriocaulon sieboldianum Siebold et Zucc. ex Steud. = Eriocaulon cinereum R. Br. ■
151493 Eriocaulon sierraleonense Moldenke = Eriocaulon pulchellum Körn. ■☆
151494 Eriocaulon sikokianum Maxim. = Eriocaulon miquelianum Körn. ■
151495 Eriocaulon sikokianum Maxim. var. linanense W. L. Ma;龙塘山谷精草;Linan Sikoku Pipewort ■
151496 Eriocaulon sikokianum Maxim. var. linanense W. L. Ma = Eriocaulon miquelianum Körn. ■
151497 Eriocaulon sikokianum Maxim. var. lutchuense (Koidz.) Satake = Eriocaulon miquelianum Körn. var. lutchuense (Koidz.) T. Koyama ■☆
151498 Eriocaulon sikokianum Maxim. var. matsumurae (Nakai) Satake = Eriocaulon miquelianum Körn. var. matsumurae (Nakai) Z. X. Zhang ■
151499 Eriocaulon sikokianum Maxim. var. mikawanum (Satake et T. Koyama) T. Koyama = Eriocaulon mikawanum Satake et T. Koyama ■☆
151500 Eriocaulon sikokianum Maxim. var. piliphorum (Satake) Satake;毛梗谷精草■☆
151501 Eriocaulon sinieum Miq. = Eriocaulon sexangulare L. ■
151502 Eriocaulon sinii Ruhland = Eriocaulon sexangulare L. ■
151503 Eriocaulon sollyanum Royle;大药谷精草;Biganther Pipewort ■
151504 Eriocaulon sonderianum Körn.;森诺谷精草■☆
151505 Eriocaulon spadiceum Lam. = Nemum spadiceum (Lam.) Desv. ex Ham. ■☆
151506 Eriocaulon statices Crantz = Eriocaulon decangulare L. ■☆
151507 Eriocaulon stenophyllum R. E. Fr.;窄叶谷精草■☆
151508 Eriocaulon stipantepalum Kimpouni;托叶谷精草■☆
151509 Eriocaulon stoloniferum Welw. ex Rendle;匍匐谷精草■☆
151510 Eriocaulon strictum Milne-Redh.;刚直谷精草■☆
151511 Eriocaulon stuhlmannii N. E. Br. = Eriocaulon cinereum R. Br. ■
151512 Eriocaulon submersum Welw. ex Rendle;沉水谷精草■☆
151513 Eriocaulon subulatum N. E. Br. = Eriocaulon abyssinicum Hochst. ■☆
151514 Eriocaulon suishaense Hayata = Eriocaulon truncatum Buch.-Ham. ex Mart. ■
151515 Eriocaulon suishaense Hayata var. okinawense Satake = Eriocaulon truncatum Buch.-Ham. ex Mart. ■
151516 Eriocaulon taeniophyllum S. M. Phillips;带叶谷精草■☆
151517 Eriocaulon taishanense F. Z. Li;泰山谷精草;Taishan Pipewort ■
151518 Eriocaulon taiwanianum S. S. Ying = Eriocaulon cinereum R. Br. ■
151519 Eriocaulon takaii Koidz.;高井谷精草■☆
151520 Eriocaulon taquetii Lecomte;塔克特谷精草■☆
151521 Eriocaulon teusczii Engl. et Ruhland;托伊谷精草■☆
151522 Eriocaulon thunbergii Wikstr. ex Körn. = Eriocaulon latifolium Sm. ■☆
151523 Eriocaulon togoense Moldenke;多哥谷精草■☆
151524 Eriocaulon tonkinense Ruhland;越南谷精草(丝叶谷精草);Filiformleaf Pipewort,Tonkin Pipewort ■
151525 Eriocaulon toumouense Moldenke = Mesanthemum albidum Lecomte ■☆
151526 Eriocaulon transvaalicum N. E. Br.;德兰士瓦谷精草■☆
151527 Eriocaulon transvaalicum N. E. Br. subsp. hanningtonii (N. E. Br.) S. M. Phillips;汉宁顿谷精草■☆
151528 Eriocaulon transvaalicum N. E. Br. var. hanningtonii (N. E. Br.) Meikle = Eriocaulon transvaalicum N. E. Br. subsp. hanningtonii (N. E. Br.) S. M. Phillips ■☆
151529 Eriocaulon trilobum Buch.-Ham. = Eriocaulon sollyanum Royle ■
151530 Eriocaulon trisectum Satake = Eriocaulon nepalense Prescott ex Bong. ■
151531 Eriocaulon trisectum Satake = Eriocaulon parkeri B. L. Rob. ■
151532 Eriocaulon truncatum Buch.-Ham. ex Mart.;流星谷精草(菲律宾谷精草,谷精草,平头谷精草,日月潭谷精草,珍珠草);Truncate Pipewort ■
151533 Eriocaulon truncatum Mart.;平截谷精草■☆
151534 Eriocaulon truncatum Mart. = Eriocaulon truncatum Buch.-Ham. ex Mart. ■
151535 Eriocaulon tutidae Satake;图迪达谷精草■☆
151536 Eriocaulon ussuriense Körn. ex Regel;乌苏里谷精草;Ussuri Pipewort ■☆
151537 Eriocaulon villosum Michx. = Lachnocaulon anceps (Walter) Morong ■☆
151538 Eriocaulon volkensii Engl.;福尔谷精草■☆
151539 Eriocaulon volkensii Engl. var. mildbraedii Ruhland = Eriocaulon schimperi Körn. ex Ruhland ■☆
151540 Eriocaulon walliehianum Mart. = Eriocaulon sexangulare L. ■
151541 Eriocaulon welwitschii Rendle;韦尔谷精草■☆
151542 Eriocaulon welwitschii Rendle var. pygmaeum ? = Eriocaulon welwitschii Rendle ■☆
151543 Eriocaulon whangii Ruhland = Eriocaulon buergerianum Körn. ■
151544 Eriocaulon wildii S. M. Phillips;维尔德谷精草■☆
151545 Eriocaulon willdinovianum Moldenke = Eriocaulon sexangulare L. ■

151546 Eriocaulon woodii N. E. Br. = Eriocaulon africanum Hochst. ■☆

151547 Eriocaulon woodii N. E. Br. var. minor Ruhland = Eriocaulon africanum Hochst. ■☆

151548 Eriocaulon xeranthemoides Van Heurck et Müll. Arg. = Eriocaulon togoense Moldenke ■☆

151549 Eriocaulon yaoshanense Ruhland; 瑶山谷精草; Yaoshan Pipewort ■

151550 Eriocaulon yaoshanense Ruhland = Eriocaulon tonkinense Ruhland ■

151551 Eriocaulon yaoshanense Ruhland var. brevicalyx (C. H. Wright) W. L. Ma;短萼谷精草;Shortcalyx Yaoshan Pipewort ■

151552 Eriocaulon yaoshanense Ruhland var. brevicalyx (C. H. Wright) W. L. Ma = Eriocaulon tonkinense Ruhland ■

151553 Eriocaulon yunnanense Moldenke = Eriocaulon brownianum Mart. ■☆

151554 Eriocaulon zambesiense Ruhland;赞比西谷精草■☆

151555 Eriocaulon zollingerianum Körn.;翅谷精草;Wing Pipewort ■

151556 Eriocaulon zyotanii Satake;齐奥坦谷精草■☆

151557 Eriocephala (Backeb.) Backeb. = Eriocactus Backeb. ■☆

151558 Eriocephala (Backeb.) Backeb. = Notocactus (K. Schum.) A. Berger et Backeb. ■

151559 Eriocephala Backeb. = Parodia Speg.(保留属名)●

151560 Eriocephalus L. (1753);毛头菊属(卡波克木属)●☆

151561 Eriocephalus affinis DC. = Eriocephalus racemosus L. var. affinis (DC.) Harv. ●☆

151562 Eriocephalus africanus L.; 非洲毛头菊(非洲卡波克木); Kapok Bush ●☆

151563 Eriocephalus africanus L. var. paniculatus (Cass.) M. A. N. Müll., Herman et Kolberg;圆锥非洲毛头菊●☆

151564 Eriocephalus ambiguus (DC.) M. A. N. Müll.;可疑毛头菊●☆

151565 Eriocephalus aromaticus C. A. Sm.;芳香毛头菊●☆

151566 Eriocephalus aspalathoides DC. = Eriocephalus ambiguus (DC.) M. A. N. Müll. ●☆

151567 Eriocephalus aspalathoides Harv. = Eriocephalus ambiguus (DC.) M. A. N. Müll. ●☆

151568 Eriocephalus aspalathoides Merxm. = Eriocephalus ambiguus (DC.) M. A. N. Müll. ●☆

151569 Eriocephalus brevifolius (DC.) M. A. N. Müll.;短叶毛头菊●☆

151570 Eriocephalus corymbosus Moench = Eriocephalus africanus L. ●☆

151571 Eriocephalus decussatus Burch.;对生毛头菊●☆

151572 Eriocephalus dinteri S. Moore;丁特毛头菊●☆

151573 Eriocephalus eenii S. Moore = Eriocephalus luederitzianus O. Hoffm. ●☆

151574 Eriocephalus ericoides (L. f.) Druce;石南状毛头菊●☆

151575 Eriocephalus ericoides (L. f.) Druce subsp. griquensis M. A. N. Müll.;格里夸毛头菊●☆

151576 Eriocephalus eximius DC.;优异毛头菊●☆

151577 Eriocephalus frutescens R. Br. = Eriocephalus africanus L. ●☆

151578 Eriocephalus giessii M. A. N. Müll.;吉斯毛头菊●☆

151579 Eriocephalus glaber Thunb. = Eriocephalus ericoides (L. f.) Druce ●☆

151580 Eriocephalus glaber Thunb. var. pubescens Harv. = Eriocephalus microphyllus DC. ●☆

151581 Eriocephalus glaber Thunb. var. sessiliflorus Sond. ex Harv. = Eriocephalus ericoides (L. f.) Druce ●☆

151582 Eriocephalus glandulosus M. A. N. Müll.;腺点毛头菊●☆

151583 Eriocephalus grandiflorus M. A. N. Müll.;大花毛头菊●☆

151584 Eriocephalus hirsutus Burtt Davy = Eriocephalus luederitzianus O. Hoffm. ●☆

151585 Eriocephalus karooicus M. A. N. Müll.;卡鲁毛头菊●☆

151586 Eriocephalus klinghardtensis M. A. N. Müll.;克林毛头菊●☆

151587 Eriocephalus longifolius M. A. N. Müll.;长叶毛头菊●☆

151588 Eriocephalus luederitzianus O. Hoffm.;吕德里茨毛头菊●☆

151589 Eriocephalus macroglossus B. Nord.;大舌毛头菊●☆

151590 Eriocephalus merxmuelleri M. A. N. Müll.;梅尔毛头菊●☆

151591 Eriocephalus microcephalus DC.;小头毛头菊●☆

151592 Eriocephalus microphyllus DC.;小叶毛头菊●☆

151593 Eriocephalus microphyllus DC. var. carnosus M. A. N. Müll.;肉质小叶毛头菊●☆

151594 Eriocephalus microphyllus DC. var. pubescens (DC.) M. A. N. Müll.;毛小叶毛头菊●☆

151595 Eriocephalus namaquensis M. A. N. Müll.;纳马夸毛头菊●☆

151596 Eriocephalus paniculatus Cass. = Eriocephalus africanus L. var. paniculatus (Cass.) M. A. N. Müll., Herman et Kolberg ●☆

151597 Eriocephalus parviflorus Dinter = Eriocephalus dinteri S. Moore ●☆

151598 Eriocephalus pauperrimus Merxm. et Eberle;贫乏毛头菊●☆

151599 Eriocephalus pedicellaris DC.;梗花毛头菊●☆

151600 Eriocephalus petrophiloides DC. = Euryops multifidus (Thunb.) DC. ●☆

151601 Eriocephalus pinnatus O. Hoffm.;羽状毛头菊●☆

151602 Eriocephalus pteronioides DC. = Eriocephalus pedicellaris DC. ●☆

151603 Eriocephalus pubescens DC. = Eriocephalus microphyllus DC. var. pubescens (DC.) M. A. N. Müll. ●☆

151604 Eriocephalus punctulatus DC.;斑点毛头菊●☆

151605 Eriocephalus punctulatus DC. var. brevifolius DC. = Eriocephalus brevifolius (DC.) M. A. N. Müll. ●☆

151606 Eriocephalus punctulatus DC. var. pedicellaris (DC.) Harv. = Eriocephalus pedicellaris DC. ●☆

151607 Eriocephalus punctulatus DC. var. tenuifolius (DC.) Harv. = Eriocephalus tenuifolius DC. ●☆

151608 Eriocephalus purpureus Burch.;紫毛头菊●☆

151609 Eriocephalus racemosus Gaertn. = Eriocephalus africanus L. var. paniculatus (Cass.) M. A. N. Müll., Herman et Kolberg ●☆

151610 Eriocephalus racemosus L.;总花毛头菊●☆

151611 Eriocephalus racemosus L. var. affinis (DC.) Harv.;近缘毛头菊●☆

151612 Eriocephalus rangei Muschl. = Eriocephalus scariosus DC. ●☆

151613 Eriocephalus scariosissimus S. Moore = Eriocephalus scariosus DC. ●☆

151614 Eriocephalus scariosus DC.;干膜质毛头菊●☆

151615 Eriocephalus septifer Cass. = Eriocephalus africanus L. ●☆

151616 Eriocephalus septulifer DC. = Eriocephalus africanus L. ●☆

151617 Eriocephalus sericeus Gaudich. ex DC. = Eriocephalus africanus L. var. paniculatus (Cass.) M. A. N. Müll., Herman et Kolberg ●☆

151618 Eriocephalus simplicifolius Salisb. = Eriocephalus racemosus L. ●☆

151619 Eriocephalus spicatus Burm. ex DC. = Eriocephalus racemosus L. ●☆

151620 Eriocephalus spinescens Burch.;刺毛头菊●☆

151621 Eriocephalus squarrosus Muschl. = Eriocephalus luederitzianus O. Hoffm. ●☆

151622 Eriocephalus tenuifolius DC.;细叶毛头菊●☆

151623 Eriocephalus tenuipes C. A. Sm.;细梗毛头菊●☆

151624 Eriocephalus umbellulatus Cass. = Eriocephalus africanus L. var. paniculatus (Cass.) M. A. N. Müll. ,Herman et Kolberg ●☆
151625 Eriocephalus umbellulatus Cass. var. argenteus DC. = Eriocephalus africanus L. var. paniculatus (Cass.) M. A. N. Müll. , Herman et Kolberg ●☆
151626 Eriocephalus umbellulatus Cass. var. glabriusculus DC. = Eriocephalus africanus L. var. paniculatus (Cass.) M. A. N. Müll. , Herman et Kolberg ●☆
151627 Eriocephalus variifolius Salisb. = Eriocephalus africanus L. ●☆
151628 Eriocephalus virgatus Dinter = Eriocephalus scariosus DC. ●☆
151629 Eriocephalus xerophilus Schltr. = Eriocephalus purpureus Burch. ●☆
151630 Eriocereus (A. Berger) Riccob. (1909);毛龙柱属(绵毛天轮柱属)■☆
151631 Eriocereus (A. Berger) Riccob. = Harrisia Britton ●
151632 Eriocereus Riccob. = Eriocereus (A. Berger) Riccob. ■☆
151633 Eriocereus Riccob. = Harrisia Britton ●
151634 Eriocereus bonplandii Riccob. ;卧龙■☆
151635 Eriocereus jusbertii (Rebut ex K. Schum.) Riccob. ;袖蒲■☆
151636 Eriocereus martinii Riccob. ;新桥毛龙柱■☆
151637 Eriocereus tortuosus Riccob. ;华龙毛龙柱■☆
151638 Eriochaenium C. Muell. = Eriachaenium Sch. Bip. ■☆
151639 Eriochaeta Fig. et De Not. = Pennisetum Rich. ■
151640 Eriochaeta Torr. ex Steud. = Rhynchospora Vahl(保留属名)■
151641 Eriochaeta densiflora Fig. et De Not. = Pennisetum pedicellatum Trin. ■☆
151642 Eriochaeta reversa Fig. et De Not. = Pennisetum pedicellatum Trin. subsp. unispiculum Brunken ■☆
151643 Eriochaeta secundiflora Fig. et De Not. = Pennisetum pedicellatum Trin. ■☆
151644 Eriochilos Spreng. = Eriochilus R. Br. ■☆
151645 Eriochilum Ritgen = Eriochilus R. Br. ■☆
151646 Eriochilus R. Br. (1810);毛唇兰属■☆
151647 Eriochilus latifolius Lindl. ;宽叶毛唇兰■☆
151648 Eriochilus multiflorus Lindl. ;多花毛唇兰■☆
151649 Eriochilus tenuis Lindl. ;细毛唇兰■☆
151650 Eriochiton (R. H. Anderson) A. J. Scott = Maireana Moq. ■●☆
151651 Eriochiton F. Muell. = Bassia All. ■●
151652 Eriochlaena Spreng. = Eriolaena DC. ●
151653 Eriochlamys Sond. et F. Muell. (1853);腺鼠麹属■☆
151654 Eriochlamys behrii Sond. et F. Muell. ;腺鼠麹■☆
151655 Eriochloa Kunth(1816);野黍属;Cup Grass, Cupgrass, Cup-grass ■
151656 Eriochloa acrotricha (Steud.) Hack. ex Thell. = Eriochloa fatmensis (Hochst. et Steud.) Clayton ■☆
151657 Eriochloa acrotricha (Steud.) Thell. = Eriochloa fatmensis (Hochst. et Steud.) Clayton ■☆
151658 Eriochloa acuminata (C. Presl) Kunth = Eriochloa polystachya Kunth ■☆
151659 Eriochloa acuminata Kunth = Eriochloa polystachya Kunth ■☆
151660 Eriochloa annulata (Fluegge) Kunth = Eriochloa procera (Retz.) C. E. Hubb. ■
151661 Eriochloa aristata Vasey;北美野黍■☆
151662 Eriochloa australiensis Stapf et Thell. ;澳大利亚野黍■☆
151663 Eriochloa biglumis Clayton;坦桑尼亚野黍■☆
151664 Eriochloa biglumis Clayton = Eriochloa rovumensis (Pilg.) Clayton ■☆
151665 Eriochloa bolbodes (Steud.) Schweinf. = Urochloa oligotricha (Fig. et De Not.) Henrard ■☆
151666 Eriochloa borumensis Hack. = Eriochloa meyeriana (Nees) Pilg. ■☆
151667 Eriochloa brasiliensis Spreng. ;巴西野黍■☆
151668 Eriochloa contracta Hitchc. ;美洲野黍;Prairie Cup Grass ■☆
151669 Eriochloa debilis Mez;佛罗里达野黍■☆
151670 Eriochloa distachya Kunth;双穗野黍;Twospike Cupgrass ■☆
151671 Eriochloa ekmanii Hitchc. ;古巴野黍■☆
151672 Eriochloa fatmensis (Hochst. et Steud.) Clayton;热带野黍;Tropical Cup Grass,Tropical Cupgrass ■☆
151673 Eriochloa filifolia Hitchc. ;线叶野黍■☆
151674 Eriochloa fouchei Stent = Eriochloa fatmensis (Hochst. et Steud.) Clayton ■☆
151675 Eriochloa gracilis (E. Fourn.) Hitchc. ;西南野黍;Southwestern Cup Grass,South-western Cupgrass,SW. China Cupgrass ■
151676 Eriochloa gracilis (E. Fourn.) Hitchc. = Eriochloa acuminata (C. Presl) Kunth ■☆
151677 Eriochloa grandiflora Benth. ;大花野黍■☆
151678 Eriochloa hackelii Honda = Eriochloa procera (Retz.) C. E. Hubb. ■
151679 Eriochloa leersioides ?;细穗野黍;Sharp Cupgrass ■☆
151680 Eriochloa lemmonii Vasey et Scribn. var. gracilis (E. Fourn.) Gould = Eriochloa acuminata (C. Presl) Kunth ■☆
151681 Eriochloa meyeriana (Nees) Pilg. ;热非野黍■☆
151682 Eriochloa meyeriana (Nees) Pilg. subsp. grandiglumis (Stent et J. M. Rattray) Gibbs Russ. ;大颖热非野黍■☆
151683 Eriochloa multiflora Renvoize;多花野黍■☆
151684 Eriochloa nana Arriaga;矮野黍■☆
151685 Eriochloa nubica (Steud.) Hack. et Stapf ex Thell. = Eriochloa fatmensis (Hochst. et Steud.) Clayton ■☆
151686 Eriochloa pacifica Mez;太平洋野黍■☆
151687 Eriochloa parvispiculata C. E. Hubb. ;小穗野黍■☆
151688 Eriochloa peruviana Mez;秘鲁野黍■☆
151689 Eriochloa polystachya Duthie = Eriochloa procera (Retz.) C. E. Hubb. ■
151690 Eriochloa polystachya Kunth;多穗羊毛草;Manyspiked Cupgrass ■☆
151691 Eriochloa polystachya Kunth = Eriochloa procera (Retz.) C. E. Hubb. ■
151692 Eriochloa polystachya Kunth = Eriochloa punctata (L.) Desv. ■☆
151693 Eriochloa procera (Retz.) C. E. Hubb. ;高野黍;Tropical Cupgrass ■
151694 Eriochloa pseudoacrotricha (Stapf ex Thell.) C. E. Hubb. ex S. T. Blake;多年生野黍;Perennial Cupgrass,Perennial Cup-grass ■☆
151695 Eriochloa punctata (L.) Desv. ;斑野黍(野黍);Carib Grass ■☆
151696 Eriochloa ramosa (Retz.) Kuntze = Eriochloa procera (Retz.) C. E. Hubb. ■
151697 Eriochloa rovumensis (Pilg.) Clayton;鲁伍马黍■☆
151698 Eriochloa stapfiana Clayton;施塔普夫黍■☆
151699 Eriochloa succincta Kunth;捆束野黍■☆
151700 Eriochloa trichopus (Hochst.) Benth. = Urochloa trichopus (Hochst.) Stapf ■☆
151701 Eriochloa vestita Balf. f. = Tricholaena vestita (Balf. f.) Stapf et C. E. Hubb. ■☆
151702 Eriochloa villosa (Thunb.) Kunth;野黍(唤猪草,拉拉草,螺螺儿草);Chinese Cup Grass, Hairy Cup Grass, Hairy Cupgrass,

Woolly Cup Grass ■
151703 Eriochloa villosa (Thunb.) Kunth var. stenantha Ohwi;细花野黍■☆
151704 Eriochloa villosa Thunb. var. stenantha Ohwi = Eriochloa villosa (Thunb.) Kunth ■
151705 Eriochrysis P. Beauv. (1812);金毛蔗属■☆
151706 Eriochrysis brachypogon (Stapf) Stapf;短须金毛蔗■☆
151707 Eriochrysis brachypogon (Stapf) Stapf subsp. australis J. G. Anderson = Eriochrysis brachypogon (Stapf) Stapf ■☆
151708 Eriochrysis munroana (Hack.) Pilg. = Eriochrysis pallida Munro ■☆
151709 Eriochrysis narenga Nees ex Steud. = Narenga porphyrocoma (Hance) Bor ■
151710 Eriochrysis narenga Nees ex Steud. = Saccharum narenga (Nees ex Steud.) Hack. ■
151711 Eriochrysis pallida Munro;苍白金毛蔗■☆
151712 Eriochrysis phaenostachys Pilg. = Eriochrysis brachypogon (Stapf) Stapf ■☆
151713 Eriochrysis porphyrocoma Hance = Narenga porphyrocoma (Hance) Bor ■
151714 Eriochrysis porphyrocoma Hance ex Trin. = Saccharum narenga (Nees ex Steud.) Hack. ■
151715 Eriochrysis purpurata (Rendle) Stapf;紫金毛蔗■☆
151716 Eriochylus Steud. = Eriochilus R. Br. ■☆
151717 Eriocladium Lindl. = Angianthus J. C. Wendl. (保留属名)■●☆
151718 Erioclepis Fourr. = Cirsium Mill. ■
151719 Erioclepis Fourr. = Eriolepis Cass. ■
151720 Eriocline (Cass.) Cass. = Osteospermum L. ●■☆
151721 Eriocline Cass. = Osteospermum L. ●■☆
151722 Eriocnema Naudin(1844);毛节野牡丹属☆
151723 Eriocnema aenea Naudin;毛节野牡丹☆
151724 Eriococcus Hassk. = Phyllanthus L. ●■
151725 Eriocoelum Hook. f. (1862);毛腹无患子属●☆
151726 Eriocoelum kerstingii Gilg ex Engl.;克斯廷毛腹无患子●☆
151727 Eriocoelum lawtonii Exell;娄氏毛腹无患子●☆
151728 Eriocoelum ledermannii Gilg ex Engl.;里氏毛腹无患子●☆
151729 Eriocoelum macrocarpum Gilg ex Radlk.;小果毛腹无患子●☆
151730 Eriocoelum microspermum Gilg ex Radlk.;小籽毛腹无患子●☆
151731 Eriocoelum oblongum Keay;矩圆毛腹无患子●☆
151732 Eriocoelum paniculatum Baker;圆锥毛腹无患子●☆
151733 Eriocoelum pendulum Stapf = Eriocoelum racemosum Baker ●☆
151734 Eriocoelum petiolare Radlk.;柄叶无患子●☆
151735 Eriocoelum pungens Radlk. ex Engl.;刺毛腹无患子●☆
151736 Eriocoelum pungens Radlk. ex Engl. var. inermis Keay;无刺毛腹无患子●☆
151737 Eriocoelum racemosum Baker;总花毛腹无患子●☆
151738 Eriocoelum rivulare Exell;溪边毛腹无患子●☆
151739 Eriocoma Kunth = Eriocarpha Cass. ■●☆
151740 Eriocoma Kunth = Montanoa Cerv. ■●☆
151741 Eriocoma Nutt. = Oryzopsis Michx. ■
151742 Eriocoma Nutt. = Piptatherum P. Beauv. ■
151743 Eriocoma hymenoides (Roem. et Schult.) Rydb. = Achnatherum hymenoides (Roem. et Schult.) Barkworth ■☆
151744 Eriocoryne Wall. = Saussurea DC. (保留属名)●■
151745 Eriocoryne Wall. ex DC. = Saussurea DC. (保留属名)●■
151746 Eriocycla Lindl. (1835);绒果芹属(滇羌活属);Eriocycla ■
151747 Eriocycla albescens (Franch.) H. Wolff;绒果芹(滇羌活);Whiten Eriocycla ■
151748 Eriocycla albescens (Franch.) H. Wolff var. latifolia R. H. Shan et C. C. Yuan;大叶绒果芹;Largeleaf Whiten Eriocycla ■
151749 Eriocycla nuda Lindl.;裸茎绒果芹;Baldstem Eriocycla ■
151750 Eriocycla nuda Lindl. var. purpurescens R. H. Shan et C. C. Yuan;紫花裸茎绒果芹;Purplefloer Baldstem Eriocycla ■
151751 Eriocycla pelliotii (H. Boissieu) H. Wolff;新疆绒果芹;Pelliot Eriocycla ■
151752 Eriocycla staintonii Riedl et Kuber;斯坦顿绒果芹■☆
151753 Eriocycla stewartii (Dunn) H. Wolff = Pimpinella stewartii (Dunn) Nasir ■☆
151754 Eriocycla thomsonii (Clarke) H. Wolff;印巴绒果芹■☆
151755 Eriocyclax B. D. Jacks. = Eriocyclax Neck. ●☆
151756 Eriocyclax Neck. = Aspalathus L. ●☆
151757 Eriodaphus Spach = Eriudaphus Nees ●
151758 Eriodaphus Spach = Scolopia Schreb. (保留属名)●
151759 Eriodendron DC. = Bombax L. (保留属名)●
151760 Eriodendron DC. = Ceiba Mill. ●
151761 Eriodendron anfractuosum DC. = Ceiba pentandra (L.) Gaertn. ●
151762 Eriodendron caribaeum (DC.) G. Don = Ceiba pentandra (L.) Gaertn. ●
151763 Eriodendron guineese (Thonn.) G. Don = Ceiba pentandra (L.) Gaertn. ●
151764 Eriodendron occidentale (Spreng.) G. Don = Ceiba pentandra (L.) Gaertn. ●
151765 Eriodendron orientate (Spreng.) Kostel = Ceiba pentandra (L.) Gaertn. ●
151766 Eriodendron pentandrum (L.) Kurz = Ceiba pentandra (L.) Gaertn. ●
151767 Eriodes Rolfe(1915);毛梗兰属(赛毛兰属);Eriodes ■
151768 Eriodes barbata (Lindl.) Rolfe;毛梗兰;Eriodes ■
151769 Eriodesmia D. Don = Erica L. ●☆
151770 Eriodictyon Benth. (1844);圣草属(毛网草属)■☆
151771 Eriodictyon californicum (Hook. et Arn.) Torr.;北美圣草(圣草)■☆
151772 Eriodictyon californicum Greene = Eriodictyon californicum (Hook. et Arn.) Torr. ■☆
151773 Eriodictyon crassifolium Benth.;厚叶圣草■☆
151774 Eriodictyon glutinosum Benth.;胶性圣草■☆
151775 Eriodictyon glutinosum Benth. = Eriodictyon californicum Greene ■☆
151776 Eriodictyon tomentosum Benth.;绒毛圣草■☆
151777 Eriodrys Raf. = Quercus L. ●
151778 Eriodyction Benth. = Eriodictyon Benth. ■☆
151779 Eriogenia Steud. = Eriogynia Hook. ●☆
151780 Eriogenia Steud. = Luetkea Bong. ●☆
151781 Erioglossum Blume = Lepisanthes Blume ●
151782 Erioglossum Blume(1825);赤才属;Erioglossum ●
151783 Erioglossum rubiginosum (Roxb.) Blume;赤才(赤材,灵树,弱仔树);Rustcoloured Erioglossum, Rusty-coloured Erioglossum ●
151784 Erioglossum rubiginosum (Roxb.) Blume = Lepisanthes rubiginosa (Roxb.) Leenh. ●
151785 Eriogonaceae (Dumort.) Meisn. = Polygonaceae Juss. (保留科名)●■
151786 Eriogonaceae G. Don = Polygonaceae Juss. (保留科名)●■
151787 Eriogonaceae Meisn.;野荞麦木科●■

151788　Eriogonaceae Meisn. = Polygonaceae Juss.（保留科名）●■

151789　Eriogonella Goodman = Chorizanthe R. Br. ex Benth. ■●☆

151790　Eriogonella membranacea（Benth.）Goodman = Chorizanthe membranacea Benth. ■☆

151791　Eriogonella spinosa（S. Watson）Goodman = Chorizanthe spinosa S. Watson ■☆

151792　Eriogonum Michx.（1803）；野荞麦木属（绒毛蓼属）；Buckwheat, Eriogonum, Wild Buckwheat ●■☆

151793　Eriogonum Michx. = Johanneshowellia Reveal ■☆

151794　Eriogonum abertianum Torr.；阿氏野荞麦木；Abert's Buckwheat, Abert's Wild Buckwheat ●☆

151795　Eriogonum abertianum Torr. subsp. pinetorum（Greene）S. Stokes = Eriogonum abertianum Torr. ●☆

151796　Eriogonum abertianum Torr. var. cyclosepalum（Greene）Fosberg = Eriogonum abertianum Torr. ●☆

151797　Eriogonum abertianum Torr. var. neomexicanum Gand. = Eriogonum abertianum Torr. ●☆

151798　Eriogonum abertianum Torr. var. ruberrimum Gand. = Eriogonum abertianum Torr. ●☆

151799　Eriogonum abertianum Torr. var. villosum Fosberg = Eriogonum abertianum Torr. ●☆

151800　Eriogonum acaule Nutt.；单茎野荞麦；Single-stem Wild Buckwheat ■☆

151801　Eriogonum affine Benth. = Eriogonum nudum Douglas ex Benth. var. oblongifolium S. Watson ■☆

151802　Eriogonum agninum Greene = Eriogonum cithariforme S. Watson var. agninum（Greene）Reveal ■☆

151803　Eriogonum ainsliei Wooton et Standl. = Eriogonum lonchophyllum Torr. et A. Gray ●■☆

151804　Eriogonum alatum Torr.；具翅野荞麦；Winged Wild Buckwheat ■☆

151805　Eriogonum alatum Torr. subsp. mogollense（S. Stokes ex M. E. Jones）S. Stokes = Eriogonum alatum Torr. ■☆

151806　Eriogonum alatum Torr. subsp. triste（S. Watson）S. Stokes = Eriogonum alatum Torr. ■☆

151807　Eriogonum alatum Torr. var. glabriusculum Torr.；加拿大具翅野荞麦；Canadian River Wild Buckwheat ■☆

151808　Eriogonum alatum Torr. var. mogollense S. Stokes ex M. E. Jones = Eriogonum alatum Torr. ■☆

151809　Eriogonum aliquantum Reveal；西马伦野荞麦；Cimarron Wild Buckwheat ■☆

151810　Eriogonum allenii S. Watson；阿伦野荞麦；Shale Barren Wild Buckwheat ■☆

151811　Eriogonum alpinum Engelm.；三数野荞麦；Trinity Wild Buckwheat ■☆

151812　Eriogonum ammophilum Reveal；山羊野荞麦木；Ibex Wild Buckwheat ●☆

151813　Eriogonum ampullaceum J. T. Howell；烧瓶野荞麦；Mono Wild Buckwheat ■☆

151814　Eriogonum androsaceum Benth.；茉莉野荞麦；Rock-jasmine Wild Buckwheat ■☆

151815　Eriogonum anemophilum Greene；喜风野荞麦；Wind-loving Wild Buckwheat ■☆

151816　Eriogonum angulosum Benth.；独茎野荞麦；Angle-stem Wild Buckwheat ■☆

151817　Eriogonum angulosum Benth. subsp. bidentatum（Jeps.）S. Stokes = Eriogonum viridescens A. Heller ■☆

151818　Eriogonum angulosum Benth. subsp. gracillimum（S. Watson）S. Stokes = Eriogonum gracillimum S. Watson ■☆

151819　Eriogonum angulosum Benth. subsp. maculatum（A. Heller）S. Stokes = Eriogonum maculatum A. Heller ■☆

151820　Eriogonum angulosum Benth. subsp. victorense（M. E. Jones）S. Stokes = Eriogonum gracillimum S. Watson ■☆

151821　Eriogonum angulosum Benth. subsp. viridescens S. Stokes = Eriogonum viridescens A. Heller ■☆

151822　Eriogonum angulosum Benth. var. gracillimum（S. Watson）M. E. Jones = Eriogonum gracillimum S. Watson ■☆

151823　Eriogonum angulosum Benth. var. maculatum（A. Heller）Jeps. = Eriogonum maculatum A. Heller ■☆

151824　Eriogonum angulosum Benth. var. rectipes Gand. = Eriogonum maculatum A. Heller ■☆

151825　Eriogonum angulosum Benth. var. viridescens（A. Heller）Jeps. = Eriogonum viridescens A. Heller ■☆

151826　Eriogonum angustifolium Nutt. = Eriogonum heracleoides Nutt. ■☆

151827　Eriogonum annuum Nutt.；一年野荞麦；Annual Wild Buckwheat ■☆

151828　Eriogonum annuum Nutt. subsp. cymosum（Benth.）S. Stokes = Eriogonum annuum Nutt. ■☆

151829　Eriogonum annuum Nutt. subsp. hitchcockii（Gand.）S. Stokes = Eriogonum annuum Nutt. ■☆

151830　Eriogonum anserinum Greene = Eriogonum strictum Benth. var. anserinum（Greene）S. Stokes ■☆

151831　Eriogonum apachense Reveal = Eriogonum heermannii Durand et Hilg. var. argense（M. E. Jones）Munz ●☆

151832　Eriogonum apricum J. T. Howell；空地野荞麦；Ione Wild Buckwheat ■☆

151833　Eriogonum apricum J. T. Howell var. prostratum Myatt；平卧空地野荞麦；Irish Hill Wild Buckwheat ■☆

151834　Eriogonum arborescens Greene；圣克鲁斯野荞麦木（木本绒毛蓼）；Santa Cruz Island Buckwheat ●☆

151835　Eriogonum arcuatum Greene；贝克野荞麦；Baker's Wild Buckwheat ■☆

151836　Eriogonum arcuatum Greene var. rupicola（Reveal）Reveal；岩生贝克野荞麦；Slickrock Wild Buckwheat ■☆

151837　Eriogonum arcuatum Greene var. xanthum（Small）Reveal；黄贝克野荞麦；Ivy League Wild Buckwheat ■☆

151838　Eriogonum aretioides Barneby；点地梅野荞麦；Widtsoe Wild Buckwheat ■☆

151839　Eriogonum argillosum J. T. Howell；海岸野荞麦；Coast Range Wild Buckwheat ■☆

151840　Eriogonum argophyllum Reveal；银叶野荞麦；Sulphur Hot Springs Wild Buckwheat ■☆

151841　Eriogonum arizonicum S. Stokes ex M. E. Jones；亚利桑那野荞麦；Arizona Wild Buckwheat ■☆

151842　Eriogonum artificis Reveal；凯氏野荞麦；Kaye's Wild Buckwheat ■☆

151843　Eriogonum atrorubens Engelm.；深红野荞麦；Red Wild Buckwheat ■☆

151844　Eriogonum aureum M. E. Jones = Eriogonum corymbosum Benth. var. aureum（M. E. Jones）Reveal ●☆

151845　Eriogonum aureum M. E. Jones var. ambiguum M. E. Jones = Eriogonum microthecum Nutt. var. ambiguum（M. E. Jones）Reveal ●☆

151846　Eriogonum aureum M. E. Jones var. glutinosum M. E. Jones = Eriogonum corymbosum Benth. var. glutinosum（M. E. Jones）M. E.

Jones ●☆

151847 Eriogonum auriculatum Benth. = Eriogonum nudum Douglas ex Benth. var. auriculatum (Benth.) J. P. Tracy ex Jeps. ■☆

151848 Eriogonum baileyi S. Watson; 贝利野荞麦; Bailey's Wild Buckwheat ■☆

151849 Eriogonum baileyi S. Watson subsp. elegans (Greene) Munz = Eriogonum elegans Greene ■☆

151850 Eriogonum baileyi S. Watson var. brachyanthum (Coville) Jeps. = Eriogonum brachyanthum Coville ■☆

151851 Eriogonum baileyi S. Watson var. divaricatum (Gand.) Reveal = Eriogonum baileyi S. Watson var. praebens (Gand.) Reveal ■☆

151852 Eriogonum baileyi S. Watson var. praebens (Gand.) Reveal; 绒毛贝利野荞麦; Bailey's woolly Wild Buckwheat ■☆

151853 Eriogonum bakeri Greene = Eriogonum arcuatum Greene ■☆

151854 Eriogonum bannockense (S. Stokes) R. J. Davis = Eriogonum brevicaule Nutt. var. bannockense (S. Stokes) Reveal ■☆

151855 Eriogonum baratum Elmer = Eriogonum deflexum Torr. var. baratum (Elmer) Reveal ●☆

151856 Eriogonum batemanii M. E. Jones; 贝特曼野荞麦; Bateman's Wild Buckwheat ■☆

151857 Eriogonum batemanii M. E. Jones var. eremicum (Reveal) S. L. Welsh = Eriogonum eremicum Reveal ■☆

151858 Eriogonum batemanii M. E. Jones var. ostlundii (M. E. Jones) S. L. Welsh = Eriogonum ostlundii M. E. Jones ■☆

151859 Eriogonum beatleyae Reveal = Eriogonum rosense A. Nelson et P. B. Kenn. var. beatleyae (Reveal) Reveal ■☆

151860 Eriogonum bicolor M. E. Jones; 二色野荞麦木; Pretty Wild Buckwheat ●☆

151861 Eriogonum bidentatum Jeps. = Eriogonum viridescens A. Heller ■☆

151862 Eriogonum bifurcatum Reveal; 双叉野荞麦; Pahrump Valley Wild Buckwheat ■☆

151863 Eriogonum biumbellatum Rydb. = Eriogonum umbellatum Torr. var. subaridum S. Stokes ●☆

151864 Eriogonum brachyanthum Coville; 短花野荞麦; Short-flower Wild Buckwheat ■☆

151865 Eriogonum brachypodum Torr. et A. Gray; 帕里野荞麦; Parry's Wild Buckwheat ■☆

151866 Eriogonum brandegeei Rydb.; 布兰野荞麦; Brandegee's Wild Buckwheat ■☆

151867 Eriogonum breedlovei (J. T. Howell) Reveal; 布里野荞麦; Piute Wild Buckwheat ■☆

151868 Eriogonum breedlovei (J. T. Howell) Reveal var. shevockii J. T. Howell; 舍氏野荞麦; Shevock's Wild Buckwheat ■☆

151869 Eriogonum brevicaule Nutt.; 短茎野荞麦; Short-stem Wild Buckwheat ■☆

151870 Eriogonum brevicaule Nutt. subsp. grangerense (M. E. Jones) S. Stokes = Eriogonum brevicaule Nutt. ■☆

151871 Eriogonum brevicaule Nutt. subsp. orendense (A. Nelson) S. Stokes = Eriogonum brevicaule Nutt. var. micranthum (Nutt.) Reveal ■☆

151872 Eriogonum brevicaule Nutt. var. bannockense (S. Stokes) Reveal; 邦地野荞麦; Bannock Wild Buckwheat ■☆

151873 Eriogonum brevicaule Nutt. var. caelitum Reveal; 西部高原野荞麦; Wasatch Plateau Wild Buckwheat ■☆

151874 Eriogonum brevicaule Nutt. var. canum (S. Stokes) Dorn; 浅灰短茎野荞麦; Parasol Wild Buckwheat ■☆

151875 Eriogonum brevicaule Nutt. var. cottamii (S. Stokes) Reveal; 科芽姆短茎野荞麦; Cottam's Wild Buckwheat ■☆

151876 Eriogonum brevicaule Nutt. var. desertorum (Maguire) S. L. Welsh = Eriogonum desertorum (Maguire) R. J. Davis ■☆

151877 Eriogonum brevicaule Nutt. var. ephedroides (Reveal) S. L. Welsh = Eriogonum ephedroides Reveal ■☆

151878 Eriogonum brevicaule Nutt. var. huberi S. L. Welsh = Eriogonum brevicaule Nutt. var. laxifolium (Torr. et A. Gray) Reveal ■☆

151879 Eriogonum brevicaule Nutt. var. laxifolium (Torr. et A. Gray) Reveal; 疏花短茎野荞麦; Loose-leaf Wild Buckwheat ■☆

151880 Eriogonum brevicaule Nutt. var. loganum (A. Nelson) S. L. Welsh = Eriogonum loganum A. Nelson ■☆

151881 Eriogonum brevicaule Nutt. var. micranthum (Nutt.) Reveal; 小花短茎野荞麦; Red Desert Wild Buckwheat ■☆

151882 Eriogonum brevicaule Nutt. var. nanum (Reveal) S. L. Welsh; 小短茎野荞麦; Dwarf Wild Buckwheat ■☆

151883 Eriogonum brevicaule Nutt. var. promiscuum S. L. Welsh = Eriogonum brevicaule Nutt. var. laxifolium (Torr. et A. Gray) Reveal ■☆

151884 Eriogonum brevicaule Nutt. var. pumilum S. Stokes ex M. E. Jones = Eriogonum brevicaule Nutt. var. laxifolium (Torr. et A. Gray) Reveal ■☆

151885 Eriogonum brevicaule Nutt. var. viridulum (Reveal) S. L. Welsh = Eriogonum viridulum Reveal ■☆

151886 Eriogonum brevicaule Nutt. var. wasatchense (M. E. Jones) Reveal = Eriogonum brevicaule Nutt. ■☆

151887 Eriogonum butterworthianum J. T. Howell; 巴特沃思野荞麦; Butterworth's Wild Buckwheat ■☆

151888 Eriogonum caespitosum Nutt.; 簇生野荞麦■☆

151889 Eriogonum caespitosum Nutt. subsp. acaule (Nutt.) S. Stokes = Eriogonum acaule Nutt. ■☆

151890 Eriogonum caespitosum Nutt. subsp. douglasii (Benth.) S. Stokes = Eriogonum douglasii Benth. ■☆

151891 Eriogonum caespitosum Nutt. subsp. ramosum (Piper) S. Stokes = Eriogonum heracleoides Nutt. var. leucophaeum Reveal ■☆

151892 Eriogonum caespitosum Nutt. var. acaule (Nutt.) R. J. Davis = Eriogonum acaule Nutt. ■☆

151893 Eriogonum caespitosum Nutt. var. sublineare S. Stokes = Eriogonum sphaerocephalum Douglas ex Benth. var. sublineare (S. Stokes) Reveal ●☆

151894 Eriogonum campanulatum Nutt. = Eriogonum brevicaule Nutt. ■☆

151895 Eriogonum campanulatum Nutt. subsp. brevicaule (Nutt.) S. Stokes = Eriogonum brevicaule Nutt. ■☆

151896 Eriogonum caninum (Greene) Munz = Eriogonum luteolum Greene var. caninum (Greene) Reveal ■☆

151897 Eriogonum capillare Small; 线野荞麦; San Carlos Wild Buckwheat ■☆

151898 Eriogonum capistratum Reveal = Eriogonum crosbyae Reveal ■☆

151899 Eriogonum capistratum Reveal var. muhlickii Reveal = Eriogonum crosbyae Reveal ■☆

151900 Eriogonum capistratum Reveal var. welshii Reveal = Eriogonum crosbyae Reveal ■☆

151901 Eriogonum capitatum A. Heller = Eriogonum nudum Douglas ex Benth. var. oblongifolium S. Watson ■☆

151902 Eriogonum carneum (J. T. Howell) Reveal = Eriogonum glandulosum (Nutt.) Nutt. ex Benth. ■☆

151903 Eriogonum caryophylloides (Parry) S. Stokes = Sidotheca

caryophylloides (Parry) Reveal ■☆
151904 Eriogonum cernuum Nutt.; 俯垂野荞麦; Nodding Wild Buckwheat ■☆
151905 Eriogonum cernuum Nutt. subsp. glaucescens S. Stokes = Eriogonum rotundifolium Benth. ■☆
151906 Eriogonum cernuum Nutt. subsp. rotundifolium (Benth.) S. Stokes = Eriogonum rotundifolium Benth. ■☆
151907 Eriogonum cernuum Nutt. subsp. tenue (Torr. et A. Gray) S. Stokes = Eriogonum cernuum Nutt. ■☆
151908 Eriogonum cernuum Nutt. subsp. thurberi (Torr.) S. Stokes = Eriogonum thurberi Torr. ■☆
151909 Eriogonum cernuum Nutt. subsp. viminale S. Stokes = Eriogonum cernuum Nutt. ■☆
151910 Eriogonum cernuum Nutt. subsp. viscosum S. Stokes = Eriogonum thurberi Torr. ■☆
151911 Eriogonum cernuum Nutt. var. psammophilum S. L. Welsh = Eriogonum cernuum Nutt. ■☆
151912 Eriogonum cernuum Nutt. var. purpurascens Torr. et A. Gray = Eriogonum nutans Torr. et A. Gray ■☆
151913 Eriogonum cernuum Nutt. var. tenue Torr. et A. Gray = Eriogonum cernuum Nutt. ■☆
151914 Eriogonum cernuum Nutt. var. umbraticum Eastw. = Eriogonum cernuum Nutt. ■☆
151915 Eriogonum cernuum Nutt. var. viminale (S. Stokes) Reveal = Eriogonum cernuum Nutt. ■☆
151916 Eriogonum chloranthum Greene = Eriogonum arcuatum Greene var. xanthum (Small) Reveal ■☆
151917 Eriogonum chrysocephalum A. Gray = Eriogonum brevicaule Nutt. var. laxifolium (Torr. et A. Gray) Reveal ■☆
151918 Eriogonum chrysocephalum A. Gray subsp. alpestre S. Stokes = Eriogonum panguicense (M. E. Jones) Reveal var. alpestre (S. Stokes) Reveal ■☆
151919 Eriogonum chrysocephalum A. Gray subsp. bannockense S. Stokes = Eriogonum brevicaule Nutt. var. bannockense (S. Stokes) Reveal ■☆
151920 Eriogonum chrysocephalum A. Gray subsp. cusickii (M. E. Jones) S. Stokes = Eriogonum cusickii M. E. Jones ■☆
151921 Eriogonum chrysocephalum A. Gray subsp. desertorum Maguire = Eriogonum desertorum (Maguire) R. J. Davis ■☆
151922 Eriogonum chrysocephalum A. Gray subsp. loganum (A. Nelson) S. Stokes = Eriogonum loganum A. Nelson ■☆
151923 Eriogonum chrysocephalum A. Gray subsp. mancum (Rydb.) S. Stokes = Eriogonum mancum Rydb. ■☆
151924 Eriogonum chrysops Rydb.; 金头野荞麦(独眼野荞麦); One-eyed Wild Buckwheat ■☆
151925 Eriogonum ciliatum Torr. ex Benth. var. foliosum Torr. = Eriogonum greggii Torr. et A. Gray ■☆
151926 Eriogonum cinereum Benth.; 沿海野荞麦木; Coastal Wild Buckwheat ●☆
151927 Eriogonum cithariforme S. Watson; 琴叶野荞麦; Cithara Wild Buckwheat ■☆
151928 Eriogonum cithariforme S. Watson var. agninum (Greene) Reveal; 羊羔野荞麦; Santa Ynez Wild Buckwheat ■☆
151929 Eriogonum clavatum Small; 胡佛野荞麦; Hoover's Desert Trumpet ■☆
151930 Eriogonum cognatum Greene = Eriogonum umbellatum Torr. var. cognatum (Greene) Reveal ■☆
151931 Eriogonum collinum S. Stokes ex M. E. Jones; 刺柏野荞麦; Juniper Wild Buckwheat ■☆
151932 Eriogonum coloradense Small; 科罗拉多野荞麦; Colorado Wild Buckwheat ■☆
151933 Eriogonum commixtum Greene ex Tidestr. = Eriogonum baileyi S. Watson var. praebens (Gand.) Reveal ■☆
151934 Eriogonum compositum Douglas ex Benth.; 箭叶野荞麦; Arrow-leaf Wild Buckwheat ■☆
151935 Eriogonum compositum Douglas ex Benth. subsp. lancifolium (H. St. John et F. Warren) S. Stokes = Eriogonum compositum Douglas ex Benth. var. lancifolium H. St. John et F. Warren ■☆
151936 Eriogonum compositum Douglas ex Benth. var. citrinum S. Stokes = Eriogonum compositum Douglas ex Benth. ■☆
151937 Eriogonum compositum Douglas ex Benth. var. lancifolium H. St. John et F. Warren; 窄箭叶野荞麦; Wenatchee Wild Buckwheat ■☆
151938 Eriogonum compositum Douglas ex Benth. var. leianthum Hook.; 光箭叶野荞麦; Smooth Arrow-leaf Wild Buckwheat ■☆
151939 Eriogonum compositum Douglas ex Benth. var. pilicaule H. St. John et F. Warren = Eriogonum compositum Douglas ex Benth. ■☆
151940 Eriogonum compositum Douglas ex Benth. var. simplex (S. Watson ex Piper) H. St. John et F. Warren = Eriogonum compositum Douglas ex Benth. var. leianthum Hook. ■☆
151941 Eriogonum concinnum Reveal; 达林野荞麦; Darin's Wild Buckwheat ■☆
151942 Eriogonum confertiflorum Benth. = Eriogonum microthecum Nutt. var. laxiflorum Hook. ●☆
151943 Eriogonum congdonii (S. Stokes) Reveal; 康登野荞麦木; Congdon's Wild Buckwheat ●☆
151944 Eriogonum contiguum (Reveal) Reveal; 沙地一年野荞麦; Annual desert trumpet ■☆
151945 Eriogonum contortum Small ex Rydb.; 旋扭野荞麦; Grand Valley Wild Buckwheat ■☆
151946 Eriogonum correllii Reveal; 科雷尔野荞麦; Correll's Wild Buckwheat ■☆
151947 Eriogonum corymbosum Benth.; 伞花野荞麦木; Crisp-leaf Wild Buckwheat ●☆
151948 Eriogonum corymbosum Benth. var. albiflorum (Reveal) S. L. Welsh = Eriogonum thompsoniae S. Watson var. albiflorum Reveal ■☆
151949 Eriogonum corymbosum Benth. var. atwoodii (Reveal) S. L. Welsh = Eriogonum thompsoniae S. Watson var. atwoodii Reveal ■☆
151950 Eriogonum corymbosum Benth. var. aureum (M. E. Jones) Reveal; 黄伞花野荞麦木; Golden Wild Buckwheat ●☆
151951 Eriogonum corymbosum Benth. var. cronquistii (Reveal) S. L. Welsh = Eriogonum cronquistii Reveal ■☆
151952 Eriogonum corymbosum Benth. var. davidsei Reveal = Eriogonum lancifolium Reveal et Brotherson ●☆
151953 Eriogonum corymbosum Benth. var. divaricatum Torr. et A. Gray = Eriogonum corymbosum Benth. ●☆
151954 Eriogonum corymbosum Benth. var. erectum Reveal et Brotherson = Eriogonum corymbosum Benth. ●☆
151955 Eriogonum corymbosum Benth. var. glutinosum (M. E. Jones) M. E. Jones; 黏伞花野荞麦木; Sticky Wild Buckwheat ●☆
151956 Eriogonum corymbosum Benth. var. heilii Reveal; 海尔野荞麦木; Heil's Wild Buckwheat ●☆
151957 Eriogonum corymbosum Benth. var. humivagans (Reveal) S. L. Welsh = Eriogonum lonchophyllum Torr. et A. Gray ●■☆
151958 Eriogonum corymbosum Benth. var. hylophilum (Reveal et

Brotherson) S. L. Welsh = Eriogonum hylophilum Reveal et Brotherson ●☆

151959 Eriogonum corymbosum Benth. var. matthewsiae Reveal = Eriogonum thompsoniae S. Watson var. albiflorum Reveal ■☆

151960 Eriogonum corymbosum Benth. var. nilesii Reveal;奈尔斯野荞麦木;Niles' Wild Buckwheat ●☆

151961 Eriogonum corymbosum Benth. var. orbiculatum (S. Stokes) Reveal et Brotherson; 圆叶伞花野荞麦; Orbicular-leaf Wild Buckwheat ■☆

151962 Eriogonum corymbosum Benth. var. smithii (Reveal) S. L. Welsh = Eriogonum smithii Reveal ●☆

151963 Eriogonum corymbosum Benth. var. thompsoniae (S. Watson) S. L. Welsh = Eriogonum thompsoniae S. Watson ■☆

151964 Eriogonum corymbosum Benth. var. velutinum Reveal;毛伞花野荞麦木;Velvety Wild Buckwheat ●☆

151965 Eriogonum covilleanum Eastw.;科维尔野荞麦; Coville Wild Buckwheat ■☆

151966 Eriogonum covilleanum Eastw. subsp. adsurgens (Jeps.) Abrams = Eriogonum eastwoodianum J. T. Howell ■☆

151967 Eriogonum covillei Small = Eriogonum umbellatum Torr. var. covillei (Small) Munz et Reveal ■☆

151968 Eriogonum crocatum Davidson;番红野荞麦(硫黄花绒毛蓼); Conejo Buckwheat, Nodding Buckwheat, Saffron Wild Buckwheat ■☆

151969 Eriogonum croceum Small = Eriogonum umbellatum Torr. var. ellipticum (Nutt.) Reveal ■☆

151970 Eriogonum cronquistii Reveal; 克龙野荞麦; Cronquist's Wild Buckwheat ■☆

151971 Eriogonum crosbyae Reveal; 克罗野荞麦; Crosby's Wild Buckwheat ■☆

151972 Eriogonum cupulatum S. Stokes = Eriogonum marifolium Torr. et A. Gray var. cupulatum (S. Stokes) Reveal ■☆

151973 Eriogonum cupulatum S. Stokes = Eriogonum marifolium Torr. et A. Gray ■☆

151974 Eriogonum cusickii M. E. Jones;库西克野荞麦;Cusick's Wild Buckwheat ■☆

151975 Eriogonum cuspidatum S. Stokes = Oxytheca watsonii Torr. et A. Gray ■☆

151976 Eriogonum cyclosepalum Greene = Eriogonum abertianum Torr. ●☆

151977 Eriogonum darrovii Kearney; 达罗野荞麦; Darrow's Wild Buckwheat ■☆

151978 Eriogonum dasyanthemum Torr. et A. Gray; 丛林野荞麦; Chaparral Wild Buckwheat ■☆

151979 Eriogonum davidsonii Greene;戴维森野荞麦;Davidson's Wild Buckwheat ■☆

151980 Eriogonum davisianum S. Stokes = Eriogonum ovalifolium Nutt. var. purpureum (Nutt.) Durand ■☆

151981 Eriogonum deflexum Torr.;弯曲野荞麦木;Flat-topped Skeleton Weed, Skeleton Weed ●☆

151982 Eriogonum deflexum Torr. subsp. baratum (Elmer) Munz = Eriogonum deflexum Torr. var. baratum (Elmer) Reveal ●☆

151983 Eriogonum deflexum Torr. subsp. brachypodum (Torr. et A. Gray) S. Stokes = Eriogonum brachypodum Torr. et A. Gray ■☆

151984 Eriogonum deflexum Torr. subsp. hookeri (S. Watson) S. Stokes = Eriogonum hookeri S. Watson ■☆

151985 Eriogonum deflexum Torr. subsp. insigne (S. Watson) S. Stokes = Eriogonum deflexum Torr. ●☆

151986 Eriogonum deflexum Torr. subsp. parryi (A. Gray) S. Stokes = Eriogonum brachypodum Torr. et A. Gray ■☆

151987 Eriogonum deflexum Torr. subsp. rixfordii (S. Stokes) Munz = Eriogonum rixfordii S. Stokes ■☆

151988 Eriogonum deflexum Torr. subsp. watsonii (Torr. et A. Gray) S. Stokes = Eriogonum watsonii Torr. et A. Gray ■☆

151989 Eriogonum deflexum Torr. var. baratum (Elmer) Reveal;高弯曲野荞麦木;Tall Skeleton Weed ●☆

151990 Eriogonum deflexum Torr. var. brachypodum (Torr. et A. Gray) Munz = Eriogonum brachypodum Torr. et A. Gray ■☆

151991 Eriogonum deflexum Torr. var. gilvum S. Stokes = Eriogonum hookeri S. Watson ■☆

151992 Eriogonum deflexum Torr. var. multipedunculatum (S. Stokes) C. L. Hitchc. = Eriogonum watsonii Torr. et A. Gray ■☆

151993 Eriogonum deflexum Torr. var. nevadense Reveal;内华达山地野荞麦木;Nevada Skeleton Weed ●☆

151994 Eriogonum deflexum Torr. var. rectum Reveal = Eriogonum deflexum Torr. ●☆

151995 Eriogonum deflexum Torr. var. turbinatum (Small) Reveal = Eriogonum deflexum Torr. ●☆

151996 Eriogonum demissum S. Stokes = Eriogonum salicornioides Gand. ■☆

151997 Eriogonum dendroideum (Nutt.) S. Stokes = Oxytheca dendroidea Nutt. ■☆

151998 Eriogonum densum Greene = Eriogonum polycladon Benth. ■☆

151999 Eriogonum depauperatum Small = Eriogonum pauciflorum Pursh ■☆

152000 Eriogonum depressum (Blank.) Rydb. = Eriogonum ovalifolium Nutt. var. depressum Blank. ■☆

152001 Eriogonum deserticola S. Watson;科罗拉多野荞麦木;Colorado Desert Wild Buckwheat, Desert Buckwheat ●☆

152002 Eriogonum desertorum (Maguire) R. J. Davis;沙漠野荞麦; Great Basin Desert Wild Buckwheat ■☆

152003 Eriogonum diatomaceum Reveal;邱吉尔野荞麦■☆

152004 Eriogonum divaricatum Hook.; 分枝野荞麦; Divergent Wild Buckwheat ■☆

152005 Eriogonum divergens Small = Eriogonum corymbosum Benth. ●☆

152006 Eriogonum douglasii Benth.;道格拉斯野荞麦;Douglas' Wild Buckwheat ■☆

152007 Eriogonum douglasii Benth. var. elkoense Reveal;埃尔科野荞麦;Sun Flower Flat Wild Buckwheat ■☆

152008 Eriogonum douglasii Benth. var. meridionale Reveal;南部野荞麦;Southern Wild Buckwheat ■☆

152009 Eriogonum douglasii Benth. var. sublineare (S. Stokes) Reveal = Eriogonum sphaerocephalum Douglas ex Benth. var. sublineare (S. Stokes) Reveal ●☆

152010 Eriogonum douglasii Benth. var. tenue (Small) C. L. Hitchc. = Eriogonum sphaerocephalum Douglas ex Benth. var. sublineare (S. Stokes) Reveal ●☆

152011 Eriogonum douglasii Benth. var. twisselmannii J. T. Howell = Eriogonum twisselmannii (J. T. Howell) Reveal ■☆

152012 Eriogonum dudleyanum S. Stokes = Eriogonum nummulare M. E. Jones ●☆

152013 Eriogonum dumosum Greene = Eriogonum umbellatum Torr. var. dumosum (Greene) Reveal ●☆

152014 Eriogonum eastwoodianum J. T. Howell; 伊斯伍德野荞麦; Eastwood's Wild Buckwheat ■☆

152015 Eriogonum effusum Nutt.;扩散野荞麦木;Spreading Wild Buckwheat ●☆
152016 Eriogonum effusum Nutt. subsp. ainsliei (Wooton et Standl.) S. Stokes = Eriogonum lonchophyllum Torr. et A. Gray ●■☆
152017 Eriogonum effusum Nutt. subsp. contortum (Small ex Rydb.) S. Stokes = Eriogonum contortum Small ex Rydb. ■☆
152018 Eriogonum effusum Nutt. subsp. corymbosum (Benth.) S. Stokes = Eriogonum corymbosum Benth. ●☆
152019 Eriogonum effusum Nutt. subsp. divaricatum (Torr. et A. Gray) S. Stokes = Eriogonum corymbosum Benth. ●☆
152020 Eriogonum effusum Nutt. subsp. durum S. Stokes = Eriogonum corymbosum Benth. ●☆
152021 Eriogonum effusum Nutt. subsp. fendlerianum (Benth.) S. Stokes = Eriogonum lonchophyllum Torr. et A. Gray ●■☆
152022 Eriogonum effusum Nutt. subsp. helichrysoides (Gand.) S. Stokes = Eriogonum helichrysoides (Gand.) Prain ●☆
152023 Eriogonum effusum Nutt. subsp. leptocladon (Torr. et A. Gray) S. Stokes = Eriogonum leptocladon Torr. et A. Gray ●☆
152024 Eriogonum effusum Nutt. subsp. orbiculatum S. Stokes = Eriogonum corymbosum Benth. var. orbiculatum (S. Stokes) Reveal et Brotherson ■☆
152025 Eriogonum effusum Nutt. subsp. pallidum (Small) S. Stokes = Eriogonum leptocladon Torr. et A. Gray var. ramosissimum (Eastw.) Reveal ●☆
152026 Eriogonum effusum Nutt. subsp. salicinum (Greene) S. Stokes = Eriogonum lonchophyllum Torr. et A. Gray ●■☆
152027 Eriogonum effusum Nutt. subsp. salinum (A. Nelson) S. Stokes = Eriogonum corymbosum Benth. ●☆
152028 Eriogonum effusum Nutt. var. leptophyllum Torr. = Eriogonum leptophyllum (Torr.) Wooton et Standl. ●☆
152029 Eriogonum effusum Nutt. var. limbatum S. Stokes = Eriogonum microthecum Nutt. var. panamintense S. Stokes ●☆
152030 Eriogonum effusum Nutt. var. nudicaule Torr. = Eriogonum lonchophyllum Torr. et A. Gray ●■☆
152031 Eriogonum effusum Nutt. var. rosmarnioides Benth. = Eriogonum helichrysoides (Gand.) Prain ●☆
152032 Eriogonum effusum Nutt. var. shandsii S. Stokes = Eriogonum leptocladon Torr. et A. Gray ●☆
152033 Eriogonum elatum Douglas ex Benth.;高野荞麦;Tall Wild Buckwheat ■☆
152034 Eriogonum elatum Douglas ex Benth. subsp. glabrescens S. Stokes = Eriogonum latens Jeps. ■☆
152035 Eriogonum elatum Douglas ex Benth. subsp. villosum (Jeps.) Munz ex Reveal = Eriogonum elatum Douglas ex Benth. var. villosum Jeps. ■☆
152036 Eriogonum elatum Douglas ex Benth. var. incurvum Jeps. = Eriogonum elatum Douglas ex Benth. var. villosum Jeps. ■☆
152037 Eriogonum elatum Douglas ex Benth. var. villosum Jeps.;绒毛高野荞麦;Tall Woolly Wild Buckwheat ■☆
152038 Eriogonum elegans Greene;雅致野荞麦;Elegant Wild Buckwheat ■☆
152039 Eriogonum ellipticum Nutt. = Eriogonum umbellatum Torr. var. ellipticum (Nutt.) Reveal ■☆
152040 Eriogonum elongatum Benth.;长茎野荞麦木;Long-stem Wild Buckwheat ●☆
152041 Eriogonum emarginatum (H. M. Hall) S. Stokes = Sidotheca emarginata (H. M. Hall) Reveal ■☆
152042 Eriogonum ephedroides Reveal;麻黄野荞麦;Ephedra Wild Buckwheat ■☆
152043 Eriogonum eremicola J. T. Howell et Reveal;沙生野荞麦;Telescope Peak Wild Buckwheat ■☆
152044 Eriogonum eremicum Reveal;灰岩野荞麦;Limestone Wild Buckwheat ■☆
152045 Eriogonum ericifolium subsp. pulchrum (Eastw.) L. M. Shultz = Eriogonum pulchrum Eastw. ●☆
152046 Eriogonum ericifolium subsp. thornei (Reveal et Henrickson) Thorne = Eriogonum thornei (Reveal et Henrickson) L. M. Shultz ●☆
152047 Eriogonum ericifolium Torr. et A. Gray;石南叶野荞麦木;Heather-leaf Wild Buckwheat ●☆
152048 Eriogonum ericifolium Torr. et A. Gray var. pulchrum (Eastw.) Reveal = Eriogonum pulchrum Eastw. ●☆
152049 Eriogonum ericifolium Torr. et A. Gray var. thornei Reveal et Henrickson = Eriogonum thornei (Reveal et Henrickson) L. M. Shultz ●☆
152050 Eriogonum esmeraldense S. Watson;埃斯野荞麦;Esmeralda Wild Buckwheat ■☆
152051 Eriogonum esmeraldense S. Watson var. tayei S. L. Welsh = Eriogonum esmeraldense S. Watson ■☆
152052 Eriogonum evanidum Reveal;脆弱野荞麦;Vanishing Wild Buckwheat ■☆
152053 Eriogonum exaltatum M. E. Jones;升高野荞麦;Ladder Wild Buckwheat ■☆
152054 Eriogonum exilifolium Reveal;纤叶野荞麦;Drop-leaf Wild Buckwheat ■☆
152055 Eriogonum eximium Tidestr. = Eriogonum ovalifolium Nutt. var. eximium (Tidestr.) J. T. Howell ■☆
152056 Eriogonum fasciculatum Benth.;加州野荞麦木(平顶绒毛蓼);Bee Feed, California Buckwheat, Coastal California Buckwheat, Desert Buckwheat, Umbrella Plant, Wild Buckwheat ●☆
152057 Eriogonum fasciculatum Benth. subsp. aspalathoides (Gand.) S. Stokes = Eriogonum fasciculatum Benth. ●☆
152058 Eriogonum fasciculatum Benth. subsp. foliolosum (Nutt.) S. Stokes;多小叶加州野荞麦木●☆
152059 Eriogonum fasciculatum Benth. var. flavoviride Munz et I. M. Johnst.;黄绿加州野荞麦木;Sonoran Desert California Buckwheat ●☆
152060 Eriogonum fasciculatum Benth. var. foliolosum (Nutt.) S. Stokes ex Abrams;沿海加州野荞麦木;Coastal California Buckwheat ●☆
152061 Eriogonum fasciculatum Benth. var. obtusiflorum S. Stokes;钝花加州野荞麦木●☆
152062 Eriogonum fasciculatum Benth. var. polifolium (Benth.) Torr. et A. Gray;莫哈韦加州野荞麦木;Mojave Desert California Buckwheat ●☆
152063 Eriogonum fasciculatum Benth. var. revolutum (Goodd.) S. Stokes = Eriogonum fasciculatum Benth. var. polifolium (Benth.) Torr. et A. Gray ●☆
152064 Eriogonum fasciculifolium A. Nelson = Eriogonum sphaerocephalum Douglas ex Benth. var. fasciculifolium (A. Nelson) S. Stokes ●☆
152065 Eriogonum fendlerianum (Benth.) Small = Eriogonum lonchophyllum Torr. et A. Gray ●■☆
152066 Eriogonum filicaule S. Stokes = Eriogonum subreniforme S. Watson ■☆
152067 Eriogonum filiforme L. O. Williams = Eriogonum wetherillii

Eastw. ■☆

152068 Eriogonum flavum Nutt.;高山黄野荞麦;Alpine Golden Wild Buckwheat ■☆

152069 Eriogonum flavum Nutt. subsp. androsaceum (Benth.) S. Stokes = Eriogonum androsaceum Benth. ■☆

152070 Eriogonum flavum Nutt. subsp. chloranthum (Greene) S. Stokes = Eriogonum arcuatum Greene var. xanthum (Small) Reveal ■☆

152071 Eriogonum flavum Nutt. subsp. crassifolium (Benth.) S. Stokes = Eriogonum flavum Nutt. ■☆

152072 Eriogonum flavum Nutt. subsp. piperi (Greene) S. Stokes = Eriogonum flavum Nutt. var. piperi (Greene) M. E. Jones ■☆

152073 Eriogonum flavum Nutt. var. aquilinum Reveal;育空野荞麦;Yukon Wild Buckwheat ■☆

152074 Eriogonum flavum Nutt. var. linguifolium Gand. = Eriogonum flavum Nutt. ■☆

152075 Eriogonum flavum Nutt. var. muticum S. Stokes = Eriogonum flavum Nutt. ■☆

152076 Eriogonum flavum Nutt. var. piperi (Greene) M. E. Jones;皮珀野荞麦;Piper's Wild Buckwheat ■☆

152077 Eriogonum flavum Nutt. var. polyphyllum (Small ex Rydb.) M. E. Jones = Eriogonum flavum Nutt. ■☆

152078 Eriogonum flavum Nutt. var. tectum (A. Nelson) S. Stokes = Eriogonum arcuatum Greene ■☆

152079 Eriogonum flavum Nutt. var. xanthum (Small) S. Stokes = Eriogonum arcuatum Greene var. xanthum (Small) Reveal ■☆

152080 Eriogonum flexum M. E. Jones = Stenogonum flexum (M. E. Jones) Reveal et J. T. Howell ■☆

152081 Eriogonum floridanum Small = Eriogonum longifolium Nutt. var. gnaphalifolium Gand. ■☆

152082 Eriogonum fruticulosum S. Stokes = Eriogonum sphaerocephalum Douglas ex Benth. var. halimioides (Gand.) S. Stokes ●☆

152083 Eriogonum fulvum S. Stokes = Eriogonum strictum Benth. var. proliferum (Torr. et A. Gray) C. L. Hitchc. ■☆

152084 Eriogonum fusiforme Small;梭形野荞麦;Grand Valley Desert Trumpet ■☆

152085 Eriogonum geniculatum Durand et Hilg. = Eriogonum heermannii Durand et Hilg. ●☆

152086 Eriogonum giganteum S. Watson;圣凯瑟琳野荞麦木(大绒毛蓼);Saint Catherine's Lace, Santa Catalina Island's St. Catherine's-lace, St. Catherine's Lace, St. Catherine's-lace ●☆

152087 Eriogonum giganteum S. Watson subsp. compactum (Dunkle) Munz = Eriogonum giganteum S. Watson var. compactum Dunkle ●☆

152088 Eriogonum giganteum S. Watson subsp. formosum (K. Brandegee) P. H. Raven = Eriogonum giganteum S. Watson var. formosum K. Brandegee ●☆

152089 Eriogonum giganteum S. Watson var. compactum Dunkle;圣巴巴拉野荞麦木;Santa Barbara Island's St. Catherine's-lace ●☆

152090 Eriogonum giganteum S. Watson var. formosum K. Brandegee;美丽圣凯瑟琳野荞麦木;San Clemente Island's St. Catherine's-lace ●☆

152091 Eriogonum gilmanii S. Stokes;吉尔曼野荞麦;Gilman's Wild Buckwheat ■☆

152092 Eriogonum glaberrimum Gand. = Eriogonum umbellatum Torr. var. glaberrimum (Gand.) Reveal ■☆

152093 Eriogonum glaberrimum Gand. var. aureum Gand. = Eriogonum umbellatum Torr. var. aureum (Gand.) Reveal ■☆

152094 Eriogonum glandulosum (Nutt.) Nutt. ex Benth.;腺点野荞麦;Glandular Wild Buckwheat ■☆

152095 Eriogonum glandulosum (Nutt.) Nutt. ex Benth. var. carneum J. T. Howell = Eriogonum glandulosum (Nutt.) Nutt. ex Benth. ■☆

152096 Eriogonum glaucum Small = Eriogonum inflatum Torr. et Frém. ■☆

152097 Eriogonum gnaphalodes Benth. = Eriogonum pauciflorum Pursh ■☆

152098 Eriogonum gordonii Benth.;戈登野荞麦;Gordon's Wild Buckwheat ■☆

152099 Eriogonum gossypinum Curran;棉花野荞麦;Cottony Wild Buckwheat ■☆

152100 Eriogonum gracile Benth.;纤细野荞麦;Slender Woolly Wild Buckwheat ■☆

152101 Eriogonum gracile Benth. var. cithariforme (S. Watson) Munz = Eriogonum cithariforme S. Watson ■☆

152102 Eriogonum gracile Benth. var. incultum Reveal;帕洛马野荞麦;Palomar Mountain Wild Buckwheat ■☆

152103 Eriogonum gracile Benth. var. polygonoides (S. Stokes) Munz = Eriogonum cithariforme S. Watson var. agninum (Greene) Reveal ■☆

152104 Eriogonum gracilipes S. Watson;细梗野荞麦;White Mountains Wild Buckwheat ■☆

152105 Eriogonum gracillimum S. Watson;弱小野荞麦;Rose-and-white Wild Buckwheat ■☆

152106 Eriogonum gramineum S. Stokes = Eriogonum nudum Douglas ex Benth. var. westonii (S. Stokes) J. T. Howell ■☆

152107 Eriogonum grande Greene;野荞麦;Pacific Island Wild Buckwheat, Red Buckwheat ●■☆

152108 Eriogonum grande Greene subsp. timorum (Reveal) Munz = Eriogonum grande Greene var. timorum Reveal ●■☆

152109 Eriogonum grande Greene var. dunklei Reveal = Eriogonum grande Greene var. rubescens (Greene) Munz ●■☆

152110 Eriogonum grande Greene var. rubescens (Greene) Munz;变红野荞麦;Red Buckwheat, Red-flowered Pacific Island Wild Buckwheat ●■☆

152111 Eriogonum grande Greene var. timorum Reveal;尼古拉斯野荞麦;St. Nicholas Wild Buckwheat ●■☆

152112 Eriogonum grangerense M. E. Jones = Eriogonum brevicaule Nutt. ■☆

152113 Eriogonum greenei A. Gray = Eriogonum strictum Benth. var. greenei (A. Gray) Reveal ■☆

152114 Eriogonum greggii Torr. et A. Gray;格雷格野荞麦;Gregg's Wild Buckwheat ■☆

152115 Eriogonum gypsophilum Wooton et Standl.;喜钙野荞麦;Gypsum Wild Buckwheat, Seven River Hills Wild Buckwheat ■☆

152116 Eriogonum halimioides Gand. = Eriogonum sphaerocephalum Douglas ex Benth. var. halimioides (Gand.) S. Stokes ●☆

152117 Eriogonum harfordii Small = Eriogonum nudum Douglas ex Benth. var. oblongifolium S. Watson ■☆

152118 Eriogonum harperi Goodman = Eriogonum longifolium Nutt. var. harperi (Goodman) Reveal ■☆

152119 Eriogonum haussknechtii Dammer = Eriogonum umbellatum Torr. var. haussknechtii (Dammer) M. E. Jones ■☆

152120 Eriogonum havardii S. Watson;阿瓦尔野荞麦;Havard's Wild Buckwheat ■☆

152121 Eriogonum heermannii Durand et Hilg.;希尔曼野荞麦木;Heermann's Wild Buckwheat ●☆

152122 Eriogonum heermannii Durand et Hilg. subsp. argense (M. E. Jones) Munz = Eriogonum heermannii Durand et Hilg. var. argense

(M. E. Jones) Munz ●☆

152123 Eriogonum heermannii Durand et Hilg. subsp. floccosum (Munz) Munz = Eriogonum heermannii Durand et Hilg. var. floccosum Munz ●☆

152124 Eriogonum heermannii Durand et Hilg. subsp. humilius S. Stokes = Eriogonum heermannii Durand et Hilg. var. humilius (S. Stokes) Reveal ●☆

152125 Eriogonum heermannii Durand et Hilg. subsp. occidentale (S. Stokes) S. Stokes = Eriogonum heermannii Durand et Hilg. var. occidentale S. Stokes ●☆

152126 Eriogonum heermannii Durand et Hilg. subsp. sulcatum (S. Watson) S. Stokes = Eriogonum heermannii Durand et Hilg. var. sulcatum (S. Watson) Munz et Reveal ●☆

152127 Eriogonum heermannii Durand et Hilg. var. argense (M. E. Jones) Munz; 粗糙希尔曼野荞麦木; Heermann's Rough Wild Buckwheat ●☆

152128 Eriogonum heermannii Durand et Hilg. var. clokeyi Reveal; 克罗基野荞麦木; Clokey's Wild Buckwheat ●☆

152129 Eriogonum heermannii Durand et Hilg. var. floccosum Munz; 毛希尔曼野荞麦木; Heermann's Woolly Wild Buckwheat ●☆

152130 Eriogonum heermannii Durand et Hilg. var. humilius (S. Stokes) Reveal; 矮希尔曼野荞麦木; Heermann's Great Basin Wild Buckwheat ●☆

152131 Eriogonum heermannii Durand et Hilg. var. occidentale S. Stokes; 沿海希尔曼野荞麦木; Heermann's Coast Range Wild Buckwheat ●☆

152132 Eriogonum heermannii Durand et Hilg. var. subracemosum (S. Stokes) Reveal = Eriogonum heermannii Durand et Hilg. var. argense (M. E. Jones) Munz ●☆

152133 Eriogonum heermannii Durand et Hilg. var. subspinosum Reveal; 多刺希尔曼野荞麦木; Tabeau Peak Wild Buckwheat ●☆

152134 Eriogonum heermannii Durand et Hilg. var. sulcatum (S. Watson) Munz et Reveal; 凹希尔曼野荞麦木; Heermann's grooved Wild Buckwheat ●☆

152135 Eriogonum helichrysoides (Gand.) Prain; 禾花野荞麦木; Strawflower Wild Buckwheat ●☆

152136 Eriogonum hemipterum (Torr. et A. Gray) Torr. ex S. Stokes; 半翅野荞麦; Chisos Mountains Wild Buckwheat ■☆

152137 Eriogonum heracleoides Nutt.; 防风花野荞麦; Hawkweed Wild Buckwheat, Parsnip-flower Wild Buckwheat ■☆

152138 Eriogonum heracleoides Nutt. subsp. angustifolium (Nutt.) Piper = Eriogonum heracleoides Nutt. ■☆

152139 Eriogonum heracleoides Nutt. var. angustifolium (Nutt.) Torr. et A. Gray = Eriogonum heracleoides Nutt. ■☆

152140 Eriogonum heracleoides Nutt. var. leucophaeum Reveal; 无苞野荞麦; Bractless Parsnip-flower Wild Buckwheat ■☆

152141 Eriogonum heracleoides Nutt. var. minus Benth. = Eriogonum heracleoides Nutt. ■☆

152142 Eriogonum hieracifolium Benth. var. hemipterum Torr. et A. Gray = Eriogonum hemipterum (Torr. et A. Gray) Torr. ex S. Stokes ■☆

152143 Eriogonum hirtellum J. T. Howell et Bacig.; 克拉马斯野荞麦; Klamath Mountain Wild Buckwheat ■☆

152144 Eriogonum hirtiflorum A. Gray ex S. Watson; 毛花野荞麦; Hairy-flower Wild Buckwheat ■☆

152145 Eriogonum hoffmannii S. Stokes; 豪夫曼野荞麦; Hoffmann's Wild Buckwheat ■☆

152146 Eriogonum hoffmannii S. Stokes subsp. robustius (S. Stokes) Munz = Eriogonum hoffmannii S. Stokes var. robustius S. Stokes ■☆

152147 Eriogonum hoffmannii S. Stokes var. robustius S. Stokes; 粗壮豪夫曼野荞麦; Furnace Creek Wash Wild Buckwheat ■☆

152148 Eriogonum holmgrenii Reveal; 霍姆格伦野荞麦; Snake Range Wild Buckwheat ■☆

152149 Eriogonum hookeri S. Watson; 胡克野荞麦; Hooker's Wild Buckwheat ■☆

152150 Eriogonum howellianum Reveal; 豪厄尔野荞麦; Howell's Wild Buckwheat ■☆

152151 Eriogonum howellii S. Stokes = Eriogonum heermannii Durand et Hilg. var. argense (M. E. Jones) Munz ●☆

152152 Eriogonum howellii S. Stokes var. subracemosum S. Stokes = Eriogonum heermannii Durand et Hilg. var. argense (M. E. Jones) Munz ●☆

152153 Eriogonum humivagans Reveal = Eriogonum lonchophyllum Torr. et A. Gray ●■☆

152154 Eriogonum hylophilum Reveal et Brotherson; 喜盐野荞麦; Gate Canyon Wild Buckwheat ●☆

152155 Eriogonum incanum Torr. et A. Gray; 灰毛野荞麦; Frosted Wild Buckwheat ■☆

152156 Eriogonum indictum Jeps. = Eriogonum nudum Douglas ex Benth. var. indictum (Jeps.) Reveal ■☆

152157 Eriogonum inerme (S. Watson) Jeps.; 无刺野荞麦; Unarmed Wild Buckwheat ■☆

152158 Eriogonum inerme (S. Watson) Jeps. subsp. hispidulum (Goodman) Munz = Eriogonum inerme (S. Watson) Jeps. var. hispidulum Goodman ■☆

152159 Eriogonum inerme (S. Watson) Jeps. var. hispidulum Goodman; 古德曼野荞麦; Goodman's Unarmed Wild Buckwheat ■☆

152160 Eriogonum inflatum Torr. et Frém.; 膀胱野荞麦; Antelope Sage, Bladder-stem, Bottle Stopper, Desert Trumpet, Indian Pipeweed ■☆

152161 Eriogonum inflatum Torr. et Frém. var. contiguum Reveal = Eriogonum contiguum (Reveal) Reveal ■☆

152162 Eriogonum inflatum Torr. et Frém. var. deflatum I. M. Johnst. = Eriogonum inflatum Torr. et Frém. ■☆

152163 Eriogonum inflatum Torr. et Frém. var. fusiforme (Small) Reveal = Eriogonum fusiforme Small ■☆

152164 Eriogonum insigne S. Watson = Eriogonum deflexum Torr. ●☆

152165 Eriogonum intermontanum Reveal = Eriogonum lonchophyllum Torr. et A. Gray ●■☆

152166 Eriogonum intrafractum Coville et C. V. Morton; 内折野荞麦; Napkinring Wild Buckwheat ■☆

152167 Eriogonum jamesii Benth.; 詹姆斯野荞麦木; Antelope Sage, James' Antelope Sage ●■☆

152168 Eriogonum jamesii Benth. subsp. bakeri (Greene) S. Stokes = Eriogonum arcuatum Greene ■☆

152169 Eriogonum jamesii Benth. subsp. flavescens (S. Watson) S. Stokes = Eriogonum arcuatum Greene ■☆

152170 Eriogonum jamesii Benth. subsp. undulatum (Benth.) S. Stokes = Eriogonum jamesii Benth. var. undulatum (Benth.) S. Stokes ex M. E. Jones ●☆

152171 Eriogonum jamesii Benth. var. arcuatum (Greene) S. Stokes = Eriogonum arcuatum Greene ■☆

152172 Eriogonum jamesii Benth. var. flavescens S. Watson = Eriogonum arcuatum Greene ■☆

152173 Eriogonum jamesii Benth. var. higginsii S. L. Welsh =

Eriogonum arcuatum Greene ■☆

152174 Eriogonum jamesii Benth. var. rupicola Reveal = Eriogonum arcuatum Greene var. rupicola (Reveal) Reveal ■☆

152175 Eriogonum jamesii Benth. var. simplex Gand.;单茎詹姆斯野荞麦;Kansas antelope Sage ■☆

152176 Eriogonum jamesii Benth. var. undulatum (Benth.) S. Stokes ex M. E. Jones;波状詹姆斯野荞麦木;Wavy-margined Antelope Sage ●☆

152177 Eriogonum jamesii Benth. var. wootonii Reveal = Eriogonum wootonii (Reveal) Reveal ■☆

152178 Eriogonum jamesii Benth. var. xanthum (Small) Reveal = Eriogonum arcuatum Greene var. xanthum (Small) Reveal ■☆

152179 Eriogonum jonesii S. Watson;琼斯野荞麦木;Jones' Wild Buckwheat ●☆

152180 Eriogonum kearneyi Tidestr. = Eriogonum nummulare M. E. Jones ●☆

152181 Eriogonum kearneyi Tidestr. subsp. monoense (S. Stokes) Munz ex Reveal = Eriogonum nummulare M. E. Jones ●☆

152182 Eriogonum kearneyi Tidestr. var. monoense (S. Stokes) Reveal = Eriogonum nummulare M. E. Jones ●☆

152183 Eriogonum kelloggii A. Gray;凯洛格野荞麦;Red Mountain Wild Buckwheat ■☆

152184 Eriogonum kennedyi Porter ex S. Watson;肯尼迪野荞麦;Kennedy's Wild Buckwheat ■☆

152185 Eriogonum kennedyi Porter ex S. Watson subsp. gracilipes (S. Watson) S. Stokes = Eriogonum gracilipes S. Watson ■☆

152186 Eriogonum kennedyi Porter ex S. Watson var. alpigenum (Munz et I. M. Johnst.) Munz et I. M. Johnst.;山生野荞麦;San Gorgonio Wild Buckwheat ■☆

152187 Eriogonum kennedyi Porter ex S. Watson var. austromontanum Munz et I. M. Johnst.;南方山地野荞麦;Southern mountain Wild Buckwheat ■☆

152188 Eriogonum kennedyi Porter ex S. Watson var. olanchense J. T. Howell = Eriogonum wrightii Torr. ex Benth. var. olanchense (J. T. Howell) Reveal ■☆

152189 Eriogonum kennedyi Porter ex S. Watson var. pinicola Reveal;松生野荞麦;Sweet Ridge Wild Buckwheat ■☆

152190 Eriogonum kennedyi Porter ex S. Watson var. purpusii (Brandegee) Reveal;普尔野荞麦;Purpus Wild Buckwheat ■☆

152191 Eriogonum kennedyi Porter f. alpigenum Munz et I. M. Johnst. = Eriogonum kennedyi Porter ex S. Watson var. alpigenum (Munz et I. M. Johnst.) Munz et I. M. Johnst. ■☆

152192 Eriogonum kennedyi Porter subsp. alpigenum (Munz et I. M. Johnst.) Munz = Eriogonum kennedyi Porter ex S. Watson var. alpigenum (Munz et I. M. Johnst.) Munz et I. M. Johnst. ■☆

152193 Eriogonum kennedyi Porter subsp. austromontanum (Munz et I. M. Johnst.) S. Stokes = Eriogonum kennedyi Porter ex S. Watson var. austromontanum Munz et I. M. Johnst. ■☆

152194 Eriogonum kennedyi Porter subsp. purpusii (Brandegee) Munz = Eriogonum kennedyi Porter ex S. Watson var. purpusii (Brandegee) Reveal ■☆

152195 Eriogonum kingii Torr. et A. Gray;金氏野荞麦;Ruby Mountains Wild Buckwheat ■☆

152196 Eriogonum kingii Torr. et A. Gray var. laxifolium Torr. et A. Gray = Eriogonum brevicaule Nutt. var. laxifolium (Torr. et A. Gray) Reveal ■☆

152197 Eriogonum lachnogynum subsp. tetraneuris (Small) S. Stokes = Eriogonum lachnogynum Torr. ex Benth. ■☆

152198 Eriogonum lachnogynum Torr. ex Benth.;毛柱野荞麦;Woolly-cup Wild Buckwheat ■☆

152199 Eriogonum lachnogynum Torr. ex Benth. var. sarahiae (N. D. Atwood et A. Clifford) Reveal;莎拉野荞麦;Sarah's Wild Buckwheat ■☆

152200 Eriogonum laetum S. Stokes = Eriogonum rubricaule Tidestr. ■☆

152201 Eriogonum lagopus Rydb. = Eriogonum brevicaule Nutt. var. canum (S. Stokes) Dorn ■☆

152202 Eriogonum lanatum (S. Watson) Roberty et Vautier = Hollisteria lanata S. Watson ■☆

152203 Eriogonum lancifolium Reveal et Brotherson;披针叶野荞麦木;Lance-leaf Wild Buckwheat ●☆

152204 Eriogonum lanosum Eastw. = Eriogonum jonesii S. Watson ●☆

152205 Eriogonum latens Jeps.;隐匿野荞麦;Inyo Wild Buckwheat ■☆

152206 Eriogonum latifolium Sm.;宽叶野荞麦木;Seaside Wild Buckwheat ●■☆

152207 Eriogonum latifolium Sm. subsp. auriculatum (Benth.) S. Stokes = Eriogonum nudum Douglas ex Benth. var. auriculatum (Benth.) J. P. Tracy ex Jeps. ■☆

152208 Eriogonum latifolium Sm. subsp. decurrens S. Stokes = Eriogonum nudum Douglas ex Benth. var. decurrens (S. Stokes) M. L. Bowerman ■☆

152209 Eriogonum latifolium Sm. subsp. grande (Greene) S. Stokes;大宽叶野荞麦●☆

152210 Eriogonum latifolium Sm. subsp. nudum (Douglas ex Benth.) S. Stokes;裸宽叶野荞麦木●☆

152211 Eriogonum latifolium Sm. subsp. pauciflorum (S. Watson) S. Stokes = Eriogonum nudum Douglas ex Benth. var. pauciflorum S. Watson ■☆

152212 Eriogonum latifolium Sm. subsp. rubescens (Greene) S. Stokes = Eriogonum grande Greene var. rubescens (Greene) Munz ●■☆

152213 Eriogonum latifolium Sm. subsp. saxicola (A. Heller) S. Stokes = Eriogonum nudum Douglas ex Benth. var. westonii (S. Stokes) J. T. Howell ■☆

152214 Eriogonum latifolium Sm. subsp. sulphureum (Greene) S. Stokes = Eriogonum nudum Douglas ex Benth. var. oblongifolium S. Watson ■☆

152215 Eriogonum latifolium Sm. subsp. westonii S. Stokes = Eriogonum nudum Douglas ex Benth. var. westonii (S. Stokes) J. T. Howell ■☆

152216 Eriogonum latifolium Sm. var. affine (Benth.) S. Stokes = Eriogonum nudum Douglas ex Benth. var. oblongifolium S. Watson ■☆

152217 Eriogonum latifolium Sm. var. alternans S. Stokes = Eriogonum nudum Douglas ex Benth. var. auriculatum (Benth.) J. P. Tracy ex Jeps. ■☆

152218 Eriogonum latifolium Sm. var. harfordii (Small) S. Stokes = Eriogonum nudum Douglas ex Benth. var. oblongifolium S. Watson ■☆

152219 Eriogonum latifolium Sm. var. indictum (Jeps.) S. Stokes = Eriogonum nudum Douglas ex Benth. var. indictum (Jeps.) Reveal ■☆

152220 Eriogonum latifolium Sm. var. parvulum S. Stokes = Eriogonum latifolium Sm. subsp. nudum (Douglas ex Benth.) S. Stokes ■☆

152221 Eriogonum latifolium Sm. var. rubescens (Greene) Munz = Eriogonum grande Greene var. rubescens (Greene) Munz ●■☆

152222 Eriogonum latifolium Sm. var. scapigerum (Eastw.) S. Stokes = Eriogonum nudum Douglas ex Benth. var. scapigerum (Eastw.) Jeps. ■☆

152223 Eriogonum latum Small ex Rydb. = Eriogonum umbellatum Torr. var. dichrocephalum Gand. ■☆

152224 Eriogonum lemmonii S. Watson;莱蒙野荞麦;Lemmon's Wild Buckwheat ■☆
152225 Eriogonum leptocladon Torr. et A. Gray;细枝野荞麦木;Sand Wild Buckwheat ●☆
152226 Eriogonum leptocladon Torr. et A. Gray var. ramosissimum (Eastw.) Reveal;圣胡安野荞麦木;San Juan Wild Buckwheat ●☆
152227 Eriogonum leptophyllum (Torr.) Wooton et Standl.;细叶野荞麦木;Slender-leaf Wild Buckwheat ●☆
152228 Eriogonum leucophyllum Wooton et Standl. = Eriogonum havardii S. Watson ■☆
152229 Eriogonum leucophyllum Wooton et Standl. subsp. pannosum (Wooton et Standl.) S. Stokes = Eriogonum heracleoides Nutt. ■☆
152230 Eriogonum lewisii Reveal = Eriogonum desertorum (Maguire) R. J. Davis ■☆
152231 Eriogonum lobbii Torr. et A. Gray;洛布野荞麦;Lobb's Wild Buckwheat ■☆
152232 Eriogonum lobbii Torr. et A. Gray var. robustum (Greene) M. E. Jones = Eriogonum robustum Greene ■☆
152233 Eriogonum loganum A. Nelson;峡谷野荞麦;Cache Valley Wild Buckwheat ■☆
152234 Eriogonum lonchophyllum Torr. et A. Gray;柳叶野荞麦木●■☆
152235 Eriogonum lonchophyllum Torr. et A. Gray var. fendlerianum (Benth.) Reveal = Eriogonum lonchophyllum Torr. et A. Gray ●■☆
152236 Eriogonum lonchophyllum Torr. et A. Gray var. humivagans (Reveal) Reveal = Eriogonum lonchophyllum Torr. et A. Gray ●■☆
152237 Eriogonum lonchophyllum Torr. et A. Gray var. intermontanum (Reveal) Reveal = Eriogonum lonchophyllum Torr. et A. Gray ●■☆
152238 Eriogonum lonchophyllum Torr. et A. Gray var. nudicaule (Torr.) Reveal = Eriogonum lonchophyllum Torr. et A. Gray ●■☆
152239 Eriogonum lonchophyllum Torr. et A. Gray var. saurinum (Reveal) S. L. Welsh = Eriogonum lonchophyllum Torr. et A. Gray ●■☆
152240 Eriogonum longifolium Nutt.;长叶野荞麦;Long-leaf Wild Buckwheat, Umbrella Plant, Wild Buckwheat ■☆
152241 Eriogonum longifolium Nutt. subsp. diffusum S. Stokes = Eriogonum longifolium Nutt. ■☆
152242 Eriogonum longifolium Nutt. var. gnaphalifolium Gand.;小长叶野荞麦;Scrub Wild Buckwheat ■☆
152243 Eriogonum longifolium Nutt. var. harperi (Goodman) Reveal;哈珀野荞麦;Harper's Wild Buckwheat ■☆
152244 Eriogonum longifolium Nutt. var. lindheimeri Gand. = Eriogonum longifolium Nutt. ■☆
152245 Eriogonum longifolium Nutt. var. plantagineum Engelm. et A. Gray = Eriogonum longifolium Nutt. ■☆
152246 Eriogonum luteolum Greene;黄野荞麦;Golden Carpet, Wild Buckwheat ■☆
152247 Eriogonum luteolum Greene var. caninum (Greene) Reveal;犬野荞麦;Tiburon Wild Buckwheat ■☆
152248 Eriogonum luteolum Greene var. pedunculatum (S. Stokes) Reveal;花梗野荞麦;Mokelumne Hill Wild Buckwheat ■☆
152249 Eriogonum luteolum Greene var. saltuarium Reveal;杰克野荞麦;Jack's Wild Buckwheat ■☆
152250 Eriogonum maculatum A. Heller;斑点野荞麦;Spotted Wild Buckwheat ■☆
152251 Eriogonum mancum Rydb.;缺陷野荞麦;Imperfect Wild Buckwheat ■☆
152252 Eriogonum marifolium Torr. et A. Gray;芋叶野荞麦;Marum-leaf Wild Buckwheat ■☆
152253 Eriogonum marifolium Torr. et A. Gray var. apertum S. Stokes = Eriogonum marifolium Torr. et A. Gray ■☆
152254 Eriogonum marifolium Torr. et A. Gray var. cupulatum (S. Stokes) Reveal;壳斗芋叶野荞麦■☆
152255 Eriogonum marifolium Torr. et A. Gray var. incanum (Torr. et A. Gray) M. E. Jones = Eriogonum incanum Torr. et A. Gray ■☆
152256 Eriogonum mearnsii Parry var. pulchrum (Eastw.) Kearney et Peebles = Eriogonum pulchrum Eastw. ●☆
152257 Eriogonum medium Rydb. = Eriogonum brevicaule Nutt. var. laxifolium (Torr. et A. Gray) Reveal ■☆
152258 Eriogonum meledonum Reveal = Eriogonum crosbyae Reveal ■☆
152259 Eriogonum mensicola S. Stokes;落苞野荞麦;Scale-bract Wild Buckwheat ■☆
152260 Eriogonum micranthum Nutt. = Eriogonum brevicaule Nutt. var. micranthum (Nutt.) Reveal ■☆
152261 Eriogonum microthecum Nutt.;小室野荞麦木;Wild Buckwheat ●☆
152262 Eriogonum microthecum Nutt. subsp. aureum (M. E. Jones) S. Stokes = Eriogonum corymbosum Benth. var. aureum (M. E. Jones) Reveal ●☆
152263 Eriogonum microthecum Nutt. subsp. bicolor (M. E. Jones) S. Stokes = Eriogonum bicolor M. E. Jones ●☆
152264 Eriogonum microthecum Nutt. subsp. confertiflorum (Benth.) S. Stokes = Eriogonum microthecum Nutt. var. laxiflorum Hook. ●☆
152265 Eriogonum microthecum Nutt. subsp. ericifolium (Torr. et A. Gray) S. Stokes = Eriogonum ericifolium Torr. et A. Gray ●☆
152266 Eriogonum microthecum Nutt. subsp. helichrysoides Gand. = Eriogonum helichrysoides (Gand.) Prain ●☆
152267 Eriogonum microthecum Nutt. subsp. laxiflorum (Hook.) S. Stokes = Eriogonum microthecum Nutt. var. laxiflorum Hook. ●☆
152268 Eriogonum microthecum Nutt. subsp. mearnsii (Parry) S. Stokes = Eriogonum ericifolium Torr. et A. Gray ●☆
152269 Eriogonum microthecum Nutt. subsp. pulchrum (Eastw.) S. Stokes = Eriogonum pulchrum Eastw. ●☆
152270 Eriogonum microthecum Nutt. var. alpinum Reveal;高山小室野荞麦木●☆
152271 Eriogonum microthecum Nutt. var. ambiguum (M. E. Jones) Reveal;黄花小室野荞麦木●☆
152272 Eriogonum microthecum Nutt. var. arceuthinum Reveal;桧柏野荞麦木;Juniper Mountain Wild Buckwheat ●☆
152273 Eriogonum microthecum Nutt. var. corymbosoides Reveal;伞序野荞麦木;San Bernardino Wild Buckwheat ●☆
152274 Eriogonum microthecum Nutt. var. crispum (L. O. Williams) S. Stokes = Eriogonum corymbosum Benth. var. glutinosum (M. E. Jones) M. E. Jones ●☆
152275 Eriogonum microthecum Nutt. var. effusum (Nutt.) Torr. et A. Gray = Eriogonum effusum Nutt. ●☆
152276 Eriogonum microthecum Nutt. var. foliosum (Torr. et A. Gray) Reveal = Eriogonum microthecum Nutt. var. simpsonii (Benth.) Reveal ●☆
152277 Eriogonum microthecum Nutt. var. idahoense (Rydb.) S. Stokes = Eriogonum microthecum Nutt. ●☆
152278 Eriogonum microthecum Nutt. var. johnstonii Reveal;约翰斯顿野荞麦木;Johnston's Wild Buckwheat ●☆
152279 Eriogonum microthecum Nutt. var. lapidicola Reveal;石砾野荞麦木;Pahute Mesa Wild Buckwheat ●☆

152280 Eriogonum microthecum Nutt. var. laxiflorum Hook.;疏花野荞麦木;Great Basin Wild Buckwheat ●☆

152281 Eriogonum microthecum Nutt. var. macdougalii (Gand.) S. Stokes = Eriogonum microthecum Nutt. var. simpsonii (Benth.) Reveal ●☆

152282 Eriogonum microthecum Nutt. var. panamintense S. Stokes;帕地野荞麦木;Panamint Wild Buckwheat ●☆

152283 Eriogonum microthecum Nutt. var. phoeniceum (L. M. Schulz) Reveal;猩红小室野荞麦木;Scarlet Wild Buckwheat ●☆

152284 Eriogonum microthecum Nutt. var. schoolcraftii Reveal;斯古尔野荞麦木;Schoolcraft's Wild Buckwheat ●☆

152285 Eriogonum microthecum Nutt. var. simpsonii (Benth.) Reveal;辛普森野荞麦木;Simpson's Wild Buckwheat ●☆

152286 Eriogonum mitophyllum Reveal;西方线叶野荞麦;Lost Creek Wild Buckwheat ■☆

152287 Eriogonum mohavense S. Watson;莫哈韦野荞麦;Mohave Buckwheat,Western Mojave Wild Buckwheat ■☆

152288 Eriogonum mohavense S. Watson subsp. ampullaceum (J. T. Howell) S. Stokes = Eriogonum ampullaceum J. T. Howell ■☆

152289 Eriogonum molestum S. Watson;松林野荞麦;Pineland Wild Buckwheat ■☆

152290 Eriogonum molestum S. Watson var. davidsonii (Greene) Jeps. = Eriogonum davidsonii Greene ■☆

152291 Eriogonum monticola S. Stokes = Eriogonum latens Jeps. ■☆

152292 Eriogonum mortonianum Reveal;莫顿野荞麦木;Fredonia Wild Buckwheat ●☆

152293 Eriogonum multiceps Nees = Eriogonum pauciflorum Pursh ■☆

152294 Eriogonum multiceps Nees subsp. canum S. Stokes = Eriogonum brevicaule Nutt. var. canum (S. Stokes) Dorn ■☆

152295 Eriogonum multiceps Nees var. coloradense (Small) S. Stokes = Eriogonum coloradense Small ■☆

152296 Eriogonum multiflorum Benth.;多花野荞麦;Many-flowered Wild Buckwheat ■☆

152297 Eriogonum multiflorum Benth. var. riograndis (G. L. Nesom) Reveal;格兰德野荞麦;Rio Grande Wild Buckwheat ■☆

152298 Eriogonum nanum Reveal = Eriogonum brevicaule Nutt. var. nanum (Reveal) S. L. Welsh ■☆

152299 Eriogonum natum Reveal;马克野荞麦;Mark's Wild Buckwheat ■☆

152300 Eriogonum nealleyi J. M. Coult.;尼雷野荞麦;Irion County Wild Buckwheat ■☆

152301 Eriogonum neglectum Greene = Eriogonum umbellatum Torr. var. aureum (Gand.) Reveal ■☆

152302 Eriogonum nemacaulis S. Stokes = Nemacaulis denudata Nutt. ■☆

152303 Eriogonum nervulosum (S. Stokes) Reveal;雪山野荞麦;Snow Mountain Wild Buckwheat ■☆

152304 Eriogonum nidularium Coville;鸟巢野荞麦;Bird Nest Wild Buckwheat ■☆

152305 Eriogonum nivale Canby ex Coville = Eriogonum ovalifolium Nutt. var. nivale (Canby ex Coville) M. E. Jones ■☆

152306 Eriogonum niveum Douglas ex Benth.;雪白野荞麦;Snow Wild Buckwheat ■☆

152307 Eriogonum niveum Douglas ex Benth. subsp. decumbens (Benth.) S. Stokes = Eriogonum niveum Douglas ex Benth. ■☆

152308 Eriogonum niveum Douglas ex Benth. subsp. dichotomum (Douglas ex Benth.) S. Stokes = Eriogonum niveum Douglas ex Benth. ■☆

152309 Eriogonum niveum Douglas ex Benth. var. greenei (A. Gray) S. Stokes = Eriogonum strictum Benth. var. greenei (A. Gray) Reveal ■☆

152310 Eriogonum nodosum Small = Eriogonum wrightii Torr. ex Benth. var. nodosum (Small) Reveal ●☆

152311 Eriogonum nodosum Small subsp. monoense S. Stokes = Eriogonum nummulare M. E. Jones ●☆

152312 Eriogonum nodosum Small var. kearneyi (Tidestr.) S. Stokes = Eriogonum nummulare M. E. Jones ●☆

152313 Eriogonum nortonii Greene;诺顿野荞麦;Pinnacles Wild Buckwheat ■☆

152314 Eriogonum novonudum M. Peck;拟裸野荞麦;False Naked Wild Buckwheat ■☆

152315 Eriogonum nudicaule (Torr.) Small = Eriogonum lonchophyllum Torr. et A. Gray ●■☆

152316 Eriogonum nudicaule (Torr.) Small subsp. ochroflorum S. Stokes = Eriogonum spathulatum A. Gray ■☆

152317 Eriogonum nudicaule (Torr.) Small subsp. scoparium (Small) S. Stokes = Eriogonum lonchophyllum Torr. et A. Gray ●■☆

152318 Eriogonum nudum Douglas ex Benth.;裸野荞麦;Long Trumpet,Naked Wild Buckwheat,Tibinagua ■☆

152319 Eriogonum nudum Douglas ex Benth. subsp. saxicola (A. Heller) Munz = Eriogonum nudum Douglas ex Benth. var. westonii (S. Stokes) J. T. Howell ■☆

152320 Eriogonum nudum Douglas ex Benth. var. auriculatum (Benth.) J. P. Tracy ex Jeps.;耳状野荞麦;Ear-shaped Wild Buckwheat ■☆

152321 Eriogonum nudum Douglas ex Benth. var. decurrens (S. Stokes) M. L. Bowerman;下延野荞麦;Ben Lomand Wild Buckwheat ■☆

152322 Eriogonum nudum Douglas ex Benth. var. gramineum (S. Stokes) Reveal = Eriogonum nudum Douglas ex Benth. var. westonii (S. Stokes) J. T. Howell ■☆

152323 Eriogonum nudum Douglas ex Benth. var. indictum (Jeps.) Reveal;印度裸野荞麦;Protruding Wild Buckwheat ■☆

152324 Eriogonum nudum Douglas ex Benth. var. murinum Reveal;灰鼠色野荞麦;Mouse Wild Buckwheat ■☆

152325 Eriogonum nudum Douglas ex Benth. var. oblongifolium S. Watson;矩圆叶野荞麦;Harford's Wild Buckwheat ■☆

152326 Eriogonum nudum Douglas ex Benth. var. paralinum Reveal;海野荞麦;Port Orford Wild Buckwheat ■☆

152327 Eriogonum nudum Douglas ex Benth. var. pauciflorum S. Watson;少花野荞麦;Little-flower Wild Buckwheat ■☆

152328 Eriogonum nudum Douglas ex Benth. var. pubiflorum Benth.;弗雷蒙特野荞麦;Frémont's Wild Buckwheat ■☆

152329 Eriogonum nudum Douglas ex Benth. var. scapigerum (Eastw.) Jeps.;冠脊野荞麦;Sierran Crest Wild Buckwheat ■☆

152330 Eriogonum nudum Douglas ex Benth. var. sulphureum (Greene) Jeps. = Eriogonum nudum Douglas ex Benth. var. oblongifolium S. Watson ■☆

152331 Eriogonum nudum Douglas ex Benth. var. westonii (S. Stokes) J. T. Howell;韦斯顿野荞麦;Weston's Wild Buckwheat ■☆

152332 Eriogonum nummulare M. E. Jones;铜钱野荞麦木;Kearney Wild Buckwheat,Money Wild Buckwheat ●☆

152333 Eriogonum nummulare M. E. Jones var. ammophilum (Reveal) S. L. Welsh = Eriogonum ammophilum Reveal ●☆

152334 Eriogonum nutans Torr. et A. Gray;悬垂野荞麦■☆

152335 Eriogonum ochrocephalum S. Watson subsp. agnellum (Jeps.) S. Stokes = Eriogonum rosense A. Nelson et P. B. Kenn. ■☆

152336 Eriogonum ochrocephalum S. Watson subsp. chrysops (Rydb.)

S. Stokes = Eriogonum chrysops Rydb. ■☆

152337 Eriogonum ochrocephalum S. Watson var. agnellum Jeps. = Eriogonum rosense A. Nelson et P. B. Kenn. ■☆

152338 Eriogonum ochrocephalum S. Watson var. alexanderae Reveal = Eriogonum crosbyae Reveal ■☆

152339 Eriogonum ochrocephalum S. Watson var. breedlovei J. T. Howell = Eriogonum breedlovei (J. T. Howell) Reveal ■☆

152340 Eriogonum ochrocephalum S. Watson var. gracilipes (S. Watson) J. T. Howell = Eriogonum gracilipes S. Watson ■☆

152341 Eriogonum ochroleucum Small ex Rydb. = Eriogonum ovalifolium Nutt. var. ochroleucum (Small ex Rydb.) M. Peck ■☆

152342 Eriogonum ordii S. Watson;奥德野荞麦;Fort Mohave Wild Buckwheat ■☆

152343 Eriogonum orendense A. Nelson = Eriogonum brevicaule Nutt. var. micranthum (Nutt.) Reveal ■☆

152344 Eriogonum orthocaulon Small = Eriogonum ovalifolium Nutt. var. purpureum (Nutt.) Durand ■☆

152345 Eriogonum ostlundii M. E. Jones;傲斯特野荞麦;Elsinore Wild Buckwheat ■☆

152346 Eriogonum ovalifolium Nutt.;卵叶野荞麦(匙叶绒毛蓼);Cushion Wild Buckwheat ■☆

152347 Eriogonum ovalifolium Nutt. subsp. eximium (Tidestr.) S. Stokes = Eriogonum ovalifolium Nutt. var. eximium (Tidestr.) J. T. Howell ■☆

152348 Eriogonum ovalifolium Nutt. subsp. flavissimum (Gand.) S. Stokes = Eriogonum strictum Benth. var. anserinum (Greene) S. Stokes ■☆

152349 Eriogonum ovalifolium Nutt. subsp. ochroleucum (Small ex Rydb.) S. Stokes = Eriogonum ovalifolium Nutt. var. ochroleucum (Small ex Rydb.) M. Peck ■☆

152350 Eriogonum ovalifolium Nutt. subsp. purpureum (Nutt.) A. Nelson ex S. Stokes = Eriogonum ovalifolium Nutt. var. purpureum (Nutt.) Durand ■☆

152351 Eriogonum ovalifolium Nutt. subsp. vineum (Small) S. Stokes = Eriogonum ovalifolium Nutt. var. vineum (Small) A. Nelson ■☆

152352 Eriogonum ovalifolium Nutt. var. caelestinum Reveal;优美卵叶野荞麦;Heavenly Wild Buckwheat ■☆

152353 Eriogonum ovalifolium Nutt. var. celsum A. Nelson = Eriogonum ovalifolium Nutt. var. purpureum (Nutt.) Durand ■☆

152354 Eriogonum ovalifolium Nutt. var. chrysops (Rydb.) M. Peck = Eriogonum chrysops Rydb. ■☆

152355 Eriogonum ovalifolium Nutt. var. depressum Blank.;矮卵叶野荞麦;Dwarf Cushion Wild Buckwheat ■☆

152356 Eriogonum ovalifolium Nutt. var. eximium (Tidestr.) J. T. Howell;优异卵叶野荞麦;Slide Mountain Cushion Wild Buckwheat ■☆

152357 Eriogonum ovalifolium Nutt. var. macropodum (Gand.) Reveal = Eriogonum ovalifolium Nutt. var. ochroleucum (Small ex Rydb.) M. Peck ■☆

152358 Eriogonum ovalifolium Nutt. var. multiscapum Gand. = Eriogonum ovalifolium Nutt. ■☆

152359 Eriogonum ovalifolium Nutt. var. nevadense Gand. = Eriogonum ovalifolium Nutt. ■☆

152360 Eriogonum ovalifolium Nutt. var. nivale (Canby ex Coville) M. E. Jones;雪地野荞麦;Sierran Cushion Wild Buckwheat ■☆

152361 Eriogonum ovalifolium Nutt. var. ochroleucum (Small ex Rydb.) M. Peck;浅绿卵叶野荞麦;Long-stemmed Cushion Wild Buckwheat ■☆

152362 Eriogonum ovalifolium Nutt. var. orthocaulon (Small) C. L. Hitchc. = Eriogonum ovalifolium Nutt. var. purpureum (Nutt.) Durand ■☆

152363 Eriogonum ovalifolium Nutt. var. pansum Reveal;分枝卵叶野荞麦;Branched Cushion Wild Buckwheat ■☆

152364 Eriogonum ovalifolium Nutt. var. purpureum (Nutt.) Durand;紫色卵叶野荞麦;Purple Cushion Wild Buckwheat ■☆

152365 Eriogonum ovalifolium Nutt. var. vineum (Small) A. Nelson;垫卵叶野荞麦;Cushionbury Wild Buckwheat ■☆

152366 Eriogonum ovalifolium Nutt. var. williamsiae Reveal;威廉姆野荞麦;Steamboat Springs Wild Buckwheat ■☆

152367 Eriogonum ovatum Greene = Eriogonum ursinum S. Watson ■☆

152368 Eriogonum palmerianum Reveal;帕默野荞麦;Palmer's Wild Buckwheat ■☆

152369 Eriogonum panamintense C. V. Morton;帕地野荞麦;Panamint Mountain Wild Buckwheat ■☆

152370 Eriogonum panguicense (M. E. Jones) Reveal var. alpestre (S. Stokes) Reveal;高山野荞麦;Cedar Breaks Wild Buckwheat ■☆

152371 Eriogonum parishii S. Watson;帕里什野荞麦;Parish's Wild Buckwheat ■☆

152372 Eriogonum parryi A. Gray = Eriogonum brachypodum Torr. et A. Gray ■☆

152373 Eriogonum parvifolium Sm.;小叶野荞麦木;Seacliff Wild Buckwheat ●☆

152374 Eriogonum parvifolium Sm. subsp. lucidum J. T. Howell ex S. Stokes = Eriogonum parvifolium Sm. ●☆

152375 Eriogonum parvifolium Sm. subsp. paynei C. B. Wolf ex Munz = Eriogonum parvifolium Sm. ●☆

152376 Eriogonum parvifolium Sm. var. crassifolium Benth. = Eriogonum parvifolium Sm. ●☆

152377 Eriogonum parvifolium Sm. var. lucidum (J. T. Howell ex S. Stokes) Reveal = Eriogonum parvifolium Sm. ●☆

152378 Eriogonum parvifolium Sm. var. paynei (C. B. Wolf ex Munz) Reveal = Eriogonum parvifolium Sm. ●☆

152379 Eriogonum pauciflorum Pursh;疏花野荞麦;Few-flower Wild Buckwheat ■☆

152380 Eriogonum pauciflorum Pursh var. canum (S. Stokes) Reveal = Eriogonum brevicaule Nutt. var. canum (S. Stokes) Dorn ■☆

152381 Eriogonum pauciflorum Pursh var. gnaphalodes (Benth.) Reveal = Eriogonum pauciflorum Pursh ■☆

152382 Eriogonum pedunculatum S. Stokes = Eriogonum luteolum Greene var. pedunculatum (S. Stokes) Reveal ■☆

152383 Eriogonum pelinophilum Reveal;黏土野荞麦木;Clay-loving Wild Buckwheat ●☆

152384 Eriogonum pendulum S. Watson;俯垂野荞麦木;Waldo Wild Buckwheat ●☆

152385 Eriogonum pendulum S. Watson var. confertum S. Stokes = Eriogonum pendulum S. Watson ●☆

152386 Eriogonum perfoliatum (Torr. et A. Gray) S. Stokes = Oxytheca perfoliata Torr. et A. Gray ■☆

152387 Eriogonum pharnaceoides Torr.;丝茎野荞麦;Wire-stem Wild Buckwheat ■☆

152388 Eriogonum pharnaceoides Torr. var. cervinum Reveal;黄褐丝茎野荞麦;Deer Lodge Wild Buckwheat ■☆

152389 Eriogonum phoeniceum L. M. Shultz = Eriogonum microthecum Nutt. var. phoeniceum (L. M. Schulz) Reveal ●☆

152390 Eriogonum pinetorum Greene = Eriogonum abertianum Torr. ●☆

152391 Eriogonum piperi Greene = Eriogonum flavum Nutt. var. piperi (Greene) M. E. Jones ■☆

152392 Eriogonum platyphyllum Torr. ex Benth. = Eriogonum tenellum Torr. var. platyphyllum (Torr. ex Benth.) Torr. ■☆

152393 Eriogonum plumatella Durand et Hilg.; 丝兰野荞麦; Yucca Wild Buckwheat ●☆

152394 Eriogonum plumatella Durand et Hilg. var. jaegeri (Munz et I. M. Johnst.) S. Stokes ex Munz = Eriogonum plumatella Durand et Hilg. ●☆

152395 Eriogonum plumatella Durand et Hilg. var. palmeri Torr. et A. Gray = Eriogonum palmerianum Reveal ■☆

152396 Eriogonum polifolium Benth. = Eriogonum fasciculatum Benth. var. polifolium (Benth.) Torr. et A. Gray ●☆

152397 Eriogonum polyanthum Benth. = Eriogonum umbellatum Torr. var. polyanthum (Benth.) M. E. Jones ●☆

152398 Eriogonum polyanthum Benth. var. bahiiforme Torr. et A. Gray = Eriogonum umbellatum Torr. var. bahiiforme (Torr. et A. Gray) Jeps. ■☆

152399 Eriogonum polycladon Benth.; 酸野荞麦; Sorrel Wild Buckwheat ■☆

152400 Eriogonum polyphyllum Small ex Rydb. = Eriogonum flavum Nutt. ■☆

152401 Eriogonum polypodum Small; 狐尾野荞麦; Fox-tail Wild Buckwheat ■☆

152402 Eriogonum porteri Small = Eriogonum umbellatum Torr. var. porteri (Small) S. Stokes ■☆

152403 Eriogonum praebens Gand. = Eriogonum baileyi S. Watson var. praebens (Gand.) Reveal ■☆

152404 Eriogonum pratense S. Stokes = Eriogonum spergulinum A. Gray var. pratense (S. Stokes) J. T. Howell ■☆

152405 Eriogonum prattenianum Durand; 内华达野荞麦木; Nevada City Wild Buckwheat ●☆

152406 Eriogonum pringlei J. M. Coult. et Fisher = Eriogonum wrightii Torr. ex Benth. var. nodosum (Small) Reveal ●☆

152407 Eriogonum prociduum Reveal; 俯卧野荞麦; Prostrate Wild Buckwheat ■☆

152408 Eriogonum prociduum Reveal var. mystrium Reveal; 普韦布洛野荞麦; Pueblo Mountains Wild Buckwheat ■☆

152409 Eriogonum proliferum Torr. et A. Gray = Eriogonum strictum Benth. var. proliferum (Torr. et A. Gray) C. L. Hitchc. ■☆

152410 Eriogonum proliferum Torr. et A. Gray subsp. anserinum (Greene) Munz = Eriogonum strictum Benth. var. anserinum (Greene) S. Stokes ■☆

152411 Eriogonum puberulum S. Watson = Johanneshowellia puberula (S. Watson) Reveal ■☆

152412 Eriogonum puberulum S. Watson var. venosum S. Stokes = Johanneshowellia puberula (S. Watson) Reveal ■☆

152413 Eriogonum pulchrum Eastw.; 美丽野荞麦木; Meteor Crater Wild Buckwheat ●☆

152414 Eriogonum pulvinatum Small = Eriogonum shockleyi S. Watson ■☆

152415 Eriogonum purpusii Brandegee = Eriogonum kennedyi Porter ex S. Watson var. purpusii (Brandegee) Reveal ■☆

152416 Eriogonum pusillum Torr. et A. Gray; 黄色野荞麦; Yellow Turban, Yellow Turbans ■☆

152417 Eriogonum pyrolifolium Hook.; 梨叶野荞麦; Shasta Wild Buckwheat ■☆

152418 Eriogonum pyrolifolium Hook. var. bellingeranum M. Peck = Eriogonum pyrolifolium Hook. var. coryphaeum Torr. et A. Gray ■☆

152419 Eriogonum pyrolifolium Hook. var. coryphaeum Torr. et A. Gray; 毛梨叶野荞麦; Hairy Shasta Wild Buckwheat ■☆

152420 Eriogonum racemosum Nutt.; 红根野荞麦; Red-root Buckwheat, Red-root Wild Buckwheat ■☆

152421 Eriogonum racemosum Nutt. var. desertorum S. Stokes = Eriogonum panamintense C. V. Morton ■☆

152422 Eriogonum racemosum Nutt. var. nobilis S. L. Welsh et N. D. Atwood = Eriogonum zionis J. T. Howell ■☆

152423 Eriogonum racemosum Nutt. var. obtusum (Benth.) S. Stokes = Eriogonum racemosum Nutt. ■☆

152424 Eriogonum racemosum Nutt. var. orthocladon (Torr.) S. Stokes = Eriogonum racemosum Nutt. ■☆

152425 Eriogonum racemosum Nutt. var. zionis (J. T. Howell) S. L. Welsh = Eriogonum zionis J. T. Howell ■☆

152426 Eriogonum ramosissimum Eastw. = Eriogonum leptocladon Torr. et A. Gray var. ramosissimum (Eastw.) Reveal ●☆

152427 Eriogonum reliquum S. Stokes = Eriogonum panamintense C. V. Morton ■☆

152428 Eriogonum reniforme Torr. et Frém.; 肾叶野荞麦; Kidney-leaf Wild Buckwheat, Kidney-leaved Buckwheat ■☆

152429 Eriogonum rhodanthum A. Nelson et P. B. Kenn. = Eriogonum ovalifolium Nutt. var. nivale (Canby ex Coville) M. E. Jones ■☆

152430 Eriogonum riograndis G. L. Nesom = Eriogonum multiflorum Benth. var. riograndis (G. L. Nesom) Reveal ■☆

152431 Eriogonum ripleyi J. T. Howell; 里普利野荞麦木; Ripley's Wild Buckwheat ●☆

152432 Eriogonum rixfordii S. Stokes; 里克野荞麦; Pagoda Wild Buckwheat ■☆

152433 Eriogonum robustum Greene; 粗壮野荞麦; Altered Andesite Wild Buckwheat ■☆

152434 Eriogonum rosense A. Nelson et P. B. Kenn.; 洛斯野荞麦; Mt. Rose Wild Buckwheat ■☆

152435 Eriogonum rosense A. Nelson et P. B. Kenn. var. beatleyae (Reveal) Reveal; 比特雷野荞麦; Beatley's Wild Buckwheat ■☆

152436 Eriogonum roseum Durand et Hilg.; 杖野荞麦; Wand Wild Buckwheat ■☆

152437 Eriogonum roseum Durand et Hilg. var. leucocladon (Benth.) Hoover = Eriogonum gracile Benth. ■☆

152438 Eriogonum rosmarinifolium Nutt. var. foliolosum Nutt.; 多小叶野荞麦■☆

152439 Eriogonum rotundifolium Benth.; 圆叶野荞麦; Round-leaf Wild Buckwheat ■☆

152440 Eriogonum rotundifolium Benth. var. angustius Goodman = Eriogonum rotundifolium Benth. ■☆

152441 Eriogonum rubescens Greene = Eriogonum grande Greene var. rubescens (Greene) Munz ●■☆

152442 Eriogonum rubricaule Tidestr.; 红茎野荞麦; Lahontan Basin Wild Buckwheat ■☆

152443 Eriogonum rupinum Reveal; 岩石野荞麦; Wyman Creek Wild Buckwheat ■☆

152444 Eriogonum rydbergii Greene = Eriogonum umbellatum Torr. var. cladophorum Gand. ■☆

152445 Eriogonum salicinum Greene = Eriogonum lonchophyllum Torr. et A. Gray ●■☆

152446 Eriogonum salicornioides Gand.; 藜状野荞麦; Saltwort Wild Buckwheat ■☆

152447 Eriogonum salsuginosum (Nutt.) Hook. = Stenogonum salsuginosum Nutt. ■☆

152448 Eriogonum sarahiae N. D. Atwood et A. Clifford = Eriogonum lachnogynum Torr. ex Benth. var. sarahiae (N. D. Atwood et A. Clifford) Reveal ■☆

152449 Eriogonum saurinum Reveal = Eriogonum lonchophyllum Torr. et A. Gray ●■☆

152450 Eriogonum saxatile S. Watson; 灰白野荞麦; Hoary Wild Buckwheat ■☆

152451 Eriogonum saxatile S. Watson subsp. multicaule S. Stokes = Eriogonum saxatile S. Watson ■☆

152452 Eriogonum saxatile S. Watson var. crocatum (Davidson) Munz = Eriogonum crocatum Davidson ■☆

152453 Eriogonum saxicola A. Heller = Eriogonum nudum Douglas ex Benth. var. westonii (S. Stokes) J. T. Howell ■☆

152454 Eriogonum scabrellum Reveal; 远西野荞麦; Westwater Wild Buckwheat ■☆

152455 Eriogonum scapigerum Eastw. = Eriogonum nudum Douglas ex Benth. var. scapigerum (Eastw.) Jeps. ■☆

152456 Eriogonum scoparium Small = Eriogonum lonchophyllum Torr. et A. Gray ●■☆

152457 Eriogonum scopulorum Reveal; 悬崖野荞麦; Cliff Wild Buckwheat ■☆

152458 Eriogonum sessile S. Stokes ex M. E. Jones = Eriogonum wetherillii Eastw. ■☆

152459 Eriogonum shockleyi S. Watson; 肖克利野荞麦; Shockley's Wild Buckwheat ■☆

152460 Eriogonum shockleyi S. Watson subsp. candidum (M. E. Jones) S. Stokes = Eriogonum shockleyi S. Watson ■☆

152461 Eriogonum shockleyi S. Watson subsp. longilobum (M. E. Jones) S. Stokes = Eriogonum shockleyi S. Watson ■☆

152462 Eriogonum shockleyi S. Watson var. longilobum (M. E. Jones) Reveal = Eriogonum shockleyi S. Watson ■☆

152463 Eriogonum shockleyi S. Watson var. packardiae Reveal = Eriogonum shockleyi S. Watson ■☆

152464 Eriogonum shoshonense A. Nelson = Eriogonum vimineum Douglas ex Benth. ■☆

152465 Eriogonum simpsonii Benth. = Eriogonum microthecum Nutt. var. simpsonii (Benth.) Reveal ●☆

152466 Eriogonum smallianum A. Heller = Eriogonum umbellatum Torr. var. smallianum (A. Heller) S. Stokes ■☆

152467 Eriogonum smithii Reveal; 史密斯野荞麦木; Smith's Wild Buckwheat ●☆

152468 Eriogonum soliceps Reveal et Björk; 西地野荞麦; Railroad Canyon Wild Buckwheat ■☆

152469 Eriogonum soredium Reveal; 旧金山野荞麦; Frisco Wild Buckwheat ■☆

152470 Eriogonum spathulatum A. Gray; 匙叶野荞麦; Spoon-leaf Wild Buckwheat ■☆

152471 Eriogonum spathulatum A. Gray subsp. spathuliforme (Rydb.) S. Stokes = Eriogonum ostlundii M. E. Jones ■☆

152472 Eriogonum spathulatum A. Gray var. brandegeei (Rydb.) S. Stokes = Eriogonum brandegeei Rydb. ■☆

152473 Eriogonum spathulatum A. Gray var. kayeae S. L. Welsh = Eriogonum spathulatum A. Gray ■☆

152474 Eriogonum spathulatum A. Gray var. natum (Reveal) S. L. Welsh = Eriogonum natum Reveal ■☆

152475 Eriogonum spathuliforme Rydb. = Eriogonum ostlundii M. E. Jones ■☆

152476 Eriogonum speciosum Drew = Eriogonum umbellatum Torr. var. speciosum (Drew) S. Stokes ●☆

152477 Eriogonum spectabile B. L. Corbin; 巴隆野荞麦木; Barron's Wild Buckwheat ●☆

152478 Eriogonum spergulinum A. Gray; 大竹草野荞麦; Spurry Wild Buckwheat ■☆

152479 Eriogonum spergulinum A. Gray subsp. reddingianum (M. E. Jones) Munz ex Reveal = Eriogonum spergulinum A. Gray var. reddingianum (M. E. Jones) J. T. Howell ■☆

152480 Eriogonum spergulinum A. Gray var. pratense (S. Stokes) J. T. Howell; 草原野荞麦; Mountain Meadow Wild Buckwheat ■☆

152481 Eriogonum spergulinum A. Gray var. reddingianum (M. E. Jones) J. T. Howell; 雷迪格野荞麦; Redding's Wild Buckwheat ■☆

152482 Eriogonum sphaerocephalum Benth. var. sericoleucum (Greene ex Tidestr.) S. Stokes = Eriogonum caespitosum Nutt. ■☆

152483 Eriogonum sphaerocephalum Douglas ex Benth.; 球头野荞麦木; Rock Wild Buckwheat ●☆

152484 Eriogonum sphaerocephalum Douglas ex Benth. subsp. minimum (Small) S. Stokes = Eriogonum thymoides Benth. ●☆

152485 Eriogonum sphaerocephalum Douglas ex Benth. var. fasciculifolium (A. Nelson) S. Stokes; 簇叶野荞麦木; Weiser Wild Buckwheat ●☆

152486 Eriogonum sphaerocephalum Douglas ex Benth. var. halimioides (Gand.) S. Stokes; 哈利木状野荞麦木; Halimium Wild Buckwheat ●☆

152487 Eriogonum sphaerocephalum Douglas ex Benth. var. sublineare (S. Stokes) Reveal; 火山地野荞麦木; Scabland Wild Buckwheat ●☆

152488 Eriogonum spinescens S. Stokes = Goodmania luteola (Parry) Reveal et Ertter ■☆

152489 Eriogonum stellatum Benth. = Eriogonum umbellatum Torr. var. ellipticum (Nutt.) Reveal ■☆

152490 Eriogonum strictum Benth.; 条纹野荞麦; Strict Wild Buckwheat ■☆

152491 Eriogonum strictum Benth. subsp. anserinum (Greene) S. Stokes = Eriogonum strictum Benth. var. anserinum (Greene) S. Stokes ■☆

152492 Eriogonum strictum Benth. subsp. bellum (S. Stokes) S. Stokes = Eriogonum strictum Benth. var. proliferum (Torr. et A. Gray) C. L. Hitchc. ■☆

152493 Eriogonum strictum Benth. subsp. proliferum (Torr. et A. Gray) S. Stokes = Eriogonum strictum Benth. var. proliferum (Torr. et A. Gray) C. L. Hitchc. ■☆

152494 Eriogonum strictum Benth. var. anserinum (Greene) S. Stokes; 鹅野荞麦; Goose Lake Wild Buckwheat ■☆

152495 Eriogonum strictum Benth. var. argenteum S. Stokes = Eriogonum strictum Benth. var. proliferum (Torr. et A. Gray) C. L. Hitchc. ■☆

152496 Eriogonum strictum Benth. var. flavissimum (Gand.) C. L. Hitchc. = Eriogonum strictum Benth. var. anserinum (Greene) S. Stokes ■☆

152497 Eriogonum strictum Benth. var. glabrum C. L. Hitchc. = Eriogonum strictum Benth. ■☆

152498 Eriogonum strictum Benth. var. greenei (A. Gray) Reveal; 格林野荞麦; Greene's Wild Buckwheat ■☆

152499 Eriogonum strictum Benth. var. proliferum (Torr. et A. Gray) C. L. Hitchc.;多育野荞麦;Proliferous Wild Buckwheat ■☆
152500 Eriogonum subalpinum Greene = Eriogonum umbellatum Torr. var. majus Hook. ■☆
152501 Eriogonum subreniforme S. Watson;肾形野荞麦;Kidney-shaped Wild Buckwheat ■☆
152502 Eriogonum suffruticosum S. Watson;密灌野荞麦木;Bushy Wild Buckwheat ●☆
152503 Eriogonum sulcatum S. Watson = Eriogonum heermannii Durand et Hilg. var. sulcatum (S. Watson) Munz et Reveal ●☆
152504 Eriogonum sulcatum S. Watson var. argense M. E. Jones = Eriogonum heermannii Durand et Hilg. var. argense (M. E. Jones) Munz ●☆
152505 Eriogonum sulphureum Greene = Eriogonum nudum Douglas ex Benth. var. oblongifolium S. Watson ■☆
152506 Eriogonum tenellum subsp. platyphyllum (Torr. ex Benth.) S. Stokes = Eriogonum tenellum Torr. var. platyphyllum (Torr. ex Benth.) Torr. ■☆
152507 Eriogonum tenellum Torr.;柔弱野荞麦;Tall Wild Buckwheat ■☆
152508 Eriogonum tenellum Torr. subsp. cottamii S. Stokes = Eriogonum brevicaule Nutt. var. cottamii (S. Stokes) Reveal ■☆
152509 Eriogonum tenellum Torr. subsp. ostlundii (M. E. Jones) S. Stokes = Eriogonum ostlundii M. E. Jones ■☆
152510 Eriogonum tenellum Torr. var. platyphyllum (Torr. ex Benth.) Torr.;宽叶柔弱野荞麦;Broad-leaf Wild Buckwheat ■☆
152511 Eriogonum tenellum Torr. var. ramosissimum Benth.;多枝柔弱野荞麦;Granite Mountain Wild Buckwheat ■☆
152512 Eriogonum tenuissimum Eastw. = Eriogonum ordii S. Watson ■☆
152513 Eriogonum ternatum Howell;三出野荞麦;Ternate Wild Buckwheat ■☆
152514 Eriogonum ternatum Howell var. congdonii (S. Stokes) J. T. Howell = Eriogonum congdonii (S. Stokes) Reveal ●☆
152515 Eriogonum terrenatum Reveal;圣佩德罗野荞麦木;San Pedro River Wild Buckwheat ●☆
152516 Eriogonum tetraneuris Small = Eriogonum lachnogynum Torr. ex Benth. ■☆
152517 Eriogonum thomasii Torr.;托马斯野荞麦;Thomas' Wild Buckwheat ■☆
152518 Eriogonum thompsoniae S. Watson;汤普森野荞麦;Thompson's Wild Buckwheat ■☆
152519 Eriogonum thompsoniae S. Watson var. albiflorum Reveal;白花托马斯野荞麦;Virgin Wild Buckwheat ■☆
152520 Eriogonum thompsoniae S. Watson var. atwoodii Reveal;阿特伍德野荞麦;Atwood's Wild Buckwheat ■☆
152521 Eriogonum thompsoniae S. Watson var. matthewsiae (Reveal) Reveal = Eriogonum thompsoniae S. Watson var. albiflorum Reveal ■☆
152522 Eriogonum thornei (Reveal et Henrickson) L. M. Shultz;托纳野荞麦木;Thorne's Wild Buckwheat ●☆
152523 Eriogonum thurberi Torr.;瑟伯野荞麦;Thurber's Wild Buckwheat ■☆
152524 Eriogonum thymoides Benth.;百里香叶野荞麦木;Thyme-leaf Wild Buckwheat ●☆
152525 Eriogonum thymoides Benth. subsp. congestum S. Stokes = Eriogonum thymoides Benth. ●☆
152526 Eriogonum tiehmii Reveal;蒂姆野荞麦;Tiehm's Wild Buckwheat ■☆
152527 Eriogonum tomentosum Michx.;沙丘野荞麦;Sandhill Wild Buckwheat ■☆
152528 Eriogonum torreyanum A. Gray = Eriogonum umbellatum Torr. var. torreyanum (A. Gray) M. E. Jones ■☆
152529 Eriogonum trachygonum Torr. ex Benth. = Eriogonum wrightii Torr. ex Benth. var. trachygonum (Torr. ex Benth.) Jeps. ●☆
152530 Eriogonum trachygonum Torr. ex Benth. subsp. glomerulum S. Stokes = Eriogonum wrightii Torr. ex Benth. ●■☆
152531 Eriogonum trachygonum Torr. ex Benth. subsp. helianthemifolium (Benth.) S. Stokes = Eriogonum wrightii Torr. ex Benth. ●■☆
152532 Eriogonum trachygonum Torr. ex Benth. subsp. membranaceum (S. Stokes ex Jeps.) S. Stokes = Eriogonum wrightii Torr. ex Benth. var. membranaceum S. Stokes ex Jeps. ●☆
152533 Eriogonum trachygonum Torr. ex Benth. subsp. pringlei (J. M. Coult. et Fisher) S. Stokes = Eriogonum wrightii Torr. ex Benth. var. nodosum (Small) Reveal ●☆
152534 Eriogonum trachygonum Torr. ex Benth. subsp. subscaposum (S. Watson) S. Stokes;亚花茎野荞麦■☆
152535 Eriogonum trachygonum Torr. ex Benth. subsp. wrightii (Torr. ex Benth.) S. Stokes = Eriogonum wrightii Torr. ex Benth. ●■☆
152536 Eriogonum trichopes Torr.;毛梗野荞麦;Little Desert Trumpet, Little Trumpet ■☆
152537 Eriogonum trichopes Torr. subsp. glandulosum (Nutt.) S. Stokes = Eriogonum glandulosum (Nutt.) Nutt. ex Benth. ■☆
152538 Eriogonum trichopes Torr. subsp. glaucum (Small) S. Stokes = Eriogonum inflatum Torr. et Frém. ■☆
152539 Eriogonum trichopes Torr. subsp. minus (Benth.) S. Stokes = Eriogonum trichopes Torr. ■☆
152540 Eriogonum trichopes Torr. var. hooveri Reveal = Eriogonum clavatum Small ■☆
152541 Eriogonum trichopes Torr. var. rubricaule (Tidestr.) S. Stokes = Eriogonum rubricaule Tidestr. ■☆
152542 Eriogonum trilobatum (A. Gray) S. Stokes = Sidotheca trilobata (A. Gray) Reveal ■☆
152543 Eriogonum tripodum Greene;三足野荞麦木;Tripod Wild Buckwheat ●☆
152544 Eriogonum triste S. Watson = Eriogonum alatum Torr. ■☆
152545 Eriogonum tristichum Small = Eriogonum lonchophyllum Torr. et A. Gray ●■☆
152546 Eriogonum truncatum Torr. et A. Gray;平截野荞麦;Mt. Diablo Wild Buckwheat ■☆
152547 Eriogonum truncatum Torr. et A. Gray var. adsurgens Jeps. = Eriogonum eastwoodianum J. T. Howell ■☆
152548 Eriogonum tumulosum (Barneby) Reveal;林缘野荞麦;Woodside Wild Buckwheat ■☆
152549 Eriogonum twisselmannii (J. T. Howell) Reveal;特威斯野荞麦;Twisselmann's Wild Buckwheat ■☆
152550 Eriogonum umbellatum Torr.;伞花绒毛蓼(伞花野荞麦);Common Sulphur Flower, Round-leaf Wild Buckwheat, Sulphur Flower, Sulphur Plant, Sulphur-flower Buckwheat ●■☆
152551 Eriogonum umbellatum Torr. subsp. aridum (Greene) S. Stokes = Eriogonum umbellatum Torr. var. dichrocephalum Gand. ■☆
152552 Eriogonum umbellatum Torr. subsp. cognatum (Greene) S. Stokes = Eriogonum umbellatum Torr. var. cognatum (Greene) Reveal ■☆
152553 Eriogonum umbellatum Torr. subsp. covillei (Small) Munz = Eriogonum umbellatum Torr. var. covillei (Small) Munz et Reveal ■☆
152554 Eriogonum umbellatum Torr. subsp. dumosum (Greene) S.

Stokes = Eriogonum umbellatum Torr. var. dumosum (Greene) Reveal ●☆

152555 Eriogonum umbellatum Torr. subsp. ferrissii (A. Nelson) S. Stokes = Eriogonum umbellatum Torr. var. subaridum S. Stokes ●☆

152556 Eriogonum umbellatum Torr. subsp. haussknechtii (Dammer) S. Stokes = Eriogonum umbellatum Torr. var. haussknechtii (Dammer) M. E. Jones ■☆

152557 Eriogonum umbellatum Torr. subsp. hypoleium Piper = Eriogonum umbellatum Torr. var. hypoleium (Piper) C. L. Hitchc. ■☆

152558 Eriogonum umbellatum Torr. subsp. majus (Hook.) Piper = Eriogonum umbellatum Torr. var. majus Hook. ■☆

152559 Eriogonum umbellatum Torr. subsp. minus (I. M. Johnst.) Munz = Eriogonum umbellatum Torr. var. minus I. M. Johnst. ■☆

152560 Eriogonum umbellatum Torr. subsp. munzii (Reveal) Thorne ex Munz = Eriogonum umbellatum Torr. var. munzii Reveal ■☆

152561 Eriogonum umbellatum Torr. subsp. polyanthum (Benth.) S. Stokes = Eriogonum umbellatum Torr. var. polyanthum (Benth.) M. E. Jones ●☆

152562 Eriogonum umbellatum Torr. subsp. serratum S. Stokes = Eriogonum prattenianum Durand ●☆

152563 Eriogonum umbellatum Torr. subsp. stellatum (Benth.) S. Stokes = Eriogonum umbellatum Torr. var. ellipticum (Nutt.) Reveal ■☆

152564 Eriogonum umbellatum Torr. subsp. subalpinum (Greene) S. Stokes = Eriogonum umbellatum Torr. var. majus Hook. ■☆

152565 Eriogonum umbellatum Torr. subsp. subaridum (S. Stokes) Munz = Eriogonum umbellatum Torr. var. subaridum S. Stokes ●☆

152566 Eriogonum umbellatum Torr. var. ahartii Reveal;阿哈特野荞麦木;Ahart's Sulphur Flower ●☆

152567 Eriogonum umbellatum Torr. var. argus Reveal;独眼野荞麦;One-eyed Sulphur Flower ■☆

152568 Eriogonum umbellatum Torr. var. aridum (Greene) C. L. Hitchc. = Eriogonum umbellatum Torr. var. dichrocephalum Gand. ■☆

152569 Eriogonum umbellatum Torr. var. aureum (Gand.) Reveal;黄伞花野荞麦;Golden Sulphur Flower ■☆

152570 Eriogonum umbellatum Torr. var. bahiiforme (Torr. et A. Gray) Jeps.;圣克拉拉野荞麦;Santa Clara Sulphur Flower ■☆

152571 Eriogonum umbellatum Torr. var. canifolium Reveal;谢尔曼野荞麦;Sherman Pass Sulphur Flower ■☆

152572 Eriogonum umbellatum Torr. var. chlorothamnus Reveal;绿灌野荞麦木;Sherwin Grade Sulphur Flower ●☆

152573 Eriogonum umbellatum Torr. var. chrysanthum Gand. = Eriogonum umbellatum Torr. var. ellipticum (Nutt.) Reveal ■☆

152574 Eriogonum umbellatum Torr. var. cladophorum Gand.;枝梗野荞麦;Yellowstone Sulphur Flower ■☆

152575 Eriogonum umbellatum Torr. var. cognatum (Greene) Reveal;近缘野荞麦;Flagstaff Sulphur Flower ■☆

152576 Eriogonum umbellatum Torr. var. covillei (Small) Munz et Reveal;科维尔伞花绒毛蓼;Coville's Sulphur Flower ■☆

152577 Eriogonum umbellatum Torr. var. croceum (Small ex Rydb.) S. Stokes = Eriogonum umbellatum Torr. var. ellipticum (Nutt.) Reveal ■☆

152578 Eriogonum umbellatum Torr. var. desereticum Reveal;沙地硫花野荞麦;Deseret Sulphur Flower ■☆

152579 Eriogonum umbellatum Torr. var. devestivum Reveal;恩培野荞麦;Emperor's Sulphur Flower ■☆

152580 Eriogonum umbellatum Torr. var. dichrocephalum Gand.;叉头野荞麦;Bicolor Sulphur Flower ■☆

152581 Eriogonum umbellatum Torr. var. dumosum (Greene) Reveal;灌丛野荞麦木;American Valley Sulphur Flower ●☆

152582 Eriogonum umbellatum Torr. var. ellipticum (Nutt.) Reveal;椭圆野荞麦;Starry Sulphur Flower ■☆

152583 Eriogonum umbellatum Torr. var. furcosum Reveal;叉伞花野荞麦木;Sierra Nevada Sulphur Flower ●☆

152584 Eriogonum umbellatum Torr. var. glaberrimum (Gand.) Reveal;光滑野荞麦;Warner Mountains Sulphur Flower ■☆

152585 Eriogonum umbellatum Torr. var. glabrum S. Stokes = Eriogonum umbellatum Torr. var. aureum (Gand.) Reveal ■☆

152586 Eriogonum umbellatum Torr. var. goodmanii Reveal;古得曼野荞麦;Goodman's Sulphur Flower ■☆

152587 Eriogonum umbellatum Torr. var. haussknechtii (Dammer) M. E. Jones;豪斯野荞麦;Haussknecht's Sulphur Flower ■☆

152588 Eriogonum umbellatum Torr. var. humistratum Reveal;斯科特野荞麦;Scott Mountain Sulphur Flower ■☆

152589 Eriogonum umbellatum Torr. var. hypoleium (Piper) C. L. Hitchc.;下光野荞麦;Kittitas Sulphur Flower ■☆

152590 Eriogonum umbellatum Torr. var. intectum A. Nelson = Eriogonum umbellatum Torr. var. aureum (Gand.) Reveal ■☆

152591 Eriogonum umbellatum Torr. var. majus Hook.;亚高山野荞麦;Subalpine Sulphur Flower ■☆

152592 Eriogonum umbellatum Torr. var. minus I. M. Johnst.;小伞花野荞麦;Old Baldy Sulphur Flower ■☆

152593 Eriogonum umbellatum Torr. var. mohavense Reveal;莫哈维野荞麦;Mohave Sulphur Flower ■☆

152594 Eriogonum umbellatum Torr. var. munzii Reveal;芒茨野荞麦;Munz's Sulphur Flower ■☆

152595 Eriogonum umbellatum Torr. var. nelsoniorum Reveal;纳尔逊野荞麦木;Nelson's Sulphur Flower ●■☆

152596 Eriogonum umbellatum Torr. var. nevadense Gand.;内华达伞花绒毛蓼;Nevada Sulphur Flower ●☆

152597 Eriogonum umbellatum Torr. var. polyanthum (Benth.) M. E. Jones;美国多花野荞麦木;American River Sulphur Flower ●☆

152598 Eriogonum umbellatum Torr. var. polypodum (Small) S. Stokes = Eriogonum polypodum Small ■☆

152599 Eriogonum umbellatum Torr. var. porteri (Small) S. Stokes;波特野荞麦;Porter's Sulphur Flower ■☆

152600 Eriogonum umbellatum Torr. var. ramulosum Reveal;多枝小室野荞麦;Buffalo Bill's Sulphur Flower ■☆

152601 Eriogonum umbellatum Torr. var. sandbergii Reveal;桑德野荞麦木;Sandberg's Sulphur Flower ●☆

152602 Eriogonum umbellatum Torr. var. smallianum (A. Heller) S. Stokes;斯莫尔野荞麦;Small's Sulphur Flower ■☆

152603 Eriogonum umbellatum Torr. var. speciosum (Drew) S. Stokes;美丽小室野荞麦木;Beautiful Sulphur Flower ●☆

152604 Eriogonum umbellatum Torr. var. stellatum (Benth.) M. E. Jones = Eriogonum umbellatum Torr. var. ellipticum (Nutt.) Reveal ■☆

152605 Eriogonum umbellatum Torr. var. stragulum Reveal;扩散野荞麦;Spreading Sulphur Flower ■☆

152606 Eriogonum umbellatum Torr. var. subaridum S. Stokes;荒漠野荞麦木;Ferris' Sulphur Flower ●☆

152607 Eriogonum umbellatum Torr. var. ternatum (Howell) S. Stokes = Eriogonum ternatum Howell ■☆

152608 Eriogonum umbellatum Torr. var. torreyanum (A. Gray) M. E.

Jones;托雷野荞麦;Donner Pass Sulphur Flower ■☆
152609 Eriogonum umbellatum Torr. var. vernum Reveal;纯花野荞麦木;Spring-flowering Sulphur Flower ●☆
152610 Eriogonum umbellatum Torr. var. versicolor S. Stokes;变色野荞麦;Panamint Sulphur Flower ■☆
152611 Eriogonum umbelliferum Small = Eriogonum umbellatum Torr. var. aureum (Gand.) Reveal ■☆
152612 Eriogonum undulatum Benth. = Eriogonum jamesii Benth. var. undulatum (Benth.) S. Stokes ex M. E. Jones ●☆
152613 Eriogonum ursinum S. Watson;熊野荞麦;Bear Valley Wild Buckwheat ■☆
152614 Eriogonum ursinum S. Watson var. confine S. Stokes = Eriogonum ternatum Howell ■☆
152615 Eriogonum ursinum S. Watson var. congdonii S. Stokes = Eriogonum congdonii (S. Stokes) Reveal ●☆
152616 Eriogonum ursinum S. Watson var. erubescens Reveal;红野荞麦;Blushing Wild Buckwheat ■☆
152617 Eriogonum ursinum S. Watson var. nervulosum S. Stokes = Eriogonum nervulosum (S. Stokes) Reveal ■☆
152618 Eriogonum ursinum S. Watson var. rosulatum (Small) S. Stokes = Eriogonum incanum Torr. et A. Gray ■☆
152619 Eriogonum ursinum S. Watson var. venosum S. Stokes ex Smiley = Eriogonum polypodum Small ■☆
152620 Eriogonum vagans S. Watson;漫游野荞麦■☆
152621 Eriogonum verrucosum Reveal = Eriogonum crosbyae Reveal ■☆
152622 Eriogonum vespinum Shinners = Eriogonum longifolium Nutt. ■☆
152623 Eriogonum vestitum J. T. Howell;伊德里亚野荞麦;Idria Wild Buckwheat ■☆
152624 Eriogonum villiflorum A. Gray;格雷野荞麦;Gray's Wild Buckwheat ■☆
152625 Eriogonum villiflorum A. Gray var. candidum M. E. Jones = Eriogonum shockleyi S. Watson ■☆
152626 Eriogonum villiflorum A. Gray var. tumulosum Barneby = Eriogonum tumulosum (Barneby) Reveal ■☆
152627 Eriogonum vimenum Douglas ex Benth. subsp. shoshonense (A. Nelson) S. Stokes = Eriogonum vimineum Douglas ex Benth. ■☆
152628 Eriogonum vimenum Douglas ex Benth. var. caninum Greene = Eriogonum luteolum Greene var. caninum (Greene) Reveal ■☆
152629 Eriogonum vimineum Douglas ex Benth.;柳条茎野荞麦;Wicker-stem Wild Buckwheat ■☆
152630 Eriogonum vimineum Douglas ex Benth. subsp. adsurgens (Jeps.) S. Stokes = Eriogonum eastwoodianum J. T. Howell ■☆
152631 Eriogonum vimineum Douglas ex Benth. subsp. baileyi (S. Watson) S. Stokes = Eriogonum baileyi S. Watson ■☆
152632 Eriogonum vimineum Douglas ex Benth. subsp. gracile (Benth.) S. Stokes = Eriogonum gracile Benth. ■☆
152633 Eriogonum vimineum Douglas ex Benth. subsp. juncinellum (Gand.) S. Stokes = Eriogonum davidsonii Greene ■☆
152634 Eriogonum vimineum Douglas ex Benth. subsp. molestum (S. Watson) S. Stokes = Eriogonum molestum S. Watson ■☆
152635 Eriogonum vimineum Douglas ex Benth. subsp. nidularium (Coville) S. Stokes = Eriogonum nidularium Coville ■☆
152636 Eriogonum vimineum Douglas ex Benth. subsp. nortonii (Greene) S. Stokes = Eriogonum nortonii Greene ■☆
152637 Eriogonum vimineum Douglas ex Benth. subsp. polycladon (Benth.) S. Stokes = Eriogonum polycladon Benth. ■☆
152638 Eriogonum vimineum Douglas ex Benth. subsp. polygonoides S. Stokes = Eriogonum cithariforme S. Watson var. agninum (Greene) Reveal ■☆
152639 Eriogonum vimineum Douglas ex Benth. subsp. virgatum (Benth.) S. Stokes = Eriogonum roseum Durand et Hilg. ■☆
152640 Eriogonum vimineum Douglas ex Benth. var. agninum (Greene) S. Stokes = Eriogonum cithariforme S. Watson var. agninum (Greene) Reveal ■☆
152641 Eriogonum vimineum Douglas ex Benth. var. brachyanthum (Coville) S. Stokes = Eriogonum brachyanthum Coville ■☆
152642 Eriogonum vimineum Douglas ex Benth. var. cithariforme (S. Watson) S. Stokes = Eriogonum cithariforme S. Watson ■☆
152643 Eriogonum vimineum Douglas ex Benth. var. covilleanum (Eastw.) S. Stokes = Eriogonum covilleanum Eastw. ■☆
152644 Eriogonum vimineum Douglas ex Benth. var. davidsonii (Greene) S. Stokes = Eriogonum davidsonii Greene ■☆
152645 Eriogonum vimineum Douglas ex Benth. var. densum (Greene) S. Stokes = Eriogonum polycladon Benth. ■☆
152646 Eriogonum vimineum Douglas ex Benth. var. elegans (Greene) S. Stokes = Eriogonum elegans Greene ■☆
152647 Eriogonum vimineum Douglas ex Benth. var. glabrum S. Stokes = Eriogonum davidsonii Greene ■☆
152648 Eriogonum vimineum Douglas ex Benth. var. luteolum (Greene) S. Stokes = Eriogonum luteolum Greene ■☆
152649 Eriogonum vimineum Douglas ex Benth. var. multiradiatum S. Stokes = Eriogonum baileyi S. Watson ■☆
152650 Eriogonum vimineum Douglas ex Benth. var. porphyreticum (S. Stokes ex M. E. Jones) S. Stokes = Eriogonum baileyi S. Watson ■☆
152651 Eriogonum vimineum Douglas ex Benth. var. restioides (Gand.) S. Stokes = Eriogonum baileyi S. Watson ■☆
152652 Eriogonum vimineum Douglas ex Benth. var. salicornioides (Gand.) S. Stokes = Eriogonum salicornioides Gand. ■☆
152653 Eriogonum vineum Small = Eriogonum ovalifolium Nutt. var. vineum (Small) A. Nelson ■☆
152654 Eriogonum virgatum Benth. = Eriogonum roseum Durand et Hilg. ■☆
152655 Eriogonum viridescens A. Heller;双齿野荞麦;Two-toothed Wild Buckwheat ■☆
152656 Eriogonum viridulum Reveal;绿花野荞麦;Clay Hill Wild Buckwheat ■☆
152657 Eriogonum viscidulum J. T. Howell;黏野荞麦;Sticky Wild Buckwheat ■☆
152658 Eriogonum visheri A. Nelson;维舍野荞麦;Visher's Wild Buckwheat ■☆
152659 Eriogonum wasatchense M. E. Jones = Eriogonum brevicaule Nutt. ■☆
152660 Eriogonum watsonii Torr. et A. Gray;沃森野荞麦;Watson's Wild Buckwheat ■☆
152661 Eriogonum wetherillii Eastw.;韦瑟里尔野荞麦;Wetherill's Wild Buckwheat ■☆
152662 Eriogonum wootonii (Reveal) Reveal;伍顿野荞麦;Wooton's Wild Buckwheat ■☆
152663 Eriogonum wrightii Torr. ex Benth.;赖特野荞麦木;Bastard Sage, Bastard-sage, Woolly Buckwheat, Wright's Bastard-sage, Wright's Buckwheat, Wright's Wild Buckwheat ●■☆
152664 Eriogonum wrightii Torr. ex Benth. subsp. glomerulum (S. Stokes) S. Stokes = Eriogonum wrightii Torr. ex Benth. ●■☆
152665 Eriogonum wrightii Torr. ex Benth. subsp. helianthemifolium

(Benth.) S. Stokes = Eriogonum wrightii Torr. ex Benth. ●■☆
152666 Eriogonum wrightii Torr. ex Benth. subsp. membranaceum (S. Stokes ex Jeps.) S. Stokes = Eriogonum wrightii Torr. ex Benth. var. membranaceum S. Stokes ex Jeps. ●☆
152667 Eriogonum wrightii Torr. ex Benth. subsp. pringlei (J. M. Coult. et Fisher) S. Stokes = Eriogonum wrightii Torr. ex Benth. var. nodosum (Small) Reveal ●☆
152668 Eriogonum wrightii Torr. ex Benth. subsp. trachygonum (Torr. ex Benth.) S. Stokes = Eriogonum wrightii Torr. ex Benth. var. trachygonum (Torr. ex Benth.) Jeps. ●☆
152669 Eriogonum wrightii Torr. ex Benth. var. curvatum (Small) Munz;弯赖特野荞麦■☆
152670 Eriogonum wrightii Torr. ex Benth. var. membranaceum S. Stokes ex Jeps.;膜质赖特野荞麦木;Ringed-stem Bastard-sage ●☆
152671 Eriogonum wrightii Torr. ex Benth. var. nodosum (Small) Reveal;瘤茎赖特野荞麦木;Knot-stem Bastard-sage ●☆
152672 Eriogonum wrightii Torr. ex Benth. var. olanchense (J. T. Howell) Reveal;奥兰恰野荞麦;Olancha Peak Bastard-sage ■☆
152673 Eriogonum wrightii Torr. ex Benth. var. pringlei (J. M. Coult. et Fisher) Reveal = Eriogonum wrightii Torr. ex Benth. var. nodosum (Small) Reveal ●☆
152674 Eriogonum wrightii Torr. ex Benth. var. subscaposum S. Watson;短茎赖特野荞麦;Short-stemmed Bastard-sage ■☆
152675 Eriogonum wrightii Torr. ex Benth. var. trachygonum (Torr. ex Benth.) Jeps.;糙瘤赖特野荞麦木;Rough-node Bastard-sage ●☆
152676 Eriogonum xanthum Small = Eriogonum arcuatum Greene var. xanthum (Small) Reveal ■☆
152677 Eriogonum zionis J. T. Howell;锡安山野荞麦;Zion Wild Buckwheat ■☆
152678 Eriogonum zionis J. T. Howell var. coccineum J. T. Howell;猩红野荞麦;Point Sublime Wild Buckwheat ■☆
152679 Eriogynia Hook. (1832);串绒花属●☆
152680 Eriogynia Hook. = Luetkea Bong. ●☆
152681 Eriogynia Hook. = Spiraea L. ●
152682 Eriogynia pectinata Hook.;串绒花●☆
152683 Eriolaena DC. (1823);火绳树属(大绳树属,芒木属);Eriolaena, Firerope ●
152684 Eriolaena candollei Wall.;南火绳(星毛南火绳);Candolle Eriolaena, Stellatehair Eriolaena, Stellatehair Firerope, Stellate-haired Eriolaena ●
152685 Eriolaena ceratocarpa Hu = Eriolaena kwangsiensis Hand.-Mazz. ●
152686 Eriolaena esquirolii H. Lév. = Burretiodendron esquirolii (H. Lév.) Rehder ●◇
152687 Eriolaena glabrescens A. DC.;光叶火绳树(光火绳树,光叶火绳);Glabrescent Eriolaena, Glabrescent Firerope ●
152688 Eriolaena glabrescens Hu = Eriolaena glabrescens A. DC. ●
152689 Eriolaena hookeriana Wight et Arn.;胡克火绳树(虎克火绳树);Hooker Eriolaena ●☆
152690 Eriolaena kwangsiensis Hand.-Mazz.;桂火绳(广西火绳树,广西芒木);Guangxi Eriolaena, Guangxi Firerope, Kwangsi Eriolaena ●
152691 Eriolaena malvacea (H. Lév.) Hand.-Mazz. = Eriolaena spectabilis (DC.) Planch. ex Hook. f. ●
152692 Eriolaena quinquelocularis (Wight et Arn.) Wight;五室火绳;Five-celled Eriolaena, Fiveroom Firerope, Quinquelocular Eriolaena ●
152693 Eriolaena spectabilis (DC.) Planch. ex Hook. f.;火绳树(赤火绳,火索树,接骨丹,引火绳);Showy Eriolaena, Showy Firerope ●
152694 Eriolaena sterculiacea H. Lév. = Eriolaena spectabilis (DC.) Planch. ex Hook. f. ●
152695 Eriolaena stocksii Hook. f. et Thomson ex Mast.;斯托克火绳树;Stocks Eriolaena ●☆
152696 Eriolaena szemaoensis Hu = Eriolaena spectabilis (DC.) Planch. ex Hook. f. ●
152697 Eriolaena wallichii DC.;单花火绳树;Uniflowered Eriolaena, Uniflowered Firerope ●☆
152698 Eriolaena yunnanensis W. W. Sm.;云南火绳树;Yunnan Eriolaena, Yunnan Firerope ●
152699 Eriolaena yunnanensis W. W. Sm. = Reevesia pubescens Mast. ●
152700 Eriolarynx (Hunz.) Hunz. = Vassobia Rusby ●☆
152701 Eriolepis Cass. = Cirsium Mill. ■
152702 Eriolepis lacnceolata (L.) Cass. = Cirsium vulgare (Savi) Ten. ■
152703 Eriolobus (DC.) M. Roem. = Malus Mill. ●
152704 Eriolobus M. Roem. = Malus Mill. ●
152705 Eriolobus delavayi (Franch.) C. K. Schneid. = Docynia delavayi (Franch.) C. K. Schneid. ●
152706 Eriolobus delavayi Schneid. = Docynia delavayi (Franch.) C. K. Schneid. ●
152707 Eriolobus doumeri (Bois) C. K. Schneid. = Malus doumeri (Bois) A. Chev. ●
152708 Eriolobus doumeri (Boiss.) Schneid. = Malus doumeri (Bois) A. Chev. ●
152709 Eriolobus kansuensis (Batalin) C. K. Schneid. = Malus kansuensis (Batalin) C. K. Schneid. ●
152710 Eriolobus kansuensis Schneid. = Malus kansuensis (Batalin) C. K. Schneid. ●
152711 Eriolobus tschonoskii (Maxim.) Rehder = Malus tschonoskii (Maxim.) C. K. Schneid. ●☆
152712 Eriolobus yunnanensis (Franch.) C. K. Schneid. = Malus yunnanensis (Franch.) C. K. Schneid. ●
152713 Eriolopha Ridl. = Alpinia Roxb. (保留属名)■
152714 Eriolytrum Desv. ex Kunth = Panicum L. ■
152715 Eriolytrum Kunth = Panicum L. ■
152716 Erione Schott et Endl. = Ceiba Mill. ●
152717 Erione Schott et Endl. = Eriodendron DC. ●
152718 Erioneuron Nash (1903);密丛草属■☆
152719 Erioneuron pulchellum (Kunth) Tateoka;密丛草;Fluff Grass, Fluff-grass ■☆
152720 Erionia Noronha = Ocimum L. ●■
152721 Eriopappus Arn. = Layia Hook. et Arn. ex DC. (保留属名)■☆
152722 Eriopappus Hort. ex Loudon = Eupatorium L. ■●
152723 Eriope Bonpl. ex Benth. = Eriope Humb. et Bonpl. ex Benth. ●■☆
152724 Eriope Humb. et Bonpl. ex Benth. (1833);毛口草属●■☆
152725 Eriope Kunth ex Benth. = Eriope Humb. et Bonpl. ex Benth. ●■☆
152726 Eriope crassipes Benth.;毛口草■☆
152727 Eriopetalum Wight = Brachystelma R. Br. (保留属名)■
152728 Eriopexis (Schltr.) Brieger = Dendrobium Sw. (保留属名)■
152729 Eriopha Hill = Centaurea L. (保留属名)●■
152730 Eriophila Rchb. = Draba L. ■
152731 Eriophila Rchb. = Erophila DC. (保留属名)■☆
152732 Eriophorella Holub = Trichophorum Pers. (保留属名)■
152733 Eriophoropsis Palla = Eriophorum L. ■
152734 Eriophorum L. (1753);羊胡子草属(绵菅草属,绵菅属);Bog-cotton, Cotton Grass, Cotton Sedge, Cotton-grass, Cottonsedge,

Cotton-sedge, Linaigrette ■

152735 Eriophorum alpinum L. = Trichophorum alpinum (L.) Pers. ■☆

152736 Eriophorum altaicum Meinsh. = Eriophorum scheuchzeri Hoppe ■

152737 Eriophorum altaicum Meinsh. var. neogeum Raymond = Eriophorum chamissonis C. A. Mey. ex Ledeb. ■☆

152738 Eriophorum angustifolium Honck. = Eriophorum angustifolium Roth ■☆

152739 Eriophorum angustifolium Honck. subsp. scabriusculum Hultén; 高羊胡子草; Tall Cotton-grass ■☆

152740 Eriophorum angustifolium Honck. subsp. triste (Th. Fr.) Hultén; 暗淡窄叶羊胡子草■☆

152741 Eriophorum angustifolium Roth = Eriophorum polystachion L. ■

152742 Eriophorum asiaticum V. N. Vassil. = Eriophorum gracile W. D. J. Koch ex Roth ■

152743 Eriophorum brachyantherum Trautv. = Eriophorum brachyantherum Trautv. et C. A. Mey. ■☆

152744 Eriophorum brachyantherum Trautv. et C. A. Mey.; 闭鞘胡子草; Closed-sheath Cotton-grass ■☆

152745 Eriophorum callitrix Cham. = Eriophorum callitrix Cham. ex C. A. Mey. ■☆

152746 Eriophorum callitrix Cham. ex C. A. Mey.; 丽毛羊胡子草■☆

152747 Eriophorum capitatum Host = Eriophorum scheuchzeri Hoppe ■

152748 Eriophorum chamissonis C. A. Mey. = Eriophorum chamissonis C. A. Mey. ex Ledeb. ■☆

152749 Eriophorum chamissonis C. A. Mey. ex Ledeb.; 哈米羊胡子草; Chamisso's Cotton-grass, Russet Cotton-grass, Russett Cotton-grass, Rusty Cotton-grass ■☆

152750 Eriophorum chamissonis C. A. Mey. f. albidum (F. Nyl.) Fernald = Eriophorum chamissonis C. A. Mey. ex Ledeb. ■☆

152751 Eriophorum chamissonis C. A. Mey. f. turneri Raymond = Eriophorum chamissonis C. A. Mey. ex Ledeb. ■☆

152752 Eriophorum chamissonis C. A. Mey. var. aquatile (Norman) Fernald = Eriophorum chamissonis C. A. Mey. ex Ledeb. ■☆

152753 Eriophorum comosum Nees; 丛毛羊胡子草(猴毛草, 心慌草, 崖胡子草, 崖荆草, 岩梭, 羊胡子草); Tuftedhair Cottonsedge ■

152754 Eriophorum coreanum Palla = Eriophorum gracile W. D. J. Koch ex Roth ■

152755 Eriophorum crinigerum (A. Gray) Beetle; 长毛羊胡子草■☆

152756 Eriophorum cyperinum L. = Scirpus cyperinus (L.) Kunth ■☆

152757 Eriophorum fauriei E. G. Camus = Eriophorum vaginatum L. ■

152758 Eriophorum fauriei E. G. Camus = Eriophorum vaginatum L. subsp. fauriei (E. G. Camus) Á. Löve et D. Löve ■☆

152759 Eriophorum gracile W. D. J. Koch ex Roth; 细秆羊胡子草; Slender Cotton Grass, Slender Cotton-grass, Slender Cottonsedge ■

152760 Eriophorum gracile W. D. J. Koch ex Roth subsp. coreanum (Palla) Hultén = Eriophorum gracile W. D. J. Koch ex Roth ■

152761 Eriophorum gracile W. D. J. Koch ex Roth var. coreanum (Palla) Ohwi = Eriophorum gracile W. D. J. Koch ex Roth ■

152762 Eriophorum hudsonianum Michx. = Trichophorum alpinum (L.) Pers. ■☆

152763 Eriophorum humile Turcz.; 矮小羊胡子草■☆

152764 Eriophorum japonicum Maxim. = Scirpus maximowiczii C. B. Clarke ■

152765 Eriophorum latifolium Hoppe; 宽叶羊胡子草(东方羊胡子草); Broadleaf Cottonsedge, Broad-leaved Cotton Grass, Broad-leaved Cotton-grass, Cotton-grass ■

152766 Eriophorum latifolium Hoppe var. viridicarinatum Engelm. = Eriophorum viridicarinatum (Engelm.) Fernald ■☆

152767 Eriophorum mandshuricum Meinsh. = Eriophorum russeolum Fr. ■

152768 Eriophorum mandshuricum Meinsh. = Eriophorum russeolum Fr. var. majus Sommier ■

152769 Eriophorum polystachion L.; 东方羊胡子草(窄叶羊胡子草); Bog Cotton, Canach, Canavan, Canna-grass, Cat's Tails, Cat's Tall, Common Cotton-grass, Cotton Grass, Cotton Sedge, Cotton-grass, Floss Seaves, Floss-seaves, Hare's Tail, Hare's Tails, Heather-fue, Lokis Wool, Lokki's-oo, Moss-crop, Narrowleaf Cottonsedge, Narrow-leaved Cotton-grass, Pixy-grass, Tall Cotton-grass ■

152770 Eriophorum polystachyon L. = Eriophorum latifolium Hoppe ■

152771 Eriophorum rufescens Andersson = Eriophorum chamissonis C. A. Mey. ex Ledeb. ■☆

152772 Eriophorum russeolum Fr.; 红毛羊胡子草; Redbrownbristle Cottonsedge ■

152773 Eriophorum russeolum Fr. f. leucothrix Blomgr. = Eriophorum chamissonis C. A. Mey. ex Ledeb. ■☆

152774 Eriophorum russeolum Fr. subsp. rufescens (Andersson) Hyl. = Eriophorum chamissonis C. A. Mey. ex Ledeb. ■☆

152775 Eriophorum russeolum Fr. var. albidum F. Nyl. = Eriophorum chamissonis C. A. Mey. ex Ledeb. ■☆

152776 Eriophorum russeolum Fr. var. leucothrix (Blomgr.) Hultén = Eriophorum chamissonis C. A. Mey. ex Ledeb. ■☆

152777 Eriophorum russeolum Fr. var. majus Sommier; 大型红毛羊胡子草(红毛羊胡子草); Big Redbrownbristle Cottonsedge ■

152778 Eriophorum russeolum Fr. var. majus Sommier = Eriophorum chamissonis C. A. Mey. ex Ledeb. ■☆

152779 Eriophorum russeolum Fr. var. majus Sommier = Eriophorum russeolum Fr. ■

152780 Eriophorum scabridum Ohwi = Eriophorum vaginatum L. ■

152781 Eriophorum scheuchzeri Hoppe; 羊胡子草; White Cotton-grass ■

152782 Eriophorum scheuchzeri Hoppe var. tenuifolium Ohwi; 细叶羊胡子草■

152783 Eriophorum scheuchzeri Hoppe var. tenuifolium Ohwi = Eriophorum scheuchzeri Hoppe ■

152784 Eriophorum spissum Fernald; 密集羊胡子草; Dense Cotton-grass ■☆

152785 Eriophorum spissum Fernald = Eriophorum vaginatum L. ■

152786 Eriophorum spissum Fernald var. erubescens (Fernald) Fernald = Eriophorum vaginatum L. ■

152787 Eriophorum strigosum Miyabe et Kudo = Eriophorum russeolum Fr. ■

152788 Eriophorum tenellum Nutt.; 纤细羊胡子草; Conifer Cotton-grass, Cotton-grass Sedge, Few-nerved Cotton-grass, Filiform Cotton-grass ■☆

152789 Eriophorum tenellum Nutt. var. monticola Fernald = Eriophorum tenellum Nutt. ■☆

152790 Eriophorum transiens Raymond.; 中间羊胡子草■

152791 Eriophorum vaginatum L.; 白毛羊胡子草(羊胡子草); Bog Cotton, Cotton Sedge, Cotton-sedge, Hare's Tail, Harestail, Hare's-tail, Hare's-tail Cotton-grass, Sheathed Cotton Sedge, Sheathed Cottonsedge, Tawny Cotton-grass, Tussock Cotton-grass, Whitebristle Cottonsedge ■

152792 Eriophorum vaginatum L. subsp. fauriei (E. G. Camus) Á. Löve et D. Löve; 法氏羊胡子草■☆

152793 Eriophorum vaginatum L. subsp. spissum (Fernald) Hultén = Eriophorum vaginatum L. ■

152794 Eriophorum vaginatum L. var. fauriei (E. G. Camus) Kitag. = Eriophorum vaginatum L. subsp. fauriei (E. G. Camus) Á. Löve et D. Löve ■☆
152795 Eriophorum vaginatum L. var. spissum (Fernald) B. Boivin = Eriophorum vaginatum L. ■
152796 Eriophorum virginicum L.;弗吉尼亚羊胡子草;Cotton Grass, Rusty Cotton-grass, Tawny Cotton-grass, Virginia Cotton-grass, Virginia Cottonsedge ■☆
152797 Eriophorum virginicum L. f. album (A. Gray) Wiegand = Eriophorum virginicum L. ■☆
152798 Eriophorum viridicarinatum (Engelm.) Fernald;北美羊胡子草;Dark-scale Cotton-grass, Green Cotton-grass, Tall Cotton-grass ■☆
152799 Eriophyllum Lag. (1816);绵叶菊属(绵毛叶菊属);Eriophyllum, Oregon Sunshine, Woolly Sunflower ●■☆
152800 Eriophyllum ambiguum (A. Gray) A. Gray;美丽绵叶菊;Beautiful Woolly Sunflower ■☆
152801 Eriophyllum ambiguum (A. Gray) A. Gray var. paleaceum (Brandegee) Ferris;糠秕绵叶菊■☆
152802 Eriophyllum caespitosum Douglas ex Lindl.;丛生绵叶菊;Golden Yarrow ■☆
152803 Eriophyllum confertiflorum (DC.) A. Gray;金色绵叶菊;Golden Yarrow, Yellow Yarrow ■☆
152804 Eriophyllum confertiflorum (DC.) A. Gray var. latum H. M. Hall = Eriophyllum confertiflorum (DC.) A. Gray ■☆
152805 Eriophyllum confertiflorum (DC.) A. Gray var. laxiflorum A. Gray = Eriophyllum confertiflorum (DC.) A. Gray ■☆
152806 Eriophyllum confertiflorum (DC.) A. Gray var. tanacetiflorum (Greene) Jeps.;菊蒿花绵叶菊■☆
152807 Eriophyllum croceum Greene = Eriophyllum lanatum (Pursh) J. Forbes var. croceum (Greene) Jeps. ■☆
152808 Eriophyllum jepsonii Greene;杰普森绵叶菊;Jepson's Woolly Sunflower ■☆
152809 Eriophyllum lanatum (Pursh) J. Forbes;普通绵叶菊(绵毛叶菊,绵叶菊);Common Woolly Sunflower, Golden Yarrow, Oregon Sunshine, Woolly Daisy, Woolly Sunflower ■☆
152810 Eriophyllum lanatum (Pursh) J. Forbes var. achilleoides (DC.) Jeps.;蓍草绵叶菊■☆
152811 Eriophyllum lanatum (Pursh) J. Forbes var. aphanactis J. T. Howell = Eriophyllum lanatum (Pursh) J. Forbes var. achilleoides (DC.) Jeps. ■☆
152812 Eriophyllum lanatum (Pursh) J. Forbes var. arachnoides (Fisch. et Avé-Lall.) Jeps.;蛛网绵叶菊■☆
152813 Eriophyllum lanatum (Pursh) J. Forbes var. croceum (Greene) Jeps.;镉黄绵叶菊■☆
152814 Eriophyllum lanatum (Pursh) J. Forbes var. cuneatum (Kellogg) Jeps. = Eriophyllum lanatum (Pursh) J. Forbes var. integrifolium (Hook.) Smiley ■☆
152815 Eriophyllum lanatum (Pursh) J. Forbes var. grandiflorum (A. Gray) Jeps.;大花绵叶菊■☆
152816 Eriophyllum lanatum (Pursh) J. Forbes var. hallii Constance;霍尔绵叶菊;Hall's Woolly Sunflower ■☆
152817 Eriophyllum lanatum (Pursh) J. Forbes var. integrifolium (Hook.) Smiley;全叶绵叶菊■☆
152818 Eriophyllum lanatum (Pursh) J. Forbes var. lanceolatum (Howell) Jeps.;剑叶绵叶菊■☆
152819 Eriophyllum lanatum (Pursh) J. Forbes var. leucophyllum (DC.) W. R. Carter;白叶绵叶菊■☆
152820 Eriophyllum lanatum (Pursh) J. Forbes var. monoense (Rydb.) Jeps. = Eriophyllum lanatum (Pursh) J. Forbes var. integrifolium (Hook.) Smiley ■☆
152821 Eriophyllum lanatum (Pursh) J. Forbes var. obovatum (Greene) H. M. Hall;倒卵叶绵叶菊■☆
152822 Eriophyllum lanceolatum Howell = Eriophyllum lanatum (Pursh) J. Forbes var. lanceolatum (Howell) Jeps. ■☆
152823 Eriophyllum lanosum (A. Gray) A. Gray;白绵叶菊;White Easterbonnets, White Woolly daisy ■☆
152824 Eriophyllum latilobum Rydb.;宽裂绵叶菊;San Mateo Woolly Sunflower ■☆
152825 Eriophyllum mohavense (I. M. Johnst.) Jeps.;莫哈维绵叶菊;Barstow Woolly Sunflower, Mohave Woolly Sunflower ■☆
152826 Eriophyllum multicaule (DC.) A. Gray;多茎绵叶菊;Manystem Woolly Sunflower ■☆
152827 Eriophyllum nevinii A. Gray = Constancea nevinii (A. Gray) B. G. Baldwin ●☆
152828 Eriophyllum nubigenum Greene ex A. Gray;云雾绵叶菊;Yosemite Woolly Sunflower ■☆
152829 Eriophyllum obovatum Greene = Eriophyllum lanatum (Pursh) J. Forbes var. obovatum (Greene) H. M. Hall ■☆
152830 Eriophyllum paleaceum Brandegee = Eriophyllum ambiguum (A. Gray) A. Gray var. paleaceum (Brandegee) Ferris ■☆
152831 Eriophyllum pringlei A. Gray;普林格尔绵叶菊;Pringle's Woolly Sunflower ■☆
152832 Eriophyllum staechadifolium Lag.;滨海绵叶菊;Lizard Tail, Seaside Woolly Sunflower ■☆
152833 Eriophyllum staechadifolium Lag. var. artemisiifolium (Less.) J. F. Macbr. = Eriophyllum staechadifolium Lag. ■☆
152834 Eriophyllum staechadifolium Lag. var. depressum Greene = Eriophyllum staechadifolium Lag. ■☆
152835 Eriophyllum tanacetiflorum Greene = Eriophyllum confertiflorum (DC.) A. Gray var. tanacetiflorum (Greene) Jeps. ■☆
152836 Eriophyllum wallacei (A. Gray) A. Gray;华莱士绵叶菊;Wallace's Woolly Daisy, Woolly Daisy, Woolly Easterbonnets ■☆
152837 Eriophyllum wallacei (A. Gray) A. Gray var. rubellum (A. Gray) A. Gray = Eriophyllum wallacei (A. Gray) A. Gray ■☆
152838 Eriophyton Benth. (1829);绵参属;Eriophyton, Oregon Sunshine ■
152839 Eriophyton wallichii Benth.;绵参(光杆琼,毛草,毛药草,绵毛参);Wallich Eriophyton ■
152840 Eriopidion Harley = Eriope Humb. et Bonpl. ex Benth. ●■☆
152841 Eriopidion Harley(1976);肖毛口草属■☆
152842 Eriopidion stricture (Benth.) Harley;刚直肖毛口草■☆
152843 Eriopodium Hochst. = Andropogon L.(保留属名)■
152844 Eriopsis Lindl. (1847);肖毛兰属■☆
152845 Eriopsis biloba Lindl.;拟毛兰■☆
152846 Eriopus D. Don = Taraxacum F. H. Wigg.(保留属名)■
152847 Eriopus Sch. Bip. ex Baker = Trichocline Cass. ■☆
152848 Eriorhaphe Miq. = Pentapetes L. ■●
152849 Erioscirpus Palla = Eriophorum L. ■
152850 Erioscirpus Palla(1896);铁脚锁属■
152851 Erioscirpus comosus (Wall.) Palla;铁脚锁■
152852 Erioscirpus microstachyus (Boeck.) Palla;小穗铁脚锁■☆
152853 Eriosema (DC.) Desv. (1826)('Euriosma')(保留属名);鸡头薯属(毛瓣花属,雀脷珠属,猪仔笠属);Cockehead-yam, Eriosema ●■

152854 Eriosema (DC.) G. Don = Eriosema (DC.) Desv.(保留属名)●■

152855 Eriosema (DC.) Rchb. = Eriosema (DC.) Desv.(保留属名)●■

152856 Eriosema E. Mey. = Eriosema (DC.) Desv.(保留属名)●■

152857 Eriosema Vogel = Eriosema (DC.) Desv.(保留属名)●■

152858 Eriosema acuminatum (Eckl. et Zeyh.) C. H. Stirt.;渐尖鸡头薯■☆

152859 Eriosema adamii Jacq. -Fél.;阿达姆鸡头薯■☆

152860 Eriosema affine De Wild.;近缘鸡头薯■☆

152861 Eriosema affine De Wild. f. major Baker f. = Eriosema affine De Wild. ■☆

152862 Eriosema afzelii Baker;阿芙泽尔鸡头薯■☆

152863 Eriosema albo-griseum Baker f.;浅灰鸡头薯■☆

152864 Eriosema albo-griseum Baker f. subsp. huillense Torre;威拉鸡头薯■☆

152865 Eriosema andongense Hiern ex Baker f. = Eriosema pauciflorum Klotzsch ■☆

152866 Eriosema angolense Baker f.;安哥拉鸡头薯■☆

152867 Eriosema angustifolium Burtt Davy;窄叶鸡头薯■☆

152868 Eriosema arachnoideum Verdc.;蛛网鸡头薯■☆

152869 Eriosema argenteum A. Chev. = Eriosema psoraleoides (Lam.) G. Don ■☆

152870 Eriosema atacorense A. Chev. = Pseudoeriosema andongense (Baker) Hauman ■☆

152871 Eriosema bauchiense Hutch. et Dalziel;包奇鸡头薯■☆

152872 Eriosema benguellense Rossberg;本格拉鸡头薯■☆

152873 Eriosema bequaertii De Wild. = Eriosema chrysadenium Taub. var. bequaertii (De Wild.) Hauman ■☆

152874 Eriosema betsileense Du Puy et Labat;贝齐尔鸡头薯■☆

152875 Eriosema bianoense Hauman = Eriosema bauchiense Hutch. et Dalziel ■☆

152876 Eriosema bojeri Benth. ex Baker;博耶尔鸡头薯●☆

152877 Eriosema bojeriana Baill. = Eriosema parviflorum E. Mey. ●☆

152878 Eriosema brachybotrys Harms;短穗鸡头薯■☆

152879 Eriosema buchananii Baker f.;布坎南鸡头薯■☆

152880 Eriosema buchananii Baker f. f. ellipticum (Staner et De Craene) Staner = Eriosema nutans Schinz ■☆

152881 Eriosema buchananii Baker f. var. subprostratum Verdc.;拟平卧鸡头薯■☆

152882 Eriosema burkei Benth. ex Harv.;伯克鸡头薯■☆

152883 Eriosema burkei Benth. var. leucanthum (Welw. ex Baker f.) Hauman = Eriosema burkei Benth. ex Harv. ■☆

152884 Eriosema caillei A. Chev. = Eriosema parviflorum E. Mey. ●☆

152885 Eriosema cajanoides (Guillaumin et Perr.) Hook. f. = Eriosema psoraleoides (Lam.) G. Don ■☆

152886 Eriosema cajanoides (Guillaumin et Perr.) Hook. f. ex Hook. = Eriosema psoraleoides (Lam.) G. Don ■☆

152887 Eriosema capitatum E. Mey. = Otholobium sericeum (Poir.) C. H. Stirt. ■☆

152888 Eriosema chinense Vogel;鸡头薯(大力牛,地草果,岗菊,鸡头子,鸡心薯,凉薯,毛瓣花,牛性药,雀脯珠,山布袋,山葛,山茛薯,猪仔笠);China Cockehead-yam,Chinese Eriosema ■

152889 Eriosema chrysadenium Taub.;金腺鸡头薯■☆

152890 Eriosema chrysadenium Taub. var. bequaertii (De Wild.) Hauman;贝卡尔鸡头薯■☆

152891 Eriosema chrysadenium Taub. var. emarginatum Staner et De Craene;无边金腺鸡头薯■☆

152892 Eriosema chrysadenium Taub. var. grandiflorum Verdc.;大花金腺鸡头薯■☆

152893 Eriosema chrysadenium Taub. var. macrorhizum Hauman;大根鸡头薯■☆

152894 Eriosema chrysoposta E. Mey. ex Steud. = Rhynchosia chrysoposta Steud. ■☆

152895 Eriosema claessensii De Wild. = Eriosema ellipticum Welw. ex Baker subsp. claessensii (De Wild.) Verdc. ■☆

152896 Eriosema consanguineum Klotzsch = Eriosema parviflorum E. Mey. ●☆

152897 Eriosema cordatum E. Mey.;心形鸡头薯■☆

152898 Eriosema cordatum E. Mey. var. gueinzii (Sond.) Harv. = Eriosema cordatum E. Mey. ■☆

152899 Eriosema cordifolium Hochst. ex A. Rich.;心叶鸡头薯■☆

152900 Eriosema cordifolium Hochst. ex A. Rich. var. longibracteatum Hauman = Eriosema verdickii De Wild. ■☆

152901 Eriosema cryptanthum Baker = Pearsonia cajanifolia (Harv.) Polhill subsp. cryptantha (Baker) Polhill ●☆

152902 Eriosema cryptanthum Milne-Redh. = Eriosema kankolo Hauman ■☆

152903 Eriosema cyclophyllum Welw. ex Baker;圆叶鸡头薯■☆

152904 Eriosema decumbens Hauman;外倾鸡头薯■☆

152905 Eriosema decumbens Hauman subsp. luxurians Verdc.;繁茂鸡头薯■☆

152906 Eriosema dictyoneuron Standl. = Rhynchosia alluaudii Sacleux ■☆

152907 Eriosema diffusum ?;中美鸡头薯■☆

152908 Eriosema distinctum N. E. Br.;离生鸡头薯■☆

152909 Eriosema djalonense A. Chev. = Eriosema parviflorum E. Mey. ●☆

152910 Eriosema dregei E. Mey.;德雷鸡头薯■☆

152911 Eriosema elliotii Baker f.;埃利鸡头薯■☆

152912 Eriosema ellipticifolium Schinz;椭圆叶鸡头薯■☆

152913 Eriosema ellipticum Welw. ex Baker;椭圆鸡头薯●☆

152914 Eriosema ellipticum Welw. ex Baker subsp. claessensii (De Wild.) Verdc.;克莱森斯鸡头薯■☆

152915 Eriosema elongatum Baill.;伸长鸡头薯■☆

152916 Eriosema endlichii Harms = Rhynchosia alluaudii Sacleux ■☆

152917 Eriosema englerianum Harms;恩格勒鸡头薯■☆

152918 Eriosema erectum Baker f. = Eriosema macrostipulum Baker f. ■☆

152919 Eriosema erici-rosenii R. E. Fr.;欧石南鸡头薯■☆

152920 Eriosema erythrocarpon Beck = Flemingia grahamiana Wight et Arn. ●

152921 Eriosema fasciculatum Schinz;簇生鸡头薯■☆

152922 Eriosema filipendulum Welw. ex Baker = Eriosema shirense Baker f. ■☆

152923 Eriosema filipendulum Welw. ex Baker var. prostratum Torre;平卧鸡头薯■☆

152924 Eriosema flemingioides Baker;拟弗莱明鸡头薯■☆

152925 Eriosema flemingioides Baker var. rhodesica L. Bolus = Eriosema englerianum Harms ■☆

152926 Eriosema flexuosum Staner;曲折鸡头薯■☆

152927 Eriosema floribundum Klotzsch = Eriosema psoraleoides (Lam.) G. Don ■☆

152928 Eriosema galpinii Burtt Davy;盖尔鸡头薯■☆

152929 Eriosema gilletti De Wild. et T. Durand = Eriosema parviflorum E. Mey. ●☆

152930 Eriosema glomeratum (Guillaumin et Perr.) Hook. f.;团集鸡

头薯■☆

152931　Eriosema glomeratum (Guillaumin et Perr.) Hook. f. var. elongatum (Baill.) Baker = Eriosema glomeratum (Guillaumin et Perr.) Hook. f. ■☆

152932　Eriosema glomeratum (Guillaumin et Perr.) Hook. f. var. laurentii (De Wild.) Baker f. = Eriosema laurentii De Wild. ■☆

152933　Eriosema glomeratum (Guillaumin et Perr.) Hook. f. var. overlaetii Staner et De Craene = Eriosema glomeratum (Guillaumin et Perr.) Hook. f. ■☆

152934　Eriosema glomeratum (Guillaumin et Perr.) Hook. f. var. reticulatum Staner et De Craene = Eriosema glomeratum (Guillaumin et Perr.) Hook. f. ■☆

152935　Eriosema gossweileri Baker f.;戈斯鸡头薯■☆

152936　Eriosema gracile Welw. ex Hiern = Eriosema gracillimum Baker f. ■☆

152937　Eriosema gracillimum Baker f.;细长鸡头薯■☆

152938　Eriosema griseum Baker;灰鸡头薯■☆

152939　Eriosema griseum Baker var. togoense (Taub.) Jacq. -Fél.;多哥鸡头薯■☆

152940　Eriosema gueinzii Sond. = Eriosema cordatum E. Mey. ■☆

152941　Eriosema harmsianum Dinter;哈姆斯鸡头薯■☆

152942　Eriosema hereroense Schinz = Eriosema pauciflorum Klotzsch ■☆

152943　Eriosema himalaicum Ohashi;绵三七(草果暗消,草仔薯,地草果,独苗一枝立,鸡心矮陀陀,排红草,球根毛瓣花,球茎毛瓣花,山草果,山鸡豆,山鸡头,山土瓜,喜马拉雅鸡薯豆);Himalayan Eriosema,Himalayas Cockehead-yam ■

152944　Eriosema hockii De Wild. = Eriosema englerianum Harms ■☆

152945　Eriosema holophyllum Baker f. = Pseudoeriosema andongense (Baker) Hauman ■☆

152946　Eriosema humbertii Staner et De Craene = Eriosema jurionianum Staner et De Craene var. fulvum (Baker f.) Verdc. ■☆

152947　Eriosema humile Hauman;矮小鸡头薯■☆

152948　Eriosema humuloideum Staner et De Craene = Eriosema robustum Baker ■☆

152949　Eriosema incanum Klotzsch = Eriosema psoraleoides (Lam.) G. Don ■☆

152950　Eriosema insignis O. Hoffm. = Rhynchosia insignis (O. Hoffm.) R. E. Fr. ■☆

152951　Eriosema jurionianum Staner et De Craene var. fulvum (Baker f.) Verdc.;黄褐鸡头薯■☆

152952　Eriosema jurionianum Staner et De Craene var. ituriense (Baker f.) Verdc. = Eriosema jurionianum Staner et De Craene var. fulvum (Baker f.) Verdc. ■☆

152953　Eriosema kankolo Hauman;康克鲁鸡头薯■☆

152954　Eriosema kankolo Hauman subsp. lanceolatum Verdc.;披针形鸡头薯■☆

152955　Eriosema kraussianum Meisn.;克劳斯鸡头薯■☆

152956　Eriosema kwangoense Hauman;宽果河鸡头薯■☆

152957　Eriosema latericola Jacq. -Fél.;砖红鸡头薯■☆

152958　Eriosema latifolium (Benth. ex Harv.) C. H. Stirt.;宽叶鸡头薯■☆

152959　Eriosema laurentii De Wild.;洛朗鸡头薯■☆

152960　Eriosema laurentii De Wild. subsp. arenicola Verdc.;沙生洛朗鸡头薯■☆

152961　Eriosema lebrunii Staner et De Craene;勒布伦鸡头薯■☆

152962　Eriosema lejeunei Staner et De Craene = Eriosema scioanum Avetta var. lejeunei (Staner et De Craene) Verdc. ■☆

152963　Eriosema letouzeyi Jacq. -Fél.;勒图鸡头薯■☆

152964　Eriosema leucanthum Welw. ex Baker f. = Eriosema burkei Benth. ex Harv. ■☆

152965　Eriosema linifolium Baker f.;亚麻叶鸡头薯■☆

152966　Eriosema lobophyllum Harms = Pseudeminia comosa (Baker) Verdc. ■☆

152967　Eriosema longepedunculatum (Hochst. ex A. Rich.) Baker;长梗鸡头薯■☆

152968　Eriosema longepedunculatum (Hochst. ex A. Rich.) Baker var. hirsutum Verdc.;粗毛长梗鸡头薯■☆

152969　Eriosema longipes N. E. Br.;长柄鸡头薯■☆

152970　Eriosema longiunguiculatum Hauman;长爪鸡头薯■☆

152971　Eriosema luteopetalum C. H. Stirt.;黄瓣鸡头薯■☆

152972　Eriosema macrophyllum Klotzsch = Eriosema psoraleoides (Lam.) G. Don ■☆

152973　Eriosema macrostipulum Baker f.;大托叶鸡头薯■☆

152974　Eriosema macrostipulum Baker f. var. minus Verdc.;矮小大托叶鸡头薯■☆

152975　Eriosema macrostipulum Baker f. var. suborbiculare (Hauman) Verdc. = Eriosema macrostipulum Baker f. ■☆

152976　Eriosema manikense De Wild.;马尼科鸡头薯■☆

152977　Eriosema mariae Verdc.;玛利亚鸡头薯■☆

152978　Eriosema mirabile R. E. Fr. = Eriosema rhodesicum R. E. Fr. ■☆

152979　Eriosema molle Hutch. ex Milne-Redh.;柔软鸡头薯■☆

152980　Eriosema montanum Baker f.;山地鸡头薯■☆

152981　Eriosema montanum Baker f. var. badium Jacq. -Fél.;栗色山地鸡头薯■☆

152982　Eriosema montanum Baker f. var. brevipedunculatum Verdc. = Eriosema montanum Baker f. ■☆

152983　Eriosema montanum Baker f. var. grande Hauman;大山地鸡头薯■☆

152984　Eriosema montanum Baker f. var. hirsutum Hauman = Eriosema scioanum Avetta var. lejeunei (Staner et De Craene) Verdc. ■☆

152985　Eriosema montanum Baker f. var. latibracteatum Hauman;宽苞山地鸡头薯■☆

152986　Eriosema monticola Taub.;山生鸡头薯■☆

152987　Eriosema nanum Burtt Davy = Eriosema ellipticifolium Schinz ■☆

152988　Eriosema naviculare C. H. Stirt.;舟形鸡头薯■☆

152989　Eriosema nutans Schinz;俯垂鸡头薯■☆

152990　Eriosema oblongum Benth. ex Harv. = Eriosema pauciflorum Klotzsch ■☆

152991　Eriosema occultiflorum J. B. Gillett = Eriosema kankolo Hauman ■☆

152992　Eriosema parviflorum E. Mey.;小花鸡头薯●☆

152993　Eriosema parviflorum E. Mey. subsp. collinum Hepper = Eriosema spicatum Hook. f. subsp. collinum (Hepper) J. K. Morton ■☆

152994　Eriosema parviflorum E. Mey. subsp. podostachyum (Hook. f.) J. K. Morton;梗穗小花鸡头薯●☆

152995　Eriosema parviflorum E. Mey. var. sarmentosa Staner et De Craene = Eriosema spicatum Hook. f. ■☆

152996　Eriosema pauciflorum Klotzsch;少花鸡头薯■☆

152997　Eriosema pauciflorum Klotzsch var. robustum Verdc.;粗壮少花鸡头薯■☆

152998　Eriosema pellegrinii Tisser.;佩尔格兰鸡头薯■☆

152999　Eriosema pentaphyllum Harms;五叶鸡头薯■☆

153000　Eriosema podostachyum Hook. f. = Eriosema parviflorum E. Mey. subsp. podostachyum (Hook. f.) J. K. Morton ●☆

153001 Eriosema polystachyum (A. Rich.) Baker var. fulvum Baker f. = Eriosema jurionianum Staner et De Craene var. fulvum (Baker f.) Verdc. ■☆

153002 Eriosema polystachyum E. Mey. = Eriosema psoraleoides (Lam.) G. Don ■☆

153003 Eriosema populifolium Benth. ex Harv.;杨叶鸡头薯■☆

153004 Eriosema populifolium Benth. ex Harv. subsp. capensis C. H. Stirt. et Gordon-Gray;好望角鸡头薯■☆

153005 Eriosema praecox R. E. Fr. = Eriosema rhodesicum R. E. Fr. ■☆

153006 Eriosema procumbens Benth. ex Baker;俯卧鸡头薯●☆

153007 Eriosema procumbens Benth. ex Baker var. monophyllum Baker = Eriosema procumbens Benth. ex Baker ●☆

153008 Eriosema proschii Briq. = Eriosema psoraleoides (Lam.) G. Don ■☆

153009 Eriosema prunelloides Welw. ex Baker f.;夏枯草鸡头薯■☆

153010 Eriosema pseudocajanoides Buscal. et Muschl.;假木豆鸡头薯■☆

153011 Eriosema pseudodistinctum Verdc.;假离生鸡头薯●☆

153012 Eriosema pseudostolzii Verdc.;假斯托尔兹鸡头薯●☆

153013 Eriosema psiloblepharum Welw. ex Baker f.;缘毛鸡头薯●☆

153014 Eriosema psoraleoides (Lam.) G. Don;马岛鸡头薯■☆

153015 Eriosema psoraleoides (Lam.) G. Don var. cajanoides (Guillaumin et Perr.) Staner et De Craene = Eriosema psoraleoides (Lam.) G. Don ■☆

153016 Eriosema psoraleoides (Lam.) G. Don var. grandiflorum Staner et De Craene = Eriosema psoraleoides (Lam.) G. Don ■☆

153017 Eriosema puberula Eckl. et Zeyh. = Rhynchosia puberula (Eckl. et Zeyh.) Steud. ■☆

153018 Eriosema pulcherrimum Taub.;艳丽鸡头薯■☆

153019 Eriosema pumilum Verdc.;矮鸡头薯■☆

153020 Eriosema pumilum Verdc. var. lanceolatum Verdc.;剑叶鸡头薯■☆

153021 Eriosema pygmaeum Welw. ex Baker;微小鸡头薯■☆

153022 Eriosema quarrei Baker f. = Eriosema ramosum Baker f. ■☆

153023 Eriosema radicosum A. Rich. = Ophrestia radicosa (A. Rich.) Verdc. ■☆

153024 Eriosema ramosum Baker f.;分枝鸡头薯■☆

153025 Eriosema randii Baker f. et Haydon = Rhynchosia insignis (O. Hoffm.) R. E. Fr. ■☆

153026 Eriosema raynaliorum Jacq. -Fél.;雷纳尔鸡头薯■☆

153027 Eriosema reticulatum E. Mey. = Rhynchosia ecklonei Steud. ■☆

153028 Eriosema rhodesicum R. E. Fr.;罗得西亚鸡头薯■☆

153029 Eriosema rhynchosioides Baker;喙状鸡头薯■☆

153030 Eriosema rhynchosioides Baker var. multiflorum Verdc.;多花喙状鸡头薯■☆

153031 Eriosema richardii Benth. ex Baker f. = Eriosema nutans Schinz ■☆

153032 Eriosema richardii Benth. ex Baker f. f. ellipticum Staner et De Craene = Eriosema nutans Schinz ■☆

153033 Eriosema richardii Benth. ex Baker f. var. ovatum Staner et De Craene = Eriosema buchananii Baker f. ■☆

153034 Eriosema robinsonii Verdc.;鲁滨逊鸡头薯■☆

153035 Eriosema robustum Baker;粗壮鸡头薯■☆

153036 Eriosema rogersii Schinz;罗杰斯鸡头薯■☆

153037 Eriosema rossii C. H. Stirt.;罗斯鸡头薯■☆

153038 Eriosema rufescens Schinz;教皇鸡头薯■☆

153039 Eriosema sacleuxii Tisser.;萨克勒鸡头薯■☆

153040 Eriosema salignum E. Mey.;柳鸡头薯■☆

153041 Eriosema schweinfurthii Baker f.;施韦鸡头薯■☆

153042 Eriosema scioanum Avetta;赛欧鸡头薯■☆

153043 Eriosema scioanum Avetta var. lejeunei (Staner et De Craene) Verdc.;勒热纳鸡头薯■☆

153044 Eriosema scioanum Avetta var. meruense Verdc.;梅鲁鸡头薯■☆

153045 Eriosema scioanum Avetta var. samburuense Verdc.;桑布鲁鸡头薯■☆

153046 Eriosema sericeum Baker = Eriosema glomeratum (Guillaumin et Perr.) Hook. f. ■☆

153047 Eriosema shirense Baker f.;希尔鸡头薯■☆

153048 Eriosema shirense Baker f. var. longibracteatum Hauman = Eriosema shirense Baker f. ■☆

153049 Eriosema shirense Baker f. var. oubanguiense Staner et De Craene;乌班吉鸡头薯■☆

153050 Eriosema simulans C. H. Stirt.;相似鸡头薯■☆

153051 Eriosema sousae Exell = Eriosema macrostipulum Baker f. ■☆

153052 Eriosema sparsiflorum Baker f.;稀花鸡头薯■☆

153053 Eriosema sparsiflorum Baker f. var. sessilifolium Hauman;无柄稀花鸡头薯■☆

153054 Eriosema speciosum Welw. ex Baker;美丽鸡头薯■☆

153055 Eriosema spicatum Hook. f.;穗花鸡头薯■☆

153056 Eriosema spicatum Hook. f. subsp. collinum (Hepper) J. K. Morton;山丘穗花鸡头薯■☆

153057 Eriosema squarrosum (Thunb.) Walp.;粗鳞鸡头薯■☆

153058 Eriosema squarrosum (Thunb.) Walp. var. acuminatum (Eckl. et Zeyh.) Harv. = Eriosema acuminatum (Eckl. et Zeyh.) C. H. Stirt. ■☆

153059 Eriosema squarrosum (Thunb.) Walp. var. dregei (E. Mey.) Benth. ex Harv. = Eriosema dregei E. Mey. ■☆

153060 Eriosema squarrosum (Thunb.) Walp. var. latifolium Benth. ex Harv. = Eriosema latifolium (Benth. ex Harv.) C. H. Stirt. ■☆

153061 Eriosema stanerianum Hauman;斯塔内鸡头薯■☆

153062 Eriosema streyi C. H. Stirt.;施特赖鸡头薯■☆

153063 Eriosema subacaule A. Chev. = Eriosema latericola Jacq. -Fél. ■☆

153064 Eriosema suborbiculare Hauman = Eriosema macrostipulum Baker f. ■☆

153065 Eriosema superpositum C. H. Stirt.;后鸡头薯■☆

153066 Eriosema tenue Hepper = Eriosema youngii Hiern ex Baker f. ■☆

153067 Eriosema tenue Hepper var. rufum ? = Eriosema youngii Hiern ex Baker f. var. rufum (Hepper) Verdc. ■☆

153068 Eriosema tenuicaule Hauman;瘦茎鸡头薯■☆

153069 Eriosema tephrosioides Harms;灰色鸡头薯■☆

153070 Eriosema tephrosioides Harms var. angustifoliolatum Hauman = Eriosema tephrosioides Harms var. salicifolium Hauman ■☆

153071 Eriosema tephrosioides Harms var. salicifolium Hauman;柳叶灰色鸡头薯■☆

153072 Eriosema terniflorum Hiern ex Baker f.;三花鸡头薯■☆

153073 Eriosema terniflorum Hiern ex Baker f. var. katangense Hauman;加丹加三花鸡头薯■☆

153074 Eriosema tessmannii Baker f. et Haydon;泰斯曼鸡头薯■☆

153075 Eriosema tisserantii Staner et De Craene;蒂斯朗特鸡头薯■☆

153076 Eriosema tisserantii Staner et De Craene var. angustifolium Hauman = Eriosema tessmannii Baker f. et Haydon ■☆

153077 Eriosema togoense Taub. = Eriosema griseum Baker var. togoense (Taub.) Jacq. -Fél. ■☆

153078 Eriosema transvaalense C. H. Stirt.;德兰士瓦鸡头薯■☆

153079 Eriosema trinerve E. Mey. = Rhynchosia trinervis (E. Mey.) Steud. ■☆
153080 Eriosema tuberosum A. Rich. = Eriosema himalaicum Ohashi ■
153081 Eriosema tuberosum Hochst. ex A. Rich.;块状鸡头薯■☆
153082 Eriosema ukingense Harms;热非鸡头薯■☆
153083 Eriosema uniflorum Burtt Davy;单花鸡头薯■☆
153084 Eriosema upembae Hauman = Eriosema bauchiense Hutch. et Dalziel ■☆
153085 Eriosema urostachyum Harms = Pseudeminia comosa (Baker) Verdc. ■☆
153086 Eriosema vanderystii (De Wild.) Hauman;范德鸡头薯■☆
153087 Eriosema velutinum Baker f. et Haydon = Eriosema vanderystii (De Wild.) Hauman ■☆
153088 Eriosema verdickii De Wild.;韦尔鸡头薯■☆
153089 Eriosema villosum (Meisn.) C. A. Sm. = Rhynchosia villosa (Meisn.) Druce ■☆
153090 Eriosema woodii C. H. Stirt.;伍得鸡头薯■☆
153091 Eriosema youngii Hiern ex Baker f.;扬氏鸡头薯■☆
153092 Eriosema youngii Hiern ex Baker f. var. rufum (Hepper) Verdc.;浅红扬氏鸡头薯■☆
153093 Eriosema zeyheri E. Mey. = Eriosema squarrosum (Thunb.) Walp. ■☆
153094 Eriosema zeyheri E. Mey. var. dregei (E. Mey.) Baker f. = Eriosema dregei E. Mey. ■☆
153095 Eriosema zeyheri E. Mey. var. latifolium Benth. ex Baker f. = Eriosema latifolium (Benth. ex Harv.) C. H. Stirt. ■☆
153096 Eriosema zuluense C. H. Stirt.;祖卢鸡头薯■☆
153097 Eriosemopsis Robyns(1928);拟鸡头薯属■☆
153098 Eriosemopsis subanisophylla Robyns;拟鸡头薯■☆
153099 Eriosermum Thunb. = Eriospermum Jacq. ex Willd. ■☆
153100 Eriosolena Blume = Daphne L. ●
153101 Eriosolena Blume(1826);毛花瑞香属(毛管花属);Eriosolena ●
153102 Eriosolena composita (L. f.) Tiegh.;毛花瑞香(桂花跌打,桂花叶子兰,毛管花,山条皮);Hairyflower Eriosolena, Hairy-flowered Eriosolena ●
153103 Eriosolena composita (L. f.) Tiegh. var. szemaoensis Y. Y. Qian;思茅毛花瑞香;Simao Eriosolena ●
153104 Eriosolena composita (L. f.) Tiegh. var. szemaoensis Y. Y. Qian = Eriosolena composita (L. f.) Tiegh. ●
153105 Eriosolena involucrata (Wall.) Tiegh. = Eriosolena composita (L. f.) Tiegh. ●
153106 Eriosolena montana Blume = Eriosolena composita (L. f.) Tiegh. ●
153107 Eriosolena pendula (Sm.) Blume ex Lecomte = Eriosolena composita (L. f.) Tiegh. ●
153108 Eriosolena viridiflora Zoll. et Moritzi = Wikstroemia indica (L.) C. A. Mey. ●
153109 Eriospermaceae Endl. (1841);毛子草科(洋莎草科)■☆
153110 Eriospermaceae Endl. = Ruscaceae M. Roem. (保留科名)●
153111 Eriospermaceae Lem. = Eriospermaceae Endl. ■☆
153112 Eriospermum Jacq. = Eriospermum Jacq. ex Willd. ■☆
153113 Eriospermum Jacq. ex Willd. (1799);毛子草属■☆
153114 Eriospermum abyssinicum Baker = Eriospermum flagelliforme (Baker) J. C. Manning ■☆
153115 Eriospermum albanense Poelln. = Eriospermum brevipes Baker ■☆
153116 Eriospermum albucoides Baker = Eriospermum capense (L.) Thunb. ■☆
153117 Eriospermum alcicorne Baker;尖角毛子草■☆
153118 Eriospermum andongense Welw. ex Baker;安东毛子草■☆
153119 Eriospermum angustissimum Dinter = Eriospermum bakerianum Schinz subsp. tortuosum (Dammer) P. L. Perry ■☆
153120 Eriospermum aphyllum Marloth;无叶毛子草■☆
153121 Eriospermum appendiculatum A. V. Duthie;附属物毛子草■☆
153122 Eriospermum arachnoideum P. L. Perry;蛛网毛子草■☆
153123 Eriospermum arenicola Poelln. = Eriospermum paradoxum (Jacq.) Ker Gawl. ■☆
153124 Eriospermum arenosum P. L. Perry;砂毛子草■☆
153125 Eriospermum attenuatum P. L. Perry;渐狭毛子草■☆
153126 Eriospermum avasmontanum Dinter = Eriospermum schinzii Baker ■☆
153127 Eriospermum bakerianum Schinz;贝克毛子草■☆
153128 Eriospermum bakerianum Schinz subsp. tortuosum (Dammer) P. L. Perry;扭曲毛子草■☆
153129 Eriospermum bakerianum Schinz var. multiscapum Poelln. = Eriospermum bakerianum Schinz ■☆
153130 Eriospermum bakerianum Schinz var. pauper Poelln. = Eriospermum bakerianum Schinz ■☆
153131 Eriospermum bakerianum Schinz var. seineri (Engl. et K. Krause) Poelln. = Eriospermum bakerianum Schinz ■☆
153132 Eriospermum bayeri P. L. Perry;巴耶尔毛子草■☆
153133 Eriospermum bechuanicum Baker = Eriospermum bakerianum Schinz ■☆
153134 Eriospermum bifidum R. A. Dyer;双裂毛子草■☆
153135 Eriospermum bowieanum Baker;鲍伊毛子草■☆
153136 Eriospermum bracteatum Archibald;具苞毛子草■☆
153137 Eriospermum brevifilamentatum Poelln.;短流苏毛子草■☆
153138 Eriospermum brevipedicellatum (Kuntze) Poelln. = Eriospermum lanceifolium Jacq. ex Willd. ■☆
153139 Eriospermum brevipedunculatum Poelln. = Eriospermum rautanenii Schinz ■☆
153140 Eriospermum brevipes Baker;短梗毛子草■☆
153141 Eriospermum brevipes Baker var. nanum Archibald = Eriospermum brevipes Baker ■☆
153142 Eriospermum brevipes Baker var. nitidum Archibald = Eriospermum brevipes Baker ■☆
153143 Eriospermum brevipetiolatum Poelln. = Eriospermum porphyrovalve Baker ■☆
153144 Eriospermum breviscapum P. L. Perry;短花茎毛子草■☆
153145 Eriospermum bruynsii P. L. Perry;布勒伊斯毛子草■☆
153146 Eriospermum buchubergense Dinter;布赫毛子草■☆
153147 Eriospermum burchellii Baker = Eriospermum flagelliforme (Baker) J. C. Manning ■☆
153148 Eriospermum bussei Dammer;布瑟毛子草■☆
153149 Eriospermum calcaratum Baker;小距毛子草■☆
153150 Eriospermum calcareum P. L. Perry;石灰毛子草■☆
153151 Eriospermum capense (L.) Thunb.;好望角毛子草■☆
153152 Eriospermum capense (L.) Thunb. subsp. stoloniferum (Marloth) P. L. Perry;匍匐好望角毛子草■☆
153153 Eriospermum cecilii Baker;塞西尔毛子草■☆
153154 Eriospermum cernuum Baker;俯垂毛子草■☆
153155 Eriospermum ciliatum P. L. Perry;缘毛毛子草■☆
153156 Eriospermum citrinum P. L. Perry;柠檬毛子草■☆
153157 Eriospermum coerulescens Poelln. = Eriospermum ornithogaloides Baker ■☆

153158 Eriospermum compactum Poelln.;紧密毛子草■☆
153159 Eriospermum confertum Baker = Eriospermum spirale Schult. ■☆
153160 Eriospermum confertum Baker var. aureum A. V. Duthie = Eriospermum spirale Schult. ■☆
153161 Eriospermum confusum Poelln. = Eriospermum corymbosum Baker ■☆
153162 Eriospermum convallariifolium Dinter = Eriospermum mackenii (Hook. f.) Baker subsp. galpinii (Schinz) P. L. Perry ■☆
153163 Eriospermum cooperi Baker;库珀毛子草■☆
153164 Eriospermum cooperi Baker var. natalense (Baker) P. L. Perry;纳塔尔毛子草■☆
153165 Eriospermum coralliferum Marloth = Eriospermum bowieanum Baker ■☆
153166 Eriospermum cordiforme Salter;心形毛子草■☆
153167 Eriospermum corymbosum Baker;伞序毛子草■☆
153168 Eriospermum crispum P. L. Perry;皱波毛子草■☆
153169 Eriospermum currorii Baker = Eriospermum rautanenii Schinz ■☆
153170 Eriospermum cylindricum Marloth = Eriospermum paradoxum (Jacq.) Ker Gawl. ■☆
153171 Eriospermum deserticola Marloth ex P. L. Perry;荒漠毛子草■☆
153172 Eriospermum dielsianum Poelln.;迪尔斯毛子草■☆
153173 Eriospermum dielsianum Poelln. subsp. molle P. L. Perry;柔软毛子草■☆
153174 Eriospermum dissitiflorum Baker = Eriospermum porphyrovalve Baker ■☆
153175 Eriospermum dissitiflorum Schltr.;疏花毛子草■☆
153176 Eriospermum dregeanum C. Presl = Eriospermum parvifolium Jacq. ■☆
153177 Eriospermum dregei Schönland;德雷毛子草■☆
153178 Eriospermum duthieae Salter = Eriospermum cernuum Baker ■☆
153179 Eriospermum dyeri Archibald;戴尔毛子草■☆
153180 Eriospermum elatum Baker = Eriospermum flagelliforme (Baker) J. C. Manning ■☆
153181 Eriospermum erectum Suess. = Eriospermum kiboense K. Krause ■☆
153182 Eriospermum erinum P. L. Perry;刺毛子草■☆
153183 Eriospermum eriophorum P. L. Perry;绵毛毛子草■☆
153184 Eriospermum exile P. L. Perry;瘦小毛子草■☆
153185 Eriospermum fasciculatum A. V. Duthie = Eriospermum proliferum Baker ■☆
153186 Eriospermum filicaule P. L. Perry;线茎毛子草■☆
153187 Eriospermum flabellatum P. L. Perry;扇状毛子草■☆
153188 Eriospermum flagelliforme (Baker) J. C. Manning;鞭状毛子草■☆
153189 Eriospermum flavum P. L. Perry;黄毛子草■☆
153190 Eriospermum fleckii Schinz = Eriospermum flagelliforme (Baker) J. C. Manning ■☆
153191 Eriospermum flexum P. L. Perry;弯毛子草■☆
153192 Eriospermum flexuosissimum Poelln. = Eriospermum bakerianum Schinz subsp. tortuosum (Dammer) P. L. Perry ■☆
153193 Eriospermum flexuosum Welw. ex Baker;曲折毛子草■☆
153194 Eriospermum folioliferum Ker Gawl. = Eriospermum proliferum Baker ■☆
153195 Eriospermum fragile P. L. Perry;脆毛子草■☆
153196 Eriospermum galpinii Schinz = Eriospermum mackenii (Hook. f.) Baker subsp. galpinii (Schinz) P. L. Perry ■☆
153197 Eriospermum glaciale P. L. Perry;冰雪毛子草■☆
153198 Eriospermum gracillimum Poelln. = Eriospermum graminifolium A. V. Duthie ■☆
153199 Eriospermum graminifolium A. V. Duthie;禾叶毛子草■☆
153200 Eriospermum graniticola Poelln.;花岗岩毛子草■☆
153201 Eriospermum halenbergense Dinter;哈伦毛子草■☆
153202 Eriospermum haygarthii Baker = Eriospermum ornithogaloides Baker ■☆
153203 Eriospermum herporrhizum Salter = Eriospermum nanum Marloth ■☆
153204 Eriospermum heterophyllum Cufod. = Eriospermum triphyllum Baker ■☆
153205 Eriospermum homblei De Wild. et Ledoux;洪布勒毛子草■☆
153206 Eriospermum horizontale Poelln.;平展毛子草■☆
153207 Eriospermum hygrophilum Baker = Eriospermum cooperi Baker ■☆
153208 Eriospermum inconspicuum P. L. Perry;显著毛子草■☆
153209 Eriospermum junodii Baker = Eriospermum mackenii (Hook. f.) Baker ■☆
153210 Eriospermum juttae Dinter;尤塔毛子草■☆
153211 Eriospermum karooense Poelln.;卡鲁毛子草■☆
153212 Eriospermum kiboense K. Krause;基博毛子草■☆
153213 Eriospermum kirkii Baker;柯克毛子草■☆
153214 Eriospermum krauseanum Poelln.;克劳斯毛子草■☆
153215 Eriospermum lanceifolium Jacq. ex Willd.;剑叶毛子草■☆
153216 Eriospermum lanceifolium Jacq. var. brevipedicellatum Kuntze = Eriospermum lanceifolium Jacq. ex Willd. ■☆
153217 Eriospermum lanceifolium Jacq. var. orthophyllum Archibald = Eriospermum orthophyllum (Archibald) P. L. Perry ■☆
153218 Eriospermum lanceifolium Schinz = Eriospermum bakerianum Schinz ■☆
153219 Eriospermum lanuginosum Jacq.;多绵毛毛子草■☆
153220 Eriospermum latifolium Jacq. = Eriospermum capense (L.) Thunb. ■☆
153221 Eriospermum lavranosii P. L. Perry;拉夫拉诺斯毛子草■☆
153222 Eriospermum laxiracemosum P. L. Perry;疏总花毛子草■☆
153223 Eriospermum lineare Poelln. = Eriospermum bakerianum Schinz ■☆
153224 Eriospermum linearifolium Baker = Eriospermum triphyllum Baker ■☆
153225 Eriospermum longipetiolatum Dammer;长梗毛子草■☆
153226 Eriospermum luteorubrum Baker = Eriospermum flagelliforme (Baker) J. C. Manning ■☆
153227 Eriospermum mackenii (Hook. f.) Baker;梅肯毛子草■☆
153228 Eriospermum mackenii (Hook. f.) Baker subsp. galpinii (Schinz) P. L. Perry;盖尔毛子草■☆
153229 Eriospermum mackenii (Hook. f.) Baker subsp. phippsii (Wild) P. L. Perry;菲普斯毛子草■☆
153230 Eriospermum macrum Poelln. = Eriospermum cernuum Baker ■☆
153231 Eriospermum majanthemifolium K. Krause et Dinter = Eriospermum roseum Schinz ■☆
153232 Eriospermum marginatum P. L. Perry;具边毛子草■☆
153233 Eriospermum microphyllum Baker = Eriospermum ornithogaloides Baker ■☆
153234 Eriospermum minutiflorum P. L. Perry;微花毛子草■☆
153235 Eriospermum minutipustulatum P. L. Perry;微泡毛子草■☆
153236 Eriospermum mirandum Poelln. = Eriospermum multifidum

Marloth ■☆
153237 Eriospermum multifidum Marloth;多裂毛子草■☆
153238 Eriospermum namaquanum P. L. Perry;纳马夸毛子草■☆
153239 Eriospermum nanum Marloth;矮小毛子草■☆
153240 Eriospermum natalense Baker = Eriospermum cooperi Baker var. natalense (Baker) P. L. Perry ■☆
153241 Eriospermum occultum Archibald;隐蔽毛子草■☆
153242 Eriospermum omahekense Engl. et K. Krause = Eriospermum mackenii (Hook. f.) Baker subsp. galpinii (Schinz) P. L. Perry ■☆
153243 Eriospermum ophioglossoides Schltr. = Eriospermum corymbosum Baker ■☆
153244 Eriospermum ophioglossoides Welw. ex Baker;蛇舌毛子草■☆
153245 Eriospermum ornithogaloides Baker;虎眼万年青毛子草■☆
153246 Eriospermum orthophyllum (Archibald) P. L. Perry;直叶毛子草■☆
153247 Eriospermum ovalifolium Poelln. = Eriospermum capense (L.) Thunb. ■☆
153248 Eriospermum paludosum Welw. ex Baker;沼泽毛子草■☆
153249 Eriospermum papilliferum A. V. Duthie;乳突毛子草■☆
153250 Eriospermum paradoxum (Jacq.) Ker Gawl.;奇异毛子草■☆
153251 Eriospermum parvifolium Jacq.;小叶毛子草■☆
153252 Eriospermum parvulum P. L. Perry;较小毛子草■☆
153253 Eriospermum patentiflorum Schltr.;展花毛子草■☆
153254 Eriospermum peteri Poelln.;彼得毛子草■☆
153255 Eriospermum phippsii Wild = Eriospermum mackenii (Hook. f.) Baker subsp. phippsii (Wild) P. L. Perry ■☆
153256 Eriospermum pilosopetiolatum Dinter = Eriospermum mackenii (Hook. f.) Baker subsp. galpinii (Schinz) P. L. Perry ■☆
153257 Eriospermum pilosum Poelln.;疏毛毛子草■☆
153258 Eriospermum platyphyllum Baker = Eriospermum cooperi Baker var. natalense (Baker) P. L. Perry ■☆
153259 Eriospermum porphyrium Archibald;紫色毛子草■☆
153260 Eriospermum porphyrium Archibald var. pallidum ? = Eriospermum porphyrium Archibald ■☆
153261 Eriospermum porphyrium Archibald var. stoloniferum ? = Eriospermum porphyrium Archibald ■☆
153262 Eriospermum porphyrovalve Baker;紫瓣毛子草■☆
153263 Eriospermum proliferum Baker;多育毛子草■☆
153264 Eriospermum pubescens Jacq.;短柔毛毛子草■☆
153265 Eriospermum pumilum Salter;矮毛子草■☆
153266 Eriospermum pusillum P. L. Perry;微小毛子草■☆
153267 Eriospermum pustulatum A. V. Duthie;泡状毛子草■☆
153268 Eriospermum ramosum P. L. Perry;分枝毛子草■☆
153269 Eriospermum rautanenii Schinz;劳塔宁毛子草■☆
153270 Eriospermum reflexum Schinz = Eriospermum mackenii (Hook. f.) Baker subsp. galpinii (Schinz) P. L. Perry ■☆
153271 Eriospermum rhizomatum P. L. Perry;根茎毛子草■☆
153272 Eriospermum roseum Schinz;粉红毛子草■☆
153273 Eriospermum rubromarginatum Poelln. = Eriospermum rautanenii Schinz ■☆
153274 Eriospermum sabulosum P. L. Perry;砂地毛子草■☆
153275 Eriospermum schinzii Baker;欣兹毛子草■☆
153276 Eriospermum schinzii Engl. et K. Krause = Eriospermum flagelliforme (Baker) J. C. Manning ■☆
153277 Eriospermum schlechteri Baker;施莱毛子草■☆
153278 Eriospermum seineri Engl. et K. Krause = Eriospermum bakerianum Schinz ■☆
153279 Eriospermum setiferum Poelln. = Eriospermum proliferum Baker ■☆
153280 Eriospermum somalense Schinz = Ledebouria cordifolia (Baker) Stedje et Thulin ■☆
153281 Eriospermum sphaerophyllum Baker = Eriospermum rautanenii Schinz ■☆
153282 Eriospermum spirale Schult.;螺旋毛子草■☆
153283 Eriospermum sprengerianum Schinz = Eriospermum cooperi Baker ■☆
153284 Eriospermum stenophyllum Welw. ex Baker;窄叶毛子草■☆
153285 Eriospermum stoloniferum Marloth = Eriospermum capense (L.) Thunb. subsp. stoloniferum (Marloth) P. L. Perry ■☆
153286 Eriospermum subincanum P. L. Perry;灰毛子草■☆
153287 Eriospermum subpilosum Poelln.;疏毛子草■☆
153288 Eriospermum subtile P. L. Perry;纤细毛子草■☆
153289 Eriospermum thyrsoideum Baker = Eriospermum capense (L.) Thunb. ■☆
153290 Eriospermum titanopsoides P. L. Perry;宝玉草状毛子草■☆
153291 Eriospermum togoense Dammer;多哥毛子草■☆
153292 Eriospermum tortuosum Dammer = Eriospermum bakerianum Schinz subsp. tortuosum (Dammer) P. L. Perry ■☆
153293 Eriospermum tortuosum Dammer var. depauperatum Poelln. = Eriospermum bakerianum Schinz subsp. tortuosum (Dammer) P. L. Perry ■☆
153294 Eriospermum triphyllum Baker;三叶毛子草■☆
153295 Eriospermum tuberculatum P. L. Perry;多疣毛子草■☆
153296 Eriospermum tulbaghioides Baker;拟塔尔巴赫毛子草■☆
153297 Eriospermum undulatum P. L. Perry;波状毛子草■☆
153298 Eriospermum vallisgratiae Poelln. = Eriospermum paradoxum (Jacq.) Ker Gawl. ■☆
153299 Eriospermum veratriforme Peter ex Poelln. = Eriospermum mackenii (Hook. f.) Baker ■☆
153300 Eriospermum villosum Baker;长柔毛毛子草■☆
153301 Eriospermum viscosum P. L. Perry;黏毛子草■☆
153302 Eriospermum volkmanniae Dinter;福尔克曼毛子草■☆
153303 Eriospermum zeyheri R. A. Dyer;泽赫毛子草■☆
153304 Eriosphaera F. Dietr. = Lasiospermum Lag. ■☆
153305 Eriosphaera Less. = Galeomma Rauschert ■☆
153306 Eriosphaera coriacea DC. = Helichrysum rotundatum Harv. ●☆
153307 Eriosphaera multifida F. Dietr. = Lasiospermum pedunculare Lag. ■☆
153308 Eriosphaera oculus-cati (L. f.) Less. = Galeomma oculus-cati (L. f.) Rauschert ■☆
153309 Eriosphaera stenolepis (S. Moore) Hilliard et B. L. Burtt = Galeomma stenolepis (S. Moore) Hilliard ■☆
153310 Eriosphaera umbellata Turcz. = Helichrysum marifolium DC. ●☆
153311 Eriospora Hochst. = Coleochloa Gilly ■☆
153312 Eriospora Hochst. ex A. Rich. = Coleochloa Gilly ■☆
153313 Eriospora abyssinica Hochst. ex A. Rich. = Coleochloa abyssinica (Hochst. ex A. Rich.) Gilly ■☆
153314 Eriospora abyssinica Hochst. ex A. Rich. var. castanea C. B. Clarke = Coleochloa abyssinica (Hochst. ex A. Rich.) Gilly var. castanea (C. B. Clarke) Pic. Serm. ■☆
153315 Eriospora pilosa (Boeck.) Benth. = Afrotrilepis pilosa (Boeck.) J. Raynal ■☆
153316 Eriospora rehmanniana C. B. Clarke = Coleochloa setifera (Ridl.) Gilly ■☆

153317 Eriospora schweinfurthiana (Boeck.) C. B. Clarke = Coleochloa schweinfurthiana (Boeck.) Nelmes ■☆
153318 Eriospora villosula C. B. Clarke = Coleochloa virgata (K. Schum.) Nelmes ■☆
153319 Eriospora virgata K. Schum. = Coleochloa virgata (K. Schum.) Nelmes ■☆
153320 Eriostax Raf. = Aechmea Ruiz et Pav. (保留属名) ■☆
153321 Eriostemma (Schltr.) Kloppenb. et Gilding = Hoya R. Br. ●
153322 Eriostemon Less. = Aplotaxis DC. ●■
153323 Eriostemon Less. = Saussurea DC. (保留属名) ●■
153324 Eriostemon Panch. et Sebert = Myrtopsis Engl. (保留属名) ●☆
153325 Eriostemon Sm. (1798);蜡花木属(毛蕊芸香属);Wax Flower, Wax Plant, Wax Plants, Waxflower ●☆
153326 Eriostemon Sweet = Eriostomum Hoffmanns. et Link ■
153327 Eriostemon Sweet = Stachys L. ●■
153328 Eriostemon australasius Pers.;狭叶蜡花木;Pink Wax Flower, Wax Plant ●☆
153329 Eriostemon brucei F. Muell.;布鲁毛蕊芸香●☆
153330 Eriostemon buxifolius Sm.;蜡花木;Wax Flower, Wax Plant ●☆
153331 Eriostemon buxifolius Sm. subsp. obovatus (G. Don) Paul G. Wilson;卵叶蜡花木;Wax Flower ●☆
153332 Eriostemon difformis Endl.;零乱蜡花木;Wax Plant ●☆
153333 Eriostemon myoporoides DC.;长叶蜡花木;Long-leaf Waxflower, Long-leafed Wax Flower, Native Daphne, White Star ●☆
153334 Eriostemon myoporoides DC. 'Profusion';丰花长叶蜡花木●☆
153335 Eriostemon obovalis A. Cunn.;倒卵蜡花木(毛蕊芸香)●☆
153336 Eriostemon verrucosus A. Rich.;本迪格蜡花木;Bedigo Wax Flower ●☆
153337 Eriostemum Colla ex Steud. = Elaeocarpus L. ●
153338 Eriostemum Poir. = Eriostemon Sm. ●☆
153339 Eriostemum Steud. = Eriostomum Hoffmanns. et Link ■
153340 Eriostemum Steud. = Stachys L. ●■
153341 Eriostoma Boivin ex Baill. = Hypobathrum Blume ●☆
153342 Eriostoma Boivin ex Baill. = Tricalysia A. Rich. ex DC. ●
153343 Eriostoma albicaulis Boivin = Tricalysia ovalifolia Hiern ●☆
153344 Eriostomum Hoffmanns. et Link = Stachys L. ●■
153345 Eriostrobilus Bremek. = Strobilanthes Blume ●■
153346 Eriostylis (R. Br.) Spach = Grevillea R. Br. ex Knight(保留属名) ●
153347 Eriostylis (R. Br.) Spach = Stylurus Salisb. ex Knight(废弃属名) ●
153348 Eriostylos C. C. Towns. (1979);毛柱苋属■☆
153349 Eriostylos C. C. Towns. = Centema Hook. f. ■●☆
153350 Eriostylos stefaninii (Chiov.) C. C. Towns.;毛柱苋■☆
153351 Eriosyce Phil. (1872);极光球属●☆
153352 Eriosyce aurata (Sweet) Backeb.;黄极光球(金极光球)●☆
153353 Eriosyce ceratistes Britton et Rose;极光球(极光丸)●☆
153354 Eriosyce ihotzkyanae F. Ritter;五百津玉●☆
153355 Eriosyce kunzei (C. F. Först.) Katt.;孔策极光球●☆
153356 Eriosyce rodentiophila F. Ritter;大果极光球●☆
153357 Eriosyce villosa (Monv.) Katt.;长柔毛极光球;Quisco Peludo ●☆
153358 Eriosynaphe DC. (1829);连毛草属☆
153359 Eriosynaphe longifolia DC. = Eriosynaphe longipes (Fisch. et Spreng.) DC. ☆
153360 Eriosynaphe longipes (Fisch. et Spreng.) DC.;连毛草☆
153361 Eriotheca Schott et Endl. (1832);毛鞘木棉属●☆
153362 Eriotheca macrophylla (K. Schum.) A. Robyns;大叶毛鞘木棉●☆
153363 Eriotheca parviflora Schott et Endl.;小花毛鞘木棉●☆
153364 Eriotheca parvifolia (Mart. et Zucc.) A. Robyns;小叶毛鞘木棉●☆
153365 Eriotheca pentaphylla (Vell.) A. Robyns;五叶毛鞘木棉●☆
153366 Eriotheca platyandra A. Robyns;宽蕊毛鞘木棉●☆
153367 Eriotheca pubescens Schott et Endl.;柔毛毛鞘木棉●☆
153368 Eriothrix Cass. = Eriotrix Cass. ●☆
153369 Eriothymus (Benth.) J. A. Schmidt(1837);毛百里香属●☆
153370 Eriothymus (Benth.) Rchb. = Eriothymus (Benth.) J. A. Schmidt ●☆
153371 Eriothymus J. A. Schmidt = Eriothymus (Benth.) J. A. Schmidt ●☆
153372 Eriothymus J. A. Schmidt = Hedeoma Pers. ■●☆
153373 Eriothymus J. A. Schmidt = Keithia Benth. ■☆
153374 Eriothymus rubiaceus J. A. Schmidt;毛百里香●☆
153375 Eriotrichium Lem. = Eritrichium Schrad. ex Gaudin ■
153376 Eriotrichum St. -Lag. = Eriotrichium Lam. ■
153377 Eriotrix Cass. (1817);密叶留菊属●☆
153378 Erioxantha Raf. = Eria Lindl. (保留属名) ■
153379 Erioxylum Rose et Standl. (1911);肖棉属●☆
153380 Erioxylum Rose et Standl. = Gossypium L. ●■
153381 Erioxylum aridum Rose et Standl.;肖棉●☆
153382 Eriozamia Hort. ex Schuster = Ceratozamia Brongn. ●☆
153383 Eriphia P. Browne = Besleria L. ●■☆
153384 Eriphilema Herb. = Olsynium Raf. ■☆
153385 Eriphilema Herb. = Sisyrinchium L. ■
153386 Eriphlema Baker = Eriphilema Herb. ■
153387 Erisimum Neck. = Erysimum L. ■●
153388 Erisma Rudge(1805);轴状独蕊属●☆
153389 Erisma japura Spruce ex Warm.;轴状独蕊●☆
153390 Erisma uncinatum Warm.;钩轴状独蕊●☆
153391 Erismadelphus Mildbr. (1913);西非囊萼花属●☆
153392 Erismadelphus exsul Mildbr.;西非囊萼花●☆
153393 Erismadelphus exsul Mildbr. var. platyphyllus Keay et Stafleu;宽叶西非囊萼花●☆
153394 Erismadelphus sessilis Keay et Stafleu;无梗西非囊萼花●☆
153395 Erismanthus Wall. = Erismanthus Wall. ex Müll. Arg. ●
153396 Erismanthus Wall. ex Müll. Arg. (1866);轴花木属(轴花属);Axileflower, Erismanthus ●
153397 Erismanthus obliquus Wall. ex Müll. Arg.;大叶轴花木;Oblique Erismanthus ●☆
153398 Erismanthus sinensis Oliv.;轴花木;China Axileflower, Chinese Erismanthus ●
153399 Eristomen Less. = Saussurea DC. (保留属名) ●■
153400 Erithalia Bunge ex Steud. = Gentiana L. ■
153401 Erithalis G. Forst. = Burneya Cham. et Schltdl. (废弃属名) ●
153402 Erithalis G. Forst. = Timonius DC. (保留属名) ●
153403 Erithalis P. Browne(1756);埃利茜属●☆
153404 Erithalis acuminata Krug et Urb.;渐尖埃利茜●☆
153405 Erithalis angustifolia DC.;窄叶埃利茜●☆
153406 Erithalis diffusa Correll;铺散埃利茜●☆
153407 Erithalis elliptica Raf.;椭圆埃利茜●☆
153408 Erithalis obovata G. Forst.;倒卵埃利茜●☆
153409 Erithalis parviflora Griseb.;小花埃利茜●☆
153410 Erithalis rotundata Griseb.;圆埃利茜●☆

153411 Erithalis uniflora C. F. Gaertn.;单花埃利茜●☆
153412 Eritheis Gray = Inula L. ●■
153413 Eritheis Gray = Limbarda Adans. ●■
153414 Erithraea Neck. = Centaurium Hill ■
153415 Erithraea Neck. = Erythraea Borkh. ■
153416 Erithrorhiza Raf. = Erythrorhiza Michx. ■☆
153417 Erithrorhiza Raf. = Galax Sims(保留属名)■☆
153418 Eritrichium Lem. = Eritrichium Schrad. ex Gaudin ■
153419 Eritrichium Schrad. = Eritrichium Schrad. ex Gaudin ■
153420 Eritrichium Schrad. ex Gaudin(1828);齿缘草属(高山勿忘草属,立萼草属,山琉璃草属);American Forget-me-not,Eritrichium ■
153421 Eritrichium acicularum Y. S. Lian et J. Q. Wang;针刺齿缘草;Aciculate Eritrichium ■
153422 Eritrichium aktonense Y. S. Lian et J. Q. Wang = Eritrichium longifolium Decne. ■
153423 Eritrichium altaicum Popov = Eritrichium pauciflorum (Ledeb.) DC. ■
153424 Eritrichium angustifolium Y. S. Lian et J. Q. Wang;狭叶齿缘草;Angustifoliate Eritrichium,Narrowleaf Eritrichium ■
153425 Eritrichium aquatica (L.) Borkausen = Gentiana aquatica L. ■
153426 Eritrichium aretioides (Cham.) DC.;点地梅齿缘草■☆
153427 Eritrichium axillare W. T. Wang;腋花齿缘草;Axillaryflower Eritrichium ■
153428 Eritrichium basifixum C. B. Clarke = Eritrichium villosum (Ledeb.) Bunge ■
153429 Eritrichium betissovii Regel = Eritrichium latifolium Kar. et Kir. ■
153430 Eritrichium borealisinense Kitag.;北齿缘草(大叶蓝梅);Northern Eritrichium ■
153431 Eritrichium brachytubum (Diels) Y. S. Lian et J. Q. Wang = Hackelia brachytuba (Diels) I. M. Johnst. ■
153432 Eritrichium brevipes Maxim. = Trigonotis bracteata Ching J. Wang ■
153433 Eritrichium canum (Benth.) Kitam.;灰毛齿缘草;Greyhair Eritrichium ■
153434 Eritrichium canum (Benth.) Kitam. var. fruticulosum (Klotzsch) Y. J. Nasir;灌木状齿缘草■☆
153435 Eritrichium canum (Benth.) Kitam. var. patens (Decne.) Y. J. Nasir;铺展灰毛齿缘草■☆
153436 Eritrichium canum (Benth.) Kitam. var. spathulatum (Benth.) Y. J. Nasir;匙形灰毛齿缘草■☆
153437 Eritrichium caucusicum (Albov) Grossh.;高加索齿缘草■☆
153438 Eritrichium confertiflorum W. T. Wang;密花齿缘草;Denseflower Eritrichium ■
153439 Eritrichium czekanowskii Trautv.;契卡氏齿缘草■☆
153440 Eritrichium davuricum (Pall. ex Roem. et Schult.) DC. = Amblynotus rupestris (Pall. ex Georgi) Popov ex Serg. ■
153441 Eritrichium deflexum (Wahlenb.) Y. S. Lian et J. Q. Wang = Hackelia deflexa (Wahlenb.) Opiz ■
153442 Eritrichium deflexum (Wahlenb.) Y. S. Lian et J. Q. Wang var. pumilum Ledeb. = Hackelia thymifolia (DC.) I. M. Johnst. ■
153443 Eritrichium deflexum Lehm. var. pumilum Ledeb. = Eritrichium thymifolium (DC.) Y. S. Lian et J. Q. Wang ■
153444 Eritrichium deltodentum Y. S. Lian et J. Q. Wang;三角刺齿缘草(三角齿缘草);Trianglespine Eritrichium ■
153445 Eritrichium densiflorum Duthie = Lasiocaryum densiflorum (Duthie) Johnst. ■
153446 Eritrichium deqinense W. T. Wang;德钦齿缘草;Deqin Eritrichium ■
153447 Eritrichium difforme Y. S. Lian et J. Q. Wang = Hackelia difformis (Y. S. Lian et J. Q. Wang) Riedl ■
153448 Eritrichium dubium O. Fedtsch.;可疑齿缘草■☆
153449 Eritrichium echinocaryum (I. M. Johnst.) Y. S. Lian et J. Q. Wang;云南齿缘草;Yunnan Eritrichium ■
153450 Eritrichium echinocaryum (I. M. Johnst.) Y. S. Lian et J. Q. Wang = Hackelia echinocarya I. M. Johnst. ■
153451 Eritrichium elongatum W. Wight;美国齿缘草■☆
153452 Eritrichium fetissovii Regel;短梗齿缘草(范梯齿缘草)■
153453 Eritrichium fruticulosum Klotzsch;小灌齿缘草;Fruticose Eritrichium,Smallshrub Eritrichium ■
153454 Eritrichium fruticulosum Klotzsch = Eritrichium canum (Benth.) Kitam. var. fruticulosum (Klotzsch) Y. J. Nasir ■☆
153455 Eritrichium gnaphaloides A. DC.;鼠曲齿缘草■☆
153456 Eritrichium gracile W. T. Wang;条叶齿缘草;Slender Eritrichium ■
153457 Eritrichium guilielmi A. Gray = Trigonotis guilielmii (A. Gray) A. Gray ex Gürke ■
153458 Eritrichium hemisphaericum W. T. Wang;半球齿缘草;Hemisphere Eritrichium,Hemispherical Eritrichium ■
153459 Eritrichium heterocarpum Y. S. Lian et J. Q. Wang;异果齿缘草;Diffrentfruit Eritrichium ■
153460 Eritrichium hookeri (C. B. Clarke) Brand. = Chionocharis hookeri (C. B. Clarke) I. M. Johnst. ■
153461 Eritrichium huminimum W. T. Wang;矮齿缘草;Dwarf Eritrichium ■
153462 Eritrichium huzhuense X. F. Lu et G. R. Zhong;互助齿缘草;Huzhu Eritrichium ■
153463 Eritrichium incanum (Turcz.) A. DC.;钝叶齿缘草(灰白齿缘草);Obtuseleaf Eritrichium ■
153464 Eritrichium jacquemontii Decne. = Eritrichium canum (Benth.) Kitam. var. spathulatum (Benth.) Y. J. Nasir ■☆
153465 Eritrichium jacquemontii Decne. = Eritrichium spathulatum (Benth.) C. B. Clarke ■
153466 Eritrichium jacuticum Popov;雅库特齿缘草■☆
153467 Eritrichium japonicum Miq. = Trigonotis peduncularis (Trevis.) Benth. ex S. Moore et Baker ■
153468 Eritrichium jeholense A. I. Baranov et Skvortsov = Eritrichium borealisinense Kitag. ■
153469 Eritrichium jenisseense Turcz.;热尼斯齿缘草■☆
153470 Eritrichium kamtschaticum Kom.;勘察加齿缘草■☆
153471 Eritrichium kangdingense W. T. Wang;康定齿缘草;Kangding Eritrichium ■
153472 Eritrichium lasiocarpum W. T. Wang;毛果齿缘草;Hairfruit Eritrichium,Lasiocarpous Eritrichium ■
153473 Eritrichium latifolium Kar. et Kir.;宽叶齿缘草;Broadleaf Eritrichium ■
153474 Eritrichium laxum I. M. Johnst.;疏花齿缘草;Lax Eritrichium,Scatterflower Eritrichium ■
153475 Eritrichium leucantum W. T. Wang;白花齿缘草;Whiteflower Eritrichium ■
153476 Eritrichium longifolium Decne.;阿克陶齿缘草;Aketao Eritrichium ■
153477 Eritrichium longipes Y. S. Lian et J. Q. Wang;长梗齿缘草;Longstalk Eritrichium ■
153478 Eritrichium maackii Maxim. = Amblynotus rupestris (Pall. ex

Georgi) Popov ex Serg. ■

153479 Eritrichium mandshuricum Popov;东北齿缘草(细叶蓝梅);Manchurian Eritrichium,NE. China Eritrichium ■

153480 Eritrichium medicarpum Y. S. Lian et J. Q. Wang;青海齿缘草(青海假鹤虱);Qinghai Eritrichium ■

153481 Eritrichium microcarpum A. DC. = Trigonotis microcarpa (A. DC.) Benth. ■

153482 Eritrichium microcarpum DC. = Trigonotis microcarpa (A. DC.) Benth. ■

153483 Eritrichium microcarpum W. T. Wang = Eritrichium sinomicrocarpum W. T. Wang ■

153484 Eritrichium munroi C. B. Clarke = Lasiocaryum munroi (C. B. Clarke) Johnst. ■

153485 Eritrichium myosotideum Maxim. = Trigonotis myosotidea (Maxim.) Maxim. ■

153486 Eritrichium nahum (L.) Schrad. ex Gaudin subsp. villosum (Ledeb.) Brand = Eritrichium villosum (Ledeb.) Bunge ■

153487 Eritrichium nanum (L.) Schrad. ex Gaudin;阿尔卑斯齿缘草;King Alps,King of the Alps ■☆

153488 Eritrichium nanum (L.) Schrad. ex Gaudin subsp. villosum (Ledeb.) Brand var. euvillosum Brand = Eritrichium villosum (Ledeb.) Bunge ■

153489 Eritrichium nanum (Vill.) Schrad. subsp. villosum (Ledeb.) Brand var. euvillosum Brand = Eritrichium villosum (Ledeb.) Bunge ■

153490 Eritrichium nanum (Vill.) Schrad. subsp. villosum (Ledeb.) Brand = Eritrichium villosum (Ledeb.) Bunge ■

153491 Eritrichium nipponicum Makino;日本齿缘草(库页齿缘草)■

153492 Eritrichium nipponicum Makino var. albiflorum Koidz.;白花库页齿缘草■☆

153493 Eritrichium nipponicum Makino var. albiflorum Koidz. f. yesoense H. Hara;北海道齿缘草■☆

153494 Eritrichium nipponicum Makino var. yesoense (Nakai) Kitag. = Eritrichium nipponicum Makino var. albiflorum Koidz. ■☆

153495 Eritrichium nipponicum Makino var. yesoense (Nakai) Kitag. = Eritrichium nipponicum Makino var. albiflorum Koidz. f. yesoense H. Hara ■☆

153496 Eritrichium oligocanthum Y. S. Lian et J. Q. Wang;疏刺齿缘草;Scatterspine Eritrichium ■

153497 Eritrichium pamiricum B. Fedtsch. ex O. Fedtsch.;帕米尔齿缘草;Pamir Eritrichium ■

153498 Eritrichium pamiricum B. Fedtsch. ex O. Fedtsch. = Hackelia pamirica (B. Fedtsch. ex O. Fedtsch.) Brand ■

153499 Eritrichium patens Decne. = Eritrichium canum (Benth.) Kitam. var. patens (Decne.) Y. J. Nasir ■☆

153500 Eritrichium pauciflorum (Ledeb.) DC.;少花齿缘草■

153501 Eritrichium pectinatociliatum Y. S. Lian et J. Q. Wang;篦毛齿缘草;Pectinateciliate Eritrichium,Pectinatehair Eritrichium ■

153502 Eritrichium pectinatum (Pall.) DC.;篦状齿缘草■☆

153503 Eritrichium pedunculare (Trevis.) A. DC. = Trigonotis peduncularis (Trevis.) Benth. ex S. Moore et Baker ■

153504 Eritrichium pedunculare DC. = Trigonotis peduncularis (Trevis.) Benth. ex S. Moore et Baker ■

153505 Eritrichium pendulifructum Y. S. Lian et J. Q. Wang;垂果齿缘草;Nutantfruit Eritrichium ■

153506 Eritrichium petiolare W. T. Wang;具柄齿缘草;Petiolate Eritrichium ■

153507 Eritrichium petiolare W. T. Wang var. subturbinatum W. T. Wang;陀果齿缘草;Subturbinate Eritrichium ■

153508 Eritrichium petiolare W. T. Wang var. villosum W. T. Wang;柔毛齿缘草;Villose Eritrichium ■

153509 Eritrichium pseudolatifolium Popov;对叶齿缘草;Oppositeleaf Eritrichium ■

153510 Eritrichium pulviniforme Popov = Eritrichium pauciflorum (Ledeb.) DC. ■

153511 Eritrichium pustulosum C. B. Clarke = Microula pustulosa (C. B. Clarke) Duthie ■

153512 Eritrichium pygmaeum C. B. Clarke = Microcaryum pygmaeum (C. B. Clarke) I. M. Johnst. ■

153513 Eritrichium qofengense Y. S. Lian et J. Q. Wang;珠峰齿缘草;Jolmolungma Eritrichium,Zhufeng Eritrichium ■

153514 Eritrichium radicans (Turcz.) DC. = Trigonotis radicans (Turcz.) Steven ■

153515 Eritrichium riae H. Winkl. = Microcaryum pygmaeum (C. B. Clarke) I. M. Johnst. ■

153516 Eritrichium rotundifolium DC. = Trigonotis rotundifolia (Wall.) Benth. ■

153517 Eritrichium rupestre (Pall. ex Georgi) Bunge = Eritrichium pauciflorum (Ledeb.) DC. ■

153518 Eritrichium rupestre (Pall.) Bunge;石生齿缘草(齿缘草,兰梅,蓝梅);Rupestrine Eritrichium ■

153519 Eritrichium rupestre (Pall.) Bunge = Eritrichium mandshuricum Popov ■

153520 Eritrichium rupestre (Pall.) Bunge var. pectinatum (Pall.) Brand subvar. spathulatum (Benth.) Brand = Eritrichium spathulatum (Benth.) C. B. Clarke ■

153521 Eritrichium rupestre Bunge = Eritrichium mandshuricum Popov ■

153522 Eritrichium rupestre Bunge = Eritrichium pauciflorum (Ledeb.) DC. ■

153523 Eritrichium rupestre Bunge var. pectinatum (Pall.) Brand = Eritrichium canum (Benth.) Kitam. ■

153524 Eritrichium rupestre Bunge var. pectinatum (Pall.) Brand subvar. spathulatum (Benth.) Brand = Eritrichium spathulatum (Benth.) C. B. Clarke ■

153525 Eritrichium rupestre Bunge var. pectinatum (Pall.) Brand subvar. spathulatum (Benth.) Brand = Eritrichium canum (Benth.) Kitam. var. spathulatum (Benth.) Y. J. Nasir ■☆

153526 Eritrichium sachalinense Popov;库页齿缘草■☆

153527 Eritrichium sachalinense Popov = Eritrichium nipponicum Makino var. albiflorum Koidz. f. yesoense H. Hara ■☆

153528 Eritrichium sachalinense Popov = Eritrichium nipponicum Makino ■

153529 Eritrichium sericeum (Benth.) A. DC. = Eritrichium villosum (Ledeb.) Bunge ■

153530 Eritrichium sericeum (DC.) Aitch. = Eritrichium canum (Benth.) Kitam. ■

153531 Eritrichium sericeum (Lehm.) DC.;绢毛齿缘草■☆

153532 Eritrichium sericeum Aitch. = Eritrichium canum (Benth.) Kitam. ■

153533 Eritrichium sessilifructum Y. S. Lian et J. Q. Wang;无梗齿缘草;Stalkless Eritrichium ■

153534 Eritrichium sichotense Popov;急尖叶齿缘草(远东齿缘草)■

153535 Eritrichium sinomicrocarpum W. T. Wang;小果齿缘草;Smallfruit Eritrichium ■

153536 Eritrichium spathulatum (Benth.) C. B. Clarke;匙叶齿缘草;Spathulate Eritrichium,Spoonleaf Eritrichium ■

153537 Eritrichium spathulatum (Benth.) C. B. Clarke = Eritrichium canum (Benth.) Kitam. var. spathulatum (Benth.) Y. J. Nasir ■☆

153538 Eritrichium strictum Decne. = Eritrichium canum (Benth.) Kitam. ■

153539 Eritrichium strictum Decne. var. fruticulosum (Klotzsch) C. B. Clarke = Eritrichium fruticulosum Klotzsch ■

153540 Eritrichium strictum Decne. var. fruticulosum (Klotzsch) C. B. Clarke = Eritrichium canum (Benth.) Kitam. var. fruticulosum (Klotzsch) Y. J. Nasir ■☆

153541 Eritrichium strictum Decne. var. thomsonii C. B. Clarke = Eritrichium canum (Benth.) Kitam. ■

153542 Eritrichium subjacquemontii Popov;新疆齿缘草;Xinjiang Eritrichium ■

153543 Eritrichium subrupestre Popov = Eritrichium pauciflorum (Ledeb.) DC. ■

153544 Eritrichium sventenii Sunding = Ogastemma pusillum (Coss. et Durieu ex Bonnet et Barratte) Brummitt ■☆

153545 Eritrichium tangkulaense W. T. Wang;唐古拉齿缘草;Tangkula Eritrichium ■

153546 Eritrichium thymifolium (DC.) Y. S. Lian et J. Q. wang;假鹤虱齿缘草(假鹤虱);Thymeleaf Eritrichium ■

153547 Eritrichium thymifolium (DC.) Y. S. Lian et J. Q. wang = Hackelia thymifolia (A. DC.) I. M. Johnst. ■

153548 Eritrichium thymifolium (DC.) Y. S. Lian et J. Q. wang subsp. latialatum Y. S. Lian et J. Q. wang; 宽翅假鹤虱; Broadwing Eritrichium ■

153549 Eritrichium thymifolium (DC.) Y. S. Lian et J. Q. wang subsp. micranthum W. T. Wang; 小花假鹤虱; Smallflower Thymeleaf Eritrichium ■

153550 Eritrichium tibeticum C. B. Clarke = Trigonotis tibetica (C. B. Clarke) I. M. Johnst. ■

153551 Eritrichium tibeticum C. B. Clarke var. minor ? = Trigonotis tibetica (C. B. Clarke) I. M. Johnst. ■

153552 Eritrichium turkestanicum Franch.;土耳其斯坦齿缘草■☆

153553 Eritrichium uncinatum (Benth.) Y. S. Lian et J. Q. Wang;卵萼假鹤虱(倒钩鹤虱,卵叶假鹤虱,西藏假鹤虱); Fossulate Eritrichium,Hoohked Eritrichium ■

153554 Eritrichium uncinatum (Benth.) Y. S. Lian et J. Q. Wang = Hackelia uncinata (Benth.) C. E. C. Fisch. ■

153555 Eritrichium villosum (Ledeb.) Bunge;长毛齿缘草(柔毛立萼草);Longhair Eritrichium,Villose Eritrichium ■

153556 Eritrichium villosum (Ledeb.) Bunge = Eritrichium nanum (L.) Schrad. ex Gaudin subsp. villosum (Ledeb.) Brand ■

153557 Eritrichium yesoense Nakai = Eritrichium nipponicum Makino var. albiflorum Koidz. f. yesoense H. Hara ■☆

153558 Eritrichium younghusbandii (Duthie) Brand = Microula younghusbandii Duthie ■

153559 Eritronium Scop. = Erythronium L. ■

153560 Eriudaphus Nees = Scolopia Schreb. (保留属名) ●

153561 Eriudaphus ecklonii Nees = Scolopia zeyheri (Nees) Harv. ●☆

153562 Eriudaphus mundii Eckl. et Zeyh. = Scolopia mundtii (Eckl. et Zeyh.) Warb. ●☆

153563 Eriudaphus serratus Harv. = Scolopia mundtii (Eckl. et Zeyh.) Warb. ●☆

153564 Eriudaphus zeyheri Nees = Scolopia zeyheri (Nees) Harv. ●☆

153565 Erlangea Sch. Bip. (1853);瘦片菊属■☆

153566 Erlangea aggregata Hutch. = Bothriocline aggregata (Hutch.) Wild et G. V. Pope ■☆

153567 Erlangea alternifolia (O. Hoffm.) S. Moore;互叶瘦片菊■☆

153568 Erlangea amplexicaulis Muschl. = Bothriocline inyangana N. E. Br. var. amplexicaulis (Muschl.) C. Jeffrey ■☆

153569 Erlangea amplifolia O. Hoffm. et Muschl. = Bothriocline amplifolia (O. Hoffm. et Muschl.) M. G. Gilbert ■☆

153570 Erlangea amplifolia O. Hoffm. et Muschl. var. aberdarica R. E. Fr. = Bothriocline amplifolia (O. Hoffm. et Muschl.) M. G. Gilbert ■☆

153571 Erlangea angelinii (Fiori) Cufod. = Bothriocline schimperi Oliv. et Hiern ex Benth. ■☆

153572 Erlangea angolensis (Hiern) S. Moore = Bothriocline angolensis (Hiern) Wild et G. V. Pope ■☆

153573 Erlangea angustifolia (Benth.) Hutch. et Dalziel = Kinghamia angustifolia (Benth.) C. Jeffrey ■☆

153574 Erlangea attenuata Muschl. = Bothriocline attenuata (Muschl.) Lisowski ■☆

153575 Erlangea auriculata M. Taylor = Bothriocline auriculata (M. Taylor) C. Jeffrey ■☆

153576 Erlangea bagshawei S. Moore = Bothriocline bagshawei (S. Moore) C. Jeffrey ■☆

153577 Erlangea benadiriana Fiori = Erlangea smithii S. Moore ■☆

153578 Erlangea boranensis S. Moore = Gutenbergia boranensis (S. Moore) M. G. Gilbert ■☆

153579 Erlangea boranensis S. Moore var. major Lanza = Gutenbergia boranensis (S. Moore) M. G. Gilbert ■☆

153580 Erlangea brachycalyx S. Moore = Gutenbergia cordifolia Benth. ex Oliv. ■☆

153581 Erlangea buchananii S. Moore = Gutenbergia cordifolia Benth. ex Oliv. ■☆

153582 Erlangea calycina S. Moore;萼状瘦片菊■☆

153583 Erlangea centauroides (S. Moore) S. Moore;矢车菊状瘦片菊■☆

153584 Erlangea chevalieri O. Hoffm. et Muschl.;舍瓦利耶瘦片菊■☆

153585 Erlangea concinna S. Moore = Bothriocline concinna (S. Moore) Wech. ■☆

153586 Erlangea congesta M. Taylor = Bothriocline congesta (M. Taylor) Wech. ■☆

153587 Erlangea conica Chiov. = Erlangea smithii S. Moore ■☆

153588 Erlangea cordifolia (Benth. ex Oliv.) S. Moore = Gutenbergia cordifolia Benth. ex Oliv. ■☆

153589 Erlangea cordifolia (Benth. ex Oliv.) S. Moore var. fimbriata O. Hoffm. et Muschl. = Gutenbergia boranensis (S. Moore) M. G. Gilbert ■☆

153590 Erlangea cordifolia (Benth. ex Oliv.) S. Moore var. humilis Cufod. = Gutenbergia boranensis (S. Moore) M. G. Gilbert ■☆

153591 Erlangea duemmeri S. Moore = Bothriocline bagshawei (S. Moore) C. Jeffrey ■☆

153592 Erlangea eupatorioides Hutch. et B. L. Burtt = Bothriocline longipes (Oliv. et Hiern) N. E. Br. ■☆

153593 Erlangea eylesii S. Moore = Gutenbergia eylesii (S. Moore) Wild et G. V. Pope ■☆

153594 Erlangea filifolia De Wild. et Muschl. = Dewildemania stenophylla (Baker) B. L. Burtt ■☆

153595 Erlangea fruticosa C. D. Adams;灌丛瘦片菊■☆

153596 Erlangea fusca S. Moore = Bothriocline fusca (S. Moore) M. G. Gilbert ■☆

153597 Erlangea globosa Robyns = Bothriocline globosa (Robyns) C. Jeffrey ■☆

153598 Erlangea gregorii S. Moore = Gutenbergia boranensis (S. Moore) M. G. Gilbert ■☆

153599 Erlangea hispida S. Moore = Bothriocline hispida (S. Moore) Wild et G. V. Pope ■☆

153600 Erlangea huillensis (Hiern) S. Moore = Bothriocline huillensis (Hiern) Wild et G. V. Pope ■☆

153601 Erlangea incana S. Moore = Bothriocline fusca (S. Moore) M. G. Gilbert ■☆

153602 Erlangea inyangana (N. E. Br.) B. L. Burtt = Bothriocline inyangana N. E. Br. ■☆

153603 Erlangea laxa (N. E. Br.) S. Moore = Bothriocline laxa N. E. Br. ■☆

153604 Erlangea leptophylla Muschl. = Erlangea smithii S. Moore ■☆

153605 Erlangea linearifolia (O. Hoffm.) S. Moore;丝叶瘦片菊■☆

153606 Erlangea longipes (Oliv. et Hiern) S. Moore = Bothriocline longipes (Oliv. et Hiern) N. E. Br. ■☆

153607 Erlangea marginata (O. Hoffm.) S. Moore = Gutenbergia cordifolia Benth. ex Oliv. ■☆

153608 Erlangea marginata (O. Hoffm.) S. Moore var. depauperata S. Moore = Gutenbergia cordifolia Benth. ex Oliv. ■☆

153609 Erlangea microcephala S. Moore = Bothriocline microcephala (S. Moore) Wild et G. V. Pope ■☆

153610 Erlangea milanjiensis S. Moore = Bothriocline milanjiensis (S. Moore) Wild et G. V. Pope ■☆

153611 Erlangea misera (Oliv. et Hiern) S. Moore;贫弱瘦片菊■☆

153612 Erlangea monticola M. Taylor = Bothriocline monticola (M. Taylor) Wech. ■☆

153613 Erlangea mooreana Alston = Bothriocline trifoliata (De Wild. et Muschl.) Wild et G. V. Pope ■☆

153614 Erlangea moramballae (Oliv. et Hiern) S. Moore = Bothriocline moramballae (Oliv. et Hiern) O. Hoffm. ■☆

153615 Erlangea paleacea Chiov.;膜片瘦片菊■☆

153616 Erlangea pauciseta (O. Hoffm.) S. Moore = Bothriocline pauciseta O. Hoffm. ■☆

153617 Erlangea pectinata O. Hoffm. = Bothriocline pectinata (O. Hoffm.) Wild et G. V. Pope ■☆

153618 Erlangea plumosa Sch. Bip.;羽状瘦片菊■☆

153619 Erlangea prolixa S. Moore = Bothriocline pauciseta O. Hoffm. ■☆

153620 Erlangea pubescens S. Moore = Bothriocline longipes (Oliv. et Hiern) N. E. Br. ■☆

153621 Erlangea pulchra B. L. Burtt = Gutenbergia cordifolia Benth. ex Oliv. var. pulchra (B. L. Burtt) C. Jeffrey ■☆

153622 Erlangea richardsiae (Wech.) C. Jeffrey;理查兹瘦片菊■☆

153623 Erlangea rogersii S. Moore = Bothriocline inyangana N. E. Br. ■☆

153624 Erlangea ruwenzoriensis S. Moore = Bothriocline ruwenzoriensis (S. Moore) C. Jeffrey ■☆

153625 Erlangea schimperi (Oliv. et Hiern ex Benth.) S. Moore = Bothriocline schimperi Oliv. et Hiern ex Benth. ■☆

153626 Erlangea schinzii O. Hoffm. = Erlangea misera (Oliv. et Hiern) S. Moore ■☆

153627 Erlangea sessilifolia R. E. Fr. = Erlangea misera (Oliv. et Hiern) S. Moore ■☆

153628 Erlangea smithii S. Moore;史密斯瘦片菊■☆

153629 Erlangea somalensis O. Hoffm. = Erlangea smithii S. Moore ■☆

153630 Erlangea spissa S. Moore = Bothriocline longipes (Oliv. et Hiern) N. E. Br. ■☆

153631 Erlangea squarrulosa Chiov. = Bothriocline longipes (Oliv. et Hiern) N. E. Br. ■☆

153632 Erlangea subcordata De Wild. = Bothriocline subcordata (De Wild.) Wech. ■☆

153633 Erlangea tomentosa (Oliv. et Hiern) S. Moore = Bothriocline longipes (Oliv. et Hiern) N. E. Br. ■☆

153634 Erlangea tomentosa (Oliv. et Hiern) S. Moore var. acuta R. E. Fr. = Bothriocline longipes (Oliv. et Hiern) N. E. Br. ■☆

153635 Erlangea trifoliata De Wild. et Muschl. = Bothriocline trifoliata (De Wild. et Muschl.) Wild et G. V. Pope ■☆

153636 Erlangea ugandensis S. Moore = Bothriocline ugandensis (S. Moore) M. G. Gilbert ■☆

153637 Erlangea venustula S. Moore = Gutenbergia cordifolia Benth. ex Oliv. ■☆

153638 Erlangea westii Wild = Gutenbergia westii (Wild) Wild et G. V. Pope ■☆

153639 Ermanea Cham. = Christolea Cambess. ■

153640 Ermania Cham. = Parrya R. Br. ●■

153641 Ermania Cham. ex O. E. Schulz = Christolea Cambess. ■

153642 Ermania albiflora (T. Anderson) O. E. Schulz = Phaeonychium albiflorum (T. Anderson) Jafri ■

153643 Ermania bifaria Botsch. = Desideria pumila (Kurz) Al-Shehbaz ■

153644 Ermania flabellata (Regel) O. E. Schulz = Desideria flabellata (Regel) Al-Shehbaz ■

153645 Ermania himalayensis (Cambess.) O. E. Schulz = Christolea himalayensis (Cambess.) Jafri ■

153646 Ermania himalayensis (Cambess.) O. E. Schulz = Desideria himalayensis (Cambess.) Al-Shehbaz ■

153647 Ermania kachrooi Dar et Naqshi = Desideria linearis (N. Busch) Al-Shehbaz ■

153648 Ermania kashmiriana Dar et Naqshi = Desideria linearis (N. Busch) Al-Shehbaz ■

153649 Ermania koelzii O. E. Schulz = Christolea pumila (Kurz) Jafri ■

153650 Ermania koelzii O. E. Schulz = Desideria pumila (Kurz) Al-Shehbaz ■

153651 Ermania lanuginosa (Hook. f. et Thomson) O. E. Schulz = Christolea lanuginosa (Hook. f. et Thomson) Ovcz. ■

153652 Ermania lanuginosa (Hook. f. et Thomson) O. E. Schulz = Eurycarpus lanuginosus (Hook. f. et Thomson) Botsch. ■

153653 Ermania linearis (N. Busch) Botsch. = Desideria linearis (N. Busch) Al-Shehbaz ■

153654 Ermania pamirica (Korsh.) Ovcz. et Yunusov = Christolea crassifolia Cambess. ■

153655 Ermania parkeri O. E. Schulz = Christolea parkeri (O. E. Schulz) Jafri ■

153656 Ermania parkeri O. E. Schulz = Desideria linearis (N. Busch) Al-Shehbaz ■

153657 Ermania prolifera (Maxim.) O. E. Schulz = Christolea prolifera (Maxim.) Jafri ■

153658 Ermania prolifera (Maxim.) O. E. Schulz = Desideria prolifera (Maxim.) Al-Shehbaz ■

153659 Ermania scaposa (Jafri) Botsch. = Christolea scaposa Jafri ■

153660 Ermania stewartii (T. Anderson) O. E. Schulz = Christolea stewartii (T. Anderson) Jafri ■

153661 Ermania stewartii (T. Anderson) O. E. Schulz = Desideria stewartii (T. Anderson) Al-Shehbaz ■

153662 Ermania villosa (Maxim.) O. E. Schulz = Phaeonychium villosum (Maxim.) Al-Shehbaz ■
153663 Ermaniopsis H. Hara = Desideria Pamp. ■
153664 Ermaniopsis H. Hara(1974);矮寒芥属■☆
153665 Ermaniopsis pumila H. Hara;矮寒芥■☆
153666 Ermaniopsis pumila H. Hara = Desideria haranensis Al-Shehbaz ■☆
153667 Erndelia Neck. = Passiflora L. ●■
153668 Erndlia Giseke = Curcuma L.(保留属名)■
153669 Ernestella Germ. = Rosa L. ●
153670 Ernestia DC.(1828);欧内野牡丹属☆
153671 Ernestia cordifolia O. Berg ex Triana = Pseudoernestia cordifolia (O. Berg ex Triana) Krasser☆
153672 Ernestia minor Gleason;小欧内野牡丹☆
153673 Ernestia ovata Cogn.;卵形欧内野牡丹☆
153674 Ernestia rubra Pulle;红欧内野牡丹☆
153675 Ernestimeyera Kuntze = Alberta E. Mey. ●☆
153676 Ernodea Sw.(1788);芽茜属■☆
153677 Ernodea angusta Small;窄芽茜■☆
153678 Ernodea gigantea Correll;巨芽茜■☆
153679 Ernodea montana Sibth. et Sm.;山地芽茜■☆
153680 Ernodea uninervis Urb.;单脉芽茜■☆
153681 Ernstamra Kuntze = Wigandia Kunth(保留属名)●■☆
153682 Ernstia V. M. Badillo = Conyza Less.(保留属名)■
153683 Ernstingia Scop. = Matayba Aubl. ●☆
153684 Ernstingia Scop. = Ratonia DC. ●☆
153685 Erobathos Spach = Erobatos (DC.) Rchb. ■
153686 Erobatos (DC.) Rchb. = Nigella L. ■
153687 Erobatos Rchb. = Nigella L. ■
153688 Erocallis Rydb.(1906);春美苋属■☆
153689 Erocallis Rydb. = Lewisia Pursh ■☆
153690 Erocallis triphylla (S. Watson) Rydb.;春美苋■☆
153691 Erocallis triphylla (S. Watson) Rydb. = Lewisia triphylla (S. Watson) B. L. Rob. ■☆
153692 Erocallis triphylla Rydb. = Erocallis triphylla (S. Watson) Rydb. ■☆
153693 Erochloa Steud. = Erochloe Raf. ■
153694 Erochloe Raf. = Eragrostis Wolf ■
153695 Erodendron Meisn. = Erodendrum Salisb. ●☆
153696 Erodendrum Salisb. = Protea L.(保留属名)●☆
153697 Erodendrum amplexicaule Salisb. = Protea amplexicaulis (Salisb.) R. Br. ●☆
153698 Erodendrum eximium Salisb. ex Knight = Protea eximia (Salisb. ex Knight) Fourc. ●☆
153699 Erodendrum holosericeum Salisb. ex Knight = Protea holosericea (Salisb. ex Knight) Rourke ●☆
153700 Erodendrum ligulifolium Salisb. ex Knight = Protea longifolia Andréws ●☆
153701 Erodendrum lorifolium Salisb. ex Knight = Protea lorifolia (Salisb. ex Knight) Fourc. ●☆
153702 Erodendrum tenax Salisb. = Protea tenax (Salisb.) R. Br. ●☆
153703 Erodendrum turbiniflorum Salisb. = Protea caespitosa Andréws ●☆
153704 Erodendrum umbonale Salisb. ex Knight = Protea longifolia Andréws ●☆
153705 Erodiaceae Horan. = Geraniaceae Juss.(保留科名)■●
153706 Erodion St.-Lag. = Erodium L'Hér. ex Aiton ■●
153707 Erodiophyllum F. Muell.(1875);琴菀属■☆
153708 Erodiophyllum acanthocephalum Stapf;刺头琴菀■☆
153709 Erodiophyllum elderi F. Muell.;琴菀■☆
153710 Erodium L'Hér. = Erodium L'Hér. ex Aiton ■●
153711 Erodium L'Hér. ex Aiton (1789);牻牛儿苗属;Erodium, Heronbill, Heron's Bill, Heron's-Bill, Stork's-bill, Storksbill ■●
153712 Erodium × variabile A. C. Leslie;变异牻牛儿苗■☆
153713 Erodium × variabile A. C. Leslie 'Flore Pleno';重瓣变异牻牛儿苗■☆
153714 Erodium × variabile A. C. Leslie 'Ken Aslet';肯·阿斯里特变异牻牛儿苗■☆
153715 Erodium absinthoides Willd.;中亚苦蒿状牻牛儿苗■☆
153716 Erodium acaule (L.) Bech. et Thell.;无茎牻牛儿苗■☆
153717 Erodium aethiopicum (Lam.) Brumh. et Thell.;埃塞俄比亚牻牛儿苗■☆
153718 Erodium alnifolium Guss.;桤叶牻牛儿苗■☆
153719 Erodium alnifolium Guss. var. glandulosum (Ten.) Maire = Erodium alnifolium Guss. ■☆
153720 Erodium alnifolium Guss. var. oligadenum Maire;寡腺牻牛儿苗■☆
153721 Erodium ambiguum Pomel = Erodium stellatum Delile ■☆
153722 Erodium angulatum Pomel = Erodium neuradifolium Delile ex Godr. ■☆
153723 Erodium anthemidifolium M. Bieb.;春黄菊牻牛儿苗■☆
153724 Erodium arborescens (Desf.) Willd.;树状牻牛儿苗■☆
153725 Erodium arenarium Pomel = Erodium laciniatum (Cav.) Willd. subsp. pulverulentum (Cav.) Batt. ■☆
153726 Erodium armenum Woronow;亚美尼亚牻牛儿苗■☆
153727 Erodium asplenioides (Desf.) Willd.;铁线蕨叶牻牛儿苗■☆
153728 Erodium asplenioides (Desf.) Willd. var. juliani Batt. = Erodium asplenioides (Desf.) Willd. ■☆
153729 Erodium atlanticum Coss.;大西洋牻牛儿苗■☆
153730 Erodium atlanticum Coss. var. cossonii (Guitt. et Mathez) Dobignard = Erodium atlanticum Coss. ■☆
153731 Erodium baboranum Debeaux et E. Rev. = Erodium battandieranum Rouy ■☆
153732 Erodium battandieranum Rouy;巴坦牻牛儿苗■☆
153733 Erodium beketovii Schmalh.;别克托夫牻牛儿苗■☆
153734 Erodium bipinnatum Willd. = Erodium aethiopicum (Lam.) Brumh. et Thell. ■☆
153735 Erodium bipinnatum Willd. var. huguetii Sauvage = Erodium aethiopicum (Lam.) Brumh. et Thell. ■☆
153736 Erodium bipinnatum Willd. var. laciniatum Cav. = Erodium laciniatum (Cav.) Willd. ■☆
153737 Erodium bonacellii Pamp. = Monsonia nivea (Decne.) Decne. ex Webb ■☆
153738 Erodium botrys (Cav.) Bertol.;长喙牻牛儿苗;Longbeak Stork's Bill, Mediterranean Stork's-bill ■☆
153739 Erodium botrys (Cav.) Bertol. var. brachycarpum Godr. = Erodium brachycarpum (Godr.) Thell. ■☆
153740 Erodium botrys (Cav.) Bertol. var. luxurians Guss. = Erodium botrys (Cav.) Bertol. ■☆
153741 Erodium botrys (Cav.) Bertol. var. obtusiplicatum Maire et Wilczek et = Erodium brachycarpum (Godr.) Thell. ■☆
153742 Erodium bovei Delile;博韦牻牛儿苗■☆
153743 Erodium brachycarpum (Godr.) Thell.;短果牻牛儿苗;Hairy-pitted Stork's-bill, Shortfruit Stork's Bill ■☆
153744 Erodium brachycarpum Thell. = Erodium brachycarpum

(Godr.) Thell. ■☆
153745 Erodium bryoniifolium Boiss. = Erodium oxyrrhynchum M. Bieb. subsp. bryoniifolium (Boiss.) Schönb. -Tem. ■☆
153746 Erodium bryoniifolium Boiss. f. glabrescens Bornm. = Erodium oxyrrhynchum M. Bieb. ■
153747 Erodium chaerophyllum (Cav.) Steud. = Erodium aethiopicum (Lam.) Brumh. et Thell. ■☆
153748 Erodium chamaedryoides L'Hér. = Erodium reichardii DC. ■☆
153749 Erodium cheilanthifolium Boiss.;碎米蕨叶牻牛儿苗■☆
153750 Erodium cheilanthifolium Boiss. var. fontqueri Maire = Erodium cheilanthifolium Boiss. ■☆
153751 Erodium cheilanthifolium Boiss. var. vieillardii (Bennetts) Pau et Font Quer = Erodium cheilanthifolium Boiss. ■☆
153752 Erodium chevallieri Guitt.;舍瓦牻牛儿苗■☆
153753 Erodium chium (Burm. f.) Willd. = Erodium chium (L.) Willd. ■☆
153754 Erodium chium (L.) Willd.;三裂牻牛儿苗;Three-lobed Stork's-bill ■☆
153755 Erodium chium (L.) Willd. subsp. aragonense (Loscos) Maire = Erodium neuradifolium Delile ex Godr. ■☆
153756 Erodium chium (L.) Willd. subsp. littoreum (Léman) Ball = Erodium chium (L.) Willd. ■☆
153757 Erodium chium (L.) Willd. var. aragonense (Loscos) Rouy = Erodium neuradifolium Delile ex Godr. ■☆
153758 Erodium chium (L.) Willd. var. faurei Maire = Erodium chium (L.) Willd. ■☆
153759 Erodium chium (L.) Willd. var. longepetiolatum Sennen = Erodium chium (L.) Willd. ■☆
153760 Erodium chium (L.) Willd. var. murcinum (Cav.) Rouy = Erodium chium (L.) Willd. ■☆
153761 Erodium chium (L.) Willd. var. pseudaragonense Faure et Maire = Erodium chium (L.) Willd. ■☆
153762 Erodium choulettianum Coss. = Erodium asplenioides (Desf.) Willd. ■☆
153763 Erodium chrysanthum L'Hér. ex DC.;黄花牻牛儿苗■☆
153764 Erodium ciconium (L.) L'Hér. ex Aiton;鹤喙牻牛儿苗;Common Stork's Bill, Longbill Heronbill ■☆
153765 Erodium ciconium (L.) L'Hér. = Erodium ciconium (L.) L'Hér. ex Aiton ■☆
153766 Erodium cicutarium (L.) L'Hér. = Erodium cicutarium (L.) L'Hér. ex Aiton ■
153767 Erodium cicutarium (L.) L'Hér. ex Aiton;芹叶牻牛儿苗(和蓝牻牛儿苗,芹叶太阳花);Alfilaria, Alfilerea, Celeryleaf Heronbill, Common Stork's-bill, Filaree, Filaree Storks-bill, Five-leaved Grass, Hemlock Storksbill, Hemlock Stork's-bill, Hemlock-leaved Cranesbill, Heron's Bill, Pin Clover, Pin Grass, Pin-clover, Pin-grass, Pink Needle, Pink-needle, Pook-needle, Powk Needle, Powk-needle, Punk Needle, Red Stem, Redstem Filaree, Red-stem Filaree, Redstem Stork's Bill, Red-stem Stork's-bill, Red-stemmed Filaree, Sticky Storksbill, Stike-pile, Storksbill, Stork's-bill, Wild Musk ■
153768 Erodium cicutarium (L.) L'Hér. subsp. jacquinianum ?;雅坎牻牛儿苗;Redstem Stork's Bill ■☆
153769 Erodium cicutarium (L.) L'Hér. var. pimpinellifolium (Cav.) Sm.;茴芹叶牻牛儿苗■☆
153770 Erodium cicutarium (L.) L'Hér. subsp. bicolor Murb. = Erodium stellatum Delile ■☆
153771 Erodium cicutarium (L.) L'Hér. subsp. bipinnatum (Cav.) Fourr. = Erodium aethiopicum (Lam.) Brumh. et Thell. ■☆
153772 Erodium cicutarium (L.) L'Hér. subsp. jacquinianum (Fisch. et al.) Briq. = Erodium salzmannii Delile ■☆
153773 Erodium cicutarium (L.) L'Hér. subsp. microphyllum (Pomel) Murb. = Erodium microphyllum Pomel ■☆
153774 Erodium cicutarium (L.) L'Hér. subsp. primulaceum (Lange) Maire = Erodium primulaceum (Lange) Lange ■☆
153775 Erodium cicutarium (L.) L'Hér. subsp. salzmannii (Delile) Batt. = Erodium salzmannii Delile ■☆
153776 Erodium cicutarium (L.) L'Hér. var. allotrichum (Steud.) Hochr. = Erodium cicutarium (L.) L'Hér. ex Aiton ■
153777 Erodium cicutarium (L.) L'Hér. var. bipinnatum (Cav.) Ball = Erodium aethiopicum (Lam.) Brumh. et Thell. ■☆
153778 Erodium cicutarium (L.) L'Hér. var. filicinum (Pomel) Batt. = Erodium cicutarium (L.) L'Hér. ex Aiton ■
153779 Erodium cicutarium (L.) L'Hér. var. jacquinianum (Fisch. et al.) Hochr. = Erodium salzmannii Delile ■☆
153780 Erodium cicutarium (L.) L'Hér. var. maculatum (Salzm.) Ball = Erodium primulaceum (Lange) Lange ■☆
153781 Erodium cicutarium (L.) L'Hér. var. nadorense Batt. = Erodium cicutarium (L.) L'Hér. ex Aiton ■
153782 Erodium cicutarium (L.) L'Hér. var. pilosum (Thuill.) Batt. = Erodium cicutarium (L.) L'Hér. ex Aiton ■
153783 Erodium cicutarium (L.) L'Hér. var. pimpinellifolium (DC.) Batt. = Erodium cicutarium (L.) L'Hér. ex Aiton ■
153784 Erodium cicutarium (L.) L'Hér. var. pimpinellifolium Sm. = Erodium cicutarium (L.) L'Hér. ex Aiton ■
153785 Erodium cicutarium (L.) L'Hér. var. subacaule (Boiss. et Reut.) Hochr. = Erodium cicutarium (L.) L'Hér. ex Aiton ■
153786 Erodium cicutarium (L.) L'Hér. var. transatlanticum Maire = Erodium cicutarium (L.) L'Hér. ex Aiton ■
153787 Erodium cicutarium (L.) L'Hér. var. triviale Trautv. = Erodium cicutarium (L.) L'Hér. ex Aiton ■
153788 Erodium corsicum Leman;科西嘉牻牛儿苗■☆
153789 Erodium cossonii Guitt. et Mathez = Erodium atlanticum Coss. ■☆
153790 Erodium crassifolium L'Hér.;厚叶牻牛儿苗■☆
153791 Erodium crenatum Pomel;圆齿牻牛儿苗■☆
153792 Erodium crenatum Pomel var. glanduliferum Maire = Erodium crenatum Pomel ■☆
153793 Erodium crenatum Pomel var. pomelianum Maire = Erodium crenatum Pomel ■☆
153794 Erodium crinitum Carolin;长软毛牻牛儿苗;Eastern Stork's-bill ■☆
153795 Erodium crispum Lapeyr.;皱波牻牛儿苗■☆
153796 Erodium cygnorum Nees;澳洲牻牛儿苗;Australian Stork's Bill, Western Stork's-bill ■☆
153797 Erodium cyrenaicum (Pamp.) Guitt.;昔兰尼牻牛儿苗■☆
153798 Erodium filicinum Pomel;蕨叶牻牛儿苗■☆
153799 Erodium foetidum (L.) Rothm.;臭味牻牛儿苗■☆
153800 Erodium fumarioides Stev.;烟堇牻牛儿苗■☆
153801 Erodium garamantum (Maire) Guitt.;噶拉门特牻牛儿苗■☆
153802 Erodium glaucophyllum (L.) L'Hér.;灰绿叶牻牛儿苗■☆
153803 Erodium glaucophyllum (L.) L'Hér. var. cinerascens L. Chevall. = Erodium chevallieri Guitt. ■☆
153804 Erodium glaucophyllum (L.) L'Hér. var. glabrum (Pomel) Batt. = Erodium glaucophyllum (L.) L'Hér. ■☆
153805 Erodium glaucophyllum (L.) L'Hér. var. syrticum Pamp. =

Erodium glaucophyllum (L.) L'Hér. ■☆
153806 Erodium gruinum (L.) L'Hér.;伊朗牻牛儿苗;Iranian Stork's Bill ■☆
153807 Erodium guttatum (Desf.) Willd.;斑点牻牛儿苗■☆
153808 Erodium guttatum (Desf.) Willd. subsp. libycum Maire et Weiller;利比亚牻牛儿苗■☆
153809 Erodium guttatum (Desf.) Willd. var. grandiflorum Batt. = Erodium guttatum (Desf.) Willd. ■☆
153810 Erodium guttatum (Desf.) Willd. var. malopoides (Desf.) Brumh. = Erodium guttatum (Desf.) Willd. ■☆
153811 Erodium guttatum (Desf.) Willd. var. tripolitanum Borzí et Mattei = Erodium guttatum (Desf.) Willd. ■☆
153812 Erodium heribaudi Sennen et Mauricio = Erodium neuradifolium Delile ex Godr. ■☆
153813 Erodium hesperium (Maire) H. Lindb.;西方牻牛儿苗■☆
153814 Erodium hirsutum L.;硬毛牻牛儿苗■
153815 Erodium hirtum (Forssk.) Willd. = Erodium crassifolium L'Hér. ■☆
153816 Erodium hirtum (Forssk.) Willd. var. cyrenaicum Pamp. = Erodium cyrenaicum (Pamp.) Guitt. ■☆
153817 Erodium hirtum (Forssk.) Willd. var. maroccanum Maire = Erodium crassifolium L'Hér. ■☆
153818 Erodium hoefftianum C. A. Mey. = Erodium oxyrrhynchum M. Bieb. ■
153819 Erodium hymenodes L'Hér. = Erodium trifolium (Cav.) Cav. ■☆
153820 Erodium hymenodes L'Hér. var. stenonema Maire = Erodium trifolium (Cav.) Cav. ■☆
153821 Erodium incarnatum L'Hér. = Pelargonium incarnatum (L'Hér.) Moench ■☆
153822 Erodium jacquinianum Fisch. et E. Mey. = Erodium salzmannii Delile ■☆
153823 Erodium jahandiezianum Emb. et Maire et Weiller;贾汉牻牛儿苗■☆
153824 Erodium keithii Guitt. et Le Houér.;基思牻牛儿苗■☆
153825 Erodium laciniatum (Cav.) Willd.;条裂牻牛儿苗;Cutleaf Stork's Bill ■☆
153826 Erodium laciniatum (Cav.) Willd. subsp. bovei (Delile) Murb. = Erodium laciniatum (Cav.) Willd. ■☆
153827 Erodium laciniatum (Cav.) Willd. subsp. pulverulentum (Cav.) Batt.;粉粒条裂牻牛儿苗■☆
153828 Erodium laciniatum (Cav.) Willd. var. affine (Ten.) Porta et Rigo = Erodium laciniatum (Cav.) Willd. ■☆
153829 Erodium laciniatum (Cav.) Willd. var. bovei (Delile) Hochr. = Erodium pulverulentum (Cav.) Willd. ■☆
153830 Erodium laciniatum (Cav.) Willd. var. hesperium Maire = Erodium hesperium (Maire) H. Lindb. ■☆
153831 Erodium laciniatum (Cav.) Willd. var. involucratum (Kunze) Willk. et Lange = Erodium laciniatum (Cav.) Willd. ■☆
153832 Erodium laciniatum (Cav.) Willd. var. pseudomalacoides Pamp. = Erodium laciniatum (Cav.) Willd. ■☆
153833 Erodium laciniatum (Cav.) Willd. var. pulverulentum (Cav.) Boiss. = Erodium laciniatum (Cav.) Willd. subsp. pulverulentum (Cav.) Batt. ■☆
153834 Erodium laciniatum Willd. = Erodium laciniatum (Cav.) Willd. ■☆
153835 Erodium lebelii Jord.;红茎牻牛儿苗;Redstem Stork's Bill, Sticky Stork's-bill ■☆
153836 Erodium littoreum Léman = Erodium chium (L.) Willd. ■☆
153837 Erodium litvinovii Woronow;里特牻牛儿苗■☆
153838 Erodium mairei Wilczek = Erodium tordylioides (Desf.) L'Hér. ■☆
153839 Erodium malacoides (L.) L'Hér. ex Aiton;锦葵牻牛儿苗;Mediterranean Stork's Bill, Soft Stork's-bill ■☆
153840 Erodium malacoides (L.) L'Hér. = Erodium malacoides (L.) L'Hér. ex Aiton ■☆
153841 Erodium malacoides (L.) L'Hér. f. brevirostre Maire et Sam. = Erodium malacoides (L.) L'Hér. subsp. brevirostre (Maire et Sam.) Guitt. ■☆
153842 Erodium malacoides (L.) L'Hér. subsp. angulatum (Pomel) Batt. = Erodium neuradifolium Delile ex Godr. ■☆
153843 Erodium malacoides (L.) L'Hér. subsp. brevirostre (Maire et Sam.) Guitt.;短喙锦葵牻牛儿苗■☆
153844 Erodium malacoides (L.) L'Hér. subsp. floribundum (Batt.) Batt.;繁花锦葵牻牛儿苗■☆
153845 Erodium malacoides (L.) L'Hér. subsp. garamantum Maire = Erodium garamantum (Maire) Guitt. ■☆
153846 Erodium malacoides (L.) L'Hér. subsp. subtrilobum (Jord.) Maire = Erodium neuradifolium Delile ex Godr. ■☆
153847 Erodium malacoides (L.) L'Hér. var. aegyptiacum (Boiss.) Vierh. = Erodium malacoides (L.) L'Hér. ex Aiton ■☆
153848 Erodium malacoides (L.) L'Hér. var. althaeoides (Jord.) Rouy = Erodium malacoides (L.) L'Hér. ex Aiton ■☆
153849 Erodium malacoides (L.) L'Hér. var. cyrenaicum Maire et Weiller = Erodium keithii Guitt. et Le Houér. ■☆
153850 Erodium malacoides (L.) L'Hér. var. floribundum Batt. = Erodium malacoides (L.) L'Hér. ex Aiton ■☆
153851 Erodium malacoides (L.) L'Hér. var. floribundum Batt. = Erodium malacoides (L.) L'Hér. subsp. floribundum (Batt.) Batt. ■☆
153852 Erodium malacoides (L.) L'Hér. var. garamantum Maire = Erodium garamantum (Maire) Guitt. ■☆
153853 Erodium malacoides (L.) L'Hér. var. glanduliferum Maire = Erodium malacoides (L.) L'Hér. ex Aiton ■☆
153854 Erodium malacoides (L.) L'Hér. var. malvaceum Jord. = Erodium malacoides (L.) L'Hér. ex Aiton ■☆
153855 Erodium malacoides (L.) L'Hér. var. neuradifolium (Delile) Maire = Erodium neuradifolium Delile ex Godr. ■☆
153856 Erodium malacoides (L.) L'Hér. var. subangulatum Maire et Wilczek = Erodium malacoides (L.) L'Hér. ex Aiton ■☆
153857 Erodium malacoides (L.) L'Hér. var. tibesticum Maire = Erodium oreophilum Quézel ■☆
153858 Erodium manescavi Coss.;曼氏牻牛儿苗■☆
153859 Erodium maritimum L'Hér.;海滨牻牛儿苗;Sea Stork's-bill ■☆
153860 Erodium maroccanum Batt. et Pit. = Erodium crenatum Pomel ■☆
153861 Erodium marranum Guitt. = Erodium oreophilum Quézel ■☆
153862 Erodium masguindalii Pau;马斯古牻牛儿苗■☆
153863 Erodium mauritanicum Coss. et Durieu = Erodium munbyanum Boiss. ■☆
153864 Erodium microphyllum Pomel;小叶牻牛儿苗■☆
153865 Erodium minutiflorum Hausskn.;小花牻牛儿苗■☆
153866 Erodium montanum Coss. et Durieu = Erodium trifolium (Cav.) Cav. ■☆
153867 Erodium moschatum (Burm. f.) L'Hér. = Erodium moschatum (L.) L'Hér. ■☆
153868 Erodium moschatum (Burm. f.) L'Hér. var. praecox ?;香白茎

牻牛儿苗;Musky Stork's Bill ■☆

153869 Erodium moschatum (L.) L'Hér.;白茎牻牛儿苗(麝香牻牛儿苗);Bagger's Needle, Filaree, Ground Needle, Heron's Bill, Masked Cranesbill, Muscovy, Musk, Musk Clover, Musk Storksbill, Musk Stork's-bill, Musk-clover, Musked Cranesbill, Musky Stork's Bill, Pick Needle, Pick-needle, Pink Needle, Pink-needle, Sea Storksbill, Sweet Covey, White-stemmed Filaree, Whitestemmed Heronbill ■☆

153870 Erodium moschatum (L.) L'Hér. var. dissectum Ball = Erodium moschatum (L.) L'Hér. ■☆

153871 Erodium moschatum (L.) L'Hér. var. maculatum Maire = Erodium moschatum (L.) L'Hér. ■☆

153872 Erodium mouretii Pit.;穆雷牻牛儿苗■☆

153873 Erodium munbyanum Boiss.;芒比牻牛儿苗■☆

153874 Erodium munbyanum Boiss. var. faurei Maire = Erodium munbyanum Boiss. ■☆

153875 Erodium munbyanum Boiss. var. mauritanicum (Coss. et Durieu) Maire = Erodium munbyanum Boiss. ■☆

153876 Erodium nervosium Boiss. et Buhse;显脉牻牛儿苗■☆

153877 Erodium neuradifolium Delile ex Godr.;脉叶牻牛儿苗■☆

153878 Erodium niveum Decne. = Monsonia nivea (Decne.) Decne. ex Webb ■☆

153879 Erodium obtusilobum Karel ex Ledeb. = Erodium oxyrrhynchum M. Bieb. ■

153880 Erodium obtusiplicatum (Maire et Wilczek) Howell = Erodium brachycarpum (Godr.) Thell. ■☆

153881 Erodium olympicum Clem. = Erodium absinthoides Willd. ■☆

153882 Erodium oreophilum Quézel;喜山牻牛儿苗■☆

153883 Erodium oxyrrhynchum M. Bieb.;尖喙牻牛儿苗(长喙牻牛儿苗,黑夫牻牛儿苗);Hoefft Heron's Bill, Sharpbill Heronbill ■

153884 Erodium oxyrrhynchum M. Bieb. subsp. bryoniifolium (Boiss.) Schönb. -Tem.;泻根叶尖喙牻牛儿苗■☆

153885 Erodium oxyrrhynchum M. Bieb. var. petiolulatum Boiss. = Erodium oxyrrhynchum M. Bieb. ■

153886 Erodium pachyrrhizum Coss. et Durieu = Erodium populifolium L'Hér. ■☆

153887 Erodium palustre L.;沼生牻牛儿苗■☆

153888 Erodium parviflorum (Schrad.) DC.;细花牻牛儿苗■☆

153889 Erodium pelargoniflorum Boiss.;天竺葵花牻牛儿苗■☆

153890 Erodium petense L.;草地牻牛儿苗■☆

153891 Erodium petraeum Sibth. et Sm. = Erodium absinthoides Willd. ■☆

153892 Erodium petraeum Willd. var. crispum (Lapeyr.) Rouy = Erodium crispum Lapeyr. ■☆

153893 Erodium populifolium L'Hér.;杨叶牻牛儿苗■☆

153894 Erodium praecox Cav. var. albomaculatum Maire et Weiller = Erodium salzmannii Delile ■☆

153895 Erodium praecox Cav. var. baeticum (Pau) Maire = Erodium salzmannii Delile ■☆

153896 Erodium praecox Cav. var. bicolor (Murb.) Maire = Erodium stellatum Delile ■☆

153897 Erodium praecox Cav. var. jahandiezii Maire = Erodium primulaceum (Lange) Lange ■☆

153898 Erodium praecox Cav. var. primulaceum (Lange) Maire = Erodium primulaceum (Lange) Lange ■☆

153899 Erodium praecox Cav. var. transatlanticum Maire = Erodium stellatum Delile ■☆

153900 Erodium praecox Willd. = Erodium cicutarium (L.) L'Hér. ex Aiton ■

153901 Erodium primulaceum (Lange) Lange;报春花牻牛儿苗■☆

153902 Erodium pulverulentum (Cav.) Willd.;粉粒牻牛儿苗;Cutleaf Stork's Bill ■☆

153903 Erodium reichardii DC.;高山牻牛儿苗(斗篷状牻牛儿苗);Alpine Heronbill, Baby Swiss Geranium, Cranesbill, Heron's Bill ■☆

153904 Erodium romanum (Burm. f.) Aiton var. masguindalii (Pau) Font Quer = Erodium masguindalii Pau ■☆

153905 Erodium romanum (Burm. f.) L'Hér. = Erodium acaule (L.) Bech. et Thell. ■☆

153906 Erodium rupicola Boiss.;岩石牻牛儿苗■☆

153907 Erodium ruthenicum M. Bieb.;俄罗斯牻牛儿苗■☆

153908 Erodium salzmannii Delile;萨尔牻牛儿苗■☆

153909 Erodium serotinum Steven;秋牻牛儿苗;Autumn Heronbill ■☆

153910 Erodium sibirica L.;西伯利亚牻牛儿苗■

153911 Erodium sinkiangense Huang ?;新疆牻牛儿苗■

153912 Erodium soluntinum Tod. = Erodium laciniatum (Cav.) Willd. ■☆

153913 Erodium stellatum Delile;星状牻牛儿苗■☆

153914 Erodium stephanianum Willd.;牻牛儿苗(鹌子嘴,大阳花,斗牛儿苗,贯筋,老鸹筋,老鸹嘴,老官草,老贯草,老贯筋,老鹳草,老鹳嘴,老牛筋,老鸦嘴,破铜钱,生扯拢,天罡草,五瓣花,五齿耙,五叶草,五叶联);Common Heron's Bill, Heronbill, Stephen's Stork's Bill ■

153915 Erodium stephanianum Willd. f. atrantum (Nakai et Kitag.) Kitag.;紫牻牛儿苗■☆

153916 Erodium stevenii M. Bieb.;司提温氏牻牛儿苗;Steven Heronbill ■☆

153917 Erodium strigosum Kar.;糙伏毛牻牛儿苗■☆

153918 Erodium subtrilobum Maire = Erodium neuradifolium Delile ex Godr. ■☆

153919 Erodium subvivale Popov ex V. N. Pavlov;白花牻牛儿苗■

153920 Erodium tataricum Willd.;鞑靼牻牛儿苗;Tatar Heronbill ●☆

153921 Erodium texanum A. Gray;得州牻牛儿苗;Desert Heron's Bill, Largeflower Stork's Bill, Large-flowered Storksbill, Texas Stork's Bill ■☆

153922 Erodium tianschanicum Pavlov;天山牻牛儿苗■

153923 Erodium tibetanum Edgew. et Hook. f.;西藏牻牛儿苗(短喙牻牛儿苗);Tibet Heron's Bill, Xizang Heronbill ■

153924 Erodium tordylioides (Desf.) L'Hér.;环翅芹牻牛儿苗■☆

153925 Erodium tordylioides (Desf.) L'Hér. subsp. mouretii (Pit.) Batt. = Erodium mouretii Pit. ■☆

153926 Erodium tordylioides (Desf.) L'Hér. var. mairei (Wilczek) Maire = Erodium tordylioides (Desf.) L'Hér. ■☆

153927 Erodium toussidanum Guitt.;图西德牻牛儿苗■☆

153928 Erodium triangulare (Forssk.) Muschl. = Erodium laciniatum (Cav.) Willd. ■☆

153929 Erodium triangulare (Forssk.) Muschl. var. pulverulentum (Cav.) Boiss. = Erodium pulverulentum (Cav.) Willd. ■☆

153930 Erodium triangulare Muschl. subsp. laciniatum (Cav.) Maire = Erodium laciniatum (Cav.) Willd. ■☆

153931 Erodium triangulare Muschl. var. affine (Ten.) Vierh. = Erodium laciniatum (Cav.) Willd. ■☆

153932 Erodium triangulare Muschl. var. dissectum Jahand. et Maire = Erodium laciniatum (Cav.) Willd. ■☆

153933 Erodium triangulare Muschl. var. hesperium Maire = Erodium hesperium (Maire) H. Lindb. ■☆

153934 Erodium triangulare Muschl. var. involucratum (Kunze) Pott.-Alap. = Erodium laciniatum (Cav.) Willd. ■☆

153935 Erodium triangulare Muschl. var. tunetanum DC. = Erodium laciniatum (Cav.) Willd. ■☆

153936 Erodium trifolium (Cav.) Cav.;三叶牻牛儿苗■☆

153937 Erodium trifolium (Cav.) Cav. var. montanum (Coss. et Durieu) Guitt. = Erodium trifolium (Cav.) Cav. ■☆

153938 Eroeda Levyns = Oedera L. (保留属名)●☆

153939 Eroeda capensis (L.) Levyns = Oedera capensis (L.) Druce ●☆

153940 Eroeda hirta (Thunb.) Levyns = Oedera hirta Thunb. ●☆

153941 Eroeda intermedia (DC.) Levyns = Oedera imbricata Lam. ●☆

153942 Eroeda laevis (DC.) Levyns = Oedera laevis DC. ●☆

153943 Eroeda muirii (C. A. Sm.) Levyns = Oedera laevis DC. ●☆

153944 Eronema Raf. = Cuscuta L. ■

153945 Erophaca Boiss. (1840);肖黄耆属●☆

153946 Erophaca Boiss. = Astragalus L. ●■

153947 Erophaca baetica (L.) Boiss.;肖黄耆●☆

153948 Erophaca baetica (L.) Boiss. subsp. orientalis (Chater et Meikle) Podlech;东方肖黄耆●☆

153949 Erophila DC. (1821)(保留属名);绮春属;Faverel, Whitlow-grass ■☆

153950 Erophila decipiens Jord. = Erophila verna (L.) Chevall. subsp. spathulata (Láng) Vollm. ■☆

153951 Erophila glabrescens Jord.;光绮春;Glabrous Whitlow-grass ■☆

153952 Erophila hirtella Jord. = Erophila verna (L.) Chevall. ■☆

153953 Erophila krockeri Andrz. = Erophila verna (L.) Chevall. ■☆

153954 Erophila lepida Jord. = Erophila verna (L.) Chevall. subsp. praecox (Steven) Walters ■☆

153955 Erophila majuscula Jord. = Erophila verna (L.) Chevall. ■☆

153956 Erophila minima C. A. Mey.;小绮春■☆

153957 Erophila praecox (Stev.) DC.;奇异绮春■☆

153958 Erophila praecox (Stev.) DC. = Erophila verna (L.) Chevall. subsp. praecox (Steven) Walters ■☆

153959 Erophila spathulata Láng = Erophila verna (L.) Chevall. subsp. spathulata (Láng) Vollm. ■☆

153960 Erophila tenerrima (O. E. Schulz) Jafri;极细绮春■☆

153961 Erophila velutinum Nevski;短绒毛绮春■☆

153962 Erophila verna (L.) Besser = Draba verna L. ■☆

153963 Erophila verna (L.) Besser subsp. praecox (Stev.) Walters = Draba verna L. ■☆

153964 Erophila verna (L.) Chevall.;春绮春(春葶苈);Common Whitlow-grass, Hairy Whitlow-grass Nailwort, Spring Draba, Spring Whitlow Grass, Spring Whitlowgrass, Spring Whitlow-grass, Vernal Whitlow Grass, Vernal Whitlow-grass, Whiteblow Grass, Whitlow Grass, Whitlow-grass ■☆

153965 Erophila verna (L.) Chevall. = Draba verna L. ■☆

153966 Erophila verna (L.) Chevall. subsp. praecox (Steven) Walters = Draba verna L. ■☆

153967 Erophila verna (L.) Chevall. subsp. praecox (Steven) Walters = Erophila praecox (Stev.) DC. ■☆

153968 Erophila verna (L.) Chevall. subsp. spathulata (Láng) Vollm.;匙状春绮春■☆

153969 Erophila verna (L.) Chevall. subsp. vulgaris (DC.) Maire = Erophila verna (L.) Chevall. ■☆

153970 Erophila verna (L.) Chevall. var. boerhaavii H. Hall = Erophila verna (L.) Chevall. subsp. spathulata (Láng) Vollm. ■☆

153971 Erophila verna (L.) Chevall. var. decipiens (Jord.) O. E. Schulz = Erophila verna (L.) Chevall. subsp. spathulata (Láng) Vollm. ■☆

153972 Erophila verna (L.) Chevall. var. hirtella (Jord.) Gren. = Erophila verna (L.) Chevall. ■☆

153973 Erophila verna (L.) Chevall. var. krockeri (Andrz.) Diklić = Erophila verna (L.) Chevall. ■☆

153974 Erophila verna (L.) Chevall. var. lepida (Jord.) O. E. Schulz = Erophila verna (L.) Chevall. subsp. praecox (Steven) Walters ■☆

153975 Erophila verna (L.) Chevall. var. macrosperma Sebald;大子春绮春■☆

153976 Erophila verna (L.) Chevall. var. major Stur = Erophila verna (L.) Chevall. ■☆

153977 Erophila verna (L.) Chevall. var. vulgatissima Kitt. = Erophila verna (L.) Chevall. ■☆

153978 Erophila vulgaris DC. = Erophila verna (L.) Chevall. ■☆

153979 Erosion Lunell = Eragrostis Wolf ■

153980 Erosma Booth = Ficus L. ●

153981 Erosmia A. Juss. = Euosmia Kunth ●■☆

153982 Erosmia A. Juss. = Hoffmannia Sw. ●■☆

153983 Eroteum Blanco = Trichospermum Blume ●☆

153984 Eroteum Sw. (废弃属名) = Freziera Willd. (保留属名)●☆

153985 Erotium Blanco = Trichospermum Blume ●☆

153986 Erotium Kuntze = Freziera Willd. (保留属名)●☆

153987 Erpetina Naudin = Medinilla Gaudich. ex DC. ●

153988 Erpetion DC. ex Sweet = Viola L. ■●

153989 Erpetion Sweet = Viola L. ■●

153990 Erpetion reniforme = Viola hederacea Labill. ■☆

153991 Erporchis Thouars = Platylepis A. Rich. (保留属名)■☆

153992 Erporchis bracteata Kuntze = Platylepis occulta (Thouars) Rchb. f. ■☆

153993 Erporkis Thouars(废弃属名) = Platylepis A. Rich. (保留属名)■☆

153994 Errazurizia Phil. (1872);异烟树属●☆

153995 Errazurizia glandulifera Phil.;异烟树●☆

153996 Errerana Kuntze = Pleiococca F. Muell. ●

153997 Ertela Adans. = Moniera Loefl. ●☆

153998 Eruca Mill. (1754);芝麻菜属;Garden Rocket, Rocketsalad, Roquette ■

153999 Eruca aurea Batt. = Eruca pinnatifida (Desf.) Pomel ■☆

154000 Eruca brevirostris Pomel = Eruca pinnatifida (Desf.) Pomel ■☆

154001 Eruca cappadocica Reut. = Eruca sativa Mill. ■

154002 Eruca cappadocica Reut. ex Boiss. = Eruca sativa Mill. ■

154003 Eruca cappadocica Reut. var. eriocarpa Boiss. = Eruca sativa Mill. ■

154004 Eruca cappadocica Reut. var. eriocarpa Boiss. = Eruca vesicaria (L.) Cav. subsp. sativa (Mill.) Thell. ■

154005 Eruca deserti Pomel = Eruca sativa Mill. subsp. longirostris (Uechtr.) Jahand. et Maire ■☆

154006 Eruca eruca (L.) Asch. et Graebn. = Eruca sativa Mill. ■

154007 Eruca glabrescens Jord. = Eruca sativa Mill. ■

154008 Eruca glabrescens Jord. var. valverdensis Pit. = Eruca sativa Mill. ■

154009 Eruca hispida Cav. = Coincya monensis (L.) Greuter et Burdet subsp. orophila (Franco) Aedo et al. ■☆

154010 Eruca lanceolata Pomel = Eruca sativa Mill. subsp. longirostris (Uechtr.) Jahand. et Maire ■☆

154011 Eruca lativalvis Boiss. = Eruca sativa Mill. ■

154012 Eruca lativalvis Boiss. = Eruca sativa Mill. subsp. lativalvis (Boiss.) Greuter et Burdet ■☆

154013 Eruca lativalvis Boiss. = Eruca vesicaria (L.) Cav. subsp. sativa (Mill.) Thell. ■

154014 Eruca loncholoma (Pomel) O. E. Schulz = Guenthera loncholoma (Pomel) Gómez-Campo ■☆

154015 Eruca pinnatifida (Desf.) Pomel;羽裂芝麻菜■☆

154016 Eruca sativa Garsault = Eruca sativa Mill. ■

154017 Eruca sativa Garsault = Eruca vesicaria (L.) Cav. subsp. sativa (Mill.) Thell. ■

154018 Eruca sativa Lam. = Eruca sativa Mill. ■

154019 Eruca sativa Mill.;芝麻菜(臭菜,臭芥,臭萝卜,金堂葶苈,苦葶苈,瓢儿菜,葶苈子,土耳其芝麻菜,香油罐,芸芥,芸香,芝麻黄);Arugula, Drant, Garden Rocket, Jamba, Rocket, Rocket Gentle, Rocket Salad, Rocketsalad, Rocket-salad, Roman Rocket, Roquette, Salad Rocket, Shinlock, Winter Cress ■

154020 Eruca sativa Mill. = Eruca vesicaria (L.) Cav. ■☆

154021 Eruca sativa Mill. = Eruca vesicaria (L.) Cav. subsp. sativa (Mill.) Thell. ■

154022 Eruca sativa Mill. subsp. aurea (Batt.) Maire = Eruca vesicaria (L.) Cav. ■☆

154023 Eruca sativa Mill. subsp. lativalvis (Boiss.) Greuter et Burdet;宽片芝麻菜■☆

154024 Eruca sativa Mill. subsp. longirostris (Uechtr.) Jahand. et Maire;长喙芝麻菜■☆

154025 Eruca sativa Mill. subsp. pinnatifida (Desf.) Batt. = Eruca pinnatifida (Desf.) Pomel ■☆

154026 Eruca sativa Mill. subsp. vesicaria (L.) Briq. = Eruca vesicaria (L.) Cav. ■☆

154027 Eruca sativa Mill. var. brevirostris (Pomel) Batt. = Eruca pinnatifida (Desf.) Pomel ■☆

154028 Eruca sativa Mill. var. deserti (Pomel) Batt. = Eruca sativa Mill. subsp. longirostris (Uechtr.) Jahand. et Maire ■☆

154029 Eruca sativa Mill. var. eriocarpa (Boiss.) Post. = Eruca sativa Mill. ■

154030 Eruca sativa Mill. var. eriocarpa (Boiss.) Post. = Eruca vesicaria (L.) Cav. subsp. sativa (Mill.) Thell. ■

154031 Eruca sativa Mill. var. eriocarpa Boiss.;绵果芝麻菜(野菜子,芸芥);Woollyfruit Roquette ■

154032 Eruca sativa Mill. var. eriocarpa Leredde = Eruca sativa Mill. ■

154033 Eruca sativa Mill. var. hispida Groves = Eruca sativa Mill. subsp. longirostris (Uechtr.) Jahand. et Maire ■☆

154034 Eruca sativa Mill. var. longirostris (Uechtr.) Batt. = Eruca sativa Mill. subsp. longirostris (Uechtr.) Jahand. et Maire ■☆

154035 Eruca sativa Mill. var. pinnatifida (Desf.) Coss. = Eruca pinnatifida (Desf.) Pomel ■☆

154036 Eruca sativa Mill. var. stenocarpa (Boiss. et Reut.) Batt. = Eruca sativa Mill. subsp. longirostris (Uechtr.) Jahand. et Maire ■☆

154037 Eruca sativa Mill. var. vesicaria (L.) Coss. = Eruca vesicaria (L.) Cav. ■☆

154038 Eruca setulosa Boiss. et Reut. = Guenthera setulosa (Boiss. et Reut.) Gómez-Campo ■☆

154039 Eruca stenocarpa Boiss. et Reut. = Eruca sativa Mill. subsp. longirostris (Uechtr.) Jahand. et Maire ■☆

154040 Eruca subbipinnata Chiov. = Eruca sativa Mill. subsp. lativalvis (Boiss.) Greuter et Burdet ■☆

154041 Eruca vesicaria (L.) Cav.;西班牙芝麻菜;Garden Rocket ■☆

154042 Eruca vesicaria (L.) Cav. = Eruca sativa Mill. ■

154043 Eruca vesicaria (L.) Cav. subsp. lativalvis (Boiss.) Thell. = Eruca sativa Mill. subsp. lativalvis (Boiss.) Greuter et Burdet ■☆

154044 Eruca vesicaria (L.) Cav. subsp. longirostris (Uechtr.) Maire = Eruca sativa Mill. subsp. longirostris (Uechtr.) Jahand. et Maire ■☆

154045 Eruca vesicaria (L.) Cav. subsp. pinnatifida (Desf.) Emb. et Maire = Eruca pinnatifida (Desf.) Pomel ■☆

154046 Eruca vesicaria (L.) Cav. subsp. sativa (Mill.) Thell. = Eruca sativa Mill. ■

154047 Eruca vesicaria (L.) Cav. var. aurea (Batt.) Maire = Eruca pinnatifida (Desf.) Pomel ■☆

154048 Eruca vesicaria (L.) Cav. var. deserti (Pomel) Batt. = Eruca sativa Mill. subsp. longirostris (Uechtr.) Jahand. et Maire ■☆

154049 Eruca vesicaria (L.) Cav. var. lanceolata (Pomel) Batt. = Eruca sativa Mill. subsp. longirostris (Uechtr.) Jahand. et Maire ■☆

154050 Eruca vesicaria (L.) Cav. var. longistyla (Pomel) Batt. = Eruca vesicaria (L.) Cav. ■☆

154051 Eruca vesicaria (L.) Cav. var. stenocarpa (Boiss. et Reut.) Coss. = Eruca sativa Mill. subsp. longirostris (Uechtr.) Jahand. et Maire ■☆

154052 Erucago Mill. = Bunias L. ■

154053 Erucaria Cerv. = Botelua Lag. ■

154054 Erucaria Cerv. = Chondrosum Desv. ■☆

154055 Erucaria Gaertn. (1791);芝麻芥属■☆

154056 Erucaria aegiceras J. Gay = Erucaria pinnata (Viv.) Täckh. et Boulos ■☆

154057 Erucaria aleppica Gaertn. = Erucaria hispanica (L.) Druce ■☆

154058 Erucaria aleppica Gaertn. var. latifolia (DC.) Boiss. = Erucaria hispanica (L.) Druce ■☆

154059 Erucaria boveana Coss. = Erucaria hispanica (L.) Druce ■☆

154060 Erucaria crassifolia (Forssk.) Delile;厚叶芝麻芥■☆

154061 Erucaria erucarioides (Coss. et Durieu) C. Müll.;芝麻芥■☆

154062 Erucaria grandiflora Boiss. = Erucaria hispanica (L.) Druce ■☆

154063 Erucaria hispanica (L.) Druce;西班牙芝麻芥■☆

154064 Erucaria latifolia DC. = Erucaria hispanica (L.) Druce ■☆

154065 Erucaria lineariloba Boiss. = Erucaria hispanica (L.) Druce ■☆

154066 Erucaria microcarpa Boiss.;小果芝麻芥■☆

154067 Erucaria ollivieri Maire;奥氏芝麻芥■☆

154068 Erucaria pinnata (Viv.) Täckh. et Boulos;羽裂芝麻芥■☆

154069 Erucaria pinnata (Viv.) Täckh. et Boulos subsp. uncata (Boiss.) Greuter et Burdet;钩羽裂芝麻芥■☆

154070 Erucaria tenuifolia DC. = Erucaria hispanica (L.) Druce ■☆

154071 Erucaria uncata (Boiss.) Asch. et Schweinf. = Erucaria pinnata (Viv.) Täckh. et Boulos subsp. uncata (Boiss.) Greuter et Burdet ■☆

154072 Erucaria uncata (Boiss.) Asch. et Schweinf. subsp. aegiceras (Coss.) Maire et Weiller = Erucaria pinnata (Viv.) Täckh. et Boulos subsp. uncata (Boiss.) Greuter et Burdet ■☆

154073 Erucastrum (DC.) C. Presl (1832);小芝麻菜属(异芝麻芥属);Hairy Rocket, Rocket Weed ■☆

154074 Erucastrum C. Presl = Erucastrum (DC.) C. Presl ■☆

154075 Erucastrum abyssinica Fisch. et C. A. Mey. = Erucastrum abyssinicum (A. Rich.) O. E. Schulz ■☆

154076 Erucastrum abyssinicum (A. Rich.) O. E. Schulz;阿比西尼亚小芝麻菜■☆

154077 Erucastrum abyssinicum (A. Rich.) O. E. Schulz var. pachypodum (Chiov.) O. E. Schulz = Erucastrum pachypodum (Chiov.) Jonsell ■☆

154078 Erucastrum arabicum Fisch. et C. A. Mey.;阿拉伯小芝麻菜■☆

154079 Erucastrum arabicum Fisch. et C. A. Mey. var. hararense (Engl.) O. E. Schulz = Erucastrum arabicum Fisch. et C. A. Mey. ■☆

154080 Erucastrum austroafricanum Al-Shehbaz et Warwick;南非小芝麻菜■☆

154081 Erucastrum brevirostre (Maire) Gómez-Campo;短喙小芝麻菜■☆

154082 Erucastrum canariense Webb et Berthel.;加那利小芝麻菜■☆

154083 Erucastrum canariense Webb et Berthel. var. cardaminoides H. Christ = Erucastrum cardaminoides (Webb ex Christ) O. E. Schulz ■☆

154084 Erucastrum cardaminoides (Webb ex Christ) O. E. Schulz;碎米荠小芝麻菜■☆

154085 Erucastrum cossonianum Reut. = Brassica fruticulosa Cirillo subsp. cossoniana (Reut.) Maire ■☆

154086 Erucastrum elatum (Ball) O. E. Schulz;高大小芝麻菜■☆

154087 Erucastrum elatum (Ball) O. E. Schulz var. microspermum (Maire et Weiller) Gómez-Campo = Erucastrum elatum (Ball) O. E. Schulz ■☆

154088 Erucastrum elatum (Ball) O. E. Schulz var. rerayense (Ball) Gómez-Campo = Erucastrum elatum (Ball) O. E. Schulz ■☆

154089 Erucastrum elatum (Ball) O. E. Schulz var. scabriusculum (O. E. Schulz) Gómez-Campo = Erucastrum elatum (Ball) O. E. Schulz ■☆

154090 Erucastrum elgonense Jonsell;埃尔贡小芝麻菜■☆

154091 Erucastrum gallicum (Willd.) O. E. Schulz;法国小芝麻菜;Common Dogmustard, Common Dog-mustard, Dog Mustard, Dog-mustard, Hairy Rocket, Rocket Weed ■☆

154092 Erucastrum griquense (N. E. Br.) O. E. Schulz;格里夸小芝麻菜■☆

154093 Erucastrum ifniense Gómez-Campo;伊夫尼小芝麻菜■☆

154094 Erucastrum incanum Koch = Hirschfeldia incana (L.) Lagr.-Foss. ■☆

154095 Erucastrum incanum Koch var. hirtum Bab. = Hirschfeldia incana (L.) Lagr.-Foss. ■☆

154096 Erucastrum laevigatum Maire = Erucastrum virgatum C. Presl ■☆

154097 Erucastrum laevigatum Maire subsp. elatum (Ball) Maire et Weiller = Erucastrum elatum (Ball) O. E. Schulz ■☆

154098 Erucastrum laevigatum Maire subsp. glabrum ? = Erucastrum littoreum (Pau et Font Quer) Maire subsp. glabrum (Maire) Gómez-Campo ■☆

154099 Erucastrum laevigatum Maire subsp. littoreum (Pau et Font Quer) Maire = Erucastrum littoreum (Pau et Font Quer) Maire ■☆

154100 Erucastrum laevigatum Maire subsp. microspermum Maire et Weiller = Erucastrum elatum (Ball) O. E. Schulz ■☆

154101 Erucastrum laevigatum Maire var. pseudosinapis (Lange) Maire = Erucastrum virgatum C. Presl ■☆

154102 Erucastrum laevigatum Maire var. rerayense (Ball) O. E. Schulz = Erucastrum elatum (Ball) O. E. Schulz ■☆

154103 Erucastrum laevigatum Maire var. scabriusculum O. E. Schulz = Erucastrum elatum (Ball) O. E. Schulz ■☆

154104 Erucastrum lasiocalycinum Boiss. et Hausskn. = Brassica deflexa Boiss. ■☆

154105 Erucastrum latirostre Braun-Blanq. = Diplotaxis catholica (L.) DC. ■☆

154106 Erucastrum leucanthum Coss. et Durieu;白花小芝麻菜■☆

154107 Erucastrum leucanthum Coss. et Durieu var. brachycarpum Emb. = Erucastrum leucanthum Coss. et Durieu ■☆

154108 Erucastrum leucanthum Coss. et Durieu var. elongatum Hochr. = Erucastrum leucanthum Coss. et Durieu ■☆

154109 Erucastrum leucanthum Coss. et Durieu var. gaetulum Maire = Erucastrum leucanthum Coss. et Durieu ■☆

154110 Erucastrum leucanthum Coss. et Durieu var. luteum Emb. et Maire = Erucastrum leucanthum Coss. et Durieu ■☆

154111 Erucastrum littoreum (Pau et Font Quer) Maire;滨海小芝麻菜■☆

154112 Erucastrum littoreum (Pau et Font Quer) Maire subsp. brachycarpum (Maire) Gómez-Campo;短果滨海小芝麻菜■☆

154113 Erucastrum littoreum (Pau et Font Quer) Maire subsp. glabrum (Maire) Gómez-Campo;光滑滨海小芝麻菜■☆

154114 Erucastrum littoreum (Pau et Font Quer) Maire var. brachycarpum Maire = Erucastrum littoreum (Pau et Font Quer) Maire subsp. brachycarpum (Maire) Gómez-Campo ■☆

154115 Erucastrum meruense Jonsell;梅鲁小芝麻菜■☆

154116 Erucastrum minutiflorum Pau et Font Quer = Brassica tournefortii Gouan ■☆

154117 Erucastrum nasturtiifolium O. E. Schulz;蔊菜叶小芝麻菜■☆

154118 Erucastrum pachypodum (Chiov.) Jonsell;粗足小芝麻菜■☆

154119 Erucastrum paui Sennen et Mauricio = Hirschfeldia incana (L.) Lagr.-Foss. subsp. incrassata (Thell. ex Hegi) Gómez-Campo ■☆

154120 Erucastrum pollichii Schimp. et Spenn. = Erucastrum gallicum (Willd.) O. E. Schulz ■☆

154121 Erucastrum pseudosinapis Lange = Erucastrum virgatum C. Presl ■☆

154122 Erucastrum rifanum (Emb. et Maire) Gómez-Campo;长果小芝麻菜■☆

154123 Erucastrum rifanum (Emb. et Maire) Gómez-Campo var. grandiflorum Gómez-Campo = Erucastrum rifanum (Emb. et Maire) Gómez-Campo ■☆

154124 Erucastrum strigosum (Thunb.) O. E. Schulz;糙伏毛小芝麻菜■☆

154125 Erucastrum thellungii O. E. Schulz = Hirschfeldia incana (L.) Lagr.-Foss. subsp. incrassata (Thell. ex Hegi) Gómez-Campo ■☆

154126 Erucastrum thellungii O. E. Schulz var. incrassatum Thell. ex Hegi = Hirschfeldia incana (L.) Lagr.-Foss. subsp. incrassata (Thell. ex Hegi) Gómez-Campo ■☆

154127 Erucastrum varium (Durieu) Durieu;多态小芝麻菜■☆

154128 Erucastrum varium (Durieu) Durieu subsp. barbei Vindt = Guenthera amplexicaulis (Desf.) Gómez-Campo subsp. souliei (Batt.) Gómez-Campo ■☆

154129 Erucastrum varium (Durieu) Durieu subsp. brevirostre Maire = Erucastrum brevirostre (Maire) Gómez-Campo ■☆

154130 Erucastrum varium (Durieu) Durieu subsp. incrassatum (Thell. ex Hegi) Maire = Hirschfeldia incana (L.) Lagr.-Foss. subsp. incrassata (Thell. ex Hegi) Gómez-Campo ■☆

154131 Erucastrum varium (Durieu) Durieu var. campestre Durieu = Erucastrum varium (Durieu) Durieu ■☆

154132 Erucastrum varium (Durieu) Durieu var. montanum Durieu = Erucastrum varium (Durieu) Durieu ■☆

154133 Erucastrum varium (Durieu) Durieu var. tenuirostre Coss. = Erucastrum varium (Durieu) Durieu ■☆

154134 Erucastrum virgatum C. Presl;条纹小芝麻菜■☆

154135 Erucastrum virgatum C. Presl var. elatum (Ball) Coss. = Erucastrum elatum (Ball) O. E. Schulz ■☆

154136 Erucastrum virgatum C. Presl var. rerayense (Ball) Coss. =

Erucastrum elatum (Ball) O. E. Schulz ■☆

154137 Erussica G. H. Loos = Brassica L. ■●

154138 Ervatamia (A. DC.) Stapf = Tabernaemontana L. ●

154139 Ervatamia (A. DC.) Stapf (1902); 狗牙花属; Cogflower, Ervatamia ●

154140 Ervatamia Stapf = Tabernaemontana L. ●

154141 Ervatamia angustisepala (Benth.) Domin; 狭瓣狗牙花(狭萼狗牙花)●☆

154142 Ervatamia baviensis (Pit.) Tsiang; 巴围狗牙花; Bawei Cogflower, Bawei Ervatamia ●

154143 Ervatamia bovina (Lour.) Markgr. = Tabernaemontana bovina Lour. ●

154144 Ervatamia bufalina (Lour.) Pichon = Tabernaemontana bufalina Lour. ●

154145 Ervatamia ceratocarpa Kerr = Tabernaemontana bufalina Lour. ●

154146 Ervatamia ceratocarpa Kerr = Tabernaemontana ceratocarpa (Kerr) P. T. Li ●

154147 Ervatamia chengkiangensis Tsiang; 澄江狗牙花; Chengjiang Cogflower, Chengjiang Ervatamia ●

154148 Ervatamia chengkiangensis Tsiang = Tabernaemontana bufalina Lour. ●

154149 Ervatamia chengkiangensis Tsiang = Tabernaemontana chengkiangensis (Tsiang) P. T. Li ●

154150 Ervatamia chinensis (Merr.) Tsiang; 中国狗牙花; China Cogflower, Chinese Ervatamia ●

154151 Ervatamia chinensis (Merr.) Tsiang = Tabernaemontana corymbosa Roxb. ex Wall. ●

154152 Ervatamia continentalis Tsiang; 大陆狗牙花; Continent Ervatamia, Continental Cogflower ●

154153 Ervatamia continentalis Tsiang = Tabernaemontana continentalis (Tsiang) P. T. Li ●

154154 Ervatamia continentalis Tsiang = Tabernaemontana corymbosa Roxb. ex Wall. ●

154155 Ervatamia continentalis Tsiang var. pubiflora Tsiang; 毛瓣狗牙花(毛大陆狗牙花); Hairypetal Cogflower, Hairypetal Ervatamia ●

154156 Ervatamia continentalis Tsiang var. pubiflora Tsiang = Tabernaemontana continentalis (Tsiang) P. T. Li var. pubiflora (Tsiang) P. T. Li ●

154157 Ervatamia continentalis Tsiang var. pubiflora Tsiang = Tabernaemontana corymbosa Roxb. ex Wall. ●

154158 Ervatamia coronaria (Jacq.) Stapf = Tabernaemontana divaricata (L.) R. Br. ex Roem. et Schult. ●

154159 Ervatamia coronaria Stapf = Tabernaemontana divaricata (L.) R. Br. ex Roem. et Schult. ●

154160 Ervatamia corymbosa (Roxb. ex Wall.) King et Gamble = Tabernaemontana corymbosa Roxb. ex Wall. ●

154161 Ervatamia dichotoma (Roxb.) Burkill; 二歧狗牙花; Eve's Apple, Eve's Apple Tree ●☆

154162 Ervatamia divaricata (L.) Burkill; 狗牙花(单瓣狗牙花, 冠状狗牙花, 极叉红月桂, 极叉山辣椒, 马茶花, 马蹄花, 山马茶, 扇形狗牙花, 重瓣狗牙花); Carnation of India, Crape Jasmine Tabernaemontana, Crepe, Crepe Jasmine, Divaricate Cogflower, Divaricate Ervatamia, Fanshaped Cogflower, Fanshaped Ervatamia, Gardenia, Moon Beam, Pinwheel Flower, Pinwheelflower, Tabernaemontana Divaricate ●

154163 Ervatamia divaricata (L.) Burkill 'Cashmere'; 白狗牙花(白狗牙, 豆腐花, 狗牙花, 狮子花, 重瓣狗牙花); Gouyahua ●

154164 Ervatamia divaricata (L.) Burkill 'Gouyahua' = Ervatamia divaricata (L.) Burkill 'Cashmere' ●

154165 Ervatamia divaricata (L.) Burkill = Tabernaemontana divaricata (L.) R. Br. ex Roem. et Schult. ●

154166 Ervatamia flabelliformis Tsiang; 扇形狗牙花; Fanshaped Cogflower, Fanshaped Ervatamia ●

154167 Ervatamia flabelliformis Tsiang = Tabernaemontana divaricata (L.) R. Br. ex Roem. et Schult. ●

154168 Ervatamia flabelliformis Tsiang = Tabernaemontana flabelliformis (Tsiang) P. T. Li ●

154169 Ervatamia hainanensis Tsiang; 海南狗牙花(艾角青, 单根木, 独根木, 鸡爪花, 山辣椒树, 震天雷); Hainan Cogflower, Hainan Ervatamia ●

154170 Ervatamia hainanensis Tsiang = Tabernaemontana bufalina Lour. ●

154171 Ervatamia hainanensis Tsiang = Tabernaemontana hainanensis (Tsiang) P. T. Li ●

154172 Ervatamia heyneana (Wall.) T. Cooke; 海木狗牙花; K. Heyne Cogflower, K. Heyne Ervatamia ●☆

154173 Ervatamia kwangsiensis Tsiang; 广西狗牙花; Guangxi Cogflower, Guangxi Ervatamia ●

154174 Ervatamia kwangsiensis Tsiang = Tabernaemontana corymbosa Roxb. ex Wall. ●

154175 Ervatamia kwangsiensis Tsiang = Tabernaemontana kwangsiensis (Tsiang) P. T. Li ●

154176 Ervatamia kweichouensis Tsiang; 贵州狗牙花; Guizhou Cogflower, Guizhou Ervatamia ●

154177 Ervatamia kweichouensis Tsiang = Tabernaemontana corymbosa Roxb. ex Wall. ●

154178 Ervatamia kweichouensis Tsiang = Tabernaemontana kweichouensis (Tsiang) P. T. Li ●

154179 Ervatamia kweichowensis Tsiang = Tabernaemontana corymbosa Roxb. ex Wall. ●

154180 Ervatamia macrocarpa (Jack) Merr.; 大果狗牙花; Bigfruit Cogflower, Bigfruit Ervatamia, Big-fruited Tabernaemontana ●

154181 Ervatamia macrocarpa (Jack) Merr. = Tabernaemontana macrocarpa Jack ●

154182 Ervatamia membranacea (A. DC.) Markgr. = Tabernaemontana coffeoides Bojer ex A. DC. ●☆

154183 Ervatamia methuenii Stapf et M. L. Green = Tabernaemontana coffeoides Bojer ex A. DC. ●☆

154184 Ervatamia modesta (Baker) Stapf = Tabernaemontana coffeoides Bojer ex A. DC. ●☆

154185 Ervatamia mucronata (Merr.) Markgr.; 尖果狗牙花; Mucronatefruit Ervatamia, Sharpfruit Cogflower ●

154186 Ervatamia mucronata (Merr.) Markgr. = Tabernaemontana mucronata Merr. ●

154187 Ervatamia mucronata (Merr.) Markgr. = Tabernaemontana pandacaqui Lam. ●

154188 Ervatamia officinalis Tsiang = Tabernaemontana bovina Lour. ●

154189 Ervatamia officinalis Tsiang = Tabernaemontana officinalis (Tsiang) P. T. Li ●

154190 Ervatamia orientalis (R. Br.) Turrill; 东方狗牙花; Oriental Cogflower, Oriental Ervatamia ●☆

154191 Ervatamia pandacaqui (Lam.) Pichon = Tabernaemontana pandacaqui Lam. ●

154192 Ervatamia pandacaqui (Poir.) Pichon; 台湾狗牙花(尖果狗牙

花,兰屿马蹄花,毛叶狗牙花,南洋马蹄花,平脉狗牙花,泰国狗牙花);Hairyleaf Cogflower,Hairyleaf Ervatamia,Lanyu Cogflower, Mucronatefruit Ervatamia, Pandacaqu Tabernaemontana, Sharpfruit Cogflower,Taiwan Cogflower,Taiwan Ervatamia,Thailand Cogflower ●

154193 Ervatamia pandacaqui (Poir.) Pichon = Tabernaemontana pandacaqui Poir. ●

154194 Ervatamia puberula Tsiang et P. T. Li;毛叶狗牙花;Hairyleaf Cogflower,Hairyleaf Ervatamia ●

154195 Ervatamia puberula Tsiang et P. T. Li = Tabernaemontana guangdongensis P. T. Li ●

154196 Ervatamia puberula Tsiang et P. T. Li = Tabernaemontana pandacaqui Lam. ●

154197 Ervatamia tenuiflora Tsiang; 纤花狗牙花; Tenuousflower Ervatamia,Thin Cogflower ●

154198 Ervatamia tenuiflora Tsiang = Tabernaemontana corymbosa Roxb. ex Wall. ●

154199 Ervatamia tenuiflora Tsiang = Tabernaemontana tsiangiana P. T. Li ●

154200 Ervatamia tonkinensis (Pierre ex Pit.) Markgr. = Tabernaemontana bovina Lour. ●

154201 Ervatamia yunnanensis Tsiang;云南狗牙花;Yunnan Cogflower, Yunnan Ervatamia ●

154202 Ervatamia yunnanensis Tsiang = Tabernaemontana corymbosa Roxb. ex Wall. ●

154203 Ervatamia yunnanensis Tsiang = Tabernaemontana yunnanensis (Tsiang) P. T. Li ●

154204 Ervatamia yunnanensis Tsiang var. heterosepala Tsiang;异萼云南狗牙花;Heterosepal Cogflower,Heterosepal Ervatamia ●

154205 Ervatamia yunnanensis Tsiang var. heterosepala Tsiang = Tabernaemontana corymbosa Roxb. ex Wall. ●

154206 Ervatarnia divaricata (L.) Burkill = Tabernaemontana divaricata (L.) R. Br. ex Roem. et Schult. ●

154207 Ervilia (Koch) Opiz = Vicia L. ■

154208 Ervum L. = Vicia L. ■

154209 Ervum L. = Vicia L. + Lens Mill.(保留属名)■

154210 Ervum amoenum Trautv. var. pallida Trautv. = Vicia japonica A. Gray ■

154211 Ervum ervilia L. = Vicia ervilia (L.) Willd. ■☆

154212 Ervum gracile DC. = Vicia parviflora Cav. ■☆

154213 Ervum hirsutum L. = Vicia hirsuta (L.) Gray ■

154214 Ervum lens L. = Lens culinaris Medik. ■

154215 Ervum pubescens DC. = Vicia pubescens (DC.) Link ■☆

154216 Ervum tetraspermum L. = Vicia tetrasperma (L.) Schreb. ■

154217 Ervum unijugum Alef. = Vicia unijuga A. Braun ■

154218 Ervum vicioides Desf. = Vicia vicioides (Desf.) Cout. ■☆

154219 Ervum villosum Pomel = Lens villosa (Pomel) Batt. ■☆

154220 Erxlebenia Opiz = Pyrola L. ●■

154221 Erxlebenia Opiz ex Rydb. = Braxilia Raf. ●■

154222 Erxlebenia Opiz ex Rydb. = Pyrola L. ●■

154223 Erxlebenia minor (L.) Rydb. = Pyrola minor L. ●

154224 Erxlebenia rosea Opiz. = Pyrola minor L. ●

154225 Erxlebia Medik. = Commelina L. ■

154226 Erybathos Fourr. = Erobatos (DC.) Rchb. ■

154227 Erybathos Fourr. = Nigella L. ■

154228 Erycibaceae Endl. = Convolvulaceae Juss.(保留科名)●

154229 Erycibaceae Endl. = Erycibaceae Endl. ex Bullock ●■

154230 Erycibaceae Endl. ex Bullock = Convolvulaceae Juss.(保留科名)●■

154231 Erycibaceae Endl. ex Bullock;丁公藤科●

154232 Erycibaceae Endl. ex Meisn. = Convolvulaceae Juss.(保留科名)●■

154233 Erycibe Roxb.(1802);丁公藤属(麻辣仔藤属,麻辣子藤属,麻辣子属,伊立基藤属);Dinggongvine,Erycibe ●

154234 Erycibe acutifolia Hayata = Erycibe henryi Prain ●

154235 Erycibe bachmaense Gagnep. = Erycibe hainanensis Merr. ●

154236 Erycibe crassiuscula Gagnep.;厚叶丁公藤;Thick-leaved Erycibe ●

154237 Erycibe elliptilimba Merr. et Chun;九来龙(凹脉丁公藤,凹叶丁公藤);Ellipticleaf Dinggongvine,Emarginate Erycibe,Sunkenvein Erycibe ●

154238 Erycibe expansa Wall. = Erycibe expansa Wall. ex G. Don ●

154239 Erycibe expansa Wall. ex G. Don;锈毛丁公藤(锈毛麻辣子藤);Rusthair Dinggongvine,Rustyhair Erycibe,Rusty-haired Erycibe ●

154240 Erycibe fecunda Kerr = Erycibe elliptilimba Merr. et Chun ●

154241 Erycibe ferruginea C. Y. Wu = Erycibe expansa Wall. ex G. Don ●

154242 Erycibe ferruginosa Griff. = Erycibe expansa Wall. ex G. Don ●

154243 Erycibe glaucescens Wall. et Choisy;粉绿丁公藤(光滑丁公藤);Glaucescent Erycibe,Glaucous Dinggongvine ●

154244 Erycibe hainanensis Merr.;毛叶丁公藤(海南麻辣子藤);Hainan Dinggongvine,Hainan Erycibe ●

154245 Erycibe henryi Prain;台湾丁公藤(亨利氏伊立基藤,伊立基藤);Henry's Erycibe,Taiwan Dinggongvine,Taiwan Erycibe ●

154246 Erycibe integripetala Merr. et Chun = Neuropeltis racemosa Wall. ●■

154247 Erycibe laevigata Wall. ex Choisy = Erycibe glaucescens Wall. et Choisy ●

154248 Erycibe laevigata Wall. ex Choisy = Erycibe schmidtii Craib ●

154249 Erycibe myriantha Merr.; 多花丁公藤; Manyflower Dinggongvine,Manyflower Erycibe,Multiflorous Erycibe ●

154250 Erycibe noei Kerr = Erycibe elliptilimba Merr. et Chun ●

154251 Erycibe obmsifolia Benth. = Erycibe henryi Prain ●

154252 Erycibe obtusifolia Benth.;丁公藤(斑鱼烈,包公藤,麻辣子,麻辣子藤);Obtuseleaf Dinggongvine, Obtuseleaf Erycibe, Obtuse-leaved Erycibe ●

154253 Erycibe oligantha Merr. et Chun;疏花丁公藤;Loose-flower Erycibe,Pauciflorous Erycibe,Scatterflower Dinggongvine ●

154254 Erycibe pallidifolia Merr. et Chun ex Tanaka et Odash. = Erycibe oligantha Merr. et Chun ●

154255 Erycibe paniculata Roxb. = Erycibe elliptilimba Merr. et Chun ●

154256 Erycibe paniculata Roxb. var. expansa (Wall. ex G. Don) Choisy = Erycibe expansa Wall. ex G. Don ●

154257 Erycibe paniculata Roxb. var. subspicata (Wall. ex G. Don) Choisy = Erycibe subspicata Wall. ●

154258 Erycibe poilanei Gagnep. = Erycibe elliptilimba Merr. et Chun ●

154259 Erycibe rabilii Kerr = Erycibe elliptilimba Merr. et Chun ●

154260 Erycibe schmidtii Craib;光叶丁公藤(包公藤,丁公藤,麻辣子);Glabrousleaf Dinggongvine, Glabrousleaf Erycibe, Glabrous-leaved Erycibe ●

154261 Erycibe semipilosa Gagnep. = Erycibe schmidtii Craib ●

154262 Erycibe sinii F. C. How;瑶山丁公藤(丁公藤);Sin Erycibe, Yaoshan Dinggongvine,Yaoshan Erycibe ●

154263 Erycibe subspicata Wall.;锥序丁公藤;Paniculate Dinggongvine,Paniculate Erycibe ●

154264 Erycibe versatilihirta C. Y. Ma; 包公藤; Versatilihirte Dinggongvine,Versatilihirte Erycibe ●

154265 Erycibe versatilihirta C. Y. Ma = Erycibe obtusifolia Benth. ●
154266 Erycina Lindl. (1853);爱里西娜兰属(埃利兰属,爱里兰属)■☆
154267 Erycina echinata (Kunth) Lindl.;爱里西娜兰■☆
154268 Erymophyllum Paul G. Wilson(1989);丝叶彩鼠麹属■☆
154269 Erymophyllum compactum Paul G. Wilson;丝叶彩鼠麹■☆
154270 Erymophyllum glossanthus Paul G. Wilson;舌花丝叶彩鼠麹■☆
154271 Eryngiaceae Bercht. et J. Presl = Apiaceae Lindl. (保留科名)●■
154272 Eryngiaceae Bercht. et J. Presl = Umbelliferae Juss. (保留科名)■●
154273 Eryngiophyllum Greenm. (1903);刺芹菊属■☆
154274 Eryngiophyllum Greenm. = Chrysanthellum Rich. ex Pers. ■☆
154275 Eryngiophyllum rosei Greenm.;刺芹菊■☆
154276 Eryngium L. (1753);刺芹属(刺芫荽属);Eringo, Eryngo, Rattlesnake Master, Sea Holly, Sea-holly ■
154277 Eryngium × zabelii Christ;蓝苞刺芹■☆
154278 Eryngium × zabelii Christ 'Violetta';紫罗兰蓝苞刺芹■☆
154279 Eryngium agavifolium Griseb.;锯叶刺芹■☆
154280 Eryngium alpinum L.;高山刺芹;Alpine Eryngo, Alpine Sea-holly, Bluetop Eryngo, Blue-top Eryngo, Eryngo, Mountain Eryngo, Queen Alps, Queen of the Alps, Queen-of-the-alps ■☆
154281 Eryngium amethystinum L.;紫云英刺芹(水棘针叶刺芹);Amethyst Eryngo, Blue Eryngo, Oliver's Sea Holly, Sea Holly ■☆
154282 Eryngium antiatlanticum Jury = Eryngium tricuspidatum L. subsp. subintegrum (Maire et Weiller) Dobignard ■☆
154283 Eryngium antihystericum Rottb. = Eryngium foetidum L. ■
154284 Eryngium aquaticum L.;水刺芹;Button Snakeroot, Rattlesnake Master, Rattlesnake-master ■☆
154285 Eryngium aquifolium Cav.;冬青刺芹■☆
154286 Eryngium aquifolium Cav. var. barbarum Jahand. et Maire = Eryngium aquifolium Cav. ■☆
154287 Eryngium argyreum Maire;银色刺芹■☆
154288 Eryngium asperifolium Delarbre = Eryngium giganteum M. Bieb. ■☆
154289 Eryngium atlanticum Batt. et Pit.;大西洋刺芹■☆
154290 Eryngium barrelieri Boiss.;巴雷刺芹■☆
154291 Eryngium biebersteinianum Nevski;毕氏刺芹■☆
154292 Eryngium biebersteinianum Nevski = Eryngium coeruleum M. Bieb. ■☆
154293 Eryngium bourgatii Gouan;地中海刺芹■☆
154294 Eryngium bourgatii Gouan var. atlanticum Ball = Eryngium bourgatii Gouan ■☆
154295 Eryngium bourgatii Gouan var. hispanicum Lange = Eryngium bourgatii Gouan ■☆
154296 Eryngium bovei Boiss. = Eryngium tricuspidatum L. subsp. bovei (Boiss.) Breton ■☆
154297 Eryngium bromeliifolium Delarbre = Eryngium agavifolium Griseb. ■☆
154298 Eryngium bungei Boiss.;邦奇刺芹■☆
154299 Eryngium caeruleum Link = Eryngium caeruleum M. Bieb. ■☆
154300 Eryngium caeruleum M. Bieb.;天蓝刺芹■☆
154301 Eryngium campestre L.;野刺芹(田刺芹,田野刺芹);Daneweed, Field Eryngo, Hundred Leaved Thistle, Hundred Thistle, Levant Sea Holly, Snakeroot Eryngo, Street Watling Thistle, Watling Street Thistle ■☆
154302 Eryngium campestre L. var. algeriense Chabert = Eryngium campestre L. ■☆
154303 Eryngium campestre L. var. virens Link = Eryngium campestre L. ■☆
154304 Eryngium carlinoides Boiss.;刺苞菊状刺芹■☆
154305 Eryngium coeruleum M. Bieb. = Eryngium caeruleum Link ■☆
154306 Eryngium columnare Hemsl.;柱状刺芹■☆
154307 Eryngium corniculatum Lam.;圆锥刺芹■☆
154308 Eryngium creticum Lam.;克里特刺芹■☆
154309 Eryngium dichotomum Desf.;二歧刺芹■☆
154310 Eryngium dichotomum Desf. var. attenuatum Maire = Eryngium dichotomum Desf. ■☆
154311 Eryngium dichotomum Desf. var. ficariifolium Ball = Eryngium variifolium Coss. ■☆
154312 Eryngium dilatatum Lam.;膨大刺芹■☆
154313 Eryngium divaricatum Hook. et Arn.;囊刺芹;Ballast Eryngo ■☆
154314 Eryngium eburneum Decne.;白苞刺芹■☆
154315 Eryngium ekmanii H. Wolff;埃克曼刺芹■☆
154316 Eryngium foetidum L.;刺芹(阿瓦芫荽,臭刺芹,刺芫荽,大芫荽,大叶芫荽,番芫茜,假香荽,假芫茜,假芫荽,节节花,簕芫荽,马刺,美国刺芫荽,缅芫荽,山芫茜,山芫荽,香菜,香信,洋芫荽,野香草,野芫荽);Fitweed, Foetid Eryngo, Parrot-weed, See-me-contract, Spiritweed ■
154317 Eryngium giganteum M. Bieb.;大刺芹(大刺芫荽,硕大刺芹);Blue Eryngo, Ivory Thistle, Miss Wilmott's Ghost, Stout Eryngo ■☆
154318 Eryngium glaciale Boiss.;冰雪刺芹■☆
154319 Eryngium glaucum Hoffm. = Eryngium giganteum M. Bieb. ■☆
154320 Eryngium glomeratum Lam.;团集刺芹■☆
154321 Eryngium ilicifolium Lam.;冬青叶刺芹■☆
154322 Eryngium karatavicum Iljin;卡拉塔夫刺芹■☆
154323 Eryngium lassauxii Decne. = Eryngium pandanifolium Cham. et Schltdl. ■☆
154324 Eryngium lateriflorum Lam. = Agriophyllum lateriflorum (Lam.) Moq. ■
154325 Eryngium leavenworthii Torr. et Gray;利便屋刺芹(利便屋西刺芫荽);Coyote Thistle, Leavenworth Eryngo, Leavenworth's Eryngo ■☆
154326 Eryngium macrocalyx Schrenk;大萼刺芹■☆
154327 Eryngium maritimum L.;海滨刺芹(滨海刺芹,海刺芹);Eringo, Hollin-traie, Hollysedge, Maritime Eryngo, Sea Holly, Sea Holme, Sea Hulver, Sea-holly, Sea-holly Eryngo, Seaside Eryngo, St. Francis' Thorn ■☆
154328 Eryngium maroccanum Pit.;摩洛哥刺芹■☆
154329 Eryngium mauritanicum Pomel = Eryngium tricuspidatum L. ■☆
154330 Eryngium mirandum Bobrov;奇异刺芹■☆
154331 Eryngium nigromontanum Boiss.;山地黑刺芹■☆
154332 Eryngium noeanum Boiss.;诺氏刺芹■☆
154333 Eryngium oliverianum Delarbre;奥里弗刺芹■☆
154334 Eryngium ovinum A. Cunn.;羊刺芹;Blue Devil ■☆
154335 Eryngium pallescens Mill. = Eryngium amethystinum L. ■☆
154336 Eryngium pandanifolium Cham. et Schltdl.;露兜树叶刺芹;Caraguata Fibre ■☆
154337 Eryngium planum L.;扁叶刺芹;Flatleaf Eryngo, Plains Eryngo ■
154338 Eryngium prostratum Nutt.;平卧刺芹■☆
154339 Eryngium synchaetum Coult. et Rose;聚毛刺芹■☆
154340 Eryngium tenue Lam.;瘦刺芹■☆
154341 Eryngium tricuspidatum L.;三尖刺芹■☆
154342 Eryngium tricuspidatum L. subsp. bovei (Boiss.) Breton;博韦三尖刺芹■☆

154343 Eryngium tricuspidatum L. subsp. mauritanicum (Pomel) Batt.;毛里塔尼亚刺芹■☆

154344 Eryngium tricuspidatum L. subsp. subintegrum (Maire et Weiller) Dobignard;近全缘三裂刺芹■☆

154345 Eryngium tricuspidatum L. var. bovei (Boiss.) Batt. = Eryngium tricuspidatum L. subsp. bovei (Boiss.) Breton ■☆

154346 Eryngium tricuspidatum L. var. montanum Chabert = Eryngium tricuspidatum L. ■☆

154347 Eryngium tricuspidatum L. var. subintegrum Maire et Weiller = Eryngium tricuspidatum L. subsp. subintegrum (Maire et Weiller) Dobignard ■☆

154348 Eryngium tripartitum Desf.;三裂刺芹■☆

154349 Eryngium triquetrum Vahl;三角刺芹■☆

154350 Eryngium triquetrum Vahl subsp. xauense (Pau) Jovet et Sauvage;达乌刺芹■☆

154351 Eryngium triquetrum Vahl var. xauense Pau = Eryngium triquetrum Vahl subsp. xauense (Pau) Jovet et Sauvage ■☆

154352 Eryngium variifolium Coss.;变叶刺芹■☆

154353 Eryngium wanaturi Woronow;瓦那刺芹■☆

154354 Eryngium yuccifolium Decne. = Eryngium aquaticum L. ■☆

154355 Eryngium yuccifolium Michx.;北美刺芹;Button Eryngo, Button Snakeroot, Rattlesnake Master, Rattlesnake-master ■☆

154356 Eryocycla Pritz. = Eriocycla Lindl. ■

154357 Eryocycla Pritz. = Pituranthos Viv. ■☆

154358 Erysibe G. Don = Erycibe Roxb. ●

154359 Erysimaceae Martinov = Brassicaceae Burnett(保留科名)■●

154360 Erysimaceae Martinov = Cruciferae Juss.(保留科名)■●

154361 Erysimastrum (DC.) Rupr. = Erysimum L. ■●

154362 Erysimastrum Rupr. = Erysimum L. ■●

154363 Erysimum L. (1753);糖芥属;Alpine Wallflower, Blistercress, Blister-cress, Erysimum, Fairy Wallflower, Gilliflower, Mustard Treacle, Sugarmustard, Wallflower ■●

154364 Erysimum L. ex Kuntze = Erysimum L. ■●

154365 Erysimum absconditum O. E. Schulz = Erysimum funiculosum Hook. f. et Thomson ■

154366 Erysimum afghanicum Kitam. = Erysimum hieracifolium L. ■

154367 Erysimum aksaricum Pavlov;阿克萨糖芥■☆

154368 Erysimum alliaria L. = Alliaria petiolata (M. Bieb.) Cavara et Grande ■

154369 Erysimum allionii Hort.;阿氏糖芥;Siberian Wallflower ■☆

154370 Erysimum allionii Hort. 'Orange Bedder';橙色花坛阿氏糖芥■☆

154371 Erysimum altaicum C. A. Mey. = Erysimum flavum (Georgi) Bobrov subsp. altaicum (C. A. Mey.) Polozhij ■

154372 Erysimum altaicum C. A. Mey. = Erysimum flavum (Georgi) Bobrov ■

154373 Erysimum altaicum C. A. Mey. ex Ledeb. = Erysimum flavum (Georgi) Bobrov subsp. altaicum (C. A. Mey.) Polozhij ■

154374 Erysimum altaicum C. A. Mey. var. humillimum Ledeb. = Erysimum flavum (Georgi) Bobrov subsp. altaicum (C. A. Mey.) Polozhij ■

154375 Erysimum altaicum C. A. Mey. var. humillimum Ledeb. = Erysimum flavum (Georgi) Bobrov ■

154376 Erysimum altaicum C. A. Mey. var. humillimum Ledeb. = Erysimum humillimum (Ledeb.) N. Busch ■

154377 Erysimum altaicum C. A. Mey. var. shinganicum Y. L. Chang = Erysimum flavum (Georgi) Bobrov ■

154378 Erysimum altaicum C. A. Mey. var. shinganicum Y. L. Chang = Erysimum flavum (Georgi) Bobrov var. shinganicum (Y. L. Chang) K. C. Kuan ■

154379 Erysimum amplexicaule A. Rich. = Brassica rapa L. ■

154380 Erysimum amurense Kitag.;阿穆尔糖芥(糖芥);Amur Erysimum ■

154381 Erysimum amurense Kitag. subsp. bungei Kitag. = Erysimum amurense Kitag. ■

154382 Erysimum amurense Kitag. subsp. bungei Kitag. f. flavum (Kitag.) Kitag. = Erysimum bungei (Kitag.) Kitag. f. flavum (Kitag.) K. C. Kuan ■

154383 Erysimum amurense Kitag. var. bungei (Kitag.) Kitag. = Erysimum amurense Kitag. ■

154384 Erysimum amurense Kitag. var. bungei (Kitag.) Kitag. f. flavum (Kitag.) Kitag. = Erysimum bungei (Kitag.) Kitag. f. flavum (Kitag.) K. C. Kuan ■

154385 Erysimum arbuscula (Lowe) Snogerup;树状糖芥■☆

154386 Erysimum arcuatum Opiz ex Presl = Barbarea vulgaris R. Br. ■

154387 Erysimum argyrocarpum N. Busch;银果糖芥■☆

154388 Erysimum arkansanum Nutt. = Erysimum capitatum (Douglas ex Hook.) Greene ■☆

154389 Erysimum asperum (Nutt.) DC. var. inconspicuum S. Watson = Erysimum inconspicuum (S. Watson) MacMill. ■☆

154390 Erysimum asperum DC.;糙叶糖芥;Desert Wallflower, False Wallflower, Plains Wallflower, Prairie Rocket, Rocket, Wallflower, Watern Wallflower, Western Wallflower, Wild Wallflower, Yellow Phlox ■☆

154391 Erysimum aurantiacum (Bunge) Maxim. = Erysimum amurense Kitag. ■

154392 Erysimum aurantiacum (Bunge) Maxim. = Erysimum bungei (Kitag.) Kitag. ■

154393 Erysimum aurantiacum (Bunge) Maxim. f. flavum Kitag. = Erysimum bungei (Kitag.) Kitag. f. flavum (Kitag.) K. C. Kuan ■

154394 Erysimum aureum M. Bieb.;金黄糖芥■☆

154395 Erysimum australe Gay var. grandiflorum (Desf.) Ball = Erysimum grandiflorum Desf. ■☆

154396 Erysimum babataghi Korsh.;巴巴塔戈糖芥■☆

154397 Erysimum barbarea L. = Barbarea vulgaris R. Br. ■

154398 Erysimum benthamii Monnet;四川糖芥;Bentham Erysimum, Sichuan Sugarmustard ■

154399 Erysimum benthamii Monnet var. grandiflorum Monnet = Erysimum benthamii Monnet ■

154400 Erysimum bicolor (Hornem.) DC.;二色糖芥■☆

154401 Erysimum bicorne Aiton = Notoceras bicorne (Aiton) Amo ■☆

154402 Erysimum bicorne Aiton = Notoceras bicorne (Aiton) Caruel ■☆

154403 Erysimum bocconei All. var. gramineum (Pomel) Maire = Erysimum grandiflorum Desf. ■☆

154404 Erysimum bocconei All. var. majus Batt. = Erysimum grandiflorum Desf. ■☆

154405 Erysimum bocconei All. var. minus Batt. = Erysimum grandiflorum Desf. ■☆

154406 Erysimum bocconei All. var. nemorale (Pomel) Maire = Erysimum grandiflorum Desf. ■☆

154407 Erysimum bocconei All. var. nervosum (Pomel) Maire = Erysimum nervosum Pomel ■☆

154408 Erysimum bocconei All. var. subelatum Maire = Erysimum grandiflorum Desf. ■☆

154409 Erysimum brachycarpum Boiss.;短果糖芥■☆

154410 Erysimum bracteatum W. W. Sm. = Erysimum wardii Polatschek ■

154411 Erysimum brevifolium C. H. An;短叶糖芥;Shortleaf Erysimum ■

154412 Erysimum brevifolium C. H. An = Erysimum cheiranthoides L. ■

154413 Erysimum brevistylum Sommier et H. Lév.;短柱糖芥■☆

154414 Erysimum bungei (Kitag.) Kitag.;糖芥(蒙古糖芥,七里黄);Orange Erysimum,Orange Sugarmustard ■

154415 Erysimum bungei (Kitag.) Kitag. = Erysimum amurense Kitag. ■

154416 Erysimum bungei (Kitag.) Kitag. f. flavum (Kitag.) K. C. Kuan;黄花糖芥;Yellow Flower Erysimum ■

154417 Erysimum callicarpum Lipsky;美果糖芥■☆

154418 Erysimum canescens Roth;灰毛糖芥(灰白糖芥,蒙古糖芥,披散糖芥,糖芥);Diffuse Erysimum,Diffuse Sugarmustard,Diffuse Wallflower,Hoary Erysimum ■

154419 Erysimum capitatum (Douglas ex Hook.) Greene;头状糖芥;Coast Wollflower,Sand-dune Wallflower,Western Wallflower ■☆

154420 Erysimum capitatum Greene = Erysimum capitatum (Douglas ex Hook.) Greene ■☆

154421 Erysimum caspicum N. Busch;里海糖芥■☆

154422 Erysimum caucasicum Trautv.;高加索糖芥■☆

154423 Erysimum chamaephyton Maxim. = Erysimum funiculosum Hook. f. et Thomson ■

154424 Erysimum cheiranthoides L.;小花糖芥(打水水花,桂竹糖芥,桂竹香糖芥,金盏盏花,苦葶苈,浅波缘糖芥,筛子底,糖芥,野菜子);French Mustard,Treacle Erysimum,Treacle Mustard,Treacle Wormseed,Wallflower Mustard,Wormseed Erysimum,Wormseed Mustard,Worm-seed Mustard,Wormseed Sugarmustard,Wormseed Wallflower,Worm-seed Wallflower ■

154425 Erysimum cheiranthoides L. subsp. altum Ahti = Erysimum cheiranthoides L. ■

154426 Erysimum cheiranthoides L. var. japonicum H. Boissieu = Erysimum cheiranthoides L. ■

154427 Erysimum cheiranthoides L. var. japonicum H. Boissieu = Erysimum japonicum (H. Boissieu) Makino ■

154428 Erysimum cheiranthoides L. var. sinuatum Franch. = Erysimum macilentum Bunge ■

154429 Erysimum cheiri (L.) Crantz = Cheiranthus cheiri L. ●■

154430 Erysimum cheiri Crantz 'Fire King';火王桂竹香■☆

154431 Erysimum cheiri Crantz 'Ivory White';象牙白桂竹香■☆

154432 Erysimum cheiri Crantz = Cheiranthus cheiri L. ●■

154433 Erysimum collinum (M. Bieb.) Andrz.;山丘糖芥■☆

154434 Erysimum contractum Sommier et H. Lév.;紧缩糖芥■☆

154435 Erysimum crassicaule H. Boissieu;粗茎糖芥■☆

154436 Erysimum crassipes Fisch. et C. A. Mey.;欧洲粗梗糖芥■☆

154437 Erysimum crepidifolium Rchb.;还阳参叶糖芥■☆

154438 Erysimum cretaceum (Rupr.) Schmalh.;白垩糖芥■☆

154439 Erysimum croceum Popov;镉黄糖芥(深黄糖芥)■☆

154440 Erysimum cuspidatum (M. Bieb.) DC.;盾状糖芥■☆

154441 Erysimum czernjajevii N. Busch;契氏糖芥■☆

154442 Erysimum deflexum Hook. f. et Thomson;外折糖芥;Deflexed Erysimum,Deflexed Sugarmustard ■

154443 Erysimum diffusum Ehrh. = Erysimum canescens Roth ■

154444 Erysimum drummondii (A. Gray) Kuntze = Arabis drummondii A. Gray ■☆

154445 Erysimum durum J. Presl et C. Presl;粗糙糖芥;Wallflower ■☆

154446 Erysimum elatum Pomel = Erysimum semperflorens (Schousb.) Wettst. subsp. elatum (Pomel) Maire ■☆

154447 Erysimum erosum O. E. Schulz;啮蚀状糖芥■☆

154448 Erysimum eseptatum C. H. An;缺隔糖芥;Septeless Erysimum ■

154449 Erysimum eseptatum C. H. An = Erysimum hieracifolium L. ■

154450 Erysimum ferganicum Botsch. et Vved.;费尔干糖芥■☆

154451 Erysimum flavum (Georgi) Bobrov;蒙古糖芥(阿尔泰糖芥,宽线叶糖芥,兴安糖芥);Broadlinearleaf Erysimum,Mongol Sugarmustard,Shingan Erysimum,Xing'an Erysimum,Xing'an Sugarmustard ■

154452 Erysimum flavum (Georgi) Bobrov subsp. altaicum (C. A. Mey.) Polozhij;阿尔泰糖芥■

154453 Erysimum flavum (Georgi) Bobrov subsp. altaicum (C. A. Mey.) Polozhij = Erysimum flavum (Georgi) Bobrov ■

154454 Erysimum flavum (Georgi) Bobrov var. shinganicum (Y. L. Chang) K. C. Kuan = Erysimum flavum (Georgi) Bobrov ■

154455 Erysimum forrestii (W. W. Sm.) Polatschek;匍匐糖芥(匍匐桂竹香);Forrest Wallflower ■

154456 Erysimum franchetii N. Busch;弗氏糖芥■☆

154457 Erysimum funiculosum Hook. f. et Thomson;紫花糖芥;Purpleflower Erysimum,Purpleflower Sugarmustard ■

154458 Erysimum gaudanense Litv.;戈丹糖芥■☆

154459 Erysimum gelidum Bunge;寒地糖芥■☆

154460 Erysimum glandulosum Monnet = Dontostemon pinnatifidus (Willd.) Al-Shehbaz et H. Ohba ■

154461 Erysimum gramineum Pomel = Erysimum grandiflorum Desf. ■☆

154462 Erysimum grandiflorum Desf.;大花糖芥■☆

154463 Erysimum grandiflorum Nutt. = Erysimum capitatum (Douglas ex Hook.) Greene ■☆

154464 Erysimum griffithianum Boiss.;格氏糖芥■☆

154465 Erysimum handel-mazzettii Polatschek;无茎糖芥(无茎桂竹香);Stemless Forrest Wallflower ■

154466 Erysimum helveticum Griseb.;微小糖芥(矮糖芥);Blistercress,Swiss Treacle Mustard ■☆

154467 Erysimum hieracifolium L.;山柳菊叶糖芥(马尔沙糖芥,山柳菊糖芥,山柳叶糖芥,直糖芥);Erect Erysimum,European Wallflower,Hard Wallflower,Hawkweedleaf Erysimum,Hawkweedleaf Sugarmustard,Siberian Wallflower ■

154468 Erysimum hieracifolium L. = Erysimum durum J. Presl et C. Presl ■☆

154469 Erysimum hieracifolium L. subsp. durum (J. Presl et C. Presl) Hegi et Em. Schmid = Erysimum durum J. Presl et C. Presl ■☆

154470 Erysimum hookeri Monnet = Dontostemon pinnatifidus (Willd.) Al-Shehbaz et H. Ohba ■

154471 Erysimum humillimum (Ledeb.) N. Busch;矮小糖芥■

154472 Erysimum humillimum (Ledeb.) N. Busch = Erysimum flavum (Georgi) Bobrov subsp. altaicum (C. A. Mey.) Polozhij ■

154473 Erysimum humillimum (Ledeb.) N. Busch = Erysimum flavum (Georgi) Bobrov ■

154474 Erysimum ibericum (Adam) DC.;伊比利亚糖芥■☆

154475 Erysimum incanum Kuntze;灰白糖芥■☆

154476 Erysimum incanum Kuntze subsp. mairei (Sennen et Mauricio) Nieto Fel.;迈氏灰白糖芥■☆

154477 Erysimum incanum Kuntze subsp. pachycarpum (Maire) Dobignard;粗果糖芥■☆

154478 Erysimum incanum Kuntze var. kuntzeanum (Boiss. et Reut.) Maire = Erysimum incanum Kuntze ■☆

154479 Erysimum incanum Kuntze var. longipes Pau = Erysimum incanum Kuntze ■☆

154480 Erysimum incanum Kuntze var. mairei (Sennen et Mauricio)

Maire = Erysimum incanum Kuntze subsp. mairei (Sennen et Mauricio) Nieto Fel. ■☆
154481 Erysimum incanum Kuntze var. maroccanum (Pau et Font Quer) Maire = Erysimum incanum Kuntze ■☆
154482 Erysimum incanum Kuntze var. pachycarpum Maire = Erysimum incanum Kuntze subsp. pachycarpum (Maire) Dobignard ■☆
154483 Erysimum inconspicuum (S. Watson) MacMill.;小籽糖芥;Shy Wallflower,Small Worm-seed Mustard,Smallflower Wallflower ■☆
154484 Erysimum ischnostylum Freyn et Sint.;细长柱糖芥■☆
154485 Erysimum japonicum (H. Boissieu) Makino;日本糖芥;Japanese Erysimum ■
154486 Erysimum japonicum (H. Boissieu) Makino = Erysimum cheiranthoides L. ■
154487 Erysimum japonicum (H. Boissieu) Makino = Erysimum flavum (Georgi) Bobrov ■
154488 Erysimum krynkense Lawr.;克伦糖芥■☆
154489 Erysimum kunzeanum Boiss. et Reut. = Erysimum incanum Kuntze ■☆
154490 Erysimum kunzeanum Boiss. et Reut. var. maroccanum Pau et Font Quer = Erysimum incanum Kuntze ■☆
154491 Erysimum laciniatum Boiss. = Erysimum pulchellum Boiss. ■☆
154492 Erysimum leptophyllum Andrz.;细叶糖芥;Thinleaf Erysimum ■☆
154493 Erysimum leptostylum DC.;细干糖芥;Thinstem Erysimum ■☆
154494 Erysimum leucanthemum (Steph.) B. Fedtsch.;白花糖芥;Whiteflower Erysimum ■☆
154495 Erysimum lilacinum Steinb.;紫丁香糖芥■☆
154496 Erysimum limprichtii O. E. Schulz = Erysimum roseum (Maxim.) Polatschek ■
154497 Erysimum linifolium J. Gay;亚麻叶糖芥;Alpine Wallflower, Wallflower ■☆
154498 Erysimum longisiliquum Hook. f. et Thomson;长角糖芥(长果糖芥);Longfruit Erysimum,Longfruit Sugarmustard ■
154499 Erysimum longisiliquum Hook. f. et Thomson = Erysimum benthamii Monnet ■
154500 Erysimum macilentum Bunge;波齿糖芥(波齿叶糖芥);Sinuate Erysimum,Sinuate Sugarmustard ■
154501 Erysimum maderense Polatschek;梅德糖芥■☆
154502 Erysimum maeilentum Bunge = Erysimum cheiranthoides L. ■
154503 Erysimum mairei Sennen et Mauricio = Erysimum incanum Kuntze subsp. mairei (Sennen et Mauricio) Nieto Fel. ■☆
154504 Erysimum marschallianum Andrz. = Erysimum hieracifolium L. ■
154505 Erysimum marshallii Boiss.;西伯利亚糖芥;Siberian Wallflower ■☆
154506 Erysimum meyerianum (Rupr.) N. Busch;迈耶糖芥■☆
154507 Erysimum murale Desf.;墙生糖芥■☆
154508 Erysimum myssoides Franch. = Neotorularia humilis (C. A. Mey.) Hedge et J. Léonard ■
154509 Erysimum nemorale Pomel = Erysimum grandiflorum Desf. ■☆
154510 Erysimum nervosum Pomel;多脉糖芥■☆
154511 Erysimum nuristanicum Polatschek et Rech. f. = Erysimum erosum O. E. Schulz ■☆
154512 Erysimum ochroleucum DC.;黄白糖芥■☆
154513 Erysimum odoratum Ehrh.;星毛糖芥(匈牙利糖芥);Smelly Wallflower,Stellatehair Erysimum,Stellatehair Sugarmustard ■
154514 Erysimum officinale L. = Sisymbrium officinale (L.) Scop. ■
154515 Erysimum orientale (L.) Ledeb. = Conringia orientalis (L.) Dum. Cours. ■☆
154516 Erysimum pallasii Fernald;帕拉氏糖芥■☆
154517 Erysimum pamiricum Korsh. = Braya scharnhorstii Regel et Schmalh. ■
154518 Erysimum pannonicum Crantz = Erysimum odoratum Ehrh. ■
154519 Erysimum parviflorum Nutt. = Erysimum inconspicuum (S. Watson) MacMill. ■☆
154520 Erysimum parviflorum Pers. = Erysimum cheiranthoides L. ■
154521 Erysimum perofskianum Fisch. et C. A. Mey.;阿富汗糖芥(贝洛夫斯基糖芥,贝洛夫糖芥);Afghan Erysimum,Perofski's Hedge-mustard ■☆
154522 Erysimum persicum Boiss.;波斯糖芥;Persia Sugarmustard ■☆
154523 Erysimum planisiliquum (Fisch. et C. A. Mey.) Steud. = Conringia planisiliqua Fisch. et C. A. Mey. ■
154524 Erysimum praecox Sm. = Barbarea praecox (Sm.) R. Br. ■☆
154525 Erysimum pulchellum Boiss.;美丽糖芥(欧亚糖芥);Rockery Blistercress ■☆
154526 Erysimum pumilum DC.;欧洲高山糖芥■☆
154527 Erysimum pumilum DC. = Erysimum helveticum Griseb. ■☆
154528 Erysimum quadricorne Stephan = Tetracme quadricornis (Stephan) Bunge ■
154529 Erysimum remotiflorum O. E. Schulz = Farsetia hamiltonii Royle ■☆
154530 Erysimum repandum L.;粗梗糖芥;Bushy Wallflower, Spreading Erysimum,Spreading Wallflower,Treacle Mustard,Treacle Sugarmustard ■
154531 Erysimum rigidum DC. = Erysimum repandum L. ■
154532 Erysimum roseum (Maxim.) Polatschek;红紫糖芥(红紫桂竹香,紫桂竹香);Reddish Wallflower ■
154533 Erysimum rupestre DC.;岩生糖芥;Asiatic Blister-cress ■☆
154534 Erysimum schlagintweitianum O. E. Schulz;矮糖芥;Low Erysimum,Low Sugarmustard ■
154535 Erysimum schneideri O. E. Schulz;腋花糖芥;Schneilder Erysimum,Schneilder Sugarmustard ■
154536 Erysimum schneideri O. E. Schulz = Erysimum forrestii (W. W. Sm.) Polatschek ■
154537 Erysimum scoparium (Willd.) Wettst.;帚状糖芥■☆
154538 Erysimum semperflorens (Schousb.) Wettst.;常花糖芥■☆
154539 Erysimum semperflorens (Schousb.) Wettst. subsp. elatum (Pomel) Maire;大常花糖芥■☆
154540 Erysimum semperflorens (Schousb.) Wettst. subsp. leucanthum Maire = Erysimum semperflorens (Schousb.) Wettst. ■☆
154541 Erysimum sikkimense Polatschek = Erysimum benthamii Monnet ■
154542 Erysimum siliculosum (M. Bieb.) DC.;棱果糖芥■
154543 Erysimum sinuatum (Franch.) Hand.-Mazz. = Erysimum macilentum Bunge ■
154544 Erysimum sisymbrioides C. A. Mey.;小糖芥;Samll Erysimum, Samll Sugarmustard ■
154545 Erysimum squarrosum Batt. = Sisymbrium officinale (L.) Scop. ■
154546 Erysimum stigmatosum Franch. = Neotorularia humilis (C. A. Mey.) Hedge et J. Léonard ■
154547 Erysimum stocksianum Boiss.;斯托克斯糖芥■☆
154548 Erysimum strictisiliquum N. Busch;直荚糖芥■☆
154549 Erysimum strictum Gaertn., Mey. et Scherb. = Erysimum hieracifolium L. ■
154550 Erysimum strictum Gaertn. = Erysimum hieracifolium L. ■

154551 Erysimum substrigosum (Rupr.) N. Busch;糙伏毛糖芥■☆
154552 Erysimum suffruticosum Spreng.;灌木糖芥●☆
154553 Erysimum sylvaticum M. Bieb.;林糖芥■☆
154554 Erysimum szechuanense O. E. Schulz = Erysimum benthamii Monnet ■
154555 Erysimum szovitsianum Boiss.;绍氏糖芥■☆
154556 Erysimum thomsonii Hook. f.;托马森糖芥■☆
154557 Erysimum transiliense Popov;伊犁糖芥■☆
154558 Erysimum vernum Mill. = Barbarea verna (Mill.) Asch. ■☆
154559 Erysimum violaceum D. Don = Cardamine violacea (D. Don) Wall. ex Hook. f. et Thomson ■
154560 Erysimum violascens Popov;堇色糖芥■☆
154561 Erysimum virgatum DC. = Erysimum hieracifolium L. ■
154562 Erysimum vitellinum Popov;蛋黄色糖芥■☆
154563 Erysimum wardii Polatschek;具苞糖芥;Bractbearing Erysimum,Bractbearing Sugarmustard ■
154564 Erysimum wilczekianum Braun-Blanq. et Maire;维尔切克糖芥■☆
154565 Erysimum yunnanense Franch.;云南糖芥;Yunnan Erysimum, Yunnan Sugarmustard ■
154566 Erysimum yunnanense Franch. = Erysimum macilentum Bunge ■
154567 Erythaea Pfeiff. = Erythraea Borkh. ■
154568 Erythalia Delarbre = Eyrythalia Borkh. ■
154569 Erythalia Delarbre = Gentiana L. ■
154570 Erythea S. Watson = Brahea Mart. ex Endl. ●☆
154571 Erythea S. Watson(1880);白扇椰子属;Erythea, Hesper Palm ●☆
154572 Erythea armata S. Watson;刺柄白扇椰子●☆
154573 Erythea brandegeei Purpus;布氏白扇椰子●☆
154574 Erythea edulis S. Watson;白扇椰子;Guadeloupe Erythca ●☆
154575 Erythea elegans Franceschi ex Becc.;雅致白扇椰子●☆
154576 Erythea roezlii (Linden) Becc.;洛氏白扇椰子●☆
154577 Erythea salvadorensis (H. Wendl. ex Becc.) H. E. Moore;萨尔瓦多白扇椰子●☆
154578 Erytheremia Endl. = Erythremia Nutt. ■☆
154579 Erytheremia Endl. = Lygodesmia D. Don ■☆
154580 Erythorchis Blume = Galeola Lour. ■
154581 Erythracanthus Nees = Ebermaiera Nees ■
154582 Erythracanthus Nees = Staurogyne Wall. ■
154583 Erythradenia (B. L. Rob.) R. M. King et H. Rob. (1969);红腺菊属●☆
154584 Erythradenia pyramidalis (B. L. Rob.) R. M. King et H. Rob.;红腺菊■☆
154585 Erythraea Borkh. = Centaurium Hill ■
154586 Erythraea L. = Centaurium Hill ■
154587 Erythraea Renealm. ex Borkh. = Centaurium Hill ■
154588 Erythraea centaurium (L.) Pers. = Centaurium erythraea Raf. ■☆
154589 Erythraea centaurium (L.) Pers. var. grandiflora (Pers.) Batt. = Centaurium erythraea Raf. ■☆
154590 Erythraea centaurium (L.) Pers. var. suffruticosa Griseb. = Centaurium erythraea Raf. subsp. suffruticosum (Griseb.) Greuter ●☆
154591 Erythraea chanetii H. Lév. = Centaurium pulchellum (Sw.) Druce var. altaicum (Griseb.) Kitag. et H. Hara ■
154592 Erythraea fastuosa Caball. = Centaurium erythraea Raf. subsp. suffruticosum (Griseb.) Greuter ●☆
154593 Erythraea japonica Maxim. = Centaurium japonicum (Maxim.) Druce ■
154594 Erythraea japonica Maxim. = Schenkia japonica (Maxim.) G. Mans. ■
154595 Erythraea maritima (L.) Pers. = Centaurium maritimum (L.) Fritsch ■☆
154596 Erythraea meyeri Bunge = Centaurium pulchellum (Sw.) Druce var. altaicum (Griseb.) Kitag. et H. Hara ■
154597 Erythraea pulchella (Sw.) Fr. = Centaurium pulchellum (Sw.) Druce ●■
154598 Erythraea pulchella (Sw.) Fr. subsp. tenuiflora (Hoffmanns. et Link) Ces. = Centaurium tenuiflorum (Hoffmanns. et Link) Fritsch ■☆
154599 Erythraea pulchella (Sw.) Fr. var. altaica Kitag. = Centaurium pulchellum (Sw.) Druce var. altaicum (Griseb.) Kitag. et H. Hara ■
154600 Erythraea ramosissima (Vill.) Pers. = Centaurium mairei Zeltner ■☆
154601 Erythraea ramosissima (Vill.) Pers. var. albiflora Boiss. = Centaurium pulchellum (Sw.) Druce var. altaicum (Griseb.) Kitag. et H. Hara ■
154602 Erythraea ramosissima (Vill.) Pers. var. altaica Griseb. = Centaurium pulchellum (Sw.) Druce var. altaicum (Griseb.) Kitag. et H. Hara ■
154603 Erythraea ramosissima (Vill.) Pers. var. intermedium Rouy = Centaurium mairei Zeltner ■☆
154604 Erythraea spicata (L.) Pers. = Centaurium spicatum (L.) Fritsch ■
154605 Erythraea tenuiflora Hoffmanns. et Link = Centaurium tenuiflorum (Hoffmanns. et Link) Fritsch ■☆
154606 Erythraea viridense Bolle = Centaurium tenuiflorum (Hoffmanns. et Link) Fritsch subsp. viridense (Bolle) A. Hansen et Sunding ■☆
154607 Erythranthe Spach = Mimulus L. ●■
154608 Erythranthera Zotov = Rytidosperma Steud. ■☆
154609 Erythranthera Zotov(1963);红药禾属■☆
154610 Erythranthera australis (Petrie) Zotov;红药禾■☆
154611 Erythranthera pumila (Kirk) Zotov;矮红药禾■☆
154612 Erythranthus Oerst. ex Hanst. = Drymonia Mart. ●☆
154613 Erythranthus Oerst. ex Henst. = Alloplectus Mart.(保留属名)● ■☆
154614 Erythremia Nutt. = Lygodesmia D. Don ■☆
154615 Erythremia aphylla (Nutt.) Nutt. = Lygodesmia aphylla (Nutt.) DC. ■☆
154616 Erythremia grandiflora Nutt. = Lygodesmia grandiflora (Nutt.) Torr. et A. Gray ■☆
154617 Erythrina L. (1753);刺桐属(海红豆属);Coral Bean, Coral Bower, Coral Tree, Coralbean, Coral-bean, Coral-tree, Jumble Beans, Lucky Bean ●■
154618 Erythrina × sykesii Barneby et Krukoff;西科斯刺桐;Coral Tree, Sykes Coral Tree ●☆
154619 Erythrina abyssinia Lam. = Erythrina abyssinica Lam. ex DC. ●☆
154620 Erythrina abyssinica Lam. ex DC.;阿比西尼亚刺桐(非洲刺桐,珊瑚刺桐);Abyssinia Coralbean, Coral Tree, Lucky Bean Tree, Red Hot Poker Tree, Red-hot Poker Tree ●☆
154621 Erythrina abyssinica Lam. ex DC. var. suberifera (Welw. ex Baker) Verdc. = Erythrina abyssinica Lam. ex DC. ●☆
154622 Erythrina acanthocarpa E. Mey.;非洲刺桐(南非刺桐);African Coralbean, Tambookie Thorn ●
154623 Erythrina altissima A. Chev. = Erythrina mildbraedii Harms ●☆
154624 Erythrina americana Mill. = Erythrina coralloides Moc. et Sessé

●☆
154625 Erythrina ankaranensis Du Puy et Labat;安卡兰刺桐●☆
154626 Erythrina arborescens Roxb.;乔木刺桐(刺木通,刺桐树,红嘴绿鹦哥,鹦哥花,鹦哥叶);Himalayan Coral Bean, Himalayan Coralbean, Himalayan Coral-bean, Himalayas Coralbean, Parrot Coralbean ●
154627 Erythrina bagshawei Baker f. = Erythrina excelsa Baker ●☆
154628 Erythrina bancoensis Aubrév. et Pellegr. = Erythrina vogelii Hook. f. ●☆
154629 Erythrina baumii Harms;鲍姆刺桐●☆
154630 Erythrina bequaertii De Wild. = Erythrina abyssinica Lam. ex DC. ●☆
154631 Erythrina berteroana Urb.;伯氏刺桐(马提罗亚刺桐);Machete ●☆
154632 Erythrina bidwellii Lindl.;比氏刺桐(龙牙花,珊瑚刺桐,珊瑚树,杂种刺桐);Bidwell Coralbean,Coral Bean,Coral tree,Fireman's Cap,Hybrid Coral Tree,Mr. Bidwell's Coral Tree ●
154633 Erythrina boninensis Tuyama = Erythrina variegata L. ex Stickman ●
154634 Erythrina brucei Schweinf.;布鲁斯刺桐●☆
154635 Erythrina burttii Baker f.;伯特刺桐●☆
154636 Erythrina caffra Thunb.;南非刺桐(火炬刺桐);Coast Coral Tree, Coral Tree, Kaffir Boom, Kaffir Tree, Kaffirboom, Kaffirboom Coral Tree, South African Coral Tree, South African Coral-tree ●
154637 Erythrina caffra Thunb. var. mossambicensis Baker f. = Erythrina lysistemon Hutch. ●☆
154638 Erythrina carnea Blanco = Erythrina variegata L. ex Stickman ●
154639 Erythrina chiapasana Krukoff;长花刺桐●☆
154640 Erythrina coddii Barneby et Krukoff;科德刺桐●☆
154641 Erythrina comosa Hua = Erythrina abyssinica Lam. ex DC. ●☆
154642 Erythrina constantiana Micheli = Erythrina caffra Thunb. ●
154643 Erythrina corallodendron L.;龙牙花(龙芽菜,美洲刺桐,珊瑚刺桐,珊瑚木,珊瑚树,象牙红);Common Coral Bean, Common Coralbean, Common Coral-bean, Common Coral-tree, Coral Tree, Coral-bean Tree, Coral-tree, Devil Tree, Dragontooth Coralbean, Flame Coral Tree, Naked Coral Tree ●
154644 Erythrina corallodendron L. = Erythrina variegata L. ex Stickman ●
154645 Erythrina corallodendron L. var. orientalis L. = Erythrina variegata L. ex Stickman ●
154646 Erythrina coralloides Moc. et Sessé;美国刺桐(珊瑚刺桐);American Coralbean, Flame Coral Tree, Flame Coral-tree, Naked Coral Tree, Naked coral-tree ●☆
154647 Erythrina crysta-galli L.;鸡冠刺桐(巴西刺桐,海红豆,红豆花,美国梯姑,美丽刺桐,梯姑);Cock's Comb, Cockscomb, Cockscomb Coralbean, Cockscomb Coral-tree, Cockspur Coral Bean, Cockspur Coral Tree, Cockspur Coralbean, Cockspur Coral-bean, Cockspur Coral-tree, Common Coral Tree, Common Coral-tree, Coral Tree, Coral-bean, Coral-tree, Coxcomb Coral-tree, Cry-baby, Crybabytree, Indian Coral Tree, Indian Coral-tree, Lobster Claws, Lobster-claw, Tiger's Claw ●
154648 Erythrina crysta-galli L. 'Compacta';矮鸡冠刺桐(矮刺桐)●☆
154649 Erythrina crysta-galli L. var. compacta Bull. = Erythrina crysta-galli L. 'Compacta' ●☆
154650 Erythrina decora Harms;装饰刺桐●☆
154651 Erythrina dybowskii Hua = Erythrina sigmoidea Hua ●☆
154652 Erythrina dyeri Hennessy;戴尔刺桐●☆
154653 Erythrina eggelingii Baker f. = Erythrina abyssinica Lam. ex DC. ●☆
154654 Erythrina eriotricha Harms = Erythrina sigmoidea Hua ●☆
154655 Erythrina excelsa Baker;高大刺桐●☆
154656 Erythrina falcata Benth.;巴西刺桐;Brazilian Coral Tree, Corticeira-da-serra ●☆
154657 Erythrina fissa C. Presl = Erythrina caffra Thunb. ●
154658 Erythrina flabelliformis Kearney;西南刺桐(扇形刺桐);Colorines, Indian Bean, Southwestern Coral Bean, Western Coral Bean ●☆
154659 Erythrina forkersii Krukoff et Moldenke;福克刺桐;Forkers' Coralbean ●☆
154660 Erythrina fusca Lour.;褐刺桐;Bucayo ●☆
154661 Erythrina gibbsae Baker f. = Erythrina latissima E. Mey. ●☆
154662 Erythrina gilletii De Wild. = Erythrina tholloniana Hua ●☆
154663 Erythrina glabrescens (Praia) Parker;渐光刺桐●☆
154664 Erythrina glauca Willd.;灰刺桐●☆
154665 Erythrina glauca Willd. = Erythrina fusca Lour. ●☆
154666 Erythrina greenwayi Verdc.;格林韦刺桐●☆
154667 Erythrina hastifolia G. Bertol. = Erythrina humeana Spreng. ●☆
154668 Erythrina herbacea L.;切罗基刺桐(草质刺桐,绿刺桐);Cardinal Spear, Cherokee Bean, Cherokee-bean, Coral Bean, Eastern Coral Bean, Red Cardinal, Southeastern Coral-bean ■☆
154669 Erythrina huillensis Welw. ex Baker = Erythrina abyssinica Lam. ex DC. ●☆
154670 Erythrina humeana Spreng.;矮刺桐;Dwarf Erythrina, Dwarf Kaffirboom, Dwarf Lucky Bean Tree, Natal Coral Tree ●☆
154671 Erythrina humei E. Mey. = Erythrina humeana Spreng. ●☆
154672 Erythrina humei E. Mey. var. raja (Meisn.) Harv. = Erythrina humeana Spreng. ●☆
154673 Erythrina hypaphorus Boerl. ex Koord.;海帕刺桐(下箴刺桐)●☆
154674 Erythrina indica Lam. = Erythrina variegata L. ex Stickman ●
154675 Erythrina insignis Tod. = Erythrina caffra Thunb. ●
154676 Erythrina johnsoniae Hennessy;约翰斯顿刺桐●☆
154677 Erythrina kassneri Baker f. = Erythrina abyssinica Lam. ex DC. ●☆
154678 Erythrina klainei Pierre ex Harms;克莱恩刺桐●☆
154679 Erythrina lanigera P. A. Duvign. et Rochez = Erythrina lanigera P. A. Duvign. et Rochez ex Barneby et Krukoff ●☆
154680 Erythrina lanigera P. A. Duvign. et Rochez ex Barneby et Krukoff;绵毛刺桐●☆
154681 Erythrina latissima E. Mey.;宽叶刺桐;Broad-leaved Coral Tree ●☆
154682 Erythrina lithosperma Blume ex Miq.;硬核刺桐;Stone-seed Coralbean ●
154683 Erythrina lithosperma Blume ex Miq. = Erythrina subumbrans (Hassk.) Merr. ●
154684 Erythrina lithosperma Miq. = Erythrina subumbrans (Hassk.) Merr. ●
154685 Erythrina livingstoniana Baker;岩刺桐●☆
154686 Erythrina loureiri G. Don = Erythrina variegata L. ex Stickman ●
154687 Erythrina lysistemon Hutch.;疏蕊刺桐(幸运刺桐);Common Coral Tree, Lucky Bean Coral Tree, Lucky Bean Tree, Transvaal Kaffirboom ●☆
154688 Erythrina madagascariensis Du Puy et Labat;马岛刺桐●☆
154689 Erythrina melanacantha Taub. ex Harms;黑刺刺桐●☆
154690 Erythrina mendesii Torre = Erythrina baumii Harms ●☆
154691 Erythrina micropteryx Poepp. = Erythrina poeppigiana (Walp.)

O. F. Cook ●☆
154692 Erythrina mildbraedii Harms;米尔刺桐●☆
154693 Erythrina mitis Jacq.;柔软刺桐●☆
154694 Erythrina monosperma Lam. = Butea monosperma (Lam.) Taub. ●
154695 Erythrina montana Rose et Standl.;山地刺桐●☆
154696 Erythrina mossambicensis Sim = Erythrina abyssinica Lam. ex DC. ●☆
154697 Erythrina orientalis (L.) Murray = Erythrina variegata L. ex Stickman ●
154698 Erythrina orophila Ghesq.;喜山刺桐●☆
154699 Erythrina ovalifolia Roxb. = Erythrina fusca Lour. ●☆
154700 Erythrina pallida Britton et Rose;苍白刺桐●☆
154701 Erythrina pelligera Fenzl = Erythrina abyssinica Lam. ex DC. ●☆
154702 Erythrina perrieri R. Vig.;佩里耶山地刺桐●☆
154703 Erythrina platyphylla Baker f. = Erythrina abyssinica Lam. ex DC. ●☆
154704 Erythrina poeppigiana (Walp.) O. F. Cook;山生刺桐;Mountain Immortelle ●☆
154705 Erythrina poeppigiana O. F. Cook = Erythrina poeppigiana (Walp.) O. F. Cook ●☆
154706 Erythrina princeps A. Dietr.;南非象牙红●☆
154707 Erythrina princeps A. Dietr. = Erythrina humeana Spreng. ●☆
154708 Erythrina problematica P. A. Duvign. et Rochez = Erythrina mildbraedii Harms ●☆
154709 Erythrina pygmaea Torre;矮小刺桐●☆
154710 Erythrina raja Meisn. = Erythrina humeana Spreng. ●☆
154711 Erythrina rosenii Pax = Crotalaria rosenii (Pax) Milne-Redh. ex Polhill ●☆
154712 Erythrina rotundato-obovata Baker f. = Erythrina melanacantha Taub. ex Harms ●☆
154713 Erythrina rubrinervia Kunth;红脉刺桐●☆
154714 Erythrina sacleuxii Hua;萨克勒刺桐●☆
154715 Erythrina salviiflora Krukoff et Barneby;鼠尾草花刺桐●☆
154716 Erythrina sandersoni Harv. = Erythrina latissima E. Mey. ●☆
154717 Erythrina schliebenii Harms ex Mildbr.;施利本刺桐●☆
154718 Erythrina senegalensis A. DC.;塞内加尔刺桐;Senegal Coralbean, Senegal Coral-tree ●
154719 Erythrina seretii De Wild. = Erythrina excelsa Baker ●☆
154720 Erythrina sigmoidea Hua;红毛刺桐●☆
154721 Erythrina speciosa Andrews;象牙花(巴西刺桐);Brazilian Coral Tree ●
154722 Erythrina stricta Roxb.;劲直刺桐;Straight Coralbean, Straight Coral-bean ●
154723 Erythrina suberifera Welw. ex Baker = Erythrina abyssinica Lam. ex DC. ●☆
154724 Erythrina suberosa Roxb.;啮蚀刺桐●☆
154725 Erythrina suberosa Roxb. var. glabrescens Praia = Erythrina glabrescens (Praia) Parker ●☆
154726 Erythrina subumbrans (Hassk.) Merr.;翅果刺桐;Dadap, Winged-fruit Coralbean, Wingfruit Coral-bean ●
154727 Erythrina sudanica Baker f. = Erythrina sigmoidea Hua ●☆
154728 Erythrina sykesii Barneby et Krukoff = Erythrina variegata L. ex Stickman ●
154729 Erythrina thollonicana Hua;托伦刺桐●☆
154730 Erythrina tienensis F. T. Wang et Ts. Tang = Erythrina arborescens Roxb. ●
154731 Erythrina tomentosa R. Br. ex A. Rich. = Erythrina abyssinica Lam. ex DC. ●☆
154732 Erythrina umbrosa Kunth = Erythrina mitis Jacq. ●☆
154733 Erythrina variegata L. = Erythrina variegata L. ex Stickman ●
154734 Erythrina variegata L. ex Stickman;刺桐(刺木通,刺通,大有树,大有树,丁桐,钉桐,东方刺桐,冬叶树,古抱,鼓桐,广东象牙红,海桐,海桐树,鸡公树,鸡桐木,接骨药,空桐树,曼陀罗,曼陀罗花,七刺桐,青桐木,山芙蓉,梯姑,梯沽,梯枯,象牙红,印度刺桐,鹦哥花,杂色刺桐);Coral Bean, Coral Tree, Coralbean, Dadap, East Indian Coreltree, Indian Coral Bean, Indian Coral Tree, Indian Coralbean, Oriental Veriegated Coral-bean, Tiger's Claw, Tiger's Claws, Veriegated Coral Tree, Veriegated Coralbean, Veriegated Coral-bean ●
154735 Erythrina variegata L. ex Stickman 'Alba';白花刺桐●☆
154736 Erythrina variegata L. ex Stickman 'Aurea Marginata';黄脉刺桐●☆
154737 Erythrina variegata L. ex Stickman f. alba (Blatt. et Mill.) Maheshw. = Erythrina variegata L. ex Stickman 'Alba' ●☆
154738 Erythrina variegata L. ex Stickman var. orientalis (L.) Merr. = Erythrina variegata L. ex Stickman ●
154739 Erythrina velutina Willd.;短绒毛刺桐●☆
154740 Erythrina vespertilio Benth.;蝙蝠刺桐;Bat's-wing Coral Tree, Bat's-wing Coral-tree ●☆
154741 Erythrina viarum Tod. = Erythrina caffra Thunb. ●
154742 Erythrina vignei Burtt Davy = Erythrina vogelii Hook. f. ●☆
154743 Erythrina vogelii Hook. f.;沃格尔刺桐●☆
154744 Erythrina warneckei Baker f. = Erythrina abyssinica Lam. ex DC. ●☆
154745 Erythrina webberi Baker f. = Erythrina abyssinica Lam. ex DC. ●☆
154746 Erythrina yunnanensis H. T. Tsai et Te T. Yu ex S. K. Lee;云南刺桐;Yunnan Coralbean, Yunnan Coral-bean ●
154747 Erythrina zeyheri Harv.;红刺桐;Prickley Cardinal ●☆
154748 Erythrinaceae Schimp. = Leguminosae Juss.(保留科名)●■
154749 Erythrobalanus (Oerst.) O. Schwarz = Quercus L. ●
154750 Erythrocarpus Blume = Gelonium Roxb. ex Willd. ●
154751 Erythrocarpus Blume = Suregada Roxb. ex Rottler ●
154752 Erythrocarpus M. Roem. (1846);红果西番莲属●☆
154753 Erythrocarpus M. Roem. = Adenia Forssk. ●
154754 Erythrocarpus M. Roem. = Modecca Lam. ●
154755 Erythrocarpus glomerulatus Blume = Suregada glomerulata (Blume) Baill. ●
154756 Erythrocarpus populifolius M. Roem.;红果西番莲●☆
154757 Erythrocephalum Benth. (1873);红头菊属■●☆
154758 Erythrocephalum Benth. et Hook. f. = Erythrocephalum Benth. ■●☆
154759 Erythrocephalum aostae Buscal. et Muschl. = Erythrocephalum longifolium Benth. ex Oliv. ■☆
154760 Erythrocephalum bicolor Merxm. = Erythrocephalum longifolium Benth. ex Oliv. ■☆
154761 Erythrocephalum castellanum Buscal. et Muschl. = Erythrocephalum longifolium Benth. ex Oliv. ■☆
154762 Erythrocephalum caudatum S. Moore;尾状红头菊■☆
154763 Erythrocephalum decipiens C. Jeffrey;迷惑红头菊■☆
154764 Erythrocephalum dianthiflorum (Welw.) O. Hoffm.;石竹花红头菊■☆
154765 Erythrocephalum dictyophlebium Wild;网脉红头菊■☆
154766 Erythrocephalum erectum Klatt = Inula shirensis Oliv. ■☆

154767 Erythrocephalum foliosum (Klatt) O. Hoffm.;多叶红头菊■☆
154768 Erythrocephalum goetzei O. Hoffm.;格兹红头菊■☆
154769 Erythrocephalum helenae Buscal. et Muschl. = Erythrocephalum longifolium Benth. ex Oliv. ■☆
154770 Erythrocephalum humile O. Hoffm. = Erythrocephalum minus Oliv. ■☆
154771 Erythrocephalum jeffreyanum S. Ortiz et Rodr. Oubina;杰弗里红头菊■☆
154772 Erythrocephalum longifolium Benth. ex Oliv.;长叶红头菊■☆
154773 Erythrocephalum marginatum (O. Hoffm.) S. Ortiz et Cout.;非洲红头菊■☆
154774 Erythrocephalum microcephalum Dandy;小头红头菊■☆
154775 Erythrocephalum minus Oliv.;小红头菊■☆
154776 Erythrocephalum niassae Wild = Erythrocephalum longifolium Benth. ex Oliv. ■☆
154777 Erythrocephalum nutans Benth. ex Oliv. = Erythrocephalum longifolium Benth. ex Oliv. ■☆
154778 Erythrocephalum plantaginifolium O. Hoffm.;车前叶红头菊■☆
154779 Erythrocephalum scabrifolium C. Jeffrey;糙叶红头菊■☆
154780 Erythrocephalum setulosum C. Jeffrey;细刚毛红头菊■☆
154781 Erythrocephalum stuhlmannii O. Hoffm. = Erythrocephalum minus Oliv. ■☆
154782 Erythrocephalum zambesianum Oliv. et Hiern = Erythrocephalum longifolium Benth. ex Oliv. ■☆
154783 Erythrocephalum zambesianum Oliv. et Hiern var. angustifolium S. Moore = Erythrocephalum longifolium Benth. ex Oliv. ■☆
154784 Erythrocereus Houghton;红毛掌属■☆
154785 Erythrochaeta dentata A. Gray = Ligularia dentata (A. Gray) H. Hara ■
154786 Erythrochaeta palmatifida Siebold et Zucc. = Ligularia japonica (Thunb.) Less. ■
154787 Erythrochaete Siebold et Zucc. = Senecio L. ■●
154788 Erythrochaete dentata A. Gray = Ligularia dentata (A. Gray) H. Hara ■
154789 Erythrochiton Griff. = Ternstroemia Mutis ex L. f. (保留属名)●
154790 Erythrochiton Nees et Mart. (1823);红被芸香属●☆
154791 Erythrochiton hypophyllanthus Planch. et Linden;红被芸香●☆
154792 Erythrochlaena Post et Kuntze = Cirsium Mill. ■
154793 Erythrochlaena Post et Kuntze = Erythrolaena Sweet ■
154794 Erythrochlamys Gürke = Ocimum L. ●■
154795 Erythrochlamys Gürke (1894);红被草属●■☆
154796 Erythrochlamys cufodontii Lanza = Ocimum cufodontii (Lanza) A. J. Paton ■☆
154797 Erythrochlamys fruticosa Ryding = Ocimum fruticosum (Ryding) A. J. Paton ●☆
154798 Erythrochlamys kelleri Briq. = Ocimum spectabile (Gürke) A. J. Paton ●☆
154799 Erythrochlamys leucosphaera Briq. = Endostemon leucosphaerus (Briq.) A. J. Paton, Harley et M. M. Harley ■☆
154800 Erythrochlamys nivea Chiov. = Ocimum nummularia (S. Moore) A. J. Paton ■☆
154801 Erythrochlamys nummularia (S. Moore) Hedge = Ocimum nummularia (S. Moore) A. J. Paton ■☆
154802 Erythrochlamys spectabilis Gürke = Ocimum spectabile (Gürke) A. J. Paton ●☆
154803 Erythrochylus Reinw. = Claoxylon A. Juss. ●
154804 Erythrochylus Reinw. ex Blume = Claoxylon A. Juss. ●
154805 Erythrococca Benth. (1849);红果大戟属●☆
154806 Erythrococca abyssinica Pax;阿比西尼亚红果大戟●☆
154807 Erythrococca aculeata Benth. = Erythrococca anomala (Juss. ex Poir.) Prain ●☆
154808 Erythrococca africana (Baill.) Prain;非洲红果大戟●☆
154809 Erythrococca angolensis (Müll. Arg.) Prain;安哥拉红果大戟●☆
154810 Erythrococca anomala (Juss. ex Poir.) Prain;畸红果大戟●☆
154811 Erythrococca atrovirens (Pax) Prain;暗绿红果大戟●☆
154812 Erythrococca atrovirens (Pax) Prain var. flaccida (Pax) Radcl. -Sm.;柔软暗绿红果大戟●☆
154813 Erythrococca berberidea Prain;小檗大戟☆
154814 Erythrococca bongensis Pax;邦加红果大戟●☆
154815 Erythrococca chevalieri (Beille) Prain;舍瓦利耶红果大戟●☆
154816 Erythrococca columnaris (Müll. Arg.) Prain;圆柱红果大戟●☆
154817 Erythrococca dewevrei (Pax ex De Wild.) Prain;德韦红果大戟●☆
154818 Erythrococca fischeri Pax;菲舍尔红果大戟●☆
154819 Erythrococca flaccida (Pax) Prain = Erythrococca atrovirens (Pax) Prain var. flaccida (Pax) Radcl. -Sm. ●☆
154820 Erythrococca flaccida (Pax) Prain = Erythrococca atrovirens (Pax) Prain ●☆
154821 Erythrococca hirta Pax = Erythrococca trichogyne (Müll. Arg.) Prain ●☆
154822 Erythrococca hispida (Pax) Prain;硬毛红果大戟●☆
154823 Erythrococca integrifolia Radcl. -Sm.;全缘叶大戟☆
154824 Erythrococca kirkii (Müll. Arg.) Prain;柯克红果大戟●☆
154825 Erythrococca lasiococca (Pax) Prain = Erythrococca trichogyne (Müll. Arg.) Prain ●☆
154826 Erythrococca laurentii Prain;洛朗红果大戟●☆
154827 Erythrococca ledermanniana Prain = Erythrococca trichogyne (Müll. Arg.) Prain ●☆
154828 Erythrococca macrophylla (Prain) Prain;大叶红果大戟●☆
154829 Erythrococca mannii (Hook. f.) Prain;曼氏红果大戟●☆
154830 Erythrococca membranacea (Müll. Arg.) Prain;膜质红果大戟●☆
154831 Erythrococca menyharthii (Pax) Prain;迈尼哈尔特红果大戟●☆
154832 Erythrococca microphyllina Pax et K. Hoffm. = Erythrococca menyharthii (Pax) Prain ●☆
154833 Erythrococca mildbraedii (Pax) Prain = Erythrococca trichogyne (Müll. Arg.) Prain ●☆
154834 Erythrococca mitis Pax = Erythrococca atrovirens (Pax) Prain var. flaccida (Pax) Radcl. -Sm. ●☆
154835 Erythrococca molleri (Pax) Prain;默勒红果大戟●☆
154836 Erythrococca natalensis Prain;纳塔尔红果大戟●☆
154837 Erythrococca neglecta Pax et K. Hoffm.;忽视红果大戟●☆
154838 Erythrococca olacifolia Prain = Erythrococca bongensis Pax ●☆
154839 Erythrococca oleracea (Prain) Prain = Erythrococca atrovirens (Pax) Prain var. flaccida (Pax) Radcl. -Sm. ●☆
154840 Erythrococca pallidifolia (Pax et K. Hoffm.) Keay;苍白红果大戟●☆
154841 Erythrococca parvifolia Chiov. = Erythrococca abyssinica Pax ●☆
154842 Erythrococca patula (Prain) Prain;张开红果大戟●☆
154843 Erythrococca pauciflora (Müll. Arg.) Prain;少花红果大戟●☆
154844 Erythrococca paxii Rendle = Erythrococca bongensis Pax ●☆
154845 Erythrococca pentagyna Radcl. -Sm.;五蕊红果大戟●☆
154846 Erythrococca poggei (Prain) Prain;波格红果大戟●☆
154847 Erythrococca poggeophyton Prain;波氏红果大戟●☆

154848 Erythrococca polyandra (Pax et K. Hoffm.) Prain;多蕊红果大戟●☆
154849 Erythrococca pubescens Radcl. -Sm.;短柔毛红果大戟●☆
154850 Erythrococca rigidifolia Pax = Erythrococca bongensis Pax ●☆
154851 Erythrococca rivularis (Müll. Arg.) Prain;溪边红果大戟●☆
154852 Erythrococca sansibarica Pax = Erythrococca zambesiaca Prain ●☆
154853 Erythrococca stolziana Pax et K. Hoffm. = Erythrococca trichogyne (Müll. Arg.) Prain ●☆
154854 Erythrococca subspicata Prain;穗状红果大戟●☆
154855 Erythrococca trichogyne (Müll. Arg.) Prain;毛蕊红果大戟●☆
154856 Erythrococca trichogyne (Müll. Arg.) Prain var. psilogyne Radcl. -Sm.;裸蕊红果大戟●☆
154857 Erythrococca tristis (Müll. Arg.) Prain = Erythrococca neglecta Pax et K. Hoffm. ●☆
154858 Erythrococca ulugurensis Radcl. -Sm.;乌卢古尔红果大戟●☆
154859 Erythrococca uniflora M. G. Gilbert;单花红果大戟●☆
154860 Erythrococca usambarica Prain;乌桑巴拉红果大戟●☆
154861 Erythrococca welwitschiana (Müll. Arg.) Prain;韦尔红果大戟●☆
154862 Erythrococca zambesiaca Prain;扎姆红果大戟●☆
154863 Erythrocoma Greene = Acomastylis Greene ■
154864 Erythrocoma Greene = Geum L. ■
154865 Erythrocoma grisea Greene = Geum triflorum Pursh ■☆
154866 Erythrocoma triflora (Pursh) Greene = Geum triflorum Pursh ■☆
154867 Erythrocynis Thouars = Cynorkis Thouars ■☆
154868 Erythrocynis Thouars = Orchis L. ■
154869 Erythrodanum Thouars = Gomozia Mutis ex L. f. (废弃属名)■
154870 Erythrodanum Thouars = Nertera Banks ex Gaertn. (保留属名)■
154871 Erythrodes Blume(1825);钳唇兰属(钳喙兰属,细笔兰属,小唇兰属);Nipliporchis ■
154872 Erythrodes blumei (Lindl.) Schltr.;钳唇兰(阔叶细笔兰,钳喙兰,台湾小绳兰,小唇兰,小绳兰);Blue Nipliporchis ■
154873 Erythrodes bracteata (Blume) Schltr. = Herpysma longicaulis Lindl. ■
154874 Erythrodes brevicalcar J. J. Sm. = Erythrodes blumei (Lindl.) Schltr. ■
154875 Erythrodes chinensis (Rolfe) Schltr. = Erythrodes blumei (Lindl.) Schltr. ■
154876 Erythrodes formosana Schltr. = Erythrodes blumei (Lindl.) Schltr. ■
154877 Erythrodes henryi Schltr. = Erythrodes blumei (Lindl.) Schltr. ■
154878 Erythrodes herpysmoides (King et Pantl.) Schltr. = Erythrodes hirsuta (Griff.) Ormerod ■
154879 Erythrodes hirsuta (Griff.) Ormerod;硬毛钳唇兰■
154880 Erythrodes jamaicensis (Fawc. et Rendle) Fawc. et Rendle = Platythelys querceticola (Lindl.) Garay ■☆
154881 Erythrodes latifolia Blume;宽钳唇兰(阔叶细笔兰);Broad-leaved Nipliporchis ■
154882 Erythrodes querceticola (Lindl.) Ames = Platythelys querceticola (Lindl.) Garay ■☆
154883 Erythrodes sagreana (A. Rich.) Ames = Platythelys querceticola (Lindl.) Garay ■☆
154884 Erythrodes seshagiriana A. N. Rao = Erythrodes hirsuta (Griff.) Ormerod ■
154885 Erythrodes triantherae C. L. Yeh et C. S. Leou = Erythrodes blumei (Lindl.) Schltr. ■
154886 Erythrodes viridiflora (Blume) Schltr. = Goodyera viridiflora (Blume) Blume ■
154887 Erythrodris Thouars = Dryopeia Thouars ■
154888 Erythrogyne Gasp. = Ficus L. ●
154889 Erythrogyne Vis. = Ficus L. ●
154890 Erythrolaena Sweet = Cirsium Mill. ■
154891 Erythroleptis Thouars = Liparis Rich. (保留属名)■
154892 Erythroleptis Thouars = Malaxis Sol. ex Sw. ■
154893 Erythroniaceae Martinov = Liliaceae Juss. (保留科名)■●
154894 Erythroniaceae Martinov;猪牙花科■
154895 Erythronium L. (1753);猪牙花属(赤莲属);Adder's-Tongue, Adderslily, Dog's Tooth Violet, Dog's-tooth-violet, Dog's-tooth Violet, Fawn Lily, Fawnlily, Fawn-lily, Gentian, Trout Lily, Trout-lily ■
154896 Erythronium albidum Nutt.;白猪牙花;Small White Fawn-lily, White Adder's Tongue, White Adder's-tongue, White Dogtooth Violet, White Dog-tooth Violet, White Fawn Lily, White Fawnlily, White Trout Lily, White Trout-lily ■☆
154897 Erythronium albidum Nutt. var. coloratum Sterns = Erythronium mesochoreum Knerr ■☆
154898 Erythronium albidum Nutt. var. mesochoreum (Knerr) Rickett = Erythronium mesochoreum Knerr ■☆
154899 Erythronium americanum Ker Gawl.;美国猪牙花(北美山慈姑,黄花狗牙百合,美车前叶山慈姑,美洲猪牙花,美猪牙花);Amber Bell, Amberbell, American Adder's Tongue, American Dog Tooth Violet, American Dog-tooth Violet, American Trout-lily, Bastard Daffodil, Common Adder's-tongue, Dog-tooth, Fawn Lily, Fawn Lily Trout, Serpent's Tongue, Snake's Tongue, Trout Lily, Violet Dog-tooth, Yellow Adder's Tongue, Yellow Adder's-tongue, Yellow Dogtooth Violet, Yellow Dog-tooth Violet, Yellow Snowdrop, Yellow Trout Lily, Yellow Trout-lily ■☆
154900 Erythronium americanum Ker Gawl. f. bachii (Farw.) Dole = Erythronium americanum Ker Gawl. ■☆
154901 Erythronium americanum Ker Gawl. subsp. harperi (W. Wolf) C. R. Parks et Hardin;哈珀猪牙花;Harper's Trout-lily ■☆
154902 Erythronium bolivianum Burck;玻利维亚猪牙花(玻国猪牙花)■☆
154903 Erythronium californicum Purdy;加州猪牙花;California Fawnlily, California Fawn-lily, Fawn Lily ■☆
154904 Erythronium californicum Purdy 'Bicolor';二色加州猪牙花■☆
154905 Erythronium californicum Purdy 'White Beauty';白美人加州猪牙花■☆
154906 Erythronium caucasicum Woronow;高加索猪牙花■☆
154907 Erythronium citrinum S. Watson var. roderickii Shevock et G. A. Allen = Erythronium citrinum S. Watson ■☆
154908 Erythronium citrunum S. Watson;黄花猪牙花;Citrine Fawnlily, Pale Fawn-lily ■☆
154909 Erythronium dens-canis L.;狗牙堇(车前叶山慈姑,狗牙百合,犬齿堇菜,犬齿猪牙花,犬牙猪牙花,叶山,猪牙花);Dog Tooth Violet, Dog's Tooth Violet, Dog's-tooth Violet, Dog's Tooth, Dogtooth Fawn Lily, Dogtooth Violet, Dog-tooth Violet, Dog-tooth Violet Fawnlily, Fawn Lily, Trout Lily ■☆
154910 Erythronium dens-canis L. var. albiricum Fisch. et C. A. Mey. = Erythronium sibiricum (Fisch. et C. A. Mey.) Krylov ■
154911 Erythronium dens-canis L. var. japonicum Baker = Erythronium japonicum Decne. ■
154912 Erythronium dens-canis L. var. sibiricum Fisch. et C. A. Mey. = Erythronium sibiricum (Fisch. et C. A. Mey.) Krylov ■

154913 Erythronium elegans P. C. Hammond et K. L. Chambers;雅致猪牙花;Elegant Fawn-lily ■☆

154914 Erythronium giganteum Lindl. subsp. leucandrum Applegate = Erythronium oregonum Applegate ■☆

154915 Erythronium grandiflorum Pursh;大花猪牙花;Glacier Lily, Glacier-lily, Largeflower Fawnlily ■☆

154916 Erythronium grandiflorum Pursh subsp. candidum Piper;白大花猪牙花■☆

154917 Erythronium grandiflorum Pursh subsp. pusaterii Munz et J. T. Howell = Erythronium pusaterii (Munz et J. T. Howell) Shevock, Bartel et G. A. Allen ■☆

154918 Erythronium grandiflorum Pursh var. candidum (Piper) Abrams = Erythronium grandiflorum Pursh subsp. candidum Piper ■☆

154919 Erythronium grandiflorum Pursh var. idahoense (H. St. John et G. N. Jones) R. J. Davis = Erythronium grandiflorum Pursh subsp. candidum Piper ■☆

154920 Erythronium harperi W. Wolf = Erythronium americanum Ker Gawl. subsp. harperi (W. Wolf) C. R. Parks et Hardin ■☆

154921 Erythronium hartwegii S. Watson;哈氏猪牙花■☆

154922 Erythronium helenae Applegate;海伦娜猪牙花;Mount St. Helena Fawn-lily ■☆

154923 Erythronium hendersonii S. Watson;汉森猪牙花(汉德逊猪牙花);Henderson Fawnlily, Henderson's Fawn-lily ■☆

154924 Erythronium howellii S. Watson;豪厄尔猪牙花;Howell Fawnlily ■☆

154925 Erythronium idahoense H. St. John et G. N. Jones = Erythronium grandiflorum Pursh subsp. candidum Piper ■☆

154926 Erythronium japonicum Decne.;猪牙花(车前叶山慈姑,母猪牙,日本猪牙花,山慈姑,山芋头,叶山);Japan Gentian ■

154927 Erythronium japonicum Decne. f. album C. F. Fang = Erythronium japonicum Decne. ■

154928 Erythronium japonicum Decne. f. album C. F. Fang et Z. S. Qin;白花猪牙花;Japanese Fawnlily, White Japan Gentian ■

154929 Erythronium japonicum Decne. f. immaculatum P. Y. Fu et Q. S. Sun;无斑叶猪牙花;Spotless Japan Gentian ■

154930 Erythronium japonicum Decne. f. immaculatum P. Y. Fu et Q. S. Sun = Erythronium japonicum Decne. ■

154931 Erythronium klamathense Applegate;可拉马斯猪牙花;Klamath Fawn-lily ■☆

154932 Erythronium mesochoreum Knerr;草原白猪牙花;Prairie Dogtooth Violet, Prairie Trout-lily, Snake Lily, Spring Lily, White Dogtooth Violet, White Trout Lily ■☆

154933 Erythronium montanum S. Watson;山地猪牙花(山赤莲);Avalanche Lily, Avalanche-lily ■☆

154934 Erythronium multiscapideum (Kellogg) A. Nelson et P. B. Kenn.;丘陵猪牙花;Sierra Foothills Fawn-lily ■☆

154935 Erythronium multiscapoideum A. Nelson et P. B. Kenn.;多葶猪牙花;Manyscape Fawnlily ■☆

154936 Erythronium oregonum Applegate;俄勒冈猪牙花;Dogtooth Lily, Dog-tooth Lily, Easter Lily, Fawn Lily, Giant Adder's Tongue, Oregon Fawnlily, Oregon Fawn-lily ■☆

154937 Erythronium oregonum Applegate subsp. leucandrum (Applegate) Applegate = Erythronium oregonum Applegate ■☆

154938 Erythronium pluriflorum Shevock, Bartel et G. A. Allen;多花猪牙花;Golden Fawn-lily ■☆

154939 Erythronium propullans A. Gray;明尼苏达猪牙花;Minnesota Dwarf Trout-lily ■☆

154940 Erythronium purpurascens S. Watson;淡紫猪牙花;Sierra Nevada Fawn-lily ■☆

154941 Erythronium pusaterii (Munz et J. T. Howell) Shevock, Bartel et G. A. Allen;普萨猪牙花;Kaweah Lakes Fawn-lily ■☆

154942 Erythronium quinaultense G. A. Allen;奎纳尔特猪牙花;Quinault Fawn-lily ■☆

154943 Erythronium revolutum Sm.;粉花猪牙花(卷瓣猪牙花);American Trout Lily, Pink Fawn-lily, Pinkflower Fawnlily ■☆

154944 Erythronium revolutum Sm. var. johnsonii Purdy;深玫猪牙花;Darkrose Fawnlily ■☆

154945 Erythronium rostratum W. Wolf;喙猪牙花;Beaked Trout-lily, Yellow Adder's Tongue, Yellow Dogtooth Violet, Yellow Trout Lily ■☆

154946 Erythronium sibiricum (Fisch. et C. A. Mey.) Krylov;新疆猪牙花(鸡腿参,西伯利亚猪牙花);Siberia Gentian, Siberian Fawnlily ■

154947 Erythronium taylorii Shevock et G. A. Allen;泰勒猪牙花;Taylor's Fawn-lily ■☆

154948 Erythronium tuolumnense Applegate;长叶猪牙花(图奥勒米猪牙花);Longleaf Fawnlily, Tuolumne Fawn-lily ■☆

154949 Erythronium umbilicatum C. R. Parks et Hardin;脐猪牙花;Dimpled Trout-lily ■☆

154950 Erythropalaceae Pilg. et K. Krause = Erythropalaceae Planch. ex Miq.(保留科名)●

154951 Erythropalaceae Pilg. et K. Krause = Olacaceae R. Br.(保留科名)●

154952 Erythropalaceae Planch. ex Miq.(1856)(保留科名);赤苍藤科;Erythropalum Family ●

154953 Erythropalaceae Sleumer = Olacaceae R. Br.(保留科名)●

154954 Erythropalaceae Tiegh. = Erythropalaceae Planch. ex Miq.(保留科名)●

154955 Erythropalla Hassk. = Erythropalum Blume ●

154956 Erythropalum Blume (1826);赤苍藤属(红苍藤属);Erythropalum ●

154957 Erythropalum populifolium Mast. = Erythropalum scandens Blume ●

154958 Erythropalum scandens Blume;赤苍藤(侧苋,勾华,假黄藤,龙香藤,蚂蟥藤,牛耳藤,七白芍,蒌藤,细绿藤,腥藤);Climbing Erythropalum ●

154959 Erythropalum vagum (Griff.) Mast. = Erythropalum scandens Blume ●

154960 Erythrophila Arn. = Erythrophysa E. Mey. ex Arn. ●☆

154961 Erythrophleum Afzel. = Erythrophleum Afzel. ex G. Don ●

154962 Erythrophleum Afzel. ex G. Don(1826);格木属;Checkwood, Erythrophleum ●

154963 Erythrophleum Afzel. ex R. Br. = Erythrophleum Afzel. ex G. Don ●

154964 Erythrophleum africanum (Welw. ex Benth.) Harms;非洲格木;African Erythrophleum ●☆

154965 Erythrophleum africanum (Welw. ex Benth.) Harms var. stenocarpum Harms = Erythrophleum africanum (Welw. ex Benth.) Harms ●☆

154966 Erythrophleum africanum Harms = Erythrophleum africanum (Welw. ex Benth.) Harms ●☆

154967 Erythrophleum chlorostachys Baill.;绿蕊格木;Green-stamen Erythrophleum ●☆

154968 Erythrophleum couminga Baill.;考明格木;Couming Erythrophleum ●☆

154969 Erythrophleum densiflorum Merr.;丛花格木●☆
154970 Erythrophleum dinklagei Taub. = Calpocalyx dinklagei Harms ●☆
154971 Erythrophleum fordii Oliv.;格木(潮木,赤叶柴,赤叶木,大疔癀,东京木,斗登风,斗登凤,孤坟柴,黑盐木,山荏,石盐,铁棱,铁梨木,铁力木,铁栗木,铁木,乌鸡骨);Ford Checkwood,Ford Erythrophleum ●◇
154972 Erythrophleum gabunense Taub. = Cylicodiscus gabunensis Harms ●☆
154973 Erythrophleum guineense G. Don;几内亚格木(基尼格木);Casca Bark,Doom Bark,Guinea Erythrophleum,Missanda,Ordeal Tree,Red Water Tree,Red-water Tree,Sasswood,Sassybark ●☆
154974 Erythrophleum guineense G. Don = Erythrophleum suaveolens (Guillaumin et Perr.) Brenan ●☆
154975 Erythrophleum guineense G. Don var. swaziense Burtt Davy = Erythrophleum lasianthum Corbishley ●☆
154976 Erythrophleum ivorense A. Chev.;象牙海岸格木(象牙状格木);Ivory Coast Checkwood,Ivory Coast Erythrophleum ●☆
154977 Erythrophleum laboucherii F. Muell. ex Benth.;拉氏格木●☆
154978 Erythrophleum lasianthum Corbishley;毛花格木●☆
154979 Erythrophleum letestui A. Chev. ex Baker f. = Cylicodiscus gabunensis Harms ●☆
154980 Erythrophleum micranthum Harms ex Craib = Erythrophleum ivorense A. Chev. ●☆
154981 Erythrophleum pubistamineum Henn. = Erythrophleum africanum (Welw. ex Benth.) Harms ●☆
154982 Erythrophleum pubistamineum Henn. var. parvifolium Schinz = Erythrophleum africanum (Welw. ex Benth.) Harms ●☆
154983 Erythrophleum suaveolens (Guillaumin et Perr.) Brenan;香格木;Fragrant Erythrophleum,Sassy Bark ●☆
154984 Erythrophloem Benth. = Erythrophleum Afzel. ex R. Br. ●
154985 Erythrophysa E. Mey. = Erythrophysa E. Mey. ex Arn. ●☆
154986 Erythrophysa E. Mey. ex Arn. (1841) ('Erythrophila');红囊无患子属●☆
154987 Erythrophysa E. Mey. ex Harv. et Sond. = Erythrophysa E. Mey. ex Arn. ●☆
154988 Erythrophysa alata (Eckl. et Zeyh.) Hutch.;具翅红囊无患子●☆
154989 Erythrophysa humbertii Capuron;亨伯特红囊无患子●☆
154990 Erythrophysa paniculata Capuron;圆锥红囊无患子●☆
154991 Erythrophysa sakalava Capuron;萨卡拉瓦红囊无患子●☆
154992 Erythrophysa septentrionalis Verdc.;北方红囊无患子●☆
154993 Erythrophysa transvaalensis I. Verd.;德兰士瓦红囊无患子●☆
154994 Erythrophysa undulata E. Mey. ex Sond. = Erythrophysa alata (Eckl. et Zeyh.) Hutch. ●☆
154995 Erythrophysopsis Verdc. = Erythrophysa E. Mey. ex Arn. ●☆
154996 Erythropogon DC. = Metalasia R. Br. ●☆
154997 Erythropsis Lindl. = Erythropsis Lindl. ex Schott et Endl. ●
154998 Erythropsis Lindl. ex Schott et Endl. (1832);火桐属(火桐树属);Erythropsis ●
154999 Erythropsis Lindl. ex Schott et Endl. = Firmiana Marsili ●
155000 Erythropsis colorata (Roxb.) Burkill;火桐(彩色梧桐,短毛梧桐,有色苹婆);Coloured Erythropsis,Coloured Sterculia,Rusty firmiana ●
155001 Erythropsis colorata (Roxb.) Burkill = Firmiana colorata (Roxb.) R. Br. ●
155002 Erythropsis kwangsiensis (H. H. Hsue) H. H. Hsue = Firmiana kwangsiensis H. H. Hsue ●
155003 Erythropsis kwangsiensis (J. R. Xue) H. H. Hsue;广西火桐(广西梧桐);Guangxi Erythropsis,Kwangsi Erythropsis ●◇
155004 Erythropsis pallens (Wall. ex King) Ridl. = Firmiana pallens (Wall. ex King) Stearn ●☆
155005 Erythropsis pulcherrima (H. H. Hsue) H. H. Hsue = Firmiana pulcherrima H. H Hsue ●
155006 Erythropsis pulcherrima (J. R. Xue) H. H. Hsue;美丽火桐(美丽梧桐);Beatiful Erythropsis ●
155007 Erythropsis roxburghiana Schott et Endl. = Erythropsis colorata (Roxb.) Burkill ●
155008 Erythropsis roxburghiana Schott et Endl. = Pterygota alata (Roxb.) R. Br. ●
155009 Erythropyxis Engl. = Brazzeia Baill. ●☆
155010 Erythropyxis Engl. = Erytropyxis Pierre ●☆
155011 Erythrorchis Blume (1837);倒吊兰属(蔓茎山珊瑚属);Erythrorchis ■
155012 Erythrorchis altissima (Blume) Blume;倒吊兰(高山珊瑚,蔓茎山珊瑚);Erythrorchis ■
155013 Erythrorchis kuhlii Rchb. f. = Galeola nudifolia Lour. ■
155014 Erythrorchis lindleyana (Hook. f. et Thomson) Rchb. f. = Galeola lindleyana (Hook. f. et Thomson) Rchb. f. ■
155015 Erythrorchis ochobiensis (Hayata) Garay = Erythrorchis altissima (Blume) Blume ■
155016 Erythrorhipsalis A. Berger = Rhipsalis Gaertn. (保留属名) ●
155017 Erythrorhipsalis A. Berger(1920);红仙人棒属(红丝苇属)●☆
155018 Erythrorhipsalis pilocarpa (Loefgr.) A. Berger;红仙人棒(毛果红丝苇)●☆
155019 Erythrorhiza Michx. = Galax Sims(保留属名)■☆
155020 Erythroropalum Blume = Erythropalum Blume ●
155021 Erythroselinum Chiov. (1911);红亮蛇床属■☆
155022 Erythroselinum atropurpureum (Schimp. ex A. Rich.) Chiov. = Erythroselinum atropurpureum (Steud. ex A. Rich.) Chiov. ■☆
155023 Erythroselinum atropurpureum (Steud. ex A. Rich.) Chiov.;红亮蛇床(暗紫马拉巴草)■☆
155024 Erythroselinum lefebvrioides Engl. = Erythroselinum atropurpureum (Steud. ex A. Rich.) Chiov. ■☆
155025 Erythroseris N. Kilian et Gemeinholzer = Tolpis Adans. ●■☆
155026 Erythroseris N. Kilian et Gemeinholzer(2007);红苣属■☆
155027 Erythrospermaceae Doweld = Flacourtiaceae Rich. ex DC. (保留科名) ●
155028 Erythrospermaceae Tiegh. = Achariaceae Harms(保留科名)●■☆
155029 Erythrospermaceae Tiegh. = Flacourtiaceae Rich. ex DC. (保留科名) ●
155030 Erythrospermaceae Tiegh. ex Bullock = Flacourtiaceae Rich. ex DC. (保留科名) ●
155031 Erythrospermum Lam. = Erythrospermum Thouars(保留属名) ●
155032 Erythrospermum Thouars (1808) (保留属名);红子木属;Erythrospermum,Redseedtree ●
155033 Erythrospermum cavaleriei H. Lév. = Celastrus hindsii Benth. ●
155034 Erythrospermum hypoleucum Oliv.;红子木;Whiteback Erythrospermum,Whiteback Redseedtree ●
155035 Erythrospermum hypoleucum Oliv. = Celastrus hypoleucus (Oliv.) Warb. ex Loes. ●
155036 Erythrospermum monticola Thouars;山生红子木●☆
155037 Erythrospermum phytolaccoides Garden;锡兰红子木;Ceylon Erythrospermum,Ceylon Redseedtree ●
155038 Erythrostaphyle Hance = Iodes Blume ●

155039 Erythrostaphyle vitiginea Hance = Iodes vitiginea (Hance) Hemsl. ●

155040 Erythrostemon Klotzsch = Caesalpinia L. ●

155041 Erythrostemon Klotzsch(1844);红蕊豆属■☆

155042 Erythrostemon gilliesii Klotzsch;红蕊豆■☆

155043 Erythrostictus Schltdl. = Androcymbium Willd. ■☆

155044 Erythrostictus gramineus (Cav.) Schltr. = Androcymbium gramineum (Cav.) J. F. Macbr. ■☆

155045 Erythrostictus punctatus Schltr. = Androcymbium gramineum (Cav.) J. F. Macbr. ■☆

155046 Erythrostigma Hassk. = Connarus L. ●

155047 Erythrotis Hook. f. = Cyanotis D. Don(保留属名)■

155048 Erythroxylaceae Kunth(1822)(保留科名);古柯科(高卡科);Coca Family, Cocaine Family ●

155049 Erythroxylon L. = Erythroxylum P. Browne ●

155050 Erythroxylon emarginatum Thonn. var. dekindtii Engl. = Erythroxylum dekindtii (Engl.) O. E. Schulz ●☆

155051 Erythroxylum P. Browne(1756);古柯属(高根属);Catuaba Herbal, Coca, Cocaine Tree, Cocainetree ●

155052 Erythroxylum amplifolium Baill. = Erythroxylum excelsum O. E. Schulz ●☆

155053 Erythroxylum ampullaceum Baker = Erythroxylum firmum Baker ●☆

155054 Erythroxylum anceps O. E. Schulz = Erythroxylum ferrugineum Cav. ●☆

155055 Erythroxylum areolatum Billb. ex Beurl.;牙买加古柯;Jamaica Ironwood ●

155056 Erythroxylum badium O. E. Schulz = Erythroxylum corymbosum Boivin ex Baill. ●☆

155057 Erythroxylum boinense H. Perrier;博伊纳古柯●☆

155058 Erythroxylum boivinianum Baill.;博伊文古柯●☆

155059 Erythroxylum brownianum Burtt Davy = Erythroxylum delagoense Schinz ●☆

155060 Erythroxylum buxifolium Lam. = Erythroxylum ferrugineum Cav. ●☆

155061 Erythroxylum caffrum Sond. = Erythroxylum emarginatum Thonn. ●☆

155062 Erythroxylum capense (Bolus) Stapf = Nectaropetalum capense (Bolus) Stapf et Boodle ●☆

155063 Erythroxylum capitatum Baker;头状古柯●☆

155064 Erythroxylum carvalhoi (Engl.) E. Phillips = Nectaropetalum carvalhoi Engl. ●☆

155065 Erythroxylum cataractarum Spruce ex Peyr.;瀑布群高原古柯●☆

155066 Erythroxylum citrifolium A. St. -Hil.;柠檬叶古柯●☆

155067 Erythroxylum coca Lam.;古柯(高根,高卡,古加,秘鲁古柯,爪哇高卡,爪哇古柯);Bolivian Leaf, Cherry, Coca, Coca Shrub, Cocaine, Cocaine Plant, Cocaine-plant, Cocainetree, Coke, Huanoco Cocaine-tree, Huanuco Cocaine Tree, Huanuco Leaf, Java Cocainetree, Spadic Bush ●

155068 Erythroxylum coffeifolium Baill.;咖啡叶古柯●☆

155069 Erythroxylum compactum Rose;紧密古柯●☆

155070 Erythroxylum congolensis (S. Moore) E. Phillips = Pinacopodium congolense (S. Moore) Exell et Mendonça ●☆

155071 Erythroxylum corymbosum Boivin ex Baill.;伞序古柯●☆

155072 Erythroxylum crassipes Baill. = Erythroxylum platyclados Bojer ●☆

155073 Erythroxylum dekindtii (Engl.) O. E. Schulz;德金古柯●☆

155074 Erythroxylum delagoense Schinz;迪拉果古柯●☆

155075 Erythroxylum discolor Bojer;异色古柯●☆

155076 Erythroxylum eligulatum H. Perrier = Nectaropetalum eligulatum (H. Perrier) Bard. -Vauc. ●☆

155077 Erythroxylum emarginatum Thonn.;微缺古柯●☆

155078 Erythroxylum emarginatum Thonn. var. angustifolium O. E. Schulz = Erythroxylum emarginatum Thonn. ●☆

155079 Erythroxylum emarginatum Thonn. var. caffrum (Sond.) O. E. Schulz = Erythroxylum emarginatum Thonn. ●☆

155080 Erythroxylum excelsum O. E. Schulz;高大古柯●☆

155081 Erythroxylum ferrugineum Cav.;锈色古柯●☆

155082 Erythroxylum firmum Baker;坚硬古柯●☆

155083 Erythroxylum fischeri Engl.;菲舍尔古柯●☆

155084 Erythroxylum fischeri Engl. var. heckmannianum ? = Erythroxylum fischeri Engl. ●☆

155085 Erythroxylum gerrardii Baker;杰勒德古柯●☆

155086 Erythroxylum hildebrandtii O. E. Schulz = Erythroxylum coffeifolium Baill. ●☆

155087 Erythroxylum jossinioides Bojer = Erythroxylum discolor Bojer ●☆

155088 Erythroxylum kunthianum (Wall.) Kurz;东方古柯(滇缅古柯,古柯,华古柯,假古柯,猫脷木,细叶接骨木);China Coca, Chinese Cocaine Tree, Oriental Cocaine Tree, Oriental Cocainetree ●

155089 Erythroxylum kunthianum (Wall.) Kurz = Erythroxylum sinense C. Y. Wu ●

155090 Erythroxylum mangorense H. Perrier;曼古鲁古柯●☆

155091 Erythroxylum mannii Oliv.;曼氏古柯●☆

155092 Erythroxylum mocquerysii A. DC.;莫克里斯古柯●☆

155093 Erythroxylum monogynum Roxb.;单蕊古柯;One-stamen Cocainetree ●☆

155094 Erythroxylum monogynum Roxb. var. caffrum (Sond.) Eyles = Erythroxylum emarginatum Thonn. ●☆

155095 Erythroxylum myrtoides Bojer = Erythroxylum ferrugineum Cav. ●☆

155096 Erythroxylum nitidulum Baker;稍亮古柯●☆

155097 Erythroxylum nossibeense Baill.;诺西波古柯●☆

155098 Erythroxylum novogranatense (Morris) Hieron. = Erythroxylum coca Lam. ●

155099 Erythroxylum perrotii A. Chev. = Erythroxylum emarginatum Thonn. ●☆

155100 Erythroxylum pervillei Baill.;佩尔古柯●☆

155101 Erythroxylum pictum E. Mey. ex Sond.;着色古柯●☆

155102 Erythroxylum platyclados Bojer;平枝古柯●☆

155103 Erythroxylum pulchellum Engl. = Erythroxylum platyclados Bojer ●☆

155104 Erythroxylum pyrifolium Baker;梨叶古柯●☆

155105 Erythroxylum recurvifolium Baker = Erythroxylum discolor Bojer ●☆

155106 Erythroxylum retusum Baill. ex O. E. Schulz;微凹古柯●☆

155107 Erythroxylum richardianum Baill. = Erythroxylum platyclados Bojer ●☆

155108 Erythroxylum schliebenii O. E. Schulz = Erythroxylum emarginatum Thonn. ●☆

155109 Erythroxylum seyrigii H. Perrier;塞里格古柯●☆

155110 Erythroxylum sinense C. Y. Wu = Erythroxylum kunthianum (Wall.) Kurz ●

155111 Erythroxylum sparsiflorum Baker = Erythroxylum nitidulum Baker ●☆

155112 Erythroxylum sphaeranthum H. Perrier;球花古柯●☆
155113 Erythroxylum striiflorum H. Perrier;沟花古柯●☆
155114 Erythroxylum truxillense Rusby;秘鲁古柯;Peruvlan Leaf, Truxillo Leaf ●☆
155115 Erythroxylum xerophilum H. Perrier;旱生古柯●☆
155116 Erythroxylum zambesiacum N. Robson;赞比西古柯●☆
155117 Erythroxylum zuluense Schönland = Nectaropetalum zuluense (Schönland) Corbishley ●☆
155118 Erytrochilus Blume = Claoxylon A. Juss. ●
155119 Erytrochilus Reinw. ex Blume(1825) = Claoxylon A. Juss. ●
155120 Erytrochilus Reinw. ex Blume(1825) = Erythrochylus Reinw. ex Blume(1823) ●
155121 Erytrochilus indicus Reinw. ex Blume = Claoxylon indicum (Reinw. ex Blume) Hassk. ●
155122 Erytrochilus longifolius Blume = Claoxylon longifolium (Blume) Endl. ex Hassk. ●
155123 Erytrochiton Schltdl. = Erythrochiton Griff. ●☆
155124 Erytrochiton Schltdl. = Ternstroemia Mutis ex L. f. (保留属名)●
155125 Erytronium Scop. = Erythronium L. ■
155126 Erytropyxis Pierre = Brazzeia Baill. ●☆
155127 Esblichia Rose = Erblichia Seem. ●☆
155128 Escallonia L. f. = Escallonia Mutis ex L. f. ●☆
155129 Escallonia Mutis = Dichondra J. R. Forst. et G. Forst. ■
155130 Escallonia Mutis ex L. f. (1782);南美鼠刺属(艾斯卡罗属,鼠刺属);Escallonia ●☆
155131 Escallonia × exoniensis Veitch;埃克塞尼南美鼠刺(埃克塞尼艾斯卡罗);Pink Princess Escallonia ●☆
155132 Escallonia × exoniensis Veitch 'Frades';福雷兹埃克塞尼南美鼠刺(福雷兹埃克塞尼艾斯卡罗)●☆
155133 Escallonia araucana Phil.;南美鼠刺(艾斯卡罗)●☆
155134 Escallonia bifida Link et Otto ex Engl.;白南美鼠刺(白艾斯卡罗);Arbol Del Pito, White Escallonia ●☆
155135 Escallonia floribunda Kunth;繁花南美鼠刺(繁花艾斯卡罗,南美鼠刺)●☆
155136 Escallonia floribunda Kunth var. montevidensis Cham. et Schltdl. = Escallonia montevidensis (Cham. et Schltdl.) DC. ●☆
155137 Escallonia illinita C. Presl;香南美鼠刺(香艾斯卡罗)●☆
155138 Escallonia laevis (Vell.) Sleumer;粉南美鼠刺(粉艾斯卡罗);Pink Escallonia ●☆
155139 Escallonia langleyensis Vilm. et Bois;郎地南美鼠刺●☆
155140 Escallonia leucantha Remy;白花南美鼠刺●☆
155141 Escallonia macrantha Hook. et Arn.;智利南美鼠刺(大花红南美鼠刺);Chilean Gum Box, Chilean Gum-box, Escallonia, Redclaws ●☆
155142 Escallonia macrantha Hook. et Arn. = Escallonia rubra (Ruiz et Pav.) Pers. ●☆
155143 Escallonia montevidensis (Cham. et Schltdl.) DC.;蒙得维的亚南美鼠刺;Montevideo Escallonia ●☆
155144 Escallonia montevidensis DC. = Escallonia montevidensis (Cham. et Schltdl.) DC. ●☆
155145 Escallonia organensis Gardner;奥尔干美鼠刺●☆
155146 Escallonia punctata DC.;斑点美鼠刺●☆
155147 Escallonia revoluta (Ruiz et Pav.) Pers. = Escallonia revoluta Bertero ex Steud. ●☆
155148 Escallonia revoluta Bertero ex Steud.;密毛南美鼠刺(密毛艾斯卡罗)●☆
155149 Escallonia rubra (Ruiz et Pav.) Pers.;红南美鼠刺(红艾斯卡罗);Red Escallonia ●☆
155150 Escallonia rubra (Ruiz et Pav.) Pers. var. punctata (DC.) Hook. f. = Escallonia punctata DC. ●☆
155151 Escallonia rubra Pers. = Escallonia rubra (Ruiz et Pav.) Pers. ●☆
155152 Escallonia rubra Pers. var. macrantha Reiche = Escallonia macrantha Hook. et Arn. ●☆
155153 Escallonia virgata Pers.;纤枝南美鼠刺(帚状艾斯卡罗)●☆
155154 Escalloniaceae Dumort. = Escalloniaceae R. Br. ex Dumort. (保留科名)●
155155 Escalloniaceae R. Br. ex Dumort. (1829)(保留科名);南美鼠刺科(吊片果科,鼠刺科,夷鼠刺科);Escallonia Family, Sweetspire Family ●
155156 Escalloniaceae R. Br. ex Dumort. (保留科名) = Grossulariaceae DC. (保留科名)●
155157 Eschenbachia Moench(废弃属名) = Conyza Less. (保留属名)■
155158 Eschenbachia persicifolia (Benth.) Exell = Conyza attenuata DC. ■☆
155159 Escheria Regel = Gloxinia L'Hér. ■☆
155160 Eschholtzia Rchb. = Escholtzia Dumort. ■
155161 Eschholtzia Rchb. = Eschscholtzia Bernh. ■
155162 Eschholtzia Rchb. = Eschscholzia Cham. ■
155163 Escholtzia Dumort. = Eschscholzia Cham. ■
155164 Eschscholtzia Bernh. = Eschscholzia Cham. ■
155165 Eschscholtzia Cham. = Eschscholzia Cham. ■
155166 Eschscholtzia Rchb. = Eschscholzia Cham. ■
155167 Eschscholtzia californica Cham. = Eschscholzia californica Cham. ■
155168 Eschscholtziaceae A. C. Sm.;花菱草科■
155169 Eschscholtziaceae Seringe = Papaveraceae Juss. (保留科名)●■
155170 Eschscholzia Cham. (1820);花菱草属;California Poppy, Californian Poppy, Gold Poppy, Goldpoppy ■
155171 Eschscholzia caespitosa Benth.;丛生花菱草(簇生花菱草)■☆
155172 Eschscholzia caespitosa Benth. var. hypecoides (Benth.) A. Gray = Eschscholzia hypecoides Benth. ■☆
155173 Eschscholzia californica Cham.;花菱草(加州罂粟花,金英花,人参花);California Poppy, Californian Poppy, California-poppy, Carrot Plant, Common California Poppy ■
155174 Eschscholzia californica Cham. subsp. mexicana (Greene) C. Clark;墨西哥花菱草■☆
155175 Eschscholzia californica Cham. var. peninsularis (Greene) Munz = Eschscholzia californica Cham. ■
155176 Eschscholzia californica Cham. var. scrocea (Benth.) Jeps. = Eschscholzia californica Cham. ■
155177 Eschscholzia covillei Greene = Eschscholzia minutiflora S. Watson ■☆
155178 Eschscholzia elegans Greene var. ramosa Greene = Eschscholzia ramosa (Greene) Greene ■☆
155179 Eschscholzia glyptosperma Greene;沙地花菱草;Desert Gold Poppy ■☆
155180 Eschscholzia hybrid Hort.;杂种花菱草;California Poppy ■☆
155181 Eschscholzia hypecoides Benth.;角茴香花菱草■☆
155182 Eschscholzia lobbii Greene;罗勃氏花菱草(匐地花菱草,匍地花菱草);Frying-pans, Lobb Californiapoppy ■☆
155183 Eschscholzia mexicana Greene;墨西哥金花菱草;Mexican Gold Poppy ■☆
155184 Eschscholzia mexicana Greene = Eschscholzia californica subsp.

mexicana (Greene) C. Clark ■☆
155185 Eschscholzia micrantha Greene;小花花菱草■☆
155186 Eschscholzia minutiflora S. Watson; 小花菱草; Little Gold Poppy ■☆
155187 Eschscholzia minutiflora S. Watson subsp. covillei (Greene) C. Clark = Eschscholzia minutiflora S. Watson ■☆
155188 Eschscholzia minutiflora S. Watson subsp. twisselmanii C. Clark et M. Faull = Eschscholzia minutiflora S. Watson ■☆
155189 Eschscholzia minutiflora S. Watson var. darwinensis M. E. Jones = Eschscholzia minutiflora S. Watson ■☆
155190 Eschscholzia procera Greene = Eschscholzia californica Cham. ■
155191 Eschscholzia ramosa (Greene) Greene; 岛生花菱草; Island-poppy ■☆
155192 Eschweilera Mart. = Eschweilera Mart. ex DC. ●☆
155193 Eschweilera Mart. ex DC. (1828);拉美玉蕊属●☆
155194 Eschweilera odorata Miers;拉美玉蕊●☆
155195 Eschweilera ovalifolia (DC.) Nied.;卵叶拉美玉蕊●☆
155196 Eschweileria Zipp. ex Boerl. = Boeriagiodendron Harms ●
155197 Eschweileria Zipp. ex Boerl. = Osmoxylon Miq. ●
155198 Eschweileria palmatum Zipp. = Boerlagiodendron palmatum (Zipp.) Harms ●
155199 Esclerona Raf. = Xylia Benth. ●
155200 Escobaria Britton et Rose = Coryphantha (Engelm.) Lem. (保留属名)●■
155201 Escobaria Britton et Rose (1923); 松笠属(松球属); Cob Cactus ●☆
155202 Escobaria albicolumnaria Hester; 银边松笠; Silver Lace Cob Cactus ●☆
155203 Escobaria chaffeyi Britton et Rose = Coryphantha chaffeyi (Britton et Rose) Fosberg ■☆
155204 Escobaria dasyacantha (Engelm.) Britton et Rose = Coryphantha dasyacantha (Engelm.) Orcutt ■☆
155205 Escobaria dasyacantha (Engelm.) Britton et Rose var. chaffeyi (Britton et Rose) N. P. Taylor = Coryphantha chaffeyi (Britton et Rose) Fosberg ■☆
155206 Escobaria dasyacantha (Engelm.) Britton et Rose var. duncanii (Hester) N. P. Taylor = Coryphantha duncanii (Hester) L. D. Benson ■☆
155207 Escobaria dasyacantha (Engelm.) Britton et Rose var. varicolor (Tiegel) D. R. Hunt = Coryphantha tuberculosa (Engelm.) A. Berger ■☆
155208 Escobaria dasyacantha Britton et Rose;毛刺松笠;Cob Cactus ●☆
155209 Escobaria deserti (Engelm.) Buxb. = Coryphantha chlorantha (Engelm.) Britton et Rose ■☆
155210 Escobaria duncanii (Hester) Backeb. = Coryphantha duncanii (Hester) L. D. Benson ■☆
155211 Escobaria guadalupensis Brack et Heil = Coryphantha sneedii (Britton et Rose) A. Berger ■☆
155212 Escobaria hesteri (Y. Wright) Buxb. = Coryphantha hesteri Y. Wright ■☆
155213 Escobaria minima (Baird) D. R. Hunt;小松笠(小极光球,小松球);Nellie Cory Cactus ●☆
155214 Escobaria minima (Baird) D. R. Hunt = Coryphantha minima Baird ■☆
155215 Escobaria missouriensis (Sweet) D. R. Hunt;密苏里松笠(给分球);Missouri Cob Cactus ●☆
155216 Escobaria missouriensis (Sweet) D. R. Hunt = Coryphantha missouriensis (Sweet) Britton et Rose ■☆
155217 Escobaria nellieae (Croizat) Backeb. = Coryphantha minima Baird ■☆
155218 Escobaria robbinsorum (Earle) D. R. Hunt;罗氏松笠;Cochise Pincushion, Robbin's Cory Cactus ●☆
155219 Escobaria robbinsorum (W. H. Earle) D. R. Hunt = Coryphantha robbinsorum (W. H. Earle) Zimmerman ●☆
155220 Escobaria runyonii Britton et Rose;流浪球(流浪丸)●☆
155221 Escobaria runyonii Britton et Rose = Coryphantha robertii A. Berger ■☆
155222 Escobaria sandbergii Castetter, P. Pierce et K. H. Sehwer. = Coryphantha sneedii (Britton et Rose) A. Berger ■☆
155223 Escobaria sneedii Britton et Rose;须弥山●☆
155224 Escobaria sneedii Britton et Rose = Coryphantha sneedii (Britton et Rose) A. Berger ■☆
155225 Escobaria tuberculosa (Engelm.) Britton et Rose;松球丸;Cob Cactus ●☆
155226 Escobaria tuberculosa (Engelm.) Britton et Rose = Coryphantha tuberculosa (Engelm.) A. Berger ■☆
155227 Escobaria villardii Castetter, P. Pierce et K. H. Sehwer. = Coryphantha sneedii (Britton et Rose) A. Berger ■☆
155228 Escobaria vivipara (Nutt.) Buxb.;北极球(横纲);Beehive Cactus, Spiny Star ●☆
155229 Escobaria vivipara (Nutt.) Buxb. = Coryphantha vivipara (Nutt.) Britton et Rose ■☆
155230 Escobaria vivipara (Nutt.) Buxb. var. deserti (Engelm.) D. R. Hunt = Coryphantha chlorantha (Engelm.) Britton et Rose ■☆
155231 Escobariopsis Doweld(2000);类松笠属●☆
155232 Escobariopsis prolifera (Mill.) Doweld;类松笠●☆
155233 Escobedia Ruiz et Pav.;埃斯列当属■☆
155234 Escobedia brachydonta Pennell;短齿埃斯列当■☆
155235 Escobedia brevipes Pennell;短梗埃斯列当■☆
155236 Escobedia crassipes Pennell;粗梗埃斯列当■☆
155237 Escobedia linearis Schltdl.;线形埃斯列当■☆
155238 Escobedia longiflora Pennell;长花埃斯列当■☆
155239 Escobedia parvifolia Pennell;小叶埃斯列当■☆
155240 Escobesseya Hester = Coryphantha (Engelm.) Lem. (保留属名)●■
155241 Escobesseya Hester = Escobaria Britton et Rose ●☆
155242 Escobesseya dasyacantha (Engelm.) Hester = Coryphantha dasyacantha (Engelm.) Orcutt ■☆
155243 Escobesseya duncanii Hester = Coryphantha duncanii (Hester) L. D. Benson ■☆
155244 Escobrittonia Doweld = Coryphantha (Engelm.) Lem. (保留属名)●■
155245 Escocoryphantha Doweld = Escobaria Britton et Rose ●☆
155246 Escontria (Schum.) Rose(1906);角鳞柱属●☆
155247 Escontria Britton et Rose = Escontria (Schum.) Rose ●☆
155248 Escontria Rose = Escontria (Schum.) Rose ●☆
155249 Escontria chiotilla Rose;角鳞柱;Chiotilla, Jiotilla ●☆
155250 Esculus L. = Aesculus L. ●
155251 Esculus Raf. = Aesculus L. ●
155252 Esdra Salisb. = Trillium L. ■
155253 Esembeckla Barb. Rodr. = Esenbeckia Kunth ●☆
155254 Esenbeckia Blume = Cotylephora Meisn. ●☆
155255 Esenbeckia Blume = Neesia Blume(保留属名)●☆
155256 Esenbeckia Kunth(1825);类药芸香属;Gasparillo ●☆

155257 Esenbeckia alata Triana et Planch.;类药芸香木●☆
155258 Esenbeckia leiocarpa Engl.;平滑果类药芸香●☆
155259 Esera Neck. = Drosera L. ■
155260 Esfandiaria Charif et Aellen = Anabasis L. ●■
155261 Eskemukerjea Malick et Sengupta = Fagopyrum Mill.(保留属名)●■
155262 Esmarchia Rchb. = Cerastium L. ■
155263 Esmeraidia Fourn. = Meresaldia Bullock ■☆
155264 Esmeralda Rchb. f.(1862);花蜘蛛兰属;Garishspiderorchis ■
155265 Esmeralda bella Rchb. f.;口盖花蜘蛛兰;Beauty Garishspiderorchis ■
155266 Esmeralda cathcarti Rchb. f. = Arachnis cathcarthii J. J. Sm. ■☆
155267 Esmeralda clarkei Rchb. f.;花蜘蛛兰(蜘蛛兰);Clarke Arachnis,Clarke Garishspiderorchis ■
155268 Esmeraldia E. Fourn. = Asclepias L. ■
155269 Esmeraldia E. Fourn. = Meresaldia Bullock ■☆
155270 Esopon Raf. = Prenanthes L. ■
155271 Espadaea A. Rich.(1850);古巴印茄树属●☆
155272 Espadaea amoena A. Rich.;古巴印茄树●☆
155273 Espadea Miers = Espadaea A. Rich. ●☆
155274 Espejoa DC.(1836);肋芒菊属■☆
155275 Espejoa DC. = Jaumea Pers. ■●☆
155276 Espejoa mexicana DC.;肋芒菊■☆
155277 Espeletia Mutis ex Bonpl.(1808);永叶菊属●☆
155278 Espeletia Mutis ex Humb. et Bonpl. = Espeletia Mutis ex Bonpl. ●☆
155279 Espeletia Mutis. = Espeletia Mutis ex Humb. et Bonpl. ●☆
155280 Espeletia Nutt. = Balsamorhiza Hook. ex Nutt. ■☆
155281 Espeletia amplexicaulis Nutt. = Wyethia amplexicaulis (Nutt.) Nutt. ■☆
155282 Espeletia helianthoides Nutt. = Balsamorhiza sagittata (Pursh) Nutt. ■☆
155283 Espeletia jimenez-quesadae Cuatrec.;永叶菊■☆
155284 Espeletia sagittata (Pursh) Nutt. = Balsamorhiza sagittata (Pursh) Nutt. ■☆
155285 Espeletiopsis Cuatrec.(1976);拟永叶菊属■☆
155286 Espeletiopsis Cuatrec. = Espeletia Mutis ex Humb. et Bonpl. ●☆
155287 Espeletiopsis Sch. Bip. ex Benth. et Hook. f. = Helenium L. ■
155288 Espeletiopsis angustifolia (Cuatrec.) Cuatrec.;窄叶拟永叶菊■☆
155289 Espeletiopsis colombiana (Cuatrec.) Cuatrec.;哥伦比亚拟永叶菊■☆
155290 Espera Willd.(废弃属名) = Berrya Roxb.(保留属名)●
155291 Espera cordifolia Willd. = Berrya cordifolia (Willd.) Burret ●
155292 Espicostorus Raf. = Neillia D. Don ●
155293 Espicostorus Raf. = Physocarpus (Cambess.) Raf.(保留属名)●
155294 Espinar Kurtziana = Hyaloseris Griseb. ●☆
155295 Espinosa Lag. = Eriogonum Michx. ●■☆
155296 Espostoa Britton et Rose(1920);老乐柱属(白裳属,老乐属);Catton Ball,Catton-ball ●
155297 Espostoa blossfeldiorum (Werderm.) Buxb. = Thrixanthocereus blossfeldiorum(Werderm.) Backeb. ●☆
155298 Espostoa guentheri (Kupper) Buxb. = Vatricania guentheri (Kupper) Backeb. ●☆
155299 Espostoa huanucoensis Johnson ex F. Ritter;银贺乐(永乐宫)●
155300 Espostoa lanata (Kunth) Britton et Rose;老乐柱(长毛柱,老乐);Catton Ball,Catton-ball,Cotton Ball,Peruvian Old Man Cactus,Peruvian Old-man Cactus,Peruvian Snowball,Snowball Cactus ●
155301 Espostoa lanata Britton et Rose var. sericata Backeb.;白裳●☆
155302 Espostoa mirabilis F. Ritter;越天乐●
155303 Espostoa ritteri Buining;白乐翁(老寿乐);Peruvian Old Man ●
155304 Espostoa ruficeps F. Ritter;仰云阁●
155305 Espostoa senilis (F. Ritter) N. P. Taylor;白翁老乐柱●☆
155306 Espostoa superba F. Ritter;太平乐●
155307 Espostoopsis Buxb.(1968);拟老乐柱属●☆
155308 Espostoopsis dybowskii (Rol.-Goss.) Buxb.;拟老乐柱●☆
155309 Espostoopsis dybowskii (Rol.-Goss.) Buxb. = Austrocephalocereus dybowskii (Rol.-Goss.) Backeb. ●☆
155310 Esquirolia H. Lév. = Ligustrum L. ●
155311 Esquirolia sinensis H. Lév. = Ligustrum lucidum W. T. Aiton ●
155312 Esquiroliella H. Lév. = Martinella H. Lév. ■★
155313 Esquiroliella H. Lév. = Neomartinella Pilg. ■★
155314 Esquiroliella violifolia (H. Lév.) H. Lév. = Neomartinella violifolia (H. Lév.) Pilg. ■
155315 Essenhardtia Sweet = Eysenhardtia Kunth(保留属名)●☆
155316 Esterhazya J. C. Mikan(1821);艾什列当属(艾什玄参属)■☆
155317 Esterhazya montana Spix ex Mart.;山地艾什列当■☆
155318 Esterhuysenia L. Bolus(1967);粉刀玉属●☆
155319 Esterhuysenia alpina L. Bolus;高山粉刀玉●☆
155320 Esterhuysenia drepanophylla (Schltr. et A. Berger) H. E. K. Hartmann;镰叶粉刀玉●☆
155321 Esterhuysenia inclaudens (L. Bolus) H. E. K. Hartmann;无枝粉刀玉●☆
155322 Esterhuysenia mucronata (L. Bolus) Klak;短尖粉刀玉●☆
155323 Esterhuysenia stokoei (L. Bolus) H. E. K. Hartmann;斯托克粉刀玉●☆
155324 Estevesia P. J. Braun(2009);戈拉斯掌属☆
155325 Esula (Pers.) Haw. = Euphorbia L. ●■
155326 Esula (Pers.) Haw. = Keraselma Neck. ex Juss. ●■
155327 Esula Haw. = Euphorbia L. ●■
155328 Esula paralias (L.) Fourr. = Euphorbia paralias L. ●☆
155329 Etaballia Benth.(1840);艾塔树属(胡枝子树属)●☆
155330 Etaballia dubia (Kunth) Rudd;圭亚那艾塔树●☆
155331 Etaballia guianensis Benth.;艾塔树●☆
155332 Etaeria Blume = Hetaeria Blume(保留属名)■
155333 Etaeria abbreviata Lindl. = Anoectochilus abbreviatus (Lindl.) Seidenf. ■
155334 Etaeria elongata Lindl. = Hetaeria elongata (Lindl.) Hook. f. ■
155335 Etaeria moulmeinensis Parish, Rchb. f. et Sineref. = Anoectochilus moulmeinensis (Parish,Rchb. f. et Sineref.) Seidenf. et Smitinand ■
155336 Etaeria nervosa Lindl. = Zeuxine nervosa (Wall. ex Lindl.) Benth. ex C. B. Clarke ■
155337 Etatostema helferianum Hallier f. = Pellionia tsoongii (Merr.) Merr. ■
155338 Etericius Desv. = Etericius Desv. ex Ham. ☆
155339 Etericius Desv. ex Ham.(1825);圭亚那茜属☆
155340 Etericius parasiticus Ham.;圭亚那茜☆
155341 Eteriscius B. D. Jacks. = Etericius Desv. ex Ham. ☆
155342 Eteriscus Steud. = Etericius Desv. ex Ham. ☆
155343 Ethanium Salisb. = Renealmia L. f.(保留属名)■☆
155344 Ethanium africanum K. Schum. = Renealmia africana (K. Schum.) Benth. ■☆
155345 Ethanium cincinnatum K. Schum. = Renealmia cincinnata (K.

Schum.) Baker ■☆
155346 Etheiranthus Kostel. = Muscari Mill. ■☆
155347 Etheosanthes Raf. = Tradescantia L. ■
155348 Ethesia Raf. = Jacobinia Nees ex Moric.(保留属名)●■☆
155349 Ethesia Raf. = Justicia L. ●■
155350 Ethesia Raf. = Ornithogalum L. ■
155351 Ethionema Brongn. = Aethionema R. Br. ■☆
155352 Ethnora O. F. Cook = Maximiliana Mart.(保留属名)●
155353 Ethulia L. = Ethulia L. f. ■
155354 Ethulia L. f.(1762);都丽菊属;Ethulia ■
155355 Ethulia acuminata M. G. Gilbert;渐尖都丽菊■☆
155356 Ethulia alata Sond. = Litogyne gariepina (DC.) Anderb. ■☆
155357 Ethulia angustifolia Bojer ex DC. = Ethulia conyzoides L. f. ex L. ■
155358 Ethulia angustifolia DC. = Ethulia conyzoides L. f. ex L. ■
155359 Ethulia auriculata Thunb. = Dichrocephala auriculata (Thunb.) Druce ■
155360 Ethulia auriculata Thunb. = Dichrocephala integrifolia (L. f.) Kuntze ■
155361 Ethulia bicostata M. G. Gilbert;双脉都丽菊■☆
155362 Ethulia bidentis L. = Flaveria bidentis (L.) Kuntze ■☆
155363 Ethulia burundiensis M. G. Gilbert et C. Jeffrey;布隆迪都丽菊■☆
155364 Ethulia conyzoides L. f. = Ethulia conyzoides L. f. ex L. ■
155365 Ethulia conyzoides L. f. ex L.;都丽菊(野蓬);Common Ethulia ■
155366 Ethulia conyzoides L. f. subsp. kraussii (Walp.) M. G. Gilbert et C. Jeffrey;克劳斯都丽菊■☆
155367 Ethulia conyzoides L. f. var. gracilis (Delile) Asch. et Schweinf. = Ethulia gracilis Delile ■
155368 Ethulia divaricata L. = Epaltes divaricata (L.) Cass. ■
155369 Ethulia faulknerae C. Jeffrey;福克纳都丽菊■☆
155370 Ethulia gariepina DC. = Litogyne gariepina (DC.) Anderb. ■☆
155371 Ethulia gracilis Delile = Ethulia conyzoides L. f. ex L. ■
155372 Ethulia greenwayi M. G. Gilbert;格林韦都丽菊■☆
155373 Ethulia kraussii Walp. = Ethulia conyzoides L. f. subsp. kraussii (Walp.) M. G. Gilbert et C. Jeffrey ■☆
155374 Ethulia monocephala Hiern = Bothriocline monocephala (Hiern) Wild et G. V. Pope ■☆
155375 Ethulia ngorongoroensis M. G. Gilbert;恩戈罗都丽菊■☆
155376 Ethulia parviflora Klatt = Ethulia conyzoides L. f. ■
155377 Ethulia paucifructa M. G. Gilbert;少果都丽菊■☆
155378 Ethulia pubescens S. Moore = Gutenbergia pubescens (S. Moore) C. Jeffrey ■☆
155379 Ethulia ramosa Roxb. = Ethulia conyzoides L. f. ex L. ■
155380 Ethulia rhizomata M. G. Gilbert;根茎都丽菊■☆
155381 Ethulia rueppellii (Sch. Bip.) Hochst. ex A. Rich. = Gutenbergia rueppellii Sch. Bip. ■☆
155382 Ethulia ruhudjiensis M. G. Gilbert;鲁胡吉都丽菊■☆
155383 Ethulia scheffleri S. Moore;谢夫勒都丽菊■☆
155384 Ethulia sparganophora L. = Sparganophorus sparganophorus (L.) C. Jeffrey ■☆
155385 Ethulia sparganophora L. = Struchium sparganophorum (L.) Kuntze ■☆
155386 Ethulia uniflora Walter = Sclerolepis uniflora (Walter) Britton, Sterns et Poggenb. ■☆
155387 Ethulia vernonioides (Schweinf.) M. G. Gilbert;斑鸠都丽菊■☆
155388 Ethulia vernonioides (Schweinf.) M. G. Gilbert subsp. mufindiensis M. G. Gilbert;穆芬迪都丽菊■☆
155389 Ethuliopsis F. Muell.(1861);类都丽菊属■☆
155390 Ethuliopsis F. Muell. = Epaltes Cass. ■
155391 Ethuliopsis dioica F. Muell.;类都丽菊■☆
155392 Ethusa Ludw. = Aethusa L. ■☆
155393 Etiosedum Á. Löve et D. Löve = Sedum L. ●■
155394 Etlingera Giseke(废弃属名)= Amomum Roxb.(保留属名)■
155395 Etlingera Roxb.(1792);茴香砂仁属;Achasma ■
155396 Etlingera albolutea A. D. Poulsen et Mood;黄白茴香砂仁■☆
155397 Etlingera angustifolia (Valeton) R. M. Sm.;狭叶茴香砂仁■☆
155398 Etlingera elatior (Jack) R. M. Sm.;火炬姜(玫瑰姜,月桃);Small-flower Ginger, Torch Ginger, Torch-ginger ■
155399 Etlingera elatior (Jack) R. M. Sm. = Nicolaia elatior (Jack.) Horan. ■
155400 Etlingera grandiflora (Valeton) R. M. Sm.;大花茴香砂仁■☆
155401 Etlingera latifolia (Valeton) R. M. Sm.;宽叶茴香砂仁■☆
155402 Etlingera littoralis (J. König) Giseke;红茄砂(长叶茴香砂仁,红茴砂,红茴砂仁,红茴香,茴香砂仁);Biglip Achasma ■
155403 Etlingera littoralis Gieseke = Etlingera littoralis (J. König) Giseke ■
155404 Etlingera longipetala (Valeton) R. M. Sm.;长瓣茴香砂仁■☆
155405 Etlingera polyantha (Valeton) R. M. Sm.;多花茴香砂仁■☆
155406 Etlingera polycarpa (K. Schum.) A. D. Poulsen;多果茴香砂仁■☆
155407 Etlingera purpurea (Elmer) A. D. Poulsen;紫茴香砂仁■☆
155408 Etlingera yunnanensis (T. L. Wu et S. J. Chen) R. M. Sm.;茄香砂仁(茴香砂仁);Yunnan Achasma ■
155409 Etorloba Raf. = Jacaranda Juss. ●
155410 Etornotus Raf. = Schweinfurthia A. Braun ■☆
155411 Etoxoe Raf. = Astrantia L. ■☆
155412 Ettlingera Giscke = Etlingera Roxb. ■
155413 Etubila Raf. = Dendrophthoe Mart. ●
155414 Etubila Raf. = Dendrophthoe Mart. + Scurrula L.(废弃属名)●
155415 Etusa Roy. ex Steud. = Aethusa L. ■☆
155416 Etusa Steud. = Aethusa L. ■☆
155417 Euacer Opiz = Acer L. ●
155418 Euadenia Oliv.(1867);良腺山柑属●☆
155419 Euadenia alimensis Hua = Euadenia eminens Hook. f. ●☆
155420 Euadenia brevipetala Exell;短瓣良腺山柑●☆
155421 Euadenia eminens Hook. f.;长果良腺山柑●☆
155422 Euadenia helenae Buscal. et Muschl. = Euadenia trifoliata (Schumach. et Thonn.) Oliv. ●☆
155423 Euadenia kirkii Oliv. = Cladostemon kirkii (Oliv.) Pax et Gilg ●☆
155424 Euadenia klingii (Pax) Hua = Euadenia trifoliata (Schumach. et Thonn.) Oliv. ●☆
155425 Euadenia major Hua = Euadenia eminens Hook. f. ●☆
155426 Euadenia monticola Gilg et Gilg-Ben. = Euadenia trifoliata (Schumach. et Thonn.) Oliv. ●☆
155427 Euadenia pulcherrima Gilg et Gilg-Ben. = Euadenia eminens Hook. f. ●☆
155428 Euadenia trifoliata (Schumach. et Thonn.) Oliv.;三小叶良腺山柑●☆
155429 Eualcida Hemsl. = Enalcida Cass. ■●
155430 Eualcida Hemsl. = Tagetes L. ■●
155431 Euandra Post et Kuntze = Evandra R. Br. ■☆
155432 Euanthe Schltr.(1914);大王兰属■☆
155433 Euanthe Schltr. = Vanda Jones ex R. Br. ■

155434 Euanthe sanderiana (Rchb. f.) Schltr.;大王兰■☆
155435 Euanthe sanderiana (Rchb. f.) Schltr. = Vanda sanderiana Rchb. f. ■☆
155436 Euaraliopsis Hutch. = Brassaiopsis Decne. et Planch. ●
155437 Euaraliopsis ciliata (Dunn) Hutch. = Brassaiopsis ciliata Seem. ●
155438 Euaraliopsis dumicola (W. W. Sm.) Hutch. = Brassaiopsis dumicola W. W. Sm. ●
155439 Euaraliopsis fatsioides (Buch. -Ham.) Hutch. = Brassaiopsis fatsioides Buch. -Ham. ●
155440 Euaraliopsis ferruginea (H. L. Li) G. Hoo et C. J. Tseng = Brassaiopsis ferruginea (H. L. Li) G. Hoo ●
155441 Euaraliopsis ficifolia (Dunn) Hutch. = Brassaiopsis ficifolia Dunn ●
155442 Euaraliopsis hainla (Buch. -Ham.) Hutch. = Brassaiopsis hainla (Buch. -Ham.) Seem. ●
155443 Euaraliopsis hispida (Seem.) Hutch. = Brassaiopsis hispida Seem. ●
155444 Euaraliopsis moumingensis Y. R. Ling = Brassaiopsis moumingeneis (Y. R. Ling) C. B. Shang ●
155445 Euaraliopsis palmata (Roxb.) Hutch.;掌叶树;Palmleaftree ●☆
155446 Euaraliopsis palmipes (Forrest ex W. W. Sm.) Hutch. = Brassaiopsis palmipes Forrest ex W. W. Sm. ●
155447 Euarthrocarpus Endl. = Enarthrocarpus Labill. ■☆
155448 Euarthronia Nutt. ex A. Gray = Coprosma J. R. Forst. et G. Forst. ●☆
155449 Eubasis Salisb. = Aucuba Thunb. ●
155450 Eubasis dichotoma Salisb. = Aucuba japonica Thunb. ●
155451 Eublatii Nied. = Sonneratia L. f. (保留属名) ●
155452 Eubotryoides (Nakai) H. Hara = Leucothoe D. Don ●
155453 Eubotryoides (Nakai) H. Hara(1935);拟木藜芦属●☆
155454 Eubotryoides grayana (Maxim.) H. Hara = Leucothoe grayana Maxim. ●☆
155455 Eubotryoides grayana (Maxim.) H. Hara var. iwanoi Ajima et Satomi = Leucothoe grayana Maxim. var. parvifolia (H. Hara) Ohwi ●☆
155456 Eubotryoides grayana (Maxim.) H. Hara var. oblongifolia (Miq.) H. Hara = Leucothoe grayana Maxim. ●☆
155457 Eubotrys Nutt. (1842);串白珠属●☆
155458 Eubotrys Nutt. = Leucothoe D. Don ●
155459 Eubotrys Raf. = Muscari Mill. ■☆
155460 Eubotrys bracteata Nutt.;串白珠●☆
155461 Eubrachion Hook. f. (1846);臂绿乳属●☆
155462 Eubrachion ambiguum (Hook. et Arn.) Engl.;臂绿乳●☆
155463 Eucalia Raeusch. = Encelia Adans. ●■☆
155464 Eucallias Raf. = Billbergia Thunb. ■
155465 Eucalypton St. -Lag. = Eucalyptus L'Hér. ●
155466 Eucalyptopsis C. T. White(1951);类桉属●☆
155467 Eucalyptopsis papuana C. T. White;类桉●☆
155468 Eucalyptus L'Hér. (1789);桉属(桉树属);Australian Kino, Box, Boxwood, Cider Gum, Eucalypt, Eucalyptus, Gum, Gum Tree, Gum-tree, Ironbark, Mallee, Marlock, Stringbark, Stringybark ●
155469 Eucalyptus accedens W. Fitzg.;粒皮桉●☆
155470 Eucalyptus acmenioides Schauer;白桃花桉(薄叶桉,肖蒲桃桉);White Mahogyany, Yellow Stringybark ●☆
155471 Eucalyptus aggregata H. Deane et Maiden;黑桉;Black Gum ●
155472 Eucalyptus alba Reinw. ex Blume;白桉(帝汶岛白桉,宽叶桉);Broad-leaf Eucalyptus, Poplar Eucalyptus, Poplar Gum, Timor White Gum, White Gum, Wongoola ●
155473 Eucalyptus albens Benth.;白厚皮桉(粗枝桉);White Box ●
155474 Eucalyptus algeriensis Trab.;阿尔及利亚桉;Algeria Eucalyptus ●☆
155475 Eucalyptus alpina Lindl.;高山桉;Grampian Eucalyptus, Grampian Stringybark, Grampians Gum, Stringybark ●
155476 Eucalyptus amplifolia Naudin;广叶桉;Bigleaf Eucalyptus, Black Peppermint, Broadleaf Eucalyptus, Cabbage Gum, Peppermint ●
155477 Eucalyptus amplifolia Naudin var. sessiflora Blakely;无柄广叶桉●
155478 Eucalyptus amygdalina Labill.;杏仁桉;Asmanian Peppermint, Australian Kino, Black Peppermint, Giant Gum, Peppermint Gum, Peppermint Tree, Tasmanian Peppermint ●
155479 Eucalyptus andreana Naudin = Eucalyptus elata Dehnh. ●☆
155480 Eucalyptus andrewsii Maiden;安氏桉;Andréws Eucalyptus, New England Blackbutt ●
155481 Eucalyptus angophoroides R. T. Baker;榕果桉;Apple-topped Box ●
155482 Eucalyptus angulosa Schauer = Eucalyptus incrassata Labill. ●
155483 Eucalyptus angustissima F. Muell.;狭叶桉;Narroe-leafed Mallee ●☆
155484 Eucalyptus argillacea W. Fitzg.;黏土桉;Kimberley Gray Box ●☆
155485 Eucalyptus astringens (Maiden) Maiden;褐楂桉(单宁桉);Brown Mallet, Mallet Bark ●
155486 Eucalyptus astringens Maiden = Eucalyptus astringens (Maiden) Maiden ●
155487 Eucalyptus australiana R. T. Baker et H. G. Sm.;澳洲桉(狭叶桉)●☆
155488 Eucalyptus baeuerlenii F. Muell.;贝伦桉;Baeuerlen's Gum ●
155489 Eucalyptus baileyana F. Muell.;贝雷桉;Bailey's Stringybark ●☆
155490 Eucalyptus bakeri Maiden;贝克桉●☆
155491 Eucalyptus bancroftii (Maiden) Maiden;橙桉;Bancroft's Red Gum, Orange Gum ●
155492 Eucalyptus batryoides Sm.;澳洲大叶桉;Bangalay, Bastard Mahogany, Swamp Mahogany ●☆
155493 Eucalyptus baueriana Schauer;鲍尔桉;Blue Box ●☆
155494 Eucalyptus baxteri (Benth.) Maiden et Blakeley ex J. M. Black;巴氏桉;Brown Stringybark ●
155495 Eucalyptus behriana F. Muell.;阔叶马尔桉;Bull Mallee ●
155496 Eucalyptus benthamii Maiden et Cambage;本瑟姆桉●☆
155497 Eucalyptus beyeri R. T. Baker;栓皮桉;Korky Eucalyptus ●☆
155498 Eucalyptus bicolor A. Cunn. ex Hook. = Eucalyptus longiflorens F. Muell. ●☆
155499 Eucalyptus bicolor A. Cunn. ex T. L. Mitch.;二色桉;Black Box, Cooburn Eucalyptus, River Black Box ●
155500 Eucalyptus bicostata Maiden, Blakeley et Simmonds;二棱桉(尤拉比桉);Blue Gum, Eurabbie ●
155501 Eucalyptus blakelyi Maiden;布氏桉(贝雷克桉);Blakeley's Eucalyptus, Blakeley's Red Gum ●
155502 Eucalyptus blaxlandii Maiden et Cambage;布粒氏兰桉;Blaxland's Strinybark ●☆
155503 Eucalyptus bleeseri Blakeley = Corymbia bleeseri (Blakely) K. D. Hill et L. A. S. Johnson ●
155504 Eucalyptus bosistoana F. Muell.;波氏桉;Bosistoa's Box, Coast Grey Box ●
155505 Eucalyptus botryoides Sm.;葡萄桉(班加利桉,盐风桉);Bangalay, Bastard Mahogany, Grape Eucalyptus, Grape-like

Eucalyptus, Southern Australian Mahogany, Southern Mahogany ●
155506 Eucalyptus brassiana S. T. Blake;好望角桉;Cape York Red Gum, Red Gum ●☆
155507 Eucalyptus bridgesiana R. T. Baker;金钱桉(苹果桉);Apple Box, Applebox ●☆
155508 Eucalyptus brookeriana A. M. Gray;布鲁克桉;Brooker's Gum ●☆
155509 Eucalyptus burdettiana Blakeley et H. Steedman;伯德桉;Burdett's Eucalypt, Burdett's Gum ●
155510 Eucalyptus burracoppinensis Maiden et Blakeley;伯拉克平桉;Burracoppine Mallee ●☆
155511 Eucalyptus caesia Benth.;光皮桉;Gungurru ●☆
155512 Eucalyptus caleyi Maiden;阔叶纤皮桉;Caley's Ironbark ●☆
155513 Eucalyptus caliginosa Blakely et McKie;阔叶桉;Broad-leafed Stringybark ●☆
155514 Eucalyptus calophylla R. Br. ex Lindl.;美叶桉(红桉,美叶科林比亚,美叶伞房花桉);Mari Eucalyptus, Mari Gum, Red Gum, Redgum ●
155515 Eucalyptus calophylla R. Br. ex Lindl. = Corymbia calophylla (Lindl.) K. D. Hill et L. A. S. Johnson ●☆
155516 Eucalyptus calycogona Turcz.;醋栗桉;Gooseberry Mallee ●☆
155517 Eucalyptus camaldulensis Dehnh.;赤桉(赤桉树,雀嘴桉树,小叶桉,洋草果);Australian Kino, Longbeak Eucalyptus, Murray Red Gum, Murray Redgum, Red Gum, Red Gum Fiver, Red Gum Murray, River Red Gum, River Redgum, Silver Red Gum ●
155518 Eucalyptus camaldulensis Dehnh. var. acuminata (Hook.) Blakeley;渐尖赤桉;Acuminate Longbeak Eucalyptus ●
155519 Eucalyptus camaldulensis Dehnh. var. brevirostris (F. Muell.) Blakeley;短喙赤桉;Short-rostrate Longbeak Eucalyptus ●
155520 Eucalyptus camaldulensis Dehnh. var. obtusa Blakeley;钝盖赤桉;Murray River Red Gum, Obtuse Longbeak Eucalyptus, Red Gum ●
155521 Eucalyptus camaldulensis Dehnh. var. pendula Blakeley et Jacobs;垂枝赤桉;Pendentbranch Longbeak Eucalyptus ●
155522 Eucalyptus campanulata R. T. Baker et H. G. Sm.;风铃草桉●☆
155523 Eucalyptus campaspe S. Moore;银顶桉;Silver Topped Gimlet, Silvertop Gimlet, Silver-topped Gimlet ●☆
155524 Eucalyptus camphora R. T. Baker;樟脑桉;Broad-leaved Sally, Mountain Swamp Gum ●☆
155525 Eucalyptus capitellata Sm.;小头桉;Brown Stringybark ●☆
155526 Eucalyptus caraphera ?;宽叶桉;Broad-leaved Sally ●☆
155527 Eucalyptus carnea R. T. Baker;灰白桉;Poor White Mahogany ●☆
155528 Eucalyptus cephalocarpa Blakeley;头果桉;Long-leaved Argyle Apple ●☆
155529 Eucalyptus cinerea F. Muell. ex Benth.;灰桉(阿盖尔桉,灰色桉,银叶桉);Argyle Apple, Grey Mahogany, Mealy Stringbark, Silver Dollar Tree, Spiral Eucalypt ●
155530 Eucalyptus citriodora Hook. = Corymbia citriodora (Hook.) K. D. Hill et L. A. S. Johnson ●
155531 Eucalyptus cladocalyx F. Muell.;棒萼桉(糖桉);Cladocalyx Gum, Sugar Gum, Sugargum ●
155532 Eucalyptus cloeziana F. Muell.;友桉(吉姆皮桉,昆士兰桉);Gympie Messmate, Queensland Gum ●☆
155533 Eucalyptus coccifera Hook. f.;聚果桉(塔斯马尼亚桉);Funnel-fruited Gum, Mount Wellington Peppermint, Peppermint Gum, Tasmanian Snow Gum, Thsmanian Snowgum ●☆
155534 Eucalyptus colossea F. Muell. = Eucalyptus diversicolor F. Muell. ●
155535 Eucalyptus conferruminata D. J. Carr et S. G. M. Carr;密桉;Bushy Yate ●☆
155536 Eucalyptus confertiflora Kippist ex F. Muell. = Corymbia confertiflora (Kippist ex F. Muell.) K. D. Hill et L. A. S. Johnson ●☆
155537 Eucalyptus coolabah Blakely et Jacobs;小药室桉;Coolabah Coolibah ●☆
155538 Eucalyptus cordata Labill.;心叶桉(银桉);Heart-leaved Silver Gum, Silver Gum ●☆
155539 Eucalyptus coriacea A. Cunn. ex Schauer = Eucalyptus pauciflora Sieber ex A. Spreng. ●☆
155540 Eucalyptus cornuta Labill.;角桉(黑皮桉);Yate, Yate Tree ●☆
155541 Eucalyptus corymbosa Sm. = Eucalyptus gummifera (Gaertn.) Hochr. ●
155542 Eucalyptus corynocalyx F. Muell.;糖桉;Sap Gum, Sugar Gum ●☆
155543 Eucalyptus cosmophylla F. Muell.;秀叶桉(杯桉);Cup Gum ●
155544 Eucalyptus costata F. Muell.;棱纹桉;Ridge-fruited Mallee ●☆
155545 Eucalyptus crebra F. Muell.;常桉(铁皮桉,直干桉,总状花桉);Narrowleaf Ironbark Eucalyptus, Narrowleaf Red Ironbark, Narrowleaved Ironbark, Narrow-leaved Red Ironbark, Ned Ironbark, Red Ironbark ●
155546 Eucalyptus crebra F. Muell. = Eucalyptus racemosa Cav. ●☆
155547 Eucalyptus crenulata Blakely et Beuzev.;布斯通桉;Boxton Gum, Silver Gum ●☆
155548 Eucalyptus crucis Maiden;银灰桉(灰桉);Silver Mallee ●☆
155549 Eucalyptus cunninghamii Sweet;悬崖桉;Cliff Mallee Ash ●☆
155550 Eucalyptus curtisii Blakely et C. T. White;普鲁凯特桉;Plunkett Mallee ●☆
155551 Eucalyptus cylindriflora Maiden et Blakeley;筒花桉;Cylindriflower Eucalyptus ●
155552 Eucalyptus cypellocarpa L. A. S. Johnson;高山灰桉(高山桉);Mountain Gray Gum, Yellow Gum ●☆
155553 Eucalyptus dalrympleana Maiden;山桉;Broad-leaved Kindlingbark, Brodleaf Kinding Bark, Brod-leaved Ribbon Gum, Mountain Gum ●
155554 Eucalyptus dealbata A. Cunn. ex Schauer;白皮桉;Tumbledown Eucalyptus, Tumble-down Gum, Tumble-down Red Gum ●
155555 Eucalyptus deanei Maiden;迪恩桉(短条桉);Deane's Gum, Mountain Blue Gum, Round-leaf Blue Gum, Roundleaf Gum, Round-leafed Gum ●☆
155556 Eucalyptus decorticans (Bailey) Maiden;脱皮桉;Gum-top Ironbark ●
155557 Eucalyptus deglupta Blume;棉芝老桉(剥桉,剥皮桉,粗皮桉,棉兰老桉);Bagras Kumurere Mindanao Gum, Indonesian Gum, Kamarere, Kumurere, Kumurere Gum, Mindanao Gum ●
155558 Eucalyptus delegatensis R. T. Baker;德利格特桉(阿尔派桉树,阿尔派岑树,大桉,曲叶桉);Alpine Ash, Gigant Eucalyptus, Tasmania Oak, Tasmanian Oak, White-top, Woollybutt ●☆
155559 Eucalyptus desmondensis Maiden et Blakely;得斯蒙德桉;DesmondMallee ●☆
155560 Eucalyptus dichromophloia F. Muell. = Corymbia dichromophloia (F. Muell.) K. D. Hill et L. A. S. Johnson ●☆
155561 Eucalyptus divaricata Brett = Eucalyptus gunnii Hook. f. ●☆
155562 Eucalyptus diversicolor F. Muell.;异色桉(变色桉,红桉,加利桉,卡里桉);Karri, Karri Eucalyptus, Karri Gum ●
155563 Eucalyptus diversifolia Bonpl.;异叶桉;Karri, Soap Mallee ●
155564 Eucalyptus dives Schauer;丰花桉(丰桉,宽叶桉);Broad-leaved Peppermint ●
155565 Eucalyptus drepanophylla Benth. = Eucalyptus drepanophylla F.

Muell. ex Benth. ●☆
155566 Eucalyptus drepanophylla F. Muell. ex Benth.;镰叶桉(镰刀叶桉);Sickleleaf Eucalyptus ●☆
155567 Eucalyptus dumosa A. Cunn. ex Oxley = Eucalyptus dumosa A. Cunn. ex Schauer ●
155568 Eucalyptus dumosa A. Cunn. ex Schauer;灌木桉;Lerp, Mallee, White Mallee ●
155569 Eucalyptus dundasii Maiden;敦达斯桉●☆
155570 Eucalyptus dunnii Maiden;邓恩桉●☆
155571 Eucalyptus dura L. A. S. Johnson et K. D. Hill;硬皮桉;Hard Ironbark ●☆
155572 Eucalyptus dwyeri Maiden et Blakely;德威尔桉;Dwyer's Red Gum ●☆
155573 Eucalyptus elata Dehnh.;湿生桉;River Peppermint, River White-gum ●☆
155574 Eucalyptus erythrocorys F. Muell.;红盔桉;Bookara Gum, Illyarrie, Illyarrie Red-cup Gum, Red Cap Gum, Red-cap Gum ●☆
155575 Eucalyptus erythronema Turcz.;红花丝桉(红花桉);Red-flowered Mallee ●
155576 Eucalyptus eugenioides Sieber ex Spreng.;番樱桃桉●☆
155577 Eucalyptus eximia Schauer = Corymbia eximia (Schauer) K. D. Hill et L. A. S. Johnson ●
155578 Eucalyptus exserta F. Muell.;窿缘桉(小叶桉,风吹柳);Bendo Eucalyptus, Protruding Eucalyptus, Queensland Peppermint, Yellow Messmate ●
155579 Eucalyptus fastigata Dennes et Maiden;丛生桉;Brown Barrel, Brownbarrel Eucalyptus ●☆
155580 Eucalyptus fibrosa F. Muell.;纤维桉●☆
155581 Eucalyptus ficifolia F. Muell. = Corymbia ficifolia (F. Muell.) K. D. Hill et L. A. S. Johnson ●☆
155582 Eucalyptus ficifolia F. Muell. var. guifoylei Baill.;玫瑰花桉;Rose-flower Bloodwood ●☆
155583 Eucalyptus formanii C. A. Gardner;弗氏桉;Forman's Mallee ●☆
155584 Eucalyptus forrestiana Diels;密叶桉;Fuchsia Gum, Fuchsia Mallee ●☆
155585 Eucalyptus fraxinoides H. Deane et Maiden;澳洲白蜡桉(白花桉,白蜡树桉);Australian White Ash, White Ash ●☆
155586 Eucalyptus fruticetorum F. Muell. ex Miq.;蓝小桉●☆
155587 Eucalyptus glaucescens Maiden et Blakeley;粉绿桉(变粉绿桉);Snowy Mountain Tingitingi, Tingiring-gum Eucalyptus, Tingiringi Gum ●☆
155588 Eucalyptus globoidea Blakely;澳洲白桉;White Stringybark ●☆
155589 Eucalyptus globulus Labill.;蓝桉(桉树,灰杨柳,灰叶桉,蓝油木,苹果木,小球桉少,杨草果树,洋草果,尤加利,玉树);Australian Gum, Blue Gum, Blue Tree, Bluegum Eucalyptus, Eucalyptus, Fever Tree, Southern Blue-gum, Tasmanian Blue Eucalyptus, Tasmanian Blue Gum, Tasmanian Bluegum ●
155590 Eucalyptus globulus Labill. subsp. bicostata (Maiden) Blakely et Simmonds) Kirkp.;二脉蓝桉●☆
155591 Eucalyptus globulus Labill. subsp. bicostata J. B. Kirkp. = Eucalyptus globulus subsp. bicostata (Maiden. Blakely et Simmonds) Kirkp. ●
155592 Eucalyptus globulus Labill. subsp. maidenii (F. Muell.) J. B. Kirkp. = Eucalyptus maidenii F. Muell. ●
155593 Eucalyptus globulus subsp. bicostata (Maiden. Blakely et Simmonds) Kirkp.;双脉蓝桉●
155594 Eucalyptus gomphocephala DC.;棒头桉(耐风桉);Tooart Tree, Tuart ●
155595 Eucalyptus goniocalyx F. Muell. = Eucalyptus goniocalyx F. Muell. ex Miq. ●
155596 Eucalyptus goniocalyx F. Muell. ex Miq.;山地灰桉(棱萼桉);Bundy, Mountain Graygum, Mountain Grey Gum, Spotted Mountain Gum ●
155597 Eucalyptus grandifolia R. Br. ex Benth. = Corymbia grandifolia (R. Br. ex Benth.) K. D. Hill et L. A. S. Johnson ●☆
155598 Eucalyptus grandis W. Hill ex Maiden;大桉(巨桉,玫瑰桉);Big Eucalyptus, Flooded Gum, Grand Eucalyptus, Rose Gum, Toolur, Yorrell ●
155599 Eucalyptus grossa F. Muell. ex Benth.;糙叶桉(厚叶桉);Coarse-leafed Mallee ●☆
155600 Eucalyptus gummifera (Gaertn.) Hochr. = Corymbia gummifera (Gaertn. ex Gaertn.) K. D. Hill et L. A. S. Johnson ●
155601 Eucalyptus gummifera (Sol. ex Gaertn.) Hochr. = Corymbia gummifera (Gaertn. ex Gaertn.) K. D. Hill et L. A. S. Johnson ●
155602 Eucalyptus gunnii Hook. f.;冈恩桉(岗尼桉,切叶桉);Cider Eucalyptus, Cider Gum, Cider Tree, Gunn's Eucalyptus ●☆
155603 Eucalyptus haemastoma Sm.;红口桉(红色气孔桉,血红口桉);Broad-leafed Scribbly Gum, Scribbly Gum ●
155604 Eucalyptus haematoxylon Maiden;红木桉;Mountain Gum ●
155605 Eucalyptus hemiphloia Benth.;半皮桉;White Box, Whitebox ●☆
155606 Eucalyptus hemiphloia F. Muell. = Eucalyptus moluccana Roxb. ●
155607 Eucalyptus houseana Maiden;热带白桉;Tropical White Gum ●
155608 Eucalyptus huberiana Naudin;胡伯桉;Rough-barked Robbon Gum ●
155609 Eucalyptus incrassata Labill.;厚叶桉;Larp Mallee ●
155610 Eucalyptus intermedia R. T. Baker = Corymbia intermedia (R. T. Baker) K. D. Hill et L. A. S. Johnson ●
155611 Eucalyptus intertexta R. T. Baker;棕桉;Gum-barked Coolabah ●
155612 Eucalyptus jacksonii Maiden;高大桉;Red Tingle ●☆
155613 Eucalyptus johnstonii Maiden;约翰斯顿桉;Johnston's Gum, Tasmanian Yellow Gum ●
155614 Eucalyptus kirtoniana F. Muell.;斜脉胶桉(广西野桉);Bastard Mahogany, Obliquevein Eucalyptus ●
155615 Eucalyptus kochii Maiden et Blakely;高知桉●☆
155616 Eucalyptus kruseana F. Muell.;克鲁丝桉(无柄桉);Bookleaf Mallee, Kruse's Mallee ●☆
155617 Eucalyptus laevopinea R. T. Baker;光松桉;Silvertop Stringybark ●
155618 Eucalyptus lageniflerens F. Muell. = Eucalyptus bicolor A. Cunn. ex T. L. Mitch. ●
155619 Eucalyptus lansdowneana F. Muell. et J. E. Br.;深红马里桉;Crimson Mallee ●☆
155620 Eucalyptus largiflorens F. Muell.;大花二色桉;Black Box ●
155621 Eucalyptus lehmannii (Schauer) Benth.;莱曼桉(丛生桉);Bushy Yate, Lehmann's Gum ●☆
155622 Eucalyptus leptophleba F. Muell.;纤脉桉;Molloy Red Box, Thin-veined Eucalyptus ●
155623 Eucalyptus leucophloia Brooker;美丽桉;Migum, Snappy Gum ●☆
155624 Eucalyptus leucoxylon F. Muell.;白木桉(白铁皮桉,南澳洲蓝桉);South Australia Blue Gum, South Australia White Gum, White Iron Bark, White Ironbark, Yellow Gum ●
155625 Eucalyptus leucoxylon F. Muell. 'Pink';粉花白木桉;Pink-flowering Yellow Gum ●☆
155626 Eucalyptus longicornis F. Muell.;长角桉●☆

155627 Eucalyptus longiflorens F. Muell. ;长花桉●☆

155628 Eucalyptus longifolia Link et Otto;长叶桉(大长叶桉);Woollybutt,Woolly-butt ●

155629 Eucalyptus longifolia Link et Otto = Eucalyptus amygdalina Labill. ●

155630 Eucalyptus longirostris F. Muell. = Eucalyptus camaldulensis Dehnh. ●

155631 Eucalyptus loxophleba Benth. ;斜脉桉;Yandee,York Gum ●

155632 Eucalyptus luchmanniana F. Muell. ;金顶桉;Yellow Ash,Yellow-top Ash,Yellow-topped Mallee-ash ●☆

155633 Eucalyptus macarthurii H. Deane et Maiden;毛皮桉;Camden Woollybutt ●

155634 Eucalyptus macrocarpa Hook. ;大果桉;Blue Bush,Mottlecah ●☆

155635 Eucalyptus macrorhyncha F. Muell. = Eucalyptus macrorhyncha F. Muell. ex Benth. ●

155636 Eucalyptus macrorhyncha F. Muell. ex Benth. ;长嘴桉(红皮桉);Red Stringybark ●

155637 Eucalyptus maculata Hook. = Corymbia maculata (Hook.) K. D. Hill et L. A. S. Johnson ●☆

155638 Eucalyptus maculata Hook. var. citriodora (Hook.) Bailey = Corymbia citriodora (Hook.) K. D. Hill et L. A. S. Johnson ●

155639 Eucalyptus maculata Hook. var. citriodora (Hook.) Bailey = Eucalyptus citriodora Hook. ●

155640 Eucalyptus maidenii F. Muell. ;直干蓝桉(美登桉,塔斯马尼亚桉,直干桉,直杆蓝桉);Maiden Eucalyptus,Maiden's Gum,Tasmanian Bluegum ●

155641 Eucalyptus maidenii F. Muell. = Eucalyptus globulus Labill. subsp. maidenii (F. Muell.) J. B. Kirkp. ●

155642 Eucalyptus mannifera Mudie;美味桉(脆桉,甘露桉);Brittle Gum,Manna Gum ●

155643 Eucalyptus mannifera Mudie subsp. maculosa L. A. S. Johnson;红斑美味桉;Red-spotted Gum ●☆

155644 Eucalyptus marginata Donn ex Sm. ;边缘桉(桉木,赤桉,加拉桉);Jarrah Eucalyptus,Red Gum ●

155645 Eucalyptus marginata Sm. = Eucalyptus marginata Donn ex Sm. ●

155646 Eucalyptus megacornuta C. A. Gardner;多瘤桉;Warty Yate ●☆

155647 Eucalyptus melanophloia F. Muell. ;黑皮桉(银叶桉);Silver-leaved Ironbark ●

155648 Eucalyptus melanoxylon Maiden;黑木桉;Black Morrel ●

155649 Eucalyptus melliodora A. Cunn. ex R. T. Baker et H. G. Sm. ;蜜味桉;Honey Box,Honey Eucalyptus,Yellow Box,Yellow-box,Yellowbox Eucalyptus ●

155650 Eucalyptus melliodora A. Cunn. ex Schauer = Eucalyptus melliodora A. Cunn. ex R. T. Baker et H. G. Sm. ●

155651 Eucalyptus micrantha DC. = Eucalyptus racemosa Cav. ●☆

155652 Eucalyptus microcarpa (Maiden) Maiden;小果桉;Grey Box,Narrow-leaved Box ●

155653 Eucalyptus microcarpa Maiden = Eucalyptus microcarpa (Maiden) Maiden ●

155654 Eucalyptus microcorys F. Muell. ;小帽桉(西门木桉,脂桉);Australian Tallowwood,Tallow Wood,Tallow Wood Gum,Tallowwood,Tallow-wood,Tallowwood Gum ●

155655 Eucalyptus microtheca F. Muell. ;小套桉;Coolabah,Coolibah,Coolibah Coolabar,Desert Box,Flooded Box,Waltzing Matilda ●

155656 Eucalyptus miniata Cunningham ex Schauer;朱红桉●☆

155657 Eucalyptus mitchelliana Cambage;米氏桉;Weeping Sally ●☆

155658 Eucalyptus moluccana Roxb. ;摩鲁桉(海滨灰桉,摩洛加桉);Coast Gray Box,Gray Box,Gum-topped Box,Yellow Box ●

155659 Eucalyptus morrisii R. T. Baker;摩利桉;Grey Mallee ●

155660 Eucalyptus muelleri Miq. = Eucalyptus johnstonii Maiden ●

155661 Eucalyptus muelleriana Howitt;澳洲黄桉;Yellow Stringybark ●☆

155662 Eucalyptus multicaulis Blakeley;多茎桉;Whip-stick Ash ●

155663 Eucalyptus multiflora Poir. = Eucalyptus robusta Sm. ●

155664 Eucalyptus neglecta Maiden;奥米圆叶桉;Omeo Round-leaf Gum,Omeo Round-leaved Gum ●☆

155665 Eucalyptus nesophila Blakeley = Corymbia nesophila (Blakely) K. D. Hill et L. A. S. Johnson ●

155666 Eucalyptus nicholii Maiden et Blakely;狭叶黑桉;Narrow-leafed Black Peppermint,Small-leafed Peppermint,Willow Peppermint,Willow-leaf Peppermint ●☆

155667 Eucalyptus niphophila Maiden et Blakely;雪桉(尼非桉);Alpine Snow-gum,Snow Gum,Snow-gum,White Sally ●☆

155668 Eucalyptus nitens (Decne. et Maiden) Maiden;亮果桉(光亮桉,亮桉);Australian Snow Gum,Shining Eucalyptus,Shining Gum,Shining Peppermint,Silver Top ●

155669 Eucalyptus nitens Maiden = Eucalyptus nitens (Decne. et Maiden) Maiden ●

155670 Eucalyptus notabilis Maiden;显桉;Blue Mountain Mahogany ●

155671 Eucalyptus numerosa Maiden = Eucalyptus elata Dehnh. ●☆

155672 Eucalyptus obliqua Blume;斜叶桉(澳洲桉,歪桉);Brown-top Stringybark,Messmate,Messmate Stringbark,Stringy-bark,Tasmanian Oak ●☆

155673 Eucalyptus obliqua L'Hér. ;斜生桉●☆

155674 Eucalyptus occidentalis Endl. ;西方桉;Flattopped Yate ●

155675 Eucalyptus odorata Behr;薄荷桉(芳香桉);Peppermint Tree ●☆

155676 Eucalyptus oleosa F. Muell. ex Miq. ;油桉;Red Mallee ●☆

155677 Eucalyptus olsenii L. A. S. Johnson et Blaxell;沃拉桉;Woila Gum ●☆

155678 Eucalyptus orbifolia F. Muell. ;圆叶桉;Round-leafed Mallee ●☆

155679 Eucalyptus oreades R. T. Baker;山精桉;Blue Mountain Ash ●☆

155680 Eucalyptus ovata Labill. ;卵叶桉;Black Gum,Swamp Gum,White Gum ●

155681 Eucalyptus pachyphylla A. Cunn. ex F. Muell. ;红芽桉;Red Bud Mallee ●☆

155682 Eucalyptus paniculata Sm. ;圆锥桉(圆锥花桉);Eucalyptus,Gray Ironbark,Grey Ironbark ●

155683 Eucalyptus papuana F. Muell. = Corymbia papuana (F. Muell.) K. D. Hill et L. A. S. Johnson ●☆

155684 Eucalyptus parramattensis E. C. Hall;帕拉马桉;Calgaroo,Parramatt Eucalyptus ●

155685 Eucalyptus parvifolia Cambage;小叶桉;Small-leaf Gum,Small-leaved Gum ●

155686 Eucalyptus patens Benth. ;铺展桉●☆

155687 Eucalyptus patentinervis R. T. Baker = Eucalyptus kirtoniana F. Muell. ●

155688 Eucalyptus pauciflora Sieber ex A. Spreng. ;少花桉(短干桉,疏花桉);Cabbage Gum,Ghost Gum,Snow Gum,White Sallee,White Sally ●☆

155689 Eucalyptus pellida F. Muell. ;粗皮桉;Large-fruited Red Mahoany,Red Mahoany,Roughbark Eucalyptus,Slateyhide Eucalyptus ●

155690 Eucalyptus peltata Benth. = Corymbia peltata (Benth.) K. D. Hill et L. A. S. Johnson ●☆

155691 Eucalyptus perriniana F. Muell. ex Rodway;贯叶桉(灰皮桉,珀

林桉）;Round-leaved Snow Gum,Spinning Gum ●

155692 Eucalyptus perriniana Maiden = Eucalyptus perriniana F. Muell. ex Rodway ●

155693 Eucalyptus perriniana Rodway = Eucalyptus perriniana F. Muell. ex Rodway ●

155694 Eucalyptus phaeotricha Blakeley et McKie;褐毛桉;Queensland Stringybark ●

155695 Eucalyptus phellandra R. T. Baker et H. G. Sm. ;水茴香桉●☆

155696 Eucalyptus pilularis Sm. ;圆果桉（弹丸桉,黑基木桉）;Black Butt,Blackbutt,Black-butt,Flintwood ●

155697 Eucalyptus piperita Sm. ;胡椒桉;Sydney Peppermint ●☆

155698 Eucalyptus platyphylla F. Muell. = Eucalyptus alba Reinw. ex Blume ●

155699 Eucalyptus platypus Hook. ;阔柄桉（宽柄桉）;Round-leafed Moort,Round-leaved Moort ●☆

155700 Eucalyptus polyanthemos Schauer; 多花桉; Australia Beech, Australian Beech, Australian-beech, Red Box, Redbox Gum, Silver Dollar Gum,Silver-dollar Gum ●

155701 Eucalyptus polybractea R. T. Baker;多苞桉;Blue Mallee ●☆

155702 Eucalyptus polycarpa F. Muell. = Corymbia polycarpa (F. Muell.) K. D. Hill et L. A. S. Johnson ●☆

155703 Eucalyptus populifolia Hook. f. = Eucalyptus populnea F. Muell. ●☆

155704 Eucalyptus populnea F. Muell. ;杨叶桉（杨桉）;Bimble Box, Poplar Box ●☆

155705 Eucalyptus preissiana Schauer;钟果桉（钟形果桉）;Bell-fruit Mallee,Bell-fruited Mallee ●☆

155706 Eucalyptus propinqua H. Deane et Maiden;小果灰桉;Small-fruited Gray Gum ●

155707 Eucalyptus pruinosa Schauer;粉被桉●☆

155708 Eucalyptus ptychocarpa F. Muell. = Corymbia ptychocarpa (F. Muell.) K. D. Hill et L. A. S. Johnson ●☆

155709 Eucalyptus pulchella Desf. ;西方美丽桉;White Peppermint-gum ●☆

155710 Eucalyptus pulverulenta Sims;银叶桉（粉桉,小银叶桉,银叶山桉）; Money Tree, Silver Gum, Silver Mountain Gum, Silverleaf Mountain Gum,Silver-leaf Mountain Gum ●

155711 Eucalyptus punctata DC. ;斑叶桉（斑点桉）;Gray Gum, Grey Gum,Leatherjacket Eucalyptus ●

155712 Eucalyptus pyriformis Turcz. ; 梨形桉（梨果桉）; Dowerin Rose,Large-fruited Mallee,Pear-fruited Mallee ●

155713 Eucalyptus pyrocarpa L. A. S. Johnson et Blaxell;梨果桉●

155714 Eucalyptus quadrangulata H. Deane et Maiden;棱角桉●☆

155715 Eucalyptus racemosa Cav. ;总状花桉●☆

155716 Eucalyptus radiata Sieber ex DC. ;垂枝桉（狭叶桉）;Narrow-leafed Peppermint,Radiate Eucalyptus ●☆

155717 Eucalyptus raveretiana F. Muell. ;黑铁桉;Black Ironbox ●☆

155718 Eucalyptus redunca Schauer;钩毛桉;Black Marlock,Wandoo ●

155719 Eucalyptus regnans F. Muell. ;王桉（大王桉,巨山桉,山岑,维多利亚岑,沼泽桉）;Australian Mountain Ash,Australian Mountain Oak,Giant Gum,Mountain Ash,Stringy Gum,Swamp Gum,Victorian Ash ●

155720 Eucalyptus resinifera Sm. ;树脂桉（树胶桉）;Australian Kino, Kino Eucalyptus, Kino Gum, Red Mahoganies, Red Mahogany, Redmahogany,True Kino ●

155721 Eucalyptus rhodantha Blakeley et H. Steedman;玫红桉（玫瑰花桉）;Rose Mallee ●☆

155722 Eucalyptus robusta Sm. ;大叶桉（桉,大叶桉树,大叶尤加利,蚊仔树,尤加利,沼泽桉）;Beakpod Eucalyptus,Bigleaf Eucalyptus, Blood Wood, Robuste Eucalyptus, Swamp Gum, Swamp Mahogany, Swamp Messmate, Swampmahogany, Swamp-mahogany, White Mahogany ●

155723 Eucalyptus rostrata Schltdl. = Eucalyptus camaldulensis Dehnh. ●

155724 Eucalyptus rostrata Schltdl. = Eucalyptus marginata Donn ex Sm. ●

155725 Eucalyptus rubida Decne. et Maiden;红桉（蜡皮桉,微红桉）; Candlebark,Candlebark Gum,Candle-bark Gum,Ribbon Gum ●

155726 Eucalyptus rubiginosa Brooker;锈红桉●☆

155727 Eucalyptus rudis Endl. ;野桉（沙漠桉,圆叶桉树）;Desert Eucalyptus, Desert Gum, Flooded Gum, Moitch Eucalyptus, Swamp Gum,Western Australian Floodedgum ●

155728 Eucalyptus rugosa R. Br. ex Blakeley;皱纹桉;Kingscote Mallee ●

155729 Eucalyptus salicifolia (Sol.) Cav. = Eucalyptus amygdalina Labill. ●

155730 Eucalyptus salicifolia Cav. ;柳叶桉（柳桉）;Black Peppermint, Sydney Blue Gum, Sydney Eucalyptus, Willowleaf Eucalyptus, Willow-leaved Eucalyptus ●

155731 Eucalyptus salicifolia Cav. = Eucalyptus amygdalina Labill. ●

155732 Eucalyptus saligna Sm. ;悉尼蓝桉（柳桉,雪梨蓝桉）;Saligna Gum,Sydney Blue Gum,Sydney Bluegum ●

155733 Eucalyptus salmonophloia F. Muell. ;红皮桉（粉红桉）;Salmon Gum ●

155734 Eucalyptus salubris F. Muell. ;健桉（锐利桉）;Gimlet, Gimlet Gum ●☆

155735 Eucalyptus saxatilis J. B. Kirkp. et Brooker;岩桉●☆

155736 Eucalyptus scabra Dum. Cours. ;粗糙桉●

155737 Eucalyptus scoparia Maiden;垂叶桉;Wallangarra White Gum, Willow Gum ●☆

155738 Eucalyptus seeana Maiden;弹帽桉●

155739 Eucalyptus seeana Maiden var. constricta Blakeley;缢缩弹帽桉●

155740 Eucalyptus sepulcralis F. Muell. ;细垂桉;Weeping Gum ●☆

155741 Eucalyptus siderophloia Benth. ; 红铁皮桉; Broad-leaved Ironbark,Mugga,Red Ironbark Gum,Red-ironbark ●☆

155742 Eucalyptus sideroxylon A. Cunn. = Eucalyptus sideroxylon A. Cunn. ex Woolls ●

155743 Eucalyptus sideroxylon A. Cunn. ex Woolls;铁木桉（铁桉）; Ironbark,Mugga,Mugga Ironbark,Red Ironbark ●

155744 Eucalyptus sideroxylon A. Cunn. ex Woolls 'Pink';粉花铁木桉;Mugga,Pink-flowering Ironbark,Red Ironbark ●☆

155745 Eucalyptus smithii R. T. Baker;谷桉（史密斯桉）;Gully Gum, Gully Peppermint,Smith Eucalyptus ●

155746 Eucalyptus spathulata Hook. ; 基生桉; Narrow Leaf Gimlet, Swamp Mallet ●☆

155747 Eucalyptus staigeriana F. Muell. = Eucalyptus staigeriana F. Muell. ex Bailey ●

155748 Eucalyptus staigeriana F. Muell. ex Bailey;柠檬铁皮桉;Lemon-scented Ironbark ●

155749 Eucalyptus steedmanii C. A. Gardner;斯氏桉;Eucalyptus ●☆

155750 Eucalyptus stellulata Sieber ex DC. ;星桉;Black Sally ●☆

155751 Eucalyptus stoatei C. A. Gardner;早生桉;Scarlet Pear Gum ●☆

155752 Eucalyptus stricklandii Maiden; 斯特里克兰桉; Strickland's Gum ●☆

155753 Eucalyptus stricta Sieber ex Spreng. ;直叶桉;Blue Mountain Mallee,Blue Mountains Malice-ash ●

155754 Eucalyptus subcrenulata Maiden et Blakely;山黄桉;Alpine Yellow Gum ●☆
155755 Eucalyptus tenuiramis Miq.;岛屿桉;Silver Peppermint ●
155756 Eucalyptus tereticornis Sm.;细叶桉(伞花桉);Blue Gum, Flooded Gum, Forest Grey Gum, Forest Red Gum, Forest Redgum, Forest River Gum, Forest Slaty Gum, Gray Gum, Horncap Eucalyptus, Queensland Blue Gum, Slaty Gum ●
155757 Eucalyptus terminalis Sieber ex Benth.;顶生桉;Bloodwood ●☆
155758 Eucalyptus tessellaris F. Muell. = Corymbia tessellaris (F. Muell.) K. D. Hill et L. A. S. Johnson ●☆
155759 Eucalyptus tetragona (R. Br.) F. Muell.;四棱果桉(四棱桉);Four-wing Mallee, Tallerack, White-leaved Marlock ●
155760 Eucalyptus tetraptera Turcz.;四翅桉;Four-winged Mallee ●☆
155761 Eucalyptus tetrodonta F. Muell.;四齿桉(达尔文澳洲桉);Darwin Stringy-bark, Stringy-bark ●☆
155762 Eucalyptus todtiana F. Muell.;托特桉;Prickly Bark ●
155763 Eucalyptus torelliana F. Muell.;毛叶桉(托里桉,托列里桉);Cadaga, Cadaghi, Hairyleaf Eucalyptus, Hairy-leaved Eucalyptus ●
155764 Eucalyptus torelliana F. Muell. = Corymbia torelliana (F. Muell.) K. D. Hill et L. A. S. Johnson ●☆
155765 Eucalyptus torquata Luehm.;珊瑚桉;Coolgardie Gum, Coral Gum ●☆
155766 Eucalyptus triantha Link;桃花心桉;White Mahogany Gum ●
155767 Eucalyptus triflora (Maiden) Blakely;三花桉●
155768 Eucalyptus umbellata (Gaertn.) Domin = Eucalyptus tereticornis Sm. ●
155769 Eucalyptus umbra R. T. Baker;伞形桉;Bactard Mahogany, White Mahogany ●
155770 Eucalyptus urnigera Hook. f.;坛果桉;Urn Gum, Urn-fruited Gum ●☆
155771 Eucalyptus urophylla S. T. Blake;尾叶桉●
155772 Eucalyptus viminalis Labill.;多枝桉(白皮桉,柳叶桉);Candlybark, Manna Eucalyptus, Manna Gum, Ribbon Eucalyptus, Ribbon Gum, White Gum ●
155773 Eucalyptus viridis R. T. Baker;绿桉;Green Malice, Green Mallee ●☆
155774 Eucalyptus wandoo Blakely;鞣桉;Wandoo ●☆
155775 Eucalyptus watsoniana F. Muell.;沃森桉;Watson's Yellow Bloodwood ●
155776 Eucalyptus woodwardii Maiden;伍德沃德桉(柠檬黄桉);Lemon Flowered Mallee, Lemon Gum, Lemon-flowered Gum, Woodward's Blackbutt, Yellow-flowered Gum ●☆
155777 Eucalyptus yarraensis Maiden et Cambage;亚拉桉;Yarra Gum ●
155778 Eucalyptus youmani Blakeley et McKie;尤曼桉;Youman's Sringybark ●
155779 Eucapnia Raf. = Nicotiana L. ●■
155780 Eucapnos Bernh. = Dicentra Bernh.(保留属名)■
155781 Eucapnos Siebold et Zucc. = Lamprocapnos Endl. ■
155782 Eucapnos spectabilis (L.) Siebold et Zucc. = Lamprocapnos spectabilis (L.) Fukuhara ■
155783 Eucarpha (R. Br.) Spach = Knightia R. Br.(保留属名)●☆
155784 Eucarpha (R. Br.) Spach(1841);良壳山龙眼属●☆
155785 Eucarpha Spach = Eucarpha (R. Br.) Spach ●☆
155786 Eucarpha Spach = Knightia R. Br.(保留属名)●☆
155787 Eucarya T. L. Mitch. = Eucarya T. L. Mitch. ex Sprague et Summerh. ●☆
155788 Eucarya T. L. Mitch. = Fusanus R. Br. ●☆
155789 Eucarya T. L. Mitch. = Santalum L. ●
155790 Eucarya T. L. Mitch. ex Sprague et Summerh. (1927);澳洲檀香属;Australian Sandalwood ●☆
155791 Eucarya T. L. Mitch. ex Sprague et Summerh. = Fusanus R. Br. ●☆
155792 Eucarya T. L. Mitch. ex Sprague et Summerh. = Santalum L. ●
155793 Eucarya acuminata (R. Br.) Sprague et Summerh.;渐尖澳洲檀香;Quandong Nut ●☆
155794 Eucarya persicarius ?;野澳洲檀香;Wild Peach ●☆
155795 Eucarya spicata (R. Br.) Sprague et Summerh.;澳洲檀香●☆
155796 Eucarya spicata (R. Br.) Sprague et Summerh. = Santalum spicatum (R. Br.) A. DC. ●☆
155797 Eucentrus Endl. = Celastrus L.(保留属名)●
155798 Eucentrus Endl. = Encentrus C. Presl(废弃属名)●
155799 Eucephalus Nutt. (1840);丽菀属;Aster ■☆
155800 Eucephalus Nutt. = Aster L. ●■
155801 Eucephalus albus (Nutt.) Nutt. = Solidago ptarmicoides (Torr. et A. Gray) B. Boivin ■☆
155802 Eucephalus bicolor Eastw. = Eucephalus tomentellus (Greene) Greene ■☆
155803 Eucephalus breweri (A. Gray) G. L. Nesom;布鲁尔丽菀;Brewer's Aster ●☆
155804 Eucephalus brickellioides (Greene) G. L. Nesom = Eucephalus tomentellus (Greene) Greene ■☆
155805 Eucephalus covillei Greene = Eucephalus ledophyllus (A. Gray) Greene var. covillei (Greene) G. L. Nesom ■☆
155806 Eucephalus elegans Nutt.;雅丽菀;Elegant aster ■☆
155807 Eucephalus engelmannii (D. C. Eaton) Greene;恩格尔曼丽菀;Engelmann's Aster ■☆
155808 Eucephalus formosus Greene = Herrickia glauca (Nutt.) Brouillet ■☆
155809 Eucephalus glabratus (Greene) Greene;无毛丽菀;Siskiyou Aster ■☆
155810 Eucephalus glandulosus Eastw. = Eucephalus glabratus (Greene) Greene ■☆
155811 Eucephalus glaucescens (A. Gray) Greene;灰丽菀;Klickitat Aster ■☆
155812 Eucephalus glaucophyllus Piper = Eucephalus glaucescens (A. Gray) Greene ■☆
155813 Eucephalus glaucus Nutt. = Herrickia glauca (Nutt.) Brouillet ■☆
155814 Eucephalus gormanii Piper;戈尔曼丽菀;Gorman's Aster ■☆
155815 Eucephalus ledophyllus (A. Gray) Greene;层叠丽菀;Cascade Aster ■☆
155816 Eucephalus ledophyllus (A. Gray) Greene var. covillei (Greene) G. L. Nesom;科维尔丽菀■☆
155817 Eucephalus nemoralis (Aiton) Greene = Oclemena nemoralis (Aiton) Greene ■☆
155818 Eucephalus paucicapitatus (B. L. Rob.) Greene;奥林匹斯山丽菀;Olympic Mountain Aster ■☆
155819 Eucephalus perelegans (A. Nelson et J. F. Macbr.) W. A. Weber = Eucephalus elegans Nutt. ■☆
155820 Eucephalus serrulatus Greene = Eucephalus glaucescens (A. Gray) Greene ■☆
155821 Eucephalus tomentellus (Greene) Greene;丽菀;Brickellbush Aster ■☆
155822 Eucephalus vialis Bradshaw;路旁丽菀;Wayside Aster ■☆

155823 Eucephalus wasatchensis (M. E. Jones) Rydb. = Herrickia wasatchensis (M. E. Jones) Brouillet ■☆
155824 Euceraea Mart. (1831);良角木属●☆
155825 Euceraea nitida C. Mart.;良角木●☆
155826 Euceras Post et Kuntze = Euceraea Mart. ●☆
155827 Euchaetis Bartl. et H. L. Wendl. (1824);良毛芸香属●☆
155828 Euchaetis albertiniana I. Williams;艾伯蒂尼亚良毛芸香●☆
155829 Euchaetis bolusii Dümmer = Euchaetis longibracteata Schltr. ●☆
155830 Euchaetis burchellii Dümmer;伯切尔良毛芸香●☆
155831 Euchaetis diosmoides (Schltr.) I. Williams;逸香木良毛芸香●☆
155832 Euchaetis dubia Sond. = Macrostylis cassiopoides (Turcz.) I. Williams ●☆
155833 Euchaetis dubia Sond. var. dregeana ? = Macrostylis cassio poides (Turcz.) I. Williams subsp. dregeana (Sond.) I. Williams ●☆
155834 Euchaetis dubia Sond. var. pauciflora ? = Macrostylis cassiopoides (Turcz.) I. Williams ●☆
155835 Euchaetis elata Eckl. et Zeyh.;高良毛芸香●☆
155836 Euchaetis elsieae I. Williams;埃尔西良毛芸香●☆
155837 Euchaetis ericoides Dümmer;石南状良毛芸香●☆
155838 Euchaetis esterhuyseniae I. Williams;埃斯特良毛芸香●☆
155839 Euchaetis flexilis Eckl. et Zeyh.;弯良毛芸香●☆
155840 Euchaetis glabra I. Williams;光滑良毛芸香●☆
155841 Euchaetis glomerata Bartl. et H. L. Wendl.;团集良毛芸香●☆
155842 Euchaetis intonsa I. Williams;须良毛芸香●☆
155843 Euchaetis laevigata Turcz.;平滑良毛芸香●☆
155844 Euchaetis linearis Sond.;线状良毛芸香●☆
155845 Euchaetis longibracteata Schltr.;长苞良毛芸香●☆
155846 Euchaetis longicornis I. Williams;长角良毛芸香●☆
155847 Euchaetis meridionalis I. Williams;南方良毛芸香●☆
155848 Euchaetis pungens (Bartl. et H. L. Wendl.) I. Williams;刺良毛芸香●☆
155849 Euchaetis radiata Dümmer = Euchaetis longibracteata Schltr. ●☆
155850 Euchaetis scabricosta I. Williams;中脉良毛芸香●☆
155851 Euchaetis schlechteri Schinz;施莱良毛芸香●☆
155852 Euchaetis tricarpellata I. Williams;三小果良毛芸香●☆
155853 Euchaetis uniflora E. Phillips = Acmadenia obtusata (Thunb.) Bartl. et H. L. Wendl. ●☆
155854 Eucharidium Fisch. et C. A. Mey. = Clarkia Pursh ■
155855 Eucharidium concinnum Fisch. et C. A. Mey. = Clarkia concinna (Fisch. et C. A. Mey.) Greene ■☆
155856 Eucharis Planch. = Eucharis Planch. et Linden(保留属名)■☆
155857 Eucharis Planch. et Linden(1853)(保留属名);亚马孙石蒜属(白鹤花属,亚马孙百合属,油加律属);Amazon Lily,Eucharis,Eucharis Lily ■☆
155858 Eucharis grandiflora Planch. et Linden;亚马孙石蒜(白鹤花,南美水仙);Amazon Lily,Amazon-lily,Azon Lily,Eucharis Lily,Star Lily,Star of Bethlehen ■☆
155859 Eucharis moorei (Baker) Meerow;穆尔亚马孙石蒜■☆
155860 Eucharis sanderi Baker;哥伦比亚石蒜■☆
155861 Eucheila O. F. Cook = Chamaedorea Willd.(保留属名)●☆
155862 Euchidium Endl. = Enchidium Jack(废弃属名)●
155863 Euchidium Endl. = Trigonostemon Blume(保留属名)●
155864 Euchile (Dressler et G. E. Pollard) Withner = Encyclia Hook. ■☆
155865 Euchilodes (Benth.) Kuntze = Euchilopsis F. Muell. ■☆
155866 Euchilopsis F. Muell. (1882);唇豆属■☆
155867 Euchilopsis linearis (Benth.) F. Muell.;唇豆■☆
155868 Euchilopsis linearis F. Muell. = Euchilopsis linearis (Benth.) F. Muell. ■☆
155869 Euchilos Spreng. = Euchilus R. Br. ●☆
155870 Euchilus R. Br. = Pultenaea Sm. ●☆
155871 Euchiton Cass. (1828);匍茎鼠麹草属■☆
155872 Euchiton Cass. = Gnaphalium L. ■
155873 Euchiton gymnocephalus (DC.) Holub;裸头匍茎鼠麹草;Creeping-cudweed ■☆
155874 Euchiton involucratus (G. Forst.) Anderb.;匍茎鼠麹草;Common-cudweed ■☆
155875 Euchiton sphaericus (Willd.) Anderb.;星匍茎鼠麹草;Star-cudweed ■☆
155876 Euchlaena Schrad. (1832);类蜀黍属(假蜀黍属);Teosinte ■
155877 Euchlaena Schrad. = Zea L. ■
155878 Euchlaena mexicana Schrad.;类蜀黍(大刍草,假蜀黍,墨西哥类蜀黍);Mexican Teosinte,Teosinte ■
155879 Euchlaena mexicana Schrad. = Zea mays L. subsp. mexicana (Schrad.) Iltis ■
155880 Euchlaena perennis Hitchc.;宿根类蜀黍;Perennial Teosinte ■
155881 Euchlora Eckl. et Zeyh. = Lotononis (DC.) Eckl. et Zeyh.(保留属名)■
155882 Euchlora Eckl. et Zeyh. = Microtropis Wall. ex Meisn.(保留属名)●
155883 Euchlora hirsuta (Thunb.) Druce = Lotononis hirsuta (Thunb.) D. Dietr. ■☆
155884 Euchlora serpens (E. Mey.) Eckl. et Zeyh. = Lotononis hirsuta (Thunb.) D. Dietr. ■☆
155885 Euchloris D. Don = Helichrysum Mill.(保留属名)●■
155886 Euchorium Ekman et Radlk. (1925);良膜无患子属●☆
155887 Euchorium cubense Ekman et Radlk.;良膜无患子●☆
155888 Euchresta A. W. Benn. (1840);山豆根属;Euchresta ●
155889 Euchresta formosana (Hayata) Nakai = Euchresta formosana (Hayata) Ohwi ●
155890 Euchresta formosana (Hayata) Ohwi;台湾山豆根(苦参,山豆根);Taiwan Euchresta ●
155891 Euchresta formosana (Hayata) Ohwi var. riukiuensis Ohwi = Euchresta formosana (Hayata) Ohwi ●
155892 Euchresta horsfieldii (Lesch.) Benn.;伏毛山豆根(苦参,台湾山豆根);Horsfield Euchresta,Strigose Euchresta ●◇
155893 Euchresta horsfieldii (Lesch.) Benn. var. formosana Hayata = Euchresta formosana (Hayata) Ohwi ●
155894 Euchresta horsfieldii (Lesch.) Benn. var. laotica Phon;老挝山豆根;Laos Euchresta ●☆
155895 Euchresta horsfieldii Benn. var. formosana Hayata = Euchresta formosana (Hayata) Ohwi ●
155896 Euchresta japonica Benth. ex Oilv. = Euchresta japonica Hook. f. ex Regel ●◇
155897 Euchresta japonica Hook. f. ex Regel;山豆根(胡豆莲,日本山豆根,三小叶山豆根);Japan Euchresta,Trifoliate Euchresta ●◇
155898 Euchresta longiracemosa S. Lee et H. Q. Wen = Euchresta tubulosa Dunn var. longiracemosa (S. Lee et H. Q. Wen) C. Chen ●
155899 Euchresta strigillosa C. Y. Wu = Euchresta horsfieldii (Lesch.) Benn. ●◇
155900 Euchresta strigillosa C. Y. Wu = Euchresta japonica Hook. f. ex Regel ●◇
155901 Euchresta tenuifolia Hemsl. = Maackia tenuifolia (Hemsl.) Hand.-Mazz. ●
155902 Euchresta trifoliolata Merr. = Euchresta japonica Hook. f. ex

Regel ●◇

155903 Euchresta tubulosa Dunn;管萼山豆根(鄂豆根,胡豆莲,胡豆蓬,山豆根,鸦片七);Tubecalyx Euchresta,Tubular Euchresta ●

155904 Euchresta tubulosa Dunn var. brevituba C. Chen;短萼山豆根(短管山豆根);Short-calyx Euchresta ●

155905 Euchresta tubulosa Dunn var. longiracemosa (S. Lee et H. Q. Wen) C. Chen;长序管萼山豆根;Long-racemose Euchresta ●

155906 Euchroma Nutt. = Castilleja Mutis ex L. f. ■

155907 Euchylaena Spreng. = Enchylaena R. Br. ●☆

155908 Euchylia Dulac = Lonicera L. ●■

155909 Euchylus Poir. = Euchilus R. Br. ●☆

155910 Euchylus Poir. = Pultenaea Sm. ●☆

155911 Eucladus Nutt. ex Hook. = Schiedea Cham. et Schltdl. ■●☆

155912 Euclasta Franch. (1895);枝香草属■☆

155913 Euclasta condylotricha (Hochst. ex Steud.) Stapf;瘤毛枝香草■☆

155914 Euclasta glumacea Franch. = Euclasta condylotricha (Hochst. ex Steud.) Stapf ■☆

155915 Euclasta graminea T. Durand = Euclasta condylotricha (Hochst. ex Steud.) Stapf ■☆

155916 Euclastaxon Post et Kuntze = Andropogon L. (保留属名)■

155917 Euclastaxon Post et Kuntze = Euklastaxon Steud. ■

155918 Euclaste Dttr. et Jacks. = Euclasta Franch. ■☆

155919 Euclea L. (1774);卡柿属(假乌木属,尤克勒木属);Guarri ●☆

155920 Euclea Murray = Euclea L. ●☆

155921 Euclea acutifolia E. Mey. ex A. DC.;尖叶卡柿●☆

155922 Euclea angolensis Gürke;安哥拉卡柿●☆

155923 Euclea angustifolia Benth. = Euclea pseudebenus E. Mey. ●☆

155924 Euclea antunesii Gürke;安图内思卡柿●☆

155925 Euclea asperrima Friedr. -Holzh.;粗糙卡柿●☆

155926 Euclea bakerana Brenan = Euclea crispa (Thunb.) Gürke ●☆

155927 Euclea baumii Gürke = Euclea crispa (Thunb.) Gürke ●☆

155928 Euclea bilocularis Hiern = Euclea racemosa Murray subsp. schimperi (A. DC.) F. White ●☆

155929 Euclea coriacea A. DC.;革质卡柿●☆

155930 Euclea crispa (Thunb.) Gürke;皱波卡柿●☆

155931 Euclea crispa (Thunb.) Gürke subsp. linearis (Zeyh. ex Hiern) F. White;线状皱波卡柿●☆

155932 Euclea crispa (Thunb.) Gürke subsp. ovata (Burch.) F. White;卵皱波卡柿●☆

155933 Euclea daphnoides Hiern;月桂卡柿●☆

155934 Euclea dekindtii Gürke = Euclea crispa (Thunb.) Gürke ●☆

155935 Euclea dewinteri Retief;德温特卡柿●☆

155936 Euclea divinorum Hiern;神卡柿●☆

155937 Euclea divinorum Hiern subsp. keniensis (R. E. Fr.) de Wit = Euclea divinorum Hiern ●☆

155938 Euclea eylesii Hiern = Euclea crispa (Thunb.) Gürke subsp. linearis (Zeyh. ex Hiern) F. White ●☆

155939 Euclea fructuosa Hiern = Euclea natalensis A. DC. subsp. obovata F. White ●☆

155940 Euclea greveana Pierre ex E. P. Perrier = Diospyros greveana H. Perrier ●☆

155941 Euclea guerkei Hiern = Euclea crispa (Thunb.) Gürke ●☆

155942 Euclea huillensis Gürke = Euclea divinorum Hiern ●☆

155943 Euclea karaguensis Gürke = Euclea racemosa Murray subsp. schimperi (A. DC.) F. White ●☆

155944 Euclea katangensis De Wild. = Euclea divinorum Hiern ●☆

155945 Euclea kellau Hochst. = Euclea racemosa Murray subsp. schimperi (A. DC.) F. White ●☆

155946 Euclea keniensis R. E. Fr. = Euclea divinorum Hiern ●☆

155947 Euclea kiwuensis Gürke = Euclea divinorum Hiern ●☆

155948 Euclea lancea Thunb.;披针柿●☆

155949 Euclea lanceolata E. Mey. ex A. DC. = Euclea crispa (Thunb.) Gürke ●☆

155950 Euclea latidens Stapf = Euclea racemosa Murray subsp. schimperi (A. DC.) F. White ●☆

155951 Euclea linearis Zeyh. ex Hiern = Euclea crispa (Thunb.) Gürke subsp. linearis (Zeyh. ex Hiern) F. White ●☆

155952 Euclea macrophylla E. Mey. ex A. DC. = Euclea racemosa Murray subsp. macrophylla (E. Mey. ex A. DC.) F. White ●☆

155953 Euclea mayottensis H. Perrier = Euclea racemosa Murray subsp. schimperi (A. DC.) F. White ●☆

155954 Euclea mildbraedii Gürke = Euclea racemosa Murray subsp. schimperi (A. DC.) F. White ●☆

155955 Euclea multiflora Hiern = Euclea natalensis A. DC. ●☆

155956 Euclea myrtina Burch. = Euclea undulata Thunb. ●☆

155957 Euclea natalensis A. DC.;纳塔尔尤卡柿(纳塔尔尤克勒木);Large-leafed Guarri,Natal Guarri ●☆

155958 Euclea natalensis A. DC. subsp. angolensis F. White;安哥拉尤卡柿(安哥拉尤克勒木)●☆

155959 Euclea natalensis A. DC. subsp. angustifolia F. White;窄叶卡柿●☆

155960 Euclea natalensis A. DC. subsp. capensis F. White;好望角卡柿●☆

155961 Euclea natalensis A. DC. subsp. obovata F. White;倒卵纳塔尔尤卡柿●☆

155962 Euclea natalensis A. DC. subsp. rotundifolia F. White;圆叶卡柿●☆

155963 Euclea neghelliensis Cufod. = Euclea racemosa Murray subsp. schimperi (A. DC.) F. White ●☆

155964 Euclea oleifolia S. Moore = Euclea divinorum Hiern ●☆

155965 Euclea ovata Burch. = Euclea crispa (Thunb.) Gürke subsp. ovata (Burch.) F. White ●☆

155966 Euclea polyandra (L. f.) E. Mey. ex Hiern;多蕊卡柿●☆

155967 Euclea pseudebenus E. Mey.;黑卡柿;Black Ebony,Cape Ebony ●☆

155968 Euclea racemosa Murray;总花柿●☆

155969 Euclea racemosa Murray subsp. macrophylla (E. Mey. ex A. DC.) F. White;大叶总花柿●☆

155970 Euclea racemosa Murray subsp. schimperi (A. DC.) F. White;欣珀卡柿(欣珀尤克勒木)●☆

155971 Euclea racemosa Murray subsp. sinuata F. White;深波卡柿●☆

155972 Euclea racemosa Murray subsp. zuluensis F. White;祖卢柿●☆

155973 Euclea schimperi (A. DC.) Dandy = Euclea racemosa Murray subsp. schimperi (A. DC.) F. White ●☆

155974 Euclea schimperi (A. DC.) Dandy var. daphnoides (Hiern) De Winter = Euclea daphnoides Hiern ●☆

155975 Euclea stuhlmannii Gürke = Euclea divinorum Hiern ●☆

155976 Euclea tomentosa E. Mey. ex A. DC.;绒毛卡柿●☆

155977 Euclea undulata Thunb.;卡柿(尤克勒木);Common Guarri,Largh-leafed Guarri ●☆

155978 Euclea undulata Thunb. var. myrtina (Burch.) Hiern = Euclea undulata Thunb. ●☆

155979 Euclea urijiensis Hiern = Euclea racemosa Murray subsp.

schimperi (A. DC.) F. White ●☆

155980 Euclea warneckei Gürke = Diospyros tricolor (Schumach. et Thonn.) Hiern ●☆

155981 Eucliandra Steud. = Encliandra Zucc. ●■

155982 Eucliandra Steud. = Fuchsia L. ●■

155983 Euclidium R. Br. = Euclidium W. T. Aiton(保留属名) ■

155984 Euclidium W. T. Aiton (1812) (保留属名); 乌头荠属; Euclidium, Syrian Mustard ■

155985 Euclidium syriacum (L.) R. Br.; 乌头荠(硬果荠); Syrian Mustard ■

155986 Euclidium tataricum (Willd.) DC. = Euclidium tenuissimum (Pall.) B. Fedtsch. ■

155987 Euclidium tataricum (Willd.) DC. = Litwinowia tenuissima (Pall.) Woronow ex Pavlov ■

155988 Euclidium tenuissimum (Pall.) B. Fedtsch. = Litwinowia tenuissima (Pall.) N. Busch ■

155989 Euclidium tenuissimum (Willd.) B. Fedtsch. = Litwinowia tenuissima (Pall.) Woronow ex Pavlov ■

155990 Euclinia Salisb. (1808); 良托茜属●☆

155991 Euclinia Salisb. = Randia L. ●

155992 Euclinia longiflora Salisb.; 长花良托茜●☆

155993 Euclinia squamifera (R. D. Good) Keay; 良托茜●☆

155994 Euclisia Greene = Euklisia (Nutt.) Greene ■☆

155995 Eucnemia Rchb. = Eucnemis Lindl. ■☆

155996 Eucnemia Rchb. = Govenia Lindl. ■☆

155997 Eucnemis Lindl. = Govenia Lindl. ■☆

155998 Eucnide Zucc. (1844); 荨麻莲花属■☆

155999 Eucnide aurea (A. Gray) H. J. Thomps. et W. R. Ernst; 黄荨麻莲花■☆

156000 Eucnide bartonioides Zucc.; 荨麻莲花; Golden Tassel, Yellow Stingbush ■☆

156001 Eucnide tenella (I. M. Johnst.) H. J. Thomps. et W. R. Ernst; 柔软荨麻莲花■☆

156002 Eucnide urens Parry; 沙地荨麻莲花; Desert Rock-nettle ■☆

156003 Eucodonia Hanst. (1854); 良钟苣苔属■☆

156004 Eucodonia Hanst. = Achimenes Pers. (保留属名) ■☆

156005 Eucodonia ehrenbergii Hanst.; 良钟苣苔■☆

156006 Eucodonia verticillata (M. Martens et Galeotti) Wiehler; 轮生良钟苣苔■☆

156007 Eucolum Salisb. = Gloxinia L'Hér. ■☆

156008 Eucomea Sol. ex Salisb. = Eucomis L'Hér. (保留属名) ■☆

156009 Eucomidaceae Salisb.; 美顶花科■

156010 Eucomidaceae Salisb. = Hyacinthaceae Batsch ex Borkh. ■

156011 Eucomis L'Hér. (1789) (保留属名); 美顶花属(凤梨百合属, 凤头百合属) ■☆

156012 Eucomis alba ?; 白美顶花; Pineapple Flower ■☆

156013 Eucomis albomarginata Barnes = Eucomis autumnalis (Mill.) Chitt. subsp. clavata (Baker) Reyneke ■☆

156014 Eucomis amaryllidifolia Baker = Eucomis autumnalis (Mill.) Chitt. subsp. amaryllidifolia (Baker) Reyneke ■☆

156015 Eucomis autumnalis (Mill.) Chitt.; 钝齿美顶花(菠萝兰, 秋花凤梨百合, 秋美顶花); Pineapple Flower ■☆

156016 Eucomis autumnalis (Mill.) Chitt. subsp. amaryllidifolia (Baker) Reyneke; 孤挺花状美顶花■☆

156017 Eucomis autumnalis (Mill.) Chitt. subsp. clavata (Baker) Reyneke; 棍棒美顶花■☆

156018 Eucomis bicolor Baker; 双色凤梨百合; King's Flower, Pineapple Lily ■☆

156019 Eucomis bifolia Jacq. = Whiteheadia bifolia (Jacq.) Baker ■☆

156020 Eucomis clavata Baker = Eucomis autumnalis (Mill.) Chitt. subsp. clavata (Baker) Reyneke ■☆

156021 Eucomis clavata Spuy = Eucomis autumnalis (Mill.) Chitt. ■☆

156022 Eucomis comosa (Houtt.) Wehrh.; 凤梨百合; Pineapple Flower ■☆

156023 Eucomis comosa (Houtt.) Wehrh. var. striata (Donn) Willd.; 条纹凤梨百合■☆

156024 Eucomis comosa Wehrh. = Eucomis comosa (Houtt.) Wehrh. ■☆

156025 Eucomis humilis Baker; 低矮美顶花■☆

156026 Eucomis montana Compton; 山地美顶花■☆

156027 Eucomis nana (Burm. f.) L'Hér. = Eucomis regia (L.) L'Hér. ■☆

156028 Eucomis pallidiflora Baker; 素花凤梨百合; Giant Pineapple Flower, Giant Pineapple Lily ■☆

156029 Eucomis pillansii L. Guthrie = Eucomis regia (L.) L'Hér. ■☆

156030 Eucomis pole-evansii N. E. Br.; 伊文思美顶花■☆

156031 Eucomis pole-evansii N. E. Br. = Eucomis pallidiflora Baker ■☆

156032 Eucomis punctata L'Hér.; 斑叶美顶花; Pineapple-flower ■☆

156033 Eucomis punctata L'Hér. = Eucomis comosa (Houtt.) Wehrh. ■☆

156034 Eucomis regia (L.) L'Hér.; 高贵美顶花■☆

156035 Eucomis robusta Baker = Eucomis autumnalis (Mill.) Chitt. subsp. clavata (Baker) Reyneke ■☆

156036 Eucomis striata Donn = Eucomis comosa (Houtt.) Wehrh. var. striata (Donn) Willd. ■☆

156037 Eucomis undulata Aiton = Eucomis autumnalis (Mill.) Chitt. ■☆

156038 Eucomis vandermerwei I. Verd.; 范德美顶花■☆

156039 Eucomis zambesiaca Baker; 赞比西美顶花■☆

156040 Eucommia Oliv. (1890); 杜仲属; Eucommia, Hardy Rubber Tree ●★

156041 Eucommia ulmoides Oliv.; 杜仲(扯丝皮, 川杜仲, 乱银丝, 绵杜仲, 棉花, 棉皮, 棉树, 木绵, 木棉, 石思仙, 树杜仲, 丝连皮, 丝楝树, 丝棉木, 丝棉树, 思仙, 思仲, 唐杜仲, 盐杜仲, 阴叶榆, 银丝杜仲, 银丝皮, 玉丝皮); Chinese Gutta Percha, Chinese Rubber Tree, Eucommia, Gutta Percha Tree, Gutta-percha Tree, Hardy Rubber Tree ●

156042 Eucommiaceae Engl. (1909) (保留科名); 杜仲科; Eucommia Family ●

156043 Eucommiaceae Tiegh. = Eucommiaceae Engl. (保留科名) ●

156044 Eucorymbia Stapf(1903); 良序夹竹桃属●☆

156045 Eucorymbia alba Stapf; 良序夹竹桃●☆

156046 Eucosia Blume(1825); 爪哇兰属■☆

156047 Eucosia carnea Blume; 爪哇兰■☆

156048 Eucosia umbrosa D. L. Jones et M. A. Clem.; 伞爪哇兰■☆

156049 Eucrania Post et Kuntze = Eukrania Raf. ■

156050 Eucrinum (Nutt.) Lindl. = Fritillaria L. ■

156051 Eucrinum Nutt. ex Lindl. = Fritillaria L. ■

156052 Eucriphia Pers. = Eucryphia Cav. ●☆

156053 Eucrosia Ker Gawl. (1817); 内卷叶石蒜属■☆

156054 Eucrosia aurantiaca (Baker) Pax; 黄内卷叶石蒜■☆

156055 Eucrosia bicolor Ker Gawl.; 二色内卷叶石蒜■☆

156056 Eucrosia brachyandra Meerow et Dehgan; 短蕊内卷叶石蒜■☆

156057 Eucrosia tubiflora Meerow; 管花内卷叶石蒜■☆

156058 Eucryphia Cav. (1798); 密藏花属(船形果属, 独子果属, 尤克里费属); Eucryphia ●☆

156059 Eucryphia × hillieri Ivens; 希尔密藏花(希尔独子果, 希尔尤

克里费)●☆
156060 Eucryphia × intermedia Bausch;居间独子果(居间尤克里费)●☆
156061 Eucryphia × nymansensis Bausch;密藏花(独子果,尤克里费)●☆
156062 Eucryphia billardierei Spach;比氏密藏花;Leatherwood, Pinkwood ●☆
156063 Eucryphia cordifolia Cav.;心叶密藏花(心形密藏花,心叶独子果,心叶尤克里费);Roble de Chile, Ulmo ●☆
156064 Eucryphia glutinosa (Poepp. et Endl.) Bailey;耐寒密藏花(独子果,耐寒独子果,尤克里费,羽叶密藏花);Hardy Eucryphia, Nirrhe ●☆
156065 Eucryphia hybrida Bausch;缓生密藏花(缓生独子果,缓生尤克里费)●☆
156066 Eucryphia lucida Druce;塔斯马尼亚密藏花(光亮密藏花,塔斯马尼亚独子果,塔斯马尼亚尤克里费);Leatherwood, Pinkwood, Tamanian Leatherwood ●☆
156067 Eucryphia milliganii Hook. f.;高山密藏花(高山独子果,高山尤克里费,椭圆密藏花);Mountain Leatherwood ●☆
156068 Eucryphia moorei F. Muell.;东部密藏花(东部独子果,东部尤克里费);Coachwood, Eastern Leatherwood, Pinkwood, Plumwood, White Sally ●☆
156069 Eucryphiaceae Endl. = Cunoniaceae R. Br.(保留科名)●☆
156070 Eucryphiaceae Endl. = Eucryphiaceae Gay(保留科名)●☆
156071 Eucryphiaceae Endl. = Eupatoriaceae Link ■
156072 Eucryphiaceae Gay(1848)(保留科名);密藏花科(船形果科,独子果科,落帽花科)●☆
156073 Eucrypta Nutt.(1848);隐籽田基麻属;Eucrypta ■☆
156074 Eucrypta micrantha (Torr.) A. Heller;小花隐籽田基麻;Small-flowered Eucrypta ■☆
156075 Eucycla Nutt. = Eriogonum Michx. ●■☆
156076 Eucycla ovalifolia (Nutt.) Nutt. = Eriogonum ovalifolium Nutt. ■☆
156077 Eucycla purpurea Nutt. = Eriogonum ovalifolium Nutt. var. purpureum (Nutt.) Durand ■☆
156078 Eucyperus Rildi = Cyperus L. ■
156079 Eudema Bonpl.(1813);南纬岩芥属■☆
156080 Eudema Humb. et Bonpl. = Eudema Bonpl. ■☆
156081 Eudesmia R. Br. = Eucalyptus L'Hér. ●
156082 Eudesmis Raf. = Colchicum L. ■
156083 Eudianthe (Rchb.) Rchb. = Lychnis L.(废弃属名)■
156084 Eudianthe Rchb. = Lychnis L.(废弃属名)■
156085 Eudianthe coeli-rosa (L.) Rchb. = Silene coeli-rosa (L.) A. Braun ■
156086 Eudianthe coeli-rosa (L.) Rchb. var. aspera Poir. = Silene coeli-rosa (L.) A. Braun ■
156087 Eudianthe coeli-rosa (L.) Rchb. var. speciosa Pomel = Silene coeli-rosa (L.) A. Braun ■
156088 Eudianthe corsica (Loisel.) Rchb. = Silene laeta (Aiton) Godr. ■☆
156089 Eudianthe laeta (Aiton) Fenzl = Silene laeta (Aiton) Godr. ■☆
156090 Eudipetala Raf. = Commelina L. ■
156091 Eudiplex Raf. = Tamarix L. ●
156092 Eudisanthema Neck. ex Post et Kuntze = Brassavola R. Br.(保留属名)■☆
156093 Eudisanthema Post et Kuntze = Brassavola R. Br.(保留属名)■☆
156094 Eudisanthema Post et Kuntze = Eydisanthema Neck. ■☆
156095 Eudistemon Raf. = Coronopus Zinn(保留属名)■
156096 Eudodeca Steud. = Aristolochia L.■●
156097 Eudodeca Steud. = Endodeca Raf. ■☆
156098 Eudolon Salisb. = Strumaria Jacq. ■☆
156099 Eudonax Fr. = Arundo L. ●
156100 Eudonax Fr. = Donax P. Beauv. ●
156101 Eudorus Cass. = Senecio L. ■●
156102 Eudoxia D. Don = Gentiana L. ■
156103 Eudoxia D. Don ex G. Don = Gentiana L. ■
156104 Eudoxia Klotzsch = Acalypha L. ●■
156105 Euforbia Ten. = Euphorbia L. ●■
156106 Eufournia Reeder = Sohnsia Airy Shaw ■☆
156107 Eufragia Griseb. = Parentucellia Viv. ■☆
156108 Eufragia floribunda (Viv.) Pamp. = Parentucellia floribunda Viv. ■☆
156109 Eufragia latifolia (L.) Griseb. = Parentucellia latifolia (L.) Caruel ■☆
156110 Eufragia viscosa (L.) Benth. = Parentucellia viscosa (L.) Caruel ■☆
156111 Eufragia viviani Coss. = Parentucellia floribunda Viv. ■☆
156112 Eugamelia DC. ex Pfeiff. = Elvira Cass. ■☆
156113 Eugeissona Griff.(1844);刺果椰属(厚壁椰属,美鳞椰树,凸果榈属,由基松棕属,由甲森藤属,针果棕属);Eugeissoma ●☆
156114 Eugeissona brachystachys Ridl.;短穗刺果椰(短穗由基松棕);Short-spike Eugeissoma ●☆
156115 Eugeissona minor Becc.;小刺果椰(小由基松棕);Rajah Cane ●☆
156116 Eugeissona tristis Griff.;暗淡刺果椰(暗淡由基松棕);Bertam, Dark Eugeissoma, Sago Palm ●☆
156117 Eugeissona utilis Becc.;食用刺果椰(食用由基松棕)●☆
156118 Eugenia L.(1753);番樱桃属(巴西蒲桃属);Brazil Cherry, Eugenia, Fruiting Myrtle, Jambu, Pitanga, Stopper, Surinamcherry ●
156119 Eugenia Mich. ex L. = Eugenia L. ●
156120 Eugenia acapulcensis Steud.;阿卡番樱桃●☆
156121 Eugenia acuminatissima (Blume) Kurz = Acmena acuminatissima (Blume) Merr. et L. M. Perry ●
156122 Eugenia acutisepala Hayata = Syzygium acutisepalum (Hayata) Mori ●
156123 Eugenia acutisepala Hayata = Syzygium formosanum (Hayata) Mori ●
156124 Eugenia afzelii Engl.;阿芙泽尔番樱桃●☆
156125 Eugenia aggregata Baker;团集番樱桃;Cherry-of-the-rio Grande ●☆
156126 Eugenia aherniana C. B. Rob.;吕宋番樱桃;Ahern Eugenia, Cherry of the Rio Grande, Luzon Eugenia, Manila Surinamcherry ●
156127 Eugenia albanensis Sond.;阿尔邦番樱桃●☆
156128 Eugenia analamerensis H. Perrier;阿纳拉番樱桃●☆
156129 Eugenia angolensis Engl. = Eugenia malangensis (O. Hoffm.) Nied. ●☆
156130 Eugenia ankarensis (H. Perrier) A. J. Scott;安卡拉番樱桃●☆
156131 Eugenia antiseptica Kuntze = Syzygium zeylanicum (L.) DC. ●
156132 Eugenia antongilensis H. Perrier;安通吉尔番樱桃●☆
156133 Eugenia apiculata DC.;短叶番樱桃(路马香桃木);Chilean Myrtle, Myrtle Luma, Shortleaf Stopper ●☆
156134 Eugenia aquea Burm. f.;水莲雾;Rosewater Jamb, Water Rose Apple, Water-apple ●
156135 Eugenia arenicola H. Perrier;沙生番樱桃●☆

156136 Eugenia aromatica Berg;小叶丁香●
156137 Eugenia aromatica Berg = Eugenia caryophyllata Thunb. ●
156138 Eugenia aschersoniana F. Hoffm.;阿舍森番樱桃●☆
156139 Eugenia australis H. Wendl. ex Link = Syzygium australe (H. Wendl. ex Link) B. Hyland ●☆
156140 Eugenia axillaris (Sw.) Willd.;腋生番樱桃●☆
156141 Eugenia balsamea Wight = Syzygium balsameum Wall. ●
156142 Eugenia baviensis Gagnep. = Syzygium baviense (Gagnep.) Merr. et L. M. Perry ●
156143 Eugenia benguellensis Welw. ex Hiern = Syzygium benguellense (Welw. ex Hiern) Engl. ex Engl. et Gilg ●☆
156144 Eugenia boisiana Gagnep. = Syzygium boissianum (Gagnep.) Merr. et L. M. Perry ●
156145 Eugenia boninensis Hayata ex Koidz. = Metrosideros boninensis (Hayata ex Koidz.) Tuyama ●☆
156146 Eugenia brachiata Roxb. = Syzygium cinereum Wall. ●
156147 Eugenia brasiliana (L.) Aubl. = Eugenia uniflora L. ●
156148 Eugenia brasiliensis Lam.;巴西番樱桃(巴西蒲桃,巴西樱桃);Brazil Cherry, Brazil Eugenia, Grumichama ●
156149 Eugenia buchholzii Engl.;布赫番樱桃●☆
156150 Eugenia bukobensis Engl.;布科巴番樱桃●☆
156151 Eugenia bullockii Hance = Syzygium bullockii (Hance) Merr. et L. M. Perry ●
156152 Eugenia buxifolia Willd.;黄杨叶蒲桃;Buxifoliate Cherry ●☆
156153 Eugenia calophylloides DC.;美叶番樱桃●☆
156154 Eugenia calycina Benth. = Eugenia liberiana Amshoff ●☆
156155 Eugenia capensis (Eckl. et Zeyh.) Harv.;好望角番樱桃;Dune Myrtle ●☆
156156 Eugenia capensis (Eckl. et Zeyh.) Harv. subsp. albanensis (Sond.) F. White = Eugenia albanensis Sond. ●☆
156157 Eugenia capensis (Eckl. et Zeyh.) Harv. subsp. aschersoniana (F. Hoffm.) F. White = Eugenia aschersoniana F. Hoffm. ●☆
156158 Eugenia capensis (Eckl. et Zeyh.) Harv. subsp. gracilipes F. White;细梗好望角番樱桃●☆
156159 Eugenia capensis (Eckl. et Zeyh.) Harv. subsp. gueinzii (Sond.) F. White;吉内斯番樱桃●☆
156160 Eugenia capensis (Eckl. et Zeyh.) Harv. subsp. multiflora Verdc.;多花好望角番樱桃●☆
156161 Eugenia capensis (Eckl. et Zeyh.) Harv. subsp. natalitia (Sond.) F. White = Eugenia natalitia Sond. ●☆
156162 Eugenia capensis (Eckl. et Zeyh.) Harv. subsp. nyassensis (Engl.) F. White = Eugenia nyassensis Engl. ●☆
156163 Eugenia capensis (Eckl. et Zeyh.) Harv. var. major Sond. = Eugenia capensis (Eckl. et Zeyh.) Harv. ●☆
156164 Eugenia capensis Harv. = Eugenia capensis (Eckl. et Zeyh.) Harv. ●☆
156165 Eugenia capensis Harv. subsp. natalitia (Sond.) F. White;纳塔好望角番樱桃●☆
156166 Eugenia caryophyllata Thunb. = Syzygium aromaticum (L.) Merr. et L. M. Perry ●
156167 Eugenia caryophyllus (Spreng.) Bullock et S. G. Harrison = Syzygium aromaticum (L.) Merr. et L. M. Perry ●
156168 Eugenia cassinoides Lam.;藏红卫矛番樱桃●☆
156169 Eugenia cauliflora DC.;茎花番樱桃(巴西蒲桃);Jaboticaba ●☆
156170 Eugenia cauliflora DC. = Myrciaria cauliflora (Mart.) O. Berg ●☆
156171 Eugenia cerasoides Roxb. = Syzygium nervosum DC. ●
156172 Eugenia championii (Benth.) Hemsl. = Syzygium championii (Benth.) Merr. et L. M. Perry ●
156173 Eugenia championii Hemsl. = Syzygium championii (Benth.) Merr. et L. M. Perry ●
156174 Eugenia chequen Molina;南美丁香●☆
156175 Eugenia ciliaris Ridl. = Decaspermum cambodianum Gagnep. ●
156176 Eugenia ciliaris Ridl. = Decaspermum montanum Ridl. ●
156177 Eugenia cinerea Kurz = Syzygium cinereum Wall. ●
156178 Eugenia clausa C. B. Rob. = Cleistocalyx operculatus (Roxb.) Merr. et L. M. Perry ●
156179 Eugenia clausa C. B. Rob. = Syzygium nervosum DC. ●
156180 Eugenia claviflora Roxb. = Syzygium claviflorum (Roxb.) Wall. ex A. M. Cowan et Cowan ●
156181 Eugenia claviflora Roxb. var. oblongifolia Hayata = Syzygium taiwanicum Hung T. Chang et R. H. Miao ●
156182 Eugenia cleyerifolia Yatabe = Syzygium cleyerifolium (Yatabe) Makino ●☆
156183 Eugenia cloiselii H. Perrier;克卢塞尔番樱桃●☆
156184 Eugenia condensata Baker = Syzygium condensatum (Baker) Labat et G. E. Schatz ■☆
156185 Eugenia congolensis De Wild. et T. Durand;刚果番樱桃●☆
156186 Eugenia cordata (Hochst. ex C. Krauss) Lawson = Syzygium cordatum Hochst. ex C. Krauss ■☆
156187 Eugenia cordata DC.;心叶番樱桃;Water Berry ●☆
156188 Eugenia coronata Schumach. et Thonn.;冠番樱桃●☆
156189 Eugenia coronata Schumach. et Thonn. var. hirtula Welw. ex Hiern = Eugenia malangensis (O. Hoffm.) Nied. ●☆
156190 Eugenia coronata Schumach. et Thonn. var. salicifolia Welw. ex Hiern = Eugenia malangensis (O. Hoffm.) Nied. ●☆
156191 Eugenia coursiana H. Perrier;库尔斯番樱桃●☆
156192 Eugenia cumini (L.) Druce = Syzygium cumini (L.) Skeels ●
156193 Eugenia cumini Druce = Syzygium cumini (L.) Skeels ●
156194 Eugenia cumini Druce var. tsoi (Merr. et Chun) Hung T. Chang et R. H. Miao = Syzygium cumini (L.) Skeels var. tsoi (Merr. et Chun) Hung T. Chang et R. H. Miao ●
156195 Eugenia cuspidato-ovata Hayata = Acmena acuminatissima (Blume) Merr. et L. M. Perry ●
156196 Eugenia deckeri Gagnep. = Syzygium odoratum (Lour.) DC. ●
156197 Eugenia demeusei De Wild.;迪米番樱桃●☆
156198 Eugenia dewevrei De Wild. et T. Durand;德韦番樱桃●☆
156199 Eugenia diminutiflora Amshoff;微叶番樱桃●☆
156200 Eugenia dinklagei Engl. et Brehmer;丁克番樱桃●☆
156201 Eugenia diospyroides H. Perrier;柿状番樱桃●☆
156202 Eugenia divaricatocymosa Hayata = Cleistocalyx operculatus (Roxb.) Merr. et L. M. Perry ●
156203 Eugenia divaricatocymosa Hayata = Syzygium nervosum DC. ●
156204 Eugenia djalonensis A. Chev. = Eugenia elliotii Engl. et Brehmer ●☆
156205 Eugenia dodoana Engl. et Brehmer;多德番樱桃●☆
156206 Eugenia dombeyi Skeels = Eugenia brasiliensis Lam. ●
156207 Eugenia dumetora DC. = Rhodamnia dumetorum (Poir.) Merr. et L. M. Perry ●
156208 Eugenia dumetorum DC. = Rhodamnia dumetorum (Poir.) Merr. et L. M. Perry ●
156209 Eugenia dusenii Engl.;杜森番樱桃●☆
156210 Eugenia elliotii Engl. et Brehmer;埃利番樱桃●☆
156211 Eugenia emirnensis Baker = Syzygium emirnense (Baker) Labat et G. E. Schatz ●☆

156212 Eugenia erythrophylla Strey;红叶番樱桃●☆

156213 Eugenia esquirolii H. Lév. = Decaspermum esquirolii (H. Lév.) Hung T. Chang et R. H. Miao ●

156214 Eugenia esquirolii H. Lév. = Decaspermum gracilentum (Hance) Merr. et L. M. Perry ●

156215 Eugenia euonymifolia F. P. Metcalf = Syzygium euonymifolium (F. P. Metcalf) Merr. et L. M. Perry ●

156216 Eugenia euonymifolium F. P. Metcalf = Syzygium euonymifolium (F. P. Metcalf) Merr. et L. M. Perry ●

156217 Eugenia euphlebia Hayata = Syzygium euphlebium (Hayata) Mori ●

156218 Eugenia fernandopoana Engl. et Brehmer;费尔南番樱桃●☆

156219 Eugenia fleuryi A. Chev. = Syzygium guineense (Willd.) DC. ●☆

156220 Eugenia fluviatilis Hemsl. = Syzygium fluviatile (Hemsl.) Merr. et L. M. Perry ●

156221 Eugenia fluviatilis Hemsl. = Syzygium sterrophyllum Merr. et L. M. Perry ●

156222 Eugenia fluviatilis Hemsl. ex Forbes et Hemsl. = Syzygium fluviatile (Hemsl.) Merr. et L. M. Perry ●

156223 Eugenia formosana Hayata = Syzygium formosanum (Hayata) Mori ●

156224 Eugenia fruticosa (Roxb. ex DC.) Roxb. = Syzygium fruticosum DC. ●

156225 Eugenia fruticosa Roxb. = Syzygium fruticosum DC. ●

156226 Eugenia gabonensis Amshoff;加蓬番樱桃●☆

156227 Eugenia garcinioides Engl. et Brehmer;拟加尔桑番樱桃●☆

156228 Eugenia garcinioides Ridl. = Syzygium garcinioides (Ridl.) Merr. et L. M. Perry ●☆

156229 Eugenia gerrardii (Harv.) Sim = Syzygium gerrardii (Harv.) Burtt Davy ●

156230 Eugenia gilgii Engl. et Brehmer;吉尔格番樱桃●☆

156231 Eugenia giorgii De Wild. = Syzygium giorgii De Wild. ●☆

156232 Eugenia globiflora Craib = Syzygium globiflorum (Craib) Chantar. et J. Parn. ●

156233 Eugenia gracilenta Hance = Decaspermum gracilentum (Hance) Merr. et L. M. Perry ●

156234 Eugenia gracilenta Hance = Syzygium fruticosum DC. ●

156235 Eugenia grandis Wight;大番樱桃(大蒲桃);Sea Apple ●☆

156236 Eugenia grijsii Hance = Syzygium grijsii (Hance) Merr. et L. M. Perry ●

156237 Eugenia gueinzii Sond. = Eugenia capensis (Eckl. et Zeyh.) Harv. subsp. gueinzii (Sond.) F. White ●☆

156238 Eugenia guillotii Hochr.;吉约番樱桃●☆

156239 Eugenia guineensis (Willd.) Baill. ex Laness. = Syzygium guineense (Willd.) DC. ●☆

156240 Eugenia hainanensis Merr. = Pyrenocarpa hainanensis (Merr.) Hung T. Chang et R. H. Miao ●◇

156241 Eugenia hankeana H. Winkl. = Eugenia kameruniana Engl. ●☆

156242 Eugenia henryi Hance = Syzygium championii (Benth.) Merr. et L. M. Perry ●

156243 Eugenia herbacea A. Chev. = Eugenia subherbacea A. Chev. ●☆

156244 Eugenia holtzei F. Muell. = Cleistocalyx operculatus (Roxb.) Merr. et L. M. Perry ●

156245 Eugenia holtzei F. Muell. = Syzygium nervosum DC. ●

156246 Eugenia hyemalis Cambess.;冬天番樱桃●☆

156247 Eugenia imbricato-cordata Amshoff;心形番樱桃●☆

156248 Eugenia incerta Dümmer;可疑番樱桃●☆

156249 Eugenia jambolana Lam. = Syzygium cumini (L.) Skeels ●

156250 Eugenia jambos L. = Syzygium jambos (L.) Alston ●

156251 Eugenia jambos L. var. sylvatica Gagnep. = Syzygium jambos (L.) Alston ●

156252 Eugenia javanica Lam. = Syzygium samarangense (Blume) Merr. et L. M. Perry ●

156253 Eugenia kalbreyeri Engl. et Brehmer;卡尔番樱桃●☆

156254 Eugenia kameruniana Engl.;喀麦隆番樱桃●☆

156255 Eugenia kashotoensis Hayata = Syzygium paucivenium (C. B. Rob.) Merr. ●

156256 Eugenia kerstingii Engl. et Brehmer;克斯廷番樱桃●☆

156257 Eugenia klaineana (Pierre) Engl.;克莱恩番樱桃●☆

156258 Eugenia kusukusense Hayata = Syzygium kusukusense (Hayata) Mori ●

156259 Eugenia kwangtungensis Merr. = Syzygium kwangtungense (Merr.) Merr. et L. M. Perry ●

156260 Eugenia laosensis Gagnep. var. quocensis Gagnep. = Syzygium laosense (Gagnep.) Merr. et L. M. Perry var. quocense (Gagnep.) Hung T. Chang et R. H. Miao ●

156261 Eugenia latilimba Merr. = Syzygium megacarpum (Craib) Rathakrishnan et N. C. Nair ●

156262 Eugenia laurentii Engl. = Eugenia malangensis (O. Hoffm.) Nied. ●☆

156263 Eugenia ledermannii Engl. et Brehmer;莱德番樱桃●☆

156264 Eugenia leonensis Engl. et Brehmer;莱昂番樱桃●☆

156265 Eugenia leptantha Wight = Syzygium claviflorum (Roxb.) Wall. ex A. M. Cowan et Cowan ●

156266 Eugenia leptanthia Wight = Syzygium leptanthum (Wight) Nied. ●

156267 Eugenia leucocarpa Gagnep. = Syzygium tsoongii (Merr.) Merr. et L. M. Perry ●

156268 Eugenia levinei Merr. = Syzygium levinei (Merr.) Merr. et L. M. Perry ●

156269 Eugenia liberiana Amshoff;利比里亚番樱桃●☆

156270 Eugenia librevillensis Amshoff;利伯维尔番樱桃●☆

156271 Eugenia ligustrina (Sw.) Willd.;女贞番樱桃●☆

156272 Eugenia ligustrina Willd. = Eugenia ligustrina (Sw.) Willd. ●☆

156273 Eugenia limnaea Ridl.;沼泽番樱桃●☆

156274 Eugenia lineata DC. = Syzygium lineatum (DC.) Merr. et L. M. Perry ●

156275 Eugenia littorea Engl. et Brehmer = Eugenia coronata Schumach. et Thonn. ●☆

156276 Eugenia lokohensis H. Perrier;洛克赫番樱桃●☆

156277 Eugenia louvelii H. Perrier;卢韦尔番樱桃●☆

156278 Eugenia luehmannii F. Muell. = Syzygium luehmannii (F. Muell.) L. A. S. Johnson ●☆

156279 Eugenia luschnathiana Klotzsch ex O. Berg;陆氏番樱桃;Pitomba ●☆

156280 Eugenia maclurei Merr. = Syzygium championii (Benth.) Merr. et L. M. Perry ●

156281 Eugenia macrocarpa A. Chev.;大果番樱桃●☆

156282 Eugenia macrophylla Lam. = Syzygium malaccense (L.) Merr. et L. M. Perry ●

156283 Eugenia madagascariensis (H. Perrier) A. J. Scott;马岛番樱桃●☆

156284 Eugenia mairei A. Cunn.;丁子香;Maire Eugenia ●☆

156285 Eugenia malaccensis L. = Syzygium malaccense (L.) Merr. et

L. M. Perry ●
156286 Eugenia malaccensis sensu Lour. = Syzygium jambos (L.) Alston ●
156287 Eugenia malangensis (O. Hoffm.) Nied.;马朗番樱桃●☆
156288 Eugenia marquesii Engl. = Eugenia malangensis (O. Hoffm.) Nied. ●☆
156289 Eugenia masukuensis Baker = Syzygium masukuense (Baker) R. E. Fr. ●☆
156290 Eugenia megacarpa Craib = Syzygium megacarpum (Craib) Rathakrishnan et N. C. Nair ●
156291 Eugenia memecyloides Benth.;谷木番樱桃●☆
156292 Eugenia michelii DC.;米氏番樱桃;Brazil Cherry ●☆
156293 Eugenia michelii Lam. = Eugenia uniflora L. ●
156294 Eugenia microphylla Abel = Syzygium buxifolium Hook. et Arn. ●
156295 Eugenia miegeana Aké Assi = Eugenia gabonensis Amshoff ●☆
156296 Eugenia milletiana Hemsl. = Syzygium levinei (Merr.) Merr. et L. M. Perry ●
156297 Eugenia milletiana Hemsl. = Syzygium odoratum (Lour.) DC. ●
156298 Eugenia milletiana Hemsl. ex Forbes et Hemsl. = Syzygium odoratum (Lour.) DC. ●
156299 Eugenia millettiana Hemsl. = Syzygium odoratum (Lour.) DC. ●
156300 Eugenia minutiflora Hance = Syzygium hancei Merr. et L. M. Perry ●
156301 Eugenia mufindiensis Verdc.;穆芬迪番樱桃●☆
156302 Eugenia multiflora Lam.;多花番樱桃●☆
156303 Eugenia multipunctata Merr. = Decaspermum cambodianum Gagnep. ●
156304 Eugenia multipunctata Merr. = Decaspermum montanum Ridl. ●
156305 Eugenia muscicola H. Perrier;苔地番樱桃●☆
156306 Eugenia myrcianthes;阿根廷番樱桃●☆
156307 Eugenia myrsinifolia Hance = Syzygium myrsinifolium (Hance) Merr. et L. M. Perry ●
156308 Eugenia myrtifolia Sims = Eugenia oleaeoides H. Perrier ●☆
156309 Eugenia myrtifolia Sims = Eugenia paniculata Banks ex Gaertn. var. australis (H. Wendl.) Bailey ●☆
156310 Eugenia myrtoides G. Don = Eugenia coronata Schumach. et Thonn. ●☆
156311 Eugenia natalitia Sond.;纳塔利特番樱桃●☆
156312 Eugenia nigerina A. Chev.;尼日利亚番樱桃●☆
156313 Eugenia nodosa Engl. = Memecylon nodosum (Engl.) Gilg ex Engl. ●☆
156314 Eugenia nyassensis Engl.;尼亚萨番樱桃●☆
156315 Eugenia obanensis Baker f.;奥班番樱桃●☆
156316 Eugenia oblata Roxb. = Syzygium oblatum (Roxb.) Wall. ex Steud. ●
156317 Eugenia ogoouensis Amshoff;奥果韦番樱桃●☆
156318 Eugenia oleaeoides H. Perrier;木犀榄番樱桃●☆
156319 Eugenia oleifolia Thouars ex H. Perrier = Eugenia oleaeoides H. Perrier ●☆
156320 Eugenia oleosa F. Muell. = Syzygium oleosum (F. Muell.) B. Hyland ●☆
156321 Eugenia oligantha Baker;寡花番樱桃●☆
156322 Eugenia ombrophila H. Perrier;喜雨番樱桃●☆
156323 Eugenia operculata Roxb. = Cleistocalyx operculatus (Roxb.) Merr. et L. M. Perry ●
156324 Eugenia operculata Roxb. = Syzygium nervosum DC. ●
156325 Eugenia orthostemon Berg;直雄蕊番樱桃●☆
156326 Eugenia owariensis P. Beauv. = Syzygium owariense (P. Beauv.) Benth. ●☆
156327 Eugenia paniculata Banks ex Gaertn. = Syzygium australe (H. Wendl. ex Link) B. Hyland ●☆
156328 Eugenia paniculata Banks ex Gaertn. var. australis (H. Wendl. ex Link) Bailey = Syzygium australe (H. Wendl. ex Link) B. Hyland ●☆
156329 Eugenia paniculata Banks ex Gaertn. var. australis (H. Wendl.) Bailey = Syzygium australe (H. Wendl. ex Link) B. Hyland ●☆
156330 Eugenia paniculata Banks ex Gaertn. var. australis (H. Wendl.) Bailey = Eugenia paniculata Banks ex Gaertn. var. australis (H. Wendl. ex Link) Bailey ●☆
156331 Eugenia parviflora Lam. = Decaspermum parviflorum (Lam.) A. J. Scott ●
156332 Eugenia paucivenia C. B. Rob. = Syzygium paucivenium (C. B. Rob.) Merr. ●
156333 Eugenia philippioides H. Perrier;肖石南番樱桃●☆
156334 Eugenia pimenta DC. = Pimenta dioica (L.) Merr. ●☆
156335 Eugenia pitanga Kiaersk.;单子蒲桃(皮坦番樱桃)●☆
156336 Eugenia pobeguinii Aubrév.;波别番樱桃●☆
156337 Eugenia poggei Engl. = Eugenia malangensis (O. Hoffm.) Nied. ●☆
156338 Eugenia polyantha Wigth;繁花番樱桃●☆
156339 Eugenia pseudovenosa H. Perrier = Psidium cattleianum Sabine ●
156340 Eugenia pungens O. Berg;六番樱●☆
156341 Eugenia pusilla N. E. Br.;微小番樱桃●☆
156342 Eugenia pyxiphylla Hance = Syzygium grijsii (Hance) Merr. et L. M. Perry ●
156343 Eugenia quadriflora H. Perrier;四花番樱桃●☆
156344 Eugenia racemosa L. = Barringtonia racemosa (L.) Blume ex DC. ●
156345 Eugenia radiciflora H. Perrier;根花番樱桃●☆
156346 Eugenia rudatisii Engl. et Brehmer = Eugenia natalitia Sond. ●☆
156347 Eugenia rupestris Engl. et Brehmer = Eugenia leonensis Engl. et Brehmer ●☆
156348 Eugenia salicifolia M. A. Lawson = Barringtonia racemosa (L.) Spreng. ●
156349 Eugenia sambiranensis H. Perrier = Syzygium sambiranense (H. Perrier) Labat et G. E. Schatz ●
156350 Eugenia schatzii J. S. Mill.;沙茨番樱桃●☆
156351 Eugenia scheffleri Engl. et Brehmer;谢夫勒番樱桃●☆
156352 Eugenia scottii H. Perrier;司科特番樱桃●☆
156353 Eugenia simii Dümmer;西姆番樱桃●☆
156354 Eugenia simile Merr. = Syzygium simile (Merr.) Merr. ●
156355 Eugenia sinensis Hemsl. = Syzygium buxifolium Hook. et Arn. ●
156356 Eugenia sinensis Hemsl. ex Forbes et Hemsl. = Syzygium buxifolium Hook. et Arn. ●
156357 Eugenia smithii Spreng. ex Berg;史密斯番樱桃;Australian Lilly-pilly, Lillypilly ●☆
156358 Eugenia somae Hayata = Syzygium buxifolium Hook. et Arn. ●
156359 Eugenia somalensis Chiov. = Eugenia capensis (Eckl. et Zeyh.) Harv. subsp. multiflora Verdc. ●☆
156360 Eugenia soyauxii Engl. = Eugenia klaineana (Pierre) Engl. ●☆
156361 Eugenia staudtii Engl. et Brehmer;施陶番樱桃●☆
156362 Eugenia stolzii Engl. et Brehmer = Eugenia malangensis (O. Hoffm.) Nied. ●☆
156363 Eugenia strigosa (O. Berg ex Mart.) Arechav.;糙毛番樱桃●☆

156364 Eugenia subdecurrens (Miq.) Merr. et Chun = Acmena acuminatissima (Blume) Merr. et L. M. Perry ●
156365 Eugenia subdecurrens Merr. et Chun = Acmena acuminatissima (Blume) Merr. et L. M. Perry ●
156366 Eugenia subherbacea A. Chev.;近草本番樱桃●☆
156367 Eugenia sudanica A. Chev. = Syzygium guineense (Willd.) DC. var. sudanicum (A. Chev.) Roberty ●☆
156368 Eugenia sumbensis Greves;松巴番樱桃●☆
156369 Eugenia tabouensis Aubrév.;塔布番樱桃●☆
156370 Eugenia talbotii Keay;塔尔博特番樱桃●☆
156371 Eugenia tanaensis Verdc.;塔纳番樱桃●☆
156372 Eugenia tarenica Lam.;蜡番樱桃(洋蒲桃);Wax Jambo ●☆
156373 Eugenia tephrodes Hance = Syzygium tephrodes (Hance) Merr. et L. M. Perry ●
156374 Eugenia tetragona Wight = Syzygium tetragonum Wall. ex Wight ●
156375 Eugenia thikaensis Verdc.;锡卡番樱桃●☆
156376 Eugenia thollonii Amshoff;托伦番樱桃●☆
156377 Eugenia thouvenotiana H. Perrier;图弗诺番樱桃●☆
156378 Eugenia thumra Roxb. = Syzygium thumra (Roxb.) Merr. et L. M. Perry ●
156379 Eugenia tisserantii Aubrév. et Pellegr.;蒂斯朗特番樱桃●☆
156380 Eugenia toddalioides Wight = Syzygium toddalioides (Wight) Walp. ●
156381 Eugenia togoensis Engl.;多哥番樱桃●☆
156382 Eugenia tripinnata Blanco = Syzygium tripinnatum (Blanco) Merr. ●
156383 Eugenia tsoi Merr. et Chun = Syzygium cumini (L.) Skeels var. tsoi (Merr. et Chun) Hung T. Chang et R. H. Miao ●
156384 Eugenia tsoongii Merr. = Syzygium tsoongii (Merr.) Merr. et L. M. Perry ●
156385 Eugenia uniflora L.;红果仔(巴西红果,毕当茄,扁樱桃,红仔果,棱果蒲桃);Barbados Cherry, Brazil Cherry, Brazilian Cherry, Cayenne Cherry, Cayenne-cherry, Cherry, Florida Cherry, Pitanga, Pitanja Cherry, Surinam Cherry, Surinam-cherry ●
156386 Eugenia urophylla Welw. ex Hiern = Syzygium guineense (Willd.) DC. subsp. urophyllum (Welw. ex Hiern) Amshoff ●☆
156387 Eugenia urschiana H. Perrier;乌尔施番樱桃●☆
156388 Eugenia varians Miq. = Syzygium zeylanicum (L.) DC. ●
156389 Eugenia vatomandrensis H. Perrier;瓦图曼德里番樱桃●☆
156390 Eugenia ventenatii Benth.;温氏番樱桃;Weeping Tree Myrtle ●☆
156391 Eugenia verdoorniae A. E. van Wyk;韦尔番樱桃●☆
156392 Eugenia viguieriana H. Perrier;维基耶番樱桃●☆
156393 Eugenia vilersii H. Perrier;维莱尔斯番樱桃●☆
156394 Eugenia whytei Sprague;怀特番樱桃●☆
156395 Eugenia woodii Dümmer;伍得番樱桃●☆
156396 Eugenia yangambensis Amshoff;扬甘比番樱桃●☆
156397 Eugenia zenkeri Engl.;岑克尔番樱桃●☆
156398 Eugenia zeyheri Harv.;泽赫番樱桃●☆
156399 Eugenia zeylanica (L.) Wight = Syzygium zeylanicum (L.) DC. ●
156400 Eugenia zeylanica Wight = Syzygium zeylanicum (L.) DC. ●
156401 Eugenia zuluensis Dümmer;祖卢番樱桃●☆
156402 Eugeniaceae Bercht. et J. Presl = Myrtaceae Juss.(保留科名)●
156403 Eugeniodes Kuntze = Symplocos Jacq. ●
156404 Eugeniodes ferrugineum Kuntze = Symplocos cochinchinensis (Lour.) S. Moore ●
156405 Eugeniodes neriifolium Kuntze = Symplocos glauca (Thunb.) Koidz. ●
156406 Eugeniodes paniculatum Kuntze = Symplocos paniculata (Thunb.) Miq. ●
156407 Eugeniodes urceolare (Hance) Kuntze = Symplocos sumuntia Buch.-Ham. ex D. Don ●
156408 Eugeniopsis O. Berg = Marlierea Cambess. ●☆
156409 Eugeniopsis laevigata (DC.) O. Berg;类番樱桃●☆
156410 Eugissona Post et Kuntze = Eugeissona Griff. ●☆
156411 Euglypha Chodat et Hassl. (1906);南美马兜铃属●☆
156412 Eugone Salisb. = Gloriosa L. ■
156413 Eugtypha rojasiana Chodat et Hassl.;南美马兜铃●☆
156414 Euhemus Raf. = Lycopus L. ■
156415 Euhesperida Brullo et Furnari = Satureja L. ●■
156416 Euhesperida linearifolia Brullo et Furnari = Satureja linearifolia (Brullo et Furnari) Greuter ■☆
156417 Euhydrobryum Koidz. = Hydrobryum Endl. ■
156418 Euilus Steven = Astragalus L. ●■
156419 Euklasta Post et Kuntze = Euclasta Franch. ■☆
156420 Euklastaxon Steud. = Andropogon L.(保留属名)■
156421 Euklisia (Nutt. ex Torr. et A. Gray) Greene = Euklisia Rydb. ex Small ■☆
156422 Euklisia (Nutt. ex Torr. et A. Gray) Rydb. = Streptanthus Nutt. ■☆
156423 Euklisia (Nutt.) Greene = Euklisia Rydb. ex Small ■☆
156424 Euklisia (Nutt.) Rydb. = Cartiera Greene ■☆
156425 Euklisia Rydb. ex Small = Icianthus Greene ■☆
156426 Euklisia Rydb. ex Small(1903);弯花芥属■☆
156427 Euklisia albida Greene;白弯花芥■☆
156428 Euklisia aspera Greene;粗糙弯花芥■☆
156429 Euklisia bakeri Greene;贝克弯花芥■☆
156430 Euklisia cordata Rydb.;心形弯花芥■☆
156431 Euklisia crassifolia Rydb.;厚叶弯花芥■☆
156432 Euklisia glandulosa Greene;多腺弯花芥■☆
156433 Euklisia hispida Greene;粗毛弯花芥■☆
156434 Euklisia longirostris (S. Watson) Rydb.;长喙弯花芥■☆
156435 Euklisia violacea Greene;堇色弯花芥■☆
156436 Eukrania Raf. = Chamaepericlymenum Asch. et Graebn. ■
156437 Eukylista Benth. = Calycophyllum DC. ●☆
156438 Eukylista spruceana Benth. = Calycophyllum spruceanum (Benth.) Hook. f. ex K. Schum. ●☆
156439 Eulalia Kunth(1829);黄金茅属(金茅属);Eulalia, Goldquitch ■
156440 Eulalia Trin. = Miscanthus Andersson ■
156441 Eulalia argentea Brongn. = Eulalia trispicata (Schult.) Henrard ■
156442 Eulalia aurea (Bory) Kunth;黄金茅;Golden Eulalia, Sugar Grass ■
156443 Eulalia bequaertii (De Wild.) De Wild. = Microstegium vagans (Nees ex Steud.) A. Camus ■
156444 Eulalia birmanica (Hook. f.) A. Camus = Eulalia speciosa (Debeaux) Kuntze ■
156445 Eulalia borealis (Ohwi) T. Koyama = Microstegium japonicum (Miq.) Koidz. var. boreale (Ohwi) Ohwi ■☆
156446 Eulalia borealis (Ohwi) T. Koyama var. japonica (Miq.) T. Koyama = Microstegium japonicum (Miq.) Koidz. ■
156447 Eulalia brevifolia Keng ex P. C. Keng;短叶金茅;Shortleaf Goldquitch, Shortleaf Eulalia ■
156448 Eulalia cantonensis (Rendle) Hitchc. = Microstegium vimineum (Trin.) A. Camus ■

156449 Eulalia ciliata (Trin.) Kuntze = Microstegium ciliatum (Trin.) A. Camus ■
156450 Eulalia collina (Balansa) Keng;山金茅;Hilly Eulalia ■
156451 Eulalia contorta (Brongn.) Kuntze = Pseudopogonatherum contortum (Brongn.) A. Camus ■
156452 Eulalia contorta (Brongn.) Kuntze var. linearifolia Keng = Pseudopogonatherum contortum (Brongn.) A. Camus var. linearifolia S. L. Chen ■
156453 Eulalia contorta (Brongn.) Kuntze var. pedicellata (Hack.) Keng;具梗笔草;Pedicellate Eulalia ■
156454 Eulalia contorta (Brongn.) Kuntze var. sinense Keng = Pseudopogonatherum contortum (Brongn.) A. Camus var. sinense (Keng ex S. L. Chen) Keng ex S. L. Chen ■
156455 Eulalia cotulifera (Thunb.) Munro = Spodiopogon cotulifer (Thunb.) Hack. ■
156456 Eulalia cotulifera (Thunb.) Munro ex Miq. = Spodiopogon cotulifer (Thunb.) Hack. ■
156457 Eulalia cotulifera Munro ex Miq. = Eccoilopus cotulifer (Thunb.) A. Camus ■
156458 Eulalia cumingii (Nees) A. Camus;卡氏金茅(库民金茅);Cuming Eulalia ■
156459 Eulalia cumingii (Nees) A. Camus = Eulalia leschenaultiana (Decne.) Ohwi ■
156460 Eulalia elata Peter = Eulalia aurea (Bory) Kunth ■
156461 Eulalia elata Peter var. hirsuta ? = Eulalia aurea (Bory) Kunth ■
156462 Eulalia ferruginea Stapf = Eulalia aurea (Bory) Kunth ■
156463 Eulalia filifolia S. L. Chen = Pseudopogonatherum capilliphyllum S. L. Chen ■
156464 Eulalia filifolia S. L. Chen = Pseudopogonatherum filifolium (S. L. Chen) H. Yu, Y. F. Deng et N. X. Zhao ■
156465 Eulalia geniculata Stapf = Eulalia aurea (Bory) Kunth ■
156466 Eulalia hydrophila Chiov. = Andropogon lima (Hack.) Stapf ■☆
156467 Eulalia hydrophila Chiov. var. filiformis ? = Andropogon lima (Hack.) Stapf ■☆
156468 Eulalia japonica Trin. = Miscanthus floridulus (Labill.) Warb. ex K. Schum. et Lauterb. ■
156469 Eulalia japonica Trin. = Miscanthus sinensis Andersson ■
156470 Eulalia koretrostachys (Trin.) Henrard = Pseudopogonatherum contortum (Brongn.) A. Camus ■
156471 Eulalia leschenaultiana (Decne.) Ohwi;龚氏金茅(细秆金茅,小金茅);Eulalia, Leschenault Goldquitch, Slenderculm Eulalia ■
156472 Eulalia manipurensis Bor;无芒金茅■
156473 Eulalia micranthera Keng et S. L. Chen;微药金茅;Minianther Eulalia, Minianther Goldquitch ■
156474 Eulalia mollis (Griseb.) Kuntze;银丝金茅;Silversilk Eulalia, Silversilk Goldquitch ■
156475 Eulalia monantha (Nees ex Steud.) Kuntze = Microstegium ciliatum (Trin.) A. Camus ■
156476 Eulalia mutica B. S. Sun et M. Y. Wang = Eulalia manipurensis Bor ■
156477 Eulalia nana Keng et S. L. Chen = Polytrias amaura (Büse) Kuntze var. nana (Keng et S. L. Chen) Keng ex S. L. Chen ■
156478 Eulalia nana Keng et S. L. Chen = Polytrias indica (Houtt.) Veldkamp var. nana (Keng et S. L. Chen) S. M. Phillips et S. L. Chen ■
156479 Eulalia nepalensis Trin. = Diandranthus nepalensis (Trin.) L. Liou ■
156480 Eulalia nepalensis Trin. = Miscanthus nepalensis (Trin.) Hack. ■
156481 Eulalia nuda (Trin.) Kuntze = Microstegium nudum (Trin.) A. Camus ■
156482 Eulalia pallens (Hack.) Kuntze;白健秆;Pale Eulalia, Pale Goldquitch ■
156483 Eulalia paniculata Peter = Andropogon tenuiberbis Hack. ■☆
156484 Eulalia parceciliata (Pilg.) Pilg. ex Peter = Microstegium vagans (Nees ex Steud.) A. Camus ■
156485 Eulalia phaeothrix (Hack.) Kuntze;棕茅;Brown Eulalia, Brownhair Goldquitch ■
156486 Eulalia polyneura (Pilg.) Stapf;多脉金茅■☆
156487 Eulalia praemorsa (Nees ex Steud.) Stapf ex Ridl. = Polytrias indica (Houtt.) Veldkamp ■
156488 Eulalia praemorsa (Nees) Stapf ex Ridl. = Polytrias amaura (Büse) Kuntze ■
156489 Eulalia pruinosa B. S. Sun et M. Y. Wang;粉背金茅■
156490 Eulalia quadrinervis (Hack.) Kuntze;四脉金茅;Fournerved Eulalia, Fourvein Goldquitch ■
156491 Eulalia quadrinervis Hack. var. latigluma B. S. Sun et S. Wang = Eulalia quadrinervis (Hack.) Kuntze ■
156492 Eulalia sericea (Chiov.) Stapf = Eulalia villosa (Thunb.) Nees ■☆
156493 Eulalia setifolia (Nees) Pilg. = Pseudopogonatherum contortum (Brongn.) A. Camus ■
156494 Eulalia setifolia (Nees) Pilg. = Pseudopogonatherum koretrostachys (Trin.) Henrard ■
156495 Eulalia setifolia (Nees) Pilg. = Pseudopogonatherum setifolium (Nees) A. Camus ■
156496 Eulalia siamensis Bor;二色金茅■
156497 Eulalia siamensis Bor var. latifolia (Rendle) S. M. Phillips et S. L. Chen;宽叶金茅■
156498 Eulalia simplex Hosok. = Schizachyrium fragile (R. Br.) A. Camus ■
156499 Eulalia speciosa (Debeaux) Kuntze;金茅(黄金茅,假青茅);Common Eulalia, Goldquitch ■
156500 Eulalia splendens Keng et S. L. Chen;红健秆(红健茅);Red Eulalia, Red Goldquitch ■
156501 Eulalia tanakae (Makino) Honda = Eulalia speciosa (Debeaux) Kuntze ■
156502 Eulalia trispicata (Schult.) Henrard;三穗金茅;Threespike Eulalia, Threespike Goldquitch ■
156503 Eulalia tristachya (Steud.) Kuntze = Eulalia trispicata (Schult.) Henrard ■
156504 Eulalia velutina (Hack.) Kuntze = Eulalia speciosa (Debeaux) Kuntze ■
156505 Eulalia villosa (Thunb.) Nees;长柔毛金茅■☆
156506 Eulalia viminea (Trin.) Kuntze = Microstegium vimineum (Trin.) A. Camus ■
156507 Eulalia wightii (Hook. f.) Bor;魏氏金茅;Wight Eulalia, Wight Goldquitch ■
156508 Eulalia wightii (Hook. f.) Bor = Eulalia villosa (Thunb.) Nees ■☆
156509 Eulalia wightii (Hook. f.) Bor var. latifolia (Rendle) B. S. Sun et S. Wang = Eulalia siamensis Bor var. latifolia (Rendle) S. M. Phillips et S. L. Chen ■
156510 Eulalia yunnanensis Keng et S. L. Chen;云南金茅;Yunnan

Eulalia, Yunnan Goldquitch ■
156511 Eulaliopsis Honda(1924);拟金茅属(龙须草属);Draftgoldquitch, Eulaliopsis ■
156512 Eulaliopsis angustifolia (Trin.) Honda = Eulaliopsis binata (Retz.) C. E. Hubb. ■
156513 Eulaliopsis binata (Retz.) C. E. Hubb.;拟金茅(龙须草,梭草,蓑草,羊草);Baib Grass, Bharbur Grass, Common Eulaliopsis, Draftgoldquitch, Sawai Grass ■
156514 Eulenburgia Pax = Momordica L. ■
156515 Eulepis (Bong.) Post et Kuntze = Mesanthemum Körn. ■☆
156516 Euleria Urb. (1925);奥氏漆树属●☆
156517 Euleria tetramera Urb.;奥氏漆树●☆
156518 Euleucum Raf. = Corema D. Don ●☆
156519 Eulobus Nutt. = Camissonia Link ■☆
156520 Eulobus Nutt. ex Torr. et A. Gray = Camissonia Link ■☆
156521 Eulophia R. Br. (1821)('Eulophus')(保留属名);美冠兰属(鸡冠兰属,芋兰属);Eulophia, Gentian, Salab-misri, Salep ■
156522 Eulophia R. Br. ex Lindl. = Eulophia R. Br. (保留属名)■
156523 Eulophia abyssinica Rchb. f.;阿比西尼亚美冠兰■☆
156524 Eulophia abyssinica Rchb. f. var. aurantiaca (Rolfe) Geerinck = Eulophia aurantiaca Rolfe ■☆
156525 Eulophia abyssinica Rchb. f. var. euantha (Schltr.) Geerinck = Eulophia euantha Schltr. ■☆
156526 Eulophia aculeata (L. f.) Spreng.;皮刺美冠兰■☆
156527 Eulophia aculeata (L. f.) Spreng. subsp. huttonii (Rolfe) A. V. Hall;赫顿美冠兰■☆
156528 Eulophia acuminata Rolfe = Eulophia calanthoides Schltr. ■☆
156529 Eulophia acutilabra Summerh.;尖美冠兰■☆
156530 Eulophia adenoglossa (Lindl.) Rchb. f.;腺舌美冠兰■☆
156531 Eulophia aemula Schltr. = Eulophia hians Spreng. var. nutans (Sond.) S. Thomas ■☆
156532 Eulophia aequalis (Lindl.) Bolus = Eulophia parviflora (Lindl.) A. V. Hall ■☆
156533 Eulophia albiflora Edgew. ex Lindl. = Eulophia herbacea Lindl. ■
156534 Eulophia albobrunnea Kraenzl.;白褐美冠兰■☆
156535 Eulophia alexandri (Rchb. f.) Butzin;亚历山大美冠兰■☆
156536 Eulophia alismatophylla Rchb. f. = Oeceoclades alismatophylla (Rchb. f.) Garay et P. Taylor ■☆
156537 Eulophia aliwalensis Rolfe = Eulophia hians Spreng. var. inaequalis (Schltr.) S. Thomas ■☆
156538 Eulophia allisonii Rolfe = Eulophia calanthoides Schltr. ■☆
156539 Eulophia aloifolia Welw. ex Rchb. f.;芦荟叶美冠兰■☆
156540 Eulophia alta (L.) Fawc. et Rendle;高美冠兰;Wild Coco ■☆
156541 Eulophia amajubae Schltr. = Eulophia hians Spreng. var. nutans (Sond.) S. Thomas ■☆
156542 Eulophia amblyosepala (Schltr.) Butzin;萼美冠兰■☆
156543 Eulophia amblypetala Kraenzl.;瓣美冠兰■☆
156544 Eulophia ambongensis Schltr. = Oeceoclades perrieri (Schltr.) Garay et P. Taylor ■☆
156545 Eulophia ambrensis (H. Perrier) Butzin = Oeceoclades ambrensis (H. Perrier) Bosser et Morat ■☆
156546 Eulophia amplipetala Schltr. = Eulophia parvilabris Lindl. ■☆
156547 Eulophia andersonii (Rolfe) A. D. Hawkes = Eulophia flavopurpurea (Rchb. f.) Rolfe ■☆
156548 Eulophia angolensis (Rchb. f.) Summerh.;安哥拉美冠兰■☆
156549 Eulophia angustiflora Kraenzl. = Eulophia walleri (Rchb. f.) Kraenzl. ■☆
156550 Eulophia angustilabellata De Wild. = Eulophia penduliflora Kraenzl. ■☆
156551 Eulophia anisotepala Summerh. = Eulophia monile Rchb. f. ■☆
156552 Eulophia antennata Schltr. = Eulophia longisepala Rendle ■☆
156553 Eulophia antennisepala (Rchb. f.) Schltr. = Eulophia caricifolia (Rchb. f.) Summerh. var. antennisepala (Rchb. f.) Geerinck ■☆
156554 Eulophia antunesii Rolfe;安图内思美冠兰■☆
156555 Eulophia arenaria (Lindl.) Bolus = Eulophia cucullata (Afzel. ex Sw.) Steud. ■☆
156556 Eulophia arenicola Schltr.;沙生美冠兰■☆
156557 Eulophia aristata Rendle = Eulophia adenoglossa (Lindl.) Rchb. f. ■☆
156558 Eulophia articulata Lindl.;关节美冠兰■☆
156559 Eulophia aurantiaca Rolfe;橙黄美冠兰■☆
156560 Eulophia aurea Kraenzl. = Eulophia odontoglossa Rchb. f. ■☆
156561 Eulophia austrooccidentalis Sölch = Eulophia speciosa (R. Br. ex Lindl.) Bolus ■☆
156562 Eulophia baginsensis Rchb. f. = Eulophia petersii (Rchb. f.) Rchb. f. ■☆
156563 Eulophia bainesii Rolfe = Eulophia ovalis Lindl. var. bainesii (Rolfe) P. J. Cribb et la Croix ■☆
156564 Eulophia bakeri Rolfe = Eulophia ovalis Lindl. ■☆
156565 Eulophia bangweolensis Schltr. = Eulophia longisepala Rendle ■☆
156566 Eulophia baoulensis A. Chev. = Eulophia odontoglossa Rchb. f. ■☆
156567 Eulophia barbata (Thunb.) Spreng. = Acrolophia barbata (Thunb.) H. P. Linder ■☆
156568 Eulophia barteri Summerh.;巴特美冠兰■☆
156569 Eulophia baumiana Kraenzl. = Eulophia adenoglossa (Lindl.) Rchb. f. ■☆
156570 Eulophia bella N. E. Br. = Eulophia orthoplectra (Rchb. f.) Summerh. ■☆
156571 Eulophia beravensis Rchb. f.;贝拉瓦美冠兰■☆
156572 Eulophia bicallosa (D. Don) P. F. Hunt et Summerh.;台湾美冠兰(宝岛芋蓝,短裂芋兰,双板芋兰,台湾芋兰,芋兰);Bicallus Gentian, Bicarinate Eulophia, Taiwan Eulophia ■
156573 Eulophia bicallosa (Lindl.) Hook. f. var. major (King et Pantl.) Pradhan = Eulophia bicallosa (D. Don) P. F. Hunt et Summerh. ■
156574 Eulophia bicarinata (Lindl.) Hook. f. = Eulophia bicallosa (D. Don) P. F. Hunt et Summerh. ■
156575 Eulophia bicarinata (Lindl.) Hook. f. var. major King et Pantl. = Eulophia bicallosa (D. Don) P. F. Hunt et Summerh. ■
156576 Eulophia bicolor Dalzell = Eulophia spectabilis (Dennst.) Suresh ■
156577 Eulophia bicolor Rchb. f. et Sond. = Eulophia welwitschii (Rchb. f.) Rolfe ■☆
156578 Eulophia bieleri De Wild. = Oeceoclades saundersiana (Rchb. f.) Garay et P. Taylor ■☆
156579 Eulophia bilamellata Schltr. = Eulophia parviflora (Lindl.) A. V. Hall ■☆
156580 Eulophia bilamellata Schltr. var. euryceras ? = Eulophia parviflora (Lindl.) A. V. Hall ■☆
156581 Eulophia biloba Schltr.;二浅裂美冠兰■☆
156582 Eulophia bisaccata Kraenzl.;双囊美冠兰■☆

156583 Eulophia bletilloides Schltr. = Eulophia nyasae Rendle ■☆
156584 Eulophia boltoni Harv. ex Rolfe = Eulophia foliosa (Lindl.) Bolus ■☆
156585 Eulophia bouliawongo (Rchb. f.) J. Raynal;布里亚美冠兰■☆
156586 Eulophia brachycentra Hayata = Eulophia bicallosa (D. Don) P. F. Hunt et Summerh. ■
156587 Eulophia brachypetala Lindl. = Eulophia herbacea Lindl. ■
156588 Eulophia brachystyla Schltr. = Eulophia zeyheriana Sond. ■☆
156589 Eulophia bracteosa Lindl.;长苞美冠兰;Longbract Eulophia, Longbract Gentian ■
156590 Eulophia brenanii P. J. Cribb et la Croix;布雷南美冠兰■☆
156591 Eulophia brevipetala Rolfe = Eulophia monile Rchb. f. var. brevipetala (Rolfe) Perez-Vera ■☆
156592 Eulophia brevisepala (Rendle) Summerh. = Eulophia speciosa (R. Br. ex Lindl.) Bolus ■☆
156593 Eulophia brunneo-rubra Schltr. = Eulophia odontoglossa Rchb. f. ■☆
156594 Eulophia buchananii (Rchb. f.) Bolus = Eulophia angolensis (Rchb. f.) Summerh. ■☆
156595 Eulophia buchananii (Rchb. f.) T. Durand et Schinz = Eulophia foliosa (Lindl.) Bolus ■☆
156596 Eulophia buettneri (Kraenzl.) Summerh.;比特纳美冠兰■☆
156597 Eulophia bulbinoides Schltr. = Eulophia milnei Rchb. f. ■☆
156598 Eulophia burkei Rolfe ex Downie = Eulophia spectabilis (Dennst.) Suresh ■
156599 Eulophia burundiensis Arbonn. et Geerinck;布隆迪美冠兰■☆
156600 Eulophia busseana (Kraenzl.) Butzin;布瑟美冠兰■☆
156601 Eulophia caffra Rchb. f. = Eulophia petersii (Rchb. f.) Rchb. f. ■☆
156602 Eulophia calantha Schltr.;丽花美冠兰■☆
156603 Eulophia calantha Schltr. var. kubangensis ? = Eulophia calantha Schltr. ■☆
156604 Eulophia calanthoides Schltr.;拟丽花美冠兰■☆
156605 Eulophia calcarata (Schltr.) Schltr. = Oeceoclades calcarata (Schltr.) Garay et P. Taylor ■☆
156606 Eulophia callichroma Rchb. f.;美色美冠兰■☆
156607 Eulophia caloptera (Rchb. f.) Summerh.;美翅美冠兰■☆
156608 Eulophia campestris Lindl.;田野美冠兰(美冠兰);Field Eulophia, Field Gentian ■☆
156609 Eulophia campestris Lindl. = Eulophia graminea Lindl. ■
156610 Eulophia campestris Wall. = Eulophia dabia (D. Don) Hochr. ■
156611 Eulophia campestris Wall. ex Hook. f. = Eulophia dabia (D. Don) Hochr. ■
156612 Eulophia campestris Wall. ex Lindl. = Eulophia dabia (D. Don) Hochr. ■
156613 Eulophia camporum Schltr. = Eulophia reticulata Ridl. ■☆
156614 Eulophia candida (Lindl.) Hook. f. = Eulophia bicallosa (D. Don) P. F. Hunt et Summerh. ■
156615 Eulophia candidiflora Butzin;纯白花美冠兰■☆
156616 Eulophia caricifolia (Rchb. f.) Summerh.;番木瓜叶美冠兰■☆
156617 Eulophia caricifolia (Rchb. f.) Summerh. var. antennisepala (Rchb. f.) Geerinck;角瓣美冠兰■☆
156618 Eulophia carrii C. T. White = Eulophia zollingeri (Rchb. f.) J. J. Sm. ■
156619 Eulophia carsonii Rolfe;卡森美冠兰■☆
156620 Eulophia carunculifera Rchb. f. = Eulophia hians Spreng. var. nutans (Sond.) S. Thomas ■☆
156621 Eulophia chlorantha Schltr.;绿花美冠兰■☆
156622 Eulophia chlorotica Kraenzl. = Eulophia tanganyikensis Rolfe ■☆
156623 Eulophia chrysantha Schltr. = Eulophia odontoglossa Rchb. f. ■☆
156624 Eulophia chrysops Summerh. = Eulophia schweinfurthii Kraenzl. ■☆
156625 Eulophia circinnata Rolfe = Eulophia petersii (Rchb. f.) Rchb. f. ■☆
156626 Eulophia clavicornis Lindl.;棒角美冠兰■☆
156627 Eulophia clavicornis Lindl. var. clavicornis ? = Eulophia hians Spreng. ■☆
156628 Eulophia clavicornis Lindl. var. inaequalis (Schltr.) A. V. Hall = Eulophia hians Spreng. var. inaequalis (Schltr.) S. Thomas ■☆
156629 Eulophia clavicornis Lindl. var. nutans (Sond.) A. V. Hall = Eulophia hians Spreng. var. nutans (Sond.) S. Thomas ■☆
156630 Eulophia clitellifera (Rchb. f.) Bolus;马鞍美冠兰■☆
156631 Eulophia coccifera Frapp. ex Cordem. = Eulophia pulchra (Thouars) Lindl. ■
156632 Eulophia coddii A. V. Hall;科德美冠兰■☆
156633 Eulophia coleae Rolfe = Eulophia petersii (Rchb. f.) Rchb. f. ■☆
156634 Eulophia collina Schltr. = Eulophia tenella Rchb. f. ■☆
156635 Eulophia comosa Sond. = Acrolophia capensis (P. J. Bergius) Fourc. ■☆
156636 Eulophia complanata I. Verd. = Eulophia ovalis Lindl. var. bainesii (Rolfe) P. J. Cribb et la Croix ■☆
156637 Eulophia compta Summerh. = Eulophia schweinfurthii Kraenzl. ■☆
156638 Eulophia concinna Schltr. = Eulophia monile Rchb. f. ■☆
156639 Eulophia congoensis Cogn. = Eulophia guineensis Lindl. ■☆
156640 Eulophia cooperi Rchb. f.;库珀美冠兰■☆
156641 Eulophia corallorhiziformis Schltr. = Eulophia milnei Rchb. f. ■☆
156642 Eulophia corymbosa Schltr.;伞序美冠兰■☆
156643 Eulophia crepidata Butzin = Eulophia streptopetala (Lindl.) Lindl. ■☆
156644 Eulophia crinita Rolfe = Eulophia hians Spreng. var. nutans (Sond.) S. Thomas ■☆
156645 Eulophia cristata (Afzel. ex Sw.) Steud.;冠状美冠兰■☆
156646 Eulophia cucullata (Afzel. ex Sw.) Steud.;僧帽状美冠兰■☆
156647 Eulophia cucullata (Afzel. ex Sw.) Steud. var. dilecta (Rchb. f.) Perez-Vera = Eulophia cucullata (Afzel. ex Sw.) Steud. ■☆
156648 Eulophia cullenii (Wight) Blume = Eulophia flava (Lindl.) Hook. f. ■
156649 Eulophia culveri Schltr. = Eulophia aculeata (L. f.) Spreng. ■☆
156650 Eulophia cyrtosioides Schltr. = Eulophia galeoloides Kraenzl. ■☆
156651 Eulophia dabia (D. Don) Hochr.;长距美冠兰(三峡美冠兰);Faber Eulophia, Longspur Gentian ■
156652 Eulophia dactylifera P. J. Cribb;指状美冠兰■☆
156653 Eulophia debeerstii De Wild. = Eulophia aurantiaca Rolfe ■☆
156654 Eulophia decaryana H. Perrier = Oeceoclades decaryana (H. Perrier) Garay et P. Taylor ■☆
156655 Eulophia decaryana H. Perrier ex Guillaumin et Manguin = Oeceoclades decaryana (H. Perrier) Garay et P. Taylor ■☆
156656 Eulophia decipiens Kurz = Eulophia graminea Lindl. ■
156657 Eulophia decurva Schltr. = Eulophia hians Spreng. var. nutans (Sond.) S. Thomas ■☆
156658 Eulophia deflexa Rolfe = Eulophia ovalis Lindl. ■☆
156659 Eulophia delicata P. J. Cribb = Eulophia acutilabra Summerh. ■☆
156660 Eulophia dentata Ames;宝岛美冠兰(台湾美冠兰,台湾芋兰,紫芋兰);Taiwan Eulophia, Taiwan Gentian ■

156661 Eulophia dentata Ames = Eulophia taiwanensis Hayata ■
156662 Eulophia descampsii De Wild. = Eulophia schweinfurthii Kraenzl. ■☆
156663 Eulophia dichroma Rolfe = Eulophia welwitschii (Rchb. f.) Rolfe ■☆
156664 Eulophia dictostegioides Kraenzl. = Eulophia milnei Rchb. f. ■☆
156665 Eulophia dilecta (Rchb. f.) Schltr. = Eulophia cucullata (Afzel. ex Sw.) Steud. ■☆
156666 Eulophia dispersa N. E. Br. = Eulophia speciosa (R. Br. ex Lindl.) Bolus ■☆
156667 Eulophia dissimilis R. A. Dyer = Oeceoclades lonchophylla (Rchb. f.) Garay et P. Taylor ■☆
156668 Eulophia divergens Fritsch;稍叉美冠兰■☆
156669 Eulophia dregeana Lindl. = Eulophia ovalis Lindl. ■☆
156670 Eulophia dregeana Lindl. var. angustior Sond. = Eulophia ovalis Lindl. ■☆
156671 Eulophia durbanensis Rolfe = Eulophia odontoglossa Rchb. f. ■☆
156672 Eulophia dusenii Kraenzl. = Eulophia euglossa (Rchb. f.) Rchb. f. ■☆
156673 Eulophia dybowskii (God. -Leb.) Butzin;迪布美冠兰■☆
156674 Eulophia ecalcarata G. Will. = Eulophia nyasae Rendle ■☆
156675 Eulophia ecristata (Fernald) Ames = Pteroglossaspis ecristata (Fernald) Rolfe ■☆
156676 Eulophia elamellata De Wild. = Eulophia odontoglossa Rchb. f. ■☆
156677 Eulophia elegans Schltr.;雅致美冠兰■☆
156678 Eulophia elegantula Rolfe = Eulophia parviflora (Lindl.) A. V. Hall ■☆
156679 Eulophia elliotii Rendle = Eulophia horsfallii (Bateman) Summerh. ■☆
156680 Eulophia elliotii Rolfe = Eulophia filicaulis Lindl. ■☆
156681 Eulophia elliotii Rolfe = Oeceoclades sclerophylla (Rchb. f.) Garay et P. Taylor ■☆
156682 Eulophia emarginata Blume = Eulophia pulchra (Thouars) Lindl. ■
156683 Eulophia emarginata Lindl. = Eulophia hians Spreng. ■☆
156684 Eulophia encyclioides Schltr. = Eulophia venulosa Rchb. f. ■☆
156685 Eulophia endlichiana (Kraenzl.) Butzin;恩德美冠兰■☆
156686 Eulophia engleri Rolfe = Eulophia hians Spreng. var. inaequalis (Schltr.) S. Thomas ■☆
156687 Eulophia ensata Lindl.;剑形叶美冠兰;Sword Leaf Eulophia ■☆
156688 Eulophia epiphytica P. J. Cribb, Du Puy et Bosser = Paralophia epiphytica (P. J. Cribb, Du Puy et Bosser) P. J. Cribb ●☆
156689 Eulophia ernestii Schltr. = Eulophia hians Spreng. var. nutans (Sond.) S. Thomas ■☆
156690 Eulophia euantha Schltr.;良花美冠兰■☆
156691 Eulophia euglossa (Rchb. f.) Rchb. f.;美舌美冠兰;Goodtongue Eulophia ■☆
156692 Eulophia eustachya (Rchb. f.) Geerinck;良穗美冠兰■☆
156693 Eulophia evrardii Guillaumin = Tainia angustifolia (Lindl.) Benth. et Hook. f. ■
156694 Eulophia exilis Schltr. = Eulophia monile Rchb. f. ■☆
156695 Eulophia eylesi Rendle = Eulophia angolensis (Rchb. f.) Summerh. ■☆
156696 Eulophia eylesii Summerh.;艾尔斯美冠兰■☆
156697 Eulophia faberi Rolfe = Eulophia dabia (D. Don) Hochr. ■
156698 Eulophia falcatiloba Szlach. et Olszewski;镰形美冠兰■☆
156699 Eulophia faradjensis De Wild. = Eulophia livingstoniana (Rchb. f.) Summerh. ■☆
156700 Eulophia farcta G. Will. = Eulophia nyasae Rendle ■☆
156701 Eulophia fernandeziana Geerinck;费尔南美冠兰■☆
156702 Eulophia filicaulis Lindl.;线茎美冠兰■☆
156703 Eulophia filifolia Bosser et Morat;丝叶美冠兰■☆
156704 Eulophia fitzalanii F. Muell. = Eulophia bicallosa (D. Don) P. F. Hunt et Summerh. ■
156705 Eulophia flaccida Schltr. = Eulophia tenella Rchb. f. ■☆
156706 Eulophia flammea Kraenzl. = Eulophia odontoglossa Rchb. f. ■☆
156707 Eulophia flanaganii Bolus = Eulophia hians Spreng. var. nutans (Sond.) S. Thomas ■☆
156708 Eulophia flava (Lindl.) Hook. f.;黄花美冠兰;Yellow Gentian, Yellowflower Eulophia ■
156709 Eulophia flavopurpurea (Rchb. f.) Rolfe;黄紫美冠兰■☆
156710 Eulophia flexuosa (Rolfe) Kraenzl. = Polystachya dendrobiiflora Rchb. f. ■☆
156711 Eulophia florulenta Kraenzl. = Eulophia nyasae Rendle ■☆
156712 Eulophia foliosa (Lindl.) Bolus;多叶美冠兰■☆
156713 Eulophia formosana (Rolfe) Rolfe = Eulophia zollingeri (Rchb. f.) J. J. Sm. ■
156714 Eulophia formosans (Rolfe) Rolfe = Eulophia bicallosa (D. Don) P. F. Hunt et Summerh. ■
156715 Eulophia fractiflexa Summerh. = Eulophia clitellifera (Rchb. f.) Bolus ■☆
156716 Eulophia fragrans Schltr. = Eulophia cooperi Rchb. f. ■☆
156717 Eulophia fridericii (Rchb. f.) A. V. Hall;弗里德里西美冠兰■☆
156718 Eulophia galbana Ridl. = Eulophiella galbana (Ridl.) Bosser et Morat ■☆
156719 Eulophia galeoloides Kraenzl.;山珊瑚兰状美冠兰■☆
156720 Eulophia galpinii Schltr. = Eulophia hians Spreng. var. nutans (Sond.) S. Thomas ■☆
156721 Eulophia gastrodioides Schltr.;天麻美冠兰■☆
156722 Eulophia gigantea (Welw. ex Rchb. f.) N. E. Br. = Eulophia bouliawongo (Rchb. f.) J. Raynal ■☆
156723 Eulophia gigantea (Welw.) N. E. Br.;巨美冠兰(美冠兰);Gigantic Eulophia ■☆
156724 Eulophia gilletiana Butzin = Eulophia latilabris Summerh. ■☆
156725 Eulophia gladioloides Rolfe = Eulophia hians Spreng. var. nutans (Sond.) S. Thomas ■☆
156726 Eulophia goetzeana Kraenzl. = Eulophia galeoloides Kraenzl. ■☆
156727 Eulophia gracilior (Rendle) Butzin = Eulophia livingstoniana (Rchb. f.) Summerh. ■☆
156728 Eulophia gracilis Lindl.;纤细美冠兰■☆
156729 Eulophia graciliscapa Schltr. = Eulophia odontoglossa Rchb. f. ■☆
156730 Eulophia gracillima Ridl. = Eulophia milnei Rchb. f. ■☆
156731 Eulophia gracillima Schltr. = Oeceoclades gracillima (Schltr.) Garay et P. Taylor ■☆
156732 Eulophia graminea Lindl.;美冠兰(禾草芋兰,雅致美冠兰);Elegant Eulophia ■
156733 Eulophia graminea Lindl. var. kitamurae (Masam.) S. S. Ying = Eulophia dentata Ames ■
156734 Eulophia graminea Lindl. var. kitamurae (Masam.) S. S. Ying = Eulophia taiwanensis Hayata ■
156735 Eulophia grandibractea Kraenzl. = Eulophia plantaginea (Thouars) Rolfe ex Hochr. ■☆
156736 Eulophia grandidieri H. Perrier;格朗美冠兰■☆

156737 Eulophia grandiflora Lindl. = Eulophia bracteosa Lindl. ■
156738 Eulophia granducalis Kraenzl. = Eulophia welwitschii (Rchb. f.) Rolfe ■☆
156739 Eulophia grantii (Rchb. f.) Summerh. = Eulophia streptopetala (Lindl.) Lindl. ■☆
156740 Eulophia guamensis Ames = Eulophia pulchra (Thouars) Lindl. ■
156741 Eulophia guineensis Lindl. var. kibilana Schltr. = Eulophia guineensis Lindl. ■☆
156742 Eulophia guineensis Lindl. var. purpurata Kotschy = Eulophia guineensis Lindl. ■☆
156743 Eulophia guineensis Lindl. var. tisseranti Szlach. et Olszewski = Eulophia guineensis Lindl. ■☆
156744 Eulophia guinenesis Lindl.;几内亚美冠兰;Guinea Eulophia ■☆
156745 Eulophia gumbariensis De Wild. = Eulophia petersii (Rchb. f.) Rchb. f. ■☆
156746 Eulophia gusukumae Masam. = Eulophia graminea Lindl. ■
156747 Eulophia hastata Lindl. = Tainia latifolia (Lindl.) Rchb. f. ■
156748 Eulophia haygarthii Rolfe = Eulophia ovalis Lindl. ■☆
156749 Eulophia helleborina Hook. f. = Brachycorythis macrantha (Lindl.) Summerh. ■☆
156750 Eulophia hemileuca Lindl. = Eulophia dabia (D. Don) Hochr. ■
156751 Eulophia herbacea Lindl.;毛唇美冠兰;Hairlip Eulophia, Hairlip Gentian ■
156752 Eulophia hereroensis Schltr.;赫雷罗美冠兰■☆
156753 Eulophia hians Spreng.;开裂美冠兰■☆
156754 Eulophia hians Spreng. var. inaequalis (Schltr.) S. Thomas;不等美冠兰■☆
156755 Eulophia hians Spreng. var. nutans (Sond.) S. Thomas;俯垂美冠兰■☆
156756 Eulophia hildebrandii Schltr.;裸美冠兰;Hildebrand Eulophia ■☆
156757 Eulophia hirschbergii Summerh.;希施贝格美冠兰■☆
156758 Eulophia hirsuta J. Joseph et Vajr. = Pachystoma pubescens Blume ■
156759 Eulophia hirsuta T. P. Lin = Pachystoma ludaoense S. C. Chen et Y. B. Luo ■
156760 Eulophia hirsuta T. P. Lin = Pachystoma pubescens Blume ■
156761 Eulophia hockii De Wild. = Eulophia nyasae Rendle ■☆
156762 Eulophia holochila Collett et Hemsl. = Eulophia spectabilis (Dennst.) Suresh ■
156763 Eulophia hologlossa Schltr.;全舌美冠兰■☆
156764 Eulophia holstiana Kraenzl. = Eulophia odontoglossa Rchb. f. ■☆
156765 Eulophia holubii Rolfe;霍勒布美冠兰■☆
156766 Eulophia homblei (De Wild.) Butzin = Eulophia speciosa (R. Br. ex Lindl.) Bolus ■☆
156767 Eulophia hormusjii Duthie;霍尔木斯基美冠兰■☆
156768 Eulophia hormusjii Duthie = Eulophia dabia (D. Don) Hochr. ■
156769 Eulophia horsfallii (Bateman) Summerh.;紫舌美冠兰;Purple-tongue Eulophia ■☆
156770 Eulophia horsfallii (Bateman) Summerh. var. laurentii (De Wild.) Geerinck = Eulophia laurentii (De Wild.) Summerh. ■☆
156771 Eulophia humbertii (H. Perrier) Butzin = Oeceoclades humbertii (H. Perrier) Bosser et Morat ■☆
156772 Eulophia humilis Rendle = Eulophia venulosa Rchb. f. ■☆
156773 Eulophia humilis Schltr. = Eulophia mossambicensis Schelpe ■☆
156774 Eulophia huttonii Rolfe = Eulophia aculeata (L. f.) Spreng. subsp. huttonii (Rolfe) A. V. Hall ■☆
156775 Eulophia ibityensis Schltr.;伊比提美冠兰■☆
156776 Eulophia inaequalis Schltr. = Eulophia hians Spreng. var. inaequalis (Schltr.) S. Thomas ■☆
156777 Eulophia inamoena Kraenzl. = Eulophia foliosa (Lindl.) Bolus ■☆
156778 Eulophia inandensis Rolfe = Eulophia parviflora (Lindl.) A. V. Hall ■☆
156779 Eulophia inconspicua Griff. = Eulophia graminea Lindl. ■
156780 Eulophia involuta Summerh. = Eulophia juncifolia Summerh. ■☆
156781 Eulophia inyangensis Summerh. = Eulophia monticola Rolfe ■☆
156782 Eulophia ischna Summerh. = Eulophia trilamellata De Wild. ■☆
156783 Eulophia johnstonii Rolfe = Eulophia odontoglossa Rchb. f. ■☆
156784 Eulophia jumelleana Schltr. = Eulophia livingstoniana (Rchb. f.) Summerh. ■☆
156785 Eulophia juncifolia Summerh.;灯芯草叶美冠兰■☆
156786 Eulophia junodiana Kraenzl. = Eulophia hereroensis Schltr. ■☆
156787 Eulophia katangensis (De Wild.) De Wild.;加丹加美冠兰■☆
156788 Eulophia keiliana (Kraenzl.) Butzin;凯尔美冠兰■☆
156789 Eulophia keniensis Schltr.;肯尼亚美冠兰■☆
156790 Eulophia kirkii Rolfe = Eulophia stachyodes Rchb. f. ■☆
156791 Eulophia kitamurae Masam. = Eulophia dentata Ames ■
156792 Eulophia kitamurae Masam. = Eulophia taiwanensis Hayata ■
156793 Eulophia krebsii (Rchb. f.) Bolus = Eulophia streptopetala (Lindl.) Lindl. ■☆
156794 Eulophia krebsii (Rchb. f.) Bolus var. purpurata (Ridl.) Bolus = Eulophia streptopetala (Lindl.) Lindl. ■☆
156795 Eulophia kyimbilae Schltr.;基穆比拉美冠兰■☆
156796 Eulophia lambii Rolfe = Eulophia stachyodes Rchb. f. ■☆
156797 Eulophia lamellata Lindl. = Acrolophia lamellata (Lindl.) Schltr. et Bolus ■☆
156798 Eulophia lanceata H. Perrier = Oeceoclades lanceata (H. Perrier) Garay et P. Taylor ■☆
156799 Eulophia lanceolata Rolfe = Eulophia adenoglossa (Lindl.) Rchb. f. ■☆
156800 Eulophia lata Rolfe = Eulophia odontoglossa Rchb. f. ■☆
156801 Eulophia latifolia Rolfe = Oeceoclades ugandae (Rolfe) Garay et P. Taylor ■☆
156802 Eulophia latilabris Summerh.;宽唇美冠兰■☆
156803 Eulophia latipetala Rolfe = Eulophia parvilabris Lindl. ■☆
156804 Eulophia laurentiana Kraenzl. = Eulophia gracilis Lindl. ■☆
156805 Eulophia laurentii (De Wild.) Summerh.;洛朗美冠兰■☆
156806 Eulophia laxiflora Schltr. = Eulophia hians Spreng. var. nutans (Sond.) S. Thomas ■☆
156807 Eulophia leachii Greatrex ex A. V. Hall;利奇美冠兰■☆
156808 Eulophia ledermannii Kraenzl. = Eulophia parvula (Rendle) Summerh. ■☆
156809 Eulophia ledienii N. E. Br. = Oeceoclades maculata (Lindl.) Lindl. ■☆
156810 Eulophia ledienii Stein ex N. E. Br. = Oeceoclades maculata (Lindl.) Lindl. ■☆
156811 Eulophia lejolyana Geerinck;勒若利美冠兰■☆
156812 Eulophia leonensis Rolfe;莱昂美冠兰■☆
156813 Eulophia leontoglossa Rchb. f.;舌美冠兰■☆
156814 Eulophia leopoldii Kraenzl. = Eulophia latilabris Summerh. ■☆
156815 Eulophia letouzeyana Geerinck;勒图美冠兰■☆
156816 Eulophia leucantha (Kraenzl.) Sölch = Eulophia speciosa (R.

Br. ex Lindl.) Bolus ■☆
156817 Eulophia leucorhiza Schltr. = Eulophia ramosa Ridl. ■☆
156818 Eulophia limodoroides Kraenzl. = Eulophia nyasae Rendle ■☆
156819 Eulophia lindiana Kraenzl. = Eulophia penduliflora Kraenzl. ■☆
156820 Eulophia lindleyana (Rchb. f.) Schltr. = Eulophia angolensis (Rchb. f.) Summerh. ■☆
156821 Eulophia lisowskii Szlach. = Eulophia parvula (Rendle) Summerh. ■☆
156822 Eulophia lissochiloides Lindl. = Eulophia platypetala Lindl. ■☆
156823 Eulophia litoralis Schltr. ;滨海美冠兰■☆
156824 Eulophia livingstoniana (Rchb. f.) Summerh. ;利文斯顿美冠兰■☆
156825 Eulophia lomaniensis Butzin = Eulophia latilabris Summerh. ■☆
156826 Eulophia lonchophylla Rchb. f. = Oeceoclades lonchophylla (Rchb. f.) Garay et P. Taylor ■☆
156827 Eulophia longepedunculata Rendle = Eulophia petersii (Rchb. f.) Rchb. f. ■☆
156828 Eulophia longicollis Lindl. = Graphorchis lurida (Sw.) Kuntze ■☆
156829 Eulophia longicornis Spreng. = Mystacidium capense (L. f.) Schltr. ●■☆
156830 Eulophia longifolia (Kunth) Schltr. = Eulophia alta (L.) Fawc. et Rendle ■☆
156831 Eulophia longipes Rolfe = Eulophia hians Spreng. var. inaequalis (Schltr.) S. Thomas ■☆
156832 Eulophia longisepala Rendle;长萼美冠兰■☆
156833 Eulophia lubbersiana De Wild. et Laurent = Oeceoclades lubbersiana (De Wild. et Laurent) Garay et P. Taylor ■☆
156834 Eulophia lujaana Kraenzl. = Eulophia milnei Rchb. f. ■☆
156835 Eulophia lujae De Wild. = Eulophia welwitschii (Rchb. f.) Rolfe ■☆
156836 Eulophia lunata Schltr. = Acrolophia barbata (Thunb.) H. P. Linder ■☆
156837 Eulophia lurida (Sw.) Lindl. = Graphorchis lurida (Sw.) Kuntze ■☆
156838 Eulophia macgregorii Ames = Eulophia spectabilis (Dennst.) Suresh ■
156839 Eulophia mackenii Rolfe ex Hemsl. = Oeceoclades mackenii (Rolfe ex Hemsl.) Garay et P. Taylor ■☆
156840 Eulophia mackenii Rolfe ex Hemsl. = Oeceoclades maculata (Lindl.) Lindl. ■☆
156841 Eulophia macowanii Rolfe;麦克欧文美冠兰■☆
156842 Eulophia macra Ridl. ;大美冠兰■☆
156843 Eulophia macra Schltr. = Eulophia trilamellata De Wild. ■☆
156844 Eulophia macrantha Rolfe;大花美冠兰■☆
156845 Eulophia macrorhiza Blume = Eulophia zollingeri (Rchb. f.) J. J. Sm. ■
156846 Eulophia macrostachya Lindl. ;南洋芋兰■
156847 Eulophia macrostachya Lindl. = Eulophia pulchra (Thouars) Lindl. ■
156848 Eulophia maculata (Lindl.) Rchb. f. = Oeceoclades maculata (Lindl.) Lindl. ■☆
156849 Eulophia maestra (Merxm.) Butzin = Eulophia pyrophila (Rchb. f.) Summerh. ■☆
156850 Eulophia mahonii (Rolfe) A. D. Hawkes;马洪美冠兰■☆
156851 Eulophia malangana (Rchb. f.) Summerh. ;马兰加美冠兰■☆
156852 Eulophia mangenotiana Bosser et Veyret;芒热诺美冠兰■☆
156853 Eulophia massokoensis Schltr. ;马索科美冠兰■☆
156854 Eulophia mechowii (Rchb. f.) T. Durand et Schinz;梅休美冠兰■☆
156855 Eulophia medemiae Schltr. = Graphorkis medemiae (Schltr.) Summerh. ■☆
156856 Eulophia megistophylla Rchb. f. ;极大叶美冠兰■☆
156857 Eulophia menelikii Pax;梅内利克美冠兰■☆
156858 Eulophia merrillii Ames = Eulophia bicallosa (D. Don) P. F. Hunt et Summerh. ■
156859 Eulophia micrantha Lindl. = Acrolophia micrantha (Lindl.) Pfitzer ■☆
156860 Eulophia microceras (Rchb. f.) Summerh. = Eulophia pyrophila (Rchb. f.) Summerh. ■☆
156861 Eulophia microdactyla Kraenzl. = Eulophia milnei Rchb. f. ■☆
156862 Eulophia milanjiana Rendle = Eulophia welwitschii (Rchb. f.) Rolfe ■☆
156863 Eulophia mildbraedii Kraenzl. = Oeceoclades saundersiana (Rchb. f.) Garay et P. Taylor ■☆
156864 Eulophia millsonii (Rolfe) Summerh. = Eulophia flavopurpurea (Rchb. f.) Rolfe ■☆
156865 Eulophia milnei Rchb. f. ;米尔恩美冠兰■☆
156866 Eulophia milnei Rchb. f. var. norlindhii (Summerh.) Geerinck = Eulophia norlindhii Summerh. ■☆
156867 Eulophia missionis Rendle = Eulophia odontoglossa Rchb. f. ■☆
156868 Eulophia monantha W. W. Sm. ;单花美冠兰;Singleflower Eulophia,Singleflower Gentian ■
156869 Eulophia monile Rchb. f. ;串珠状美冠兰■☆
156870 Eulophia monile Rchb. f. var. brevipetala (Rolfe) Perez-Vera;短瓣美冠兰■☆
156871 Eulophia monophylla S. Moore = Oeceoclades maculata (Lindl.) Lindl. ■☆
156872 Eulophia monotropis Schltr. ;单棱美冠兰■☆
156873 Eulophia monteiroi (Rolfe) Butzin = Eulophia cucullata (Afzel. ex Sw.) Steud. ■☆
156874 Eulophia monticola Rolfe;山生美冠兰■☆
156875 Eulophia monticola Schltr. = Eulophia ovalis Lindl. var. bainesii (Rolfe) P. J. Cribb et la Croix ■☆
156876 Eulophia montiselgonis Summerh. ;埃尔贡美冠兰■☆
156877 Eulophia mossambicensis Schelpe;莫桑比克美冠兰■☆
156878 Eulophia multicolor (Kraenzl.) Butzin;多色美冠兰■☆
156879 Eulophia mumbwaensis Summerh. ;蒙布瓦美冠兰■☆
156880 Eulophia nana Schltr. = Eulophia penduliflora Kraenzl. ■☆
156881 Eulophia natalensis Rchb. f. = Eulophia tenella Rchb. f. ■☆
156882 Eulophia nelsonii Rolfe = Eulophia hians Spreng. var. nutans (Sond.) S. Thomas ■☆
156883 Eulophia nervosa H. Perrier;多脉美冠兰■☆
156884 Eulophia nigricans Schltr. = Eulophia adenoglossa (Lindl.) Rchb. f. ■☆
156885 Eulophia norlindhii Summerh. ;诺林德美冠兰■☆
156886 Eulophia nuda Lindl. = Eulophia spectabilis (Dennst.) Suresh ■
156887 Eulophia nutans Sond. = Eulophia hians Spreng. var. nutans (Sond.) S. Thomas ■☆
156888 Eulophia nuttii Rolfe;纳特美冠兰■☆
156889 Eulophia nyasae Rendle;尼亚萨美冠兰■☆
156890 Eulophia obcordata Rolfe = Eulophia hians Spreng. ■☆
156891 Eulophia oblonga Rolfe = Eulophia ensata Lindl. ■☆
156892 Eulophia obscura P. J. Cribb;隐匿美冠兰■☆

156893 Eulophia ochobiensis Hayata = Eulophia zollingeri (Rchb. f.) J. J. Sm. ■
156894 Eulophia ochracea Schltr. = Eulophia odontoglossa Rchb. f. ■☆
156895 Eulophia ochyrae Szlach. et Olszewski;奥吉拉美冠兰■☆
156896 Eulophia odontoglossa Rchb. f. ;齿舌美冠兰■☆
156897 Eulophia oedoplectron Summerh. = Eulophia bouliawongo (Rchb. f.) J. Raynal ■☆
156898 Eulophia oliveriana (Rchb. f.) Bolus = Eulophia parviflora (Lindl.) A. V. Hall ■☆
156899 Eulophia oliveriana Bolus = Eulophia aculeata (L. f.) Spreng. subsp. huttonii (Rolfe) A. V. Hall ■☆
156900 Eulophia orthoplectra (Rchb. f.) Summerh. ;直距美冠兰■☆
156901 Eulophia orthoplectra (Rchb. f.) Summerh. var. rugulosa (Summerh.) Geerinck;稍皱直距美冠兰■☆
156902 Eulophia orthoplectra (Rchb. f.) Summerh. var. schweinfurthii (Kraenzl.) Geerinck = Eulophia schweinfurthii Kraenzl. ■☆
156903 Eulophia ovalis Lindl. ;椭圆美冠兰■☆
156904 Eulophia ovalis Lindl. subsp. bainesii (Rolfe) A. V. Hall = Eulophia ovalis Lindl. var. bainesii (Rolfe) P. J. Cribb et la Croix ■☆
156905 Eulophia ovalis Lindl. var. bainesii (Rolfe) P. J. Cribb et la Croix;贝恩斯美冠兰■☆
156906 Eulophia ovatipetala Rolfe = Eulophia ovalis Lindl. ■☆
156907 Eulophia paivaeana (Rchb. f.) Summerh. subsp. borealis Summerh. = Eulophia streptopetala (Lindl.) Lindl. ■☆
156908 Eulophia palmicola H. Perrier = Paralophia palmicola (H. Perrier) P. J. Cribb ●☆
156909 Eulophia pandurata Rolfe = Oeceoclades pandurata (Rolfe) Garay et P. Taylor ■☆
156910 Eulophia panganiana Kraenzl. = Eulophia odontoglossa Rchb. f. ■☆
156911 Eulophia panganiensis Kraenzl. = Eulophia odontoglossa Rchb. f. ■☆
156912 Eulophia paniculata Rolfe = Oeceoclades calcarata (Schltr.) Garay et P. Taylor ■☆
156913 Eulophia papilliferus Small = Eulophia alta (L.) Fawc. et Rendle ■☆
156914 Eulophia papillosa (Rolfe) Schltr. = Eulophia odontoglossa Rchb. f. ■☆
156915 Eulophia papuana (Ridl.) J. J. Sm. = Eulophia zollingeri (Rchb. f.) J. J. Sm. ■
156916 Eulophia papuana F. M. Bailey = Eulophia pulchra (Thouars) Lindl. ■
156917 Eulophia papuana Schltr. = Eulophia bicallosa (D. Don) P. F. Hunt et Summerh. ■
156918 Eulophia paradoxa Kraenzl. = Eulophia venulosa Rchb. f. ■☆
156919 Eulophia parviflora (Lindl.) A. V. Hall;小花美冠兰■☆
156920 Eulophia parvilabris Lindl. ;小唇美冠兰■☆
156921 Eulophia parvula (Rendle) Summerh. ;较小美冠兰■☆
156922 Eulophia paucisquamata De Wild. = Eulophia katangensis (De Wild.) De Wild. ■☆
156923 Eulophia pedicellata (L. f.) Spreng. = Eulophia aculeata (L. f.) Spreng. ■☆
156924 Eulophia peglerae Rolfe = Eulophia tabularis (L. f.) Bolus ■☆
156925 Eulophia pelorica D. L. Jones et M. A. Clem. = Eulophia pulchra (Thouars) Lindl. var. actinomorpha W. M. Lin ■
156926 Eulophia penduliflora Kraenzl. ;垂花美冠兰■☆
156927 Eulophia pentalamella Butzin = Eulophia latilabris Summerh. ■☆
156928 Eulophia pentheri Schltr. = Eulophia schweinfurthii Kraenzl. ■☆
156929 Eulophia perrieri Schltr. ;佩里耶美冠兰■☆
156930 Eulophia petersii (Rchb. f.) Rchb. f. ;彼得斯美冠兰■☆
156931 Eulophia petiolata Schltr. = Oeceoclades petiolata (Schltr.) Garay et P. Taylor ■☆
156932 Eulophia phillipsiae Rolfe = Eulophia petersii (Rchb. f.) Rchb. f. ■☆
156933 Eulophia pileata Ridl. ;帽状美冠兰■☆
156934 Eulophia pillansii Bolus = Eulophia hereroensis Schltr. ■☆
156935 Eulophia pisciceliana Buscal. et Schltr. = Eulophia walleri (Rchb. f.) Kraenzl. ■☆
156936 Eulophia plantaginea (Thouars) Rolfe ex Hochr. ;车前状美冠兰■☆
156937 Eulophia platypetala Lindl. ;阔瓣美冠兰■☆
156938 Eulophia porphyroglossa (Rchb. f.) Bolus = Eulophia horsfallii (Bateman) Summerh. ■☆
156939 Eulophia porphyroglossa Bolus = Eulophia horsfallii (Bateman) Summerh. ■☆
156940 Eulophia praestans Rendle = Eulophia welwitschii (Rchb. f.) Rolfe ■☆
156941 Eulophia praticola Butzin = Eulophia ovalis Lindl. var. bainesii (Rolfe) P. J. Cribb et la Croix ■☆
156942 Eulophia pretoriensis L. Bolus = Eulophia ovalis Lindl. var. bainesii (Rolfe) P. J. Cribb et la Croix ■☆
156943 Eulophia preussii Kraenzl. = Eulophia gracilis Lindl. ■☆
156944 Eulophia propinqua Hutch. = Eulophia odontoglossa Rchb. f. ■☆
156945 Eulophia protearum Rchb. f. ;海神美冠兰■☆
156946 Eulophia pseudoramosa Schltr. = Eulophia ramosa Ridl. ■☆
156947 Eulophia pulchra (Thouars) Lindl. ;美花美冠兰(南洋芋兰);Macrostachys Eulophia, Spiffyflower Eulophia, Spiffyflower Gentian ■
156948 Eulophia pulchra (Thouars) Lindl. var. actinomorpha W. M. Lin;辐花美冠兰■
156949 Eulophia pulchra (Thouars) Lindl. var. divergens Rchb. f. = Eulophia megistophylla Rchb. f. ■☆
156950 Eulophia purpurascens Rolfe = Eulophia hians Spreng. var. nutans (Sond.) S. Thomas ■☆
156951 Eulophia purpurata (Lindl.) N. E. Br. ;紫红美冠兰(紫美冠兰);Purple Eulophia ■☆
156952 Eulophia pusilla Rolfe = Eulophia milnei Rchb. f. ■☆
156953 Eulophia pyrophila (Rchb. f.) Summerh. ;喜炎美冠兰■☆
156954 Eulophia quadriloba Schltr. = Oeceoclades quadriloba (Schltr.) Garay et P. Taylor ■☆
156955 Eulophia quartiniana A. Rich. = Eulophia guineensis Lindl. ■☆
156956 Eulophia ramentacea (Roxb.) Lindl. = Eulophia dabia (D. Don) Hochr. ■
156957 Eulophia ramentacea Lindl. = Eulophia dabia (D. Don) Hochr. ■
156958 Eulophia ramentacea Lindl. ex Wall. = Eulophia dabia (D. Don) Hochr. ■
156959 Eulophia ramifera Summerh. = Eulophia filicaulis Lindl. ■☆
156960 Eulophia ramosa Hayata = Eulophia graminea Lindl. ■
156961 Eulophia ramosa Ridl. ;分枝美冠兰■☆
156962 Eulophia rara Schltr. ;珍稀美冠兰■☆
156963 Eulophia recurvata G. Will. = Eulophia seleensis (De Wild.) Butzin ■☆
156964 Eulophia rehmannii Rolfe = Eulophia parvilabris Lindl. ■☆
156965 Eulophia reichenbachiana Bolus = Eulophia foliosa (Lindl.) Bolus ■☆

156966 Eulophia renschiana (Rchb. f.) T. Durand et Schinz = Eulophia welwitschii (Rchb. f.) Rolfe ■☆
156967 Eulophia reticulata Ridl.;网状美冠兰■☆
156968 Eulophia rhodesiaca Schltr.;罗得西亚美冠兰■☆
156969 Eulophia richardsiae P. J. Cribb et la Croix;理查兹美冠兰■☆
156970 Eulophia rigidifolia Kraenzl. = Eulophia malangana (Rchb. f.) Summerh. ■☆
156971 Eulophia robusta Rolfe = Eulophia cooperi Rchb. f. ■☆
156972 Eulophia robusta Schltr. = Eulophia livingstoniana (Rchb. f.) Summerh. ■☆
156973 Eulophia rolfeana Kraenzl.;罗尔夫美冠兰■☆
156974 Eulophia rosea (Lindl.) A. D. Hawkes;红美冠兰;Red Eulophia ■☆
156975 Eulophia rosea (Lindl.) A. D. Hawkes = Eulophia horsfallii (Bateman) Summerh. ■☆
156976 Eulophia roseolabia (Schltr.) Butzin = Eulophia fridericii (Rchb. f.) A. V. Hall ■☆
156977 Eulophia rouxii Kraenzl. = Eulophia pulchra (Thouars) Lindl. ■
156978 Eulophia rueppelii (Rchb. f.) Summerh. = Eulophia streptopetala (Lindl.) Lindl. ■☆
156979 Eulophia rugulosa Summerh. = Eulophia orthoplectra (Rchb. f.) Summerh. var. rugulosa (Summerh.) Geerinck ■☆
156980 Eulophia rupestris Lindl. = Eulophia dabia (D. Don) Hochr. ■
156981 Eulophia rupestris Lindl. ex Wall. = Eulophia dabia (D. Don) Hochr. ■
156982 Eulophia rupestris Rchb. f. = Eulophia parviflora (Lindl.) A. V. Hall ■☆
156983 Eulophia rupestris Wall. ex Lindl. = Eulophia dabia (D. Don) Hochr. ■
156984 Eulophia rutenbergiana Kraenzl.;鲁滕贝格美冠兰■☆
156985 Eulophia ruwenzoriensis Rendle;鲁文佐里美冠兰■☆
156986 Eulophia sabulosa Schltr.;砂地美冠兰■☆
156987 Eulophia sandersonii (Rchb. f.) A. D. Hawkes = Eulophia horsfallii (Bateman) Summerh. ■☆
156988 Eulophia sanguinea (Lindl.) Hook. f. = Eulophia zollingeri (Rchb. f.) J. J. Sm. ■
156989 Eulophia sankeyi Rolfe = Eulophia cooperi Rchb. f. ■☆
156990 Eulophia sankisiensis De Wild. = Eulophia rhodesiaca Schltr. ■☆
156991 Eulophia sapinii De Wild. = Eulophia speciosa (R. Br. ex Lindl.) Bolus ■☆
156992 Eulophia saundersiae Rolfe = Eulophia parviflora (Lindl.) A. V. Hall ■☆
156993 Eulophia saundersiana Rchb. f. = Oeceoclades saundersiana (Rchb. f.) Garay et P. Taylor ■☆
156994 Eulophia sceptrum (Schltr.) Butzin = Eulophia horsfallii (Bateman) Summerh. ■☆
156995 Eulophia schimperiana A. Rich. = Eulophia petersii (Rchb. f.) Rchb. f. ■☆
156996 Eulophia schlechterii H. Perrier = Oeceoclades ambongensis (Schltr.) Garay et P. Taylor ■☆
156997 Eulophia schnelliae L. Bolus = Eulophia macowanii Rolfe ■☆
156998 Eulophia schweinfurthii Kraenzl.;施韦美冠兰■☆
156999 Eulophia sclerophylla Rchb. f. = Oeceoclades sclerophylla (Rchb. f.) Garay et P. Taylor ■☆
157000 Eulophia scottii Butzin = Eulophia horsfallii (Bateman) Summerh. ■☆
157001 Eulophia segawae Fukuy. = Eulophia dentata Ames ■
157002 Eulophia segawae Fukuy. = Eulophia taiwanensis Hayata ■
157003 Eulophia seleensis (De Wild.) Butzin;塞莱美冠兰■☆
157004 Eulophia seleensis (De Wild.) Butzin var. kisanfuensis (De Wild.) Geerinck = Eulophia mumbwaensis Summerh. ■☆
157005 Eulophia seleensis (De Wild.) Butzin var. tenuiscapa (Schltr.) Geerinck = Eulophia seleensis (De Wild.) Butzin ■☆
157006 Eulophia serrata P. J. Cribb;具齿美冠兰■☆
157007 Eulophia shupangae (Rchb. f.) Kraenzl. = Eulophia odontoglossa Rchb. f. ■☆
157008 Eulophia siamensis Rolfe ex Downie;线叶美冠兰;Siam Eulophia ■
157009 Eulophia silvatica Schltr. = Eulophia pulchra (Thouars) Lindl. ■
157010 Eulophia sinensis Blume = Spathoglottis pubescens Lindl. ■
157011 Eulophia sinensis Miq. = Eulophia graminea Lindl. ■
157012 Eulophia smithii Rolfe = Eulophia petersii (Rchb. f.) Rchb. f. ■☆
157013 Eulophia sooi Chun et Ts. Tang ex S. C. Chen;剑叶美冠兰;Swordleaf Eulophia, Swordleaf Gentian ■
157014 Eulophia sordida Kraenzl. = Eulophia pyrophila (Rchb. f.) Summerh. ■☆
157015 Eulophia spatulifera H. Perrier = Oeceoclades spathulifera (H. Perrier) Garay et P. Taylor ■☆
157016 Eulophia speciosa (R. Br. ex Lindl.) Bolus;雅丽美冠兰■☆
157017 Eulophia speciosa (R. Br. ex Lindl.) Bolus var. culveri Schltr. = Eulophia speciosa (R. Br. ex Lindl.) Bolus ■☆
157018 Eulophia speciosa Rolfe = Eulophia euantha Schltr. ■☆
157019 Eulophia speciosissima Butzin = Eulophia euantha Schltr. ■☆
157020 Eulophia spectabilis (Dennst.) Suresh;紫花美冠兰;Purple Eulophia, Purple Gentian ■
157021 Eulophia sphaerocarpa Sond. = Acrolophia capensis (P. J. Bergius) Fourc. ■☆
157022 Eulophia stachyodes Rchb. f.;长穗美冠兰■☆
157023 Eulophia stenantha Schltr. = Eulophia leontoglossa Rchb. f. ■☆
157024 Eulophia stenophylla Summerh. = Eulophia streptopetala Lindl. var. stenophylla (Summerh.) P. J. Cribb ■☆
157025 Eulophia stenoplectra Summerh.;狭距美冠兰■☆
157026 Eulophia stewartiae Rolfe = Eulophia parvilabris Lindl. ■☆
157027 Eulophia stolziana (Kraenzl.) Engl. = Eulophia angolensis (Rchb. f.) Summerh. ■☆
157028 Eulophia stolzii Schltr. = Eulophia longisepala Rendle ■☆
157029 Eulophia streptopetala (Lindl.) Lindl.;旋扭花美冠兰;Twisted-petal Eulophia ■☆
157030 Eulophia streptopetala (Lindl.) Lindl. var. stenophylla (Summerh.) P. J. Cribb;窄叶旋扭花美冠兰■☆
157031 Eulophia streptopetala Lindl. = Eulophia streptopetala (Lindl.) Lindl. ■☆
157032 Eulophia streptopetala Lindl. var. rueppelii (Rchb. f.) P. J. Cribb = Eulophia streptopetala (Lindl.) Lindl. ■☆
157033 Eulophia streptopetala Lindl. var. stenophylla (Summerh.) P. J. Cribb = Eulophia streptopetala (Lindl.) Lindl. var. stenophylla (Summerh.) P. J. Cribb ■☆
157034 Eulophia striata Rolfe = Eulophia pulchra (Thouars) Lindl. ■
157035 Eulophia stricta Ames;劲直美冠兰;Strict Eulophia ■☆
157036 Eulophia stricta Rolfe = Eulophia serrata P. J. Cribb ■☆
157037 Eulophia stuhlmannii (Kraenzl.) Butzin = Eulophia streptopetala (Lindl.) Lindl. ■☆
157038 Eulophia stylites (Rchb. f.) Hawkes = Eulophia cucullata

(Afzel. ex Sw.) Steud. ■☆

157039 Eulophia subintegra Rolfe = Eulophia calanthoides Schltr. ■☆

157040 Eulophia subulata Rendle = Eulophia welwitschii (Rchb. f.) Rolfe ■☆

157041 Eulophia swynnertonii Rendle;斯温纳顿美冠兰■☆

157042 Eulophia sylviae Geerinck;西尔维亚美冠兰■☆

157043 Eulophia tabularis (L. f.) Bolus;扁平美冠兰■☆

157044 Eulophia tainioides Schltr. = Oeceoclades lonchophylla (Rchb. f.) Garay et P. Taylor ■☆

157045 Eulophia taitensis P. J. Cribb et Pfennig;泰塔美冠兰■☆

157046 Eulophia taiwanensis Hayata = Eulophia dentata Ames ■

157047 Eulophia taiwanensis Hayata var. kitamurai Masam. = Eulophia taiwanensis Hayata ■

157048 Eulophia tanganyikae Kraenzl. = Eulophia parvula (Rendle) Summerh. ■☆

157049 Eulophia tanganyikensis Rolfe;坦噶尼喀美冠兰■☆

157050 Eulophia tayloriana (Rendle) Rolfe = Polystachya dendrobiiflora Rchb. f. ■☆

157051 Eulophia taylorii (Ridl.) Butzin;泰勒美冠兰■☆

157052 Eulophia tenella Rchb. f.;柔软美冠兰■☆

157053 Eulophia tenuiscapa Schltr. = Eulophia seleensis (De Wild.) Butzin ■☆

157054 Eulophia thollonii Szlach. et Olszewski;托伦美冠兰■☆

157055 Eulophia thomsonii Rolfe;托马森美冠兰■☆

157056 Eulophia thunbergii Rolfe = Eulophia ovalis Lindl. ■☆

157057 Eulophia tisserantii Szlach. et Olszewski;蒂斯朗特美冠兰■☆

157058 Eulophia toyoshimae Nakai = Eulophia graminea Lindl. ■

157059 Eulophia transvaalensis Rolfe = Eulophia hians Spreng. var. inaequalis (Schltr.) S. Thomas ■☆

157060 Eulophia transvaalensis Schltr. = Eulophia ovalis Lindl. var. bainesii (Rolfe) P. J. Cribb et la Croix ■☆

157061 Eulophia transvaalensis Schltr. var. thorncroftii ? = Eulophia ovalis Lindl. var. bainesii (Rolfe) P. J. Cribb et la Croix ■☆

157062 Eulophia triceras Schltr. = Eulophia longisepala Rendle ■☆

157063 Eulophia tricristata Schltr.;三冠美冠兰■☆

157064 Eulophia trilamellata De Wild.;三片美冠兰■☆

157065 Eulophia triloba Rolfe = Eulophia hians Spreng. var. nutans (Sond.) S. Thomas ■☆

157066 Eulophia tristis (L. f.) Spreng. = Acrolophia capensis (P. J. Bergius) Fourc. ■☆

157067 Eulophia tuberculata Bolus;多疣美冠兰■☆

157068 Eulophia tubifera Kraenzl. = Eulophia flavopurpurea (Rchb. f.) Rolfe ■☆

157069 Eulophia turkestanica (Litv.) Schltr.;土耳其斯坦美冠兰■☆

157070 Eulophia turkestanica (Litv.) Schltr. = Eulophia dabia (D. Don) Hochr. ■

157071 Eulophia ucbii Malhotra et Balodi = Eulophia graminea Lindl. ■

157072 Eulophia ugandae Rolfe = Oeceoclades ugandae (Rolfe) Garay et P. Taylor ■☆

157073 Eulophia ukingensis Schltr. = Eulophia hians Spreng. var. nutans (Sond.) S. Thomas ■☆

157074 Eulophia undulata Rolfe = Eulophia hereroensis Schltr. ■☆

157075 Eulophia ustulata (Bolus) Bolus = Acrolophia ustulata (Bolus) Schltr. et Bolus ■☆

157076 Eulophia vaginata Ridl. = Eulophia hians Spreng. var. nutans (Sond.) S. Thomas ■☆

157077 Eulophia vandervekeniana Geerinck = Polystachya dendrobiiflora Rchb. f. ■☆

157078 Eulophia vanoverberghii Ames = Eulophia bicallosa (D. Don) P. F. Hunt et Summerh. ■

157079 Eulophia variopicta Chiov. = Eulophia stachyodes Rchb. f. ■☆

157080 Eulophia venosa (F. Muell.) Rchb. f. ex Benth. var. papuana (Schltr.) Schltr. = Eulophia bicallosa (D. Don) P. F. Hunt et Summerh. ■

157081 Eulophia venulosa Rchb. f.;细脉美冠兰■☆

157082 Eulophia venusta Schltr. = Eulophia graminea Lindl. ■

157083 Eulophia vera Royle;春美冠兰■☆

157084 Eulophia vera Royle = Eulophia herbacea Lindl. ■

157085 Eulophia vermiculata De Wild. = Eulophia schweinfurthii Kraenzl. ■☆

157086 Eulophia verrucosa (Rolfe) Butzin = Eulophia tuberculata Bolus ■☆

157087 Eulophia versicolor Frapp. ex Cordem. = Eulophia pulchra (Thouars) Lindl. ■

157088 Eulophia versteegii J. J. Sm. = Eulophia bicallosa (D. Don) P. F. Hunt et Summerh. ■

157089 Eulophia violacea Rchb. f. = Eulophia hians Spreng. ■☆

157090 Eulophia virens A. Chev. = Eulophia gracilis Lindl. ■☆

157091 Eulophia vleminckxiana Geerinck et Schaijes = Eulophia hians Spreng. var. nutans (Sond.) S. Thomas ■☆

157092 Eulophia volkensii (Rolfe) Butzin = Eulophia speciosa (R. Br. ex Lindl.) Bolus ■☆

157093 Eulophia wakefieldii (Rchb. f. et S. Moore) Summerh. = Eulophia speciosa (R. Br. ex Lindl.) Bolus ■☆

157094 Eulophia walleri (Rchb. f.) Kraenzl.;瓦勒美冠兰■☆

157095 Eulophia warburgii Schltr. = Eulophia malangana (Rchb. f.) Summerh. ■☆

157096 Eulophia warneckeana Kraenzl. = Eulophia milnei Rchb. f. ■☆

157097 Eulophia watkinsonii Rolfe = Eulophia hians Spreng. var. inaequalis (Schltr.) S. Thomas ■☆

157098 Eulophia welwitschii (Rchb. f.) Rolfe;韦尔美冠兰■☆

157099 Eulophia welwitschii Hook. f. = Eulophia welwitschii (Rchb. f.) Rolfe ■☆

157100 Eulophia wendlandiana Kraenzl.;文德兰美冠兰■☆

157101 Eulophia williamsonii P. J. Cribb;威廉森美冠兰■☆

157102 Eulophia wilsonii (Rolfe) Butzin = Eulophia caricifolia (Rchb. f.) Summerh. ■☆

157103 Eulophia woodfordii (Sims) Rolfe = Eulophia alta (L.) Fawc. et Rendle ■☆

157104 Eulophia woodii Schltr. = Eulophia welwitschii (Rchb. f.) Rolfe ■☆

157105 Eulophia yunnanensis Rolfe;云南美冠兰;Yunnan Eulophia, Yunnan Gentian ■

157106 Eulophia yunnanensis Rolfe = Cymbidium faberi Rolfe ■

157107 Eulophia yushuiana S. Y. Hu = Eulophia zollingeri (Rchb. f.) J. J. Sm. ■

157108 Eulophia zeyheri Hook. f. = Eulophia welwitschii (Rchb. f.) Rolfe ■☆

157109 Eulophia zeyheriana Sond.;泽赫美冠兰■☆

157110 Eulophia zollingeri (Rchb. f.) J. J. Sm.;无叶美冠兰(乌石鼻美冠兰,乌石鼻芋兰,山芋兰,血红美冠兰);Blood-red Eulophia, Leafless Gentian, Zollinger Eulophia ■

157111 Eulophia zollingeri (Rchb. f.) J. J. Sm. f. viride Yokota;绿无叶美冠兰■☆

157112 Eulophidium Pfitzer = Oeceoclades Lindl. ■☆
157113 Eulophidium alismatophyllum (Rchb. f.) Summerh. = Oeceoclades alismatophylla (Rchb. f.) Garay et P. Taylor ■☆
157114 Eulophidium ambongense Schltr. = Oeceoclades ambongensis (Schltr.) Garay et P. Taylor ■☆
157115 Eulophidium analamerense (H. Perrier) Summerh. = Oeceoclades analamerensis (H. Perrier) Garay et P. Taylor ■☆
157116 Eulophidium angustifolium Senghas = Oeceoclades angustifolia (Senghas) Garay et P. Taylor ■☆
157117 Eulophidium angustifolium Senghas subsp. diphyllum Senghas = Oeceoclades angustifolia (Senghas) Garay et P. Taylor ■☆
157118 Eulophidium boinense Schltr. = Oeceoclades boinensis (Schltr.) Garay et P. Taylor ■☆
157119 Eulophidium decaryanum (H. Perrier) Summerh. = Oeceoclades decaryana (H. Perrier) Garay et P. Taylor ■☆
157120 Eulophidium dissimile R. A. Dyer = Oeceoclades lonchophylla (Rchb. f.) Garay et P. Taylor ■☆
157121 Eulophidium gracillimum Schltr. = Oeceoclades gracillima (Schltr.) Garay et P. Taylor ■☆
157122 Eulophidium latifolium (Rolfe) Summerh. = Oeceoclades ugandae (Rolfe) Garay et P. Taylor ■☆
157123 Eulophidium ledienii (N. E. Br.) De Wild. = Oeceoclades maculata (Lindl.) Lindl. ■☆
157124 Eulophidium ledienii (Stein ex N. E. Br.) De Wild. = Oeceoclades maculata (Lindl.) Lindl. ■☆
157125 Eulophidium lonchophyllum (Rchb. f.) Schltr. = Oeceoclades lonchophylla (Rchb. f.) Garay et P. Taylor ■☆
157126 Eulophidium lubbersianum (De Wild. et Laurent) Summerh. = Oeceoclades lubbersiana (De Wild. et Laurent) Garay et P. Taylor ■☆
157127 Eulophidium mackenii (Rolfe ex Hemsl.) Schltr. = Oeceoclades mackenii (Rolfe ex Hemsl.) Garay et P. Taylor ■☆
157128 Eulophidium maculatum (Lindl.) Pfitzer = Oeceoclades maculata (Lindl.) Lindl. ■☆
157129 Eulophidium megistophyllum (Rchb. f.) Summerh. = Eulophia megistophylla Rchb. f. ■☆
157130 Eulophidium monophyllum Schltr. = Oeceoclades maculata (Lindl.) Lindl. ■☆
157131 Eulophidium nyassanum Schltr. = Oeceoclades maculata (Lindl.) Lindl. ■☆
157132 Eulophidium panduratum (Rolfe) Summerh. = Oeceoclades pandurata (Rolfe) Garay et P. Taylor ■☆
157133 Eulophidium perrieri Schltr. = Oeceoclades perrieri (Schltr.) Garay et P. Taylor ■☆
157134 Eulophidium petiolatum (Schltr.) Schltr. = Oeceoclades petiolata (Schltr.) Garay et P. Taylor ■☆
157135 Eulophidium pulchrum (Thouars) Summerh. = Eulophia pulchra (Thouars) Lindl. ■
157136 Eulophidium quadrilobum Schltr. = Oeceoclades quadriloba (Schltr.) Garay et P. Taylor ■☆
157137 Eulophidium rauhii Senghas = Oeceoclades rauhii (Senghas) Garay et P. Taylor ■☆
157138 Eulophidium roseovariegatum Senghas = Oeceoclades gracillima (Schltr.) Garay et P. Taylor ■☆
157139 Eulophidium sclerophyllum (Rchb. f.) Summerh. = Oeceoclades sclerophylla (Rchb. f.) Garay et P. Taylor ■☆
157140 Eulophidium silvaticum (Schltr.) Summerh. = Eulophia pulchra (Thouars) Lindl. ■
157141 Eulophidium spatuliferum (H. Perrier) Summerh. = Oeceoclades spathulifera (H. Perrier) Garay et P. Taylor ■☆
157142 Eulophidium tainioides (Schltr.) Summerh. = Oeceoclades lonchophylla (Rchb. f.) Garay et P. Taylor ■☆
157143 Eulophidium warneckeanum Kraenzl. = Oeceoclades maculata (Lindl.) Lindl. ■☆
157144 Eulophidium zanzibaricum Summerh. = Oeceoclades zanzibarica (Summerh.) Garay et P. Taylor ■☆
157145 Eulophiella Rolfe(1892);姬冠兰属(小鸡冠兰属,小美冠兰属)■☆
157146 Eulophiella capuroniana Bosser ex Morat;凯普伦姬冠兰(凯普伦美冠兰)■☆
157147 Eulophiella elisabethae Linden et Rolfe;小姬冠兰(小美冠兰)■☆
157148 Eulophiella elizabethae Linden et Rolfe = Eulophiella elisabethae Linden et Rolfe ■☆
157149 Eulophiella ericophila Bosser;毛叶姬冠兰■☆
157150 Eulophiella galbana (Ridl.) Bosser et Morat;马岛姬冠兰■☆
157151 Eulophiella hamelinii Baill. = Eulophiella roempleriana Schltr. ■☆
157152 Eulophiella peetersiana Kraenzl. = Eulophiella roempleriana Schltr. ■☆
157153 Eulophiella peetersiana Kraenzl. f. rubra Hochr. = Eulophiella roempleriana Schltr. ■☆
157154 Eulophiella perrieri Schltr. = Eulophiella elisabethae Linden et Rolfe ■☆
157155 Eulophiella roempleriana Schltr.;洛氏姬冠兰■☆
157156 Eulophiopsis Pfitzer = Graphorkis Thouars(保留属名)■☆
157157 Eulophiopsis ecalcarata Schltr. = Graphorkis ecalcarata (Schltr.) Summerh. ■☆
157158 Eulophiopsis lurida (Sw.) Schltr. = Graphorchis lurida (Sw.) Kuntze ■☆
157159 Eulophiopsis medemiae Schltr. = Graphorkis medemiae (Schltr.) Summerh. ■☆
157160 Eulophus Nutt. = Perideridia Rchb. ■☆
157161 Eulophus Nutt. ex DC. = Perideridia Rchb. ■☆
157162 Eulophus R. Br. = Eulophia R. Br. (保留属名)■
157163 Eulychnia Phil. (1860);壶花柱属●☆
157164 Eulychnia acida Phil.;鹰巢球(鹰巢丸);Acido,Copao ●☆
157165 Eulychnia breviflora Phil.;短花壶花柱●☆
157166 Eulychnia castanea (K. Schum.) Phil.;栗色壶花柱;Copao De Philippi ●☆
157167 Eulychnia castanea Phil. = Eulychnia castanea (K. Schum.) Phil. ●☆
157168 Eulychnia iquiquensis (K. Schum.) Britton et Rose;仁王门●☆
157169 Eulychnia ritteri Cullmann;白幻阁●☆
157170 Eulychnia saint-pieana F. Ritter;会卷(白银城)●☆
157171 Eulychnia spinibarbis Britton et Rose;仙翁球(仙翁丸)●☆
157172 Eulychnocactus Backeb. = Corryocactus Britton et Rose ●☆
157173 Eumachia DC. = Ixora L. ●
157174 Eumachia DC. = Psychotria L. (保留属名)●
157175 Eumecanthus Klotzsch et Garcke = Euphorbia L. ●■
157176 Eumolpe Decne. ex Jacq. et Hérincq = Achimenes Pers. (保留属名)■☆
157177 Eumolpe Decne. ex Jacq. et Herincq = Gloxinia L'Hér. ■☆
157178 Eumorpha Eckl. et Zeyb. = Pelargonium L'Hér. ex Aiton ●■

157179 Eumorpha grandiflora Eckl. et Zeyh. = Pelargonium tabulare (Burm. f.) L'Hér. ■☆
157180 Eumorpha nobilis Eckl. et Zeyh. = Pelargonium tabulare (Burm. f.) L'Hér. ■☆
157181 Eumorpha tenuiloba Eckl. et Zeyh. = Pelargonium patulum Jacq. var. tenuilobum (Eckl. et Zeyh.) Harv. ■☆
157182 Eumorphanthus A. C. Sm. = Psychotria L. (保留属名) ●
157183 Eumorphia DC. (1838); 秀菊木属 ●☆
157184 Eumorphia corymbosa E. Phillips; 伞序秀菊木 ●☆
157185 Eumorphia davyi Bolus; 戴维秀菊木 ●☆
157186 Eumorphia dregeana DC.; 德雷秀菊木 ●☆
157187 Eumorphia prostrata Bolus; 平卧秀菊木 ●☆
157188 Eumorphia sericea J. M. Wood et M. S. Evans; 绢毛秀菊木 ●☆
157189 Eumorphia sericea J. M. Wood et M. S. Evans subsp. robustior Hilliard et B. L. Burtt; 粗壮绢毛秀菊木 ●☆
157190 Eumorphia swaziensis Compton; 斯威士秀菊木 ●☆
157191 Eunantia Falc. = Sabia Colebr. ●
157192 Eunanus Benth. = Mimulus L. ●■
157193 Eunomia DC. (1821); 肖岩芥菜属(小蜂室花属) ■☆
157194 Eunomia DC. = Aethionema R. Br. ■☆
157195 Eunomia rotundifolia C. A. Mey.; 圆叶肖岩芥菜 ■☆
157196 Eunoxis Raf. = Agathyrsus D. Don ■
157197 Eunoxis Raf. = Lactuca L. ■
157198 Euodia Gaertn. = Evodia Gaertn. ●
157199 Euodia Gaertn. = Ravensara Sonn. (废弃属名) ●
157200 Euodia J. R. Forst. et G. Forst. = Evodia J. R. Forst. et G. Forst. ●
157201 Euodia J. R. Forst. et G. Forst. = Melicope J. R. Forst. et G. Forst. ●
157202 Euodia anisodora Lauterb. et K. Schum. = Melicope triphylla (Lam.) Merr. ●
157203 Euodia arborea Elmer = Melicope lunu-ankenda (Gaertn.) T. G. Hartley ●
157204 Euodia arborescens D. D. Tao = Melicope lunu-ankenda (Gaertn.) T. G. Hartley ●
157205 Euodia aromatica Blume = Melicope lunu-ankenda (Gaertn.) T. G. Hartley ●
157206 Euodia awadan Hatus. = Melicope triphylla (Lam.) Merr. ●
157207 Euodia bojeriana Drake = Melicope madagascariensis (Baker) T. G. Hartley ●☆
157208 Euodia camiguinensis Merr. = Melicope semecarpifolia (Merr.) T. G. Hartley ●
157209 Euodia celastracea Baker = Melicope madagascariensis (Baker) T. G. Hartley ●☆
157210 Euodia chaffanjonii H. Lév. = Euscaphis japonica (Thunb.) Kanitz ●
157211 Euodia chapelieri Baill. = Melicope chapelieri (Baill.) T. G. Hartley ●☆
157212 Euodia chunii Merr. = Melicope chunii (Merr.) T. G. Hartley ●
157213 Euodia concinna Ridl. = Melicope lunu-ankenda (Gaertn.) T. G. Hartley ●
157214 Euodia daniellii (Benn. ex Daniell) Hemsl. = Tetradium daniellii (A. W. Benn. ex Daniell) T. G. Hartley ●
157215 Euodia decaryana H. Perrier = Melicope decaryana (H. Perrier) T. G. Hartley ●☆
157216 Euodia densiflora Baker = Melicope bakeri T. G. Hartley ●☆
157217 Euodia discolor Baker = Melicope discolor (Baker) T. G. Hartley ●☆
157218 Euodia floribunda Baker = Melicope floribunda (Baker) T. G. Hartley ●☆
157219 Euodia glaberrima Merr. = Melicope triphylla (Lam.) Merr. ●
157220 Euodia glauca Miq. = Tetradium glabrifolium (Champ. ex Benth.) T. G. Hartley ●
157221 Euodia glauca Miq. = Tetradium glabrifolium (Champ. ex Benth.) T. G. Hartley var. glaucum (Miq.) T. Yamaz. ●
157222 Euodia glomerata Craib = Melicope glomerata (Craib) T. G. Hartley ●
157223 Euodia gracilis Kurz = Melicope pteleifolia (Champ. ex Benth.) T. G. Hartley ●
157224 Euodia incerta Blume = Melicope triphylla (Lam.) Merr. ●
157225 Euodia kumagaiana Rehder = Euodia nishimurae Koidz. ●☆
157226 Euodia laxireta Merr. = Melicope triphylla (Lam.) Merr. ●
157227 Euodia lepta Merr. = Melicope pteleifolia (Champ. ex Benth.) T. G. Hartley ●
157228 Euodia lepta Merr. var. cambodiana (Pierre) C. C. Huang = Melicope pteleifolia (Champ. ex Benth.) T. G. Hartley ●
157229 Euodia lepta Merr. var. chunii (Merr.) C. C. Huang = Melicope chunii (Merr.) T. G. Hartley ●
157230 Euodia lucida (Miq.) Miq. = Melicope lunu-ankenda (Gaertn.) T. G. Hartley ●
157231 Euodia lunu-ankenda (Gaertn.) Merr. = Melicope lunu-ankenda (Gaertn.) T. G. Hartley ●
157232 Euodia lunu-ankenda (Gaertn.) Merr. var. tirunelvelica A. N. Henry et Chandrabose = Melicope lunu-ankenda (Gaertn.) T. G. Hartley ●
157233 Euodia madagascariensis Baker = Melicope madagascariensis (Baker) T. G. Hartley ●☆
157234 Euodia magnifolia Baill. = Melicope magnifolia (Baill.) T. G. Hartley ●☆
157235 Euodia marambong (Miq.) Miq. = Melicope lunu-ankenda (Gaertn.) T. G. Hartley ●
157236 Euodia meliifolia Benth. = Tetradium glabrifolium (Champ. ex Benth.) T. G. Hartley ●
157237 Euodia merrillii Kaneh. et Sasaki = Melicope semecarpifolia (Merr.) T. G. Hartley ●
157238 Euodia microsperma F. M. Bailey = Melicope triphylla (Lam.) Merr. ●
157239 Euodia minahassae Teijsm. et Binn. = Melicope triphylla (Lam.) Merr. ●
157240 Euodia nishimurae Koidz. = Melicope nishimurae (Koidz.) T. Yamaz. ●☆
157241 Euodia obtusifolia Ridl. = Melicope lunu-ankenda (Gaertn.) T. G. Hartley ●
157242 Euodia officinalis Dode = Tetradium ruticarpum (A. Juss.) T. G. Hartley var. officinale (Dode) T. G. Hartley ●
157243 Euodia oreophila Guillaumin = Melicope pteleifolia (Champ. ex Benth.) T. G. Hartley ●
157244 Euodia patulinervia Merr. et Chun = Melicope patulinervia (Merr. et Chun) C. C. Huang ●
157245 Euodia philippinensis Merr. et L. M. Perry = Melicope triphylla (Lam.) Merr. ●
157246 Euodia pteleifolia (Champ. ex Benth.) Merr. = Melicope pteleifolia (Champ. ex Benth.) T. G. Hartley ●
157247 Euodia punctata Merr. = Melicope lunu-ankenda (Gaertn.) T. G. Hartley ●

157248 Euodia retusa Merr. = Melicope semecarpifolia (Merr.) T. G. Hartley ●

157249 Euodia roxburghiana (Cham.) Benth. = Melicope lunu-ankenda (Gaertn.) T. G. Hartley ●

157250 Euodia roxburghiana (Cham.) Benth. var. longipes Craib = Melicope lunu-ankenda (Gaertn.) T. G. Hartley ●

157251 Euodia ruticarpa (Juss.) Benth. = Tetradium ruticarpum (A. Juss.) T. G. Hartley ●

157252 Euodia sambiranensis H. Perrier = Melicope sambiranensis (H. Perrier) T. G. Hartley ●☆

157253 Euodia semecarpifolia Merr. = Melicope semecarpifolia (Merr.) T. G. Hartley ●

157254 Euodia simplicifolia Ridl. var. pubescens C. C. Huang = Melicope glomerata (Craib) T. G. Hartley ●

157255 Euodia triphylla (Lam.) DC. = Melicope triphylla (Lam.) Merr. ●

157256 Euodia triphylla (Lam.) DC. var. cambodiana Pierre = Melicope pteleifolia (Champ. ex Benth.) T. G. Hartley ●

157257 Euodia triphylla (Lam.) DC. var. pubescens Ridl. = Melicope lunu-ankenda (Gaertn.) T. G. Hartley ●

157258 Euodia tsaratananensis Capuron = Melicope tsaratananensis (Capuron) T. G. Hartley ●☆

157259 Euodia viticina Wall. ex Kurz = Melicope viticina (Wall. ex Kurz) T. G. Hartley ●

157260 Euoesta Post et Kuntze = Evoista Raf. ●

157261 Euoesta Post et Kuntze = Lycium L. ●

157262 Euonymaceae Juss. ex Bercht. et J. Presl = Celastraceae R. Br. (保留科名)●

157263 Euonymodaphne Post et Kuntze = Evonymodaphne Nees ●☆

157264 Euonymodaphne Post et Kuntze = Licaria Aubl. ●☆

157265 Euonymoides Medik. = Celastrus L. (保留属名)●

157266 Euonymoldes Sol. ex A. Cunn. = Alectryon Gaertn. ●☆

157267 Euonymopsis H. Perrier = Evonymopsis H. Perrier ●☆

157268 Euonymus L. (1753) ('Evonymus') (保留属名);卫矛属;Burning Bush, Burning-bush, Euonymus, Evonymus, Spindle, Spindle Tree, Spindle-tree, Strawberry Bush, Wahoo ●

157269 Euonymus acanthocarpus Franch.;刺果卫矛(刺果藤杜仲,刺果藤仲,扣子花,藤杜仲,硬筋藤);Pricklyfruit Euonymus, Spiny-fruited Euonymus, Spiny-fruited Spindle-tree ●

157270 Euonymus acanthocarpus Franch. var. laxus (Chen H. Wang) C. Y. Cheng;长柄刺果卫矛(长梗刺果卫矛);Long-stalk Spiny-fruited Spindle-tree ●

157271 Euonymus acanthocarpus Franch. var. laxus (Chen H. Wang) C. Y. Cheng = Euonymus acanthocarpus Franch. ●

157272 Euonymus acanthocarpus Franch. var. longipes (Loes.) Blakelock;长梗刺果卫矛(藤杜仲);Longstalk Spiny-fruited Spindle-tree ●

157273 Euonymus acanthocarpus Franch. var. longipes (Loes.) Blakelock = Euonymus acanthocarpus Franch. ●

157274 Euonymus acanthocarpus Franch. var. longipes (Loes.) Blakelock = Euonymus acanthocarpus Franch. var. laxus (Chen H. Wang) C. Y. Cheng ●

157275 Euonymus acanthocarpus Franch. var. lushanensis (F. H. Chen et M. C. Wang) C. Y. Cheng = Euonymus lushanensis F. H. Chen et M. C. Wang ●

157276 Euonymus acanthocarpus Franch. var. scandens (Loes.) Blakelock;攀生刺果卫矛(刺果藤仲,藤杜仲);Scandent Spiny-fruited Spindle-tree ●

157277 Euonymus acanthocarpus Franch. var. scandens (Loes.) Blakelock = Euonymus acanthocarpus Franch. ●

157278 Euonymus acanthocarpus Franch. var. sutchuenensis Franch. ex Loes.;疏花刺果卫矛(藤杜仲);Sichuan Spiny-fruited Spindle-tree ●

157279 Euonymus acanthocarpus Franch. var. sutchuenensis Franch. ex Loes. = Euonymus acanthocarpus Franch. ●

157280 Euonymus acanthoxanthus Pit.;刺黄卫矛(三脉卫矛);Spiny Yellow Spindle-tree ●

157281 Euonymus actinocarpus Loes.;星刺卫矛;Radiocarpellate Euonymus ●

157282 Euonymus aculeatus Hemsl.;软刺卫矛(白背紫刺卫矛,黄刺卫矛,小千金,紫刺卫矛);Aculeate Euonymus, Prickly Euonymus ●

157283 Euonymus aculeolus C. Y. Cheng ex J. S. Ma;微刺卫矛;Prickle Euonymus, Spinule Euonymus ●

157284 Euonymus acutorhombifolius Hayata = Euonymus tashiroi Maxim. ●

157285 Euonymus alatus (Thunb.) Siebold;卫矛(八树,巴木,篦箕柴,篦梳风,篦子木,刀尖茶,风枪林,鬼篦子,鬼见愁,鬼见羽,鬼箭,鬼箭羽,鬼羽愁,见肿消,锦木,六月棱,六月凌,麻药,千层皮,山扁榆,山鸡条子,神箭,四棱菜,四棱茶,四棱锋,四棱树,四面锋,四面戟,四面树,桫椤树,卫肚边,卫尖菜,雁领茶,羽箭草,芸杨);Burning Bush, Burningbush, Corkbush, Corky Spindletree, Wahoo, Winged Burning Bush, Winged Burning-bush, Winged Euonymus, Winged Spindle, Winged Spindle Tree, Winged Spindle-tree, Winged-spindle Tree ●

157286 Euonymus alatus (Thunb.) Siebold 'Compactus';矮生密枝卫矛(紧凑卫矛,紧密卫矛);Compact Winged Euonymus ●

157287 Euonymus alatus (Thunb.) Siebold 'Monstrosa';强壮卫矛●

157288 Euonymus alatus (Thunb.) Siebold 'Nordine';迪诺卫矛●☆

157289 Euonymus alatus (Thunb.) Siebold 'October Glory';十月辉煌卫矛●☆

157290 Euonymus alatus (Thunb.) Siebold 'Rudy Haag';翼卫矛;Winged Euonymus ●☆

157291 Euonymus alatus (Thunb.) Siebold 'Timbercreek';廷拜克离克卫矛●☆

157292 Euonymus alatus (Thunb.) Siebold f. apterus (Regel) Rehder = Euonymus alatus (Thunb.) Siebold ●

157293 Euonymus alatus (Thunb.) Siebold f. ciliato-dentetus Hiyama;齿毛卫矛;Ciliato-toothed Winged Spindle-tree ●☆

157294 Euonymus alatus (Thunb.) Siebold f. microphyllus (Nakai) H. Hara;小叶卫矛;Small-leaf Winged Spindle-tree ●☆

157295 Euonymus alatus (Thunb.) Siebold f. pilosus (Loes. et Rehder) Ohwi = Euonymus alatus (Thunb.) Siebold var. pilosus Loes. et Rehder ●

157296 Euonymus alatus (Thunb.) Siebold f. striatus (Thunb.) Makino = Euonymus alatus (Thunb.) Siebold f. ciliato-dentetus Hiyama ●☆

157297 Euonymus alatus (Thunb.) Siebold f. subtriflorus ? = Euonymus alatus (Thunb.) Siebold f. striatus (Thunb.) Makino ●☆

157298 Euonymus alatus (Thunb.) Siebold var. apertus Loes.;黑籽卫矛;Blackseed Winged Euonymus, Blackseed Winged Spindle-tree ●

157299 Euonymus alatus (Thunb.) Siebold var. apertus Loes. = Euonymus verrucosoides Loes. ●

157300 Euonymus alatus (Thunb.) Siebold var. apterus Regel = Euonymus alatus (Thunb.) Siebold ●

157301 Euonymus alatus (Thunb.) Siebold var. apterus Regel = Euonymus alatus (Thunb.) Siebold f. apterus (Regel) Rehder ●☆

157302 Euonymus alatus (Thunb.) Siebold var. arakianus (Koidz.) H. Hara = Euonymus alatus (Thunb.) Siebold f. striatus (Thunb.) Makino ●☆

157303 Euonymus alatus (Thunb.) Siebold var. ellipticus Chen H. Wang = Euonymus alatus (Thunb.) Siebold ●

157304 Euonymus alatus (Thunb.) Siebold var. ellipticus Chen H. Wang = Euonymus ellipticus (Chen H. Wang) C. Y. Cheng ●

157305 Euonymus alatus (Thunb.) Siebold var. microphyllus (Nakai) Nakai = Euonymus alatus (Thunb.) Siebold f. microphyllus (Nakai) H. Hara ●☆

157306 Euonymus alatus (Thunb.) Siebold var. microphyllus Chen H. Wang = Euonymus alatus (Thunb.) Siebold ●

157307 Euonymus alatus (Thunb.) Siebold var. nakamurae (Makino) F. Maek. ex H. Hara = Euonymus alatus (Thunb.) Siebold ●

157308 Euonymus alatus (Thunb.) Siebold var. pilosa Loes. et Rehder = Euonymus alatus (Thunb.) Siebold var. pubescens Maxim. ●

157309 Euonymus alatus (Thunb.) Siebold var. pilosus Loes. et Rehder = Euonymus alatus (Thunb.) Siebold ●

157310 Euonymus alatus (Thunb.) Siebold var. pubescens Maxim.;毛脉卫矛(鬼箭羽,毛腺卫矛,毛叶卫矛,神圣卫矛,四棱树,卫矛);Pubescent Euonymus, Pubescent Winged Euonymus, Pubescent Winged Spindle-tree, Sacred Spindle-tree ●

157311 Euonymus alatus (Thunb.) Siebold var. pubescens Maxim. = Euonymus alatus (Thunb.) Siebold ●

157312 Euonymus alatus (Thunb.) Siebold var. rotundatus (Makino) H. Hara;粗壮卫矛●☆

157313 Euonymus alatus (Thunb.) Siebold var. striatus (Thunb.) Makino = Euonymus alatus (Thunb.) Siebold f. striatus (Thunb.) Makino ●☆

157314 Euonymus alatus Rupr. = Euonymus alatus (Thunb.) Siebold ●

157315 Euonymus americanus L.;美洲卫矛;Brook Euonymus, Burning Bush, Bursting Heart, Strawberry Bush, Strawberry-bush, Wahoo ●☆

157316 Euonymus americanus L. var. angustifolius (Pursh) Wood;狭叶美洲卫矛;Narrow-leaved Brook Euonymus, Narrow-leaved Strawberry-bush ●☆

157317 Euonymus americanus L. var. obovatus Torr. et Gray = Euonymus obovatus Nutt. ●

157318 Euonymus amygdalifolius Franch.;扁桃叶卫矛(大理卫矛);Almond-leaved Euonymus, Almond-leaved Spindle-tree, Dali Euonymus ●

157319 Euonymus amygdalifolius Franch. = Euonymus clivicola W. W. Sm. ●

157320 Euonymus amygdalifolius Franch. = Euonymus frigidus Wall. ex Roxb. ●

157321 Euonymus angustatus Sprague;紫刺卫矛(刺卫矛,棱刺卫矛,棱枝卫矛,小千金,硬筋藤);Narrow-leaved Euonymus, Narrow-leaved Spindle-tree, Purpleprickle Euonymus, Purplespine Euonymus ●

157322 Euonymus angustatus Sprague = Euonymus actinocarpus Loes. ●

157323 Euonymus aquifolius Loes. et Rehder = Glyptopetalum aquifolium (Loes. et Rehder) C. Y. Cheng et Q. S. Ma ●

157324 Euonymus arbicola Hayata = Euonymus echinatus Wall. ex Roxb. ●

157325 Euonymus arboricola Hayata = Euonymus trichocarpus Hayata ●

157326 Euonymus assamicus Blakelock = Euonymus frigidus Wall. ex Roxb. ●

157327 Euonymus atropurpureus Jacq.;紫果卫矛(暗紫卫矛,美卫矛,深紫卫矛);Burning Bush, Burningbush, Burning-bush, Burning-bush Euonymus, Butcher's Prick Tree, Butcher's Prickwood, Eastern Burning Bush, Eastern Burningbush, Eastern Wahoo, Indian Arrow Wood, Indian Arrow-wood, Spindle-tree, Wahoo ●

157328 Euonymus aureovirens Hand.-Mazz. = Euonymus microcarpus (Oliv.) Sprague ●

157329 Euonymus austroliukiuensis Jacq. = Euonymus fortunei (Turcz.) Hand.-Mazz. var. radicans (Miq.) Rehder ●

157330 Euonymus austrotibetanus Y. R. Li;藏南卫矛;S. Xizang Euonymus, South Xizang Spindle-tree ●

157331 Euonymus austrotibetanus Y. R. Li = Euonymus frigidus Wall. ex Roxb. ●

157332 Euonymus balansae Sprague;刺猬卫矛(刺卫矛,猬草卫矛);Porcupine Euonymus, Porcupine Spindle-tree, Spine Euonymus ●

157333 Euonymus batakensis (Hayata) Nakai = Euonymus carnosus Hemsl. ●

157334 Euonymus batakensis Hayata = Euonymus carnosus Hemsl. ●

157335 Euonymus bicolor H. Lév. = Euonymus rehderianus Loes. ●

157336 Euonymus blinii H. Lév. = Euonymus acanthoxanthus Pit. ●

157337 Euonymus blinii H. Lév. = Euonymus laxiflorus Champ. ex Benth. ●

157338 Euonymus bockii Loes.;南川卫矛(石泡茶藤);Back's Spindle-tree, Nanchuan Euonymus ●

157339 Euonymus bockii Loes. var. orgyalis (W. W. Sm.) C. Y. Cheng;六尺卫矛(六尺扶芳藤,毛根杜仲,毛根卫矛);Fathomlong Euonymus, One-fathom Spindle-tree ●

157340 Euonymus bockii Loes. var. orgyalis (W. W. Sm.) C. Y. Cheng = Euonymus bockii Loes. ●

157341 Euonymus bodinieri H. Lév. = Euonymus hamiltonianus Wall. ex Roxb. ●

157342 Euonymus bodinieri H. Lév. = Euonymus hamiltonianus Wall. ex Roxb. f. lanceifolius (Loes.) C. Y. Cheng ●

157343 Euonymus boninensis Koidz.;小笠原卫矛;Bonin Spindle-tree ●☆

157344 Euonymus bullatus Wall.;皱叶卫矛;Bullate Euonymus, Bullate Spindle-tree ●

157345 Euonymus bungeanus Maxim.;桃叶卫矛(白杜,白桃树,白皂树,白樟树,合欢花,鸡血兰,明开夜合,南仲根,山杜仲,丝棉木,丝棉树,土杜仲,野杜仲);Bunge Spindle-tree, Silk Spindle Tree, Winterberry Euonymus, Winter-berry Euonymus ●

157346 Euonymus bungeanus Maxim. 'Pendula' = Euonymus bungeanus Maxim. var. pendulus Rehder ●☆

157347 Euonymus bungeanus Maxim. = Euonymus maackii Rupr. ●

157348 Euonymus bungeanus Maxim. f. pendulus Rehder = Euonymus maackii Rupr. ●

157349 Euonymus bungeanus Maxim. var. latifolius Chen H. Wang = Euonymus maackii Rupr. ●

157350 Euonymus bungeanus Maxim. var. mongolicus (Nakai) Kitag. = Euonymus maackii Rupr. ●

157351 Euonymus bungeanus Maxim. var. ovatus F. H. Chen et M. C. Wang = Euonymus maackii Rupr. ●

157352 Euonymus bungeanus Maxim. var. pendulus Rehder;垂枝白杜(垂枝丝棉木);Pendulous Bunge Spindle-tree ●☆

157353 Euonymus bungeanus Maxim. var. semipersistens C. K. Schneid.;半常绿卫矛(半常绿白杜,半常绿白杜树,半常绿丝棉木);Half-green Bunge Spindle-tree ●

157354 Euonymus burmanicus Merr. = Euonymus frigidus Wall. ex Roxb. ●

157355 Euonymus carnosus Hemsl. ;肉花卫矛(厚萼卫矛,厚叶卫矛,四棱子,痰药,土杜仲,野杜仲,源一木);Carnose Euonymus, Carnose Spindle-tree, Carnose-flowered Euonymus, Carnosflower Euonymus, Genichi Euonymus ●

157356 Euonymus carnosus Hemsl. = Euonymus tanakae Maxim. ●

157357 Euonymus carrierei Vauvel = Euonymus fortunei (Turcz.) Hand. -Mazz. f. carrierei (Vauvel) Rehder ●☆

157358 Euonymus cavaleriei H. Lév. = Euonymus dielsianus Loes. ●

157359 Euonymus centidens H. Lév. = Euonymus centidens H. Lév. et Rehder ●

157360 Euonymus centidens H. Lév. et Rehder;百齿卫矛(垂丝卫矛,地青干,七星剑,窄翅卫矛);Hundred-dente Spindle-tree, Hungdredtooth Euonymus, Manytooth Euonymus, Multidente Euonymus ●

157361 Euonymus ceratophorus Loes. ;带角卫矛;Horn-fruited Spindle-tree, Horny Euonymus ●

157362 Euonymus chengiae J. S. Ma;静容卫矛;Cheng Euonymus ●

157363 Euonymus chenkangensis C. W. Wang = Euonymus viburnoides Prain ●

157364 Euonymus chenmoui W. C. Cheng;陈谋卫矛;Chenmou Euonymus ●

157365 Euonymus chibai Makino;千叶卫矛;Chibai Spindle-tree ●☆

157366 Euonymus chinensis Lindl. = Euonymus nitidus Benth. ●

157367 Euonymus chinensis Lindl. var. hupehensis Loes. = Euonymus hupehensis Loes. ●

157368 Euonymus chinensis Lindl. var. microcarpa Oliv. ex Loes. = Euonymus microcarpus (Oliv.) Sprague ●

157369 Euonymus chinensis Lindl. var. microcarpus Oliv. ex Loes. = Euonymus microcarpus (Oliv.) Sprague ●

157370 Euonymus chinensis Lindl. var. nitidus (Benth.) Loes. = Euonymus nitidus Benth. ●

157371 Euonymus chinensis Lindl. var. tonkinensis Loes. = Euonymus tonkinensis Loes. ●

157372 Euonymus chinensis Lour. = Gymnopetalum chinense (Lour.) Merr. ■

157373 Euonymus chloranthoides Yen C. Yang;缙云卫矛;Chloranthus-like Euonymus, Jinyun Euonymus, Jinyunshan Euonymus ●◇

157374 Euonymus chuii Hand. -Mazz. ;隐刺卫矛(宝兴卫矛,瓦山卫矛,朱氏卫矛);Chu's Euonymus ●

157375 Euonymus cinereus Lawson;灰绿卫矛;Cinereous Spindle-tree, Palegreen Euonymus ●

157376 Euonymus clivicola W. W. Sm. ;岩坡卫矛(丘生卫矛,细翅卫矛);Hill Euonymus, Hill Spindle-tree, Slope Euonymus ●

157377 Euonymus clivicola W. W. Sm. var. rongchuensis (C. Marquand et Airy Shaw) Blakelock;绒楚丘生卫矛;Rongchu Hill Spindle-tree ●

157378 Euonymus clivicola W. W. Sm. var. rongchuensis (C. Marquand et Airy Shaw) Blakelock = Euonymus clivicola W. W. Sm. ●

157379 Euonymus cochinchinensis Pierre = Euonymus gibber Hance ●

157380 Euonymus colonoides Craib;中南卫矛;Colona-like Euonymus, Colona-like Spindle-tree ●

157381 Euonymus colorata Hort. = Euonymus fortunei (Turcz.) Hand. -Mazz. var. coloratus (Rehder) Rehder ●☆

157382 Euonymus colpoon L. = Cassine peragua L. ●☆

157383 Euonymus comudoides Loes. = Euonymus frigidus Wall. ex Roxb. var. cornutoides (Loes.) C. Y. Cheng ●

157384 Euonymus congolensis R. Wilczek;刚果卫矛●☆

157385 Euonymus continentale Chun et F. C. How = Glyptopetalum continentale (Chun et F. C. How) C. Y. Cheng et Q. S. Ma ●

157386 Euonymus contractus Sprague; 密花卫矛(缩序卫矛); Contracted Euonymus, Contracted Spindle-tree, Denflower Euonymus ●◇

157387 Euonymus contractus Sprague = Euonymus actinocarpus Loes. ●

157388 Euonymus contractus Sprague var. pedunculatus C. Y. Cheng;长梗密花卫矛;Pedunculate Contracted Spindle-tree ●☆

157389 Euonymus cornutoides Loes. = Euonymus cornutus Hemsl. ●

157390 Euonymus cornutoides Loes. = Euonymus frigidus Wall. var. cornutoides (Loes.) C. Y. Cheng ●

157391 Euonymus cornutus Hemsl. ;角翅卫矛(角刺卫矛,双叉子树,小角果卫矛,抓蛛树);Horned Spindle-tree, Hornlike Euonymus, Horny Euonymus ●

157392 Euonymus cornutus Hemsl. = Euonymus frigidus Wall. ex Roxb. var. cornutoides (Loes.) C. Y. Cheng ●

157393 Euonymus cornutus Hemsl. var. quinquecornutus (H. F. Comber) Blakelock; 五角卫矛(五翅角翅卫矛); Five-horned Spindle-tree ●☆

157394 Euonymus cornutus Hemsl. var. quinquecornutus (H. F. Comber) Blakelock = Euonymus cornutus Hemsl. ●

157395 Euonymus crenatus Chen H. Wang; 灵兰卫矛(圆齿卫矛); Crenate Euonymus, Crenate Spindle-tree, Linglan Euonymus, Roundtooth Euonymus ●

157396 Euonymus crenatus Chen H. Wang = Euonymus viburnoides Prain ●

157397 Euonymus crinitus Pamp. = Euonymus frigidus Wall. ex Roxb. ●

157398 Euonymus crinitus Pamp. = Euonymus schensianus Maxim. ●

157399 Euonymus crosnieri H. Lév. et Vaniot = Euonymus laxiflorus Champ. ex Benth. ●

157400 Euonymus cuspidatus Loes. ;凸尖卫矛;Cuspidate Spindle-tree ●☆

157401 Euonymus darrisii H. Lév. = Euonymus hamiltonianus Wall. ex Roxb. ●

157402 Euonymus dasydictyon Loes. et Rehder;网脉卫矛;Dense-net-leaved Euonymus, Dense-net-leaved Spindle-tree ●

157403 Euonymus dasydictyon Loes. et Rehder = Euonymus frigidus Wall. ex Roxb. ●

157404 Euonymus dasydictyon Loes. et Rehder = Euonymus porphyreus Loes. ●

157405 Euonymus decorus W. W. Sm. ;大叶金丝杜仲(大叶金丝卫矛,金丝杜仲);Decorated Euonymus, Elegant Spindle-tree ●

157406 Euonymus decorus W. W. Sm. = Euonymus yunnanensis Franch. ●

157407 Euonymus dielsianus Loes. ;裂果卫矛(刺卫矛,海刺树,湖北卫矛,宜昌卫矛);Diels Euonymus ●

157408 Euonymus dielsianus Loes. ex Diels var. euryanthus Hand. -Mazz. = Euonymus dielsianus Loes. ●

157409 Euonymus dielsianus Loes. ex Diels var. fertilis Loes. = Euonymus dielsianus Loes. ●

157410 Euonymus dielsianus Loes. ex Diels var. latifolius Loes. = Euonymus dielsianus Loes. ●

157411 Euonymus dielsianus Loes. var. euryanthus Hand. -Mazz. = Euonymus fertilis (Loes.) C. Y. Cheng var. euryanthus (Hand. -Mazz.) C. Yu Chang ●

157412 Euonymus dielsianus Loes. var. fertilis Loes. = Euonymus fertilis

(Loes.) C. Y. Cheng ●

157413 Euonymus dielsianus Loes. var. latifolius Loes. = Euonymus leclerei H. Lév. ●

157414 Euonymus distichus H. Lév.;双岐卫矛;Distichous Euonymus, Fork Euonymus ●

157415 Euonymus dolichopus Merr. ex J. S. Ma;长柄卫矛(长梗卫矛);Long-stalk Euonymus ●

157416 Euonymus dorsicostatus Nakai;背肋卫矛;Back-rib Spindle-tree ●☆

157417 Euonymus echinatus Wall. = Euonymus echinatus Wall. ex Roxb. ●

157418 Euonymus echinatus Wall. ex Roxb.;棘刺卫矛(刺果卫矛,小叶刺果卫矛);Echinate Euonymus, Echinate-fruit Euonymus, Thorny-fruit Euonymus ●

157419 Euonymus echinatus Wall. ex Roxb. = Euonymus trichocarpus Hayata ●

157420 Euonymus elegantissimus Loes. et Rehder;长梗卫矛;Elegantest Euonymus, Elegantest Spindle-tree ●

157421 Euonymus elegantissimus Loes. et Rehder = Euonymus clivicola W. W. Sm. ●

157422 Euonymus elegantissimus Loes. et Rehder = Euonymus schensianus Maxim. ●

157423 Euonymus ellipticus (Chen H. Wang) C. Y. Cheng;南昌卫矛;Elliptical Euonymus, Nanchang Euonymus, Nanchang Spindle-tree ●

157424 Euonymus ellipticus (Chen H. Wang) C. Y. Cheng = Euonymus alatus (Thunb.) Siebold ●

157425 Euonymus erythrocarpus Hayata = Euonymus acanthocarpus Franch. ●

157426 Euonymus esquirolii H. Lév. = Euonymus acanthoxanthus Pit. ●

157427 Euonymus esquirolii H. Lév. = Euonymus nitidus Benth. ●

157428 Euonymus euphlebiphyllus Hayata = Celastrus paniculatus Willd. ●

157429 Euonymus europaeus L.;欧洲卫矛(欧卫矛);Ananbeam, Bitchwood, Butcher's Prick-tree, Cat Pea, Cat Rush, Cat-in-clover, Catrush, Cat's Claws, Cattea-clover, Cat-tree, Catty-tree, Catwood, Clover, Common Spindle, Common Spindle-tree, Death Alder, Dee Pegwood, Dog Rise, Dog Timber, Dog Tooth Berry, Dog Tree, Dogrise, Dog's Timber, Dogwood, Europe Euonymus, European Burning Bush, European Euonymus, European Spindle, European Spindle Tree, European Spindletree, European Spindle-tree, Foulrush, Gad Rouge, Gadrise, Gatfridge Tree, Gatten-tree, Gatter-bush, Gatteridge-tree, Gattridge-berry, Hot Cross Bun, Ivy Flower, Louseberry Tree, Pegwood, Pincushion, Pincushion Shrub, Popcorns, Prick-timber, Prickwood, Prick-wood, Skewerwood, Skiver, Skiver-timber, Skiver-tree, Skiver-wood, Spindle, Spindle Tree, Spindleberry, Spindle-tree, Spindlewood, Spokewood, Square Tree, Strawberry Bush, Witchwood ●

157430 Euonymus europaeus L. 'Albus' = Euonymus europaeus L. var. albus West. ●☆

157431 Euonymus europaeus L. 'Aldenhamensis';阿尔登哈蒙欧洲卫矛●☆

157432 Euonymus europaeus L. 'Atropurpureus' = Euonymus europaeus L. var. atropurpureus Nicholson ●☆

157433 Euonymus europaeus L. 'Aucubifolius';白斑叶欧洲卫矛●☆

157434 Euonymus europaeus L. 'Pumilis';偃俯(矮生欧洲卫矛)●☆

157435 Euonymus europaeus L. 'Red Ace';红尖欧洲卫矛;European Spindle Tree ●☆

157436 Euonymus europaeus L. 'Red Cap';红帽欧洲卫矛;European Spindle Tree ●☆

157437 Euonymus europaeus L. 'Red Cascade';红瀑布欧洲卫矛●☆

157438 Euonymus europaeus L. = Euonymus sieboldianus Blume ●

157439 Euonymus europaeus L. var. albus West.;白果欧洲卫矛●☆

157440 Euonymus europaeus L. var. angustifolius Rchb.;狭叶欧洲卫矛;Narrow-leaved European Spindle-tree ●☆

157441 Euonymus europaeus L. var. atropurpureus Nicholson;暗紫欧洲卫矛;Dark-purple European Spindle-tree ●☆

157442 Euonymus europaeus L. var. atrorubens Rehder;深红欧洲卫矛●☆

157443 Euonymus europaeus L. var. hamiltonianus (Wall.) Maxim. = Euonymus hamiltonianus Wall. ex Roxb. ●

157444 Euonymus europaeus L. var. intermedius Gaudich.;居间欧洲卫矛;Intermediate European Spindle-tree ●☆

157445 Euonymus europaeus L. var. latifolius L. = Euonymus latifolia Scop. ●☆

157446 Euonymus europaeus L. var. leucocarpus L. = Euonymus europaeus L. var. albus West. ●☆

157447 Euonymus europaeus L. var. macrophyllus Rchb. = Euonymus europaeus L. var. intermedius Gaudich. ●☆

157448 Euonymus europaeus L. var. nanus Loudon;矮生欧洲卫矛;Dwarf European Spindle-tree ●☆

157449 Euonymus europaeus L. var. ovatus Dippel = Euonymus europaeus L. var. intermedius Gaudich. ●☆

157450 Euonymus europaeus L. var. purpureus Bean = Euonymus europaeus L. var. atropurpureus Nicholson ●☆

157451 Euonymus euscaphioides F. H. Chen et M. C. Wang = Euonymus centidens H. Lév. et Rehder ●

157452 Euonymus euscaphioides F. H. Chen et M. C. Wang var. serrulatus F. H. Chen et M. C. Wang = Euonymus centidens H. Lév. et Rehder ●

157453 Euonymus euscaphis Hand.-Mazz.;鸦椿卫矛;Euscaphis Euonymus, Euscaphis Spindle-tree ●

157454 Euonymus euscaphis Hand.-Mazz. var. gracilipes Rehder = Euonymus euscaphis Hand.-Mazz. ●

157455 Euonymus euscaphis Hand.-Mazz. var. gracilis Hand.-Mazz. = Euonymus euscaphis Hand.-Mazz. ●

157456 Euonymus euscaphoides H. Chen et M. C. Wang = Euonymus centidens H. Lév. et Rehder ●

157457 Euonymus feddei H. Lév. = Glyptopetalum feddei (H. Lév.) Ding Hou ●◇

157458 Euonymus fengii Chun et F. C. How = Glyptopetalum fengii (Chun et F. C. How) Ding Hou ●

157459 Euonymus fertilis (Loes.) C. Y. Cheng;全育卫矛;Fertile Euonymus, Lecler Euonymus ●

157460 Euonymus fertilis (Loes.) C. Y. Cheng ex C. Yu Chang = Euonymus dielsianus Loes. ●

157461 Euonymus fertilis (Loes.) C. Y. Cheng ex C. Yu Chang var. euryanthus (Hand.-Mazz.) C. Yu Chang = Euonymus dielsianus Loes. ●

157462 Euonymus fertilis (Loes.) C. Y. Cheng var. euryanthus (Hand.-Mazz.) C. Yu Chang;宽蕊卫矛●

157463 Euonymus ficoides C. Y. Cheng ex J. S. Ma;榕叶卫矛;Figleaf Spindle-tree ●

157464 Euonymus fimbriatus Hort. = Euonymus lucidus D. Don ●

157465 Euonymus fimbriatus Wall. = Euonymus fimbriatus Wall. ex Roxb. ●

157466 Euonymus fimbriatus Wall. ex Roxb.;缝叶卫矛(睫毛卫矛,遂叶卫矛);Fimbriate Spindle-tree,Tasselleaf Euonymus ●

157467 Euonymus fimbriatus Wall. ex Roxb. var. serratus Blakelock = Euonymus fimbriatus Wall. ex Roxb. ●

157468 Euonymus flavescens Loes. = Euonymus nitidus Benth. ●

157469 Euonymus flavescens Loes. ex Diels = Euonymus oblongifolius Loes. et Rehder ●

157470 Euonymus forbesianus Loes. = Euonymus laxiflorus Champ. ex Benth. ●

157471 Euonymus forbesii Hance = Euonymus maackii Rupr. ●

157472 Euonymus forrestii H. F. Comber = Euonymus viburnoides Prain●

157473 Euonymus fortunei (Turcz.) Hand. -Mazz.;扶芳藤(白对叶肾,白墙络,对叶肾,换骨筋,尖叶爬行卫矛,惊风草,绿皮杜仲,爬墙虎,爬行卫矛,攀缘丝棉木,滂藤,千斤藤,软筋藤,山百足,抬洛藤,藤卫矛,铁草鞋,土杜仲,万年青,卫生草,小藤仲,岩青杠,岩青藤,坐转藤);Climbing Euonymus,Euonymus,Fortune Euonymus,Fortune Spindle-tree,Fortune's Creeping Spindle,Fufangteng Euonymus,Japanese Euonymus,Purple Winter Creeper,Whitecreeper Euonymus,White-creeper Euonymus,Winter Creeper,Winter Creeper Spindle Tree,Wintercreeper,Winter-creeper ●

157474 Euonymus fortunei (Turcz.) Hand. -Mazz. 'Argenteo-Variegata' = Euonymus fortunei (Turcz.) Hand. -Mazz. ●

157475 Euonymus fortunei (Turcz.) Hand. -Mazz. 'Canadale Gold';加拿大金扶芳藤●☆

157476 Euonymus fortunei (Turcz.) Hand. -Mazz. 'Carrièrei' = Euonymus fortunei (Turcz.) Hand. -Mazz. f. carrierei (Vauvel) Rehder ●☆

157477 Euonymus fortunei (Turcz.) Hand. -Mazz. 'Colorata' = Euonymus fortunei (Turcz.) Hand. -Mazz. var. coloratus (Rehder) Rehder ●☆

157478 Euonymus fortunei (Turcz.) Hand. -Mazz. 'E. T.';伊提扶芳藤●☆

157479 Euonymus fortunei (Turcz.) Hand. -Mazz. 'Emerald Gaiety';美翡翠扶芳藤(丽翡翠扶芳藤);Emerald Gaiety Euonymus ●☆

157480 Euonymus fortunei (Turcz.) Hand. -Mazz. 'Emerald' n' Gold';金翡翠扶芳藤●☆

157481 Euonymus fortunei (Turcz.) Hand. -Mazz. 'Erecta' = Euonymus fortunei (Turcz.) Hand. -Mazz. f. carrierei (Vauvel) Rehder ●☆

157482 Euonymus fortunei (Turcz.) Hand. -Mazz. 'Gold Tip' = Euonymus fortunei (Turcz.) Hand. -Mazz. 'Golden Prince ●☆

157483 Euonymus fortunei (Turcz.) Hand. -Mazz. 'Golden Prince';金王子扶芳藤●☆

157484 Euonymus fortunei (Turcz.) Hand. -Mazz. 'Gracilis';花叶扶芳藤●

157485 Euonymus fortunei (Turcz.) Hand. -Mazz. 'Kewensis';邱园扶芳藤(凯文斯扶芳藤)●☆

157486 Euonymus fortunei (Turcz.) Hand. -Mazz. 'Minimus';微型扶芳藤;Dwarf Wintercreeper ●☆

157487 Euonymus fortunei (Turcz.) Hand. -Mazz. 'Niagara Green';尼亚加拉绿扶芳藤●☆

157488 Euonymus fortunei (Turcz.) Hand. -Mazz. 'Reseo-marginata' = Euonymus fortunei (Turcz.) Hand. -Mazz. 'Gracilis' ●

157489 Euonymus fortunei (Turcz.) Hand. -Mazz. 'Sercoxie';肉质扶芳藤●☆

157490 Euonymus fortunei (Turcz.) Hand. -Mazz. 'Sheridan Gold';谢里登金扶芳藤●☆

157491 Euonymus fortunei (Turcz.) Hand. -Mazz. 'Silver Queen';银后扶芳藤;Silver Queen Euonymus ●☆

157492 Euonymus fortunei (Turcz.) Hand. -Mazz. 'Sunspot';黑子扶芳藤(太阳耀斑扶芳藤)●☆

157493 Euonymus fortunei (Turcz.) Hand. -Mazz. 'Uncinatus';钩枝扶芳藤;Hooked Fortune Spindle-tree ●☆

157494 Euonymus fortunei (Turcz.) Hand. -Mazz. 'Variegatus';斑叶扶芳藤●☆

157495 Euonymus fortunei (Turcz.) Hand. -Mazz. f. albifructus Murata;白果扶芳藤●☆

157496 Euonymus fortunei (Turcz.) Hand. -Mazz. f. angustifolius (Graebn.) H. Hara;狭叶扶芳藤;Narrow-leaved Fortune Spindle-tree ●☆

157497 Euonymus fortunei (Turcz.) Hand. -Mazz. f. angustifolius (Graebn.) H. Hara = Euonymus fortunei (Turcz.) Hand. -Mazz. ●☆

157498 Euonymus fortunei (Turcz.) Hand. -Mazz. f. angustifolius H. Hara = Euonymus fortunei (Turcz.) Hand. -Mazz. f. angustifolius (Graebn.) H. Hara ●☆

157499 Euonymus fortunei (Turcz.) Hand. -Mazz. f. carrierei (Vauvel) Rehder;卡里尔扶芳藤;Carriere Spindle-tree ●☆

157500 Euonymus fortunei (Turcz.) Hand. -Mazz. f. colorata (Rehder) Rehder = Euonymus fortunei (Turcz.) Hand. -Mazz. var. coloratus (Rehder) Rehder ●☆

157501 Euonymus fortunei (Turcz.) Hand. -Mazz. f. gracilis (Regel) Rehder;纤细扶芳藤●☆

157502 Euonymus fortunei (Turcz.) Hand. -Mazz. f. kewensis (Bean) Rehder = Euonymus fortunei (Turcz.) Hand. -Mazz. 'Kewensis' ●☆

157503 Euonymus fortunei (Turcz.) Hand. -Mazz. f. minimus (Simon-Louis ex Rehder) Rehder;小扶芳藤;Small Fortune Spindle-tree ●☆

157504 Euonymus fortunei (Turcz.) Hand. -Mazz. f. reticulatus Rehder;网脉扶芳藤;Net-veined Fortune Spindle-tree ●☆

157505 Euonymus fortunei (Turcz.) Hand. -Mazz. f. rugosus (Tatew.) H. Hara;凹脉扶芳藤;Rugose Fortune Spindle-tree ●☆

157506 Euonymus fortunei (Turcz.) Hand. -Mazz. var. acuminatus F. H. Chen et M. C. Wang = Euonymus fortunei (Turcz.) Hand. -Mazz. ●

157507 Euonymus fortunei (Turcz.) Hand. -Mazz. var. alticola (Hand. -Mazz.) Rehder;高原扶芳藤(小绿皮杜仲);Plateau Fortune Spindle-tree ●

157508 Euonymus fortunei (Turcz.) Hand. -Mazz. var. argenteo-marginatus Rehder;银边扶芳藤;Silver-margined Fortune Spindle-tree ●☆

157509 Euonymus fortunei (Turcz.) Hand. -Mazz. var. coloratus (Rehder) Rehder;彩叶扶芳藤;Colored Fortune Spindle-tree,Purpleleaf Wintercreeper ●☆

157510 Euonymus fortunei (Turcz.) Hand. -Mazz. var. elongatus Cowan;伸长扶芳藤(伸长冷地卫矛)●

157511 Euonymus fortunei (Turcz.) Hand. -Mazz. var. fastigiatus Sugim.;丛枝扶芳藤;Fastigiate Fortune Spindle-tree ●☆

157512 Euonymus fortunei (Turcz.) Hand. -Mazz. var. microphyllus Siebold;小叶扶芳藤;Small-leaved Fortune Spindle-tree ●☆

157513 Euonymus fortunei (Turcz.) Hand. -Mazz. var. minima (Simon-Louis) Rehder = Euonymus fortunei (Turcz.) Hand. -Mazz. f. minimus (Simon-Louis ex Rehder) Rehder ●☆

157514 Euonymus fortunei (Turcz.) Hand. -Mazz. var. patens (Rehder) Hand. -Mazz. = Euonymus fortunei (Turcz.) Hand. -Mazz. ●

157515 Euonymus fortunei (Turcz.) Hand. -Mazz. var. radicans

(Miq.) Rehder;爬墙扶芳藤(扶芳藤,爬行卫矛);Common Wintercreeper,Common Winter-creeper Euonymus, Fortune's Creeping Spindle, Rooting-fortune Spindle-tree, Winter Creeper, Wintercreeper Euonymus ●

157516 Euonymus fortunei (Turcz.) Hand.-Mazz. var. radicans (Miq.) Rehder = Euonymus fortunei (Turcz.) Hand.-Mazz. ●

157517 Euonymus fortunei (Turcz.) Hand.-Mazz. var. vegetus (Rehder) Rehder;变叶扶芳藤(圆叶爬卫矛);Vigorous Fortune Spindle-tree ●☆

157518 Euonymus fortunei (Turcz.) Hand.-Mazz. var. vegetus (Rehder) Rehder = Euonymus fortunei (Turcz.) Hand.-Mazz. ●

157519 Euonymus fortunei (Turcz.) Hand.-Mazz. var. villosus (Nakai) H. Hara;毛扶芳藤;Villous Fortune Spindle-tree ●☆

157520 Euonymus fortunei (Turcz.) Hand.-Mazz. var. villosus (Nakai) H. Hara f. villifolius (Nakai) H. Hara = Euonymus fortunei (Turcz.) Hand.-Mazz. var. villosus (Nakai) H. Hara ●☆

157521 Euonymus frigidus Wall. = Euonymus frigidus Wall. ex Roxb. ●

157522 Euonymus frigidus Wall. ex Roxb.;冷地卫矛(丝棉木卫矛,卫矛);Cold Euonymus,Cold Spindle-tree ●

157523 Euonymus frigidus Wall. ex Roxb. var. cornutoides (Loes.) C. Y. Cheng;窄叶冷地卫矛(假角果卫矛);False Horn-fruited Spindle-tree,Horny-like Euonymus,Narrow-leaved Cold Spindle-tree ●

157524 Euonymus frigidus Wall. ex Roxb. var. elongatus Cowan;伸长冷地卫矛●

157525 Euonymus frigidus Wall. ex Roxb. var. elongatus Cowan et A. H. Cowan = Euonymus frigidus Wall. ex Roxb. ●

157526 Euonymus frigidus Wall. ex Roxb. var. wardii (W. W. Sm.) Blakelock;滇藏冷地卫矛;Ward's Cold Spindle-tree ●

157527 Euonymus frigidus Wall. ex Roxb. var. wardii (W. W. Sm.) Blakelock = Euonymus frigidus Wall. ex Roxb. ●

157528 Euonymus frigidus Wall. f. elongatus (Cowan et A. H. Cowan) H. Hara = Euonymus frigidus Wall. ex Roxb. ●

157529 Euonymus frigidus Wall. var. cornutoides (Loes.) C. Y. Cheng = Euonymus cornutus Hemsl. ●

157530 Euonymus frigidus Wall. var. elongatus Cowan et A. H. Cowan = Euonymus frigidus Wall. ex Roxb. ●

157531 Euonymus frigidus Wall. var. wardii (W. W. Sm.) Blakelock = Euonymus frigidus Wall. ex Roxb. ●

157532 Euonymus fungosus Ohwi = Euonymus trichocarpus Hayata ●

157533 Euonymus fungosus Ohwi subsp. chinensis P. S. Hsu = Euonymus echinatus Wall. ex Roxb. ●

157534 Euonymus furfuraceus Q. H. Chen;鳞果卫矛;Scale-fruit Euonymus ●

157535 Euonymus furfuraceus Q. H. Chen = Euonymus lushanensis F. H. Chen et M. C. Wang ●

157536 Euonymus geloniifolius Chun et F. C. How = Glyptopetalum geloniifolium (Chun et F. C. How) C. Y. Cheng ●

157537 Euonymus geloniifolius Chun et F. C. How var. robusta Chun et F. C. How = Glyptopetalum geloniifolium (Chun et F. C. How) C. Y. Cheng var. robustum (Chun et F. C. How) C. Y. Cheng ●

157538 Euonymus georgei H. F. Comber = Euonymus salicifolius Loes. ●

157539 Euonymus gibber Hance;流苏卫矛(交趾卫矛,木杜仲,木果卫矛,三它氏卫矛,越南卫矛);Gibbous Euonymus, Gibbous Spindle-tree, Indo-China Euonymus, Lanyu Euonymus, Swelling Euonymus, Tassel Euonymus, Vietnam Euonymus, Woodfruit Euonymus,Xylocarp Euonymus ●

157540 Euonymus giraldii Loes.;纤齿卫矛;Girald Euonymus, Girald Spindle-tree ●

157541 Euonymus giraldii Loes. var. angustilatus Loes.;狭翅纤齿卫矛;Narrow-winged Girald Spindle-tree ●

157542 Euonymus giraldii Loes. var. angustilatus Loes. = Euonymus giraldii Loes. ●

157543 Euonymus giraldii Loes. var. ciliatus Loes.;缘毛纤齿卫矛;Ciliate Girald Spindle-tree ●

157544 Euonymus giraldii Loes. var. ciliatus Loes. = Euonymus giraldii Loes. ●

157545 Euonymus glaber Roxb.;光叶卫矛(帽果卫矛,无毛卫矛);Smooth Spindle-tree ●

157546 Euonymus gracillimus Hemsl.;纤细卫矛;Fine Euonymus, Slender Spindle-tree ●

157547 Euonymus grandiflorus Wall.;大花卫矛(摆衣耳柱,滇桂,黑杜仲,金丝杜仲,木本青竹标,软皮树,四棱子,痰药,野杜仲);Big-flowered Euonymus, Himalayan Euonymus, Largeflower Euonymus ●

157548 Euonymus grandiflorus Wall. = Euonymus carnosus Hemsl. ●

157549 Euonymus grandiflorus Wall. f. longipedunculatus C. Yu Chang;长梗大花卫矛;Long-pedicel Largeflower Euonymus ●

157550 Euonymus grandiflorus Wall. f. longipedunculatus C. Yu Chang = Euonymus grandiflorus Wall. ●

157551 Euonymus grandiflorus Wall. f. salicifolius Stapf et Balf.;柳叶大花卫矛;Willow-leaf Spindle-tree ●

157552 Euonymus grandiflorus Wall. f. salicifolius Stapf et Ballard = Euonymus grandiflorus Wall. ●

157553 Euonymus grandiflorus Wall. var. angustifolius Chen H. Wang = Euonymus grandiflorus Wall. f. salicifolius Stapf et Balf. ●

157554 Euonymus grandiflorus Wall. var. angustifolius Chen H. Wang = Euonymus grandiflorus Wall. ●

157555 Euonymus grandiflorus Wall. var. salicifolius Stapf et Balf. = Euonymus grandiflorus Wall. f. salicifolius Stapf et Balf. ●

157556 Euonymus hainanensis Chun et F. C. How;海南卫矛;Hainan Euonymus ●

157557 Euonymus hamiltonianus Dippel ex Koehne. = Euonymus sieboldianus Blume ●

157558 Euonymus hamiltonianus Wall. = Euonymus hamiltonianus Wall. ex Roxb. ●

157559 Euonymus hamiltonianus Wall. ex Roxb.;西南卫矛(白杜,明开夜合,桃叶卫矛,土杜仲,土苓树);Hamilton Euonymus, Hamilton Spindle-tree,Hamilton's Spindletree,Yeddo Euonymus ●

157560 Euonymus hamiltonianus Wall. ex Roxb. f. koehneanus (Loes.) Blakelock;凯内西南卫矛(杜仲藤,西南桃叶卫矛);Koehne Spindle-tree ●

157561 Euonymus hamiltonianus Wall. ex Roxb. f. lanceifolius (Loes.) C. Y. Cheng;毛脉西南卫矛(披针桃叶卫矛,披针叶卫矛,小果桃叶卫矛,小果西南卫矛);Hairyvein Spindle-tree, Lance-leaved Hamilton Spindle-tree ●

157562 Euonymus hamiltonianus Wall. ex Roxb. var. australis Kom.;南方卫矛;South Hamilton Spindle-tree ●

157563 Euonymus hamiltonianus Wall. ex Roxb. var. hians (Koehne) Blakelock;开裂西南卫矛;Split Hamilton Spindle-tree ●

157564 Euonymus hamiltonianus Wall. ex Roxb. var. lancifolius (Loes.) Blakelock = Euonymus hamiltonianus Wall. ex Roxb. f. lanceifolius (Loes.) C. Y. Cheng ●

157565 Euonymus hamiltonianus Wall. ex Roxb. var. maackii (Rupr.) Blakelock = Euonymus maackii Rupr. ●

157566 Euonymus hamiltonianus Wall. ex Roxb. var. maackii (Rupr.) Kom. = Euonymus maackii Rupr. ●

157567 Euonymus hamiltonianus Wall. ex Roxb. var. nikoensis (Nakai) Blakelock;日光卫矛;Nikko Euonymus, Nikko Spindle-tree ●

157568 Euonymus hamiltonianus Wall. ex Roxb. var. pubinervius S. Z. Qu et Y. H. He = Euonymus hamiltonianus Wall. ex Roxb. f. lanceifolius (Loes.) C. Y. Cheng ●

157569 Euonymus hamiltonianus Wall. ex Roxb. var. semiexsertus (Koehne) Blakeley;半露西南卫矛(半露卫矛);Half-exserted Hamilton Spindle-tree ●

157570 Euonymus hamiltonianus Wall. ex Roxb. var. yedoensis (Koehne) Blakeley;紫药西南卫矛(东京桃叶卫矛,江户卫矛,桃叶卫矛,紫药桃叶卫矛);Yedo Euonymus, Yedo Spindle-tree ●

157571 Euonymus hamiltonianus Wall. f. lanceifolius (Loes.) C. Y. Cheng ex Q. H. Chen = Euonymus hamiltonianus Wall. ex Roxb. ●

157572 Euonymus hamiltonianus Wall. subsp. sieboldianus H. Hara = Euonymus sieboldianus Blume ●

157573 Euonymus hamiltonianus Wall. var. pubinervius S. Z. Qu et Y. H. He = Euonymus hamiltonianus Wall. ex Roxb. ●

157574 Euonymus hamiltonianus Wall. var. semipersistens Rehder = Euonymus maackii Rupr. ●

157575 Euonymus haoi Loes. ex Chen H. Wang = Euonymus schensianus Maxim. ●

157576 Euonymus hederaceus Champ. ex Benth.;常春卫矛;Hedera Spindle-tree, Ivylike Euonymus, Ivy-like Euonymus ●

157577 Euonymus hederaceus Champ. ex Benth. = Euonymus fortunei (Turcz.) Hand. -Mazz. ●

157578 Euonymus hemsleyanus Loes.;厚叶卫矛(蒙自刺果卫矛,蒙自卫矛);Hemsley Euonymus, Hemsley Spindle-tree ●

157579 Euonymus hemsleyanus Loes. = Euonymus actinocarpus Loes. ●

157580 Euonymus hians Koehne = Euonymus hamiltonianus Wall. ex Roxb. ●

157581 Euonymus hians Koehne = Euonymus sieboldianus Blume var. sanguineus Nakai ●☆

157582 Euonymus huae J. S. Ma;秀英卫矛;Hu's Euonymus, Xiuying Gentian ●

157583 Euonymus huangii H. Y. Liu et Y. P. Yang = Euonymus carnosus Hemsl. ●

157584 Euonymus hukuangensis C. Y. Cheng ex J. S. Ma;湖广卫矛;Huguang Euonymus, Hu-Guang Euonymus ●

157585 Euonymus hupehensis (Loes.) Loes. var. brevipedunculatus Loes. = Euonymus hupehensis Loes. ●

157586 Euonymus hupehensis (Loes.) Loes. var. maculatus Loes. = Euonymus hupehensis Loes. ●

157587 Euonymus hupehensis Loes.;湖北卫矛;Hubei Euonymus, Hubei Spindle-tree ●

157588 Euonymus hupehensis Loes. var. brevipedunculata Loes.;短梗湖北卫矛;Short-pedunculate Hubei Spindle-tree ●

157589 Euonymus hupehensis Loes. var. maculata Loes.;斑点湖北卫矛(斑点卫矛);Maculate Bubei Spindle-tree ●

157590 Euonymus hystrix W. W. Sm. = Euonymus balansae Sprague ●

157591 Euonymus ilicifolium Franch.;枸骨叶卫矛●

157592 Euonymus ilicifolium Franch. = Glyptopetalum ilicifolium (Franch.) C. Y. Cheng et Q. S. Ma ●◇

157593 Euonymus incertus Pit.;不定卫矛;Incertitude Spindle-tree ●☆

157594 Euonymus incertus Pit. = Euonymus laxiflorus Champ. ex Benth. ●

157595 Euonymus inermis Forssk. = Ochna inermis (Forssk.) Schweinf. ●☆

157596 Euonymus integerrimus Prokh. = Euonymus verrucosus Scop. ●

157597 Euonymus integerrimus Prokh. = Euonymus verrucosus Scop. var. chinensis Maxim. ●

157598 Euonymus integrifolius Blakelock = Euonymus kweichowensis Chen H. Wang ●

157599 Euonymus integrifolius Blakelock = Euonymus schensianus Maxim. ●

157600 Euonymus japonica L. f. = Euonymus boninensis Koidz. ●☆

157601 Euonymus japonicus Thunb.;冬青卫矛(八木,大叶黄杨,调经草,杜仲,扶芳树,黄杨卫矛,黄爪龙树,七里香,日本卫矛,四季青,正木);Evergreen Euonymus, Evergreen Spindle, Evergreen Spindle-tree, Greenspire Euonymus, Japan Euonymus, Japanese Euonymus, Japanese Spindle, Japanese Spindle Tree, Japanese Spindletree, Spindle Tree, Variegated Box Leaf ●

157602 Euonymus japonicus Thunb. 'Albomarginatus' = Euonymus japonicus Thunb. f. albomarginatus (Moore) Rehder ●

157603 Euonymus japonicus Thunb. 'Aureo-marginatus' = Euonymus japonicus Thunb. f. aureomarginatus (Rehder) Rehder ●☆

157604 Euonymus japonicus Thunb. 'Aureo-variegatus' = Euonymus japonicus Thunb. f. aureovariegatus (Regel) Rehder ●☆

157605 Euonymus japonicus Thunb. 'Latifolius Albomarginatus';宽银边冬青卫矛●☆

157606 Euonymus japonicus Thunb. 'Macrophyllus Albus' = Euonymus japonicus Thunb. 'Latifolius Albomarginatus' ●☆

157607 Euonymus japonicus Thunb. 'Macrophyllus' = Euonymus japonicus Thunb. f. macrophyllus (Regel) Beissn. ●☆

157608 Euonymus japonicus Thunb. 'Medio-picta';心纹冬青卫矛(金心大叶黄杨);Medium-pictured Japanese Spindle-tree ●☆

157609 Euonymus japonicus Thunb. 'Microphyllus Variegatus';小纹冬青卫矛;Small-marked Japanese Spindle-tree ●☆

157610 Euonymus japonicus Thunb. 'Microphyllus';小叶冬青卫矛;Small-leaved Japanese Spindle-tree ●☆

157611 Euonymus japonicus Thunb. 'Ovatus Aureus';金卵叶冬青卫矛●☆

157612 Euonymus japonicus Thunb. 'Silver Queen';银后冬青卫矛;Silver-qeen Japanese Spindle-tree ●☆

157613 Euonymus japonicus Thunb. 'Yellow Queen';黄后冬青卫矛;Yellow-qeen Japanese Spindle-tree ●☆

157614 Euonymus japonicus Thunb. f. albomarginatus (Moore) Rehder;银边冬青卫矛(银边大叶黄杨,银边黄杨,银边卫矛,银边正木);White-marginata Japanese Spindle-tree ●

157615 Euonymus japonicus Thunb. f. aureomarginatus (Rehder) Rehder;金边冬青卫矛(金边黄杨,金边正木,日本黄杨);Golden-marginata Japanese Spindle-tree ●☆

157616 Euonymus japonicus Thunb. f. aureovariegatus (Regel) Rehder;金心冬青卫矛(金心黄杨,日本黄杨);Golden-marked Japanese Spindle-tree ●☆

157617 Euonymus japonicus Thunb. f. macrophyllus (Regel) Beissn.;大叶冬青卫矛(大叶黄杨,大叶日本卫矛);Bigleaf Japanese Spindle-tree, Largeleaf Japanese Spindle-tree, Large-leaved Japanese Spindle-tree ●☆

157618 Euonymus japonicus Thunb. f. macrophyllus (Regel) Beissn. = Euonymus japonicus Thunb. ●

157619 Euonymus japonicus Thunb. f. obovatus (Nakai) Sugim. = Euonymus japonicus Thunb. ●

157620 Euonymus japonicus Thunb. f. pyramidatus Rehder;塔形冬青卫矛;Pyramidal Japanese Spindle-tree ●

157621 Euonymus japonicus Thunb. f. rugosus (Nakai) H. Hara;皱褶冬青卫矛●☆

157622 Euonymus japonicus Thunb. f. subinteger (Sugim.) Sugim. = Euonymus japonicus Thunb. ●

157623 Euonymus japonicus Thunb. var. acutus Rehder = Euonymus fortunei (Turcz.) Hand. -Mazz. ●

157624 Euonymus japonicus Thunb. var. albomarginata ? = Euonymus japonicus Thunb. f. albomarginatus (Moore) Rehder ●

157625 Euonymus japonicus Thunb. var. argenteo-variegatus Regel;白斑日本卫矛●☆

157626 Euonymus japonicus Thunb. var. aucta Rehder = Euonymus fortunei (Turcz.) Hand. -Mazz. ●

157627 Euonymus japonicus Thunb. var. aureomarginata Rehder = Euonymus japonicus Thunb. f. aureomarginatus (Rehder) Rehder ●☆

157628 Euonymus japonicus Thunb. var. aureovariegata Regel = Euonymus japonicus Thunb. f. aureovariegatus (Regel) Rehder ●☆

157629 Euonymus japonicus Thunb. var. chinensis Pamp. = Euonymus fortunei (Turcz.) Hand. -Mazz. ●

157630 Euonymus japonicus Thunb. var. fastigiatus Carrière;帚状冬青卫矛;Fastigiate Japanese Spindle-tree ●

157631 Euonymus japonicus Thunb. var. longifolius Nakai;长叶冬青卫矛;Long-leaved Japanese Spindle-tree ●

157632 Euonymus japonicus Thunb. var. longifolius Nakai = Euonymus japonicus Thunb. ●

157633 Euonymus japonicus Thunb. var. macrophyllus Regel = Euonymus japonicus Thunb. ●

157634 Euonymus japonicus Thunb. var. mediopicta Hort. = Euonymus japonicus Thunb. 'Medio-picta' ●☆

157635 Euonymus japonicus Thunb. var. radicans Miq. = Euonymus fortunei (Turcz.) Hand. -Mazz. var. radicans (Miq.) Rehder ●

157636 Euonymus japonicus Thunb. var. radicans Miq. = Euonymus fortunei (Turcz.) Hand. -Mazz. ●

157637 Euonymus japonicus Thunb. var. radicifer Nakai;匍根冬青卫矛(蔓枝日本卫矛);Radiciferous Japanese Spindle-tree ●

157638 Euonymus japonicus Thunb. var. viridi-variegata Rehder;绿斑冬青卫矛;Green-marked Japanese Spindle-tree ●

157639 Euonymus javanicus Blume;爪哇卫矛;Javan Spindle-tree ●☆

157640 Euonymus javanicus Blume var. talungensis Pierre;塔龙卫矛;Talong Spindle-tree ●

157641 Euonymus jinfoshanensis Z. M. Gu;金佛山卫矛;Jinfoshan Euonymus ●

157642 Euonymus jinfoshanensis Z. M. Gu = Euonymus vagans Wall. ex Roxb. ●

157643 Euonymus jinggangshanensis M. X. Nie;井冈山卫矛;Jinggangshan Euonymus ●■

157644 Euonymus jinggangshanensis M. X. Nie = Euonymus vagans Wall. ex Roxb. ●

157645 Euonymus jinyangensis C. Yu Chang;金阳卫矛;Jinyang Euonymus ●

157646 Euonymus kansuensis Nakai = Euonymus giraldii Loes. ●

157647 Euonymus kawachianus Nakai;河内卫矛;Kawachi Spindle-tree ●☆

157648 Euonymus kawachianus Nakai = Euonymus japonicus Thunb. ●

157649 Euonymus kengmaensis C. Yu Chang ex J. S. Ma;耿马卫矛;Gengma Euonymus ●

157650 Euonymus kewensis Hesse = Euonymus fortunei (Turcz.) Hand. -Mazz. var. minima (Simon-Louis) Rehder ●☆

157651 Euonymus kiautschovicus Loes.;胶东卫矛(胶州卫矛);Creeping Strawberry Bush, Jiaodong Euonymus, Jiaodong Spindle-tree, Jiaozhou Euonymus, Spriding Euonymus ●

157652 Euonymus kiautschovicus Loes. = Euonymus fortunei (Turcz.) Hand. -Mazz. ●

157653 Euonymus kiautschovicus Loes. var. patens (Rehder) Loes. = Euonymus fortunei (Turcz.) Hand. -Mazz. ●

157654 Euonymus koopmannii Lauche;科普曼卫矛●☆

157655 Euonymus kuraruensis Hayata = Euonymus spraguei Hayata ●

157656 Euonymus kwangtungensis C. Y. Cheng;长叶卫矛;Guangdong Euonymus ●

157657 Euonymus kwangtungensis C. Y. Cheng = Euonymus tsoi Merr. ●

157658 Euonymus kweichowensis Chen H. Wang;贵州卫矛;Guizhou Spindle-tree ●

157659 Euonymus kweichowensis Chen H. Wang = Euonymus schensianus Maxim. ●

157660 Euonymus lacerus Buch. -Ham. = Euonymus fimbriatus Wall. ●☆

157661 Euonymus lanceifolius Loes. = Euonymus hamiltonianus Wall. ex Roxb. ●

157662 Euonymus lanceifolius Loes. = Euonymus hamiltonianus Wall. ex Roxb. f. lanceifolius (Loes.) C. Y. Cheng ●

157663 Euonymus lanceolatus Yatabe;披针叶卫矛;Lanceolate Spindle-tree ●☆

157664 Euonymus latifolia Scop. var. planipes Koehne = Euonymus planipes (Koehne) Koehne ●

157665 Euonymus latifolius (L.) Mill. var. sachalinensis F. Schmidt = Euonymus sachalinensis (F. Schmidt) Maxim. ●

157666 Euonymus latifolius Mill. = Euonymus latifolius Scop. ●☆

157667 Euonymus latifolius Mill. var. kabilicus Debeaux = Euonymus latifolius Mill. ●☆

157668 Euonymus latifolius Scop.;宽叶卫矛(阔叶卫矛);Broad-leaved Euonymus, Broad-leaved Spindle, Broadleaved Spindle-tree, Large-leaved Spindle ●☆

157669 Euonymus lawsonii C. B. Clarke ex Prain;中缅卫矛(柳叶卫矛);Lawson Euonymus, Lawson's Spindle-tree, Sino-Burma Euonymus ●

157670 Euonymus lawsonii C. B. Clarke ex Prain f. salicifolius (Loes.) C. Y. Cheng = Euonymus salicifolius Loes. ●

157671 Euonymus lawsonii C. B. Clarke ex Prain var. salicifolius (Loes.) Blakelock = Euonymus salicifolius Loes. ●

157672 Euonymus lawsonii C. B. Clarke f. salicifolius (Loes.) C. Y. Cheng = Euonymus salicifolius Loes. ●

157673 Euonymus lawsonii C. B. Clarke var. salicifolius (Loes.) Blakeley = Euonymus lawsonii C. B. Clarke f. salicifolius (Loes.) C. Y. Cheng ●

157674 Euonymus laxicymosa C. Y. Cheng ex J. S. Ma;稀序卫矛;Laxcyme Euonymus, Laxicymose Spindle-tree ●

157675 Euonymus laxiflorus Champ. ex Benth.;疏花卫矛(大丁黄,飞天驳,佛手仔,黄花序卫矛,木牛七,山杜仲,树仲,丝绵木,四季青,透明叶卫矛,土杜仲,弯尾卫矛,五稔子);Forbes Euonymus, Forbes Spindle-tree, Laxflower Euonymus, Laxiflowered Euonymus, Loose-flowered Spindle-tree, Pocrflower Euonymus, Taiwan Euonymus ●

157676 Euonymus laxus Chen H. Wang = Euonymus acanthocarpus Franch. ●

157677 Euonymus laxus Chen H. Wang = Euonymus acanthocarpus

Franch. var. laxus (Chen H. Wang) C. Y. Cheng ●

157678 Euonymus leclerei H. Lév.;革叶卫矛(大叶卫矛,宽叶裂果卫矛,宽叶卫矛);Broadleaf Diels Euonymus, Coriaceous Euonymus, Leatherleaf Euonymus, Lecler Spindle-tree ●

157679 Euonymus leclerei H. Lév. = Euonymus dielsianus Loes. ●

157680 Euonymus leclerei H. Lév. = Euonymus fertilis (Loes.) C. Y. Cheng ●

157681 Euonymus leishanensis Q. H. Chen;雷山卫矛;Leishan Euonymus ●

157682 Euonymus leishanensis Q. H. Chen = Euonymus viburnoides Prain ●

157683 Euonymus lichiangensis W. W. Sm.;丽江卫矛;Lijiang Euonymus ●

157684 Euonymus linaerifolius Franch.;线叶卫矛(刀口药,黄皮杜仲,金丝杜仲,线叶金丝杜仲,小接骨丹);Linearleaf Euonymus, Linear-leaved Euonymus, Linear-leaved Spindle-tree ●

157685 Euonymus lindleyi K. Koch = Euonymus nitidus Benth. ●

157686 Euonymus linearifolius Franch. = Euonymus yunnanensis Franch. ●

157687 Euonymus lipoensis Z. R. Xu;荔波卫矛;Libo Euonymus ●

157688 Euonymus lipoensis Z. R. Xu = Euonymus myrianthus Hemsl. ●

157689 Euonymus longifolius Champ. ex Benth. = Euonymus kwangtungensis C. Y. Cheng ●

157690 Euonymus longifolius Champ. ex Benth. = Euonymus tsoi Merr. ●

157691 Euonymus longipedicellatus Merr. et Chun = Glyptopetalum longipedicellatum (Merr. et Chun) C. Y. Cheng ●

157692 Euonymus longipedicellatus Merr. et Chun var. continentalis Chun et F. C. How = Glyptopetalum continentale (Chun et F. C. How) C. Y. Cheng et Q. S. Ma ●

157693 Euonymus longipes Lace = Euonymus acanthocarpus Franch. ●

157694 Euonymus loveichowensis C. H. Wang = Euonymus schensianus Maxim. ●

157695 Euonymus lucidus D. Don;垂序卫矛(垂枝卫矛);Lucid Spindle-tree, Pendent Euonymus, Pendulous Spindle-tree ●

157696 Euonymus lushanensis F. H. Chen et M. C. Wang;庐山卫矛(短刺刺果卫矛,庐山刺果卫矛);Lushan Spiny-fruited Spindle-tree ●

157697 Euonymus lushanensis F. H. Chen et M. C. Wang = Euonymus acanthocarpus Franch. var. lushanensis (F. H. Chen et M. C. Wang) C. Y. Cheng ●

157698 Euonymus lutchuensis T. Ito;琉球卫矛;Liuqiu Euonymus ●☆

157699 Euonymus maackii Rupr.;华北卫矛(白杜,明开夜合);Hamilton's Spindletree, Maack Euonymus, Paich-Ha ●

157700 Euonymus maackii Rupr. f. lanceolatus Rehder = Euonymus maackii Rupr. ●

157701 Euonymus maackii Rupr. f. salicifolius T. Chen = Euonymus maackii Rupr. ●

157702 Euonymus maackii Rupr. var. salicifolius F. H. Chen;柳叶华北卫矛(柳叶卫矛);Willow-leaf Maack Euonymus ●

157703 Euonymus maackii Rupr. var. trichophyllus Y. B. Chang;毛叶华北卫矛;Hairy-leaf Maack Euonymus ●

157704 Euonymus maackii Rupr. var. trichophyllus Y. B. Chang = Euonymus maackii Rupr. ●

157705 Euonymus macropterus Rupr.;黄心卫矛(大翅卫矛,大翼卫矛,黄瓤子,黄心子);Big-wing Euonymus, Largewing Euonymus, Largewing Spindle-tree, Yellowheart Euonymus ●

157706 Euonymus mairei H. Lév. = Euonymus grandiflorus Wall. ●

157707 Euonymus mairei H. Lév. = Euonymus yunnanensis Franch. ●

157708 Euonymus majumi Siebold = Euonymus sieboldianus Blume ●

157709 Euonymus matsudae Hayata;松田氏卫矛(松田卫矛);Matsuda Euonymus, Matsuda Spindle-tree ●

157710 Euonymus matsudae Hayata = Euonymus tashiroi Maxim. ●

157711 Euonymus maximowiczianus (Prokh.) Vorosch.;凤城卫矛;Fengcheng Euonymus, Maximowicz Euonymus ●

157712 Euonymus maximowiczianus (Prokh.) Vorosch. = Euonymus sachalinensis (F. Schmidt) Maxim. ●

157713 Euonymus melananthus Franch. et Sav.;黑花卫矛;Black-flowered Spindle-tree ●☆

157714 Euonymus mengtzeanus (Loes.) Sprague;蒙自卫矛;Mengzi Euonymus, Spindle-tree ●

157715 Euonymus mengtzeanus (Loes.) Sprague = Euonymus balansae Sprague ●

157716 Euonymus merrillianus Chen H. Wang = Euonymus nitidus Benth. ●

157717 Euonymus merrillii Chen H. Wang = Euonymus nitidus Benth. ●

157718 Euonymus merrillii Chen H. Wang var. longipetiolatus Chen H. Wang = Euonymus nitidus Benth. ●

157719 Euonymus micranthus Bunge = Euonymus maackii Rupr. ●

157720 Euonymus micranthus Bunge = Euonymus vagans Wall. ex Roxb. ●

157721 Euonymus microcarpus (Oliv.) Sprague;小果卫矛;Smallfruit Euonymus, Small-fruited Euonymus, Small-fruited Spindle-tree ●

157722 Euonymus mitratus Pierre;帽果卫矛(僧帽卫矛);Capfruit Euonymus, Mitral Spindle-tree ●

157723 Euonymus mitratus Pierre = Euonymus glaber Roxb. ●

157724 Euonymus miyakei Hayata = Euonymus gibber Hance ●

157725 Euonymus monbeigii W. W. Sm.;狭翅卫矛(狭翅果卫矛);Monbeig Euonymus, Monbeig Spindle-tree ●

157726 Euonymus monbeigii W. W. Sm. = Euonymus sanguineus Loes. ●

157727 Euonymus mongolicus Nakai = Euonymus maackii Rupr. ●

157728 Euonymus morrisonensis Kaneh. et Sasaki;玉山卫矛;Morrison Euonymus, Yushan Euonymus, Yushan Spindle-tree ●

157729 Euonymus mupinensis Loes. et Rehder;宝兴卫矛●

157730 Euonymus mupinensis Loes. et Rehder = Euonymus echinatus Wall. ex Roxb. ●

157731 Euonymus mupinensis Loes. et Rehder = Euonymus subsessilis Sprague ●

157732 Euonymus myrianthus Hemsl.;大果卫矛(白鸡槿,带叶大果卫矛,黄褚,青得方);Denseflower Euonymus, Largrfruit Euonymus, Multiflowered Euonymus, Myriad-flower Spindle-tree ●

157733 Euonymus myrianthus Hemsl. var. crassifolius (Loes.) Blakelock = Euonymus myrianthus Hemsl. ●

157734 Euonymus myrianthus Hemsl. var. tenuifolius (Loes.) Blakelock = Euonymus myrianthus Hemsl. ●

157735 Euonymus myrianthus Hemsl. var. tenuis C. Y. Cheng = Euonymus myrianthus Hemsl. ●

157736 Euonymus myrianthus Hemsl. var. tenuis C. Y. Cheng ex T. L. Xu et Q. H. Chen = Euonymus myrianthus Hemsl. ●

157737 Euonymus nanoides Loes. et Rehder;小卫矛(拟矮卫矛);Low Euonymus, Low Spindle-tree, Mountainous Euonymus, Small Euonymus ●

157738 Euonymus nanoides Loes. et Rehder var. oresbius (W. W. Sm.) Y. R. Li = Euonymus nanoides Loes. et Rehder ●

157739 Euonymus nantoensis Loes. ex Hand. -Mazz. = Euonymus nitidus Benth. ●

157740 Euonymus nanus M. Bieb.;矮卫矛(姬卫矛,土沉香);Dwarf

Burning Bush, Dwarf Euonymus, Turkestan Burning Bush ●

157741 Euonymus nanus M. Bieb. var. koopmannii Lauche ex Koehne = Euonymus nanus M. Bieb. var. turkestsnicus (Dieck) Krysht. ●☆

157742 Euonymus nanus M. Bieb. var. turkestsnicus (Dieck) Krysht.; 土耳其斯坦矮卫矛; Turkestan Dwarf Euonymus ●☆

157743 Euonymus nikoensis Nakai = Euonymus hamiltonianus Wall. ex Roxb. var. nikoensis (Nakai) Blakelock ●

157744 Euonymus nikoensis Nakai = Euonymus sieboldianus Blume var. sanguineus Nakai ●☆

157745 Euonymus nitidus Benth.; 中华卫矛(杜仲藤, 华北卫矛, 华南卫矛, 华卫矛, 亮叶卫矛, 中国卫矛); China Euonymus, Chinese Euonymus, Nitid Euonymus, Nitid Spindle-tree ●

157746 Euonymus nitidus Benth. f. tsoi (Merr.) C. Y. Cheng; 窄叶中华卫矛; Tso's Nitid Spindle-tree ●

157747 Euonymus nitidus Benth. f. tsoi (Merr.) C. Y. Cheng = Euonymus tsoi Merr. ●

157748 Euonymus oblongifolius Loes. et Rehder; 矩叶卫矛(白鸡肫, 鸡血蓝, 矩圆叶卫矛); Oblongileaved Euonymus, Oblongleaf Euonymus ●

157749 Euonymus oblongifolius Loes. et Rehder = Euonymus nitidus Benth. ●

157750 Euonymus obovatus Nutt.; 倒卵叶卫矛(走茎卫矛); Running Burning Bush, Running Euonymus, Running Strawberry Bush, Running Strawberry-bush ●

157751 Euonymus occidentalis Nutt. ex Torr.; 西方卫矛; Western Bruning Bush ●☆

157752 Euonymus occidentalis Nutt. ex Torr. var. parishii (Trel.) Jeps.; 帕里什卫矛(帕瑞斯卫矛); Parish Western Bruning Bush ●☆

157753 Euonymus oligospermus Ohwi; 寡籽卫矛●☆

157754 Euonymus oligospermus Ohwi = Euonymus pauciflorus Maxim. ●

157755 Euonymus omeishanensis C. Y. Cheng; 峨眉卫矛(峨眉山卫矛); Emei Euonymus, Emeishan Euonymus, Emeishan Spindle-tree ●

157756 Euonymus oresbius W. W. Sm.; 山生卫矛●

157757 Euonymus oresbius W. W. Sm. = Euonymus nanoides Loes. et Rehder ●

157758 Euonymus orgyalis W. W. Sm. = Euonymus bockii Loes. ●

157759 Euonymus orgyalis W. W. Sm. = Euonymus bockii Loes. var. orgyalis (W. W. Sm.) C. Y. Cheng ●

157760 Euonymus oukiakiensis Pamp. = Euonymus maackii Rupr. ●

157761 Euonymus oxyphyllus Miq.; 垂丝卫矛(豆瓣树, 暖木, 青皮, 青皮树, 球果卫矛, 锐叶卫矛, 五棱子, 小米饭); Hanging-flower Euonymus, Hanging-flowered Euonymus, Pendulous Euonymus, Sharpleaf Euonymus, Sharp-leaved Spindle-tree ●

157762 Euonymus oxyphyllus Miq. f. magnus (Honda) H. Hara = Euonymus oxyphyllus Miq. var. magnus Honda ●☆

157763 Euonymus oxyphyllus Miq. f. microcarpus (Hayashi) Hayashi; 小果垂丝卫矛●☆

157764 Euonymus oxyphyllus Miq. f. nipponicus (Maxim.) H. Hara; 日本垂丝卫矛; Japanese Sharp-leaved Spindle-tree ●☆

157765 Euonymus oxyphyllus Miq. var. magnus Honda; 大果垂丝卫矛 ●☆

157766 Euonymus oxyphyllus Miq. var. yesoensis (Koidz.) Blakelock = Euonymus oxyphyllus Miq. var. magnus Honda ●☆

157767 Euonymus oxyphyllus Miq. var. yezoensis (Koidz.) Blakeley; 北海道垂丝卫矛; Yezo Sharp-leaved Spindle-tree ●☆

157768 Euonymus pachycladus Hand. -Mazz. = Euonymus nanoides Loes. et Rehder ●

157769 Euonymus pallidifolius Hayata; 淡绿叶卫矛(恒春卫矛); Greenish Euonymus, Hengchun Euonymus, Pale-leaved Spindle-tree, Pallidileaved Euonymus ●

157770 Euonymus parasimilis C. Y. Cheng ex J. S. Ma; 碧江卫矛; Bijiang Euonymus ●

157771 Euonymus paravagans Z. M. Gu et C. Y. Cheng; 滇西卫矛; W. Yunnan Euonymus, West Yunnan Spindle-tree ●

157772 Euonymus paravagans Z. M. Gu et C. Y. Cheng = Euonymus theifolius Wall. ex M. A. Lawson ●

157773 Euonymus parishii Trel. = Euonymus occidentalis Nutt. ex Torr. var. parishii (Trel.) Jeps. ●☆

157774 Euonymus pashanensis S. Z. Qu et Y. H. He; 巴山卫矛; Bashan Euonymus ●

157775 Euonymus pashanensis S. Z. Qu et Y. H. He = Euonymus giraldii Loes. ●

157776 Euonymus patens Rehder = Euonymus fortunei (Turcz.) Hand. -Mazz. ●

157777 Euonymus pauciflorus Maxim.; 少花瘤枝卫矛(斑枝卫矛); Few-flowered Spindle-tree, Few-flowered Verrucose Spindle-tree ●

157778 Euonymus pauciflorus Maxim. = Euonymus verrucosus Scop. ●

157779 Euonymus pauciflorus Maxim. = Euonymus verrucosus Scop. var. pauciflorus (Maxim.) Regel ●

157780 Euonymus pauciflorus Maxim. subsp. oligospermus (Ohwi) Okuyama = Euonymus oligospermus Ohwi ●☆

157781 Euonymus pauciflorus Maxim. var. chinensis (Maxim.) Rehder = Euonymus verrucosus Scop. ●

157782 Euonymus pauciflorus Maxim. var. chinensis (Maxim.) Rehder = Euonymus verrucosus Scop. var. chinensis Maxim. ●

157783 Euonymus pauciflorus Maxim. var. japonicus ? = Euonymus pauciflorus Maxim. ●

157784 Euonymus pellucidifolius Hayata; 透明叶卫矛(大丁癀卫矛, 透明卫矛); Pellucid-leaved Spindle-tree ●

157785 Euonymus pellucidifolius Hayata = Euonymus laxiflorus Champ. ex Benth. ●

157786 Euonymus pendulus Hort. = Euonymus obovatus Nutt. ●

157787 Euonymus pendulus Wall. = Euonymus fimbriatus Wall. ex Roxb. ●

157788 Euonymus pendulus Wall. ex Roxb. = Euonymus lucidus D. Don ●

157789 Euonymus perbellus C. Yu Chang; 美丽卫矛; Beautiful Euonymus, Beautiful Spindle-tree ●

157790 Euonymus perbellus C. Yu Chang = Euonymus giraldii Loes. ●

157791 Euonymus percoriaceus C. Y. Wu ex J. S. Ma; 西畴卫矛; Xichou Euonymus ●

157792 Euonymus petelotii Merr. = Euonymus bockii Loes. ●

157793 Euonymus phellomanus Loes.; 栓翅卫矛(八肋木, 白檀子, 翅卫矛); Burning Bush, Corktree, Cork-wing Spindle-tree, Corkywing Euonymus, Corky-winged Euonymus ●

157794 Euonymus pinchuanensis Loes.; 宾川卫矛; Binchuan Spindle-tree ●

157795 Euonymus pinchuanensis Loes. = Euonymus linearifolius Franch. ●

157796 Euonymus pinchuanensis Loes. = Euonymus yunnanensis Franch. ●

157797 Euonymus planipes (Koehne) Koehne; 东北亚卫矛(扁柄卫矛, 短翅卫矛); Flat-petiole Spindle-tree ●

157798 Euonymus platycline Ohwi = Euonymus carnosus Hemsl. ●

157799 Euonymus platycline Ohwi = Euonymus echinatus Wall. ex Roxb. ●

157800 Euonymus porphyreus Loes.;紫花卫矛(白术,大芽卫矛);Purpleflower Euonymus, Purple-flowered Euonymus, Purple-flowered Spindle-tree ●

157801 Euonymus porphyreus Loes. = Euonymus frigidus Wall. ex Roxb. ●

157802 Euonymus porphyreus Loes. var. angustifolius L. C. Wang et X. G. Sun;狭叶紫花卫矛;Narrow-leaf Purpleflower Euonymus ●

157803 Euonymus porphyreus Loes. var. angustifolius L. C. Wang et X. G. Sun = Euonymus frigidus Wall. ex Roxb. ●

157804 Euonymus porphyreus Loes. var. ellipticus Blakeley;椭圆叶紫花卫矛;Elliptic-leaved Spindle-tree ●

157805 Euonymus porphyreus Loes. var. ellipticus Blakelock = Euonymus frigidus Wall. ex Roxb. ●

157806 Euonymus potingensis Chun et F. C. How ex J. S. Ma;保亭卫矛;Baoting Euonymus ●

157807 Euonymus proteus H. Lév. = Euonymus rehderianus Loes. ●

157808 Euonymus provicarii H. Lév. = Pittosporum brevicalyx (Oliv.) Gagnep. ●

157809 Euonymus przewalskii Maxim.;八宝茶(甘青卫矛,铺氏卫矛);Eight Treasures Tea, Przewalsk Euonymus, Przewalsk Spindle-tree ●

157810 Euonymus przewalskii Maxim. = Euonymus semenovii Regel et Herder ●

157811 Euonymus pseudosootepensis Y. R. Li et S. G. Wu;光果卫矛;False-sootep Spindle-tree, Velvetfruit Euonymus ●

157812 Euonymus pseudosootepensis Y. R. Li et S. G. Wu = Euonymus vagans Wall. ex Roxb. ●

157813 Euonymus pseudovagans Pit.;假蔓生卫矛;False-vagant Spindle-tree ●☆

157814 Euonymus pulvinatus Chun et F. C. How;垫盘卫矛;Pulvinate Spindle-tree ●

157815 Euonymus pulvinatus Chun et F. C. How = Euonymus yunnanensis Franch. ●

157816 Euonymus pygmaeus W. W. Sm.;侏儒卫矛(短卫矛);Pygmy Euonymus, Pygmy Spindle-tree ●

157817 Euonymus pygmaeus W. W. Sm. = Euonymus frigidus Wall. ex Roxb. ●

157818 Euonymus quinquecornutus H. F. Comber = Euonymus cornutus Hemsl. ●

157819 Euonymus radicans (Miq.) Siebold ex Hand. -Mazz. var. alticola Hand. -Mazz. = Euonymus fortunei (Turcz.) Hand. -Mazz. ●

157820 Euonymus radicans Siebold ex Miq. 'Argenteo-variegata' = Euonymus fortunei (Turcz.) Hand. -Mazz. ●

157821 Euonymus radicans Siebold ex Miq. 'Variegata' = Euonymus fortunei (Turcz.) Hand. -Mazz. f. gracilis (Regel) Rehder ●☆

157822 Euonymus radicans Siebold ex Miq. = Euonymus fortunei (Turcz.) Hand. -Mazz. ●

157823 Euonymus radicans Siebold ex Miq. = Euonymus fortunei (Turcz.) Hand. -Mazz. var. radicans (Miq.) Rehder ●

157824 Euonymus radicans Siebold ex Miq. var. acutus (Rehder) Rehder = Euonymus fortunei (Turcz.) Hand. -Mazz. ●

157825 Euonymus radicans Siebold ex Miq. var. alticola Hand. -Mazz. = Euonymus fortunei (Turcz.) Hand. -Mazz. var. alticola (Hand. -Mazz.) Rehder ●

157826 Euonymus radicans Siebold ex Miq. var. argeteomarginata Hort. = Euonymus fortunei (Turcz.) Hand. -Mazz. f. gracilis (Regel) Rehder ●☆

157827 Euonymus radicans Siebold ex Miq. var. carrierei Nicholson = Euonymus fortunei (Turcz.) Hand. -Mazz. f. carrierei (Vauvel) Rehder ●☆

157828 Euonymus radicans Siebold ex Miq. var. kewensis Bean = Euonymus fortunei (Turcz.) Hand. -Mazz. var. minima (Simon-Louis) Rehder ●☆

157829 Euonymus radicans Siebold ex Miq. var. minima Simon-Louis = Euonymus fortunei (Turcz.) Hand. -Mazz. var. minima (Simon-Louis) Rehder ●☆

157830 Euonymus radicans Siebold ex Miq. var. vegeta Rehder = Euonymus fortunei (Turcz.) Hand. -Mazz. var. vegetus (Rehder) Rehder ●☆

157831 Euonymus radicans Siebold ex Miq. var. villosus Nakai = Euonymus fortunei (Turcz.) Hand. -Mazz. var. villosus (Nakai) H. Hara ●☆

157832 Euonymus rehderianus Loes.;短翅卫矛;Rehder Euonymus, Rehder Spindle-tree, Shortwing Euonymus ●

157833 Euonymus repans Carrière = Euonymus fortunei (Turcz.) Hand. -Mazz. var. radicans (Miq.) Rehder ●

157834 Euonymus rhodacanthus Pit.;红刺卫矛;Rose-spined Spindle-tree ●☆

157835 Euonymus rhytidophyllum Chun et F. C. How = Glyptopetalum rhytidophyllum (Chun et F. C. How) C. Y. Cheng ●

157836 Euonymus robustus Nakai = Euonymus planipes (Koehne) Koehne ●

157837 Euonymus rongchuensis C. Marquand et Airy Shaw = Euonymus clivicola W. W. Sm. ●

157838 Euonymus roseoperulatus Loes.;粉芽鳞卫矛(红鳞卫矛);Rose-pemlate Euonymus, Rose-perulate Spindle-tree ●

157839 Euonymus roseoperulatus Loes. = Euonymus frigidus Wall. ex Roxb. ●

157840 Euonymus rosthornii Loes. = Euonymus myrianthus Hemsl. ●

157841 Euonymus rosthornii Loes. var. crassifolius Loes. = Euonymus myrianthus Hemsl. ●

157842 Euonymus rosthornii Loes. var. tenuifolius Loes. = Euonymus myrianthus Hemsl. ●

157843 Euonymus rostratus W. W. Sm.;喙果卫矛;Beakfruit Euonymus, Rostrat-fruited Euonymus, Rostrat-fruited Spindle-tree ●

157844 Euonymus rostratus W. W. Sm. = Euonymus laxiflorus Champ. ex Benth. ●

157845 Euonymus rubescens Pit.;变红卫矛;Rubescent Spindle-tree ●☆

157846 Euonymus rubescens Pit. = Euonymus laxiflorus Champ. ex Benth. ●

157847 Euonymus rugosus H. Lév. = Euonymus hamiltonianus Wall. ex Roxb. ●

157848 Euonymus sachalinensis (F. Schmidt) Maxim.;东北卫矛(库页卫矛);Sakhalin Spindle-tree ●

157849 Euonymus sachalinensis (F. Schmidt) Maxim. var. tricarpus (Koidz.) Kudo = Euonymus tricarpus Koidz. ●☆

157850 Euonymus sacrosancta Koidz. = Euonymus alatus (Thunb.) Siebold f. striatus (Thunb.) Makino ●☆

157851 Euonymus sacrosanctus Koidz. = Euonymus alatus (Thunb.) Siebold var. pubescens Maxim. ●

157852 Euonymus salicifolius Loes.;柳叶卫矛(柳叶中缅卫矛,狭叶

柳叶卫矛);Willow-leaved Lawson's Spindle-tree ●
157853 Euonymus salicifolius Loes. = Euonymus lawsonii C. B. Clarke f. salicifolius (Loes.) C. Y. Cheng ●
157854 Euonymus samatianus Miq. = Euonymus javanicus Blume ●☆
157855 Euonymus sanguineus Loes.;石枣子(血色卫矛);Bloodred Euonymus,Blood-red Euonymus,Blood-red Spindle-tree,Stonejujube ●
157856 Euonymus sanguineus Loes. var. brevipeduncula Blakelock = Euonymus sanguineus Loes. ●
157857 Euonymus sanguineus Loes. var. brevipedunculatus Loes.;短梗石枣子;Short-peduncle Blood-red Spindle-tree ●☆
157858 Euonymus sanguineus Loes. var. brevipedunculatus Loes. = Euonymus sanguineus Loes. ●
157859 Euonymus sanguineus Loes. var. camptoneurus Blakelock = Euonymus sanguineus Loes. ●
157860 Euonymus sanguineus Loes. var. camptoneurus Loes.;弯脉石枣子(突脉血色卫矛,狭脉石枣子);Crook-nerved Blood-red Spindle-tree ●
157861 Euonymus sanguineus Loes. var. camptoneurus Loes. = Euonymus sanguineus Loes. ●
157862 Euonymus sanguineus Loes. var. lanceolatus S. Z. Qu et Y. H. He;披针叶石枣子;Lanceoleaf Euonymus ●
157863 Euonymus sanguineus Loes. var. lanceolatus S. Z. Qu et Y. H. He = Euonymus sanguineus Loes. ●
157864 Euonymus sanguineus Loes. var. laxus Loes.;疏花石枣子;Loose-flowered Blood-red Spindle-tree ●☆
157865 Euonymus sanguineus Loes. var. orthoneurus Blakelock = Euonymus sanguineus Loes. ●
157866 Euonymus sanguineus Loes. var. orthoneurus Loes. = Euonymus sanguineus Loes. ●
157867 Euonymus sanguineus Loes. var. pachyphyllus Pamp. = Euonymus sanguineus Loes. ●
157868 Euonymus sargentianus Loes. et Rehder = Euonymus myrianthus Hemsl. ●
157869 Euonymus saxicola Loes. et Rehder;岩卫矛;Rock Euonymus,Rocky Spindle-tree ●
157870 Euonymus saxicola Loes. et Rehder = Euonymus viburnoides Prain ●
157871 Euonymus saxicola Loes. et Rehder var. petoilatus C. Y. Cheng;有柄岩卫矛;Petiolate Rocky Spindle-tree,Rocky Euonymus ●
157872 Euonymus scandens E. H. L. Krause;爬藤卫矛;Climbing Euonymus ●
157873 Euonymus scandens Graham = Euonymus echinatus Wall. ex Roxb. ●
157874 Euonymus schensianus Maxim.;陕西卫矛(八树,长梗卫矛,石枣);Shaanxi Euonymus ●
157875 Euonymus sclerocarpus Kurz. = Glyptopetalum sclerocarpum (Kurz) M. A. Lawson ●
157876 Euonymus semenovii Regel et Herder;中亚卫矛(鬼箭羽,新疆卫矛);Semenov Euonymus,Semenov Spindle-tree ●
157877 Euonymus semiexsertus Koehne;半伸卫矛;Semiexserted Spindle-tree ●☆
157878 Euonymus semiexsertus Koehne = Euonymus sieboldianus Blume var. sanguineus Nakai ●☆
157879 Euonymus sieboldianus Blume;西氏卫矛(六月凌,桃叶卫矛,西博氏卫矛,席氏卫矛);Siebold Spindle-tree ●
157880 Euonymus sieboldianus Blume var. megaphyllus H. Hara = Euonymus sieboldianus Blume ●
157881 Euonymus sieboldianus Blume var. nikoensis (Nakai) Ohwi = Euonymus sieboldianus Blume var. sanguineus Nakai ●☆
157882 Euonymus sieboldianus Blume var. sanguineus Nakai;血红西氏卫矛●☆
157883 Euonymus sieboldianus Blume var. sanguineus Nakai f. dorsicostatus (Koidz.) H. Hara;中脉血红西氏卫矛●☆
157884 Euonymus sieboldianus Blume var. sanguineus Nakai f. stenophyllus (Koidz.) H. Hara;狭叶血红西氏卫矛●☆
157885 Euonymus sieboldianus Blume var. yedoensis (Koehne) H. Hara = Euonymus sieboldianus Blume ●
157886 Euonymus sinensis Carrière = Euonymus japonicus Thunb. ●
157887 Euonymus sphaerocarpus Hook. = Euonymus javanicus Blume ●☆
157888 Euonymus spraguei Hayata;疏刺卫矛(刺果卫矛);Sprague Spindle-tree ●
157889 Euonymus streptopterus Merr. = Euonymus centidens H. Lév. et Rehder ●
157890 Euonymus streptopterus Merr. et Chun;窄翅卫矛●
157891 Euonymus streptopterus Merr. et Chun = Euonymus centidens H. Lév. et Rehder ●
157892 Euonymus striatus (Thunb.) Loes. = Euonymus alatus (Thunb.) Siebold ●
157893 Euonymus striatus Loes. ex Gilg et Loes. = Euonymus alatus (Thunb.) Siebold ●
157894 Euonymus striatus Loes. ex Gilg et Loes. var. alatus Makino;翅果卫矛●
157895 Euonymus striatus Loes. ex Gilg et Loes. var. apertus Loes. = Euonymus verrucosoides Loes. ●
157896 Euonymus striatus Loes. ex Gilg et O. Loes. ciliatodentatus ? = Euonymus alatus (Thunb.) Siebold f. striatus (Thunb.) Makino ●☆
157897 Euonymus striatus Thunb. = Euonymus alatus (Thunb.) Siebold f. striatus (Thunb.) Makino ●☆
157898 Euonymus subcordatus J. S. Ma;近心叶卫矛;Subcordateleaf Euonymus ●
157899 Euonymus subsessilis Sprague;无柄卫矛(宝兴卫矛,接骨树);Muping Spindle-tree,Sessile Spindle-tree,Subsessile Euonymus ●
157900 Euonymus subsessilis Sprague = Euonymus echinatus Wall. ex Roxb. ●
157901 Euonymus subsessilis Sprague var. latifolius Loes. = Euonymus bockii Loes. ●
157902 Euonymus subsessilis Sprague var. latifolius Loes. = Euonymus chuii Hand. -Mazz. ●
157903 Euonymus subtriflorus Blume = Euonymus alatus (Thunb.) Siebold f. striatus (Thunb.) Makino ●☆
157904 Euonymus subtrinervis Rehder;三脉卫矛;Subtrinerved Spindle-tree,Threevein Euonymus ●
157905 Euonymus subtrinervis Rehder = Euonymus acanthoxanthus Pit. ●
157906 Euonymus szechuanensis Chen H. Wang;四川卫矛;Sichuan Euonymus ●
157907 Euonymus taliensis Loes.;大理卫矛;Dali Euonymus ●
157908 Euonymus taliensis Loes. = Euonymus amygdalifolius Franch. ●
157909 Euonymus taliensis Loes. = Euonymus frigidus Wall. ex Roxb. ●
157910 Euonymus tanakae Maxim.;田中氏卫矛●☆
157911 Euonymus tanakae Maxim. = Euonymus carnosus Hemsl. ●
157912 Euonymus tashiroi Maxim.;菱叶卫矛;Rhombic-leaf Euonymus,Rhombic-leaf Spindle-tree,Rhombic-leaved Euonymus,Rhombleaf Euonymus ●
157913 Euonymus tengyuehensis W. W. Sm.;腾冲卫矛(白皮,牛千

斤);Tengchong Euonymus ●

157914 Euonymus tengyuehensis W. W. Sm. = Euonymus acanthocarpus Franch. ●

157915 Euonymus ternifolius Hand. -Mazz.;轮叶卫矛;Ternate-leaved Euonymus ●

157916 Euonymus ternifolius Hand. -Mazz. = Euonymus nanus M. Bieb. ●

157917 Euonymus theacolus C. Y. Cheng;茶色卫矛(茶叶卫矛);Brown Euonymus,Tea-coured Spindle-tree ●

157918 Euonymus theifolius C. Y. Cheng var. mentzeanus Loes. = Euonymus mengtzeanus (Loes.) Sprague ●

157919 Euonymus theifolius C. Y. Cheng var. scandens Loes. = Euonymus acanthocarpus Franch. var. scandens (Loes.) Blakelock ●

157920 Euonymus theifolius Wall. = Euonymus theifolius Wall. ex M. A. Lawson ●

157921 Euonymus theifolius Wall. ex M. A. Lawson;茶叶卫矛;Tealeaf Euonymus,Tea-leaved Euonymus,Tea-leaved Spindle-tree ●

157922 Euonymus theifolius Wall. ex M. A. Lawson var. mengtzeanus Loes. = Euonymus balansae Sprague ●

157923 Euonymus theifolius Wall. ex M. A. Lawson var. scandens Loes. = Euonymus acanthocarpus Franch. ●

157924 Euonymus thunbergianus Blume = Euonymus alatus (Thunb.) Siebold ●

157925 Euonymus tibeticus W. W. Sm.;西藏卫矛;Xizang Euonymus ●

157926 Euonymus tingens Wall.;染用卫矛(蓝脉卫矛,脉瓣卫矛,有色卫矛);Dye Euonymus,Staining Euonymus,Tinged Spindle-tree ●

157927 Euonymus tobira Thunb. = Pittosporum tobira (Thunb.) W. T. Aiton ●

157928 Euonymus tonkinensis (Loes.) Loes.;北部湾卫矛(东京卫矛);Tonkin Euonymus,Tonkin Spindle-tree ●

157929 Euonymus tonkinensis Loes. = Euonymus tonkinensis (Loes.) Loes. ●

157930 Euonymus tricarpus Koidz.;三果卫矛(紫褐垂丝卫矛);Three-fruited Spindle-tree ●☆

157931 Euonymus tricarpus Koidz. = Euonymus sachalinensis (F. Schmidt) Maxim. var. tricarpus (Koidz.) Kudo ●☆

157932 Euonymus trichocarpus Hayata;卵叶刺果卫矛(卵叶卫矛);Ovateleaf Euonymus,Spiny-fruit Spindle-tree ●

157933 Euonymus trichocarpus Hayata = Euonymus echinatus Wall. ex Roxb. ●

157934 Euonymus tsoi Merr.;狭叶卫矛●

157935 Euonymus tsoi Merr. = Euonymus nitidus Benth. f. tsoi (Merr.) C. Y. Cheng ●

157936 Euonymus tsoi Merr. subsp. brevipes Y. C. Hsu = Euonymus euscaphis Hand. -Mazz. ●

157937 Euonymus uniflorus H. Lév. et Vaniot = Euonymus nitidus Benth. ●

157938 Euonymus uniflorus H. Lév. ex Vaniot = Euonymus myrianthus Hemsl. ●

157939 Euonymus ussuriensis Maxim. = Euonymus giraldii Loes. ●

157940 Euonymus ussuriensis Maxim. = Euonymus macropterus Rupr. ●

157941 Euonymus vaganoides C. Y. Cheng ex J. S. Ma;拟游藤卫矛;Like Vagrant Spindle-tree,Wanderingvine-like Euonymus ●

157942 Euonymus vagans Wall. = Euonymus vagans Wall. ex Roxb. ●

157943 Euonymus vagans Wall. ex Roxb.;游藤卫矛(白皮,金丝杜仲,棉杜仲,牛金,牛千斤,牛千金,漂游卫矛,石宝茶藤,银杜仲,银丝杜仲);Sprawling Euonymus,Vagrant Spindle-tree,Wanderingvine Euonymus ●

157944 Euonymus vagans Wall. ex Roxb. subsp. macrophyllus Kunze;大叶石宝茶藤;Large-leaved Vagrant Spindle-tree ●

157945 Euonymus vaniotii H. Lév. = Euonymus laxiflorus Champ. ex Benth. ●

157946 Euonymus velutina (C. A. Mey.) Fisch. et C. A. Mey.;丝绒卫矛(天鹅绒毛卫矛);Velvety Spindle-tree ●☆

157947 Euonymus venosus Hemsl.;曲脉卫矛;Bentnerved Euonymus,Venose Euonymus,Venose Spindle-tree ●

157948 Euonymus verrucosoides Loes.;疣点卫矛(假瘤卫矛,瘤点卫矛,拟瘤枝卫矛);Verruca-like Spindle-tree,Verucatespot Euonymus,Wartybark-like Euonymus ●

157949 Euonymus verrucosoides Loes. var. aptera (Loes.) C. Y. Wu ex Y. R. Li = Euonymus verrucosoides Loes. var. viridiflorus Loes. et Rehder ●

157950 Euonymus verrucosoides Loes. var. viridiflorus Loes. et Rehder;小叶疣点卫矛(阿坝卫矛);Greenflower Wartybark-like Euonymus,Green-flowered Verruca-like Spindle-tree ●

157951 Euonymus verrucosoides Loes. var. viridiflorus Loes. et Rehder = Euonymus verrucosoides Loes. ●

157952 Euonymus verrucosus Scop.;瘤枝卫矛(多疣卫矛,疣枝卫矛);Rough-stemmed Spindle,Verrucose Spindle-tree,Verucosetwig Euonymus,Wartybark Euonymus,Warty-barked Euonymus ●

157953 Euonymus verrucosus Scop. = Euonymus pauciflorus Maxim. ●

157954 Euonymus verrucosus Scop. var. chinensis Maxim.;中华瘤枝卫矛(胶枝卫矛,少花卫矛,中华少花卫矛);Chinese Euonymus,Chinese Few-flowered Spindle-tree,Chinese Verrucose Spindle-tree ●

157955 Euonymus verrucosus Scop. var. chinensis Maxim. = Euonymus verrucosus Scop. ●

157956 Euonymus verrucosus Scop. var. pauciflorus (Maxim.) Regel = Euonymus pauciflorus Maxim. ●

157957 Euonymus verrucosus Scop. var. pauciflorus (Maxim.) Regel = Euonymus verrucosus Scop. ●

157958 Euonymus verrucosus Scop. var. tchefouensis Debeaux = Euonymus alatus (Thunb.) Siebold ●

157959 Euonymus viburnifolius Merr. = Euonymus gibber Hance ●

157960 Euonymus viburnoides Prain;荚蒾叶卫矛(荚蒾卫矛);Viburnum-like Euonymus,Viburnum-like Spindle-tree ●

157961 Euonymus vidalii Franch. et Sav. = Euonymus sieboldianus Blume var. sanguineus Nakai ●☆

157962 Euonymus virens C. Y. Wu;常绿卫矛(黄皮杜仲,棉花杜仲,棉花卫矛,山杜仲,岩杜仲);Green Spindle-tree ●

157963 Euonymus wardii W. W. Sm. = Euonymus frigidus Wall. ex Roxb. ●

157964 Euonymus wensiensis J. W. Ren et D. S. Yao;文县卫矛;Wenxian Euonymus ●

157965 Euonymus wensiensis J. W. Ren et D. S. Yao = Euonymus fortunei (Turcz.) Hand. -Mazz. ●

157966 Euonymus wilsonii Sprague;长刺卫矛(刺果卫矛,扣子花,狭叶刺果卫矛,小梅花树,岩风);E. H. Wilson Euonymus,E. H. Wilson Spindle-tree,Wilson Euonymus ●

157967 Euonymus wui J. S. Ma;征镒卫矛;Wu's Euonymus,Zhengyi Euonymus ●

157968 Euonymus xanthocarpus C. Y. Cheng et Z. M. Gu = Euonymus aculeatus Hemsl. ●

157969 Euonymus xylocarpus C. Y. Cheng et Z. M. Gu = Euonymus gibber Hance ●

157970 Euonymus yakushimensis Makino;屋久岛卫矛;Yakushima

Spindle-tree ●

157971 Euonymus yedoensis Koehne = Euonymus hamiltonianus Wall. ex Roxb. var. yedoensis (Koehne) Blakeley ●

157972 Euonymus yedoensis Koehne var. koehneanus Loes. = Euonymus hamiltonianus Wall. ex Roxb. ●

157973 Euonymus yesoensis Koidz. = Euonymus oxyphyllus Miq. var. magnus Honda ●☆

157974 Euonymus yunnanensis Franch.;云南卫矛(黄皮杜仲,金丝杜仲,棉杜仲,石小豆,小青黄,野石榴);Yunnan Euonymus,Yunnan Spindle-tree ●

157975 Euonyxis Post et Kuntze = Evonyxis Raf. ■

157976 Euonyxis Post et Kuntze = Melanthium L. + Zigadenus Michx. ■

157977 Euopis Bard. = Evopis Cass. ●■☆

157978 Euopis Bartl. = Berkheya Ehrh.(保留属名)●■☆

157979 Euopis Bartl. = Evopis Cass. ●■☆

157980 Euosanthes Endl. = Enosanthes A. Curm. ex Schauer ●☆

157981 Euosanthes Endl. = Homoranthus A. Cunn. ex Schauer ●☆

157982 Euosma Andréws(废弃属名) = Logania R. Br.(保留属名)■☆

157983 Euosma Willd. ex Schnites = Euosmia Kunth ●■☆

157984 Euosmia Humb. et Bonpl. = Euosmia Kunth ●■☆

157985 Euosmia Kunth = Evosmia Humb. et Bonpl. ●■☆

157986 Euosmia Kunth = Hoffmannia Sw. ●■☆

157987 Euosmus (Nutt.) Bartl. = Lindera Thunb.(保留属名) + Sassafras J. Presl ●

157988 Euosmus (Nutt.) Rchb. = Evosmus (Nutt.) Rchb. ●

157989 Euosmus Nutt. = Sassafras J. Presl ●

157990 Euothonaea Rchb. f. = Hexisea Lindl.(废弃属名)■☆

157991 Euparaea Steud. = Euparea Banks et Sol. ex Gaertn. ■

157992 Euparea Banks et Sol. ex Gaertn. = Anagallis L. ■

157993 Euparea Gaertn. = Anagallis L. ■

157994 Eupatoriaceae Bercht. et J. Presl = Asteraceae Bercht. et J. Presl(保留科名)●■

157995 Eupatoriaceae Bercht. et J. Presl = Compositae Giseke(保留科名)●■

157996 Eupatoriaceae Link = Asteraceae Bercht. et J. Presl(保留科名)●■

157997 Eupatoriaceae Link = Compositae Giseke(保留科名)●■

157998 Eupatoriaceae Link;泽兰科■

157999 Eupatoriaceae Martinov = Asteraceae Bercht. et J. Presl(保留科名)●■

158000 Eupatoriaceae Martinov = Compositae Giseke(保留科名)●■

158001 Eupatoriadelphus R. M. King et H. Rob. = Eupatorium L. ■●

158002 Eupatoriadelphus R. M. King et H. Rob. = Eutrochium Raf. ■☆

158003 Eupatoriadelphus dubius (Willd. ex Poir.) R. M. King et H. Rob. = Eutrochium dubium (Willd. ex Poir.) E. E. Lamont ■☆

158004 Eupatoriadelphus fistulosus (Barratt) R. M. King et H. Rob. = Eutrochium fistulosum (Barratt) E. E. Lamont ■☆

158005 Eupatoriadelphus maculatus (L.) R. M. King et H. Rob. = Eutrochium maculatum (L.) E. E. Lamont ■☆

158006 Eupatoriadelphus maculatus (L.) R. M. King et H. Rob. var. bruneri (A. Gray) R. M. King et H. Rob. = Eupatorium maculatum L. subsp. bruneri (A. Gray) G. W. Douglas ■☆

158007 Eupatoriadelphus maculatus (L.) R. M. King et H. Rob. var. bruneri (A. Gray) R. M. King et H. Rob. = Eutrochium maculatum (L.) E. E. Lamont var. bruneri (A. Gray) E. E. Lamont ■☆

158008 Eupatoriadelphus purpureus (L.) R. M. King et H. Rob. = Eupatorium purpureum L. ■☆

158009 Eupatoriadelphus purpureus (L.) R. M. King et H. Rob. = Eutrochium purpureum (L.) E. E. Lamont ■☆

158010 Eupatoriastrum Greenm.(1904);肖泽兰属■●☆

158011 Eupatoriastrum nelsonii Greenm.;肖泽兰●☆

158012 Eupatoriastrum triangulare B. L. Rob.;三角肖泽兰●☆

158013 Eupatorina R. M. King et H. Rob.(1971);钙泽兰属■☆

158014 Eupatorina sophiifolia (L.) R. M. King et H. Rob.;钙泽兰■☆

158015 Eupatoriophalacron Adans. = Eclipta L.(保留属名)■

158016 Eupatoriophalacron Mill.(废弃属名) = Eclipta L.(保留属名)■

158017 Eupatoriophalacron Mill.(废弃属名) = Verbesina L.(保留属名)●■☆

158018 Eupatoriopsis Hieron.(1893);辐泽兰属■☆

158019 Eupatoriopsis hoffmanniana Hieron.;辐泽兰■☆

158020 Eupatorium Bubani = Agrimonia L. ■

158021 Eupatorium L.(1753);泽兰属(佩兰属,山兰属);Bogorchid,Boneset,Eupatorium,Hemp Agrimony,Hemp-agrimony,Joe-pye Weed,Thoroughwort ■●

158022 Eupatorium × arakianum Murata et H. Koyama;荒木泽兰■☆

158023 Eupatorium × tawadae Kitam.;田和代氏泽兰■☆

158024 Eupatorium adenophorum Spreng.;具腺泽兰(墨西哥泽兰);Mexican Devil ■☆

158025 Eupatorium adenophorum Spreng. = Ageratina adenophora (Spreng.) R. M. King et H. Rob. ●■

158026 Eupatorium africanum Oliv. et Hiern = Stomatanthes africanus (Oliv. et Hiern) R. M. King et H. Rob. ■☆

158027 Eupatorium ageratifolium DC. var. herbaceum A. Gray = Ageratina herbacea (A. Gray) R. M. King et H. Rob. ■☆

158028 Eupatorium ageratoides L. f.;团聚泽兰(荨麻叶泽兰)■

158029 Eupatorium ageratoides L. f. = Eupatorium rugosum Houtt. ■☆

158030 Eupatorium albescens Gardner = Austroeupatorium albescens (Gardner) H. Rob. ●☆

158031 Eupatorium album L.;白泽兰;Dog Fennel,White Thoroughwort ■☆

158032 Eupatorium album L. = Eupatorium japonicum Thunb. ■

158033 Eupatorium album L. var. glandulosum (Michx.) DC. = Eupatorium album L. ■☆

158034 Eupatorium album L. var. monardifolium Fernald et Griscom = Eupatorium album L. var. vaseyi (Porter) Cronquist ■☆

158035 Eupatorium album L. var. petaloideum (Britton) R. K. Godfrey ex D. B. Ward = Eupatorium petaloideum Britton ■☆

158036 Eupatorium album L. var. vaseyi (Porter) Cronquist;瓦齐白泽兰■☆

158037 Eupatorium altissimum L.;高泽兰;Tall Boneset,Tall Eupatorium,Tall Thoroughwort,Thorough-wort,Upland Boneset ■☆

158038 Eupatorium amabile Kitam.;多花泽兰(腺叶泽兰);Flowery Bogorchid,Manyflower Eupatorium ●

158039 Eupatorium americanum Hill = Eutrochium dubium (Willd. ex Poir.) E. E. Lamont ■☆

158040 Eupatorium amoenum Pursh = Eutrochium purpureum (L.) E. E. Lamont ■☆

158041 Eupatorium angustilobum (Y. Ling) C. Shih,S. Y. Jin et S. R. Chen;狭裂泽兰;Narroelobed Eupatorium ■

158042 Eupatorium anomalum Nash;异形泽兰;Florida Thoroughwort ■☆

158043 Eupatorium aromaticum L.;香泽兰(白蛇根,小白蛇根)■☆

158044 Eupatorium aromaticum L. = Ageratina aromatica (L.) Spach ■☆

158045 Eupatorium aromaticum L. var. melissoides Gray;蜜蜂花叶香泽

兰■☆

158046 Eupatorium asperum Roxb. = Vernonia aspera (Roxb.) Buch.-Ham. ■

158047 Eupatorium atromontanum A. Nelson = Eutrochium maculatum (L.) E. E. Lamont var. bruneri (A. Gray) E. E. Lamont ■☆

158048 Eupatorium auriculatum Lam. = Senecio deltoideus Less. ■☆

158049 Eupatorium ayapana Vent.;阿牙潘泽兰(三脉佩兰,三脉泽兰)■☆

158050 Eupatorium azureum DC.;天蓝泽兰■

158051 Eupatorium azureum DC. = Tamaulipa azurea (DC.) R. M. King et H. Rob. ■☆

158052 Eupatorium berlandieri A. Gray;伯兰泽兰■☆

158053 Eupatorium betonicifolium Mill. = Conoclinium betonicifolium (Mill.) R. M. King et H. Rob. ■☆

158054 Eupatorium betonicum (DC.) Hemsl. = Conoclinium betonicifolium (Mill.) R. M. King et H. Rob. ■☆

158055 Eupatorium bigelovii A. Gray = Chromolaena bigelovii (A. Gray) R. M. King et H. Rob. ■☆

158056 Eupatorium bruneri A. Gray = Eupatorium maculatum L. subsp. bruneri (A. Gray) G. W. Douglas ■☆

158057 Eupatorium bruneri A. Gray = Eutrochium maculatum (L.) E. E. Lamont var. bruneri (A. Gray) E. E. Lamont ■☆

158058 Eupatorium bruneri A. Gray var. foliosum (Fernald) House = Eutrochium maculatum (L.) E. E. Lamont var. foliosum (Fernald) E. E. Lamont ■☆

158059 Eupatorium cacalioides Kunth;蟹草泽兰■☆

158060 Eupatorium caespitosum Migo = Eupatorium fortunei Turcz. ■

158061 Eupatorium cannabinum DC. = Eupatorium lindleyanum DC. ■

158062 Eupatorium cannabinum L.;大麻叶泽兰;Ague Weed, Andurion, Bastard Agrimony, Bastard Hemp, Black Elder, Church Steeple, Church Steeples, Crow Rocket, Dutch Agrimony, Filaera, Hemp Agrimony, Hemp Bogorchid, Hemp Eupatorium, Hemp-agrimony, Hempseed, Holy Rope, Jack-o'-lantern, Jeshal, Liverwort, Raspberries-and-cream, Smaller White Snakeroot, St. John's Herb, Thorough-wort, Thread Flower, Virgin Mary, Water Agrimony, Water Hemp ■

158063 Eupatorium cannabinum L. subsp. asiaticum Kitam.;台湾泽兰(六月雪,山泽兰,原枝相思草);Taiwan Bogorchid, Taiwan Eupatorium ■

158064 Eupatorium cannabinum L. subsp. asiaticum Kitam. = Eupatorium formosanum Hayata ■

158065 Eupatorium cannabinum L. subsp. asiaticum Kitam. var. heterophyllum (DC.) Kitam. = Eupatorium cannabinum L. ■

158066 Eupatorium capillifolium (Lam.) Small;毛叶泽兰;Dog Fennel, Dogfennel ■☆

158067 Eupatorium capillifolium (Lam.) Small var. leptophyllum (DC.) H. E. Ahles = Eupatorium leptophyllum DC. ■☆

158068 Eupatorium catarium Veldkamp = Praxelis clematidea R. M. King et H. Rob. ●■

158069 Eupatorium chapmanii Small = Eupatorium perfoliatum L. ■☆

158070 Eupatorium chinense L.;华泽兰(白花姜,白花仔草,白头翁,白须公,白月雪树,斑骨相思,秤杆草,大麻,大泽兰,多须公,飞机草,广东土牛膝,兰草,六月霜,六月雪,牛舌大黄,牛膝头,石辣,水泽兰,土牛膝,小罗伞,野升麻,泽兰);China Bogorchid, Chinese Eupatorium ■

158071 Eupatorium chinense L. = Eupatorium japonicum Thunb. ■

158072 Eupatorium chinense L. subsp. sachalinense (F. Schmidt) Kitam. ex Murata = Eupatorium glehnii F. Schmidt ex Trautv. ■☆

158073 Eupatorium chinense L. subsp. sachalinense (F. Schmidt) Kitam. ex Murata var. hakonense (Nakai) Kitam. ex Murata = Eupatorium glehnii F. Schmidt ex Trautv. ■☆

158074 Eupatorium chinense L. var. angustatum (Makino) H. Hara = Eupatorium laciniatum Kitam. ■

158075 Eupatorium chinense L. var. dissectum (Makino) H. Hara = Eupatorium makinoi T. Kawahara et Yahara ■☆

158076 Eupatorium chinense L. var. oppositifolium (Koidz.) Murata et H. Koyama = Eupatorium makinoi T. Kawahara et Yahara var. oppositifolium (Koidz.) T. Kawahara et Yahara ■☆

158077 Eupatorium chinense L. var. oppositifolium (Koidz.) Murata et H. Koyama = Eupatorium chinense L. ■

158078 Eupatorium chinense L. var. sachalinense (F. Schmidt) Kitam. = Eupatorium glehnii F. Schmidt ex Trautv. ■☆

158079 Eupatorium chinense L. var. simplicifolium (Makino) Kitam. = Eupatorium japonicum Thunb. ■

158080 Eupatorium chinense L. var. simplicifolium (Makino) Kitam. = Eupatorium makinoi T. Kawahara et Yahara var. oppositifolium (Koidz.) T. Kawahara et Yahara ■☆

158081 Eupatorium chinense L. var. simplicifolium (Makino) Kitam. = Eupatorium chinense L. ■

158082 Eupatorium chinense L. var. simplicifolium (Makino) Kitam. f. eglandulosum (Honda) H. Hara = Eupatorium makinoi T. Kawahara et Yahara var. oppositifolium (Koidz.) T. Kawahara et Yahara ■☆

158083 Eupatorium chinense L. var. simplicifolium (Makino) Kitam. f. tripartitum (Makino) H. Hara = Eupatorium tripartitum (Makino) Murata et H. Koyama ■

158084 Eupatorium chinense L. var. tozanense (Hayata) Kitam. = Eupatorium japonicum Thunb. var. tozanense (Hayata) Kitam. ■

158085 Eupatorium chinense L. var. tripartitum (Makino) Kitam. = Eupatorium tripartitum (Makino) Murata et H. Koyama ■

158086 Eupatorium chinense L. var. tripartitum Miq. = Eupatorium fortunei Turcz. ■

158087 Eupatorium chinense L. var. yuliense C. H. Ou = Eupatorium chinense L. ■

158088 Eupatorium chinense L. var. yuliense C. H. Ou = Eupatorium chinense L. var. tozanense (Hayata) Kitam. ■

158089 Eupatorium christieanum Baker;克地泽兰■☆

158090 Eupatorium clematideum (Wall. ex DC.) Sch. Bip.;木泽兰(田代氏泽兰);Tashiro Bogorchid, Tashiro's Eupatorium, Wood Eupatorium ●■

158091 Eupatorium clematideum (Wall. ex DC.) Sch. Bip. var. gracillimum (Hayata) C. I. Peng et S. W. Chung = Eupatorium tashiroi Hayata ●■

158092 Eupatorium clematideum (Wall. ex DC.) Sch. Bip. var. gracillimum (Hayata) C. I. Peng et S. W. Chung = Eupatorium gracillimum Hayata ■

158093 Eupatorium clematideum (Wall. ex DC.) Sch. Bip. var. gracillimum (Hayata) C. I. Peng et S. W. Chung = Praxelis clematidea R. M. King et H. Rob. ●■

158094 Eupatorium clematideum Griseb. = Praxelis clematidea R. M. King et H. Rob. ●■

158095 Eupatorium coelestinum L. = Conoclinium coelestinum (L.) DC. ■

158096 Eupatorium collinum DC.;丘生泽兰■☆

158097 Eupatorium compositifolium Walter;菊叶泽兰;Yankeeweed ■☆

158098 Eupatorium conyzoides Vahl = Chromolaena odorata (L.) R. M. King et H. Rob. ■

158099 Eupatorium cordatum Burm. f. = Mikania cordata (Burm. f.) B. L. Rob. ■

158100 Eupatorium cordigerum (Fernald) Fernald;心泽兰■☆

158101 Eupatorium crenatifolium Hand. -Mazz. = Eupatorium chinense L. ■

158102 Eupatorium cuneifolium Willd.;楔叶泽兰■☆

158103 Eupatorium cuneifolium Willd. = Eupatorium linearifolium Walter ■☆

158104 Eupatorium cuneifolium Willd. var. semiserratum (DC.) Fernald et Griscom = Eupatorium semiserratum DC. ■☆

158105 Eupatorium divaricatum P. J. Bergius = Pteronia divaricata (P. J. Bergius) Less. ●☆

158106 Eupatorium dubium Willd. ex Poir.;可疑泽兰;Eastern Joe-pye weed ■☆

158107 Eupatorium dubium Willd. ex Poir. = Eutrochium dubium (Willd. ex Poir.) E. E. Lamont ■☆

158108 Eupatorium eugenei Small = Eupatorium pinnatifidum Elliott ■☆

158109 Eupatorium falcatum Michx. = Eupatorium purpureum L. ■☆

158110 Eupatorium falcatum Michx. = Eutrochium purpureum (L.) E. E. Lamont ■☆

158111 Eupatorium fendleri (A. Gray) A. Gray = Brickelliastrum fendleri (A. Gray) R. M. King et H. Rob. ■☆

158112 Eupatorium fernaldii R. K. Godfrey = Eupatorium album L. var. vaseyi (Porter) Cronquist ■☆

158113 Eupatorium fistulosum Barratt;中空泽兰;Hollow Joe-pye weed, Joe-pye Weed, Trumpetweed ■☆

158114 Eupatorium fistulosum Barratt = Eutrochium fistulosum (Barratt) E. E. Lamont ■☆

158115 Eupatorium formosanum Hayata = Eupatorium cannabinum L. subsp. asiaticum Kitam. ■

158116 Eupatorium formosanum Hayata var. quasitripartitum (Hayata) Kitam. = Eupatorium formosanum Hayata ■

158117 Eupatorium formosanum Hayata var. quasitripartitum (Hayata) Kitam. = Eupatorium cannabinum L. subsp. asiaticum Kitam. ■

158118 Eupatorium fortunei Turcz.;佩兰(大泽兰,都梁香,孩儿菊,尖佩兰,蕳,解放草,兰,兰草,兰泽,蓝花一枝箭,乱尾凤,女兰,千金草,千金花,山竹兰,上海佩兰,省头草,失力草,石瓣,水香,香草,香佩兰,香水兰,香水兰草,醒头草,燕尾香,野泽兰,圆梗泽兰,泽兰,针尾凤);Fortune Bogorchid, Fortune's Eupatorium ■

158119 Eupatorium fortunei Turcz. = Eupatorium japonicum Thunb. ■

158120 Eupatorium fortunei Turcz. var. angustilobum Y. Ling = Eupatorium angustilobum (Y. Ling) C. Shih, S. Y. Jin et S. R. Chen ■

158121 Eupatorium fortunei Turcz. var. angustilobum Y. Ling = Eupatorium fortunei Turcz. ■

158122 Eupatorium fortunei Turcz. var. dissectum ? = Eupatorium makinoi T. Kawahara et Yahara ■☆

158123 Eupatorium fortunei Turcz. var. eglandulosum Honda = Eupatorium makinoi T. Kawahara et Yahara var. oppositifolium (Koidz.) T. Kawahara et Yahara ■☆

158124 Eupatorium fortunei Turcz. var. simplicifolium (Makino) Nakai = Eupatorium chinense L. ■

158125 Eupatorium fortunei Turcz. var. simplicifolium (Makino) Nakai = Eupatorium japonicum Thunb. ■

158126 Eupatorium fortunei Turcz. var. simplicifolium (Makino) Nakai = Eupatorium makinoi T. Kawahara et Yahara var. oppositifolium (Koidz.) T. Kawahara et Yahara ■☆

158127 Eupatorium fortunei Turcz. var. simplicifolium (Makino) Nakai f. aureo-reticulatum (Makino) Nakai = Eupatorium chinense L. ■

158128 Eupatorium fortunei Turcz. var. triparticum (Makino) Nakai = Eupatorium tripartitum (Makino) Murata et H. Koyama ■

158129 Eupatorium fortunei Turcz. var. triparticum (Makino) Nakai = Eupatorium japonicum Thunb. var. tripartitum Makino ■

158130 Eupatorium fortunei Turcz. var. tripartitum (Makino) Nakai = Eupatorium chinense L. ■

158131 Eupatorium frustratum B. L. Rob. = Chromolaena frustrata (B. L. Rob.) R. M. King et H. Rob. ■☆

158132 Eupatorium fuscorubrum Walter = Eutrochium purpureum (L.) E. E. Lamont ■☆

158133 Eupatorium glandulosum Kunth = Ageratina adenophora (Spreng.) R. M. King et H. Rob. ●■

158134 Eupatorium glaucescens Elliott = Eupatorium linearifolium Walter ■☆

158135 Eupatorium glaucescens Elliott var. leucolepis DC. = Eupatorium leucolepis (DC.) Torr. et A. Gray ■☆

158136 Eupatorium glehnii F. Schmidt ex Trautv.;格氏泽兰■☆

158137 Eupatorium glehnii F. Schmidt ex Trautv. var. hakonense (Nakai) H. Hara = Eupatorium glehnii F. Schmidt ex Trautv. ■☆

158138 Eupatorium godfreyanum Cronquist;戈弗雷泽兰;Godfrey's Thoroughwort ■☆

158139 Eupatorium gracillimum Hayata;高士佛泽兰■

158140 Eupatorium gracillimum Hayata = Eupatorium tashiroi Hayata ●■

158141 Eupatorium grandiflorum Hook. = Brickellia grandiflora (Hook.) Nutt. ■☆

158142 Eupatorium greggii A. Gray = Conoclinium dissectum A. Gray ■☆

158143 Eupatorium guadalupense Spreng. = Fleischmannia microstemon (Cass.) R. M. King et H. Rob. ■☆

158144 Eupatorium hakonense Nakai = Eupatorium glehnii F. Schmidt ex Trautv. ■☆

158145 Eupatorium hakonense Nakai var. intermedium ? = Eupatorium glehnii F. Schmidt ex Trautv. ■☆

158146 Eupatorium harnedii Steele ex Harned = Eutrochium purpureum (L.) E. E. Lamont ■☆

158147 Eupatorium havanense Kunth = Ageratina havanensis (Kunth) R. M. King et H. Rob. ■☆

158148 Eupatorium herbaceum (A. Gray) Greene = Ageratina herbacea (A. Gray) R. M. King et H. Rob. ■☆

158149 Eupatorium heterophyllum DC.;异叶泽兰(红梗草,红升麻,黄力花,接骨草,泽兰);Heterophyllous Bogorchid, Heterophyllous Eupatorium, Thoroughwort ■

158150 Eupatorium heterophyllum DC. = Eupatorium cannabinum L. ■

158151 Eupatorium holzingeri Rydb. = Eupatorium purpureum L. ■☆

158152 Eupatorium holzingeri Rydb. = Eutrochium purpureum (L.) E. E. Lamont var. holzingeri (Rydb.) E. E. Lamont ■☆

158153 Eupatorium hualienense C. H. Ou, S. W. Chung et C. I. Peng;花莲泽兰;Hualian Bogorchid ■

158154 Eupatorium hyssopifolium L.;神香草叶泽兰(斐梭浦叶泽兰);Hyssopleaf Thoroughwort, Hyssop-leaved Boneset, Hyssop-leaved Eupatorium, Hyssop-leaved Thoroughwort, Hyssop-leaved Thorough-wort ■☆

158155 Eupatorium hyssopifolium L. var. calcaratum Fernald et B. G. Schub. = Eupatorium hyssopifolium L. ■☆

158156 Eupatorium hyssopifolium L. var. laciniatum A. Gray;条裂神香草叶泽兰■☆

158157 Eupatorium incarnatum Walter;贯叶泽兰;Thoroughwort ■☆

158158 Eupatorium inulifolium Kunth var. suaveolens Hieron.;香味泽兰■☆

158159 Eupatorium isillumense B. L. Rob. = Koanophyllon isillumense (B. L. Rob.) R. M. King et H. Rob. ●☆

158160 Eupatorium ivifolium L. = Chromolaena ivifolia (L.) R. M. King et H. Rob. ■☆

158161 Eupatorium japonicum Thunb.;白头婆(白花莲,白升麻,搬倒甑,拌倒甑,不老草,秤杆草,大金刀,大吴风草,单叶佩兰,孩儿菊,红升麻,六月雪,麻秤杆,麻杆消,麻婆娘,山兰,山佩兰,山竹兰,土升麻,细黑升麻,香草,寻骨风,野升麻,圆梗泽兰,泽兰);Japan Bogorchid,Japanese Eupatorium ■

158162 Eupatorium japonicum Thunb. = Eupatorium chinense L. ■

158163 Eupatorium japonicum Thunb. = Eupatorium makinoi T. Kawahara et Yahara var. oppositifolium (Koidz.) T. Kawahara et Yahara ■☆

158164 Eupatorium japonicum Thunb. f. aureo-reticulatum Makino = Eupatorium japonicum Thunb. ■

158165 Eupatorium japonicum Thunb. var. dissectum Makino = Eupatorium chinense L. ■

158166 Eupatorium japonicum Thunb. var. dissectum Makino = Eupatorium makinoi T. Kawahara et Yahara ■☆

158167 Eupatorium japonicum Thunb. var. eglandulosum ? = Eupatorium makinoi T. Kawahara et Yahara var. oppositifolium (Koidz.) T. Kawahara et Yahara ■☆

158168 Eupatorium japonicum Thunb. var. fragrans Honda = Eupatorium makinoi T. Kawahara et Yahara ■☆

158169 Eupatorium japonicum Thunb. var. sachalinense ? = Eupatorium glehnii F. Schmidt ex Trautv. ■☆

158170 Eupatorium japonicum Thunb. var. simplicifolium Makino = Eupatorium chinense L. ■

158171 Eupatorium japonicum Thunb. var. simplicifolium Makino = Eupatorium japonicum Thunb. ■

158172 Eupatorium japonicum Thunb. var. simplicifolium Makino f. aureo-reticulatum Makino = Eupatorium chinense L. ■

158173 Eupatorium japonicum Thunb. var. tozanense (Hayata) Kitam.;土场白头婆(塔山泽兰)■

158174 Eupatorium japonicum Thunb. var. tozanense (Hayata) Kitam. = Eupatorium chinense L. var. tozanense (Hayata) Kitam. ■

158175 Eupatorium japonicum Thunb. var. tozanense (Hayata) Kitam. = Eupatorium chinense L. ■

158176 Eupatorium japonicum Thunb. var. tripartitum Makino;三裂叶白头婆■

158177 Eupatorium japonicum Thunb. var. tripartitum Makino = Eupatorium chinense L. ■

158178 Eupatorium japonicum Thunb. var. tripartitum Makino = Eupatorium tripartitum (Makino) Murata et H. Koyama ■

158179 Eupatorium japonicum Thunb. var. wallichii (DC.) Yamam. = Eupatorium chinense L. ■

158180 Eupatorium jucundum Greene = Ageratina jucunda (Greene) Clewell et Wooten ■☆

158181 Eupatorium jugipaniculatum Rusby = Koanophyllon jugipaniculatum (Rusby) R. M. King et H. Rob. ●☆

158182 Eupatorium kiirunense (Kitam.) C. H. Ou et S. W. Chung;吉隆泽兰;Jilong Bogorchid,Jilong Eupatorium ■

158183 Eupatorium kiirunense (Kitam.) C. H. Ou et S. W. Chung = Eupatorium luchuense Nakai ■

158184 Eupatorium kiirunense (Kitam.) C. H. Ou et S. W. Chung = Eupatorium luchuense Nakai var. kiirunense Kitam. ■

158185 Eupatorium kirilowii Turcz. = Eupatorium lindleyanum DC. ■

158186 Eupatorium kuntzei Hieron. = Ophryosporus macrodon Griseb. ■☆

158187 Eupatorium laciniatum Kitam.;条裂泽兰(狭叶华泽兰)■

158188 Eupatorium laciniatum Kitam. var. dissectum (Makino) Kitam. = Eupatorium makinoi T. Kawahara et Yahara ■☆

158189 Eupatorium laeve DC. = Koanophyllon tinctorium Arruda ex H. Kost. ●☆

158190 Eupatorium laevigatum Lam.;平滑泽兰■☆

158191 Eupatorium lancifolium (Torr. et A. Gray) Small;剑叶泽兰;Lanceleaf Thoroughwort ■☆

158192 Eupatorium latidens Small = Ageratina aromatica (L.) Spach ■☆

158193 Eupatorium latipaniculatum Rusby = Ayapanopsis latipaniculata (Rusby) R. M. King et H. Rob. ●☆

158194 Eupatorium lecheifolium Greene = Eupatorium hyssopifolium L. ■☆

158195 Eupatorium lemmonii B. L. Rob. = Ageratina lemmonii (B. L. Rob.) R. M. King et H. Rob. ■☆

158196 Eupatorium leptocephalum DC.;狭叶泽兰■☆

158197 Eupatorium leptophyllum DC.;细叶泽兰;False Fennel ■☆

158198 Eupatorium leucolepis (DC.) Torr. et A. Gray;白鳞泽兰;Justiceweed,White-bracted Thoroughwort ■☆

158199 Eupatorium ligustrinum DC.;墨西哥泽兰(篱泽兰,女贞泽兰);Mexican Eupatorium ■☆

158200 Eupatorium lindleyanum DC.;林氏泽兰(白鼓钉,白花根,白头翁,斑麻,搬倒甑,秤杆草,秤杆升麻,尖佩兰,林泽兰,林泽兰花,琉球泽兰,柳好花,轮叶泽兰,麻沙莱,猫儿翻甑,毛泽兰,米点菜,佩兰,三尖叶泽兰,三裂叶泽兰,升麻,土升麻,野马追,泽兰);Lindley Bogorchid,Lindley's Eupatorium ■

158201 Eupatorium lindleyanum DC. f. aureo-reticulatum Makino = Eupatorium lindleyanum DC. ■

158202 Eupatorium lindleyanum DC. f. eglandulosum (Kitam.) Murata et H. Koyama;无腺林泽兰;Glanduleless Lindley's Eupatorium ■

158203 Eupatorium lindleyanum DC. f. eglandulosum (Kitam.) Murata et H. Koyama = Eupatorium lindleyanum DC. var. eglandulosum Kitam. ■

158204 Eupatorium lindleyanum DC. f. trisectifolium (Makino) Hiyama = Eupatorium lindleyanum DC. ■

158205 Eupatorium lindleyanum DC. var. eglandulosum Kitam.;无腺林泽兰花■

158206 Eupatorium lindleyanum DC. var. eglandulosum Kitam. = Eupatorium lindleyanum DC. f. eglandulosum (Kitam.) Murata et H. Koyama ■

158207 Eupatorium lindleyanum DC. var. trifoliolatum Makino;三小叶林氏泽兰■

158208 Eupatorium lindleyanum DC. var. trifoliolatum Makino = Eupatorium lindleyanum DC. ■

158209 Eupatorium lindleyanum DC. var. tripartitum Makino;三裂林氏泽兰(三裂林泽兰)■☆

158210 Eupatorium lindleyanum DC. var. yasushii Tuyama;安士泽兰■☆

158211 Eupatorium linearifolium Walter;线叶泽兰■☆

158212 Eupatorium longicaule DC. = Eupatorium chinense L. ■

158213 Eupatorium luchuense DC. var. kiirunense Kitam. = Eupatorium kiirunense (Kitam.) C. H. Ou et S. W. Chung ■

158214 Eupatorium luchuense Nakai;基隆泽兰(琉球泽兰)■

158215 Eupatorium luchuense Nakai var. kiirunense Kitam. = Eupatorium kiirunense (Kitam.) C. H. Ou et S. W. Chung ■
158216 Eupatorium luchuense Nakai var. kiirunense Kitam. = Eupatorium luchuense Nakai ■
158217 Eupatorium luciae-brauniae Fernald = Ageratina luciae-brauniae (Fernald) R. M. King et H. Rob. ■☆
158218 Eupatorium macrocephalum Less. = Campuloclinium macrocephalum (Less.) DC. ■☆
158219 Eupatorium maculatum L.;斑茎泽兰;Joe-pye Weed, Joe-pye-weed, Queen of the Meadow, Spotted Joe-pye Weed, Spotted Joepyeweed, Spotted Joe-pye-weed ■☆
158220 Eupatorium maculatum L. = Eutrochium maculatum (L.) E. E. Lamont ■☆
158221 Eupatorium maculatum L. subsp. bruneri (A. Gray) G. W. Douglas;布鲁纳泽兰;Spotted Joe-Pye-weed ■☆
158222 Eupatorium maculatum L. subsp. bruneri (A. Gray) G. W. Douglas = Eutrochium maculatum (L.) E. E. Lamont var. bruneri (A. Gray) E. E. Lamont ■☆
158223 Eupatorium maculatum L. var. bruneri (A. Gray) Breitung = Eupatorium maculatum L. subsp. bruneri (A. Gray) G. W. Douglas ■☆
158224 Eupatorium maculatum L. var. bruneri (A. Gray) Breitung = Eutrochium maculatum (L.) E. E. Lamont var. bruneri (A. Gray) E. E. Lamont ■☆
158225 Eupatorium maculatum L. var. foliosum (Fernald) Wiegand = Eutrochium maculatum (L.) E. E. Lamont var. foliosum (Fernald) E. E. Lamont ■☆
158226 Eupatorium madrense S. Watson = Chromolaena bigelovii (A. Gray) R. M. King et H. Rob. ■☆
158227 Eupatorium mairei H. Lév. = Eupatorium cannabinum L. ■
158228 Eupatorium mairei H. Lév. = Eupatorium chinense L. ■
158229 Eupatorium mairei H. Lév. = Eupatorium heterophyllum DC. ■
158230 Eupatorium makinoi T. Kawahara et Yahara;牧野氏泽兰■☆
158231 Eupatorium makinoi T. Kawahara et Yahara = Eupatorium chinense L. ■
158232 Eupatorium makinoi T. Kawahara et Yahara var. oppositifolium (Koidz.) T. Kawahara et Yahara;对叶牧野氏泽兰■☆
158233 Eupatorium makinoi T. Kawahara et Yahara var. oppositifolium (Koidz.)) T. Kawahara et Yahara = Eupatorium chinense L. ■
158234 Eupatorium melanadenium Hance = Eupatorium chinense L. ■
158235 Eupatorium microstemon Cass. = Fleischmannia microstemon (Cass.) R. M. King et H. Rob. ■☆
158236 Eupatorium mikanioides Chapm.;拟牧野氏泽;Semaphore Thoroughwort ■☆
158237 Eupatorium mohrii Greene;莫里泽兰;Mohr's Thoroughwort, Mohri Eupatorium ■☆
158238 Eupatorium nanchuenense Y. Ling et C. Shih;南川泽兰;Nanchuan Bogorchid, Nanchuan Eupatorium ■
158239 Eupatorium nodiflorum Wall. = Eupatorium cannabinum DC. ■
158240 Eupatorium occidentale Hook.;西方泽兰;Western Thoroughwort, Western Thorough-wort ■☆
158241 Eupatorium occidentale Hook. = Ageratina occidentalis (Hook.) R. M. King et H. Rob. ■☆
158242 Eupatorium odoratum L. = Chromolaena odorata (L.) R. M. King et H. Rob. ■
158243 Eupatorium omeiense Y. Ling et C. Shih;峨眉泽兰;Emei Eupatorium, Emeishan Bogorchid, Omei Eupatorium ■
158244 Eupatorium ovatum Bigelow = Eupatorium rotundifolium L. var. ovatum (Bigelow) Torr. ex DC. ■☆
158245 Eupatorium palmeri A. Gray = Koanophyllon palmeri (A. Gray) R. M. King et H. Rob. ■☆
158246 Eupatorium parryi A. Gray = Flyriella parryi (A. Gray) R. M. King et H. Rob. ■☆
158247 Eupatorium parviflorum Elliott = Eupatorium lancifolium (Torr. et A. Gray) Small ■☆
158248 Eupatorium pauperculum A. Gray = Ageratina paupercula (A. Gray) R. M. King et H. Rob. ■☆
158249 Eupatorium pectinatum Small = Eupatorium pinnatifidum Elliott ■☆
158250 Eupatorium perfoliatum L.;贯叶佩兰;Agueweed, Boneset, Common Boneset, Crosswort, Feverwort, Indian Agueweed, Indian Ague-weed, Indian Sage, Sweating Plant, Teasel, Thorough-stem, Thorough-wax, Thoroughword, Thorough-wort, Vegetable Antimony, Wild Isaac, Wood Boneset ■☆
158251 Eupatorium perfoliatum L. f. purpureum Britton = Eupatorium perfoliatum L. ■☆
158252 Eupatorium perfoliatum L. f. trifolium Fassett = Eupatorium perfoliatum L. ■☆
158253 Eupatorium perfoliatum L. f. truncatum (Muhl. ex Willd.) Fassett = Eupatorium perfoliatum L. ■☆
158254 Eupatorium perfoliatum L. var. colophilum Fernald et Griscom = Eupatorium perfoliatum L. ■☆
158255 Eupatorium perfoliatum L. var. cuneatum (Engelm. ex Torr. et A. Gray) Engelm. ex A. Gray = Eupatorium truncatum Muhl. ex Willd. ■☆
158256 Eupatorium perfoliatum L. var. cuneatum Engelm. = Eupatorium perfoliatum L. ■☆
158257 Eupatorium petaloideum Britton;艳丽泽兰;Showy White Thoroughwort ■☆
158258 Eupatorium pichinchense Kunth;皮钦泽兰■☆
158259 Eupatorium pilosum Walter;粗糙泽兰;Rough Boneset ■☆
158260 Eupatorium pinnatifidum Elliott;羽裂泽兰■☆
158261 Eupatorium polyneuron (F. J. Herm.) Wunderlin = Eupatorium truncatum Muhl. ex Willd. ■☆
158262 Eupatorium pubescens Muehl. ex Willd. = Eupatorium rotundifolium L. var. ovatum (Bigelow) Torr. ex DC. ■☆
158263 Eupatorium punctatum Cass.;斑点泽兰■☆
158264 Eupatorium purpureum L.;紫苞佩兰(紫花佩兰);Gravel Root, Green-stemmed Joe-pye Weed, Green-stemmed Joe-pye-weed, Joe-pye Weed, Jopi Weed, Purple Boneset, Purple Joe-pye-weed, Queen of the Meadow, Sweet Joe-pye Weed, Sweet-scentedJoe-pye Weed, Trumpet Weed ■☆
158265 Eupatorium purpureum L. = Eutrochium purpureum (L.) E. E. Lamont ■☆
158266 Eupatorium purpureum L. subsp. maculatum (L.) Á. Löve et D. Löve = Eutrochium maculatum (L.) E. E. Lamont ■☆
158267 Eupatorium purpureum L. var. album Barratt = Eutrochium purpureum (L.) E. E. Lamont ■☆
158268 Eupatorium purpureum L. var. amoenum (Pursh) A. Gray = Eutrochium purpureum (L.) E. E. Lamont ■☆
158269 Eupatorium purpureum L. var. angustifolium Torr. et A. Gray = Eutrochium fistulosum (Barratt) E. E. Lamont ■☆
158270 Eupatorium purpureum L. var. bruneri (A. Gray) B. L. Rob. = Eutrochium maculatum (L.) E. E. Lamont var. bruneri (A. Gray) E. E. Lamont ■☆

158271 Eupatorium purpureum L. var. falcatum (Michx.) Britton = Eutrochium purpureum (L.) E. E. Lamont ■☆

158272 Eupatorium purpureum L. var. foliosum Fernald = Eutrochium maculatum (L.) E. E. Lamont var. foliosum (Fernald) E. E. Lamont ■☆

158273 Eupatorium purpureum L. var. holzingeri (Rydb.) E. E. Lamont = Eupatorium purpureum L. ■☆

158274 Eupatorium purpureum L. var. holzingeri (Rydb.) E. E. Lamont = Eutrochium purpureum (L.) E. E. Lamont var. holzingeri (Rydb.) E. E. Lamont ■☆

158275 Eupatorium purpureum L. var. maculatum (L.) Voss = Eutrochium maculatum (L.) E. E. Lamont ■☆

158276 Eupatorium purpureum L. var. ovatum A. W. Wood = Eutrochium purpureum (L.) E. E. Lamont ■☆

158277 Eupatorium purpureum L. var. verticillatum (Lam.) A. W. Wood = Eutrochium purpureum (L.) E. E. Lamont ■☆

158278 Eupatorium pycnocephalum J. M. Coult.;密头泽兰■☆

158279 Eupatorium pyramidale D. Don = Vernonia aspera (Roxb.) Buch. -Ham. ■

158280 Eupatorium quasitripartitum Hayata;尖尾风(六月雪)■

158281 Eupatorium quasitripartitum Hayata = Eupatorium formosanum Hayata ■

158282 Eupatorium recurvans Small = Eupatorium mohrii Greene ■☆

158283 Eupatorium reevesii Wall. = Eupatorium chinense L. ■

158284 Eupatorium resinosum Torr. ex DC.;松脂泽兰;Pine Barren Thoroughwort ■☆

158285 Eupatorium retrofractum Thunb. = Pegolettia retrofracta (Thunb.) Kies ■☆

158286 Eupatorium rigidulum Miq. = Pertya rigidula (Miq.) Makino ●☆

158287 Eupatorium riparium Regel = Ageratina riparia (Regel) R. M. King et H. Rob. ■☆

158288 Eupatorium roanense Small = Ageratina altissima (L.) R. M. King et H. Rob. var. roanensis (Small) Clewell et Wooten ■☆

158289 Eupatorium rothrockii A. Gray = Ageratina rothrockii (A. Gray) R. M. King et H. Rob. ■☆

158290 Eupatorium rotundifolium L.;圆叶泽兰;Roundleaf Eupatorium, Roundleaf Thoroughwort, Round-leaved Boneset ■☆

158291 Eupatorium rotundifolium L. var. cordigerum Fernald = Eupatorium cordigerum (Fernald) Fernald ■☆

158292 Eupatorium rotundifolium L. var. ovatum (Bigelow) Torr. ex DC.;卵叶泽兰■☆

158293 Eupatorium rotundifolium L. var. saundersii (Porter ex Britton) Cronquist = Eupatorium pilosum Walter ■☆

158294 Eupatorium rotundifolium L. var. scabridum (Elliott) A. Gray;粗糙圆叶泽兰■☆

158295 Eupatorium rugosum Houtt.;皱折泽兰;White Snakeroot ■☆

158296 Eupatorium rugosum Houtt. = Ageratina altissima (L.) R. M. King et H. Rob. ■☆

158297 Eupatorium rugosum Houtt. f. villicaule Fernald = Eupatorium rugosum Houtt. ■☆

158298 Eupatorium rugosum Houtt. var. chlorolepis Fernald = Ageratina altissima (L.) R. M. King et H. Rob. ■☆

158299 Eupatorium rugosum Houtt. var. chlorolepis Fernald = Eupatorium rugosum Houtt. ■☆

158300 Eupatorium rugosum Houtt. var. roanense (Small) Fernald = Ageratina altissima (L.) R. M. King et H. Rob. var. roanensis (Small) Clewell et Wooten ■☆

158301 Eupatorium rugosum Houtt. var. tomentellum (B. L. Rob.) S. F. Blake = Ageratina altissima (L.) R. M. King et H. Rob. ■☆

158302 Eupatorium rugosum Houtt. var. tomentellum (B. L. Rob.) S. F. Blake = Eupatorium rugosum Houtt. ■☆

158303 Eupatorium rugosum Houtt. var. villicaule (Fernald) S. F. Blake = Eupatorium rugosum Houtt. ■☆

158304 Eupatorium rydbergii Britton = Eutrochium maculatum (L.) E. E. Lamont var. bruneri (A. Gray) E. E. Lamont ■☆

158305 Eupatorium sachalinense Makino;库页岛泽兰;Fall Poison, Sachalin Eupatorium, White Snake Root ■☆

158306 Eupatorium sachalinense Makino = Eupatorium glehnii F. Schmidt ex Trautv. ■☆

158307 Eupatorium sachalinense Makino var. oppositifolium ? = Eupatorium makinoi T. Kawahara et Yahara var. oppositifolium (Koidz.) T. Kawahara et Yahara ■☆

158308 Eupatorium saltuense Fernald = Eupatorium altissimum L. ■☆

158309 Eupatorium sanctum ?;神圣泽兰■☆

158310 Eupatorium scabridum Elliott = Eupatorium rotundifolium L. var. scabridum (Elliott) A. Gray ■☆

158311 Eupatorium scandens L. = Mikania scandens (L.) Willd. ■☆

158312 Eupatorium semiserratum DC.;半锯齿泽兰(锯齿泽兰);Smallflower Thoroughwort, Thoroughwort ■☆

158313 Eupatorium semiserratum DC. var. lancifolium (Torr. et A. Gray) A. Gray = Eupatorium lancifolium (Torr. et A. Gray) Small ■☆

158314 Eupatorium serotinum Michx.;迟泽兰(迟生泽兰);Late Boneset, Late Eupatorium, Late-blooming Eupatorium, Late-flowering Boneset, Lateflowering Thoroughwort, Late-flowering Thoroughwort ■☆

158315 Eupatorium sessilifolium L.;无梗泽兰;Upland Boneset, Woodland Boneset ■☆

158316 Eupatorium sessilifolium L. var. brittonianum Porter;丘陵无梗泽兰;Upland Boneset, Woodland Boneset ■☆

158317 Eupatorium shastense D. W. Taylor et Stebbins = Ageratina shastensis (D. W. Taylor et Stebbins) R. M. King et H. Rob. ■☆

158318 Eupatorium shimadai Kitam.;毛果泽兰(岛田氏泽兰);Agrimony, Hair Carp, Hairfruit Bogorchid ■

158319 Eupatorium simillimum B. L. Rob. = Koanophyllon simillimum (B. L. Rob.) R. M. King et H. Rob. ●☆

158320 Eupatorium solidaginifolium A. Gray = Koanophyllon solidaginifolium (A. Gray) R. M. King et H. Rob. ■☆

158321 Eupatorium sonorae A. Gray = Fleischmannia sonorae (A. Gray) R. M. King et H. Rob. ■☆

158322 Eupatorium sordidum Less.;暗花泽兰■☆

158323 Eupatorium stipuliferum Rusby = Koanophyllon stipuliferum (Rusby) R. M. King et H. Rob. ●☆

158324 Eupatorium stoechadosmum Hance;香草■

158325 Eupatorium stoechadosmum Hance = Eupatorium fortunei Turcz. ■

158326 Eupatorium stoechadosmum Hance = Eupatorium japonicum Thunb. ■

158327 Eupatorium subhastatum Hook. et Arn.;近戟泽兰■☆

158328 Eupatorium subtetragonum Miq. = Eupatorium lindleyanum DC. ■

158329 Eupatorium tashiroi Hayata = Eupatorium clematideum (Wall. ex DC.) Sch. Bip. ●■

158330 Eupatorium tashiroi Hayata f. gracillimum (Hayata) Sasaki = Eupatorium gracillimum Hayata ■

158331 Eupatorium tashiroi Hayata var. gracillimum (Hayata) Yamam. = Eupatorium tashiroi Hayata ●■

158332 Eupatorium tashiroi Hayata var. gracillimum (Hayata) Yamam. =

Eupatorium gracillimum Hayata ■
158333 Eupatorium tawadae Kitam.;田代氏泽兰(木泽兰)■
158334 Eupatorium ternifolium Elliott = Eutrochium dubium (Willd. ex Poir.) E. E. Lamont ■☆
158335 Eupatorium teucrifolium Willd.;石蚕叶泽兰■☆
158336 Eupatorium tomentosum Lam. = Senecio penicillatus (Cass.) Sch. Bip. ■☆
158337 Eupatorium torreyanum Short et R. Peter = Eupatorium hyssopifolium L. var. laciniatum A. Gray ■☆
158338 Eupatorium tortifolium Chapm. = Eupatorium linearifolium Walter ■☆
158339 Eupatorium tozanense Hayata = Eupatorium chinense L. ■
158340 Eupatorium tozanense Hayata = Eupatorium chinense L. var. tozanense (Hayata) Kitam. ■
158341 Eupatorium tozanense Hayata = Eupatorium japonicum Thunb. var. tozanense (Hayata) Kitam. ■
158342 Eupatorium trifoliatum L. = Eutrochium purpureum (L.) E. E. Lamont ■☆
158343 Eupatorium trifoliatum L. var. amoenum (Pursh) Farw. = Eutrochium purpureum (L.) E. E. Lamont ■☆
158344 Eupatorium trifoliatum L. var. bruneri (A. Gray) Farw. = Eutrochium maculatum (L.) E. E. Lamont var. bruneri (A. Gray) E. E. Lamont ■☆
158345 Eupatorium trifoliatum L. var. foliosum (Fernald) Farw. = Eutrochium maculatum (L.) E. E. Lamont var. foliosum (Fernald) E. E. Lamont ■☆
158346 Eupatorium trifoliatum L. var. maculatum (L.) Farw. = Eutrochium maculatum (L.) E. E. Lamont ■☆
158347 Eupatorium tripartitum (Makino) Murata et H. Koyama;三裂叶泽兰(兰草,三裂叶白头婆);Tripartite Bogorchid, Tripartite Japanese Eupatorium ■
158348 Eupatorium tripartitum (Makino) Murata et H. Koyama f. angustatum (Makino) Murata et H. Koyama = Eupatorium tripartitum (Makino) Murata et H. Koyama ■
158349 Eupatorium triplinerve Vahl;三脉泽兰(三出脉泽兰);Yapana ■☆
158350 Eupatorium truncatum Muhl. ex Willd.;截形泽兰■☆
158351 Eupatorium umfortunei Turcz.;乌梅泽兰■☆
158352 Eupatorium urticaefolium Reichard var. tomentellum B. L. Rob. = Eupatorium rugosum Houtt. ■☆
158353 Eupatorium urticifolium Banks ex Griseb. = Eupatorium rugosum Houtt. ■☆
158354 Eupatorium urticifolium Rchb.;荨麻叶泽兰;Richweed, Snakeroot, Snow Thoroughwort, White Snakeroot ■☆
158355 Eupatorium urticifolium Reichard = Ageratina altissima (L.) R. M. King et H. Rob. ■☆
158356 Eupatorium urticifolium Reichard = Eupatorium rugosum Houtt. ■☆
158357 Eupatorium urticifolium Reichard var. tomentellum B. L. Rob. = Eupatorium rugosum Houtt. ■☆
158358 Eupatorium variabile Makino;可变泽兰■☆
158359 Eupatorium vaseyi Porter = Eupatorium album L. var. vaseyi (Porter) Cronquist ■☆
158360 Eupatorium verbenifolium Michx.;马鞭草叶泽兰;Rough Thorough-wort, Vervain Thoroughwort, Vervain Thorough-wort, Wild Horehound ■☆
158361 Eupatorium verbenifolium Michx. = Eupatorium pilosum Walter ■☆
158362 Eupatorium vernale Vatke et Kurtz;春泽兰;Spring Eupatorium ■☆
158363 Eupatorium veronicifolium Kunth = Brickellia veronicifolia (Kunth) A. Gray ■☆
158364 Eupatorium villosum Sw.;柔毛泽兰;Bitter Bush ■☆
158365 Eupatorium villosum Sw. = Koanophyllon villosum (Sw.) R. M. King et H. Rob. ●☆
158366 Eupatorium volkameriifolium Wall. ex DC. = Vernonia volkameriifolia (Wall.) DC. ●
158367 Eupatorium wallichii DC. = Eupatorium chinense L. ■
158368 Eupatorium wallichii DC. = Eupatorium japonicum Thunb. ■
158369 Eupatorium wallichii DC. var. heterophyllum (DC.) Diels = Eupatorium cannabinum L. ■
158370 Eupatorium wallichii DC. var. heterophyllum (DC.) Diels = Eupatorium heterophyllum DC. ■
158371 Eupatorium weinmannianum Regel et Körn. = Eupatorium ligustrinum DC. ■☆
158372 Eupatorium wrightii A. Gray = Ageratina wrightii (A. Gray) R. M. King et H. Rob. ■☆
158373 Eupatorium yakushimense Masam. et Kitam.;屋久岛泽兰■☆
158374 Eupetalum Lindl. = Begonia L. ●■
158375 Eupetalum Lindl. ex Klotzsch = Begonia L. ●■
158376 Euphlebium (Krzl.) Brieger = Dendrobium Sw.(保留属名)■
158377 Euphlebium Brieger = Dendrobium Sw.(保留属名)■
158378 Euphocarpus Anderson ex R. Br. = Correa Andréws(保留属名)●☆
158379 Euphocarpus Anderson ex Steud. = Correa Andréws(保留属名)●☆
158380 Euphocarpus Steud. = Correa Andréws(保留属名)●☆
158381 Euphoebe Blume ex Meisn. = Aglaia Lour.(保留属名)●
158382 Euphoebe Blume ex Meisn. = Alseodaphne Nees ●
158383 Euphoebe Blume ex Meisn. = Euphora Griff. ●
158384 Euphora Griff. = Aglaia Lour.(保留属名)●
158385 Euphorbia L. (1753);大戟属;Euphorbia, Milkweed, Spotted Spurge, Spurge ●■
158386 Euphorbia abyssinica J. F. Gmel.;阿比西尼亚大戟(峦岳)■☆
158387 Euphorbia abyssinica J. F. Gmel. var. erythraea N. E. Br. = Euphorbia abyssinica J. F. Gmel. ■☆
158388 Euphorbia acalyphoides Hochst. ex Boiss.;铁苋菜大戟■☆
158389 Euphorbia acalyphoides Hochst. ex Boiss. subsp. cicatricosa S. Carter;疤痕大戟☆
158390 Euphorbia acalyphoides Hochst. ex Boiss. var. arabica Boiss. = Euphorbia acalyphoides Hochst. ex Boiss. ■☆
158391 Euphorbia acanthothamnos Heldr. ex Sart.;希腊刺大戟;Greek Spiny Spurge ■☆
158392 Euphorbia acervata S. Carter;群集大戟☆
158393 Euphorbia acrurensis N. E. Br. = Euphorbia abyssinica J. F. Gmel. ■☆
158394 Euphorbia acuminata Lam.;尖大戟■☆
158395 Euphorbia adenensis Deflers = Euphorbia balsamifera Aiton subsp. adenensis (Deflers) P. R. O. Bally ☆
158396 Euphorbia adenochila S. Carter;腺唇大戟☆
158397 Euphorbia adenochloa C. Morren et Decne.;野漆(草间菇,间菇)■
158398 Euphorbia adenopoda Baill.;腺梗大戟☆
158399 Euphorbia aegyptiaca Boiss. = Euphorbia forsskalii J. Gay ■☆

158400 Euphorbia aeruginosa Schweick.;铜绿大戟☆
158401 Euphorbia aerurensis N. E. Br. = Euphorbia abyssinica J. F. Gmel. ■☆
158402 Euphorbia aethiopum Croizat = Euphorbia abyssinica J. F. Gmel. ■☆
158403 Euphorbia afzelii N. E. Br. = Euphorbia thymifolia L. ●■
158404 Euphorbia aggregata A. Berger;龙珠大戟■☆
158405 Euphorbia aggregata A. Berger var. alternicolor (N. E. Br.) A. C. White, R. A. Dyer et B. Sloane;异色龙珠■☆
158406 Euphorbia agowensis Hochst. ex Boiss.;阿戈大戟■☆
158407 Euphorbia agraria M. Bieb.;田大戟(耕地大戟);Field Euphorbia, Urban Spurge ■☆
158408 Euphorbia alaica Prokh.;阿莱大戟■☆
158409 Euphorbia alatavica Boiss.;阿拉套大戟■
158410 Euphorbia albanica N. E. Br.;阿尔邦大戟☆
158411 Euphorbia albomarginata Torr. et A. Gray;白边大戟;Ratdesnake Weed, Rattlesnake-weed ■☆
158412 Euphorbia albovillosa Pax = Euphorbia gueinzii Boiss. var. albovillosa (Pax) N. E. Br. ■☆
158413 Euphorbia alcicornis Baker;尖角大戟☆
158414 Euphorbia aleppica L.;阿勒颇大戟;Alepp Euphorbia ■☆
158415 Euphorbia alfredii Rauh;艾尔大戟●☆
158416 Euphorbia algeriensis Boiss. = Euphorbia paniculata Desf. ■☆
158417 Euphorbia alpina C. A. Mey. ex Ledeb.;北高山大戟(高山大戟);Alpine Euphorbia ■
158418 Euphorbia alsinifolia Boiss.;阿森花大戟■☆
158419 Euphorbia altaica Mey. = Euphorbia micractina Boiss. ■
158420 Euphorbia altaica Mey. ex Ledeb.;阿尔泰大戟;Altai Euphorbia ■
158421 Euphorbia alternicolor N. E. Br. = Euphorbia aggregata A. Berger var. alternicolor (N. E. Br.) A. C. White, R. A. Dyer et B. Sloane ■☆
158422 Euphorbia altotibetica Paulsen;青藏大戟■
158423 Euphorbia ambacensis N. E. Br.;安巴卡大戟☆
158424 Euphorbia ambatofinandranae Léandri = Euphorbia stenoclada Baill. ●☆
158425 Euphorbia ambovombensis Rauh et Razaf.;安布文贝大戟●☆
158426 Euphorbia ambroseae L. C. Leach var. spinosa L. C. Leach;具刺大戟☆
158427 Euphorbia amicorum S. Carter;可爱大戟☆
158428 Euphorbia ammak Schweinf.;大戟阁;Arabian Euphorbia ●☆
158429 Euphorbia ammophila S. Carter et Dioli;喜沙大戟☆
158430 Euphorbia ampla Hook. f. = Euphorbia schimperiana Scheele ■☆
158431 Euphorbia ampla Hook. f. var. tenuior ? = Euphorbia schimperiana Scheele ■☆
158432 Euphorbia ampliphylla Pax;大叶大戟☆
158433 Euphorbia amygdaioides L.;扁桃大戟(扁桃叶大戟,木大戟);Bible Leaf, Cat's Milk, Deer's Milk, Devil's Cup-and-saucer, Devil's Cups And Saucers, Green Grower, Mare's Tail, Mare's Tails, Mare's-tail, Potatoes-in-the-dish, Virgin Mary's Nipple, Virgin Mary's Nipples, Wood Spurge ■☆
158434 Euphorbia amygdaioides L. 'Purpurea';紫叶扁桃大戟(紫叶木大戟);Purple Wood Spurge ■☆
158435 Euphorbia amygdaloides L. 'Rubra';红叶扁桃大戟■☆
158436 Euphorbia amygdaloides L. var. perennis Maire = Euphorbia amygdaloides L. ■☆
158437 Euphorbia anacantha Aiton = Euphorbia patula Mill. ●☆
158438 Euphorbia anagalloides Baker = Euphorbia trichophylla Baker ■☆
158439 Euphorbia analalavensis Léandri;阿纳拉拉瓦大戟●☆
158440 Euphorbia analamerae Léandri;阿氏大戟●☆
158441 Euphorbia analavelonensis Rauh et R. Mangelsd.;阿纳拉大戟●☆
158442 Euphorbia andongensis Hiern = Euphorbia zambesiana Benth. var. villosula (Pax) N. E. Br. ●■☆
158443 Euphorbia andrachnoides Schrenk;黑钩叶大戟●☆
158444 Euphorbia androsaemoides Dennst. = Euphorbia indica Lam. ■☆
158445 Euphorbia angolensis Pax = Euphorbia zambesiana Benth. var. villosula (Pax) N. E. Br. ●■☆
158446 Euphorbia angularis Klotzsch;棱角大戟☆
158447 Euphorbia angulata Jacq.;窄大戟(具棱大戟)■☆
158448 Euphorbia angustiflora Pax;狭花大戟☆
158449 Euphorbia anisopetala Prokh.;异瓣大戟■☆
158450 Euphorbia ankaranae Léandri;安卡兰大戟●☆
158451 Euphorbia ankarensis Boiteau;安卡拉大戟●☆
158452 Euphorbia ankazobensis Rauh et Hofstätter;阿卡祖贝大戟●☆
158453 Euphorbia anomala Pax = Euphorbia pfeilii Pax☆
158454 Euphorbia anoplia Stapf;无节大戟☆
158455 Euphorbia antankara Léandri = Euphorbia pachypodioides Boiteau ●☆
158456 Euphorbia antiquorum L.;火殃簕(阿黎树,霸王鞭,彩云阁,臭松,纯阳草,火虹,火筋,火旺,火巷,火焰,火殃艻,火殃头,金刚杵,金刚树,金刚纂,龙骨刺,峦云,美泽大戟,千年剑,肉麒麟,三角霸王鞭,苔哥刺,羊不挨,羊不偝,羊桠,杨丫,洋丫簕);Ancients Euphorbia, Ancients Spurge, Triangular Euphorbia ●
158457 Euphorbia antiquorum L. = Euphorbia neriifolia L. ●
158458 Euphorbia antisyphilitica J. Meyrán;蜡大戟(抗病毒大戟);Candelilla, Candelilla Wax ■☆
158459 Euphorbia antunesii Pax = Tavaresia barklyi (Dyer) N. E. Br. ■☆
158460 Euphorbia aphylla Brouss.;无叶大戟;Leafless Spurge, Tolda ■☆
158461 Euphorbia appendiculata P. R. O. Bally et S. Carter;附属物大戟☆
158462 Euphorbia arabica Hochst. et Steud. ex T. Anderson;阿拉伯大戟■●☆
158463 Euphorbia arabica Hochst. et Steud. ex T. Anderson var. latiappendiculata Pax = Euphorbia neopolycnemoides Pax et K. Hoffm. ■☆
158464 Euphorbia arabicoides N. E. Br.;拟阿拉伯大戟☆
158465 Euphorbia arborescens C. Sm. = Euphorbia tuckeyana Webb☆
158466 Euphorbia arborescens Salm-Dyck = Euphorbia grandidens Haw. ■☆
158467 Euphorbia arceuthobioides Boiss.;油杉寄生大戟☆
158468 Euphorbia argillicola Dinter = Euphorbia namibensis Marloth ■☆
158469 Euphorbia arguta Banks et Sol.;亮大戟☆
158470 Euphorbia arida N. E. Br.;旱生大戟☆
158471 Euphorbia aristata Schmalh.;具芒大戟■☆
158472 Euphorbia arizonica Engelm.;亚利桑那大戟;Arizona Sandmat ■☆
158473 Euphorbia arkansana Engelm. et A. Gray = Euphorbia spathulata Lam. ■☆
158474 Euphorbia armena Prokh.;亚美尼亚大戟■☆
158475 Euphorbia arrecta N. E. Br. = Euphorbia mixta N. E. Br. ■☆
158476 Euphorbia arrecta N. E. Br. ex R. E. Fr.;直立大戟■☆
158477 Euphorbia arsenariensis Batt. = Euphorbia medicaginea Boiss. ■☆

158478 Euphorbia arvalis Boiss. et Heldr. var. longistyla Litard. et Maire = Euphorbia arvalis Boiss. et Heldr. ■☆

158479 Euphorbia aspericaulis Pax;糙茎大戟☆

158480 Euphorbia astrachanica C. A. Mey. ex Claus = Euphorbia praecox Fisch. ■☆

158481 Euphorbia astrophora Marx;暗色大戟☆

158482 Euphorbia atlantica Boiss. = Euphorbia clementei Boiss. ■☆

158483 Euphorbia atlantica Boiss. var. leiocarpa ? = Euphorbia clementei Boiss. ■☆

158484 Euphorbia atlantica Boiss. var. major Coss. = Euphorbia clementei Boiss. ■☆

158485 Euphorbia atlantica Boiss. var. villosa Faure et Maire = Euphorbia clementei Boiss. subsp. villosa (Faure et Maire) Vincens, Molero et C. Blanché ■

158486 Euphorbia atlantis Maire = Euphorbia clementei Boiss. ■☆

158487 Euphorbia atlantis Maire var. leiocarpa (Boiss.) Oudejans = Euphorbia clementei Boiss. ■☆

158488 Euphorbia atlantis Maire var. major (Boiss.) Oudejans = Euphorbia clementei Boiss. ■☆

158489 Euphorbia atlantis Maire var. villosa (Faure et Maire) Vindt = Euphorbia clementei Boiss. subsp. villosa (Faure et Maire) Vincens, Molero et C. Blanché ■

158490 Euphorbia atoto G. Forst.;海滨大戟(滨大戟);Littoral Spurge ■

158491 Euphorbia atoto G. Forst. = Chamaesyce atoto (G. Forst.) Croizat ●

158492 Euphorbia atrispina N. E. Br.;暗刺大戟☆

158493 Euphorbia atrispina N. E. Br. var. viridis A. C. White, R. A. Dyer et B. Sloane;绿大戟☆

158494 Euphorbia atrocarmesina L. C. Leach subsp. arborea L. C. Leach;树状大戟☆

158495 Euphorbia atroflora S. Carter;暗花大戟☆

158496 Euphorbia atropurpurea (Brouss.) Webb et Berthel.;深紫大戟●☆

158497 Euphorbia atropurpurea (Brouss.) Webb et Berthel. var. modesta Svent. = Euphorbia atropurpurea (Brouss.) Webb et Berthel. ●☆

158498 Euphorbia atropurpurea Brouss.;球冠大戟●☆

158499 Euphorbia aucheri Boiss.;奥氏大戟■☆

158500 Euphorbia aureoviridiflora (Rauh) Rauh;黄绿大戟●☆

158501 Euphorbia australis Boiss.;澳大利亚大戟■☆

158502 Euphorbia austro-occidentalis Thell.;西南大戟☆

158503 Euphorbia avasmontana Dinter;埃文大戟☆

158504 Euphorbia avasmontana Dinter var. sagittaria (Marloth) A. C. White, R. A. Dyer et B. Sloane;箭大戟●☆

158505 Euphorbia bachmannii Pax = Euphorbia epicyparissias E. Mey. ex Boiss. ■☆

158506 Euphorbia baleensis M. G. Gilbert;巴莱大戟■☆

158507 Euphorbia ballyana Rauh;巴利大戟☆

158508 Euphorbia ballyi S. Carter;巴氏大戟☆

158509 Euphorbia balsamifera Aiton;香膏大戟(无刺大戟);Balsam Spurge ●☆

158510 Euphorbia balsamifera Aiton subsp. adenensis (Deflers) P. R. O. Bally;亚丁香膏大戟●☆

158511 Euphorbia balsamifera Aiton subsp. sepium (N. E. Br.) Maire = Euphorbia balsamifera Aiton ●☆

158512 Euphorbia balsamifera Aiton var. rogeri (N. E. Br.) Maire = Euphorbia balsamifera Aiton ●☆

158513 Euphorbia barbellata Engelm. = Euphorbia cyathophora Murray ■

158514 Euphorbia barbellata Hurus. = Euphorbia pekinensis Rupr. ■

158515 Euphorbia barnardii A. C. White, R. A. Dyer et B. Sloane;巴纳德大戟☆

158516 Euphorbia barnhartii Croizat;三棱箭■☆

158517 Euphorbia barteri N. E. Br. = Euphorbia kamerunica Pax ●☆

158518 Euphorbia basutica Marloth = Euphorbia clavarioides Boiss. ■☆

158519 Euphorbia baumii Pax = Euphorbia monteiri Hook. f. ■☆

158520 Euphorbia bayeri L. C. Leach;巴耶尔大戟☆

158521 Euphorbia baylissii L. C. Leach;贝利斯大戟☆

158522 Euphorbia beaumierana Hook. f. et Coss. = Euphorbia officinarum L. ■☆

158523 Euphorbia beharensis Léandri;贝哈拉大戟☆

158524 Euphorbia beillei A. Chev.;贝勒大戟●☆

158525 Euphorbia bemarahaensis Rauh et R. Mangelsd.;贝马拉哈大戟☆

158526 Euphorbia benguelensis Pax = Euphorbia trichadenia Pax ●☆

158527 Euphorbia benoistii Léandri;本诺大戟☆

158528 Euphorbia benthamii Hiern;本瑟姆大戟☆

158529 Euphorbia bergeri N. E. Br.;贝格尔大戟☆

158530 Euphorbia bergeriana Dinter = Euphorbia gariepina Boiss. ■☆

158531 Euphorbia bianoensis (Malaisse et Lecron) Bruyns;比亚诺大戟●☆

158532 Euphorbia bicompacta Bruyns;紧密大戟●☆

158533 Euphorbia bicompacta Bruyns var. rubra (S. Carter) Bruyns;红色紧密大戟●☆

158534 Euphorbia bifida Hook. et Arn.;细齿大戟(华南大戟,细锯齿大戟,细锯叶地锦);S. China Euphorbia, S. China Spurge, Sawtooth Euphorbia, Serrulate Spurge, Upright Spurge ■

158535 Euphorbia bifida Hook. et Arn. = Chamaesyce bifida (Hook. et Arn.) T. Kuros. ■

158536 Euphorbia biglandulosa Boiss. = Euphorbia biglandulosa Desf. ■☆

158537 Euphorbia biglandulosa Desf. = Euphorbia rigida M. Bieb. ■☆

158538 Euphorbia biglandulosa Desf. var. mauritanica Maire = Euphorbia rigida M. Bieb. ■☆

158539 Euphorbia bilocularis N. E. Br. = Euphorbia candelabrum Tremaut ex Kotschy var. bilocularis (N. E. Br.) S. Carter ■☆

158540 Euphorbia biselegans Bruyns;双雅致大戟☆

158541 Euphorbia bisglobosa Bruyns;双球形大戟■☆

158542 Euphorbia biumbellata Poir.;双小伞大戟☆

158543 Euphorbia bivonae Steud.;比沃纳大戟☆

158544 Euphorbia bivonae Steud. subsp. rupicola (Boiss.) Batt. = Euphorbia squamigera Loisel. ■☆

158545 Euphorbia bivonae Steud. var. fruticosa (Biv.) Fiori = Euphorbia bivonae Steud. ☆

158546 Euphorbia bivonae Steud. var. intercedens Pamp. = Euphorbia bivonae Steud. ☆

158547 Euphorbia bivonae Steud. var. mauritii Sennen = Euphorbia squamigera Loisel. ■☆

158548 Euphorbia bivonae Steud. var. melitensis (Parl.) Fiori = Euphorbia bivonae Steud. ☆

158549 Euphorbia bivonae Steud. var. tangerina Pau = Euphorbia squamigera Loisel. ■☆

158550 Euphorbia blepharophylla C. A. Mey. ex Ledeb.;睫毛大戟■

158551 Euphorbia bodinieri H. Lév. et Vaniot = Euphorbia sieboldiana C. Morren et Decne. ■

158552 Euphorbia boinensis Denis ex Humbert et Léandri;博伊纳大戟☆

158553 Euphorbia boissieriana (Woronow) Prokh.;布瓦西耶大戟■☆

158554 Euphorbia boissierii Baill. ;布瓦大戟●☆
158555 Euphorbia boiteaui Léandri;博特大戟☆
158556 Euphorbia boivinii Boiss. ;博伊文大戟☆
158557 Euphorbia bojeri Hook. = Euphorbia milii Des Moul. ●
158558 Euphorbia bolusii N. E. Br. ;博卢斯大戟☆
158559 Euphorbia bongensis Kotschy et Peyr. ex Boiss. ;邦加大戟☆
158560 Euphorbia borodinii Sambuk;包柔氏大戟;Borodin Euphorbia ■☆
158561 Euphorbia borszczowii Prokh. ;鲍尔大戟■☆
158562 Euphorbia bosseri Léandri;博瑟大戟☆
158563 Euphorbia bourgeana Boiss. ;布尔热大戟☆
158564 Euphorbia brachyphylla Denis;短叶大戟☆
158565 Euphorbia bracteolaris Boiss. = Euphorbia thymifolia L. ●■
158566 Euphorbia brakdamensis N. E. Br. ;布拉克达姆大戟☆
158567 Euphorbia brasiliensis Lam. = Euphorbia hyssopifolia L. ■
158568 Euphorbia braunsii N. E. Br. ;布劳恩大戟☆
158569 Euphorbia breonii Nois. = Euphorbia milii Des Moul. ex Boiss. ●
158570 Euphorbia breonii Nois. = Euphorbia milii Des Moul. var. hislopii (N. E. Br.) Ursch et Léandri ●☆
158571 Euphorbia breviarticulata Pax;短节大戟■☆
158572 Euphorbia breviarticulata Pax var. trunciformis S. Carter;平截短节大戟■☆
158573 Euphorbia brevicornu Pax;短角大戟■☆
158574 Euphorbia brevis N. E. Br. ;短大戟■☆
158575 Euphorbia brevitorta P. R. O. Bally;短扭大戟■☆
158576 Euphorbia briquetii Emb. et Maire;布里凯大戟■☆
158577 Euphorbia broteri Daveau;布氏大戟■☆
158578 Euphorbia brunellii Chiov. ;布鲁内利大戟■☆
158579 Euphorbia bruynsii L. C. Leach;布勒伊斯大戟☆
158580 Euphorbia buchananii Pax = Euphorbia schimperiana Scheele var. velutina N. E. Br. ■☆
158581 Euphorbia buchtormensis C. A. Mey. ex Ledeb. ;布赫塔尔大戟■
158582 Euphorbia buhsei Boiss. ;布赛大戟■☆
158583 Euphorbia bulbispina Rauh et Razaf. ;球刺大戟☆
158584 Euphorbia bulleyana Diels = Euphorbia griffithii Hook. f. ■
158585 Euphorbia bungei Boiss. ;邦奇大戟■☆
158586 Euphorbia bupleurifolia Jacq. ;铁甲大戟(铁甲球,铁甲丸);Thorowaxleaf Euphorbia ■☆
158587 Euphorbia bupleuroides Desf. ;柴胡大戟☆
158588 Euphorbia bupleuroides Desf. subsp. luteola (Kralik) Maire;淡黄大戟■☆
158589 Euphorbia bupleuroides Diels = Euphorbia stracheyi Boiss. ■
158590 Euphorbia burgeri M. G. Gilbert;伯格大戟■●☆
158591 Euphorbia burmanniana J. Gay = Euphorbia forsskalii J. Gay ■☆
158592 Euphorbia burmannii E. Mey. ex Boiss. ;布尔曼大戟☆
158593 Euphorbia buschiana Grossh. ;布什大戟■☆
158594 Euphorbia bussei Pax;布瑟大戟■☆
158595 Euphorbia caerulescens Haw. ;天蓝大戟☆
158596 Euphorbia calabarica Burkill = Euphorbia cervicornu Baill. ●☆
158597 Euphorbia caloderma S. Carter;美皮大戟☆
158598 Euphorbia calonesiana Croizat = Euphorbia jolkinii Boiss. ■
158599 Euphorbia calva N. E. Br. = Euphorbia ledermanniana Pax et K. Hoffm. ■☆
158600 Euphorbia calycina N. E. Br. = Euphorbia candelabrum Tremaut ex Kotschy ●☆
158601 Euphorbia calyptrata Coss. et Kralik;帽状大戟■☆
158602 Euphorbia calyptrata Coss. et Kralik var. involucrata Batt. ;总苞大戟☆
158603 Euphorbia canariensis L. ;加那利大戟;Canary Island Spurge, Hercules Club ■☆
158604 Euphorbia candelabrum Tremaut ex Kotschy;灯台大戟(拱枝大戟,烛台大戟)●☆
158605 Euphorbia candelabrum Tremaut ex Kotschy var. bilocularis (N. E. Br.) S. Carter;双腔烛台大戟■☆
158606 Euphorbia candelabrum Tremaut ex Kotschy var. erythraeae Berger = Euphorbia abyssinica J. F. Gmel. ■☆
158607 Euphorbia candelabrum Welw. ex Hiern = Euphorbia conspicua N. E. Br. ☆
158608 Euphorbia canescens L. ;灰大戟■☆
158609 Euphorbia canescens L. = Chamaesyce canescens (L.) Prokh. ●☆
158610 Euphorbia cannellii L. C. Leach;坎内尔大戟☆
158611 Euphorbia caperonioides R. A. Dyer et P. G. Mey. ;卡普龙大戟☆
158612 Euphorbia capitosa N. E. Br. = Euphorbia ferox Marloth ■☆
158613 Euphorbia cap-saintemariensis var. tulearensis Rauh = Euphorbia tulearensis (Rauh) Rauh ●☆
158614 Euphorbia caput-medusae L. ;天荒龙;Medusa's Head ■☆
158615 Euphorbia carinifolia N. E. Br. ;龙头木大戟☆
158616 Euphorbia carpatica Wol. ;卡尔帕特大戟■☆
158617 Euphorbia caruncullfera L. C. Leach subsp. subfastigiata L. C. Leach;亚帚状大戟☆
158618 Euphorbia cassioides C. Presl = Euphorbia indica Lam. ■☆
158619 Euphorbia cataractarum S. Carter;瀑布群高原大戟☆
158620 Euphorbia catenata (S. Carter) Bruyns;链状大戟☆
158621 Euphorbia caterviflora N. E. Br. ;簇花大戟☆
158622 Euphorbia cavaleriei H. Lév. et Vaniot = Euphorbia pekinensis Rupr. ■
158623 Euphorbia celerieri (Emb.) Vindt;塞勒里耶大戟☆
158624 Euphorbia cerebrina Boiss. = Euphorbia petitiana A. Rich. ■☆
158625 Euphorbia cereiformis L. ;蜡质大戟;Milk Barrel☆
158626 Euphorbia cereiformis L. var. submamillaris A. Berger = Euphorbia submammillaris (A. Berger) A. Berger ●☆
158627 Euphorbia cernua Boiss. = Euphorbia phymatosperma Boiss. et Gaill. subsp. cernua (Boiss.) Vindt ■☆
158628 Euphorbia cervicornis Boiss. = Euphorbia hamata (Haw.) Sweet ●☆
158629 Euphorbia cervicornu Baill. = Euphorbia hamata (Haw.) Sweet ●☆
158630 Euphorbia chamaecormos Chiov. = Euphorbia schizacantha Pax ■☆
158631 Euphorbia chamaepeplus Boiss. et Gaill. ;矮大戟☆
158632 Euphorbia chamaesyce L. ;毛果地锦(巴戟,短健大戟);Groundfig Spurge ■
158633 Euphorbia chamaesyce L. = Chamaesyce prostrata (Aiton) Small ●
158634 Euphorbia chamaesyce L. = Euphorbia prostrata Aiton ■
158635 Euphorbia chamaesyce L. var. canescens (L.) Boiss. = Chamaesyce canescens (L.) Prokh. ●☆
158636 Euphorbia chamaesyce L. var. glabra Roep. = Chamaesyce canescens (L.) Prokh. ●☆
158637 Euphorbia chamaesyce L. var. massiliensis (DC.) Thell. = Chamaesyce canescens (L.) Prokh. subsp. massiliensis (DC.) Soják ■☆
158638 Euphorbia chamaesycoides B. Nord. ;地锦苗大戟■☆

158639 Euphorbia chamissonis Boiss. = Chamaesyce atoto (G. Forst.) Croizat ●

158640 Euphorbia characias L.;狭叶大戟(查拉西亚大戟);Albanian Spurge,Euphorbia,Mediterranean Spurge ●☆

158641 Euphorbia charleswilsoniana V. Vlk;查尔斯大戟■☆

158642 Euphorbia cheirolepis Fisch. et C. A. Mey. ex Ledeb.;齿鳞大戟■☆

158643 Euphorbia chevalieri (N. E. Br.) Bruyns;舍瓦利耶大戟■☆

158644 Euphorbia chrysocoma H. Lév. et Vaniot = Euphorbia sikkimensis Boiss. ■

158645 Euphorbia chrysocoma H. Lév. et Vaniot var. glaucophylla H. Lév. et Vaniot = Euphorbia sikkimensis Boiss. ■

158646 Euphorbia ciliolata Pax = Euphorbia transvaalensis Schltr. ●☆

158647 Euphorbia cirsioides Costantin et Gallaud = Euphorbia stenoclada Baill. ●☆

158648 Euphorbia citrina S. Carter;柠檬大戟☆

158649 Euphorbia clandestina Jacq.;逆鳞龙;Hidden Euphorbia ■☆

158650 Euphorbia clarae (Malaisse et Lecron) Bruyns;克拉拉大戟■☆

158651 Euphorbia classenii P. R. O. Bally et S. Carter;克拉森大戟☆

158652 Euphorbia clava Jacq.;棍棒大戟■☆

158653 Euphorbia clavarioides Boiss.;飞头蛮■☆

158654 Euphorbia clavarioides Boiss. var. truncata (N. E. Br.) A. C. White,R. A. Dyer et B. Sloane;平截大戟■☆

158655 Euphorbia clavigera N. E. Br.;产棒大戟☆

158656 Euphorbia claytonioides Pax;春美草大戟☆

158657 Euphorbia clementei Boiss.;北非大戟■☆

158658 Euphorbia clementei Boiss. subsp. faurei (Maire) Vincens, Molero et C. Blanché;福雷大戟■☆

158659 Euphorbia clementei Boiss. subsp. villosa (Faure et Maire) Vincens,Molero et C. Blanché;长柔毛大戟;Hairy Spurge, Pilose Euphorbia ■

158660 Euphorbia clementei Boiss. var. maroccana Maire = Euphorbia clementei Boiss. ■☆

158661 Euphorbia clementei Boiss. var. puberula (Emb.) Maire = Euphorbia squamigera Loisel. ■☆

158662 Euphorbia clementei Boiss. var. villifolia Maire = Euphorbia clementei Boiss. subsp. villosa (Faure et Maire) Vincens,Molero et C. Blanché ■

158663 Euphorbia clivicola R. A. Dyer;山坡大戟☆

158664 Euphorbia coerulans Pax;青蓝大戟☆

158665 Euphorbia coerulensis Haw.;大凤角■☆

158666 Euphorbia coerulescens;浅蓝大戟;Sweet Noor Euphorbia☆

158667 Euphorbia coghlanii F. M. Bailey;科伦大戟■☆

158668 Euphorbia colubrina P. R. O. Bally et S. Carter;蛇状大戟☆

158669 Euphorbia columnaris P. R. O. Bally;圆柱大戟☆

158670 Euphorbia commersonii Baill. = Euphorbia thouarsiana Baill. ■☆

158671 Euphorbia commiphoroides Dinter = Euphorbia guerichiana Pax ■☆

158672 Euphorbia commutata Engelm.;彩色大戟(变异大戟);Tinted Spurge,Tinted Wood Spurge,Wood Spurge ■☆

158673 Euphorbia commutata Engelm. var. erecta Norton = Euphorbia commutata Engelm. ■☆

158674 Euphorbia complexa R. A. Dyer;缠绕大戟☆

158675 Euphorbia confertiflora Volkens = Euphorbia candelabrum Tremaut ex Kotschy ●☆

158676 Euphorbia confinalis R. A. Dyer;邻近大戟☆

158677 Euphorbia confinalis R. A. Dyer subsp. rhodesiaca L. C. Leach;罗得西亚大戟☆

158678 Euphorbia confluens Nel;结合大戟☆

158679 Euphorbia conformis N. E. Br. = Euphorbia negromontana N. E. Br. ■☆

158680 Euphorbia congestiflora L. C. Leach;密花大戟☆

158681 Euphorbia coniosperma Boiss. et Buhse;锥籽大戟■☆

158682 Euphorbia consanguinea Schrenk;斋桑泊大戟■

158683 Euphorbia conspicua N. E. Br.;显著大戟☆

158684 Euphorbia contorta L. C. Leach;扭曲大戟☆

158685 Euphorbia controversa N. E. Br. = Euphorbia abyssinica J. F. Gmel. ■☆

158686 Euphorbia convolvuloides Hochst. = Euphorbia convolvuloides Hochst. ex Benth. ■☆

158687 Euphorbia convolvuloides Hochst. ex Benth.;旋花大戟■☆

158688 Euphorbia cooperi N. E. Br. ex A. Berger;库珀大戟;Lesser Candelabra Tree,Transvaal Candelabra Tree ●☆

158689 Euphorbia cooperi N. E. Br. ex A. Berger var. ussanguensis (N. E. Br.) L. C. Leach;乌桑古大戟☆

158690 Euphorbia corallioides L.;珊瑚状大戟;Coral Spurge☆

158691 Euphorbia cornuta Pers. = Euphorbia retusa Forssk. ☆

158692 Euphorbia corollata L.;花大戟;Blooming Spurge,Emetic Root, Flower Spurge, Flowering Spurge, Hippo Root, Milkweed, Purging Root,White Purslane,Wild Apple ■☆

158693 Euphorbia corollata L. var. angustifolia Elliott = Euphorbia corollata L. ■☆

158694 Euphorbia corollata L. var. mollis Millsp. = Euphorbia corollata L. ■☆

158695 Euphorbia corollata L. var. paniculata (Elliott) Boiss. = Euphorbia corollata L. ■☆

158696 Euphorbia coronata Thunb. = Euphorbia clava Jacq. ■☆

158697 Euphorbia corymbosa N. E. Br.;伞序大戟☆

158698 Euphorbia cossoniana Boiss.;科森大戟☆

158699 Euphorbia cossoniana Boiss. var. maroccana Batt. = Euphorbia cossoniana Boiss. ☆

158700 Euphorbia cotinifolia L.;紫锦木(非洲红,红美人,黄栌大戟,肖黄栌);Caribbean Copper Plant, Mexican Shrubby Spurge, Red Euphorbia ●

158701 Euphorbia crassipes Marloth;粗梗大戟☆

158702 Euphorbia crebrifolia S. Carter;密叶大戟☆

158703 Euphorbia crenata (N. E. Br.) Bruyns;圆齿大戟☆

158704 Euphorbia crispa (Haw.) Sweet;皱波大戟■☆

158705 Euphorbia crispata Lem. = Euphorbia nyikae Pax☆

158706 Euphorbia crotonoides Boiss.;巴豆大戟☆

158707 Euphorbia cryptocaulis M. G. Gilbert = Euphorbia charleswilsoniana V. Vlk ■☆

158708 Euphorbia cryptospinosa P. R. O. Bally;隐刺大戟☆

158709 Euphorbia cucumerina Willd. = Euphorbia stellispina Haw. ■☆

158710 Euphorbia cuneata Vahl;楔形大戟■☆

158711 Euphorbia cuneata Vahl subsp. lamproderma S. Carter;亮皮大戟■☆

158712 Euphorbia cuneata Vahl subsp. wajirensis S. Carter;瓦吉尔大戟■☆

158713 Euphorbia cuneata Vahl var. carpasus Boiss. = Euphorbia cuneata Vahl ■☆

158714 Euphorbia cuneata Vahl var. pumilans S. Carter;矮楔形大戟☆

158715 Euphorbia cuneata Vahl var. spinescens (Pax) S. Carter;细刺楔形大戟■☆

158716 Euphorbia cuneifolia Guss. ;楔叶大戟☆
158717 Euphorbia cuneneana L. C. Leach;库内内大戟☆
158718 Euphorbia cuneneana L. C. Leach subsp. rhizomatosa ?;根茎大戟☆
158719 Euphorbia cupricola (Malaisse et Lecron) Bruyns;喜铜大戟■☆
158720 Euphorbia cuprispina S. Carter;刺大戟☆
158721 Euphorbia cupularis Boiss. ;杯大戟■☆
158722 Euphorbia currorii N. E. Br. = Euphorbia matabelensis Pax ■☆
158723 Euphorbia cuspidata Bernh. = Euphorbia striata Thunb. var. cuspidata (Bernh.) Boiss. ■☆
158724 Euphorbia cussonioides P. R. O. Bally;甘蓝大戟■☆
158725 Euphorbia cyanophylla H. Lév. ;兰叶大戟■
158726 Euphorbia cyanophylla H. Lév. = Euphorbia griffithii Hook. f. ■
158727 Euphorbia cyathophora Murray;猩猩草(草本一品红,草一品红,叶象花,一品红);Fire-on-the-mountain, Painted Leaf, Painted Poinsettia, Wild Poinsettia ■
158728 Euphorbia cylindrica A. C. White, R. A. Dyer et B. Sloane;柱状大戟■☆
158729 Euphorbia cylindrifolia Rauh et Marn. -Lap. ;柱叶大戟■☆
158730 Euphorbia cyparissias L. ;柏大戟;Clip-me-dick, Cypress Euphorbia, Cypress Spurge, Graveyard Spurge, Jamaica Mignonette, Kiss-me-dick, Ploughman's Mignonette, Tree Mignonette, Welcome-home-husband, Welcome-to-our-house, West Indian Mignonette, Wolf's Milk ●■☆
158731 Euphorbia cyparissioides Pax;拟柏大戟■☆
158732 Euphorbia cyparissioides Pax var. minor N. E. Br. = Euphorbia cyparissioides Pax ■☆
158733 Euphorbia cypriani Maire et Sennen = Euphorbia terracina L. ■☆
158734 Euphorbia cyrtophylla Prokh. ;弯叶大戟■☆
158735 Euphorbia damarana L. C. Leach;达马尔大戟☆
158736 Euphorbia daphnoides Baill. = Euphorbia hexadenia Denis ■☆
158737 Euphorbia dasyacantha S. Carter;毛刺大戟☆
158738 Euphorbia davidii Subils;戴氏大戟;David's Spurge ■☆
158739 Euphorbia daviesii E. A. Bruce;戴维斯大戟■☆
158740 Euphorbia davyi N. E. Br. ;戴维大戟■☆
158741 Euphorbia decariana Croizat = Euphorbia hedyotoides N. E. Br. ●☆
158742 Euphorbia decaryi Guillaumin;德卡里大戟☆
158743 Euphorbia decepta N. E. Br. ;十出大戟☆
158744 Euphorbia decidua P. R. O. Bally et L. C. Leach;脱落大戟☆
158745 Euphorbia decorsei Drake;装饰大戟●☆
158746 Euphorbia decumbens Forssk. = Euphorbia indica Lam. ■☆
158747 Euphorbia decumbens Willd. = Euphorbia indica Lam. ■☆
158748 Euphorbia decussata E. Mey. ex Boiss. ;对生大戟☆
158749 Euphorbia dekindtii Pax;德金大戟☆
158750 Euphorbia delicatissima S. Carter;妩媚大戟☆
158751 Euphorbia delphinensis Ursch et Léandri;德尔芬大戟☆
158752 Euphorbia deltobracteata Prokh. ;苞片大戟■☆
158753 Euphorbia demissa L. C. Leach;垂大戟☆
158754 Euphorbia dendroides L. ;树大戟;Tree Spurge ●☆
158755 Euphorbia denisii Oudejans;戴尼斯大戟■☆
158756 Euphorbia densa Schrenk;齿大戟■☆
158757 Euphorbia densispina S. Carter;索马里密刺大戟☆
158758 Euphorbia dentata Michx. ;齿裂大戟(紫斑大戟);Toothed Spurge ■
158759 Euphorbia dentata Michx. cuphosperma (Engelm.) Fernald = Euphorbia dentata Michx. ■
158760 Euphorbia dentata Michx. var. gracillima Millsp. = Euphorbia davidii Subils ■☆
158761 Euphorbia dentata Michx. var. lasiocarpa Boiss. ;毛果齿裂大戟;Toothed Spurge ■☆
158762 Euphorbia denticulata Lam. ;小齿大戟■☆
158763 Euphorbia depauperata Hochst. ex A. Rich. ;萎缩大戟■☆
158764 Euphorbia depauperata Hochst. ex A. Rich. subsp. aprica Pax = Euphorbia depauperata Hochst. ex A. Rich. ■☆
158765 Euphorbia depauperata Hochst. ex A. Rich. var. laevicarpa Friis et Vollesen;光滑萎缩大戟■☆
158766 Euphorbia depauperata Hochst. ex A. Rich. var. pubescens Pax;短柔毛萎缩大戟■☆
158767 Euphorbia depauperata Hochst. ex A. Rich. var. pubiflora N. E. Br. = Euphorbia depauperata Hochst. ex A. Rich. ■☆
158768 Euphorbia depauperata Hochst. ex A. Rich. var. trachycarpa (Pax) S. Carter;糙果大戟■☆
158769 Euphorbia descampsii (Pax) Bruyns;德康大戟■☆
158770 Euphorbia dichroa S. Carter;二色大戟☆
158771 Euphorbia dictyosperma Fisch. et C. A. Mey. = Euphorbia spathulata Lam. ■☆
158772 Euphorbia didiereoides Denis ex Léandri;迪迪耶大戟●☆
158773 Euphorbia dilatata Hochst. ex A. Rich. = Euphorbia schimperiana Scheele ■☆
158774 Euphorbia dilobadena S. Carter;异裂腺大戟☆
158775 Euphorbia dilunguensis (Malaisse et Lecron) Bruyns;迪龙大戟■☆
158776 Euphorbia diminuta S. Carter;简缩大戟■☆
158777 Euphorbia dinteri A. Berger = Euphorbia virosa Willd. ■☆
158778 Euphorbia disclusa N. E. Br. = Euphorbia abyssinica J. F. Gmel. ■☆
158779 Euphorbia discoidea (P. R. O. Bally) Bruyns;盘状大戟■☆
158780 Euphorbia discolor Ledeb. = Euphorbia esula L. ■
158781 Euphorbia discreta N. E. Br. = Euphorbia woodii N. E. Br. ■☆
158782 Euphorbia dissitispina L. C. Leach;疏刺大戟☆
158783 Euphorbia distinctissima L. C. Leach;离生大戟☆
158784 Euphorbia djurensis Pax = Euphorbia bongensis Kotschy et Peyr. ex Boiss. ☆
158785 Euphorbia dolichoceras S. Carter;长角大戟☆
158786 Euphorbia doloensis M. G. Gilbert;多罗大戟☆
158787 Euphorbia donii Oudejans;长叶大戟■
158788 Euphorbia dracunculoides Lam. ;蒿状大戟(蒿大戟)■
158789 Euphorbia dracunculoides Lam. subsp. flamandii (Batt.) Maire;弗拉芒蒿状大戟■☆
158790 Euphorbia dracunculoides Lam. subsp. glebulosa (Coss. et Durieu) Maire;多瘤蒿状大戟■☆
158791 Euphorbia dracunculoides Lam. subsp. inconspicua (Ball) Maire;显著蒿状大戟■☆
158792 Euphorbia dracunculoides Lam. subsp. intermedia Maire = Euphorbia dracunculoides Lam. subsp. glebulosa (Coss. et Durieu) Maire ■☆
158793 Euphorbia dracunculoides Lam. subsp. melillensis (Pau) Maire = Euphorbia medicaginea Boiss. ■☆
158794 Euphorbia dracunculoides Lam. subsp. volutiana Maire;旋卷大戟☆
158795 Euphorbia dracunculoides Lam. var. africana Rikli et Schröt. = Euphorbia dracunculoides Lam. subsp. flamandii (Batt.) Maire ■☆
158796 Euphorbia dracunculoides Lam. var. ballii Maire = Euphorbia

dracunculoides Lam. ■

158797 Euphorbia dracunculoides Lam. var. faurei Maire = Euphorbia medicaginea Boiss. ■☆

158798 Euphorbia dracunculoides Lam. var. occidentalis Faure et Maire = Euphorbia dracunculoides Lam. ■

158799 Euphorbia dracunculoides Lam. var. pseudafricana Maire = Euphorbia dracunculoides Lam. ■

158800 Euphorbia dracunculoides Lam. var. taourirtensis Maire = Euphorbia dracunculoides Lam. ■

158801 Euphorbia dregeana E. Mey. ex Boiss. ;德雷大戟●☆

158802 Euphorbia drummondii Boiss. ;德拉蒙德大戟■☆

158803 Euphorbia drupifera Thonn. = Elaeophorbia drupifera (Thonn.) Stapf ●☆

158804 Euphorbia duclouxii H. Lév. et Vaniot = Euphorbia wallichii Hook. f. ■

158805 Euphorbia dulcis L. ;甜大戟;Sweet Spurge ■☆

158806 Euphorbia dumeticola P. R. O. Bally et S. Carter;灌生大戟●☆

158807 Euphorbia dumosa E. Mey. ex Boiss. ;灌丛大戟●☆

158808 Euphorbia dunensis S. Carter;砂丘大戟■☆

158809 Euphorbia ebracteolata Hayata;月腺大戟(狼毒)■

158810 Euphorbia ebracteolata Hayata = Euphorbia kansuensis Prokh. ■

158811 Euphorbia echinulata (Stapf) Bruyns;小刺大戟■☆

158812 Euphorbia echinus Coss. et Hook. f. = Euphorbia officinarum L. subsp. echinus (Hook. f. et Coss.) Vindt ■☆

158813 Euphorbia echinus Coss. et Hook. f. f. macracantha Maire = Euphorbia officinarum L. ■☆

158814 Euphorbia echinus Hook. f. et Coss. var. brevispina ? = Euphorbia officinarum L. subsp. echinus (Hook. f. et Coss.) Vindt ■☆

158815 Euphorbia echinus Hook. f. et Coss. var. chlorantha Maire = Euphorbia officinarum L. subsp. echinus (Hook. f. et Coss.) Vindt ■☆

158816 Euphorbia echinus Hook. f. et Coss. var. hernandez-pachecoi (Caball.) Maire = Euphorbia officinarum L. ■☆

158817 Euphorbia ecklonii (Klotzsch et Garcke) A. Hässl. ;埃氏大戟■●☆

158818 Euphorbia eendornensis Dinter = Euphorbia fusca Marloth ■☆

158819 Euphorbia effusa Ehrenb. ex Boiss. = Euphorbia agowensis Hochst. ex Boiss. ■☆

158820 Euphorbia eilensis S. Carter;埃勒大戟☆

158821 Euphorbia elastica Marloth = Euphorbia dregeana E. Mey. ex Boiss. ●☆

158822 Euphorbia elegantissima P. R. O. Bally et S. Carter;雅丽大戟☆

158823 Euphorbia ellenbeckii Pax;埃伦大戟☆

158824 Euphorbia elliotii Léandri;埃利大戟●☆

158825 Euphorbia elliptica Thunb. = Euphorbia silenifolia (Haw.) Sweet ■☆

158826 Euphorbia emirnensis Baker;埃米大戟☆

158827 Euphorbia engleri Pax;恩格勒大戟●☆

158828 Euphorbia engleriana Dinter;恩氏大戟☆

158829 Euphorbia enopla Boiss. ;红彩角■☆

158830 Euphorbia enopla Boiss. var. viridis A. C. White, R. A. Dyer et B. Sloane;绿红彩角■☆

158831 Euphorbia ensifolia Baker;剑叶大戟☆

158832 Euphorbia ephedroides E. Mey. ex Boiss. ;麻黄大戟☆

158833 Euphorbia ephedroides E. Mey. ex Boiss. var. debilis L. C. Leach;弱小麻黄大戟■☆

158834 Euphorbia ephedroides E. Mey. ex Boiss. var. imminuta L. C. Leach et G. Will. ;简缩麻黄大戟■☆

158835 Euphorbia epicyparissias E. Mey. ex Boiss. ;丝柏大戟■☆

158836 Euphorbia epicyparissias E. Mey. ex Boiss. var. wahlbergii (Boiss.) N. E. Br. = Euphorbia epicyparissias E. Mey. ex Boiss. ■☆

158837 Euphorbia epilobiifolia W. T. Wang;柳叶菜大戟;Willowleaf Spurge ■

158838 Euphorbia epilobiifolia W. T. Wang = Euphorbia heterophylla L. ■

158839 Euphorbia epithymoides Jacq. = Euphorbia polychroma J. Kern. ■☆

158840 Euphorbia eriantha Benth. ;沙漠大戟;Desert Poinsettia ■☆

158841 Euphorbia ericifolia Pax = Euphorbia cyparissioides Pax ■☆

158842 Euphorbia ericoides Lam. ;石南状大戟●☆

158843 Euphorbia erinacea Boiss. et Kotschy;绵毛大戟■☆

158844 Euphorbia eriophora Boiss. ;绵毛梗大戟■☆

158845 Euphorbia erlangeri Pax;厄兰格大戟☆

158846 Euphorbia erubescens E. Mey. ex Boiss. = Euphorbia kraussiana Bernh. var. erubescens (E. Mey. ex Boiss.) N. E. Br. ■☆

158847 Euphorbia erythraea Hemsl. = Euphorbia sieboldiana C. Morren et Decne. ■

158848 Euphorbia erythraeae (Berger) N. E. Br. = Euphorbia abyssinica J. F. Gmel. ■☆

158849 Euphorbia erythrina Link;浅红大戟■☆

158850 Euphorbia erythrina Link var. meyeri (Boiss.) N. E. Br. ;迈尔大戟■☆

158851 Euphorbia erythrocephala P. R. O. Bally et Milne-Redh. ;红头大戟■☆

158852 Euphorbia erythrocoma H. Lév. = Euphorbia griffithii Hook. f. ■

158853 Euphorbia erythroxyloides Baker;古柯大戟●☆

158854 Euphorbia esculenta Marloth;食用大戟■☆

158855 Euphorbia espinosa Pax;非洲无刺大戟■☆

158856 Euphorbia esquirolii H. Lév. et Vaniot = Euphorbia sieboldiana C. Morren et Decne. ■

158857 Euphorbia esula L. ;乳浆大戟(打盆打碗,打碗花,打碗科,打碗棵,大戟,东北大戟,耳叶大戟,华北大戟,鸡肠狼毒,鸡肚肠,救荒大戟,卡氏大戟,宽叶乳浆大戟,烂巴眼,烂疤眼,猫儿眼,猫眼草,猫眼棵,茅眼草,岷县大戟,奶浆草,乳浆草,乳腺大戟,顺水狼毒,顺水龙,松叶乳浆大戟,太鲁阁大戟,细叶大戟,心形大戟,新疆大戟,亚心形大戟,异色大戟,窄叶大戟,肿手棵);Cateye Spurge, Crescent-shaped Euphorbia, Hungarian Spurge, Leafy Spurge, Lint Spurge, Lint-spurge, Little Spurge, Pine Spurge, Quack Salver's Turbitit, Quacksalver's Spurge, Quacksalver's Turbith, Taroko Euphorbia, Wolf's Milk, Wolf's-milk ■

158858 Euphorbia esula L. var. cyparissoides Boiss. = Euphorbia esula L. ■

158859 Euphorbia esula L. var. fidjiana Boiss. ;斐济大戟■☆

158860 Euphorbia esula L. var. hondoensis (Hurus.) Kitam. = Euphorbia octoradiata H. Lév. et Vaniot ■☆

158861 Euphorbia esula L. var. latifolia Ledeb. = Euphorbia esula L. ■

158862 Euphorbia esula L. var. tomasiana ? = Euphorbia pseudovirgata (Schur) Soó ■☆

158863 Euphorbia esula L. var. uralensis (Fisch. ex Link) Dorn;俄罗斯乳浆大戟;Russian Leafy Spurge ■☆

158864 Euphorbia esula L. var. uralensis (Fisch. ex Link) Dorn = Euphorbia pseudovirgata (Schur) Soó ■☆

158865 Euphorbia eugeniae Prokh. ;欧根大戟■☆

158866 Euphorbia euryops Bullock = Euphorbia brevicornu Pax ■☆

158867 Euphorbia evansii Pax;埃文斯大戟☆

158868 Euphorbia excelsa A. C. White, R. A. Dyer et B. Sloane;高大大

戟☆

158869 Euphorbia exigua L.;小大戟;Dwarf Spurge,Small Spurge ■☆

158870 Euphorbia exigua L. var. acuta (L.) Fiori = Euphorbia exigua L. ■☆

158871 Euphorbia exigua L. var. melillensis Sennen = Euphorbia exigua L. ■☆

158872 Euphorbia exigua L. var. retusa (L.) Roth = Euphorbia exigua L. ■☆

158873 Euphorbia exigua L. var. tricuspidata Koch = Euphorbia exigua L. ■☆

158874 Euphorbia exilis L. C. Leach;瘦小大戟☆

158875 Euphorbia eylesii Rendle;艾尔斯大戟■☆

158876 Euphorbia falcata L.;镰形大戟;Falcate Spurge,Sickle Euphorbia ■☆

158877 Euphorbia falcata L. var. acuminata (Lam.) St.-Amans = Euphorbia falcata L. ■☆

158878 Euphorbia falcata L. var. croizatii Sennen et Mauricio = Euphorbia falcata L. ■☆

158879 Euphorbia falcata L. var. maroccana Murb. = Euphorbia falcata L. ■☆

158880 Euphorbia falcata L. var. mucronata (Lam.) Fiori = Euphorbia falcata L. ■☆

158881 Euphorbia falcata L. var. rubra (Cav.) Boiss. = Euphorbia falcata L. var. acuminata (Lam.) St.-Amans ■☆

158882 Euphorbia falsa N. E. Br. = Euphorbia meloformis Aiton f. falsa (N. E. Br.) Marx ■☆

158883 Euphorbia fanshawei L. C. Leach;范肖大戟■☆

158884 Euphorbia fascicaulis S. Carter;簇茎大戟■☆

158885 Euphorbia fasciculata Thunb.;簇生大戟■☆

158886 Euphorbia faurotii Franch. = Euphorbia triaculeata Forssk. ■☆

158887 Euphorbia ferganensis B. Fedtsch.;费尔干大戟■☆

158888 Euphorbia ferox Marloth;野大戟■☆

158889 Euphorbia fiherenensis Poiss.;马岛大戟●☆

158890 Euphorbia filiflora Marloth;线花大戟■☆

158891 Euphorbia filiflora Marloth var. nana G. Will.;矮线花大戟■☆

158892 Euphorbia filiformis (P. R. O. Bally) Bruyns;线形大戟■☆

158893 Euphorbia fimbriata Scop.;流苏大戟■☆

158894 Euphorbia fischeri Pax;菲舍尔大戟■☆

158895 Euphorbia fischeriana Steud.;狼毒(白狼毒,川狼毒,打碗花,大将军,大猫眼草,东北狼毒,短柱狼毒大戟,断肠草,红火柴头花,红狼毒,黄皮狼毒,狼毒大戟,狼毒疙瘩,猫眼草,猫眼根,毛叶狼毒,闷头花,绵大戟,瑞香狼毒,山丹花,山红萝卜根,山萝卜,西北狼毒,续毒,一把香,月腺大戟);Fischer Spurge,Sickle Spurge ■

158896 Euphorbia fischeriana Steud. = Euphorbia kansuensis Prokh. ■

158897 Euphorbia fischeriana Steud. var. komaroviana (Prokh.) Y. C. Chu = Euphorbia hylonoma Hand.-Mazz. ■

158898 Euphorbia fischeriana Steud. var. komaroviana (Prokh.) Y. C. Chu = Euphorbia fischeriana Steud. ■

158899 Euphorbia fischeriana Steud. var. komaroviana (Prokh.) Y. C. Chu = Euphorbia komaroviana Proch. ■

158900 Euphorbia fischeriana Steud. var. pilosa (Regel) Kitag. = Euphorbia fischeriana Steud. ■

158901 Euphorbia fissispina P. R. O. Bally et S. Carter = Euphorbia baleensis M. G. Gilbert ■☆

158902 Euphorbia flanaganii N. E. Br.;弗拉纳根大戟☆

158903 Euphorbia fleckii Pax;弗莱克大戟☆

158904 Euphorbia fluminis S. Carter;河流大戟☆

158905 Euphorbia fodhliana Deflers = Euphorbia acalyphoides Hochst. ex Boiss. ■☆

158906 Euphorbia formosana Hayata;台湾大戟(大甲草,满天草);Taiwan Spurge ■

158907 Euphorbia formosana Hayata = Euphorbia jolkinii Boiss. ■

158908 Euphorbia forolensis L. E. Newton;福罗尔大戟☆

158909 Euphorbia forskalii J. Gay;福斯科尔大戟■☆

158910 Euphorbia forsskalii J. Gay var. glabrata ? = Euphorbia granulata Forssk. var. glabrata (J. Gay) Boiss. ■☆

158911 Euphorbia fournieri Rebut = Euphorbia leuconeura Boiss. ■☆

158912 Euphorbia fournieri Rebut ex André = Euphorbia leuconeura Boiss. ■☆

158913 Euphorbia fragiliramulosa L. C. Leach = Euphorbia negromontana N. E. Br. ■☆

158914 Euphorbia francescae L. C. Leach = Euphorbia quadrata Nel ■☆

158915 Euphorbia franchetii B. Fedtsch.;北疆大戟;Franchet Spurge ■

158916 Euphorbia franckiana A. Berger;弗兰茨基大戟☆

158917 Euphorbia francoisii Léandri;法兰西斯大戟☆

158918 Euphorbia franksiae N. E. Br.;弗兰克斯大戟☆

158919 Euphorbia franksiae N. E. Br. var. zuluensis A. C. White, R. A. Dyer et B. Sloane;祖卢大戟☆

158920 Euphorbia fraterna N. E. Br. = Euphorbia dekindtii Pax ☆

158921 Euphorbia frickiana N. E. Br. = Euphorbia pseudoglobosa Marloth ■☆

158922 Euphorbia friedrichiae Dinter;将军大戟(将军)■☆

158923 Euphorbia friesii (N. E. Br.) Bruyns;弗里斯大戟■☆

158924 Euphorbia friesiorum (A. Hässl.) S. Carter;小弗里斯大戟■☆

158925 Euphorbia frutescens N. E. Br. = Euphorbia guerichiana Pax ■☆

158926 Euphorbia fruticosa Forssk.;闪红阁■☆

158927 Euphorbia fulgens Karw. ex Klotzsch;长柄大戟(绯苞草);Scarlet Plume ●☆

158928 Euphorbia furcata N. E. Br.;叉分大戟■☆

158929 Euphorbia furcatifolia M. G. Gilbert;叉叶大戟■☆

158930 Euphorbia fusca Marloth;褐色大戟■☆

158931 Euphorbia fuscolanata Gilli;棕色大戟■☆

158932 Euphorbia fwambensis (N. E. Br.) Bruyns;富瓦姆波大戟■☆

158933 Euphorbia gaditana Coss.;加迪特大戟☆

158934 Euphorbia galpinii Pax = Euphorbia transvaalensis Schltr. ●☆

158935 Euphorbia garanbiensis Hayata;鹅銮鼻大戟;Garanbi Spurge ■

158936 Euphorbia gariepina Boiss.;加里普大戟■☆

158937 Euphorbia garuana N. E. Br. = Euphorbia kamerunica Pax ●☆

158938 Euphorbia geniculata Ortega = Euphorbia heterophylla L. ■

158939 Euphorbia genistoides P. J. Bergius;金雀大戟■☆

158940 Euphorbia gentilis N. E. Br.;外来大戟☆

158941 Euphorbia geyeri Engelm. = Chamaesyce geyeri (Engelm.) Small ■☆

158942 Euphorbia geyeri Engelm. var. wheeleriana Warnock et M. C. Johnst. = Chamaesyce geyeri (Engelm.) Small ■☆

158943 Euphorbia giessii L. C. Leach;吉斯大戟☆

158944 Euphorbia gilbertiana Bisseret et Specks;吉尔伯特大戟☆

158945 Euphorbia gilbertii A. Berger = Euphorbia micracantha Boiss. ■☆

158946 Euphorbia gillettii P. R. O. Bally et S. Carter;吉莱特大戟☆

158947 Euphorbia gillettii P. R. O. Bally et S. Carter subsp. tenuior S. Carter;小吉莱特大戟☆

158948 Euphorbia glaberrima K. Koch;光滑大戟■☆

158949 Euphorbia gladiata (P. R. O. Bally) Bruyns;剑形大戟■☆

158950 Euphorbia glandularis L. C. Leach et G. Will.;腺体大戟☆
158951 Euphorbia glanduligera Pax;具腺大戟■☆
158952 Euphorbia glareosa Pall. ex M. Bieb.;旱沙大戟■☆
158953 Euphorbia glaucella Pax = Euphorbia pfeilii Pax☆
158954 Euphorbia glaucophylla Poir. = Euphorbia trinervia Schumach. et Thonn. ■●☆
158955 Euphorbia glaucopoda Diels = Euphorbia sieboldiana C. Morren et Decne. ■
158956 Euphorbia glebulosa Coss. et Durieu = Euphorbia dracunculoides Lam. subsp. glebulosa (Coss. et Durieu) Maire ■☆
158957 Euphorbia glebulosa Coss. subsp. intermedia Maire = Euphorbia dracunculoides Lam. subsp. glebulosa (Coss. et Durieu) Maire ■☆
158958 Euphorbia globosa (Haw.) Sims;球大戟(松球掌,玉鳞宝);Globe Euphorbia,Globose Euphorbia,Globose Spurge ■
158959 Euphorbia globulicaulis S. Carter;球茎大戟■☆
158960 Euphorbia glochidiata Pax;钩毛大戟■☆
158961 Euphorbia glomerifera (Millsp.) L. C. Wheeler;团集大戟■☆
158962 Euphorbia glomerulans Prokh. = Euphorbia esula L. ■
158963 Euphorbia glyptosperma Engelm.;沟籽大戟;Mat Spurge,Rib-seed Sand-mat,Rib-seeded Sand-mat,Ridge-seeded Spurge ■☆
158964 Euphorbia glyptosperma Engelm. = Chamaesyce glyptosperma (Engelm.) Small ■☆
158965 Euphorbia gmelinii Steud.;格麦氏大戟;Gmelin Euphorbia ■☆
158966 Euphorbia goetzei Pax;格兹大戟●☆
158967 Euphorbia goldei Prokh.;戈尔德大戟■☆
158968 Euphorbia golisana N. E. Br. = Euphorbia phillipsiae N. E. Br. ■☆
158969 Euphorbia gomesii Croizat ex Gomes;戈梅斯大戟☆
158970 Euphorbia gorgonis A. Berger;戈尔贡大戟;Gorgon's Head ■☆
158971 Euphorbia gorinii Chiov. = Euphorbia pirottae A. Terracc. ☆
158972 Euphorbia gossweileri Pax = Euphorbia trichadenia Pax ●☆
158973 Euphorbia gossypina Pax;棉大戟■☆
158974 Euphorbia gossypina Pax var. coccinea Pax;绯红大戟■☆
158975 Euphorbia gracilicaulis L. C. Leach;纤茎大戟■☆
158976 Euphorbia gracilipes Baill. = Euphorbia pyrifolia Lam. ■☆
158977 Euphorbia graeca Boiss. et Spruner;希腊大戟■☆
158978 Euphorbia graminea Jacq.;禾叶大戟;Grassleaf Spurge ■☆
158979 Euphorbia grandialata R. A. Dyer;大翅大戟■☆
158980 Euphorbia grandicornis Goebel = Euphorbia grandicornis Goebel ex N. E. Br. ●☆
158981 Euphorbia grandicornis Goebel ex N. E. Br.;大角大戟;Big-horn Euphorbia,Big-horned Euphorbia,Cow's Horn Euphorbia ●☆
158982 Euphorbia grandidens Goebel;深齿大戟;Big-toothed Euphorbia,Map Tree,Naboom,Tree Euphorbia ●☆
158983 Euphorbia grandidens Haw.;大齿大戟■☆
158984 Euphorbia grandidieri Baill.;格朗大戟■☆
158985 Euphorbia grandifolia Haw. = Elaeophorbia grandifolia (Haw.) Croizat ●☆
158986 Euphorbia grandilobata Chiov. = Euphorbia breviarticulata Pax ■☆
158987 Euphorbia grandis Lem. = Euphorbia abyssinica J. F. Gmel. ■☆
158988 Euphorbia graniticola L. C. Leach;花岗岩大戟■☆
158989 Euphorbia grantii Oliv.;格兰特大戟■☆
158990 Euphorbia grantii Oliv. var. friesiorum A. Hässl. = Euphorbia friesiorum (A. Hässl.) S. Carter ■☆
158991 Euphorbia granulata Forssk.;土库曼大戟;Tucuman Euphorbia■
158992 Euphorbia granulata Forssk. = Chamaesyce granulata (Forssk.) Soják ■☆
158993 Euphorbia granulata Forssk. var. dentata N. E. Br. = Euphorbia inaequilatera Sond. var. dentata (N. E. Br.) M. G. Gilbert ■☆
158994 Euphorbia granulata Forssk. var. fragilis Sennen et Mauricio = Chamaesyce granulata (Forssk.) Soják ■☆
158995 Euphorbia granulata Forssk. var. glaberrima Boiss.;无毛土库曼大戟■☆
158996 Euphorbia granulata Forssk. var. glabra Maire = Chamaesyce inaequilatera (Sond.) Soják ■☆
158997 Euphorbia granulata Forssk. var. glabrata (J. Gay) Boiss.;光滑土库曼大戟■☆
158998 Euphorbia granulata Forssk. var. hirtula (Gay) Thell. = Chamaesyce forsskalii (J. Gay) Soják ●☆
158999 Euphorbia granulata Forssk. var. subnuda Maire;近裸土库曼大戟■☆
159000 Euphorbia greenwayi P. R. O. Bally et S. Carter;格林韦大戟■☆
159001 Euphorbia gregaria Marloth;聚生大戟■☆
159002 Euphorbia griffithii Hook. f.;圆苞大戟(红毛大戟,兰叶大戟,蓝叶大戟,丝果大戟,喜马拉雅大戟,雪山大戟,紫星大戟);Griffith Euphorbia ■
159003 Euphorbia griffithii Hook. f. 'Fireglow';火红圆苞大戟■☆
159004 Euphorbia griseola Pax;浅灰大戟■☆
159005 Euphorbia griseola Pax subsp. zambiensis L. C. Leach;赞比亚大戟■☆
159006 Euphorbia grosseri Pax;格罗塞大戟■☆
159007 Euphorbia grossheimii (Prokh.) Prokh.;格罗大戟■☆
159008 Euphorbia grossheimii Prokh. = Euphorbia grossheimii (Prokh.) Prokh. ■☆
159009 Euphorbia gueinzii Boiss.;吉内斯大戟■☆
159010 Euphorbia gueinzii Boiss. var. albovillosa (Pax) N. E. Br.;白毛吉内斯大戟■☆
159011 Euphorbia guerichiana Pax;盖里克大戟■☆
159012 Euphorbia guineensis Brot.;几内亚大戟■☆
159013 Euphorbia gummifera Boiss.;产胶大戟■☆
159014 Euphorbia guyoniana Boiss. et Reut.;居永大戟■☆
159015 Euphorbia gymnocalycioides M. G. Gilbert et S. Carter;裸萼大戟■☆
159016 Euphorbia gynophora Pax = Euphorbia espinosa Pax ■☆
159017 Euphorbia gypsophila S. Carter;喜钙大戟■☆
159018 Euphorbia hainanensis Croizat;海南大戟;Hainan Euphorbia,Hainan Spurge ●
159019 Euphorbia halleri Dinter ex Frick = Euphorbia gariepina Boiss. ■☆
159020 Euphorbia hallii R. A. Dyer;霍尔大戟■☆
159021 Euphorbia hamata (Haw.) Sweet;顶钩大戟●☆
159022 Euphorbia handiensis Burch.;剑光角■
159023 Euphorbia hararensis Pax = Euphorbia abyssinica J. F. Gmel. ■☆
159024 Euphorbia hastisquama N. E. Br. = Euphorbia caterviflora N. E. Br. ☆
159025 Euphorbia hedyotoides N. E. Br.;耳草大戟●☆
159026 Euphorbia heishuiensis W. T. Wang;黑水大戟;Heishui Euphorbia ■
159027 Euphorbia helioscopia L.;泽漆(白种乳草,大戟,倒毒散,灯台草,烂肠草,凉伞草,龙虎草,绿叶绿花草,马虎眼,猫儿眼睛,猫儿眼睛草,猫眼草,桼茎,漆茎,乳草,乳浆草,铁骨伞,五灯草,五灯头草,五点草,五朵云,五凤草,五凤灵枝,五盏灯,一把伞,肿手棵);Cat's Milk,Churnstaff,Devil's Apple Tree,Devil's

Citurnstaff, Devil's Kirnstaff, Devil's Milk, Fairy Cups, Fairy Dell, Five Sisters, Irby-dale Grass, Kirnstaff, Lit Tlegood, Little-goodie, Little-guid, Mad Woman's Milk, Madwoman's Milk, Mad-woman's-milk, Mamma's Milk, Mare's Milk, Milkweed, Milkwort, Mouse Milk, Potatoes-in-the-dish, Saturday Night's Pepper, Saturday's Pepper, Seven Sisters, Sun Euphorbia, Sun Spurge, Sun-following Spurge, Tornsole, Turnsole, Virgin Mary's Nipple, Virgin Mary's Nipples, Wart Spurge, Wart-grass, Wart-spurge, Wartweed, Wart-weed, Wartwort, Warty-girse, Wetweed, Whitlow Grass, Wolf's Milk ■

159028 Euphorbia helioscopia L. subsp. helioscopioides (Loscos et C. Pardo) Nyman;假泽漆■☆

159029 Euphorbia henryi Hemsl.;长圆叶大戟(鸡爪狼,铁刷子,震天雷);Henry Euphorbia ■

159030 Euphorbia henryi Hemsl. = Euphorbia sieboldiana C. Morren et Decne. ■

159031 Euphorbia hepatica P. R. O. Bally et S. Carter = Euphorbia reclinata P. R. O. Bally et S. Carter ■☆

159032 Euphorbia heptagona A. Berger = Euphorbia pentagona Haw. ■☆

159033 Euphorbia heptagona L.;七节大戟☆

159034 Euphorbia heptagona L. var. dentata (A. Berger) N. E. Br.;尖齿七节大戟☆

159035 Euphorbia heptagona L. var. ramosa A. C. White, R. A. Dyer et B. Sloane;多枝七节大戟☆

159036 Euphorbia heptagona L. var. subsessilis A. C. White, R. A. Dyer et B. Sloane;近无柄七节大戟☆

159037 Euphorbia heptagona L. var. viridis A. C. White, R. A. Dyer et B. Sloane;绿七节大戟☆

159038 Euphorbia herbacea (Pax) Bruyns;草本大戟■☆

159039 Euphorbia hereroensis Pax = Euphorbia phylloclada Boiss. ●☆

159040 Euphorbia herman-schwartzii Rauh;赫尔曼大戟●☆

159041 Euphorbia hernandez-pachecoi Caball. = Euphorbia officinarum L. subsp. echinus (Hook. f. et Coss.) Vindt ■☆

159042 Euphorbia herniarifolia Willd.;治疝草叶大戟;Herniaria-leaf Spurge ■☆

159043 Euphorbia herrei A. C. White, R. A. Dyer et B. Sloane;赫勒大戟☆

159044 Euphorbia heterochroma Pax;异色大戟■☆

159045 Euphorbia heterochroma Pax var. mitis (Pax) N. E. Br. = Euphorbia heterochroma Pax ■☆

159046 Euphorbia heterophylla L.;白苞猩猩草(草本一品红,草一品红,柳叶大戟,台湾大戟,猩猩草,叶上花,叶象花,一品红);Annual Poinsettia, Fire-on-the-mountain, Gorilla Grass, Mexican Fire Plant, Mexican Fire-plant, Painted Euphorbia, Painted Spurge, Red Milkweed ■

159047 Euphorbia heterophylla L. = Euphorbia cyathophora Murray ■

159048 Euphorbia heterophylla L. var. barbellata (Engelm.) Holz. = Euphorbia cyathophora Murray ■

159049 Euphorbia heterophylla L. var. cyathophora (Murray) Griseb. = Euphorbia cyathophora Murray ■

159050 Euphorbia heterophylla L. var. graminifolia (Michx.) Engelm. = Euphorbia cyathophora Murray ■

159051 Euphorbia heterophylla L. var. graminifolia Engelm. = Euphorbia cyathophora Murray ■

159052 Euphorbia heteropoda Pax;异足大戟■☆

159053 Euphorbia heteropoda Pax var. formosa (P. R. O. Bally) Bruyns;美丽异足大戟■☆

159054 Euphorbia heterospina S. Carter;异刺大戟■☆

159055 Euphorbia hexadenia Denis;六腺大戟■☆

159056 Euphorbia hexagona Nutt.;六角大戟;Six-angle Spurge ■☆

159057 Euphorbia heyneana Spreng.;闽南大戟(小叶大戟,小叶地锦);Six-angle Spurge ■

159058 Euphorbia hiberna Boiss. et Reut.;爱尔兰大戟;Irish Spurge, Makinboy ■☆

159059 Euphorbia hiberna Lepech. = Euphorbia dulcis L. ■☆

159060 Euphorbia hiberna Welw. ex Nyman = Euphorbia welwitschii Boiss. et Reut. ■☆

159061 Euphorbia hildebrandtii Baill.;希尔德大戟☆

159062 Euphorbia himalayensis (Klotzsch ex Klotzsch et Garcke) Boiss. = Euphorbia stracheyi Boiss. ■

159063 Euphorbia himalayensis Klotzsch et Garcke = Euphorbia stracheyi Boiss. ■

159064 Euphorbia himalayensis Klotzsch et Garcke = Euphorbia wallichii Hook. f. ■

159065 Euphorbia hippocrepica Hemsl. = Euphorbia sieboldiana C. Morren et Decne. ■

159066 Euphorbia hirsuta (Torr.) Wiegand = Chamaesyce vermiculata (Raf.) House ■☆

159067 Euphorbia hirsuta (Torr.) Wiegand = Euphorbia vermiculata Raf. ■☆

159068 Euphorbia hirsuta L.;粗毛大戟☆

159069 Euphorbia hirta L.;飞扬草(白乳草,大地锦,大飞扬,大飞扬草,大飞羊,大号乳仔草,大奶浆草,大乳草,大乳汁草,飞扬,飞阳草,过路蜈蚣,蚝刈草,假奶子草,节节草,节节花,金花草,九歪草,蚂蚁草,猫仔癀,木本奶草,奶母草,奶汁草,奶子草,蜻蜓草,乳籽草,神仙对坐草,天泡草,小球大戟,癣药草,洋大戟草);Asthma Plant, Australian Asthma-weed, Cat's Hair, Centiped Euphorbia, Evening Primrose, Garden Euphorbia, Hairy Spurge, Pillpod Sand-mat, Queensland Asthma Weed, Snakeweed ■

159070 Euphorbia hirta L. = Chamaesyce hirta (L.) Millsp. ■

159071 Euphorbia hirta L. var. glaberrima Koidz.;光秃飞扬草■

159072 Euphorbia hirta L. var. glaberrima Koidz. = Chamaesyce hirta (L.) Mill. var. glaberrima (Koidz.) H. Hara ■

159073 Euphorbia hirta L. var. procumbens (Boiss.) N. E. Br. = Euphorbia hirta L. ■

159074 Euphorbia hirta L. var. typica L. C. Wheeler = Euphorbia hirta L. ■

159075 Euphorbia hislopii N. E. Br. = Euphorbia milii Des Moul. var. hislopii (N. E. Br.) Ursch et Léandri ●☆

159076 Euphorbia hochstetteriana Pax = Euphorbia schimperiana Scheele ■☆

159077 Euphorbia hockii De Wild.;霍克大戟■☆

159078 Euphorbia holmesiae Lavranos;霍尔梅斯大戟☆

159079 Euphorbia holstii Pax = Euphorbia systyloides Pax ■☆

159080 Euphorbia holstii Pax var. hebecarpa ? = Euphorbia crotonoides Boiss. ☆

159081 Euphorbia horrida Boiss.;魁伟玉(怪伟玉);Spiny Euphorbia ■☆

159082 Euphorbia horrida Boiss. var. major A. C. White, R. A. Dyer et B. Sloane;大魁伟玉■☆

159083 Euphorbia horrida Boiss. var. striata A. C. White, R. A. Dyer et B. Sloane;条纹魁伟玉■☆

159084 Euphorbia horwoodii S. Carter et Lavranos;霍伍得大戟■☆

159085 Euphorbia hottentota Marloth;霍屯督大戟■☆

159086 Euphorbia hsinchuensis (S. C. Lin et Chaw) C. Y. Wu et J. S.

Ma;新竹地锦■
159087 Euphorbia huillensis Pax = Euphorbia cyparissioides Pax ■☆
159088 Euphorbia humbertiana Maire = Euphorbia pinea L. ■☆
159089 Euphorbia humbertii Denis;亨伯特大戟■☆
159090 Euphorbia humifusa (Willd. ex Schltdl.) Prokh. = Euphorbia humifusa Willd. ex Schltdl. ■
159091 Euphorbia humifusa Willd. = Chamaesyce humifusa (Willd.) Prokh. ■
159092 Euphorbia humifusa Willd. ex Schltdl.;地锦草(斑鸠窝,草血竭,承夜,地瓣草,地锦,地噤,地联,地马桑,地蓬草,粪触脚,粪脚草,光子大戟,红斑鸠窝,红茎草,红莲草,红沙草,红实茎草,红丝草,红头绳,猢狲头草,花被单,花手绢,酱瓣草,九龙吐珠草,莲子草,凉帽草,麻雀蓑衣,马蝗草,毛地锦,奶草,奶疳草,奶花草,奶浆草,奶汁草,铺地红,铺地锦,雀儿卧单,雀儿卧蛋,雀扑拉,软骨莲子草,三月黄花,天瓜叶,田代氏大戟,铁线草,铁线马齿苋,卧蛋草,蜈蚣草,仙桃草,小苍蝇翅草,小虫儿卧单,小虫儿卧蛋,小虫卧单,小红筋草,血风草,血见愁,血经基,夜光,医子草);Humifuse Spurge,Smoothseed Euphorbia ■
159093 Euphorbia humifusa Willd. ex Schltdl. = Chamaesyce humifusa (Willd. ex Schltdl.) Prokh. ■
159094 Euphorbia humifusa Willd. ex Schltdl. var. pseudochamaesyce (Fisch., C. A. Mey. et Avé-Lall.) Murata = Chamaesyce humifusa (Willd. ex Schltdl.) Prokh. ■
159095 Euphorbia humilis C. A. Mey. ex Ledeb.;低矮大戟;Dwarf Euphorbia ■
159096 Euphorbia humistrata Engelm. = Chamaesyce humistrata (Engelm.) Small ■
159097 Euphorbia hurusawae Oudejans = Euphorbia pekinensis Rupr. ■
159098 Euphorbia hurusawae Oudejans var. imaii (Hurus.) Oudejans = Euphorbia pekinensis Rupr. ■
159099 Euphorbia huttoniae N. E. Br. = Euphorbia inermis Mill. var. huttoniae (N. E. Br.) A. C. White, R. A. Dyer et B. Sloane ■☆
159100 Euphorbia hydnorae E. Mey. ex Boiss. = Euphorbia mauritanica L. ■☆
159101 Euphorbia hylonoma Hand. -Mazz.;湖北大戟(翻天印,九牛七,九牛造,柳州七,五朵云,西南大戟,震天雷);Hubei Spurge ■
159102 Euphorbia hypericifolia L.;通奶草(大地锦,大地锦草,光叶小飞扬,蚂蝗草,乳汁草,小飞扬);India Spurge, Indian Euphorbia, Milk Purslane ■
159103 Euphorbia hypericifolia L. = Chamaesyce nutans (Lag.) Small ■☆
159104 Euphorbia hypericifolia L. var. hirsuta Torr. = Chamaesyce vermiculata (Raf.) House ■☆
159105 Euphorbia hypericifolia L. var. pusilla Webb = Euphorbia hypericifolia L. ■
159106 Euphorbia hypericifolia N. E. Br. = Euphorbia indica Lam. ■☆
159107 Euphorbia hypogaea Marloth;地下大戟■☆
159108 Euphorbia hyppocrepica Hemsl.;牛奶浆草■
159109 Euphorbia hyssopifolia L.;紫斑大戟(黄斑大戟,神香草叶地锦草)■
159110 Euphorbia hyssopifolia L. = Chamaesyce hyssopifolia (L.) Small ■
159111 Euphorbia hystrix Jacq. = Euphorbia loricata Lam. ■☆
159112 Euphorbia iberica Boiss.;伊比利亚大戟■☆
159113 Euphorbia imaii Hurus. = Euphorbia pekinensis Rupr. ■
159114 Euphorbia imaii Hurus. f. denudata Hurus. = Euphorbia pekinensis Rupr. ■
159115 Euphorbia imbricata Bruce = Euphorbia daviesii E. A. Bruce ■☆
159116 Euphorbia imerina Cremers;伊梅里纳大戟●☆
159117 Euphorbia immersa P. R. O. Bally et S. Carter;水中大戟■☆
159118 Euphorbia impervia A. Berger = Euphorbia heterochroma Pax ■☆
159119 Euphorbia implexa Stapf = Euphorbia gossypina Pax ■☆
159120 Euphorbia inaequalis N. E. Br. = Euphorbia inaequilatera Sond. ■☆
159121 Euphorbia inaequilatera Sond.;异边大戟■☆
159122 Euphorbia inaequilatera Sond. = Chamaesyce inaequilatera (Sond.) Soják ■☆
159123 Euphorbia inaequilatera Sond. var. dentata (N. E. Br.) M. G. Gilbert;尖齿异边大戟■☆
159124 Euphorbia inaequilatera Sond. var. spanothrix S. Carter;刺毛异边大戟■☆
159125 Euphorbia inaequispina N. E. Br.;不等刺大戟■☆
159126 Euphorbia inconspicua Ball = Euphorbia dracunculoides Lam. subsp. inconspicua (Ball) Maire ■☆
159127 Euphorbia incurva N. E. Br. = Euphorbia acalyphoides Hochst. ex Boiss. ■☆
159128 Euphorbia indecora N. E. Br. = Euphorbia decussata E. Mey. ex Boiss. ☆
159129 Euphorbia inderiensis Less. ex Kar. et Kir.;英德尔大戟;Inder Euphorbia ■
159130 Euphorbia inderiensis Less. ex Kar. et Kir. = Euphorbia franchetii B. Fedtsch. ■
159131 Euphorbia indica Lam. = Euphorbia hypericifolia L. ■
159132 Euphorbia indica Lam. var. angustifolia Boiss. = Euphorbia indica Lam. ■☆
159133 Euphorbia indica Lam. var. pubescens Pax = Euphorbia indica Lam. ■☆
159134 Euphorbia inelegans N. E. Br. = Euphorbia matabelensis Pax ■☆
159135 Euphorbia inermis Mill.;无刺大戟■☆
159136 Euphorbia inermis Mill. var. huttoniae (N. E. Br.) A. C. White, R. A. Dyer et B. Sloane;赫顿大戟■☆
159137 Euphorbia inermis Mill. var. laniglans N. E. Br. = Euphorbia esculenta Marloth ■☆
159138 Euphorbia infausta N. E. Br. = Euphorbia polyacantha Boiss. ■☆
159139 Euphorbia infesta Pax = Euphorbia triaculeata Forssk. ■☆
159140 Euphorbia ingens E. Mey. ex Boiss.;巨大戟(冲天阁);Candelabra Tree, Enormous Euphorbia, Naboom, Tree Euphorbia ●■
159141 Euphorbia inornata N. E. Br.;无饰大戟☆
159142 Euphorbia insarmentosa P. G. Mey.;拟蔓茎大戟☆
159143 Euphorbia insulae-europae Pax = Euphorbia stenoclada Baill. ●☆
159144 Euphorbia intercedens Pax = Euphorbia quinquecostata Volkens ■☆
159145 Euphorbia intercedens Podp. ex Harrington = Euphorbia esula L. ■
159146 Euphorbia inundaticola L. C. Leach;洪水地大戟☆
159147 Euphorbia invenusta (N. E. Br.) Bruyns;雅致大戟■☆
159148 Euphorbia invenusta (N. E. Br.) Bruyns var. angusta (P. R. O. Bally) Bruyns;狭雅致大戟■☆
159149 Euphorbia involucrata (Klotzsch et Garcke) Boiss. = Euphorbia epicyparissias E. Mey. ex Boiss. ■☆
159150 Euphorbia ipecacuanha L.;吐大戟;American Ipecac, Carolina Ipecacuanha, Ipecacuanha Spurge, Wild Ipecacuanha ■☆
159151 Euphorbia itremensis Kimnach et Lavranos;伊特雷穆大戟☆
159152 Euphorbia jaegeriana Pax = Euphorbia matabelensis Pax ■☆
159153 Euphorbia jansenvillensis Nel;万重山■☆

159154 Euphorbia jatrophoides Pax;麻疯树大戟●☆
159155 Euphorbia jaxartica Prokh. = Euphorbia esula L. ■
159156 Euphorbia jessonii Oudejans = Euphorbia pekinensis Rupr. ■
159157 Euphorbia johannis S. Carter;约翰大戟☆
159158 Euphorbia johnsonii N. E. Br. = Euphorbia knuthii Pax subsp. johnsonii (N. E. Br.) L. C. Leach ■☆
159159 Euphorbia jolkinii Boiss.;大狼毒(矮红,宝岛大戟,被盖大狼毒,宾岛大戟,隔山队,毛大狼毒,毛狼毒大戟,南大戟,上蓬下柳,搜山虎,台湾大戟,五虎下西山,霞山大戟,岩大戟,约大戟);Calonesia Euphorbia, Jolkin Euphorbia, Jolkin Spurge, Shouan Spurge,Taiwan Euphorbia ■
159160 Euphorbia jubata L. C. Leach;鬃毛大戟☆
159161 Euphorbia juglans Compton;核桃大戟☆
159162 Euphorbia juttae Dinter;尤塔大戟☆
159163 Euphorbia kaessneri (N. E. Br.) Bruyns;卡斯纳大戟■☆
159164 Euphorbia kalaharica Marloth = Euphorbia avasmontana Dinter☆
159165 Euphorbia kaleniczenkii Czern. ex Trautv. = Euphorbia esula L. ■
159166 Euphorbia kamerunica Pax;喀麦隆大戟●☆
159167 Euphorbia kangdingensis W. T. Wang;康定大戟;Kangding Spurge ■
159168 Euphorbia kangdingensis W. T. Wang = Euphorbia sieboldiana C. Morren et Decne. ■
159169 Euphorbia kangdingensis W. T. Wang var. puberula W. T. Wang;毛茎康定大戟■
159170 Euphorbia kangdingensis W. T. Wang var. puberula W. T. Wang = Euphorbia sieboldiana C. Morren et Decne. ■
159171 Euphorbia kansuensis Prokh.;甘肃大戟(阴山大戟);Gansu Spurge ■
159172 Euphorbia kansui Liou ex S. B. Ho;甘遂(白泽,甘藁,甘蒿,甘泽,鬼丑,化骨丹,金钱重露,苦泽,陵藁,陵泽,三层草,萱根子,肿手花根,重台,重泽,主田);Gansui Spurge ■
159173 Euphorbia kaokoensis (A. C. White, R. A. Dyer et B. Sloane) L. C. Leach;卡奥科大戟■☆
159174 Euphorbia karibensis S. Carter;卡里巴大戟☆
159175 Euphorbia karoi Freyn;卡洛大戟■☆
159176 Euphorbia karroensis (Boiss.) N. E. Br.;卡罗大戟☆
159177 Euphorbia keithii R. A. Dyer;基思大戟■☆
159178 Euphorbia kelleri Pax;凯勒大戟■☆
159179 Euphorbia kelleri Pax var. latifolia ?;宽叶基思大戟■☆
159180 Euphorbia kerstingii Pax;克斯廷大戟■☆
159181 Euphorbia kilimandscharica Pax = Euphorbia schimperiana Scheele ■☆
159182 Euphorbia kimberleyana (G. Will.) Bruyns;金伯利大戟■☆
159183 Euphorbia kirkii (N. E. Br.) Bruyns;柯克大戟■☆
159184 Euphorbia knobelii Letty;克诺贝尔大戟■☆
159185 Euphorbia knuthii Pax;克努特大戟■☆
159186 Euphorbia knuthii Pax subsp. johnsonii (N. E. Br.) L. C. Leach;约翰斯顿大戟■☆
159187 Euphorbia komaroviana Prokh.;科马罗夫大戟■
159188 Euphorbia komaroviana Prokh. = Euphorbia fischeriana Steud. ■
159189 Euphorbia komaroviana Prokh. = Euphorbia hylonoma Hand.-Mazz. ■
159190 Euphorbia kondoi Rauh et Razaf.;孔多大戟●☆
159191 Euphorbia kopetdaghi Prokh.;科佩特大戟■☆
159192 Euphorbia kouandenensis Beille;宽顿大戟☆
159193 Euphorbia kozlovii Prokh.;沙生大戟(青海大戟,狭叶青海大戟,狭叶沙生大戟);Kozlov Spurge ■
159194 Euphorbia kozlovii Prokh. var. angustifolia S. Q. Zhou;狭叶沙生大戟;Narrowleaf Kozlov Spurge ■
159195 Euphorbia kozlovii Prokh. var. angustifolia S. Q. Zhou = Euphorbia kozlovii Prokh. ■
159196 Euphorbia kralikii Batt. = Chamaesyce granulata (Forssk.) Soják ■☆
159197 Euphorbia kraussiana Bernh.;克劳斯大戟☆
159198 Euphorbia kraussiana Bernh. var. erubescens (E. Mey. ex Boiss.) N. E. Br.;渐红大戟■☆
159199 Euphorbia kudrjaschevii (Pazij) Prokh.;库德大戟■☆
159200 Euphorbia kundelunguensis (Malaisse) Bruyns;昆德龙古大戟■☆
159201 Euphorbia kwebensis N. E. Br. = Euphorbia pfeilii Pax☆
159202 Euphorbia labatii Rauh et Bard.-Vauc.;拉巴大戟☆
159203 Euphorbia labbei H. Lév. = Euphorbia pekinensis Rupr. ■
159204 Euphorbia lactea Haw.;龟纹箭(帝锦,三角兰,蛇皮掌,云纹勒);Canadelabra Cactus, Candelabra Cactus, Candelabra Plant, Candelabra-cactus, Dragon Bones, Elkhorn, False Cactus, Frilled Fan, Milkwhite Euphorbia, Mottled Spurge ●■
159205 Euphorbia laikipiensis S. Carter;莱基皮大戟☆
159206 Euphorbia lamarckii Sweet = Euphorbia balsamifera Aiton ●☆
159207 Euphorbia lambii Svent.;兰比大戟;Tabalba☆
159208 Euphorbia lambii Svent. = Euphorbia bourgeana Boiss. ☆
159209 Euphorbia lamprocarpa Prokh. = Euphorbia soongarica Boiss. ■
159210 Euphorbia lanata Sieber ex Spreng. = Euphorbia petiolata Banks et Sol. ■☆
159211 Euphorbia lanata Spreng. = Euphorbia petiolata Banks et Sol. ■☆
159212 Euphorbia lanceolata Liou = Euphorbia pekinensis Rupr. ■
159213 Euphorbia lancifolia Schltdl.;披针叶大戟;Ixbut ■☆
159214 Euphorbia laro Drake = Euphorbia tirucalli L. ●
159215 Euphorbia lasiocaulis Boiss.;毛茎大戟■☆
159216 Euphorbia lasiocaulis Boiss. = Euphorbia pekinensis Rupr. ■
159217 Euphorbia lasiocaulis Boiss. f. maritima (Hurus.) T. Kuros. et H. Ohashi;海滨毛茎大戟■☆
159218 Euphorbia lasiocaulis Boiss. var. ibukiensis (Hurus.) T. Kuros. et H. Ohashi;伊吹毛茎大戟■☆
159219 Euphorbia lasiocaulis Boiss. var. pseudolucorum Hurus. = Euphorbia pekinensis Rupr. ■
159220 Euphorbia lateriflora Jaub. et Spach = Euphorbia osyridea Boiss. ■☆
159221 Euphorbia lateriflora Schum. et Thonn.;侧花大戟;Blainy Eye, Lesser Sarsaparilla ■☆
159222 Euphorbia lathyris L.;续随子(白随子,百两金,半枝莲,打鼓子,反时生,降龙草,拒冬,看园老,联步,菩萨豆,千层楼,千金子,千两金,神仙对坐草,蜀随子,滩板救,铁蜈蚣,小巴豆,一把伞);Caper Bush, Caper Euphorbia, Caper Plant, Caper Spurge, Caper Tree, Carper Spurge, Catapuce, Cleansing Grass, False Caper, Gopher Plant, Mole Plant, Mole Weed, Moleplant, Mole-plant, Mole-tree, Moleweed, Myrtle Spurge, Pintelwort, Sassy Jack, Springwort, Wild Caper ■
159223 Euphorbia latifolia C. A. Mey. ex Ledeb.;宽叶大戟;Broadleaf Spurge ■
159224 Euphorbia latimammillaris Croizat;宽乳突大戟■☆
159225 Euphorbia lavranii L. C. Leach;拉夫连大戟☆
159226 Euphorbia ledebourii Boiss.;李德氏大戟■☆
159227 Euphorbia ledermanniana Pax et K. Hoffm.;莱德大戟■☆
159228 Euphorbia ledienii A. Berger;莱丁大戟☆

159229 Euphorbia ledienii A. Berger var. dregei N. E. Br. ;德雷莱丁大戟■☆
159230 Euphorbia lehmbachii Pax = Euphorbia schimperiana Scheele ■☆
159231 Euphorbia leistneri R. H. Archer;莱斯特纳大戟☆
159232 Euphorbia lemaireana Boiss. ;勒迈尔大戟■☆
159233 Euphorbia lenewtonii S. Carter;莱牛顿大戟■☆
159234 Euphorbia leonensis N. E. Br. ;莱昂大戟■☆
159235 Euphorbia lepidocarpa Pax = Euphorbia depauperata Hochst. ex A. Rich. ■☆
159236 Euphorbia leptocaulis Boiss. ;细茎大戟■☆
159237 Euphorbia leshumensis N. E. Br. = Euphorbia eylesii Rendle ■☆
159238 Euphorbia letestuana (Denis) Bruyns;莱泰斯图大戟■☆
159239 Euphorbia letestui J. Raynal;莱氏大戟■☆
159240 Euphorbia leucocephala Lotsy;白头大戟;Pascuita, Snow of Kilimanjaro ●☆
159241 Euphorbia leucochlamys Chiov. ;白被大戟■☆
159242 Euphorbia leucodendron Drake;白银珊瑚■☆
159243 Euphorbia leuconeura Boiss. ;白脉大戟■☆
159244 Euphorbia lignosa Marloth;木本大戟●☆
159245 Euphorbia ligularia Roxb. ;麒麟大戟■☆
159246 Euphorbia limpopoana L. C. Leach ex S. Carter;林波波大戟■☆
159247 Euphorbia lindenii (S. Carter) Bruyns;林登大戟■☆
159248 Euphorbia linearibracteata L. C. Leach;线苞大戟■☆
159249 Euphorbia lingiana C. Shih;线叶大戟(林氏大戟);Linearleaf Euphorbia, Linearleaf Spurge ■
159250 Euphorbia linifolia Burm. f. = Euphorbia genistoides P. J. Bergius ■☆
159251 Euphorbia lioui C. Y. Wu et J. S. Ma;刘氏大戟;Liu's Euphorbia ■
159252 Euphorbia lipskyi Prokh. ;利普斯基大戟;Caper Euphorbia, Caper Spurge, Mole Plant, Mole Weed ■☆
159253 Euphorbia lissosperma S. Carter;光籽大戟☆
159254 Euphorbia liukiuensis Hayata = Chamaesyce liukiuensis (Hayata) H. Hara ■☆
159255 Euphorbia livida E. Mey. ex Boiss. ;铅色大戟■☆
159256 Euphorbia lividiflora L. C. Leach;铅花大戟☆
159257 Euphorbia loandensis N. E. Br. ;罗安达大戟■☆
159258 Euphorbia lombardensis Nel = Euphorbia micracantha Boiss. ■☆
159259 Euphorbia longecornuta Pax = Euphorbia schimperiana Scheele ■☆
159260 Euphorbia longecornuta Pax var. pubescens N. E. Br. = Euphorbia schimperiana Scheele var. pubescens (N. E. Br.) S. Carter ■☆
159261 Euphorbia longetuberculosa Hochst. ex Boiss. ;长瘤大戟■☆
159262 Euphorbia longibracteata Pax = Euphorbia monteiri Hook. f. ■☆
159263 Euphorbia longifolia D. Don = Euphorbia donii Oudejans ■
159264 Euphorbia longifolia Lam. ;西方长叶大戟●☆
159265 Euphorbia longipetiolata Pax et K. Hoffm. = Euphorbia schimperiana Scheele var. pubescens (N. E. Br.) S. Carter ■☆
159266 Euphorbia longispina Chiov. ;长刺大戟●☆
159267 Euphorbia lophiosperma S. Carter;冠籽大戟■☆
159268 Euphorbia lophogona Lam. ;冠节大戟;Randramboay ●☆
159269 Euphorbia loricata Lam. ;甲大戟■☆
159270 Euphorbia lucida Waldst. et Kit. ;光亮大戟(闪光大戟);Shining Euphorbia, Shining Spurge ■☆
159271 Euphorbia lucidissima H. Lév. et Vaniot = Canscora lucidissima (H. Lév. et Vaniot) Hand. -Mazz. ■
159272 Euphorbia lucorum Rupr. ex Maxim. ;林大戟■
159273 Euphorbia lucorum Rupr. ex Maxim. var. parvifolia H. L. Yang = Euphorbia micractina Boiss. ■
159274 Euphorbia lugardiae (N. E. Br.) Bruyns;卢格德大戟■☆
159275 Euphorbia lunulata Bunge;猫眼草■
159276 Euphorbia lunulata Bunge = Euphorbia esula L. ■
159277 Euphorbia luteola Kralik = Euphorbia bupleuroides Desf. subsp. luteola (Kralik) Maire ■☆
159278 Euphorbia luteoviridis D. G. Long = Euphorbia wallichii Hook. f. ■
159279 Euphorbia luticola Hand. -Mazz. = Euphorbia sieboldiana C. Morren et Decne. ■
159280 Euphorbia lyciopsis Pax = Euphorbia cuneata Vahl var. spinescens (Pax) S. Carter ■☆
159281 Euphorbia lydenburgensis Schweick. et Letty;莱登堡大戟■☆
159282 Euphorbia macowani N. E. Br. = Euphorbia tuberculata Jacq. var. macowani (N. E. Br.) A. C. White, R. A. Dyer et B. Sloane ■☆
159283 Euphorbia macrocarpa Boiss. et Buhse;巨果大戟■☆
159284 Euphorbia macroclada Boiss. ;长枝大戟■☆
159285 Euphorbia macrorhiza C. A. Mey. ex Ledeb. ;大根大戟;Thickroot Euphorbia ■
159286 Euphorbia maculata L. ;斑地锦(斑鸠窝,斑叶地锦,草血竭,承夜,地瓣草,地锦,地噤,地联,地马桑,地蓬草,粪触脚,粪脚草,光子大戟,红斑鸠窝,红茎草,红莲草,红沙草,红实茎草,红丝草,红头绳,猢狲头草,花被单,花手绢,酱瓣草,九龙吐珠草,莲子草,凉帽草,麻雀蓑衣,马螆草,毛地锦,美洲大戟,美洲地锦,奶草,奶疳草,奶花草,奶浆草,奶汁草,铺地红,铺地锦,雀儿卧单,雀儿卧蛋,雀扑拉,软骨莲子草,三月黄花,天瓜叶,田代氏大戟,铁线草,铁线马齿苋,卧蛋草,蜈蚣草,仙桃草,小苍蝇翅草,小虫儿卧单,小虫儿卧蛋,小虫卧单,小红筋草,血风草,血见愁,血筋草,血经基,夜光,医子草);America Spurge, American Euphorbia, Eyebane, Milk Purslane, Milk Spurge, Milk-purslane, Nodding Spurge, Prostrate Spurge, Spotted Euphorbia, Spotted Sandmat, Spotted Spurge, Spottedleaf Euphorbia, Spottedleaf Spurge, Spurge, Upright Spotted Spurge, Wart-weed ■
159287 Euphorbia maculata L. = Chamaesyce maculata (L.) Small ■☆
159288 Euphorbia maculata L. = Chamaesyce nutans (Lag.) Small ■☆
159289 Euphorbia madagascariensis Comm. ex Lam. = Euphorbia lophogona Lam. ●☆
159290 Euphorbia mafingensis (Hargr.) Bruyns;马芬加大戟■☆
159291 Euphorbia magnicapsula S. Carter;大囊大戟■☆
159292 Euphorbia magnicapsula S. Carter var. lacertosa S. Carter;撕裂大戟■☆
159293 Euphorbia magnifica (E. A. Bruce) Bruyns;华丽大戟■☆
159294 Euphorbia mahafalensis Denis;马哈法尔大戟☆
159295 Euphorbia mairei H. Lév. ;柴胡状大戟;Maire Spurge ■
159296 Euphorbia mairei H. Lév. = Euphorbia stracheyi Boiss. ■
159297 Euphorbia mairei H. Lév. var. luteociliata W. T. Wang;黄缘毛柴胡状大戟■
159298 Euphorbia mairei H. Lév. var. luteociliata W. T. Wang = Euphorbia stracheyi Boiss. ■
159299 Euphorbia makinoi Hayata;小叶大戟(红乳草,小叶红乳草)■
159300 Euphorbia makinoi Hayata = Chamaesyce makinoi (Hayata) H. Hara ■
159301 Euphorbia maleolens E. Phillips;小锤大戟■☆
159302 Euphorbia malevola L. C. Leach subsp. bechuanica ? = Euphorbia limpopoana L. C. Leach ex S. Carter ■☆
159303 Euphorbia malvana Maire;锦葵大戟■☆

159304 Euphorbia mamillosa Lem.;多乳突大戟■☆
159305 Euphorbia mammilaris L.;丝瓜掌(鳞宝);Corn Cob Euphorbia,Teat-shaped Euphorbia ■
159306 Euphorbia mammillaris Haw. = Euphorbia fimbriata Scop. ■☆
159307 Euphorbia mammillaris L.;乳突大戟■☆
159308 Euphorbia mananarensis Léandri;马纳纳拉大戟●☆
159309 Euphorbia mancinella Baill. = Euphorbia adenopoda Baill. ☆
159310 Euphorbia mandshurica Maxim. = Euphorbia esula L. ■
159311 Euphorbia mangorensis Léandri;曼古鲁大戟●☆
159312 Euphorbia margaretae S. Carter;马格丽特大戟☆
159313 Euphorbia marginata Pursh;银边翠(高山积雪);Butternhole Flower,Ghost-weed,Mountain Snow,Silvemargin Spurge,Snow on the Mountain, Snow-in-summer, Snow-on-the-mountain, Snow-on-the-mountain Euphorbia,White-margined Spurge ■
159314 Euphorbia marilandica Greene = Euphorbia corollata L. ■☆
159315 Euphorbia marlothiana N. E. Br.;马洛斯大戟☆
159316 Euphorbia marlothii Pax = Euphorbia monteiri Hook. f. ■☆
159317 Euphorbia marsabitensis S. Carter = Euphorbia ritchiei (P. R. O. Bally) Bruyns subsp. marsabitensis (S. Carter) Bruyns ■☆
159318 Euphorbia marschalliana Boiss.;马尔大戟■☆
159319 Euphorbia martinii Rouy;马提尼大戟;Euphorbia ●☆
159320 Euphorbia matabelensis Pax;马塔贝莱大戟■☆
159321 Euphorbia mauritanica L.;毛里塔尼亚大戟■☆
159322 Euphorbia mauritanica L. var. foetens A. C. White,R. A. Dyer et B. Sloane;臭毛里塔尼亚大戟■☆
159323 Euphorbia mauritanica L. var. lignosa A. C. White,R. A. Dyer et B. Sloane;木本毛里塔尼亚大戟●☆
159324 Euphorbia mauritanica L. var. minor A. C. White,R. A. Dyer et B. Sloane;小毛里塔尼亚大戟■☆
159325 Euphorbia mauritanica L. var. namaquensis N. E. Br.;纳马夸大戟☆
159326 Euphorbia mbaluensis Pax = Euphorbia bussei Pax ■☆
159327 Euphorbia media N. E. Br. = Euphorbia tirucalli L. ●
159328 Euphorbia media N. E. Br. var. bagshawei ? = Euphorbia tirucalli L. ●
159329 Euphorbia medicaginea Boiss.;苜蓿大戟■☆
159330 Euphorbia medicaginea Boiss. var. arsenariensis Batt. = Euphorbia medicaginea Boiss. ■☆
159331 Euphorbia medicaginea Boiss. var. oblongifolia Ball = Euphorbia medicaginea Boiss. ■☆
159332 Euphorbia medusae Thunb. = Euphorbia caput-medusae L. ■☆
159333 Euphorbia megalatlantica Ball;大柱大戟■☆
159334 Euphorbia megalatlantica Ball subsp. briquetii (Emb. et Maire) Losa et Vindt = Euphorbia briquetii Emb. et Maire ■☆
159335 Euphorbia megalatlantica Ball var. calliceras Maire = Euphorbia megalatlantica Ball ■☆
159336 Euphorbia megalatlantica Ball var. puberula Humbert = Euphorbia megalatlantica Ball ■☆
159337 Euphorbia megistopoda Diels = Euphorbia stracheyi Boiss. ■
159338 Euphorbia melanohydrata Nel;黑大戟☆
159339 Euphorbia melanosticta E. Mey. ex Boiss. = Euphorbia mauritanica L. ■☆
159340 Euphorbia mellifera Aiton;香大戟;Honey Spurge ●☆
159341 Euphorbia mellifera Aiton = Euphorbia longifolia Lam. ●☆
159342 Euphorbia meloformis Aiton;贵青玉;Melon Euphorbia,Melon Spurge ■
159343 Euphorbia meloformis Aiton f. falsa (N. E. Br.) Marx;假贵青玉■☆
159344 Euphorbia meloformis Aiton f. magna R. A. Dyer ex Marx;大贵青玉■☆
159345 Euphorbia meloformis Aiton subsp. valida (N. E. Br.) G. D. Rowley;刚直贵青玉■☆
159346 Euphorbia membranacea Pax = Euphorbia usambarica Pax ■☆
159347 Euphorbia mendax Maire et Wilczek = Euphorbia terracina L. ■☆
159348 Euphorbia menelikii Pax = Euphorbia ampliphylla Pax☆
159349 Euphorbia meridionalis P. R. O. Bally et S. Carter;南方大戟☆
159350 Euphorbia merkeri N. E. Br. = Euphorbia gossypina Pax ■☆
159351 Euphorbia mesembryanthemifolia Jacq.;海岸大戟;Seaside Spurge ■☆
159352 Euphorbia meyeri Boiss. = Euphorbia erythrina Link var. meyeri (Boiss.) N. E. Br. ■☆
159353 Euphorbia meyeri Nel = Euphorbia filiflora Marloth ■☆
159354 Euphorbia micracantha Boiss.;小花大戟■☆
159355 Euphorbia micractina Boiss.;疣果大戟(甘青大戟)■
159356 Euphorbia micractina Boiss. var. tangutica (Proch.) W. T. Wang = Euphorbia micractina Boiss. ■
159357 Euphorbia microcarpa Prokh.;小果大戟■☆
159358 Euphorbia micromera Boiss.;少叶大戟(小叶大戟);Littleleaf Euphorbia ■☆
159359 Euphorbia microphylla K. Heyne ex Roth = Euphorbia heyneana Spreng. ■
159360 Euphorbia microsphaera Boiss.;小球大戟■☆
159361 Euphorbia migiurtinorum Chiov.;米朱蒂大戟☆
159362 Euphorbia milii Des Moul. = Euphorbia milii Des Moul. ex Boiss. ●
159363 Euphorbia milii Des Moul. ex Boiss.;铁海棠(霸王鞭,刺蓬花,刺仔花,刺子花,番鬼刺,蕃仔刺,海棠,虎刺,虎刺梅,花麒麟,老虎笏,老虎簕,龙骨刺,鸟不宿,麒麟刺,麒麟花,千脚刺,狮子笏,狮子簕,万年刺,玉麒麟);Bojers Spurge,Christ Plant,Christplant,Christ's Thorn,Crown of Thorns,Crown of Thorns Euphorbia,Crown-of-thorns,Iron Crabapple ●
159364 Euphorbia milii Des Moul. ex Boiss. 'Lutea';黄铁海棠;Crown of Thorns ●☆
159365 Euphorbia milii Des Moul. ex Boiss. var. bosseri Rauh = Euphorbia neobosseri Rauh ●☆
159366 Euphorbia milii Des Moul. ex Boiss. var. splendens (Bojer ex Hook.) Ursch et Léandri;纤细铁海棠;Crown of Thorns ●☆
159367 Euphorbia milii Des Moul. ex Boiss. var. tananarivae Léandri;黄苞铁海棠(黄白铁海棠,黄苞麒麟花)●
159368 Euphorbia milii Des Moul. ex Boiss. var. tuleaiensis Ursch et Léandri;大红铁海棠(大红麒麟花)●
159369 Euphorbia milii Des Moul. var. bosseri Rauh = Euphorbia neobosseri Rauh ●☆
159370 Euphorbia milii Des Moul. var. breonii (Nois.) Ursch et Léandri = Euphorbia milii Des Moul. var. hislopii (N. E. Br.) Ursch et Léandri ●☆
159371 Euphorbia milii Des Moul. var. hislopii (N. E. Br.) Ursch et Léandri;希斯洛普铁海棠;Crown of Thorns ●☆
159372 Euphorbia milii Des Moul. var. splendens (Bojer ex Hook.) Ursch et Léandri;光亮铁海棠●☆
159373 Euphorbia millotii Ursch et Léandri;米约大戟●☆
159374 Euphorbia minutiflora N. E. Br. = Euphorbia serpens Kunth ■
159375 Euphorbia minxianensis W. T. Wang;岷县大戟;Minxian Spurge ■

159376 Euphorbia minxianensis W. T. Wang = Euphorbia esula L. ■
159377 Euphorbia mira L. C. Leach;奇异大戟☆
159378 Euphorbia misera Benth.;峭壁大戟;Cliff Spurge☆
159379 Euphorbia missurica Raf. = Chamaesyce missurica (Raf.) Shinners ■☆
159380 Euphorbia mitchelliana Boiss.;米切尔大戟■☆
159381 Euphorbia mitis Pax = Euphorbia heterochroma Pax ■☆
159382 Euphorbia mitriformis P. R. O. Bally et S. Carter;僧帽大戟■☆
159383 Euphorbia mixta N. E. Br.;混杂大戟■☆
159384 Euphorbia mlanjeana L. C. Leach;姆兰杰大戟■☆
159385 Euphorbia monacantha Pax;单刺大戟■☆
159386 Euphorbia monadenioides M. G. Gilbert;单腺兰大戟☆
159387 Euphorbia mongolica Prokh.;蒙古大戟;Mongol Euphorbia ■☆
159388 Euphorbia monocephala Baker ex Denis = Euphorbia pachysantha Baill. ●☆
159389 Euphorbia monocephala Pax = Euphorbia scheffleri Pax ■☆
159390 Euphorbia monocyathium Prokh.;单伞大戟■
159391 Euphorbia monostyla Prokh.;单柱大戟■☆
159392 Euphorbia montana Engelm.;山地大戟;Mountain Carpet Weed, Mountain Spurge☆
159393 Euphorbia monteiri Hook. f.;蒙泰尔大戟■☆
159394 Euphorbia monteiri Hook. f. subsp. brandbergensis B. Nord.;布兰德山大戟☆
159395 Euphorbia monteiri Hook. f. subsp. ramosa L. C. Leach;分枝大戟■☆
159396 Euphorbia monticola Hochst. ex A. Rich. = Euphorbia schimperiana Scheele ■☆
159397 Euphorbia moratii Rauh;莫拉特大戟☆
159398 Euphorbia morinii A. Berger = Euphorbia heptagona L. ☆
159399 Euphorbia mossambicensis (Klotzsch et Garcke) Boiss.;莫桑比克大戟■●☆
159400 Euphorbia mossambicensis (Klotzsch et Garcke) Boiss. var. nyasica N. E. Br. = Euphorbia mossambicensis (Klotzsch et Garcke) Boiss. ■●☆
159401 Euphorbia mossambicensis Pax var. fischeri (Pax) N. E. Br. = Euphorbia fischeri Pax ■☆
159402 Euphorbia mossamedensis N. E. Br.;莫萨梅迪大戟☆
159403 Euphorbia mucronulata Prokh.;微凸大戟■☆
159404 Euphorbia muirii N. E. Br.;缪里大戟☆
159405 Euphorbia multiceps A. Berger;多头大戟☆
159406 Euphorbia multiclava P. R. O. Bally et S. Carter;多棒大戟☆
159407 Euphorbia multifida N. E. Br.;多裂大戟☆
159408 Euphorbia multifolia A. C. White, R. A. Dyer et B. Sloane;多叶大戟☆
159409 Euphorbia multiradiata Pax et K. Hoffm. = Euphorbia depauperata Hochst. ex A. Rich. ■☆
159410 Euphorbia multiramosa Nel = Euphorbia friedrichiae Dinter ■☆
159411 Euphorbia mundii N. E. Br.;蒙德大戟●☆
159412 Euphorbia muraltioides N. E. Br.;厚壁大戟☆
159413 Euphorbia muricata Thunb.;钝尖大戟☆
159414 Euphorbia murielii N. E. Br. = Euphorbia candelabrum Tremaut ex Kotschy ●☆
159415 Euphorbia mwinilungensis L. C. Leach;穆维尼大戟☆
159416 Euphorbia myrioclada S. Carter;密枝大戟☆
159417 Euphorbia myrsinites L.;铁仔形大戟(铁仔大戟);Blue Spurge, Broad-leaved Glaucous Spurge, Creeping Spurge, Donkey Tail, Donkeytail, Myrtle Euphorbia, Myrtle Spurge, Negro's Slippers ■☆
159418 Euphorbia nakaiana H. Lév. = Euphorbia octoradiata H. Lév. et Vaniot ■☆
159419 Euphorbia namaquensis N. E. Br. = Euphorbia friedrichiae Dinter ■☆
159420 Euphorbia namibensis Marloth;纳米布大戟■☆
159421 Euphorbia natalensis Bernh.;纳塔尔大戟■☆
159422 Euphorbia ndurumensis P. R. O. Bally = Euphorbia tenuispinosa Gilli ■☆
159423 Euphorbia nebrownii Merr.;涅布朗大戟■☆
159424 Euphorbia neglecta N. E. Br. = Euphorbia abyssinica J. F. Gmel. ■☆
159425 Euphorbia negromontana N. E. Br.;尼格罗山大戟■☆
159426 Euphorbia nelii A. C. White, R. A. Dyer et B. Sloane = Euphorbia filiflora Marloth ■☆
159427 Euphorbia nelsii Pax = Euphorbia inaequilatera Sond. ■☆
159428 Euphorbia nematocypha Hand. -Mazz. = Euphorbia jolkinii Boiss. ■
159429 Euphorbia nematocypha Hand. -Mazz. var. induta Hand. -Mazz. = Euphorbia jolkinii Boiss. ■
159430 Euphorbia neobosseri Rauh;新博瑟大戟●☆
159431 Euphorbia neocapitata Bruyns;新头状大戟☆
159432 Euphorbia neococcinea Bruyns;新绯红大戟■☆
159433 Euphorbia neocrispa Bruyns;新皱波大戟■☆
159434 Euphorbia neogillettii Bruyns;新吉莱特大戟■☆
159435 Euphorbia neoglabrata Bruyns;新光滑大戟●☆
159436 Euphorbia neoglaucescens Bruyns;新粉绿大戟●☆
159437 Euphorbia neogossweileri Bruyns;新戈斯大戟■☆
159438 Euphorbia neogotzei Bruyns;格茨大戟■☆
159439 Euphorbia neohumbertii Boiteau;新亨伯特大戟☆
159440 Euphorbia neohumbertii Boiteau var. aureoviridiflora Rauh = Euphorbia aureoviridiflora (Rauh) Rauh ●☆
159441 Euphorbia neomexicana Greene = Chamaesyce serpyllifolia (Pers.) Small ■☆
159442 Euphorbia neomontana Bruyns;新山地大戟■☆
159443 Euphorbia neoparviflora Bruyns;新小花大戟■☆
159444 Euphorbia neopedunculata Bruyns;新梗花大戟■☆
159445 Euphorbia neopolycnemoides Pax et K. Hoffm.;新多节草大戟■☆
159446 Euphorbia neoreflexa Bruyns;新反折大戟■☆
159447 Euphorbia neorubella Bruyns;新淡红大戟■☆
159448 Euphorbia neorubescens Bruyns;变红大戟●☆
159449 Euphorbia neorugosa Bruyns;皱褶大戟■☆
159450 Euphorbia neospinescens Bruyns;新细刺大戟■☆
159451 Euphorbia neostapeliodes Bruyns;新豹皮花大戟■☆
159452 Euphorbia neostapeliodes Bruyns var. congesta (P. R. O. Bally) Bruyns;密集新豹皮花大戟■☆
159453 Euphorbia neostolonifera Bruyns;新匍匐大戟■☆
159454 Euphorbia neovirgata Bruyns;新条纹大戟■☆
159455 Euphorbia neovolkensii Pax = Euphorbia nyikae Pax var. neovolkensii (Pax) S. Carter ■☆
159456 Euphorbia nepalensis Boiss. = Euphorbia prolifera Buch. -Ham. ex D. Don ■
159457 Euphorbia neriifolia L.;金刚纂(霸王鞭,火烘心,火秧,火秧花,夹桃叶大戟,麒麟角,玉麒麟);Crested Neriumleaf Euphorbia, Crested Nerium-leaved Euphorbia, Crested Oleander Cactus, Hedge Euphorbia, Indian Spurgetree ●
159458 Euphorbia neriifolia L. 'Cristata';麒麟角(麒麟簕,玉麒麟);

Hedge Euphorbia, Oleander Spurge, Oleander-leaved Euphorbia ●
159459 Euphorbia neriifolia L. var. cristata Hook. = Euphorbia neriifolia L. 'Cristata' ●
159460 Euphorbia nesemannii R. A. Dyer = Euphorbia latimammillaris Croizat ■☆
159461 Euphorbia nicaeensis All.;尼斯西亚大戟■☆
159462 Euphorbia nicaeensis All. var. aurasiaca Maire = Euphorbia nicaeensis All. ■☆
159463 Euphorbia nicaeensis All. var. cornuta Faure et Maire = Euphorbia nicaeensis All. ■☆
159464 Euphorbia nicaeensis All. var. dasycarpa Maire = Euphorbia nicaeensis All. ■☆
159465 Euphorbia nicaeensis All. var. demnatensis Maire = Euphorbia nicaeensis All. ■☆
159466 Euphorbia nicaeensis All. var. japygica (Ten.) Losa = Euphorbia nicaeensis All. ■☆
159467 Euphorbia nicaeensis All. var. lasiocarpa Lange = Euphorbia nicaeensis All. ■☆
159468 Euphorbia nigrispina N. E. Br. = Euphorbia nigrispinoides M. G. Gilbert ■☆
159469 Euphorbia nigrispinoides M. G. Gilbert;黑刺大戟■☆
159470 Euphorbia nodosa N. E. Br. = Euphorbia nebrownii Merr. ■☆
159471 Euphorbia nogalensis (A. Hässl.) S. Carter;诺加尔大戟■☆
159472 Euphorbia normannii Schmalh. ex Lipsky;诺尔大戟■☆
159473 Euphorbia noxia Pax;有害大戟■☆
159474 Euphorbia nubica N. E. Br.;云雾大戟■☆
159475 Euphorbia nubigena L. C. Leach;云生大戟■☆
159476 Euphorbia nubigena L. C. Leach var. rutilans L. C. Leach;橙红大戟■☆
159477 Euphorbia nutans Lag. = Chamaesyce nutans (Lag.) Small ■☆
159478 Euphorbia nyassae Pax;尼亚萨大戟●☆
159479 Euphorbia nyassae Pax subsp. mentiens S. Carter = Euphorbia perplexa L. C. Leach ■☆
159480 Euphorbia nyikae Pax;尼卡大戟☆
159481 Euphorbia nyikae Pax var. neovolkensii (Pax) S. Carter;福尔大戟■☆
159482 Euphorbia oatesii Rolfe;奥茨大戟■☆
159483 Euphorbia obconica Bojer;倒圆锥大戟■☆
159484 Euphorbia obcordata Denis = Euphorbia denisii Oudejans ■☆
159485 Euphorbia obesa Hook. f.;布纹球(奥贝沙,晃玉);Baseball Plant, Gingham Golf Ball, Gingham Golf-ball, Gingham Golf-ball Euphorbia, Klipnoors, Livingbaseball, Living-baseball ■☆
159486 Euphorbia oblongata Griseb.;矩圆大戟;Eggleaf Spurge☆
159487 Euphorbia obovalifolia A. Rich. = Euphorbia abyssinica J. F. Gmel. ■☆
159488 Euphorbia obtusata Pursh; 钝大戟; Blunt-leaved Spurge, Woodland Spurge ■☆
159489 Euphorbia obtusifolia Poir.;钝叶大戟■☆
159490 Euphorbia obtusifolia Poir. var. wildpretii Molero et Rovira = Euphorbia obtusifolia Poir. ■☆
159491 Euphorbia ocellata Durand et Hilg.;单眼大戟;Rattlesnake-weed ■☆
159492 Euphorbia octoradiata H. Lév. et Vaniot;八芒大戟■☆
159493 Euphorbia officinarum L.;药用大戟■☆
159494 Euphorbia officinarum L. subsp. echinus (Hook. f. et Coss.) Vindt;具刺药用大戟■☆
159495 Euphorbia officinarum L. var. beaumieriana (Coss.) Maire = Euphorbia officinarum L. ■☆
159496 Euphorbia ogadenensis P. R. O. Bally et S. Carter;欧加登大戟☆
159497 Euphorbia oligoclada L. C. Leach;寡枝大戟☆
159498 Euphorbia omariana M. G. Gilbert;奥马里大戟☆
159499 Euphorbia opuntioides Welw. ex Hiern;仙人掌大戟☆
159500 Euphorbia orabensis Dinter = Euphorbia namibensis Marloth ■☆
159501 Euphorbia orbiculifolia S. Carter;圆叶大戟☆
159502 Euphorbia oreophila Miq. = Euphorbia sieboldiana C. Morren et Decne. ■
159503 Euphorbia orientalis L.;东方大戟■☆
159504 Euphorbia orientalis L. = Euphorbia jolkinii Boiss. ■
159505 Euphorbia ornithopus Jacq.;鸟爪大戟☆
159506 Euphorbia orobanchoides (P. R. O. Bally) Bruyns;列当大戟☆
159507 Euphorbia orobanchoides (P. R. O. Bally) Bruyns var. calycina (P. R. O. Bally) Bruyns;萼状大戟☆
159508 Euphorbia orthoclada Baker;直枝大戟☆
159509 Euphorbia ovata (E. Mey. ex Klotzsch et Garcke) Boiss.;卵形大戟■☆
159510 Euphorbia oxyodonta Boiss. et Hausskn.;尖齿大戟☆
159511 Euphorbia oxystegia Boiss.;尖盖大戟■☆
159512 Euphorbia pachyclada S. Carter;粗枝大戟●☆
159513 Euphorbia pachypodioides Boiteau;粗足大戟●☆
159514 Euphorbia pachyrhiza Kar. et Kir.;长根大戟■
159515 Euphorbia pachysantha Baill.;粗花大戟●☆
159516 Euphorbia pallasii Turcz. = Euphorbia fischeriana Steud. ■
159517 Euphorbia pallasii Turcz. ex Ledeb.;帕拉斯大戟■☆
159518 Euphorbia pallasii Turcz. ex Ledeb. = Euphorbia fischeriana Steud. ■
159519 Euphorbia pallasii Turcz. ex Ledeb. f. pilosa (Regel) Kitag. = Euphorbia fischeriana Steud. ■
159520 Euphorbia pallasii Turcz. ex Ledeb. var. przewalskii (Prokh.) Y. C. Chu;短柱狼毒大戟■
159521 Euphorbia pallasii Turcz. var. komaroviana (Prokh.) S. Z. Liu = Euphorbia komaroviana Prokh. ■
159522 Euphorbia palustris L.;沼泽大戟(沼生大戟)■☆
159523 Euphorbia pamirica Prokh.;帕米尔大戟■☆
159524 Euphorbia paniculata Desf.;圆锥大戟■☆
159525 Euphorbia papillosicapsa L. C. Leach;乳头大戟☆
159526 Euphorbia paralias L.;海洋大戟(革质大戟);Flax Spurge, Sea Spurge, Wolf's Milk ●☆
159527 Euphorbia parva N. E. Br.;较小大戟☆
159528 Euphorbia parviceps L. C. Leach;小头大戟☆
159529 Euphorbia parvicyathophora Rauh;小杯大戟●☆
159530 Euphorbia parvifolia E. Mey. ex Boiss. = Euphorbia inaequilatera Sond. ■☆
159531 Euphorbia parvimamma Boiss. = Euphorbia caput-medusae L. ■☆
159532 Euphorbia parvula Delile;微小大戟■☆
159533 Euphorbia parvula Delile var. purpurea Pamp. = Euphorbia parvula Delile ■☆
159534 Euphorbia passa N. E. Br. = Euphorbia woodii N. E. Br. ■☆
159535 Euphorbia patentispina S. Carter;展刺大戟☆
159536 Euphorbia patula Mill.;张开大戟●☆
159537 Euphorbia paxiana Dinter;帕克斯大戟☆
159538 Euphorbia pedemontana L. C. Leach;皮埃蒙特大戟☆
159539 Euphorbia pedilanthoides Denis;红雀珊瑚大戟●☆
159540 Euphorbia pekinensis Rupr.;大戟(灯台草,番鸡毛,膨胀草,

红芽大戟,湖北大戟,京大戟,九头狮子草,勒马宣,龙虎草,猫儿眼,猫眼草,千层塔,下马仙,震天雷);Beijing Spurge,Peking Euphorbia ■

159541 Euphorbia pekinensis Rupr. f. denudata (Hurus.) Oudejans = Euphorbia pekinensis Rupr. ■

159542 Euphorbia pekinensis Rupr. f. sinensis Hurus. = Euphorbia pekinensis Rupr. ■

159543 Euphorbia pekinensis Rupr. subsp. asoensis T. Kuros. et H. Ohashi;阿曾大戟■☆

159544 Euphorbia pekinensis Rupr. subsp. fauriei (H. Lév. et Vaniot) T. Kuros. et H. Ohashi;法氏京大戟■☆

159545 Euphorbia pekinensis Rupr. var. fauriei (H. Lév. et Vaniot) Hurus. = Euphorbia pekinensis Rupr. subsp. fauriei (H. Lév. et Vaniot) T. Kuros. et H. Ohashi ■☆

159546 Euphorbia pekinensis Rupr. var. hupehensis Hurus. = Euphorbia pekinensis Rupr. ■

159547 Euphorbia pekinensis Rupr. var. ibukiensis Hurus. = Euphorbia lasiocaulis Boiss. var. ibukiensis (Hurus.) T. Kuros. et H. Ohashi ■☆

159548 Euphorbia pekinensis Rupr. var. japonensis Makino = Euphorbia lasiocaulis Boiss. ■☆

159549 Euphorbia pekinensis Rupr. var. lasiocaulis (Boiss.) Oudejans = Euphorbia lasiocaulis Boiss. ■☆

159550 Euphorbia pekinensis Rupr. var. pseudolucorum (Hurus.) Oudejans = Euphorbia pekinensis Rupr. ■

159551 Euphorbia pekinensis Rupr. var. sinanensis (Hurus.) Oudejans = Euphorbia pekinensis Rupr. ■

159552 Euphorbia pellegrinii Léandri;佩尔格兰大戟☆

159553 Euphorbia peltigera E. Mey. ex Boiss. = Euphorbia hamata (Haw.) Sweet ●☆

159554 Euphorbia pentagona Haw.;五角大戟■☆

159555 Euphorbia peplis L. = Chamaesyce peplis (L.) Prokh. ■☆

159556 Euphorbia peploides Gouan = Euphorbia peplus L. ■

159557 Euphorbia peplus L.;南欧大戟(孛艾大戟,孛艾类大戟,癣草,种植大戟);Devil's Churn,Devil's Milk,Fairy Cups,Fairy Dell,Milkweed,Milkwort,Peplis Spurge,Petty Euphorbia,Petty Spurge,Purple Sea Spurge,Purple Spurge,Sea Wartwort,Seven Sisters,Small Garden Spurge,Spurge Thyme,Wart-grass,Wartweed,Wartwort,Wild Purslane ■

159558 Euphorbia peplus L. var. peploides (Gouan) Coss. = Euphorbia peplus L. ■☆

159559 Euphorbia perplexa L. C. Leach;缠结大戟■☆

159560 Euphorbia perrieri Drake;佩里耶大戟●☆

159561 Euphorbia persistens R. A. Dyer = Euphorbia clavigera N. E. Br. ☆

159562 Euphorbia pervilleana Baill.;佩尔大戟●☆

159563 Euphorbia petiolata Banks et Sol.;柄叶大戟■☆

159564 Euphorbia petitiana A. Rich.;佩蒂蒂大戟■☆

159565 Euphorbia petraea S. Carter;喜岩大戟☆

159566 Euphorbia petricola P. R. O. Bally et S. Carter;岩生大戟☆

159567 Euphorbia petrophila C. A. Mey.;石大戟■☆

159568 Euphorbia pfeilii Pax;法伊尔大戟☆

159569 Euphorbia phillipsiae N. E. Br.;菲利大戟■☆

159570 Euphorbia phillipsioides S. Carter;拟菲利大戟☆

159571 Euphorbia phylloclada Boiss.;叶枝大戟●☆

159572 Euphorbia phymatoclada Boiss. = Euphorbia mauritanica L. ■☆

159573 Euphorbia phymatosperma Boiss. et Gaill.;瘤籽大戟☆

159574 Euphorbia phymatosperma Boiss. et Gaill. subsp. cernua (Boiss.) Vindt;俯垂瘤籽大戟■☆

159575 Euphorbia physoclada Boiss.;囊枝大戟☆

159576 Euphorbia pillansii N. E. Br.;皮朗斯大戟☆

159577 Euphorbia pillansii N. E. Br. var. albovirens A. C. White,R. A. Dyer et B. Sloane;浅绿皮朗斯大戟☆

159578 Euphorbia pillansii N. E. Br. var. ramosissima A. C. White,R. A. Dyer et B. Sloane;密枝皮朗斯大戟☆

159579 Euphorbia pilosa L. = Euphorbia hylonoma Hand. -Mazz. ■

159580 Euphorbia pilosa L. = Euphorbia villosa Waldst. et Kit. ex Willd. ■

159581 Euphorbia pilosissima S. Carter;多毛大戟☆

159582 Euphorbia pilulifera Boiss. var. procumbens = Euphorbia hirta L. ■

159583 Euphorbia pilulifera L. ex Boiss. var. glaberrima (Koidz.) Hurus. = Chamaesyce hirta (L.) Mill. var. glaberrima (Koidz.) H. Hara ■

159584 Euphorbia pilurifera L. ex Boiss. = Euphorbia hirta L. ■

159585 Euphorbia pimeleodendron Pax = Euphorbia robecchii Pax ■☆

159586 Euphorbia pinea L. = Euphorbia segetalis L. subsp. pinea (L.) Rouy ■☆

159587 Euphorbia pinea L. subsp. celeriei Emb. = Euphorbia celerieri (Emb.) Vindt☆

159588 Euphorbia pinea L. var. segetalis (L.) Batt. = Euphorbia segetalis L. ■☆

159589 Euphorbia pinus H. Lév. = Euphorbia prolifera Buch. -Ham. ex D. Don ■

159590 Euphorbia pirottae A. Terracc.;皮罗特大戟☆

159591 Euphorbia piscatoria Aiton;鱼大戟☆

159592 Euphorbia piscatoria Link;毒鱼大戟■☆

159593 Euphorbia pistiifolia Boiss. = Euphorbia ecklonii (Klotzsch et Garcke) A. Hässl. ■●☆

159594 Euphorbia planiceps A. C. White,R. A. Dyer et B. Sloane;扁头大戟☆

159595 Euphorbia platyacantha Pax = Euphorbia dumeticola P. R. O. Bally et S. Carter ●☆

159596 Euphorbia platycephala Pax;宽头大戟■☆

159597 Euphorbia platyclada Rauh;阔枝大戟☆

159598 Euphorbia platymammillaris Croizat = Euphorbia fimbriata Scop. ■☆

159599 Euphorbia platyphyllos L.;西方宽叶大戟;Broad Spurge,Broadleaf Euphorbia,Broadleaf Spurge,Broad-leaved Spurge,Broad-leaved Warted Spurge,Spurge ■☆

159600 Euphorbia platypoda Pax;宽梗大戟■☆

159601 Euphorbia platyrrhiza L. C. Leach;粗根大戟■☆

159602 Euphorbia poderae Croizat = Euphorbia esula L. ■

159603 Euphorbia poecilophylla Prokh.;斑叶大戟■☆

159604 Euphorbia poggei Pax = Euphorbia zambesiana Benth. ■☆

159605 Euphorbia poggei Pax var. benguelensis ? = Euphorbia zambesiana Benth. var. villosula (Pax) N. E. Br. ●■☆

159606 Euphorbia poggei Pax var. villosa ? = Euphorbia zambesiana Benth. var. villosula (Pax) N. E. Br. ●■☆

159607 Euphorbia poissoni Pax;毒大戟■☆

159608 Euphorbia polyacantha Boiss.;多刺大戟■☆

159609 Euphorbia polyacantha Boiss. subsp. rosenii Pax = Euphorbia polyacantha Boiss. ■☆

159610 Euphorbia polyacantha Boiss. var. rosenii (Pax) R. Br. = Euphorbia polyacantha Boiss. ■☆

159611 Euphorbia polyacantha Boiss. var. subinarticulata Schweinf. =

Euphorbia polyacantha Boiss. ■☆

159612 Euphorbia polyantha Pax;多花大戟☆

159613 Euphorbia polycarpa Benth.;多果大戟;Small-seeded Sand-mat ■☆

159614 Euphorbia polycephala Marloth;密头大戟☆

159615 Euphorbia polychroma J. Kern.;金苞大戟(多花大戟,金苞草);Cushion Euphorbia,Cushion Spurge ■☆

159616 Euphorbia polycnemoides Hochst. ex Boiss.;多节草大戟☆

159617 Euphorbia polygona Haw.;宝轮玉;Manyangular Euphorbia ■

159618 Euphorbia polygonifolia L. = Chamaesyce polygonifolia (L.) Small ■☆

159619 Euphorbia polytimetica Prokh.;多饰大戟■☆

159620 Euphorbia ponderosa S. Carter;笨重大戟☆

159621 Euphorbia pontica Prokh.;黑海大戟■☆

159622 Euphorbia porphyrastra Hand.-Mazz. = Euphorbia griffithii Hook. f. ■

159623 Euphorbia portlandica L.;波特兰大戟;Portland Spurge ■☆

159624 Euphorbia praecox Fisch.;早大戟■☆

159625 Euphorbia preslii Guss. = Chamaesyce nutans (Lag.) Small ■☆

159626 Euphorbia preussii Pax = Euphorbia schimperiana Scheele ■☆

159627 Euphorbia primulifolia Baker;报春叶大戟■☆

159628 Euphorbia proballyana L. C. Leach var. multangula S. Carter;多棱角报春叶大戟☆

159629 Euphorbia procumbens Mill.;平铺大戟■☆

159630 Euphorbia prokhanovii Popov;普罗大戟■☆

159631 Euphorbia prolifera Buch.-Ham. ex D. Don;土瓜狼毒(大萝卜,鸡肠狼毒,金丝矮陀陀,小狼毒,一把香)■

159632 Euphorbia prona S. Carter;平卧大戟☆

159633 Euphorbia propinqua R. Br. ex N. E. Br. = Euphorbia arabica Hochst. et Steud. ex T. Anderson ●■☆

159634 Euphorbia prostrata Aiton;匍匐大戟(伏生大戟,红乳草,奶疳草,铺地草,乳草,小飞扬,小号乳仔草,小奶汁草);Blackweed, Dove-weed, Groundfig Spurge, Milk Spurge, Prostrate Euphorbia, Prostrate Spurge ■

159635 Euphorbia prostrata Aiton = Chamaesyce prostrata (Aiton) Small ●

159636 Euphorbia proteifolia Boiss. = Euphorbia bupleurifolia Jacq. ■☆

159637 Euphorbia prunifolia Jacq. = Euphorbia cyathophora Murray ■

159638 Euphorbia przewalskii Proch. = Euphorbia altotibetica Paulsen ■

159639 Euphorbia przewalskii Proch. = Euphorbia pallasii Turcz. ex Ledeb. var. przewalskii (Prokh.) Y. C. Chu ■

159640 Euphorbia pseudagraria Smirn.;假野生大戟■☆

159641 Euphorbia pseudocactus A. Berger;春驹;Falsecactus Euphorbia ●☆

159642 Euphorbia pseudochamaesyce Fisch., C. A. Mey. et Avé-Lall. = Chamaesyce humifusa (Willd. ex Schltdl.) Prokh. ■

159643 Euphorbia pseudochamaesyce Fisch., C. A. Mey. et Avé-Lall. f. pilosa (C. A. Mey.) Kitag. = Chamaesyce humifusa (Willd. ex Schltdl.) Prokh. ■

159644 Euphorbia pseudochamaesyce Fisch. = Euphorbia humifusa (Willd. ex Schltdl.) Prokh. ■

159645 Euphorbia pseudoengleri Pax = Euphorbia engleri Pax ●☆

159646 Euphorbia pseudofalcata Chiov. = Euphorbia petitiana A. Rich. ■☆

159647 Euphorbia pseudoglobosa Marloth;假球形大戟■☆

159648 Euphorbia pseudograntii Bruyns = Euphorbia pseudograntii Pax ●☆

159649 Euphorbia pseudograntii Pax;假格兰特大戟●☆

159650 Euphorbia pseudograria P. Sm.;假田大戟■☆

159651 Euphorbia pseudohirsuta Bruyns;假粗毛大戟■☆

159652 Euphorbia pseudohypogaea Dinter;假地下大戟■☆

159653 Euphorbia pseudolaevis Bruyns;假平滑大戟■☆

159654 Euphorbia pseudonervosa Bruyns;假多脉大戟■☆

159655 Euphorbia pseudonudicaulis Bruyns;假裸茎大戟■☆

159656 Euphorbia pseudopetiolata Bruyns;假柄叶大戟■☆

159657 Euphorbia pseudoracemosa (P. R. O. Bally) Bruyns;假总花大戟■☆

159658 Euphorbia pseudoracemosa (P. R. O. Bally) Bruyns var. lorifolia (P. R. O. Bally) Bruyns;纽叶大戟■☆

159659 Euphorbia pseudosikkimensis (Hurus. et Y. Tanaka) A. R. Sm. = Euphorbia sikkimensis Boiss. ■

159660 Euphorbia pseudosimplex Bruyns;简单大戟■☆

159661 Euphorbia pseudostellata Bruyns;假星状大戟■☆

159662 Euphorbia pseudotuberosa Pax;假块状大戟■☆

159663 Euphorbia pseudovirgata (Schur) Soó;乌拉尔大戟;Twiggy Spurge,Ural Euphorbia ■☆

159664 Euphorbia pseudovolkensii Bruyns;假福尔大戟■☆

159665 Euphorbia ptercinura A. Berger;灰翅大戟■☆

159666 Euphorbia pteroclada L. C. Leach;翅枝大戟●☆

159667 Euphorbia pterococca Brot.;翅果大戟■☆

159668 Euphorbia pterococca Brot. var. pilosa Lazare et Charpin = Euphorbia pterococca Brot. ■☆

159669 Euphorbia pubentissima Michx. = Euphorbia corollata L. ■☆

159670 Euphorbia pubescens Vahl;毛大戟■☆

159671 Euphorbia pubiglans N. E. Br.;短毛大戟■☆

159672 Euphorbia pudibunda (P. R. O. Bally) Bruyns var. lanata (S. Carter) Bruyns;绵短毛大戟■☆

159673 Euphorbia pudidunda (P. R. O. Bally) Bruyns var. rotundifolia (Malaisse et Lecron) Bruyns;圆叶短毛大戟■☆

159674 Euphorbia pulcherrima Willd. = Euphorbia pulcherrima Willd. ex Klotzsch ●

159675 Euphorbia pulcherrima Willd. ex Klotzsch;一品红(老来娇,圣诞红,猩红大戟,猩猩木,耶诞红);Christmas Bush, Christmas Flower, Common Poinsettia, Easter Flower, Flame Tree, Lobster Flower, Mexican Fire Plant, Mexican Fire-plant, Mexican Flame Leap, Mexican Flame Tree, Poinsettia, Scarlet Plume ●

159676 Euphorbia pulcherrima Willd. ex Klotzsch 'Alba';一品白(白苞一品红,圣诞白)●

159677 Euphorbia pulcherrima Willd. ex Klotzsch 'Henrietta Ecke';亨利埃塔·埃克一品红●☆

159678 Euphorbia pulcherrima Willd. ex Klotzsch 'Paul Mikkelson';宝罗·米克尔逊一品红●☆

159679 Euphorbia pulcherrima Willd. ex Klotzsch 'Rosea';一品粉(粉苞一口红,玫瑰红)●

159680 Euphorbia pulcherrima Willd. ex Klotzsch var. alba Hort. = Euphorbia pulcherrima Willd. ex Klotzsch 'Alba' ●

159681 Euphorbia pulvinata Marloth;垫状大戟;Pincushion Euphorbia☆

159682 Euphorbia punctata Delile;斑点大戟☆

159683 Euphorbia pungens Sw.;硬大戟■☆

159684 Euphorbia purpurascens Schumach. et Thonn. = Euphorbia indica Lam. ■☆

159685 Euphorbia purpureomaculata T. J. Feng et J. X. Huang = Euphorbia dentata Michx. ■

159686 Euphorbia pygmaea Fisch. et C. A. Mey. ex Boiss. = Euphorbia inderiensis Less. ex Kar. et Kir. ■

159687 Euphorbia pyrifolia Lam.;梨叶大戟■☆
159688 Euphorbia pyriformis N. E. Br. = Euphorbia meloformis Aiton f. falsa (N. E. Br.) Marx ■☆
159689 Euphorbia quadrata Nel;四方形大戟■☆
159690 Euphorbia quadrilatera L. C. Leach;四边大戟☆
159691 Euphorbia quartziticola Léandri;阔茨大戟●☆
159692 Euphorbia quinquecostata Volkens;五肋大戟■☆
159693 Euphorbia quintasii Pax = Euphorbia cervicornu Baill. ●☆
159694 Euphorbia racemosa E. Mey. ex Boiss. = Euphorbia rhombifolia Boiss. ■☆
159695 Euphorbia radiata E. Mey. ex Boiss. = Euphorbia clava Jacq. ■☆
159696 Euphorbia radiifera L. C. Leach;辐射大戟☆
159697 Euphorbia rafinesquii Greene = Chamaesyce vermiculata (Raf.) House ■☆
159698 Euphorbia ramulosa L. C. Leach;多枝大戟☆
159699 Euphorbia rangeana Dinter ex Jacobsen = Euphorbia rudis N. E. Br. ●☆
159700 Euphorbia rapulum Kar. et Kir.;小萝卜大戟(块茎大戟,圆根大戟)■
159701 Euphorbia rauhii Haev. et Labat;劳氏大戟●☆
159702 Euphorbia reclinata P. R. O. Bally et S. Carter;拱垂大戟■☆
159703 Euphorbia reghinii (Chiov.) Vollesen = Euphorbia jatrophoides Pax ●☆
159704 Euphorbia regina H. Lév. = Euphorbia jolkinii Boiss. ■
159705 Euphorbia reinhardtii Volkens;五彩阁(云雾阁)■☆
159706 Euphorbia reinhardtii Volkens = Euphorbia candelabrum Tremaut ex Kotschy ●☆
159707 Euphorbia renneyi (S. Carter) Bruyns;伦内大戟■☆
159708 Euphorbia renouardii Pax = Elaeophorbia drupifera (Thonn.) Stapf ●☆
159709 Euphorbia reptans P. R. O. Bally et S. Carter;俯卧大戟☆
159710 Euphorbia resinifera Berg;龙骨木(大戟乳脂树,大戟树脂树,胶大戟,树脂大戟);Euphorbium, Gum Euphorbia, Gum Thistle ●
159711 Euphorbia restricta R. A. Dyer;狭窄大戟☆
159712 Euphorbia retrospina Rauh et Gérold;折刺大戟☆
159713 Euphorbia retusa Forssk.;微凹大戟☆
159714 Euphorbia rhipsaloides Lem. = Euphorbia tirucalli L. ●
159715 Euphorbia rhipsaloides Welw. ex N. E. Br. = Euphorbia tirucalli L. ●
159716 Euphorbia rhipsaloides Willd. = Euphorbia tirucalli L. ●
159717 Euphorbia rhizophora (P. R. O. Bally) Bruyns;根大戟■☆
159718 Euphorbia rhombifolia Boiss.;菱叶大戟■☆
159719 Euphorbia rhombifolia Boiss. var. cymosa N. E. Br. = Euphorbia rhombifolia Boiss. ■☆
159720 Euphorbia rhombifolia Boiss. var. laxa N. E. Br. = Euphorbia rhombifolia Boiss. ■☆
159721 Euphorbia rhombifolia Boiss. var. triceps N. E. Br. = Euphorbia rhombifolia Boiss. ■☆
159722 Euphorbia riae Pax et K. Hoffm. = Euphorbia stracheyi Boiss. ■
159723 Euphorbia richardiana Baill. = Euphorbia abyssinica J. F. Gmel. ■☆
159724 Euphorbia richardsiae L. C. Leach;理查兹大戟☆
159725 Euphorbia richardsiae L. C. Leach subsp. robusta L. C. Leach;粗壮大戟☆
159726 Euphorbia rigida M. Bieb.;双腺大戟;Gopher Plant, Upright Myrtle Spurge ■☆
159727 Euphorbia ritchiei (P. R. O. Bally) Bruyns;里奇大戟■☆
159728 Euphorbia ritchiei (P. R. O. Bally) Bruyns subsp. marsabitensis (S. Carter) Bruyns;马萨比特大戟■☆
159729 Euphorbia rivae Pax;沟大戟☆
159730 Euphorbia robbiae Turrill;罗氏大戟;Robb's Euphorbia☆
159731 Euphorbia robecchii Pax;罗贝克大戟■☆
159732 Euphorbia rogeri N. E. Br. = Euphorbia balsamifera Aiton ●☆
159733 Euphorbia rossica C. C. Davis;俄罗斯大戟;Russia Euphorbia ■☆
159734 Euphorbia rossica C. C. Davis = Euphorbia gmelinii Steud. ■☆
159735 Euphorbia rossii Rauh et Buchloh;罗斯大戟●☆
159736 Euphorbia rosularis Al. Fed.;莲座大戟■☆
159737 Euphorbia rothiana Spreng. = Euphorbia sieboldiana C. Morren et Decne. ■
159738 Euphorbia rowlandii R. A. Dyer;罗兰大戟☆
159739 Euphorbia royleana Boiss.;霸王鞭(刺金刚,金刚杵,金刚纂,冷水金丹);Churee, Royl Euphorbia, Royles Euphorbia ●
159740 Euphorbia rubella Pax;淡红大戟☆
159741 Euphorbia rubella Pax var. brunellii (Chiov.) P. R. O. Bally = Euphorbia brunellii Chiov. ■☆
159742 Euphorbia rubriflora H. Lév. = Euphorbia griffithii Hook. f. ■
159743 Euphorbia rubriflora N. E. Br.;红花大戟☆
159744 Euphorbia rubrispinosa S. Carter;红刺大戟☆
159745 Euphorbia rubromarginata L. E. Newton;红边大戟☆
159746 Euphorbia rubrostriata Drake;红纹大戟☆
159747 Euphorbia rudis N. E. Br.;粗糙大戟●☆
159748 Euphorbia rudolfii N. E. Br.;鲁道夫大戟☆
159749 Euphorbia rugosiflora L. C. Leach;皱花大戟☆
159750 Euphorbia rugosissima Pau et Font Quer = Euphorbia phymatosperma Boiss. et Gaill. subsp. cernua (Boiss.) Vindt ■☆
159751 Euphorbia rupestris C. A. Mey. ex Ledeb.;岩地大戟■☆
159752 Euphorbia rupicola Boiss. = Euphorbia squamigera Loisel. ■☆
159753 Euphorbia rupicola Boiss. var. major ? = Euphorbia phymatosperma Boiss. et Gaill. subsp. cernua (Boiss.) Vindt ■☆
159754 Euphorbia ruscifolia N. E. Br.;假叶树大戟☆
159755 Euphorbia ruspolii Chiov. = Euphorbia robecchii Pax ■☆
159756 Euphorbia sacchii Chiov. = Euphorbia grosseri Pax ■☆
159757 Euphorbia sagittaria Marloth = Euphorbia avasmontana Dinter var. sagittaria (Marloth) A. C. White, R. A. Dyer et B. Sloane ●☆
159758 Euphorbia sakarahaensis Rauh;萨卡拉哈大戟☆
159759 Euphorbia salicifolia Host;柳叶大戟;Willowleaf Euphorbia ■☆
159760 Euphorbia samburuensis P. R. O. Bally et S. Carter;桑布鲁大戟☆
159761 Euphorbia sampsonii Hance = Euphorbia pekinensis Rupr. ■
159762 Euphorbia sancta Pax = Euphorbia ampliphylla Pax☆
159763 Euphorbia sanguinea Boiss. = Euphorbia inaequilatera Sond. ■☆
159764 Euphorbia sanguinea Boiss. var. intermedia ? = Euphorbia inaequilatera Sond. ■☆
159765 Euphorbia sanguinea Boiss. var. natalensis ? = Euphorbia inaequilatera Sond. ■☆
159766 Euphorbia sanguinea Hochst. et Steud. ex Boiss. = Euphorbia thymifolia L. ●■
159767 Euphorbia sapiifolia Baill. = Euphorbia adenopoda Baill. ☆
159768 Euphorbia sapini De Wild.;萨潘大戟☆
159769 Euphorbia sarcostemmatoides Dinter;肉冠大戟☆
159770 Euphorbia sareptana Becker;萨里旦大戟(顿河大戟);Sareptan Euphorbia ■☆

159771 Euphorbia sarmentosa Welw. ex Pax;蔓茎大戟☆
159772 Euphorbia savaryi Kiss;锥腺大戟■
159773 Euphorbia savaryi Kiss = Euphorbia sieboldiana C. Morren et Decne. ■
159774 Euphorbia scarlatina S. Carter;斯卡拉特大戟☆
159775 Euphorbia schaeferi Dinter = Euphorbia gariepina Boiss. ■☆
159776 Euphorbia scheffleri Pax;谢夫勒大戟■☆
159777 Euphorbia schillingii Radcl. -Sm. ;西林大戟■☆
159778 Euphorbia schimperi C. Presl;欣珀大戟■☆
159779 Euphorbia schimperiana Scheele;施姆大戟■☆
159780 Euphorbia schimperiana Scheele var. buchananii (Pax) N. E. Br. = Euphorbia schimperiana Scheele var. velutina N. E. Br. ■☆
159781 Euphorbia schimperiana Scheele var. longipetiolata (Pax et K. Hoffm.) S. Carter = Euphorbia schimperiana Scheele var. pubescens (N. E. Br.) S. Carter ■☆
159782 Euphorbia schimperiana Scheele var. pubescens (N. E. Br.) S. Carter;短柔毛阿拉伯大戟■☆
159783 Euphorbia schimperiana Scheele var. triloba Chiov. = Euphorbia schimperiana Scheele ■☆
159784 Euphorbia schimperiana Scheele var. velutina N. E. Br. ;短绒毛阿拉伯大戟■☆
159785 Euphorbia schinzii Pax;花串(降魔剑)■☆
159786 Euphorbia schinzii Pax = Euphorbia richardsiae L. C. Leach☆
159787 Euphorbia schizacantha Pax;裂刺大戟■☆
159788 Euphorbia schizoloba Engelm. ;浅裂大戟;Cut-lobed Spurge☆
159789 Euphorbia schlechteri Pax;施莱大戟■☆
159790 Euphorbia schmitzii L. C. Leach;施密茨大戟☆
159791 Euphorbia schoenlandii Pax;斗牛角■☆
159792 Euphorbia schugnanica B. Fedtsch. ;苏甘大戟(苏格兰大戟)■
159793 Euphorbia scitula L. C. Leach;绮丽大戟☆
159794 Euphorbia sclerocyathium Korovin et Popov;硬杯大戟■☆
159795 Euphorbia sclerophylla Boiss. ;硬叶大戟☆
159796 Euphorbia scoparia N. E. Br. = Euphorbia tirucalli L. ●
159797 Euphorbia scopiformis (Klotzsch et Garcke) Boiss. = Euphorbia arceuthobioides Boiss. ☆
159798 Euphorbia scordifolia Jacq. ;蒜叶大戟■☆
159799 Euphorbia scripta Sommier et H. Lév. ;雕刻大戟■☆
159800 Euphorbia scyphadena S. Carter;杯腺大戟☆
159801 Euphorbia seclusa N. E. Br. = Euphorbia arabica Hochst. et Steud. ex T. Anderson ●■☆
159802 Euphorbia segetalis L. ;田地大戟;Grainfield Spurge ■☆
159803 Euphorbia segetalis L. subsp. celerieri Emb. et Maire = Euphorbia celerieri (Emb.) Vindt☆
159804 Euphorbia segetalis L. subsp. pinea (L.) Rouy;松林大戟■☆
159805 Euphorbia segetalis L. var. humbertiana (Maire) Maire = Euphorbia segetalis L. subsp. pinea (L.) Rouy ■☆
159806 Euphorbia segetalis L. var. miricornis (Maire et Wilczek) Maire = Euphorbia segetalis L. subsp. pinea (L.) Rouy ■☆
159807 Euphorbia segetalis L. var. pinea (L.) Lange = Euphorbia segetalis L. subsp. pinea (L.) Rouy ■☆
159808 Euphorbia seguieriana Neck. ;西格尔大戟;Seguier Euphorbia ■
159809 Euphorbia sekukuniensis R. A. Dyer;塞库库尼大戟☆
159810 Euphorbia selousiana S. Carter;塞卢斯大戟☆
159811 Euphorbia semivillosa Prokh. ; 半 毛 状 大 戟; Semihaired Euphorbia ■☆
159812 Euphorbia semperflorens L. C. Leach;常花大戟■☆
159813 Euphorbia sendaica Makino;仙台大戟■☆
159814 Euphorbia sennii Chiov. ;森恩大戟■☆
159815 Euphorbia sepium N. E. Br. = Euphorbia balsamifera Aiton ●☆
159816 Euphorbia septentrionalis P. R. O. Bally et S. Carter;北方大戟■☆
159817 Euphorbia sepulta P. R. O. Bally et S. Carter;埋生大戟☆
159818 Euphorbia seretii De Wild. ;赛雷大戟■☆
159819 Euphorbia seretii De Wild. subsp. variantissima L. C. Leach;易变赛雷大戟■☆
159820 Euphorbia seretii De Wild. subsp. variantissima L. C. Leach = Euphorbia seretii De Wild. ■☆
159821 Euphorbia seretii De Wild. var. variantissima L. C. Leach = Euphorbia seretii De Wild. ■☆
159822 Euphorbia sericocarpa Hand. -Mazz. = Euphorbia griffithii Hook. f. ■
159823 Euphorbia serpens Kunth;匍根大戟;Round-leaved Spurge ■
159824 Euphorbia serpens Kunth = Chamaesyce serpens (Kunth) Small ■
159825 Euphorbia serpicula Hiern = Euphorbia zambesiana Benth. var. villosula (Pax) N. E. Br. ●■☆
159826 Euphorbia serpyilifolia Pers. ; 麝 香 草 叶 大 戟; Thyme-leaved Spurge ■☆
159827 Euphorbia serpyllifolia Pers. = Chamaesyce serpyllifolia (Pers.) Small ■☆
159828 Euphorbia serrata L. ; 锯 齿 大 戟; Serrate Spurge, Toothed Euphorbia ■☆
159829 Euphorbia serrata L. var. phylloclada Lange = Euphorbia serrata L. ■☆
159830 Euphorbia serratifolia S. Carter;齿叶大戟☆
159831 Euphorbia serrulata Engelm. = Euphorbia bifida Hook. et Arn. ■
159832 Euphorbia serrulata Reinw. ex Blume = Euphorbia bifida Hook. et Arn. ■
159833 Euphorbia sessiliflora Roxb. ;百步回阳(蚕豆七,金刚跌打,无柄大戟)■
159834 Euphorbia seticornis Poir. = Euphorbia terracina L. ■☆
159835 Euphorbia setispina S. Carter;刺毛大戟☆
159836 Euphorbia shebeliensis (M. G. Gilbert) Bruyns;谢贝利大戟■☆
159837 Euphorbia shetoensis Pax et K. Hoffm. = Euphorbia stracheyi Boiss. ■
159838 Euphorbia shirensis Baker f. = Euphorbia depauperata Hochst. ex A. Rich. ■☆
159839 Euphorbia shouanensis H. Keng;霞山大戟■
159840 Euphorbia shouanensis H. Keng = Euphorbia jolkinii Boiss. ■
159841 Euphorbia sieboldiana C. Morren et Decne. ;钩腺大戟(长角大戟,长圆叶大戟,川布,灯笼草,粉柄大戟,甘遂,黄土大戟,见气消,康定大戟,狼毒,马蹄大戟,马蹄叶大戟,奶汁草,牛奶浆草,三朵云,生死还阳,搜山虎,铁筷子,铁凉伞,通大海,土大戟,无苞大戟,锥腺大戟);Siebold Euphorbia,Siebold Spurge ■
159842 Euphorbia sieboldiana C. Morren et Decne. var. idzuensis (Hurus.) Hurus. = Euphorbia sieboldiana C. Morren et Decne. ■
159843 Euphorbia sieboldiana C. Morren et Decne. var. montana Tatew. = Euphorbia tsukamotoi Honda ■☆
159844 Euphorbia sieboldiana C. Morren et Decne. var. ohsumiensis (Hurus.) Hatus. ex Shimabuku;初岛大戟■☆
159845 Euphorbia sikkimensis Boiss. ;黄苞大戟(粉背刮金板,刮金板,括金盘,水黄花,水杨柳,锡金大戟,下奶藤,小狼毒,中尼大戟);Sikkim Euphorbia ■
159846 Euphorbia silenifolia (Haw.) Sweet;蝇子草叶大戟■☆

159847 Euphorbia sinanensis (Hurus.) T. Kuros. et H. Ohashi;信浓大戟■☆
159848 Euphorbia sinensis Jesson et Turrill = Euphorbia pekinensis Rupr. ■
159849 Euphorbia smithii S. Carter;史密斯大戟☆
159850 Euphorbia somalensis Pax var. nogalensis A. Hässl. = Euphorbia nogalensis (A. Hässl.) S. Carter ■☆
159851 Euphorbia soongarica Boiss.;准噶尔大戟(光果大戟);Dzungar Euphorbia ■
159852 Euphorbia soongarica Boiss. subsp. lamprocarpa (Prokh.) Y. C. Chu = Euphorbia soongarica Boiss. ■
159853 Euphorbia sororia Schrenk;对叶大戟;Pairleaf Euphorbia ■
159854 Euphorbia sparrmannii Boiss.;心叶大戟;Heartleaf Euphorbia ●■
159855 Euphorbia sparrmannii Boiss. = Chamaesyce sparrmannii (Boiss.) Hurus. ●■
159856 Euphorbia spathulata Lam.;匙状大戟;Prairie Spurge, Spurge, Warty Spurge ■☆
159857 Euphorbia speciosa L. C. Leach;美丽大戟☆
159858 Euphorbia specksii Rauh;斯佩克斯大戟☆
159859 Euphorbia spectabilis (S. Carter) Bruyns;壮观大戟■☆
159860 Euphorbia spicata E. Mey. ex Boiss.;穗状大戟☆
159861 Euphorbia spinescens Pax = Euphorbia cuneata Vahl var. spinescens (Pax) S. Carter ■☆
159862 Euphorbia spinicapsula Rauh et Petignat = Euphorbia pervilleana Baill. ●☆
159863 Euphorbia spinidens Bornm. ex Prokh.;刺齿大戟■☆
159864 Euphorbia spinosa L.;显刺大戟;Spiny Spurge ■☆
159865 Euphorbia spinulosa (S. Carter) Bruyns;密刺大戟■☆
159866 Euphorbia spissa Thulin;密集大戟☆
159867 Euphorbia splendens Bojer ex Hook. = Euphorbia milii Des Moul. ex Boiss. var. splendens (Bojer ex Hook.) Ursch et Léandri ●☆
159868 Euphorbia splendens Bojer ex Hook. = Euphorbia milii Des Moul. ex Boiss. ●
159869 Euphorbia splendens Bojer ex Hook. var. breonii (Nois.) Léandri = Euphorbia milii Des Moul. var. hislopii (N. E. Br.) Ursch et Léandri ●☆
159870 Euphorbia squamigera Loisel.;鳞大戟■☆
159871 Euphorbia squamigera Loisel. var. faurei Maire = Euphorbia clementei Boiss. subsp. faurei (Maire) Vincens, Molero et C. Blanché ■☆
159872 Euphorbia squamigera Loisel. var. mentagensis Maire = Euphorbia squamigera Loisel. ■☆
159873 Euphorbia squamigera Loisel. var. pseudatlantica Maire = Euphorbia squamigera Loisel. ■☆
159874 Euphorbia squamigera Loisel. var. rupicola (Boiss.) Maire = Euphorbia squamigera Loisel. ■☆
159875 Euphorbia squarrosa Haw.;糙大戟■☆
159876 Euphorbia stapelioides Boiss.;豹皮花大戟☆
159877 Euphorbia stapfii A. Berger;施塔普夫大戟☆
159878 Euphorbia stegmatica Nel = Euphorbia oxystegia Boiss. ■☆
159879 Euphorbia stellaespina E. Phillips = Euphorbia pillansii N. E. Br. ☆
159880 Euphorbia stellaspina Haw.;群星冠■☆
159881 Euphorbia stellata Willd.;星状大戟■☆
159882 Euphorbia stellispina Haw.;星刺大戟■☆
159883 Euphorbia stenoclada Baill.;银角珊瑚;Silver Thicket ●☆
159884 Euphorbia stepposa Zoz;草原大戟■☆
159885 Euphorbia stictospora Engelm. = Chamaesyce stictospora (Engelm.) Small ■☆
159886 Euphorbia stolonifera Marloth;匍枝大戟☆
159887 Euphorbia stracheyi (Boiss.) Hurus. et Y. Tanaka = Euphorbia stracheyi Boiss. ■
159888 Euphorbia stracheyi Boiss.;高山大戟(藏西大戟,柴胡大戟,柴胡状大戟,黄缘毛大戟,棉大戟,西藏大戟,喜马拉雅大戟)■
159889 Euphorbia strangulata N. E. Br.;收缩大戟☆
159890 Euphorbia striata Thunb.;条纹大戟☆
159891 Euphorbia striata Thunb. var. cuspidata (Bernh.) Boiss.;骤尖大戟■☆
159892 Euphorbia stricta L.;紧缩大戟;Tintern Spurge, Upright Spurge ■☆
159893 Euphorbia stuhlmannii Pax = Euphorbia schimperiana Scheele ■☆
159894 Euphorbia stuhlmannii Schweinf. ex Volkens = Euphorbia heterochroma Pax ■☆
159895 Euphorbia suareziana Croizat = Euphorbia tirucalli L. ●
159896 Euphorbia subapoda Baill. = Euphorbia primulifolia Baker ■☆
159897 Euphorbia subcordata C. A. Mey. ex Ledeb. = Euphorbia esula L. ■
159898 Euphorbia subfalcata Hiern = Euphorbia trichadenia Pax ●☆
159899 Euphorbia submammillaris (A. Berger) A. Berger;亚乳突大戟●☆
159900 Euphorbia subpeltatophylla Rauh;亚盾叶大戟☆
159901 Euphorbia subsalsa Hiern subsp. fluvialis L. C. Leach;河边大戟☆
159902 Euphorbia subsalsa Hiern var. kaokoensis A. C. White, R. A. Dyer et B. Sloane = Euphorbia kaokoensis (A. C. White, R. A. Dyer et B. Sloane) L. C. Leach ■☆
159903 Euphorbia subscandens P. R. O. Bally et S. Carter;亚攀缘大戟☆
159904 Euphorbia subterminalis N. E. Br.;亚顶生大戟☆
159905 Euphorbia subtilis Prokh.;纤细大戟■☆
159906 Euphorbia sudanica A. Chev.;苏丹大戟■☆
159907 Euphorbia suffulta Bruyns;支柱大戟☆
159908 Euphorbia sulcata Loisel.;纵沟大戟■☆
159909 Euphorbia sulcata Loisel. var. maroccana Molero et Rovira et Vicens = Euphorbia sulcata Loisel. ■☆
159910 Euphorbia superans Nel;上升大戟☆
159911 Euphorbia supina Raf.;小锦草;Boneset, Milk Purslane, Thoroughwort ■☆
159912 Euphorbia supina Raf. = Chamaesyce maculata (L.) Small ■☆
159913 Euphorbia supina Raf. = Euphorbia maculata L. ■
159914 Euphorbia supina Raf. ex Boiss. = Euphorbia maculata L. ■
159915 Euphorbia susannae Marloth;苏珊娜大戟☆
159916 Euphorbia suzannae-marnierae Rauh et Petignat;琉璃晃;Suzanne's Spurge ■☆
159917 Euphorbia syncalycina Bruyns;合萼大戟●☆
159918 Euphorbia syncameronii Bruyns;连卡梅伦大戟●☆
159919 Euphorbia systyla Edgew.;连柱大戟☆
159920 Euphorbia systyloides Pax;拟连柱大戟■☆
159921 Euphorbia systyloides Pax var. hebecarpa (Pax) N. E. Br. = Euphorbia crotonoides Boiss. ☆
159922 Euphorbia systyloides Pax var. laxa N. E. Br. = Euphorbia lophiosperma S. Carter ■☆
159923 Euphorbia systyloides Pax var. pedunculata N. E. Br. =

Euphorbia lophiosperma S. Carter ■☆
159924 Euphorbia szechuanica Pax et K. Hoffm. = Euphorbia sieboldiana C. Morren et Decne. ■
159925 Euphorbia szovitsii Fisch. et C. A. Mey.;索维大戟■☆
159926 Euphorbia taboraensis A. Hässl.;塔波拉大戟☆
159927 Euphorbia taihsiensis (Chaw et Koutnik) Oudejans;台西地锦(台西大戟)■
159928 Euphorbia taitensis Pax = Euphorbia tenuispinosa Gilli ■☆
159929 Euphorbia taiwaniana S. S. Ying = Euphorbia heterophylla L. ■
159930 Euphorbia tanaensis P. R. O. Bally;塔纳大戟■☆
159931 Euphorbia tanaitica Pacz. = Euphorbia sareptana Becker ■☆
159932 Euphorbia tangutica Prokh. = Euphorbia micractina Boiss. ■
159933 Euphorbia taourirtensis Batt. et Trab. = Euphorbia dracunculoides Lam. subsp. inconspicua (Ball) Maire ■☆
159934 Euphorbia tarokoensis Hayata;太鲁阁大戟■
159935 Euphorbia tarokoensis Hayata = Euphorbia esula L. ■
159936 Euphorbia tashiroi Hayata = Euphorbia humifusa Willd. ex Schltdl. ■
159937 Euphorbia tauricola Prokh.;克里木大戟■☆
159938 Euphorbia tchen-ngoi (Soják) A. R. Sm. = Euphorbia pekinensis Rupr. ■
159939 Euphorbia teixeirae L. C. Leach;特谢拉大戟☆
159940 Euphorbia tellieri A. Chev. = Euphorbia sudanica A. Chev. ■☆
159941 Euphorbia tenax Burch.;黏大戟■☆
159942 Euphorbia tenebrosa N. E. Br.;荫暗大戟■☆
159943 Euphorbia tenella Pax = Euphorbia macra Hiern ■☆
159944 Euphorbia tenuirama Schweinf. ex A. Berger;瘦枝大戟■☆
159945 Euphorbia tenuispinosa Gilli;细刺大戟■☆
159946 Euphorbia tenuispinosa Gilli var. robusta S. Carter;粗壮细刺大戟■☆
159947 Euphorbia terracina L.;地大戟;Geraldton Carnation Weed ■☆
159948 Euphorbia terracina L. var. angustifolia Lange = Euphorbia terracina L. ■☆
159949 Euphorbia terracina L. var. leiosperma (Sibth. et Sm.) Halácsy = Euphorbia terracina L. ■☆
159950 Euphorbia terracina L. var. mendax (Maire et Wilczek) Maire = Euphorbia terracina L. ■☆
159951 Euphorbia terracina L. var. multicaulis Batt. = Euphorbia terracina L. ■☆
159952 Euphorbia terracina L. var. ramosissima (Loisel.) Rouy = Euphorbia terracina L. ■☆
159953 Euphorbia terracina L. var. retusa Boiss. = Euphorbia terracina L. ■☆
159954 Euphorbia terracina L. var. trapezoidalis (Viv.) Hochr. = Euphorbia terracina L. ■☆
159955 Euphorbia terracina L. var. variicornis Maire et Sennen = Euphorbia terracina L. ■☆
159956 Euphorbia terracina L. var. visciosoi Sennen = Euphorbia terracina L. ■☆
159957 Euphorbia tetracantha Pax = Euphorbia nyassae Pax ●☆
159958 Euphorbia tetracantha Rendle;四刺大戟☆
159959 Euphorbia tetracanthoides Pax;拟四刺大戟☆
159960 Euphorbia tetragona Haw.;四角大戟☆
159961 Euphorbia tetraptera Baker;四翅大戟☆
159962 Euphorbia tettensis Klotzsch;泰特大戟☆
159963 Euphorbia tetuanensis Pau = Euphorbia clementei Boiss. ■☆
159964 Euphorbia thelesperma Hochst. ex Boiss. = Euphorbia acalyphoides Hochst. ex Boiss. ■☆
159965 Euphorbia thi Schweinf. = Euphorbia burgeri M. G. Gilbert ■●☆
159966 Euphorbia thi Schweinf. var. subinarticulata (Schweinf.) N. E. Br. = Euphorbia polyacantha Boiss. ■☆
159967 Euphorbia thomsoniana Boiss.;天山大戟(汤氏大戟);Thoms Euphorbia, Tianshan Euphorbia ■
159968 Euphorbia thouarsiana Baill.;图氏大戟■☆
159969 Euphorbia thulinii S. Carter;图林大戟☆
159970 Euphorbia thymifolia Forssk. = Euphorbia scordifolia Jacq. ■☆
159971 Euphorbia thymifolia L.;千根草(苍蝇翅,飞扬草,红乳草,痢疾草,痢子草,乳汁草,乳仔草,细叶地锦草,细叶飞扬草,小本乳汁草,小飞扬,小飞扬草,小乳汁草);Common Milkweed, Thymifolious Euphorbia, Thymifolious Spurge ●■
159972 Euphorbia thymifolia L. = Chamaesyce thymifolia (L.) Millsp. ●■
159973 Euphorbia tianshanica Prokh. = Euphorbia thomsoniana Boiss. ■
159974 Euphorbia tibetica Boiss.;西藏大戟(青藏大戟);Xizang Gentian ■
159975 Euphorbia tirucalii L.;绿玉树(白蚁树,淡乳,光棍树,绿珊瑚,绿云树,青珊瑚,乳葱树,铁罗,铁树);Finger Euphorbia, Finger Tree, Indiantree Spurge, Malabar Tree, Malabartree Euphorbia, Malabar-tree Euphorbia, Malabartree Spurge, Milk Bush, Milkbush, Monkey Fiddle, Pencil Bush, Pencil Tree, Penciltree, Red Pencil Tree, Rubber Euphorbia, Rubber Hedge, Spurge Tree, Tirucalli, Tirucalli Rubber ●
159976 Euphorbia tirucalli L. var. rhipsaloides (Welw. ex N. E. Br.) A. Chev. = Euphorbia tirucalli L. ●
159977 Euphorbia tirucalli L. var. rhipsaloides (Willd.) A. Chev. = Euphorbia tirucalli L. ●
159978 Euphorbia tisserantii A. Chev. et Sillans;蒂斯朗特大戟☆
159979 Euphorbia tithymaloides L. = Pedilanthus tithymaloides (L.) A. Poit. ●
159980 Euphorbia togakusensis Hayata;户隐山大戟■☆
159981 Euphorbia togakusensis Hayata var. ozensis Hurus. = Euphorbia togakusensis Hayata ■☆
159982 Euphorbia togoensis Pax = Euphorbia lateriflora Schum. et Thonn. ■☆
159983 Euphorbia tomentosa Pers. = Euphorbia scordifolia Jacq. ■☆
159984 Euphorbia tongchuanensis C. Y. Wu et J. S. Ma;铜川大戟;Tongchuan Euphorbia ■
159985 Euphorbia torrei (L. C. Leach) Bruyns;托雷大戟■☆
159986 Euphorbia torta Pax et K. Hoffm.;缠扭大戟☆
159987 Euphorbia tortistyla N. E. Br.;扭柱大戟☆
159988 Euphorbia tozzii Chiov. = Euphorbia candelabrum Tremaut ex Kotschy ●☆
159989 Euphorbia trachycarpa Pax = Euphorbia depauperata Hochst. ex A. Rich. var. trachycarpa (Pax) S. Carter ■☆
159990 Euphorbia transoxana Prokh.;外阿穆达尔大戟■☆
159991 Euphorbia transvaalensis Schltr.;德兰士瓦大戟●☆
159992 Euphorbia trapezoidalis Viv. = Euphorbia terracina L. ■☆
159993 Euphorbia trapiifolia A. Chev. = Euphorbia sudanica A. Chev. ■☆
159994 Euphorbia triacantha Ehrenb. ex Boiss. = Euphorbia triaculeata Forssk. var. triacantha (Ehrenb. ex Boiss.) N. E. Br. ■☆
159995 Euphorbia triaculeata Forssk.;三皮刺大戟■☆
159996 Euphorbia triaculeata Forssk. var. triacantha (Ehrenb. ex Boiss.) N. E. Br.;三刺大戟■☆

159997 Euphorbia triangularis Desf.;三棱大戟;Euphorbia ●☆

159998 Euphorbia trichadenia Pax;毛腺大戟●☆

159999 Euphorbia trichophylla Baker;毛叶大戟■☆

160000 Euphorbia tridentata Lam.;三齿大戟■☆

160001 Euphorbia trigona Haw.;三角霸王鞭(龙骨);African Milk Tree ●

160002 Euphorbia trigona Haw. = Euphorbia antiquorum L. ●

160003 Euphorbia trinervia Schumach. et Thonn.;三脉大戟■●☆

160004 Euphorbia triodonta Prokh.;三齿叶大戟■☆

160005 Euphorbia tripartita S. Carter;三深裂大戟☆

160006 Euphorbia truncata N. E. Br. = Euphorbia clavarioides Boiss. var. truncata (N. E. Br.) A. C. White, R. A. Dyer et B. Sloane ■☆

160007 Euphorbia tsukamotoi Honda;政元大戟■☆

160008 Euphorbia tuberculata Jacq.;多疣大戟☆

160009 Euphorbia tuberculata Jacq. var. macowani (N. E. Br.) A. C. White, R. A. Dyer et B. Sloane;麦克欧文大戟■☆

160010 Euphorbia tuberculatoides N. E. Br.;拟多疣大戟☆

160011 Euphorbia tuberifera N. E. Br.;块茎大戟☆

160012 Euphorbia tuberosa L.;羊玉■☆

160013 Euphorbia tubiglans Marloth ex R. A. Dyer;管腺大戟☆

160014 Euphorbia tuckeyana Webb;塔克大戟☆

160015 Euphorbia tuckeyana Webb var. mezereum A. Chev. = Euphorbia tuckeyana Webb☆

160016 Euphorbia tugelensis N. E. Br.;图盖拉大戟☆

160017 Euphorbia tulearensis (Rauh) Rauh;图莱亚尔大戟●☆

160018 Euphorbia turcomanica Boiss. = Euphorbia granulata Forssk. ■

160019 Euphorbia turczaninowii Kar. et Kir.;土大戟(矮生大戟);Turczaninow Euphorbia ■

160020 Euphorbia turkanensis S. Carter;图尔卡纳大戟☆

160021 Euphorbia turkestanica Franch. = Euphorbia franchetii B. Fedtsch. ■

160022 Euphorbia turkestanica Regel;中亚大戟;Centrol Asia Spurge ■

160023 Euphorbia ugandensis Pax;乌干达大戟☆

160024 Euphorbia uhelensis Pax = Euphorbia platycephala Pax ■☆

160025 Euphorbia uhligiana Pax;乌里希大戟☆

160026 Euphorbia umbonata S. Carter;脐突大戟☆

160027 Euphorbia uncinata DC. = Euphorbia stellata Willd. ■☆

160028 Euphorbia undulata M. Bieb.;波叶大戟■☆

160029 Euphorbia unicornis R. A. Dyer;单角大戟☆

160030 Euphorbia unispina N. E. Br.;独刺大戟☆

160031 Euphorbia uralensis Fisch. ex Link = Euphorbia pseudovirgata (Schur) Soó ■☆

160032 Euphorbia usambarica Pax;热非大戟■☆

160033 Euphorbia usambarica Pax subsp. elliptica ?;椭圆乌桑巴拉大戟☆

160034 Euphorbia ussanguensis N. E. Br. = Euphorbia cooperi N. E. Br. ex A. Berger var. ussanguensis (N. E. Br.) L. C. Leach☆

160035 Euphorbia vaalputsiana L. C. Leach;法尔大戟☆

160036 Euphorbia vachellii Hook. et Arn. = Chamaesyce bifida (Hook. et Arn.) T. Kuros. ■

160037 Euphorbia vachellii Hook. et Arn. = Euphorbia bifida Hook. et Arn. ■

160038 Euphorbia valerianifolia Lam.;缬草大戟☆

160039 Euphorbia valida N. E. Br.;法利达大戟;Valid Euphorbia ■☆

160040 Euphorbia valida N. E. Br. = Euphorbia meloformis Aiton subsp. valida (N. E. Br.) G. D. Rowley ■☆

160041 Euphorbia vallaris L. C. Leach;河谷大戟☆

160042 Euphorbia vandermerwei R. A. Dyer;范德大戟☆

160043 Euphorbia variabilis Ces.;易变大戟☆

160044 Euphorbia velutina Pax = Euphorbia schimperiana Scheele var. velutina N. E. Br. ■☆

160045 Euphorbia venteri L. C. Leach ex R. H. Archer et S. Carter;文特尔大戟☆

160046 Euphorbia verdickii De Wild. = Euphorbia oatesii Rolfe ■☆

160047 Euphorbia vermiculata Raf.;柔毛大戟;Hairy Euphorbia, Hairy Spurge, Worm-seed Sand-mat ■☆

160048 Euphorbia vermiculata Raf. = Chamaesyce vermiculata (Raf.) House ■☆

160049 Euphorbia verruculosa N. E. Br.;小疣大戟☆

160050 Euphorbia versicolores G. Will.;变色大戟☆

160051 Euphorbia verticillata Fisch. = Euphorbia fischeriana Steud. ■

160052 Euphorbia viguieri Denis;维基耶大戟☆

160053 Euphorbia villifera W. T. Wang;长毛大戟■

160054 Euphorbia villifera W. T. Wang = Euphorbia micractina Boiss. ■

160055 Euphorbia villosa Waldst. et Kit. ex Willd. = Euphorbia clementei Boiss. subsp. villosa (Faure et Maire) Vincens, Molero et C. Blanché ■

160056 Euphorbia villosa Willd. = Euphorbia clementei Boiss. subsp. villosa (Faure et Maire) Vincens, Molero et C. Blanché ■

160057 Euphorbia villosula Pax = Euphorbia zambesiana Benth. var. villosula (Pax) N. E. Br. ●■☆

160058 Euphorbia viminalis L. = Cynanchum viminale (L.) L. ■

160059 Euphorbia viminalis L. = Sarcostemma viminale (L.) R. Br. ■

160060 Euphorbia viperina A. Berger = Euphorbia inermis Mill. ■☆

160061 Euphorbia virgata Noë ex Nyman = Euphorbia lucida Waldst. et Kit. ■☆

160062 Euphorbia virgata Waldst. et Kit.;葡萄蔓大戟(细棱大戟);Leafy Euphorbia ■☆

160063 Euphorbia viridiflora Waldst. et Kit.;绿花大戟■☆

160064 Euphorbia virosa Willd.;八大龙王■☆

160065 Euphorbia virosa Willd. subsp. arenicola L. C. Leach;沙地八大龙王■☆

160066 Euphorbia vittata S. Carter;粗线大戟☆

160067 Euphorbia volgensis Krysht.;伏尔加大戟;Volga Euphorbia ■☆

160068 Euphorbia volkensii Pax = Euphorbia systyloides Pax ■☆

160069 Euphorbia volkensii Werth = Euphorbia nyikae Pax var. neovolkensii (Pax) S. Carter ■☆

160070 Euphorbia volkmanniae Dinter;福尔克曼大戟☆

160071 Euphorbia vulcanorum S. Carter;火大戟☆

160072 Euphorbia wahlbergii Boiss. = Euphorbia epicyparissias E. Mey. ex Boiss. ■☆

160073 Euphorbia wakefieldii N. E. Br.;韦克菲尔德大戟☆

160074 Euphorbia wallichii Hook. f.;大果大戟(长虫山大戟,云南大戟);Himalayan Spurge, Wallich Euphorbia ■

160075 Euphorbia wangii Oudejans = Euphorbia micractina Boiss. ■

160076 Euphorbia watanabei Makino;渡边大戟■☆

160077 Euphorbia watanabei Makino subsp. minamitanii T. Kuros., Seriz. et H. Ohashi;南谷大戟■☆

160078 Euphorbia waterbergensis R. A. Dyer;沃特大戟☆

160079 Euphorbia wellbyi N. E. Br.;威尔大戟☆

160080 Euphorbia wellbyi N. E. Br. var. glabra S. Carter;光滑威尔大戟☆

160081 Euphorbia welwitschii Boiss. et Reut. var. puberula Emb. = Euphorbia squamigera Loisel. ■☆

160082 Euphorbia welwitschii Boiss. et Reut. var. ramosissima Daveau =

Euphorbia clementei Boiss. ■☆
160083 Euphorbia whellanii L. C. Leach;惠兰大戟☆
160084 Euphorbia whyteana Baker f. ;怀特大戟☆
160085 Euphorbia wightiana Hook. f. = Euphorbia agowensis Hochst. ex Boiss. ■☆
160086 Euphorbia wildii L. C. Leach;维尔德大戟☆
160087 Euphorbia williamsonii L. C. Leach;威廉森大戟☆
160088 Euphorbia wilmaniae Marloth;维尔曼大戟☆
160089 Euphorbia wilsonii (Millsp.) Correll = Euphorbia charleswilsoniana V. Vlk ■☆
160090 Euphorbia winkleri Pax = Euphorbia ampliphylla Pax☆
160091 Euphorbia wittmannii Boiss. ;维特大戟■☆
160092 Euphorbia woodii N. E. Br. ;伍得大戟■☆
160093 Euphorbia woronowii Grossh. ;沃氏大戟■☆
160094 Euphorbia xanti Engelm. ex Boiss. ;巴亚大戟■☆
160095 Euphorbia xylacantha Pax;木刺大戟●☆
160096 Euphorbia yanjinensis W. T. Wang; 盐津大戟; Yanjin Euphorbia ■
160097 Euphorbia yattana (P. R. O. Bally) Bruyns;亚塔大戟■☆
160098 Euphorbia yinshanica S. Q. Zhou et G. H. Liu; 阴山大戟; Yinshan Euphorbia ■
160099 Euphorbia yinshanica S. Q. Zhou et G. H. Liu = Euphorbia kansuensis Prokh. ■
160100 Euphorbia yunnanensis A. R. Sm. = Euphorbia wallichii Hook. f. ■
160101 Euphorbia zakamenae Léandri;斋桑大戟●☆
160102 Euphorbia zambesiana (Benth.) Koutnik = Euphorbia zambesiana Benth. ■☆
160103 Euphorbia zambesiana Benth. ;赞比西大戟■☆
160104 Euphorbia zambesiana Benth. var. benguelensis (Pax) N. E. Br. = Euphorbia zambesiana Benth. var. villosula (Pax) N. E. Br. ●■☆
160105 Euphorbia zambesiana Benth. var. villosula (Pax) N. E. Br. ;长毛赞比西大戟●■☆
160106 Euphorbia zenkeri Pax = Euphorbia cervicornu Baill. ●☆
160107 Euphorbia zeylana N. E. Br. = Euphorbia scordifolia Jacq. ■☆
160108 Euphorbia zhiguliensis (Prokh.) Stank. ;日古利大戟■☆
160109 Euphorbia zoutpansbergensis R. A. Dyer;佐特大戟☆
160110 Euphorbiaceae Juss. (1789)(保留科名); 大戟科; Spurge Family ●■
160111 Euphorbiastrum Klotzsch et Garcke = Euphorbia L. ●■
160112 Euphorbiodendron Millsp. = Euphorbia L. ●■
160113 Euphorbiodendron Millsp. = Euphorbiastrum Klotzsch et Garcke ■
160114 Euphorbiopsis H. Lév. = Euphorbia L. ●■
160115 Euphorbiopsis H. Lév. = Euphorbiastrum Klotzsch et Garcke ■
160116 Euphorbiopsis H. Lév. et Vaniot. = Canscora Lam. ■
160117 Euphorbiopsis lucidissima (H. Lév. et Vaniot) H. Lév. = Canscora lucidissima (H. Lév. et Vaniot) Hand. -Mazz. ■
160118 Euphorbium Hill = Euphorbia L. ●■
160119 Euphorbium Hill = Euphorbiastrum Klotzsch et Garcke ■
160120 Euphoria Comm. ex Juss. = Dimocarpus Lour. ●
160121 Euphoria Comm. ex Juss. = Litchi Sonn. ●
160122 Euphoria didyma Blanco = Nephelium didymum Craib ●☆
160123 Euphoria longan (Lour.) Steud. = Dimocarpus longan Lour. ●◇
160124 Euphoria longana Lam. = Dimocarpus longan Lour. ●◇
160125 Euphorianthus Radlk. (1879);良梗花属●☆
160126 Euphorianthus euneurus (Miq.) Leenh. ;良梗花●☆
160127 Euphoriopsis Radlk. = Euphorianthus Radlk. ●☆
160128 Euphrasia L. (1753); 小米草属(碎雪草属); Euphrasy, Eyebright ■
160129 Euphrasia adenocaulon Juz. ;腺茎小米草■☆
160130 Euphrasia aiboffii Chabert;阿氏小米草■☆
160131 Euphrasia altaica Ser. ;阿尔泰小米草■☆
160132 Euphrasia amblyodonta Juz. ;钝齿小米草■☆
160133 Euphrasia americana Wettst. ;北美小米草;Eyebright ■☆
160134 Euphrasia amurensis Freyn;东北小米草;Amur Eyebright ■
160135 Euphrasia aspera Willd. = Striga aspera (Willd.) Benth. ■☆
160136 Euphrasia bakurianica Juz. ;巴库利亚小米草■☆
160137 Euphrasia bilineata Ohwi;两列毛小米草(双脉碎雪草)■
160138 Euphrasia bilineata Ohwi = Euphrasia matsudae Yamam. ■
160139 Euphrasia bilineata Ohwi = Euphrasia transmorrisonensis Hayata ■
160140 Euphrasia borneensis Stapf = Euphrasia durietziana Ohwi ■
160141 Euphrasia bottnica Kihlm. ;波的尼亚小米草■☆
160142 Euphrasia brevipila Burnat et Gremli ex Wettst. ;矮毛小米草■☆
160143 Euphrasia canadensis F. Towns. ; 加拿大小米草; Canadian Eyebright ■☆
160144 Euphrasia caucasica Juz. ;高加索小米草■☆
160145 Euphrasia curta Wettst. ;短小米草■☆
160146 Euphrasia cyclophylla Juz. ;圆叶小米草■☆
160147 Euphrasia daghestanica Juz. ;达赫斯坦小米草■☆
160148 Euphrasia durietziana Ohwi;多腺小米草(多腺毛小米草,台湾碎雪草);Durietz Taiwan Eyebright ■
160149 Euphrasia durietziana Ohwi = Euphrasia transmorrisonensis Hayata var. durietziana (Ohwi) T. C. Huang et M. J. Wu ■
160150 Euphrasia durietzii Yamam. = Euphrasia durietziana Ohwi ■
160151 Euphrasia exilis Ohwi;一齿小米草(大武碎雪草)■
160152 Euphrasia exilis Ohwi = Euphrasia matsudae Yamam. ■
160153 Euphrasia exilis Ohwi = Euphrasia transmorrisonensis Hayata ■
160154 Euphrasia fangii H. L. Li = Euphrasia regelii Wettst. ■
160155 Euphrasia fedtschenkoana Wettst. ex B. Fedtsch. ;费氏小米草■☆
160156 Euphrasia fennica Kihlm. ;芬兰小米草■☆
160157 Euphrasia filicaulis Y. Kimura;高砂小米草(软茎碎雪草)■
160158 Euphrasia filicaulis Y. Kimura = Euphrasia matsudae Yamam. ■
160159 Euphrasia filicaulis Y. Kimura = Euphrasia transmorrisonensis Hayata ■
160160 Euphrasia forrestii H. L. Li = Euphrasia regelii Wettst. ■
160161 Euphrasia frigida Pugsley;耐寒小米草■☆
160162 Euphrasia fukuyamae Masam. = Euphrasia pumilis Ohwi ■
160163 Euphrasia fukuyamae Masam. = Euphrasia transmorrisonensis Hayata ■
160164 Euphrasia georgica Kem. -Nath. ;乔治小米草■☆
160165 Euphrasia glabrescens (Wettst.) Wiinst. ;亚光小米草■☆
160166 Euphrasia gracilis Fr. ;细雅小米草■☆
160167 Euphrasia grossheimii Kem. -Nath. ;格罗小米草■☆
160168 Euphrasia hachijoensis Nakai ex Furumi;八丈岛小米草■☆
160169 Euphrasia hirtella Jord. ex Reut. ;长腺小米草(疏花小米草);Longglandular Eyebright ■
160170 Euphrasia hirtella Jord. ex Reut. var. pauper T. Yamaz. = Euphrasia hirtella Jord. ex Reut. ■
160171 Euphrasia idzuensis Takeda = Euphrasia insignis Wettst. subsp. iinumae (Takeda) T. Yamaz. var. idzuensis (Takeda) T. Yamaz. ■☆
160172 Euphrasia iinumae Takeda = Euphrasia insignis Wettst. subsp.

iinumae (Takeda) T. Yamaz. ■☆
160173 Euphrasia iinumae Takeda var. idzuensis (Takeda) Ohwi = Euphrasia insignis Wettst. subsp. iinumae (Takeda) T. Yamaz. var. idzuensis (Takeda) T. Yamaz. ■☆
160174 Euphrasia iinumae Takeda var. kiusiana (Y. Kimura) Ohwi = Euphrasia insignis Wettst. subsp. iinumae (Takeda) T. Yamaz. var. kiusiana (Y. Kimura) T. Yamaz. ■☆
160175 Euphrasia iinumae Takeda var. makinoi (Takeda) Ohwi = Euphrasia insignis Wettst. subsp. iinumae (Takeda) T. Yamaz. var. makinoi (Takeda) T. Yamaz. ■☆
160176 Euphrasia insignis Wettst.;显著小米草■☆
160177 Euphrasia insignis Wettst. subsp. iinumae (Takeda) T. Yamaz.;饭沼小米草■☆
160178 Euphrasia insignis Wettst. subsp. iinumae (Takeda) T. Yamaz. var. idzuensis (Takeda) T. Yamaz.;五日小米草■☆
160179 Euphrasia insignis Wettst. subsp. iinumae (Takeda) T. Yamaz. var. kiusiana (Y. Kimura) T. Yamaz.;九州小米草■☆
160180 Euphrasia insignis Wettst. subsp. iinumae (Takeda) T. Yamaz. var. makinoi (Takeda) T. Yamaz.;牧野氏小米草■☆
160181 Euphrasia insignis Wettst. subsp. insignis var. omiensis (Y. Kimura ex H. Hara) T. Yamaz. = Euphrasia insignis Wettst. var. omiensis (Y. Kimura ex H. Hara) T. Yamaz. ■☆
160182 Euphrasia insignis Wettst. var. daisenensis (Y. Kimura) Murata;大山小米草■☆
160183 Euphrasia insignis Wettst. var. japonica (Wettst.) Ohwi;日本小米草■☆
160184 Euphrasia insignis Wettst. var. nummularia (Nakai) T. Yamaz.;铜钱小米草■☆
160185 Euphrasia insignis Wettst. var. omiensis (Y. Kimura ex H. Hara) T. Yamaz.;大见小米草■☆
160186 Euphrasia insignis Wettst. var. pubigera (Koidz.) Murata;短毛小米草■☆
160187 Euphrasia insignis Wettst. var. togakusiensis (Y. Kimura) Y. Kimura ex H. Hara;户隐山小米草■☆
160188 Euphrasia irenae Juz.;伊伦小米草■☆
160189 Euphrasia jacuiica Juz.;雅库特小米草■☆
160190 Euphrasia jaeschkei Wettst.;大花小米草;Bigflower Eyebright ■
160191 Euphrasia jaeschkei Wettst. subsp. kangtienensis D. Y. Hong;川藏大花小米草■
160192 Euphrasia japonica Wettst. = Euphrasia insignis Wettst. var. japonica (Wettst.) Ohwi ■☆
160193 Euphrasia juzepczukii Denisse;尤氏小米草■☆
160194 Euphrasia kanzanensis Masam. = Euphrasia pumilis Ohwi ■
160195 Euphrasia kånzanensis Masam. = Euphrasia transmorrisonensis Hayata ■
160196 Euphrasia kemulariae Juz.;凯姆小米草■☆
160197 Euphrasia kerneri Wettst.;克纳小米草■☆
160198 Euphrasia kingdon-wardii Pugsley = Euphrasia regelii Wettst. ■
160199 Euphrasia kisoalpina Hid. Takah. et Ohba;木曾小米草■☆
160200 Euphrasia kiusiana Y. Kimura = Euphrasia insignis Wettst. subsp. iinumae (Takeda) T. Yamaz. var. kiusiana (Y. Kimura) T. Yamaz. ■☆
160201 Euphrasia krassnowii Juz.;克拉斯小米草■☆
160202 Euphrasia latifolia L. = Parentucellia latifolia (L.) Caruel ■☆
160203 Euphrasia latifolia Schur;宽叶小米草;Broadleaf Eyebright ■☆
160204 Euphrasia lepida Chabert;鳞小米草■☆
160205 Euphrasia macrocalyx Juz.;大萼小米草■☆
160206 Euphrasia macrodonta Juz.;大齿小米草■☆
160207 Euphrasia makinoi Takeda = Euphrasia insignis Wettst. subsp. iinumae (Takeda) T. Yamaz. var. makinoi (Takeda) T. Yamaz. ■☆
160208 Euphrasia masamuneana Ohwi = Euphrasia matsudae Yamam. ■
160209 Euphrasia masamuneana Ohwi = Euphrasia transmorrisonensis Hayata ■
160210 Euphrasia matsudae Yamam.;光叶小米草(钝齿小米草,高山碎雪草,高山小米草,能高碎雪草)■
160211 Euphrasia matsudae Yamam. = Euphrasia transmorrisonensis Hayata ■
160212 Euphrasia matsumurae Nakai;松村氏小米草■☆
160213 Euphrasia matsumurae Nakai f. eglandulosa T. Shimizu;无腺松村氏小米草■☆
160214 Euphrasia maximowiczii Wettst. ex Pubalin;马氏小米草■
160215 Euphrasia maximowiczii Wettst. ex Pubalin = Euphrasia pectinata Ten. subsp. simplex (Freyn) D. Y. Hong ■
160216 Euphrasia maximowiczii Wettst. ex Pubalin var. calcarea T. Yamaz. ex T. Yamaz.;石灰小米草■☆
160217 Euphrasia maximowiczii Wettst. ex Pubalin var. simplex Freyn = Euphrasia pectinata Ten. subsp. simplex (Freyn) D. Y. Hong ■
160218 Euphrasia maximowiczii Wettst. ex Pubalin var. yezoensis (H. Hara) H. Hara ex T. Yamaz.;北海道小米草■☆
160219 Euphrasia micrantha Brenner;小花小米草;Northern Eyebright ■☆
160220 Euphrasia micrantha Rchb. = Euphrasia officinalis L. ■☆
160221 Euphrasia microphylla Koidz.;小叶小米草■☆
160222 Euphrasia minima Jacq. ex DC.;细小米草■☆
160223 Euphrasia minima Jacq. var. willkommii (Freyn) Chab.? = Euphrasia willkommii Freyn ■☆
160224 Euphrasia mollis Ledeb. ex Wettst.;柔毛小米草■☆
160225 Euphrasia mollis Ledeb. ex Wettst. var. pseudomollis (Juz.) T. Yamaz.;假柔毛小米草■☆
160226 Euphrasia montana Jord.;早罗氏小米草■☆
160227 Euphrasia multifolia Wettst.;多叶小米草■☆
160228 Euphrasia multifolia Wettst. var. inaensis Hid. Takah.;伊那小米草■☆
160229 Euphrasia multifolia Wettst. var. kirisimana Y. Kimura;木村小米草■☆
160230 Euphrasia murbeckii Wettst.;穆尔拜克小米草■☆
160231 Euphrasia nankotaizanensis Yamam.;高山小米草(南湖碎雪草);Alpine Eyebright ■
160232 Euphrasia odontites L. = Odontites vulgaris Moench ■
160233 Euphrasia officinalis L.;药用小米草;Drug Eyebright, Eyebright, Meadow Eyebright ■☆
160234 Euphrasia officinalis L. = Euphrasia pectinata Ten. ■
160235 Euphrasia omiensis Y. Kimura ex H. Hara = Euphrasia insignis Wettst. var. omiensis (Y. Kimura ex H. Hara) T. Yamaz. ■☆
160236 Euphrasia onegensis Cajander ex Serg.;早芬兰小米草;Biddy's Eyes, Bird's Eye, Euphrasy, Ewfrace, Ewfras, Eyebright, Fairy Flax, Peeweets, Rock Rue ■☆
160237 Euphrasia ossica Juz.;奥斯小米草■☆
160238 Euphrasia parviflorus Schag.;欧洲小花小米草■☆
160239 Euphrasia pectinata Ten.;小米草(芒小米草,芒叶小米草,药用小米草);Adhib, Pectinate Eyebright, Tatar Eyebright ■
160240 Euphrasia pectinata Ten. subsp. sichuanica D. Y. Hong;四川小米草;Sichuan Eyebright ■
160241 Euphrasia pectinata Ten. subsp. simplex (Freyn) D. Y. Hong;

高枝小米草(芒小米草)■
160242 Euphrasia pectinata Ten. var. obtusiserrata (T. Yamaz.) T. Yamaz.;日本钝齿小米草■☆
160243 Euphrasia peduncularis Juz.;梗花小米草■☆
160244 Euphrasia petiolaris Wettst. = Euphrasia transmorrisonensis Hayata ■
160245 Euphrasia picta Wimm.;着色小米草■☆
160246 Euphrasia praebrevipila Chitr.;夏短毛小米草■☆
160247 Euphrasia praecurta Chitr.;夏矮小米草■☆
160248 Euphrasia praerostkoviana Chitr.;夏季罗氏小米草■☆
160249 Euphrasia pseudomollis Juz. = Euphrasia mollis Ledeb. ex Wettst. var. pseudomollis (Juz.) T. Yamaz. ■☆
160250 Euphrasia pumilis Ohwi;矮小米草(关山碎雪草)■
160251 Euphrasia pumilis Ohwi = Euphrasia transmorrisonensis Hayata ■
160252 Euphrasia purpurea Desf.;紫小米草;Purple Eyebright ■☆
160253 Euphrasia purpurea Desf. = Odontites purpureus (Desf.) G. Don ■☆
160254 Euphrasia regelii Wettst.;短腺小米草(小米草);Regel Eyebright ■
160255 Euphrasia regelii Wettst. subsp. kangtienensis D. Y. Hong;川藏短腺小米草(川藏小米草);Kangding Regel Eyebright ■
160256 Euphrasia reuteri Wettst.;裂伊小米草■☆
160257 Euphrasia rockii H. L. Li = Euphrasia regelii Wettst. ■
160258 Euphrasia rostkoviana Hayne;罗氏小米草(劳氏小米草);Rostkov Eyebright ■☆
160259 Euphrasia saamica Juz.;扎姆小米草■☆
160260 Euphrasia salisburgensis Funk = Euphrasia salisburgensis Funk ex Hoppe ■☆
160261 Euphrasia salisburgensis Funk ex Hoppe;萨地小米草■☆
160262 Euphrasia schugnanica Juz.;舒格南小米草■☆
160263 Euphrasia serotina Lam. = Odontites serotina (Lam.) Dum. Cours. ■
160264 Euphrasia serotina Lam. = Odontites vulgaris Moench ■
160265 Euphrasia sevanensis Juz.;塞凡小米草■☆
160266 Euphrasia sibirica Serg.;西伯利亚小米草■☆
160267 Euphrasia sosnowskyi Kem.-Nath.;索思小米草■☆
160268 Euphrasia stricta Host;直小米草;Drug Eyebright, Drug Eyebright, Stiff Eyebright, Strict Eyebright ■☆
160269 Euphrasia subpetiolaris Pugsley = Euphrasia pectinata Ten. subsp. simplex (Freyn) D. Y. Hong ■
160270 Euphrasia suecica Murb. et Wettst.;瑞典小米草■☆
160271 Euphrasia suecica Murb. et Wettst. = Euphrasia tenuis (Brenner) Wettst. ■☆
160272 Euphrasia svanica Kem.-Nath.;斯旺小米草■☆
160273 Euphrasia syreitschikovii Govor.;希雷小米草■☆
160274 Euphrasia taiwaniana S. S. Ying = Euphrasia durietziana Ohwi ■
160275 Euphrasia tarokoana Ohwi;太鲁阁小米草;Taroko Eyebright ■
160276 Euphrasia tatakensis Masam. = Euphrasia transmorrisonensis Hayata ■
160277 Euphrasia tatarica Fisch.;塔塔尔小米草■☆
160278 Euphrasia tatarica Fisch. ex Spreng. = Euphrasia pectinata Ten. ■
160279 Euphrasia tatarica Fisch. ex Spreng. var. obtusiserrata T. Yamaz. = Euphrasia pectinata Ten. var. obtusiserrata (T. Yamaz.) T. Yamaz. ■☆
160280 Euphrasia tatarica Fisch. var. simplex (Freyn) T. Yamaz. = Euphrasia pectinata Ten. subsp. simplex (Freyn) D. Y. Hong ■
160281 Euphrasia tatrae Wettst.;塔特小米草■☆
160282 Euphrasia taurica Ganesch.;克里木小米草■☆
160283 Euphrasia tenuis (Brenner) Wettst.;细弱小米草■☆
160284 Euphrasia tetraquetra Arrond.;滨海小米草;Maritime Eyebright ■☆
160285 Euphrasia townsendiana Freyn ex Wettst.;汤氏小米草■☆
160286 Euphrasia transmorrisonensis Hayata;台湾小米草(矮小米草,齿小米草,大武碎雪草,钝齿小米草,多腺毛小米草,多腺小米草,高砂小米草,高山碎雪草,关山碎雪草,光叶小米草,两列毛小米草,能高碎雪草,软茎碎雪草,双脉碎雪草,台湾碎雪草,一齿小米草,玉山小米草);Filicauline Eyebright, Glabrousleaf Eyebright, Low Eyebright, Obtusetooth Eyebright, Onetoothed Eyebright, Polyglandular Eyebright, Taiwan Eyebright, Twolinehairy Eyebright ■
160287 Euphrasia transmorrisonensis Hayata var. durietziana (Ohwi) T. C. Huang et M. J. Wu = Euphrasia durietziana Ohwi ■
160288 Euphrasia tranzszelii Juz.;特朗小米草■☆
160289 Euphrasia uechtritziana Jungn et Engl.;尤赫小米草■☆
160290 Euphrasia ussuriensis Juz.;乌苏里小米草■☆
160291 Euphrasia viscosa L. = Parentucellia viscosa (L.) Caruel ■☆
160292 Euphrasia willkommii Freyn;威氏小米草;Willkomm Eyebright ■☆
160293 Euphrasia woronowii Juz.;沃氏小米草■☆
160294 Euphrasia yabeana Nakai;矢部小米草■☆
160295 Euphrasia yezoensis H. Hara = Euphrasia maximowiczii Wettst. ex Pubalin var. yezoensis (H. Hara) H. Hara ex T. Yamaz. ■☆
160296 Euphrasiaceae Martinov = Orobanchaceae Vent.(保留科名)●■
160297 Euphrasiaceae Martinov = Scrophulariaceae Juss.(保留科名)●■
160298 Euphroboscis Wight = Euproboscis Griff. ■
160299 Euphroboscis Wight = Thelasis Blume ■
160300 Euphronia Mart. = Euphronia Mart. et Zucc. ■☆
160301 Euphronia Mart. et Zucc.(1825);南美合丝花属■☆
160302 Euphronia acuminatissima Steyerm.;渐尖南美合丝花■☆
160303 Euphronia guianensis (R. H. Schomb.) Hallier f.;圭亚那南美合丝花■☆
160304 Euphronia hirtelloides Mart.;南美合丝花■☆
160305 Euphroniaceae Marc.-Berti = Vochysiaceae A. St.-Hil.(保留科名)●■☆
160306 Euphroniaceae Marc.-Berti(1989);合丝花科■☆
160307 Euphrosine Endl. = Euphrosyne DC. ■☆
160308 Euphrosinia Rchb. = Euphrosyne DC. ■☆
160309 Euphrosinia Rchb. f. = Euphrosyne DC. ■☆
160310 Euphrosyne DC.(1836);欢乐菊属■☆
160311 Euphrosyne acerosa (Nutt.) Panero = Iva acerosa (Nutt.) R. C. Jacks. ■☆
160312 Euphrosyne acerosa (Nutt.) Panero = Oxytenia acerosa Nutt. ■☆
160313 Euphrosyne ambrosiifolia A. Gray = Hedosyne ambrosiifolia (A. Gray) Strother ■☆
160314 Euphrosyne dealbata (A. Gray) Panero = Leuciva dealbata (A. Gray) Rydb. ■☆
160315 Euphrosyne nevadensis (M. E. Jones) Panero = Chorisiva nevadensis (M. E. Jones) Rydb. ■☆
160316 Euphrosyne parthenifolia DC.;欢乐菊■☆
160317 Euphyleia Raf. = Cordyline Comm. ex R. Br.(保留属名)●
160318 Euphylieu Raf. = Euphyleia Raf. ●
160319 Euplassa Salisb. = Euplassa Salisb. ex Knight ●☆

160320 Euplassa Salisb. ex Knight(1809);热美龙眼木属●☆
160321 Euplassa laxiflora I. M. Johnst.;疏花热美龙眼木●☆
160322 Euplassa nitida I. M. Johnst.;光亮热美龙眼木●☆
160323 Euplassa occidentalis I. M. Johnst.;西部热美龙眼木●☆
160324 Euploca Nutt. = Heliotropium L. ●■
160325 Euploca procumbens (Mill.) Diane et Hilger;卵叶天芥菜(椭圆叶天芥菜)■☆
160326 Eupodia Raf. = Chironia L. ●■☆
160327 Eupogon Desv. = Andropogon L.(保留属名)■
160328 Eupomatia R. Br.(1814);澳楠属(澳洲番荔枝属,帽花木属);Bolwarra ●☆
160329 Eupomatia bennettii F. Muell.;昆士兰帽花木●☆
160330 Eupomatia laurina R. Br.;澳楠(澳洲番荔枝);Bolwarra ●☆
160331 Eupomatiaceae Endl. = Eupomatiaceae Orb.(保留科名)●☆
160332 Eupomatiaceae Orb.(1845)(保留科名);澳楠科(澳番荔枝科,澳洲番荔枝科,帽花木科)●☆
160333 Euporteria Kreuz. et Buining = Neoporteria Britton et Rose ●■
160334 Euprepia Steven = Astragalus L. ●■
160335 Eupritchardia Kuntze = Pritchardia Seem. et H. Wendl.(保留属名)●☆
160336 Euproboscis Griff. = Thelasis Blume ■
160337 Euproboscis pygmaea Griff. = Thelasis pygmaea (Griff.) Blume ■
160338 Euptelea Siebold et Zucc.(1840 – 1841);领春木属(云叶属);Euptelea ●
160339 Euptelea davidiana Baill. = Euptelea pleiosperma Hook. f. et Thomson ●
160340 Euptelea delavayi Tiegh. = Euptelea pleiosperma Hook. f. et Thomson ●
160341 Euptelea franchetii Tiegh. = Euptelea pleiosperma Hook. f. et Thomson ●
160342 Euptelea griffithii Hook. f. et Thomson ex Baill. = Euptelea pleiosperma Hook. f. et Thomson ●
160343 Euptelea minor Ching = Euptelea pleiosperma Hook. f. et Thomson ●
160344 Euptelea pleiosperma Hook. f. et Thomson;领春木(黄花树,扇耳树,少籽云叶,水葫芦,水桃,正心木);Manyseeded Euptelea, Pleiospermous Euptelea ●
160345 Euptelea pleiosperma Hook. f. et Thomson f. franchetii (Tiegh.) P. C. Kuo;大果领春木(多籽领春木,岩虱子);Bigfruit Euptelea ●
160346 Euptelea pleiosperma Hook. f. et Thomson f. franchetii (Tiegh.) P. C. Kuo = Euptelea pleiosperma Hook. f. et Thomson ●
160347 Euptelea polyandra Siebold et Zucc.;多蕊领春木(日本领春木,山叶嵩,云叶,总樱);Many-stamen Euptelea ●☆
160348 Euptelea polyandra Siebold et Zucc. f. hypoleuca M. Mizush. et Yokouchi;里白领春木●☆
160349 Eupteleaceae K. Wilh.(1910)(保留科名);领春木科;Euptelea Family ●
160350 Eupteleaceae Tiegh. = Eupteleaceae K. Wilh.(保留科名)●
160351 Eupteron Miq. = Polyscias J. R. Forst. et G. Forst. ●
160352 Euptilia Raf. = Pterocephalus Vaill. ex Adans. ●■
160353 Eupyrena Wight et Arn. = Timonius DC.(保留属名)●
160354 Euranthemum Nees ex Steud. = Eranthemum L. ●■
160355 Euraphis (Trin.) Kuntze = Pappophorum Schreb. ■☆
160356 Euraphis (Trin.) Lindl. = Boissiera Hochst. ex Steud. ■
160357 Euraphis Trin. ex Lindl. = Pappophorum Schreb. ■☆
160358 Eurbia macrophylla (L.) Cass. = Aster macrophyllus L. ■☆
160359 Eurebutia (Backeb.) G. Vande Weghe = Rebutia K. Schum. ●
160360 Eurebutia Frič = Rebutia K. Schum. ●
160361 Euregelia Kuntze = Cylindrocarpa Regel ■☆
160362 Eureiandra Hook. f.(1867);热非瓜属■☆
160363 Eureiandra bequaertii De Wild. = Eureiandra formosa Hook. f. ■☆
160364 Eureiandra cogniauxii (Gilg) C. Jeffrey;科尼热非瓜■☆
160365 Eureiandra congolensis Cogn. = Eureiandra formosa Hook. f. ■☆
160366 Eureiandra eburnea C. Jeffrey;象牙白热非瓜■☆
160367 Eureiandra fasciculata (Cogn.) C. Jeffrey;簇生热非瓜■☆
160368 Eureiandra formosa Hook. f.;美丽热非瓜■☆
160369 Eureiandra lasiandra C. Jeffrey;毛蕊热非瓜■☆
160370 Eureiandra leucantha C. Jeffrey;白花热非瓜■☆
160371 Eureiandra parvifolia Chiov. = Eureiandra cogniauxii (Gilg) C. Jeffrey ■☆
160372 Eureiandra schweinfurthii Cogn. = Eureiandra formosa Hook. f. ■☆
160373 Eureiandra somalensis (Chiov.) Jeffrey;索马里热非瓜■☆
160374 Eurhaphis Trin. ex Steud. = Euraphis (Trin.) Kuntze ■☆
160375 Eurhotia Neck. = Cephaelis Sw.(保留属名)●
160376 Eurhotia Neck. = Psychotria L.(保留属名)●
160377 Euriosma Desv. = Eriosema (DC.) Desv.(保留属名)●■
160378 Euriples Raf. = Salvia L. ●■
160379 Europritchardia Kuntze = Pritchardia Seem. et H. Wendl.(保留属名)●☆
160380 Euroschinus Hook. f.(1862);新几内亚漆属●☆
160381 Euroschinus falcatus Hook. f.;镰形新几内亚漆●☆
160382 Euroschinus obtusifolius Engl.;钝叶新几内亚漆●☆
160383 Euroschinus parvifolius S. Moore;小叶新几内亚漆●☆
160384 Euroschinus sylvicola Baker f.;林地新几内亚漆●☆
160385 Eurostorhiza G. Don ex Steud. = Physalis L. ■
160386 Eurostorhiza Steud. = Caustis R. Br. ■☆
160387 Eurotia Adans.(1763);优若属;Winter Fat ■☆
160388 Eurotia Adans. = Axyris L. ■
160389 Eurotia Adans. = Ceratoides (Tourn.) Gagnebin ■
160390 Eurotia Adans. = Krascheninnikovia Gueldenst. ●
160391 Eurotia arborescens Losinsk. = Ceratoides arborescens (Losinsk.) C. P. Tsien et C. G. Ma ●
160392 Eurotia arborescens Losinsk. = Krascheninnikovia arborescens (Losinsk.) Czerep. ●
160393 Eurotia ceratoides (L.) C. A. Mey. = Ceratoides latens (J. F. Gmel.) Reveal et N. H. Holmgren ●
160394 Eurotia ceratoides (L.) C. A. Mey. = Krascheninnikovia ceratoides (L.) Gueldenst. ●
160395 Eurotia compacta Losinsk. = Ceratoides compacta (Losinsk.) C. P. Tsien et C. G. Ma ●
160396 Eurotia compacta Losinsk. = Krascheninnikovia compacta (Losinsk.) Grubov ●
160397 Eurotia ewersmannia Stschegl. ex Losinsk. = Krascheninnikovia ewersmannia (Stschegl. ex Losinsk.) Grubov ●
160398 Eurotia ewersmanniana Stschegl. ex Losinsk. = Ceratoides ewersmanniana (Stschegl. ex Losinsk.) Botsch. et Ikonn. ●
160399 Eurotia lanata (Pursh) Moq. = Krascheninnikovia lanata (Pursh) A. Meeuse et A. Smit ●☆
160400 Eurotia lanata (Pursh) Moq. var. subspinosa (Rydb.) Kearney et Peebles = Krascheninnikovia lanata (Pursh) A. Meeuse et A. Smit ●☆
160401 Eurotia latens J. F. Gmel. = Ceratoides latens (J. F. Gmel.)

Reveal et N. H. Holmgren ●

160402 Eurotia prostrata Losinsk. = Ceratoides latens (J. F. Gmel.) Reveal et N. H. Holmgren ●

160403 Eurotia prostrata Losinsk. = Krascheninnikovia ceratoides (L.) Gueldenst. ●

160404 Eurotium B. D. Jacks. = Erotium Kuntze ●☆

160405 Eurya Thunb. (1783);柃属(柃木属);Eurya ●

160406 Eurya acuminata DC.;尖叶柃(锐叶柃木,松田氏柃木,尾尖叶柃,尾叶柃);Acuminate Eurya, Acuminate-leaf Eurya, Acuminate-leaved Eurya ●

160407 Eurya acuminata DC. var. arisanensis (Hayata) H. Keng;锐叶柃●

160408 Eurya acuminata DC. var. arisanensis (Hayata) H. Keng = Eurya loquaiana Dunn et Kobuski ●

160409 Eurya acuminata DC. var. euprusta (Korth.) Dyer = Eurya acuminata DC. ●

160410 Eurya acuminata DC. var. groffii (Merr.) Kobuski = Eurya groffii Merr. ●

160411 Eurya acuminata DC. var. multiflora (DC.) Blume = Eurya acuminata DC. ●

160412 Eurya acuminata DC. var. multiflora Blume = Eurya acuminata DC. ●

160413 Eurya acuminata DC. var. suzukii (Yamam.) H. Keng = Eurya loquaiana Dunn et Kobuski ●

160414 Eurya acuminata DC. var. wallichiana (Steud.) Dyer = Eurya acuminata DC. ●

160415 Eurya acuminata DC. var. wallichiana Dyer = Eurya acuminata DC. ●

160416 Eurya acuminatissima Merr. et Chun;尖叶毛柃(尖叶柃);Sharpleaf Eurya, Sharp-leaved Eurya ●

160417 Eurya acuminoides Hu et L. K. Ling;川黔尖叶柃(川尾尖叶柃);Sharpleaf-like Eurya, Sichuan Acuminate Eurya, Sichuan Eurya ●

160418 Eurya acutisepala Hu et L. K. Ling;尖萼毛柃(尖萼柃,尖叶柃木,苦白蜡);Acutesepal Eurya, Acute-sepaled Eurya ●

160419 Eurya alata Kobuski et Hung T. Chang;翅柃(柃木);Winged Eurya ●

160420 Eurya amplexifolia Dunn;穿心柃;Amplexifoliate Eurya ●

160421 Eurya annamensis Gagnep. = Eurya quinquelocularis Kobuski ●

160422 Eurya arisanensis Hayata = Eurya acuminata DC. var. arisanensis (Hayata) H. Keng ●

160423 Eurya arisanensis Hayata = Eurya loquaiana Dunn et Kobuski ●

160424 Eurya aurea (H. Lév.) H. T. Chang = Eurya aurea (H. Lév.) Hu et L. K. Ling ●

160425 Eurya aurea (H. Lév.) Hu et L. K. Ling = Eurya obtusifolia Hung T. Chang var. aurea (H. Lév.) T. L. Ming ●

160426 Eurya aurescens (Rehder et E. H. Wilson) Hand.-Mazz. = Eurya nitida Korth. ●

160427 Eurya auriformis Hung T. Chang;耳叶柃;Auriform Eurya, Ear-shaped Eurya ●

160428 Eurya austroyunnanensis T. L. Ming et H. Zhu;滇南柃;S. Yunnan Eurya, South Yunnan Eurya ●

160429 Eurya austroyunnanensis T. L. Ming et H. Zhu = Eurya pittosporifblia Hu ●

160430 Eurya bifidostyla K. M. Feng et P. Y. Mao;双柱柃;Two-style Eurya ●

160431 Eurya boninensis Koidz. = Eurya japonica Thunb. subsp. palauensis (Hosok.) T. Yamaz. var. boninensis (Koidz.) T. Yamaz. ●☆

160432 Eurya brevistyla Kobuski et Hung T. Chang;短柱柃;Shortstyle Eurya, Short-styled Eurya ●

160433 Eurya cavaleriei H. Lév. = Symplocos cochinchinensis (Lour.) S. Moore var. laurina (Retz.) Raizada ●

160434 Eurya cavinervis Vesque;云南凹脉柃;Sunkenvein Eurya, Sunken-veined Eurya ●

160435 Eurya cavinervis Vesque f. laevis Hung T. Chang;平脉柃;Smooth Sunkenvein Eurya ●

160436 Eurya cavinervis Vesque f. laevis Hung T. Chang = Eurya cavinervis Vesque ●

160437 Eurya cavinervis Vesque var. strigillosa (Hand.-Mazz.) Kobuski = Eurya handel-mazzettii Hung T. Chang ●

160438 Eurya cavinervis Vesque var. trichocarpa Kobuski = Eurya tsaii Hung T. Chang ●

160439 Eurya cerasifolia (D. Don) Kobuski;樱叶柃(桃叶柃,樱桃叶柃);Cherryleaved Eurya, Cherry-leaved Eurya ●

160440 Eurya changii P. S. Hsu = Eurya fangii Rehder var. megaphylla Y. C. Hsu ●

160441 Eurya chienii P. S. Hsu = Eurya persicifolia Gagnep. ●

160442 Eurya chinensis R. Br.;米碎花(岗茶,红淡比,华柃,梅养东,米碎柃木,虾辣眼,叶柃);China Eurya, Chinese Eurya ●

160443 Eurya chinensis R. Br. var. glabra Hu et L. K. Ling;光枝米碎花;Glabrousbranched Eurya ●

160444 Eurya chrysotola Melch. = Eurya quinquelocularis Kobuski ●

160445 Eurya chuekiangensis Hu;大果柃;Bigfruit Eurya, Big-fruited Eurya ●

160446 Eurya ciliata Merr.;华南毛柃(长毛柃,乌婆树,鱼骨刺);Ciliate Eurya ●

160447 Eurya crassilimba Hung T. Chang;厚叶柃;Thick-leaf Eurya ●

160448 Eurya crenatifolia (Yamam.) Kobuski;钝齿柃(钝叶柃,假柃木,赛柃木);Obtuse-toothed Eurya, Robuste-toothed Eurya ●

160449 Eurya cuneata Kobuski;楔叶柃;Cuneate Eurya, Wedge-leaf Eurya ●

160450 Eurya cuneata Kobuski var. glabra Kobuski;光枝楔叶柃;Glabrous Wedge-leaf Eurya ●

160451 Eurya dasyclados Kobuski = Eurya glandulosa Merr. var. dasyclados (Kobuski) Hung T. Chang ●

160452 Eurya disticha Chun;秃小耳柃;Auriculate Eurya ●

160453 Eurya distichophylla Hemsl. ex Forbes et Hemsl.;二列叶柃;Distichousleaf Eurya, Distichous-leaved Eurya ●

160454 Eurya distichophylla Hemsl. ex Forbes et Hemsl. f. asymmetrica Hung T. Chang;偏心毛柃(微心毛柃)●

160455 Eurya distichophylla Hemsl. ex Forbes et Hemsl. var. henryi (Hemsl.) Kobuski = Eurya henryi Hemsl. ●

160456 Eurya distichophylla Hemsl. f. asymmetrica Hung T. Chang = Eurya distichophylla Hemsl. ex Forbes et Hemsl. ●

160457 Eurya distichophylla Hemsl. var. henryi (Hemsl.) Kobuski = Eurya henryi Hemsl. ●

160458 Eurya emarginata (Thunb.) Makino;滨柃(凹头柃木,凹叶柃木);Emarginate Eurya, Shore Eurya ●

160459 Eurya emarginata (Thunb.) Makino f. macrophylla Hatus. = Eurya emarginata (Thunb.) Makino ●

160460 Eurya emarginata (Thunb.) Makino f. microphylla (Makino) Okuyama;小叶滨柃;Littleleaf Emarginate Eurya, Smallleaf Emarginate Eurya ●☆

160461 Eurya emarginata (Thunb.) Makino f. microphylla Okuyama = Eurya emarginata (Thunb.) Makino f. microphylla (Makino)

Okuyama ●☆
160462　Eurya emarginata (Thunb.) Makino var. glaberrima Hatus.;光秃滨柃●☆
160463　Eurya emarginata (Thunb.) Makino var. microphylla Makino = Eurya emarginata (Thunb.) Makino f. microphylla (Makino) Okuyama ●☆
160464　Eurya emarginata (Thunb.) Makino var. minutissima (Hatus.) Hatus. ex Shimabuku;极小滨柃●☆
160465　Eurya emarginata (Thunb.) Makino var. ryukyuensis (Masam.) Hatus. ex Shimabuku = Eurya ryukyuensis Masam. ●☆
160466　Eurya emarginata Makino = Eurya emarginata (Thunb.) Makino ●
160467　Eurya esquirolii H. Lév. = Litsea kobuskiana C. K. Allen ●
160468　Eurya euprista Korth. = Eurya acuminata DC. ●
160469　Eurya fangii Rehder;川柃(方氏柃);Fang Eurya ●
160470　Eurya fangii Rehder var. glaberrima Y. C. Hsu = Eurya cavinervis Vesque ●
160471　Eurya fangii Rehder var. megaphylla Y. C. Hsu;大叶川柃(大叶方氏柃,大叶柃);Bigleaf Fang Eurya ●
160472　Eurya gigantifolia Y. K. Li = Eurya muricata Dunn ●
160473　Eurya gigantifolia Y. K. Li = Eurya quinquelocularis Kobuski ●
160474　Eurya glaberrima Hayata;光柃(厚叶柃,厚叶柃木,台湾高山柃);Glabrous Eurya,Thick-leaf Eurya,Wholeglabrous Eurya ●
160475　Eurya glandulosa Merr.;腺柃;Glaudular Eurya ●
160476　Eurya glandulosa Merr. var. cuneiformis Hung T. Chang;楔基腺柃;Wedge Glaudular Eurya ●
160477　Eurya glandulosa Merr. var. dasyclados (Kobuski) Hung T. Chang;粗枝腺柃;Thickbranch Glaudular Eurya ●
160478　Eurya glandulosa Merr. var. oblongifolia W. D. Han;矩圆叶腺柃;Oblongileaf Glaudular Eurya ●
160479　Eurya gnaphalocarpa Hayata;灰毛柃(菱叶柃木,毛果柃木);Grey-haired Eurya,Greyhairy Eurya,Hairy-fruit Eurya ●
160480　Eurya groffii Merr.;岗柃(蚂蚁木,米碎木);Groff Eurya ●
160481　Eurya groffii Merr. var. zhenkangensis T. L. Ming;镇康岗柃●
160482　Eurya gungshanensis Hu et L. K. Ling;贡山柃;Gongshan Eurya ●
160483　Eurya gynandra Vesque;合体柃●
160484　Eurya hainanensis (Kobuski) Hung T. Chang;海南柃;Hainan Eurya ●
160485　Eurya handeliana Kobuski = Eurya cavinervis Vesque ●
160486　Eurya handel-mazzettii Hung T. Chang;丽江柃(韩氏柃);Lijiang Eurya ●
160487　Eurya hayatae Yamam. = Eurya nitida Korth. ●
160488　Eurya hayatai Yamam.;台湾柃●
160489　Eurya hayatai Yamam. = Eurya nitida Korth. ●
160490　Eurya hebeclados L. K. Ling;微毛柃;Downybranched Eurya,Downy-branched Eurya ●
160491　Eurya hebeclados L. K. Ling var. aureopunctata (Hung T. Chang) L. K. Ling = Eurya loquaiana Dunn et Kobuski var. aureopunctata Hung T. Chang ●
160492　Eurya henryi Hemsl.;披针叶毛柃(蒙自柃);Henry Eurya ●
160493　Eurya hortensis Siebold = Eurya japonica Thunb. ●
160494　Eurya huana Kobuski = Eurya muricata Dunn var. huana (Kobuski) L. K. Ling ●
160495　Eurya huana Kobuski f. glaberrima Hung T. Chang = Eurya muricata Dunn ●
160496　Eurya huiana Kobuski = Eurya muricata Dunn var. huiana (Kobuski) L. K. Ling ●
160497　Eurya huiana Kobuski = Eurya muricata Dunn ●
160498　Eurya huiana Kobuski f. glabemulma Hung T. Chang = Eurya muricata Dunn ●
160499　Eurya hupehensis P. S. Hsu;鄂柃;Hubei Eurya ●
160500　Eurya hwangshanensis P. S. Hsu = Eurya saxicola Hung T. Chang ●
160501　Eurya impressinervis Kobuski;凹脉柃;Impressed Eurya ●
160502　Eurya inaequalis P. S. Hsu;偏心叶柃(翠花树,鸡翅膀花,偏心柃,细叶子,异侧柃);Oblique Eurya,Unequal Eurya ●
160503　Eurya japonica Thunb.;柃木(吹木叶,粗齿柃,硐龙络,海岸柃,柃,细齿叶柃,细叶菜,野茶,油叶茶);Common Eurya,Japan Eurya,Japanese Eurya ●
160504　Eurya japonica Thunb. f. angustifolia Hara;窄叶柃木;Narrowleaf Japan Eurya ●☆
160505　Eurya japonica Thunb. f. australis (Hatus.) Hatus. = Eurya japonica Thunb. var. australis Hatus. ●☆
160506　Eurya japonica Thunb. f. leucobacata Hara;白果柃木;Whitefruit Japan Eurya ●☆
160507　Eurya japonica Thunb. f. linearifolia (Blume) H. Hara;线叶柃木●☆
160508　Eurya japonica Thunb. f. microphylla (Blume) H. Hara;小叶柃木;Littleleaf Japan Eurya,Smallleaf Japan Eurya ●☆
160509　Eurya japonica Thunb. f. ovata (Masam. et Satomi) Sugim. = Eurya japonica Thunb. var. ovata Masam. et Satomi ●☆
160510　Eurya japonica Thunb. subsp. palauensis (Hosok.) T. Yamaz. var. boninensis (Koidz.) T. Yamaz.;小笠原柃木●☆
160511　Eurya japonica Thunb. var. aurescens Rehder et E. H. Wilson = Eurya nitida Korth. ●
160512　Eurya japonica Thunb. var. aurescens Rehder et E. H. Wilson = Eurya nitida Korth. var. aurescens (Rehder et E. H. Wilson) Kobuski ●
160513　Eurya japonica Thunb. var. australis Hatus.;南方柃木●☆
160514　Eurya japonica Thunb. var. microphylla Blume = Eurya japonica Thunb. f. microphylla (Blume) H. Hara ●☆
160515　Eurya japonica Thunb. var. multiflora Miq. = Eurya japonica Thunb. ●
160516　Eurya japonica Thunb. var. nitida (Korth.) Dyer = Eurya nitida Korth. ●
160517　Eurya japonica Thunb. var. nitida Dyer = Eurya nitida Korth. ●
160518　Eurya japonica Thunb. var. ovata Masam. et Satomi;卵形柃木●☆
160519　Eurya japonica Thunb. var. parvifolia (Gardner) Thwaites;中国卵形柃木;Chinese Eurya ●
160520　Eurya japonica Thunb. var. phyllanthoides (Blume) Dyer = Eurya acuminata DC. ●
160521　Eurya japonica Thunb. var. thunbergii Thwaites = Eurya nitida Korth. ●
160522　Eurya japonica Thunb. var. yakushimensis Makino = Eurya yakushimensis (Makino) Makino ●☆
160523　Eurya jintungensis Hu et L. K. Ling;景东柃;Jingdong Eurya ●
160524　Eurya kwangshanensis P. S. Hsu;黄山柃;Huangshan Eurya ●
160525　Eurya kweichowensis Hu et L. K. Ling;贵州毛柃(贵州柃);Guizhou Eurya ●
160526　Eurya lanciformis Kobuski;披针叶柃;Lance-leaved Eurya ●
160527　Eurya leptophylla Hayata;薄叶柃(菠叶柃,薄叶柃木,纸叶柃,祝山柃木);Thinleaf Eurya,Thin-leaved Eurya ●
160528　Eurya leptophylla Hayata var. tsushanensis Y. C. Liu et F. Y. Lu = Eurya leptophylla Hayata ●
160529　Eurya linearis Hu et L. K. Ling;线叶柃;Line-leaf Eurya ●
160530　Eurya linearis Hu et L. K. Ling = Eurya hebeclados L. K. Ling ●

160531 Eurya littoralis Siebold et Zucc. = Eurya emarginata (Thunb.) Makino ●

160532 Eurya littoralis Siebold et Zucc. ex Siebold = Eurya emarginata (Thunb.) Makino ●

160533 Eurya longistyla Hung T. Chang;长柱柃;Long-style Eurya ●

160534 Eurya longistyla Hung T. Chang = Eurya stenophylla Merr. ●

160535 Eurya loquaiana Dunn et Kobuski;细枝柃(阿里山锐叶柃木,阿里山尾尖叶柃,短尾叶柃,尖尾锐叶柃,尖尾锐叶柃木,罗蒴氏柃木,罗葵氏柃,细枝柃木);Alishan Acuminate Eurya,Slenderbranch Eurya,Slender-branched Eurya,Suzuki Acuminate Eurya ●

160536 Eurya loquaiana Dunn et Kobuski var. aureopunctata Hung T. Chang;金叶细枝柃(黄腺罗氏柃,黄腺细枝柃,金叶微毛柃);Goldendotted Eurya ●

160537 Eurya luchunensis Dyer et H. Wang;绿春柃●

160538 Eurya lunglingensis Hu et L. K. Ling;隆林耳叶柃;Longlin Eurya ●

160539 Eurya macartneyi Champ.;黑柃;Black Eurya ●

160540 Eurya macartneyi Champ. var. hainanensis Kobuski = Eurya hainanensis (Kobuski) Hung T. Chang ●

160541 Eurya magniflora P. Y. Mao et P. X. He;大花柃(大华柃);Big-flower Eurya ●

160542 Eurya marlipoensis Hu et L. K. Ling;麻栗坡柃;Malipo Eurya ●

160543 Eurya matsudae Hayata = Eurya loquaiana Dunn et Kobuski ●

160544 Eurya matsudai Hayata = Eurya loquaiana Dunn et Kobuski ●

160545 Eurya megatrichocarpa Hung T. Chang;大毛果柃;Largehairyfruit Eurya,Large-hairy-fruited Eurya ●

160546 Eurya metcalfiana Kobuski;从化柃;Conghua Eurya,Tsunghua Eurya ●

160547 Eurya microphylla Siebold et Zucc. = Eurya japonica Thunb. ●

160548 Eurya minutissima Hatus. = Eurya emarginata (Thunb.) Makino var. minutissima (Hatus.) Hatus. ex Shimabuku ●☆

160549 Eurya montana Siebold = Eurya japonica Thunb. ●

160550 Eurya multiflora DC. = Eurya acuminata DC. ●

160551 Eurya muricata Dunn;格药柃(刺柃,乌子,硬壳柴);Muricate Eurya ●

160552 Eurya muricata Dunn var. huana (Kobuski) L. K. Ling;毛枝格药柃(长毛刺柃);Hairybud Eurya ●

160553 Eurya nitida Korth.;细齿叶柃(光叶柃木,台湾柃,台湾柃木,早田氏柃木);Hayata Eurya,Shining Eurya,Taiwan Eurya ●

160554 Eurya nitida Korth. = Eurya aurea (H. Lév.) Hu et L. K. Ling ●

160555 Eurya nitida Korth. var. aurescens (Rehder et E. H. Wilson) Kobuski;黄背叶柃(黄背叶柃木);Yellowback Eurya,Yellowbackleaf Eurya ●

160556 Eurya nitida Korth. var. aurescens (Rehder et E. H. Wilson) Kobuski = Eurya nitida Korth. ●

160557 Eurya nitida Korth. var. nanjenshanensis C. F. Hsieh, L. K. Ling et Sheng Z. Yang;南仁山柃木●

160558 Eurya nitida Korth. var. nanjenshanensis C. F. Hsieh, L. K. Ling et Sheng Z. Yang = Eurya nitida Korth. ●

160559 Eurya nitida Korth. var. rigida Hung T. Chang = Eurya rubiginosa Hung T. Chang var. attenuata Hung T. Chang ●

160560 Eurya nitida Korth. var. strigillosa Hand. -Mazz. = Eurya handel-mazzettii Hung T. Chang ●

160561 Eurya obliquifolia Hemsl.;斜基叶柃(歪叶柃,斜叶柃,云南柃);Obliqueleaf Eurya,Oblique-leaved Eurya ●

160562 Eurya oblonga Yen C. Yang;矩圆叶柃;Oblongleaf Eurya,Oblong-leaved Eurya ●

160563 Eurya oblonga Yen C. Yang var. stylosa Yen C. Yang;合柱矩圆叶柃;Stylose Oblongleaf Eurya ●

160564 Eurya obtusifolia Hung T. Chang;钝叶柃(野茶);Obtuseleaf Eurya,Obtuse-leaved Eurya ●

160565 Eurya obtusifolia Hung T. Chang var. aurea (H. Lév.) T. L. Ming;金叶柃;Goldenleaf Eurya,Golden-leaved Eurya ●

160566 Eurya ochnacea (DC.) Szyszyl. = Cleyera japonica Thunb. ●

160567 Eurya ochnacea (DC.) Szyszyl. var. lipingensis Hand. -Mazz. = Cleyera japonica Thunb. var. lipingensis (Hand. -Mazz.) Kobuski ●

160568 Eurya ochnacea (DC.) Szyszyl. var. lipingensis Hand. -Mazz. = Cleyera lipingensis (Hand. -Mazz.) T. L. Ming ●

160569 Eurya ochnacea (DC.) Szyszyl. var. morii Yamam. = Cleyera japonica Thunb. var. morii (Yamam.) Masam. ●

160570 Eurya ochnacea (DC.) Szyszyl. var. morii Yamam. = Cleyera japonica Thunb. ●

160571 Eurya osimensis Masam.;大岛柃●☆

160572 Eurya osimensis Masam. var. kanehirae (Hatus.) Hatus.;今平柃●☆

160573 Eurya ovatifolia Hung T. Chang;卵叶柃;Ovateleaf Eurya,Ovate-leaved Eurya ●

160574 Eurya parastrigillosa P. S. Hsu;桂毛柃;Guangxi Eurya ●

160575 Eurya parastrigillosa P. S. Hsu = Eurya patentipila Chun ●

160576 Eurya paratetragonoclada Hu;滇四角柃;Paraquadrangular Eurya,Yunnan Forangledbranch Eurya ●

160577 Eurya patentipila Chun;长毛柃;Long-haired Eurya,Longhairy Eurya ●

160578 Eurya pentagyna Hung T. Chang;五柱柃;Fivestyle Eurya,Pentagynous Eurya ●

160579 Eurya perserrata Kobuski;尖齿叶柃(尖齿柃);Sharpserrateleaf Eurya,Sharp-toothed Eurya ●

160580 Eurya persicifolia Gagnep.;坚桃叶柃(坚桃柃);Firm Peach-leaved Eurya,Firm-peachleaf Eurya,Peachleaf Eurya ●

160581 Eurya phyllanthoides Blume = Eurya acuminata DC. ●

160582 Eurya pittosporifblia Hu;海桐叶柃;Pittosporum-leaved Eurya,Pittosporumlesf Eurya ●

160583 Eurya polyneura Chun;多脉柃;Many-nerves Eurya,Poly-nerved Eurya ●

160584 Eurya prunifolia P. S. Hsu;桃叶柃;Peach-leaved Eurya,Plumleaf Eurya ●

160585 Eurya pseudocerasifera Kobuski;肖樱叶柃(拟樱叶柃);Cherry-leaved Eurya,Falsecherryplum Eurya ●

160586 Eurya pseudopolyneura Hung T. Chang;拟多脉柃;Falsemanynerved Eurya ●

160587 Eurya pseudopolyneura Hung T. Chang = Eurya impressinervis Kobuski ●

160588 Eurya pubicalyx Ohwi = Eurya japonica Thunb. var. australis Hatus. ●☆

160589 Eurya pyracenthifolia P. S. Hsu;火棘叶柃;Firethornleaf Eurya ●

160590 Eurya quinquelocularis Kobuski;大叶五室柃;Fivelocular Eurya,Five-locular Eurya ●

160591 Eurya rengechiensis Yamam.;莲华柃(莲华池柃木);Lianhua Eurya,Lianhuachi Eurya,Rengench Eurya ●

160592 Eurya rubiginosa Hung T. Chang;红褐柃;Rubiginose Eurya ●

160593 Eurya rubiginosa Hung T. Chang var. attenuata Hung T. Chang;窄基红褐柃(狭基红褐柃);Attenuate Eurya ●

160594 Eurya rugosa Hu;皱叶柃;Winkled Eurya,Winkledleaf Eurya ●◇

160595 Eurya ryukyuensis Masam.;琉球柃●☆
160596 Eurya sakishimensis Hatus.;先志摩柃●☆
160597 Eurya saxicola Hung T. Chang;岩柃;Cliffliving Eurya, Saxicolous Eurya ●
160598 Eurya saxicola Hung T. Chang f. puberula Hung T. Chang;毛岩柃(山岩柃);Puberulous Cliffliving Eurya ●
160599 Eurya saxicola Hung T. Chang f. puberula Hung T. Chang = Eurya saxicola Hung T. Chang ●
160600 Eurya semiserrata Hung T. Chang;半齿柃;Halfserrate Eurya, Half-serrated Eurya ●
160601 Eurya septata Chi C. Wu et al.;台湾格柃●
160602 Eurya stenophylla Merr.;窄叶柃(狭叶柃);Narrowleaf Eurya, Narrow-leaved Eurya ●
160603 Eurya stenophylla Merr. f. pubescens (Hung T. Chang) T. L. Ming;毛窄叶柃;Narrowhairleaf Eurya, Pubescent Narrowleaf Eurya ●
160604 Eurya stenophylla Merr. f. pubescens Hung T. Chang = Eurya stenophylla Merr. f. pubescens (Hung T. Chang) T. L. Ming ●
160605 Eurya stenophylla Merr. var. caudata Hung T. Chang;长尾窄叶柃;Longtail Narrowleaf Eurya ●
160606 Eurya strigillosa Hayata;台湾毛柃(粗毛柃木,密毛柃木);Rough-haired Eurya, Strigillose Eurya, Taiwan Strigillose Eurya ●
160607 Eurya subcordata Hu et L. K. Ling;微心叶毛柃;Subcordate Eurya ●
160608 Eurya subintegra Kobuski;假杨桐;Subentire Eurya ●
160609 Eurya suzukii Yamam. = Eurya acuminata DC. var. suzukii (Yamam.) H. Keng ●
160610 Eurya suzukii Yamam. = Eurya loquaiana Dunn et Kobuski ●
160611 Eurya swinglei Merr. = Eurya distichophylla Hemsl. ex Forbes et Hemsl. ●
160612 Eurya symplocina Blume = Eurya cerasifolia (D. Don) Kobuski ●
160613 Eurya systyla Miq. et Dyer = Eurya nitida Korth. ●
160614 Eurya szechuanensis Hung T. Chang = Eurya oblonga Yen C. Yang ●
160615 Eurya taitungensis Hung T. Chang;清水山柃木●
160616 Eurya taronensis Hu;独龙柃(达仑柃);Dulong Eurya ●
160617 Eurya tetragonoclada Merr. et Chun;四角柃(亮叶子);Quadrangular Eurya ●
160618 Eurya trichocarpa Korth.;毛果柃;Hairyfruit Eurya, Hairy-fruited Eurya ●
160619 Eurya trichogyna Blume = Eurya trichocarpa Korth. ●
160620 Eurya tsaii Hung T. Chang;怒江柃(蔡氏柃);Nujiang Eurya, Tsai Eurya ●
160621 Eurya tsingpienensis Hu;屏边柃(金屏柃,靖氏柃,膜叶柃,镇边柃);Jinping Eurya, Tsingpien Eurya, Zhenbian Eurya ●
160622 Eurya uniflora Siebold et Zucc. = Eurya japonica Thunb. ●
160623 Eurya velutina Chun;信宜毛柃;Velvet-like Eurya, Xinyi Eurya ●◇
160624 Eurya wallichiana Blume = Eurya acuminata DC. ●
160625 Eurya weissiae Chun;单耳柃;Oneeared Eurya, One-eared Eurya ●
160626 Eurya wenshanensis Hu et L. K. Ling;文山柃;Wenshan Eurya ●
160627 Eurya wuliangshanensis T. L. Ming;无量山柃●
160628 Eurya yaeyamensis Masam.;八重山柃●☆
160629 Eurya yakushimensis (Makino) Makino;屋久岛柃●☆
160630 Eurya yunnanensis P. S. Hsu;云南柃(滇柃);Yunnan Eurya ●
160631 Eurya zigzag Masam.;正宗柃●☆
160632 Euryalaceae J. Agardh = Nymphaeaceae Salisb.(保留科名)■
160633 Euryalaceae J. Agardh;芡实科(芡科)■
160634 Euryale Salisb. = Euryale Salisb. ex DC. ■
160635 Euryale Salisb. ex DC.(1805);芡实属(芡属);Euryale ■
160636 Euryale ferox Salisb. = Euryale ferox Salisb. ex König et Sims ■
160637 Euryale ferox Salisb. ex König et Sims;芡实(茨实,刺荷叶,刺莲藕,刺莲蓬,刺莲蓬实,刀芡实,凫头,鹄头,鸿头,湖南根,黄实,鸡豆,鸡归莲,鸡头,鸡头苞,鸡头菜,鸡头果,鸡头荷,鸡头莲,鸡头菱,鸡头米,鸡头盘,鸡头实,鸡头子,鸡壅,鸡瘫,鸡足,鸡嘴荷,鸡嘴莲,芰实,假莲根,假莲藕,剪芡实,居塞莲,菱弟,卵蕿,卵菱,南芡实,藕梢菜,芡,芡鸡壅,水鸡头,水流黄,水陆丹,水中丹,苏黄,苏芡实,蒍子,乌头,吴鸡,雁喙实,雁鸣,雁膳,雁实,雁头,肇实);Fox Nut, Gordon Euryale, Gorgon Plant, Gorgon Waterlily, Prickly Water Lily, Stachelige Euryale ■
160638 Euryales Steud. = Eurycles Salisb. ■☆
160639 Euryandra Hook. f. = Eureiandra Hook. f. ■☆
160640 Euryandra J. R. Forst. et G. Forst. = Tetracera L. ●
160641 Euryangium Kauffm. = Ferula L. ■
160642 Euryangium sumbul Kauffm. = Ferula moschata (H. Reinsch) Koso-Pol. ■
160643 Euryangium sumbul Kauffm. = Ferula sumbul (Kauffm.) Hook. f. ■
160644 Euryanthe Cham. et Schltdl. = Amoreuxia Moc. et Sessé ex DC. ●☆
160645 Eurybia (Cass.) Cass.(1820);绿顶菊属;Aster ■☆
160646 Eurybia (Cass.) Cass. = Olearia Moench(保留属名)●☆
160647 Eurybia (Cass.) Gray = Aster L. ●■
160648 Eurybia Cass. = Eurybia (Cass.) Cass. ■☆
160649 Eurybia Cass. = Olearia Moench(保留属名)●☆
160650 Eurybia Gray = Aster L. ●■
160651 Eurybia chapmanii (Torr. et A. Gray) G. L. Nesom = Symphyotrichum chapmanii (Torr. et A. Gray) Semple et Brouillet ■☆
160652 Eurybia chlorolepis (E. S. Burgess) G. L. Nesom;山地绿顶菊;Mountain Wood Aster ■☆
160653 Eurybia commixta Nees = Eurybia spectabilis (Aiton) G. L. Nesom ■☆
160654 Eurybia compacta G. L. Nesom;纤细绿顶菊;Slender Aster ■☆
160655 Eurybia conspicua (Lindl.) G. L. Nesom;西方绿顶菊;Western Showy Aster ■☆
160656 Eurybia corymbosa (Aiton) Cass. = Eurybia divaricata (L.) G. L. Nesom ■☆
160657 Eurybia divaricata (L.) G. L. Nesom;宽叉绿顶菊;White Wood Aster ■☆
160658 Eurybia divaricata (L.) G. L. Nesom = Aster divaricatus L. ■☆
160659 Eurybia eryngiifolia (Torr. et A. Gray) G. L. Nesom;蓟叶绿顶菊;Thistleleaf Aster ■☆
160660 Eurybia furcata (E. S. Burgess) G. L. Nesom;叉绿顶菊;Forked Aster ■☆
160661 Eurybia furcata (E. S. Burgess) G. L. Nesom = Aster furcatus E. S. Burgess ■☆
160662 Eurybia glauca (Nutt.) G. L. Nesom = Herrickia glauca (Nutt.) Brouillet ■☆
160663 Eurybia glomerata Nees = Eurybia schreberi (Nees) Nees ■☆
160664 Eurybia hemispherica (Alexander) G. L. Nesom;绿顶菊;Single-stemmed Bog, Southern Prairie Aster ■☆
160665 Eurybia herveyi (A. Gray) G. L. Nesom;赫维绿顶菊;Hervey's Aster ■☆
160666 Eurybia horrida (Wooton et Standl.) G. L. Nesom = Herrickia

horrida Wooton et Standl. ■☆
160667 Eurybia integrifolia (Nutt.) G. L. Nesom;粗茎绿顶菊;Thickstem Aster ■☆
160668 Eurybia jonesiae (Lamboy) G. L. Nesom;琼斯绿顶菊;Jones' Aster ■☆
160669 Eurybia jussiei Cass. = Eurybia macrophylla (L.) Cass. ■☆
160670 Eurybia macrophylla (L.) Cass.;大叶绿顶菊;Bigleaf Aster ■☆
160671 Eurybia merita (A. Nelson) G. L. Nesom;亚高山绿顶菊;Subalpine Aster ■☆
160672 Eurybia mirabilis (Torr. et A. Gray) G. L. Nesom;束绿顶菊;Bouquet Aster ■☆
160673 Eurybia paludosa (Aiton) G. L. Nesom;南方绿顶菊;Aster, Southern Swamp Aster ■☆
160674 Eurybia pulchra (S. F. Blake) G. L. Nesom;美丽绿顶菊■☆
160675 Eurybia pygmaea (Lindl.) G. L. Nesom = Symphyotrichum pygmaeum (Lindl.) Brouillet et S. Selliah ■☆
160676 Eurybia radula (Aiton) G. L. Nesom;矮糙绿顶菊;Aster Rude, Low Rough Aster ■☆
160677 Eurybia radulina (A. Gray) G. L. Nesom;糙叶绿顶菊;Roughleaf Aster ■☆
160678 Eurybia saxicastelli (J. J. N. Campb. et Medley) G. L. Nesom;岩地绿顶菊;Rockcastle Aster ■☆
160679 Eurybia schreberi (Nees) Nees;施雷绿顶菊;Schreber's Aster ■☆
160680 Eurybia schreberi (Nees) Ness = Aster schreberi Nees ■☆
160681 Eurybia sibirica (L.) G. L. Nesom;西伯利亚绿顶菊;Arctic Aster ■☆
160682 Eurybia sibirica (L.) G. L. Nesom var. gigantea (Hook.) G. L. Nesom = Eurybia sibirica (L.) G. L. Nesom ■☆
160683 Eurybia spectabilis (Aiton) G. L. Nesom;东方绿顶菊;Eastern Showy Aster ■☆
160684 Eurybia spinulosa (Chapm.) G. L. Nesom;小刺绿顶菊;Apalachicola Aster ■☆
160685 Eurybia surculosa (Michx.) G. L. Nesom;匍匐绿顶菊;Creeping Aster ■☆
160686 Eurybia wasatchensis (M. E. Jones) G. L. Nesom = Herrickia wasatchensis (M. E. Jones) Brouillet ■☆
160687 Eurybiopsis DC. = Minuria DC. ■●☆
160688 Eurybiopsis DC. = Vittadinia A. Rich. ■☆
160689 Eurybropsis Willis = Eurybiopsis DC. ●☆
160690 Eurycarpus Botsch. (1955);宽果芥属(阔果芥属,蔺果荠属)■
160691 Eurycarpus Botsch. = Christolea Cambess. ■
160692 Eurycarpus lanuginosus (Hook. f. et Thomson) Botsch.;绒毛宽果芥(绒毛高原芥);Woolly Christolea, Woolly Plateaucress ■
160693 Eurycarpus lanuginosus (Hook. f. et Thomson) Botsch. = Christolea lanuginosa (Hook. f. et Thomson) Ovcz. ■
160694 Eurycarpus marinellii (Pamp.) Al-Shehbaz et G. Yan;马氏宽果芥■
160695 Eurycaulis M. A. Clem. et D. L. Jones = Dendrobium Sw. (保留属名)■
160696 Eurycaulis M. A. Clem. et D. L. Jones(2002);宽茎兰属■
160697 Eurycentrum Schltr. (1905);阔距兰属■☆
160698 Eurycentrum amblyoceras Schltr.;阔距兰■☆
160699 Eurycentrum atroviride J. J. Sm.;墨绿阔距兰■☆
160700 Eurycentrum fragrans Schltr.;香阔距兰■☆
160701 Eurycentrum monticola Schltr.;山地阔距兰■☆
160702 Eurycentrum smithianum Schltr.;史密斯阔距兰■☆
160703 Eurychaenia Griseb. = Miconia Ruiz et Pav. (保留属名)●☆
160704 Eurychanes Nees = Ruellia L. ■●
160705 Eurychiton Nimmo = Limonium Mill. (保留属名)●■
160706 Eurychona Willis = Eurychone Schltr. ■☆
160707 Eurychone Schltr. (1918);漏斗兰属■☆
160708 Eurychone galeandrae (Rchb. f.) Schltr.;漏斗兰■☆
160709 Eurychone rothschildiana (O'Brien) Schltr.;洛氏漏斗兰■☆
160710 Eurychorda B. G. Briggs et L. A. S. Johnson(1998);二蕊帚灯草属■☆
160711 Eurychorda complanata (R. Br.) B. G. Briggs et L. A. S. Johnson;二蕊帚灯草■☆
160712 Eurycles Salisb. = Proiphys Herb. ■☆
160713 Eurycles Salisb. ex Schult. et Schult. f. = Proiphys Herb. ■☆
160714 Eurycles Schult. et Schult. f. = Proiphys Herb. ■☆
160715 Eurycles amboinensis (L.) Lindl. = Proiphys amboinensis (L.) Herb. ■☆
160716 Eurycoma Jack(1822);宽木属;Eurycoma ●☆
160717 Eurycoma dubia Elmer;菲律宾宽木●☆
160718 Eurycoma latifolia Ridl.;阔叶宽木●☆
160719 Eurycoma longifolia Jack.;长叶宽木●☆
160720 Eurycorymbus Hand. -Mazz. (1922);伞花木属(赛栾华属,赛栾树属);Corymbtree, Euryocrymbus ●★
160721 Eurycorymbus austrosinensis Hand. -Mazz. = Eurycorymbus cavaleriei (H. Lév.) Rehder et Hand. -Mazz. ●
160722 Eurycorymbus cavaleriei (H. Lév.) Rehder et Hand. -Mazz.;伞花木(假栾树,赛栾华);Caveler Corymbtree, Caveler Euryocrymbus, Euryocrymbus ●
160723 Eurydes Salisb. ex Schult. et Schult. f. = Proiphys Herb. ■☆
160724 Eurydochus Maguire et Wurdack = Gongylolepis R. H. Schomb. ●☆
160725 Eurydochus Maguire et Wurdack(1958);单头毛菊木属●☆
160726 Eurydochus bracteatus Maguire et Wurdack;单头毛菊木●☆
160727 Eurygania Klotzsch = Thibaudia Ruiz et Pav. ●☆
160728 Eurylepis D. Don = Erica L. ●☆
160729 Eurylobium Hochst. (1842);宽裂密穗草属●☆
160730 Eurylobium serrulatum Hochst. = Stilbe serrulata (Hochst.) Rourke ●☆
160731 Euryloma D. Don = Erica L. ●☆
160732 Euryloma Raf. = Calonyction Choisy ■
160733 Eurymyrtus Post et Kuntze = Baeckea L. ●
160734 Eurymyrtus Post et Kuntze = Euryomyrtus Schauer ●
160735 Eurynema Endl. = Hermannia L. ●☆
160736 Eurynoma Steud. = Eurynome DC. ●☆
160737 Eurynome DC. = Coprosma J. R. Forst. et G. Forst. ●☆
160738 Eurynotia R. C. Foster = Ennealophus N. E. Br. ■☆
160739 Eurynotia R. C. Foster(1945);阔背鸢尾属■☆
160740 Eurynotia penlandii R. C. Foster;阔背鸢尾■☆
160741 Euryodendron Hung T. Chang(1963);猪血木属(鸡血木属);Euryodendron, Porkbloodtree ●★
160742 Euryodendron excelsum Hung T. Chang;猪血木(鸡血木);Tall Euryodendron, Tall Porkbloodtree ●◇
160743 Euryomyrtus Schauer = Baeckea L. ●
160744 Euryops (Cass.) Cass. (1820);尤利菊属(常绿千里光属)●■☆
160745 Euryops Cass. = Euryops (Cass.) Cass. ●■☆
160746 Euryops abrotanifolius (L.) DC.;细裂叶尤利菊●☆

160747 Euryops abrotanifolius (L.) DC. var. brachypus Harv. = Euryops abrotanifolius (L.) DC. ●☆
160748 Euryops abrotanifolius (L.) DC. var. crassilobus DC. = Euryops abrotanifolius (L.) DC. ●☆
160749 Euryops abrotanifolius (L.) DC. var. glabratus DC. = Euryops abrotanifolius (L.) DC. ●☆
160750 Euryops abrotanifolius DC. = Euryops abrotanifolius (L.) DC. ●☆
160751 Euryops acraeus M. D. Hend.;长圆叶尤利菊(埃文斯尤利菊,长圆叶常绿千里光)●☆
160752 Euryops agrianthoides Mattf. = Euryops brownei S. Moore ●☆
160753 Euryops algoensis DC.;阿尔高尤利菊●☆
160754 Euryops annae E. Phillips;安娜尤利菊●☆
160755 Euryops annuus Compton;一年尤利菊■☆
160756 Euryops anthemoides B. Nord.;春黄尤利菊●☆
160757 Euryops antinorii (Avetta) S. Moore;安蒂诺里尤利菊●☆
160758 Euryops arabicus Steud.;阿拉伯尤利菊■●☆
160759 Euryops asparagoides (Licht. ex Less.) DC.;天门冬尤利菊●☆
160760 Euryops athanasiae (L. f.) Harv. = Euryops speciosissimus DC. ●☆
160761 Euryops bolusii B. Nord.;博卢斯尤利菊●☆
160762 Euryops brachypodus (DC.) B. Nord.;短足尤利菊●☆
160763 Euryops brevilobus Compton;短尤利菊●☆
160764 Euryops brevipapposus M. D. Hend.;短冠毛尤利菊●☆
160765 Euryops brevipes B. Nord.;短梗尤利菊●☆
160766 Euryops brownei S. Moore;布劳内尤利菊●☆
160767 Euryops brownei S. Moore subsp. aberdarica R. E. Fr. = Euryops brownei S. Moore ●☆
160768 Euryops caespitosus Markötter = Euryops transvaalensis Klatt subsp. setilobus (N. E. Br.) B. Nord. ●☆
160769 Euryops calvescens DC.;光秃尤利菊●☆
160770 Euryops candollei Harv.;康多勒尤利菊●☆
160771 Euryops carnosus Cass. = Euryops tenuissimus (L.) DC. ■☆
160772 Euryops chrysanthemoides (DC.) B. Nord.;细梗尤利菊;Bull's Eye,Paris Daisy ●☆
160773 Euryops ciliatus B. Nord.;睫毛尤利菊●☆
160774 Euryops ciliatus Harv. = Euryops empetrifolius DC. ●☆
160775 Euryops comosus Cass. = Euryops abrotanifolius (L.) DC. ●☆
160776 Euryops comptonii Hutch. = Euryops abrotanifolius (L.) DC. ●☆
160777 Euryops cuneatus B. Nord.;楔形尤利菊●☆
160778 Euryops dacrydioides Oliv.;陆均松尤利菊●☆
160779 Euryops decipiens Schltr.;迷惑尤利菊●☆
160780 Euryops decumbens B. Nord.;外倾尤利菊●☆
160781 Euryops densifolius Sond. = Euryops empetrifolius DC. ●☆
160782 Euryops dentatus B. Nord.;尖齿尤利菊●☆
160783 Euryops dieterleniae J. M. Wood = Euryops evansii Schltr. ■☆
160784 Euryops discoideus Burtt Davy;盘状尤利菊●☆
160785 Euryops diversifolius Harv. = Euryops abrotanifolius (L.) DC. ●☆
160786 Euryops diversifolius Harv. var. integrifolius ? = Euryops lasiocladus (DC.) B. Nord. ■☆
160787 Euryops dregeanus Sch. Bip.;德雷尤利菊●☆
160788 Euryops dyeri Hutch.;戴尔尤利菊●☆
160789 Euryops elgonensis Mattf.;埃尔贡尤利菊●☆
160790 Euryops empetrifolius DC.;岩高兰叶尤利菊●☆
160791 Euryops erectus (Compton) B. Nord.;直立尤利菊●☆
160792 Euryops ericifolius (Bél.) B. Nord.;毛叶尤利菊■☆
160793 Euryops ericoides (L. f.) B. Nord.;石南状尤利菊●☆
160794 Euryops euryopoides (DC.) B. Nord.;普通尤利菊●☆
160795 Euryops evansii Schltr.;埃文斯尤利菊■☆
160796 Euryops evansii Schltr. subsp. dendroides B. Nord.;树状尤利菊●☆
160797 Euryops evansii Schltr. subsp. parvus B. Nord.;较小尤利菊●☆
160798 Euryops flabelliformis Cass. = Euryops virgineus (L. f.) DC. ●☆
160799 Euryops floribundus N. E. Br.;繁花尤利菊●☆
160800 Euryops fruticulosa R. E. Fr. = Euryops jacksonii S. Moore ●☆
160801 Euryops galpinii Bolus;盖尔尤利菊●☆
160802 Euryops galpinii E. Phillips = Euryops candollei Harv. ●☆
160803 Euryops gilfillanii Bolus;吉尔菲兰尤利菊●☆
160804 Euryops glutinosus B. Nord.;黏性尤利菊●☆
160805 Euryops gracilipes B. Nord.;丝梗尤利菊■☆
160806 Euryops hebecarpus (DC.) B. Nord.;柔毛果尤利菊●☆
160807 Euryops hildebrandtii Mattf. = Euryops arabicus Steud. ■●☆
160808 Euryops hypnoides B. Nord.;藓尤利菊●☆
160809 Euryops imbricatus (Thunb.) DC.;覆瓦尤利菊●☆
160810 Euryops indecorus B. Nord.;装饰尤利菊●☆
160811 Euryops inops B. Nord.;贫弱尤利菊●☆
160812 Euryops integrifolius B. Nord.;全缘叶尤利菊●☆
160813 Euryops jacksonii S. Moore;杰克逊尤利菊●☆
160814 Euryops khamiesbergensis Hutch. = Euryops tenuissimus (L.) DC. ■☆
160815 Euryops krookii Gand. = Euryops tysonii E. Phillips ●☆
160816 Euryops lasiocladus (DC.) B. Nord.;毛枝尤利菊■☆
160817 Euryops lateriflorus (L. f.) DC.;侧花尤利菊■☆
160818 Euryops lateriflorus (L. f.) DC. var. imbricatus (Thunb.) Harv. = Euryops imbricatus (Thunb.) DC. ●☆
160819 Euryops lateriflorus (L. f.) DC. var. oblongifolia O. Hoffm. = Euryops tysonii E. Phillips ●☆
160820 Euryops latifolius B. Nord.;宽叶尤利菊●☆
160821 Euryops laxus (Harv.) Burtt Davy;疏松尤利菊●☆
160822 Euryops leiocarpus (DC.) B. Nord.;光果尤利菊■☆
160823 Euryops linearis Harv.;线状尤利菊●☆
160824 Euryops linifolius (L.) DC.;长叶尤利菊■☆
160825 Euryops longifolius Cass. = Euryops tenuissimus (L.) DC. ■☆
160826 Euryops longipes DC.;长梗尤利菊■☆
160827 Euryops longipes DC. var. integrifolius Harv. = Euryops zeyheri B. Nord. ●☆
160828 Euryops longipes DC. var. lasiocarpus B. Nord.;毛果长梗尤利菊■☆
160829 Euryops longipes DC. var. lasiocladus ? = Euryops lasiocladus (DC.) B. Nord. ■☆
160830 Euryops marlothii B. Nord.;马洛斯尤利菊●☆
160831 Euryops megalanthus Gand. = Euryops speciosissimus DC. ●☆
160832 Euryops microphyllus (Compton) B. Nord.;小叶尤利菊●☆
160833 Euryops mirus B. Nord.;奇异尤利菊●☆
160834 Euryops montanus Schltr.;山地尤利菊●☆
160835 Euryops mucosus B. Nord.;黏汁尤利菊●☆
160836 Euryops muirii C. A. Sm.;缪里尤利菊●☆
160837 Euryops multifidus (Thunb.) DC.;多裂尤利菊;Hawk's Eye,Sweet Resin Bush ●☆
160838 Euryops multifidus (Thunb.) DC. var. namibensis Merxm. =

Euryops namibensis (Merxm.) B. Nord. ●☆
160839 Euryops multifidus DC. = Euryops multifidus (Thunb.) DC. ●☆
160840 Euryops multinervis N. E. Br. = Euryops transvaalensis Klatt ■☆
160841 Euryops munitus (L. f.) B. Nord.;刺尤利菊●☆
160842 Euryops namaquensis Schltr.;纳马夸尤利菊●☆
160843 Euryops namibensis (Merxm.) B. Nord.;纳米布尤利菊●☆
160844 Euryops neptunicus S. Moore = Euryops transvaalensis Klatt subsp. setilobus (N. E. Br.) B. Nord. ●☆
160845 Euryops nodosus B. Nord.;多节尤利菊●☆
160846 Euryops oligoglossus DC. = Euryops annae E. Phillips ●☆
160847 Euryops oligoglossus DC. subsp. racemosus (DC.) B. Nord.;总花尤利菊●☆
160848 Euryops othonnoides (DC.) B. Nord.;厚敦菊状尤利菊●☆
160849 Euryops pearsonii E. Phillips = Euryops lateriflorus (L. f.) DC. ■☆
160850 Euryops pectinatus (L.) Cass.;篦状尤利菊●☆
160851 Euryops pectinatus (L.) Cass. subsp. lobulatus B. Nord.;浅裂尤利菊●☆
160852 Euryops pectinatus (L.) Cass. var. discoideus DC. = Euryops pectinatus (L.) Cass. ●☆
160853 Euryops pectinatus Cass.;灰毛尤利菊(篦齿常绿千里光);Bush Daisy,Euryops ●☆
160854 Euryops pedunculatus N. E. Br.;梗花尤利菊●☆
160855 Euryops petraeus B. Nord.;岩生尤利菊●☆
160856 Euryops pinifolius A. Rich.;松叶尤利菊●☆
160857 Euryops pinnatipartitus (DC.) B. Nord.;羽状深裂尤利菊●☆
160858 Euryops pleiodontus B. Nord.;多齿尤利菊●☆
160859 Euryops polytrichoides (Harv.) B. Nord.;多毛尤利菊●☆
160860 Euryops prostratus B. Nord.;平卧尤利菊●☆
160861 Euryops pulcher Muschl. ex Dinter = Euryops subcarnosus DC. subsp. vulgaris B. Nord. ●☆
160862 Euryops punctatus DC. = Euryops subcarnosus DC. ●☆
160863 Euryops racemosus DC. = Euryops oligoglossus DC. subsp. racemosus (DC.) B. Nord. ●☆
160864 Euryops rehmannii Compton;拉赫曼尤利菊■☆
160865 Euryops rogersii Burtt Davy = Euryops pedunculatus N. E. Br. ●☆
160866 Euryops rosulatus B. Nord.;莲座尤利菊●☆
160867 Euryops rupestris Schltr.;岩地尤利菊●☆
160868 Euryops rupestris Schltr. var. dasycarpus B. Nord.;毛果尤利菊●☆
160869 Euryops schenkii O. Hoffm. = Othonna sedifolia DC. ●☆
160870 Euryops setilobus N. E. Br. = Euryops transvaalensis Klatt subsp. setilobus (N. E. Br.) B. Nord. ●☆
160871 Euryops socotranus Balf. f. = Euryops arabicus Steud. ■●☆
160872 Euryops somalensis S. Moore = Emilia somalensis (S. Moore) C. Jeffrey ■☆
160873 Euryops sparsiflorus S. Moore = Othonna sparsiflora (S. Moore) B. Nord. ●☆
160874 Euryops spathaceus DC.;佛焰苞尤利菊●☆
160875 Euryops spathaceus DC. var. campanulatus Sch. Bip. = Euryops spathaceus DC. ●☆
160876 Euryops spathaceus DC. var. dodecaglossa ? = Euryops spathaceus DC. ●☆
160877 Euryops speciosissimus DC.;雅丽尤利菊●☆
160878 Euryops speciosus Hutch. = Euryops abrotanifolius (L.) DC. ●☆
160879 Euryops striatus N. E. Br. = Euryops transvaalensis Klatt subsp. setilobus (N. E. Br.) B. Nord. ●☆
160880 Euryops strictus DC. = Euryops tenuissimus (L.) DC. ■☆
160881 Euryops subcarnosus DC.;肉质尤利菊●☆
160882 Euryops subcarnosus DC. subsp. foetidus B. Nord.;臭尤利菊●☆
160883 Euryops subcarnosus DC. subsp. minor B. Nord.;较小肉质尤利菊●☆
160884 Euryops subcarnosus DC. subsp. vulgaris B. Nord.;普通肉质尤利菊●☆
160885 Euryops subcarnosus DC. var. indivisus ? = Euryops subcarnosus DC. ●☆
160886 Euryops subsessilis Sch. Bip. = Euryops lateriflorus (L. f.) DC. ■☆
160887 Euryops sulcatus (Thunb.) Harv.;纵沟尤利菊●☆
160888 Euryops sulcatus (Thunb.) Harv. var. densifolius Sond. ex Harv. = Euryops empetrifolius DC. ●☆
160889 Euryops tagetoides (DC.) B. Nord.;万寿尤利菊●☆
160890 Euryops tenuilobus (DC.) B. Nord.;细裂尤利菊●☆
160891 Euryops tenuissimus (L.) DC.;极细尤利菊■☆
160892 Euryops tenuissimus (L.) DC. subsp. trifurcatus (L. f.) B. Nord.;三叉极细尤利菊■☆
160893 Euryops tenuissimus Less.;疏毛尤利菊●■☆
160894 Euryops thunbergii B. Nord.;通贝里尤利菊■☆
160895 Euryops transvaalensis Klatt;德兰士瓦尤利菊■☆
160896 Euryops transvaalensis Klatt subsp. setilobus (N. E. Br.) B. Nord.;毛裂片尤利菊●☆
160897 Euryops trifidus (L. f.) DC.;三裂尤利菊■☆
160898 Euryops trifurcatus (L. f.) Cass. = Euryops tenuissimus (L.) DC. subsp. trifurcatus (L. f.) B. Nord. ■☆
160899 Euryops triqueter Less. ex Harv. = Euryops oligoglossus DC. ●☆
160900 Euryops tysonii E. Phillips;泰森尤利菊●☆
160901 Euryops tysonii E. Phillips var. dieterleniae ? = Euryops tysonii E. Phillips ●☆
160902 Euryops ursinoides B. Nord.;熊菊状尤利菊●☆
160903 Euryops virgatus B. Nord.;条纹尤利菊●☆
160904 Euryops virgineus (L. f.) DC.;纯白尤利菊●☆
160905 Euryops virgineus Less. = Euryops virgineus (L. f.) DC. ●☆
160906 Euryops wageneri Compton;瓦格纳尤利菊●☆
160907 Euryops walterorum Merxm.;瓦尔特尤利菊●☆
160908 Euryops zeyheri B. Nord.;泽赫尤利菊●☆
160909 Euryosma Walp. = Eriosema (DC.) Desv.(保留属名)●■
160910 Eurypetalum Harms(1910);非洲阔瓣豆属■☆
160911 Eurypetalum batesii Baker f.;贝茨非洲阔瓣豆■☆
160912 Eurypetalum tessmannii Harms;泰斯曼非洲阔瓣豆■☆
160913 Eurypetalum unijugum Harms;非洲阔瓣豆■☆
160914 Euryptera Nutt. = Lomatium Raf. ■☆
160915 Euryptera Nutt. ex Torr. et A. Gray = Lomatium Raf. ■☆
160916 Eurysolen Prain(1898);宽管花属(宽管木属);Eurysolen ●■
160917 Eurysolen gracilis Prain;宽管花;Thin Eurysolen ●■
160918 Euryspermum Salisb. = Leucadendron R. Br.(保留属名)●
160919 Euryspermum grandiflorum Salisb. = Leucadendron grandiflorum (Salisb.) R. Br. ●☆
160920 Euryspermum procerum Salisb. ex Knight = Leucadendron procerum (Salisb. ex Knight) I. Williams ●☆

160921 Euryspermum salicifolium Salisb. = Leucadendron salicifolium (Salisb.) I. Williams ●☆
160922 Euryspermum spissifolium Salisb. ex Knight = Leucadendron spissifolium (Salisb. ex Knight) I. Williams ●☆
160923 Eurystegia D. Don = Erica L. ●☆
160924 Eurystemon Alexander = Heteranthera Ruiz et Pav. (保留属名) ■☆
160925 Eurystemon Alexander(1937);宽蕊雨久花属■☆
160926 Eurystemon mexicanum (S. Watson) Alexander = Heteranthera mexicana S. Watson ■☆
160927 Eurystigma L. Bolus = Mesembryanthemum L. (保留属名)■●
160928 Eurystigma L. Bolus(1930);宽柱番杏属■☆
160929 Eurystigma clavatum (L. Bolus) L. Bolus = Mesembryanthemum eurystigmatum Gerbaulet ■☆
160930 Eurystyles Wawra(1863);热美宽柱兰属■☆
160931 Eurystyles cotyledon Wawra;宽柱兰■☆
160932 Eurystylus Bouché = Canna L. ■
160933 Eurystylus Post et Kuntze = Eurystyles Wawra ■☆
160934 Eurytaenia Torr. et A. Gray(1840);阔带芹属☆
160935 Eurytaenia macrophylla Buckley = Eurytaenia texana Torr. et A. Gray☆
160936 Eurytaenia texana Torr. et A. Gray;阔带芹☆
160937 Eurytalia Fourr. = Eyrythalia Borkh. ■
160938 Eurytalia Fourr. = Gentiana L. ■
160939 Eurytenia Buckley = Eurytaenia Torr. et A. Gray☆
160940 Eurythalia D. Don = Eyrythalia Borkh. ■
160941 Eurythalia D. Don = Gentiana L. ■
160942 Eurythalia pedunculata Royle ex D. Don = Comastoma pedunculatum (Royle ex D. Don) Holub ■
160943 Eusancops Raf. = Hippeastrum Herb. (保留属名)■
160944 Euscapha Tiegh. = Euscaphis Siebold et Zucc. (保留属名)●
160945 Euscaphia Stapf = Euscaphis Siebold et Zucc. (保留属名)●
160946 Euscaphis Siebold et Zucc. (1840)(保留属名);野鸦椿属;Euscaphis ●
160947 Euscaphis Siebold et Zucc. (保留属名) = Staphylea L. ●
160948 Euscaphis chinensis Gagnep. = Euscaphis japonica (Thunb.) Kanitz ●
160949 Euscaphis fukienensis P. S. Hsu;福建野鸦椿(腋毛野鸦椿,圆齿野鸦椿);Fujian Euscaphis,Fukien Euscaphis ●
160950 Euscaphis fukienensis P. S. Hsu = Euscaphis japonica (Thunb.) Kanitz ●
160951 Euscaphis japonica (Thunb. ex Murray) Dippel = Euscaphis japonica (Thunb.) Kanitz ●
160952 Euscaphis japonica (Thunb.) Dippel = Euscaphis japonica (Thunb.) Kanitz ●
160953 Euscaphis japonica (Thunb.) J. Buchholz f. lanata (Masam.) K. Iwats. et H. Ohba = Euscaphis japonica (Thunb.) Kanitz f. lanata (Masam.) K. Iwats. et H. Ohba ●☆
160954 Euscaphis japonica (Thunb.) Kanitz;野鸦椿(秤杆木,淡椿,枫壓树,狗头椒,红果楞,红棕,花溴木,鸡肫花,鸡肾果,鸡屎柴,鸡眼椒,鸡眼睛,鸡腰果,鸡肫子,酒药花,开口椒,楞,木鱼柴,乌腱花,山海椒,小山辣子,芽子木,野山漆,野野椿);Common Euscaphis,Euscaphis,Japanese Euscaphis,Korean Sweetheart Tree,Sweetheart Tree ●
160955 Euscaphis japonica (Thunb.) Kanitz f. eburnea T. Yamanaka;象牙白野鸦椿●☆
160956 Euscaphis japonica (Thunb.) Kanitz f. lanata (Masam.) K. Iwats. et H. Ohba;绵毛野鸦椿●☆
160957 Euscaphis japonica (Thunb.) Kanitz var. jianningensis Q. J. Wang;建宁野鸦椿;Jianning Euscaphis ●
160958 Euscaphis japonica (Thunb.) Kanitz var. jianningensis Q. J. Wang = Euscaphis japonica (Thunb.) Kanitz ●
160959 Euscaphis japonica (Thunb.) Kanitz var. lanata Masam. = Euscaphis japonica (Thunb.) Kanitz f. lanata (Masam.) K. Iwats. et H. Ohba ●☆
160960 Euscaphis japonica (Thunb.) Kanitz var. pubescens P. L. Chiu et G. R. Zhong;毛野鸦椿;Pubescent Euscaphis ●
160961 Euscaphis japonica (Thunb.) Kanitz var. pubescens P. L. Chiu et G. R. Zhong = Euscaphis japonica (Thunb.) Kanitz ●
160962 Euscaphis japonica (Thunb.) Kanitz var. ternata Rehder = Euscaphis japonica (Thunb.) Kanitz ●
160963 Euscaphis konishii Hayata;台湾野鸦椿;Taiwan Euscaphis ●
160964 Euscaphis konishii Hayata = Euscaphis japonica (Thunb.) Kanitz ●
160965 Euscaphis staphyleoides Siebold et Zucc. = Euscaphis japonica (Thunb.) Kanitz ●
160966 Euscaphis tonkinensis Gagnep. = Euscaphis japonica (Thunb.) Kanitz ●
160967 Eusideroxylon Teijsm. et Binn. (1863)(保留属名);秀榄属(优西樟属);Belian Ironwood,Binian Ironwood,Borneo Ironwood,Ironwood ●☆
160968 Eusideroxylon zwageri Teijsm. et Binn.;秀榄;Belian Ironwood,Binian Ironwood,Borneo Ironwood,Ironwood ●☆
160969 Eusipho Salisb. = Cyrtanthus Aiton(保留属名)■☆
160970 Eusiphon Benoist(1939);秀管爵床属●☆
160971 Eusiphon geayi Benoist;秀管爵床●☆
160972 Eusiphon longissimus Benoist;极长秀管爵床●☆
160973 Eusiphon longistamineus Benoist;长雄蕊秀管爵床●☆
160974 Eusmia Humb. et Bonpl. = Evosmia Humb. et Bonpl. ●■☆
160975 Eusolenanthe Benth. et Hook. f. = Alocasia (Schott) G. Don(保留属名)■
160976 Eusolenanthe Benth. et Hook. f. = Ensolenanthe Schott ■
160977 Eustachia Raf. = Eustachya Raf. ■
160978 Eustachya Raf. = Veronicastrum Heist. ex Fabr. ■
160979 Eustachys Desv. (1810);真穗草属;Eustachys ■
160980 Eustachys Desv. = Chloris Sw. ●■
160981 Eustachys Salisb. = Ornithogalum L. ■
160982 Eustachys argentinensis (Lillo et L. Parodi) Herter = Eustachys retusa (Lag.) Kunth ■☆
160983 Eustachys capensis (Houtt.) Chiov. = Eustachys paspaloides (Vahl) Lanza et Mattei ■☆
160984 Eustachys caribaea (Spreng.) Herter;加勒比真穗草;Caribbean Fingergrass ■☆
160985 Eustachys distichophylla (Lag.) Nees;二列叶真穗草;Tworowsleaves Eustachys,Weeping Fingergrass ■☆
160986 Eustachys gayana (Kunth) Mundy = Chloris gayana Kunth ■
160987 Eustachys japonica Nakai = Veronicastrum japonicum (Nakai) T. Yamaz. ■☆
160988 Eustachys mutica (L.) Cufod.;无尖真穗草■☆
160989 Eustachys obtusifolia A. Camus = Eustachys tener (J. Presl) A. Camus ■
160990 Eustachys paspaloides (Vahl) Lanza et Mattei;雀稗真穗草■☆
160991 Eustachys petraeus (Sw.) Desv.;西印度真穗草;Rocky Eustachys ■☆

160992 Eustachys retusa (Lag.) Kunth;阿根廷真穗草;Argentine Fingergrass ■☆
160993 Eustachys tener (J. Presl) A. Camus;真穗草;Common Eustachys ■
160994 Eustathes Spreng. = Eystathes Lour.(废弃属名)●
160995 Eustathes Spreng. = Xanthophyllum Roxb.(保留属名)●
160996 Eustaxia Raf. = Eustachya Raf. ■
160997 Eustaxia Raf. = Veronicastrum Heist. ex Fabr. ■
160998 Eustegia R. Br.(1810);良盖萝藦属■☆
160999 Eustegia Raf. = Conostegia D. Don ■☆
161000 Eustegia filiformis (L. f.) Schult.;线形良盖萝藦■☆
161001 Eustegia fraterna N. E. Br.;兄弟良盖萝藦■☆
161002 Eustegia fraterna N. E. Br. var. pubescens ?;短柔毛良盖萝藦■☆
161003 Eustegia hastata (Thunb.) Spreng. = Eustegia minuta (L. f.) R. Br. ■☆
161004 Eustegia hastata Sieber ex Decne. = Microloma sagittatum (L.) R. Br. ■☆
161005 Eustegia humilis E. Mey. = Eustegia filiformis (L. f.) Schult. ■☆
161006 Eustegia lonchitis E. Mey. = Eustegia filiformis (L. f.) Schult. ■☆
161007 Eustegia macropetala Schltr.;大瓣良盖萝藦■☆
161008 Eustegia minuta (L. f.) R. Br.;微小良盖萝藦■☆
161009 Eustegia plicata Schinz;折叠良盖萝藦■☆
161010 Eustephia Cav.(1795);良冠石蒜属■☆
161011 Eustephia argentina Pax;银色良冠石蒜■☆
161012 Eustephia brevituba D. Dietr.;短管良冠石蒜■☆
161013 Eustephia coccinea Cav.;良冠石蒜■☆
161014 Eustephia latifolia (R. E. Fr.) Traub;宽叶良冠石蒜■☆
161015 Eustephiopsis R. E. Fr. = Hieronymiella Pax ■☆
161016 Eusteralis Raf. = Pogostemon Desf. ●■
161017 Eusteralis pumila Raf. = Dysophylla stellata (Lour.) Benth. ■
161018 Eusteralis stellata (Lour.) Panigrahi = Pogostemon stellatus (Lour.) Kuntze ■
161019 Eusteralis yatabeana (Makino) Panigrahi = Pogostemon yatabeanus (Makino) Press ■
161020 Eustigma Gardner et Champ.(1849);秀柱花属;Eustigma ●
161021 Eustigma balansae Oliv.;褐毛秀柱花;Brown-haired Eustigma, Brownhairy Eustigma ●
161022 Eustigma lenticellatum C. Y. Wu;云南秀柱花(屏边秀柱花);Yunnan Eustigma ●
161023 Eustigma oblongifolium Gardner et Champ.;秀柱花(山桂花);Oblongleaf Eustigma, Oblongleaved Eustigma, Oblong-leaved Eustigma ●
161024 Eustigma stellatum K. M. Feng ex Y. C. Wu;星毛秀柱花;Starhair Eustigma ●
161025 Eustigma stellatum K. M. Feng ex Y. C. Wu = Eustigma lenticellatum C. Y. Wu ●
161026 Eustoma Salisb.(1806);草原龙胆属(土耳其桔梗属,洋桔梗属);Prairie Gentian ■☆
161027 Eustoma grandiflorum (Raf.) Shinners;草原龙胆(拉氏草原龙胆,洋桔梗);Alkali Chalice, Lisianthus, Prairie Gentian, Texas Bluebell, Tulip Gentian ■☆
161028 Eustoma russellianum Griseb. = Eustoma grandiflorum (Raf.) Shinners ■☆
161029 Eustrephaceae Chupov = Laxmanniaceae Bubani ■
161030 Eustrephia D. Dietr. = Eustephia Cav. ■☆
161031 Eustrephus R. Br. (1809);袋熊果属;Wombat Berry, Wombatberry, Wombat-berry ●☆
161032 Eustrephus latifolius R. Br.;宽叶袋熊果;Wombat Berry, Wombat-berry ●☆
161033 Eustylis Engelm. et A. Gray = Alophia Herb. ■☆
161034 Eustylis Engelm. et A. Gray = Nemastylis Nutt. ■☆
161035 Eustylis Hook. f. = Anisotome Hook. f. ■☆
161036 Eustylis punctata (Herb.) Ravenna = Alophia drummondii (Graham) R. C. Foster ■☆
161037 Eustylis purpurea (Herb.) Engelm. et A. Gray = Alophia drummondii (Graham) R. C. Foster ■☆
161038 Eustylus Baker = Eustylis Engelm. et A. Gray ■☆
161039 Eustylus Baker = Nemastylis Nutt. ■☆
161040 Eusynaxis Griff. = Pyrenaria Blume ●
161041 Eusynetra Raf. = Columnea L. ●■☆
161042 Eutacta Link = Eutassa Salisb. ●
161043 Eutalia contorta (Brongn.) Kuntze = Pseudopogonatherum contortum (Brongn.) A. Camus ■
161044 Eutassa Salisb. = Araucaria Juss. ●
161045 Eutassa cunninghamii (Aiton ex D. Don) Spach. = Araucaria cunninghamii Aiton ex D. Don ●
161046 Eutassa heterophylla Salisb. = Araucaria heterophylla (Salisb.) Franco ●
161047 Eutaxia R. Br.(1811);澳洲铁扫帚属●☆
161048 Eutaxia microphylla (R. Br.) C. H. Wright et Dewar;小叶澳洲铁扫帚●☆
161049 Eutelia R. Br. ex DC. = Ammannia L. ■
161050 Euteline Raf. = Genista L. ●
161051 Eutereia Raf. = Dracontium L. ■☆
161052 Euterpe Gaertn.(废弃属名) = Euterpe Mart.(保留属名)●☆
161053 Euterpe Mart.(1823)(保留属名);埃塔棕属(菜椰属,菜椰子属,笋椰属,油特榈属,菜棕属,甘蓝椰子属,纤叶榈属,纤叶椰属);Euterpe Palm, Palm Hearts ●☆
161054 Euterpe caribaea Spreng. = Roystonea oleracea (Jacq.) O. F. Cook ●
161055 Euterpe edulis C. Mart.;可食埃塔棕;Acai, Assai, Assai Palm ●☆
161056 Euterpe langloisii Burret;朗氏埃塔棕●☆
161057 Euterpe oleracea C. Mart.;蔬食埃塔棕(纤叶榈);Cabbage Palm ●☆
161058 Euterpe precatoria Mart.;纤叶棕●☆
161059 Euterpe vinifera Mart.;胡芦椰●☆
161060 Eutetras A. Gray(1879);四鳞菊属●☆
161061 Eutetras palmeri A. Gray;四鳞菊●☆
161062 Euthale de Vriese = Euthales R. Br. ■☆
161063 Euthales F. Dietr. = Beauharnoisia Ruiz et Pav. ●☆
161064 Euthales F. Dietr. = Tovomita Aubl. ●☆
161065 Euthales R. Br. = Velleia Sm. ■☆
161066 Euthalia Rupr. = Arenaria L. ■
161067 Euthalis Banks et Sol. ex Hook. f. = Maytenus Molina ●
161068 Euthamia (Nutt.) Cass. = Euthamia (Nutt.) Elliott ■☆
161069 Euthamia (Nutt.) Elliott(1825);金顶菊属;Goldentop ■☆
161070 Euthamia Elliott = Solidago L. ■
161071 Euthamia Nutt. ex Cass. = Euthamia (Nutt.) Elliott ■☆
161072 Euthamia californica Gand. = Euthamia occidentalis Nutt. ■☆
161073 Euthamia camporum Greene = Euthamia gymnospermoides

Greene ■☆

161074 Euthamia caroliniana (L.) Greene ex Porter et Britton;沿海金顶菊;Coastal Plain Goldentop ■☆

161075 Euthamia caroliniana (L.) Greene ex Porter et Britton = Euthamia tenuifolia (Pursh) Nutt. ■☆

161076 Euthamia chrysothamnoides Greene = Euthamia gymnospermoides Greene ■☆

161077 Euthamia fastigiata Bush = Euthamia graminifolia (L.) Nutt. ■☆

161078 Euthamia floribunda Greene = Euthamia graminifolia (L.) Nutt. ■☆

161079 Euthamia galetorum Greene = Euthamia caroliniana (L.) Greene ex Porter et Britton ■☆

161080 Euthamia glutinosa Rydb. = Euthamia gymnospermoides Greene ■☆

161081 Euthamia graminifolia (L.) Nutt.;禾叶金顶菊;Common Flat-topped Goldenrod, Common Goldentop, Grass-leaved Goldenrod ■☆

161082 Euthamia graminifolia (L.) Nutt. = Solidago graminifolia (L.) Salisb. ■☆

161083 Euthamia graminifolia (L.) Nutt. var. major (Michx.) Moldenke = Euthamia graminifolia (L.) Nutt. ■☆

161084 Euthamia graminifolia (L.) Nutt. var. nuttallii (Greene) Sieren = Euthamia graminifolia (L.) Nutt. ■☆

161085 Euthamia graminifolia (L.) Nutt. var. nuttallii (Greene) W. Stone = Euthamia graminifolia (L.) Nutt. ■☆

161086 Euthamia gymnospermoides Greene;裸籽金顶菊;Grass-leaved Goldenrod, Great Plains Flat-topped Goldenrod, Great Plains Goldentop, Texas Goldentop, Viscid Euthamia, Viscid Grass-leaved Goldenrod ■☆

161087 Euthamia hirtipes (Fernald) Sieren = Euthamia graminifolia (L.) Nutt. ■☆

161088 Euthamia leptocephala (Torr. et A. Gray) Greene;细头金顶菊;Mississippi Valley Goldentop ■☆

161089 Euthamia linearifolia Gand. = Euthamia occidentalis Nutt. ■☆

161090 Euthamia media Greene = Euthamia caroliniana (L.) Greene ex Porter et Britton ■☆

161091 Euthamia media Greene = Euthamia gymnospermoides Greene ■☆

161092 Euthamia microcephala Greene = Euthamia caroliniana (L.) Greene ex Porter et Britton ■☆

161093 Euthamia microphylla Greene = Euthamia caroliniana (L.) Greene ex Porter et Britton ■☆

161094 Euthamia microphylla Greene = Euthamia tenuifolia (Pursh) Nutt. ■☆

161095 Euthamia nuttallii Greene = Euthamia graminifolia (L.) Nutt. ■☆

161096 Euthamia occidentalis Nutt.;西方金顶菊;Western Goldentop ■☆

161097 Euthamia pulverulenta Greene = Euthamia gymnospermoides Greene ■☆

161098 Euthamia remota Greene = Euthamia caroliniana (L.) Greene ex Porter et Britton ■☆

161099 Euthamia remota Greene = Euthamia tenuifolia (Pursh) Nutt. ■☆

161100 Euthamia tenuifolia (Pursh) Nutt.;细叶金顶菊;Coastal Plain Flat-topped Goldenrod, Slender Goldentop ■☆

161101 Euthamia tenuifolia (Pursh) Nutt. = Euthamia caroliniana (L.) Greene ex Porter et Britton ■☆

161102 Euthamnus Schltr. = Aeschynanthus Jack(保留属名)●■

161103 Euthemidaceae Van Tiegh. = Ochnaceae DC.(保留科名)●■

161104 Euthemis Jack(1820);正义木属●☆

161105 Euthemis leucocarpa Jack;正义木●☆

161106 Eutheta Standl. = Melasma P. J. Bergius ■

161107 Euthodon Griff. = Pottsia Hook. et Arn. ●

161108 Euthrixia D. Don = Chaetanthera Ruiz et Pav. ■☆

161109 Euthryptochloa Cope = Phaenosperma Munro ex Benth. ■

161110 Euthryptochloa Cope(1987);穗稃草属■

161111 Euthryptochloa longiligula Cope = Phaenosperma globosum Munro ex Benth. ■

161112 Euthyra Salisb. = Paris L. ■

161113 Euthystachys A. DC. (1848);直穗草属●☆

161114 Euthystachys abbreviata (E. Mey.) A. DC.;直穗草●☆

161115 Eutmon Raf. = Talinum Adans.(保留属名)■●

161116 Eutoca R. Br. = Phacelia Juss. ■☆

161117 Eutocaceae Horan. = Boraginaceae Juss.(保留科名)■●

161118 Eutralla (Raf.) B. D. Jacks. = Rumex L. ■●

161119 Eutraphis Walp. = Euscaphis Siebold et Zucc.(保留属名)●

161120 Eutrema R. Br. (1823);山萮菜属(山葵属);Eutrema ■

161121 Eutrema alpestre Ledeb. = Eutrema integrifolium (DC.) Bunge ■

161122 Eutrema alpestre Ledeb. var. hissaricum Lipsky = Eutrema integrifolium (DC.) Bunge ■

161123 Eutrema bracteatum (S. Moore) Koidz. = Eutrema tenue (Miq.) Makino ■

161124 Eutrema compactum O. E. Schulz = Eutrema heterophylla (W. W. Sm.) H. Hara ■

161125 Eutrema cordifolium Turcz.;心叶山萮菜■☆

161126 Eutrema deltoideum (Hook. f. et Thomson) O. E. Schulz;三角叶山萮菜;Deltoialeaf Eutrema ■

161127 Eutrema deltoideum (Hook. f. et Thomson) O. E. Schulz var. grandiflorum O. E. Schulz;大花山萮菜;Bigflower Eutrema, Largeflower Deltoialeaf Eutrema ■

161128 Eutrema deltoideum (Hook. f. et Thomson) O. E. Schulz var. grandiflorum O. E. Schulz = Eutrema deltoideum (Hook. f. et Thomson) O. E. Schulz ■

161129 Eutrema edwardsii R. Br.;西北山萮菜;NW. China Eutrema, Edwards Eutrema ■

161130 Eutrema edwardsii R. Br. var. heterophyllum (W. W. Sm.) W. T. Wang = Eutrema heterophylla (W. W. Sm.) H. Hara ■

161131 Eutrema hederifolium Franch. et Sav. = Eutrema tenue (Miq.) Makino ■

161132 Eutrema heterophylla (W. W. Sm.) H. Hara;密序山萮菜;Compact Eutrema, Differentleaves Eutrema ■

161133 Eutrema himalaicum Hook. f. et Thomson;川滇山萮菜;Lanceolate Eutrema ■

161134 Eutrema integrifolium (DC.) Bunge;全缘叶山萮菜;Entireleaf Eutrema ■

161135 Eutrema integrifolium (DC.) Bunge var. hissaricum (Lipsky) O. E. Schulz = Eutrema integrifolium (DC.) Bunge ■

161136 Eutrema japonicum (Miq.) Koidz. = Eutrema wasabi (Siebold) Maxim. ■

161137 Eutrema japonicum (Miq.) Koidz. var. sachalinense (Miyabe et Miyake) Nemoto;库页山萮菜■☆

161138 Eutrema koreanum (Nakai) K. Hamm. = Eutrema wasabi (Siebold) Maxim. ■

161139 Eutrema lancifolium (Franch.) O. E. Schulz = Eutrema himalaicum Hook. f. et Thomson ■
161140 Eutrema obliquum K. C. Kuan et C. H. An;歪叶山萮菜;Obliqueleaf Eutrema ■
161141 Eutrema obliquum K. C. Kuan et C. H. An = Eutrema heterophylla (W. W. Sm.) H. Hara ■
161142 Eutrema okinosimense Taken. = Eutrema wasabi (Siebold) Maxim. ■
161143 Eutrema potaninii Kom. = Eutrema yunnanense Franch. ■
161144 Eutrema primulifolium (Thomson) Hook. f. et Thomson = Arcyosperma primulifolium (Thomson) O. E. Schulz ■☆
161145 Eutrema przewalskii Maxim. = Aphragmus oxycarpus (Hook. f. et Thomson) Jafri ■
161146 Eutrema pseudocordifolium Popov;北疆山萮菜;N. Xinjiang Eutrema ■
161147 Eutrema reflexum T. Y. Cheo = Eutrema yunnanense Franch. ■
161148 Eutrema septigerum Bunge = Thlaspi septigerum (Bunge) Jafri ■☆
161149 Eutrema tenue (Miq.) Makino;日本山萮菜(贵州堇叶芥,小山萮菜);Guizhou Neomartinella, Guizhou Violetcress, Japan Eutrema, Tenuous Eutrema ■
161150 Eutrema tenue (Miq.) Makino var. okinosimense (Taken.) Ohwi = Eutrema okinosimense Taken. ■
161151 Eutrema tenuis Makino = Eutrema tenue (Miq.) Makino ■
161152 Eutrema thibeticum Franch.;缺柱山萮菜;Tibet Eutrema, Unstyle Eutrema ■
161153 Eutrema thibeticum Franch. = Eutrema tenue (Miq.) Makino ■
161154 Eutrema wasabi (Siebold) Maxim.;块茎山萮菜(山葵,山萮菜);Wasabi ■
161155 Eutrema wasabi Maxim. = Eutrema japonicum (Miq.) Koidz. ■
161156 Eutrema wasabi Maxim. = Eutrema wasabi (Siebold) Maxim. ■
161157 Eutrema wasabi Maxim. var. tenue (Miq.) O. E. Schulz = Eutrema tenue (Miq.) Makino ■
161158 Eutrema yunnanense Franch.;山萮菜(云南山萮菜);Yunnan Eutrema ■
161159 Eutrema yunnanense Franch. var. tenerum O. E. Schulz;细弱山萮菜;Tenuous Yunnan Eutrema ■
161160 Eutrema yunnanense Franch. var. tenerum O. E. Schulz = Eutrema yunnanense Franch. ■
161161 Eutrema yunnanense Franch. var. yexinicum C. H. An;岳西山萮菜;Yuexi Eutrema ■
161162 Eutrema yunnanense Franch. var. yexinicum C. H. An. = Eutrema yunnanense Franch. ■
161163 Eutriana Trin. = Botelua Lag. ■
161164 Eutriana Trin. = Bouteloua Lag. (保留属名) ■
161165 Eutriana abyssinica R. Br. ex Fresen. = Melanocenchris abyssinica (R. Br. ex Fresen.) Hochst. ■☆
161166 Eutriana curtipendula (Michx.) Trin. = Bouteloua curtipendula (Michx.) Torr. ■
161167 Eutriana gracilis (Kunth) Trin. = Bouteloua gracilis (Kunth) Lag. ex Steud. ■
161168 Eutrochium Raf. (1838);轮叶菊属;Joepyeweed ■☆
161169 Eutrochium Raf. = Eupatorium L. ■●
161170 Eutrochium dubium (Willd. ex Poir.) E. E. Lamont;沿海轮叶菊;Coastal Plain Joepyeweed, Joepye Thoroughwort ■☆
161171 Eutrochium fistulosum (Barratt) E. E. Lamont;山谷轮叶菊;Hollow Joepyeweed, Trumpetweed ■☆
161172 Eutrochium maculatum (L.) E. E. Lamont;斑点轮叶菊;Spotted Joepyeweed ■☆
161173 Eutrochium maculatum (L.) E. E. Lamont var. bruneri (A. Gray) E. E. Lamont;不鲁纳轮叶菊■☆
161174 Eutrochium maculatum (L.) E. E. Lamont var. foliosum (Fernald) E. E. Lamont;多叶斑点轮叶菊■☆
161175 Eutrochium purpureum (L.) E. E. Lamont;甜轮叶菊;Sweet Joepyeweed, Sweetscented Joepyeweed ■☆
161176 Eutrochium purpureum (L.) E. E. Lamont var. holzingeri (Rydb.) E. E. Lamont;霍尔轮叶菊■☆
161177 Eutrophia Klotzsch = Croton L. ●
161178 Eutropia Klotzsch = Croton L. ●
161179 Eutropis Falc. = Pentatropis R. Br. ex Wight et Arn. ■☆
161180 Eutropus Falc. = Pentatropis R. Br. ex Wight et Arn. ■☆
161181 Euxena Calest. = Arabis L. ●■
161182 Euxenia Cham. = Ogiera Cass. ■☆
161183 Euxenia Cham. = Podanthus Lag. (保留属名) ●☆
161184 Euxolus Raf. = Amaranthus L. ■
161185 Euxolus ascendens (Loisel.) Hara = Amaranthus lividus L. ■
161186 Euxolus crispus Lespinasse et Thévenau = Amaranthus crispus (Lesp. et Thévenau) A. Braun ex J. M. Coult. et S. Watson ■☆
161187 Euxolus muricatus Moq. = Amaranthus muricatus (Moq.) Hieron. ■☆
161188 Euxolus viridis (L.) Moq. = Amaranthus viridis L. ■
161189 Euxolus viridis (L.) Moq. var. polygonoides Moq. = Amaranthus lividus L. subsp. polygonoides (Moq.) Probst ■☆
161190 Euxylophora Huber (1910);巴西芸香木属;Brazil Satin-wood, Brazilian Satinwood ●☆
161191 Euxylophora paraensis Huber;巴西芸香木;Brazil Satin-wood, Brazilian Satinwood ●☆
161192 Euzomodendron Coss. (1853);厄芥属●☆
161193 Euzomodendron Coss. = Vella L. ●☆
161194 Euzomodendron bourgaeanum Coss.;厄芥■☆
161195 Euzomum Link = Eruca Mill. ■
161196 Evacidium Pomel (1875);海瓦菊属■☆
161197 Evacidium atlanticum Pomel = Evacidium discolor (DC.) Maire ■☆
161198 Evacidium discolor (DC.) Maire;海瓦菊■☆
161199 Evacidium heldreichii (Parl.) Pomel = Evacidium discolor (DC.) Maire ■☆
161200 Evacopsis Pomel = Evax Gaertn. ■☆
161201 Evacopsis Pomel = Filago L. (保留属名) ■
161202 Evacopsis angustifolia Pomel = Filago congesta DC. ■☆
161203 Evacopsis discolor (DC.) Pomel = Evacidium discolor (DC.) Maire ■☆
161204 Evacopsis exigua Pomel = Filago congesta DC. ■☆
161205 Evacopsis heldreichii (Parl.) Pomel = Evacidium discolor (DC.) Maire ■☆
161206 Evacopsis mareotica (Delile) Pomel = Filago mareotica Delile ■☆
161207 Evacopsis montana Pomel = Filago micropodioides Lange ■☆
161208 Evacopsis polycephala Pomel = Filago congesta DC. ■☆
161209 Evactoma Raf. = Silene L. (保留属名) ■
161210 Evactoma stellata (L.) Raf. var. scabrella Nieuwl. = Silene stellata (L.) W. T. Aiton var. scabrella (Nieuwl.) E. J. Palmer et Steyerm. ■☆
161211 Evalezoa Raf. = Chondrosea Haw. ■

161212 Evalezoa Raf. = Saxifraga L. ■
161213 Evallaria Neck. = Polygonatum Mill. ■
161214 Evalthe Raf. = Chironia L. ●■☆
161215 Evandra R. Br. (1810);秀蕊莎草属■☆
161216 Evandra aristata R. Br.;秀蕊莎草■☆
161217 Evandra pauciflora R. Br.;少花秀蕊莎草■☆
161218 Evanesca Raf. = Pimenta Lindl. ●☆
161219 Evansia Salisb. = Iris L. ■
161220 Evax Gaertn. (1791);伞花菊属(伊瓦菊属);Evax ■☆
161221 Evax Gaertn. = Filago L. (保留属名)■
161222 Evax acaulis (Kellogg) Greene;无茎伞花菊■☆
161223 Evax acaulis (Kellogg) Greene = Hesperevax acaulis (Kellogg) Greene ■☆
161224 Evax anatolica Boiss. et Heldr.;阿纳托里伞花菊■☆
161225 Evax anatolica Boiss. et Heldr. subsp. hispanica (Degen et Hervier) Maire = Filago hispanica (Degen et Hervier) Chrtek et Holub ■☆
161226 Evax arenaria Smoljan.;沙地伞花菊■☆
161227 Evax arenaria Smoljan. = Filago arenaria (Smoljan.) Chrtek et Holub ■☆
161228 Evax argentea Pomel = Filago argentea (Pomel) Chrtek et Holub ■☆
161229 Evax argentea Pomel var. antiatlantica Maire = Filago argentea (Pomel) Chrtek et Holub ■☆
161230 Evax argentea Pomel var. brachycarpa Maire = Filago argentea (Pomel) Chrtek et Holub ■☆
161231 Evax argentea Pomel var. desertorum (Pomel) Batt. = Filago argentea (Pomel) Chrtek et Holub ■☆
161232 Evax asterisciflora (Lam.) Pers. = Filago asterisciflora (Lam.) Chrtek et Holub ■☆
161233 Evax candida (Torr. et A. Gray) A. Gray = Diaperia candida (Torr. et A. Gray) Benth. et Hook. f. ■☆
161234 Evax caulescens (Benth.) A. Gray = Hesperevax caulescens (Benth.) A. Gray ■☆
161235 Evax caulescens (Benth.) A. Gray var. humilis (Greene) Jeps. = Hesperevax caulescens (Benth.) A. Gray ■☆
161236 Evax caulescens (Benth.) A. Gray var. sparsiflora A. Gray = Hesperevax sparsiflora (A. Gray) Greene ■☆
161237 Evax cavanillesii Rouy var. carpetana (Lange) Rouy = Filago carpetana (Lange) Chrtek et Holub ■☆
161238 Evax contracta Boiss.;紧缩伞花菊■☆
161239 Evax contracta Boiss. = Filago contracta (Boiss.) Chrtek et Holub ■☆
161240 Evax filaginoides Kar. et Kir.;絮菊状伞花菊■☆
161241 Evax heldreichii (Parl.) Ball = Evacidium discolor (DC.) Maire ■☆
161242 Evax involucrata Greene = Hesperevax caulescens (Benth.) A. Gray ■☆
161243 Evax libyaca Alavi = Filago libyaca (Alavi) Greuter et Wagenitz ■☆
161244 Evax linearifolia Pomel = Filago linearifolia (Pomel) Chrtek et Holub ■☆
161245 Evax longilanata Maire et Wilczek = Filago longilanata (Maire et Wilczek) Greuter ■☆
161246 Evax lusitanica Samp. = Filago lusitanica (Samp.) P. Silva ■☆
161247 Evax mauritanica (Pomel) Batt. = Filago mauritanica (Pomel) Dobignard ■☆
161248 Evax mauritanica (Pomel) Batt. var. cyrenaica Pamp. = Filago mauritanica (Pomel) Dobignard ■☆
161249 Evax micropodioides Willk.;小足伞花菊■☆
161250 Evax mucronata Pomel = Filago pygmaea L. ■☆
161251 Evax multicaulis DC.;多茎伞花菊■☆
161252 Evax multicaulis DC. = Diaperia verna (Raf.) Morefield ■☆
161253 Evax multicaulis DC. var. drummondii (Torr. et A. Gray) A. Gray;德拉蒙德伞花菊■☆
161254 Evax prolifera Nutt. ex DC. = Diaperia prolifera (Nutt. ex DC.) Nutt. ■☆
161255 Evax psilantha Pomel = Filago pygmaea L. ■☆
161256 Evax pygmaea (L.) Brot. = Filago pygmaea L. ■☆
161257 Evax pygmaea (L.) Brot. subsp. astericiflora (Lam.) Batt. = Filago asterisciflora (Lam.) Chrtek et Holub ■☆
161258 Evax pygmaea (L.) Brot. subsp. gatitana (Pau) Sauvage = Filago pygmaea L. ■☆
161259 Evax pygmaea (L.) Brot. subsp. ramosissima (Mariz) R. Fern. et I. Nogueira = Filago pygmaea L. subsp. ramosissima (Mariz) R. Fern. et I. Nogueira ■☆
161260 Evax pygmaea (L.) Brot. var. argentea (Pomel) Hochr. = Filago argentea (Pomel) Chrtek et Holub ■☆
161261 Evax pygmaea (L.) Brot. var. asterisciflora (Lam.) Batt. = Filago asterisciflora (Lam.) Chrtek et Holub ■☆
161262 Evax pygmaea (L.) Brot. var. linearifolia (Pomel) Batt. = Filago linearifolia (Pomel) Chrtek et Holub ■☆
161263 Evax pygmaea (L.) Brot. var. maroccana Braun-Blanq. et Maire = Filago carpetana (Lange) Chrtek et Holub subsp. maroccana (Braun-Blanq. et Maire) Dobignard ■☆
161264 Evax pygmaea (L.) Brot. var. mucronata (Pomel) Batt. = Filago pygmaea L. ■☆
161265 Evax pygmaea (L.) Brot. var. psilantha (Pomel) Batt. = Filago pygmaea L. ■☆
161266 Evax pygmaea (L.) Brot. var. virescens Pau et Font Quer = Filago pygmaea L. ■☆
161267 Evax sparsiflora (A. Gray) Jeps. = Hesperevax sparsiflora (A. Gray) Greene ■☆
161268 Evax spathulata Pers.;伞花菊■☆
161269 Evax verna Raf. = Diaperia verna (Raf.) Morefield ■☆
161270 Evax verna Raf. var. drummondii (Torr. et A. Gray) Kartesz et Gandhi = Diaperia verna (Raf.) Morefield ■☆
161271 Evea Aubl. (废弃属名) = Cephaelis Sw. (保留属名)●
161272 Evea Aubl. (废弃属名) = Psychotria L. (保留属名)●
161273 Eveleyna Steud. = Elleanthus C. Presl ■☆
161274 Eveleyna Steud. = Evelyna Poepp. et Endl. ■☆
161275 Eveltria Ratln. = Orthrosanthus Sweet ■☆
161276 Evelyna Poepp. et Endl. = Elleanthus C. Presl ■☆
161277 Evelyna Raf. = Euosmus Nutt. ●
161278 Evelyna Raf. = Litsea Lam. (保留属名)●
161279 Evelyna Raf. = Sassafras Nees ●
161280 Evelyna Raf. = Sassafras Trew ●
161281 Everardia Ridl. = Everardia Ridl. ex Oliv. ■☆
161282 Everardia Ridl. ex Oliv. (1886);埃弗莎属■☆
161283 Everardia angusta N. E. Br.;窄埃弗莎■☆
161284 Everardia glaucifolia Gilly;灰叶埃弗莎■☆
161285 Everardia gracilis Gilly;细埃弗莎■☆
161286 Everardia longifolia Gilly;长叶埃弗莎■☆
161287 Everardia montana Ridl.;山地埃弗莎■☆

161288 Everettia Merr. = Astronidium A. Gray(保留属名)●☆

161289 Everettia Merr. = Beccarianthus Cogn. ●☆

161290 Everettiodendron Merr. = Baccaurea Lour. ●

161291 Everion Raf. = Froelichia Moench ■☆

161292 Everistia S. T. Reynolds et R. J. F. Hend. (1999);澳洲鱼骨木属●☆

161293 Everistia S. T. Reynolds et R. J. F. Hend. = Canthium Lam. ●

161294 Eversmannia Bunge (1838);刺枝豆属(艾氏豆属);Eversmannia ●

161295 Eversmannia hedysaroides Bunge; 刺枝豆; Common Eversmannia ●

161296 Eversmannia subspinosa (DC.) B. Fedtsch.;小刺枝豆●☆

161297 Eves Aubl. = Psychotria L.(保留属名)●

161298 Evia Comm. ex Blume = Spondias L. ●

161299 Evia Comm. ex Juss. = Spondias L. ●

161300 Evodea Kunth = Evodia J. R. Forst. et G. Forst. ●

161301 Evodia Gaertn. = Ravensara Sonn.(废弃属名)●

161302 Evodia J. R. Forst. et G. Forst. (2000);吴茱萸属;Bee-bee Tree, Euodia, Evodia ●

161303 Evodia J. R. Forst. et G. Forst. = Melicope J. R. Forst. et G. Forst. ●

161304 Evodia Lam. = Evodia J. R. Forst. et G. Forst. ●

161305 Evodia Lam. = Tetradium Lour. ●

161306 Evodia Scop. = Evodia J. R. Forst. et G. Forst. ●

161307 Evodia ailantifolia Pierre; 云南吴茱萸(云南吴萸); Ailanthusleaf Evodia, Yunnan Evodia ●

161308 Evodia arborescens D. D. Tao = Evodia triphylla DC. ●

161309 Evodia austrosinensis Hand. -Mazz.;华南吴茱萸(大树椒,华南吴萸,枪椿);S. China Evodia, South China Evodia, South China Grevill ●

161310 Evodia awandan Hatus. = Melicope triphylla (Lam.) Merr. ●

161311 Evodia baberi Rehder et E. H. Wilson;异花吴茱萸(巴氏吴茱萸,川西吴萸,川西吴茱萸);Baber Evodia ●

161312 Evodia baberi Rehder et E. H. Wilson = Evodia daniellii (A. W. Benn.) Hemsl. ex Forbes et Hemsl. ●

161313 Evodia baberi Rehder et E. H. Wilson = Evodia ruticarpa (Juss.) Benth. ●

161314 Evodia bodinieri Dode = Evodia austrosinensis Hand. -Mazz. ●

161315 Evodia bodinieri Dode = Evodia ruticarpa (Juss.) Benth. var. bodinieri (Dode) C. C. Huang ●

161316 Evodia calcicola Chun ex C. C. Huang;石山吴茱萸(石山吴萸,石生吴萸);Calcicolous Evodia, Rockphilous Evodia, Saxicolous Evodia ●

161317 Evodia chaffanjonii H. Lév. = Euscaphis japonica (Thunb. ex Murray) Dippel ●

161318 Evodia chunii Merr. = Evodia lepta (Spreng.) Merr. ●

161319 Evodia colorata Dunn = Evodia trichotoma (Lour.) Pierre ●

161320 Evodia compacta Hand. -Mazz.;密果吴茱萸(密果吴萸,野茶辣,野吴茱萸);Compact Evodia, Honeyfruit Evodia ●

161321 Evodia compacta Hand. -Mazz. var. meinocarpa Hand. -Mazz. = Evodia ruticarpa (Juss.) Benth. var. officinalis (Dode) C. C. Huang ●

161322 Evodia confusa Merr. = Evodia lunurankenda (Gaertn.) Merr. ●

161323 Evodia daniellii (A. W. Benn. ex Daniell) Hemsl. ex Forbes et Hemsl.;臭檀吴茱萸(朝鲜泰特拉,臭檀,臭檀吴萸,黑辣子,抛辣子);Bee Bee Tree, Daniell Evodia, Korean Euodia, Korean Evodia ●

161324 Evodia daniellii (A. W. Benn.) Hemsl. ex Forbes et Hemsl. var. delavayi (Dode) C. C. Huang = Evodia delavayi Dode ●

161325 Evodia daniellii (A. W. Benn.) Hemsl. ex Forbes et Hemsl. var. henryi (Dode) C. C. Huang = Evodia henryi Dode ●

161326 Evodia daniellii (A. W. Benn.) Hemsl. ex Forbes et Hemsl. var. labordei (Dode) C. C. Huang = Evodia daniellii (A. W. Benn.) Hemsl. ex Forbes et Hemsl. ●

161327 Evodia daniellii (A. W. Benn.) Hemsl. ex Forbes et Hemsl. var. villicarpa (Rehder et E. H. Wilson) C. C. Huang = Evodia henryi Dode ●

161328 Evodia delavayi Dode; 丽江吴茱萸(丽江吴萸); Delavay Evodia, Lijiang Evodia ●

161329 Evodia elegans Gentil;美吴茱萸;Elegant Evodia ●

161330 Evodia fargesii Dode;臭辣吴茱萸(臭辣树,臭辣吴萸,臭桐子树,臭吴茱萸,刀近树,野茶辣,野米辣,野吴萸,野吴茱萸);Farges Evodia ●

161331 Evodia fargesii Dode f. meinocarpa (Hand. -Mazz.) C. C. Huang = Evodia ruticarpa (Juss.) Benth. var. officinalis (Dode) C. C. Huang ●

161332 Evodia fargesii Dode var. officinalis (Dode) C. C. Huang = Evodia ruticarpa (Juss.) Benth. var. officinalis (Dode) C. C. Huang ●

161333 Evodia fraxinifolia (D. Don) Hook. f.;无腺吴茱萸(无腺茱萸);Ashleaf Evodia, Glandless Evodia ●

161334 Evodia fraxinifolia Hook. f. = Evodia trichotoma (Lour.) Pierre ●

161335 Evodia glabrifolia (Champ. ex Benth.) C. C. Huang;楝叶吴茱萸(檫树,鹤木,假茶辣,楝叶吴萸,山苦楝,山漆,贼仔树,贼子树);Glabrous-leaf Evodia, Melialeaf Evodia ●

161336 Evodia glauca Miq.;贼仔树(臭蜡树,臭辣树,灰叶吴萸,灰叶吴茱萸);Japanese Evodia ●

161337 Evodia glauca Miq. = Evodia ailantifolia Pierre ●

161338 Evodia gracilis Kurz = Evodia triphylla DC. ●

161339 Evodia hainanensis Merr. = Evodia trichotoma (Lour.) Pierre ●

161340 Evodia henryi Dode;密序吴茱萸(湖北吴萸,密序吴萸);Henry Evodia, Hubei Evodia ●

161341 Evodia henryi Dode var. villicarpa Rehder et E. H. Wilson = Evodia henryi Dode ●

161342 Evodia hirsutifolia Hayata;硬毛吴茱萸(硬毛吴萸);Hardhair Evodia ●

161343 Evodia hirsutifolia Hayata = Evodia ruticarpa (Juss.) Benth. ●

161344 Evodia hupehensis Dode = Evodia daniellii (A. W. Benn.) Hemsl. ex Forbes et Hemsl. ●

161345 Evodia impellucida Hand. -Mazz. = Evodia fraxinifolia (D. Don) Hook. f. ●

161346 Evodia impellucida Hand. -Mazz. var. macrococca C. C. Huang = Evodia fraxinifolia (D. Don) Hook. f. ●

161347 Evodia labordei Dode = Evodia daniellii (A. W. Benn.) Hemsl. ex Forbes et Hemsl. ●

161348 Evodia lamarckiana Benth. = Evodia lepta (Spreng.) Merr. ●

161349 Evodia lenticellata C. C. Huang;蜜楝吴茱萸(蜜楝,蜜楝臭檀,蜜楝吴萸);Lenticel Evodia, Lenticellate Evodia ●

161350 Evodia lepta (Spreng.) Merr.;三桠苦(白芸香,斑鸠花,大叶吴茱萸,鸡骨树,鸡脚苦,三部虎,三叉虎,三叉苦,三岔叶,三脚鳖,三丫虎,三丫苦,三支枪,三孖苦,石蛤骨,消黄散,小黄散);Roxburgh Evodia, Thin Evodia, Thiny Evodia, Trifulcate Evodia ●

161351 Evodia lepta (Spreng.) Merr. var. cambodiana (Pierre) C. C. Huang;毛三桠苦(柬埔寨吴萸,柬埔寨吴茱萸,三支枪);Cambodia Thin Evodia ●

161352 Evodia lepta (Spreng.) Merr. var. chunii C. C. Huang = Evodia lepta (Spreng.) Merr. ●

161353 Evodia lunurankenda (Gaertn.) Merr.;山刈叶吴茱萸(三刈叶,三刈叶吴萸,山刈叶);Taiwan Melicop ●

161354 Evodia lyi H. Lév. = Miliusa sinensis Finet et Gagnep. ●

161355 Evodia madagascariensis Baker;马岛臭檀●☆

161356 Evodia meliifolia (Hance ex Walp.) Benth.;濑子树(檫木,檫树,臭辣树,臭油林,红花树,楝叶吴萸,楝叶吴茱萸,三苦楝,山漆,树腰子,獭子树,童子骨,野米辣,贼仔树);Chinaberry Evodia,Dyebark Evodia,Japanese Evodia ●

161357 Evodia meliifolia (Hance ex Walp.) Benth. = Evodia ailantifolia Pierre ●

161358 Evodia meliifolia (Hance ex Walp.) Benth. = Evodia glabrifolia (Champ. ex Benth.) C. C. Huang ●

161359 Evodia merrillii Kaneh. et Sasaki ex Kaneh. = Evodia lunurankenda (Gaertn.) Merr. ●

161360 Evodia mollicoma Hu et Chun = Zanthoxylum molle Rehder ●

161361 Evodia nishimurae Koidz. = Melicope nishimurae (Koidz.) T. Yamaz. ●☆

161362 Evodia odorata H. Lév. = Zanthoxylum myriacanthum Wall. ex Hook. f. ●

161363 Evodia officinalis Dode = Evodia ruticarpa (Juss.) Benth. var. officinalis (Dode) C. C. Huang ●

161364 Evodia patulinervia Merr. et Chun = Melicope patulinervia (Merr. et Chun) C. C. Huang ●

161365 Evodia poilanei Guillaumin = Evodia ailantifolia Pierre ●

161366 Evodia pteleifolia (Champ. ex Benth.) Merr. = Evodia lepta (Spreng.) Merr. ●

161367 Evodia pteleifolia Merr. = Evodia lepta (Spreng.) Merr. ●

161368 Evodia ramiflora A. Gray = Orixa japonica Thunb. ●

161369 Evodia robusta C. C. Huang;大吴茱萸;Robust Evodia ●☆

161370 Evodia robusta Hook. f. = Evodia fraxinifolia (D. Don) Hook. f. ●

161371 Evodia roxbourghiana Benth. = Evodia lepta (Spreng.) Merr. ●

161372 Evodia rugosa Rehder et E. H. Wilson = Evodia ruticarpa (Juss.) Benth. ●

161373 Evodia ruticarpa (Juss.) Benth.;吴茱萸(避邪翁,茶辣,丑茱子,臭辣子,臭辣子树,臭泡子,除油子,储油子,纯幽子,档,伏辣子,茱椒,付辣子,黑鸡母,椒子,九日三官,尻子,辣子,毛臭辣树,毛脉吴茱萸,米辣子,漆辣子,气辣子,茱子,曲药子,茱子,少毛搜涎,石虎,树辣子,搜涎,搜筵,吴椒,吴于,吴萸,吴芋,蘋煎,蘋子,皱果吴萸,皱果吴茱萸,茱萸,左力);Hairy-leaved Evodia,Medicinal Evodia,Rugose Evodia ●

161374 Evodia ruticarpa (Juss.) Benth. f. meinocarpa (Hand.-Mazz.) C. C. Huang = Evodia ruticarpa (Juss.) Benth. var. officinalis (Dode) C. C. Huang ●

161375 Evodia ruticarpa (Juss.) Benth. var. bodinieri (Dode) C. C. Huang;波氏吴茱萸(波氏吴萸,贵州吴茱萸,毛脉吴茱萸,疏毛吴茱萸,吴茱萸);Guizhou Evodia ●

161376 Evodia ruticarpa (Juss.) Benth. var. officinalis (Dode) C. C. Huang;少果吴茱萸(石虎,吴茱萸,茱萸);C. Shihu Evodia ●

161377 Evodia ruticarpa Hook. f. = Evodia ruticarpa (Juss.) Benth. ●

161378 Evodia simplicifolia Ridl.;单叶吴茱萸(单叶吴萸,烘浪碗);Simple-leaf Evodia, Simple-leaved Evodia ●

161379 Evodia simplicifolia Ridl. var. pubescens C. C. Huang;毛单叶吴茱萸(毛单叶吴萸);Hairy Simple-leaf Evodia ●

161380 Evodia subtrigonosperma C. C. Huang;棱子吴茱萸(棱子吴萸);Angled-seed Evodia,Ribseed Evodia,Subtrigonosperma Evodia ●

161381 Evodia sutchuenensis Dode;四川吴茱萸(四川吴萸);Sichuan Evodia ●

161382 Evodia trichotoma (Lour.) Pierre;牛纠吴茱萸(茶辣树,大漆王叶,牛纠树,牛纠吴萸,山茶辣,山吴萸,山茱萸,五除叶);Three-forked Evodia,Trichotomous Evodia ●

161383 Evodia trichotoma (Lour.) Pierre var. pubescens C. C. Huang;毛牛纠吴茱萸(毛牛纠吴萸);Pubescent Three-forked Evodia ●

161384 Evodia triphylla DC.;三叶吴茱萸(墨脱吴茱萸,乔木吴萸,乔木吴茱萸,三叶吴萸);Arborescent Evodia,Three-leaf Evodia ●

161385 Evodia triphylla DC. = Evodia lepta (Spreng.) Merr. ●

161386 Evodia triphylla DC. var. cambodiana Pierre = Evodia lepta (Spreng.) Merr. var. cambodiana (Pierre) C. C. Huang ●

161387 Evodia velutina Rehder et E. H. Wilson;绒毛吴茱萸;Velvety Evodia ●

161388 Evodia velutina Rehder et E. H. Wilson = Evodia sutchuenensis Dode ●

161389 Evodia vestita W. W. Sm.;长喙吴茱萸(长喙吴萸);Longbeak Evodia,Long-beaked Evodia ●

161390 Evodia vestita W. W. Sm. = Evodia delavayi Dode ●

161391 Evodia viridans Drake = Evodia trichotoma (Lour.) Pierre ●

161392 Evodia vitiflora F. Muell.;葡萄叶臭檀■☆

161393 Evodia xanthoxyloides F. Muell.;椒吴茱萸(黄花椒);Yellow Evodia ●

161394 Evodia yunnanensis C. C. Huang = Evodia ailantifolia Pierre ●

161395 Evodianthus Oerst. (1857);芳香巴拿马草属■☆

161396 Evodianthus funifer (Poit.) Lindm.;芳香巴拿马草■☆

161397 Evodiella B. L. Linden(1959);小吴茱萸属●☆

161398 Evodiella cauliflora (Lauterb.) B. L. Linden;小吴茱萸●☆

161399 Evodiopanax (Harms) Nakai = Gamblea C. B. Clarke ●

161400 Evodiopanax Nakai = Acanthopanax Miq. ●

161401 Evodiopanax evodiifolium Nakai = Acanthopanax evodiifolius Franch. ●

161402 Evodiopanax evodiifolium Nakai var. ferrugineum Nakai = Acanthopanax evodiifolius Franch. var. ferrugineus W. W. Sm. ●

161403 Evodiopanax evodiifolius (Franch.) Nakai = Gamblea ciliata C. B. Clarke var. evodiifolia (Franch.) C. B. Shang et al. ●

161404 Evodiopanax evodiifolius (Franch.) Nakai var. ferrugineus (W. W. Sm.) Nakai = Gamblea ciliata C. B. Clarke ●

161405 Evodiopanax evodiifolius (Franch.) Nakai var. gracilis (W. W. Sm.) S. Y. Hu = Gamblea ciliata C. B. Clarke ●

161406 Evodiopanax evodiifolius (Franch.) Nakai var. pseudoevodiifolius (K. M. Feng) H. Ohashi = Gamblea pseudoevodiifolia (K. M. Feng) C. B. Shang,Lowry et Frodin ●

161407 Evodiopanax ferrugineus (W. W. Sm.) Grushv. et Skvortsova = Gamblea ciliata C. B. Clarke ●

161408 Evodiopanax gracilis (W. W. Sm.) Grushv. et Skvortsova = Gamblea ciliata C. B. Clarke ●

161409 Evodiopanax innovans (Siebold et Zucc.) Nakai = Eleutherococcus innovans (Siebold et Zucc.) H. Ohba ●☆

161410 Evodiopanax innovans (Siebold et Zucc.) Nakai = Gamblea innovans (Siebold et Zucc.) C. B. Shang,Lowry et Frodin ●☆

161411 Evodiopanax pseudoevodiifolius (K. M. Feng) F. N. Wei = Gamblea pseudoevodiifolia (K. M. Feng) C. B. Shang, Lowry et Frodin ●

161412 Evoista Raf. = Lycium L. ●

161413 Evoista Raf. = Panzeria J. F. Gmel. ●

161414 Evolvolus Sw. = Evolvulus L. ●■

161415 Evolvulaceae Bercht. et J. Presl = Convolvulaceae Juss.(保留科名)●■

161416 Evolvulus L. (1762);土丁桂属(银丝草属);Evolvulus ●■

161417 Evolvulus agrestis Hochst. ex Schweinf. = Convolvulus siculus L. subsp. agrestis (Hochst. ex Schweinf.) Verdc. ■☆

161418 Evolvulus alsinoides (L.) L.;土丁桂(白鸽草,白毛草,白毛将,白毛莲,白铺地锦,白头妹,暴臭蛇,过饥草,鹿含草,马尾丝,毛棘草,毛棘花,毛将军,毛辣花,雀盲草,石南花,小本白花草,小鹿衔,小鹿衔草,泻痢草,烟油花,银花草,银丝草,银丝匙);Alsine-like Evolvulus, Common Evolvulus, Samll Evolvulus, Slender Dwarf Morning Glory ●■

161419 Evolvulus alsinoides (L.) L. f. rotundifolia (Hayata ex Ooststr.) Yamam. = Evolvulus alsinoides (L.) L. var. rotundifolia (Yamam.) Hayata ex Ooststr. ■

161420 Evolvulus alsinoides (L.) L. f. rotundifolia (Hayata) Yamam. = Evolvulus alsinoides (L.) L. var. rotundifolia (Yamam.) Hayata ex Ooststr. ■

161421 Evolvulus alsinoides (L.) L. var. debilis Ooststr.;纤细土丁桂;Slender Dwarf Morning-glory ■☆

161422 Evolvulus alsinoides (L.) L. var. decumbens (R. Br.) Ooststr.;银丝草(白头妹);Decumbent Evolvulus ●■

161423 Evolvulus alsinoides (L.) L. var. decumbens (R. Br.) Ooststr. = Evolvulus alsinoides (L.) L. ●■

161424 Evolvulus alsinoides (L.) L. var. glaber Baker;光土丁桂■☆

161425 Evolvulus alsinoides (L.) L. var. linifolius (L.) Baker = Evolvulus alsinoides (L.) L. ●■

161426 Evolvulus alsinoides (L.) L. var. rotundifolia (Yamam.) Hayata ex Ooststr.;圆叶土丁桂■

161427 Evolvulus alsinoides (L.) L. var. rotundifolia (Yamam.) Hayata ex Ooststr. = Evolvulus alsinoides (L.) L. ●■

161428 Evolvulus arizonicus A. Gray;亚利桑那土丁桂;Arizona Blue-eyes ■☆

161429 Evolvulus azureus Vahl ex Schumach. et Thonn. = Evolvulus alsinoides (L.) L. var. linifolius (L.) Baker ■

161430 Evolvulus boninensis F. Maek. et Tuyama;小笠原土丁桂☆

161431 Evolvulus capensis E. Mey. ex Choisy = Seddera capensis (E. Mey. ex Choisy) Hallier f. ●☆

161432 Evolvulus chinensis Choisy = Evolvulus alsinoides (L.) L. ●■

161433 Evolvulus decumbens R. Br. = Evolvulus alsinoides (L.) L. var. decumbens (R. Br.) Ooststr. ●■

161434 Evolvulus dichondroides Oliv. = Evolvulus nummularius (L.) L. ■

161435 Evolvulus emarginatus Burm. f. = Merremia emarginata (Burm. f.) Hallier f. ■

161436 Evolvulus filipes Mart.;丝梗土丁桂;Maryland Dwarf Morning-glory ■☆

161437 Evolvulus fugacissimus Hochst. = Evolvulus alsinoides (L.) L. var. linifolius (L.) Baker ■

161438 Evolvulus glechoma Welw. = Merremia emarginata (Burm. f.) Hallier f. ■

161439 Evolvulus glomeratus Choisy;巴西土丁桂;Blue Daze, Brazilian Dwarf Morning-glory ■☆

161440 Evolvulus glomeratus Choisy subsp. grandiflorus Ooststr.;大花巴西土丁桂☆

161441 Evolvulus hederaceus Burm. f. = Merremia hederacea (Burm. f.) Hallier f. ■

161442 Evolvulus hirsutus Lam. = Evolvulus alsinoides (L.) L. ●■

161443 Evolvulus lavae Schweinf. ex Deflers = Cladostigma dioicum Radlk. ■☆

161444 Evolvulus linifolius L. = Evolvulus alsinoides (L.) L. var. linifolius (L.) Baker ■

161445 Evolvulus linifolius L. var. grandiflorus Bolle = Evolvulus alsinoides (L.) L. var. linifolius (L.) Baker ■

161446 Evolvulus natalensis Sond. = Evolvulus alsinoides (L.) L. var. linifolius (L.) Baker ■

161447 Evolvulus nummularius (L.) L.;短梗土丁桂(云南土丁桂);Blue Daze, Hawaian Blue Eyes, Yunnan Evolvulus ■

161448 Evolvulus pudicus Hance = Evolvulus alsinoides (L.) L. ●■

161449 Evolvulus pudicus Hance ex Walp. = Evolvulus alsinoides (L.) L. ●■

161450 Evolvulus sericeus Benth.;柔软土丁桂;Silky Dwarf Morning Glory ☆

161451 Evolvulus sinicus Miq. = Evolvulus alsinoides (L.) L. ●■

161452 Evolvulus sinicus Miq. = Evolvulus alsinoides (L.) L. var. decumbens (R. Br.) Ooststr. ●■

161453 Evolvulus tridentatus (L.) L. = Xenostegia tridentata (L.) D. F. Austin et Staples ■

161454 Evolvulus veronicifolius Kunth = Evolvulus nummularius (L.) L. ■

161455 Evolvulus yemensis Deflers = Evolvulus alsinoides (L.) L. var. linifolius (L.) Baker ■

161456 Evolvulus yunnanensis S. H. Huang;云南土丁桂■

161457 Evolvulus yunnanensis S. H. Huang = Evolvulus nummularius (L.) L. ■

161458 Evonimoides Duhamel = Celastrus L. (保留属名)●

161459 Evonimus Neck. = Euonymus L. (保留属名)●

161460 Evonymodaphne Nees = Licaria Aubl. ●☆

161461 Evonymoides Isnard ex Medik. = Celastrus L. (保留属名)●

161462 Evonymoides Medik. = Celastrus L. (保留属名)●

161463 Evonymoides Medik. = Evonimoides Duhamel ●

161464 Evonymopsis H. Perrier = Euonymopsis H. Perrier ●☆

161465 Evonymopsis H. Perrier(1942);肖卫矛属●☆

161466 Evonymopsis acutifolia (H. Perrier) H. Perrier;尖叶肖卫矛●☆

161467 Evonymopsis longipes (H. Perrier) H. Perrier;长梗肖卫矛●☆

161468 Evonymus L. = Euonymus L. (保留属名)●

161469 Evonymus alata (Thunb.) Siebold = Celastrus scandens L. ●

161470 Evonymus chinensis Lour. = Gymnopetalum chinense (Lour.) Merr. ■

161471 Evonymus hypoglaucus H. Lév. = Mallotus philippensis (Lam.) Müll. Arg. ●

161472 Evonymus provicarii H. Lév. = Pittosporum brevicalyx (Oliv.) Gagnep. ●

161473 Evonymus tobira Thunb. = Pittosporum tobira (Thunb.) W. T. Aiton ●

161474 Evonyxis Raf. = Melanthium L. + Zigadenus Michx. ■

161475 Evonyxis Raf. = Veratrum L. ■

161476 Evopis Cass. = Berkheya Ehrh. (保留属名)●■☆

161477 Evosma Steud. = Euosma Andréws(废弃属名)■☆

161478 Evosma Steud. = Logania R. Br. (保留属名)■☆

161479 Evosmia Humb. et Bonpl. = Hoffmannia Sw. ●■☆

161480 Evosmia Kunth = Hoffmannia Sw. ●■☆

161481 Evosmus (Nutt.) Rchb. = Euosmus (Nutt.) Bartl. ●

161482 Evosmus (Nutt.) Rchb. = Lindera Thunb. (保留属名) + Sassafras J. Presl ●

161483 Evota (Lindl.) Rolfe = Ceratandra Eckl. ex F. A. Bauer ■☆

161484 Evota Rolfe = Ceratandra Eckl. ex F. A. Bauer ■☆

161485 Evota affinis (Sond.) Rolfe = Ceratandra harveyana Lindl. ■☆
161486 Evota bicolor (Sond. ex Bolus) Rolfe = Ceratandra bicolor Sond. ex Bolus ■☆
161487 Evota harveyana (Lindl.) Rolfe = Ceratandra harveyana Lindl. ■☆
161488 Evota venosa (Lindl.) Schelpe = Ceratandra venosa (Lindl.) Schltr. ■☆
161489 Evotella Kurzweil et Linder. (1837);小角雄兰属■☆
161490 Evotella rubiginosa (Sond. ex Bolus) Kurzweil et H. P. Linder; 埃沃兰■☆
161491 Evotrochis Raf. = Primula L. ■
161492 Evrardia Adans. = Bursera Jacq. ex L. (保留属名)●☆
161493 Evrardia Adans. = Pistacia L. ●
161494 Evrardia Gagnep. = Evrardianthe Rauschert ■☆
161495 Evrardia Gagnep. = Hetaeria Blume(保留属名)■
161496 Evrardia Gagnep. = Odontochilus Blume ■
161497 Evrardia poilanei Gagnep. = Chamaegastrodia poilanei (Gagnep.) Seidenf. et A. N. Rao ■
161498 Evrardia poilanei Gagnep. = Odontochilus poilanei (Gagnep.) Ormerod ■
161499 Evrardiana Aver. = Chamaegastrodia Makino et F. Maek. ■
161500 Evrardiana Aver. = Evrardia Gagnep. ■
161501 Evrardiana Aver. = Evrardianthe Rauschert ■☆
161502 Evrardiana Aver. = Odontochilus Blume ■
161503 Evrardiana poilanei (Gagnep.) Aver. = Chamaegastrodia poilanei (Gagnep.) Seidenf. et A. N. Rao ■
161504 Evrardiana poilanei (Gagnep.) Aver. = Odontochilus poilanei (Gagnep.) Ormerod ■
161505 Evrardianthe Rauschert = Chamaegastrodia Makino et F. Maek. ■
161506 Evrardianthe Rauschert = Odontochilus Blume ■
161507 Evrardianthe Rauschert(1983);埃夫花属■☆
161508 Evrardianthe exigua (Rolfe) Rauschert = Chamaegastrodia vaginata (Hook. f.) Seidenf. ■
161509 Evrardianthe inverta (W. W. Sm.) Rauschert = Chamaegastrodia inverta (W. W. Sm.) Seidenf. ■
161510 Evrardianthe poilanei (Gagnep.) Aver. = Chamaegastrodia poilanei (Gagnep.) Seidenf. et A. N. Rao ■
161511 Evrardianthe poilanei (Gagnep.) Rauschert = Chamaegastrodia poilanei (Gagnep.) Seidenf. et A. N. Rao ■
161512 Evrardianthe poilanei (Gagnep.) Rauschert = Odontochilus poilanei (Gagnep.) Ormerod ■
161513 Evrardiella Gagnep. (1934);埃夫兰属■☆
161514 Evrardiella dodecandra Gagnep.;埃夫兰■☆
161515 Ewaldia Klotzsch = Begonia L. ●■
161516 Ewartia Beauverd(1910);垫状紫绒草属■☆
161517 Ewartia catipes (DC.) Beauverd;垫状紫绒草■☆
161518 Ewartiothamnus Anderb. (1991);银苞紫绒草属■☆
161519 Ewartiothamnus sinclairii (Hook. f.) Anderb.;银苞紫绒草■☆
161520 Ewersmannia Gorshkova = Eversmannia Bunge ●
161521 Ewyckia Blume = Pternandra Jack + Kibessia DC. ●
161522 Ewyckia Blume = Pternandra Jack ●
161523 Exacantha Post et Kuntze = Exoacantha Labill. ☆
161524 Exaculum Caruel = Cicendia Adans. ■☆
161525 Exaculum Caruel(1886);小藻百年属;Guernsey Centaury ■☆
161526 Exaculum pusillum (Lam.) Caruel; 微小藻百年; Guernsey Centaury ■☆
161527 Exaculum pusillum (Lam.) Caruel var. candollei (Bastard) Rouy = Exaculum pusillum (Lam.) Caruel ■☆
161528 Exacum L. (1753);藻百年属(红小龙胆属,藻百年草属); Exacum ●■
161529 Exacum affine Balf. f. = Exacum affine Ball. f. ex Regel ■☆
161530 Exacum affine Balf. f. ex Regel 'Atrocoelurum';深蓝藻百年■☆
161531 Exacum affine Ball. f. ex Regel;紫芳草(红姬龙胆,藻百年草);Arabian Violet,Exacum,Persian Violet ■☆
161532 Exacum alatum Roth ex Roem. et Schult. = Canscora alata (Roth ex Roem. et Schult.) Wall. ■☆
161533 Exacum albens L. f. = Sebaea albens (L. f.) Sm. ■☆
161534 Exacum amplexicaule Klack.;单茎藻百年■☆
161535 Exacum anisopterum Klack.;异翅藻百年■☆
161536 Exacum appendiculatum Klack.;附属物藻百年■☆
161537 Exacum aureum L. f. = Sebaea aurea (L. f.) Sm. ■☆
161538 Exacum bellum Hance;美丽藻百年(田基黄)■☆
161539 Exacum bicolor Roxb.;二色藻百年■☆
161540 Exacum bulbilliferum Baker;球根藻百年■☆
161541 Exacum carinatum Humbert = Exacum subteres Klack. ■☆
161542 Exacum conglomeratum Klack.;团集藻百年●☆
161543 Exacum cordatum L. f. = Sebaea exacoides (L.) Schinz ■☆
161544 Exacum diffusum (Vahl) Willd. = Canscora diffusa (Vahl) R. Br. ex Roem. et Schult. ■
161545 Exacum divaricatum (Baker) Schinz;叉开藻百年●☆
161546 Exacum dolichantherum Klack.;长药藻百年●☆
161547 Exacum exiguum Klack.;小藻百年■☆
161548 Exacum fruticosum Humbert;灌木藻百年■☆
161549 Exacum giganteum Klack.;巨藻百年●☆
161550 Exacum gracile Klack.;纤细藻百年■☆
161551 Exacum hoffmannii Vatke ex Schinz;豪氏藻百年■☆
161552 Exacum humbertii Klack.;亨伯特藻百年■☆
161553 Exacum hyssopifolium Willd. = Enicostema axillare (Lam.) A. Raynal ■☆
161554 Exacum intermedium Klack.;间型藻百年■☆
161555 Exacum lichenisylvae Humbert = Exacum lokohense Humbert ●☆
161556 Exacum lichenisylvae Humbert var. macranthum Humbert = Exacum lokohense Humbert ●☆
161557 Exacum linearifolium (Humbert) Klack.;线叶藻百年■☆
161558 Exacum lokohense Humbert;洛克藻百年●☆
161559 Exacum macranthum Arn.;大花藻百年■☆
161560 Exacum marojejyense Humbert;马罗藻百年●☆
161561 Exacum microcarpum Klack.;小果藻百年■☆
161562 Exacum millotii Humbert;米约藻百年■☆
161563 Exacum millotii Humbert var. protractum Humbert = Exacum millotii Humbert ■☆
161564 Exacum naviculare Klack.;舟形藻百年■☆
161565 Exacum nossibeense Klack.;诺西波藻百年■☆
161566 Exacum nummularifolium Humbert;铜钱叶藻百年■☆
161567 Exacum oldenlandioides (S. Moore) Klack.;蛇舌草藻百年■☆
161568 Exacum penninerve Klack.;羽脉藻百年●☆
161569 Exacum quinquenervium Griseb.;五脉藻百年●☆
161570 Exacum quinquenervium Griseb. subsp. hoffmannii (Vatke ex Schinz) Humbert = Exacum hoffmannii Vatke ex Schinz ■☆
161571 Exacum quinquenervium Griseb. subsp. linearifolium Humbert = Exacum linearifolium (Humbert) Klack. ■☆
161572 Exacum quinquenervium Griseb. var. hoffmannii (Vatke ex

Schinz) Humbert = Exacum hoffmannii Vatke ex Schinz ■☆
161573 Exacum radicans Humbert;辐射藻百年■☆
161574 Exacum rosulatum Baker = Swertia rosulata (Baker) Klack. ■☆
161575 Exacum rotundifolium Klack.;圆叶藻百年■☆
161576 Exacum rutenbergianum (Vatke) Schinz = Exacum spathulatum Baker ■☆
161577 Exacum sessile L.;无梗藻百年;Sessile Exacum ■☆
161578 Exacum spathulatum Baker;匙叶藻百年■☆
161579 Exacum speciosum Klack.;美花藻百年■☆
161580 Exacum stenopterum Klack.;狭叶藻百年■☆
161581 Exacum subacaule Humbert;无茎藻百年■☆
161582 Exacum subteres Klack.;圆柱藻百年■☆
161583 Exacum subverticillatum Humbert;近轮生藻百年■☆
161584 Exacum teres Wall.;云南藻百年;Yunnan Exacum ■
161585 Exacum tetragonum Roxb.;藻百年;Quadrangular Exacum ■
161586 Exacum tsimihety Humbert = Exacum humbertii Klack. ■☆
161587 Exacum umbellatum Klack.;伞形藻百年■☆
161588 Exacum undulatum Klack.;波状藻百年■☆
161589 Exacum zombense N. E. Br.;宗巴藻百年■☆
161590 Exadenus Griseb. = Halenia Borkh.(保留属名)■
161591 Exagrostis Steud. = Eragrostis Wolf ■
161592 Exalaria Garay et G. A. Romero = Ophrys L. ■☆
161593 Exalaria Garay et G. A. Romero(1999);南美眉兰属■☆
161594 Exallage Bremek. = Hedyotis L.(保留属名)●■
161595 Exallage Bremek. = Oldenlandia L. ●■
161596 Exallage auricularia (L.) Bremek. = Hedyotis auricularia L. ■
161597 Exallage auricularia (L.) Bremek. = Oldenlandia auricularia (L.) K. Schum. ■
161598 Exallage ulmifolia (Wall.) Bremek. = Hedyotis lineata Roxb. ■
161599 Exallosis Raf. = Ipomoea L.(保留属名)●■
161600 Exandra Standl. = Simira Aubl. ■☆
161601 Exarata A. H. Gentry.(1992);乔科木属●☆
161602 Exarata chocoensis A. H. Gentry.;乔科木●☆
161603 Exarrhena (A. DC.) O. D. Nikif. = Myosotis L. ■
161604 Exarrhena R. Br. = Myosotis L. ■
161605 Exbucklandia R. W. Br. (1946);马蹄荷属;Exbucklandia ●
161606 Exbucklandia longipetala Hung T. Chang;长瓣马蹄荷;Longpetal Exbucklandia, Long-petaled Exbucklandia ●◇
161607 Exbucklandia populnea (R. Br. ex Griff.) R. W. Br.;马蹄荷(巴巴叶,白克木,盖阳树,盖阴树,合掌,合掌木,鹤掌叶,解阳树,马蹄木,马蹄樟,拍拍木,箐合木,省雀花,小刀树);Common Exbucklandia ●
161608 Exbucklandia populnea (R. Br.) R. W. Br. = Exbucklandia populnea (R. Br. ex Griff.) R. W. Br. ●
161609 Exbucklandia populnea R. Br. = Exbucklandia populnea (R. Br. ex Griff.) R. W. Br. ●
161610 Exbucklandia tonkinensis (Lecomte) Hung T. Chang;大果马蹄荷(小刀树);Bigfruit Exbucklandia, Big-fruited Exbucklandia ●
161611 Exbucklandia tonkinensis (Lecomte) Steenis = Exbucklandia tonkinensis (Lecomte) Hung T. Chang ●
161612 Exbucklandia tricuspis Hung T. Chang;三尖马蹄荷;Tricuspid Exbucklandia ●
161613 Exbucklandiaceae Reveal et Doweld = Hamamelidaceae R. Br.(保留科名)●
161614 Excaecaria Baill. = Excoecaria L. ●
161615 Excavatia F. Markgr. = Ochrosia Juss. ●
161616 Excavatia Markgr. = Ochrosia Juss. ●
161617 Excavatia coccinea (Teijsm. et Binn.) Markgr. = Ochrosia coccinea (Teijsm. et Binn.) Miq. ●
161618 Excavatia hexandra (Koidz.) Hatus.;六蕊马蹄荷●☆
161619 Excavatia hexandra (Koidz.) Hatus. = Ochrosia hexandra Koidz. ●☆
161620 Excentrodendron Hung T. Chang et R. H. Miao = Burretiodendron Rehder ●
161621 Excentrodendron Hung T. Chang et R. H. Miao(1978);蚬木属;Hsienmu, Xianmu ●
161622 Excentrodendron hsienmu (Chun et F. C. How) Hung T. Chang et R. H. Miao;蚬木;Hsien Mu, Hsienmu, Hsienmu Burretiodendron ●◇
161623 Excentrodendron hsienmu (Chun et F. C. How) Hung T. Chang et R. H. Miao = Excentrodendron tonkinense (A. Chev.) Hung T. Chang et R. H. Miao ●
161624 Excentrodendron obconicum (Chun et F. C. How) Hung T. Chang et R. H. Miao;长蒴蚬木;Long-capsule Burretiodendron, Long-capsule Xianmu, Obconical Hsienmu ●
161625 Excentrodendron rhombifolium Hung T. Chang et R. H. Miao;菱叶蚬木;Rhombic-leaf Burretiodendron, Rhombic-leaf Xianmu, Rhombic-leaved Hsienmu ●
161626 Excentrodendron rhombifolium Hung T. Chang et R. H. Miao = Excentrodendron tonkinense (A. Chev.) Hung T. Chang et R. H. Miao ●
161627 Excentrodendron tonkinense (A. Chev.) Hung T. Chang et R. H. Miao;节花蚬木(蚬木,越南硬椴);Nodeflower Xianmu, Tonkin Excentrodendron, Tonkin Hsienmu ●
161628 Excoecaria L. (1759);海漆属(土沉香属);Excoecaria ●
161629 Excoecaria abyssinica Müll. Arg. = Shirakiopsis elliptica (Hochst.) Esser ●☆
161630 Excoecaria acerifolia Didr.;云南土沉香(草沉香,刮金板,刮金槭,刮筋板,鸦胆子,走马胎);Herb Eaglewood, Mapleleaf Excoecaria, Maple-leaved Excoecaria ●
161631 Excoecaria acerifolia Didr. var. cuspidata (Müll. Arg.) Müll. Arg.;狭叶土沉香(硬尖刮金板,硬尖刮筋板);Narrowleaf Mapleleaf Excoecaria ●
161632 Excoecaria acerifolia Didr. var. genuina Müll. Arg.;小霸王;Agallocha, Blinding Tree, Genuine Mapleleaf Excoecaria, River Poison ●
161633 Excoecaria acerifolia Didr. var. genuina Müll. Arg. = Excoecaria acerifolia Didr. ●
161634 Excoecaria acerifolia Didr. var. himalayensis (Klotzsch) Pax et K. Hoffm. = Excoecaria acerifolia Didr. ●
161635 Excoecaria acerifolia Didr. var. lanceolata Pax et K. Hoffm. = Excoecaria acerifolia Didr. var. cuspidata (Müll. Arg.) Müll. Arg. ●
161636 Excoecaria affinis Griff. = Sapium baccatum Roxb. ●
161637 Excoecaria africana Müll. Arg.;非洲海漆;African Sandal-wood ●☆
161638 Excoecaria africana Sim = Sclerocroton integerrimus Hochst. ●☆
161639 Excoecaria agallocha L.;海漆(水贼,水贼仔,土沉香);Agallocha, Blinding Tree, Blinding-tree, Blind-your-eye, Blind-your-eyes, Blind-your-eye-tree, Milky Mangrove, Sea Lacquer ●
161640 Excoecaria baccata (Roxb.) Müll. Arg. = Sapium baccatum Roxb. ●
161641 Excoecaria bicolor (Hassk.) Zoll. ex Hassk. = Excoecaria cochinchinensis Lour. ●

161642 Excoecaria bicolor Hassk. var. orientalis (Pax et K. Hoffm.) Gagnep. = Excoecaria formosana Hayata et Kawak. ex Hayata ●
161643 Excoecaria bicolor Hassk. var. purpurascens Pax et K. Hoffm.;青紫木;Croton Bicolor ●
161644 Excoecaria bicolor Hassk. var. purpurascens Pax et K. Hoffm. = Excoecaria cochinchinensis Lour. ●
161645 Excoecaria bussei (Pax) Pax;布瑟海漆●☆
161646 Excoecaria caffra Sim = Excoecaria simii (Kuntze) Pax ●☆
161647 Excoecaria cochinchinensis Lour.;红背桂花(东洋桂花,红背桂,金琐玉,青紫木,叶背红,紫背桂);Cochinchinese Excoecaria, Indo-chinese Excoecaria, Redback Osmanthus ●
161648 Excoecaria cochinchinensis Lour. var. formosana (Hayata) Hurus. = Excoecaria formosana Hayata et Kawak. ex Hayata ●
161649 Excoecaria cochinchinensis Lour. var. viridis (Pax et K. Hoffm.) Merr.;绿背桂花●
161650 Excoecaria cochinchinensis Lour. var. viridis (Pax et K. Hoffm.) Merr. = Excoecaria formosana Hayata et Kawak. ex Hayata ●
161651 Excoecaria crenulata var. formosana Hayata = Excoecaria formosana Hayata et Kawak. ex Hayata ●
161652 Excoecaria dallachyana Benth.;澳洲土沉香●☆
161653 Excoecaria discolor (Champ. ex Benth.) Müll. Arg. = Sapium discolor (Champ. ex Benth.) Müll. Arg. ●
161654 Excoecaria discolor Müll. Arg. = Sapium discolor (Champ. ex Benth.) Müll. Arg. ●
161655 Excoecaria faradianensis Beille = Microstachys faradianensis (Beille) Esser ■☆
161656 Excoecaria formosana (Hayata) Hayata et Kawak. var. daitoinsularis (Hatus.) Hatus. ex Shimabuku;大东土沉香●☆
161657 Excoecaria formosana Hayata et Kawak. ex Hayata;台湾土沉香(毒箭木,鸡尾木,箭毒木,绿背桂,绿背桂花,小霸王);Formosan Excoecaria, Green Back Osmanthus, Green Excoecaria, Taiwan Excoecaria ●
161658 Excoecaria grahamii Stapf;格雷厄姆土沉香●☆
161659 Excoecaria guineensis (Benth.) Müll. Arg.;几内亚土沉香●☆
161660 Excoecaria himalayensis Müll. Arg. = Excoecaria acerifolia Didr. ●
161661 Excoecaria himalayensis Müll. Arg. var. cuspidata Müll. Arg. = Excoecaria acerifolia Didr. var. cuspidata (Müll. Arg.) Müll. Arg. ●
161662 Excoecaria hochstetteriana Müll. Arg. = Sclerocroton integerrimus Hochst. ●☆
161663 Excoecaria insignis (Royle) Müll. Arg. = Sapium insigne (Royle) Benth. ●
161664 Excoecaria integerrima (Hochst.) Müll. Arg. = Sclerocroton integerrimus Hochst. ●☆
161665 Excoecaria japonica Müll. Arg. = Sapium japonicum (Siebold et Zucc.) Pax et K. Hoffm. ●
161666 Excoecaria kawakamii Hayata;兰屿土沉香(川上土沉香);Kawakami Excoecaria, Lanyu Excoecaria ●
161667 Excoecaria madagascariensis (Baill.) Müll. Arg.;马岛土沉香●☆
161668 Excoecaria magenjensis Sim = Maprounea africana Müll. Arg. ■☆
161669 Excoecaria manniana Müll. Arg. = Shirakiopsis elliptica (Hochst.) Esser ●☆
161670 Excoecaria oblongifolia Müll. Arg. = Sclerocroton oblongifolius (Müll. Arg.) Kruijt et Roebers ●☆
161671 Excoecaria orientalis Pax et K. Hoffm. = Excoecaria formosana Hayata et Kawak. ex Hayata ●
161672 Excoecaria orientalis Pax et K. Hoffm. var. viridis Pax et K. Hoffm. = Excoecaria formosana Hayata et Kawak. ex Hayata ●
161673 Excoecaria parvifolia Müll. Arg.;小叶梅漆●☆
161674 Excoecaria reticulata (Hochst.) Müll. Arg. = Sclerocroton integerrimus Hochst. ●☆
161675 Excoecaria sambesica Pax et K. Hoffm. = Excoecaria bussei (Pax) Pax ●☆
161676 Excoecaria sebifera Müll. Arg. = Sapium sebiferum (L.) Roxb. ●
161677 Excoecaria simii (Kuntze) Pax;西姆土沉香●☆
161678 Excoecaria sylvestris S. Moore = Excoecaria madagascariensis (Baill.) Müll. Arg. ●☆
161679 Excoecaria synandra Pax = Spirostachys africana Sond. ■☆
161680 Excoecaria venenatus S. K. Lee et F. N. Wei;鸡尾木(东方绿白,鸡尾树);Poisonous Excoecaria, Venenate Excoecaria ●
161681 Excoecariopsis Pax = Spirostachys Sond. ■☆
161682 Excoecariopsis Pax(1910);类海漆属■☆
161683 Excoecariopsis dinteri Pax = Spirostachys africana Sond. ■☆
161684 Excremis Willd. = Eccremis Willd. ex Baker ■☆
161685 Excremis Willd. ex Baker = Eccremis Willd. ex Baker ■☆
161686 Excremis Willd. ex Schult. f. = Eccremis Willd. ex Baker ■☆
161687 Exechostilus Willis = Exechostylus K. Schum. ●
161688 Exechostilus Willis = Pavetta L. ●
161689 Exechostylus K. Schum. = Pavetta L. ●
161690 Exechostylus flaviflorus K. Schum. = Pavetta brachycalyx Hiern ●☆
161691 Exellia Boutique(1951);埃克木属●☆
161692 Exellia scamnopetala (Exell) Boutique;埃克木●☆
161693 Exellodendron Prance(1972);埃克金壳果属●☆
161694 Exellodendron barbatum (Ducke) Prance;髯毛埃克金壳果●☆
161695 Exellodendron cordatum (Hook. f.) Prance;心形埃克金壳果●☆
161696 Exellodendron gracile (Kuhlm.) Prance;纤细埃克金壳果●☆
161697 Exemix Raf. = Lychnis L.(废弃属名)■
161698 Exeria Raf. = Eria Lindl.(保留属名)■
161699 Exhalimolobos Al-Shehbaz et C. D. Bailey = Sisymbrium L. ■
161700 Exinia Raf. = Dodecatheon L. ■☆
161701 Exiteles Miers = Exitelia Blume ●☆
161702 Exiteles Miers = Maranthes Blume ●☆
161703 Exitelia Blume = Maranthes Blume ●☆
161704 Exoacantha Labill. (1791);外刺芹属☆
161705 Exoacantha heterophylla Labill.;外刺芹☆
161706 Exocarpaceae Gagnep. = Santalaceae R. Br.(保留科名)●■
161707 Exocarpaceae J. Agardh = Opiliaceae Valeton(保留科名)●
161708 Exocarpaceae J. Agardh = Santalaceae R. Br.(保留科名)●■
161709 Exocarpaceae J. Agardh;外果木科●
161710 Exocarpos Labill. (1800)(保留属名);外果木属;Ballart ●☆
161711 Exocarpos baumannii Stauff. = Elaphanthera baumannii (Stauffer) N. Hallé ●☆
161712 Exocarpos cupressiformis Labill.;柏状外果木;Cherry Ballat, Native Cherry ●☆
161713 Exocarpos latifolius R. Br.;阔叶外果木;Broad-leafed Native Cherry ●☆
161714 Exocarpos xylophylloides Baker = Phylloxylon xylophylloides (Baker) Du Puy, Labat et Schrire ●☆
161715 Exocarpus Labill. = Exocarpos Labill.(保留属名)●☆
161716 Exocarya Benth. (1877);外果莎属■☆

161717 Exocarya sclerioides (F. Muell.) Benth.;外果莎■☆
161718 Exochaenium Griseb. = Sebaea Sol. ex R. Br. ■
161719 Exochaenium bugandense Robyns = Sebaea oligantha (Gilg) Schinz ■☆
161720 Exochaenium chionanthus (Gilg) Schinz = Sebaea teuszii (Schinz) P. Taylor ■☆
161721 Exochaenium debile Welw. = Sebaea debilis (Welw.) Schinz ■☆
161722 Exochaenium evrardii Robyns = Sebaea oligantha (Gilg) Schinz ■☆
161723 Exochaenium exiguum Hill = Sebaea minuta Paiva et I. Nogueira ■☆
161724 Exochaenium gentilii De Wild. = Sebaea gentilii (De Wild.) Boutique ■☆
161725 Exochaenium gracilis (Welw.) Schinz = Sebaea gracilis (Welw.) Paiva et I. Nogueira ■☆
161726 Exochaenium grande (E. Mey.) Griseb. = Sebaea grandis (E. Mey.) Steud. ■☆
161727 Exochaenium grande (E. Mey.) Griseb. var. homostylum Hill = Sebaea grandis (E. Mey.) Steud. ■☆
161728 Exochaenium grande (E. Mey.) Griseb. var. major (S. Moore) Schinz = Sebaea grandis (E. Mey.) Steud. ■☆
161729 Exochaenium macranthum Hill = Sebaea grandis (E. Mey.) Steud. ■☆
161730 Exochaenium platypterum (Baker) Schinz = Sebaea platyptera (Baker) Boutique ■☆
161731 Exochaenium primuliflorum Welw. = Sebaea primuliflora (Welw.) Sileshi ■☆
161732 Exochaenium pumilum (Baker) Hill = Sebaea pumila (Baker) Schinz ■☆
161733 Exochaenium pygmaeum Milne-Redh. = Sebaea perpusilla Paiva et I. Nogueira ■☆
161734 Exochaenium teuszii (Schinz) Schinz = Sebaea teuszii (Schinz) P. Taylor ■☆
161735 Exochaenium thomasii (S. Moore) Schinz = Sebaea thomasii (S. Moore) Schinz ■☆
161736 Exochaenium wildemanianum Gilg ex De Wild. = Sebaea wildemaniana Boutique ■☆
161737 Exochanthus M. A. Clem. et D. L. Jones = Dendrobium Sw.(保留属名)■
161738 Exochogyne C. B. Clarke(1905);外蕊莎草属■☆
161739 Exochogyne amazonica C. B. Clarke;外蕊莎草■☆
161740 Exochogyne megalorrhyncha Tutin;大喙外蕊莎草■☆
161741 Exochorda Lindl.(1858);白鹃梅属(茧子花属);Pearl Bush, Pearlbush, Pearl-bush ●
161742 Exochorda × macrantha 'The Bride';新娘白鹃梅;The Bride Pearlbush ●☆
161743 Exochorda albertii Regel;土耳其斯坦白鹃梅(阿氏白鹃梅,短柄白鹃梅);Turkestan Pearlbush ●
161744 Exochorda giraldii Hesse;红柄白鹃梅(纪氏白鹃梅);Pearlbush, Redbud Pearlbush, Red-buded Pearl-bush ●
161745 Exochorda giraldii Hesse var. wilsonii (Rehder) Rehder;绿柄白鹃梅;E. H. Wilson Pearlbush, Wilson Pearlbush ●
161746 Exochorda grandiflora Lindl. = Exochorda racemosa (Lindl.) Rehder ●
161747 Exochorda korolkowii Lavall. = Exochorda albertii Regel ●
161748 Exochorda macrantha C. K. Schneid.;大花白鹃梅;Pearl Bush ●☆
161749 Exochorda racemosa (Lindl.) Rehder;白鹃梅(茧子花,金瓜果,九活头,总花白鹃梅,总状花序白鹃梅);Common Pearl Bush, Common Pearlbush, Common Pearl-bush, Pearl Bush, Pearlbush ●
161750 Exochorda racemosa (Lindl.) Rehder subsp. giraldii (Hesse) F. Y. Gao et Maesen = Exochorda giraldii Hesse ●
161751 Exochorda racemosa (Lindl.) Rehder subsp. serratifolia (S. Moore) F. Y. Gao et Maesen = Exochorda serratifolia S. Moore ●
161752 Exochorda racemosa (Lindl.) Rehder var. giraldii (Hesse) Rehder = Exochorda giraldii Hesse ●
161753 Exochorda racemosa (Lindl.) Rehder var. giraldii Rehder = Exochorda giraldii Hesse ●
161754 Exochorda racemosa (Lindl.) Rehder var. wilsonii Rehder = Exochorda giraldii Hesse var. wlisonii (Rehder) Rehder ●
161755 Exochorda serratifolia S. Moore;齿叶白鹃梅(柳樱,锐齿白鹃梅,榆叶白鹃梅);Common Pearlbush, Korean Pearl Bush, Serrateleaf Pearlbush, Serrate-leaved Pearlbush ●
161756 Exochorda serratifolia S. Moore var. polytricha C. S. Zhu;多毛白鹃梅;Manyhair Pearlbush ●
161757 Exochorda tianschanica Gontsch.;天山白鹃梅;Tianshan Pearlbush ●☆
161758 Exocroa Raf. = Ipomoea L.(保留属名)●■
161759 Exodeconus Raf.(1838);肖酸浆属■☆
161760 Exodeconus Raf. = Physalis L. ■
161761 Exodeconus flavus (I. M. Johnst.) Axelius et D'Arcy;黄肖酸浆■☆
161762 Exodeconus integrifolius (Phil.) Axelius;全缘肖酸浆■☆
161763 Exodeconus prostratus Raf.;肖酸浆■☆
161764 Exodiclis Raf. = Acisanthera P. Browne ●■☆
161765 Exogonium Choisy = Ipomoea L.(保留属名)●■
161766 Exogonium Choisy(1833);球根牵牛属(药喇叭属)■☆
161767 Exogonium argentifolium House;银叶球根牵牛■☆
161768 Exogonium cubense House;古巴球根牵牛■☆
161769 Exogonium filiforme (Jacq.) Choisy;线形球根牵牛■☆
161770 Exogonium luteum House;黄球根牵牛■☆
161771 Exogonium purga Lindl. = Ipomoea jalapa (L.) Pursh ■☆
161772 Exohebea R. C. Foster = Tritoniopsis L. Bolus ■☆
161773 Exohebea angusta (L. Bolus) R. C. Foster = Tritoniopsis parviflora (Jacq.) G. J. Lewis var. angusta (L. Bolus) G. J. Lewis ■☆
161774 Exohebea caledonensis R. C. Foster = Tritoniopsis caledonensis (R. C. Foster) G. J. Lewis ■☆
161775 Exohebea elongata (L. Bolus) R. C. Foster = Tritoniopsis elongata (L. Bolus) G. J. Lewis ■☆
161776 Exohebea flexuosa (L. f.) G. J. Lewis = Tritoniopsis flexuosa (L. f.) G. J. Lewis ■☆
161777 Exohebea lata (L. Bolus) R. C. Foster = Tritoniopsis lata (L. Bolus) G. J. Lewis ■☆
161778 Exohebea nemorosa (Klatt) R. C. Foster = Tritoniopsis nemorosa (Klatt) G. J. Lewis ■☆
161779 Exohebea parviflora (Jacq.) R. C. Foster = Tritoniopsis parviflora (Jacq.) G. J. Lewis ■☆
161780 Exolepta Raf. = Cassandra D. Don ●
161781 Exolobus E. Fourn.(1885);外裂藤属●☆
161782 Exolobus E. Fourn. = Gonolobus Michx. ●☆
161783 Exolobus patens (Decne.) E. Fourn.;铺展外裂藤●☆
161784 Exomicrum Tiegh. = Ouratea Aubl.(保留属名)●

161785 Exomicrum axillare (Oliv.) Tiegh. = Idertia axillaris (Oliv.) Farron ●☆

161786 Exomicrum cabrae (Gilg) Tiegh. = Campylospermum cabrae (Gilg) Farron ●☆

161787 Exomicrum congestum (Oliv.) Tiegh. = Campylospermum congestum (Oliv.) Farron ●☆

161788 Exomicrum conrauanum (Engl. et Gilg) Tiegh. = Campylospermum vogelii (Hook. f.) Farron var. angustifolium (Engl.) Farron ●■☆

161789 Exomicrum coriaceum (De Wild. et T. Durand) Tiegh. = Campylospermum densiflorum (De Wild. et T. Durand) Farron ●☆

161790 Exomicrum dewevrei (De Wild. et T. Durand) Tiegh. = Campylospermum vogelii (Hook. f.) Farron var. poggei (Engl.) Farron ●☆

161791 Exomicrum djallonense Tiegh. = Campylospermum squamosum (DC.) Farron ●☆

161792 Exomicrum excavatum Tiegh. = Campylospermum excavatum (Tiegh.) Farron ●☆

161793 Exomicrum glaberrimum (P. Beauv.) Tiegh. = Campylospermum glaberrimum (P. Beauv.) Farron ●☆

161794 Exomicrum glaucum Tiegh. = Campylospermum glaucum (Tiegh.) Farron ●☆

161795 Exomicrum grandifolium Tiegh. = Campylospermum densiflorum (De Wild. et T. Durand) Farron ●☆

161796 Exomicrum oliveri Tiegh. = Campylospermum zenkeri (Engl. ex Tiegh.) Farron ●☆

161797 Exomicrum pellucidum (De Wild. et T. Durand) Tiegh. = Campylospermum reticulatum (P. Beauv.) Farron ●☆

161798 Exomicrum pseudospicatum (Gilg) Tiegh. = Campylospermum reticulatum (P. Beauv.) Farron ●☆

161799 Exomicrum scheffleri (Engl. et Gilg) Tiegh. = Campylospermum scheffleri (Engl. et Gilg) Farron ●☆

161800 Exomicrum sulcatum Tiegh. = Campylospermum sulcatum (Tiegh.) Farron ●☆

161801 Exomiocarpon Lawalrée(1943);斑果菊属■☆

161802 Exomiocarpon madagascariense (Humbert) Lawalrée;斑果菊■☆

161803 Exomis Fenzl = Exomis Fenzl ex Moq. ●☆

161804 Exomis Fenzl ex Moq. (1840);叉枝滨藜属●☆

161805 Exomis atriplicoides Moq. = Manochlamys albicans (Aiton) Aellen ●☆

161806 Exomis axyrioides Fenzl ex Moq. = Exomis microphylla (Thunb.) Aellen var. axyrioides (Fenzl ex Moq.) Aellen ■☆

161807 Exomis microphylla (Thunb.) Aellen;叉枝滨藜■☆

161808 Exomis microphylla (Thunb.) Aellen var. axyrioides (Fenzl ex Moq.) Aellen;轴藜状叉枝滨藜■☆

161809 Exophya Raf. = Encyclia Hook. ■☆

161810 Exophya Raf. = Epidendrum L. (保留属名)■☆

161811 Exorhopala Steenis(1931);马来菰属■☆

161812 Exorhopala ruficeps (Ridl.) Steenis;马来菰■☆

161813 Exorrhiza Becc. = Clinostigma H. Wendl. ●☆

161814 Exosolenia Baill. ex Drake = Genipa L. ●☆

161815 Exospermum Tiegh. (1900);散子林仙属●☆

161816 Exospermum Tiegh. = Zygogynum Baill. ●☆

161817 Exospermum lecarti Tiegh.;散子林仙●☆

161818 Exostegia Bojer ex Decne. = Cynanchum L. ●■

161819 Exostegia filicaulis Bojer ex Decne. = Cynanchum repandum (Decne.) K. Schum. ●☆

161820 Exostegia laevigata Bojer ex Decne. = Cynanchum eurychiton (Decne.) K. Schum. ●☆

161821 Exostema (Pers.) Bonpl. (1807);外蕊木属;Jamaica Bark ●☆

161822 Exostema (Pers.) Humb. et Bonpl. = Exostema (Pers.) Bonpl. ●☆

161823 Exostema (Pers.) Rich. = Exostema (Pers.) Bonpl. ●☆

161824 Exostema capitata Spreng. = Phragmanthera capitata (Spreng.) Balle ●☆

161825 Exostema caribaeum Roem. et Schult.;加勒比外蕊木;Princewood ●☆

161826 Exostemma DC. = Exostema (Pers.) Bonpl. ●☆

161827 Exostemon Post et Kuntze = Exostema (Pers.) Bonpl. ●☆

161828 Exostyles Schott ex Spreng. = Exostyles Schott ■☆

161829 Exostyles Schott(1827);外柱豆属■☆

161830 Exostyles amazonica Yakovlev;亚马孙外柱豆■☆

161831 Exostyles venusta Schott ex Spreng.;外柱豆■☆

161832 Exostylis G. Don = Exostyles Schott ex Spreng. ■☆

161833 Exotanthera Turcz. = Rinorea Aubl. (保留属名)●

161834 Exothamnus D. Don ex Hook. = Aster L. ●■

161835 Exothea Macfad. (1837);逐木属(埃索木属)●☆

161836 Exothea copalillo Radlk.;逐木●☆

161837 Exotheca Andersson(1856);外囊草属(埃塞逐草属)■☆

161838 Exotheca abyssinica (Hochst. ex A. Rich.) Andersson;外囊草■☆

161839 Exothostemon G. Don = Prestonia R. Br. (保留属名)●☆

161840 Expangis Thouars = Angraecum Bory ■

161841 Exphaloschoenus Nees = Cephaloschoenus Nees ■

161842 Exphaloschoenus Nees = Rhynchospora Vahl(保留属名)■

161843 Exsertanthera Pichon = Bignonia L. (保留属名)●

161844 Exsertanthera Pichon = Lundia DC. (保留属名)●☆

161845 Exydra Endl. = Glyceria R. Br. (保留属名)■

161846 Exydra Endl. = Poa L. ■

161847 Eydisanthema Neck. = Brassavola R. Br. (保留属名)■☆

161848 Eydisanthema Necker ex Raf. = Brassavola R. Br. (保留属名)■☆

161849 Eydouxia Gaudich. = Pandanus Parkinson ex Du Roi ●■

161850 Eylesia S. Moore = Buchnera L. ■

161851 Eylesia buchneroides S. Moore = Buchnera buchneroides (S. Moore) Brenan ■☆

161852 Eyrea Champ. = Turpinia Vent. (保留属名)●

161853 Eyrea Champ. ex Benth. = Turpinia Vent. (保留属名)●

161854 Eyrea F. Muell. = Pluchea Cass. ●■

161855 Eyrea vernalis Champ. = Turpinia arguta (Lindl.) Seem. ●

161856 Eyrythalia Borkh. = Gentiana L. ■

161857 Eyrythalia Borkh. = Gentianella Moench(保留属名)■

161858 Eyrythalia Renealm. ex Borkh. = Gentiana L. ■

161859 Eyselia Neck. = Galium L. ■●

161860 Eyselia Rchb. = Egletes Cass. ■☆

161861 Eysenhardtia Kunth(1824)(保留属名);肾豆木属(艾森豆属,肾豆属)●☆

161862 Eysenhardtia orthocarpa S. Watson;亚利桑那肾豆木(亚利桑那肾豆);Arizona Kidneywood,Palo Dulce ●☆

161863 Eysenhardtia polystachya (Ortega) Sarg.;多花肾豆木(多花肾豆,多穗艾森豆);Arizona Kidneywood, Kidney Wood, Lignum-nephriticum ●☆

161864 Eysenhardtia texana Scheele;得州肾豆木(得州肾豆);Texas Kidneywood,Vara Dulce ●☆

161865 Eystathes Lour.(废弃属名)= Xanthophyllum Roxb.(保留属名)●

161866 Ezeria Raf. = Libertia Spreng.(保留属名)■☆

161867 Ezeria Raf. = Renealmia R. Br. ■☆

161868 Ezosciadium B. L. Burtt(1991);埃佐芹属■☆

161869 Ezosciadium capense (Eckl. et Zeyh.) B. L. Burtt;埃佐芹■☆

161870 Faba Mill.(1754);蚕豆属■

161871 Faba Mill. = Vicia L. ■

161872 Faba bona Medik. = Vicia faba L. ■

161873 Faba faba (L.) House = Vicia faba L. ■

161874 Faba vulgaris Moench = Vicia faba L. ■

161875 Fabaceae Lindl.(1836)(保留科名);豆科●■

161876 Fabaceae Lindl.(保留科名)= Leguminosae Juss.(保留科名)●■

161877 Fabago Mill. = Zygophyllum L. ●■

161878 Fabera Sch. Bip. = Hypochaeris L. ■

161879 Faberia Hemsl. = Faberia Hemsl. ex Forbes et Hemsl. ■

161880 Faberia Hemsl. = Prenanthes L. ■

161881 Faberia Hemsl. ex Forbes et Hemsl.(1888);花佩菊属(花佩属);Faberdaisy,Faberia ■

161882 Faberia blinii (H. Lév.) H. Lév. = Youngia blinii (H. Lév.) Lauener ■

161883 Faberia cavaleriei H. Lév.;小花花佩菊(贵州花佩菊)■

161884 Faberia ceterach Beauverd;滇花佩菊(东川花佩菊,红冠花佩菊)■

161885 Faberia hieracium (H. Lév.) H. Lév. = Faberia sinensis Hemsl. ■

161886 Faberia lanceifolia J. Anthony;披针叶花佩菊(德钦花佩菊)■

161887 Faberia nanchuanensis C. Shih;狭叶花佩菊(南川花佩菊);Nanchuan Faberdaisy ■

161888 Faberia nanchuanensis C. Shih = Faberiopsis nanchuanensis (C. Shih) C. Shih et Y. L. Chen ■

161889 Faberia sinensis Hemsl.;花佩菊;China Faberdaisy,Chinese Faberdaisy ■

161890 Faberia thibetica (Franch.) Beauverd;光滑花佩菊;Smooth Faberia ■

161891 Faberia tsiangii (C. C. Chang) C. Shih;卵叶花佩菊;Tsang Faberdaisy ■

161892 Faberiopsis C. Shih = Lactuca L. ■

161893 Faberiopsis C. Shih et Y. L. Chen(1996);假花佩属(假花佩菊属);Faberiopsis ■

161894 Faberiopsis nanchuanensis (C. Shih) C. Shih et Y. L. Chen;假花佩菊(南川假花佩);Nanchuan Faberiopsis ■

161895 Faberiopsis nanchuanensis C. Shih et Y. L. Chen = Faberiopsis nanchuanensis (C. Shih) C. Shih et Y. L. Chen ■

161896 Fabiana Ruiz et Pav.(1794);柏枝花属(假欧石南属,石南茄属);Fabiana ●☆

161897 Fabiana imbricata Ruiz et Pav.;柏枝花(假欧石南,秘鲁假石南,秘鲁石南茄);Fabiana,False Heath,Peru False Heath,Pichi ●☆

161898 Fabiana imbricata Ruiz et Pav. 'Prostrata';平卧柏枝花●☆

161899 Fabrenia Noronha = Toona (Endl.) M. Roem. ●

161900 Fabria E. Mey. = Ruellia L. ■●

161901 Fabricia Adans. = Lavandula L. ●■

161902 Fabricia Gaertn. = Leptospermum J. R. Forst. et G. Forst.(保留属名)●☆

161903 Fabricia Gaertn. = Neofabricia J. Thomps. ●☆

161904 Fabricia Scop. = Alhagi Gagnebin ●

161905 Fabricia Scop. = Alysicarpus Desv.(保留属名)■

161906 Fabricia Thunb. = Curculigo Gaertn. ■

161907 Fabricia Thunb. = Empodium Salisb. ■☆

161908 Fabricia alba Thunb. = Spiloxene alba (Thunb.) Fourc. ■☆

161909 Fabricia ferruginea (Hochst. et Steud. ex A. Rich.) Kuntze = Alysicarpus ferrugineus Hochst. et Steud. ex A. Rich. ■☆

161910 Fabricia laevigata Gaertn. = Leptospermum laevigatum (Gaertn.) F. Muell. ●☆

161911 Fabricia plicata Thunb. = Empodium plicatum (Thunb.) Garside ■☆

161912 Fabricia rugosa (Willd.) Kuntze var. quartiana (A. Rich.) Taub. = Alysicarpus quartinianus A. Rich. ■☆

161913 Fabricia serrata Thunb. = Spiloxene serrata (Thunb.) Garside ■☆

161914 Fabrisinapis C. C. Towns. = Hemicrambe Webb ■☆

161915 Fabritia Medik. = Fabricia Adans. ●■

161916 Fabritia Medik. = Lavandula L. ●■

161917 Facchinia Rchb. = Arenaria L. ■

161918 Facelis Cass.(1819);疏头紫绒草属■☆

161919 Facelis retusa (Lam.) Sch. Bip.;疏头紫绒草;Annual Trampweed ■☆

161920 Facheiroa Britton et Rose = Espostoa Britton et Rose ●

161921 Facheiroa Britton et Rose(1920);绯花柱属(法凯洛亚属,花杖属,花柱属)●☆

161922 Facheiroa ulei (Gurke) Werderm.;绯花柱●☆

161923 Facolos Raf. = Carex L. ■

161924 Factorovskya Eig = Medicago L.(保留属名)●■

161925 Factorovskya aschersoniana (Urb.) Eig = Medicago hypogaea E. Small ■☆

161926 Fadenia Aellen et C. C. Towns.(1972);纵翅蓬属●☆

161927 Fadenia zygophylloides Aellen et C. C. Towns.;纵翅蓬■☆

161928 Fadgenia Lindl. = Fadyenia Endl. ●☆

161929 Fadgenia Lindl. = Garrya Douglas ex Lindl. ●☆

161930 Fadogia Schweinf.(1868);法道格茜属●☆

161931 Fadogia agrestis R. D. Good = Fadogia oblongo-lanceolata Robyns ●☆

161932 Fadogia agrestis Schweinf. ex Hiern;野生法道格茜●☆

161933 Fadogia ancylantha Schweinf.;弯花法道格茜●☆

161934 Fadogia ancylanthoides Wernham = Fadogia lactiflora Welw. ex Hiern ●☆

161935 Fadogia arenicola K. Schum. et K. Krause;沙生法道格茜●☆

161936 Fadogia brachytricha (K. Schum.) Robyns = Fadogia triphylla Baker var. giorgii (De Wild.) Verdc. ●☆

161937 Fadogia buarica Robyns = Fadogia triphylla Baker ●☆

161938 Fadogia butayei De Wild. = Fadogia cienkowskii Schweinf. ●☆

161939 Fadogia caespitosa Robyns;丛生法道格茜●☆

161940 Fadogia chlorantha K. Schum.;绿花法道格茜●☆

161941 Fadogia chrysantha K. Schum.;金花法道格茜●☆

161942 Fadogia cienkowskii Schweinf.;西恩法道格茜●☆

161943 Fadogia cienkowskii Schweinf. var. lanceolata Robyns;披针形法道格茜●☆

161944 Fadogia cinerascens Robyns = Fadogia erythrophloea (K. Schum. et K. Krause) Hutch. et Dalziel ●☆

161945 Fadogia coriacea Robyns = Fadogia triphylla Baker ●☆

161946 Fadogia dalzielii Robyns = Fadogia tetraquetra K. Krause var. grandiflora (Robyns) Verdc. ●☆

161947 Fadogia discolor De Wild. = Tapiphyllum discolor (De Wild.) Robyns ■☆

161948 Fadogia djalonensis A. Chev. ex Robyns = Fadogia erythrophloea (K. Schum. et K. Krause) Hutch. et Dalziel ●☆

161949 Fadogia elskensii De Wild.;埃尔斯克法道格茜●☆

161950 Fadogia erythrophloea (K. Schum. et K. Krause) Hutch. et Dalziel;红皮法道格茜●☆

161951 Fadogia flaviflora Robyns = Fadogia tomentosa De Wild. var. flaviflora (Robyns) Verdc. ●☆

161952 Fadogia flaviflora Robyns var. calvescens Verdc. = Fadogia tomentosa De Wild. var. calvescens (Verdc.) Verdc. ●☆

161953 Fadogia fragrans Robyns = Fadogia homblei De Wild. ●☆

161954 Fadogia fuchsioides Oliv.;倒挂金钟法道格茜●☆

161955 Fadogia giorgii De Wild. = Fadogia triphylla Baker var. giorgii (De Wild.) Verdc. ●☆

161956 Fadogia glaberrima Hiern;光滑法道格茜●☆

161957 Fadogia glauca Robyns = Fadogia tetraquetra K. Krause var. grandiflora (Robyns) Verdc. ●☆

161958 Fadogia gossweileri Robyns;戈斯法道格茜●☆

161959 Fadogia graminea Wernham;禾状法道格茜●☆

161960 Fadogia grandiflora Robyns = Fadogia tetraquetra K. Krause var. grandiflora (Robyns) Verdc. ●☆

161961 Fadogia hockii De Wild. = Fadogia triphylla Baker ●☆

161962 Fadogia hockii De Wild. var. rotundifolia ? = Fadogia triphylla Baker ●☆

161963 Fadogia homblei De Wild.;洪布勒法道格茜●☆

161964 Fadogia humilis J. M. Wood et M. S. Evans = Pygmaeothamnus chamaedendrum (Kuntze) Robyns ●☆

161965 Fadogia kaessneri S. Moore = Fadogia triphylla Baker ●☆

161966 Fadogia kaessneri S. Moore var. rotundifolia (De Wild.) Robyns = Fadogia triphylla Baker ●☆

161967 Fadogia katangensis De Wild. = Fadogia cienkowskii Schweinf. ●☆

161968 Fadogia lactiflora Welw. ex Hiern;乳花法道格茜●☆

161969 Fadogia lateritica K. Krause = Fadogia stenophylla Hiern var. odorata (K. Krause) Verdc. ●☆

161970 Fadogia latifolia A. Chev. ex Robyns;宽叶法道格茜●☆

161971 Fadogia ledermannii K. Krause = Fadogia glaberrima Hiern ●☆

161972 Fadogia leucophloea Hiern var. djalonensis (A. Chev. ex Robyns) Aubrév. = Fadogia erythrophloea (K. Schum. et K. Krause) Hutch. et Dalziel ●☆

161973 Fadogia leucophloea Schweinf. ex Hiern;白皮法道格茜●☆

161974 Fadogia livingstoniana S. Moore = Pygmaeothamnus zeyheri (Sond.) Robyns var. rogersii Robyns ●☆

161975 Fadogia manikensis De Wild. = Fadogiella stigmatoloba (K. Schum.) Robyns ●☆

161976 Fadogia monticola Robyns = Fadogia homblei De Wild. ●☆

161977 Fadogia mucronulata Robyns = Fadogia tetraquetra K. Krause ●☆

161978 Fadogia nivea A. Chev.;雪白法道格茜●☆

161979 Fadogia oblongo-lanceolata Robyns;矩圆披针形法道格茜●☆

161980 Fadogia obovata N. E. Br. = Fadogia ancylantha Schweinf. ●☆

161981 Fadogia obscura A. Chev. ex Robyns;隐匿法道格茜●☆

161982 Fadogia odorata K. Krause = Fadogia stenophylla Hiern var. odorata (K. Krause) Verdc. ●☆

161983 Fadogia oleoides Robyns = Fadogia homblei De Wild. ●☆

161984 Fadogia olivacea Robyns;橄榄绿法道格茜●☆

161985 Fadogia parvifolia Verdc.;小叶法道格茜●☆

161986 Fadogia pobeguinii Pobeg.;波别法道格茜●☆

161987 Fadogia psammophila K. Schum. = Tapiphyllum psammophilum (K. Schum.) Robyns ■☆

161988 Fadogia punctulata Robyns;小斑法道格茜●☆

161989 Fadogia ringoetii De Wild. = Fadogia salictaria S. Moore ●☆

161990 Fadogia rogersii Wernham = Fadogiella rogersii (Wernham) Bridson ●☆

161991 Fadogia rostrata Robyns;喙状法道格茜●☆

161992 Fadogia salictaria S. Moore;刚果法道格茜●☆

161993 Fadogia schmitzii Verdc.;施密茨法道格茜●☆

161994 Fadogia schumanniana Robyns;舒曼法道格茜●☆

161995 Fadogia sessilis K. Schum. ex De Wild.;无柄法道格茜●☆

161996 Fadogia spectabilis Milne-Redh.;壮观法道格茜●☆

161997 Fadogia stenophylla Hiern;窄叶法道格茜●☆

161998 Fadogia stenophylla Hiern var. odorata (K. Krause) Verdc.;香窄叶法道格茜●☆

161999 Fadogia stenophylla Hiern var. rhodesiana S. Moore = Fadogia stenophylla Hiern var. odorata (K. Krause) Verdc. ●☆

162000 Fadogia stigmatoloba K. Schum. = Fadogiella stigmatoloba (K. Schum.) Robyns ●☆

162001 Fadogia stolzii K. Krause = Fadogia stenophylla Hiern var. odorata (K. Krause) Verdc. ●☆

162002 Fadogia tetraquetra K. Krause;四角法道格茜●☆

162003 Fadogia tetraquetra K. Krause var. grandiflora (Robyns) Verdc.;大花法道格茜●☆

162004 Fadogia tomentosa De Wild.;绒毛法道格茜●☆

162005 Fadogia tomentosa De Wild. var. calvescens (Verdc.) Verdc.;光秃法道格茜●☆

162006 Fadogia tomentosa De Wild. var. flaviflora (Robyns) Verdc.;黄花法道格茜●☆

162007 Fadogia triphylla Baker;三叶法道格茜●☆

162008 Fadogia triphylla Baker var. giorgii (De Wild.) Verdc.;短毛三叶法道格茜●☆

162009 Fadogia triphylla Baker var. gracilifolia Verdc.;细三叶法道格茜●☆

162010 Fadogia triphylla Baker var. peteri Verdc.;彼得法道格茜●☆

162011 Fadogia triphylla Baker var. pubicaulis Verdc.;毛茎三叶法道格茜●☆

162012 Fadogia tristis (K. Schum.) Robyns = Fadogia cienkowskii Schweinf. ●☆

162013 Fadogia variabilis Robyns = Fadogia tetraquetra K. Krause var. grandiflora (Robyns) Verdc. ●☆

162014 Fadogia variifolia Robyns;异叶法道格茜●☆

162015 Fadogia velutina De Wild. = Fadogia tomentosa De Wild. ●☆

162016 Fadogia verdcourtii Tennant;韦尔德法道格茜●☆

162017 Fadogia verdcourtii Tennant var. pubescens ?;短柔毛法道格茜●☆

162018 Fadogia verdickii De Wild. et T. Durand;韦尔法道格茜●☆

162019 Fadogia viridescens De Wild. = Fadogia triphylla Baker var. giorgii (De Wild.) Verdc. ●☆

162020 Fadogia vollesenii Verdc.;福勒森法道格茜●☆

162021 Fadogia welwitschii Hiern = Pygmaeothamnus zeyheri (Sond.) Robyns ●☆

162022 Fadogia zeyheri (Sond.) Hiern = Pygmaeothamnus zeyheri (Sond.) Robyns ●☆

162023 Fadogiella Robyns(1928);小法道茜属●☆

162024 Fadogiella cana (K. Schum.) Robyns;灰色小法道茜●☆

162025 Fadogiella manikensis (De Wild.) Robyns = Fadogiella stigmatoloba (K. Schum.) Robyns ●☆

162026 Fadogiella rogersii (Wernham) Bridson;罗杰斯小法道格茜●☆

162027 Fadogiella stigmatoloba (K. Schum.) Robyns;裂柱小法道格茜●☆

162028 Fadogiella verticillata Robyns = Fadogiella stigmatoloba (K. Schum.) Robyns ●☆

162029 Fadyenia Endl. = Garrya Douglas ex Lindl. ●☆

162030 Faentculum Hill = Foeniculum Mill. ■

162031 Faetidia Comm. ex Juss. = Foetidia Comm. ex Lam. ●☆

162032 Faetidia Juss. = Foetidia Comm. ex Lam. ●☆

162033 Fagaceae Dumort. (1829)(保留科名);壳斗科(山毛榉科);Beech Family ●

162034 Fagara Duhamel(废弃属名)= Zanthoxylum L. ●

162035 Fagara L. (1759)(保留属名);崖椒属(花椒属)●

162036 Fagara L. = Zanthoxylum L. ●

162037 Fagara ailanthoides (Siebold et Zucc.) Engl. = Zanthoxylum ailanthoides Siebold et Zucc. ●

162038 Fagara ailanthoides (Siebold et Zucc.) Engl. var. inermis Hatus. = Zanthoxylum ailanthoides Siebold et Zucc. f. inermis (Hatus.) H. Ohba ●☆

162039 Fagara ailanthoides (Siebold et Zucc.) Engl. var. pubescens ? = Zanthoxylum ailanthoides Siebold et Zucc. var. pubescens Hatus. ●

162040 Fagara ailanthoides (Siebold et Zucc.) Engl. var. yakumontanum ? = Zanthoxylum ailanthoides Siebold et Zucc. var. yakumontanum (Sugim.) Hatus. ●☆

162041 Fagara alata Eckl. et Zeyh. = Erythrophysa alata (Eckl. et Zeyh.) Hutch. ●☆

162042 Fagara angolensis Engl. = Zanthoxylum leprieurii Guillaumin et Perr. ●☆

162043 Fagara annobonensis Mildbr.;安诺本崖椒●☆

162044 Fagara avicennae Lam. = Zanthoxylum avicennae (Lam.) DC. ●

162045 Fagara becquetii G. C. C. Gilbert = Zanthoxylum becquetii (G. C. C. Gilbert) P. G. Waterman ●☆

162046 Fagara biondii Pamp. = Zanthoxylum micranthum Hemsl. ●

162047 Fagara boninshimae Koidz. ex H. Hara = Zanthoxylum ailanthoides Siebold et Zucc. var. inerme Rehder et E. H. Wilson ●☆

162048 Fagara boninshimae Koidz. ex H. Hara = Zanthoxylum ailanthoides Siebold et Zucc. var. boninshimae (Koidz. ex H. Hara) T. Yamaz. ex H. Ohba ●☆

162049 Fagara brieyi Vermoesen ex G. C. C. Gilbert = Zanthoxylum heitzii (Aubrév. et Pellegr.) P. G. Waterman ●☆

162050 Fagara buesgenii Engl. = Zanthoxylum buesgenii (Engl.) P. G. Waterman ●☆

162051 Fagara cabrae De Wild. = Zanthoxylum rubescens Hook. f. ●☆

162052 Fagara capensis I. Verd. = Zanthoxylum delagoense P. G. Waterman ●☆

162053 Fagara capensis Thunb. = Zanthoxylum capense (Thunb.) Harv. ●☆

162054 Fagara chaffanjonii (H. Lév.) Hand. -Mazz. = Zanthoxylum esquirolii H. Lév. ●

162055 Fagara chalybea (Engl.) Engl. = Zanthoxylum chalybeum Engl. ●☆

162056 Fagara chevalieri (P. G. Waterman) Aké Assi;舍瓦利耶崖椒●☆

162057 Fagara chinensis Merr. = Zanthoxylum scandens Blume ●

162058 Fagara claessensii De Wild. = Zanthoxylum claessensii (De Wild.) P. G. Waterman ●☆

162059 Fagara cuspidata (Champ. ex Benth.) Engl. = Zanthoxylum scandens Blume ●

162060 Fagara cuspidata (Champ.) Engl. = Zanthoxylum scandens Blume ●

162061 Fagara cyrtorhachia Hayata = Zanthoxylum scandens Blume ●

162062 Fagara davyi I. Verd. = Zanthoxylum davyi (I. Verd.) P. G. Waterman ●☆

162063 Fagara dimorphophylla Engl. f. unifoliolata Pritz. = Zanthoxylum ovalifolium Wight ●

162064 Fagara dinklagei Engl. = Zanthoxylum dinklagei (Engl.) P. G. Waterman ●☆

162065 Fagara discolor Engl. = Zanthoxylum gilletii (De Wild.) P. G. Waterman ●☆

162066 Fagara dissita (Hemsl.) Engl. = Zanthoxylum dissitum Hemsl. ex Forbes et Hemsl. ●

162067 Fagara dissita (Hemsl.) Engl. var. hispida (Reeder et S. Y. Cheo = Zanthoxylum dissitum Hemsl. ex Forbes et Hemsl. var. hispidum (Reeder et S. Y. Cheo) C. C. Huang ●

162068 Fagara dissita (Hemsl.) Engl. var. hispida Reeder et S. Y. Cheo = Zanthoxylum dissitum Hemsl. ex Forbes et Hemsl. var. hispidum (Reeder et S. Y. Cheo) C. C. Huang ●

162069 Fagara dissita Engl. var. hispida Reeder et S. Y. Cheo = Zanthoxylum dissitum Hemsl. ex Forbes et Hemsl. var. hispidum (Reeder et S. Y. Cheo) C. C. Huang ●

162070 Fagara dminorphophylla (Hemsl.) Engl. = Zanthoxylum ovalifolium Wight ●

162071 Fagara echinocarpa (Hemsl.) Engl. = Zanthoxylum echinocarpum Hemsl. ●

162072 Fagara emarginella (Miq.) Engl. = Zanthoxylum ailanthoides Siebold et Zucc. ●

162073 Fagara emarginella Engl. = Zanthoxylum ailanthoides Siebold et Zucc. ●

162074 Fagara esquirolii (H. Lév.) Hand. -Mazz. = Zanthoxylum esquirolii H. Lév. ●

162075 Fagara fauriei Nakai = Zanthoxylum fauriei (Nakai) Ohwi ●☆

162076 Fagara flava Krug et Urb. = Zanthoxylum flavum Vahl ●☆

162077 Fagara gigantea Hand. -Mazz. = Zanthoxylum myriacanthum Wall. ex Hook. f. ●

162078 Fagara gilletii De Wild. = Zanthoxylum gilletii (De Wild.) P. G. Waterman ●☆

162079 Fagara hamitoniana (Wall. ex Hook. f.) Engl. = Zanthoxylum nitidum (Roxb.) DC. ●

162080 Fagara heintzii Aubrév. et Pellegr. = Zanthoxylum heitzii (Aubrév. et Pellegr.) P. G. Waterman ●☆

162081 Fagara hemsleyana (Makino) Makino = Zanthoxylum ailanthoides Siebold et Zucc. ●

162082 Fagara hemsleyana Makino = Zanthoxylum ailanthoides Siebold et Zucc. ●

162083 Fagara holtziana Engl. = Zanthoxylum holtzianum (Engl.) P. G. Waterman ●☆

162084 Fagara horida Thunb. = Gleditsia japonica Miq. ●

162085 Fagara humilis E. A. Bruce = Zanthoxylum humile (E. A. Bruce) P. G. Waterman ●☆

162086 Fagara inaequalis Engl. = Zanthoxylum gilletii (De Wild.) P. G. Waterman ●☆

162087 Fagara integrifolia Merr. = Zanthoxylum integrifolium (Merr.) Merr. ●

162088 Fagara kivuense Lebrun = Zanthoxylum gilletii (De Wild.) P. G. Waterman ●☆

162089 Fagara kwangsiensis Hand.-Mazz. = Zanthoxylum kwangsiense (Hand.-Mazz.) Chun ex C. C. Huang ●

162090 Fagara laurentii De Wild. = Zanthoxylum laurentii (De Wild.) P. G. Waterman ●☆

162091 Fagara laxifoliolata (Champ. ex Benth.) Engl. = Zanthoxylum scandens Blume ●

162092 Fagara laxifoliolata Hayata = Zanthoxylum scandens Blume ●

162093 Fagara leioachia Hayata = Zanthoxylum scandens Blume ●

162094 Fagara lemairei De Wild. = Zanthoxylum lemairei (De Wild.) P. G. Waterman ●☆

162095 Fagara leprieurii (Guillaumin et Perr.) Engl. = Zanthoxylum leprieurii Guillaumin et Perr. ●☆

162096 Fagara lindensis Engl. = Zanthoxylum lindense (Engl.) Kokwaro ●☆

162097 Fagara lunu-ankenda Gaertn. = Melicope lunu-ankenda (Gaertn.) T. G. Hartley ●

162098 Fagara lunurankenda Gaertn. = Evodia lunurankenda (Gaertn.) Merr. ●

162099 Fagara macrantha Hand.-Mazz. = Zanthoxylum macranthum (Hand.-Mazz.) C. C. Huang ●

162100 Fagara macrophylla (Oliv.) Engl. = Zanthoxylum gilletii (De Wild.) P. G. Waterman ●☆

162101 Fagara macrophylla (Oliv.) Engl. var. preussii Engl. ex De Wild. = Zanthoxylum gilletii (De Wild.) P. G. Waterman ●☆

162102 Fagara macrophylla Engl. = Zanthoxylum macrophyllum Oliv. ●☆

162103 Fagara magalismontana Engl. = Zanthoxylum capense (Thunb.) Harv. ●☆

162104 Fagara mantchurica (Benn. ex Daniell) Honda = Zanthoxylum schinifolium Siebold et Zucc. ●

162105 Fagara mantchurica (Benn. ex Daniell) Honda f. angustifolia ? = Zanthoxylum schinifolium Siebold et Zucc. ●

162106 Fagara mantchurica (Benn. ex Daniell) Honda f. grandifolia ? = Zanthoxylum schinifolium Siebold et Zucc. ●

162107 Fagara mantchurica (Benn. ex Daniell) Honda f. microphylla ? = Zanthoxylum schinifolium Siebold et Zucc. ●

162108 Fagara mantchurica (Benn. ex Daniell) Honda var. angustifolia ? = Zanthoxylum schinifolium Siebold et Zucc. ●

162109 Fagara mantchurica (Benn. ex Daniell) Honda var. grandifolia ? = Zanthoxylum schinifolium Siebold et Zucc. ●

162110 Fagara mantchurica (Benn. ex Daniell) Honda var. microphylla ? = Zanthoxylum schinifolium Siebold et Zucc. ●

162111 Fagara mantchurica (Benn. ex Daniell) Honda var. okinawensis (Nakai) Kitam. = Zanthoxylum schinifolium Siebold et Zucc. var. okinawense (Nakai) Hatus. ex Shimabuku ●☆

162112 Fagara mayu Engl. = Zanthoxylum mayu Bertero ●☆

162113 Fagara melanacantha (Planch. ex Oliv.) Engl. = Zanthoxylum rubescens Hook. f. ●☆

162114 Fagara melanorhachis Hoyle = Zanthoxylum gilletii (De Wild.) P. G. Waterman ●☆

162115 Fagara mengtzeana Hu = Zanthoxylum multijugum Franch. ●

162116 Fagara merkeri Engl. = Zanthoxylum chalybeum Engl. ●☆

162117 Fagara mezoneuri-spinosa Aké Assi = Zanthoxylum leprieurii Guillaumin et Perr. ●☆

162118 Fagara micrantha (Hemsl.) Engl. = Zanthoxylum macranthum (Hand.-Mazz.) C. C. Huang ●

162119 Fagara mildbraedii Engl. = Zanthoxylum mildbraedii (Engl.) P. G. Waterman ●☆

162120 Fagara mollis (Rehder) Reeder et S. Y. Cheo = Zanthoxylum molle Rehder ●

162121 Fagara mpwapwensis Engl. = Zanthoxylum chalybeum Engl. ●☆

162122 Fagara muhijuga (Franch.) Hu = Zanthoxylum multijugum Franch. ●

162123 Fagara myriacantha (Wall. ex Hook. f.) Engl. = Zanthoxylum myriacanthum Wall. ex Hook. f. ●

162124 Fagara nitida Engl. = Zanthoxylum nitidum (Roxb.) DC. ●

162125 Fagara nitida Roxb. = Zanthoxylum nitidum (Roxb.) DC. ●

162126 Fagara odorata (H. Lév.) Hand.-Mazz. = Zanthoxylum myriacanthum Wall. ex Hook. f. ●

162127 Fagara okinawensis Nakai = Zanthoxylum schinifolium Siebold et Zucc. var. okinawense (Nakai) Hatus. ex Shimabuku ●☆

162128 Fagara olitoria (Engl.) Engl. = Zanthoxylum chalybeum Engl. ●☆

162129 Fagara ovatifoliolata Engl. = Zanthoxylum ovatifoliolatum (Engl.) Finkelstein ●☆

162130 Fagara oxyphylla (Edgew.) Engl. = Zanthoxylum oxyphyllum Edgew. ●

162131 Fagara parvifoliola A. Chev. ex Keay = Zanthoxylum parvifoliolum A. Chev. ex Keay ●☆

162132 Fagara pentandra Aubl.; 五雄蕊崖椒木●☆

162133 Fagara pilosiuscula Engl. = Zanthoxylum pilosiusculum (Engl.) P. G. Waterman ●☆

162134 Fagara piperita L. = Zanthoxylum piperitum (L.) DC. ●

162135 Fagara poggei Engl. = Zanthoxylum poggei (Engl.) P. G. Waterman ●☆

162136 Fagara poodcarpa (Hemsl.) Engl. = Zanthoxylum simulans Hance ●

162137 Fagara psammophila Aké Assi = Zanthoxylum psammophilum (Aké Assi) P. G. Waterman ●☆

162138 Fagara pteropoda (Hayata) Y. C. Liu = Zanthoxylum pteropodum Hayata ●

162139 Fagara pteropoda (Hayata) Y. C. Liu = Zanthoxylum schinifolium Siebold et Zucc. ●

162140 Fagara pubescens A. Chev. = Zanthoxylum chevalieri P. G. Waterman ●☆

162141 Fagara renieri G. C. C. Gilbert = Zanthoxylum renieri (G. C. C. Gilbert) P. G. Waterman ●☆

162142 Fagara rhetsoides (Drake) Reeder et Cheo = Zanthoxylum myriacanthum Wall. ex Hook. f. ●

162143 Fagara rhoifolia (Lam.) Engl.; 漆叶崖椒●☆

162144 Fagara riedeliana (Engl.) Engl.; 里得崖椒●☆

162145 Fagara robiginosa Reeder et S. Y. Cheo = Zanthoxylum ovalifolium Wight ●

162146 Fagara rubescens (Hook. f.) Engl. var. disperma G. C. C. Gilbert = Zanthoxylum rubescens Hook. f. var. disperma (G. C. C. Gilbert) P. G. Waterman ●☆

162147 Fagara scandens (Blume) Engl. = Zanthoxylum scandens Blume ●
162148 Fagara schinifolia (Siebold et Zucc.) Engl. = Zanthoxylum schinifolium Siebold et Zucc. ●
162149 Fagara schinifolia Salisb. = Zanthoxylum tragodes DC. ●☆
162150 Fagara schinifolia Salisb. var. grandifolia ? = Zanthoxylum schinifolium Siebold et Zucc. ●
162151 Fagara schlechteri Engl. = Zanthoxylum delagoense P. G. Waterman ●☆
162152 Fagara senegalensis (DC.) A. Chev. = Zanthoxylum zanthoxyloides (Lam.) Zepern. et Timler ●☆
162153 Fagara setosa (Hemsl.) Engl. = Zanthoxylum simulans Hance ●
162154 Fagara shikokiana Makino = Zanthoxylum fauriei (Nakai) Ohwi ●☆
162155 Fagara somalensis Chiov. = Zanthoxylum holtzianum (Engl.) P. G. Waterman ●☆
162156 Fagara stenophylla (Hemsl.) Engl. = Zanthoxylum stenophyllum Hemsl. ●
162157 Fagara tenuifolia Engl. = Zanthoxylum engleri P. G. Waterman ●☆
162158 Fagara tessmannii Engl. = Zanthoxylum gilletii (De Wild.) P. G. Waterman ●☆
162159 Fagara thomensis Engl. = Zanthoxylum thomense (Engl.) A. Chev. ex P. G. Waterman ●☆
162160 Fagara thorncroftii I. Verd. = Zanthoxylum thorncroftii (I. Verd.) P. G. Waterman ●☆
162161 Fagara tomentella Hand. -Mazz. = Zanthoxylum tomentellum Hook. f. ●
162162 Fagara tomentella Hand. -Mazz. var. mekongensis Hand. -Mazz. = Zanthoxylum tomentellum Hook. f. ●
162163 Fagara trijuga Dunkley = Zanthoxylum trijugum (Dunkley) P. G. Waterman ●☆
162164 Fagara triphylla Lam. = Melicope triphylla (Lam.) Merr. ●
162165 Fagara usambarensis Engl. = Zanthoxylum usambarense (Engl.) Kokwaro ●☆
162166 Fagara viridis A. Chev. = Zanthoxylum viride (A. Chev.) P. G. Waterman ●☆
162167 Fagara volubilis E. Pritz. = Jasminum lanceolarium Roxb. ●
162168 Fagara volubilis E. Pritz. ex Diels = Jasminum lanceolarium Roxb. ●
162169 Fagara volubilis E. Pritz. var. pubescens Pamp. = Jasminum lanceolarium Roxb. ●
162170 Fagara welwitschii Engl. = Zanthoxylum rubescens Hook. f. ●☆
162171 Fagara zanthoxyloides Lam. = Zanthoxylum zanthoxyloides (Lam.) Zepern. et Timler ●☆
162172 Fagaras Burm. ex Kuntze = Fagara Duhamel(废弃属名)●
162173 Fagaras Burm. ex Kuntze = Zanthoxylum L. ●
162174 Fagaras Kuntze = Fagara Duhamel(废弃属名)●
162175 Fagaras Kuntze = Zanthoxylum L. ●
162176 Fagarastrum G. Don = Clausena Burm. f. ●
162177 Fagaropsis Mildbr. = Fagaropsis Mildbr. ex Siebenl. ●☆
162178 Fagaropsis Mildbr. ex Siebenl. (1914);拟崖椒属(类崖椒属);Fagaropsis ●☆
162179 Fagaropsis angolensis (Engl.) Dale;东非拟崖椒(安哥拉类崖椒);Mafu ●☆
162180 Fagaropsis angolensis (Engl.) Dale var. mollis (Suess.) Mendonça = Fagaropsis angolensis (Engl.) Dale ●☆
162181 Fagaropsis angolensis Dale = Fagaropsis angolensis (Engl.) Dale ●☆
162182 Fagaropsis gilletti Chiov. = Fagaropsis hildebrandtii (Engl.) Milne-Redh. ●☆
162183 Fagaropsis glabra Capuron;光拟崖椒●☆
162184 Fagaropsis hildebrandtii (Engl.) Milne-Redh.;希尔拟崖椒●☆
162185 Fagaropsis velutina Capuron;短绒毛拟崖椒●☆
162186 Fagaster Spach(废弃属名) = Nothofagus Blume(保留属名)●☆
162187 Fagelia DC. = Bolusafra Kuntze ■☆
162188 Fagelia Neck. = Bolusafra Kuntze ■☆
162189 Fagelia Neck. ex DC. = Bolusafra Kuntze ■☆
162190 Fagelia Schwencke = Calceolaria L. (保留属名)■●☆
162191 Fagelia bituminosa (L.) DC. = Bolusafra bituminosa (L.) Kuntze ■☆
162192 Fagelia resinosa Hochst. ex A. Rich. = Rhynchosia resinosa (Hochst. ex A. Rich.) Baker ■☆
162193 Fagerlindia Tirveng. (1983);浓子茉莉属;Fagerlindia ●
162194 Fagerlindia depauperata (Drake) Tirveng.;多刺山黄皮;Manyspine Fagerlindia, Scant Randia ●
162195 Fagerlindia depauperata (Drake) Tirveng. = Randia depauperata Drake ●
162196 Fagerlindia scandens (Thunb.) Tirveng.;浓子茉莉(小叶猪肚刺);Added Randia, Fagerlindia ●
162197 Fagerlindia sinensis (Lour.) Tirveng. = Oxyceros sinensis Lour. ●
162198 Fagoides Banks et Sol. ex A. Cunn. = Alseuosmia A. Cunn. ●☆
162199 Fagonia L. (1753);法蒺藜属(伐高尼属)●■☆
162200 Fagonia arabica L.;阿拉伯法蒺藜●☆
162201 Fagonia arabica L. var. brevispina Maire;短刺阿拉伯法蒺藜●☆
162202 Fagonia arabica L. var. imamii Hadidi = Fagonia arabica L. ●☆
162203 Fagonia arabica L. var. membranacea Ghafoor = Fagonia arabica L. ●☆
162204 Fagonia arabica L. var. planii Maire = Fagonia arabica L. ●☆
162205 Fagonia arabica L. var. schweinfurthii (Hadidi) G. S. Giri et M. P. Nayar = Fagonia schweinfurthii (Hadidi) Hadidi ●☆
162206 Fagonia arabica L. var. viscidissima Maire;黏阿拉伯法蒺藜●☆
162207 Fagonia armata R. Br. = Fagonia paulayana Wagner et Vierh. ●☆
162208 Fagonia bischarorum Schweinf. = Fagonia tenuifolia Hochst. et Steud. ex Boiss. ●☆
162209 Fagonia boulosii Hadidi = Fagonia arabica L. ●☆
162210 Fagonia bruguieri DC.;布吕耶法蒺藜●☆
162211 Fagonia bruguieri DC. var. ehrenbergerii Schweinf. = Fagonia schweinfurthii (Hadidi) Hadidi ●☆
162212 Fagonia bruguieri DC. var. haplotricha Hadidi;单毛布吕耶法蒺藜●☆
162213 Fagonia bruguieri DC. var. laxa ?;疏松布吕耶法蒺藜●☆
162214 Fagonia bruguieri DC. var. myriacantha (Boiss.) Maire = Fagonia bruguieri DC. ●☆
162215 Fagonia bruguieri DC. var. purpurescens Maire = Fagonia bruguieri DC. ●☆
162216 Fagonia californica Benth.;加州法蒺藜;Fagonia ●☆
162217 Fagonia capensis Hadidi;好望角法蒺藜●☆
162218 Fagonia cretica A. Schreib. = Fagonia isotricha Murb. var.

spinescens (O. Schwartz) Hadidi ●☆
162219 Fagonia cretica L.;克岛法蒺藜●☆
162220 Fagonia cretica L. var. socotrana Balf. f. = Fagonia luntii Baker ●☆
162221 Fagonia desertorum Andr. = Fagonia cretica L. ●☆
162222 Fagonia echinella Boiss. = Fagonia bruguieri DC. ●☆
162223 Fagonia elba Hadidi = Fagonia paulayana Wagner et Vierh. ●☆
162224 Fagonia flamandi Batt. = Fagonia orientalis J. Presl et C. Presl ●☆
162225 Fagonia fruticans Batt. = Fagonia scabra Forssk. ●☆
162226 Fagonia fruticans Batt. var. decumbens ? = Fagonia microphylla Pomel ●☆
162227 Fagonia getula Pomel = Fagonia scabra Forssk. ●☆
162228 Fagonia glutinosa Delile;黏性法蒺藜●☆
162229 Fagonia glutinosa Delile var. chevallieri Murb. = Fagonia glutinosa Delile ●☆
162230 Fagonia glutinosa Delile var. nuda Hadidi = Fagonia glutinosa Delile ●☆
162231 Fagonia gypsophila Beier et Thulin;喜钙法蒺藜●☆
162232 Fagonia hararensis Hadidi = Fagonia lahovarii Volkens et Schweinf. ●☆
162233 Fagonia harpago Emb. et Maire;摩洛哥法蒺藜●☆
162234 Fagonia harpago Emb. et Maire subsp. ifniensis (Caball.) Ibn Tattou = Fagonia harpago Emb. et Maire var. ifniensis (Caball.) Maire ●☆
162235 Fagonia harpago Emb. et Maire var. ifniensis (Caball.) Maire;伊夫尼法蒺藜●☆
162236 Fagonia heinii O. Schwartz = Melocarpum robecchii (Engl.) Beier et Thulin ■☆
162237 Fagonia ifniensis Caball. = Fagonia harpago Emb. et Maire ●☆
162238 Fagonia indica Burm. f.;印度法蒺藜●☆
162239 Fagonia indica Burm. f. var. elba (Hadidi) Hadidi = Fagonia paulayana Wagner et Vierh. ●☆
162240 Fagonia indica Burm. f. var. schweinfurthii Hadidi = Fagonia paulayana Wagner et Vierh. ●☆
162241 Fagonia isotricha Murb. = Fagonia latifolia Delile ●☆
162242 Fagonia isotricha Murb. var. crassissima Batt. = Fagonia latifolia Delile subsp. isotricha (Murb.) Ozenda et Quézel ●☆
162243 Fagonia isotricha Murb. var. spinescens (O. Schwartz) Hadidi;小刺法蒺藜●☆
162244 Fagonia jolyi Batt. = Fagonia indica Burm. f. ●☆
162245 Fagonia jolyi Batt. var. stenophylla Maire = Fagonia indica Burm. f. ●☆
162246 Fagonia kahirina Boiss. = Fagonia scabra Forssk. ●☆
162247 Fagonia kahirina Boiss. var. flamandioides Le Houér. = Fagonia scabra Forssk. ●☆
162248 Fagonia kahirina Boiss. var. longipes Maire = Fagonia scabra Forssk. ●☆
162249 Fagonia kahirina Boiss. var. pedunculata Ozenda = Fagonia scabra Forssk. ●☆
162250 Fagonia kassasii Hadidi;卡萨斯法蒺藜●☆
162251 Fagonia lahovarii Volkens et Schweinf.;拉霍法蒺藜●☆
162252 Fagonia lahovarii Volkens et Schweinf. var. spinescens O. Schwartz = Fagonia isotricha Murb. var. spinescens (O. Schwartz) Hadidi ●☆
162253 Fagonia latifolia Delile;宽叶法蒺藜●☆
162254 Fagonia latifolia Delile subsp. isotricha (Murb.) Ozenda et Quézel = Fagonia isotricha Murb. ●☆
162255 Fagonia latifolia Delile var. dubia Maire = Fagonia latifolia Delile ●☆
162256 Fagonia latifolia Delile var. glabrescens Maire = Fagonia latifolia Delile ●☆
162257 Fagonia latifolia Delile var. pinguis L. Chevall. = Fagonia latifolia Delile ●☆
162258 Fagonia latifolia Delile var. virens Batt. = Fagonia latifolia Delile ●☆
162259 Fagonia longipedicellata Ghafoor = Fagonia scabra Forssk. ●☆
162260 Fagonia longispina Batt.;长刺法蒺藜●☆
162261 Fagonia luntii Baker;伦特法蒺藜●☆
162262 Fagonia microphylla Pomel = Fagonia scabra Forssk. ●☆
162263 Fagonia microphylla Pomel var. fruticans (Coss.) Maire = Fagonia microphylla Pomel ●☆
162264 Fagonia migiurtina Hadidi = Fagonia luntii Baker ●☆
162265 Fagonia minutistipula Engl. = Fagonia isotricha Murb. ●☆
162266 Fagonia mollis Delile;柔软法蒺藜●☆
162267 Fagonia mollis Delile var. hispida Zohary = Fagonia mollis Delile ●☆
162268 Fagonia mysorensis Roth = Fagonia indica Burm. f. ●☆
162269 Fagonia nummularifolia Baker = Fagonia luntii Baker ●☆
162270 Fagonia oliveri DC.;奥里维尔法蒺藜●☆
162271 Fagonia oliveri DC. var. grandiflora Ozenda et Quézel = Fagonia indica Burm. f. ●☆
162272 Fagonia orientalis J. Presl et C. Presl;东方法蒺藜●☆
162273 Fagonia ovalifolia Hadidi;卵形法蒺藜●☆
162274 Fagonia parviflora Boiss. = Fagonia indica Burm. f. ●☆
162275 Fagonia paulayana Wagner et Vierh.;波莱法蒺藜●☆
162276 Fagonia persica DC. = Fagonia indica Burm. f. ●☆
162277 Fagonia rangei Loes. ex Dinter = Fagonia isotricha Murb. var. spinescens (O. Schwartz) Hadidi ●☆
162278 Fagonia scabra Forssk.;粗糙法蒺藜●☆
162279 Fagonia schimperi C. Presl = Fagonia bruguieri DC. ●☆
162280 Fagonia schweinfurthii (Hadidi) Hadidi = Fagonia indica Burm. f. ●☆
162281 Fagonia sinaica Boiss. = Fagonia scabra Forssk. ●☆
162282 Fagonia sinaica Boiss. var. albiflora (A. Chev.) Hadidi = Fagonia scabra Forssk. ●☆
162283 Fagonia sinaica Boiss. var. kahirina (Boiss.) Hadidi = Fagonia scabra Forssk. ●☆
162284 Fagonia sinaica Boiss. var. longipes (Maire) Hadidi = Fagonia scabra Forssk. ●☆
162285 Fagonia sinaica Boiss. var. longipes Maire = Fagonia sinaica Boiss. var. longipes (Maire) Hadidi ●☆
162286 Fagonia sinaica Boiss. var. microcarpa L. Chevall. = Fagonia scabra Forssk. ●☆
162287 Fagonia sinaica Boiss. var. minutistipula (Engl.) Hadidi;微托叶法蒺藜●☆
162288 Fagonia sinaica Boiss. var. pseudocretica (Pamp.) Hadidi = Fagonia scabra Forssk. ●☆
162289 Fagonia socotrana (Balf. f.) Schweinf. = Fagonia luntii Baker ●☆
162290 Fagonia socotrana (Balf. f.) Schweinf. var. somalica Sprague = Fagonia luntii Baker ●☆
162291 Fagonia soturbensis Schweinf. = Fagonia isotricha Murb. ●☆
162292 Fagonia subinermis Boiss. = Fagonia indica Burm. f. ●☆

162293 Fagonia taeckholmiana Hadidi = Fagonia scabra Forssk. ●☆

162294 Fagonia tenuifolia Hochst. et Steud. ex Boiss. = Fagonia orientalis J. Presl et C. Presl ●☆

162295 Fagonia thebaica Boiss. = Fagonia arabica L. ●☆

162296 Fagonia thebaica Boiss. var. violacea Boulos;堇色法蒺藜●☆

162297 Fagonia tilhoana Maire var. brevipila ? = Fagonia arabica L. ●☆

162298 Fagonia tristis Sickenb. = Fagonia mollis Delile ●☆

162299 Fagonia zilloides Humbert;齐拉芥法蒺藜●☆

162300 Fagopyrum Gaertn. = Fagopyrum Mill.(保留属名)●■

162301 Fagopyrum Mill.(1754)(保留属名);荞麦属;Buckwheat, True Buckwheat, Variegated Buckwheat ●■

162302 Fagopyrum Moench = Fagopyrum Mill.(保留属名)●■

162303 Fagopyrum bonatii (H. Lév.) H. Gross = Fagopyrum gracilipes (Hemsl.) Dammer ex Diels ■

162304 Fagopyrum caudatum (Sam.) A. J. Li;疏穗野荞麦(疏穗野荞);Buckwheat ■

162305 Fagopyrum ciliatum Jacq. -Fél. = Fagopyrum snowdenii (Hutch. et Dandy) S. P. Hong ■☆

162306 Fagopyrum convolvulus (L.) H. Gross = Fallopia convolvulus (L.) Á. Löve ■

162307 Fagopyrum cymosum (Trevis.) Meisn. = Fagopyrum dibotrys (D. Don) H. Hara ■

162308 Fagopyrum cynanchoides (Hemsl.) H. Gross = Fallopia cynanchoides (Hemsl.) Haraldson ■

162309 Fagopyrum dibotrys (D. Don) H. Hara;金荞麦(赤地利,金荞,金锁银开,开金锁,苦荞头,蓝荞头,荞当归,荞麦当归,荞麦三七,蛇罔,酸荞麦,天荞麦,天松散,甜荞,铁花麦,铁甲将军草,铁拳头,铁石子,透骨消,透鬼消,万年荞,五毒草,野南荞,野荞麦,野荞子,野三角麦);Chinese Buckwheat, Gold Buckwheat, Tall Buckwheat ■

162310 Fagopyrum dumetorum (L.) Schreb. = Fallopia dumetora (L.) Holub ■

162311 Fagopyrum emarginatum (Roth) Meisn. = Fagopyrum esculentum Moench ■

162312 Fagopyrum esculentum Moench;荞麦(伏荞,花麦,花荞,净肠草,流注草,鹿蹄草,荞麦苗,荞子,三角麦,省麦,甜荞,甜荞麦,乌麦,莜麦);Beechwheat, Bind-corn, Blockwheat, Bockwheat, Bolimonge, Brank, Buck, Buckwheat, Bullimong, Bully-mung, Common Buckwheat, Cranops, Crop, Fagopyrum, Fat Hen, French Wheat, Indian Wheat, Saracen Corn, Snakeweed, Willow-wind ■

162313 Fagopyrum fagopyrum (L.) H. Karst. = Fagopyrum esculentum Moench ■

162314 Fagopyrum gilesii (Hemsl.) Hedberg;心叶野荞麦(心叶野荞,岩野荞麦);Giles Knotweed, Heartleaf Buckwheat ■

162315 Fagopyrum giraldii (Dammer et Diels) Haraldson = Pteroxygonum giraldii Dammer et Diels ●■

162316 Fagopyrum gracilipes (Hemsl.) Dammer ex Diels;细柄野荞麦(细柄野荞,细梗荞麦,细茎荞麦);Gracile Knotweed, Thinstalk Buckwheat ■

162317 Fagopyrum grossii (H. Lév.) H. Gross = Fagopyrum leptopodum (Diels) Hedberg var. grossii (H. Lév.) Lauener et D. K. Ferguson ■

162318 Fagopyrum grossii (H. Lév.) Sam. = Fagopyrum leptopodum (Diels) Hedberg var. grossii (H. Lév.) Lauener et D. K. Ferguson ■

162319 Fagopyrum leptopodum (Diels) Hedberg;小野荞麦(小野荞);Small Wild Buckwheat, Thinstalk Knotweed ■

162320 Fagopyrum leptopodum (Diels) Hedberg var. grossii (H. Lév.) Lauener et D. K. Ferguson;疏穗小野荞麦(疏穗小野荞);Laxspike Thinstalk Knotweed, Loosespike Small Wild Buckwheat ■

162321 Fagopyrum lineare (Sam.) Haraldson;线叶野荞麦(线叶野荞);Linearleaf Buckwheat, Linearleaf Knotweed ■

162322 Fagopyrum mairei (H. Lév.) H. Gross = Fagopyrum urophyllum (Bureau et Franch.) H. Gross ●

162323 Fagopyrum megaspartanium Q. F. Chen = Fagopyrum dibotrys (D. Don) H. Hara ■

162324 Fagopyrum multiflorum (Thunb.) I. Grint. = Fallopia multiflora (Thunb.) Haraldson ■

162325 Fagopyrum odontopterum H. Gross = Fagopyrum gracilipes (Hemsl.) Dammer ex Diels ■

162326 Fagopyrum pauciflorum (Maxim.) H. Gross = Fallopia dumetora (L.) Holub var. pauciflora (Maxim.) A. J. Li ■

162327 Fagopyrum perfoliatum (L.) Raf. = Polygonum perfoliatum L. ■

162328 Fagopyrum pilus Q. F. Chen = Fagopyrum dibotrys (D. Don) H. Hara ■

162329 Fagopyrum sagittatum Gilib. = Fagopyrum esculentum Moench ■

162330 Fagopyrum scandens (L.) H. Gross var. dentatoalatum (F. Schmidt) H. Gross = Fallopia dentatoalata (F. Schmidt ex Maxim.) Holub ■

162331 Fagopyrum snowdenii (Hutch. et Dandy) S. P. Hong;斯诺登野荞麦■☆

162332 Fagopyrum sphaerostachyum (H. Lév.) H. Gross = Polygonum macrophyllum D. Don ■

162333 Fagopyrum statice (H. Lév.) H. Gross;长柄野荞麦(长柄野荞,抽葶野荞麦,矶石蓼);Longstalk Wild Buckwheat, Staticelike Knotweed ■

162334 Fagopyrum suffruticosum F. Schmidt;亚灌木荞麦●☆

162335 Fagopyrum tataricum (L.) Gaertn.;苦荞麦(鞑靼蓼,鞑靼麦,鞑靼荞,胡食子,金锁银开,开金锁,苦荞,苦荞头,蓝荞头,荞麦三七,荞叶七,铁石子,透骨消,万年荞,野兰荞,野南荞,野荞麦,野荞子,印度荞麦);Bitter Buckwheat, Green Buckwheat, India Wheat, India-wheat, Kangra Buckwheat, Rough Buckwheat, Siberian Buckwheat, Tartary Buckwheat, Tatarian Buckwheat, Tatary Knotweed ■

162336 Fagopyrum urophyllum (Bureau et Franch.) H. Gross;万年荞(土茯苓,硬梗万年荞,硬枝万年荞,硬枝野荞麦);Heardtwig Buckwheat, Tail-leaved Knotweed ●

162337 Fagopyrum vulgare Hill = Fagopyrum esculentum Moench ■

162338 Fagopyrum vulgare T. Nees;普通荞麦■☆

162339 Fagopyrum vulgare T. Nees = Fagopyrum esculentum Moench ■

162340 Fagopyrum vulgaria Hill = Fagopyrum vulgare T. Nees ■☆

162341 Fagopyrum zuogongense Q. F. Chen = Fagopyrum esculentum Moench ■

162342 Fagotriticum L. = Fagopyrum Gaertn. ■

162343 Fagraea Thunb. (1782);灰莉属;Fagraea ●

162344 Fagraea auriculata Jack;东南亚灰莉●☆

162345 Fagraea berteriana A. Gray ex Benth;伯氏灰莉●☆

162346 Fagraea ceilanica Thunb.;灰莉(华灰莉,华灰莉木,灰刺木,灰莉木,鲤鱼胆,箐黄果,台湾灰莉,小黄果,佐佐木灰莉);Ceylon Fagraea, China Fagraea, Chinese Fagraea, Common Fagraea, Sasaki Fagraea ●

162347 Fagraea chinensis Merr. = Fagraea ceilanica Thunb. ●

162348 Fagraea fragrans Roxb.;缅甸灰莉(香灰莉);Burma Fagraea, Tembusu ●

162349 Fagraea gardneri C. B. Clarke = Fagraea ceilanica Thunb. ●

162350 Fagraea gigantea Ridl.;巨灰莉●☆

162351 Fagraea khasiana Benth. = Fagraea ceilanica Thunb. ●
162352 Fagraea obovata Wall. = Fagraea ceilanica Thunb. ●
162353 Fagraea racemosa Jack ex Wall.;总花灰莉●☆
162354 Fagraea sasakii Hayata = Fagraea ceilanica Thunb. ●
162355 Fagraea sororia J. J. Sm.;姐妹灰莉●☆
162356 Fagraeopais Gilg et Schltr. = Mastixiodendron Melch. ●☆
162357 Faguetia Marchand(1869);法盖漆属●☆
162358 Faguetia falcata Marchand;法盖漆●☆
162359 Fagus L. (1753);水青冈属(山毛榉属);Beech,Beech Tree ●
162360 Fagus americana Ehrh. = Fagus grandifolia Ehrh. ●☆
162361 Fagus americana Sweet = Fagus grandifolia Ehrh. ●☆
162362 Fagus bijiensis C. F. Wei et Y. T. Chang = Fagus longipetiolata Seemen ●◇
162363 Fagus bijiensis Y. T. Chang = Fagus longipetiolata Seemen ●◇
162364 Fagus brevipetiolata Hu = Fagus longipetiolata Seemen ●◇
162365 Fagus castanea L. = Castanea sativa Mill. ●☆
162366 Fagus chienii W. C. Cheng;平武水青冈(钱氏水青冈);Chien Beech,Pingwu Beech,Qian Beech ●◇
162367 Fagus clavata Y. T. Chang = Fagus longipetiolata Seemen ●◇
162368 Fagus crenata Blume;日本水青冈(灰皮水青冈,希氏水青冈,奚氏水青冈,席氏水青冈,圆齿水青冈);Buna,Japanese Beech,Siebold Beech ●
162369 Fagus crenata Blume f. grandifolia (Nakai) Hayashi = Fagus crenata Blume ●
162370 Fagus crenata Blume var. grandifolia Nakai;大叶日本水青冈;Bigleaf Japanese Beech,Largeleaf Japanese Beech ●☆
162371 Fagus engleriana Seemen = Fagus engleriana Seemen ex Diels ●
162372 Fagus engleriana Seemen ex Diels;米心水青冈(恩氏山毛榉,凤梨子,米心椆,米心木,米心树);Chinese Beech,Engler Beech,English Beech ●
162373 Fagus ferruginea Aiton = Fagus grandifolia Ehrh. ●☆
162374 Fagus ferruginea Aiton var. caroliniana Loudon = Fagus grandifolia Ehrh. ●☆
162375 Fagus grandifolia Ehrh.;美国水青冈(白山毛榉,北美山毛榉,北美水青冈,大叶山毛榉,冬季榉,红山毛榉,美洲榉,美洲山毛榉,美洲水青冈,石山毛榉);America Beech,American Beech,Beechnut,Red Beech,Rusty-leaved Beech,Stone Beech,White Beech,Winter Beech ●☆
162376 Fagus grandifolia Ehrh. f. mollis Fernald et Rehder = Fagus grandifolia Ehrh. ●☆
162377 Fagus grandifolia Ehrh. subsp. heterophylla Camp. = Fagus grandifolia Ehrh. ●☆
162378 Fagus grandifolia Ehrh. var. caroliniana (Loudon) Fernald et Rehder = Fagus grandifolia Ehrh. ●☆
162379 Fagus hayatae Palib. = Fagus hayatae Palib. ex Hayata ●◇
162380 Fagus hayatae Palib. ex Hayata;台湾水青冈(早田山毛榉);Taiwan Beech ●◇
162381 Fagus hayatae Palib. ex Hayata var. zhejiangensis M. C. Liu et M. H. Wu ex Y. T. Chang et C. C. Huang = Fagus hayatae Palib. ex Hayata ●◇
162382 Fagus japonica Maxim.;日本山毛榉(日本水青冈,山毛榉);Japan Beech,Japanese Beech,Japanese Blue Beech ●☆
162383 Fagus japonica Maxim. var. multinervis (Nakai) Y. N. Lee = Fagus engleriana Seemen ●
162384 Fagus japonica Maxim. var. pleiosperma Hayashi = Fagus japonica Maxim. ●☆
162385 Fagus longipes (Oliv.) H. Lév. = Fagus longipetiolata Seemen ●◇
162386 Fagus longipetiolata Seemen;水青冈(长柄山毛榉,毛漥栎子,米心椆,米心树,山毛榉,水青冈树);Beech,Long Petiolate Beech,Long Petiole Beech,Longipetiole Beech,Longipetioled Beech ●◇
162387 Fagus longipetiolata Seemen f. clavata (Y. T. Chang) Y. T. Chang;棒梗水青冈;Clavate Beech ●
162388 Fagus longipetiolata Seemen f. clavata (Y. T. Chang) Y. T. Chang = Fagus longipetiolata Seemen ●◇
162389 Fagus longipetiolata Seemen f. yunnanica Y. T. Chang = Fagus longipetiolata Seemen ●◇
162390 Fagus lucida Rehder et E. H. Wilson;亮叶水青冈(光叶水青冈,亮叶山毛榉);Brightleaf Beech,Shining-leaf Beech ●
162391 Fagus lucida Rehder et E. H. Wilson var. opienica Y. T. Chang;峨边光叶水青冈;Ebian Shing-leaf Beech ●
162392 Fagus lucida Rehder et E. H. Wilson var. opienica Y. T. Chang = Fagus lucida Rehder et E. H. Wilson ●
162393 Fagus multinervis Nakai = Fagus engleriana Seemen ●
162394 Fagus nayonica Y. T. Chang = Fagus lucida Rehder et E. H. Wilson ●
162395 Fagus orientalis Lipsky;东方水青冈(东方山毛榉);Asia Beech,Asiatic Beech,Oriental Beech,Turkish Beech ●
162396 Fagus pashanica C. C. Yang;巴山水青冈;Bashan Beech ●◇
162397 Fagus pashanica C. C. Yang = Fagus hayatae Palib. ex Hayata ●◇
162398 Fagus sieboldii Endl. = Fagus crenata Blume ●
162399 Fagus sinensis Oliv. = Fagus longipetiolata Seemen ●◇
162400 Fagus sylvatica L.;欧洲水青冈(丹麦山毛榉,法国山毛榉,红榉,卡热帕田山毛榉,林山毛榉,罗马尼亚山毛榉,欧洲山毛榉,山毛榉,英国山毛榉);Beech,Biscuit-leaves,Buck,Buckmast,Carpathian Beech,Common Beech,Danish Beech,English Beech,European Beech,French Beech,Hay Beech,Lady Ofthe Woods,Mast Beech,Romanian Beech ●☆
162401 Fagus sylvatica L. 'Albovariegata';白斑叶欧洲水青冈●☆
162402 Fagus sylvatica L. 'Ansogei';紫铜叶欧洲水青冈●☆
162403 Fagus sylvatica L. 'Aspleniifolia';铁角蕨叶欧洲水青冈;Fern-leaved Beech ●☆
162404 Fagus sylvatica L. 'Atropunicea';紫叶欧洲水青冈(暗红欧洲水青冈,紫叶水青冈);Copper Beech,Purple Beech,Purple European Beech ●☆
162405 Fagus sylvatica L. 'Aurea Pendula';黄垂欧洲山毛榉●☆
162406 Fagus sylvatica L. 'Cuprea';紫铜欧洲水青冈;Copper Beech ●☆
162407 Fagus sylvatica L. 'Dawyck Gold';达椰克金欧洲水青冈;Beech,Golden Dawyck ●☆
162408 Fagus sylvatica L. 'Dawyck Purple';道维克紫欧洲山毛榉;Purple Dawyck ●☆
162409 Fagus sylvatica L. 'Dawyck';达椰克欧洲水青冈(道维克欧洲山毛榉);Dawyck Beech ●☆
162410 Fagus sylvatica L. 'Fastigiata';高大欧洲水青冈;Dawyck Beech ●☆
162411 Fagus sylvatica L. 'Fastigiata' = Fagus sylvatica L. 'Dawyck' ●☆
162412 Fagus sylvatica L. 'Horizontalis';平展欧洲水青冈●☆
162413 Fagus sylvatica L. 'Pendula';垂枝欧洲水青冈;Green Weeping Beech,Weeping Beech,Weeping European Beech ●☆
162414 Fagus sylvatica L. 'Purpurea Pendula';紫色垂枝欧洲水青冈(紫垂欧洲山毛榉);Purple Weeping Beech,Weeping Purple Beech ●☆
162415 Fagus sylvatica L. 'Purpurea';紫色欧洲水青冈(紫欧洲水青

冈）;Common Purple Beech,Copper Beech,Purple Beech ●☆
162416 Fagus sylvatica L.'Qurcina';栎状欧洲水青冈;Beech ●☆
162417 Fagus sylvatica L.'Rivers Purple';利沃斯紫欧洲水青冈●☆
162418 Fagus sylvatica L.'Riversii';里弗斯欧洲山毛榉;Purple Beech ●☆
162419 Fagus sylvatica L.'Rohanii';罗恩欧洲山毛榉●☆
162420 Fagus sylvatica L.'Tortuosa';龙游欧洲水青冈●☆
162421 Fagus sylvatica L.'Tricolor';三色欧洲水青冈●☆
162422 Fagus sylvatica L.'Laciniata';蕨叶欧洲水青冈;Fern-leaf Beech ●☆
162423 Fagus sylvatica L. sensu Hayata = Fagus hayatae Palib. ex Hayata ●◇
162424 Fagus sylvatica L. subsp. orientalis (Lipsky) Greuter et Burdet = Fagus orientalis Lipsky ●
162425 Fagus sylvatica L. var. albovariegata West. = Fagus sylvatica L.'Albovariegata' ●☆
162426 Fagus sylvatica L. var. atropunicea (Marshall) Castigl. = Fagus sylvatica L.'Atropunicea' ●☆
162427 Fagus sylvatica L. var. bracteolis Oliv. = Fagus longipetiolata Seemen ●◇
162428 Fagus sylvatica L. var. chinensis Franch. = Fagus engleriana Seemen ex Diels ●
162429 Fagus sylvatica L. var. cuprea ? = Fagus sylvatica L.'Cuprea' ●☆
162430 Fagus sylvatica L. var. fastigiata ? = Fagus sylvatica L.'Fastigiata' ●☆
162431 Fagus sylvatica L. var. heterophylla ?;异叶欧洲水青冈;Cut-leaf Beech,Cut-leaved Beech,Fern-leaf Beech,Fern-leaved Beech ●☆
162432 Fagus sylvatica L. var. longipes Oliv. = Fagus longipetiolata Seemen ●◇
162433 Fagus sylvatica L. var. pendula ? = Fagus sylvatica L.'Pendula' ●☆
162434 Fagus sylvatica L. var. purpurea Aiton 'Pendula' = Fagus sylvatica L.'Purpurea Pendula' ●☆
162435 Fagus sylvatica L. var. purpurea Aiton = Fagus sylvatica L.'Purpurea' ●☆
162436 Fagus taurica Popl.;克里木水青冈(克里木山毛榉)●☆
162437 Fagus tientaiensis Liou;天台水青冈;Tiantaishan Beech ●
162438 Fagus tientaiensis Liou = Fagus longipetiolata Seemen ●◇
162439 Fagus undulata (Blume) Buerger ex Miq. = Fagus crenata Blume ●
162440 Fagus-Castanea dentata Marshall = Castanea dentata (Marshall) Borkh. ●☆
162441 Fahrenheitia Rchb. f. et Zoll. = Fahrenheitia Rchb. f. et Zoll. ex Müll. Arg. ●☆
162442 Fahrenheitia Rchb. f. et Zoll. = Ostodes Blume ●
162443 Fahrenheitia Rchb. f. et Zoll. ex Müll. Arg. (1256);法伦大戟属●☆
162444 Fahrenheitia collina Rchb. f. et Zoll.;法伦大戟●☆
162445 Fahrenheitia integrifolia (Airy Shaw) Airy Shaw;全叶法伦大戟●☆
162446 Fahrenheitia minor (Thwaites) Airy Shaw;小法伦大戟●☆
162447 Faidherbia A. Chev. (1934);大白刺豆属■☆
162448 Faidherbia A. Chev. = Acacia Mill.(保留属名)●■
162449 Faidherbia albida (Delile) A. Chev.;大白刺豆■☆
162450 Faidherbia albida (Delile) A. Chev. var. glabra Nongon. = Faidherbia albida (Delile) A. Chev. ■☆
162451 Faidherbia albida (Delile) A. Chev. var. pseudoglabra Nongon. = Faidherbia albida (Delile) A. Chev. ■☆
162452 Faika Philipson(1985);毛闭药桂属●☆
162453 Faika villosa (Kaneh. et Hatus.) Philipson;毛闭药桂●☆
162454 Faika villosa (Kaneh. et Hatus.) Philipson = Steganthera villosa Kaneh. et Hatus. ●☆
162455 Fairchildia Britton et Rose = Swartzia Schreb.(保留属名)●☆
162456 Fakeloba Raf. = Anthyllis L. ■☆
162457 Falcaria Fabr. (1759)(保留属名);镰叶芹属;Falcaria, Longleaf ■
162458 Falcaria Riv. ex Rupp. = Falcaria Fabr.(保留属名)■
162459 Falcaria dahurica DC. = Sium suave Walter ■
162460 Falcaria falcarioides (Bornm. et H. Wolff) H. Wolff;镰叶芹■☆
162461 Falcaria javanica (Blume) DC. = Oenanthe javanica (Blume) DC. ■
162462 Falcaria javanica DC. = Oenanthe javanica (Blume) DC. ■
162463 Falcaria rivinii Host = Falcaria vulgaris Bernh. ■☆
162464 Falcaria sioides (Wibel) Asch. = Falcaria vulgaris Bernh. ■☆
162465 Falcaria vulgaris Bernh.;普通镰叶芹;Common Falcaria, Longleaf,Sickleweed,Sickle-weed ■☆
162466 Falcata J. F. Gmel.(废弃属名) = Amphicarpaea Elliott ex Nutt.(保留属名)■
162467 Falcata comosa (L.) Kuntze = Amphicarpaea bracteata (L.) Fernald ■
162468 Falcata japonica (Oliv.) Kom. = Amphicarpaea edgeworthii Benth. ■
162469 Falcata japonica (Oliv.) Kom. = Amphicarpaea japonica (Oliv.) B. Fedtsch. ■☆
162470 Falcata pitcheri (Torr. et A. Gray) Kuntze = Amphicarpaea bracteata (L.) Fernald ■
162471 Falcataria (I. C. Nielsen) Barneby et J. W. Grimes = Paraserianthes I. C. Nielsen ●
162472 Falcataria (I. C. Nielsen) Barneby et J. W. Grimes(1996);南洋楹属●
162473 Falcataria moluccana (Miq.) Barneby et J. W. Grimes;南洋楹(高合欢,镰叶合欢,麻六甲合欢,马刺甲合欢,马六甲合欢,马六甲异合欢,南洋合欢,仁人木,仁仁树,新月异合欢);Batai,Batai Wood, Falcate Paraserianthes, Falcate-leaved Albizzia, Malacca Albizzia, Mocucca Albizia, Mocucca Siris, Molucca Albizzia, Peacocksplume,Sau,Sickle-leaved Albizia ●
162474 Falcataria moluccana (Miq.) Barneby et J. W. Grimes = Albizia moluccana Miq. ●
162475 Falcataria moluccana (Miq.) Barneby et J. W. Grimes = Paraserianthes falcataria (L.) I. C. Nielsen ●
162476 Falcatifoliaceae A. V. Bobrov et Melikyan = Podocarpaceae Endl.(保留科名)●
162477 Falcatifoliaceae Melikyan et A. V. Bobrov = Podocarpaceae Endl.(保留科名)●
162478 Falcatifolium de Laub. (1969);镰叶罗汉松属●☆
162479 Falcatifolium angustum de Laub.;窄镰叶罗汉松●☆
162480 Falcatifolium falciforme (Parl.) de Laub.;镰叶罗汉松●☆
162481 Falcatula Brot. = Trigonella L. ■
162482 Falckia Thunb. = Falkia L. f. ☆
162483 Falconera Salisb. = Albuca L. ■☆
162484 Falconera Wight = Falconeria Royle ●
162485 Falconera Wight = Sapium Jacq.(保留属名)●

162486 Falconeria Hook. f. = Kashmiria D. Y. Hong ■☆

162487 Falconeria Hook. f. = Wulfenia Jacq. ■☆

162488 Falconeria Royle = Sapium Jacq.（保留属名）●

162489 Falconeria insignis Royle = Sapium insigne（Royle）Benth. ●

162490 Faldermannia Trautv. = Ziziphora L. ●■

162491 Falimina Rchb. = Gaudinia P. Beauv. ■☆

162492 Falimiria Besser ex Rchb. = Gaudinia P. Beauv. ■☆

162493 Falkea Koenig ex Steud. = Begonia L. ●■

162494 Falkia L. f. = Falkia Thunb. ☆

162495 Falkia Thunb.（1781）（'Falckia'）；福尔克旋花属☆

162496 Falkia abyssinica Engl. = Falkia oblonga Bernh. ex C. Krauss var. minor C. H. Wright☆

162497 Falkia canescens C. H. Wright；灰福尔克旋花☆

162498 Falkia dichondroides Baker = Falkia repens Thunb. ☆

162499 Falkia diffusa（Choisy）Hallier f. = Falkia repens Thunb. ☆

162500 Falkia oblonga Bernh. ex C. Krauss；矩圆福尔克旋花☆

162501 Falkia oblonga Bernh. ex C. Krauss var. minor C. H. Wright；小矩圆福尔克旋花☆

162502 Falkia repens Thunb.；匍匐福尔克旋花☆

162503 Falkia repens Thunb. var. diffusa Choisy = Falkia repens Thunb. ☆

162504 Falkia villosa Hallier f. = Falkia repens Thunb. ☆

162505 Fallopia Adans.（1763）；首乌属（何首乌属）；Bindweed，False-buckwheat，Fleece Flower，Heshouwu，Knotgrass，Knotweed ●■

162506 Fallopia Bubani et Penz. = Empetrum L. ●

162507 Fallopia Lour. = Microcos Burm. ex L. ●

162508 Fallopia × bohemica（Chrtek et Chrtková）J. P. Bailey；波希米亚何首乌；Bohemian Knotweed，Hybrid Knotweed ●☆

162509 Fallopia aubertii（L. Henry）Holub；木藤首乌（奥氏蓼，巴尔德楚藤蓼，布哈拉蓼，赤地胆，丛叶蓼，大红花，大红药，降头，绛头，酱头，酱头丛叶蓼，鹿挂面，木藤蓼，夏雪蔓，血地，血地胆，血七）；Aubert Knotweed，Bokhara Vine，Bukhara Fleeceflower，China Fleece Vine，Fleece Vine，Mile-a-minute，Mile-a-minute Plant，Russian Vine，Silver Lace Vine，Silverlace Vine，Woodvine Heshouwu ●

162510 Fallopia aubertii（L. Henry）Holub = Fallopia baldschuanica（Regel）Holub ■☆

162511 Fallopia aubertii（L. Henry）Holub = Polygonum aubertii（L. Henry）Holub ●

162512 Fallopia baldschuanica（Regel）Holub；布哈拉首乌；Bukhara Fleeceflower，Mile-a-minute Vine，Russian Vine ■☆

162513 Fallopia baldschuanica（Regel）Holub = Fallopia aubertii（L. Henry）Holub ●

162514 Fallopia baldschuanica（Regel）Holub = Polygonum baldschuanicum Regel ■☆

162515 Fallopia bohemica（Chrtek et Chrtková）J. P. Bailey；波希米亚首乌；Bohemian knotweed ■☆

162516 Fallopia ciliinervis（Nakai）K. Hammer；毛脉首乌（赤药，赤药子，红药，红药子，猴血七，黄药子，火炭母草，毛葫芦，毛脉蓼，荞馒头，清饭藤，雄黄莲，血三七，朱砂莲，朱砂七）；Hairyvein Heshouwu ■

162517 Fallopia cilinodis（Michx.）Holub；流苏首乌；Black-fringe Bindweed，Fringed Bindweed，Fringed Black Bindweed ■☆

162518 Fallopia cilinodis（Michx.）Holub = Polygonum cilinode Michx. ■☆

162519 Fallopia convolvulus（L.）Á. Löve；蔓首乌（卷茎蓼，卷旋蓼，蔓蓼，荞麦蔓，荞麦藤）；Bearbind，Bedwine，Bethroot，Bind-corn，Bindweed，Black Bindweed，Black-bindweed，Bunwede，Climbing Buckwheat，Clip-me-dick，Coilstem Heshouwu，Convolvulate Knotweed，Copse-bindweed，Corn Bindweed，Corn-bind，Devil's Tether，Dodder，Dother，Dull-seed Cornbind，False Buckwheat，Goatweed，Hay Gob，Hayriff，Ivy Bindweed，Laplove，Lapweed，Lily，Running Buckwheat，Spades，Terrydevil，Terrydiddle，Tether Devil，Tether-devil，Weedwind，Wild Buckwheat，Wild Hop ■

162520 Fallopia convolvulus（L.）Á. Löve = Polygonum convolvulus L. ■

162521 Fallopia convolvulus（L.）Á. Löve var. subalata（Lej. et Courtois）D. H. Kent = Fallopia convolvulus（L.）Á. Löve ■

162522 Fallopia cristata（Engelm. et A. Gray）Holub = Fallopia scandens（L.）Holub ■☆

162523 Fallopia cynanchoides（Hemsl.）Haraldson；牛皮消首乌（百解药，芥叶细辛，萝藦蓼，毛血藤，牛皮消蓼，胖血藤，荞麦蔓，云钩莲，云扣莲）；Swallowwort Heshouwu ■

162524 Fallopia cynanchoides（Hemsl.）Haraldson var. glabriuscula（A. J. Li）A. J. Li；光叶酱头（光叶牛皮消蓼）；Smoothleaf Swallowwort Heshouwu ■

162525 Fallopia dentatoalata（F. Schmidt ex Maxim.）Holub；齿翅首乌（齿翅蓼）；Toothwing Heshouwu ■

162526 Fallopia dentato-alata（F. Schmidt）Holub = Fallopia dentatoalata（F. Schmidt ex Maxim.）Holub ■

162527 Fallopia denticulata（C. C. Huang）A. J. Li；酱头■

162528 Fallopia dumetora（L.）Holub；篱首乌（灌刺蓼，篱蓼，蔓篱蓼）；Climbing False Buckwheat，Copse Bindweed，Copse-bindweed，Hedge Bindweed，Hedge Knotweed，Wall Heshouwu ■

162529 Fallopia dumetora（L.）Holub = Polygonum scandens L. var. dumetorum（L.）Gleason ■

162530 Fallopia dumetora（L.）Holub var. pauciflora（Maxim.）A. J. Li；疏花篱首乌（疏花篱蓼）；Laxflower Wall Heshouwu ■

162531 Fallopia forbesii（Hance）Yonek. et H. Ohashi；华蔓首乌（福氏蓼）■

162532 Fallopia japonica（Houtt.）Ronse Decr.；日本首乌；Japanese Knotweed，Mexican Bamboo ■

162533 Fallopia japonica（Houtt.）Ronse Decr. = Polygonum cuspidatum Siebold et Zucc. ■

162534 Fallopia japonica（Houtt.）Ronse Decr. = Reynoutria japonica Houtt. ■

162535 Fallopia japonica（Houtt.）Ronse Decr. f. elata（Nakai）；高大日本首乌■☆

162536 Fallopia japonica（Houtt.）Ronse Decr. var. compacta（Hook. f.）J. P. Bailey f. colorans（Makino）；染色日本首乌■☆

162537 Fallopia japonica（Houtt.）Ronse Decr. var. compacta（Hook. f.）J. P. Bailey = Fallopia japonica（Houtt.）Ronse Decr. ■

162538 Fallopia japonica（Houtt.）Ronse Decr. var. hachidyoensis（Makino）Yonek. et H. Ohashi；八丈岛何首乌■☆

162539 Fallopia japonica（Houtt.）Ronse Decr. var. uzenensis（Honda）Yonek. et H. Ohashi；羽前首乌■☆

162540 Fallopia multiflora（Thunb. ex A. Murray）Haraldson = Fallopia multiflora（Thunb.）Haraldson ■

162541 Fallopia multiflora（Thunb. ex A. Murray）Haraldson var. hypoleuca（Ohwi）Yonek. et H. Ohashi = Fallopia multiflora（Thunb.）Haraldson var. hypoleuca（Ohwi）Yonek. et H. Ohashi ■

162542 Fallopia multiflora（Thunb.）Haraldson；何首乌（陈知白，赤敛，赤首乌，地精，多花蓼，何相公，红内消，黄花乌，交藤，金首乌，九真藤，马肝石，棋藤，芮草，蛇草，首红，首乌，首乌藤，台湾何首乌，桃柳藤，铁秤砣，小独根，野苗，野苕，夜合，夜交藤，紫乌藤）；Climbing Smartweed，Heshouwu，Multiflower Knotweed，Tuber Fleeceflower ■

162543 Fallopia multiflora (Thunb.) Haraldson var. ciliinervis (Nakai) A. J. Li = Fallopia ciliinervis (Nakai) K. Hammer ■
162544 Fallopia multiflora (Thunb.) Haraldson var. ciliinervis (Nakai) Yonek. et H. Ohashi = Fallopia ciliinervis (Nakai) K. Hammer ■
162545 Fallopia multiflora (Thunb.) Haraldson var. hypoleuca (Nakai ex Ohwi) Yonek. et H. Ohashi = Fallopia multiflora (Thunb.) Haraldson ■
162546 Fallopia multiflora (Thunb.) Haraldson var. hypoleuca (Ohwi) Yonek. et H. Ohashi;台湾毛脉蓼■
162547 Fallopia nervosa Lour. = Microcos paniculata L. ●
162548 Fallopia pauciflora (Maxim.) Kitag. = Fallopia dumetora (L.) Holub var. pauciflora (Maxim.) A. J. Li ■
162549 Fallopia sachalinensis (F. Schmidt) Ronse Decr.;库页何首乌;Giant Knotweed ■☆
162550 Fallopia sachalinensis (F. Schmidt) Ronse Decr. var. intermedia (Tatew.) Yonek. et H. Ohashi;全缘库页何首乌■☆
162551 Fallopia sachalinensis (F. W. Schmidt ex Maxim.) Nakai = Polygonum sachalinense F. Schmidt ex Maxim. ■☆
162552 Fallopia scandens (L.) Holub;攀缘首乌(攀缘蓼);Climbing Bindweed, Climbing False Buckwheat, Climbing False-buckwheat, Climbing Knotweed, Crested Buckwheat, False Buckwheat ■☆
162553 Fallopia scandens (L.) Holub = Polygonum scandens L. ■☆
162554 Fallugia Endl. (1840);飞羽木属(法鲁格木属);Apache Plume, Apache-plume ●☆
162555 Fallugia paradoxa (D. Don) Endl. = Fallugia paradoxa (Tilloch et Taylor) Endl. ●☆
162556 Fallugia paradoxa (Tilloch et Taylor) Endl.;飞羽木(阿巴契法鲁格木,法鲁格木);Apache Plume, Apache-plume ●☆
162557 Falona Adans. = Cynosurus L. ■
162558 Falopia Steud. = Fallopia Adans. ●■
162559 Falya Desc. = Carpolobia G. Don ●☆
162560 Falya leandriana Desc. = Carpolobia goetzei Gürke ●☆
162561 Falya leandriana Desc. = Carpolobia leandriana (Desc.) Breteler ●☆
162562 Famarea Vitman = Faramea Aubl. ●☆
162563 Famatina Ravenna = Phycella Lindl. ■☆
162564 Famatina Ravenna(1972);法马特石蒜属■☆
162565 Famatina andina (Phil.) Ravenna;法马特石蒜■☆
162566 Fanninia Harv. (1868);范宁萝藦属☆
162567 Fanninia caloglossa Harv.;法宁萝藦☆
162568 Faradaya F. Muell. (1865);法拉第草属●☆
162569 Faradaya splendida F. Muell.;法拉第草;Koie-Yan ●☆
162570 Faramea Aubl. (1775);法拉茜属●☆
162571 Faramea affinis Müll. Arg.;近缘法拉茜●☆
162572 Faramea albescens DC.;白法拉茜●☆
162573 Faramea amazonica Müll. Arg.;亚马孙法拉茜●☆
162574 Faramea americana (L.) Kuntze;美洲法拉茜●☆
162575 Faramea breviflora Benth. ex Brillon;短花法拉茜●☆
162576 Faramea coerulescens K. Schum. et K. Krause;蓝法拉茜●☆
162577 Faramea cordiophylla Standl.;心叶法拉茜●☆
162578 Faramea crassifolia Benth.;厚叶法拉茜●☆
162579 Faramea elegans Standl. ex Steyerm.;雅致法拉茜●☆
162580 Faramea eurycarpa Donn. Sm.;良果法拉茜●☆
162581 Faramea graciliflora Mart.;纤花法拉茜●☆
162582 Faramea grandifolia Standl.;大叶法拉茜●☆
162583 Faramea guianensis (Aubl.) Bremek.;圭亚那法拉茜●☆
162584 Faramea latifolia (Cham. et Schltdl.) DC.;宽叶法拉茜●☆
162585 Faramea leucocalyx Müll. Arg.;白萼法拉茜●☆
162586 Faramea longituba Borhidi;长管法拉茜●☆
162587 Faramea lutescens Standl.;黄法拉茜●☆
162588 Faramea macrocalyx Müll. Arg.;大萼法拉茜●☆
162589 Faramea micrantha Müll. Arg.;小花法拉茜●☆
162590 Faramea multiflora A. Rich. ex DC.;多花法拉茜●☆
162591 Faramea nigrescens Mart.;黑法拉茜●☆
162592 Faramea nitida Benth.;光亮法拉茜●☆
162593 Faramea oblongifolia Standl.;矩圆叶法拉茜●☆
162594 Faramea obtusifolia Müll. Arg.;钝叶法拉茜●☆
162595 Faramea occidentalis Müll. Arg.;西方法拉茜●☆
162596 Faramea pauciflora Dwyer;少花法拉茜●☆
162597 Faramea platycarpa Dwyer et M. V. Hayden;宽果法拉茜●☆
162598 Faramea platyneura Müll. Arg.;粗脉法拉茜●☆
162599 Faramea purpurea Benth. ex Bremek.;紫法拉茜●☆
162600 Faramea robusta C. M. Taylor;粗壮法拉茜●☆
162601 Faramea salicifolia C. Presl;柳叶法拉茜●☆
162602 Faramea sessiliflora Aubl.;无梗法拉茜●☆
162603 Faramea stenocalyx Standl.;窄萼法拉茜●☆
162604 Faramea stenophylla Standl.;窄叶法拉茜●☆
162605 Faramea tenuiflora Müll. Arg.;细花法拉茜●☆
162606 Faramea tenuifolia Rusby;细叶法拉茜●☆
162607 Faramea tetragona Müll. Arg.;四角法拉茜●☆
162608 Faramea truncata Müll. Arg.;截形法拉茜●☆
162609 Faramea urophylla Müll. Arg.;尾叶法拉茜●☆
162610 Fareinhetia Baill. = Fahrenheitia Rchb. f. et Zoll. ex Müll. Arg. ●☆
162611 Farfara Gllib. = Tussilago L. ■
162612 Farfugium Lindl. (1857);大吴风草属(山菊属);Farfugium ■
162613 Farfugium Lindl. = Ligularia Cass. (保留属名) ■
162614 Farfugium grande Lindl. = Farfugium japonicum (L.) Kitam. ■
162615 Farfugium hiberniflorum (Makino) Kitam.;冬花大吴风草■☆
162616 Farfugium japonicum (L.) Kitam.;大吴风草(八角乌,大马蹄,大马蹄香,独角莲,独脚莲,独足莲,荷叶三七,荷叶木,活血莲,金杯盂,金钵盂,肯普佛橐吾,款冬花,款冬橐吾,款冬叶橐吾,莲蓬草,马蹄,马蹄当归,山菊,铁冬苋,铁铜盘,铁铜盆,橐吾,岩红,野金瓜,一叶莲);Japan Farfugium, Kaempfer's Goldenray, Leopard Plant ■
162617 Farfugium japonicum (L.) Kitam. 'Aureomaculatum';黄斑大吴风草;Leopard Plant ■☆
162618 Farfugium japonicum (L.) Kitam. f. aureomaculatum (Hook. f.) Kitam. = Farfugium japonicum (L.) Kitam. 'Aureomaculatum' ■☆
162619 Farfugium japonicum (L.) Kitam. f. eligulatum Konta;无舌大吴风草■☆
162620 Farfugium japonicum (L.) Kitam. f. giganteum (Siebold et Zucc.) Kitam. = Farfugium japonicum (L.) Kitam. var. giganteum (Siebold et Zucc.) Kitam. ■☆
162621 Farfugium japonicum (L.) Kitam. f. luteofuscus Tawada;黄褐大吴风草■☆
162622 Farfugium japonicum (L.) Kitam. f. plenum (Nakai) Kitam.;重瓣大吴风草■☆
162623 Farfugium japonicum (L.) Kitam. var. aureo-maculatum Makino = Farfugium japonicum (L.) Kitam. 'Aureomaculatum' ■☆
162624 Farfugium japonicum (L.) Kitam. var. formosanum (Hayata) Kitam.;台湾山菊(能高山菊)■
162625 Farfugium japonicum (L.) Kitam. var. formosanum (Hayata)

Kitam. = Farfugium japonicum (L.) Kitam. ■
162626 Farfugium japonicum (L.) Kitam. var. giganteum (Siebold et Zucc.) Kitam.;巨大吴风草■☆
162627 Farfugium japonicum (L.) Kitam. var. luchuense (Masam.) Kitam.;琉球大吴风草■☆
162628 Farfugium japonicum (L.) Kitam. var. nokozanense (Yamam.) Kitam.;能高山菊■
162629 Farfugium japonicum (L.) Kitam. var. nokozanense (Yamam.) Kitam. = Farfugium japonicum (L.) Kitam. var. formosanum (Hayata) Kitam. ■
162630 Farfugium japonicum (L.) Kitam. var. nokozanense (Yamam.) Kitam. = Farfugium japonicum (L.) Kitam. ■
162631 Farfugium kaempferi Benth. = Farfugium japonicum (L.) Kitam. ■
162632 Farfugium tussilagineum (Burm. f.) Kitam. = Farfugium japonicum (L.) Kitam. ■
162633 Farfugium tussilagineum (Burm. f.) Kitam. var. formosanum (Hayata) Kitam. = Farfugium japonicum (L.) Kitam. ■
162634 Farfugium tussilagineum (Burm. f.) Kitam. var. plenum Nakai = Farfugium japonicum (L.) Kitam. f. plenum (Nakai) Kitam. ■☆
162635 Fargesia Franch. (1893);箭竹属(法氏竹属,拐棍竹属,华橘竹属,筱竹属);Arrowbamboo, Bamboo, China Cane, Chinacane, Clumping Bamboo, Fargesia, Fountain Bamboo, Umbrella Bamboo ●
162636 Fargesia acuticontracta T. P. Yi;尖鞘箭竹(尖箭竹);Acute-contracted Fargesia, Sharpe Arrowbamboo ●
162637 Fargesia adpressa T. P. Yi;贴毛箭竹;Appressed Arrowbamboo, Appressed Fargesia ●
162638 Fargesia albo-cerea J. R. Xue et T. P. Yi;片马箭竹;Pianma Arrowbamboo, Pianma Fargesia ●
162639 Fargesia alpina J. R. Xue et C. M. Hui = Fargesia frigida T. P. Yi ●
162640 Fargesia altior T. P. Yi;船箭竹(船竹);Boat Arrowbamboo, Rafting Fargesia ●
162641 Fargesia ampullaris T. P. Yi = Drepanostachyum ampullare (T. P. Yi) Demoly ●
162642 Fargesia angustissima T. P. Yi;油竹子;Angustifoliate Fargesia, Oil Arrowbamboo ●
162643 Fargesia aurita J. R. Xue et C. M. Hui;马歌箭竹(紫耳箭竹);Auritus Fargesia, Mage Arrowbamboo ●
162644 Fargesia aurita J. R. Xue et C. M. Hui = Fargesia tenuilignea T. P. Yi ●
162645 Fargesia aurita T. P. Yi = Fargesia decurvata J. L. Lu ●
162646 Fargesia brevipaniculata (Hand. -Mazz.) Z. Y. Li et D. Z. Fu = Arundinaria brevipaniculata Hand. -Mazz. ●
162647 Fargesia brevipes (McClure) T. P. Yi;短柄箭竹;Short-stalk Arrowbamboo ●
162648 Fargesia brevissima T. P. Yi;窝竹;Nest Arrowbamboo, Shortest Fargesia ●
162649 Fargesia brevistipedis T. P. Yi;短梗箭竹●
162650 Fargesia caduca T. P. Yi;景谷箭竹;Deciduous Fargesia, Shed Arrowbamboo ●
162651 Fargesia canaliculata T. P. Yi;岩斑竹;Channelled Fargesia, Furrow Arrowbamboo ●
162652 Fargesia canoviridis (G. H. Ye et Z. P. Wang) Z. Yu Li = Yushania canoviridis G. H. Ye et Z. P. Wang ●
162653 Fargesia circinata J. R. Xue et T. P. Yi;卷耳箭竹;Circinate Arrowbamboo, Coiled Fargesia ●
162654 Fargesia collaris T. P. Yi = Himalayacalamus collaris (T. P. Yi) Ohrnb. ●
162655 Fargesia collina (T. P. Yi) Z. Y. Li et D. Z. Fu = Yushania collina T. P. Yi ●
162656 Fargesia communis T. P. Yi;马亨箭竹;Common Arrowbamboo, Common Fargesia ●
162657 Fargesia concinna T. P. Yi;美丽箭竹;Beautiful Arrowbamboo, Beautiful Fargesia, Concinnity Fargesia ●
162658 Fargesia conferta T. P. Yi;笼笼竹;Cage Arrowbamboo, Dense Fargesia ●
162659 Fargesia confusa (McClure) Z. Y. Li et D. Z. Fu = Indocalamus confusus McClure ●
162660 Fargesia contracta T. P. Yi;带鞘箭竹;Compressed Fargesia, Sheathbearing Arrowbamboo ●
162661 Fargesia contracta T. P. Yi f. evacuata T. P. Yi;空心带鞘箭竹(带鞘箭竹);Compressed Fargesia, Evacuate Arrowbamboo ●
162662 Fargesia contracta T. P. Yi f. evacuata T. P. Yi = Fargesia contracta T. P. Yi ●
162663 Fargesia contracta T. P. Yi f. fugonensis J. R. Xue et J. K. Duan;福贡箭竹;Fugong Arrowbamboo ●
162664 Fargesia contracta T. P. Yi f. fugonensis J. R. Xue et J. K. Duan = Fargesia contracta T. P. Yi ●
162665 Fargesia crassinoda T. P. Yi;粗节箭竹;Thcknode Arrowbamboo, Thck-noded Fargesia ●
162666 Fargesia crassinoda T. P. Yi = Thamnocalamus spathiflorus (Trin.) Munro var. crassinodus (T. P. Yi) Stapleton ●
162667 Fargesia crispata (T. P. Yi) Z. Y. Li et D. Z. Fu = Yushania crispata T. P. Yi ●
162668 Fargesia cuspidata (Keng) Z. P. Wang et G. H. Ye;尖尾箭竹(尖尾筱竹);Guangxi Arrowbamboo, Kwangsi Umbrella Bamboo ●
162669 Fargesia declivis T. P. Yi;斜倚箭竹;Declivous Fargesia, Oblique Arrowbamboo ●
162670 Fargesia decurvata J. L. Lu;毛龙头竹;Hairdragonhead Arrowbamboo, Decurved Fargesia ●
162671 Fargesia demissa T. P. Yi;矮箭竹;Drooping Fargesia, Dwarf Arrowbamboo ●
162672 Fargesia demissa T. P. Yi = Fargesia nitida (Mitford ex Stapf) P. C. Keng ex T. P. Yi ●
162673 Fargesia densiflora (Rendle) Nakai;密花箭竹;Denseflower Fargesia ●
162674 Fargesia densiflora (Rendle) Nakai = Brachystachyum densiflorum (Rendle) Keng ●
162675 Fargesia densiflora (Rendle) Nakai = Semiarundinaria densiflora (Rendle) T. H. Wen ●
162676 Fargesia densiflora Nakai = Fargesia densiflora (Rendle) Nakai ●
162677 Fargesia denudata T. P. Yi;缺苞箭竹;Bractleass Arrowbamboo, Stripped Fargesia ●
162678 Fargesia donganensis B. M. Yang = Yushania donganensis (B. M. Yang) T. P. Yi ●
162679 Fargesia dracocephala T. P. Yi;龙头箭竹(龙头竹);Clumping Bamboo, Dragonhead Arrowbamboo, Dragon-head Bamboo, Dragon-head Fargesia, Hardy Dragon Bamboo ●
162680 Fargesia dulcicula T. P. Yi;清甜箭竹●
162681 Fargesia dura T. P. Yi;马斯箭竹;Hard Arrowbamboo, Hard Fargesia ●
162682 Fargesia edulis J. R. Xue et T. P. Yi;空心箭竹;Edible Fargesia, Empty Arrowbamboo ●
162683 Fargesia elegans T. P. Yi;雅容箭竹;Elegant Arrowbamboo ●

162684 Fargesia emaculata T. P. Yi;牛麻箭竹;Spotless Arrowbamboo, Unmaculate Fargesia ●

162685 Fargesia exposita T. P. Yi;露舌箭竹;Exposite Fargesia ●

162686 Fargesia extensa T. P. Yi; 喇叭箭竹; Bugle Arrowbamboo, Prostrate Fargesia ●

162687 Fargesia farcta T. P. Yi; 勒布箭竹(簕布箭竹); Lebu Arrowbamboo, Solid Fargesia ●

162688 Fargesia farcticaulis (T. P. Yi) Z. Y. Li et D. Z. Fu = Yushania farcticaulis T. P. Yi ●

162689 Fargesia ferax (Keng) T. P. Yi; 丰实箭竹; Abundant Chinacane, Fruitful Arrowbamboo, Fruitful Fargesia ●

162690 Fargesia fractiflexa T. P. Yi = Drepanostachyum fractiflexum (T. P. Yi) D. Z. Li ●

162691 Fargesia frigida T. P. Yi; 凋叶箭竹(高山箭竹); Alpine Arrowbamboo, Alpine Fargesia, Cold Umbrella Bamboo, Wither Arrowbamboo, Witherileaved Fargesia ●

162692 Fargesia fungosa T. P. Yi; 棉花箭竹(棉花竹); Cotton Arrowbamboo, Fungose-pithed Fargesia, Spongy Umbrella Bamboo ●

162693 Fargesia funiushanensis T. P. Yi; 伏牛山箭竹; Funiushan Arrowbamboo ●

162694 Fargesia glabrifolia T. P. Yi; 光叶箭竹; Brightleaf Arrowbamboo, Glabrous-leaved Fargesia ●

162695 Fargesia gongshanensis T. P. Yi; 贡山箭竹; Arrowbamboo, Gongshan Fargesia, Gongshan Umbrella Bamboo ●

162696 Fargesia grossa T. P. Yi;错那箭竹;Cuona Arrowbamboo, Cuona Fargesia, Thick Umbrella Bamboo ●

162697 Fargesia gyirongensis T. P. Yi = Himalayacalamus falconeri (Munro) P. C. Keng ●

162698 Fargesia hainanensis T. P. Yi;海南箭竹;Hainan Arrowbamboo, Hainan Fargesia, Hainan Umbrella Bamboo ●

162699 Fargesia hsuehiana T. P. Yi;冬竹(纪如箭竹,薛氏箭竹); Hsueh Fargesia, Winter Arrowbamboo ●

162700 Fargesia hygrophila J. R. Xue et T. P. Yi;喜湿箭竹;Marsh Arrowbamboo, Moisture-loving Fargesia ●

162701 Fargesia jiulongensis T. P. Yi;九龙箭竹;Jiulong Arrowbamboo, Jiulong Fargesia, Jiulong Umbrella Bamboo ●

162702 Fargesia lincangensis T. P. Yi;雪山箭竹;Jokul Arrowbamboo, Lincang Fargesia, Lincang Umbrella Bamboo ●

162703 Fargesia longissima (T. P. Yi) T. P. Yi = Yushania complanata T. P. Yi ●

162704 Fargesia longissima (T. P. Yi) T. P. Yi = Yushania yadongensis T. P. Yi ●

162705 Fargesia longissima T. P. Yi = Yushania yadongensis T. P. Yi ●

162706 Fargesia longiuscula (J. R. Xue et Y. Y. Dai) J. R. Xue;长节箭竹;Long-internoded Fargesia, Longnode Chinacane ●

162707 Fargesia lushuiensis J. R. Xue et T. P. Yi; 泸水箭竹; Lushui Arrowbamboo, Lushui Fargesia, Lushui Umbrella Bamboo ●

162708 Fargesia macclureana (Bor) Stapleton; 西藏箭竹; Xizang Arrowbamboo, Xizang Fargesia ●

162709 Fargesia macrophylla J. R. Xue et C. M. Hui;阔叶箭竹;Broad-leaf Arrowbamboo ●

162710 Fargesia mairei (Hack. ex Hand. -Mazz.) T. P. Yi;大姚箭竹; Dayao Arrowbamboo, Maire Fargesia ●

162711 Fargesia malii T. P. Yi; 马利箭竹; Mali Arrowbamboo, Mali Fargesia, Umbrella Bamboo ●

162712 Fargesia maluo T. P. Yi = Fargesia murielae (Gamble) T. P. Yi ●

162713 Fargesia malus T. P. Yi;马路箭竹;Malu Fargesia ●

162714 Fargesia melanostachys (Hack. ex Hand. -Mazz.) T. P. Yi; 黑穗箭竹; Black-spike Arrowbamboo, Black-spike Umbrella Bamboo, Black-spiked Fargesia ●

162715 Fargesia melanostachys (Hand. -Mazz.) T. P. Yi = Arundinaria melanostachys Hand. -Mazz. ●

162716 Fargesia membranacea T. P. Yi = Drepanostachyum membranaceum (T. P. Yi) D. Z. Li ●

162717 Fargesia murielae (Gamble) T. P. Yi; 神农箭竹; Giant-panda Fodder-bamboo, Muriel Bamboo, Shennong Arrowbamboo, Shennongjia Fargesia, Shennongjia Umbrella Bamboo, Umbrella Bamboo ●

162718 Fargesia nitida (Mitford ex Stapf) P. C. Keng ex T. P. Yi;华西箭竹(箭竹,紫箭竹); Bright Arrowbamboo, Chinese Fountain-bamboo, Fountain Bamboo, Glossyleaf China Cane, Glossyleaf Chinacane, Hardy Blue Bamboo, Shining Fargesia ●

162719 Fargesia nitida (Mitford) P. C. Keng ex T. P. Yi = Fargesia nitida (Mitford ex Stapf) P. C. Keng ex T. P. Yi ●

162720 Fargesia nujiangensis J. R. Xue et C. M. Hui;怒江箭竹;Nujiang Arrowbamboo, Nujiang Fargesia, Nujiang Umbrella Bamboo ●

162721 Fargesia nujiangensis J. R. Xue et C. M. Hui f. lanpingensis J. R. Xue et H. R. Zhang;兰坪箭竹;Lanping Arrowbamboo ●

162722 Fargesia nujiangensis J. R. Xue et C. M. Hui f. striata J. R. Xue et C. M. Hui; 纹鞘箭竹; Arrowbamboo, Striate Shining Umbrella Bamboo ●

162723 Fargesia obliqua T. P. Yi; 团竹; Oblique Fargesia, Slanting Arrowbamboo ●

162724 Fargesia orbiculata T. P. Yi; 长圆鞘箭竹(短鞘箭竹); Oblongsheath Arrowbamboo, Rounded Fargesia ●

162725 Fargesia ostrina T. P. Yi;甜箭竹;Sweet Arrowbamboo ●

162726 Fargesia pachyclada J. R. Xue et C. M. Hui; 粗枝箭竹; Pachycladous Fargesia, Thick-branch Arrowbamboo ●

162727 Fargesia pachyclada J. R. Xue et C. M. Hui = Fargesia albo-cerea J. R. Xue et T. P. Yi ●

162728 Fargesia pallens J. R. Xue et C. M. Hui;灰秆箭竹(灰枝箭竹);Pale Arrowbamboo, Pale Fargesia, Pale Umbrella Bamboo ●

162729 Fargesia pallens J. R. Xue et C. M. Hui = Fargesia pauciflora (Keng) T. P. Yi ●

162730 Fargesia papyrifera T. P. Yi; 云龙箭竹; Paper Mulberry Fargesia, Yunlong Arrowbamboo, Yunlong Umbrella Bamboo ●

162731 Fargesia parvifolia T. P. Yi;小叶箭竹;Small-leaved Fargesia ●

162732 Fargesia parvifolia T. P. Yi = Fargesia murielae (Gamble) T. P. Yi ●

162733 Fargesia pauciflora (Keng) T. P. Yi;少花箭竹;Few-flowered Fargesia, Poorflower Arrowbamboo ●

162734 Fargesia perlonga J. R. Xue et T. P. Yi; 超苞箭竹; Overlong Arrowbamboo, Super-spathe Fargesia ●

162735 Fargesia pleniculmis (Hand. -Mazz.) T. P. Yi;皱鞘箭竹(皱壳箭竹);Plenioculm Fargesia, Wrinklsheath Arrowbamboo ●

162736 Fargesia plurisetosa T. H. Wen;密毛箭竹(密花箭竹);Dense-flowered Fargesia, Hairy Arrowbamboo ●

162737 Fargesia porphyrea T. P. Yi;红鞘箭竹;Purple-shelled Fargesia, Redsheath Arrowbamboo ●

162738 Fargesia praecipua T. P. Yi; 弩刀箭竹(弩箭竹); Crossbow Arrowbamboo, Crossbow Fargesia ●

162739 Fargesia qinlingensis T. P. Yi et J. X. Shao;秦岭箭竹;Qinling Arrowbamboo, Qinling Fargesia ●

162740 Fargesia racemosa (Munro) T. P. Yi; 总花箭竹; Racemose

Arrowbamboo ●☆

162741 Fargesia racemosa (Munro) T. P. Yi = Arundinaria racemosa Munro ●

162742 Fargesia robusta T. P. Yi; 拐棍竹; Robust Fargesia, Stick Arrowbamboo, Walking-stick Bamboo ●

162743 Fargesia rufa T. P. Yi; 青川箭竹; Foxy-red Fargesia, Qinchuan Arrowbamboo ●

162744 Fargesia sagittatinea T. P. Yi; 独龙箭竹(佤箭竹); Wa Arrowbamboo, Yunnan Fargesia ●

162745 Fargesia scabrida T. P. Yi; 糙花箭竹; Roughflower Arrowbamboo, Scabrid-flowered Fargesia ●

162746 Fargesia semicoriacea T. P. Yi; 白箭竹(白竹); White Arrowbamboo, White Fargesia ●

162747 Fargesia semiorbiculata T. P. Yi = Drepanostachyum semiorbiculatum (T. P. Yi) Stapleton ●

162748 Fargesia setosa T. P. Yi = Fargesia macclureana (Bor) Stapleton ●

162749 Fargesia similaris J. R. Xue et T. P. Yi; 秃鞘箭竹; Bare-sheathed Fargesia, Bladsheath Arrowbamboo ●

162750 Fargesia solida T. P. Yi; 腾冲箭竹; Compact Fargesia, Tengchong Arrowbamboo ●

162751 Fargesia sparsiflora (Rendle) Ohrnb. = Fargesia murielae (Gamble) T. P. Yi ●

162752 Fargesia spathacea Franch.; 箭竹(法氏竹,拐棍竹,华橘草,华桔竹,筱竹); Arrowbamboo, Chinese Fountain Bamboo, Common Umbrella Bamboo, Muriel Bamboo, Spathaceous Fargesia, Umbrella Bamboo ●

162753 Fargesia stenoclada T. P. Yi; 细枝箭竹; Smalltwig Arrowbamboo, Thin-branched Fargesia ●

162754 Fargesia stricta J. R. Xue et C. M. Hui; 马慈箭竹; Straight Arrowbamboo ●

162755 Fargesia strigosa T. P. Yi; 粗毛箭竹; Bristly Fargesia, Strigose Arrowbamboo ●

162756 Fargesia subflexuosa T. P. Yi; 曲竿箭竹(曲秆箭竹); Bendpole Arrowbamboo, Bent-culmed Fargesia ●

162757 Fargesia sylvestris T. P. Yi; 德钦箭竹; Deqin Arrowbamboo, Sylvestris Fargesia ●

162758 Fargesia tenuilignea T. P. Yi; 薄壁箭竹(泡竹); Thinwall Arrowbamboo, Thin-walled Fargesia ●

162759 Fargesia ungulata T. H. Wen; 鸡爪箭竹(鸡爪竹); Ungulate Fargesia ●

162760 Fargesia utilis T. P. Yi; 伞把竹; Umbrellastalk Arrowbamboo, Useful Fargesia, Useful Umbrella Bamboo ●

162761 Fargesia vicina (Keng) T. P. Yi; 紫序箭竹; Nearness Arrowbamboo, Nearness Umbrella Bamboo ●

162762 Fargesia violascens (Keng) Z. Y. Li et D. Z. Fu = Arundinaria violascens Keng ●

162763 Fargesia weixiensis (T. P. Yi) Z. Y. Li et D. Z. Fu = Yushania weixiensis T. P. Yi ●

162764 Fargesia wuliangshanensis T. P. Yi; 无量山箭竹; Wuliangshan Arrowbamboo, Wuliangshan Fargesia, Wuliangshan Umbrella Bamboo ●

162765 Fargesia yuanjiangensis J. R. Xue et T. P. Yi; 元江箭竹(秀叶箭竹); Yuanjiang Arrowbamboo, Yuanjiang Fargesia, Yuanjiang Umbrella Bamboo ●

162766 Fargesia yulongshanensis T. P. Yi; 玉龙山箭竹; Yulongshan Arrowbamboo, Yulongshan Fargesia, Yulongshan Umbrella Bamboo ●

162767 Fargesia yunnanensis J. R. Xue et T. P. Yi; 云南箭竹(昆明箭竹,昆明实心竹); Yunnan Arrowbamboo, Yunnan Fargesia, Yunnan Umbrella Bamboo ●

162768 Fargesia zayuensis T. P. Yi; 察隅箭竹; Chayu Arrowbamboo, Chayu Umbrella Bamboo, Zayu Fargesia ●

162769 Farinaceae Dulac = Chenopodiaceae Vent. (保留科名) ●■

162770 Farinopsis Chrtek et Soják = Comarum L. ●■

162771 Farinopsis Chrtek et Soják = Potentilla L. ■●

162772 Farinopsis salesoviana (Steph.) Chrtek et Soják = Comarum salesovianum (Stephan) Asch. et Graebn. ●■

162773 Farmeria Willis ex Hook. f. = Farmeria Willis ex Trimen ■☆

162774 Farmeria Willis ex Trimen(1900); 法默川苔草属 ■☆

162775 Farmeria indica Willis; 印度法默川苔草 ■☆

162776 Farmeria metzgerioides Willis; 法默川苔草 ■☆

162777 Farnesia Fabr. = Persea Mill. (保留属名) ●

162778 Farnesia Gasp. = Acacia Mill. (保留属名) ●■

162779 Faroa Welw. (1869); 法鲁龙胆属 ■☆

162780 Faroa acaulis R. E. Fr.; 无茎法鲁龙胆 ■☆

162781 Faroa acuminata P. Taylor; 渐尖法鲁龙胆 ■☆

162782 Faroa affinis De Wild.; 近缘法鲁龙胆 ■☆

162783 Faroa alata P. Taylor; 具翅法鲁龙胆 ■☆

162784 Faroa amara Gilg ex Baker; 苦法鲁龙胆 ■☆

162785 Faroa axillaris Baker; 腋花法鲁龙胆 ■☆

162786 Faroa buchananii Baker = Pycnosphaera buchananii (Baker) N. E. Br. ■☆

162787 Faroa duvigneaudii Lambinon; 迪维尼奥法鲁龙胆 ■☆

162788 Faroa fanshawei P. Taylor; 范肖法鲁龙胆 ■☆

162789 Faroa gomphrenoides Engl. = Faroa graveolens Baker ■☆

162790 Faroa graveolens Baker; 烈味法鲁龙胆 ■☆

162791 Faroa hutchinsonii P. Taylor; 哈钦森法鲁龙胆 ■☆

162792 Faroa involucrata (Klotzsch) Knobl.; 总苞法鲁龙胆 ■☆

162793 Faroa malaissei Bamps; 马莱泽法鲁龙胆 ■☆

162794 Faroa minutiflora P. Taylor; 微花法鲁龙胆 ■☆

162795 Faroa paradoxa Gilg ex De Wild. = Faroa acaulis R. E. Fr. ■☆

162796 Faroa pusilla Baker; 微小法鲁龙胆 ■☆

162797 Faroa pygmaea Mildbr. = Faroa acaulis R. E. Fr. ■☆

162798 Faroa richardsiae P. Taylor; 理查兹法鲁龙胆 ■☆

162799 Faroa schweinfurthii Engl. et Knobl. = Faroa pusilla Baker ■☆

162800 Faroa stolzii Gilg = Faroa pusilla Baker ■☆

162801 Faroa wellmanii Prain = Faroa affinis De Wild. ■☆

162802 Farobaea Schrank ex Colla = Senecio L. ■●

162803 Farquharia Hilsenb. et Bojer ex Bojer = Crateva L. ●

162804 Farquharia Stapf(1912); 法夸尔木属 ●☆

162805 Farquharia elliptica Stapf; 法夸尔木 ●☆

162806 Farrago Clayton(1967); 假穗序草属 ■☆

162807 Farrago racemosa Clayton; 假穗序草 ■☆

162808 Farreria Balf. f. et W. W. Sm. = Wikstroemia Endl. (保留属名) ●

162809 Farreria Balf. f. et W. W. Sm. ex Farrer = Daphne L. ●

162810 Farreria pretiosa Balf. f. et W. W. Sm. ex Farr. = Daphne rosmarinifolia Rehder ●

162811 Farreria pretiosa Balf. f. et W. W. Sm. ex Farrer = Daphne myrtilloides Nitsche ●

162812 Farringtonia Gleason = Siphanthera Pohl ■☆

162813 Farsetia Turra(1765); 巨茴香芥属; Farsetia ■☆

162814 Farsetia aegyptia Turra; 埃及巨茴香芥 ■☆

162815 Farsetia aegyptia Turra var. oblongata (C. Presl) E. Fourn. = Farsetia aegyptia Turra ■☆

162816 Farsetia aegyptia Turra var. ovalis (Boiss.) Coss. = Farsetia aegyptia Turra ■☆

162817 Farsetia aegyptiaca Desv. var. gracilior Boiss. = Farsetia jacquemontii Hook. f. et Thomson subsp. edgeworthii (Hook. f. et Thomson) Jafri ■☆

162818 Farsetia boivinii E. Fourn. = Farsetia stenoptera Hochst. subsp. boivinii (E. Fourn.) Jonsell ■☆

162819 Farsetia chudeauei Batt. et Trab. = Farsetia aegyptia Turra ■☆

162820 Farsetia clypeata (L.) R. Br. = Fibigia clypeata (L.) Medik. ■☆

162821 Farsetia depressa Kotschy = Farsetia stylosa R. Br. ■☆

162822 Farsetia divaricata Jonsell;叉开巨茴香芥■☆

162823 Farsetia edgeworthii Hook. f. et Thomson = Farsetia jacquemontii Hook. f. et Thomson subsp. edgeworthii (Hook. f. et Thomson) Jafri ■☆

162824 Farsetia ellenbeckii Engl.;埃伦茴香芥■☆

162825 Farsetia emarginata Jonsell;微缺巨茴香芥■☆

162826 Farsetia fruticans Jonsell et Thulin;灌木茴香芥■☆

162827 Farsetia fruticosa Engl. = Farsetia somalensis (Pax) Engl. ex Gilg et Gilg-Ben. ■☆

162828 Farsetia grandiflora E. Fourn. = Farsetia stenoptera Hochst. ■☆

162829 Farsetia grandiflora E. Fourn. var. angustipetala Engl. = Farsetia stenoptera Hochst. subsp. boivinii (E. Fourn.) Jonsell ■☆

162830 Farsetia hamiltonii Royle = Farsetia stylosa R. Br. ■☆

162831 Farsetia incana (L.) R. Br. = Berteroa incana (L.) DC. ■

162832 Farsetia jacquemontii Hook. f. et Thomson;雅克蒙茴香芥■☆

162833 Farsetia jacquemontii Hook. f. et Thomson subsp. edgeworthii (Hook. f. et Thomson) Jafri;埃奇沃斯茴香芥■☆

162834 Farsetia linearis Decne. = Farsetia occidentalis B. L. Burtt ■☆

162835 Farsetia longisiliqua Decne.;长荚巨茴香芥■☆

162836 Farsetia longistyla Baker;长柱巨茴香芥■☆

162837 Farsetia macrantha Blatt. et Hallb. = Farsetia jacquemontii Hook. f. et Thomson ■☆

162838 Farsetia nummularia Jonsell;铜钱巨茴香芥■☆

162839 Farsetia oblongata C. Presl = Farsetia aegyptia Turra ■☆

162840 Farsetia occidentalis B. L. Burtt;西方巨茴香芥■☆

162841 Farsetia ovalis Boiss. = Farsetia aegyptia Turra ■☆

162842 Farsetia parviflora (Delile) Spreng. = Savignya parviflora (Delile) Webb ■☆

162843 Farsetia pedicellata Jonsell;梗花巨茴香芥■☆

162844 Farsetia ramosissima Hochst. ex E. Fourn. = Farsetia stylosa R. Br. ■☆

162845 Farsetia ramosissima Hochst. ex E. Fourn. var. cossoniana Maire = Farsetia stylosa R. Br. ■☆

162846 Farsetia ramosissima Hochst. ex E. Fourn. var. garamantum Maire = Farsetia stylosa R. Br. ■☆

162847 Farsetia robecchiana Engl.;罗贝克巨茴香芥■☆

162848 Farsetia robecchiana Engl. var. viridiflora Chiov. = Farsetia robecchiana Engl. ■☆

162849 Farsetia somalensis (Pax) Engl. ex Gilg et Gilg-Ben.;索马里巨茴香芥■☆

162850 Farsetia spathulata Kar. et Kir.;巨茴香芥■☆

162851 Farsetia spinulosa Jonsell;细刺茴香芥■☆

162852 Farsetia stenoptera Hochst.;细翅茴香芥■☆

162853 Farsetia stenoptera Hochst. subsp. boivinii (E. Fourn.) Jonsell;博伊文茴香芥■☆

162854 Farsetia stenoptera Hochst. subsp. speciosa Jonsell;美丽茴香芥■☆

162855 Farsetia stenoptera Hochst. var. angustipetala (Engl.) Cufod. = Farsetia stenoptera Hochst. subsp. boivinii (E. Fourn.) Jonsell ■☆

162856 Farsetia stylosa R. Br.;多蕊巨茴香芥■☆

162857 Farsetia tenuisiliqua Jonsell;细荚巨茴香芥■☆

162858 Fartis Adans. = Zizania L. ■

162859 Fascicularia Mez(1894);束花凤梨属(簇生凤梨属,岩簇属);Rhodostachys ■☆

162860 Fascicularia bicolor (Ruiz et Pav.) Mez;束花凤梨■☆

162861 Fascicularia pitcairniifolia (Verl.) Mez;翠凤草状束花凤梨;Rhodostachys ■☆

162862 Fasciculochloa B. K. Simon et C. M. Weiller(1995);澳束草属■☆

162863 Fasciculus Dulac = Spergularia (Pers.) J. Presl et C. Presl(保留属名)■

162864 Faskia Lour. ex Comes = Strophanthus DC. ●

162865 Faterna Noronha. ex A. DC. = Landolphia P. Beauv.(保留属名)●☆

162866 Fatioa DC. = Lagerstroemia L. ●

162867 Fatioa napaulensis DC. = Lagerstroemia parviflora Roxb. ●☆

162868 Fatoua Gaudich.(1830);水蛇麻属(桑草属,水蛇藤属);Crabweed, Fascicularia, Fatoua, Watersnake Hemp ●■

162869 Fatoua japonica (Thunb.) Blume = Fatoua villosa (Thunb.) Nakai ■

162870 Fatoua japonica Blume = Fatoua villosa (Thunb.) Nakai ■

162871 Fatoua pilosa Gaudich.;细齿水蛇麻(桑草,水蛇麻);Pilose Fatoua, Pilose Watersnake ■

162872 Fatoua villosa (Thunb.) Nakai;水蛇麻(小蛇麻);Fatoua, Hairy Crabweed, Mulberry-weed, Villous Fatoua, Villous Watersnake ■

162873 Fatraea Thouars ex Juss. = Terminalia L.(保留属名)●

162874 Fatrea Juss. = Fatraea Thouars ex Juss. ●

162875 Fatrea Juss. = Terminalia L.(保留属名)●

162876 Fatsia Decne. et Planch.(1854);八角金盘属(手树属);Fatsia, Rice Tree ●

162877 Fatsia cavaleriei H. Lév. = Trevesia palmata (Roxb. ex Lindl.) Vis. ●

162878 Fatsia horrida Benth. et Hook. f.;刺八角金盘●☆

162879 Fatsia japonica (Thunb.) Decne. et Planch.;八角金盘(八手,金刚纂,日本八角金盘,手树);Castor Oil Plant, False Castor-off Plant, Fatsia, Japan Fatsia, Japanese Aralia, Japanese Fatsia, Japanese-aralia, Rice Paper Plant ●

162880 Fatsia japonica (Thunb.) Decne. et Planch. 'Aurea';金叶八角金盘●☆

162881 Fatsia japonica (Thunb.) Decne. et Planch. 'Marginata';银边八角金盘●☆

162882 Fatsia japonica (Thunb.) Decne. et Planch. 'Moseri';矮八角金盘(莫瑟里八角金盘)●

162883 Fatsia japonica (Thunb.) Decne. et Planch. 'Variegata';花叶八角金盘(白斑叶八角金盘,斑叶八角金盘)●

162884 Fatsia japonica (Thunb.) Decne. et Planch. f. albomarginata Nakai;白边八角金盘●☆

162885 Fatsia japonica (Thunb.) Decne. et Planch. f. aureovariegata Nakai;黄斑八角金盘●☆

162886 Fatsia japonica (Thunb.) Decne. et Planch. f. lobulata (Makino) Nakai;小裂片八角金盘●☆

162887 Fatsia japonica (Thunb.) Decne. et Planch. f. undulata Nakai;波状八角金盘●☆

162888 Fatsia japonica (Thunb.) Decne. et Planch. f. variegata Nakai = Fatsia japonica (Thunb.) Decne. et Planch. 'Variegata' ●

162889 Fatsia japonica (Thunb.) Decne. et Planch. var. liukiuensis Hatus. ex H. Ohba;琉球八角金盘●☆

162890 Fatsia mitsde de Vriese ex K. Koch et Fintelm. = Dendropanax trifidus (Thunb.) Makino ex H. Hara ●

162891 Fatsia oligocarpella Koidz.;少果八角金盘●☆

162892 Fatsia papyrifera (Hook.) Miq. ex Witte. = Tetrapanax papyrifer (Hook.) K. Koch ●

162893 Fatsia papyrifera Benth. et Hook. f. = Tetrapanax papyrifer (Hook.) K. Koch ●

162894 Fatsia papyrifera Benth. et Hook. f. ex Forbes et Hemsl. = Tetrapanax papyrifer (Hook.) K. Koch ●

162895 Fatsia polycarpa Hayata;多室八角金盘(多果八角金盘,台湾八角金盘);Manyfruit Fatsia,Polycarpous Fatsia ●◇

162896 Fatsia wilsonii (Nakai) Makino et Nemoto = Fatsia oligocarpella Koidz. ●☆

162897 Fauatula Cass. = Helichrysum Mill.(保留属名)●■

162898 Faucaria Schwantes(1926);虎颚草属(肉黄菊属);Tiger Jaws,Tiger's-jaws ■☆

162899 Faucaria acutipetala L. Bolus;尖瓣肉黄菊;Sharp-petal Tiger Jaws ■☆

162900 Faucaria acutipetala L. Bolus = Faucaria felina (L.) Schwantes ■☆

162901 Faucaria albidens N. E. Br. = Faucaria bosscheana (A. Berger) Schwantes ■☆

162902 Faucaria bosscheana (A. Berger) Schwantes;鲸波■☆

162903 Faucaria bosscheana (A. Berger) Schwantes var. haagei (Tischer) H. Jacobsen = Faucaria bosscheana (A. Berger) Schwantes ■☆

162904 Faucaria bosscheana Schwantes = Faucaria bosscheana (A. Berger) Schwantes ■☆

162905 Faucaria britteniae L. Bolus;虎波■☆

162906 Faucaria candida L. Bolus;雪波■☆

162907 Faucaria candida L. Bolus = Faucaria felina (L.) Schwantes ■☆

162908 Faucaria coronata L. Bolus;白波■☆

162909 Faucaria coronata L. Bolus = Faucaria britteniae L. Bolus ■☆

162910 Faucaria cradockensis L. Bolus = Faucaria felina (L.) Schwantes ■☆

162911 Faucaria crassisepala L. Bolus = Faucaria felina (L.) Schwantes ■☆

162912 Faucaria duncanii L. Bolus;乱波■☆

162913 Faucaria duncanii L. Bolus = Faucaria felina (L.) Schwantes ■☆

162914 Faucaria felina (L.) Schwantes;银海波(猫颚肉黄菊,猫肉黄菊);Cat Tiger Jaws ■☆

162915 Faucaria felina (L.) Schwantes subsp. tuberculosa (Rolfe) L. E. Groen = Faucaria tuberculosa (Rolfe) Schwantes ■☆

162916 Faucaria felina (L.) Schwantes var. jamesii L. Bolus = Faucaria felina (L.) Schwantes ■☆

162917 Faucaria felina (Weston) Schwantes ex H. Jacobsen = Faucaria felina (L.) Schwantes ■☆

162918 Faucaria felina (Weston) Schwantes subsp. britteniae (L. Bolus) L. E. Groen = Faucaria britteniae L. Bolus ■☆

162919 Faucaria felina Schwantes = Faucaria felina (L.) Schwantes ■☆

162920 Faucaria grandis L. Bolus = Faucaria britteniae L. Bolus ■☆

162921 Faucaria gratiae L. Bolus;格拉肉黄菊■☆

162922 Faucaria haagei Tischer;波头■☆

162923 Faucaria haagei Tischer = Faucaria bosscheana (A. Berger) Schwantes ■☆

162924 Faucaria hooleae L. Bolus = Faucaria gratiae L. Bolus ■☆

162925 Faucaria jamesii L. Bolus ex Tischer = Faucaria felina (L.) Schwantes ■☆

162926 Faucaria kendrewensis L. Bolus = Faucaria bosscheana (A. Berger) Schwantes ■☆

162927 Faucaria kingiae L. Bolus = Faucaria felina (L.) Schwantes ■☆

162928 Faucaria latipetala L. Bolus = Faucaria felina (L.) Schwantes ■☆

162929 Faucaria laxipetala L. Bolus = Faucaria felina (L.) Schwantes ■☆

162930 Faucaria longidens L. Bolus;长齿肉黄菊;Longtooth Tiger Jaws ■☆

162931 Faucaria longidens L. Bolus = Faucaria felina (L.) Schwantes ■☆

162932 Faucaria longifolia L. Bolus;长叶肉黄菊(长尾波);Longleaf Tiger Jaws ■☆

162933 Faucaria longifolia L. Bolus = Faucaria felina (L.) Schwantes ■☆

162934 Faucaria lupina (Haw.) Schwantes;肉黄菊(逆波)■☆

162935 Faucaria lupina (Haw.) Schwantes = Faucaria felina (L.) Schwantes ■☆

162936 Faucaria militaris Tischer;卷波(波踊)■☆

162937 Faucaria militaris Tischer = Faucaria felina (L.) Schwantes ■☆

162938 Faucaria montana L. Bolus = Faucaria felina (L.) Schwantes ■☆

162939 Faucaria multidens L. Bolus = Faucaria felina (L.) Schwantes ■☆

162940 Faucaria multidens L. Bolus var. paardeportensis ? = Faucaria felina (L.) Schwantes ■☆

162941 Faucaria nemorosa L. Bolus ex L. E. Groen;森林肉黄菊■☆

162942 Faucaria paucidens N. E. Br.;大笹波■☆

162943 Faucaria paucidens N. E. Br. = Faucaria bosscheana (A. Berger) Schwantes ■☆

162944 Faucaria peersii L. Bolus = Faucaria bosscheana (A. Berger) Schwantes ■☆

162945 Faucaria plana L. Bolus = Faucaria felina (L.) Schwantes ■☆

162946 Faucaria ryneveldiae L. Bolus = Faucaria felina (L.) Schwantes ■☆

162947 Faucaria smithii L. Bolus = Faucaria britteniae L. Bolus ■☆

162948 Faucaria speciosa L. Bolus = Faucaria britteniae L. Bolus ■☆

162949 Faucaria subindurata L. Bolus = Faucaria subintegra L. Bolus ■☆

162950 Faucaria subintegra L. Bolus;波路■☆

162951 Faucaria tigrina (Haw.) Schwantes;虎颚肉黄菊(虎纹草,四海波);Tiger Jaws,Tiger's-jaws,Tiger-jaws,Tiger's Jaw ■☆

162952 Faucaria tigrina (Haw.) Schwantes f. splendens Jacobsen et G. D. Rowley = Faucaria tigrina (Haw.) Schwantes ■☆

162953 Faucaria tuberculosa (Rolfe) Schwantes;荒波■☆

162954 Faucaria tuberculosa Schwantes = Faucaria tuberculosa (Rolfe) Schwantes ■☆

162955 Faucaria uniondalensis L. Bolus = Faucaria felina (L.) Schwantes ■☆

162956 Faucherea Lecomte(1920);福谢山榄属(马达加斯加山榄属)●☆

162957 Faucherea ambrensis Capuron ex Aubrév.;昂布尔福谢山榄●☆
162958 Faucherea glutinosa Aubrév.;黏性福谢山榄●☆
162959 Faucherea hexandra (Lecomte) Lecomte;六蕊福谢山榄●☆
162960 Faucherea laciniata Lecomte;马岛福谢山榄●☆
162961 Faucherea longepedicellata Aubrév.;长梗福谢山榄●☆
162962 Faucherea manongarivensis Aubrév.;马农加福谢山榄●☆
162963 Faucherea parvifolia Lecomte;小叶福谢山榄●☆
162964 Faucherea sambiranensis Aubrév.;桑比朗福谢山榄●☆
162965 Faucherea tampoloensis Aubrév.;唐波勒福谢山榄●☆
162966 Faucherea thouvenotii Lecomte;图弗诺福谢山榄●☆
162967 Faucherea urschii Capuron ex Aubrév.;乌尔施福谢山榄●☆
162968 Faucibarba Dulac = Calamintha Mill. ■
162969 Faucibarba Dulac = Satureja L. ●■
162970 Faujasia Cass. (1819);留菊属●☆
162971 Faujasia gracilis C. Jeffrey;细留菊●☆
162972 Faujasia pinifolia Cass.;松叶留菊●☆
162973 Faujasia reticulata Benth. et Hook. f.;网状留菊●☆
162974 Faujasia salicifolia (Pers.) C. Jeffrey;柳叶留菊●☆
162975 Faujasiopsis C. Jeffrey(1992);藤留菊属●☆
162976 Faujasiopsis boivinii (Klatt) C. Jeffrey;藤留菊●☆
162977 Faujasiopsis flexuosa (Lam.) C. Jeffrey;曲折藤留菊●☆
162978 Faujasiopsis reticulata (Vahl) C. Jeffrey;网状藤留菊●☆
162979 Faulia Raf. = Ligustrum L. ●
162980 Faurea Harv. (1847);福来木属●☆
162981 Faurea arborea Engl.;树状福来木●☆
162982 Faurea argentea Hutch.;银白福来木●☆
162983 Faurea coriacea Marner;革质福来木●☆
162984 Faurea decipiens C. H. Wright = Faurea rochetiana (A. Rich.) Chiov. ex Pic. Serm. ●☆
162985 Faurea delevoyi De Wild.;德氏福来木●☆
162986 Faurea discolor Welw.;异色福来木●☆
162987 Faurea forficuliflora Baker;叉福来木●☆
162988 Faurea forficuliflora Baker var. elliptica Humbert = Faurea coriacea Marner ●☆
162989 Faurea galpinii E. Phillips;盖尔福来木●☆
162990 Faurea intermedia Engl. et Gilg;间型福来木●☆
162991 Faurea letouzeyi Aubrév.;勒图福来木●☆
162992 Faurea lucida De Wild.;光亮福来木●☆
162993 Faurea macnaughtonii E. Phillips;麦克诺顿福来木●☆
162994 Faurea natalensis E. Phillips = Faurea macnaughtonii E. Phillips ●☆
162995 Faurea racemosa Farmar;总花福来木●☆
162996 Faurea rochetiana (A. Rich.) Chiov. ex Pic. Serm.;罗歇福来木●☆
162997 Faurea rochetiana (A. Rich.) Chiov. ex Pic. Serm. subsp. speciosa (Welw.) Troupin = Faurea rochetiana (A. Rich.) Chiov. ex Pic. Serm. ●☆
162998 Faurea rubriflora Marner;红花福来木●☆
162999 Faurea saligna Harv.;福来木;African Beech, Transvaal Beech ●☆
163000 Faurea saligna Harv. var. platyphylla Welw. ex Hiern = Faurea delevoyi De Wild. ●☆
163001 Faurea speciosa Welw. = Faurea rochetiana (A. Rich.) Chiov. ex Pic. Serm. ●☆
163002 Faurea speciosa Welw. var. lanuginosa Hiern = Faurea rochetiana (A. Rich.) Chiov. ex Pic. Serm. ●☆
163003 Faurea usambarensis Engl.;乌桑巴拉福来木●☆
163004 Faurea wentzeliana Engl.;文策尔福来木●☆
163005 Fauria Franch. = Nephrophyllidium Gilg ■☆
163006 Fauria crista-galli (Menzies ex Hook.) Makino = Nephrophyllidium crista-galli (Menzies ex Hook.) Gilg ■☆
163007 Fauria crista-galli (Menzies ex Hook.) Makino subsp. japonica (Franch.) J. M. Gillett = Nephrophyllidium crista-galli (Menzies ex Hook.) Gilg subsp. japonicum (Franch.) Yonek. et H. Ohashi ■☆
163008 Fauriea Post et Kuntze = Fauria Franch. ■☆
163009 Faustia Font Quer et Rothm. = Saccocalyx Coss. et Durieu(保留属名)●☆
163010 Faustula Cass. = Ozothamnus R. Br. ●■☆
163011 Favargera Á. Löve et D. Löve = Gentiana L. ■
163012 Favonium Gaertn. = Didelta L'Hér. (保留属名)■☆
163013 Favratia Feer = Campanula L. ■●
163014 Favratia Feer(1890);基叶桔梗属(茎基叶桔梗属)■☆
163015 Favratia zoysii Feer;基叶桔梗■☆
163016 Fawcettia F. Muell. = Tinospora Miers(保留属名)●■
163017 Faxonanthus Greenm. (1902);法克森玄参属☆
163018 Faxonanthus pringlei Greenm.;法克森玄参☆
163019 Faxonia Brandegee(1894);微舌菊属■☆
163020 Faxonia pusilla Brandegee;微舌菊■☆
163021 Faya Neck. = Crenea Aubl. ●☆
163022 Faya Webb = Morella Lour. ●☆
163023 Faya Webb = Myrica L. ●
163024 Faya Webb et Berthel. = Morella Lour. ●☆
163025 Faya Webb et Berthel. = Myrica L. ●
163026 Fayana Raf. = Faya Webb et Berthel. ●
163027 Feaea Spreng. = Selloa Kunth(保留属名)■☆
163028 Feaella Blake = Feaea Spreng. ■☆
163029 Feddea Urb. (1925);古藤菊属●☆
163030 Feddea cubensis Urb.;古藤菊●☆
163031 Fedia Adans. (废弃属名) = Fedia Gaertn. (保留属名)■
163032 Fedia Adans. (废弃属名) = Patrinia Juss. (保留属名)■
163033 Fedia Gaertn. (1790)(保留属名);肖缬草属■
163034 Fedia Gaertn. (保留属名) = Valerianella Mill. ■
163035 Fedia Kunth = Astrephia Dufr. ●■
163036 Fedia calycina Maire = Fedia graciliflora Fisch. et C. A. Mey. subsp. calycina (Maire) Mathez et Xena ■☆
163037 Fedia caput-bovis Pomel subsp. calycina (Maire) Quézel et Santa = Fedia graciliflora Fisch. et C. A. Mey. subsp. calycina (Maire) Mathez et Xena ■☆
163038 Fedia caput-bovis Pomel var. pallescens Maire = Fedia pallescens (Maire) Mathez ■☆
163039 Fedia chenopodifolia Pursh = Valerianella chenopodifolia (Pursh) DC. ■☆
163040 Fedia cornucopiae (L.) Gaertn.;角刀草肖缬草;African Valerian, Horn-of-plenty ■☆
163041 Fedia cornucopiae (L.) Gaertn. var. graciliflora (Fisch. et C. A. Mey.) Thell. = Fedia graciliflora Fisch. et C. A. Mey. ■☆
163042 Fedia cornucopiae (L.) Gaertn. var. heterocarpa Pomel = Fedia cornucopiae (L.) Gaertn. ■☆
163043 Fedia cornucopiae (L.) Gaertn. var. hirsuta Emb. et Maire = Fedia cornucopiae (L.) Gaertn. ■☆
163044 Fedia cornucopiae (L.) Gaertn. var. pallida Maire = Fedia cornucopiae (L.) Gaertn. ■☆
163045 Fedia cornucopiae (L.) Gaertn. var. papillosa Maire = Fedia

cornucopiae (L.) Gaertn. ■☆
163046 Fedia cornucopiae (L.) Gaertn. var. pubescens Chiov. = Fedia cornucopiae (L.) Gaertn. ■☆
163047 Fedia decipiens Pomel = Fedia graciliflora Fisch. et C. A. Mey. subsp. sulcata (Pomel) Mathez et Xena ■☆
163048 Fedia graciliflora Fisch. et C. A. Mey.;细花肖缬草■☆
163049 Fedia graciliflora Fisch. et C. A. Mey. subsp. calycina (Maire) Mathez et Xena;萼状细花肖缬草■☆
163050 Fedia graciliflora Fisch. et C. A. Mey. subsp. sulcata (Pomel) Mathez et Xena;纵沟细花肖缬草■☆
163051 Fedia graciliflora Fisch. et C. A. Mey. var. insularis Mathez et Xena = Fedia graciliflora Fisch. et C. A. Mey. ■☆
163052 Fedia graciliflora Fisch. et C. A. Mey. var. longiflora Mathez et Xena = Fedia graciliflora Fisch. et C. A. Mey. ■☆
163053 Fedia graciliflora Fisch. et C. A. Mey. var. sulcata (Pomel) Mathez et Xena = Fedia graciliflora Fisch. et C. A. Mey. ■☆
163054 Fedia heterocarpa Pomel = Fedia cornucopiae (L.) Gaertn. ■☆
163055 Fedia intermedia Hornem. = Patrinia intermedia (Hornem.) Roem. et Schult. ■
163056 Fedia muricata Stev. = Valerianella muricata (Steven ex Roem. et Schult.) W. H. Baxter ■☆
163057 Fedia pallescens (Maire) Mathez;变苍白肖缬草■☆
163058 Fedia pallescens (Maire) Mathez subsp. hirsuta (Emb. et Maire) Mathez et Xena;粗毛肖缬草■☆
163059 Fedia rupestris Vahl = Patrinia rupestris (Pall.) Juss. ■
163060 Fedia rupestris Vahl var. intermedia Vahl = Patrinia intermedia (Hornem.) Roem. et Schult. ■
163061 Fedia scabiosifolia Trev. = Patrinia scabiosifolia Fisch. ex Trevir. ■
163062 Fedia scorpioides Dufr.;蝎尾肖缬草■☆
163063 Fedia scorpioides Dufr. var. atropurpurea Maire = Fedia cornucopiae (L.) Gaertn. ■☆
163064 Fedia scorpioides Dufr. var. decipiens (Pomel) Maire = Fedia graciliflora Fisch. et C. A. Mey. subsp. sulcata (Pomel) Mathez et Xena ■☆
163065 Fedia serratulifolia Trevis. = Patrinia scabiosifolia Fisch. ex Trevir. ■
163066 Fedia sulcata Pomel = Fedia graciliflora Fisch. et C. A. Mey. subsp. sulcata (Pomel) Mathez et Xena ■☆
163067 Fedorouia Yakovlev = Ormosia Jacks. (保留属名)●
163068 Fedorovia Kolak. = Campanula L. ■●
163069 Fedorovia Kolak. = Theodorovia Kolak. ex Ogan. ■☆
163070 Fedorovia Yakovlev = Ormosia Jacks. (保留属名)●
163071 Fedorovia Yakovlev = Theodorovia Kolak. ex Ogan. ■☆
163072 Fedorovia Yakovlev(1980);异红豆树属●☆
163073 Fedorovia emarginata (Hook. et Arn.) Yakovlev = Ormosia emarginata (Hook. et Arn.) Benth. ●
163074 Fedorovia formosana (Kaneh.) Yakovlev = Ormosia formosana Kaneh. ●
163075 Fedorovia glaberrima (Y. C. Wu) Yakovlev = Ormosia glaberrima Y. C. Wu ●
163076 Fedorovia henryi (Prain) Yakovlev = Ormosia henryi Prain ●
163077 Fedorovia henryi (Prain) Yakovlev var. nuda (F. C. How) Yakovlev = Ormosia nuda (F. C. How) R. H. Chang et Q. W. Yao ●
163078 Fedorovia indurata (L. Chen) Yakovlev = Ormosia indurata H. Y. Chen ●
163079 Fedorovia microphylla (Merr.) Yakovlev = Ormosia microphylla Merr. ex Merr. et H. Y. Chen ●◇
163080 Fedorovia olivacea (L. Chen) Yakovlev = Ormosia olivacea H. Y. Chen ●
163081 Fedorovia pachyptera (L. Chen) Yakovlev = Ormosia pachyptera H. Y. Chen ●
163082 Fedorovia pinnata (Lour.) Yakovlev = Ormosia pinnata (Lour.) Merr. ●
163083 Fedorovia simplicifolia (Merr. et Chun) Yakovlev = Ormosia simplicifolia Merr. et Chun ex H. Y. Chen ●
163084 Fedorovia striata (Dunn) Yakovlev = Ormosia striata Dunn ●
163085 Fedorovia xylocarpa (Chun ex H. Y. Chen) Yakovlev = Ormosia xylocarpa Chun ex Merr. et H. Y. Chen ●
163086 Fedtschenkiella Kudr. (1941);长蕊青兰属;Fedtschenkiella ■
163087 Fedtschenkiella Kudr. = Dracocephalum L. (保留属名)■●
163088 Fedtschenkiella hookeri (C. B. Clarke) Kudr.;胡克长蕊青兰;Hooker Fedtschenkiella ■
163089 Fedtschenkiella staminea (Kar. et Kir.) Kudr.;长蕊青兰(雄蕊青兰);Common Fedtschenkiella, Fedtschenkiella, Stamenlike Dragonhead ■
163090 Fedtschenkoa Regel et Schmalh. = Fedtschenkoa Regel ■☆
163091 Fedtschenkoa Regel et Schmalh. = Leptaleum DC. ■
163092 Fedtschenkoa Regel et Schmalh. = Malcolmia W. T. Aiton(保留属名)■
163093 Fedtschenkoa Regel et Schmalh. ex Regel = Malcolmia W. T. Aiton(保留属名)■
163094 Fedtschenkoa Regel(1882);费德芥属■☆
163095 Fedtschenkoa africana (L.) Dvorák = Malcolmia africana (L.) R. Br. ■
163096 Fedtschenkoa brevipes (Kar. et Kir.) Dvorák = Neotorularia brevipes (Kar. et Kir.) Hedge et J. Léonard ■
163097 Fedtschenkoa hispida (Litv.) Dvorák = Malcolmia hispida Litv. ■
163098 Fedtschenkoa multisiliqua (Vassilcz.) Dvorák = Malcolmia scorpioides (Bunge) Boiss. ■
163099 Fedtschenkoa pamirica (Botsch. et Vved.) Dvorák = Malcolmia strigosa Cambess. ■☆
163100 Fedtschenkoa scorpioides (Bunge) Dvorák = Malcolmia scorpioides (Bunge) Boiss. ■
163101 Fedtschenkoa stenopetala (Bernh. ex Fisch. et C. A. Mey.) Dvorák = Malcolmia africana (L.) R. Br. ■
163102 Fedtschenkoa taraxacifolia Dvorák = Malcolmia africana (L.) R. Br. ■
163103 Fedtschenkoa turkestanica Regel et Schmalh.;费德芥■☆
163104 Feea Post et Kuntze = Feaea Spreng. ■☆
163105 Feea Post et Kuntze = Selloa Kunth(保留属名)■☆
163106 Feedia Homem. = Fedia Gaertn. (保留属名)■
163107 Feeria Buser(1894);菲尔桔梗属●☆
163108 Feeria angustifolia (Schousb.) Buser;菲尔桔梗●☆
163109 Fegimanra Pierre = Fegimanra Pierre ex Engl. ●☆
163110 Fegimanra Pierre ex Engl. (1892);费吉漆属●☆
163111 Fegimanra acuminatissima Keay;费吉漆●☆
163112 Fegimanra africana (Oliv.) Pierre = Irvingia gabonensis (Aubry-Lecomte ex O'Rorke) Baill. ●☆
163113 Fegimanra afzelii Engl.;阿芙泽尔费吉漆●☆
163114 Feidanthus Steven = Astragalus L. ●■
163115 Feijoa O. Berg = Acca O. Berg ●☆
163116 Feijoa O. Berg(1858);南美稔属(肥合果属,费约果属);Feijoa ●

163117 Feijoa sellowiana (O. Berg) O. Berg;南美稔(菲油果,肥合果,费约果,凤榴);Feijoa, Fruit Salad Plant, Guava, Pineapple Guava, S. America Feijoa, Sellow Feijoa ●

163118 Feijoa sellowiana O. Berg = Feijoa sellowiana (O. Berg) O. Berg ●

163119 Feldstonia P. S. Short(1989);亮鼠麹属■☆

163120 Feldstunia nitens P. S. Short;亮鼠麹■☆

163121 Felicia Cass. (1818)(保留属名);费利菊属(费里菊属,蓝滨菊属,蓝菊属);Cape Aster, Felicia ●■

163122 Felicia abyssinica Sch. Bip. ex A. Rich.;阿比西尼亚费利菊■☆

163123 Felicia abyssinica Sch. Bip. ex A. Rich. subsp. globularioides (Mattf.) Grau = Felicia abyssinica Sch. Bip. ex A. Rich. ■☆

163124 Felicia abyssinica Sch. Bip. ex A. Rich. var. neghelliensis (Cufod.) Mesfin = Felicia abyssinica Sch. Bip. ex A. Rich. ■☆

163125 Felicia abyssinica Sch. Bip. ex A. Rich. var. schimperi (Hochst. ex Jaub. et Spach) Mesfin = Felicia abyssinica Sch. Bip. ex A. Rich. ■☆

163126 Felicia aculeata Grau;皮刺费利菊■☆

163127 Felicia adfinis (Less.) Nees = Felicia dubia Cass. ■☆

163128 Felicia aethiopica (Burm. f.) Bolus et Wolley-Dod ex Adamson et T. M. Salter;埃塞俄比亚费利菊■☆

163129 Felicia aethiopica (Burm. f.) Bolus et Wolley-Dod ex Adamson et T. M. Salter subsp. ecklonis (Less.) Grau;埃氏费利菊■☆

163130 Felicia alba Grau;白花费利菊■☆

163131 Felicia amelloides (L.) Voss;蓝菊(费氏蓝菊,蓝雏菊);Blue Daisy, Blue Marguerite, Cape Aster, Kingfisher Daisy ■☆

163132 Felicia amelloides Schltr. 'Santa Anita';圣阿妮塔蓝菊;Cape Aster ■☆

163133 Felicia amelloides Schltr. = Felicia amelloides (L.) Voss ■☆

163134 Felicia amelloides Schltr. = Felicia drakensbergensis J. M. Wood et M. S. Evans ■☆

163135 Felicia amoena (Sch. Bip.) Levyns;秀丽费利菊■☆

163136 Felicia amoena (Sch. Bip.) Levyns subsp. latifolia Grau;宽叶秀丽费利菊■☆

163137 Felicia amoena (Sch. Bip.) Levyns subsp. stricta (DC.) Grau;劲直费利菊■☆

163138 Felicia angustifolia (Jacq.) Nees var. glabra DC. = Felicia hyssopifolia (P. J. Bergius) Nees subsp. glabra (DC.) Grau ■☆

163139 Felicia angustifolia (Jacq.) Nees var. hyssopifolia (P. J. Bergius) DC. = Felicia hyssopifolia (P. J. Bergius) Nees ■☆

163140 Felicia annectens (Harv.) Grau;连合费利菊■☆

163141 Felicia asper Burtt Davy = Aster bakerianus Burtt Davy ex C. A. Sm. ■☆

163142 Felicia australis (Alston) E. Phillips;澳洲费利菊■☆

163143 Felicia bachmannii Thell. = Felicia serrata (Thunb.) Grau ●☆

163144 Felicia bachmannii Thell. var. schlechteri ? = Felicia serrata (Thunb.) Grau ●☆

163145 Felicia bampsiana Lisowski;邦氏费利菊■☆

163146 Felicia barbellata S. Moore = Felicia welwitschii (Hiern) Grau ●☆

163147 Felicia bechuanica Mattf.;贝专费利菊■☆

163148 Felicia bellidioides Schltr.;禾鼠麹费利菊■☆

163149 Felicia bellidioides Schltr. subsp. foliata Grau;托叶禾鼠麹费利菊■☆

163150 Felicia bergeriana (Spreng.) Bolus et Wolley-Dod ex Adamson et T. M. Salter = Felicia bergeriana (Spreng.) O. Hoffm. ■☆

163151 Felicia bergeriana (Spreng.) O. Hoffm.;伯杰氏费利菊(伯氏蓝菊);King Fisher Daisy, Kingfischer Daisy, King-fischer Daisy ■☆

163152 Felicia bergeriana O. Hoffm. = Felicia bergeriana (Spreng.) O. Hoffm. ■☆

163153 Felicia boehmii O. Hoffm.;贝姆费利菊■☆

163154 Felicia boehmii O. Hoffm. subsp. homochroma (S. Moore) Grau = Felicia boehmii O. Hoffm. ■☆

163155 Felicia brachyglossa Cass. = Felicia cymbalariae (Aiton) Bolus et Wolley-Dod ex Adamson et T. M. Salter ■☆

163156 Felicia brevifolia (DC.) Grau;短叶费利菊■☆

163157 Felicia buchubergensis (Dinter) Merxm. = Felicia hirsuta DC. ●☆

163158 Felicia burchellii N. E. Br. = Felicia flanaganii Bolus ■☆

163159 Felicia burkei (Harv.) L. Bolus;伯克费利菊■☆

163160 Felicia caespitosa Grau;丛生费利菊■☆

163161 Felicia caffrorum (Less.) Nees = Microglossa caffrorum (Less.) Grau ●☆

163162 Felicia cana DC.;灰色费利菊■☆

163163 Felicia canaliculata Grau;具沟费利菊■☆

163164 Felicia candollei (Harv.) Bolus et Wolley-Dod ex Adamson et T. M. Salter = Felicia cymbalarioides (DC.) Grau ■☆

163165 Felicia ciliaris DC. = Gymnostephium ciliare (DC.) Harv. ■☆

163166 Felicia ciliaris DC. var. leiopoda ? = Felicia zeyheri (Less.) Nees ●☆

163167 Felicia ciliata Schltr. = Gymnostephium ciliare (DC.) Harv. ■☆

163168 Felicia clavipilosa Grau;棒毛费利菊■☆

163169 Felicia clavipilosa Grau subsp. transvaalensis Grau;德兰士瓦费利菊■☆

163170 Felicia comptonii Grau;康普顿费利菊■☆

163171 Felicia cotuloides DC. = Felicia tenella (L.) Nees subsp. cotuloides (DC.) Grau ■☆

163172 Felicia cymbalariae (Aiton) Bolus et Wolley-Dod ex Adamson et T. M. Salter;对叶费利菊■☆

163173 Felicia cymbalariae (Aiton) Bolus et Wolley-Dod ex Adamson et T. M. Salter subsp. ionops (Harv.) Grau;堇菜对叶费利菊■☆

163174 Felicia cymbalarioides (DC.) Grau;假金鱼草费利菊■☆

163175 Felicia dentata (A. Rich.) Dandy;齿叶费利菊■☆

163176 Felicia dentata (A. Rich.) Dandy subsp. nubica Grau;云雾齿叶费利菊■☆

163177 Felicia denticulata Grau;小齿费利菊■☆

163178 Felicia deserti Schltr. ex Grau;荒漠费利菊■☆

163179 Felicia deserti Schltr. ex Hutch. = Felicia deserti Schltr. ex Grau ■☆

163180 Felicia diffusa (DC.) Grau;松散费利菊■☆

163181 Felicia diffusa (DC.) Grau subsp. khamiesbergensis Grau;卡米费利菊■☆

163182 Felicia drakensbergensis J. M. Wood et M. S. Evans;德拉肯斯费利菊■☆

163183 Felicia dregei DC.;德雷费利菊■☆

163184 Felicia dregei DC. var. dentata ? = Felicia brevifolia (DC.) Grau ■☆

163185 Felicia dregei DC. var. incisa O. Hoffm. = Felicia dregei DC. ■☆

163186 Felicia dubia Cass.;可疑费利菊■☆

163187 Felicia ebracteata Grau;无苞费利菊■☆

163188 Felicia echinata (Thunb.) Nees;刺费利菊;Hedgehog Felicia ■☆

163189 Felicia echinata Nees = Felicia echinata (Thunb.) Nees ■☆

163190 Felicia elongata (Thunb.) Bolus et Wolley-Dod ex Adamson et T. M. Salter = Felicia elongata (Thunb.) O. Hoffm. ■☆

163191 Felicia elongata (Thunb.) O. Hoffm.;伸长费利菊■☆

163192 Felicia ericifolia (Forssk.) Mendonça = Macowania ericifolia (Forssk.) B. L. Burtt et Grau ●☆

163193 Felicia erigeroides DC.;飞蓬费利菊■☆

163194 Felicia erucifolia Thell. = Aster erucifolius (Thell.) Lippert ■☆

163195 Felicia esterhuyseniae Grau;埃斯特费利菊■☆

163196 Felicia eylesii S. Moore = Felicia welwitschii (Hiern) Grau ●☆

163197 Felicia fascicularis DC.;扁费利菊■☆

163198 Felicia fascicularis DC. var. pubescens ? = Felicia zeyheri (Less.) Nees subsp. linifolia (Harv.) Grau ●☆

163199 Felicia ficoidea DC. = Poecilolepis ficoidea (DC.) Grau ■☆

163200 Felicia filifolia (Vent.) Burtt Davy;细叶费利菊;Wild Aster ●☆

163201 Felicia filifolia (Vent.) Burtt Davy subsp. bodkinii (Compton) Grau;博德金费利菊■☆

163202 Felicia filifolia (Vent.) Burtt Davy subsp. schaeferi (Dinter) Grau;谢弗费利菊■☆

163203 Felicia filifolia (Vent.) Burtt Davy subsp. schlechteri (Compton) Grau;施莱费利菊■☆

163204 Felicia filifolia Burtt Davy = Felicia filifolia (Vent.) Burtt Davy ●☆

163205 Felicia flanaganii Bolus;弗拉纳根费利菊■☆

163206 Felicia flava Beentje;黄费利菊■☆

163207 Felicia fragilis Cass. = Felicia tenella (L.) Nees ●☆

163208 Felicia frutescens R. E. Fr. = Felicia muricata (Thunb.) Nees ■☆

163209 Felicia fruticosa (L.) G. Nicholson = Asterothamnus fruticosus (C. Winkl.) Novopokr. ●

163210 Felicia fruticosa (L.) G. Nicholson subsp. brevipedunculata (Hutch.) Grau = Aster brevipedunculatus Hutch. ■☆

163211 Felicia fruticosa G. Nicholson = Asterothamnus fruticosus (C. Winkl.) Novopokr. ●

163212 Felicia gariepina (DC.) L. Bolus = Nolletia gariepina (DC.) Mattf. ■☆

163213 Felicia globularioides Mattf. = Felicia abyssinica Sch. Bip. ex A. Rich. ■☆

163214 Felicia grantii (Oliv. et Hiern) Grau;格兰特费利菊●☆

163215 Felicia grossedentata (Dinter) Range = Felicia brevifolia (DC.) Grau ■☆

163216 Felicia heterophylla (Cass.) Grau = Charieis heterophylla Cass. ■☆

163217 Felicia hirsuta DC.;粗毛费利菊●☆

163218 Felicia hirta (Thunb.) Grau;多毛费利菊●☆

163219 Felicia hispida (DC.) Grau;毛费利菊●☆

163220 Felicia homochroma S. Moore = Felicia boehmii O. Hoffm. ■☆

163221 Felicia hyssopifolia (P. J. Bergius) Nees;神香草叶费利菊■☆

163222 Felicia hyssopifolia (P. J. Bergius) Nees subsp. glabra (DC.) Grau;光滑费利菊■☆

163223 Felicia hyssopifolia (P. J. Bergius) Nees subsp. polyphylla (Harv.) Grau;多叶费利菊●☆

163224 Felicia hyssopifolia (P. J. Bergius) Nees var. straminea (Hiern) Mendonça = Felicia mossamedensis (Hiern) Mendonça ■☆

163225 Felicia imbricata DC. = Polyarrhena imbricata (DC.) Grau ●☆

163226 Felicia josephinae J. C. Manning et Goldblatt;约氏费利菊■☆

163227 Felicia joubertinae Grau;朱伯特费利菊■☆

163228 Felicia joubertinae Grau subsp. glabrescens;渐光费利菊■☆

163229 Felicia karooica Compton = Felicia lasiocarpa DC. ■☆

163230 Felicia lasiocarpa (DC.) Compton = Zyrphelis lasiocarpa (DC.) Kuntze ■☆

163231 Felicia lasiocarpa DC.;毛果费利菊■☆

163232 Felicia lasiopoda Hutch. = Felicia hyssopifolia (P. J. Bergius) Nees subsp. glabra (DC.) Grau ■☆

163233 Felicia linearis N. E. Br.;线状费利菊■☆

163234 Felicia lingulata Klatt ex Schinz = Felicia linearis N. E. Br. ■☆

163235 Felicia linifolia (Harv.) Grau = Felicia zeyheri (Less.) Nees subsp. linifolia (Harv.) Grau ●☆

163236 Felicia lutea N. E. Br. = Felicia mossamedensis (Hiern) Mendonça ■☆

163237 Felicia macrorrhiza (Thunb.) DC.;大根费利菊●☆

163238 Felicia maritima Bolus = Poecilolepis maritima (Bolus) Grau ■☆

163239 Felicia merxmuelleri Grau;梅尔费利菊●☆

163240 Felicia microcephala Grau;小头费利菊●☆

163241 Felicia microsperma DC.;小籽费利菊■☆

163242 Felicia minima (Hutch.) Grau;小费利菊■☆

163243 Felicia monocephala Grau;单头费利菊●☆

163244 Felicia mossamedensis (Hiern) Mendonça;莫萨梅迪费利菊■☆

163245 Felicia muricata (Thunb.) Nees;粗糙费利菊■☆

163246 Felicia muricata (Thunb.) Nees subsp. cinerascens Grau;灰色粗糙费利菊■☆

163247 Felicia muricata (Thunb.) Nees subsp. strictifolia Grau;纹叶粗糙费利菊■☆

163248 Felicia namaquana (Harv.) Merxm.;纳马夸费利菊■☆

163249 Felicia nana Mattf. = Felicia smaragdina (S. Moore) Merxm. ●☆

163250 Felicia natalensis (Sch. Bip.) Schltr. = Felicia rosulata Yeo ●☆

163251 Felicia natalensis Sch. Bip. ex Walp. = Felicia erigeroides DC. ■☆

163252 Felicia neghelliensis Cufod. = Felicia abyssinica Sch. Bip. ex A. Rich. ■☆

163253 Felicia nigrescens Grau;黑费利菊●☆

163254 Felicia noelae S. Moore = Felicia grantii (Oliv. et Hiern) Grau ●☆

163255 Felicia nordenstamii Grau;努登斯坦费利菊■☆

163256 Felicia odorata Compton;芳香费利菊●☆

163257 Felicia oleosa Grau;油费利菊●☆

163258 Felicia ovata (Thunb.) Compton;卵叶费利菊●☆

163259 Felicia paralia DC. = Felicia echinata (Thunb.) Nees ■☆

163260 Felicia petiolata (Harv.) N. E. Br.;柄叶费利菊●☆

163261 Felicia petitiana Lisowski;佩蒂蒂费利菊●☆

163262 Felicia pinnatifida J. M. Wood et M. S. Evans = Aster erucifolius (Thell.) Lippert ■☆

163263 Felicia prageri Mattf. = Felicia namaquana (Harv.) Merxm. ■☆

163264 Felicia puberula Grau;微毛费利菊●☆

163265 Felicia pusilla N. E. Br. = Felicia dubia Cass. ■☆

163266 Felicia quinquenervia (Klatt) Grau;五脉费利菊●☆

163267 Felicia reflexa (L.) DC. = Polyarrhena reflexa (L.) Cass. ●☆

163268 Felicia retorta DC. = Senecio retortus (DC.) Benth. ■☆

163269 Felicia richardii Vatke = Felicia dentata (A. Rich.) Dandy ■☆

163270 Felicia rigidula DC. = Chrysocoma rigidula (DC.) Ehr. Bayer ■☆

163271 Felicia rigidula DC. var. subcanescens ? = Chrysocoma rigidula (DC.) Ehr. Bayer ■☆

163272 Felicia rogersii S. Moore;罗杰斯费利菊●☆

163273 Felicia rosulata Yeo;莲座费利菊●☆

163274 Felicia scabrida (DC.) Range;微糙费利菊●☆

163275 Felicia schenckii O. Hoffm. = Felicia namaquana (Harv.) Merxm. ■☆

163276 Felicia schimperi Hochst. ex Jaub. et Spach = Felicia abyssinica Sch. Bip. ex A. Rich. ■☆

163277 Felicia serrata (Thunb.) Grau;具齿费利菊●☆

163278 Felicia serrulata (Harv.) Burtt Davy = Aster harveyanus Kuntze ■☆

163279 Felicia smaragdina (S. Moore) Merxm.;翠绿费利菊●☆

163280 Felicia stenophylla Grau;窄叶软费利菊●☆

163281 Felicia stricta Compton = Felicia venusta S. Moore ●☆

163282 Felicia tenella (L.) Nees;柔弱费利菊●☆

163283 Felicia tenella (L.) Nees subsp. cotuloides (DC.) Grau;山芫荽费利菊■☆

163284 Felicia tenella (L.) Nees subsp. longifolia (DC.) Grau;长叶软费利菊●☆

163285 Felicia tenella (L.) Nees subsp. pusilla (Harv.) Grau;柔毛软费利菊●☆

163286 Felicia tenella (L.) Nees var. longifolia DC. = Felicia tenella (L.) Nees subsp. longifolia (DC.) Grau ●☆

163287 Felicia tenella DC. = Felicia tenella (L.) Nees ●☆

163288 Felicia tenera (DC.) Grau;极细费利菊●☆

163289 Felicia teres Compton = Felicia filifolia (Vent.) Burtt Davy subsp. bodkinii (Compton) Grau ■☆

163290 Felicia trinervia Turcz. = Felicia erigeroides DC. ■☆

163291 Felicia uliginosa (J. M. Wood et M. S. Evans) Grau;湿地费利菊●☆

163292 Felicia venusta S. Moore;刚直费利菊●☆

163293 Felicia welwitschii (Hiern) Grau;韦尔费利菊●☆

163294 Felicia westae (Fourc.) Grau;韦斯特费利菊●☆

163295 Felicia whitehillensis Compton;怀特山费利菊●☆

163296 Felicia wrightii Hilliard et B. L. Burtt;赖特费利菊●☆

163297 Felicia zeyheri (Less.) Nees;泽赫费利菊●☆

163298 Felicia zeyheri (Less.) Nees subsp. linifolia (Harv.) Grau;亚麻叶费利菊●☆

163299 Feliciadamia Bullock(1962);多果野牡丹属(窄果野牡丹属) ●☆

163300 Feliciadamia stenocarpa (Jacq. -Fél.) Bullock;窄果野牡丹 ●☆

163301 Feliciana Benth. = Myrrhinium Schott ●☆

163302 Feliciana Benth. et Hook. f. = Felicianea Cambass. ●☆

163303 Felicianea Cambess. = Myrrhinium Schott ●☆

163304 Felipponia Hicken = Mangonia Schott ■☆

163305 Felipponiella Hicken = Mangonia Schott ■☆

163306 Fellpponia Hicken(1917) = Felipponiella Hicken ■☆

163307 Femandia Baill. = Fernandoa Welw. ex Seem. ●

163308 Femeniasia Susanna = Centaurea L. (保留属名)●■

163309 Femeniasia Susanna(1988);叉刺菊属■☆

163310 Femeniasia balearica (J. J. Rodr.) Susanna;叉刺菊■☆

163311 Femeniasia fruticosa (Maire) Petit = Carthamus fruticosus Maire ■☆

163312 Fendlera Engelm. et A. Gray (1852);美洲绣球属;Fendler Bush ●☆

163313 Fendlera Post et Kuntze = Fendleria Steud. ■

163314 Fendlera Post et Kuntze = Oryzopsis Michx. ■

163315 Fendlera rupicola Engelm. et A. Gray;美洲绣球;Cliff Fendlerbush ●☆

163316 Fendlerella (Greene) A. Heller(1898);小美洲绣球属●☆

163317 Fendlerella A. Heller = Fendlerella (Greene) A. Heller ●☆

163318 Fendleria Steud. = Oryzopsis Michx. ■

163319 Fendleria Steud. = Piptatherum P. Beauv. ■

163320 Fendleria rhynchelytroides Steud. = Oryzopsis hymenoides (Roem. et Schult.) Ricker et Piper ■

163321 Fenelonia Raf. = Lloydia Salisb. ex Rchb. (保留属名)■

163322 Feneriva Airy Shaw = Polyalthia Blume ●

163323 Fenerivia Diels = Polyalthia Blume ●

163324 Fenerivia Diels(1925);肖暗罗属●☆

163325 Fenerivia heteropetala Diels;肖暗罗●☆

163326 Fenestraria N. E. Br. (1925);窗玉属(棒叶花属);Fenestraria ■☆

163327 Fenestraria aurantiaca N. E. Br. = Fenestraria rhopalophylla (Schltr. et Diels) N. E. Br. subsp. aurantiaca (N. E. Br.) H. E. K. Hartmann ■☆

163328 Fenestraria rhopalophylla (Schltr. et Diels) N. E. Br.;棒叶花(群玉);Baby Toes, Baby's-toes, Sand ■☆

163329 Fenestraria rhopalophylla (Schltr. et Diels) N. E. Br. subsp. aurantiaca (N. E. Br.) H. E. K. Hartmann;橙黄棒叶花(窗玉,五十铃玉);Baby's-toes, Golden Fenestraria, Window Plant ■☆

163330 Fenestraria rhopalophylla N. E. Br. = Fenestraria rhopalophylla (Schltr. et Diels) N. E. Br. ■☆

163331 Feniculum Gilib. = Foeniculum Mill. ■

163332 Fenixanthes Raf. = Salvia L. ●■

163333 Fenixia Merr. (1917);双舌菊属■☆

163334 Fenixia pauciflora Merr.;双舌菊■☆

163335 Fentzlia Rchb. = Fenzlia Benth. ■●☆

163336 Fentzlia Rchb. = Gilia Ruiz et Pav. ■●☆

163337 Fenugraecum Adans. = Foenugraecum Ludw. ■

163338 Fenugraecum Adans. = Trigonella L. ■

163339 Fenzlia Benth. = Gilia Ruiz et Pav. ■●☆

163340 Fenzlia Benth. = Linanthus Benth. ■☆

163341 Fenzlia Endl. = Myrtella F. Muell. ●☆

163342 Feracacia Britton et Rose = Acacia Mill. (保留属名)●■

163343 Ferandia Baill. = Fernandoa Welw. ex Seem. ●

163344 Ferberia Scop. = Althaea L. ■

163345 Ferdinanda Benth. = Fernandoa Welw. ex Seem. ●

163346 Ferdinanda Benth. et Hook. f. = Fernandoa Welw. ex Seem. ●

163347 Ferdinanda Lag. = Zaluzania Pers. ■☆

163348 Ferdinandea Pohl = Ferdinandusa Pohl ●☆

163349 Ferdinandia Seem. = Fernandoa Welw. ex Seem. ●

163350 Ferdinandia Welw. ex Seem. = Fernandoa Welw. ex Seem. ●

163351 Ferdinandia adolfi-friderici Gilg et Mildbr. = Fernandoa adolfi-friderici (Gilg et Mildbr.) Heine ●☆

163352 Ferdinandia ferdinandi (Welw.) K. Schum. = Fernandoa magnifica Seem. ●☆

163353 Ferdinandia magnifica (Seem.) Sprague = Fernandoa magnifica Seem. ●☆

163354 Ferdinandia mortehani De Wild. = Fernandoa adolfi-friderici (Gilg et Mildbr.) Heine ●☆
163355 Ferdinandia superba Seem. = Fernandoa ferdinandi (Welw.) K. Schum. ●☆
163356 Ferdinandoa Seem. = Fernandoa Welw. ex Seem. ●
163357 Ferdinandoa superba Seem. = Fernandoa ferdinandi (Welw.) K. Schum. ●☆
163358 Ferdinandusa Pohl(1829);费迪茜属●☆
163359 Ferdinandusa hirsuta Standl.;粗毛费迪茜●☆
163360 Ferdinandusa lanceolata K. Schum.;剑形费迪茜●☆
163361 Ferdinandusa nitida Ducke;光亮费迪茜●☆
163362 Ferdinandusa speciosa Pohl;费迪茜●☆
163363 Ferecuppa Dulac = Tozzia L. ■☆
163364 Fereira Rchb. = Fereiria Vell. ex Vand. ●☆
163365 Fereiria Vell. ex Vand. = Hillia Jacq. ●☆
163366 Feretia Delile(1843);费雷茜属☆
163367 Feretia aeruginescens Stapf;铜绿费雷茜☆
163368 Feretia apodanthera Delile;无梗药费雷茜●☆
163369 Feretia apodanthera Delile subsp. keniensis Bridson;肯尼亚费雷茜☆
163370 Feretia apodanthera Delile subsp. tanzaniensis Bridson;坦桑尼亚费雷茜☆
163371 Feretia apodanthera Delile var. australis K. Schum. = Feretia aeruginescens Stapf☆
163372 Feretia coffeoides A. Chev. = Sericanthe chevalieri (K. Krause) Robbr. var. coffeoides (A. Chev.) Robbr. ●☆
163373 Fergania Pimenov(1982);费尔干阿魏属■☆
163374 Fergania polyantha (Korovin) Pimenov;多花费尔干阿魏■☆
163375 Fergusonia Hook. f. (1872);费格森茜属☆
163376 Fergusonia thwaitesii Hook. f. = Fergusonia zeylanica Hook. f. ☆
163377 Fergusonia zeylanica Hook. f.;费格森茜☆
163378 Fernaldia Woodson(1932);费纳尔德木属●☆
163379 Fernaldia pandurata (A. DC.) Woodson;费纳尔德木●☆
163380 Fernandezia Lindl. = Lockhartia Hook. ■☆
163381 Fernandezia Ruiz et Pav. (1794);费尔南兰属■☆
163382 Fernandezia Ruiz et Pav. = Centropetalum Lindl. ■☆
163383 Fernandezia Ruiz et Pav. = Dichaea Lindl. ■☆
163384 Fernandezia denticulata Ruiz et Pav.;小齿费尔南兰■☆
163385 Fernandezia elegans Lodd.;雅致费尔南兰■☆
163386 Fernandezia lanceolata (L. O. Williams) Garay et Dunst.;剑形费尔南兰■☆
163387 Fernandezia laxa Ruiz et Pav.;松散费尔南兰■☆
163388 Fernandezia longifolia Lindl.;长叶费尔南兰■☆
163389 Fernandezia maculata Garay et Dunst.;斑点费尔南兰■☆
163390 Fernandezia robusta Bateman;粗壮费尔南兰■☆
163391 Fernandezia sanguinea (Lindl.) Garay et Dunst.;血红费尔南兰■☆
163392 Fernandia Baill. = Fernandoa Welw. ex Seem. ●
163393 Fernandia ferdinandi (Welw.) K. Schum. = Fernandoa ferdinandi (Welw.) K. Schum. ●☆
163394 Fernandia fernandi (Welw.) K. Schum. = Fernandoa ferdinandi (Welw.) K. Schum. ●☆
163395 Fernandia mortehani De Wild. = Fernandoa adolfi-friderici (Gilg et Mildbr.) Heine ●☆
163396 Fernandoa Welw. ex Seem. (1865);厚膜树属;Fernandoa, Thickfilmtree ●
163397 Fernandoa abbreviata Bidgood;缩短厚膜树●☆
163398 Fernandoa adenophylla (Wall. ex G. Don) Steenis;腺叶厚膜树●☆
163399 Fernandoa adolfi-friderici (Gilg et Mildbr.) Heine;弗里德里西厚膜树●☆
163400 Fernandoa coccinea (Scott-Elliot) A. H. Gentry;绯红厚膜树●☆
163401 Fernandoa ferdinandi (Welw.) K. Schum.;费迪南德厚膜树●☆
163402 Fernandoa guangxiensis D. D. Tao;广西厚膜树(牛尾树);Guangxi Fernandoa, Guangxi Thickfilmtree ●
163403 Fernandoa lutea (Verdc.) Bidgood;黄厚膜树●☆
163404 Fernandoa macrantha (Baker) A. H. Gentry;小花厚膜树●☆
163405 Fernandoa madagascariensis (Baker) A. H. Gentry;马岛厚膜树●☆
163406 Fernandoa magnifica Seem.;牡丽花●☆
163407 Fernandoa magnifica Seem. var. lutea Verdc. = Fernandoa lutea (Verdc.) Bidgood ●☆
163408 Fernandoa mortehani (De Wild.) Heine = Fernandoa adolfi-friderici (Gilg et Mildbr.) Heine ●☆
163409 Fernandoa superba Seem. = Fernandoa ferdinandi (Welw.) K. Schum. ●☆
163410 Fernelia Comm. ex Lam. (1788);费内尔茜属☆
163411 Fernelia axillaris Steud.;腋生费内尔茜☆
163412 Fernelia biflora Roem. et Schult.;双花费内尔茜☆
163413 Fernelia buxifolia C. F. Gaertn.;黄杨叶费内尔茜☆
163414 Fernelia ovata Ayres ex Baker;卵形费内尔茜☆
163415 Fernseea Baker(1889);费氏凤梨属(佛尔西属)■☆
163416 Fernseea itatiaiae Baker;费氏凤梨■☆
163417 Ferocactus Britton et Rose(1922);强刺球属;Barrel Cactus, Barrel-cactus, Fishook Cactus ●
163418 Ferocactus acanthodes (Lem.) Britton et Rose;琥头(鯱头);Spiny Barrel Cactus ■
163419 Ferocactus acanthodes (Lem.) Britton et Rose var. eastwoodiae L. D. Benson = Ferocactus cylindraceus (Engelm.) Orcutt ■☆
163420 Ferocactus acanthodes (Lem.) Britton et Rose var. lecontei (Engelm.) G. E. Linds. = Ferocactus cylindraceus (Engelm.) Orcutt ■☆
163421 Ferocactus acanthodes Britton et Rose var. lecontei (Engelm.) G. E. Linds.;吴魂玉■☆
163422 Ferocactus acanthodes Britton et Rose var. rostii (Britton et Rose) T. Marshall;伟壮玉■☆
163423 Ferocactus acanthodes Britton et Rose var. tortulispinus (H. E. Gates) G. E. Linds.;旋风玉■☆
163424 Ferocactus alamosanus (Britton et Rose) Britton et Rose;黄鹭■☆
163425 Ferocactus alamosanus Britton et Rose var. platygonus G. E. Linds.;琉璃球(琉璃丸)■☆
163426 Ferocactus californicus (Monv.) Borg;割穗玉■☆
163427 Ferocactus chrysacanthus (Orcutt) Britton et Rose;金冠龙;Yellowspine Barrel Cactus ■
163428 Ferocactus coloratus H. E. Gates = Ferocactus gracilis H. E. Gates subsp. coloratus(H. E. Gates) N. P. Taylor ■☆
163429 Ferocactus coptogonus Lem.;裂籽强刺球■☆
163430 Ferocactus covillei Britton et Rose = Ferocactus emoryi (Engelm.) Orcutt ■☆
163431 Ferocactus crispatus (DC.) N. P. Taylor;皱叶强刺球■☆
163432 Ferocactus cylindraceus (Engelm.) Orcutt;白鸟球(琥头);

California Barrel Cactus, Compass Barrel Cactus ■☆
163433 Ferocactus cylindraceus (Engelm.) Y. Ito = Ferocactus cylindraceus (Engelm.) Orcutt ■☆
163434 Ferocactus cylindraceus (Engelm.) Y. Ito subsp. lecontei (Engelm.) N. P. Taylor;加州白鸟球;California Barrel Cactus ■☆
163435 Ferocactus diguetii Britton et Rose;紫禁城■☆
163436 Ferocactus eastwoodiae (L. D. Benson) L. D. Benson;伊斯伍德强刺球;Cliff Barrel ■☆
163437 Ferocactus eastwoodiae (L. D. Benson) L. D. Benson = Ferocactus cylindraceus (Engelm.) Orcutt ■☆
163438 Ferocactus echidne (DC.) Britton et Rose;龙虎■☆
163439 Ferocactus emoryi (Engelm.) Orcutt; 江守玉; Bisnaga, Coville's Barrel Cactus, Emory Barrel, Emory's Barrel Cactus ■☆
163440 Ferocactus flavovirens Britton et Rose;新绿玉■☆
163441 Ferocactus fordii (Engelm.) Britton et Rose;强刺仙人球(红洋丸);Ford Barrel Cactus ■
163442 Ferocactus gatesii G. E. Linds.;龙鹏玉■☆
163443 Ferocactus glaucescens (DC.) Britton et Rose; 王冠龙; Blue Barrel Cactus ■
163444 Ferocactus glaucus (K. Schum.) N. P. Taylor = Sclerocactus glaucus (K. Schum.) L. D. Benson ■☆
163445 Ferocactus gracilis H. E. Gates; 刈穗玉(美丽刺球, 刈穗); Slender Barrel Cactus ■
163446 Ferocactus gracilis H. E. Gates subsp. coloratus (H. E. Gates) N. P. Taylor;神仙玉■☆
163447 Ferocactus haematacanthus (Salm-Dyck) Borg ex Backeb.; 血大虹(大虹);Texas Barrel Cactus, Turk's Head Cactus ■☆
163448 Ferocactus haematacanthus (Salm-Dyck) Britton et Rose var. crassispinus (Engelm.) L. D. Benson;大碇■☆
163449 Ferocactus hamatacanthus (Salm-Dyck) Borg ex Backeb. var. crassispinus (Engelm.) L. D. Benson = Ferocactus haematacanthus (Salm-Dyck) Borg ex Backeb. ■☆
163450 Ferocactus hamatacanthus Britton et Rose var. sinuatus (A. Dietr.) L. D. Benson;夕虹■☆
163451 Ferocactus herrerae J. G. Ortega;春楼(伟刺仙人球)■
163452 Ferocactus horridus Britton et Rose; 巨鹫玉(巨鹫); Spiny Barrel Cactus ■
163453 Ferocactus hystrix (DC.) G. E. Linds.;文鸟丸(文鸟)■☆
163454 Ferocactus hystrix (DC.) G. E. Linds. var. rufispinus Y. Ito;艳文鸟■☆
163455 Ferocactus johnsonii (Parry ex Engelm.) Britton et Rose;白帝城■☆
163456 Ferocactus latispinus (Haw.) Britton et Rose; 日出球(赤龙丸, 日出, 日之出球); Crow's Claw Cactus, Devil's Tongue, Devil's Tongue Barrel ■
163457 Ferocactus latispinus (Haw.) Britton et Rose var. flavispinus (Haage ex C. F. Först.) Backeb. et F. M. Knuth;金玉■☆
163458 Ferocactus macrodiscus Britton et Rose; 赤城(天城锦); Biznaga De Dulce ■☆
163459 Ferocactus macrodiscus Britton et Rose var. decolor (Monv.) Y. Ito;天城■☆
163460 Ferocactus mesae-verdae (Boissev. et C. Davidson) N. P. Taylor = Sclerocactus mesae-verdae (Boissev. et C. Davidson) L. D. Benson ●☆
163461 Ferocactus parviflorus (Clover et Jotter) N. P. Taylor = Sclerocactus parviflorus Clover et Jotter ●☆
163462 Ferocactus peninsulae Britton et Rose;半岛玉■☆
163463 Ferocactus peninsulae Britton et Rose var. viscainensis (H. E. Gates) G. E. Linds.;伟冠龙■☆
163464 Ferocactus pilosus (Galeotti ex Salm-Dyck) Werderm.;赤凤;Mexican Fire Barrel Cactus ■☆
163465 Ferocactus pilosus (Galeotti ex Salm-Dyck) Werderm. var. pringlei ?;墨西哥赤凤;Mexican Fire Barrel Cactus ■☆
163466 Ferocactus pilosus (Galeotti) Werderm. = Ferocactus pilosus (Galeotti ex Salm-Dyck) Werderm. ■☆
163467 Ferocactus polyancistrus (Engelm. et J. M. Bigelow) N. P. Taylor = Sclerocactus polyancistrus (Engelm. et J. M. Bigelow) Britton et Rose ●☆
163468 Ferocactus pubispinus (Engelm.) N. P. Taylor = Sclerocactus pubispinus (Engelm.) L. D. Benson ●☆
163469 Ferocactus rafaelensis (J. A. Purpus) Borg;文殊球(文殊丸) ■☆
163470 Ferocactus rectispinus Britton et Rose;烈刺玉■☆
163471 Ferocactus recurvus (Mill.) Borg;真珠■☆
163472 Ferocactus robustus (Link et Otto) Britton et Rose;勇状球(粗壮强刺球,勇状丸)■☆
163473 Ferocactus schwarzii G. E. Linds.;黄彩玉■☆
163474 Ferocactus setispinus (Engelm.) L. D. Benson;碇龙王■☆
163475 Ferocactus setispinus (Engelm.) L. D. Benson = Hamatocactus bicolor (Terán et Berland.) I. M. Johnst. ■☆
163476 Ferocactus spinosior (Engelm.) N. P. Taylor = Sclerocactus spinosior (Engelm.) D. Woodruff et L. D. Benson ●☆
163477 Ferocactus stainesii (Hook. ex Salm-Dyck) Britton et Rose;美刺仙人球(赤凤)■
163478 Ferocactus townsendianus Britton et Rose;红珠仙人球■
163479 Ferocactus viridescens (Torr. et A. Gray) Britton et Rose;龙眼仙人球(龙眼,龙眼强刺球);Coastal Barrel Cactus, Greenish Barrel Cactus, San Diego Barrel Cactus ■
163480 Ferocactus viridescens (Torr. et A. Gray) Britton et Rose var. littoralis G. E. Linds.;虹棠龙■☆
163481 Ferocactus viridescens Britton et Rose var. orcuttii (Engelm. ex Orcutt) G. Unger;紫凤龙■☆
163482 Ferocactus whipplei (Engelm. et J. M. Bigelow) N. P. Taylor = Sclerocactus whipplei (Engelm. et J. M. Bigelow) Britton et Rose ●☆
163483 Ferocactus wislizenii (Engelm. et J. M. Bigelow) Britton et Rose;赤龙仙人球(金赤龙,魏氏强刺球);Arizona Barrel Cactus, Barrel Cactus, Candy Barrel Cactus, Candy Barrel-cactus, Compass Barrel, Fishhook Barrel Cactus, Fishhook Barrel-cactus, Wilslizen Barrel Cactus ■
163484 Ferocactus wislizenii (Engelm.) Britton et Rose = Ferocactus wislizenii (Engelm. et J. M. Bigelow) Britton et Rose ■
163485 Ferocactus wrightiae (L. D. Benson) N. P. Taylor = Sclerocactus wrightiae L. D. Benson ●☆
163486 Ferolia Aubl.(废弃属名) = Brosimum Sw.(保留属名)●☆
163487 Ferolia Aubl.(废弃属名) = Parinari Aubl. ●☆
163488 Ferolia capensis (Harv.) Kuntze = Parinari capensis Harv. ●☆
163489 Ferolia chrysophylla (Oliv.) Kuntze = Maranthes chrysophylla (Oliv.) Prance ●☆
163490 Ferolia curatellifolia (Planch. ex Benth.) Kuntze = Parinari curatellifolia Planch. ex Benth. ●☆
163491 Ferolia excelsa (Sabine) Kuntze = Parinari excelsa Sabine ●☆
163492 Ferolia glabra (Oliv.) Kuntze = Maranthes glabra (Oliv.) Prance ●☆

163493 Ferolia macrophylla (Sabine) Kuntze = Neocarya macrophylla (Sabine) Prance ●☆
163494 Ferolia mobola (Oliv.) Kuntze = Parinari curatellifolia Planch. ex Benth. ●☆
163495 Ferolia polyandra (Benth.) Kuntze = Maranthes polyandra (Benth.) Prance ●☆
163496 Ferolia robusta (Oliv.) Kuntze = Maranthes robusta (Oliv.) Prance ●☆
163497 Ferolia subcordata (Oliv.) Kuntze = Parinari congensis Didr. ●☆
163498 Feronia Corrêa = Limonia L. ●☆
163499 Feronia Corrêa(1800);木苹果属(象橘属);Elephantorange, Wood Apple, Woodapple, Wood-apple ●
163500 Feronia elephantum Corrêa = Feronia limonia (L.) Swingle ●
163501 Feronia elephantum Corrêa = Limonia acidissima L. ●
163502 Feronia limonia (L.) Swingle;木苹果(象橘,象木苹果);Appleberry, Elephant Apple, Elephantorange, Wood Apple, Woodapple, Wood-apple ●
163503 Feronia limonia (L.) Swingle = Limonia acidissima L. ●
163504 Feronia limonia Swingle = Feronia limonia (L.) Swingle ●
163505 Feroniella Swingle(1913);神果属(克拉商果属);Feroniella ●☆
163506 Feroniella lucida (J. Scheff.) Swingle;小林神果(酸木苹果);Feroniella ●☆
163507 Feroniella lucida Swingle = Feroniella lucida (J. Scheff.) Swingle ●☆
163508 Feroniella oblata Swingle;印度支那神果;Indochinese Feroniella ●☆
163509 Ferrandia Gaudich. = Cocculus DC.(保留属名)●
163510 Ferraria Burm. ex Mill.(1759);魔星兰属■☆
163511 Ferraria andongensis (Baker) Rendle = Ferraria glutinosa (Baker) Rendle ■
163512 Ferraria antherosa Ker Gawl. = Ferraria variabilis Goldblatt et J. C. Manning ■☆
163513 Ferraria bechuanica Baker = Ferraria glutinosa (Baker) Rendle ■
163514 Ferraria brevifolia G. J. Lewis;短叶魔星兰■☆
163515 Ferraria candelabrum (Baker) Rendle = Ferraria glutinosa (Baker) Rendle ■
163516 Ferraria crispa Burm.;魔星兰;Black Iris ■☆
163517 Ferraria crispulata L. Bolus = Ferraria uncinata Sweet subsp. macrochlamys (Baker) M. P. de Vos ■☆
163518 Ferraria divaricata Sweet;叉开魔星兰■☆
163519 Ferraria divaricata Sweet subsp. arenosa M. P. de Vos = Ferraria divaricata Sweet ■☆
163520 Ferraria divaricata Sweet subsp. aurea M. P. de Vos = Ferraria divaricata Sweet ■☆
163521 Ferraria divaricata Sweet subsp. australis M. P. de Vos = Ferraria variabilis Goldblatt et J. C. Manning ■☆
163522 Ferraria ferrariola (Jacq.) Willd.;普通魔星兰■☆
163523 Ferraria foliosa G. J. Lewis;多叶魔星兰■☆
163524 Ferraria framesii L. Bolus = Ferraria uncinata Sweet ■☆
163525 Ferraria glutinosa (Baker) Rendle;黏性魔星兰■
163526 Ferraria hirschbergii L. Bolus = Ferraria glutinosa (Baker) Rendle ■
163527 Ferraria kamiesbergensis M. P. de Vos;卡米斯贝赫魔星兰■☆
163528 Ferraria lahue Molina = Herbertia lahue (Molina) Goldblatt ■☆
163529 Ferraria longa Barnes = Ferraria ferrariola (Jacq.) Willd. ■☆
163530 Ferraria lugubris Salisb. = Moraea lugubris (Salisb.) Goldblatt ■☆
163531 Ferraria major Eckl. = Ferraria crispa Burm. ■☆
163532 Ferraria minor Pers. = Ferraria ferrariola (Jacq.) Willd. ■☆
163533 Ferraria ocellaris Salisb. = Moraea aristata (D. Delaroche) Asch. et Graebn. ■☆
163534 Ferraria ovata (Thunb.) Goldblatt et J. C. Manning;卵叶魔星兰■☆
163535 Ferraria punctata Pers. = Ferraria crispa Burm. ■☆
163536 Ferraria randii (Baker) Rendle = Ferraria glutinosa (Baker) Rendle ■
163537 Ferraria schaeferi Dinter;谢弗魔星兰■☆
163538 Ferraria tricuspis Willd. = Moraea aristata (D. Delaroche) Asch. et Graebn. ■☆
163539 Ferraria tristis (L. f.) Salisb. = Moraea vegeta L. ■☆
163540 Ferraria uncinata Sweet;具钩魔星兰■☆
163541 Ferraria uncinata Sweet subsp. macrochlamys (Baker) M. P. de Vos;大被魔星兰■☆
163542 Ferraria undulata L. = Ferraria crispa Burm. ■☆
163543 Ferraria vandermerwei L. Bolus = Ferraria crispa Burm. ■☆
163544 Ferraria variabilis Goldblatt et J. C. Manning;易变魔星兰■☆
163545 Ferraria viridiflora Andréws = Ferraria ferrariola (Jacq.) Willd. ■☆
163546 Ferraria viscaria Schinz = Ferraria glutinosa (Baker) Rendle ■
163547 Ferraria welwitschii Baker = Ferraria glutinosa (Baker) Rendle ■
163548 Ferreirea F. Allam.(1851);美丽铁豆木属●☆
163549 Ferreirea F. Allam. = Sweetia Spreng.(保留属名)●☆
163550 Ferreirea praecox Malme;早生美丽铁豆木●☆
163551 Ferreirea spectabilis F. Allam.;美丽铁豆木●☆
163552 Ferreola Koenig ex Roxb. = Diospyros L. ●
163553 Ferreola Koenig ex Roxb. = Pisonia L. ●
163554 Ferreola Roxb. = Diospyros L. ●
163555 Ferreola Roxb. = Pisonia L. ●
163556 Ferretia Pritz. = Feretia Delile☆
163557 Ferreyanthus H. Rob. et Brettell = Ferreyranthus H. Rob. et Brettell ●☆
163558 Ferreyranthus H. Rob. et Brettell(1974);鞘柄黄安菊属●☆
163559 Ferreyranthus excelsus (Poepp. et Endl.) H. Rob. et Brettell;鞘柄黄安菊●☆
163560 Ferreyranthus fruticosus (Muschl.) H. Rob.;灌木鞘柄黄安菊●☆
163561 Ferreyrella S. F. Blake(1958);柄腺菊属■☆
163562 Ferreyrella peruviana S. F. Blake;柄腺菊■☆
163563 Ferriera Bubani = Paronychia Mill. ■
163564 Ferriola Roxb. = Diospyros L. ●
163565 Ferriola Roxb. = Ferreola Koenig ex Roxb. ●
163566 Ferrocalamus J. R. Xue et P. C. Keng = Indocalamus Nakai ●
163567 Ferrocalamus J. R. Xue et P. C. Keng(1982);铁竹属;Iron Bamboo, Ferrocalamus ●★
163568 Ferrocalamus rimosivaginus T. H. Wen;裂箨铁竹;Rimose-vaginate Ferrocalamus ●
163569 Ferrocalamus rimosivaginus T. H. Wen = Ferrocalamus strictus J. R. Xue et P. C. Keng ●◇
163570 Ferrocalamus strictus J. R. Xue et P. C. Keng;铁竹;Iron Bamboo, Strict Ferrocalamus, Strict Iron Bamboo ●◇
163571 Ferrum-equinum Medik. = Hippocrepis L. ■☆
163572 Ferrum-equinum Tourn. ex Medik. = Hippocrepis L. ■☆

163573 Ferruminaria Garay, Hamer et Siegerist = Bulbophyllum Thouars (保留属名) ■

163574 Ferula L. (1753); 阿魏属; Asafoetida, Ferula, Giant Fennel, Giantfennel, Sagapenum ■

163575 Ferula abyssinica Hochst. ex A. Rich. = Ferula communis L. ■☆

163576 Ferula aitchisonii Koso-Pol.; 埃氏阿魏■☆

163577 Ferula akitschkensis B. Fedtsch. et Koso-Pol.; 山地阿魏; Montaine Giantfennel ■

163578 Ferula alliacea Boiss.; 葱味阿魏(大蒜阿魏)■☆

163579 Ferula angreni Korovin; 安格林阿魏■☆

163580 Ferula assa-foetida L.; 阿魏; Asafoetida Giant Fennel, Giant Fennel, Giantfennel ■☆

163581 Ferula atlantica El Alaoui-Faris et Cauwet-Marc; 大西洋阿魏 ■☆

163582 Ferula badghysi Korovin; 巴德阿魏■☆

163583 Ferula borealis K. C. Kuan = Ferula bungeana Kitag. ■

163584 Ferula bungeana Kitag.; 硬阿魏(刚前胡, 花条, 假防风, 牛叫磨, 赛防风, 沙茴香, 沙椒, 沙前胡, 野茴香); Hard Giantfennel ■

163585 Ferula canescens (Ledeb.) Ledeb.; 灰色阿魏; Grey Giantfennel ■

163586 Ferula caspica M. Bieb.; 里海阿魏(黑海阿魏, 新疆阿魏); Caspian Giantfennel ■

163587 Ferula caucasica Korovin; 高加索阿魏■☆

163588 Ferula ceratophylla Regel et Schmalh.; 角叶阿魏■☆

163589 Ferula clematidifolia Koso-Pol.; 铁线莲叶阿魏■☆

163590 Ferula communis L.; 大阿魏; Common Giant Fennel, Giant Fennel, Herb Sagapene ■☆

163591 Ferula communis L. subsp. brevifolia (Link) Mariz = Ferula linkii Webb ■☆

163592 Ferula communis L. subsp. glauca (L.) Rouy et Camus; 蓝灰大阿魏■☆

163593 Ferula communis L. subsp. sousseensis El Alaoui-Faris et Cauwet-Marc = Ferula communis L. ■☆

163594 Ferula communis L. var. brevifolia (Link) Mariz = Ferula communis L. ■☆

163595 Ferula communis L. var. gummifera Batt. = Ferula communis L. subsp. glauca (L.) Rouy et Camus ■☆

163596 Ferula communis L. var. intermedia El Alaoui-Faris et Cauwet-Marc; 全叶大阿魏■☆

163597 Ferula communis L. var. littoralis El Alaoui-Faris et Cauwet-Marc = Ferula communis L. ■☆

163598 Ferula conocaulis Korovin; 圆锥茎阿魏(宽叶阿魏, 圆茎阿魏, 圆锥阿魏); Taperstem Giantfennel ■

163599 Ferula cossoniana Batt. et Trab.; 科森阿魏■☆

163600 Ferula costata Korovin ex Nasir; 单脉阿魏■☆

163601 Ferula crucifolia Gilli = Stewartiella crucifolia (Gilli) Hedge et Lamond ■☆

163602 Ferula dissecta (Ledeb.) Ledeb.; 全裂叶阿魏; Dissected Giantfennel ■

163603 Ferula dshaudshamyr Korovin = Ferula dubjanskyi Korovin ex Pavlov ■

163604 Ferula dubjanskyi Korovin ex Pavlov; 沙生阿魏; Sandy Giantfennel ■

163605 Ferula equisetacea Koso-Pol.; 木贼阿魏■☆

163606 Ferula eremophila Korovin; 喜沙阿魏■☆

163607 Ferula erubencens Boiss. = Ferula gummosa Boiss. ■☆

163608 Ferula fedtschenkoana Koso-Pol.; 范氏阿魏■☆

163609 Ferula ferganensis Lipsky ex Korovin; 费尔干阿魏■☆

163610 Ferula ferulaeoides (Steud.) Korovin; 多伞阿魏(类阿魏, 香阿魏); Manyumbell Giantfennel ■

163611 Ferula ferulago L. = Ferula communis L. ■☆

163612 Ferula foetida (Bunge) Regel; 香阿魏(阿魏); Asafoetida, Devil's Dung ■☆

163613 Ferula foetida Regel = Ferula assa-foetida L. ■☆

163614 Ferula foetida Regel = Ferula foetida (Bunge) Regel ■☆

163615 Ferula foetidissima Regel et Schmalh.; 极臭阿魏■☆

163616 Ferula foliosa Lipsky ex Popov; 多叶阿魏■☆

163617 Ferula fontqueri Jury; 丰特阿魏■☆

163618 Ferula fukanensis K. M. Shen; 阜康阿魏(阿虞, 臭阿魏, 魏去疾, 五彩魏, 形虞, 熏渠); Fukang Giantfennel ■

163619 Ferula galbaniflua Boiss. et Buhse; 古蓬阿魏(格蓬阿魏, 红茎阿魏); Galbanum ■☆

163620 Ferula gigantea B. Fedtsch.; 巨大阿魏■☆

163621 Ferula glaberrima Korovin; 光滑阿魏■☆

163622 Ferula glauca L. = Ferula communis L. subsp. glauca (L.) Rouy et Camus ■☆

163623 Ferula gracilis (Ledeb.) Ledeb.; 细茎阿魏; Slenderstem Giantfennel ■

163624 Ferula grigoriewi B. Fedtsch.; 格里阿魏■☆

163625 Ferula gummosa Boiss. = Ferula galbaniflua Boiss. et Buhse ■☆

163626 Ferula gypsacea Korovin; 钙阿魏■☆

163627 Ferula hermonis Boiss.; 哈蒙阿魏■☆

163628 Ferula hexiensis K. M. Shen; 河西阿魏; Hexi Giantfennel ■

163629 Ferula hindukushensis Kitam.; 兴都库什阿魏■☆

163630 Ferula iliensis Krasn. ex Korovin; 伊犁阿魏■☆

163631 Ferula inflata Korovin; 肿胀阿魏■☆

163632 Ferula involucrata Korovin; 总苞阿魏■☆

163633 Ferula jaeschkeana Vatke; 中亚阿魏(杰氏阿魏); Centrol Asia Giantfennel ■

163634 Ferula jaeschkeana Vatke var. parkeriana O. E. Schulz = Ferula jaeschkeana Vatke ■

163635 Ferula karakalensis Korovin; 卡拉卡利阿魏■☆

163636 Ferula karatavica Regel et Schmalh.; 卡拉塔夫阿魏■☆

163637 Ferula karataviensis (Regel et Schmalh.) Korovin ex Pavlov; 短柄阿魏; Shortstipe Giantfennel ■

163638 Ferula karategina Lipsky ex Korovin; 卡拉特金阿魏■☆

163639 Ferula karelinii Bunge = Schumannia karelinii (Bunge) Korovin ■

163640 Ferula karelinii Bunge = Schumannia turcomanica Kuntze ■

163641 Ferula kashanica Rech. f.; 卡尚阿魏■☆

163642 Ferula kelifi Korovin; 克利夫阿魏■☆

163643 Ferula kelleri Koso-Pol.; 凯氏阿魏■☆

163644 Ferula kingdon-wardii H. Wolff; 草甸阿魏(滇阿魏); Meadow Giantfennel ■

163645 Ferula kirialovii Pimenov; 山蛇床阿魏; Kirialov Giantfennel ■

163646 Ferula kokanica Regel et Schmalh.; 浩罕阿魏■☆

163647 Ferula kopetdagensis Korovin; 科佩特阿魏■☆

163648 Ferula korovinii Pavlov; 科罗温阿魏■☆

163649 Ferula korshinskyi Korovin; 考尔阿魏■☆

163650 Ferula koso-poljanskyi Korovin; 波氏阿魏■☆

163651 Ferula krylovii Korovin; 托里阿魏(彩魏); Tuoli Giantfennel ■

163652 Ferula kuhistanica Korovin; 伊朗阿魏■☆

163653 Ferula lancerottensis Parl.; 兰瑟阿魏■☆

163654 Ferula lapidosa Korovin; 多石阿魏; Stony Giantfennel ■

163655 Ferula latifolia Korovin; 宽叶阿魏■☆

163656 Ferula latiloba Korovin;宽裂阿魏■☆
163657 Ferula latipinna Santos;宽羽阿魏■☆
163658 Ferula lehmannii Boiss.;大果阿魏;Bigfruit Giantfennel ■
163659 Ferula leiophylla Korovin;光叶阿魏■☆
163660 Ferula licentiana Hand.-Mazz.;太行阿魏;Taihangshan Giantfennel ■
163661 Ferula licentiana Hand.-Mazz. var. tunshanica (H. Y. Su) R. H. Shan et Q. X. Liu;铜山阿魏(山芫荽);Tongshan Giantfennel ■
163662 Ferula ligulata Korovin;舌状阿魏■☆
163663 Ferula linczevskii Korovin;林氏阿魏■☆
163664 Ferula linkii Webb;林克阿魏■☆
163665 Ferula lipskyi Korovin;利普斯基阿魏■☆
163666 Ferula litwinowiana Koso-Pol.;利特氏阿魏■☆
163667 Ferula locosii Lange subsp. cossoniana (Batt.) Cauwet et El Alaoui-Faris = Ferula cossoniana Batt. et Trab. ■☆
163668 Ferula longipes Batt. = Ferula cossoniana Batt. et Trab. ■☆
163669 Ferula lutea (Poir.) Maire = Ferulago lutea (Poir.) Grande ■☆
163670 Ferula lutea (Poir.) Maire var. microcarpa (Maire) Maire = Ferulago lutea (Poir.) Grande ■☆
163671 Ferula lutea (Poir.) Maire var. mouretii (Maire) Maire = Ferulago biumbellata Pomel ■☆
163672 Ferula marmarica Asch., Taub. ex Asch. et Schweinf.;北非阿魏■☆
163673 Ferula marmarica Asch. et Schweinf. = Ferula marmarica Asch., Taub. ex Asch. et Schweinf. ■☆
163674 Ferula meyeri (Ledeb.) Bunge = Soranthus meyeri Ledeb. ■
163675 Ferula meyeri Bunge = Soranthus meyeri Ledeb. ■
163676 Ferula microcarpa Korovin;小果阿魏■☆
163677 Ferula microcarpa Korovin = Ferula ovina (Boiss.) Boiss. ■
163678 Ferula microloba Boiss.;微裂阿魏■☆
163679 Ferula mogoltavica Lipsky ex Korovin;莫戈尔塔夫阿魏■☆
163680 Ferula mollis Korovin;柔软阿魏■☆
163681 Ferula moschata (H. Reinsch) Koso-Pol.;麝香阿魏(麝香根);Musk Giantfennel, Musk-root, Sumbul ■
163682 Ferula moschata (H. Reinsch) Koso-Pol. = Ferula sumbul (Kauffm.) Hook. f. ■
163683 Ferula narthex Boiss.;印度阿魏(阿富汗阿魏,纳香阿魏);Food of the Gods, Indian Giantfennel ■☆
163684 Ferula nevskii Korovin;涅夫斯基阿魏■☆
163685 Ferula nuda Spreng.;裸阿魏■
163686 Ferula olivacea (Diels) H. Wolff;榄绿阿魏(白芷,橄榄阿魏,丽江万丈深,万丈深)■
163687 Ferula olivacea (Diels) H. Wolff ex Hand.-Mazz. = Ferula olivacea (Diels) H. Wolff ■
163688 Ferula orientalis L.;东方阿魏;Orientale Giantfennel ■☆
163689 Ferula ovina (Boiss.) Boiss.;羊食阿魏;Sheepforage Giantfennel ■
163690 Ferula pachycarpa Korovin;粗果阿魏■☆
163691 Ferula pachyphylla Korovin;厚叶阿魏■☆
163692 Ferula pallida Korovin;苍白阿魏■☆
163693 Ferula parkeriana H. Wolff ex O. E. Schulz = Ferula jaeschkeana Vatke ■
163694 Ferula pennervis Regel et Schmalh.;羽脉阿魏■☆
163695 Ferula persica Willd.;波斯阿魏■☆
163696 Ferula peucedanifolia Kar. et Kir. = Schumannia karelinii (Bunge) Korovin ■
163697 Ferula peucedanifolia Willd. = Schumannia karelinii (Bunge) Korovin ■
163698 Ferula peucedanifolia Willd. = Schumannia turcomanica Kuntze ■
163699 Ferula peucedanifolia Willd. = Soranthus meyeri Ledeb. ■
163700 Ferula plurivittata Korovin;粗线阿魏■☆
163701 Ferula potaninii Korovin;波塔宁阿魏■☆
163702 Ferula prangifolia Korovin;科氏阿魏■☆
163703 Ferula rigida (Bunge) Wolff = Ferula bungeana Kitag. ■
163704 Ferula rigidula Fisch. ex DC. = Ferula bungeana Kitag. ■
163705 Ferula rubricaulis Boiss.;红茎阿魏;Galbanum ■☆
163706 Ferula rubroarenosa Korovin;红沙阿魏■☆
163707 Ferula samarkandica Korovin;撒马尔罕阿魏■☆
163708 Ferula sauvagei El Alaoui-Faris et Cauwet-Marc;索瓦热阿魏■☆
163709 Ferula scorodosma Bentley et Trimen;蒜阿魏(阿魏,阿虞,哈昔泥,形虞,薰渠)■☆
163710 Ferula scorodosma Bentley et Trimen = Ferula assa-foetida L. ■☆
163711 Ferula sinkiangensis K. M. Shen;新疆阿魏(阿魏,阿虞,臭阿魏,魏去疾,五彩魏,形虞,熏渠);Xinjiang Giantfennel ■
163712 Ferula songorica Pall. ex Schult.;准噶尔阿魏;Dzungar Giantfennel ■
163713 Ferula stewartiana O. E. Schulz;斯图尔特阿魏■☆
163714 Ferula stewartiana O. E. Schulz var. affghanica O. E. Schulz = Ferula ovina (Boiss.) Boiss. ■
163715 Ferula stricta Spreng. = Peucedanum strictum (Spreng.) B. L. Burtt ■☆
163716 Ferula stylosa Korovin = Femla ovina (Boiss.) Boiss. ■
163717 Ferula subtilis Korovin;纤细阿魏■☆
163718 Ferula sulcata Desf.;纵沟阿魏■☆
163719 Ferula sulcata Desf. var. biumbellata (Pomel) Batt. = Ferulago biumbellata Pomel ■☆
163720 Ferula sulcata Desf. var. crassicosta (Pomel) Batt. = Ferulago lutea (Poir.) Grande ■☆
163721 Ferula sulcata Desf. var. leptocarpa (Pomel) Batt. = Ferulago lutea (Poir.) Grande ■☆
163722 Ferula sulcata Desf. var. mouretii Maire = Ferulago biumbellata Pomel ■☆
163723 Ferula sulcata Desf. var. parvifolia (Pomel) Batt. = Ferulago lutea (Poir.) Grande ■☆
163724 Ferula sulcata Desf. var. scabra (Pomel) Batt. = Ferulago scabra Pomel ■☆
163725 Ferula sumbul (Kauffm.) Hook. f. = Ferula moschata (H. Reinsch) Koso-Pol. ■
163726 Ferula sumbul Hook. f. = Ferula moschata (H. Reinsch) Koso-Pol. ■
163727 Ferula syreitschikowii Koso-Pol.;荒地阿魏;Desert Giantfennel ■
163728 Ferula szowitziana DC.;索兹阿魏■☆
163729 Ferula tatarica M. Bieb.;鞑靼阿魏;Tatar Giantfennel ■☆
163730 Ferula tenuisecta Korovin ex Pavlov;细齿阿魏■☆
163731 Ferula teterrima Kar. et Kir.;臭阿魏;Stink Giantfennel ■
163732 Ferula tingitana L.;廷吉阿魏■☆
163733 Ferula transiliensis (Herder) Pimenov;外伊犁阿魏■☆
163734 Ferula transiliensis (Regel et Herder) Pimenov = Talassia transiliensis (Regel et Herder) Korovin ■
163735 Ferula transitoria Korovin = Ferula akitschkensis B. Fedtsch. et Koso-Pol. ■

163736 Ferula tschimganica Lipsky ex Korovin;契穆干阿魏■☆
163737 Ferula tuberifera Korovin;块茎阿魏■☆
163738 Ferula tunetana Pomel;图内特阿魏■☆
163739 Ferula tungshanica H. Y. Su = Ferula licentiana Hand. -Mazz. var. tunshanica (H. Y. Su) R. H. Shan et Q. X. Liu ■
163740 Ferula ugamica Korovin ex A. I. Baranov;乌噶姆阿魏■☆
163741 Ferula vesceritensis Batt. ;韦斯塞里德阿魏■☆
163742 Ferula vicaria Korovin;替代阿魏■☆
163743 Ferula xeromorpha Korovin;旱生阿魏■☆
163744 Ferulaceae Sacc. = Apiaceae Lindl. (保留科名)●■
163745 Ferulaceae Sacc. = Umbelliferae Juss. (保留科名)■●
163746 Ferulago W. D. J. Koch(1824);肖阿魏属■☆
163747 Ferulago biumbellata Pomel;双小伞肖阿魏■☆
163748 Ferulago campestris (Besser) Grecescu;田野肖阿魏■☆
163749 Ferulago crassicosta Pomel = Ferulago lutea (Poir.) Grande ■☆
163750 Ferulago daghestanica Schischk. ;达赫斯坦肖阿魏■☆
163751 Ferulago latiloba Schischk. ;宽裂肖阿魏■☆
163752 Ferulago leptocarpa Pomel;细果肖阿魏■☆
163753 Ferulago leptocarpa Pomel = Ferulago lutea (Poir.) Grande ■☆
163754 Ferulago linearifolia Boiss. ;线叶肖阿魏■☆
163755 Ferulago lutea (Poir.) Grande;黄肖阿魏■☆
163756 Ferulago lutea Grande = Ferulago lutea (Poir.) Grande ■☆
163757 Ferulago macrocarpa Boiss. ;大果肖阿魏■☆
163758 Ferulago oxyptera Boiss. ;尖翅肖阿魏■☆
163759 Ferulago parvifolia Pomel;小叶肖阿魏■☆
163760 Ferulago parvifolia Pomel = Ferulago lutea (Poir.) Grande ■☆
163761 Ferulago pauciflora K. Koch;少花肖阿魏■☆
163762 Ferulago platycarpa Boiss. et Balansa;宽果肖阿魏■☆
163763 Ferulago scabra Pomel;粗糙肖阿魏■☆
163764 Ferulago setifolia K. Koch;刚毛叶肖阿魏■☆
163765 Ferulago sylvatica Rchb. ;林地肖阿魏■☆
163766 Ferulago taurica Schischk. ;克里木肖阿魏■☆
163767 Ferulago turcomanica Schischk. ;土库曼肖阿魏■☆
163768 Ferulopsis Kitag. (1971);假阿魏属■☆
163769 Ferulopsis Kitag. = Phlojodicarpus Turcz. ex Besser ■
163770 Ferulopsis mongolica Kitag. ;假阿魏■☆
163771 Ferulopsis mongolica Kitag. = Phlojodicarpus sibiricus (Stephan ex Spreng.) Koso-Pol. ■
163772 Fessia Speta = Scilla L. ■
163773 Fessia Speta(1998);光籽绵枣儿属■☆
163774 Fessia bisotunensis (Speta) Speta;光籽风信子■☆
163775 Fessia purpurea (Griff.) Speta;紫光籽风信子■☆
163776 Fessonia DC. ex Pfeiff. = Picramnia Sw. (保留属名)●☆
163777 Festania Raf. = Rhus L. ●
163778 Festuca L. (1753);羊茅属(狐茅属);Blue Gress, Fescue, Fescuegrass, Fescue-grass ■
163779 Festuca abyssinica Hochst. ex A. Rich. ;阿比西尼亚羊茅■☆
163780 Festuca abyssinica Hochst. ex A. Rich. f. aristulata St. -Yves = Festuca abyssinica Hochst. ex A. Rich. ■☆
163781 Festuca abyssinica Hochst. ex A. Rich. f. intermedia St. -Yves = Festuca acamptophylla (St. -Yves) E. B. Alexeev ■☆
163782 Festuca abyssinica Hochst. ex A. Rich. f. setifolia St. -Yves = Festuca abyssinica Hochst. ex A. Rich. ■☆
163783 Festuca abyssinica Hochst. ex A. Rich. subsp. acamptophylla St. -Yves = Festuca acamptophylla (St. -Yves) E. B. Alexeev ■☆
163784 Festuca abyssinica Hochst. ex A. Rich. var. supina Pilg. ex St. -Yves = Festuca hedbergii E. B. Alexeev ■☆
163785 Festuca abyssinica Hochst. ex A. Rich. var. typica St. -Yves = Festuca rigidiuscula E. B. Alexeev ■☆
163786 Festuca acamptophylla (St. -Yves) E. B. Alexeev;直叶羊茅■☆
163787 Festuca afghanica Bor;阿富汗羊茅■☆
163788 Festuca africana (Hack.) Clayton;非洲羊茅■☆
163789 Festuca alaica Drobow;翼羊茅(帕米尔羊茅)■☆
163790 Festuca alaica Drobow subsp. pamirica (Tzvelev) Tzvelev = Festuca pamirica Tzvelev ■
163791 Festuca alatavica (St. -Yves) Roshev. ;阿拉套羊茅(天山羊茅);Tianshan Fescuegrass ■
163792 Festuca albida (Turcz. ex Trin.) Malyschev = Festuca sibirica Hack. ex Boiss. ■
163793 Festuca albida Lowe = Parafestuca albida (Lowe) E. B. Alexeev ■☆
163794 Festuca aleppica Hochst. ex Steud. = Loliolum subulatum (Banks et Sol.) Eig ■☆
163795 Festuca algeriensis Trab. ;阿尔及利亚羊茅■☆
163796 Festuca algeriensis Trab. var. battandieri St. -Yves = Festuca algeriensis Trab. ■☆
163797 Festuca algeriensis Trab. var. lamprophylla (Trab.) St. -Yves = Festuca algeriensis Trab. ■☆
163798 Festuca alopecuros Schousb. = Vulpia alopecuros (Schousb.) Link ■☆
163799 Festuca alopecuros Schousb. subsp. fibrosa (H. Lindb.) Jahand. et Maire = Vulpia alopecuros (Schousb.) Link ■☆
163800 Festuca alopecuros Schousb. subsp. schousboei (H. Lindb.) Jahand. et Maire = Vulpia alopecuros (Schousb.) Link ■☆
163801 Festuca alpina Suter var. dyris Maire et Trab. = Triticum turgidum L. subsp. dicoccum (Schrank) Thell. ■☆
163802 Festuca altaica Trin. ;阿尔泰羊茅;Altai Fescuegrass, Scabrous Fescue-grass ■
163803 Festuca altaica Trin. = Festuca olgae (Regel) Krivot. ■
163804 Festuca altaica Trin. subsp. scabrella (Torr.) Hultén = Festuca altaica Trin. ■
163805 Festuca altaica Trin. var. scabrella (Torr.) Breitung = Festuca altaica Trin. ■
163806 Festuca altissima All. ;巨羊茅;Fescue, Tall Fescuegrass, Viviparous Fescue, Wood Fescue ■
163807 Festuca amblyodes V. I. Krecz. et Bobrov;葱岭羊茅■
163808 Festuca amblyodes V. I. Krecz. et Bobrov subsp. erectiflora (Pavlov) Tzvelev;直穗羊茅■
163809 Festuca amblyodes V. I. Krecz. et Bobrov subsp. erectiflora (Pavlov) Tzvelev = Festuca amblyodes V. I. Krecz. et Bobrov ■
163810 Festuca americana Michx. ex P. Beauv. ;布里多尼羊茅;Breton Fescue ■☆
163811 Festuca amethystina L. ;紫晶羊茅;Amethyst Fescue ■☆
163812 Festuca ampla Hack. ;膨大羊茅■☆
163813 Festuca ampla Hack. var. dolosa St. -Yves = Festuca ampla Hack. ■☆
163814 Festuca ampla Hack. var. effusa (Hack.) St. -Yves = Festuca ampla Hack. ■☆
163815 Festuca anomala St. -Yves;异常羊茅■☆
163816 Festuca arenaria Osbeck ex Retz. ;灯芯草叶羊茅;Creeping Red Fescue, Red Fescue, Red Fescue-grass, Rush-leaved Fescue ■☆
163817 Festuca arioides Lam. ;高山羊茅(朝天羊茅,仰羊茅);Prostrate Fescuegrass ■
163818 Festuca arizonica Vasey;亚利桑那羊茅;Arizona Fescue ■☆

163819 Festuca arundinacea Schreb.;苇状羊茅(欧洲羊茅,苇羊茅,苇状狐茅);Meadow Fescue,Red Fescue,Reed Fescue,Rye Grass,Tall Fescue,Tall Fescue-grass,Tall Rye Grass ■

163820 Festuca arundinacea Schreb. subsp. atlantigena (St. -Yves) Auquier = Schedonorus arundinaceus (Schreb.) Dumort. subsp. mediterraneus (Hack.) Scholz et Valdés ■☆

163821 Festuca arundinacea Schreb. subsp. fenas (Lag.) Arcang. = Schedonorus arundinaceus (Schreb.) Dumort. subsp. mediterraneus (Hack.) Scholz et Valdés ■☆

163822 Festuca arundinacea Schreb. subsp. mediterranea (Hack.) K. Richt. = Schedonorus arundinaceus (Schreb.) Dumort. subsp. mediterraneus (Hack.) Scholz et Valdés ■☆

163823 Festuca arundinacea Schreb. var. aristata Regel = Festuca arundinacea Schreb. var. orientalis (Hack.) Tzvelev ■

163824 Festuca arundinacea Schreb. var. aspera (Mutel) Asch. et Graebn. = Schedonorus arundinaceus (Schreb.) Dumort. ■

163825 Festuca arundinacea Schreb. var. interrupta (Poir.) Coss. et Durieu = Schedonorus interruptus (Desf.) Tzvelev ■☆

163826 Festuca arundinacea Schreb. var. mediterranea Hack. = Schedonorus arundinaceus (Schreb.) Dumort. subsp. mediterraneus (Hack.) Scholz et Valdés ■☆

163827 Festuca arundinacea Schreb. var. orientalis (Hack.) Tzvelev;东方羊茅(中亚羊茅)■

163828 Festuca arvernensis Auquier, Kerguélen et Markgr. -Dann.;野羊茅;Field Fescue ■☆

163829 Festuca atlantica Duval-Jouve;大西洋羊茅■☆

163830 Festuca atlantica Duval-Jouve subsp. oxyphylla (Litard. et Maire) Romo;尖叶大西洋羊茅■☆

163831 Festuca atlantica Duval-Jouve var. oxyphylla Litard. et Maire = Festuca atlantica Duval-Jouve subsp. oxyphylla (Litard. et Maire) Romo ■☆

163832 Festuca atlantigena (Litard.) Romo = Festuca iberica (Hack.) K. Richt. subsp. atlantigena (Litard.) Dobignard et Portal ■☆

163833 Festuca aurasiaca Trab. = Festuca deserti (Coss. et Durieu) Trab. subsp. aurasiaca (Trab.) St. -Yves ■☆

163834 Festuca auriculata Drobow;耳状羊茅■☆

163835 Festuca baetica (Hack.) K. Richt. = Festuca paniculata (L.) Schinz et Thell. subsp. baetica (Hack.) Emb. et Maire ■☆

163836 Festuca baicalensis (Griseb.) V. I. Krecz. et Bobrov;拜卡尔羊茅■☆

163837 Festuca barbata L. = Schismus barbatus (Loefl. ex L.) Thell. ■

163838 Festuca barbata Loefl. ex L. = Schismus barbatus (Loefl. ex L.) Thell. ■

163839 Festuca beckeri Hack.;拜克羊茅■☆

163840 Festuca bellula Regel = Eremopoa altaica (Trin.) Roshev. ■

163841 Festuca boissieri Janka = Festuca lasto Boiss. ■☆

163842 Festuca borealis (Trin.) Mert. et Koch ex Rôhling = Scolochloa festucacea (Willd.) Link ■

163843 Festuca borealis Mert. et Koch = Scolochloa festucacea Link ■

163844 Festuca borissii Reverdatto;博日羊茅■

163845 Festuca bornmuelleri (Hack.) V. I. Krecz. et Bobrov;鲍里羊茅■☆

163846 Festuca borreri Bab. = Puccinellia fasciculata (Torr.) E. P. Bicknell ■☆

163847 Festuca brachyphylla Schult. et Schult. f.;短叶羊茅(短药羊茅);Shortleaf Fescuegrass ■

163848 Festuca brachypoda Font Quer = Vulpia myuros (L.) C. C. Gmel. subsp. sciuroides (Roth) Rouy ■☆

163849 Festuca brevifolia R. Br. = Festuca brachyphylla Schult. et Schult. f. ■

163850 Festuca brevipila R. Tracey;硬羊茅(粗糙叶羊茅);Hard Fescue, Roughleaf Fescuegrass, Sheep Fescue ■

163851 Festuca bromoides L. = Vulpia bromoides (L.) Gray ■☆

163852 Festuca caespitosa L. = Brachypodium retusum (Pers.) P. Beauv. ■☆

163853 Festuca californica Vasey;加州羊茅;California Fescue ■☆

163854 Festuca calycina Loefl. = Schismus barbatus (Loefl. ex L.) Thell. ■

163855 Festuca camerunensis E. B. Alexeev;喀麦隆羊茅■☆

163856 Festuca capillaris Lilj. = Puccinellia capillaris (Lilj.) R. K. Jansen ■

163857 Festuca capillifolia Dufour;毛叶羊茅■☆

163858 Festuca caprina Nees;山羊羊茅■☆

163859 Festuca caprina Nees var. macra Stapf = Festuca caprina Nees ■☆

163860 Festuca caucasica Hack. = Leucopoa caucasica (Hack.) V. I. Krecz. et Bobrov ■

163861 Festuca changduensis L. Liou;昌都羊茅;Changdu Fescue, Changdu Fescuegrass ■

163862 Festuca chayuensis L. Liou;察隅羊茅;Chayu Fescuegrass ■

163863 Festuca chelungkingnica C. C. Chang et Skvortsov ex S. L. Lu;草原羊茅;Chelungkiang Fescuegrass ■

163864 Festuca chumbiensis (Ohwi) E. B. Alexeev;春丕谷羊茅■

163865 Festuca ciliata Danthoine = Vulpia ciliata Dumort. ■☆

163866 Festuca ciliata Danthoine ex Lam. et DC. = Vulpia ciliata (Pers.) Link ■☆

163867 Festuca cinerea Vill.;灰羊茅;Gray Fescuegrass ■

163868 Festuca circummediterranea Patzke;地中海羊茅■☆

163869 Festuca clarkei (Stapf) B. S. Sun = Festuca rubra L. subsp. clarkei (Stapf) St. -Yves ■

163870 Festuca claytonii E. B. Alexeev;克莱顿羊茅■☆

163871 Festuca coelestis (St. -Yves) V. I. Krecz. et Bobrov;矮羊茅■

163872 Festuca coerulescens Desf.;浅蓝羊茅■

163873 Festuca congolensis St. -Yves = Festuca simensis Hochst. ex A. Rich. ■☆

163874 Festuca costata Nees;单脉羊茅■

163875 Festuca costata Nees var. longiligulata J. G. Anderson = Festuca costata Nees ■

163876 Festuca cretacea Czern.;白垩羊茅■☆

163877 Festuca cristata (L.) Vill. = Koeleria cristata (L.) Pers. ■

163878 Festuca cristata L. = Lophochloa cristata (L.) Hyl. ■☆

163879 Festuca cristata L. = Rostraria cristata (L.) Tzvelev ■

163880 Festuca cryophila V. I. Krecz. et Bobrov = Festuca rubra L. subsp. arctica (Hack.) Govor. ■

163881 Festuca cumminsii Stapf;纤毛羊茅■

163882 Festuca cynosuroides Desf. = Ctenopsis cynosuroides (Desf.) Paunero ex Romero García ■☆

163883 Festuca cynosuroides Desf. var. maireana (Villar) Maire = Ctenopsis cynosuroides (Desf.) Paunero ex Romero García ■☆

163884 Festuca cynosuroides Desf. var. pubescens Maire = Ctenopsis cynosuroides (Desf.) Paunero ex Romero García ■☆

163885 Festuca dahurica (St. -Yves) V. I. Krecz. et Bobrov;达乌里羊茅;Dahur Fescuegrass ■

163886 Festuca dahurica (St. -Yves) V. I. Krecz. et Bobrov subsp.

mongolica (C. C. Chang et Skvortsov) Sh. R. Liou et Ma;蒙古羊茅; Mongol Fescue, Mongolian Fescuegrass ■

163887 Festuca danthonii Asch. et Graebn. = Vulpia ciliata Dumort. ■☆

163888 Festuca danthonii Asch. et Graebn. var. imberbis (Vis.) Jahand. et Maire = Vulpia ciliata Dumort. ■☆

163889 Festuca danthonii Asch. et Graebn. var. penicillata Murb. = Vulpia ciliata Dumort. ■☆

163890 Festuca deasyi Rendle = Festuca olgae (Regel) Krivot. ■

163891 Festuca deasyi Rendle = Leucopoa deasyi (Rendle) L. Liou ■

163892 Festuca debilis (Stapf) E. B. Alexeev;弱小羊茅■☆

163893 Festuca demnatensis Murb. = Wangenheimia demnatensis (Murb.) Stace ■☆

163894 Festuca dertonensis (All.) Asch. et Graebn. = Vulpia bromoides (L.) Gray ■☆

163895 Festuca dertonensis (All.) Asch. et Graebn. var. longearistata Willk. = Vulpia myuros (L.) C. C. Gmel. subsp. sciuroides (Roth) Rouy ■☆

163896 Festuca deserti (Coss. et Durieu) Trab.;荒漠羊茅■☆

163897 Festuca deserti (Coss. et Durieu) Trab. subsp. aurasiaca (Trab.) St.-Yves;奥拉斯羊茅■☆

163898 Festuca deserti (Coss. et Durieu) Trab. subsp. duriaei St.-Yves = Festuca deserti (Coss. et Durieu) Trab. ■☆

163899 Festuca deserti (Coss. et Durieu) Trab. subsp. maroccana (Trab.) St.-Yves = Festuca maroccana (Trab.) Romo ■☆

163900 Festuca deserti (Coss. et Durieu) Trab. subvar. pozzicola Litard. et Maire = Festuca deserti (Coss. et Durieu) Trab. ■☆

163901 Festuca dichotoma Forssk. = Cutandia dichotoma (Forssk.) Trab. ■☆

163902 Festuca diffusa Dumort.;匍匐羊茅;Spreading Fescue ■☆

163903 Festuca distachya (L.) Roth = Brachypodium distachyon (L.) P. Beauv. ■

163904 Festuca distachyos (L.) Roth = Brachypodium distachyon (L.) P. Beauv. ■

163905 Festuca divaricata Desf. = Cutandia divaricata (Desf.) Benth. ■☆

163906 Festuca divaricata Desf. var. dichotoma (Forssk.) Coss. et Durieu = Cutandia dichotoma (Forssk.) Trab. ■☆

163907 Festuca diversifolia Boiss. et Balansa = Poa diversifolia (Boiss. et Balansa) Hack. ex Boiss. ■

163908 Festuca djurdjurae (Trab.) Romo;朱尔朱拉山羊茅■☆

163909 Festuca dolichantha Keng ex P. C. Keng;长花羊茅;Longflower Fescuegrass ■

163910 Festuca dracomontana H. P. Linder;德拉科羊茅■☆

163911 Festuca drymeja Mert. et Koch var. grandis Coss. et Durieu = Festuca lasto Boiss. ■☆

163912 Festuca dubia A. Rich.;可疑羊茅■☆

163913 Festuca durandoi Clauson = Festuca paniculata (L.) Schinz et Thell. subsp. durandoi (Clauson) Emb. et Maire ■☆

163914 Festuca durata B. X. Sun et H. Peng;硬序羊茅;Hardspike Fescuegrass ■

163915 Festuca duriuscula L.;稍硬羊茅■☆

163916 Festuca duriuscula L. = Festuca trachyphylla (Hack.) Krajina ■

163917 Festuca duriuscula L. var. indigesta (Boiss.) Boiss. = Festuca indigesta Boiss. ■☆

163918 Festuca durrissima Kerguélen;极硬羊茅;Hard Fescuegrass ■

163919 Festuca duthiei Hack. ex Stapf = Festuca olgae (Regel) Krivot. ■

163920 Festuca dyris (Maire et Trab.) Romo;荒地羊茅■☆

163921 Festuca eauriei Hack. = Festuca japonica Makino ■

163922 Festuca elata Keng ex E. B. Alexeev;高羊茅;Lofty Fescuegrass ■

163923 Festuca elatior L. = Festuca arundinacea Schreb. ■

163924 Festuca elatior L. = Festuca pratensis Huds. ■

163925 Festuca elatior L. f. aristata E. Holmb. = Festuca pratensis Huds. ■

163926 Festuca elatior L. subsp. arundinacea (Schreb.) Celak. = Festuca arundinacea Schreb. ■

163927 Festuca elatior L. subsp. arundinacea (Schreb.) Hack. = Festuca arundinacea Schreb. ■

163928 Festuca elatior L. subsp. arundinacea (Schreb.) Hack. = Schedonorus arundinaceus (Schreb.) Dumort. ■

163929 Festuca elatior L. subsp. pratensis (Huds.) Hack. = Festuca pratensis Huds. ■

163930 Festuca elatior L. subvar. orientalis Hack. = Festuca arundinacea Schreb. var. orientalis (Hack.) Tzvelev ■

163931 Festuca elatior L. var. arundinacea (Schreb.) Wimm. = Festuca arundinacea Schreb. ■

163932 Festuca elatior L. var. atlantigena St.-Yves = Schedonorus arundinaceus (Schreb.) Dumort. subsp. mediterraneus (Hack.) Scholz et Valdés ■☆

163933 Festuca elatior L. var. cirtensis St.-Yves = Schedonorus arundinaceus (Schreb.) Dumort. subsp. cirtensis (St.-Yves) Scholz et Valdés ■☆

163934 Festuca elatior L. var. fenas (Lag.) Hack. = Schedonorus arundinaceus (Schreb.) Dumort. subsp. mediterraneus (Hack.) Scholz et Valdés ■☆

163935 Festuca elatior L. var. glaucescens Boiss. = Schedonorus arundinaceus (Schreb.) Dumort. subsp. mediterraneus (Hack.) Scholz et Valdés ■☆

163936 Festuca elatior L. var. letourneuxiana St.-Yves = Schedonorus arundinaceus (Schreb.) Dumort. subsp. mediterraneus (Hack.) Scholz et Valdés ■☆

163937 Festuca elatior L. var. minutiflora (St.-Yves) Litard. = Schedonorus arundinaceus (Schreb.) Dumort. subsp. mediterraneus (Hack.) Scholz et Valdés ■☆

163938 Festuca elatior L. var. pratensis (Huds.) A. Gray = Festuca pratensis Huds. ■

163939 Festuca elatior L. var. tunetana St.-Yves = Schedonorus arundinaceus (Schreb.) Dumort. subsp. mediterraneus (Hack.) Scholz et Valdés ■☆

163940 Festuca elatior L. var. uechtritziana Hack. = Schedonorus arundinaceus (Schreb.) Dumort. subsp. mediterraneus (Hack.) Scholz et Valdés ■☆

163941 Festuca elegans Boiss.;雅致羊茅■☆

163942 Festuca elgonensis E. B. Alexeev;埃尔贡羊茅■☆

163943 Festuca embergeri (Litard. et Maire) Romo = Festuca ovina L. ■

163944 Festuca engleri Pilg. = Pseudobromus engleri (Pilg.) Clayton ■☆

163945 Festuca erecta (Huds.) Wallr. = Bromus erectus Huds. ■

163946 Festuca erectiflora Pavlov = Festuca amblyodes V. I. Krecz. et Bobrov ■

163947 Festuca eriantha Honda et Tatew.;毛花羊茅■☆

163948 Festuca exaristata E. B. Alexeev;具芒羊茅■☆

163949 Festuca extremiorientalis Ohwi = Festuca extremiorientalis Trin. ■

163950 Festuca extremiorientalis Trin.;远东羊茅(森林狐茅);Extremi-oriental Fescue, Fescuegrass ■

163951 Festuca fallax Thuill. = Festuca rubra L. subsp. fallax (Thuill.) Hayek ■☆
163952 Festuca fasciculata Forssk. = Vulpia fasciculata (Forssk.) Samp. ■☆
163953 Festuca fascicullaris Lam. = Diplachne fascicularis (Lam.) P. Beauv. ■☆
163954 Festuca fascicullaris Lam. = Leptochloa fusca (L.) Kunth subsp. fascicularis (Lam.) N. Snow ■☆
163955 Festuca fascinata Keng ex S. L. Lu;蛊羊茅;Fascinate Fescuegrass ■
163956 Festuca fauriei Hack. = Festuca japonica Makino ■
163957 Festuca fenas Lag. = Schedonorus arundinaceus (Schreb.) Dumort. subsp. mediterraneus (Hack.) Scholz et Valdés ■☆
163958 Festuca filiformis C. Sm. ex Link;线叶羊茅(细弱羊茅);Fineleaf Sheep Fescue,Fine-leaved Sheep's-fescue,Hair Fescuegrass ■
163959 Festuca filiformis Lam. = Leptochloa mucronata (Michx.) Kunth ■☆
163960 Festuca filiformis Lam. = Leptochloa panicea (Retz.) Ohwi ■
163961 Festuca filiformis Lam. var. chinensis Franch. = Tripogon chinensis (Franch.) Hack. ■
163962 Festuca filiformis Pourr. = Festuca filiformis C. Sm. ex Link ■
163963 Festuca fluitans L. = Glyceria fluitans (L.) R. Br. ■☆
163964 Festuca fluitans L. var. pratensis (Huds.) Huds. = Festuca pratensis Huds. ■
163965 Festuca fontqueri St. -Yves = Schedonorus fontqueri (St. -Yves) Scholz et Valdés ■☆
163966 Festuca fontqueriana (St. -Yves) Romo = Festuca ovina L. ■
163967 Festuca formosana E. B. Alexeev = Festuca hondae E. B. Alexeev ■
163968 Festuca formosana E. B. Alexeev = Festuca taiwanensis S. L. Lu ■
163969 Festuca formosana Honda;台湾羊茅;Taiwan Fescuegrass ■
163970 Festuca forrestii St. -Yves;玉龙羊茅;Forrest Fescuegrass ■
163971 Festuca forrestii St. -Yves var. kozlovii Tzvelev = Festuca forrestii St. -Yves ■
163972 Festuca fusca L. = Diplachne fusca (L.) P. Beauv. ex Roem. et Schult. ■☆
163973 Festuca fusca L. = Leptochloa fusca (L.) Kunth ■
163974 Festuca gaetula (St. -Yves) Kerguélen = Festuca nevadensis (Hack.) K. Richt. subsp. scabrescens (Trab.) Dobignard ■☆
163975 Festuca gaetula (St. -Yves) Kerguélen subsp. embergeri (Litard.) Romo = Festuca nevadensis (Hack.) K. Richt. subsp. scabrescens (Trab.) Dobignard ■☆
163976 Festuca ganeschinii Drobow;嘎奈羊茅■
163977 Festuca ganeschinii Drobow = Festuca rupicola Heuff. ■
163978 Festuca ganeschinii Drobow = Festuca sulcata (Hack.) Hack. ■
163979 Festuca gelida Chiov. = Festuca abyssinica Hochst. ex A. Rich. ■☆
163980 Festuca geniculata L. = Vulpia geniculata (L.) Link ■☆
163981 Festuca geniculata L. subsp. attenuata (Parl.) Jahand. et Maire = Vulpia geniculata (L.) Link subsp. attenuata (Parl.) Trab. ■☆
163982 Festuca geniculata L. subsp. breviglumis (Trab.) Murb. = Vulpia geniculata (L.) Link subsp. breviglumis (Trab.) Murb. ■☆
163983 Festuca geniculata L. subsp. monantha Maire = Vulpia geniculata (L.) Link subsp. monantha Maire ■☆
163984 Festuca geniculata L. var. ciliata Parl. = Vulpia geniculata (L.) Link ■☆
163985 Festuca geniculata L. var. dasyantha Henrard = Vulpia geniculata (L.) Link ■☆
163986 Festuca geniculata L. var. dianthera Maire = Vulpia geniculata (L.) Link ■☆
163987 Festuca geniculata L. var. longiglumis Caball. = Vulpia geniculata (L.) Link ■☆
163988 Festuca geniculata L. var. pumila Ball = Vulpia geniculata (L.) Link subsp. pauana (Font Quer) Maire ■☆
163989 Festuca geniculata L. var. reesei Maire = Vulpia geniculata (L.) Link ■☆
163990 Festuca georgii E. B. Alexeev;滇西北羊茅■
163991 Festuca georgii E. B. Alexeev = Festuca yunnanensis St. -Yves ■
163992 Festuca gerardii Vill. = Rostraria cristata (L.) Tzvelev ■☆
163993 Festuca gigantea (L.) Vill.;大羊茅;Giant Fescue, Giant Fescuegrass,Giant Rescue,Tall Fescue ■
163994 Festuca gigantea (L.) Vill. var. africana Robyns et Tournay = Pseudobromus engleri (Pilg.) Clayton ■☆
163995 Festuca gilbertiana E. B. Alexeev ex S. M. Phillips;吉尔伯特羊茅■☆
163996 Festuca glauca Vill. 'Superba';华美羊茅;Blue Fescue ■☆
163997 Festuca glauca Vill. = Festuca longifolia Thuill. ■
163998 Festuca goloskokovii E. B. Alexeev;宫咯什羊茅■
163999 Festuca gracilenta Buckley = Vulpia octoflora (Walter) Rydb. var. glauca (Nutt.) Fernald ■☆
164000 Festuca griffithiana (St. -Yves) Krivot.;格里羊茅■☆
164001 Festuca griffithiana Krivot. = Festuca griffithiana (St. -Yves) Krivot. ■☆
164002 Festuca handelii (St. -Yves) E. B. Alexeev;哈达羊茅■
164003 Festuca handelii (St. -Yves) E. B. Alexeev = Festuca modesta Steud. ■
164004 Festuca hedbergii E. B. Alexeev;赫德羊茅■☆
164005 Festuca hemipoa Spreng. = Catapodium hemipoa (Spreng.) Lainz ■☆
164006 Festuca heterophylla Lam.;异叶羊茅(异羊茅);Diverseleaf Fescue,Diverseleaf Fescuegrass,Grandmother's Hair,Shade Fescue, Variousleaf Fescue,Various-leaved Fescue ■
164007 Festuca hispida Savi = Rostraria hispida (Savi) Dogan ■☆
164008 Festuca hondae E. B. Alexeev;光稃羊茅(台湾羊茅);Smooth Fescuegrass ■
164009 Festuca hondoensis (Ohwi) Ohwi = Festuca ovina L. subsp. nipponica (Ohwi) E. B. Alexeev ■☆
164010 Festuca humbertii Litard. et Maire;亨伯特羊茅■☆
164011 Festuca hystrix Boiss.;豪猪羊茅■☆
164012 Festuca iberica (Hack.) K. Richt.;伊比利亚羊茅■☆
164013 Festuca iberica (Hack.) K. Richt. subsp. atlantigena (Litard.) Dobignard et Portal;亚特兰大羊茅■☆
164014 Festuca iberica (Hack.) K. Richt. subsp. yvesiana (Litard. et Maire) Dobignard et Portal;伊沃羊茅■☆
164015 Festuca incrassata (Loisel.) Coss. et Durieu = Vulpiella stipoides (L.) Maire ■☆
164016 Festuca indigesta Boiss.;土著羊茅■☆
164017 Festuca indigesta Boiss. subsp. infesta Hack.;有害羊茅■☆
164018 Festuca inermis (Leyss.) Lam. et DC. = Bromus inermis Leyss. ■
164019 Festuca inermis (Leyss.) Lam. et DC. var. villosus Mert. et Koch = Bromus inermis Leyss. ■
164020 Festuca infesta Hack. = Festuca indigesta Boiss. subsp. infesta Hack. ■☆
164021 Festuca inops Delile = Vulpia inops (Delile) Hack. ■☆
164022 Festuca interrupta Desf. = Festuca arundinacea Schreb. ■

164023 Festuca jacutica Drobow; 屋久岛羊茅(雅库羊茅); Jakut Fescuegrass, Yaku Fescue ■
164024 Festuca jacutica Drobow subsp. pobedimoviae Tzvelev = Festuca hondoensis (Ohwi) Ohwi ■☆
164025 Festuca japonica Makino; 日本羊茅; Japan Fescue, Japanese Fescuegrass ■
164026 Festuca jouldosensis D. M. Chang = Festuca brachyphylla Schult. et Schult. f. ■
164027 Festuca jubata Lowe; 鬃毛羊茅■☆
164028 Festuca juncifolia St. -Amans = Festuca arenaria Osbeck ex Retz. ■☆
164029 Festuca kansuensis Markgr. -Dann.; 甘肃羊茅; Gansu Fescuegrass ■
164030 Festuca karatavica (Bunge) B. Fedtsch.; 卡拉塔夫羊茅■☆
164031 Festuca kashmiriana Stapf; 克什米尔羊茅; Kashmir Fescuegrass ■
164032 Festuca kashmiriana Stapf var. debilis Stapf = Festuca debilis (Stapf) E. B. Alexeev ■
164033 Festuca kashmiriana Stapf var. ligulata Stapf = Festuca kashmiriana Stapf ■
164034 Festuca kilimanjarica Hedberg = Poa kilimanjarica (Hedberg) Markgr. -Dann. ■☆
164035 Festuca killickii Kenn. -O'Byrne; 基利克羊茅■☆
164036 Festuca kirilowii Steud.; 毛稃羊茅(毛稃紫羊茅)■
164037 Festuca kirilowii Steud. = Festuca rubra L. ■
164038 Festuca kirilowii Steud. = Festuca rubra L. subsp. arctica (Hack.) Govor. ■
164039 Festuca kolymensis Drobow; 科雷马羊茅■☆
164040 Festuca krausei (Regel) V. I. Krecz. et Bobrov; 克劳斯羊茅■☆
164041 Festuca kryloviana Reverdin; 寒生羊茅■
164042 Festuca kunmingensis B. S. Sun = Festuca mazzetiana E. B. Alexeev ■
164043 Festuca kurtschumica E. B. Alexeev; 三界羊茅■
164044 Festuca laevis (Hack.) Trab. = Festuca circummediterranea Patzke ■☆
164045 Festuca lamprophylla Trab. = Festuca algeriensis Trab. ■☆
164046 Festuca lasto Boiss.; 拉斯托羊茅■☆
164047 Festuca latifolia Roth = Centotheca lappacea (L.) Desv. ■
164048 Festuca lemanii Bastard; 莱曼羊茅; Confused Fescue ■☆
164049 Festuca lenensis Drobow; 伦羊茅■☆
164050 Festuca leptopogon Stapf; 弱须羊茅(高砂羊茅); Slenderhair Fescuegrass ■
164051 Festuca liangshenica L. Liou; 凉山羊茅; Liangshan Fescuegrass ■
164052 Festuca ligustica (All.) Bertol. = Vulpia ligustica (All.) Link ■☆
164053 Festuca ligustica (All.) Bertol. var. hispidula (Parl.) Asch. et Graebn. = Vulpia ligustica (All.) Link ■☆
164054 Festuca limosa (Schur.) Simonk = Puccinellia limosa (Schur) Holmb. ■
164055 Festuca litardiereana Maire = Vulpia litardiereana (Maire) A. Camus ■☆
164056 Festuca litvinovii (Tzvelev) E. B. Alexeev; 东亚羊茅; Litvinov Fescuegrass ■
164057 Festuca lolium Balansa = Agropyropsis lolium (Balansa) A. Camus ■☆
164058 Festuca longiaristata Sommier et H. Lév.; 长芒羊茅■☆
164059 Festuca longifolia Hegetschw.; 长叶羊茅(灰蓝羊茅); Blue Fescue ■☆
164060 Festuca longifolia Thuill. = Festuca trachyphylla (Hack.) Krajina ■
164061 Festuca longiglumis S. L. Lu; 长颖羊茅; Longglume Fescue, Longglume Fescuegrass ■
164062 Festuca longipes Stapf; 长梗羊茅■☆
164063 Festuca longiseta Brot. = Vulpia membranacea (L.) Dumort. ■☆
164064 Festuca longiseta Brot. var. monandra Maire = Vulpia membranacea (L.) Dumort. ■☆
164065 Festuca macrophylla Hochst. ex A. Rich.; 大叶羊茅■☆
164066 Festuca madritensis (L.) Desf. = Bromus madritensis L. ■
164067 Festuca madritensis L. = Vulpia membranacea (L.) Dumort. ■☆
164068 Festuca maire Hack. ex Hand. -Mazz. = Festuca mazzetiana E. B. Alexeev ■
164069 Festuca mairei St. -Yves; 迈雷羊茅■☆
164070 Festuca maritima (L.) DC. = Vulpia unilateralis (L.) Stace ■☆
164071 Festuca maritima L. = Vulpia unilateralis (L.) Stace ■☆
164072 Festuca maroccana (Trab.) Romo; 摩洛哥羊茅■☆
164073 Festuca maroccana Batt. et Trab. subsp. pozzicola (Litard. et Maire) Romo = Festuca maroccana (Trab.) Romo ■☆
164074 Festuca maskerensis (Litard.) Romo = Festuca ovina L. ■
164075 Festuca mauritii Sennen; 毛里特羊茅■☆
164076 Festuca mazzetiana E. B. Alexeev; 昆明羊茅; Maire Fescue, Maire Fescuegrass ■
164077 Festuca megalura Nutt. = Vulpia myuros (L.) C. C. Gmel. ■
164078 Festuca megalura Nutt. = Vulpia myuros (L.) C. C. Gmel. var. megalura (Nutt.) Rydb. ■☆
164079 Festuca megalura Nutt. var. hirsuta (Hack.) Asch. et Graebn. = Vulpia myuros (L.) C. C. Gmel. ■
164080 Festuca milanjiana Rendle = Festuca costata Nees ■
164081 Festuca minima A. Rich. = Tripogon minimus (A. Rich.) Steud. ■☆
164082 Festuca minuta Hoffm. = Schismus barbatus (L.) Thell. ■
164083 Festuca modesta Steud.; 素羊茅; Moderate Fescue, Moderate Fescuegrass ■
164084 Festuca modesta Steud. subsp. handelii St. -Yves = Festuca handelii (St. -Yves) E. B. Alexeev ■
164085 Festuca modesta Steud. subsp. handelii St. -Yves = Festuca modesta Steud. ■
164086 Festuca mollissima V. I. Krecz. et Bobrov; 柔软羊茅■☆
164087 Festuca mongolica C. C. Chang et Skvortsov = Festuca dahurica (St. -Yves) V. I. Krecz. et Bobrov subsp. mongolica (C. C. Chang et Skvortsov) Sh. R. Liou et Ma ■
164088 Festuca monostachya Lam. = Trachynia distachya (L.) Link ■☆
164089 Festuca montana M. Bieb.; 山生羊茅■☆
164090 Festuca montana M. Bieb. subsp. grandis (Coss. et Durieu) Trab. = Festuca lasto Boiss. ■☆
164091 Festuca montana M. Bieb. var. grandis (Coss. et Durieu) St. -Yves = Festuca lasto Boiss. ■☆
164092 Festuca mucronata Forssk. = Odyssea mucronata (Forssk.) Stapf ■☆
164093 Festuca multiflora Hoffm. = Festuca diffusa Dumort. ■☆
164094 Festuca muralis Kunth = Vulpia muralis (Kunth) Nees ■☆

164095 Festuca mutica S. L. Lu;无芒羊茅;Awnless Fescue, Awnless Fescuegrass ■

164096 Festuca mutica S. L. Lu = Festuca sinomutica X. Chen et S. M. Phillips ■

164097 Festuca myuros L. = Vulpia myuros (L.) C. C. Gmel. ■

164098 Festuca myuros L. var. broteri (Boiss. et Reut.) Ball = Vulpia myuros (L.) C. C. Gmel. ■

164099 Festuca myuros L. var. ciliata (Danthoine) Coss. et Durieu = Vulpia ciliata Dumort. ■☆

164100 Festuca myuros L. var. sciuroides (Roth) Coss. et Durieu = Vulpia myuros (L.) C. C. Gmel. subsp. sciuroides (Roth) Rouy ■☆

164101 Festuca neesiana Steud. = Festuca scabra Vahl ■☆

164102 Festuca nepalensis Nees ex Steud. = Brachypodium sylvaticum (Huds.) P. Beauv. ■

164103 Festuca nevadensis (Hack.) K. Richt.;内华达羊茅■☆

164104 Festuca nevadensis (Hack.) K. Richt. subsp. scabrescens (Trab.) Dobignard;粗糙内华达羊茅■☆

164105 Festuca nevadensis (Hack.) K. Richt. var. gaetula (St. -Yves) D. Rivera et M. A. Carreras = Festuca nevadensis (Hack.) K. Richt. subsp. scabrescens (Trab.) Dobignard ■☆

164106 Festuca nitidula Stapf;微药羊茅■

164107 Festuca nubigena Jungh. subsp. caprina (Nees) St. -Yves = Festuca caprina Nees ■☆

164108 Festuca numidica (Trab.) Romo;努米底亚羊茅■☆

164109 Festuca nutans Biehler;悬垂羊茅;Nodding Fescue-grass ■☆

164110 Festuca nutans Biehler = Festuca paradoxa Desv. ■☆

164111 Festuca obtusa Biehler = Festuca subverticillata (Pers.) E. B. Alexeev ■☆

164112 Festuca occidentalis Hook.;西方羊茅;Western Fescue ■☆

164113 Festuca octoflora Walter = Vulpia octoflora (Walter) Rydb. ■☆

164114 Festuca octoflora Walter var. aristulata L. H. Dewey = Vulpia octoflora (Walter) Rydb. ■☆

164115 Festuca octoflora Walter var. glauca (Nutt.) Fernald = Vulpia octoflora (Walter) Rydb. var. glauca (Nutt.) Fernald ■☆

164116 Festuca octoflora Walter var. glauca (Nutt.) Fernald = Vulpia octoflora (Walter) Rydb. ■☆

164117 Festuca octoflora Walter var. tenella (Willd.) Fernald = Vulpia octoflora (Walter) Rydb. ■☆

164118 Festuca octoflora Walter var. tenella (Willd.) Fernald = Vulpia octoflora (Walter) Rydb. var. glauca (Nutt.) Fernald ■☆

164119 Festuca ohwiana E. B. Alexeev = Festuca parvigluma Steud. var. breviaristata Ohwi ■☆

164120 Festuca olgae (Regel) Krivot.;西山羊茅■

164121 Festuca olgae (Regel) Krivot. var. deasyi (Rendle) Tzvelev = Festuca olgae (Regel) Krivot. ■

164122 Festuca olgae (Regel) V. I. Krecz. = Leucopoa olgae (Regel) V. I. Krecz. et Bobrov ■

164123 Festuca olgae (Regel) V. I. Krecz. et Bobrov = Leucopoa deasyi (Rendle) L. Liou ■

164124 Festuca olgae (Regel) V. I. Krecz. et Bobrov subsp. deasyi (Rendle) Tzvelev = Leucopoa deasyi (Rendle) L. Liou ■

164125 Festuca orientalis (Hack.) V. I. Krecz. et Bobrov = Festuca arundinacea Schreb. var. orientalis (Hack.) Tzvelev ■

164126 Festuca ovina L.;羊茅(阔叶羊茅,酥油草);Blue Fescue, Green Fescue, Sheep Fescue, Sheep Fescuegrass, Sheep's Fescue, Sheep's-rescue ■

164127 Festuca ovina L. = Festuca pamirica Tzvelev ■

164128 Festuca ovina L. subsp. bornmulleri Hack. = Festuca alaica Drobow ■☆

164129 Festuca ovina L. subsp. brachyphylla (Schult. et Schult. f.) Piper = Festuca brachyphylla Schult. et Schult. f. ■

164130 Festuca ovina L. subsp. coelestis St. -Yves = Festuca coelestis (St. -Yves) V. I. Krecz. et Bobrov ■

164131 Festuca ovina L. subsp. coreana (St. -Yves) E. B. Alexeev;朝鲜羊茅■☆

164132 Festuca ovina L. subsp. hispidula (Hack.) K. Richt. = Festuca ovina L. ■

164133 Festuca ovina L. subsp. indigesta (Boiss.) Hack. = Festuca indigesta Boiss. ■☆

164134 Festuca ovina L. subsp. infesta (Hack.) Hochr. = Festuca indigesta Boiss. subsp. infesta Hack. ■☆

164135 Festuca ovina L. subsp. kotschyi Hack. ex Boiss. = Festuca alaica Drobow ■☆

164136 Festuca ovina L. subsp. laevifolia (Hack.) K. Richt. = Festuca ovina L. ■

164137 Festuca ovina L. subsp. laevis Hack. = Festuca circummediterranea Patzke ■☆

164138 Festuca ovina L. subsp. laevis Hack. var. dahurica St. -Yves. = Festuca dahurica (St. -Yves) V. I. Krecz. et Bobrov ■

164139 Festuca ovina L. subsp. nipponica (Ohwi) E. B. Alexeev;本州羊茅■☆

164140 Festuca ovina L. subsp. remota Hack. ex Boiss. = Festuca afghanica Bor ■☆

164141 Festuca ovina L. subsp. ruprechtii (Boiss.) Tzvelev;鲁氏羊茅■☆

164142 Festuca ovina L. subsp. sphaegnicola (B. Keller) Tzvelev;穗状寒生羊茅■

164143 Festuca ovina L. subsp. sulcata (Hack.) Hack. = Festuca valesiaca Schleich. ex Gaudin subsp. sulcata (Hack.) Schinz et R. Keller ■

164144 Festuca ovina L. subsp. sulcata Hack.;沟叶羊茅;Sulcate Sheep-fescuegrass ■

164145 Festuca ovina L. subsp. sulcata Hack. var. hypsophila St. -Yves = Festuca valesiaca Schleich. ex Gaudin subsp. hypsophila (St. -Yves) Tzvelev ■

164146 Festuca ovina L. subsp. supina (Schur) Schinz et R. Keller = Festuca arioides Lam. ■

164147 Festuca ovina L. subsp. valentina (St. -Yves) O. Bolòs, Masalles et Vigo = Festuca valentina (St. -Yves) Markgr. -Dann. ■☆

164148 Festuca ovina L. subvar. trachyphylla Hack. = Festuca trachyphylla (Hack.) Krajina ■

164149 Festuca ovina L. var. alpina (Wimm.) Gren. et Godr. = Festuca ovina L. subsp. ruprechtii (Boiss.) Tzvelev ■☆

164150 Festuca ovina L. var. alpina Griseb. = Festuca coelestis (St. -Yves) V. I. Krecz. et Bobrov ■

164151 Festuca ovina L. var. brachyphylla (Schult. et Schult. f.) Hitchc. = Festuca brachyphylla Schult. et Schult. f. ■

164152 Festuca ovina L. var. brachyphylla (Schult. et Schult. f.) Piper;高山短叶羊茅(高山羊茅);Alpine Fescue, Alpine Fescuegrass ■

164153 Festuca ovina L. var. chiisanensis Ohwi;大井羊茅■☆

164154 Festuca ovina L. var. coreana (St. -Yves) St. -Yves = Festuca ovina L. subsp. coreana (St. -Yves) E. B. Alexeev ■☆

164155 Festuca ovina L. var. dahurica St. -Yves = Festuca dahurica (St. -Yves) V. I. Krecz. et Bobrov ■

164156 Festuca ovina L. var. djurdjurae (Hack.) St.-Yves = Festuca djurdjurae (Trab.) Romo ■☆
164157 Festuca ovina L. var. dubia Hack. = Festuca ovina L. ■
164158 Festuca ovina L. var. duriuscula (L.) Hack. = Festuca ovina L. var. duriuscula (L.) W. D. J. Koch ■
164159 Festuca ovina L. var. duriuscula (L.) W. D. J. Koch;阔叶羊茅;Hard Fescue ■
164160 Festuca ovina L. var. duriuscula (L.) W. D. J. Koch = Festuca trachyphylla (Hack.) Krajina ■
164161 Festuca ovina L. var. embergeri Litard. et Maire = Festuca embergeri (Litard. et Maire) Romo ■
164162 Festuca ovina L. var. embergeriana Litard. = Festuca ovina L. ■
164163 Festuca ovina L. var. fontqueriana St.-Yves = Festuca fontqueriana (St.-Yves) Romo ■
164164 Festuca ovina L. var. glauca Hack.;蓝羊茅;Blue Fescue, Blue Fescuegrass ■
164165 Festuca ovina L. var. hypsophila St.-Yves = Festuca valesiaca Schleich. ex Gaudin subsp. hypsophila (St.-Yves) Tzvelev ■
164166 Festuca ovina L. var. indigesta (Boiss.) Hack. = Festuca indigesta Boiss. ■☆
164167 Festuca ovina L. var. laevis Hack. = Festuca circummediterranea Patzke ■☆
164168 Festuca ovina L. var. maroccana St.-Yves = Festuca ovina L. ■
164169 Festuca ovina L. var. maskerensis Litard. = Festuca maskerensis (Litard.) Romo ■
164170 Festuca ovina L. var. nipponica Ohwi = Festuca ovina L. subsp. nipponica (Ohwi) E. B. Alexeev ■☆
164171 Festuca ovina L. var. numidica (Trab.) St.-Yves = Festuca numidica (Trab.) Romo ■☆
164172 Festuca ovina L. var. polyphylla Vasey = Festuca occidentalis Hook. ■☆
164173 Festuca ovina L. var. pseudovalentina Litard. et Maire = Festuca indigesta Boiss. ■☆
164174 Festuca ovina L. var. pubiculmis Ohwi = Festuca ovina L. subsp. coreana (St.-Yves) E. B. Alexeev ■☆
164175 Festuca ovina L. var. rydbergii St.-Yves = Festuca saximontana Rydb. ■☆
164176 Festuca ovina L. var. sauvagei Litard. = Festuca sauvagei Romo ■
164177 Festuca ovina L. var. saximontana (Rydb.) Gleason = Festuca saximontana Rydb. ■☆
164178 Festuca ovina L. var. stricta Hack. = Festuca ovina L. ■
164179 Festuca ovina L. var. sulcata Hack. = Festuca rupicola Heuff. ■
164180 Festuca ovina L. var. sulcata Hack. = Festuca valesiaca Schleich. ex Gaudin subsp. sulcata (Hack.) Schinz et R. Keller ■
164181 Festuca ovina L. var. supina (Schur) Hack. = Festuca arioides Lam. ■
164182 Festuca ovina L. var. tateyamensis Ohwi;馆山羊茅■☆
164183 Festuca ovina L. var. tenuifolia Sibth. = Festuca filiformis C. Sm. ex Link ■
164184 Festuca ovina L. var. tenuifolia Sibth. = Festuca filiformis Pourr. ■☆
164185 Festuca ovina L. var. trabutii St.-Yves = Festuca trabutii (St.-Yves) Romo ■
164186 Festuca ovina L. var. valesiaca (St.-Yves) O. Bolòs, Masalles et Vigo = Festuca valesiaca Schleich. ex Gaudin ■
164187 Festuca ovina L. var. vulgaris Koch = Festuca ovina L. ■
164188 Festuca ovina L. var. weilleri Litard. = Festuca weilleri (Litard.) Romo ■
164189 Festuca pallens Host;淡白色羊茅;Pallid Fescuegrass ■
164190 Festuca palustris Seenus = Puccinellia festuciformis (Host) Parl. ■
164191 Festuca pamirica Tzvelev;帕米尔羊茅■
164192 Festuca paniculata (L.) Schinz et Thell.;圆锥羊茅■
164193 Festuca paniculata (L.) Schinz et Thell. subsp. baetica (Hack.) Emb. et Maire;伯蒂卡羊茅■☆
164194 Festuca paniculata (L.) Schinz et Thell. subsp. durandoi (Clauson) Emb. et Maire;杜兰多羊茅■☆
164195 Festuca paniculata (L.) Schinz et Thell. subsp. spadicea (L.) Litard.;枣红羊茅■☆
164196 Festuca paniculata (L.) Schinz et Thell. var. baetica (Hack.) Maire et Weiller = Festuca paniculata (L.) Schinz et Thell. subsp. baetica (Hack.) Emb. et Maire ■☆
164197 Festuca paradoxa Desv.;簇生羊茅;Cluster Fescue ■☆
164198 Festuca parvigluma Steud.;小颖羊茅;Smallglume Fescue, Smallglume Fescuegrass ■
164199 Festuca parvigluma Steud. f. breviaristata (Ohwi) T. Koyama = Festuca parvigluma Steud. var. breviaristata Ohwi ■☆
164200 Festuca parvigluma Steud. var. breviaristata Ohwi;短芒小颖羊茅■☆
164201 Festuca patula Desf. = Festuca triflora Desf. ■☆
164202 Festuca pauana Font Quer = Vulpia geniculata (L.) Link subsp. pauana (Font Quer) Maire ■☆
164203 Festuca pauciflora Thunb. = Bromus remotiflorus (Steud.) Ohwi ■
164204 Festuca pectinella (Delile) Coss. et Durieu = Ctenopsis pectinella (Delile) De Not. ■☆
164205 Festuca pectinella Delile = Ctenopsis pectinella (Delile) De Not. ■☆
164206 Festuca phleoides Vill. = Lophochloa phleoides (Vill.) Rchb. ■☆
164207 Festuca phleoides Vill. = Rostraria cristata (L.) Tzvelev ■☆
164208 Festuca phoenicoides L. = Brachypodium phoenicoides (L.) Roem. et Schult. ■☆
164209 Festuca pilgeri St.-Yves;皮尔格羊茅■☆
164210 Festuca pilgeri St.-Yves subsp. supina (Pilg. ex St.-Yves) Hedberg = Festuca hedbergii E. B. Alexeev ■☆
164211 Festuca pilgeri St.-Yves var. orthophylla ? = Festuca pilgeri St.-Yves ■☆
164212 Festuca pinnata Huds. = Brachypodium pinnatum (L.) P. Beauv. ■
164213 Festuca plicata Hack.;折叠羊茅■☆
164214 Festuca plicata Hack. subsp. numidica Trab. = Festuca numidica (Trab.) Romo ■☆
164215 Festuca pluriflora D. M. Cang = Festuca rubra L. subsp. villosa (Merr. et W. D. J. Koch ex Rochley) S. L. Lu ■
164216 Festuca poecilantha K. Koch = Puccinellia poecilantha (K. Koch) V. I. Krecz. ■
164217 Festuca polychloa Trautv. = Bellardiochloa polychloa (Trautv.) Roshev. ■☆
164218 Festuca polycolea Stapf = Festuca wallichiana E. B. Alexeev ■
164219 Festuca pratensis Huds.;草甸羊茅(草地黑麦草,高株狐茅,牛尾草);Meadow Fescue, Meadow Fescuegrass, Meadow Rye Grass, Rye Grass, Tall Fescue ■
164220 Festuca pratensis Huds. = Festuca elatior L. ■

164221 Festuca pratensis Huds. = Schedonorus pratensis (Huds.) P. Beauv. ■

164222 Festuca psammophila Hack.;砂生羊茅;Sandy Fescue, Sandy Fescuegrass ■

164223 Festuca pseudodalmatica Krajina ex Domin = Festuca valesiaca Schleich. ex Gaudin subsp. pseudodalmatica (Krajina ex Domin) Soó ■

164224 Festuca pseudogigantea Ovcz. et Shibkova;假大羊茅■☆

164225 Festuca pseudosclerophylla Krivot. = Leucopoa pseudosclerophylla (Krivot.) Bor ■

164226 Festuca pseudosulcata Drobow;假沟羊茅■

164227 Festuca pseudosulcata Drobow var. litvinovii Tzvelev = Festuca litvinovii (Tzvelev) E. B. Alexeev ■

164228 Festuca pseudovina Hack. ex Wiesb. = Festuca valesiaca Schleich. ex Gaudin subsp. pseudovina (Hack. ex Wiesb.) Hegi ■

164229 Festuca pubiglunis S. L. Lu;毛颖羊茅;Hairslume Fescuegrass ■

164230 Festuca quartiniana A. Rich. = Brachypodium flexum Nees ■☆

164231 Festuca regeliana Pavlov = Festuca arundinacea Schreb. var. orientalis (Hack.) Tzvelev ■

164232 Festuca remotiflora Steud. = Bromus remotiflorus (Steud.) Ohwi ■

164233 Festuca repatrix L. = Diplachne fusca (L.) P. Beauv. ex Roem. et Schult. ■☆

164234 Festuca richardii E. B. Alexeev;理查德羊茅■☆

164235 Festuca rifana Litard. et Maire;里夫羊茅■☆

164236 Festuca rigida (L.) Kunth = Catapodium rigidum (L.) C. E. Hubb. ■☆

164237 Festuca rigida (L.) Raspail = Catapodium rigidum (L.) C. E. Hubb. ■☆

164238 Festuca rigidiuscula E. B. Alexeev;稍坚挺羊茅■☆

164239 Festuca rigidula Steud. = Festuca abyssinica Hochst. ex A. Rich. ■☆

164240 Festuca romoi Foggi et Valdés = Festuca ovina L. ■

164241 Festuca rottboellioides Kunth = Catapodium marinum (L.) C. E. Hubb. ■☆

164242 Festuca rubens (L.) Pers. = Bromus rubens L. ■

164243 Festuca rubra L.;紫羊茅(红狐茅,南湖紫羊茅);Chewing's Fescue, Creeping Red Fescue, Purple Fescue, Red Fescue, Red Fescuegrass ■

164244 Festuca rubra L. f. arctica Hack. = Festuca rubra L. subsp. arctica (Hack.) Govor. ■

164245 Festuca rubra L. f. squarrosa (Fr.) Holmb. = Festuca rubra L. ■

164246 Festuca rubra L. subsp. alatavica Hack. ex St. -Yves = Festuca alatavica (St. -Yves) Roshev. ■

164247 Festuca rubra L. subsp. alatavica Hack. ex St. -Yves = Festuca olgae (Regel) Krivot. ■

164248 Festuca rubra L. subsp. alatavica St. -Yves = Festuca olgae (Regel) Krivot. ■

164249 Festuca rubra L. subsp. arctica (Hack.) Govor.;毛稃紫羊茅■

164250 Festuca rubra L. subsp. arctica (Hack.) Govor. = Festuca kirilowii Steud. ■

164251 Festuca rubra L. subsp. aurasiaca Trab. = Festuca deserti (Coss. et Durieu) Trab. subsp. aurasiaca (Trab.) St. -Yves ■☆

164252 Festuca rubra L. subsp. clarkei (Stapf) St. -Yves;克西紫羊茅■

164253 Festuca rubra L. subsp. commutata Gaudin;变异紫羊茅;Chewing's Fescue ■☆

164254 Festuca rubra L. subsp. eurubra var. arenaria f. arctica Hack. = Festuca kirilowii Steud. ■

164255 Festuca rubra L. subsp. eurubra var. genuina subvar. arenaria f. arctica Hack. = Festuca rubra L. subsp. arctica (Hack.) Govor. ■

164256 Festuca rubra L. subsp. fallax (Thuill.) Hayek = Festuca rubra L. var. commutata Gaudin ■☆

164257 Festuca rubra L. subsp. kashmiriana (Stapf) St. -Yves = Festuca kashmiriana Stapf ■

164258 Festuca rubra L. subsp. kashmiriana (Stapf) St. -Yves f. debilis (Stapf) St. -Yves = Festuca debilis (Stapf) E. B. Alexeev ■

164259 Festuca rubra L. subsp. kirelowii (Steud.) Tzvelev = Festuca rubra L. subsp. arctica (Hack.) Govor. ■

164260 Festuca rubra L. subsp. multiflora (Steud.) Piper;多花紫羊茅■☆

164261 Festuca rubra L. subsp. nevadensis Hack. = Festuca nevadensis (Hack.) K. Richt. ■☆

164262 Festuca rubra L. subsp. pluriflora (D. M. Chang) N. R. Cui;多花羊茅;Manyflower Red Fescuegrass ■

164263 Festuca rubra L. subsp. pluriflora (D. M. Chang) N. R. Cui = Festuca rubra L. subsp. arctica (Hack.) Govor. ■

164264 Festuca rubra L. subsp. scabrescens Hack. ex Trab. = Festuca nevadensis (Hack.) K. Richt. subsp. scabrescens (Trab.) Dobignard ■☆

164265 Festuca rubra L. subsp. schlagintweitii St. -Yves = Festuca pamirica Tzvelev ■

164266 Festuca rubra L. subsp. villosa (Merr. et W. D. J. Koch ex Rochley) S. L. Lu;糙毛羊茅;Villose Red Fescuegrass ■

164267 Festuca rubra L. subsp. villosa (Merr. et W. D. J. Koch) S. L. Lu = Festuca rubra L. subsp. villosa (Merr. et W. D. J. Koch ex Rochley) S. L. Lu ■

164268 Festuca rubra L. var. arenaria (Osbeck) Fr. = Festuca arenaria Osbeck ex Retz. ■☆

164269 Festuca rubra L. var. arenaria (Osbeck) Fr. = Festuca rubra L. ■

164270 Festuca rubra L. var. atlantigena Litard. = Festuca iberica (Hack.) K. Richt. subsp. atlantigena (Litard.) Dobignard et Portal ■☆

164271 Festuca rubra L. var. clarkei Stapf = Festuca rubra L. subsp. clarkei (Stapf) St. -Yves ■

164272 Festuca rubra L. var. commutata Gaudin;海氏紫羊茅;Chewing's Fescue, Red Fescue ■☆

164273 Festuca rubra L. var. commutata Gaudin = Festuca rubra L. ■

164274 Festuca rubra L. var. commutata Gaudin = Festuca rubra L. subsp. fallax (Thuill.) Hayek ■☆

164275 Festuca rubra L. var. deserti Coss. et Durieu = Festuca deserti (Coss. et Durieu) Trab. ■☆

164276 Festuca rubra L. var. fallax (Thuill.) P. Fourn. = Festuca rubra L. var. commutata Gaudin ■☆

164277 Festuca rubra L. var. gaetula Maire = Festuca nevadensis (Hack.) K. Richt. subsp. scabrescens (Trab.) Dobignard ■☆

164278 Festuca rubra L. var. genuina Hand. -Mazz. = Festuca yulungschanica E. B. Alexeev ■

164279 Festuca rubra L. var. hackelii Litard. et Maire = Festuca nevadensis (Hack.) K. Richt. ■☆

164280 Festuca rubra L. var. heterophylla Mutel;异叶紫羊茅■☆

164281 Festuca rubra L. var. heterophylla Mutel = Festuca heterophylla Lam. ■

164282 Festuca rubra L. var. hondoensis Ohwi = Festuca hondoensis (Ohwi) Ohwi ■☆

164283 Festuca rubra L. var. juncea (Hack.) K. Richt. = Festuca rubra L. ■

164284 Festuca rubra L. var. maroccana Trab. = Festuca maroccana (Trab.) Romo ■☆
164285 Festuca rubra L. var. multiflora (Hoffm.) Asch. et Graebn. = Festuca diffusa Dumort. ■☆
164286 Festuca rubra L. var. muramatsui Ohwi;村松羊茅■☆
164287 Festuca rubra L. var. musashiensis (Honda) Ohwi;武藏羊茅■☆
164288 Festuca rubra L. var. nankataizanensis Ohwi = Festuca rubra L. ■
164289 Festuca rubra L. var. nankotaizanensis Ohwi;南湖紫羊茅;Nanhu Red Fescuegrass ■
164290 Festuca rubra L. var. niitakensis Ohwi;玉山羊茅(玉山紫羊茅);Yushan Red Fescuegrass ■
164291 Festuca rubra L. var. niitakensis Ohwi = Festuca rubra L. ■
164292 Festuca rubra L. var. pacifica Honda = Festuca rubra L. subsp. multiflora (Steud.) Piper ■☆
164293 Festuca rubra L. var. scabrescens (Hack. ex Trab.) Maire = Festuca rubra L. ■
164294 Festuca rubra L. var. yvesiana Litard. et Maire = Festuca iberica (Hack.) K. Richt. subsp. yvesiana (Litard. et Maire) Dobignard et Portal ■☆
164295 Festuca rupicola Heuff.;岩羊茅(沟羊茅,沟叶羊茅);Fescuegrass,Sulcate Fescuegrass Rocky ■
164296 Festuca rupicola Heuff. = Festuca valesiaca Schleich. ex Gaudin subsp. sulcata (Hack.) Schinz et R. Keller ■
164297 Festuca rupicola Heuff. subsp. kirghisorum Kashina ex Tzvelev = Festuca valesiaca Schleich. ex Gaudin subsp. kirghisorum (Kashina ex Tzvelev) Tzvelev ■
164298 Festuca ruprechtii (Boiss.) V. I. Krecz. et Bobrov = Festuca ovina L. subsp. ruprechtii (Boiss.) Tzvelev ■☆
164299 Festuca salzmannii Boiss. = Narduroides salzmannii (Boiss.) Rouy ■☆
164300 Festuca sauvagei Romo = Festuca ovina L. ■
164301 Festuca saximontana Rydb.;山地羊茅;Rocky Mountain Fescue ■☆
164302 Festuca scaberrima Lange = Festuca capillifolia Dufour ■☆
164303 Festuca scaberrima Steud. = Melica scaberrima (Nees ex Steud.) Hook. f. ■
164304 Festuca scabra Vahl;粗糙羊茅■☆
164305 Festuca scabrella Torr. = Festuca altaica Trin. ■
164306 Festuca scabrescens (Hack. ex Trab.) Trab. = Festuca nevadensis (Hack.) K. Richt. subsp. scabrescens (Trab.) Dobignard ■☆
164307 Festuca scabriflora L. Liou;糙花羊茅;Scabriflower Fescuegrass ■
164308 Festuca scariosa (Lag.) Asch. et Graebn.;干膜质羊茅■☆
164309 Festuca schimperiana A. Rich. = Festuca abyssinica Hochst. ex A. Rich. ■☆
164310 Festuca sciurea Nutt. = Vulpia elliotea (Raf.) Fernald ■☆
164311 Festuca sclerophylla Boiss. ex Bisch. = Leucopoa sclerophylla (Boiss. ex Bisch.) Krecz. et Bobrov ■
164312 Festuca scoparia Hook. f.;帚状羊茅;Bearskin-grass ■☆
164313 Festuca serotina L. = Cleistogenes serotina (L.) Keng ■
164314 Festuca shortii Kunth ex Wood = Festuca paradoxa Desv. ■☆
164315 Festuca sibirica Hack. ex Boiss.;西伯利亚羊茅■
164316 Festuca sibirica Hack. ex Boiss. = Leucopoa albida (Turcz. ex Trin.) V. I. Krecz. et Bobrov ■
164317 Festuca sibirica Hack. ex Boiss. subsp. deasyi (Rendle) Tzvelev = Festuca olgae (Regel) Krivot. ■
164318 Festuca sicula C. Presl = Vulpia sicula (C. Presl) Link ■☆
164319 Festuca sicula C. Presl var. setacea (Guss.) Hack. = Vulpia sicula (C. Presl) Link ■☆
164320 Festuca simensis Hochst. ex A. Rich.;锡米羊茅■☆
164321 Festuca sinensis Keng ex E. B. Alexeev;中华羊茅;China Fescue,Chinese Fescuegrass ■
164322 Festuca sinomutica X. Chen et S. M. Phillips;贫芒羊茅■
164323 Festuca slerophylla Boiss. et Bisch. = Leucopoa sclerophylla (Boiss. et Bisch.) Krecz. et Bobrov ■
164324 Festuca spadicea L. = Festuca paniculata (L.) Schinz et Thell. ■
164325 Festuca spadicea L. subsp. durandoi (Clauson) Trab. = Festuca paniculata (L.) Schinz et Thell. subsp. durandoi (Clauson) Emb. et Maire ■☆
164326 Festuca spadicea L. var. baetica Hack. = Festuca paniculata (L.) Schinz et Thell. subsp. baetica (Hack.) Emb. et Maire ■☆
164327 Festuca spectabilis subsp. sclerophylla (Boiss. ex Bisch.) Boiss. = Leucopoa sclerophylla (Boiss. et Bisch.) Krecz. et Bobrov ■
164328 Festuca spinosa L. f. = Cladoraphis spinosa (L. f.) S. M. Phillips ●☆
164329 Festuca squamulosa Ovcz. et Shibkova;鳞羊茅■☆
164330 Festuca stapfii E. B. Alexeev;细芒羊茅;Stapf Fescuegrass ■
164331 Festuca sterilis (L.) Jess. = Bromus sterilis L. ■
164332 Festuca stipoides (L.) Desf. = Vulpiella stipoides (L.) Maire ■☆
164333 Festuca stricta Host;直立羊茅;Erect Fescue,Strict Fescuegrass ■
164334 Festuca subalpina C. C. Chang et Skvortsov ex S. L. Lu;长白山羊茅(高山羊茅);Changbaishan Fescue,Changbaishan Fescuegrass ■
164335 Festuca subsulcata C. C. Chang et Skvortsov = Festuca rupicola Heuff. ■
164336 Festuca subulata C. C. Chang subsp. japonica (Hack.) Koyama et Kawano = Festuca extremiorientalis Trin. ■
164337 Festuca subulata Trin. ex Brongn. subsp. japonica (Hack.) T. Kayama et Kawano = Festuca extremiorientalis Trin. ■
164338 Festuca subulata Trin. ex Brongn. var. japonica Hack. = Festuca extremiorientalis Trin. ■
164339 Festuca subulata Trin. var. japonica Hack. = Festuca extremiorientalis Trin. ■
164340 Festuca subulata Trin. var. leptopogon (Stapf) St. -Yves = Festuca leptopogon Stapf ■
164341 Festuca subverticillata (Pers.) E. B. Alexeev;近轮生羊茅;Nodding Fescue ■☆
164342 Festuca sudanensis E. B. Alexeev;苏丹羊茅■☆
164343 Festuca sulcata (Hack.) Beck = Festuca valesiaca Schleich. ex Gaudin subsp. sulcata (Hack.) Schinz et R. Keller ■
164344 Festuca sulcata (Hack.) Hack. = Festuca rupicola Heuff. ■
164345 Festuca sulcata (Hack.) Nyman = Festuca rupicola Heuff. ■
164346 Festuca supina Schur = Festuca arioides Lam. ■
164347 Festuca sylvatica Huds. = Brachypodium sylvaticum (Huds.) P. Beauv. ■
164348 Festuca taiwanensis S. L. Lu = Festuca hondae E. B. Alexeev ■
164349 Festuca takasagoensis Ohwi;高砂羊茅;Takasago Fescuegrass ■
164350 Festuca takasagoensis Ohwi = Festuca leptopogon Stapf ■
164351 Festuca takedana Ohwi;武田羊茅■☆
164352 Festuca tectorum (L.) Jess. = Bromus tectorum L. ■
164353 Festuca tenella Willd. = Vulpia octoflora (Walter) Rydb. var. glauca (Nutt.) Fernald ■☆
164354 Festuca tenella Willd. var. glauca Nutt. = Vulpia octoflora

(Walter) Rydb. var. glauca (Nutt.) Fernald ■☆
164355 Festuca tenuifolia Schrad. = Vulpia unilateralis (L.) Stace ■☆
164356 Festuca tenuifolia Sibth. = Festuca filiformis C. Sm. ex Link ■
164357 Festuca tianschanica Roshev.;天山羊茅■☆
164358 Festuca tianschanica Roshev. = Festuca alatavica (St.-Yves) Roshev. ■
164359 Festuca tianschanica Roshev. = Festuca olgae (Regel) Krivot. ■
164360 Festuca tiberica (Stapf) E. B. Alexeev = Festuca coelestis (St.-Yves) V. I. Krecz. et Bobrov ■
164361 Festuca tibestica Miré et Quézel = Festuca abyssinica Hochst. ex A. Rich. ■☆
164362 Festuca tibetica (Stapf) E. B. Alexeev;西藏羊茅■
164363 Festuca trabutii (St.-Yves) Romo = Festuca ovina L. ■
164364 Festuca trachyphylla (Hack.) Krajina;草稃羊茅;Hard Fescue,Hard Sheep Fescue,Sheep Fescue ■
164365 Festuca trachyphylla (Hack.) Krajina = Festuca brevipila R. Tracey ■
164366 Festuca triflora Desf.;三花羊茅■☆
164367 Festuca tristis Krylov et Ivanitzk.;黑穗羊茅■
164368 Festuca tschatkalica E. B. Alexeev;沙卡羊茅■
164369 Festuca tuberculosa (Moris) Coss. et Durieu;块茎羊茅;Tuber Fescuegrass ■
164370 Festuca tuberculosa (Moris) Coss. et Durieu = Castellia tuberculosa (Moris) Bor ■☆
164371 Festuca tuberculosa Coss. et Durieu = Festuca tuberculosa (Moris) Coss. et Durieu ■
164372 Festuca undata Stapf;曲枝羊茅;Undate Fescuegrass ■
164373 Festuca undata Stapf var. aristata Stapf = Festuca stapfii E. B. Alexeev ■
164374 Festuca uniglumis Sol. = Vulpia membranacea (L.) Dumort. ■☆
164375 Festuca uniglumis Sol. var. diandra Maire = Vulpia membranacea (L.) Dumort. ■☆
164376 Festuca unilateralis Schrad. = Vulpia unilateralis (L.) Stace ■☆
164377 Festuca unilateralis Schrad. var. aristata (Boiss.) Coss. et Durieu = Vulpia unilateralis (L.) Stace ■☆
164378 Festuca unilateralis Schrad. var. montana (Boiss. et Reut.) Coss. et Durieu = Vulpia unilateralis (L.) Stace subsp. montana (Boiss. et Reut.) Cabezudo et al. ■☆
164379 Festuca unilateralis Schrad. var. mutica Coss. et Durieu = Vulpia unilateralis (L.) Stace ■☆
164380 Festuca vaginata Waldst. et Kit.;具鞘羊茅■☆
164381 Festuca valentina (St.-Yves) Markgr.-Dann.;瓦伦蒂羊茅■☆
164382 Festuca valesiaca Schleich. ex Gaudin;高山瑞士羊茅(瑞士羊茅);Volga Fescue ■
164383 Festuca valesiaca Schleich. ex Gaudin subsp. hypsophila (St.-Yves) Tzvelev;瑞士羊茅(松菲羊茅)■
164384 Festuca valesiaca Schleich. ex Gaudin subsp. kirghisorum (Kashina ex Tzvelev) Tzvelev;克松羊茅■
164385 Festuca valesiaca Schleich. ex Gaudin subsp. pseudodalmatica (Krajina ex Domin) Soó;假达羊茅■
164386 Festuca valesiaca Schleich. ex Gaudin subsp. pseudovina (Hack. ex Wiesb.) Hegi;假羊茅■
164387 Festuca valesiaca Schleich. ex Gaudin subsp. pseudovina (Hack. ex Wiesb.) Hegi = Festuca pseudovina Hack. ex Wiesb. ■
164388 Festuca valesiaca Schleich. ex Gaudin subsp. sulcata (Hack.) Schinz et R. Keller = Festuca sulcata (Hack.) Nyman ■
164389 Festuca valesiaca Schleich. ex Gaudin subsp. sulcata (Hack.) Schinz et R. Keller = Festuca rupicola Heuff. ■
164390 Festuca valesiaca Schleich. ex Gaudin var. pseudovina (Hack. ex Wiesb.) Schinz et R. Keller = Festuca valesiaca Schleich. ex Gaudin subsp. pseudovina (Hack. ex Wiesb.) Hegi ■
164391 Festuca valesiaca Schleich. ex Gaudin var. tibetica Stapf = Festuca coelestis (St.-Yves) V. I. Krecz. et Bobrov ■
164392 Festuca valesiaca Schleich. ex Gaudin var. tibetica Stapf = Festuca tibetica (Stapf) E. B. Alexeev ■
164393 Festuca varia Haenke;变异羊茅(斑叶羊茅,变色羊茅);Varied Fescuegrass ■
164394 Festuca venusta St.-Yves.;雅丽羊茅■☆
164395 Festuca vierhapperi Hand.-Mazz.;藏滇羊茅(费氏羊茅,羊茅,云南羊茅);Vierhapper Fescuegrass ■
164396 Festuca vivipara Sm.;珠芽羊茅;Viviparous Fescue,Viviparous Sheep's-fescue ■☆
164397 Festuca vulpioides Steud.;鼠茅状羊茅■☆
164398 Festuca wallichiana E. B. Alexeev;藏羊茅;Wallich Fescuegrass ■
164399 Festuca weilleri (Litard.) Romo = Festuca ovina L. ■
164400 Festuca yulungschanica E. B. Alexeev;丽江羊茅■
164401 Festuca yunnanensis St.-Yves;云南羊茅(滇羊茅);Yunnan Fescue,Yunnan Fescuegrass ■
164402 Festuca yunnanensis St.-Yves var. genuina St.-Yves ex Hand.-Mazz. = Festuca yunnanensis St.-Yves ■
164403 Festuca yunnanensis St.-Yves var. villosa St.-Yves ex Hand.-Mazz.;毛羊茅;Villose Yunnan Fescuegrass ■
164404 Festuca yvesiana (Litard. et Maire) Romo = Festuca iberica (Hack.) K. Richt. subsp. yvesiana (Litard. et Maire) Dobignard et Portal ■☆
164405 Festuca yvesii Litard. = Schedonorus fontqueri (St.-Yves) Scholz et Valdés ■☆
164406 Festucaceae (Dumort.) Herter = Gramineae Juss.(保留科名) ■●
164407 Festucaceae (Dumort.) Herter = Poaceae Barnhart(保留科名) ■●
164408 Festucaceae (Dumort.) Herter;羊茅科■
164409 Festucaceae Herter = Festucaceae (Dumort.) Herter ■●
164410 Festucaceae Herter = Gramineae Juss.(保留科名)■●
164411 Festucaceae Herter = Poaceae Barnhart(保留科名)■●
164412 Festucaceae Spreng. = Gramineae Juss.(保留科名)■●
164413 Festucaceae Spreng. = Poaceae Barnhart(保留科名)■●
164414 Festucaria Fabr. = Festuca L. ■
164415 Festucaria Heist. = Festuca L. ■
164416 Festucaria Heist. ex Fabr. = Festuca L. ■
164417 Festucaria Link = Micropyrum (Gaudin) Link ■☆
164418 Festucaria Link = Vulpia C. C. Gmel. ■
164419 Festucella E. B. Alexeev = Austrofestuca (Tzvelev) E. B. Alexeev ■☆
164420 Festucella E. B. Alexeev(1985);小羊茅属■☆
164421 Festucella eriopoda (Vickery) E. B. Alexeev;小羊茅■☆
164422 Festucopsis (C. E. Hubb.) Melderis = Elymus L. ■
164423 Festucopsis serpentini (C. E. Hubb.) Melderis;类羊茅■☆
164424 Festura myuros L. = Vulpia myuros (L.) C. C. Gmel. ■
164425 Feuillaea Gled. = Fevillea L. ■☆
164426 Feuillea Gled. = Fevillea L. ■☆
164427 Feuillea Kuntze = Fevillea L. ■☆
164428 Feuillea Kuntze = Inga Mill. ●■☆

164429 Fevillaea Neck. = Albizia Durazz. + Calliandra Benth.（保留属名）+ Inga Mill. + Pithecellobium Mart.（保留属名）●
164430 Fevillea L.（1753）；费维瓜属■☆
164431 Fevillea cordifolia L.；费维瓜■☆
164432 Fevillea passiflora Vell.；十字花费维瓜■☆
164433 Fevillea pedata Sims = Telfairia pedata（Sims）Hook. ■☆
164434 Fevillea pedatifolia（Cogn.）Jeffrey；鸟足费维瓜■☆
164435 Fevillea trilobata L.；三裂费维瓜■☆
164436 Fevilleaceae Augier. = Cucurbitaceae Juss.（保留科名）●■
164437 Fevilleaceae Pfeiff. = Cucurbitaceae Juss.（保留科名）●■
164438 Fezia Pit. = Fezia Pit. ex Batt. ■☆
164439 Fezia Pit. ex Batt.（1918）；摩洛哥翅果芥属■☆
164440 Fezia elata Sennen = Fezia pterocarpa Pit. ■☆
164441 Fezia pterocarpa Pit.；摩洛哥翅果芥■☆
164442 Fialaris Raf. = Rapanea Aubl. ●
164443 Fibichia Koeler = Cynodon Rich.（保留属名）■
164444 Fibichia umbellata Koeler var. biflora Beck = Cynodon dactylon（L.）Pers. var. biflorus Merino ■
164445 Fibigia Medik.（1792）；盾菜属■☆
164446 Fibigia clypeata（L.）Medik.；盾菜■☆
164447 Fibigia eriocarpa Boiss.；毛果盾菜■☆
164448 Fibigia lunarioides Sweet；爱琴盾菜■☆
164449 Fibigia macroptera Boiss.；大翅盾菜■☆
164450 Fibigia suffruticosa（Vent.）Sweet；灌木状盾菜■☆
164451 Fibocentrum Pierre ex Glaziou = Chrysophyllum L. ●
164452 Fibra Colden = Coptis Salisb. ■
164453 Fibra Colden ex Schöpf = Coptis Salisb. ■
164454 Fibraurea Colden = Fibra Colden ■
164455 Fibraurea Colden ex Sm. = Fibra Colden ■
164456 Fibraurea Lour.（1790）；天仙藤属（黄药属）；Fairyvine，Fibraurea ●
164457 Fibraurea chloroleuca Miers；绿白天仙藤●☆
164458 Fibraurea recisa Pierre；天仙藤（大黄藤，黄连藤，黄藤，黄药，假黄藤，金锁匙，山大黄，山大王，伸筋藤，藤黄连，土黄连）；Common Fairyvine，Common Fibraurea ●
164459 Fibraurea tinctoria Lour. = Fibraurea recisa Pierre ●
164460 Fibraureopsis Yamam.（1944）；类天仙藤属●☆
164461 Fibraureopsis smilacifolia Yamam.；类天仙藤●☆
164462 Fibrocentrum Pierre ex Glaz.（1910）；丝距榄属●☆
164463 Fibrocentrum Pierre. = Fibrocentrum Pierre ex Glaz. ●☆
164464 Ficaceae（Dumort.）Dumort. = Moraceae Gaudich.（保留科名）●■
164465 Ficaceae Bercht. et J. Presl = Moraceae Gaudich.（保留科名）●■
164466 Ficaceae Dumort. = Moraceae Gaudich.（保留科名）●■
164467 Ficalhoa Hiern（1898）；菲卡木属●☆
164468 Ficalhoa laurifolia Hiern；月桂叶菲尔豆●☆
164469 Ficaria Guett.（1754）；榕茛属；Pilewort ■☆
164470 Ficaria Guett.（1754）= Ranunculus L. ■
164471 Ficaria Haller（1742）= Ranunculus L. ■
164472 Ficaria Schaeff.（1760）= Ranunculus L. ■
164473 Ficaria fascicularis K. Koch；簇生榕茛■☆
164474 Ficaria ficarioides（Bory et Chaub.）Halácsy；普通榕茛■☆
164475 Ficaria glacialis Fisch. ex DC. = Oxygraphis glacialis（Fisch. ex DC.）Bunge ■
164476 Ficaria glacialis Fisch. ex DC. = Oxygraphis glacialis（Fisch.）Bunge ■
164477 Ficaria grandiflora Robert = Ranunculus ficaria L. subsp. ficariiformis Rouy et Foucaud ■☆
164478 Ficaria ranunculoides Roth = Ranunculus ficaria L. ■☆
164479 Ficaria verna Huds.；春榕茛■☆
164480 Ficaria verna Huds. = Ranunculus ficaria L. ■☆
164481 Ficaria verna Huds. subsp. ficariiformis（Schultz）Rouy et Foucaud = Ranunculus ficaria L. subsp. ficariiformis Rouy et Foucaud ■☆
164482 Ficaria verna Huds. var. africana Pau = Ranunculus ficaria L. ■☆
164483 Ficaria verna Huds. var. intermedia（Ball）Font Quer = Ranunculus ficaria L. ■☆
164484 Fichtea Sch. Bip. = Microseris D. Don ■☆
164485 Ficindica St. -Lag. = Opuntia Mill. ●
164486 Ficinia Schrad.（1832）（保留属名）；菲奇莎属■☆
164487 Ficinia acrostachys（Steud.）C. B. Clarke；尖穗菲奇莎■☆
164488 Ficinia acuminata（Nees）Nees；渐尖菲奇莎■☆
164489 Ficinia albicans Nees；微白菲奇莎■☆
164490 Ficinia ambigua Steud. = Fimbristylis dichotoma（L.）Vahl ■
164491 Ficinia anceps Nees；二棱菲奇莎■☆
164492 Ficinia angustifolia（Schrad.）Levyns；窄叶菲奇莎■☆
164493 Ficinia angustifolia C. B. Clarke = Ficinia polystachya Levyns ■☆
164494 Ficinia antarctica（L.）Nees ex Kunth = Isolepis diabolica（Steud.）Schrad. ■☆
164495 Ficinia aphylla Nees = Ficinia lateralis（Vahl）Kunth ■☆
164496 Ficinia arenicola T. H. Arnold et Gordon-Gray；沙生菲奇莎■☆
164497 Ficinia arenicola T. H. Arnold et Gordon-Gray var. erecta T. H. Arnold et Gordon-Gray；直立菲奇莎■☆
164498 Ficinia argyropa Nees；银色菲奇莎■☆
164499 Ficinia atrostachya H. Pfeiff. = Bulbostylis oritrephes（Ridl.）C. B. Clarke ■☆
164500 Ficinia bergiana Kunth = Ficinia tristachya（Rottb.）Nees ■☆
164501 Ficinia borealis Lye；北方菲奇莎■☆
164502 Ficinia bracteata Boeck. = Ficinia nigrescens（Schrad.）J. Raynal ■☆
164503 Ficinia brevifolia Kunth；短叶菲奇莎■☆
164504 Ficinia bulbosa（L.）Nees；鳞茎菲奇莎■☆
164505 Ficinia canaliculata Pfeiff. = Hellmuthia membranacea（Thunb.）R. W. Haines et Lye ■☆
164506 Ficinia capillaris（Nees）Levyns = Ficinia filiformis（Lam.）Schrad. ■☆
164507 Ficinia capillifolia（Schrad.）C. B. Clarke；毛叶菲奇莎■☆
164508 Ficinia capitella（Thunb.）Nees；小头菲奇莎■☆
164509 Ficinia cedarbergensis T. H. Arnold et Gordon-Gray；锡达伯格菲奇莎■☆
164510 Ficinia cinnamomea C. B. Clarke；肉桂色菲奇莎■☆
164511 Ficinia clandestina（Steud.）Boeck.；隐匿菲奇莎■☆
164512 Ficinia commutata（Nees）Kunth = Ficinia gracilis Schrad. var. commutata（Nees）C. B. Clarke ■☆
164513 Ficinia composita Nees = Ficinia brevifolia Kunth ■☆
164514 Ficinia contexta Nees = Bulbostylis contexta（Nees）M. Bodard ■☆
164515 Ficinia contorta（Nees）H. Pfeiff. = Ficinia stolonifera Boeck. ■☆
164516 Ficinia crinita（Poir.）B. L. Burtt；长软毛菲奇莎■☆
164517 Ficinia dasystachys C. B. Clarke；毛穗菲奇莎■☆

164518 Ficinia decidua H. Pfeiff. = Ficinia monticola Kunth ■☆
164519 Ficinia deusta (P. J. Bergius) Levyns;焦色菲奇莎■☆
164520 Ficinia dispar (Spreng.) Fourc. = Ficinia secunda (Vahl) Kunth ■☆
164521 Ficinia distans C. B. Clarke;远离菲奇莎■☆
164522 Ficinia dregeana (Steud.) Pfeiff. var. abyssinica Sweet = Ficinia clandestina (Steud.) Boeck. ■☆
164523 Ficinia dunensis Levyns;砂丘菲奇莎■☆
164524 Ficinia dura Turrill;硬菲奇莎■☆
164525 Ficinia ecklonea (Steud.) Nees;埃氏菲奇莎■☆
164526 Ficinia elatior Levyns;较高菲奇莎■☆
164527 Ficinia elongata Boeck. = Ficinia acuminata (Nees) Nees ■☆
164528 Ficinia esterhuyseniae Muasya;埃斯特菲奇莎■☆
164529 Ficinia fascicularis Nees;扁菲奇莎■☆
164530 Ficinia fastigiata (Thunb.) Nees;帚状菲奇莎■☆
164531 Ficinia ferruginea (Boeck.) C. B. Clarke;锈色菲奇莎●☆
164532 Ficinia filiculmea B. L. Burtt;线秆菲奇莎■☆
164533 Ficinia filiformis (Lam.) Schrad.;丝状菲奇莎■☆
164534 Ficinia filiformis (Lam.) Schrad. var. contorta Nees = Ficinia stolonifera Boeck. ■☆
164535 Ficinia filiformis Schrad. var. capillaris Nees = Ficinia filiformis (Lam.) Schrad. ■☆
164536 Ficinia gracilis Schrad.;纤细菲奇莎■☆
164537 Ficinia gracilis Schrad. var. commutata (Nees) C. B. Clarke;变异纤细菲奇莎■☆
164538 Ficinia grandiflora T. H. Arnold et Gordon-Gray;大花菲奇莎■☆
164539 Ficinia ignorata Boeck. = Ficinia acuminata (Nees) Nees ■☆
164540 Ficinia indica (Lam.) Pfeiff.;印度菲奇莎■☆
164541 Ficinia involuta Nees = Ficinia acuminata (Nees) Nees ■☆
164542 Ficinia ixioides Nees;鸟娇花菲奇莎■☆
164543 Ficinia ixioides Nees subsp. glabra T. H. Arnold et Gordon-Gray;光滑菲奇莎■☆
164544 Ficinia laciniata (Thunb.) Nees;撕裂菲奇莎■☆
164545 Ficinia laevis Nees;平滑菲奇莎■☆
164546 Ficinia lateralis (Vahl) Kunth;侧生菲奇莎■☆
164547 Ficinia latifolia T. H. Arnold et Gordon-Gray;宽叶菲奇莎■☆
164548 Ficinia leiocarpa Nees = Ficinia trispicata (L. f.) Druce ■☆
164549 Ficinia levynsiae T. H. Arnold et Gordon-Gray;勒温斯菲奇莎■☆
164550 Ficinia limosa Levyns = Ficinia pygmaea Boeck. ■☆
164551 Ficinia lipocarphioides Kük. = Alinula lipocarphioides (Kük.) J. Raynal ■☆
164552 Ficinia lithosperma Boeck. = Ficinia pallens (Schrad.) Nees var. lithosperma (Boeck.) T. H. Arnold et Gordon-Gray ■☆
164553 Ficinia longifolia (Nees) C. B. Clarke = Ficinia angustifolia (Schrad.) Levyns ■☆
164554 Ficinia ludwigii Boeck. = Ficinia filiformis (Lam.) Schrad. ■☆
164555 Ficinia macowanii C. B. Clarke;麦克欧文菲奇莎■☆
164556 Ficinia marginata (Thunb.) Fourc. = Isolepis marginata (Thunb.) A. Dietr. ■☆
164557 Ficinia membranacea (Thunb.) Kunth = Hellmuthia membranacea (Thunb.) R. W. Haines et Lye ■☆
164558 Ficinia micrantha C. B. Clarke;小花菲奇莎■☆
164559 Ficinia minutiflora C. B. Clarke;微花菲奇莎■☆
164560 Ficinia monticola Kunth;山地菲奇莎■☆
164561 Ficinia mucronata C. B. Clarke;短尖菲奇莎■☆
164562 Ficinia nana B. L. Burtt = Ficinia stolonifera Boeck. ■☆
164563 Ficinia nigrescens (Schrad.) J. Raynal;渐黑菲奇莎■☆
164564 Ficinia nodosa (Rottb.) Goetgh., Muasya et D. A. Simpson;多节菲奇莎■☆
164565 Ficinia oligantha (Steud.) J. Raynal;少花菲奇莎■☆
164566 Ficinia oligantha (Steud.) J. Raynal var. crinita (Poir.) J. Raynal = Ficinia crinita (Poir.) B. L. Burtt ■☆
164567 Ficinia pallens (Schrad.) Nees;苍白菲奇莎■☆
164568 Ficinia pallens (Schrad.) Nees var. lithosperma (Boeck.) T. H. Arnold et Gordon-Gray;石籽苍白菲奇莎■☆
164569 Ficinia paradoxa (Schrad.) Nees;奇异菲奇莎■☆
164570 Ficinia petrophylla T. H. Arnold et Gordon-Gray;翅叶菲奇莎■☆
164571 Ficinia pinguior C. B. Clarke;肥厚菲奇莎■☆
164572 Ficinia poiretii Kunth = Ficinia gracilis Schrad. ■☆
164573 Ficinia polystachya Levyns;多穗菲奇莎■☆
164574 Ficinia praemorsa Nees;啮蚀菲奇莎■☆
164575 Ficinia pulchella Kunth = Schoenoplectus pulchellus (Kunth) J. Raynal ■☆
164576 Ficinia punctata Hochst. = Ficinia trispicata (L. f.) Druce ■☆
164577 Ficinia pusilla C. B. Clarke = Ficinia stolonifera Boeck. ■☆
164578 Ficinia pygmaea Boeck.;矮小菲奇莎■☆
164579 Ficinia quinquangularis Boeck.;五角菲奇莎■☆
164580 Ficinia radiata (L. f.) Kunth;辐射菲奇莎■☆
164581 Ficinia ramosissima Kunth;多枝菲奇莎■☆
164582 Ficinia repens (Nees) Kunth;匍匐菲奇莎■☆
164583 Ficinia rigida Levyns;颖菲奇莎■☆
164584 Ficinia scariosa Nees = Ficinia deusta (P. J. Bergius) Levyns ■☆
164585 Ficinia secunda (Vahl) Kunth;单侧菲奇莎■☆
164586 Ficinia secunda (Vahl) Kunth var. maxima C. B. Clarke = Ficinia secunda (Vahl) Kunth ■☆
164587 Ficinia setiformis Schrad. = Ficinia indica (Lam.) Pfeiff. ■☆
164588 Ficinia setiformis Schrad. var. capitellum (Thunb.) C. B. Clarke = Ficinia capitella (Thunb.) Nees ■☆
164589 Ficinia stolonifera Boeck.;匍枝菲奇莎■☆
164590 Ficinia striata (Thunb.) Kunth = Ficinia indica (Lam.) Pfeiff. ■☆
164591 Ficinia sylvatica Kunth = Ficinia trispicata (L. f.) Druce ■☆
164592 Ficinia tenuifolia Kunth = Ficinia filiformis (Lam.) Schrad. ■☆
164593 Ficinia tenuis (Kunth) C. B. Clarke;细菲奇莎■☆
164594 Ficinia thyrsoidea H. Pfeiff. = Ficinia stolonifera Boeck. ■☆
164595 Ficinia trichodes (Schrad.) Benth. et Hook. f.;毛齿菲奇莎●☆
164596 Ficinia trigyna (L.) Druce = Ficinia deusta (P. J. Bergius) Levyns ■☆
164597 Ficinia trinkleriana Pfeiff. = Carpha bracteosa C. B. Clarke ■☆
164598 Ficinia trispicata (L. f.) Druce;三穗菲奇莎■☆
164599 Ficinia tristachya (Rottb.) Nees;非洲三穗菲奇莎■☆
164600 Ficinia trollii (Kük.) Muasya et D. A. Simpson;特洛尔菲奇莎■☆
164601 Ficinia truncata (Thunb.) Schrad.;平截菲奇莎■☆
164602 Ficinia undosa B. L. Burtt = Ficinia gracilis Schrad. ■☆
164603 Ficinia zeyheri Boeck.;泽赫菲奇莎■☆
164604 Ficoidaceae Juss. = Aizoaceae Martinov(保留科名)●■
164605 Ficoidaceae Kuntze = Aizoaceae Martinov(保留科名)●■
164606 Ficoides Mill. = Mesembryanthemum L.(保留属名)■●

164607 Ficula Fabr. = Ficoides Mill. ■

164608 Ficus L.(1753);榕属(榕树属,无花果属);Adam's Hood, Ficus, Fig, Fig-tree ●

164609 Ficus abelii Miq.;石榕树(牛奶子,水牛乳树,水榕);Abel Fig, Stone Fig ●

164610 Ficus abscondita C. C. Berg;隐匿榕●☆

164611 Ficus abutilifolia (Miq.) Miq.;大叶岩榕;Large-leafed Rock Fig ●☆

164612 Ficus abutilifolia Miq. = Ficus abutilifolia (Miq.) Miq. ●☆

164613 Ficus acanthocarpa H. Lév. et Vaniot = Ficus henryi Warb. ex Diels ●

164614 Ficus acrocarpa Steud. ex Miq. = Ficus thonningii Blume ●☆

164615 Ficus acuminata Steud. ex Miq. = Ficus subulata Blume ●

164616 Ficus acuta De Wild. = Ficus tremula Warb. subsp. acuta (De Wild.) C. C. Berg ●☆

164617 Ficus acutifolia Hutch. = Ficus asperifolia Miq. ●☆

164618 Ficus adolfi-friderici Mildbr.;弗里德里西榕●☆

164619 Ficus affinis Wall. ex Kurz = Ficus concinna Miq. ●

164620 Ficus africana Kunth et Bouché = Ficus ovata Vahl ●☆

164621 Ficus afzelii G. Don = Ficus saussureana DC. ●☆

164622 Ficus aganophila Hutch. = Ficus adolfi-friderici Mildbr. ●☆

164623 Ficus aggregata Vahl = Ficus punctata Lam. ●☆

164624 Ficus ahernii Merr. = Ficus trichocarpa Blume var. obtusa (Hassk.) Corner ●

164625 Ficus akaie De Wild. = Ficus lutea Vahl ●☆

164626 Ficus altissima Blume;高山榕(大青树,大叶榕,鸡榕);Broad-leaved Fig, Council Tree, False Banyan, Lofty Fig ●

164627 Ficus amadiensis De Wild.;阿马迪榕●☆

164628 Ficus amblyphylla (Miq.) Miq. = Ficus microcarpa L. f. ●

164629 Ficus americana Aubl.;西印度榕;West Indian Laurel Fig ●☆

164630 Ficus ampelos Burm. f.;菲律宾榕(金氏榕);King Fig, Philippine Fig ●

164631 Ficus angustifolia Blume = Ficus glaberrima Blume ●

164632 Ficus annobonensis Mildbr. et Hutch. = Ficus thonningii Blume ●☆

164633 Ficus annulata Blume;环纹榕(环榕);Annulate Fig, Ring Fig ●

164634 Ficus anomani Hutch. = Ficus craterostoma Warb. ex Mildbr. et Burret ●☆

164635 Ficus antaoensis Hayata;南投榕;Nantou Fig ●

164636 Ficus antaoensis Hayata = Ficus ruficaulis Merr. ●

164637 Ficus antaoensis Hayata = Ficus ruficaulis Merr. var. antaoensis (Hayata) Hatus. et J. C. Liao ●

164638 Ficus anthelmintica Mart.;驱虫榕●☆

164639 Ficus antithetophylla Steud. ex Miq. = Ficus capreifolia Delile ●☆

164640 Ficus apodocephala Baker = Ficus lutea Vahl ●☆

164641 Ficus apoensis Elmer = Ficus nervosa K. Heyne ex Roth ●

164642 Ficus arcuato-nervata De Wild. ex Hutch. = Ficus ardisioides Warb. subsp. camptoneura (Mildbr.) C. C. Berg ●☆

164643 Ficus ardisioides Warb.;紫金牛榕●☆

164644 Ficus ardisioides Warb. subsp. camptoneura (Mildbr.) C. C. Berg;弯脉榕●☆

164645 Ficus argentea Miq.;银白榕●☆

164646 Ficus arimensis Britton = Ficus lutea Vahl ●☆

164647 Ficus arisanensis Hayata = Ficus sarmentosa Buch.-Ham. ex Sm. var. henryi (King ex Oliv.) Corner ●

164648 Ficus artocarpoides Warb.;黑果榕●☆

164649 Ficus aspera G. Forst. = Ficus parcellii Veitch ●

164650 Ficus asperifolia Hook. ex Miq.;糙叶榕;Sandpaper Tree ●☆

164651 Ficus asperifolia Miq. = Ficus asperifolia Hook. ex Miq. ●☆

164652 Ficus asperiuscula Kunth et Bouch.;爪哇钩毛榕(冠榕,薪青树);Hookedhair Fig ●☆

164653 Ficus asymetrica Hutch. = Ficus ovata Vahl ●☆

164654 Ficus asymmetrica H. Lév. et Vaniot = Ficus cyrtophylla (Wall. ex Miq.) Miq. ●

164655 Ficus aurantiaca Griff.;橙黄榕;Orange Fig ●

164656 Ficus aurantiaca Griff. var. parvifolia (Corner) Corner;小叶藤榕(大果榕,大果藤榕);Smallleaf Orange Fig ●

164657 Ficus aurantiaca Griff. var. parvifolia (Corner) Corner = Ficus aurantiaca Griff. ●

164658 Ficus aurantiaca Griff. var. parvifolia Corner = Ficus aurantiaca Griff. ●

164659 Ficus aurea Nutt.;金榕;Florida Strangler Fig, Golden Fig, Strangler Fig, Strangling Fig ●☆

164660 Ficus aurea Nutt. var. latifolia Nutt. = Ficus aurea Nutt. ●☆

164661 Ficus auriculata Lour.;象耳榕(波罗果,垂枝榕,大果榕,大木瓜,大石榴,大无花果,馒头果,蜜枇杷,木瓜榕);Auricle-leaved Fig, Eared Strangler Fig, Roxburgh Fig ●

164662 Ficus australis Willd. = Ficus rubiginosa Desf. ex Vent. ●☆

164663 Ficus awkeotsang Makino = Ficus pumila L. var. awkeotsang (Makino) Corner ●

164664 Ficus baileyi Hutch. = Ficus sarmentosa Buch.-Ham. ex Sm. var. impressa (Champ.) Corner ●

164665 Ficus barbata Warb. = Ficus glumosa Delile ●☆

164666 Ficus barombiensis Warb. = Ficus polita Vahl ●☆

164667 Ficus baronii Baker = Ficus lutea Vahl ●☆

164668 Ficus barteri Sprague;巴特榕●☆

164669 Ficus basarensis Warb. ex Mildbr. et Burret = Ficus thonningii Blume ●☆

164670 Ficus basidentula Miq. = Ficus callosa Willd. ●

164671 Ficus beecheyana Hook. et Arn.;天仙果(糙叶榕,大号牛奶子,大叶牛奶子,高雄榕,鹿饭,毛天仙果,牛奶柴,牛奶浆,牛奶榕,牛奶珠,牛奶仔,牛乳房,牛乳甫,牛乳榕,披针叶天仙果,乳浆仔,山牛奶,狭叶天仙果,野枇杷);Beechey Fig, Erect Fig, Milk Fig-tree, Upright Fig ●

164672 Ficus beecheyana Hook. et Arn. = Ficus erecta Thunb. ●

164673 Ficus beecheyana Hook. et Arn. = Ficus erecta Thunb. var. beecheyana (Hook. et Arn.) King ●

164674 Ficus beecheyana Hook. et Arn. f. koshunensis (Hayata) Corner = Ficus beecheyana Hook. et Arn. var. koshunensis (Hayata) Sata ●

164675 Ficus beecheyana Hook. et Arn. f. koshunensis (Hayata) Corner = Ficus erecta Thunb. var. beecheyana (Hook. et Arn.) King f. koshunensis (Hayata) Corner ●

164676 Ficus beecheyana Hook. et Arn. f. koshunensis (Hayata) Corner = Ficus koshunensis Hayata ●

164677 Ficus beecheyana Hook. et Arn. f. koshunensis (Hayata) Sata = Ficus erecta Thunb. ●

164678 Ficus beecheyana Hook. et Arn. f. tenuifolia Sata = Ficus erecta Thunb. ●

164679 Ficus beecheyana Hook. et Arn. var. koshunensis (Hayata) Sata = Ficus erecta Thunb. ●

164680 Ficus beecheyana Hook. et Arn. var. koshunensis (Hayata) Sata = Ficus erecta Thunb. var. beecheyana (Hook. et Arn.) King f. koshunensis (Hayata) Corner ●

164681 Ficus beecheyana Hook. et Arn. var. koshunensis (Hayata) Sata = Ficus koshunensis Hayata ●
164682 Ficus beipeiensis S. S. Chang;北碚榕;Beipei Fig, Java Fig, Weeping Fig ●
164683 Ficus benghalensis A. Rich. = Ficus vasta Forssk. ●☆
164684 Ficus benghalensis L.;孟加拉榕(红果榕,孟加拉国榕,印度榕,印度榕树);Banyan, Banyan Fig, Banyan Tree, Bengal Fig, Bengal Wild Fig, India Fig, Indian Banyan, Indian Fig, Indian Wild Fig ●
164685 Ficus benghalensis L. var. krishnae C. DC.;克里希纳榕●☆
164686 Ficus benguetensis Merr.;黄果榕(黄果猪母乳);Yellow-fruit Fig ●
164687 Ficus beniensis De Wild. = Ficus sur Forssk. ●☆
164688 Ficus benjamina L.;垂叶榕(白榕,垂榕,垂枝榕,吊丝榕,柳叶榕,马尾榕,孟占明榕,米碎常,天仙果,细叶榕,小叶榕);Benjamin Banyan, Benjamin Fig, Benjamin Tree, Ceylon Willow, Ficus Benjamina, Java Fig, Smallleaf Fig, Small-leaved Rubber Plant, Strang Fig-tree, Weeping Chinese Banyan, Weeping Fig, Willow Fig ●
164689 Ficus benjamina L. 'Baby Ben';小本垂叶榕●☆
164690 Ficus benjamina L. 'Citation';引用垂叶榕●☆
164691 Ficus benjamina L. 'Curly Ben' = Ficus benjamina L. 'Citation' ●☆
164692 Ficus benjamina L. 'Exotica';新奇垂叶榕●☆
164693 Ficus benjamina L. 'Golden Princess';金色公主垂叶榕●☆
164694 Ficus benjamina L. 'Pandora';潘多拉垂叶榕●☆
164695 Ficus benjamina L. 'Reginald';雷金纳德垂叶榕●☆
164696 Ficus benjamina L. 'Starlight';星光垂叶榕●☆
164697 Ficus benjamina L. 'Variegata';斑叶垂叶榕(白斑垂叶榕,斑叶垂榕)●☆
164698 Ficus benjamina L. 'Wiandi';盆艺垂叶榕●☆
164699 Ficus benjamina L. var. comosa (Roxb.) Kurz = Ficus benjamina L. var. nuda (Miq.) Barrett ●
164700 Ficus benjamina L. var. comosa King = Ficus benjamina L. var. nuda (Miq.) Barrett ●
164701 Ficus benjamina L. var. nuda (Miq.) Barrett;丛毛垂叶榕(丛毛垂枝榕,健壮垂叶榕)●
164702 Ficus bequaertii De Wild. = Ficus thonningii Blume ●☆
164703 Ficus bhotanica King = Ficus gasparriniana Miq. var. laceratifolia (H. Lév. et Vaniot) Corner ●
164704 Ficus bizanae Hutch. et Burtt Davy;比扎纳垂叶榕●☆
164705 Ficus blinii H. Lév. et Vaniot = Ficus nervosa K. Heyne ex Roth ●
164706 Ficus bodinieri H. Lév. et Vaniot = Ficus sarmentosa Buch.-Ham. ex Sm. var. impressa (Champ.) Corner ●
164707 Ficus bonatii H. Lév. = Ficus tikoua Bureau ●
164708 Ficus bongoensis Warb. = Ficus thonningii Blume ●☆
164709 Ficus bongouanensis A. Chev. = Ficus variifolia Warb. ●☆
164710 Ficus bonii Gagnep. = Ficus cardiophylla Merr. ●
164711 Ficus boninsimae Koidz.;小笠原榕●☆
164712 Ficus botryoides H. Lév. et Vaniot = Ficus sarmentosa Buch.-Ham. ex Sm. var. lacrymans (H. Lév.) Corner ●
164713 Ficus bougouanouensis A. Chev. = Ficus variifolia Warb. ●☆
164714 Ficus brachylepis Welw. ex Hiern = Ficus sansibarica Warb. subsp. macrosperma (Mildbr. et Burret) C. C. Berg ●☆
164715 Ficus brachypoda Hutch. = Ficus ovata Vahl ●☆
164716 Ficus brachypoda Hutch. var. scioana Chiov. = Ficus ovata Vahl ●☆
164717 Ficus brassii R. Br. ex Sabine = Ficus sur Forssk. ●☆
164718 Ficus brevicula Hiern = Ficus pygmaea Welw. ex Hiern ●☆
164719 Ficus brevifolia Nutt. = Ficus citrifolia Mill. ●☆
164720 Ficus brevipedicellata De Wild. = Ficus natalensis Hochst. subsp. leprieurii (Miq.) C. C. Berg ●☆
164721 Ficus bubu Warb.;布布榕●☆
164722 Ficus buchneri Warb. = Ficus ovata Vahl ●☆
164723 Ficus budduensis Hutch. = Ficus trichopoda Baker ●☆
164724 Ficus buettneri Warb. = Ficus ottoniifolia (Miq.) Miq. ●☆
164725 Ficus buettneri Warb. var. globicarpa Warb. ex Mildbr. et Burret = Ficus ottoniifolia (Miq.) Miq. ●☆
164726 Ficus buntingii Hutch. = Ficus sansibarica Warb. subsp. macrosperma (Mildbr. et Burret) C. C. Berg ●☆
164727 Ficus burkei (Miq.) Miq.;伯克榕●☆
164728 Ficus burtt-davyi Hutch.;伯特·戴维榕●☆
164729 Ficus bussei Warb. ex Mildbr. et Burret;索马里榕●☆
164730 Ficus butaguensis De Wild. = Ficus thonningii Blume ●☆
164731 Ficus buxifolia De Wild. = Ficus lingua De Wild. et T. Durand ex Warb. ●☆
164732 Ficus cabrae Warb. = Ficus ovata Vahl ●☆
164733 Ficus caesia Hand.-Mazz. = Ficus orthoneura H. Lév. et Vaniot ●
164734 Ficus caffra Miq. = Ficus ingens (Miq.) Miq. ●☆
164735 Ficus caffra Miq. var. longipes Warb. = Ficus ingens (Miq.) Miq. ●☆
164736 Ficus caffra Miq. var. natalensis Warb. = Ficus ingens (Miq.) Miq. ●☆
164737 Ficus caffra Miq. var. pubicarpa Warb. = Ficus ingens (Miq.) Miq. ●☆
164738 Ficus caffra Miq. var. sambesiaca Warb. = Ficus ingens (Miq.) Miq. ●☆
164739 Ficus cairnsii Warb. = Ficus microcarpa L. f. ●
164740 Ficus callabatensis Warb. = Ficus vasta Forssk. ●☆
164741 Ficus callescens Hiern = Ficus cyathistipula Warb. ●☆
164742 Ficus callicarpa Miq. var. parvifolia Corner = Ficus aurantiaca Griff. var. parvifolia (Corner) Corner ●
164743 Ficus callosa Willd.;硬皮榕;Callose Fig ●
164744 Ficus calotropis Lebrun et L. Touss. = Ficus amadiensis De Wild. ●☆
164745 Ficus calyptrata Thonn. ex Vahl;帽榕●☆
164746 Ficus campressicaulis Blume = Ficus sagittata Vahl ●
164747 Ficus camptoneura Mildbr. = Ficus ardisioides Warb. subsp. camptoneura (Mildbr.) C. C. Berg ●☆
164748 Ficus camptoneura Mildbr. var. angustifolia ? = Ficus ardisioides Warb. subsp. camptoneura (Mildbr.) C. C. Berg ●☆
164749 Ficus camptoneuroides Hutch.;曲脉榕●☆
164750 Ficus cantoniensis Bodinier ex H. Lév. = Ficus hederacea Roxb. ●
164751 Ficus capensis Thunb.;海角榕(好望角榕);Cape Fig, Wild Fig ●
164752 Ficus capensis Thunb. = Ficus sur Forssk. ●☆
164753 Ficus capensis Thunb. var. beniensis (De Wild.) J.-P. Lebrun = Ficus sur Forssk. ●☆
164754 Ficus capensis Thunb. var. guineensis (Miq.) Miq. = Ficus sur Forssk. ●☆
164755 Ficus capensis Thunb. var. iturensis (De Wild.) J.-P. Lebrun = Ficus sur Forssk. ●☆
164756 Ficus capensis Thunb. var. mallotocarpa (Warb.) Mildbr. et Burret = Ficus sur Forssk. ●☆
164757 Ficus capensis Thunb. var. ostiolata (De Wild.) J.-P. Lebrun =

Ficus sur Forssk. ●☆

164758 Ficus capensis Thunb. var. pubescens Warb. ex De Wild. et T. Durand = Ficus sur Forssk. ●☆

164759 Ficus capensis Thunb. var. trichoneura Warb. = Ficus sur Forssk. ●☆

164760 Ficus capreifolia Delile;山羊角榕●☆

164761 Ficus capreifolia Delile var. ovalifolia Hutch. = Ficus capreifolia Delile ●☆

164762 Ficus cardiophylla Merr. ;龙州榕;Longzhou Fig ●

164763 Ficus carica L. ;无花果(阿驿,阿驵,底珍,底珍树,买花果,密果,蜜果,明目果,奶浆果,牛奶子,牛乳房,品仙果,树地瓜,天生子,文仙果,文先果,映日果,优昙钵);Broad Fig, Chinese Fig, Common Fig, Dough Fig, Edible Fig, Fig, Fig Tree, Fig-tree, Turkey Fig ●

164764 Ficus carica L. 'Black Genoa';黑热那亚无花果●☆

164765 Ficus carica L. 'Brown Turkey';褐土耳其无花果●☆

164766 Ficus carica L. 'Kadota';卡多塔无花果●☆

164767 Ficus carica L. 'Mission';使命无花果●☆

164768 Ficus carica L. 'Verdone' = Ficus carica L. 'White Adriatic' ●☆

164769 Ficus carica L. 'White Adriatic';白亚得里亚海无花果●☆

164770 Ficus carica L. subsp. rupestris (Boiss.) Browicz = Ficus carica L. var. rupestris Hausskn. ex Boiss. ●☆

164771 Ficus carica L. var. horaishi ?;蓬莱榕●☆

164772 Ficus carica L. var. johannis ? = Ficus johannis Boiss. ●☆

164773 Ficus carica L. var. rupestris Hausskn. ex Boiss. ;岩榕●☆

164774 Ficus carica L. var. sylvestris ?;野无花果;Wild Caprifig ●☆

164775 Ficus caricoides Roxb. = Ficus palmata Forssk. ●☆

164776 Ficus caudata Wall. = Ficus subincisa Buch. -Ham. ex Sm. var. paucidentata (Miq.) Corner ●

164777 Ficus caudata Wall. ex Miq. = Ficus subincisa Buch. -Ham. ex Sm. ●

164778 Ficus caudatifolia Warb. = Ficus heteropleura Blume ●

164779 Ficus caudatolongifolia Sata = Ficus heteropleura Blume ●

164780 Ficus caudiculata Trin. = Ficus hispida L. f. ●

164781 Ficus caulobotrya (Miq.) Miq. var. fraseri (Miq.) Miq. = Ficus virens Aiton ●

164782 Ficus caulobotrya (Miq.) Miq. var. fraseri Miq. = Ficus virens Aiton var. sublaceolata (Miq.) Corner ●

164783 Ficus caulocarpa (Miq.) Miq. ;大叶赤榕(大叶雀榕,大叶榕)●

164784 Ficus caulocarpa Hayata = Ficus caulocarpa (Miq.) Miq. ●

164785 Ficus cavaleriei H. Lév. et Vaniot = Ficus heteromorpha Hemsl. ●

164786 Ficus cavaleriei H. Lév. et Vaniot = Ficus variolosa Lindl. ex Benth. ●

164787 Ficus cehengensis S. S. Chang;册亨榕;Ceheng Fig ●

164788 Ficus cehengensis S. S. Chang = Ficus gasparriniana Miq. var. esquirolii (H. Lév. et Vaniot) Corner ●

164789 Ficus cehengensis S. S. Chang var. multiformis S. S. Chang;多型册亨榕;Multiforme Ceheng Fig ●

164790 Ficus chaffajoni H. Lév. = Ficus sarmentosa Buch. -Ham. ex Sm. var. nipponica (Franch. et Sav.) Corner ●

164791 Ficus chaffajoni H. Lév. et Vaniot = Ficus sarmentosa Buch. -Ham. ex Sm. var. nipponica (Franch. et Sav.) Corner ●

164792 Ficus championii Benth. = Ficus vasculosa Wall. ex Miq. ●

164793 Ficus changuensis Warb. ex Mildbr. et Burret = Ficus bussei Warb. ex Mildbr. et Burret ●☆

164794 Ficus changuensis Warb. ex Mildbr. et Burret var. somalensis Pamp. = Ficus bussei Warb. ex Mildbr. et Burret ●☆

164795 Ficus chapaensis Gagnep. ;沙坝榕;Shaba Fig ●

164796 Ficus chartacea Wall. ex King;纸叶榕;Chartaceous Fig ●

164797 Ficus chartacea Wall. ex King var. torulosa King;无柄纸叶榕(纸叶榕);Papery Fig, Sessile Chartaceous Fig ●

164798 Ficus chincha Roxb. = Ficus subincisa Buch. -Ham. ex Sm. ●

164799 Ficus chirindensis C. C. Berg;奇林达榕●☆

164800 Ficus chittagonga Miq. = Ficus racemosa L. var. miquelii (King) Corner ●

164801 Ficus chlamydocarpa Warb. ex Mildbr. et Burret;斗篷果榕●☆

164802 Ficus chlamydocarpa Warb. ex Mildbr. et Burret subsp. fernandesiana (Hutch.) C. C. Berg;费尔南榕●☆

164803 Ficus chlamydocarpa Warb. ex Mildbr. et Burret subsp. latifolia (Hutch.) C. C. Berg;宽叶斗篷果榕●☆

164804 Ficus chlamydodora Warb. = Ficus thonningii Blume ●☆

164805 Ficus chlorocarpa Benth. = Ficus variegata Blume var. chlorocarpa (Benth.) King ●

164806 Ficus chlorocarpa Benth. = Ficus variegata Blume ●

164807 Ficus chlorocarpa Miq. = Ficus variegata Blume var. chlorocarpa (Benth.) King ●

164808 Ficus chrysocarpa Reinw. ex Blume = Ficus fulva Reinw. ex Blume ●

164809 Ficus chrysocerasus Welw. ex Warb. = Ficus natalensis Hochst. subsp. leprieurii (Miq.) C. C. Berg ●☆

164810 Ficus ciliata S. S. Chang;缘毛榕;Ciliate Fig ●

164811 Ficus ciliata S. S. Chang = Ficus sinociliata Z. K. Zhou et M. G. Gilbert ●

164812 Ficus cinerascens Thwaites = Ficus callosa Willd. ●

164813 Ficus citrifolia Mill. ;橘叶榕;Bearded Fig, Wild Banyan Tree ●☆

164814 Ficus citrifolia Willd. = Ficus drupacea Thunb. var. pubescens (Roth) Corner ●

164815 Ficus clarencensis Mildbr. et Hutch. = Ficus chlamydocarpa Warb. ex Mildbr. et Burret ●☆

164816 Ficus clavata Wall. ex Miq. = Ficus henryi Warb. ex Diels ●

164817 Ficus clavata Wall. ex Miq. = Ficus subincisa Buch. -Ham. ex Sm. ●

164818 Ficus clavata Wall. ex Miq. = Ficus subincisa Buch. -Ham. ex Sm. var. paucidentata (Miq.) Corner ●

164819 Ficus clethrophylla Hiern = Ficus sur Forssk. ●☆

164820 Ficus cnestrophylla Warb. = Ficus asperifolia Miq. ●☆

164821 Ficus cocculifolia Baker;木防己叶榕●☆

164822 Ficus cognata N. E. Br. = Ficus thonningii Blume ●☆

164823 Ficus colchica Grossh. = Ficus carica L. ●

164824 Ficus colpophylla Warb. = Ficus asperifolia Miq. ●☆

164825 Ficus comata Hand. -Mazz. = Ficus gasparriniana Miq. ●

164826 Ficus comata Hand. -Mazz. = Ficus gasparriniana Miq. var. viridescens (H. Lév. et Vaniot) Corner ●

164827 Ficus comosa Roxb. = Ficus benjamina L. ●

164828 Ficus comosa Roxb. = Ficus benjamina L. var. nuda (Miq.) Barrett ●

164829 Ficus compressa S. S. Chang = Ficus hispida L. f. ●

164830 Ficus compressa S. S. Chang = Ficus hispida L. f. var. badiostrigosa Corner ●

164831 Ficus compressicaulis Blume = Ficus sagittata Vahl ●

164832 Ficus concinna (Miq.) Miq. var. subsessilis Corner = Ficus concinna (Miq.) Miq. ●

164833 Ficus concinna Miq.;雅榕(万年青,小叶榕);Pretty Fig, Small-leaved Fig ●

164834 Ficus concinna Miq. var. subsessilis Corner;无柄雅榕(近无柄雅榕,万年青,无柄小叶榕,无梗小叶榕);Sessile Pretty Fig ●

164835 Ficus condaravia Buch. -Ham. = Ficus microcarpa L. f. ●

164836 Ficus congensis Engl. = Ficus trichopoda Baker ●☆

164837 Ficus congensis Engl. var. mollis Hutch. = Ficus trichopoda Baker ●☆

164838 Ficus congesta (H. Lév. et Vaniot) H. Lév. = Ficus gasparriniana Miq. ●

164839 Ficus congesta (H. Lév. et Vaniot) H. Lév. = Ficus trivia Corner ●

164840 Ficus congesta H. Lév. et Vaniot = Ficus gasparriniana Miq. var. viridescens (H. Lév. et Vaniot) Corner ●

164841 Ficus conglomerata Roxb. = Ficus semicostata (Buch. -Ham. ex Sm.) F. M. Bailey ●

164842 Ficus conraui Warb.;康榕●☆

164843 Ficus cordata Kunth et Bouch. = Ficus elastica Roxb. ●

164844 Ficus cordata Thunb.;澳非心叶榕●☆

164845 Ficus cordata Thunb. subsp. lecardii (Warb.) C. C. Berg;莱卡德心叶榕●☆

164846 Ficus cordata Thunb. subsp. salicifolia (Vahl) C. C. Berg;披针心叶榕●☆

164847 Ficus cordata Thunb. var. fleckii Warb. = Ficus cordata Thunb. ●☆

164848 Ficus cordata Thunb. var. marlothii Warb. = Ficus cordata Thunb. ●☆

164849 Ficus cordata Thunb. var. tristis (Kunth et Bouché) Warb. = Ficus cordata Thunb. ●☆

164850 Ficus cordatifolia Elmer = Ficus callosa Willd. ●

164851 Ficus cordifolia Roxb. = Ficus rumphii Blume ●

164852 Ficus coriacea De Wild. = Ficus densistipulata De Wild. ●☆

164853 Ficus coronata de Spin et Colla;克里克砂纸榕(冠榕);Creek Sandpaper Fig, Sandpaper Fig ●

164854 Ficus coronata Reinw. ex Blume = Ficus asperiuscula Kunth et Bouch. ●☆

164855 Ficus corylifolia Warb. = Ficus mucuso Welw. ex Ficalho ●☆

164856 Ficus corylifolia Warb. var. glabrescens ? = Ficus mucuso Welw. ex Ficalho ●☆

164857 Ficus cotinifolia Kunth;黄栌叶榕●☆

164858 Ficus cotoneifolia Miq. = Ficus benghalensis A. Rich. ●☆

164859 Ficus crassipedicellata De Wild. = Ficus thonningii Blume ●☆

164860 Ficus crassipedicellata De Wild. f. angustifolia ? = Ficus thonningii Blume ●☆

164861 Ficus crassipedicellata De Wild. f. boonei ? = Ficus thonningii Blume ●☆

164862 Ficus crassipedicellata De Wild. var. cuneata ? = Ficus thonningii Blume ●☆

164863 Ficus craterostoma Warb. ex Mildbr. et Burret;杯口榕●☆

164864 Ficus cumingii Miq.;糙毛榕(对叶榕,克明榕,屈氏榕);Agosihis Cuming's Fig-tree, Cuming Fig ●

164865 Ficus cumingii Miq. var. terminalifolia (Elmer) Sata;对叶糙毛榕(对叶榕)●

164866 Ficus cumingii Miq. var. terminalifolia (Elmer) Sata = Ficus cumingii Miq. ●

164867 Ficus cuneata H. Lév. et Vaniot = Ficus heteromorpha Hemsl. ●

164868 Ficus cuneata H. Lév. et Vaniot = Ficus trivia Corner ●

164869 Ficus cuneata H. Lév. et Vaniot var. congesta H. Lév. et Vaniot = Ficus trivia Corner ●

164870 Ficus cuneatonervosa Yamam. = Ficus pubilimba Merr. ●

164871 Ficus cuneatonervosa Yamam. = Ficus pubinervis Blume ●

164872 Ficus cunia Buch. -Ham. ex Roxb. = Ficus semicostata (Buch. -Ham. ex Sm.) F. M. Bailey ●

164873 Ficus cunia Buch. -Ham. ex Sm. = Ficus semicordata Buch. -Ham. ex Sm. ●

164874 Ficus curtipes Corner;钝叶榕;Obtuse-leaved Fig ●

164875 Ficus cuspidatocaudata Hayata;白尖榕(白榕,白肉榕,小叶松);White Bark Fig-tree ●

164876 Ficus cuspidatocaudata Hayata = Ficus benjamina L. ●

164877 Ficus cuspidatolongifolia Sata;长叶榕(尖尾长叶榕);Long-leaf Fig-tree ●

164878 Ficus cuspidifera Miq. = Ficus tinctoria G. Forst. subsp. gibbosa (Blume) Corner ●

164879 Ficus cyanus H. Lév. et Vaniot = Ficus gasparriniana Miq. ●

164880 Ficus cyanus H. Lév. et Vaniot = Ficus gasparriniana Miq. var. viridescens (H. Lév. et Vaniot) Corner ●

164881 Ficus cyanus H. Lév. et Vaniot var. viridescens H. Lév. et Vaniot = Ficus gasparriniana Miq. ●

164882 Ficus cyanus H. Lév. et Vaniot var. viridescens H. Lév. et Vaniot = Ficus gasparriniana Miq. var. viridescens (H. Lév. et Vaniot) Corner ●

164883 Ficus cyathistipula Warb.;托叶榕●☆

164884 Ficus cyphocarpa Mildbr. = Ficus thonningii Blume ●☆

164885 Ficus cyrtophylla (Wall. ex Miq.) Miq.;歪叶榕(不对称榕);Endophyllous Fig ●

164886 Ficus cyrtophylla Wall. ex Miq. = Ficus cyrtophylla (Wall. ex Miq.) Miq. ●

164887 Ficus daemonum Zoll. et Moritzi = Ficus hispida L. f. ●

164888 Ficus dahro Delile = Ficus vasta Forssk. ●☆

164889 Ficus damarensis Engl. = Ficus sycomorus L. subsp. gnaphalocarpa (Miq.) C. C. Berg ●☆

164890 Ficus damiaoshanensis S. S. Chang = Ficus ruyuanensis S. S. Chang ●

164891 Ficus damingshanensis S. S. Chang;大明山榕(大苗山榕);Damingshan Fig ●

164892 Ficus dammaropsis Diels;蔓生榕;Dinner Plate Fig, Highland Breadfruit ●☆

164893 Ficus dar-es-salaamii Hutch. = Ficus stuhlmannii Warb. ●☆

164894 Ficus dawei Hutch. = Ficus saussureana DC. ●☆

164895 Ficus decaisneana Miq. = Ficus virgata Reinw. ex Blume ●

164896 Ficus dekdekena (Miq.) A. Rich. = Ficus thonningii Blume ●☆

164897 Ficus dekdekena (Miq.) A. Rich. var. pubiceps Warb. ex Mildbr. et Burret = Ficus thonningii Blume ●☆

164898 Ficus delagoensis Sim = Ficus sansibarica Warb. ●☆

164899 Ficus delavayi Gagnep. = Ficus ischnopoda Miq. ●

164900 Ficus deltoidea Jack;圆叶橡皮树(槲寄生榕,三角榕,异叶榕,圆叶榕);Mistletoe Fig, TriangleFig ●☆

164901 Ficus demeusei Warb. = Ficus artocarpoides Warb. ●☆

164902 Ficus densistipulata De Wild.;密托叶榕●☆

164903 Ficus densistipulata De Wild. = Ficus stipitata Lebrun ●☆

164904 Ficus destruens F. Muell. ex C. T. White;扼杀榕;Rusty Fig ●☆

164905 Ficus dewevrei Warb. = Ficus ottoniifolia (Miq.) Miq. ●☆

164906 Ficus dewevreoides De Wild. = Ficus ottoniifolia (Miq.) Miq. ●☆
164907 Ficus dicranostyla Mildbr.;叉柱榕●☆
164908 Ficus dicranostyla Mildbr. var. aubrevillei Wolf;奥布榕●☆
164909 Ficus dicranostyla Mildbr. var. nitida Hutch. = Ficus dicranostyla Mildbr. ●☆
164910 Ficus dinganensis S. S. Chang;定安榕;Ding' an Fig ●
164911 Ficus dinteri Warb. = Ficus thonningii Blume ●☆
164912 Ficus discifera Warb. = Ficus abutilifolia (Miq.) Miq. ●☆
164913 Ficus diversifolia Blume = Ficus deltoidea Jack ●☆
164914 Ficus djalonensis A. Chev. ex Hutch. et Dalziel = Ficus calyptrata Thonn. ex Vahl ●☆
164915 Ficus djurensis Warb.;于拉榕●☆
164916 Ficus drupacea Thunb.;枕果榕;Brown-woolly Fig, Drupe-fruited Fig ●
164917 Ficus drupacea Thunb. var. glabrata Corner;美丽枕榕●☆
164918 Ficus drupacea Thunb. var. pubescens (Roth) Corner;毛果枕果榕(毛枕果榕,柔毛枕榕);Hairyfruit Fig ●
164919 Ficus duclouxii H. Lév. et Vaniot = Ficus sarmentosa Buch.-Ham. ex Sm. var. duclouxii (H. Lév. et Vaniot) Corner ●
164920 Ficus durandiana Warb. = Ficus glumosa Delile ●☆
164921 Ficus durbanii Warb. = Ficus natalensis Hochst. ●☆
164922 Ficus dusenii Warb. = Ficus thonningii Blume ●☆
164923 Ficus ealaensis De Wild. = Ficus ottoniifolia (Miq.) Miq. ●☆
164924 Ficus ebolowensis Mildbr. et Hutch. = Ficus densistipulata De Wild. ●☆
164925 Ficus elastica Roxb.;印度榕(矮小天仙果,缅榕,缅树,榕乳树,橡胶榕,橡皮树,印度胶榕,印度胶树,印度橡胶树,印度橡皮树);Assam Rubber, Assam Rubber Tree, Assam Rubber-tree, Bengal India Rubber Tree, Bengal India-Rubber Tree, Caoutchouc, Caoutchouc Tree, Fiscus Rubber, India Rubber Tree, Indian Caoutchouc Tree, Indian Rubber, Indian Rubber Fig, Indian Rubber Plant, Indian Rubber Tree, Indian Rubberplant, Indian Rubbertree, Indian-rubber Tree, India-rubber Fig, India-rubber Plant, India-rubber Tree, Rubber Plant, Rubber Tree ●
164926 Ficus elastica Roxb. 'Apollo';皱叶橡皮树(暗红印度胶榕)●
164927 Ficus elastica Roxb. 'Asahi';白边橡皮树(白边胶榕)●
164928 Ficus elastica Roxb. 'Aurea-marginata';金边印度胶榕●☆
164929 Ficus elastica Roxb. 'Burgundy';黑紫橡皮树●
164930 Ficus elastica Roxb. 'Craigi';丽苞橡皮树●
164931 Ficus elastica Roxb. 'Decora Tricolor';彩叶橡皮树●
164932 Ficus elastica Roxb. 'Decora Variegata';丽斑橡皮树●
164933 Ficus elastica Roxb. 'Decora';红肋橡皮树(德可拉印度胶榕,红芽印度橡胶树,装饰印度橡胶树)●
164934 Ficus elastica Roxb. 'Doesheri';花叶橡皮树(彩叶印度橡胶树,道斯切里印度胶榕,锦叶橡皮树);Rubber Plant ●
164935 Ficus elastica Roxb. 'Green Island';绿岛印度胶榕●☆
164936 Ficus elastica Roxb. 'La France';密叶橡皮树●
164937 Ficus elastica Roxb. 'Robusta';龙虾橡皮树(坚硬印度胶榕)●
164938 Ficus elastica Roxb. 'Schryveriana';斯克瑞文利印度胶榕●☆
164939 Ficus elastica Roxb. 'Tricolor';三色印度胶榕●☆
164940 Ficus elastica Roxb. 'Variegata';斑叶橡皮树(斑叶胶榕,斑叶榕乳树,斑叶印度胶榕,斑叶印度橡胶树,变叶缅榕,花叶橡胶榕,花叶橡胶树,黄边橡胶树,黄边橡皮树,黄边印度橡胶树);Yellow Margineted Rubber Tree ●
164941 Ficus elastica Roxb. ex Hornem. = Ficus elastica Roxb. ●
164942 Ficus elastica Roxb. var. variegata Hort. = Ficus elastica Roxb. 'Variegata' ●
164943 Ficus elasticoides De Wild.;弹性榕●☆
164944 Ficus elegans (Miq.) Miq. = Ficus artocarpoides Warb. ●☆
164945 Ficus emodi Wall. = Ficus laevis Blume ●
164946 Ficus epiphytica De Wild. = Ficus crassicosta Warb. ●☆
164947 Ficus erecta Thunb.;直立榕(矮小天仙果,大号牛奶仔,大叶牛奶子,假枇杷,假枇杷果,毛天仙果,缅树,奶浆包,牛奶仔,牛乳茶,天师果,天仙果,野枇杷,印度胶树,印度榕,印度橡皮树);Erect Fig ●
164948 Ficus erecta Thunb. f. sieboldii (Miq.) Corner = Ficus erecta Thunb. ●
164949 Ficus erecta Thunb. f. sieboldii (Miq.) Corner = Ficus erecta Thunb. var. sieboldii King ●
164950 Ficus erecta Thunb. var. ariegata L. H. Bailey = Ficus elastica Roxb. 'Variegata' ●
164951 Ficus erecta Thunb. var. beecheyana (Hook. et Arn.) King = Ficus beecheyana Hook. et Arn. ●
164952 Ficus erecta Thunb. var. beecheyana (Hook. et Arn.) King = Ficus erecta Thunb. ●
164953 Ficus erecta Thunb. var. beecheyana (Hook. et Arn.) King f. koshunensis (Hayata) Corner = Ficus beecheyana Hook. et Arn. f. koshunensis (Hayata) Corner ●
164954 Ficus erecta Thunb. var. beecheyana (Hook. et Arn.) King f. koshunensis (Hayata) Corner = Ficus koshunensis Hayata ●
164955 Ficus erecta Thunb. var. sieboldii (Miq.) King = Ficus erecta Thunb. ●
164956 Ficus erecta Thunb. var. sieboldii King;西氏直立榕(席氏直立榕,细叶犬枇杷)●
164957 Ficus erici-rosenii R. E. Fr. = Ficus burkei (Miq.) Miq. ●☆
164958 Ficus eriobotryoides Kunth et Bouché = Ficus saussureana DC. ●☆
164959 Ficus eriobotryoides Kunth et Bouché var. caillei A. Chev. ex Mildbr. et Burret = Ficus saussureana DC. ●☆
164960 Ficus eriocarpa Warb. = Ficus thonningii Blume ●☆
164961 Ficus erubescens Warb. = Ficus sur Forssk. ●☆
164962 Ficus eryobotryoides Kunth et Bouché var. latifolia Hutch. = Ficus chlamydocarpa Warb. ex Mildbr. et Burret subsp. latifolia (Hutch.) C. C. Berg ●☆
164963 Ficus esmeralda F. M. Bailey = Ficus virgata Reinw. ex Blume ●
164964 Ficus esquiroliana H. Lév.;罗甸榕(大赦婆树,滇南榕,黄毛榕,猫卵果,猫卵子,毛果);Esquirol Fig, Luodian Fig ●
164965 Ficus esquirolii H. Lév. et Vaniot = Ficus gasparriniana Miq. var. esquirolii (H. Lév. et Vaniot) Corner ●
164966 Ficus eucalyptoides Batt. et Trab. = Ficus cordata Thunb. subsp. salicifolia (Vahl) C. C. Berg ●☆
164967 Ficus exasperata Vahl;砂纸榕(粗糙榕);Sandpaper Leaf Fig ●☆
164968 Ficus excentrica Warb. = Ficus natalensis Hochst. subsp. leprieurii (Miq.) C. C. Berg ●☆
164969 Ficus fachikoogi Koidz. = Ficus irisana Elmer ●
164970 Ficus fasciculata Warb. = Ficus bussei Warb. ex Mildbr. et Burret ●☆
164971 Ficus fasciculiflora Hutch. = Ficus ottoniifolia (Miq.) Miq. ●☆
164972 Ficus faulkneriana C. C. Berg;福克纳榕●☆
164973 Ficus fazokelensis (Miq.) Miq. = Ficus glumosa Delile ●☆
164974 Ficus fecundissima H. Lév. et Vaniot = Ficus concinna Miq. ●
164975 Ficus feddei H. Lév. et Vaniot = Ficus glaberrima Blume ●

164976 Ficus federovii W. T. Wang = Ficus orthoneura H. Lév. et Vaniot ●
164977 Ficus fenicis Merr. = Ficus swinhoei King ●
164978 Ficus fenicis Merr. = Ficus tinctoria G. Forst. subsp. swinhoei (King) Corner ●
164979 Ficus fernandesiana Hutch. = Ficus chlamydocarpa Warb. ex Mildbr. et Burret subsp. fernandesiana (Hutch.) C. C. Berg ●☆
164980 Ficus fieldingii Miq. = Ficus neriifolia Sm. ●
164981 Ficus filicauda Hand. -Mazz.;线尾榕(尾叶榕);Caudate Fig ●
164982 Ficus filicauda Hand. -Mazz. var. longipes S. S. Chang;长柄线尾榕;Long-stalk Fig ●
164983 Ficus firmula Miq. = Ficus virgata Reinw. ex Blume ●
164984 Ficus fischeri Warb. ex Mildbr. et Burret;菲舍尔榕●☆
164985 Ficus fistulosa Reinw. ex Blume;水同木(哈正榕猪母乳,空管榕,牛乳树,水同榕,水桐木,猪母乳);Fistular Fig,Harland Fig ●
164986 Ficus fistulosa Reinw. ex Blume f. benguetensis (Merr.) Tang S. Liu et J. C. Liao;黄果猪母乳●
164987 Ficus fistulosa Reinw. ex Blume f. benguetensis (Merr.) Tang S. Liu et J. C. Liao = Ficus benguetensis Merr. ●
164988 Ficus flavescens Blume = Ficus annulata Blume ●
164989 Ficus flavovenia Warb. = Ficus trichopoda Baker ●☆
164990 Ficus fleldingii Miq. = Ficus neriifolia Sm. var. fiedingii (Miq.) Corner ●
164991 Ficus fleuryi A. Chev. = Ficus vogeliana (Miq.) Miq. ●☆
164992 Ficus formosana Maxim.;台湾榕(长叶牛奶树,长叶牛乳树,大山枇杷,狗奶木,牛奶子,水牛奶,台湾天仙果,天仙果,小银茶匙,羊奶子,羊乳子,羊屎木,异叶榕);Taiwan Fig,Taiwan Fig-tree ●
164993 Ficus formosana Maxim. f. lageniformis (H. Lév. et Vaniot) C. Y. Wu = Ficus formosana Maxim. ●
164994 Ficus formosana Maxim. f. shimadae Hayata = Ficus formosana Maxim. ●
164995 Ficus formosana Maxim. f. shimadai Hayata;细叶台湾榕(岛田氏台湾榕,岛田氏天仙果,细叶天仙果);Shimada Formosa Fig, Shimada's Fig ●
164996 Ficus formosana Maxim. var. angustifolia (W. C. Cheng) Migo;窄叶台湾榕(奶汁树,奶子树,牛奶子树,台湾窄叶榕,下乳草,线叶台湾榕);Narrowleaf Taiwan Fig ●
164997 Ficus formosana Maxim. var. angustissima W. C. Ko = Ficus pandurata Hance var. angustifolia W. C. Cheng ●
164998 Ficus formosana Maxim. var. angustissima W. C. Ko = Ficus pandurata Hance ●
164999 Ficus formosana Maxim. var. linearis Migo = Ficus pandurata Hance ●
165000 Ficus formosana Maxim. var. shimadae (Hayata) W. C. Chen = Ficus formosana Maxim. ●
165001 Ficus fortunati H. Lév. = Ficus sarmentosa Buch. -Ham. ex Sm. var. nipponica (Franch. et Sav.) Corner ●
165002 Ficus foveolata (Wall. ex Miq.) Miq.;小孔榕(薜荔,风不动,木莲葛,爬崖藤,石墙茶藤,崖爬藤,珍珠,珍珠连,珍珠莲);Foveolate Fig,Japenese Fig ●
165003 Ficus foveolata (Wall. ex Miq.) Miq. = Ficus sarmentosa Buch. -Ham. ex Sm. ●
165004 Ficus foveolata (Wall. ex Miq.) Miq. var. arisanensis (Hayata) King;阿里山珍珠莲;Alishan Japanese Fig ●
165005 Ficus foveolata (Wall. ex Miq.) Miq. var. arisanensis (Hayata) Kudo = Ficus sarmentosa Buch. -Ham. ex Sm. var. henryi (King ex Oliv.) Corner ●
165006 Ficus foveolata (Wall. ex Miq.) Miq. var. henryi King ex Oliv. = Ficus sarmentosa Buch. -Ham. ex Sm. var. henryi (King ex Oliv.) Corner ●
165007 Ficus foveolata (Wall. ex Miq.) Miq. var. impressa (Champ.) King = Ficus sarmentosa Buch. -Ham. ex Sm. var. impressa (Champ.) Corner ●
165008 Ficus foveolata (Wall. ex Miq.) Miq. var. maliformis King = Ficus pubigera (Wall. ex Miq.) Miq. var. maliformis (King) Corner ●
165009 Ficus foveolata (Wall. ex Miq.) Miq. var. thunbergii (Maxim.) King = Ficus thunbergii Maxim. ●
165010 Ficus foveolata (Wall. ex Miq.) Miq. var. thunbergii (Maxim.) King = Ficus sarmentosa Buch. -Ham. ex Sm. var. thunbergii (Maxim.) Corner ●
165011 Ficus foveolata (Wall. ex Miq.) Wall. ex Miq. = Ficus sarmentosa Buch. -Ham. ex Sm. ●
165012 Ficus foveolata (Wall. ex Miq.) Wall. ex Miq. var. arisanensis (Hayata) Kudo = Ficus sarmentosa Buch. -Ham. ex Sm. var. henryi (King ex Oliv.) Corner ●
165013 Ficus foveolata (Wall. ex Miq.) Wall. ex Miq. var. henryi King ex Oliv. = Ficus sarmentosa Buch. -Ham. ex Sm. var. henryi (King ex Oliv.) Corner ●
165014 Ficus foveolata (Wall. ex Miq.) Wall. ex Miq. var. impressa (Champ. ex Benth.) King = Ficus sarmentosa Buch. -Ham. ex Sm. var. impressa (Champ.) Corner ●
165015 Ficus foveolata (Wall. ex Miq.) Wall. ex Miq. var. maliformis King = Ficus pubigera (Wall. ex Miq.) Miq. var. maliformis (King) Corner ●
165016 Ficus foveolata (Wall. ex Miq.) Wall. ex Miq. var. nipponica (Franch. et Sav.) King = Ficus sarmentosa Buch. -Ham. ex Sm. var. nipponica (Franch. et Sav.) Corner ●
165017 Ficus foveolata (Wall. ex Miq.) Wall. ex Miq. var. thunbergii (Maxim.) King = Ficus sarmentosa Buch. -Ham. ex Sm. var. thunbergii (Maxim.) Corner ●
165018 Ficus foveolata Wall. = Ficus pubigera (Wall. ex Miq.) Miq. ●
165019 Ficus foveolata Wall. = Ficus sarmentosa Buch. -Ham. ex Sm. var. henryi (King ex Oliv.) Corner ●
165020 Ficus foveolata Wall. ex Miq. = Ficus sarmentosa Buch. -Ham. ex Sm. ●
165021 Ficus foveolata Wall. ex Miq. = Ficus sarmentosa Buch. -Ham. ex Sm. var. nipponica (Franch. et Sav.) Corner ●
165022 Ficus fulva Reinw. = Ficus esquiroliana H. Lév. ●
165023 Ficus fulva Reinw. ex Blume;金毛榕(大赦婆树,黄毛榕,老虎掌,老鸦风);Fulvous Fig,Golden-hair Fig,Tawny Fig ●
165024 Ficus fulva Reinw. ex Blume = Ficus chrysocarpa Reinw. ex Blume ●
165025 Ficus furcata Warb. = Ficus natalensis Hochst. subsp. leprieurii (Miq.) C. C. Berg ●☆
165026 Ficus furcata Warb. var. angustifolia De Wild. = Ficus craterostoma Warb. ex Mildbr. et Burret ●☆
165027 Ficus fusuiensis S. S. Chang;扶绥榕;Fusui Fig ●
165028 Ficus galactophora Ten. = Ficus saussureana DC. ●☆
165029 Ficus galpinii Warb. = Ficus thonningii Blume ●☆
165030 Ficus garanbiensis Hayata = Ficus pedunculosa Miq. var. mearnsii (Merr.) Corner ●
165031 Ficus garciae Elmer = Ficus variegata Blume var. garciae (Elmer) Corner ●
165032 Ficus garciae Elmer = Ficus variegata Blume ●
165033 Ficus gasparriniana Miq.;冠毛榕(丛毛榕,奶汁草,铁牛入

石,小叶钻石风,竹叶牛奶子)●

165034 Ficus gasparriniana Miq. var. esquirolii (H. Lév. et Vaniot) Corner;长叶冠毛榕●

165035 Ficus gasparriniana Miq. var. laceratifolia (H. Lév. et Vaniot) Corner;菱叶冠毛榕(斑鸠食子,鸡眼睛,裂叶榕,牛奶根,破裂叶榕,山枇杷,树地瓜);Lobed-leaved Fig ●

165036 Ficus gasparriniana Miq. var. laceratifolia (H. Lév. et Vaniot) Corner = Ficus laceratifolia H. Lév. et Vaniot ●

165037 Ficus gasparriniana Miq. var. viridescens (H. Lév. et Vaniot) Corner;缘叶冠毛榕(丛毛榕,母猪精,奶汁草,铁牛入石,小果榕,小叶钻石风,竹叶牛奶子);Gasparrin Fig ●

165038 Ficus gasparriniana Miq. var. viridescens (H. Lév. et Vaniot) Corner = Ficus gasparriniana Miq. ●

165039 Ficus gemella Wall. ex Miq. = Ficus neriifolia Sm. ●

165040 Ficus geniculata Kurz;曲枝榕;Geniculate Fig ●

165041 Ficus geniculata Kurz var. abnormalis Kurz = Ficus subpisocarpa Gagnep. ●

165042 Ficus geniculata Kurz var. abnormalis Kurz = Ficus superba (Miq.) Miq. var. japonica Miq. ●

165043 Ficus gibbosa Blume = Ficus irisana Elmer ●

165044 Ficus gibbosa Blume = Ficus tinctoria G. Forst. subsp. gibbosa (Blume) Corner ●

165045 Ficus gibbosa Blume = Ficus virgata Reinw. ex Blume ●

165046 Ficus gibbosa Blume var. cuspidifera (Miq.) King = Ficus gibbosa Blume ●

165047 Ficus gibbosa Blume var. cuspidifera (Miq.) King = Ficus tinctoria G. Forst. subsp. gibbosa (Blume) Corner ●

165048 Ficus gibbosa Blume var. parasitica (Willd.) King = Ficus tinctoria G. Forst. subsp. parasitica (Blume) Corner ●

165049 Ficus gibbosa Blume var. parasitica (Willd.) King = Ficus tinctoria G. Forst. subsp. gibbosa (Blume) Corner ●

165050 Ficus gibbosa Blume var. rigida Miq. = Ficus gibbosa Blume ●

165051 Ficus gibbosa Blume var. rigida Miq. = Ficus tinctoria G. Forst. subsp. gibbosa (Blume) Corner ●

165052 Ficus gilletii Warb. = Ficus ottoniifolia (Miq.) Miq. ●☆

165053 Ficus glabella Blume;无毛榕;Glabrous Fig ●☆

165054 Ficus glabella Blume = Ficus virens Aiton ●

165055 Ficus glabella Blume var. affinis (Wall. ex Kurz) King = Ficus concinna (Miq.) Miq. ●

165056 Ficus glabella Blume var. concinna (Miq.) King = Ficus concinna Miq. ●

165057 Ficus glaberrima Blume;大叶水榕(池树,万年青);Big-leaved Fig ●

165058 Ficus glaberrima Blume var. pubescens S. S. Chang;毛叶大叶水榕;Hairleaf Big-leaved Fig ●

165059 Ficus glaberrima Blume var. pubescens S. S. Chang = Ficus glaberrima Blume ●

165060 Ficus glochidiifolia Hayata = Ficus variegata Blume ●

165061 Ficus glomerata Roxb. = Ficus racemosa L. ●

165062 Ficus glomerata Roxb. var. chittagonga (Miq.) King = Ficus racemosa L. var. miquelii (King) Corner ●

165063 Ficus glomerata Roxb. var. chittagonga Miq. = Ficus racemosa L. var. miquelii (King) Corner ●

165064 Ficus glomerata Roxb. var. miquelii King = Ficus racemosa L. var. miquelii (King) Corner ●

165065 Ficus glumosa Delile;东非榕;East African Fig, Eastafrican Fig ●☆

165066 Ficus glumosa Delile var. glaberrima Mart. = Ficus glumosa Delile ●☆

165067 Ficus glumosa Delile var. intermedia Mart. = Ficus glumosa Delile ●☆

165068 Ficus glumosa Delile var. lanuginosa Mart. = Ficus glumosa Delile ●☆

165069 Ficus glumosoides Hutch. = Ficus glumosa Delile ●☆

165070 Ficus gnaphalocarpa (Miq.) A. Rich. = Ficus sycomorus L. subsp. gnaphalocarpa (Miq.) C. C. Berg ●☆

165071 Ficus goetzei Warb. = Ficus thonningii Blume ●☆

165072 Ficus goliath A. Chev. = Ficus recurvata De Wild. ●☆

165073 Ficus golungensis Hutch. = Ficus recurvata De Wild. ●☆

165074 Ficus gombariensis De Wild. = Ficus glumosa Delile ●☆

165075 Ficus gongoensis De Wild. = Ficus sur Forssk. ●☆

165076 Ficus gonia Buch. -Ham. = Ficus drupacea Thunb. var. pubescens (Roth) Corner ●

165077 Ficus goolereea Roxb. = Ficus racemosa L. ●

165078 Ficus gossweileri Hutch. = Ficus sansibarica Warb. subsp. macrosperma (Mildbr. et Burret) C. C. Berg ●☆

165079 Ficus guangxiensis S. S. Chang;广西榕;Guangxi Fig ●

165080 Ficus guerichiana Engl. = Ficus ilicina (Sond.) Miq. ●☆

165081 Ficus guineensis (Miq.) Stapf = Ficus sur Forssk. ●☆

165082 Ficus guizhouensis X. S. Zhang;贵州榕;Guizhou Fig ●

165083 Ficus haematocarpa Blume ex Decne. = Ficus benjamina L. ●

165084 Ficus hainanensis Merr. et Chun;海南榕;Hainan Fig ●

165085 Ficus hainanensis Merr. et Chun = Ficus oligodon Miq. ●

165086 Ficus hanceana Maxim.;汉斯榕;Hance Fig ●

165087 Ficus hanceana Maxim. = Ficus pumila L. ●

165088 Ficus hararensis Warb. = Ficus vasta Forssk. ●☆

165089 Ficus harlandii Benth.;牛乳树(大有,水同木,水同榕,水桐木,猪母乳);Milk Tree ●

165090 Ficus harlandii Benth. = Ficus fistulosa Reinw. ex Blume ●

165091 Ficus harlandii Benth. var. kotoensis (Hayata) Sata = Ficus benguetensis Merr. ●

165092 Ficus harmandii Gagnep.;尖尾榕;Harmand Fig ●

165093 Ficus harmandii Gagnep. = Ficus langkokensis Drake ●

165094 Ficus hauili Blanco = Ficus septica Burm. f. ●

165095 Ficus hayatae Sata = Ficus irisana Elmer ●

165096 Ficus hederacea Roxb.;藤榕;Ivy-like Fig ●

165097 Ficus henryi Warb. ex Diels;尖叶榕(山枇杷);Henry Fig, Sharpleaf Fig ●

165098 Ficus henryi Warb. ex Diels = Ficus subincisa Buch. -Ham. ex Sm. var. paucidentata (Miq.) Corner ●

165099 Ficus heteromorpha Hemsl.;异叶榕(斑鸠树,大斑鸠食子,大山枇杷,红结香,奶浆果,牛奶子,山枇杷,羊奶子,异叶天仙果);Diverseleaf Fig, Heteromorphic Fig ●

165100 Ficus heterophylla L. f.;山榕(奇叶榕,天仙果,羊乳子);Heterophyllous Fig ●

165101 Ficus heterophylla L. f. var. scabrella (Roxb.) King = Ficus heterophylla L. f. ●

165102 Ficus heteropleura Blume;尾叶榕(尖尾长叶榕)●

165103 Ficus heterostyla Merr. = Ficus hispida L. f. ●

165104 Ficus heterostyla Merr. = Ficus hispida L. f. var. badiostrigosa Corner ●

165105 Ficus hibiscifolia Champ. ex Benth. = Ficus hirta Vahl ●

165106 Ficus hiiranensis Hayata = Ficus ruficaulis Merr. ●

165107 Ficus hippopotami Gerstner = Ficus trichopoda Baker ●☆

165108 Ficus hirsuta Roxb. = Ficus hirta Vahl var. roxburghii (Miq.) King ●
165109 Ficus hirsuta Roxb. = Ficus hirta Vahl ●
165110 Ficus hirta Roxb. = Ficus hirta Vahl var. roxburghii (Miq.) King ●
165111 Ficus hirta Vahl;粗叶榕(大青叶,大叶青,佛手榕,佛掌榕,火龙叶,鸡脚掌牛奶子,毛桃树,牛奶木,牛奶子,入山虎,三龙爪,三爪龙,五龙根,五指毛桃,五指牛奶,五爪龙,丫枫小树,掌叶榕,猪母奶);Buddhapalm Fig,Hairy Fig,Roughhair Fig,Rough-haired Fig ●
165112 Ficus hirta Vahl = Ficus simplicissima Lour. var. hirta (Vahl) Migo ●
165113 Ficus hirta Vahl var. brevipila Corner;全缘粗叶榕(短毛佛掌榕)●
165114 Ficus hirta Vahl var. brevipila Corner = Ficus hirta Vahl ●
165115 Ficus hirta Vahl var. hibiscifolia (Champ. ex Benth.) Chun = Ficus hirta Vahl ●
165116 Ficus hirta Vahl var. hibiscifolia (Champ.) Chun = Ficus hirta Vahl ●
165117 Ficus hirta Vahl var. imberbis Gagnep.;薄毛粗叶榕(三指佛掌榕)●
165118 Ficus hirta Vahl var. imberbis Gagnep. = Ficus hirta Vahl ●
165119 Ficus hirta Vahl var. palmata (Merr.) Chun = Ficus hirta Vahl ●
165120 Ficus hirta Vahl var. palmatiloba (Merr.) Chun = Ficus hirta Vahl ●
165121 Ficus hirta Vahl var. roxburghii (Miq.) King;大果粗叶榕(大果佛掌榕,马草果,猫卵子果,青冈果,三指榕);Roxburgh Fig ●
165122 Ficus hirta Vahl var. roxburghii (Miq.) King = Ficus hirta Vahl ●
165123 Ficus hirta Vahl var. roxburghii King = Ficus esquiroliana H. Lév. ●
165124 Ficus hirta Vahl var. roxburghii King = Ficus hirta Vahl var. roxburghii (Miq.) King ●
165125 Ficus hispida L. f.;对叶榕(多糯树,马奶叶,米津,牛奶麻,牛奶稔,牛奶树,牛奶子,盘多树,稔水冬瓜,乳汁麻木,猪母茶,猪奶树);Oppositeleaf Fig,Opposite-leaved Fig ●
165126 Ficus hispida L. f. var. badiostrigosa Corner; 扁果榕; Compressed Fig,Flat-fruit Oppositeleaf Fig,Flattened Fig ●
165127 Ficus hispida L. f. var. badiostrigosa Corner = Ficus hispida L. f. ●
165128 Ficus hispida L. f. var. rubra Corner;红果对叶榕;Red-fruit Oppositeleaf Fig ●
165129 Ficus hispida L. f. var. rubra Corner = Ficus hispida L. f. ●
165130 Ficus hochstetteri (Miq.) A. Rich. = Ficus thonningii Blume ●☆
165131 Ficus hochstetteri (Miq.) A. Rich. var. glabrior Miq. = Ficus thonningii Blume ●☆
165132 Ficus holstii Warb. = Ficus lutea Vahl ●☆
165133 Ficus homblei De Wild. = Ficus stuhlmannii Warb. ●☆
165134 Ficus hookeri Miq. = Ficus hookeriana Corner ●
165135 Ficus hookeriana Corner;圆叶榕(大青树,红优昙,缅树);Hooker Fig ●
165136 Ficus howardiana Sim = Ficus stuhlmannii Warb. ●☆
165137 Ficus howii Merr. et Chun = Ficus pubigera (Wall. ex Miq.) Miq. ●
165138 Ficus hypoleucogramma H. Lév. et Vaniot = Ficus orthoneura H. Lév. et Vaniot ●
165139 Ficus hyrcana Grossh. = Ficus carica L. ●
165140 Ficus iidaiana Rehder et E. H. Wilson;饭田榕●☆
165141 Ficus ilicina (Sond.) Miq.;冬青榕●☆
165142 Ficus imenensis S. S. Chang;易门榕;Yimen Fig ●
165143 Ficus imenensis S. S. Chang = Ficus orthoneura H. Lév. et Vaniot ●
165144 Ficus impressa Champ. = Ficus sarmentosa Buch.-Ham. ex Sm. var. impressa (Champ. ex Benth.) Corner ●
165145 Ficus impressa Champ. ex Benth. = Ficus sarmentosa Buch.-Ham. ex Sm. var. impressa (Champ. ex Benth.) Corner ●
165146 Ficus inaequifolia Elmer = Ficus virgata Reinw. ex Blume ●
165147 Ficus incognita De Wild. = Ficus lutea Vahl ●☆
165148 Ficus indica Forssk. = Ficus cordata Thunb. subsp. salicifolia (Vahl) C. C. Berg ●☆
165149 Ficus indica L. = Ficus benghalensis L. ●
165150 Ficus indica L. = Morus alba L. var. indica (L.) Bureau ●
165151 Ficus infectoria (Miq.) Miq. = Ficus virens Aiton ●
165152 Ficus infectoria Roxb. = Ficus virens Aiton ●
165153 Ficus infectoria Roxb. var. caulocarpa (Miq.) King = Ficus caulocarpa (Miq.) Miq. ●
165154 Ficus infectoria Roxb. var. lambertiana ? = Ficus virens Aiton ●
165155 Ficus infectoria Willd. = Ficus virens Aiton ●
165156 Ficus infectoria Willd. var. caulocarpa (Miq.) King = Ficus caulocarpa (Miq.) Miq. ●
165157 Ficus ingens (Miq.) Miq.;巨榕●☆
165158 Ficus ingens (Miq.) Miq. var. tomentosa Hutch. = Ficus ingens (Miq.) Miq. ●☆
165159 Ficus ingens (Miq.) Miq. var. tristis Warb. = Ficus ingens (Miq.) Miq. ●☆
165160 Ficus ingentoides Hutch. = Ficus ingens (Miq.) Miq. ●☆
165161 Ficus inkasuensis Warb. = Ficus artocarpoides Warb. ●☆
165162 Ficus inopinata Mildbr. = Ficus variifolia Warb. ●☆
165163 Ficus insipida Willd.;无味榕●☆
165164 Ficus integrifolia Sim = Ficus sycomorus L. subsp. gnaphalocarpa (Miq.) C. C. Berg ●☆
165165 Ficus intermedia Delile = Ficus populifolia Vahl ●☆
165166 Ficus irisana Elmer;涩叶榕(糙叶榕);Rough-leaf Fig ●
165167 Ficus irumuensis De Wild. = Ficus asperifolia Miq. ●☆
165168 Ficus isastica ?;孟加拉橡胶树;Bengal India Rubber Tree, India Rubber Plant ●☆
165169 Ficus ischnopoda Miq.;壶托榕(瘦柄榕);Thin-stalked Fig ●
165170 Ficus iteophylla Miq.;埃特榕●☆
165171 Ficus iteophylla Miq. = Ficus thonningii Blume ●☆
165172 Ficus ituriensis De Wild. = Ficus sur Forssk. ●☆
165173 Ficus jamini H. Lév. et Vaniot = Ficus laevis Blume ●
165174 Ficus jansii Boutique;简斯榕●☆
165175 Ficus johannis Boiss.;约翰榕●☆
165176 Ficus johnstonii Stapf = Ficus ovata Vahl ●☆
165177 Ficus jollyana A. Chev.;若利榕●☆
165178 Ficus kaba De Wild. = Ficus lutea Vahl ●☆
165179 Ficus kagerensis Lebrun et L. Touss. = Ficus thonningii Blume ●☆
165180 Ficus kallicarpa Miq. = Ficus aurantiaca Griff. ●
165181 Ficus kamerunensis Warb. ex Mildbr. et Burret;喀麦隆榕●☆
165182 Ficus katagumica Hutch. = Ficus ingens (Miq.) Miq. ●☆
165183 Ficus katendei Verdc.;卡滕代榕●☆
165184 Ficus katsumadae Hayata = Ficus hirta Vahl ●
165185 Ficus kaukauensis Hayata = Ficus septica Burm. f. ●
165186 Ficus kawuri Hutch. = Ficus ingens (Miq.) Miq. ●☆
165187 Ficus kerstingii Hutch. = Ficus abutilifolia (Miq.) Miq. ●☆
165188 Ficus kiloneura Hornby = Ficus fischeri Warb. ex Mildbr. et

Burret ●☆

165189 Ficus kimuenzensis Warb. = Ficus tremula Warb. subsp. kimuenzensis (Warb.) C. C. Berg ●☆

165190 Ficus kingiana H. Lév. = Ficus glaberrima Blume ●

165191 Ficus kingiana H. Lév. = Ficus stenophylla Hemsl. ●

165192 Ficus kingiana Hemsl. = Ficus ampelos Burm. f. ●

165193 Ficus kingiana Hemsl. = Ficus stenophylla Hemsl. var. macropodocarpa (H. Lév. et Vaniot) Corner ●

165194 Ficus kirkii Hutch. = Ficus scassellatii Pamp. ●☆

165195 Ficus kisantuensis Warb. = Ficus artocarpoides Warb. ●☆

165196 Ficus kitaba De Wild. = Ficus glumosa Delile ●☆

165197 Ficus kitubalu Hutch. = Ficus amadiensis De Wild. ●☆

165198 Ficus kondeensis Warb. = Ficus sur Forssk. ●☆

165199 Ficus konishii Hayata = Ficus garciae Elmer ●

165200 Ficus konishii Hayata = Ficus variegata Blume var. garciae (Elmer) Corner ●

165201 Ficus konishii Hayata = Ficus variegata Blume ●

165202 Ficus kopetdagensis Pachom. = Ficus carica L. ●

165203 Ficus koshunensis Hayata;高雄榕(狭叶鹿饭,狭叶天仙果);Gaoxiong Fig ●

165204 Ficus koshunensis Hayata = Ficus beecheyana Hook. et Arn. ●

165205 Ficus koshunensis Hayata = Ficus beecheyana Hook. et Arn. f. koshunensis (Hayata) Corner ●

165206 Ficus koshunensis Hayata = Ficus erecta Thunb. ●

165207 Ficus kotoensis Hayata = Ficus benguetensis Merr. ●

165208 Ficus kotschyana (Miq.) Miq. = Ficus platyphylla Delile ●☆

165209 Ficus kouytchensis H. Lév. et Vaniot = Ficus heteromorpha Hemsl. ●

165210 Ficus krishnae C. DC.;囊叶菩提树(囊叶榕);Krishna Bor ●

165211 Ficus kurzii King;滇缅榕(库兹榕);Kurz Fig ●

165212 Ficus kusanoi Hayata = Ficus cumingii Miq. ●

165213 Ficus kwangtungensis Merr. = Ficus sarmentosa Buch. -Ham. ex Sm. var. lacrymans (H. Lév.) Corner ●

165214 Ficus kyimbilensis Mildbr. = Ficus bubu Warb. ●☆

165215 Ficus laccifera Blanco = Ficus altissima Blume ●

165216 Ficus laceratifolia H. Lév. et Vaniot = Ficus gasparriniana Miq. var. laceratifolia (H. Lév. et Vaniot) Corner ●

165217 Ficus lacor Buch. -Ham. = Ficus virens Aiton var. sublaceolata (Miq.) Corner ●

165218 Ficus lacor Buch. -Ham. = Ficus virens Aiton ●

165219 Ficus lacrymans H. Lév. = Ficus sarmentosa Buch. -Ham. ex Sm. var. lacrymans (H. Lév.) Corner ●

165220 Ficus lacrymans H. Lév. et Vaniot = Ficus sarmentosa Buch. -Ham. ex Sm. var. lacrymans (H. Lév.) Corner ●

165221 Ficus lacus Buch. -Ham. = Ficus virens Aiton ●

165222 Ficus laevigata Blume = Ficus variegata Blume ●

165223 Ficus laevigata Vahl = Ficus citrifolia Mill. ●☆

165224 Ficus laevigata Vahl var. brevifolia (Nutt.) D'Arcy = Ficus citrifolia Mill. ●☆

165225 Ficus laevis Blume;光叶榕(平滑榕);Laevigate Fig, Smooth Fig ●

165226 Ficus lageniformis H. Lév. et Vaniot = Ficus formosana Maxim. ●

165227 Ficus lamponga Miq. var. chartacea Wall. ex Kurz = Ficus chartacea Wall. ex King ●

165228 Ficus lanaoensis Merr. ex Sata = Ficus sagittata Vahl ●

165229 Ficus langbianensis Gagnep. = Ficus ischnopoda Miq. ●

165230 Ficus langenburgii Warb. = Ficus sansibarica Warb. ●☆

165231 Ficus langkokensis Drake;青藤公(尖尾榕,水同木,细叶牛奶树,显脉榕);Harland Fig, Harmand Fig, Langkok Fig, Tail Fig ●

165232 Ficus lanigera Warb. = Ficus lutea Vahl ●☆

165233 Ficus lanoensis Merr. ex Sata = Ficus sagittata Vahl ●

165234 Ficus lanyuensis S. S. Ying = Ficus aurantiaca Griff. ●

165235 Ficus lanyuensis S. S. Ying = Ficus aurantiaca Griff. var. parvifolia (Corner) Corner ●

165236 Ficus lateralis Warb. = Ficus platyphylla Delile ●☆

165237 Ficus laurentii Warb. = Ficus barteri Sprague ●☆

165238 Ficus laurifolia Royle;桂叶榕●☆

165239 Ficus laus-esquirolii H. Lév. = Ficus esquiroliana H. Lév. ●

165240 Ficus laus-esquirolii H. Lév. = Ficus hirta Vahl ●

165241 Ficus lecardii Warb. = Ficus cordata Thunb. subsp. lecardii (Warb.) C. C. Berg ●☆

165242 Ficus ledermannii Hutch. = Ficus abutilifolia (Miq.) Miq. ●☆

165243 Ficus leekensis Drake = Ficus gasparriniana Miq. ●

165244 Ficus leonensis Hutch.;莱昂榕●☆

165245 Ficus leprieurii Miq. = Ficus natalensis Hochst. subsp. leprieurii (Miq.) C. C. Berg ●☆

165246 Ficus leprieurii Miq. var. intermedia Hutch. = Ficus natalensis Hochst. subsp. leprieurii (Miq.) C. C. Berg ●☆

165247 Ficus leprieurii Miq. var. sessilis Hutch. = Ficus natalensis Hochst. subsp. leprieurii (Miq.) C. C. Berg ●☆

165248 Ficus letaqui H. Lév. et Vaniot = Ficus hispida L. f. ●

165249 Ficus leucantatoma Poir. = Ficus septica Burm. f. ●

165250 Ficus leucodermis Hand. -Mazz. var. saxicola Hand. -Mazz. = Ficus sarmentosa Buch. -Ham. ex Sm. var. impressa (Champ.) Corner ●

165251 Ficus lichtensteinii Link = Ficus sur Forssk. ●☆

165252 Ficus lineari-formosana Sata = Ficus formosana Maxim. f. shimadai Hayata ●

165253 Ficus lingua De Wild. et T. Durand ex Warb.;舌状榕●☆

165254 Ficus littoralis Blume = Ficus microcarpa L. f. ●

165255 Ficus longbianensis Gagnep. = Ficus variolosa Lindl. ex Benth. ●

165256 Ficus longepedata H. Lév. = Ficus sarmentosa Buch. -Ham. ex Sm. var. luducca (Roxb.) Corner ●

165257 Ficus longipedunculata De Wild. = Ficus ottoniifolia (Miq.) Miq. subsp. lucanda (Ficalho) C. C. Berg ●☆

165258 Ficus louisii Lebrun et Boutique ex Boutique et J. Léonard;路易斯榕●☆

165259 Ficus lucanda Ficalho = Ficus ottoniifolia (Miq.) Miq. subsp. lucanda (Ficalho) C. C. Berg ●☆

165260 Ficus luducca Roxb. = Ficus sarmentosa Buch. -Ham. ex Sm. var. luducca (Roxb.) Corner ●

165261 Ficus lujae De Wild. = Ficus preussii Warb. ●☆

165262 Ficus lungchowensis Chun;长柄藤榕;Longzhou Fig ●

165263 Ficus lutea Vahl; 祖鲁榕; Abbo Rubber, Congo Rubber, Dahomey Rubber, Lagos Rubbertree, Nekbudu, Obada, Vogel's Fig, Zulu Fig ●☆

165264 Ficus luteola De Wild. = Ficus craterostoma Warb. ex Mildbr. et Burret ●☆

165265 Ficus luzonensis Merr. = Ficus pedunculosa Miq. ●

165266 Ficus lynesii J. -P. Lebrun = Ficus dicranostyla Mildbr. ●☆

165267 Ficus lyrata Warb.;大头羽裂榕;Fiddle-leaf Fig ●☆

165268 Ficus mabifolia Warb. = Ficus thonningii Blume ●☆

165269 Ficus maclellandii King;瘤枝榕(疣枝榕);Maclelland Fig ●

165270 Ficus maclellandii King var. rhododendrifolia Corner; 杜鹃叶

榕;Rhododendron-leaf Fig ●

165271 Ficus maclellandii King var. rhododendrifolia Corner = Ficus maclellandii King ●

165272 Ficus macrocarpa H. Lév. et Vaniot = Ficus auriculata Lour. ●

165273 Ficus macrocarpa H. Lév. et Vaniot = Ficus macrophylla Desf. ex Pers. ●

165274 Ficus macrophylla Desf. ex Pers.;澳洲大叶榕(澳洲缅树,澳洲榕,大叶榕,大叶榕乳树);Australian Banyan, Largeleaf Fig, Moreton Bay Fig ●

165275 Ficus macropodocarpa H. Lév. et Vaniot = Ficus stenophylla Hemsl. ●

165276 Ficus macropodocarpa H. Lév. et Vaniot = Ficus stenophylla Hemsl. var. macropodocarpa (H. Lév. et Vaniot) Corner ●

165277 Ficus macrosperma Warb. ex Mildbr. et Burret = Ficus sansibarica Warb. subsp. macrosperma (Mildbr. et Burret) C. C. Berg ●☆

165278 Ficus maculosa Hutch. = Ficus ottoniifolia (Miq.) Miq. ●☆

165279 Ficus magenjensis Sim = Ficus ingens (Miq.) Miq. ●☆

165280 Ficus magnifica Elmer = Ficus virgata Reinw. ex Blume ●

165281 Ficus magnoliifolia Blume = Ficus nervosa K. Heyne ex Roth ●

165282 Ficus mairei H. Lév. = Ficus heteromorpha Hemsl. ●

165283 Ficus mallotocarpa Warb. = Ficus sur Forssk. ●☆

165284 Ficus mallotoides Mildbr. et Hutch. = Ficus calyptrata Thonn. ex Vahl ●☆

165285 Ficus malunuensis Warb. = Ficus callosa Willd. ●

165286 Ficus malvastrifolia Warb. = Ficus johannis Boiss. ●☆

165287 Ficus mammigera R. E. Fr. = Ficus thonningii Blume ●☆

165288 Ficus mammosa Lebrun = Ficus natalensis Hochst. ●☆

165289 Ficus mangenotii A. Chev. = Ficus sansibarica Warb. subsp. macrosperma (Mildbr. et Burret) C. C. Berg ●☆

165290 Ficus marhcandii H. Lév. = Capparis membranifolia Kurz ●

165291 Ficus martini H. Lév. et Vaniot = Ficus sarmentosa Buch.-Ham. ex Sm. var. impressa (Champ.) Corner ●

165292 Ficus martinii H. Lév. et Vaniot = Ficus sarmentosa Buch.-Ham. ex Sm. var. impressa (Champ.) Corner ●

165293 Ficus maruyamensis Hayata = Ficus erecta Thunb. ●

165294 Ficus mathewsii Miq.;马修榕●☆

165295 Ficus mearnsii Merr. = Ficus pedunculosa Miq. var. mearnsii (Merr.) Corner ●

165296 Ficus medullaris Warb. = Ficus thonningii Blume ●☆

165297 Ficus megacarpa Merr.;大果榕;Large Fruit Fig ●

165298 Ficus megacarpa Merr. = Ficus aurantiaca Griff. ●

165299 Ficus megalodisca Warb. = Ficus umbellata Vahl ●☆

165300 Ficus megaphylla Warb. = Ficus ovata Vahl ●☆

165301 Ficus megaphylla Warb. var. glabra ? = Ficus ovata Vahl ●☆

165302 Ficus megapoda Baker = Ficus polita Vahl ●☆

165303 Ficus melleri Baker;马达加斯加榕●☆

165304 Ficus michelii H. Lév. = Ficus gibbosa Blume ●

165305 Ficus michelii H. Lév. = Ficus tinctoria G. Forst. subsp. gibbosa (Blume) Corner ●

165306 Ficus michelsonii Boutique et J. Léonard = Ficus scassellatii Pamp. ●☆

165307 Ficus microcarpa L. f.;榕树(笔栗,不死树,倒生木,倒生树,官榕木菩萨树,落地金钱,乌松,茑松,榕,万年青,细叶榕,细叶榕树,小叶榕,正榕);Chinese Banyan, Fig, Indian Laurel, Indian Laurel Fig, Laurel Fig, Marabutan, Small-fruit Fig, Small-fruited Fig, Yongshuh ●

165308 Ficus microcarpa L. f. 'Golden Leaf';黄金榕●☆

165309 Ficus microcarpa L. f. = Ficus concinna Miq. var. subsessilis Corner ●

165310 Ficus microcarpa L. f. var. crassifolia (W. C. Shieh) J. C. Liao;厚叶榕(厚叶榕树,万权榕,谢氏榕);Thick-leaved Yong Shuh ●

165311 Ficus microcarpa L. f. var. crassifolia (W. C. Shieh) J. C. Liao = Ficus microcarpa L. f. ●

165312 Ficus microcarpa L. f. var. fuyuensis J. C. Liao;傅园榕;Fuyuan Small-fruit Fig ●

165313 Ficus microcarpa L. f. var. fuyuensis J. C. Liao = Ficus microcarpa L. f. ●

165314 Ficus microcarpa L. f. var. hillii (Bailey) Corner;希尔榕;Hill's Weeping Fig ●☆

165315 Ficus microcarpa L. f. var. latifolia (Miq.) Corner;宽叶榕●☆

165316 Ficus microcarpa L. f. var. nitida (King) F. C. Ho;光亮榕树;Indian Laurel Fig ●☆

165317 Ficus microcarpa L. f. var. oluangpiensis J. C. Liao;鹅銮鼻藤榕;Eluanbi Small-fruit Fig ●

165318 Ficus microcarpa L. f. var. oluangpiensis J. C. Liao = Ficus microcarpa L. f. ●

165319 Ficus microcarpa L. f. var. pubescens Corner;毛果榕树;Hairyfruit Smallfruit Fig ●

165320 Ficus microcarpa L. f. var. pusillifolia J. C. Liao;小叶榕;Small-fruit Fig, Small-fruited Fig ●

165321 Ficus microcarpa L. f. var. pusillifolia J. C. Liao = Ficus microcarpa L. f. ●

165322 Ficus micropison Mildbr. = Ficus lingua De Wild. et T. Durand ex Warb. ●☆

165323 Ficus microstoma Wall. ex King = Ficus pisocarpa Blume ●

165324 Ficus mildbraedii Hutch. = Ficus barteri Sprague ●☆

165325 Ficus millettii Miq. = Ficus pyriformis Hook. et Arn. ●

165326 Ficus mittuensis Warb. = Ficus abutilifolia (Miq.) Miq. ●☆

165327 Ficus miyagii Koidz. = Ficus benguetensis Merr. ●

165328 Ficus modesta (Miq.) Miq. = Ficus nervosa K. Heyne ex Roth ●

165329 Ficus modesta F. White = Ficus ottoniifolia (Miq.) Miq. subsp. ulugurensis (Mildbr. et Burret) C. C. Berg ●☆

165330 Ficus monbuttuensis Warb. = Ficus saussureana DC. ●☆

165331 Ficus montana Sim = Ficus glumosa Delile ●☆

165332 Ficus mucuso Welw. ex Ficalho;姆库榕●☆

165333 Ficus muelleriana C. C. Berg;米勒榕●☆

165334 Ficus munsae Warb. = Ficus sur Forssk. ●☆

165335 Ficus mutantifolia Hutch. = Ficus craterostoma Warb. ex Mildbr. et Burret ●☆

165336 Ficus mysorensis B. Heyne ex Roth;密苏伦榕;Mysore Fig ●☆

165337 Ficus mysorensis B. Heyne ex Roth var. pubescens Roth = Ficus drupacea Thunb. var. pubescens (Roth) Corner ●

165338 Ficus mysorensis B. Heyne ex Roth var. subrepanda ?;浅波榕;Mysore Fig ●☆

165339 Ficus mysorensis Roth ex Roem. et Schult. = Ficus drupacea Thunb. var. pubescens (Roth) Corner ●

165340 Ficus mysorensis Roth ex Roem. et Schult. var. pubescens Roem. et Schult. = Ficus drupacea Thunb. var. pubescens (Roth) Corner ●

165341 Ficus nagayamai Yamam. = Ficus pumila L. var. awkeotsang (Makino) Corner ●

165342 Ficus namalalensis Hutch. = Ficus densistipulata De Wild. ●☆

165343 Ficus napoensis S. S. Chang;那坡榕;Napo Fig ●

165344 Ficus natalensis Hochst.;纳塔尔榕(树皮布榕);Bark-cloth Tree,Natal Fig ●☆
165345 Ficus natalensis Hochst. subsp. leprieurii (Miq.) C. C. Berg;莱普榕●☆
165346 Ficus natalensis Hochst. var. latifolia Warb. = Ficus natalensis Hochst. ●☆
165347 Ficus natalensis Hochst. var. pedunculata Sim = Ficus natalensis Hochst. ●☆
165348 Ficus natalensis Krauss ex Engl. = Ficus natalensis Hochst. ●☆
165349 Ficus nautarum Baker = Ficus lutea Vahl ●☆
165350 Ficus ndola Mildbr. = Ficus amadiensis De Wild. ●☆
165351 Ficus nekbudu Warb. = Ficus lutea Vahl ●☆
165352 Ficus nemoralis S. S. Chang var. fiedingii (Miq.) King = Ficus neriifolia Sm. var. fiedingii (Miq.) Corner ●
165353 Ficus nemoralis S. S. Chang var. gemella (Wall.) King = Ficus neriifolia Sm. ●
165354 Ficus nemoralis S. S. Chang var. trilepis King = Ficus neriifolia Sm. var. trilepis (King) Corner ●
165355 Ficus nemoralis Wall. ex Miq. = Ficus neriifolia Sm. ●
165356 Ficus nemoralis Wall. ex Miq. var. fieldingii (Miq.) King = Ficus neriifolia Sm. ●
165357 Ficus nemoralis Wall. ex Miq. var. gemella (Wall. ex Miq.) King = Ficus neriifolia Sm. ●
165358 Ficus nemoralis Wall. ex Miq. var. trilepis (Miq.) King = Ficus neriifolia Sm. ●
165359 Ficus neoesquirolii H. Lév. = Ficus esquiroliana H. Lév. ●
165360 Ficus neriifolia A. Rich. = Ficus thonningii Blume ●☆
165361 Ficus neriifolia Sm.;森林榕(滇藏榕);Oleander-leaved Fig ●
165362 Ficus neriifolia Sm. var. fiedingii (Miq.) Corner;薄果森林榕;Thin-fruited Oleander-leaved Fig ●
165363 Ficus neriifolia Sm. var. fieldingii (Miq.) Corner = Ficus neriifolia Sm. ●
165364 Ficus neriifolia Sm. var. nemoralis (Wall. ex Miq.) Corner;薄叶森林榕;Thinleaf Fig,Thinleaf Oleander-leaved Fig ●
165365 Ficus neriifolia Sm. var. nemoralis (Wall. ex Miq.) Corner = Ficus neriifolia Sm. ●
165366 Ficus neriifolia Sm. var. trilepis (King) Corner;棒果森林榕●
165367 Ficus neriifolia Sm. var. trilepis (Miq.) Corner = Ficus neriifolia Sm. ●
165368 Ficus nerium H. Lév. et Vaniot = Ficus stenophylla Hemsl. ●
165369 Ficus nervosa (Miq.) Miq. var. longifolia Sata = Ficus nervosa K. Heyne ex Roth ●
165370 Ficus nervosa K. Heyne ex Roth;九丁榕(大叶九重吹,大叶九重树,九丁树,九重吹,破布);Mountain Fig Dapasan,Nervose Fig,Veined Fig ●
165371 Ficus neumannii Kunth et Bouché = Ficus lutea Vahl ●☆
165372 Ficus neurocarpa Lebrun et L. Touss. = Ficus thonningii Blume ●☆
165373 Ficus niamniamensis Warb. = Ficus polita Vahl ●☆
165374 Ficus nigrescens King = Ficus tikoua Bureau ●
165375 Ficus nigropunctata Warb. ex Mildbr. et Burret;黑斑榕●☆
165376 Ficus niokoloensis Berhaut = Ficus asperifolia Miq. ●☆
165377 Ficus nipponica Franch. et Sav. = Ficus sarmentosa Buch.-Ham. ex Sm. var. nipponica (Franch. et Sav.) Corner ●
165378 Ficus nishimurae Koidz.;西村榕●☆
165379 Ficus nitida Blume;亮叶榕;Shiny Fig ●
165380 Ficus nitida Heyne ex Roth = Ficus benjamina L. ●
165381 Ficus nitida Thunb. = Ficus benjamina L. ●
165382 Ficus nitida Thunb. = Ficus microcarpa L. f. ●
165383 Ficus nitida Thunb. = Ficus retusa L. ●
165384 Ficus nuda (Miq.) Miq. = Ficus benjamina L. var. nuda (Miq.) Barrett ●
165385 Ficus nuda Miq. = Ficus benjamina L. var. nuda (Miq.) Barrett ●
165386 Ficus nuda Thunb. var. macrocarpa Kurz = Ficus kurzii King ●
165387 Ficus nyanzensis Hutch. = Ficus cyathistipula Warb. ●☆
165388 Ficus obliqua G. Forst.;斜榕;Strangler Fig ●☆
165389 Ficus obovata Sim = Ehretia amoena Klotzsch ●☆
165390 Ficus obscura Blume;歪榕(大有树,豚母乳);Obliqueleaf Fig ●☆
165391 Ficus obtusa Hassk. = Ficus trichocarpa Blume var. obtusa (Hassk.) Corner ●
165392 Ficus obtusa Hassk. var. genuina Koord. et Valeton = Ficus trichocarpa Blume var. obtusa (Hassk.) Corner ●
165393 Ficus obtusifolia Roxb. = Ficus curtipes Corner ●
165394 Ficus ochobiensis Hayata = Ficus benguetensis Merr. ●
165395 Ficus octomelifolia Warb. = Ficus ovata Vahl ●☆
165396 Ficus oinfaensis H. Lév. et Vaniot = Ficus heteromorpha Hemsl. ●
165397 Ficus oldhamii Hance = Ficus septica Burm. f. ●
165398 Ficus oligodon Miq.;苹果榕(地瓜,木瓜果,橡胶树);Apple Fig ●
165399 Ficus opposita Miq.;对生榕●☆
165400 Ficus oppositifolia Willd. = Ficus hispida L. f. ●
165401 Ficus orthonervosa H. Lév. et Vaniot = Ficus orthoneura H. Lév. et Vaniot ●☆
165402 Ficus orthoneura H. Lév. et Vaniot;直脉榕(假钝叶榕,多直脉榕);False Obtuse-leaved Fig ●
165403 Ficus ostiolata De Wild. = Ficus sur Forssk. ●☆
165404 Ficus ostiolata De Wild. var. brevipedunculata ? = Ficus sur Forssk. ●☆
165405 Ficus ottoniifolia (Miq.) Miq.;胡椒叶榕●☆
165406 Ficus ottoniifolia (Miq.) Miq. subsp. lucanda (Ficalho) C. C. Berg;卢肯达榕●☆
165407 Ficus ottoniifolia (Miq.) Miq. subsp. multinervia C. C. Berg;多脉胡椒叶榕●☆
165408 Ficus ottoniifolia (Miq.) Miq. subsp. ulugurensis (Mildbr. et Burret) C. C. Berg;乌卢古尔榕●☆
165409 Ficus ouangliensis H. Lév. = Amoora ouangliensis (H. Lév.) C. Y. Wu ●
165410 Ficus ovata Vahl;卵榕●☆
165411 Ficus ovata Vahl var. octomelifolia (Warb.) Mildbr. et Burret = Ficus ovata Vahl ●☆
165412 Ficus ovatifolia S. S. Chang;卵叶榕;Ovateleaf Fig,Ovate-leaved Fig ●
165413 Ficus ovato-cordata De Wild. = Ficus ingens (Miq.) Miq. ●☆
165414 Ficus ovoidea Jack = Ficus deltoidea Jack ●☆
165415 Ficus oxyphylla Miq. = Ficus sarmentosa Buch.-Ham. ex Sm. var. nipponica (Franch. et Sav.) Corner ●
165416 Ficus oxyphylla Miq. ex Zoll. = Ficus nipponica Franch. et Sav. ●
165417 Ficus oxyphylla Miq. var. henryi (King ex Oliv.) T. Yamaz. = Ficus sarmentosa Buch.-Ham. ex Sm. var. henryi (King ex Oliv.) Corner ●
165418 Ficus pachyclada Baker = Ficus lutea Vahl ●☆
165419 Ficus pachyneura C. C. Berg;粗脉榕●☆
165420 Ficus pachypleura Warb. = Ficus bubu Warb. ●☆

165421 Ficus palmata Forssk.;掌裂榕;Punjab Fig ●☆
165422 Ficus palmatiloba Merr. = Ficus hirta Vahl ●
165423 Ficus palmeri S. Watson;墨西哥榕;Anaba, Baja Fig, Desert Fig, Rock Fig ●☆
165424 Ficus paludicola Warb. = Ficus asperifolia Miq. ●☆
165425 Ficus palustris Sim = Ficus capreifolia Delile ●☆
165426 Ficus pandurata Hance;琴叶榕(茶叶牛奶子,大琴叶榕,非洲琴叶榕,狗婆子树,骨风木,骨风树,奶汁树,奶子倒葫芦,牛根子,牛奶柴,牛奶绳,牛奶树,牛奶子树,牛乳树,鼠奶子,水榕,提琴叶榕,铁牛入石,下乳草,香人乳,小无花果,小叶奶树);Banjo Fig, Fiddle Leaf Ficus, Fiddle-back Fig, Fiddleleaf Fig, Fiddle-leaf Fig ●
165427 Ficus pandurata Hance = Ficus heteromorpha Hemsl. ●
165428 Ficus pandurata Hance = Ficus lyrata Warb. ●☆
165429 Ficus pandurata Hance var. angustifolia W. C. Cheng;窄琴叶榕(百了草,假槟榔,尖叶牛乳树,奶汁树,琴叶榕,水边柳,水稻清,条叶榕,细叶水榕树,狭叶榕,下乳草,窄叶琴叶榕,窄叶台湾榕,竹叶牛奶树,竹叶牛奶子,竹叶榕);Bambooleaf Fig, Bamboo-leaf Fig, Fiddle-leaved Fig, Narrowleaf Fiddleleaf Fig ●
165430 Ficus pandurata Hance var. holophylla Migo;全缘琴叶榕(全叶榕,全缘榕,水沉香,水风藤,小叶牛奶子);Entire Fiddleleaf Fig, Entire Fig, Hololeaf Fig ●
165431 Ficus pandurata Hance var. linearis Migo = Ficus pandurata Hance var. angustifolia W. C. Cheng ●
165432 Ficus pandurata Maxim. var. angustifolia W. C. Cheng = Ficus pandurata Hance ●
165433 Ficus pandurata Maxim. var. holophylla Migo = Ficus pandurata Hance ●
165434 Ficus pandurata Maxim. var. linearis Migo = Ficus pandurata Hance ●
165435 Ficus panifica Delile = Ficus sur Forssk. ●☆
165436 Ficus paolii Pamp. = Ficus capreifolia Delile ●☆
165437 Ficus parasitica Willd. = Ficus tinctoria G. Forst. subsp. gibbosa (Blume) Corner ●
165438 Ficus parcellii Veitch;帕氏榕(粗糙榕);Clown Fig, Mosaic Fig ●
165439 Ficus parvifolia (Miq.) Miq. = Ficus concinna (Miq.) Miq. ●
165440 Ficus parvifolia Miq. = Ficus concinna Miq. ●
165441 Ficus pedunculosa Miq.;蔓榕●
165442 Ficus pedunculosa Miq. var. glabrifolia C. C. Chang;兰屿榕;Lanyu Fig ●
165443 Ficus pedunculosa Miq. var. glabrifolia C. C. Chang = Ficus pedunculosa Miq. ●
165444 Ficus pedunculosa Miq. var. mearnsii (Merr.) Corner;鹅銮鼻蔓榕(鹅銮鼻爬崖藤,鹅銮鼻藤榕);Garanli Fig ●
165445 Ficus peepul Griff.;野榕●☆
165446 Ficus pendula Welw. ex Hiern = Ficus asperifolia Miq. ●☆
165447 Ficus periptera D. Fang et D. H. Qin;翅托榕●
165448 Ficus periptera D. Fang et D. H. Qin var. hirsutula D. Fang et D. H. Qin;毛翅托榕●
165449 Ficus persica Boiss. = Ficus johannis Boiss. ●☆
165450 Ficus persicifolia Welw. ex Warb. = Ficus thonningii Blume ●☆
165451 Ficus persicifolia Welw. ex Warb. var. angustifolia Warb. = Ficus thonningii Blume ●☆
165452 Ficus persicifolia Welw. ex Warb. var. glabripes Warb. = Ficus thonningii Blume ●☆
165453 Ficus petelotii Merr. = Ficus ischnopoda Miq. ●
165454 Ficus petersii Warb.;彼得斯榕●☆
165455 Ficus petiolaris Kunth;叶柄榕;Lava Fig, Rock Fig, Texcalamate ●☆
165456 Ficus petitiana A. Rich. = Ficus palmata Forssk. ●☆
165457 Ficus philippinensis Miq. = Ficus virgata Reinw. ex Blume ●
165458 Ficus philippinensis Miq. f. magnifica (Elmer) Sata = Ficus virgata Reinw. ex Blume ●
165459 Ficus philippinensis Miq. f. setibracteata (Elmer) Sata = Ficus virgata Reinw. ex Blume ●
165460 Ficus phillipsii Burtt Davy et Hutch. = Ficus thonningii Blume ●☆
165461 Ficus picta Sim = Ficus abutilifolia (Miq.) Miq. ●☆
165462 Ficus pilosa Gaudin = Fatoua villosa (Thunb.) Nakai ■
165463 Ficus pilosa Reinw. ex Blume var. chrysocoma (Blume) King = Ficus drupacea Thunb. ●
165464 Ficus pilosula De Wild. = Ficus craterostoma Warb. ex Mildbr. et Burret ●☆
165465 Ficus pinfaensis H. Lév. et Vaniot = Ficus heteromorpha Hemsl. ●
165466 Ficus pingtangensis S. S. Chang = Ficus tuphapensis Drake ●
165467 Ficus pinkiana F. Muell. = Ficus virgata Reinw. ex Blume ●
165468 Ficus pisocarpa Blume;豌豆榕(豆果榕,龙树)●
165469 Ficus plateiocarpa Warb. = Ficus sur Forssk. ●☆
165470 Ficus platyphylla Delile;阔叶榕●☆
165471 Ficus platypoda (Miq.) Miq.;岩生榕;Desert Fig, Rock Fig, Small-leafed Moreton Bay Fig, Wild Fig ●☆
165472 Ficus platypoda (Miq.) Miq. var. minor Benth.;小岩生榕●☆
165473 Ficus pleurocarpa F. Muell.;肋果榕;Banana Fig ●☆
165474 Ficus podophylla Baker = Ficus polita Vahl ●☆
165475 Ficus polita Vahl;光亮榕●☆
165476 Ficus polita Vahl subsp. brevipedunculata C. C. Berg;梗花光亮榕●☆
165477 Ficus polita Vahl var. persicicarpa Hutch. = Ficus umbellata Vahl ●☆
165478 Ficus polybractea Warb. = Ficus ottoniifolia (Miq.) Miq. ●☆
165479 Ficus polynervis S. S. Chang;多脉榕;Many-veins Fig, Polynerve Fig ●
165480 Ficus pomifera Wall. ex King = Ficus oligodon Miq. ●
165481 Ficus pondoensis Warb. = Ficus ingens (Miq.) Miq. ●☆
165482 Ficus populifolia Desf. = Ficus citrifolia Mill. ●☆
165483 Ficus populifolia Vahl;杨叶榕●☆
165484 Ficus populifolia Vahl var. major Warb. = Ficus populifolia Vahl ●☆
165485 Ficus populifolia Vahl var. taitensis Warb. = Ficus populifolia Vahl ●☆
165486 Ficus populnea Willd. subvar. floridana Warb. = Ficus citrifolia Mill. ●☆
165487 Ficus populnea Willd. var. brevifolia (Nutt.) Warb. = Ficus citrifolia Mill. ●☆
165488 Ficus porteana Regel = Ficus callosa Willd. ●
165489 Ficus porteri H. Lév. et Vaniot = Ficus hirta Vahl ●
165490 Ficus potingensis Merr. et Chun = Ficus tuphapensis Drake ●
165491 Ficus praeruptorum Hiern = Ficus verruculosa Warb. ●☆
165492 Ficus praetermissa Corner;钩毛榕●
165493 Ficus praticola Mildbr. et Hutch. = Ficus conraui Warb. ●☆
165494 Ficus pretoriae Burtt Davy = Ficus cordata Thunb. subsp. salicifolia (Vahl) C. C. Berg ●☆
165495 Ficus preussii Warb.;普罗伊斯榕●☆
165496 Ficus principes Kunth et Bouché = Ficus saussureana DC. ●☆

165497　Ficus prominens Wall. et Miq. = Ficus hispida L. f. ●
165498　Ficus prostrata Wall. ex Miq.；平枝榕（葡萄榕）●
165499　Ficus pseudobotryoides H. Lév. et Vaniot = Ficus tinctoria G. Forst. subsp. gibbosa（Blume）Corner ●
165500　Ficus pseudocarica Miq. = Ficus palmata Forssk. ●☆
165501　Ficus pseudoelastica Welw. ex Hiern = Ficus ovata Vahl ●☆
165502　Ficus pseudopalma Blanco；拟掌榕；Dracaena Fig, Palm-like Fig, Philippine Fig ●☆
165503　Ficus pseudoreligiosa H. Lév. = Ficus concinna Miq. ●
165504　Ficus pseudosycomorus Decne. = Ficus palmata Forssk. ●☆
165505　Ficus pseudovogelii A. Chev. = Ficus lutea Vahl ●☆
165506　Ficus psilopoga Welw. ex Ficalho = Ficus thonningii Blume ●☆
165507　Ficus pubicosta Warb. = Ficus thonningii Blume ●☆
165508　Ficus pubigera（Wall. ex Miq.）Miq.；褐叶榕（毛榕）●
165509　Ficus pubigera（Wall. ex Miq.）Miq. var. anserina Corner；鳞果褐叶榕●
165510　Ficus pubigera（Wall. ex Miq.）Miq. var. maliformis（King）Corner；大果褐叶榕●
165511　Ficus pubigera（Wall. ex Miq.）Miq. var. reticulata S. S. Chang；网果褐叶榕（网果梅叶榕）●
165512　Ficus pubilimba Merr.；球果高山榕（球果山榕）●
165513　Ficus pubinervis Blume；绿岛榕（楔脉榕）；Hairy-nerved Fig, Small Fig-tree ●
165514　Ficus pulvinata Warb. = Ficus tremula Warb. ●☆
165515　Ficus pumila L.；薜荔（班子藤，邦邦老虎藤，膀膀子，辟萼，辟荔络石藤，辟荔榕，辟荔藤，壁石虎，薜荔络石藤，宾崩子，冰粉树，冰粉子，饼泡树，补血王，常春藤，程邦子，搭壁藤，大鼓藤，风不动，广东王不留行，鬼馒头，鬼球，红墙套，假秤锤，金柚奶，桔杷，老鸦馒头藤，凉粉果，凉粉树，凉粉藤，凉粉子，络石藤，馒头郎，馒头罗，蔓头萝，木壁莲，木铎，木瓜藤，木果蒲，木莲，木莲藤，木隆冬，木隆谷，木隆骨，木馒头，木馒头藤，牛奶柚，牛奶子，牛屎藤，爬壁草，爬壁果，爬墙果，爬墙虎，爬墙藤，爬山虎，爬岩风，胖朴，烹泡子，彭蜂藤，膨泡树，乒乓抛藤，乒乓藤，墙脚柱，石绷藤，石壁藤，石壁莲，石璧藤，石龙藤，水馒头，水子，糖馒头，田螺掩，王不留行，文头果，文头榔，无花果，烟筒丕，玉爱，追骨风）；Climbing Fig, Creeping Ficus, Creeping Fig, Dwarf Chinese Fig, Ok-gue, Undersized Fig, Variegated Creeping Fig ●
165516　Ficus pumila L.‘Minima’= Ficus pumila L. var. minima Bailey ●
165517　Ficus pumila L.‘Sunny White’；白缘薜荔●☆
165518　Ficus pumila L. var. awkeotsang（Makino）Corner；爱玉子（草实子，枳仔）；Awkeotsang, Jelly-fig ●
165519　Ficus pumila L. var. awkeotsang（Makino）Corner = Ficus awkeotsang Makino ●
165520　Ficus pumila L. var. minima Bailey；小叶辟荔（小辟荔）；Littleleaf Climbing Fig, Smallleaf Climbing Fig ●
165521　Ficus punctata Lam.；斑榕●☆
165522　Ficus punctifera Warb. = Ficus exasperata Vahl ●☆
165523　Ficus pygmaea Welw. ex Hiern；矮榕●☆
165524　Ficus pynaertii De Wild. = Ficus ottoniifolia（Miq.）Miq. ●☆
165525　Ficus pyrifolia Burm. f. = Ficus benjamina L. ●
165526　Ficus pyrifolia Burm. f. = Pyrus pyrifolia（Burm. f.）Nakai ●
165527　Ficus pyriformis Hook. et Arn.；梨果榕（舶梨榕，梨状牛奶子，梨状牛乳子，瘦柄榕，水棉木，水石榴）；Pearfruit Fig, Pear-fruit Fig, Rectivein Fig ●
165528　Ficus pyriformis Hook. et Arn. var. abelii（Miq.）King = Ficus abelii Miq. ●
165529　Ficus pyriformis Hook. et Arn. var. angustifolia Ridl. = Ficus ischnopoda Miq. ●
165530　Ficus pyriformis Hook. et Arn. var. brevifolia Gagnep. = Ficus pyriformis Hook. et Arn. ●
165531　Ficus pyriformis Hook. et Arn. var. brevifolia Gagnep. = Ficus variolosa Lindl. ex Benth. ●
165532　Ficus pyriformis Hook. et Arn. var. hirtinervis S. S. Chang；毛脉梨果榕（毛脉舶梨榕）；Hairy-nerves Pearfruit Fig ●
165533　Ficus pyriformis Hook. et Arn. var. hirtinervis S. S. Chang = Ficus pyriformis Hook. et Arn. ●
165534　Ficus pyriformis Hook. et Arn. var. ischnopoda（Miq.）King = Ficus ischnopoda Miq. ●
165535　Ficus pyriformis Hook. et Arn. var. ischnopoda King = Ficus stenophylla Hemsl. var. macropodocarpa（H. Lév. et Vaniot）Corner ●
165536　Ficus pyriformis Hook. et Arn. var. subpyriformis ? = Ficus abelii Miq. ●
165537　Ficus pyrrhocarpa Kurz = Ficus squamosa Roxb. ●
165538　Ficus quangtriensis Gagnep. = Ficus hirta Vahl ●
165539　Ficus quantriensis Gagnep. = Ficus hirta Vahl var. roxburghii（Miq.）King ●
165540　Ficus quibeba Welw. ex Ficalho = Ficus lutea Vahl ●☆
165541　Ficus racemosa L.；聚果榕（阿驵，丛生榕，鸡素果，鸡素子果，马郎果，球状榕，优钵昙花，优昙钵罗，优昙花，优昙华，总花榕）；Cluster Fig, Cratlock, Porho, Racemose Fig ●
165542　Ficus racemosa L. var. miquelii（King）Corner；柔毛聚果榕；Miquel's Racemose Fig ●
165543　Ficus radicans Desf.；根榕●☆
165544　Ficus ramentacea Roxb. = Ficus sagittata Vahl ●
165545　Ficus rectinervia Merr. = Ficus pyriformis Hook. et Arn. ●
165546　Ficus recurvata De Wild.；反折榕●☆
165547　Ficus rederi Hutch. = Ficus cyathistipula Warb. ●☆
165548　Ficus regia Miq. = Ficus oligodon Miq. ●
165549　Ficus rehmannii Warb. = Ficus glumosa Delile ●☆
165550　Ficus rehmannii Warb. var. ovalifolia ? = Ficus glumosa Delile ●☆
165551　Ficus rehmannii Warb. var. villosa ? = Ficus glumosa Delile ●☆
165552　Ficus religiosa Forssk. = Ficus cordata Thunb. subsp. salicifolia（Vahl）C. C. Berg ●☆
165553　Ficus religiosa L.；菩提树（阿输陀树，阿思多罗，卑钵罗树，毕钵罗，毕钵罗树，觉树，思维树，印度波树，印度菩提树）；Banian, Banyan, Bo, Bo Tree, Bodhi, Botree, Bo-tree, Botree Fig, Indian Fig, Peepul, Peepul Tree, Pipal, Pipal Tree, Pipal Tree of the Hindoos, Pipal-tree, Pippalatree, Pipul, Sacred Fig, Sacred Fig Tree ●
165554　Ficus repens Hort. = Ficus pumila L. ●
165555　Ficus reticulata（Miq.）Miq. = Ficus sarmentosa Buch.-Ham. ex Sm. ●
165556　Ficus reticulata Miq. = Ficus sarmentosa Buch.-Ham. ex Sm. ●
165557　Ficus reticulata Thunb. = Ficus gibbosa Blume ●
165558　Ficus reticulata Thunb. = Ficus tinctoria G. Forst. subsp. gibbosa（Blume）Corner ●
165559　Ficus retinervia Merr. = Ficus pyriformis Hook. et Arn. ●
165560　Ficus retusa L. = Ficus microcarpa L. f. ●
165561　Ficus retusa L. var. crassifolia W. C. Shieh = Ficus microcarpa L. f. var. crassifolia（W. C. Shieh）J. C. Liao ●
165562　Ficus retusa L. var. nitida（Thunb.）Miq. = Ficus benjamina L. ●
165563　Ficus retusiformis H. Lév. = Ficus microcarpa L. f. ●

165564 Ficus rhodesiaca Warb. ex Mildbr. et Burret = Ficus thonningii Blume ●☆
165565 Ficus rhododendrifolia (Miq.) Miq. = Ficus maclellandii King ●
165566 Ficus rhododendrifolia Miq. = Ficus maclellandii King var. rhododendrifolia Corner ●
165567 Ficus rhomboidalis H. Lév. et Vaniot = Ficus gasparriniana Miq. var. laceratifolia (H. Lév. et Vaniot) Corner ●
165568 Ficus rhomboidalis H. Lév. et Vaniot = Ficus tinctoria G. Forst. subsp. gibbosa (Blume) Corner ●
165569 Ficus rhomboidalis H. Lév. et Vaniot = Ficus tinctoria G. Forst. subsp. parasitica (Blume) Corner ●
165570 Ficus rhynchocarpa Warb. ex Mildbr. et Burret = Ficus cyathistipula Warb. ●☆
165571 Ficus rigida Blume = Ficus gibbosa Blume ●
165572 Ficus rigida Blume = Ficus irisana Elmer ●
165573 Ficus riparia (Miq.) A. Rich. = Ficus sur Forssk. ●☆
165574 Ficus rivae Warb. = Ficus vasta Forssk. ●☆
165575 Ficus rokko Warb. et Schweinf. = Ficus thonningii Blume ●☆
165576 Ficus rostrata Lam. = Ficus heteropleura Blume ●
165577 Ficus rostrata Lam. = Ficus radicans Desf. ●☆
165578 Ficus rostrata Lam. var. urophylla (Wall. ex Miq.) Koord. = Ficus heteropleura Blume ●
165579 Ficus rostrata Lam. var. urophylla (Wall. ex Miq.) Koord. et Valeton = Ficus heteropleura Blume ●
165580 Ficus roxburghii Miq. = Ficus hirta Vahl var. roxburghii (Miq.) King ●
165581 Ficus roxburghii Miq. = Ficus hirta Vahl ●
165582 Ficus roxburghii Miq. = Ficus oligodon Miq. ●
165583 Ficus roxburghii Wall. = Ficus auriculata Lour. ●
165584 Ficus rubicunda (Miq.) Miq. = Ficus glumosa Delile ●☆
165585 Ficus rubiginosa Desf. = Ficus rubiginosa Desf. ex Vent. ●☆
165586 Ficus rubiginosa Desf. ex Vent.;小叶橡胶树(褐叶榕,锈色榕,锈叶榕);Port Jackson Fig, Port-Jackson Fig, Rusty Fig, Rusty-leaf Fig, Rusty-leaved Fig ●☆
165587 Ficus rubiginosa Desf. ex Vent. 'Variegata';斑叶锈叶榕(花叶锈红榕)●☆
165588 Ficus rubiginosa Vent. = Ficus rubiginosa Desf. ex Vent. ●☆
165589 Ficus rubra Roth = Ficus microcarpa L. f. ●
165590 Ficus rubristipula Warb.;红托叶榕●☆
165591 Ficus rubropunctata De Wild. = Ficus craterostoma Warb. ex Mildbr. et Burret ●☆
165592 Ficus rubroreceptaculata De Wild. = Ficus saussureana DC. ●☆
165593 Ficus rudens Hutch. = Ficus tremula Warb. subsp. kimuenzensis (Warb.) C. C. Berg ●☆
165594 Ficus ruficaulis Merr.;红茎榕(落叶榕);Red-stem Fig ●
165595 Ficus ruficaulis Merr. f. typica Sata = Ficus ruficaulis Merr. ●
165596 Ficus ruficaulis Merr. var. antaoensis (Hayata) Hatus. et J. C. Liao;兰屿落叶榕●
165597 Ficus ruficaulis Merr. var. antaoensis (Hayata) Hatus. et J. C. Liao = Ficus ruficaulis Merr. ●
165598 Ficus ruficeps Warb. = Ficus thonningii Blume ●☆
165599 Ficus rufipes H. Lév. = Ficus sarmentosa Buch. -Ham. ex Sm. var. nipponica (Franch. et Sav.) Corner ●
165600 Ficus rugosa G. Don;皱褶榕●☆
165601 Ficus rukwaensis Warb. = Ficus glumosa Delile ●☆
165602 Ficus rumphii Blume;心叶榕;Cordate-leaf Fig ●
165603 Ficus rupicola Lebrun et L. Touss. = Ficus thonningii Blume ●☆
165604 Ficus rupium Dinter = Ficus cordata Thunb. ●☆
165605 Ficus ruspolii Warb. = Ficus thonningii Blume ●☆
165606 Ficus ruwenzoriensis De Wild. = Ficus craterostoma Warb. ex Mildbr. et Burret ●☆
165607 Ficus ruyuanensis S. S. Chang;乳源榕;Ruyuan Fig ●
165608 Ficus saemocarpa Miq. = Ficus squamosa Roxb. ●
165609 Ficus sagittata Vahl;羊乳榕;Arrow-shaped Fig ●
165610 Ficus sagittifolia Warb. ex Mildbr. et Burret;箭叶榕●☆
165611 Ficus salicifolia Vahl = Ficus cordata Thunb. subsp. salicifolia (Vahl) C. C. Berg ●☆
165612 Ficus salicifolia Vahl f. eucalyptoides (Batt. et Trab.) Maire = Ficus cordata Thunb. subsp. salicifolia (Vahl) C. C. Berg ●☆
165613 Ficus salicifolia Vahl var. latifolia Hutch. = Ficus cordata Thunb. subsp. lecardii (Warb.) C. C. Berg ●☆
165614 Ficus salicifolia Vahl var. teloukat (Batt. et Trab.) Maire = Ficus cordata Thunb. subsp. salicifolia (Vahl) C. C. Berg ●☆
165615 Ficus sambucixylon H. Lév. = Ficus hispida L. f. ●
165616 Ficus sansibarica Warb.;桑给巴尔榕●☆
165617 Ficus sansibarica Warb. subsp. macrosperma (Mildbr. et Burret) C. C. Berg;大籽桑给巴尔榕●☆
165618 Ficus sapinii De Wild. = Ficus ovata Vahl ●☆
165619 Ficus sarmentosa Buch. -Ham. ex Sm.;匍茎榕(风藤,爬藤榕,匍地榕,匍匐榕,狭叶薜荔,小木莲,小叶风绳,珍珠莲);Sarmentose Fig ●
165620 Ficus sarmentosa Buch. -Ham. ex Sm. subsp. nipponica (Franch. et Sav.) H. Ohashi = Ficus nipponica Franch. et Sav. ●
165621 Ficus sarmentosa Buch. -Ham. ex Sm. subsp. nipponica (Franch. et Sav.) Ohashi = Ficus sarmentosa Buch. -Ham. ex Sm. var. nipponica (Franch. et Sav.) Corner ●
165622 Ficus sarmentosa Buch. -Ham. ex Sm. var. duclouxii (H. Lév. et Vaniot) Corner;滇匍茎榕(大果爬藤榕);Ducloux Fig ●
165623 Ficus sarmentosa Buch. -Ham. ex Sm. var. henryi (King ex Oliv.) Corner;珍珠榕(阿里山榕,阿里山珍珠莲,巴梨子,巴荔子,冰粉树,冰粉子,吊攀子,凉粉树,木莲葛,爬岩香,山文头,石彭彭,石彭子,小木莲,崖荔子,崖石榴,岩枇杷,岩石榴,珍珠莲);Alishan Fig, Henry Sarmentose Fig ●
165624 Ficus sarmentosa Buch. -Ham. ex Sm. var. impressa (Champ. ex Benth.) Corner;爬藤榕(长叶铁牛入石,风藤,冷饭子树,扭榕,纽榕,爬墙虎,爬岩香,山牛奶,石金藤,狭叶薜荔,小木莲,小叶风绳,小叶风藤,岩石榴,抓石榕);Climbing Fig, Impressed Sarmentose Fig ●
165625 Ficus sarmentosa Buch. -Ham. ex Sm. var. impressa (Champ.) Corner = Ficus sarmentosa Buch. -Ham. ex Sm. var. impressa (Champ. ex Benth.) Corner ●
165626 Ficus sarmentosa Buch. -Ham. ex Sm. var. lacrymans (H. Lév.) Corner;薄叶匍茎榕(薄叶爬藤榕,泪滴珍珠莲,爬藤榕,爬岩枫,尾尖爬藤榕);Thinleaf Impressed Sarmentose Fig ●
165627 Ficus sarmentosa Buch. -Ham. ex Sm. var. luducca (Roxb.) Corner;长柄匍茎榕(长柄爬藤榕,无柄爬藤榕)●
165628 Ficus sarmentosa Buch. -Ham. ex Sm. var. nipponica (Franch. et Sav.) Corner;白背爬藤榕(日本匍茎榕,天仙果,岩石榴,珍珠莲);Japanese Sarmentose Fig ●
165629 Ficus sarmentosa Buch. -Ham. ex Sm. var. nipponica (Franch. et Sav.) Corner = Ficus nipponica Franch. et Sav. ●
165630 Ficus sarmentosa Buch. -Ham. ex Sm. var. thunbergii (Maxim.) Corner;少脉爬藤榕(少脉匍茎榕);Chinese Banyan, Thunberg Sarmentose Fig, Wild Fig ●

165631 Ficus sarmentosa Buch. -Ham. ex Sm. var. thunbergii (Maxim.) Corner = Ficus thunbergii Maxim. ●
165632 Ficus sassandrensis A. Chev. = Ficus thonningii Blume ●☆
165633 Ficus saussureana DC.;王榕●☆
165634 Ficus saxophila Blume var. sublaceolata Miq. = Ficus virens Aiton var. sublaceolata (Miq.) Corner ●
165635 Ficus saxophila Blume var. sublanceolata Miq. = Ficus virens Aiton ●
165636 Ficus scabra G. Forst.;毛糙榕(粗糙榕)●☆
165637 Ficus scabra Sim = Ficus exasperata Vahl ●☆
165638 Ficus scabra Willd. = Ficus exasperata Vahl ●☆
165639 Ficus scabrella Roxb. = Ficus heterophylla L. f. ●
165640 Ficus scandens Roxb. = Ficus hederacea Roxb. ●
165641 Ficus scassellatii Pamp.;斯卡塞拉蒂榕●☆
165642 Ficus scheffleri Warb. ex Mildbr. et Burret = Ficus ottoniifolia (Miq.) Miq. subsp. ulugurensis (Mildbr. et Burret) C. C. Berg ●☆
165643 Ficus schimperi (Miq.) A. Rich. = Ficus thonningii Blume ●☆
165644 Ficus schimperi (Miq.) A. Rich. var. hochstetteri (Miq.) Mildbr. et Burret = Ficus thonningii Blume ●☆
165645 Ficus schimperiana Hochst. ex A. Rich. = Ficus ingens (Miq.) Miq. ●☆
165646 Ficus schinziana Warb. = Ficus thonningii Blume ●☆
165647 Ficus schinzii H. Lév. et Vaniot = Ficus abelii Miq. ●
165648 Ficus sciarophylla Warb. = Ficus variifolia Warb. ●☆
165649 Ficus scleroptera Miq. = Ficus callosa Willd. ●
165650 Ficus scolopophora Warb. = Ficus asperifolia Miq. ●☆
165651 Ficus scott-elliotii Mildbr. et Burret;司科特榕●☆
165652 Ficus scutata Lebrun = Ficus natalensis Hochst. ●☆
165653 Ficus seguini H. Lév. = Ficus sarmentosa Buch. -Ham. ex Sm. var. nipponica (Franch. et Sav.) Corner ●
165654 Ficus semicordata Buch. -Ham. ex Sm. = Ficus semicostata (Buch. -Ham. ex Sm.) F. M. Bailey ●
165655 Ficus semicostata (Buch. -Ham. ex Sm.) F. M. Bailey;鸡嗉子榕(鸡嗉子,鸡嗉子果,偏叶榕,山枇杷果);Half-cordate Fig ●
165656 Ficus semicostata (Buch. -Ham. ex Sm.) F. M. Bailey = Ficus racemosa L. ●
165657 Ficus senegalensis Miq. = Ficus lutea Vahl ●☆
165658 Ficus septica Burm. f.;棱果榕(常绿榕,大有榕,大有树,大叶榕,腐榕,蚓仔叶,沙普榕,猪母乳舅);Angular Fruit Fig, Septicidal Fig ●
165659 Ficus seretii Lebrun et Boutique = Ficus vogeliana (Miq.) Miq. ●☆
165660 Ficus serrata Forssk. = Ficus exasperata Vahl ●☆
165661 Ficus sessilis De Wild. = Ficus conraui Warb. ●☆
165662 Ficus setibracteata Elmer = Ficus virgata Reinw. ex Blume ●
165663 Ficus sibuyanensis Elmer;西布雅榕(早田氏榕);Sibuyan Fig ●
165664 Ficus sidifolia Welw. ex Hiern = Ficus mucuso Welw. ex Ficalho ●☆
165665 Ficus sieboldii Miq. = Ficus erecta Thunb. ●
165666 Ficus sikkimensis Miq. = Ficus subulata Blume ●
165667 Ficus silchetensis Miq. = Ficus gasparriniana Miq. ●
165668 Ficus silchetensis Miq. var. annamica Gagnep. = Ficus gasparriniana Miq. ●
165669 Ficus silhetensis Miq. = Ficus gasparriniana Miq. ●
165670 Ficus silicea Sim = Ficus exasperata Vahl ●☆
165671 Ficus simplicissima Lour.;极简榕(粗叶榕,大叶牛奶子,佛掌榕,火龙叶,毛桃树,南芪,牛奶木,牛奶子,三叉刀,三龙爪,山狗差,土黄芪,土五加皮,五叉牛奶,五指毛桃,五指牛奶,五指榕,五指香,五爪花,五爪龙,五爪桃,熊掌草,丫枫小树,鸦枫,亚桠木,掌叶榕);Hispid Fig ●
165672 Ficus simplicissima Lour. var. hirta (Vahl) Migo;掌叶榕●
165673 Ficus simplicissima Lour. var. hirta (Vahl) Migo = Ficus hirta Vahl ●
165674 Ficus skytinodermis Summerh. = Ficus elastica Roxb. ●
165675 Ficus smutsii I. Verd. = Ficus tettensis Hutch. ●☆
165676 Ficus socotrana Balf. f. = Ficus vasta Forssk. ●☆
165677 Ficus soldanella Warb. = Ficus abutilifolia (Miq.) Miq. ●☆
165678 Ficus somai Hayata = Ficus cumingii Miq. ●
165679 Ficus somalensis (Pamp.) Chiov. = Ficus bussei Warb. ex Mildbr. et Burret ●☆
165680 Ficus sonderi Miq. = Ficus glumosa Delile ●☆
165681 Ficus sordida Hand. -Mazz. = Ficus sarmentosa Buch. -Ham. ex Sm. var. luducca (Roxb.) Corner ●
165682 Ficus spectabilis Kunth et Bouché = Ficus ovata Vahl ●☆
165683 Ficus spirocaulis Mildbr. = Ficus asperifolia Miq. ●☆
165684 Ficus sprangueana Mildbr. et Burret = Ficus thonningii Blume ●☆
165685 Ficus squamosa Roxb.;肉托榕(紫果榕);Scaly Fig ●
165686 Ficus stapfii H. Lév. = Ficus gasparriniana Miq. ●
165687 Ficus stapfii H. Lév. = Ficus gasparriniana Miq. var. viridescens (H. Lév. et Vaniot) Corner ●
165688 Ficus stellulata Warb. = Ficus vogeliana (Miq.) Miq. ●☆
165689 Ficus stenophylla Hemsl.;竹叶榕●
165690 Ficus stenophylla Hemsl. = Ficus pandurata Hance var. angustifolia W. C. Cheng ●
165691 Ficus stenophylla Hemsl. var. macropodocarpa (H. Lév. et Vaniot) Corner;长柄竹叶榕;Long-stalked Bambooleaf Fig ●
165692 Ficus stenophylla Hemsl. var. macropodocarpa (H. Lév. et Vaniot) Corner = Ficus stenophylla Hemsl. ●
165693 Ficus sterculioides Warb. = Ficus ottoniifolia (Miq.) Miq. subsp. lucanda (Ficalho) C. C. Berg ●☆
165694 Ficus stipitata Lebrun;具柄榕●☆
165695 Ficus stipula Thunb. = Ficus pumila L. ●
165696 Ficus stipulata Thunb. = Ficus pumila L. ●
165697 Ficus stipulifera Hutch. = Ficus conraui Warb. ●☆
165698 Ficus stipulosa (Miq.) Miq.;大叶榕(大叶赤榕);Balete Fig, Largeleaf Fig, Stipulose Fig ●
165699 Ficus stipulosa (Miq.) Miq. = Ficus caulocarpa (Miq.) Miq. ●
165700 Ficus stolzii Mildbr. = Ficus lutea Vahl ●☆
165701 Ficus storthophylla Warb. = Ficus asperifolia Miq. ●☆
165702 Ficus storthophylla Warb. var. cuneata De Wild. = Ficus asperifolia Miq. ●☆
165703 Ficus stricta Miq.;劲直榕;Strict Fig ●
165704 Ficus stuhlmannii Warb.;斯图榕●☆
165705 Ficus stuhlmannii Warb. var. glabrifolia ? = Ficus ingens (Miq.) Miq. ●☆
165706 Ficus subacuminata (De Wild.) J. -P. Lebrun = Ficus natalensis Hochst. ●☆
165707 Ficus subcalcarata Warb. et Schweinf. = Ficus lutea Vahl ●☆
165708 Ficus subcalcarata Warb. et Schweinf. var. vestito-bracteata (Warb.) Mildbr. et Burret = Ficus lutea Vahl ●☆
165709 Ficus subcostata De Wild.;单脉榕●☆
165710 Ficus suberosa H. Lév. et Vaniot = Ficus glaberrima Blume ●
165711 Ficus subincisa Buch. -Ham. ex Sm.;棒果榕(棒状榕);Clubby Fig, Sticky-fruited Fig ●

165712 Ficus subincisa Buch. -Ham. ex Sm. var. paucidentata (Miq.) Corner;细梗棒果榕●
165713 Ficus subincisa Buch. -Ham. ex Sm. var. paucidentata (Miq.) Corner = Ficus subincisa Buch. -Ham. ex Sm. ●
165714 Ficus subincisa Buch. -Ham. ex Sm. var. trachycarpa (Miq.) Corner ex Chater = Ficus subincisa Buch. -Ham. ex Sm. ●
165715 Ficus subpedunculata Miq. = Ficus concinna (Miq.) Miq. ●
165716 Ficus subpedunculata Miq. = Ficus concinna Miq. var. subsessilis Corner ●
165717 Ficus subpisocarpa Gagnep.;笔管榕(雀榕,山榕);Japan Magnificent Fig ●
165718 Ficus subsagittifolia Mildbr. ex C. C. Berg;亚箭叶榕●☆
165719 Ficus subulata Blume;假斜叶榕(石榕,锡金榕,锥叶榕);Awl-shap-leaved Fig ●
165720 Ficus subulata Blume f. inaequifolia Sata = Ficus subulata Blume ●
165721 Ficus superba (Miq.) Miq.;华丽榕(笔管树,赤榕,短柄榕,红肉榕,鸟榕,鸟屎榕,雀榕,山榕);Deciduous Fig, Magnificent Fig, Red Fruit Fig-tree, Sea Fig ●
165722 Ficus superba (Miq.) Miq. var. japonica Miq.;雀榕(山榕)●
165723 Ficus superba (Miq.) Miq. var. japonica Miq. = Ficus subpisocarpa Gagnep. ●
165724 Ficus sur Forssk.;佛得角榕;Broom Cluster Fig, Bush Fig, Cape Fig ●☆
165725 Ficus swinhoei King = Ficus tinctoria G. Forst. subsp. swinhoei (King) Corner ●
165726 Ficus sycomorus L.;埃及无花果(埃及榕,聚果榕,西克莫榕,野生无花果);Egyptian Fig, Egyptian Sycamore, Fig Mulberry, Fig-mulberry, Mulberry Fig, Pharaoh's Fig, Sycamore, Sycamore Fig, Wild Fig Tree ●☆
165727 Ficus sycomorus L. subsp. gnaphalocarpa (Miq.) C. C. Berg;鼠曲果榕●☆
165728 Ficus sycomorus L. var. alnea Hiern = Ficus sur Forssk. ●☆
165729 Ficus sycomorus L. var. polybotrya Hiern = Ficus sur Forssk. ●☆
165730 Ficus sycomorus L. var. prodigiosa Hiern = Ficus sur Forssk. ●☆
165731 Ficus syringifolia Warb. = Ficus polita Vahl ●☆
165732 Ficus taeda Kunth et Bouch. = Ficus elastica Roxb. ●
165733 Ficus taiwaniana Hayata = Ficus formosana Maxim. ●
165734 Ficus tannoensis Hayata;滨榕(变叶薜荔,蔓榕,狭叶蔓榕);Tanno Fig ●
165735 Ficus tannoensis Hayata f. angustifolia Hayata = Ficus tannoensis Hayata ●
165736 Ficus tannoensis Hayata f. rhombifolia Hayata;菱叶滨榕;Rhombic-leaf Fig, Rhombic-leaved Fig ●
165737 Ficus tannoensis Hayata f. rhombifolia Hayata = Ficus tannoensis Hayata ●
165738 Ficus tashiroi Maxim. = Ficus ampelos Burm. f. ●
165739 Ficus teloukat Batt. et Trab. = Ficus cordata Thunb. subsp. salicifolia (Vahl) C. C. Berg ●☆
165740 Ficus tenax Blume = Ficus erecta Thunb. ●
165741 Ficus tenii H. Lév. = Ficus geniculata Kurz ●
165742 Ficus terasonensis Hayata = Ficus aurantiaca Griff. ●
165743 Ficus terminalifolia Elmer = Ficus cumingii Miq. ●
165744 Ficus terminalifolia Elmer = Ficus cumingii Miq. var. terminalifolia (Elmer) Sata ●
165745 Ficus tesselata Warb. = Ficus camptoneuroides Hutch. ●☆
165746 Ficus tettensis Hutch.;泰特榕●☆
165747 Ficus thonningiana (Miq.) Miq. = Ficus sur Forssk. ●☆
165748 Ficus thonningii Blume;通宁榕●☆
165749 Ficus thonningii Blume f. acrocarpa C. C. Berg;尖果通宁榕●☆
165750 Ficus thonningii Blume f. burkei C. C. Berg;伯克通宁榕●☆
165751 Ficus thonningii Blume f. hochstetteri C. C. Berg;霍赫通宁榕●☆
165752 Ficus thonningii Blume f. iteophylla C. C. Berg;鼠刺叶通宁榕●☆
165753 Ficus thonningii Blume f. mammigera C. C. Berg;乳突通宁榕●☆
165754 Ficus thonningii Blume f. neurocarpa C. C. Berg;脉果通宁榕●☆
165755 Ficus thonningii Blume f. persicifolia C. C. Berg;桃叶通宁榕●☆
165756 Ficus thonningii Blume f. petersii C. C. Berg;彼得斯通宁榕●☆
165757 Ficus thunbergii Maxim. = Ficus sarmentosa Buch. -Ham. ex Sm. var. thunbergii (Maxim.) Corner ●
165758 Ficus thwaitesii Miq.;锡兰榕;Ceylon Fig ●☆
165759 Ficus tikoua Bureau;地果(遍地金,地板藤,地胆紫,地瓜,地瓜果,地瓜榕,地瓜藤,地郎果,地木耳,地枇杷,地枇杷果,地石榴,地石榴花,地棠果,地蜈蚣,地饮根,冬枇杷,风藤,匍地蜈蚣,覆坡虎,过江龙,过山龙,过石龙,鸠草,拦路虎,母猪地瓜,牛马藤,牛托鼻,爬地牛奶,铺地蜈蚣,匍地蜈蚣,青风月,清风月,霜坡虎,土瓜,万年扒,野地瓜,野地瓜藤,钻地龙);Digua Fig ●
165760 Ficus tiliifolia Warb.;椴叶榕●☆
165761 Ficus tinctoria G. Forst.;斜叶榕(剑叶榕,马勒,胼叶榕,染料榕,山榕,山猪枷,酸叽叽树);Tinctorial Fig ●
165762 Ficus tinctoria G. Forst. subsp. gibbosa (Blume) Corner;西藏斜叶榕(变异斜叶榕,九重吹,涩叶榕,凸斜叶榕,斜叶榕,早田氏榕);Gibbous Fig, Hayata Fig, Strangling Fig ●
165763 Ficus tinctoria G. Forst. subsp. gibbosa (Blume) Corner = Ficus gibbosa Blume ●
165764 Ficus tinctoria G. Forst. subsp. parasitica (Blume) Corner;凸尖榕●
165765 Ficus tinctoria G. Forst. subsp. parasitica (Wildenow) Corner = Ficus tinctoria G. Forst. subsp. gibbosa (Blume) Corner ●
165766 Ficus tinctoria G. Forst. subsp. swinhoei (King) Corner;匍匐斜叶榕(白沙,涩仔树,山猪枷,斯氏榕);Creeping Tinctorial Fig, Swinhoe Fig ●
165767 Ficus tinctoria G. Forst. subsp. swinhoei (King) Corner = Ficus swinhoei King ●
165768 Ficus toka Forssk. = Celtis toka (Forssk.) Hepper et J. R. I. Wood ●☆
165769 Ficus trachycarpa Blume var. paucidentata Miq. = Ficus subincisa Buch. -Ham. ex Sm. var. paucidentata (Miq.) Corner ●
165770 Ficus trachycarpa Miq. = Ficus subincisa Buch. -Ham. ex Sm. ●
165771 Ficus trachycarpa Miq. var. paucidentata Miq. = Ficus subincisa Buch. -Ham. ex Sm. ●
165772 Ficus trachyphylla (Miq.) Miq. = Ficus sycomorus L. subsp. gnaphalocarpa (Miq.) C. C. Berg ●☆
165773 Ficus trematocarpa Miq. = Ficus virgata Reinw. ex Blume ●
165774 Ficus tremula Warb.;颤榕●☆
165775 Ficus tremula Warb. subsp. acuta (De Wild.) C. C. Berg;尖颤榕●☆
165776 Ficus tremula Warb. subsp. kimuenzensis (Warb.) C. C. Berg;基穆恩扎榕●☆
165777 Ficus triangularis Warb. = Ficus natalensis Hochst. subsp. leprieurii (Miq.) C. C. Berg ●☆

165778 Ficus trichocarpa Blume;毛果榕;Hairy-fruit Fig ●
165779 Ficus trichocarpa Blume var. obtusa (Hassk.) Corner;钝叶毛果榕;Obtuse Hairy-fruit Fig ●
165780 Ficus trichopoda Baker;毛足榕●☆
165781 Ficus trichopoda H. Lév. = Ficus sarmentosa Buch. -Ham. ex Sm. var. luducca (Roxb.) Corner ●
165782 Ficus trichosphaera Baker = Ficus lutea Vahl ●☆
165783 Ficus tridactylites Gagnep. = Ficus hirta Vahl var. imberbis Gagnep. ●
165784 Ficus tridactylites Gagnep. = Ficus hirta Vahl ●
165785 Ficus tridentata Fenzl = Ficus capreifolia Delile ●☆
165786 Ficus trilepis Miq. = Ficus neriifolia Sm. ●
165787 Ficus trilepis Miq. = Ficus neriifolia Sm. var. trilepis (King) Corner ●
165788 Ficus triloba Buch. -Ham. = Ficus hirta Vahl var. roxburghii (Miq.) King ●
165789 Ficus triloba Buch. -Ham. ex Voigt = Ficus hirta Vahl ●
165790 Ficus tristis Kunth et Bouché = Ficus cordata Thunb. ●☆
165791 Ficus trivia Corner;楔叶榕(半稔子);Wedgeleaf Fig ●
165792 Ficus trivia Corner var. laevigata S. S. Chang;光叶楔叶榕;Glabrous Wedgeleaf Fig ●
165793 Ficus trivia Corner var. tenuipetiola S. S. Chang;细柄楔叶榕;Thin-stalk Wedgeleaf Fig ●
165794 Ficus trivia Corner var. tenuipetiola S. S. Chang = Ficus trivia Corner ●
165795 Ficus tropophyton Lebrun et L. Touss. = Ficus thonningii Blume ●☆
165796 Ficus tsiangii Merr. ex Corner;杂色榕(阿巴果,糙叶榕,贵州榕,岩木瓜);Guizhou Fig,Tsiang Fig ●
165797 Ficus tsjakela Burm. f.;脉叶榕●☆
165798 Ficus tuberculosa Welw. ex Hiern = Ficus umbellata Vahl ●☆
165799 Ficus tuberculosa Welw. ex Hiern var. elliptica Hiern = Ficus ovata Vahl ●☆
165800 Ficus tuphapensis Drake;平塘榕(保亭榕);Baoting Fig ●
165801 Ficus ugandensis Hutch. = Ficus sansibarica Warb. subsp. macrosperma (Mildbr. et Burret) C. C. Berg ●☆
165802 Ficus ulugurensis Warb. ex Mildbr. et Burret = Ficus ottoniifolia (Miq.) Miq. subsp. ulugurensis (Mildbr. et Burret) C. C. Berg ●☆
165803 Ficus umangiensis De Wild. = Ficus ottoniifolia (Miq.) Miq. ●☆
165804 Ficus umangiensis De Wild. var. laurentii ? = Ficus ottoniifolia (Miq.) Miq. ●☆
165805 Ficus umbellata Vahl;小伞榕●☆
165806 Ficus umbrosa Sim = Ficus polita Vahl ●☆
165807 Ficus undulata S. S. Chang;波缘榕;Undulate Fig,Wavy Fig ●
165808 Ficus urceolaris Welw. ex Hiern = Ficus asperifolia Miq. ●☆
165809 Ficus urceolaris Welw. ex Hiern var. bumbana Hiern = Ficus asperifolia Miq. ●☆
165810 Ficus urdanetensis Elmer = Ficus benguetensis Merr. ●
165811 Ficus urophylla Wall. ex Miq. = Ficus heteropleura Blume ●
165812 Ficus usambarensis Warb.;乌桑巴拉榕●☆
165813 Ficus utilis Sim = Ficus lutea Vahl ●☆
165814 Ficus vaccinioides Hemsl. et King ex King;越橘榕(越橘叶蔓榕);Vaccinium Fig ●
165815 Ficus vagans Roxb. = Ficus laevis Blume ●
165816 Ficus vanioti H. Lév. = Amoora ouangliensis (H. Lév.) C. Y. Wu ●
165817 Ficus variabilis De Wild. f. obtusifolia ? = Ficus natalensis Hochst. ●☆
165818 Ficus variabilis De Wild. f. subacuminata ? = Ficus natalensis Hochst. ●☆
165819 Ficus variegata Blume;变色榕(变叶榕,变异榕,横脉榕,兰屿榕,杂色榕);Lanyu Fig-tree,Variable Fig,Variegated Fig ●
165820 Ficus variegata Blume f. rotundata Sata = Ficus variegata Blume ●
165821 Ficus variegata Blume var. chlorocarpa (Benth.) King;青果榕(无花果);Greenfruit Fig,Green-fruit Variable Fig ●
165822 Ficus variegata Blume var. chlorocarpa Benth. ex King = Ficus variegata Blume ●
165823 Ficus variegata Blume var. garciae (Elmer) Corner;干花榕(小西氏榕);Konishi Fig ●
165824 Ficus variegata Blume var. garciae (Elmer) Corner = Ficus garciae Elmer ●
165825 Ficus variegata Blume var. garciae (Elmer) Corner = Ficus variegata Blume ●
165826 Ficus variegata Blume var. sycomoides (Miq.) Corner;无花果榕●☆
165827 Ficus variifolia Warb.;杂叶榕●☆
165828 Ficus variolosa Lindl. ex Benth.;变叶榕(斑榕,常绿天仙果,椿云子,赌博赖,击常木,奶汁柴,牛奶仔,牛乳树,去常木,山榕,细叶牛乳木,芷葛);Varied Leaf Fig,Variedleaf Fig,Various-leaved Fig ●
165829 Ficus vasculosa Wall. = Ficus virgata Reinw. ex Blume ●
165830 Ficus vasculosa Wall. et Miq.;白肉榕(白榕,白肉树,白松,黄果榕,突脉榕);Champion Fig,White Fig-tree ●
165831 Ficus vasta Forssk.;荒地榕●☆
165832 Ficus vasta Forssk. var. glabrescens Hutch. = Ficus vasta Forssk. ●☆
165833 Ficus vasta Forssk. var. velutina Fiori = Ficus vasta Forssk. ●☆
165834 Ficus venosa Wall. = Ficus infectoria Roxb. ●
165835 Ficus venosa Willd. = Ficus tsjakela Burm. f. ●☆
165836 Ficus verrucocarpa Warb. = Ficus lutea Vahl ●☆
165837 Ficus verruculosa Warb.;小疣榕●☆
165838 Ficus verruculosa Warb. var. stipitata Warb. ex Mildbr. et Burret = Ficus verruculosa Warb. ●☆
165839 Ficus vestito-bracteata Warb. = Ficus lutea Vahl ●☆
165840 Ficus villosipes Warb. = Ficus sur Forssk. ●☆
165841 Ficus virens Aiton;黄葛树(白来叶,笔管榕,笔管树,串珠榕,大榕,大叶榕,大叶榕树,红斑榕,红龙须,红肉榕,黄葛,黄角树,黄桷,黄龙须,嘉树,绿黄葛树,马尾榕,毛管榕,乌榕,乌屎榕,乌松,婆罗树,漆舅,漆娘舅,雀榕,雀树,榕树,山榕,万年阴,小无花果,猪麻榕);Bigleaf Fig,Gray Fig,Java Willow,Red Fruit Fig,Spotted Fig,Strangler Fig,Virescent Fig,Wight Fig,Yellow-kudzu Fig ●
165842 Ficus virens Aiton = Ficus subpisocarpa Gagnep. ●
165843 Ficus virens Aiton = Ficus superba (Miq.) Miq. var. japonica Miq. ●
165844 Ficus virens Aiton var. sublaceolata (Miq.) Corner;披针叶笔管榕(笔管榕,笔管树,赤榕,大叶榕,大叶榕树,红龙须,黄葛树,黄桷树,黄龙须,马尾榕,披针叶黄葛树,漆舅,漆娘舅,雀榕,雀树,山榕,万年青,万年阴,小无花果,猪麻榕);Sublaceoleaf Wight Fig ●
165845 Ficus virens Aiton var. sublanceolata (Miq.) Corner = Ficus virens Aiton ●
165846 Ficus virgata Reinw. = Ficus palmata Forssk. ●☆
165847 Ficus virgata Reinw. ex Blume;岛榕(白肉榕)●

165848 Ficus virgata Reinw. ex Blume var. philippinensis (Miq.) Corner = Ficus virgata Reinw. ex Blume ●
165849 Ficus viridescens H. Lév. et Vaniot = Ficus gasparriniana Miq. var. viridescens (H. Lév. et Vaniot) Corner ●
165850 Ficus viridimaculata De Wild. = Ficus ottoniifolia (Miq.) Miq. ●☆
165851 Ficus vitifolia Warb. = Ficus johannis Boiss. ●☆
165852 Ficus vogeliana (Miq.) Miq.;沃格尔榕●☆
165853 Ficus vogeliana (Miq.) Miq. var. latifolia Hutch. = Ficus vogeliana (Miq.) Miq. ●☆
165854 Ficus vogeliana Miq. = Ficus vogeliana (Miq.) Miq. ●☆
165855 Ficus vogelii (Miq.) Miq. = Ficus lutea Vahl ●☆
165856 Ficus vogelii (Miq.) Miq. var. pubicarpa Warb. ex Mildbr. et Burret = Ficus lutea Vahl ●☆
165857 Ficus vohsenii Warb. = Ficus ovata Vahl ●☆
165858 Ficus volkensii Warb. = Ficus natalensis Hochst. ●☆
165859 Ficus wakefieldii Hutch.;韦克菲尔德榕●☆
165860 Ficus warburgii H. Winkl. = Ficus asperifolia Miq. ●☆
165861 Ficus wardii C. E. C. Fisch. = Ficus neriifolia Sm. ●
165862 Ficus welwitschii Warb. = Ficus cordata Thunb. ●☆
165863 Ficus welwitschii Warb. var. beroensis Hiern = Ficus cordata Thunb. ●☆
165864 Ficus whytei Stapf = Treculia africana Decne. ex Trécul ●☆
165865 Ficus wightiana Wall. = Ficus virens Aiton ●
165866 Ficus wightiana Wall. ex Benth. = Ficus virens Aiton ●
165867 Ficus wightiana Wall. ex Miq. = Ficus subpisocarpa Gagnep. ●
165868 Ficus wightiana Wall. ex Miq. = Ficus superba (Miq.) Miq. var. japonica Miq. ●
165869 Ficus wildemaniana Warb.;怀尔德曼榕●☆
165870 Ficus wrightii Benth. = Ficus sarmentosa Buch.-Ham. ex Sm. var. nipponica (Franch. et Sav.) Corner ●
165871 Ficus xichouensis S. S. Chang;西畴榕;Xichou Fig ●
165872 Ficus xichouensis S. S. Chang = Ficus heteromorpha Hemsl. ●
165873 Ficus xiphias C. E. C. Fisch. = Ficus filicauda Hand.-Mazz. ●
165874 Ficus xiphophora Warb. = Ficus asperifolia Miq. ●☆
165875 Ficus yunnanensis S. S. Chang;云南榕;Yunnan Fig ●
165876 Ficus zambesiaca Hutch. = Ficus bussei Warb. ex Mildbr. et Burret ●☆
165877 Ficus zenkeri Warb. ex Mildbr. et Burret;森柯尔榕●☆
165878 Ficus zenkeri Warb. ex Mildbr. et Burret = Ficus variifolia Warb. ●☆
165879 Ficus zobiaensis De Wild. = Ficus saussureana DC. ●☆
165880 Ficus zuvalensis Sim = Ficus trichopoda Baker ●☆
165881 Fidelia Sch. Bip. = Leontodon L.(保留属名)■☆
165882 Fidelia reboudiana Pomel = Scorzoneroides muelleri (Sch. Bip.) Greuter et Talavera subsp. reboudiana (Pomel) Greuter ■☆
165883 Fidelia trivialis Pomel = Scorzoneroides muelleri (Sch. Bip.) Greuter et Talavera subsp. reboudiana (Pomel) Greuter ■☆
165884 Fiebera Opiz = Chaerophyllum L. ■
165885 Fiebera Opiz = Myrrhoides Fabr. ■
165886 Fiebera Opiz = Physocaulis (DC.) Tausch ■☆
165887 Fiebrigia Fritsch = Gloxinia L'Hér. ■☆
165888 Fiebrigiella Harms(1908);细豆属■☆
165889 Fiebrigiella gracilis Harms;细豆■☆
165890 Fiedleria Rchb. = Petrorhagia (Ser. ex DC.) Link ■
165891 Fiedleria alpina (Hablitz) Ovcz. = Petrorhagia alpina (Hablitz) P. W. Ball et Heywood ■
165892 Fieldia A. Cunn. (1825);菲尔德苣苔属(裴得苣苔属);Fieldia ●☆
165893 Fieldia Gaudich. = Vandopsis Pfitzer ■
165894 Fieldia australis A. Cunn.;菲尔德苣苔■☆
165895 Fieldia gigantea (Lindl.) Rchb. f. = Vandopsis gigantea (Lindl.) Pfitzer ■
165896 Fierauera Rchb. = Fibra Colden ■
165897 Fierauera Rchb. = Fibraurea Colden ■
165898 Figaraea Viv. = Neurada L. ■☆
165899 Figonia Raf. = Michelia L. ●
165900 Figuierea Montrouz. = Coelospermum Blume ●
165901 Filaginella Opiz = Gnaphalium L. ■
165902 Filaginella palustris (Nutt.) Holub = Gnaphalium palustre Nutt. ■☆
165903 Filaginella uliginosa (L.) Opiz = Gnaphalium uliginosum L. ■☆
165904 Filaginopsis Torr. et A. Gray = Diaperia Nutt. ■
165905 Filaginopsis Torr. et A. Gray = Filago L.(保留属名)■
165906 Filago L. (1753)(保留属名);絮菊属;Cottonweed, Cudweed, Fluffweed, Herba Impia ■
165907 Filago Loefl. = Evax Gaertn. ■☆
165908 Filago abyssinica Sch. Bip. ex A. Rich.;阿比西尼亚絮菊■☆
165909 Filago acaulis Krock. = Gnaphalium supinum L. ■
165910 Filago angustifolia (Pomel) Batt. = Filago congesta DC. ■☆
165911 Filago apiculata G. E. Sm. = Filago lutescens Jord. ■☆
165912 Filago arenaria (Smoljan.) Chrtek et Holub;沙地絮菊■☆
165913 Filago argentea (Pomel) Chrtek et Holub;阿根廷絮菊■☆
165914 Filago arizonica A. Gray = Logfia arizonica (A. Gray) Holub ■☆
165915 Filago arvensis L.;絮菊;Cottonweed, Field Cottonrose, Fluffweed ■
165916 Filago arvensis L. = Logfia arvensis (L.) Holub ■
165917 Filago arvensis L. var. lagopus (Stephan) DC. = Filago arvensis L. ■
165918 Filago arvensis L. var. lagopus (Willd.) DC. = Filago arvensis L. ■
165919 Filago asterisciflora (Lam.) Chrtek et Holub;星箱草花絮菊■☆
165920 Filago atlantica Ball = Evacidium discolor (DC.) Maire ■☆
165921 Filago bolivari Caball. = Filago congesta DC. ■☆
165922 Filago bornmuelleri Hausskn. ex Bornm.;博恩米勒絮菊■☆
165923 Filago bornmuelleri Hausskn. ex Bornm. = Filago hurdwarica (Wall. ex DC.) Wagenitz ■☆
165924 Filago californica Nutt. = Logfia filaginoides (Hook. et Arn.) Morefield ■☆
165925 Filago candida (Torr. et A. Gray) Shinners;加拿大絮菊■☆
165926 Filago canescens Jord.;灰色絮菊■☆
165927 Filago canescens Jord. = Filago vulgaris Lam. ■☆
165928 Filago carpetana (Lange) Chrtek et Holub;菠萝絮菊■☆
165929 Filago carpetana (Lange) Chrtek et Holub subsp. maroccana (Braun-Blanq. et Maire) Dobignard;摩洛哥絮菊■☆
165930 Filago clementei Willk.;克莱门特絮菊■☆
165931 Filago congesta DC.;密集絮菊■☆
165932 Filago contracta (Boiss.) Chrtek et Holub;紧缩絮菊■☆
165933 Filago cupaniana Parl. = Filago heterantha (Raf.) Guss. ■☆
165934 Filago cupaniana Parl. subsp. dichotoma (Pomel) Batt. et Trab. = Filago clementei Willk. ■☆
165935 Filago dasycarpa Griseb. = Micropsis dasycarpa (Griseb.)

Beauverd ■☆
165936 Filago depressa A. Gray = Logfia depressa (A. Gray) Holub ■☆
165937 Filago desertorum Pomel;荒漠絮菊■☆
165938 Filago dichotoma Pomel = Filago clementei Willk. ■☆
165939 Filago duriaei Batt.;杜里奥絮菊■☆
165940 Filago eriocephala Guss.;毛头絮菊■☆
165941 Filago evacoides Chiov. = Filago abyssinica Sch. Bip. ex A. Rich. ■☆
165942 Filago exigua Sibth. = Filago congesta DC. ■☆
165943 Filago exigua Sibth. subsp. angustifolia (Pomel) Batt. = Filago congesta DC. ■☆
165944 Filago faurei Maire = Filago duriaei Batt. ■☆
165945 Filago fuscescens Pomel;浅棕色絮菊■☆
165946 Filago fuscescens Pomel var. gracilis Maire = Filago fuscescens Pomel ■☆
165947 Filago gallica L. = Logfia gallica (L.) Coss. et Germ. ■☆
165948 Filago gallica L. var. tenuifolia (C. Presl) Rouy = Filago gallica L. var. longibracteata Willk. ■☆
165949 Filago germanica (L.) L. = Filago vulgaris Lam. ■☆
165950 Filago germanica Hook. f. = Filago spathulata C. Presl ■
165951 Filago germanica Huds. = Filago pyramidata L. ■
165952 Filago germanica L. = Filago vulgaris Lam. ■☆
165953 Filago germanica L. subsp. exigua (Sibth.) Maire = Filago congesta DC. ■☆
165954 Filago germanica L. subsp. faurei (Maire) Maire = Filago duriaei Batt. ■☆
165955 Filago germanica L. subsp. fuscescens (Pomel) Maire = Filago fuscescens Pomel ■☆
165956 Filago germanica L. subsp. numidica (Pomel) Maire = Filago numidica Pomel ■☆
165957 Filago germanica L. subsp. prolifera (Pomel) Maire = Filago prolifera Pomel ■☆
165958 Filago germanica L. subsp. spathulata (C. Presl) H. Lindb. = Filago pyramidata L. ■
165959 Filago germanica L. subsp. spathulata (C. Presl) Rouy var. desertorum (Pomel) Jahandiez et Maire = Filago desertorum Pomel ■☆
165960 Filago germanica L. subsp. spathulata (C. Presl) Rouy. = Filago pyramidata L. ■
165961 Filago germanica L. var. abyssinica (Sch. Bip. ex A. Rich.) Penz. = Filago abyssinica Sch. Bip. ex A. Rich. ■☆
165962 Filago germanica L. var. canescens (Jord.) Gren. et Godr. = Filago pyramidata L. ■
165963 Filago germanica L. var. desertorum (Pomel) Batt. = Filago desertorum Pomel ■☆
165964 Filago germanica L. var. desertorum (Pomel) Jahand. et Maire = Filago desertorum Pomel ■☆
165965 Filago germanica L. var. evacina Christ = Filago pyramidata L. ■
165966 Filago germanica L. var. furcata (Coss.) Maire = Filago vulgaris Lam. ■☆
165967 Filago germanica L. var. lutescens (Jord.) Gren. et Godr. = Filago lutescens Jord. ■☆
165968 Filago germanica L. var. micropodioides (Lange) Maire = Filago micropodioides Lange ■☆
165969 Filago germanica L. var. numidica (Pomel) Batt. = Filago vulgaris Lam. ■☆
165970 Filago germanica L. var. prostrata Batt. = Filago vulgaris Lam. ■☆
165971 Filago germanica L. var. pyramidata (L.) Gaudin = Filago pyramidata L. ■
165972 Filago germanica L. var. robusta (Pomel) Batt. = Filago pyramidata L. ■
165973 Filago germanica L. var. spathulata (C. Presl) DC. = Filago pyramidata L. ■
165974 Filago germanica sensu Hook. f. = Filago hurdwarica (Wall. ex DC.) Wagenitz ■☆
165975 Filago heldreichii (Parl.) Batt. = Evacidium discolor (DC.) Maire ■☆
165976 Filago heterantha (Raf.) Guss.;互花絮菊■☆
165977 Filago heterantha (Raf.) Guss. subsp. cupaniana Maire = Filago heterantha (Raf.) Guss. ■☆
165978 Filago heterantha (Raf.) Guss. subsp. dichotoma (Pomel) Murb. = Filago clementei Willk. ■☆
165979 Filago heterantha (Raf.) Guss. var. candidissima Batt. = Filago heterantha (Raf.) Guss. ■☆
165980 Filago hispanica (Degen et Hervier) Chrtek et Holub;西班牙絮菊■☆
165981 Filago hurdwarica (Wall. ex DC.) Wagenitz;赫德瓦絮菊■☆
165982 Filago lagopus (Willd.) Parl. = Filago arvensis L. ■
165983 Filago lagopus Parl. = Filago arvensis L. ■
165984 Filago lasiocarpa Pau;毛果絮菊■☆
165985 Filago leontopodioides Willd. = Leontopodium leontopodioides (Willd.) Beauverd ■
165986 Filago libyaca (Alavi) Greuter et Wagenitz;利比亚絮菊■☆
165987 Filago linearifolia (Pomel) Chrtek et Holub;线叶絮菊■☆
165988 Filago longilanata (Maire et Wilczek) Greuter;长绵毛絮菊■☆
165989 Filago lusitanica (Samp.) P. Silva;葡萄牙絮菊■☆
165990 Filago lutescens Jord.;红须絮菊;Red-tipped Cudweed, Red-tipped Fluffweed ■☆
165991 Filago lutescens Jord. subsp. atlantica Wagenitz;大西洋絮菊■☆
165992 Filago mareotica Delile;马雷奥特絮菊■☆
165993 Filago mareotica Delile subsp. clementei (Willk.) Maire = Filago clementei Willk. ■☆
165994 Filago mareotica Delile subsp. maurorum (Jahand. et Maire) Maire = Filago ramosissima Lange ■☆
165995 Filago mareotica Delile var. floribunda (Pomel) Maire = Filago mareotica Delile ■☆
165996 Filago mareotica Delile var. murcica Maire = Filago mareotica Delile ■☆
165997 Filago maritima Hill;沼泽絮菊■☆
165998 Filago maritima L. = Achillea maritima (L.) Ehrend. et Y. P. Guo ■☆
165999 Filago mauritanica (Pomel) Dobignard;毛里塔尼亚絮菊■☆
166000 Filago maurorum Jahand. et Maire = Filago ramosissima Lange ■☆
166001 Filago microcephala Pomel;小头絮菊■☆
166002 Filago micropodioides Lange;小足絮菊■☆
166003 Filago minima (Sm.) Pers. = Logfia minima (Sm.) Dumort. ■☆
166004 Filago minima Fr. = Logfia minima (Sm.) Dumort. ■☆
166005 Filago montana L.;山地絮菊■☆
166006 Filago multicaulis Lam.;多茎絮菊■☆
166007 Filago nivea Small;雪白絮菊■☆

166008 Filago numidica Pomel = Filago desertorum Pomel ■☆
166009 Filago obovata Pomel = Filago pyramidata L. ■
166010 Filago paradoxa Wagenitz;奇异絮菊■☆
166011 Filago polycephala (Pomel) Wagenitz = Filago congesta DC. ■☆
166012 Filago pomelii Batt. = Filago micropodioides Lange ■☆
166013 Filago prolifera Pomel;多育絮菊■☆
166014 Filago pygmaea L.;矮小絮菊■☆
166015 Filago pygmaea L. subsp. ramosissima (Mariz) R. Fern. et I. Nogueira;多枝矮小絮菊■☆
166016 Filago pyramidata L.;塔形絮菊;Broadleaf Cottonrose ■
166017 Filago pyramidata L. subsp. fuscescens (Pomel) O. Bolòs et Vigo = Filago fuscescens Pomel ■☆
166018 Filago pyramidata L. subsp. lutescens (Jord.) O. Bolòs et Vigo = Filago lutescens Jord. ■☆
166019 Filago pyramidata L. var. obovata (Pomel) Wagenitz = Filago pyramidata L. ■
166020 Filago pyramidata L. var. prostrata (Fiori) Wagenitz = Filago pyramidata L. ■
166021 Filago ramosissima Lange;多枝絮菊■☆
166022 Filago ramosissima Lange var. maurorum (Jahand. et Maire) Maire = Filago ramosissima Lange ■☆
166023 Filago robusta Pomel = Filago pyramidata L. ■
166024 Filago sahariensis Chrtek et Holub;萨哈里榕●☆
166025 Filago spathulata C. Presl;匙叶絮菊;Broad-leaved Cudweed, Spatulate Fluffweed, Spoonleaf Cottonweed ■
166026 Filago spathulata C. Presl = Filago pyramidata L. ■
166027 Filago spathulata C. Presl subsp. micropodioides (Lange) Batt. = Filago micropodioides Lange ■☆
166028 Filago spathulata C. Presl var. alexandrina Bornm. = Filago desertorum Pomel ■☆
166029 Filago spathulata C. Presl var. desertorum (Pomel) Batt. = Filago desertorum Pomel ■☆
166030 Filago spathulata C. Presl var. erecta Batt. = Filago pyramidata L. ■
166031 Filago spathulata C. Presl var. microcephala (Pomel) Batt. = Filago pyramidata L. ■
166032 Filago spathulata C. Presl var. micropodioides (Lange) Murb. = Filago micropodioides Lange ■☆
166033 Filago spathulata C. Presl var. oasicola Hochr. = Filago pyramidata L. ■
166034 Filago spathulata C. Presl var. prostrata (Boiss.) Batt. = Filago pyramidata L. ■
166035 Filago spathulata C. Presl var. robusta (Pomel) Batt. = Filago pyramidata L. ■
166036 Filago tenuifolia C. Presl;细叶絮菊■☆
166037 Filago undulata Desf.;钝齿絮菊;Cape Cudweed ■☆
166038 Filago vulgaris Lam.;普通絮菊(德国絮菊);Childing Cudweed, Clodweed, Common Cottonrose, Common Cudweed, Common Fluffweed, Cudweed, Cudwort, Downweed, German Filago, German Fluffweed, Horewort, Owl's Crown, Wicked Herb ■☆
166039 Filago vulgaris Lam. var. abyssinica (Sch. Bip. ex A. Rich.) Cufod. = Filago abyssinica Sch. Bip. ex A. Rich. ■☆
166040 Filagopsis (Batt.) Rouy = Evax Gaertn. ■☆
166041 Filangis Thouars = Angraecum Bory ■
166042 Filarum Nicolson(1967);秘鲁南星属■☆
166043 Filarum manserichense Nicolson;秘鲁南星■☆
166044 Filetia Miq.(1858);法尔特爵床属●☆
166045 Filetia africana Lindau = Asystasia lindauiana Hutch. et Dalziel ●☆
166046 Filetia costulata Miq.;法尔特爵床●☆
166047 Filetia glabra Ridl.;无毛法尔特爵床●☆
166048 Filetia hirta Ridl.;粗毛法尔特爵床●☆
166049 Filetia lanceolata Bremek.;剑形法尔特爵床●☆
166050 Filetia paniculata C. B. Clarke;圆锥法尔特爵床●☆
166051 Filgueirasia Guala(1931);巴西草属■☆
166052 Filicaceae Juss. = Sapindaceae Juss.(保留科名)●■
166053 Filicirna Raf. = Drosera L. ■
166054 Filicium Thwaites = Filicium Thwaites ex Benth. et Hook. f. ●☆
166055 Filicium Thwaites ex Benth. = Filicium Thwaites ex Benth. et Hook. f. ●☆
166056 Filicium Thwaites ex Benth. et Hook. f.(1862);蕨叶无患子属(蕨木患属);Fern-leaf Tree ●☆
166057 Filicium Thwaites ex Hook. f. = Filicium Thwaites ex Benth. et Hook. f. ●☆
166058 Filicium abbreviatum Radlk. = Filicium thouarsianum (A. DC.) Capuron ●☆
166059 Filicium decipiens (Wight et Arn.) Thwaites;蕨叶无患子(蕨木患);Fern-leaf Tree ●☆
166060 Filicium decipiens Thwaites = Filicium decipiens (Wight et Arn.) Thwaites ●☆
166061 Filicium elongatum Radlk. ex Taub. = Filicium decipiens (Wight et Arn.) Thwaites ●☆
166062 Filicium longifolium (H. Perrier) Capuron;长蕨叶无患子●☆
166063 Filicium somalense Chiov. = Haplocoelum inoploeum Radlk. ●☆
166064 Filicium thouarsianum (A. DC.) Capuron;马岛蕨叶无患子●☆
166065 Filifolium Kitam.(1940);线叶菊属;Filifolium, Linedaisy ■
166066 Filifolium sibiricum (L.) Kitam.;线叶菊(兔毛蒿,兔子毛,西伯利亚蒿,西伯利亚菊);Siberia Linedaisy, Siberian Filifolium ■
166067 Filifolium sibiricum (L.) Kitam. = Artemisia sibirica (L.) Maxim. ■☆
166068 Filipedium Raizada et S. K. Jain = Capillipedimn Stapf ■
166069 Filipendicula Guett. = Filipendula Mill. ■
166070 Filipendula L. = Filipendula Mill. ■
166071 Filipendula Mill.(1754);蚊子草属(合叶子属);Dropwort, Meadowsweet ■
166072 Filipendula amurensis (A. I. Baranov) A. I. Baranov = Filipendula palmata (Pall.) Maxim. ■
166073 Filipendula angustiloba (Turcz.) Maxim.;细叶蚊子草(合叶子);Narrow Lobed Meadowsweet, Smallleaf Meadowsweet ■
166074 Filipendula angustiloba (Turcz.) Maxim. var. glabra Maxim. = Filipendula angustiloba (Turcz.) Maxim. ■
166075 Filipendula angustiloba (Turcz.) Maxim. var. tomentosa Maxim. = Filipendula intermedia (Glehn) Juz. ■
166076 Filipendula auriculata (Ohwi) Kitam.;耳状蚊子草■☆
166077 Filipendula auriculata (Ohwi) Kitam. f. chionea H. Ohba et S. Kato;白花耳状蚊子草■☆
166078 Filipendula camtschatica (Pall.) Maxim. = Filipendula kamtschatica (Pall.) Maxim. ■
166079 Filipendula camtschatica (Pall.) Maxim. subsp. glaberrima (Nakai) Vorosch. = Filipendula glabra Nakai ex Kom. et Aliss. ■
166080 Filipendula denudata (J. Presl et C. Presl) Fritsch;裸合叶子

■☆

166081 Filipendula filipendula (L.) Voss = Filipendula vulgaris Moench ■☆

166082 Filipendula glaberrima Nakai = Filipendula purpurea Maxim. ■

166083 Filipendula glaberrima Nakai ex Kom. et Aliss. f. alba (Nakai) Yonek.;白光秃蚊子草■☆

166084 Filipendula glaberrima Nakai f. alba (Nakai) Yonek. = Filipendula glaberrima Nakai ex Kom. et Aliss. f. alba (Nakai) Yonek. ■☆

166085 Filipendula glabra Nakai ex Kom. et Aliss.;光秃蚊子草■☆

166086 Filipendula glabra Nakai ex Kom. et Aliss. = Filipendula purpurea Maxim. ■

166087 Filipendula hexapetala Gilib. = Filipendula vulgaris Moench ■☆

166088 Filipendula intermedia (Glehn) Juz.;翻白蚊子草;Intermediate Meadowsweet ■

166089 Filipendula kamtschatica (Pall.) Maxim.;勘察加蚊子草;Giant Meadowsweet,Kamchatka Meadowsweet ■

166090 Filipendula kamtschatica (Pall.) Maxim. f. glabra Koidz. = Filipendula kamtschatica (Pall.) Maxim. ■

166091 Filipendula kamtschatica (Pall.) Maxim. var. glaberrima Nakai = Filipendula purpurea Maxim. ■

166092 Filipendula kiraishiensis Hayata;台湾蚊子草;Taiwan Meadowsweet ■

166093 Filipendula koreana (Nakai) Nakai;朝鲜蚊子草■

166094 Filipendula koreana (Nakai) Nakai = Filipendula purpurea Maxim. ■

166095 Filipendula koreana (Nakai) Nakai var. alba Nakai ex Mori;白花朝鲜蚊子草■

166096 Filipendula koreana (Nakai) Nakai var. alba Nakai ex Mori = Filipendula purpurea Maxim. ■

166097 Filipendula multijuga Maxim.;多叶蚊子草(多对蚊子草);Leafy Meadowsweet ■☆

166098 Filipendula multijuga Maxim. f. albiflora (Makino) Okuyama;白花多叶蚊子草■☆

166099 Filipendula multijuga Maxim. f. hakoensis Makino;箱根多叶蚊子草■☆

166100 Filipendula multijuga Maxim. subsp. yezoensis (H. Hara) Vorosch. = Filipendula glabra Nakai ex Kom. et Aliss. ■

166101 Filipendula multijuga Maxim. var. acerina Makino;尖多叶蚊子草■☆

166102 Filipendula multijuga Maxim. var. alba Nakai = Filipendula glabra Nakai ex Kom. et Aliss. ■

166103 Filipendula multijuga Maxim. var. alba Nakai = Filipendula purpurea Maxim. ■

166104 Filipendula multijuga Maxim. var. albiflora Makino = Filipendula multijuga Maxim. f. albiflora (Makino) Okuyama ■☆

166105 Filipendula multijuga Maxim. var. ciliata Koidz.;纤毛多叶蚊子草■☆

166106 Filipendula multijuga Maxim. var. dilutorosea Makino;粉花多叶蚊子草■☆

166107 Filipendula multijuga Maxim. var. koreana Nakai = Filipendula purpurea Maxim. ■

166108 Filipendula nuda Grubov = Filipendula palmata (Pall.) Maxim. var. glabra Ledeb. ex Kom. ■

166109 Filipendula occidentalis (S. Watson) Howell;西方蚊子草■☆

166110 Filipendula palmata (Pall.) Maxim.;蚊子草(阿穆尔蚊子草,合叶子);Amur Meadowsweet,Meadowsweet,Palmate Meadowsweet,Spiraea Meadowsweet ■

166111 Filipendula palmata (Pall.) Maxim. 'Nana';小蚊子草;Dwarf Meadowsweet ■☆

166112 Filipendula palmata (Pall.) Maxim. f. nuda (Grubov) T. Shimizu = Filipendula palmata (Pall.) Maxim. var. glabra Ledeb. ex Kom. ■

166113 Filipendula palmata (Pall.) Maxim. var. amurensis A. I. Baranov = Filipendula palmata (Pall.) Maxim. ■

166114 Filipendula palmata (Pall.) Maxim. var. glabra Ledeb. ex Kom.;光叶蚊子草(绿叶蚊子草,槭叶蚊子草);Glabrous Palmate Meadowsweet ■

166115 Filipendula palmata (Pall.) Maxim. var. glabra Ledeb. ex Kom. = Filipendula nuda Grubov ■

166116 Filipendula palmata (Pall.) Maxim. var. stenoloba A. I. Baranov ex Liou et al. = Filipendula palmata (Pall.) Maxim. ■

166117 Filipendula purpurea Maxim.;槭叶蚊子草(光秃蚊子草,光叶蚊子草,京鹿子);Japanese Meadowsweet,Mapleleaf Meadowsweet ■

166118 Filipendula purpurea Maxim. f. alba (Nakai) W. T. Lee = Filipendula glaberrima Nakai ex Kom. et Aliss. f. alba (Nakai) Yonek. ■☆

166119 Filipendula purpurea Maxim. f. albiflora (Makino) Ohwi;白花槭叶蚊子草■☆

166120 Filipendula purpurea Maxim. var. albiflora Makino = Filipendula purpurea Maxim. ■

166121 Filipendula purpurea Maxim. var. auriculata Ohwi = Filipendula auriculata (Ohwi) Kitam. ■☆

166122 Filipendula rubra (Hill) B. L. Rob.;红花蚊子草;Queen of the Prairie,Queen-of-the-prairie ■☆

166123 Filipendula stepposa Juz.;草原合叶子■☆

166124 Filipendula tsuguwoi Ohwi;大井蚊子草■☆

166125 Filipendula ulmaria (L.) Maxim.;旋果蚊子草(合叶子,欧洲合叶子,西洋夏雪草,榆绣线菊,榆叶合叶子,榆叶蚊子草);Bittersweet, Blackingirse, Bridewort, Courtship and Matrimony, Courtship-and-matrimony, Elmlike Meadowsweet, English Meadowsweet,European Meadowsweet,Farenut,Goat's Beard,Goat's-beard,Hayriff,Honey-flower,Honeysweet,Kiss-me-quick,Lady of the Meadow,Maid of the Mead,Maid of the Meadow,Maid-of-the-mead,Maid-of-the-meadow, Maidsweet, May of the Meadow, May-of-the-meadow,Meadow Maid,Meadow Queen,Meadow Sweet,Meadowsoot,Meadowsweet,Meadsweet,Meaduart,Meadwort,Medwart Meduart,My Lady's Bell, New Mown Hay, New-mown Hay, Old Man's Beard, Queen of the Fields, Queen of the Meadow, Queen-of-the-meadow, Queen-of-the-meadows, Queen's Feather, Summer's Farewell, Sweet Hay,Tea Flower,Wireweed,Yule Girse ■

166126 Filipendula ulmaria (L.) Maxim. 'Aurea';金叶旋果蚊子草(黄叶旋果蚊子草);Golden-leaved Queen-of-the-meadow, Yellow-leaved Queen of Meadowsweet ■☆

166127 Filipendula ulmaria (L.) Maxim. 'Plena';重瓣旋果蚊子草;Double Queen of Meadowsweet ■☆

166128 Filipendula ulmaria (L.) Maxim. 'Variegata';斑叶旋果蚊子草;Variegata Queen of Meadowsweet ■☆

166129 Filipendula ulmaria (L.) Maxim. subsp. denudata ?;裸露蚊子草;Queen of the Meadow ■☆

166130 Filipendula ulmaria (L.) Maxim. var. plena Voss = Filipendula ulmaria (L.) Maxim. 'Plena' ■☆

166131 Filipendula vestita (Wall.) Maxim.;锈脉蚊子草;Clothing Meadowsweet,Rustvein Meadowsweet ■

166132 Filipendula vulgaris Moench;普通蚊子草(长叶蚊子草,六瓣合叶子,六瓣绣线菊,欧洲蚊子草,悬丝绣线菊);Dropwort, Fillyfindillan, Lady's Ruffles, Meadowsweet ■☆

166133 Filipendula vulgaris Moench 'Multiplex';重瓣欧洲蚊子草■☆

166134 Filipendula yezoensis H. Hara = Filipendula glabra Nakai ex Kom. et Aliss. ■

166135 Filipendula yezoensis H. Hara f. alba (Nakai) T. Shimizu = Filipendula glaberrima Nakai ex Kom. et Aliss. f. alba (Nakai) Yonek. ■☆

166136 Filipendula yezoensis H. Hara f. alba (Nakai) Y. N. Lee = Filipendula glabra Nakai ex Kom. et Aliss. ■

166137 Filipendula yezoensis H. Hara var. hispida T. Shimizu = Filipendula glabra Nakai ex Kom. et Aliss. ■

166138 Fillaea Guill. et Perr. = Erythrophleum Afzel. ex G. Don ●

166139 Fillaea suaveolens Guillaumin et Perr. = Erythrophleum suaveolens (Guillaumin et Perr.) Brenan ●☆

166140 Fillaeopsis Harms(1899);拟格木属(菲尔豆属)●☆

166141 Fillaeopsis discophora Harms;拟格木(拟格木菲尔豆)■☆

166142 Fimbriaria A. Juss. = Schwannia Endl. ●☆

166143 Fimbribambusa Widjaja(1997);缝竹属●☆

166144 Fimbriella Farw. ex Butzin = Platanthera Rich.(保留属名)■

166145 Fimbrillaria Cass. = Conyza Less.(保留属名)■

166146 Fimbrillaria Cass. = Marsea Adans. ●■☆

166147 Fimbripetalum (Turcz.) Ikonn. = Cheiropetalum E. Fries ex Schltdl. ■

166148 Fimbripetalum (Turcz.) Ikonn. = Stellaria L. ■

166149 Fimbripetalum radians (L.) Ikonn. = Stellaria radians L. ■

166150 Fimbristemma Turcz.(1852);缨冠萝藦属☆

166151 Fimbristemma brasiliensis Schltr.;巴西缨冠萝藦☆

166152 Fimbristemma gonoloboides Turcz.;缨冠萝藦☆

166153 Fimbristemma stenosepala Donn. Sm.;狭萼缨冠萝藦☆

166154 Fimbristilis Ritgen = Fimbristylis Vahl(保留属名)■

166155 Fimbristima Raf. = Aster L. ●■

166156 Fimbristylis Vahl(1805)(保留属名);飘拂草属;Fimbristylis, Fluttergrass ■

166157 Fimbristylis × inbanumensis Yashiro;印播沼飘拂草■☆

166158 Fimbristylis × itaru-itoana T. Koyama;伊藤飘拂草■☆

166159 Fimbristylis abortiva Steud. = Abildgaardia abortiva (Steud.) Lye ■☆

166160 Fimbristylis actinoschoenus C. B. Clarke var. chinensis C. B. Clarke = Actinoschoenus chinensis Benth. ■

166161 Fimbristylis actinoschoenus Dunn et Tutcher = Fimbristylis chinensis (Benth.) Ts. Tang et F. T. Wang ■

166162 Fimbristylis actinoschoenus Dunn et Tutcher var. chinensis C. B. Clarke = Fimbristylis chinensis (Benth.) Ts. Tang et F. T. Wang ■

166163 Fimbristylis acuminata Vahl;披针穗飘拂草(尖穗飘拂草);Acuminate Fimbristylis, Acuminate Fluttergrass ■

166164 Fimbristylis aestivalis (Retz.) Vahl;夏飘拂草(大牛毛毡,小溪畔飘拂草);Summer Fimbristylis, Summer Fimbry, Summer Fluttergrass ■

166165 Fimbristylis aestivalis (Retz.) Vahl f. latifolia T. Koyama;宽叶夏飘拂草■☆

166166 Fimbristylis aestivalis (Retz.) Vahl subsp. squarrosa (Vahl) T. Koyama = Fimbristylis squarrosa Vahl ■

166167 Fimbristylis aestivalis (Retz.) Vahl var. esquarrosa (Makino) T. Koyama = Fimbristylis velata R. Br. ■☆

166168 Fimbristylis affinis J. Presl et C. Presl = Fimbristylis dichotoma (L.) Vahl subsp. podocarpa (Nees et Meyen ex Nees) T. Koyama ■

166169 Fimbristylis affinis J. Presl et C. Presl = Fimbristylis tomentosa Vahl ■

166170 Fimbristylis africana T. Durand et Schinz = Abildgaardia pilosa (Willd.) Nees ■☆

166171 Fimbristylis aginkotensis Hayata = Fimbristylis ferruginea (L.) Vahl ■

166172 Fimbristylis alamosana Fernald = Fimbristylis annua (All.) Roem. et Schult. ■☆

166173 Fimbristylis alboviridis C. B. Clarke;白绿飘拂草■☆

166174 Fimbristylis andongensis Ridl. = Bulbostylis andongensis (Ridl.) C. B. Clarke ■☆

166175 Fimbristylis annua (All.) Roem. = Fimbristylis dichotoma (L.) Vahl ■

166176 Fimbristylis annua (All.) Roem. et Schult.;一年生飘拂草■☆

166177 Fimbristylis annua (All.) Roem. et Schult. = Fimbristylis bisumbellata (Forssk.) Bubani ■

166178 Fimbristylis annua (All.) Roem. et Schult. var. diphylla (Retz.) Kük. = Fimbristylis dichotoma (L.) Vahl ■

166179 Fimbristylis annua (All.) Roem. et Schult. var. diphylla (Retz.) Kük. ex Fisch. = Fimbristylis dichotoma (L.) Vahl ■

166180 Fimbristylis anomala Boeck. = Fimbristylis puberula (Michx.) Vahl ■☆

166181 Fimbristylis anpinensis Hayata = Fimbristylis ferruginea (L.) Vahl var. anpinensis (Hayata) H. Y. Liu ■

166182 Fimbristylis aphylla Steud.;无叶飘拂草;Leafless Fimbristylis, Leafless Fluttergrass ■

166183 Fimbristylis aphylla Steud. var. gracilis Ts. Tang et F. T. Wang;小飘拂草;Small Fimbristylis ■

166184 Fimbristylis aphyllanthoides Ridl. = Abildgaardia pilosa (Willd.) Nees ■☆

166185 Fimbristylis apus (A. Gray) S. Watson = Fimbristylis vahlii (Lam.) Link ■☆

166186 Fimbristylis arenaria Nees = Bulbostylis humilis (Kunth) C. B. Clarke ■☆

166187 Fimbristylis arenicola Wiggins = Fimbristylis annua (All.) Roem. et Schult. ■☆

166188 Fimbristylis atacorensis A. Chev. = Bulbostylis laniceps (K. Schum.) C. B. Clarke ex T. Durand et Schinz ■☆

166189 Fimbristylis atrosanguinea (Boeck.) C. B. Clarke = Abildgaardia setifolia (Hochst. ex A. Rich.) Lye ■☆

166190 Fimbristylis autumnalis (L.) Roem. et Schult.;秋飘拂草(台北飘拂草);Autumn Sedge, Autumnal Fimbristylis, Slender Fimbry, Slender Fringe-rush ■

166191 Fimbristylis autumnalis (L.) Roem. et Schult. subsp. tainanensis (Ohwi) T. Koyama = Fimbristylis microcarya F. Muell. var. tainanensis (Ohwi) H. Y. Liu ■

166192 Fimbristylis autumnalis (L.) Roem. et Schult. subsp. taiwanica (Ohwi) T. Koyama = Fimbristylis microcarya F. Muell. ■

166193 Fimbristylis autumnalis (L.) Roem. et Schult. var. mucronulata (Michx.) Fernald = Fimbristylis autumnalis (L.) Roem. et Schult. ■

166194 Fimbristylis baldwiniana (Schult.) Torr. = Fimbristylis annua (All.) Roem. et Schult. ■☆

166195 Fimbristylis barbata Ridl. = Bulbostylis trabeculata C. B. Clarke ■☆

166196 Fimbristylis barteri Boeck.;巴特飘拂草■☆

166197 Fimbristylis bequaertii De Wild. = Fimbristylis complanata

(Retz.) Link ■
166198 Fimbristylis bispicata Nees = Fimbristylis subbispicata Nees et Meyen ■
166199 Fimbristylis bisumbellata (Forssk.) Bubani;复序飘拂草(大畦畔飘拂草)■
166200 Fimbristylis bivalvis (Lam.) Lye;双果片飘拂草■☆
166201 Fimbristylis brevicollis Kük. = Fimbristylis diphylloides Makino ■
166202 Fimbristylis brizoides Nees et Meyen = Fimbristylis dichotoma (L.) Vahl ■
166203 Fimbristylis burchellii Ficalho et Hiern = Abildgaardia burchellii (Ficalho et Hiern) Lye ■☆
166204 Fimbristylis capillaris (L.) A. Gray = Bulbostylis capillaris (L.) Kunth ex C. B. Clarke ■☆
166205 Fimbristylis capillaris (L.) A. Gray var. coarctata (Elliott) Britton = Bulbostylis ciliatifolia (Elliott) Torr. var. coarctata (Elliott) Král ■☆
166206 Fimbristylis capillaris (L.) A. Gray var. pilosa Britton = Bulbostylis juncoides (Vahl) Kük. ex Osten ■☆
166207 Fimbristylis capillaris (L.) A. Gray var. trifida (Miq.) T. Koyama f. capitata (Miq.) T. Koyama = Bulbostylis densa (Wall.) Hand. -Mazz. var. capitata (Miq.) Ohwi ■☆
166208 Fimbristylis capillaris (L.) Lye var. trifida (Nees) T. Koyama = Abildgaardia densa (Wall.) Lye ■☆
166209 Fimbristylis cardiocarpa Ridl. = Abildgaardia collina (Ridl.) Lye ■☆
166210 Fimbristylis caroliniana (Lam.) Fernald;卡罗来纳飘拂草■☆
166211 Fimbristylis carteri (Britton) Alain = Bulbostylis ciliatifolia (Elliott) Torr. var. coarctata (Elliott) Král ■☆
166212 Fimbristylis castanea (Michx.) Vahl;栗色飘拂草■☆
166213 Fimbristylis castanea (Michx.) Vahl var. puberula (Michx.) Britton = Fimbristylis puberula (Michx.) Vahl ■☆
166214 Fimbristylis chalarocephala Ohwi et T. Koyama = Fimbristylis hookeriana Boeck. ■
166215 Fimbristylis chengmaiensis S. M. Hwang; 澄迈飘拂草; Chengmai Fimbristylis, Chengmai Fluttergrass ■
166216 Fimbristylis chevalieri Kük.;舍瓦利耶飘拂草■☆
166217 Fimbristylis chinensis (Benth.) Ts. Tang et F. T. Wang = Actinoschoenus chinensis Benth. ■
166218 Fimbristylis cinnamomea (Boeck.) K. Schum. = Bulbostylis cinnamomea (Boeck.) C. B. Clarke ■☆
166219 Fimbristylis cinnamometorum Hance = Fimbristylis fusca (Nees) C. B. Clarke ■
166220 Fimbristylis coleotricha Hochst. ex A. Rich. = Abildgaardia coleotricha (Hochst. ex A. Rich.) Lye ■☆
166221 Fimbristylis collina Ridl. = Abildgaardia collina (Ridl.) Lye ■☆
166222 Fimbristylis comata Nees = Fimbristylis squarrosa Vahl ■
166223 Fimbristylis complanata (Retz.) Link;扁鞘飘拂草(野飘拂草);Flatsheath Fimbristylis, Flatsheath Fluttergrass ■
166224 Fimbristylis complanata (Retz.) Link f. exaltata T. Koyama;高扁鞘飘拂草■☆
166225 Fimbristylis complanata (Retz.) Link subsp. keniaeensis (Kük.) Lye;肯尼亚飘拂草■☆
166226 Fimbristylis complanata (Retz.) Link var. kraussiana (Hochst. ex Steud.) C. B. Clarke; 矮扁鞘飘拂草; Dwarf Flatsheath Fimbristylis ■
166227 Fimbristylis complanata (Retz.) Link var. kraussiana C. B. Clarke = Fimbristylis complanata (Retz.) Link var. kraussiana (Hochst. ex Steud.) C. B. Clarke ■
166228 Fimbristylis complanata (Retz.) Link var. microcarpa C. B. Clarke;小叶扁鞘飘拂草;Smallleaf Flatsheath Fimbristylis ■☆
166229 Fimbristylis complanata (Retz.) Link var. subaphylla (Boeck.) Lye = Fimbristylis complanata (Retz.) Link ■
166230 Fimbristylis complanata Benth. = Fimbristylis thomsonii Boeck. ■
166231 Fimbristylis congesta Torr. = Fimbristylis vahlii (Lam.) Link ■☆
166232 Fimbristylis contexta Kunth = Bulbostylis contexta (Nees) M. Bodard ■☆
166233 Fimbristylis crassipes Palla = Fimbristylis subbispicata Nees et Meyen ■
166234 Fimbristylis cylindrica Vahl = Fimbristylis castanea (Michx.) Vahl ■☆
166235 Fimbristylis cylindrocarpa Kunth = Fimbristylis tetragona R. Br. ■
166236 Fimbristylis cymosa (L.) R. Br.;黑果飘拂草(干沟飘拂草);Cymos Fimbristylis, Cymos Fluttergrass ■
166237 Fimbristylis cymosa R. Br. = Fimbristylis cymosa (L.) R. Br. ■
166238 Fimbristylis cymosa R. Br. f. depauperata (T. Koyama) T. Koyama;萎缩飘拂草■☆
166239 Fimbristylis cymosa R. Br. subsp. spathacea (Roth) T. Koyama = Fimbristylis cymosa (L.) R. Br. ■
166240 Fimbristylis cymosa R. Br. subsp. umbellatocapitata (Hillebr.) T. Koyama = Fimbristylis cymosa R. Br. var. umbellatocapitata Hillebr. ■☆
166241 Fimbristylis cymosa R. Br. var. depauperata (T. Koyama) T. Koyama ex Ohwi = Fimbristylis cymosa R. Br. f. depauperata (T. Koyama) T. Koyama ■☆
166242 Fimbristylis cymosa R. Br. var. umbellatocapitata Hillebr.;伞头飘拂草■☆
166243 Fimbristylis cyperoides R. Br. = Fimbristylis cinnamometorum (Vahl) Kunth ■
166244 Fimbristylis darlingtoniana Pennell = Fimbristylis annua (All.) Roem. et Schult. ■☆
166245 Fimbristylis debilis Steud.;弱小飘拂草■☆
166246 Fimbristylis decora Nees et Meyen = Fimbristylis sericea (Poir.) R. Br. ■
166247 Fimbristylis depauperatus Muhl. = Fimbristylis annua (All.) Roem. et Schult. ■☆
166248 Fimbristylis dichotoma (L.) Vahl;两歧飘拂草(黑关节,飘拂草,竹子飘拂草); Dichotomous Fimbristylis, Dichotomous Fluttergrass ■
166249 Fimbristylis dichotoma (L.) Vahl = Fimbristylis bisumbellata (Forssk.) Bubani ■
166250 Fimbristylis dichotoma (L.) Vahl f. annua (All.) Ohwi;线叶两歧飘拂草;Linearleaf Dichotomous Fimbristylis ■
166251 Fimbristylis dichotoma (L.) Vahl f. depauperata (C. B. Clarke) Ohwi;矮两歧飘拂草;Dwarf Dichotomous Fimbristylis ■
166252 Fimbristylis dichotoma (L.) Vahl f. depauperata (C. B. Clarke) Ohwi = Fimbristylis dichotoma (L.) Vahl var. tentsuki T. Koyama f. gracillima T. Koyama ■☆
166253 Fimbristylis dichotoma (L.) Vahl f. depauperata (C. B. Clarke) Ohwi = Fimbristylis dichotoma (L.) Vahl var. tikushiensis (Hayata) T. Koyama ■
166254 Fimbristylis dichotoma (L.) Vahl f. floribunda (Miq.) Ohwi = Fimbristylis dichotoma (L.) Vahl var. floribunda (Miq.) T. Koyama ■☆

166255 Fimbristylis dichotoma (L.) Vahl subsp. longispica (Steud.) T. Koyama = Fimbristylis longispica Steud. ■

166256 Fimbristylis dichotoma (L.) Vahl subsp. longispica (Steud.) T. Koyama var. hahajimensis (Tuyama) Ohwi = Fimbristylis longispica Steud. var. hahajimensis (Tuyama) Ohwi ■☆

166257 Fimbristylis dichotoma (L.) Vahl subsp. longispica (Steud.) T. Koyama var. boninensis (Hayata) T. Koyama = Fimbristylis longispica Steud. var. boninensis (Hayata) Ohwi ■☆

166258 Fimbristylis dichotoma (L.) Vahl subsp. podocarpa (Nees et Meyen ex Nees) T. Koyama f. cincta (Ohwi) T. Koyama;围绕飘拂草■☆

166259 Fimbristylis dichotoma (L.) Vahl subsp. podocarpa (Nees et Meyen ex Nees) T. Koyama;柄果两歧飘拂草■☆

166260 Fimbristylis dichotoma (L.) Vahl subsp. podocarpa (Nees et Meyen ex Nees) T. Koyama = Fimbristylis tomentosa Vahl ■

166261 Fimbristylis dichotoma (L.) Vahl subsp. podocarpa (Nees) T. Koyama = Fimbristylis tomentosa Vahl ■

166262 Fimbristylis dichotoma (L.) Vahl subsp. tashiroana (Ohwi) T. Koyama = Fimbristylis dichotoma (L.) Vahl subsp. podocarpa (Nees et Meyen ex Nees) T. Koyama ■☆

166263 Fimbristylis dichotoma (L.) Vahl var. cincta (Ohwi) Ohwi = Fimbristylis dichotoma (L.) Vahl subsp. podocarpa (Nees et Meyen ex Nees) T. Koyama f. cincta (Ohwi) T. Koyama ■

166264 Fimbristylis dichotoma (L.) Vahl var. diphylla (Retz.) T. Koyama = Fimbristylis dichotoma (L.) Vahl ■

166265 Fimbristylis dichotoma (L.) Vahl var. floribunda (Miq.) T. Koyama;繁花两歧飘拂草■☆

166266 Fimbristylis dichotoma (L.) Vahl var. floribunda (Miq.) T. Koyama f. tomentosa (Vahl) Ohwi;毛繁花两歧飘拂草■☆

166267 Fimbristylis dichotoma (L.) Vahl var. laxa (Vahl) Napper = Fimbristylis dichotoma (L.) Vahl ■

166268 Fimbristylis dichotoma (L.) Vahl var. ochotensis (Meinsh.) Honda;鄂霍次克飘拂草■☆

166269 Fimbristylis dichotoma (L.) Vahl var. pluristriata (C. B. Clarke) Napper = Fimbristylis tomentosa Vahl ■

166270 Fimbristylis dichotoma (L.) Vahl var. tashiroana (Ohwi) Ohwi = Fimbristylis dichotoma (L.) Vahl subsp. podocarpa (Nees et Meyen ex Nees) T. Koyama ■☆

166271 Fimbristylis dichotoma (L.) Vahl var. tentsuki T. Koyama;小山飘拂草■☆

166272 Fimbristylis dichotoma (L.) Vahl var. tentsuki T. Koyama f. gracillima T. Koyama;细长飘拂草■☆

166273 Fimbristylis dichotoma (L.) Vahl var. tikushiensis (Hayata) T. Koyama;日本两歧飘拂■

166274 Fimbristylis dichotoma Vahl = Fimbristylis bisumbellata (Forssk.) Bubani ■

166275 Fimbristylis dichotomoides Ts. Tang et F. T. Wang;拟两歧飘拂草;Dichotomous-like Fimbristylis,Dichotomous-like Fluttergrass ■

166276 Fimbristylis dietrichsenii Boeck. = Fimbristylis longispica Steud. ■

166277 Fimbristylis diphylla (Retz.) Vahl = Fimbristylis dichotoma (L.) Vahl var. tikushiensis (Hayata) T. Koyama ■

166278 Fimbristylis diphylla (Retz.) Vahl = Fimbristylis dichotoma (L.) Vahl ■

166279 Fimbristylis diphylla (Retz.) Vahl subsp. diffusa D. B. Ward = Fimbristylis dichotoma (L.) Vahl ■

166280 Fimbristylis diphylla (Retz.) Vahl var. depauperata C. B. Clarke = Fimbristylis dichotoma (L.) Vahl var. tikushiensis (Hayata) T. Koyama ■

166281 Fimbristylis diphylla (Retz.) Vahl var. laxa (Vahl) E. G. Camus = Fimbristylis dichotoma (L.) Vahl ■

166282 Fimbristylis diphylla (Retz.) Vahl var. pluristriata C. B. Clarke = Fimbristylis tomentosa Vahl ■

166283 Fimbristylis diphylla (Retz.) Vahl var. podocarpa (Nees) Kük. = Fimbristylis tomentosa Vahl ■

166284 Fimbristylis diphylla (Retz.) Vahl var. tomentosa Barros = Fimbristylis annua (All.) Roem. et Schult. ■☆

166285 Fimbristylis diphylla (Retz.) Vahl var. tuberculata Cherm. = Fimbristylis alboviridis C. B. Clarke ■☆

166286 Fimbristylis diphylla Vahl var. annua (All.) C. B. Clarke = Fimbristylis dichotoma (L.) Vahl f. annua (All.) Ohwi ■

166287 Fimbristylis diphylla Vahl var. depauperata C. B. Clarke = Fimbristylis dichotoma (L.) Vahl f. depauperata (C. B. Clarke) Ohwi ■

166288 Fimbristylis diphylla Vahl var. floribunda Miq. = Fimbristylis dichotoma (L.) Vahl var. floribunda (Miq.) T. Koyama ■☆

166289 Fimbristylis diphylla Vahl var. pluristriata ? = Fimbristylis dichotoma (L.) Vahl subsp. podocarpa (Nees et Meyen ex Nees) T. Koyama ■☆

166290 Fimbristylis diphylloides Makino;拟二叶飘拂草;Setaceous-barct Fimbristylis,Setaceous-bract Fluttergrass ■

166291 Fimbristylis diphylloides Makino var. straminea Ts. Tang et F. T. Wang;黄鳞拟二叶飘拂草(黄鳞二叶飘拂草);Straw-coloured Setaceous-barct Fimbristylis ■

166292 Fimbristylis dipsacea (Rottb.) Benth. = Fimbristylis dipsacea (Rottb.) C. B. Clarke ■

166293 Fimbristylis dipsacea (Rottb.) C. B. Clarke;起绒飘拂草;Dipsacuslike Fimbristylis,Dipsacuslike Fluttergrass ■

166294 Fimbristylis dipsacea (Rottb.) C. B. Clarke subsp. verrucifera (Maxim.) T. Koyama = Fimbristylis dipsacea (Rottb.) C. B. Clarke ■

166295 Fimbristylis dipsacea (Rottb.) C. B. Clarke subsp. verrucifera (Maxim.) T. Koyama = Fimbristylis verrucifera (Maxim.) Makino ■

166296 Fimbristylis dipsacea (Rottb.) C. B. Clarke var. verrucifera (Maxim.) T. Koyama = Fimbristylis dipsacea (Rottb.) C. B. Clarke ■

166297 Fimbristylis dipsacea Kom. = Fimbristylis verrucifera (Maxim.) Makino ■

166298 Fimbristylis disticha Boeck.;红鳞飘拂草;Redscale Fimbristylis,Redscale Fluttergrass ■

166299 Fimbristylis dregeana Kunth;德雷飘拂草■☆

166300 Fimbristylis drummondii (Torr. et Hook.) Boeck. = Fimbristylis puberula (Michx.) Vahl ■☆

166301 Fimbristylis elliottii Spreng. = Fimbristylis annua (All.) Roem. et Schult. ■☆

166302 Fimbristylis elongata P. Lima;伸长飘拂草■☆

166303 Fimbristylis engleriana Buscal. et Muschl.;恩格勒飘拂草■☆

166304 Fimbristylis eragrostis (Nees et Meyen) Hance;知风飘拂草(紫穗飘拂草);Eragrostis Fimbristylis,Eragrostis Fluttergrass ■

166305 Fimbristylis exilis (Kunth) Roem. et Schult. = Abildgaardia hispidula (Vahl) Lye ■☆

166306 Fimbristylis exilis (Kunth) Roem. et Schult. var. brachyphylla Cherm. = Abildgaardia hispidula (Vahl) Lye subsp. brachyphylla (Cherm.) Lye ■☆

166307 Fimbristylis exilis (Kunth) Roem. et Schult. var. rufescens Cherm. = Bulbostylis viridecarinata (De Wild.) Goetgh. ■☆

166308 Fimbristylis exilis (Kunth) Roem. et Schult. var. senegalensis Cherm. = Abildgaardia hispidula (Vahl) Lye subsp. senegalensis (Cherm.) J. -P. Lebrun et Stork ■☆

166309 Fimbristylis falcata (Vahl) Kunth;小镰飘拂草■☆
166310 Fimbristylis falcata Kunth = Fimbristylis falcata (Vahl) Kunth ■☆
166311 Fimbristylis falcifolia Boeck.;镰叶飘拂草■☆
166312 Fimbristylis fauriei Ohwi = Fimbristylis quinquangularis (Vahl) Kunth ■
166313 Fimbristylis ferruginea (L.) Vahl;锈鳞飘拂草(彭佳屿飘拂草,弱锈鳞飘拂草);Rust-coloured Fimbristylis, Rustscale Fluttergrass, Siebold Rust-coloured Fimbristylis ■
166314 Fimbristylis ferruginea (L.) Vahl subsp. sieberiana (Kunth) Lye = Fimbristylis ferruginea (L.) Vahl ■
166315 Fimbristylis ferruginea (L.) Vahl var. anpinensis (Hayata) H. Y. Liu;安平飘拂草■
166316 Fimbristylis ferruginea (L.) Vahl var. anpinensis (Hayata) H. Y. Liu = Fimbristylis sieboldii Miq. ex Franch. et Sav. subsp. anpinensis (Hayata) T. Koyama ■
166317 Fimbristylis ferruginea (L.) Vahl var. graminea Ridl. = Fimbristylis ferruginea (L.) Vahl ■
166318 Fimbristylis ferruginea (L.) Vahl var. sieberiana (Kunth) Boeck. = Fimbristylis ferruginea (L.) Vahl ■
166319 Fimbristylis ferruginea (L.) Vahl var. sieboldii (Miq. ex Franch. et Sav.) Ohwi;弱锈鳞飘拂草■
166320 Fimbristylis ferruginea (L.) Vahl var. sieboldii (Miq. ex Franch. et Sav.) Ohwi = Fimbristylis sieboldii Miq. ex Franch. et Sav. ■
166321 Fimbristylis ferruginea (L.) Vahl var. sieboldii (Miq. ex Franch. et Sav.) Ohwi = Fimbristylis ferruginea (L.) Vahl ■
166322 Fimbristylis fibrillosa Goetgh.;须毛飘拂草■☆
166323 Fimbristylis filamentosa (Vahl) K. Schum. = Abildgaardia filamentosa (Vahl) Lye ■☆
166324 Fimbristylis fimbristyloides (F. Muell.) Druce;矮小飘拂草■
166325 Fimbristylis flexuosa Ridl. = Bulbostylis flexuosa (Ridl.) Goetgh. ■☆
166326 Fimbristylis fordii C. B. Clarke;罗浮飘拂草;Ford Fimbristylis, Luofu Fluttergrass ■
166327 Fimbristylis formosensis C. B. Clarke = Fimbristylis spathacea Roth ■
166328 Fimbristylis frankii Steud. = Fimbristylis autumnalis (L.) Roem. et Schult. ■
166329 Fimbristylis fusca (Nees) Benth.;暗褐飘拂草(褐穗飘拂草,褐穗砂仁,牛毛草,牛毛毡,片角草,山牛毛毡,田高粱);Darkbrown Fimbristylis, Darkbrown Fluttergrass ■
166330 Fimbristylis fusca (Nees) Benth. = Fimbristylis fusca (Nees) C. B. Clarke ■
166331 Fimbristylis fusca (Nees) Benth. var. contoniensis C. B. Clarke;广州暗褐飘拂草;Canton Darkbrown Fluttergrass, Guangzhou Darkbrown Fimbristylis, Guangzhou Darkbrown Fluttergrass ■
166332 Fimbristylis fusca (Nees) C. B. Clarke = Fimbristylis fusca (Nees) Benth. ■
166333 Fimbristylis fusca (Nees) C. B. Clarke var. contoniensis C. B. Clarke = Fimbristylis fusca (Nees) Benth. var. contoniensis C. B. Clarke ■
166334 Fimbristylis gabonica Cherm.;加蓬飘拂草■☆
166335 Fimbristylis geminata (Nees) Kunth = Fimbristylis autumnalis (L.) Roem. et Schult. ■
166336 Fimbristylis gigantea Kük.;巨大飘拂草■☆
166337 Fimbristylis glauca Vahl = Fimbristylis dichotoma (L.) Vahl ■
166338 Fimbristylis globulosa (Retz.) Kunth = Fimbristylis umbellaris (Lam.) Vahl ■
166339 Fimbristylis globulosa (Retz.) Kunth var. aphylla Miq. = Fimbristylis aphylla Steud. ■
166340 Fimbristylis globulosa (Retz.) Kunth var. austro-japonica Ohwi;两广球穗飘拂草;Liangguang Globularspike Fimbristylis ■
166341 Fimbristylis globulosa (Retz.) Kunth var. torresiana (Gaudin) C. B. Clarke = Fimbristylis globulosa (Retz.) Kunth ■
166342 Fimbristylis glomerata Boeck. = Fimbristylis cymosa R. Br. ■
166343 Fimbristylis gracilenta Hance;纤细飘拂草;Slender Fimbristylis, Slender Fluttergrass ■
166344 Fimbristylis gynophora C. B. Clarke = Fimbristylis subbispicata Nees et Meyen ■
166345 Fimbristylis hahajimensis Tuyama = Fimbristylis longispica Steud. var. hahajimensis (Tuyama) Ohwi ■☆
166346 Fimbristylis hainanensis Ts. Tang et F. T. Wang;海南飘拂草;Hainan Fimbristylis, Hainan Fluttergrass ■
166347 Fimbristylis harperi Britton ex Small = Fimbristylis caroliniana (Lam.) Fernald ■☆
166348 Fimbristylis henryi C. B. Clarke;宜昌飘拂草;Henry Fluttergrass, Yichang Fimbristylis ■
166349 Fimbristylis hensii C. B. Clarke = Abildgaardia hispidula (Vahl) Lye subsp. brachyphylla (Cherm.) Lye ■☆
166350 Fimbristylis hirta (Kunth) Roem. et Schult. = Fimbristylis squarrosa Vahl ■
166351 Fimbristylis hirtella Vahl = Fimbristylis annua (All.) Roem. et Schult. ■☆
166352 Fimbristylis hispidula (Vahl) Kunth = Abildgaardia hispidula (Vahl) Lye ■☆
166353 Fimbristylis hispidula (Vahl) Kunth subsp. brachyphylla (Cherm.) Napper = Abildgaardia hispidula (Vahl) Lye subsp. brachyphylla (Cherm.) Lye ■☆
166354 Fimbristylis hispidula (Vahl) Kunth subsp. hensii (C. B. Clarke) J. Raynal = Abildgaardia hispidula (Vahl) Lye subsp. brachyphylla (Cherm.) Lye ■☆
166355 Fimbristylis hispidula (Vahl) Kunth subsp. senegalensis (Cherm.) Napper = Abildgaardia hispidula (Vahl) Lye subsp. senegalensis (Cherm.) J.-P. Lebrun et Stork ■☆
166356 Fimbristylis hispidula (Vahl) Kunth var. brachyphylla (Cherm.) Podlech = Abildgaardia hispidula (Vahl) Lye subsp. brachyphylla (Cherm.) Lye ■☆
166357 Fimbristylis hispidula (Vahl) Kunth var. glabra Kük. = Bulbostylis viridecarinata (De Wild.) Goetgh. ■☆
166358 Fimbristylis holwayana Fernald = Fimbristylis annua (All.) Roem. et Schult. ■☆
166359 Fimbristylis hookeriana Boeck.;金色飘拂草;Golden Fimbristylis, Golden Fluttergrass ■
166360 Fimbristylis hookeriana Merr. = Fimbristylis fordii C. B. Clarke ■
166361 Fimbristylis humilis Peter = Abildgaardia schimperiana (A. Rich.) Lye ■☆
166362 Fimbristylis hygrophila Gordon-Gray = Abildgaardia hygrophila (Gordon-Gray) Lye ■☆
166363 Fimbristylis inconstans Steud. = Fimbristylis schoenoides (Retz.) Vahl ■
166364 Fimbristylis insignis Thwaites;硬穗飘拂草■
166365 Fimbristylis interior Britton = Fimbristylis puberula (Michx.) Vahl var. interior (Britton) Král ■☆

166366 Fimbristylis juncoides (Vahl) Alain = Bulbostylis juncoides (Vahl) Kük. ex Osten ■☆

166367 Fimbristylis kadzusana Ohwi;大井飘拂草■☆

166368 Fimbristylis kagiensis Hayata = Fimbristylis schoenoides (Retz.) Vahl ■

166369 Fimbristylis kankaoensis Hayata = Fimbristylis spathacea Roth ■

166370 Fimbristylis keniaeensis Kük. = Fimbristylis complanata (Retz.) Link subsp. keniaeensis (Kük.) Lye ■☆

166371 Fimbristylis koidzumiana Ohwi = Fimbristylis littoralis Gaudich. var. koidzumiana (Ohwi) T. Koyama ■

166372 Fimbristylis kraussiana Hochst. ex Steud. = Fimbristylis complanata (Retz.) Link var. kraussiana (Hochst. ex Steud.) C. B. Clarke ■

166373 Fimbristylis kunthiana Ridl. = Abildgaardia erratica (Hook. f.) Lye ■☆

166374 Fimbristylis laniceps K. Schum. = Bulbostylis laniceps (K. Schum.) C. B. Clarke ex T. Durand et Schinz ■☆

166375 Fimbristylis laxa Vahl = Fimbristylis dichotoma (L.) Vahl ■

166376 Fimbristylis leiocarpa Maxim.;光果飘拂草■

166377 Fimbristylis leiocarpa Maxim. = Fimbristylis aestivalis (Retz.) Vahl ■

166378 Fimbristylis leptoclada Benth.;细枝飘拂草■

166379 Fimbristylis leptoclada Benth. var. takamineana (Ohwi) T. Koyama;高峰飘拂草■☆

166380 Fimbristylis littoralis Gaudich.;木虱草(风篦草,海滨飘拂草,日照飘拂草)■

166381 Fimbristylis littoralis Gaudich. = Fimbristylis miliacea (L.) Vahl ■

166382 Fimbristylis littoralis Gaudich. subsp. koidzumiana (Ohwi) T. Koyama = Fimbristylis littoralis Gaudich. var. koidzumiana (Ohwi) T. Koyama ■

166383 Fimbristylis littoralis Gaudich. var. koidzumiana (Ohwi) T. Koyama;小泉氏飘拂草■

166384 Fimbristylis longebracteata P. Lima;长苞飘拂草■☆

166385 Fimbristylis longiculmis Steud. = Fimbristylis bivalvis (Lam.) Lye ■☆

166386 Fimbristylis longispica Steud.;长穗飘拂草;Longspike Fimbristylis, Longspike Fluttergrass ■

166387 Fimbristylis longispica Steud. var. boninensis (Hayata) Ohwi;小笠原飘拂草■☆

166388 Fimbristylis longispica Steud. var. hahajimensis (Tuyama) Ohwi;母岛飘拂草■☆

166389 Fimbristylis longistipitata Ts. Tang et F. T. Wang;长柄果飘拂草;Longstalk Fimbristylis ■

166390 Fimbristylis ludwigii Steud. = Isolepis ludwigii (Steud.) Kunth ■☆

166391 Fimbristylis madagascariensis Boeck.;马岛飘拂草■☆

166392 Fimbristylis magnifica C. B. Clarke = Fimbristylis splendida C. B. Clarke ■☆

166393 Fimbristylis makinoana Ohwi;短尖飘拂草;Makino Fimbristylis, Makino Fluttergrass ■

166394 Fimbristylis marrana Miré et Quézel = Abildgaardia densa (Wall.) Lye ■☆

166395 Fimbristylis mauritiana Tausch = Fimbristylis gabonica Cherm. ■☆

166396 Fimbristylis megastachys Ridl. = Abildgaardia megastachys (Ridl.) Lye ■☆

166397 Fimbristylis melanocephala Ridl. = Bulbostylis melanocephala (Ridl.) C. B. Clarke ■☆

166398 Fimbristylis melanospora Fernald = Fimbristylis cymosa (L.) R. Br. ■

166399 Fimbristylis merrillii Kern;迈氏飘拂草■

166400 Fimbristylis microcarya F. Muell.;台北飘拂草■

166401 Fimbristylis microcarya F. Muell. var. tainanensis (Ohwi) H. Y. Liu;台南飘拂草■

166402 Fimbristylis miliacea (L.) Vahl;日照飘拂草(鹅草,风篦草,旱草,眉毛草,木虱草,牛毛草,水虱草,四棱飘拂草,五棱秆飘拂草,五棱飘拂草,筅帚草);Fiveangular Fimbristylis, Fiveangular Fluttergrass, Miliumlike Fimbristylis, Miliumlike Fluttergrass ■

166403 Fimbristylis miliacea (L.) Vahl = Fimbristylis quinquangularis (Vahl) Kunth ■

166404 Fimbristylis miliacea (L.) Vahl subsp. macroglumis Lye;大颖飘拂草■

166405 Fimbristylis miliacea (L.) Vahl subsp. pallescens Lye;苍白日照飘拂草■☆

166406 Fimbristylis miliacea (L.) Vahl var. koidzumiana (Ohwi) T. Koyama = Fimbristylis littoralis Gaudich. var. koidzumiana (Ohwi) T. Koyama ■

166407 Fimbristylis minima Hochst. = Bulbostylis oligostachya (Boeck.) C. B. Clarke ■☆

166408 Fimbristylis minutissima Maire = Abildgaardia densa (Wall.) Lye ■☆

166409 Fimbristylis monostachya (L.) Hassk. = Abildgaardia ovata (Burm. f.) Král ■

166410 Fimbristylis monostachya (L.) Hassk. = Fimbristylis ovata (Burm. f.) J. Kern ■

166411 Fimbristylis monostachys (L.) Hassk.;独穗飘拂草;Arrow Fimbristyle, Singlespike Fimbristylis, Singlespike Fluttergrass ■

166412 Fimbristylis mozambicensis Gand.;莫桑比克飘拂草■☆

166413 Fimbristylis mucronata Boeck. = Fimbristylis scabrida Schumach. ■☆

166414 Fimbristylis mucronulata (Michx.) S. F. Blake = Fimbristylis autumnalis (L.) Roem. et Schult. ■

166415 Fimbristylis multistriata Boeck. = Fimbristylis puberula (Michx.) Vahl ■☆

166416 Fimbristylis muriculata Benth. = Fimbristylis scabrida Schumach. ■☆

166417 Fimbristylis nanningensis Ts. Tang et F. T. Wang;南宁飘拂草;Nanning Fimbristylis, Nanning Fluttergrass ■

166418 Fimbristylis nanofusca Ts. Tang et F. T. Wang;矮飘拂草;Dwarf Fimbristylis ■

166419 Fimbristylis nigritana C. B. Clarke;尼格里塔飘拂草■☆

166420 Fimbristylis nigrobrunnea Thwaites;褐鳞飘拂草;Darkbrown Fimbristylis ■

166421 Fimbristylis nutans (Retz.) Vahl;垂穗飘拂草(点头飘拂草);Drooping Fimbristylis ■

166422 Fimbristylis obtusifolia (Lam.) Kunth = Fimbristylis cymosa (L.) R. Br. ■

166423 Fimbristylis ochotensis (Meinsh.) Kom. = Fimbristylis dichotoma (L.) Vahl var. ochotensis (Meinsh.) Honda ■☆

166424 Fimbristylis oligostachya K. Schum.;寡穗飘拂草■☆

166425 Fimbristylis oligostachys Hochst. ex A. Rich. = Abildgaardia oligostachys (Hochst. ex A. Rich.) Lye ■☆

166426 Fimbristylis oritrephes Ridl. = Abildgaardia oritrephes (Ridl.)

Lye ■☆

166427 Fimbristylis ovata (Burm. f.) J. Kern = Abildgaardia ovata (Burm. f.) Král ■

166428 Fimbristylis ovata (Burm. f.) J. Kern.;卵形飘拂草(独穗飘拂草,卵状飘拂草)■

166429 Fimbristylis ovata (Burm. f.) J. Kern. = Fimbristylis monostachya (L.) Hassk. ■

166430 Fimbristylis pachystachys Cherm. = Fimbristylis scabrida Schumach. ■☆

166431 Fimbristylis pacifica Ohwi;太平洋飘拂草■☆

166432 Fimbristylis parva Ridl. = Abildgaardia pusilla (Hochst. ex A. Rich.) Lye ■☆

166433 Fimbristylis pauciflora Chun et F. C. How = Fimbristylis hainanensis Ts. Tang et F. T. Wang ■

166434 Fimbristylis pauciflora R. Br.;少花飘拂草(海南飘拂草)■

166435 Fimbristylis pierotii Miq.;东南飘拂草;Pierot Fimbristylis, Pierot Fluttergrass ■

166436 Fimbristylis pilosa (Poir.) Vahl;疏毛飘拂草■☆

166437 Fimbristylis pilosa (Willd.) K. Schum. = Abildgaardia pilosa (Willd.) Nees ■☆

166438 Fimbristylis pluristriata (C. B. Clarke) Berhaut = Fimbristylis tomentosa Vahl ■

166439 Fimbristylis pluristriata (C. B. Clarke) Berhaut var. tuberculata (Cherm.) Berhaut = Fimbristylis alboviridis C. B. Clarke ■☆

166440 Fimbristylis podocarpa Nees = Fimbristylis tomentosa Vahl ■

166441 Fimbristylis podocarpa Nees et Meyen ex Nees = Fimbristylis dichotoma (L.) Vahl subsp. podocarpa (Nees et Meyen ex Nees) T. Koyama ■☆

166442 Fimbristylis podocarpa Nees var. tuberculata (Cherm.) Berhaut = Fimbristylis alboviridis C. B. Clarke ■☆

166443 Fimbristylis polymorpha Boeck. = Fimbristylis dichotoma (L.) Vahl ■

166444 Fimbristylis polytrichoides (Retz.) R. Br.;细叶飘拂草(高雄飘拂草);Polytrichumlike Fimbristylis, Polytrichumlike Fluttergrass ■

166445 Fimbristylis polytrichoides R. Br. = Fimbristylis polytrichoides (Retz.) R. Br. ■

166446 Fimbristylis psammocola Ts. Tang et F. T. Wang;砂生飘拂草;Sandliving Fimbristylis, Sandliving Fluttergrass ■

166447 Fimbristylis puberula (Michx.) Vahl;微毛飘拂草;Chestnut Sedge, Hairy Fimbristylis, Hairy Fimbry ■☆

166448 Fimbristylis puberula (Michx.) Vahl var. drummondii (Torr. et Hook.) D. B. Ward = Fimbristylis puberula (Michx.) Vahl ■☆

166449 Fimbristylis puberula (Michx.) Vahl var. interior (Britton) Král;内地微毛飘拂草;Chestnut Sedge, Hairy Fimbristylis, Hairy Fimbry ■☆

166450 Fimbristylis pulchella (Thwaites) Trimen;美丽飘拂草■☆

166451 Fimbristylis purpureoatra (Boeck.) C. B. Clarke ex Engl. = Abildgaardia oligostachys (Hochst. ex A. Rich.) Lye ■☆

166452 Fimbristylis pusilla Hochst. ex A. Rich. = Abildgaardia pusilla (Hochst. ex A. Rich.) Lye ■☆

166453 Fimbristylis pycnostachya Hance = Fimbristylis nigrobrunnea Thwaites ■

166454 Fimbristylis quinquangularis (Vahl) Kunth;五棱秆飘拂草(四棱飘拂草);Fiveangle Fimbry, Fiveangular Fimbristylis, Fiveangular Fluttergrass ■

166455 Fimbristylis quinquangularis (Vahl) Kunth = Fimbristylis miliacea (L.) Vahl ■

166456 Fimbristylis quinquangularis (Vahl) Kunth var. bistaminifera Ts. Tang et F. T. Wang;异五棱飘拂草(异五棱秆飘拂草);Twostamen Fiveangular Fimbristylis ■

166457 Fimbristylis quinquangularis (Vahl) Kunth var. elata Ts. Tang et F. T. Wang;高五棱秆飘拂草;Tall Fiveangular Fimbristylis ■

166458 Fimbristylis quinquangularis (Vahl) Kunth var. testui (Cherm.) Robyns et Tournay = Fimbristylis aphylla Steud. ■

166459 Fimbristylis rhizomatosa P. Lima;根茎飘拂草■☆

166460 Fimbristylis rhodesiana Rendle;罗得西亚飘拂草■☆

166461 Fimbristylis rigida Kunth = Fimbristylis cymosa R. Br. ■

166462 Fimbristylis rigidula Nees;结状飘拂草(姜苞草,毛蜂子,茅草箭,水姜苞,透骨草,透骨风,野韭菜,硬飘拂草);Woody-rhizomed Fimbristylis, Woody-rhizomed Fluttergrass ■

166463 Fimbristylis robusta Lye = Fimbristylis gabonica Cherm. ■☆

166464 Fimbristylis rotundata Kük. = Abildgaardia rotundata (Kük.) Lye ■☆

166465 Fimbristylis rufoglumosa Ts. Tang et F. T. Wang = Fimbristylis disticha Boeck. ■

166466 Fimbristylis ruziziensis Germ. = Bulbostylis viridecarinata (De Wild.) Goetgh. ■☆

166467 Fimbristylis salbundia (Nees) Kunth;澳大利亚飘拂草■☆

166468 Fimbristylis savannarum Alain = Bulbostylis juncoides (Vahl) Kük. ex Osten ■☆

166469 Fimbristylis scabrida Schumach.;微糙飘拂草■☆

166470 Fimbristylis schimperiana (A. Rich.) Boeck. = Abildgaardia schimperiana (A. Rich.) Lye ■☆

166471 Fimbristylis schoenoides (Retz.) Vahl;少穗飘拂草(谷精草,嘉义飘拂草);Ditch Fimbry, Fewspikelet Fimbristylis, Fewspikelet Fluttergrass ■

166472 Fimbristylis schweinfurthiana Boeck.;施韦飘拂草■☆

166473 Fimbristylis sericea (Poir.) R. Br.;绢毛飘拂草(黄色飘拂草);Sericeous Fimbristylis, Sericeous Fluttergrass ■

166474 Fimbristylis serratula Vahl = Fimbristylis annua (All.) Roem. et Schult. ■☆

166475 Fimbristylis setacea Merr. et Chun = Fimbristylis hainanensis Ts. Tang et F. T. Wang ■

166476 Fimbristylis setifolia Hochst. ex A. Rich. = Abildgaardia setifolia (Hochst. ex A. Rich.) Lye ■☆

166477 Fimbristylis shimadana Ohwi;白穗飘拂草■

166478 Fimbristylis sieberiana Kunth;西氏飘拂草■☆

166479 Fimbristylis sieberiana Kunth = Fimbristylis ferruginea (L.) Vahl ■

166480 Fimbristylis sieboldii Miq. = Fimbristylis ferruginea (L.) Vahl var. sieboldii (Miq. ex Franch. et Sav.) Ohwi ■

166481 Fimbristylis sieboldii Miq. = Fimbristylis ferruginea (L.) Vahl ■

166482 Fimbristylis sieboldii Miq. ex Franch. et Sav.;彭佳屿飘拂草■

166483 Fimbristylis sieboldii Miq. ex Franch. et Sav. = Fimbristylis ferruginea (L.) Vahl ■

166484 Fimbristylis sieboldii Miq. ex Franch. et Sav. subsp. anpinensis (Hayata) T. Koyama = Fimbristylis ferruginea (L.) Vahl var. anpinensis (Hayata) H. Y. Liu ■

166485 Fimbristylis sieboldii Miq. ex Franch. et Sav. var. anpinensis (Hayata) T. Koyama = Fimbristylis sieboldii Miq. ex Franch. et Sav. subsp. anpinensis (Hayata) T. Koyama ■

166486 Fimbristylis sieboldii Miq. ex Franch. et Sav. var. anpinensis (Hayata) T. Koyama = Fimbristylis ferruginea (L.) Vahl var. anpinensis (Hayata) H. Y. Liu ■

166487 Fimbristylis sieboldii Miq. subsp. anpinensis (Hayata) T. Koyama = Fimbristylis ferruginea (L.) Vahl var. anpinensis (Hayata) H. Y. Liu ■

166488 Fimbristylis simaoensis Y. Y. Qian; 思茅飘拂草; Simao Fimbristylis, Simao Fluttergrass ■

166489 Fimbristylis sintenisii Boeck. = Fimbristylis cymosa (L.) R. Br. ■

166490 Fimbristylis spadicea (L.) Vahl; 枣红飘拂草; Chestnut Sedge ■☆

166491 Fimbristylis spadicea (L.) Vahl var. castanea (Michx.) A. Gray = Fimbristylis castanea (Michx.) Vahl ■☆

166492 Fimbristylis spadicea (L.) Vahl var. puberula (Michx.) Chapm. = Fimbristylis puberula (Michx.) Vahl ■☆

166493 Fimbristylis spathacea Roth; 佛焰苞飘拂草(叶状苞飘拂草); Hurricanegrass, Hurricane-grass, Spathebract Fimbristylis ■

166494 Fimbristylis spathacea Roth = Fimbristylis cymosa (L.) R. Br. ■

166495 Fimbristylis spathacea Roth var. depauperata T. Koyama = Fimbristylis cymosa R. Br. f. depauperata (T. Koyama) T. Koyama ■☆

166496 Fimbristylis spathacea Roth var. umbellatocapitata (Hillebr.) T. Koyama = Fimbristylis cymosa R. Br. var. umbellatocapitata Hillebr. ■☆

166497 Fimbristylis sphaerocarpa (Boeck.) K. Schum. = Abildgaardia sphaerocarpa (Boeck.) Lye ■☆

166498 Fimbristylis splendida C. B. Clarke; 闪光飘拂草■☆

166499 Fimbristylis squarrosa (Poir.) Vahl; 畦畔飘拂草(大屯山飘拂草, 曲芒飘拂草); Curvedawn Fimbristylis, Curvedawn Fluttergrass, Paddy Field Fimbristyle ■

166500 Fimbristylis squarrosa (Poir.) Vahl f. tenuissima T. Koyama; 微细畦畔飘拂草■☆

166501 Fimbristylis squarrosa (Poir.) Vahl subsp. esquarrosa (Makino) T. Koyama; 牧野氏飘拂草■

166502 Fimbristylis squarrosa Makino = Fimbristylis makinoana Ohwi ■

166503 Fimbristylis squarrosa Vahl = Fimbristylis squarrosa (Poir.) Vahl ■

166504 Fimbristylis squarrosa Vahl f. tenuissima T. Koyama = Fimbristylis squarrosa (Poir.) Vahl f. tenuissima T. Koyama ■☆

166505 Fimbristylis squarrosa Vahl subsp. esquarrosa (Makino) T. Koyama = Fimbristylis squarrosa (Poir.) Vahl subsp. esquarrosa (Makino) T. Koyama ■

166506 Fimbristylis squarrosa Vahl subsp. esquarrosa (Makino) T. Koyama = Fimbristylis velata R. Br. ■☆

166507 Fimbristylis squarrosa Vahl subsp. esquarrosa (Makino) T. Koyama = Fimbristylis aestivalis (Retz.) Vahl var. esquarrosa (Makino) T. Koyama ■

166508 Fimbristylis squarrosa Vahl var. esquarrosa Makino = Fimbristylis aestivalis (Retz.) Vahl var. esquarrosa (Makino) T. Koyama ■

166509 Fimbristylis squarrosa Vahl var. esquarrosa Makino = Fimbristylis makinoana Ohwi ■

166510 Fimbristylis squarrosa Vahl var. esquarrosa Makino = Fimbristylis velata R. Br. ■☆

166511 Fimbristylis stauntonii Debeaux et Franch.; 烟台飘拂草; Yantai Fimbristylis, Yantai Fluttergrass ■

166512 Fimbristylis stauntonii Debeaux et Franch. subsp. tonensis (Makino) T. Koyama = Fimbristylis stauntonii Debeaux et Franch. var. tonensis (Makino) Ohwi ex T. Koyama ■☆

166513 Fimbristylis stauntonii Debeaux et Franch. var. tonensis (Makino) Ohwi ex T. Koyama; 刀根飘拂草■☆

166514 Fimbristylis stenophyllus (Elliott) Alain = Bulbostylis stenophylla (Elliott) C. B. Clarke ■☆

166515 Fimbristylis stolonifera C. B. Clarke; 匍匐茎飘拂草; Stolon Fluttergrass, Stolon-bearing Fimbristylis ■

166516 Fimbristylis striolata Napper; 细条纹飘拂草■☆

166517 Fimbristylis subaphylla Boeck. = Fimbristylis complanata (Retz.) Link ■

166518 Fimbristylis subbispicata Nees et Meyen; 双穗飘拂草(山蔺, 水葱); Twospikelet Fimbristylis, Twospikelet Fluttergrass ■

166519 Fimbristylis subbispicata Nees et Meyen var. pacifica (Ohwi) Ohwi = Fimbristylis pacifica Ohwi ■☆

166520 Fimbristylis subinclinata T. Koyama; 知本飘拂草■

166521 Fimbristylis subumbellata K. Schum. = Abildgaardia schimperiana (A. Rich.) Lye ■☆

166522 Fimbristylis sulcatus Elliott = Fimbristylis annua (All.) Roem. et Schult. ■☆

166523 Fimbristylis tainanensis Ohwi = Fimbristylis microcarya F. Muell. var. tainanensis (Ohwi) H. Y. Liu ■

166524 Fimbristylis taiwanica Ohwi = Fimbristylis microcarya F. Muell. ■

166525 Fimbristylis tashiroana Ohwi = Fimbristylis dichotoma (L.) Vahl subsp. podocarpa (Nees et Meyen ex Nees) T. Koyama ■

166526 Fimbristylis tashiroana Ohwi f. cincta (Ohwi) Ohwi = Fimbristylis dichotoma (L.) Vahl subsp. podocarpa (Nees et Meyen ex Nees) T. Koyama f. cincta (Ohwi) T. Koyama ■

166527 Fimbristylis taylorii K. Schum. = Abildgaardia taylorii (K. Schum.) Lye ■☆

166528 Fimbristylis tenella Schult.; 极细飘拂草■☆

166529 Fimbristylis testui Cherm. = Fimbristylis aphylla Steud. ■

166530 Fimbristylis tetragona R. Br.; 四棱飘拂草(四方形飘拂草); Tetragonal Fimbristylis, Tetragonal Fluttergrass ■

166531 Fimbristylis thomsonii Boeck.; 西南飘拂草(鬼野飘拂草); Thomson Fimbristylis, Thomson Fluttergrass ■

166532 Fimbristylis thonningiana Boeck. = Fimbristylis microcarya F. Muell. ■

166533 Fimbristylis thouarsii Merr. et Chun = Fimbristylis chinensis (Benth.) Ts. Tang et F. T. Wang ■

166534 Fimbristylis tikushiensis Hayata = Fimbristylis dichotoma (L.) Vahl var. tikushiensis (Hayata) T. Koyama ■

166535 Fimbristylis tikushiensis Hayata = Fimbristylis dichotoma (L.) Vahl ■

166536 Fimbristylis tisserantii Cherm. = Bulbostylis viridecarinata (De Wild.) Goetgh. ■☆

166537 Fimbristylis tomentosa Vahl; 绒毛飘拂草; Tomentose Fluttergrass ■

166538 Fimbristylis torresiana Gaudin = Fimbristylis globulosa (Retz.) Kunth var. torresiana (Gaudin) C. B. Clarke ■

166539 Fimbristylis torresiana Gaudin = Fimbristylis globulosa (Retz.) Kunth ■

166540 Fimbristylis transiens K. Schum. = Abildgaardia boeckeleriana (Schweinf.) Lye var. transiens (K. Schum.) Lye ■☆

166541 Fimbristylis triflora (L.) K. Schum. = Abildgaardia triflora (L.) Abeyw. ■☆

166542 Fimbristylis tristachya (Vahl) Thwaites = Abildgaardia triflora (L.) Abeyw. ■☆

166543 Fimbristylis tristachya Nees ex Kunth = Fimbristylis aphylla Steud. ■

166544 Fimbristylis tristachya R. Br. = Fimbristylis ferruginea (L.) Vahl ■
166545 Fimbristylis tristachya R. Br. subsp. pacifica (Ohwi) T. Koyama = Fimbristylis pacifica Ohwi ■☆
166546 Fimbristylis tristachya R. Br. subsp. subbispicata (Nees et Meyen) T. Koyama = Fimbristylis subbispicata Nees et Meyen ■
166547 Fimbristylis tristachya R. Br. var. pacifica (Ohwi) T. Koyama = Fimbristylis pacifica Ohwi ■☆
166548 Fimbristylis tristachya R. Br. var. subbispicata (Nees et Meyen) T. Koyama = Fimbristylis subbispicata Nees et Meyen ■
166549 Fimbristylis turkestanica B. Fedtsch.; 土耳其斯坦飘拂草■☆
166550 Fimbristylis umbellaris (Lam.) Vahl; 球穗飘拂草; Globularspike Fimbristylis, Globularspike Fluttergrass, Umbellate Fluttergrass ■
166551 Fimbristylis unicolor Ohwi et T. Koyama = Fimbristylis henryi C. B. Clarke ■
166552 Fimbristylis vahlii (Lam.) Link; 瓦尔飘拂草■☆
166553 Fimbristylis vanderystii De Wild. = Fimbristylis aphylla Steud. ■
166554 Fimbristylis variegata Gordon-Gray; 杂色飘拂草■☆
166555 Fimbristylis velata R. Br.; 缘膜飘拂草■☆
166556 Fimbristylis vermoesenii De Wild. = Bulbostylis cioniana (Savi) Lye ■☆
166557 Fimbristylis verrucifera (Maxim.) Makino; 疣果飘拂草; Verrucolose Fimbristylis, Verrucolose Fluttergrass ■
166558 Fimbristylis verrucifera (Maxim.) Makino = Fimbristylis dipsacea (Rottb.) C. B. Clarke ■
166559 Fimbristylis verrucosa C. Presl = Fimbristylis annua (All.) Roem. et Schult. ■☆
166560 Fimbristylis vincentii Steud. = Fimbristylis vahlii (Lam.) Link ■☆
166561 Fimbristylis viridecarinata De Wild. = Bulbostylis viridecarinata (De Wild.) Goetgh. ■☆
166562 Fimbristylis wightiana Nees = Fimbristylis spathacea Roth ■
166563 Fimbristylis wombaliensis De Wild. = Abildgaardia wombaliensis (De Wild.) Lye ■☆
166564 Fimbristylis wukungshanensis Ts. Tang et F. T. Wang; 武功山飘拂草; Wugongshan Fimbristylis, Wugongshan Fluttergrass, Wukungshan Fimbristylis ■
166565 Fimbristylis yunnanensis C. B. Clarke; 滇飘拂草; Yunnan Fimbristylis, Yunnan Fluttergrass ■
166566 Fimbristylis yunnanensis C. B. Clarke = Actinoschoenus yunnanensis (C. B. Clarke) S. Yun Liang ■
166567 Fimbrolina Raf. = Besleria L. ●■☆
166568 Fimbrolina Raf. = Sinningia Nees ●■☆
166569 Fimbrorchis Szlach. = Habenaria Willd. ■
166570 Fimbrorchis linearifolia (Maxim.) Szlach. = Habenaria linearifolia Maxim. ■
166571 Fimbrorchis linearifolia (Maxim.) Szlach. subsp. schindleri (Schltr.) Szlach. = Habenaria schindleri Schltr. ■
166572 Fimbrystylis D. Dietr. = Fimbristylis Vahl(保留属名)■
166573 Fimbrystylis nanofusca Ts. Tang et F. T. Wang = Fimbristylis fimbristyloides (F. Muell.) Druce ■
166574 Finckea Klotzsch = Grisebachia Klotzsch ●☆
166575 Finckea bruniades Klotzsch = Erica pilosiflora E. G. H. Oliv. ●☆
166576 Finckea eriocephala Klotzsch = Erica pilosiflora E. G. H. Oliv. ●☆
166577 Findlaya Bowdich = Plumbago L. ●■
166578 Findlaya Hook. f. = Orthaea Klotzsch ●☆
166579 Finetia Gagnep. (1917); 菲内木属●☆
166580 Finetia Gagnep. = Anogeissus (DC.) Wall. ●
166581 Finetia Schltr. = Neofinetia Hu ■
166582 Finetia falcata (Thunb.) Schltr. = Neofinetia falcata (Thunb.) Hu ■
166583 Finetia rivularis Gagnep.; 菲内木●☆
166584 Fingalia Schrank = Eleutheranthera Poit. ex Bosc ■☆
166585 Fingardia Szlach. = Crepidium Blume ■
166586 Fingerhuthia Nees ex Lehm. = Fingerhuthia Nees ■☆
166587 Fingerhuthia Nees(1834); 芬氏草属■☆
166588 Fingerhuthia affghanica Boiss. = Fingerhuthia africana Lehm. ■☆
166589 Fingerhuthia africana Lehm. = Fingerhuthia africana Nees ■☆
166590 Fingerhuthia africana Nees; 非洲芬氏草; Zulu Fescue ■☆
166591 Fingerhuthia capensis Nees = Fingerhuthia africana Nees ■☆
166592 Fingerhuthia ciliata Nees = Fingerhuthia africana Nees ■☆
166593 Fingerhuthia sesleriiformis Nees; 芬氏草■☆
166594 Finlaysonia Wall. (1831); 芬利森萝藦属●☆
166595 Finlaysonia obovata Wall.; 芬利森萝藦●☆
166596 Finschia Warb. (1891); 芬史山龙眼属●☆
166597 Finschia chloroxantha Diels; 芬史山龙眼●☆
166598 Fintelmannia Kunth = Trilepis Nees ■☆
166599 Fintelmannia setifera Ridl. = Coleochloa setifera (Ridl.) Gilly ■☆
166600 Fioria Mattei = Hibiscus L. (保留属名)●■
166601 Fioria Mattei(1917); 菲奥里木槿属■●☆
166602 Fioria dictyocarpa (Hochst. ex Webb) Mattei = Hibiscus dictyocarpus Hochst. ex Webb ●☆
166603 Fioria pavonioides (Fiori) Mattei = Hibiscus dictyocarpus Hochst. ex Webb ●☆
166604 Fioria vitifolia (L.) Mattei; 菲奥里木槿; Tropical Fanleaf ■●☆
166605 Fioria vitifolia (L.) Mattei = Hibiscus vitifolius L. ●☆
166606 Fioria vitifolia (L.) Mattei subsp. vulgaris (Brenan et Exell) Abedin; 普通菲奥里木槿●☆
166607 Fioria yunnanensis (S. Y. Hu) Abedin = Hibiscus yunnanensis S. Y. Hu ■
166608 Fiorinia Parl. = Aira L. (保留属名)■
166609 Firensia Scop. = Cordia L. (保留属名)●
166610 Firenzia DC. = Firensia Scop. ●
166611 Firkea Raf. = Clusia L. ●☆
166612 Firmiana Marsili(1786); 梧桐属; Chinese Parasol Tree, Phoenix Tree, Phoenix-tree ●
166613 Firmiana chinensis Medik. ex Steud. = Firmiana platanifolia (L. f.) Marsili ●
166614 Firmiana chinensis Medik. ex Steud. = Firmiana simplex (L.) W. Wight ●
166615 Firmiana colorata (Roxb.) Burkill = Erythropsis colorata (Roxb.) Burkill ●
166616 Firmiana colorata (Roxb.) R. Br. = Erythropsis colorata (Roxb.) Burkill ●
166617 Firmiana danxiaensis H. H. Hsue et H. S. Kiu; 丹霞梧桐; Dansia Phoenix-tree, Danxiashan Phoenix Tree ●
166618 Firmiana hainanensis Kosterm.; 海南梧桐; Hainan Phoenix Tree, Hainan Phoenix-tree ●◇
166619 Firmiana kwangsiensis H. H. Hsue = Erythropsis kwangsiensis (J. R. Xue) H. H. Hsue ●◇

166620 Firmiana major (W. W. Sm.) Hand. -Mazz.;云南梧桐;Yunnan Phoenix Tree, Yunnan Phoenix-tree ●◇
166621 Firmiana migeodii Exell = Hildegardia migeodii (Exell) Kosterm. ●☆
166622 Firmiana pallens (Wall. ex King) Stearn;苍白梧桐●☆
166623 Firmiana platanifolia (L. f.) Marsili = Firmiana simplex (L.) W. Wight ●
166624 Firmiana platanifolia (L. f.) Marsili f. tomentosa (Thunb.) Kurata = Firmiana simplex (L.) W. Wight ●
166625 Firmiana platanifolia (L. f.) Schott et Endl. = Firmiana simplex (L.) W. Wight ●
166626 Firmiana pulcherrima H. H. Hsue = Erythropsis pulcherrima (H. H. Hsue) H. H. Hsue ●
166627 Firmiana simplex (L.) W. Wight;梧桐(白梧桐,苍桐子,椋椋皮,椋子,春麻子,耳桐,耳桐子,孤桐,国桐,井桐,九层皮,瓢儿果,瓢羹树,青皮树,青桐,青梧,桐麻,桐麻树,桐麻碗,桐毛耳,梧,梧桐子,香桐,中国梧桐);Bottletree, Chinese Bottle Tree, Chinese Parasol, Chinese Parasol Tree, Chinese Parasoltree, Chinese Parasol-tree, Foeniy-tree, Japanese Virnish Tree, Japanese Virnish-tree, Phoenix Tree, Phoenix-tree ●
166628 Firmiana simplex (L.) W. Wight 'Variegata';斑叶梧桐●☆
166629 Firmiana simplex (L.) W. Wight = Firmiana platanifolia (L. f.) Marsili ●
166630 Firmiana simplex (L.) W. Wight var. glabra Hatus. = Firmiana simplex (L.) W. Wight ●
166631 Fischera Spreng. = Platysace Bunge ■☆
166632 Fischera Spreng. = Trachymene Rudge ■☆
166633 Fischera Sw. = Leiophyllum (Pers.) R. Hedw. ●☆
166634 Fischeria DC. (1813);菲舍尔萝藦属●☆
166635 Fischeria martiana Decne.;马特菲舍尔萝藦●☆
166636 Fishlockia Britton et Rose = Acacia Mill. (保留属名)●■
166637 Fisquetia Gaudich. = Pandanus Parkinson ex Du Roi ●■
166638 Fissendocarpa (Haines) Bennet = Ludwigia L. ●■
166639 Fissenia Endl. = Kissenia R. Br. ex Endl. ●☆
166640 Fissenia R. Br. ex Endl. = Kissenia R. Br. ex Endl. ●☆
166641 Fissia (Luer) Luer = Masdevallia Ruiz et Pav. ■☆
166642 Fissia (Luer) Luer(2006);菲西兰属■☆
166643 Fissicalyx Benth. (1860);裂萼豆属■☆
166644 Fissicalyx fendleri Benth.;裂萼豆■☆
166645 Fissilia Comm. ex Juss. = Olax L. ●
166646 Fissipes Small = Cypripedium L. ■
166647 Fissipes acaulis (Aiton) Small = Cypripedium acaule Aiton ■☆
166648 Fissipetalum Merr. = Erycibe Roxb. ●
166649 Fissistigma Griff. (1854);瓜馥木属;Fissistigma ●
166650 Fissistigma acuminatissimum Merr.;尖叶瓜馥木(火绳树);Acuminate Firmiana, Acuminateleaf Firmiana, Acuminate-leaved Firmiana ●
166651 Fissistigma balansae (A. DC.) Merr.;多脉瓜馥木(火绳藤);Balanse Fissistigma, Polyvein Firmiana ●
166652 Fissistigma bracteolatum Chatterjee;多苞瓜馥木(广香藤,满山香,排骨灵);Bracteolate Fissistigma, Manybract Firmiana, Polybract Firmiana ●
166653 Fissistigma capitatum Merr. ex P. T. Li = Fissistigma retusum (H. Lév.) Rehder ●
166654 Fissistigma cavaleriei (H. Lév.) Rehder;独山瓜馥木;Cavaler Fissistigma ●
166655 Fissistigma chloroneurum (Hand. -Mazz.) Chun;阔叶瓜馥木(菠萝叶,酒药树,香藤);Broadleaf Fissistigma, Broad-leaved Fissistigma ●
166656 Fissistigma clementis Merr. = Fissistigma uonicum (Dunn) Merr. ●
166657 Fissistigma cupreonitens Merr. et Chun;金果瓜馥木;Golden-fruit Fissistigma, Golden-fruited Fissistigma ●
166658 Fissistigma fruiticosum Lour.;灌木状瓜馥木●☆
166659 Fissistigma glaucescens (Hance) Merr.;白叶瓜馥木(大样酒饼藤,火索藤,里白瓜馥木,确络风,乌骨藤,乌龟藤);Glaucescent Fissistigma ●
166660 Fissistigma globosum C. Y. Wu ex P. T. Li;坝治瓜馥木(圆果瓜馥木);Bazhi Fissistigma, Globular Firmiana ●
166661 Fissistigma globosum C. Y. Wu ex P. T. Li = Fissistigma tonkinense (Finet et Gagnep.) Merr. ●
166662 Fissistigma guinanense Y. Wan;桂南瓜馥木;Guinan Fissistigma ●
166663 Fissistigma guinanense Y. Wan = Fissistigma balansae (A. DC.) Merr. ●
166664 Fissistigma hainanense Merr. = Chieniodendron hainanense (Merr.) Tsiang et P. T. Li ●◇
166665 Fissistigma hainanense Merr. = Fissistigma maclurei Merr. ●
166666 Fissistigma hainanense Merr. = Oncodostigma hainanense (Merr.) Tsiang et P. T. Li ●◇
166667 Fissistigma kwangsiense Tsiang et P. T. Li;广西瓜馥木;Guangxi Fissistigma, Kwangsi Fissistigma ●
166668 Fissistigma lanuginosum (Hook. f. et Thomson) Merr.;多毛瓜馥木●☆
166669 Fissistigma latifolium (Dunn) Merr.;大叶瓜馥木;Bigleaf Firmiana, Latifoliate Fissistigma ●
166670 Fissistigma maclurei Merr.;毛瓜馥木(黑藤子,思藤子);Maclure Fissistigma ●
166671 Fissistigma maclurei Merr. = Oncodostigma hainanense (Merr.) Tsiang et P. T. Li ●◇
166672 Fissistigma minuticalyx (McGregor et W. W. Sm.) Chatterjee;小萼瓜馥木;Smallcalyx Fissistigma, Small-calyxed Fissistigma ●
166673 Fissistigma minuticalyx (McGregor et W. W. Sm.) Chatterjee = Fissistigma polyanthoides (A. DC.) Merr. ●
166674 Fissistigma obtusifolium Merr. = Fissistigma glaucescens (Hance) Merr. ●
166675 Fissistigma oldhamii (Hemsl.) Merr.;瓜馥木(飞扬藤,狐狸桃,降香藤,毛瓜馥木,山龙眼,山龙眼藤,藤龙眼,铁牛钻石,香藤,香藤风,小香藤,钻山风);Oldham Fissistigma ●
166676 Fissistigma oldhamii (Hemsl.) Merr. var. longistipitalum Tsiang;长柄瓜馥木(酒饼果);Longstipe Fissistigma ●
166677 Fissistigma oldhamii (Hemsl.) Merr. var. longistipitatum Tsiang = Fissistigma oldhamii (Hemsl.) Merr. ●
166678 Fissistigma oligocarpum W. T. Wang;单果瓜馥木;Monofruit Fissistigma ●
166679 Fissistigma oligocarpum W. T. Wang = Fissistigma wallichii (Hook. f. et Thomson) Merr. ●
166680 Fissistigma pallens (Finet et Gagnep.) Merr.;苍叶瓜馥木;Dallid Fissistigma ●
166681 Fissistigma petelotii Merr.;大果瓜馥木;Petelot Fissistigma ●
166682 Fissistigma poilanei (Ast) Tsiang et P. T. Li;火绳藤;Fissistigma, Poilane Firmiana, Smallcalyx Fissistigma ●
166683 Fissistigma polyanthoides (A. DC.) Merr.;拟多花瓜馥木●
166684 Fissistigma polyanthum (Hook. f. et Thomson) Merr.;多花瓜

馥木(大力丸,大力王,黑风藤,黑皮跌打,酒饼藤,酒饼子公,拉公藤,拉藤公,雷公根,牛耳枫,牛利藤,石拢藤,石指酸藤,通气香,证饼子公);Blackwindvine Fissistigma,Manyflower Fissistigma,Polyanthous Fissistigma ●

166685 Fissistigma retusum (H. Lév.) Rehder;凹叶瓜馥木(头序瓜馥木);Concaveleaf Fissistigma,Concave-leaved Fissistigma ●

166686 Fissistigma rufinerve (Hook. f. et Thomson) Merr.;红脉瓜馥木●

166687 Fissistigma shangtzeense Tsiang et P. T. Li;上思瓜馥木;Shangsi Fissistigma ●

166688 Fissistigma stenopetala (F. Muell.) R. E. Fr. = Ancana stenopetala F. Muell. ●☆

166689 Fissistigma tientangense Tsiang et P. T. Li;天堂瓜馥木;Tiantang Fissistigma ●

166690 Fissistigma tonkinense (Finet et Gagnep.) Merr.;东京瓜馥木(麻栗坡瓜馥木);Tonkin Fissistigma,Viet Nam Fissistigma ●

166691 Fissistigma tonkinense Finet et Gagnep. = Fissistigma tonkinense (Finet et Gagnep.) Merr. ●

166692 Fissistigma tungfangense Tsiang et P. T. Li;东方瓜馥木;Dongfang Firmiana,Oriental Fissistigma,Tungfang Firmiana ●

166693 Fissistigma uonicum (Dunn) Merr.;香港瓜馥木(除骨风,打鼓藤,大酒饼子,大香藤,角洛子藤,山龙眼藤);Hongkong Fissistigma ●

166694 Fissistigma wallichii (Hook. f. et Thomson) Merr.;贵州瓜馥木(光叶瓜馥木);Guizhou Fissistigma,Kweichou Fissistigma ●

166695 Fissistigma xylopetalum Tsiang et P. T. Li;木瓣瓜馥木;Woodypetal Fissistigma,Woody-petaled Fissistigma ●

166696 Fistularia Kuntze = Rhinanthus L. ■

166697 Fitchia Hook. f. (1845);舌头菊属●☆

166698 Fitchia Meisn. = Grevillea R. Br. ex Knight(保留属名)●

166699 Fitchia Meisn. = Molloya Meisn. ●

166700 Fitchia speciosa Cheeseman;美丽舌头菊;Burrdaisytree ●☆

166701 Fittingia Mez(1922);非廷紫金牛属●☆

166702 Fittingia grandiflora C. M. Hu;大花非廷紫金牛●☆

166703 Fittingia paniculata Takeuchi;圆锥非廷紫金牛●☆

166704 Fittingia tubiflora Mez;管花非廷紫金牛●☆

166705 Fittingia urceolata Mez;非廷紫金牛●☆

166706 Fittonia Coem. (1865)(保留属名);银网叶属(花脉爵床属,网纹草属);Silvernet Plant ■☆

166707 Fittonia argyroneura Coem. = Fittonia verschaffeltii (Lem.) E. Coem. ex Van Houtte var. argyroneura Nicholson ■☆

166708 Fittonia pearcei (Veitch) Verschaff.;红网叶■☆

166709 Fittonia verschaffeltii (Lem.) E. Coem. ex Van Houtte;银网叶(红网纹草);Mosaic Plant,Nerve Plant,Painted Net Leaf,Painted Net-leaf,Prairie Net-leaf,Silver Nerve Plant,Silver Net-leaf,Silver-nerve Fitonia,Silvernet Plant ■☆

166710 Fittonia verschaffeltii (Lem.) E. Coem. ex Van Houtte var. argyroneura Nicholson;白脉银网叶(白网纹草,白网叶)■☆

166711 Fittonia verschaffeltii (Lem.) Van Houtte = Fittonia verschaffeltii (Lem.) E. Coem. ex Van Houtte ■☆

166712 Fittonia verschaffeltii Coem. var. argyroneura Nicholson = Fittonia verschaffeltii (Lem.) E. Coem. ex Van Houtte var. argyroneura Nicholson ■☆

166713 Fittonia verschaffeltii E. Coem. = Fittonia verschaffeltii (Lem.) E. Coem. ex Van Houtte ■☆

166714 Fitzalania F. Muell. (1863);菲查伦木属(菲特木属)●☆

166715 Fitzalania hetempetala (F. Muell.) F. Muell.;菲查伦木(菲特木)●☆

166716 Fitzgeraldia F. Muell. (1867) = Cananga (DC.) Hook. f. et Thomson(保留属名)●

166717 Fitzgeraldia F. Muell. (1882) = Lyperanthus R. Br. ■☆

166718 Fitzgeraldia F. Muell. (1882) = Rimacola Rupp ■☆

166719 Fitzgeraldia Schltr. = Peristeranthus T. E. Hunt ■☆

166720 Fitzmya Hook. f. ex Lindl. (1851);南美柏属(南国柏属,智利柏属);Alerce,Alerch,Fitzroya,Patagonian Cypress ●☆

166721 Fitzroya Benth. et Hook. f. = Fitz-Roya Hook. f. ex Hook. ●☆

166722 Fitzroya Hook. f. = Fitzmya Hook. f. ex Lindl. ●☆

166723 Fitz-Roya Hook. f. ex Hook. = Fitzmya Hook. f. ex Lindl. ●☆

166724 Fitzroya Hook. f. ex Lindl. = Fitzmya Hook. f. ex Lindl. ●☆

166725 Fitzroya archeri Benth. et Hook. f.;塔斯曼南美柏;Tasmanian Fitzruya ●☆

166726 Fitzroya cupressoides (Molina) I. M. Johnst.;南美柏(南国柏,智利柏);Alerce,Patagonian Cypress,Patagonian Fitzroya ●☆

166727 Fitzroya cupressoides I. M. Johnst. = Fitzroya cupressoides (Molina) I. M. Johnst. ●☆

166728 Fitzroya patagonica Hook. f. ex Lindl. = Fitzroya cupressoides I. M. Johnst. ●☆

166729 Fitzroyaceae A. V. Bobrov et Melikyan = Cupressaceae Gray(保留科名)●

166730 Fitzroyaceae A. V. Bobrov et Melikyan;南美柏科●☆

166731 Fitzseraldia F. Muell. = Cananga (DC.) Hook. f. et Thomson (保留属名)●

166732 Fitzwillia P. S. Short(1989);肉叶鼠麴草属■☆

166733 Fitzwillia axilliflora (Ewart et J. W. White) P. S. Short;肉叶鼠麴草■☆

166734 Fiva Steud. = Fiwa J. F. Gmel. ●

166735 Fiva Steud. = Litsea Lam. (保留属名)●

166736 Fivaldia Walp. = Friwaldia Endl. ●

166737 Fiwa J. F. Gmel. = Litsea Lam. (保留属名)●

166738 Fiwa J. F. Gmel. = Tomex Thunb. ●

166739 Fiwa confertifolia (Hemsl.) Nakai = Neolitsea confertifolia (Hemsl.) Merr. ●

166740 Fiwa cupularis (Hemsl.) Nakai = Actinodaphne cupularis (Hemsl.) Gamble ●

166741 Fiwa hypoleucophylla (Hayata) Nakai = Litsea rotundifolia (Nees) Hemsl. var. oblongifolia (Nees) Allen ●

166742 Fiwa hypophaea (Hayata) Nakai = Litsea hypophaea Hayata ●

166743 Fiwa longifolia (Blume) Nakai = Actinodaphne acuminata (Blume) Meisn. ●

166744 Fiwa morrisonensis (Hayata) Nakai = Actinodaphne morrisonensis (Hayata) Hayata ●

166745 Fiwa morrisonensis (Hayata) Nakai = Litsea morrisonensis Hayata ●

166746 Fiwa mushaensis (Hayata) Nakai = Actinodaphne mushaensis (Hayata) Hayata ●

166747 Fiwa mushanensis (Hayata) Nakai = Actinodaphne mushaensis (Hayata) Hayata ●

166748 Fiwa nantoensis (Hayata) Nakai = Actinodaphne acuminata (Blume) Meisn. ●

166749 Fiwa nantoensis (Hayata) Nakai = Actinodaphne nantoensis (Hayata) Hayata ●

166750 Fiwa pedicellata (Hayata) Nakai = Actinodaphne pedicellata Hayata ex Matsum. et Hayata ●

166751 Fiwa pedicellata (Hayata) Nakai = Litsea hypophaea Hayata ●

166752 Fiwa pedicellata (Hayata) Nakai = Litsea taiwaniana Kamik. ●

166753 Fiwa sasakii (Kamik.) Nakai = Litsea akoensis Hayata var. sasakii (Kamik.) J. C. Liao ●
166754 Fiwa sasakii (Kamik.) Nakai = Litsea sasakii Kamik. ●
166755 Flabeilaria Cav. (1790); 扇形金虎尾属●☆
166756 Flabellaria paniculata Cav.; 圆锥扇形金虎尾●☆
166757 Flabellariopsis R. Wilczek (1955); 拟扇形金虎尾属●☆
166758 Flabellariopsis acuminata (Engl.) R. Wilczek; 拟扇形金虎尾●☆
166759 Flabellographis Thouars = Cymbidiella Rolfe ■☆
166760 Flabellographis Thouars = Limodorum Boehm. (保留属名) ■☆
166761 Flacourtia Comm. ex L'Hér. (1786); 刺篱木属(罗丹梅属, 罗庚果属); Flacourtia, Madagascar Plum, Ramontchi ●
166762 Flacourtia L'Hér. = Flacourtia Comm. ex L'Hér. ●
166763 Flacourtia afra Pic. Serm. = Flacourtia indica (Burm. f.) Merr. ●
166764 Flacourtia balansae Gagnep. = Flacourtia ramontchii L'Hér. ●
166765 Flacourtia cataphracta Roxb. ex Willd = Flacourtia jangomas (Lour.) Raeusch. ●
166766 Flacourtia chinensis Clos = Xylosma congesta (Lour.) Merr. ●
166767 Flacourtia chinensis Clos = Xylosma racemosa (Siebold et Zucc.) Miq. ●
166768 Flacourtia elliptica (Tul.) Warb. = Flacourtia indica (Burm. f.) Merr. ●
166769 Flacourtia flavescens Willd.; 淡黄刺篱木; Berry-bush, Berry-tree, Niger Plum ●☆
166770 Flacourtia flavescens Willd. = Flacourtia indica (Burm. f.) Merr. ●
166771 Flacourtia gambecola Clos = Flacourtia indica (Burm. f.) Merr. ●
166772 Flacourtia hirtiuscula Oliv. = Flacourtia indica (Burm. f.) Merr. ●
166773 Flacourtia indica (Burm. f.) Merr.; 刺篱木(刺子, 细祥芳果, 印度刺篱木); Batoka Plum, Batoko Plum, Governor Plum, Governor's Plum, Governorsplum, India Ramontchi, Indian Ramontchi, Kaffir Plum, Madagascar Plum, Ramontchi ●
166774 Flacourtia indica (Burm. f.) Merr. = Flacourtia ramontchii L'Hér. ●
166775 Flacourtia indica (Lour.) Raeusch. = Flacourtia indica (Burm. f.) Merr. ●
166776 Flacourtia inermis Roxb.; 罗比梅; Batoko Plum, Lovi-Lovi, Martinique Plum, Unarmed Ramontchi ●
166777 Flacourtia jangomas (Lour.) Raeusch.; 云南刺篱木(罗旦梅, 帕尼尔拉刺篱木); Bunela Plum, East Indian Plum Tree, Indian Wild Flacourtia, Paniala, Rataugurессa, Rukam, Yunnan Ramontchi ●
166778 Flacourtia japonica Lavall. = Idesia polycarpa Maxim. ●
166779 Flacourtia japonica Walp. = Xylosma congesta (Lour.) Merr. ●
166780 Flacourtia japonica Walp. = Xylosma racemosa (Siebold et Zucc.) Miq. ●
166781 Flacourtia mollis Hook. f. et Thomson; 毛叶刺篱木●
166782 Flacourtia montana J. Graham; 山地刺篱木(山刺子, 山李子); Montane Ramontchi, Mountain Ramontchi ●
166783 Flacourtia obtusata Hochst. ex A. Rich. = Dovyalis abyssinica (A. Rich.) Warb. ●☆
166784 Flacourtia parvifolia Merr. = Flacourtia indica (Burm. f.) Merr. ●
166785 Flacourtia parvifolia Merr. = Flacourtia ramontchii L'Hér. ●
166786 Flacourtia ramontchii L'Hér.; 大果刺篱木(刺篱木, 罗庚果, 木关果, 挪挪果, 揉揉果, 山李子, 棠梨, 野李子); Batoko Plum, Governor's Plum, India Plum, Madagascar Plum, Ramontchi, Rukam ●
166787 Flacourtia rhamnoides Burch. ex DC. = Dovyalis rhamnoides (Burch. ex DC.) Burch. et Harv. ●☆
166788 Flacourtia rukam Zoll. et Moritzi; 大叶刺篱木(炉甘果, 罗庚果, 罗庚梅, 牛牙果, 山桩); Filimoto, Governor's Plum, Indian Plum, Indian Prune, Mauritius Prune, Rukam, Rukam Ramontchi ●
166789 Flacourtia sepiaria Roxb.; 越南刺篱木; Annam Plum ●☆
166790 Flacourtia vogelii Hook. f.; 沃格尔刺篱木●☆
166791 Flacourtiaceae DC. = Flacourtiaceae Rich. ex DC. (保留科名) ●
166792 Flacourtiaceae Rich. = Flacourtiaceae Rich. ex DC. (保留科名) ●
166793 Flacourtiaceae Rich. ex DC. (1824) (保留科名); 刺篱木科(大风子科); Flacourtia Family, Indian-plum Family ●
166794 Flacourtiaceae Rich. ex DC. (保留科名) = Salicaceae Mirb. (保留科名) ●
166795 Flagellaria L. (1753); 须叶藤属(鞭藤属); Flagellaria ●■
166796 Flagellaria guineensis Schumach.; 几内亚须叶藤●☆
166797 Flagellaria indica L.; 须叶藤(鞭藤, 角仔藤, 芦竹藤, 山藤, 印度鞭藤, 印度山藤); India Flagellaria, Indian Flagellaria ●■
166798 Flagellaria minor Blume = Flagellaria indica L. ●■
166799 Flagellaria philippinensis Elmer = Flagellaria indica L. ●■
166800 Flagellaria repens Lour. = Pothos repens (Lour.) Druce ■
166801 Flagellariaceae Dumort. (1829) (保留科名); 须叶藤科(鞭藤科); Flagellaria Family ●■
166802 Flagellarisaema Nakai = Arisaema Mart. ●■
166803 Flagenium Baill. (1880); 肋果茜属■☆
166804 Flagenium anomalum Wernham = Bertiera letouzeyi Hallé ■☆
166805 Flagenium arboreum Wernham; 树状肋果茜■☆
166806 Flagenium kamerunense Mildbr. = Bertiera letouzeyi Hallé ■☆
166807 Flagenium latifolium Wernham; 宽叶肋果茜■☆
166808 Flagenium triflorum Baill.; 三花肋果茜■☆
166809 Flamaria Raf. = Macranthera Nutt. ex Benth. ■☆
166810 Flammara Hill = Anemone L. (保留属名) ■
166811 Flammula (Webb ex Spach) Fourr. = Ranunculus L. ■
166812 Flammula Fourr. = Ranunculus L. ■
166813 Flanagania Schltr. = Cynanchum L. ●■
166814 Flaveria Juss. (1789); 黄顶菊属(黄菊属); Flaveria ■●
166815 Flaveria × latifolia (J. R. Johnst.) R. W. Long et Rhamst. = Flaveria linearis Lag. ■☆
166816 Flaveria bidentis (L.) Kuntze; 黄顶菊(滨海黄顶菊, 二齿黄菊); Coastal Plain Yellowtops ■☆
166817 Flaveria brownii A. M. Powell; 布朗黄顶菊; Brown's Yellowtops ■☆
166818 Flaveria campestris J. R. Johnst.; 碱地黄顶菊; Alkali Yellowtops ■☆
166819 Flaveria chlorifolia A. Gray; 紧密黄顶菊; Clasping Yellowtops ■☆
166820 Flaveria contrayerba (Cav.) Pers. = Flaveria bidentis (L.) Kuntze ■☆
166821 Flaveria floridana J. R. Johnst.; 佛罗里达黄顶菊; Florida Yellowtops ■☆
166822 Flaveria linearis Lag.; 线叶黄顶菊; Narrowleaf Yellowtops ■☆
166823 Flaveria mcdougallii Theroux; 马克黄顶菊; Mcdougall's Yellowtops ■☆
166824 Flaveria ramosissima Klatt; 多枝黄顶菊■●☆
166825 Flaveria repanda Lag. = Flaveria trinervia (Spreng.) C. Mohr ■☆
166826 Flaveria trinervata (Willd.) Baill. = Flaveria trinervia

(Spreng.) C. Mohr ■☆

166827 Flaveria trinervia (Spreng.) C. Mohr;三脉黄顶菊;Clustered Yellowtops ■☆

166828 Flavia Fabr. = Anthoxanthum L. ■

166829 Flavia Heist. = Anthoxanthum L. ■

166830 Flavia Heist. ex Fabr. = Anthoxanthum L. ■

166831 Flavicoma Raf. = Schaueria Nees(保留属名)■☆

166832 Flavileptis Thouars = Liparis Rich.(保留属名)■

166833 Flavileptis Thouars = Malaxis Sol. ex Sw. ■

166834 Fleischeria Steud. = Sida L. ●■

166835 Fleischeria Steud. et Hochst. ex Endl. = Scorzonera L. ■

166836 Fleischmannia Sch. Bip. (1850);光泽兰属;Slender-Thoroughwort ■●☆

166837 Fleischmannia incarnata (Walter) R. M. King et H. Rob.;粉色光泽兰;Pink Slender-thoroughwort ■☆

166838 Fleischmannia microstemon (Cass.) R. M. King et H. Rob.;小花光泽兰■☆

166839 Fleischmannia sonorae (A. Gray) R. M. King et H. Rob.;索诺光泽兰;Sonoran Slender-Thoroughwort ■☆

166840 Fleischmanniana Sch. Bip. = Fleischmannia Sch. Bip. ■●☆

166841 Fleischmanniopsis R. M. King et H. Rob. (1971);细毛亮泽兰属■☆

166842 Fleischmanniopsis leucocephala (Benth.) R. M. King et H. Rob.;细毛亮泽兰■☆

166843 Flemingia Aiton = Flemingia Roxb. ex W. T. Aiton(保留属名) ●■

166844 Flemingia Hunter = Fagraea Thunb. ●

166845 Flemingia Hunter ex Ridl. = Tarenna Gaertn. ●

166846 Flemingia Roxb. = Flemingia Roxb. ex W. T. Aiton(保留属名) ●■

166847 Flemingia Roxb. ex Aiton = Flemingia Roxb. ex W. T. Aiton(保留属名)●■

166848 Flemingia Roxb. ex Rottler(废弃属名) = Flemingia Roxb. ex W. T. Aiton(保留属名)●■

166849 Flemingia Roxb. ex Rottler(废弃属名) = Thunbergia Retz.(保留属名)●■

166850 Flemingia Roxb. ex W. T. Aiton(1812)(保留属名);千斤拔属(佛来明豆属);Flemingia ●■

166851 Flemingia Roxb. ex Wall. = Canscora Lam. ■

166852 Flemingia bracteata (Roxb.) Wight = Flemingia strobilifera (L.) R. Br. ex Aiton ●

166853 Flemingia capitata Zoll. = Flemingia involucrata Benth. ●

166854 Flemingia chappar Buch.-Ham. ex Benth.;墨江千斤拔;Cordate Flemingia, Mojiang Flemingia ●

166855 Flemingia congesta Roxb. ex W. T. Aiton = Flemingia macrophylla (Willd.) Kuntze ex Merr. ●

166856 Flemingia congesta Roxb. ex W. T. Aiton var. latifolia Baker = Flemingia latifolia Benth. ●

166857 Flemingia congesta Roxb. ex W. T. Aiton var. semialata (Roxb. ex Aiton) Baker = Flemingia semialata Roxb. ex Aiton ●

166858 Flemingia congesta Roxb. ex W. T. Aiton var. semialata (Roxb. ex Aiton) Baker = Flemingia macrophylla (Willd.) Alston ●

166859 Flemingia congesta W. T. Aiton = Flemingia macrophylla (Willd.) Merr. ●

166860 Flemingia faginea (Guillaumin et Perr.) Baker;山毛榉千斤拔 ●☆

166861 Flemingia ferruginea Wall. ex Benth.;锈毛千斤拔(黄胆树,假里豆,铁龙川石);Rusty-hair Flemingia ●

166862 Flemingia fluminalis C. B. Clarke ex Prain;河边千斤拔(水边千斤拔,岩豆);River-side Flemingia ●

166863 Flemingia fruticulosa Wall. = Flemingia strobilifera (L.) R. Br. ex Aiton ●

166864 Flemingia fruticulosa Wall. ex Benth. = Flemingia fruticulosa Wall. ex Collett ●

166865 Flemingia fruticulosa Wall. ex Collett;半灌木千斤拔(大铁扫把,咳嗽草);Shrubby Flemingia ●

166866 Flemingia glutinosa (Prain) Y. T. Wei et S. K. Lee;腺毛千斤拔;Glandhair Flemingia, Glutinous Flemingia ●

166867 Flemingia grahamiana Wight et Arn.;绒毛千斤拔(密花千斤拔);Floss Flemingia, Tomentose Flemingia ●

166868 Flemingia grandiflora Roxb. ex Rottler = Thunbergia grandiflora (Roxb. ex Willd.) Roxb. ●

166869 Flemingia hockii De Wild. = Flemingia grahamiana Wight et Arn. ●

166870 Flemingia involucrata Benth.;总苞千斤拔;Involucrate Flemingia ●

166871 Flemingia kweichouensis Ts. Tang et F. T. Wang ex Y. T. Wei et S. K. Lee;贵州千斤拔;Guizhou Flemingia ●

166872 Flemingia latifolia Benth.;宽叶千斤拔(千斤拔,阔叶千斤拔);Broad-leaf Flemingia, Broad-leaved Flemingia ●

166873 Flemingia latifolia Benth. = Flemingia macrophylla (Willd.) Kuntze ex Merr. ●

166874 Flemingia latifolia Benth. var. glutinosa Prain = Flemingia glutinosa (Prain) Y. T. Wei et S. K. Lee ●

166875 Flemingia latifolia Benth. var. hainanensis Y. T. Wei et S. K. Lee;海南千斤拔;Hainan Flemingia ●

166876 Flemingia lineata (L.) Roxb. ex Aiton;细叶千斤拔(线叶佛来明豆,线叶千斤拔);Linearleaf Flemingia, Linear-leaved Flemingia Linearleaf Wurrus, Small-leaf Flemingia ●

166877 Flemingia lineata (L.) Roxb. ex Aiton var. glutinosa Prain = Flemingia glutinosa (Prain) Y. T. Wei et S. K. Lee ●

166878 Flemingia macrocalyx Baker f. = Rhynchosia clivorum S. Moore subsp. pycnantha (Harms) Verdc. ●☆

166879 Flemingia macrophylla (Willd.) Alston = Flemingia congesta Roxb. ex W. T. Aiton ●

166880 Flemingia macrophylla (Willd.) Kuntze ex Merr.;千斤拔(半翼千斤拔,臭空仔,大力黄,大叶佛来明豆,大叶千斤拔,夹眼皮果,假乌豆草,假乌头草,牛得巡,千斤红,千筋拔,三腹丝,掏马桩,天根不倒,一条根,皱面树,皱面叶,钻地风);Big-leaved Flemingia, Large-eaf Flemingia, Longleaf Wurrus ●

166881 Flemingia macrophylla (Willd.) Kuntze ex Merr. var. semialata (Roxb.) Hosok.;翼柄佛来明豆●

166882 Flemingia macrophylla (Willd.) Kuntze ex Merr. var. semialata (Roxb.) Hosok. = Flemingia macrophylla (Willd.) Kuntze ex Merr. ●

166883 Flemingia macrophylla (Willd.) Merr. = Flemingia macrophylla (Willd.) Kuntze ex Merr. ●

166884 Flemingia macrophylla (Willd.) Merr. var. philippinensis (Merr. et Rolfe) H. Ohashi = Flemingia philippinensis Merr. et Rolfe ●

166885 Flemingia mengpengensis Y. T. Wei et S. K. Lee;勐捧千斤拔(勐版千斤拔);Mengban Flemingia, Mengpeng Flemingia ●

166886 Flemingia oblongifolia Baker = Eriosema ellipticum Welw. ex Baker ●☆

166887 Flemingia paniculata Wall. ex Benth.;锥序千斤拔;Panicle Flemingia, Paniculate Flemingia ●

166888 Flemingia philippinensis Merr. et Rolfe;蔓性千斤拔(大力黄,单守根,吊马墩,吊马桩,钉地根,钉根藜,菲岛佛来明豆,菲律宾千斤拔,箭根,金鸡落地,金牛尾,老鼠尾,马石头,蔓千斤拔,牛达敦,牛大力,牛顿头,牛尾荡,千斤拔,千斤秤,千斤吊,千里马,透地龙,土黄鸡,土黄芪,土黄耆,一条根,钻地风);Philippine Flemingia ●

166889 Flemingia procumbens Roxb.;矮千斤拔;Dwarf Flemingia,Procumbent Flemingia,Soh-phlong,Souphlong ●■

166890 Flemingia prostrata Roxb. f. = Flemingia congesta Roxb. ex W. T. Aiton ●

166891 Flemingia prostrata Roxb. f. ex Roxb.;菲岛佛来明豆●

166892 Flemingia rhodocarpa Baker = Flemingia grahamiana Wight et Arn. ●

166893 Flemingia semialata Roxb. = Flemingia macrophylla (Willd.) Kuntze ex Merr. ●

166894 Flemingia semialata Roxb. ex Aiton = Flemingia macrophylla (Willd.) Kuntze ex Merr. ●

166895 Flemingia stricta Roxb. et Aiton;长叶千斤拔(千斤拔,一条根);Long-leaf Flemingia,Long-leaf Wurrus,Strict Flemingia ●

166896 Flemingia strobilifera (L.) R. Br. = Flemingia strobilifera (L.) R. Br. ex Aiton ●

166897 Flemingia strobilifera (L.) R. Br. ex Aiton;球穗千斤拔(百咳草,半灌木千斤拔,蚌壳草,贝壳草,大苞千斤拔,大苞叶千斤拔,大铁扫把,佛来明豆,耗子响铃,咳嗽草,麒麟尾,球穗花千斤拔,山萝卜);Conespike Flemingia,Cone-spiked Flemingia,Largebract Flemingia,Taiwan Wurrus,Wildhops ●

166898 Flemingia strobilifera (L.) R. Br. ex Aiton var. bracteata (Roxb.) Baker = Flemingia bracteata (Roxb.) Wight ●

166899 Flemingia strobilifera (L.) R. Br. ex Aiton var. fruticulosa Baker = Flemingia fruticulosa Wall. ex Benth. ●

166900 Flemingia strobilifera (L.) R. Br. ex Aiton var. fruticulosa Baker = Flemingia strobilifera (L.) R. Br. ex Aiton ●

166901 Flemingia strobilifera (L.) W. T. Aiton = Flemingia strobilifera (L.) R. Br. ex Aiton ●

166902 Flemingia strobilifera (L.) W. T. Aiton var. bracteata (Roxb.) Baker = Flemingia bracteata (Roxb.) Wight ●

166903 Flemingia strobilifera (L.) W. T. Aiton var. fruticulosa Baker = Flemingia fruticulosa Wall. ex Benth. ●

166904 Flemingia vestita Benth. ex Baker = Flemingia procumbens Roxb. ●■

166905 Flemingia wallichii Wight et Arn.;云南千斤拔(滇千斤拔,假山皮条,毛叶千斤拔,千叶千斤拔);Wallich Flemingia,Yunnan Flemingia ●

166906 Flemingia yunnanensis Franch. = Flemingia wallichii Wight et Arn. ●

166907 Flemmingia Walp. = Flemingia Roxb. ex W. T. Aiton(保留属名)●■

166908 Flemmingia Walp. = Maughania J. St. -Hil. ●■

166909 Fleroya Y. F. Deng = Hallea J. -F. Leroy ●☆

166910 Flessera Adans. = Agastache J. Clayton ex Gronov. ■

166911 Fleura Steud. = Fleurya Gaudich. ●■☆

166912 Fleurotia Rchb. = Siebera J. Gay(保留属名)■☆

166913 Fleurya Gaudich. (1830);红小麻属●■☆

166914 Fleurya Gaudich. = Laportea Gaudich.(保留属名)●■

166915 Fleurya aestuans (L.) Gaudich. = Laportea aestuans (L.) Chew ■

166916 Fleurya aestuans (L.) Miq.;火焰红小麻(桑叶麻)●☆

166917 Fleurya aestuans (L.) Miq. = Laportea aestuans (L.) Chew ■

166918 Fleurya alatipes (Hook. f.) N. E. Br. = Laportea alatipes Hook. f. ■☆

166919 Fleurya caffra Chew = Laportea peduncularis (Wedd.) Chew ●☆

166920 Fleurya capensis (L. f.) Wedd. = Didymodoxa capensis (L. f.) Friis et Wilmot-Dear ■☆

166921 Fleurya capensis (L. f.) Wedd. var. mitis Wedd. = Laportea peduncularis (Wedd.) Chew ●☆

166922 Fleurya glandulosa Wedd. = Laportea aestuans (L.) Chew ■

166923 Fleurya grossa Wedd. = Laportea grossa (Wedd.) Chew ■☆

166924 Fleurya interrupta (L.) Gaudich. = Laportea interrupta (L.) Chew ■

166925 Fleurya interrupta (L.) Wight = Laportea interrupta (L.) Chew ■

166926 Fleurya lanceolata Engl. = Laportea lanceolata (Engl.) Chew ■☆

166927 Fleurya mitis (Wedd.) N. E. Br. = Laportea peduncularis (Wedd.) Chew ●☆

166928 Fleurya mitis Wedd. = Laportea peduncularis (Wedd.) Chew ●☆

166929 Fleurya mooreana (Hiern) Rendle = Laportea mooreana (Hiern) Chew ●☆

166930 Fleurya ovalifolia (Schumach. et Thonn.) Dandy = Laportea ovalifolia (Schumach. et Thonn.) Chew ●☆

166931 Fleurya ovalifolia (Schumach. et Thonn.) Dandy var. repens (Hauman) Lambinon = Laportea ovalifolia (Schumach. et Thonn.) Chew ●☆

166932 Fleurya paniculata Gaudich.;红小麻●■☆

166933 Fleurya peduncularis Wedd. = Laportea peduncularis (Wedd.) Chew ●☆

166934 Fleurya peduncularis Wedd. var. mitis (Wedd.) Wedd. = Laportea peduncularis (Wedd.) Chew ●☆

166935 Fleurya perrieri Léandri = Laportea aestuans (L.) Chew ■

166936 Fleurya podocarpa Wedd. = Laportea ovalifolia (Schumach. et Thonn.) Chew ●☆

166937 Fleurya podocarpa Wedd. subsp. repens Hauman = Laportea ovalifolia (Schumach. et Thonn.) Chew ●☆

166938 Fleurya podocarpa Wedd. var. mannii ? = Laportea ovalifolia (Schumach. et Thonn.) Chew ●☆

166939 Fleurya urophylla Mildbr. = Laportea mooreana (Hiern) Chew ●☆

166940 Fleurydora A. Chev. (1933);弗勒木属●☆

166941 Fleurydora felicis A. Chev.;弗勒木●☆

166942 Fleuryopsis Opiz = Fleurya Gaudich. ●■☆

166943 Fleuryopsis Opiz = Laportea Gaudich.(保留属名)●■

166944 Flexanthera Rusby(1927);弯药茜属☆

166945 Flexanthera fragrans Rusby;香弯药茜☆

166946 Flexanthera subcordata Rusby;弯药茜☆

166947 Flexularia Raf. (1819);曲禾属■☆

166948 Flexularia Raf. = Muhlenbergia Schreb. ■

166949 Flexularia Raf. et Schult. = Flexularia Raf. ■☆

166950 Flexularia compressa Raf.;曲禾■☆

166951 Flexuosatis Thouars = Satyrium Sw.(保留属名)■

166952 Flexuosatis Thouars = Schizodium Lindl. ■☆

166953 Flickingeria A. D. Hawkes = Ephemerantha P. F. Hunt et Summerh. ■

166954 Flickingeria A. D. Hawkes(1961);金石斛属(暂花兰属);Flickingeria ■
166955 Flickingeria albopurpurea Seidenf.;滇金石斛;Yunnan Flickingeria ■
166956 Flickingeria angustifolia (Blume) A. D. Hawkes;狭叶金石斛;Narrowleaf Flickingeria ■
166957 Flickingeria bicolor Z. H. Tsi et S. C. Chen;二色金石斛;Twocolor Flickingeria ■
166958 Flickingeria calocephala Z. H. Tsi et S. C. Chen;红头金石斛;Beautyhead Flickingeria ■
166959 Flickingeria comata (Blume) A. D. Hawkes;金石斛(木斛);Flickingeria ■
166960 Flickingeria concolor Z. H. Tsi et S. C. Chen;同色金石斛;Concolor Flickingeria ■
166961 Flickingeria fimbriata (Blume) A. D. Hawkes;流苏金石斛;Tassel Flickingeria ■
166962 Flickingeria fimbriatolabella (Hayata) A. D. Hawkes = Flickingeria comata (Blume) A. D. Hawkes ■
166963 Flickingeria lonchophylla (Hook. f.) A. D. Hawkes;戟叶金石斛■☆
166964 Flickingeria pallens (Ridl.) A. D. Hawkes;淡色暂花兰(青白木斛)■
166965 Flickingeria shihfuana T. P. Lin et Kuo Huang;士富金石斛■
166966 Flickingeria tairukounia (S. S. Ying) T. P. Lin;卵唇金石斛(辐射暂花兰,尖叶暂花兰,太鲁阁木斛);Ovatelip Flickingeria ■
166967 Flickingeria tairukounia (S. S. Ying) T. P. Lin = Flickingeria comata (Blume) A. D. Hawkes ■
166968 Flickingeria tricarinata Z. H. Tsi et S. C. Chen;三脊金石斛;Threerib Flickingeria ■
166969 Flickingeria tricarinata Z. H. Tsi et S. C. Chen var. viridilamella Z. H. Tsi et S. C. Chen;绿脊金石斛;Green Threerib Flickingeria ■
166970 Flickingeria tricarinata Z. H. Tsi et S. C. Chen var. viridilamella Z. H. Tsi et S. C. Chen = Flickingeria tairukounia (S. S. Ying) T. P. Lin ■
166971 Flindersia R. Br. (1814);巨盘木属;Flindersia, Giantdishtree, Red Beech, Yellow Wood ●
166972 Flindersia acuminata C. T. White;渐尖巨盘木;Silver Silkwood ●☆
166973 Flindersia amboinensis Poir.;巨盘木;Ambo Flindersia, Giantdishtree ●
166974 Flindersia australis R. Br.;南方巨盘木(佛兰德木);Australian Teak, Ballroom Bindersia, Ballroom Flindersia, Craw Ash, Crow's Ash ●☆
166975 Flindersia bourjotiana F. Muell.;银巨盘木;Silver Ash ●☆
166976 Flindersia brayleyana F. Muell.;昆士兰巨盘木;Australian Maple, Queensland Maple, Silkwood ●☆
166977 Flindersia collina F. M. Bailey;阔叶巨盘木;Broad-leaved Leopard Tree ●☆
166978 Flindersia laevicarpa C. T. White;平滑果巨盘木●☆
166979 Flindersia maculosa (Lindl.) Benth = Flindersia maculosa F. Muell. ●☆
166980 Flindersia maculosa F. Muell.;豹皮巨盘木(豹木);Leopardwood, Leopardwood Tree ●☆
166981 Flindersia pimenteliana F. Muell.;类槭巨盘木;Queenslang Maple, Silkwood ●☆
166982 Flindersia pubescens F. M. Bailey;短柔毛巨盘木;Silky Oak, Silver Ash Northern ●☆
166983 Flindersia pubescens F. M. Bailey = Flindersia schottiana F. Muell. ●☆
166984 Flindersia schottiana F. Muell.;肖特巨盘木(肖提巨盘木);Bumpy Ash, Cudgerie, Silver Ash ●☆
166985 Flindersia xanthoxyla (Hook.) Domin;黄巨盘木;Long Jack, Yellow Ash ●☆
166986 Flindersiaceae (Engl.) C. T. White ex Airy Shaw = Rutaceae Juss.(保留科名)●■
166987 Flindersiaceae C. T. White ex Airy Shaw = Rutaceae Juss.(保留科名)●■
166988 Flindersiaceae C. T. White ex Airy Shaw;巨盘木科●
166989 Flipania Raf. = Salvia L. ●■
166990 Floerkea Spreng. = Adenophora Fisch. ●■
166991 Floerkea Willd. (1801);三数沼花属(弗勒沼花属)■☆
166992 Floerkea marsupiiflora Spreng. = Adenophora stenanthina (Ledeb.) Kitag. ■
166993 Floerkea occidentalis Rydb. = Floerkea proserpinacoides Willd. ■☆
166994 Floerkea proserpinacoides Willd.;三数沼花;False Mermaid, False Mermaid-weed ■☆
166995 Flomosia Raf. = Verbascum L. ■●
166996 Floresia Krainz et Ritter = Weberbauerella Ulbr. ■☆
166997 Floresia Krainz et Ritter = Weberbauerocereus Backeb. ●☆
166998 Floresia Krainz et Ritter ex Backeb. = Haageocereus Backeb. ●☆
166999 Florestina Cass. (1817);双修菊属■☆
167000 Florestina latifolia (DC.) Rydb.;宽叶双修菊■☆
167001 Florestina pedata Cass.;双修菊■☆
167002 Florestina purpurea Rydb.;紫双修菊■☆
167003 Florestina tripteris DC.;三翅双修菊■☆
167004 Floribunda F. Ritter = Cipocereus F. Ritter ●☆
167005 Florincla Noronha ex Endl. = Polycardia Juss. ●☆
167006 Floriscopa F. Muell. = Floscopa Lour. ■
167007 Florkea Raf. = Floerkea Willd. ■☆
167008 Floscaldasia Cuatrec. (1968);匍枝菀属■●☆
167009 Floscaldasia hypsophila Cuatrec.;匍枝菀■●☆
167010 Floscopa Lour. (1790);聚花草属(蔓蘘荷属,竹叶藤属);Floscopa ■
167011 Floscopa africana (P. Beauv.) C. B. Clarke;非洲聚花草■☆
167012 Floscopa africana (P. Beauv.) C. B. Clarke subsp. petrophila J. K. Morton;喜岩聚花草■☆
167013 Floscopa aquatica Hua;水生聚花草■☆
167014 Floscopa axillaris (Poir.) C. B. Clarke;腋花聚花草■☆
167015 Floscopa bambusifolia H. Lév. = Rhopalephora scaberrima (Blume) Faden ■
167016 Floscopa beirensis Kuntze;贝拉聚花草■☆
167017 Floscopa cavaleriei H. Lév. et Vaniot = Murdannia hookeri (C. B. Clarke) Brückn. ■
167018 Floscopa confusa Brenan;无毛聚花草■☆
167019 Floscopa elegans Huber;雅致聚花草■☆
167020 Floscopa elliottii C. B. Clarke = Floscopa axillaris (Poir.) C. B. Clarke ■☆
167021 Floscopa flavida C. B. Clarke;浅黄聚花草■☆
167022 Floscopa glabrata (Kunth) Hassk. = Floscopa confusa Brenan ■☆
167023 Floscopa glabrata (Kunth) Hassk. var. glabrata (Kunth) Hassk. = Floscopa glabrata (Kunth) Hassk. ■☆

167024 Floscopa glabrata (Kunth) Hassk. var. glandulosa (Seub. ex Mart.) C. B. Clarke = Floscopa glabrata (Kunth) Hassk. ■☆
167025 Floscopa glomerata (Willd. ex Schult. et Schult. f.) Hassk.;团集聚花草■☆
167026 Floscopa glomerata (Willd. ex Schult. et Schult. f.) Hassk. subsp. lelyi (Hutch.) Brenan;莱利聚花草■☆
167027 Floscopa glomerata (Willd. ex Schult. et Schult. f.) Hassk. subsp. pauciflora (C. B. Clarke) J. K. Morton;少花团集聚花草■☆
167028 Floscopa gossweileri Cavaco;戈斯聚花草■☆
167029 Floscopa hamiltonii Hassk. = Floscopa scandens Lour. ■
167030 Floscopa leiothyrsa Brenan;光序聚花草■☆
167031 Floscopa lelyi Hutch. = Floscopa glomerata (Willd. ex Schult. et Schult. f.) Hassk. subsp. lelyi (Hutch.) Brenan ■☆
167032 Floscopa mannii C. B. Clarke;曼氏聚花草■☆
167033 Floscopa myosotoides Hutch. = Floscopa aquatica Hua ■☆
167034 Floscopa pauciflora C. B. Clarke = Floscopa glomerata (Willd. ex Schult. et Schult. f.) Hassk. subsp. pauciflora (C. B. Clarke) J. K. Morton ■☆
167035 Floscopa polypleura Brenan;多脉聚花草■☆
167036 Floscopa pusilla K. Schum.;微小聚花草■☆
167037 Floscopa rivularioides T. C. E. Fr.;溪边聚花草■☆
167038 Floscopa rivularis (A. Rich.) C. B. Clarke = Floscopa glomerata (Willd. ex Schult. et Schult. f.) Hassk. ■☆
167039 Floscopa robusta (Seub.) C. B. Clarke;粗壮聚花草■☆
167040 Floscopa scandens Lour.;聚花草(大祥竹篙草,节花草,蔓蘘荷,水波草,水草,水竹菜,小竹叶菜,竹叶草,紫竹叶草);Climber Floscopa, Floscopa ■
167041 Floscopa scandens Lour. var. vaginivillosa R. H. Miao = Floscopa scandens Lour. ■
167042 Floscopa schweinfurthii C. B. Clarke;施韦聚花草■☆
167043 Floscopa tanneri Brenan;坦纳聚花草■☆
167044 Floscopa tuberculata C. B. Clarke;多疣聚花草■☆
167045 Floscopa uniflora A. Chev.;单花聚花草■☆
167046 Floscopa yunnanensis D. Y. Hong;云南聚花草;Yunnan Floscopa ■
167047 Floscueuli Opiz = Lychnis L.(废弃属名)■
167048 Flosmutisia Cuatrec. (1986);寒莲菀属■☆
167049 Flosmutisia paramicola Cuatrec.;寒莲菀■☆
167050 Flotovia Spreng. = Dasyphyllum Kunth ●☆
167051 Flotowia Endl. = Dasyphyllum Kunth ●☆
167052 Flotowia Endl. = Flotovia Spreng. ●☆
167053 Flourensia Cambess. = Thylacospermum Fenzl ■
167054 Flourensia DC. (1836);焦油菊属;Tarbush, Tarwort ●☆
167055 Flourensia cernua DC.;俯垂焦油菊■☆
167056 Flourensia pringlei (A. Gray) S. F. Blake;普林格尔焦油菊■☆
167057 Flox Adans. = Coronaria Guett. ■
167058 Flox Adans. = Lychnis L.(废弃属名)■
167059 Flox Adans. = Silene L.(保留属名)■
167060 Floydia L. Johnson et B. G. Briggs(1975);弗洛山龙眼属●☆
167061 Floydia prealta (F. Muell.) L. Johnson et B. G. Briggs;弗洛山龙眼●☆
167062 Floyeria Neck. = Exacum L. ●■
167063 Fluckigeria Rusby = Columnea L. ●■☆
167064 Fluckigeria Rusby = Kohlerianthus Fritsch ●■☆
167065 Flueckigera Kuntze = Ledenbergia Klotzsch ex Moq. ●☆
167066 Flueggea Rich. = Ophiopogon Ker Gawl.(保留属名)■
167067 Flueggea Willd. (1806);白饭树属(金柑藤属,叶底珠属,一叶萩属);Flueggea, Willdenow Flueggea ●
167068 Flueggea acicularis (Croizat) G. L. Webster;毛白饭树(巴东叶底珠);Hairy Flueggea ●
167069 Flueggea capillipes Pax = Leptopus chinensis (Bunge) Pojark. ●
167070 Flueggea dracaenoides Baker = Ophiopogon dracaenoides (Baker) Hook. f. ■
167071 Flueggea dubia Kunth = Ophiopogon intermedius D. Don ■
167072 Flueggea fagifolia Pax = Margaritaria discoidea (Baill.) G. L. Webster var. fagifolia (Pax) Radcl. -Sm. ●☆
167073 Flueggea flueggeoides G. L. Webster = Flueggea suffruticosa (Pall.) Baill. ●
167074 Flueggea griffithii Baker = Ophiopogon intermedius D. Don ■
167075 Flueggea intermedia Kunth = Ophiopogon intermedius D. Don ■
167076 Flueggea jacquemontiana Kunth = Ophiopogon intermedius D. Don ■
167077 Flueggea japonica (L. f.) Rich. = Ophiopogon japonicus (L. f.) Ker Gawl. ■
167078 Flueggea japonica (L. f.) Rich. var. intermedia (D. Don) Schult. = Ophiopogon intermedius D. Don ■
167079 Flueggea japonica (L. f.) Rich. var. umbraticola (Hance) Baker = Ophiopogon umbraticola Hance ■
167080 Flueggea japonica Rich. = Flueggea suffruticosa (Pall.) Baill. ●
167081 Flueggea japonica Rich. = Ophiopogon japonicus (L. f.) Ker Gawl. ■
167082 Flueggea japonica Rich. var. intermedia Schult. = Ophiopogon intermedius D. Don ■
167083 Flueggea japonica Rich. var. umbraticola Baker = Ophiopogon umbraticola Hance ■
167084 Flueggea leucopyrus Willd.;聚花白饭树;Willdenow Flueggea ●
167085 Flueggea microcarpa Blume = Flueggea virosa (Roxb. ex Willd.) Voigt ●
167086 Flueggea monticola G. L. Webster = Flueggea virosa (Roxb. ex Willd.) Voigt ●
167087 Flueggea neowawraea W. J. Hayden;夏威夷白饭树●☆
167088 Flueggea nitida Pax = Margaritaria discoidea (Baill.) G. L. Webster var. nitida (Pax) Radcl. -Sm. ●☆
167089 Flueggea obovata Wall. ex Fern. -Vill. = Flueggea virosa (Roxb. ex Willd.) Voigt ●
167090 Flueggea senensis Klotzsch = Flueggea virosa (Roxb. ex Willd.) Voigt ●
167091 Flueggea sinensis Baill. = Flueggea virosa (Roxb. ex Willd.) Voigt ●
167092 Flueggea suffruticosa (Pall.) Baill.;一叶萩(白饭树,打子,花扫条,花帚条,假金柑藤,净叶底珠,老米炊,马扫帚牙,密花白饭树,山扫条,山嵩,山帚条条,市葱,小孩拳,小粒蒿,叶底珠,叶下珠);Halfshrub Securinega, Shrubby Flueggea, Shrubby Securinega, Suffrutescent Securinega ●
167093 Flueggea trigonoclada (Ohwi) T. Kuros. = Flueggea suffruticosa (Pall.) Baill. ●
167094 Flueggea ussuriensis Pojark.;乌苏里白饭树;Ussuri Flueggea ●☆
167095 Flueggea verrucosa (Thunb.) G. L. Webster;疣白饭树●☆
167096 Flueggea virosa (Roxb. ex Willd.) Voigt;白饭树(白倍子,白火炭,白米,白泡果,白鱼眼,金柑藤,密花白饭树,密花市葱,密花叶底珠,鹊饭树,台湾瓜打子,羊古叉,薏米蕴,鱼骨菜,鱼眼木);Common Bushweed, Fetid Securinega, Poisonous Flueggea, Stinking Flueggea ●

167097　Flueggea virosa (Roxb.) Voigt = Flueggea virosa (Roxb. ex Willd.) Voigt ●
167098　Flueggea wallichiana Kunth = Ophiopogon intermedius D. Don ■
167099　Flueggeopsis K. Schum. = Kirganelia Juss. ●■
167100　Flueggeopsis K. Schum. = Phyllanthus L. ●■
167101　Flueggeopsis glauca (Wall. ex Hook. f.) A. Das = Phyllanthus glaucus Wall. ex Müll. Arg. ●
167102　Flueggia Benth. et Hook. f. = Flueggea Willd. ●
167103　Flugea Raf. = Ophiopogon Ker Gawl. (保留属名)■
167104　Fluggea Willd. = Flueggea Willd. ●
167105　Fluggea obovata Baill. = Margaritaria discoidea (Baill.) G. L. Webster var. triplosphaera Radcl. -Sm. ●☆
167106　Fluggeopsis K. Schum. = Phyllanthus L. ●■
167107　Fluminea Fr. = Scolochloa Link(保留属名)■
167108　Fluminia Fr. = Scolochloa Link(保留属名)■
167109　Fluminia arundinacea (Roem. et Schult.) Fr. = Scolochloa festucacea (Willd.) Link ■
167110　Fluminia arundinacea Fr. = Scolochloa festucacea Link ■
167111　Fluminia festucacea (Willd.) Hitchc. = Scolochloa festucacea (Willd.) Link ■
167112　Flundula Raf. = Hosackia Douglas ex Benth. ■☆
167113　Flustula Raf. = Vernonia Schreb. (保留属名)●■
167114　Fluvialis Micheli ex Adans. = Caulinia Willd. ■
167115　Fluvialis Micheli ex Adans. = Najas L. ■
167116　Fluvialis Pers. = Caulinia Willd. ■
167117　Fluvialis flexilis (Willd.) Pers. = Najas flexilis (Willd.) Rostk. et Schmidt ■☆
167118　Fluvialls Seguicr = Najas L. ■
167119　Flyriella R. M. King et H. Rob. (1972);疏序肋泽兰属■●☆
167120　Flyriella parryi (A. Gray) R. M. King et H. Rob.;疏序肋泽兰 ■☆
167121　Fobea Frič = Escobaria Britton et Rose ●☆
167122　Fockea Endl. (1839);福克萝藦属(福克属)●☆
167123　Fockea angustifolia K. Schum.;狭叶福克萝藦;Kambroo ●☆
167124　Fockea capensis Endl.;福克萝藦(福克,京舞妓,宇宙船)●☆
167125　Fockea crispa (Jacq.) K. Schum. = Fockea capensis Endl. ●☆
167126　Fockea crispa Jacq. = Fockea capensis Endl. ●☆
167127　Fockea crispa K. Schum. = Fockea capensis Endl. ●☆
167128　Fockea cylindrica R. A. Dyer = Fockea edulis (Thunb.) K. Schum. ●☆
167129　Fockea dammarana Schltr. = Fockea angustifolia K. Schum. ●☆
167130　Fockea edulis (Thunb.) K. Schum.;可食福克萝藦●☆
167131　Fockea glabra Decne. = Fockea edulis (Thunb.) K. Schum. ●☆
167132　Fockea lugardii N. E. Br. = Fockea angustifolia K. Schum. ●☆
167133　Fockea mildbraedii Schltr.;米尔德福克萝藦●☆
167134　Fockea monroi S. Moore;罗得西亚福克萝藦;Water-root ●☆
167135　Fockea multiflora K. Schum.;多花福克萝藦●☆
167136　Fockea schinzii N. E. Br. = Fockea multiflora K. Schum. ●☆
167137　Fockea sessiliflora Schltr. = Fockea angustifolia K. Schum. ●☆
167138　Fockea sinuata (E. Mey.) Druce;深波福克萝藦●☆
167139　Fockea tugelensis N. E. Br. = Fockea angustifolia K. Schum. ●☆
167140　Fockea undulata N. E. Br. = Fockea sinuata (E. Mey.) Druce ●☆
167141　Foeniculum Mill. (1754);茴香属;Fennel ■
167142　Foeniculum azoricum Mill.;矮茴香;Dwarf Fennel ■☆
167143　Foeniculum capense (Thunb.) DC. = Chamarea capensis (Thunb.) Eckl. et Zeyh. ■☆
167144　Foeniculum capillaceum Gilib. = Foeniculum vulgare Mill. ■
167145　Foeniculum commune ?;大茴香;Giant Fennel ■☆
167146　Foeniculum dulce Mill.;甜茴香;Fennel, Finocchio, Florence Fennel, French Fennel, Roman Fennel, Sweet Anise, Sweet Fennel ■☆
167147　Foeniculum foeniculum (L.) H. Karst. = Foeniculum vulgare Mill. ■
167148　Foeniculum foeniculum H. Karst. = Foeniculum vulgare Mill. ■
167149　Foeniculum kraussianum Meisn. = Pimpinella caffra (Eckl. et Zeyh.) D. Dietr. ■☆
167150　Foeniculum officinale All. = Foeniculum vulgare Mill. ■
167151　Foeniculum pannorium (Roxb.) DC. = Foeniculum vulgare Mill. ■
167152　Foeniculum piperitum (Ucria) Sweet;苦茴香■☆
167153　Foeniculum piperitum Cout. = Foeniculum piperitum (Ucria) Sweet ■☆
167154　Foeniculum scoparium Quézel;帚茴香■☆
167155　Foeniculum subinodorum Maire et al. = Foeniculum vulgare Mill. ■
167156　Foeniculum vulgare (L.) Mill.;茴香(草茴香,大茴香,谷茴,谷茴香,谷香,怀香,蘹香,蘹蒈,茴,茴香菜,魂香花,土茴香,香丝菜,香子,小茴,小茴香,小香,药茴香,野茴香);Anisette, Bronze Fennel, Common Fennel, Fenkel Fenckell, Fennel, Fennel Finkle, Fennel-finkle, Finckle, Finkle, Fynel, Love-in-a-hedge, Meeting Seeds, Spignel, Spingel, Sweet Anise, Sweet Fennel ■
167157　Foeniculum vulgare Mill. 'Purpureum';紫叶茴香■☆
167158　Foeniculum vulgare Mill. = Foeniculum vulgare (L.) Mill. ■
167159　Foeniculum vulgare Mill. subsp. capillaceum Gilib. = Foeniculum vulgare Mill. ■
167160　Foeniculum vulgare Mill. subsp. dulce Mill. = Foeniculum vulgare Mill. var. dulce Mill. ■
167161　Foeniculum vulgare Mill. subsp. piperitum (Ucria) Bég. = Foeniculum vulgare Mill. ■
167162　Foeniculum vulgare Mill. subsp. piperitum (Ucria) Cout. = Foeniculum vulgare Mill. ■
167163　Foeniculum vulgare Mill. subsp. subinodorum (Maire et al.) Ibn Tattou = Foeniculum vulgare Mill. ■
167164　Foeniculum vulgare Mill. var. azoricum (Mill.) Thell.;佛罗伦萨茴香;Florence Fennel ■☆
167165　Foeniculum vulgare Mill. var. capillaceum (Gilib.) Burnat = Foeniculum vulgare Mill. ■
167166　Foeniculum vulgare Mill. var. dulce (Mill.) Thell. = Foeniculum dulce Mill. ■☆
167167　Foeniculum vulgare Mill. var. dulce Mill. = Foeniculum vulgare Mill. ■
167168　Foeniculum vulgare Mill. var. inodorum Maire = Foeniculum vulgare Mill. ■
167169　Foeniculum vulgare Mill. var. nigrum ?;黑茴香;Black Fennel ■☆
167170　Foeniculum vulgare Mill. var. piperitum (Ucria) Batt.;意大利茴香;Bitter Fennel, Carosella, Italian Fennel, Sicilian Fennel ■☆
167171　Foeniculum vulgare Mill. var. piperitum (Ucria) Batt. = Foeniculum vulgare Mill. ■
167172　Foeniculum vulgare Mill. var. subinodorum (Maire et al.) Maire = Foeniculum vulgare Mill. ■
167173　Foenodorum E. H. L. Krause = Anthoxanthum L. ■

167174 Foenugraecum Ludw. = Trigonella L. ■

167175 Foenum Fabr. = Trigonella L. ■

167176 Foenum-graecum Hill = Trigonella L. ■

167177 Foenum-graecum Ség. = Foenugraecum Ludw. ■

167178 Foenum-graecum Ség. = Trigonella L. ■

167179 Foersteria Scop. = Breynia J. R. Forst. et G. Forst. (保留属名)●

167180 Foetataxus J. Nelson = Torreya Arn. ●

167181 Foetidia Comm. = Foetidia Comm. ex Lam. ●☆

167182 Foetidia Comm. ex Lam. (1788);藏蕊花属(恶臭树属)●☆

167183 Foetidia africana Verdc.;非洲藏蕊花●☆

167184 Foetidia capuronii Bosser;凯普伦藏蕊花●☆

167185 Foetidia clusioides Baker;山竹藏蕊花(山竹恶臭木)●☆

167186 Foetidia cuneata Bosser;楔形藏蕊花●☆

167187 Foetidia delphinensis Bosser;德尔芬藏蕊花●☆

167188 Foetidia dracaenoides Capuron ex Bosser;龙血树藏蕊花●☆

167189 Foetidia macrocarpa Bosser;大果藏蕊花●☆

167190 Foetidia obliqua Blume;斜生藏蕊花●☆

167191 Foetidia parviflora Capuron ex Bosser = Foetidia pterocarpa Bosser ●☆

167192 Foetidia pterocarpa Bosser;翅果藏蕊花●☆

167193 Foetidia retusa Blume;微凹藏蕊花●☆

167194 Foetidia rubescens Bosser;红藏蕊花●☆

167195 Foetidia sambiranensis Bosser;桑比朗藏蕊花●☆

167196 Foetidia vohemarensis Bosser;武海马尔藏蕊花●☆

167197 Foetidiaceae (Nied.) Airy Shaw;藏蕊花科●☆

167198 Foetidiaceae (Nied.) Airy Shaw = Lecythidaceae A. Rich. (保留科名)●

167199 Foetidiaceae Airy Shaw = Lecythidaceae A. Rich. (保留科名)●

167200 Fokienia A. Henry et H. H. Thomas (1911);福建柏属(建柏属);Fokien Cypress, Fujiancypress, Fukien Cypress, Fukiencypress ●

167201 Fokienia hodginsii (Dunn) A. Henry et H. H. Thomas;福建柏(滇柏,滇福建柏,广柏,建柏);Fokien Cypress, Fujiancypress, Fukien Cypress, Fukiencypress, Po Mu ●◇

167202 Fokienia hodginsii (Dunn) A. Henry et H. H. Thomas var. kawaii (Hayata) Silba = Fokienia hodginsii (Dunn) A. Henry et H. H. Thomas ●◇

167203 Fokienia kawaii Hayata = Fokienia hodginsii (Dunn) A. Henry et H. H. Thomas ●◇

167204 Fokienia maclurei Merr. = Fokienia hodginsii (Dunn) A. Henry et H. H. Thomas ●◇

167205 Foleyola Maire (1925);贫雨芥属■☆

167206 Foleyola billotii Maire;贫雨芥■☆

167207 Folianthera Raf. = Stryphnodendron Mart. ●☆

167208 Folis Dulac = Guepinia Bastard ■☆

167209 Folis Dulac = Teesdalia R. Br. ■☆

167210 Folliculigera Pasq. = Trigonella L. ■

167211 Folomfis Raf. = Miconia Ruiz et Pav. (保留属名)●☆

167212 Folotsia Costantin et Bois = Cynanchum L. ●■

167213 Folotsia Costantin et Bois (1908);肖鹅绒藤属●☆

167214 Folotsia aculeata (Desc.) Desc. = Cynanchum aculeatum (Desc.) Liede et Meve ●☆

167215 Folotsia ambovombense Liede = Cynanchum ambovombense (Liede) Liede et Meve ■☆

167216 Folotsia floribunda Desc. = Cynanchum floriferum Liede et Meve ■☆

167217 Folotsia grandiflora (Jum. et H. Perrier) Jum. et H. Perrier = Cynanchum grandidieri Liede et Meve ●☆

167218 Folotsia humbertii Liede = Cynanchum humbert-capuronii Liede et Meve ■☆

167219 Folotsia madagascariense (Jum. et H. Perrier) Desc. = Cynanchum toliari Liede et Meve ●☆

167220 Folotsia sarcostemmoides Costantin et Bois = Cynanchum grandidieri Liede et Meve ●☆

167221 Fometica Raf. = Heritiera Aiton ●

167222 Fonkia Phil. = Gratiola L. ■

167223 Fonna Adans. = Phlox L. ■

167224 Fontainea Heckel (1870);方坦大戟属☆

167225 Fontainea australis Jessup et Guymer;澳大利亚方坦大戟☆

167226 Fontainea pancheri Heckel;方坦大戟☆

167227 Fontainesia Post et Kuntze = Fontanesia Labill. ●

167228 Fontanella Kluk = Isopyrum L. (保留属名)■

167229 Fontanella Kluk ex Besser = Isopyrum L. (保留属名)■

167230 Fontanesia Labill. (1791);雪柳属;Fontanesia, Snowwillow ●

167231 Fontanesia argyi H. Lév. = Fontanesia phyllyreoides Labill. subsp. fortunei (Carrière) Yalt. ●

167232 Fontanesia chinensis Hance = Fontanesia phyllyreoides Labill. subsp. fortunei (Carrière) Yalt. ●

167233 Fontanesia fortunei Carrière;雪柳(福琼欧女贞雪柳,过街柳);Fortune Fontanesia, Fortune's Fontanesia, Snowwillow ●

167234 Fontanesia fortunei Carrière = Fontanesia phyllyreoides Labill. subsp. fortunei (Carrière) Yalt. ●

167235 Fontanesia phyllyreoides Labill.;西亚雪柳(欧女贞雪柳,雪柳,雪杨);Syrian-privet ●

167236 Fontanesia phyllyreoides Labill. = Fontanesia phyllyreoides Labill. subsp. fortunei (Carrière) Yalt. ●

167237 Fontanesia phyllyreoides Labill. subsp. fortunei (Carrière) Yalt. = Fontanesia fortunei Carrière ●

167238 Fontanesia phyllyreoides Labill. var. sinensis Debeaux = Fontanesia phyllyreoides Labill. subsp. fortunei (Carrière) Yalt. ●

167239 Fontbrunea Pierre = Pouteria Aubl. ●

167240 Fontbrunea Pierre = Sideroxylon L. ●☆

167241 Fontellaea Morillo (1994);玻利维亚萝藦属☆

167242 Fontenella Walp. = Fontenellea A. St-Hll. et Tul. ●☆

167243 Fontenella Walp. = Quillaja Molina ●☆

167244 Fontenellea A. St-Hll. et Tul. = Quillaja Molina ●☆

167245 Fontquera Maire = Perralderia Coss. ●☆

167246 Fontquera paui (Font Quer) Maire = Perralderia paui Font Quer ■☆

167247 Fontqueriella Rothm. = Triguera Cav. (保留属名)■☆

167248 Foquiera Hemsl. = Fouquieria Kunth ●☆

167249 Forasaccus Bubani = Bromus L. (保留属名)■

167250 Forasaccus arvensis (L.) Bubani = Bromus arvensis L. ■

167251 Forasaccus asper (Murray) Bubani = Bromus ramosus Huds. ■

167252 Forasaccus commutatus (Schrad.) Bubani = Bromus racemosus L. ■

167253 Forasaccus erectus (Huds.) Bubani = Bromus erectus Huds. ■

167254 Forasaccus lanceolatus (Roth) Bubani = Bromus lanceolatus Roth ■

167255 Forasaccus marginatus (Nees ex Steud.) Lunell. = Bromus marginatus Nees ex Steud. ■

167256 Forasaccus pauciflorus Thunb. = Bromus remotiflorus (Steud.) Ohwi ■

167257 Forasaccus racemosus (L.) Bubani = Bromus racemosus L. ■

167258 Forasaccus secalinus (L.) Bubani = Bromus secalinus L. ■

167259 Forasaccus squarrosus (L.) Bubani = Bromus squarrosus L. ■
167260 Forbesia Eckl. = Curculigo Gaertn. ■
167261 Forbesia Eckl. ex Nel = Empodium Salisb. ■☆
167262 Forbesia elongata Nel = Empodium elongatum (Nel) B. L. Burtt ■☆
167263 Forbesia flexilis Nel = Empodium flexile (Nel) M. F. Thomps. ex Snijman ■☆
167264 Forbesia flexilis Nel var. barberae (Baker) Nel = Empodium flexile (Nel) M. F. Thomps. ex Snijman ■☆
167265 Forbesia galpinii L. Bolus = Rhodohypoxis rubella (Baker) Nel ■☆
167266 Forbesia gloriosa Nel = Empodium gloriosum (Nel) B. L. Burtt ■☆
167267 Forbesia monophylla Nel = Empodium monophyllum (Nel) B. L. Burtt ■☆
167268 Forbesia namaquensis (Baker) Nel = Empodium namaquensis (Baker) M. F. Thomps. ■☆
167269 Forbesia occidentalis Nel = Saniella occidentalis (Nel) B. L. Burtt ■☆
167270 Forbesia plicata (Thunb.) Nel = Empodium plicatum (Thunb.) Garside ■☆
167271 Forbesia plicata (Thunb.) Nel var. veratrifolia (Willd.) Nel = Empodium veratrifolium (Willd.) M. F. Thomps. ■☆
167272 Forbesina Raf. = Verbesina L.(保留属名)●■☆
167273 Forbesina Ridl. = Eria Lindl.(保留属名)■
167274 Forbicina Ség. = Bidens L. ■●
167275 Forchhammeria Liebm. (1854);海福木属(福希木属);Forchhammeria ●☆
167276 Forchhammeria macrocarpa Standl.;大果海福木●☆
167277 Forchhammeria polyandra (Griseb.) Alain;多蕊海福木;Manystamen Forchhammeria ●☆
167278 Forcipella Baill. (1891);钳爵床属■☆
167279 Forcipella Small = Gibbesia Small ■
167280 Forcipella Small = Paronychia Mill. ■
167281 Forcipella madagascariensis Baill.;钳爵床■☆
167282 Fordia Hemsl. (1886);干花豆属(福地属,福特豆属,福特木属);Fordia ●
167283 Fordia angustifoliola Merr. = Fordia rheophytica (Buijsen) Dasuki et Schot ●☆
167284 Fordia cauliflora Hemsl.;干花豆(福特木,茎花豆,土甘草,虾须草,虾须豆);Common Fordia ●
167285 Fordia leptobotrys (Dunn) Schot et al. = Millettia leptobotrya Dunn ●
167286 Fordia microphylla Dunn ex Z. Wei;小叶干花豆(矮地黄,干花豆,勒勒叶,野扁豆,野京豆);Microleaf Fordia, Small-leaf Fordia, Small-leaved Fordia ●
167287 Fordia microphylla splendissima R. Br.;光亮干花豆●☆
167288 Fordia rheophytica (Buijsen) Dasuki et Schot;马来西亚干花豆●☆
167289 Fordiophyton Stapf(1892);异药花属(肥肉草属);Fatweed, Fordiophyton ●■★
167290 Fordiophyton begoniifolium H. L. Li = Sonerila plagiocardia Diels ■
167291 Fordiophyton brevicaule C. Chen;短茎异药花;Shortstem Fordiophyton ■
167292 Fordiophyton breviscapum (C. Chen) Y. F. Deng et T. L. Wu;短莛无距花;Shortscape Stapfiophyton, Shortstalk Nospurflower ■
167293 Fordiophyton cantonense Stapf = Fordiophyton faberi Stapf ●■
167294 Fordiophyton cantonense Stapf = Fordiophyton fordii (Oliv.) Krasser ●■
167295 Fordiophyton cavaleriei (H. Lév.) Guillaumin = Phyllagathis longiradiosa (C. Chen) C. Chen ●■
167296 Fordiophyton cavaleriei (H. Lév.) Guillaumin var. violacea H. Lév. = Phyllagathis longiradiosa (C. Chen) C. Chen ●■
167297 Fordiophyton cordifolium C. Y. Wu ex C. Chen;心叶异药花;Heartleaf Fordiophyton ■
167298 Fordiophyton degeneratum (C. Chen) Y. F. Deng et T. L. Wu;败蕊无距花(蛇迷草);Degenerate Nospurflower, Degenerate Stapfiophyton ■
167299 Fordiophyton faberi Stapf;异药花(臭骨草,臭冒草,峨眉异药花,伏毛肥肉草,伏毛异药草,伏毛异药花,酸猴儿);Faber Fordiophyton ●■
167300 Fordiophyton fordii (Oliv.) Krasser;肥肉草(百花子,峨眉异药花,福笛木,棱茎木,酸杆,酸酒子,羊刀尖);Ford Fatweed, Ford Fordiophyton ●■
167301 Fordiophyton fordii (Oliv.) Krasser = Fordiophyton faberi Stapf ●■
167302 Fordiophyton fordii (Oliv.) Krasser var. pilosum C. Chen;毛柄肥肉草;Pilose Ford's Fordiophyton ●■
167303 Fordiophyton fordii (Oliv.) Krasser var. pilosum C. Chen = Fordiophyton faberi Stapf ●■
167304 Fordiophyton fordii (Oliv.) Krasser var. vernicinum Hand. -Mazz.;光萼肥肉草;Smooth-calyx Ford's Fordiophyton ●■
167305 Fordiophyton fordii (Oliv.) Krasser var. vernicinum Hand. -Mazz. = Fordiophyton faberi Stapf ●■
167306 Fordiophyton gracile Hand. -Mazz. = Phyllagathis gracilis (Hand. -Mazz.) C. Chen ●■
167307 Fordiophyton gracile Hand. -Mazz. var. longilobum Hand. -Mazz. = Bredia longiloba (Hand. -Mazz.) Diels ●
167308 Fordiophyton longipes Y. C. Huang ex C. Chen;长柄异药花(猪食);Long Stalk Fordiophyton, Longstipe Fordiophyton ■
167309 Fordiophyton longipetiolatum S. Y. Hu = Fordiophyton strictum Diels ●■
167310 Fordiophyton maculatum C. Y. Wu ex Z. Wei et Y. B. Chang;斑叶异药花■
167311 Fordiophyton maculatum C. Y. Wu ex Z. Wei et Y. B. Chang = Fordiophyton faberi Stapf ●■
167312 Fordiophyton multiflorum C. Chen;多花肥肉草;Many Flower Fatweed, Many Flowers Fordiophyton ■
167313 Fordiophyton multiflorum C. Chen = Fordiophyton faberi Stapf ●■
167314 Fordiophyton peperomiifolium (Oliv.) Hansen = Stapfiophyton peperomiifolium (Oliv.) H. L. Li ■
167315 Fordiophyton polystegium Hand. -Mazz. = Fordiophyton strictum Diels ●■
167316 Fordiophyton repens Y. C. Huang ex C. Chen;匍匐异药花;Creeping Fordiophyton ■
167317 Fordiophyton strictum Diels;劲枝异药花;Strict Fordiophyton, Strong Fordiophyton ●■
167318 Fordiophyton tuberculatum Guillaumin = Bredia fordii (Hance) Diels ●
167319 Fordiophyton tuberculatum Guillaumin = Bredia tuberculata (Guillaumin) Diels ●
167320 Fordiophyton tuberculatum Guillaumin = Phyllagathis fordii (Hance) C. Chen ●
167321 Forestiera Poir. (1810)(保留属名);福木犀属●☆

167322 Forestiera acuminata (Michx.) Poir.;北美福木犀;Swamp Privet,Swamp-privet ■☆
167323 Forestiera angustifolia Torr.;狭叶福木犀;Desert Olive, Panalero ■☆
167324 Forestiera pubescens Nutt.;沙地福木犀;Desert Olive, New Mexico Olive,New Mexico Privet ■☆
167325 Forestiera pubescens Nutt. subsp. neomexicana (A. Gray) E. Murray = Forestiera pubescens Nutt. var. neomexicana (A. Gray) E. Murray ■☆
167326 Forestiera pubescens Nutt. var. neomexicana (A. Gray) E. Murray;新墨西哥福木犀;New Mexico Olive ■☆
167327 Forestieraceae Endl. = Oleaceae Hoffmanns. et Link(保留科名)●
167328 Forestieraceae Meisn. = Oleaceae Hoffmanns. et Link(保留科名)●
167329 Forexeta Raf. = Carex L. ■
167330 Forfasadis Raf. = Euphorbia L. ●■
167331 Forfasadis Raf. = Torfasadis Raf. ●■
167332 Forficaria Lindl.(1838);叉兰属■☆
167333 Forficaria graminifolia Lindl. = Disa forficaria Bolus ■☆
167334 Forgerouxa Neck. = Rhamnus L. ●
167335 Forgeruxia Raf. = Forgerouxa Neck. ●
167336 Forgesia Comm. ex Juss.(1789);留尼旺鼠刺属●☆
167337 Forgesia borbonica Pers.;留尼旺鼠刺●☆
167338 Forgetina Boquill. ex Baill. = Sloanea L. ●
167339 Formania W. W. Sm. et J. Small(1922);复芒菊属;Desert Olive,Formania ●■★
167340 Formania mekongensis W. W. Sm. et J. Small;复芒菊;Mekong Formania ●■
167341 Formanodendron Nixon et Crepet = Quercus L. ●
167342 Formanodendron Nixon et Crepet = Trigonobalanus Forman ●
167343 Formanodendron Nixon et Crepet(1989);三棱栎属;Threeangle Oak,Triangle Oak,Triangleoak ●
167344 Formanodendron doichangensis (A. Camus) Nixon et Crepet;三棱栎;Dolichang Triangle Oak, Threeangle Oak, Triangle Oak, Triangleoak ●◇
167345 Formosia Pichon = Anodendron A. DC. ●
167346 Formosia benthamiana (Hemsl.) Pichon = Anodendron benthamianum Hemsl. ●
167347 Fornasinia Bertol. = Millettia Wight et Arn.(保留属名)●■
167348 Fornea Steud. = Andryala L. ■☆
167349 Fornea Steud. = Forneum Adans. ■☆
167350 Fornelia Schott = Monstera Adans.(保留属名)●■
167351 Fornelia Schott = Tornelia Gutierrez ex Schltdl. ●■
167352 Forneum Adans. = Andryala L. ■☆
167353 Fornicaria Raf. = Salmea DC.(保留属名)■☆
167354 Fornicium Cass. = Centaurea L.(保留属名)●■
167355 Forotubaceae Dulac = Ericaceae Juss.(保留科名)●
167356 Forrestia A. Rich. = Amischotolype Hassk. ■
167357 Forrestia Less. et A. Rich. = Amischotolype Hassk. ■
167358 Forrestia Raf. = Ceanothus L. ●☆
167359 Forrestia africana K. Schum. ex C. B. Clarke = Amischotolype tenuis (C. B. Clarke) R. S. Rao ■☆
167360 Forrestia chinensis N. E. Br. = Amischotolype hispida (A. Rich.) D. Y. Hong ■
167361 Forrestia hispida A. Rich. = Amischotolype hispida (A. Rich.) D. Y. Hong ■
167362 Forrestia hispida Less. et A. Rich. = Amischotolype hispida (Less. et A. Rich.) D. Y. Hong ■
167363 Forrestia hookeri Hassk. = Amischotolype hookeri (Hassk.) Hara ■
167364 Forrestia marginata Hassk. = Porandra scandens D. Y. Hong ■
167365 Forrestia preussii K. Schum. = Amischotolype tenuis (C. B. Clarke) R. S. Rao ■☆
167366 Forrestia tenuis (C. B. Clarke) Benth. = Amischotolype tenuis (C. B. Clarke) R. S. Rao ■☆
167367 Forsakhlia Ball = Forsskaolea L. ■☆
167368 Forsellesia Greene = Glossopetalon A. Gray ●☆
167369 Forsgardia Vell. = Combretum Loefl.(保留属名)●
167370 Forshohlea Batsch = Forsskaolea L. ■☆
167371 Forskaelea Scop. = Forsskaolea L. ■☆
167372 Forskahlea Agardh = Forsskaolea L. ■☆
167373 Forskahlea Webb et Berthel. = Forsskaolea L. ■☆
167374 Forskalea Juss. = Forsskaolea L. ■☆
167375 Forskoehlea Rchb. = Forsskaolea L. ■☆
167376 Forskoelea Brongn. = Forsskaolea L. ■☆
167377 Forskohlea L. = Forsskaolea L. ■☆
167378 Forskohlea urticoides Wight = Droguetia iners (Forssk.) Schweinf. subsp. urticoides (Wight) Friis et Wilmot-Dear ■
167379 Forskolea L. = Forsskaolea L. ■☆
167380 Forskolia Wight = Forsskaolea L. ■☆
167381 Forsskaolea L.(1764);福斯麻属(硬毛单蕊麻属)■☆
167382 Forsskaolea angustifolia Retz.;狭叶福斯麻■☆
167383 Forsskaolea candida L. f.;白福斯麻■☆
167384 Forsskaolea candida L. f. var. virescens Wedd. = Forsskaolea candida L. f. ■☆
167385 Forsskaolea cossoniana Webb = Forsskaolea tenacissima L. ■☆
167386 Forsskaolea eenii Rendle = Forsskaolea viridis Ehrenb. ex Webb ■☆
167387 Forsskaolea hereroensis Schinz;赫雷罗福斯麻■☆
167388 Forsskaolea procridifolia Hook. var. microphylla J. A. Schmidt = Forsskaolea procridifolia Webb ■☆
167389 Forsskaolea procridifolia Webb;藤麻叶福斯麻■☆
167390 Forsskaolea procridifolia Webb var. rigida Wedd. = Forsskaolea procridifolia Webb ■☆
167391 Forsskaolea procridifolia Webb var. umbrosa Wedd. = Forsskaolea procridifolia Webb ■☆
167392 Forsskaolea scabra Retz. = Forsskaolea candida L. f. ■☆
167393 Forsskaolea tenacissima L.;福斯麻■☆
167394 Forsskaolea tenacissima L. var. cossoniana (Webb) Batt. = Forsskaolea tenacissima L. ■☆
167395 Forsskaolea tenacissima L. var. erythraea A. Terracc. = Forsskaolea tenacissima L. ■☆
167396 Forsskaolea urticoides Wight = Droguetia iners (Forssk.) Schweinf. subsp. urticoides (Wight) Friis et Wilmot-Dear ■
167397 Forsskaolea viridis Ehrenb. ex Webb;绿花福斯麻■☆
167398 Forstera L. f.(1780);长梗花柱草属(福斯特拉属)■☆
167399 Forstera Post et Kuntze = Breynia J. R. Forst. et G. Forst.(保留属名)●
167400 Forstera Post et Kuntze = Foersteria Scop. ●
167401 Forstera sedifolia L. f.;景天长梗花柱草(景天福斯特拉)■☆
167402 Forsteria Neck. = Forstera L. f. ■☆
167403 Forsteria Steud. = Breynia J. R. Forst. et G. Forst.(保留属名)●
167404 Forsteria Steud. = Foersteria Scop. ●

167405 Forsteronia G. Mey. (1818);弗尔夹竹桃属;Forsteronia ●☆
167406 Forsteronia acutifolia Müll. Arg.;尖叶弗尔夹竹桃●☆
167407 Forsteronia affinis Müll. Arg.;近缘弗尔夹竹桃●☆
167408 Forsteronia amazonica Monach.;亚马孙弗尔夹竹桃●☆
167409 Forsteronia australis Müll. Arg.;澳洲弗尔夹竹桃●☆
167410 Forsteronia brevifolia Markgr.;短叶弗尔夹竹桃●☆
167411 Forsteronia cordata (Müll. Arg.) Woodson;心形弗尔夹竹桃●☆
167412 Forsteronia difformis (Walter) A. DC.;异形弗尔夹竹桃●☆
167413 Forsteronia foliosa Rusby;多叶弗尔夹竹桃●☆
167414 Forsteronia glabrescens Müll. Arg.;渐光弗尔夹竹桃●☆
167415 Forsteronia gracilis Müll. Arg.;细弗尔夹竹桃●☆
167416 Forsteronia laurifolia A. DC.;桂叶弗尔夹竹桃●☆
167417 Forsteronia lucida Markgr.;亮弗尔夹竹桃●☆
167418 Forsteronia microphylla (Müll. Arg.) Hand.-Mazz.;小叶弗尔夹竹桃●☆
167419 Forsteronia minutiflora Müll. Arg.;小花弗尔夹竹桃●☆
167420 Forsteronia mollis Rusby;柔软弗尔夹竹桃●☆
167421 Forsteronia montana Müll. Arg.;山地弗尔夹竹桃●☆
167422 Forsteronia multinervia A. DC.;多脉弗尔夹竹桃●☆
167423 Forsteronia ovalifolia Miers;卵叶弗尔夹竹桃●☆
167424 Forsteronia pilosa Müll. Arg.;毛弗尔夹竹桃●☆
167425 Forsteronia pycnothyrsus K. Schum. ex Woodson;密穗弗尔夹竹桃●☆
167426 Forsteropsis Sond. = Stylidium Sw. ex Willd.(保留属名)■
167427 Forsythia Vahl(1804)(保留属名);连翘属(金钟花属);Forsythia, Golden Bell, Golden-bells ●
167428 Forsythia Walter(废弃属名) = Decumaria L. ●
167429 Forsythia Walter(废弃属名) = Forsythia Vahl(保留属名)●
167430 Forsythia europaea Degen et Bald.;欧洲连翘(欧连翘);Europe Forsythia, European Forsythia, European Golden Ball ●☆
167431 Forsythia fortunei Lindl. = Forsythia suspensa (Thunb.) Vahl ●
167432 Forsythia fortunei Rehder;福氏连翘;Fortune Forsythia ●☆
167433 Forsythia giraldiana Lingelsh.;秦岭连翘(秦连翘);Girald Forsythia ●
167434 Forsythia giraldii Pamp. = Forsythia giraldiana Lingelsh. ●
167435 Forsythia intermedia Zabel;杂种连翘(间型连翘);Border Forsythia, Forsythia, Showy Forsythia ●☆
167436 Forsythia intermedia Zabel 'Arnold Giant';阿诺德巨人间型连翘●☆
167437 Forsythia intermedia Zabel 'Beatrix Farrand';法兰德间型连翘●☆
167438 Forsythia intermedia Zabel 'Goldleaf';金叶杂种连翘;Gold-leaved Forsythia ●☆
167439 Forsythia intermedia Zabel 'Karl Sax';卡尔·萨克斯间型连翘●☆
167440 Forsythia intermedia Zabel 'Lynwood';林伍德间型连翘●☆
167441 Forsythia intermedia Zabel 'Minigold';微金间型连翘;Forsythia ●☆
167442 Forsythia intermedia Zabel 'Spectabilis';亮丽间型连翘●☆
167443 Forsythia intermedia Zabel 'Spring Glory';春荣间型连翘●☆
167444 Forsythia japonica Makino;日本连翘;Japanese Forsythia ●☆
167445 Forsythia japonica Makino f. ovata Markgr. = Forsythia ovata Nakai ●
167446 Forsythia japonica Makino var. saxatilis Nakai;岩连翘●☆
167447 Forsythia japonica Makino var. subintegra H. Hara = Forsythia togashii H. Hara ●☆
167448 Forsythia koreana (Rehder) Nakai = Forsythia viridissima Lindl. var. koreana Rehder ●☆
167449 Forsythia likiangensis Ching et K. M. Feng ex P. Y. Bai;丽江连翘;Lijiang Forsythia ●
167450 Forsythia mandschurica Uyeki;东北连翘;Manchurian Forsythia, NE. China Forsythia ●
167451 Forsythia mira M. C. Chang;奇异连翘;Bizarre Forsythia, Quaint Forsythia, Wonderful Forsythia ●
167452 Forsythia ovata Nakai;卵叶连翘;Early Forsythia, Korean Forsythia, Ovateleaf Forsythia, Ovate-leaved Forsythia ●
167453 Forsythia ovata Nakai 'Tetragold';四锭金卵叶连翘(四瓣金卵叶连翘)●☆
167454 Forsythia saxatilis Nakai = Forsythia japonica Makino var. saxatilis Nakai ●☆
167455 Forsythia sieboldii Dippel = Forsythia suspensa (Thunb.) Vahl ●
167456 Forsythia suspensa (Thunb.) Vahl;连翘(大翘,大翘子,旱连草,旱连子,旱莲子,黄花瓣,黄花杆,黄花链条,黄花条,黄连翘,黄链条花,黄翘,黄苕,黄寿丹,黄绶丹,空壳,兰华,老翘,连,连草,连壳,连乔,连轺,连异,连异翘,落翘,青翘,三廉,寿丹,悬垂丁香,异翘,折根,轵,竹根);Golden-bell, Goldenbells, Weeping Forsythia ●
167457 Forsythia suspensa (Thunb.) Vahl 'Aurea';金叶钟●☆
167458 Forsythia suspensa (Thunb.) Vahl 'Decipiens';深黄钟●☆
167459 Forsythia suspensa (Thunb.) Vahl 'Nana';矮生钟●☆
167460 Forsythia suspensa (Thunb.) Vahl f. pubescens Rehder;毛连翘;Pubescent Forsythia ●
167461 Forsythia suspensa (Thunb.) Vahl f. pubescens Rehder = Forsythia suspensa (Thunb.) Vahl ●
167462 Forsythia suspensa (Thunb.) Vahl var. angustifolia Jien = Forsythia suspensa (Thunb.) Vahl ●
167463 Forsythia suspensa (Thunb.) Vahl var. auratofolia F. Y. Wang et al.;金叶连翘;Golden-leaved Weeping Forsythia ●
167464 Forsythia suspensa (Thunb.) Vahl var. fortunei (Lindl.) Rehder = Forsythia suspensa (Thunb.) Vahl ●
167465 Forsythia suspensa (Thunb.) Vahl var. fortunei (Lindl.) Rehder f. typica Koehne = Forsythia suspensa (Thunb.) Vahl ●
167466 Forsythia suspensa (Thunb.) Vahl var. latifolia Rehder = Forsythia suspensa (Thunb.) Vahl ●
167467 Forsythia suspensa (Thunb.) Vahl var. pubescens (Rehder) Lingelsh. = Forsythia suspensa (Thunb.) Vahl ●
167468 Forsythia suspensa (Thunb.) Vahl var. sieboldii Zabel;西氏连翘(席氏连翘);Weeping Forsythia ●☆
167469 Forsythia suspensa (Thunb.) Vahl var. sieboldii Zabel = Forsythia suspensa (Thunb.) Vahl ●
167470 Forsythia togashii H. Hara;小豆岛连翘●☆
167471 Forsythia viridissima Lindl.;金钟花(金铃花,金梅花,金钟连翘,迎春柳,迎春条);Golden Bells, Goldenbell Forsythia, Green Stem Forsythia, Greenstem Forsythia, Green-stem Forsythia, Green-stemmed Forsythia ●
167472 Forsythia viridissima Lindl. 'Bronxensis';布劳森金钟花;Bronx Forsythia ●☆
167473 Forsythia viridissima Lindl. var. koreana Rehder;朝鲜连翘(朝鲜金钟花,韩连翘,金钟连翘);Korean Forsythia ●☆
167474 Forsythia viridissima Lindl. var. koreana Rehder 'Kumson';卡姆森朝鲜连翘;Kumson Forsythia ●☆
167475 Forsythiopsis Baker = Oplonia Raf. ●☆
167476 Forsythiopsis australis Scott-Elliot = Oplonia vincoides (Lam.)

Stearn ●☆

167477 Forsythiopsis baronii Baker = Oplonia vincoides (Lam.) Stearn ●☆

167478 Forsythiopsis linifolia Benoist = Oplonia linifolia (Benoist) Stearn ●☆

167479 Forsythiopsis minor Benoist = Oplonia minor (Benoist) Stearn ●☆

167480 Forsythiopsis vincoides (Lam.) Benoist = Oplonia minor (Benoist) Stearn ●☆

167481 Forsythmajoria Kraenzl. ex Schltr. = Cynorkis Thouars ■☆

167482 Fortunaea Lindl. = Platycarya Siebold et Zucc. ●

167483 Fortunaea chinensis Lindl. = Platycarya strobilacea Siebold et Zucc. ●

167484 Fortunatia J. F. Macbr. = Oziroe Raf. ■☆

167485 Fortunea Poit. = Fortunaea Lindl. ●

167486 Fortunea Poit. = Platycarya Siebold et Zucc. ●

167487 Fortunearia Rehder et E. H. Wilson (1913);牛鼻栓属;Fortunearia ●★

167488 Fortunearia sinensis Rehder et E. H. Wilson;牛鼻栓(连合子,木里仙,牛皮栓);China Fortunearia,Chinese Fortunearia ●

167489 Fortunella Swingle(1915);金柑属(金橘属);Kumquat ●

167490 Fortunella bawangica C. C. Huang;霸王金橘;Bawang Kumquat ●

167491 Fortunella chintou (Swingle) C. C. Huang = Citrus japonica Thunb. ●

167492 Fortunella chintou (Swingle) C. C. Huang = Fortunella hindsii (Champ. ex Benth.) Swingle var. chintou Swingle ●

167493 Fortunella crassifolia Swingle;宁波金柑(长安金柑,厚叶金橘,金弹,金柑,金橘,明和金柑);Large Round Kumqat,Meiwa Kumquat,Neiha Kinkan,Thickleaf Kumquat ●

167494 Fortunella crassifolia Swingle = Citrus japonica Thunb. ●

167495 Fortunella crassifolia Swingle = Fortunella japonica (Thunb.) Swingle ●

167496 Fortunella crassifolia Swingle var. marginata Lour. = Fortunella japonica (Thunb.) Swingle ●

167497 Fortunella erythrocarpa Hayata = Glycosmis parviflora (Sims) Little ●

167498 Fortunella hainanensis C. C. Huang;长叶山橘;Hainan Kumquat ●

167499 Fortunella hindsii (Champ. ex Benth.) Swingle;山橘(豆金柑,金豆,金豆橘,金橘,山柑,山金柑,山金柑橘,山金橘,山橘子,香港金柑,羊矢橘);Golden-bean Kumquat,Hinds Kumquat,Hongkong Kumquat,Hongkong Wild Kumquat,Hongkong Willd Kumquat,Kinzu,Tachibana ●

167500 Fortunella hindsii (Champ. ex Benth.) Swingle = Citrus japonica Thunb. ●

167501 Fortunella hindsii (Champ. ex Benth.) Swingle var. chintou Swingle = Citrus japonica Thunb. ●

167502 Fortunella hindsii (Champ. ex Benth.) Swingle var. chintou Swingle = Fortunella venosa (Champ. ex Benth.) C. C. Huang ●

167503 Fortunella japonica (Thunb.) Swingle;金柑(金橘,金相,金枣,罗浮,罗纹,日本金橘,山橘,圆果金柑,圆金柑,圆金橘);Chinese Orange,Cumquat,Japan Kumquat,Japanese Kumquat,Kumquat,Marumi Kumquat,Round Kumquat ●

167504 Fortunella japonica (Thunb.) Swingle = Citrus japonica Thunb. ●

167505 Fortunella japonica (Thunb.) Swingle var. margarita (Lour.) Makino = Citrus margarita Lour. ●

167506 Fortunella margarita (Lour.) Swingle;金橘(长果金柑,长金柑,长实金柑,长寿金橘,给客橙,公孙橘,鸡橘子,金橙,金弹,金弹橘,金豆,金豆橘,金柑,金枣,卢橘,罗浮,牛奶柑,牛奶金柑,牛奶橘,山金橘,山橘,山橘子,寿星柑,枣橘);Kumquat,Nagami Kumquat,Oblong Kumquat,Olive-shaped Kumquat,Oval Kumquat ●

167507 Fortunella margarita (Lour.) Swingle = Citrus japonica Thunb. ●

167508 Fortunella margarita (Lour.) Swingle = Citrus margarita Lour. ●

167509 Fortunella marginata (Lour.) Swingle;长果金柑●

167510 Fortunella marginata (Lour.) Swingle = Fortunella japonica (Thunb.) Swingle ●

167511 Fortunella obovata Tanaka;月月橘(长寿金柑,长寿橘,福州金柑,寿橘,寿星橘,四季金柑);Changshou Kumquat,Choju Kinkan,Fukushu Kumquat,Obovate Kumquat ●

167512 Fortunella obovata Tanaka = Citrus japonica Thunb. ●

167513 Fortunella polyandra (Ridl.) Tanaka;长叶金橘(长叶金柑,马来亚金柑);Longleaf Kumquat,Malay Kumquat,Malayan Kumquat,Swingle's Kumquat ●☆

167514 Fortunella sagittifolia K. M. Feng et P. Y. Mao = Citrus hystrix DC. ●

167515 Fortunella swinglei Tanaka;长叶金柑;Swingle's Kumquat ●☆

167516 Fortunella venosa (Champ. ex Benth.) C. C. Huang;金豆(山金豆,山金橘,山橘,香港金橘);Golden Bean Kumquat,Goldenbean Kumquat,Golden-bean Kumquat,Hongkong Kumquat,Venose Kumquat ●

167517 Fortunella venosa (Champ. ex Benth.) C. C. Huang = Citrus japonica Thunb. ●

167518 Fortuynia Shuttlew. ex Boiss. (1841);曲序芥属■☆

167519 Fortuynia aucheri Shuttlew. var. bungei (Boiss.) Parsa = Fortuynia bungei Boiss. ■☆

167520 Fortuynia bungei Boiss.;曲序芥■☆

167521 Forysthia Franch. et Sav. = Forsythia Vahl(保留属名)●

167522 Fosbergia Tirveng. et Sastre(1997);大果茜属●

167523 Fosbergia petelotii Merr. ex Tirveng. et Sastre;中越大果茜●

167524 Fosbergia shweliensis (J. Anthony) Tirveng. et Sastre;瑞丽茜●

167525 Fosbergia thailandica Tirveng. et Sastre;泰国大果茜●

167526 Foscarenia Vell. ex Vand. = Randia L. ●

167527 Fosselinia Scop. = Clypeola L. ■☆

167528 Fosterella Airy Shaw = Fosterella L. B. Sm. ■☆

167529 Fosterella L. B. Sm. (1960);福氏凤梨属(伏氏凤梨属)■☆

167530 Fosterella micrantha (Lindl.) L. B. Sm.;小花福氏凤梨■☆

167531 Fosterella penduliflora (C. H. Wright) L. B. Sm.;垂花福氏凤梨(垂花凤梨,龙舌菠萝)■☆

167532 Fosteria Molseed(1968);福斯特鸢尾属■☆

167533 Fosteria oaxacana Molseed;福斯特鸢尾■☆

167534 Foterghillia Dumort. = Fothergilla Murray ●☆

167535 Fothergilla Aubl. = Leonicenia Scop. (废弃属名)●☆

167536 Fothergilla Aubl. = Miconia Ruiz et Pav. (保留属名)●☆

167537 Fothergilla L. (1774);北美瓶刷树属(弗吉特属,福瑟吉拉木属);Dwarf Alder,Fothergilla,Witch-alder ●☆

167538 Fothergilla Murray = Fothergilla L. ●☆

167539 Fothergilla carolina (L.) Britton = Fothergilla gardenii L. ●☆

167540 Fothergilla gardenii L.;桤叶北美瓶刷树(矮福瑟吉拉木);Dwarf Fothergilla,Dwarf Witch Alder,Witch Alder ●☆

167541 Fothergilla major Lodd.;大北美瓶刷树(大叶福瑟吉拉木,高山福瑟吉拉木);Large Fothergilla,Tall Fothergilla ●☆

167542 Fothergilla monticola Ashe = Fothergilla major Lodd. ●☆

167543 Fothergilla parvifolia Kearney;小叶北美瓶刷树(小叶福瑟吉拉木)●☆

167544 Fothergilla parvifolia Kearney = Fothergilla gardenii L. ●☆
167545 Fothergillaceae Link = Hamamelidaceae R. Br.(保留科名)●
167546 Fothergillaceae Nutt. = Hamamelidaceae R. Br.(保留科名)●
167547 Fougeria Moench = Baltimora L.(保留属名)■☆
167548 Fougerouxia Cass. = Baltimora L.(保留属名)■☆
167549 Fougerouxia Cass. = Fougeria Moench ■☆
167550 Fouha Pomel = Colchicum L. ■
167551 Fouha bulbocodioides Pomel = Colchicum triphyllum Kuntze ■☆
167552 Fouilloya Benth. et Hook. f. = Foullioya Gaudich. ●■
167553 Fouilloya Benth. et Hook. f. = Pandanus Parkinson ex Du Roi ●■
167554 Foullioya Gaudich. = Pandanus Parkinson ex Du Roi ●■
167555 Fouquiera Spreng. = Fouquieria Kunth ●☆
167556 Fouquieria Kunth(1823);刺树属(奥寇梯罗属,澳可第罗属,福桂花属,福凯瑞属);Ocotillo,Condlewood ●☆
167557 Fouquieria columnaris Kellogg ex Curran;筒刺树;Boojum Tree,Boojum-tree,Cirio,Tree Ocotillo ●☆
167558 Fouquieria digueti (Tiegh.) I. M. Johnst.;大刺树(大奥寇梯罗);Adam's Tree,Palo Adan,Tall Ocotillo ●☆
167559 Fouquieria fasciculata Nash;白刺树;White Ocotillo ●☆
167560 Fouquieria macdougalii Nash;墨西哥刺树;Mexican Tree Ocotillo ●☆
167561 Fouquieria peninsularis Nash;半岛刺树;Baja Ocotillo ●☆
167562 Fouquieria splendens Engelm.;华来刺树(奥寇梯罗);Candlewood,Coach-whip,Jacob's Staff,Ocotillo,Vine Cactus ●☆
167563 Fouquieriaceae DC.(1828)(保留科名);刺树科(澳可第罗科,否筷科,福桂花科)●☆
167564 Fourероea Haw. = Fourеroya Spreng. ■☆
167565 Fourероea Haw. = Furcraea Vent. ■☆
167566 Fourеroya Spreng. = Furcraea Vent. ■☆
167567 Fourneaua Pierre ex Pax et K. Hoffm. = Grossera Pax☆
167568 Fourneaua Pierre ex Prain = Grossera Pax☆
167569 Fourniera Scribn. = Soderstromia C. V. Morton ■☆
167570 Fournieria Tiegh. = Cespedesia Goudot ●☆
167571 Fourraea Gand. = Potentilla L. ■●
167572 Fourraea Greuter et Burdet = Arabis L. ●■
167573 Foveolaria (DC.) Meisn. = Sloanea L. ●
167574 Foveolaria Meisn. = Sloanea L. ●
167575 Foveolaria Ruiz et Pav. = Styrax L. ●
167576 Foveolaria oblonga Ruiz et Pav. = Styrax oblongus (Ruiz et Pav.) A. DC. ●☆
167577 Foveolina Kallersjo(1988);微肋菊属■☆
167578 Foveolina albida (DC.) Källersjö = Foveolina dichotoma (DC.) Källersjö ■☆
167579 Foveolina albidiformis (Thell.) Källersjö;澳非微肋菊■☆
167580 Foveolina dichotoma (DC.) Källersjö;二歧微肋菊■☆
167581 Foveolina schinziana (Thell.) Källersjö;欣兹微肋菊■☆
167582 Foveolina tenella (DC.) Källersjö;柔弱微肋菊■☆
167583 Foxia Parl. = Borboya Raf. ■☆
167584 Foxia Parl. = Hyacinthus L. ■☆
167585 Fracastora Adans. = ? Teucrium L. ●■
167586 Fractiunguis Schltr. = Reichenbachanthus Barb. Rodr. ■☆
167587 Fradinia Pomel = Mecomischus Coss. ex Benth. et Hook. f. ■☆
167588 Fradinia geslinii (Coss.) Pomel = Mecomischus halimifolius (Munby) Hochr. ■☆
167589 Fradinia halimifolia (Munby) Batt. = Mecomischus halimifolius (Munby) Hochr. ■☆
167590 Fradinia pedunculata Pomel = Mecomischus pedunculatus (Coss. et Durieu) Oberpr. et Greuter ■☆
167591 Fraga Lapeyr. = Potentilla L. ■●
167592 Fragaria L.(1753);草莓属;Strawberry ■
167593 Fragaria 'Pink Panda';绯提琴草莓;Pink Panda,Strawberry ■☆
167594 Fragaria americana (Porter) Britton;北美草莓;American Strawberry ■☆
167595 Fragaria americana (Porter) Britton = Fragaria vesca L. ■
167596 Fragaria americana (Porter) Britton = Fragaria vesca L. subsp. americana (Porter) Staudt ■☆
167597 Fragaria ananassa (Weston) Duchesne;草莓(大果草莓,凤梨草莓);Common Strawberry,Garden Strawberry,Pine Strawberry,Strawberry ■
167598 Fragaria ananassa Duchesne = Fragaria ananassa (Weston) Duchesne ■
167599 Fragaria australis (Rydb.) Rydb. = Fragaria virginiana Duchesne ■☆
167600 Fragaria bucharica Losinsk.;布哈尔草莓■☆
167601 Fragaria californica Cham. et Schltdl.;加州草莓;Wood Strawberry ■☆
167602 Fragaria campestris Stev.;田野草莓■☆
167603 Fragaria canadensis Michx. = Fragaria virginiana Duchesne ■☆
167604 Fragaria chilensis Duch.;海滩草莓;Beach Strawberry,Chile Strawberry,Chilean Strawberry,Chili Strawbwrry ■☆
167605 Fragaria chilensis Duch. subsp. lucida (E. Vilm. ex J. Gay) Staudt;亮草莓;Beach Strawberry ■☆
167606 Fragaria chilensis Duch. var. ananassa (Duch.) Bailey = Fragaria ananassa Duchesne ■
167607 Fragaria chiloensis (L.) Mill. var. ananassa Weston = Fragaria ananassa (Weston) Duch. ■
167608 Fragaria chinensis Losinsk. = Fragaria vesca L. ■
167609 Fragaria chrysantha Zoll. et Moritzi = Duchesnea chrysantha (Zoll. et Moritzi) Miq. ■
167610 Fragaria collina Maxim.;松草莓;Hill Strawberry,Pine Strawberry,Pine-strawberry ■☆
167611 Fragaria concolor Kitag. = Fragaria vesca L. ■
167612 Fragaria corymbosa Losinsk. = Fragaria orientalis Losinsk. ■
167613 Fragaria deltoniana J. Gay;裂叶草莓(裂萼草莓);Dividedcalyx Strawberry,Schizocalyx Strawberry ■
167614 Fragaria elatior Ehrh.;高草莓(草莓);Hautbois Strawberry ■
167615 Fragaria filipendula Hemsl. = Potentilla reptans L. var. sericophylla Franch. ■
167616 Fragaria glauca (S. Watson) Rydb. = Fragaria virginiana Duchesne ■☆
167617 Fragaria gracilis Losinsk.;纤细草莓(细梗草莓,细弱草莓);Slender Strawberry ■
167618 Fragaria grandiflora Ehrh. = Fragaria ananassa Duchesne ■
167619 Fragaria grayana E. Vilm. ex J. Gay = Fragaria virginiana Duchesne ■☆
167620 Fragaria hayatae Makino;台湾草莓;Hayata Strawberry ■
167621 Fragaria hayatae Makino = Fragaria nilgerrensis Schltdl. ex J. Gay ■
167622 Fragaria iinumae Makino;饭沼草莓■☆
167623 Fragaria illinoensis W. R. Prince = Fragaria virginiana Duchesne ■☆
167624 Fragaria indica Andréws = Duchesnea indica (Andréws) Focke ●■

167625 Fragaria indica Andréws var. wallichii Franch. et Sav. = Duchesnea chrysantha (Zoll. et Moritzi) Miq. ■
167626 Fragaria mairei H. Lév. = Fragaria nilgerrensis Schltdl. ex J. Gay var. mairei (H. Lév.) Hand. -Mazz. ■
167627 Fragaria moschata Duch.;麝香草莓;Capron Strawberry, Hautbois Strawberry, Hautboy, Hautboy Strawberry, Musk Strawberry ■
167628 Fragaria moschata Duch. = Fragaria elatior Ehrh. ■
167629 Fragaria moupinensis (Franch.) Cardot;西南草莓(白泡);Paohsing Strawberry, SW. China Strawberry ■
167630 Fragaria multicipita Fernald = Fragaria virginiana Duchesne ■☆
167631 Fragaria muricata L.;粗糙草莓;Hautbois, Hautbois Strawberry, Hautboy ■☆
167632 Fragaria nilgerrensis Schltdl. ex J. Gay;黄毛草莓(白藨,白草莓,白泡儿,白蒲草,草莓,黄花草莓,三匹风,锈毛草莓,野杨梅);Yellowhairy Strawberry ■
167633 Fragaria nilgerrensis Schltdl. ex J. Gay subsp. hayatae (Makino) Staudt = Fragaria nilgerrensis Schltdl. ex J. Gay ■
167634 Fragaria nilgerrensis Schltdl. ex J. Gay var. mairei (H. Lév.) Hand. -Mazz.;粉叶黄毛草莓(白脬,粉叶黄花);Maire Strawberry ■
167635 Fragaria nipponica Makino;日本草莓;Japanese Strawberry ■☆
167636 Fragaria nipponica Makino f. rosea Honda;粉日本草莓■☆
167637 Fragaria nipponica Makino f. xanthocephala Makino;黄日本草莓■☆
167638 Fragaria nipponica Makino var. yakusimensis (Masam.) Masam. = Fragaria nipponica Makino ■☆
167639 Fragaria nipponica Makino var. yezoensis (H. Hara) Kitam. = Fragaria nipponica Makino ■☆
167640 Fragaria nubicola (Hook. f.) Lindl. ex Lacaita;西藏草莓;Tibet Strawberry, Xizang Strawberry ■
167641 Fragaria orientalis Losinsk.;东方草莓(地瓢,高丽果,结根草莓,莓子,野草莓);Oriental Strawberry ■
167642 Fragaria orientalis Losinsk. var. concolor (Kitag.) Liou et C. Y. Li;绿叶东方草莓■
167643 Fragaria ovalis (Lehm.) Rydb. = Fragaria virginiana Duchesne ■☆
167644 Fragaria palustris (L.) Crantz = Comarum palustre L. ●■
167645 Fragaria pentaphylla Losinsk.;五叶草莓(泡儿,栽秧泡);Fiveleaflet Strawberry ■
167646 Fragaria platypetala Rydb. = Fragaria virginiana Duchesne ■☆
167647 Fragaria platypetala Rydb. var. sibbaldifolia (Rydb.) Jeps. = Fragaria virginiana Duchesne ■☆
167648 Fragaria sibbaldifolia Rydb. = Fragaria virginiana Duchesne ■☆
167649 Fragaria sikkimensis Kurz = Fragaria deltoniana J. Gay ■
167650 Fragaria suksdorfii Rydb. = Fragaria virginiana Duchesne ■☆
167651 Fragaria truncata Rydb. = Fragaria virginiana Duchesne ■☆
167652 Fragaria uniflora Losinsk. = Fragaria orientalis Losinsk. ■
167653 Fragaria vesca L.;野草莓(草莓,地抛子,地瓢儿,绿草莓,欧洲草莓,柔软草莓,森林草莓,蛇果,蛇枕头,直打酒曾);Alpine Strawberry, California Strawberry, Europe Strawberry, European Strawberry, Everbearing Strawberry, Freiser, Thin-leaved Wild Strawberry, Wild Strawberry, Wood Strawberry, Woodland Strawberry ■
167654 Fragaria vesca L. f. alba (Duchesne) Staudt;白野草莓■☆
167655 Fragaria vesca L. f. alba (Ehrh.) Rydb. = Fragaria vesca L. ■
167656 Fragaria vesca L. f. rosea Rostr. = Fragaria vesca L. ■
167657 Fragaria vesca L. f. semperflorens Jamin;高山野草莓;Alpine Strawberry ■☆
167658 Fragaria vesca L. subsp. americana (Porter) Staudt;美洲野草莓;Hillside Strawberry, Sow-teat Strawberry, Thin-leaved Wild Strawberry, Woodland Strawberry ■☆
167659 Fragaria vesca L. var. alba (Ehrh.) Rydb. = Fragaria vesca L. ■
167660 Fragaria vesca L. var. americana Porter = Fragaria vesca L. subsp. americana (Porter) Staudt ■☆
167661 Fragaria vesca L. var. nubicola Hook. f. = Fragaria nubicola (Hook. f.) Lindl. ex Lacaita ■
167662 Fragaria vesca L. var. sativa L. = Fragaria ananassa (Weston) Duch. ■
167663 Fragaria virginiana Duchesne;弗州草莓(美国草莓);Common Strawberry, Scarlet Strawberry, Thick-leaved Wild Strawberry, Virginia Strawberry, Virginian Strawberry, Wild Strawberry ■☆
167664 Fragaria virginiana Duchesne f. maliflora Haynie = Fragaria virginiana Duchesne ■☆
167665 Fragaria virginiana Duchesne subsp. glauca (S. Watson) Staudt = Fragaria virginiana Duchesne ■☆
167666 Fragaria virginiana Duchesne subsp. grayana (E. Vilm. ex J. Gay) Staudt = Fragaria virginiana Duchesne ■☆
167667 Fragaria virginiana Duchesne subsp. platypetala (Rydb.) Staudt = Fragaria virginiana Duchesne ■☆
167668 Fragaria virginiana Duchesne var. australis Rydb. = Fragaria virginiana Duchesne ■☆
167669 Fragaria virginiana Duchesne var. canadensis (Michx.) Farw. = Fragaria virginiana Duchesne ■☆
167670 Fragaria virginiana Duchesne var. illinoensis (W. R. Prince) A. Gray = Fragaria virginiana Duchesne ■☆
167671 Fragaria virginiana Duchesne var. ovalis (Lehm.) R. J. Davis = Fragaria virginiana Duchesne ■☆
167672 Fragaria virginiana Duchesne var. platypetala (Rydb.) Hall = Fragaria virginiana Duchesne ■☆
167673 Fragaria virginiana Mill. = Fragaria virginiana Duchesne ■☆
167674 Fragaria viridis Duch.;绿草莓;Breslinge Strawberry, Green Strawberry ■
167675 Fragaria yezoensis H. Hara = Fragaria nipponica Makino ■☆
167676 Fragariaceae Nestl. = Fragariaceae Rich. ex Nestl. ■
167677 Fragariaceae Rich. ex Nestl.;草莓科■
167678 Fragariaceae Rich. ex Nestl. = Rosaceae Juss.(保留科名)●■
167679 Fragariastrum (Ser. ex DC.) Schur = Potentilla L. ■●
167680 Fragariastrum Fabr. = Potentilla L. ■●
167681 Fragariastrum Heist. = Potentilla L. ■●
167682 Fragariastrum Heist. ex Fabr. = Potentilla L. ■●
167683 Fragariopsis A. St. -Hil. = Plukenetia L. ●☆
167684 Frageria Delile ex Steud. = Leuceria Lag. ■☆
167685 Fragmosa Raf. = Erigeron L. ■●
167686 Fragosa Ruiz et Pav. = Azorella Lam. ■☆
167687 Fragrangis Thouars = Angraecum Bory ■
167688 Fragrangis Thouars = Jumellea Schltr. ■☆
167689 Frailea Britton et Rose(1922);初姬球属(士童属);Frailea ●
167690 Frailea asterioides Werderm.;士童;South American Frailea ■
167691 Frailea castanea Backeb.;姬毛玉(姬球栗玉)■
167692 Frailea cataphracta Britton et Rose;天惠球(天惠丸)■☆
167693 Frailea colombiana (Werderm.) Backeb.;小人球■☆
167694 Frailea curvispina Buining et Brederoo;弯刺士童■☆
167695 Frailea gracillima (Lem.) Britton et Rose;紫云殿■☆
167696 Frailea grahliana (F. Haage) Britton et Rose;紫云球(紫云丸)■☆
167697 Frailea horstii F. Ritter;赫氏士童■☆

167698 Frailea knippeliana Britton et Rose;初姬球(初姬丸)■☆
167699 Frailea pseudopulcherrima Y. Ito;狸子■☆
167700 Frailea pulcherrima Speg.;姬子■☆
167701 Frailea pulcherrima Speg. = Frailea pygmaea Britton et Rose ■☆
167702 Frailea pumila Britton et Rose;虎子■☆
167703 Frailea pygmaea Britton et Rose;豹之子(豹子)■☆
167704 Frailea schilinzkyana (Haage) Britton et Rose;小狮子球(小狮子丸,小仙人球);Schilinky Frailea ■
167705 Frailia Britton et Rose = Parodia Speg.(保留属名)●
167706 Franca Boehm. = Frankenia L. ●■
167707 Franca Gerard = Frankenia L. ●■
167708 Franca Micheli ex Adans. = Frankenia L. ●■
167709 Francastora Steud. = ? Teucrium L. ●■
167710 Francastora Steud. = Fracastora Adans. ●■
167711 Francfleurya A. Chev. et Gagnep. = Pentaphragma Wall. ex G. Don ■
167712 Franchetella Kuntze = Heteromorpha Cham. et Schltdl. ●☆
167713 Franchetella Pierre = Lucuma Molina ●
167714 Franchetella Pierre = Pouteria Aubl. ●
167715 Franchetella arborescens (Spreng.) Kuntze = Heteromorpha arborescens (Spreng.) Cham. et Schltdl. ●☆
167716 Franchetella arborescens (Spreng.) Kuntze var. abyssinica (Hochst. ex A. Rich.) Kuntze = Heteromorpha arborescens (Spreng.) Cham. et Schltdl. var. abyssinica (Hochst. ex A. Rich.) H. Wolff ●☆
167717 Franchetella arborescens (Spreng.) Kuntze var. acuminata Kuntze = Heteromorpha arborescens (Spreng.) Cham. et Schltdl. var. abyssinica (Hochst. ex A. Rich.) H. Wolff ●☆
167718 Franchetella arborescens (Spreng.) Kuntze var. normalis Kuntze = Heteromorpha arborescens (Spreng.) Cham. et Schltdl. var. abyssinica (Hochst. ex A. Rich.) H. Wolff ●☆
167719 Franchetella arborescens (Spreng.) Kuntze var. platyphylla Welw. ex Hiern = Heteromorpha occidentalis P. Winter ●☆
167720 Franchetella arborescens (Spreng.) Kuntze var. stenophylla (Radcl.-Sm.) Venter = Heteromorpha stenophylla Welw. ex Schinz ●☆
167721 Franchetella arborescens (Spreng.) Kuntze var. sylvatica Kuntze = Heteromorpha arborescens (Spreng.) Cham. et Schltdl. var. abyssinica (Hochst. ex A. Rich.) H. Wolff ●☆
167722 Franchetia Baill. = Breonia A. Rich. ex DC. ●☆
167723 Franchetia Baill. = Cephalanthus L. ●
167724 Franchetia sphaerantha Baill. = Breonia sphaerantha (Baill.) Homolle ex Ridsdale ●☆
167725 Franciella Guillaumin = Neofranciella Guillaumin ■☆
167726 Franciscea Pohl = Brunfelsia L.(保留属名)●
167727 Franciscea pauciflora Cham. et Schltdl. = Brunfelsia pauciflora (Cham. et Schltdl.) Benth. ●☆
167728 Franciscodendron B. Hyland et Steenis(1987);福桐属●☆
167729 Franciscodendron laurifolium (F. Muell.) B. Hyland et Steenis;福桐●☆
167730 Francisia Endl. = Darwinia Rudge ●☆
167731 Francisia calycina Hook. = Brunfelsia calycina Benth. ●
167732 Francisia latifolia Hook. = Brunfelsia latifolia Benth. ●
167733 Francoa Cav.(1801);花茎草属(福南草属);Bridal Wreath, Francoa ■☆
167734 Francoa alba H. Jacq.;白花茎草■☆
167735 Francoa appendiculata Cav.;花茎草(钟花福南草);Bridal Wreath, Francoa, Maiden's Wreath, Wedding Flower ■☆
167736 Francoa glabrata DC. = Francoa ramosa D. Don ■☆
167737 Francoa ramosa D. Don;多枝花茎草■☆
167738 Francoa sonchifolia Cav.;苦苣菜叶花茎草■☆
167739 Francoa sonchifolia D. Don var. appendiculata Reiche = Francoa appendiculata Cav. ■☆
167740 Francoaceae A. Juss.(1832)(保留科名);花茎草科■☆
167741 Francoaceae A. Juss.(保留科名) = Saxifragaceae Juss.(保留科名)●■
167742 Francoeuria Cass. = Pulicaria Gaertn. ■●
167743 Francoeuria crispa (Forssk.) Cass. = Pulicaria undulata (L.) C. A. Mey. ■☆
167744 Francoeuria crispa (Forssk.) Cass. var. discoidea Boiss. = Pulicaria undulata (L.) C. A. Mey. ■☆
167745 Francoeuria diffusa Shuttlew. ex S. Brunner = Pulicaria diffusa (Shuttlew. ex S. Brunner) B. Peterson ■☆
167746 Francoeuria laciniata Coss. et Durieu = Pulicaria laciniata (Coss. et Durieu) Thell. ■☆
167747 Francoeuria undulata (L.) Lack = Pulicaria undulata (L.) C. A. Mey. ■☆
167748 Frangula (Tourn.) Mill. = Rhamnus L. ●
167749 Frangula Mill. = Rhamnus L. ●
167750 Frangula Tourn. ex Haller = Rhamnus L. ●
167751 Frangula alnus Mill. = Rhamnus frangula L. ●
167752 Frangula caroliniana A. Gray = Rhamnus caroliniana Walter ●☆
167753 Frangula crenata (Siebold et Zucc.) Miq. = Rhamnus crenata Siebold et Zucc. ●
167754 Frangula crenata (Siebold et Zucc.) Miq. var. acuminatifolia (Hayata) Hatus. = Rhamnus crenata Siebold et Zucc. ●
167755 Frangula crenata (Siebold et Zucc.) Miq. var. stenophylla ? = Rhamnus davurica Pall. ●
167756 Frangula grandifolia (Fisch. et C. A. Mey.) Grubov = Rhamnus grandifolia (Fisch. et C. A. Mey.) Ledeb. ●☆
167757 Frangula henryi (C. K. Schneid.) Grubov = Rhamnus henryi C. K. Schneid. ●
167758 Frangula henryi (Schneid.) Grubov = Rhamnus henryi C. K. Schneid. ●
167759 Frangula longipes (Merr. et Chun) Grubov = Rhamnus longipes Merr. et Chun ●
167760 Frangula rupestris (Scop.) Schur. = Rhamnus rupestris Scop. ●☆
167761 Frangulaceae DC. = Rhamnaceae Juss.(保留科名)●
167762 Frangulaceae Lam. et DC. = Rhamnaceae Juss.(保留科名)●
167763 Franka Steud. = Franca Boehm. ●■
167764 Franka Steud. = Frankenia L. ●■
167765 Frankenia L.(1753);瓣鳞花属;Frankenia, Sea Heath, Sea-heath ●■
167766 Frankenia boissieri Boiss.;布瓦西耶瓣鳞花■☆
167767 Frankenia bucharica Basil.;布赫瓣鳞花■☆
167768 Frankenia campestris (A. Gray) Tidestr.;田野瓣鳞花■☆
167769 Frankenia canescens Presl = Frankenia pulverulenta L. ●■◇
167770 Frankenia chevalieri Maire;舍瓦利耶瓣鳞花■☆
167771 Frankenia composita Pau et Font Quer = Frankenia laevis L. subsp. composita (Pau et Font Quer) Nègre ●☆
167772 Frankenia corymbosa Desf.;伞序瓣鳞花■☆
167773 Frankenia corymbosa Desf. var. ballsiana Maire = Frankenia corymbosa Desf. ■☆

167774 Frankenia corymbosa Desf. var. decipiens Maire et Wilczek；迷惑伞序瓣鳞花■☆
167775 Frankenia corymbosa Desf. var. gracilis Jahand. et Weiller = Frankenia corymbosa Desf. ■☆
167776 Frankenia corymbosa Desf. var. ifniensis (Caball.) Maire = Frankenia corymbosa Desf. ■☆
167777 Frankenia corymbosa Desf. var. laxa Maire = Frankenia corymbosa Desf. ■☆
167778 Frankenia corymbosa Desf. var. leucantha Maire = Frankenia corymbosa Desf. ■☆
167779 Frankenia corymbosa Desf. var. phosphatica Maire = Frankenia corymbosa Desf. ■☆
167780 Frankenia corymbosa Desf. var. syrtica Maire et Weiller = Frankenia syrtica (Maire et Weiller) Brullo et Furnari ●☆
167781 Frankenia corymbosa Desf. var. thymoides (Batt.) Maire = Frankenia corymbosa Desf. ■☆
167782 Frankenia corymbosa Desf. var. webbii (Boiss. et Reut.) Maire = Frankenia corymbosa Desf. ■☆
167783 Frankenia crassicostata Sennen = Frankenia laevis L. subsp. composita (Pau et Font Quer) Nègre ●☆
167784 Frankenia ericifolia C. Sm. ex DC.；毛叶瓣鳞花■☆
167785 Frankenia ericifolia C. Sm. ex DC. subsp. latifolia (Webb et Berthel.) Brochmann, Lobin et Sunding = Frankenia ericifolia C. Sm. ex DC. ■☆
167786 Frankenia ericifolia C. Sm. ex DC. subsp. montana Brochmann et Lobin et Sunding；山地毛叶瓣鳞花■☆
167787 Frankenia ericifolia C. Sm. ex DC. var. latifolia Webb et Berthel. = Frankenia ericifolia C. Sm. ex DC. ■☆
167788 Frankenia ericifolia C. Sm. ex DC. var. microphylla Webb et Berthel. = Frankenia ericifolia C. Sm. ex DC. ■☆
167789 Frankenia floribunda Pomel；繁花瓣鳞花■☆
167790 Frankenia florida L. Chevall. = Frankenia pulverulenta L. ●■◇
167791 Frankenia glomerulata Coss. = Frankenia boissieri Boiss. ■☆
167792 Frankenia hirsuta L.；长毛瓣鳞花；Hirsute Frankenia ●☆
167793 Frankenia hirsuta L. var. inermedia (DC.) Batt. = Frankenia hirsuta L. ●☆
167794 Frankenia hirsuta L. var. laevis (L.) Batt. = Frankenia laevis L. ●☆
167795 Frankenia hirsuta L. var. revoluta (Forssk.) Boiss. = Frankenia corymbosa Desf. var. decipiens Maire et Wilczek ■☆
167796 Frankenia hirsuta L. var. velutina (DC.) Ball = Frankenia laevis L. subsp. velutina (DC.) Maire ●☆
167797 Frankenia ifniensis Caball. = Frankenia corymbosa Desf. ■☆
167798 Frankenia intermedia Costa = Frankenia pulverulenta L. ●■◇
167799 Frankenia intermedia DC. = Frankenia hirsuta L. ●☆
167800 Frankenia intermedia DC. var. annua Caball. = Frankenia hirsuta L. ●☆
167801 Frankenia laevis Hablitz ex M. Bieb. = Frankenia pulverulenta L. ●■◇
167802 Frankenia laevis L.；光滑瓣鳞花(平滑瓣鳞花)；Sea Heath, Sea-heath ●☆
167803 Frankenia laevis L. subsp. composita (Pau et Font Quer) Nègre；复合瓣鳞花●☆
167804 Frankenia laevis L. subsp. hirsuta (L.) Emb. et Maire = Frankenia hirsuta L. ●☆
167805 Frankenia laevis L. subsp. intermedia (DC.) Maire = Frankenia hirsuta L. ●☆
167806 Frankenia laevis L. subsp. velutina (DC.) Maire；短绒毛瓣鳞花●☆
167807 Frankenia laevis L. var. intermedia (DC.) Barratte = Frankenia hirsuta L. ●☆
167808 Frankenia laevis L. var. lacunarum Maire et Weiller et Wilczek = Frankenia laevis L. ●☆
167809 Frankenia laevis L. var. revoluta (Forssk.) Durand et Barratte = Frankenia hirsuta L. ●☆
167810 Frankenia pallida Boiss. et Reut.；苍白瓣鳞花●☆
167811 Frankenia pallida Boiss. et Reut. var. lucianae Maire = Frankenia pallida Boiss. et Reut. ●☆
167812 Frankenia pomonensis Pohnert；波莫纳瓣鳞花●☆
167813 Frankenia pulverulenta L.；瓣鳞花(敷粉瓣鳞花)；European Seaheath, Powdered Frankenia ●■◇
167814 Frankenia pulverulenta L. subsp. florida (L. Chevall.) Maire；佛罗里达瓣鳞花●☆
167815 Frankenia pulverulenta L. subsp. florida (L. Chevall.) Maire = Frankenia pulverulenta L. ●■◇
167816 Frankenia pulverulenta L. var. florida (Chevall.) Maire = Frankenia pulverulenta L. subsp. florida (L. Chevall.) Maire ●☆
167817 Frankenia repens (P. J. Bergius) Fourc.；匍匐瓣鳞花●☆
167818 Frankenia reuteri Boiss. = Frankenia thymifolia Desf. ●☆
167819 Frankenia revoluta Forssk. = Frankenia corymbosa Desf. var. decipiens Maire et Wilczek ■☆
167820 Frankenia salina I. M. Johnst.；盐地瓣鳞花●☆
167821 Frankenia syrtica (Maire et Weiller) Brullo et Furnari；瑟尔特瓣鳞花●☆
167822 Frankenia thymifolia Desf.；百里香叶瓣鳞花●☆
167823 Frankenia thymoides Batt. = Frankenia corymbosa Desf. ■☆
167824 Frankenia velutina DC. = Frankenia laevis L. subsp. velutina (DC.) Maire ●☆
167825 Frankenia webbii Boiss. et Reut. = Frankenia corymbosa Desf. ■☆
167826 Frankeniaceae A. St. -Hil. ex Gray = Frankeniaceae Desv.(保留科名)■●
167827 Frankeniaceae Desv. (1817)(保留科名)；瓣鳞花科；Frankenia Family, Sea-heath Family ●■
167828 Frankeniaceae Gray = Frankeniaceae Desv.(保留科名)■●
167829 Frankeria Raf. = Frankenia L. ●■
167830 Frankia Bert. ex Steud. = Cicca L. ●
167831 Frankia Steud. ex Schimp. = Gymnarrhena Desf. ■☆
167832 Franklandia R. Br. (1810)；弗兰木属●☆
167833 Franklandia fucifolia R. Br.；弗兰木●☆
167834 Franklinia W. Bartram ex Marshall(1785)；富兰克林木属(洋大头茶属)；Franklinia ●☆
167835 Franklinia alatamaha Marshall；富兰克林木(洋大头茶)；Franklin Tree, Franklinia, Franklinia Tree ●☆
167836 Franklinia alatamaha Marshall = Gordonia altamaha Sarg. ●☆
167837 Franklinia americana Marshall ex Pers.；美国富兰克林木●☆
167838 Frankoa Rchb. = Francoa Cav. ■☆
167839 Frankoeria Steud. = Francoeuria Cass. ■●
167840 Frankoeria Steud. = Pulicaria Gaertn. ■●
167841 Franquevillea Zoll. ex Miq. = Hypoxis L. ■
167842 Franquevillia Salisb. ex Gray = Microcala Hoffmanns. et Link ■☆
167843 Franseria Cav. (1794)(保留属名)；弗朗菊属●■☆

167844 Franseria Cav.(保留属名)= Ambrosia L. ●■
167845 Franseria Cav.(保留属名)= Gaertnera Lam. ●
167846 Franseria acanthicarpa (Hook.) Coville = Ambrosia acanthicarpa Hook. ■☆
167847 Franseria acanthicarpa Coville = Ambrosia acanthicarpa Hook. ■☆
167848 Franseria ambrosioides Cav. = Ambrosia ambrosioides (Cav.) W. W. Payne ■☆
167849 Franseria chamissonis Less. = Ambrosia chamissonis (Less.) Greene ■☆
167850 Franseria chamissonis Less. subsp. bipinnatisecta (Less.) Wiggins et Stockwell = Ambrosia chamissonis (Less.) Greene ■☆
167851 Franseria chamissonis Less. var. bipinnatisecta (Less.) J. T. Howell = Ambrosia chamissonis (Less.) Greene ■☆
167852 Franseria chenopodiifolia Benth. = Ambrosia chenopodiifolia (Benth.) W. W. Payne ■☆
167853 Franseria confertiflora (DC.) Rydb. = Ambrosia confertiflora DC. ■☆
167854 Franseria cordifolia A. Gray = Ambrosia cordifolia (A. Gray) W. W. Payne ■☆
167855 Franseria deltoidea Torr. = Ambrosia deltoidea (Torr.) W. W. Payne ■☆
167856 Franseria discolor Nutt. = Ambrosia tomentosa Nutt. ■☆
167857 Franseria dumosa A. Gray = Ambrosia dumosa (A. Gray) W. W. Payne ■☆
167858 Franseria eriocentra A. Gray = Ambrosia eriocentra (A. Gray) W. W. Payne ■☆
167859 Franseria ilicifolia A. Gray = Ambrosia ilicifolia (A. Gray) W. W. Payne ■☆
167860 Franseria pumila Nutt. = Ambrosia pumila A. Gray ■☆
167861 Franseria tomentosa (Nutt.) A. Nelson = Ambrosia tomentosa Nutt. ■☆
167862 Franseria tomentosa A. Gray = Ambrosia grayi (A. Nelson) Shinners ■☆
167863 Fransiella Willis = Franciella Guillaumin ■☆
167864 Fransiella Willis = Neofranciella Guillaumin ■☆
167865 Frantzia Pittier = Sechium P. Browne(保留属名)■
167866 Frappieria Cordem. = Psiadia Jacq. ●☆
167867 Frasera Walter(1788);轮叶龙胆属■☆
167868 Frasera bimaculata (Siebold et Zucc.) Toyok. = Swertia bimaculata (Siebold et Zucc.) Hook. f. et Thomson ex C. B. Clarke ■
167869 Frasera caroliniensis Walter;卡岛轮叶龙胆;American Columbo ■☆
167870 Frasera caroliniensis Walter = Swertia caroliniensis (Walter) Kunze ■☆
167871 Frasera diluta (Turcz.) Toyok. = Swertia diluta (Turcz.) Benth. et Hook. f. ■
167872 Frasera diluta (Turcz.) Toyok. var. tosaensis ? = Swertia diluta (Turcz.) Benth. et Hook. f. var. tosaensis (Makino) H. Hara ■
167873 Frasera diluta (Turcz.) Toyok. var. tosaensis ? = Swertia tosaensis Makino ■
167874 Frasera japonica (Schult.) Toyok. = Swertia japonica (Schult.) Makino ■☆
167875 Frasera nitida Benth.;亮轮叶龙胆■☆
167876 Frasera officinalis Barton = Frasera caroliniensis Walter ■☆
167877 Frasera pseudochinensis (H. Hara) Toyok. = Swertia pseudochinensis H. Hara ■
167878 Frasera speciosa Douglas ex Griseb.;美丽轮叶龙胆;Monument Plant ■☆
167879 Frasera tetrapetala (Pall.) Toyok. = Swertia tetrapetala Pall. ■
167880 Frasera tetrapetala (Pall.) Toyok. subsp. micrantha ? = Swertia tetrapetala Pall. subsp. micrantha (Takeda) Kitam. ■☆
167881 Frasera umbellata (Makino) Toyok. = Swertia swertopsis Makino ■☆
167882 Frasera verticillata Raf. = Frasera caroliniensis Walter ■☆
167883 Frasera walteri Michx. = Frasera caroliniensis Walter ■☆
167884 Fraunhofera Mart.(1831);弗劳恩卫矛属●☆
167885 Fraunhofera multiflora Mart.;弗劳恩卫矛●☆
167886 Fraxima Raf. = Ipomoea L.(保留属名)●■
167887 Fraxinaceae Gray = Oleaceae Hoffmanns. et Link(保留科名)●
167888 Fraxinaceae Gray;白蜡树科●
167889 Fraxinaceae Vest = Oleaceae Hoffmanns. et Link(保留科名)●
167890 Fraxinella Mill. = Dictamnus L. ■
167891 Fraxinellaceae Nees et Mart. = Rutaceae Juss.(保留科名)●■
167892 Fraxinoides Medik. = Fraxinus L. ●
167893 Fraxinus L.(1753);白蜡树属(梣属,白蜡属);Ash ●
167894 Fraxinus Tourn. ex L. = Fraxinus L. ●
167895 Fraxinus acuminata Y. Ling = Fraxinus chinensis Roxb. var. acuminata Lingelsh. ●
167896 Fraxinus alba Marshall = Fraxinus americana L. ●
167897 Fraxinus americana L.;美国白蜡树(白梣,大叶白蜡树,美国白梣,美国白腊,美国白蜡,洋白蜡);America Ash,American Ash,Biltmore Ash,Canada Ash,Cane Ash,White Ash ●
167898 Fraxinus americana L.'Autumn Applause';秋景美国白蜡树●☆
167899 Fraxinus americana L.'Autumn Blaze';秋色美国白蜡树●☆
167900 Fraxinus americana L.'Autumn Purple';秋紫美国白蜡树;Autumn Purple Ash ●☆
167901 Fraxinus americana L.'Rose Hill';玫瑰山美国白蜡树●☆
167902 Fraxinus americana L. f. iodocarpa Fernald = Fraxinus americana L. ●
167903 Fraxinus americana L. var. alba (Marshall) Castigl. = Fraxinus americana L. ●
167904 Fraxinus americana L. var. biltmoreana (Beadle) Wright ex Fernald = Fraxinus biltmoreana Beadle ●☆
167905 Fraxinus americana L. var. crassifolia Sarg. = Fraxinus americana L. ●
167906 Fraxinus americana L. var. curtissii (Vasey) Small = Fraxinus americana L. ●
167907 Fraxinus americana L. var. juglandifolia (Lam.) Rehder = Fraxinus americana L. ●
167908 Fraxinus americana L. var. juglandifolia Rehder;大叶白蜡树;Walnut-leaved White Ash ●
167909 Fraxinus americana L. var. microcarpa A. Gray = Fraxinus americana L. ●
167910 Fraxinus angustifolia Vahl;狭叶白蜡树(狭叶梣,窄叶白蜡树);Narrow-leafed Ash,Narrow-leaved Ash,Southern Ash ●☆
167911 Fraxinus angustifolia Vahl 'Elegantissima';极美狭叶白蜡树●☆
167912 Fraxinus angustifolia Vahl 'Lentiscifolia';乳香叶狭叶白蜡树●☆
167913 Fraxinus angustifolia Vahl 'Raywood';雷伍德窄叶白蜡树;Claret Ash ●☆
167914 Fraxinus angustifolia Vahl subsp. oxycarpa (Willd.) Franco et

Rocha Afonso = Fraxinus oxycarpa Willd. ●☆

167915 Fraxinus angustifolia Vahl subsp. syriaca (Boiss.) Yalt. = Fraxinus syriaca Boiss. ●☆

167916 Fraxinus angustifolia Vahl var. algeriensis (Lingelsh.) Maire = Fraxinus angustifolia Vahl ●☆

167917 Fraxinus angustifolia Vahl var. australis (Gay) Maire = Fraxinus angustifolia Vahl ●☆

167918 Fraxinus angustifolia Vahl var. cuspidata Maire et Trab. = Fraxinus angustifolia Vahl ●☆

167919 Fraxinus angustifolia Vahl var. numidica (Dippel) Maire = Fraxinus angustifolia Vahl ●☆

167920 Fraxinus angustifolia Vahl var. rostrata (Guss.) Lingelsh. = Fraxinus angustifolia Vahl ●☆

167921 Fraxinus angustifolia Vahl var. subrostrata Maire = Fraxinus angustifolia Vahl ●☆

167922 Fraxinus anomala Torr. ex S. Watson;美国单叶梣;Dwarf Ash, Single-leaf Ash,Single-leaved Ash ●☆

167923 Fraxinus apertisquamifera H. Hara;长叶白蜡树;Black Ash, Water Ash ●☆

167924 Fraxinus australis J. Gay = Fraxinus angustifolia Vahl ●☆

167925 Fraxinus australis J. Gay ex K. Koch = Fraxinus angustifolia Vahl ●☆

167926 Fraxinus baroniana Diels;狭叶梣(披针叶白蜡);Baron Ash ●

167927 Fraxinus biltmoreana Beadle;比特莫白蜡树;Biltmore Ash ●☆

167928 Fraxinus biltmoreana Beadle = Fraxinus americana L. ●

167929 Fraxinus borealis Nakai = Fraxinus longicuspis Siebold et Zucc. ●☆

167930 Fraxinus bracteata Hemsl. = Fraxinus griffithii C. B. Clarke ●

167931 Fraxinus bungeana A. DC.;小叶白蜡树(白蜡树,梣,大苦枥,苦枥,苦枥树,水渠拉,小叶白蜡,小叶梣);Bunge Ash, Hardy Chinese Ash ●

167932 Fraxinus bungeana A. DC. var. parvifolia Wenz. = Fraxinus bungeana A. DC. ●

167933 Fraxinus campestris Britton = Fraxinus pennsylvanica Marshall ●

167934 Fraxinus caroliniana Mill.;加罗林梣(卡罗来纳白蜡树,卡罗来纳州白蜡);Carolin Ash,Carolina Ash,Pop Ash,Pop Ash Tree, Popash,Water Ash ●☆

167935 Fraxinus caudata J. L. Wu;尾叶梣;Caudate Ash ●

167936 Fraxinus caudata J. L. Wu = Fraxinus chinensis Roxb. ●

167937 Fraxinus caudata J. L. Wu = Fraxinus szaboana Lingelsh. ●

167938 Fraxinus championii Little = Fraxinus insularis Hemsl. ●

167939 Fraxinus championii Little = Fraxinus retusa Champ. ex Benth. ●

167940 Fraxinus chinensis Roxb.;白蜡树(白荆树,白腊树,梣,梣皮,蜡树,青榔木,桪白木,中国白蜡,中国白蜡树);Ash,China Ash, Chinese Ash,Chinese Wingnut ●

167941 Fraxinus chinensis Roxb. subsp. rhynchophylla (Hance) E. Murray = Fraxinus rhynchophylla Hance ●

167942 Fraxinus chinensis Roxb. var. acuminata Lingelsh.;尖叶白蜡树;Sharpleaf Ash,White Ash ●

167943 Fraxinus chinensis Roxb. var. acuminata Lingelsh. = Fraxinus chinensis Roxb. ●

167944 Fraxinus chinensis Roxb. var. rhynchophylla (Hance) Hemsl. = Fraxinus rhynchophylla Hance ●

167945 Fraxinus chinensis Roxb. var. rotundata Lingelsh. = Fraxinus chinensis Roxb. ●

167946 Fraxinus chinensis Roxb. var. tomentosa Lingelsh. = Fraxinus chinensis Roxb. ●

167947 Fraxinus coriariifolia Scheele;马桑叶白蜡树●☆

167948 Fraxinus curtissii Vasey = Fraxinus americana L. ●

167949 Fraxinus cuspidata Torr.;香梣;Flowering Ash,Fragrant Ash ●☆

167950 Fraxinus darlingtonii Britton = Fraxinus pennsylvanica Marshall ●

167951 Fraxinus depauperata (Lingelsh.) Z. Wei;疏花梣;Loose-flower Ash,Scant Ash,Scatterflower Ash ●

167952 Fraxinus dimorpha Coss. et Durieu;异型梣;Algerian Ash ●☆

167953 Fraxinus dipetala Hook. et Arn.;双瓣梣(二瓣白蜡树,二瓣梣);Flowering Ash,Foothill Ash,Two-petal Ash ●☆

167954 Fraxinus elastica Stapf;丝绢橡皮树;Kickxia Rubber, Lagos Silkrubber ●☆

167955 Fraxinus excelsior L.;欧洲白蜡树(高梣,欧梣,欧洲白蜡,欧洲梣);Aischen, Aishen-tree, Ash, Ashen Tree, Ashen-tree, Ashing-tree, Bird's Tongue, Black Ash, Boots-and-shoes, Bunch of Keys, Bunch-of-keys,Candles,Cat's Keys,Cats-and-eyes,Cattikeyns,Cattle Keys, Cattle-keys, Common Ash, Culverkeys, Dartnell, Eisch Keys, Eisch-keys, European Ash, Freyn Ash, Haish, Hertwort, Husbandman's Tree,Katty Keys,Kays,Ketty Keys,Ketty-keys,Keyn, Kit Keys, Kite Keys, Kitty Keys, Locks-and-keys, Pattikeys, Peter Keys, Polish Ash, Shacklers, Slavonian Ash, Tassel, Urchins, Whinshag,Wings,Wood Broney,Wood-broney ●

167956 Fraxinus excelsior L. 'Angustifolia';狭叶欧洲白蜡●☆

167957 Fraxinus excelsior L. 'Aurea Pendula';金枝垂欧洲白蜡●☆

167958 Fraxinus excelsior L. 'Aurea';金枝欧洲白蜡;Golden Ash, Golden European Ash ●☆

167959 Fraxinus excelsior L. 'Diversifolia Pendula';异叶垂枝欧洲白蜡●☆

167960 Fraxinus excelsior L. 'Diversifolia';异叶欧洲白蜡(裂叶欧洲白蜡树);One-leaved Ash ●☆

167961 Fraxinus excelsior L. 'Eureka';尤里卡欧洲白蜡●☆

167962 Fraxinus excelsior L. 'Heterophylla' = Fraxinus excelsior L. 'Diversifolia' ●☆

167963 Fraxinus excelsior L. 'Jaspidea';贾斯皮德欧洲白蜡(金叶欧洲白蜡树);Golden Ash ●☆

167964 Fraxinus excelsior L. 'Monophylla' = Fraxinus excelsior L. 'Diversifolia' ●☆

167965 Fraxinus excelsior L. 'Pendula';垂枝欧洲白蜡;Weeping Ash ●☆

167966 Fraxinus excelsior L. 'Pendulifolia Purpurea';紫叶垂欧洲白蜡树●☆

167967 Fraxinus excelsior L. = Fraxinus hookeri Wenz. ●☆

167968 Fraxinus excelsior L. subsp. oxyphylla (M. Bieb.) Batt. = Fraxinus angustifolia Vahl subsp. oxycarpa (Willd.) Franco et Rocha Afonso ●

167969 Fraxinus excelsior L. var. aurea ? = Fraxinus excelsior L. 'Aurea' ●☆

167970 Fraxinus excelsissima Koidz.;日本大白蜡树;Japan Ash, Japanese Ash ●

167971 Fraxinus excelsissima Koidz. = Fraxinus mandshurica Rupr. ●

167972 Fraxinus fallax Lingelsh. = Fraxinus stylosa Lingelsh. ●

167973 Fraxinus fallax Lingelsh. var. stylosa (Lingelsh.) Chun et J. L. Wu = Fraxinus stylosa Lingelsh. ●

167974 Fraxinus ferruginea Lingelsh.;锈毛梣(跳皮树,锈毛白蜡,锈毛白枪杆);Rusthair Ash,Rusty Ash,Rusty-haired Ash ●

167975 Fraxinus floribunda Wall. ex Roxb.;多花梣(多花白蜡,多花白蜡树,喜马白蜡树,喜马拉雅白蜡树);Himalayan Ash,

Himalayan Manna Ash, Manyflower Ash, Multiflorous Ash ●

167976 Fraxinus floribunda Wall. ex Roxb. = Fraxinus retusa Champ. ex Benth. ●

167977 Fraxinus floribunda Wall. ex Roxb. subsp. insularis (Hemsl.) S. S. Sun = Fraxinus insularis Hemsl. ●

167978 Fraxinus formosana Hayata;白鸡油●

167979 Fraxinus formosana Hayata = Fraxinus griffithii C. B. Clarke ●

167980 Fraxinus gooddingii Little;古丁梣;Gooding Ash ●☆

167981 Fraxinus greggii A. Gray;格雷格梣;Dogleg Ash, Gregg Ash, Littleleaf Ash ●☆

167982 Fraxinus griffithii C. B. Clarke;光蜡树(白鸡油,山苦楝,台湾白蜡树);Formosan Ash, Griffith Ash ●

167983 Fraxinus griffithii C. B. Clarke = Fraxinus ferruginea Lingelsh. ●

167984 Fraxinus griffithii C. B. Clarke var. kosyunensis (K. Mori) T. Yamaz.;森梣●☆

167985 Fraxinus guilingensis S. K. Lee et F. N. Wei = Fraxinus griffithii C. B. Clarke ●

167986 Fraxinus hookeri Wenz.;胡克白蜡树●☆

167987 Fraxinus hopeiensis Ts. Tang = Fraxinus chinensis Roxb. subsp. rhynchophylla (Hance) E. Murray ●

167988 Fraxinus hopeiensis Ts. Tang = Fraxinus rhynchophylla Hance ●

167989 Fraxinus huangshanensis S. S. Sun;黄山梣;Huangshan Ash ●

167990 Fraxinus huangshanensis S. S. Sun = Fraxinus odontocalyx Hand. -Mazz. ●

167991 Fraxinus hubeiensis S. Z. Qu, C. B. Shang et P. L. Su;湖北梣(对节白蜡);Hubei Ash ●◇

167992 Fraxinus inopinata Lingelsh.;钝翅象蜡树●

167993 Fraxinus inopinata Lingelsh. = Fraxinus platypoda Oliv. ●

167994 Fraxinus insularis Hemsl.;苦枥木(白鸡油,白鸡油舅,枸土,琉球白蜡树,台湾梣);Insular Ash, Island Ash, Retuse Ash ●

167995 Fraxinus insularis Hemsl. = Fraxinus retusa Champ. ex Benth. ●

167996 Fraxinus insularis Hemsl. var. henryana (Oliv.) Z. Wei;齿缘苦枥木;Henry Retuse Ash ●

167997 Fraxinus insularis Hemsl. var. henryana (Oliv.) Z. Wei = Fraxinus insularis Hemsl. ●

167998 Fraxinus japonica Blume = Fraxinus japonica Blume ex K. Koch ●

167999 Fraxinus japonica Blume ex K. Koch;日本白蜡树(秦皮,日本梣,狭皮);Japan Ash, Japanese Ash ●

168000 Fraxinus japonica Blume ex K. Koch = Fraxinus chinensis Roxb. var. rhynchophylla (Hance) Hemsl. ●

168001 Fraxinus japonica Blume ex K. Koch = Fraxinus rhynchophylla Hance ●

168002 Fraxinus japonica Blume ex K. Koch f. intermedia (Nakai) H. Hara;中型日本白蜡树●☆

168003 Fraxinus japonica Blume ex K. Koch f. stenocarpa (Koidz.) T. Yamaz.;狭果日本白蜡树(长果日本白蜡树);Long-fruited Japanese Ash ●☆

168004 Fraxinus japonica Blume ex K. Koch var. stenocarpa (Koidz.) Ohwi = Fraxinus japonica Blume ex K. Koch f. stenocarpa (Koidz.) T. Yamaz. ●☆

168005 Fraxinus jaspidea Dum. Cours. = Fraxinus excelsior L. 'Aurea' ●☆

168006 Fraxinus juglandifolia Lam. = Fraxinus americana L. ●

168007 Fraxinus juglandifolia Lam. var. subintegerrima Vahl = Fraxinus pennsylvanica Marshall ●

168008 Fraxinus lanceolata Borkh.;剑叶白蜡树●☆

168009 Fraxinus lanceolata Borkh. = Fraxinus pennsylvanica Marshall var. subintegerrima (Vahl) Fernald ●

168010 Fraxinus lanceolata Borkh. = Fraxinus pennsylvanica Marshall ●

168011 Fraxinus lanuginosa Koidz.;多毛白蜡树●☆

168012 Fraxinus lanuginosa Koidz. f. serrata (Nakai) Murata = Fraxinus lanuginosa Koidz. var. serrata (Nakai) H. Hara ●☆

168013 Fraxinus lanuginosa Koidz. f. veltina (Nakai) Murata;中井梣●☆

168014 Fraxinus lanuginosa Koidz. var. serrata (Nakai) H. Hara;齿叶梣(小叶梣);Serrate Japanese Ash ●☆

168015 Fraxinus latifolia Benth.;阔叶梣(俄勒冈白蜡树,宽叶白蜡树,阔叶白蜡);Basket Ash, Oregon Ash ●

168016 Fraxinus lingelsheimii Rehder;云南梣(云南白蜡);Yunnan Ash ●

168017 Fraxinus lingelsheimii Rehder = Fraxinus chinensis Roxb. ●

168018 Fraxinus longicuspis Siebold et Zucc.;长头梣(尖萼梣,日本白蜡树);Japanese Ash ●☆

168019 Fraxinus longicuspis Siebold et Zucc. var. latifolia Nakai;宽叶长头梣●☆

168020 Fraxinus longicuspis Siebold et Zucc. var. pilosella (Honda) H. Hara = Fraxinus longicuspis Siebold et Zucc. var. latifolia Nakai ●☆

168021 Fraxinus lowellii Sarg.;洛厄尔梣;Lowell Ash ●☆

168022 Fraxinus malacophylla Hemsl.;白枪杆(对节木,根根药,狗骨头树);Softleaf Ash, Soft-leaved Ash ●

168023 Fraxinus mandshurica Rupr.;水曲柳(湿生白蜡);Japanese Ash, Manchur Ash, Manchurian Ash, Swamp Ash ●

168024 Fraxinus mandshurica Rupr. subsp. brevipedicellata S. Z. Qu et T. C. Cui = Fraxinus mandshurica Rupr. ●

168025 Fraxinus mandshurica Rupr. var. japonica Maxim.;日本水曲柳;Japanese Manchurian Ash ●☆

168026 Fraxinus mandshurica Rupr. var. japonica Maxim. = Fraxinus mandshurica Rupr. ●

168027 Fraxinus mariesii Hook. f. = Fraxinus sieboldiana Blume ●

168028 Fraxinus medicinalis S. S. Sun;尖叶水曲柳;Sharped Ash ●

168029 Fraxinus medicinalis S. S. Sun = Fraxinus chinensis Roxb. ●

168030 Fraxinus nanchuanensis S. S. Sun et J. L. Wu;南川水曲柳;Nanchuan Ash ●

168031 Fraxinus nanchuanensis S. S. Sun et J. L. Wu = Fraxinus odontocalyx Hand. -Mazz. ●

168032 Fraxinus nigra Marshall;美国黑梣(黑白蜡树);America Ash, America Black Ash, American Ash, American Black Ash, Basker Ash, Black Ash, Black Swamp Ash, Brown Ash, Canada Ash, Hoop Ash, Hoopash, Swamp Ash, Water Ash, White Ash ●☆

168033 Fraxinus nigra Marshall 'Fallgold';落金黑白蜡树●☆

168034 Fraxinus nigra Marshall subsp. mandschurica (Rupr.) S. S. Sun = Fraxinus mandshurica Rupr. ●

168035 Fraxinus nigra Marshall var. mandschurica (Rupr.) Lingelsh. = Fraxinus mandshurica Rupr. ●

168036 Fraxinus obovata Blume = Fraxinus chinensis Roxb. subsp. rhynchophylla (Hance) E. Murray ●

168037 Fraxinus obovata Blume = Fraxinus rhynchophylla Hance ●

168038 Fraxinus odontocalyx Hand. -Mazz.;尖萼梣;Sharpcalyx Ash, Toothcalyx Ash, Tooth-sepaled Ash ●

168039 Fraxinus oregona Nutt.;俄勒冈州白蜡木;Oregon Ash ●☆

168040 Fraxinus oregona Nutt. = Fraxinus latifolia Benth. ●

168041 Fraxinus ornus L.;花梣(甘露梣,花白蜡树);Flowering Ash, Manna, Manna Ash, Manna-ash ●☆

168042 Fraxinus ornus L. 'Arie Peters';阿里皮特花梣●☆

168043 Fraxinus oxycarpa Willd.;尖果白蜡树(尖果梣,尖果狭叶白蜡树,尖叶白蜡树,小果白蜡树);Caucasian Ash,Raywood Ash,Sharpfruit Ash ●☆

168044 Fraxinus oxycarpa Willd. = Fraxinus angustifolia Vahl subsp. oxycarpa (Willd.) Franco et Rocha Afonso ●

168045 Fraxinus oxycarpa Willd. = Fraxinus angustifolia Vahl ●☆

168046 Fraxinus oxycarpa Willd. var. oligophylla (Boiss.) Wenz.;寡叶尖果白蜡树●☆

168047 Fraxinus oxycarpa Willd. var. pomeliana Maire = Fraxinus angustifolia Vahl subsp. oxycarpa (Willd.) Franco et Rocha Afonso ●

168048 Fraxinus oxyphylla M. Bieb. = Fraxinus oxycarpa Willd. ●☆

168049 Fraxinus oxyphylla M. Bieb. var. oligophylla Boiss. = Fraxinus oxycarpa Willd. var. oligophylla (Boiss.) Wenz. ●☆

168050 Fraxinus pallisae Wilmott ex Pallis;密毛白蜡树●☆

168051 Fraxinus papillosa Lingelsh.;奇瓦瓦梣;Chihuahua Ash ●☆

168052 Fraxinus parvifolia (Wenz.) Lingelsh. = Fraxinus bungeana A. DC. ●

168053 Fraxinus parvifolia Lam.;小叶梣;Round-leaf Ash ●☆

168054 Fraxinus paxiana Lingelsh.;秦岭白蜡树(秦岭梣);Pax Ash ●

168055 Fraxinus paxiana Lingelsh. var. depauperata Lingelsh. = Fraxinus depauperata (Lingelsh.) Z. Wei ●

168056 Fraxinus paxiana Lingelsh. var. sikkimensis Lingelsh. = Fraxinus sikkimensis (Lingelsh.) Hand. -Mazz. ●

168057 Fraxinus pennsylvanica Marshall;洋白蜡树(宾州白蜡树,红白蜡,绿梣,美国红梣,美洲红梣,洋白蜡);America Ash,American Ash,Canada Ash,Green Ash,Red Ash,Swamp Ash,Water Ash,White Ash ●

168058 Fraxinus pennsylvanica Marshall 'Aucubifolia';桃叶珊瑚叶洋白蜡树●☆

168059 Fraxinus pennsylvanica Marshall 'Marshell's Seedless';马歇尔洋白蜡树●☆

168060 Fraxinus pennsylvanica Marshall 'Patmore';帕特莫洋白蜡树(帕特莫尔洋白蜡树)●☆

168061 Fraxinus pennsylvanica Marshall 'Summit';苏米特洋白蜡树●☆

168062 Fraxinus pennsylvanica Marshall var. austinii Fernald = Fraxinus pennsylvanica Marshall ●

168063 Fraxinus pennsylvanica Marshall var. lanceolata (Borkh.) Sarg. = Fraxinus pennsylvanica Marshall ●

168064 Fraxinus pennsylvanica Marshall var. lanceolata Sarg. = Fraxinus pennsylvanica Marshall var. subintegerrima (Vahl) Fernald ●

168065 Fraxinus pennsylvanica Marshall var. subintegerrima (Vahl) Fernald;美洲绿梣(绿梣,洋白蜡,洋白蜡树);Blue Ash,Green Ash,Lanceolate Red Ash ●

168066 Fraxinus pennsylvanica Marshall var. subintegerrima (Vahl) Fernald = Fraxinus pennsylvanica Marshall ●

168067 Fraxinus pistaciifolia K. M. Feng;大皮消(大树皮);Pistache-leaf Ash ●

168068 Fraxinus platypoda Oliv.;象蜡树(钝翅梣,钝翅象蜡树,宽果梣,斯倍氏白蜡树);Broadfruit Ash,Broad-fruited Ash,Obtusewing Ash,Spaeth Ash ●

168069 Fraxinus platypoda Oliv. var. nipponica (Koidz.) H. Hara ex Ohwi = Fraxinus spaethiana Lingelsh. f. nipponica (Koidz.) Sa. Kurata ●☆

168070 Fraxinus pojarkoviana V. N. Vassil.;波氏白蜡树●☆

168071 Fraxinus potamophila Herder;水生白蜡树;Turkestan Ash ●☆

168072 Fraxinus potamophila Herder = Fraxinus sogdiana Bunge ●◇

168073 Fraxinus profunda (Bush) Bush;绒毛红梣;Pumpkin Ash,Red Ash ●☆

168074 Fraxinus pubescens Lam.;美国毛白蜡树;Pubescent Ash ●☆

168075 Fraxinus pubescens Lam. = Fraxinus pennsylvanica Marshall ●

168076 Fraxinus pubinervis Blume;毛叶梣(梣,盆桂,秦皮,青皮木,桪木);Hairy-vein Ash ●☆

168077 Fraxinus punctata S. Y. Hu;斑叶梣;Dotted Ash,Punctate Ash,Spotted Ash ●

168078 Fraxinus punctata S. Y. Hu = Fraxinus trifoliolata W. W. Sm. ●

168079 Fraxinus quadrangulata Michx.;四棱白蜡树(方枝梣);Blue Ash,Virginia Ash ●

168080 Fraxinus retusa Champ. ex Benth. = Fraxinus insularis Hemsl. ●

168081 Fraxinus retusa Champ. ex Benth. var. calcicola C. Y. Wu ex P. Y. Bai = Fraxinus insularis Hemsl. ●

168082 Fraxinus retusa Champ. ex Benth. var. henryana Oliv. = Fraxinus insularis Hemsl. ●

168083 Fraxinus retusa Champ. ex Benth. var. henryana Oliv. = Fraxinus insularis Hemsl. var. henryana (Oliv.) Z. Wei ●

168084 Fraxinus retusifoliolata K. M. Feng ex P. Y. Bai;楷叶梣(黄连叶白蜡树);Pistavhe-leaved Ash,Retusifoliolate Ash ●

168085 Fraxinus retusifoliolata K. M. Feng ex P. Y. Bai = Fraxinus malacophylla Hemsl. ●

168086 Fraxinus rhynchophylla Hance;花曲柳(白蜡树,梣木,秤星树,大叶白蜡,大叶白蜡树,大叶梣,樊鸡木,苦枥,苦枥白蜡树,苦枥木,苦树,盆桂,秦木,石檀);Beakleaf Ash,Beak-leaved Ash,Largeleaf Ash,Large-leaf Chinese Ash ●

168087 Fraxinus rhynchophylla Hance = Fraxinus chinensis Roxb. subsp. rhynchophylla (Hance) E. Murray ●

168088 Fraxinus rhynchophylla Hance = Fraxinus chinensis Roxb. var. rhynchophylla (Hance) Hemsl. ●

168089 Fraxinus rhynchophylla Hance var. hopeiensis (Ts. Tang) S. Z. Qu ex J. Z. Liu = Fraxinus chinensis Roxb. var. rhynchophylla (Hance) Hemsl. ●

168090 Fraxinus rhynchophylla Hance var. huashanensis J. L. Wu et Z. W. Xie;华山梣;Huashan Ash ●

168091 Fraxinus rhynchophylla Hance var. huashanensis J. L. Wu et Z. W. Xie = Fraxinus chinensis Roxb. ●

168092 Fraxinus rhynchophylla Hance var. huashanensis J. L. Wu et Z. W. Xie = Fraxinus szaboana Lingelsh. ●

168093 Fraxinus rotundifolia Lam.;圆叶梣;Round-leaf Ash ●☆

168094 Fraxinus rotundifolia Lam. = Fraxinus parvifolia Lam. ●☆

168095 Fraxinus sambucina (Blume) Koidz. = Fraxinus apertisquamifera H. Hara ●☆

168096 Fraxinus sambucina (Blume) Koidz. var. velutina ? = Fraxinus lanuginosa Koidz. ●☆

168097 Fraxinus sargentiana Lingelsh.;川梣(穆坪梣);Sargent Ash,Sichuan Ash ●

168098 Fraxinus sargentiana Lingelsh. = Fraxinus chinensis Roxb. ●

168099 Fraxinus satsumana Koidz. = Fraxinus longicuspis Siebold et Zucc. var. latifolia Nakai ●☆

168100 Fraxinus sieboldiana Blume;庐山梣(西氏梣,席氏梣,小白蜡树,小蜡树,小叶白蜡树);Chinese Flowering Ash,Lushan Ash,Maries Ash,Siebold Ash ●

168101 Fraxinus sieboldiana Blume var. pubescens Koidz. = Fraxinus lanuginosa Koidz. ●☆

168102 Fraxinus sieboldiana Blume var. serrata Nakai = Fraxinus lanuginosa Koidz. var. serrata (Nakai) H. Hara ●☆

168103 Fraxinus sikkimensis (Lingelsh.) Hand.-Mazz.;锡金梣(锡金白蜡,香白蜡树);Sikkim Ash ●

168104 Fraxinus smallii Britton = Fraxinus pennsylvanica Marshall ●

168105 Fraxinus sogdiana Bunge;天山梣(索地那白蜡树);Sogd Ash ●◇

168106 Fraxinus spaethiana Lingelsh.;褐芽白蜡树(本州白蜡);Blue Ash ●

168107 Fraxinus spaethiana Lingelsh. = Fraxinus japonica Blume ex K. Koch f. stenocarpa (Koidz.) T. Yamaz. ●☆

168108 Fraxinus spaethiana Lingelsh. = Fraxinus platypoda Oliv. ●

168109 Fraxinus spaethiana Lingelsh. f. nipponica (Koidz.) Sa. Kurata;本州白蜡●☆

168110 Fraxinus spaethiana Lingelsh. var. nipponica (Koidz.) H. Hara = Fraxinus spaethiana Lingelsh. f. nipponica (Koidz.) Sa. Kurata ●☆

168111 Fraxinus stenocarpa Koidz. = Fraxinus japonica Blume ex K. Koch f. stenocarpa (Koidz.) T. Yamaz. ●☆

168112 Fraxinus stylosa Lingelsh.;宿柱梣(户县白蜡树,柳叶梣,宿柱白蜡,宿柱白蜡树);Style Ash,Stylepersistent Ash ●

168113 Fraxinus suaveolens W. W. Sm. = Fraxinus sikkimensis (Lingelsh.) Hand.-Mazz. ●

168114 Fraxinus syriaca Boiss.;叙利亚白蜡树(叙利亚狭叶白蜡树);Syrian Ash ●☆

168115 Fraxinus syriaca Boiss. = Fraxinus oxycarpa Willd. var. oligophylla (Boiss.) Wenz. ●☆

168116 Fraxinus szaboana Lingelsh.;尖叶梣(尖叶白蜡树,尾叶梣);Sharpleaf Ash,Sharp-leaved Ash ●

168117 Fraxinus szaboana Lingelsh. = Fraxinus chinensis Roxb. ●

168118 Fraxinus taiwaniana Masam. = Fraxinus insularis Hemsl. ●

168119 Fraxinus texensis (A. Gray) Sarg.;得克萨斯梣;Texas Ash ●☆

168120 Fraxinus tomentosa Michx.;绒毛白蜡树(绒白蜡树);Pumpkin Ash ●

168121 Fraxinus tomentosa Michx. = Fraxinus profunda (Bush) Bush ●☆

168122 Fraxinus tomentosa Michx. = Fraxinus pubescens Lam. ●☆

168123 Fraxinus trifoliolata W. W. Sm.;三叶梣(三叶白蜡);Threeleaf Ash,Threeleaflet Ash,Trifoliate Ash ●

168124 Fraxinus uhdei (Wenz.) Lingelsh.;墨西哥白蜡树(墨西哥梣,萨莫尔白蜡树,乌得白蜡树);Evergreen Ash,Shamel Ash,Tropical Ash,Uhde Ash ●☆

168125 Fraxinus urophylla Wall. ex DC. = Fraxinus floribunda Wall. ex Roxb. ●

168126 Fraxinus velutina Lingelsh. = Fraxinus chinensis Roxb. ●

168127 Fraxinus velutina Torr.;亚利桑那白蜡树(毛梣,绒毛白蜡树,绒毛梣,毡毛白蜡树,毡毛梣);Arizona Ash,Leather Leaved Ash,Velvet Ash ●☆

168128 Fraxinus velutina Torr. 'Fan Tex';泛特西亚利桑那白蜡树 ●☆

168129 Fraxinus velutina Torr. 'Von Ormi';沃·奥尔米亚利桑那白蜡树●☆

168130 Fraxinus velutina Torr. = Fraxinus pistaciifolia K. M. Feng ●

168131 Fraxinus velutina Torr. var. coriacea (S. Watson) Rehder;革叶亚利桑那白蜡树;Leather-leaved Ash ●☆

168132 Fraxinus velutina Torr. var. glabra Rehder;无毛亚利桑那白蜡树●☆

168133 Fraxinus velutina Torr. var. toumeyi Rehder;陶米尼亚利桑那白蜡树●☆

168134 Fraxinus viridis Michx.;绿梣;Green Ash ●☆

168135 Fraxinus viridis Michx. = Fraxinus pennsylvanica Marshall ●

168136 Fraxinus vulutina Torr.;绒毛梣(茸毛白蜡树,毡毛梣);Arizona Ash,Desert Ash,Velvet-like Ash,Vulvet Ash ●

168137 Fraxinus xanthoxyloides (G. Don) A. DC.;椒叶梣(椒叶白蜡树);Prickly-ash-leaved Ash ●

168138 Fraxinus yunnanensis Lingelsh. = Fraxinus chinensis Roxb. ●

168139 Freatulina Chrtek et Slavíková = Drosera L. ■

168140 Fredericia G. Don = Fridericia Mart. ●☆

168141 Frederick Utech = Hosta Tratt.(保留属名)■

168142 Fredolia (Bunge) Ulbr. = Anabasis L. ●■

168143 Fredolia (Coss. et Durieu ex Bunge) Ulbr. (1934);福来藜属●☆

168144 Fredolia (Coss. et Durieu ex Bunge) Ulbr. = Anabasis L. ●■

168145 Fredolia (Coss. et Durieu) Ulbr. = Anabasis L. ●■

168146 Fredolia Coss. et Durieu ex Moq. et Coss. = Anabasis L. ●■

168147 Fredolia aretioides (Coss. et Moq. ex Bunge) Ulbr.;福来藜●☆

168148 Freemania Bojer ex DC. = Helichrysum Mill.(保留属名)●■

168149 Freerea Willis = Freeria Merr. ●

168150 Freeria Merr. = Pyrenacantha Wight(保留属名)●

168151 Freesea Exklon = Ixia L.(保留属名)■☆

168152 Freesea Exklon = Tritonia Ker Gawl. ■

168153 Freesia Exklon ex Klatt(1866)(保留属名);香雪兰属(小菖兰属,小苍兰属);Freesia ■

168154 Freesia Klatt = Freesia Exklon ex Klatt(保留属名)■

168155 Freesia Klatt = Gladiolus L. ■

168156 Freesia alba (Baker) Gumbl. = Freesia alba (G. L. Mey.) Gumbl. ■☆

168157 Freesia alba (G. L. Mey.) Gumbl.;白花香雪兰■☆

168158 Freesia angolensis (Baker) Klatt = Lapeirousia schimperi (Asch. et Klatt) Milne-Redh. ■☆

168159 Freesia armstrongii W. Watson = Freesia corymbosa (Burm. f.) N. E. Br. ■☆

168160 Freesia brevis N. E. Br. = Freesia corymbosa (Burm. f.) N. E. Br. ■☆

168161 Freesia caryophyllacea (Burm. f.) N. E. Br.;石竹状香雪兰■☆

168162 Freesia corymbosa (Burm. f.) N. E. Br.;红小香雪兰(红花小菖兰,红小苍兰);Common Freesia ■☆

168163 Freesia corymbosa N. E. Br. = Freesia corymbosa (Burm. f.) N. E. Br. ■☆

168164 Freesia cruenta (Lindl.) Klatt = Freesia laxa (Thunb.) Goldblatt et J. C. Manning ■☆

168165 Freesia curvifolia Klatt;折叶香雪兰■☆

168166 Freesia elimensis L. Bolus = Freesia caryophyllacea (Burm. f.) N. E. Br. ■☆

168167 Freesia fergusoniae L. Bolus;费格森香雪兰■☆

168168 Freesia flava (E. Phillips et N. E. Br.) N. E. Br. = Freesia speciosa L. Bolus ■☆

168169 Freesia framesii L. Bolus = Freesia occidentalis L. Bolus ■☆

168170 Freesia fucata J. C. Manning et Goldblatt;着色香雪兰■☆

168171 Freesia grandiflora (Baker) Klatt;大花香雪兰■☆

168172 Freesia herbertii N. E. Br. = Freesia xanthospila (DC.) Klatt ■☆

168173 Freesia hurlingii L. Bolus = Freesia refracta (Jacq.) Klatt ■

168174 Freesia hybrida L. Bailey;杂种香雪兰(美丽香雪兰,杂丽香雪

兰);Freesia ■☆

168175 Freesia juncifolia (Baker) Klatt = Thereianthus juncifolius (Baker) G. J. Lewis ■☆

168176 Freesia laxa (Thunb.) Goldblatt et J. C. Manning;疏松香雪兰;False Freesia ■☆

168177 Freesia laxa (Thunb.) Goldblatt et J. C. Manning subsp. azurea (Goldblatt et Hutchings) Goldblatt et J. C. Manning;天蓝香雪兰 ■☆

168178 Freesia leichtlinii Klatt;膜鞘香雪兰■☆

168179 Freesia metelerkampiae L. Bolus = Freesia corymbosa (Burm. f.) N. E. Br. ■☆

168180 Freesia middlemostii W. F. Barker = Freesia leichtlinii Klatt ■☆

168181 Freesia occidentalis L. Bolus;西方香雪兰■☆

168182 Freesia parva N. E. Br. = Freesia caryophyllacea (Burm. f.) N. E. Br. ■☆

168183 Freesia refracta (Jacq.) Eckl. ex Klatt;香雪兰(菖蒲兰,小菖兰);Common Freesia ■

168184 Freesia refracta (Jacq.) Klatt = Freesia refracta (Jacq.) Eckl. ex Klatt ■

168185 Freesia refracta (Jacq.) Klatt var. alba Baker = Freesia alba (Baker) Gumbl. ■☆

168186 Freesia refracta (Jacq.) Klatt var. alba G. L. Mey. = Freesia alba (G. L. Mey.) Gumbl. ■☆

168187 Freesia refracta Klatt = Freesia hybrida L. Bailey ■☆

168188 Freesia refracta Klatt var. alba Baker;白香雪兰(白花香雪兰) ■☆

168189 Freesia refracta Klatt var. leichtlinii (Klatt) W. Mill.;窄管香雪兰(黄花香雪兰)■☆

168190 Freesia refracta Klatt var. odorata Baker;黄香雪兰■☆

168191 Freesia refracta Klatt var. xanthospila Voss;白细管香雪兰(白花狭管香雪兰)■☆

168192 Freesia rubella Baker = Freesia grandiflora (Baker) Klatt ■☆

168193 Freesia secunda Eckl. = Tritonia flabellifolia (D. Delaroche) G. J. Lewis var. major (Ker Gawl.) M. P. de Vos ■☆

168194 Freesia sparrmannii (Thunb.) N. E. Br.;斯帕尔曼香雪兰■☆

168195 Freesia sparrmannii (Thunb.) N. E. Br. var. flava E. Phillips et N. E. Br. = Freesia speciosa L. Bolus ■☆

168196 Freesia speciosa L. Bolus;美花香雪兰■☆

168197 Freesia tigridia L. f. = Tigridia pavonia (L. f.) Ker Gawl. ■

168198 Freesia verrucosa (Vogel) Goldblatt et J. C. Manning;多疣香雪兰■☆

168199 Freesia viridis (Aiton) Goldblatt et J. C. Manning;绿花香雪兰 ■☆

168200 Freesia xanthospila (DC.) Klatt;黄斑香雪兰■☆

168201 Fregea Rchb. f. = Sobralia Ruiz et Pav. ■☆

168202 Fregirardia Dunal = Cestrum L. ●

168203 Fregirardia Dunal ex Raf. = Cestrum L. ●

168204 Freira Gay = Freirea Gaudich. ■

168205 Freirea Gaudich. = Parietaria L. ■

168206 Freirea alsinifolia (Delile) Gaudich. = Parietaria alsinifolia Delile ■☆

168207 Freireodendron Müll. Arg. = Drypetes Vahl ●

168208 Fremontea Lindl. = Sarcobatus Nees ●☆

168209 Fremontia Torr. (1843) = Sarcobatus Nees ●☆

168210 Fremontia Torr. (1854) = Fremontodendron Coville ●☆

168211 Fremontia californica Torr. = Fremontodendron californicum (Torr.) Coville ●☆

168212 Fremontia vermiculata (Hook.) Torr. = Sarcobatus vermiculatus (Hook.) Torr. ●☆

168213 Fremontiaceae J. Agardh = Cheiranthodendraceae A. Gray ●☆

168214 Fremontiaceae J. Agardh = Sterculiaceae Vent. (保留科名) ●■

168215 Fremontodendron Coville (1893);法兰绒花属(佛里蒙德属,佛里蒙特属,弗里芒木属);Flannel Bush, Flannel Flower ●☆

168216 Fremontodendron californicum (Torr.) Coville;法兰绒花(佛里蒙特,加州弗里芒木,加洲桐);California Flannel Bush, California Fremontia, Californian Slippery Elm, Flannel Bush, Flannel-bush, Fremontia ●☆

168217 Fremontodendron decumbens R. M. Lloyd;矮法兰绒花(矮佛里蒙特);Pine Hill Flannel Bush ●☆

168218 Fremontodendron mexicanum Davidson;墨西哥法兰绒花(墨西哥佛里蒙特);Fremontia, Southern Flannel Bush ●☆

168219 Fremya Brongn. et Gris = Xanthostemon F. Muell. (保留属名) ●☆

168220 Frenela Mirb. = Callitris Vent. ●

168221 Frerea Dalzell (1864);弗氏萝藦属(弗里尔属)■☆

168222 Frerea indica Dalzell;弗氏萝藦(弗里尔)■☆

168223 Fresenia DC. = Felicia Cass. (保留属名) ●■

168224 Fresenia fasciculata Bolus = Felicia filifolia (Vent.) Burtt Davy subsp. bodkinii (Compton) Grau ■☆

168225 Fresenia foliosa Klatt = Pegolettia retrofracta (Thunb.) Kies ■☆

168226 Fresenia leptophylla DC. = Felicia filifolia (Vent.) Burtt Davy subsp. schaeferi (Dinter) Grau ■☆

168227 Fresenia nana Hutch. = Felicia macrorrhiza (Thunb.) DC. ●☆

168228 Fresenia pinnatilobata Klatt = Pegolettia pinnatilobata (Klatt) O. Hoffm. ex Dinter ■☆

168229 Fresenia scaposa DC. = Felicia macrorrhiza (Thunb.) DC. ●☆

168230 Fresenia stuposa Steud. = Felicia macrorrhiza (Thunb.) DC. ●☆

168231 Fresiera Mirb. = Freziera Willd. (保留属名) ●☆

168232 Fresnelia Steud. = Callitris Vent. ●

168233 Fresnelia Steud. = Frenela Mirb. ●

168234 Freuchenia Eckl. = Moraea Mill. (保留属名) ■

168235 Freuchenia bulbifera Eckl. = Moraea ramosissima (L. f.) Druce ■☆

168236 Freya V. M. Badillo (1985);弗雷菊属■☆

168237 Freya alba V. M. Badillo;弗雷菊■☆

168238 Freycinetia Gaudich. (1824);藤露兜属(蔓露兜属,山林投属,山露兜属,藤露兜树属);Climbing Screw-pine, Freycinetia, Screw Pine, Vinescrewpine ●

168239 Freycinetia arborea Gaudich.;乔木藤露兜;Climbing Screw Pine ●☆

168240 Freycinetia banksii A. Cunn.;班克斯藤露兜●☆

168241 Freycinetia batanensis Mart. = Freycinetia formosana Hemsl. ●

168242 Freycinetia batanensis Mart. = Freycinetia williamsii Merr. ●

168243 Freycinetia boninensis (Nakai) Nakai;小笠原藤露兜●☆

168244 Freycinetia cumingiana Gaudin;卡明氏藤露兜;Cuming's Screw Pine ●☆

168245 Freycinetia formosana Hemsl.;山露兜(林投舅,山林投,台湾蔓露兜,藤露兜树);Climbing Screw-pine, Taiwan Freycinetia, Wild Vinescrewpine ●

168246 Freycinetia formosana Hemsl. f. typica Kimura = Freycinetia formosana Hemsl. ●

168247 Freycinetia javanica Blume;爪哇藤露兜;Climbing Pandanus ●☆

168248 Freycinetia multiflora Merr.;多花藤露兜●☆
168249 Freycinetia scandensis Gaudich.;藤露兜●
168250 Freycinetia tawadana Y. Kimura = Freycinetia williamsii Merr. ●
168251 Freycinetia williamsii Merr.;菲岛山林投(巴丹蔓露兜,菲岛藤林投);Batan Climbing Screw-pine,Williams Vinescrewpine ●
168252 Freycinetiaceae Brongn. ex Le Maout et Decne. = Pandanaceae R. Br.(保留科名)●■
168253 Freyera Rchb. = Geocaryum Coss. ■
168254 Freyeria Scop. = Chionanthus L. ●
168255 Freyeria Scop. = Linociera Sw. ex Schreb.(保留属名)●
168256 Freyeria Scop. = Mayepea Aubl.(废弃属名)●
168257 Freylinia Colla(1824);福雷铃木属●☆
168258 Freylinia cestroides Colla = Freylinia lanceolata (L. f.) G. Don ●☆
168259 Freylinia crispa Van Jaarsv.;皱波福雷铃木●☆
168260 Freylinia decurrens Levyns ex Van Jaarsv. = Freylinia densiflora Benth. ●☆
168261 Freylinia densiflora Benth.;密花福雷铃木●☆
168262 Freylinia lanceolata (L. f.) G. Don;福雷铃木;Honeybell Bush ●☆
168263 Freylinia lanceolata G. Don = Freylinia lanceolata (L. f.) G. Don ●☆
168264 Freylinia longiflora Benth.;长花福雷铃木●☆
168265 Freylinia oppositifolia Spin = Freylinia lanceolata (L. f.) G. Don ●☆
168266 Freylinia rigida (Thunb.) G. Don = Ehretia rigida (Thunb.) Druce ●☆
168267 Freylinia tropica S. Moore;热带福雷铃木●☆
168268 Freylinia undulata (L. f.) Benth.;波状福雷铃木●☆
168269 Freylinia undulata (L. f.) Benth. var. carinata Benth. = Freylinia densiflora Benth. ●☆
168270 Freylinia undulata (L. f.) Benth. var. densiflora (Benth.) Hiern = Freylinia densiflora Benth. ●☆
168271 Freylinia undulata (L. f.) Benth. var. longiflora (Benth.) Hiern = Freylinia longiflora Benth. ●☆
168272 Freylinia undulata (L. f.) Benth. var. macrophylla Hiern = Freylinia densiflora Benth. ●☆
168273 Freylinia undulata (L. f.) Benth. var. planifolia Drège = Freylinia densiflora Benth. ●☆
168274 Freylinia undulata (L. f.) Benth. var. pubescens Benth. = Freylinia undulata (L. f.) Benth. ●☆
168275 Freylinia undulata (L. f.) Benth. var. villosa Drège = Freylinia undulata (L. f.) Benth. ●☆
168276 Freylinia visseri Van Jaarsv.;维瑟福雷铃木●☆
168277 Freylinia vlokii Van Jaarsv.;弗劳克福雷铃木●☆
168278 Freyliniopsis Engl. = Manuleopsis Thell. ex Schinz ●☆
168279 Freyliniopsis trothae Engl. = Manuleopsis dinteri Thell. ●☆
168280 Freziera Sw. = Freziera Willd.(保留属名)●☆
168281 Freziera Sw. ex Willd. = Freziera Willd.(保留属名)●☆
168282 Freziera Willd.(1799)(保留属名);富雷茶属●☆
168283 Freziera forerorum A. H. Gentry;富雷茶●☆
168284 Freziera ochnacea (DC.) Nakai ex Mori = Cleyera japonica Thunb. ●
168285 Fridericia Mart.(1827);弗里紫葳属●☆
168286 Fridericia speciosa Mart.;弗里紫葳●☆
168287 Friederichsthalia A. DC. = Friedrichsthalia Fenzl ●■
168288 Friederichsthalia A. DC. = Trichodesma R. Br.(保留属名)●■
168289 Friedertcia Rchb. = Fridericia Mart. ●☆
168290 Friedlandia Cham. et Schltdl. = Diplusodon Pohl ●☆
168291 Friedrichsthalia Fenzl = Trichodesma R. Br.(保留属名)●■
168292 Friedrichsthalia incana Bunge = Trichodesma incanum (Bunge) A. DC. ■☆
168293 Friedrichsthalia physaloides Fenzl = Trichodesma physaloides (Fenzl) A. DC. ■☆
168294 Friedrichsthalia schimperi Bunge = Trichodesma africanum (L.) Sm. ■☆
168295 Friedrichsthalia trichodesmoides Bunge = Trichodesma trichodesmoides (Bunge) Gürke ■☆
168296 Friesea Rchb. = Aristotelia L'Hér.(保留属名)●☆
168297 Friesea Rchb. = Friesia DC. ●☆
168298 Friesia DC. = Aristotelia L'Hér.(保留属名)●☆
168299 Friesia Frič = Parodia Speg.(保留属名)●
168300 Friesia Frič = Pyrrhocactus A. Berger ■☆
168301 Friesia Frič ex Kreuz. = Parodia Speg.(保留属名)●
168302 Friesia Frič ex Kreuz. = Pyrrhocactus A. Berger ■☆
168303 Friesia Spreng. = Crotonopsis Michx. ●☆
168304 Friesia chinensis Gardner et Champ. = Elaeocarpus chinensis (Gardner et Champ.) Hook. f. ex Benth. ●
168305 Friesodielsia Steenis = Richella A. Gray ●
168306 Friesodielsia Steenis(1948);箭花藤属(弗迪木属)●☆
168307 Friesodielsia albida (Engl.) Steenis = Friesodielsia gracilipes (Benth.) Steenis ●☆
168308 Friesodielsia dielsiana (Engl.) Steenis;迪尔斯箭花藤●☆
168309 Friesodielsia discostigma (Diels) Steenis;盘头箭花藤●☆
168310 Friesodielsia enghiana (Diels) Verdc.;恩格箭花藤●☆
168311 Friesodielsia glaucifolia (Hutch. et Dalziel) Steenis;灰绿箭花藤●☆
168312 Friesodielsia gracilipes (Benth.) Steenis;细梗箭花藤●☆
168313 Friesodielsia gracilipes (Benth.) Steenis var. longipedicellata Baker f. = Friesodielsia gracilipes (Benth.) Steenis ●☆
168314 Friesodielsia gracilis (Hook. f.) Steenis;纤细箭花藤●☆
168315 Friesodielsia grandiflora (Boutique) Steenis = Friesodielsia enghiana (Diels) Verdc. ●☆
168316 Friesodielsia hainanensis Tsiang et P. T. Li = Richella hainanensis (Tsiang et P. T. Li) Tsiang et P. T. Li ●
168317 Friesodielsia hirsuta (Benth.) Steenis;多毛箭花藤●☆
168318 Friesodielsia longipedicellata (Baker f.) Steenis = Friesodielsia gracilipes (Benth.) Steenis ●☆
168319 Friesodielsia montana (Engl. et Diels) Steenis;山地箭花藤●☆
168320 Friesodielsia obanensis (Baker f.) Steenis = Friesodielsia enghiana (Diels) Verdc. ●☆
168321 Friesodielsia obovata (Benth.) Verdc.;倒卵箭花藤●☆
168322 Friesodielsia rosea (Sprague et Hutch.) Steenis;粉红箭花藤●☆
168323 Friesodielsia soyauxii (Sprague et Hutch.) Steenis = Friesodielsia montana (Engl. et Diels) Steenis ●☆
168324 Friesodielsia velutina (Sprague et Hutch.) Steenis;短绒毛箭花藤●☆
168325 Frigidorchis Z. J. Liu et S. C. Chen(2007);冷兰属■
168326 Frigidorchis humidicola (K. Y. Lang et D. S. Deng) Z. J. Liu et S. C. Chen;冷兰(湿生阔蕊兰);Wet Peristylus,Wet Perotis ■
168327 Frisea Spach = Thesium L. ■
168328 Frithia N. E. Br.(1925);晃玉属■☆
168329 Frithia humilis Burgoyne;小晃玉■☆
168330 Frithia pulchra N. E. Br.;晃玉;Baby Toes,Purple Baby Toes ■☆
168331 Frithia pulchra N. E. Br. var. minor de Boer = Frithia humilis

Burgoyne ■☆

168332 Fritillaria L. (1753);贝母属;Fritillaria, Fritillary, Persian Lily, Snake's Head ■

168333 Fritillaria acmopetala Boiss.;弯尖贝母■☆

168334 Fritillaria adamantina M. Peck = Fritillaria atropurpurea Nutt. ■☆

168335 Fritillaria affinis (Schult. et Schult. f.) Sealy;近缘贝母;Checker-lily ■☆

168336 Fritillaria agrestis Greene;密集贝母;Stinkbells ■☆

168337 Fritillaria albidoflora X. Z. Duan et X. J. Zheng = Fritillaria verticillata Willd. ■

168338 Fritillaria albidoflora X. Z. Duan et X. J. Zheng var. jimunaica (X. Z. Duan et X. J. Zheng) X. Z. Duan et X. J. Zheng = Fritillaria verticillata Willd. ■

168339 Fritillaria albidoflora X. Z. Duan et X. J. Zheng var. purpurea (X. Z. Duan et X. J. Zheng) X. Z. Duan et X. J. Zheng = Fritillaria verticillata Willd. ■

168340 Fritillaria albidoflora X. Z. Duan et X. J. Zheng var. purpurea X. Z. Duan et X. J. Zheng = Fritillaria verticillata Willd. ■

168341 Fritillaria albidoflora X. Z. Duan et X. J. Zheng var. rhodanthera X. Z. Duan et X. J. Zheng = Fritillaria verticillata Willd. ■

168342 Fritillaria albidoflora X. Z. Duan et X. J. Zheng var. viridicaulinus (X. Z. Duan et X. J. Zheng) X. Z. Duan et X. J. Zheng = Fritillaria verticillata Willd. ■

168343 Fritillaria amoena Chang Y. Yang = Fritillaria verticillata Willd. ■

168344 Fritillaria anhuiensis S. C. Chen et S. F. Yin;安徽贝母(白花安徽贝母,白花贝母,大别山贝母,鄂北贝母,舞阳贝母,紫花鄂北贝母);Anhui Fritillary, Dabieshan Fritillary, Ebei Fritillary, Purple Ebei Fritillary, Wuyang Fritillary ■

168345 Fritillaria anhuiensis S. C. Chen et S. F. Yin f. jinzhaiensis Y. K. Yang et J. Z. Shao = Fritillaria anhuiensis S. C. Chen et S. F. Yin ■

168346 Fritillaria anhuiensis S. C. Chen et S. F. Yin var. albiflora S. C. Chen et S. F. Yin = Fritillaria anhuiensis S. C. Chen et S. F. Yin ■

168347 Fritillaria ariana (Loz. -Lozinsk. et Vved.) Rix;中亚贝母■☆

168348 Fritillaria armena Boiss.;亚美尼亚贝母■☆

168349 Fritillaria atropurpurea Nutt.;深紫贝母■☆

168350 Fritillaria atropurpurea Nutt. var. falcata Jeps. = Fritillaria falcata (Jeps.) D. E. Beetle ■☆

168351 Fritillaria atropurpurea Nutt. var. pinetorum (Davidson) I. M. Johnst. = Fritillaria pinetorum Davidson ■☆

168352 Fritillaria austroanhuiensis Y. K. Yang et J. K. Wu = Fritillaria thunbergii Miq. ■

168353 Fritillaria autumnalis Mill. = Eucomis autumnalis (Mill.) Chitt. ■☆

168354 Fritillaria baroensis Q. Z. Zhang et Y. M. Lu;巴尔鲁克贝母;Baerluke Fritillary ■

168355 Fritillaria biflora Lindl.;双花贝母;Chocolate-lily, Mission Bells ■☆

168356 Fritillaria biflora Lindl. var. agrestis Greene = Fritillaria agrestis Greene ■☆

168357 Fritillaria bolensis G. Z. Zhang et Y. M. Liu = Fritillaria pallidiflora Schrenk ex Fisch. et C. A. Mey. ■

168358 Fritillaria borealixingjiangensis Y. K. Yang, S. X. Zhang et G. J. Liu = Fritillaria verticillata Willd. ■

168359 Fritillaria brandegeei Eastw.;绿角贝母;Greenhorn Fritillary ■☆

168360 Fritillaria bucharica Regel.;素花贝母■☆

168361 Fritillaria camtschatcensis (L.) Ker Gawl.;黑贝母(黑百合,堪察加贝母);Black Lily, Black Sarana, Kamtschatka Fritillary ■☆

168362 Fritillaria camtschatcensis Ker Gawl. = Fritillaria camtschatcensis (L.) Ker Gawl. ■☆

168363 Fritillaria camtschatcensis L. = Fritillaria camtschatcensis (L.) Ker Gawl. ■☆

168364 Fritillaria cancasica Adams;高加索贝母■☆

168365 Fritillaria cantoniensis Lour. = Disporum cantoniense (Lour.) Merr. ■

168366 Fritillaria chekiangensis (P. K. Hsiao et K. C. Hsia) Y. K. Yang, Z. H. Lin et C. Lin = Fritillaria thunbergii Miq. var. chekingensis P. K. Hsiao et K. C. Hsia ■

168367 Fritillaria chitralensis B. Mathew;吉德拉尔贝母■☆

168368 Fritillaria chuanbeiensis Y. K. Yang, D. H. Jiang et Y. H. Yang = Fritillaria sichuanica S. C. Chen ■

168369 Fritillaria chuanbeiensis Y. K. Yang, D. H. Jiang et Y. H. Yang = Fritillaria taipaiensis P. Y. Li ■

168370 Fritillaria chuanbeiensis Y. K. Yang, D. H. Jiang et Y. H. Yang var. huyabeimu Y. K. Yang et D. H. Jiang = Fritillaria sichuanica S. C. Chen ■

168371 Fritillaria chuanbeiensis Y. K. Yang, D. H. Jiang et Y. H. Yang var. huyabeimu Y. M. Yang et D. H. Jiang = Fritillaria taipaiensis P. Y. Li ■

168372 Fritillaria chuanganensis Y. K. Yang et J. K. Wu;川甘贝母;Cuan-gan Fritillary ■

168373 Fritillaria chuanganensis Y. K. Yang et J. K. Wu = Fritillaria sichuanica S. C. Chen ■

168374 Fritillaria cirrhosa D. Don f. glabra P. Y. Li = Fritillaria cirrhosa D. Don ■

168375 Fritillaria cirrhosa D. Don f. glabra P. Y. Li = Fritillaria taipaiensis P. Y. Li ■

168376 Fritillaria cirrhosa D. Don var. bonatii (H. Lév.) S. C. Chen = Fritillaria cirrhosa D. Don ■

168377 Fritillaria cirrhosa D. Don var. brevistigma Y. K. Yang et J. K. Wu = Fritillaria yuzhongensis G. D. Yu et Y. S. Zhou ■

168378 Fritillaria cirrhosa D. Don var. dingriensis Y. K. Yang et J. Z. Zhang = Fritillaria cirrhosa D. Don ■

168379 Fritillaria cirrhosa D. Don var. ecirrhosa Franch. = Fritillaria sichuanica S. C. Chen ■

168380 Fritillaria cirrhosa D. Don var. jilongensis Y. K. Yang et Gesan;吉隆贝母;Jilong Fritillary ■

168381 Fritillaria cirrhosa D. Don var. jilongensis Y. K. Yang et Gesan = Fritillaria cirrhosa D. Don ■

168382 Fritillaria cirrhosa D. Don var. viridiflava S. C. Chen = Fritillaria cirrhosa D. Don ■

168383 Fritillaria coccinea Greene;粉花贝母;Scarlet Fritillary ■☆

168384 Fritillaria collicola Hance = Fritillaria thunbergii Miq. ■

168385 Fritillaria crassicaulis S. C. Chen;粗茎贝母(峨眉贝母,瓦布贝母);Emei Fritillary, Omei Fritillary, Wabu Fritillary, Thickstem Fritillary ■

168386 Fritillaria crassifolia Boiss. et Huet;厚叶贝母■☆

168387 Fritillaria dagana Turcz. ex Trautv.;东北贝母(满洲贝母)■

168388 Fritillaria dagana Turcz. ex Trautv. = Fritillaria maximowiczii Freyn ■

168389 Fritillaria dajinensis S. C. Chen;大金贝母;Dajin Fritillary ■

168390 Fritillaria davidii Franch.;米贝母(米百合);David Fritillary ■

168391 Fritillaria delavayi Franch.;梭砂贝母(阿皮卡,班玛贝母,贝

父,贝母,德氏贝母,黄虻,空草,苦菜,苦花,炉贝,虻,勤母,雪贝母,雪山贝母,药实);Banma Fritillary,Delavay Fritillary ■
168392 Fritillaria delavayi Franch. var. banmaensis Y. K. Yang et J. K. Wu = Fritillaria delavayi Franch. ■
168393 Fritillaria delphinensis Gren. = Fritillaria tubaeformis Gren. et Godr. ■☆
168394 Fritillaria duilongdeqingensis Y. K. Yang et Gesan = Fritillaria cirrhosa D. Don ■
168395 Fritillaria eastwoodiae R. M. MacFarl.;伊斯伍德贝母;Butte County Fritillary ■☆
168396 Fritillaria ebeiensis G. D. Yu et G. Q. Ji = Fritillaria anhuiensis S. C. Chen et S. F. Yin ■
168397 Fritillaria ebeiensis G. D. Yu et G. Q. Ji var. purpurea G. D. Yu et G. Q. Ji = Fritillaria anhuiensis S. C. Chen et S. F. Yin ■
168398 Fritillaria eduardi Regel;埃氏贝母■☆
168399 Fritillaria egregia Y. K. Yang et al.;优异贝母■
168400 Fritillaria falcata (Jeps.) D. E. Beetle;镰形贝母;Talus Fritillary ■☆
168401 Fritillaria ferganensis Losinsk.;乌恰贝母(新疆贝母);Fergan Fritillary,Wuqia Fritillary ■
168402 Fritillaria flavida Rendle = Lilium nanum Klotzsch var. flavidum (Rendle) Sealy ■
168403 Fritillaria fujiangensis Y. K. Yang,D. H. Jiang et Y. H. Yu = Fritillaria sichuanica S. C. Chen ■
168404 Fritillaria fujiangensis Y. K. Yang,D. H. Jiang et Y. H. Yu = Fritillaria taipaiensis P. Y. Li ■
168405 Fritillaria fusca Turrill;高山贝母(喜马拉雅贝母);Alpine Fritillary,Himalayan Fritillary ■
168406 Fritillaria gansuensis S. C. Chen = Fritillaria przewalskii Maxim. ex Batalin ■
168407 Fritillaria gansuensis S. C. Chen et G. D. Yu = Fritillaria przewalskii Maxim. ex Batalin ■
168408 Fritillaria gardneriana Wall. = Lilium nanum Klotzsch ■
168409 Fritillaria gibbosa Boiss.;浅囊贝母■☆
168410 Fritillaria glabra (P. Y. Li) S. C. Chen = Fritillaria taipaiensis P. Y. Li ■
168411 Fritillaria glabra (P. Y. Li) S. C. Chen var. qingchuanensis (Y. K. Yang et J. K. Wu) S. Y. Tang et S. C. Yueh = Fritillaria taipaiensis P. Y. Li ■
168412 Fritillaria glabra (P. Y. Li) S. C. Chen var. qingchuanensis (Y. K. Yang et J. K. Wu) S. Y. Tang et S. C. Yueh = Fritillaria sichuanica S. C. Chen ■
168413 Fritillaria glabra (P. Y. Li) S. C. Chen var. shanxiensis S. C. Chen = Fritillaria yuzhongensis G. D. Yu et Y. S. Zhou ■
168414 Fritillaria gracillima Smiley = Fritillaria atropurpurea Nutt. ■☆
168415 Fritillaria graeca Boiss. et Spruner;希腊贝母;Greek Fritillary ■☆
168416 Fritillaria grandiflora Grossh.;大花贝母■☆
168417 Fritillaria grossheimiana Losinsk.;格罗贝母■☆
168418 Fritillaria guizhouensis Y. K. Yang,S. Z. He et J. K. Wu = Fritillaria monantha Migo ■
168419 Fritillaria halabulanica X. Z. Duan et X. J. Zheng = Fritillaria pallidiflora Schrenk var. halabulaica (X. Z. Duan et X. J. Zheng) G. J. Liu ■
168420 Fritillaria halabulanica X. Z. Duan et X. J. Zheng = Fritillaria pallidiflora Schrenk ■
168421 Fritillaria heboksarensis X. Z. Duan et X. J. Zheng = Fritillaria tortifolia X. Z. Duan et X. J. Zheng ■
168422 Fritillaria heboksarensis X. Z. Duan et X. J. Zheng = Fritillaria verticillata Willd. ■
168423 Fritillaria himalaica Y. K. Yang,D. H. Jiang et Y. H. Yu = Fritillaria fusca Turrill ■
168424 Fritillaria huangshanensis Y. K. Yang et C. J. Wu = Fritillaria monantha Migo ■
168425 Fritillaria huangshanensis Y. K. Yang et C. J. Wu f. tonglingensis (S. C. Chen et S. F. Yin) Y. K. Yang et Y. H. Zhang = Fritillaria monantha Migo ■
168426 Fritillaria huangshanensis Y. K. Yang et J. K. Wu = Fritillaria monantha Migo ■
168427 Fritillaria huangshanensis Y. K. Yang et J. K. Wu f. tonglingensis (S. C. Chen et S. F. Yin) Y. K. Yang et Y. H. Zhang = Fritillaria monantha Migo ■
168428 Fritillaria hupehensis P. K. Hsiao et K. C. Hsia = Fritillaria monantha Migo ■
168429 Fritillaria hupehensis P. K. Hsiao et K. C. Hsia var. dabieshanensis M. P. Deng et K. Yao = Fritillaria anhuiensis S. C. Chen et S. F. Yin ■
168430 Fritillaria imperialis L.;王贝母(花贝母,皇冠贝母,璎珞百合,壮丽贝母);Crown Fritillary,Crown Imperial,Crown Imperials,Imperial Crown-fritillary,Imperial Frltillary,Imperial Lily,Persian Lily,Stink Lily ■☆
168431 Fritillaria imperialis L. 'Lutea';金花王贝母■☆
168432 Fritillaria imperialis L. 'Rubra Maxima';红巨人王贝母■☆
168433 Fritillaria involucrata All.;总苞贝母;Involucrate Fritillary ■☆
168434 Fritillaria japonica Miq.;天盖百合;Japanese Fritillary ■☆
168435 Fritillaria kamtschatcensis Fisch. ex Hook. = Fritillaria maximowiczii Freyn ■
168436 Fritillaria kamtschatcensls (L.) Fisch. ex Hook. = Fritillaria maximowiczii Freyn ■
168437 Fritillaria kamtschtensis (L.) Fisch. = Fritillaria maximowiczii Freyn ■
168438 Fritillaria karelinii (Fisch. ex D. Don) Baker;砂贝母(白花戈壁贝母,白花砂贝母,戈壁贝母,滩贝母);Karelin Fritillary ■
168439 Fritillaria karelinii (Fisch. ex D. Don) Baker var. albiflora X. Z. Duan et X. J. Zheng = Fritillaria karelinii (Fisch.) Baker ■
168440 Fritillaria karelinii (Fisch.) Baker = Fritillaria karelinii (Fisch. ex D. Don) Baker ■
168441 Fritillaria karelinii (Fisch.) Baker var. albiflora X. Z. Duan et X. J. Zheng = Fritillaria karelinii (Fisch.) Baker ■
168442 Fritillaria kotschyana Herb.;考兹贝母■☆
168443 Fritillaria kurdica Boiss. et Boiss.;库尔得贝母■☆
168444 Fritillaria lanceolata Pursh;深裂柱贝母;Lanceolate Fritillary,Mission Bells,Rice-root ■☆
168445 Fritillaria lanceolata Pursh = Fritillaria affinis (Schult. et Schult. f.) Sealy ■☆
168446 Fritillaria lanceolata Pursh var. floribunda Benth.;多花深裂柱贝母■☆
168447 Fritillaria lanceolata Pursh var. gracilis S. Watson = Fritillaria affinis (Schult. et Schult. f.) Sealy ■☆
168448 Fritillaria lanceolata Pursh var. tristulis A. L. Grant = Fritillaria affinis (Schult. et Schult. f.) Sealy ■☆
168449 Fritillaria lanzhouensis Y. K. Yang,P. P. Ling et G. Yao = Fritillaria yuzhongensis G. D. Yu et Y. S. Zhou ■
168450 Fritillaria latifolia Willd.;宽叶贝母■☆

168451 Fritillaria leucantha Fisch ex Schult. f. ;白花贝母■☆

168452 Fritillaria lhiinzeensis Y. K. Yang et al. = Fritillaria cirrhosa D. Don ■

168453 Fritillaria lichuanensis P. Li et C. P. Yang = Fritillaria monantha Migo ■

168454 Fritillaria liliacea Lindl. ; 白贝母; Fragrant Fritillary, White Fritillary ■☆

168455 Fritillaria linearis J. M. Coult. et Fisher = Fritillaria atropurpurea Nutt. ■☆

168456 Fritillaria lishiensis Y. K. Yang et J. K. Wu = Fritillaria yuzhongensis G. D. Yu et Y. S. Zhou ■

168457 Fritillaria lishiensis Y. K. Yang et J. K. Wu var. yichengensis Y. K. Yang et P. P. Ling = Fritillaria taipaiensis P. Y. Li ■

168458 Fritillaria lishiensis Y. K. Yang et J. K. Wu var. yichengensis Y. K. Yang et P. P. Ling = Fritillaria yuzhongensis G. D. Yu et Y. S. Zhou ■

168459 Fritillaria lixianensis Y. K. Yang et J. K. Wu = Fritillaria unibracteata P. K. Hsiao et K. C. Hsia ■

168460 Fritillaria lophophora Bureau et Franch. = Lilium lophophorum (Bureau et Franch.) Franch. ■

168461 Fritillaria lusitanica Wikstr. ;葡萄牙贝母;Portuguese Fritillary ■☆

168462 Fritillaria lusitanica Wikstr. subsp. macrocarpa (Coss.) Valdés = Fritillaria macrocarpa Coss. ■☆

168463 Fritillaria lusitanica Wikstr. subsp. oranensis (Pomel) Valdés; 奥兰贝母■☆

168464 Fritillaria lutea Mill. ;黄贝母■☆

168465 Fritillaria macrocarpa Coss. ;大果贝母■☆

168466 Fritillaria macrophylla D. Don = Notholirion macrophyllum (D. Don) Boiss. ■

168467 Fritillaria maximowiczii Freyn;轮叶贝母(北贝,黄花轮叶贝母,勘察加贝母,一轮贝母); Maximowicz Fritillary, Yellowflower Maximowicz Fritillary ■

168468 Fritillaria maximowiczii Freyn f. flaviflora Q. S. Sun et H. Ch. Luo = Fritillaria maximowiczii Freyn ■

168469 Fritillaria meleagrioides Patrin ex Schult. et Schult. f. ;额敏贝母(红花额敏贝母,黄绿花贝母,黄绿花额敏贝母,小花贝母,重瓣额敏贝母); Checkered-like Fritillary, Green-yellowflower Checkered-like Fritillary, Red-flowered Checkered-like Fritillary ■

168470 Fritillaria meleagrioides Patrin ex Schult. et Schult. f. var. flavovirens X. Z. Duan et X. J. Zheng = Fritillaria meleagrioides Patrin ex Schult. et Schult. f. ■

168471 Fritillaria meleagrioides Patrin ex Schult. et Schult. f. var. plena X. Z. Duan et X. J. Zheng = Fritillaria meleagrioides Patrin ex Schult. et Schult. f. ■

168472 Fritillaria meleagrioides Patrin ex Schult. et Schult. f. var. rhodanthus X. Z. Duan et X. J. Zheng = Fritillaria meleagrioides Patrin ex Schult. et Schult. f. ■

168473 Fritillaria meleagrioides Patrin ex Schult. f. var. flavovirens X. Z. Duan et X. J. Zheng = Fritillaria meleagrioides Patrin ex Schult. et Schult. f. ■

168474 Fritillaria meleagrioides Patrin ex Schult. f. var. plena X. Z. Duan et X. J. Zheng = Fritillaria meleagrioides Patrin ex Schult. et Schult. f. ■

168475 Fritillaria meleagrioides Patrin ex Schult. f. var. rhodanthus X. Z. Duan et X. J. Zheng = Fritillaria meleagrioides Patrin ex Schult. et Schult. f. ■

168476 Fritillaria meleagris L. ;阿尔泰贝母(阿勒泰贝母,棋盘贝母,雀斑贝母);Bastard Narcissus, Checkered Fritillary, Checkered Lily, Checkered-lily, Chequered Daffodil, Chequered Lily, Chequered Tulip, Common Fritillary, Cowslip, Crowcup, Daffodil, Dead Man's Bells, Death Bell, Deith Bell, Deith-bell, Doleful Bells of Sorrow, Drooping Bells of Sodom, Drooping Tulip, Falfalaries, Five-leaved Grass, Fraw-cup, Fritillary, Frockup, Forechap, Ginny-hen Flower, Guinea Flower, Guinea Hen, Guinea-flower, Guinea-hen-flower, Hen Flower, Lazarus Bell, Lazarus-bell, Leopard Lily, Leopard's Head, Madam Ugly, Mournful Bells of Sodom, Oaksey Lily, Pheasant Lily, Pheasant's Head, Shy Widow, Shy Widows, Snakeflower, Snake's Flower, Snake's Head, Snake's Head Lily, Snake's-head, Snake's-head Fritillary, Snakeshead Lily, Snake's-head Lily, Snowdrop, Solemn Bells of Sodom, Sullen Lady, Toad's Head, Toad's Mouth, Turkey Cap, Turkey Eggs, Turkey-cap, Turkey-eggs, Turkey-hen Flower, Turk's Head, Weeping Widow, Widow Veil, Widow Wail, Widow-veil, Widow-wail, Wild Tulip ■

168477 Fritillaria meleagris L. var. alba Hort. ;白花阿尔泰贝母■☆

168478 Fritillaria meleagroides Patrin ex Schult. et Schult. f. ;西伯利亚贝母■

168479 Fritillaria meleagroides Patrin ex Schult. et Schult. f. var. flavovirens X. Z. Duan et X. J. Zheng = Fritillaria meleagroides Patrin ex Schult. et Schult. f. ■

168480 Fritillaria meleagroides Patrin ex Schult. et Schult. f. var. plena X. Z. Duan et X. J. Zheng = Fritillaria meleagroides Patrin ex Schult. et Schult. f. ■

168481 Fritillaria meleagroides Patrin ex Schult. et Schult. f. var. rhodantha X. Z. Duan et X. J. Zheng = Fritillaria meleagroides Patrin ex Schult. et Schult. f. ■

168482 Fritillaria mellea S. Y. Tang et S. C. Yueh = Fritillaria sichuanica S. C. Chen ■

168483 Fritillaria messanensis Raf. ; 墨塞尼亚贝母; Messanius Fritillary ■☆

168484 Fritillaria messanensis Raf. var. algeriensis (Baker) Maire et Weiller = Fritillaria lusitanica Wikstr. subsp. oranensis (Pomel) Valdés ■☆

168485 Fritillaria messanensis Raf. var. atlantica Maire = Fritillaria lusitanica Wikstr. subsp. oranensis (Pomel) Valdés ■☆

168486 Fritillaria messanensis Raf. var. glauca Maire = Fritillaria lusitanica Wikstr. subsp. oranensis (Pomel) Valdés ■☆

168487 Fritillaria messanensis Raf. var. macrocarpa (Coss.) Maire = Fritillaria macrocarpa Coss. ■☆

168488 Fritillaria messanensis Raf. var. oranensis (Pomel) Batt. = Fritillaria lusitanica Wikstr. subsp. oranensis (Pomel) Valdés ■☆

168489 Fritillaria michailovskyi Fomin;米氏贝母■☆

168490 Fritillaria micrantha A. Heller;小花贝母■☆

168491 Fritillaria monantha Migo;天目贝母(板贝,贝母,奉节贝母,贵州贝母,湖北贝母,黄山贝母,极贝,利川贝母,宁国贝母,蒲圻贝母,祁门贝母,窍贝,铜陵黄花贝母,铜陵天目贝母,窝贝,窑贝);Guizhou Fritillary, Huangshan Fritillary, Hubei Fritillary, Hupeh Fritillary, Ningguo Fritillary, Puqi Fritillary, Qimen Fritillary, Tianmor Fritillary, Tianmushan Fritillary, Tongling Fritillary ■

168492 Fritillaria monantha Migo var. ningguoica Y. K. Yang et M. M. Fang = Fritillaria monantha Migo ■

168493 Fritillaria monantha Migo var. tonglingensis S. C. Chen et S. F. Yin = Fritillaria monantha Migo ■

168494 Fritillaria montana Hoppe = Fritillaria tenella M. Bieb. ■☆

168495 Fritillaria multiflora Kellogg = Fritillaria affinis (Schult. et Schult. f.) Sealy ■☆

168496 Fritillaria mutica Lindl. = Fritillaria affinis (Schult. et Schult. f.) Sealy ■☆

168497 Fritillaria nana Burm. f. = Eucomis regia (L.) L'Hér. ■☆

168498 Fritillaria ningguoensis S. C. Chen et S. F. Yin = Fritillaria monantha Migo ■

168499 Fritillaria ojaiensis Davidson;奥亚贝母;Ojai Fritillary ■☆

168500 Fritillaria olgae Vved.;直花贝母■

168501 Fritillaria omeiensis S. C. Chen = Fritillaria crassicaulis S. C. Chen ■

168502 Fritillaria oranensis Pomel = Fritillaria lusitanica Wikstr. subsp. oranensis (Pomel) Valdés ■☆

168503 Fritillaria orientalis Adams;东方贝母■☆

168504 Fritillaria oxypetala Royle = Nomocharis aperta (Franch.) E. H. Wilson ■

168505 Fritillaria pallidiflora Schrenk = Fritillaria pallidiflora Schrenk ex Fisch. et C. A. Mey. ■

168506 Fritillaria pallidiflora Schrenk ex Fisch. et C. A. Mey.;伊贝母(博乐贝母,哈拉布拉贝母,生贝,西贝母,伊犁贝母,重瓣伊犁贝母);Bole Fritillary,Doubleflower Siberia Fritillary,Halabula Siberia Fritillary,Siberia Fritillary,Siberian Fritillary ■

168507 Fritillaria pallidiflora Schrenk ex Fisch. et C. A. Mey. var. plena X. Z. Duan et X. J. Zheng = Fritillaria pallidiflora Schrenk ex Fisch. et C. A. Mey. ■

168508 Fritillaria pallidiflora Schrenk var. floreplena X. Z. Duan et X. J. Zheng = Fritillaria pallidiflora Schrenk ex Fisch. et C. A. Mey. ■

168509 Fritillaria pallidiflora Schrenk var. halabulaica (X. Z. Duan et X. J. Zheng) G. J. Liu = Fritillaria pallidiflora Schrenk ex Fisch. et C. A. Mey. ■

168510 Fritillaria pallidiflora Schrenk var. plena X. Z. Duan et X. J. Zheng = Fritillaria pallidiflora Schrenk ex Fisch. et C. A. Mey. ■

168511 Fritillaria parvialbiflora Schrenk ex Fisch. et C. A. Mey. var. viridicaulinus X. Z. Duan et X. J. Zheng;绿茎小白花贝母■

168512 Fritillaria parviflora Torr. = Fritillaria affinis (Schult. et Schult. f.) Sealy ■☆

168513 Fritillaria parviflora Torr. = Fritillaria micrantha A. Heller ■☆

168514 Fritillaria persica L.;波斯贝母;Persia Fritillary,Persian Lily ■☆

168515 Fritillaria phaeanthera Eastw. = Fritillaria eastwoodiae R. M. MacFarl. ■☆

168516 Fritillaria phaeanthera Purdy = Fritillaria affinis (Schult. et Schult. f.) Sealy ■☆

168517 Fritillaria pinetorum Davidson;羽状贝母■☆

168518 Fritillaria pingwuensis Y. K. Yang et J. K. Wu = Fritillaria sichuanica S. C. Chen ■

168519 Fritillaria pingwuensis Y. K. Yang et J. K. Wu = Fritillaria taipaiensis P. Y. Li ■

168520 Fritillaria pluriflora Torr. ex Benth.;加州多花贝母;Adobe-lily,Manyflower Fritillary,Pink Fritillary ■☆

168521 Fritillaria pontica Wahlenb.;黑海贝母;Pontic Fritillary ■☆

168522 Fritillaria przewalskii Maxim. = Fritillaria przewalskii Maxim. ex Batalin ■

168523 Fritillaria przewalskii Maxim. ex Batalin;甘肃贝母(贝父,贝母,甘南贝母,黄虻,空草,苦菜,苦花,陇南贝母,虻,岷贝,勤母,无斑贝母,西北贝母,药实,异色贝母);Discolor Gansu Fritillary,Gannan Fritillary,Gansu Fritillary,Przewalsk Fritillary,S. Gansu Fritillary,Spotless Gansu Fritillary ■

168524 Fritillaria przewalskii Maxim. ex Batalin 'Zhangxinan';漳县贝母;Zhangxian Fritillary ■

168525 Fritillaria przewalskii Maxim. ex Batalin 'Zhangxinan' = Fritillaria przewalskii Maxim. ex Batalin ■

168526 Fritillaria przewalskii Maxim. ex Batalin f. emacula Y. K. Yang et J. K. Wu = Fritillaria przewalskii Maxim. ex Batalin ■

168527 Fritillaria przewalskii Maxim. ex Batalin var. discolor Y. K. Yang et Y. S. Zhou = Fritillaria unibracteata P. K. Hsiao et K. C. Hsia ■

168528 Fritillaria przewalskii Maxim. ex Batalin var. discolor Y. K. Yang et Y. S. Zhou = Fritillaria przewalskii Maxim. ex Batalin ■

168529 Fritillaria przewalskii Maxim. ex Batalin var. gannanica Y. K. Yang et J. Z. Ren = Fritillaria przewalskii Maxim. ex Batalin ■

168530 Fritillaria przewalskii Maxim. ex Batalin var. longistigma Y. K. Yang et J. K. Wu = Fritillaria sichuanica S. C. Chen ■

168531 Fritillaria przewalskii Maxim. ex Batalin var. tessellata Y. K. Yang et Y. S. Zhou;格纹贝母;Tessellate Fritillary ■

168532 Fritillaria przewalskii Maxim. ex Batalin var. tessellata Y. K. Yang et Y. S. Zhou = Fritillaria przewalskii Maxim. ex Batalin ■

168533 Fritillaria przewalskii Maxim. f. emacula Y. K. Yang et J. K. Wu = Fritillaria przewalskii Maxim. ex Batalin ■

168534 Fritillaria przewalskii Maxim. var. discolor Y. K. Yang et Y. S. Zhou = Fritillaria przewalskii Maxim. ex Batalin ■

168535 Fritillaria przewalskii Maxim. var. gannanica Y. K. Yang et J. Z. Ren = Fritillaria przewalskii Maxim. ex Batalin ■

168536 Fritillaria przewalskii Maxim. var. longistigma Y. K. Yang et J. K. Wu = Fritillaria sichuanica S. C. Chen ■

168537 Fritillaria przewalskii Maxim. var. tessellata Y. K. Yang et Y. S. Zhou = Fritillaria przewalskii Maxim. ex Batalin ■

168538 Fritillaria pudica (Pursh) Spreng.;洁贝母(黄花贝母,小花贝母);Littleflower Fritillary,Yellow Bell,Yellow Fritillary ■☆

168539 Fritillaria pudica Spreng. = Fritillaria pudica (Pursh) Spreng. ■☆

168540 Fritillaria puqiensis G. D. Yu et G. Y. Chen = Fritillaria monantha Migo ■

168541 Fritillaria purdyi Eastw.;珀迪贝母;Purdy's Fritillary ■☆

168542 Fritillaria purpurea X. Z. Duan et X. J. Zheng;紫花贝母;Purple-flowered Fritillary ■

168543 Fritillaria pyrenaica Georgi;比利牛斯贝母;Pyrenean Snake's Head,Pyrenean Snakeshead,Pyrenean Snake's-head,Pyrenees Fritillary ■☆

168544 Fritillaria qimenensis D. C. Zhang et J. Z. Shao = Fritillaria monantha Migo ■

168545 Fritillaria qingchuanensis Y. K. Yang et J. K. Wu = Fritillaria sichuanica S. C. Chen ■

168546 Fritillaria qingchuanensis Y. K. Yang et J. K. Wu = Fritillaria taipaiensis P. Y. Li ■

168547 Fritillaria raddeana Regel.;展瓣贝母■☆

168548 Fritillaria recurva Benth.;弯被贝母(曲瓣贝母);Recurvedsegment Fritillary,Scarlet Fritillary ■☆

168549 Fritillaria recurva Benth. var. coccinea Greene;绯红贝母;Scarlet Fritillary ■☆

168550 Fritillaria recurva Benth. var. coccinea Greene = Fritillaria recurva Benth. ■☆

168551 Fritillaria regelii Losinsk.;雷格尔贝母■☆

168552 Fritillaria regia L. = Eucomis regia (L.) L'Hér. ■☆

168553 Fritillaria rhodanthera X. Z. Duan et X. J. Zheng;红药贝母■

168554 Fritillaria roderickii W. Knight = Fritillaria biflora Lindl. ■☆

168555 Fritillaria roylei Hook.;罗氏贝母■☆

168556 Fritillaria ruthenica Wikstr.;俄罗斯贝母;Russia Fritillary, Russian Fritillary ■☆

168557 Fritillaria sewerzowi Regel;谢氏贝母(斯维佐夫贝母);Sewerzow Fritillary ■☆

168558 Fritillaria shaanxiica Y. K. Yang, S. X. Zhang et D. K. Zhang = Fritillaria taipaiensis P. Y. Li ■

168559 Fritillaria shawanensis X. Z. Duan et X. J. Zheng = Fritillaria walujewii Regel var. shawanensis X. Z. Duan et X. J. Zheng ■

168560 Fritillaria shennongjiaensis Y. K. Yang et Z. Zheng = Fritillaria taipaiensis P. Y. Li ■

168561 Fritillaria shennongjiaensis Y. K. Yang et Z. Zheng var. zhengbaensis Y. K. Yang et J. X. Yang = Fritillaria taipaiensis P. Y. Li ■

168562 Fritillaria shuchengensis Y. K. Yang, D. Q. Wang et J. Z. Shao = Fritillaria anhuiensis S. C. Chen et S. F. Yin ■

168563 Fritillaria sichuanica S. C. Chen;华西贝母(贝父,贝母,长柱贝母,川贝母,定日贝母,堆龙贝母,福建贝母,黄虻,鸡心贝,夹贝,卷叶贝母,康定贝母,空草,苦菜,苦花,绿黄贝母,虻,浓密贝母,平武贝母,秦贝母,勤母,青川贝母,青海贝母,文县贝母,乌花贝母,药实,舟曲贝母,珠峰贝母);Dingri Fritillary, Duilongdeqing Fritillary, Green-yellow Fritillary, Kangding Fritillary, Kangting Fritillary, Longstyle Fritillary, Pingwu Fritillary, Qingchuan Fritillary, Sichuan Fritillary, Tendrilleaf Fritillary, W. China Fritillary, Zhouqu Fritillary, Zhufeng Fritillary ■

168564 Fritillaria sinica S. C. Chen;中华贝母;China Fritillary ■

168565 Fritillaria souliei Franch. = Lilium souliei (Franch.) Sealy ■

168566 Fritillaria stenanthera (Regel) Regel;窄花贝母;Yumin Fritillary ■☆

168567 Fritillaria stracheyi Hook. f. = Lilium nanum Klotzsch ■

168568 Fritillaria striata Eastw.;斑纹贝母;Striped Adobe-lily ■☆

168569 Fritillaria sulcisquamosa S. Y. Tang et S. C. Yueh = Fritillaria unibracteata P. K. Hsiao et K. C. Hsia ■

168570 Fritillaria tachengensis X. Z. Duan et X. J. Zheng = Fritillaria verticillata Willd. ■

168571 Fritillaria tachengensis X. Z. Duan et X. J. Zheng = Fritillaria yuminensis X. Z. Duan ■

168572 Fritillaria tachengensis X. Z. Duan et X. J. Zheng var. citrina X. Z. Duan et X. J. Zheng = Fritillaria verticillata Willd. ■

168573 Fritillaria tachengensis X. Z. Duan et X. J. Zheng var. nivea Y. K. Yang et S. X. Zhang = Fritillaria yuminensis X. Z. Duan ■

168574 Fritillaria tachengensis X. Z. Duan et X. J. Zheng var. nivera Y. K. Yang et S. X. Zhang = Fritillaria verticillata Willd. ■

168575 Fritillaria taipaiensis P. Y. Li;太白贝母(尖贝,阔叶太白贝母,秦贝母,太贝,野贝母);Glabrous Sichuan Fritillary, Taibai Fritillary, Taipei Fritillary ■

168576 Fritillaria taipaiensis P. Y. Li f. platyphylla Y. K. Yang et S. X. Zhang = Fritillaria taipaiensis P. Y. Li ■

168577 Fritillaria taipaiensis P. Y. Li var. fengxianensis Y. K. Yang et J. K. Wu = Fritillaria taipaiensis P. Y. Li ■

168578 Fritillaria taipaiensis P. Y. Li var. ningxiaensis Y. K. Yang et J. K. Wu = Fritillaria yuzhongensis G. D. Yu et Y. S. Zhou ■

168579 Fritillaria taipaiensis P. Y. Li var. wanyuanensis Y. K. Yang et J. K. Wu;川东贝母;E. Sichuan Fritillary ■

168580 Fritillaria taipaiensis P. Y. Li var. wanyuanensis Y. K. Yang et J. K. Wu = Fritillaria taipaiensis P. Y. Li ■

168581 Fritillaria taipaiensis P. Y. Li var. yuxiensis Y. K. Yang, Z. Y. Gao et C. S. Zhou = Fritillaria taipaiensis P. Y. Li ■

168582 Fritillaria taipaiensis P. Y. Li var. yuxiensis Y. K. Yang, Z. Y. Gao et C. S. Zhou = Fritillaria yuzhongensis G. D. Yu et Y. S. Zhou ■

168583 Fritillaria taipaiensis P. Y. Li var. zhouquensis S. C. Chen et G. D. Yu = Fritillaria taipaiensis P. Y. Li ■

168584 Fritillaria taipaiensis P. Y. Li var. zhouquensis S. C. Chen et G. D. Yu = Fritillaria sichuanica S. C. Chen ■

168585 Fritillaria tenella M. Bieb.;山贝母;Mountain Fritillary, Slender Fritillary ■☆

168586 Fritillaria thunbergii Miq.;浙贝母(板贝,宝贝,贝母,大贝,大贝母,空草,苦菜,苦花,勤母,苏贝母,土贝,土贝母,皖南贝母,象贝,象贝母,元宝贝,越州贝母,浙贝,珠贝);S. Anhui Fritillary, Thunberg Fritillary, Zhejiang Fritillary ■

168587 Fritillaria thunbergii Miq. var. chekingensis P. K. Hsiao et K. C. Hsia;东阳贝母(东贝母,浙江贝母);Dong Fritillary, E. Zhejiang Fritillary ■

168588 Fritillaria thunbergii Miq. var. puqiensis (G. D. Yu et C. Y. Chen) P. K. Hsiao et S. C. Yu = Fritillaria monantha Migo ■

168589 Fritillaria tianshanica Y. K. Yang et L. R. Hsu = Fritillaria olgae Vved. ■

168590 Fritillaria tianshanica Y. K. Yang et L. R. Hsu = Fritillaria walujewii Regel ■

168591 Fritillaria tortifolia X. Z. Duan et X. J. Zheng;托里贝母(巴尔里克贝母,巴尔里克托里贝母,黄花托里贝母,乌苏贝母,小花托里贝母,重瓣托里贝母);Barlike Fritillary, Doubleflower Tuoli Fritillary, Smallflower Tuoli Fritillary, Tuoli Fritillary, Whiteflower Tuoli Fritillary, Wusu Fritillary, Yellowflower Tuoli Fritillary ■

168592 Fritillaria tortifolia X. Z. Duan et X. J. Zheng = Fritillaria verticillata Willd. ■

168593 Fritillaria tortifolia X. Z. Duan et X. J. Zheng var. albiflora X. Z. Duan et X. J. Zheng = Fritillaria verticillata Willd. ■

168594 Fritillaria tortifolia X. Z. Duan et X. J. Zheng var. barlikensis X. Z. Duan et X. J. Zheng = Fritillaria verticillata Willd. ■

168595 Fritillaria tortifolia X. Z. Duan et X. J. Zheng var. barlikensis X. Z. Duan et X. J. Zheng = Fritillaria tortifolia X. Z. Duan et X. J. Zheng ■

168596 Fritillaria tortifolia X. Z. Duan et X. J. Zheng var. citrina X. Z. Duan et X. J. Zheng = Fritillaria tortifolia X. Z. Duan et X. J. Zheng ■

168597 Fritillaria tortifolia X. Z. Duan et X. J. Zheng var. citrina X. Z. Duan et X. J. Zheng = Fritillaria verticillata Willd. ■

168598 Fritillaria tortifolia X. Z. Duan et X. J. Zheng var. parviflora X. Z. Duan et X. J. Zheng = Fritillaria verticillata Willd. ■

168599 Fritillaria tortifolia X. Z. Duan et X. J. Zheng var. parviflora X. Z. Duan et X. J. Zheng = Fritillaria tortifolia X. Z. Duan et X. J. Zheng ■

168600 Fritillaria tortifolia X. Z. Duan et X. J. Zheng var. plena X. Z. Duan et X. J. Zheng = Fritillaria verticillata Willd. ■

168601 Fritillaria tortifolia X. Z. Duan et X. J. Zheng var. plena X. Z. Duan et X. J. Zheng = Fritillaria tortifolia X. Z. Duan et X. J. Zheng ■

168602 Fritillaria tortifolia X. Z. Duan et X. J. Zheng var. wusunica X. Z. Duan et X. J. Zheng = Fritillaria verticillata Willd. ■

168603 Fritillaria tortifolia X. Z. Duan et X. J. Zheng var. wusunica X. Z. Duan et X. J. Zheng = Fritillaria tortifolia X. Z. Duan et X. J. Zheng ■

168604 Fritillaria tubaeformis Gren. et Godr.;筒花贝母■☆

168605 Fritillaria unibracteata P. K. Hsiao et K. C. Hsia;暗紫贝母(贝父,贝母,槽鳞贝母,冲松贝,川贝母,黄虻,空草,苦菜,苦花,理县贝母,虻,勤母,松贝,乌花贝母,药实);Lixian Fritillary, Unibract Fritillary ■

168606 Fritillaria unibracteata P. K. Hsiao et K. C. Hsia var. ganziensis Y. K. Yang et J. K. Wu;甘孜贝母;Ganzi Unibract Fritillary ■

168607 Fritillaria unibracteata P. K. Hsiao et K. C. Hsia var. ganziensis Y. K. Yang et J. K. Wu = Fritillaria unibracteata P. K. Hsiao et K. C. Hsia ■

168608 Fritillaria unibracteata P. K. Hsiao et K. C. Hsia var. longinectarea S. Y. Tang et S. C. Yueh;长腺贝母■

168609 Fritillaria unibracteata P. K. Hsiao et K. C. Hsia var. maculata S. Y. Tang et S. C. Yueh = Fritillaria unibracteata P. K. Hsiao et K. C. Hsia ■

168610 Fritillaria unibracteata P. K. Hsiao et K. C. Hsia var. sulcisquamosa (S. Y. Tang et S. C. Yueh) P. K. Hsiao et S. C. Yueh = Fritillaria unibracteata P. K. Hsiao et K. C. Hsia ■

168611 Fritillaria ussuriensis f. lutosa C. F. Fang = Fritillaria ussuriensis Maxim. ■

168612 Fritillaria ussuriensis Maxim.;平贝母(平贝);Ussuri Fritillary ■

168613 Fritillaria ussuriensis Maxim. f. lutosa C. F. Fang = Fritillaria ussuriensis Maxim. ■

168614 Fritillaria verticillata Willd.;黄花贝母(白花贝母,白花托里贝母,多轮贝母,和丰贝母,吉木乃贝母,绿茎贝母,轮生贝母,轮叶贝母,美丽贝母);Beautiful Fritillary,Greenstem Fritillary,Hefeng Fritillary,Jimunai Fritillary,Yellowflower Fritillary ■

168615 Fritillaria verticillata Willd. var. albidoflora (X. Z. Duan et X. J. Zheng) G. J. Liu = Fritillaria albidoflora X. Z. Duan et X. J. Zheng ■

168616 Fritillaria verticillata Willd. var. jimunarica X. Z. Duan et X. J. Zheng;吉木乃轮生贝母(吉木乃贝母,吉木乃多轮贝母);Jimunai Yellowflower Fritillary ■

168617 Fritillaria verticillata Willd. var. jimunarica X. Z. Duan et X. J. Zheng = Fritillaria verticillata Willd. ■

168618 Fritillaria verticillata Willd. var. purpurea (X. Z. Duan et X. J. Zheng) G. J. Liu = Fritillaria purpurea X. Z. Duan et X. J. Zheng ■

168619 Fritillaria verticillata Willd. var. rhodanthera (X. Z. Duan et X. J. Zheng) G. J. Liu = Fritillaria rhodanthera X. Z. Duan et X. J. Zheng ■

168620 Fritillaria verticillata Willd. var. thunbergii (Miq.) Baker = Fritillaria thunbergii Miq. ■

168621 Fritillaria verticillata Willd. var. viridicaulinus X. Z. Duan et X. J. Zheng;绿茎多轮贝母;Greenstem Yellowflower Fritillary ■

168622 Fritillaria viridea Kellogg;绿贝母;San Benito Fritillary ■☆

168623 Fritillaria wabuensis S. Y. Tang et S. C. Yueh = Fritillaria crassicaulis S. C. Chen ■

168624 Fritillaria walujewii Regel;新疆贝母(沙湾贝母,天山贝母,新源贝母,伊贝母,重瓣新疆贝母);Doubleflower Xinjiang Fritillary, Shawan Fritillary, Sinkiang Fritillary, Xinjiang Fritillary, Xinyuan Fritillary ■

168625 Fritillaria walujewii Regel var. plena X. Z. Duan et X. J. Zheng = Fritillaria walujewii Regel ■

168626 Fritillaria walujewii Regel var. shawanensis X. Z. Duan et X. J. Zheng = Fritillaria walujewii Regel ■

168627 Fritillaria walujewii Regel var. xinyuanensis (X. Z. Duan et X. J. Zheng) G. J. Cui = Fritillaria xinyuanensis X. Z. Duan et X. J. Zheng ■

168628 Fritillaria wanjiangensis Y. K. Yang,J. Z. Shao et Y. H. Zhang = Fritillaria monantha Migo ■

168629 Fritillaria wenxianensis Y. K. Yang et J. K. Wu = Fritillaria sichuanica S. C. Chen ■

168630 Fritillaria wenxianensis Y. K. Yang et J. K. Wu = Fritillaria taipaiensis P. Y. Li ■

168631 Fritillaria wusunica X. Z. Duan et X. J. Zheng;乌苏贝母■

168632 Fritillaria wuyangensis Z. Y. Gao = Fritillaria anhuiensis S. C. Chen et S. F. Yin ■

168633 Fritillaria xiaobeimu Y. K. Yang, J. Z. Shao et M. M. Fang = Fritillaria thunbergii Miq. var. chekingensis P. K. Hsiao et K. C. Hsia ■

168634 Fritillaria xiaobeimu Y. K. Yang, J. Z. Shao et M. M. Fang = Fritillaria thunbergii Miq. ■

168635 Fritillaria xibeiensis Y. K. Yang, C. X. Feng et H. Z. Yang = Fritillaria sichuanica S. C. Chen ■

168636 Fritillaria xibeiensis Y. K. Yang, C. X. Feng et H. Z. Yang = Fritillaria taipaiensis P. Y. Li ■

168637 Fritillaria xinyuanensis X. Z. Duan et X. J. Zheng = Fritillaria verticillata Willd. ■

168638 Fritillaria xinyuanensis X. Z. Duan et X. J. Zheng = Fritillaria walujewii Regel ■

168639 Fritillaria xinyuanensis Y. K. Yang et J. K. Wu = Fritillaria walujewii Regel ■

168640 Fritillaria xizangensis Y. K. Yang et Gesan;西藏贝母;Xizang Fritillary ■

168641 Fritillaria xizangensis Y. K. Yang et Gesan = Fritillaria delavayi Franch. ■

168642 Fritillaria yuminensis X. Z. Duan;裕民贝母(塔城贝母);Tacheng Fritillary, Yumin Fritillary ■

168643 Fritillaria yuminensis X. Z. Duan et X. J. Zheng = Fritillaria stenanthera (Regel) Regel ■☆

168644 Fritillaria yuminensis X. Z. Duan et X. J. Zheng var. albiflora X. Z. Duan et X. J. Zheng;白花裕民贝母;White-flowered Yumin Fritillary ■

168645 Fritillaria yuminensis X. Z. Duan et X. J. Zheng var. albiflora X. Z. Duan et X. J. Zheng = Fritillaria stenanthera (Regel) Regel ■☆

168646 Fritillaria yuminensis X. Z. Duan et X. J. Zheng var. albiflora X. Z. Duan et X. J. Zheng = Fritillaria yuminensis X. Z. Duan ■

168647 Fritillaria yuminensis X. Z. Duan et X. J. Zheng var. roseifolia X. Z. Duan et X. J. Zheng;粉红花裕民贝母;Rose-flowered Yumin Fritillary ■

168648 Fritillaria yuminensis X. Z. Duan et X. J. Zheng var. roseifolia X. Z. Duan et X. J. Zheng = Fritillaria stenanthera (Regel) Regel ■☆

168649 Fritillaria yuminensis X. Z. Duan et X. J. Zheng var. roseifolia X. Z. Duan et X. J. Zheng = Fritillaria yuminensis X. Z. Duan et X. J. Zheng ■

168650 Fritillaria yuminensis X. Z. Duan et X. J. Zheng var. variens Y. K. Yang et G. J. Liu = Fritillaria stenanthera (Regel) Regel ■☆

168651 Fritillaria yuminensis X. Z. Duan et X. J. Zheng var. variens Y. K. Yang et G. J. Liu = Fritillaria yuminensis X. Z. Duan et X. J. Zheng ■

168652 Fritillaria yuminensis X. Z. Duan var. albiflora X. Z. Duan et X. J. Zheng = Fritillaria yuminensis X. Z. Duan et X. J. Zheng ■

168653 Fritillaria yuminensis X. Z. Duan var. roseiflora X. Z. Duan et X. J. Zheng = Fritillaria yuminensis X. Z. Duan ■

168654 Fritillaria yuminensis X. Z. Duan var. varians Y. K. Yang et G. J. Liu = Fritillaria yuminensis X. Z. Duan ■

168655 Fritillaria yuzhongensis G. D. Yu et Y. S. Zhou;榆中贝母(短柱贝母,宁夏贝母,山西贝母);Ningxia Fritillary, Shanxi Fritillary, Shortstyle Sichuan Fritillary, Yuzhong Fritillary ■

168656 Fritillaria zangarensis X. Z. Duan et X. J. Zheng;准噶尔贝母■

168657 Fritillaria zhufengensis Y. K. Yang et J. Z. Zhang = Fritillaria cirrhosa D. Don ■
168658 Fritillariaceae Salisb.;贝母科■
168659 Fritillariaceae Salisb. = Liliaceae Juss.(保留科名)■●
168660 Fritschia Walp. = Fritzschia Chem. ●☆
168661 Fritschiantha Kuntze = Gloxinia L'Hér. ■☆
168662 Fritschiantha Kuntze = Pentagonia Benth.(保留属名)■☆
168663 Fritschiantha Kuntze = Seemannia Hook. ■☆
168664 Fritschiantha Kuntze = Seemannia Regel(保留属名)■☆
168665 Fritzschia Cham.(1834);弗里野牡丹属●☆
168666 Fritzschia anisostemon Cham.;弗里野牡丹●☆
168667 Frivaldia Endl. = Microglossa DC. ●
168668 Frivaldzkia Rchb. = Frivaldia Endl. ●
168669 Frivaldzkia Rchb. = Microglossa DC. ●
168670 Friwaldia Endl. = Microglossa DC. ●
168671 Froebelia Regel = Acrotriche R. Br. ●☆
168672 Froeblichia D. Dietr. = Coussarea Aubl. ●☆
168673 Froeblichia D. Dietr. = Froelichia Moench ■☆
168674 Froehlichia D. Dietr. = Coussarea Aubl. ●☆
168675 Froehlichia Endl. = Froelichia Moench ■☆
168676 Froehlichia Pfeiff. = Froelichia Moench ■☆
168677 Froehlichia Pfeiff. = Kobresia Willd. ■
168678 Froelichia Moench(1794);棉毛苋属;Cottonweed, Snake-cotton ■☆
168679 Froelichia Vahl = Coussarea Aubl. ●☆
168680 Froelichia Wulfen = Elyna Schrad. ■
168681 Froelichia Wulfen = Kobresia Willd. ■
168682 Froelichia Wulfen ex Roem. et Schult. = Kobresia Willd. ■
168683 Froelichia arizonica Thornber ex Standl.;亚利桑那棉毛苋;Arizona Snakecotton, Arizona Snake-cotton ■☆
168684 Froelichia braunii Standl. = Froelichia gracilis (Hook.) Moq. ■☆
168685 Froelichia campestris Small = Froelichia floridana (Nutt.) Moq. ■☆
168686 Froelichia drummondii Moq.;德拉蒙德棉毛苋;Drummond's Snake-cotton ■☆
168687 Froelichia floridana (Nutt.) Moq.;佛罗里达棉毛苋;Common Cotton-weed, Field Cottonweed, Field Snake-cotton, Florida snake-cotton, Plains Snake-cotton ■☆
168688 Froelichia floridana (Nutt.) Moq. var. campestris (Small) Fernald = Froelichia floridana (Nutt.) Moq. ■☆
168689 Froelichia floridana (Nutt.) Moq. var. drummondii (Moq.) Uline et W. L. Bray = Froelichia drummondii Moq. ■☆
168690 Froelichia floridana (Nutt.) Moq. var. pallescens Moq. = Froelichia floridana (Nutt.) Moq. ■☆
168691 Froelichia gracilis (Hook.) Moq.;纤细棉毛苋;Cottonweed, Cotton-weed, Slender Cottonweed, Slender Cotton-weed, Slender Snake Cotton, Slender Snake-cotton, Small Cotton-weed ■☆
168692 Froelichia interrupta (L.) Moq. var. cordata Uline et W. L. Bray = Froelichia texana J. M. Coult. et Fisher ■☆
168693 Froelichia texana (A. Braun) Small = Froelichia gracilis (Hook.) Moq. ■☆
168694 Froelichia texana J. M. Coult. et Fisher;得州棉毛苋;Texas Snake-cotton ■☆
168695 Froelichiella R. E. Fr.(1920);小棉毛苋属■☆
168696 Froelichiella grisea R. E. Fr.;小棉毛苋■☆
168697 Froesia Pires(1948);弗罗木属●☆
168698 Froesia crassiflora Pires et Froes;粗花弗罗木●☆
168699 Froesia tricarpa Pires;三果弗罗木●☆
168700 Froesiochloa G. A. Black(1950);格兰马禾属■☆
168701 Froesiochloa boutelouodes G. A. Black;格兰马禾■☆
168702 Froesiodendron R. E. Fr.(1956);弗罗番荔枝属●☆
168703 Froesiodendron R. E. Fr. = Cardiopetalum Schltdl. ●☆
168704 Froesiodendron amazonicum R. E. Fr.;弗罗番荔枝●☆
168705 Froetichia Vahl = Coussarea Aubl. ●☆
168706 Frolovia (DC.) Lipsch. = Saussurea DC.(保留属名)●■
168707 Frolovia (Ledeb. ex DC.) Lipsch. = Saussurea DC.(保留属名)●■
168708 Frolovia Ledeb. ex DC. = Saussurea DC.(保留属名)●■
168709 Frolovia Lipsch. = Saussurea DC.(保留属名)●■
168710 Frolovia formosana (Hayata) Lipsch. = Saussurea deltoidea (DC.) Sch. Bip. ■
168711 Frommia H. Wolff(1912);弗罗姆草属☆
168712 Frommia ceratophylloides H. Wolff;弗罗姆草☆
168713 Frondaria Luer(1986);弗龙兰属■☆
168714 Frondaria caulescens (Lindl.) Luer;弗龙兰■☆
168715 Fropiera Bouton ex Hook. f. = Psiloxylon Thouars ex Tul. ●☆
168716 Froplera Bouton ex Hook. f. = Psiloxylon Thouars ex Tul. ●☆
168717 Froriepia K. Koch(1842);弗洛草属☆
168718 Froriepia subpinnata (Ledeb.) Baill.;弗洛草☆
168719 Froriesia C. Koch. = Froriepia K. Koch☆
168720 Froscula Raf. = Dendrobium Sw.(保留属名)■
168721 Frostia Bertero ex Guill. = Pilostyles Guill. ■☆
168722 Fructesca DC. = Gaertnera Lam. ●
168723 Fructesca DC. ex Meisn. = Gaertnera Lam. ●
168724 Frumentum E. H. L. Krause = Triticum L. ■
168725 Frumentum Krause = Agropyron Gaertn. ■
168726 Frumentum Krause = Hordeum L. ■
168727 Frumentum Krause = Secale L. ■
168728 Frumentum Krause = Triticum L. ■
168729 Frutesca DC. ex A. DC. = Fructesca DC. ●
168730 Frutesca DC. ex A. DC. = Gaertnera Lam. ●
168731 Fruticicola (Schltr.) M. A. Clem. et D. L. Jones = Bulbophyllum Thouars(保留属名)■
168732 Fryxellia D. M. Bates(1974);弗氏锦葵属■☆
168733 Fryxellia pygmaea (Correll) D. M. Bates;弗氏锦葵■☆
168734 Fstuca rigescens Trin. = Scleropoa rigescens (Trin.) Grossh. ■☆
168735 Fuchsia L.(1753);倒挂金钟属;Dancing Lady, Fuchsia, Kotukutuku, Ladie's Eardrops, Lady's Eardrops, Lady's-erdrops ●■
168736 Fuchsia Sw. = Schradera Vahl(保留属名)■☆
168737 Fuchsia 'Corallina';巨花倒挂金钟;Large-flowered Fuchsia ●☆
168738 Fuchsia × bacillaris Lindl.;变色倒挂金钟●☆
168739 Fuchsia arborea Sessé et Moc. = Fuchsia arborescens Sims ●☆
168740 Fuchsia arborescens Sims;乔木倒挂金钟(小木倒挂金钟);Fuchsia, Tree Fuchsia ●☆
168741 Fuchsia boliviana Britton;玻利维亚倒挂金钟●☆
168742 Fuchsia campos-portoi Pilg.;紫冠倒挂金钟●☆
168743 Fuchsia coccinea Aiton;绯红倒挂金钟●☆
168744 Fuchsia corymbiflora Ruiz et Pav.;伞房倒挂金钟●☆
168745 Fuchsia denticulata Ruiz et Pav.;细齿倒挂金钟(齿叶倒挂金钟)●☆

168746 Fuchsia excorticata (J. R. Forst. et G. Forst.) L. f.;剥皮倒挂金钟;Kotukutuku,New Zealand Tree Fuchsia,Tree Fuchsia ●☆
168747 Fuchsia excorticata L. f. = Fuchsia excorticata (J. R. Forst. et G. Forst.) L. f. ●☆
168748 Fuchsia fulgens Moc. et Sessé ex DC.;亮花倒挂金钟(长筒倒挂金钟,墨西哥倒挂金钟)●☆
168749 Fuchsia glazioviana Taub.;格拉倒挂金钟;Fuchsia ●☆
168750 Fuchsia hybrida Siebold et Voss;倒挂金钟(吊钟海棠,钓浮草);Common Fuchsia,Common Garden Fuchsia,Hybrid Fuchsia ●
168751 Fuchsia hybrida Siebold et Voss 'Charming';姣好倒挂金钟 ●☆
168752 Fuchsia hybrida Siebold et Voss 'Cupido';丘皮多倒挂金钟 ●☆
168753 Fuchsia hybrida Siebold et Voss 'Deutsche';德国珍珠倒挂金钟●☆
168754 Fuchsia hybrida Siebold et Voss 'Dollarprinzesin';银元公主倒挂金钟●☆
168755 Fuchsia hybrida Siebold et Voss 'Eisleben';冰山倒挂金钟●☆
168756 Fuchsia hybrida Siebold et Voss 'Fruehling';早春倒挂金钟 ●☆
168757 Fuchsia hybrida Siebold et Voss 'Konig Der Fruehen';早皇倒挂金钟●☆
168758 Fuchsia hybrida Siebold et Voss 'Koralle';珊瑚倒挂金钟●☆
168759 Fuchsia hybrida Siebold et Voss 'Lean';伦娜倒挂金钟●☆
168760 Fuchsia hybrida Siebold et Voss 'Marienglocke';玛利钟倒挂金钟●☆
168761 Fuchsia hybrida Siebold et Voss 'Matodor';斗牛士倒挂金钟 ●☆
168762 Fuchsia hybrida Siebold et Voss 'Osterglocke';东方钟倒挂金钟●☆
168763 Fuchsia hybrida Siebold et Voss 'Red Spider';红蜘蛛倒挂金钟●☆
168764 Fuchsia hybrida Voss = Fuchsia hybrida Siebold et Voss ●
168765 Fuchsia macrantha Hook.;大花倒挂金钟●☆
168766 Fuchsia macrostema Ruiz et Pav. = Fuchsia magellanica Lam. ●
168767 Fuchsia magellanica Lam.;短筒倒挂金钟(倒挂金钟);Bell Tree,Fuchsia,Hardy Fuchsia,Ladie's Ear,Ladie's Eardrops,Lady's Eardrops,Magellan Fuchsia,My Lady's Eardrops ●
168768 Fuchsia magellanica Lam. 'Alba' = Fuchsia magellanica Lam. var. molinae Espinosa ●☆
168769 Fuchsia magellanica Lam. 'Pumila';矮生短筒倒挂金钟●☆
168770 Fuchsia magellanica Lam. 'Thompsonii';汤普森短筒倒挂金钟●☆
168771 Fuchsia magellanica Lam. 'Variegata';斑叶短筒倒挂金钟;Variegata Hardy Fuchsia ●☆
168772 Fuchsia magellanica Lam. 'Versicolor';异色短筒倒挂金钟 ●☆
168773 Fuchsia magellanica Lam. var. discolor Bailey;异色倒挂金钟 ●☆
168774 Fuchsia magellanica Lam. var. globosa Bailey;球倒挂金钟●☆
168775 Fuchsia magellanica Lam. var. gracilis L. H. Bailey;细叶短筒倒挂金钟●☆
168776 Fuchsia magellanica Lam. var. molinae Espinosa;莫里短筒倒挂金钟(粉花倒挂金钟);White Hardy Fuchsia ●☆
168777 Fuchsia magellanica Lam. var. molinae Espinosa 'Enstone';恩斯通粉花倒挂金钟●☆
168778 Fuchsia microphylla Kunth;小叶倒挂金钟;Small-leafed Fuchsia ●☆
168779 Fuchsia paniculata Lindl.;圆锥倒挂金钟;Shrubby Fuchsia ●☆
168780 Fuchsia parviflora Lindl.;小花倒挂金钟;Littleflower Fuchsia,Smallflower Fuchsia ●☆
168781 Fuchsia procumbens R. Cunn.;平卧倒挂金钟(蔓生倒挂金钟,倾卧倒挂金钟);Trailing Fuchsia,Traling Queen ●☆
168782 Fuchsia regia (Vand. ex Vell.) Munz;紫瓣倒挂金钟●☆
168783 Fuchsia rosea Ruiz et Pav.;粉红倒挂金钟;Rose Fuchsia ●
168784 Fuchsia serratifolia Ruiz et Pav.;齿叶倒挂金钟●☆
168785 Fuchsia spectabilis Hook.;优美倒挂金钟●☆
168786 Fuchsia spinosa C. Presl = Fuchsia hybrida Siebold et Voss ●
168787 Fuchsia splendens Benth.;光亮倒挂金钟(壮丽倒挂金钟) ●☆
168788 Fuchsia thymifolia Kunth;细毛倒挂金钟(百里香叶倒挂金钟);Fuchsia ●☆
168789 Fuchsia triphylla L.;三叶倒挂金钟(长颈倒挂金钟);Honeysuckle Fuchsia,Threeleaf Fuchsia ●
168790 Fuchsiaceae Lilja = Onagraceae Juss.(保留科名)■●
168791 Fuernrohria C. Koch = Fuernrohria K. Koch ☆
168792 Fuernrohria K. Koch(1842);富尔草属 ☆
168793 Fuernrohria setifolia K. Koch;富尔草 ☆
168794 Fuerstia T. C. E. Fr. (1929);富斯草属●■☆
168795 Fuerstia adpressa A. J. Paton;匍匐富斯草■☆
168796 Fuerstia africana T. C. E. Fr.;非洲富斯草■☆
168797 Fuerstia angustifolia G. Taylor;窄叶富斯草■☆
168798 Fuerstia bartsioides (Baker) G. Taylor;列当富斯草■☆
168799 Fuerstia rara G. Taylor;稀少富斯草■☆
168800 Fuerstia rigida (Benth.) A. J. Paton;硬富斯草■☆
168801 Fuerstia ternata A. J. Paton;三出富斯草■☆
168802 Fuerstia tuberosa (Briq.) G. Taylor = Fuerstia rigida (Benth.) A. J. Paton ■☆
168803 Fuerstia welwitschii G. Taylor;韦尔富斯草■☆
168804 Fuertesia Urb. (1911);富氏莲属■☆
168805 Fuertesia domingensis Urb.;富氏莲■☆
168806 Fuertesiella Schltr. (1913);富氏兰属■☆
168807 Fuertesiella grandiflora Schltr.;富氏兰■☆
168808 Fuertesimalva Fryxell(1996);富氏锦葵属■☆
168809 Fuertesimalva chilensis (A. Braun et C. D. Bouché) Fryxell;智利富氏锦葵■☆
168810 Fuertesimalva echinata C. Presl;刺富氏锦葵■☆
168811 Fuertesimalva leptocalyx (Krapov.) Fryxell;细萼富氏锦葵■☆
168812 Fugosia Juss. = Cienfuegosia Cav. ■●☆
168813 Fugosia digitata (Cav.) Pers. = Cienfuegosia digitata Cav. ●☆
168814 Fugosia gerrardii Harv. = Cienfuegosia gerrardii (Harv.) Hochr. ●☆
168815 Fugosia heteroclada Sprague = Cienfuegosia heteroclada Sprague ■●☆
168816 Fugosia triphylla Harv. = Gossypium triphyllum (Harv.) Hochr. ■☆
168817 Fugosia welshii (T. Anderson) Hochr. = Cienfuegosia welshii (T. Anderson) Garcke ■●☆
168818 Fugosiaceae Martinov = Malvaceae Juss.(保留科名)●■
168819 Fuirena Rottb. (1773);芙兰草属(黑珠蒿属,毛瓣莎属,异花草属);Fuirena,Umbrella-grass ■
168820 Fuirena abnormalis C. B. Clarke;异常芙兰草■☆
168821 Fuirena angolensis (C. B. Clarke) Lye ex J. Raynal et Rössler;

安哥拉芙兰草■☆
168822 Fuirena appendiculata Peter;附属物芙兰草■☆
168823 Fuirena boreocoerulescens Lye;北蓝芙兰草■☆
168824 Fuirena brachylepis Peter;短鳞芙兰草■☆
168825 Fuirena breviseta (Coville) Coville;短毛芙兰草■☆
168826 Fuirena buchananii Boeck. = Fuirena pubescens (Poir.) Kunth ■
168827 Fuirena bullifera J. Raynal et Rössler;泡状芙兰草■☆
168828 Fuirena bushii Král;布什芙兰草■☆
168829 Fuirena calolepis K. Schum. = Fuirena ochreata Nees ex Kunth ■☆
168830 Fuirena chlorocarpa Ridl. = Fuirena stricta Steud. var. chlorocarpa (Ridl.) Kük. ■☆
168831 Fuirena ciliaris (L.) Roxb.;毛芙兰草(毛瓣莎,毛三棱,毛异花草);Ciliate Fuirena ■
168832 Fuirena ciliaris (L.) Roxb. f. apetala (Wingf.) Lye = Fuirena ciliaris (L.) Roxb. var. apetala Wingf. ■☆
168833 Fuirena ciliaris (L.) Roxb. var. angolensis (C. B. Clarke) Podlech = Fuirena angolensis (C. B. Clarke) Lye ex J. Raynal et Rössler ■☆
168834 Fuirena ciliaris (L.) Roxb. var. angolensis Schinz = Fuirena angolensis (C. B. Clarke) Lye ex J. Raynal et Rössler ■☆
168835 Fuirena ciliaris (L.) Roxb. var. apetala Wingf.;无瓣芙兰草■☆
168836 Fuirena ciliata Bush = Fuirena bushii Král ■☆
168837 Fuirena cinerascens Ridl. ex C. B. Clarke = Fuirena ochreata Nees ex Kunth ■☆
168838 Fuirena claviseta Peter;棒毛芙兰草■☆
168839 Fuirena coerulescens Steud.;蓝芙兰草(浅蓝芙兰草);Blue Umbrella-sedge ■☆
168840 Fuirena cristata Turrill = Fuirena ochreata Nees ex Kunth ■☆
168841 Fuirena cuspidata (Roth) Kunth;尖颖芙兰草(尖颖毛瓣莎,黔芙兰草,黔异花草);Guizhou Fuirena ■
168842 Fuirena cylindrica Bush = Fuirena simplex Vahl ■☆
168843 Fuirena ecklonii Nees;埃氏芙兰草■☆
168844 Fuirena enodis C. B. Clarke = Fuirena coerulescens Steud. ■☆
168845 Fuirena filifolia Rchb. = Tetraria cuspidata (Rottb.) C. B. Clarke ■☆
168846 Fuirena friesii Kük.;弗里斯芙兰草■☆
168847 Fuirena glabra Kunth = Fuirena hirsuta (P. J. Bergius) P. L. Forbes ■☆
168848 Fuirena glomerata Lam. = Fuirena ciliaris (L.) Roxb. ■
168849 Fuirena glomerata Lam. = Fuirena umbellata Rottb. ■
168850 Fuirena glomerata Lam. var. angolensis C. B. Clarke = Fuirena angolensis (C. B. Clarke) Lye ex J. Raynal et Rössler ■☆
168851 Fuirena gracilis Kunth = Fuirena coerulescens Steud. ■☆
168852 Fuirena hildebrandtii Boeck. = Fuirena umbellata Rottb. ■
168853 Fuirena hirsuta (P. J. Bergius) P. L. Forbes;粗毛芙兰草■☆
168854 Fuirena hirta Vahl = Fuirena hirsuta (P. J. Bergius) P. L. Forbes ■☆
168855 Fuirena hottentotta (L.) Druce = Fuirena hirsuta (P. J. Bergius) P. L. Forbes ■☆
168856 Fuirena leptostachya Oliv.;细穗芙兰草■
168857 Fuirena leptostachya Oliv. f. nudiflora Lye;裸花细穗芙兰草■
168858 Fuirena leptostachya Oliv. var. nudiflora C. B. Clarke = Fuirena leptostachya Oliv. f. nudiflora Lye ■
168859 Fuirena macrostachys Boeck. = Fuirena pachyrrhiza Ridl. ■
168860 Fuirena mahouxii Cherm. = Fuirena umbellata Rottb. ■
168861 Fuirena microcarpa Lye = Fuirena leptostachya Oliv. f. nudiflora Lye ■
168862 Fuirena moiseri Turrill = Fuirena leptostachya Oliv. f. nudiflora Lye ■
168863 Fuirena multiflora Peter;多花芙兰草■
168864 Fuirena nana A. Rich. = Lipocarpha nana (A. Rich.) Cherm. ■☆
168865 Fuirena nyasensis Nelmes;尼亚斯芙兰草■☆
168866 Fuirena obcordata P. L. Forbes;倒心形芙兰草■☆
168867 Fuirena obtusiflora Vahl = Fuirena simplex Vahl ■☆
168868 Fuirena ochreata Nees ex Kunth;鞘状托叶芙兰草■☆
168869 Fuirena pachyrrhiza Ridl.;粗根芙兰草■
168870 Fuirena pentagona K. Schum. = Fuirena umbellata Rottb. ■
168871 Fuirena primiera M. E. Jones = Fuirena simplex Vahl ■☆
168872 Fuirena pubescens (Poir.) Kunth;短柔毛芙兰草■
168873 Fuirena pubescens (Poir.) Kunth var. abbreviata Lye;缩短芙兰草■☆
168874 Fuirena pubescens (Poir.) Kunth var. buchananii (Boeck.) C. B. Clarke = Fuirena welwitschii Ridl. ■☆
168875 Fuirena pubescens (Poir.) Kunth var. major Lye = Fuirena pachyrrhiza Ridl. ■
168876 Fuirena pumila (Torr.) Spreng.;小芙兰草;Dwarf Umbrella-sedge, Umbrella-grass ■☆
168877 Fuirena pygmaea Welw. ex Ridl. = Fuirena leptostachya Oliv. f. nudiflora Lye ■
168878 Fuirena reticulata Kük. = Fuirena coerulescens Steud. ■☆
168879 Fuirena rhizomatifer Ts. Tang et F. T. Wang;黔芙兰草■
168880 Fuirena rottboellii Nees = Fuirena ciliaris (L.) Roxb. ■
168881 Fuirena sagittata Lye;箭头芙兰草■
168882 Fuirena schiedeana Kunth = Fuirena simplex Vahl ■☆
168883 Fuirena scirpoidea Michx.;灯芯草状芙兰草;Rush Fuirena ■☆
168884 Fuirena seriata C. B. Clarke = Fuirena umbellata Rottb. ■
168885 Fuirena simplex Vahl;单茎芙兰草;Umbrella Grass ■☆
168886 Fuirena simplex Vahl var. aristulata (Torr.) Král;具芒芙兰草■☆
168887 Fuirena somaliensis Lye;索马里芙兰草■☆
168888 Fuirena squarrosa Michx.;粗鳞芙兰草■☆
168889 Fuirena squarrosa Michx. var. aristulata Torr. = Fuirena simplex Vahl var. aristulata (Torr.) Král ■☆
168890 Fuirena squarrosa Michx. var. aristulata Torr. = Fuirena simplex Vahl ■☆
168891 Fuirena squarrosa Michx. var. breviseta Coville = Fuirena breviseta (Coville) Coville ■☆
168892 Fuirena squarrosa Michx. var. hispida (Elliott) Chapm. = Fuirena squarrosa Michx. ■☆
168893 Fuirena squarrosa Michx. var. macrostachya Britton = Fuirena simplex Vahl ■☆
168894 Fuirena squarrosa Michx. var. pumila Torr. = Fuirena pumila (Torr.) Spreng. ■☆
168895 Fuirena striatella Lye;条纹芙兰草■☆
168896 Fuirena stricta Steud.;刚直芙兰草■☆
168897 Fuirena stricta Steud. subsp. chlorocarpa (Ridl.) Lye = Fuirena stricta Steud. var. chlorocarpa (Ridl.) Kük. ■☆
168898 Fuirena stricta Steud. var. chlorocarpa (Ridl.) Kük.;绿果刚直芙兰草■☆
168899 Fuirena subdigitata C. B. Clarke = Fuirena coerulescens Steud. ■☆

168900 Fuirena tenuifolia Rehmann ex Boeck. = Fuirena pubescens (Poir.) Kunth ■
168901 Fuirena tenuis P. L. Forbes;细芙兰草■☆
168902 Fuirena torreyana Beck = Fuirena pumila (Torr.) Spreng. ■☆
168903 Fuirena umbellata Rottb.;芙兰草(禾花草,黑珠蒿,伞花毛瓣莎,异花草);Umbellate Fuirena ■
168904 Fuirena umbellata Rottb. var. angustifolia Kük. = Fuirena rhizomatifer Ts. Tang et F. T. Wang ■
168905 Fuirena welwitschii Ridl.;韦尔芙兰草■☆
168906 Fuirena zacapana Bartlett = Fuirena simplex Vahl ■☆
168907 Fuirena zambesica Lye;赞比西芙兰草■☆
168908 Fuisa Raf. = Patrinia Juss.(保留属名)■
168909 Fulcaldea Poir. = Fulcaldea Poir. ex Lam. ●☆
168910 Fulcaldea Poir. = Turpinia Bonpl.(废弃属名)●
168911 Fulcaldea Poir. ex Lam.(1817);独花刺菊木属●☆
168912 Fulcaldea laurifolia Poir. ex Lam.;独花刺菊木●☆
168913 Fulchironia Lesch. = Phoenix L. ●
168914 Fullartonia DC. = Doronicum L. ■
168915 Fumana (Dunal) Spach(1836);互叶半日花属●☆
168916 Fumana Spach = Fumana (Dunal) Spach ●☆
168917 Fumana arabica (L.) Spach;阿拉伯互叶半日花■☆
168918 Fumana arbuscula Ball = Fumana fontanesii Pomel ■☆
168919 Fumana bracteifera Pau = Fumana thymifolia (L.) Webb ■☆
168920 Fumana calycina (Dunal) Clauson = Fumana fontanesii Pomel ■☆
168921 Fumana ericifolia Wallr. = Fumana ericoides (Cav.) Gand. subsp. montana (Pomel) Güemes et Munoz Garm. ■☆
168922 Fumana ericoides (Cav.) Gand.;环状互叶半日花■☆
168923 Fumana ericoides (Cav.) Gand. subsp. montana (Pomel) Güemes et Munoz Garm.;山地环状互叶半日花■☆
168924 Fumana ericoides (Cav.) Gand. subsp. paradoxa (Heywood) Charpin et Fern. Casas = Fumana paradoxa Heywood ■☆
168925 Fumana ericoides (Cav.) Gand. var. crassipes Maire = Fumana ericoides (Cav.) Gand. ■☆
168926 Fumana ericoides (Cav.) Gand. var. glandulosa Pau = Fumana ericoides (Cav.) Gand. ■☆
168927 Fumana ericoides (Cav.) Gand. var. littoralis (Sennen) Maire = Fumana ericoides (Cav.) Gand. ■☆
168928 Fumana ericoides (Cav.) Gand. var. montana (Pomel) Grosser = Fumana ericoides (Cav.) Gand. subsp. montana (Pomel) Güemes et Munoz Garm. ■☆
168929 Fumana ericoides (Cav.) Gand. var. opistotricha Maire = Fumana procumbens (Dunal) Gren. et Godr. ■☆
168930 Fumana ericoides (Cav.) Gand. var. scoparia (Pomel) Maire = Fumana scoparia Pomel ■☆
168931 Fumana ericoides (Cav.) Gand. var. spachii (Gren. et Godr.) Maire = Fumana ericoides (Cav.) Gand. subsp. montana (Pomel) Güemes et Munoz Garm. ■☆
168932 Fumana ericoides (Cav.) Gand. var. transiens Font Quer et Maire = Fumana ericoides (Cav.) Gand. subsp. montana (Pomel) Güemes et Munoz Garm. ■☆
168933 Fumana fontanesii Pomel;丰塔纳互叶半日花■☆
168934 Fumana fontqueri Güemes;丰特互叶半日花■☆
168935 Fumana glutinosa (L.) Ball = Fumana thymifolia (L.) Webb ■☆
168936 Fumana glutinosa (L.) Ball var. viridis (Ten.) Ball = Fumana thymifolia (L.) Webb ■☆
168937 Fumana juniperina (Dunal) Pau;刺柏状互叶半日花■☆
168938 Fumana laevipes (L.) Spach;光梗互叶半日花■☆
168939 Fumana laevis (Cav.) Pau = Fumana thymifolia (L.) Webb subsp. laevis (Cav.) Molero et Rovira ■☆
168940 Fumana laevis (Cav.) Pau subsp. juniperina (Dunal) Güemes et Molero = Fumana juniperina (Dunal) Pau ■☆
168941 Fumana littoralis Sennen = Fumana ericoides (Cav.) Gand. ■☆
168942 Fumana montana Pomel = Fumana ericoides (Cav.) Gand. subsp. montana (Pomel) Güemes et Munoz Garm. ■☆
168943 Fumana paradoxa Heywood;奇异互叶半日花■☆
168944 Fumana procumbens (Dunal) Gren. et Godr.;匍匐互叶半日花■☆
168945 Fumana procumbens Gren. et Godr. = Fumana procumbens (Dunal) Gren. et Godr. ■☆
168946 Fumana scoparia Pomel;帚状互叶半日花■☆
168947 Fumana scoparia Pomel subsp. paradoxa (Heywood) = Fumana paradoxa Heywood ■☆
168948 Fumana spachii Gren. et Godr. = Fumana ericoides (Cav.) Gand. ■☆
168949 Fumana spachii Gren. et Godr. subsp. montana (Pomel) Batt. = Fumana ericoides (Cav.) Gand. subsp. montana (Pomel) Güemes et Munoz Garm. ■☆
168950 Fumana thymifolia (L.) Webb;百里香状互叶半日花■☆
168951 Fumana thymifolia (L.) Webb subsp. laevis (Cav.) Molero et Rovira;平滑百里香状互叶半日花■☆
168952 Fumana thymifolia (L.) Webb var. bracteifera (Pau) Font Quer = Fumana thymifolia (L.) Webb ■☆
168953 Fumana thymifolia (L.) Webb var. glutinosa (L.) Burnat = Fumana thymifolia (L.) Webb ■☆
168954 Fumana thymifolia (L.) Webb var. juniperina (Dunal) Samp. = Fumana juniperina (Dunal) Pau ■☆
168955 Fumana thymifolia (L.) Webb var. laevis (Cav.) Grosser = Fumana thymifolia (L.) Webb subsp. laevis (Cav.) Molero et Rovira ■☆
168956 Fumana thymifolia (L.) Webb var. papillosa (Willk.) Grosser = Fumana thymifolia (L.) Webb ■☆
168957 Fumana viridis (Ten.) Font Quer = Fumana thymifolia (L.) Webb subsp. laevis (Cav.) Molero et Rovira ■☆
168958 Fumana viscida Spach = Fumana thymifolia (L.) Webb ■☆
168959 Fumana viscidula Juz.;浅绿互叶半日花■☆
168960 Fumanopsis Pomel = Fumana (Dunal) Spach ●☆
168961 Fumanopsis Pomel = Helianthemum Mill. ●■
168962 Fumanopsis glutinosus (L.) Pomel = Fumana thymifolia (L.) Webb ■☆
168963 Fumanopsis laevipes (L.) Pomel = Fumana laevipes (L.) Spach ■☆
168964 Fumaria L.(1753);烟堇属(蓝堇属,球果紫堇属);Fumeterre, Fumitory, Tumitory ■
168965 Fumaria abyssinica Hammar;阿比西尼亚烟堇■☆
168966 Fumaria africana Lam. = Rupicapnos africana (Lam.) Pomel ■☆
168967 Fumaria africana Lam. var. gaetula Maire = Rupicapnos africana (Lam.) Pomel subsp. gaetula (Maire) Maire ■☆
168968 Fumaria africana Lam. var. graciliflora (Pomel) Batt. et Trab. = Rupicapnos africana (Lam.) Pomel ■☆
168969 Fumaria africana Lam. var. ochracea (Pomel) Batt. et Trab. = Rupicapnos ochracea Pomel ■☆

168970 Fumaria africana Lam. var. platycentra Pomel = Rupicapnos africana (Lam.) Pomel subsp. cerefolia (Pomel) Maire ■☆
168971 Fumaria africana Lam. var. speciosa Pomel = Rupicapnos africana (Lam.) Pomel ■☆
168972 Fumaria agraria Lag.;田野烟堇■☆
168973 Fumaria agraria Lag. subsp. atlantica Hausskn. = Fumaria atlantica Hausskn. ■☆
168974 Fumaria agraria Lag. subsp. embergeri Pugsley = Fumaria agraria Lag. ■☆
168975 Fumaria agraria Lag. subsp. ifranensis Pugsley = Fumaria agraria Lag. ■☆
168976 Fumaria agraria Lag. subsp. major (Badarò) Maire = Fumaria barnolae Sennen et Pau ■☆
168977 Fumaria agraria Lag. subsp. micranthifolia (Pugsley) Maire = Fumaria rupestris Boiss. et Reut. subsp. micranthifolia (Pugsley) Lidén ■☆
168978 Fumaria agraria Lag. subsp. multiflora (Pugsley) Maire = Fumaria ballii Pugsley ■☆
168979 Fumaria agraria Lag. subsp. rupestris (Boiss. et Reut.) Maire et Weiller = Fumaria rupestris Boiss. et Reut. ■☆
168980 Fumaria agraria Lag. subsp. tenuisecta Ball = Fumaria ballii Pugsley ■☆
168981 Fumaria agraria Lag. var. algerica Hausskn. = Fumaria barnolae Sennen et Pau subsp. algerica (Hausskn.) Lidén ■☆
168982 Fumaria agraria Lag. var. atlantica (Hausskn.) Coss. = Fumaria atlantica Hausskn. ■☆
168983 Fumaria agraria Lag. var. atlantica Ball = Fumaria berberica Pugsley ■☆
168984 Fumaria agraria Lag. var. beltranii Sennen = Fumaria barnolae Sennen et Pau subsp. algerica (Hausskn.) Lidén ■☆
168985 Fumaria agraria Lag. var. chilensis Parl. = Fumaria agraria Lag. ■☆
168986 Fumaria agraria Lag. var. elata Ball = Fumaria agraria Lag. ■☆
168987 Fumaria agraria Lag. var. erostrata Pugsley = Fumaria erostrata (Pugsley) Lidén ■☆
168988 Fumaria agraria Lag. var. laxa Boiss. et Reut. = Fumaria agraria Lag. ■☆
168989 Fumaria agraria Lag. var. mauritanica Hausskn. = Fumaria agraria Lag. ■☆
168990 Fumaria agraria Lag. var. maximilianii Sennen = Fumaria agraria Lag. ■☆
168991 Fumaria agraria Lag. var. munbyi (Boiss. et Reut.) Batt. et Trab. = Fumaria agraria Lag. ■☆
168992 Fumaria agraria Lag. var. pallescens Pugsley = Fumaria agraria Lag. ■☆
168993 Fumaria agraria Lag. var. platyptera Pugsley = Fumaria agraria Lag. ■☆
168994 Fumaria agraria Lag. var. rupestris (Boiss. et Reut.) Coss. = Fumaria rupestris Boiss. et Reut. ■☆
168995 Fumaria agraria Lag. var. subulata Maire et Weiller = Fumaria agraria Lag. ■☆
168996 Fumaria agraria Lag. var. tigertensis Pugsley = Fumaria erostrata (Pugsley) Lidén ■☆
168997 Fumaria ajmasiana Pau et Font Quer = Fumaria ouezzanensis Pugsley subsp. ajmasiana (Pau et Font Quer) Dobignard ■☆
168998 Fumaria algeriensis Pugsley = Fumaria sepium Boiss. et Reut. ■☆
168999 Fumaria almensis Maire = Fumaria bastardii Boreau ■☆
169000 Fumaria altaica Ledeb. = Corydalis pauciflora (Stephan) Pers. ■
169001 Fumaria apiculata Lange var. africana Pugsley = Fumaria rifana Lidén ■☆
169002 Fumaria apiculata Lange var. trachycarpa Emb. et Maire = Fumaria rifana Lidén ■☆
169003 Fumaria arbuscula Ball;树状烟堇■☆
169004 Fumaria asepala Boiss.;无萼烟堇■
169005 Fumaria atlantica Hausskn.;大西洋烟堇■☆
169006 Fumaria atlantica Hausskn. var. platyptera Pugsley = Fumaria atlantica Hausskn. ■☆
169007 Fumaria australis Pugsley = Fumaria abyssinica Hammar ■☆
169008 Fumaria ballii Pugsley;鲍尔烟堇■☆
169009 Fumaria ballii Pugsley var. tenuisecta (Ball) Emb. et Maire = Fumaria ballii Pugsley ■☆
169010 Fumaria ballii Pugsley var. tiznitensis ? = Fumaria erostrata (Pugsley) Lidén ■☆
169011 Fumaria barnolae Sennen et Pau;巴诺拉烟堇■☆
169012 Fumaria barnolae Sennen et Pau subsp. algerica (Hausskn.) Lidén;阿尔及利亚烟堇■☆
169013 Fumaria bastardii Boreau;巴氏烟堇;Bastard's Fumitory, Tall Ramping-fumitory ■☆
169014 Fumaria bastardii Boreau var. benedicta (Nicotra) Pugsley = Fumaria bastardii Boreau ■☆
169015 Fumaria bastardii Boreau var. confusa (Jord.) Berher = Fumaria bastardii Boreau ■☆
169016 Fumaria bastardii Boreau var. gussonei (Boiss.) Pugsley = Fumaria bastardii Boreau ■☆
169017 Fumaria bastardii Boreau var. maurorum Maire = Fumaria maurorum Maire ■☆
169018 Fumaria bastardii Boreau var. vagans (Jord.) Durand et Barratte = Fumaria bastardii Boreau ■☆
169019 Fumaria berberica Pugsley;柏柏尔烟堇■☆
169020 Fumaria bicolor Nicotra;二色烟堇■☆
169021 Fumaria bifrons Pugsley = Fumaria rupestris Boiss. et Reut. subsp. bifrons (Pugsley) Lidén ■☆
169022 Fumaria bracteosa Pomel;苞片烟堇■☆
169023 Fumaria bracteosa Pomel var. emarginata (Braun-Blanq.) Braun-Blanq. et Maire = Fumaria bracteosa Pomel ■☆
169024 Fumaria bracteosa Pomel var. pomeliana Maire = Fumaria bracteosa Pomel ■☆
169025 Fumaria bulbosa L. = Corydalis cava (L.) Schweigg. et Körte ■
169026 Fumaria caespitosa Loscos = Fumaria vaillantii Loisel. ■
169027 Fumaria capitata Lidén;头状烟堇■☆
169028 Fumaria capnoides L. = Corydalis capnoides (L.) Pers. ■
169029 Fumaria capnoides L. = Corydalis pauciflora (Stephan) Pers. ■
169030 Fumaria capreolata L.;白烟堇;Rampant Fumitory, Ramping Fumitory, Ramping-fumitory, White Fumitory, White Ramping Fumitory, White Ramping-fumitory ■☆
169031 Fumaria capreolata L. subsp. dubia (Pugsley) Maire = Fumaria dubia Pugsley ■☆
169032 Fumaria capreolata L. subsp. melillaica (Pugsley) Maire = Fumaria melillaica Pugsley ■☆
169033 Fumaria capreolata L. subsp. pseudoflabellata Maire = Fumaria normanii Pugsley ■☆
169034 Fumaria capreolata L. var. albiflora Hammar = Fumaria capreolata L. ■☆

169035 Fumaria capreolata L. var. bastardii (Boreau) Coss. et Germ. = Fumaria bastardii Boreau ■☆

169036 Fumaria capreolata L. var. condensata Ball = Fumaria capreolata L. ■☆

169037 Fumaria capreolata L. var. flabellata (Gasp.) Coss. = Fumaria flabellata Gasp. ■☆

169038 Fumaria capreolata L. var. intermedia Hausskn. = Fumaria capreolata L. ■☆

169039 Fumaria capreolata L. var. macrosepala (Boiss.) Coss. = Fumaria macrocarpa Parl. ■☆

169040 Fumaria capreolata L. var. muralis (Koch) Coss. = Fumaria capreolata L. ■☆

169041 Fumaria capreolata L. var. oscilans Pau et Font Quer = Fumaria capreolata L. ■☆

169042 Fumaria capreolata L. var. pallidiflora Jord. = Fumaria capreolata L. ■☆

169043 Fumaria capreolata L. var. platycalyx (Pomel) Batt. et Trab. = Fumaria capreolata L. ■☆

169044 Fumaria capreolata L. var. provincialis Rouy et Foucaud = Fumaria capreolata L. ■☆

169045 Fumaria caudata Lam. = Corydalis caudata (Lam.) Pers. ■

169046 Fumaria coccinea Pugsley;绯红烟堇■☆

169047 Fumaria confusa Jord. = Fumaria bastardii Boreau ■☆

169048 Fumaria corymbosa Desf. = Rupicapnos africana (Lam.) Pomel ■☆

169049 Fumaria crassifolia Desf. = Sarcocapnos crassifolia (Desf.) DC. ■☆

169050 Fumaria cucullaria L. = Dicentra cucullaria (L.) Bernh. ■☆

169051 Fumaria decumbens Thunb. = Corydalis decumbens (Thunb.) Pers. ■

169052 Fumaria densiflora DC.;密花烟堇;Dense-flowered Fumitory ■☆

169053 Fumaria densiflora DC. subsp. bracteosa (Pomel) Murb. = Fumaria bracteosa Pomel ■☆

169054 Fumaria densiflora DC. subsp. micrantha (Lag.) Maire et Weiller = Fumaria densiflora DC. ■☆

169055 Fumaria densiflora DC. var. dubia Pugsley = Fumaria densiflora DC. ■☆

169056 Fumaria densiflora DC. var. emarginata (Braun-Blanq.) Braun-Blanq. et Maire = Fumaria bracteosa Pomel ■☆

169057 Fumaria densiflora DC. var. pomeliana Maire = Fumaria bracteosa Pomel ■☆

169058 Fumaria densiflora Delile ex Nyman = Fumaria densiflora DC. ■☆

169059 Fumaria dubia Pugsley;可疑烟堇■☆

169060 Fumaria emarginata Braun-Blanq. = Fumaria bracteosa Pomel ■☆

169061 Fumaria embergeri Pugsley = Fumaria agraria Lag. ■☆

169062 Fumaria erostrata (Pugsley) Lidén;无喙烟堇■☆

169063 Fumaria eximia Ker Gawl. = Dicentra eximia (Ker Gawl.) Torr. ■☆

169064 Fumaria flabellata Gasp.;扇状烟堇■☆

169065 Fumaria flavula Raf.;黄烟堇;Pale Corydalis, Yellow Fumewort, Yellow Harlequin ■☆

169066 Fumaria flavula Raf. = Corydalis flavula (Raf.) DC. ■☆

169067 Fumaria formosa Haw. = Dicentra formosa (Andréws) Walp. ■☆

169068 Fumaria fungosa Aiton = Adlumia fungosa (Aiton) Greene ex Brittons, Stern et Poggenb. ■☆

169069 Fumaria gaditana Hausskn. = Fumaria capreolata L. ■☆

169070 Fumaria glauca Jord. = Fumaria parviflora Lam. ■☆

169071 Fumaria guruguensis Sennen = Fumaria melillaica Pugsley ■☆

169072 Fumaria gussonei Boiss. = Fumaria bastardii Boreau ■☆

169073 Fumaria ifranensis Pugsley = Fumaria rupestris Boiss. et Reut. ■☆

169074 Fumaria impatiens Pall. = Corydalis impatiens (Pall.) Fisch. ■

169075 Fumaria incisa Thunb. = Corydalis incisa (Thunb.) Pers. ■

169076 Fumaria indica (Hausskn.) Pugsley;印度烟堇;American Fumitory, Indian Fumitory ■☆

169077 Fumaria judaica Boiss.;朱达烟堇■☆

169078 Fumaria kralikii Jord.;克氏蓝堇;Kralik Fumitory ■☆

169079 Fumaria laeta Lowe = Fumaria muralis Sond. ex W. D. J. Koch ■☆

169080 Fumaria lichtensteinii Cham. et Schltdl. = Trigonocapnos lichtensteinii (Cham. et Schltdl.) Lidén ■☆

169081 Fumaria longiflora Willd. = Corydalis schanginii (Pall.) B. Fedtsch. ■

169082 Fumaria longipes Coss. et Durieu = Rupicapnos longipes (Coss. et Durieu) Pomel ■☆

169083 Fumaria lutea (L.) DC. = Corydalis pallida (Thunb.) Pers. ■

169084 Fumaria macrocarpa Parl.;大果烟堇■☆

169085 Fumaria macrocarpa Parl. subsp. cyrenaica Lidén;昔兰尼烟堇 ■☆

169086 Fumaria macrosepala Boiss.;大萼烟堇■☆

169087 Fumaria macrosepala Boiss. subsp. bifrons (Pugsley) Maire et Weiller = Fumaria rupestris Boiss. et Reut. subsp. bifrons (Pugsley) Lidén ■☆

169088 Fumaria macrosepala Boiss. subsp. boissieri Maire et Weiller = Fumaria macrosepala Boiss. ■☆

169089 Fumaria macrosepala Boiss. subsp. macrocarpa Lidén;大果大萼烟堇■☆

169090 Fumaria macrosepala Boiss. subsp. obscura (Pugsley) Lidén;隐匿大萼烟堇■☆

169091 Fumaria macrosepala Boiss. var. atlantica (Ball) Maire = Fumaria berberica Pugsley ■☆

169092 Fumaria macrosepala Boiss. var. obscura Pugsley = Fumaria macrosepala Boiss. subsp. obscura (Pugsley) Lidén ■☆

169093 Fumaria mairei Maire;迈雷烟堇■☆

169094 Fumaria major Badaro = Fumaria muralis Sond. ex W. D. J. Koch var. major (Boreau) P. D. Sell ■☆

169095 Fumaria martinii Sennen = Fumaria reuteri Boiss. ■☆

169096 Fumaria mauritii Sennen;毛里特烟堇■☆

169097 Fumaria maurorum Maire;模糊烟堇■☆

169098 Fumaria media Ball. = Rupicapnos longipes (Coss. et Durieu) Pomel ■☆

169099 Fumaria melillaica Pugsley;梅利利亚烟堇■☆

169100 Fumaria micrantha Lag.;小花烟堇■☆

169101 Fumaria micranthifolia Pugsley = Fumaria rupestris Boiss. et Reut. subsp. micranthifolia (Pugsley) Lidén ■☆

169102 Fumaria microcarpa Boiss.;小果蓝堇■☆

169103 Fumaria microstachys Hausskn.;小穗烟堇■☆

169104 Fumaria mirabilis Pugsley;奇异烟堇■☆

169105 Fumaria mirabilis Pugsley var. almensis Maire = Fumaria mirabilis Pugsley ■☆

169106 Fumaria montana J. A. Schmidt;山地烟堇■☆

169107 Fumaria multiflora Pugsley = Fumaria ballii Pugsley ■☆

169108 Fumaria munbyi Boiss. et Reut. ;芒比烟堇■☆

169109 Fumaria mundtii Spreng. = Discocapnos mundtii Cham. et Schltdl. ■☆

169110 Fumaria muralis Gren. et Godr. = Fumaria muralis Sond. ex W. D. J. Koch ■☆

169111 Fumaria muralis Sond. ex W. D. J. Koch;厚壁烟堇;Boreau's Fumitory,Common Ramping-fumitory ■☆

169112 Fumaria muralis Sond. ex W. D. J. Koch subsp. boraei (Jord.) Pugsley;鲍氏烟堇;Boreau's Fumitory ■☆

169113 Fumaria muralis Sond. ex W. D. J. Koch subsp. boraei (Jord.) Pugsley = Fumaria melillaica Pugsley ■☆

169114 Fumaria muralis Sond. ex W. D. J. Koch var. major (Boreau) P. D. Sell;大烟堇■☆

169115 Fumaria muralis Sond. var. lowei Pugsley = Fumaria bastardii Boreau ■☆

169116 Fumaria nobilis L. = Corydalis nobilis (L.) Pers. ■

169117 Fumaria normanii Pugsley;诺尔曼烟堇■☆

169118 Fumaria numidica Coss. et Durieu = Rupicapnos numidica (Coss. et Durieu) Pomel ■☆

169119 Fumaria numidica Coss. et Durieu var. erosa (Pomel) Batt. et Trab. = Rupicapnos ochracea Pomel ■☆

169120 Fumaria numidica Coss. et Durieu var. longipes (Coss. et Durieu) Coss. = Rupicapnos longipes (Coss. et Durieu) Pomel ■☆

169121 Fumaria numidica Coss. et Durieu var. muricaria (Pomel) Batt. et Trab. = Rupicapnos muricaria Pomel ■☆

169122 Fumaria numidica Coss. et Durieu var. reboudiana (Pomel) Batt. et Trab. = Rupicapnos longipes (Coss. et Durieu) Pomel subsp. reboudiana (Pomel) Lidén ■☆

169123 Fumaria numidica Coss. et Durieu var. sarcocapnoides (Coss. et Durieu) Batt. et Trab. = Rupicapnos sarcocapnoides (Coss. et Durieu) Pomel ■☆

169124 Fumaria obtusipetala Pugsley = Fumaria densiflora DC. ■☆

169125 Fumaria occidentalis Pugsley;西方烟堇;Climbing Fumitory, Cornish Fumitory,Western Fumitory,Western Ramping-fumitory ■☆

169126 Fumaria officinalis L. ;药用球果紫堇(蓝堇,球果紫堇,药用紫堇);Babe-and-cradle, Babe-in-the-cradle, Beggary, Birds On the Bough, Birds On the Bush, Common Fumitory, Dicky Birds, Drug Fumitory, Earth Gall, Earthsmoke, Faminterry, Fevertory, Fumewort, Fumiterre, Fumitory, Furrow-weed, God's Fingers-and-thumbs, Hemitory, Jam Tarts, Lady's Glove, Lady's Gloves, Lady's Locket, Lady's Shoes, Medicinal Fumitory, Snapdragon, Vapour, Wax Dolls ■

169127 Fumaria officinalis L. subsp. wirtgenii (Koch) Arcang. ;赖氏药用球果紫堇;Drug Fumitory ■☆

169128 Fumaria officinalis L. var. densiflora Parl. = Fumaria officinalis L. ■

169129 Fumaria officinalis L. var. grandiflora DC. = Fumaria muralis Sond. ex W. D. J. Koch ■☆

169130 Fumaria officinalis L. var. minor Koch = Fumaria officinalis L. ■

169131 Fumaria officinalis L. var. scandens Rchb. = Fumaria officinalis L. ■

169132 Fumaria officinalis L. var. tenuiflora Fr. = Fumaria officinalis L. subsp. wirtgenii (Koch) Arcang. ■☆

169133 Fumaria ouezzanensis Pugsley subsp. ajmasiana (Pau et Font Quer) Dobignard;艾马斯烟堇■☆

169134 Fumaria ouezzanensis Pugsley subsp. ramosa Lidén;分枝烟堇■☆

169135 Fumaria pallida Thunb. = Corydalis pallida (Thunb.) Pers. ■

169136 Fumaria parviflora Lam. ;小花蓝堇(蓝堇);Fineleaf Fumitory, Fine-leaved Fumitory ■☆

169137 Fumaria parviflora Lam. subsp. vaillantii (Loisel.) Hook. f. et Thomson = Fumaria indica (Hausskn.) Pugsley ■☆

169138 Fumaria parviflora Lam. subsp. vaillantii (Loisel.) Hook. f. et Thomson = Fumaria vaillantii Loisel. ■

169139 Fumaria parviflora Lam. var. acuminata Clavaud = Fumaria parviflora Lam. ■☆

169140 Fumaria parviflora Lam. var. glauca (Jord.) Clavaud = Fumaria parviflora Lam. ■☆

169141 Fumaria parviflora Lam. var. leucantha Clavaud = Fumaria parviflora Lam. ■☆

169142 Fumaria parviflora Lam. var. lutea Doum. = Fumaria parviflora Lam. ■☆

169143 Fumaria parviflora Lam. var. symei Pugsley = Fumaria parviflora Lam. ■☆

169144 Fumaria parviflora Lam. var. trabutii Batt. et Trab. = Fumaria parviflora Lam. ■☆

169145 Fumaria pauciflora Stephan = Corydalis pauciflora (Stephan) Pers. ■

169146 Fumaria pauciflora Stephan ex Willd. = Corydalis pauciflora (Stephan) Pers. ■

169147 Fumaria petteri Rchb. subsp. calcarata (Cadevall) Lidén et Soler;距烟堇■☆

169148 Fumaria platycalyx Pomel = Fumaria capreolata L. ■☆

169149 Fumaria platycarpa Lidén;阔果烟堇■☆

169150 Fumaria praetermissa Pugsley = Fumaria montana J. A. Schmidt ■☆

169151 Fumaria purpurea Pugsley;紫烟堇;Purple Ramping-fumitory ■☆

169152 Fumaria racemosa Thunb. = Corydalis racemosa (Thunb.) Pers. ■

169153 Fumaria reuteri Boiss. ;少花烟堇(马丁烟堇);Few-flower Fumitory, Martin's Fumitory, Martin's Ramping-fumitory ■☆

169154 Fumaria rifana Lidén;里夫烟堇■☆

169155 Fumaria rostellata Knaf;小嘴蓝堇(具喙蓝堇)■☆

169156 Fumaria rupestris Boiss. et Reut. ;岩地烟堇■☆

169157 Fumaria rupestris Boiss. et Reut. subsp. bifrons (Pugsley) Lidén;双叶岩地烟堇■☆

169158 Fumaria rupestris Boiss. et Reut. subsp. calycina Lidén;萼状岩地烟堇■☆

169159 Fumaria rupestris Boiss. et Reut. subsp. micranthifolia (Pugsley) Lidén;花叶岩地烟堇■☆

169160 Fumaria rupestris Boiss. et Reut. subsp. pulchra Lidén;美丽岩地烟堇■☆

169161 Fumaria rupestris Boiss. et Reut. var. laxa ? = Fumaria atlantica Hausskn. ■☆

169162 Fumaria rupestris Boiss. et Reut. var. maritima Batt. = Fumaria rupestris Boiss. et Reut. ■☆

169163 Fumaria rupestris Boiss. et Reut. var. pallescens Pugsley = Fumaria rupestris Boiss. et Reut. ■☆

169164 Fumaria rupestris Boiss. et Reut. var. platycarpa Pugsley = Fumaria rupestris Boiss. et Reut. ■☆

169165 Fumaria rupestris Boiss. et Reut. var. subalata Maire = Fumaria rupestris Boiss. et Reut. ■☆

169166 Fumaria sarcocapnoides Coss. et Durieu = Rupicapnos sarcocapnoides (Coss. et Durieu) Pomel ■☆
169167 Fumaria schanginii Pall. = Corydalis schanginii (Pall.) B. Fedtsch. ■
169168 Fumaria schleicheri Soy. -Will.;烟堇(施来氏蓝堇,肖氏球果蓝堇,肖氏球果紫堇);Schleicher Fumitory ■
169169 Fumaria schrammii (Asch.) Velen. = Fumaria vaillantii Loisel. ■
169170 Fumaria segetalis (Hammar) Cout.;谷地烟堇■☆
169171 Fumaria sempervirens L. = Corydalis sempervirens (L.) Pers. ■☆
169172 Fumaria sepium Boiss. et Reut.;篱笆烟堇■☆
169173 Fumaria sepium Boiss. et Reut. subsp. rugosa Lidén;皱褶烟堇■☆
169174 Fumaria sepium Boiss. et Reut. var. gaditana (Hausskn.) Pugsley = Fumaria sepium Boiss. et Reut. ■☆
169175 Fumaria sibirica L. f. = Corydalis sibirica (L. f.) Pers. ■
169176 Fumaria sibirica L. f. = Corydalis solida (L.) Clairv. ■
169177 Fumaria speciosa Jord. = Fumaria capreolata L. ■☆
169178 Fumaria spectabilis L. = Dicentra spectabilis (L.) Lem. ■
169179 Fumaria spectabilis L. = Lamprocapnos spectabilis (L.) Fukuhara ■
169180 Fumaria spicata L. = Platycapnos spicatus (L.) Bernh. ■☆
169181 Fumaria tenuisecta (Ball) Ball = Fumaria ballii Pugsley ■☆
169182 Fumaria undulata Pugsley = Fumaria berberica Pugsley ■☆
169183 Fumaria vaillantii Loisel.;短梗烟堇(短梗蓝堇,范氏蓝堇,球果紫堇,瓦氏蓝堇,威氏蓝堇);Earthsmoke, Few-flowered Fumitory, Shortstalk Fumitory ■
169184 Fumaria vaillantii Loisel. subsp. schrammii (Asch.) Nyman = Fumaria vaillantii Loisel. ■
169185 Fumaria vaillantii Loisel. var. caespitosa (Loscos) Willk. = Fumaria vaillantii Loisel. ■
169186 Fumaria vaillantii Loisel. var. indica Hausskn. = Fumaria indica (Hausskn.) Pugsley ■☆
169187 Fumaria vaillantii Loisel. var. maroccana Pugsley = Fumaria vaillantii Loisel. ■
169188 Fumaria vaillantii Loisel. var. schrammii (Asch.) Hausskn. = Fumaria vaillantii Loisel. ■
169189 Fumaria vaillantii Loisel. var. schrammii Asch. = Fumaria vaillantii Loisel. ■
169190 Fumariaceae Bercht. et Presl = Fumariaceae Marquis (保留科名) ■☆
169191 Fumariaceae Bercht. et Presl = Papaveraceae Juss. (保留科名) ●■
169192 Fumariaceae DC. = Fumariaceae Marquis(保留科名) ■☆
169193 Fumariaceae DC. = Papaveraceae Juss. (保留科名) ●■
169194 Fumariaceae Marquis(1820)(保留科名);紫堇科(荷苞牡丹科);Fumitory Family ■☆
169195 Fumariaceae Marquis(保留科名) = Papaveraceae Juss. (保留科名) ●■
169196 Fumariola Korsh. (1898);黄花烟堇属■☆
169197 Fumariola turkestanica Korsh.;黄花烟堇(土耳其斯坦黄花烟堇) ■☆
169198 Funastrum E. Fourn. = Sarcostemma R. Br. ■
169199 Funckia Demort. = Lumnitzera Willd. ●
169200 Funckia Dumort. = Funkia Spreng. ■
169201 Funckia Dumort. = Hosta Tratt. (保留属名) ■
169202 Funckia Muhl. ex Willd. = Astelia Banks et Sol. ex R. Br. (保留属名) ■☆
169203 Funckia Willd. (废弃属名) = Astelia Banks et Sol. ex R. Br. (保留属名) ■☆
169204 Funckia karakandel Dennst. = Lumnitzera racemosa Willd. ●
169205 Funifera Leandro ex C. A. Mey. (1843);索瑞香属■☆
169206 Funifera brasiliensis (Raddi) Mansf.;巴西索瑞香■☆
169207 Funifera utilis Leandro ex C. A. Mey.;有用索瑞香■☆
169208 Funisaria Raf. = Uvaria L. ●
169209 Funium Willem. = Furcraea Vent. ■☆
169210 Funkia Benth. et Hook. f. = Astelia Banks et Sol. ex R. Br. (保留属名) ■☆
169211 Funkia Endl. = Funckia Dennst. ■
169212 Funkia Endl. = Lumnitzera Willd. ●
169213 Funkia Spreng. = Hosta Tratt. (保留属名) ■
169214 Funkia albomarginata Hook. = Hosta albomarginata (Hook.) Ohwi ■
169215 Funkia argyi H. Lév. = Hosta ventricosa (Salisb.) Stearn ■
169216 Funkia lancifolia Spreng. = Hosta albomarginata (Hook.) Ohwi ■
169217 Funkia lancifolia Spreng. = Hosta lancifolia (Thunb.) Engl. ■
169218 Funkia legendrei H. Lév. = Hosta ventricosa (Salisb.) Stearn ■
169219 Funkia ovata Spreng. = Hosta ventricosa (Salisb.) Stearn ■
169220 Funkia subcordata Spreng. = Hosta plantaginea (Lam.) Asch. ■
169221 Funkiaceae Horan. = Agavaceae Dumort. (保留科名) ●■
169222 Funkiaceae Horan. = Hostaceae B. Mathew ■
169223 Funkiella Schltr. (1920);冯克兰属■☆
169224 Funkiella Schltr. = Schiedeella Schltr. ■☆
169225 Funkiella hyemalis Schltr.;冯克兰■☆
169226 Funtumia Stapf(1901);丝胶树属;Silk-Rubber ●
169227 Funtumia africana (Benth.) Stapf;非洲丝胶树(非洲野橡胶树,假橡胶树);Bastard Wild Rubber, False Rubber Tree ●☆
169228 Funtumia africana Stapf = Funtumia africana (Benth.) Stapf ●☆
169229 Funtumia elastica (P. Preuss) Stapf;丝胶树(芬土米亚树,野橡胶树);African Rubber, Lagos Rubber, Lagos Rubber Tree, Lagos Silk-Rubber, Lagos Silk-Rubber Tree, Rubber Tree, Silk Rubber, Silkrubber, Silk-Rubber Tree, West African Rubber Tree, Wild Rubber Lagos ●
169230 Funtumia latifolia (Stapf) Stapf = Funtumia africana (Benth.) Stapf ●☆
169231 Funtumia latifolia Stapf = Funtumia africana (Benth.) Stapf ●☆
169232 Furarium Rizzini = Oryctanthus (Griseb.) Eichler ●☆
169233 Furcaria (DC.) Kostel. = Hibiscus L. (保留属名) ●■
169234 Furcaria Boivin ex Baill. = Croton L. ●
169235 Furcaria Kostel. = Hibiscus L. (保留属名) ●■
169236 Furcaria cavanillesii Kostel. = Hibiscus cannabinus L. ■
169237 Furcaria surattensis (L.) Kostel. = Hibiscus surattensis L. ■
169238 Furcaria surattensis Kostel. = Hibiscus surattensis L. ■
169239 Furcatella Baum. -Bod. = Psychotria L. (保留属名) ●
169240 Furcilla Tiegh. = Muellerina Tiegh. ●☆
169241 Furcilla Tiegh. = Phrygilanthus Eichler ●☆
169242 Furcraea Vent. (1793);墨西哥龙舌兰属(缝线麻属,福克兰属,巨麻属,万年兰属);Cabuya, Cahum, Fique, Giant Mexican Lily, Mauritius Hemp, Pita ■☆
169243 Furcraea cabuya Trel.;卡布亚龙舌兰;Cabuya Fibre ■☆
169244 Furcraea cubensis Vent. = Furcraea hexapetala (Jacq.) Urb. ■☆

169245 Furcraea foetida (L.) Haw.;巨麻(白花龙舌兰,大墨西哥龙舌兰,缝线麻,毛里求斯麻);Cantala, Giant Lily, Green Aloe, Maguey, Mauritius Aloe, Mauritius Hemp, Piteira Hurcrea, Sisal ■☆
169246 Furcraea foetida (L.) Haw. 'Mediopicta';斑心巨麻■☆
169247 Furcraea foetida (L.) Haw. 'Striata';黄纹万年麻■☆
169248 Furcraea gigantea Vent. = Furcraea foetida (L.) Haw. ■☆
169249 Furcraea hexapetala (Jacq.) Urb.;万年兰(古巴墨西哥龙舌兰);Cuba Hemp ■☆
169250 Furcraea pubescens Baker = Furcraea undulata Jacobi ■☆
169251 Furcraea tuberosa Aiton;块根墨西哥龙舌兰■☆
169252 Furcraea undulata Jacobi;钝齿墨西哥龙舌兰■☆
169253 Furcroya Raf. = Furcraea Vent. ■☆
169254 Furera Adans.(废弃属名) = Pycnanthemum Michx.(保留属名)■☆
169255 Furera Bubani = Corrigiola L. ■☆
169256 Furiolobivia Y. Ito = Echinopsis Zucc. ●
169257 Furnaria racemosa Thunb. = Corydalis racemosa (Thunb.) Pers. ■
169258 Furnrohria Lindl. = Fuernrohria K. Koch☆
169259 Furtadoa M. Hotta(1981);富尔南星属■☆
169260 Furtadoa mixta (Ridl.) M. Hotta;富尔南星■☆
169261 Furtadoa sumatrensis M. Hotta;苏门答腊富尔南星■☆
169262 Fusaea (Baill.) Saff. (1914);瓣蕊果属●☆
169263 Fusaea Saff. = Fusaea (Baill.) Saff. ■☆
169264 Fusaea longifolia (Aubl.) Saff.;瓣蕊果●☆
169265 Fusaea longifolia Saff. = Fusaea longifolia (Aubl.) Saff. ●☆
169266 Fusanus L. = Colpoon P. J. Bergius ●☆
169267 Fusanus Murray = Colpoon P. J. Bergius ●☆
169268 Fusanus R. Br. = Eucarya T. L. Mitch. ●☆
169269 Fusanus R. Br. = Santalum L. ●
169270 Fusanus compressus L. = Osyris compressa (P. J. Bergius) A. DC. ●☆
169271 Fusarina Raf. = Uncinia Pers. ■☆
169272 Fusidendris Thouars = Dendrobium Sw.(保留属名)■
169273 Fusidendris Thouars = Polystachya Hook.(保留属名)■
169274 Fusifilum Raf. = Urginea Steinh. ■☆
169275 Fusispermum Cuatrec. (1950);梭籽堇属(异子堇属)■☆
169276 Fusispermum laxiflorum Hekking;疏花梭籽堇■☆
169277 Fusispermum minutiflorum Cuatrec.;小花梭籽堇■☆
169278 Fusispermum rubrolignosum Cuatrec.;梭籽堇■☆
169279 Fussia Schur = Aira L.(保留属名)■
169280 Fusticus Raf. = Chlorophora Gaudich. ●☆
169281 Fusticus Raf. = Maclura Nutt.(保留属名)●
169282 Fusticus tataiba Raf. = Maclura tinctoria (L.) D. Don ex Steud. ●☆
169283 Fusticus tinctorius (L.) Raf. = Maclura tinctoria (L.) D. Don ex Steud. ●☆
169284 Fusticus vera Raf. = Maclura tinctoria (L.) D. Don ex Steud. ●☆
169285 Fusticus zanthoxylon (L.) Raf. = Maclura tinctoria (L.) D. Don ex Steud. ●☆
169286 Fygeum Gaertn. = Prunus L. ●
169287 Gabertia Gaudich. = Grammatophyllum Blume ■☆
169288 Gabila Baill. = Pycnarrhena Miers ex Hook. f. et Thomson ●
169289 Gabunia K. Schum. = Gabunia K. Schum. ex Stapf ●☆
169290 Gabunia K. Schum. ex Stapf = Tabernaemontana L. ●
169291 Gabunia K. Schum. ex Stapf(1902);加本木属(加布尼木属)●☆
169292 Gabunia Pierre ex Stapf = Tabernaemontana L. ●
169293 Gabunia brachypoda (K. Schum.) Stapf = Tabernaemontana eglandulosa Stapf ●☆
169294 Gabunia crispiflora (K. Schum.) Stapf = Tabernaemontana eglandulosa Stapf ●☆
169295 Gabunia dorotheae Wernham = Tabernaemontana crassa Benth. ●☆
169296 Gabunia eglandulosa (Stapf) Stapf;加蓬木(加布尼木)●☆
169297 Gabunia eglandulosa (Stapf) Stapf = Tabernaemontana eglandulosa Stapf ●☆
169298 Gabunia gentilii De Wild. = Tabernaemontana crassa Benth. ●☆
169299 Gabunia glandulosa Stapf = Tabernaemontana glandulosa (Stapf) Pichon ●☆
169300 Gabunia hallei Boiteau = Tabernaemontana hallei (Boiteau) Leeuwenb. ●☆
169301 Gabunia latifolia Stapf = Tabernaemontana eglandulosa Stapf ●☆
169302 Gabunia letestui Pellegr. = Tabernaemontana letestui (Pellegr.) Pichon ●☆
169303 Gabunia longiflora Stapf = Tabernaemontana eglandulosa Stapf ●☆
169304 Gabunia macrocalyx (Stapf) Boiteau = Tabernaemontana eglandulosa Stapf ●☆
169305 Gabunia macrocarpa Boiteau = Tabernaemontana eglandulosa Stapf ●☆
169306 Gabunia odoratissima Stapf;极香加蓬木(极香加布尼木)●☆
169307 Gabunia odoratissima Stapf = Tabernaemontana odoratissima (Stapf) Leeuwenb. ●☆
169308 Gadellia Schulkina = Campanula L. ■●
169309 Gadellia lactiflora (M. Bieb.) Schulkina = Campanula lactiflora M. Bieb. ■☆
169310 Gaeclawakka Kuntze = Chaetocarpus Thwaites(保留属名)●
169311 Gaeodendrum Post et Kuntze = Gaiadendron G. Don ●☆
169312 Gaerdtia Klotzsch = Begonia L. ●■
169313 Gaertnera Lam. (1819);拟九节属(异茜树属);Bur Sage, Gaerthera ●
169314 Gaertnera Retz. = Sphenoclea Gaertn.(保留属名)■
169315 Gaertnera Schreb.(废弃属名) = Gaertnera Lam. ●
169316 Gaertnera Schreb.(废弃属名) = Hiptage Gaertn.(保留属名)●
169317 Gaertnera alata Bremek. ex Malcomber et A. P. Davis;具翅拟九节●☆
169318 Gaertnera arenaria Baker;沙地拟九节●☆
169319 Gaertnera bambusifolia Malcomber et A. P. Davis;竹叶拟九节●☆
169320 Gaertnera bieleri (De Wild.) E. M. Petit;比勒尔拟九节●☆
169321 Gaertnera bracteata E. M. Petit;具苞拟九节●☆
169322 Gaertnera bracteata E. M. Petit var. glabrifolia ?;光叶具苞拟九节●☆
169323 Gaertnera brevipedicellata Malcomber et A. P. Davis;短梗拟九节●☆
169324 Gaertnera cardiocarpa Boivin ex Baill.;心果拟九节●☆
169325 Gaertnera cooperi Hutch. et M. B. Moss;库珀拟九节●☆
169326 Gaertnera dinklagei K. Schum.;丁克拟九节●☆
169327 Gaertnera eketensis Wernham = Gaertnera paniculata Benth. ●☆
169328 Gaertnera ferruginea A. Chev. = Premna quadrifolia Schumach. et Thonn. ●☆
169329 Gaertnera fissistipula (K. Schum. et K. Krause) E. M. Petit;托

叶拟九节●☆

169330 Gaertnera furcellata (Baill. ex Vatke) Malcomber et A. P. Davis;叉拟九节●☆

169331 Gaertnera guillotii Hochr.;吉约拟九节●☆

169332 Gaertnera hispida A. DC.;硬毛拟九节●☆

169333 Gaertnera hongkongensis Seem. = Tsiangia hongkongensis (Seem.) But, H. H. Hsue et P. T. Li ●

169334 Gaertnera humblotii Drake;洪布拟九节●☆

169335 Gaertnera inflexa Boivin ex Baill.;内折拟九节●☆

169336 Gaertnera leucothyrsa (K. Krause) E. M. Petit;白序拟九节●☆

169337 Gaertnera liberiensis E. M. Petit;利比里亚拟九节●☆

169338 Gaertnera longevaginalis (Schweinf. ex Hiern) E. M. Petit;长鞘拟九节●☆

169339 Gaertnera longevaginalis (Schweinf. ex Hiern) E. M. Petit var. louisii E. M. Petit;路易斯拟九节●☆

169340 Gaertnera longipetiolata R. D. Good = Psychotria gossweileri E. M. Petit ●☆

169341 Gaertnera lowryi Malcomber;劳里拟九节●☆

169342 Gaertnera macrobotrys Baker;大穗拟九节●☆

169343 Gaertnera macrostipula Baker;大托叶拟九节●☆

169344 Gaertnera madagascariensis (Hook. f.) Malcomber et A. P. Davis;马岛拟九节●☆

169345 Gaertnera microphylla Capuron ex Malcomber et A. P. Davis;小叶拟九节●☆

169346 Gaertnera monstruosa Malcomber;奇形拟九节●☆

169347 Gaertnera morindoides Baker = Morinda morindoides (Baker) Milne-Redh. ■☆

169348 Gaertnera obovata Baker;倒卵拟九节●☆

169349 Gaertnera obtusifolia Roxb. = Hiptage benghalensis (L.) Kurz ●

169350 Gaertnera occidentalis Baill. = Gaertnera paniculata Benth. ●☆

169351 Gaertnera paniculata Benth.;圆锥拟九节●☆

169352 Gaertnera parvipaniculata E. M. Petit = Gaertnera leucothyrsa (K. Krause) E. M. Petit ●☆

169353 Gaertnera pauciflora Malcomber et A. P. Davis;少花拟九节●☆

169354 Gaertnera phanerophlebia Baker;显脉拟九节●☆

169355 Gaertnera phyllosepala Baker;叶萼拟九节●☆

169356 Gaertnera phyllostachya Baker;叶穗拟九节●☆

169357 Gaertnera plagiocalyx K. Schum. = Gaertnera longevaginalis (Schweinf. ex Hiern) E. M. Petit ●☆

169358 Gaertnera pongati Retz. = Sphenoclea zeylanica Gaertn. ■

169359 Gaertnera racemosa Roxb. = Hiptage benghalensis (L.) Kurz ●

169360 Gaertnera rhodantha Baker = Gaertnera spicata K. Schum. ●☆

169361 Gaertnera salicifolia C. H. Wright;柳叶拟九节●☆

169362 Gaertnera salicifolia Hutch. et J. B. Gillett = Gaertnera liberiensis E. M. Petit ●☆

169363 Gaertnera schatzii Malcomber;沙茨九节●☆

169364 Gaertnera spathacea Boivin ex Drake = Gaertnera arenaria Baker ●☆

169365 Gaertnera spicata K. Schum.;穗状拟九节●☆

169366 Gaertnera stictophylla (Hiern) E. M. Petit;斑叶拟九节●☆

169367 Gaertnera trachystyla (Hiern) E. M. Petit;糙柱拟九节●☆

169368 Gaertnera vaginans (DC.) Merr.;具鞘拟九节●☆

169369 Gaertnera zimmermannii K. Krause = Strychnos mellodora S. Moore ●☆

169370 Gaertneria Medik.(废弃属名) = Franseria Cav.(保留属名)● ■☆

169371 Gaertneria Medik.(废弃属名) = Gaertnera Lam. ●

169372 Gaertneria Neck. = Gentiana L. ■

169373 Gaertneria grayi A. Nelson = Ambrosia grayi (A. Nelson) Shinners ■☆

169374 Gaertneria linearis Rydb. = Ambrosia linearis (Rydb.) W. W. Payne ■☆

169375 Gagea Salisb. (1806);顶冰花属;Gagea, Star-of-bethlehem ■

169376 Gagea afghanica A. Terracc.;阿富汗顶冰花■☆

169377 Gagea africana (A. Terracc.) Levichev = Gagea fibrosa (Desf.) Schult. et Schult. f. ■☆

169378 Gagea alashanica Y. Z. Zhao et L. Q. Zhao;贺兰山顶冰花;Alashan Gagea ■

169379 Gagea albertii Regel;毛梗顶冰花;Albert Gagea ■

169380 Gagea alexeenkoana Miscz.;阿莱顶冰花■☆

169381 Gagea algeriensis Chabert;阿尔及利亚顶冰花■☆

169382 Gagea algeriensis Chabert var. dutoitii (Maire et Wilczek) Maire = Gagea algeriensis Chabert ■☆

169383 Gagea altaica Schischk. et Sumnev.;阿尔泰顶冰花;Altai Gagea ■☆

169384 Gagea anisanthos K. Koch;异花顶冰花■☆

169385 Gagea anisopoda Popov;异梗顶冰花■☆

169386 Gagea argyi H. Lév. = Amana edulis (Miq.) Honda ■☆

169387 Gagea argyi H. Lév. = Tulipa edulis (Miq.) Baker ■☆

169388 Gagea arvensis Dum. Cours.;野顶冰花■☆

169389 Gagea bergii Litv.;拜尔顶冰花■☆

169390 Gagea bohemica (Zauschn.) Schult. et Schult. f.;波希米亚顶冰花;Early Star-of-bethlehem ■☆

169391 Gagea bohemica Schult. et Schult. f. = Gagea bohemica (Zauschn.) Schult. et Schult. f. ■☆

169392 Gagea bulbifera (Pall.) Roem. et Schult.;腋球顶冰花(珠芽顶冰花);Bulbilifer Gagea ■

169393 Gagea callieri Pascher;卡尔顶冰花■☆

169394 Gagea capillifolia Vved.;毛叶顶冰花■☆

169395 Gagea capusii A. Terracc.;卡普斯顶冰花■☆

169396 Gagea caroli-kochii Grossh.;高知顶冰花■☆

169397 Gagea chanao Grossh.;哈那顶冰花■☆

169398 Gagea chlorantha (M. Bieb.) Roem. et Schult. f.;绿花顶冰花■☆

169399 Gagea chomutoviae Pascher;豪姆顶冰花■☆

169400 Gagea commutata K. Koch;变异顶冰花■☆

169401 Gagea confusa A. Terracc.;混乱顶冰花■☆

169402 Gagea coreana H. Lév. = Amana edulis (Miq.) Honda ■☆

169403 Gagea coreana H. Lév. = Tulipa edulis (Miq.) Baker ■☆

169404 Gagea coreana Nakai = Gagea lutea (L.) Ker Gawl. ■

169405 Gagea coreana Nakai = Gagea nakaiana Kitag. ■

169406 Gagea coreanca Koidz. = Gagea lutea (L.) Ker Gawl. ■

169407 Gagea coreanca Koidz. = Gagea nakaiana Kitag. ■

169408 Gagea cossoniana Pascher = Gagea algeriensis Chabert ■☆

169409 Gagea divaricata Regel;叉梗顶冰花;Forkstalk Gagea ■

169410 Gagea dubia Torr.;疑顶冰花■☆

169411 Gagea dutoitii Maire et Wilczek = Gagea algeriensis Chabert ■☆

169412 Gagea dutoitii Maire et Wilczek var. antiatlantica Maire et Wilczek et = Gagea algeriensis Chabert ■☆

169413 Gagea dutoitii Maire et Wilczek var. normalis Maire et Wilczek et = Gagea algeriensis Chabert ■☆

169414 Gagea elliptica (A. Terracc.) Prain;椭圆顶冰花■☆

169415 Gagea emarginata Kar. et Kir. = Gagea fragifera (Vill.) E. Bayer et G. Lopez ■

169416 Gagea erubescens Besser;淡红顶冰花■☆
169417 Gagea fedtschenkoana Pascher;镰叶顶冰花;Falcateleaf Gagea ■
169418 Gagea fibrosa (Desf.) Schult. et Schult. f.;非洲顶冰花■☆
169419 Gagea fibrosa (Desf.) Schult. et Schult. f. var. angustifolia Terracino = Gagea fibrosa (Desf.) Schult. et Schult. f. ■☆
169420 Gagea filiformis (Ledeb.) Kunth;林生顶冰花(顶冰花,线叶顶冰花,小顶冰花);Filiform Gagea, Small Gagea ■
169421 Gagea fistulosa (Ramond) Ker Gawl.;管顶冰花;Star of Bethlehem ■☆
169422 Gagea fistulosa (Ramond) Ker Gawl. = Gagea fragifera (Vill.) E. Bayer et G. Lopez ■
169423 Gagea fistulosa (Ramond) Ker Gawl. subsp. liotardii (Sternb.) Schult. et Schult. f. = Gagea fragifera (Vill.) E. Bayer et G. Lopez ■
169424 Gagea fistulosa (Ramond) Ker Gawl. var. dyris Maire = Gagea fragifera (Vill.) E. Bayer et G. Lopez ■
169425 Gagea foliosa (J. Presl et C. Presl) Schult. et Schult. f.;多叶顶冰花■☆
169426 Gagea foliosa (J. Presl et C. Presl) Schult. et Schult. f. subsp. cossoniana (Pascher) = Gagea algeriensis Chabert ■☆
169427 Gagea foliosa (J. Presl et C. Presl) Schult. et Schult. f. var. angustifolia A. Terracc. = Gagea maroccana (A. Terracc.) Sennen et Mauricio ■☆
169428 Gagea foliosa (J. Presl et C. Presl) Schult. et Schult. f. var. latifolia A. Terracc. = Gagea maroccana (A. Terracc.) Sennen et Mauricio ■☆
169429 Gagea foliosa (J. Presl et C. Presl) Schult. et Schult. f. var. media Rouy = Gagea maroccana (A. Terracc.) Sennen et Mauricio ■☆
169430 Gagea foliosa (J. Presl et C. Presl) Schult. et Schult. f. var. scaposa Rouy = Gagea maroccana (A. Terracc.) Sennen et Mauricio ■☆
169431 Gagea fragifera (Vill.) E. Bayer et G. Lopez;钝瓣顶冰花;Obtusepetal Gagea ■
169432 Gagea gageoides (Zucc.) Vved.;普通顶冰花■☆
169433 Gagea germaniae Grossh.;吉尔曼顶冰花■☆
169434 Gagea glacialis K. Koch;冰雪顶冰花■☆
169435 Gagea graeca (L.) Dandy;希腊顶冰花■☆
169436 Gagea graeca Terracino = Gagea trinervia (Viv.) Greuter ■☆
169437 Gagea graeca Terracino subsp. trinervia (Viv.) = Gagea trinervia (Viv.) Greuter ■☆
169438 Gagea graminifolia Vved.;禾叶顶冰花■☆
169439 Gagea granatelli (Parl.) Parl. subsp. maroccana Terracino = Gagea dubia Terr. ■☆
169440 Gagea granatelli (Parl.) Parl. var. intermedia A. Terracc. = Gagea granatellii (Parl.) Parl. ■☆
169441 Gagea granatellii (Parl.) Parl.;格拉纳顶冰花■☆
169442 Gagea granatellii Parl. = Gagea granatellii (Parl.) Parl. ■☆
169443 Gagea granulosa Turcz.;粒鳞顶冰花(粒瓣顶冰花);Granular Gagea ■
169444 Gagea heldreichii A. Terracc.;海尔德顶冰花■☆
169445 Gagea helenae Grossh.;海莱纳顶冰花■☆
169446 Gagea hiensis Pascher;小顶冰花;Small Gagea ■
169447 Gagea hissarica Lipsky;黑萨尔顶冰花■☆
169448 Gagea hypoxioides H. Lév. = Amana edulis (Miq.) Honda ■☆
169449 Gagea hypoxioides H. Lév. = Tulipa edulis (Miq.) Baker ■☆
169450 Gagea iliensis Popov;伊犁顶冰花;Ili Gagea, Yili Gagea ■
169451 Gagea jaeschkei Pascher;高山顶冰花(帕米尔顶冰花);Alpine Gagea ■
169452 Gagea japonica Pascher;日本顶冰花;Japanese Gagea ■☆
169453 Gagea japonica Pascher = Gagea terracianoana Pascher ■
169454 Gagea kopetdagensis Vved.;科佩特顶冰花■☆
169455 Gagea korshinskyi Grossh.;考尔顶冰花■☆
169456 Gagea liotardii Roem. et Schult. = Gagea fragifera (Vill.) E. Bayer et G. Lopez ■
169457 Gagea liotardii Roem. et Schult. var. algeriensis Chabert = Gagea fragifera (Vill.) E. Bayer et G. Lopez ■
169458 Gagea lolydioides (Kanitz.) Pascher = Gagea pauciflora Turcz. ■
169459 Gagea longiscapa Grossh.;长花茎顶冰花■☆
169460 Gagea lutea (L.) Ker Gawl.;顶冰花(朝鲜顶冰花,黄色顶冰花);Dog's Leek, Lady's Cowslip, Yellow Gagea, Yellow Star of Bethlehem, Yellow Star-of-bethlehem ■
169461 Gagea lutea (L.) Ker Gawl. = Gagea nakaiana Kitag. ■
169462 Gagea lutea (L.) Ker Gawl. var. nakaiana (Kitag.) Q. S. Sun = Gagea nakaiana Kitag. ■
169463 Gagea maroccana (A. Terracc.) Sennen et Mauricio = Gagea dubia Terr. ■☆
169464 Gagea mauritanica Durieu;毛里塔尼亚顶冰花■☆
169465 Gagea minima Ker Gawl. = Gagea filiformis (Ledeb.) Kunth ■
169466 Gagea minuta Grossh. = Gagea filiformis (Ledeb.) Kunth ■
169467 Gagea minutiflora Regel;小花顶冰花■☆
169468 Gagea mirabilis Grossh.;奇顶冰花■☆
169469 Gagea nakaiana Kitag. = Gagea lutea (L.) Ker Gawl. ■
169470 Gagea neopopovii Golosk.;鞘叶顶冰花(新疆顶冰花);Sheathedleaf Gagea, Sinkiang Gagea, Xinjiang Gagea ■
169471 Gagea nevadensis Boiss.;内华达顶冰花■☆
169472 Gagea nigra L. Z. Shue;黑鳞顶冰花;Blackbulb Gagea, Blackscale Gagea ■
169473 Gagea nigra L. Z. Shue = Gagea filiformis (Ledeb.) Kunth ■
169474 Gagea nipponensis Makino = Gagea terracianoana Pascher ■
169475 Gagea olgae Regel;乌恰顶冰花;Olga Gagea ■
169476 Gagea ova Stapf;多球顶冰花;Manyball Gagea, Manyovule Gagea ■
169477 Gagea paczoskii Grossh.;帕氏顶冰花;Paczosk Gagea ■☆
169478 Gagea pamirica Grossh. = Gagea jaeschkei Pascher ■
169479 Gagea parva Vved. ex Grossh.;微小顶冰花(小顶冰花);Little Gagea ■☆
169480 Gagea pauciflora Turcz.;少花顶冰花;Fewflower Gagea ■
169481 Gagea peduncularis Wall.;黄顶冰花■☆
169482 Gagea polymorpha Boiss. = Gagea foliosa (J. Presl et C. Presl) Schult. et Schult. f. ■☆
169483 Gagea popovii Vved.;波氏顶冰花■☆
169484 Gagea pratensis (Pers.) Dumort. = Gagea pratensis Roem. et Schult. ■☆
169485 Gagea pratensis Roem. et Schult.;草甸顶冰花■☆
169486 Gagea provisa Pascher = Gagea pauciflora Turcz. ■
169487 Gagea pseudoerubescens Pascher = Gagea filiformis (Ledeb.) Kunth ■
169488 Gagea pseudoreticulata Vved.;假网状顶冰花■☆
169489 Gagea pseudorubescens Pascher = Gagea filiformis (Ledeb.) Kunth ■
169490 Gagea pusilla Roem. et Schult. f.;矮顶冰花■☆
169491 Gagea pygmaea (Willd.) Schult. et Schult. f. = Gagea bohemica (Zauschn.) Schult. et Schult. f. ■☆
169492 Gagea reticulata (Pall.) Schult. subsp. africana A. Terracc. =

Gagea fibrosa (Desf.) Schult. et Schult. f. ■☆
169493 Gagea reticulata (Pall.) Schult. subsp. fibrosa (Desf.) Maire et Weiller = Gagea fibrosa (Desf.) Schult. et Schult. f. ■☆
169494 Gagea reticulata (Pall.) Schult. var. africana (T. M. Salter) Oberm. = Gagea fibrosa (Desf.) Schult. et Schult. f. ■☆
169495 Gagea reticulata (Pall.) Schult. var. orientalis Maire et Weiller = Gagea africana (A. Terracc.) Levichev ■☆
169496 Gagea reticulata (Pall.) Schult. var. pygmaea A. Terracc. = Gagea africana (A. Terracc.) Levichev ■☆
169497 Gagea reticulata Schult. f. ;网状顶冰花■☆
169498 Gagea rigida Boiss. et Spruner;硬顶冰花■☆
169499 Gagea sacculifera Regel;囊瓣顶冰花;Sacbearing Gagea ■
169500 Gagea sacculifera Regel = Gagea filiformis (Ledeb.) Kunth ■
169501 Gagea samojedorum Grossh. ;涅氏顶冰花■☆
169502 Gagea soleirolii F. W. Schultz subsp. nevadensis (Boiss.) Ehr. Bayer et G. López = Gagea nevadensis Boiss. ■☆
169503 Gagea spathacea Salisb. ;佛焰苞顶冰花■☆
169504 Gagea stepposa L. Z. Shue;草原顶冰花;Grassland Gagea, Prairie Gagea ■
169505 Gagea stipitata Merckl. ex Bunge;具柄顶冰花■☆
169506 Gagea subalpina L. Z. Shue = Gagea neopopovii Golosk. ■
169507 Gagea sulfurea Miscz. ;硫色顶冰花■☆
169508 Gagea szovitsii Besser ex Schult. f. ;司邹氏顶冰花■☆
169509 Gagea taurica Steven;克里木顶冰花;Taur Gagea ■☆
169510 Gagea tenera Pascher;细弱顶冰花;Tender Gagea ■
169511 Gagea tenuifolia (Boiss.) Fomin;细叶顶冰花■☆
169512 Gagea tenuissima Miscz. ;细花顶冰花■☆
169513 Gagea terraccianoana Pascher;陆生顶冰花(小顶冰花)■
169514 Gagea transversalis Steven;横卧顶冰花■☆
169515 Gagea triflora (Ledeb.) Roem. et Schult. f. = Lloydia triflora (Ledeb.) Baker ■
169516 Gagea triflora (Ledeb.) Schult. et Schult. f. = Lloydia triflora (Ledeb.) Baker ■
169517 Gagea trinervia (Viv.) Greuter;三脉顶冰花■☆
169518 Gagea triphylla K. Koch;三叶顶冰花■☆
169519 Gagea triquetra Wed. ;三角顶冰花■☆
169520 Gagea ucrainica Klokov;乌克兰顶冰花;Ukraine Gagea ■☆
169521 Gagea uniflora (L.) Schult. et Schult. f. = Tulipa uniflora (L.) Besser ex Baker ■
169522 Gagea vaginata Pascher = Gagea terraccianoana Pascher ■
169523 Gagea vaginata Popov ex Golosk. = Gagea neopopovii Golosk. ■
169524 Gagea villosa (M. Bieb.) Sweet;长柔毛顶冰花;Hairy Star of Bethlehem ■☆
169525 Gagea wilczekii Braun-Blanq. et Maire = Gagea algeriensis Chabert ■☆
169526 Gagernia Klotzsch(1849);几内亚金莲木属●☆
169527 Gagia St. -Lag. = Gagea Salisb. ■
169528 Gagnebina Neck. = Gagnebina Neck. ex DC. ●☆
169529 Gagnebina Neck. ex DC. (1825);加涅豆属●☆
169530 Gagnebina axillaris DC. = Gagnebina pterocarpa (Lam.) Baill. ●☆
169531 Gagnebina calcicola (R. Vig.) Renvoize;钙生加涅豆●☆
169532 Gagnebina commersoniana (Baill.) R. Vig. ;科梅逊加涅豆●☆
169533 Gagnebina commersoniana (Baill.) R. Vig. subsp. calcicola R. Vig. = Gagnebina calcicola (R. Vig.) Renvoize ●☆
169534 Gagnebina commersoniana (Baill.) R. Vig. subsp. exalata R. Vig. = Gagnebina commersoniana (Baill.) R. Vig. ●☆
169535 Gagnebina commersoniana (Baill.) R. Vig. var. aldabrensis G. P. Lewis et Guinet = Gagnebina micocephala (Renvoize) Villiers ●☆
169536 Gagnebina commersoniana (Baill.) R. Vig. var. calcicola (R. Vig.) G. P. Lewis et Guinet = Gagnebina calcicola (R. Vig.) Renvoize ●☆
169537 Gagnebina micocephala (Renvoize) Villiers;小头加涅豆●☆
169538 Gagnebina myriophylla (Baker) G. P. Lewis et Guinet = Dichrostachys myriophylla Baker ●☆
169539 Gagnebina pervilleana (Drake) G. P. Lewis et Guinet = Dichrostachys pervilleana (Baill.) Drake ●☆
169540 Gagnebina pterocarpa (Lam.) Baill. ;翅果加涅豆●☆
169541 Gagnebina tamariscina (Lam.) DC. = Gagnebina pterocarpa (Lam.) Baill. ●☆
169542 Gagnebinia Post et Kuntze = Guagnebina Vell. ●■☆
169543 Gagnebinia Post et Kuntze = Manettia Mutis ex L. (保留属名)●■☆
169544 Gagnepainia K. Schum. (1904);加涅姜属■☆
169545 Gagnepainia godefroyi K. Schum. ;加涅姜■☆
169546 Gagria M. Král = Pachyphragma (DC.) Rchb. ■☆
169547 Gaguedi Bruce = Protea L. (保留属名)●☆
169548 Gahnia J. R. Forst. et G. Forst. (1775) ; 黑莎草属; Black-galingale, Gahnia ■
169549 Gahnia Scop. = Gahnia J. R. Forst. et G. Forst. ■
169550 Gahnia aspera (R. Br.) Spreng. ;糙叶黑莎草■☆
169551 Gahnia baniensis Benl;散穗黑莎草■
169552 Gahnia boninsimae Maxim. = Gahnia aspera (R. Br.) Spreng. ■☆
169553 Gahnia castanea Ridl. = Gahnia javanica Zoll. et Moritzi ex Moritzi ■
169554 Gahnia javanica Moritzi = Gahnia javanica Zoll. et Moritzi ex Moritzi ■
169555 Gahnia javanica Zoll. et Moritzi ex Moritzi;爪哇黑莎草;Java Black-galingale, Java Gahnia ■
169556 Gahnia javanica Zoll. et Moritzi ex Moritzi f. sinensis Benleous = Gahnia javanica Zoll. et Moritzi ex Moritzi ■
169557 Gahnia javanica Zoll. et Moritzi ex Moritzi var. penangensis C. B. Clarke = Gahnia baniensis Benl ■
169558 Gahnia penangensis (C. B. Clarke) Kük. = Gahnia baniensis Benl ■
169559 Gahnia penangensis Kük. = Gahnia baniensis Benl ■
169560 Gahnia tristis Nees = Gahnia tristis Nees, Hook. et Arn. ■
169561 Gahnia tristis Nees, Hook. et Arn. ;黑莎草(大头茅草,碱草茅草,瘦母狗);Gloomy Gahnia, Triste Black-galingale ■
169562 Gaiadendraceae Tiegh. = Loranthaceae Juss. (保留科名)●
169563 Gaiadendraceae Tiegh. ex Nakai = Loranthaceae Juss. (保留科名)●
169564 Gaiadendron G. Don(1834);地寄生属●☆
169565 Gaiadendron punctatum G. Don;地寄生(斑地寄生)●☆
169566 Gaiffonia Hook. f. = Acioa Aubl. ●☆
169567 Gaillarda Foug. = Gaillardia Foug. ■
169568 Gaillardia Foug. (1788) ; 天人菊属; Blanket Flower, Blanket-flower, Gaillardia, Indian Blanket ■
169569 Gaillardia acaulis A. Gray = Gaillardia parryi Greene ■☆
169570 Gaillardia acaulis Pursh = Tetraneuris acaulis (Pursh) Greene ■☆
169571 Gaillardia aestivalis (Walter) H. Rock;温克勒天人菊;Blanket

Flower, Gaillardia, Winkler's White Blanketflower ■☆
169572 Gaillardia aestivalis (Walter) H. Rock var. flavovirens (C. Mohr) Cronquist = Gaillardia aestivalis (Walter) H. Rock ■☆
169573 Gaillardia amara Raf. = Helenium amarum (Raf.) H. Rock ■☆
169574 Gaillardia amblyodon J. Gay;红花天人菊(红天人菊);Maroon Gaillardia ■☆
169575 Gaillardia aristata Pursh;宿根天人菊(车轮菊,大天人菊,荔枝菊,芒天人菊);Blanket Flower, Blanketflower, Blanket-flower, Common Blanket-flower, Common Gaillardia, Common Perennial Gaillardia, Firewheel, Perennial Gaillardia ■
169576 Gaillardia aristata Pursh var. grandiflora Hort. = Gaillardia grandiflora Hort. ■☆
169577 Gaillardia arizonica A. Gray;亚利桑那天人菊■☆
169578 Gaillardia arizonica A. Gray var. pringlei (Rydb.) S. F. Blake = Gaillardia arizonica A. Gray ■☆
169579 Gaillardia bicolor Lam. = Gaillardia pulchella Foug. ■
169580 Gaillardia chrysantha Small = Gaillardia aestivalis (Walter) H. Rock ■☆
169581 Gaillardia drummondii (Hook.) DC. = Gaillardia pulchella Foug. ■
169582 Gaillardia fastigiata Greene;帚状天人菊;Fastigiate Gaillardia ■
169583 Gaillardia fastigiata Greene = Gaillardia aestivalis (Walter) H. Rock ■☆
169584 Gaillardia flava Rydb. = Gaillardia pinnatifida Torr. ■☆
169585 Gaillardia gracilis A. Nelson = Gaillardia pinnatifida Torr. ■☆
169586 Gaillardia grandiflora Hort.;大花天人菊;Bigflower Gaillardia, Blanket Flower, Blanket-flower, Common Perennial Gaillardia, Gaillardia ■☆
169587 Gaillardia grandiflora Hort. 'Wirral Flame';炫光大花天人菊 ■☆
169588 Gaillardia hybrida Hort.;杂种天人菊;Blanket Flower, Hybrid Gaillardia ■☆
169589 Gaillardia lanceolata Michx.;狭叶天人菊■☆
169590 Gaillardia lanceolata Michx. = Gaillardia aestivalis (Walter) H. Rock ■☆
169591 Gaillardia lanceolata Michx. var. fastigiata (Greene) Waterf. = Gaillardia aestivalis (Walter) H. Rock ■☆
169592 Gaillardia lanceolata Michx. var. flavovirens C. Mohr = Gaillardia aestivalis (Walter) H. Rock ■☆
169593 Gaillardia lutea Greene = Gaillardia aestivalis (Walter) H. Rock ■☆
169594 Gaillardia mearnsii Rydb. = Gaillardia pinnatifida Torr. ■☆
169595 Gaillardia multiceps Greene;小头天人菊■☆
169596 Gaillardia multiceps Greene var. microcephala B. L. Turner = Gaillardia multiceps Greene ■☆
169597 Gaillardia neomexicana A. Nelson = Gaillardia pulchella Foug. ■
169598 Gaillardia parryi Greene;帕里天人菊■☆
169599 Gaillardia picta D. Don = Gaillardia pulchella Foug. ■
169600 Gaillardia picta D. Don = Gaillardia pulchella Foug. var. picta (Sweet) Gray ■☆
169601 Gaillardia pinnatifida Torr.;羽裂天人菊;Yellow Indian Blanket ■☆
169602 Gaillardia pinnatifida Torr. var. linearis (Rydb.) Biddulph = Gaillardia pinnatifida Torr. ■☆
169603 Gaillardia pulchella Foug.;天人菊(虎皮菊,老虎皮菊);Annual Blanket-flower, Blanket Flower, Firewheel, Fire-wheels, Gay Flower, Indian Blanket, Rosering Gaillardia, Rose-ring Gaillardia, Torch Flame Blanket Flower ■
169604 Gaillardia pulchella Foug. 'Lollipops';罗里天人菊■☆
169605 Gaillardia pulchella Foug. f. flaviflora S. S. Ying = Gaillardia pulchella Foug. ■
169606 Gaillardia pulchella Foug. var. australis B. L. Turner et Whalen = Gaillardia pulchella Foug. ■
169607 Gaillardia pulchella Foug. var. picta (D. Don) A. Gray = Gaillardia pulchella Foug. ■
169608 Gaillardia pulchella Foug. var. picta (Sweet) Gray;彩色天人菊;Blanket-flower ■☆
169609 Gaillardia spathulata A. Gray;匙叶天人菊■☆
169610 Gaillardia suavis (A. Gray et Engelm.) Britton et Rusby;芳香天人菊;Fragrant Gaillardia ■☆
169611 Gaillardia suavis Britton et Rusby = Gaillardia suavis (A. Gray et Engelm.) Britton et Rusby ■☆
169612 Gaillionia Endl. = Gaillonia A. Rich. ex DC. ■☆
169613 Gaillionia Endl. = Neogaillonia Lincz. ■☆
169614 Gaillonia A. Rich. = Gaillonia A. Rich. ex DC. ■☆
169615 Gaillonia A. Rich. = Jaubertia Guill. ■☆
169616 Gaillonia A. Rich. ex DC. (1830);加永茜属■☆
169617 Gaillonia A. Rich. ex DC. = Neogaillonia Lincz. ■☆
169618 Gaillonia calcicola (Puff) Thulin;钙生加永茜■☆
169619 Gaillonia calycoptera (Decne.) Jaub. et Spach = Pterogaillonia calycoptera (Decne.) Lincz. ■☆
169620 Gaillonia crocyllis (Sond.) Thulin;南非加永茜■☆
169621 Gaillonia puberula Balf. f.;微毛加永茜■☆
169622 Gaillonia reboudiana Coss. et Durieu = Jaubertia reboudiana (Coss. et Durieu) Ehrend. et Schönb. -Tem. ☆
169623 Gaillonia somaliensis (Puff) Thulin;索马里加永茜■☆
169624 Gaillonia tinctoria Balf. f.;染料加永茜■☆
169625 Gaillonia tinctoria Balf. f. var. glabra Radcl. -Sm. = Gaillonia tinctoria Balf. f. ■☆
169626 Gaimarda Juss. = Gaimardia Gaudich. ■☆
169627 Gaimardia Gaudich. (1825);盖氏刺鳞草属■☆
169628 Gaimardia australis Gaudich.;澳洲盖氏刺鳞草■☆
169629 Gaimardia boliviana Pax;玻利维亚盖氏刺鳞草■☆
169630 Gaimardia ciliata Hook. f.;睫毛盖氏刺鳞草■☆
169631 Gaimardia pallida Hook. f.;苍白盖氏刺鳞草■☆
169632 Gaiodendron Endl. = Gaiadendron G. Don ●☆
169633 Gaissenia Raf. = Trollius L. ■
169634 Gajanus Kuntze = Bocoa Aubl. ●☆
169635 Gajanus Kuntze = Inocarpus J. Forst. et G. Forst. (保留属名) ●☆
169636 Gajanus Rumph. ex Kuntze = Inocarpus J. Forst. et G. Forst. (保留属名) ●☆
169637 Gajati Adans. = Aeschynomene L. ●■
169638 Gakenia Fabr. = Matthiola W. T. Aiton(保留属名) ■●
169639 Gakenia Heist. = Matthiola W. T. Aiton(保留属名) ■●
169640 Gakenia Heist. ex Fabr. = Matthiola W. T. Aiton(保留属名) ■●
169641 Galacaceae D. Don = Diapensiaceae Lindl. (保留科名) ●■
169642 Galactanthus Lem. = Galanthus L. ■☆
169643 Galactea Wight = Galactia P. Browne ■
169644 Galactella B. D. Jacks. = Galatella (Cass.) Cass. ■
169645 Galactia P. Browne (1756);乳豆属;Milkbean, Milkpea ■
169646 Galactia argentifolia S. Moore;银叶乳豆■☆
169647 Galactia dubia DC.;含糊乳豆(铁草) ■☆
169648 Galactia elliptifoliola Merr.;乳豆■

169649 Galactia elliptifoliola Merr. = Galactia formosana Matsum. ■
169650 Galactia formosana Matsum.;台湾乳豆(毛细花乳豆,乳豆);Taiwan Milkbean,Taiwan Milkpea ■
169651 Galactia lanceolata Hayata = Galactia formosana Matsum. ■
169652 Galactia lugardii N. E. Br. = Neorautanenia brachypus (Harms) C. A. Sm. ■☆
169653 Galactia obcordata (Baill.) Verdc. = Galactia tenuiflora (Klein ex Willd.) Wight et Arn. ■
169654 Galactia regularis (L.) Britton,Sterns et Poggenb.;绒毛乳豆;Downy Milkpea,Milk Pea ■☆
169655 Galactia striata (Jacq.) Urb.;条纹乳豆■☆
169656 Galactia striata (Jacq.) Urb. var. villosa (Wight et Arn.) Verdc.;长毛条纹乳豆■☆
169657 Galactia tashiroi Maxim.;田代氏乳豆(琉球乳豆);Tashiro Milkbean,Tashiro Milkpea ■
169658 Galactia tashiroi Maxim. f. yaeyamensis (Ohwi) H. Ohashi;八重山乳豆■☆
169659 Galactia tashiroi Maxim. var. yaeyamensis Ohwi = Galactia tashiroi Maxim. f. yaeyamensis (Ohwi) H. Ohashi ■☆
169660 Galactia tenuiflora (Klein ex Willd.) Wight et Arn.;细花乳豆(乳豆);Common Milkpea,Milkbean ■
169661 Galactia tenuiflora (Klein ex Willd.) Wight et Arn. var. villosa (Wight et Arn.) Baker;毛细花乳豆;Villose Milkbean ■
169662 Galactia tenuiflora (Willd.) Wight et Arn. = Galactia tenuiflora (Klein ex Willd.) Wight et Arn. ■
169663 Galactia tenuiflora (Willd.) Wight et Arn. var. villosa (Wight et Arn.) Benth. = Galactia striata (Jacq.) Urb. var. villosa (Wight et Arn.) Verdc. ■☆
169664 Galactia villosa Wight et Arn. = Galactia striata (Jacq.) Urb. var. villosa (Wight et Arn.) Verdc. ■☆
169665 Galactia villosa Wight et Arn. = Galactia tenuiflora (Klein ex Willd.) Wight et Arn. var. villosa (Wight et Arn.) Baker ■
169666 Galactia volubilis (L.) Britton;缠绕乳豆;Milkpea ■☆
169667 Galactia volubilis (L.) Britton var. mississippiensis Vail = Galactia regularis (L.) Britton,Sterns et Poggenb. ■☆
169668 Galactia wrightii A. Gray;赖氏乳豆;Wright's Milkpea ■☆
169669 Galaction St. -Lag. = Galactia P. Browne ■
169670 Galactites Moench(1794)(保留属名);乳刺菊属■☆
169671 Galactites duriaei Spach;杜里奥乳刺菊■☆
169672 Galactites elegans (All.) Soldano;雅致乳刺菊■☆
169673 Galactites mutabilis Durieu;易变乳刺菊■☆
169674 Galactites pyracantha Durieu = Galactites duriaei Spach ■☆
169675 Galactites tomentosa Moench = Galactites elegans (All.) Soldano ■☆
169676 Galactites tomentosa Moench var. elegans (All.) DC. = Galactites elegans (All.) Soldano ■☆
169677 Galactites tomentosa Moench var. integrifolia Boiss. = Galactites elegans (All.) Soldano ■☆
169678 Galactodendron Kunth = Brosimum Sw.(保留属名)●☆
169679 Galactodendron Rchb. = Galactodendrum Kunth ex Humb. et Bonpl. ●☆
169680 Galactodendrum Humb. et Bonpl. = Galactodendrum Kunth ex Humb. et Bonpl. ●☆
169681 Galactodendrum Kunth ex Humb. = Brosimum Sw.(保留属名)●☆
169682 Galactodendrum Kunth ex Humb. = Galactodendrum Kunth ex Humb. et Bonpl. ●☆
169683 Galactodendrum Kunth ex Humb. et Bonpl.;乳木属(乳桑属)●☆
169684 Galactodendrum ovalifolium Ham. ex Desv.;卵叶乳木●☆
169685 Galactodendrum utile Kunth;乳木●☆
169686 Galactoglychia Miq. = Ficus L. ●
169687 Galactoglychia Miq. = Galoglychia Gasp. ●
169688 Galactophora Woodson(1932);乳梗木属●☆
169689 Galactophora angustifolia J. F. Morales;窄叶乳梗木●☆
169690 Galactophora calycina Woodson;乳梗木●☆
169691 Galactophora crassifolia (Müll. Arg.) Woodson;厚叶乳梗木●☆
169692 Galactophora petiolata Markgr.;梗乳梗木●☆
169693 Galactophora pulchella Woodson;美丽乳梗木●☆
169694 Galactophora pumila Monach.;小乳梗木●☆
169695 Galactoxylon Pierre = Palaquium Blanco ●
169696 Galagania Lipsky = Muretia Boiss. ■☆
169697 Galagania Lipsky(1901);天山芹属■
169698 Galagania fagrantissima Lipsky;天山芹■☆
169699 Galagania gracilis (Kamelin et Pimenov) Kamelin et Pimenov;细天山芹■☆
169700 Galanga Noronha = Alpinia Roxb.(保留属名)■
169701 Galanthaceae G. Mey.;雪花莲科■
169702 Galanthaceae G. Mey. = Amaryllidaceae J. St. -Hil.(保留科名)●■
169703 Galanthaceae Salisb. = Amaryllidaceae J. St. -Hil.(保留科名)●■
169704 Galanthaceae Salisb. = Galanthaceae G. Mey. ■
169705 Galanthus L.(1753);雪花莲属(乳花属,雪滴花属,雪莲花属);Galanthus,Snowdrop,Snowdrops ■☆
169706 Galanthus alpinus Sosn.;高山雪花莲;Alpine Galanthus ■☆
169707 Galanthus caucasicus (Baker) Grossh.;高加索雪花莲;Caucasian Snowdrop ■☆
169708 Galanthus caucasicus Baker = Galanthus caucasicus (Baker) Grossh. ■☆
169709 Galanthus cilicicus Baker;西里西亚雪花莲■☆
169710 Galanthus elwesii Hook. f.;大雪花莲(大雪钟);Giant Snowdrop,Greater Snowdrop ■☆
169711 Galanthus fosteri Baker;福氏雪花莲;King of Snowdrops ■☆
169712 Galanthus gracilis Celak.;纤细雪花莲■☆
169713 Galanthus grandiflorus Baker;大花雪花莲■☆
169714 Galanthus ikariae Baker;尼卡里岛雪花莲■☆
169715 Galanthus krasnovii Khokhr.;克氏雪花莲(克氏雪莲花)■☆
169716 Galanthus latifolius Baker = Galanthus latifolius Rupr. ■☆
169717 Galanthus latifolius Rupr.;宽叶雪花莲■☆
169718 Galanthus maximus Baker = Galanthus grandiflorus Baker ■☆
169719 Galanthus nivalis L.;雪花莲(雪花草,雪莲花);Bulbous Violet, Candlemas Bells, Common Snowdrop, Death's Flower, Dewdrop, Dingle Bells, Dingle-dangles, Drooping Bells, Drooping Head,Drooping Heads, Drooping Lily, Eve's Tears, Fair Maids, Fair Maids of February, February Fair Maid, February Fair Maids, February Fair-maid, Mary's Taper, Naked Maidens, Pierce-snow, Purification Flower, Snow Piercer, Snowbells, Snowdrop, Snowdropper, Snowflower, White Bells, White Cup, White Lady, White Queen,Winter Gilliflower ■☆
169720 Galanthus nivalis L. 'Flore Pleno';重瓣雪花莲;Double Common Snowdrop ■☆
169721 Galanthus nivalis L. 'Lutescens' = Galanthus nivalis L.

'Sandersii' ■☆
169722 Galanthus nivalis L. 'Pusey Green Tip';绿瓣尖雪花莲■☆
169723 Galanthus nivalis L. 'Sandersii';桑德斯雪花莲■☆
169724 Galanthus nivalis L. 'Scharlockii';沙洛克雪花莲■☆
169725 Galanthus platyphyllus Traub et Moldenke;阔叶雪花莲;Broadleaf Galanthus ■☆
169726 Galanthus plicatus M. Bieb.;克里木雪花莲(克里米亚雪花莲);Crimean Snowdrop, Pleated Snowdrop ■☆
169727 Galanthus plicatus M. Bieb. subsp. byzantinus (Baker) D. A. Webb;拜占庭雪花莲■☆
169728 Galanthus redoutei Rupr. = Galanthus caucasicus (Baker) Grossh. ■☆
169729 Galanthus reginae-olgae Hort.;秋雪花莲;Autumn Snowdrop ■☆
169730 Galanthus rizehensis Stern;里泽雪花莲■☆
169731 Galanthus transcaucasicus Fomin;外高加索雪花莲■☆
169732 Galanthus woronowii Losinsk.;沃氏雪花莲(沃氏雪莲花)■☆
169733 Galapagoa Hook. f. = Coldenia L. ■
169734 Galapagoa Hook. f. = Tiquilia Pers. ■☆
169735 Galardia Lam. = Gaillardia Foug. ■
169736 Galarhoeus Haw. = Euphorbia L. ●■
169737 Galarhoeus arkansanus (Engelm. et A. Gray) Small ex Rydb. = Euphorbia spathulata Lam. ■☆
169738 Galarhoeus commutatus (Engelm.) Small = Euphorbia commutata Engelm. ■☆
169739 Galarhoeus commutatus (Engelm.) Small var. erectus (Norton) Small = Euphorbia commutata Engelm. ■☆
169740 Galarhoeus cyparissias (L.) Small ex Rydb. = Euphorbia cyparissias L. ●■☆
169741 Galarhoeus esula (L.) Rydb. = Euphorbia esula L. ■
169742 Galarhoeus helioscopius (L.) Haw. = Euphorbia helioscopia L. ■
169743 Galarhoeus jolkini (Boissieu) Hara = Euphorbia jolkinii Boiss. ■
169744 Galarhoeus obtusatus (Pursh) Small = Euphorbia obtusata Pursh ■☆
169745 Galarhoeus peplus (L.) Haw. = Euphorbia peplus L. ■
169746 Galarips Allemão ex L. = Allamanda L. ●
169747 Galarrhaeus Fourr. = Galarhoeus Haw. ●■
169748 Galasia Sch. Bip. = Microseris D. Don ■☆
169749 Galasia W. D. J. Koch = Gelasia Cass. ■
169750 Galasia W. D. J. Koch = Scorzonera L. ■
169751 Galatea (Cass.) Less. = Aster L. ●■
169752 Galatea Cass. = Aster L. ●■
169753 Galatea Herb. = Nerine Herb. (保留属名)■☆
169754 Galatea Salisb. = Eleutherine Herb. (保留属名)■
169755 Galatea Salisb. ex Kuntze = Eleutherine Herb. (保留属名)■
169756 Galatella (Cass.) Cass. (1825);乳菀属(乳菊属);Galatella, Milkaster ■
169757 Galatella (Cass.) Cass. = Aster L. ●■
169758 Galatella Cass. = Galatella (Cass.) Cass. ■
169759 Galatella acutisquama Novopokr. = Galatella punctata (Waldst. et Kit.) Nees ■
169760 Galatella acutisquamoides Novopokr. = Galatella punctata (Waldst. et Kit.) Nees ■
169761 Galatella acutisquamoides Novopokr. subsp. fastigiiformis Novopokr. = Galatella fastigiiformis Novopokr. ■
169762 Galatella acutisquamoides Novopokr. subsp. muntana Novopokr. = Galatella fastigiiformis Novopokr. ■
169763 Galatella altaica Tzvelev;阿尔泰乳菀;Altai Galatella, Altai Milkaster ■
169764 Galatella angustissima (Tausch) Novopokr.;窄叶乳菀;Narrowleaf Milkaster ■
169765 Galatella angustissima (Tausch) Novopokr. = Galatella hauptii (Ledeb.) Lindl. ex DC. ■
169766 Galatella asperrima Nees = Aster trinervius Roxb. ex D. Don ■
169767 Galatella biflora (L.) Nees;盘花乳菀;Dishflower Milkaster ■
169768 Galatella bipunctata Novopokr. = Galatella altaica Tzvelev ■
169769 Galatella bogidaica Y. Wei et C. H. An;博格达乳菀;Bogeda Milkaster ■
169770 Galatella chromopappa Novopokr.;紫缨乳菀;Purple Pappus Galatella, Purpletassel Milkaster ■
169771 Galatella chromopappa Novopokr. f. discoides Novopokr. = Galatella regelii Tzvelev ■
169772 Galatella coriacea Novopokr.;革质乳菀■☆
169773 Galatella dahurica DC.;兴安乳菀(乳菀);Xing'an Milkaster ■
169774 Galatella densiflora (Avé-Lall.) Novopokr. = Galatella punctata (Waldst. et Kit.) Nees ■
169775 Galatella divaricata (Fisch. ex M. Bieb.) Novopokr.;叉开乳菀■☆
169776 Galatella dracunculoides Nees var. discoidea DC. = Galatella biflora (L.) Nees ■
169777 Galatella fastigiiformis Novopokr.;帚枝乳菀;Fastigiate Milkaster ■
169778 Galatella hamptii (Ledeb.) Lindl. var. tenuifolia (Lindl.) Avé-Lall. = Galatella angustissima (Tausch) Novopokr. ■
169779 Galatella hauptii (Ledeb.) Lindl. = Galatella hauptii (Ledeb.) Lindl. ex DC. ■
169780 Galatella hauptii (Ledeb.) Lindl. ex DC.;鳞苞乳菀;Scalebract Milkaster ■
169781 Galatella hauptii (Ledeb.) Lindl. ex DC. var. grandiflora Avé-Lall. = Galatella hauptii (Ledeb.) Lindl. ex DC. ■
169782 Galatella hauptii (Ledeb.) Lindl. ex DC. var. tenuifolia (Lindl.) Avé-Lall. = Galatella angustissima (Tausch) Novopokr. ■
169783 Galatella juncea Lindl. ex Royle = Heteropappus altaicus (Willd.) Novopokr. var. canescens (Nees) Serg. ■
169784 Galatella ledebouriana Novopokr. = Galatella punctata (Waldst. et Kit.) Nees ■
169785 Galatella macrosciadia Tzvelev = Galatella songorica (Kar. et Kir.) Novopokr. ■
169786 Galatella meyendorffii Regel et Maack = Heteropappus meyendorffii (Regel et Maack) Kom. et Aliss. ■
169787 Galatella nemoralis (Aiton) Nees = Oclemena nemoralis (Aiton) Greene ■☆
169788 Galatella polygaloides Novopokr.;多节乳菀■☆
169789 Galatella punctata (Kar. et Kir.) Nees = Galatella punctata (Waldst. et Kit.) Nees ■
169790 Galatella punctata (Waldst. et Kit.) Nees;乳菀;Milkaster ■
169791 Galatella punctata (Waldst. et Kit.) Nees var. densiflora Avé-Lall. = Galatella punctata (Waldst. et Kit.) Nees ■
169792 Galatella regelii Tzvelev;昭苏乳菀;Zhaosu Milkaster ■
169793 Galatella rossica Novopokr.;俄罗斯乳菀■☆
169794 Galatella rossica Novopokr. var. densiflora (Avé-Lall.) Novopokr. = Galatella punctata (Waldst. et Kit.) Nees ■
169795 Galatella scoparia (Kar. et Kir.) Novopokr.;卷缘乳菀;Rolledge Milkaster ■

169796 Galatella songorica (Kar. et Kir.) Novopokr.;新疆乳菀;Dzungar Milkaster ■
169797 Galatella songorica Novopokr. var. angustifolia Novopokr.;窄叶新疆乳菀;Narrowleaf Dzungar Milkaster ■
169798 Galatella songorica Novopokr. var. discoidea Y. Ling et Y. L. Chen;盘花新疆乳菀;Dishflower Dzungar Milkaster ■
169799 Galatella songorica Novopokr. var. latifolia Y. Ling et Y. L. Chen;宽叶新疆乳菀;Broadleaf Dzungar Milkaster ■
169800 Galatella squamosa DC. = Galatella hauptii (Ledeb.) Lindl. ex DC. ■
169801 Galatella tarbagatensis Novopokr. = Galatella songorica (Kar. et Kir.) Novopokr. ■
169802 Galatella tenuifolia Lindl. = Galatella angustissima (Tausch) Novopokr. ■
169803 Galatella tianschanica Novopokr.;天山乳菀;Tianshan Milkaster ■
169804 Galatella trinervifolia (Less.) Novopokr.;三脉乳菀■☆
169805 Galatella villosa Novopokr.;长柔毛乳菀■☆
169806 Galatella villosula Novopokr.;柔毛乳菀■☆
169807 Galathea Liebm. = Marica Ker Gawl. ■☆
169808 Galathea Liebm. = Neomarica Sprague ■☆
169809 Galathea Stead. = Eleutherine Herb. (保留属名) ■
169810 Galathea Stead. = Galatea Herb. ■☆
169811 Galathea Stead. = Galatea Salisb. ■
169812 Galathea Stead. = Nerine Herb. (保留属名) ■☆
169813 Galathenium Nutt. = Lactuca L. ■
169814 Galax L. (废弃属名) = Galax Sims(保留属名) ■☆
169815 Galax L. (废弃属名) = Nemophila Nutt. (保留属名) ■☆
169816 Galax Raf. = Galax Sims(保留属名) ■☆
169817 Galax Sims(1804)(保留属名);银河草属(加腊克斯属,岩穗属);Galax ■☆
169818 Galax aphylla L. = Galax urceolata (Poir.) Brummitt ■☆
169819 Galax urceolata (Poir.) Brummitt;银河草(岩穗);Beetleweed, Beetlewood, Galax, Wandflower ■☆
169820 Galaxa Parkinson = Cerbera L. ●
169821 Galaxia Thunb. (1782);乳鸢尾属■☆
169822 Galaxia alata Goldblatt = Moraea angulata Goldblatt ■☆
169823 Galaxia albiflora G. J. Lewis = Moraea albiflora (G. J. Lewis) Goldblatt ■☆
169824 Galaxia barnardii Goldblatt = Moraea barnardiella Goldblatt ■☆
169825 Galaxia citrina G. J. Lewis = Moraea citrina (G. J. Lewis) Goldblatt ■☆
169826 Galaxia fenestralis Goldblatt et E. G. H. Oliv. = Moraea fenestralis (Goldblatt et E. G. H. Oliv.) Goldblatt ■☆
169827 Galaxia fugacissima (L. f.) Druce = Moraea fugacissima (L. f.) Goldblatt ■☆
169828 Galaxia graminea Thunb. = Moraea fugacissima (L. f.) Goldblatt ■☆
169829 Galaxia ixiiflora DC. = Ixia monadelpha D. Delaroche ■☆
169830 Galaxia kamiesmontana Goldblatt = Moraea kamiesmontana (Goldblatt) Goldblatt ■☆
169831 Galaxia luteoalba Goldblatt = Moraea luteoalba (Goldblatt) Goldblatt ■☆
169832 Galaxia ovata Thunb. = Moraea galaxia (L. f.) Goldblatt et J. C. Manning ■☆
169833 Galaxia ovata Thunb. var. purpurea Ker Gawl. = Galaxia purpurea (Ker Gawl.) Klatt ■☆
169834 Galaxia parva Goldblatt = Moraea minima Goldblatt ■☆
169835 Galaxia penduncalata Bég. = Moraea falcifolia Klatt ■☆
169836 Galaxia plicata Jacq. = Lapeirousia plicata (Jacq.) Diels ■☆
169837 Galaxia purpurea (Ker Gawl.) Klatt;紫乳鸢尾■☆
169838 Galaxia ramosa DC. = Ixia monadelpha D. Delaroche ■☆
169839 Galaxia stagnalis Goldblatt = Moraea stagnalis (Goldblatt) Goldblatt ■☆
169840 Galaxia variabilis G. J. Lewis = Moraea variabilis (G. J. Lewis) Goldblatt ■☆
169841 Galaxia versicolor Salisb. ex Klatt = Moraea versicolor (Salisb. ex Klatt) Goldblatt ■☆
169842 Galaxiaceae Raf. = Iridaceae Juss. (保留科名) ■●
169843 Galbanon Adans. = Athamanta L. ■☆
169844 Galbanon Adans. = Bubon L. ■☆
169845 Galbanophora Neck. = Seseli L. ■
169846 Galbanum D. Don = Athamanta L. ■☆
169847 Galbanum D. Don = Galbanon Adans. ■☆
169848 Galbulimima F. M. Bailey(1894);舌蕊花属(瓣蕊花属)●☆
169849 Galbulimima belgraveana (F. Muell.) Sprague;新几内亚舌蕊花(新几内亚瓣蕊花)●☆
169850 Gale Duhamel = Myrica L. ●
169851 Gale belgica Duhamel var. tomentosa (C. DC.) T. Yamaz. = Myrica gale L. var. tomentosa C. DC. ●
169852 Gale californica (Cham.) Greene = Myrica californica Cham. ●☆
169853 Gale hartwegii (S. Watson) A. Chev. = Myrica hartwegii S. Watson ●☆
169854 Gale palustris (Lam.) A. Chev. = Myrica gale L. ●
169855 Gale palustris (Lam.) A. Chev. var. denticulata A. Chev. = Myrica gale L. ●
169856 Gale palustris (Lam.) A. Chev. var. lusitanica A. Chev. = Myrica gale L. ●
169857 Gale palustris (Lam.) A. Chev. var. subglabra A. Chev. = Myrica gale L. ●
169858 Gale palustris (Lam.) A. Chev. var. tomentosa (C. DC.) A. Chev. = Myrica gale L. ●
169859 Galeaceae Bubani = Myricaceae Rich. ex Kunth(保留科名) ●
169860 Galeana La Llave = Galeana La Llave ex Lex. ■☆
169861 Galeana La Llave et Lex. = Galeana La Llave ex Lex. ■☆
169862 Galeana La Llave ex Lex. (1824);软翅菊属■☆
169863 Galeana pratensis Rydb.;软翅菊■☆
169864 Galeandra Lindl. = Galeandra Lindl. et Bauer ■☆
169865 Galeandra Lindl. et Bauer(1832);鼬蕊兰属;Galeandra ■☆
169866 Galeandra baueri Lindl.;包氏鼬蕊兰;Bauer Galeandra ■☆
169867 Galeandra beyrichii Rchb. f.;比氏鼬蕊兰;Beyrich Galeandra ■☆
169868 Galeandra bouliawongo Rchb. f. = Eulophia bouliawongo (Rchb. f.) J. Raynal ■☆
169869 Galeandra devoniana Lindl. = Galeandra devoniana R. H. Schomb. ex Lindl. ■☆
169870 Galeandra devoniana R. H. Schomb. ex Lindl.;德氏鼬蕊兰;Devon Galeandra ■☆
169871 Galeandra euglossa Rchb. f. = Eulophia euglossa (Rchb. f.) Rchb. f. ■☆
169872 Galeandra klaesiana Cogn.;克氏鼬蕊兰;Klaes Galeandra ■☆
169873 Galeandra lacustris Rodr.;湖生鼬蕊兰■☆
169874 Galeandra longibracteata Lindl. = Eulophia cristata (Afzel. ex Sw.) Steud. ■☆

169875 Galeandra nivalis Rchb. f. ;雪白鼬蕊兰■☆

169876 Galeandra petersii Rchb. f. = Eulophia petersii (Rchb. f.) Rchb. f. ■☆

169877 Galearia C. Presl(废弃属名) = Galearia Zoll. et Moritzi(保留属名)●☆

169878 Galearia C. Presl(废弃属名) = Trifolium L. ■

169879 Galearia Zoll. et Moritzi(1846)(保留属名);盖尔草属●☆

169880 Galearia bonanni C. Presl;盖尔草●☆

169881 Galearia fragifera (L.) Bobrov = Trifolium fragiferum L. ■

169882 Galearia resupinata C. Presl = Trifolium resupinatum L. ■☆

169883 Geleariaceae Pierre = Pandaceae Engl. et Gilg(保留科名)●

169884 Galearis Raf. (1837);艳盔兰属(盔兰属);Showy Orchis ■

169885 Galearis Raf. = Orchis L. ■

169886 Galearis constrieta (L. O. Williams) P. F. Hunt = Neottianthe camptoceras (Rolfe) Schltr. ■

169887 Galearis cyclochila (Franch. et Sav.) Soó;卵唇盔花兰(卵唇红门兰);Oolip Orchis ■

169888 Galearis cyclochila (Franch. et Sav.) Soó = Orchis cyclochila (Franch. et Sav.) Maxim. ■

169889 Galearis cyclochila (Franch. et Sav.) Soó = Orchis tschiliensis (Schltr.) Soó ■

169890 Galearis diantha (Schltr.) P. F. Hunt = Galearis spathulata (Lindl.) P. F. Hunt ■

169891 Galearis diantha (Schltr.) P. F. Hunt = Orchis diantha Schltr. ■

169892 Galearis doyonensis (Hand. -Mazz.) P. F. Hunt = Platanthera roseotincta (W. W. Sm.) Ts. Tang et F. T. Wang ■

169893 Galearis fauriei (Finet) P. F. Hunt = Chondradenia fauriei (Finet) Sawada ex F. Maek. ■☆

169894 Galearis paxiana (Schltr.) P. F. Hunt = Galearis roborowskyi (Maxim.) S. C. Chen, P. J. Cribb et S. W. Gale ■

169895 Galearis paxiana (Schltr.) P. F. Hunt = Orchis roborowskii Maxim. ■

169896 Galearis roborowskyi (Maxim.) S. C. Chen, P. J. Cribb et S. W. Gale;北方盔花兰(北方红门兰);Roborovsk Orchis ■

169897 Galearis spathulata (Lindl.) P. F. Hunt;二叶盔花兰(二叶红门兰,双花红门兰);Twoleaf Orchis ■

169898 Galearis spathulata (Lindl.) P. F. Hunt = Orchis diantha Schltr. ■

169899 Galearis spectabilis (L.) Raf. ;艳盔兰;Showy Orchid, Showy Orchis ■☆

169900 Galearis spectabilis (L.) Raf. = Orchis spectabilis L. ■☆

169901 Galearis stracheyi (Hook. f.) P. F. Hunt = Galearis roborowskyi (Maxim.) S. C. Chen, P. J. Cribb et S. W. Gale ■

169902 Galearis stracheyi (Hook. f.) P. F. Hunt = Orchis roborowskii Maxim. ■

169903 Galearis subrotunda (King et Pantl.) P. F. Hunt = Hemipilia calophylla Parl. et Rchb. f. ■

169904 Galearis szechenyiana (Rchb. f. ex Kanitz) P. F. Hunt = Galearis roborowskyi (Maxim.) S. C. Chen, P. J. Cribb et S. W. Gale ■

169905 Galearis szechenyiana (Rchb. f. ex Kanitz.) P. F. Hunt = Orchis roborowskii Maxim. ■

169906 Galearis tschiliensis (Schltr.) S. C. Chen, P. J. Cribb et S. W. Gale;河北盔花兰(白花无距兰,河北红门兰,无距红门兰,无距兰);Hebei Orchis ■

169907 Galearis wardii (W. W. Sm.) P. F. Hunt;斑唇盔花兰(斑唇红门兰);Spotlip Orchis ■

169908 Galearis wardii (W. W. Sm.) P. F. Hunt = Orchis wardii W. W. Sm. ■

169909 Galeatella (E. Wimm.) O. Deg. et I. Deg. = Lobelia L. ●■

169910 Galedragon Gray = Virga Hill ■

169911 Galedupa Lam. = Pongamia Adans. (保留属名)●

169912 Galedupa Prain = Sindora Miq. ●

169913 Galedupa elliptica Roxb. = Derris elliptica (Wall.) Benth. ●

169914 Galedupa elliptica Roxb. = Paraderris elliptica (Wall.) Adema ●

169915 Galedupa indica Lam. = Pongamia pinnata (L.) Pierre ●

169916 Galedupa pinnata (L.) Taub. = Pongamia pinnata (L.) Pierre ●

169917 Galedupaceae Martinov = Fabaceae Lindl. (保留科名)●■

169918 Galedupaceae Martinov = Leguminosae Juss. (保留科名)●■

169919 Galega L. (1753);山羊豆属;Goatbean, Goat's Rue, Goatsrue, Goat's-rue ■

169920 Galega Tourn. ex L. = Galega L. ■

169921 Galega africana Mill. ;非洲山羊豆■☆

169922 Galega albiflora Boiss. = Galega officinalis L. var. alba Boiss. ■☆

169923 Galega battiscombei (Baker f.) J. B. Gillett;巴蒂山羊豆■☆

169924 Galega colutea Burm. f. = Indigofera colutea (Burm. f.) Merr. ●■

169925 Galega daurica Pall. = Astragalus dahuricus (Pall.) DC. ■

169926 Galega falcata Thunb. = Tephrosia falcata (Thunb.) Pers. ●☆

169927 Galega filiformis Thunb. = Argyrolobium filiforme (Thunb.) Eckl. et Zeyh. ●☆

169928 Galega frutescens Mill. ;灌丛山羊豆;Tipsy-wood ■☆

169929 Galega genistoides (L.) Thunb. = Cyclopia genistoides (L.) R. Br. ●☆

169930 Galega grandiflora Aiton = Tephrosia grandiflora (Aiton) Pers. ●☆

169931 Galega lindblomii (Harms) J. B. Gillett;林德布卢姆山羊豆■☆

169932 Galega linearis Willd. = Tephrosia linearis (Willd.) Pers. ●☆

169933 Galega lupinifolia Burch. = Tephrosia lupinifolia DC. ●☆

169934 Galega maxima L. = Tephrosia maxima (L.) Pers. ●☆

169935 Galega officinalis L. ;山羊豆;Common Goat's-roe, Common Goatsrue, French Lilac, Goatbean, Goat's Rue, Goat's-rue, Italian Vetch, Mock Liquorice, Professor-weed ■

169936 Galega officinalis L. var. alba Boiss. ;白花山羊豆■☆

169937 Galega officinalis L. var. hartlandii Hort. ;粉花山羊豆■

169938 Galega officinalis L. var. patus (Steven) Schmalh. ;斜果山羊豆■

169939 Galega officinalis L. var. persica (Pers.) Schmalh. ;波斯山羊豆■

169940 Galega orientalis Lam. ;东方山羊豆(高加索山羊豆);Oriental Goatbean ■☆

169941 Galega pallens Dryand. ex Aiton = Tephrosia capensis (Jacq.) Pers. ■☆

169942 Galega pentaphylla Roxb. = Tephrosia pentaphylla (Roxb.) G. Don ●☆

169943 Galega pinnata Thunb. = Tephrosia pinnata (Thunb.) Pers. ■☆

169944 Galega procumbens Buch. -Ham. = Tephrosia pumila (Lam.) Pers. ■

169945 Galega pumila Lam. = Tephrosia pumila (Lam.) Pers. ■

169946 Galega pusilla Thunb. = Tephrosia pusilla (Thunb.) Pers. ■☆

169947 Galega sinapou Buc'hoz = Tephrosia sinapou (Buc'hoz) A. Chev. ●☆

169948 Galega somalensis (Taub. ex Harms) J. B. Gillett;索马里山羊

豆■

169949 Galega ternata Thunb. = Aspalathus ternata (Thunb.) Druce ●☆

169950 Galega totta Thunb. = Tephrosia totta (Thunb.) Pers. ■☆

169951 Galega toxicaria Sw. = Tephrosia sinapou (Buc'hoz) A. Chev. ●☆

169952 Galega trifoliata Thunb. = Argyrolobium trifoliatum (Thunb.) Druce ●☆

169953 Galenia L. (1753);小叶番杏属;Galenia ●☆

169954 Galenia acutifolia Adamson;尖小叶番杏●☆

169955 Galenia affinis Sond.;近缘小叶番杏●☆

169956 Galenia africana L.;非洲小叶番杏●☆

169957 Galenia africana L. var. halimifolia Fenzl ex Sond. = Galenia africana L. ●☆

169958 Galenia africana L. var. pentandra Hiern = Galenia africana L. ●☆

169959 Galenia africana L. var. secundata Adamson = Galenia africana L. ●☆

169960 Galenia aizoides Fenzl ex Sond. = Galenia secunda (L. f.) Sond. ●☆

169961 Galenia collina (Eckl. et Zeyh.) Walp.;山丘小叶番杏●☆

169962 Galenia collina (Eckl. et Zeyh.) Walp. var. meziana (K. Müll.) Adamson = Galenia meziana K. Müll. ●☆

169963 Galenia contaminata Eckl. et Zeyh. = Galenia secunda (L. f.) Sond. ●☆

169964 Galenia crystallina (Eckl. et Zeyh.) Fenzl;水晶小叶番杏●☆

169965 Galenia crystallina (Eckl. et Zeyh.) Fenzl var. maritima Adamson;滨海小叶番杏●☆

169966 Galenia dinteri G. Schellenb. = Galenia meziana K. Müll. ●☆

169967 Galenia dregeana Fenzl ex Sond.;德雷小叶番杏●☆

169968 Galenia ecklonis Walp.;埃氏小叶番杏●☆

169969 Galenia elongata Eckl. et Zeyh. = Galenia secunda (L. f.) Sond. ●☆

169970 Galenia exigua Adamson;精巧小叶番杏●☆

169971 Galenia fallax Pax = Galenia fruticosa (L. f.) Sond. ●☆

169972 Galenia filiformis (Thunb.) N. E. Br.;线形小叶番杏●☆

169973 Galenia fruticosa (L. f.) Sond.;灌丛小叶番杏●☆

169974 Galenia fruticosa (L. f.) Sond. var. prostrata Adamson = Galenia fruticosa (L. f.) Sond. ●☆

169975 Galenia glandulifera Bittrich;腺体小叶番杏●☆

169976 Galenia glauca Sond. = Galenia ecklonis Walp. ●☆

169977 Galenia glauca Walp. = Galenia pallens (Eckl. et Zeyh.) Walp. ●☆

169978 Galenia hemisphaerica Adamson;半球小叶番杏●☆

169979 Galenia herniariifolia (C. Presl) Fenzl;治疝草小叶番杏●☆

169980 Galenia heterophylla Fenzl ex Sond. = Galenia pubescens (Eckl. et Zeyh.) Druce ●☆

169981 Galenia hispidissima Fenzl;硬毛小叶番杏●☆

169982 Galenia humifusa Fenzl ex Sond. = Galenia collina (Eckl. et Zeyh.) Walp. ●☆

169983 Galenia leucoclada G. Schellenb. et Schltr. = Galenia pruinosa Sond. ●☆

169984 Galenia leucodermis Dinter = Galenia pruinosa Sond. ●☆

169985 Galenia linearis Thunb. = Galenia africana L. ●☆

169986 Galenia meziana K. Müll.;梅茨小叶番杏●☆

169987 Galenia namaensis Schinz;纳马小叶番杏●☆

169988 Galenia namaquensis G. Schellenb. et Schltr. = Galenia crystallina (Eckl. et Zeyh.) Fenzl ●☆

169989 Galenia pallens (Eckl. et Zeyh.) Walp.;变苍白小叶番杏●☆

169990 Galenia papulosa (Eckl. et Zeyh.) Sond.;多乳突小叶番杏●☆

169991 Galenia papulosa (Eckl. et Zeyh.) Sond. var. microphylla Adamson = Galenia papulosa (Eckl. et Zeyh.) Sond. ●☆

169992 Galenia papulosa (Eckl. et Zeyh.) Sond. var. tristyla Kuntze = Galenia papulosa (Eckl. et Zeyh.) Sond. ●☆

169993 Galenia portulacacea Fenzl;马齿苋小叶番杏●☆

169994 Galenia procumbens L. f.;平铺小叶番杏●☆

169995 Galenia prostrata G. Schellenb.;平卧小叶番杏●☆

169996 Galenia pruinosa Sond.;白粉小叶番杏●☆

169997 Galenia pubescens (Eckl. et Zeyh.) Druce;沿海小叶番杏;Coastal Galenia ●☆

169998 Galenia pubescens (Eckl. et Zeyh.) Druce var. cerosa Adamson = Galenia pubescens (Eckl. et Zeyh.) Druce ●☆

169999 Galenia pubescens (Eckl. et Zeyh.) Druce var. fourcadei Adamson = Galenia pubescens (Eckl. et Zeyh.) Druce ●☆

170000 Galenia pubescens (Eckl. et Zeyh.) Druce var. lignosa Adamson = Galenia pubescens (Eckl. et Zeyh.) Druce ●☆

170001 Galenia pubescens (Eckl. et Zeyh.) Druce var. pallens Adamson = Galenia pallens (Eckl. et Zeyh.) Walp. ●☆

170002 Galenia rigida Adamson;硬小叶番杏●☆

170003 Galenia salsaloides Fenzl ex Sond. = Galenia fruticosa (L. f.) Sond. ●☆

170004 Galenia sarcophylla Fenzl;肉小叶番杏●☆

170005 Galenia secunda (L. f.) Sond.;小叶番杏;Onesided Galenia ●☆

170006 Galenia secunda (L. f.) Sond. var. strigulosa Sond. = Galenia secunda (L. f.) Sond. ●☆

170007 Galenia sericea Fenzl ex Sond. = Galenia fruticosa (L. f.) Sond. ●☆

170008 Galenia spathulata Fenzl ex Sond. = Galenia pubescens (Eckl. et Zeyh.) Druce ●☆

170009 Galenia squamulosa (Eckl. et Zeyh.) Fenzl;鳞小叶番杏●☆

170010 Galenia steingroeveri Engl. = Galenia meziana K. Müll. ●☆

170011 Galenia subcarnosa Adamson;肉质小叶番杏●☆

170012 Galenia tenuifolia Salisb. = Galenia africana L. ●☆

170013 Galeniaceae Martinov = Aizoaceae Martinov(保留科名)●■

170014 Galeniaceae Raf. = Aizoaceae Martinov(保留科名)●■

170015 Galeobdolon Adans. (1763);小野芝麻属(野芝麻属);Galeobdolon, Weasel-snout ■

170016 Galeobdolon Adans. = Lamiastrum Heist. ex Fabr. ■

170017 Galeobdolon Adans. = Lamium L. ■

170018 Galeobdolon Huds. = Lamium L. ■

170019 Galeobdolon amplexicaule (L.) Moench = Lamium amplexicaule L. ■

170020 Galeobdolon amplexicaule Moench. = Lamium amplexicaule L. ■

170021 Galeobdolon chinense (Benth.) C. Y. Wu;小野芝麻(地绵绵,华野芝麻,假野芝麻,蜘蛛草,中国续断);China Weasel-snout, Chinese Deadnettle, Chinese Galeobdolon ■

170022 Galeobdolon chinense (Benth.) C. Y. Wu var. arbustum C. Y. Wu;粗壮小野芝麻;Robusta China Weasel-snout ■

170023 Galeobdolon chinense (Benth.) C. Y. Wu var. subglabrum C. Y. Wu;近无毛小野芝麻;Smooth China Weasel-snout ■

170024 Galeobdolon kwangtungense C. Y. Wu;广东小野芝麻(广东假野芝麻,广东野芝麻);Guangdong Galeobdolon, Guangdong Weasel-snout, Kwangtung Galeobdolon ■

170025 Galeobdolon luteum Huds.;黄小野芝麻;Archangel, Bee Nettle, Deaf-and-dumb, Dumb Nettle, Dunny Nettle, Dunny-nettle, Golden Dead Nettle, Lion's Snap, Snuff-candle, Stingy-wingies, Weasel's Nose, Weasel's Snout, Weaselsnout, Weasel-snout, Yellow Archangel, Yellow Dead Nettle, Yellow Dead-nettle ■☆

170026 Galeobdolon szechuanense C. Y. Wu;四川小野芝麻(四川假野芝麻,四川野芝麻);Sichuan Galeobdolon, Sichuan Weasel-snout, Szechuan Galeobdolon ■

170027 Galeobdolon tuberiferum (Makino) C. Y. Wu;块根小野芝麻■

170028 Galeobdolon tuberiferum (Makino) C. Y. Wu = Lamium tuberiferum (Makino) Ohwi ■

170029 Galeobdolon yangsoense Y. Z. Sun ex C. Y. Wu;阳朔小野芝麻(阳朔假野芝麻);Yangsho Galeobdolon, Yangshuo Galeobdolon, Yangshuo Weasel-snout ■

170030 Galeoglossum A. Rich. et Galeotti = Prescottia Lindl. ■☆

170031 Galeola Lour. (1790);山珊瑚兰属(山珊瑚属);Wildcoral ■

170032 Galeola altissima (Blume) Rchb. f. = Erythrorchis altissima (Blume) Blume ■

170033 Galeola altissima Blume = Erythrorchis altissima (Blume) Blume ■

170034 Galeola cassythoides (A. Cunn.) Rchb. f.;澳洲山珊瑚兰(澳洲山珊瑚)■☆

170035 Galeola faberi Rolfe;山珊瑚兰(东方发白,公子天麻,红山茄,红天麻,金刚一棵蒿,棱罗来,山珊瑚,珊瑚兰,益母藤);Faber Wildcoral ■

170036 Galeola falconeri Hook. f.;小囊山珊瑚兰(小囊山珊瑚);Falconer Wildcoral ■

170037 Galeola humblotii Rchb. f.;洪布山珊瑚兰■☆

170038 Galeola hydra Rchb. f. = Galeola nudifolia Lour. ■

170039 Galeola javanica (Blume) Benth. et Hook. f. = Cyrtosia javanica Blume ■

170040 Galeola kuhlii (Rchb. f.) Rchb. f.;库氏山珊瑚兰(库氏山珊瑚);Kuhl Wildcoral ■

170041 Galeola kuhlii (Rchb. f.) Rchb. f. = Galeola matsudai Hayata ■

170042 Galeola kuhlii (Rchb. f.) Rchb. f. = Galeola nudifolia Lour. ■

170043 Galeola kwangsiensis Hand.-Mazz. = Galeola lindleyana (Hook. f. et Thomson) Rchb. f. ■

170044 Galeola lindleyana (Hook. f. et Thomson) Rchb. f.;毛萼山珊瑚兰(公子天麻,过山藤,几落可,毛萼珊瑚,山珊瑚,药跑,直立山珊瑚);Erect Wildcoral, Haircalyx Wildcoral ■

170045 Galeola lindleyana (Hook. f. et Thomson) Rchb. f. var. unicolor Hand.-Mazz. = Galeola lindleyana (Hook. f. et Thomson) Rchb. f. ■

170046 Galeola matsudai Hayata = Galeola lindleyana (Hook. f. et Thomson) Rchb. f. ■

170047 Galeola nana Rolfe ex Downie = Cyrtosia nana (Rolfe ex Downie) Garay ■

170048 Galeola nudifolia Lour.;蔓生山珊瑚兰(蔓生山珊瑚);Spread Wildcoral ■

170049 Galeola ochobiensis Hayata = Erythrorchis altissima (Blume) Blume ■

170050 Galeola septentrionalis Rchb. f. = Cyrtosia septentrionalis (Rchb. f.) Garay ■

170051 Galeola shweliensis W. W. Sm.;瑞丽山珊瑚兰(金刚一棵蒿)■☆

170052 Galeomma Rauschert (1982);独毛金绒草属■☆

170053 Galeomma oculus-cati (L. f.) Rauschert;独毛金绒草■☆

170054 Galeomma stenolepis (S. Moore) Hilliard;窄鳞独毛金绒草■☆

170055 Galeopsis Hill = Stachys L. ●■

170056 Galeopsis L. (1753);鼬瓣花属(黄鼠狼花属);Hemp Nettle, Hempnettle, Hemp-nettle ■

170057 Galeopsis Moench = Stachys L. ●■

170058 Galeopsis angustifolia Ehrh. ex Hoffm.;窄叶黄鼠狼花;Hemp-nettle, Narrowleaf Hempnettle, Narrow-leaved Hedge Nettle, Narrow-leaved Hemp Nettle, Narrow-leaved Hemp-nettle, Red Hedge Nettle, Red Hemp Nettle, Red Hemp-nettle ■☆

170059 Galeopsis angustifolia Hoffm. = Galeopsis angustifolia Ehrh. ex Hoffm. ■☆

170060 Galeopsis bifida Boenn.;鼬瓣花(二裂黄鼠狼花,黑芝麻,野苏子,野芝麻);Bifid Hempnettle, Bifid Hemp-nettle, Brittle-stem Hemp-nettle, Common Hemp-nettle, Hemp-nettle, Splitlip Hempnettle ■

170061 Galeopsis bifida Boenn. = Galeopsis tetrahit L. var. bifida (Boenn.) Lej. et Courtois ■

170062 Galeopsis bifida Boenn. var. emarginata Nakai = Galeopsis bifida Boenn. ■

170063 Galeopsis diantha (Schltr.) Soó = Orchis diantha Schltr. ■

170064 Galeopsis dubia Leers;可疑鼬瓣花;Downy Hedge Nettle, Downy Hemp Nettle ■☆

170065 Galeopsis hispida Thunb. = Stachys thunbergii Benth. ■☆

170066 Galeopsis ladanum L.;胶黄鼠狼花;Broad-leaved Hemp-nettle, Red Hemp Nettle, Red Hempnettle, Red Hemp-nettle ■☆

170067 Galeopsis ladanum L. subsp. angustifolia (Hoffm.) Celak. = Galeopsis angustifolia Hoffm. ■☆

170068 Galeopsis ladanum L. var. angustifolia (Ehrh. ex Hoffm.) Wallr. = Galeopsis angustifolia Ehrh. ex Hoffm. ■☆

170069 Galeopsis ladanum L. var. kerneri Briq. = Galeopsis angustifolia Hoffm. ■☆

170070 Galeopsis ladanum L. var. latifolia ?;宽叶胶黄鼠狼花;Red Hempnettle ■☆

170071 Galeopsis ochroleuoa Lam.;黄白鼬瓣花■☆

170072 Galeopsis orientalis Mill.;东方鼬瓣花■☆

170073 Galeopsis pubescens Besser;短柔毛黄鼠狼花;Downy Hemp Nettle, Downy Hemp-nettle ■☆

170074 Galeopsis pyrenaica Bartl.;密集黄鼠狼花;Pyrenean Hemp Nettle, Pyrenean Hempnettle ■☆

170075 Galeopsis segetum Neck.;谷田鼬瓣花;Downy Hemp-nettle ■☆

170076 Galeopsis speciosa Mill.;大花鼬瓣花(美黄鼠狼花);Bee Nettle, Large Hedge Nettle, Large Hemp Nettle, Large-flowered Hedge Nettle, Large-flowered Hemp Nettle, Large-flowered Hemp-nettle, Nice Hemp Nettle, Nice Hemp-nettle ■☆

170077 Galeopsis sulfurea Druce;硫色鼬瓣花■☆

170078 Galeopsis tetrahit L.;黄鼬瓣花(黄鼠狼花,鼬瓣花);Bastard Hemp, Bea Nettle, Bee Nettle, Blind Nettle, Bristle-stem Hemp Nettle, Bristlestem Hempnettle, Bristle-stem Hemp-nettle, Common Hemp Nettle, Common Hemp-nettle, Day Nettle, Dea Nettle, Deaf Nettle, Deye Nettle, Dog Nettle, Donninethell, Hedge Nettle, Hemp Nettle, Hemp-leaved Dead Nettle, Hemp-leaved Deadnettle, Hemp-nettle, Holy Rope, Nettle Hemp, Stinging Nettle, Wild Hemp, Witches' Arms ■

170079 Galeopsis tetrahit L. = Galeopsis bifida Boenn. ■

170080 Galeopsis tetrahit L. var. bifida (Boenn.) Kudo = Galeopsis bifida Boenn. ■

170081 Galeopsis tetrahit L. var. bifida (Boenn.) Lej. et Courtois = Galeopsis bifida Boenn. ■

170082 Galeopsis tetrahit L. var. bifida Kudo = Galeopsis bifida Boenn. ■
170083 Galeopsis tetrahit L. var. parviflora Benth. = Galeopsis bifida Boenn. ■
170084 Galeopsis tschiliensis (Franch. et Sav.) Nevski = Orchis tschiliensis (Schltr.) Soó ■
170085 Galeopsis versicolor Curtis = Galeopsis speciosa Mill. ■☆
170086 Galeorchis Rydb. = Galearis Raf. ■
170087 Galeorchis Rydb. = Orchis L. ■
170088 Galeorchis albiflora (Schltr.) Grubov = Galearis tschiliensis (Schltr.) S. C. Chen, P. J. Cribb et S. W. Gale ■
170089 Galeorchis constricta (L. O. Williams) Soó = Neottianthe camptoceras (Rolfe) Schltr. ■
170090 Galeorchis cyclochila (Franch. et Sav.) Nevski = Galearis cyclochila (Franch. et Sav.) Soó ■
170091 Galeorchis cyclochilus (Franch. et Sav.) Nevski = Orchis cyclochila (Franch. et Sav.) Maxim. ■
170092 Galeorchis diantha (Schltr.) Soó = Galearis spathulata (Lindl.) P. F. Hunt ■
170093 Galeorchis diantha (Schltr.) Soó = Orchis diantha Schltr. ■
170094 Galeorchis doyonensis (Hand.-Mazz.) Soó = Platanthera roseotincta (W. W. Sm.) Ts. Tang et F. T. Wang ■
170095 Galeorchis paxiana (Schltr.) Soó = Galearis roborowskyi (Maxim.) S. C. Chen, P. J. Cribb et S. W. Gale ■
170096 Galeorchis paxiana (Schltr.) Soó = Orchis roborowskii Maxim. ■
170097 Galeorchis reichenbachii Nevski = Galearis spathulata (Lindl.) P. F. Hunt ■
170098 Galeorchis reichenbachii Nevski = Orchis diantha Schltr. ■
170099 Galeorchis roborovskii (Maxim.) Nevski = Orchis roborowskii Maxim. ■
170100 Galeorchis roborowskyi (Maxim.) Nevski = Galearis roborowskyi (Maxim.) S. C. Chen, P. J. Cribb et S. W. Gale ■
170101 Galeorchis spathulata (Lindl.) Soó = Galearis spathulata (Lindl.) P. F. Hunt ■
170102 Galeorchis spathulata (Lindl.) Soó = Orchis diantha Schltr. ■
170103 Galeorchis spathulata (Lindl.) Soó var. wilsonii (Schltr.) Soó = Galearis spathulata (Lindl.) P. F. Hunt ■
170104 Galeorchis spathulata (Lindl.) Soó var. wilsonii (Schltr.) Soó = Orchis diantha Schltr. ■
170105 Galeorchis spectabilis (L.) Rydb. = Galearis spectabilis (L.) Raf. ■☆
170106 Galeorchis stracheyi (Hook. f.) Soó = Galearis roborowskyi (Maxim.) S. C. Chen, P. J. Cribb et S. W. Gale ■
170107 Galeorchis stracheyi (Hook. f.) Soó = Orchis roborowskii Maxim. ■
170108 Galeorchis szechenyiana (Rchb. f. ex Kanitz) Soó = Galearis roborowskyi (Maxim.) S. C. Chen, P. J. Cribb et S. W. Gale ■
170109 Galeorchis szechenyiana (Rchb. f. ex Kanitz.) Soó = Orchis roborowskii Maxim. ■
170110 Galeottia A. Rich. = Mendoncella A. D. Hawkes ●☆
170111 Galeottia A. Rich. et Galeotti = Mendoncella A. D. Hawkes ●☆
170112 Galeottia M. Martens et Galeotti = Zeugites P. Browne ■☆
170113 Galeottia Nees = Glockeria Nees ●☆
170114 Galeottia Rupr. ex Galeotti = Zeugites P. Browne ■☆
170115 Galeottiella Schltr. = Brachystele Schltr. ■☆
170116 Galera Blume = Epipogium J. G. Gmel. ex Borkh. ■
170117 Galera japonica (Makino) Makino = Epipogium japonicum Makino ■
170118 Galera japonica (Makino) Makino = Epipogium roseum (D. Don) Lindl. ■
170119 Galera kusukusensis Hayata = Epipogium roseum (D. Don) Lindl. ■
170120 Galera nutans Blume = Epipogium roseum (D. Don) Lindl. ■
170121 Galera rolfei Hayata = Epipogium roseum (D. Don) Lindl. ■
170122 Galera rosea (D. Don) Blume = Epipogium roseum (D. Don) Lindl. ■
170123 Galiaceae Lindl. = Rubiaceae Juss. (保留科名) ●■
170124 Galianthe Griseb. = Spermacoce L. ●■
170125 Galianthe Griseb. ex Loreatz = Spermacoce L. ●■
170126 Galiastrum Fabr. = Mollugo L. ■
170127 Galiastrum Heist. ex Fabr. = Mollugo L. ■
170128 Galiba Post et Kuntze = Gabila Baill. ●
170129 Galiba Post et Kuntze = Pycnarrhena Miers ex Hook. f. et Thomson ●
170130 Galiion Pohl = Galium L. ■●
170131 Galilea Parl. = Cyperus L. ■
170132 Galimbia Endl. = Palimbia Besser ex DC. ■
170133 Galimbia Endl. = Peucedanum L. ■
170134 Galiniera Delile (1843); 加利茜属 ●☆
170135 Galiniera coffeoides Delile = Galiniera saxifraga (Hochst.) Bridson ●☆
170136 Galiniera saxifraga (Hochst.) Bridson; 加利茜 ●☆
170137 Galinsoga Ruiz et Pav. (1794); 牛膝菊属(辣子草属,小米菊属); Galinsoga, Gallant-soldier, Oxhneedaisy, Quick-weed, Quickweed ■●
170138 Galinsoga aristulata E. P. Bicknell = Galinsoga qnadriradiata Ruiz et Pav. ■
170139 Galinsoga bicolorata H. St. John et D. White = Galinsoga qnadriradiata Ruiz et Pav. ■
170140 Galinsoga caracasana (DC.) Sch. Bip. = Galinsoga qnadriradiata Ruiz et Pav. ■
170141 Galinsoga ciliata (Raf.) S. F. Blake = Galinsoga qnadriradiata Ruiz et Pav. ■
170142 Galinsoga parviflora Cav.; 牛膝菊(肥猪苗,辣子草,铜锤草,兔儿草,向阳花,小米菊,珍珠草); Gallant Soldier, Gallant-soldier, Joey Hooker, Kew Weed, Lesser Quick-weed, Little-flower Quickweed, Little-flower Quiekweed, Quickweed, Smallflower Galinsoga, Smallflower Oxhneedaisy, Smooth Galinsoga, Smooth Peruvian-daisy, Soldiers-of-the-queen ■
170143 Galinsoga parviflora Cav. var. hispida DC. = Galinsoga qnadriradiata Ruiz et Pav. ■
170144 Galinsoga parviflora Cav. var. semicalva A. Gray; 半光牛膝菊 ■☆
170145 Galinsoga parviflora Cav. var. semicalva A. Gray = Galinsoga parviflora Cav. ■
170146 Galinsoga quadriradiata Ruiz et Pav.; 粗毛牛膝菊(粗毛小米菊,睫毛牛膝菊); Ciliate Galinsoga, Common Quick-weed, Fringed Quickweed, Gallant-soldier, Peruvian-daisy, Quickweed, Quick-weed, Shaggy Galinsoga, Shaggy Oxhneedaisy, Shaggy Soldier, Shaggy Soldiers, Shaggy-soldier ■
170147 Galinsoga semicalva (A. Gray) H. St. John et D. White = Galinsoga parviflora Cav. ■
170148 Galinsoga semicalva (A. Gray) H. St. John et D. White = Galinsoga parviflora Cav. var. semicalva A. Gray ■☆
170149 Galinsoga semicalva (A. Gray) H. St. John et D. White var.

percalva S. F. Blake = Galinsoga parviflora Cav. ■
170150 Galinsoga urticifolia (Kunth) Benth.;荨麻叶牛膝菊;Nettle-leaf Soldier ■☆
170151 Galinsoga urticifolia (Kunth) Benth. = Galinsoga ciliata (Raf.) S. F. Blake ■
170152 Galinsoga urticifolia Benth. = Galinsoga urticifolia (Kunth) Benth. ■☆
170153 Galinsogaea Zucc. = Galinsoga Ruiz et Pav. ■●
170154 Galinsogea Kunth = Sogalgina Cass. ■●
170155 Galinsogea Kunth = Tridax L. ■●
170156 Galinsogea Willd. = Galinsoga Ruiz et Pav. ■●
170157 Galinsogeopsis Sch. Bip. = Pericome A. Gray ■●☆
170158 Galinsoja Roth = Galinsoga Ruiz et Pav. ■●
170159 Galinzoga Dumort. = Galinsoga Ruiz et Pav. ■●
170160 Galion St. -Lag. = Galium L. ■●
170161 Galiopsis Fourr. = Galion St. -Lag. ■
170162 Galiopsis Fourr. = Galium L. ■●
170163 Galiopsis St. -Lag. = Galeopsis L. ■
170164 Galipea Aubl. (1775);加利芸香属(尬梨属);Gallpea ●☆
170165 Galipea cusparia A. St. -Hil.;加利芸香;Angostura ●☆
170166 Galipea longiflora Krause;长花加利芸香(长花尬梨)●☆
170167 Galipea officinalis Hancock;药用加利芸香(药用尬梨);Angostura Bark Tree, Angostura-bark Tree, Annual Hair Grass ●☆
170168 Galisongen Willd. = Galinsoga Ruiz et Pav. ■●
170169 Galitzkya Botsch. = Alyssum L. ■●
170170 Galitzkya V. V. Botschantz. (1979);翅籽荠属(厚茎荠属)■
170171 Galitzkya potaninii (Maxim.) V. V. Botschantz.;大果翅籽荠(大果团扇荠,宽叶团扇荠);Broadleaf Falsealyssum, Potanin Falsealyssum ■
170172 Galitzkya potaninii (Maxim.) V. V. Botschantz. = Alyssum magicum C. H. An ■
170173 Galitzkya spathulata (Steph. ex Willd.) V. V. Botschantz.;匙叶翅籽荠(匙叶团扇荠)■
170174 Galitzkya spathulata (Steph. ex Willd.) V. V. Botschantz. = Berteroa spathulata (Steph.) C. A. Mey. ■
170175 Galium L. (1753);拉拉藤属(猪殃殃属);Bedstraw, Ladies' Bedstraw, Sweet Woodruff ■●
170176 Galium aberrans W. W. Sm. = Kelloggia chinensis Franch. ■
170177 Galium abruptorum Pomel = Galium lucidum All. ■☆
170178 Galium abyssinicum Chiov. = Galium simense Fresen. ■☆
170179 Galium acuminatum Ball;渐尖拉拉藤■☆
170180 Galium acutum Edgew.;尖瓣拉拉藤(短尖拉拉藤,拉拉藤);Acute Bedstraw ■
170181 Galium acutum Edgew. = Galium asperifolium Wall. ex Roxb. var. setosum Cufod. ■
170182 Galium afroalpinum Bullock = Galium ruwenzoriense (Cortesi) Chiov. ■☆
170183 Galium afropusillum Ehrend.;非洲微小拉拉藤■☆
170184 Galium agreste Wallr. var. echinospermum Wallr. = Galium aparine L. ■
170185 Galium agreste Wallr. var. echinospermum Wallr. = Galium aparine L. var. echinospermum (Wallr.) Cufod. ■
170186 Galium album Garsault;白拉拉藤;White Bedstraw ■☆
170187 Galium album Gilib. = Galium mollugo L. ■☆
170188 Galium album Mill. = Galium mollugo L. ■☆
170189 Galium amatymbicum Eckl. et Zeyh.;热非拉拉藤■☆
170190 Galium amblyophyllum Schrenk;钝叶拉拉藤■☆
170191 Galium amurense Pobed.;阿穆尔拉拉藤■☆
170192 Galium anisophyllon Vill.;异叶拉拉藤■☆
170193 Galium aparine L.;原拉拉藤(八仙草,红丝线,活血草,假猪殃殃,锯耳草,锯锯藤,锯拉草,锯子草,拉拉藤,龙胆,细茜草,细叶茜草,小飞扬草,小禾镰草,小锯藤,小锯子草,小茜草,血见愁,猪殃殃);Airess, Airid, Airup, Annual Bedstraw, Aress, Bedstraw, Beggar Lice, Beggar-lice, Beggar's Buttons, Beggar's Lice, Beggarweed, Blind Tongue, Blood Tongue, Bobby's Butions, Bobby's Buttons, Burhead, Burtons, Burweed, Catchgrass, Catchrogue, Catchweed, Catchweed Bedstraw, Claden, Clader, Claggers, Claiton, Clappedepouch, Claver, Claver-grass, Clavver-grass, Cleaved Grass, Cleavers, Cleden, Cletheren, Clever, Clide, Cliden, Clider, Clime, Clinging Sweethearts, Cling-rascal, Clitch Buttons, Clite, Clithe, Clitheren, Clithers, Clits, Cliven, Clivers, Cloggirs, Clote, Clutch Buttons, Clutch-button, Cly, Clyder, Clyte, Clythers, Common Bedstraw, Common Cleavers, Doctor's Love, Donkey, Errif, Everlasting Friendship, False Cleavers, Fat Hen, Followers, Follow-my-lad, Gallion, Geckdor, Gentleman's Tormenters, Gentleman's Tormentors, Goose Bill, Goose Cleavers, Goose Grass, Goose Grease, Goose Heiriff, Goose Tongue, Goosegrass, Goose-grass, Goose-grass Bedstraw, Goosehare, Goosehareth, Gooseheriff, Goose-share, Goose-tongue, Gooseweed, Gosling Grass, Gosling Scratch, Gosling-weed, Gozzle-grass, Grip-grass, Gull-grass, Gye, Haireve, Hairiff, Hairitch, Hairough, Hairup, Hairweed, Harif, Haritch, Harofe, Harriff, Harvest Lice, Hay-rough, Hedge Bur, Hedge Clivers, Hedgeheriff, Hedgehogs, Heiriff, Heiriffe, Herif, Heyriffe, Huggy-me-close, Jack-at-the-hedge, Jack-run-up-dyke, Kiss-me-quick, Lizzie-in-the-hedge, Loveman, Love-man, Lover's Kisses, Lovers' Kisses, Lover's Knots, Lovers' Knots, Maiden Hair, Maidenhair, Mutton Chops, Pigtail, Pin Bur, Pin-burr, Rabbie-rinnie-hedge, Reclining Bedstraw, Robin Run-p-the-hedge, Robin-catch-the-hedge, Robin-round-the-hedge, Robin-run-by The-grass, Robin-run-in-tile-grass, Robin-run-the-hedge, Rob-run-up-dyke, Rough Bedstraw, Scratchgrass, Scratchweed, Scurvy-grass, Snakeweed, Snares, Soldier Buttons, Soldier's Buttons, Spring Cleavers, Stick Buttons, Stick Donkey, Stick Robin, Stickaback, Stick-button, Stick-donkey, Stickleback, Stick-robin, Sticky Ball, Sticky Bobs, Sticky Buttons, Sticky Willie, Sticky Willy, Sticky-back, Sticky-balls, Sticky-buttons, Sticky-weed, Sticky-willy, Sweet Hearts, Sweethearts, Tether-grass, Tivers, Tongue-bleed, Traveller's Comfort, Traveller's Ease, Turkey's Food, Whip Tongue, Whiptongue, Who-stole-the-donkey, Willy-run-the-hedge, Witherspail ■
170194 Galium aparine L. f. leiocarpum Makino = Galium aparine L. var. leiospermum (Wallr.) Cufod. ■
170195 Galium aparine L. f. strigosum (Thunb.) Maxim. = Galium spurium L. var. echinospermon (Wallr.) Hayek ■
170196 Galium aparine L. subsp. spurium (L.) Hartm. = Galium spurium L. ■
170197 Galium aparine L. subsp. verum (Wimm. et Graebn.) Maire = Galium aparine L. ■
170198 Galium aparine L. var. echinospermum (Desp.) Rouy = Galium aparine L. ■
170199 Galium aparine L. var. echinospermum (Wallr.) Cufod.;拉拉藤(八仙草,刺果猪殃殃,活血草,锯子草,爬拉藤,爬拉殃,小锯藤,血见愁,猪殃殃);Spinyfruit Bedstraw, Spinyseed Bedstraw ■
170200 Galium aparine L. var. echinospermum (Wallr.) Cufod. = Galium aparine L. var. echinospermum (Wallr.) Farw. ■
170201 Galium aparine L. var. echinospermum (Wallr.) Farw. =

Galium aparine L. var. echinospermum (Wallr.) Cufod. ■
170202 Galium aparine L. var. echinospermum (Wallr.) Farw. = Galium aparine L. ■
170203 Galium aparine L. var. hamatum (A. Rich.) Hook. f. = Galium aparinoides Forssk. ■☆
170204 Galium aparine L. var. intermedium (Merr.) Briq. = Galium aparine L. ■
170205 Galium aparine L. var. leiospermum (Wallr.) Cufod.;光果拉拉藤(锯锯藤,可疑猪殃殃,猪殃殃);False Cleavers, Smoothfruit Bedstraw ■
170206 Galium aparine L. var. leiospermum (Wallr.) Cufod. = Galium spurium L. ■
170207 Galium aparine L. var. minor Hook. = Galium aparine L. ■
170208 Galium aparine L. var. tenerum (Gren. et Godr.) Rchb.;猪殃殃(八仙草,少花拉拉藤);Tender Bedstraw, Tender Catchweed Bedstraw ■
170209 Galium aparine L. var. tenerum (Gren. et Godr.) Rchb. = Galium aparine L. var. echinospermum (Wallr.) Farw. ■
170210 Galium aparine L. var. tenerum Rchb. = Galium aparine L. var. echinospermum (Wallr.) Farw. ■
170211 Galium aparine L. var. vaillantii (DC.) Koch = Galium aparine L. ■
170212 Galium aparinella Lange = Galium parisiense L. ■☆
170213 Galium aparinoides Forssk.;普通拉拉藤■☆
170214 Galium argyi H. Lév. et Vaniot = Rubia argyi (H. Lév. et Vaniot) H. Hara ex Lauener et D. K. Uson ■
170215 Galium aristatum L.;具芒拉拉藤;Awned Bedstraw ■☆
170216 Galium articulatum Lam.;节猪殃殃■☆
170217 Galium articulatum Roem. et Schult. = Galium articulatum Lam. ■☆
170218 Galium asperifolium Wall. ex Roxb.;楔叶葎(八仙草,粗叶拉拉藤,锯锯藤,糯米草,小舒筋,小血藤);Roughleaf Bedstraw ■
170219 Galium asperifolium Wall. ex Roxb. var. hoffmeisteri (Klotzsch) Hand.-Mazz. = Galium asperuloides Edgew. subsp. hoffmeisteri (Klotzsch) H. Hara ■
170220 Galium asperifolium Wall. ex Roxb. var. lasiocarpum W. C. Chen;毛果楔叶葎;Hairfruit Roughleaf Bedstraw ■
170221 Galium asperifolium Wall. ex Roxb. var. setosum Cufod.;刚毛小叶葎;Hispid Roughleaf Bedstraw ■
170222 Galium asperifolium Wall. ex Roxb. var. sikkimense (Gand.) Cufod.;小叶葎(锡金猪殃殃,小叶八仙草);Littleleaf Bedstraw, Sikkim Roughleaf Bedstraw ■
170223 Galium asperifolium Wall. ex Roxb. var. verrucifructum Cufod.;滇小叶葎;Yunnan Roughleaf Bedstraw ■
170224 Galium asperuloides Edgew.;车叶葎(八仙草)■
170225 Galium asperuloides Edgew. subsp. hoffmeisteri (Klotzsch) H. Hara;六叶葎(土茜草);Hoffmeister Woodruff-like Bedstraw, Sixleves Bedstraw ■
170226 Galium asperuloides Edgew. var. hoffmeisteri (Hook. f.) Hand.-Mazz. = Galium asperuloides Edgew. subsp. hoffmeisteri (Klotzsch) H. Hara ■
170227 Galium asperulopsis H. Winkl. ex Breslau et Krause = Galium asperuloides Edgew. subsp. hoffmeisteri (Klotzsch) H. Hara ■
170228 Galium asperum Schreb.;糙猪殃殃;Rough Bedstraw ■☆
170229 Galium asperum Thunb. = Galium tomentosum Thunb. ■☆
170230 Galium asprellum Michx. = Galium asperum Schreb. ■☆
170231 Galium asprellum Michx. var. tokyoense (Makino) Nakai = Galium davuricum Turcz. ex Ledeb. var. tokyoense (Makino) Cufod. ■
170232 Galium asprellum Michx. var. tokyoense (Makino) Nakai = Galium pseudoasprellum Turcz. var. tokyoense (Makino) Cufod. ■
170233 Galium asprellum Michx. var. tokyoense (Makino) Nakai = Galium tokyoense Makino ■
170234 Galium atlanticum Ball;大西洋拉拉藤■☆
170235 Galium atlanticum Pomel = Galium lucidum All. ■☆
170236 Galium atropatanum Grossh.;阿特罗拉拉藤■☆
170237 Galium aureum Vis.;金猪殃殃■☆
170238 Galium baeticum (Rouy) Ehrend. et Krendl;伯蒂卡拉拉藤■☆
170239 Galium baicalense Pobed.;拜卡尔拉拉藤■☆
170240 Galium baldensiforme Hand.-Mazz.;玉龙拉拉藤(红花拉拉藤);Redflower Bedstraw ■
170241 Galium baldensiforme Hand.-Mazz. = Galium asperifolium Wall. ex Roxb. var. setosum Cufod. ■
170242 Galium bequaertii De Wild. = Galium scabrellum K. Schum. ■☆
170243 Galium biafrae Hiern = Galium thunbergianum Eckl. et Zeyh. var. hirsutum (Sond.) Verdc. ■☆
170244 Galium blinii H. Lév. = Galium asperifolium Wall. ex Roxb. var. sikkimense (Gand.) Cufod. ■
170245 Galium bodinieri H. Lév. = Galium asperifolium Wall. ex Roxb. var. sikkimense (Gand.) Cufod. ■
170246 Galium boreale L.;北方拉拉藤(砧草);Bedstraw, Cross-leaved Bedstraw, Cruss-leaved Bedstraw, Northern Bedstraw ■
170247 Galium boreale L. f. kamtschaticum Maxim. = Galium boreale L. var. kamtschaticum (Maxim.) Maxim. ex Herder ■
170248 Galium boreale L. subsp. septentrionale (Roem. et Schult.) H. H. Iltis = Galium boreale L. ■
170249 Galium boreale L. subsp. septentrionale (Roem. et Schult.) H. Hara = Galium boreale L. ■
170250 Galium boreale L. var. angustifolium (Freyn) Cufod.;狭叶砧草;Narrowleaf Northern Bedstraw ■
170251 Galium boreale L. var. ciliatum Nakai;硬毛拉拉藤;Ciliate Bedstraw ■
170252 Galium boreale L. var. hyssopifolium (Hoffm.) DC. = Galium boreale L. ■
170253 Galium boreale L. var. hyssopifolium (Pers.) DC.;斐梭浦砧草■
170254 Galium boreale L. var. hyssopifolium DC. = Galium boreale L. var. hyssopifolium (Pers.) DC. ■
170255 Galium boreale L. var. hyssopifolium DC. = Galium kinuta Nakai et H. Hara ■
170256 Galium boreale L. var. intermedium DC.;新砧草;Intermediate Northern Bedstraw ■
170257 Galium boreale L. var. intermedium DC. = Galium boreale L. ■
170258 Galium boreale L. var. japonicum Maxim. = Galium kinuta Nakai et H. Hara ■
170259 Galium boreale L. var. kamtschaticum (Maxim.) Maxim. ex Herder;勘察加拉拉藤;Kamtschatka Northern Bedstraw ■
170260 Galium boreale L. var. kamtschaticum (Maxim.) Nakai = Galium boreale L. var. kamtschaticum (Maxim.) Maxim. ex Herder ■
170261 Galium boreale L. var. koreanum Nakai = Galium boreale L. var. kamtschaticum (Maxim.) Maxim. ex Herder ■
170262 Galium boreale L. var. lanceolatum Nakai;光果砧草;Smoothfruit Northern Bedstraw ■
170263 Galium boreale L. var. lancilimbum W. C. Chen;披针时砧草(斐梭浦砧草)■
170264 Galium boreale L. var. latifolium Turcz.;宽叶拉拉藤;Broadleaf

Northern Bedstraw ■

170265 Galium boreale L. var. leiocarpum Nakai = Galium boreale L. var. lanceolatum Nakai ■

170266 Galium boreale L. var. linearifolium Rydb. = Galium boreale L. ■

170267 Galium boreale L. var. molle Hemsl. = Galium hupehense Pamp. var. molle (Hemsl.) Cufod. ■

170268 Galium boreale L. var. pseudorubioides Schur;假茜砧草■

170269 Galium boreale L. var. rubioides (L.) Celak.;披针叶砧草(茜砧草);Lanceoleaf Northern Bedstraw ■

170270 Galium boreale L. var. scabrum DC. = Galium boreale L. ■

170271 Galium boreale L. var. typicum Beck = Galium boreale L. ■

170272 Galium boreale L. var. uvlgare Turcz. = Galium boreale L. ■

170273 Galium boreo-aethiopicum Puff;埃北拉拉藤■☆

170274 Galium bourgaeanum Batt.;布尔加拉拉藤■☆

170275 Galium bourgaeanum Batt. subsp. maroccanum (Ball) J. M. Monts. = Galium bourgaeanum Batt. ■☆

170276 Galium bourgaeanum Batt. var. maroccanum Ball = Galium bourgaeanum Batt. ■☆

170277 Galium bourgaeanum Coss. = Galium bourgaeanum Batt. ■☆

170278 Galium bovei Boiss. et Reut. = Galium viscosum Vahl subsp. bovei (Boiss. et Reut.) Maire ■☆

170279 Galium bovei Boiss. et Reut. var. hesperium Maire = Galium viscosum Vahl subsp. bovei (Boiss. et Reut.) Maire ■☆

170280 Galium brachiatum Pursh = Galium triflorum Michx. ■

170281 Galium brachyphyllum Schult.;短叶拉拉藤■☆

170282 Galium braunii Zelen.;布鲁氏猪殃殃;Braun Bedstraw ■☆

170283 Galium brenanii Ehrend. et Verdc.;布雷南拉拉藤■☆

170284 Galium brevipes Fernald et Wiegand;短梗拉拉藤;Limestone Swamp Bedstraw, Short-stalked Bedstraw, Swamp Bedstraw ■☆

170285 Galium brunneum Munby;褐色拉拉藤■☆

170286 Galium brunneum Munby var. hirsutum Faure et Maire = Galium brunneum Munby ■☆

170287 Galium brunneum Munby var. rhiphaeum Pau et Font Quer = Galium brunneum Munby ■☆

170288 Galium bullatum Lipsky;泡果拉拉藤■

170289 Galium bungei Steud.;四叶葎(本氏猪殃殃,粉绿猪殃殃,风车草,红蛇儿,锯锯藤,冷水丹,散血丹,蛇舌癀,四方草,四角金,四棱香草,四叶草,四叶蓬,四叶七,天良草,细四叶葎,小锯锯藤,小拉马藤);Bunge Bedstraw, Fourleves Bedstraw, Slender Bedstraw, Waxy Bedstraw ■

170290 Galium bungei Steud. var. angustifolium (Loes.) Cufod.;狭叶四叶葎;Narrowleaf Fourleves Bedstraw ■

170291 Galium bungei Steud. var. hispidum (Kitag.) Cufod.;硬毛四叶葎■

170292 Galium bungei Steud. var. hispidum (Matsuda) Cufod. = Galium trachyspermum A. Gray f. hispidum (Matsuda) Ohwi ■

170293 Galium bungei Steud. var. punduanoides Cufod.;毛四叶葎;Hairy Bunge Bedstraw ■

170294 Galium bungei Steud. var. setuliflorum (A. Gray) Cufod.;毛冠四叶葎(须花猪殃殃);Hairflower Bunge Bedstraw ■

170295 Galium bungei Steud. var. setuliflorum (A. Gray) Cufod. = Galium pogonanthum Franch. et Sav. ■

170296 Galium bungei Steud. var. trachyspermum (A. Gray) Cufod. = Galium trachyspermum A. Gray ■

170297 Galium bungei Steud. var. trachyspermun (A. Gray) Cufod.;阔叶四叶葎;Broadleaf Bunge Bedstraw ■

170298 Galium bussei K. Schum. et K. Krause;布瑟拉拉藤■☆

170299 Galium bussei K. Schum. et K. Krause var. glabrum Brenan;光滑布瑟拉拉藤■☆

170300 Galium bussei K. Schum. et K. Krause var. strictius Brenan;劲直拉拉藤■☆

170301 Galium calcareum (Albov) Pobed.;石灰拉拉藤■☆

170302 Galium campestre Batt. = Galium viscosum Vahl ■☆

170303 Galium canum DC.;灰色拉拉藤■☆

170304 Galium capense Thunb.;好望角拉拉藤■☆

170305 Galium capense Thunb. subsp. garipense (Sond.) Puff;加里普拉拉藤■☆

170306 Galium capense Thunb. subsp. namaquense (Eckl. et Zeyh.) Puff;纳马夸拉拉藤■☆

170307 Galium capense Thunb. var. expansum (Thunb.) Sond. = Galium capense Thunb. ■☆

170308 Galium capense Thunb. var. minus Sond. = Galium capense Thunb. ■☆

170309 Galium capense Thunb. var. scabrum Sond. = Galium capense Thunb. subsp. namaquense (Eckl. et Zeyh.) Puff ■☆

170310 Galium capense Thunb. var. wittbergense (Sond.) Puff = Galium capense Thunb. subsp. garipense (Sond.) Puff ■☆

170311 Galium caspicum Stev.;里海拉拉藤■☆

170312 Galium cavaleriei H. Lév. = Galium asperifolium Wall. ex Roxb. var. sikkimense (Gand.) Cufod. ■

170313 Galium chersonense Roem. et Schult. = Cruciata laevipes Opiz ■☆

170314 Galium chloroionanthum K. Schum.;绿花拉拉藤■☆

170315 Galium chloroleucum Fisch. et C. A. Mey.;淡绿拉拉藤■☆

170316 Galium circaezans Michx.;林地拉拉藤;Cross Cleavers, Forest Bedstraw, Licorice Bedstraw, Wild Licorice, Woods Bedstraw ■☆

170317 Galium circaezans Michx. var. hypomalacum Fernald;斑点林地拉拉藤;Forest Bedstraw, Licorice Bedstraw, Wild Licorice ■☆

170318 Galium circaezans Michx. var. lanceolatum (Torr.) Torr. et A. Gray = Galium lanceolatum Torr. ■☆

170319 Galium clausonis Pomel = Galium brunneum Munby ■☆

170320 Galium claytonii Michx.;克莱顿拉拉藤;Clayton's Bedstraw ■☆

170321 Galium claytonii Michx. = Galium tinctorium L. ■☆

170322 Galium columellum Ehrenb. ex Boiss. = Valantia columella (Ehrenb. ex Boiss.) Bald. ■☆

170323 Galium comari H. Lév. et Vaniot;线梗拉拉藤;Linearstalk Bedstraw ■

170324 Galium concatenatum Coss.;堆积拉拉藤■☆

170325 Galium concinnum Torr. et A. Gray;华丽拉拉藤;Pretty Bedstraw, Shining Bedstraw ■☆

170326 Galium constrictum Chaub. = Galium debile Desv. ■☆

170327 Galium constrictum Chaub. var. debile (Desv.) Nyman = Galium debile Desv. ■☆

170328 Galium constrictum Chaub. var. rhiphaeum Pau et Font Quer = Galium debile Desv. ■☆

170329 Galium cordatum Roem. et Schult.;心形拉拉藤■☆

170330 Galium cornatum Sibth.;冠状猪殃殃■☆

170331 Galium corrudifolium Vill. var. mauritii Sennen = Galium lucidum All. ■☆

170332 Galium cossonianum Jafri;科森拉拉藤■☆

170333 Galium crassifolium W. C. Chen;厚叶拉拉藤;Thickleaf Bedstraw ■

170334 Galium cruciata Scop. = Cruciata laevipes Opiz ■☆

170335 Galium cruciatum Scop.;十字形猪殃殃;Crosswort, Golden Crosswort, Golden Mugget, Golden Muguet, Honeywort, Lady's Bedstraw, Maiden's Hair, Maywort, Mugwort, Rice, Yellow Bedstraw ■☆

170336 Galium cuneatum H. Lév. = Galium asperifolium Wall. ex Roxb. var. sikkimense (Gand.) Cufod. ■

170337 Galium czerepanovii Pobed.;契氏拉拉藤■☆

170338 Galium dahuricum Turcz. = Galium davuricum Turcz. ex Ledeb. ■

170339 Galium dasycarpum Schweinf. = Galium thunbergianum Eckl. et Zeyh. var. hirsutum (Sond.) Verdc. ■☆

170340 Galium davuricum Turcz. ex Ledeb.;大叶猪殃殃(兴安拉拉藤);Dahuricum Bedstraw ■

170341 Galium davuricum Turcz. ex Ledeb. var. manshuricum (Kitag.) H. Hara = Galium manshuricum Kitag. ■

170342 Galium davuricum Turcz. ex Ledeb. var. tokyoense (Makino) Cufod.;东京猪殃殃(钝叶拉拉藤,花拉拉藤)■

170343 Galium davuricum Turcz. ex Ledeb. var. tokyoense (Makino) Cufod. = Galium tokyoense Makino ■

170344 Galium debile Banks et Sol. ex Hook. f. = Galium constrictum Chaub. ■☆

170345 Galium debile Desv.;纤细拉拉藤;Slender Marsh Bedstraw, Slender Marsh-bedstraw ■☆

170346 Galium decaisnei Boiss.;戴氏拉拉藤■☆

170347 Galium deistelii K. Krause;戴斯泰尔拉拉藤■☆

170348 Galium densiflorum Ledeb.;密花拉拉藤■☆

170349 Galium divaricatum Lam. = Galium divaricatum Pourr. ex Lam. ■☆

170350 Galium divaricatum Pourr. ex Lam.;拉马克拉拉藤;Bedstraw, Lamarck's Bedstraw ■☆

170351 Galium dregeanum Sond. = Galium mucroniferum Sond. var. dregeanum (Sond.) Puff ■☆

170352 Galium echinocarpum Hayata;刺果猪殃殃(台湾拉拉藤);Pricklyfruit Bedstraw, Taiwan Bedstraw ■

170353 Galium elatum Thuill.;高猪殃殃■☆

170354 Galium elegans Wall. ex Roxb.;小红参(西南拉拉藤,小活血,圆叶猪殃殃);Graceful Bedstraw, Taiwan Bedstraw ■

170355 Galium elegans Wall. ex Roxb. var. angustifolium Cufod.;狭叶拉拉藤;Narrowleaf Bedstraw, Narrowleaf Graceful Bedstraw ■

170356 Galium elegans Wall. ex Roxb. var. glabriusculum Req. ex DC.;广西拉拉藤;Guangxi Bedstraw ■

170357 Galium elegans Wall. ex Roxb. var. javanicum (Blume) Hand.-Mazz.;滇紫参;Java Graceful Bedstraw ■

170358 Galium elegans Wall. ex Roxb. var. javanicum (Blume) Hand.-Mazz. = Galium elegans Wall. ex Roxb. var. velutinum Cufod. ■

170359 Galium elegans Wall. ex Roxb. var. nemorosum Cufod.;四川拉拉藤;Sichuan Bedstraw ■

170360 Galium elegans Wall. ex Roxb. var. nephrostigmaticum (Diels) W. C. Chen;肾柱拉拉藤(肾西半球拉拉藤)■

170361 Galium elegans Wall. ex Roxb. var. velutinum Cufod.;黏小红参(毛拉拉藤,小红参,黏拉拉藤);Hairy Graceful Bedstraw ■

170362 Galium ellipticum Willd. = Galium scabrum L. ■☆

170363 Galium ellipticum Willd. var. glaberrrima Bornm. = Galium scabrum L. ■☆

170364 Galium ellipticum Willd. var. glabrescens Maire = Galium scabrum L. ■☆

170365 Galium ellipticum Willd. var. villosum Webb et Berthel. = Galium scabrum L. ■☆

170366 Galium elongatum C. Presl subsp. debile (Desv.) Batt. = Galium debile Desv. ■☆

170367 Galium elongatum J. Presl et C. Presl;伸长拉拉藤■☆

170368 Galium ephedroides Willk.;麻黄拉拉藤■☆

170369 Galium ephedroides Willk. var. citrinum Maire et Wilczek = Galium ephedroides Willk. ■☆

170370 Galium ephedroides Willk. var. oranense Hochr. = Galium ephedroides Willk. ■☆

170371 Galium ephedroides Willk. var. rupicola (Pomel) Batt. = Galium ephedroides Willk. ■☆

170372 Galium erectum Huds.;直立猪殃殃;Erect Bedstraw, Upright Hedge Bedstraw ■☆

170373 Galium erectum Huds. = Galium lucidum All. ■☆

170374 Galium erectum Huds. = Galium mollugo L. ■☆

170375 Galium esquirolii H. Lév. = Galium asperifolium Wall. ex Roxb. var. sikkimense (Gand.) Cufod. ■

170376 Galium exile Hook. f.;单花拉拉藤;Monoflower Bedstraw ■

170377 Galium expansum Thunb. = Galium capense Thunb. ■☆

170378 Galium fistulosum Sommier et H. Lév.;管状拉拉藤■☆

170379 Galium fleuroti Jord. = Galium pumilum Murray ■☆

170380 Galium foliosum Munby ex Burnat et Barbey;多叶拉拉藤■☆

170381 Galium fontanesianum Pomel = Galium lucidum All. ■☆

170382 Galium formosense Ohwi = Galium elegans Wall. ex Roxb. ■

170383 Galium forrestii Diels;丽江拉拉藤;Forrest Bedstraw ■

170384 Galium fruticosum Willd. subsp. ephedroides (Willk.) Pau et Font Quer = Galium ephedroides Willk. ■☆

170385 Galium fruticosum Willd. var. citrinum (Maire et Wilczek) Maire = Galium ephedroides Willk. ■☆

170386 Galium fruticosum Willd. var. rupicola (Pomel) Maire = Galium ephedroides Willk. ■☆

170387 Galium fukuyamae Masam.;福山氏猪殃殃;Fukuyama Bedstraw ■

170388 Galium fukuyamae Masam. = Galium bungei Steud. ■

170389 Galium garipense Sond. = Galium capense Thunb. subsp. garipense (Sond.) Puff ■☆

170390 Galium geminiflorum Lowe;对花拉拉藤■☆

170391 Galium geniculatum Roem. et Schult.;曲膝猪殃殃;Geniculate Bedstraw ■☆

170392 Galium gibraltaricum Schott = Galium viscosum Vahl var. gibraltaricum (Schott) Maire ■☆

170393 Galium glabrum Thunb.;光滑拉拉藤■☆

170394 Galium glaciale K. Krause;冰雪拉拉藤■☆

170395 Galium glandulosum Hand.-Mazz.;腺叶拉拉藤(腺叶猪殃殃)■

170396 Galium glandulosum Hand.-Mazz. = Galium serpylloides Royle ex Hook. f. ■

170397 Galium glomeratum Desf. = Galium viscosum Vahl ■☆

170398 Galium glomeratum Desf. var. bovei (Boiss. et Reut.) Pau = Galium viscosum Vahl subsp. bovei (Boiss. et Reut.) Maire ■☆

170399 Galium glomeratum Desf. var. campestre (Schousb.) Ball = Galium geminiflorum Lowe ■☆

170400 Galium gracile Bunge = Galium bungei Steud. ■

170401 Galium gracile Bunge f. hispidum Matsuda = Galium bungei Steud. var. hispidum (Kitag.) Cufod. ■

170402 Galium gracile Bunge f. hispidum Matsuda = Galium trachyspermum A. Gray f. hispidum (Matsuda) Ohwi ■

170403 Galium gracile Bunge f. rotundifolium Hay. = Galium gracilens (A. Gray) Makino var. lutchuense (Nakai ex Kitag.) T. Yamaz. ■☆

170404 Galium gracile Bunge var. miltorrhizum (Hance) Loes. = Galium bungei Steud. ■

170405 Galium gracile Bunge var. miltorrhizum (Hance) Loes. = Galium trachyspermum A. Gray var. miltiorrhizum (Hance) T. Yamaz. ■

170406 Galium gracilens (A. Gray) Makino = Galium bungei Steud. ■

170407 Galium gracilens (A. Gray) Makino var. lutchuense (Nakai ex Kitag.) T. Yamaz.;琉球猪殃殃■☆

170408 Galium gracilens (A. Gray) Makino var. lutchuense (Nakai) T. Yamaz. = Galium gracilens (A. Gray) Makino var. lutchuense (Nakai ex Kitag.) T. Yamaz. ■☆

170409 Galium gracilens (A. Gray) Makino var. rotundifolium (Hay.) Hatus. = Galium gracilens (A. Gray) Makino var. lutchuense (Nakai ex Kitag.) T. Yamaz. ■☆

170410 Galium grossheimii Pobed.;格氏拉拉藤■☆

170411 Galium hamatum A. Rich. = Galium aparinoides Forssk. ■☆

170412 Galium handelii Cufod. = Galium exile Hook. f. ■

170413 Galium hemsleyanum Beauverd = Galium hupehense Pamp. var. molle (Hemsl.) Cufod. ■

170414 Galium hercynicum Weigel = Galium saxatile L. ■☆

170415 Galium himalayense Klotzsch = Galium acutum Edgew. ■

170416 Galium himalayense Klotzsch et Garcke = Galium acutum Edgew. ■

170417 Galium hispidum (L.) Gaertn. = Valantia hispida L. ■☆

170418 Galium homblei De Wild. = Galium scioanum Chiov. ■☆

170419 Galium horridum Thunb. = Rubia horrida (Thunb.) Puff ■☆

170420 Galium humifusum (M. Bieb.) Besser;蔓生拉拉藤(爬地车叶草,小车叶草);Spreading Bedstraw ■

170421 Galium hupehense Pamp.;湖北拉拉藤;Hubei Bedstraw ■

170422 Galium hupehense Pamp. var. molle (Hemsl.) Cufod.;毛萼拉拉藤■

170423 Galium hyssopifolium Hoffm.;斐梭浦猪殃殃■☆

170424 Galium hyssopifolium Hoffm. = Galium boreale L. ■

170425 Galium insubricum Gaudich.;米兰猪殃殃■☆

170426 Galium japonicum (Maxim.) Makino et Nakai = Galium kinuta Nakai et H. Hara ■

170427 Galium japonicum (Maxim.) Makino et Nakai = Galium trifloriforme Kom. ■☆

170428 Galium japonicum Makino = Galium japonicum (Maxim.) Makino et Nakai ■

170429 Galium japonicum Makino = Galium trifloriforme Kom. var. nipponicum Nakai ■☆

170430 Galium japonicum Makino f. stenophyllum Kitag.;狭叶日本猪殃殃■☆

170431 Galium jesoense Miq. = Rubia jesoensis (Miq.) Miyabe et Miyake ■☆

170432 Galium jolyi Batt. = Rubia laevis Poir. ■☆

170433 Galium juzepczukii Pobed.;尤氏拉拉藤■☆

170434 Galium kamtschaticum Steller ex Roem. et Schult.;三脉猪殃殃(勘察加拉拉藤);Kamtschatka Bedstraw, Northern Wild-licorice ■

170435 Galium kamtschaticum Steller ex Roem. et Schult. = Galium elegans Wall. ex Roxb. ■

170436 Galium kamtschaticum Steller ex Roem. et Schult. f. intermedium Takeda;全叶三脉猪殃殃■☆

170437 Galium kamtschaticum Steller ex Roem. et Schult. var. acutifolium H. Hara;尖叶三脉猪殃殃■☆

170438 Galium kamtschaticum Steller ex Roem. et Schult. var. minus Sugim.;小三脉猪殃殃■☆

170439 Galium kamtschaticum Steller ex Roem. et Schult. var. yakusimense (Masam.) T. Yamaz. = Galium kamtschaticum Steller ex Roem. et Schult. var. minus Sugim. ■☆

170440 Galium karakulense Pobed.;粗沼拉拉藤■

170441 Galium kenyanum Verdc.;肯尼亚拉拉藤■☆

170442 Galium kiapazi Manden.;基亚帕兹拉拉藤■☆

170443 Galium kiirunense Masam., Suzuki et Mori = Galium gracilens (A. Gray) Makino var. lutchuense (Nakai ex Kitag.) T. Yamaz. ■☆

170444 Galium kikumugura Ohwi;大井拉拉藤■☆

170445 Galium kinuta Nakai et H. Hara;显脉拉拉藤(剪草,日本猪殃殃,生血丹,小锯锯藤,岩茜草);Distinctvein Bedstraw, Japanese Bedstraw ■

170446 Galium kinuta Nakai et H. Hara f. bracteatum (Nakai) H. Hara;苞片显脉拉拉藤■☆

170447 Galium kinuta Nakai et H. Hara f. roseum Hayashi;粉显脉拉拉藤■☆

170448 Galium kinuta Nakai et H. Hara f. viridescens (Matsum. et Nakai) H. Hara;绿显脉拉拉藤■☆

170449 Galium kopetdaghense Pobed.;科佩特拉拉藤■☆

170450 Galium krylovii Iljin;克氏拉拉藤■☆

170451 Galium krymense Pobed.;克里木拉拉藤■☆

170452 Galium kuetzingii Boiss. et Buhse;库氏拉拉藤■☆

170453 Galium kwanzanense Ohwi;关山猪殃殃;Guanshan Bedstraw ■

170454 Galium labradoricum (Wiegand) Wiegand;拉布拉多猪殃殃;Bog Bedstraw, Labrador Marsh Bedstraw, Northern Bog Bedstraw ■☆

170455 Galium lacteum (Maxim.) Pobed.;乳白拉拉藤■☆

170456 Galium lanatum (Delile ex Coss.) Boiss. = Valantia columella (Ehrenb. ex Boiss.) Bald. ■☆

170457 Galium lanceolatum Torr.;矛状拉拉藤;Lance-leaved Wild Licorice, Wild Licorice ■☆

170458 Galium latum De Wild. = Galium scioanum Chiov. ■☆

170459 Galium leiophyllum Boiss. et Hohen.;光叶拉拉藤■☆

170460 Galium linczevskyi Pobed.;林氏拉拉藤■☆

170461 Galium linearifolium Turcz.;线叶拉拉藤;Linearleaf Bedstraw ■

170462 Galium lucidum All.;光亮拉拉藤■☆

170463 Galium lucidum All. var. abruptorum (Pomel) Batt. = Galium lucidum All. ■☆

170464 Galium lucidum All. var. atlanticum (Pomel) Batt. = Galium lucidum All. ■☆

170465 Galium lucidum All. var. fontanesianum (Pomel) Batt. = Galium lucidum All. ■☆

170466 Galium lucidum All. var. guilhelmi Pau et Sennen = Galium lucidum All. ■☆

170467 Galium lutchuense Nakai = Galium gracilens (A. Gray) Makino var. lutchuense (Nakai ex Kitag.) T. Yamaz. ■☆

170468 Galium lutchuense Nakai ex Kitag. = Galium bungei Steud. ■

170469 Galium lutchuense Nakai ex Kitag. = Galium gracilens (A. Gray) Makino var. lutchuense (Nakai ex Kitag.) T. Yamaz. ■☆

170470 Galium luteum Lam. = Galium verum L. ■

170471 Galium maborasense Masam.;高山猪殃殃■

170472 Galium mairei H. Lév. = Galium elegans Wall. ex Roxb. var. velutinum Cufod. ■

170473 Galium majmechense Bordz.;卷边拉拉藤■

170474 Galium manshuricum Kitag.;东北拉拉藤■

170475 Galium manshuricum Kitag. = Galium davuricum Turcz. ex Ledeb. var. manshuricum (Kitag.) H. Hara ■

170476 Galium martinii H. Lév. et Vaniot;安平拉拉藤;Martin Bedstraw ■
170477 Galium maximowiczii (Kom.) Pobed.;异叶轮草(车叶草);Common Woodruff ■
170478 Galium microspermum Desf.;小籽拉拉藤■☆
170479 Galium mildbraedii K. Krause = Galium ruwenzoriense (Cortesi) Chiov. ■☆
170480 Galium miltorrhizum Hance = Galium bungei Steud. ■
170481 Galium miltorrhizum Hance = Galium trachyspermum A. Gray var. miltiorrhizum (Hance) T. Yamaz. ■
170482 Galium miltorrhizum Hance var. lutchuense (Nakai ex Kitag.) H. Hara = Galium bungei Steud. ■
170483 Galium miltorrhizum Hance var. lutchuense (Nakai ex Kitag.) H. Hara = Galium gracilens (A. Gray) Makino var. lutchuense (Nakai ex Kitag.) T. Yamaz. ■☆
170484 Galium miltorrhizum Hance var. lutchuense (Nakai) H. Hara = Galium gracilens (A. Gray) Makino var. lutchuense (Nakai ex Kitag.) T. Yamaz. ■☆
170485 Galium miltorrhizum Hance var. molle (Hemsl.) Migo = Galium hupehense Pamp. var. molle (Hemsl.) Cufod. ■
170486 Galium minutissimum T. Shimizu;微小拉拉藤■
170487 Galium modestum Diels = Galium trifidum L. var. modestum (Diels) Cufod. ■
170488 Galium mollicomum Bullock = Galium ossirwaense K. Krause ■☆
170489 Galium mollicomum Bullock var. friesiorum ? = Galium ossirwaense K. Krause ■☆
170490 Galium mollugo L.;粟猪殃殃(软猪殃殃);Bedstraw, Carpet Weed Bedstraw, Carpet-weed Bedstraw, False Baby's-breath, Great Hedge, Hedge Bedstraw, Sticky Grass, Whip Tongue, Whiptongue, White Bedstraw, Wild Madder ■☆
170491 Galium mollugo L. = Galium asperifolium Wall. ex Roxb. var. sikkimense (Gand.) Cufod. ■
170492 Galium mollugo L. = Galium bungei Steud. ■
170493 Galium mollugo L. subsp. erectum (Huds.) Briq. = Galium mollugo L. ■☆
170494 Galium mollugo L. subsp. erectum Syme;直立拉拉藤■☆
170495 Galium mollugo L. subsp. gerardi (Vill.) Briq. = Galium lucidum All. ■☆
170496 Galium mollugo L. subsp. marmaricum Maire et Weiller;利比亚拉拉藤■☆
170497 Galium mollugo L. var. erectum (Huds.) Domin = Galium mollugo L. ■☆
170498 Galium mollugo L. var. guilhelmi (Pau et Sennen) Emb. et Maire = Galium mollugo L. ■☆
170499 Galium mollugo L. var. hosmariense (Pau) Maire = Galium mollugo L. ■☆
170500 Galium mollugo L. var. nevadense (Boiss. et Reut.) Maire = Galium nevadense Boiss. et Reut. ■☆
170501 Galium mollugo L. var. parviflorum (Pau) Maire = Galium mollugo L. ■☆
170502 Galium monticola Sond.;山地猪殃殃■☆
170503 Galium morii Hayata;森氏猪殃殃;Mori Bedstraw ■
170504 Galium mucronatum Thunb. = Galium capense Thunb. ■☆
170505 Galium mucroniferum Sond.;微凸拉拉藤■☆
170506 Galium mucroniferum Sond. var. dregeanum (Sond.) Puff;德雷拉拉藤■☆
170507 Galium murale (L.) All.;壁生拉拉藤;Yellow Wall Bedstraw ■☆
170508 Galium murbeckii Maire = Galium atlanticum Ball ■☆
170509 Galium musyaense Masam. = Galium gracilens (A. Gray) Makino ■
170510 Galium mutabile Besser;多变猪殃殃■☆
170511 Galium nakaii Kudo ex H. Hara;福建拉拉藤;Fujian Bedstraw ■
170512 Galium namaquense Eckl. et Zeyh. = Galium capense Thunb. subsp. namaquense (Eckl. et Zeyh.) Puff ■☆
170513 Galium nankotaizanum Ohwi;南湖大山猪殃殃(台湾猪殃殃);Nanhudashan Bedstraw ■
170514 Galium natalense Rouy = Galium thunbergianum Eckl. et Zeyh. ■☆
170515 Galium nephrostigmaticum Diels = Galium elegans Wall. ex Roxb. var. nephrostigmaticum (Diels) W. C. Chen ■
170516 Galium nevadense Boiss. et Reut.;内华达拉拉藤■☆
170517 Galium niewerthii Franch. et Sav.;昌化拉拉藤;Changhua Bedstraw ■
170518 Galium nipponicum Makino = Galium japonicum Makino ■☆
170519 Galium numidicum Pomel;努米底亚拉拉藤■☆
170520 Galium obtusum Bigelow;钝叶猪殃殃;Bluntleaf Bedstraw, Blunt-leaf Bedstraw, Wild Madder ■☆
170521 Galium obtusum Bigelow var. floridanum (Wiegand) Fernald = Galium tinctorium L. ■☆
170522 Galium obtusum Bigelow var. ramosum Gleason = Galium obtusum Bigelow ■☆
170523 Galium ochroleucum Kit. ex Schult.;淡黄猪殃殃■☆
170524 Galium odoratum (L.) Scop.;车轴草(车叶草,香车叶草,香猪殃殃);Star-grass, Sweet Grass, Sweet Hairhoof, Sweet Wood Ruff, Sweet Woodruff, Sweet Woodrush, Sweethearts, Sweetscented Bedstraw, Sweet-scented Bedstraw, Sweetscented Squinancy, Waldmeister tea, Woodreeve, Woodrep, Woodrip, Woodroof, Woodrose, Woodrow, Wood-rowe, Wood-rowell, Woodruff, Woodward, Woody-ruffee ■
170525 Galium oliganthum Nakai et Kitag. = Galium aparine L. var. tenerum (Gren. et Godr.) Rchb. ■
170526 Galium ologanthum Nakai et Kitag.;少花猪殃殃;Oliganthous Bedstraw ■☆
170527 Galium ossirwaense K. Krause;奥西尔瓦拉拉藤■☆
170528 Galium ossirwaense K. Krause var. glabrum Verdc.;光滑奥西尔瓦拉拉藤■☆
170529 Galium palustre L.;沼生拉拉藤(沼泽猪殃殃);Common Marsh Bedstraw, Common Marsh-bedstraw, Gypsy Lace, Marsh Bedstraw, Water Bedstraw ■
170530 Galium palustre L. var. constrictum (Chaub.) Fiori = Galium debile Desv. ■☆
170531 Galium palustre L. var. elongatum (C. Presl) Lange = Galium elongatum J. Presl et C. Presl ■☆
170532 Galium pamiroalaicum Pobed.;帕米尔拉拉藤■☆
170533 Galium paniculatum (Bunge) Pobed.;圆锥拉拉藤;Paniculate Bedstraw ■
170534 Galium paradoxum Maxim.;林猪殃殃(奇特猪殃殃,异常猪殃殃);Paradoxical Bedstraw ■
170535 Galium paradoxum Maxim. subsp. franchetianum Ehrend. et Schönb. -Tem.;弗氏猪殃殃■
170536 Galium parisiense L.;巴黎猪殃殃;Paris Bedstraw, Wall Bedstraw ■☆

170537 Galium parisiense L. subsp. anglicum (Huds.) Pit. et Proust = Galium parisiense L. ■☆

170538 Galium parisiense L. subsp. divaricatum (Lam.) Rouy = Galium divaricatum Pourr. ex Lam. ■☆

170539 Galium parisiense L. subsp. tenellum (Jord.) Rouy = Galium parisiense L. ■☆

170540 Galium parisiense L. var. decipiens (Jord.) Batt. = Galium parisiense L. ■☆

170541 Galium parisiense L. var. lasiocarpum Lange = Galium divaricatum Pourr. ex Lam. ■☆

170542 Galium parisiense L. var. leiocarpum Tausch = Galium divaricatum Pourr. ex Lam. ■☆

170543 Galium parisiense L. var. tricocarpum Tausch = Galium parisiense L. ■☆

170544 Galium parisiense L. var. willkommianum Batt. = Galium parisiense L. ■☆

170545 Galium pauciflorum Bunge;少花拉拉藤;Fewflower Bedstraw, Pauciflorous Bedstraw ■

170546 Galium pauciflorum Bunge = Galium aparine L. var. tenerum (Gren. et Godr.) Rchb. ■

170547 Galium pauciflorum Bunge = Galium exile Hook. f. ■

170548 Galium pedemontanum (Bellardi) All.;披的门猪殃殃;Bedstraw ■☆

170549 Galium pedemontanum (Bellardi) All. = Cruciata pedemontana (Bellardi) Ehrend. ■☆

170550 Galium pedemontanum (Bellardi) All. var. longepilosum Sennen et Mauricio = Cruciata pedemontana (Bellardi) Ehrend. ■☆

170551 Galium pennsylvanicum W. P. C. Barton = Galium triflorum Michx. ■

170552 Galium petiolatum Geddes = Galium elegans Wall. ex Roxb. ■

170553 Galium petraeum Batt. = Galium cossonianum Jafri ■☆

170554 Galium petraeum Coss. var. brevifolia Batt. = Galium cossonianum Jafri ■☆

170555 Galium petraeum Coss. var. patula Batt. = Galium cossonianum Jafri ■☆

170556 Galium petraeum Coss. var. virgata Batt. = Galium cossonianum Jafri ■☆

170557 Galium pilosum Aiton;毛拉拉藤;Hairy Bedstraw ■☆

170558 Galium platygalium (Maxim.) Pobed.;卵叶拉拉藤(卵叶轮草);Ovateleaf Woodruff ■

170559 Galium pogonanthum Franch. et Sav. = Galium bungei Steud. var. setuliflorum (A. Gray) Cufod. ■

170560 Galium pogonanthum Franch. et Sav. f. nudiflorum (Makino) Ohwi;裸花猪殃殃■☆

170561 Galium pogonanthum Franch. et Sav. f. trichopetalum (Nakai) Ohwi = Galium pogonanthum Franch. et Sav. var. trichopetalum (Nakai) H. Hara ■☆

170562 Galium pogonanthum Franch. et Sav. var. setuliflorum (A. Gray) H. Hara = Galium bungei Steud. var. setuliflorum (A. Gray) Cufod. ■

170563 Galium pogonanthum Franch. et Sav. var. trichopetalum (Nakai) H. Hara;三瓣须花猪殃殃■☆

170564 Galium pogonanthum Franch. et Sav. var. yakumontanum T. Yamaz.;屋久岛拉拉藤■☆

170565 Galium poiretianum Ball = Rubia laevis Poir. ■☆

170566 Galium pojarkovae Pobed.;波亚拉拉藤■☆

170567 Galium polyacanthum (Baker) Puff;多刺拉拉藤■☆

170568 Galium prattii Cufod.;康定拉拉藤;Kangding Bedstraw ■

170569 Galium productum Lowe;伸展拉拉藤■☆

170570 Galium pseudoasprellum Makino;山猪殃殃;Montane Bedstraw ■

170571 Galium pseudoasprellum Makino var. bingoense Murata et Ezuka;备后拉拉藤■☆

170572 Galium pseudoasprellum Makino var. densiflorum Cufod.;密花山猪殃殃(密花拉拉藤,密花猪殃殃);Denseflower Bedstraw ■

170573 Galium pseudoasprellum Turcz. var. davuricum ? = Galium davuricum Turcz. ex Ledeb. ■

170574 Galium pseudoasprellum Turcz. var. manshuricum (Kitag.) Hara;东北猪殃殃(东北拉拉藤);Northeastern Bedstraw ■

170575 Galium pseudoasprellum Turcz. var. tokyoense (Makino) Cufod.;东京拉拉藤(钝叶拉拉藤)■

170576 Galium pseudoellipticum Lingelsh. et Borza = Galium elegans Wall. ex Roxb. var. nephrostigmaticum (Diels) W. C. Chen ■

170577 Galium pseudohirtiflorum H. Li;毛叶葎;Hairyleaf Bedstraw ■

170578 Galium pseudohirtiflorum H. Li = Galium asperifolium Wall. ex Roxb. ■

170579 Galium pumilum Murray;瘦小拉拉藤;Slender Bedstraw ■☆

170580 Galium pumilum Murray subsp. atlanticum (Ball) Maire = Galium atlanticum Ball ■☆

170581 Galium pumilum Murray var. laxissimum Maire = Galium atlanticum Ball ■☆

170582 Galium pumilum Murray var. mesatlanticum Maire = Galium atlanticum Ball ■☆

170583 Galium pusillosetosum H. Hara;细毛拉拉藤;Thinhair Bedstraw ■

170584 Galium quinatum H. Lév.;五叶拉拉藤;Fiveleaf Bedstraw ■

170585 Galium reboudiana (Pomel) Coss. et Durieu = Jaubertia reboudiana (Coss. et Durieu) Ehrend. et Schönb.-Tem. ☆

170586 Galium recurvum DC.;反折拉拉藤■☆

170587 Galium remotiflorum H. Lév. et Vaniot = Galium bungei Steud. ■

170588 Galium rivale (Sibth. et Sm.) Griseb.;中亚车轴草(卷车叶草,中亚猪殃殃);Centrol Asia Bedstraw ■

170589 Galium rotundifolium L.;圆叶猪殃殃■☆

170590 Galium rotundifolium L. = Galium elegans Wall. ex Roxb. ■

170591 Galium rotundifolium L. subsp. ovalifolium (Schott) Rouy = Galium scabrum L. ■☆

170592 Galium rotundifolium L. var. hirsutum Sond. = Galium thunbergianum Eckl. et Zeyh. var. hirsutum (Sond.) Verdc. ■☆

170593 Galium rotundifolium L. var. lanceolatum (Torr.) Kuntze = Galium lanceolatum Torr. ■☆

170594 Galium rotundifolium L. var. macrotrichum Maire = Galium scabrum L. ■☆

170595 Galium rotundifolium L. var. normale Kuntze = Galium thunbergianum Eckl. et Zeyh. ■☆

170596 Galium rourkei Puff;鲁尔克拉拉藤■☆

170597 Galium rubioides L.;茜草猪殃殃;European Bedstraw ■☆

170598 Galium rubioides L. = Galium boreale L. var. rubioides (L.) Celak. ■

170599 Galium rubioides L. var. angustifolium Freyn = Galium boreale L. var. angustifolium (Freyn) Cufod. ■

170600 Galium rupicola Pomel = Galium ephedroides Willk. ■☆

170601 Galium ruprechtii Pobed.;鲁氏拉拉藤■☆

170602 Galium ruprechtii Pobed. = Galium trifidum L. ■

170603 Galium ruthenicum Willd.;俄罗斯猪殃殃;Russia Bedstraw ■☆

170604 Galium ruthenicum Willd. = Galium verum L. var. lacteum Maxim. ex Makino ■

170605 Galium ruwenzoriense (Cortesi) Chiov.;鲁文佐里拉拉藤■☆
170606 Galium saccharatum All. = Galium verrucosum Huds. ■☆
170607 Galium saccharatum All. var. pleianthum Murb. = Galium rotundifolium L. ■☆
170608 Galium salwinense Hand.-Mazz.;怒江拉拉藤;Nujiang Bedstraw ■
170609 Galium saturejifolium Trevir.;百里香猪殃殃■☆
170610 Galium saurense Litv.;狭序拉拉藤;Narrowspike Bedstraw ■
170611 Galium saxatile L.;岩生猪殃殃(哈兹山猪殃殃);Follan-fing, Heath Bedstraw ■☆
170612 Galium scabrelloides Puff;拟略粗糙拉拉藤■☆
170613 Galium scabrellum K. Schum.;略粗糙拉拉藤■☆
170614 Galium scabrum L.;粗糙拉拉藤■☆
170615 Galium schischkinii Pobed.;希施拉拉藤■☆
170616 Galium schultesii Vest.;舒氏猪殃殃(肖氏猪殃殃);Schultes' Bedstraw ■☆
170617 Galium scioanum Chiov.;赛欧拉拉藤■☆
170618 Galium scioanum Chiov. var. glabrum Brenan = Galium scioanum Chiov. ■☆
170619 Galium scioanum Chiov. var. latum (De Wild.) Verdc. = Galium scioanum Chiov. ■☆
170620 Galium septentrionale Roem. et Schult. = Galium boreale L. ■
170621 Galium serotinum Munby = Galium verum L. ■
170622 Galium serpylloides Royle ex Hook. f.;隆子拉拉藤■
170623 Galium serratohamatum S. Moore = Galium ruwenzoriense (Cortesi) Chiov. ■☆
170624 Galium setaceum Lam.;刚毛拉拉藤■☆
170625 Galium setaceum Lam. var. urvillei (Req. ex DC.) Nyman = Galium setaceum Lam. ■☆
170626 Galium sevanense Pobed.;塞凡猪殃殃■☆
170627 Galium shikokianum Nakai;三裂猪殃殃(三裂车叶草)■☆
170628 Galium sidamense Chiov. = Galium scioanum Chiov. ■☆
170629 Galium sigeyosii Masam. = Galium morii Hayata ■
170630 Galium sikkimense Gand. = Galium asperifolium Wall. ex Roxb. var. sikkimense (Gand.) Cufod. ■
170631 Galium silvalicum L.;森林猪殃殃;Wood Bedstraw ■☆
170632 Galium simense Fresen.;锡米拉拉藤■☆
170633 Galium sinaicum (Decne.) Boiss.;西奈拉拉藤■☆
170634 Galium smithii Cufod.;无梗拉拉藤;Smith Bedstraw ■
170635 Galium songaricum Schrenk;准噶尔拉拉藤(露珠草);Dzungar Bedstraw ■
170636 Galium spurium L. = Galium aparine L. ■
170637 Galium spurium L. = Galium aparine L. var. leiospermum (Wallr.) Cufod. ■
170638 Galium spurium L. f. strigosum (Thunb.) Kitag. = Galium spurium L. var. echinospermon (Wallr.) Hayek ■
170639 Galium spurium L. f. vaillantii (DC.) R. J. Moore = Galium spurium L. ■
170640 Galium spurium L. var. echinospermon (Wallr.) Hayek = Galium aparine L. var. echinospermum (Wallr.) Farw. ■
170641 Galium spurium L. var. echinospermum (Wallr.) Hayek = Galium aparine L. ■
170642 Galium spurium L. var. tenerum Gren. et Godr. = Galium aparine L. var. tenerum (Gren. et Godr.) Rchb. ■
170643 Galium spurium L. var. vaillantii (DC.) Beck = Galium aparine L. ■
170644 Galium spurium L. var. vaillantii (DC.) Gren. et Godr. = Galium aparine L. ■
170645 Galium stellatum Kellogg;沙漠猪殃殃;Desert Bedstraw ■☆
170646 Galium stenophyllum Baker;窄叶猪殃殃■☆
170647 Galium stenophyllum Baker var. flavoviride Utzschn. et Merxm. = Galium bussei K. Schum. et K. Krause ■☆
170648 Galium sterneri Ehrend.;斯氏拉拉藤;Limestone Bedstraw ■☆
170649 Galium strictum Torr. = Galium boreale L. ■
170650 Galium subuliferum Sommier et H. Lév.;钻拉拉藤■☆
170651 Galium subvillosum Sond.;长柔毛拉拉藤■☆
170652 Galium subvillosum Sond. var. subglabrum Puff;光滑长柔毛拉拉藤■☆
170653 Galium sungpanense Cufod.;松潘拉拉藤;Songpan Bedstraw ■
170654 Galium sylvaticum L.;森林拉拉藤;Baby's-breath, Scotch-mist ■☆
170655 Galium sylvestre Pollich subsp. atlanticum Ball = Galium atlanticum Ball ■☆
170656 Galium sylvestre Pollich var. atlanticum (Ball) Ball = Galium atlanticum Ball ■☆
170657 Galium syreitschikowii Lipsch.;色氏猪殃殃;Syreitschikow Bedstraw ■☆
170658 Galium taiwanense Masam.;台湾猪殃殃;Taiwan Bedstraw ■
170659 Galium takasagomontana Masam.;山地拉拉藤■
170660 Galium tanganyikense Ehrend. et Verdc.;坦噶尼喀猪殃殃■☆
170661 Galium tarokoense Hayata;太鲁阁猪殃殃;Taroko Bedstraw ■
170662 Galium tenuissimum M. Bieb.;细小拉拉藤(细猪殃殃);Thin Bedstraw ■
170663 Galium thunbergianum Eckl. et Zeyh.;通贝里拉拉藤■☆
170664 Galium thunbergianum Eckl. et Zeyh. = Galium natalense Rouy ■☆
170665 Galium thunbergianum Eckl. et Zeyh. var. hirsutum (Sond.) Verdc.;粗毛通贝里拉拉藤■☆
170666 Galium thunbergii (DC.) Druce = Rubia thunbergii DC. ■☆
170667 Galium tianschanicum Popov;天山拉拉藤;Tianshan Bedstraw ■
170668 Galium tinctorium L.;南部拉拉藤;Southern Three-lobed Bedstraw, Stiff Bedstraw, Wild Madder ■☆
170669 Galium tinctorium L. subsp. floridanum (Wiegand) Puff = Galium tinctorium L. ■☆
170670 Galium tinctorium L. var. diversifolium W. Wight = Galium tinctorium L. ■☆
170671 Galium tinctorium L. var. floridanum (Wiegand) Puff = Galium tinctorium L. ■☆
170672 Galium tinctorium L. var. floridanum Wiegand = Galium tinctorium L. ■☆
170673 Galium tinctorium L. var. labradoricum Wiegand = Galium labradoricum (Wiegand) Wiegand ■☆
170674 Galium tokyoense Makino = Galium davuricum Turcz. ex Ledeb. var. tokyoense (Makino) Cufod. ■
170675 Galium tokyornse Makino = Galium pseudoasprellum Turcz. var. tokyoense (Makino) Cufod. ■
170676 Galium tomentosum Thunb.;绒毛拉拉藤■☆
170677 Galium torreyi Bigelow = Galium lanceolatum Torr. ■☆
170678 Galium trachyanthum Boiss. et Hohen.;宽花四叶葎■
170679 Galium trachyspermum A. Gray = Galium asperuloides Edgew. subsp. hoffmeisteri (Klotzsch) H. Hara ■
170680 Galium trachyspermum A. Gray = Galium bungei Steud. var. trachyspermum (A. Gray) Cufod. ■

170681 Galium trachyspermum A. Gray f. hispidum (Matsuda) Ohwi = Galium bungei Steud. var. hispidum (Matsuda) Cufod. ■
170682 Galium trachyspermum A. Gray var. gracilens A. Gray = Galium bungei Steud. ■
170683 Galium trachyspermum A. Gray var. gracilens A. Gray = Galium gracilens (A. Gray) Makino ■
170684 Galium trachyspermum A. Gray var. hispidum (Matsuda) Kitag. = Galium bungei Steud. var. hispidum (Matsuda) Cufod. ■
170685 Galium trachyspermum A. Gray var. hispidum (Matsuda) Kitag. = Galium trachyspermum A. Gray f. hispidum (Matsuda) Ohwi ■
170686 Galium trachyspermum A. Gray var. miltiorrhizum (Hance) T. Yamaz.;红根拉拉藤■
170687 Galium trachyspermum A. Gray var. nudicarpum Honda = Galium trachyspermum A. Gray var. miltiorrhizum (Hance) T. Yamaz. ■
170688 Galium trachyspermum A. Gray var. setuliflorum A. Gray = Galium bungei Steud. var. setuliflorum (A. Gray) Cufod. ■
170689 Galium trachyspermum A. Gray var. setuliflorum A. Gray = Galium pogonanthum Franch. et Sav. ■
170690 Galium transcaucasicum Stapf;外高加索拉拉藤■☆
170691 Galium trichopetalum Nakai = Galium pogonanthum Franch. et Sav. var. trichopetalum (Nakai) H. Hara ■☆
170692 Galium trichophorum Kar. et Kir.;毛梗拉拉藤■☆
170693 Galium trichophyllum All.;毛叶拉拉藤■☆
170694 Galium tricorne Stokes;麦仁珠(糙果拉拉藤,锯拉草,锯子草,三棱猪殃殃,弯梗拉拉藤);Corn Bedstraw, Corn Cleavers, Rough Corn Bedstraw, Roughfruit Corn Bedstraw, Rough-fruited Corn Bedstraw, Rough-fruited Corn-bedstraw, Small Goose Grass, Threehorned Bedstraw ■
170695 Galium tricornutum Dandy = Galium tricorne Stocks ■
170696 Galium trifidum L.;小叶猪殃殃(三瓣猪殃殃,细叶四叶葎,细叶猪殃殃,小红参,小叶四叶葎);Northern Three-lobed Bedstraw, Small Bedstraw, Smallleaf Bedstraw, Trifid Bedstraw ■
170697 Galium trifidum L. subsp. columbianum (Rydb.) Hultén;哥伦比亚拉拉藤■☆
170698 Galium trifidum L. subsp. tinctorium (L.) Hara = Galium tinctorium L. ■☆
170699 Galium trifidum L. var. brevipedunculatum Regel = Galium baicalense Pobed. ■☆
170700 Galium trifidum L. var. brevipedunculatum Regel = Galium trifidum L. subsp. columbianum (Rydb.) Hultén ■☆
170701 Galium trifidum L. var. latifolium Torr. = Galium obtusum Bigelow ■☆
170702 Galium trifidum L. var. modestum (Diels) Cufod.;小猪殃殃(东川拉拉藤);Modest Smallleaf Bedstraw ■
170703 Galium trifidum L. var. pacificum Wiegand = Galium trifidum L. subsp. columbianum (Rydb.) Hultén ■☆
170704 Galium trifidum L. var. tinctorium (L.) Torr. et A. Gray = Galium tinctorium L. ■☆
170705 Galium trifloriforme Kom.;日本猪殃殃■☆
170706 Galium trifloriforme Kom. = Galium asperuloides Edgew. subsp. hoffmeisteri (Klotzsch) H. Hara ■
170707 Galium trifloriforme Kom. var. nipponicum Nakai;本州猪殃殃■☆
170708 Galium triflorum Michx.;三花拉拉藤(三花猪殃殃);Fragrant Bedstraw, Lady's Bouquet, Sweet Bedstraw, Sweet-scented Bedstraw, Threeflower Bedstraw ■
170709 Galium triflorum Michx. var. asprelliforme Fernald = Galium triflorum Michx. ■
170710 Galium triflorum Michx. var. hoffmeisteri (Klotzsch.) Hook. f. = Galium asperuloides Edgew. subsp. hoffmeisteri (Klotzsch) H. Hara ■
170711 Galium triflorum Michx. var. viridiflorum DC. = Galium triflorum Michx. ■
170712 Galium trinioides Pomel;特林芹拉拉藤■☆
170713 Galium tunetanum Lam.;图内特拉拉藤■☆
170714 Galium tunetanum Lam. var. hirtum Batt. = Galium tunetanum Lam. ■☆
170715 Galium tunetanum Lam. var. lanigerum Batt. = Galium tunetanum Lam. ■☆
170716 Galium turkestanicum Pobed.;中亚拉拉藤;Centrol Asia Bedstraw ■
170717 Galium uliginosum L.;沼猪殃殃(泥潭猪殃殃,沼拉拉藤);Fen Bedstraw, Marshy Bedstraw, Swamp Bedstraw ■
170718 Galium uliginosum L. = Galium davuricum Turcz. ex Ledeb. var. tokyoense (Makino) Cufod. ■
170719 Galium uliginosum L. = Galium tokyoense Makino ■
170720 Galium uncinatum Licht. ex Bartlett et H. L. Wendl. = Galium undulatum Puff ■☆
170721 Galium undulatum Puff;波状猪殃殃■☆
170722 Galium uniflorum Quézel;单花猪殃殃■☆
170723 Galium urvillei Req. ex DC. = Galium setaceum Lam. ■☆
170724 Galium ussuriense Pobed.;乌苏里拉拉藤■☆
170725 Galium ussuriense Pobed. = Galium boreale L. var. lanceolatum Nakai ■
170726 Galium vailantioides M. Bieb.;瓦朗茜拉拉藤■☆
170727 Galium vaillantii DC.;威兰氏猪殃殃;Vaillant Bedstraw ■☆
170728 Galium vaillantii DC. = Galium aparine L. ■
170729 Galium vaillantii DC. = Galium aparine L. var. echinospermum (Wallr.) Cufod. ■
170730 Galium vaillantii DC. = Galium spurium L. var. echinospermon (Wallr.) Hayek ■
170731 Galium valantia Weber = Galium verrucosum Huds. ■☆
170732 Galium valantia Weber subsp. pleianthum Murb. = Galium verrucosum Huds. ■☆
170733 Galium vartani Grossh.;瓦氏拉拉藤■☆
170734 Galium vassilczenkoi Pobed.;瓦西里拉拉藤■☆
170735 Galium venosum H. Lév. = Galium bungei Steud. var. trachyspermum (A. Gray) Cufod. ■
170736 Galium venosum H. Lév. = Galium trachyspermum A. Gray ■
170737 Galium vernum Scop.;春猪殃殃;Spring Bedstraw, Yellow Bedstraw ■☆
170738 Galium verrucosum Huds.;多疣拉拉藤;Warty Bedstraw ■☆
170739 Galium verrucosum Huds. subsp. pleianthum (Murb.) Dobignard;多花疣猪殃殃■☆
170740 Galium verrucosum Sm. = Galium verrucosum Huds. ■☆
170741 Galium verticillatum Danthoine = Galium verticillatum Danthoine ex Lam. ■☆
170742 Galium verticillatum Danthoine ex Lam.;轮生猪殃殃;Verticillate Bedstraw ■☆
170743 Galium verum L.;蓬子菜(白茜草,疔毒草,黄米花,黄牛尾,鸡肠草,老鼠针,疗毒草,疗毒蒿,刘芙绒草,刘蒿绒,柳夫绒蒿,柳芙绒蒿,柳绒蒿,蓬子草,蛇望草,松叶草,铁尺草,土黄连,土茜草,小阡草,月经草,重台草);Bed-flower, Broom, Cheese

Rennet, Cheese-rennet, Cheese-running, Creeping Jenny, Fleaweed, Gallion, Goose Grass, Joint-grass, Keeslip, Lady's Bed, Lady's Bedstraw, Lady's Golden Bedstraw, Lady's Tresses, Lus-y-volley, Maiden's Hair, Maid's Hair, Our Lady's Bedstraw, Petty Mugget, Robin-run-the-hedge, Strawbed, Wild Rosemary, Yellow Bedstraw, Yellow Spring Bedstraw ■

170744 Galium verum L. subsp. asiaticum (Nakai) T. Yamaz. = Galium verum L. var. asiaticum Nakai ■

170745 Galium verum L. subsp. asiaticum (Nakai) T. Yamaz. var. asiaticum Nakai f. lacteum (Maxim.) Nakai = Galium verum L. var. asiaticum Nakai f. lacteum (Maxim.) Nakai ■

170746 Galium verum L. subsp. asiaticum (Nakai) T. Yamaz. var. trachycarpum DC. f. shinanense Hiyama;信浓蓬子菜■☆

170747 Galium verum L. subsp. asiaticum (Nakai) T. Yamaz. var. trachycarpum DC. f. album Nakai;朝鲜蓬子菜■☆

170748 Galium verum L. subsp. asiaticum (Nakai) T. Yamaz. var. trachycarpum DC. = Galium verum L. var. trachycarpum DC. ■

170749 Galium verum L. subsp. asiaticum (Nakai) T. Yamaz. var. trachycarpum DC. f. tomentosum Nakai = Galium verum L. var. tomentosum (Nakai) Nakai ■

170750 Galium verum L. subsp. asiaticum (Nakai) T. Yamaz. var. trachycarpum DC. = Galium verum L. var. trachyphyllum Wallr. ■

170751 Galium verum L. var. asiaticum Nakai;长叶蓬子菜(疔毒草,黄米花,鸡肠草,刘芙蓉草,刘蒿绒,蓬子菜,亚洲蓬子菜);Longleaf Yellow Bedstraw ■

170752 Galium verum L. var. asiaticum Nakai = Galium verum L. subsp. asiaticum (Nakai) T. Yamaz. ■

170753 Galium verum L. var. asiaticum Nakai f. lacteum (Maxim.) Nakai = Galium verum L. var. lacteum Maxim. ex Makino ■

170754 Galium verum L. var. asiaticum Nakai f. lacteum (Maxim.) Nakai = Galium verum L. var. nikkoense Nakai ■

170755 Galium verum L. var. asiaticum Nakai f. luteolum Makino = Galium verum L. subsp. asiaticum (Nakai) T. Yamaz. ■

170756 Galium verum L. var. asiaticum Nakai f. nikkoense (Nakai) Ohwi = Galium verum L. var. lacteum Maxim. ex Makino ■

170757 Galium verum L. var. lacteum Maxim. ex Makino;白花蓬子菜;Whiteflower Yellow Bedstraw ■

170758 Galium verum L. var. lasiocarpum ? = Galium verum L. var. trachycarpum DC. ■

170759 Galium verum L. var. leiocarpum Ledeb. = Galium verum L. ■

170760 Galium verum L. var. leiophyllum Wallr.;淡黄蓬子菜;Smoothfruit Yellow Bedstraw ■

170761 Galium verum L. var. nikkoense Nakai;日光蓬子菜;Niko Bedstraw ■

170762 Galium verum L. var. ruthenicum (Willd.) Nakai f. tomentosum Nakai = Galium verum L. var. tomentosum (Nakai) Nakai ■

170763 Galium verum L. var. tomentosum (Nakai) Nakai;毛蓬子菜(绒毛蓬子菜);Tomentose Bedstraw ■

170764 Galium verum L. var. trachycarpum DC.;毛果蓬子菜;Hairyfruit Bedstraw ■

170765 Galium verum L. var. trachyphyllum Wallr.;粗糙蓬子菜(糙叶蓬子菜,毛拉拉蔓);Roughleaf Yellow Bedstraw ■

170766 Galium verum L. var. wirtgenii ?;赖氏拉拉藤;Wirtgen's Bedstraw ■☆

170767 Galium virgatum Nutt.;西南蓬子菜;Dwarf Bedstraw, Southwestern Bedstraw ■☆

170768 Galium viridiflorum Boiss. et Reut.;绿花蓬子菜■☆

170769 Galium viscosum Vahl;黏拉拉藤■☆

170770 Galium viscosum Vahl subsp. bovei (Boiss. et Reut.) Maire;博韦拉拉藤■☆

170771 Galium viscosum Vahl var. flavovirens Maire = Galium viscosum Vahl ■☆

170772 Galium viscosum Vahl var. gibraltaricum (Schott) Maire = Galium viscosum Vahl ■☆

170773 Galium viscosum Vahl var. glomeratum (Desf.) Font Quer = Galium viscosum Vahl ■☆

170774 Galium viscosum Vahl var. hesperium (Maire) Maire = Galium viscosum Vahl ■☆

170775 Galium wittbergense Sond. = Galium capense Thunb. var. wittbergense (Sond.) Puff ■☆

170776 Galium wutaicum Hurus. = Galium aparine L. var. tenerum (Gren. et Godr.) Rchb. ■

170777 Galium xinjiangense W. C. Chen;新疆拉拉藤;Xinjiang Bedstraw ■

170778 Galium yakusimense Masam. = Galium kamtschaticum Steller ex Roem. et Schult. var. minus Sugim. ■☆

170779 Galium yunnanense H. Hara et C. Y. Wu;滇拉拉藤;Yunnan Bedstraw ■

170780 Galiziola Raf. = Ardisia Sw.(保留属名)●■

170781 Gallapagoa Pritz. = Coldenia L. ■

170782 Gallapagoa Pritz. = Galapagoa Hook. f. ■

170783 Gallardoa Hicken(1916);阿根廷金虎尾属☆

170784 Gallaria Schrank ex Endl. = Medinilla Gaudich. ex DC. ●

170785 Gallasia Mart. ex DC. = Miconia Ruiz et Pav.(保留属名)●☆

170786 Gallesia Casar.(1843);蒜味珊瑚树属(蒜味珊瑚属)●☆

170787 Gallesia gorazema Moq.;蒜味珊瑚●☆

170788 Gallesia integrifolia (Spreng.) Harms;全缘叶巴秘商陆●☆

170789 Gallesioa Kuntze = Gallesia Casar. ●☆

170790 Gallesioa M. Roem. = Clausena Burm. f. ●

170791 Galliaria Bubani = Albersia Kunth ■

170792 Galliaria Bubani = Amaranthus L. ■

170793 Galliastrum Fabr. = Mollugo L. ■

170794 Gallienia Dubard et Dop(1925);马岛加利茜属☆

170795 Gallienia sclerophylla Dubard et Dop;马岛加利茜☆

170796 Gallinsoga J. St.-Hil. = Galinsoga Ruiz et Pav. ■●

170797 Gallion Pohl = Galium L. ■●

170798 Gallitrichum Fourr. = Salvia L. ●■

170799 Gallium Mill. = Galium L. ■●

170800 Galloa Hassk. = Cocculus DC.(保留属名)●

170801 Galoglychia Gasp. = Ficus L. ●

170802 Galophthalmum Nees et Mart. = Blainvillea Cass. ■●

170803 Galopina Thunb.(1781);加洛茜属●☆

170804 Galopina aspera (Eckl. et Zeyh.) Walp.;粗糙加洛茜●☆

170805 Galopina circaeoides Thunb.;露珠加洛茜●☆

170806 Galopina circaeoides Thunb. var. glabra Kuntze = Galopina circaeoides Thunb. ●☆

170807 Galopina circaeoides Thunb. var. pubescens Kuntze = Galopina circaeoides Thunb. ●☆

170808 Galopina crocyllioides Bär;南非加洛茜●☆

170809 Galopina hirsuta E. Mey. = Galopina tomentosa Hochst. ●☆

170810 Galopina oxyspermum Steud. = Galopina aspera (Eckl. et Zeyh.) Walp. ●☆

170811 Galopina tomentosa Hochst.;绒毛加洛茜●☆

170812 Galordia Raeusch. = Gaillardia Foug. ■

170813 Galorhoeus Endl. = Euphorbia L. ●■
170814 Galorhoeus Endl. = Galarhoeus Haw. ●■
170815 Galphimia Cav. = Thryallis Mart. (保留属名)●
170816 Galphimia glauca Cav. = Thryallis gracilis Kuntze ●
170817 Galphimia gracilis Bartl. = Thryallis gracilis Kuntze ●
170818 Galphinia Poir. = Galphimia Cav. ●
170819 Galphinia Poir. = Thryallis Mart. (保留属名)●
170820 Galpinia N. E. Br. (1894);盖尔平木属(卡尔平木属)●☆
170821 Galpinia parviflora H. M. L. Forbes;小花盖尔平木(小花卡尔平木)●☆
170822 Galpinia transvaalica N. E. Br.;德兰士瓦盖尔平木(德兰士瓦卡尔平木);Transvaal Privet ●☆
170823 Galpinsia Britton = Calylophus Spach ■☆
170824 Galpinsia Britton = Oenothera L. ●■
170825 Galstronema Steud. = Cyrtanthus Aiton(保留属名)■☆
170826 Galstronema Steud. = Gastronema Herb. ■☆
170827 Galtonia Decne. (1880);夏风信子属(夏水仙属);Galtonia, Summer Hyacinth, Summer-hyacinth ■☆
170828 Galtonia candicans (Baker) Decne.;夏风信子(夏水仙);Berg Lily, Cape Hyacinth, Giant Summer-hyacinth, Spire Lily, Summer Hyacinth, Summer-hyacinth ■☆
170829 Galtonia candicans Decne. = Galtonia candicans (Baker) Decne. ■☆
170830 Galtonia clavata Mast. = Pseudogaltonia clavata (Mast.) E. Phillips ■☆
170831 Galtonia princeps (Baker) Decne. = Ledebouria floribunda (Baker) Jessop ■☆
170832 Galtonia regalis Hilliard et B. L. Burtt;王夏风信子■☆
170833 Galtonia viridiflora I. Verd.;绿花夏风信子■☆
170834 Galumpita Blume = Gironniera Gaudich. ●
170835 Galumpita cuspidata (Blume) Blume = Aphananthe cuspidata (Blume) Planch. ●
170836 Galumpita lucida Kurz = Aphananthe cuspidata (Blume) Planch. ●
170837 Galumpita nitida Benth. = Aphananthe cuspidata (Blume) Planch. ●
170838 Galumpita reticulata Thwaites = Aphananthe cuspidata (Blume) Planch. ●
170839 Galumpita yunnanensis Hu = Aphananthe cuspidata (Blume) Planch. ●
170840 Galurus Spreng. = Acalypha L. ●■
170841 Galvania Vand. = Psychotria L. (保留属名)●
170842 Galvania Vell. ex Vand. = Psychotria L. (保留属名)●
170843 Galvesia J. F. Gruel = Galvezia Dombey ex Juss. ●☆
170844 Galvesia Pers. = Galvezia Ruiz et Pav. ●☆
170845 Galvesia Pers. = Pitavia Molina ■☆
170846 Galvezia Dombey ex Juss. (1789);卡尔维西木属●☆
170847 Galvezia Ruiz et Pav. = Galvezia Dombey ex Juss. ●☆
170848 Galvezia Ruiz et Pav. = Pitavia Molina ■☆
170849 Galvezia juncea (Benth.) Ball = Maurandya juncea Benth. ■☆
170850 Galvezia juncea A. Gray;卡尔维西木;Baja Bush Snapdragon ●☆
170851 Galvezia juncea A. Gray = Maurandya juncea Benth. ■☆
170852 Galvezia speciosa A. Gray;美丽卡尔维西木;Island Snapdragon ●☆
170853 Galypola Nieuwl. = Polygala L. ●■
170854 Galypola incarnata (L.) Nieuwl. = Polygala incarnata L. ■☆
170855 Gama La Llave(1885);墨西哥狭菊属☆
170856 Gamanthera van der Werff(1991);联药樟属●☆
170857 Gamanthera herrerae van der Werff;联药樟●☆
170858 Gamanthus Bunge = Halanthium K. Koch ■☆
170859 Gamanthus Bunge(1862);合苞藜属(合苞蓬属,合花草属,合花藜属)■☆
170860 Gamanthus ferganicus Iljin;费尔干合苞藜(费尔干合花草)■☆
170861 Gamanthus gamocarpus (Moq.) Bunge;合苞藜■☆
170862 Gamanthus kelifii Korovin;凯里夫合苞藜(凯里夫合花草)■☆
170863 Gamanthus pilosus (Pall.) Bunge;毛合苞藜(毛合花草)■☆
170864 Gamaria Raf. = Disa P. J. Bergius ■☆
170865 Gamatopea Bremek. = Psychotria L. (保留属名)●
170866 Gamazygis Pritz. = Angianthus J. C. Wendl. (保留属名)■●☆
170867 Gamazygis Pritz. = Gamozygis Turcz. ■●☆
170868 Gambelia Nutt. (1848);甘比婆婆纳属●☆
170869 Gambelia Nutt. = Antirrhinum L. ●■
170870 Gambelia speciosa Nutt.;甘比婆婆纳●☆
170871 Gambeya Pierre = Chrysophyllum L. ●
170872 Gambeya Pierre(1891);肖金叶树属(甘比山榄属)●☆
170873 Gambeya africana (A. DC.) Pierre = Chrysophyllum africanum A. DC. ●☆
170874 Gambeya africana (A. DC.) Pierre var. aubrevillei Pellegr. = Chrysophyllum africanum A. DC. ●☆
170875 Gambeya africana (A. DC.) Pierre var. oblongifolia Lecomte ex Pellegr.;矩圆叶肖金叶树●☆
170876 Gambeya africana Pierre = Chrysophyllum africanum A. DC. ●☆
170877 Gambeya albida (G. Don) Aubrév. et Pellegr. = Chrysophyllum albidum G. Don ●☆
170878 Gambeya azaguieana (J. Miège) Aubrév. et Pellegr. = Chrysophyllum azaguieanum J. Miège ●☆
170879 Gambeya beguei (Aubrév. et Pellegr.) Aubrév. et Pellegr. = Chrysophyllum beguei Aubrév. et Pellegr. ●☆
170880 Gambeya boiviniana Pierre = Chrysophyllum boivinianum (Pierre) Baehni ●☆
170881 Gambeya boiviniana Pierre var. lavanchiana Aubrév. = Chrysophyllum boivinianum (Pierre) Baehni ●☆
170882 Gambeya boukokoensis Aubrév. et Pellegr. = Chrysophyllum boukokoense (Aubrév. et Pellegr.) L. Gaut. ●☆
170883 Gambeya gigantea (A. Chev.) Aubrév. et Pellegr. = Chrysophyllum giganteum A. Chev. ●☆
170884 Gambeya kali Aubrév. et Pellegr. = Chrysophyllum africanum A. DC. ●☆
170885 Gambeya lacourtiana (De Wild.) Aubrév. et Pellegr.;乳白甘比山榄●☆
170886 Gambeya lacourtiana (De Wild.) Aubrév. et Pellegr. = Chrysophyllum lacourtianum De Wild. ●☆
170887 Gambeya lungii (De Wild.) Aubrév. et Pellegr. = Chrysophyllum lungii De Wild. ●☆
170888 Gambeya madagascariensis Lecomte;马岛甘比山榄●☆
170889 Gambeya madagascariensis Lecomte = Chrysophyllum boivinianum (Pierre) Baehni ●☆
170890 Gambeya mammosa (Gaertn.) Pierre = Chrysophyllum albidum G. Don ●☆
170891 Gambeya perpulchra (Mildbr. ex Hutch. et Dalziel) Aubrév. et Pellegr. = Chrysophyllum perpulchrum Mildbr. ex Hutch. et Dalziel ●☆

170892 Gambeya prunifolia (Baker) Aubrév. et Pellegr. = Chrysophyllum prunifolium Baker ●☆
170893 Gambeya speciosa ?;美丽甘比山榄;Island Bush Snapdragon ●☆
170894 Gambeya subnuda (Baker) Pierre = Chrysophyllum subnudum Baker ●☆
170895 Gambeya taiensis (Aubrév. et Pellegr.) Aubrév. et Pellegr. = Chrysophyllum taiense Aubrév. et Pellegr. ●☆
170896 Gambeyobotrys Aubrév. = Chrysophyllum L. ●
170897 Gambeyobotrys gigantea (A. Chev.) Aubrév. = Chrysophyllum giganteum A. Chev. ●☆
170898 Gamblea C. B. Clarke(1879);萸叶五加属(吴萸叶五加属)●
170899 Gamblea ciliata C. B. Clarke;萸叶五加●
170900 Gamblea ciliata C. B. Clarke var. evodiifolia (Franch.) C. B. Shang et al. = Evodiopanax evodiifolius (Franch.) Nakai ●
170901 Gamblea ciliata C. B. Clarke var. evodiifolia (Franch.) C. B. Shang et al. = Acanthopanax evodiifolius Franch. ●
170902 Gamblea innovans (Siebold et Zucc.) C. B. Shang, Lowry et Frodin; 吴萸叶五加●☆
170903 Gamblea longipes Merr. = Aralia kingdon-wardii J. Wen, Lowry et Esser ●
170904 Gamblea longipes Merr. = Pentapanax longipes (Merr.) C. B. Shang et C. F. Ji ●
170905 Gamblea malayana (M. R. Hend.) C. B. Shang, Lowry et Frodin = Acanthopanax malayanus M. R. Hend. ●
170906 Gamblea pseudoevodiifolia (K. M. Feng) C. B. Shang, Lowry et Frodin;大果萸叶五加●
170907 Gamblea pseudoevodiifolia (K. M. Feng) C. B. Shang, Lowry et Frodin = Acanthopanax malayanus M. R. Hend. ●
170908 Gamblum Raf. = Draba L. ■
170909 Gamblum Raf. = Gansblum Adans.(废弃属名)■
170910 Gamelythrum Nees = Amphipogon R. Br. ■☆
170911 Gamelytrum Steud. = Amphipogon R. Br. ■☆
170912 Gamelytrum Steud. = Gamelythrum Nees ■☆
170913 Gamocarpha DC. (1836);合壳花属■☆
170914 Gamocarpha alpina (Poepp. ex Less.) H. V. Hansen;高山合壳花■☆
170915 Gamocarpha angustifolia Phil.;窄叶合壳花■☆
170916 Gamocarpha polycephala Phil.;多头合壳花■☆
170917 Gamochaeta Wedd. (1856);合毛菊属(棕苞紫绒草属)■☆
170918 Gamochaeta Wedd. = Gnaphalium L. ■
170919 Gamochaeta antillana (Urb.) Anderb.;精巧合毛菊; Delicate Everlasting ■☆
170920 Gamochaeta argyrinea G. L. Nesom;银色合毛菊;Silvery Cudweed ■☆
170921 Gamochaeta calviceps (Fernald) Cabrera = Gnaphalium calviceps Fernald ■
170922 Gamochaeta chionesthes G. L. Nesom;白合毛菊;White-cloaked Cudweed ■☆
170923 Gamochaeta coarctata (Willd.) Kerguélen;里白合毛菊(里白鼠麴草,密集鼠麴草);Elegant Cudweed, Gray Everlasting ■
170924 Gamochaeta coarctata (Willd.) Kerguélen = Gnaphalium coarctatum Willd. ■
170925 Gamochaeta pensylvanica (Willd.) Cabrera = Gnaphalium pensylvanicum Willd. ■
170926 Gamochaeta purpurea (L.) Cabrera;紫色合毛菊;Early Cudweed, Purple Cudweed, Spoon-leaf Cudweed ■☆
170927 Gamochaeta purpurea (L.) Cabrera = Gnaphalium purpureum L. ■
170928 Gamochaeta rosacea (I. M. Johnst.) Anderb. = Gamochaeta purpurea (L.) Cabrera ■☆
170929 Gamochaeta rosacea (I. M. Johnst.) Anderb. = Gnaphalium purpureum L. ■
170930 Gamochaeta simplicicaulis (Willd. ex Spreng.) Cabrera;单茎合毛菊;Simple-stem Cudweed, Simple-stem Everlasting ■☆
170931 Gamochaeta sphacelata (Kunth) Cabrera;鹰冠合毛菊;Owl's Crown ■☆
170932 Gamochaeta spicata (Klatt) Cabrera = Gnaphalium coarctatum Willd. ■
170933 Gamochaeta spicata (Lam.) Cabrera = Gamochaeta coarctata (Willd.) Kerguélen ■
170934 Gamochaeta spicata (Lam.) Cabrera = Gnaphalium coarctatum Willd. ■
170935 Gamochaeta spicata Cabrera = Gnaphalium coarctatum Willd. ■
170936 Gamochaeta spiciformis (Sch. Bip.) Cabrera;矛合毛菊■☆
170937 Gamochaeta stachydifolia (Lam.) Cabrera;穗叶合毛菊■☆
170938 Gamochaeta stagnalis (I. M. Johnst.) Anderb.;沙漠合毛菊;Desert Cudweed ■☆
170939 Gamochaeta subfalcata (Cabrera) Cabrera;亚镰形合毛菊■☆
170940 Gamochaeta subfalcata (Cabrera) Cabrera = Gamochaeta antillana (Urb.) Anderb. ■☆
170941 Gamochaeta ustulata (Nutt.) Holub;泡状合毛菊;Featherweed, Pacific Cudweed ■☆
170942 Gamochaetopsis Anderb. et S. E. Freire(1991);棕绒草属■☆
170943 Gamochaetopsis alpina (Poepp. et Endl.) Anderb. et S. E. Freire;棕绒草■☆
170944 Gamochilum Walp. = Argyrolobium Eckl. et Zeyh.(保留属名)●☆
170945 Gamochilum obcordatum (E. Mey.) Walp. = Argyrolobium trifoliatum (Thunb.) Druce ●☆
170946 Gamochilum sericeum (E. Mey.) Walp. = Argyrolobium trifoliatum (Thunb.) Druce ●☆
170947 Gamochilum umbellatum Walp. = Argyrolobium umbellatum (Walp.) Steud. ●☆
170948 Gamochilus T. Lestib. = Hedychium J. König ■
170949 Gamochlamys Baker = Spathantheum Schott ■☆
170950 Gamogyne N. E. Br. = Piptospatha N. E. Br. ■☆
170951 Gamolepis Less. = Steirodiscus Less. ■☆
170952 Gamolepis brachypoda DC. = Euryops brachypodus (DC.) B. Nord. ●☆
170953 Gamolepis brachypoda DC. var. integrifolia Harv. = Euryops brachypodus (DC.) B. Nord. ●☆
170954 Gamolepis brachypoda DC. var. tridens Harv. = Euryops brachypodus (DC.) B. Nord. ●☆
170955 Gamolepis caudata Klatt ex Burtt Davy et R. Pott = Euryops transvaalensis Klatt subsp. setilobus (N. E. Br.) B. Nord. ●☆
170956 Gamolepis chrysanthemoides DC. = Euryops chrysanthemoides (DC.) B. Nord. ●☆
170957 Gamolepis debilis Harv. = Euryops laxus (Harv.) Burtt Davy ●☆
170958 Gamolepis ericoides (L. f.) Less. = Euryops ericoides (L. f.) B. Nord. ●☆
170959 Gamolepis ericoides (L. f.) Less. var. adpressifolius (DC.) Harv. = Euryops ericifolius (Bél.) B. Nord. ■☆
170960 Gamolepis euryopoides DC. = Euryops euryopoides (DC.) B. Nord. ●☆
170961 Gamolepis hebecarpa DC. = Euryops hebecarpus (DC.) B. Nord. ●☆

170962 Gamolepis intermedia Bolus = Euryops bolusii B. Nord. ●☆
170963 Gamolepis laxa Harv. = Euryops laxus (Harv.) Burtt Davy ●☆
170964 Gamolepis leiocarpa (DC.) Harv. = Euryops leiocarpus (DC.) B. Nord. ■☆
170965 Gamolepis munita (L. f.) Less. = Euryops munitus (L. f.) B. Nord. ●☆
170966 Gamolepis pectinata Less. = Euryops pinnatipartitus (DC.) B. Nord. ●☆
170967 Gamolepis pectinata Less. var. natalensis Sch. Bip. = Euryops laxus (Harv.) Burtt Davy ●☆
170968 Gamolepis pinnatipartita (DC.) Harv. = Euryops pinnatipartitus (DC.) B. Nord. ●☆
170969 Gamolepis polytrichoides Harv. = Euryops polytrichoides (Harv.) B. Nord. ●☆
170970 Gamolepis speciosa Pillans = Steirodiscus speciosus (Pillans) B. Nord. ■☆
170971 Gamolepis tagetes (L.) DC. = Steirodiscus tagetes (L.) Schltr. ■☆
170972 Gamolepis trifurcata Less. = Euryops anthemoides B. Nord. ●☆
170973 Gamoplexis Falc. = Gastrodia R. Br. ■
170974 Gamoplexis Falc. ex Lindl. = Gastrodia R. Br. ■
170975 Gamoplexis orobanchoides Falc. = Gastrodia orobanchoides (Falc.) Benth. ■☆
170976 Gamopoda Baker = Rhaptonema Miers ●☆
170977 Gamopoda densiflora Baker = Rhaptonema densiflora (Baker) Diels ●☆
170978 Gamosepalum Hausskn. = Alyssum L. ■●
170979 Gamosepalum Schltr. = Aulosepalum Garay ■☆
170980 Gamotopea Bremek. (1934);合头茜属●☆
170981 Gamotopea alba (Aubl.) Bremek.;白合头茜●☆
170982 Gamotopea oblonga (DC.) Lemée;矩圆合头茜●☆
170983 Gamotopea purpurea (Aubl.) Bremek.;紫合头茜●☆
170984 Gamozygis Turcz. = Angianthus J. C. Wendl. (保留属名)■●☆
170985 Gampsoceras Steven = Ranunculus L. ■
170986 Gamwellia Baker f. = Gleditsia L. ●
170987 Gamwellia flava Baker f. = Pearsonia flava (Baker f.) Polhill ●☆
170988 Gamwellia flava Baker f. subsp. mitwabaensis Timp. = Pearsonia flava (Baker f.) Polhill subsp. mitwabaensis (Timp.) Polhill ●☆
170989 Gandasulium Kuntze = Hedychium J. König ■
170990 Gandasulium Rumph. = Hedychium J. König ■
170991 Gandasulium Rumph. ex Kuntze = Hedychium J. König ■
170992 Gandola L. = Basella L. ■
170993 Gandola Moq. = Ullucus Caldas ■☆
170994 Gandola Rumph. ex L. = Basella L. ■
170995 Gandriloa Steud. = Chenopodium L. ■●
170996 Gandriloa Steudel = Lipandra Moq. ■●
170997 Gangila Bernh. = Sesamum L. ■●
170998 Gangueebina Vell. = Manettia Mutis ex L. (保留属名)●■☆
170999 Ganguelia Robbr. (1996);戈斯茜草属■☆
171000 Ganguelia gossweileri (S. Moore) Robbr.;戈斯茜草■☆
171001 Ganitrum Raf. = Ganitrus Gaertn. ●
171002 Ganitrus Gaertn. = Elaeocarpus L. ●
171003 Ganitrus sphaericus Gaertn. = Elaeocarpus ganitrus Roxb. et G. Don ●
171004 Ganitrus sphaericus Gaertn. = Elaeocarpus sphaericus (Gaertn.) K. Schum. ●
171005 Ganja Rchb. = Corchorus L. ■●
171006 Ganlelbua Bremek. = Hemigraphis Nees ■
171007 Ganophyllum Blume (1850);甘欧属●☆
171008 Ganophyllum africanum Mildbr. = Ganophyllum giganteum (A. Chev.) Hauman ●☆
171009 Ganophyllum giganteum (A. Chev.) Hauman;高大甘欧●☆
171010 Ganophyllum obliquum Merr.;奥布浑甘欧●☆
171011 Ganosma Decne. = Aganosma (Blume) G. Don ●
171012 Gansblum Adans. (废弃属名) = Erophila DC. (保留属名)■☆
171013 Gantelbua Bremek. = Hemigraphis Nees ■
171014 Ganua Pierre ex Dubard = Madhuca Buch. -Ham. ex J. F. Gmel. ●
171015 Ganymedes Salisb. = Narcissus L. ■
171016 Gaoligongshania D. Z. Li, J. R. Xue et N. H. Xia (1995);贡山竹属;Gaoligongshania ●★
171017 Gaoligongshania megathyrsa (Hand. -Mazz.) D. Z. Li, J. R. Xue et N. H. Xia;贡山竹;Gaoligongshania ●
171018 Garacium Gren. et Godr. = Lactuca L. ■
171019 Garadiolus Post et Kuntze = Garhadiolus Jaub. et Spach ■
171020 Garaleum Sch. Bip. = Garuleum Cass. ■●☆
171021 Garapatica H. Karst. = Alibertia A. Rich. ex DC. ●☆
171022 Garaventia Looser = Steinmannia F. Phil. ■☆
171023 Garaventia Looser = Tristagma Poepp. ■☆
171024 Garaventia Looser (1945);禾叶葱属■☆
171025 Garaventia graminifolia (Phil.) Looser;禾叶葱■☆
171026 Garaya Szlach. (1993);加拉伊兰属■☆
171027 Garaya atroviridis (Barb. Rodr.) Szlach.;加拉伊兰■☆
171028 Garayanthus Szlach. (1995);加拉伊花属■☆
171029 Garayanthus fuscomaculatus (Hayata) Szlach. = Cleisostoma paniculatum (Ker Gawl.) Garay ■
171030 Garayanthus paniculatus (Ker Gawl.) Szlach. = Cleisostoma paniculatum (Ker Gawl.) Garay ■
171031 Garayella Brieger = Chamelophyton Garay ■☆
171032 Garayella Brieger = Pleurothallis R. Br. ■☆
171033 Garberia A. Gray (1880);粉香菊属●☆
171034 Garberia fruticosa (Nutt.) A. Gray;粉香菊●☆
171035 Garberia fruticosa (Nutt.) A. Gray = Garberia heterophylla (W. Bartram) Merr. et F. Harper ●☆
171036 Garberia heterophylla (W. Bartram) Merr. et F. Harper;异叶粉香菊■☆
171037 Garcia Rohr (1792);加西亚木属(加西戟属,夏西木属)●☆
171038 Garcia nutans Rohr;夏西木(加西戟)●☆
171039 Garcia parviflora Lundell;小花夏西木●☆
171040 Garciana Lour. = Philydrum Banks ex Gaertn. ■
171041 Garcibarrigoa Cuatrec. (1986);显脉千里光属■☆
171042 Garcibarrigoa telerabina (Cuatrec.) Cuatrec.;显脉千里光■☆
171043 Garcilassa Poepp. (1843);秘鲁菊属■☆
171044 Garcilassa Poepp. et Endl. = Garcilassa Poepp. ■☆
171045 Garcilassa rivularis Poepp.;秘鲁菊■☆
171046 Garcinia L. (1753);山竹子属(福木属,藤黄属);Gambirplant, Gamboge, Garcinia ●
171047 Garcinia acuminata A. Chev. = Garcinia ovalifolia Oliv. ●☆
171048 Garcinia acutifolia N. Robson;锐叶藤黄●☆
171049 Garcinia afzelii Engl.;阿芙泽尔藤黄●☆
171050 Garcinia akawensis Spirlet = Garcinia kola Heckel ●☆
171051 Garcinia albersii Engl. = Garcinia volkensii Engl. ●☆
171052 Garcinia albo-rosea Pierre = Garcinia smeathmannii (Planch. et Triana) Oliv. ●☆
171053 Garcinia angolensis Vesque = Garcinia livingstonei T. Anderson ●☆

171054 Garcinia anomala Planch. et Triana；非常藤黄；Irregular Garcinia ●☆
171055 Garcinia antidysenterica A. Chev. = Garcinia afzelii Engl. ●☆
171056 Garcinia arbuscula Engl.；小乔木山竹子●☆
171057 Garcinia atroviridis Griff.；墨绿藤黄●☆
171058 Garcinia autraniana Pierre = Garcinia kola Heckel ●☆
171059 Garcinia baikeana Vesque = Garcinia livingstonei T. Anderson ●☆
171060 Garcinia baikeana Vesque var. togoensis Engl. = Garcinia livingstonei T. Anderson ●☆
171061 Garcinia balala De Wild. = Garcinia epunctata Stapf ●☆
171062 Garcinia banbulyi Hook. f.；班布里藤黄；Banbury Garcinia ●☆
171063 Garcinia bengweolensis R. E. Fr. = Garcinia volkensii Engl. ●☆
171064 Garcinia beniensis Engl. = Garcinia smeathmannii（Planch. et Triana）Oliv. ●☆
171065 Garcinia bequaertii De Wild. = Garcinia epunctata Stapf ●☆
171066 Garcinia bergheana Spirlet = Garcinia kola Heckel ●☆
171067 Garcinia bifasciculata N. Robson；二束藤黄●☆
171068 Garcinia bonii Pit.；邦藤黄；Bon Banbury Garcinia ●☆
171069 Garcinia bracteata C. Y. Wu ex Y. H. Li；大苞藤黄；Bigbract Garcinia，Bracteate Garcinia ●
171070 Garcinia brevipedicellata（Baker f.）Hutch. et Dalziel；短梗山竹子●☆
171071 Garcinia brieyi De Wild. = Garcinia epunctata Stapf ●☆
171072 Garcinia buchananii Baker；布坎南山竹子●☆
171073 Garcinia buchneri Engl.；布赫纳山竹子●☆
171074 Garcinia bullata Staner = Garcinia volkensii Engl. ●☆
171075 Garcinia buxifolia Chiov. = Buxus hildebrandtii Baill. ●☆
171076 Garcinia cambogia Desr.；柬埔寨藤黄（橙色藤黄）；Cambogia Garcinia，Goraka ●☆
171077 Garcinia capuronii Z. S. Rogers et P. Sweeney；凯普伦藤黄●☆
171078 Garcinia cereoflava Engl. = Garcinia epunctata Stapf ●☆
171079 Garcinia chevalieri Engl. ex R. E. Fr. = Garcinia smeathmannii（Planch. et Triana）Oliv. ●☆
171080 Garcinia chevalieriana Hochr. = Garcinia smeathmannii（Planch. et Triana）Oliv. ●☆
171081 Garcinia chromocarpa Engl.；色果藤黄●☆
171082 Garcinia claessensii De Wild. = Garcinia ovalifolia Oliv. ●☆
171083 Garcinia collina Vieill. ex Pancher et Sebert；丘陵藤黄●☆
171084 Garcinia conrauana Engl.；康氏藤黄●☆
171085 Garcinia cowa Roxb. = Garcinia cowa Roxb. ex DC. ●
171086 Garcinia cowa Roxb. ex DC.；云树（倒接果，黄心果，黄牙果，黄芽果，酸果，歪脖子果，云南山竹子）；Cloud Garcinia，Yun Garcinia，Yunnan Garcinia ●
171087 Garcinia curvinervis Vesque = Garcinia ovalifolia Oliv. ●☆
171088 Garcinia dandi De Wild. = Garcinia punctata Oliv. ●☆
171089 Garcinia dinklagei Engl. = Garcinia kola Heckel ●☆
171090 Garcinia dioica Blume；异株藤黄●☆
171091 Garcinia dives Pierre；满山藤黄；Abundent Garcinia ●☆
171092 Garcinia dulcis（Roxb.）Kurz；甜藤黄；Gourka，Mundu，Rata ●☆
171093 Garcinia echirensis Pellegr. = Garcinia chromocarpa Engl. ●☆
171094 Garcinia edeensis Engl. = Garcinia ovalifolia Oliv. ●☆
171095 Garcinia edulis Exell = Garcinia buchneri Engl. ●☆
171096 Garcinia elliotii Engl.；埃利藤黄●☆
171097 Garcinia epunctata Stapf；无斑藤黄●☆
171098 Garcinia erythrosepala Y. H. Li；红萼藤黄；Redcalyx Garcinia，Red-calyxed Garcinia，Redsepaled Garcinia ●
171099 Garcinia erythrosepala Y. H. Li = Garcinia rubrisepala Y. H. Li ●
171100 Garcinia esculenta Y. H. Li；山木瓜；Edible Garcinia，Mountane Garcinia ●
171101 Garcinia eugeniifolia Wall.；香叶山竹子；Edible Garcinia ●☆
171102 Garcinia ferrandii Chiov. = Garcinia livingstonei T. Anderson ●☆
171103 Garcinia ferrea Pierre；费雷藤黄●☆
171104 Garcinia forbesii King；福氏藤黄；Forbes Garcinia ●☆
171105 Garcinia gerrardii Harv. ex Sim；杰勒德藤黄●☆
171106 Garcinia giadidi De Wild. = Garcinia kola Heckel ●☆
171107 Garcinia gilletii De Wild. = Garcinia huillensis Welw. ex Oliv. ●☆
171108 Garcinia gnetoides Hutch. et Dalziel；买麻藤状藤黄●☆
171109 Garcinia golaensis Hutch. et Dalziel = Mammea africana Sabine ●☆
171110 Garcinia gossweileri Engl. = Garcinia huillensis Welw. ex Oliv. ●☆
171111 Garcinia granulata Hutch. et Dalziel；颗粒藤黄●☆
171112 Garcinia hainanensis Merr. = Garcinia multiflora Champ. ex Benth. ●
171113 Garcinia hanburyi Hook. f.；藤黄（海藤，印支藤黄，玉黄，月黄）；Hanbury Garcinia ●
171114 Garcinia henriquesii Engl. = Garcinia huillensis Welw. ex Oliv. ●☆
171115 Garcinia hombroniana Pierre；山凤果（宏布藤黄）；Moutainous Garcinia ●
171116 Garcinia huillensis Welw. ex Oliv.；威尔藤黄●☆
171117 Garcinia indica（Thouars）Choisy = Garcinia morella Desr. ●☆
171118 Garcinia indica Choisy = Garcinia morella Desr. ●☆
171119 Garcinia indica DC.；印度藤黄；Goa Butter，Kokam，Kokum，Kokum Butter ●☆
171120 Garcinia kingaensis Engl.；金加藤黄●☆
171121 Garcinia kola Heckel；非洲藤黄（科拉藤黄）；Bitter Kola，False Kola，Male Kola，Orogbo Kola ●☆
171122 Garcinia kuluensis Spirlet = Garcinia epunctata Stapf ●☆
171123 Garcinia kwangsiensis Merr. ex F. N. Wei；广西藤黄（广西山竹子，春杧果）；Guangxi Garcinia，Kwangxi Garcinia ●◇
171124 Garcinia lanceifolia Roxb.；剑叶藤黄●☆
171125 Garcinia lancilimba C. Y. Wu ex Y. H. Li；长裂藤黄；Lobed Garcinia，Longlobe Garcinia ●
171126 Garcinia laurifolia Hutch. et Dalziel；月桂叶藤黄●☆
171127 Garcinia letestui Pellegr.；莱泰斯图藤黄●☆
171128 Garcinia linii C. E. Chang；兰屿福木（林氏福木）；Lanyu Garcinia，Lin Garcinia，Lin Wei-Fang Garcinia ●
171129 Garcinia livingstonei T. Anderson；李氏山竹子（非洲莽吉柿）；African Mangosteen，Imbe，Livingston Garcinia ●☆
171130 Garcinia livingstonei T. Anderson var. pallidinervia Engl. = Garcinia livingstonei T. Anderson ●☆
171131 Garcinia longeacuminata Engl. = Garcinia punctata Oliv. ●☆
171132 Garcinia lowryi Z. S. Rogers et P. Sweeney；劳里藤黄●☆
171133 Garcinia lualabensis Engl. = Garcinia smeathmannii（Planch. et Triana）Oliv. ●☆
171134 Garcinia lucida Vesque；亮叶藤黄●☆
171135 Garcinia lujae De Wild.；卢亚藤黄●☆
171136 Garcinia mangostana L.；倒稔子（都念子，凤果，罗汉果，莽吉柿，山竹子）；Dodol，Mangis，Mangostan，Mangosteen，Mangosteen

Garcinia ●

171137 Garcinia mannii Oliv.;曼氏藤黄●☆

171138 Garcinia mannii Oliv. var. brevipedicellata Baker f. = Garcinia brevipedicellata (Baker f.) Hutch. et Dalziel ●☆

171139 Garcinia mbulwe Engl. = Garcinia smeathmannii (Planch. et Triana) Oliv. ●☆

171140 Garcinia mestoni F. M. Bailey;澳洲藤黄;Australian Native Mangosteen ●☆

171141 Garcinia michelsonii Spirlet = Garcinia volkensii Engl. ●☆

171142 Garcinia mimfiensis Engl. = Garcinia epunctata Stapf ●☆

171143 Garcinia mlanjiensis Dunkley = Garcinia kingaensis Engl. ●☆

171144 Garcinia morella Desr.;桑藤黄树(海藤,藤黄,印度藤黄);Gamboge Tree,Gambosa Tree ●☆

171145 Garcinia multiflora Champ. ex Benth.;多花山竹子(白树仔,不碌果,大肚脐,大核果,福木,恒春福木,花皮果,木熟果,木竹果,木竹子,山橘子,山枇杷,山竹子,酸白果,酸木果,酸桐子,竹节果);Many Flower Garcinia, Manyflower Garcinia, Manyflowered Garcinia,Multiflorous Garcinia ●

171146 Garcinia ndongensis Engl. = Garcinia kola Heckel ●☆

171147 Garcinia neolivingstonei Spirlet = Garcinia smeathmannii (Planch. et Triana) Oliv. ●☆

171148 Garcinia ngouniensis Pellegr. = Garcinia preussii Engl. ●☆

171149 Garcinia nigrolineata Planch. ex T. Anderson;黑藤黄;Black Gamboge ●☆

171150 Garcinia nitidula Engl. = Garcinia kola Heckel ●☆

171151 Garcinia nobilis Engl. = Garcinia lucida Vesque ●☆

171152 Garcinia nujiangensis C. Y. Wu et Y. H. Li;怒江藤黄;Nujiang Garcinia ●

171153 Garcinia nyangensis Pellegr. = Garcinia epunctata Stapf ●☆

171154 Garcinia obanensis Baker f. = Garcinia mannii Oliv. ●☆

171155 Garcinia oblongifolia Champ. ex Benth.;岭南山竹子(赤过,冬竹子,海南山竹子,黄牙果,黄牙橘,黄芽果,黄芽树,金赏,鸠酸山竹子,岭南倒稔子,龙蒙果,罗蒙树,麦芽子,蒙龙果,木竹果,木竹子,染牙果,山林琴,山竹子,酸桐木,严芽橘,粘牙仔,竹节果,竹橘);Oblongleaf Garcinia,Oblong-leaved Garcinia ●

171156 Garcinia obscura Spirlet = Garcinia epunctata Stapf ●☆

171157 Garcinia oligantha Merr.;单花山竹子(山竹子,早花山竹子);Uniflower Garcinia,Uniflowered Garcinia ●

171158 Garcinia ovalifolia Oliv.;椭圆叶藤黄●☆

171159 Garcinia pachyclada N. Robson;粗枝藤黄●☆

171160 Garcinia pallidinervia Engl. = Garcinia livingstonei T. Anderson ●☆

171161 Garcinia parva Spirlet = Garcinia chromocarpa Engl. ●☆

171162 Garcinia parvifolia (Miq.) Miq.;小叶藤黄●☆

171163 Garcinia paucinervis Chun et F. C. How;金丝李(类卢敦,碎棉);Fewnerve Garcinia,Paucinerved Garcinia ●

171164 Garcinia pedunculata Roxb. et G. Don;大果藤黄;Bigfruit Garcinia,Pedunculate Garcinia ●◇

171165 Garcinia pedunculata Roxb. ex Buch.-Ham. = Garcinia pedunculata Roxb. et G. Don ●◇

171166 Garcinia pendula Engl. = Garcinia livingstonei T. Anderson ●☆

171167 Garcinia pictoria (Roxb.) D'Arcy;颜料藤黄;Pigmentary Garcinia ●☆

171168 Garcinia pictoria (Roxb.) Engl. = Garcinia xanthochymus Hook. f. ex T. Anderson ●

171169 Garcinia pierreana De Wild. = Garcinia smeathmannii (Planch. et Triana) Oliv. ●☆

171170 Garcinia polyantha Oliv. = Garcinia smeathmannii (Planch. et Triana) Oliv. ●☆

171171 Garcinia preussii Engl.;普罗伊斯藤黄●☆

171172 Garcinia punctata Oliv.;斑藤黄●☆

171173 Garcinia purpurea Boerl. = Garcinia indica Choisy ●☆

171174 Garcinia purpurea Roxb. = Garcinia indica Choisy ●☆

171175 Garcinia purpurea Wall. = Garcinia lanceifolia Roxb. ●☆

171176 Garcinia pynaertii De Wild. = Garcinia ovalifolia Oliv. ●☆

171177 Garcinia pyrifera Ridl.;梨状藤黄●☆

171178 Garcinia qinzhouensis Y. X. Liang et Z. M. Wu;钦州藤黄;Qinzhou Garcinia ●

171179 Garcinia quadrangula Engl. = Garcinia ovalifolia Oliv. ●☆

171180 Garcinia quadrifaria Baill.;四列藤黄●☆

171181 Garcinia robsoniana Bamps;罗布森藤黄●☆

171182 Garcinia roxburghii Wight = Garcinia cowa Roxb. ●

171183 Garcinia rubra Merr.;红藤黄●☆

171184 Garcinia rubriflora Engl. = Garcinia mannii Oliv. ●☆

171185 Garcinia rubrisepala Y. H. Li = Garcinia erythrosepala Y. H. Li ●

171186 Garcinia sapinii De Wild. = Garcinia buchneri Engl. ●☆

171187 Garcinia schefferi Pierre;越南藤黄(广西长叶山竹子);Scheffer Garcinia,Vietnam Garcinia ●

171188 Garcinia schomburgkiana Pierre;斯科特藤黄●☆

171189 Garcinia sciura Spirlet = Acokanthera oppositifolia (Lam.) Codd ●

171190 Garcinia semseii Verdc.;塞姆藤黄●☆

171191 Garcinia seretii De Wild. = Garcinia smeathmannii (Planch. et Triana) Oliv. ●☆

171192 Garcinia seretii De Wild. var. intermedia ? = Garcinia smeathmannii (Planch. et Triana) Oliv. ●☆

171193 Garcinia smeathmannii (Planch. et Triana) Oliv.;斯米藤黄●☆

171194 Garcinia smeathmannii (Planch. et Triana) Oliv. var. exigua Spirlet = Garcinia smeathmannii (Planch. et Triana) Oliv. ●☆

171195 Garcinia smeathmannii (Planch. et Triana) Oliv. var. orientalis Spirlet = Garcinia smeathmannii (Planch. et Triana) Oliv. ●☆

171196 Garcinia sordido-lutea De Wild. = Garcinia epunctata Stapf ●☆

171197 Garcinia spicata Hook. f.;穗花山竹子(福木,福树);Common Garcinia,Spicate Garcinia ●

171198 Garcinia staudtii Engl.;施陶藤黄●☆

171199 Garcinia stipulata T. Anderson;托叶藤黄;Stipulate Garcinia ●☆

171200 Garcinia stolzii Engl. = Garcinia smeathmannii (Planch. et Triana) Oliv. ●☆

171201 Garcinia subelliptica Merr.;菲岛福木(福木,福树,近椭圆藤黄,椭圆山竹子);Elliptic Garcinia,Philippine Garcinia ●

171202 Garcinia subelliptica Merr. = Garcinia linii C. E. Chang ●

171203 Garcinia subfalcata Y. H. Li et F. N. Wei;尖叶藤黄;Sharpleaf Garcinia,Subfalcate-leaved Garcinia ●

171204 Garcinia succifolia Kurz;肉叶藤黄;Succulentleaf Garcinia ●☆

171205 Garcinia tanzaniensis Verdc.;坦桑尼亚藤黄●☆

171206 Garcinia tenuipes Engl. = Garcinia smeathmannii (Planch. et Triana) Oliv. ●☆

171207 Garcinia tetralata C. Y. Wu ex Y. H. Li;双籽藤黄(黄皮果);Twinseeded Garcinia,Two-seed Garcinia ●

171208 Garcinia tibatensis Engl. = Garcinia ovalifolia Oliv. ●☆

171209 Garcinia tinctoria (DC.) Dunn = Garcinia xanthochymus Hook. f. ex T. Anderson ●

171210 Garcinia tinctoria (DC.) W. Wight = Garcinia xanthochymus Hook. f. ex T. Anderson ●

171211 Garcinia tinctoria W. Wight = Garcinia xanthochymus Hook. f. ex T. Anderson ●

171212 Garcinia transvaalensis Burtt Davy = Garcinia gerrardii Harv. ex Sim ●☆

171213 Garcinia ubangensis Engl. = Garcinia ovalifolia Oliv. ●☆

171214 Garcinia usambarensis Engl. = Garcinia volkensii Engl. ●☆

171215 Garcinia venulosa Choisy;孟加拉藤黄;Bengal Gamboge ●☆

171216 Garcinia viridiflava Engl. = Garcinia smeathmannii (Planch. et Triana) Oliv. ●☆

171217 Garcinia volkensii Engl.;福氏山竹子;Volkens Garcinia ●☆

171218 Garcinia wallichii Choisy = Garcinia cowa Roxb. ●

171219 Garcinia wentzeliana Engl. = Salacia pyriformis (Sabine) Steud. ●☆

171220 Garcinia xanthochymus Hook. f. = Garcinia xanthochymus Hook. f. ex T. Anderson ●

171221 Garcinia xanthochymus Hook. f. ex T. Anderson;大叶藤黄(大叶山竹子,蛋树,鸡蛋树,胶树,岭南倒稔子,人面果,歪脖子果,歪歪果,香港倒稔子);Bigleaf Garcinia, Cochin Goraka, Dyers Garcinia, Egg Tree, Gamboge, Yellow Mangosteen, Yellowjuice Garcinia, Yellow-juice Garcinia ●

171222 Garcinia xishuanbannaensis Y. H. Li;版纳藤黄;Xishuangbanna Garcinia ●◇

171223 Garcinia yunnanensis Hu;云南藤黄(小姑娘果);Yunnan Garcinia ●

171224 Garcinia yunnanensis Hu = Garcinia cowa Roxb. ●

171225 Garcinia zenkeri Engl. = Garcinia quadrifaria Baill. ●☆

171226 Garciniaceae Bartl. = Clusiaceae Lindl.(保留科名)●■

171227 Garciniaceae Bartl. = Guttiferae Juss.(保留科名)●■

171228 Garciniaceae Burnett = Clusiaceae Lindl.(保留科名)●■

171229 Garciniaceae Burnett = Guttiferae Juss.(保留科名)●■

171230 Gardena Adans. = Gardenia Ellis(保留属名)●

171231 Gardenia Colden = Triadenum Raf. ●

171232 Gardenia Colden ex Garden = Triadenum Raf. ●

171233 Gardenia Colden(1756)(废弃属名) = Gardenia Ellis(保留属名)●

171234 Gardenia Ellis(1757) = Calycanthus L.(保留属名)●

171235 Gardenia Ellis(1757) = Gardenia Ellis(1761)(保留属名)●

171236 Gardenia Ellis(1760) = Gelsemium Juss. ●

171237 Gardenia Ellis(1760) = Kleinhovia L. ●

171238 Gardenia Ellis(1761)(保留属名);栀子属(黄栀属);Gardenia ●

171239 Gardenia J. Colden ex Garden (1756) = Gardenia Ellis(保留属名)●

171240 Gardenia J. Colden ex Garden (1756) = Triadenum Raf. ●

171241 Gardenia L. = Gardenia Ellis(保留属名)●

171242 Gardenia acuminata G. Don = Massularia acuminata (G. Don) Bullock ex Hoyle ●☆

171243 Gardenia alba J. D. Kenn.;白栀子●☆

171244 Gardenia amoena Sims = Hyperacanthus amoenus (Sims) Bridson ●☆

171245 Gardenia angkorensis Pit.;匙叶栀子;Spoonleaf Gardenia ●

171246 Gardenia angustifolia Lodd.;窄叶栀子(花木,狭叶栀子,野白蝉);Gardenia, Narrow-leaf Gardenia ●

171247 Gardenia annae E. P. Wright = Rothmannia annae (E. P. Wright) Keay ●☆

171248 Gardenia annae E. P. Wright var. moramballae Hiern = Rothmannia fischeri (K. Schum.) Bullock subsp. moramballae (Hiern) Bridson ●☆

171249 Gardenia aqualia Stapf et Hutch.;水生栀子●☆

171250 Gardenia asperula Stapf et Hutch.;小野栀子;Small Wild Gardenia ●☆

171251 Gardenia asperula Stapf et Hutch. = Gardenia ternifolia Schumach. et Thonn. var. goetzei (Stapf et Hutch.) Verdc. ●☆

171252 Gardenia assimilis Afzel. ex Hiern = Gardenia nitida Hook. ●☆

171253 Gardenia augusta (L.) Merr.;栀子(白蟾,白蟾花,大花黄栀花,大花栀子,伏尸卮子,伏尸栀子,黑栀,黑栀子,红枝子,红栀子,黄果树,黄果子,黄鸡子,黄箕子,黄香影子,黄叶下,黄荑子,黄枝,黄枝花,黄栀,黄栀花,黄栀子,建栀,姜栀子,林兰,六栀子,马牙栀,木丹,雀舌花,山黄枝,山黄栀,山枝,山枝子,山栀,山栀花,山栀子,善薄,水横枝,水横栀,水鸡花子,水栀,水栀子,西域詹匐,鲜支,小卮子,小栀子,野桂花,野厚朴,越桃,越桐,支子,卮子,芝子,枝子,栀,栀子花,重瓣黄栀花,猪桃);Cape Gardenia, Cape Jasmine, Cape-jasmine, Common Gardenia, Gardenia ●

171254 Gardenia augusta (L.) Merr. 'August Beauty';八月美栀子●☆

171255 Gardenia augusta (L.) Merr. 'Florida';佛罗里达栀子●☆

171256 Gardenia augusta (L.) Merr. 'Grandiflora';大花黄栀花(大花栀子)●☆

171257 Gardenia augusta (L.) Merr. 'Mystery';神秘栀子●☆

171258 Gardenia augusta (L.) Merr. 'Radicans';气根栀子;Creeping Gardenia ●☆

171259 Gardenia augusta (L.) Merr. 'Veitchii';维奇栀子;Everblooming Gardenia ●☆

171260 Gardenia augusta (L.) Merr. = Gardenia jasminoides J. Ellis ●

171261 Gardenia augusta (L.) Merr. var. fortuniana (Lindl.) C. M. Taylor et T. Chen = Gardenia jasminoides J. Ellis var. fortuniana (Lindl.) H. Hara ●

171262 Gardenia augusta (L.) Merr. var. grandiflora Hort. = Gardenia augusta Merr. 'Grandifolra' ●☆

171263 Gardenia augusta (L.) Merr. var. ovalifolia Hort.;重瓣黄栀花●☆

171264 Gardenia augusta Merr. = Gardenia augusta (L.) Merr. ●

171265 Gardenia bignoniiflora Welw. = Sherbournia bignoniiflora (Welw.) Hua ●☆

171266 Gardenia boninensis (Nakai) Tuyama ex Toyoda;小笠原栀子●☆

171267 Gardenia boonei De Wild. = Gardenia vogelii Hook. f. ex Planch. var. seretii (De Wild.) L. Pauwels ●☆

171268 Gardenia brachythamnus (K. Schum.) Launert;短枝栀子●☆

171269 Gardenia calungensis R. D. Good = Rothmannia liebrechtsiana (De Wild. et T. Durand) Keay ●☆

171270 Gardenia calycina G. Don = Sherbournia calycina (G. Don) Hua ●☆

171271 Gardenia campanula Ridl.;钟形栀子●☆

171272 Gardenia campanulata Roxb.;小钟栀子●☆

171273 Gardenia capensis (Thunb.) Druce = Rothmannia capensis Thunb. ●☆

171274 Gardenia citriodora Hook. = Mitriostigma axillare Hochst. ●☆

171275 Gardenia coccinia G. Don = Mussaenda elegans Schumach. et Thonn. ●☆

171276 Gardenia cornuta Hemsl.;纳塔尔栀子(角状栀子);Natal Gardenia ●☆

171277 Gardenia crassicaulis Salisb. = Gardenia thunbergia Thunb. ●☆

171278 Gardenia crinita Afzel. = Heinsia crinita (Afzel.) G. Taylor ●☆

171279 Gardenia devoniana Lindl. = Euclinia longiflora Salisb. ●☆

171280 Gardenia dumetorum Retz. = Catunaregam spinosa (Thunb.) Tirveng. ●

171281 Gardenia erubescens Stapf et Hutch.;变红栀子●☆

171282 Gardenia erythroclada Kurz = Dioecrescis erythroclada (Kurz) Tirveng. ●☆

171283 Gardenia fernandensis Hiern = Pleiocoryne fernandense (Hiern) Rauschert ●☆

171284 Gardenia florida L. = Gardenia augusta (L.) Merr. ●

171285 Gardenia florida L. = Gardenia jasminoides J. Ellis ●

171286 Gardenia florida L. var. boninensis Nakai = Gardenia boninensis (Nakai) Tuyama ex Toyoda ●☆

171287 Gardenia florida L. var. fortuniana Lindl. = Gardenia augusta (L.) Merr. var. fortuniana (Lindl.) C. M. Taylor et T. Chen ●

171288 Gardenia florida L. var. fortuniana Lindl. = Gardenia jasminoides J. Ellis var. fortuniana (Lindl.) H. Hara ●

171289 Gardenia florida L. var. fortuniana Lindl. = Gardenia jasminoides J. Ellis 'Flore-pleno' ●

171290 Gardenia fragrantissima Hutch. = Gardenia nitida Hook. ●☆

171291 Gardenia genipiflora (DC.) Roberty = Aidia genipiflora (DC.) Dandy ●☆

171292 Gardenia gerrardiana Sond. = Hyperacanthus amoenus (Sims) Bridson ●☆

171293 Gardenia globosa Hochst. = Rothmannia globosa (Hochst.) Keay ●☆

171294 Gardenia godefroyana Kuntze;加涅栀子●☆

171295 Gardenia goetzei Stapf et Hutch. = Gardenia ternifolia Schumach. et Thonn. var. goetzei (Stapf et Hutch.) Verdc. ●☆

171296 Gardenia gossleriana J. Braun et K. Schum. = Adenorandia kalbreyeri (Hiern) Robbr. et Bridson ●☆

171297 Gardenia grandiflora Lour. = Gardenia augusta (L.) Merr. ●

171298 Gardenia grandiflora Lour. = Gardenia jasminoides J. Ellis ●

171299 Gardenia griffithii Hook. f.;格氏栀子●☆

171300 Gardenia gummifera L. f.;胶栀子●

171301 Gardenia hainanensis Merr.;海南栀子(黄机树);Hainan Gardenia ●

171302 Gardenia hygrophila Kurz;喜水栀子●☆

171303 Gardenia imperialis K. Schum.;壮丽栀子●☆

171304 Gardenia imperialis K. Schum. subsp. physophylla (K. Schum.) L. Pauwels;胀叶栀子●☆

171305 Gardenia jardinei F. Muell. ex Benth.;亚尔栀子●☆

171306 Gardenia jasminiflora Zipp. ex Span. = Rothmannia longiflora Salisb. ●☆

171307 Gardenia jasminoides J. Ellis 'Albomarginata';白边栀子●☆

171308 Gardenia jasminoides J. Ellis 'Flore-pleno';黄栀花(黄枝花,重瓣花栀花);Many-petaled Cape-jasmine ●

171309 Gardenia jasminoides J. Ellis 'Kleim's Hardy';克氏栀子;Kleim's Hardy Gardenia ●☆

171310 Gardenia jasminoides J. Ellis 'Maruba';阿鲁巴栀子●

171311 Gardenia jasminoides J. Ellis = Gardenia augusta (L.) Merr. ●

171312 Gardenia jasminoides J. Ellis f. aureo-variegata Nakai;黄斑栀子●☆

171313 Gardenia jasminoides J. Ellis f. globicarpa Sakata;球果栀子●☆

171314 Gardenia jasminoides J. Ellis f. grandiflora Makino = Gardenia jasminoides J. Ellis var. grandiflora Nakai ●

171315 Gardenia jasminoides J. Ellis f. maruba (Sieb. ex Blume) Nakai ex Ishii = Gardenia augusta (L.) Merr. ●

171316 Gardenia jasminoides J. Ellis f. maruba (Siebold ex Blume) Nakai ex Ishii = Gardenia jasminoides J. Ellis ●

171317 Gardenia jasminoides J. Ellis f. maruba (Siebold ex Blume) Nakai = Gardenia jasminoides J. Ellis 'Maruba' ●

171318 Gardenia jasminoides J. Ellis f. oblanceolata (Nakai) Nakai = Gardenia augusta (L.) Merr. ●

171319 Gardenia jasminoides J. Ellis f. oblanceolata (Nakai) Nakai = Gardenia jasminoides J. Ellis ●

171320 Gardenia jasminoides J. Ellis f. ovalifolia (Sims) Hara = Gardenia augusta (L.) Merr. ●

171321 Gardenia jasminoides J. Ellis f. ovalifolia (Sims) Hara = Gardenia jasminoides J. Ellis ●

171322 Gardenia jasminoides J. Ellis f. radicans (Thunb.) Makino = Gardenia radicans Thunb. ●

171323 Gardenia jasminoides J. Ellis f. simpliciflora (Makino) Makino = Gardenia augusta (L.) Merr. ●

171324 Gardenia jasminoides J. Ellis f. simpliciflora (Makino) Makino = Gardenia jasminoides J. Ellis ●

171325 Gardenia jasminoides J. Ellis f. variegata (Carrière) Nakai = Gardenia augusta (L.) Merr. ●

171326 Gardenia jasminoides J. Ellis f. variegata (Carrière) Nakai = Gardenia jasminoides J. Ellis ●

171327 Gardenia jasminoides J. Ellis var. boninensis (Nakai) Nakai = Gardenia jasminoides J. Ellis ●

171328 Gardenia jasminoides J. Ellis var. boninensis (Nakai) Nakai = Gardenia boninensis (Nakai) Tuyama ex Toyoda ●☆

171329 Gardenia jasminoides J. Ellis var. flore-pleno (Thunb.) Y. C. Liu = Gardenia jasminoides J. Ellis 'Flore-pleno' ●

171330 Gardenia jasminoides J. Ellis var. fortuniana (Lindl.) H. Hara;白蟾(白蝉,白蝉花,白玉瓯,大花栀子,大花重瓣栀子花,滇南栀子,栀子花,重瓣栀子,重瓣栀子花);Fortune Cape Jasmine ●

171331 Gardenia jasminoides J. Ellis var. fortuniana (Lindl.) H. Hara = Gardenia jasminoides J. Ellis 'Flore-pleno' ●

171332 Gardenia jasminoides J. Ellis var. fortuniana (Lindl.) H. Hara = Gardenia augusta (L.) Merr. var. fortuniana (Lindl.) C. M. Taylor et T. Chen ●

171333 Gardenia jasminoides J. Ellis var. grandiflora Nakai;大花栀子(付巴栀子,黄箕子,黄枝,黄栀,黄栀子,建栀,马牙栀,水栀,水栀子,卮子,栀子);Bigflower Gardenia,Largeflower Gardenia ●

171334 Gardenia jasminoides J. Ellis var. grandiflora Nakai = Gardenia jasminoides J. Ellis ●

171335 Gardenia jasminoides J. Ellis var. longicarpa Z. W. Xie et Okada;长果栀子●

171336 Gardenia jasminoides J. Ellis var. longisepala (Masam.) F. P. Metcalf = Gardenia jasminoides J. Ellis ●

171337 Gardenia jasminoides J. Ellis var. longisepala (Masam.) F. P. Metcalf = Gardenia augusta (L.) Merr. ●

171338 Gardenia jasminoides J. Ellis var. maruba (Siebold ex Blume) Nakai = Gardenia jasminoides J. Ellis 'Maruba' ●

171339 Gardenia jasminoides J. Ellis var. ovalifolia Nakai;卵叶栀子(黄栀花);Ovateleaf Gardenia ●

171340 Gardenia jasminoides J. Ellis var. radicans (Thunb.) Makino ex H. Hara = Gardenia radicans Thunb. ●

171341 Gardenia jasminoides J. Ellis var. radicans Makino = Gardenia radicans Thunb. ●

171342 Gardenia jasminoides J. Ellis var. simpliciflora Nakai;水栀子●

171343 Gardenia jovis-tonantis Hiern;乔托栀子●☆

171344 Gardenia kalbreyeri Hiern = Adenorandia kalbreyeri (Hiern) Robbr. et Bridson ●☆

171345 Gardenia konguensis Hiern = Didymosalpinx konguensis (Hiern) Keay ●☆

171346 Gardenia lacta ?;艳丽栀子●☆

171347 Gardenia lanciloba S. Moore = Didymosalpinx lanciloba (S. Moore) Keay ●☆

171348 Gardenia lane-poolei Hutch. et Dalziel = Gardenia nitida Hook. ●☆

171349 Gardenia lateriflora K. Schum. = Rothmannia lateriflora (K. Schum.) Keay ●☆

171350 Gardenia latifolia (Sol.) Aiton;宽叶栀子;Ceylon Boxwood, Indian Boxwood, Indian Gardenia ●

171351 Gardenia letestui Pellegr. = Rothmannia liebrechtsiana (De Wild. et T. Durand) Keay ●☆

171352 Gardenia longiflora (Salisb.) W. T. Aiton = Euclinia longiflora Salisb. ●☆

171353 Gardenia longifolia G. Don = Euclinia longiflora Salisb. ●☆

171354 Gardenia longistyla (DC.) Hook. = Macrosphyra longistyla (DC.) Hiern ●☆

171355 Gardenia lucida Roxb.;亮叶栀子●☆

171356 Gardenia macrantha Schult. = Euclinia longiflora Salisb. ●☆

171357 Gardenia madagascariensis Lam. = Hyperacanthus madagascariensis (Lam.) Rakotonas. et A. P. Davis ●☆

171358 Gardenia malleifera Hook. = Rothmannia whitfieldii (Lindl.) Dandy ●☆

171359 Gardenia manganjae Hiern = Rothmannia manganjae (Hiern) Keay ●☆

171360 Gardenia microcarpa Hochst. = Coddia rudis (E. Mey. ex Harv.) Verdc. ●☆

171361 Gardenia mossica A. Chev. = Gardenia sokotensis Hutch. ●☆

171362 Gardenia neuberia Eckl. et Zeyh. = Hyperacanthus amoenus (Sims) Bridson ●☆

171363 Gardenia nigerica A. Chev. = Gardenia ternifolia Schumach. et Thonn. var. goetzei (Stapf et Hutch.) Verdc. ●☆

171364 Gardenia nigrificans Wernham = Rothmannia lateriflora (K. Schum.) Keay ●☆

171365 Gardenia nitida Hook.;光亮栀子●☆

171366 Gardenia norae Swynn. = Didymosalpinx norae (Swynn.) Keay ●☆

171367 Gardenia octomera Hook. = Rothmannia octomera (Hook.) Fagerl. ●☆

171368 Gardenia paleacea A. Rich. = Macrosphyra longistyla (DC.) Hiern ●☆

171369 Gardenia physophylla (K. Schum.) De Wild. = Gardenia imperialis K. Schum. subsp. physophylla (K. Schum.) L. Pauwels ●☆

171370 Gardenia pomodora S. Moore = Macrosphyra brachystylis Hiern ●☆

171371 Gardenia posoquerioides S. Moore;波苏茜栀子●☆

171372 Gardenia pubescens Roth = Deccania pubescens (Roth) Tirveng. ●☆

171373 Gardenia pulchella G. Don = Heinsia crinita (Afzel.) G. Taylor ●☆

171374 Gardenia radicans Thunb.;雀舌花(水栀子,狭叶栀子,小果栀子,小黄栀花);Dwarf-cape-jasmine, Littlefruit Gardenia ●

171375 Gardenia radicans Thunb. = Gardenia augusta (L.) Merr. ●

171376 Gardenia radicans Thunb. = Gardenia jasminoides J. Ellis var. radicans (Thunb.) Makino ex H. Hara ●

171377 Gardenia radicans Thunb. = Gardenia jasminoides J. Ellis ●

171378 Gardenia radicans Thunb. var. variegata Carrière;斑叶雀舌花●☆

171379 Gardenia resiniflua Hiern subsp. septentrionalis Verdc.;北方栀子●☆

171380 Gardenia rigida Wall. = Randia tetrasperma (Roxb.) Benth. et Hook. f. ex Brandis ●☆

171381 Gardenia riparia K. Schum. = Rothmannia urcelliformis (Hiern) Robyns ●☆

171382 Gardenia rothmannia L. f. = Rothmannia capensis Thunb. ●☆

171383 Gardenia rutenbergiana (Baill. ex Vatke) J. -F. Leroy;鲁滕贝格栀子●☆

171384 Gardenia saundersiae N. E. Br. = Gardenia volkensii K. Schum. var. saundersiae (N. E. Br.) Verdc. ●☆

171385 Gardenia scandens Thunb. = Fagerlindia scandens (Thunb.) Tirveng. ●

171386 Gardenia schlechteri H. Lév. = Gardenia augusta (L.) Merr. ●

171387 Gardenia schlechteri H. Lév. = Gardenia jasminoides J. Ellis ●

171388 Gardenia seretii (De Wild.) De Wild. = Gardenia vogelii Hook. f. ex Planch. var. seretii (De Wild.) L. Pauwels ●☆

171389 Gardenia sherbourniae Hook. = Sherbournia calycina (G. Don) Hua ●☆

171390 Gardenia sokotensis Hutch.;索科多栀子●☆

171391 Gardenia somalensis Chiov. = Gardenia volkensii K. Schum. ●☆

171392 Gardenia somalensis Chiov. var. tubicalyx = Gardenia volkensii K. Schum. ●☆

171393 Gardenia sootepensis Hutch.;大黄栀子(麦托罗,云南黄栀,云南黄栀子);Large Gardenia, Largeyellow Gardenia, Soótep Gardenia ●

171394 Gardenia spathicalyx K. Schum. ex Wernham = Rothmannia hispida (K. Schum.) Fagerl. ●☆

171395 Gardenia spatulifolia Stapf et Hutch. = Gardenia volkensii K. Schum. subsp. spatulifolia (Stapf et Hutch.) Verdc. ●☆

171396 Gardenia speciosa A. Rich. = Rothmannia longiflora Salisb. ●☆

171397 Gardenia speciosa Salisb. = Gardenia thunbergia Thunb. ●☆

171398 Gardenia spinosa Thunb. = Catunaregam spinosa (Thunb.) Tirveng. ●

171399 Gardenia squamifera R. D. Good = Euclinia squamifera (R. D. Good) Keay ●☆

171400 Gardenia stanleyana Hook. ex Lindl. = Rothmannia longiflora Salisb. ●☆

171401 Gardenia stenophylla Merr.;狭叶栀子(水黄枝,小叶黄栀子,野白蝉花木);Narrowleaf Gardenia, Stenophyllous Gardenia ●

171402 Gardenia stupinocarpa Chiov. = Gardenia volkensii K. Schum. ●☆

171403 Gardenia subacaulis Stapf et Hutch.;近无茎栀子●☆

171404 Gardenia taitensis DC.;塔希提栀子(南太栀子);Kiele, Tahitian Gardenia, Tiare, Tiare Tahite ●☆

171405 Gardenia tchibangensis Pellegr. = Didymosalpinx lanciloba (S. Moore) Keay ●☆

171406 Gardenia ternifolia Schumach. et Thonn.;三叶栀子●☆

171407 Gardenia ternifolia Schumach. et Thonn. var. goetzei (Stapf et Hutch.) Verdc.;格兹栀子●☆

171408 Gardenia thunbergia L. f.;星栀子(大果栀子,南非栀子);Starry Gardenia,White Gardenia ●☆
171409 Gardenia thunbergia Thunb.;通贝里栀子●☆
171410 Gardenia tigrina Hiern = Rothmannia urcelliformis (Hiern) Robyns ●☆
171411 Gardenia transvenulosa Verdc.;细脉栀子●☆
171412 Gardenia triacantha DC. = Gardenia ternifolia Schumach. et Thonn. var. goetzei (Stapf et Hutch.) Verdc. ●☆
171413 Gardenia triacantha DC. var. parvilimbis F. N. Williams = Gardenia erubescens Stapf et Hutch. ●☆
171414 Gardenia trochainii Sillans = Macrosphyra brachystylis Hiern ●☆
171415 Gardenia tubifera Wall.;块茎栀子●☆
171416 Gardenia tubiflora Andréws = Oxyanthus tubiflorus (Andréws) DC. ■☆
171417 Gardenia turgida Roxb.;胀果栀子(肿胀栀子)●☆
171418 Gardenia urcelliformis Hiern = Rothmannia urcelliformis (Hiern) Robyns ●☆
171419 Gardenia verticillata Lam. = Gardenia thunbergia Thunb. ●☆
171420 Gardenia viscidissima S. Moore = Gardenia imperialis K. Schum. ●☆
171421 Gardenia voacangoides Mildbr. = Brenania brieyi (De Wild.) E. M. Petit ●☆
171422 Gardenia vogelii Hook. f.;沃格尔栀子●☆
171423 Gardenia vogelii Hook. f. ex Planch. var. seretii (De Wild.) L. Pauwels;塞雷栀子●☆
171424 Gardenia volkensii K. Schum.;德兰士瓦栀子;Transvaal Gardenia ●☆
171425 Gardenia volkensii K. Schum. subsp. spatulifolia (Stapf et Hutch.) Verdc.;匙叶德兰士瓦栀子(匙叶栀子);Wild Gardenia ●☆
171426 Gardenia volkensii K. Schum. var. saundersiae (N. E. Br.) Verdc.;桑氏栀子●☆
171427 Gardenia volkensii K. Schum. var. somalensis (Chiov.) Cufod. = Gardenia volkensii K. Schum. ●☆
171428 Gardenia volubilis Lour. = Ichnocarpus frutescens (L.) W. T. Aiton ●
171429 Gardenia whitfieldii Lindl. = Rothmannia whitfieldii (Lindl.) Dandy ●☆
171430 Gardenia zanguebarica Hiern = Oxyanthus zanguebaricus (Hiern) Bridson ●☆
171431 Gardeniaceae Dumort.;栀子科●■
171432 Gardeniaceae Dumort. = Rubiaceae Juss.(保留科名)●■
171433 Gardeniola Cham. = Alibertia A. Rich. ex DC. ●☆
171434 Gardeniopsis Miq.(1868);拟栀子属●☆
171435 Gardeniopsis longifolia Miq.;拟栀子●☆
171436 Gardinia Bertoro = Brodiaea Sm.(保留属名)■☆
171437 Gardnera Wall. = Gardneria Wall. ex Roxb. ●
171438 Gardneria Wall. = Gardneria Wall. ex Roxb. ●
171439 Gardneria Wall. ex Roxb.(1820);蓬莱葛属(蓬莱藤属);Gardneria ●
171440 Gardneria angustifolia Wall.;狭叶蓬莱葛(大种黑骨头,光叶蓬莱葛,黑骨藤,黑老头,线叶蓬莱葛,小血光藤);Angustifoliate Gardenia,Linear-leaved Gardneria,Narrowleaf Gardenia ●
171441 Gardneria chinensis Nakai = Gardneria multiflora Makino ●
171442 Gardneria distincta P. T. Li;离药蓬莱葛;Distinct Gardneria ●
171443 Gardneria distincta P. T. Li = Gardneria angustifolia Wall. ●
171444 Gardneria glabra R. Br. ex D. Don = Gardneria angustifolia Wall. ●
171445 Gardneria glabra Wall. ex D. Don = Gardneria angustifolia Wall. ●
171446 Gardneria hongkongensis Hand. -Mazz. = Gardneria multiflora Makino ●
171447 Gardneria hongkongensis Hayata = Gardneria multiflora Makino ●
171448 Gardneria insularia Nakai = Gardneria angustifolia Wall. ●
171449 Gardneria insularis Nakai;海岛蓬莱葛●☆
171450 Gardneria insularis Nakai = Gardneria nutans Siebold et Zucc. ●
171451 Gardneria lanceolata Rehder et E. H. Wilson;柳叶蓬莱葛(黑斤藤,披针叶蓬莱葛,窄叶血光藤);Lanceolateleaf Gardneria,Lanceolate-leaved Gardneria,Willowleaf Gardneria ●
171452 Gardneria linifolia C. Y. Wu et S. Y. Pao = Gardneria angustifolia Wall. ●
171453 Gardneria linifolia C. Y. Wu et S. Y. Pao = Gardneria nutans Siebold et Zucc. ●
171454 Gardneria liukiuensis Hatus. = Gardneria nutans Siebold et Zucc. ●
171455 Gardneria multiflora Makino;蓬莱葛(岛田氏蓬莱葛,多花蓬莱葛,黄河江,落地烘,蓬莱藤,清香藤);Manyflower Gardneria,Multiflorous Gardneria,Shimada Gardneria ●
171456 Gardneria nutans Siebold et Zucc.;垂花蓬莱葛(少花蓬莱葛,线叶蓬莱葛);Fewflower Gardenia ●
171457 Gardneria nutans Siebold et Zucc. = Gardneria angustifolia Wall. ●
171458 Gardneria nutans Siebold et Zucc. f. multiflora (Makino) Matsuda = Gardneria multiflora Makino ●
171459 Gardneria ovata Wall.;卵叶蓬莱葛(蓬莱葛);Ovateleaf Gardneria,Ovate-leaved Gardneria ●
171460 Gardneria ovata Wall. = Gardneria angustifolia Wall. ●
171461 Gardneria pyriformis ?;梨形蓬莱葛●☆
171462 Gardneria shimadai Hayata;岛田氏蓬莱葛●
171463 Gardneria shimadai Hayata = Gardneria multiflora Makino ●
171464 Gardneria wallichii Wight ex Wall. = Gardneria ovata Wall. ●
171465 Gardneriaceae J. Agardh = Loganiaceae R. Br. ex Mart.(保留科名)●■
171466 Gardneriaceae Wall. ex Perleb = Loganiaceae R. Br. ex Mart.(保留科名)●■
171467 Gardnerina R. M. King et H. Rob.(1981);斗冠菊属■☆
171468 Gardnerina angustata (Gardner) R. M. King et H. Rob.;斗冠菊■☆
171469 Gardnerodoxa Sandwith(1955);加德紫葳属●☆
171470 Gardnerodoxa mirabilis Sandwith;加德紫葳●☆
171471 Gardoquia Ruiz et Pav. = Clinopodium L. ■●
171472 Gardoquia Ruiz et Pav. = Satureja L. ●■
171473 Gareilassa Walp. = Garcilassa Poepp. ■☆
171474 Garhadiolus Jaub. et Spach = Rhagadiolus Vaill.(保留属名)■☆
171475 Garhadiolus Jaub. et Spach(1850);小疮菊属;Garhadiolus ■
171476 Garhadiolus acaulis O. Schwarz;无茎小疮菊■☆
171477 Garhadiolus angulosus Jaub. et Spach;狭叶小疮菊■☆
171478 Garhadiolus papposus Boiss. et Buhse;小疮菊;Pappose Garhadiolus ■
171479 Garidelia Spreng. = Garidella L. ■☆
171480 Garidella L.(1753);长瓣黑种草属■☆
171481 Garidella L. = Nigella L. ■
171482 Garidella Tourn. ex L. = Garidella L. ■☆
171483 Garidella nigellastrum L.;长瓣黑种草■☆

171484 Garnieria Brongn. et Gris(1871);匙叶山龙眼属●☆
171485 Garnieria spathulifolia Brongn. et Gris;匙叶山龙眼●☆
171486 Garnotia Brongn.(1832);耳稃草属(对穗草属,葛氏草属);Garnotia ■
171487 Garnotia acutigluma (Steud.) Ohwi;锐颖耳稃草(锐颖葛氏草,三芒耳稃草);Acuteglume Garnotia ■
171488 Garnotia africana Janowski = Panicum anabaptistum Steud. ■☆
171489 Garnotia brevifolia Ohwi = Garnotia tenella (Arn. ex Miq.) Janowski ■
171490 Garnotia caespitosa Santos;丛茎耳稃草(丛生耳稃草);Caespitose Garnotia ■
171491 Garnotia caespitosa Santos = Garnotia acutigluma (Steud.) Ohwi ■
171492 Garnotia ciliata Merr.;纤毛耳稃草(纤毛葛氏草);Ciliate Garnotia ■
171493 Garnotia ciliata Merr. var. conduplicata Santos;折叶耳稃草(折叶葛氏草);Conduplicate Garnotia ■
171494 Garnotia ciliata Merr. var. conduplicata Santos = Garnotia ciliata Merr. ■
171495 Garnotia ciliata Merr. var. glabriuscula Santos;微秃耳稃草■
171496 Garnotia ciliata Merr. var. glabriuscula Santos = Garnotia ciliata Merr. ■
171497 Garnotia conduplicata (Santos) Santos = Garnotia ciliata Merr. ■
171498 Garnotia drymeia Hance = Garnotia patula (Munro) Benth. ■
171499 Garnotia fragilis Santos;脆枝耳稃草■
171500 Garnotia fragilis Santos = Garnotia tenella (Arn. ex Miq.) Janowski ■
171501 Garnotia himalayensis Santos = Garnotia acutigluma (Steud.) Ohwi ■
171502 Garnotia kengii S. L. Chen = Garnotia acutigluma (Steud.) Ohwi ■
171503 Garnotia khasiana Santos = Garnotia acutigluma (Steud.) Ohwi ■
171504 Garnotia maxima Santos;大耳稃草;Big Garnotia ■
171505 Garnotia maxima Santos = Garnotia patula (Munro) Benth. ■
171506 Garnotia mindanaensis Santos = Garnotia acutigluma (Steud.) Ohwi ■
171507 Garnotia mutica (Munro) Druce = Garnotia patula (Munro) Benth. var. mutica (Munro) Rendle ■
171508 Garnotia nitens Santos = Garnotia tenella (Arn. ex Miq.) Janowski ■
171509 Garnotia patula (Munro) Benth.;耳稃草(对穗草,葛氏草,散穗葛氏草);Garnotia, Patulous Garnotia ■
171510 Garnotia patula (Munro) Benth. var. acutigluma (Steud.) Ohwi = Garnotia acutigluma (Steud.) Ohwi ■
171511 Garnotia patula (Munro) Benth. var. glandior Santos;大穗耳稃草;Bigspike Garnotia, Largespike Garnotia ■
171512 Garnotia patula (Munro) Benth. var. grandior Santos = Garnotia patula (Munro) Benth. ■
171513 Garnotia patula (Munro) Benth. var. hainanensis Santos;海南耳稃草;Hainan Garnotia ■
171514 Garnotia patula (Munro) Benth. var. hainanensis Santos = Garnotia patula (Munro) Benth. ■
171515 Garnotia patula (Munro) Benth. var. mucronata L. C. Chia = Garnotia patula (Munro) Benth. var. mutica (Munro) Rendle ■
171516 Garnotia patula (Munro) Benth. var. mutica (Munro) Rendle;无芒耳稃草(无芒对穗草,无芒葛氏草);Awnless Garnotia ■
171517 Garnotia patula (Munro) Benth. var. mutica (Munro) Rendle = Garnotia mutica (Munro) Druce ■
171518 Garnotia patula (Munro) Benth. var. partitipilosa Santos;斑毛耳稃草;Partitipilose Garnotia ■
171519 Garnotia patula (Munro) Benth. var. partitipilosa Santos = Garnotia patula (Munro) Benth. ■
171520 Garnotia patula (Munro) Benth. var. strictor Santos;劲直耳稃草(直立葛氏草);Strict Garnotia ■
171521 Garnotia patula (Munro) Benth. var. strictor Santos = Garnotia patula (Munro) Benth. ■
171522 Garnotia poilanei A. Camus = Garnotia patula (Munro) Benth. ■
171523 Garnotia stricta Benth. = Garnotia mutica (Munro) Druce ■
171524 Garnotia stricta Brongn.;坚硬耳稃草;Blue Lawn Grass, Blue Lawngrass ■
171525 Garnotia tectorum Hook. f. = Garnotia mutica (Munro) Druce ■
171526 Garnotia tectorum Hook. f. = Garnotia patula (Munro) Benth. var. mutica (Munro) Rendle ■
171527 Garnotia tenella (Arn. ex Miq.) Janowski;细脆枝耳稃草■
171528 Garnotia tenuis Keng ex S. L. Chen;细弱耳稃草(细弱葛氏草);Tenuis Garnotia ■
171529 Garnotia tenuis Keng ex S. L. Chen = Garnotia acutigluma (Steud.) Ohwi ■
171530 Garnotia tenuis Santos = Garnotia tenella (Arn. ex Miq.) Janowski ■
171531 Garnotia triseta Hitchc.;三芒耳稃草(三芒葛氏草);Threebristle Garnotia ■
171532 Garnotia triseta Hitchc. = Garnotia acutigluma (Steud.) Ohwi ■
171533 Garnotia triseta Hitchc. var. decumbens Keng;偃卧耳稃草;Ducumbent Garnotia ■
171534 Garnotia triseta Hitchc. var. decumbens Keng = Garnotia acutigluma (Steud.) Ohwi ■
171535 Garnotia yunnanensis B. S. Sun;云南耳稃草■
171536 Garnotiella Stapf = Asthenochloa Büse ■☆
171537 Garrelia Gaudich. = Dyckia Schult. et Schult. f. ■☆
171538 Garretia Welw. = Khaya A. Juss. ●
171539 Garretia anthoteca Welw. = Khaya anthotheca (Welw.) C. DC. ●☆
171540 Garrettia H. R. Fletcher(1937);辣莸属(加辣莸属,异叶莸属);Garrettia ●
171541 Garrettia siamensis H. R. Fletcher;辣莸(加辣莸,异叶莸);Siam Garrettia ●
171542 Garrielia Post et Kuntze = Dyckia Schult. et Schult. f. ■☆
171543 Garrielia Post et Kuntze = Garrelia Gaudich. ■☆
171544 Garrya Douglas = Garrya Douglas ex Lindl. ●☆
171545 Garrya Douglas ex Lindl.(1834);丝穗木属(常绿四照花属,嘎瑞木属,加里亚木属,卡尔亚木属,绒穗木属,丝缨花属,丝缨属);Silk Tassel, Silk-tassel Tree ●☆
171546 Garrya elliptica Douglas ex Lindl.;椭圆丝穗木(丝穗木,丝缨花,椭圆卡尔亚木);Catkin Bush, Coast Silk Tassel, Coast Silktassel, Fever Bush, Silk Tassel, Silk Tassel Bush, Silk-tassel Bush, Silk-tassel Tree, Tassel Bushy Silk, Wavyleaf Silk-tassel ●☆
171547 Garrya elliptica Douglas ex Lindl. 'Evie';艾维丝穗木(艾维椭圆卡尔亚木)●☆
171548 Garrya elliptica Douglas ex Lindl. 'James Roof';詹姆士丝穗木(詹姆士屋顶椭圆卡尔亚木,詹姆斯屋脊丝缨花)●☆
171549 Garrya fadyena Hook.;法氏丝穗木(法氏卡尔亚木);Fadyen's Silktassel ●☆
171550 Garrya flavescens S. Watson;黄丝穗木(黄卡尔亚木);

Quinine-bush, Silk-tassel Bush, Yellow-leaf Silk Tassel ●☆

171551 Garrya flavescens S. Watson var. pallida (Eastw.) Bacig. ex Ewan;浅黄丝穗木(浅黄卡尔亚木)●☆

171552 Garrya fremontii Torr.;弗氏丝穗木(弗里蒙特卡尔亚木,抗疟丝穗木,瑞蒙特丝穗木);Bear Brush, Californian Fever-bush, Fever Bush, Fremont Silk-tassel, Quinice Bush, Skunk Bush ●☆

171553 Garrya laurifolia Benth.;樟叶丝穗木(樟叶嘎瑞木,樟叶加里亚)●☆

171554 Garrya ovata Benth.;卵叶丝穗木(卵叶加里亚)●☆

171555 Garrya ovata Benth. subsp. lindheimeri (Torr.) Dahling;林氏卵叶丝穗木(林海卵叶丝穗木,林氏卵叶加里亚,卵叶加里亚);Eggleaf Silktassel ●☆

171556 Garrya veitchii Kellogg;维奇丝穗木(维忌加里亚,维奇加里亚,维奇卡尔亚木)●☆

171557 Garrya wrightii Torr.;赖氏丝穗木(赖氏卡尔亚木);Wright Silktassel ●☆

171558 Garryaceae Lindl. (1834)(保留科名);丝穗木科(常绿四照花科,绞木科,卡尔亚木科,丝缨花科)●☆

171559 Gartiola adenocaulon Maxim. = Deinostema adenocaulum (Maxim.) T. Yamaz. ■

171560 Gartiola violacea Maxim. = Deinostema violaceum (Maxim.) T. Yamaz. ■

171561 Garuga Roxb. (1811);嘉榄属(白头树属);Garuga, Whiteheadtree ●

171562 Garuga floribunda Decne.;南洋白头树;Flowery Whiteheadtree ●

171563 Garuga floribunda Decne. var. gamblei (King ex Sm.) Kalkman;多花白头树(八角楠);Multiflowered Garuga ●

171564 Garuga forrestii W. W. Sm.;白头树(嘉榄);Forrest Garuga, Forrest Whiteheadtree ●◇

171565 Garuga gamblei King ex Sm. = Garuga floribunda Decne. var. gamblei (King ex Sm.) Kalkman ●

171566 Garuga madagascariensis DC. = Tina chapelieriana (Cambess.) Kalkman ●☆

171567 Garuga pierrei Guillaumin;光叶白头树;Glabrous Garuga, Pierre Garuga, Pierre Whiteheadtree ●

171568 Garuga pinnata Roxb.;羽叶白头树(嘉榄,棵麻,毛叶嘉榄,外项木,羽叶嘉榄);Pinnateleaf Garuga, Pinnateleaf Whiteheadtree, Pinnate-leaved Garuga ●

171569 Garuga pinnata Roxb. var. pierrei (Guillaumin) Gretzoiu = Garuga pierrei Guillaumin ●

171570 Garuga yunnanensis Hu = Garuga forrestii W. W. Sm. ●◇

171571 Garugandra Griseb. = Gleditsia L. ●

171572 Garugandra amorphoides Griseb. = Gleditsia amorphoides (Griseb.) Taub. ●☆

171573 Garuleum Cass. (1820);紫盏花属■●☆

171574 Garuleum album S. Moore;白紫盏花■☆

171575 Garuleum bipinnatum (Thunb.) Less.;羽状紫盏花■☆

171576 Garuleum bipinnatum Dinter = Garuleum schinzii O. Hoffm. subsp. crinitum (Dinter) Merxm. ■☆

171577 Garuleum crinitum Dinter = Garuleum schinzii O. Hoffm. subsp. crinitum (Dinter) Merxm. ■☆

171578 Garuleum latifolium Harv.;宽叶紫盏花■☆

171579 Garuleum pinnatifidum (Thunb.) DC.;羽裂紫盏花■☆

171580 Garuleum schinzii O. Hoffm.;欣兹紫盏花■☆

171581 Garuleum schinzii O. Hoffm. subsp. crinitum (Dinter) Merxm.;长软毛紫盏花■☆

171582 Garuleum tanacetifolium (MacOwan) Norl.;菊蒿紫盏花■☆

171583 Garuleum viscosum Cass. = Garuleum pinnatifidum (Thunb.) DC. ■☆

171584 Garuleum woodii Schinz;伍得紫盏花■☆

171585 Garumbium Blume = Carumbium Kurz ●

171586 Garumbium Blume = Homalanthus A. Juss. (保留属名)●

171587 Garumbium Blume = Sapium Jacq. (保留属名)●

171588 Gaslondia Vieill. = Cupheanthus Seem. ●☆

171589 Gasonb B. D. Jacks. = Gasoul Adans. ■

171590 Gasoul Adans. = Mesembryanthemum L. (保留属名)■●

171591 Gasoul aitonis (Jacq.) H. Eichler = Mesembryanthemum aitonis Jacq. ■☆

171592 Gasoul crystallinum (L.) Rothm. = Mesembryanthemum crystallinum L. ■

171593 Gasoul nodiflorum (L.) Rothm. = Mesembryanthemum nodiflorum L. ■☆

171594 Gasparinia Bertol. = Silaum Mill. ■

171595 Gasparinia Endl. = Aeginetia L. ■

171596 Gasparinia Endl. = Centronota A. DC. ■

171597 Gasparrinia Bertol. = Silaum Mill. ■

171598 Gassoloma D. Dietr. = Geissoloma Lindl. ex Kunth ●☆

171599 Gasteranthopsis Oerst. = Besleria L. ●■☆

171600 Gasteranthopsis Oerst. = Gasteranthus Benth. ●■☆

171601 Gasteranthus Benth. (1846);腹花苣苔属●■☆

171602 Gasteranthus Benth. = Besleria L. ●■☆

171603 Gasteranthus adenocalyx L. E. Skog et L. P. Kvist;腺萼腹花苣苔■☆

171604 Gasteranthus glaber L. E. Skog et L. P. Kvist;光腹花苣苔■☆

171605 Gasteranthus macrocalyx Wiehler;大萼腹花苣苔■☆

171606 Gasteranthus maculatus Wiehler;斑点腹花苣苔■☆

171607 Gasteria Duval(1809);脂麻掌属(白星龙属,鲨鱼掌属);Gasteria ■☆

171608 Gasteria × kewensis Berger;邱园沙鱼掌■☆

171609 Gasteria acinacifolia (J. Jacq.) Haw.;弯刀叶脂麻掌;Curve-knife Gasteria ■☆

171610 Gasteria acinacifolia (J. Jacq.) Haw. var. ensifolia (Haw.) Baker = Gasteria acinacifolia (J. Jacq.) Haw. ■☆

171611 Gasteria acinacifolia (J. Jacq.) Haw. var. nitens (Haw.) Baker = Gasteria acinacifolia (J. Jacq.) Haw. ■☆

171612 Gasteria acinacifolia (J. Jacq.) Haw. var. pluripuncta (Haw.) Baker = Gasteria acinacifolia (J. Jacq.) Haw. ■☆

171613 Gasteria acinacifolia (J. Jacq.) Haw. var. venusta (Haw.) Baker = Gasteria acinacifolia (J. Jacq.) Haw. ■☆

171614 Gasteria acinacifolia Haw. = Gasteria acinacifolia (J. Jacq.) Haw. ■☆

171615 Gasteria angulata (Willd.) Haw. = Gasteria carinata (Mill.) Duval ■☆

171616 Gasteria angulata Haw. = Gasteria carinata (Mill.) Duval ■☆

171617 Gasteria angustianum Poelln. = Gasteria brachyphylla (Salm-Dyck) Van Jaarsv. ■☆

171618 Gasteria angustifolia (Aiton) C.-J. Duval = Gasteria disticha (L.) Haw. ■☆

171619 Gasteria angustifolia (Aiton) Haw.;细叶脂麻掌■☆

171620 Gasteria angustifolia (Aiton) Haw. var. laevis (Salm-Dyck) Haw.;平滑细叶脂麻掌■☆

171621 Gasteria antandroy R. Decary = Aloe antandroi (R. Decary) H. Perrier ●☆

171622 Gasteria armstrongii Schönland;脂麻掌(卧牛);Armstrong

Gasteria ■☆
171623 Gasteria armstrongii Schönland = Gasteria nitida (Salm-Dyck) Haw. var. armstrongii (Schönland) Van Jaarsv. ■☆
171624 Gasteria batesiana G. D. Rowley;贝茨脂麻掌■☆
171625 Gasteria batesiana G. D. Rowley var. dolomitica Van Jaarsv. et A. E. van Wyk;多罗米蒂脂麻掌■☆
171626 Gasteria baylissiana Rauh;贝利斯脂麻掌■☆
171627 Gasteria beckeri Schönland = Gasteria nitida (Salm-Dyck) Haw. ■☆
171628 Gasteria bicolor Haw.;二色脂麻掌■☆
171629 Gasteria bicolor Haw. var. liliputana (Poelln.) Van Jaarsv. = Gasteria liliputana Poelln. ■☆
171630 Gasteria biformis Poelln. = Gasteria bicolor Haw. ■☆
171631 Gasteria bijliae Poelln. = Gasteria carinata (Mill.) Duval ■☆
171632 Gasteria brachyphylla (Salm-Dyck) Van Jaarsv.;非洲短叶脂麻掌■☆
171633 Gasteria brachyphylla (Salm-Dyck) Van Jaarsv. var. bayeri Van Jaarsv.;巴耶尔脂麻掌■☆
171634 Gasteria brevifolia Haw.;短叶脂麻掌■☆
171635 Gasteria caespitosa Poelln.;丛生脂麻掌(群生白星龙);Tufted Gasteria ■☆
171636 Gasteria caespitosa Poelln. = Gasteria bicolor Haw. ■☆
171637 Gasteria candicans Haw. = Gasteria acinacifolia (J. Jacq.) Haw. ■☆
171638 Gasteria carinata (Mill.) Duval var. falcata A. Berger = Gasteria carinata (Mill.) Duval ■☆
171639 Gasteria carinata (Mill.) Duval var. glabra (Salm-Dyck) Van Jaarsv.;光背棱脂麻掌■☆
171640 Gasteria carinata (Mill.) Duval var. latifolia A. Berger = Gasteria carinata (Mill.) Duval ■☆
171641 Gasteria carinata (Mill.) Duval var. parva (Haw.) Baker = Gasteria carinata (Mill.) Duval ■☆
171642 Gasteria carinata (Mill.) Duval var. retusa Van Jaarsv.;微凹脂麻掌■☆
171643 Gasteria carinata (Mill.) Duval var. strigata (Haw.) Baker = Gasteria carinata (Mill.) Duval ■☆
171644 Gasteria carinata (Mill.) Duval var. thunbergii (N. E. Br.) Van Jaarsv.;通贝里脂麻掌■☆
171645 Gasteria carinata (Mill.) Duval var. verrucosa (Mill.) Van Jaarsv. = Gasteria verrucosa (Mill.) Duval ■☆
171646 Gasteria carinata (Mill.) Haw.;背棱脂麻掌■☆
171647 Gasteria chamaegigas Poelln. = Gasteria bicolor Haw. ■☆
171648 Gasteria colubrina N. E. Br. = Gasteria bicolor Haw. ■☆
171649 Gasteria conspurcata (Salm-Dyck) Haw. = Gasteria disticha (L.) Haw. ■☆
171650 Gasteria croucheri (Hook. f.) Baker;弯穗脂麻掌;Crouched Gasteria ■☆
171651 Gasteria croucheri Baker = Gasteria croucheri (Hook. f.) Baker ■☆
171652 Gasteria decipiens Haw. = Gasteria nitida (Salm-Dyck) Haw. ■☆
171653 Gasteria denticulata (Salm-Dyck) Haw. = Gasteria disticha (L.) Haw. ■☆
171654 Gasteria disticha (L.) Haw.;二列脂麻掌(青龙刀)■☆
171655 Gasteria disticha (L.) Haw. var. angustifolia (Aiton) Baker = Gasteria disticha (L.) Haw. ■☆
171656 Gasteria disticha (L.) Haw. var. conspurcata (Salm-Dyck) Baker = Gasteria disticha (L.) Haw. ■☆
171657 Gasteria disticha (L.) Haw. var. latifolia (Salm-Dyck) Poelln.;宽叶二列脂麻掌■☆
171658 Gasteria disticha (L.) Haw. var. major Haw. = Gasteria disticha (L.) Haw. ■☆
171659 Gasteria disticha (L.) Haw. var. minor Baker = Gasteria disticha (L.) Haw. ■☆
171660 Gasteria disticha (L.) Haw. var. minor Haw. = Gasteria disticha (L.) Haw. ■☆
171661 Gasteria disticha (L.) Haw. var. natalensis Baker = Gasteria croucheri (Hook. f.) Baker ■☆
171662 Gasteria elongata Baker;伸长脂麻掌■☆
171663 Gasteria ensifolia Haw. = Gasteria acinacifolia (J. Jacq.) Haw. ■☆
171664 Gasteria ernesti-ruschi Dinter et Poelln. = Gasteria pillansii Kensit var. ernesti-ruschii (Dinter et Poelln.) Van Jaarsv. ■☆
171665 Gasteria excavata (Willd.) Haw. = Gasteria carinata (Mill.) Duval ■☆
171666 Gasteria excavata Haw.;牛利(牛俐);Excavated Gasteria ■☆
171667 Gasteria excelsa Baker;高大脂麻掌■☆
171668 Gasteria fasciata (Salm-Dyck) Haw. = Gasteria disticha (L.) Haw. ■☆
171669 Gasteria fuscopunctata Baker = Gasteria acinacifolia (J. Jacq.) Haw. ■☆
171670 Gasteria glabra (Salm-Dyck) Haw. = Gasteria carinata (Mill.) Duval var. glabra (Salm-Dyck) Van Jaarsv. ■☆
171671 Gasteria glauca Van Jaarsv.;灰绿脂麻掌■☆
171672 Gasteria glomerata Van Jaarsv.;团集脂麻掌■☆
171673 Gasteria gracilis Baker;细长脂麻掌(虎纹厚舌草,小萱)■☆
171674 Gasteria herreana Poelln. = Gasteria bicolor Haw. ■☆
171675 Gasteria humilis Poelln. = Gasteria carinata (Mill.) Duval ■☆
171676 Gasteria huttoniae N. E. Br. = Gasteria acinacifolia (J. Jacq.) Haw. ■☆
171677 Gasteria inexpectata Poelln. = Gasteria acinacifolia (J. Jacq.) Haw. ■☆
171678 Gasteria intermedia (Haw.) Haw. = Gasteria carinata (Mill.) Duval var. verrucosa (Mill.) Van Jaarsv. ■☆
171679 Gasteria intermedia (Haw.) Haw. var. asperrima (Salm-Dyck) Haw. = Gasteria verrucosa (Mill.) Duval ■☆
171680 Gasteria intermedia (Haw.) Haw. var. asperrima (Salm-Dyck) Haw. = Gasteria carinata (Mill.) Duval var. verrucosa (Mill.) Van Jaarsv. ■☆
171681 Gasteria intermedia (Haw.) Haw. var. laevior Haw. = Gasteria carinata (Mill.) Duval var. verrucosa (Mill.) Van Jaarsv. ■☆
171682 Gasteria intermedia (Haw.) Haw. var. laevior Haw. = Gasteria verrucosa (Mill.) Duval ■☆
171683 Gasteria intermedia (Haw.) Haw. var. longior Haw. = Gasteria carinata (Mill.) Duval var. verrucosa (Mill.) Van Jaarsv. ■☆
171684 Gasteria joubertii Poelln. = Gasteria brachyphylla (Salm-Dyck) Van Jaarsv. ■☆
171685 Gasteria kirsteana Poelln. = Gasteria bicolor Haw. ■☆
171686 Gasteria laetepuncta Haw. = Gasteria carinata (Mill.) Duval ■☆
171687 Gasteria latifolia (Haw.) Haw. = Gasteria disticha (L.) Haw. ■☆
171688 Gasteria liliputana Poelln.;小脂麻掌(小龟姬,侏儒白星龙);Liliput Gasteria ■☆

171689 Gasteria liliputana Poelln. = Gasteria bicolor Haw. var. liliputana (Poelln.) Van Jaarsv. ■☆
171690 Gasteria lingua Link;舌叶脂麻掌;Lingua Gasteria ■☆
171691 Gasteria linita Haw. = Gasteria acinacifolia (J. Jacq.) Haw. ■☆
171692 Gasteria loeriensis Poelln.;卢里脂麻掌■☆
171693 Gasteria longiana Poelln.;长叶脂麻掌■☆
171694 Gasteria longiana Poelln. = Gasteria bicolor Haw. ■☆
171695 Gasteria longibracteata Poelln. = Gasteria bicolor Haw. ■☆
171696 Gasteria longifolia (Haw.) Duval = Gasteria disticha (L.) Haw. ■☆
171697 Gasteria lutzii Poelln.;路氏脂麻掌■☆
171698 Gasteria lutzii Poelln. = Gasteria acinacifolia (J. Jacq.) Haw. ■☆
171699 Gasteria maculata (Thunb.) Haw. = Gasteria bicolor Haw. ■☆
171700 Gasteria maculata (Thunb.) Haw. var. dregeana A. Berger = Gasteria bicolor Haw. ■☆
171701 Gasteria maculata (Thunb.) Haw. var. fallax Haw. = Gasteria bicolor Haw. ■☆
171702 Gasteria maculata Haw.;斑点脂麻掌(墨鉾,肉牙草);Spotted Gasteria ■☆
171703 Gasteria marmorata Baker;花脂麻掌(虎皮掌);Marble Gasteria,Marmorate Gasteria ■☆
171704 Gasteria marmorata Baker = Gasteria bicolor Haw. ■☆
171705 Gasteria minima Hort.;小牛舌(小仙人元宝);Mini Gasteria ■☆
171706 Gasteria mollis Haw. = Gasteria disticha (L.) Haw. ■☆
171707 Gasteria multiplex Poelln. = Gasteria bicolor Haw. ■☆
171708 Gasteria neliana Poelln. = Gasteria pillansii Kensit ■☆
171709 Gasteria nigricans (Haw.) Duval = Gasteria disticha (L.) Haw. ■☆
171710 Gasteria nigricans (Haw.) Duval var. crassifolia (Aiton) Haw. = Gasteria disticha (L.) Haw. ■☆
171711 Gasteria nigricans (Haw.) Duval var. marmorata Haw. = Gasteria brachyphylla (Salm-Dyck) Van Jaarsv. ■☆
171712 Gasteria nigricans Haw.;黑色脂麻掌■☆
171713 Gasteria nitens Haw. = Gasteria acinacifolia (J. Jacq.) Haw. ■☆
171714 Gasteria nitida (Salm-Dyck) Haw.;亮脂麻掌■☆
171715 Gasteria nitida (Salm-Dyck) Haw. var. armstrongii (Schönland) Van Jaarsv. = Gasteria armstrongii Schönland ■☆
171716 Gasteria nitida (Salm-Dyck) Haw. var. grandipunctata (Salm-Dyck) A. Berger = Gasteria nitida (Salm-Dyck) Haw. ■☆
171717 Gasteria nitida (Salm-Dyck) Haw. var. parvipunctata (Salm-Dyck) A. Berger = Gasteria nitida (Salm-Dyck) Haw. ■☆
171718 Gasteria obliqua (Haw.) Duval = Gasteria bicolor Haw. ■☆
171719 Gasteria obtusa (Salm-Dyck) Haw. = Gasteria nitida (Salm-Dyck) Haw. ■☆
171720 Gasteria obtusifolia (Salm-Dyck) Haw. = Gasteria disticha (L.) Haw. ■☆
171721 Gasteria obtusifolia Haw.;钝叶脂麻掌;Obtuseleaf Gasteria ■☆
171722 Gasteria pallescens Baker = Gasteria carinata (Mill.) Duval ■☆
171723 Gasteria parva Haw. = Gasteria carinata (Mill.) Duval ■☆
171724 Gasteria parvifolia Baker;小叶脂麻掌■☆
171725 Gasteria parvifolia Baker = Gasteria carinata (Mill.) Duval ■☆
171726 Gasteria patentissima Poelln. = Gasteria carinata (Mill.) Duval ■☆
171727 Gasteria pendulifolia Van Jaarsv.;垂花脂麻掌■☆
171728 Gasteria picta Haw. = Gasteria bicolor Haw. ■☆
171729 Gasteria pillansii Kensit;皮氏脂麻掌■☆
171730 Gasteria pillansii Kensit var. ernesti-ruschii (Dinter et Poelln.) Van Jaarsv.;爱尔脂麻掌■☆
171731 Gasteria planifolia (Baker) Baker = Gasteria bicolor Haw. ■☆
171732 Gasteria pluripuncta Haw. = Gasteria acinacifolia (J. Jacq.) Haw. ■☆
171733 Gasteria poellnitziana H. Jacobsen = Gasteria pulchra (Aiton) Haw. ■☆
171734 Gasteria polita Van Jaarsv.;光亮脂麻掌■☆
171735 Gasteria porphyrophylla Baker = Gasteria carinata (Mill.) Duval ■☆
171736 Gasteria prolifera Lem.;多育脂麻掌■☆
171737 Gasteria pseudonigricans (Salm-Dyck) Haw.;假变黑脂麻掌■☆
171738 Gasteria pulchra (Aiton) Haw.;白光龙■☆
171739 Gasteria radulosa Baker = Gasteria carinata (Mill.) Duval var. verrucosa (Mill.) Van Jaarsv. ■☆
171740 Gasteria radulosa Baker = Gasteria verrucosa (Mill.) Duval ■☆
171741 Gasteria rawlinsonii Oberm.;罗林森脂麻掌■☆
171742 Gasteria repens Haw. = Gasteria carinata (Mill.) Duval var. verrucosa (Mill.) Van Jaarsv. ■☆
171743 Gasteria retata Haw. = Gasteria bicolor Haw. ■☆
171744 Gasteria salmdyckiana Poelln.;萨氏脂麻掌■☆
171745 Gasteria salmdyckiana Poelln. = Gasteria bicolor Haw. ■☆
171746 Gasteria schweickerdtiana Poelln. = Gasteria carinata (Mill.) Duval ■☆
171747 Gasteria spiralis Baker = Gasteria bicolor Haw. ■☆
171748 Gasteria spiralis Baker var. tortulata ? = Gasteria bicolor Haw. ■☆
171749 Gasteria stayneri Poelln. = Gasteria nitida (Salm-Dyck) Haw. ■☆
171750 Gasteria steyneri Poelln.;斯氏脂麻掌■☆
171751 Gasteria strigata Haw. = Gasteria carinata (Mill.) Duval ■☆
171752 Gasteria subcarinata (Salm-Dyck) Haw. = Gasteria carinata (Mill.) Duval ■☆
171753 Gasteria subverrucosa (Salm-Dyck) Haw. = Gasteria carinata (Mill.) Duval var. verrucosa (Mill.) Van Jaarsv. ■☆
171754 Gasteria subverrucosa (Salm-Dyck) Haw. var. grandipunctata ? = Gasteria verrucosa (Mill.) Duval ■☆
171755 Gasteria subverrucosa (Salm-Dyck) Haw. var. grandipunctata ? = Gasteria carinata (Mill.) Duval var. verrucosa (Mill.) Van Jaarsv. ■☆
171756 Gasteria subverrucosa (Salm-Dyck) Haw. var. marginata Baker = Gasteria carinata (Mill.) Duval var. verrucosa (Mill.) Van Jaarsv. ■☆
171757 Gasteria subverrucosa (Salm-Dyck) Haw. var. parvipunctata ? = Gasteria carinata (Mill.) Duval var. verrucosa (Mill.) Van Jaarsv. ■☆
171758 Gasteria subverrucosa (Salm-Dyck) Haw. var. parvipunctata ? = Gasteria verrucosa (Mill.) Duval ■☆
171759 Gasteria sulcata (Salm-Dyck) Haw. = Gasteria carinata (Mill.) Duval ■☆
171760 Gasteria thunbergii N. E. Br. = Gasteria carinata (Mill.) Duval var. thunbergii (N. E. Br.) Van Jaarsv. ■☆
171761 Gasteria transvaalensis De Smet ex Baker = Gasteria batesiana

G. D. Rowley ■☆
171762 Gasteria triebneriana Poelln. = Gasteria brachyphylla (Salm-Dyck) Van Jaarsv. ■☆
171763 Gasteria trigona Haw.;三棱脂麻掌;Triangular Gasteria ■☆
171764 Gasteria variolosa Baker;牛舌脂麻掌(牛舌)■☆
171765 Gasteria variolosa Baker = Gasteria bicolor Haw. ■☆
171766 Gasteria venusta Haw. = Gasteria acinacifolia (J. Jacq.) Haw. ■☆
171767 Gasteria verrucosa (Mill.) Duval;沙鱼掌(白星龙,脂麻掌);Ox-tongue, Oxtongue Gasteria, Ox-tongue Gasteria, Warty Gasteria ■☆
171768 Gasteria verrucosa (Mill.) Duval = Gasteria carinata (Mill.) Duval var. verrucosa (Mill.) Van Jaarsv. ■☆
171769 Gasteria verrucosa (Mill.) Duval var. asperrima (Salm-Dyck) Poelln. = Gasteria verrucosa (Mill.) Duval ■☆
171770 Gasteria verrucosa (Mill.) Duval var. asperrima (Salm-Dyck) Poelln. = Gasteria carinata (Mill.) Duval var. verrucosa (Mill.) Van Jaarsv. ■☆
171771 Gasteria verrucosa (Mill.) Duval var. intermedia (Haw.) Baker = Gasteria verrucosa (Mill.) Duval ■☆
171772 Gasteria verrucosa (Mill.) Duval var. intermedia (Haw.) Baker = Gasteria carinata (Mill.) Duval var. verrucosa (Mill.) Van Jaarsv. ■☆
171773 Gasteria verrucosa (Mill.) Duval var. latifolia (Salm-Dyck) Haw. = Gasteria verrucosa (Mill.) Duval ■☆
171774 Gasteria verrucosa (Mill.) Duval var. latifolia (Salm-Dyck) Haw. = Gasteria carinata (Mill.) Duval var. verrucosa (Mill.) Van Jaarsv. ■☆
171775 Gasteria verrucosa (Mill.) Duval var. scaberrima (Salm-Dyck) Baker = Gasteria verrucosa (Mill.) Duval ■☆
171776 Gasteria verrucosa (Mill.) Duval var. scaberrima (Salm-Dyck) Baker = Gasteria carinata (Mill.) Duval var. verrucosa (Mill.) Van Jaarsv. ■☆
171777 Gasteria verrucosa (Mill.) Duval var. striata (Salm-Dyck) Poelln. = Gasteria verrucosa (Mill.) Duval ■☆
171778 Gasteria verrucosa (Mill.) Duval var. striata (Salm-Dyck) Poelln. = Gasteria carinata (Mill.) Duval var. verrucosa (Mill.) Van Jaarsv. ■☆
171779 Gasteria verrucosa Duval = Gasteria verrucosa (Mill.) Duval ■☆
171780 Gasteria vlaaktensis Poelln. = Gasteria brachyphylla (Salm-Dyck) Van Jaarsv. ■☆
171781 Gasteria vlokii Van Jaarsv.;弗劳克脂麻掌■☆
171782 Gasteria zeyheri (Salm-Dyck) Baker = Gasteria bicolor Haw. ■☆
171783 Gasterolychnis Rupr. = Gastrolychnis (Fenzl) Rchb. ■
171784 Gasterolychnis Rupr. = Melandrium Röhl. ■
171785 Gasteronema Lodd. ex Steud. = Cyrtanthus Aiton(保留属名) ■☆
171786 Gasteronema Lodd. ex Steud. = Gastronema Herb. ■☆
171787 Gastonia Comm. ex Lam. (1788);加斯顿木属●☆
171788 Gastonia Comm. ex Lam. = Polyscias J. R. Forst. et G. Forst. ●
171789 Gastonia amplifolia (Baker) Vig. = Polyscias amplifolia (Baker) Harms ●☆
171790 Gastonia cutispongia Lam.;加斯顿木●☆
171791 Gastonia duplicata Thouars ex Baill. = Polyscias duplicata (Thouars ex Baill.) Lowry et G. Plunkett ●☆
171792 Gastonia palmata Roxb. = Trevesia palmata (Roxb. ex Lindl.) Vis. ●
171793 Gastonia palmata Roxb. ex Lindl. = Trevesia palmata (Roxb. ex Lindl.) Vis. ●
171794 Gastonia stuhlmannii (Harms) Harms = Polyscias stuhlmannii Harms ●☆
171795 Gastorchis Schltr. = Gastorchis Thouars ■☆
171796 Gastorchis Thouars = Phaius Lour. ■
171797 Gastorchis Thouars(1809);膨舌兰属■☆
171798 Gastorchis humblotii (Rchb. f.) Schltr.;安布洛膨舌兰■☆
171799 Gastorchis humblotii Schltr. = Gastorchis humblotii (Rchb. f.) Schltr. ■☆
171800 Gastorchis humblotii Schltr. = Phaius humblotii Rchb. f. ■☆
171801 Gastorkis Thouars = Gastorchis Thouars ■☆
171802 Gastorkis Thouars = Phaius Lour. ■
171803 Gastranthopsis Post et Kuntze = Besleria L. ●■☆
171804 Gastranthopsis Post et Kuntze = Gasteranthopsis Oeret. ●■☆
171805 Gastranthus F. Muell. = Parsonsia R. Br. (保留属名)●
171806 Gastranthus Moritz ex Benth. et Hook. f. = Stenostephanus Nees ■☆
171807 Gastridium Blume = Dendrobium Sw. (保留属名)■
171808 Gastridium Blume = Grastidium Blume ■
171809 Gastridium P. Beauv. (1812);腹禾属(葛氏垂禾属,葛斯垂禾属);Nit Grass, Nit-grass ■☆
171810 Gastridium australe P. Beauv. = Gastridium ventricosum (Gouan) Schinz et Thell. ■☆
171811 Gastridium lendigerum (L.) Gaudin = Gastridium ventricosum (Gouan) Schinz et Thell. ■☆
171812 Gastridium muticum Spreng. = Gastridium scabrum C. Presl ■☆
171813 Gastridium nitens (Guss.) Coss. et Durieu;光亮腹禾■☆
171814 Gastridium phleoides (Nees et Meyen) C. E. Hubb.;东方腹禾;Eastern Nit-grass, Nit Grass ■☆
171815 Gastridium scabrum C. Presl;粗糙腹禾■☆
171816 Gastridium scabrum C. Presl var. ambiguum Maire et Weiller = Gastridium scabrum C. Presl ■☆
171817 Gastridium triaristatum Durieu = Gastridium nitens (Guss.) Coss. et Durieu ■☆
171818 Gastridium ventricosum (Gouan) Schinz et Thell.;腹禾;Nit-grass ■☆
171819 Gastrilia Raf. = Daphnopsis Mart. ●☆
171820 Gastrilia Raf. = Thymelaea Mill. (保留属名)●■
171821 Gastrocalyx Gardner = Prepusa Mart. ■☆
171822 Gastrocalyx Schischk. = Schischkiniella Steenis ■
171823 Gastrocalyx Schischk. = Silene L. (保留属名)■
171824 Gastrocarpha D. Don = Moscharia Ruiz et Pav. (保留属名)■☆
171825 Gastrochilus D. Don(1825)(废弃属名);盆距兰属(松兰属);Dishspurorchis, Gastrochilus ■
171826 Gastrochilus D. Don(废弃属名) = Saccolabium Blume(保留属名)■
171827 Gastrochilus Wall. = Boesenbergia Kuntze ■
171828 Gastrochilus acinacifolius Z. H. Tsi;镰叶盆距兰;Sickleleaf Dishspurorchis, Sickleleaf Gastrochilus ■
171829 Gastrochilus affinis (King et pantl.) Schltr.;二脊盆距兰■
171830 Gastrochilus alatus X. H. Jin et S. C. Chen;膜翅盆距兰■
171831 Gastrochilus aphyllus Kuntze = Microcoelia aphylla (Thouars) Summerh. ■☆
171832 Gastrochilus bellinus (Rchb. f.) Kuntze;大花盆距兰(缅甸距

兰);Bigflower Dishspurorchis,Burma Gastrochilus ■
171833 Gastrochilus bellinus (Rchb. f.) Kuntze = Gastrochilus rantabunensis C. Chow ex T. P. Lin ■
171834 Gastrochilus bigibbus (Rchb. f.) Kuntze;二肿胀体盆距兰;Two-swelling Gastrochilus ■☆
171835 Gastrochilus calceolaris (Buch. -Ham. ex Sm.) D. Don;盆距兰(列叶盆距兰,囊唇兰);Dishspurorchis,Distichous Gastrochilus ■
171836 Gastrochilus ciliaris F. Maek.;缘毛盆距兰(缘毛松兰);Ciliate Gastrochilus ■
171837 Gastrochilus ciliaris F. Maek. = Saccolabium ciliare (F. Maek.) Ohwi ■☆
171838 Gastrochilus dasypogon (Sm.) Kuntze = Gastrochilus japonicus (Makino) Schltr. ■
171839 Gastrochilus dasypogon (Sm.) Kuntze = Gastrochilus obliquus (Lindl.) Kuntze ■
171840 Gastrochilus densiflorus (Lindl.) Kuntze = Robiquetia spatulata (Blume) J. J. Sm. ■
171841 Gastrochilus diannanensis Z. H. Tsi et Y. Z. Ma = Gastrochilus platycalcaratus (Rolfe) Schltr. ■
171842 Gastrochilus distichus (Lindl.) Kuntze;列叶盆距兰(凤凰毛);Distichous Dishspurorchis,Distichous Gastrochilus ■
171843 Gastrochilus fallax Loes. = Boesenbergia longiflora (Wall.) Kuntze ■
171844 Gastrochilus fargesii (Kraenzl.) Schltr.;城口盆距兰;Farges Dishspurorchis,Farges Gastrochilus ■
171845 Gastrochilus flavus T. P. Lin;金松盆距兰(金松兰);Yellow Dishspurorchis,Yellow Gastrochilus ■
171846 Gastrochilus flavus T. P. Lin = Gastrochilus linii Ormerod ■
171847 Gastrochilus formosanus (Hayata) Hayata;台湾盆距兰(台湾囊唇兰,台湾松兰,蜈蚣金钗);Taiwan Dishspurorchis,Taiwan Gastrochilus ■
171848 Gastrochilus formosanus (Hayata) Hayata var. shaoyaoii (S. S. Ying) S. S. Ying = Gastrochilus formosanus (Hayata) Hayata ■
171849 Gastrochilus formosanus (Hayata) Schltr. = Gastrochilus formosanus (Hayata) Hayata ■
171850 Gastrochilus formosanus (Hayata) Schltr. var. shaoyaoi (S. S. Ying) S. S. Ying = Gastrochilus formosanus (Hayata) Hayata ■
171851 Gastrochilus fuscopunctatus (Hayata) Hayata;红斑盆距兰(红斑松兰);Redspot Dishspurorchis,Redspot Gastrochilus ■
171852 Gastrochilus fuscopunctatus (Hayata) Schltr. = Gastrochilus fuscopunctatus (Hayata) Hayata ■
171853 Gastrochilus fuscopunctatus Hayata = Gastrochilus formosanus (Hayata) Hayata ■
171854 Gastrochilus gemmatus (Lindl.) Kuntze = Schoenorchis gemmata (Lindl.) J. J. Sm. ■
171855 Gastrochilus giganteus (Lindl.) Kuntze = Rhynchostylis gigantea (Lindl.) Ridl. ■
171856 Gastrochilus gongshanensis Z. H. Tsi;贡山盆距兰;Gongshan Dishspurorchis,Gongshan Gastrochilus ■
171857 Gastrochilus guangtungensis Z. H. Tsi;广东盆距兰;Guangdong Dishspurorchis,Guangdong Gastrochilus,Kwangtung Gastrochilus ■
171858 Gastrochilus hainanensis Z. H. Tsi;海南盆距兰;Hainan Dishspurorchis,Hainan Gastrochilus ■
171859 Gastrochilus hoii T. P. Lin;何氏盆距兰(何氏松兰);He Dishspurorchis,He Gastrochilus ■
171860 Gastrochilus holttumianus S. Y. Hu et Barretto = Gastrochilus japonicus (Makino) Schltr. ■
171861 Gastrochilus hoyopse (Rolfe ex Downie) Seidenf. et Smitinand = Gastrochilus pseudodistichus (King et Pantl.) Schltr. ■
171862 Gastrochilus intermedius (Griff. ex Lindl.) Kuntze;细茎盆距兰;Thinstem Dishspurorchis,Thinstem Gastrochilus ■
171863 Gastrochilus intermedius (Griff. ex Lindl.) Kuntze = Gastrochilus linearifolius Z. H. Tsi et Garay ■
171864 Gastrochilus japonicus (Makino) Schltr.;黄松盆距兰(黄松兰,日本囊唇兰);Japan Dishspurorchis,Japan Gastrochilus ■
171865 Gastrochilus linearifolius Z. H. Tsi et Garay;狭叶盆距兰;Narrowleaf Dishspurorchis,Narrowleaf Gastrochilus ■
171866 Gastrochilus linii Ormerod;金松兰■
171867 Gastrochilus longiflora Wall. = Boesenbergia longiflora (Wall.) Kuntze ■
171868 Gastrochilus malipoensis X. H. Jin et S. C. Chen;麻栗坡盆距兰;Malipo Gastrochilus ■
171869 Gastrochilus matsudae Hayata;宽唇盆距兰(宽唇松兰,松田氏囊唇兰);Matsuda Dishspurorchis,Matsuda Gastrochilus ■
171870 Gastrochilus matsuran (Makino) Schltr.;松兰■
171871 Gastrochilus monticola (Rolfe ex Downie) Seidenf. et Smitinand = Gastrochilus yunnanensis Schltr. ■
171872 Gastrochilus nanchuanensis Z. H. Tsi;南川盆距兰;Nanchuan Dishspurorchis,Nanchuan Gastrochilus ■
171873 Gastrochilus nanus Z. H. Tsi;江口盆距兰;Dwarf Dishspurorchis,Dwarf Gastrochilus ■
171874 Gastrochilus nebulosus Fukuy. = Gastrochilus formosanus (Hayata) Hayata ■
171875 Gastrochilus obliquus (Lindl.) Kuntze;无茎盆距兰;Stemless Dishspurorchis,Stemless Gastrochilus ■
171876 Gastrochilus odoratus (Kudo) Makino = Haraella retrocalla (Hayata) Kudo ■
171877 Gastrochilus panduratus (Roxb.) Schltdl. = Boesenbergia rotunda (L.) Mansf. ■
171878 Gastrochilus panduratus Ridl.;琴状盆距兰(提琴状盆距兰)■☆
171879 Gastrochilus parviflorus Kuntze = Smitinandia micrantha (Lindl.) Holttum ■
171880 Gastrochilus platycalcaratus (Rolfe) Schltr.;滇南盆距兰;Broadspur Gastrochilus,S. Yunnan Dishspurorchis ■
171881 Gastrochilus pseudodistichus (King et Pantl.) Schltr.;小唇盆距兰;Dishspurorchis ■
171882 Gastrochilus quetcetorum Fukuy. = Gastrochilus formosanus (Hayata) Hayata ■
171883 Gastrochilus racemifer (Lindl.) Kuntze = Cleisostoma racemiferum (Lindl.) Garay ■
171884 Gastrochilus rantabunensis C. Chow ex T. P. Lin;合欢盆距兰(合欢松兰);Rantabun Dishspurorchis,Rantabun Gastrochilus ■
171885 Gastrochilus raraensis Fukuy.;红松盆距兰(红桧松兰);Rara Dishspurorchis,Rara Gastrochilus ■
171886 Gastrochilus raraensis Fukuy. var. flavus (T. P. Lin) S. S. Ying = Gastrochilus flavus T. P. Lin ■
171887 Gastrochilus raraensis Fukuy. var. flavus S. S. Ying = Gastrochilus linii Ormerod ■
171888 Gastrochilus retrocallosus Schltr. = Haraella retrocalla (Hayata) Kudo ■
171889 Gastrochilus retrocallus (Hayata) Hayata = Haraella retrocalla (Hayata) Kudo ■
171890 Gastrochilus retrocallus Hayata = Haraella retrocalla (Hayata)

Kudo ■

171891 Gastrochilus retusus (L.) Kuntze = Rhynchostylis retusa (L.) Blume ■

171892 Gastrochilus rupestris Fukuy. = Gastrochilus formosanus (Hayata) Hayata ■

171893 Gastrochilus saccatus Z. H. Tsi;四肋盆距兰;Saccate Dishspurorchis,Saccate Gastrochilus ■

171894 Gastrochilus sinensis Z. H. Tsi;中华盆距兰;China Dishspurorchis,China Gastrochilus ■

171895 Gastrochilus somae (Hayata) Hayata = Gastrochilus japonicus (Makino) Schltr. ■

171896 Gastrochilus subpapillosus Z. H. Tsi;歪头盆距兰;Askew Dishspurorchis,Askew Gastrochilus ■

171897 Gastrochilus toramanus (Makino) Schltr.;红桧松兰■

171898 Gastrochilus toramanus (Makino) Schltr. = Gastrochilus raraensis Fukuy. ■

171899 Gastrochilus xuanenensis Z. H. Tsi;宣恩盆距兰;Xuan'en Dishspurorchis,Xuan'en Gastrochilus ■

171900 Gastrochilus yunnanensis Schltr.;云南盆距兰;Yunnan Dishspurorchis,Yunnan Gastrochilus ■

171901 Gastrococos Morales(1865);刺瓶椰属(膨茎刺椰子属)●☆

171902 Gastrococos crispa (Kunth) H. E. Moore;刺瓶椰●☆

171903 Gastrocotyle Bunge(1850);腹脐草属;Navelgrass ■

171904 Gastrocotyle hispida (Forssk.) Bunge;腹脐草;Hispid Navelgrass ■

171905 Gastrodia R. Br. (1810);天麻属(赤箭属);Gastrodia ■

171906 Gastrodia africana Kraenzl.;非洲天麻■☆

171907 Gastrodia angusta S. Chow et S. C. Chen;原天麻;Original Gastrodia ■

171908 Gastrodia appendiculata C. S. Leou et N. J. Chung;无喙天麻(无喙赤箭,无蕊喙赤箭);Beakless Gastrodia ■

171909 Gastrodia autumnalis T. P. Lin;秋天麻(秋赤箭);Autumn Gastrodia ■

171910 Gastrodia autumnalis T. P. Lin = Gastrodia peichatieniana S. S. Ying ■

171911 Gastrodia boninensis Tuyama;小笠原天麻■☆

171912 Gastrodia boninensis Tuyama f. botrytis Tuyama;穗状小笠原天麻■☆

171913 Gastrodia confusa Honda et Tuyama;八代天麻(八代赤箭);Confuse Gastrodia ■

171914 Gastrodia confusa Honda et Tuyama = Gastrodia verrucosa Blume ■☆

171915 Gastrodia crassisepala L. O. Williams;厚萼天麻;Thick Sepal Gastrochilus ■☆

171916 Gastrodia dioscoreirhiza Hayata = Gastrodia gracilis Blume ■

171917 Gastrodia dioscoreirrhiza Hayata = Gastrodia gracilis Blume ■

171918 Gastrodia elata Blume;天麻(白龙皮,赤箭,赤箭芝,赤箭脂,赤天箭,滇东天麻,定风草,冬彭,都罗木,独采芝,独摇,独摇芝,分离草,高赤箭,鬼督邮,合离,合离草,红天麻,酱瓜天麻,离草,离母,龙皮,明天麻,木浦,山地豆,神草,石箭,水洋芋,羊角天麻,御风草,郓芝,自动草);Gastrodia,Tall Gastrodia ■

171919 Gastrodia elata Blume f. alba S. Chow;松天麻;White Gastrodia ■

171920 Gastrodia elata Blume f. alba S. Chow = Gastrodia elata Blume ■

171921 Gastrodia elata Blume f. flavida S. Chow;黄天麻;Yellow Gastrodia ■

171922 Gastrodia elata Blume f. flavida S. Chow = Gastrodia elata Blume ■

171923 Gastrodia elata Blume f. glauca S. Chow;乌天麻;Glaucous Gastrodia ■

171924 Gastrodia elata Blume f. glauca S. Chow = Gastrodia elata Blume ■

171925 Gastrodia elata Blume f. pilifera (Kitag.) Tuyama;毛天麻;Hairy Gastrodia ■

171926 Gastrodia elata Blume f. pilifera Tuyama = Gastrodia elata Blume ■

171927 Gastrodia elata Blume f. viridis (Makino) Makino = Gastrodia elata Blume ■

171928 Gastrodia elata Blume f. viridis (Makino) Makino ex Tuyama;绿天麻(白花天麻);Green Gastrodia ■

171929 Gastrodia elata Blume var. gracilis Pamp. = Gastrodia elata Blume ■

171930 Gastrodia elata Blume var. pallens Kitag.;白花天麻■

171931 Gastrodia elata Blume var. pallens Kitag. = Gastrodia elata Blume f. viridis (Makino) Makino ■

171932 Gastrodia elata Blume var. viridis (Makino) Makino = Gastrodia elata Blume ■

171933 Gastrodia elata Blume var. viridis Makino = Gastrodia elata Blume f. viridis (Makino) Makino ■

171934 Gastrodia flavilabella S. S. Ying;夏天麻(黄唇赤箭,夏赤箭);Summer Gastrodia ■

171935 Gastrodia foetida Koidz. = Gastrodia nipponica (Honda) Tuyama ■☆

171936 Gastrodia fontinalis T. P. Lin;春天麻(春赤箭);Spring Gastrodia ■

171937 Gastrodia gracilis Blume;细天麻(细赤箭);Small Gastrodia ■

171938 Gastrodia hiemalis T. P. Lin = Gastrodia pubilabiata Sawa ■

171939 Gastrodia javanica (Blume) Lindl.;南天麻(爪哇赤箭);Java Gastrodia ■

171940 Gastrodia javanica (Blume) Lindl. f. thalassina Yokota;海洋南天麻■☆

171941 Gastrodia lutea Fukuy. = Gastrodia javanica (Blume) Lindl. ■

171942 Gastrodia mairei Schltr. = Gastrodia elata Blume ■

171943 Gastrodia menghaiensis Z. H. Tsi et S. C. Chen;勐海天麻;Menghai Gastrodia ■

171944 Gastrodia nipponica (Honda) Tuyama;日本天麻■☆

171945 Gastrodia nipponica (Honda) Tuyama var. hiemalis (T. P. Lin) S. S. Ying = Gastrodia pubilabiata Sawa ■

171946 Gastrodia orobanchoides (Falc.) Benth.;列当天麻■☆

171947 Gastrodia pallens (Griff.) F. Muell. = Chamaegastrodia vaginata (Hook. f.) Seidenf. ■

171948 Gastrodia peichatieniana S. S. Ying;北插天天麻(北插天赤箭,秋赤箭);Beichatian Gastrodia ■

171949 Gastrodia pubilabiata Sawa;冬天麻(冬赤箭);Winter Gastrodia ■

171950 Gastrodia schinziana Kraenzl. = Epipogium roseum (D. Don) Lindl. ■

171951 Gastrodia sesamoides R. Br.;澳洲天麻;Australian Gastrochilus,Potato Orchid ■☆

171952 Gastrodia shimizuana Tuyama;叉脊天麻■

171953 Gastrodia sikokiana Makino = Chamaegastrodia shikokiana Makino et F. Maek. ■

171954 Gastrodia stapfiana Hayata = Gastrodia javanica (Blume) Lindl. ■

171955 Gastrodia stapfii Hayata = Gastrodia javanica (Blume) Lindl. ■

171956 Gastrodia taiwaniana Fukuy. = Gastrodia gracilis Blume ■

171957 Gastrodia tuberculata F. Y. Liu et S. C. Chen;疣天麻;Tuberculate Gastrodia ■

171958 Gastrodia verrucosa Blume;瘤天麻■☆

171959 Gastrodia viridis Makino = Gastrodia elata Blume f. viridis

(Makino) Makino ■
171960 Gastrodia viridis Makino = Gastrodia elata Blume ■
171961 Gastrodia wuyishanensis Da M. Li et C. D. Liu;武夷山天麻■
171962 Gastroglottis Blume = Dienia Lindl. ■
171963 Gastroglottis Blume = Liparis Rich. (保留属名)■
171964 Gastroglottis Blume = Malaxis Sol. ex Sw. ■
171965 Gastroglottis latifolia (Sm.) Szlach. = Dienia ophrydis (J. König) Ormerod et Seidenf. ■
171966 Gastroglottis montana Blume = Dienia ophrydis (J. König) Ormerod et Seidenf. ■
171967 Gastrolepis Tiegh. (1897);胀鳞茱萸属●☆
171968 Gastrolepis alticola Munzinger, McPherson et Lowry;胀鳞茱萸●☆
171969 Gastrolobium R. Br. (1811);毒豆木属(胀荚豆属);Heart-leaf, Poisonbush ●☆
171970 Gastrolobium callistachys Meisn.;岩毒豆木;Rock Poison ●☆
171971 Gastrolobium calycinum Benth.;萼状毒豆木;York Road Poison ●☆
171972 Gastrolobium spinosum Benth.;具刺毒豆木;Prickly Poison ●☆
171973 Gastrolychnis (Fenzl) Rchb. = Melandrium Röhl. ■
171974 Gastrolychnis (Fenzl) Rchb. = Silene L. (保留属名)■
171975 Gastrolychnis Fenzl ex Rchb. = Melandrium Röhl. ■
171976 Gastrolychnis Fenzl ex Rchb. = Silene L. (保留属名)■
171977 Gastrolychnis affinis (J. Vahl ex Fr.) Tolm. et Kozhanch. = Silene involucrata (Cham. et Schltdl.) Bocquet ■☆
171978 Gastrolychnis angustiflora Rupr. subsp. tenella (Tolm.) Tolm. et Kozhanch. = Silene involucrata (Cham. et Schltdl.) Bocquet subsp. tenella (Tolm.) Bocquet ■☆
171979 Gastrolychnis apetala (L.) Tolm. et Kozhanch. subsp. arctica (Fr.) Á. Löve et D. Löve = Silene uralensis (Rupr.) Bocquet ■☆
171980 Gastrolychnis drummondii (Hook.) Á. Löve et D. Löve = Silene drummondii Hook. ■☆
171981 Gastrolychnis involucrata (Cham. et Schltdl.) Á. Löve et D. Löve subsp. tenella (Tolm.) Á. Löve et D. Löve = Silene involucrata (Cham. et Schltdl.) Bocquet subsp. tenella (Tolm.) Bocquet ■☆
171982 Gastrolychnis involucrata (Cham. et Schltdl.) Á. Löve et D. Löve subsp. elatior (Regel) Á. Löve et D. Löve = Silene involucrata (Cham. et Schltdl.) Bocquet ■☆
171983 Gastrolychnis involucrata (Cham. et Schltdl.) Á. Löve et D. Löve = Silene involucrata (Cham. et Schltdl.) Bocquet ■☆
171984 Gastrolychnis kingii (S. Watson) W. A. Weber = Silene kingii (S. Watson) Bocquet ■☆
171985 Gastrolychnis macrosperma (A. E. Porsild) Tolm. et Kozhanch. = Silene uralensis (Rupr.) Bocquet subsp. porsildii Bocquet ■☆
171986 Gastrolychnis ostenfeldii (A. E. Porsild) V. V. Petrovsky = Silene ostenfeldii (A. E. Porsild) J. K. Morton ■☆
171987 Gastrolychnis soczaviana (Schischk.) Tolm. et Kozhanch. = Silene uralensis (Rupr.) Bocquet subsp. porsildii Bocquet ■☆
171988 Gastrolychnis soczaviana (Schischk.) Tolm. et Kozhanch. subsp. ogilviensis (A. E. Porsild) Á. Löve et D. Löve = Silene uralensis (Rupr.) Bocquet subsp. ogilviensis (A. E. Porsild) D. F. Brunt. ■☆
171989 Gastrolychnis soczaviana (Schischk.) Tolm. et Kozhanch. subsp. ogilviensis (A. E. Porsild) Á. Löve et D. Löve = Silene uralensis (Rupr.) Bocquet subsp. porsildii Bocquet ■☆
171990 Gastrolychnis taimyrensis (Tolm.) Czerep. = Silene ostenfeldii (A. E. Porsild) J. K. Morton ■☆
171991 Gastrolychnis triflora (R. Br. ex Sommerf.) Tolm. et Kozhanch. subsp. dawsonii (B. L. Rob.) Á. Löve et D. Löve = Silene ostenfeldii (A. E. Porsild) J. K. Morton ■☆
171992 Gastrolychnis uralensis Rupr. = Silene uralensis (Rupr.) Bocquet ■☆
171993 Gastromeria D. Don = Melasma P. J. Bergius ■
171994 Gastronema Herb. = Cyrtanthus Aiton(保留属名)■☆
171995 Gastronema sanguineum Lindl. = Cyrtanthus sanguineus (Lindl.) Walp. ■☆
171996 Gastronychia Small = Paronychia Mill. ■
171997 Gastronychia Small = Plagidia Raf. ■
171998 Gastronychia herniarioides (Michx.) Small = Paronychia herniarioides (Michx.) Nutt. ■☆
171999 Gastropodium Lindl. = Epidendrum L. (保留属名)■☆
172000 Gastropyrum (Jaub. et Spach) Á. Löve = Aegilops L. (保留属名)■
172001 Gastropyrum ventricosum (Tausch) Á. Löve = Aegilops ventricosa Tausch ■
172002 Gastrorchis Schltr. = Phaius Lour. ■
172003 Gastrorchis calanthoides (Ames) Z. H. Tsi, S. C. Chen et K. Mori = Cephalantheropsis halconensis (Ames) S. S. Ying ■
172004 Gastrorchis calanthoides (Ames) Z. H. Tsi, S. C. Chen et K. Mori = Cephalantheropsis calanthoides (Ames) Tang S. Liu et H. J. Su ■
172005 Gastrorchis francoisii Schltr.;法兰西斯膨舌兰■☆
172006 Gastrorchis gracilis (Lindl.) Aver. = Cephalantheropsis gracilis (Lindl.) S. Y. Hu ■
172007 Gastrorchis gracilis (Lindl.) Aver. = Cephalantheropsis obcordata (Lindl.) Ormerod ■
172008 Gastrorchis humblotii (Rchb. f.) Schltr.;洪布膨舌兰■☆
172009 Gastrorchis pulchra Humbert et H. Perrier;美丽膨舌兰■☆
172010 Gastrorchis pulchra Humbert et H. Perrier = Phaius pulcher (Humbert et H. Perrier) Summerh. ■☆
172011 Gastrorchis simulans (Rolfe) Schltr.;相似膨舌兰■☆
172012 Gastrorchis tuberculosa (Thouars) Schltr.;多瘤膨舌兰■☆
172013 Gastrorchis tuberculosa (Thouars) Schltr. = Phaius tuberculosus (Thouars) Blume ■☆
172014 Gastrosiphon (Schltr.) M. A. Clem. et D. L. Jones = Corybas Salisb. ■
172015 Gastrosiphon (Schltr.) M. A. Clem. et D. L. Jones = Corysanthes R. Br. ■
172016 Gastrostylum Sch. Bip. = Gastrosulum Sch. Bip. ■
172017 Gastrostylum Sch. Bip. = Matricaria L. ■
172018 Gastrostylus (Torr.) Kuntze = Cneoridium Hook. f. ●☆
172019 Gastrosulum Sch. Bip. = Matricaria L. ■
172020 Gastrosulum Sch. Bip. = Tripleurospermum Sch. Bip. ■
172021 Gatesia A. Gray = Yeatesia Small ■☆
172022 Gatesia Bertol. = Petalostemon Michx. (保留属名)■☆
172023 Gatnaia Gagnep. = Baccaurea Lour. ●
172024 Gatnaia annamica Gagnep. = Baccaurea ramiflora Lour. ●
172025 Gattenhoffia Neck. = Dimorphotheca Vaill. (保留属名)■●☆
172026 Gattenhofia Medik. = Iris L. ■
172027 Gatyona Cass. = Crepis L. ■
172028 Gaudichaudia Kunth(1821);高丁木属●☆
172029 Gaudichaudia cynanchoides Kunth;高丁木■☆
172030 Gaudina St. -Lag. = Gaudinia P. Beauv. ■☆

172031 Gaudinia J. Gay = Limeum L. ■●☆
172032 Gaudinia P. Beauv.（1812）；戈丹草属（高迪草属）；French Oat-grass ■☆
172033 Gaudinia diffusa J. Gay = Limeum diffusum（J. Gay）Schinz ■☆
172034 Gaudinia fragilis（L.）P. Beauv.；纤细戈丹草（纤细高迪草）；Fragile Oat，French Oat-grass ■☆
172035 Gaudinia fragilis（L.）P. Beauv. var. filiformis（Albert）Asch. et Graebn. = Gaudinia fragilis（L.）P. Beauv. ■☆
172036 Gaudinia fragilis（L.）P. Beauv. var. glabriglumis Ronniger = Gaudinia fragilis（L.）P. Beauv. ■☆
172037 Gaudinia fragilis（L.）P. Beauv. var. villosa Maire = Gaudinia fragilis（L.）P. Beauv. ■☆
172038 Gaudinia maroccana Trab.；摩洛哥戈丹草■☆
172039 Gaudinia maroccana Trab. var. glabriglumis Maire = Gaudinia maroccana Trab. ■☆
172040 Gaudinia maroccana Trab. var. hirtiglumis Maire = Gaudinia maroccana Trab. ■☆
172041 Gaudinia valdesii Romero Zarco；瓦尔德斯戈丹草■☆
172042 Gaudinia viscosa J. Gay = Limeum viscosum（J. Gay）Fenzl ■☆
172043 Gaudinopsis（Boiss.）Eig = Ventenata Koeler（保留属名）■☆
172044 Gaudinopsis Eig = Ventenata Koeler（保留属名）■☆
172045 Gaulteria Adans. = Gaultheria L. ●
172046 Gaultheria Kalm ex L. = Gaultheria L. ●
172047 Gaultheria L.（1753）；白珠树属；Aromatic Wintergreen，Canada Tree，Creeping Winter-green，Gaultheria，Partridge Berry，Snowberry，Whitepearl，Winter Green，Wintergreen ●
172048 Gaultheria × wisleyensis Marchant ex D. J. Middleton；威斯利白珠树●☆
172049 Gaultheria × wisleyensis Marchant ex D. J. Middleton 'Pink Pixie'；粉精灵威斯利白珠树●☆
172050 Gaultheria × wisleyensis Marchant ex D. J. Middleton 'Wisley Pearl'；威斯利珍珠威斯利白珠树●☆
172051 Gaultheria acuminata Schltdl.；渐尖白珠树（渐尖白珠）●☆
172052 Gaultheria adenothrix（Miq.）Maxim.；腺毛白珠树（腺毛白珠）；Glandular Hair Gaultheria，Glandular Hair Whitepearl ●☆
172053 Gaultheria adenothrix（Miq.）Maxim. f. leucocarpa Makino ex H. Hara；白果腺毛白珠树●☆
172054 Gaultheria adenothrix（Miq.）Maxim. f. rubriflora Takeda；红花腺毛白珠树（腺毛白珠）●☆
172055 Gaultheria adenothrix（Miq.）Maxim. var. yoshiiana Honda = Gaultheria adenothrix（Miq.）Maxim. f. leucocarpa Makino ex H. Hara ●☆
172056 Gaultheria adenothrix Maxim. = Gaultheria adenothrix（Miq.）Maxim. ●☆
172057 Gaultheria antipoda G. Forst.；食果白珠树（食果白珠）；Edible Fruit Gaultheria，Edible Fruit Whitepearl，Snowberry ●☆
172058 Gaultheria benguetensis Copel. = Gaultheria borneensis Stapf ●
172059 Gaultheria borneensis Stapf；高山白珠（高山白珠树，南烛，台湾白珠，玉山白珠树）；Alpine Whitepearl，Alpine Wintergreen，Borneo Wintergreen，Ito Wintergreen，Taiwan Gaultheria，Taiwan Whitepearl，Taiwan Wintergreen ●
172060 Gaultheria brevistipes（C. Y. Wu et T. Z. Hsu）R. C. Fang；短柄白珠●
172061 Gaultheria cardiosepala Hand. -Mazz.；苍山白珠；Cangshan Whitepearl，Cangshan Wintergreen，Cordate Sepal Gaultheria，Tsangshan Wintergreen ●
172062 Gaultheria caudata Stapf = Gaultheria griffithiana Wight ●
172063 Gaultheria codonantha Airy Shaw；钟花白珠●
172064 Gaultheria crenulata Kurz = Gaultheria leucocarpa Blume var. crenulata（Kurz）T. Z. Hsu ●
172065 Gaultheria cumingiana Vidal = Gaultheria leucocarpa Blume var. cumingiana（Vidal）T. Z. Hsu ●
172066 Gaultheria cuneata（Rehder et E. H. Wilson）Bean；四川白珠（四川白珠树）；Sichuan Whitepearl，Sichuan Wintergreen ●
172067 Gaultheria depressa Hook. f.；匍匐白珠树（匍匐白珠）；Depressed Gaultheria，Whitepearl ●☆
172068 Gaultheria dolichopoda Airy Shaw；长梗白珠；Long-petioled Wintergreen，Long-stalk Gaultheria，Longstipe Whitepearl ●
172069 Gaultheria dumicola W. W. Sm.；丛林白珠；Jungle Whitepearl，Thicket Wintergreen ●
172070 Gaultheria dumicola W. W. Sm. var. asper Airy Shaw；粗糙丛林白珠●
172071 Gaultheria dumicola W. W. Sm. var. hirticaulis R. C. Fang；糙茎丛林白珠●
172072 Gaultheria dumicola W. W. Sm. var. petanoneuron Airy Shaw；高山丛林白珠●
172073 Gaultheria dumicola W. W. Sm. var. pubipes Airy Shaw；微毛丛林白珠●
172074 Gaultheria forrestii Diels；地檀香（大透骨消，冬青叶，老鸦果，透骨消，香叶子，岩子果，云南檀香，炸山叶）；Forrest Whitepearl，Forrest Wintergreen，Like Santalum Gaultheria ●
172075 Gaultheria forrestii Diels = Gaultheria fragrantissima Wall. ●
172076 Gaultheria forrestii Diels var. setigera C. Y. Wu et T. Z. Hsu = Gaultheria semi-infera（C. B. Clarke）Airy Shaw ●
172077 Gaultheria forrestii Diels var. setigera C. Y. Wu ex T. Z. Hsu；刚毛地檀香；Setose Gaultheria，Setose Whitepearl ●
172078 Gaultheria fragrantissima Wall.；芳香白珠树（芳香白珠）；Fragrant Gaultheria，Fragrant Whitepearl，Fragrant Wintergreen ●
172079 Gaultheria fragrantissima Wall. var. hirsuta（Garden）C. B. Clarke = Gaultheria hookeri C. B. Clarke ●
172080 Gaultheria griffithiana Wight；尾叶白珠（高山地檀香，山胡椒，尾叶白珠树）；Griffith Whitepearl，Griffith Wintergreen，Long Acuminate Gaultheria ●
172081 Gaultheria griffithiana Wight var. insignis R. C. Fang；多毛尾叶白珠●
172082 Gaultheria heteromera R. C. Fang；异数白珠●
172083 Gaultheria hispida R. Br.；蜡果白珠树（蜡果白珠）；Waxberry，Waxberry Gaultheria，Waxberry Whitepearl ●☆
172084 Gaultheria hispidula（L.）Bigelow var. japonica（A. Gray）Makino ex Airy Shaw = Gaultheria japonica（A. Gray）Sleumer ●☆
172085 Gaultheria hispidula（L.）Muhl. ex Bigelow；硬毛白珠树（爬地雪果白珠，爬地雪果白珠树，匍匐白珠）；Creeping Snowberry，Creeping Whitepearl，Creeping-snowberry，Moxie Plum ●☆
172086 Gaultheria hookeri C. B. Clarke；胡克白珠（白背透骨消，红粉白珠，沙果）；Hooker Whitepearl，Hooker Wintergreen，Hooker's Gaultheria ●
172087 Gaultheria hookeri C. B. Clarke var. angustifolia C. B. Clarke；狭叶红粉白珠；Narrowleaf Hooker Whitepearl，Narrowleaf Hooker Wintergreen，Wintergreen ●
172088 Gaultheria hookeri C. B. Clarke var. angustifolia C. B. Clarke = Gaultheria hookeri C. B. Clarke ●
172089 Gaultheria humifusa（Graham）Rydb.；高山冬绿；Alpine Whitepearl，Alpine Wintergreen，Aromatic Wintergreen，Checkerberry，Creeping Wintergreen，Teaberry ●☆

172090 Gaultheria hypochlora Airy Shaw;绿背白珠;Greenback Whitepearl,Green-backed Wintergreen ●

172091 Gaultheria itoana Hayata = Gaultheria borneensis Stapf ●

172092 Gaultheria japonica (A. Gray) Sleumer;日本白珠(日本伏地杜鹃);Japan Chiogenes ●☆

172093 Gaultheria jingdongensis R. C. Fang;景东白珠●

172094 Gaultheria lasiocarpa T. Z. Hsu;毛果白珠;Hairy-fruit Gaultheria,Hairy-fruit Whitepearl ●

172095 Gaultheria lasiocarpa T. Z. Hsu = Gaultheria griffithiana Wight ●

172096 Gaultheria laxiflora Diels = Gaultheria leucocarpa Blume var. yunnanensis (Franch.) T. Z. Hsu et R. C. Fang ●

172097 Gaultheria leucocarpa Blume;白果白珠;White-fruit Gaultheria, Whitefruit Whitepearl,White-fruited Wintergreen ●

172098 Gaultheria leucocarpa Blume f. cumingiana (Vidal) Sleumer = Gaultheria leucocarpa Blume var. cumingiana (Vidal) T. Z. Hsu ●

172099 Gaultheria leucocarpa Blume var. crenulata (Kurz) T. Z. Hsu;毛滇白珠(白珠木,白珠树,滇白珠,滇白珠树,冬绿树,芳香草,黑油果,火炭子,鸡骨香,九里香,九木香,康乐茶,老虎尿,满山香,满天香,煤炭果,煤炭子,苗婆疯,千里香,搜山虎,筒花木,透骨草,透骨香,透骨消,万里香,乌皁树,洗澡叶,细齿白珠,下山虎,下山黄,小透骨草,野茶泡,云南白珠树,钻骨风);Yunnan Whitepearl,Yunnan Wintergreen ●

172100 Gaultheria leucocarpa Blume var. cumingiana (Vidal) T. Z. Hsu;白珠树(冬青油树,牛头药,台湾白珠树,盐擦草);Common Gaultheria,Cuming's Whitepearl,Cuming's Wintergreen ●

172101 Gaultheria leucocarpa Blume var. cumingiana Vidal = Gaultheria leucocarpa Blume var. cumingiana (Vidal) T. Z. Hsu ●

172102 Gaultheria leucocarpa Blume var. hirsuta (D. Fang et N. K. Liang) T. Z. Hsu;硬毛滇白珠(金钗,硬毛白珠,硬毛满山香);Hardhair Whitefruit Whitepearl, Hispid Yunnan Gaultheria, Hispid Yunnan Whitepearl ●

172103 Gaultheria leucocarpa Blume var. hirsuta (D. Fang et N. K. Liang) T. Z. Hsu = Gaultheria leucocarpa Blume var. crenulata (Kurz) T. Z. Hsu ●

172104 Gaultheria leucocarpa Blume var. pingbienensis C. Y. Wu ex T. Z. Hsu;屏边白珠;Pingbian Whitepearl,Pingbian Wintergreen ●

172105 Gaultheria leucocarpa Blume var. pingbienensis C. Y. Wu ex T. Z. Hsu = Gaultheria leucocarpa Blume var. yunnanensis (Franch.) T. Z. Hsu et R. C. Fang ●

172106 Gaultheria leucocarpa Blume var. psilocarpa (Copel.) R. C. Fang;秃果白珠●

172107 Gaultheria leucocarpa Blume var. yunnanensis (Franch.) T. Z. Hsu et R. C. Fang;滇白珠●

172108 Gaultheria longibracteolata R. C. Fang;长苞白珠●

172109 Gaultheria longiracemosa Y. C. Yang;长序白珠;Long-racemose Whitepearl,Long-racemose Wintergreen ●

172110 Gaultheria macrostigma (Colenso) D. J. Middleton;大柱头白珠树;Prostrate Snowberry ●☆

172111 Gaultheria miqueliana Takeda;日本垂花白珠树(米魁氏白珠树,日本垂花白珠);Miquelberry, Nodding Flowers Gaultheria, Nodding Flowers Whitepearl ●

172112 Gaultheria miyiensis T. Z. Hsu;米易白珠;Miyi Whitepearl, Miyi Wintergreen ●

172113 Gaultheria miyiensis T. Z. Hsu = Gaultheria griffithiana Wight ●

172114 Gaultheria mucronata (L. f.) Hook. et Arn. = Gaultheria mucronata J. Rémy ●☆

172115 Gaultheria mucronata J. Rémy;锐尖白珠树(短尖叶白珠树);Prickly Heath ●☆

172116 Gaultheria mucronata J. Rémy 'Alba';白果锐尖白珠树●☆

172117 Gaultheria mucronata J. Rémy 'Bell's Seedling';贝尔之苗锐尖白珠树●☆

172118 Gaultheria mucronata J. Rémy 'Cherry Ripe';樱桃红锐尖白珠树(樱桃红短尖叶白珠树)●☆

172119 Gaultheria mucronata J. Rémy 'Coccinea';胭脂红锐尖白珠树●☆

172120 Gaultheria mucronata J. Rémy 'Edward Balls';爱德华铃锐尖白珠树(爱德华铃短尖叶白珠树)●☆

172121 Gaultheria mucronata J. Rémy 'Mulberry Wine';桑椹酒锐尖白珠树(桑葚酒短尖叶白珠树)●☆

172122 Gaultheria mucronata J. Rémy 'Snow White';雪白锐尖白珠树●☆

172123 Gaultheria mucronata J. Rémy 'Wintertime';冬季锐尖白珠树(冬天短尖叶白珠树)●☆

172124 Gaultheria nana C. Y. Wu et T. Z. Hsu;矮小白珠;Dwarf Whitepearl,Dwarf Wintergreen ●

172125 Gaultheria nivea (J. Anthony) Airy Shaw = Gaultheria sinensis J. Anthony var. nivea J. Anthony ●

172126 Gaultheria notabilis J. Anthony et Airy Shaw;短穗白珠;Shortspike Whitepearl, Shortspike Wintergreen, Short-spiked Wintergreen ●

172127 Gaultheria nummularioides D. Don;铜钱叶白珠树(四川白珠,铜钱白珠,铜钱叶白珠);Coinleaf Whitepearl, Nummlar Leaves Gaultheria, Nummular-leaved Wintergreen, Nummularylike Wintergreen ●

172128 Gaultheria nummularioides D. Don var. elliptica Rehder et E. H. Wilson = Gaultheria nummularioides D. Don ●

172129 Gaultheria nummularioides D. Don var. microphylla C. Y. Wu et T. Z. Hsu;小叶铜钱白珠;Small-leaf Coinleaf Whitepearl,Small-leaf Nummularylike Wintergreen ●

172130 Gaultheria nummularioides D. Don var. microphylla C. Y. Wu et T. Z. Hsu = Gaultheria nummularioides D. Don ●

172131 Gaultheria oppositifolia Hook. f.;对叶白珠树(对叶白珠);Opposite-leaves Gaultheria,Opposite-leaves Whitepearl ●☆

172132 Gaultheria ovalifolia A. Gray subsp. adenothrix (Miq.) T. Shimizu = Gaultheria adenothrix (Miq.) Maxim. ●☆

172133 Gaultheria ovatifolia A. Gray;卵叶白珠树(卵叶白珠);Ovate-leaf Gaultheria,Whitepearl ●☆

172134 Gaultheria praticola C. Y. Wu ex T. Z. Hsu;草地白珠;Grassland Gaultheria,Grassland Whitepearl,Meadow Wintergreen ●

172135 Gaultheria procumbens L.;平铺白珠(冬绿树,伏卧白珠,伏卧白珠树,平铺白珠树,倾卧白珠树,野茶白珠树);Boxberry, Box-berry, Canadian Tea, Checkerberry, Checkerberry Whitepearl, Checkerberry Wintergreen, Common Wintergreen, Creeping Wintergreen,Deerberry,Drunkards,Eastern Teaberry,Ground Holly, Ground Tea,Jersey Tea,Montain Tea,Mountain Tea,Partridge Berry, Partridgeberry,Partridge-berry, Salad, Spicy Wintergreen, Spreading Wintergreen,Teaberry,Winterberry,Wintergreen ●☆

172136 Gaultheria prostrata W. W. Sm.;平卧白珠(平卧白珠树);Erostrate Wintergreen,Prostrate Whitepearl ●

172137 Gaultheria pseudonotabilis H. Li ex R. C. Fang;假短穗白珠●

172138 Gaultheria psilocarpa Copel. = Gaultheria leucocarpa Blume var. psilocarpa (Copel.) R. C. Fang ●

172139 Gaultheria pumila (L. f.) D. J. Middleton;矮白珠树●☆

172140 Gaultheria purpurea R. C. Fang;紫背白珠●

172141 Gaultheria pyrolifolia Hook. f. ex C. B. Clarke = Gaultheria pyroloides Hook. f. et Thomson ex Miq. ●

172142 Gaultheria pyroloides Hook. f. et Thomson ex Miq.;鹿蹄草叶白珠(白珠树,梨叶白珠,鹿蹄草白珠树);Pyrolaleaf Whitepearl, Pyrolaleaf Wintergreen, Pyrola-leaved Wintergreen ●

172143 Gaultheria pyroloides Hook. f. et Thomson ex Miq. = Gaultheria miqueliana Takeda ●

172144 Gaultheria pyroloides Hook. f. et Thomson ex Miq. var. cuneata Rehder et E. H. Wilson = Gaultheria cuneata (Rehder et E. H. Wilson) Bean ●

172145 Gaultheria repens Blume = Gaultheria borneensis Stapf ●

172146 Gaultheria repens Blume = Gaultheria nummularioides D. Don ●

172147 Gaultheria rupestris (L. f.) G. Don;岩生白珠树(岩生白珠);Rock Gaultheria, Rock Whitepearl ●☆

172148 Gaultheria semi-infera (C. B. Clarke) Airy Shaw;五雄白珠(山胡椒,五雄白珠树);Five Stamina Gaultheria, Fivestamen Whitepearl, Fivestamen Wintergreen, Five-stamened Wintergreen ●

172149 Gaultheria shallon Pursh;柠檬叶白珠树(柠檬叶白珠);Lemonleaf Whitepearl, Sabal, Shallon, Shallon Bush, Shallon Lemonleaf ●☆

172150 Gaultheria sinensis J. Anthony;华白珠(中国白珠);China Whitepearl, Chinese Wintergreen ●

172151 Gaultheria sinensis J. Anthony var. crassifolia Airy Shaw = Gaultheria sinensis J. Anthony ●

172152 Gaultheria sinensis J. Anthony var. major Airy Shaw. = Gaultheria sinensis J. Anthony ●

172153 Gaultheria sinensis J. Anthony var. nivea J. Anthony;白果华白珠;White-fruit China Whitepearl, White-fruit Chinese Wintergreen ●

172154 Gaultheria sinensis J. Anthony var. nivea J. Anthony f. maior Airy Shaw = Gaultheria sinensis J. Anthony var. nivea J. Anthony ●

172155 Gaultheria stapfiana Airy Shaw = Gaultheria hookeri C. B. Clarke ●

172156 Gaultheria straminea R. C. Fang;草黄白珠●

172157 Gaultheria suborbicularis W. W. Sm.;伏地白珠●

172158 Gaultheria suborbicularis W. W. Sm. = Chiogenes suborbicularis (W. W. Sm.) Ching ex T. Z. Hsu ●

172159 Gaultheria taiwaniana S. S. Ying;台湾白珠(台湾白珠树)●

172160 Gaultheria taiwaniana S. S. Ying = Gaultheria itoana Hayata ●

172161 Gaultheria tasmanica (Hook. f.) D. J. Middleton;塔斯马尼亚白珠树(塔斯曼亚白珠树)●☆

172162 Gaultheria tetramera W. W. Sm.;四裂白珠(小灰果);Four Seoals Gaultheria, Four-sepaled Wintergreen, Tetramerous Whitepearl, Tetramerous Wintergreen ●

172163 Gaultheria trichoclada C. Y. Wu = Gaultheria wardii C. Marquand et Airy Shaw ●

172164 Gaultheria trichoclada C. Y. Wu ex T. Z. Hsu;毛枝白珠;Hairbranch Whitepearl, Hairybranch Wintergreen, Hairy-branched Wintergreen ●

172165 Gaultheria trichophylla Royle;刺毛白珠(刺毛白珠树,云南白珠);Hairleaf Whitepearl, Hairy Leaves Gaultheria, Hairyleaf Wintergreen, Hairy-leaved Wintergreen ●

172166 Gaultheria trichophylla Royle = Gaultheria hypochlora Airy Shaw ●

172167 Gaultheria trichophylla Royle var. eciliata S. J. Rae et D. G. Long;无刺毛白珠●

172168 Gaultheria trichophylla Royle var. tetracme Airy Shaw;四芒刺毛白珠●

172169 Gaultheria trichophylla Royle var. tetracme Airy Shaw = Gaultheria trichophylla Royle ●

172170 Gaultheria trigonoclada R. C. Fang;三棱枝白珠●

172171 Gaultheria veitchiana Craib;维奇白珠;Hairy Twigs Gaultheria, Hairy Twigs Whitepearl ●☆

172172 Gaultheria veitchiana Craib = Gaultheria hookeri C. B. Clarke ●

172173 Gaultheria wardii C. Marquand et Airy Shaw;西藏白珠;Ward Wintergreen, Xizang Gaultheria, Xizang Whitepearl, Xizang Wintergreen ●

172174 Gaultheria wardii C. Marquand et Airy Shaw var. elongata R. C. Fang;延序西藏白珠●

172175 Gaultheria wardii C. Marquand et Airy Shaw var. serrulata C. Y. Wu et T. Z. Hsu;齿缘西藏白珠(齿叶西藏白珠);Serrulate Ward Wintergreen ●

172176 Gaultheria wardii C. Marquand et Airy Shaw var. serrulata C. Y. Wu et T. Z. Hsu = Gaultheria straminea R. C. Fang ●

172177 Gaultheria yunnanensis (Franch.) Rehder = Gaultheria leucocarpa Blume var. yunnanensis (Franch.) T. Z. Hsu et R. C. Fang ●

172178 Gaultheria yunnanensis (Franch.) Rehder = Gaultheria leucocarpa Blume var. crenulata (Kurz) T. Z. Hsu ●

172179 Gaultheria yunnanensis (Franch.) Rehder var. hirsuta D. Fang et N. K. Liang = Gaultheria leucocarpa Blume var. crenulata (Kurz) T. Z. Hsu ●

172180 Gaultheria yunnanensis (Franch.) Rehder var. hirsuta D. Fang et N. K. Liang = Gaultheria leucocarpa Blume var. hirsuta (D. Fang et N. K. Liang) T. Z. Hsu ●

172181 Gaultiera Raf. = Gaultheria L. ●

172182 Gaumerocassia Britton = Cassia L.(保留属名)●■

172183 Gaumerocassia Britton = Senna Mill. ●■

172184 Gaunia Scop. = Gahnia J. R. Forst. et G. Forst. ■

172185 Gaura L. (1753);山桃草属;Peachgrass, Gaura ■

172186 Gaura Lam. = Commelina L. ■

172187 Gaura biennis L.;阔果山桃草(山桃草);Biennial Bee-blossom, Biennial Gaura, Bigfruit Gaura, Gaura bisannuellc ■

172188 Gaura biennis L. var. pitcheri Torr. et A. Gray = Gaura longiflora Spach ■☆

172189 Gaura chinensis Lour. = Gonocarpus chinensis (Lour.) Orchard ■

172190 Gaura chinensis Lour. = Haloragis chinensis (Lour.) Merr. ■

172191 Gaura coccinea Nutt. ex Pursh;红山桃草;Red Gaura, Scarlet Bee-blossom, Scarlet Gaura ■☆

172192 Gaura coccinea Nutt. ex Pursh var. arizonica Munz = Gaura coccinea Nutt. ex Pursh ■☆

172193 Gaura coccinea Nutt. ex Pursh var. epilobioides (Kunth) Munz = Gaura coccinea Nutt. ex Pursh ■☆

172194 Gaura coccinea Nutt. ex Pursh var. glabra (Lehm.) Munz = Gaura coccinea Nutt. ex Pursh ■☆

172195 Gaura coccinea Nutt. ex Pursh var. parvifolia (Torr.) Rickett = Gaura coccinea Nutt. ex Pursh ■☆

172196 Gaura coccinea Nutt. ex Pursh var. typica Munz = Gaura coccinea Nutt. ex Pursh ■☆

172197 Gaura epilobioides Kunth = Gaura coccinea Nutt. ex Pursh ■☆

172198 Gaura filiformis Small = Gaura longiflora Spach ■☆

172199 Gaura fruticosa Loefl. = Combretum fruticosum (Loefl.) Stuntz ●☆

172200 Gaura glabra Lehm. = Gaura coccinea Nutt. ex Pursh ■☆

172201 Gaura lindheimeri Engelm. et A. Gray;山桃草(白蝶花,白桃花,玉蝶花);Apple Blossom Grass, Butterfly Gaura, Gaura, Pink Gaura, Wand Flower, White Gaura, White Peachgrass ■

172202 Gaura longiflora Spach;大花山桃草;Large-flowered Gaura, Long-flower Bee-blossom ■☆

172203 Gaura parviflora Douglas;小花山桃草(倒扣草);Gaura Smallflower, Lizard-tail, Long-flower Bee-blossom, Smallflower Peachgrass, Small-flowered Gaura, Velvet-weed, Velvety Gaura ■

172204 Gaura parviflora Douglas f. glabra Munz = Gaura parviflora Douglas ■

172205 Gaura parviflora Lehm. = Gaura parviflora Douglas ■

172206 Gaura parviflora Lehm. var. lachnocarpa Weath. = Gaura parviflora Douglas ■

172207 Gaura parviflora Lehm. var. typica Munz = Gaura parviflora Douglas ■

172208 Gaura parvifolia Torr. = Gaura coccinea Nutt. ex Pursh ■☆

172209 Gaura pitcheri (Torr. et A. Gray) Small = Gaura longiflora Spach ■☆

172210 Gaura sinuata Nutt. ex Ser.;波叶山桃草;Wavy-leaved Gaura ■☆

172211 Gaura tetragynus Labill. = Gonocarpus chinensis (Lour.) Orchard ■

172212 Gaurea Rchb. = Guarea F. Allam.(保留属名)●☆

172213 Gaurea binectariferum Roxb. = Dysoxylum binectariferum (Roxb.) Hook. f. ex Bedd. ●

172214 Gaurea gobara Buch. -Ham. = Dysoxylum excelsum Blume ●

172215 Gaurea procerum Wall. = Dysoxylum excelsum Blume ●

172216 Gaurella Small = Oenothera L. ●■

172217 Gauridium Spach = Gaura L. ■

172218 Gauropsis (Torr. et Frém.) Cockerell = Gaurella Small ●■

172219 Gauropsis (Torr. et Frém.) Cockerell = Oenothera L. ●■

172220 Gauropsis C. Presl = Clarkia Pursh ■

172221 Gauropsis Cockerell = Gaurella Small ●■

172222 Gauropsis Cockerell = Oenothera L. ●■

172223 Gaussenia A. V. Bobrov et Melikyan = Dacrydium Sol. ex J. Forst. ●

172224 Gaussia H. Wendl. (1865);高斯棕属(高斯榈属,根锥椰属,骨氏椰子属,加西亚椰属,露美棕属,马椰榈属);Sierra Palm ●☆

172225 Gaussia attenuata Becc.;渐尖高斯棕;Llume Palm ●☆

172226 Gaussia maya (O. F. Cook) H. J. Quero et Read;马椰榈●☆

172227 Gaussia princeps H. Wendl.;高斯棕;Sierra Palm ●☆

172228 Gautiera Raf. = Gaultheria L. ●

172229 Gavarretia Baill. (1861);加瓦大戟属☆

172230 Gavarretia terminalis Baill.;加瓦大戟☆

172231 Gavesia Walp. = Gatesia Bertol. ■☆

172232 Gavesia Walp. = Petalostemon Michx.(保留属名)■☆

172233 Gavilea Poepp. (1833);加维兰属■☆

172234 Gavilea acutiflora Poepp.;尖花加维兰■☆

172235 Gavilea glandulifera (Poepp.) M. N. Corrêa;腺点加维兰■☆

172236 Gavilea macroptera (Kraenzl.) M. N. Corrêa;大翅加维兰■☆

172237 Gavillea Poepp. et Endl. ex Steud. = Gavilea Poepp. ■☆

172238 Gavnia Pfeiff. = Gahnia J. R. Forst. et G. Forst. ■

172239 Gavnia Pfeiff. = Gahnia Scop. ■

172240 Gaya Gaudin = Arpitium Neck. ex Sweet ■

172241 Gaya Gaudin = Neogaya Meisn. ■

172242 Gaya Gaudin = Pachypleurum Ledeb. ■

172243 Gaya Kunth(1822);盖伊锦葵属■●☆

172244 Gaya Spreng. = Seringia J. Gay(保留属名)●☆

172245 Gaya lyallii Baker f.;盖伊锦葵;Lacebark, Mountain Ribbonwood, Thousand Jacket ■☆

172246 Gayacum Brongn. = Guaiacum L.(保留属名)●

172247 Gayella Pierre = Pouteria Aubl. ●

172248 Gaylussacia Kunth(1819)(保留属名);无芒药属(佳露果属);Blueberry, Huckleberry ●☆

172249 Gaylussacia baccata (Wangenh.) K. Koch;黑无芒药(佳露果);Black Huckleberry, Huckleberry ●☆

172250 Gaylussacia baccata (Wangenh.) K. Koch f. leucocarpa Fernald;白果黑无芒药●☆

172251 Gaylussacia baccata (Wangenh.) K. Koch var. glaucocarpa Mack.;灰果黑无芒药●☆

172252 Gaylussacia brachycera (Michx.) Torr. et Gray = Gaylussacia brachycera (Michx.) Torr. et Gray ex A. Gray ●☆

172253 Gaylussacia brachycera (Michx.) Torr. et Gray ex A. Gray;无芒药;Box Huckleberry ●☆

172254 Gaylussacia brachycera Gray = Gaylussacia brachycera (Michx.) Torr. et Gray ex A. Gray ●☆

172255 Gaylussacia brachycera Torr. et Gray ex A. Gray = Gaylussacia brachycera (Michx.) Torr. et Gray ex A. Gray ●☆

172256 Gaylussacia dumosa Torr. et Gray;矮无芒药;Dwarf Huckleberry ●☆

172257 Gaylussacia frondosa Torr. et Gray ex Torr.;多叶无芒药(叶状无芒药);Blue Huckleberry, Dangleberry, Tangleberry ●☆

172258 Gaylussacia incurvata Griff. = Agapetes incurvata (Griff.) Sleumer ●

172259 Gaylussacia myrtilloides Cham.;黑果越橘无芒药;Sourtop Blueberry ●☆

172260 Gaylussacia serrata (G. Don) Lindl. = Vaccinium vacciniaceum (Roxb.) Sleumer ●

172261 Gaylussacia serrata Lindl. = Vaccinium subdissitifolium P. F. Stevens ●

172262 Gaylussacia ursina Torr. et A. Gray;光无芒药;Bear Huckleberry, Buckberry ●☆

172263 Gayoides (Endl.) Small = Herissantia Medik. ■●

172264 Gayoides Endl. = Herissantia Medik. ■●

172265 Gayoides Small = Herissantia Medik. ■●

172266 Gayoides crispa (L.) Small = Herissantia crispa (L.) Brizicky ■

172267 Gayophytum A. Juss. (1832);盖伊柳叶菜属■☆

172268 Gayophytum lasiospermum Greene;毛籽盖伊柳叶菜■☆

172269 Gayophytum minutum Phil.;小盖伊柳叶菜■☆

172270 Gayophytum robustum Phil.;粗壮盖伊柳叶菜■☆

172271 Gaytania Münter = Pimpinella L. ■

172272 Gaza Teran et Berland = Ehretia P. Browne ●

172273 Gazachloa J. B. Phipps = Danthoniopsis Stapf ■☆

172274 Gazachloa chimanimaniensis J. B. Phipps = Danthoniopsis chimanimaniensis (J. B. Phipps) Clayton ■☆

172275 Gazachloa scopulorum J. B. Phipps = Danthoniopsis scopulorum (J. B. Phipps) J. B. Phipps ■☆

172276 Gazania Gaertn. (1791)(保留属名);勋章花属(勋章菊属);Gazania, Treasureflower, Treasure-flower ●■☆

172277 Gazania aculeata Muschl. ex Dinter = Gazania schenckii O. Hoffm. ■☆

172278 Gazania angustifolia O. Hoffm. = Hirpicium angustifolium (O. Hoffm.) Rössler ■☆

172279 Gazania araneosa DC. = Gazania lichtensteinii Less. ■☆

172280 Gazania arctotoides Less. = Gazania krebsiana Less. subsp. arctotoides (Less.) Rössler ■☆

172281 Gazania armerioides DC. = Hirpicium armerioides (DC.)

Rössler ■☆
172282 Gazania beguinotii Lanza = Hirpicium beguinotii (Lanza) Cufod. ■☆
172283 Gazania bracteata N. E. Br. = Gazania krebsiana Less. subsp. serrulata (DC.) Rössler ■☆
172284 Gazania burchellii DC. = Hirpicium echinus Less. ■☆
172285 Gazania caespitosa Bolus;丛生勋章花■☆
172286 Gazania canescens Harv. = Gazania krebsiana Less. subsp. serrulata (DC.) Rössler ■☆
172287 Gazania ciliaris DC.;睫毛勋章花■☆
172288 Gazania diffusa (Thunb.) Spreng. = Gorteria diffusa Thunb. ■☆
172289 Gazania diffusa Oliv. = Hirpicium diffusum (O. Hoffm.) Rössler ■☆
172290 Gazania forbesiana DC. = Arctotheca forbesiana (DC.) K. Lewin ■☆
172291 Gazania grandis DC. = Gazania pectinata (Thunb.) Hartw. ●☆
172292 Gazania heterochaeta DC.;异毛勋章花■☆
172293 Gazania hirtella DC. = Gazania rigida (Burm. f.) Rössler ■☆
172294 Gazania humilis E. Mey. ex DC. = Gazania heterochaeta DC. ■☆
172295 Gazania integrifolia (Thunb.) Spreng. = Hirpicium integrifolium (Thunb.) Less. ■☆
172296 Gazania intrusa E. Mey. ex DC. = Gazania othonnites (Thunb.) Less. ●☆
172297 Gazania jurineifolia DC. subsp. scabra (DC.) Rössler;粗糙勋章花■☆
172298 Gazania kraussii Sch. Bip. = Gazania linearis (Thunb.) Druce ■☆
172299 Gazania krebsiana Less.;克雷布斯勋章花■☆
172300 Gazania krebsiana Less. subsp. arctotoides (Less.) Rössler;灰毛菊勋章花■☆
172301 Gazania krebsiana Less. subsp. serrulata (DC.) Rössler;细齿克雷布斯勋章花■☆
172302 Gazania leiopoda (DC.) Rössler;光梗勋章花■☆
172303 Gazania leptophylla DC. = Gazania krebsiana Less. subsp. arctotoides (Less.) Rössler ■☆
172304 Gazania leucolaena DC.;白苞勋章花(白勋章花);Trailing Gazania ■☆
172305 Gazania leucolaena DC. = Gazania rigens (L.) Gaertn. var. leucolaena (DC.) Rössler ■☆
172306 Gazania lichtensteinii Less.;利希滕勋章花■☆
172307 Gazania linearifolia Bolus = Hirpicium linearifolium (Bolus) Rössler ■☆
172308 Gazania lineariloba DC. = Gazania krebsiana Less. ■☆
172309 Gazania linearis (Thunb.) Druce;线状勋章花;Treasureflower ■☆
172310 Gazania linearis (Thunb.) Druce var. ovalis (Harv.) Rössler;卵状勋章花■☆
172311 Gazania linearis Druce = Gazania linearis (Thunb.) Druce ■☆
172312 Gazania longifolia Less. = Gazania krebsiana Less. subsp. arctotoides (Less.) Rössler ■☆
172313 Gazania longiscapa DC. = Gazania linearis (Thunb.) Druce ■☆
172314 Gazania longiscapa DC. = Gazania splendens Lem. ■☆
172315 Gazania longiscapa DC. var. ovalis Harv. = Gazania linearis (Thunb.) Druce var. ovalis (Harv.) Rössler ■☆
172316 Gazania maritima Levyns;滨海勋章花●☆
172317 Gazania montana Spreng. = Gazania krebsiana Less. subsp. serrulata (DC.) Rössler ■☆
172318 Gazania mucronata DC. = Gazania krebsiana Less. ■☆
172319 Gazania multijuga DC. = Gazania linearis (Thunb.) Druce ■☆
172320 Gazania munroi E. Phillips = Gazania krebsiana Less. subsp. serrulata (DC.) Rössler ■☆
172321 Gazania nivea Less.;雪白勋章花;Treasureflower ■☆
172322 Gazania othonnites (Thunb.) Less.;厚敦菊勋章花●☆
172323 Gazania oxyloba DC. = Gazania krebsiana Less. ■☆
172324 Gazania pavonia (Andréws) R. Br. var. hirtella (DC.) Harv. = Gazania rigida (Burm. f.) Rössler ■☆
172325 Gazania pavonia (Andréws) R. Br. var. zeyheri Harv. = Gazania krebsiana Less. subsp. arctotoides (Less.) Rössler ■☆
172326 Gazania pavonia R. Br.;孔雀勋章花;Cape Treasure Flower ■☆
172327 Gazania pechuelii Kunze = Hirpicium gazanioides (Harv.) Rössler ■☆
172328 Gazania pectinata (Thunb.) Hartw.;篦状勋章花●☆
172329 Gazania pinnata (Thunb.) Less. var. grandis (DC.) Harv. = Gazania pectinata (Thunb.) Hartw. ●☆
172330 Gazania pinnata (Thunb.) Less. var. leiopoda DC. = Gazania leiopoda (DC.) Rössler ■☆
172331 Gazania pinnata (Thunb.) Less. var. multijuga (DC.) Harv. = Gazania linearis (Thunb.) Druce ■☆
172332 Gazania pinnata (Thunb.) Less. var. scabra (DC.) Harv. = Gazania jurineifolia DC. subsp. scabra (DC.) Rössler ■☆
172333 Gazania pinnata (Thunb.) Less. var. serrata (DC.) Harv. = Gazania serrata DC. ■☆
172334 Gazania pinnata (Thunb.) Less. var. speciosa (Willd.) Harv. = Gazania pectinata (Thunb.) Hartw. ●☆
172335 Gazania pinnata Less.;羽叶勋章花(羽裂勋章菊)■☆
172336 Gazania pottsii L. Bolus = Gazania linearis (Thunb.) Druce var. ovalis (Harv.) Rössler ■☆
172337 Gazania pygmaea Sond.;矮小勋章花■☆
172338 Gazania pygmaea Sond. = Gazania krebsiana Less. subsp. serrulata (DC.) Rössler ■☆
172339 Gazania pygmaea Sond. var. maculata N. E. Br. = Gazania krebsiana Less. subsp. serrulata (DC.) Rössler ■☆
172340 Gazania pygmaea Sond. var. superba N. E. Br. = Gazania krebsiana Less. subsp. serrulata (DC.) Rössler ■☆
172341 Gazania rigens (L.) Gaertn. 'Daybreak';黎明勋章花;Azania 'Daybreak' ■☆
172342 Gazania rigens (L.) Gaertn. 'Fiesta Red';假日红勋章花;Gazania 'Fiesta Red' ■☆
172343 Gazania rigens (L.) Gaertn. 'Sun Gold';金太阳勋章花;Gazania 'Sun Gold' ■☆
172344 Gazania rigens (L.) Gaertn. 'Yellow Trailing';黄尾勋章花;Gazania 'Yellow Trailing' ■☆
172345 Gazania rigens (L.) Gaertn. = Gazania rigida (Burm. f.) Rössler ■☆
172346 Gazania rigens (L.) Gaertn. var. leucolaena (DC.) Rössler = Gazania leucolaena DC. ■☆
172347 Gazania rigens (L.) Gaertn. var. uniflora (L. f.) Rössler;单花勋章花■☆
172348 Gazania rigida (Burm. f.) Rössler;勋章花(单花勋章菊);Gazania, Treasure Flower, Treasureflower ■☆

172349 Gazania rogersii S. Moore = Gazania krebsiana Less. subsp. arctotoides (Less.) Rössler ■☆
172350 Gazania scabra DC. = Gazania jurineifolia DC. subsp. scabra (DC.) Rössler ■☆
172351 Gazania schenckii O. Hoffm.;申克勋章花■☆
172352 Gazania schinzii O. Hoffm. = Gazania krebsiana Less. subsp. serrulata (DC.) Rössler ■☆
172353 Gazania serrata DC.;锯齿勋章花■☆
172354 Gazania serrata DC. = Gazania pinnata Less. ■☆
172355 Gazania serrulata DC. = Gazania krebsiana Less. subsp. serrulata (DC.) Rössler ■☆
172356 Gazania splendens Hort. = Gazania rigens (L.) Gaertn. ■☆
172357 Gazania splendens Lem.;长茎勋章花■☆
172358 Gazania splendens Lem. = Gazania rigens (L.) Gaertn. ■☆
172359 Gazania subulata R. Br. = Gazania linearis (Thunb.) Druce ■☆
172360 Gazania suffruticosa Muschl. = Flueggea suffruticosa (Pall.) Baill. ●
172361 Gazania suffruticosa Muschl. = Gazania schenckii O. Hoffm. ■☆
172362 Gazania tenuifolia Less.;细叶勋章花■☆
172363 Gazania thermalis Dinter;温泉勋章花■☆
172364 Gazania uniflora (L. f.) Sims = Gazania rigens (L.) Gaertn. var. uniflora (L. f.) Rössler ■☆
172365 Gazania uniflora (L. f.) Sims var. leucolaena (DC.) Harv. = Gazania rigens (L.) Gaertn. var. leucolaena (DC.) Rössler ■☆
172366 Gazania uniflora Sims = Gazania rigens (L.) Gaertn. ■☆
172367 Gazania varians DC. = Gazania krebsiana Less. ■☆
172368 Gazania venusta Taylor = Gazania jurineifolia DC. subsp. scabra (DC.) Rössler ■☆
172369 Gazania violacea Muschl. ex Engl. et Drude = Gazania jurineifolia DC. subsp. scabra (DC.) Rössler ■☆
172370 Gazaniopsis C. Huber(1880);类勋章花属■☆
172371 Gazaniopsis stenophylla C. Huber;类勋章花■☆
172372 Geanthemum (R. E. Fr.) Saff. = Duguetia A. St. -Hil.(保留属名)●☆
172373 Geanthemum Saff. = Duguetia A. St. -Hil.(保留属名)●☆
172374 Geanthia Raf. = Crocus L. ■
172375 Geanthus (Benth.) Loes. = Etlingera Roxb. ■
172376 Geanthus (Blume) Loes. = Etlingera Roxb. ■
172377 Geanthus Phil. = Speea Loes. ■☆
172378 Geanthus Raf. = Crocus L. ■
172379 Geanthus Reinw. = Etlingera Roxb. ■
172380 Geanthus Reinw. = Hornstedtia Retz. ■
172381 Gearum N. E. Br. (1882);巴中南星属■☆
172382 Gearum brasiliense N. E. Br.;巴中南星■☆
172383 Geaya Costantin et Poisson = Kitchingia Baker ●■
172384 Geaya purpurea Costantin et Poiss. = Kalanchoe delagoensis Eckl. et Zeyh. ■
172385 Geblera Andrz. ex Besser = Crepis L. ■
172386 Geblera Fisch. et C. A. Mey. = Flueggea Willd. ●
172387 Geblera Kitag. = Geblera Fisch. et C. A. Mey. ●
172388 Geblera akagii Kitag. = Youngia tenuicaulis (Babc. et Stebbins) Czerep. ■
172389 Geblera akagii Kitag. = Youngia tenuicaulis (Babc. et Stebbins) De Moor ■
172390 Geblera chinensis Rupr. = Flueggea suffruticosa (Pall.) Baill. ●
172391 Geblera suffruticosa Fisch. et C. A. Mey. = Flueggea suffruticosa (Pall.) Baill. ●
172392 Geblera tenuifolia (Willd.) Kitag. = Youngia tenuifolia (Willd.) Babc. et Stebbins ■
172393 Geblera tenuifolia Willd. = Youngia tenuicaulis (Babc. et Stebbins) De Moor ■
172394 Geboscon Raf. = Nothoscordum Kunth(保留属名)■☆
172395 Geeria Blume = Eurya Thunb. ●
172396 Geeria Neck. = Paullinia L. ●☆
172397 Geerinckia Mytnik et Szlach. = Polystachya Hook.(保留属名)■
172398 Geesinkorchis de Vogel(1984);吉星兰属■☆
172399 Geesinkorchis alaticallosa de Vogel;吉星兰■☆
172400 Geigera Less. = Geigeria Griess. ■●☆
172401 Geigera Lindl. = Geijera Schott ●☆
172402 Geigeria Griess. (1830);翼茎菊属■●☆
172403 Geigeria acaulis Oliv. et Hiern;无茎翼茎菊■☆
172404 Geigeria acicularis O. Hoffm.;针形翼茎菊■☆
172405 Geigeria affinis S. Moore;近缘翼茎菊■☆
172406 Geigeria africana Griess.;非洲翼茎菊■☆
172407 Geigeria africana Griess. = Geigeria ornativa O. Hoffm. ■☆
172408 Geigeria africana Griess. subsp. filifolia (Mattf.) Merxm. = Geigeria filifolia Mattf. ■☆
172409 Geigeria africana Griess. subsp. ornativa (O. Hoffm.) Merxm. = Geigeria ornativa O. Hoffm. ■☆
172410 Geigeria africana Griess. subsp. otaviensis Merxm. = Geigeria otaviensis (Merxm.) Merxm. ■☆
172411 Geigeria alata (Hochst. et Steud.) Oliv. et Hiern;翼茎菊■☆
172412 Geigeria angolensis O. Hoffm.;安哥拉翼茎菊■☆
172413 Geigeria angolensis O. Hoffm. subsp. pteropoda (S. Moore) Merxm.;翅足翼茎菊■☆
172414 Geigeria appendiculata O. Hoffm. et Muschl. = Geigeria ornativa O. Hoffm. ■☆
172415 Geigeria arenicola Muschl. ex Dinter = Geigeria obtusifolia L. Bolus ■☆
172416 Geigeria aspalathoides S. Moore;芳香木翼茎菊■☆
172417 Geigeria aspalathoides S. Moore var. filifolia S. Ortiz et Rodr. Oubina;线叶芳香木翼茎菊■☆
172418 Geigeria aspera Harv.;粗糙翼茎菊■☆
172419 Geigeria aspera Harv. var. rivularis (J. M. Wood et M. S. Evans) Merxm.;溪边翼茎菊■☆
172420 Geigeria brachycephala Muschl.;短头翼茎菊■☆
172421 Geigeria brevifolia (DC.) Harv.;短叶翼茎菊●☆
172422 Geigeria burkei Harv.;布尔翼茎菊■●☆
172423 Geigeria burkei Harv. subsp. diffusa (Harv.) Merxm.;铺散翼茎菊■☆
172424 Geigeria burkei Harv. subsp. fruticulosa Merxm.;灌木状翼茎菊■☆
172425 Geigeria burkei Harv. subsp. valida Merxm.;刚直翼茎菊■☆
172426 Geigeria burkei Harv. var. diffusa ? = Geigeria burkei Harv. subsp. diffusa (Harv.) Merxm. ■☆
172427 Geigeria burkei Harv. var. elata Merxm.;高翼茎菊■☆
172428 Geigeria burkei Harv. var. hirtella Merxm.;多毛翼茎菊■☆
172429 Geigeria burkei Harv. var. intermedia (S. Moore) Merxm.;间型布尔翼茎菊■☆
172430 Geigeria burkei Harv. var. zeyheri (Harv.) Merxm.;泽赫翼茎菊■☆
172431 Geigeria chenopodiifolia Mattf. = Geigeria pilifera Hutch. ■☆
172432 Geigeria decurrens S. Ortiz, Rodr. Oubina et Bujún;下延翼茎

菊■☆
172433 Geigeria dinteri Muschl. = Geigeria plumosa Muschl. ■☆
172434 Geigeria eenii S. Moore = Geigeria ornativa O. Hoffm. ■☆
172435 Geigeria elongata Alston;伸长翼茎菊■☆
172436 Geigeria englerana Muschl.;恩格勒翼茎菊■☆
172437 Geigeria englerana Muschl. var. pubescens Dinter ex Merxm. = Geigeria otaviensis (Merxm.) Merxm. ■☆
172438 Geigeria filifolia Mattf.;丝叶翼茎菊■☆
172439 Geigeria foermeriana Muschl. = Geigeria plumosa Muschl. ■☆
172440 Geigeria foliosa O. Hoffm. et Muschl. = Geigeria plumosa Muschl. ■☆
172441 Geigeria hoffmanniana Hiern;豪夫曼翼茎菊■☆
172442 Geigeria hoffmanniana Hiern subsp. obovata (S. Moore) Merxm.;倒卵翼茎菊■☆
172443 Geigeria intermedia S. Moore = Geigeria burkei Harv. var. intermedia (S. Moore) Merxm. ■☆
172444 Geigeria linosyroides Welw. ex Hiern;麻菀翼茎菊■☆
172445 Geigeria luederitziana O. Hoffm. = Geigeria ornativa O. Hoffm. ■☆
172446 Geigeria macdougalii S. Moore = Geigeria alata (Hochst. et Steud.) Oliv. et Hiern ■☆
172447 Geigeria mendoncae Merxm.;门东萨翼茎菊■☆
172448 Geigeria monocephala Hutch. = Geigeria brachycephala Muschl. ■☆
172449 Geigeria muschleriana Dinter ex Merxm. = Geigeria pilifera Hutch. ■☆
172450 Geigeria natalensis J. M. Wood et M. S. Evans = Geigeria burkei Harv. subsp. diffusa (Harv.) Merxm. ■☆
172451 Geigeria nonikamensis Heering = Geigeria ornativa O. Hoffm. ■☆
172452 Geigeria obovata S. Moore = Geigeria hoffmanniana Hiern subsp. obovata (S. Moore) Merxm. ■☆
172453 Geigeria obtusifolia L. Bolus;钝叶翼茎菊■☆
172454 Geigeria ornativa O. Hoffm.;雅致翼茎菊■☆
172455 Geigeria otaviensis (Merxm.) Merxm.;奥塔维翼茎菊■☆
172456 Geigeria passerinoides (L'Hér.) Harv. = Geigeria ornativa O. Hoffm. ■☆
172457 Geigeria passerinoides Harv. = Geigeria filifolia Mattf. ■☆
172458 Geigeria pearsonii L. Bolus = Geigeria brachycephala Muschl. ■☆
172459 Geigeria pectidea (DC.) Harv.;紧凑翼茎菊■☆
172460 Geigeria pilifera Hutch.;纤毛翼茎菊■☆
172461 Geigeria plumosa Muschl.;羽状翼茎菊■☆
172462 Geigeria plumosa Muschl. subsp. obtusifolia (L. Bolus) Merxm. = Geigeria obtusifolia L. Bolus ■☆
172463 Geigeria protensa Harv. = Geigeria burkei Harv. subsp. diffusa (Harv.) Merxm. ■☆
172464 Geigeria pteropoda S. Moore = Geigeria angolensis O. Hoffm. subsp. pteropoda (S. Moore) Merxm. ■☆
172465 Geigeria rhodesiana S. Moore = Geigeria schinzii O. Hoffm. subsp. rhodesiana (S. Moore) Merxm. ■☆
172466 Geigeria rhombifolia Dinter = Geigeria pilifera Hutch. ■☆
172467 Geigeria rigida O. Hoffm.;硬翼茎菊■☆
172468 Geigeria rivularis J. M. Wood et M. S. Evans = Geigeria aspera Harv. var. rivularis (J. M. Wood et M. S. Evans) Merxm. ■☆
172469 Geigeria schinzii O. Hoffm.;欣兹翼茎菊■☆
172470 Geigeria schinzii O. Hoffm. subsp. orientalis Wild;东方欣兹翼茎菊■☆
172471 Geigeria schinzii O. Hoffm. subsp. rhodesiana (S. Moore) Merxm.;罗得西亚翼茎菊■☆
172472 Geigeria spinosa O. Hoffm.;具刺翼茎菊■☆
172473 Geigeria wellmanii Hutch. = Geigeria hoffmanniana Hiern ■☆
172474 Geigeria zeyheri Dinter = Geigeria englerana Muschl. ■☆
172475 Geigeria zeyheri Dinter ex Merxm. = Geigeria otaviensis (Merxm.) Merxm. ■☆
172476 Geigeria zeyheri Harv. = Geigeria burkei Harv. var. zeyheri (Harv.) Merxm. ■☆
172477 Geijera Schott(1834);盖耶芸香属●☆
172478 Geijera parviflora Lindl.;小花盖耶芸香;Australian Willow, Sheep Bush, Wilga ●☆
172479 Geisarina Raf. = Forestiera Poir.(保留属名)●☆
172480 Geiseleria Klotzsch = Croton L. ●
172481 Geiseleria Klotzsch = Decarinium Raf. ●
172482 Geiseleria Kunth = Anticlea Kunth ■
172483 Geiseleria Kunth = Zigadenus Michx. ■
172484 Geisenia Endl. = Gaissenia Raf. ■
172485 Geisenia Endl. = Trollius L. ■
172486 Geisoloma Lindl. = Geissoloma Lindl. ex Kunth ●☆
172487 Geisorrhiza Rchb. = Geissorhiza Ker Gawl. ■☆
172488 Geissanthera Schltr. = Microtatorchis Schltr. ■
172489 Geissanthus Hook. f. (1876);边花紫金牛属●☆
172490 Geissanthus floribundus Mez;繁花边花紫金牛●☆
172491 Geissanthus fragrans Mez;香边花紫金牛●☆
172492 Geissanthus glaber Mez;光边花紫金牛●☆
172493 Geissanthus longistylus (Cuatrec.) Agostini;长柱边花紫金牛●☆
172494 Geissanthus occidentalis Cuatrec.;西方边花紫金牛●☆
172495 Geissanthus serrulatus Mez;锯叶边花紫金牛●☆
172496 Geissapsis Baker = Geissaspis Wight et Arn. ■
172497 Geissaspis Wight et Arn. (1834);睫苞豆属;Ciliabractbean, Geissaspis ■
172498 Geissaspis affinis De Wild. = Humularia affinis (De Wild.) P. A. Duvign. ■☆
172499 Geissaspis apiculata De Wild. = Humularia apiculata (De Wild.) P. A. Duvign. ■☆
172500 Geissaspis bakeriana De Wild. = Humularia apiculata (De Wild.) P. A. Duvign. ■☆
172501 Geissaspis bequaertii De Wild. = Humularia bequaertii (De Wild.) P. A. Duvign. ■☆
172502 Geissaspis bifoliolata Micheli = Humularia bifoliolata (Micheli) P. A. Duvign. ■☆
172503 Geissaspis castroi Baker f. = Humularia welwitschii (Taub.) P. A. Duvign. var. lundaensis (P. A. Duvign.) Verdc. ■☆
172504 Geissaspis chevalieri De Wild. = Humularia chevalieri (De Wild.) P. A. Duvign. ■☆
172505 Geissaspis chiruiensis R. E. Fr. = Aeschynomene rubrofarinacea (Taub.) F. White ●☆
172506 Geissaspis ciliato-denticulata De Wild. = Humularia ciliato-denticulata (De Wild.) P. A. Duvign. ■☆
172507 Geissaspis clevei De Wild. = Aeschynomene rubrofarinacea (Taub.) F. White ●☆
172508 Geissaspis corbisieri De Wild. = Humularia corbisieri (De Wild.) P. A. Duvign. ■☆
172509 Geissaspis cristata Wight et Arn.;睫苞豆(鸡冠苞覆花,鸡冠

睫苞豆);Ciliabractbean,Cristate Geissaspis ■

172510 Geissaspis descampsii De Wild. et T. Durand = Humularia descampsii (De Wild. et T. Durand) P. A. Duvign. ■☆

172511 Geissaspis drepanocephala Baker = Humularia drepanocephala (Baker) P. A. Duvign. ■☆

172512 Geissaspis emarginata Harms = Humularia drepanocephala (Baker) P. A. Duvign. var. emarginata (Harms) Verdc. ■☆

172513 Geissaspis gossweileri Baker f. = Humularia welwitschii (Taub.) P. A. Duvign. var. gossweileri (Baker f.) P. A. Duvign. ■☆

172514 Geissaspis homblei De Wild. = Humularia drepanocephala (Baker) P. A. Duvign. f. homblei ? ■☆

172515 Geissaspis incognita De Wild. = Humularia rosea (De Wild.) P. A. Duvign. ■☆

172516 Geissaspis kapandensis De Wild. = Humularia corbisieri (De Wild.) P. A. Duvign. ■☆

172517 Geissaspis kassneri De Wild. = Humularia kassneri (De Wild.) P. A. Duvign. ■☆

172518 Geissaspis katangensis De Wild. = Humularia katangensis (De Wild.) P. A. Duvign. ■☆

172519 Geissaspis ledermannii De Wild. = Humularia ledermannii (De Wild.) P. A. Duvign. ■☆

172520 Geissaspis luentensis De Wild. = Humularia apiculata (De Wild.) P. A. Duvign. ■☆

172521 Geissaspis lupulina Planch. = Bryaspis lupulina (Planch.) P. A. Duvign. ■☆

172522 Geissaspis maclouniei De Wild. = Aeschynomene rubrofarinacea (Taub.) F. White ●☆

172523 Geissaspis megalophylla (Harms) Baker f. = Humularia welwitschii (Taub.) P. A. Duvign. var. lundaensis (P. A. Duvign.) Verdc. ■☆

172524 Geissaspis mendoncae Baker f. = Humularia mendoncae (Baker f.) P. A. Duvign. ■☆

172525 Geissaspis meyeri-johannis Harms et De Wild. = Humularia meyeri-johannis (Harms et De Wild.) P. A. Duvign. ■☆

172526 Geissaspis minima Hutch. = Humularia minima (Hutch.) P. A. Duvign. ■☆

172527 Geissaspis psittacorhyncha (Webb) Taub. = Bryaspis lupulina (Planch.) P. A. Duvign. ■☆

172528 Geissaspis renieri De Wild. = Humularia renieri (De Wild.) P. A. Duvign. ■☆

172529 Geissaspis ringoetii De Wild. = Humularia drepanocephala (Baker) P. A. Duvign. ■☆

172530 Geissaspis robynsii De Wild. = Humularia rosea (De Wild.) P. A. Duvign. ■☆

172531 Geissaspis rosea De Wild. = Humularia rosea (De Wild.) P. A. Duvign. ■☆

172532 Geissaspis rubrofarinacea (Taub.) Baker f. = Aeschynomene rubrofarinacea (Taub.) F. White ●☆

172533 Geissaspis scott-elliotii De Wild. = Aeschynomene rubrofarinacea (Taub.) F. White ●☆

172534 Geissaspis subscabra De Wild. = Humularia rosea (De Wild.) P. A. Duvign. ■☆

172535 Geissaspis vanderystii De Wild. = Humularia kassneri (De Wild.) P. A. Duvign. var. vanderystii ? ■☆

172536 Geissaspis welwitschii (Taub.) Baker f. = Humularia welwitschii (Taub.) P. A. Duvign. ■☆

172537 Geissaspis welwitschii Baker f. var. kapiriensis De Wild. = Humularia kapiriensis (De Wild.) P. A. Duvign. ■☆

172538 Geissois Labill. (1825);梭叶火把树属●☆

172539 Geissois parviflora Guillaumin;小花梭叶火把树●☆

172540 Geissois rubifolia F. Muell.;红叶梭叶火把树●☆

172541 Geissois trifoliolata Guillaumin;三小叶梭叶火把树●☆

172542 Geissolepis B. L. Rob. (1892);肉菀属■☆

172543 Geissolepis suaedifolia B. L. Rob.;肉菀■☆

172544 Geissoloma Lindl. = Geissoloma Lindl. ex Kunth ●☆

172545 Geissoloma Lindl. ex Kunth(1830);四棱果属●☆

172546 Geissoloma marginatum (L.) Juss.;四棱果●☆

172547 Geissolomaceae Endl. = Geissolomataceae A. DC.(保留科名)●☆

172548 Geissolomataceae A. DC. (1856)(保留科名);四棱果科●☆

172549 Geissolomataceae Endl. = Geissolomataceae A. DC.(保留科名)●☆

172550 Geissomeria Lindl. (1827);热美爵床属☆

172551 Geissomeria ciliata Rizzini;睫毛热美爵床☆

172552 Geissomeria longiflora Salzm. ex Nees;长花热美爵床☆

172553 Geissomeria mexicana Lindau;墨西哥热美爵床☆

172554 Geissomeria nitida Nees;光亮热美爵床☆

172555 Geissomeria pubescens Nees;毛热美爵床☆

172556 Geissomeria tetragona Lindau;四角热美爵床☆

172557 Geissopappus Benth. = Calea L. ●■☆

172558 Geissorhiza Ker Gawl. (1803);硬皮鸢尾属■☆

172559 Geissorhiza Ker Gawl. = Crocosmia Planch. ■

172560 Geissorhiza abyssinica R. Br. ex A. Rich. = Lapeirousia abyssinica (R. Br. ex A. Rich.) Baker ■☆

172561 Geissorhiza abyssinica R. Br. ex A. Rich. var. parvula Klatt = Hesperantha petitiana (A. Rich.) Baker ■☆

172562 Geissorhiza alpina Hook. f. = Hesperantha petitiana (A. Rich.) Baker ■☆

172563 Geissorhiza alticola Goldblatt;高原硬皮鸢尾■☆

172564 Geissorhiza ambongensis H. Perrier = Crocosmia ambongensis (H. Perrier) Goldblatt et J. C. Manning ■☆

172565 Geissorhiza arenaria Eckl. = Geissorhiza imbricata (D. Delaroche) Ker Gawl. ■☆

172566 Geissorhiza arenicola Goldblatt;沙生硬皮鸢尾■☆

172567 Geissorhiza aspera Goldblatt;粗糙硬皮鸢尾■☆

172568 Geissorhiza aurea Eckl. = Geissorhiza imbricata (D. Delaroche) Ker Gawl. subsp. bicolor (Thunb.) Goldblatt ■☆

172569 Geissorhiza barkerae Goldblatt;巴尔凯拉硬皮鸢尾■☆

172570 Geissorhiza bellendenii MacOwan = Geissorhiza monanthos Eckl. ■☆

172571 Geissorhiza bicolor (Thunb.) N. E. Br.;二色硬皮鸢尾■☆

172572 Geissorhiza bicolor (Thunb.) N. E. Br. var. macowanii R. C. Foster = Geissorhiza imbricata (D. Delaroche) Ker Gawl. subsp. bicolor (Thunb.) Goldblatt ■☆

172573 Geissorhiza bojeri Baker = Gladiolus bojeri (Baker) Goldblatt ■☆

172574 Geissorhiza bolusii Baker;博卢斯硬皮鸢尾■☆

172575 Geissorhiza bracteata Klatt;具苞硬皮鸢尾■☆

172576 Geissorhiza brehmii Eckl. ex Klatt;布雷姆硬皮鸢尾■☆

172577 Geissorhiza brevituba (G. J. Lewis) Goldblatt;短管硬皮鸢尾■☆

172578 Geissorhiza briartii De Wild. et T. Durand = Lapeirousia erythrantha (Klotzsch ex Klatt) Baker ■☆

172579 Geissorhiza burchellii R. C. Foster;伯切尔硬皮鸢尾■☆

172580 Geissorhiza candida Eckl. = Geissorhiza inflexa (D. Delaroche) Ker Gawl. ■☆

172581 Geissorhiza cataractarum Goldblatt;瀑布群高原硬皮鸢尾■☆

172582 Geissorhiza cedarmontana Goldblatt;锡达蒙特硬皮鸢尾■☆

172583 Geissorhiza ciliatula Goldblatt;睫毛硬皮鸢尾■☆

172584 Geissorhiza confusa Goldblatt;混乱硬皮鸢尾■☆

172585 Geissorhiza corrugata Klatt;皱褶硬皮鸢尾■☆

172586 Geissorhiza cyanea Eckl. = Geissorhiza radians (Thunb.) Goldblatt ■☆

172587 Geissorhiza delicatula Goldblatt;姣美硬皮鸢尾■☆

172588 Geissorhiza divaricata Goldblatt;叉开硬皮鸢尾■☆

172589 Geissorhiza dregei Baker = Geissorhiza bolusii Baker ■☆

172590 Geissorhiza elsiae Goldblatt;埃尔西亚硬皮鸢尾■☆

172591 Geissorhiza erecta Baker = Hesperantha erecta (Baker) Benth. ex Baker ■☆

172592 Geissorhiza erubescens Goldblatt;变红硬皮鸢尾■☆

172593 Geissorhiza esterhuyseniae Goldblatt;埃斯特硬皮鸢尾■☆

172594 Geissorhiza eurystigma L. Bolus;宽柱头硬皮鸢尾■☆

172595 Geissorhiza excisa (L. f.) Ker Gawl. = Geissorhiza ovata (Burm. f.) Asch. et Graebn. ■☆

172596 Geissorhiza exscapa (Thunb.) Goldblatt;无葶硬皮鸢尾■☆

172597 Geissorhiza filifolia Baker = Geissorhiza juncea (Link) A. Dietr. ■☆

172598 Geissorhiza flava Klatt = Geissorhiza ornithogaloides Klatt ■☆

172599 Geissorhiza foliosa Klatt;多叶硬皮鸢尾■☆

172600 Geissorhiza fourcadei (L. Bolus) G. J. Lewis;富尔卡德硬皮鸢尾■☆

172601 Geissorhiza furva Ker Gawl. ex Baker;浅黑硬皮鸢尾■☆

172602 Geissorhiza geminata E. Mey. ex Baker;双硬皮鸢尾■☆

172603 Geissorhiza gracilis Baker = Gladiolus parvulus Schltr. ■☆

172604 Geissorhiza graminifolia Baker = Geissorhiza inflexa (D. Delaroche) Ker Gawl. ■☆

172605 Geissorhiza grandiflora Goldblatt;大花硬皮鸢尾■☆

172606 Geissorhiza grandis Hook. f. = Gladiolus grandiflorus Andréws ■☆

172607 Geissorhiza hesperanthoides Schltr.;长庚花硬皮鸢尾■☆

172608 Geissorhiza heterostyla L. Bolus;异柱硬皮鸢尾■☆

172609 Geissorhiza hirta (Thunb.) Ker Gawl. = Geissorhiza inconspicua Baker ■☆

172610 Geissorhiza hispidula (R. C. Foster) Goldblatt;硬毛硬皮鸢尾■☆

172611 Geissorhiza humilis (Thunb.) Ker Gawl.;低矮硬皮鸢尾■☆

172612 Geissorhiza humilis (Thunb.) Ker Gawl. var. bicolor Baker = Geissorhiza hispidula (R. C. Foster) Goldblatt ■☆

172613 Geissorhiza humilis (Thunb.) Ker Gawl. var. hispidula R. C. Foster = Geissorhiza hispidula (R. C. Foster) Goldblatt ■☆

172614 Geissorhiza imbricata (D. Delaroche) Ker Gawl.;覆瓦硬皮鸢尾■☆

172615 Geissorhiza imbricata (D. Delaroche) Ker Gawl. subsp. bicolor (Thunb.) Goldblatt;二色覆瓦硬皮鸢尾■☆

172616 Geissorhiza imbricata (D. Delaroche) Ker Gawl. var. concolor Baker = Geissorhiza imbricata (D. Delaroche) Ker Gawl. subsp. bicolor (Thunb.) Goldblatt ■☆

172617 Geissorhiza inaequalis L. Bolus;不等硬皮鸢尾■☆

172618 Geissorhiza inconspicua Baker;显著硬皮鸢尾■☆

172619 Geissorhiza inflexa (D. Delaroche) Ker Gawl.;内曲硬皮鸢尾■☆

172620 Geissorhiza inflexa (D. Delaroche) Ker Gawl. var. erosa (Salisb.) Goldblatt = Geissorhiza inflexa (D. Delaroche) Ker Gawl. ■☆

172621 Geissorhiza intermedia Goldblatt;间型硬皮鸢尾■☆

172622 Geissorhiza ixioides Schltr. = Geissorhiza leipoldtii R. C. Foster ■☆

172623 Geissorhiza juncea (Link) A. Dietr.;灯芯草硬皮鸢尾■☆

172624 Geissorhiza juncea (Link) A. Dietr. var. pallidiflora (Schltr.) R. C. Foster = Geissorhiza scillaris A. Dietr. ■☆

172625 Geissorhiza kamiesmontana Goldblatt;卡米斯硬皮鸢尾■☆

172626 Geissorhiza karooica Goldblatt;卡鲁硬皮鸢尾■☆

172627 Geissorhiza latifolia (D. Delaroche) Baker = Ixia latifolia D. Delaroche ■☆

172628 Geissorhiza leipoldtii R. C. Foster;莱波尔德硬皮鸢尾■☆

172629 Geissorhiza lewisiae R. C. Foster = Geissorhiza monanthos Eckl. ■☆

172630 Geissorhiza lithicola Goldblatt;岩地硬皮鸢尾■☆

172631 Geissorhiza longifolia (G. J. Lewis) Goldblatt;长叶硬皮鸢尾■☆

172632 Geissorhiza longituba Klatt = Hesperantha longituba (Klatt) Baker ■☆

172633 Geissorhiza louisabolusiae R. C. Foster;路易莎硬皮鸢尾■☆

172634 Geissorhiza louisabolusiae R. C. Foster var. longifolia ? = Geissorhiza louisabolusiae R. C. Foster ■☆

172635 Geissorhiza lutea Eckl. = Hesperantha falcata (L. f.) Ker Gawl. ■☆

172636 Geissorhiza marlothii R. C. Foster = Geissorhiza ornithogaloides Klatt subsp. marlothii (R. C. Foster) Goldblatt ■☆

172637 Geissorhiza mathewsii L. Bolus;马修斯硬皮鸢尾■☆

172638 Geissorhiza mathewsii L. Bolus var. eurystigma (L. Bolus) R. C. Foster = Geissorhiza eurystigma L. Bolus ■☆

172639 Geissorhiza minima Baker = Hesperantha minima (Baker) R. C. Foster ■☆

172640 Geissorhiza minuta Goldblatt;微小硬皮鸢尾■☆

172641 Geissorhiza monantha Sweet = Geissorhiza eurystigma L. Bolus ■☆

172642 Geissorhiza monanthos Eckl.;单花硬皮鸢尾■☆

172643 Geissorhiza montana R. C. Foster = Geissorhiza ramosa Ker Gawl. ex Klatt ■☆

172644 Geissorhiza namaquensis W. F. Barker;纳马夸硬皮鸢尾■☆

172645 Geissorhiza nana Klatt;矮硬皮鸢尾■☆

172646 Geissorhiza nigromontana Goldblatt;山地黑硬皮鸢尾■☆

172647 Geissorhiza nubigena Goldblatt;云雾硬皮鸢尾■☆

172648 Geissorhiza obtusata Sol. ex Ker Gawl. = Geissorhiza imbricata (D. Delaroche) Ker Gawl. subsp. bicolor (Thunb.) Goldblatt ■☆

172649 Geissorhiza ornithogaloides Klatt;鸟硬皮鸢尾■☆

172650 Geissorhiza ornithogaloides Klatt subsp. marlothii (R. C. Foster) Goldblatt;马洛斯硬皮鸢尾■☆

172651 Geissorhiza ornithogaloides Klatt var. flava (Klatt) R. C. Foster = Geissorhiza ornithogaloides Klatt ■☆

172652 Geissorhiza outeniquensis Goldblatt;南非硬皮鸢尾■☆

172653 Geissorhiza ovalifolia R. C. Foster;卵叶硬皮鸢尾■☆

172654 Geissorhiza ovata (Burm. f.) Asch. et Graebn.;卵形硬皮鸢尾■☆

172655 Geissorhiza pallidiflora Schltr. = Geissorhiza juncea (Link) A. Dietr. ■☆

172656 Geissorhiza pappei Baker;帕珀硬皮鸢尾■☆
172657 Geissorhiza parva Baker;较小硬皮鸢尾■☆
172658 Geissorhiza patersoniae L. Bolus = Gladiolus stellatus G. J. Lewis ■☆
172659 Geissorhiza paucifora Baker = Hesperantha falcata (L. f.) Ker Gawl. ■☆
172660 Geissorhiza pseudinaequalis Goldblatt;拟不等硬皮鸢尾■☆
172661 Geissorhiza pubescens Wolley-Dod = Geissorhiza pusilla (Andréws) Klatt ■☆
172662 Geissorhiza purpurascens Goldblatt;紫色硬皮鸢尾■☆
172663 Geissorhiza purpureolutea Baker;紫黄硬皮鸢尾■☆
172664 Geissorhiza pusilla (Andréws) Klatt;瘦小硬皮鸢尾■☆
172665 Geissorhiza quadrangula (D. Delaroche) Ker Gawl. = Gladiolus quadrangulus (D. Delaroche) Barnard ■☆
172666 Geissorhiza quinquangularis Eckl. ex Klatt = Geissorhiza inflexa (D. Delaroche) Ker Gawl. ■☆
172667 Geissorhiza radians (Thunb.) Goldblatt;辐射硬皮鸢尾■☆
172668 Geissorhiza ramosa Ker Gawl. ex Klatt;分枝硬皮鸢尾■☆
172669 Geissorhiza rocheana Sweet = Geissorhiza radians (Thunb.) Goldblatt ■☆
172670 Geissorhiza rochensis (Ker Gawl.) Ker Gawl. = Geissorhiza radians (Thunb.) Goldblatt ■☆
172671 Geissorhiza rochensis (Ker Gawl.) Ker Gawl. var. spithamaea (Ker Gawl.) Baker = Geissorhiza eurystigma L. Bolus ■☆
172672 Geissorhiza rogersii N. E. Br. = Geissorhiza heterostyla L. Bolus ■☆
172673 Geissorhiza romuleoides Eckl. = Geissorhiza ornithogaloides Klatt ■☆
172674 Geissorhiza rosea (Klatt) R. C. Foster = Geissorhiza heterostyla L. Bolus ■☆
172675 Geissorhiza rosea Eckl. = Geissorhiza inflexa (D. Delaroche) Ker Gawl. ■☆
172676 Geissorhiza roseoalba (G. J. Lewis) Goldblatt;红白硬皮鸢尾■☆
172677 Geissorhiza rubicunda R. C. Foster = Geissorhiza imbricata (D. Delaroche) Ker Gawl. subsp. bicolor (Thunb.) Goldblatt ■☆
172678 Geissorhiza rupestris Schltr. = Geissorhiza bolusii Baker ■☆
172679 Geissorhiza rupicola Goldblatt et J. C. Manning;岩生硬皮鸢尾■☆
172680 Geissorhiza sabulosa Klatt = Geissorhiza imbricata (D. Delaroche) Ker Gawl. ■☆
172681 Geissorhiza schinzii (Baker) Goldblatt;欣兹硬皮鸢尾■☆
172682 Geissorhiza schlechteri Baker = Hesperantha schlechteri (Baker) R. C. Foster ■☆
172683 Geissorhiza scillaris A. Dietr.;绵枣儿硬皮鸢尾■☆
172684 Geissorhiza scopulosa Goldblatt;岩栖硬皮鸢尾■☆
172685 Geissorhiza secunda (P. J. Bergius) Ker Gawl. = Geissorhiza aspera Goldblatt ■☆
172686 Geissorhiza setacea (Thunb.) Ker Gawl.;刚毛硬皮鸢尾■☆
172687 Geissorhiza setifolia Eckl. = Geissorhiza juncea (Link) A. Dietr. ■☆
172688 Geissorhiza silenoides Goldblatt et J. C. Manning;蝇子草硬皮鸢尾■☆
172689 Geissorhiza similis Goldblatt;相似硬皮鸢尾■☆
172690 Geissorhiza spiralis (Burch.) M. P. de Vos ex Goldblatt;螺旋硬皮鸢尾■☆
172691 Geissorhiza splendidissima Diels;闪光硬皮鸢尾■☆
172692 Geissorhiza stenosiphon Goldblatt;窄管硬皮鸢尾■☆
172693 Geissorhiza striata Eckl. = Geissorhiza hispidula (R. C. Foster) Goldblatt ■☆
172694 Geissorhiza subrigida L. Bolus;稍坚挺硬皮鸢尾■☆
172695 Geissorhiza sulphurascens Schltr. ex R. C. Foster;浅硫色硬皮鸢尾■☆
172696 Geissorhiza sulphurea Schltr.;硫色硬皮鸢尾■☆
172697 Geissorhiza sulphurea Schltr. = Geissorhiza purpureolutea Baker ■☆
172698 Geissorhiza sulphurea Schltr. var. arenicola R. C. Foster = Geissorhiza imbricata (D. Delaroche) Ker Gawl. ■☆
172699 Geissorhiza tenella Goldblatt;柔软硬皮鸢尾■☆
172700 Geissorhiza tulbaghensis F. Bolus;塔尔巴赫硬皮鸢尾■☆
172701 Geissorhiza tulipifera Klatt = Geissorhiza radians (Thunb.) Goldblatt ■☆
172702 Geissorhiza uliginosa Goldblatt et J. C. Manning;沼泽硬皮鸢尾■☆
172703 Geissorhiza umbrosa G. J. Lewis;耐荫硬皮鸢尾■☆
172704 Geissorhiza unifolia Goldblatt;独花硬皮鸢尾■☆
172705 Geissorhiza vaginata Sweet = Hesperantha vaginata (Sweet) Goldblatt ■☆
172706 Geissorhiza violacea Baker = Geissorhiza inconspicua Baker ■☆
172707 Geissorhiza wrightii Baker = Geissorhiza imbricata (D. Delaroche) Ker Gawl. ■☆
172708 Geissospermum Allemão(1846);缝籽木属(缘籽树属)●☆
172709 Geissospermum argenteum Woods.;银白缝籽木●☆
172710 Geissospermum excelsum Kuhlm.;缺刻缝籽木●☆
172711 Geissospermum laeve Baill.;无毛缝籽木●☆
172712 Geissospermum sericeum Miers;绢毛缝籽木(绢毛缘籽树)●☆
172713 Geissospermum vellosii Allem.;维氏缝籽木●☆
172714 Geitonoplesiaceae Conran. = Geitonoplesiaceae R. Dahlgren ex Conran. ●☆
172715 Geitonoplesiaceae Conran. = Hemerocallidaceae R. Br. ■
172716 Geitonoplesiaceae R. Dahlgren ex Conran.;蕊瓣花科(马拔契科)●☆
172717 Geitonoplesium A. Cunn. ex R. Br. (1832);蕊瓣花属●☆
172718 Geitonoplesium R. Br. = Geitonoplesium A. Cunn. ex R. Br. ●☆
172719 Geitonoplesium cymosum (R. Br.) R. Br.;蕊瓣花●☆
172720 Gela Lour. = Acronychia J. R. Forst. et G. Forst. (保留属名)●
172721 Gela lanceolata Lour. = Acronychia pedunculata (L.) Miq. ●
172722 Gelasia Cass. = Scorzonera L. ■
172723 Gelasine Herb. (1840);笑鸢尾属■☆
172724 Gelasine azurea Herb.;笑鸢尾■☆
172725 Gelasine grandiflora Herb.;大花笑鸢尾■☆
172726 Gelasine multiflora Herb.;多花笑鸢尾■☆
172727 Gelasine nuda Herb.;裸笑鸢尾■☆
172728 Gelasine punctata Herb.;斑点笑鸢尾■☆
172729 Gelasine punctata Herb. = Alophia drummondii (Graham) R. C. Foster ■☆
172730 Geleznovia Turcz. (1849);吉来芸香属●☆
172731 Geleznowia Turcz. = Geleznovia Turcz. ●☆
172732 Geleznowia macrocarpa Benth.;大果吉来芸香●☆
172733 Geleznowia verrucosa Turcz.;吉来芸香●☆
172734 Gelibia Hutch. = Polyscias J. R. Forst. et G. Forst. ●
172735 Gelidocalamus T. H. Wen = Indocalamus Nakai ●
172736 Gelidocalamus T. H. Wen (1982);井冈寒竹属(短枝竹属);Coldbamboo, Gelidocalamus ●★

172737 Gelidocalamus albopubescens W. T. Lin et Z. J. Feng;绞剪竹;Albopubescent Coldbamboo,Albopubescent Gelidocalamus ●
172738 Gelidocalamus annulatus T. H. Wen;亮秆竹(凤竹,亮竿竹);Annulate Gelidocalamus,Ringed Coldbamboo ●
172739 Gelidocalamus fangiana (A. Camus) P. C. Keng et T. H. Wen = Bashania fangiana (A. Camus) P. C. Keng et T. H. Wen ●
172740 Gelidocalamus fangianus (A. Camus) P. C. Keng et T. H. Wen = Arundinaria faberi Rendle ●
172741 Gelidocalamus kunishii (Hayata) P. C. Keng et T. H. Wen;台湾矢竹(箭竹,矢竹仔,台湾寒竹);Kunish Gelidocalamus,Kunishi Cane,Taiwan Coldbamboo,Taiwan Gelidocalamus ●
172742 Gelidocalamus latifolius Q. H. Dai et T. Chen;掌秆竹(掌竿竹);Broadleaf Coldbamboo,Broadleaf Gelidocalamus,Broad-leaved Gelidocalamus ●
172743 Gelidocalamus longiinternodus T. H. Wen et S. C. Chen;箭把竹(箭靶竹);Arrowpole Coldbamboo,Longiinternode Gelidocalamus,Long-internoded Gelidocalamus ●
172744 Gelidocalamus monophyllus (T. P. Yi et B. M. Yang) B. M. Yang = Gelidocalamus stellatus T. H. Wen ●
172745 Gelidocalamus multifolius B. M. Yang;多叶井冈竹(多叶短枝竹,多叶井冈寒竹);Leafy Coldbamboo, Many-leaved Gelidocalamus,Multileaved Gelidocalamus ●
172746 Gelidocalamus rutilans T. H. Wen;红壳寒竹;Reddish-orange Gelidocalamus,Redsheath Coldbamboo,Red-shelled Gelidocalamus ●
172747 Gelidocalamus solidus C. D. Chu et C. S. Chao;实心短枝竹(实心寒竹);Compact Gelidocalamus, Solid Coldbamboo, Solid Gelidocalamus ●
172748 Gelidocalamus stellatus T. H. Wen;井冈寒竹(井冈短枝竹);Coldbamboo,Stellate Gelidocalamus ●
172749 Gelidocalamus subsolidus W. T. Lin et K. M. Feng;近实心寒竹(近实心井冈竹);Subsolid Coldbamboo,Subsolid Gelidocalamus ●
172750 Gelidocalamus tessellatus T. H. Wen et C. C. Chang;抽筒竹;Chequer-shaped Gelidocalamus, Tessellate Gelidocalamus, Trellis Coldbamboo ●
172751 Gelidocalamus velutinus W. T. Lin;绒耳寒竹;Velvety Coldbamboo,Velvety Gelidocalamus ●
172752 Gelonium Gaertn. = Ratonia DC. ●☆
172753 Gelonium Roxb = Gelonium Roxb. ex Willd. ●
172754 Gelonium Roxb. ex Willd. (1806);白树仔属(白树属)●
172755 Gelonium Roxb. ex Willd. = Suregada Roxb. ex Rottler ●
172756 Gelonium aequoreum Hance = Suregada aequorea (Hance) Seem. ●
172757 Gelonium aequoreum Hance var. hainanense Hemsl. = Suregada glomerulata (Blume) Baill. ●
172758 Gelonium africanum (Sond.) Müll. Arg. = Suregada africana (Sond.) Kuntze ●☆
172759 Gelonium angolense Prain = Tetrorchidium didymostemon (Baill.) Pax et K. Hoffm. ●☆
172760 Gelonium congoense S. Moore = Suregada gossweileri (S. Moore) Croizat ●☆
172761 Gelonium glomerulatum (Blume) Hassk. = Suregada glomerulata (Blume) Baill. ●
172762 Gelonium gossweileri S. Moore = Suregada gossweileri (S. Moore) Croizat ●☆
172763 Gelonium ivorense Aubrév. et Pellegr. = Suregada ivorensis (Aubrév. et Pellegr.) J. Léonard ●☆
172764 Gelonium occidentale Hoyle = Suregada occidentalis (Hoyle) Croizat ●☆
172765 Gelonium petiolare (Radlk.) Kuntze = Molinaea petiolaris Radlk. ●☆
172766 Gelonium procerum Prain = Suregada procera (Prain) Croizat ●☆
172767 Gelonium serratum Pax et K. Hoffm. = Suregada zanzibariensis Baill. ●☆
172768 Gelonium zanzibariense (Baill.) Müll. Arg. = Suregada zanzibariensis Baill. ●☆
172769 Gelpkea Blume = Syzygium R. Br. ex Gaertn. (保留属名)●
172770 Gelsemiaceae (G. Don f.) Struwe et V. A. Albert = Loganiaceae R. Br. ex Mart. (保留科名)●■
172771 Gelsemiaceae Struwe et V. A. Albert = Loganiaceae R. Br. ex Mart. (保留科名)●■
172772 Gelsemiaceae Struwe et V. A. Albert(1995);胡蔓藤科(钩吻科)●■
172773 Gelseminum Pursh = Gelsemium Juss. ●
172774 Gelseminum Weinm. = Tecoma Juss. ●
172775 Gelseminum capense (Thunb.) Kuntze = Tecoma capensis (Thunb.) Lindl. ●
172776 Gelseminum radicans (L.) Kuntze = Bignonia radicans L. ●
172777 Gelseminum radicans (L.) Kuntze = Campsis radicans (L.) Seem. ●
172778 Gelsemium Juss. (1789);胡蔓藤属(断肠草属,钩吻属);Allspice Jasmine,Gelsemium,Jessamine ●
172779 Gelsemium elegans (Gardner et Champ.) Benth.;胡蔓藤(朝阳草,除辛,大茶根,大茶藤,大茶药,大茶叶,大茶叶藤,大鸡苦蔓,大炮叶,大王根,大叶茎,毒根,断肠草,发冷藤,柑毒草,橄榄枯,钩吻,狗吻,狗象藤,固活,荷班药,荷斑药,胡蔓草,虎狼草,黄花苦蔓,黄花苦晚藤,黄猛菜,黄藤,黄野葛,苦晚公,烂肠草,秦钩吻,梭葛草,梭柙,藤黄,文大海,吻莽,羊带归,冶葛,野葛,猪参,猪人参);Graceful Jessamine ●
172780 Gelsemium sempervirens (L.) J. St-Hil. = Gelsemium sempervirens (L.) W. T. Aiton ●☆
172781 Gelsemium sempervirens (L.) W. T. Aiton;常绿钩吻(常绿钩吻藤,常绿胡蔓藤,常青钩吻);Carolina,Carolina Jasmine,Carolina Jessamine, Evening Trumpet Flower, False Jasmine, Jasmine, Wild Jessamine,Woodbine,Yellow Jasmine-root,Yellow Jessamine ●☆
172782 Gembanga Blume = Corypha L. ●
172783 Gemella Hill = Bidens L. ■●
172784 Gemella Lour. = Allophylus L. ●
172785 Gemellaria Pinel ex Lem. = Nidularium Lem. ■☆
172786 Gemellaria Pinell ex Antoine = Nidularium Lem. ■☆
172787 Geminaceae Dulac = Circaeaceae Lindl. ■●
172788 Geminaria Raf. = Phyllanthus L. + Savia Willd. ●☆
172789 Geminaria Raf. = Savia Willd. ●☆
172790 Geminaria Raf. = Synexemia Raf. ●☆
172791 Gemmaria Noronha = Tetracera L. ●
172792 Gemmaria Salisb. (1866);杰马石蒜属■☆
172793 Gemmaria Salisb. = Hessea Herb. (保留属名)■☆
172794 Gemmaria chaplinii (W. F. Barker) D. Müll. -Doblies et U. Müll. -Doblies = Strumaria chaplinii (W. F. Barker) Snijman ■☆
172795 Gemmaria gemmata (Ker Gawl.) Salisb. ex D. Müll. -Doblies et U. Müll. -Doblies = Strumaria gemmata Ker Gawl. ■☆
172796 Gemmaria karooica (W. F. Barker) D. Müll. -Doblies et U. Müll. -Doblies = Strumaria karooica (W. F. Barker) Snijman ■☆
172797 Gemmaria karoopoortensis D. Müll. -Doblies et U. Müll. -Doblies

= Strumaria karoopoortensis (D. Müll. -Doblies et U. Müll. -Doblies) Snijman ■☆
172798 Gemmaria leipoldtii (L. Bolus) D. Müll. -Doblies et U. Müll. -Doblies = Strumaria leipoldtii (L. Bolus) Snijman ■☆
172799 Gemmaria massoniella D. Müll. -Doblies et U. Müll. -Doblies = Strumaria massoniella (D. Müll. -Doblies et U. Müll. -Doblies) Snijman ■☆
172800 Gemmaria mathewsii (W. F. Barker) D. Müll. -Doblies et U. Müll. -Doblies = Hessea mathewsii W. F. Barker ■☆
172801 Gemmaria merxmuellerana D. Müll. -Doblies et U. Müll. -Doblies = Strumaria merxmuelleriana (D. Müll. -Doblies et U. Müll. -Doblies) Snijman ■☆
172802 Gemmaria pulcherrima D. Müll. -Doblies et U. Müll. -Doblies = Hessea pulcherrima (D. Müll. -Doblies et U. Müll. -Doblies) Snijman ■☆
172803 Gemmaria unguiculata (W. F. Barker) D. Müll. -Doblies et U. Müll. -Doblies = Strumaria unguiculata (W. F. Barker) Snijman ■☆
172804 Gemmingia Fabr. = Belamcanda Adans. + Aristea Sol. ex Aiton ■☆
172805 Gemmingia Fabr. = Ixia L. (保留属名) ■☆
172806 Gemmingia Heist. ex Fabr = Ixia L. (保留属名) ■☆
172807 Gemmingia Heist. ex Kuntze = Ixia L. (保留属名) ■☆
172808 Gemmingia Kuntze = Belamcanda Adans. (保留属名) ●■
172809 Gemmingia chinensis (L.) Kuntze = Belamcanda chinensis (L.) DC. ■
172810 Gencallis Horan. = Amomum Roxb. (保留属名) ■
172811 Gendarussa Nees = Justicia L. ●■
172812 Gendarussa Nees(1832);驳骨草属(驳骨丹属,尖尾凤属,接骨草属);Gendarussa ●■
172813 Gendarussa cuneata (Vahl) Nees = Justicia cuneata Vahl ■☆
172814 Gendarussa debilis (Forssk.) Nees = Monechma debile (Forssk.) Nees ■☆
172815 Gendarussa densiflora Hochst. = Adhatoda densiflora (Hochst.) J. C. Manning ■☆
172816 Gendarussa diosmophylla Nees = Justicia orchioides L. f. ■☆
172817 Gendarussa glauca Rottler;灰爵床;Glaucous Gendarussa ●
172818 Gendarussa hyssopifolia Nees = Justicia cuneata Vahl ■☆
172819 Gendarussa incana Nees = Monechma incanum (Nees) C. B. Clarke ■☆
172820 Gendarussa leptantha Nees = Siphonoglossa leptantha (Nees) Immelman ●☆
172821 Gendarussa linaria Nees = Monechma linaria (Nees) C. B. Clarke ■☆
172822 Gendarussa mollis Hochst. = Justicia protracta (Nees) T. Anderson ■☆
172823 Gendarussa orchioides (L. f.) Nees var. latifolia Nees = Justicia cuneata Vahl subsp. latifolia (Nees) Immelman ■☆
172824 Gendarussa palustris Hochst. = Justicia palustris (Hochst.) T. Anderson ■☆
172825 Gendarussa patula Nees = Justicia orchioides L. f. ■☆
172826 Gendarussa protracta Nees = Justicia protracta (Nees) T. Anderson ■☆
172827 Gendarussa prunellifolia Hochst. = Justicia protracta (Nees) T. Anderson ■☆
172828 Gendarussa pygmaea Nees = Justicia orchioides L. f. ■☆
172829 Gendarussa quadrifaria Nees = Calophanoides quadrifaria (Wall.) Ridl. ●■
172830 Gendarussa vasculosa Nees = Mananthes vasculosa (Nees) Bremek. ●
172831 Gendarussa ventricosa (Wall. ex Sims) Nees;大驳骨草(白鹤脚,逼迫树,驳骨王,大驳骨,大驳骨丹,大驳骨消,大驳节,大骨节草,大还魂,大接骨草,大叶驳骨草,黑叶接骨草,黑叶爵床,黑叶小驳骨,假腊李,救命王,青龙舌,十月青,鸭公青,鸭仔花,鸭子花);Blackleaf Gendarussa, Obliqueswollen Malabarnum, Ventricose Gendarussa ●■
172832 Gendarussa vulgaris Nees;驳骨草(百节芒,驳骨丹,驳骨消,长生木,臭黄藤,大力王,骨碎草,裹篱樵,尖尾风,尖尾凤,接骨草,四季花,细骨风,细叶驳骨兰,小驳骨,小驳骨丹,小还魂,小接骨,小接骨草,小接骨木,小叶金不换);Common Gendarussa, Gendarussa ●■
172833 Gendarussa vulgaris Nees = Justicia gendarussa Burm. f. ●■
172834 Genea (Dumort.) Dumort. = Anisantha K. Koch ■
172835 Genea (Dumort.) Dumort. = Bromus L. (保留属名) ■
172836 Genea fasciculata (C. Presl) Dumort. = Bromus fasciculatus C. Presl ■
172837 Genea madritensis (L.) Dumort. = Bromus madritensis L. ■
172838 Genea rigida (Roth) Dumort. = Bromus rigidus Roth ■
172839 Genea sterilis (L.) Dumort. = Bromus sterilis L. ■
172840 Genea tectorum (L.) Dumort. = Bromus tectorum L. ■
172841 Genersichia Heuff. = Carex L. ■
172842 Genesiphyla Raf. = Genesiphylla L'Hér. ●■
172843 Genesiphylla L'Hér. = Phyllanthus L. ●■
172844 Genesiphylla L'Hér. = Xylophylla L. (废弃属名) ●■
172845 Genetylis DC. = Darwinia Rudge ●☆
172846 Genetyllis DC. = Darwinia Rudge ●☆
172847 Genevieria Gandng. = Rubus L. ●■
172848 Genianthus Hook. f. (1883);须花藤属(髯瓣花属);Genianthus ●
172849 Genianthus bicoronatus Klack. = Genianthus laurifolius (Roxb.) Hook. f. ●
172850 Genianthus laurifolius (Roxb.) Hook. f.;须花藤;Bicoronate Genianthus, Laurelleaf Genianthus ●
172851 Geniosporum Wall. = Geniosporum Wall. ex Benth. ●
172852 Geniosporum Wall. ex Benth. (1830);网萼木属;Geniosporum ●
172853 Geniosporum Wall. ex Benth. = Platostoma P. Beauv. ■☆
172854 Geniosporum affine Gürke = Platostoma rotundifolium (Briq.) A. J. Paton ●☆
172855 Geniosporum angolense Briq. = Platostoma rotundifolium (Briq.) A. J. Paton ●☆
172856 Geniosporum axillare Benth. = Melissa axillaris (Benth.) Bakh. f. ■
172857 Geniosporum baumii Gürke = Platostoma strictum (Hiern) A. J. Paton ●☆
172858 Geniosporum coloratum (D. Don) Kuntze;网萼木;Coloured Geniosporum ●
172859 Geniosporum congoense Gürke = Leocus africanus (Baker ex Scott-Elliot) J. K. Morton ■●☆
172860 Geniosporum discolor Baker = Ocimum gratissimum L. ●
172861 Geniosporum elongatum Benth.;长网萼木;Elongate Geniosporum ●☆
172862 Geniosporum fissum S. Moore;半裂网萼木●☆
172863 Geniosporum helenae Buscal. et Muschl.;海伦娜网萼木●☆
172864 Geniosporum hildebrandtii (Vatke) M. Ashby = Platostoma hildebrandtii (Vatke) A. J. Paton ●☆

172865 Geniosporum holocheilum Hance = Nosema cochinchinensis (Lour.) Merr. ■
172866 Geniosporum lasiostachyum Briq.;毛穗网萼木●☆
172867 Geniosporum palisoti Benth. = Platostoma africanum P. Beauv. ■☆
172868 Geniosporum paludosum Baker = Platostoma rotundifolium (Briq.) A. J. Paton ●☆
172869 Geniosporum paniculatum Baker = Neohyptis paniculata (Baker) J. K. Morton ●☆
172870 Geniosporum parviflorum Benth. = Mesona parviflora (Benth.) Briq. ■
172871 Geniosporum prostratum Benth.; 平卧网萼木; Prostrate Geniosporum ●☆
172872 Geniosporum rotundifolium Briq. = Platostoma rotundifolium (Briq.) A. J. Paton ●☆
172873 Geniosporum scabridum Briq. = Platostoma rotundifolium (Briq.) A. J. Paton ●☆
172874 Geniosporum strictum Hiern = Platostoma strictum (Hiern) A. J. Paton ●☆
172875 Geniosporum strobiliferum Wall.; 球穗网萼木; Strobile Geniosporum ●☆
172876 Geniosporum strobiliferum Wall. = Geniosporum coloratum (D. Don) Kuntze ●
172877 Geniosporum thymifolium Benth. = Platostoma thymifolium (Benth.) A. J. Paton et Hedge ●☆
172878 Geniostemon Engelm. et A. Gray(1881);毛蕊龙胆属■☆
172879 Geniostemon coulteri Engelm. et A. Gray;墨西哥毛蕊龙胆■☆
172880 Geniostephanus Fenzl = Trichilia P. Browne(保留属名)●
172881 Geniostoma J. R. Forst. et G. Forst. (1775);髯管花属(伪木荔枝属);Geniostoma ●
172882 Geniostoma fagraeoides Benth.;台湾髯管花●
172883 Geniostoma glabrum Matsum. = Geniostoma rupestre J. R. Forst. et G. Forst. ●
172884 Geniostoma kasyotense Kaneh. et Sasaki = Geniostoma rupestre J. R. Forst. et G. Forst. ●
172885 Geniostoma rupestre J. R. Forst. et G. Forst.;髯管花(台湾髯管花,伪木荔枝);Rupestrine Geniostoma,Taiwan Geniostoma ●
172886 Geniostomaceae Struwe et V. A. Albert = Loganiaceae R. Br. ex Mart. (保留科名)●■
172887 Geniostomaceae Struwe et V. A. Albert;髯管花科●■
172888 Genipa L. (1754);格尼茜属(格尼木属,格尼帕属,格尼茜草属);Genip,Genip Tree,Genipa,Genipap,Genip-tree ●☆
172889 Genipa L. = Hyperacanthus E. Mey. ex Bridson ●☆
172890 Genipa americana L.;美洲格尼茜(大茜果,格尼木,格尼帕树,美洲格尼木,美洲格尼茜草,美洲格尼茜木);Genip,Genip Tree,Genipa,Genipa Fruit,Genipa Tree,Genipap,Genipapo,Jagua,Marmalade Box ●☆
172891 Genipa madagascariensis (Lam.) Drake = Hyperacanthus madagascariensis (Lam.) Rakotonas. et A. P. Davis ●☆
172892 Genipa malleifera (Hook.) Baill. = Rothmannia whitfieldii (Lindl.) Dandy ●☆
172893 Genipa perrieri Drake = Hyperacanthus perrieri (Drake) Rakotonas. et A. P. Davis ●☆
172894 Genipa ravinensis Drake = Hyperacanthus ravinensis (Drake) Rakotonas. et A. P. Davis ●☆
172895 Genipa rutenbergiana Baill. ex Vatke = Gardenia rutenbergiana (Baill. ex Vatke) J. -F. Leroy ●☆
172896 Genipella A. Rich. ex DC. = Alibertia A. Rich. ex DC. ●☆
172897 Genista Duhamel = Spartium L. ●
172898 Genista L. (1753);染料木属(小金雀属);Broom,Dyewood,Greenweed,Woadwaxen,Woad-waxen ●
172899 Genista acanthoclada DC.;枝刺染料木●☆
172900 Genista acutiflora Pau = Genista ancistrocarpa Spach ●☆
172901 Genista aethnensis (Biv.) DC.;埃特纳染料木(偃山小金雀);Mount Broom,Mount Etna Broom,Mt. Etna Broom,Sicily ●☆
172902 Genista aetnensis DC. = Genista aetnensis (Biv.) DC. ●☆
172903 Genista albida Willd.;白色染料木;White Woadwaxen ●☆
172904 Genista ancistrocarpa Spach;卢西塔染料木●☆
172905 Genista anglica L.;英国染料木;Carlin Spurs,Carlin-spur,Cat Whin,English Greenweed,Galloway Whin,Heather Whin,Lin-spurs Cap,Moor Whin,Moor-whin,Moss-whin,Needle Furze,Needle Gorse,Needle Green Weed,Needle Greenweed,Needle Whin,Needle Woad-waxen,Petty Whin,Prickly Broom,Stitch Hyssop,Thorn Broom,Woodwax ●☆
172906 Genista anglica L. subsp. ancistrocarpa (Spach) Maire = Genista ancistrocarpa Spach ●☆
172907 Genista anglica L. var. acutiflora (Pau) Maire = Genista ancistrocarpa Spach ●☆
172908 Genista angustifolia Schischk.;狭叶染料木●☆
172909 Genista argentea (L.) Noulet = Argyrolobium zanonii (Turra) P. W. Ball ●☆
172910 Genista argentea (L.) Noulet subsp. fallax Ball = Argyrolobium zanonii (Turra) P. W. Ball subsp. fallax (Ball) Greuter et Burdet ●☆
172911 Genista argentea (L.) Noulet subsp. grandiflora Ball = Argyrolobium zanonii (Turra) P. W. Ball subsp. grandiflorum (Boiss. et Reut.) Greuter ●☆
172912 Genista argentea (L.) Noulet subsp. stipulacea (Ball) Maire = Argyrolobium zanonii (Turra) P. W. Ball subsp. stipulaceum (Ball) Greuter ●☆
172913 Genista armeniaca Spach;亚美尼亚染料木●☆
172914 Genista artwinensis Schischk.;阿尔特温染料木●☆
172915 Genista aspalathoides Lam.;芳香木状染料木●☆
172916 Genista aspalathoides Lam. subsp. erinaceoides (Loisel.) Maire = Genista lobelii DC. ●☆
172917 Genista aspalathoides Lam. var. faureliana Maire = Genista aspalathoides Lam. ●☆
172918 Genista aspalathoides Lam. var. mauritanica (Batt.) Maire = Genista aspalathoides Lam. ●☆
172919 Genista atlantica Spach = Genista hirsuta Vahl subsp. erioclada (Spach) Raynaud ●☆
172920 Genista barbara Munby = Genista tricuspidata Desf. ●☆
172921 Genista buxifolia Burm. f. = Cyclopia buxifolia (Burm. f.) Kies ●☆
172922 Genista canariensis Bory et Chaub.;加那利染料木(苏格兰染料木);Canary Broom,Scotch Broom ●☆
172923 Genista candicans L. = Genista monspessulana (L.) L. A. S. Johnson ●☆
172924 Genista capitata (Cav.) Pau = Genista clavata Poir. ●☆
172925 Genista capitellata Coss. var. tunetana (Coss.) Bonnet et Barratte = Genista capitellata Coss. ●☆
172926 Genista carpetana Lange;卡尔佩特染料木●☆
172927 Genista cephalantha Spach;头花染料木●☆
172928 Genista cephalantha Spach subsp. demnatensis (Murb.)

Raynaud;达尔马提亚染料木;Dalmatian Broom ●☆
172929 Genista cephalantha Spach subsp. demnatensis (Murb.) Raynaud = Genista dalmatica Bartlett ●☆
172930 Genista cephalantha Spach var. gomarica (Emb. et Maire) Raynaud = Genista cephalantha Spach ●☆
172931 Genista cephalantha Spach var. mouilleronii (Maire) Raynaud = Genista cephalantha Spach ●☆
172932 Genista cephalantha Spach var. oranensis Maire = Genista cephalantha Spach ●☆
172933 Genista cephalantha Spach var. plumosa Batt. = Genista cephalantha Spach ●☆
172934 Genista cephalantha Spach var. valdespinulosa (Sennen et Mauricio) Raynaud = Genista cephalantha Spach ●☆
172935 Genista cephalantha Spach var. valdespinulosa Sennen et Mauricio = Genista cephalantha Spach ●☆
172936 Genista cinerea (Vill.) DC.;灰色染料木(灰小金雀)●☆
172937 Genista cinerea (Vill.) DC. subsp. ramosissima (Desf.) Maire = Genista ramosissima (Desf.) Poir. ●☆
172938 Genista cinerea (Vill.) DC. subsp. speciosa Rivas Mart. et al.; 美丽灰色染料木(灰小金雀)●☆
172939 Genista cinerea DC. = Genista cinerea (Vill.) DC. ●☆
172940 Genista cirtensis Pomel = Genista tricuspidata Desf. ●☆
172941 Genista clavata Poir.;棒状染料木●☆
172942 Genista clavata Poir. var. casuarinoides Spach = Genista clavata Poir. ●☆
172943 Genista clavata Poir. var. goudotiana Spach = Genista clavata Poir. ●☆
172944 Genista clavata Poir. var. webbiana Spach = Genista clavata Poir. ●☆
172945 Genista compacta Schischk.;紧密染料木●☆
172946 Genista connata (Harv.) Briq. = Polhillia connata (Harv.) C. H. Stirt. ●☆
172947 Genista cossoniana Batt. = Genista spartioides Spach ●☆
172948 Genista crebrispina Pomel = Genista tricuspidata Desf. ●☆
172949 Genista dalmatica Bartlett = Genista cephalantha Spach subsp. demnatensis (Murb.) Raynaud ●☆
172950 Genista dasycarpa (Coss.) Ball = Retama dasycarpa Coss. ●☆
172951 Genista delphinensis Verl.;翠雀染料木●☆
172952 Genista demnatensis Murb. = Genista cephalantha Spach subsp. demnatensis (Murb.) Raynaud ●☆
172953 Genista demnatensis Murb. var. cossonii Maire = Genista cephalantha Spach subsp. demnatensis (Murb.) Raynaud ●☆
172954 Genista demnatensis Murb. var. gomarica Emb. et Maire = Genista cephalantha Spach subsp. demnatensis (Murb.) Raynaud ●☆
172955 Genista demnatensis Murb. var. mouilleronii Maire = Genista cephalantha Spach subsp. demnatensis (Murb.) Raynaud ●☆
172956 Genista demnatensis Murb. var. valdespinulosa (Sennen) Maire = Genista cephalantha Spach subsp. demnatensis (Murb.) Raynaud ●☆
172957 Genista depressa Griseb.;扁染料木●☆
172958 Genista duriaei Spach = Genista tricuspidata Desf. ●☆
172959 Genista duriaei Spach var. longirostrata Sennen = Genista tricuspidata Desf. ●☆
172960 Genista duriaei Spach var. mauritii Sennen = Genista tricuspidata Desf. ●☆
172961 Genista duriaei Spach var. sanctorum Sennen et Mauricio = Genista tricuspidata Desf. ●☆
172962 Genista echinata Sennen = Genista tricuspidata Desf. ●☆
172963 Genista erioclada Spach = Genista hirsuta Vahl subsp. erioclada (Spach) Raynaud ●☆
172964 Genista erioclada Spach subsp. atlantica (Spach) Maire = Genista hirsuta Vahl subsp. erioclada (Spach) Raynaud ●☆
172965 Genista erioclada Spach var. glabrior Maire = Genista hirsuta Vahl subsp. erioclada (Spach) Raynaud ●☆
172966 Genista ferox (Poir.) Dum. Cours.;硬刺染料木●☆
172967 Genista ferox (Poir.) Dum. Cours. subsp. microphylla (Ball) Font Quer = Genista tamarrutii Caball. ●☆
172968 Genista ferox (Poir.) Dum. Cours. var. ifniensis (Caball.) Font Quer = Genista tamarrutii Caball. ●☆
172969 Genista ferox (Poir.) Dum. Cours. var. salditana (Pomel) Batt. = Genista ferox (Poir.) Dum. Cours. ●☆
172970 Genista ferox (Poir.) Dum. Cours. var. tamarruti (Caball.) Font Quer = Genista tamarrutii Caball. ●☆
172971 Genista filiramea Pomel = Genista numidica Spach subsp. filiramea (Pomel) Batt. ●☆
172972 Genista flagellaris Sommier et H. Lév.;鞭状染料木●☆
172973 Genista florida L.;佛罗里达染料木●☆
172974 Genista florida L. subsp. maroccana Ball;摩洛哥染料木●☆
172975 Genista florida L. var. maroccana (Ball) Ball = Genista florida L. subsp. maroccana Ball ●☆
172976 Genista germanica L.;德国染料木;German Greenweed, German Woad-waxen ●☆
172977 Genista glaberrima Novopokr.;光染料木●☆
172978 Genista hirsuta Vahl;粗毛染料木●☆
172979 Genista hirsuta Vahl subsp. erioclada (Spach) Raynaud;北非染料木●☆
172980 Genista hirsuta Vahl subsp. lanuginosa (Spach) Nyman;多绵毛染料木●☆
172981 Genista hirsuta Vahl var. atlantica (Spach) Raynaud = Genista hirsuta Vahl ●☆
172982 Genista hispanica Wulfen;西班牙染料木(西班牙小金雀); Spanish Broom, Spanish Furze, Spanish Gorse ●☆
172983 Genista horrida DC.;多刺染料木●☆
172984 Genista humifusa L.;平伏染料木●☆
172985 Genista hystrix Lange;刺猬染料木●☆
172986 Genista ifniensis Caball. = Genista tamarrutii Caball. ●☆
172987 Genista ifniensis Caball. var. tamarruti (Caball.) Raynaud = Genista tamarrutii Caball. ●☆
172988 Genista involucrata (Thunb.) Briq. = Polhillia involucrata (Thunb.) B. -E. van Wyk et A. L. Schutte ●☆
172989 Genista ischnoclada Pomel = Genista numidica Spach subsp. ischnoclada (Pomel) Batt. ●☆
172990 Genista jahandiezii Batt. = Genista tournefortii Spach subsp. jahandiezii (Batt.) Talavera et Gibbs ●☆
172991 Genista juncea (L.) Desf. = Spartium junceum L. ●
172992 Genista juniperina Spach = Genista tridens (Cav.) DC. subsp. juniperina (Spach) Talavera et Gibbs ●☆
172993 Genista laricifolia Burm. f.;落叶松叶染料木●☆
172994 Genista leptoclada Pomel = Genista numidica Spach subsp. ischnoclada (Pomel) Batt. ●☆
172995 Genista linifolia L.;亚麻叶染料木;Mediterranean Broom, Silver-leafed Broom ●☆
172996 Genista linifolia L. = Teline linifolia (L.) Webb et Berthel. ●☆

172997 Genista lobelii DC. ;洛贝尔染料木●☆
172998 Genista lobelii DC. subsp. longipes (Pau) Heywood;长梗染料木●☆
172999 Genista lobelii DC. var. mauritanica (Batt.) Maire = Genista lobelii DC. ●☆
173000 Genista lydia Boiss. ;矮生染料木(矮丛小金雀);Dwarf Genista, Genista, Lydia Broom ●☆
173001 Genista macrobotrys Sennen = Genista spartioides Spach subsp. pseudoretamoides Maire ●☆
173002 Genista maderensis Lowe; 马岛染料木; Madeira Dyer's Greenweed ●☆
173003 Genista maroccana Briq. = Argyrolobium microphyllum Ball ●☆
173004 Genista maroccana Briq. var. microphylla (Ball) Maire = Argyrolobium microphyllum Ball ●☆
173005 Genista maroccana Briq. var. racemosa Maire = Argyrolobium microphyllum Ball ●☆
173006 Genista mauritiana Pau et Sennen = Genista spartioides Spach subsp. pseudoretamoides Maire ●☆
173007 Genista microcephala Coss. et Durieu;小头染料木●☆
173008 Genista microcephala Coss. et Durieu var. capitellata (Coss.) Maire = Genista capitellata Coss. ●☆
173009 Genista microcephala Coss. et Durieu var. tripolitana (Bornm.) Maire = Genista microcephala Coss. et Durieu ●☆
173010 Genista microcephala Coss. et Durieu var. tunetana Coss. = Genista capitellata Coss. ●☆
173011 Genista millianii Caball. = Genista spartioides Spach subsp. pseudoretamoides Maire ●☆
173012 Genista moleroi Talavera et Gibbs;莫莱罗染料木●☆
173013 Genista monosperma (L.) Lam. = Retama monosperma (L.) Boiss. ●☆
173014 Genista monosperma (L.) Lam. var. bovei (Spach) Ball = Retama raetam (Forssk.) Webb subsp. bovei (Spach) Talavera et Gibbs ●☆
173015 Genista monspessulana (L.) L. A. S. Johnson;蒙比利埃染料木(单子小金雀);Canary Broom, Cape Broom, French Broom, Montpelier Broom ●☆
173016 Genista monspessulana (L.) L. A. S. Johnson = Teline monspessulana (L.) K. Koch ●☆
173017 Genista myriantha Ball;多花染料木●☆
173018 Genista myrtifolia Burm. f. ;香桃木叶染料木●☆
173019 Genista numidica Spach;努米底亚染料木●☆
173020 Genista numidica Spach subsp. filiramea (Pomel) Batt. ;线枝染料木●☆
173021 Genista numidica Spach subsp. ischnoclada (Pomel) Batt. ;细长枝染料木●☆
173022 Genista numidica Spach var. elata Maire = Genista numidica Spach ●☆
173023 Genista numidica Spach var. ischnoclada (Pomel) Batt. = Genista numidica Spach subsp. ischnoclada (Pomel) Batt. ●☆
173024 Genista numidica Spach var. supravillosa Maire = Genista numidica Spach ●☆
173025 Genista osmarensis Coss. = Teline osmarensis (Coss.) Gibbs et Dingwall ●☆
173026 Genista oxycedrina Pomel = Genista tridens (Cav.) DC. subsp. juniperina (Spach) Talavera et Gibbs ●☆
173027 Genista palmiformis Maire et Sennen = Genista spartioides Spach subsp. pseudoretamoides Maire ●☆
173028 Genista patula M. Bieb. ;张开染料木●☆
173029 Genista pendulina Lam. = Cytisus arboreus (Desf.) DC. ●☆
173030 Genista pilosa L. ;毛染料木(长毛染料木,软毛小金雀);Dwarf Broom, Hairy Greenweed, Silky Woadwaxen, Silkyleaf Woadwaxen, Silky-leaf Woadwaxen ●☆
173031 Genista pilosa L. 'Goldilocks';金发姑娘毛染料木●☆
173032 Genista pilosa L. 'Procumbens';匍匐毛染料木●☆
173033 Genista pilosa L. 'Superba';卓越毛染料木●☆
173034 Genista pilosa L. 'Vancouver Gold';温哥华金毛染料木●☆
173035 Genista pomeliana Maire = Argyrolobium saharae Pomel ●☆
173036 Genista pseudopilosa Coss. ;假毛染料木●☆
173037 Genista pseudoumbellata Caball. = Teline segonnei (Maire) Raynaud ●☆
173038 Genista quadriflora Munby;四花染料木●☆
173039 Genista radiata (L.) Scop. ;辐射染料木●☆
173040 Genista radiata (L.) Scop. = Genista radiata Friedrich ex C. Presl ●☆
173041 Genista radiata DC. = Genista horrida DC. ●☆
173042 Genista radiata Friedrich ex C. Presl = Genista acanthoclada DC. ●☆
173043 Genista radiata Scop. = Genista radiata (L.) Scop. ●☆
173044 Genista ramosissima (Desf.) Poir. ;多枝染料木●☆
173045 Genista ramosissima Boiss. = Genista cinerea (Vill.) DC. subsp. speciosa Rivas Mart. et al. ●☆
173046 Genista raymundii Maire et Sennen = Genista spartioides Spach subsp. pseudoretamoides Maire ●☆
173047 Genista retamoides Spach = Genista spartioides Spach ●☆
173048 Genista retamoides Spach var. macrobotrys Maire et Sennen = Genista spartioides Spach ●☆
173049 Genista retamoides Spach var. mauritiana Maire = Genista spartioides Spach ●☆
173050 Genista retamoides Spach var. palmiformis (Sennen et Mauricio) Maire = Genista spartioides Spach ●☆
173051 Genista sagittalis L. ;翅染料木(翅茎小金雀,戟茎小金雀);Arrow Broom, Winged Broom, Winged Greenweed ●☆
173052 Genista saharae Coss. et Durieu = Spartidium saharae (Coss. et Durieu) Pomel ●☆
173053 Genista salditana Pomel = Genista ferox (Poir.) Dum. Cours. ●☆
173054 Genista sarotes Pomel var. filiramea (Pomel) Batt. = Genista numidica Spach subsp. filiramea (Pomel) Batt. ●☆
173055 Genista scoparia L. = Cytisus scoparius (L.) Link ●
173056 Genista scorpius (L.) DC. ;蝎尾染料木;Scorpion Broom ●☆
173057 Genista scorpius (L.) DC. subsp. intermedia Emb. et Maire;间型蝎尾染料木●☆
173058 Genista scorpius (L.) DC. subsp. mesatlantica Emb. et Maire = Genista scorpius (L.) DC. subsp. intermedia Emb. et Maire ●☆
173059 Genista scorpius (L.) DC. subsp. myriantha (Ball) Maire = Genista myriantha Ball ●☆
173060 Genista segonnei (Maire) P. E. Gibbs = Teline segonnei (Maire) Raynaud ●☆
173061 Genista spachiana Webb;斯帕奇染料木●☆
173062 Genista spartioides Spach;澳非染料木●☆
173063 Genista spartioides Spach subsp. pseudoretamoides Maire;勒塔染料木●☆
173064 Genista spartioides Spach subsp. retamoides (Coss.) Maire = Genista spartioides Spach ●☆

173065 Genista spartioides Spach var. cossoniana (Batt.) Maire = Genista spartioides Spach ●☆

173066 Genista spartioides Spach var. macrobotrys Maire et Sennen = Genista spartioides Spach ●☆

173067 Genista spartioides Spach var. malacitana Maire = Genista spartioides Spach ●☆

173068 Genista spartioides Spach var. mauritiana Maire = Genista spartioides Spach ●☆

173069 Genista spartioides Spach var. millianii (Caball.) Maire = Genista spartioides Spach ●☆

173070 Genista spartioides Spach var. palmiformis (Maire et Sennen) Maire = Genista spartioides Spach ●☆

173071 Genista spartioides Spach var. pomariensis Maire = Genista spartioides Spach ●☆

173072 Genista spinulosa Pomel;细刺染料木●☆

173073 Genista stenopetala Webb et Berthel.;狭瓣染料木;Leafy Broom ●☆

173074 Genista suanica Schischk. ex Grossh. et Schischk.;苏安染料木●☆

173075 Genista sylvestris Scop. = Genista dalmatica Bartlett ●☆

173076 Genista tamarrutii Caball.;塔马鲁特染料木●☆

173077 Genista tanaitica C. C. Davis;塔奈特染料木●☆

173078 Genista tenera (Jacq.) Kuntze;柔枝小金雀(马德拉染料木);Madeira Broom ●☆

173079 Genista tenera (Jacq.) Kuntze 'Golden Shower';金晃柔枝小金雀●☆

173080 Genista tenera (Murray) Kuntze = Genista tenera (Jacq.) Kuntze ●☆

173081 Genista tetragona Besser;四角染料木●☆

173082 Genista tinctoria L.;染料木(小金雀);Alleluia, Base Broom, Brummel, Common Dyer's Greenwood, Common Woadwaxen, Common Woad-waxen, Dyer's Broom, Dyer's Green Weed, Dyer's Greening Weed, Dyer's Greening-weed, Dyer's Greenweed, Dyer's Weed, Dyer's Yellow-weed, Dyeweed, Dyewood, Genista, Genista Broom, Greening-weed, Greenweed, Greenwood, Heather Whin, Kendal Green Weed, Low Broom, Sarrat, She Broom, She-broom, Wede-wixen, Widow-wisse, Wild Woad, Witches' Blood, Witches' blood, Woad, Woadmesh, Woadwax, Woadwaxen, Woad-waxen, Woadwex, Woad-wise, Wood Waxen, Woodas, Woodwax, Woodwaxa, Woodwaxen, Woodwesh, Woodwex, Woudwix, Wudwise ●

173083 Genista tinctoria L. 'Royal Gold';金品小金雀●☆

173084 Genista tournefortii Spach;图氏染料木●☆

173085 Genista tournefortii Spach subsp. jahandiezii (Batt.) Talavera et Gibbs;贾汉染料木●☆

173086 Genista tournefortii Spach var. jahandiezii (Batt.) Maire = Genista tournefortii Spach ●☆

173087 Genista tournefortii Spach var. transfretana Pau et Font Quer = Genista tournefortii Spach ●☆

173088 Genista tournefortii Spach var. transiens Font Quer et Maire = Genista tournefortii Spach ●☆

173089 Genista transcaucasica Schischk.;高加索染料木●☆

173090 Genista triacanthos Brot.;三刺染料木●☆

173091 Genista triacanthos Brot. subsp. interrupta Maire = Genista triacanthos Brot. ●☆

173092 Genista triacanthos Brot. subsp. juniperina (Spach) Maire = Genista tridens (Cav.) DC. subsp. juniperina (Spach) Talavera et Gibbs ●☆

173093 Genista triacanthos Brot. subsp. tridens (Cav.) Maire = Genista tridens (Cav.) DC. ●☆

173094 Genista triacanthos Brot. var. galioides Spach = Genista triacanthos Brot. ●☆

173095 Genista triacanthos Brot. var. intermedia Pau = Genista triacanthos Brot. ●☆

173096 Genista triacanthos Brot. var. prolifera Maire = Genista triacanthos Brot. ●☆

173097 Genista triacanthos Brot. var. tournefortiana Spach = Genista triacanthos Brot. ●☆

173098 Genista tricuspidata Desf.;三尖染料木●☆

173099 Genista tricuspidata Desf. subsp. duriaei (Spach) Batt. = Genista tricuspidata Desf. ●☆

173100 Genista tricuspidata Desf. subsp. sparsiflora (Ball) Maire;稀花染料木●☆

173101 Genista tricuspidata Desf. var. caballeroi (Pau) Raynaud = Genista tricuspidata Desf. ●☆

173102 Genista tricuspidata Desf. var. cirtensis (Pomel) Batt. = Genista tricuspidata Desf. ●☆

173103 Genista tricuspidata Desf. var. crebrispina (Pomel) Batt. = Genista tricuspidata Desf. ●☆

173104 Genista tricuspidata Desf. var. hirtula Maire = Genista tricuspidata Desf. ●☆

173105 Genista tricuspidata Desf. var. longirostrata (Sennen) Raynaud = Genista tricuspidata Desf. ●☆

173106 Genista tricuspidata Desf. var. microcarpa Batt. = Genista tricuspidata Desf. ●☆

173107 Genista tricuspidata Desf. var. mogadorensis (Pau) Maire = Genista tricuspidata Desf. subsp. sparsiflora (Ball) Maire ●☆

173108 Genista tricuspidata Desf. var. sennenii (Maire) Raynaud = Genista tricuspidata Desf. ●☆

173109 Genista tricuspidata Desf. var. sparsiflora Ball = Genista tricuspidata Desf. subsp. sparsiflora (Ball) Maire ●☆

173110 Genista tricuspidata Desf. var. stipulacea (Faure et Maire) Raynaud = Genista tricuspidata Desf. ●☆

173111 Genista tricuspidata Desf. var. villosa Sennen = Genista tricuspidata Desf. ●☆

173112 Genista tricuspidata Desf. var. villosissima (Faure et Maire) Raynaud = Genista tricuspidata Desf. ●☆

173113 Genista tricuspidata Desf. var. virescens Pomel = Genista tricuspidata Desf. ●☆

173114 Genista tridens (Cav.) DC.;三齿染料木●☆

173115 Genista tridens (Cav.) DC. subsp. juniperina (Spach) Talavera et Gibbs;刺柏状染料木●☆

173116 Genista tridens (Cav.) DC. var. intermedia Emb. et Maire = Genista tridens (Cav.) DC. ●☆

173117 Genista tridentata L. = Pterospartum tridentatum (L.) Willk. ●☆

173118 Genista tridentata L. subsp. lasiantha (Spach) Greuter = Pterospartum tridentatum (L.) Willk. subsp. lasianthum (Spach) Talavera et Gibbs ●☆

173119 Genista tridentata L. subsp. riphaea (Pau et Font Quer) Greuter = Pterospartum tridentatum (L.) Willk. subsp. rhiphaeum (Pau et Font Quer) Talavera et P. E. Gibbs ●☆

173120 Genista ulicina Spach;荆豆染料木●☆

173121 Genista ulicina Spach var. densiflora Pau et Font Quer = Genista tournefortii Spach ●☆

173122 Genista ulicina Spach var. humilis Pomel = Genista ulicina Spach ●☆
173123 Genista umbellata (L'Hér.) Poir.;伞状染料木●☆
173124 Genista umbellata (L'Hér.) Poir. var. macrocephala Maire = Genista umbellata (L'Hér.) Poir. ●☆
173125 Genista umbellata (L'Hér.) Poir. var. marsillerassi Sennen et Mauricio = Genista umbellata (L'Hér.) Poir. ●☆
173126 Genista umbellata (L'Hér.) Poir. var. pachyphylla Sennen et Mauricio = Genista umbellata (L'Hér.) Poir. ●☆
173127 Genista uniflora Briq. = Argyrolobium uniflorum (Decne.) Jaub. et Spach ●☆
173128 Genista villarsii Clementi;维氏染料木●☆
173129 Genista virgata Hoppe ex Rchb.;马德拉染料木;Madeira Broom ●☆
173130 Genista virgata Link = Genista virgata Hoppe ex Rchb. ●☆
173131 Genista-spartium Duhamel = Ulex L. ●
173132 Genistella Moench = ? Genistella Ortega ●
173133 Genistella Ortega = Chamaespartium Adans. ●
173134 Genistella Ortega = Genista L. ●
173135 Genistella riphaea Pau et Font Quer = Pterospartum tridentatum (L.) Willk. subsp. rhiphaeum (Pau et Font Quer) Talavera et P. E. Gibbs ●☆
173136 Genistella sagittalis Gams = Genista sagittalis L. ●☆
173137 Genistella tridentata (L.) Samp. = Pterospartum tridentatum (L.) Willk. ●☆
173138 Genistella tridentata (L.) Samp. subsp. riphaea (Pau et Font Quer) Holub = Pterospartum tridentatum (L.) Willk. subsp. rhiphaeum (Pau et Font Quer) Talavera et P. E. Gibbs ●☆
173139 Genistidium I. M. Johnst. (1941);灌丛金雀豆属●☆
173140 Genistidium dumosum I. M. Johnst.;灌丛金雀豆●☆
173141 Genistoides Moench = Genista L. ●
173142 Genitia Nakai = Euonymus L. (保留属名)●
173143 Genitia Nakai(1943);拟卫矛属●
173144 Genitia carnosus (Hemsl.) H. L. Li et Hou = Euonymus carnosus Hemsl. ●
173145 Genitia tanakae (Maxim.) Nakai;拟卫矛●☆
173146 Genitia tanakae (Maxim.) Nakai = Euonymus tanakae Maxim. ●
173147 Genlisa Raf. = Scilla L. ■
173148 Genlisea A. St. -Hil. (1833);旋刺草属■☆
173149 Genlisea Benth. et Hook. f. = Aristea Sol. ex Aiton ■☆
173150 Genlisea Benth. et Hook. f. = Genlisia Rchb. ■☆
173151 Genlisea africana Oliv.;非洲旋刺草■☆
173152 Genlisea africana Oliv. f. pallida R. E. Fr. = Genlisea africana Oliv. ■☆
173153 Genlisea africana Oliv. subsp. stapfii (A. Chev.) P. Taylor = Genlisea stapfii A. Chev. ■☆
173154 Genlisea angolensis R. D. Good;安哥拉旋刺草■☆
173155 Genlisea glandulosissima R. E. Fr.;多腺旋刺草■☆
173156 Genlisea hispidula Stapf;细毛旋刺草■☆
173157 Genlisea hispidula Stapf subsp. hispidula P. Taylor = Genlisea hispidula Stapf ■☆
173158 Genlisea hispidula Stapf subsp. subglabra (Stapf) P. Taylor = Genlisea subglabra Stapf ■☆
173159 Genlisea margaretae Hutch.;马格丽特旋刺草■☆
173160 Genlisea pallida Fromm et P. Taylor;苍白旋刺草■☆
173161 Genlisea stapfii A. Chev.;施塔普夫旋刺草■☆
173162 Genlisea subglabra Stapf;近光旋刺草■☆
173163 Genlisea subviridis Hutch. = Genlisea africana Oliv. ■☆
173164 Genlisea taylori Eb. Fisch., Porembski et Barthlott;泰勒旋刺草■☆
173165 Genlisia Rchb. = Aristea Sol. ex Aiton ■☆
173166 Genlisia Rchb. = Nivenia Vent. ●☆
173167 Gennaria Parl. (1860);根纳尔兰属■☆
173168 Gennaria diphylla (Link) Parl.;根纳尔兰■☆
173169 Genoplesium R. Br. (1810);澳洲兰属;Midge Orchid ■☆
173170 Genoplesium R. Br. = Prasophyllum R. Br. ■☆
173171 Genoplesium acuminatum (R. S. Rogers) D. L. Jones et M. A. Clem.;渐尖澳洲兰■☆
173172 Genoplesium alticola D. L. Jones et B. Gray;高原澳洲兰■☆
173173 Genoplesium ciliatum (Ewart et B. Rees) D. L. Jones et M. A. Clem.;睫毛澳洲兰■☆
173174 Genoplesium filiforme (Fitzg.) D. L. Jones et M. A. Clem.;线形澳洲兰■☆
173175 Genoplesium nigricans (R. Br.) D. L. Jones et M. A. Clem.;黑澳洲兰■☆
173176 Genoplesium oliganthum D. L. Jones;少花澳洲兰■☆
173177 Genoria Pers. = Ginora L. ●☆
173178 Genosiris Labill. (废弃属名) = Patersonia R. Br. (保留属名)■☆
173179 Gentiana (Tourn.) ex L. = Gentiana L. ■
173180 Gentiana (Tourn.) L. = Gentiana L. ■
173181 Gentiana L. (1753);龙胆属;Fringed Gentian, Gentian ■
173182 Gentiana × iseana Makino;伊势龙胆■☆
173183 Gentiana abaensis T. N. Ho;阿坝龙胆;Aba Gentian ■
173184 Gentiana acaulis L.;无梗龙胆(无茎龙胆);Gentianella, Stemless Gentian, Trumpet Gentian ■☆
173185 Gentiana acaulis L. subsp. alpina (Vill.) O. Bolòs et Vigo;高山无梗龙胆■☆
173186 Gentiana acuta Michx. = Gentianella acuta (Michx.) Hiitonen ■
173187 Gentiana adscendens Pall. = Gentiana decumbens L. f. ■
173188 Gentiana affinis Griseb.;近缘龙胆;Closed Gentian, Pleated Gentian, Prairie Gentian ■☆
173189 Gentiana agrorum Harry Sm. = Gentiana yokusai Burkill ■
173190 Gentiana aikinsonii Burkill = Gentiana davidii Franch. ■
173191 Gentiana aikinsonii Burkill var. formosana (Hayata) Yamam. = Gentiana davidii Franch. var. formosana (Hayata) T. N. Ho ■
173192 Gentiana alata T. N. Ho;翅萼龙胆;Kusnezow Gentian ■
173193 Gentiana alba Muhl. ex Nutt.;白龙胆;Cream Gentian, Pale Gentian, White Gentian, Yellow Gentian, Yellowish Gentian ■☆
173194 Gentiana albens (L. f.) Thunb. = Sebaea albens (L. f.) Sm. ■☆
173195 Gentiana albescens Franch. ex Kusnez = Gentiana albomarginata C. Marquand ■
173196 Gentiana albicalyx Burkill;银萼龙胆;Silvercalyx Gentian ■
173197 Gentiana albomarginata C. Marquand;膜边龙胆;Whiteedge Gentian ■
173198 Gentiana algida Pall.;高山龙胆(白花龙胆,当药龙胆,黄花龙胆,苦龙胆,冷龙胆);Alpine Gentian ■
173199 Gentiana algida Pall. f. igarashii (Miyabe et Kudo) Toyok.;五十岚龙胆■☆
173200 Gentiana algida Pall. var. igarashii (Miyabe et Kudo) Miyabe et Kudo ex Takeda = Gentiana algida Pall. f. igarashii (Miyabe et Kudo) Toyok. ■☆
173201 Gentiana algida Pall. var. nubigena (Edgew.) Kusn. = Gentiana

nubigena Edgew. ■

173202 Gentiana algida Pall. var. parviflora Kusn. ;小花高山龙胆(无茎龙胆)■☆

173203 Gentiana algida Pall. var. parviflora Kusn. = Gentiana purdomii C. Marquand ■

173204 Gentiana algida Pall. var. przewalskii (Maxim.) Kusn. = Gentiana purdomii C. Marquand ■

173205 Gentiana algida Pall. var. sibirica Kusn. = Gentiana algida Pall. ■

173206 Gentiana alpina Adam;山生龙胆;Southern Gentian ■☆

173207 Gentiana alsinoides Franch. ;繁缕状龙胆;Starwort Gentian ■

173208 Gentiana altigena Harry Sm. ;椭叶龙胆;Ellipticleaf Gentian ■

173209 Gentiana altorum Harry Sm. ex C. Marquand;道孚龙胆(哈巴龙胆);Tall Gentian ■

173210 Gentiana amarella L. = Gentiana lingulata Agardh ■☆

173211 Gentiana amarella L. = Gentianella acuta (Michx.) Hiitonen ■

173212 Gentiana amarella L. subsp. acuta (Michx.) Hultén. = Gentianella acuta (Michx.) Hiitonen ■

173213 Gentiana amarella L. var. fastigiana Y. Ling = Gentianella acuta (Michx.) Hiitonen ■

173214 Gentiana amoena C. B. Clarke = Gentiana emodii C. Marquand ex Sealy ■

173215 Gentiana amoena C. B. Clarke var. major Burkill = Gentiana urnula Harry Sm. ■

173216 Gentiana amoena L. f. pallida ? = Gentiana urnula Harry Sm. ■

173217 Gentiana amoena L. var. major Burkill = Gentiana urnula Harry Sm. ■

173218 Gentiana amoena L. var. pallida Marquart = Gentiana urnula Harry Sm. ■

173219 Gentiana ampla Harry Sm. ;宽筒龙胆;Broadtube Gentian ■

173220 Gentiana ampla Harry Sm. = Gentiana caelestis (C. Marquand) Harry Sm. ■

173221 Gentiana amplicrater Burkill;硕花龙胆;Manyflower Gentian ■

173222 Gentiana andrewsii Griseb. ; 安 氏 龙 胆 (安 德 鲁 龙 胆); Andréw's Gentian, Bottle Gentian, Closed Gentian, Prairie Closed Gentian ■☆

173223 Gentiana andrewsii Griseb. f. albiflora Britton = Gentiana andrewsii Griseb. ■☆

173224 Gentiana anglica Pugsley;英国龙胆;Early Gentian ■☆

173225 Gentiana angulosa M. Bieb. ;棱角龙胆■☆

173226 Gentiana angusta (Masam.) Tang S. Liu et Chin C. Guo;狭瓣龙胆;Narrowpetal Gentian ■

173227 Gentiana angusta (Masam.) Tang S. Liu et Chin C. Guo = Gentiana scabrida Hayata ■

173228 Gentiana angusta (Masam.) Tang S. Liu et Chin C. Guo = Gentiana taiwanica T. N. Ho ■

173229 Gentiana angustata (C. B. Clarke) C. Marquand = Crawfurdia angustata C. B. Clarke ■

173230 Gentiana angustifolia Vill. ;狭叶龙胆■☆

173231 Gentiana anisostemon C. Marquand; 异药龙胆; Differentthrum Gentian ■

173232 Gentiana anomala C. Marquand = Gentianella anomala (C. Marquand) T. N. Ho ■

173233 Gentiana aomorensis H. Lév. = Gentiana zollingeri Fawc. ■

173234 Gentiana aperta Maxim. ;开张龙胆;Spread Gentian ■

173235 Gentiana aperta Maxim. var. aureopunctata T. N. Ho et J. H. Li;黄斑龙胆;Yellowspot Spread Gentian ■

173236 Gentiana aphrosperma Harry Sm. = Gentiana nannobella C. Marquand ■

173237 Gentiana aphrosperma Harry Sm. ex C. Marquand;泡沫龙胆;Foamy Gentian ■

173238 Gentiana aphrosperma Harry Sm. ex C. Marquand = Gentiana nannobella C. Marquand ■

173239 Gentiana apiata N. E. Br. ;太白龙胆(秦岭龙胆,茱苓草);Pyriferous Gentian ■

173240 Gentiana aprica Decne. = Gentiana taliensis Balf. f. et Forrest ■

173241 Gentiana aquatica Froel. = Gentiana prostrata Haenke ■

173242 Gentiana aquatica L. ;水生龙胆;Water Gentian ■

173243 Gentiana aquatica L. subsp. laeviuscula (Ohwi) T. N. Ho et S. W. Liu = Gentiana laeviuscula Toyok. ■☆

173244 Gentiana aquatica L. var. laeviuscula (Ohwi) Ohwi = Gentiana laeviuscula Toyok. ■☆

173245 Gentiana aquatica L. var. pseudo-aquatica (Kusn.) Sunita = Gentiana pseudoaquatica Kusn. ■

173246 Gentiana aquatica Lour. = Gentiana indica Steud. ■

173247 Gentiana aquatica Pall. = Gentiana humilis Steven ■

173248 Gentiana aquatica Rchb. = Gentiana nivalis L. ■☆

173249 Gentiana aquatica Stev. = Gentiana squarrosa Ledeb. ■

173250 Gentiana aquatica Thunb. = Gentiana thunbergii (G. Don) Griseb. ■

173251 Gentiana arctica Grossh. ;北极龙胆■☆

173252 Gentiana arecta Franch. ex Hemsl. = Comastoma pulmonarium (Turcz.) Toyok. ■

173253 Gentiana arenaria Maxim. = Gentianella arenaria (Maxim.) T. N. Ho ■

173254 Gentiana arethusae Burkill;川东龙胆;E. Sichuan Gentian ■

173255 Gentiana arethusae Burkill var. delicatula (C. Marquand) Halda;七叶龙胆;Sevenleaves Gentian ■

173256 Gentiana arethusae Burkill var. rotundatalobata C. Marquand = Gentiana arethusae Burkill var. delicatula (C. Marquand) Halda ■

173257 Gentiana argentea (D. Don) Griseb. ; 银 脉 龙 胆; Sivervein Gentian ■

173258 Gentiana argentea (D. Don) Griseb. var. albescens Franch. = Gentiana albomarginata C. Marquand ■

173259 Gentiana argentea (D. Don) Griseb. var. albescens Franch. ex Hemsl. = Gentiana albomarginata C. Marquand ■

173260 Gentiana arisanensis Hayata;阿里山龙胆;Alishan Gentian ■

173261 Gentiana aristata Maxim. ; 刺 芒 龙 胆 (尖 叶 龙 胆); Aristate Gentian, Shortleaf Gentian ■

173262 Gentiana arrecta Franch. = Comastoma pulmonarium (Turcz.) Toyok. ■

173263 Gentiana arrecta Franch. ex Hemsl. = Comastoma pulmonarium (Turcz.) Toyok. ■

173264 Gentiana asclepiadea L. ;萝藦龙胆(马利筋龙胆);Gentian, Milkweed Gentian, Swallow-wort Gentian, Willow Gentian, Willow-leaved Gentian ■☆

173265 Gentiana asparagoides T. N. Ho; 天冬叶龙胆; Asparaguslike Gentian ■

173266 Gentiana asterocalyx Diels;星萼龙胆;Starcalyx Gentian ■

173267 Gentiana atkinsonii Burkill = Gentiana davidii Franch. ■

173268 Gentiana atkinsonii Burkill var. formosana (Hayata) Yamam. = Gentiana davidii Franch. ■

173269 Gentiana atlantica Litard. et Maire;大西洋龙胆■☆

173270 Gentiana atrata Charb. ;黑龙胆■☆

173271 Gentiana atropurpurea T. N. Ho;黑紫龙胆;Deepviolet Gentian ■

173272 Gentiana atuntsiensis W. W. Sm.；阿墩子龙胆(德钦龙胆)；Adunzi Gentian ■
173273 Gentiana aurea (L. f.) Thunb. = Sebaea aurea (L. f.) Sm. ■☆
173274 Gentiana aurea L. = Gentianella azurea (Bunge) Holub ■
173275 Gentiana auriculata Pall. = Gentianella auriculata (Pall.) J. M. Gillett ■☆
173276 Gentiana autumnalis Prey. et Zirk. ex Bab.；秋龙胆；Pine-barren Gentian ■☆
173277 Gentiana axillariflora H. Lév. et Vaniot = Gentiana triflora Pall. var. japonica (Kusn.) H. Hara ■
173278 Gentiana axillariflora H. Lév. et Vaniot var. horomuiensis ? = Gentiana triflora Pall. var. japonica (Kusn.) H. Hara f. horomuiensis (Kudo) Toyok. ■☆
173279 Gentiana axillariflora H. Lév. et Vaniot var. montana ? = Gentiana triflora Pall. var. japonica (Kusn.) H. Hara f. montana (H. Hara) Toyok. et Tanaka ■☆
173280 Gentiana axillaris (F. M. Schmidt) Murb.；腋芽龙胆(桦太龙胆)■☆
173281 Gentiana axillaris Lam. = Enicostema axillare (Lam.) A. Raynal ■☆
173282 Gentiana azurea Bunge = Gentianella azurea (Bunge) Holub ■
173283 Gentiana baltica Murb.；波罗的海龙胆；Baltic Gentian ■☆
173284 Gentiana baoxingensis T. N. Ho；宝兴龙胆；Baoxing Gentian ■
173285 Gentiana barbata Froel. = Gentianopsis barbata (Froel.) Ma ■
173286 Gentiana barbata Froel. var. browniana Hook. = Gentianopsis procera (Holm) Ma ■☆
173287 Gentiana bavarica L.；巴伐利亚龙胆；Bavarian Gentian ■☆
173288 Gentiana beesiana W. W. Sm. = Comastoma stellariifolium (Franch. ex Hemsl.) Holub ■
173289 Gentiana beesiana W. W. Sm. = Comastoma traillianum (Forrest) Holub ■
173290 Gentiana bella Franch. ex Hemsl.；秀丽龙胆；Pretty Gentian ■
173291 Gentiana bellidifolia Franch. = Gentiana rubicunda Franch. var. biloba (T. N. Ho) Halda ■
173292 Gentiana bellifolia Franch. = Gentiana rubicunda Franch. var. biloba (T. N. Ho) Halda ■
173293 Gentiana biebersteinii Bunge；毕氏龙胆■☆
173294 Gentiana biflora Regel = Gentiana dahurica Fisch. ■
173295 Gentiana biflora Regel ex Kusn. = Gentiana dahurica Fisch. ■
173296 Gentiana billingtonii Farw.；比林顿龙胆；Billington's Gentian ■☆
173297 Gentiana blepharophora Bordz.；缘毛龙胆■☆
173298 Gentiana blinii H. Lév. = Gentiana suborbisepala C. Marquand var. kialensis (C. Marquand) T. N. Ho ■
173299 Gentiana bodinieri H. Lév. = Gentiana rubicunda Franch. ■
173300 Gentiana bomiensis T. N. Ho；波密龙胆；Bomi Gentian ■
173301 Gentiana borealis Bunge = Comastoma pedunculatum (Royle ex D. Don) Holub ■
173302 Gentiana brevidens Regel = Gentiana tibetica King ex Hook. f. ■
173303 Gentiana bryoides Burkill；卵萼龙胆；Bryophytelike Gentian ■
173304 Gentiana buergeri Miq. = Gentiana scabra Bunge var. buergeri (Miq.) Maxim. ex Franch. et Sav. ■
173305 Gentiana bueseri Siebold；布氏龙胆；Büser Gentian ■☆
173306 Gentiana bulleyana (Forrest) Marquart = Crawfurdia campanulacea Wall. et Griff. ex C. B. Clarke ■
173307 Gentiana burkillii Harry Sm.；白条纹龙胆；Whitestriate Gentian ■
173308 Gentiana burkillii Harry Sm. = Gentiana pseudoaquatica Kusn. ■
173309 Gentiana burmensis C. Marquand；缅甸龙胆；Burma Gentian ■
173310 Gentiana cachemirrica Decne. = Gentiana stipitata Edgew. ■
173311 Gentiana caelestis (C. Marquand) Harry Sm.；天蓝龙胆；Skyblue Gentian ■
173312 Gentiana caeruleogrisea T. N. Ho；蓝灰龙胆；Bluegrey Gentian ■
173313 Gentiana caespitosa Hayata = Gentiana arisanensis Hayata ■
173314 Gentiana callistantha Diels et Gilg；粗根龙胆；Thickroot Gentian ■
173315 Gentiana callistantha Diels et Gilg = Gentiana szechenyii Kanitz ■
173316 Gentiana calycosa Griseb.；萼状龙胆；Explorer's Gentian ■☆
173317 Gentiana campanulata Jacq. = Gentiana punctata L. ■☆
173318 Gentiana campestris L.；田野龙胆(野龙胆)；Field Gentian, Gentian, Meadow Gentian ■☆
173319 Gentiana canaliculata Royle ex G. Don = Jaeschkea canaliculata (Royle ex G. Don) Knobl. ■
173320 Gentiana canaliculata Royle ex G. Don = Jaeschkea microsperma C. B. Clarke ■
173321 Gentiana capitata Buch. -Ham. ex D. Don；头状龙胆；Capitate Gentian ■
173322 Gentiana capitata Buch. -Ham. ex D. Don var. strobiliformis C. B. Clarke；不丹龙胆■☆
173323 Gentiana capitata Buch. -Ham. ex D. Don var. strobiliformis C. B. Clarke = Gentiana albicalyx Burkill ■
173324 Gentiana capitata Buch. -Ham. ex D. Don var. strobiliformis C. B. Clarke = Gentiana kumaonensis Biswas ■
173325 Gentiana carpaticola Borb.；卡尔帕特龙胆■☆
173326 Gentiana carrecta Franch. = Comastoma pulmonarium (Turcz.) Toyok. ■
173327 Gentiana caryophyllea Harry Sm.；石竹叶龙胆；Carnation Leaf Gentian, Pinkleaf Gentian ■
173328 Gentiana catesbaei Andr.；美洲龙胆；American Gentian ■☆
173329 Gentiana caucasica M. Bieb.；高加索龙胆■☆
173330 Gentiana caudata C. Marquand = Tripterospermum discoideum (C. Marquand) Harry Sm. ■
173331 Gentiana caudata Marquart = Tripterospermum filicaule (Hemsl.) Harry Sm. ■
173332 Gentiana centaurium L. = Centaurium erythraea Raf. ■☆
173333 Gentiana cephalantha Franch. ex Hemsl.；头花龙胆(龙胆)；Headflower Gentian ■
173334 Gentiana cephalantha Franch. ex Hemsl. var. vaniotii (H. Lév.) T. N. Ho；腺龙胆■
173335 Gentiana cephalodes Edgew. = Gentiana capitata Buch. -Ham. ex D. Don ■
173336 Gentiana chinensis Kusn.；中国龙胆；China Gentian ■
173337 Gentiana chingii C. Marquand = Gentiana nubigena Edgew. ■
173338 Gentiana chingii C. Marquand = Gentiana trichotoma Kusn. var. chingii (C. Marquand) T. N. Ho ■
173339 Gentiana chirayita Roxb. ex Fleming；北印度龙胆■☆
173340 Gentiana choanantha C. Marquand；反折花龙胆；Reflexflower Gentian ■
173341 Gentiana chungtienensis C. Marquand；中甸龙胆；Zhongdian Gentian ■
173342 Gentiana ciliata L.；纤毛龙胆；Fringed Gentian, Hairy Gentian ■☆
173343 Gentiana clarkei Kusn.；西域龙胆；C. B. Clarke Gentian ■
173344 Gentiana clusii Perr. et Songeon；克氏龙胆；Clusius Gentian, Stemless Trumpet Gentian, Trumpet Gentian ■☆
173345 Gentiana complexa T. N. Ho；莲座叶龙胆；Rosulaleaf Gentian ■

173346 Gentiana conduplicata T. N. Ho;对折龙胆;Conduplicate Gentian ■
173347 Gentiana conertifolia C. Marquand;密叶龙胆;Denseleaf Gentian ■
173348 Gentiana confusa Marquand = Tripterospermum volubile (D. Don) H. Hara ■
173349 Gentiana contorta Royle = Gentianopsis contorta (Royle) Ma ■
173350 Gentiana contorta Royle var. shimizuana ? = Gentianopsis contorta (Royle) Ma ■
173351 Gentiana cordata C. Marquand = Tripterospermum cordatum (C. Marquand) Harry Sm. ■
173352 Gentiana cordisepala Murb. = Comastoma falcatum (Turcz. ex Kar. et Kir.) Toyok. ■
173353 Gentiana corymbifera Kirk;伞花龙胆■☆
173354 Gentiana crarfurdioides C. Marquand = Crawfurdia crawfurdioides (C. Marquand) Harry Sm. ■
173355 Gentiana crassicaulis Duthie ex Burkill;粗茎秦艽(粗茎龙胆,大艽,秦艽,秦胶,秦纠,秦爪,左宁根,左扭,左秦艽);Thickstemen Gentian ■
173356 Gentiana crassula Harry Sm.;景天叶龙胆;Crassulaleaf Gentian ■
173357 Gentiana crassuloides Bureau et Franch.;肾叶龙胆;Kidneyleaf Gentian ■
173358 Gentiana crassuloides Franch. = Gentiana choanantha C. Marquand ■
173359 Gentiana crawfurdioides C. Marquand = Crawfurdia crawfurdioides (C. Marquand) Harry Sm. ■
173360 Gentiana crenulatotruncata (C. Marquand) T. N. Ho;圆齿褶龙胆;Roundtooth-truncare Gentian ■
173361 Gentiana crinita Froel. = Gentianopsis crinita (Froel.) Ma ■☆
173362 Gentiana crinita Froel. var. browniana (Hook.) B. Boivin = Gentianopsis procera (Holm) Ma ■☆
173363 Gentiana cristata Harry Sm.;脊突龙胆;Crisitate Gentian ■
173364 Gentiana cruciata L.;十字龙胆(欧洲秦艽);Cross Gentian, Cross-leaved Gentian, Cross-wort Gentian, Star Gentian ■☆
173365 Gentiana cuneibarba Harry Sm.;髯毛龙胆;Beard Gentian ■
173366 Gentiana curtisii J. S. Pringle;柯蒂斯龙胆;Curtis' Gentian ■☆
173367 Gentiana curvianthera T. N. Ho;弯药龙胆;Curvethrum Gentian ■
173368 Gentiana curviflora C. Marquand = Crawfurdia semialata (C. Marquand) Harry Sm. ■
173369 Gentiana curviphylla T. N. Ho;弯叶龙胆;Curveleaf Gentian ■
173370 Gentiana cyananthiflora Franch. = Comastoma cyananthiflorum (Franch. ex Hemsl.) Holub ■
173371 Gentiana cyananthiflora Franch. ex Hemsl. = Comastoma cyananthiflorum (Franch. ex Hemsl.) Holub ■
173372 Gentiana cyanea C. Marquand = Tripterospermum coeruleum (Hand. -Mazz. ex Harry Sm.) Harry Sm. ■
173373 Gentiana dahurica Fisch.;达乌里秦艽(达乌里龙胆,大艽,秦艽,秦胶,秦纠,秦爪,纤弱龙胆,小秦艽,兴安龙胆,左宁根,左扭,左秦艽);Dahuria Gentian ■
173374 Gentiana dahurica Fisch. var. campanulata T. N. Ho;钟花达乌里秦艽;Bellflower Dahuria Gentian ■
173375 Gentiana dahurica Fisch. var. gracilipes (Turrill) Ma = Gentiana dahurica Fisch. ■
173376 Gentiana damyonensis C. Marquand;深裂龙胆;Dissected Gentian, Parted Gentian ■
173377 Gentiana daochengensis T. N. Ho;稻城龙胆;Daocheng Gentian ■
173378 Gentiana davidii Franch.;五岭龙胆(矮杆鲤鱼胆,簇花龙胆,倒地莲,九头青,鲤鱼胆,龙胆,落地荷花,小秦艽,歇地龙胆);David Gentian ■
173379 Gentiana davidii Franch. var. formosana (Hayata) T. N. Ho;台湾龙胆;Taiwan David Gentian ■
173380 Gentiana davidii Franch. var. fukiensis (Y. Ling) T. N. Ho;福建龙胆■
173381 Gentiana davidii Franch. var. fukiensis (Y. Ling) T. N. Ho = Gentiana davidii Franch. ■
173382 Gentiana decemfida Buch. -Ham. = Gentiana taliensis Balf. f. et Forrest ■
173383 Gentiana dechyana Sommier et H. Lév.;德氏龙胆■☆
173384 Gentiana decipiens Harry Sm.;聚叶龙胆;Puzzl Gentian ■
173385 Gentiana decipiens Harry Sm. = Gentiana sutchuenensis Franch. ex Hemsl. ■
173386 Gentiana decorata Diels;美龙胆;Beautiful Gentian, Fair Gentian ■
173387 Gentiana decumbens L. f.;斜升秦艽(伏地龙胆,小秦艽,斜花龙胆,斜升龙胆,斜生龙胆);Decumbent Gentian ■
173388 Gentiana delavayi Franch.;微籽龙胆;Delavay Gentian ■
173389 Gentiana delavayi Franch. f. caulescens Franch. ex Harry Sm. = Gentiana delavayi Franch. ■
173390 Gentiana delicata Hance;黄山龙胆;Delicate Gentian ■
173391 Gentiana deltoidea Harry Sm.;三角叶龙胆;Triangleleaf Gentian ■
173392 Gentiana dendrologi C. Marquand;川西秦艽;W. Sichuan Gentian, Western Sichuan Gentian ■
173393 Gentiana densiflora T. N. Ho;密花龙胆■
173394 Gentiana dentiformis T. N. Ho = Gentiana epichysantha Hand. -Mazz. ■
173395 Gentiana depressa D. Don et C. E. C. Fisch.;平龙胆;Flat Gentian ■
173396 Gentiana detonsa Rottb. var. lutea Burkill = Gentianopsis lutea (Burkill) Ma ■
173397 Gentiana detonsa Rottb. var. nana Y. Ling = Gentianopsis paludosa (Hook. f.) Ma ■
173398 Gentiana detonsa Rottb. var. ovatodeltoides Burkill = Gentianopsis paludosa (Hook. f.) Ma var. ovatodeltoidea (Burkill) Ma ex T. N. Ho ■
173399 Gentiana detonsa Rottb. var. paludosa Hook. f. = Gentianopsis paludosa (Hook. f.) Ma ■
173400 Gentiana detonsa Rottb. var. paludosa Munro ex Hook. f. = Gentianopsis paludosa (Hook. f.) Ma ■
173401 Gentiana detonsa Rottb. var. stracheyi C. B. Clarke = Gentianopsis paludosa (Hook. f.) Ma ■
173402 Gentiana dichotoma Pall.;二歧龙胆■☆
173403 Gentiana diffusa Vahl = Canscora diffusa (Vahl) R. Br. ex Roem. et Schult. ■
173404 Gentiana diluta Turcz. = Swertia diluta (Turcz.) Benth. et Hook. f. ■
173405 Gentiana dimidiata C. Marquand = Crawfurdia dimidiata (C. Marquand) Harry Sm. ■
173406 Gentiana discoidea C. Marquand = Tripterospermum discoideum (C. Marquand) Harry Sm. ■
173407 Gentiana divaricata T. N. Ho;叉枝龙胆;Fork Gentian ■
173408 Gentiana djimilensis Boiss.;德吉米尔龙胆■☆
173409 Gentiana dolichocalyx T. N. Ho;长萼龙胆;Longcalyx Gentian ■
173410 Gentiana doluchanovii Grossh.;道氏龙胆■☆

173411 Gentiana doxiongshanensis T. N. Ho；多雄山龙胆；Duoxiongshan Gentian ■

173412 Gentiana duclouxii Franch.；昆明小龙胆(金钱参,菊花参,昆明龙胆,小菊花参,一棵参)；Kunming Gentian ■

173413 Gentiana duthiei Burkill = Jaeschkea microsperma C. B. Clarke ■

173414 Gentiana ecaudata C. Marquand；无尾尖龙胆；Nocaudate Gentian, Tailless Gentian ■

173415 Gentiana elwesii C. B. Clarke；壶冠龙胆；Elwes Gentian ■

173416 Gentiana emergens C. Marquand；露萼龙胆；Showcalyx Gentian ■

173417 Gentiana emergens C. Marquand = Gentiana wardii W. W. Sm. var. emergens (C. Marquand) T. N. Ho ■

173418 Gentiana emodii C. Marquand ex Sealy；扇叶龙胆；Fanleaf Gentian ■

173419 Gentiana epichysantha Hand. -Mazz.；齿褶龙胆；Toothplait Gentian ■

173420 Gentiana erectosepala T. N. Ho；直萼龙胆；Erectcalyx Gentian ■

173421 Gentiana esquirolii H. Lév.；贵州龙胆；Guizhou Gentian ■

173422 Gentiana esquirolii H. Lév. = Gentiana rigescens Franch. ex Hemsl. ■

173423 Gentiana eurycolpa C. Marquand；滇东龙胆■

173424 Gentiana eurycolpa C. Marquand = Gentiana pterocalyx Franch. ex Hemsl. ■

173425 Gentiana exacoides L. = Sebaea exacoides (L.) Schinz ■☆

173426 Gentiana excisa C. Presl = Gentiana acaulis L. ■☆

173427 Gentiana exiqua Harry Sm.；弱小龙胆；Weak Gentian ■

173428 Gentiana expansa Harry Sm.；盐丰龙胆；Expanse Gentian ■

173429 Gentiana exquisita Harry Sm.；丝瓣龙胆；Silkpetal Gentian ■

173430 Gentiana falcata Turcz. ex Kar. et Kir.；镰萼假龙胆；Sikledcalyx Gentian ■☆

173431 Gentiana falcata Turcz. ex Kar. et Kir. = Comastoma falcatum (Turcz. ex Kar. et Kir.) Toyok. ■

173432 Gentiana farreri Balf. f.；线叶湖边龙胆(线叶龙胆)；Linearleaf Gentian ■

173433 Gentiana farreri Balf. f. = Gentiana lawrencei Burkill var. farreri (Balf. f.) T. N. Ho ■

173434 Gentiana fascicularis Marquand = Tripterospermum fasciculatum (Wall.) Chater ■

173435 Gentiana fasciculata Hayata = Gentiana davidii Franch. var. formosana (Hayata) T. N. Ho ■

173436 Gentiana fastigiata Franch. = Gentiana intricata C. Marquand ■

173437 Gentiana faucipilosa Harry Sm.；毛喉龙胆；Hairthroat Gentian ■

173438 Gentiana faucipilosa Harry Sm. var. caudata C. Marquand；尾尖毛喉龙胆；Caudate Hairthroat Gentian ■

173439 Gentiana faucipilosa Harry Sm. var. caudata C. Marquand = Gentiana faucipilosa Harry Sm. ■

173440 Gentiana fauriei H. Lév. et Vaniot = Gentianella auriculata (Pall.) J. M. Gillett ■☆

173441 Gentiana fetisowi Regel et Winkl. = Gentiana macrophylla Pall. var. fetissowii (Regel et Winkl.) Ma et K. C. Hsia ■

173442 Gentiana filicaulis Hemsl. = Tripterospermum filicaule (Hemsl.) Harry Sm. ■

173443 Gentiana filisepala T. N. Ho；丝萼龙胆；Silkcalyx Gentian ■

173444 Gentiana filistyla Balf. f. et Forrest ex C. Marquand；丝柱龙胆(蓝花龙胆,双色龙胆)；Silkstyle Gentian ■

173445 Gentiana filistyla Balf. f. et Forrest ex C. Marquand var. parviflora C. Marquand；小花丝柱龙胆；Smallflower Silkstyle Gentian ■

173446 Gentiana filistyla Balf. f. et Forrest ex C. Marquand var. parviflora C. Marquand = Gentiana filistyla Balf. f. et Forrest ex C. Marquand ■

173447 Gentiana filistyla Balf. f. et Forrest var. parviflora C. Marquand = Gentiana filistyla Balf. f. et Forrest ex C. Marquand ■

173448 Gentiana fischeri P. A. Smirn.；菲舍尔龙胆■☆

173449 Gentiana flavescens Hayata = Gentiana flavomaculata Hayata ■

173450 Gentiana flavida A. Gray = Gentiana alba Muhl. ex Nutt. ■☆

173451 Gentiana flavomaculata Hayata；黄花龙胆(黄斑龙胆)；Yellowflower Gentian ■

173452 Gentiana flavomaculata Hayata var. yuanyanghuensis Chih H. Chen et J. C. Wang；鸳鸯湖龙胆■

173453 Gentiana flexicaulis Harry Sm. ex C. Marquand；弯茎龙胆；Flexstem Gentian ■

173454 Gentiana fonunei Hook. f. = Gentiana scabra Bunge ■

173455 Gentiana formosa Harry Sm.；美丽龙胆；Beautiful Gentian ■

173456 Gentiana formosana Hayata = Gentiana davidii Franch. var. formosana (Hayata) T. N. Ho ■

173457 Gentiana forrestii C. Marquand；苍白龙胆；Pale Gentian ■

173458 Gentiana fortunei Hook. f. = Gentiana scabra Bunge ■

173459 Gentiana franchetiana Kusn.；密枝龙胆；Branchy Gentian ■

173460 Gentiana fratris C. Marquand = Crawfurdia delavayi Franch. ■

173461 Gentiana frigida Haenke；硬龙胆■☆

173462 Gentiana frigida Haenke var. algida (Pall.) Ledeb. = Gentiana algida Pall. ■

173463 Gentiana fukienensis Y. Ling = Gentiana davidii Franch. var. formosana (Hayata) T. N. Ho ■

173464 Gentiana fukienensis Y. Ling = Gentiana davidii Franch. var. fukiensis (Y. Ling) T. N. Ho ■

173465 Gentiana fukiensis Y. Ling = Gentiana davidii Franch. ■

173466 Gentiana futtereri Diels et Gilg；青藏龙胆；Futterer Gentian ■

173467 Gentiana gannanensis Y. Wang et Z. C. Lou；甘南秦艽；Gannan Gentian ■

173468 Gentiana gannanensis Y. Wang et Z. C. Lou = Gentiana officinalis Harry Sm. ■

173469 Gentiana gebleri Ledeb. ex Bunge = Gentiana decumbens L. f. ■

173470 Gentiana gelida M. Bieb.；寒地龙胆■☆

173471 Gentiana gentilis Franch.；高贵龙胆；Noble Gentian ■

173472 Gentiana georgei Diels；滇西龙胆■

173473 Gentiana germanica Willd.；德国龙胆；Field Gentian, German Gentian ■☆

173474 Gentiana gilliesii Gilg；吉利龙胆■☆

173475 Gentiana gilvostriata C. Marquand；黄条纹龙胆；Yellowstriate Gentian ■

173476 Gentiana gilvostriata C. Marquand var. stricta C. Marquand；劲直黄条纹龙胆■

173477 Gentiana gilvostriata C. Marquand var. stricta C. Marquand = Gentiana gilvostriata C. Marquand ■

173478 Gentiana glauca Pall.；灰龙胆■☆

173479 Gentiana globosa T. N. Ho；圆球龙胆；Ball Gentian ■

173480 Gentiana glomerata Kusn. = Gentiana tianschanica Rupr. ■

173481 Gentiana glomerata Maxim. ex Kusn. = Gentiana tianschanica Rupr. ■

173482 Gentiana golowninia C. Marquand = Tripterospermum japonicum (Siebold et Zucc.) Maxim. ■

173483 Gentiana golowninia C. Marquand var. oblonga C. Marquand = Tripterospermum filicaule (Hemsl.) Harry Sm. ■

173484 Gentiana gracilenta T. N. Ho = Gentiana prainii Burkill ■
173485 Gentiana gracilipes Turrill = Gentiana dahurica Fisch. ■
173486 Gentiana grandiflora Lebert;新疆大花龙胆(大花龙胆)■☆
173487 Gentiana grandilacustris J. S. Pringle;湖龙胆;Grand Lake Gentian ■☆
173488 Gentiana grandis Harry Sm. = Gentianopsis grandis (Harry Sm.) Ma ■
173489 Gentiana grata Harry Sm.;长流苏龙胆;Longtassel Gentian ■
173490 Gentiana grombczewskii Kusn. = Gentiana olgae Regel et Schmalh. ■
173491 Gentiana grossheimii Doluch.;格劳氏龙胆■☆
173492 Gentiana grumii Kusn.;南山龙胆;Grum Gentian ■
173493 Gentiana gyirongensis T. N. Ho;吉隆龙胆;Jilong Gentian ■
173494 Gentiana handeliana Harry Sm.;斑点龙胆;Spot Gentian ■
173495 Gentiana handeliana Harry Sm. var. bravisepala C. Marquand = Gentiana handeliana Harry Sm. ■
173496 Gentiana hapalocaulis C. Marquand = Gentiana leptoclada Balf. f. et Forrest ■
173497 Gentiana harrowiana Diels;扭果柄龙胆;Harrow Gentian ■
173498 Gentiana haynaldii Kanitz;钻叶龙胆;Awlleaf Gentian ■
173499 Gentiana hedinii Murb. = Comastoma falcatum (Turcz. ex Kar. et Kir.) Toyok. ■
173500 Gentiana helenii C. Marquand = Crawfurdia angustata C. B. Clarke ■
173501 Gentiana heleonastes Harry Sm. ex C. Marquand;针叶龙胆;Needleleaf Gentian ■
173502 Gentiana helophila Balf. f. et Forrest ex C. Marquand;喜湿龙胆;Helophilic Gentian ■
173503 Gentiana henryi Hemsl. = Comastoma henryi (Hemsl.) Holub ■
173504 Gentiana heptaphylla Balf. f. et Forrest = Gentiana arethusae Burkill var. delicatula (C. Marquand) Halda ■
173505 Gentiana heptaphylla Balf. f. et Forrest var. mixta Harry Sm. = Gentiana arethusae Burkill var. delicatula (C. Marquand) Halda ■
173506 Gentiana herrediana Raimondi ex Wedd.;赫雷龙胆■☆
173507 Gentiana heterostemon Harry Sm.;异蕊龙胆;Differentstamen Gentian ■
173508 Gentiana heterostemon Harry Sm. = Gentiana taliensis Balf. f. et Forrest ■
173509 Gentiana heterostemon Harry Sm. subsp. bietii Harry Sm. = Gentiana taliensis Balf. f. et Forrest ■
173510 Gentiana heterostemon Harry Sm. subsp. cavaleriei Harry Sm. = Gentiana taliensis Balf. f. et Forrest ■
173511 Gentiana heterostemon Harry Sm. subsp. glabricaulis Harry Sm. = Gentiana taliensis Balf. f. et Forrest ■
173512 Gentiana heterostemon Harry Sm. var. chingii (C. Marquand) Harry Sm. = Gentiana delicata Hance ■
173513 Gentiana heterostemon Harry Sm. var. chingii C. Marquand = Gentiana delicata Hance ■
173514 Gentiana hexaphylla Maxim. ex Kusn.;六叶龙胆(轮叶龙胆);Sixleaf Gentian ■
173515 Gentiana hexaphylla Maxim. ex Kusn. var. caudata C. Marquand = Gentiana hexaphylla Maxim. ex Kusn. ■
173516 Gentiana hexaphylla Maxim. ex Kusn. var. pentaphylla Harry Sm. = Gentiana arethusae Burkill var. delicatula (C. Marquand) Halda ■
173517 Gentiana hexaphylla Maxim. ex Kusn. var. pentaphylla Harry Sm. = Gentiana hexaphylla Maxim. ex Kusn. ■
173518 Gentiana hexaphylla Maxim. ex Kusn. var. septemloba Harry Sm. = Gentiana hexaphylla Maxim. ex Kusn. ■
173519 Gentiana hexaphylla Maxim. ex Kusn. var. septemloba Harry Sm. ex C. Marquand = Gentiana hexaphylla Maxim. ex Kusn. ■
173520 Gentiana himalayaensis T. N. Ho;喜马拉雅龙胆(西藏龙胆)■
173521 Gentiana hirsuta Ma et E. W. Ma ex T. N. Ho;硬毛龙胆(睫毛龙胆);Hardhair Gentian ■
173522 Gentiana holdereriana Diels et Gilg = Comastoma pulmonarium (Turcz.) Toyok. ■
173523 Gentiana horaimontana Masam. = Gentiana scabrida Hayata var. horaimontana (Masam.) Tang S. Liu et Chin C. Guo ■
173524 Gentiana horomuiensis Kudo = Gentiana triflora Pall. var. japonica (Kusn.) H. Hara f. horomuiensis (Kudo) Toyok. ■☆
173525 Gentiana humilis Steven = Gentiana aquatica L. ■
173526 Gentiana humilis Steven var. evoluttor C. B. Clarke = Gentiana leucomelaena Maxim. ■
173527 Gentiana huxleyi Kusn.;藏南龙胆■
173528 Gentiana hyalina T. N. Ho;膜果龙胆;Membranefruit Gentian ■
173529 Gentiana hyalina T. N. Ho = Gentiana clarkei Kusn. ■
173530 Gentiana incompta Harry Sm. = Gentiana macrauchena C. Marquand ■
173531 Gentiana inconspicua Harry Sm.;不显龙胆(糙毛龙胆)■
173532 Gentiana inconspiqua Harry Sm. ex C. Marquand = Gentiana inconspicua Harry Sm. ■
173533 Gentiana indica Steud. = Gentiana loureirii (G. Don) Griseb. ■
173534 Gentiana infelix C. B. Clarke;小耳褶龙胆;Fewfruit Gentian ■
173535 Gentiana intricata C. Marquand;帚枝龙胆;Whiskbranch Gentian ■
173536 Gentiana iochroa C. Marquand = Crawfurdia crawfurdioides (C. Marquand) Harry Sm. var. iochroa (C. Marquand) C. J. Wu ■
173537 Gentiana itzershanensis Tang S. Liu et Chin C. Guo;伊泽山龙胆;Itzershan Gentian ■
173538 Gentiana ivanoviczii C. Marquand = Gentiana grunnii Kusn. ■
173539 Gentiana jakutensis Bunge ex Griseb. = Gentiana macrophylla Pall. ■
173540 Gentiana jamesii Hemsl.;长白山龙胆(白山龙胆);James Gentian ■
173541 Gentiana jamesii Hemsl. f. albiflora (Nakai) Toyok.;白花长白山龙胆■
173542 Gentiana jamesii Hemsl. var. robusta (H. Hara) Ohwi = Gentiana nipponica Maxim. var. robusta H. Hara ■☆
173543 Gentiana jankae Kanitz = Gentiana rhodantha Franch. ex Hemsl. ■
173544 Gentiana japonica Maxim. = Gentiana thunbergii (G. Don) Griseb. ■
173545 Gentiana japonica Schult. = Swertia diluta (Turcz.) Benth. et Hook. f. ■
173546 Gentiana jesoana Nakai = Gentiana triflora Pall. var. japonica (Kusn.) H. Hara ■
173547 Gentiana jingdongensis T. N. Ho;景东龙胆;Jingdong Gentian ■
173548 Gentiana kaohsiungensis Chih H. Chen et J. C. Wang;高雄龙胆;Gaoxiong Gentian ■
173549 Gentiana kaoi Shimizu;高氏龙胆■
173550 Gentiana kaoi Shimizu = Gentiana tentyoensis Masam. ■
173551 Gentiana karelinii Griseb. = Gentiana prostrata Haenke var. karelinii (Griseb.) Kusn. ■
173552 Gentiana kaufmanniana Regel et Schmalh.;中亚秦艽(秦艽,狭翅龙胆);Central Asia Gentian, Kaufmann Gentian ■

173553 Gentiana kawakamii Makino = Gentiana jamesii Hemsl. ■
173554 Gentiana kesselringii Regel = Gentiana walujewii Regel et Schmalh. ■
173555 Gentiana khamensis C. Marquand = Crawfurdia thibetica Franch. ■
173556 Gentiana kingdonii C. Marquand = Crawfurdia speciosa Wall. ■
173557 Gentiana kitadakensis N. Yonez. = Gentiana scabra Bunge var. kitadakensis (N. Yonez.) Halda ■☆
173558 Gentiana kochiana E. P. Perrier et Songeon = Gentiana acaulis L. ■☆
173559 Gentiana kolakovskyi Doluch.;科拉科夫斯基龙胆■☆
173560 Gentiana komarovii Grossh.;科马罗夫龙胆■☆
173561 Gentiana krylovii Grossh.;克雷龙胆■☆
173562 Gentiana kumaonensis Biswas = Gentiana huxleyi Kusn. ■
173563 Gentiana kunmingensis S. W. Liu;昆明龙胆■
173564 Gentiana kurilensis Grossh. = Gentiana jamesii Hemsl. ■
173565 Gentiana kurroo Royle;印度龙胆■☆
173566 Gentiana kurroo Royle = Gentiana kaufmanniana Regel et Schmalh. ■
173567 Gentiana kurroo Royle var. brevidens Maxim. ex Kusn. = Gentiana dahurica Fisch. ■
173568 Gentiana kusnezowii Franch. = Gentiana alata T. N. Ho ■
173569 Gentiana kwangsiensis T. N. Ho;广西龙胆;Guangxi Gentian ■
173570 Gentiana lacerulata Harry Sm.;撕裂边龙胆;Splitedge Gentian ■
173571 Gentiana laciniata Kit.;拟条裂龙胆■☆
173572 Gentiana lacinulata T. N. Ho;条裂龙胆;Laniculate Gentian ■
173573 Gentiana laeviuscula Toyok.;稍平滑龙胆■☆
173574 Gentiana lawrencei Burkill;湖边龙胆■
173575 Gentiana lawrencei Burkill var. farreri (Balf. f.) T. N. Ho = Gentiana farreri Balf. f. ■
173576 Gentiana laxiflora T. N. Ho;疏花龙胆■
173577 Gentiana leptoclada Balf. f. et Forrest;蔓枝龙胆;Spread Gentian ■
173578 Gentiana leucantha Harry Sm.;黄耳龙胆■
173579 Gentiana leucomelaena Maxim. = Gentiana leucomelaena Maxim. ex Kusn. ■
173580 Gentiana leucomelaena Maxim. ex Kusn.;蓝白龙胆(黑白龙胆);Whiteblue Gentian ■
173581 Gentiana leucomelaena Maxim. ex Kusn. var. alba Kusn. = Gentiana leucomelaena Maxim. ex Kusn. ■
173582 Gentiana leucomelaena Maxim. ex Kusn. var. pusilla Krylov = Gentiana leucomelaena Maxim. ex Kusn. ■
173583 Gentiana lhakengensis C. Marquand = Gentiana robusta King ex Hook. f. ■
173584 Gentiana lhasaensis P. K. Hsiao et K. C. Hsia = Gentiana waltonii Burkill f. lhasaensis (P. K. Hsiao et K. C. Hsia) T. N. Ho ■
173585 Gentiana lhasaensis P. K. Hsiao et K. C. Hsia = Gentiana waltonii Burkill ■
173586 Gentiana lhassica Burkill;全萼秦艽;Completcalyx Gentian ■
173587 Gentiana liangshanensis Z. Y. Zhu;凉山龙胆;Liangshan Gentian ■
173588 Gentiana licentii Harry Sm.;苞叶龙胆■
173589 Gentiana limprichtii (Grüning) Harry Sm. = Comastoma polycladum (Diels et Gilg) T. N. Ho ■
173590 Gentiana limprichtii Grüning = Comastoma polycladum (Diels et Gilg) T. N. Ho ■
173591 Gentiana linearis Froel.;线叶龙胆;Narrow-leaved Gentian ■☆
173592 Gentiana linearis Froel. subsp. rubricaulis (Schwein.) J. M. Gillett = Gentiana rubricaulis Schwein. ■☆
173593 Gentiana linearis Froel. var. lanceolata A. Gray = Gentiana rubricaulis Schwein. ■☆
173594 Gentiana linearis Froel. var. latifolia A. Gray = Gentiana rubricaulis Schwein. ■☆
173595 Gentiana linearis Froel. var. rubricaulis (Schwein.) MacMill. = Gentiana rubricaulis Schwein. ■☆
173596 Gentiana lineolata Franch.;四数龙胆(小龙胆);Foues Gentian ■
173597 Gentiana lineolata Franch. var. verticillaris F. B. Forbes et Hemsl. = Gentiana lineolata Franch. ■
173598 Gentiana lingulata Agardh;苦龙胆;Annual Gentian, Biter Gentian ■☆
173599 Gentiana linoides Franch. ex Hemsl.;亚麻状龙胆;Flaxlike Gentian ■
173600 Gentiana lipskyi Kusn.;利普斯基龙胆■☆
173601 Gentiana longipes Turcz. = Gentiana prostrata Haenke var. karelinii (Griseb.) Kusn. ■
173602 Gentiana longistyla Ma = Gentiana paludosa Munro ■
173603 Gentiana longistyla Ma = Gentianopsis paludosa (Hook. f.) Ma ■
173604 Gentiana longistyla T. N. Ho;长柱龙胆■
173605 Gentiana longistyla T. N. Ho = Gentiana tubiflora (G. Don) Wall. ex Griseb. ■
173606 Gentiana loureirii (G. Don) Griseb.;华南龙胆(地丁,广地丁,卢氏龙胆,鲁氏龙胆,紫花地丁);S. China Gentian, Loureir Gentian ■
173607 Gentiana ludingensis T. N. Ho;泸定龙胆;Luding Gentian ■
173608 Gentiana ludlowii C. Marquand;短蕊龙胆;Shortstamen Gentian ■
173609 Gentiana lutea Burkill = Gentianopsis lutea (Burkill) Ma ■
173610 Gentiana lutea L.;黄龙胆(欧龙胆,深黄花龙胆);Gentian-root, Great Yellow Gentian, Yellow Gentian ■
173611 Gentiana luteoviridis (C. B. Clarke) C. Marquand = Tripterospermum pallidum Harry Sm. ■
173612 Gentiana luteoviridis (C. B. Clarke) C. Marquand = Tripterospermum volubile (D. Don) H. Hara ■
173613 Gentiana maclarenii Harry Sm. = Comastoma cyananthiflorum (Franch. ex Hemsl.) Holub ■
173614 Gentiana macrauchena C. Marquand;大颈龙胆(苞叶龙胆);Bigneck Gentian, Bractleaf Gentian ■
173615 Gentiana macrophylla Pall.;秦艽(大艽,大叶龙胆,大叶秦艽,鸡腿艽,萝卜艽,秦胶,秦纠,秦糺,秦爪,山大艽,西秦艽,左宁根,左扭,左秦艽);Largeleaf Gentian, Qinjiu ■
173616 Gentiana macrophylla Pall. var. albolutea H. Limpr. = Gentiana officinalis Harry Sm. ■
173617 Gentiana macrophylla Pall. var. fetissowii (Regel et Winkl.) Ma et K. C. Hsia;大花秦艽(费氏龙胆,秦艽,太白秦艽,五台龙胆,五台秦艽);Bigflower Qinjiu ■
173618 Gentiana maeulchanensis Franch.;马耳山龙胆;Maershan Gentian ■
173619 Gentiana mailingensis T. N. Ho;米林龙胆;Milin Gentian ■
173620 Gentiana mairei H. Lév.;寡流苏龙胆;Poortassel Gentian ■
173621 Gentiana makinoi Kusn. = Gentiana nipponica Maxim. ■☆
173622 Gentiana makinoi Kusn. f. albiflora Nakai ex H. Hara;白花牧野氏龙胆■☆
173623 Gentiana makinoi Kusn. f. stenophylla Toyok.;狭叶牧野氏龙胆■☆
173624 Gentiana makinoii Kusn.;牧野氏龙胆■☆

173625 Gentiana manshurica Kitag.;条叶龙胆(草龙胆,胆草,地胆草,东北龙胆,苦胆草,苦龙胆草,陵游,龙胆草,山龙胆,水龙胆,四叶胆,土胆草);Linearleaf Gentian ■

173626 Gentiana manshurica Kitag. subsp. jiandeensis T. P. Luo et Z. C. Lou;建德龙胆;Jiande Gentian ■

173627 Gentiana marcowiczii Kusn.;马尔龙胆■☆

173628 Gentiana maritima L. = Centaurium maritimum (L.) Fritsch ■☆

173629 Gentiana maximowiczii Kusn. = Gentiana grunnii Kusn. ■

173630 Gentiana melandriifolia Franch. ex Hemsl.;女娄菜叶龙胆;Melandriumleaf Gentian ■

173631 Gentiana melandriifolia Franch. ex Hemsl. var. rigescens Kusn. = Gentiana cephalantha Franch. ex Hemsl. ■

173632 Gentiana membranacea C. Marquand = Tripterospermum membranaceum (C. Marquand) Harry Sm. ■

173633 Gentiana micaniformis Burkill;类亮叶龙胆;Similar Brightleaf Gentian ■

173634 Gentiana micans C. B. Clarke;亮叶龙胆;Brightleaf Gentian ■

173635 Gentiana micans C. B. Clarke = Gentiana haynaldii Kanitz ■

173636 Gentiana microdonta Franch. ex Hemsl.;小齿龙胆;Denticulate Gentian ■

173637 Gentiana microphyta Franch. ex Hemsl.;微形龙胆;Mini Gentian ■

173638 Gentiana microtophora C. Marquand = Gentiana infelix C. B. Clarke ■

173639 Gentiana minor (Maxim.) Nakai = Gentiana thunbergii (G. Don) Griseb. var. minor Maxim. ■

173640 Gentiana minor (Maxim.) Nakai var. minima ? = Gentiana thunbergii (G. Don) Griseb. var. minor Maxim. ■

173641 Gentiana minuta N. E. Br. = Gentiana infelix C. B. Clarke ■

173642 Gentiana mivalis L.;雪龙胆;Snow Gentian ■☆

173643 Gentiana moniliformis C. Marquand;念珠脊龙胆;Moniliform Gentian ■

173644 Gentiana monochroa T. N. Ho;单色龙胆;Singlecolor Gentian ■

173645 Gentiana monochroa T. N. Ho = Gentiana namlaensis C. Marquand ■

173646 Gentiana moorcroftiana Wall. = Gentianella moorcroftiana (Wall. ex Griseb.) Airy Shaw ■

173647 Gentiana moorcroftiana Wall. ex G. Don = Gentianella moorcroftiana (Wall. ex G. Don) Airy Shaw ■

173648 Gentiana moorcroftiana Wall. ex Griseb var. maddenii C. B. Clarke = Gentianella moorcroftiana (Wall. ex Griseb.) Airy Shaw ■

173649 Gentiana moorcroftiana Wall. ex Griseb. = Gentianella moorcroftiana (Wall. ex Griseb.) Airy Shaw ■

173650 Gentiana muliensis C. Marquand = Comastoma muliense (C. Marquand) T. N. Ho ■

173651 Gentiana muscicola C. Marquand;藓生龙胆;Mossy Gentian ■

173652 Gentiana myrioclada Franch.;多枝龙胆;Manybranch Gentian ■

173653 Gentiana myrioclada Franch. var. wuxiensis T. N. Ho;无锡龙胆■

173654 Gentiana naitoana H. Lév. et Faurie = Gentiana triflora Pall. var. japonica (Kusn.) H. Hara ■

173655 Gentiana namlaensis C. Marquand;墨脱龙胆;Motuo Gentian ■

173656 Gentiana nannobella C. Marquand;钟花龙胆;Bellflower Gentian ■

173657 Gentiana napulifera Franch.;菔根龙胆;Radishroot Gentian ■

173658 Gentiana nevadensis Gilg = Gentianopsis crinita (Froel.) Ma ■☆

173659 Gentiana nienkui C. Marquand = Tripterospermum nienkui (C. Marquand) C. J. Wu ■

173660 Gentiana ninglangensis T. N. Ho;宁蒗龙胆;Ninglang Gentian ■

173661 Gentiana ninglangensis T. N. Ho var. glabrescens (Harry Sm.) T. N. Ho;脱毛龙胆■

173662 Gentiana nipponica Maxim.;日本龙胆;Japanese Gentian ■☆

173663 Gentiana nipponica Maxim. f. leucantha (Takeda) H. Hara;白花日本龙胆■☆

173664 Gentiana nipponica Maxim. var. kawakamii Makino = Gentiana jamesii Hemsl. ■

173665 Gentiana nipponica Maxim. var. robusta H. Hara;粗壮日本龙胆■☆

173666 Gentiana nivalis L.;脉龙胆;Alpine Gentian, Small Gentian, Snow Gentian ■☆

173667 Gentiana nubigena Edgew.;云雾龙胆(青藤龙胆);Cloudmist Gentian, Foggy Gentian ■

173668 Gentiana nubigena Edgew. var. parviflora C. B. Clarke = Gentiana algida Pall. var. parviflora Kusn. ■☆

173669 Gentiana nubigena Edgew. var. parviflora C. B. Clarke = Gentiana himalayaensis T. N. Ho ■

173670 Gentiana nutans Bunge;垂花龙胆(俯垂龙胆);Nutantflower Gentian ■

173671 Gentiana nyalamensis T. N. Ho;聂拉木龙胆;Nielamu Gentian ■

173672 Gentiana nyalamensis T. N. Ho var. parviflora T. N. Ho;小花聂拉木龙胆;Smallflowerr Nielamu Gentian ■

173673 Gentiana nyingchiensis T. N. Ho;林芝龙胆;Linzhi Gentian ■

173674 Gentiana obconica T. N. Ho;倒锥花龙胆;Reversepanicled Gentian ■

173675 Gentiana ochroleuca Sims;绿白龙胆;Marsh Gentian, Sampson Snakeweed ■☆

173676 Gentiana officinalis Harry Sm.;黄管秦艽;Yellowtube Gentian ■

173677 Gentiana olgae Regel et Schmalh.;北疆秦艽(北疆龙胆)■

173678 Gentiana oligophylla Harry Sm. ex C. Marquand;少叶龙胆;Fewleaf Gentian ■

173679 Gentiana olivieri Griseb.;楔湾缺秦艽(奥氏龙胆)■

173680 Gentiana omeiensis T. N. Ho;峨眉龙胆;Emei Gentian ■

173681 Gentiana oreodoxa Harry Sm.;山景龙胆;Mountainview Gentian ■

173682 Gentiana ornata (Wall. ex G. Don) Griseb.;华丽龙胆■

173683 Gentiana ornata (Wall. ex G. Don) Griseb. var. acutifolia Franch. = Gentiana veitchiora Hemsl. ■

173684 Gentiana ornata (Wall. ex G. Don) Griseb. var. obtusifolia Franch. = Gentiana veitchiora Hemsl. ■

173685 Gentiana ornata (Wall. ex G. Don) Griseb. var. veitchii Irving = Gentiana sino-ornata Balf. f. ■

173686 Gentiana ornata Wall. = Gentiana sino-ornata Balf. f. ■

173687 Gentiana ornata Wall. var. acutifolia Franch. = Gentiana veitchiora Hemsl. ■

173688 Gentiana ornata Wall. var. alba Forrest = Gentiana sino-ornata Balf. f. var. gloriosa C. Marquand ■

173689 Gentiana ornata Wall. var. alba Forrest = Gentiana sino-ornata Balf. f. f. alba (Forrest) C. Marquand ■

173690 Gentiana ornata Wall. var. obtusifolia Franch. = Gentiana veitchiora Hemsl. ■

173691 Gentiana ornata Wall. var. veitchii Iving = Gentiana sino-ornata Balf. f. ■

173692 Gentiana otophora Franch. ex Hemsl.;耳褶龙胆(具耳龙胆);Eared Gentian Gentian ■

173693 Gentiana otophora Franch. ex Hemsl. var. ovatisepala C. Marquand = Gentiana otophora Franch. ex Hemsl. ■
173694 Gentiana otophoroides Harry Sm.;类耳褶龙胆;Earlike Gentian ■
173695 Gentiana overinii (Kusn.) Grossh.;奥氏龙胆■☆
173696 Gentiana pallescens Harry Sm. = Gentiana forrestii C. Marquand ■
173697 Gentiana pallidocyanea J. S. Pringle;白蓝龙胆■☆
173698 Gentiana paludicola Koidz.;沼泽龙胆■☆
173699 Gentiana paludosa Munro = Gentianopsis paludosa (Hook. f.) Ma ■
173700 Gentiana pamirica Grossh.;帕米尔龙胆■☆
173701 Gentiana pannonica Scop.;匈牙利龙胆;Brown Gentian, Danube Gentian, Hungarian Gentian ■☆
173702 Gentiana panthaica Prain et Burkill;流苏龙胆;Fimbriate Gentian, Tassel Gentian ■
173703 Gentiana panthaica Prain et Burkill var. epichysantha (Hand.-Mazz.) Harry Sm. = Gentiana epichysantha Hand.-Mazz. ■
173704 Gentiana papillosa Franch.;乳突龙胆;Nipple Gentian ■
173705 Gentiana paradoxa Albov;奇异龙胆■☆
173706 Gentiana parvifolia Hayata;细茎龙胆(小叶双蝴蝶)■
173707 Gentiana parvifolia Hayata = Tripterospermum microphyllum Harry Sm. ■
173708 Gentiana parvula Harry Sm.;小龙胆;Small Gentian ■
173709 Gentiana pedata Harry Sm.;鸟足龙胆;Birdfoot Gentian ■
173710 Gentiana pedicellata (D. Don) Wall. ex Griseb.;糙毛龙胆;Pedicellate Gentian ■
173711 Gentiana pedicellata (D. Don) Wall. ex Griseb. var. chinensis Kusn. = Gentiana taliensis Balf. f. et Forrest ■
173712 Gentiana pedicellata (D. Don) Wall. ex Griseb. var. chingii C. Marquand = Gentiana delicata Hance ■
173713 Gentiana pedicellata (D. Don) Wall. ex Griseb. var. rosulata Kusn. = Gentiana loureirii (G. Don) Griseb. ■
173714 Gentiana pedicellata (D. Don) Wall. ex Griseb. var. wallichii Kusn. = Gentiana pedicellata (D. Don) Wall. ex Griseb. ■
173715 Gentiana pedicellata Wall. = Gentiana pedicellata (D. Don) Wall. ex Griseb. ■
173716 Gentiana pedicellata Wall. = Gentiana taliensis Balf. f. et Forrest ■
173717 Gentiana pedunculata Royle ex G. Don = Comastoma pedunculatum (Royle ex D. Don) Holub ■
173718 Gentiana penetii (Litard. et Maire) Romo;佩内龙胆■☆
173719 Gentiana pharica Burkill = Gentiana robusta King ex Hook. f. ■
173720 Gentiana phlogifolia Schott et Kotschy;焰叶龙胆■☆
173721 Gentiana phob Franch. = Gentiana trichotoma Kusn. ■
173722 Gentiana phyllocalyx C. B. Clarke;叶萼龙胆;Leafcalyx Gentian, Leafycalyx Gentian ■
173723 Gentiana phyllopoda H. Lév.;叶柄龙胆;Stipe Gentian ■
173724 Gentiana piasezkii Maxim.;陕南龙胆;S. Shaanxi Gentian ■
173725 Gentiana picta Franch. ex Hemsl.;着色龙胆;Colored Gentian, Painted Gentian ■
173726 Gentiana plebeja Cham. et Schltdl.;普通龙胆■☆
173727 Gentiana pluviarum W. W. Sm. subsp. subtilis (Harry Sm.) T. N. Ho = Gentiana subtilis Harry Sm. ■
173728 Gentiana pneumonanthe L.;青龙胆(长枝龙胆,肺花龙胆,沼泽龙胆);Autumn Bellflower, Autumn Bells, Autumn Violet, Calathian Violet, Harvest Bells, Lung-flower, Marsh Gentian ■☆
173729 Gentiana polyclada Diels et Gilg = Comastoma polycladum (Diels et Gilg) T. N. Ho ■
173730 Gentiana pontica Soltok.;蓬特龙胆■☆
173731 Gentiana praeclara C. Marquand;脊萼龙胆;Ridgecalyx Gentian ■
173732 Gentiana praecox Kern. et A. Kern.;早龙胆■☆
173733 Gentiana prainii Burkill;柔软龙胆(软龙胆);Soft Gentian ■
173734 Gentiana praticola Franch.;草甸龙胆;Grassland Gentian ■
173735 Gentiana prattii Kusn.;黄白龙胆;Pratt Gentian ■
173736 Gentiana pricei C. Marquand = Crawfurdia pricei (C. Marquand) Harry Sm. ■
173737 Gentiana primuliflora Franch.;报春花龙胆;Primulaflower Gentian ■
173738 Gentiana procera Holm = Gentianopsis procera (Holm) Ma ■☆
173739 Gentiana procera T. Holm;北美龙胆;Smaller Fringed Gentian ■☆
173740 Gentiana producta T. N. Ho;伸梗龙胆;Extend Gentian ■
173741 Gentiana prolata Balf. f.;观赏龙胆(伸龙胆)■
173742 Gentiana propinqua Richardson;邻近龙胆■☆
173743 Gentiana prostrata Haenke;卧龙胆(匍地龙胆)■
173744 Gentiana prostrata Haenke = Gentiana crenulatotruncata (C. Marquand) T. N. Ho ■
173745 Gentiana prostrata Haenke var. bilobata C. Marquand = Gentiana crenulatotruncata (C. Marquand) T. N. Ho ■
173746 Gentiana prostrata Haenke var. crenulatotruncata C. Marquand = Gentiana crenulatotruncata (C. Marquand) T. N. Ho ■
173747 Gentiana prostrata Haenke var. karelinii (Griseb.) Kusn.;新疆龙胆;Xinjiang Gentian ■
173748 Gentiana prostrata Haenke var. ludlowii (C. Marquand) T. N. Ho = Gentiana ludlowii C. Marquand ■
173749 Gentiana przewalskii Maxim. = Gentiana algida Pall. var. przewalskii (Maxim.) Kusn. ■
173750 Gentiana przewalskii Maxim. = Gentiana nubigena Edgew. ■
173751 Gentiana pseudoaquatica Kusn.;假水生龙胆;False Aquatic Gentian ■
173752 Gentiana pseudodecumbens Harry Sm. = Gentiana dahurica Fisch. ■
173753 Gentiana pseudodecumbens Harry Sm. ex C. Marquand = Gentiana dahurica Fisch. ■
173754 Gentiana pseudohumilis Burkill = Gentiana burkillii Harry Sm. ■
173755 Gentiana pseudohumilis Makino = Gentiana aquatica L. ■
173756 Gentiana pseudohumilis Makino var. laeviuscula ? = Gentiana laeviuscula Toyok. ■☆
173757 Gentiana pseudosikkimensis C. Marquand ex Wilkie = Gentiana sikkimensis C. B. Clarke ■
173758 Gentiana pseudosquarrosa Harry Sm.;假鳞叶龙胆;Falsescale Gentian ■
173759 Gentiana pterocalyx Franch. ex Hemsl.;翼萼龙胆;Wingcalyx Gentian ■
173760 Gentiana pterocalyx Franch. var. flavoviridis C. Marquand = Gentiana souliei Franch. ■
173761 Gentiana puberula Franch. = Gentiana pubigera C. Marquand ■
173762 Gentiana puberula Michx. = Gentiana puberulenta J. S. Pringle ■☆
173763 Gentiana puberulenta J. S. Pringle;草原毛龙胆(毛龙胆);Downy Gentian, Prairie Gentian ■☆
173764 Gentiana pubicaulis Harry Sm.;毛茎龙胆;Hairstem Gentian ■
173765 Gentiana pubicaulis Harry Sm. = Gentiana piasezkii Maxim. ■
173766 Gentiana pubiflora T. N. Ho;毛花龙胆(少花龙胆);Hairflower Gentian ■
173767 Gentiana pubigera C. Marquand;柔毛龙胆(矮脚龙胆,小龙

胆,小龙胆草);Pubescence Gentian ■

173768 Gentiana pubigera C. Marquand var. glabrescens Harry Sm. = Gentiana ninglangensis T. N. Ho var. glabrescens (Harry Sm.) T. N. Ho ■

173769 Gentiana pubigera C. Marquand var. glabrescens Harry Sm. = Gentiana pubigera C. Marquand ■

173770 Gentiana pudica Maxim.;偏翅龙胆;Slantwing Gentian ■

173771 Gentiana pulchella Sw. = Centaurium pulchellum (Sw.) Druce ●■

173772 Gentiana pulchra Harry Sm. = Gentiana serra Franch. ■

173773 Gentiana pulla Franch. = Gentiana franchetiana Kusn. ■

173774 Gentiana pulla Franch. ex Hemsl. = Gentiana franchetiana Kusn. ■

173775 Gentiana pulmonaria Turcz. = Comastoma pulmonarium (Turcz.) Toyok. ■

173776 Gentiana punctata L.;斑龙胆;Punctate Gentian ■☆

173777 Gentiana punctata Pall. = Gentiana decumbens L. f. ■

173778 Gentiana purdomii C. Marquand;岷县龙胆(大通龙胆,黄花龙胆,麻龙胆,青藤龙胆,无茎龙胆);Przewalsk,Purdom Gentian,Stemless Gentian,Yellow Gentian ■

173779 Gentiana purpurata Maxim. = Gentiana rubicunda Franch. var. purpurata (Maxim.) T. N. Ho ■

173780 Gentiana purpurata Maxim. ex Kusn. = Gentiana rubicunda Franch. var. purpurata (Maxim. ex Kusn.) T. N. Ho ■

173781 Gentiana purpurea L.;紫龙胆(挪威龙胆);Purple Gentian ■☆

173782 Gentiana purpurea Maxim. = Gentiana rubicunda Franch. var. purpurata (Maxim.) T. N. Ho ■

173783 Gentiana pygmaea C. B. Clarke = Gentiana clarkei Kusn. ■

173784 Gentiana pygmaea Regel et Schmalh. = Gentianella pygmaea (Regel et Schmalh.) Harry Sm. ■

173785 Gentiana pyrenaica L.;核龙胆;Pyrenean Gentian ■☆

173786 Gentiana qiujiangensis T. N. Ho;俅江龙胆;Qiujiang Gentian ■

173787 Gentiana quadrifaria Blume var. pilosula C. B. Clarke = Gentiana pedicellata (D. Don) Wall. ex Griseb. ■

173788 Gentiana quaterna Harry Sm. = Gentiana tetraphylla Maxim. ex Kusn. ■

173789 Gentiana quaterna Harry Sm. ex C. Marquand = Gentiana tetraphylla Maxim. ex Kusn. ■

173790 Gentiana quaterna Harry Sm. ex C. Marquand subsp. longiflora Harry Sm. ex C. Marquand = Gentiana tetraphylla Maxim. ex Kusn. ■

173791 Gentiana quaterna Harry Sm. ex C. Marquand subsp. sankarensis Harry Sm. = Gentiana hexaphylla Maxim. ex Kusn. ■

173792 Gentiana quaterna Harry Sm. ex C. Marquand subsp. sankarensis Harry Sm. ex C. Marquand = Gentiana tetraphylla Maxim. ex Kusn. ■

173793 Gentiana quaterna Harry Sm. ex C. Marquand var. octoloba Harry Sm. = Gentiana hexaphylla Maxim. ex Kusn. ■

173794 Gentiana quaterna Harry Sm. ex C. Marquand var. octoloba Harry Sm. ex C. Marquand = Gentiana tetraphylla Maxim. ex Kusn. ■

173795 Gentiana quaterna Harry Sm. subsp. longiflora Harry Sm. = Gentiana tetraphylla Maxim. ex Kusn. ■

173796 Gentiana quaterna Harry Sm. subsp. sankarensis Harry Sm. = Gentiana hexaphylla Maxim. ex Kusn. ■

173797 Gentiana quaterna Harry Sm. var. octoloba Harry Sm. = Gentiana hexaphylla Maxim. ex Kusn. ■

173798 Gentiana quinqueflora Lam. var. occidentalis A. Gray = Gentianella quinquefolia (L.) Small subsp. occidentalis (A. Gray) J. M. Gillett ■☆

173799 Gentiana quinquefolia L. = Gentianella quinquefolia (L.) Small ■☆

173800 Gentiana quinquefolia L. var. occidentalis (A. Gray) Hitchc. = Gentianella quinquefolia (L.) Small ■☆

173801 Gentiana quinquenervia Turrill = Gentiana macrophylla Pall. ■

173802 Gentiana radiata C. Marquand;辐射龙胆;Radiate Gentian ■

173803 Gentiana recurvata C. B. Clarke;外弯龙胆■

173804 Gentiana reflexifolia Killip et Vargas;反折龙胆■☆

173805 Gentiana regeliana Gand. = Gentiana olivieri Griseb. ■

173806 Gentiana regelii Kusn. var. glomerata Kusn. = Gentiana tianschanica Rupr. ■

173807 Gentiana regelii Maxim. ex Kusn. = Gentiana tianschanica Rupr. ■

173808 Gentiana regescens var. violacea Harry Sm. = Gentiana cephalantha Franch. ex Hemsl. ■

173809 Gentiana renardii Regel = Gentiana olgae Regel et Schmalh. ■

173810 Gentiana reynieri H. Lév. = Gentiana panthaica Prain et Burkill ■

173811 Gentiana rhodantha Franch. ex Hemsl.;红花龙胆(傍雪开,草龙胆,二郎箭,凤凰花,寒风草,红花龙胆草,红龙胆,九日花,九月花,冷风吹,龙胆草,青鱼胆,青鱼胆草,土白连,细龙胆,细叶龙胆,小酒药花,小龙胆草,小内消,小青鱼胆,小雪里梅,星秀草,星秀花,雪里梅,雪里明,血龙胆);Redflower Gentian ■

173812 Gentiana rhodantha Franch. ex Hemsl. var. wilsonii C. Marquand = Gentiana rhodantha Franch. ex Hemsl. ■

173813 Gentiana rhodantha Franch. var. wilsonii C. Marquand = Gentiana rhodantha Franch. ex Hemsl. ■

173814 Gentiana rigescens Franch. ex Hemsl.;滇龙胆草(草龙胆,川龙胆,胆草,地胆草,滇龙胆,坚龙胆,苦草,苦胆草,苦龙胆草,蓝花根,陵游,龙胆草,炮仗花,青鱼胆,山龙胆,水龙胆,四叶胆,小秦艽);Hard Gentian,Rigescent Gentian ■

173815 Gentiana rigescens Franch. ex Hemsl. = Gentiana triflora Pall. var. japonica (Kusn.) H. Hara ■

173816 Gentiana rigescens Franch. ex Hemsl. var. stictantha C. Marquand = Gentiana rigescens Franch. ex Hemsl. ■

173817 Gentiana rigescens Franch. ex Hemsl. var. violacea Harry Sm. = Gentiana cephalantha Franch. ex Hemsl. ■

173818 Gentiana rigescens Franch. var. stictantha C. Marquand = Gentiana rigescens Franch. ex Hemsl. ■

173819 Gentiana rigescens Franch. var. violacea Harry Sm. = Gentiana rigescens Franch. ex Hemsl. ■

173820 Gentiana rigidifolia Harry Sm. = Gentiana sutchuenensis Franch. ex Hemsl. ■

173821 Gentiana riparia Kar. et Kir.;河边龙胆;Shore Gentian ■

173822 Gentiana robusta King ex Hook. f.;粗壮秦艽(粗壮龙胆);Strong Gentian ■

173823 Gentiana robustior Burkill ex Diels = Gentiana panthaica Prain et Burkill ■

173824 Gentiana rockhillii Hemsl. = Gentiana haynaldii Kanitz ■

173825 Gentiana romanzovii Ledeb. ex Bunge;罗氏龙胆■☆

173826 Gentiana romanzovii Ledeb. ex Bunge = Gentiana algida Pall. ■

173827 Gentiana rosularis Franch. = Gentiana szechenyii Kanitz ■

173828 Gentiana rubicunda Franch.;深红龙胆(二郎箭,瓜米草,路边红,石肺筋,小儿血参,玉米花);Blushred Gentian,Darkred Gentian ■

173829 Gentiana rubicunda Franch. subsp. purpurata (Maxim.) Harry Sm. = Gentiana rubicunda Franch. var. purpurata (Maxim.) T. N. Ho ■

173830 Gentiana rubicunda Franch. var. bellifolia (Franch.) C. Marquand = Gentiana rubicunda Franch. var. biloba (T. N. Ho) Halda ■

173831 Gentiana rubicunda Franch. var. biloba (T. N. Ho) Halda;二裂深红龙胆(雏菊叶龙胆);Bilobate Darkred Gentian ■

173832 Gentiana rubicunda Franch. var. delicata (Hance) C. Marquand = Gentiana delicata Hance ■

173833 Gentiana rubicunda Franch. var. purpurata (Maxim. ex Kusn.) T. N. Ho = Gentiana rubicunda Franch. var. purpurata (Maxim.) T. N. Ho ■

173834 Gentiana rubicunda Franch. var. purpurata (Maxim.) T. N. Ho;大花深红龙胆(挪威龙胆,紫龙胆);Bigflower Darkred Gentian, Purple Gentian ■

173835 Gentiana rubicunda Franch. var. samolifolia (Franch.) C. Marquand;水繁缕叶深红龙胆(水繁缕叶龙胆);Brookweedleaf Gentian ■

173836 Gentiana rubricaulis Schwein.;红茎龙胆;Closed Gentian, Great Lakes Gentian, Red-stemmed Gentian ■☆

173837 Gentiana saginoides Burkill = Gentiana clarkei Kusn. ■

173838 Gentiana samolifolia Franch. = Gentiana rubicunda Franch. var. samolifolia (Franch.) C. Marquand ■

173839 Gentiana sandens Lour. = Paederia scandens (Lour.) Merr. ●

173840 Gentiana saponaria L.;皂龙胆;Harvest-bells, Soapwort Gentian ■☆

173841 Gentiana saponaria L. var. linearis (Froel.) Griseb. = Gentiana linearis Froel. ■☆

173842 Gentiana sarcorrhiza Y. Ling et Ma ex T. N. Ho;肉根龙胆(半边钱,金钱参,菊花参,肉眼龙胆,小菊花参,一棵参,一棵松);Daisy Gentian ■

173843 Gentiana sarcorrhiza Y. Ling et Ma ex T. N. Ho = Gentiana napulifera Franch. ■

173844 Gentiana satsunanensis T. Yamaz.;萨南龙胆■☆

173845 Gentiana saxatilis (Honda) Honda = Gentiana scabra Bunge var. buergeri (Miq.) Maxim. ex Franch. et Sav. f. saxatilis (Honda) Masam. ■☆

173846 Gentiana saxosa G. Forst.;岩生龙胆■☆

173847 Gentiana scabra Bunge;龙胆(草龙胆,粗糙龙胆,胆草,地胆草,观音草,苦胆草,苦龙胆草,陵游,龙胆草,龙须草,山龙胆,水龙胆,四叶胆);Japanese Gentian, Rough Gentian ■

173848 Gentiana scabra Bunge subsp. australis M. Y. Liou;南方龙胆;S. China Gentian ■

173849 Gentiana scabra Bunge subsp. australis M. Y. Liou = Gentiana scabra Bunge ■

173850 Gentiana scabra Bunge var. angustifolia Kusn.;细叶龙胆■

173851 Gentiana scabra Bunge var. buergeri (Miq.) Maxim. = Gentiana scabra Bunge var. buergeri (Miq.) Maxim. ex Franch. et Sav. ■

173852 Gentiana scabra Bunge var. buergeri (Miq.) Maxim. ex Franch. et Sav.;粗糙龙胆(龙胆);Buerger Rough Gentian ■

173853 Gentiana scabra Bunge var. buergeri (Miq.) Maxim. ex Franch. et Sav. f. albiflora Makino;白花粗糙龙胆■☆

173854 Gentiana scabra Bunge var. buergeri (Miq.) Maxim. ex Franch. et Sav. f. alborosea N. Yonez.;粉花粗糙龙胆■☆

173855 Gentiana scabra Bunge var. buergeri (Miq.) Maxim. ex Franch. et Sav. f. kitadakensis (N. Yonez.) Toyok. = Gentiana scabra Bunge var. kitadakensis (N. Yonez.) Halda ■☆

173856 Gentiana scabra Bunge var. buergeri (Miq.) Maxim. ex Franch. et Sav. f. procumbens Toyok.;匍匐粗糙龙胆■☆

173857 Gentiana scabra Bunge var. buergeri (Miq.) Maxim. ex Franch. et Sav. f. saxatilis (Honda) Masam.;岩生粗糙龙胆■☆

173858 Gentiana scabra Bunge var. buergeri (Miq.) Maxim. ex Franch. et Sav. f. stenophylla (H. Hara) Ohwi;狭叶粗糙龙胆■☆

173859 Gentiana scabra Bunge var. bungeana f. levis Pamp. = Gentiana manshurica Kitag. ■

173860 Gentiana scabra Bunge var. bungeana Kusn.;本氏龙胆(东北龙胆);Bunge Gentian ■

173861 Gentiana scabra Bunge var. intermedia Kusn.;筑紫龙胆■

173862 Gentiana scabra Bunge var. intermedia Kusn. = Gentiana scabra Bunge var. buergeri (Miq.) Maxim. ex Franch. et Sav. ■

173863 Gentiana scabra Bunge var. kitadakensis (N. Yonez.) Halda;信州北岳龙胆■☆

173864 Gentiana scabra Bunge var. orientalis H. Hara;东方龙胆;Oriental Gentian ■☆

173865 Gentiana scabra Bunge var. orientalis H. Hara = Gentiana scabra Bunge var. buergeri (Miq.) Maxim. ex Franch. et Sav. ■

173866 Gentiana scabra Bunge var. stenophylla H. Hara = Cynoglossum amabile Stapf et J. R. Drumm. ■

173867 Gentiana scabratopes W. W. Sm. = Gentianella gentianoides (Franch.) Harry Sm. ■

173868 Gentiana scabrida Hayata;玉山龙胆(台湾龙胆);Yushan Gentian ■

173869 Gentiana scabrida Hayata var. angusta Masam. = Gentiana scabrida Hayata ■

173870 Gentiana scabrida Hayata var. angusta Masam. = Gentiana taiwanica T. N. Ho ■

173871 Gentiana scabrida Hayata var. flavescens (Hayata) S. S. Ying = Gentiana flavomaculata Hayata ■

173872 Gentiana scabrida Hayata var. horaimontana (Masam.) Tang S. Liu et Chin C. Guo;矮玉山龙胆(高山龙胆);Alpine Gentian, Low Yushan Gentian ■

173873 Gentiana scabrida Hayata var. horaimontana (Masam.) Tang S. Liu et Chin C. Guo = Gentiana horaimontana Masam. ■

173874 Gentiana scabrida Hayata var. itzershanensis (Tang S. Liu et Chin C. Guo) S. S. Ying = Gentiana itzershanensis Tang S. Liu et Chin C. Guo ■

173875 Gentiana scabrida Hayata var. punctulata S. S. Ying;黑斑龙胆;Punctate Yushan Gentian ■

173876 Gentiana scabrifilamenta T. N. Ho;毛蕊龙胆;Hairstamen Gentian ■

173877 Gentiana scandens Lour. = Paederia foetida L. ●

173878 Gentiana scandens Lour. = Paederia scandens (Lour.) Merr. ●

173879 Gentiana scariosa Balf. f. et Forrest = Gentiana haynaldii Kanitz ■

173880 Gentiana schlechteriana H. Limpr. = Gentiana striata Maxim. ■

173881 Gentiana schlechteriana H. Limpr. = Gentiana veitchiora Hemsl. ■

173882 Gentiana scytophylla T. N. Ho;革叶龙胆;Leatherleaf Gentian ■

173883 Gentiana secta (Satake) Ohwi = Comastoma pulmonarium (Turcz.) Toyok. subsp. sectum (Satake) Toyok. ■☆

173884 Gentiana semialata C. Marquand = Crawfurdia semialata (C. Marquand) Harry Sm. ■

173885 Gentiana semlifolia C. Marquand = Gentiana ecaudata C. Marquand ■

173886 Gentiana septemfida Pall.;西亚龙胆(七裂龙胆);Crested Gentian ■

173887 Gentiana septemfida Pall. var. cordifolia Boiss.;心叶西亚龙

胆■☆
173888 Gentiana septentrionalis Druce；北方龙胆；Northern Gentian ■☆
173889 Gentiana serra Franch.；锯齿龙胆；Sawtooth Gentian ■
173890 Gentiana sessiliflora C. Marquand = Crawfurdia sessiliflora（C. Marquand）Harry Sm. ■
173891 Gentiana shaanxiensis T. N. Ho；陕西龙胆■
173892 Gentiana sherriffii C. Marquand = Gentiana namlaensis C. Marquand ■
173893 Gentiana sibirica（Kusn.）Grossh.；西伯利亚龙胆■☆
173894 Gentiana sichitoensis C. Marquand；短管龙胆；Shorttube Gentian ■
173895 Gentiana sikkimensis C. B. Clarke；锡金龙胆；Sikkim Gentian ■
173896 Gentiana sikokiana Maxim.；四国龙胆■☆
173897 Gentiana sikokiana Maxim. f. albiflora Akasawa et Hirose；白花四国龙胆■☆
173898 Gentiana sikokiana Maxim. f. albiflora Toyok. = Gentiana sikokiana Maxim. f. albiflora Akasawa et Hirose ■☆
173899 Gentiana simulatrix C. Marquand；厚边龙胆；Thickedge Gentian ■
173900 Gentiana sino-ornata Balf. f.；类华丽龙胆（华丽龙胆，饰花龙胆）；Chinese-decorated Gentian，Gorgeous Gentian ■
173901 Gentiana sino-ornata Balf. f. f. alba（Forrest）C. Marquand；白花类华丽龙胆（白花华丽龙胆）；Whiteflower Gorgeous Gentian ■
173902 Gentiana sino-ornata Balf. f. f. alba（Forrest）C. Marquand = Gentiana sino-ornata Balf. f. var. gloriosa C. Marquand ■
173903 Gentiana sino-ornata Balf. f. f. saxatilis ? = Gentiana scabra Bunge var. buergeri（Miq.）Maxim. ex Franch. et Sav. f. saxatilis（Honda）Masam. ■☆
173904 Gentiana sino-ornata Balf. f. var. gloriosa C. Marquand；瘦类华丽龙胆（瘦华丽龙胆）；Thin Gorgeous Gentian ■
173905 Gentiana sino-ornata Balf. f. var. punctata C. Marquand = Gentiana oreodoxa Harry Sm. ■
173906 Gentiana siphonantha Maxim. ex Kusn.；管花秦艽（管花龙胆）；Tubeflower Gentian ■
173907 Gentiana siphonantha Maxim. ex Kusn. var. latifolia C. Marquand = Gentiana siphonantha Maxim. ex Kusn. ■
173908 Gentiana sororcula Burkill = Gentiana haynaldii Kanitz ■
173909 Gentiana sororcula Burkill = Gentiana micans C. B. Clarke ■
173910 Gentiana souliei Franch.；毛脉龙胆；Hairvein Gentian ■
173911 Gentiana souliei Franch. var. flavo-viridis（C. Marquand）C. Marquand = Gentiana souliei Franch. ■
173912 Gentiana spathacea Kunth；佛焰龙胆■☆
173913 Gentiana spathulifolia Maxim. ex Kusn.；匙叶龙胆（奥拉毛）；Spoonleaf Gentian ■
173914 Gentiana spathulifolia Maxim. ex Kusn. var. ciliata Kusn.；紫红花龙胆；Ciliate Spoonleaf Gentian ■
173915 Gentiana speciosa（Wall.）C. Marquand = Crawfurdia speciosa Wall. ■
173916 Gentiana spicata L. = Centaurium spicatum（L.）Fritsch ■
173917 Gentiana squarrosa Ledeb.；鳞叶龙胆（鬼点灯，蓝花地丁，鳞片龙胆，六月绿花草，龙丹草，绿花草，米布带，石龙胆，小龙胆，岩龙胆，紫花地丁）；Roughleaf Gentian，Squarrose-leaved Gentian ■
173918 Gentiana squarrosa Ledeb. f. albiflorida D. Z. Lu；白花鳞叶龙胆（白花小龙胆）；Whiteflower Roughleaf Gentian ■
173919 Gentiana squarrosa Ledeb. var. liukiuensis Hatus. = Gentiana squarrosa Ledeb. ■
173920 Gentiana squarrosa Ledeb. var. tatakensis（Masam.）S. S. Ying = Gentiana tatakensis Masam. ■
173921 Gentiana stellariifolia Franch. = Comastoma stellariifolium（Franch. ex Hemsl.）Holub ■
173922 Gentiana stellariifolia Franch. ex Hemsl. = Comastoma cyananthiflorum（Franch. ex Hemsl.）Holub var. acutifolium Ma et H. W. Li ex T. N. Ho ■
173923 Gentiana stellariifolium Franch. ex Hemsl. = Comastoma stellariifolium（Franch. ex Hemsl.）Holub ■
173924 Gentiana stellata Turrill；珠峰龙胆；Jolmolungma Gentian ■
173925 Gentiana stellulata Harry Sm.；星状龙胆；Starlike Gentian ■
173926 Gentiana stellulata Harry Sm. var. dichotoma Harry Sm.；歧伞星状龙胆■
173927 Gentiana stictantha C. Marquand = Gentiana handeliana Harry Sm. ■
173928 Gentiana stipitata（Edgew.）Á. Löve et D. Löve = Gentiana stipitata Edgew. ■
173929 Gentiana stipitata Edgew.；短柄龙胆；Shortstalk Gentian，Shortstipe Gentian ■
173930 Gentiana stipitata Edgew. subsp. tizuensis（Franch.）T. N. Ho；提宗龙胆■
173931 Gentiana stragulata Balf. f. et Forrest ex C. Marquand；匙萼龙胆；Spooncalyx Gentian ■
173932 Gentiana straminea Maxim.；麻花秦艽（大艽，蓟芥，麻花艽，秦艽，秦胶，秦纠，秦爪，左宁根，左扭，左秦艽）；Straw-colooured Gentian，Straw-yellow Gentian ■
173933 Gentiana streptopoda Balf. f. et Forrest = Gentiana harrowiana Diels ■
173934 Gentiana streptopoda Balf. f. et Forrest ex C. Marquand = Gentiana harrowiana Diels ■
173935 Gentiana striata Maxim.；条纹龙胆；Striated Gentian ■
173936 Gentiana striolata T. N. Ho；多花龙胆；Manyflower Gentian ■
173937 Gentiana stylophora C. B. Clarke = Megacodon stylophorus（C. B. Clarke）Harry Sm. ■
173938 Gentiana stylosa Biswas = Gentiana bryoides Burkill ■
173939 Gentiana subintricata T. N. Ho；假帚枝龙胆；False Whiskbranch Gentian ■
173940 Gentiana subocculta C. Marquand = Gentiana arethusae Burkill var. delicatula（C. Marquand）Halda ■
173941 Gentiana suborbisepala C. Marquand；圆萼龙胆；Roundcalyx Gentian ■
173942 Gentiana suborbisepala C. Marquand var. kialensis（C. Marquand）T. N. Ho；卡拉龙胆■
173943 Gentiana subpetiolata Honda = Gentiana scabra Bunge var. buergeri（Miq.）Maxim. ex Franch. et Sav. ■
173944 Gentiana subtilis Harry Sm.；纤细龙胆；Thin Gentian ■
173945 Gentiana subuliformis S. W. Liu；钻萼龙胆■
173946 Gentiana subuniflora C. Marquand；单花龙胆；Singleflower Gentian ■
173947 Gentiana suffrutescens T. P. Luo et Z. C. Lou；亚木龙胆（亚大龙胆）■
173948 Gentiana sutchuenensis Franch. ex Hemsl.；四川龙胆；Sichuan Gentian ■
173949 Gentiana syringea T. N. Ho；紫花龙胆；Violet Gentian ■
173950 Gentiana szechenyii（Kanitz）Á. Löve et D. Löve = Gentiana szechenyii Kanitz ■
173951 Gentiana szechenyii Kanitz；大花龙胆；Bigflower Gentian，Largeflower Gentian ■

173952 Gentiana taiwanica T. N. Ho = Gentiana scabrida Hayata ■
173953 Gentiana takedae Kitag. = Gentianella amarella (L.) Börner subsp. takedae (Kitag.) Toyok. ■☆
173954 Gentiana takedae Kitag. var. secta Satake = Comastoma pulmonarium (Turcz.) Toyok. subsp. sectum (Satake) Toyok. ■☆
173955 Gentiana takushii T. Yamaz.;卓志龙胆■☆
173956 Gentiana taliensis Balf. f. et Forrest;大理龙胆;Dali Gentian ■
173957 Gentiana tarokoensis Chih H. Chen et J. C. Wang;太鲁阁龙胆;Taroko Gentian ■
173958 Gentiana tatakensis Masam.;塔塔卡龙胆(塔塔加龙胆);Tatak Gentian ■
173959 Gentiana tatsienensis Franch.;打箭炉龙胆;Dajianlu Gentian ■
173960 Gentiana tenella Rottb.;柔龙胆■☆
173961 Gentiana tenella Rottb. = Comastoma pedunculatum (Royle ex D. Don) Holub ■
173962 Gentiana tenella Rottb. = Comastoma tenellum (Rottb.) Toyok. ■
173963 Gentiana tenella Rottb. var. falcata (Turcz.) Griseb. = Comastoma falcatum (Turcz. ex Kar. et Kir.) Toyok ■
173964 Gentiana tenellum Rottb. = Comastoma tenellum (Rottb.) Toyok. ■
173965 Gentiana tentyoensis Masam.;厚叶龙胆(高氏龙胆);Thickleaf Gentian ■
173966 Gentiana tenuicaulis Y. Ling;纤茎秦艽;Thinstem Gentian ■
173967 Gentiana tenuissima Hayata;台东龙胆;Taidong Gentian ■
173968 Gentiana tenuissima Hayata = Gentiana yokusai Burkill ■
173969 Gentiana ternifolia Franch.;三叶龙胆;Threeleaf Gentian ■
173970 Gentiana tetraphylla Maxim. ex Kusn.;四叶龙胆;Fourleaf Gentian ■
173971 Gentiana tetrasticha C. Marquand;四列龙胆;Fourrange Gentian ■
173972 Gentiana thomsonii C. B. Clarke = Gentianella arenaria (Maxim.) T. N. Ho ■
173973 Gentiana thomsonii C. B. Clarke = Gentianella pygmaea (Regel et Schmalh.) Harry Sm. ■
173974 Gentiana thunbergii (G. Don) Griseb.;丛生龙胆(赞氏龙胆);Fascicular Gentian ■
173975 Gentiana thunbergii (G. Don) Griseb. f. albiflora Akasawa;白花丛生龙胆■☆
173976 Gentiana thunbergii (G. Don) Griseb. f. grandis ? = Gentiana thunbergii (G. Don) Griseb. ■
173977 Gentiana thunbergii (G. Don) Griseb. f. minor (Maxim.) Toyok. = Gentiana thunbergii (G. Don) Griseb. var. minor Maxim. ■
173978 Gentiana thunbergii (G. Don) Griseb. var. minor Maxim.;小丛生龙胆(白花龙胆);Whiteflower Fascicular Gentian ■
173979 Gentiana thunbergii (G. Don) Griseb. var. minor Maxim. f. ochroleuca Honda;淡黄小丛生龙胆■☆
173980 Gentiana thunbergii Griseb. = Gentiana zollingeri Fawc. ■
173981 Gentiana thunbergii Siebold et Zucc. = Gentiana zollingeri Fawc. ■
173982 Gentiana tianschanica Rupr.;天山秦艽(秦艽,天山龙胆,新疆秦艽,茱苓草);Tianshan Gentian ■
173983 Gentiana tianschanica Rupr. var. glomerata Kusn. = Gentiana tianschanica Rupr. ■
173984 Gentiana tianschanica Rupr. var. intermedia Kusn. = Gentiana tianschanica Rupr. ■
173985 Gentiana tianschanica Rupr. var. koslowii Kusn. = Gentiana dahurica Fisch. ■
173986 Gentiana tianschanica Rupr. var. koslowii Kusn. = Gentiana tianschanica Rupr. ■
173987 Gentiana tianschanica Rupr. var. pumila Kusn. = Gentiana tianschanica Rupr. ■
173988 Gentiana tibetica King ex Hook. f.;西藏秦艽(蓟芥,秦艽,西藏龙胆);Himalayan Gentian,Tibet Gentian,Xizang Gentian ■
173989 Gentiana tibetica King ex Hook. f. var. robusta (King ex Hook. f.) Kusn. = Gentiana robusta King ex Hook. f. ■
173990 Gentiana tizuensis Franch. = Gentiana stipitata Edgew. subsp. tizuensis (Franch.) T. N. Ho ■
173991 Gentiana tizuensis Franch. = Gentiana stipitata Edgew. ■
173992 Gentiana tongolensis Franch.;东俄洛龙胆;Tongol Gentian ■
173993 Gentiana trailiiana Forrest = Comastoma stellariifolium (Franch. ex Hemsl.) Holub ■
173994 Gentiana trailliana Forrest = Comastoma traillianum (Forrest) Holub ■
173995 Gentiana trailliana Forrest var. minima C. Marquand = Comastoma traillianum (Forrest) Holub ■
173996 Gentiana tricholoba Franch. = Gentiana striata Maxim. ■
173997 Gentiana tricholoba Franch. = Gentiana veitchiora Hemsl. ■
173998 Gentiana trichotoma Kusn.;三歧龙胆;Bottle Gentian,Closed Gentian,Threefork Gentian ■
173999 Gentiana trichotoma Kusn. = Gentiana nubigena Edgew. ■
174000 Gentiana trichotoma Kusn. var. albescens C. Marquand = Gentiana microdonta Franch. ex Hemsl. ■
174001 Gentiana trichotoma Kusn. var. brevicaulis C. Marquand = Gentiana atuntsiensis W. W. Sm. ■
174002 Gentiana trichotoma Kusn. var. chingii (C. Marquand) T. N. Ho;短茎三歧龙胆;Shortstem Threefork Gentian ■
174003 Gentiana tricolor Diels et Gilg;三色龙胆;Threecolored Gentian ■
174004 Gentiana triflora Pall.;三花龙胆(草龙胆,胆草,地胆草,苦胆草,苦龙胆草,陵游,龙胆草,山龙胆,水龙胆,四叶胆,狭叶龙胆);Threeflower Gentian ■
174005 Gentiana triflora Pall. f. japonica (Kusn.) W. T. Lee et Paik = Gentiana triflora Pall. var. japonica (Kusn.) H. Hara ■
174006 Gentiana triflora Pall. var. horomuiensis (Kudo) H. Hara = Gentiana triflora Pall. var. japonica (Kusn.) H. Hara f. horomuiensis (Kudo) Toyok. ■☆
174007 Gentiana triflora Pall. var. japonica (Kusn.) H. Hara;日本三花龙胆;Japan Threeflower Gentian ■
174008 Gentiana triflora Pall. var. japonica (Kusn.) H. Hara f. albiflora T. Shimizu;白花日本三花龙胆■☆
174009 Gentiana triflora Pall. var. japonica (Kusn.) H. Hara f. crassa Toyok. et Satomi;粗日本三花龙胆■☆
174010 Gentiana triflora Pall. var. japonica (Kusn.) H. Hara f. horomuiensis (Kudo) Toyok.;幌武意龙胆■☆
174011 Gentiana triflora Pall. var. japonica (Kusn.) H. Hara f. montana (H. Hara) Toyok. et Tanaka;山地日本三花龙胆■☆
174012 Gentiana triflora Pall. var. japonica (Kusn.) H. Hara f. semiglobularis Toyok.;半小球三花龙胆■☆
174013 Gentiana triflora Pall. var. japonica (Kusn.) H. Hara subvar. horomuiensis (Kudo) Toyok. = Gentiana triflora Pall. var. japonica (Kusn.) H. Hara f. horomuiensis (Kudo) Toyok. ■☆
174014 Gentiana triflora Pall. var. japonica (Kusn.) H. Hara subvar. montana (H. Hara) Toyok. = Gentiana triflora Pall. var. japonica (Kusn.) H. Hara f. montana (H. Hara) Toyok. et Tanaka ■☆
174015 Gentiana triflora Pall. var. montana (H. Hara) H. Hara =

Gentiana triflora Pall. var. japonica (Kusn.) H. Hara f. montana (H. Hara) Toyok. et Tanaka ■☆

174016 Gentiana trinervis (Thunb.) C. Marquand = Tripterospermum japonicum (Siebold et Zucc.) Maxim. ■

174017 Gentiana tsarongensis Balf. f. et Forrest = Gentiana decorata Diels ■

174018 Gentiana tsarongensis Balf. f. et Forrest ex C. Marquand = Gentiana decorata Diels ■

174019 Gentiana tsinglingensis Diels;秦岭龙胆(茱苓草);Qinling Gentian ■

174020 Gentiana tsinglingensis Diels = Gentiana apiata N. E. Br. ■

174021 Gentiana tsinlingesis H. Limpr. = Gentiana apiata N. E. Br. ■

174022 Gentiana tubiflora (G. Don) Wall. ex Griseb.;筒花龙胆;Tubeflower Gentian ■

174023 Gentiana tubiflora (G. Don) Wall. ex Griseb. var. longiflora Turrill = Gentiana tubiflora (G. Don) Wall. ex Griseb. ■

174024 Gentiana tubiflora (G. Don) Wall. ex Griseb. var. namlaensis C. Marquand = Gentiana tubiflora (G. Don) Wall. ex Griseb. ■

174025 Gentiana tubiflora (G. Don) Wall. ex Griseb. Wall. = Gentiana tubiflora (G. Don) Wall. ex Griseb. ■

174026 Gentiana tubiflora (Wall. ex G. Don) Griseb. var. longiflora Turrill = Gentiana tubiflora (G. Don) Wall. ex Griseb. ■

174027 Gentiana tubiflora (Wall. ex G. Don) Griseb. var. namlaensis C. Marquand = Gentiana tubiflora (G. Don) Wall. ex Griseb. ■

174028 Gentiana turkestanorum Gand. = Gentianella turkestanorum (Gand.) Holub ■

174029 Gentiana uchiyamai Nakai;朝鲜龙胆(斑花龙胆);Korea Gentian ■

174030 Gentiana uliginosa Willd. = Gentianella uliginosa (Willd.) Harry Sm. ■☆

174031 Gentiana umbellata M. Bieb.;伞龙胆■☆

174032 Gentiana urnula Harry Sm.;乌奴龙胆(乌双龙胆);Urnu Gentian ■

174033 Gentiana urnula Harry Sm. f. pallida C. Marquand;苍白乌奴龙胆■

174034 Gentiana utriculosa L.;囊果龙胆;Bladder Gentian ■☆

174035 Gentiana vandellioides Hemsl.;母草叶龙胆;Falsepimpernelleaf Gentian ■

174036 Gentiana vandellioides Hemsl. var. biloba Franch.;二裂母草叶龙胆■

174037 Gentiana vaniotii (H. Lév.) Á. Löve et D. Löve = Gentiana cephalantha Franch. ex Hemsl. ■

174038 Gentiana vaniotii H. Lév. = Gentiana cephalantha Franch. ex Hemsl. ■

174039 Gentiana vaniotii H. Lév. = Gentiana cephalantha Franch. ex Hemsl. var. vaniotii (H. Lév.) T. N. Ho ■

174040 Gentiana variabilis Rupr. = Gentiana prostrata Haenke var. karelinii (Griseb.) Kusn. ■

174041 Gentiana veitchiora Hemsl.;蓝玉簪龙胆(丛生龙胆,蓝花龙胆,蓝花簪龙胆,双色龙胆);Veitch Gentian ■

174042 Gentiana veitchiora Hemsl. var. altorum (Harry Sm.) C. Marquand = Gentiana altorum Harry Sm. ex C. Marquand ■

174043 Gentiana veitchiora Hemsl. var. caelestis C. Marquand = Gentiana caelestis (C. Marquand) Harry Sm. ■

174044 Gentiana venosa Hemsl. = Megacodon stylophorus (C. B. Clarke) Harry Sm. ■

174045 Gentiana venosa Hemsl. = Megacodon venosus (Hemsl.) Harry Sm. ■

174046 Gentiana ventricosa Griseb. = Gentianopsis crinita (Froel.) Ma ■☆

174047 Gentiana venusta (G. Don) Wall. ex Griseb.;喜马拉雅丽龙胆(喜马拉雅龙胆);Himalayas Gentian ■

174048 Gentiana venusta Wall. = Gentiana venusta (G. Don) Wall. ex Griseb. ■

174049 Gentiana verna L.;春龙胆;Blue Violet, Spring Fellwort, Spring Felwort, Spring Gentian, Spring Violet, Star Gentian ■☆

174050 Gentiana verna L. subsp. penetii Litard. et Maire = Gentiana penetii (Litard. et Maire) Romo ■☆

174051 Gentiana verna L. subsp. pontica (Soltok.) Hayek;早春龙胆■

174052 Gentiana verna L. var. alata Griseb.;具翼春龙胆■☆

174053 Gentiana verna L. var. angulosa M. Bieb. = Gentiana verna L. var. alata Griseb. ■☆

174054 Gentiana vernayi C. Marquand;露蕊龙胆■

174055 Gentiana verticilliata L. = Enicostema axillare (Lam.) A. Raynal subsp. latilobum (N. E. Br.) A. Raynal ■☆

174056 Gentiana viatrix Harry Sm. ex C. Marquand;五叶龙胆;Fiveleaves Gentian ■

174057 Gentiana victorinii Fernald;维克托兰龙胆;Victorin's Gentian ■☆

174058 Gentiana villifera H. W. Li ex T. N. Ho;紫毛龙胆;Purplehair Gentian ■

174059 Gentiana villosa L.;长柔毛龙胆;Sampson's Snakeroot, Striped Gentian ■☆

174060 Gentiana volubile D. Don = Tripterospermum volubile (D. Don) H. Hara ■

174061 Gentiana vvedenskyi Grossh.;韦坚龙胆■☆

174062 Gentiana waltonii Burkill;长梗秦艽(长梗龙胆);Longpeduncle Gentian, Longstalk Gentian ■

174063 Gentiana waltonii Burkill f. lhasaensis (P. K. Hsiao et K. C. Hsia) T. N. Ho;白花长梗秦艽■

174064 Gentiana waltonii Burkill f. nana P. K. Hsiao et K. C. Hsia;矮长梗秦艽;Dwarf Longstalk Gentian ■

174065 Gentiana waltonii Burkill f. nana P. K. Hsiao et K. C. Hsia = Gentiana waltonii Burkill ■

174066 Gentiana walujewii Regel et Schmalh.;新疆秦艽(北方龙胆,秦艽,瓦氏龙胆,网眼龙胆,新疆龙胆);Sinkiang Gentian, Xinjiang Gentian ■

174067 Gentiana walujewii Regel et Schmalh. var. kesselringii (Regel) Kusn. = Gentiana walujewii Regel et Schmalh. ■

174068 Gentiana wardii W. W. Sm. var. emergens (C. Marquand) T. N. Ho = Gentiana emergens C. Marquand ■

174069 Gentiana wardii W. W. Sm. var. micrantha C. Marquand;小花矮龙胆;Smallflower Ward Gentian ■

174070 Gentiana wasenensis C. Marquand;瓦山龙胆;Washan Gentian ■

174071 Gentiana weschniakowii Regel = Gentiana olivieri Griseb. ■

174072 Gentiana wilsonii C. Marquand;川西龙胆;E. H. Wilson Gentian ■

174073 Gentiana winchuanensis T. N. Ho;汶川龙胆■

174074 Gentiana wutaiensis C. Marquand;五台秦艽(太白秦艽);Wutai Gentian ■

174075 Gentiana wutaiensis C. Marquand = Gentiana macrophylla Pall. var. fetissowii (Regel et Winkl.) Ma et K. C. Hsia ■

174076 Gentiana xanthonannos Harry Sm.;小黄花龙胆;Small Yellow Gentian ■

174077 Gentiana xingrenensis T. N. Ho;兴仁龙胆■

174078 Gentiana yabei Takeda et H. Hara = Gentianopsis yabei (Takeda et H. Hara) Ma ex Toyok. ■☆
174079 Gentiana yakumontana Masam.;屋久岛龙胆■☆
174080 Gentiana yakushimensis Makino;台湾轮叶龙胆(屋久岛龙胆);Taiwan Gentian,Yakushima Gentian ■
174081 Gentiana yamatsutae Kitag. = Gentianopsis contorta (Royle) Ma ■
174082 Gentiana yezo-alpina Koidz. = Gentianella amarella (L.) Börner subsp. yuparensis (Takeda) Toyok. ■☆
174083 Gentiana yiliangtnsis T. N. Ho;奕良龙胆;Yiliang Gentian ■
174084 Gentiana yokusai Burkill;灰绿龙胆(被毛龙胆);Greygreen Gentian ■
174085 Gentiana yokusai Burkill var. cordifolia T. N. Ho;心叶灰绿龙胆;Heartleaf Greygreen Gentian ■
174086 Gentiana yokusai Burkill var. japonica Burkill;日本灰绿龙胆;Japan Greygreen Gentian ■
174087 Gentiana yokusai Burkill var. japonica Burkill = Gentiana yokusai Burkill ■
174088 Gentiana yunnanensis Franch.;云南龙胆;Yunnan Gentian ■
174089 Gentiana yunnanensis Franch. var. kialensis C. Marquand = Gentiana suborbisepala C. Marquand var. kialensis (C. Marquand) T. N. Ho ■
174090 Gentiana yunnanensis Franch. var. kialensis C. Marquand = Gentiana yunnanensis Franch. ■
174091 Gentiana yuparensis Takeda = Gentianella amarella (L.) Börner subsp. yuparensis (Takeda) Toyok. ■☆
174092 Gentiana yuparensis Takeda subsp. takedae (Kitag.) Toyok. = Gentianella amarella (L.) Börner subsp. takedae (Kitag.) Toyok. ■☆
174093 Gentiana yuparensis Takeda var. yezo-alpina ? = Gentianella amarella (L.) Börner subsp. yuparensis (Takeda) Toyok. ■☆
174094 Gentiana zekuensis T. N. Ho et S. W. Liu;泽库龙胆■
174095 Gentiana zollingeri Fawc.;笔龙胆(绍氏龙胆);Pen Gentian, Zollinger Gentian ■
174096 Gentiana zollingeri Fawc. f. albiflora Tuyama;白花笔龙胆■
174097 Gentiana zollingeri Fawc. f. violascens Asai;堇色笔龙胆■☆
174098 Gentiana zollingeri Fawc. var. yakumontana (Masam.) Sugim. = Gentiana yakumontana Masam. ■☆
174099 Gentiana zollingeri Fawc. var. yakumontana (Masam.) Sugim. f. viridis Sugim.;绿花屋久岛龙胆■☆
174100 Gentianaceae Juss. (1789)(保留科名);龙胆科;Gentian Family ●■
174101 Gentianella Moench (1794)(保留属名);假龙胆属;Gentianella, Geutian ■
174102 Gentianella Moench(保留属名) = Gentiana L. ■
174103 Gentianella acuta (Michx.) Hiitonen;尖叶假龙胆(苦龙胆);Acute Gentianella, Northern Gentian ■
174104 Gentianella acuta (Michx.) Hultén = Gentianella acuta (Michx.) Hiitonen ■
174105 Gentianella acuta Michx. = Gentianella acuta (Michx.) Hultén ■
174106 Gentianella amarella (L.) Börner;秋假龙胆;Autumn Bells, Autumn Gentian, Baldemayne, Baldemoyne, Bawdmoney, Bitferwort, Dead Man's Fingers, Dead Man's Thumb, Fellwort, Fieldwort ■☆
174107 Gentianella amarella (L.) Börner subsp. acuta (Michx.) J. M. Gillett = Gentianella acuta (Michx.) Hiitonen ■
174108 Gentianella amarella (L.) Börner subsp. takedae (Kitag.) Toyok.;武田秋假龙胆■☆
174109 Gentianella amarella (L.) Börner subsp. takedae (Kitag.) Toyok. f. leucantha (Hayashi) Toyok.;白花秋假龙胆■☆
174110 Gentianella amarella (L.) Börner subsp. yuparensis (Takeda) Toyok.;北海道龙胆■☆
174111 Gentianella amarella (L.) Börner subsp. yuparensis (Takeda) Toyok. f. albiflora (Miyabe et Tatew.) Toyok.;白花北海道龙胆■☆
174112 Gentianella anglica (Pugsley) E. F. Warb.;早假龙胆;Early Gentian ■☆
174113 Gentianella angustiflora Harry Sm.;窄花假龙胆;Narrowflower Gentianella ■
174114 Gentianella anomala (C. Marquand) T. N. Ho;异萼假龙胆;Differentcalyx Gentianella ■
174115 Gentianella arenaria (Maxim.) T. N. Ho;紫红假龙胆;Purplered Gentianella ■
174116 Gentianella arrecta (Franch.) Harry Sm. = Comastoma pulmonarium (Turcz.) Toyok. ■
174117 Gentianella aurea (L.) Harry Sm.;北部假龙胆;Northern Gentian ■☆
174118 Gentianella auriculata (Pall.) J. M. Gillett;耳叶假龙胆■☆
174119 Gentianella auriculata (Pall.) J. M. Gillett f. albiflora (Tatew. ex H. Hara) Satake;白花耳叶假龙胆■☆
174120 Gentianella azurea (Bunge) Holub;黑边假龙胆(金龙胆);Blackedge Gentianella ■
174121 Gentianella beesiana (W. W. Sm.) Harry Sm. = Comastoma traillianum (Forrest) Holub ■
174122 Gentianella campestris (L.) Börner;田野假龙胆;Bitferwort, Felwort, Field Gentian, Hollow Cress, Hollow-cress ■☆
174123 Gentianella ciliata (L.) Borkh. = Gentiana ciliata L. ■☆
174124 Gentianella contorta (Royle) Harry Sm. = Gentianopsis contorta (Royle) Ma ■
174125 Gentianella crinita (Froel.) G. Don = Gentianopsis crinita (Froel.) Ma ■☆
174126 Gentianella crinita (Froel.) G. Don subsp. procera (Holm) J. M. Gillett = Gentianopsis procera (Holm) Ma ■☆
174127 Gentianella cyanthiflora (Franch.) Harry Sm. = Comastoma cyananthiflorum (Franch. ex Hemsl.) Holub ■
174128 Gentianella detonsa (Roxb.) G. Don;剪假龙胆■☆
174129 Gentianella duthiei (Burkill) Harry Sm. = Jaeschkea microsperma C. B. Clarke ■
174130 Gentianella falcata (Turcz. ex Kar. et Kir.) Harry Sm. = Comastoma falcatum (Turcz. ex Kar. et Kir.) Toyok ■
174131 Gentianella falcata (Turcz.) Harry Sm. = Comastoma falcatum (Turcz. ex Kar. et Kir.) Toyok ■
174132 Gentianella gentianoides (Franch.) Harry Sm.;密花假龙胆;Denseflower Gentianella ■
174133 Gentianella germanica (Willd.) E. F. Warb.;大田野假龙胆;Chiltern Gentian, Large Field Gentian ■☆
174134 Gentianella grandis Harry Sm. = Gentianopsis grandis (Harry Sm.) Ma ■
174135 Gentianella limprichtii (Grüning) Harry Sm. = Comastoma polycladum (Diels et Gilg) T. N. Ho ■
174136 Gentianella maclarenii Harry Sm. = Comastoma cyananthiflorum (Franch. ex Hemsl.) Holub ■
174137 Gentianella maddenii (C. B. Clarke) Airy Shaw = Gentianella moorcroftiana (Wall. ex Griseb.) Airy Shaw ■
174138 Gentianella moorcroftiana (Wall. ex G. Don) Airy Shaw;普兰假龙胆(莫罗假龙胆);Blue Gentianella ■
174139 Gentianella moorcroftiana (Wall. ex Griseb.) Airy Shaw =

Gentianella moorcroftiana (Wall. ex G. Don) Airy Shaw ■

174140 Gentianella moorcroftiana (Wall. ex Griseb.) Airy Shaw var. maddenii C. B. Clarke = Gentianella moorcroftiana (Wall. ex G. Don) Airy Shaw ■

174141 Gentianella occidentalis (A. Gray) Small = Gentianella quinquefolia (L.) Small subsp. occidentalis (A. Gray) J. M. Gillett ■☆

174142 Gentianella paludosa (Hook. f.) Harry Sm. = Gentianopsis paludosa (Hook. f.) Ma ■

174143 Gentianella pedunculata (Royle ex D. Don) Harry Sm. = Comastoma pedunculatum (Royle ex D. Don) Holub ■

174144 Gentianella pedunculata (Royle) Harry Sm. = Comastoma pedunculatum (Royle ex D. Don) Holub ■

174145 Gentianella procera (Holm) Hiitonen = Gentianopsis procera (Holm) Ma ■☆

174146 Gentianella pulmonaria (Turcz.) Harry Sm. = Comastoma pulmonarium (Turcz.) Toyok. ■

174147 Gentianella pygmaea (Regel et Schmalh.) Harry Sm.;矮假龙胆;Dwarf Gentianella ■

174148 Gentianella quinquefolia (L.) Small;五叶假龙胆(五叶龙胆); Ague Weed, Agueweed, Ague-weed, Gall-of-the-earth, Stiff Gentian ■☆

174149 Gentianella quinquefolia (L.) Small subsp. occidentalis (A. Gray) J. M. Gillett;西方假龙胆;Ague-weed, Stiff Gentian ■☆

174150 Gentianella quinquefolia (L.) Small var. occidentalis (A. Gray) Small = Gentianella quinquefolia (L.) Small subsp. occidentalis (A. Gray) J. M. Gillett ■☆

174151 Gentianella scabromarginata Harry Sm. = Gentianopsis paludosa (Hook. f.) Ma var. ovatodeltoidea (Burkill) Ma ex T. N. Ho ■

174152 Gentianella secta (Satake) Satake = Comastoma pulmonarium (Turcz.) Toyok. subsp. sectum (Satake) Toyok. ■☆

174153 Gentianella septentrionalis (Druce) E. F. Warb.;苏格兰假龙胆;Scottish Gentian ■☆

174154 Gentianella stellariifolia (Franch.) Harry Sm. = Comastoma stellariifolium (Franch. ex Hemsl.) Holub ■

174155 Gentianella stenocalyx Harry Sm. = Gentianopsis barbata (Froel.) Ma var. stenocalyx H. W. Li ex T. N. Ho ■

174156 Gentianella sugawarae (H. Hara) De Moor;菅原假龙胆■☆

174157 Gentianella takedae (Kitag.) Satake = Gentianella amarella (L.) Börner subsp. takedae (Kitag.) Toyok. ■☆

174158 Gentianella tenella (Rottb.) Börner = Comastoma tenellum (Rottb.) Toyok. ■

174159 Gentianella tenella (Rottb.) Börner = Gentiana tenella Rottb. ■☆

174160 Gentianella trailliana (Forrest) Harry Sm. = Comastoma traillianum (Forrest) Holub ■

174161 Gentianella trailliana Forrest = Comastoma falcatum (Turcz. ex Kar. et Kir.) Toyok ■

174162 Gentianella trailliana Forrest var. beesiana (W. W. Sm.) Harry Sm. = Comastoma traillianum (Forrest) Holub ■

174163 Gentianella turkestanorum (Gand.) Holub; 新疆假龙胆; Xinjiang Gentianella ■

174164 Gentianella uliginosa (Willd.) Harry Sm.;威尔士假龙胆(沙丘龙胆,沙生龙胆,沼泽龙胆); Dune Gentian, Sandy Gentian, Welsh Gentian ■☆

174165 Gentianella vvedenskyi (Grossh.) Harry Sm. = Gentiana vvedenskyi Grossh. ■☆

174166 Gentianella yuparensis (Takeda) Satake = Gentianella amarella (L.) Börner subsp. yuparensis (Takeda) Toyok. ■☆

174167 Gentianodes Á. Löve et D. Löve = Gentiana L. ■

174168 Gentianodes algida (Pall.) Á. Löve et D. Löve = Gentiana algida Pall. ■

174169 Gentianodes amplicrater (Burkill) Á. Löve et D. Löve = Gentiana amplicrater Burkill ■

174170 Gentianodes cephalantha (Franch.) Á. Löve et D. Löve = Gentiana cephalantha Franch. ex Hemsl. ■

174171 Gentianodes chinensis (Kusn.) Á. Löve et D. Löve = Gentiana chinensis Kusn. ■

174172 Gentianodes davidii (Franch.) Á. Löve et D. Löve = Gentiana davidii Franch. ■

174173 Gentianodes delavayi (Franch.) Á. Löve et D. Löve = Gentiana delavayi Franch. ■

174174 Gentianodes depressa (D. Don) Á. Löve et D. Löve = Gentiana depressa D. Don et C. E. C. Fisch. ■

174175 Gentianodes duclouxii (Franch.) Á. Löve et D. Löve = Gentiana duclouxii Franch. ■

174176 Gentianodes elwesii (C. B. Clarke) Á. Löve et D. Löve = Gentiana elwesii C. B. Clarke ■

174177 Gentianodes emodii (C. Marquand) Á. Löve et D. Löve = Gentiana emodii C. Marquand ex Sealy ■

174178 Gentianodes farreri (Balf. f.) Á. Löve et D. Löve = Gentiana farreri Balf. f. ■

174179 Gentianodes farreri (Balf. f.) Á. Löve et D. Löve = Gentiana lawrencei Burkill var. farreri (Balf. f.) T. N. Ho ■

174180 Gentianodes filistyla (Balf. f. et Forrest) Á. Löve et D. Löve = Gentiana filistyla Balf. f. et Forrest ex C. Marquand ■

174181 Gentianodes glauca (Pall.) Á. Löve et D. Löve = Gentiana glauca Pall. ■☆

174182 Gentianodes hexaphylla (Maxim.) Á. Löve et D. Löve = Gentiana hexaphylla Maxim. ex Kusn. ■

174183 Gentianodes jamesii (Hemsl.) Á. Löve et D. Löve = Gentiana jamesii Hemsl. ■

174184 Gentianodes lineolata (Franch.) Á. Löve et D. Löve = Gentiana lineolata Franch. ■

174185 Gentianodes melandriifolia (Franch.) Á. Löve et D. Löve = Gentiana melandriifolia Franch. ex Hemsl. ■

174186 Gentianodes microdonta (Franch.) Á. Löve et D. Löve = Gentiana microdonta Franch. ex Hemsl. ■

174187 Gentianodes ornata (Wall.) Á. Löve et D. Löve = Gentiana ornata (Wall. ex G. Don) Griseb. ■

174188 Gentianodes picta (Franch.) Á. Löve et D. Löve = Gentiana picta Franch. ex Hemsl. ■

174189 Gentianodes praeclara (C. Marquand) Á. Löve et D. Löve = Gentiana praeclara C. Marquand ■

174190 Gentianodes rigescens (Franch.) Á. Löve et D. Löve = Gentiana rigescens Franch. ex Hemsl. ■

174191 Gentianodes sikkimensis (C. B. Clarke) Á. Löve et D. Löve = Gentiana sikkimensis C. B. Clarke ■

174192 Gentianodes sinoornata (Balf. f.) Á. Löve et D. Löve = Gentiana sino-ornata Balf. f. ■

174193 Gentianodes stragulata (Balf. f. et Forrest) Á. Löve et D. Löve = Gentiana stragulata Balf. f. et Forrest ex C. Marquand ■

174194 Gentianodes suboccalta (C. Marquand) Á. Löve et D. Löve = Gentiana arethusae Burkill var. delicatula (C. Marquand) Halda ■

174195 Gentianodes szechenyi (Kanitz) Á. Löve et D. Löve = Gentiana szechenyii Kanitz ■
174196 Gentianodes tetraphylla (Kusn.) Á. Löve et D. Löve = Gentiana tetraphylla Maxim. ex Kusn. ■
174197 Gentianodes tongolensis (Franch.) Á. Löve et D. Löve = Gentiana tongolensis Franch. ■
174198 Gentianodes trichotona (Kusn.) Á. Löve et D. Löve = Gentiana trichotoma Kusn. ■
174199 Gentianodes tubiflora (Wall.) Á. Löve et D. Löve = Gentiana tubiflora (G. Don) Wall. ex Griseb. ■
174200 Gentianodes urnula (Harry Sm.) Á. Löve et D. Löve = Gentiana urnula Harry Sm. ■
174201 Gentianodes veitchiora (Hemsl.) Á. Löve et D. Löve = Gentiana veitchiora Hemsl. ■
174202 Gentianodes venusta (Wall.) Á. Löve et D. Löve = Gentiana venusta (G. Don) Wall. ex Griseb. ■
174203 Gentianodes yunnanensis (Franch.) Á. Löve et D. Löve = Gentiana yunnanensis Franch. ■
174204 Gentianopsis Ma(1951);扁蕾属;Gentianopsis ■
174205 Gentianopsis barbata (Froel.) Ma;扁蕾(剪割龙胆,龙胆,沼生扁蕾,中国扁蕾);Barbed Gentianopsis ■
174206 Gentianopsis barbata (Froel.) Ma var. alboflavida T. N. Ho;黄白扁蕾;White-yellow Barbed Gentianopsis ■
174207 Gentianopsis barbata (Froel.) Ma var. ovatodeltoidea (Burkill) Ma = Gentianopsis paludosa (Hook. f.) Ma var. ovatodeltoidea (Burkill) Ma ex T. N. Ho ■
174208 Gentianopsis barbata (Froel.) Ma var. sinensis Ma;中国扁蕾(扁蕾);Chinese Barbed Gentianopsis ■
174209 Gentianopsis barbata (Froel.) Ma var. sinensis Ma = Gentianopsis barbata (Froel.) Ma ■
174210 Gentianopsis barbata (Froel.) Ma var. stenocalyx H. W. Li = Gentianopsis barbata (Froel.) Ma var. stenocalyx H. W. Li ex T. N. Ho ■
174211 Gentianopsis barbata (Froel.) Ma var. stenocalyx H. W. Li ex T. N. Ho;细萼扁蕾;Thincalyx Barbed Gentianopsis ■
174212 Gentianopsis contorta (Royle) Ma;廻旋扁蕾(旋扁蕾);Circled Gentianopsis ■
174213 Gentianopsis contorta (Royle) Ma var. wui Ma = Gentianopsis contorta (Royle) Ma ■
174214 Gentianopsis contorta var. wui Ma = Gentianopsis contorta (Royle) Ma ■
174215 Gentianopsis crinita (Froel.) Ma;长刚毛龙胆;Fringed Gentian, Greater Fringed Gentian ■☆
174216 Gentianopsis detonsa (Rottb.) Ma;剪割扁蕾■☆
174217 Gentianopsis furusei Hid. Takah. = Gentianopsis yabei (Takeda et H. Hara) Ma ex Toyok. var. akaisiensis T. Yamaz. ■☆
174218 Gentianopsis grandis (Harry Sm.) Ma;大花扁蕾;Largeflower Gentianopsis ■
174219 Gentianopsis longistyla Ma;长柱扁蕾;Longstyle Gentianopsis ■
174220 Gentianopsis longistyla Ma = Gentianopsis paludosa (Hook. f.) Ma ■
174221 Gentianopsis lutea (Burkill) Ma;黄花扁蕾;Bitferwort, Bitter Gentian, Fellwort, Yellow Gentian, Yellow Gentianopsis ■
174222 Gentianopsis lutea (Burkill) Ma = Gentianopsis paludosa (Hook. f.) Ma ■
174223 Gentianopsis nana (Y. Ling) Ma = Gentianopsis paludosa (Hook. f.) Ma ■
174224 Gentianopsis nana Ma;小扁蕾;Small Gentianopsis ■
174225 Gentianopsis paludosa (Hook. f.) Ma;湿生扁蕾(扁蕾,沼生扁蕾);Swampy Gentianopsis ■
174226 Gentianopsis paludosa (Hook. f.) Ma var. alpina T. N. Ho;高原扁蕾;Alpine Swampy Gentianopsis ■
174227 Gentianopsis paludosa (Hook. f.) Ma var. ovatodeltoidea (Burkill) Ma ex T. N. Ho;卵叶扁蕾(糙边扁蕾,宽叶扁蕾);Broadleaf Barbed Gentianopsis, Ovateleaf Swampy Gentianopsis ■
174228 Gentianopsis procera (Holm) Ma;巨扁蕾;Great Plains Fringed Gentian, Lesser Fringed Gentian, Small Fringed Gentian ■☆
174229 Gentianopsis scabromarginata (Harry Sm.) Ma = Gentianopsis barbata (Froel.) Ma var. ovatodeltoidea (Burkill) Ma ■
174230 Gentianopsis scabromarginata (Harry Sm.) Ma = Gentianopsis paludosa (Hook. f.) Ma var. ovatodeltoidea (Burkill) Ma ex T. N. Ho ■
174231 Gentianopsis stenocalyx Harry Sm. = Gentianopsis barbata (Froel.) Ma var. stenocalyx H. W. Li ex T. N. Ho ■
174232 Gentianopsis stricta (Klotzsch) Ikonn. = Gentiana vvedenskyi Grossh. ■☆
174233 Gentianopsis virgata (Raf.) Holub = Gentianopsis procera (Holm) Ma ■☆
174234 Gentianopsis yabei (Takeda et H. Hara) Ma ex Toyok.;矢部扁蕾■☆
174235 Gentianopsis yabei (Takeda et H. Hara) Ma ex Toyok. f. violacea Toyok.;堇色矢部扁蕾■☆
174236 Gentianopsis yabei (Takeda et H. Hara) Ma ex Toyok. var. akaisiensis T. Yamaz.;赤石扁蕾■☆
174237 Gentianopsis yabei (Takeda et H. Hara) Ma ex Toyok. var. akaisiensis T. Yamaz. f. albiflora T. Yamaz.;白花赤石扁蕾■☆
174238 Gentianopsis yabei (Takeda et H. Hara) Ma ex Toyok. var. furusei (Hid. Takah.) Toyok. = Gentianopsis yabei (Takeda et H. Hara) Ma ex Toyok. var. akaisiensis T. Yamaz. ■☆
174239 Gentianothamnus Humbert(1937);马岛龙胆木属●☆
174240 Gentianothamnus madagascariensis Humbert;马岛龙胆木●☆
174241 Gentianothamnus madagascariensis Humbert var. perrieri Humbert = Gentianothamnus madagascariensis Humbert ●☆
174242 Gentianusa Pohl = Gentiana L. ■
174243 Gentilia A. Chev. et Beille = Bridelia Willd.(保留属名)●
174244 Gentilia A. Chev. et Beille = Neogoetzea Pax ●☆
174245 Gentilia Beille = Bridelia Willd.(保留属名)●
174246 Gentilia Beille = Neogoetzea Pax ●☆
174247 Gentilia chevalieri Beille = Bridelia ferruginea Benth. ●☆
174248 Gentilia hygrophila Beille = Bridelia ndellensis Beille ●☆
174249 Gentingia J. T. Johanss. et K. M. Wong(1988);根廷茜属●☆
174250 Gentingia subsessilis (King et Gamble) J. T. Johansson et K. M. Wong;根廷茜●☆
174251 Gentlea Lundell(1964);根特紫金牛属●☆
174252 Gentlea cuneifolia Lundell;楔叶根特紫金牛●☆
174253 Gentlea lancifolia Lundell;披针叶根特紫金牛●☆
174254 Gentlea latisepala Lundell;宽瓣根特紫金牛●☆
174255 Gentlea maculata Lundell;斑点根特紫金牛●☆
174256 Gentlea mexicana (Lundell) Lundell;墨西哥根特紫金牛●☆
174257 Gentlea parviflora Lundell;小花根特紫金牛●☆
174258 Gentlea tenuis Lundell;细根特紫金牛●☆
174259 Gentles Lundell = Ardisia Sw.(保留属名)●■
174260 Gentrya Breedlove et Heckard = Castilleja Mutis ex L. f. ■
174261 Gentrya Breedlove et Heckard(1970);墨西哥毛列当属■☆

174262 Gentrya racemosa Breedlove et Heckard;墨西哥毛列当■☆
174263 Genyorchis Schltr.(1900)(保留属名);颌兰属■☆
174264 Genyorchis apetala (Lindl.) J. J. Verm.;无瓣颌兰■☆
174265 Genyorchis elongata Robyns et Tournay;伸长颌兰■☆
174266 Genyorchis macrantha Summerh.;大花颌兰■☆
174267 Genyorchis micropetala (Lindl.) Schltr.;小瓣颌兰■☆
174268 Genyorchis platybulbon Schltr.;阔球颌兰■☆
174269 Genyorchis pumila (Sw.) Schltr. = Bulbophyllum pumilum (Sw.) Lindl. ■☆
174270 Genyorchis saccata Szlach. et Olszewski;囊状颌兰■☆
174271 Genyorchis sanfordii Szlach. et Olszewski;桑福德颌兰■☆
174272 Genyorchis summerhayesiana Szlach. et Olszewski;萨默海斯颌兰■☆
174273 Geobalanus Small = Licania Aubl. ●☆
174274 Geobina Raf. = Goodyera R. Br. ■
174275 Geoblasta Barb. Rodr.(1891);地兰属■☆
174276 Geoblasta Barb. Rodr. = Chloraea Lindl. ■☆
174277 Geoblasta teixeirana Barb. Rodr.;地兰■☆
174278 Geocallis Horan. = Renealmia L. f.(保留属名)■☆
174279 Geocalpa Brieger = Pleurothallis R. Br. ■☆
174280 Geocardia Standl. = Carinta W. Wight ■
174281 Geocardia Standl. = Geophila D. Don(保留属名)■
174282 Geocardia herbacea (L.) Standl. = Geophila repens (L.) I. M. Johnst. ■☆
174283 Geocardia repens (L.) Bakh. f. = Geophila repens (L.) I. M. Johnst. ■☆
174284 Geocarpon Mack.(1914);地果草属;Geocarpon ■☆
174285 Geocarpon minimum Mack.;地果草;Geocarpon, Tiny Tim ■☆
174286 Geocaryum Coss. = Carum L. ■
174287 Geocaryum capillifolium Coss. = Conopodium marianum Lange ■☆
174288 Geocaryum tenuifolium Coss. = Carum tenuifolium (Coss.) Benth. et Hook. f. ■☆
174289 Geocaulon Fernald(1928);匍匐檀香属☆
174290 Geocaulon lividum (Richardson) Fernald;匍匐檀香;False Toadflax, Northern Comandra☆
174291 Geocharis (K. Schum.) Ridl.(1908);地姜属■☆
174292 Geocharis Ridl. = Geocharis (K. Schum.) Ridl. ■☆
174293 Geocharis aurantiaca Ridl.;地姜■☆
174294 Geocharis fusiformis (Ridl.) R. M. Sm.;梭地姜■☆
174295 Geocharis rubra Ridl.;红地姜■☆
174296 Geochorda Cham. et Schltdl. = Bacopa Aubl.(保留属名)■
174297 Geococcus J. L. Drumm. ex Harv.(1855);地果芥属■☆
174298 Geococcus pusillus J. L. Drumm. ex Harv.;地果芥■☆
174299 Geodorum Jacks.(1811);地宝兰属■
174300 Geodorum attenuatum Griff.;大花地宝兰(越南地宝兰)■
174301 Geodorum bicolor (Roxb.) Voigt = Eulophia herbacea Lindl. ■
174302 Geodorum citrinum Jacks.;橙黄地宝兰■☆
174303 Geodorum cochinchinense Gagnep. = Geodorum attenuatum Griff. ■
174304 Geodorum condidum Wall.;白桦地宝兰■☆
174305 Geodorum densiflorum (Lam.) Schltr.;地宝兰(垂头地宝兰,连罗,密花地宝兰,双管);Yeenga ■
174306 Geodorum dilatatum R. Br. = Geodorum recurvum (Roxb.) Alston ■
174307 Geodorum esquirolei Schltr.;西南地宝兰■
174308 Geodorum esquirolei Schltr. = Geodorum densiflorum (Lam.) Schltr. ■
174309 Geodorum eulophioides Schltr.;贵州地宝兰■
174310 Geodorum formosanum Rolfe = Geodorum densiflorum (Lam.) Schltr. ■
174311 Geodorum fucatum Lindl. = Geodorum densiflorum (Lam.) Schltr. ■
174312 Geodorum laoticum Guillaumin = Geodorum attenuatum Griff. ■
174313 Geodorum nutans (C. Presl) Ames = Geodorum densiflorum (Lam.) Schltr. ■
174314 Geodorum pacificum Rolfe = Geodorum densiflorum (Lam.) Schltr. ■
174315 Geodorum pictum (R. Br.) Lindl. = Geodorum densiflorum (Lam.) Schltr. ■
174316 Geodorum pictum Link et Otto = Oeceoclades maculata (Lindl.) Lindl. ■☆
174317 Geodorum pulchellum Ridl.;美丽地宝兰■
174318 Geodorum purpureum R. Br. = Geodorum densiflorum (Lam.) Schltr. ■
174319 Geodorum ramentaceum (Roxb.) Voigt = Eulophia dabia (D. Don) Hochr. ■
174320 Geodorum recurvum (Roxb.) Alston;多花地宝兰■
174321 Geodorum regnieri Gagnep. = Geodorum attenuatum Griff. ■
174322 Geodorum semicristatum Lindl. = Geodorum densiflorum (Lam.) Schltr. ■
174323 Geoffraea L. = Geoffroea Jacq. ●☆
174324 Geoffraya Bonati = Lindernia All. ■
174325 Geoffroea Jacq.(1760);乔弗豆属●☆
174326 Geoffroea decorticans (Hook. et Arn.) Burkart;乔弗豆;Chanal, Chanar, Chilean Palo Verde, Kumbaru ●☆
174327 Geoffroea inermis W. Wright = Andira inermis (W. Wright) DC. ●☆
174328 Geoffroeaceae Mart. = Fabaceae Lindl.(保留科名)●■
174329 Geoffroeaceae Mart. = Leguminosae Juss.(保留科名)●■
174330 Geoffroya Murr. = Geoffroea Jacq. ●☆
174331 Geogenanthus Ule = Uleopsis Fedde ■
174332 Geogenanthus Ule(1913);银波草属■☆
174333 Geogenanthus poeppigii (Miq.) Faden;银波草;Seersucker Plant ■☆
174334 Geogenanthus undatus (K. Koch et Linden) Mildbr. et Strauss = Geogenanthus poeppigii (Miq.) Faden ■☆
174335 Geoherpum Willd. ex Schult. = Mitchella L. ■
174336 Geohintonia Glass et W. A. Fitz Maur.(1992);金仙球属(娇黑托尼亚属)●☆
174337 Geohintonia mexicana Glass et W. A. Fitz Maur.;金仙球■☆
174338 Geolobus Raf. = Vigna Savi(保留属名)■
174339 Geolobus Raf. = Voandzeia Thouars(废弃属名)■
174340 Geomitra Becc. = Thismia Griff. ■
174341 Geonoma Willd.(1805);苇椰属(唇苞椰属,刺苇椰子属,低地榈属,吉米椰子属,羌诺棕属,苇棕属,影棕属);Shadow Palm ●☆
174342 Geonoma acaulis Mart.;无茎苇椰●☆
174343 Geonoma allenii L. H. Bailey;阿伦苇椰●☆
174344 Geonoma binervia Oerst.;双脉苇椰●☆
174345 Geonoma brevispatha Barb. Rodr.;短匙苇椰●☆
174346 Geonoma linearis Burrer;南美苇椰●☆
174347 Geonoma schottiana Mart.;苇椰;Arctic Pearlwort, Aricanga Shadow Palm ●☆

174348 Geonomaceae O. F. Cook = Arecaceae Bercht. et J. Presl(保留科名)●

174349 Geonomaceae O. F. Cook = Palmae Juss.(保留科名)●

174350 Geonomataceae O. F. Cook = Arecaceae Bercht. et J. Presl(保留科名)●

174351 Geonomataceae O. F. Cook = Palmae Juss.(保留科名)●

174352 Geopanax Hemsl. = Schefflera J. R. Forst. et G. Forst.(保留属名)●

174353 Geophila Bergeret(废弃属名) = Geophila D. Don(保留属名)■

174354 Geophila Bergeret(废弃属名) = Merendera Ramond ■☆

174355 Geophila D. Don(1825)(保留属名);爱地草属(苞花蔓属);Geophila ■

174356 Geophila afzelii Hiern;阿芙泽尔爱地草■☆

174357 Geophila aschersoniana Büttner;阿舍森爱地草■☆

174358 Geophila aurantiaca A. Chev. = Hymenocoleus neurodictyon (K. Schum.) Robbr. ■☆

174359 Geophila cecilae N. E. Br. = Geophila obvallata (Schumach.) Didr. subsp. ioides (K. Schum.) Verdc. ■☆

174360 Geophila cordiformis A. Chev. ex Hutch. et Dalziel = Geophila afzelii Hiern ■☆

174361 Geophila emarginata K. Krause;微缺爱地草■☆

174362 Geophila exigua (H. L. Li) H. S. Lo = Ophiorrhiza exigua (H. L. Li) H. S. Lo ■

174363 Geophila exigua H. L. Li = Ophiorrhiza mitchelloides (Masam.) H. S. Lo ■

174364 Geophila fissistipula K. Krause = Hymenocoleus neurodictyon (K. Schum.) Robbr. ■☆

174365 Geophila flaviflora Aké Assi;黄花爱地草■☆

174366 Geophila herbacea (Jacq.) K. Schum.;爱地草(苞花蔓,边耳草,出山虎);Herbaceous Geophila,Small Geophila ■

174367 Geophila herbacea (L.) K. Schum. = Geophila repens (L.) I. M. Johnst. ■☆

174368 Geophila herbacea (L.) Kuntze = Geophila herbacea (Jacq.) K. Schum. ■

174369 Geophila hirsuta Benth. = Hymenocoleus hirsutus (Benth.) Robbr. ■☆

174370 Geophila hirsuta Benth. f. brevifolia De Wild. = Hymenocoleus hirsutus (Benth.) Robbr. ■☆

174371 Geophila hirsuta Benth. f. stricta De Wild. = Hymenocoleus hirsutus (Benth.) Robbr. ■☆

174372 Geophila hirsuta Benth. var. hirsutissima De Wild. = Hymenocoleus hirsutus (Benth.) Robbr. ■☆

174373 Geophila ingens Wernham;巨大爱地草■☆

174374 Geophila involucrata Hiern = Geophila obvallata (Schumach.) Didr. subsp. involucrata (Hiern) Verdc. ■☆

174375 Geophila ioides K. Schum. = Geophila obvallata (Schumach.) Didr. subsp. ioides (K. Schum.) Verdc. ■☆

174376 Geophila lancistipula Hiern;剑托叶爱地草■☆

174377 Geophila leucocarpa K. Krause = Sabicea leucocarpa (K. Krause) Mildbr. ●☆

174378 Geophila liberica A. Chev. ex Hutch. et Dalziel = Hymenocoleus libericus (A. Chev. ex Hutch. et Dalziel) Robbr. ■☆

174379 Geophila lutea A. Chev. = Geophila afzelii Hiern ■☆

174380 Geophila neurodictyon (K. Schum.) Hepper = Hymenocoleus neurodictyon (K. Schum.) Robbr. ■☆

174381 Geophila neurodictyon (K. Schum.) Hepper subsp. orientalis Verdc. = Hymenocoleus neurodictyon (K. Schum.) Robbr. var. orientalis (Verdc.) Robbr. ■☆

174382 Geophila obtusifolia K. Krause;钝叶爱地草■☆

174383 Geophila obvallata (Schumach.) Didr.;包被爱地草■☆

174384 Geophila obvallata (Schumach.) Didr. subsp. involucrata (Hiern) Verdc.;总苞爱地草■☆

174385 Geophila obvallata (Schumach.) Didr. subsp. ioides (K. Schum.) Verdc.;伊奥爱地草■☆

174386 Geophila pilosa A. Chev. = Hymenocoleus hirsutus (Benth.) Robbr. ■☆

174387 Geophila reniformis D. Don = Geophila herbacea (Jacq.) K. Schum. ■

174388 Geophila reniformis D. Don = Geophila repens (L.) I. M. Johnst. ■☆

174389 Geophila repens (L.) I. M. Johnst.;匍匐爱地草■☆

174390 Geophila rotundifolia A. Chev. ex Hepper = Hymenocoleus rotundifolius (A. Chev. ex Hepper) Robbr. ■☆

174391 Geophila speciosa K. Schum. = Geophila afzelii Hiern ■☆

174392 Geophila uniflora Hiern = Geophila repens (L.) I. M. Johnst. ■☆

174393 Geophila yunnanensis H. Lév. = Hydrocotyle sibthorpioides Lam. ■

174394 Geopogon Steud. = Chloris Sw. ●■

174395 Geoprumnon Rydb. = Astragalus L. ●■

174396 Geoprumnon crassicarpum (Nutt.) Rydb. ex Small = Astragalus crassicarpus Nutt. ■☆

174397 Geoprumnon succulentum (Richardson) Rydb. = Astragalus crassicarpus Nutt. ■☆

174398 Georchis Lindl. = Goodyera R. Br. ■

174399 Georchis biflora Lindl. = Goodyera biflora (Lindl.) Hook. f. ■

174400 Georchis cordata Lindl. = Goodyera viridiflora (Blume) Blume ■

174401 Georchis foliosa Lindl. = Goodyera foliosa (Lindl.) Benth. ex C. B. Clarke ■

174402 Georchis rubicunda (Blume) Rchb. f. = Goodyera rubicunda (Rchb. f.) J. J. Sm. ■

174403 Georchis schlechtendaliana (Rchb. f.) Rchb. f. = Goodyera schlechtendaliana Rchb. f. ■

174404 Georchis viridiflora (Blume) F. Muell. = Goodyera viridiflora (Blume) Blume ■

174405 Georchis vittata Lindl. = Goodyera vittata Benth. ex Hook. f. ■

174406 Georgeantha B. G. Briggs et L. A. S. Johnson(1998);分枝沟秆草属■☆

174407 Georgeantha hexandra B. G. Briggs et L. A. S. Johnson;分枝沟秆草■☆

174408 Georgia Spreng. = Cosmos Cav. + Dahlia Cav. ■

174409 Georgina Willd. = Dahlia Cav. ■●

174410 Georgina variabilis Willd. = Dahlia pinnata Cav. ■

174411 Geosiridaceae Jonker(1939)(保留科名);地蜂草科■☆

174412 Geosiridaceae Jonker(保留科名) = Iridaceae Juss.(保留科名)■●

174413 Geosiris Baill.(1894);地蜂草属■☆

174414 Geosiris aphylla Baill.;地蜂草■☆

174415 Geostachys (Baker) Ridl.(1899);地穗姜属■☆

174416 Geostachys Ridl. = Geostachys (Baker) Ridl. ■☆

174417 Geostachys angustifolia K. Larsen;窄叶地穗姜■☆

174418 Geostachys annamensis Ridl.;地穗姜■☆

174419 Geostachys densiflora Ridl.;密花地穗姜■☆

174420 Geostachys leucantha B. C. Stone;白花地穗姜■☆

174421 Geostachys megaphylla Holttum;大叶地穗姜■☆
174422 Geotaenium F. Maek. = Asarum L. ■
174423 Geotaenium epigynum (Hayata) Maek. = Asarum epigynum Hayata ■
174424 Geracium Rchb. = Crepis L. ■
174425 Geradia japonica Thunb. = Phtheirospermum japonicum (Thunb.) Kanitz ■
174426 Geraea Torr. et A. Gray(1847);沙向日葵属;Desertsunflower ■☆
174427 Geraea canescens Torr. et A. Gray;沙向日葵;Desert Sunflower, Desert-gold, Hairy Desert-sunflower ■☆
174428 Geraea canescens Torr. et A. Gray var. paniculata (A. Gray) S. F. Blake = Geraea canescens Torr. et A. Gray ■☆
174429 Geraea viscida (A. Gray) S. F. Blake;黏沙向日葵;Sticky desert-sunflower ■☆
174430 Geraniaceae Adans. = Geraniaceae Juss.(保留科名)■●
174431 Geraniaceae Juss.(1789)(保留科名);牻牛儿苗科;Crane's-bill Family, Geranium Family, Granebill Family ■●
174432 Geranion St. -Lag. = Geranium L. ■●
174433 Geraniopsis Chrtek = Geranium L. ■●
174434 Geraniopsis Chrtek(1968);类老鹳草属■☆
174435 Geraniopsis trilopha (E. Boiss.) Chrtek;类老鹳草■☆
174436 Geraniospermum Kuntze = Pelargonium L'Hér. ex Aiton ●■
174437 Geraniospermum bubonifolium (Andréws) Kuntze = Pelargonium bubonifolium (Andréws) Pers. ■☆
174438 Geraniospermum sidifolium Kuntze var. cradockense ? = Pelargonium dichondrifolium DC. ■☆
174439 Geraniospermum violiflorum (Sweet) Kuntze = Pelargonium violiflorum (Sweet) DC. ■☆
174440 Geranium L.(1753);老鹳草属(牻牛儿苗属);Crane's Bill, Crane's-bill Cranesbill, Crowfoot, Geranium ■●
174441 Geranium × monacense ?;反折老鹳草;Munich crane's-bill ■☆
174442 Geranium × oxonianum Yeo 'Claridge Druce';德鲁斯奥氏老鹳草■☆
174443 Geranium × riversleaianum Yeo 'Russell Prichard';罗塞尔·普里查德老鹳草■☆
174444 Geranium abrotanifolium L. f. = Pelargonium abrotanifolium (L. f.) Jacq. ●☆
174445 Geranium acaule Thunb. = Pelargonium acaule (Thunb.) DC. ■☆
174446 Geranium acetosum L. = Pelargonium acetosum (L.) L'Hér. ■☆
174447 Geranium aconitifolium L'Hér.;乌头叶老鹳草(乌头老鹳草)■☆
174448 Geranium acuminatum Thunb. = Pelargonium laevigatum (L. f.) Willd. ■☆
174449 Geranium aethiopicum Lam. = Erodium aethiopicum (Lam.) Brumh. et Thell. ■☆
174450 Geranium affine Ledeb. = Geranium pratense L. var. affine (Ledeb.) C. C. Huang et L. R. Xu ■
174451 Geranium affine Ledeb. = Geranium pratense L. ■
174452 Geranium affine Poir. = Pelargonium longiflorum Jacq. ■☆
174453 Geranium albanicum M. Bieb.;阿尔邦老鹳草■☆
174454 Geranium albiflorum Ledeb.;白花老鹳草;White Cranesbill ■
174455 Geranium alchemilloides L. = Pelargonium alchemilloides (L.) L'Hér. ■☆
174456 Geranium althaeoides L. = Pelargonium althaeoides (L.) L'Hér. ■☆
174457 Geranium alticola Schltr. ex R. Knuth = Geranium sparsiflorum R. Knuth ■☆
174458 Geranium andringitrense H. Perrier;安德林吉特拉山老鹳草■☆
174459 Geranium anemonifolium L'Hér.;银莲花叶老鹳草■☆
174460 Geranium anemonoides Thunb. = Monsonia lobata Montin ■☆
174461 Geranium angulosum Mill. = Pelargonium cucullatum (L.) L'Hér. ■☆
174462 Geranium angustifolium Thunb. = Pelargonium longiflorum Jacq. ■☆
174463 Geranium angustilobum Z. M. Tan;狭裂老鹳草;Angustilobed Cranesbill ■
174464 Geranium angustilobum Z. M. Tan = Geranium refractoides Pax et K. Hoffm. ■
174465 Geranium angustilobum Z. M. Tan = Geranium refractum Edgew. et Hook. f. ■
174466 Geranium angustipetalum Hilliard et B. L. Burtt;窄瓣老鹳草■☆
174467 Geranium angustisectum (Engl.) R. Knuth = Geranium vagans Baker ■☆
174468 Geranium aphanoides Thunb. = Pelargonium alchemilloides (L.) L'Hér. ■☆
174469 Geranium apiifolium Andréws = Pelargonium petroselinifolium G. Don ■☆
174470 Geranium appendiculatum L. f. = Pelargonium appendiculatum (L. f.) Willd. ■☆
174471 Geranium arabicum Forssk.;阿拉伯老鹳草■☆
174472 Geranium arabicum Forssk. subsp. latistipulatum (Hochst. ex A. Rich.) Kokwaro;宽托叶阿拉伯老鹳草■☆
174473 Geranium arborescens Desf. = Erodium arborescens (Desf.) Willd. ■☆
174474 Geranium arenarium Burm. f. = Pelargonium arenarium (Burm. f.) DC. ■☆
174475 Geranium argenteum L.;银叶老鹳草;Silver-leaved Cranesbill ■☆
174476 Geranium armenum Boiss. = Geranium psilostemon Ledeb. ■☆
174477 Geranium articulatum Cav. = Pelargonium articulatum (Cav.) Willd. ■☆
174478 Geranium ascendens Z. M. Tan;斜升老鹳草;Ascendent Cranesbill ■
174479 Geranium ascendens Z. M. Tan = Geranium moupinense Franch. ■
174480 Geranium asplenioides Desf. = Erodium asplenioides (Desf.) Willd. ■☆
174481 Geranium astragalifolium Cav. = Pelargonium pinnatum (L.) L'Hér. ■☆
174482 Geranium atlanticum Boiss.;大西洋老鹳草■☆
174483 Geranium atlanticum Boiss. var. maurum (Pau) Font Quer = Geranium atlanticum Boiss. ■☆
174484 Geranium atlanticum Boiss. var. stenopetalum Maire = Geranium atlanticum Boiss. ■☆
174485 Geranium atropurpureum A. Heller;暗紫老鹳草;Purple Geranium ■☆
174486 Geranium auritum L. = Pelargonium auritum (L.) Willd. ■☆
174487 Geranium baishanense Y. L. Chang;白山老鹳草(长白老鹳草,长白山老鹳草);Baishan Cranesbill ■

174488 Geranium batangense Pax et K. Hoffm.;巴塘老鹳草;Batang Cranesbill ■

174489 Geranium batangense Pax et K. Hoffm. = Geranium refractoides Pax et K. Hoffm. ■

174490 Geranium batangense Pax et K. Hoffm. = Geranium refractum Edgew. et Hook. f. ■

174491 Geranium baurianum R. Knuth;巴利老鹳草■☆

174492 Geranium bequaertii De Wild.;贝卡尔老鹳草■☆

174493 Geranium betonicum Burm. f. = Pelargonium myrrhifolium (L.) L'Hér. ■☆

174494 Geranium betulinum L. = Pelargonium betulinum (L.) L'Hér. ■☆

174495 Geranium bicknellii Britton;比克内尔老鹳草;Bicknell's Crane's-bill, Northern Crane's-bill ■☆

174496 Geranium bicolor Jacq. = Geranium ocellatum Cambess. ■

174497 Geranium bicolor Jacq. = Pelargonium bicolor (Jacq.) L'Hér. ■☆

174498 Geranium bifolium Burm. f. = Pelargonium bifolium (Burm. f.) Willd. ■☆

174499 Geranium bifolium Patrin;双花老鹳草■☆

174500 Geranium biuncinatum Kokwaro;双钩老鹳草■☆

174501 Geranium bockii R. Knuth;金佛山老鹳草(破骨风,掌裂老鹳草);Jinfoshan Cranesbill ■

174502 Geranium bockii R. Knuth = Geranium rosthornii R. Knuth ■

174503 Geranium bohemicum L.;波希米亚老鹳草;Bohemian Cranesbill ■☆

174504 Geranium botauense Z. M. Tan = Geranium rosthornii R. Knuth ■

174505 Geranium botrys Cav. = Erodium botrys (Cav.) Bertol. ■☆

174506 Geranium brevipes Hutch. et Dalziel = Geranium mascatense Boiss. ■☆

174507 Geranium brutium Gasp. = Geranium molle L. ■☆

174508 Geranium brycei N. E. Br.;布赖斯老鹳草■☆

174509 Geranium bubonifolium Andréws = Pelargonium bubonifolium (Andréws) Pers. ■☆

174510 Geranium butuoense Z. M. Tan;布托老鹳草;Butuo Cranesbill ■

174511 Geranium caffrum Eckl. et Zeyh.;开菲尔老鹳草■☆

174512 Geranium calanthum Hand. -Mazz.;美花老鹳草;Beautifulflower Cranesbill ■

174513 Geranium calanthum Hand. -Mazz. = Geranium delavayi Franch. ■

174514 Geranium camaense C. C. Huang;卡玛老鹳草;Kama Cranesbill ■

174515 Geranium canariense Reut.;加那利老鹳草■☆

174516 Geranium canariense Reut. = Geranium anemonifolium L'Hér. ■☆

174517 Geranium candicans R. Knuth = Geranium yunnanense Franch. ■

174518 Geranium canescens L'Hér.;灰白老鹳草■☆

174519 Geranium canopurpureum Yeo;灰紫老鹳草■

174520 Geranium canopurpureum Yeo = Geranium pylzowianum Maxim. ■

174521 Geranium capillare Cav. = Pelargonium capillare (Cav.) Willd. ■☆

174522 Geranium capitatum L. = Pelargonium capitatum (L.) Aiton ■

174523 Geranium carnosum L. = Pelargonium carnosum (L.) L'Hér. ■☆

174524 Geranium carolinianum L.;野老鹳草(老鹳草,两枝蜡烛一枝香);Carolina Cranesbill, Carolina Crane's-bill, Carolina Geranium, Willd Cranesbill ■

174525 Geranium carolinianum L. var. confertiflorum Fernald = Geranium carolinianum L. ■

174526 Geranium carolinianum L. var. sphaerospermum (Fernald) Breitung;球籽野老鹳草;Carolina Crane's-bill, Carolina Geranium ■☆

174527 Geranium cataractarum Coss.;瀑布群高原老鹳草■☆

174528 Geranium cataractarum Coss. subsp. pitardii Maire;皮塔德老鹳草■☆

174529 Geranium chaerophyllum Cav. = Erodium aethiopicum (Lam.) Brumh. et Thell. ■☆

174530 Geranium charlesii (Aitch. et Hemsl.) Vved. ex Nevski;查尔斯老鹳草■☆

174531 Geranium chelidonium Houtt. = Pelargonium chelidonium (Houtt.) DC. ■☆

174532 Geranium chinense Migo = Geranium sinense R. Knuth ■

174533 Geranium chinense Migo = Geranium wilfordii Maxim. ■

174534 Geranium chium L. = Erodium chium (L.) Willd. ■☆

174535 Geranium choorense Royle = Geranium ocellatum Cambess. ■

174536 Geranium christensenianum Hand. -Mazz.;大姚老鹳草(腺毛老鹳草);Cristensen Cranesbill ■

174537 Geranium chumbiense R. Knuth = Geranium lambertii Sweet ■

174538 Geranium ciconium L. = Erodium ciconium (L.) L'Hér. ex Aiton ■☆

174539 Geranium cicutarium L. = Erodium cicutarium (L.) L'Hér. ex Aiton ■

174540 Geranium cicutarium L. var. moschatum ? = Erodium moschatum (L.) L'Hér. ■☆

174541 Geranium ciliatum Cav. = Pelargonium proliferum (Burm. f.) Steud. ■☆

174542 Geranium cinereum Cav.;灰老鹳草;Ashy Crane's-bill, Pink Cranesbill ■☆

174543 Geranium cinereum Cav. 'Ballerina';芭蕾女灰老鹳草■☆

174544 Geranium cinereum Cav. subsp. nanum (Coss.) Maire = Geranium nanum Batt. ■☆

174545 Geranium clarkei Yeo;克氏老鹳草■☆

174546 Geranium clarkei Yeo 'Kashmir Purple';克什米尔紫老鹳草■☆

174547 Geranium clarkei Yeo 'Kashmir White';克什米尔白老鹳草■☆

174548 Geranium collinum Stephan ex Willd.;丘陵老鹳草(丘地老鹳草,山地老鹳草,石生老鹳草);Hill Cranesbill, Upland Geranium ■

174549 Geranium collinum Stephan ex Willd. var. eglandulosum ? = Geranium collinum Stephan ex Willd. ■

174550 Geranium collinum Stephan ex Willd. var. glandulosum ? = Geranium collinum Stephan ex Willd. ■

174551 Geranium columbinum L.;长茎老鹳草;Cranesbill, Culverfoot, Longstalk Cranesbill, Long-stalked Cranesbill, Long-stalked Crane's-bill, Long-stalked Geranium ■☆

174552 Geranium contortum Eckl. et Zeyh.;扭曲老鹳草■☆

174553 Geranium cordifolium Cav. = Pelargonium cordifolium (Cav.) Curtis ■☆

174554 Geranium coronillifolium Andréws = Pelargonium pinnatum (L.) L'Hér. ■☆

174555 Geranium crataegifolium Thunb. = Pelargonium scabrum (L.) L'Hér. ■☆

174556 Geranium criostemon Fisch. ex DC. = Geranium platyanthum Duthie ■

174557 Geranium crispum P. J. Bergius = Pelargonium crispum (P. J.

Bergius) L'Hér. ■☆
174558 Geranium cucullatum L. = Pelargonium cucullatum (L.) L'Hér. ■☆
174559 Geranium dahuricum DC.;粗根老鹳草(块根老鹳草,紫石柱花);Dahur Cranesbill,Dahuria Cranesbill ■
174560 Geranium dahuricum DC. var. alpinum A. I. Baranov et Skvortsov;高山粗根老鹳草(高山块根老鹳草)■
174561 Geranium dahuricum DC. var. baiheense Z. H. Lu et Y. C. Zhu;白河块根老鹳草;Baihe Dahur Cranesbill ■
174562 Geranium dahuricum DC. var. baiheense Z. H. Lu et Y. C. Zhu = Geranium dahuricum DC. ■
174563 Geranium dahuricum DC. var. paishanense (Y. L. Chang) C. C. Huang et L. R. Xu;长白老鹳草■
174564 Geranium dahuricum DC. var. paishanense (Y. L. Chang) C. C. Huang et L. R. Xu = Geranium dahuricum DC. ■
174565 Geranium dalmaticum (Beck) Rech. f.;达尔马老鹳草■☆
174566 Geranium daucifolium Murray = Pelargonium triste (L.) L'Hér. ■☆
174567 Geranium delavayi Franch.;五叶老鹳草(赤地榆,德氏老鹳草,观音倒座草,五角叶老鹳草,紫地榆);Delavay Cranesbill ■
174568 Geranium discolor Hilliard et B. L. Burtt;异色老鹳草■☆
174569 Geranium dissectum L.;条裂老鹳草;Cranesbill, Cutleaf Geranium, Cut-leaved Cranesbill, Cut-leaved Crane's-bill, Cut-leaved Geranium, Darmell Goddard, Jagged Cranesbill ■☆
174570 Geranium divaricatum Ehrh.;叉枝老鹳草;Divaricate Cranesbill, Fanleaf Geranium ■
174571 Geranium divaricatum Thunb. = Pelargonium fruticosum (Cav.) Willd. ■☆
174572 Geranium donianum Sweet;长根老鹳草(高山老鹳草);Don Cranesbill ■
174573 Geranium drakensbergense Hilliard et B. L. Burtt;德拉肯斯老鹳草■☆
174574 Geranium dregei Hilliard et B. L. Burtt;德雷老鹳草■☆
174575 Geranium duclouxii Yeo = Geranium rosthornii R. Knuth ■
174576 Geranium elamellatum Kokwaro = Geranium purpureum Vill. ■☆
174577 Geranium elegans Andréws = Pelargonium elegans (Andréws) Willd. ■☆
174578 Geranium ellipticum Thunb. = Pelargonium ellipticum (Thunb.) DC. ■☆
174579 Geranium elongatum Cav. = Pelargonium tabulare (Burm. f.) L'Hér. ■☆
174580 Geranium emarginatum L. f. = Monsonia emarginata (L. f.) L'Hér. ■☆
174581 Geranium endressii J. Gay;恩氏老鹳草(恩德斯老鹳草);Endress' Cranesbill, French Cranesbill, Western Crane's-bill ■☆
174582 Geranium ensatum Thunb. = Pelargonium auritum (L.) Willd. var. carneum (Harv.) E. M. Marais ■☆
174583 Geranium erianthum DC.;东北老鹳草(北方老鹳草,大花老鹳草,额水老鹳草);NE. China Cranesbill ■
174584 Geranium erianthum DC. f. leucanthum Takeda;白花东北老鹳草■☆
174585 Geranium erianthum DC. f. pallescens Nakai;变白东北老鹳草■☆
174586 Geranium erianthum DC. f. subumbelliforme (R. Knuth) Sugim.;小伞老鹳草■☆
174587 Geranium erianthum DC. var. angustifolium Miyabe et Tatew.;狭叶东北老鹳草■☆
174588 Geranium eriophorum H. Lév. = Geranium robertianum L. ■
174589 Geranium eriostemon Fisch. ex DC.;毛蕊老鹳草(红梅花,竹沙七);Eriostamen Cranesbill ■
174590 Geranium eriostemon Fisch. ex DC. = Geranium lambertii Sweet ■
174591 Geranium eriostemon Fisch. ex DC. = Geranium platyanthum Duthie ■
174592 Geranium eriostemon Fisch. ex DC. var. hypoleucum Nakai;毛叶毛蕊老鹳草■☆
174593 Geranium eriostemon Fisch. ex DC. var. megalanthum Nakai;大花毛蕊老鹳草■
174594 Geranium eriostemon Fisch. ex DC. var. orientale Maxim. = Geranium erianthum DC. ■
174595 Geranium eriostemon Fisch. ex DC. var. reinii (Franch. et Sav.) Maxim.;软毛蕊老鹳草(高老鹳草)■☆
174596 Geranium eriostemon Fisch. ex DC. var. reinii (Franch. et Sav.) Maxim. f. yezoense H. Hara = Geranium onaei Franch. et Sav. f. yezoense (H. Hara) Yonek. ■☆
174597 Geranium eriostemon Fisch. ex DC. var. reinii (Franch. et Sav.) Maxim. = Geranium onaei Franch. et Sav. ■☆
174598 Geranium eriostemon Fisch. ex DC. var. reinii (Franch. et Sav.) Maxim. f. albiflorum N. Yonez. = Geranium onaei Franch. et Sav. f. albiflorum (N. Yonez.) Yonek. ■☆
174599 Geranium eriostemon Fisch. ex DC. var. reinii (Franch. et Sav.) Maxim. f. onoei (Franch. et Sav.) H. Hara = Geranium onaei Franch. et Sav. ■☆
174600 Geranium eriostemon Fisch. ex DC. var. reinii Franch. et Sav. = Geranium eriostemon Fisch. ex DC. var. reinii (Franch. et Sav.) Maxim. ■☆
174601 Geranium exellii J. R. Laundon;埃克塞尔老鹳草■☆
174602 Geranium fangii R. Knuth = Geranium nepalense Sweet ■
174603 Geranium fargesii Yeo = Geranium bockii R. Knuth ■
174604 Geranium fargesii Yeo = Geranium rosthornii R. Knuth ■
174605 Geranium farreri Stapf;圆柱根老鹳草;Farrer Cranesbill ■
174606 Geranium farreri Stapf = Geranium donianum Sweet ■
174607 Geranium favosum Hochst. ex A. Rich.;泡状老鹳草■☆
174608 Geranium favosum Hochst. ex A. Rich. var. sublaeve Oliv. = Geranium mascatense Boiss. ■☆
174609 Geranium ferganense Bobrov;费尔干老鹳草■☆
174610 Geranium ferulaceum Burm. f. = Pelargonium carnosum (L.) L'Hér. ■☆
174611 Geranium fissifolium Andréws = Pelargonium fissifolium (Andréws) Pers. ■☆
174612 Geranium flanaganii R. Knuth;弗拉纳根老鹳草■☆
174613 Geranium flavum Burm. f. = Pelargonium triste (L.) L'Hér. ■☆
174614 Geranium floribundum Andréws = Pelargonium fissifolium (Andréws) Pers. ■☆
174615 Geranium forrestii R. Knuth;曲嘴老鹳草(赤地榆,隔山消,紫地榆);Forrest Cranesbill ■
174616 Geranium forrestii R. Knuth = Geranium delavayi Franch. ■
174617 Geranium forrestii R. Knuth = Geranium kariense R. Knuth ■
174618 Geranium fragile Andréws = Pelargonium trifidum Jacq. ■☆
174619 Geranium franchetii R. Knuth;灰岩紫地榆(光托紫地榆,圆齿老鹳草);Limestone Cranesbill ■
174620 Geranium franchetii R. Knuth var. glandulosum Z. M. Tan;腺灰岩紫地榆;Glandulose Cranesbill ■
174621 Geranium franchetii R. Knuth var. glandulosum Z. M. Tan =

Geranium franchetii R. Knuth ■
174622 Geranium fremontii Torr. et Gray;弗氏老鹳草■☆
174623 Geranium frigidum Hochst. ex A. Rich. = Geranium arabicum Forssk. subsp. latistipulatum (Hochst. ex A. Rich.) Kokwaro ■☆
174624 Geranium fruticosum Cav. = Pelargonium fruticosum (Cav.) Willd. ■☆
174625 Geranium fulgidum L. = Pelargonium fulgidum (L.) L'Hér. ■☆
174626 Geranium gandiflorum Edgew. = Geranium himalayense Klotzsch ■
174627 Geranium geifolium Desf. = Erodium trifolium (Cav.) Cav. ■☆
174628 Geranium gibbosum L. = Pelargonium gibbosum (L.) L'Hér. ■☆
174629 Geranium glandulosum Eckl. et Zeyh. = Geranium canescens L'Hér. ■☆
174630 Geranium glaucophyllum L. = Erodium glaucophyllum (L.) L'Hér. ■☆
174631 Geranium glaucum Burm. f. = Pelargonium lanceolatum (Cav.) Kern ■☆
174632 Geranium glutinosum Jacq. = Pelargonium glutinosum (Jacq.) L'Hér. ■☆
174633 Geranium gorbizense Aedo et Munoz Garmendia = Geranium erianthum DC. ■
174634 Geranium gracile Ledeb.;纤细老鹳草■☆
174635 Geranium grandiflorum Andréws = Pelargonium grandiflorum (Andréws) Willd. ■
174636 Geranium grandiflorum Edgew. = Geranium himalayense Klotzsch ■
174637 Geranium grandiflorum L. = Grielum grandiflorum (L.) Druce ■☆
174638 Geranium grandistipulatum Hilliard et B. L. Burtt;大托叶老鹳草■☆
174639 Geranium grenvillei Andréws = Pelargonium grenvillei (Andréws) Harv. ■☆
174640 Geranium grevilleanum Wall. = Geranium lambertii Sweet ■
174641 Geranium grossularioides L. = Pelargonium grossularioides (L.) L'Hér. ex Aiton ■☆
174642 Geranium guttatum Desf. = Erodium guttatum (Desf.) Willd. ■☆
174643 Geranium harveyi Briq.;哈维老鹳草■☆
174644 Geranium hattai Nakai = Geranium maximowiczii Regel et Maack ■
174645 Geranium hayatanum Ohwi;单花老鹳草(单花牻牛儿苗);Hayata Cranesbill ■
174646 Geranium heliotropioides Cav. = Monsonia heliotropiodes (Cav.) Boiss. ■☆
174647 Geranium henryi R. Knuth;血见愁老鹳草■
174648 Geranium henryi R. Knuth = Geranium rosthornii R. Knuth ■
174649 Geranium henryi R. Knuth var. wilsonii (R. Knuth) Yeo = Geranium rosthornii R. Knuth ■
174650 Geranium hermanniifolium P. J. Bergius = Pelargonium hermanniifolium (P. J. Bergius) Jacq. ■☆
174651 Geranium heterophyllum Andréws = Pelargonium longifolium (Burm. f.) Jacq. ■☆
174652 Geranium heterophyllum Thunb. = Pelargonium violiflorum (Sweet) DC. ■☆
174653 Geranium himalayense Klotzsch;喜马拉雅老鹳草(大花老鹳草);Himalayan Cranesbill,Himalayan Crane's-bill ■
174654 Geranium hirsutum Burm. f. = Pelargonium auritum (L.) Willd. ■☆
174655 Geranium hirtum Burm. f. = Pelargonium hirtum (Burm. f.) Jacq. ■☆
174656 Geranium hispidissimum (Franch.) R. Knuth;刚毛紫地榆(糙毛老鹳草,密毛老鹳草);Hispid Cranesbill ■
174657 Geranium hispidum L. f. = Pelargonium hispidum (L. f.) Willd. ■☆
174658 Geranium homeanum Turcz.;南亚老鹳草;Australasian Crane's-bill,Australasian Geranium ■☆
174659 Geranium hupehanum R. Knuth = Geranium rosthornii R. Knuth ■
174660 Geranium ibericum Cav.;伊比利亚老鹳草;Caucasian Crane's-bill,Iberian Geranium ■☆
174661 Geranium incanum Burm. f.;灰毛老鹳草;Fine Cut-leaf Geranium ■☆
174662 Geranium incanum Burm. f. subsp. nyassense (R. Knuth) J. R. Laundon = Geranium nyassense R. Knuth ■☆
174663 Geranium incanum Burm. f. var. glabrius R. Knuth = Geranium multisectum N. E. Br. ■☆
174664 Geranium incanum Burm. f. var. grandicalyculatum R. Knuth = Geranium multisectum N. E. Br. ■☆
174665 Geranium incanum Burm. f. var. multifidum (Sweet) Hilliard et B. L. Burtt;多裂灰毛老鹳草■☆
174666 Geranium incanum Burm. f. var. pottiae Burtt Davy = Geranium robustum Kuntze ■☆
174667 Geranium incanum Burm. f. var. purpureum Burtt Davy = Geranium multisectum N. E. Br. ■☆
174668 Geranium incisum Andréws = Pelargonium abrotanifolium (L. f.) Jacq. ●☆
174669 Geranium incrassatum Andréws = Pelargonium incrassatum (Andréws) Sims ■☆
174670 Geranium inquinans L. = Pelargonium inquinans (L.) L'Hér. ■☆
174671 Geranium japonicum Franch. et Sav.;日本老鹳草(突节老鹳草)■
174672 Geranium japonicum Franch. et Sav. = Geranium krameri Franch. et Sav. ■
174673 Geranium jinchuanense Z. M. Tan;金川老鹳草;Jinchuan Cranesbill ■
174674 Geranium jinchuanense Z. M. Tan = Geranium nepalense Sweet ■
174675 Geranium kaimontanum Honda = Geranium shikokianum Matsum. var. kaimontanum (Honda) Honda et H. Hara ■☆
174676 Geranium kariense R. Knuth;滇老鹳草(更里倒座草,五裂老鹳草);Yunnan Cranesbill ■
174677 Geranium kariense R. Knuth = Geranium delavayi Franch. ■
174678 Geranium keniense Standl. = Geranium arabicum Forssk. ■☆
174679 Geranium kilimandscharicum Engl.;基利老鹳草■☆
174680 Geranium kishtvariense Knuth = Geranium rubifolium Lindl. ■
174681 Geranium knysnaense R. Knuth = Geranium ornithopodon Eckl. et Zeyh. ■☆
174682 Geranium koreanum Kom.;朝鲜老鹳草(青岛老鹳草);Korea Cranesbill ■
174683 Geranium kotschyi Boiss.;考奇老鹳草■☆
174684 Geranium krameri Franch. et Sav.;突节老鹳草(克氏老鹳草);Siebold Cranesbill,Tumidenode Cranesbill ■
174685 Geranium krameri Franch. et Sav. f. adpressipilosum (H. Hara) H. Hara;伏毛突节老鹳草■☆
174686 Geranium kweichowense C. C. Huang = Geranium ocellatum Cambess. ■

174687 Geranium laciniatum Andréws = Pelargonium proliferum (Burm. f.) Steud. ■☆

174688 Geranium laciniatum Cav. = Erodium laciniatum (Cav.) Willd. ■☆

174689 Geranium laevigatum L. f. = Pelargonium laevigatum (L. f.) Willd. ■☆

174690 Geranium lambertii Sweet;吉隆老鹳草;Lambert Cranesbill ■

174691 Geranium lambertii Sweet var. backhousianum (Regel) Hara = Geranium procurrens Yeo ■☆

174692 Geranium lanatum Thunb. = Pelargonium cordifolium (Cav.) Curtis ■☆

174693 Geranium lanceolatum Cav. = Pelargonium lanceolatum (Cav.) Kern ■☆

174694 Geranium lankongense H. W. Li = Geranium pogonanthum Franch. ■

174695 Geranium lanuginosum Jacq. = Geranium carolinianum L. ■

174696 Geranium lanuginosum Lam.;多绵毛老鹳草■☆

174697 Geranium lanuginosum R. Knuth = Geranium pulchrum N. E. Br. ■☆

174698 Geranium latistipulatum Hochst. ex A. Rich. = Geranium arabicum Forssk. subsp. latistipulatum (Hochst. ex A. Rich.) Kokwaro ■☆

174699 Geranium lauschanense R. Knuth = Geranium koreanum Kom. ■

174700 Geranium lavergneanum H. Lév. = Geranium nepalense Sweet ■

174701 Geranium lavergneanum H. Lév. var. cinerascens H. Lév. = Geranium nepalense Sweet ■

174702 Geranium limprichtii Lingelsh. et Borza;齿托紫地榆(苍山紫地榆);Limbricht Cranesbill ■

174703 Geranium limprichtii Lingelsh. et Borza = Geranium delavayi Franch. ■

174704 Geranium lindleyanum Royle = Geranium robertianum L. ■

174705 Geranium lineare Andréws = Pelargonium longiflorum Jacq. ■☆

174706 Geranium linearilobum DC.;球根老鹳草(线裂老鹳草)■

174707 Geranium linearilobum DC. subsp. transversale (Kar. et Kir.) P. H. Davis = Geranium transversale (Kar. et Kir.) Vved. ex Pavlov ■

174708 Geranium linearilobum R. Knuth = Geranium vagans Baker subsp. whytei (Baker) J. R. Laundon ■☆

174709 Geranium lobatum Burm. f. = Pelargonium lobatum (Burm. f.) L'Hér. ■☆

174710 Geranium longifolium Burm. f. = Pelargonium longifolium (Burm. f.) Jacq. ■☆

174711 Geranium lucidum L.;光亮老鹳草;Baby Cakes, Bachelor's Buttons, John's Flower, Shining Cranesbill, Shining Geranium ■☆

174712 Geranium lucidum L. var. purpureum Alleiz. = Geranium lucidum L. ■☆

174713 Geranium luridum Andréws = Pelargonium luridum (Andréws) Sweet ■☆

174714 Geranium luteum Andréws = Pelargonium luteum (Andréws) G. Don ■☆

174715 Geranium macrorrhizum L.;大根老鹳草;Bigroot Cranesbill, Bigroot Geranium, Big-root Geranium, Feited Cranesbill, Geranium, Gypsophila Cerastioidesnone, Hardy Geranium, Italian Cranesbill, Meadow Cranesbill, Rock Crane's-bill, Scented Cranesbill ■☆

174716 Geranium macrorrhizum L. 'Ingwersen's Variety';英格维森老鹳草■☆

174717 Geranium maculatum L.;斑点老鹳草(网纹牻牛儿苗);Alum-bloom, Alum-root, American Cranesbill, American Crane's-bill, Chocolate Flower, Crane's-bill, Crowfoot, Dove's Foot, Old Maid's Nightcap, Shame-face, Spotted Cranesbill, Spotted Crane's-bill, Spotted Geranium, Storksbill, Wild Cranesbill, Wild Geranium ■☆

174718 Geranium maculatum L. f. albiflorum (Raf.) House = Geranium maculatum L. ■☆

174719 Geranium maderense Yeo;马德拉老鹳草;Cranesbill, Giant Herb-Robert ■☆

174720 Geranium magnificum Hyl.;大老鹳草;Purple Crane's-bill ■☆

174721 Geranium magniflorum R. Knuth;大花老鹳草■☆

174722 Geranium mairei H. Lév. = Geranium sinense R. Knuth ■

174723 Geranium malacoides L. = Erodium malacoides (L.) L'Hér. ex Aiton ■☆

174724 Geranium malopoides Desf. = Erodium guttatum (Desf.) Willd. ■☆

174725 Geranium malviflorum Boiss. et Reut.;锦葵花老鹳草■☆

174726 Geranium maritimum Forssk. = Erodium laciniatum (Cav.) Willd. ■☆

174727 Geranium mascatense Boiss.;阿曼老鹳草■☆

174728 Geranium maurum Pau = Geranium atlanticum Boiss. ■☆

174729 Geranium maximowiczii Regel et Maack;兴安老鹳草;Maximowicz Cranesbill ■

174730 Geranium meeboldii Briq. = Geranium himalayense Klotzsch ■

174731 Geranium meiguense Z. M. Tan;美姑老鹳草;Meigu Cranesbill ■

174732 Geranium meiguense Z. M. Tan = Geranium pogonanthum Franch. ■

174733 Geranium meiguense Z. M. Tan = Geranium refractum Edgew. et Hook. f. ■

174734 Geranium melanandrum Franch.;黑药老鹳草(黑蕊老鹳草);Blackanther Cranesbill ■

174735 Geranium melanandrum Franch. = Geranium refractum Edgew. et Hook. f. ■

174736 Geranium minimum Cav. = Pelargonium minimum (Cav.) Willd. ■☆

174737 Geranium miyabei Nakai = Geranium yesoense Franch. et Sav. var. pseudopalustre Nakai ■☆

174738 Geranium mlanjense J. R. Laundon;姆兰杰老鹳草■☆

174739 Geranium molle L.;柔毛老鹳草(柔老鹳草);Darmell Goddard, Dolly Soldiers, Dove Foot, Dove-foot, Dovefoot Geranium, Dove's Foot Cranesbill, Dovesfoot Cranesbill, Dove's-foot Cranesbill, Dove's-foot Crane's-bill, Dove's-foot Geranium, Geranium, Jam Tarts, Mother-of-millions, Pigeon's Foot, Starlight, Vases ■☆

174740 Geranium molle L. subsp. brutium (Gasp.) Graebn. = Geranium molle L. ■☆

174741 Geranium molle L. var. grandiflorum Viv. = Geranium molle L. ■☆

174742 Geranium monsonia Thunb. = Monsonia pilosa Willd. ■☆

174743 Geranium montanum Koen. ex O. Muell.;山地老鹳草■☆

174744 Geranium moschatum (L.) L. = Erodium moschatum (L.) L'Hér. ■☆

174745 Geranium moschatum L. = Erodium moschatum (L.) L'Hér. ■☆

174746 Geranium moupinense Franch.;宝兴老鹳草;Baoxing Cranesbill ■

174747 Geranium multifidium Patrin ex DC. = Erodium stephanianum Willd. ■

174748 Geranium multifidum Sweet = Geranium incanum Burm. f. var. multifidum (Sweet) Hilliard et B. L. Burtt ■☆

174749 Geranium multisectum N. E. Br. ;多全裂老鹳草■☆

174750 Geranium myrrhifolium L. = Pelargonium myrrhifolium (L.) L'Hér. ■☆

174751 Geranium nanum Batt. ;矮小老鹳草■☆

174752 Geranium napuligerum Franch. ;萝卜根老鹳草(圆果隔山消);Turniproot Cranesbill ■

174753 Geranium natalense Hilliard et B. L. Burtt;纳塔尔老鹳草■☆

174754 Geranium nemorale Suksd. var. bicknellii (Britton) Fernald = Geranium bicknellii Britton ■☆

174755 Geranium nepalense Sweet;尼泊尔老鹳草(短嘴老鹳草,老贯草,老鹳草,铫牛儿苗,牛扁,五叶草,油沙七,紫地榆);Nepal Cranesbill ■

174756 Geranium nepalense Sweet f. plenum (Iwata) H. Hara = Geranium thunbergii Siebold ex Lindl. et Paxton f. plenum (Iwata) Murata ■☆

174757 Geranium nepalense Sweet subsp. thunbergii (Siebold ex Lindl. et Paxton) H. Hara = Geranium thunbergii Siebold ex Lindl. et Paxton ■

174758 Geranium nepalense Sweet subsp. thunbergii (Siebold ex Lindl. et Paxton) H. Hara f. pallidum (Nakai) H. Hara = Geranium thunbergii Siebold ex Lindl. et Paxton f. pallidum (Nakai ex H. Hara) Murata ■☆

174759 Geranium nepalense Sweet var. oliganthum (C. C. Huang) C. C. Huang et L. R. Xu;少花老鹳草;Fewflower Nepal Cranesbill ■

174760 Geranium nepalense Sweet var. oliganthum (C. C. Huang) C. C. Huang et L. R. Xu = Geranium nepalense Sweet ■

174761 Geranium nepalense Sweet var. thunbergii (Siebold et Zucc.) Kudo = Geranium thunbergii Siebold ex Lindl. et Paxton ■

174762 Geranium nepalense Sweet var. thunbergii (Siebold ex Lindl. et Paxton) Kudo = Geranium thunbergii Siebold ex Lindl. et Paxton ■

174763 Geranium nodosum L. ;具节老鹳草;Knotted Cranesbill, Knotted Crane's-bill ■☆

174764 Geranium numidicums Poir. = Erodium aethiopicum (Lam.) Brumh. et Thell. ■☆

174765 Geranium nyassense R. Knuth;尼亚萨老鹳草■☆

174766 Geranium occitanum Batt. et Pit. = Geranium cataractarum Coss. ■☆

174767 Geranium ocellatum Cambess. ;二色老鹳草;Bicolor Cranesbill ■

174768 Geranium ocellatum Cambess. = Geranium mascatense Boiss. ■☆

174769 Geranium ocellatum Cambess. var. africanum R. Knuth = Geranium mascatense Boiss. ■☆

174770 Geranium ocellatum Cambess. var. angustisectum Engl. = Geranium vagans Baker ■☆

174771 Geranium ocellatum Cambess. var. camerunense R. Knuth = Geranium mascatense Boiss. ■☆

174772 Geranium ocellatum Cambess. var. himalaicum Knuth = Geranium ocellatum Cambess. ■

174773 Geranium ocellatum Cambess. var. persicum ? = Geranium mascatense Boiss. ■☆

174774 Geranium ocellatum Cambess. var. yunnanense R. Knuth = Geranium ocellatum Cambess. ■

174775 Geranium odoratissimum L. = Pelargonium odoratissimum (L.) L'Hér. ■☆

174776 Geranium oenotherum L. f. = Pelargonium oenothera (L. f.) Jacq. ■☆

174777 Geranium oliganthum C. C. Huang = Geranium nepalense Sweet var. oliganthum (C. C. Huang) C. C. Huang et L. R. Xu ■

174778 Geranium oliganthum C. C. Huang = Geranium nepalense Sweet ■

174779 Geranium onaei Franch. et Sav. ;小野老鹳草■☆

174780 Geranium onaei Franch. et Sav. f. albiflorum (N. Yonez.) Yonek. ;白花小野老鹳草■☆

174781 Geranium onaei Franch. et Sav. f. yezoense (H. Hara) Yonek. ;北海道小野老鹳草■☆

174782 Geranium orientale (Maxim.) Freyn = Geranium erianthum DC. ■

174783 Geranium orientale Freyn = Geranium erianthum DC. ■

174784 Geranium orientali-tibeticum R. Knuth;川西老鹳草;W. Sichuan Cranesbill ■

174785 Geranium orientali-tibeticum R. Knuth = Geranium pylzowianum Maxim. ■

174786 Geranium ornithopodioides Hilliard et B. L. Burtt;拟鸟爪老鹳草■☆

174787 Geranium ornithopodon Eckl. et Zeyh. ;鸟爪老鹳草■☆

174788 Geranium ornithopodon Eckl. et Zeyh. var. album Kuntze = Geranium wakkerstroomianum R. Knuth ■☆

174789 Geranium ornithopodon Eckl. et Zeyh. var. lilacinum Kuntze = Geranium schlechteri R. Knuth ■☆

174790 Geranium ovale Burm. f. = Pelargonium ovale (Burm. f.) L'Hér. ■☆

174791 Geranium oxalidifolium Andréws = Pelargonium heterophyllum Jacq. ■☆

174792 Geranium oxaloides Burm. f. = Pelargonium oxaloides (Burm. f.) Willd. ■☆

174793 Geranium oxonianum Yeo;奥氏老鹳草;Cranesbill ■☆

174794 Geranium paishanense Y. L. Chang = Geranium dahuricum DC. var. paishanense (Y. L. Chang) C. C. Huang et L. R. Xu ■

174795 Geranium paishanense Y. L. Chang = Geranium dahuricum DC. ■

174796 Geranium pallens M. Bieb. ;变苍白老鹳草■☆

174797 Geranium pallidum Sweet ex Steud. = Geranium nepalense Sweet ■

174798 Geranium palmatum Cav. ;掌裂老鹳草;Canary Island Geranium ■☆

174799 Geranium palustre L. ;沼泽老鹳草;Bog Crane's-bill ■☆

174800 Geranium palustre L. = Geranium himalayense Klotzsch ■

174801 Geranium palustre L. var. stipulaceum Franch. = Geranium pogonanthum Franch. ■

174802 Geranium pamiricum Ikonn. ;帕米尔老鹳草■☆

174803 Geranium papilionaceum L. = Pelargonium papilionaceum (L.) L'Hér. ■☆

174804 Geranium parviflorum Andréws = Pelargonium grossularioides (L.) L'Hér. ex Aiton ■☆

174805 Geranium parviflorum Hand. -Mazz. ;小花老鹳草;Small-flowered Cranesbill ■☆

174806 Geranium parviflorum Hand. -Mazz. 'Tasmania';塔岛老鹳草;Native Carrot ■☆

174807 Geranium pastinacifolium Mill. = Pelargonium triste (L.) L'Hér. ■☆

174808 Geranium patens Royle ex Edgew. et Hook. f. = Geranium nepalense Sweet ■

174809 Geranium peltatum L. = Pelargonium peltatum (L.) Aiton ■

174810 Geranium peltatum L. = Pelargonium peltatum (L.) L'Hér. ■

174811 Geranium phaeum L. ;暗色老鹳草;Black Widow, Dusky Crane's-bill, Mournful Widow, Mourning Widow ■☆

174812 Geranium phaeum Sebast. et Maurer = Geranium phaeum L. ■☆

174813 Geranium pilosum Andréws = Pelargonium petroselinifolium G. Don ■☆

174814 Geranium pilosum Cav. = Pelargonium heterophyllum Jacq. ■☆

174815 Geranium pinetorum Hand. -Mazz.;松林老鹳草(松林倒座草);Pinewood Cranesbill ■

174816 Geranium pinetorum Hand. -Mazz. = Geranium sinense R. Knuth ■

174817 Geranium pingue Thunb. = Pelargonium pingue (Thunb.) DC. ■☆

174818 Geranium pinnatifidum Burm. f. = Pelargonium triste (L.) L'Hér. ■☆

174819 Geranium pinnatum L. = Pelargonium pinnatum (L.) L'Hér. ■☆

174820 Geranium platyanthum Duthie;宽花老鹳草(毛蕊老鹳草);Broadflower Cranesbill ■

174821 Geranium platylobum (Franch.) R. Knuth;宽片老鹳草(宽裂紫地榆,阔裂紫地榆);Broadlobe Cranesbill ■

174822 Geranium platylobum (Franch.) R. Knuth = Geranium hispidissimum (Franch.) R. Knuth ■

174823 Geranium platypetalum Fisch. et C. A. Mey.;宽瓣老鹳草■☆

174824 Geranium platypetalum Franch. = Geranium sinense R. Knuth ■

174825 Geranium platyrenifolium Z. M. Tan;宽肾叶老鹳草;Broadkidneyleaf Cranesbill ■

174826 Geranium plicatum Thunb. = Pelargonium plicatum (Thunb.) DC. ■☆

174827 Geranium pogonanthum Franch.;髯毛老鹳草■

174828 Geranium pogonanthum Franch. = Geranium delavayi Franch. ■

174829 Geranium polyanthes Edgew. et Hook. f.;多花老鹳草;Flowery Cranesbill ■

174830 Geranium potentilloides DC.;委陵菜老鹳草;Cinquefoil Geranium ■☆

174831 Geranium praemorsum Andréws = Pelargonium praemorsum (Andréws) F. Dietr. ■☆

174832 Geranium pratense L.;草地老鹳草(草甸老鹳草,草原老鹳草,大花老鹳草,红根草);Bassinet, Bassinet Geranium, Blue Basin, Blue Buttons, Blue Warrior, Crane's-bill Crow Foot, Crowfoot Cranesbill, Field Cranesbill, Flower of Dunluce, Grace of God, Granny's Bonnet, Granny's Bonnets, Gypsy, Gypsy Flower, Lea Cranesbill, Loving Andréws, Meadow Crane's Bill, Meadow Cranesbill, Meadow Crane's-bill, Meadow Geranium, Odin's Grace ■

174833 Geranium pratense L. 'Midnight Reiter';紫叶草地老鹳草(紫叶草甸老鹳草);Purple-leaved Geranium ■

174834 Geranium pratense L. 'Mrs Kendall Clarke';肯道尔・克拉克夫人草原老鹳草■☆

174835 Geranium pratense L. 'Plenum Violaceum';重瓣紫草地老鹳草(重瓣紫草原老鹳草)■☆

174836 Geranium pratense L. var. affine (Ledeb.) C. C. Huang et L. R. Xu;草甸老鹳草(近缘老鹳草);Grassland Cranesbill ■

174837 Geranium pratense L. var. finitimum (Woronow) Knuth;区域草地老鹳草■☆

174838 Geranium pratense L. var. schmidii Y. J. Nasir;施密特老鹳草■☆

174839 Geranium pratense L. var. stewartianum Y. J. Nasir;斯图尔特老鹳草■☆

174840 Geranium procumbens Andréws = Pelargonium nanum L'Hér. ■☆

174841 Geranium procurrens Yeo;甘青老鹳草■☆

174842 Geranium proliferum Burm. f. = Pelargonium proliferum (Burm. f.) Steud. ■☆

174843 Geranium pseudo-aconitifolium Blatt. = Geranium collinum Stephan ex Willd. ■

174844 Geranium pseudofarreri Z. M. Tan;理县老鹳草;Lixian Cranesbill ■

174845 Geranium pseudofarreri Z. M. Tan = Geranium rosthornii R. Knuth ■

174846 Geranium pseudosibiricum J. Mayer;蓝花老鹳草;Blue Cranesbill, Blue-flower Cranesbill ■

174847 Geranium psilostemon Ledeb.;光茎老鹳草;Armenian Crane's-bill ■☆

174848 Geranium pulchrum N. E. Br.;美丽老鹳草■☆

174849 Geranium pulverulentum Cav. = Erodium pulverulentum (Cav.) Willd. ■☆

174850 Geranium punctatum Andréws = Pelargonium punctatum (Andréws) Willd. ■☆

174851 Geranium purpureum Gilib. = Geranium purpureum Vill. ■☆

174852 Geranium purpureum Vill.;紫老鹳草;Little Robin, Purple Cranesbill, Purple Crane's-bill ■☆

174853 Geranium pusillum Burm. f. = Geranium pusillum L. ■☆

174854 Geranium pusillum L.;小老鹳草;Low Geranium, Small Cranesbill, Small Geranium, Small-flowered Crane's-bill ■☆

174855 Geranium pylzowianum Maxim.;皮氏老鹳草(甘青老鹳草,青藏牻牛儿苗);Pylzow Cranesbill ■

174856 Geranium pyrenaicum Burm. f.;比利牛斯老鹳草;Hedgerow Cranesbill, Hedgerow Crane's-bill, Hedgerow Geranium, Mountain Cranesbill, Mountain Crane's-bill, Perennial Dove's Foot Cranesbill, Perennial Dove's-foot Cranesbill, Pyrenean Cranesbill, Pyrenean Crane's-bill, Pyrenees Geranium ■☆

174857 Geranium quercifolium L. f. = Pelargonium quercifolium (L. f.) L'Hér. ■☆

174858 Geranium quinquevulnerum Andréws = Pelargonium triste (L.) L'Hér. ■☆

174859 Geranium radiatum Andréws = Pelargonium radiatum (Andréws) Pers. ■☆

174860 Geranium radicans DC. = Geranium nepalense Sweet ■

174861 Geranium radula Cav. = Pelargonium radens H. E. Moore ■☆

174862 Geranium radula Cav. = Pelargonium radula (Cav.) L'Hér. ■

174863 Geranium ramosissimum Cav. = Pelargonium ramosissimum (Cav.) Willd. ■☆

174864 Geranium rapaceum L. = Pelargonium rapaceum (L.) L'Hér. ■☆

174865 Geranium rectum Trautv.;直立老鹳草(疏毛老鹳草,直茎老鹳草);Erect Cranesbill ■

174866 Geranium rectum Trautv. var. glabrata ?;光滑老鹳草■☆

174867 Geranium reflexum Andréws = Pelargonium reflexum (Andréws) Pers. ■☆

174868 Geranium refractoides Pax et K. Hoffm.;紫萼老鹳草(巴塘老鹳草,反瓣老鹳草);Purplecalyx Cranesbill ■

174869 Geranium refractoides Pax et K. Hoffm. = Geranium refractum Edgew. et Hook. f. ■

174870 Geranium refractum Edgew. et Hook. f.;反瓣老鹳草;Reflex Cranesbill, Refract-petal Cranesbill ■

174871 Geranium reinii Franch. et Sav. = Geranium onaei Franch. et Sav. ■☆

174872 Geranium renardi Trautv.;雷氏老鹳草■☆

174873 Geranium retectum Yeo = Geranium shensianum R. Knuth ■

174874 Geranium retrorsum L'Hér. ex DC.；新西兰老鹳草；New Zealand Geranium ■☆

174875 Geranium revolutum Andréws = Pelargonium chelidonium (Houtt.) DC. ■☆

174876 Geranium richardsonii Fisch. et Trautv.；理氏老鹳草；Richardson's Geranium ■☆

174877 Geranium robertianum L.；汉荭鱼腥草(白花地丁,狗脚血竭,汉红鱼腥草,江荭鱼腥草,罗伯特老鹳草,罗氏老鹳草,满山红,猫脚印,石岩酸饺草,水药,纤细老鹳草,野麻)；Adder's Tongue, Angel, Arb Rabbit, Baby's Pinafore, Bachelor's Buttons, Billy Buttons, Bird's Eye, Biscuit, Biscuit-flower, Bloodwort, Bloody Mary, Bob Robert, Bobbies, Bullock's Eyes, Candlesticks, Cat's Eyes, Chatterbox, Chinese Lanterns, Come-quickly Death, Cry-baby, Cry-baby Crab, Cuckoo's Eye, Cuckoo's Eyes, Cuckoo's Meat, Cuckoo's Victuals, Dog's Toe, Dolly's Apron, Dolly's Nightcap, Dolly's Pinafore, Dolly's Shoes, Dragon's Blood, Drunkards, Dusky Cranesbill, Fellon-grass, Fellon-wort, Foetid Cranesbill, Fox Geranium, Fox Grass, Garden Gates, Goose Bill, Granny's Needle, Granny's Nightcap, Granny-thread-the-needle, Gypsy, Gypsy Flower, Gypsy's Parsley, Headache, Hedge Lover, Hen-and-chickens, Herb Rober Cranesbill, Herb Robert, Herb Robert Geranium, Herb Robin, Herb-Robert, Hop-o'-my-thumb, Jack-by-the-hedge, Jack-flower, Jack-horner, Jam Tarts, Jenny Flower, Jenny Hood, Jenny Wren, Joe Stanley, John Hood, Kiss-me, Kiss-me-love, Kiss-me-love-at-the-garden-gate, Kiss-me-quick, Knife-and-fork, Knives-and-forks, Lady Jane, Little Bachelor's Buttons, Little Cranesbill, Little Jack, Little Jan, Little Jen, Little John, Little John Robin Hood, Little Red Robin, Little Robin, London Pink, Mary Jane, Mother-thread-my-needle, Nightingale, Old Woman Threading the Needle, Pink Bird's Eye, Pink Bird's Eyes, Pink Pinafore, Poor Jane, Poor Robert, Poor Robin, Print Pinafore, Ragged Robin, Red Bird's Eye, Red Bird's Eyes, Red Bobby's Eye, Red Bobby's Eyes, Red Robin, Redbreast, Redshanks, Redweed, Robert, Robert Cranesbill, Robert Geranium, Robert's Geranium, Robin, Robin Flower, Robin Hood, Robin Redbreast, Robin Redshanks, Robin-I'-the-hedge, Robin's Eye, Robin's Eyes, Robin's Flower, Round Robin, Rubwort, Sailor's Knot, Scotch Geranium, Shoes, Small Robin's Eye, Small Robin's Eyes, Smeli-foxes, Smell Badger, Smell Foxes, Smelly Geranium, Snakeflower, Snake's Flower, Snake's Food, Snapjack, Soldier Buttons, Soldiers, Soldier's Buttons, Sparrow-birds, Spring-flower, Squinter-pip, Stink Flower, Stinker Bob, Stinking Bob, Stinking Cranesbill, Stinking Jenny, Stinking Robert, Stinking Roger, Stork's Bill, Storks Storkbill, Storksbill, Strong-scented Cranesbill, Wandering Willy, Wild Geranium, Wild Pink, Wren, Wren-flower ■

174878 Geranium robertianum L. subsp. purpureum (Vill.) Nyman；紫色汉荭鱼腥草■☆

174879 Geranium robertianum L. var. mediterraneum (Jord.) Rouy = Geranium robertianum L. ■

174880 Geranium robertianum L. var. purpureum (Vill.) Ball = Geranium robertianum L. subsp. purpureum (Vill.) Nyman ■☆

174881 Geranium robertianum L. var. villarsianum (Jord.) Rouy et Foucaud = Geranium robertianum L. ■

174882 Geranium robustum Kuntze；粗壮老鹳草■☆

174883 Geranium romanum Burm. f. = Erodium acaule (L.) Bech. et Thell. ■☆

174884 Geranium roseum Andréws = Pelargonium incrassatum (Andréws) Sims ■☆

174885 Geranium rosthornii R. Knuth；湖北老鹳草(血见愁老鹳草)；Henry Cranesbill, Hubei Cranesbill ■

174886 Geranium rotundifolium L.；圆叶老鹳草；Roundleaf Cranesbill, Roundleaf Geranium, Round-leaved Cranesbill, Round-leaved Crane's-bill ■

174887 Geranium rotundifolium L. var. palmatipartitis Ball = Geranium rotundifolium L. ■

174888 Geranium rubifolium Lindl.；红叶老鹳草；Redleaf Cranesbill ■

174889 Geranium ruprechtii Woronow；卢普老鹳草■☆

174890 Geranium ruthenicum Uechtr. = Geranium sibiricum L. ■

174891 Geranium sanguineum L.；血红老鹳草；Blood-red Cranesbill, Blood-red Geranium, Bloody Crane's Bill, Bloody Cranesbill, Bloody Crane's-bill, Bloody Geranium, Cranesbill Geranium, Dwarf Pink Geranium, Red Cranesbill ■☆

174892 Geranium saxatile Kar. et Kir. = Geranium collinum Stephan ex Willd. ■

174893 Geranium scabrum L. = Pelargonium scabrum (L.) L'Hér. ■☆

174894 Geranium schlechteri R. Knuth；施莱老鹳草■☆

174895 Geranium schliebenii R. Knuth = Geranium vagans Baker ■☆

174896 Geranium selinum Andréws = Pelargonium rapaceum (L.) L'Hér. ■☆

174897 Geranium sericeum Harv. = Geranium harveyi Briq. ■☆

174898 Geranium serratum Thunb. = Pelargonium serratum (Thunb.) DC. ■☆

174899 Geranium shensianum R. Knuth；陕西老鹳草；Shaanxi Cranesbill ■

174900 Geranium shikokianum Matsum.；四国老鹳草■☆

174901 Geranium shikokianum Matsum. var. kaimontanum (Honda) Honda et H. Hara；开山老鹳草■☆

174902 Geranium shikokianum Matsum. var. kaimontanum (Honda) Honda et H. Hara f. albiflorum Hiyama；白花开山老鹳草■☆

174903 Geranium shikokianum Matsum. var. kaimontanum (Honda) Honda et H. Hara f. plenum Hiyama；重瓣山老鹳草■☆

174904 Geranium shikokianum Matsum. var. yamatense H. Hara；山手老鹳草■☆

174905 Geranium shikokianum Matsum. var. yoshiianum (Koidz.) H. Hara；良山老鹳草■☆

174906 Geranium sibiricum L.；鼠掌老鹳草(白毫花,块根牻牛儿苗,老鸦筋,鼠掌草,西伯利亚老鹳草,鲜红草)；Ratpalm Cranesbill, Siberian Cranesbill, Siberian Crane's-bill, Siberian Geranium ■

174907 Geranium sibiricum L. subsp. eusibiricum ? = Geranium sibiricum L. ■

174908 Geranium sibiricum L. subsp. ruthenicum ? = Geranium sibiricum L. ■

174909 Geranium sibiricum L. var. glabrinum Hara；光秃鼠掌老鹳草■☆

174910 Geranium sibiricum L. var. multiflorum Z. H. Lu；复花鼠掌老鹳草；Multiflower Ratpalm Cranesbill ■

174911 Geranium sidifolium Thunb. = Pelargonium sidoides DC. ■☆

174912 Geranium sieboldii Maxim. = Geranium krameri Franch. et Sav. ■

174913 Geranium simense Hochst. ex A. Rich. = Geranium arabicum Forssk. subsp. latistipulatum (Hochst. ex A. Rich.) Kokwaro ■☆

174914 Geranium simense Hochst. ex A. Rich. f. aprica Engl. = Geranium arabicum Forssk. ■☆

174915 Geranium simense Hochst. ex A. Rich. f. umbrosa Engl. = Geranium arabicum Forssk. ■☆

174916 Geranium simense Hochst. ex A. Rich. var. glabrium Oliv. =

Geranium arabicum Forssk. ■☆

174917 Geranium simense Hochst. ex A. Rich. var. meyeri Engl. = Geranium arabicum Forssk. ■☆

174918 Geranium sinense R. Knuth;中华老鹳草(短嘴老鹳草,观音倒座草);China Cranesbill,Chinese Cranesbill ■

174919 Geranium soboliferum Kom.; 线裂老鹳草; Soboliferous Cranesbill ■

174920 Geranium soboliferum Kom. var. hakusanense (Matsum.) Kitag.;白山线裂老鹳草■☆

174921 Geranium soboliferum Kom. var. kiusianum (Koidz.) H. Hara;九州线裂老鹳草■☆

174922 Geranium solanderi Carolin;索氏老鹳草;Solander's Geranium ■☆

174923 Geranium solitarium Z. M. Tan;中南单花老鹳草(单花老鹳草);Singleflower Cranesbill ■

174924 Geranium sophiae Fed.;索非老鹳草■☆

174925 Geranium sparsiflorum R. Knuth;稀花老鹳草■☆

174926 Geranium spathulatum Andréws = Pelargonium longiflorum Jacq. ■☆

174927 Geranium spathulatum Andréws var. curviflorum ? = Pelargonium longiflorum Jacq. ■☆

174928 Geranium speciosum (L. f.) Thunb. = Monsonia speciosa L. f. ■☆

174929 Geranium sphaerospermum Fernald = Geranium carolinianum L. var. sphaerospermum (Fernald) Breitung ■☆

174930 Geranium stapfianum Hand. -Mazz.; 玉龙山老鹳草; Stapf Cranesbill ■

174931 Geranium stapfianum Hand. -Mazz. = Geranium donianum Sweet ■

174932 Geranium stenorrhirum Stapf = Geranium donianum Sweet ■

174933 Geranium stephanianum Poir. = Erodium stephanianum Willd. ■

174934 Geranium stipulaceum L. f. = Pelargonium stipulaceum (L. f.) Willd. ■☆

174935 Geranium strictipes R. Knuth;紫地榆(糙毛老鹳草,赤地榆,隔山消,直柄老鹳草);Purpleburnet ■

174936 Geranium strictipes R. Knuth var. grandiflorum (Franch.) C. Y. Wu = Geranium strictipes R. Knuth ■

174937 Geranium strigellum R. Knuth; 反毛老鹳草; Reflexhair Cranesbill ■

174938 Geranium strigellum R. Knuth = Geranium franchetii R. Knuth ■

174939 Geranium strigosum Franch. = Geranium strictipes R. Knuth ■

174940 Geranium strigosum Franch. var. gracile Franch. = Geranium strictipes R. Knuth ■

174941 Geranium strigosum Franch. var. grandiflorum Franch. = Geranium strictipes R. Knuth ■

174942 Geranium strigosum Franch. var. hispidissimum Franch. = Geranium hispidissimum (Franch.) R. Knuth ■

174943 Geranium strigosum Franch. var. platylobum Franch. = Geranium hispidissimum (Franch.) R. Knuth ■

174944 Geranium strigosum Franch. var. platylobum Franch. = Geranium platylobum (Franch.) R. Knuth ■

174945 Geranium subcaulescens L'Hér. ex DC.;短茎老鹳草;Crane's-bill ■☆

174946 Geranium subglabrum Hilliard et B. L. Burtt;近光老鹳草■☆

174947 Geranium subumbelliforme R. Knuth = Geranium erianthum DC. ■

174948 Geranium suzukii Masam.;黄花老鹳草(山牻牛儿苗);Yellow Cranesbill ■

174949 Geranium suzukii Masam. var. hayatanum Masam.;早田氏牻牛儿苗;Hayata Yellow Cranesbill ■

174950 Geranium swatense Schönb. -Tem.;斯瓦特老鹳草■☆

174951 Geranium sylvaticum L.;林生老鹳草(森林老鹳草);Crow Flower,King's Hood,Mountain Cranesbill,Mountain Flower,Wood Cranesbill,Wood Crane's-bill ■☆

174952 Geranium sylvaticum L. 'Mayflower';五月花森林老鹳草■☆

174953 Geranium symnocaulon DC.;裸茎老鹳草■☆

174954 Geranium tabulare Burm. f. = Pelargonium tabulare (Burm. f.) L'Hér. ■☆

174955 Geranium tapintzense C. C. Huang = Geranium ocellatum Cambess. ■

174956 Geranium tauricum Rupr.;克里木老鹳草■☆

174957 Geranium tectum Thunb. = Pelargonium tectum (Thunb.) DC. ■☆

174958 Geranium tenellum Andréws = Pelargonium tenellum (Andréws) G. Don ■☆

174959 Geranium terminale Z. M. Tan; 顶花老鹳草; Terminate Cranesbill ■

174960 Geranium terminale Z. M. Tan = Geranium pinetorum Hand. -Mazz. ■

174961 Geranium terminale Z. M. Tan = Geranium sinense R. Knuth ■

174962 Geranium ternatum L. f. = Pelargonium ternatum (L. f.) Jacq. ■☆

174963 Geranium tetragonum L. f. = Pelargonium tetragonum (L. f.) L'Hér. ■☆

174964 Geranium thodei R. Knuth = Geranium brycei N. E. Br. ■☆

174965 Geranium thunbergii Siebold et Zucc. = Geranium nepalense Sweet var. thunbergii (Siebold et Zucc.) Kudo ■

174966 Geranium thunbergii Siebold ex Lindl. et Paxton;中日老鹳草(牻牛儿苗,通氏老鹳草,童氏老鹳草);Thunberg Cranesbill,Thunberg Nepal Cranesbill,Thunberg's Geranium ■

174967 Geranium thunbergii Siebold ex Lindl. et Paxton f. pallidum (Nakai ex H. Hara) Murata;苍白中日老鹳草(苍白通氏老鹳草) ■☆

174968 Geranium thunbergii Siebold ex Lindl. et Paxton f. plenum (Iwata) Murata;重瓣中日老鹳草(重瓣通氏老鹳草)■☆

174969 Geranium tordyloides Desf. = Erodium tordylioides (Desf.) L'Hér. ■☆

174970 Geranium transbaicalicum Serg. = Geranium pratense L. ■

174971 Geranium transversale (Kar. et Kir.) Vved. = Geranium linearilobum DC. ■

174972 Geranium transversale (Kar. et Kir.) Vved. ex Pavlov;串珠老鹳草(球根老鹳草);Transeverse Cranesbill,Tubercorm Cranesbill ■

174973 Geranium traversii Hook. f.;特氏老鹳草■☆

174974 Geranium triangulare Forssk. = Erodium laciniatum (Cav.) Willd. ■☆

174975 Geranium trifolianum Z. M. Tan; 三叶老鹳草; Threeleaf Cranesbill ■

174976 Geranium trilobum Thunb. = Pelargonium chelidonium (Houtt.) DC. ■☆

174977 Geranium trilophum E. Boiss. = Geraniopsis trilopha (E. Boiss.) Chrtek ■☆

174978 Geranium tripartitum R. Knuth;三裂老鹳草(三深裂老鹳草) ■☆

174979 Geranium tripartitum R. Knuth f. pilosellum H. Hara;疏毛三裂老鹳草■☆

174980 Geranium tripartitum R. Knuth var. hastatum (H. Hara) T.

Yamaz.;戟叶老鹳草■☆
174981 Geranium triste L. = Pelargonium triste (L.) L'Hér. ■☆
174982 Geranium tsingtauense Y. Yabe; 青岛老鹳草; Qingdao Cranesbill ■
174983 Geranium tsingtauense Y. Yabe = Geranium koreanum Kom. ■
174984 Geranium tsingtauense Y. Yabe f. album F. Z. Li; 蒙山老鹳草; Mengshan Cranesbill ■
174985 Geranium tsingtauense Y. Yabe f. album F. Z. Li = Geranium koreanum Kom. ■
174986 Geranium tuberosum L.; 块茎老鹳草; Tuberous Crane's-bill ■☆
174987 Geranium tuberosum L. var. charlesii ? = Geranium charlesii (Aitch. et Hemsl.) Vved. ex Nevski ■☆
174988 Geranium tuberosum L. var. debile Ball = Geranium tuberosum L. ■☆
174989 Geranium tuberosum L. var. transversale Kar. et Kir. = Geranium linearilobum DC. ■
174990 Geranium tuberusum L. var. transversale Kar. et Kir. = Geranium transversale (Kar. et Kir.) Vved. ex Pavlov ■
174991 Geranium ukingense R. Knuth;热非老鹳草■☆
174992 Geranium umbelliforme Franch.;伞花老鹳草(白隔山消,隔山消);Umbel Cranesbill ■
174993 Geranium undulatum Andréws = Pelargonium undulatum (Andréws) Pers. ■☆
174994 Geranium uniflorum Hayata = Geranium hayatanum Ohwi ■
174995 Geranium vagans Baker;漫游老鹳草■☆
174996 Geranium vagans Baker subsp. whytei (Baker) J. R. Laundon; 怀特老鹳草■☆
174997 Geranium versicolor L.; 斑纹老鹳草; Painted Lady, Pencilled Cranesbill, Pencilled Crane's-bill, Queen Anne's Needlework, Streaked Cranesbill, Veiny Geranium ■☆
174998 Geranium viscosum Cav. = Pelargonium glutinosum (Jacq.) L'Hér. ■☆
174999 Geranium vitifolium L. = Pelargonium vitifolium (L.) L'Hér. ■☆
175000 Geranium vlassovianum Fisch. ex Link;弗拉索老鹳草■☆
175001 Geranium wakkerstroomianum R. Knuth;瓦克老鹳草■☆
175002 Geranium wallichianum D. Don = Geranium wallichianum D. Don ex Sweet ■
175003 Geranium wallichianum D. Don ex Sweet;宽托叶老鹳草(白隔山消,华莱士老鹳草,瓦氏老鹳草,无腺老鹳草);Broadstipule Cranesbill ■
175004 Geranium wallichianum D. Don ex Sweet 'Buxton's Variety';布克斯顿华莱士老鹳草■☆
175005 Geranium whytei Baker = Geranium vagans Baker subsp. whytei (Baker) J. R. Laundon ■☆
175006 Geranium wilfordii Maxim.;老鹳草(鹌子嘴,贯筋,老鸹筋,老鸹嘴,老官草,老贯草,老贯筋,老鹳嘴,老牛筋,老鸦嘴,破铜钱,生扯拢,天罡草,五瓣花,五齿耙,五叶草,五叶联,鸭脚草,鸭脚老鹳草);Wilford Cranesbill ■
175007 Geranium wilfordii Maxim. f. bukoense Hiyama;武甲老鹳草■☆
175008 Geranium wilfordii Maxim. var. chinense (Migo) H. Hara = Geranium wilfordii Maxim. ■
175009 Geranium wilfordii Maxim. var. chinense H. Hara = Geranium wilfordii Maxim. ■
175010 Geranium wilfordii Maxim. var. glandulosum Z. M. Tan;具腺老鹳草;Glandular Wilford Cranesbill ■
175011 Geranium wilfordii Maxim. var. glandulosum Z. M. Tan = Geranium wilfordii Maxim. ■
175012 Geranium wilfordii Maxim. var. hastatum H. Hara = Geranium tripartitum R. Knuth var. hastatum (H. Hara) T. Yamaz. ■☆
175013 Geranium wilfordii Maxim. var. schizopetalum F. Z. Li;裂瓣老鹳草;Splitpetal Wilford Cranesbill ■
175014 Geranium wilfordii Maxim. var. schizopetalum F. Z. Li = Geranium wilfordii Maxim. ■
175015 Geranium wilfordii Maxim. var. yezoense Hiyama;北海道老鹳草■☆
175016 Geranium wilsonii R. Knuth = Geranium rosthornii R. Knuth ■
175017 Geranium wlassovianum Fisch. ex Link var. hattae (Nakai) Z. H. Lu = Geranium maximowiczii Regel et Maack ■
175018 Geranium wlassowianum Fisch. ex Link;灰背老鹳草(老管草);Greyback Cranesbill, Wlassow Cranesbill ■
175019 Geranium xinjiangense C. Y. Yang;新疆老鹳草■
175020 Geranium yaanense Z. M. Tan;雅安老鹳草;Ya'an Cranesbill ■
175021 Geranium yaanense Z. M. Tan = Geranium rosthornii R. Knuth ■
175022 Geranium yemense Deflers = Geranium trilophum E. Boiss. ■☆
175023 Geranium yesoense Franch. et Sav.;虾夷老鹳草(金山老鹳草,沙头老鹳草)■
175024 Geranium yesoense Franch. et Sav. f. albiflorum Tatew.;白花虾夷老鹳草■☆
175025 Geranium yesoense Franch. et Sav. f. lobatodentatum (Takeda) Tatew. = Geranium yesoense Franch. et Sav. var. lobatodentatum Takeda ■☆
175026 Geranium yesoense Franch. et Sav. f. lobulatum (Nakai) H. Hara = Geranium yesoense Franch. et Sav. var. lobatodentatum Takeda ■☆
175027 Geranium yesoense Franch. et Sav. var. hidaense (Makino) H. Hara;斐太老鹳草■☆
175028 Geranium yesoense Franch. et Sav. var. lobatodentatum Takeda;裂齿虾夷老鹳草■☆
175029 Geranium yesoense Franch. et Sav. var. nipponicum Nakai;本州老鹳草■☆
175030 Geranium yesoense Franch. et Sav. var. nipponicum Nakai f. ochroleucum Okuyama;白绿本州老鹳草■☆
175031 Geranium yesoense Franch. et Sav. var. pseudopalustre Nakai;假沼泽老鹳草■☆
175032 Geranium yesoense Franch. et Sav. var. pseudopalustre Nakai f. intermedium H. Hara;间型假沼泽老鹳草■☆
175033 Geranium yesoense Franch. et Sav. var. pseudopalustre Nakai f. leucanthum Tatew.;白花假沼泽老鹳草■☆
175034 Geranium yoshinoi Makino ex Nakai;吉野氏老鹳草(吉野老鹳草,郁氏老鹳草);Yoshino Cranesbill ■☆
175035 Geranium yuexiense Z. M. Tan;越西老鹳草;Yuexi Cranesbill ■
175036 Geranium yuexiense Z. M. Tan = Geranium rosthornii R. Knuth ■
175037 Geranium yunnanense Franch.;云南老鹳草(滇紫地榆,毫白紫地榆);Yunnan Cranesbill ■
175038 Geranium zonale L. = Pelargonium zonale (L.) L'Hér. ■
175039 Gerardia Benth. = Agalinis Raf.(保留属名)■☆
175040 Gerardia Benth. = Stenandrium Nees(保留属名)■☆
175041 Gerardia L.(废弃属名)= Agalinis Raf.(保留属名)■☆
175042 Gerardia L.(废弃属名)= Stenandrium Nees(保留属名)■☆
175043 Gerardia aspera Douglas ex Benth. = Agalinis aspera (Douglas ex Benth.) Britton ■☆
175044 Gerardia auriculata Michx. = Agalinis auriculata (Michx.) S.

F. Blake ■☆

175045 Gerardia besseyana Britton = Agalinis tenuifolia (Vahl) Raf. ■☆

175046 Gerardia dregeana Benth. ex Hochst = Sopubia simplex (Hochst.) Hochst. ■☆

175047 Gerardia fasciculata Elliott = Agalinis fasciculata (Elliott) Raf. ■☆

175048 Gerardia fasciculata Elliott f. albiflora E. J. Palmer = Agalinis fasciculata (Elliott) Raf. ■☆

175049 Gerardia filiformis Schumach. et Thonn. = Micrargeria filiformis (Schumach. et Thonn.) Hutch. et Dalziel ■☆

175050 Gerardia flava L. = Agalinis flava (L.) B. Boivin ■☆

175051 Gerardia flava L. = Aureolaria flava (L.) Farw. ■☆

175052 Gerardia flava L. var. calycosa (Mack. et Bush) Steyerm. = Aureolaria flava (L.) Farw. ■☆

175053 Gerardia gattingeri Small = Agalinis gattingeri (Small) Small ■☆

175054 Gerardia glutinosa L. = Adenosma glutinosa (L.) Druce ■

175055 Gerardia grandiflora Benth. = Aureolaria grandiflora (Benth.) Pennell ■☆

175056 Gerardia grandiflora Benth. var. cinerea (Pennell) Cory = Aureolaria grandiflora (Benth.) Pennell ■☆

175057 Gerardia grandiflora Benth. var. pulchra (Pennell) Fernald = Aureolaria grandiflora (Benth.) Pennell var. pulchra Pennell ■☆

175058 Gerardia grandiflora Benth. var. pulchra (Pennell) Fernald = Aureolaria grandiflora (Benth.) Pennell ■☆

175059 Gerardia japonica Thunb. = Phtheirospermum japonicum (Thunb.) Kanitz ■

175060 Gerardia laevigata Raf. = Agalinis laevigata (Raf.) S. F. Blake ■☆

175061 Gerardia maritima Raf. = Agalinis maritima Raf. ■☆

175062 Gerardia nigrina L. f. = Melasma scabrum P. J. Bergius ■☆

175063 Gerardia obtusifolia (Benth.) Benth. = Harveya obtusifolia (Benth.) Vatke ■☆

175064 Gerardia orobanchoides Lam. = Harveya purpurea (L. f.) Harv. ex Hook. ■☆

175065 Gerardia parviflora Benth. = Leptorhabdos parviflora (Benth.) Benth. ■

175066 Gerardia paupercula (A. Gray) Britton = Agalinis paupercula (A. Gray) Britton ■☆

175067 Gerardia paupercula (A. Gray) Britton subsp. borealis (Pennell) Pennell = Agalinis paupercula (A. Gray) Britton var. borealis Pennell ■☆

175068 Gerardia paupercula (A. Gray) Britton var. borealis (Pennell) Deam = Agalinis paupercula (A. Gray) Britton var. borealis Pennell ■☆

175069 Gerardia paupercula (A. Gray) Britton var. typica Pennell = Agalinis paupercula (A. Gray) Britton ■☆

175070 Gerardia pedicularia L. = Aureolaria pedicularia (L.) Raf. ■☆

175071 Gerardia pedicularia L. var. ambigens Fernald = Aureolaria pedicularia (L.) Raf. var. ambigens (Fernald) Farw. ■☆

175072 Gerardia pedicularia L. var. intercedens (Pennell) Fernald = Aureolaria pedicularia (L.) Raf. var. intercedens Pennell ■☆

175073 Gerardia pedicularia L. var. pectinata Nutt. = Aureolaria pectinata (Nutt.) Pennell ■☆

175074 Gerardia purpurea L. = Agalinis purpurea (L.) Pennell ■☆

175075 Gerardia purpurea L. subsp. parvula Pennell = Agalinis purpurea (L.) Pennell ■☆

175076 Gerardia purpurea L. var. carteri (Pennell) Pennell = Agalinis purpurea (L.) Pennell ■☆

175077 Gerardia purpurea L. var. grandiflora Benth. = Agalinis purpurea (L.) Pennell ■☆

175078 Gerardia purpurea L. var. parviflora Benth. = Agalinis paupercula (A. Gray) Britton var. borealis Pennell ■☆

175079 Gerardia purpurea L. var. paupercula A. Gray = Agalinis paupercula (A. Gray) Britton ■☆

175080 Gerardia scabra L. f. = Graderia scabra (L. f.) Benth. ■☆

175081 Gerardia scabra Wall. = Sopubia trifida Buch. -Ham. ■

175082 Gerardia sessiliflora Vahl = Alectra sessiliflora (Vahl) Kuntze ■☆

175083 Gerardia skinneriana A. W. Wood = Agalinis skinneriana (A. W. Wood) Britton ■☆

175084 Gerardia sopubia Benth. = Sopubia trifida Buch. -Ham. ■

175085 Gerardia tenuifolia Vahl = Agalinis tenuifolia (Vahl) Raf. ■☆

175086 Gerardia tenuifolia Vahl subsp. macrophylla (Benth.) Pennell = Agalinis tenuifolia (Vahl) Raf. ■☆

175087 Gerardia tenuifolia Vahl subsp. parviflora (Nutt.) Pennell = Agalinis tenuifolia (Vahl) Raf. ■☆

175088 Gerardia tenuifolia Vahl var. humilis Benth. = Agalinis tenuifolia (Vahl) Raf. ■☆

175089 Gerardia tenuifolia Vahl var. macrophylla Benth. = Agalinis tenuifolia (Vahl) Raf. ■☆

175090 Gerardia tenuifolia Vahl var. parviflora Nutt. = Agalinis tenuifolia (Vahl) Raf. ■☆

175091 Gerardia tenuifolia Vahl var. typica Pennell = Agalinis tenuifolia (Vahl) Raf. ■☆

175092 Gerardia tubulosa L. f. = Cycnium tubulosum (L. f.) Engl. ■☆

175093 Gerardia virginica Britton, Sterns et Poggenb.; 北美杰勒草; Downy False Foxglove ■☆

175094 Gerardianella Klotzsch = Micrargeria Benth. ■☆

175095 Gerardianella scopiformis Klotzsch = Micrargeria filiformis (Schumach. et Thonn.) Hutch. et Dalziel ■☆

175096 Gerardiina Engl. (1897); 杰寄生属■☆

175097 Gerardiina angolensis Engl.; 安哥拉杰寄生■☆

175098 Gerardiina kundelungensis Mielcarek; 杰寄生■☆

175099 Gerardiopsis Engl. = Anticharis Endl. ■●☆

175100 Gerardiopsis fischeri Engl. = Anticharis senegalensis (Walp.) Bhandari ■☆

175101 Gerardoa Luer = Pleurothallis R. Br. ■☆

175102 Gerascanthus P. Browne = Cordia L. (保留属名)●

175103 Gerbera Boehm. = Arnica L. ●■☆

175104 Gerbera Cass. = Gerbera L. (保留属名)■

175105 Gerbera J. F. Gmel. = Gerberia Scop. ●☆

175106 Gerbera J. F. Gmel. = Quararibea Aubl. ●☆

175107 Gerbera L. (1758) (保留属名); 火石花属(大丁草属, 非洲菊属, 扶郎花属, 扶郎藤属, 嘉宝菊属, 太阳菊属); Barberton Daisy, Gerbera, Transvaal Daisy ■

175108 Gerbera L. ex Cass. = Gerbera L. (保留属名)■

175109 Gerbera aberdarica R. E. Fr. = Gerbera piloselloides (L.) Cass. ■

175110 Gerbera abyssinica Sch. Bip. = Gerbera viridifolia (DC.) Sch. Bip. ■☆

175111 Gerbera amabilis Hance = Gerbera piloselloides (L.) Cass. ■

175112 Gerbera amabilis Hance = Piloselloides hirsuta (Forssk.) C.

Jeffrey ex Cufod. ■
175113 Gerbera ambigua (Cass.) Sch. Bip.;可疑火石花■☆
175114 Gerbera ambigua (Cass.) Sch. Bip. var. cardiobasis Thell. = Gerbera ambigua (Cass.) Sch. Bip. ■☆
175115 Gerbera ambigua (Cass.) Sch. Bip. var. gueinzii (Harv.) Thell. = Gerbera ambigua (Cass.) Sch. Bip. ■☆
175116 Gerbera ambigua (Cass.) Sch. Bip. var. kraussii (Sch. Bip.) Thell. = Gerbera ambigua (Cass.) Sch. Bip. ■☆
175117 Gerbera anandria (L.) Sch. Bip. = Gerbera curvisquama Hand. -Mazz. ■
175118 Gerbera anandria (L.) Sch. Bip. = Leibnitzia anandria (L.) Turcz. ■
175119 Gerbera anandria (L.) Sch. Bip. = Leibnitzia nepalensis (Kunze) Kitam. ■
175120 Gerbera anandria (L.) Sch. Bip. var. bonatiana Beauverd = Gerbera bonatiana (Beauverd) Beauverd ■
175121 Gerbera anandria (L.) Sch. Bip. var. bonatiana Beauverd = Leibnitzia bonatiana (Beauverd) Kitam. ■
175122 Gerbera anandria (L.) Sch. Bip. var. bonatiana Beauverd = Leibnitzia pusilla (Wall. ex DC.) S. Gould ex Kitam. et S. Gould ■
175123 Gerbera anandria (L.) Sch. Bip. var. densiloba Mattf.;多裂大丁草;Multifid Gerbera ■
175124 Gerbera anandria (L.) Sch. Bip. var. densiloba Mattf. = Leibnitzia anandria (L.) Turcz. ■
175125 Gerbera anandria (L.) Sch. Bip. var. integripetala (Hayata) Yamam. = Gerbera anandria (L.) Sch. Bip. ■
175126 Gerbera anandria (L.) Sch. Bip. var. integripetala (Hayata) Yamam. = Leibnitzia anandria (L.) Turcz. ■
175127 Gerbera asplenifolia (Lam.) Spreng. = Gerbera linnaei Cass. ■☆
175128 Gerbera asplenifolia (Lam.) Spreng. var. linearis Harv. = Gerbera serrata (Thunb.) Druce ■☆
175129 Gerbera aurantiaca Sch. Bip.;太阳花(橙黄非洲菊)■☆
175130 Gerbera bojeri (DC.) Sch. Bip.;博耶尔火石花■☆
175131 Gerbera bonatiana (Beauverd) Beauverd;早花大丁草;Earlyflower Gerbera ■
175132 Gerbera bonatiana (Beauverd) Beauverd = Leibnitzia bonatiana (Beauverd) Kitam. ■
175133 Gerbera bonatiana (Beauverd) Beauverd = Leibnitzia pusilla (Wall. ex DC.) S. Gould ex Kitam. et S. Gould ■
175134 Gerbera bonatiana (Beauverd) Beauverd f. cavalaeirei (Vaniot et H. Lév.) H. Lév. = Gerbera anandria (L.) Sch. Bip. ■
175135 Gerbera burchellii Dümmer = Gerbera viridifolia (DC.) Sch. Bip. ■☆
175136 Gerbera burmanni Cass. = Gerbera crocea (L.) Kuntze ■☆
175137 Gerbera cavaleriei Vaniot et H. Lév. = Gerbera anandria (L.) Sch. Bip. ■
175138 Gerbera cavaleriei Vaniot et H. Lév. = Leibnitzia anandria (L.) Turcz. ■
175139 Gerbera connata Y. C. Tseng;合缨大丁草;Connate Gerbera ■
175140 Gerbera connata Y. C. Tseng = Leibnitzia nepalensis (Kunze) Kitam. ■
175141 Gerbera cordata (Thunb.) Less.;心形大丁草■☆
175142 Gerbera coriacea (DC.) Sch. Bip. = Gerbera ambigua (Cass.) Sch. Bip. ■☆
175143 Gerbera crenata (Thunb.) Ker Gawl. = Mairia crenata (Thunb.) Nees ■☆
175144 Gerbera crocea (L.) Kuntze;藏红花大丁草■☆
175145 Gerbera curvisquama Hand. -Mazz.;弯苞大丁草;Curvebract Gerbera ■
175146 Gerbera curvisquama Hand. -Mazz. = Leibnitzia nepalensis (Kunze) Kitam. ■
175147 Gerbera delavayi Franch.;火石花(白地紫菀,白头翁,白叶不翻,背面白,大火草,钩苞大丁草,钩苞扶郎花,钩毛大丁草,火草,毛大丁草,牛耳朵火草,小一枝箭,一枝箭);Delavay Gerbera ■
175148 Gerbera delavayi Franch. var. henryi (Dunn) C. Y. Wu et H. Peng;蒙自火石花(大火草,蒙自大丁草,牛耳朵);Henry Gerbera ■
175149 Gerbera discolor Harv. = Gerbera ambigua (Cass.) Sch. Bip. ■☆
175150 Gerbera diversifolia Humbert;异叶火石花■☆
175151 Gerbera elegans Muschl. = Gerbera ambigua (Cass.) Sch. Bip. ■☆
175152 Gerbera elliptica Humbert;椭圆火石花■☆
175153 Gerbera emirnensis Baker;埃米火石花■☆
175154 Gerbera ferruginea DC. = Gerbera serrata (Thunb.) Druce ■☆
175155 Gerbera ferruginea DC. var. linearis (Harv.) Dümmer = Gerbera serrata (Thunb.) Druce ■☆
175156 Gerbera flava R. E. Fr. = Gerbera ambigua (Cass.) Sch. Bip. ■☆
175157 Gerbera galpinii Klatt;盖尔火石花■
175158 Gerbera glandulosa Dümmer = Gerbera viridifolia (DC.) Sch. Bip. ■☆
175159 Gerbera glandulosa Thell. = Gerbera viridifolia (DC.) Sch. Bip. ■☆
175160 Gerbera graminicola Hutch. = Gerbera delavayi Franch. ■
175161 Gerbera hederifolia Dümmer = Sinosenecio hederifolius (Dümmer) B. Nord. ■
175162 Gerbera henryi Dunn = Gerbera delavayi Franch. var. henryi (Dunn) C. Y. Wu et H. Peng ■
175163 Gerbera hirsuta (Forssk.) Less. = Gerbera piloselloides (L.) Cass. ■
175164 Gerbera hirsuta (Forssk.) Less. = Piloselloides hirsuta (Forssk.) C. Jeffrey ex Cufod. ■
175165 Gerbera hirsuta Spreng. = Gerbera tomentosa DC. ■☆
175166 Gerbera hybrida Hort.;杂种火石花■
175167 Gerbera hypochaeridioides Baker;猫儿菊火石花■☆
175168 Gerbera integralis Sond. ex Harv. = Gerbera crocea (L.) Kuntze ■☆
175169 Gerbera integripetala Hayata = Gerbera anandria (L.) Sch. Bip. ■
175170 Gerbera integripetala Hayata = Leibnitzia anandria (L.) Turcz. ■
175171 Gerbera jamesonii Bolus = Gerbera jamesonii Bolus ex Adlam ■
175172 Gerbera jamesonii Bolus ex Adlam;非洲菊(扶郎花,火轮菊,嘉宝菊);Africa Daisy, African Daisy, Barberton Daisy, Flameray Gerbera, Flame-ray Gerbera, Gerbera Daisy, Transvaal Daisy, Veldt Daisy ■
175173 Gerbera jamesonii Bolus ex Hook. f. 'Dwarf Happipot';矮盆枭■☆
175174 Gerbera jamesonii Bolus ex Hook. f. = Gerbera jamesonii Bolus ex Adlam ■
175175 Gerbera kraussii Sch. Bip. = Gerbera ambigua (Cass.) Sch. Bip. ■☆
175176 Gerbera kraussii Sch. Bip. var. gueinzii Harv. = Gerbera ambigua (Cass.) Sch. Bip. ■☆

175177 Gerbera kraussii Sch. Bip. var. simuata Dümmer = Gerbera ambigua (Cass.) Sch. Bip. ■☆

175178 Gerbera kunzeana A. Braun et Asch.;长喙大丁草(合缨大丁草,尼泊尔大丁草);Longbeak Gerbera ■

175179 Gerbera kunzeana A. Braun et Asch. = Leibnitzia nepalensis (Kunze) Kitam. ■

175180 Gerbera laevipes Gand. = Gerbera anandria (L.) Sch. Bip. ■

175181 Gerbera lanuginosa Sch. Bip. var. pusilla (DC.) Hook. f. = Leibnitzia pusilla (Wall. ex DC.) S. Gould ex Kitam. et S. Gould ■

175182 Gerbera lasiopus Baker = Gerbera viridifolia (DC.) Sch. Bip. ■☆

175183 Gerbera latiligulata Y. C. Tseng;阔舌火石花(阔舌大丁草);Broadtongue Gerbera ■

175184 Gerbera leandrii Humbert;利安火石花■☆

175185 Gerbera leiocarpa (DC.) Schltr. = Perdicium leiocarpum DC. ■☆

175186 Gerbera leucothrix Harv.;白毛火石花■☆

175187 Gerbera lichiangensis Y. C. Tseng;丽江大丁草;Lijiang Gerbera ■

175188 Gerbera lichiangensis Y. C. Tseng = Leibnitzia pusilla (DC.) S. Gould ex Kitam. et Gould ■

175189 Gerbera lijiangensis Y. C. Tseng = Leibnitzia nepalensis (Kunze) Kitam. ■

175190 Gerbera linnaei Cass.;林奈火石花■☆

175191 Gerbera lynchii Dümmer = Gerbera ambigua (Cass.) Sch. Bip. ■☆

175192 Gerbera lyrata Sch. Bip. = Leibnitzia lyrata (Sch. Bip.) G. L. Nesom ■☆

175193 Gerbera macrocephala Y. C. Tseng;巨头火石花(巨头大丁草);Bighead Gerbera ■

175194 Gerbera macrophylla Wall. ex C. B. Clarke = Gerbera maxima (D. Don) Beauverd ■

175195 Gerbera maxima (D. Don) Beauverd;箭叶火石花(箭叶大丁草);Arrowleaf Gerbera ■

175196 Gerbera natalensis Sch. Bip.;纳塔尔火石花■☆

175197 Gerbera nepalensis Sch. Bip. = Gerbera maxima (D. Don) Beauverd ■

175198 Gerbera nervosa Sond. = Gerbera ambigua (Cass.) Sch. Bip. ■☆

175199 Gerbera nivea (DC.) Sch. Bip.;白背火石花(白背大丁草,折菇草);Whiteback Gerbera ■

175200 Gerbera ovalifolia DC. = Piloselloides hirsuta (Forssk.) C. Jeffrey ex Cufod. ■

175201 Gerbera parva N. E. Br.;较小火石花■☆

175202 Gerbera perrieri Humbert;佩里耶火石花■☆

175203 Gerbera piloselloides (L.) Cass.;毛大丁草(巴地香,白花白头翁,白花一枝香,白眉,白眉草,白头翁,白薇,朝天一枝香,独叶一枝香,伏地老,金边兔耳,满地香,毛耳风,磨地香,扑地香,四皮香,锁地虎,天灯芯,贴地风,贴地消,头顶一枝草,头顶一枝香,土白前,兔儿风,兔耳风,兔耳一枝箭,无风自动草,小一枝箭,一枝香,一炷香,重耳风);Hairy Gerbera ■

175204 Gerbera piloselloides (L.) Cass. = Piloselloides hirsuta (Forssk.) C. Jeffrey ex Cufod. ■

175205 Gerbera plantaginea Harv. = Gerbera viridifolia (DC.) Sch. Bip. ■☆

175206 Gerbera plantaginea Harv. var. pusilla Dümmer = Gerbera viridifolia (DC.) Sch. Bip. ■☆

175207 Gerbera podophylla Baker = Gerbera bojeri (DC.) Sch. Bip. ■☆

175208 Gerbera pterodonta Y. C. Tseng;翼齿大丁草■

175209 Gerbera pterodonta Y. C. Tseng = Leibnitzia anandria (L.) Turcz. ■

175210 Gerbera pusilla (DC.) Sch. Bip. = Leibnitzia pusilla (Wall. ex DC.) S. Gould ex Kitam. et S. Gould ■

175211 Gerbera randii S. Moore = Gerbera ambigua (Cass.) Sch. Bip. ■☆

175212 Gerbera raphanifolia Franch.;光叶火石花(光叶大丁草);Ntcidleaf Gerbera ■

175213 Gerbera ruficoma Franch. = Leibnitzia ruficoma (Franch.) Kitam. ■

175214 Gerbera saxatilis C. C. Chang et Y. C. Tseng = Leibnitzia pusilla (Wall. ex DC.) S. Gould ex Kitam. et S. Gould ■

175215 Gerbera saxatilis C. C. Chang ex Y. C. Tseng;石上大丁草;Saxicolous Gerbera ■

175216 Gerbera schimperi Sch. Bip. = Gerbera piloselloides (L.) Cass. ■

175217 Gerbera serotina Beauverd;晚花大丁草;Lateflower Gerbera ■

175218 Gerbera serotina Beauverd = Leibnitzia pusilla (Wall. ex DC.) S. Gould ex Kitam. et S. Gould ■

175219 Gerbera serrata (Thunb.) Druce;具齿大丁草■☆

175220 Gerbera sinuata (Thunb.) Spreng. = Gerbera crocea (L.) Kuntze ■☆

175221 Gerbera speciosa S. Moore = Gerbera viridifolia (DC.) Sch. Bip. ■☆

175222 Gerbera tanantii Franch.;钝苞火石花(白头药,钝苞大丁草,墨江一枝箭);Obtusebract Gerbera ■

175223 Gerbera tanantii Franch. = Gerbera delavayi Franch. ■

175224 Gerbera taraxaci (Vahl) Schltr. = Perdicium capense L. ■☆

175225 Gerbera tomentosa DC.;绒毛大丁草■☆

175226 Gerbera tuberosa Klatt = Gerbera natalensis Sch. Bip. ■☆

175227 Gerbera uncinata Beauverd = Gerbera delavayi Franch. ■

175228 Gerbera viridiflora Walp. = Gerbera viridifolia (DC.) Sch. Bip. ■☆

175229 Gerbera viridifolia (DC.) Sch. Bip.;绿叶大丁草■☆

175230 Gerbera viridifolia (DC.) Sch. Bip. subsp. natalensis (Sch. Bip.) H. V. Hansen = Gerbera natalensis Sch. Bip. ■☆

175231 Gerbera viridifolia Sch. Bip. = Gerbera viridifolia (DC.) Sch. Bip. ■☆

175232 Gerbera welwitschii S. Moore = Gerbera ambigua (Cass.) Sch. Bip. ■☆

175233 Gerbera welwitschii S. Moore var. velutina ? = Gerbera ambigua (Cass.) Sch. Bip. ■☆

175234 Gerbera wrightii Harv.;赖特大丁草■☆

175235 Gerberia L. ex Cass. = Gerbera L.(保留属名)■

175236 Gerberia Scop. = Quararibea Aubl. ●☆

175237 Gerberia Stell. ex Choisy = Lagotis J. Gaertn. ■

175238 Gerdaria C. Presl = Sopubia Buch. -Ham. ex D. Don ■

175239 Gerdaria dregeana (Benth. ex Hochst.) C. Presl = Sopubia simplex (Hochst.) Hochst. ■☆

175240 Gerlachia Szlach. = Stanhopea J. Frost ex Hook. ■☆

175241 Germainia Balansa et Poitr. (1873);吉曼草属(筒穗草属);Germainia ■

175242 Germainia capitata Balansa et Poitr.;吉曼草(筒穗草);Capitate Germainia ■

175243 Germanea Lam. = Plectranthus L'Hér.(保留属名)●■

175244 Germanea andongensis Hiern = Plectranthus andongensis

(Hiern) Baker ■☆
175245 Germanea concinna Hiern = Coleus concinnus (Hiern) Baker ■☆
175246 Germanea crassifolia (Vahl) Poir. = Plectranthus aegyptiacus (Forssk.) C. Chr. ■●☆
175247 Germanea herbacea Hiern = Plectranthus herbaceus (Hiern) Briq. ●☆
175248 Germanea horrida Hiern = Plectranthus horridus (Hiern) Baker ●☆
175249 Germanea laxiflora (Benth.) Hiern = Plectranthus laxiflorus Benth. ■☆
175250 Germanea laxiflora (Benth.) Hiern var. genuina Hiern = Plectranthus laxiflorus Benth. ■☆
175251 Germanea rotundifolia Poir. = Solenostemon rotundifolius (Poir.) J. K. Morton ■☆
175252 Germania Hook. f. = Germanea Lam. ●■
175253 Germaria C. Presl = Lauro-Cerasus Duhamel ●
175254 Germaria C. Presl = Pygeum Gaertn. ●
175255 Germaria C. Presl(1851);杰默蔷薇属■☆
175256 Germaria latifolia C. Presl;杰默兰■☆
175257 Gerocephalus F. Ritter = Espostoopsis Buxb. ●☆
175258 Gerontogea Cham. et Schltdl. = Oldenlandia L. ●■
175259 Geropogon L. (1763);疏毛参属■☆
175260 Geropogon L. = Tragopogon L. ■
175261 Geropogon glaber L. = Tragopogon hybridus L. ■☆
175262 Geropogon hybridus (L.) Sch. Bip.;杂种疏毛参(疏毛参)■☆
175263 Gerostemum Steud. = Gonostemon Haw. ■
175264 Gerostemum Steud. = Stapelia L. (保留属名)■
175265 Gerrardanthus Harv. ex Benth. et Hook. f. (1867);睡布袋属■☆
175266 Gerrardanthus Harv. ex Hook. f. = Gerrardanthus Harv. ex Benth. et Hook. f. ■☆
175267 Gerrardanthus aethiopicus Chiov. = Cyclantheropsis parviflora (Cogn.) Harms ■☆
175268 Gerrardanthus grandiflorus Cogn.;大花睡布袋■☆
175269 Gerrardanthus lobatus (Cogn.) C. Jeffrey;浅裂睡布袋■☆
175270 Gerrardanthus macrorhiza Harv. ex Benth. et Hook. f.;大根睡布袋;Bigfoot ■☆
175271 Gerrardanthus macrorhizus Harv. ex Hook. f. = Gerrardanthus macrorhiza Harv. ex Benth. et Hook. f. ■☆
175272 Gerrardanthus megarhizus Decne. et Harv. = Gerrardanthus macrorhizus Harv. ex Hook. f. ■☆
175273 Gerrardanthus nigericus Hutch. et Dalziel = Gerrardanthus paniculatus (Mast.) Cogn. ■☆
175274 Gerrardanthus paniculatus (Mast.) Cogn.;锥形睡布袋■☆
175275 Gerrardanthus parviflora Cogn.;小花睡布袋■☆
175276 Gerrardanthus parviflorus Cogn. = Cyclantheropsis parviflora (Cogn.) Harms ■☆
175277 Gerrardanthus tomentosus Hook. f.;毛睡布袋■☆
175278 Gerrardanthus trimenii Cogn. = Gerrardanthus paniculatus (Mast.) Cogn. ■☆
175279 Gerrardanthus zenkeri Harms et Gilg ex Cogn. = Gerrardanthus paniculatus (Mast.) Cogn. ■☆
175280 Gerrardiana Willis = Gerrardina Oliv. ●☆
175281 Gerrardina Oliv. (1870);非杨料属●☆
175282 Gerrardina eylesiana Milne-Redh.;非杨料●☆
175283 Gerrardina foliosa Oliv.;多叶非杨料●☆
175284 Gerrardinaceae M. H. Alford(2006);非杨料科●☆
175285 Gerritea Zuloaga, Morrone et Killeen(1993);玻利维亚禾属●☆
175286 Gersinia Néraud = Bulbophyllum Thouars(保留属名)■
175287 Gertrudia K. Schum. = Ryparosa Blume ●☆
175288 Gervaala Raf. = Poterium L. ■☆
175289 Geryonia Schrank ex Hoppe = Saxifraga L. ■
175290 Geschollia Speta = Ornithogalum L. ■
175291 Gesnera Adans. = Gesneria L. ●☆
175292 Gesnera Mart. = Rechsteineria Regel(保留属名)■☆
175293 Gesnera Mart. = Sinningia Nees ●■☆
175294 Gesnera Plum. ex Adans. = Gesneria L. ●☆
175295 Gesneria L. (1753);南美苦苣苔属;Gesneria ●☆
175296 Gesneria L. = Rechsteineria Regel(保留属名)■☆
175297 Gesneria acaulis L.;无茎南美苦苣苔;Stemless Gesneria ■☆
175298 Gesneria citrina Urb.;黄色南美苦苣苔;Citron-coloured Gesneria ■☆
175299 Gesneria cuneifolia Fritsch;楔叶南美苦苣苔;Cuneate-leaf Gesneria ■☆
175300 Gesneria pauciflora Urb.;少花南美苦苣苔;Fewflower Gesneria ■☆
175301 Gesneria pedicellaris Alain;有柄南美苦苣苔;Pedisellate Gesneria ■☆
175302 Gesneria pedunculosa Fritsch;序柄南美苦苣苔;Pedunculate Gesneria ■☆
175303 Gesneria saxatilis Alain;岩生南美苦苣苔;Rockliving Gesneria ■☆
175304 Gesneria ventricosa Sw. = Pentarhaphia longiflora Lindl. ■☆
175305 Gesneriaceae Dumort. = Gesneriaceae Rich. et Juss. (保留科名)■●
175306 Gesneriaceae Rich. et Juss. (1816)(保留科名);苦苣苔科;Gesneria Family, Pyrenean-violet Family ■●
175307 Gesneriaceae Rich. et Juss. ex DC. = Gesneriaceae Rich. et Juss. (保留科名)■●
175308 Gesnouinia Gaudich. (1830);粉麻树属●☆
175309 Gesnouinia arborea (L. f.) Gaudich.;粉麻树●☆
175310 Gesnouisia Steud. = Gesnouinia Gaudich. ●☆
175311 Gessneria Dumort. = Gesneria L. ●☆
175312 Gestroa Becc. = Erythrospermum Thouars(保留属名)●
175313 Gethosyne Salisb. = Asphodelus L. ■☆
175314 Gethyllidaceae J. Agardh = Amaryllidaceae J. St. -Hil. (保留科名)●■
175315 Gethyllidaceae Raf. = Amaryllidaceae J. St. -Hil. (保留科名)●■
175316 Gethyllis L. (1753);多蕊石蒜属■☆
175317 Gethyllis Plum. ex L. = Gethyllis L. ■☆
175318 Gethyllis afra L.;非洲多蕊石蒜■☆
175319 Gethyllis angelicae Dinter et G. M. Schulze = Gethyllis namaquensis (Schönland) Oberm. ■☆
175320 Gethyllis barkerae D. Müll. -Doblies;巴尔凯拉多蕊石蒜■☆
175321 Gethyllis barkerae D. Müll. -Doblies subsp. paucifolia D. Müll. -Doblies;少花多蕊石蒜■☆
175322 Gethyllis britteniana Baker;布里滕多蕊石蒜■☆
175323 Gethyllis britteniana Baker subsp. bruynsii D. Müll. -Doblies;布勒伊斯多蕊石蒜■☆
175324 Gethyllis britteniana Baker subsp. herrei (L. Bolus) D. Müll. -Doblies;赫勒多蕊石蒜■☆

175325 Gethyllis campanulata L. Bolus;风铃草状多蕊石蒜■☆
175326 Gethyllis ciliaris (Thunb.) Thunb.;缘毛多蕊石蒜■☆
175327 Gethyllis ciliaris (Thunb.) Thunb. subsp. longituba (L. Bolus) D. Müll. -Doblies;长管缘毛多蕊石蒜■☆
175328 Gethyllis fimbriatula D. Müll. -Doblies;流苏多蕊石蒜■☆
175329 Gethyllis grandiflora L. Bolus;大花多蕊石蒜■☆
175330 Gethyllis gregoriana D. Müll. -Doblies;格雷戈尔多蕊石蒜■☆
175331 Gethyllis hallii D. Müll. -Doblies;霍尔多蕊石蒜■☆
175332 Gethyllis herrei L. Bolus = Gethyllis britteniana Baker subsp. herrei (L. Bolus) D. Müll. -Doblies ■☆
175333 Gethyllis lanceolata L. f. = Apodolirion lanceolatum (L. f.) Benth. et Hook. f. ■☆
175334 Gethyllis lanuginosa Marloth;多绵毛多蕊石蒜■☆
175335 Gethyllis lata L. Bolus subsp. orbicularis D. Müll. -Doblies;圆形多蕊石蒜■☆
175336 Gethyllis latifolia Masson ex Baker;宽叶多蕊石蒜■☆
175337 Gethyllis linearis L. Bolus;线状多蕊石蒜■☆
175338 Gethyllis longistyla Bolus;长柱多蕊石蒜■☆
175339 Gethyllis longituba L. Bolus = Gethyllis ciliaris (Thunb.) Thunb. subsp. longituba (L. Bolus) D. Müll. -Doblies ■☆
175340 Gethyllis marginata D. Müll. -Doblies;具边多蕊石蒜■☆
175341 Gethyllis multifolia L. Bolus = Gethyllis campanulata L. Bolus ■☆
175342 Gethyllis namaquensis (Schönland) Oberm.;纳马夸多蕊石蒜■☆
175343 Gethyllis oligophylla D. Müll. -Doblies;寡叶多蕊石蒜■☆
175344 Gethyllis oliverorum D. Müll. -Doblies;奥里弗多蕊石蒜■☆
175345 Gethyllis pectinata D. Müll. -Doblies;篦状多蕊石蒜■☆
175346 Gethyllis pilosa Schumach. et Thonn. = Curculigo pilosa (Schumach. et Thonn.) Engl. ■☆
175347 Gethyllis polyanthera Sol. ex Britten;多药多蕊石蒜■☆
175348 Gethyllis pusilla Baker = Gethyllis afra L. ■☆
175349 Gethyllis roggeveldensis D. Müll. -Doblies;罗格多蕊石蒜■☆
175350 Gethyllis setosa Marloth;刚毛多蕊石蒜■☆
175351 Gethyllis spiralis (Thunb.) Thunb.;螺旋多蕊石蒜■☆
175352 Gethyllis undulata Herb. = Gethyllis ciliaris (Thunb.) Thunb. ■☆
175353 Gethyllis unilateralis L. Bolus = Gethyllis spiralis (Thunb.) Thunb. ■☆
175354 Gethyllis uteana D. Müll. -Doblies;尤特多蕊石蒜■☆
175355 Gethyllis verrucosa Marloth;多疣多蕊石蒜■☆
175356 Gethyllis verticillata R. Br. ex Herb.;轮生多蕊石蒜■☆
175357 Gethyllis villosa (Thunb.) Thunb.;长柔毛多蕊石蒜■☆
175358 Gethyonis Post et Kuntze = Allium L. ■
175359 Gethyonis Post et Kuntze = Getuonis Raf. ■
175360 Gethyra Salisb. = Renealmia L. f. (保留属名)■☆
175361 Gethyum Phil. (1873);智利葱属■☆
175362 Gethyum atropurpureum Phil.;智利葱■☆
175363 Getillidaceae J. Agardh = Gramineae Juss. (保留科名)■●
175364 Getillidaceae J. Agardh = Poaceae Barnhart(保留科名)■●
175365 Getonia Banks et Sol. = Cyrtandra J. R. Forst. et G. Forst. ●■
175366 Getonia Banks et Sol. ex Benn. = Cyrtandra J. R. Forst. et G. Forst. ●■
175367 Getonia Roxb. (1798);萼翅藤属●
175368 Getonia Roxb. = Calycopteris Lam. ●
175369 Getonia floribunda Roxb.;萼翅藤;Multiflorous Calycopteris ●
175370 Getonia floribunda Roxb. = Calycopteris floribunda (Roxb.) Lam. ●
175371 Getonia nitida Roth = Getonia floribunda Roxb. ●
175372 Getonia nutans Roxb. = Getonia floribunda Roxb. ●
175373 Getuonis Raf. = Allium L. ■
175374 Geum Hill = Saxifraga L. ■
175375 Geum L. (1753);路边青属(蓝布正属,水杨梅属);Avens, Geum ■
175376 Geum Mill. = Saxifraga L. ■
175377 Geum agrimonioides Pursh = Potentilla arguta Pursh ■☆
175378 Geum aleppicum Jacq.;路边青(草本水杨梅,海棠菜,见肿消,兰布政,老五叶,水杨梅,乌金丹,五气朝阳草,中型水杨梅,追风草,追风七);Aleppo Avens, Yellow Avens ■
175379 Geum aleppicum Jacq. f. aurantiaco-plenum Yen C. Yang et L. H. Zhuo;橘黄重瓣水杨梅■
175380 Geum aleppicum Jacq. f. glabricaule (Juz.) Kitag.;光茎路边青(光茎水杨梅)■☆
175381 Geum aleppicum Jacq. f. plenum Miyabe ex T. Inoue = Geum aleppicum Jacq. f. plenum Yen C. Yang et P. H. Huang ■
175382 Geum aleppicum Jacq. f. plenum Yen C. Yang et P. H. Huang;重瓣路边青(重瓣水杨梅)■
175383 Geum aleppicum Jacq. subsp. strictum (Aiton) R. T. Clausen = Geum aleppicum Jacq. ■
175384 Geum aleppicum Jacq. var. bipinnatum (Batalin) Hand. -Mazz. = Geum aleppicum Jacq. ■
175385 Geum aleppicum Jacq. var. sachalinense (Koidz.) Ohwi = Geum macrophyllum Willd. ■☆
175386 Geum aleppicum Jacq. var. strictum (Aiton) Fernald = Geum aleppicum Jacq. ■
175387 Geum anemonoides Willd. = Sieversia pentapetala (L.) Greene ●☆
175388 Geum atlanticum Desf. = Geum sylvaticum Pourr. ●☆
175389 Geum borisii Kellerer ex Sund.;波氏路边青■☆
175390 Geum calthifolium Menzies ex Sm.;驴蹄草叶路边青■☆
175391 Geum calthifolium Menzies ex Sm. subsp. nipponicum (F. Bolle) R. L. Taylor et MacBryde = Geum calthifolium Menzies ex Sm. var. nipponicum (F. Bolle) Ohwi ■☆
175392 Geum calthifolium Menzies ex Sm. var. nipponicum (F. Bolle) Ohwi;本州驴蹄草叶路边青■☆
175393 Geum canadense Jacq.;白路边青;Bloodroot Red Root, Chocolate Root, White Avens ■☆
175394 Geum canadense Jacq. var. camporum (Rydb.) Fernald et Weath. = Geum canadense Jacq. ■☆
175395 Geum capense Thunb.;好望角路边青■☆
175396 Geum chilense Balb. ex Ser.;智利路边青;Scarlet Avens ■☆
175397 Geum chiloense Balb. = Geum chiloense Balb. ex Ser. ■☆
175398 Geum chiloense Balb. ex Ser. = Geum chilense Balb. ex Ser. ■☆
175399 Geum ciliatum Pursh var. griseum (Greene) Kearney et Peebles = Geum triflorum Pursh ■☆
175400 Geum coccineum Sibth. et Sm.;绯红路边青(暗红花路边青);Scarlet Avens, Scarlet Bennet ■☆
175401 Geum coccineum Sibth. et Sm. = Geum chilense Balb. ex Ser. ■☆
175402 Geum dryadoides DC.;墨西哥水杨梅■☆
175403 Geum elatum Wall. ex G. Don var. humile Franch. = Coluria longifolia Maxim. ■
175404 Geum elatum Wall. ex Hook. f. = Acomastylis elata (Royle) F. Bolle ■

175405 Geum elatum Wall. ex Hook. f. var. humile (Royle) Hook. f. = Acomastylis elata (Royle) F. Bolle var. humilis (Royle) F. Bolle ■

175406 Geum elatum Wall. ex Hook. f. var. humile Franch. = Coluria longifolia Maxim. ■

175407 Geum elatum Wall. ex Hook. f. var. leiocarpum W. E. Evans = Acomastylis elata (Royle) F. Bolle ■

175408 Geum elatum Wall. ex Hook. f. var. leiocarpum W. E. Evans = Acomastylis elata (Royle) F. Bolle var. leiocarpa (Evans) F. Bolle ■

175409 Geum elatum Wall. ex Hook. f. var. leiocarpum W. E. Evans = Geum elatum Wall. ex Hook. f. var. humile (Royle) Hook. f. ■

175410 Geum fauriei H. Lév.;法氏路边青;Faurie Avens ■☆

175411 Geum geniculatum Michx.;膝曲路边青■☆

175412 Geum glabricaule Juz. = Geum aleppicum Jacq. f. glabricaule (Juz.) Kitag. ■☆

175413 Geum gracilipes (Piper) M. Peck;细梗路边青■☆

175414 Geum grandiflorum K. Koch = Geum coccineum Sibth. et Sm. ■☆

175415 Geum intermedium Besser ex M. Bieb. = Geum aleppicum Jacq. ■

175416 Geum intermedium Ledeb. = Geum aleppicum Jacq. ■

175417 Geum japonicum Thunb.;日本路边青(卜地香,地椒,凤凰窝,红心草,华东水杨梅,换骨丹,见肿消,蓝布正,老蛇骚,路边黄,路边香,南布正,日本水杨梅,柔毛水杨梅,水杨梅,水益母,头晕药,乌骨鸡,五气朝阳草,香鸡归,追风七);Japan Avens, Japanese Avens ■

175418 Geum japonicum Thunb. f. iyoanum (Koidz.) H. Ikeda;伊余路边青■☆

175419 Geum japonicum Thunb. f. pleniflorum Okuhara;重瓣日本路边青■☆

175420 Geum japonicum Thunb. var. chinensis F. Bolle;柔毛路边青(地椒,地椒草,红心草,见肿消,蓝布正,路边黄,路边青,南布正,南水杨梅,柔毛兰布正,柔毛水杨梅,水杨梅,水益母,头晕药,五气朝阴草,追风七)■

175421 Geum japonicum Thunb. var. iyoanum (Koidz.) Murata = Geum japonicum Thunb. f. iyoanum (Koidz.) H. Ikeda ■☆

175422 Geum japonicum Thunb. var. sachalinense Koidz. = Geum macrophyllum Willd. ■☆

175423 Geum laciniatum Murray;粗糙路边青(条裂路边青);Rough Avens ■☆

175424 Geum laciniatum Murray var. trichocarpum Fernald = Geum laciniatum Murray ■☆

175425 Geum latilobum Sommier et H. Lév.;宽裂路边青■☆

175426 Geum macrophyllum Willd.;大叶路边青;Big-leaved Avens, Largeleaf Avens, Large-leaved Avens ■☆

175427 Geum macrophyllum Willd. subsp. fauriei (H. Lév.) Vorosch. = Geum macrophyllum Willd. ■☆

175428 Geum macrophyllum Willd. subsp. perincisum (Rydb.) Hultén = Geum macrophyllum Willd. var. perincisum (Rydb.) Raup ■☆

175429 Geum macrophyllum Willd. var. perincisum (Rydb.) Raup;北美路边青;Big-leaved Avens, Large-leaved Avens ■☆

175430 Geum macrophyllum Willd. var. rydbergii Farw. = Geum macrophyllum Willd. var. perincisum (Rydb.) Raup ■☆

175431 Geum macrophyllum Willd. var. sachalinense (Koidz.) H. Hara;库页路边青■☆

175432 Geum macrosepalum Ludlow = Acomastylis macrosepala (Ludlow) Te T. Yu et C. L. Li ■

175433 Geum montanum L.;山地路边青(高山水杨梅);Alpine Avens, Mountain Avens ■☆

175434 Geum oligocarpum J. Krause = Coluria oligocarpa (J. Krause) F. Bolle ■

175435 Geum oregonense (Scheutz) Rydb. = Geum macrophyllum Willd. var. perincisum (Rydb.) Raup ■☆

175436 Geum peckii Pursh;北美山地路边青;Mountain Avens ■☆

175437 Geum pentapetalum (L.) Makino = Sieversia pentapetala (L.) Greene ●☆

175438 Geum perincisum Rydb. = Geum macrophyllum Willd. var. perincisum (Rydb.) Raup ■☆

175439 Geum perincisum Rydb. var. intermedium B. Boivin = Geum macrophyllum Willd. var. perincisum (Rydb.) Raup ■☆

175440 Geum potaninii Juz. = Geum aleppicum Jacq. ■

175441 Geum pyrenaicum Koch;比利牛斯路边青;Pyrenean Avens ■☆

175442 Geum quellyon Sweet;猩红路边青;Scarlet Avens ■☆

175443 Geum reptans L.;匍匐路边青■☆

175444 Geum rivale L.;紫萼路边青(河岸水杨梅,河地苓,溪生水杨梅,紫萼水杨梅);Beelzebub, Bill Buttons, Billy Buttons, Billy's Buttons, Brookside Avens, Chocolate Root, Cocks-and-hens, Cure-all, Devil's Burtons, Devil's Button, Drooping Avens, Egyptian, Egyptian Geum, Egyptian Granny's Cap, Fairy's Bath, Granny's Bonnet, Granny's Bonnets, Granny's Cap, Granny's Nightcap, Indian Chocolate, London Basket, London Bob, London Bobs, Nodding Avens, Old Woman's Bonnets, Purple Avens, Purple Mountain Avens, Purple Mountainavens, Soldier Buttons, Soldier's Buttons, Water Avens, Water Flower ■

175445 Geum sadleri Friv. = Geum coccineum Sibth. et Sm. ■☆

175446 Geum strictum Aiton;直路边青;Erect Averts, Yellow Avens ■☆

175447 Geum strictum Aiton = Geum aleppicum Jacq. ■

175448 Geum strictum Aiton var. bipinnatum Batalin = Geum aleppicum Jacq. ■

175449 Geum strictum Aiton var. decurrens (Rydb.) Kearney et Peebles = Geum aleppicum Jacq. ■

175450 Geum sylvaticum Pourr.;林地路边青●☆

175451 Geum sylvaticum Pourr. var. atlanticum (Desf.) Font Quer et Pau = Geum sylvaticum Pourr. ●☆

175452 Geum triflorum Pursh;三花路边青;Camproot, Grandfather's Beard, Old Man's Whiskers, Old-man's-whiskers, Prairie Smoke, Prairie-smoke, Yellow Avens ■☆

175453 Geum triflorum Pursh f. pallidum Fassett = Geum triflorum Pursh ■☆

175454 Geum urbanum L.;西藏水杨梅(城市水杨梅,丁字根,欧亚路边青,普提香);Anancia, Asarabacca, Avance, Avens, Benedict's Herb Blessed Herb, City Avens, Clove-root, Clovewort, Colewort, Common Avens, Cow-wort, Enancia, Gold Star, Goldy, Harefoot, Herb Bennett, Herb Bonnet, Herbal Bonnet, London Basket, Minaster, Ram's Foot, St. Benedict's Herb, Star of the Earth, Star of the North, Star-of-the North, Star-of-the-earth, Way Bennett, Wild Rye, Wood Avens, Yellow Avens, Yellow Strawberry ■

175455 Geum urbanum L. subsp. oregonense Scheutz = Geum macrophyllum Willd. var. perincisum (Rydb.) Raup ■☆

175456 Geum urbanum L. var. mauritanicum Pomel = Geum urbanum L. ■

175457 Geum vernum (Raf.) Torr. et A. Gray;春路边青;Early Water Avens, Spring Avens ■☆

175458 Geum vidalii Franch. et Sav. = Geum aleppicum Jacq. ■

175459 Geum virginianum L.;弗州路边青;Cream Avens, Cream-colored Avens, Pale Avens, Throat Root, White Avens ■☆

175460 Geuncus Raf. = Geum Mill. ■
175461 Geunsia Blume = Callicarpa L. ●
175462 Geunsia Moc. et Sessé = Calandrinia Kunth(保留属名)■☆
175463 Geunsia Neck. = Hypoestes Sol. ex R. Br. ●■
175464 Geunsia Neck. ex Raf. (1838);金丝木属●☆
175465 Geunsia Raf. = Geum L. ■
175466 Geunsia pentandra (Roxb.) Merr.;集蕊金丝木●☆
175467 Geunzia Neck. = Samyda Jacq. (保留属名)●☆
175468 Gevuina Molina(1782);热夫山龙眼属(格伏纳属,格优纳属,智利榛属);Gevuina ●☆
175469 Gevuina avellana Molina;智利热夫山龙眼(智利榛);Chile Hazel,Chile Nut,Chilean Hazel,Chilean Nut ●☆
175470 Ghaznianthus Lincz. (1979);宽叶彩花属●☆
175471 Ghaznianthus rechingeri (Freitag) Lincz.;宽叶彩花■☆
175472 Ghesaembilla Adans. (废弃属名) = Embelia Burm. f. (保留属名)●■
175473 Ghiesbrechtia Lindl. = Calanthe R. Br. (保留属名)■
175474 Ghiesbrechtia Lindl. = Ghiesbreghtia A. Rich. et Galeotti ■
175475 Ghiesbreghtia A. Gray = Eremogeton Standl. et L. O. Williams ●☆
175476 Ghiesbreghtia A. Rich. et Galeotti = Calanthe R. Br. (保留属名)■
175477 Ghikaea Volkens et Schweinf. (1898);吉卡列当属●☆
175478 Ghikaea speciosa (Rendle) Diels;吉卡列当●☆
175479 Ghikaea spectabilis Volkens et Schweinf. = Ghikaea speciosa (Rendle) Diels ●☆
175480 Ghikaea spectabilis Volkens et Schweinf. var. denticulata Engl. = Ghikaea speciosa (Rendle) Diels ●☆
175481 Ghinia Bubani = Cardamine L. ■
175482 Ghinia Schreb. = Tamonea Aubl. ■●☆
175483 Giadendraceae Tiegh. exNakai = Loranthaceae Juss. (保留科名)●
175484 Giadotrum Pichon = Cleghornia Wight ●
175485 Giadotrum malaccense (Hook. f.) Pichon = Cleghornia malaccensis (Hook. f.) King et Gamble ●
175486 Gibasis Raf. (1837);膨基鸭跖草属■☆
175487 Gibasis Raf. = Tradescantia L. ■
175488 Gibasis geniculata (Jacq.) Rohweder;膝曲膨基鸭跖草;Bridal Veil ■☆
175489 Gibasis pellucida (M. Martens et Galeotti) D. R. Hunt;膨基鸭跖草;Dotted Bridalveil,Tahitian Bridal Veil,Tahitian Bridal-veil ■☆
175490 Gibasis schiedeana (Kunth) D. R. Hunt = Gibasis pellucida (M. Martens et Galeotti) D. R. Hunt ■☆
175491 Gibasoides D. R. Hunt(1978);伞花草属■☆
175492 Gibasoides laxiflora (C. B. Clarke) D. R. Hunt;伞花草■☆
175493 Gibbaeum Haw. = Gibbaeum Haw. ex N. E. Br. ●☆
175494 Gibbaeum Haw. ex N. E. Br. (1922);宝锭草属(宝锭属,驼峰花属,藻丽玉属)●☆
175495 Gibbaeum N. E. Br. = Gibbaeum Haw. ex N. E. Br. ●☆
175496 Gibbaeum album N. E. Br.;宝锭草(白魔)■☆
175497 Gibbaeum album N. E. Br. f. roseum (N. E. Br.) G. D. Rowley = Gibbaeum album N. E. Br. ■☆
175498 Gibbaeum album N. E. Br. var. roseum ? = Gibbaeum album N. E. Br. ■☆
175499 Gibbaeum angulipes (L. Bolus) N. E. Br.;细梗宝锭草■☆
175500 Gibbaeum argenteum N. E. Br. = Gibbaeum pubescens (Haw.) N. E. Br. ■☆
175501 Gibbaeum blackburniae L. Bolus = Gibbaeum heathii (N. E. Br.) L. Bolus ■☆
175502 Gibbaeum comptonii (L. Bolus) L. Bolus = Gibbaeum heathii (N. E. Br.) L. Bolus ■☆
175503 Gibbaeum cryptopodium (Kensit) L. Bolus = Gibbaeum nuciforme (Haw.) Glen et H. E. K. Hartmann ■☆
175504 Gibbaeum dispar N. E. Br.;无比玉■☆
175505 Gibbaeum esterhuyseniae L. Bolus;埃斯特宝锭草■☆
175506 Gibbaeum fissoides (Haw.) Nel;碧玉■☆
175507 Gibbaeum fissoides (Haw.) Nel = Antegibbaeum fissoides (Haw.) Schwantes ex C. Weber ■☆
175508 Gibbaeum geminum N. E. Br.;青珠子玉■☆
175509 Gibbaeum gibbosum (Haw.) N. E. Br.;碧鲛■☆
175510 Gibbaeum gibbosum N. E. Br. = Gibbaeum gibbosum (Haw.) N. E. Br. ■☆
175511 Gibbaeum haagei Schwantes = Gibbaeum haagei Schwantes ex H. Jacobsen ■☆
175512 Gibbaeum haagei Schwantes ex H. Jacobsen;波枕■☆
175513 Gibbaeum heathii (N. E. Br.) L. Bolus;晓晃玉■☆
175514 Gibbaeum heathii (N. E. Br.) L. Bolus var. elevatum (L. Bolus) L. Bolus = Gibbaeum heathii (N. E. Br.) L. Bolus ■☆
175515 Gibbaeum heathii (N. E. Br.) L. Bolus var. majus (L. Bolus) L. Bolus = Gibbaeum heathii (N. E. Br.) L. Bolus ■☆
175516 Gibbaeum helmiae L. Bolus = Gibbaeum nuciforme (Haw.) Glen et H. E. K. Hartmann ■☆
175517 Gibbaeum hortenseae (N. E. Br.) Thiede et Klak = Muiria hortenseae N. E. Br. ■☆
175518 Gibbaeum johnstonii Van Jaarsv. et S. A. Hammer = Gibbaeum nebrownii Tischer ■☆
175519 Gibbaeum luckhoffii L. Bolus = Gibbaeum heathii (N. E. Br.) L. Bolus ■☆
175520 Gibbaeum luteoviride (Haw.) N. E. Br. = Gibbaeum gibbosum (Haw.) N. E. Br. ■☆
175521 Gibbaeum marlothii N. E. Br. = Gibbaeum gibbosum (Haw.) N. E. Br. ■☆
175522 Gibbaeum molle N. E. Br. = Gibbaeum nuciforme (Haw.) Glen et H. E. K. Hartmann ■☆
175523 Gibbaeum muirii N. E. Br. = Gibbaeum gibbosum (Haw.) N. E. Br. ■☆
175524 Gibbaeum nebrownii Tischer;翠铃■☆
175525 Gibbaeum nelii Schwantes = Antegibbaeum fissoides (Haw.) Schwantes ex C. Weber ■☆
175526 Gibbaeum nuciforme (Haw.) Glen et H. E. K. Hartmann;藻丽玉■☆
175527 Gibbaeum pachypodium (Kensit) L. Bolus;初鲛■☆
175528 Gibbaeum pachypodium L. Bolus = Gibbaeum pachypodium (Kensit) L. Bolus ■☆
175529 Gibbaeum perviride (Haw.) N. E. Br. = Gibbaeum gibbosum (Haw.) N. E. Br. ■☆
175530 Gibbaeum petrense (N. E. Br.) Tischer;春琴玉(彼得宝锭)■☆
175531 Gibbaeum pilosulum (N. E. Br.) N. E. Br.;翠滴玉■☆
175532 Gibbaeum pilosulum N. E. Br. = Gibbaeum pilosulum (N. E. Br.) N. E. Br. ■☆
175533 Gibbaeum pubescens (Haw.) N. E. Br.;立鲛■☆
175534 Gibbaeum pubescens (Haw.) N. E. Br. subsp. shandii (N. E. Br.) Glen = Gibbaeum shandii N. E. Br. ■☆

175535 Gibbaeum pubescens N. E. Br. = Gibbaeum pubescens (Haw.) N. E. Br. ■☆
175536 Gibbaeum schwantesii Tischer = Gibbaeum velutinum (L. Bolus) Schwantes ■☆
175537 Gibbaeum shandii N. E. Br.;银鲛■☆
175538 Gibbaeum tischleri H. Wulff = Gibbaeum petrense (N. E. Br.) Tischer ■☆
175539 Gibbaeum velutinum (L. Bolus) Schwantes;大鲛■☆
175540 Gibbaeum velutinum Schwantes = Gibbaeum velutinum (L. Bolus) Schwantes ■☆
175541 Gibbaria Cass. (1817);银盏花属■☆
175542 Gibbaria bicolor Cass. = Gibbaria scabra (Thunb.) Norl. ■☆
175543 Gibbaria ilicifolia (L.) Norl. = Nephrotheca ilicifolia (L.) B. Nord. et Källersjö ■☆
175544 Gibbaria scabra (Thunb.) Norl.;银盏花■☆
175545 Gibbesia Small = Paronychia Mill. ■
175546 Gibbesia rugelii (Chapm.) Small = Paronychia rugelii (Chapm.) Shuttlew. ex Chapm. ■☆
175547 Gibbsia Rendle(1917);盘柱麻属●☆
175548 Gibbsia carstenszensis Rendle;盘柱麻●☆
175549 Gibsonia Stocks = Calligonum L. ●
175550 Gibsoniothamnus L. O. Williams(1970);吉灌玄参属●☆
175551 Gibsoniothamnus alatus A. H. Gentry;翅吉灌玄参●☆
175552 Gibsoniothamnus allenii A. H. Gentry;阿伦吉灌玄参●☆
175553 Gibsoniothamnus latidentatus A. H. Gentry;宽齿吉灌玄参●☆
175554 Gibsoniothamnus parvifolius Barringer;小叶吉灌玄参●☆
175555 Gibsoniothamnus pterocalyx A. H. Gentry;翅萼吉灌玄参●☆
175556 Gibsoniothamnus truncatus A. H. Gentry;平截吉灌玄参●☆
175557 Gibsoniothamnus versicolor A. H. Gentry et Barringer;斑叶吉灌玄参●☆
175558 Gieseckia Rchb. = Giesekia Agardh ■
175559 Giesekia Agardh = Gisekia L. ■
175560 Giesleria Regel = Isoloma Decne. ●■☆
175561 Giesleria Regel = Kohleria Regel ●■☆
175562 Giesleria Regel = Tydaea Decne. ●■☆
175563 Gifola Cass. = Filago L. (保留属名)■
175564 Gifola fuscescens (Pomel) Chrtek et Holub = Filago fuscescens Pomel ■☆
175565 Gifola germanica (Huds.) Dumort. = Filago vulgaris Lam. ■☆
175566 Gifola germanica (L.) Dumort. = Filago vulgaris Lam. ■☆
175567 Gifola germanica Cass. = Filago spathulata C. Presl ■
175568 Gifola germanica Dumort. = Filago vulgaris Lam. ■☆
175569 Gifola microcephala (Pomel) Chrtek et Holub = Filago micropodioides Lange ■☆
175570 Gifola micropodioides (Lange) Chrtek et Holub = Filago micropodioides Lange ■☆
175571 Gifola numidica (Pomel) Chrtek et Holub = Filago vulgaris Lam. ■☆
175572 Gifola pyramidata (L.) Dumort. = Filago pyramidata L. ■
175573 Gifola robusta (Pomel) Chrtek et Holub = Filago pyramidata L. ■
175574 Gifola spatulata Rchb. f. = Filago pyramidata L. ■
175575 Gifolaria Pomel = Gifola Cass. ■
175576 Gifolaria floribunda Pomel = Filago mareotica Delile ■☆
175577 Gifolaria mareotica (Delile) Chrtek et Holub = Filago mareotica Delile ■☆
175578 Gigachilon Seidl = Triticum L. ■
175579 Gigachilon aethiopicum (Jakubz.) Á. Löve = Triticum aethiopicum Jakubz. ■☆
175580 Gigachilon polonicum (L.) Seidl = Triticum turgidum L. subsp. polonicum (L.) Á. Löve et D. Löve ■
175581 Gigachilon polonicum (L.) Seidl subsp. dicoccum (Schrank) Á. Löve = Triticum turgidum L. subsp. dicoccum (Schrank) Thell. ■☆
175582 Gigachilon polonicum (L.) Seidl subsp. durum (Desf.) Á. Löve = Triticum turgidum L. subsp. durum (Desf.) Husn. ■
175583 Gigachilon polonicum (L.) Seidl subsp. turgidum (L.) Á. Löve = Triticum turgidum L. ■
175584 Gigalobium P. Browne(废弃属名) = Entada Adans. (保留属名)●
175585 Giganthemum Welw. (废弃属名) = Camoensia Welw. ex Benth. et Hook. f. (保留属名)●☆
175586 Giganthemum scandens Welw. = Camoensia scandens (Welw.) J. B. Gillett ●☆
175587 Gigantochloa Kurz = Gigantochloa Kurz ex Munro ●
175588 Gigantochloa Kurz ex Munro(1868);巨竹属(滇竹属,巨草竹属,硕竹属);Giant Bamboo,Giantgrass,Giant-grass ●
175589 Gigantochloa albociliata (Munro) Kurz;白毛巨竹(白毛巨草竹,白缘毛硕竹);White-hair Giantgrass,White-haired Giant-grass ●
175590 Gigantochloa andamanica Kurz = Gigantochloa nigrociliata (Büse) Kurz ●
175591 Gigantochloa apus Kurz;爪哇巨竹(马来巨草竹)●☆
175592 Gigantochloa aspera (Schult. et Schult. f.) Kurz = Dendrocalamus asper (Schult. et Schult. f.) Backer ex K. Heyne ●
175593 Gigantochloa aspera (Schult.) Kurz ex Teijsm. et Binn. = Dendrocalamus asper (Schult. et Schult. f.) Backer ex K. Heyne ●
175594 Gigantochloa atroviolacea Widjaja;深紫巨竹;Black Asper,Black Bamboo ●☆
175595 Gigantochloa atroviolacea Widjaja 'Timor Black';帝汶深紫巨竹;Timor Black Bamboo ●☆
175596 Gigantochloa atroviolacea Widjaja 'Tropical Black';热带深紫巨竹;Tropical Black Bamboo ●☆
175597 Gigantochloa atter (Hassk.) Kurz ex Munro;黑巨竹;Black Giantgrass ●
175598 Gigantochloa felix (Keng) P. C. Keng;滇竹(南峤巨竹);Fruitful Giantgrass,Yunnan Giant-grass ●
175599 Gigantochloa hasslarliana J. L. Sun = Gigantochloa nigrociliata (Büse) Kurz ●
175600 Gigantochloa levis (Blanco) Merr.;毛笋竹(菲律宾巨草竹,菲律宾巨竹,光笋竹);Hairy Bamboo-shoot Giant-grass,Smooth-shoot Gigantochloa ●
175601 Gigantochloa levis (Blanco) Merr. = Dendrocalamus asper (Schult. et Schult. f.) Backer ex K. Heyne ●
175602 Gigantochloa levis (Blanco) Merr. = Gigantochloa aspera (Schult.) Kurz ex Teijsm. et Binn. ●
175603 Gigantochloa levis Merr. = Dendrocalamus asper (Schult. et Schult. f.) Backer ex K. Heyne ●
175604 Gigantochloa levis Merr. = Gigantochloa aspera (Schult.) Kurz ex Teijsm. et Binn. ●
175605 Gigantochloa liguilate Gamble;长舌巨竹;Long-ligulated Giant-grass ●
175606 Gigantochloa maxima (Lour.) Kurz = Gigantochloa verticillata (Willd.) Munro ●
175607 Gigantochloa nigrociliata (Büse) Kurz;黑毛巨竹(黑毛巨草竹);Black-fringed Giant Bamboo,Black-hair Giant Bamboo,

Blackhair Giantgrass, Black-haired Giant-grass ●
175608 Gigantochloa parviflora (P. C. Keng) P. C. Keng;南峤滇竹(滇竹);Parviflorous Giant-grass ●
175609 Gigantochloa pseudoarundinacea (Steud.) Widjaja;西爪哇巨竹;West Java Pipe-bamboo, West-Java Hollow-culmed Bamboo ●☆
175610 Gigantochloa pseudoarundinacea (Steud.) Widjaja = Gigantochloa verticillata (Willd.) Munro ●
175611 Gigantochloa verticillata (Willd.) Munro;花巨竹(大草竹,滇竹,琴丝滇竹,条纹巨草竹);Stripe-leaved Bamboo, Whorled Giant-grass, Yunnan Giantgrass ●
175612 Gigasiphon Drake = Bauhinia L. ●
175613 Gigasiphon gossweileri (Baker f.) Torre et Hillc. = Bauhinia gossweileri Baker f. ●☆
175614 Gigasiphon humblotianum (Baill.) Drake = Bauhinia humblotiana Baill. ●☆
175615 Gigasiphon macrosiphon (Harms) Brenan = Bauhinia macrosiphon Harms ●☆
175616 Gigliolia Barb. Rodr. = Octomeria R. Br. ■☆
175617 Gigliolia Becc. = Areca L. ●
175618 Gigliolia Becc. = Pichisermollia H. C. Monteiro ●
175619 Gijefa (M. Roem.) Kuntze = Corallocarpus Welw. ex Benth. et Hook. f. ■☆
175620 Gijefa (M. Roem.) Kuntze = Kedrostis Medik. ■☆
175621 Gijefa (M. Roem.) Post et Kuntze = Corallocarpus Welw. ex Benth. et Hook. f. ■☆
175622 Gijefa (M. Roem.) Post et Kuntze = Kedrostis Medik. ■☆
175623 Gilberta Turcz. (1851);平托鼠麹草属■☆
175624 Gilberta Turcz. = Myriocephalus Benth. ■☆
175625 Gilberta tenuifolia Turcz.;平托鼠麹草■☆
175626 Gilbertieila Boutique = Monanthotaxis Baill. ●☆
175627 Gilbertiella Boutique(1951);吉尔树属(吉伯木属)●☆
175628 Gilbertiella congolana Boutique;吉尔树(吉伯木)●☆
175629 Gilbertiodendron J. Léonard(1952);吉尔苏木属(大瓣苏木属)●☆
175630 Gilbertiodendron aylmeri (Hutch. et Dalziel) J. Léonard;艾梅吉尔苏木●☆
175631 Gilbertiodendron barbulatum (Pellegr.) J. Léonard;髯毛吉尔苏木●☆
175632 Gilbertiodendron bilineatum (Hutch. et Dalziel) J. Léonard;双条纹吉尔苏木●☆
175633 Gilbertiodendron brachystegioides (Harms) J. Léonard;短盖吉尔苏木●☆
175634 Gilbertiodendron breynei Bamps;布雷恩吉尔苏木●☆
175635 Gilbertiodendron demonstrans (Baill.) J. Léonard;热非苏木●☆
175636 Gilbertiodendron dewevrei (De Wild.) J. Léonard;吉尔苏木(大瓣苏木)●☆
175637 Gilbertiodendron dinklagei (Harms) J. Léonard = Gilbertiodendron demonstrans (Baill.) J. Léonard ●☆
175638 Gilbertiodendron grandiflorum (De Wild.) J. Léonard;大花吉尔苏木●☆
175639 Gilbertiodendron grandistipulatum (De Wild.) J. Léonard;大托叶吉尔苏木●☆
175640 Gilbertiodendron imenoense (Pellegr.) J. Léonard;伊梅诺吉尔苏木●☆
175641 Gilbertiodendron ivorense (A. Chev.) J. Léonard;伊沃里吉尔苏木●☆
175642 Gilbertiodendron klainei (Pierre ex Pellegr.) J. Léonard;克莱恩吉尔苏木●☆
175643 Gilbertiodendron limba (Scott-Elliot) J. Léonard;具边吉尔苏木●☆
175644 Gilbertiodendron limosum (Pellegr.) J. Léonard;湿地吉尔苏木●☆
175645 Gilbertiodendron mayombense (Pellegr.) J. Léonard;马永贝吉尔苏木(马永贝大瓣苏木)●☆
175646 Gilbertiodendron ngounyense (Pellegr.) J. Léonard;恩古涅吉尔苏木(恩古涅大瓣苏木)●☆
175647 Gilbertiodendron obliquum (Stapf) J. Léonard;斜生吉尔苏木●☆
175648 Gilbertiodendron ogoouense (Pellegr.) J. Léonard;奥果韦吉尔苏木●☆
175649 Gilbertiodendron pachyanthum (Harms) J. Léonard;粗花吉尔苏木●☆
175650 Gilbertiodendron preussii (Harms) J. Léonard;普罗吉尔苏木●☆
175651 Gilbertiodendron quadrifolium (Harms) J. Léonard;四叶吉尔苏木●☆
175652 Gilbertiodendron robynsianum Aubrév. et Pellegr.;罗宾斯吉尔苏木●☆
175653 Gilbertiodendron splendidum (A. Chev. ex Hutch. et Dalziel) J. Léonard;华美吉尔苏木(华美大瓣苏木)●☆
175654 Gilbertiodendron stipulaceum (Benth.) J. Léonard;托叶吉尔苏木●☆
175655 Gilbertiodendron straussianum (Harms) J. Léonard;斯特劳斯吉尔苏木●☆
175656 Gilbertiodendron taiense Aubrév. = Gilbertiodendron preussii (Harms) J. Léonard ●☆
175657 Gilbertiodendron unijugum (Pellegr.) J. Léonard;成双吉尔苏木●☆
175658 Gilbertiodendron zenkeri (Harms) J. Léonard;岑克尔吉尔苏木(岑克尔大瓣苏木)●☆
175659 Gilesia F. Muell. (1875);贾尔斯梧桐属●☆
175660 Gilesia F. Muell. = Hermannia L. ●☆
175661 Gilesia biniflora F. Muell.;贾尔斯梧桐●☆
175662 Gilgia Pax = Glossonema Decne. ■☆
175663 Gilgia candida Pax = Glossonema revoilii Franch. ■☆
175664 Gilgiochloa Pilg. (1914);吉尔格草属■☆
175665 Gilgiochloa alopecuroides Peter = Gilgiochloa indurata Pilg. ■☆
175666 Gilgiochloa indurata Pilg.;吉尔格草■☆
175667 Gilgiodaphne Domke = Synandrodaphne Gilg(保留属名)●☆
175668 Gilia Ruiz et Pav. (1794);吉莉花属(吉利花属,吉莉草属);Gilia ■●☆
175669 Gilia achilleifolia Benth.;蓍叶吉莉花(蓍叶吉莉草);California Gilia, Yarrow Gilia ■☆
175670 Gilia achilleifolia Benth. subsp. multicaulis (Benth.) V. E. Grant et A. L. Grant;多茎蓍叶吉莉花;California Gilia ■☆
175671 Gilia aggregata (Pursh) Spreng.;密集吉莉花;Scarlet Gilia, Skyrocket ■☆
175672 Gilia androsacea Steud.;点地梅状吉莉花;False Baby-stars, Trumpet Gilia ■☆
175673 Gilia attenuata (A. Gray) A. Nelson;猩红吉莉花;Scarlet Gilia, Scarlet Trumpet, Skyrocket ■☆
175674 Gilia aurea Nutt.;金色吉莉花;Golden Gilia ■☆
175675 Gilia brevicula A. Gray;长管吉莉花;Long-tubed Gilia ■☆

175676　Gilia californica Benth.；加州吉莉花；Prickly Phlox ■☆
175677　Gilia capitata Sims；头状吉莉花(球花吉莉草，头花吉莉草)；Blue Field Gilia, Blue Thimble Flower, Globe Gilia, Queen Anne's Thimble Flower, Queen Anne's Thimble-flower ■☆
175678　Gilia capitata Sims subsp. abrotanifolia (Nutt. ex Greene) V. E. Grant；丝叶头状吉莉花；Blue-field Gilia ■☆
175679　Gilia coccinea Gray = Collomia biflora Brand ■☆
175680　Gilia coronopifolia Pers. = Gilia rubra (L.) A. Heller. ■☆
175681　Gilia demissa A. Gray；下垂吉莉花；Humble Gilia ■☆
175682　Gilia densiflora (Benth.) Endl.；密花吉莉花(大吉利花)；Tube Gilia ■☆
175683　Gilia dichotoma Benth.；双叉吉莉花；Evening Snow ■☆
175684　Gilia divaricata Nutt. = Allophyllum divaricatum (Nutt.) Arn. et V. E. Grant ■☆
175685　Gilia grandiflora Steud.；大花吉莉花■☆
175686　Gilia grandiflora Steud. = Collomia grandiflora Douglas ex Lindl. ■☆
175687　Gilia laciniata Ruiz et Pav.；条裂吉莉花；Cutleaf Gilia ■☆
175688　Gilia latifolia S. Watson；宽叶吉莉花；Broad-leaved Gilia ■☆
175689　Gilia leptomeria A. Gray；齿叶吉莉花；Tooth-leaved Gilia ■☆
175690　Gilia linearis (Nutt.) A. Gray = Collomia linearis Nutt. ■☆
175691　Gilia liniflora Benth.；百合状吉莉花；Flaxflower Gilia ■☆
175692　Gilia linifolia Benth.；亚麻叶吉莉花■☆
175693　Gilia longiflora (Torr.) G. Don；长花吉莉花；White Gilia ■☆
175694　Gilia lutea Steud.；黄色吉莉花；Threadflower Gilia ■☆
175695　Gilia micrantha Steud. = Gilia lutea Steud. ■☆
175696　Gilia montana Nelson et Kenn.；山地吉莉花；Gilia ■☆
175697　Gilia multicaulis Benth. = Gilia achilleifolia Benth. subsp. multicaulis (Benth.) V. E. Grant et A. L. Grant ■☆
175698　Gilia multicaulis Benth. subsp. peduncularis (Eastw. ex Milliken) H. Mason et A. D. Grant = Gilia achilleifolia Benth. subsp. multicaulis (Benth.) V. E. Grant et A. L. Grant ■☆
175699　Gilia multicaulis Benth. var. alba Milliken = Gilia achilleifolia Benth. subsp. multicaulis (Benth.) V. E. Grant et A. L. Grant ■☆
175700　Gilia peduncularis Eastw. ex Milliken = Gilia achilleifolia Benth. subsp. multicaulis (Benth.) V. E. Grant et A. L. Grant ■☆
175701　Gilia punctata (A. Gray) Munz；斑点吉莉花；Lilac Sunbonnet, Spotted Gilia ■☆
175702　Gilia rigidula Benth. subsp. arenosa (A. Gray) Wherry = Gilia rigidula Benth. var. arenosa A. Gray ■☆
175703　Gilia rigidula Benth. var. arenosa A. Gray；针状吉莉花；Bluebowls ■☆
175704　Gilia rubra (L.) A. Heller；红吉利花(直立红杉花)；Red Gilia, Scarlet Gilia, Standing Cypress, Standing-cypress ■☆
175705　Gilia rubra (L.) A. Heller = Gilia rubra (L.) A. Heller. ■☆
175706　Gilia rubra (L.) A. Heller = Ipomopsis rubra (L.) Wherry ■☆
175707　Gilia squarrosa (Eschsch.) Hook. et Arn.；糙叶吉利花■☆
175708　Gilia tricolor Benth.；三色吉莉花(三色介代花)；Biddy's Eyes, Bird's Eye, Birdseye Gilia, Bird's-eye Gilia, Scarlet Gilia, Skyrocket ■☆
175709　Giliastrum (Brand) Rydb. (1917)；肖吉莉花属■☆
175710　Giliastrum (Brand) Rydb. = Gilia Ruiz et Pav. ■●☆
175711　Giliastrum Rydb. = Gilia Ruiz et Pav. ■●☆
175712　Giliastrum Rydb. = Giliastrum (Brand) Rydb. ■☆
175713　Giliastrum rigidulum (Benth.) Rydb.；肖吉莉花■☆
175714　Giliberta Cothen. = Tonina Aubl. ■☆
175715　Giliberta St. -Lag. = Gilibertia J. F. Gmel. ●
175716　Gilibertia J. F. Gmel. = Quivisia Comm. ex Juss. ●
175717　Gilibertia J. F. Gmel. = Turraea L. ●
175718　Gilibertia Ruiz et Pav. = Dendropanax Decne. et Planch. ●
175719　Gilibertia acuminatissima (Merr.) Hu = Dendropanax proteus (Champ. ex Benth.) Benth. ●
175720　Gilibertia angustiloba Hu = Dendropanax proteus (Champ. ex Benth.) Benth. ●
175721　Gilibertia angustiloba Hu = Euaraliopsis ferruginea (H. L. Li) G. Hoo et C. J. Tseng ●
175722　Gilibertia caloneura Harms = Dendropanax caloneurus (Harms) Merr. ●
175723　Gilibertia chevalieri R. Vig. = Dendropanax chevalieri (R. Vig.) Merr. ●
175724　Gilibertia chevalieri Vig. = Dendropanax dentiger (Harms ex Diels) Merr. ●
175725　Gilibertia dentigera Harms = Dendropanax dentiger (Harms ex Diels) Merr. ●
175726　Gilibertia dentigera Harms ex Diels = Dendropanax dentiger (Harms ex Diels) Merr. ●
175727　Gilibertia dentigera Harms ex Diels var. anodonta Hand. -Mazz. = Dendropanax dentiger (Harms ex Diels) Merr. ●
175728　Gilibertia dentigera Harms var. anodonta Hand. -Mazz. = Dendropanax dentiger (Harms ex Diels) Merr. ●
175729　Gilibertia hainanensis Merr. et Chun = Dendropanax hainanensis (Merr. et Chun) Chun ●
175730　Gilibertia intercedens Hand. -Mazz. = Dendropanax dentiger (Harms ex Diels) Merr. ●
175731　Gilibertia japonica (Jungh.) Harms = Dendropanax trifidus (Thunb.) Makino ex H. Hara ●
175732　Gilibertia japonica Harms = Dendropanax trifidus (Thunb.) Makino ex H. Hara ●
175733　Gilibertia listeri (King) Hand. -Mazz. = Merrilliopanax listeri (King) H. L. Li ●◇
175734　Gilibertia listeri Hand. -Mazz. = Merrilliopanax listeri (King) H. L. Li ●◇
175735　Gilibertia membranifolia (W. W. Sm.) Hand. -Mazz. = Merrilliopanax membranifolius (W. W. Sm.) C. B. Shang ●
175736　Gilibertia membranifolia Hand. -Mazz. = Merrilliopanax listeri (King) H. L. Li ●◇
175737　Gilibertia myriantha Hand. -Mazz. = Merrilliopanax listeri (King) H. L. Li ●◇
175738　Gilibertia myriantha Hand. -Mazz. = Merrilliopanax membranifolius (W. W. Sm.) C. B. Shang ●
175739　Gilibertia palmata (Roxb. ex Lindl.) DC. = Trevesia palmata (Roxb. ex Lindl.) Vis. ●
175740　Gilibertia palmata DC. = Trevesia palmata (Roxb.) Vis. ●
175741　Gilibertia parviflora (Champ. ex Benth.) Harms = Dendropanax proteus (Champ. ex Benth.) Benth. ●
175742　Gilibertia parviflora Harms = Dendropanax proteus (Champ.) Benth. ●
175743　Gilibertia pellucidopunctata Hayata = Dendropanax dentiger (Harms ex Diels) Merr. ●
175744　Gilibertia pellucidopunctata Hayata = Dendropanax pellucidopunctatus (Hayata) Kaneh. ●
175745　Gilibertia petelotii Harms = Dendropanax hainanensis (Merr. et Chun) Chun ●
175746　Gilibertia protea (Champ. ex Benth.) Harms = Dendropanax

proteus (Champ. ex Benth.) Benth. ●
175747 Gilibertia protea Harms = Dendropanax proteus (Champ.) Benth. ●
175748 Gilibertia sinensis Nakai = Dendropanax dentiger (Harms ex Diels) Merr. ●
175749 Gilibertia trifida (Thunb. ex Murray) Makino = Dendropanax trifidus (Thunb.) Makino ex H. Hara ●
175750 Gilibertia trifida (Thunb.) Makino = Dendropanax trifidus (Thunb.) Makino ex H. Hara ●
175751 Gilibertia trifida Makino = Dendropanax trifidus (Thunb.) Makino ex H. Hara ●
175752 Gilibertia trifida Thunb. ex Murray = Dendropanax trifidus (Thunb.) Makino ex H. Hara ●
175753 Gilipus Raf. (1838);风箱茜属●
175754 Gilipus Raf. = Cephalanthus L. ●
175755 Gilipus Raf. = Myrica L. ●
175756 Gilipus montanus Raf.;风箱茜●☆
175757 Gillbeea F. Muell. (1865);吉尔木属●☆
175758 Gillbeea adenopetala F. Muell.;吉尔木●☆
175759 Gillena Adans. = Gilibertia J. F. Gmel. ●
175760 Gillenia Moench (1802);美吐根属(三叶绣线菊属);American Ipecac, Bowman's Root, False Ipecac, Indian Physic-plant ■☆
175761 Gillenia Steud. = Gilibertia J. F. Gmel. ●
175762 Gillenia Steud. = Gillena Adans. ●
175763 Gillenia stipulata (Muhl. ex Willd.) Baill.;美吐根(三叶蔷薇草);American Ipecac, American Ipecacuanha, Indian Physic ●☆
175764 Gillenia stipulata (Muhl. ex Willd.) Nutt. = Gillenia stipulata (Muhl. ex Willd.) Baill. ●☆
175765 Gillenia stipulata (Willd.) Baill. = Gillenia stipulata (Muhl. ex Willd.) Baill. ●☆
175766 Gillenia trifoliata (L.) Moench;阔叶美吐根(美吐根,三叶绣线菊);American Ipecac, Bowman's Root, Bowmans Root, Dime-a-bottle Plant, Indian Physic, Mountain Indian Physic ●☆
175767 Gillenia trifoliata Moench = Gillenia trifoliata (L.) Moench ●☆
175768 Gillenia trifoliata Moench = Porteranthus trifoliatus (L.) Britton ●☆
175769 Gillespiea A. C. Sm. (1936);吉来茜属☆
175770 Gillespiea speciosa A. C. Sm.;吉来茜☆
175771 Gilletiella De Wild. et T. Durand = Anomacanthus R. D. Good ●☆
175772 Gilletiella congolana De Wild. et T. Durand = Anomacanthus congolanus (De Wild. et T. Durand) Brummitt ●☆
175773 Gilletiodendron Vermoesen (1923);吉树豆属●☆
175774 Gilletiodendron escherichii (Harms) J. Léonard;埃舍里奇吉树豆●☆
175775 Gilletiodendron glandulosum (Portères) J. Léonard;具腺吉树豆●☆
175776 Gilletiodendron kisantuense (Vermoesen ex De Wild.) J. Léonard;基桑图吉树豆●☆
175777 Gilletiodendron mildbraedii (Harms) Vermoesen;米尔德吉树豆●☆
175778 Gilletiodendron pierreanum (Harms) J. Léonard;皮埃尔吉树豆●☆
175779 Gillettia Rendle = Anthericopsis Engl. ■☆
175780 Gillettia sepalosa (C. B. Clarke) Rendle = Anthericopsis sepalosa (C. B. Clarke) Engl. ■☆
175781 Gillia Bndl. = Gilia Ruiz et Pav. ■●☆
175782 Gilliesia Lindl. (1826);吉利葱属■☆
175783 Gilliesia graminea Lindl.;吉利葱■☆
175784 Gilliesiaceae Lindl. = Alliaceae Borkh. (保留科名) ■
175785 Gillonia A. Juss. = Gillenia Moench ■☆
175786 Gilmania Coville (1936);金垫蓼属;Golden Carpet ■☆
175787 Gilmania luteola (Coville) Coville;金垫蓼■☆
175788 Gilruthia Ewart (1909);寡头鼠麹草属■☆
175789 Gilruthia osbornii Ewart et White;寡头鼠麹草■☆
175790 Gimbernatea Ruiz et Pav. = Chuncoa Pav. ex Juss. ●
175791 Gimbernatea Ruiz et Pav. = Terminalia L. (保留属名) ●
175792 Ginalloa Korth. (1839);南亚槲寄生属●☆
175793 Ginalloa angustifolia (Merr.) Danser;窄叶南亚槲寄生●☆
175794 Ginalloa lanceolata C. B. Rob.;披针叶南亚槲寄生●☆
175795 Ginalloa linearis Danser;线形南亚槲寄生●☆
175796 Ginalloa nuda Danser;裸南亚槲寄生●☆
175797 Ginalloa ovata Danser;卵叶南亚槲寄生●☆
175798 Ginalloa spathulifolia Oliv.;匙叶南亚槲寄生●☆
175799 Ginalloa tenuifolia Tiegh.;细叶南亚槲寄生●☆
175800 Ginalloaceae Tiegh. = Santalaceae R. Br. (保留科名) ●■
175801 Ginaloaceae Tiegh. = Viscaceae Miq. ●
175802 Ginaloaceae Tiegh. ex Nakai = Viscaceae Miq. ●
175803 Ginannia Bubani = Holcus L. (保留属名) ■
175804 Ginannia F. Dietr. = Gilibertia Ruiz et Pav. ●
175805 Ginannia Scop. = Palovea Aubl. ■☆
175806 Gingidia J. W. Dawson (1974);新西兰草属☆
175807 Gingidium F. Muell. = Aciphylla J. R. Forst. et G. Forst. ■☆
175808 Gingidium Hill = Ammi L. ■
175809 Gingidium J. R. Forst. et G. Forst. = Gingidia J. W. Dawson ☆
175810 Ginginsia DC. = Pharnaceum L. ■●☆
175811 Ginginsia brevicaulis DC. = Pharnaceum brevicaule (DC.) Bartl. ■☆
175812 Ginkgo L. (1771);银杏属;Ginkgo, Maidenhair Tree, Maidenhairtree, Maidenhair-tree ●★
175813 Ginkgo biloba L.;银杏(白果,白果树,飞蛾叶,佛指柑,佛指甲,公孙树,灵眼,鸭脚,鸭脚子,鸭掌树,叶树);Ginkgo, Itch, Ityo, Maiden Hair Tree, Maidenhair Tree, Maidenhairtree, Maidenhair-tree ●
175814 Ginkgo biloba L. 'Aurea';金叶银杏●☆
175815 Ginkgo biloba L. 'Autumn Gold';金秋银杏;Male Ginkgo ●☆
175816 Ginkgo biloba L. 'Damaling';大马铃银杏;Damaling Ginkgo ●
175817 Ginkgo biloba L. 'Dameihai';大梅核银杏;Dameihe Ginkgo ●
175818 Ginkgo biloba L. 'Dongtinghuang';洞庭皇银杏;Dongtinghuang Ginkgo ●
175819 Ginkgo biloba L. 'Fastigiata';帚状银杏●☆
175820 Ginkgo biloba L. 'Fozhi';佛指;Fozhi Ginkgo ●
175821 Ginkgo biloba L. 'Ganlanfoshou';橄榄佛手银杏;Ganlanfoshow Ginkgo ●
175822 Ginkgo biloba L. 'Luanguofoshou';卵果佛手银杏;Luanguofoshow Ginkgo ●
175823 Ginkgo biloba L. 'Mianhuaguo';棉花果银杏;Mianhuaguo Ginkgo ●
175824 Ginkgo biloba L. 'Pendula';垂枝银杏(垂丝白果);Pendulous Ginkgo ●
175825 Ginkgo biloba L. 'Tongziguo';桐子果银杏;Tongziguo Ginkgo ●
175826 Ginkgo biloba L. 'Tremona';切莫纳银杏●☆
175827 Ginkgo biloba L. 'Variegata';斑叶银杏(斑叶白果);

Variegate Ginkgo ●

175828 Ginkgo biloba L. ‘Wuxinyinxing’; 无心银杏; Wuxinyinxing Ginkgo ●

175829 Ginkgo biloba L. ‘Xiaofoshou’; 小佛手银杏; Xiaofoshow Ginkgo ●

175830 Ginkgo biloba L. ‘Yaweiyinxing’; 鸭尾银杏; Yaweiyinxing Ginkgo ●

175831 Ginkgo biloba L. ‘Yuandifoshou’; 圆底佛手银杏; Yuandifoshow Ginkgo ●

175832 Ginkgo biloba L. f. aurea (Nelson) Beissn.; 黄叶银杏(黄叶白果)●

175833 Ginkgo biloba L. f. fastigiata (Henry) Rehder; 塔枝银杏●

175834 Ginkgo biloba L. f. laciniata (Carrière) Beissn.; 大叶银杏●

175835 Ginkgo biloba L. f. pendula (Van Geert) Beissn. = Ginkgo biloba L. ‘Pendula’●

175836 Ginkgo biloba L. f. variegata (Carrière) Beissn. = Ginkgo biloba L. ‘Variegata’●

175837 Ginkgo biloba L. var. laciniata Hort. = Ginkgo biloba L. f. laciniata (Carrière) Beissn. ●

175838 Ginkgo biloba L. var. variegata A. Henry = Ginkgo biloba L. f. variegata (Carrière) Beissn. ●

175839 Ginkgoaceae Engl. (1897) (保留科名); 银杏科; Ginkgo Family, Maidenhair Tree Family, Maidenhairtree Family, Maidenhair-Tree Family ●

175840 Ginko Agardh = Ginkgo L. ●★

175841 Ginnania M. Roem. = Quivisia Comm. ex Juss. ●

175842 Ginnania M. Roem. = Turraea L. ●

175843 Ginora L. = Ginoria Jacq. ●☆

175844 Ginoria DC. = Heimia Link et Otto ●

175845 Ginoria Jacq. (1760); 吉诺菜属●☆

175846 Ginoria Jacq. = Ginora L. ●☆

175847 Ginoria americana Jacq.; 美洲吉诺菜●☆

175848 Ginoria arborea Britton; 树状吉诺菜●☆

175849 Ginoria flava Jacq. ex DC.; 黄吉诺菜●☆

175850 Ginoria lanceolata O. C. Schmidt; 披针叶吉诺菜●☆

175851 Ginoria microphylla O. C. Schmidt; 小叶吉诺菜●☆

175852 Ginoria montana Britton et P. Wilson; 山地吉诺菜●☆

175853 Ginoria parviflora Urb.; 小花吉诺菜●☆

175854 Ginsa Steud. = Ginsen Adans. ■

175855 Ginsen Adans. = Panax L. ■

175856 Ginseng Wood = Aralia L. ●■

175857 Ginura S. Vidal = Gynura Cass. (保留属名)■●

175858 Giorgiella De Wild. = Deidamia E. A. Noronha ex Thouars ■☆

175859 Giorgiella De Wild. = Efulensia C. H. Wright ■☆

175860 Giorgiella congolana De Wild. = Efulensia clematoides C. H. Wright ■☆

175861 Giraldia Baroni = Atractylodes DC. ■

175862 Giraldia stapfii Baroni = Atractylodes lancea (Thunb.) DC. ■

175863 Giraldiella Dammer = Lloydia Salisb. ex Rchb. (保留属名)■

175864 Giraldiella montana Dammer = Lloydia tibetica Baker ex Oliv. ■

175865 Girardinia Gaudich. (1830); 蝎子草属; Girardinia, Scorpiongrass ●■

175866 Girardinia bullosa (Hochst. ex Steud.) Wedd.; 泡状蝎子草■☆

175867 Girardinia bullosa (Steud.) Wedd. = Girardinia bullosa (Hochst. ex Steud.) Wedd. ■☆

175868 Girardinia chingiana S. S. Chien; 浙江蝎子草(带刺马鞭, 秦氏蛇麻, 浙江蛇麻); Ching's Scorpiongrass, Zhejiang Scorpiongrass ■

175869 Girardinia chingiana S. S. Chien = Girardinia diversifolia (Link) Friis ■

175870 Girardinia condensata (Steud.) Wedd. = Girardinia diversifolia (Link) Friis ■

175871 Girardinia condensata (Steud.) Wedd. = Girardinia suborbiculata C. J. Chen subsp. grammata (C. J. Chen) C. J. Chen ■

175872 Girardinia condensata (Steud.) Wedd. var. adoensis (Steud.) De Wild. = Girardinia diversifolia (Link) Friis ■

175873 Girardinia cuspidata Wedd. = Laportea cuspidata (Wedd.) Friis ■

175874 Girardinia cuspidata Wedd. subsp. grammata C. J. Chen = Girardinia diversifolia (Link) Friis ■

175875 Girardinia cuspidata Wedd. subsp. grammata C. J. Chen = Girardinia suborbiculata C. J. Chen subsp. grammata (C. J. Chen) C. J. Chen ■

175876 Girardinia cuspidata Wedd. subsp. triloba C. J. Chen = Girardinia suborbiculata C. J. Chen subsp. triloba (C. J. Chen) C. J. Chen ■

175877 Girardinia diversifolia (Link) Friis; 大蝎子草(大荨麻, 大钱麻, 大茎麻, 梗麻, 红火麻, 虎麻, 虎掌荨麻, 火麻, 荨麻, 钱麻, 台湾蝎子草, 蝎子草, 掌叶蝎子草); Big Scorpiongrass, Nilgiri Nettle, Taiwan Scorpiongrass ■

175878 Girardinia diversifolia (Link) Friis subsp. ciliata (C. J. Chen) H. W. Li = Girardinia diversifolia (Link) Friis ■

175879 Girardinia diversifolia (Link) Friis subsp. suborbiculata (C. J. Chen) C. J. Chen et Friis; 蝎子草(蜂麻); Scorpiongrass ■

175880 Girardinia diversifolia (Link) Friis subsp. triloba (C. J. Chen) C. J. Chen et Friis; 红火麻(红线麻)■

175881 Girardinia formosana Hayata = Girardinia diversifolia (Link) Friis ■

175882 Girardinia formosana Hayata ex Yamam.; 台湾蝎子草■

175883 Girardinia formosana Hayata ex Yamam. = Girardinia diversifolia (Link) Friis ■

175884 Girardinia heterophylla (Vahl) Decne. = Girardinia diversifolia (Link) Friis ■

175885 Girardinia heterophylla Decne. = Girardinia diversifolia (Link) Friis ■

175886 Girardinia heterophylla Decne. var. adoensis (Steud.) Cufod. = Girardinia diversifolia (Link) Friis ■

175887 Girardinia leschenaultiana Decne. = Girardinia diversifolia (Link) Friis ■

175888 Girardinia longispica Hand. -Mazz. = Girardinia diversifolia (Link) Friis ■

175889 Girardinia longispica Hand. -Mazz. subsp. conferta C. J. Chen; 密苑果蝎子草(虎掌前麻); Confrte Girardinia ■

175890 Girardinia longispica Hand. -Mazz. subsp. conferta C. J. Chen = Girardinia diversifolia (Link) Friis ■

175891 Girardinia palmata (Forssk.) Gaudich. = Girardinia diversifolia (Link) Friis ■

175892 Girardinia palmata (Forssk.) Gaudich. subsp. ciliata C. J. Chen; 毛果蝎子草; Ciliate Girardinia ■

175893 Girardinia palmata Blume = Girardinia diversifolia (Link) Friis ■

175894 Girardinia palmata Blume subsp. ciliata C. J. Chen = Girardinia diversifolia (Link) Friis ■

175895 Girardinia suborbiculata C. J. Chen = Girardinia diversifolia (Link) Friis subsp. suborbiculata (C. J. Chen) C. J. Chen et Friis ■

175896 Girardinia suborbiculata C. J. Chen subsp. grammata (C. J. Chen) C. J. Chen;棱果蝎子草■
175897 Girardinia suborbiculata C. J. Chen subsp. grammata (C. J. Chen) C. J. Chen = Girardinia diversifolia (Link) Friis ■
175898 Girardinia suborbiculata C. J. Chen subsp. triloba (C. J. Chen) C. J. Chen = Girardinia diversifolia (Link) Friis subsp. triloba (C. J. Chen) C. J. Chen et Friis ■
175899 Girardinia vahlii Blume = Girardinia diversifolia (Link) Friis ■
175900 Girardinia vitifolia Franch. = Girardinia diversifolia (Link) Friis ■
175901 Girardinia vitifolia Wedd. = Girardinia diversifolia (Link) Friis ■
175902 Gireoudia Klotzsch = Begonia L. ●■
175903 Girgensohnia Bunge = Girgensohnia Bunge ex Fenzl ●■
175904 Girgensohnia Bunge ex Fenzl(1851);对叶盐蓬属(对叶蓬属);Girgensohnia, Oppositebane ●■
175905 Girgensohnia gypsophiloides Bunge = Girgensohnia oppositiflora (Pall.) Fenzl ●■
175906 Girgensohnia heteroptera Bunge = Girgensohnia oppositiflora (Pall.) Fenzl ●■
175907 Girgensohnia oppositiflora (Pall.) Fenzl;对叶盐蓬;Oppositebane, Oppositeleaf Girgensohnia ●■
175908 Girgensohnia oppositiflora (Pall.) Fenzl = Gisekia pharnaceoides L. ■
175909 Girgensohnia oppositifolia Ball = Girgensohnia oppositiflora (Pall.) Fenzl ●■
175910 Girgensohnia pallasii Bunge = Girgensohnia oppositiflora (Pall.) Fenzl ●■
175911 Giroa Steud. = Guioa Cav. ●☆
175912 Gironniera Gaudich. (1844);白颜树属;Gironniera, Villaintree ●
175913 Gironniera chinensis Benth. = Gironniera subaequalis Planch. ●
175914 Gironniera cuspidata (Blume) Kurz = Aphananthe cuspidata (Blume) Planch. ●
175915 Gironniera cuspidata (Blume) Planch. ex Kurz = Aphananthe cuspidata (Blume) Planch. ●
175916 Gironniera lucida Kurz = Aphananthe cuspidata (Blume) Planch. ●
175917 Gironniera nervosa Planch. var. subaequalis (Planch.) Kurz. = Gironniera subaequalis Planch. ●
175918 Gironniera nitida Benth. = Aphananthe cuspidata (Blume) Planch. ●
175919 Gironniera reticulata Thwaites = Aphananthe cuspidata (Blume) Planch. ●
175920 Gironniera subaequalis Planch.;白颜树(大叶白颜树,寒虾子,黄机树);Subequal Gironniera, Villaintree ●
175921 Gironniera yunnanensis Hu = Aphananthe cuspidata (Blume) Planch. ●
175922 Girostachys Raf. = Spiranthes Rich. (保留属名)■
175923 Girtaneria Raf. = Girtanneria Neck. ●
175924 Girtaneria Raf. = Rhamnus L. ●
175925 Girtanneria Neck. = Rhamnus L. ●
175926 Girtanneria Neck. ex Raf. = Rhamnus L. ●
175927 Gisania Ehrenb. ex Moldenke = Chascanum E. Mey. (保留属名)●☆
175928 Gisechia L. = Gisekia L. ■
175929 Giseckia Willd. = Gisekia L. ■
175930 Gisekia L. (1771);吉粟草属(针晶粟草属);Gisekia ■
175931 Gisekia africana (Lour.) Kuntze;非洲吉粟草■☆
175932 Gisekia africana (Lour.) Kuntze var. cymosa Adamson = Gisekia africana (Lour.) Kuntze var. decagyna Hauman ■☆
175933 Gisekia africana (Lour.) Kuntze var. decagyna Hauman;十蕊非洲吉粟草■☆
175934 Gisekia africana (Lour.) Kuntze var. pedunculata (Oliv.) Brenan;梗花非洲吉粟草■☆
175935 Gisekia aspera Klotzsch = Gisekia africana (Lour.) Kuntze var. decagyna Hauman ■☆
175936 Gisekia diffusa M. G. Gilbert;松散吉粟草■☆
175937 Gisekia miltus Fenzl = Gisekia africana (Lour.) Kuntze ■☆
175938 Gisekia miltus Fenzl var. pedunculata Oliv. = Gisekia africana (Lour.) Kuntze var. pedunculata (Oliv.) Brenan ■☆
175939 Gisekia molluginoides Wight = Gisekia pharnaceoides L. ■
175940 Gisekia mozambicensis Spreng. = Gisekia africana (Lour.) Kuntze ■☆
175941 Gisekia paniculata Hauman;圆锥吉粟草■☆
175942 Gisekia pentadecandra Moq. = Gisekia africana (Lour.) Kuntze ■☆
175943 Gisekia pharnaceoides L.;吉粟草(针晶粟草);Gisekia, Oldmaid ■
175944 Gisekia pharnaceoides L. var. pseudopaniculata C. Jeffrey = Gisekia diffusa M. G. Gilbert ■☆
175945 Gisekia pharnacioides L. var. pseudopaniculata C. Jeffrey = Gisekia pharnacioides L. ■
175946 Gisekia pierrei Gagnep.;多雄蕊吉粟草■
175947 Gisekia polylopha M. G. Gilbert;多冠吉粟草■
175948 Gisekia rubella Moq. = Gisekia pharnacioides L. ■
175949 Gisekia scabridula M. G. Gilbert;微糙吉粟草■
175950 Gisekiaceae (Endl.) Nakai = Gisekiaceae Nakai ■
175951 Gisekiaceae Nakai = Phytolaccaceae R. Br. (保留科名)●■
175952 Gisekiaceae Nakai(1942);吉粟草科(针晶粟草科)■
175953 Gissanthe Salisb. = Costus L. ■
175954 Gissanthus Post et Kuntze = Geissanthus Hook. f. ●☆
175955 Gissaspis Post et Kuntze = Geissaspis Wight et Arn. ■
175956 Gissipium Medik. = Gossypium L. ●■
175957 Gissois Post et Kuntze = Geissois Labill. ●☆
175958 Gissolepis Post et Kuntze = Geissolepis B. L. Rob. ■☆
175959 Gissoloma Post et Kuntze = Geissoloma Lindl. ex Kunth ●☆
175960 Gissomeria Post et Kuntze = Geissomeria Lindl. ☆
175961 Gissonia Salisb. = Leucadendron R. Br. (保留属名)●
175962 Gissopappus Post et Kuntze = Geissopappus Benth. ●■☆
175963 Gissorhiza Post et Kuntze = Geissorhiza Ker Gawl. ■☆
175964 Gissospermum Post et Kuntze = Geissospermum Allemão ●☆
175965 Gitara Pax et K. Hoffm. (1924);吉塔尔大戟属☆
175966 Gitara venezolana Pax et K. Hoffm.;吉塔尔大戟☆
175967 Githago Adans. = Agrostemma L. ■
175968 Githago Adans. = Silene L. (保留属名)■
175969 Githago segetum Desf. = Agrostemma githago L. ■
175970 Githago segetum Link = Agrostemma githago L. ■
175971 Githopsis Nutt. (1842);无梗桔梗属■☆
175972 Githopsis diffusa A. Gray;松散无梗桔梗■☆
175973 Githopsis filicaulis Ewan;线茎无梗桔梗■☆
175974 Githopsis pulchella Vatke;美丽无梗桔梗■☆
175975 Gitonoplesium Post et Kuntze = Geitonoplesium A. Cunn. ex R. Br. ●☆
175976 Giulianettia Rolfe = Glossorhyncha Ridl. ■☆
175977 Givotia Griff. (1843);吉沃特大戟属●☆
175978 Givotia madagascariensis Baill.;马岛吉沃特大戟●☆

175979 Givotia rottleriformis Griff. ;野桐吉沃特大戟●☆
175980 Givotia stipularis Radcl. -Sm. ;托叶吉沃特大戟●☆
175981 Gjellerupia Lauterb. (1912);新几内亚山柚子属●☆
175982 Gjellerupia papuana Lauterb. ;新几内亚山柚子●☆
175983 Glabraria L. (废弃属名) = Brownlowia Roxb. (保留属名)●☆
175984 Glabraria geniculata (Walter) Britton = Litsea aestivalis (L.) Fernald ●☆
175985 Gladiangis Thouars = Angraecum Bory ■
175986 Gladiolaceae Raf. = Iridaceae Juss. (保留科名)■●
175987 Gladiolaceae Salisb. = Iridaceae Juss. (保留科名)■●
175988 Gladiolimon Mobayen(1964);剑叶补血草属●☆
175989 Gladiolimon speciosissimum (Aiton. et Hemsl.) Mobayen;剑叶补血草■☆
175990 Gladiolus L. (1753);唐菖蒲属;Blue Bell, Corn Flag, Cornflag, Corn-flag, Gladiola, Gladioli, Gladiolus, Glads, Sword Lily, Whistling Jacks ■
175991 Gladiolus abbreviatus Andréws;缩短唐菖蒲■☆
175992 Gladiolus aberdaricus N. E. Br. = Gladiolus watsonioides Baker ■☆
175993 Gladiolus abyssinicus (Brongn. ex Lem.) Goldblatt et M. P. de Vos;阿比西尼亚唐菖蒲■☆
175994 Gladiolus acuminatus F. Bolus;渐尖唐菖蒲■☆
175995 Gladiolus adlamii Baker = Gladiolus dalenii Van Geel ■☆
175996 Gladiolus aequinoctialis Herb. ;昼夜唐菖蒲■☆
175997 Gladiolus aequinoctialis Herb. var. divina (Vaupel) Marais;神唐菖蒲■☆
175998 Gladiolus aequinoctialis Herb. var. tomentosus Marais;绒毛唐菖蒲■☆
175999 Gladiolus aestivalis Ingram = Gladiolus tristis L. ■☆
176000 Gladiolus affinis De Wild. = Gladiolus dalenii Van Geel ■☆
176001 Gladiolus aghullensis Eckl. = Gladiolus miniatus Eckl. ■☆
176002 Gladiolus alatus Jacq. = Gladiolus alatus L. ■☆
176003 Gladiolus alatus L. ;翼唐菖蒲;Winged Gladiolus ■☆
176004 Gladiolus alatus L. var. algoensis Herb. = Gladiolus alatus L. ■☆
176005 Gladiolus alatus L. var. namaquensis (Ker Gawl.) Baker = Gladiolus equitans Thunb. ■☆
176006 Gladiolus alatus L. var. pulcherrimus G. J. Lewis = Gladiolus pulcherrimus (G. J. Lewis) Goldblatt et J. C. Manning ■☆
176007 Gladiolus alatus L. var. speciosus (Thunb.) G. J. Lewis = Gladiolus speciosus Thunb. ■☆
176008 Gladiolus albens Goldblatt et J. C. Manning;微白唐菖蒲■☆
176009 Gladiolus albidus Jacq. = Gladiolus carneus D. Delaroche ■☆
176010 Gladiolus aletroides (Burm. f.) Vahl = Watsonia aletroides (Burm. f.) Ker Gawl. ■☆
176011 Gladiolus algoensis (Herb.) Sweet = Gladiolus alatus L. ■☆
176012 Gladiolus alopecuroides L. = Micranthus alopecuroides (L.) Rothm. ■☆
176013 Gladiolus amabilis Salisb. = Freesia verrucosa (Vogel) Goldblatt et J. C. Manning ■☆
176014 Gladiolus ambiguus Roem. et Schult. = Babiana ambigua (Roem. et Schult.) G. J. Lewis ■☆
176015 Gladiolus amplifolius Goldblatt;大叶唐菖蒲■☆
176016 Gladiolus anceps L. f. = Lapeirousia anceps (L. f.) Ker Gawl. ■☆
176017 Gladiolus andongensis Welw. ex Baker = Gladiolus dalenii Van Geel subsp. andongensis (Baker) Goldblatt ■☆
176018 Gladiolus andrewsii Klatt = Gladiolus brevifolius Jacq. ■☆
176019 Gladiolus andringitrae Goldblatt;安德林吉特拉山唐菖蒲■☆
176020 Gladiolus angolensis Welw. ex Baker = Gladiolus dalenii Van Geel ■☆
176021 Gladiolus angustifolius Lam. = Babiana tubulosa (Burm. f.) Ker Gawl. var. tubiflora (L. f.) G. J. Lewis ■☆
176022 Gladiolus angustus Baker = Gladiolus grantii Baker ■☆
176023 Gladiolus angustus L. ;窄叶唐菖蒲;Linearleaf Gladiolus ■☆
176024 Gladiolus antandroyi Goldblatt;安坦德罗唐菖蒲■☆
176025 Gladiolus antholyzoides Baker;鸢尾状唐菖蒲■☆
176026 Gladiolus antholyzus Poir. = Tritoniopsis antholyza (Poir.) Goldblatt ■☆
176027 Gladiolus antunesii Baker = Gladiolus laxiflorus Baker ■☆
176028 Gladiolus aphanophyllus Baker = Gladiolus gracillimus Baker ■☆
176029 Gladiolus apiculatus F. Bolus = Tritoniopsis revoluta (Burm. f.) Goldblatt ■☆
176030 Gladiolus appendiculatus G. J. Lewis;附属物唐菖蒲■☆
176031 Gladiolus appendiculatus G. J. Lewis var. longifolius ? = Gladiolus appendiculatus G. J. Lewis ■☆
176032 Gladiolus arcuatus Klatt;拱唐菖蒲■☆
176033 Gladiolus arenarius Baker = Tritoniopsis parviflora (Jacq.) G. J. Lewis ■☆
176034 Gladiolus arnoldianus De Wild. et T. Durand = Gladiolus verdickii De Wild. et T. Durand ■☆
176035 Gladiolus atropictus Goldblatt et J. C. Manning;暗唐菖蒲■☆
176036 Gladiolus atropurpureus Baker;暗紫唐菖蒲■☆
176037 Gladiolus atrorubens N. E. Br. = Tritonia atrorubens (N. E. Br.) L. Bolus ■☆
176038 Gladiolus atroviolaceus Boiss. ;堇色唐菖蒲■☆
176039 Gladiolus aurantiacus Klatt;橙黄唐菖蒲;Orange Gladiolus ■☆
176040 Gladiolus aureus Baker;金黄唐菖蒲■☆
176041 Gladiolus balensis Goldblatt;巴莱唐菖蒲■☆
176042 Gladiolus barnardii G. J. Lewis = Gladiolus dalenii Van Geel ■☆
176043 Gladiolus baumii Harms = Gladiolus pallidus Baker ■☆
176044 Gladiolus bellus C. H. Wright;雅致唐菖蒲■☆
176045 Gladiolus benguellensis Baker;本格拉唐菖蒲■☆
176046 Gladiolus bicolor Baker = Gladiolus virescens Thunb. ■☆
176047 Gladiolus bicolor Thunb. = Sparaxis villosa (Burm. f.) Goldblatt ■☆
176048 Gladiolus biflorus Klatt = Gladiolus quadrangulus (D. Delaroche) Barnard ■☆
176049 Gladiolus bilineatus G. J. Lewis;双条纹唐菖蒲■☆
176050 Gladiolus blackwellii L. Bolus = Gladiolus oppositiflorus Herb. ■☆
176051 Gladiolus blandus Aiton;悦花唐菖蒲;Pleasure Gladiolus ■☆
176052 Gladiolus blandus Aiton = Gladiolus carneus D. Delaroche ■☆
176053 Gladiolus blandus Aiton var. albidus (Jacq.) Ker Gawl. = Gladiolus carneus D. Delaroche ■☆
176054 Gladiolus blandus Aiton var. campanulatus (Andréws) Ker Gawl. = Gladiolus carneus D. Delaroche ■☆
176055 Gladiolus blandus Aiton var. excelsus Ker Gawl. = Gladiolus carneus D. Delaroche ■☆
176056 Gladiolus blandus Aiton var. mortonius (Herb.) Baker = Gladiolus mortonius Herb. ■☆
176057 Gladiolus blandus Aiton var. purpureo-albescens Ker Gawl. = Gladiolus carneus D. Delaroche ■☆

176058 Gladiolus boehmii Vaupel = Gladiolus dalenii Van Geel ■☆
176059 Gladiolus bojeri (Baker) Goldblatt;博耶尔唐菖蒲■☆
176060 Gladiolus bolusii Baker = Gladiolus inflatus Thunb. ■☆
176061 Gladiolus bolusii Baker var. burchellii F. Bolus = Gladiolus rogersii Baker ■☆
176062 Gladiolus bonaspei Goldblatt et M. P. de Vos;博纳唐菖蒲■☆
176063 Gladiolus boranensis Goldblatt;博兰唐菖蒲■☆
176064 Gladiolus bowkeri G. J. Lewis = Gladiolus floribundus Jacq. ■☆
176065 Gladiolus brachyandrus Baker = Gladiolus melleri Baker ■☆
176066 Gladiolus brachylimbus Baker = Gladiolus antholyzoides Baker ■☆
176067 Gladiolus brachyphyllus F. Bolus;短叶唐菖蒲■☆
176068 Gladiolus brachyscyphus Baker = Gladiolus papilio Hook. f. ■☆
176069 Gladiolus bracteatus Thunb. = Lapeirousia pyramidalis (Lam.) Goldblatt ■☆
176070 Gladiolus bracteolatus Lam. = Thereianthus bracteolatus (Lam.) G. J. Lewis ■☆
176071 Gladiolus brevicaulis Baker = Gladiolus unguiculatus Baker ■☆
176072 Gladiolus brevicollis Klatt = Gladiolus brevifolius Jacq. ■☆
176073 Gladiolus brevifolius Jacq.;非洲短叶唐菖蒲■☆
176074 Gladiolus brevifolius Jacq. var. minor G. J. Lewis = Gladiolus brevifolius Jacq. ■☆
176075 Gladiolus brevifolius Jacq. var. obscurus G. J. Lewis = Gladiolus brevifolius Jacq. ■☆
176076 Gladiolus brevifolius Jacq. var. robustus G. J. Lewis = Gladiolus brevifolius Jacq. ■☆
176077 Gladiolus brevispathus (Pax) Klatt = Gladiolus melleri Baker ■☆
176078 Gladiolus brevitubus G. J. Lewis;短管唐菖蒲■☆
176079 Gladiolus breynianus Ker Gawl. = Gladiolus maculatus Sweet ■☆
176080 Gladiolus buchananii Baker = Gladiolus zambesiacus Baker ■☆
176081 Gladiolus buckerveldii (L. Bolus) Goldblatt;巴克尔唐菖蒲■☆
176082 Gladiolus buettneri Pax = Gladiolus dalenii Van Geel ■☆
176083 Gladiolus bullatus Thunb. ex G. J. Lewis;泡状唐菖蒲■☆
176084 Gladiolus burchellii (F. Bolus) Ingram = Gladiolus rogersii Baker ■☆
176085 Gladiolus bussei Vaupel = Gladiolus oliganthus Baker ■☆
176086 Gladiolus byzantinus M. Bieb. = Gladiolus communis L. ■☆
176087 Gladiolus byzantinus Mill. = Gladiolus communis L. ■☆
176088 Gladiolus byzantinus Mill. var. numidicus (Jord.) Maire et Weiller = Gladiolus dubius Eckl. ■☆
176089 Gladiolus cabrae (De Wild.) N. E. Br. = Gladiolus unguiculatus Baker ■☆
176090 Gladiolus caerulescens Baker = Gladiolus atropurpureus Baker ■☆
176091 Gladiolus caeruleus Goldblatt et J. C. Manning;天蓝唐菖蒲■☆
176092 Gladiolus caffensis Cufod. = Gladiolus dalenii Van Geel ■☆
176093 Gladiolus calcaratus G. J. Lewis;距唐菖蒲■☆
176094 Gladiolus calcicola Goldblatt;钙生唐菖蒲■☆
176095 Gladiolus callianthus Marais;丽花唐菖蒲■☆
176096 Gladiolus callianthus Marais = Gladiolus murielae Kelway ■☆
176097 Gladiolus callistus F. Bolus;美丽唐菖蒲;Greater-pleasure Gladiolus ■☆
176098 Gladiolus callistus F. Bolus = Gladiolus carneus D. Delaroche ■☆
176099 Gladiolus callistus F. Bolus var. gracilior ? = Gladiolus carneus D. Delaroche ■☆
176100 Gladiolus calothyrsus Vaupel = Gladiolus dalenii Van Geel ■☆
176101 Gladiolus campanulatus Andréws = Gladiolus carneus D. Delaroche ■☆
176102 Gladiolus canaliculatus Goldblatt;具沟唐菖蒲■☆
176103 Gladiolus candidus (Rendle) Goldblatt;纯白唐菖蒲■☆
176104 Gladiolus capitatus L. = Aristea capitata (L.) Ker Gawl. ■☆
176105 Gladiolus cardinalis Curtis;绯红唐菖蒲;Cardinal Gladiolus ■☆
176106 Gladiolus carinatus Aiton;龙骨状唐菖蒲■☆
176107 Gladiolus carinatus Aiton subsp. parviflorus G. J. Lewis = Gladiolus griseus Goldblatt et J. C. Manning ■☆
176108 Gladiolus carneus Burm. f. = Gladiolus carneus D. Delaroche ■☆
176109 Gladiolus carneus D. Delaroche;肉色唐菖蒲(肉红色唐菖蒲);Carnation-gladiolus ■☆
176110 Gladiolus caryophyllaceus (Burm. f.) Poir.;石竹唐菖蒲■☆
176111 Gladiolus cataractarum Oberm.;瀑布群高原唐菖蒲■☆
176112 Gladiolus caucasicus Herb.;高加索唐菖蒲■☆
176113 Gladiolus caudatus Baker = Gladiolus oligophlebius Baker ■☆
176114 Gladiolus ceresianus L. Bolus;塞里斯唐菖蒲■☆
176115 Gladiolus chevalieranus Marais;舍瓦利耶唐菖蒲■☆
176116 Gladiolus childsii Bull.;齐氏唐菖蒲;Childs Gladiolus ■☆
176117 Gladiolus citrinus Klatt = Gladiolus trichonemifolius Ker Gawl. ■☆
176118 Gladiolus coccineus (Thunb.) Schrank = Ixia campanulata Houtt. ■☆
176119 Gladiolus coccineus L. Bolus = Gladiolus dalenii Van Geel ■☆
176120 Gladiolus cochleatus Sweet = Gladiolus debilis Ker Gawl. ■☆
176121 Gladiolus colvillii Sweet;柯氏唐菖蒲;Colvill Gladiolus ■☆
176122 Gladiolus communis L.;欧唐菖蒲(拜占庭唐菖蒲,普通唐菖蒲,土耳其唐菖蒲);Byzantine Gladiolus, Common Gladiolus, Cornflag, Eastern Gladiolus, False Corn-flag, Turkish Corn-flag, Whistling Jacks ■☆
176123 Gladiolus communis L. subsp. byzantinus (Mill.) A. P. Ham. = Gladiolus byzantinus M. Bieb. ■☆
176124 Gladiolus communis L. subsp. byzantinus (Mill.) A. P. Ham. = Gladiolus communis L. ■☆
176125 Gladiolus communis L. subsp. byzantinus (Mill.) Douin = Gladiolus communis L. ■☆
176126 Gladiolus comptonii G. J. Lewis;康普顿唐菖蒲■☆
176127 Gladiolus concolor Salisb. = Gladiolus tristis L. ■☆
176128 Gladiolus confusus N. E. Br. = Gladiolus hyalinus Jacq. ■☆
176129 Gladiolus conrathii Baker = Gladiolus crassifolius Baker ■☆
176130 Gladiolus cooperi Baker = Gladiolus dalenii Van Geel ■☆
176131 Gladiolus corbisieri De Wild. = Gladiolus gregarius Welw. ex Baker ■☆
176132 Gladiolus cordatus Thunb. = Gladiolus carneus D. Delaroche ■☆
176133 Gladiolus corneus Oliv. = Gladiolus dalenii Van Geel ■☆
176134 Gladiolus corymbosus Burm. f. = Freesia corymbosa (Burm. f.) N. E. Br. ■☆
176135 Gladiolus crassifolius Baker;厚叶唐菖蒲■☆
176136 Gladiolus crispulatus L. Bolus;皱波唐菖蒲■☆
176137 Gladiolus crispus L. f. = Tritonia undulata (Burm. f.) Baker ■☆
176138 Gladiolus cristatus Trew = Tritonia securigera (Aiton) Ker Gawl. ■☆

176139 Gladiolus crocatus (L.) Pers. = Tritonia crocata (L.) Ker Gawl. ■

176140 Gladiolus cruentus T. Moore;血红唐菖蒲;Redblood Gladiolus ■☆

176141 Gladiolus cunonius (L.) Gaertn.;火把树唐菖蒲■☆

176142 Gladiolus curtifolius Marais;小短叶唐菖蒲■☆

176143 Gladiolus curtilimbus P. A. Duvign. et Van Bockstal ex Còrdova;弯边唐菖蒲■☆

176144 Gladiolus cuspidatus Jacq.;凸尖唐菖蒲;Cuspidated Gladiolus ■☆

176145 Gladiolus cuspidatus Jacq. = Gladiolus undulatus L. ■☆

176146 Gladiolus cuspidatus Jacq. var. ensifolius Baker = Gladiolus carneus D. Delaroche ■☆

176147 Gladiolus cuspidatus Jacq. var. ventricosus (Lam.) Baker = Gladiolus carneus D. Delaroche ■☆

176148 Gladiolus cygneus Ingram = Gladiolus longicollis Baker subsp. platypetalus (Baker) Goldblatt et J. C. Manning ■☆

176149 Gladiolus cylindraceus G. J. Lewis;柱形唐菖蒲■☆

176150 Gladiolus cymbarius Baker = Gladiolus rehmannii Baker ■☆

176151 Gladiolus dalenii Van Geel;鹦鹉唐菖蒲(报春唐菖蒲,鹅黄唐菖蒲,黄花唐菖蒲);Parrot Gladiolus, Primrose Gladiolus, Primula Gladiolus ■☆

176152 Gladiolus dalenii Van Geel subsp. andongensis (Baker) Goldblatt;安东唐菖蒲■☆

176153 Gladiolus dalenii Van Geel subsp. welwitschii (Baker) Goldblatt;韦氏唐菖蒲■☆

176154 Gladiolus dalenii Van Geel var. melleri (Baker) Còrdova = Gladiolus melleri Baker ■☆

176155 Gladiolus davisonii F. Bolus = Gladiolus mortonius Herb. ■☆

176156 Gladiolus debilis Ker Gawl.;弱小唐菖蒲■☆

176157 Gladiolus debilis Ker Gawl. var. cochleatus (Sweet) G. J. Lewis = Gladiolus debilis Ker Gawl. ■☆

176158 Gladiolus debilis Ker Gawl. var. variegatus G. J. Lewis = Gladiolus variegatus (G. J. Lewis) Goldblatt et J. C. Manning ■☆

176159 Gladiolus decaryi Goldblatt;德卡里唐菖蒲■☆

176160 Gladiolus decipiens Vaupel = Gladiolus puberulus Vaupel ■☆

176161 Gladiolus decoratus Baker;装饰唐菖蒲■☆

176162 Gladiolus dehnianus Merxm. = Gladiolus sericeovillosus Hook. f. subsp. calvatus (Baker) Goldblatt ■☆

176163 Gladiolus delpierrei Goldblatt;戴尔皮埃尔唐菖蒲■☆

176164 Gladiolus densiflorus Baker;密花唐菖蒲■☆

176165 Gladiolus denticulatus Lam. = Lapeirousia fabricii (D. Delaroche) Ker Gawl. ■☆

176166 Gladiolus deserticola Goldblatt;荒漠唐菖蒲■☆

176167 Gladiolus dichotomus Thunb. = Romulea dichotoma (Thunb.) Baker ■☆

176168 Gladiolus dichrous (Bullock) Goldblatt;二色唐菖蒲■☆

176169 Gladiolus dieterlenii E. Phillips = Gladiolus crassifolius Baker ■☆

176170 Gladiolus dolomiticus Oberm.;多罗米蒂唐菖蒲■☆

176171 Gladiolus dracocephalus Hook. f.;龙头唐菖蒲;Dragonhead Gladiolus ■☆

176172 Gladiolus dracocephalus Hook. f. = Gladiolus dalenii Van Geel ■☆

176173 Gladiolus dregei Klatt = Gladiolus orchidiflorus Andréws ■☆

176174 Gladiolus dubius Eckl. = Gladiolus carneus D. Delaroche ■☆

176175 Gladiolus dubius Guss. = Gladiolus carneus D. Delaroche ■☆

176176 Gladiolus ecklonii Lehm.;埃氏唐菖蒲■☆

176177 Gladiolus ecklonii Lehm. subsp. rehmannii (Baker) Oberm. = Gladiolus rehmannii Baker ■☆

176178 Gladiolus edulis Burch. ex Ker Gawl. = Gladiolus permeabilis D. Delaroche subsp. edulis (Burch. ex Ker Gawl.) Oberm. ■☆

176179 Gladiolus elegans Vaupel = Gladiolus gregarius Welw. ex Baker ■☆

176180 Gladiolus elliotii Baker;埃利唐菖蒲■☆

176181 Gladiolus elongatus Salisb. = Babiana tubulosa (Burm. f.) Ker Gawl. var. tubiflora (L. f.) G. J. Lewis ■☆

176182 Gladiolus equitans Thunb.;套折唐菖蒲■☆

176183 Gladiolus erectiflorus Baker;立花唐菖蒲■☆

176184 Gladiolus eulophioides F. Bolus = Gladiolus guthriei F. Bolus ■☆

176185 Gladiolus excelsus (Ker Gawl.) Sweet = Gladiolus carneus D. Delaroche ■☆

176186 Gladiolus excisus Jacq. = Freesia verrucosa (Vogel) Goldblatt et J. C. Manning ■☆

176187 Gladiolus exiguus G. J. Lewis;小唐菖蒲■☆

176188 Gladiolus exilis G. J. Lewis;瘦小唐菖蒲■☆

176189 Gladiolus eximius Ingram = Gladiolus carneus D. Delaroche ■☆

176190 Gladiolus expallescens Schrank = Gladiolus carneus D. Delaroche ■☆

176191 Gladiolus exscarpus Thunb. = Geissorhiza exscapa (Thunb.) Goldblatt ■☆

176192 Gladiolus falcatus L. f. = Lapeirousia falcata (L. f.) Ker Gawl. ■☆

176193 Gladiolus fasciatus Roem. et Schult. = Gladiolus grandiflorus Andréws ■☆

176194 Gladiolus fenestratus Goldblatt;窗孔唐菖蒲■☆

176195 Gladiolus ferrugineus Goldblatt et J. C. Manning;锈色唐菖蒲 ■☆

176196 Gladiolus filiformis Goldblatt et J. C. Manning;丝状唐菖蒲■☆

176197 Gladiolus fissifolius Jacq. = Lapeirousia pyramidalis (Lam.) Goldblatt ■☆

176198 Gladiolus flabellifer Tausch = Gladiolus oppositiflorus Herb. ■☆

176199 Gladiolus flanaganii Baker;弗拉纳根唐菖蒲■☆

176200 Gladiolus flavidus Ingram = Gladiolus tristis L. ■☆

176201 Gladiolus flavoviridis Goldblatt;黄绿唐菖蒲■☆

176202 Gladiolus flavus Aiton = Tritonia flabellifolia (D. Delaroche) G. J. Lewis ■☆

176203 Gladiolus flexuosus Baker = Gladiolus atropurpureus Baker ■☆

176204 Gladiolus flexuosus L. f. = Tritoniopsis flexuosa (L. f.) G. J. Lewis ■☆

176205 Gladiolus florentiae Marloth = Tritonia florentiae (Marloth) Goldblatt ■☆

176206 Gladiolus floribundus Jacq.;多花唐菖蒲;Manyflower Gladiolus ■☆

176207 Gladiolus floribundus Jacq. subsp. fasciatus (Roem. et Schult.) Oberm. = Gladiolus grandiflorus Andréws ■☆

176208 Gladiolus floribundus Jacq. subsp. milleri (Ker Gawl.) Oberm. = Gladiolus grandiflorus Andréws ■☆

176209 Gladiolus floribundus Jacq. subsp. miniatus (Eckl.) Oberm. = Gladiolus miniatus Eckl. ■☆

176210 Gladiolus floribundus Jacq. subsp. rudis (Licht. ex Roem. et Schult.) Oberm. = Gladiolus rudis Licht. ex Roem. et Schult. ■☆

176211 Gladiolus formosus Klatt = Gladiolus venustus G. J. Lewis ■☆

176212 Gladiolus fourcadei (L. Bolus) Goldblatt et M. P. de Vos;富尔卡德唐菖蒲■☆

176213 Gladiolus fragrans Jacq. = Babiana fragrans (Jacq.) Goldblatt et J. C. Manning ■☆

176214 Gladiolus frappieri J. Herm. ex H. L. Cordem. = Gladiolus luteus Lam. ■☆

176215 Gladiolus fraternus N. E. Br. = Tritoniopsis unguicularis (Lam.) G. J. Lewis ■☆

176216 Gladiolus fredericii L. Bolus = Gladiolus wilsonii (Baker) Goldblatt et J. C. Manning ■☆

176217 Gladiolus fulvescens Ingram = Gladiolus tristis L. ■☆

176218 Gladiolus fungurumeensis P. A. Duvign. et Van Bockstal = Gladiolus ledoctei P. A. Duvign. et Van Bockstal ■☆

176219 Gladiolus fuscoviridis Baker = Gladiolus dalenii Van Geel ■☆

176220 Gladiolus galeatus Jacq. = Sparaxis galeata Ker Gawl. ■☆

176221 Gladiolus gallaensis Vaupel = Gladiolus dalenii Van Geel ■☆

176222 Gladiolus gandavensis Van Houtte;唐菖蒲(八百锤,荸荠莲,标杆花,菖兰,甘德唐菖蒲,谷穗花,剑兰,千锤打,十三太保,十样锦,十样景,搜山黄,铜锤);Breeders Gladioli, Breeders Gladiolus, Ghent Gladiolus ■

176223 Gladiolus garnieri Klatt = Gladiolus dalenii Van Geel ■☆

176224 Gladiolus garuanus Vaupel = Gladiolus dalenii Van Geel ■☆

176225 Gladiolus gawleri (Baker) Klatt = Gladiolus watsonius Thunb. ■☆

176226 Gladiolus gazensis Rendle = Gladiolus mosambicensis Baker ■☆

176227 Gladiolus geardii L. Bolus;吉尔唐菖蒲■☆

176228 Gladiolus geardii L. Bolus var. uitenhagensis ? = Gladiolus geardii L. Bolus ■☆

176229 Gladiolus goetzei Harms = Gladiolus dalenii Van Geel subsp. andongensis (Baker) Goldblatt ■☆

176230 Gladiolus gracilicaulis G. J. Lewis = Gladiolus atropurpureus Baker ■☆

176231 Gladiolus gracilis Jacq.;纤细唐菖蒲■☆

176232 Gladiolus gracilis Jacq. var. latifolius G. J. Lewis = Gladiolus caeruleus Goldblatt et J. C. Manning ■☆

176233 Gladiolus gracillimus Baker;细长唐菖蒲■☆

176234 Gladiolus gramineus L. f. = Melasphaerula ramosa (L.) Klatt ■☆

176235 Gladiolus graminifolius (Baker) G. J. Lewis = Gladiolus floribundus Jacq. ■☆

176236 Gladiolus grandiflorus Andréws;大花唐菖蒲■☆

176237 Gladiolus grandiflorus Andréws = Gladiolus floribundus Jacq. ■☆

176238 Gladiolus grandis (Thunb.) Thunb. = Gladiolus liliaceus Houtt. ■☆

176239 Gladiolus grandis Thunb. = Gladiolus liliaceus Houtt. ■☆

176240 Gladiolus grantii Baker;格兰特唐菖蒲■☆

176241 Gladiolus gregarius Welw. ex Baker;团集唐菖蒲■☆

176242 Gladiolus griseus Goldblatt et J. C. Manning;灰唐菖蒲■☆

176243 Gladiolus gueinzii Kunze;吉内斯唐菖蒲■☆

176244 Gladiolus gunnisii (Rendle) Marais;冈尼斯唐菖蒲■☆

176245 Gladiolus guthriei F. Bolus;格斯里唐菖蒲■☆

176246 Gladiolus halophilus Boiss. et Heldr.;喜盐唐菖蒲■☆

176247 Gladiolus hanningtonii Baker = Gladiolus gregarius Welw. ex Baker ■☆

176248 Gladiolus harmsianus Vaupel;哈姆斯唐菖蒲■☆

176249 Gladiolus hastatus Thunb. = Gladiolus inflatus Thunb. ■☆

176250 Gladiolus heterolobus Vaupel = Gladiolus roseolus Chiov. ■☆

176251 Gladiolus hibernus Ingram = Gladiolus maculatus Sweet ■☆

176252 Gladiolus hirsutus Jacq.;粗毛唐菖蒲■☆

176253 Gladiolus hirsutus Jacq. var. tenuiflorus Klatt = Gladiolus priorii (N. E. Br.) Goldblatt et M. P. de Vos ■☆

176254 Gladiolus hockii De Wild. = Gladiolus dalenii Van Geel ■☆

176255 Gladiolus hollandii L. Bolus;霍兰唐菖蒲■☆

176256 Gladiolus hortulanus L. H. Bailey;花园唐菖蒲■☆

176257 Gladiolus huillensis (Welw. ex Baker) Goldblatt;威拉唐菖蒲■☆

176258 Gladiolus huttonii (N. E. Br.) Goldblatt et M. P. de Vos;赫顿唐菖蒲■☆

176259 Gladiolus hyalinus Jacq.;透明唐菖蒲■☆

176260 Gladiolus hybridus Hort.;杂种唐菖蒲(福兰,什样锦,唐菖蒲);Gladiolus, Sword Lily ■

176261 Gladiolus ignescens Bojer ex Baker = Gladiolus dalenii Van Geel ■☆

176262 Gladiolus illyricus Koch;伊利尔唐菖蒲;Wild Gladiolus ■☆

176263 Gladiolus illyricus Koch var. reuteri (Boiss.) Font Quer = Gladiolus dubius Guss. ■☆

176264 Gladiolus imbricatus L.;覆瓦唐菖蒲■☆

176265 Gladiolus inandensis Baker;伊南德唐菖蒲■☆

176266 Gladiolus inclinatus DC. = Babiana tubulosa (Burm. f.) Ker Gawl. var. tubiflora (L. f.) G. J. Lewis ■☆

176267 Gladiolus inclusus F. Bolus = Gladiolus ecklonii Lehm. ■☆

176268 Gladiolus inconspicuus Baker = Hesperantha inconspicua (Baker) Goldblatt ■☆

176269 Gladiolus inflatus Thunb.;膨胀唐菖蒲■☆

176270 Gladiolus inflatus Thunb. subsp. intermedius G. J. Lewis = Gladiolus patersoniae F. Bolus ■☆

176271 Gladiolus inflatus Thunb. var. louiseae (L. Bolus) Oberm. = Gladiolus inflatus Thunb. ■☆

176272 Gladiolus inflexus Goldblatt et J. C. Manning;内折唐菖蒲■☆

176273 Gladiolus insignis Paxton;显异唐菖蒲;Distinct Gladiolus ■☆

176274 Gladiolus insolens Goldblatt et J. C. Manning;异常唐菖蒲■☆

176275 Gladiolus intonsus Goldblatt;须毛唐菖蒲■☆

176276 Gladiolus invenustus G. J. Lewis = Gladiolus densiflorus Baker ■☆

176277 Gladiolus involutus Burm. f. = Gladiolus involutus D. Delaroche ■☆

176278 Gladiolus involutus D. Delaroche;内卷唐菖蒲■☆

176279 Gladiolus iridifolius Jacq. = Watsonia meriana (L.) Mill. ■☆

176280 Gladiolus iroensis (A. Chev.) Marais;伊罗湖唐菖蒲■☆

176281 Gladiolus italicus Mill.;意大利唐菖蒲(播种唐菖蒲,地中海唐菖蒲,水仙菖蒲);Corn Flag Gladiolus, Hyacinth, Italian Gladiolus, Italy Gladiolus ■☆

176282 Gladiolus italicus Mill. = Glaucium elegans Fisch. et C. A. Mey. ■

176283 Gladiolus ixioides (Baker) G. J. Lewis = Ixia paniculata D. Delaroche ■☆

176284 Gladiolus ixioides Thunb. = Ixia paniculata D. Delaroche ■☆

176285 Gladiolus johnstonii Baker = Gladiolus melleri Baker ■☆

176286 Gladiolus junceus L. f. = Freesia verrucosa (Vogel) Goldblatt et J. C. Manning ■☆

176287 Gladiolus juncifolius Goldblatt;灯芯草叶唐菖蒲■☆

176288 Gladiolus junodii Baker = Gladiolus crassifolius Baker ■☆

176289 Gladiolus kamiesbergensis G. J. Lewis;卡米斯贝赫唐菖蒲■☆

176290 Gladiolus karendensis Baker = Gladiolus gregarius Welw. ex

Baker ■☆
176291 Gladiolus katubensis De Wild. = Gladiolus velutinus De Wild. ■☆
176292 Gladiolus kilimandscharicus Pax = Gladiolus dalenii Van Geel ■☆
176293 Gladiolus kirkii Baker = Gladiolus ochroleucus Baker ■☆
176294 Gladiolus klattianus Hutch. = Gladiolus gregarius Welw. ex Baker ■☆
176295 Gladiolus klattianus Hutch. subsp. angustifolius Van Bockstal = Gladiolus microspicatus P. A. Duvign. et Van Bockstal ex Còrdova ■☆
176296 Gladiolus kotschyanus Boiss.;考奇唐菖蒲■☆
176297 Gladiolus kubangensis Harms = Gladiolus pallidus Baker ■☆
176298 Gladiolus labiatus (Pax) N. E. Br. = Gladiolus unguiculatus Baker ■☆
176299 Gladiolus laccatus Jacq. = Watsonia laccata (Jacq.) Ker Gawl. ■☆
176300 Gladiolus laceratus Burm. f. = Tritonia lacerata (Burm. f.) Klatt ■☆
176301 Gladiolus lambda Klatt = Gladiolus debilis Ker Gawl. ■☆
176302 Gladiolus lapeirousioides Goldblatt;短丝花唐菖蒲■☆
176303 Gladiolus latifolius Lam. = Babiana villosa (Aiton) Ker Gawl. ■☆
176304 Gladiolus laxiflorus Baker;疏花唐菖蒲■☆
176305 Gladiolus laxus Thunb. = Freesia laxa (Thunb.) Goldblatt et J. C. Manning ■☆
176306 Gladiolus ledoctei P. A. Duvign. et Van Bockstal;莱多唐菖蒲■☆
176307 Gladiolus leichtlinii Baker = Gladiolus dalenii Van Geel ■☆
176308 Gladiolus lemonia Pourr. ex Steud.;莱氏唐菖蒲;Lemoine Gladiolus ■☆
176309 Gladiolus lemonius Pourr. ex Steud. = Gladiolus carneus D. Delaroche ■☆
176310 Gladiolus leonensis Marais;莱昂唐菖蒲■☆
176311 Gladiolus leptophyllus L. Bolus = Gladiolus dalenii Van Geel ■☆
176312 Gladiolus leptosiphon F. Bolus;细管唐菖蒲■☆
176313 Gladiolus lewisiae Oberm.;刘易斯唐菖蒲■☆
176314 Gladiolus liliaceus Houtt.;大唐菖蒲(大花唐菖蒲);Largeflower Gladiolus ■☆
176315 Gladiolus linearifolius Vaupel;线叶唐菖蒲■☆
176316 Gladiolus linearis (L. f.) N. E. Br. = Gladiolus quadrangulus (D. Delaroche) Barnard ■☆
176317 Gladiolus lineatus Salisb. = Tritonia gladiolaris (Lam.) Goldblatt et J. C. Manning ■☆
176318 Gladiolus lithicola Goldblatt;岩石唐菖蒲■☆
176319 Gladiolus lithicola Goldblatt et J. C. Manning = Gladiolus saxatilis Goldblatt et J. C. Manning ■☆
176320 Gladiolus longanus Harms = Gladiolus benguellensis Baker ■☆
176321 Gladiolus longicollis Baker;长颈唐菖蒲■☆
176322 Gladiolus longicollis Baker subsp. platypetalus (Baker) Goldblatt et J. C. Manning;阔瓣唐菖蒲■☆
176323 Gladiolus longicollis Baker var. platypetalus (Baker) Oberm. = Gladiolus longicollis Baker subsp. platypetalus (Baker) Goldblatt et J. C. Manning ■☆
176324 Gladiolus longiflorus Andréws = Babiana tubulosa (Burm. f.) Ker Gawl. ■☆
176325 Gladiolus longispathaceus Cufod.;长苞唐菖蒲■☆
176326 Gladiolus louiseae L. Bolus = Gladiolus inflatus Thunb. ■☆
176327 Gladiolus louwii L. Bolus = Gladiolus dalenii Van Geel ■☆
176328 Gladiolus lucidor (L. f.) Baker = Tritoniopsis triticea (Burm. f.) Goldblatt ■☆
176329 Gladiolus ludwigii (Pappe ex Baker) Baker;路德维格唐菖蒲■☆
176330 Gladiolus ludwigii (Pappe ex Baker) Baker = Gladiolus sericeovillosus Hook. f. ■☆
176331 Gladiolus ludwigii Pappe ex Baker var. calvatus Baker = Gladiolus sericeovillosus Hook. f. subsp. calvatus (Baker) Goldblatt ■☆
176332 Gladiolus luembensis De Wild. = Gladiolus dalenii Van Geel ■☆
176333 Gladiolus lundaensis Goldblatt;隆达唐菖蒲■☆
176334 Gladiolus lunulatus Klatt = Gladiolus carneus D. Delaroche ■☆
176335 Gladiolus luridus Welw. ex Baker = Gladiolus atropurpureus Baker ■☆
176336 Gladiolus luteolus Klatt = Gladiolus dalenii Van Geel ■☆
176337 Gladiolus luteus Klatt = Gladiolus virescens Thunb. ■☆
176338 Gladiolus luteus Lam.;黄唐菖蒲■☆
176339 Gladiolus mackinderi Hook. f. = Gladiolus watsonioides Baker ■☆
176340 Gladiolus macowanianus Klatt = Gladiolus carneus D. Delaroche ■☆
176341 Gladiolus macowanii Baker = Gladiolus mortonius Herb. ■☆
176342 Gladiolus macrophlebius Baker = Gladiolus benguellensis Baker ■☆
176343 Gladiolus macrospathus Goldblatt;大苞唐菖蒲■☆
176344 Gladiolus maculatus Sweet;斑点唐菖蒲■☆
176345 Gladiolus maculatus Sweet subsp. eburneus Oberm. = Gladiolus albens Goldblatt et J. C. Manning ■☆
176346 Gladiolus maculatus Sweet subsp. hibernus (Ingram) Oberm. = Gladiolus maculatus Sweet ■☆
176347 Gladiolus maculatus Sweet subsp. meridionalis (G. J. Lewis) Oberm. = Gladiolus meridionalis G. J. Lewis ■☆
176348 Gladiolus magaliesmontanus F. Bolus = Gladiolus antholyzoides Baker ■☆
176349 Gladiolus magnificus (Harms) Goldblatt;华丽唐菖蒲■☆
176350 Gladiolus malangensis Baker = Gladiolus benguellensis Baker ■☆
176351 Gladiolus malvinus Goldblatt et J. C. Manning;锦葵唐菖蒲■☆
176352 Gladiolus manikaensis Goldblatt;马尼科唐菖蒲■☆
176353 Gladiolus marginatus F. Bolus = Gladiolus rufomarginatus G. J. Lewis ■☆
176354 Gladiolus marginatus L. f. = Watsonia marginata (L. f.) Ker Gawl. ■☆
176355 Gladiolus marlothii G. J. Lewis;马洛斯唐菖蒲■☆
176356 Gladiolus marmoratus Lam. = Watsonia humilis Mill. ■☆
176357 Gladiolus marmoratus Tausch = Gladiolus ecklonii Lehm. ■☆
176358 Gladiolus martleyi L. Bolus;马尔唐菖蒲■☆
176359 Gladiolus masoniorum C. H. Wright = Gladiolus ochroleucus Baker ■☆
176360 Gladiolus massonii Klatt = Gladiolus mortonius Herb. ■☆
176361 Gladiolus masukuensis Baker = Gladiolus crassifolius Baker ■☆
176362 Gladiolus matabelensis Schltr. ex Weim. = Gladiolus melleri Baker ■☆

176363 Gladiolus melleri Baker;梅勒唐菖蒲■☆
176364 Gladiolus mensensis (Schweinf.) Goldblatt;芒斯唐菖蒲■☆
176365 Gladiolus merianellus (L.) Thunb. = Gladiolus bonaspei Goldblatt et M. P. de Vos ■☆
176366 Gladiolus merianus L. = Watsonia meriana (L.) Mill. ■☆
176367 Gladiolus meridionalis G. J. Lewis;南方唐菖蒲■☆
176368 Gladiolus micranthus Baker = Gladiolus ferrugineus Goldblatt et J. C. Manning ■☆
176369 Gladiolus microcarpus G. J. Lewis;小果唐菖蒲■☆
176370 Gladiolus microcarpus G. J. Lewis subsp. italaensis Oberm. = Gladiolus scabridus Goldblatt et J. C. Manning ■☆
176371 Gladiolus microphyllus Baker = Gladiolus inandensis Baker ■☆
176372 Gladiolus microsiphon Baker = Gladiolus inandensis Baker ■☆
176373 Gladiolus microspicatus P. A. Duvign. et Van Bockstal ex Còrdova;小穗唐菖蒲■☆
176374 Gladiolus mildbraedii Vaupel = Gladiolus dalenii Van Geel subsp. andongensis (Baker) Goldblatt ■☆
176375 Gladiolus milleri Ker Gawl.;米氏唐菖蒲;Miller Gladiolus ■☆
176376 Gladiolus milleri Ker Gawl. = Gladiolus grandiflorus Andréws ■☆
176377 Gladiolus miniatus Eckl.;朱红唐菖蒲■☆
176378 Gladiolus mirus Vaupel;奇异唐菖蒲■☆
176379 Gladiolus modestus Ingram = Gladiolus recurvus L. ■☆
176380 Gladiolus mollis Vahl = Babiana thunbergii Ker Gawl. ■☆
176381 Gladiolus montanus L. f. = Tritoniopsis parviflora (Jacq.) G. J. Lewis ■☆
176382 Gladiolus monticola G. J. Lewis ex Goldblatt et J. C. Manning;山生唐菖蒲■☆
176383 Gladiolus mortonius Herb.;莫顿唐菖蒲■☆
176384 Gladiolus morumbalaensis De Wild. = Gladiolus decoratus Baker ■☆
176385 Gladiolus mosambicensis Baker;莫桑比克唐菖蒲■☆
176386 Gladiolus mostertiae L. Bolus;莫斯特唐菖蒲■☆
176387 Gladiolus mucronatus Jacq. = Babiana mucronata (Jacq.) Ker Gawl. ■☆
176388 Gladiolus muirii L. Bolus = Gladiolus involutus D. Delaroche ■☆
176389 Gladiolus multiflorus Baker = Gladiolus gregarius Welw. ex Baker ■☆
176390 Gladiolus murielae Kelway;缪里唐菖蒲■☆
176391 Gladiolus mutabilis G. J. Lewis;易变唐菖蒲■☆
176392 Gladiolus namaquensis Ker Gawl. = Gladiolus equitans Thunb. ■☆
176393 Gladiolus nanceianus Baker;南锡唐菖蒲;Nancy Gladiolus ■☆
176394 Gladiolus nanus Andréws;矮小唐菖蒲■☆
176395 Gladiolus nanus Andréws = Babiana nana (Andréws) Spreng. ■☆
176396 Gladiolus natalensis Reinw. = Gladiolus dalenii Van Geel ■☆
176397 Gladiolus natalensis Reinw. ex Hook. = Gladiolus dalenii Van Geel ■☆
176398 Gladiolus natalensis Reinw. ex Hook. var. melleri (Baker) Geerinck = Gladiolus melleri Baker ■☆
176399 Gladiolus negeliensis Goldblatt;内盖里唐菖蒲■☆
176400 Gladiolus nemorosus (Klatt) N. E. Br. = Tritoniopsis nemorosa (Klatt) G. J. Lewis ■☆
176401 Gladiolus nerineoides G. J. Lewis;尼润兰唐菖蒲■☆
176402 Gladiolus nervosus (Thunb.) Baker = Tritoniopsis antholyza (Poir.) Goldblatt ■☆
176403 Gladiolus nervosus Lam. = Babiana stricta (Aiton) Ker Gawl. ■☆
176404 Gladiolus newii Baker = Gladiolus dalenii Van Geel ■☆
176405 Gladiolus nigromontanus Goldblatt;山地黑唐菖蒲■☆
176406 Gladiolus nivenii Baker = Gladiolus carinatus Aiton ■☆
176407 Gladiolus nudus N. E. Br. = Gladiolus woodii Baker ■☆
176408 Gladiolus nyasicus Goldblatt;尼亚斯唐菖蒲■☆
176409 Gladiolus nyikensis Baker = Gladiolus erectiflorus Baker ■☆
176410 Gladiolus oatesii Rolfe;奥茨唐菖蒲■☆
176411 Gladiolus occidentalis A. Chev. = Gladiolus dalenii Van Geel ■☆
176412 Gladiolus ochroleucus Baker;淡黄白唐菖蒲■☆
176413 Gladiolus ochroleucus Baker var. macowanii (Baker) Oberm. = Gladiolus mortonius Herb. ■☆
176414 Gladiolus odoratus L. Bolus;香甜唐菖蒲■☆
176415 Gladiolus odoratus L. Bolus = Gladiolus guthriei F. Bolus ■☆
176416 Gladiolus odorus Schrank = Sparaxis fragrans (Jacq.) Ker Gawl. ■☆
176417 Gladiolus oliganthus Baker;寡花唐菖蒲■☆
176418 Gladiolus oligophlebius Baker;寡脉唐菖蒲■☆
176419 Gladiolus oppositiflorus Herb.;对花唐菖蒲;Oppositeflower Gladiolus ■☆
176420 Gladiolus oppositiflorus Herb. subsp. salmoneus (Baker) Oberm. = Gladiolus oppositiflorus Herb. ■☆
176421 Gladiolus orchidiflorus Andréws;兰花唐菖蒲■☆
176422 Gladiolus oreocharis Schltr.;山地唐菖蒲■☆
176423 Gladiolus ornatus Klatt;饰冠唐菖蒲■☆
176424 Gladiolus overbergensis Goldblatt et M. P. de Vos;奥沃贝格唐菖蒲■☆
176425 Gladiolus pageae L. Bolus = Gladiolus dalenii Van Geel ■☆
176426 Gladiolus paleaceus Vahl = Babiana spathacea (L. f.) Ker Gawl. ■☆
176427 Gladiolus pallidus Baker;苍白唐菖蒲■☆
176428 Gladiolus paludosus Baker;沼泽唐菖蒲■☆
176429 Gladiolus palustris Gaudich.;沼生唐菖蒲;Three-flowered Gladiolus ■☆
176430 Gladiolus paniculatus Pers. = Freesia verrucosa (Vogel) Goldblatt et J. C. Manning ■☆
176431 Gladiolus papilio Hook. f.;紫斑唐菖蒲(花脸唐菖蒲);Goldblotch Gladiolus, Purpleblotch Gladiolus ■☆
176432 Gladiolus pappei Baker;帕珀唐菖蒲■☆
176433 Gladiolus pardalinus Goldblatt et J. C. Manning;豹斑唐菖蒲■☆
176434 Gladiolus parviflorus Jacq. = Tritoniopsis parviflora (Jacq.) G. J. Lewis ■☆
176435 Gladiolus parvulus Schltr.;较小唐菖蒲■☆
176436 Gladiolus patersoniae F. Bolus;帕特森唐菖蒲■☆
176437 Gladiolus pauciflorus Baker;少花唐菖蒲■☆
176438 Gladiolus pauciflorus De Wild. = Gladiolus dalenii Van Geel subsp. andongensis (Baker) Goldblatt ■☆
176439 Gladiolus pavonia Goldblatt et J. C. Manning;孔雀唐菖蒲■☆
176440 Gladiolus paxii Klatt = Gladiolus benguellensis Baker ■☆
176441 Gladiolus pendulus Mund. Eckl. = Dierama pendulum (Thunb.) Baker ■☆
176442 Gladiolus pendulus Mund. Eckl. ex Steud. = Dierama pendulum (Thunb.) Baker ■☆
176443 Gladiolus permeabilis D. Delaroche subsp. edulis (Burch. ex Ker

Gawl.) Oberm. ;可食唐菖蒲■☆
176444 Gladiolus permeabilis D. Delaroche subsp. wilsonii (Baker) G. J. Lewis = Gladiolus wilsonii (Baker) Goldblatt et J. C. Manning ■☆
176445 Gladiolus perrieri Goldblatt;佩里耶唐菖蒲■☆
176446 Gladiolus peschianus P. A. Duvign. et Van Bockstal = Gladiolus tshombeanus P. A. Duvign. et Van Bockstal ■☆
176447 Gladiolus pictus Sweet = Gladiolus carneus D. Delaroche ■☆
176448 Gladiolus pillansii G. J. Lewis;皮朗斯唐菖蒲■☆
176449 Gladiolus pillansii G. J. Lewis = Gladiolus martleyi L. Bolus ■☆
176450 Gladiolus pillansii G. J. Lewis var. roseus ? = Gladiolus martleyi L. Bolus ■☆
176451 Gladiolus pilosus Eckl. = Gladiolus hirsutus Jacq. ■☆
176452 Gladiolus platyphyllus Baker = Gladiolus dalenii Van Geel ■☆
176453 Gladiolus pole-evansii I. Verd. ;埃文斯唐菖蒲■☆
176454 Gladiolus polystachius Andréws = Freesia verrucosa (Vogel) Goldblatt et J. C. Manning ■☆
176455 Gladiolus pottsii Macnab ex Baker = Crocosmia pottsii (Macnab ex Baker) N. E. Br. ■
176456 Gladiolus praecox Andréws = Gladiolus watsonius Thunb. ■☆
176457 Gladiolus praelongitubus G. J. Lewis = Gladiolus longicollis Baker subsp. platypetalus (Baker) Goldblatt et J. C. Manning ■☆
176458 Gladiolus pretoriensis Kuntze;比勒陀利亚唐菖蒲■☆
176459 Gladiolus primulinus Baker = Gladiolus dalenii Van Geel ■☆
176460 Gladiolus priorii (N. E. Br.) Goldblatt et M. P. de Vos;普赖里唐菖蒲■☆
176461 Gladiolus prismatosiphon Schltr. = Gladiolus carneus D. Delaroche ■☆
176462 Gladiolus pritzelii Diels;普里特唐菖蒲■☆
176463 Gladiolus pseudogregarius Mildbr. ex Hutch. = Gladiolus gregarius Welw. ex Baker ■☆
176464 Gladiolus psittacinus Hook. = Gladiolus dalenii Van Geel ■☆
176465 Gladiolus psittacinus Hook. = Gladiolus natalensis Reinw. ■☆
176466 Gladiolus psittacinus Hook. var. cooperi Baker = Gladiolus dalenii Van Geel ■☆
176467 Gladiolus puberulus Vaupel;微毛唐菖蒲■☆
176468 Gladiolus pubescens Baker = Gladiolus pubigerus G. J. Lewis ■☆
176469 Gladiolus pubescens Lam. = Babiana pubescens (Lam.) G. J. Lewis ■☆
176470 Gladiolus pubescens Pax = Gladiolus benguellensis Baker ■☆
176471 Gladiolus pubigerus G. J. Lewis;短毛唐菖蒲■☆
176472 Gladiolus pugioniformis Hilliard et B. L. Burtt = Gladiolus pubigerus G. J. Lewis ■☆
176473 Gladiolus pulchellus Eckl. ex Klatt = Gladiolus virescens Thunb. ■☆
176474 Gladiolus pulcherrimus (G. J. Lewis) Goldblatt et J. C. Manning;艳丽唐菖蒲■☆
176475 Gladiolus punctatus Jacq. = Gladiolus carinatus Aiton ■☆
176476 Gladiolus punctatus sensu Thunb. = Gladiolus griseus Goldblatt et J. C. Manning ■☆
176477 Gladiolus punctulatus Schrank = Gladiolus hirsutus Jacq. ■☆
176478 Gladiolus punctulatus Schrank var. autumnalis G. J. Lewis = Gladiolus hirsutus Jacq. ■☆
176479 Gladiolus pungens P. A. Duvign. et Van Bockstal ex Còrdova;锐尖唐菖蒲■☆
176480 Gladiolus purpureo-auratus Hook. f. = Gladiolus papilio Hook. f. ■☆
176481 Gladiolus pusillus Goldblatt;微小唐菖蒲■☆
176482 Gladiolus pyramidalis Burm. f. = Ixia patens Aiton ■☆
176483 Gladiolus pyramidalis Lam. = Watsonia borbonica (Pourr.) Goldblatt ■☆
176484 Gladiolus pyramidatus Andréws = Watsonia borbonica (Pourr.) Goldblatt ■☆
176485 Gladiolus quadrangularis (Burm. f.) Ker Gawl. ;棱角唐菖蒲■☆
176486 Gladiolus quadrangulus (D. Delaroche) Barnard;多棱角唐菖蒲■☆
176487 Gladiolus quartinianus A. Rich. ;夸尔廷唐菖蒲;Quart Gladiolus ■☆
176488 Gladiolus quartinianus A. Rich. = Gladiolus dalenii Van Geel ■☆
176489 Gladiolus quilimanensis Baker = Gladiolus decoratus Baker ■☆
176490 Gladiolus rachidiflorus Klatt = Gladiolus crassifolius Baker ■☆
176491 Gladiolus ramosus L. ;多枝唐菖蒲;Manyshoot Gladiolus ■☆
176492 Gladiolus ramosus L. = Melasphaerula ramosa (L.) Klatt ■☆
176493 Gladiolus recurvus Houtt. = Gladiolus recurvus L. ■☆
176494 Gladiolus recurvus L. ;卷瓣唐菖蒲(反折唐菖蒲);Recurve Gladiolus ■☆
176495 Gladiolus reductus Baker = Gladiolus ochroleucus Baker ■☆
176496 Gladiolus refractus Jacq. = Freesia refracta (Jacq.) Klatt ■
176497 Gladiolus rehmannii Baker;拉赫曼唐菖蒲■☆
176498 Gladiolus remotifolius Baker = Gladiolus permeabilis D. Delaroche subsp. edulis (Burch. ex Ker Gawl.) Oberm. ■☆
176499 Gladiolus resupinatus Pers. = Freesia refracta (Jacq.) Klatt ■
176500 Gladiolus retrocurvus G. J. Lewis = Gladiolus dalenii Van Geel ■☆
176501 Gladiolus rhodanthus J. C. Manning et Goldblatt;粉红花唐菖蒲■☆
176502 Gladiolus richardsiae Goldblatt;理查兹唐菖蒲■☆
176503 Gladiolus rigidifolius Baker = Gladiolus sericeovillosus Hook. f. subsp. calvatus (Baker) Goldblatt ■☆
176504 Gladiolus robertsoniae F. Bolus;罗伯逊唐菖蒲■☆
176505 Gladiolus robustus Goldblatt = Gladiolus geardii L. Bolus ■☆
176506 Gladiolus rogersii Baker;禾叶唐菖蒲■☆
176507 Gladiolus rogersii Baker var. graminifolius G. J. Lewis = Gladiolus rogersii Baker ■☆
176508 Gladiolus rogersii Baker var. vlokii Goldblatt = Gladiolus rogersii Baker ■☆
176509 Gladiolus roseolus Chiov. ;粉红唐菖蒲■☆
176510 Gladiolus roseovenosus Goldblatt et J. C. Manning;红脉唐菖蒲■☆
176511 Gladiolus roseus Jacq. = Tritonia flabellifolia (D. Delaroche) G. J. Lewis var. major (Ker Gawl.) M. P. de Vos ■☆
176512 Gladiolus rubellus Goldblatt;淡红唐菖蒲■☆
176513 Gladiolus rudis Licht. ex Roem. et Schult. ;粗糙唐菖蒲■☆
176514 Gladiolus rufomarginatus G. J. Lewis;赤褐边唐菖蒲■☆
176515 Gladiolus rupicola Vaupel;岩生唐菖蒲■☆
176516 Gladiolus sabulosus G. J. Lewis = Gladiolus gueinzii Kunze ■☆
176517 Gladiolus saccatus (Klatt) Goldblatt et M. P. de Vos;袋状唐菖蒲■☆
176518 Gladiolus saccatus (Klatt) Goldblatt et M. P. de Vos subsp. steingroeveri (Pax) Goldblatt et M. P. de Vos = Gladiolus saccatus (Klatt) Goldblatt et M. P. de Vos ■☆
176519 Gladiolus salmoncicolor P. A. Duvign. et Van Bockstal ex

Còrdova;鲑色唐菖蒲■☆
176520 Gladiolus salmoneus Baker = Gladiolus oppositiflorus Herb. ■☆
176521 Gladiolus saltatorum Baker = Gladiolus dalenii Van Geel ■☆
176522 Gladiolus salteri G. J. Lewis;索尔特唐菖蒲■☆
176523 Gladiolus sambucinus Jacq. = Babiana sambucina (Jacq.) Ker Gawl. ■☆
176524 Gladiolus saundersii Hook. f.;邵氏唐菖蒲;Saundra Gladiolus ■☆
176525 Gladiolus saxatilis Goldblatt et J. C. Manning;岩地唐菖蒲■☆
176526 Gladiolus scaber Spreng. et Link = Gladiolus gracilis Jacq. ■☆
176527 Gladiolus scabridus Goldblatt et J. C. Manning;微糙唐菖蒲■☆
176528 Gladiolus scaphochlamys Baker = Gladiolus grandiflorus Andréws ■☆
176529 Gladiolus schlechteri Baker = Gladiolus papilio Hook. f. ■☆
176530 Gladiolus schweinfurthii (Baker) Goldblatt et M. P. de Vos;施韦唐菖蒲■☆
176531 Gladiolus scullyi Baker;风雅唐菖蒲;Elegance Gladiolus ■☆
176532 Gladiolus secundus Thunb. = Babiana secunda (Thunb.) Ker Gawl. ■☆
176533 Gladiolus segetum Ker Gawl.;谷地唐菖蒲■☆
176534 Gladiolus segetum Ker Gawl. = Gladiolus italicus Mill. ■☆
176535 Gladiolus sekukuniensis P. Winter;塞库库尼唐菖蒲■☆
176536 Gladiolus sempervirens G. J. Lewis;常绿唐菖蒲■☆
176537 Gladiolus sericeovillosus Hook. f.;长绢毛唐菖蒲■☆
176538 Gladiolus sericeovillosus Hook. f. f. calvatus (Baker) Oberm. = Gladiolus sericeovillosus Hook. f. subsp. calvatus (Baker) Goldblatt ■☆
176539 Gladiolus sericeovillosus Hook. f. subsp. calvatus (Baker) Goldblatt;光秃唐菖蒲■☆
176540 Gladiolus sericeovillosus Hook. f. var. glabrescens L. Bolus = Gladiolus sericeovillosus Hook. f. subsp. calvatus (Baker) Goldblatt ■☆
176541 Gladiolus sericeovillosus Hook. f. var. ludwigii Pappe ex Baker = Gladiolus sericeovillosus Hook. f. ■☆
176542 Gladiolus sericeovillosus Hook. f. var. rubicundus Kuntze = Gladiolus sericeovillosus Hook. f. ■☆
176543 Gladiolus serpenticola Goldblatt et J. C. Manning;蛇纹岩唐菖蒲■☆
176544 Gladiolus silenoides Jacq. = Lapeirousia silenoides (Jacq.) Ker Gawl. ■☆
176545 Gladiolus similis Eckl. = Gladiolus caryophyllaceus (Burm. f.) Poir. ■☆
176546 Gladiolus socium L. Bolus = Gladiolus grandiflorus Andréws ■☆
176547 Gladiolus somalensis Goldblatt et Thulin;索马里唐菖蒲■☆
176548 Gladiolus sparrmannii Thunb. = Freesia sparrmannii (Thunb.) N. E. Br. ■☆
176549 Gladiolus spathaceus L. f. = Babiana spathacea (L. f.) Ker Gawl. ■☆
176550 Gladiolus spathaceus Pappe ex Baker = Gladiolus bullatus Thunb. ex G. J. Lewis ■☆
176551 Gladiolus spathulatus Baker = Gladiolus papilio Hook. f. ■☆
176552 Gladiolus speciosus Eckl. = Gladiolus cardinalis Curtis ■☆
176553 Gladiolus speciosus Thunb.;美花唐菖蒲■☆
176554 Gladiolus spectabilis Baker = Gladiolus saundersii Hook. f. ■☆
176555 Gladiolus spicatus Klatt = Gladiolus gregarius Welw. ex Baker ■☆
176556 Gladiolus spicatus L. = Thereianthus spicatus (L.) G. J. Lewis ■☆
176557 Gladiolus splendens (Sweet) Herb.;光亮唐菖蒲■☆
176558 Gladiolus splendens Baker = Gladiolus sempervirens G. J. Lewis ■☆
176559 Gladiolus splendidus Rendle = Gladiolus dalenii Van Geel ■☆
176560 Gladiolus stanfordiae L. Bolus = Gladiolus ochroleucus Baker ■☆
176561 Gladiolus staudtii Vaupel = Gladiolus mirus Vaupel ■☆
176562 Gladiolus stefaniae Oberm.;斯特唐菖蒲■☆
176563 Gladiolus stellatus G. J. Lewis;星状唐菖蒲■☆
176564 Gladiolus stenolobus Goldblatt;窄裂片唐菖蒲■☆
176565 Gladiolus stenophyllus Baker = Gladiolus inandensis Baker ■☆
176566 Gladiolus stenosiphon Goldblatt;窄管唐菖蒲■☆
176567 Gladiolus stokoei G. J. Lewis;斯托克唐菖蒲■☆
176568 Gladiolus stoloniferus Salisb. = Chasmanthe aethiopica (L.) N. E. Br. ■☆
176569 Gladiolus striatus Andréws = Gladiolus floribundus Jacq. ■☆
176570 Gladiolus striatus Jacq. = Babiana striata (Jacq.) G. J. Lewis ■☆
176571 Gladiolus strictiflorus L. Bolus = Gladiolus antholyzoides Baker ■☆
176572 Gladiolus strictus Aiton = Babiana stricta (Aiton) Ker Gawl. ■☆
176573 Gladiolus strictus Jacq. = Gladiolus hyalinus Jacq. ■☆
176574 Gladiolus subaphyllus N. E. Br. = Gladiolus parvulus Schltr. ■☆
176575 Gladiolus subcaeruleus G. J. Lewis;蓝唐菖蒲■☆
176576 Gladiolus subulatus Baker = Gladiolus huillensis (Welw. ex Baker) Goldblatt ■☆
176577 Gladiolus sudanicus Goldblatt;苏丹唐菖蒲■☆
176578 Gladiolus sulcatus Goldblatt;纵沟唐菖蒲■☆
176579 Gladiolus sulphureus Baker = Gladiolus dalenii Van Geel ■☆
176580 Gladiolus sulphureus de Graaf ex Molk.;硫色唐菖蒲■☆
176581 Gladiolus sulphureus Jacq. = Babiana stricta (Aiton) Ker Gawl. var. sulphurea (Jacq.) Baker ■☆
176582 Gladiolus superans N. E. Br. = Gladiolus carinatus Aiton ■☆
176583 Gladiolus symmetranthus G. J. Lewis = Gladiolus trichonemifolius Ker Gawl. ■☆
176584 Gladiolus symonsii F. Bolus;西蒙斯唐菖蒲■☆
176585 Gladiolus tabularis Eckl. = Gladiolus carneus D. Delaroche ■☆
176586 Gladiolus taylorianus Rendle = Gladiolus dalenii Van Geel ■☆
176587 Gladiolus templemannii Klatt = Gladiolus virescens Thunb. ■☆
176588 Gladiolus tenellus Jacq. = Gladiolus carinatus Aiton ■☆
176589 Gladiolus tenuiflorus K. Koch;细花唐菖蒲■☆
176590 Gladiolus tenuis Baker = Gladiolus crispulatus L. Bolus ■☆
176591 Gladiolus teretifolius Goldblatt et M. P. de Vos;柱叶唐菖蒲■☆
176592 Gladiolus thomsonii Baker = Gladiolus crassifolius Baker ■☆
176593 Gladiolus thonneri (De Wild.) Vaupel = Gladiolus unguiculatus Baker ■☆
176594 Gladiolus thunbergii Eckl. = Gladiolus ornatus Klatt ■☆
176595 Gladiolus triangulus G. J. Lewis = Gladiolus ochroleucus Baker ■☆
176596 Gladiolus trichonemifolius Ker Gawl.;乐母丽叶唐菖蒲■☆
176597 Gladiolus trichophyllus Diels = Gladiolus laxiflorus Baker ■☆
176598 Gladiolus trichostachys Baker = Gladiolus woodii Baker ■☆
176599 Gladiolus trimaculatus Lam. = Gladiolus carneus D. Delaroche ■☆
176600 Gladiolus triphyllus Bertol.;三叶唐菖蒲;Sword Lily ■☆
176601 Gladiolus tristis L.;圆叶唐菖蒲;Ever-flowering Gladiolus,

Teretedleaf Gladiolus ■☆

176602 Gladiolus tristis L. var. aestivalis (Ingram) G. J. Lewis = Gladiolus tristis L. ■☆

176603 Gladiolus tristis L. var. concolor (Salisb.) Baker = Gladiolus tristis L. ■☆

176604 Gladiolus tristis L. var. grandis Thunb. = Gladiolus liliaceus Houtt. ■☆

176605 Gladiolus tritoniiformis Kuntze = Gladiolus crassifolius Baker ■☆

176606 Gladiolus tritonioides Baker = Gladiolus laxiflorus Baker ■☆

176607 Gladiolus tshombeanus P. A. Duvign. et Van Bockstal;乔氏唐菖蒲■☆

176608 Gladiolus tubatus Jacq. = Babiana tubulosa (Burm. f.) Ker Gawl. ■☆

176609 Gladiolus tubiflorus L. f. = Babiana tubulosa (Burm. f.) Ker Gawl. var. tubiflora (L. f.) G. J. Lewis ■☆

176610 Gladiolus tubulosus Burm. f. = Micranthus tubulosus (Burm. f.) N. E. Br. ■☆

176611 Gladiolus tubulosus Jacq. = Watsonia aletroides (Burm. f.) Ker Gawl. ■☆

176612 Gladiolus turkmenorum Czerniak.;土库曼唐菖蒲■☆

176613 Gladiolus tysonii Baker = Gladiolus dalenii Van Geel ■☆

176614 Gladiolus uhehensis Harms = Gladiolus gregarius Welw. ex Baker ■☆

176615 Gladiolus uitenhagensis Goldblatt et Vlok;埃滕哈赫唐菖蒲■☆

176616 Gladiolus ukambanensis (Baker) Marais = Gladiolus candidus (Rendle) Goldblatt ■☆

176617 Gladiolus ukambanensis (Baker) Marais var. alatus Marais = Gladiolus candidus (Rendle) Goldblatt ■☆

176618 Gladiolus umbellatus Schrank = Ixia dubia Vent. ■☆

176619 Gladiolus undulatus Jacq. = Gladiolus floribundus Jacq. ■☆

176620 Gladiolus undulatus L.;波瓣唐菖蒲;Wavepetal Gladiolus ■☆

176621 Gladiolus unguiculatus Baker;短茎唐菖蒲■☆

176622 Gladiolus usambarensis Marais ex Goldblatt;乌桑巴拉唐菖蒲■☆

176623 Gladiolus uysiae L. Bolus ex G. J. Lewisr;委西唐菖蒲■☆

176624 Gladiolus vaginatus F. Bolus;具鞘唐菖蒲■☆

176625 Gladiolus vaginatus F. Bolus subsp. subtilis Oberm. = Gladiolus vaginatus F. Bolus ■☆

176626 Gladiolus vaginatus F. Bolus var. fergusoniae L. Bolus = Gladiolus maculatus Sweet ■☆

176627 Gladiolus vallidissimus Vaupel = Gladiolus velutinus De Wild. ■☆

176628 Gladiolus vandermerwei (L. Bolus) Goldblatt et M. P. de Vos;范德唐菖蒲■☆

176629 Gladiolus variegatus (G. J. Lewis) Goldblatt et J. C. Manning;变色唐菖蒲■☆

176630 Gladiolus varius F. Bolus;杂色唐菖蒲■☆

176631 Gladiolus varius F. Bolus var. brevifolius ? = Gladiolus varius F. Bolus ■☆

176632 Gladiolus varius F. Bolus var. elatus ? = Gladiolus hollandii L. Bolus ■☆

176633 Gladiolus varius F. Bolus var. micranthus (Baker) Oberm. = Gladiolus ferrugineus Goldblatt et J. C. Manning ■☆

176634 Gladiolus velutinus De Wild.;短绒毛唐菖蒲■☆

176635 Gladiolus venosus Willd. = Tritonia lineata (Salisb.) Ker Gawl. ■☆

176636 Gladiolus ventricosus Lam. = Gladiolus carneus D. Delaroche ■☆

176637 Gladiolus venulosus Baker = Gladiolus erectiflorus Baker ■☆

176638 Gladiolus venustus G. J. Lewis;雅丽唐菖蒲■☆

176639 Gladiolus verdickii De Wild. et T. Durand;韦尔唐菖蒲■☆

176640 Gladiolus vernus Oberm.;春唐菖蒲■☆

176641 Gladiolus versicolor Andréws = Gladiolus liliaceus Houtt. ■☆

176642 Gladiolus versicolor Andréws var. major Ker Gawl. = Gladiolus liliaceus Houtt. ■☆

176643 Gladiolus victorialis Sprenger;胜利唐菖蒲■☆

176644 Gladiolus villosus Burm. f. = Sparaxis villosa (Burm. f.) Goldblatt ■☆

176645 Gladiolus villosus Ker Gawl. = Gladiolus hirsutus Jacq. ■☆

176646 Gladiolus vinulus Klatt = Gladiolus carneus D. Delaroche ■☆

176647 Gladiolus violaceolineatus G. J. Lewis;堇纹唐菖蒲■☆

176648 Gladiolus viperatus Ker Gawl. = Gladiolus orchidiflorus Andréws ■☆

176649 Gladiolus virescens Thunb.;浅绿唐菖蒲■☆

176650 Gladiolus virescens Thunb. var. lepidus G. J. Lewis = Gladiolus virescens Thunb. ■☆

176651 Gladiolus virescens Thunb. var. roseovenosus G. J. Lewis = Gladiolus virescens Thunb. ■☆

176652 Gladiolus virgatus Goldblatt et J. C. Manning;条纹唐菖蒲■☆

176653 Gladiolus viridiflorus G. J. Lewis;绿花唐菖蒲■☆

176654 Gladiolus viridis Aiton = Freesia viridis (Aiton) Goldblatt et J. C. Manning ■☆

176655 Gladiolus vittatus Hornem. = Gladiolus grandiflorus Andréws ■☆

176656 Gladiolus vittatus Zucc. = Gladiolus floribundus Jacq. ■☆

176657 Gladiolus vogtsii L. Bolus = Gladiolus antholyzoides Baker ■☆

176658 Gladiolus vomerculus Ker Gawl. = Gladiolus rudis Licht. ex Roem. et Schult. ■☆

176659 Gladiolus watermeyeri L. Bolus;沃特迈耶唐菖蒲■☆

176660 Gladiolus watsonioides Baker;拟沃森唐菖蒲■☆

176661 Gladiolus watsonius Thunb.;沃森唐菖蒲;Watson Gladiolus ■☆

176662 Gladiolus watsonius Thunb. var. maculosus M. P. de Vos et Goldblatt = Gladiolus watsonius Thunb. ■☆

176663 Gladiolus welwitschii Baker = Gladiolus dalenii Van Geel subsp. welwitschii (Baker) Goldblatt ■☆

176664 Gladiolus welwitschii Baker subsp. brevispathus Pax = Gladiolus melleri Baker ■☆

176665 Gladiolus whytei Baker = Gladiolus atropurpureus Baker ■☆

176666 Gladiolus wilsonii (Baker) Goldblatt et J. C. Manning;威氏唐菖蒲■☆

176667 Gladiolus woodii Baker;伍得唐菖蒲■☆

176668 Gladiolus xanthospilus DC. = Freesia xanthospila (DC.) Klatt ■☆

176669 Gladiolus xanthus L. Bolus = Gladiolus velutinus De Wild. ■☆

176670 Gladiolus zambesiacus Baker;赞比西唐菖蒲■☆

176671 Gladiolus zanguebaricus Baker = Gladiolus decoratus Baker ■☆

176672 Gladiolus zeyheri Eckl.;蔡赫唐菖蒲■☆

176673 Gladiolus zimbabweensis Goldblatt;津巴布韦唐菖蒲■☆

176674 Gladiopappus Humbert(1948);剑毛菊属(剑冠菊属)●☆

176675 Gladiopappus vernonioides Humbert;剑冠菊●☆

176676 Glandiloba (Raf.) Steud. = Eriochloa Kunth ■

176677 Glandiloba Raf. = Eriochloa Kunth ■

176678 Glandonia Griseb.(1858);格朗东草属●☆
176679 Glandonia macrocarpa Griseb.;格朗东草●☆
176680 Glandonia williamsii Steyerm.;威氏格朗东草●☆
176681 Glandora D. C. Thomas, Weigend et Hilger = Lithospermum L. ■
176682 Glandula Medik. = Astragalus L. ●■
176683 Glandularia J. F. Gmel.(1792);腺花马鞭草属;Verbena ■●☆
176684 Glandularia J. F. Gmel. = Verbena L. ■●
176685 Glandularia aristigera (S. Moore) Tronc. = Verbena aristigera S. Moore ■☆
176686 Glandularia bipinnatifida (Nutt.) Nutt.;双羽裂腺花马鞭草;Cutleaf Vervain, Dakota Mock Vervain, Dakota Vervain, Prairie Verbena ■☆
176687 Glandularia bipinnatifida (Nutt.) Nutt. = Verbena bipinnatifida Nutt. ■☆
176688 Glandularia canadensis (L.) Nutt. = Verbena canadensis (L.) Britton ■☆
176689 Glandularia drummondii (Lindl.) Small = Verbena canadensis (L.) Britton ■☆
176690 Glandularia hispida ?;硬毛腺花马鞭草;Hispid Mock Vervain ■☆
176691 Glandularia incisa (Hook.) Tronc.;锐裂腺花马鞭草;Crisped Mock Vervain ■☆
176692 Glandularia lambertii (Sims) Small = Verbena canadensis (L.) Britton ■☆
176693 Glandularia peruviana (L.) Small;秘鲁腺花马鞭草;Peruvian Mock Vervain, Peruvian Verbena ■☆
176694 Glandularia pulchella (Sweet) Tronc.;美丽腺花马鞭草;Moss Verbena, South American Mock Vervain ■☆
176695 Glandularia tenera (Spreng.) Cabrera;极细腺花马鞭草;Latin American Mock Vervain ■☆
176696 Glandularia wrightii (A. Gray) Umber;赖特腺花马鞭草;Davis Mountains Mock Vervain, Wright Verbena ■☆
176697 Glandulicactus Backeb.(1938);庆松玉属■☆
176698 Glandulicactus Backeb. = Hamatocactus Britton et Rose ■
176699 Glandulicactus Backeb. = Sclerocactus Britton et Rose ●☆
176700 Glandulicactus crassihamatus (F. A. C. Weber) Backeb.;庆松玉■
176701 Glandulicactus uncinatus (Galeotti) Backeb.;罗沙锦;Chihuahuan Fishook Cactus ■☆
176702 Glandulicactus uncinatus (Galeotti) Backeb. = Sclerocactus uncinatus (Galeotti) N. P. Taylor ■☆
176703 Glandulicactus uncinatus (Galeotti) Backeb. var. wrightii (Engelm.) Backeb.;赖特罗沙锦■☆
176704 Glandulicactus wrightii (Engelm.) D. J. Ferguson = Glandulicactus uncinatus (Galeotti) Backeb. var. wrightii (Engelm.) Backeb. ■☆
176705 Glandulifera Dalla Torre et Harms = Adenandra Willd.(保留属名)■☆
176706 Glandulifera Frič = Coryphantha (Engelm.) Lem.(保留属名)●■
176707 Glandulifolia J. C. Wendl.(废弃属名) = Adenandra Willd.(保留属名)■☆
176708 Glandulifolia umbellata J. C. Wendl. = Adenandra villosa (P. J. Bergius) Licht. ex Roem. et Schult. subsp. umbellata (J. C. Wendl.) Strid ■☆
176709 Glans Gronov. = Balanites Delile(保留属名)●☆
176710 Glaphiria Spach = Glaphyria Jack ●☆
176711 Glaphyria Jack = Leptospermum J. R. Forst. et G. Forst.(保留属名)●☆
176712 Glaphyria Jack = Vaccinium L. + Decaspermum J. R. Forst. et G. Forst. ●
176713 Glaribraya H. Hara = Taphrospermum C. A. Mey. ■
176714 Glaribraya H. Hara(1978);碎石荠属■
176715 Glaribraya lowndesii H. Hara = Taphrospermum lowndesii (H. Hara) Al-Shehbaz ■
176716 Glastaria Boiss.(1841);菘蓝芥属■☆
176717 Glastaria deflexa Boiss.;菘蓝芥■☆
176718 Glaucena Vitman = Clausena Burm. f. ●
176719 Glaucidiaceae Tamura = Paeoniaceae Raf.(保留科名)■●
176720 Glaucidiaceae Tamura = Ranunculaceae Juss.(保留科名)●■
176721 Glaucidiaceae Tamura(1972);白根葵科■☆
176722 Glaucidium Siebold et Zucc.(1845);白根葵属■☆
176723 Glaucidium palmatum Siebold et Zucc.;白根葵■☆
176724 Glaucium Mill.(1754);海罂粟属;Horn Poppy, Horned Poppy, Horned-poppy, Hornpoppy, Horn-poppy, Sea Poppy, Sea-poppy ■
176725 Glaucium arabicum Fresen.;阿拉伯海罂粟■☆
176726 Glaucium aurantiacum Martrin-Donos = Glaucium corniculatum (L.) Rudolph ■☆
176727 Glaucium bracteatum Popov;具苞海罂粟■☆
176728 Glaucium corniculatum (L.) Rudolph;小角海罂粟(角海罂粟,角罂粟);Black-spot Horn Poppy, Blackspot Hornpoppy, Black-spot Horn-poppy, Horned-poppy, Red Horned Poppy, Red Horned-poppy ■☆
176729 Glaucium corniculatum (L.) Rudolph var. aurantiacum (Martrin-Donos) Rouy et Foucaud = Glaucium corniculatum (L.) Rudolph ■☆
176730 Glaucium corniculatum (L.) Rudolph var. flaviflorum DC. = Glaucium corniculatum (L.) Rudolph ■☆
176731 Glaucium corniculatum (L.) Rudolph var. phoeniceum (Crantz) DC. = Glaucium corniculatum (L.) Rudolph ■☆
176732 Glaucium corniculatum (L.) Rudolph var. rubrum (Sm.) Boiss. = Glaucium corniculatum (L.) Rudolph ■☆
176733 Glaucium corniculatum (L.) Rudolph var. tricolor (Bernh.) Ledeb. = Glaucium corniculatum (L.) Rudolph ■☆
176734 Glaucium elegans Fisch. et C. A. Mey.;天山海罂粟(短梗海罂粟,野罂粟);Tianshan Hornpoppy ■
176735 Glaucium fimbrilligerum (Trautv.) Boiss.;海罂粟(睫毛海罂粟,野罂粟,伊犁秃疮花);Horned Poppy, Hornpoppy ■
176736 Glaucium fimbrilligerum Boiss. = Dicranostigma iliensis C. Y. Wu et H. Chuang ■
176737 Glaucium fimbrilligerum Boiss. = Glaucium fimbrilligerum (Trautv.) Boiss. ■
176738 Glaucium flavum Crantz;黄花海罂粟(黄色海罂粟,金花海罂粟);Bruiseroot, Bruise-root, Gold Watches, Horn Poppy, Horned Poppy, Horned Sea Poppy, Horned-poppy, Indian Poppy, Red Celandine, Sea Horned Poppy, Sea Poppy, Sea-poppy, Squat, Squatmore, Yellow Horn Poppy, Yellow Horned-poppy, Yellow Hornpoppy, Yellow Horn-poppy, Yellow Poppy, Yellow-flowered Hornpoppy ■☆
176739 Glaucium grandiflorum Boiss. et A. L. P. Huet;大花海罂粟■☆
176740 Glaucium insigne Popov;显著海罂粟■☆
176741 Glaucium lactucoides (Hook. f. et Thomson) Benth. et Hook. f. = Dicranostigma lactucoides Hook. f. et Thomson ■
176742 Glaucium lactucoides Benth. et Hook. f. = Dicranostigma

lactucoides Hook. f. et Thomson ■
176743 Glaucium leiocarpum Boiss. ;光果海罂粟■☆
176744 Glaucium leptopodum Maxim. = Dicranostigma leptopodum (Maxim.) Fedde ■
176745 Glaucium luteum Scop. = Glaucium flavum Crantz ■☆
176746 Glaucium luteum Scop. var. fimbrilligerum Trautv. = Glaucium fimbrilligerum (Trautv.) Boiss. ■
176747 Glaucium luteum Scop. var. glabratum Willk. et Lange = Glaucium flavum Crantz ■☆
176748 Glaucium oxylobum Boiss. et Buhse;尖裂海罂粟■☆
176749 Glaucium persicum Bunge = Glaucium fimbrilligerum (Trautv.) Boiss. ■
176750 Glaucium phoeniceum Crantz = Glaucium corniculatum (L.) Rudolph ■☆
176751 Glaucium pumilum Boiss. = Glaucium elegans Fisch. et C. A. Mey. ■
176752 Glaucium refractum Stev. = Roemeria refracta (Steven) DC. ■
176753 Glaucium rubrum Sm. = Glaucium corniculatum (L.) Rudolph ■☆
176754 Glaucium squamigerum Kar. et Kir. ;新疆海罂粟(鳞果海罂粟);Xinjiang Hornpoppy ■
176755 Glaucium squamigerum Kar. et Kir. = Glaucium elegans Fisch. et C. A. Mey. ■
176756 Glaucium tenue Regel et Schmalh. = Glaucium elegans Fisch. et C. A. Mey. ■
176757 Glaucium tenue Regel et Schmalh. ex Regel;纤细海罂粟(海罂粟)■☆
176758 Glaucium tricolar Bernh. ex Spreng. ;三色海罂粟■☆
176759 Glaucium violaceum Juss. = Roemeria hybrida (L.) DC. ■
176760 Glaucium vitellinum Boiss. et Buhse = Glaucium fimbrilligerum (Trautv.) Boiss. ■
176761 Glaucocarpum Rollins(1938);海绿果芥属(海罂粟果芥属)■☆
176762 Glaucocarpum suffrutescens (Rollins) Rollins;海绿果芥(海罂粟果芥)■☆
176763 Glaucocarpum suffrutescens Rollins = Glaucocarpum suffrutescens (Rollins) Rollins ■☆
176764 Glaucocochlearia (O. E. Schulz) Pobed. = Cochlearia L. ■
176765 Glaucosciadium B. L. Burtt et P. H. Davis(1949);灰伞芹属■☆
176766 Glaucosciadium cordifolium (Boiss.) B. L. Burtt et P. H. Davis;灰伞芹■☆
176767 Glaucosciadium insigne (Pimenov et Maassoumi) Spalik et S. R. Downie;显著灰伞芹■☆
176768 Glaucothea O. F. Cook = Brahea Mart. ex Endl. ●☆
176769 Glaucothea O. F. Cook = Erythea S. Watson ●☆
176770 Glaux Ehrh. = Glaux L. ■
176771 Glaux Hill = Astragalus L. ●■
176772 Glaux L. (1753);海乳草属(乳草属);Sea Milkwort, Seamilkwort ■
176773 Glaux Medik. = Astragalus L. ●■
176774 Glaux Medik. = Cystium (Steven) Steven ●■
176775 Glaux maritima L.;海乳草;Black Saltwort, Saltwort, Sea Milkwort, Seamilkwort, Seaside Milkweed ■
176776 Glaux maritima L. var. obtusifolia Fernald;钝叶海乳草■☆
176777 Glaxia Thunb. = Moraea Mill. (保留属名)■
176778 Glayphyria G. Don = Glaphyria Jack ●☆
176779 Glaziocharis Taub. = Thismia Griff. ■
176780 Glaziocharis Taub. ex Warm. = Thismia Griff. ■
176781 Glaziocharis abei Akasawa = Thismia abei (Akasawa) Hatus. ■☆
176782 Glaziophyton Franch. (1889);灯芯草笨属(灯草禾属)■☆
176783 Glaziophyton mirabile Franch. ;灯芯草笨■☆
176784 Glaziostelma E. Fourn. = Tassadia Decne. ●☆
176785 Glaziova Bureau(1868);格拉紫葳属●☆
176786 Glaziova Mart. ex Drude = Lytocaryum Toledo ●☆
176787 Glaziova Mart. ex Drude = Microcoelum Burret et Potztal ●☆
176788 Glaziova bauhinioides Bureau ex Baill. ;格拉紫葳●☆
176789 Glaziovanthus G. M. Barroso = Chresta Vell. ex DC. ■●☆
176790 Glaziovia Benth. et Hook. f. = Glaziova Bureau ●☆
176791 Glaziovianthus G. M. Barroso = Chresta Vell. ex DC. ■●☆
176792 Gleadovia Gamble et Prain(1901);藨寄生属;Gleadovia ■
176793 Gleadovia kokonorica Keng = Mannagettaea hummelii Harry Sm. ■
176794 Gleadovia kwangtungensis Hu;广东藨寄生;Guangdong Gleadovia, Kwangtung Gleadovia ■
176795 Gleadovia kwangtungensis Hu = Christisonia hookeri C. B. Clarke ex Hook. f. ■
176796 Gleadovia lepoensis Hu;川藨寄生(雷波藨寄生,石腊竹);Leibo Gleadovia ■
176797 Gleadovia lepoensis Hu = Christisonia hookeri C. B. Clarke ex Hook. f. ■
176798 Gleadovia mupinensis Hu;宝兴藨寄生;Baohsing Gleadovia, Baoxing Gleadovia ■
176799 Gleadovia ruborum Gamble et Prain;藨寄生(石腊竹);Red Gleadovia ■
176800 Gleadovia yunnanensis Hu;云南藨寄生;Yunnan Gleadovia ■
176801 Gleadovia yunnanensis Hu = Gleadovia ruborum Gamble et Prain ■
176802 Gleasonia Standl. (1931);格利森茜属☆
176803 Gleasonia duidana Standl. ;格利森茜☆
176804 Gleasonia macrocalyx Ducke;大萼格利森茜☆
176805 Glebionis Cass. (1826);花环菊属■
176806 Glebionis Cass. = Chrysanthemum L. (保留属名)■●
176807 Glebionis carinata (Schousb.) Tzvelev = Chrysanthemum carinatum Schousb. ■
176808 Glebionis carinata (Schousb.) Tzvelev = Ismelia carinata (Schousb.) Sch. Bip. ■
176809 Glebionis coronaria (L.) Cass. ex Spach = Chrysanthemum coronarium L. ■
176810 Glebionis coronaria (L.) Tzvelev var. discolor (d'Urv.) Turland = Glebionis coronaria (L.) Tzvelev ■
176811 Glebionis segetum (L.) Fourr. = Chrysanthemum segetum L. ■
176812 Glechoma L. (1753)(保留属名);活血丹属(金钱薄荷属,连钱草属);Alehoof, Gill-ale, Ground Ivy, Ground-ivy ■
176813 Glechoma biondiana (Diels) C. Y. Wu et C. Chen;白透骨消(长管活血丹,大铜钱草,见肿消,连钱草);White Ground Ivy ■
176814 Glechoma biondiana (Diels) C. Y. Wu et C. Chen var. angustituba C. Y. Wu et C. Chen;狭萼白透骨消■
176815 Glechoma biondiana (Diels) C. Y. Wu et C. Chen var. glabrescens C. Y. Wu et C. Chen;无毛白透骨消(补血丹,见肿消,透骨消)■
176816 Glechoma brevituba Kuprian. = Glechoma longituba (Nakai) Kuprian. ■
176817 Glechoma complanata (Dunn) Turrill = Marmoritis complanata (Dunn) A. L. Budantzev ■

176818 Glechoma complanata (Dunn) Turrill = Phyllophyton complanatum (Dunn) Kudo ■
176819 Glechoma decolorans (Hemsl.) Turrill = Marmoritis decolorans (Hemsl.) H. W. Li ■
176820 Glechoma decolorans (Hemsl.) Turrill = Phyllophyton decolorans (Hemsl.) Kudo ■
176821 Glechoma grandis (A. Gray) Kuprian.;日本活血丹(白花仔草,大马蹄草,积雪草,金钱薄荷,连钱草,马蹄草);Japan Ground Ivy ■
176822 Glechoma grandis (A. Gray) Kuprian. = Glechoma hederacea L. subsp. grandis (A. Gray) H. Hara ■
176823 Glechoma grandis (A. Gray) Kuprian. var. longituba (Nakai) Kitag. = Glechoma longituba (Nakai) Kuprian. ■
176824 Glechoma hederacea L.;欧活血丹(遍地香,大叶金钱草,地钱儿,过路香,活血丹,积雪草,接骨消,金钱薄荷,连钱草,马蹄草,欧连钱草,欧亚活血丹,破骨风,透骨消,团经药);Alehoof, Allhoove, Allhose, Alliff, Ardlosserey, Atherlus, Biddy's Eyes, Bird's Eye, Blue Runner, Blue-runner, Catmint, Cat's Foot, Cat's Hoof, Cat's Paw, Common Ground Ivy, Common Ground-ivy, Creeping Charlie, Creeping-charlie, Devil's Candlesticks, Earth Ivy, Fat Hen, Field Balm, Foal's Foot, Folesfoth, Gill, Gill Hen, Gill-ale, Gill-creep-by-the-ground, Gillgo-by-ground, Gill-go-by-the-hedge, Gill-go-on-the-ground, Gill-over-the-ground, Gill-over-the-hill, Gill-run-along-the-ground, Gill-run-bythe-ground, Gilrumbithground, Ground Ivvin, Ground Ivy, Ground-ivy, Ground-sill, Grundavy, Halehouse, Hay Hoa, Hayhouse Hayhove, Haymaidens, Haymaids, Hedgemaids, Heihow, Hen-and-chickens, Heyhove, Heyhown, Horshone, Hove, Jack-by-the-ground, Jack-by-the-hedge, Jack-in-the-hedge, Jenny-run-by-the-ground, Jill, Lion's Mouth, Lizzie-by-the-hedge, Lizzie-run-the-hedge, Lizzie-run-up-the-hedge, Maidenhair, May Maid, Monkey Chops, Monkey Flower, Moulds, Nenufar, Rabbit's Mouth, Rat's Foot, Rat's Mouth, Red Hove, Robin-run-the-hedge, Rob-run-up-dyke, Runaway Jack, Runaway-robin, Runnidyke, Thunder Vine, Tudnoore, Tun-foot, Tunhoof, Tun-hoof, Underground Ivy, Wandering Jew ■
176825 Glechoma hederacea L. 'Variegata';白斑欧亚活血丹;Variegated Ground-ivy ■☆
176826 Glechoma hederacea L. = Glechoma longituba (Nakai) Kuprian. ■
176827 Glechoma hederacea L. subsp. grandis (A. Gray) H. Hara = Glechoma grandis (A. Gray) Kuprian. ■
176828 Glechoma hederacea L. subsp. grandis (A. Gray) H. Hara f. albovariegata (Makino) H. Hara;白斑日本活血丹■☆
176829 Glechoma hederacea L. subsp. grandis (A. Gray) H. Hara f. nivea Hiyama;雪白日本活血丹■☆
176830 Glechoma hederacea L. var. grandis (A. Gray) Kudo = Glechoma grandis (A. Gray) Kuprian. ■
176831 Glechoma hederacea L. var. hirsuta Benth. = Glechoma longituba (Nakai) Kuprian. ■
176832 Glechoma hederacea L. var. longituba Nakai = Bulbophyllum helenae (Kuntze) J. J. Sm. ■
176833 Glechoma hederacea L. var. longituba Nakai = Glechoma grandis (A. Gray) Kuprian. ■
176834 Glechoma hederacea L. var. longituba Nakai = Glechoma longituba (Nakai) Kuprian. ■
176835 Glechoma hederacea L. var. micrantha Moric.;小花欧活血丹;Creeping-charlie, Gill-over-the-ground, Ground-Ivy ■☆
176836 Glechoma hederacea L. var. parviflora (Benth.) House = Glechoma hederacea L. var. micrantha Moric ■☆
176837 Glechoma hirsuta Waldst. et Kit.;毛活血丹(硬毛活血丹);Hirsute Ground Ivy ■☆
176838 Glechoma longibracteata (Benth.) Kuntze = Nepeta longibracteata Benth. ■
176839 Glechoma longituba (Nakai) Kuprian.;活血丹(白耳草,半池莲,遍地金钱,遍地香,驳骨消,钹儿草,钹耳草,穿墙草,窜地香,大金钱草,大叶金钱,大叶金钱草,地钱草,地钱儿,豆口烧,对叶金钱草,方梗金钱草,肺风草,风草,风灯盏,佛耳草,疳取草,赶山鞭,过墙风,海苏,胡薄荷,积雪草,江苏金钱草,接骨消,金钱艾,金钱薄荷,金钱草,金钱菊,九里香,咳嗽药,连金钱,连钱草,落地金钱,马蹄草,马蹄筋骨草,蛮子草,破金钱,破铜草,破铜钱,千年冷,钱葛,钱凿草,钱凿王,乳香藤,蛇壳草,十八额,十八缺,十八缺草,四方雷公根,胎济草,通骨消,铜钱草,铜钱玉带,透骨草,透骨风,透骨消,土荆芥,团经药,小过桥风,小毛铜钱菜,蟹壳草,新罗薄荷,巡骨风,野薄荷,野荆芥,一串钱,钻地风);Longtube Ground Ivy ■
176840 Glechoma luchuensis (Kudo) Masam. = Suzukia luchuensis Kudo ■
176841 Glechoma nivalis Jacq. ex Benth. = Marmoritis nivalis (Jacq. ex Benth.) Hedge ■
176842 Glechoma nivalis Jacq. ex Benth. = Phyllophyton nivale (Jacq. ex Benth.) C. Y. Wu ■
176843 Glechoma shikikunensis (Kudo) Masam. = Suzukia shikikunensis Kudo ■
176844 Glechoma sino-grandis C. Y. Wu;大花活血丹(大筋草,大筋骨草,连钱草,透骨消);Bigflower Ground Ivy ■
176845 Glechoma tibetica Jacq. ex Benth. = Marmoritis rotundifolia Benth. ■
176846 Glechoma urticifolia (Miq.) Makino = Meehania urticifolia (Miq.) Makino ■
176847 Glechoma urticifolia Makino = Meehania urticifolia (Miq.) Makino ■
176848 Glechomaceae Martinov = Labiatae Juss.(保留科名)●■
176849 Glechomaceae Martinov = Lamiaceae Martinov(保留科名)●■
176850 Glechon Spreng.(1827);格莱薄荷属●☆
176851 Glechon affinis Briq.;近缘格莱薄荷●☆
176852 Glechon canescens A. St. Hil. ex Benth.;灰格莱薄荷●☆
176853 Glechon ciliata Benth.;缘毛格莱薄荷●☆
176854 Glechon discolor Epling;异色格莱薄荷●☆
176855 Glechon elliptica C. Pereira et Hatschb.;椭圆格莱薄荷●☆
176856 Glechonion St.-Lag. = Glecoma L. ■
176857 Glecoma L. = Glechoma L.(保留属名)■
176858 Gleditschia Scop. = Gleditsia L. ●
176859 Gleditschia javanica Lam. = Parkia roxburghii G. Don ●
176860 Gleditsia L.(1753);皂荚属(皂角属);Honey Locust, Honeylocust, Honey-locust, Locust, Locust Bean, Water-Locust ●
176861 Gleditsia africana Welw. ex Benth. = Erythrophleum africanum (Welw. ex Benth.) Harms ●☆
176862 Gleditsia amorphoides (Griseb.) Taub.;紫穗槐状皂荚;Amorpha Honey Locust, Amorpha Honey-locust ●☆
176863 Gleditsia amorphoides Taub. = Gleditsia amorphoides (Griseb.) Taub. ●☆
176864 Gleditsia aquatica Marshall;水皂荚;Swamp Locust, Water Locust ●
176865 Gleditsia australis Hemsl.;小果皂荚(华南皂荚)●
176866 Gleditsia australis Hemsl. = Gleditsia fera (Lour.) Merr. ●

176867 Gleditsia caspica Desf.;里海皂荚;Caspian Honey Locust, Caspian Honey-locust, Caspian Locust ●☆

176868 Gleditsia delavayi Franch. = Gleditsia japonica Miq. var. delavayi (Franch.) L. C. Li ●

176869 Gleditsia fera (Lour.) Merr.;华南皂荚(华南皂角荚,小果皂荚,小皂角);S. China Honeylocust, Small-fruit Honeylocust, South China Honeylocust, South Honeylocust ●

176870 Gleditsia formosana Hayata;台湾皂荚(鸡角公);Formosan Honeylocust ●

176871 Gleditsia formosana Hayata = Gleditsia fera (Lour.) Merr. ●

176872 Gleditsia heterophylla Bunge = Gleditsia microphylla Gordon ex T. T. Lee ●

176873 Gleditsia horrida (Thunb.) Makino = Gleditsia japonica Miq. ●

176874 Gleditsia horrida (Thunb.) Makino subsp. delavayi (Franch.) Paclt = Gleditsia japonica Miq. var. delavayi (Franch.) L. C. Li ●

176875 Gleditsia horrida (Thunb.) Makino subsp. velutina (L. C. Li) Paclt = Gleditsia japonica Miq. var. velutina L. C. Li ●◇

176876 Gleditsia horrida (Thunb.) Makino var. inermis (Mayr) Paclt = Gleditsia japonica Miq. f. inermis Mayr ●☆

176877 Gleditsia horrida Willd. = Gleditsia japonica Miq. ●

176878 Gleditsia horrida Willd. = Gleditsia sinensis Lam. ●

176879 Gleditsia inermis L. = Calliandra inermis (L.) Druce ●☆

176880 Gleditsia inermis L. = Gleditsia triacanthos L. ●

176881 Gleditsia japonica Miq.;日本皂荚(梗子,鸡栖子,荚果树,山皂荚,山皂角,乌犀,乌犀树,悬刀,悬刀树,皂荚,皂荚树,皂角,皂角板,皂角刺,皂角树,皂角针,皂七板子,紫皂荚);Black Spine Honey Locust, Blackspine Honeylocust, Japan Honeylocust, Japanese Honey Locust, Japanese Honeylocust, Japanese Honey-locust, Japanese Locust ●

176882 Gleditsia japonica Miq. f. inermis Mayr;无刺日本皂荚●☆

176883 Gleditsia japonica Miq. var. delavayi (Franch.) L. C. Li;云南皂荚(滇皂荚);Delavay Honey Locust, Delavay Honeylocust ●

176884 Gleditsia japonica Miq. var. inermis (Mayr) Nakai = Gleditsia japonica Miq. f. inermis Mayr ●☆

176885 Gleditsia japonica Miq. var. koraiensis Nakai;朝鲜皂荚(山皂荚)●☆

176886 Gleditsia japonica Miq. var. stenocarpa (Nakai) Nakai;狭果日本皂荚●☆

176887 Gleditsia japonica Miq. var. velutina L. C. Li;绒毛皂荚(毛果皂荚,绒果皂荚);Velvety Honeylocust ●◇

176888 Gleditsia koraiensis Nakai ex Mori = Gleditsia japonica Miq. ●

176889 Gleditsia longoleguminosa R. B. Zhou;长果皂荚;Long-fruited Honeylocust ●

176890 Gleditsia macracantha Desf. = Gleditsia sinensis Lam. ●

176891 Gleditsia macrantha Hort.;大花皂荚;Big-spine Honey Locust, Big-spine Honey-locust ●☆

176892 Gleditsia macrocantha Desf. = Gleditsia sinensis Lam. ●

176893 Gleditsia medogemsis Z. C. Ni;墨脱皂荚;Motuo Honeylocust ●

176894 Gleditsia melanacantha Ts. Tang et F. T. Wang = Gleditsia japonica Miq. ●

176895 Gleditsia microcarpa F. P. Metcalf = Gleditsia australis Hemsl. ●

176896 Gleditsia microcarpa F. P. Metcalf = Gleditsia fera (Lour.) Merr. ●

176897 Gleditsia microphylla Gordon ex Isely;野皂荚(短荚皂角,马角刺,山皂角,小皂角);Small-leaf Honeylocust, Small-leaved Honeylocust ●

176898 Gleditsia microphylla Gordon ex Y. T. Lee = Gleditsia microphylla Gordon ex Isely ●

176899 Gleditsia officinalis Hemsl. = Gleditsia sinensis Lam. ●

176900 Gleditsia rolfei Vidal;恒春皂荚;Hengchun Honeylocust ●

176901 Gleditsia sinensis Lam.;皂荚(长皂荚,大刺皂荚,大皂荚,大皂角,刀皂,鸡栖子,眉皂,眉皂角,山皂荚,山皂角,台树,天丁,乌犀,小牙皂,小皂,小皂荚,悬刀,牙膏,牙皂,牙皂角,胰皂,皂荚树,皂荚子,皂角,皂角树,猪牙皂,猪牙皂荚,猪牙皂角);American Honeylocust, Bigspine Honeylocust, China Honeylocust, Chinese Honey Locust, Chinese Honey-locust, Chinese Locust, Chinese Soap-pod Locust, Common Honeylocust, Sweet Locust ●

176902 Gleditsia thorelii Gagnep. = Gleditsia fera (Lour.) Merr. ●

176903 Gleditsia triacanthos L.;三刺皂荚(多刺洋槐,美国皂荚,美国皂角,美洲皂荚,甜洋槐,新疆皂荚,新疆皂角,洋槐);American Honeylocust, Common Honey Locust, Common Honeylocust, Common Honey-locust, Common Locust, Honey Locust, Honeylocust, Honey-locust, Locust, Sweet Locust, Thornless Honey Locust, Thorny Locust, Thorny-locust, Three-thorned Acacia ●

176904 Gleditsia triacanthos L. f. inermis (L.) C. K. Schneid.;无刺美国皂荚;Honeylocust, Thornless Common ●☆

176905 Gleditsia triacanthos L. f. inermis (L.) C. K. Schneid. 'Elegantissima';极美无刺美国皂荚●☆

176906 Gleditsia triacanthos L. f. inermis (L.) C. K. Schneid. 'Emerald Cascade';绿瀑布无刺美国皂荚●☆

176907 Gleditsia triacanthos L. f. inermis (L.) C. K. Schneid. 'Halka';哈尔卡无刺美国皂荚●☆

176908 Gleditsia triacanthos L. f. inermis (L.) C. K. Schneid. 'Mirando';米兰达无刺美国皂荚●☆

176909 Gleditsia triacanthos L. f. inermis (L.) C. K. Schneid. 'Moraine';毛莱尼无刺美国皂荚●☆

176910 Gleditsia triacanthos L. f. inermis (L.) C. K. Schneid. 'Nana';矮生无刺美国皂荚●☆

176911 Gleditsia triacanthos L. f. inermis (L.) C. K. Schneid. 'Rubylace';无鲁比拉斯刺美国皂荚●☆

176912 Gleditsia triacanthos L. f. inermis (L.) C. K. Schneid. 'Shademaster';萨德马斯特无刺美国皂荚(荫王美国皂荚)●☆

176913 Gleditsia triacanthos L. f. inermis (L.) C. K. Schneid. 'Skyline';天际线无刺美国皂荚(地平线美国皂荚)●☆

176914 Gleditsia triacanthos L. f. inermis (L.) C. K. Schneid. 'Sunburst';阳光无刺美国皂荚(丽光美国皂荚)●☆

176915 Gleditsia triacanthos L. f. inermis (L.) C. K. Schneid. 'Trueshade';楚塞德无刺美国皂荚●☆

176916 Gleditsia triacanthos L. f. inermis (L.) Zabel = Gleditsia triacanthos L. ●

176917 Gleditsia triacanthos L. var. inermis (L.) Castigl. = Gleditsia triacanthos L. ●

176918 Gleditsia triacanthos L. var. inernis L. = Gleditsia triacanthos L. f. inermis (L.) C. K. Schneid. ●☆

176919 Gleditsia vestita Chun et F. C. How ex B. G. Li = Gleditsia japonica Miq. var. velutina L. C. Li ●◇

176920 Glehnia F. Schmidt = Glehnia F. Schmidt ex Miq. ■

176921 Glehnia F. Schmidt ex Miq. (1867);珊瑚菜属(北沙参属,滨防风属);Coralgreens, Glehnia ■

176922 Glehnia littoralis Eastw. ex Miq. = Glehnia littoralis F. Schmidt ex Miq. ■

176923 Glehnia littoralis F. Schmidt ex Miq.;珊瑚菜(八百屋防风,滨防风,北沙参,北条参,滨防风,东沙参,海沙参,黄防风,莱阳参,莱阳沙参,辽沙参,米沙参,沙参,条沙参,细条参,野香菜,伊势

防风,银条参,真北沙参);Coastal Glehnia,Coralgreens ■
176924 Glekia Hilliard(1989);非洲山玄参属●☆
176925 Glekia krebsiana (Benth.) Hilliard;非洲山玄参●☆
176926 Gleniea Willis = Glenniea Hook. f. ●☆
176927 Glenniea Hook. f. (1862);格伦无患子属●☆
176928 Glenniea adamii (Fouilloy) Leenh.;阿达姆格伦无患子●☆
176929 Glenniea africana (Radlk.) Leenh.;非洲格伦无患子●☆
176930 Glenniea unijugata (Pellegr.) Leenh.;格伦无患子●☆
176931 Glia Sond. (1862);胶芹属■☆
176932 Glia Sond. = Annesorhiza Cham. et Schltdl. ■☆
176933 Glia capensis (Houtt.) B. L. Burtt = Glia prolifera (Burm. f.) B. L. Burtt ■☆
176934 Glia gummifera (L.) Sond. = Peucedanum gummiferum (L.) Wijnands ■☆
176935 Glia prolifera (Burm. f.) B. L. Burtt;多育胶芹■☆
176936 Glicirrhiza Nocca = Glycyrrhiza L. ■
176937 Glinaceae Link = Molluginaceae Bartl.(保留科名)■
176938 Glinaceae Link;星粟草科■
176939 Glinaceae Mart. = Glinaceae Link ■
176940 Glinaceae Mart. = Molluginaceae Bartl.(保留科名)■
176941 Glinus L. (1753);星粟草属(假繁缕属,星毛粟尖草属);Glinus,Damascisa ■
176942 Glinus Loefl. ex L. = Glinus L. ■
176943 Glinus bainesii (Oliv.) Pax;贝恩斯星粟草■☆
176944 Glinus cambessedesii Fenzl = Glinus radiatus (Ruiz et Pav.) Rohrb. ■☆
176945 Glinus crystallinus Forssk. = Aizoon canariense L. ■☆
176946 Glinus denticulatus (Guillaumin et Perr.) Fenzl = Glinus oppositifolius (L.) Aug. DC. ■
176947 Glinus dictamnoides Burm. f. = Glinus lotoides L. ■
176948 Glinus herniarioides (Gagnep.) Tardieu;滇南星粟草;S. Yunnan Glinus ■
176949 Glinus lotoides L.;星粟草(虎咬黄,虎咬癀,星毛粟米草);Damascisa,Glinus,Lotus Sweetjuice,Stellatehair Carpetweed ■
176950 Glinus lotoides L. var. dictamoides (Burm.) Maire = Glinus lotoides L. ■
176951 Glinus lotoides L. var. virens Fenzl;绿星粟草■☆
176952 Glinus microphyllus Hauman;小叶星粟草■☆
176953 Glinus mollugo (L.) Fenzl = Glinus oppositifolius (L.) Aug. DC. ■
176954 Glinus mucronatus (Klotzsch) Klotzsch = Corbichonia decumbens (Forssk.) Exell ■☆
176955 Glinus oppositifolius (L.) Aug. DC.;长梗星粟草(簇花粟米草,假繁缕,五蕊星粟草);Longstalk Glinus ■
176956 Glinus oppositifolius (L.) Aug. DC. var. glomeratus Gonc.;团集星粟草■☆
176957 Glinus oppositifolius (L.) Aug. DC. var. lanatus Hauman;绵毛长梗星粟草■☆
176958 Glinus oppositifolius (L.) Aug. DC. var. parvifolius Hauman;小叶长梗星粟草■☆
176959 Glinus radiatus (Ruiz et Pav.) Rohrb.;华丽星粟草;Shining Damascisa ■☆
176960 Glinus setiflorus Forssk.;毛花星粟草■☆
176961 Glinus spergula (L.) Steud. = Glinus oppositifolius (L.) Aug. DC. ■
176962 Glinus trianthemoides F. Heyne = Corbichonia decumbens (Forssk.) Exell ■☆
176963 Glionettia Tirveng. (1984);胶鸭茜属■☆
176964 Glionettia sericea (Baker) Tirveng.;绢毛胶鸭茜■☆
176965 Glionnetia Tirveng. = Glionettia Tirveng. ■☆
176966 Gliopsis Rauschert = Ruthea Bolle ■☆
176967 Gliopsis Rauschert = Rutheopsis A. Hansen et G. Kunkel ■☆
176968 Gliopsis pyrethrifolia (Cham. et Schltdl.) Rauschert = Lichtensteinia interrupta (Thunb.) Sond. ■☆
176969 Gliricidia Kunth(1824);毒鼠豆属(格利塞迪木属,墨西哥丁香属)●☆
176970 Gliricidia michelii Rusby;尼加拉瓜毒鼠豆(尼加拉瓜格利塞迪木);Madre,Madre de Cacao,Nicaraguan Cocao-shade ●☆
176971 Gliricidia sepium (Jacq.) Steud. = Gliricidia sepium (Jacq.) Walp. ●☆
176972 Gliricidia sepium (Jacq.) Walp.;篱笆毒鼠豆(墨西哥丁香,南洋樱);Quickstick ●☆
176973 Glischrocaryon Endl. (1838);黏果仙草属■☆
176974 Glischrocaryon Endl. = Loudonia Lindl. ■☆
176975 Glischrocaryon angustifolium (Nees) M. L. Moody et Les;窄叶黏果仙草■☆
176976 Glischrocaryon aureum (Lindl.) Orchard;黄黏果仙草■☆
176977 Glischrocaryon roei Endl.;黏果仙草■☆
176978 Glischrocolla (Endl.) A. DC. (1856);黏颈木属●☆
176979 Glischrocolla A. DC. = Glischrocolla (Endl.) A. DC. ●☆
176980 Glischrocolla formosa (Thunb.) R. Dahlgren;黏颈木●☆
176981 Glischrothamnus Pilg. (1908);单性粟草属●☆
176982 Glischrothamnus ulei Pilg.;单性粟草●☆
176983 Glissauthe Steud. = Costus L. ■
176984 Glissauthe Steud. = Gissanthe Salisb. ■
176985 Globba L. (1771);舞花姜属(舞女花属);Globba ■
176986 Globba atrosanguinea Teijsm. et Binn.;暗红舞花姜■☆
176987 Globba barthei Gagnep.;毛舞花姜(洋荷,野阳藿);Hairy Globba ■
176988 Globba bulbosa Gagnep. = Globba racemosa Sm. ■
176989 Globba chinensis K. Schum. = Globba schomburgkii Hook. f. ■
176990 Globba emeiensis Z. Y. Zhu;峨眉舞花姜;Emei Globba ■
176991 Globba japonica Thunb. = Alpinia japonica (Thunb.) Miq. ■
176992 Globba lancangensis Y. Y. Qian;澜沧舞花姜■
176993 Globba mairei H. Lév. = Globba racemosa Sm. ■
176994 Globba orixensis Roxb. var. racemosa (Sm.) Gagnep. = Globba racemosa Sm. ■
176995 Globba racemosa Sm.;舞花姜(羊合七,云南小草蔻,竹叶草);Raceme Globba ■
176996 Globba schomburgkii Hook. f.;双翅舞花姜(舞女花);Doublewing Globba,Schomburgk Globba ■
176997 Globba schomburgkii Hook. f. var. angustata Gagnep.;小珠舞花姜;Narrow Schomburgk Globba ■
176998 Globba simaoensis Y. Y. Qian = Globba racemosa Sm. ■
176999 Globba strigulosa K. Schum. = Globba racemosa Sm. ■
177000 Globba winitii C. H. Wright;泰国舞花姜;Mauve Dancing Ladies ■☆
177001 Globbaria Raf. = Globba L. ■
177002 Globeria Raf. = Liriope Lour. ■
177003 Globeris Raf. = Globeria Raf. ■
177004 Globifera J. F. Gmel.(废弃属名)= Micranthemum Michx.(保留属名)■☆
177005 Globimetula Tiegh. (1895);球锥柱寄生属●☆
177006 Globimetula anguliflora (Engl.) Danser;角花球锥柱寄生●☆

177007 Globimetula braunii (Engl.) Danser;布劳恩球锥柱寄生●☆

177008 Globimetula cornutibracteata Balle ex Wiens et Polhill;角苞球锥柱寄生●☆

177009 Globimetula cupulata (DC.) Danser;杯状球锥柱寄生●☆

177010 Globimetula dinklagei (Engl.) Danser;丁克球锥柱寄生●☆

177011 Globimetula elegantiflora (Balle) Balle;雅花球锥柱寄生●☆

177012 Globimetula fulgens (Engl. et K. Krause) Danser = Globimetula dinklagei (Engl.) Danser ●☆

177013 Globimetula kivuensis (Balle) Wiens et Polhill;基伍球锥柱寄生●☆

177014 Globimetula mayombensis (De Wild.) Danser;马永贝球锥柱寄生●☆

177015 Globimetula mweroensis (Baker) Danser;姆韦鲁球锥柱寄生●☆

177016 Globimetula opaca (Sprague) Danser = Globimetula dinklagei (Engl.) Danser ●☆

177017 Globimetula oreophila (Oliv.) Danser;喜山球锥柱寄生●☆

177018 Globimetula pachyclada (Sprague) Danser;粗枝球锥柱寄生●☆

177019 Globimetula rubripes (Engl. et K. Krause) Danser;红梗球锥柱寄生●☆

177020 Globocarpus Caruel = Oenanthe L. ■

177021 Globularia (Tourn.) ex L. = Globularia L. ●☆

177022 Globularia L. (1753);球花木属(球花属);Globe Daisy, Globedaisy, Globe-daisy ●☆

177023 Globularia × indubia (Svent.) G. Kunkel;球花木;Globe Daisy ●☆

177024 Globularia alypum L.;南欧球花木(南欧球花)●☆

177025 Globularia alypum L. subsp. arabica (Jaub. et Spach) Dobignard;阿拉伯球花木●☆

177026 Globularia alypum L. var. arabica (Jaub. et Spach) Cavara et Grande = Globularia alypum L. ●☆

177027 Globularia alypum L. var. eriocephala (Pomel) Batt. = Globularia alypum L. subsp. arabica (Jaub. et Spach) Dobignard ●☆

177028 Globularia alypum L. var. fallax Maire = Globularia alypum L. ●☆

177029 Globularia alypum L. var. murbeckii (Sennen) Maire = Globularia alypum L. ●☆

177030 Globularia alypum L. var. vesceritensis Batt. = Globularia alypum L. ●☆

177031 Globularia amygdalifolia Webb;膀胱叶球花木●☆

177032 Globularia aphyllanthes Crantz;无叶花球花木●☆

177033 Globularia arabica Jaub. et Spach = Globularia alypum L. subsp. arabica (Jaub. et Spach) Dobignard ●☆

177034 Globularia ascanii Bramwell et G. Kunkel;阿斯坎球花木●☆

177035 Globularia cordifolia L.;心叶球花木(心叶球花);Heart-leaved Globe Daisy, Heart-leaved Globe-daisy, Matted Globularia ●☆

177036 Globularia cordifolia L. var. nana Comber;匍匐心叶球花木●☆

177037 Globularia eriocephala Pomel = Globularia alypum L. ●☆

177038 Globularia greuteri Mateos et Valdés;格罗特球花木●☆

177039 Globularia incanescens Viv.;亚平宁球花木;Apennine Globularia ●☆

177040 Globularia linnaei Rouy = Globularia vulgaris L. ●☆

177041 Globularia liouvillei Jahand. et Maire;利乌维尔球花木●☆

177042 Globularia macrantha K. Koch = Globularia trichosantha Fisch. et C. A. Mey. ●☆

177043 Globularia macrantha K. Koch ex Walp. = Globularia trichosantha Fisch. et C. A. Mey. ●☆

177044 Globularia meridionalis (Podp.) O. Schwarz;南方球花木(平卧球花)●☆

177045 Globularia nainii Batt.;奈恩球花木●☆

177046 Globularia nana Lam. = Globularia cordifolia L. var. nana Comber ●☆

177047 Globularia nudicaulis Hort. = Globularia vulgaris L. ●☆

177048 Globularia pallida K. Koch = Globularia trichosantha Fisch. et C. A. Mey. ●☆

177049 Globularia salicina Lam.;柳叶球花木●☆

177050 Globularia sarcophylla Svent.;肉叶球花木●☆

177051 Globularia spinosa Lam. = Globularia vulgaris L. ●☆

177052 Globularia trichosantha Fisch. et C. A. Mey.;毛花球花木;Globedaisy ●☆

177053 Globularia vulgaris L.;普通球花木;Blue Daisy, Bone-flower, Common Globedaisy, Globe Flower ●☆

177054 Globulariaceae DC. (1805)(保留科名);球花木科(球花科,肾药花科);Globe Daisies Family, Globe-daisy Family ●■☆

177055 Globulariaceae DC.(保留科名) = Plantaginaceae Juss.(保留科名)■

177056 Globulariaceae Lam. et DC. = Globulariaceae DC.(保留科名) ●■☆

177057 Globulariaceae Lam. et DC. = Plantaginaceae Juss.(保留科名)■

177058 Globulariopsis Compton(1931);拟球花木属●☆

177059 Globulariopsis adpressa (Choisy) Hilliard;匍匐拟球花木●☆

177060 Globulariopsis montana Hilliard;山地拟球花木●☆

177061 Globulariopsis obtusiloba Hilliard;钝裂拟球花木●☆

177062 Globulariopsis pumila Hilliard;矮拟球花木●☆

177063 Globulariopsis stricta (P. J. Bergius) Hilliard;刚直拟球花木●☆

177064 Globulariopsis tephrodes (E. Mey.) Hilliard;灰色拟球花木●☆

177065 Globulariopsis wittebergensis Compton;拟球花木●☆

177066 Globulea Haw. = Crassula L. ●■☆

177067 Globulea atropurpurea Haw. = Crassula atropurpurea (Haw.) D. Dietr. ●☆

177068 Globulea canescens Haw. = Crassula nudicaulis L. ■☆

177069 Globulea canescens Haw. var. angustifolia Eckl. et Zeyh. = Crassula nudicaulis L. ■☆

177070 Globulea capitata Salm-Dyck ex Haw. = Crassula nudicaulis L. ■☆

177071 Globulea cultrata (L.) Haw. = Crassula cultrata L. ■☆

177072 Globulea hispida Haw. = Crassula mesembryanthoides (Haw.) D. Dietr. subsp. hispida (Haw.) Toelken ■☆

177073 Globulea impressa Haw. = Crassula capitella Thunb. ■☆

177074 Globulea impressa Haw. var. minor ? = Crassula capitella Thunb. ■☆

177075 Globulea lingua Haw. = Crassula nudicaulis L. ■☆

177076 Globulea lingulifolia Haw. = Crassula linguifolia Haw. ■☆

177077 Globulea mesembryanthoides Haw. = Crassula mesembryanthoides (Haw.) D. Dietr. ●☆

177078 Globulea mollis (Thunb.) Haw. ex DC. = Crassula mollis Thunb. ●☆

177079 Globulea nudicaulis (L.) Haw. = Crassula nudicaulis L. ●☆

177080 Globulea obvallata (L.) Haw. = Crassula nudicaulis L. ●☆

177081 Globulea paniculata Haw. = Crassula capitella Thunb. ■☆

177082 Globulea radicans Haw. = Crassula pubescens Thunb. subsp.

radicans (Haw.) Toelken ●☆
177083 Globulea stricta Drège = Crassula alba Forssk. ●☆
177084 Globulea subincana Haw. = Crassula mollis Thunb. ●☆
177085 Globulea subincana Haw. var. decumbens ? = Crassula mollis Thunb. ●☆
177086 Globulea subincana Haw. var. erecta ? = Crassula mollis Thunb. ●☆
177087 Globulea sulcata Haw. = Crassula nudicaulis L. ●☆
177088 Globulostylis Wernham = Cuviera DC. (保留属名) ■☆
177089 Globulostylis Wernham(1913);球柱茜属■☆
177090 Globulostylis cuvieroides Wernham;球柱茜■☆
177091 Globulostylis minor Wernham;小球柱茜■☆
177092 Globulostylis talbotii Wernham;塔尔博特球柱茜■☆
177093 Glocheria Pritz. = Glockeria Nees ●☆
177094 Glochidinopsis Steud. = Glochidion J. R. Forst. et G. Forst. (保留属名) ●
177095 Glochidinopsis Steud. = Glochidionopsis Blume ●
177096 Glochidion J. R. Forst. et G. Forst. (1775) (保留属名);算盘子属(艾堇属,瓜算盘子属,合蕊木属,馒头果属,神子木属);Glochidion ●
177097 Glochidion acuminatum Müll. Arg.;里白馒头果●
177098 Glochidion acuminatum Müll. Arg. = Glochidion triandrum (Blanco) C. B. Rob. ●
177099 Glochidion acuminatum Müll. Arg. var. siamense Airy Shaw = Glochidion triandrum (Blanco) C. B. Rob. var. siamense (Airy Shaw) P. T. Li ●
177100 Glochidion album (Blanco) Boerl.;白算盘子(赤血子,面头果);White Glochidion ●
177101 Glochidion album (Blanco) Boerl. = Glochidion philippicum (Cav.) C. B. Rob. ●
177102 Glochidion album Boerl. = Glochidion album (Blanco) Boerl. ●
177103 Glochidion arborescens Blume;白毛算盘子(小草面瓜);Arborescent Glochidion, Whitehair Glochidion ●
177104 Glochidion arnottianum Müll. Arg. = Glochidion hirsutum (Roxb.) Voigt ●
177105 Glochidion assamicum (Müll. Arg.) Hook. f.;四裂算盘子(阿萨姆算盘子);Assam Glochidion ●
177106 Glochidion auminatum Müll. Arg. = Glochidion triandrum (Blanco) C. B. Rob. ●
177107 Glochidion bicolor Hayata = Glochidion acuminatum Müll. Arg. ●
177108 Glochidion bicolor Hayata = Glochidion triandrum (Blanco) C. B. Rob. ●
177109 Glochidion bodinieri H. Lév. = Glochidion puberum (L.) Hutch. ●
177110 Glochidion breynioides C. B. Rob. = Glochidion lutescens Blume ●
177111 Glochidion breynioides C. B. Rob. = Glochidion wrightii Benth. ●
177112 Glochidion cantoniense Hance = Glochidion lanceolarium (Roxb.) Voigt ●
177113 Glochidion cavaleriei H. Lév. = Illicium majus Hook. f. et Thomson ●
177114 Glochidion chademenosocarpum Hayata;线药算盘子(短柄花馒头果)●
177115 Glochidion coccineum (Buch.-Ham.) Müll. Arg.;红算盘子;Scarlet Glochidion ●
177116 Glochidion compressicaule Kurz ex Teijsm. et Binn. = Glochidion philippicum (Cav.) C. B. Rob. ●
177117 Glochidion daltonii (Müll. Arg.) Kurz;革叶算盘子(达氏算盘子,灰叶算盘子);Coriaceous Glochidion, Dalton's Glochidion ●
177118 Glochidion dasyphyllum K. Koch = Glochidion hirsutum (Roxb.) Voigt ●
177119 Glochidion dasyphyllum K. Koch ex Teijsm. et Binn. = Glochidion hirsutum (Roxb.) Voigt ●
177120 Glochidion dasyphyllum K. Koch ex Teijsm. et Binn. var. iriomotense ? = Glochidion zeylanicum (Gaertn.) A. Juss. var. tomentosum Trimen ●
177121 Glochidion distichum Hance = Glochidion puberum (L.) Hutch. ●
177122 Glochidion diversifolium (Miq.) Merr. = Glochidion rubrum Blume ●
177123 Glochidion eriocarpum Champ. ex Benth.;毛果算盘子(大毛七,毛冬瓜,毛七哥,毛七公,毛漆,毛漆公,毛算盘,磨子果,漆大伯,漆大姑,山馒头,生毛漆,算盘子,藤篮果,杨漆姑婆,痒树果,痒树棵,野南瓜);Eriocarpous Glochidion ●
177124 Glochidion eriocarpum Champ. ex Benth. = Glochidion puberum (L.) Hutch. ●
177125 Glochidion esquirolii H. Lév. = Glochidion eriocarpum Champ. ex Benth. ●
177126 Glochidion esquirolii Hook. f. = Glochidion eriocarpum Champ. ex Benth. ●
177127 Glochidion fagifolium (Miq.) Hook. f. = Glochidion sphaerogynum (Müll. Arg.) Kurz ●
177128 Glochidion fagifolium Miq. = Glochidion sphaerogynum (Müll. Arg.) Kurz ●
177129 Glochidion fagifolium Miq. ex Bedd. = Glochidion sphaerogynum (Müll. Arg.) Kurz ●
177130 Glochidion ferdinandii (Müll. Arg.) F. M. Bailey;奶酪树;Cheese Tree ●☆
177131 Glochidion flexuosum (Siebold et Zucc.) F. Muell. = Phyllanthus flexuosus (Siebold et Zucc.) Müll. Arg. ●
177132 Glochidion flexuosum F. Muell. ex Miq. = Phyllanthus flexuosus (Siebold et Zucc.) Müll. Arg. ●
177133 Glochidion formosanum Hayata = Glochidion philippicum (Cav.) C. B. Rob. ●
177134 Glochidion fortunei Hance = Glochidion puberum (L.) Hutch. ●
177135 Glochidion fortunei Hance = Glochidion rubrum Blume ●
177136 Glochidion fortunei Hance = Glochidion sinicum Hook. et Arn. ●
177137 Glochidion glaucifolium Müll. Arg. = Glochidion wrightii Benth. ●
177138 Glochidion hayatae (Hayata) Croizat et H. Hara = Glochidion acuminatum Müll. Arg. ●
177139 Glochidion hayatae (Hayata) Croizat et H. Hara = Glochidion triandrum (Blanco) C. B. Rob. ●
177140 Glochidion hayatae (Hayata) Croizat et H. Hara var. tsushimense ? = Glochidion puberum (L.) Hutch. ●
177141 Glochidion hirsutum (Roxb.) Voigt;厚叶算盘子(草亮,赤血仔,出山虎,大洋算盘,大叶水榕,大叶蚁会膏,大云药,丹药良,弹药良,毛叶算盘子,水泡木,朱口沙);Hirsute Glochidion, Rough-haired Glochidion, Thick-leaved Glochidion ●
177142 Glochidion hohenackeri Bedd.;霍氏算盘子;Holenacker Glochidion ●☆
177143 Glochidion hongkongense Müll. Arg. = Glochidion zeylanicum (Gaertn.) A. Juss. ●
177144 Glochidion hypoleucum Hayata = Glochidion acuminatum Müll. Arg. ●
177145 Glochidion hypoleucum Hayata = Glochidion triandrum

(Blanco) C. B. Rob. ●
177146 Glochidion khasicum (Müll. Arg.) Hook. f.;长柱算盘子;Khasia Glochidion, Longstyle Glochidion ●
177147 Glochidion kotoense Hayata = Glochidion lanceolatum Hayata ●
177148 Glochidion kusukusense Hayata;台湾算盘子(高士佛馒头果);Taiwan Glochidion ●
177149 Glochidion lanceolarium (Roxb.) Voigt;艾胶算盘子(艾胶树,大叶算盘子);Big-leaved Glochidion, Largeleaf Glochidion ●
177150 Glochidion lanceolatum Hayata;披针叶算盘子(基隆馒头果,披针叶馒头果);Lanceolate Glochidion, Lanceolate-leaf Glochidion ●
177151 Glochidion lanceolatum Hayata = Alchornea liukiuensis Hayata var. formosae (Müll. Arg. ex Pax et K. Hoffm.) Hurus. ●
177152 Glochidion littorale Blume = Glochidion zeylanicum (Gaertn.) A. Juss. ●
177153 Glochidion liukiuense Hayata;琉球叶算盘子;Liuqiu Glochidion ●☆
177154 Glochidion longipedicellatum Yamam. = Margaritaria indica (Dalzell) Airy Shaw ●
177155 Glochidion lutescens Blume;山漆茎;Yellowish Glochidion ●
177156 Glochidion macrophyllum Benth. = Glochidion lanceolarium (Roxb.) Voigt ●
177157 Glochidion medogense T. L. Chin;墨脱算盘子;Medog Glochidion, Motuo Glochidion ●
177158 Glochidion molle Blume;软算盘子●☆
177159 Glochidion moluccanum Blume;摩鹿加馒头果●☆
177160 Glochidion nubigenum Hook. f.;云雾算盘子;Cloud Glochidion, Cloudmist Glochidion ●
177161 Glochidion oblatum Hook. f.;宽果算盘子(扁圆算盘子);Broad-fruit Glochidion, Broad-fruited Glochidion ●
177162 Glochidion obovatum Siebold et Zucc.;倒卵叶算盘子(神子木,细叶馒头果);Obovateleaf Glochidion ●
177163 Glochidion obscurum (Roxb. ex Willd.) Blume = Glochidion puberum (L.) Hutch. ●
177164 Glochidion obscurum Blume = Glochidion puberum (L.) Hutch. ●
177165 Glochidion philippicum (Cav.) C. B. Rob.;甜叶算盘子(赤血,菲岛馒头果,菲岛算盘子,菲律宾馒头果,馒头果,甜叶木);Philippine Glochidion ●
177166 Glochidion philippinensis Willd. = Glochidion philippicum (Cav.) C. B. Rob. ●
177167 Glochidion pseudoobscurum Pamp. = Glochidion puberum (L.) Hutch. ●
177168 Glochidion pseudoobscurum Pamp. var. glabrum Pamp. = Glochidion puberum (L.) Hutch. ●
177169 Glochidion pseudoobscurum Pamp. var. lanceolatum Pamp. = Glochidion puberum (L.) Hutch. ●
177170 Glochidion puberum (L.) Hutch.;算盘子(矮乐子,八瓣橘,八楞橘,百家橘,百荚橘,蝉子树,赤松,臭山橘,地金瓜,地南瓜,果合草,果盒子,黑面长,红橘子,红毛馒头果,鸡木椒,金骨风,橘子草,雷打柿,馒头果,馒头树,面头果,磨盘树,牛萘,山冬瓜,山金瓜,山橘子,山馒头,山南瓜,山桶盘,山油柑,狮子滚球,狮子菌球,柿子椒,寿脾子,水金瓜,水南瓜,算盘珠,万豆子,西瓜树,血木瓜,血泡木,野北瓜子,野蕃蒲,野毛楂,野南瓜,野盘桃,周身松);Fortune Glochidion, Needlebush, Puberulous Glochidion, Pubescent Glochidion ●
177171 Glochidion quercinum (Müll. Arg.) Boerl. = Glochidion philippicum (Cav.) C. B. Rob. ●
177172 Glochidion ramiflorum J. R. Forst. et G. Forst.;茎花算盘子(茎红算盘子);Stem-flower Glochidion ●
177173 Glochidion rubidulum T. L. Chin = Glochidion thomsonii (Müll. Arg.) Hook. f. ●
177174 Glochidion rubrum Blume;台闽算盘子(馒头果,细叶馒头果,细叶算盘子);Common Glochidion, Slenderleaf Glochidion, Slender-leaved Glochidion ●
177175 Glochidion sericeum (Blume) Zoll. et Moritzi;绢毛算盘子;Sericeous Glochidion ●☆
177176 Glochidion silcheticum (Müll. Arg.) Croizat = Glochidion arborescens Blume ●
177177 Glochidion sinicum Hook. et Arn. = Glochidion puberum (L.) Hutch. ●
177178 Glochidion sphaerogynum (Müll. Arg.) Kurz;圆果算盘子(栗叶算盘子,山柑树,山柑算盘子);Beechleaf Glochidion, Roundifruited Glochidion ●
177179 Glochidion sphaerostigmum Hayata = Glochidion lanceolatum Hayata ●
177180 Glochidion sphaerostigmum Hayata = Glochidion zeylanicum (Gaertn.) A. Juss. var. tomentosum Trimen ●
177181 Glochidion suishaense Hayata;水社算盘子(水社赤血仔);Shuishe Glochidion ●
177182 Glochidion sumatranum Miq.;伞奶酪树;Umbrella Cheese Tree ●☆
177183 Glochidion thomsonii (Müll. Arg.) Hook. f.;青背叶算盘子(淡红脉算盘子,青灰叶算盘子);Thomson's Glochidion ●
177184 Glochidion triandrum (Blanco) C. B. Rob.;里白算盘子(里白馒头果,早田氏馒头果);Acuminate Glochidion, Hayata Glochidion, Triandrous Glochidion ●
177185 Glochidion triandrum (Blanco) C. B. Rob. = Glochidion acuminatum Müll. Arg. ●
177186 Glochidion triandrum (Blanco) C. B. Rob. var. siamense (Airy Shaw) P. T. Li;泰云算盘子;Siam Acuminate Glochidion ●
177187 Glochidion vaniotii H. Lév. = Orixa japonica Thunb. ●
177188 Glochidion velutinum Wight;绒毛算盘子;Velvet Glochidion, Velvety Glochidion ●
177189 Glochidion villicaule Hook. f. = Glochidion eriocarpum Champ. ex Benth. ●
177190 Glochidion wilsonii Hutch.;湖北算盘子(庐山算盘子);E. H. Wilson Glochidion, Hubei Glochidion, Wilson Glochidion ●
177191 Glochidion wrightii Benth.;白背算盘子(下日狼);Wright Glochidion ●
177192 Glochidion zeylanicum (Gaertn.) A. Juss.;橙柱算盘子(大红心,大叶馒头果,大叶面豆果,金龟树,美短盘,锡兰馒头果,香港馒头果,香港算盘子);Hongkong Glochidion, Srilanka Glochidion ●
177193 Glochidion zeylanicum (Gaertn.) A. Juss. var. lanceolatum (Hayata) M. J. Deng et J. C. Wang = Glochidion lanceolatum Hayata ●
177194 Glochidion zeylanicum (Gaertn.) A. Juss. var. tomentosum Trimen;赤血仔;Tomentose Srilanka Glochidion ●
177195 Glochidion zeylanicum (Gaertn.) A. Juss. var. tomentosum Trimen = Glochidion hirsutum (Roxb.) Voigt ●
177196 Glochidionopsis Blume = Glochidion J. R. Forst. et G. Forst. (保留属名)●
177197 Glochidium Wittst. = Glochidion J. R. Forst. et G. Forst. (保留属名)●
177198 Glochidocaryum W. T. Wang = Actinocarya Benth. ■
177199 Glochidocaryum kansuense W. T. Wang = Actinocarya tibetica

Benth. ■
177200 Glochidopleurum Koso-Pol. = Bupleurum L. ●■
177201 Glochidotheca Fenzl = Caucalis L. ■☆
177202 Glochidotheca Fenzl(1843);突囊芹属■☆
177203 Glochidotheca foeniculacea Fenzl;突囊芹■☆
177204 Glochisandra Wight = Glochidion J. R. Forst. et G. Forst.(保留属名)●
177205 Glockeria Nees = Habracanthus Nees ●☆
177206 Gloeocarpus Radlk. (1914);胶果无患子属●☆
177207 Gloeocarpus crenatus Radlk.;胶果无患子●☆
177208 Gloeospermum Triana et Planch. (1862);胶子堇属■☆
177209 Gloeospermum grandifolium Hekking;大叶胶子堇■☆
177210 Gloeospermum pauciflorum W. H. A. Hekking;少花胶子堇■☆
177211 Gloeospermum pilosum Melch.;毛胶子堇■☆
177212 Gloeospermum sphaerocarpum Triana et Planch.;胶子堇■☆
177213 Gloiospermum Benth. et Hook. f. = Gloeospermum Triana et Planch. ■☆
177214 Gloiospermum Triana et Planch. ex Benth. et Hook. f. = Gloeospermum Triana et Planch. ■☆
177215 Glomera Blume(1825);拟球兰属■☆
177216 Glomera acutiflora J. J. Sm.;尖花拟球兰■☆
177217 Glomera adenocarpa J. J. Sm.;腺果拟球兰■☆
177218 Glomera affinis J. J. Sm.;近缘拟球兰■☆
177219 Glomera aurea Schltr.;黄拟球兰■☆
177220 Glomera brevipetala J. J. Sm.;短瓣拟球兰■☆
177221 Glomera grandiflora J. J. Sm.;大花拟球兰■☆
177222 Glomera latipetala J. J. Sm.;宽瓣拟球兰■☆
177223 Glomera macrophylla Schltr.;大叶拟球兰■☆
177224 Glomera parviflora J. J. Sm.;小花拟球兰■☆
177225 Glomeraria Cav. = Amaranthus L. ■
177226 Glomeropitcairnia (Mez) Mez(1905);伞凤梨属(簇卡铁斯属)■☆
177227 Glomeropitcairnia Mez = Glomeropitcairnia (Mez) Mez ■☆
177228 Glomeropitcairnia erectiflora Mez;伞凤梨■☆
177229 Gloneria André = Psychotria L.(保留属名)●
177230 Gloriosa L. (1753);嘉兰属;Climbing Lily, Gloriosa, Gloriosa Lily, Glory Lily, Glorylily, Glory-Lily ■
177231 Gloriosa abyssinica A. Rich. = Gloriosa superba L. ■
177232 Gloriosa abyssinica A. Rich. var. graminifolia Franch. = Gloriosa superba L. var. graminifolia (Franch.) Hoenselaar ■☆
177233 Gloriosa aurea Chiov. = Gloriosa superba L. ■
177234 Gloriosa aurea Chiov. f. angustifolia ? = Gloriosa superba L. ■
177235 Gloriosa aurea Chiov. f. latifolia ? = Gloriosa superba L. ■
177236 Gloriosa baudii (A. Terracc.) Chiov. = Gloriosa superba L. var. graminifolia (Franch.) Hoenselaar ■☆
177237 Gloriosa carsonii Baker = Gloriosa superba L. ■
177238 Gloriosa doniana Schult. f. = Gloriosa superba L. ■
177239 Gloriosa graminifolia (Franch.) Chiov. = Gloriosa superba L. var. graminifolia (Franch.) Hoenselaar ■☆
177240 Gloriosa graminifolia (Franch.) Chiov. var. heterophylla Chiov. = Gloriosa superba L. ■
177241 Gloriosa homblei De Wild.;洪布勒嘉兰■☆
177242 Gloriosa minor Rendle = Gloriosa superba L. var. graminifolia (Franch.) Hoenselaar ■☆
177243 Gloriosa petersiana (Klotzsch ex Garcke) Kotschy = Gloriosa speciosa (Hochst.) Engl. ■☆
177244 Gloriosa rothschildiana O'Brien;宽瓣嘉兰(罗氏嘉兰);Broadpetal Gloriosa, Glory Lily, Glory-lily, Rothschild Glorylily, Rothschild's Glorylily ■☆
177245 Gloriosa sampiana Pires de Lima;森皮嘉兰■☆
177246 Gloriosa sessiliflora Nordal et Bingham;无梗花嘉兰■☆
177247 Gloriosa simplex L.;平瓣嘉兰;Flatpetal Gloriosa ■☆
177248 Gloriosa simplex L. = Gloriosa superba L. ■
177249 Gloriosa speciosa (Hochst.) Engl.;美丽嘉兰■☆
177250 Gloriosa sudanica A. Chev.;苏丹嘉兰■☆
177251 Gloriosa superba L.;嘉兰(绿嘉兰,卵圆嘉兰,马拉巴嘉兰,舒筋散);Climbing Lily, Flame Lily, Glory Lily, Lovely Glorylily, Malabar Glorylily, Malabar Glory-lily, Malabar Glory Lily, Methonica Lily ■
177252 Gloriosa superba L. 'Rothschildiana' = Gloriosa rothschildiana O'Brien ■☆
177253 Gloriosa superba L. f. lutea Hort.;黄花嘉兰;Yellowflower Gloriosa ■☆
177254 Gloriosa superba L. var. angustifolia Baker = Gloriosa superba L. ■
177255 Gloriosa superba L. var. graminifolia (Franch.) Hoenselaar;禾叶嘉兰■☆
177256 Gloriosa virescens Lindl. = Gloriosa superba L. ■
177257 Gloriosa virescens Lindl. var. petersiana (Klotzsch ex Garcke) T. Durand et Schinz = Gloriosa speciosa (Hochst.) Engl. ■☆
177258 Glosarithys Rizzini = Justicia L. ●■
177259 Glosarithys Rizziui = Saglorithys Rizzini ●
177260 Glosocomia D. Don = Codonopsis Wall. ex Roxb. ■
177261 Glosocomia tenera D. Don = Codonopsis thalictrifolia Wall. ■
177262 Glosocomia thalictrifolia Wall. = Codonopsis thalictrifolia Wall. ■
177263 Glossanthis P. P. Poljakov = Pseudoglossanthis P. P. Poljakov ■●☆
177264 Glossanthis P. P. Poljakov = Trichanthemis Regel et Schmalh. ■●☆
177265 Glossanthus Klein ex Benth. = Rhynchoglossum Blume(保留属名)■
177266 Glossapis Spreng. = Habenaria Willd. ■
177267 Glossarion Maguire et Wurdack(1957);红菊木属●☆
177268 Glossarion rhodanthum Maguire et Wurdack;红菊木●☆
177269 Glossarrhen Mart. = Schweiggeria Spreng. ■☆
177270 Glossarrhen Mart. ex Ging. = Schweiggeria Spreng. ■☆
177271 Glossaspis Spreng. = Glossula Lindl.(废弃属名)■
177272 Glossaspis Spreng. = Habenaria Willd. ■
177273 Glossaspis Spreng. = Peristylus Blume(保留属名)■
177274 Glossaspis antennifera Rchb. f. = Peristylus tentaculatus (Lindl.) J. J. Sm. ■
177275 Glossaspis tentaculata (Lindl.) Spreng. = Peristylus tentaculatus (Lindl.) J. J. Sm. ■
177276 Glossidea Tiegh. = Loranthus Jacq.(保留属名)●
177277 Glossidea Tiegh. = Psittacanthus Mart. ●☆
177278 Glossocalyx Benth. (1880);非洲坛罐花属●☆
177279 Glossocalyx brevipes Benth.;短梗非洲坛罐花●☆
177280 Glossocalyx brevipes Benth. var. letouzeyi Fouilloy;勒图非洲坛罐花●☆
177281 Glossocalyx longicuspis Benth.;非洲坛罐花●☆
177282 Glossocalyx staudtii Engl. = Glossocalyx brevipes Benth. var. letouzeyi Fouilloy ●☆
177283 Glossocalyx zenkeri R. Wagner = Glossocalyx longicuspis Benth. ●☆
177284 Glossocardia Cass. (1817);香茹属(鹿角草属,洋香茹属)■

177285 Glossocardia bidens (Retz.) Veldkamp;香茹(矮鬼针草,鹿角草,落地柏,小号一包针)■
177286 Glossocardia bosvallia (L. f.) DC.;非洲香茹■☆
177287 Glossocardia linearifolia Cass. = Glossocardia bosvallia (L. f.) DC. ■☆
177288 Glossocardia oluanpiensis S. S. Ying = Glossocardia bidens (Retz.) Veldkamp ■
177289 Glossocardia setosa Blatt. et Hallb. = Glossocardia bosvallia (L. f.) DC. ■☆
177290 Glossocardia tenuifolia Cass. = Glossocardia bidens (Retz.) Veldkamp ■
177291 Glossocarya Wall. ex Griff. (1842);舌果马鞭草属●☆
177292 Glossocarya mollis Wall. ex Griff.;舌果马鞭草●☆
177293 Glossocarya pinnatifida Steud.;羽裂舌果马鞭草●☆
177294 Glossocentrum Crueg. = Miconia Ruiz et Pav.(保留属名)●☆
177295 Glossochilopsis Szlach. = Crepidium Blume ■
177296 Glossochilopsis carnosula (Rolfe ex Downie) Szlach. et Marg. = Dienia ophrydis (J. König) Ormerod et Seidenf. ■
177297 Glossochilopsis finetii (Gagnep.) Szlach. = Crepidium finetii (Gagnepa.) S. C. Chen et J. J. Wood ■
177298 Glossochilus Nees(1847);舌唇爵床属☆
177299 Glossochilus burchellii Nees;舌唇爵床☆
177300 Glossochilus parviflorus Hutch.;小花舌唇爵床☆
177301 Glossocoma Endl. = Glossoma Schreb. ●☆
177302 Glossocomia D. Don = Codonopsis Wall. ex Roxb. ■
177303 Glossocomia Rchb. = Glosocomia D. Don ■
177304 Glossocomia clematidea Fisch. = Codonopsis clematidea (Schrenk) C. B. Clarke ■
177305 Glossocomia hortensis Rupr. = Codonopsis lanceolata (Siebold et Zucc.) Trautv. ■
177306 Glossocomia lanceolata var. obtusa Regel = Codonopsis ussuriensis (Rupr. et Maxim.) Hemsl. ■
177307 Glossocomia lanceolata var. ussuriensis Regel = Codonopsis ussuriensis (Rupr. et Maxim.) Hemsl. ■
177308 Glossocomia ovata var. cuspidata Chipp = Codonopsis clematidea (Schrenk) C. B. Clarke ■
177309 Glossocomia tenera D. Don = Codonopsis thalictrifolia Wall. ■
177310 Glossocomia thalictrifolia Wall. = Codonopsis thalictrifolia Wall. ■
177311 Glossocomia ussuriensis Rupr. et Maxim. = Codonopsis ussuriensis (Rupr. et Maxim.) Hemsl. ■
177312 Glossocornia Rchb. = Codonopsis Wall. ex Roxb. ■
177313 Glossodia R. Br. (1810);格罗兰属;Glossodia, Wax-lip, Wax-lip Orchid ■☆
177314 Glossodia major R. Br.;大格罗兰;Big Glossodia ■☆
177315 Glossodia minor R. Br.;小格罗兰;Little Glossodia, Small Wax Lip ■☆
177316 Glossodiscus Warb. ex Sleumer = Casearia Jacq. ●
177317 Glossogyne Cass. (1827);鹿角草属(香茹属)■
177318 Glossogyne Cass. = Glossocardia Cass. ■
177319 Glossogyne bidens (Retz.) Alston = Glossocardia bidens (Retz.) Veldkamp ■
177320 Glossogyne bidens Alston = Glossocardia bidens (Retz.) Veldkamp ■
177321 Glossogyne bidentidea F. Muell. = Glossocardia bidens (Retz.) Veldkamp ■
177322 Glossogyne oluanpiensis S. S. Ying = Glossocardia bidens (Retz.) Veldkamp ■
177323 Glossogyne pedunculosa DC. = Glossocardia bidens (Retz.) Veldkamp ■
177324 Glossogyne pinnatifida DC. ex Wight = Glossocardia bidens (Retz.) Veldkamp ■
177325 Glossogyne tenuifolia (Labill.) Cass.;鹿角草(矮鬼针草,金锁匙,落地柏,香茹,小号一包针,鹞鹰爪)■
177326 Glossogyne tenuifolia (Labill.) Cass. = Glossocardia bidens (Retz.) Veldkamp ■
177327 Glossogyne tenuifolia Cass. = Glossocardia bidens (Retz.) Veldkamp ■
177328 Glossogyne tenuifolia Cass. = Glossogyne tenuifolia (Labill.) Cass. ■
177329 Glossogyne tenuifolia Cass. ex Less. = Glossocardia bidens (Retz.) Veldkamp ■
177330 Glossolepis Gilg = Chytranthus Hook. f. ●☆
177331 Glossolepis macrobotrys Gilg = Chytranthus macrobotrys (Gilg) Exell et Mendonça ●☆
177332 Glossolepis pilgeriana Gilg ex Engl. = Chytranthus talbotii (Baker f.) Keay ●☆
177333 Glossolepis talbotii Baker f. = Chytranthus talbotii (Baker f.) Keay ●☆
177334 Glossoloma Hanst. = Alloplectus Mart.(保留属名)●■☆
177335 Glossoma Schreb. = Votomita Aubl. ●☆
177336 Glossonema Decne. (1838);舌蕊萝藦属■☆
177337 Glossonema affine N. E. Br. = Glossonema boveanum (Decne.) Decne. ■☆
177338 Glossonema boveanum (Decne.) Decne.;博韦舌蕊萝藦■☆
177339 Glossonema boveanum (Decne.) Decne. subsp. nubicum (Decne.) Bullock;云雾舌蕊萝藦■☆
177340 Glossonema echinatum Hochst. ex Di Capua = Glossonema boveanum (Decne.) Decne. ■☆
177341 Glossonema elliotii Schltr. = Glossonema revoilii Franch. ■☆
177342 Glossonema erlangeri K. Schum. = Glossonema boveanum (Decne.) Decne. ■☆
177343 Glossonema gautieri Batt. et Trab. = Glossonema boveanum (Decne.) Decne. subsp. nubicum (Decne.) Bullock ■☆
177344 Glossonema gautieri Batt. et Trab. var. titensis ? = Glossonema boveanum (Decne.) Decne. subsp. nubicum (Decne.) Bullock ■☆
177345 Glossonema hispidum Hutch. et E. A. Bruce = Glossonema thruppii Oliv. ■☆
177346 Glossonema lineare (Fenzl) Decne. = Conomitra linearis Fenzl ■☆
177347 Glossonema macrosepalum Chiov. = Glossonema revoilii Franch. ■☆
177348 Glossonema nubicum Decne. = Glossonema boveanum (Decne.) Decne. subsp. nubicum (Decne.) Bullock ■☆
177349 Glossonema revoilii Franch.;大萼舌蕊萝藦■☆
177350 Glossonema rivaei K. Schum. = Glossonema revoilii Franch. ■☆
177351 Glossonema thruppii Oliv.;斯拉普舌蕊萝藦■☆
177352 Glossonema varians (Stocks) Hook. f.;易变舌蕊萝藦■☆
177353 Glossopappus Kunze = Chrysanthemum L.(保留属名)■●
177354 Glossopappus Kunze(1846);舌毛菊属(舌冠菊属)■☆
177355 Glossopappus chrysanthemoides Kunze = Glossopappus macrotus (Durieu) Briq. ■☆
177356 Glossopappus macrotus (Durieu) Briq.;舌毛菊(舌冠菊)■☆
177357 Glossopappus macrotus (Durieu) Briq. subsp. chrysanthemoides (Kuntze) Maire;核果菊状舌毛菊■☆

177358 Glossopappus macrotus (Durieu) Briq. subsp. hesperius (Maire) Maire;西方舌毛菊■☆
177359 Glossopappus macrotus (Durieu) Briq. var. concolor Maire = Glossopappus macrotus (Durieu) Briq. ■☆
177360 Glossopetalon A. Gray = Forsellesia Greene ●☆
177361 Glossopetalon A. Gray(1853);舌瓣属;Grease-bush ●☆
177362 Glossopetalon meionandrum Koehne;少雄舌瓣;Meiostamen Grease-bush ●☆
177363 Glossopetalon nevadense A. Gray;内华达舌瓣;Nevada Grease-bush ●☆
177364 Glossopetalon pungens Brandegee;矮舌瓣;Dwarf Grease-bush, Splny-tipped Tongue Flower ●☆
177365 Glossopetalon spinescens A. Gray;刺舌瓣;Spinescent Grease-bush, Spiny-stemmed Tongue Flower ●☆
177366 Glossopetalon stipuliferum H. St. John;托叶舌瓣;Stipule-bearing Grease-bush ●☆
177367 Glossopetalum Benth. et Hook. f. = Glossopetalon A. Gray ●☆
177368 Glossopetalum Schreb. = Glossopetalon A. Gray ●☆
177369 Glossopetalum Schreb. = Goupia Aubl. ●☆
177370 Glossopholis Pierre = Tiliacora Colebr. (保留属名)●☆
177371 Glossopholis jollyana Pierre = Anisocycla jollyana (Pierre) Diels ●☆
177372 Glossopholis klaineana Pierre = Tiliacora klaineana (Pierre) Diels ●☆
177373 Glossopholis macrophylla Pierre = Tiliacora macrophylla (Pierre) Diels ●☆
177374 Glossophyllum Fourr. (1868);舌叶毛茛属■☆
177375 Glossophyllum Fourr. = Ranunculus L. ■
177376 Glossophyllum ophioglossifolium Fourr.;舌叶毛茛■☆
177377 Glossorhyncha Ridl. (1891);拟舌喙兰属(舌喙兰属)■☆
177378 Glossorhyncha acuminata Schltr.;渐尖拟舌喙兰■☆
177379 Glossorhyncha acutiflora Schltr.;尖花拟舌喙兰■☆
177380 Glossorhyncha brevipetala Schltr.;短瓣拟舌喙兰■☆
177381 Glossorhyncha fusca (Schltr.) P. Royen;褐拟舌喙兰■☆
177382 Glossorhyncha gracilis Schltr.;纤细拟舌喙兰■☆
177383 Glossorhyncha grandiflora Schltr.;大花拟舌喙兰■☆
177384 Glossorhyncha latipetala Schltr.;宽瓣拟舌喙兰■☆
177385 Glossorhyncha microphylla (J. J. S) P. Royen;小叶拟舌喙兰■☆
177386 Glossorhyncha obovata Schltr.;倒卵形拟舌喙兰■☆
177387 Glossoschima Walp. = Closaschima Korth. ●
177388 Glossoschima Walp. = Laplacea Kunth(保留属名)●☆
177389 Glossospermum Wall. = Melochia L. (保留属名)●■
177390 Glossostelma Schltr. (1895);舌冠萝藦属■☆
177391 Glossostelma angolense Schltr.;安哥拉舌冠萝藦■☆
177392 Glossostelma cabrae (De Wild.) Goyder;卡布拉舌冠萝藦■☆
177393 Glossostelma carsonii (N. E. Br.) Bullock;卡森舌冠萝藦■☆
177394 Glossostelma ceciliae (N. E. Br.) Goyder;塞西尔舌冠萝藦■☆
177395 Glossostelma erectum (De Wild.) Goyder;直立舌冠萝藦■☆
177396 Glossostelma lisianthoides (Decne.) Bullock;龙胆状舌冠萝藦■☆
177397 Glossostelma nyikense Goyder;尼卡舌冠萝藦■☆
177398 Glossostelma rusapense Goyder;鲁萨佩舌冠萝藦■☆
177399 Glossostelma spathulatum (K. Schum.) Bullock;匙形舌冠萝藦■☆
177400 Glossostelma xysmalobioides (S. Moore) Bullock;止泻萝藦■☆
177401 Glossostemon Desf. (1817);舌蕊木属●☆
177402 Glossostemon bruguier Desf.;舌蕊木;Moghat Root ●☆
177403 Glossostemum Steud. = Glossostemon Desf. ●☆
177404 Glossostephanus E. Mey. = Oncinema Arn. ●☆
177405 Glossostephanus linearis (L. f.) E. Mey. = Oncinema lineare (L. f.) Bullock ●☆
177406 Glossostigma Arn. = Glossostigma Wight et Arn. (保留属名) ■☆
177407 Glossostigma Wight et Arn. (1836)(保留属名);舌柱草属;Glossostigma ■☆
177408 Glossostigma diandrum (L.) Kuntze;二蕊舌柱草;Mudmats ■☆
177409 Glossostigma spathulatum (Hook.) Arn.;匙形舌柱草;Spatulate Glossostigma ■☆
177410 Glossostigma spathulatum (Hook.) Arn. = Glossostigma diandrum (L.) Kuntze ■☆
177411 Glossostigma spathulatum Arn. = Glossostigma spathulatum (Hook.) Arn. ■☆
177412 Glossostipula Lorence = Randia L. ●
177413 Glossostipula Lorence(1986);舌叶茜属;Mud-nut ●☆
177414 Glossostipula blepharophylla (Standl.) Lorence;舌叶茜●☆
177415 Glossostylis Cham. et Schltdl. = Melasma P. J. Bergius ■
177416 Glossostylis arvensis Benth. = Melasma arvense (Benth.) Hand. -Mazz. ■
177417 Glossostylis asperrima Hochst. = Alectra asperrima Benth. ■☆
177418 Glossostylis avensis Benth. = Alectra sessiliflora (Vahl) Kuntze var. monticola (Engl.) Melch. ■☆
177419 Glossostylis capensis Benth. = Alectra sessiliflora (Vahl) Kuntze ■☆
177420 Glossula (Raf.) Rchb. = Aristolochia L. ■●
177421 Glossula Lindl. (废弃属名) = Habenaria Willd. ■
177422 Glossula Lindl. (废弃属名) = Peristylus Blume(保留属名)■
177423 Glossula Rchb. = Aristolochia L. ■●
177424 Glossula calcarata Rolfe = Peristylus calcaratus (Rolfe) S. Y. Hu ■
177425 Glossula formosana (Matsum.) F. Maek. var. triangularis F. Maek. = Habenaria lacertifera (Lindl.) Benth. var. triangularis (F. Maek.) Satomi ■☆
177426 Glossula passerina Gagnep. = Peristylus densus (Lindl.) Santapau et Kapadia ■
177427 Glossula tentaculata Lindl. = Peristylus tentaculatus (Lindl.) J. J. Sm. ■
177428 Glottes Medik. = Astragalus L. ●■
177429 Glottes Medik. = Glottis Medik. ●■
177430 Glottidium Desv. (1813);膀胱田菁属■☆
177431 Glottidium Desv. = Sesbania Scop. (保留属名)●■
177432 Glottidium vesicarium (Jacq.) R. M. Harper;膀胱田菁■☆
177433 Glottiphyllum Haw. = Glottiphyllum Haw. ex N. E. Br. ■☆
177434 Glottiphyllum Haw. ex N. E. Br. (1921);舌叶花属(舌叶草属);Tongueleaf ■☆
177435 Glottiphyllum album L. Bolus ex Jacobsen;白舌叶花■☆
177436 Glottiphyllum angustum (Haw.) N. E. Br. = Glottiphyllum cruciatum (Haw.) N. E. Br. ■☆
177437 Glottiphyllum apiculatum N. E. Br. = Glottiphyllum cruciatum (Haw.) N. E. Br. ■☆
177438 Glottiphyllum armoedense Schwantes = Glottiphyllum cruciatum (Haw.) N. E. Br. ■☆

177439 Glottiphyllum arrectum N. E. Br. = Glottiphyllum surrectum (Haw.) L. Bolus ■☆

177440 Glottiphyllum barrydalense Schwantes = Glottiphyllum depressum (Haw.) N. E. Br. ■☆

177441 Glottiphyllum buffelsvleyense Schwantes = Glottiphyllum depressum (Haw.) N. E. Br. ■☆

177442 Glottiphyllum carnosum N. E. Br.;肉质舌叶花■☆

177443 Glottiphyllum cilliersiae Schwantes = Glottiphyllum linguiforme (L.) N. E. Br. ■☆

177444 Glottiphyllum compressum L. Bolus = Glottiphyllum regium N. E. Br. ■☆

177445 Glottiphyllum concavum N. E. Br. = Glottiphyllum surrectum (Haw.) L. Bolus ■☆

177446 Glottiphyllum cruciatum (Haw.) N. E. Br.;十字形舌叶花;Ice Plant ■☆

177447 Glottiphyllum cultratum (Salm-Dyck) N. E. Br. = Glottiphyllum longum (Haw.) N. E. Br. ■

177448 Glottiphyllum davisii L. Bolus = Glottiphyllum longum (Haw.) N. E. Br. ■

177449 Glottiphyllum depressum (Haw.) N. E. Br.;铺地舌叶花(神锋);Fig Marigold ■☆

177450 Glottiphyllum depressum N. E. Br. = Glottiphyllum depressum (Haw.) N. E. Br. ■☆

177451 Glottiphyllum difforme (L.) N. E. Br.;不齐舌叶花■☆

177452 Glottiphyllum erectum N. E. Br. = Glottiphyllum longum (Haw.) N. E. Br. ■

177453 Glottiphyllum fergusoniae L. Bolus;费格森舌叶花■☆

177454 Glottiphyllum fragrans (Salm-Dyck) Schott;香叉叶草■☆

177455 Glottiphyllum fragrans (Salm-Dyck) Schwantes = Glottiphyllum depressum (Haw.) N. E. Br. ■☆

177456 Glottiphyllum framesii L. Bolus = Glottiphyllum depressum (Haw.) N. E. Br. ■☆

177457 Glottiphyllum grandiflorum (Haw.) N. E. Br.;大花舌叶花■☆

177458 Glottiphyllum haagei Tischer = Glottiphyllum depressum (Haw.) N. E. Br. ■☆

177459 Glottiphyllum herrei L. Bolus = Glottiphyllum suave N. E. Br. ■☆

177460 Glottiphyllum jacobsenianum Schwantes = Glottiphyllum depressum (Haw.) N. E. Br. ■☆

177461 Glottiphyllum jordaanianum Schwantes = Glottiphyllum carnosum N. E. Br. ■☆

177462 Glottiphyllum latifolium N. E. Br. = Glottiphyllum linguiforme (L.) N. E. Br. ■☆

177463 Glottiphyllum latum N. E. Br. = Glottiphyllum longum (Haw.) N. E. Br. ■

177464 Glottiphyllum latum N. E. Br. var. cultratum (Salm-Dyck) N. E. Br. = Glottiphyllum longum (Haw.) N. E. Br. ■

177465 Glottiphyllum linguiforme (L.) N. E. Br.;舌叶花(宝绿);Ice Plant, Tongue Leaf, Tongueleaf Flower ■☆

177466 Glottiphyllum linguiforme N. E. Br. = Glottiphyllum linguiforme (L.) N. E. Br. ■☆

177467 Glottiphyllum lombergii N. E. Br. = Glottiphyllum grandiflorum (Haw.) N. E. Br. ■☆

177468 Glottiphyllum longipes N. E. Br. = Glottiphyllum cruciatum (Haw.) N. E. Br. ■☆

177469 Glottiphyllum longum (Haw.) N. E. Br.;长舌叶花(佛手掌,弯叶日中花);Bendleaf Figmarigold, Hooked Tongueleaf ■

177470 Glottiphyllum longum (Haw.) N. E. Br. var. hamatum N. E. Br. = Glottiphyllum longum (Haw.) N. E. Br. ■

177471 Glottiphyllum longum (Haw.) N. E. Br. var. heterophyllum (Haw.) G. D. Rowley = Glottiphyllum longum (Haw.) N. E. Br. ■

177472 Glottiphyllum longum N. E. Br.;长宝绿■☆

177473 Glottiphyllum marlothii Schwantes = Glottiphyllum depressum (Haw.) N. E. Br. ■☆

177474 Glottiphyllum muirii N. E. Br. = Glottiphyllum depressum (Haw.) N. E. Br. ■☆

177475 Glottiphyllum neilii N. E. Br.;内利氏舌叶花(早乙女)■☆

177476 Glottiphyllum neilii Schwantes = Glottiphyllum neilii N. E. Br ■☆

177477 Glottiphyllum nysiae Schwantes = Glottiphyllum depressum (Haw.) N. E. Br. ■☆

177478 Glottiphyllum obliquum (Willd.) N. E. Br. = Glottiphyllum longum (Haw.) N. E. Br. ■

177479 Glottiphyllum ochraceum (A. Berger) N. E. Br. = Malephora ochracea (A. Berger) H. E. K. Hartmann ■☆

177480 Glottiphyllum oligocarpum L. Bolus;寡果舌叶花■☆

177481 Glottiphyllum pallens L. Bolus = Glottiphyllum neilii Schwantes ■☆

177482 Glottiphyllum parvifolium L. Bolus = Glottiphyllum surrectum (Haw.) L. Bolus ■☆

177483 Glottiphyllum peersii L. Bolus;皮尔斯舌叶花■☆

177484 Glottiphyllum platycarpum L. Bolus = Glottiphyllum depressum (Haw.) N. E. Br. ■☆

177485 Glottiphyllum praepingue (Haw.) N. E. Br. = Glottiphyllum cruciatum (Haw.) N. E. Br. ■☆

177486 Glottiphyllum proclive N. E. Br. = Glottiphyllum depressum (Haw.) N. E. Br. ■☆

177487 Glottiphyllum propinquum N. E. Br. = Glottiphyllum longum (Haw.) N. E. Br. ■

177488 Glottiphyllum pustulatum (Haw.) N. E. Br. = Glottiphyllum longum (Haw.) N. E. Br. ■

177489 Glottiphyllum pygmaeum L. Bolus = Glottiphyllum neilii Schwantes ■☆

177490 Glottiphyllum regium N. E. Br.;大叉叶草■☆

177491 Glottiphyllum rosaliae L. Bolus = Glottiphyllum cruciatum (Haw.) N. E. Br. ■☆

177492 Glottiphyllum rubrostigma L. Bolus = Glottiphyllum surrectum (Haw.) L. Bolus ■☆

177493 Glottiphyllum rufescens (Haw.) Tischer = Glottiphyllum depressum (Haw.) N. E. Br. ■☆

177494 Glottiphyllum ryderae Schwantes = Glottiphyllum linguiforme (L.) N. E. Br. ■☆

177495 Glottiphyllum salmii (Haw.) N. E. Br.;叉叶草■☆

177496 Glottiphyllum semicylindricum (Haw.) N. E. Br.;半柱状舌叶花■☆

177497 Glottiphyllum semicylindricum (Haw.) N. E. Br. = Glottiphyllum difforme (L.) N. E. Br. ■☆

177498 Glottiphyllum semicylindricum N. E. Br. = Glottiphyllum semicylindricum (Haw.) N. E. Br. ■☆

177499 Glottiphyllum starkeae L. Bolus = Glottiphyllum depressum (Haw.) N. E. Br. ■☆

177500 Glottiphyllum suave N. E. Br.;芳香舌叶花■☆

177501 Glottiphyllum subditum N. E. Br. = Glottiphyllum difforme (L.) N. E. Br. ■☆

177502 Glottiphyllum surrectum (Haw.) L. Bolus;小叶舌叶花■☆
177503 Glottiphyllum taurinum (Haw.) N. E. Br. = Glottiphyllum depressum (Haw.) N. E. Br. ■☆
177504 Glottiphyllum uncatum (Haw.) N. E. Br. = Glottiphyllum longum (Haw.) N. E. Br. ■
177505 Glottiphyllum uncatum (Salm-Dyck) N. E. Br. = Mesembryanthemum uncatum Salm-Dyck ■
177506 Glottiphyllum uniondalense L. Bolus = Glottiphyllum depressum (Haw.) N. E. Br. ■☆
177507 Glottis Medik. = Astragalus L. ●■
177508 Gloveria Jordaan = Monopyle Moritz ex Benth. et Hook. f. ■☆
177509 Gloveria Jordaan(1998);格罗卫矛属●☆
177510 Gloveria integrifolia (L. f.) Jordaan;格罗卫矛●☆
177511 Gloxinella (H. E. Moore) Roalson et Boggan = Kohleria Regel ●■☆
177512 Gloxinella (H. E. Moore) Roalson et Boggan = Tydaea Decne. ●■☆
177513 Gloxinella (H. E. Moore) Roalson et Boggan(2005);小苣苔花属■☆
177514 Gloxinia hort. = Sinningia Nees ●■☆
177515 Gloxinia L'Hér. (1789);苣苔花属(苦乐花属);Gloxinia ■☆
177516 Gloxinia Regel = Ligeria Decne. ●■☆
177517 Gloxinia Regel = Sinningia Nees ●■☆
177518 Gloxinia caulescens Lindl.;无茎苣苔花■☆
177519 Gloxinia glabrata Zucc.;无毛苣苔花■☆
177520 Gloxinia gymnostema Griseb.;裸口苣苔花;Naked-mouth Gloxinia ■☆
177521 Gloxinia maculata L'Hér. = Gloxinia perennia Druce ■☆
177522 Gloxinia micrantha M. Martens et Galeotti;小花苣苔花■☆
177523 Gloxinia perennia Druce;多年生苣苔花(苦乐花);Canterbury Bells, Canterburybells Gloxinia ■☆
177524 Gloxinia speciosa Lodd. = Sinningia speciosa (Lodd.) Benth. et Hook. ex Hiern ■☆
177525 Gloxiniopsis Roalson et Boggan = Monopyle Moritz ex Benth. et Hook. f. ■☆
177526 Gloxiniopsis Roalson et Boggan(2005);类苣苔花属■☆
177527 Gloxiniopsis racemosa (Benth.) Roalson et Boggan;类苣苔花■☆
177528 Gluema Aubrév. et Pellegr. (1935);对蕊山榄属●☆
177529 Gluema ivorensis Aubrév. et Pellegr.;伊沃里对蕊山榄●☆
177530 Gluema korupensis Burgt;科鲁普对蕊山榄●☆
177531 Glumicalyx Hiern(1903);壳萼玄参属■●☆
177532 Glumicalyx alpestris (Diels) Hilliard et B. L. Burtt = Glumicalyx nutans (Rolfe) Hilliard et B. L. Burtt ■☆
177533 Glumicalyx apiculatus (E. Mey.) Hilliard et B. L. Burtt;细尖壳萼玄参■☆
177534 Glumicalyx flanaganii (Hiern) Hilliard et B. L. Burtt;弗拉纳根壳萼玄参■☆
177535 Glumicalyx goseloides (Diels) Hilliard et B. L. Burtt;好望角壳萼玄参■☆
177536 Glumicalyx lesuticus Hilliard et B. L. Burtt;莱苏特壳萼玄参■☆
177537 Glumicalyx montanus Hiern;山地壳萼玄参■☆
177538 Glumicalyx nutans (Rolfe) Hilliard et B. L. Burtt;俯垂壳萼玄参■☆
177539 Glumosia Herb. = Sisyrinchium L. ■
177540 Gluta L. (1771);胶漆树属(台线漆属)●
177541 Gluta laccifera (Pierre) Ding Hou;高棉漆(树脂黑罂漆);Lacquer ●
177542 Gluta renghas L.;胶漆树;Rengas ●☆
177543 Gluta tavoyana Hook. f.;缅甸胶漆●☆
177544 Gluta tourtour Marchand;马达加斯加胶漆树●☆
177545 Gluta usitata (Wall.) Ding Hou;缅漆(黑罂漆,缅甸漆);Burmese Lacquer, Burmese Lacquer-tree, Theetsee, Thirst ●
177546 Glutago Comm. ex Poir. = Oryctanthus (Griseb.) Eichler ●☆
177547 Glutago Comm. ex Raf. = Oryctanthus (Griseb.) Eichler ●☆
177548 Glutinaria Fabr. = Salvia L. ●■
177549 Glutinaria Raf. = Salvia L. ●■
177550 Glyaspermum Zoll. et Moritzi = Pittosporum Banks ex Gaertn. (保留属名)●
177551 Glycanthes Raf. = Columnea L. ●■☆
177552 Glyce Lindl. = Alyssum L. ■●
177553 Glyce Lindl. = Konig Adans. ■
177554 Glyce Lindl. = Lobularia Desv. (保留属名)■
177555 Glyceria Nutt. = Hydrocotyle L. ■
177556 Glyceria R. Br. (1810)(保留属名);甜茅属;Glyceria, Manna Grass, Mannagrass, Manna-grass, Sweet Grass, Sweet Manna Grass, Sweetgrass, Sweet-grass ■
177557 Glyceria × tokitana Masumura;时田甜茅■☆
177558 Glyceria acutiflora Torr. = Glyceria acutiflora Torr. ex Trin. ■
177559 Glyceria acutiflora Torr. ex Trin.;尖花甜茅(甜茅,茵草);Manna Grass ■
177560 Glyceria acutiflora Torr. ex Trin. subsp. japonica (Steud.) T. Koyama et Kawano;甜茅(日本甜茅);Creeping Mannagrass, Japan Sweetgrass, Japanese Mannagrass ■
177561 Glyceria albidiflora De Wild.;白花甜茅■☆
177562 Glyceria alnasteretum Kom.;科马罗夫甜茅■☆
177563 Glyceria angustifolia Skvortsov = Glyceria spiculosa (F. Schmidt) Roshev. ex B. Fedtsch. ■
177564 Glyceria aquatica (L.) J. Presl et C. Presl = Catabrosa aquatica (L.) P. Beauv. ■
177565 Glyceria aquatica (L.) J. Presl et C. Presl var. debilior Trin. ex F. Schmidt = Glyceria lithuanica (Gorski) Gorski ■
177566 Glyceria aquatica (L.) Wahlb. = Catabrosa aquatica (L.) P. Beauv. ■
177567 Glyceria aquatica (L.) Wahlb. = Glyceria maxima (Hartm.) Holmb. ■
177568 Glyceria aquatica (L.) Wahlb. subsp. debilior (Trin. ex F. Schmidt) T. Koyama = Glyceria lithuanica (Gorski) Gorski ■
177569 Glyceria aquatica (L.) Wahlb. var. triflora Korsh. = Glyceria triflora (Korsh.) Kom. ■
177570 Glyceria aquatica Honda = Glyceria leptolepis Ohwi ■
177571 Glyceria aquatica J. Presl et C. Presl = Catabrosa aquatica (L.) P. Beauv. ■
177572 Glyceria aquatica Wahlb. = Glyceria triflora (Korsh.) Kom. ■
177573 Glyceria arkansana Fernald = Glyceria septentrionalis Hitchc. ■☆
177574 Glyceria arundinacea Kunth;灯芯草甜茅■☆
177575 Glyceria arundinacea Kunth subsp. triflora (Korsh.) Tzvelev = Glyceria triflora (Korsh.) Kom. ■
177576 Glyceria borealis (Nash) Batch.;北方甜茅;Boreal Manna-grass, Northern Manna Grass ■☆
177577 Glyceria canadensis (Michx.) Trin.;加拿大甜茅;Canada Manna-grass, Rattlesnake Grass, Rattlesnake Manna Grass,

Rattlesnake Mannagrass ■☆
177578 Glyceria canadensis (Michx.) Trin. var. laxa (Scribn.) Hitchc. = Glyceria laxa (Scribn.) Scribn. ■☆
177579 Glyceria caspica Griseb. = Glyceria tonglensis C. B. Clarke ■
177580 Glyceria caspica Trin.;里海甜茅■☆
177581 Glyceria chinensis Keng = Glyceria chinensis Keng ex Z. L. Wu ■
177582 Glyceria chinensis Keng ex Z. L. Wu;中华甜茅(中华甜草);China Sweetgrass, Chinese Mannagrass ■
177583 Glyceria debilior (Trin. ex F. Schmidt) Kudo = Glyceria lithuanica (Gorski) Gorski ■
177584 Glyceria debilior Kudo = Glyceria triflora (Korsh.) Kom. ■
177585 Glyceria declinata Breb.;蜡甜茅;Small Flote Grass, Waxy Mannagrass ■☆
177586 Glyceria depauperata Ohwi;萎缩甜茅■☆
177587 Glyceria depauperata Ohwi var. infirma (Ohwi) Ohwi;柔弱甜茅■☆
177588 Glyceria distans (L.) Wahlenb. = Puccinellia distans (Jacq.) Parl. ■
177589 Glyceria distans (L.) Wahlenb. var. festuciformis (Host) Batt. et Trab. = Puccinellia festuciformis (Host) Parl. ■
177590 Glyceria distans (L.) Wahlenb. var. tenuifolia (Boiss. et Reut.) Coss. = Puccinellia tenuifolia (Boiss. et Reut.) H. Lindb. ■☆
177591 Glyceria distans (L.) Wahlenb. vvar. glauca Regel = Puccinellia distans (Wahlb.) Parl. subsp. glauca (Regel) Tzvelev ■☆
177592 Glyceria distans Wahlb. = Puccinellia distans (L.) Parl. ■
177593 Glyceria distans Wahlb. var. pulvinata Franch. = Puccinellia pulvinata (Fr.) V. I. Krecz. ■
177594 Glyceria effusa Kitag. = Glyceria triflora (Korsh.) Kom. var. effusa (Kitag.) Z. L. Wu ■
177595 Glyceria effusa Kitag. = Glyceria triflora (Korsh.) Kom. ■
177596 Glyceria expansa Crép. = Puccinellia expansa (Crép.) Julià et J. M. Monts. ■☆
177597 Glyceria fernaldii (Hitchc.) H. St. John;北美甜茅;Fernald's Manna-grass ■☆
177598 Glyceria fernaldii (Hitchc.) H. St. John = Puccinellia fernaldii (Hitchc.) E. G. Voss ■☆
177599 Glyceria fluitans (L.) R. Br.;浮甜茅(欧甜茅,漂浮甜茅);Floating Sweet-grass, Flote Grass, Manna Grass, Manna-grass, Sugar Grass, Sweet Grass, Water Manna Grass, Water Mannagrass, Water Manna-grass ■☆
177600 Glyceria fluitans (L.) R. Br. subsp. plicata (Fr.) Trab. = Glyceria notata Chevall. ■
177601 Glyceria fluitans (L.) R. Br. subsp. plicata Fr. = Glyceria plicata (Fr.) Fr. ■
177602 Glyceria fluitans (L.) R. Br. subsp. spicata (Guss.) Maire = Glyceria spicata (Biv.) Guss. ■☆
177603 Glyceria fluitans (L.) R. Br. var. leptorhiza Maxim. = Glyceria leptorhiza (Maxim.) Kom. ■
177604 Glyceria fluitans (L.) R. Br. var. plicata (Fr.) Coss. et Durieu = Glyceria notata Chevall. ■
177605 Glyceria fluitans (L.) R. Br. var. plicata Fr. = Glyceria notata Chevall. ■
177606 Glyceria fluitans (L.) R. Br. var. plicata Fr. = Glyceria plicata (Fr.) Fr. ■
177607 Glyceria fluitans (L.) R. Br. var. spicata (Guss.) Trab. = Glyceria spicata (Biv.) Guss. ■☆
177608 Glyceria formosensis Ohwi = Glyceria leptolepis Ohwi ■
177609 Glyceria glumaris Griseb. = Poa eminens J. Presl et C. Presl ■
177610 Glyceria grandis S. Watson;高甜茅;American Manna Grass, Reed Manna Grass, Tall Glyceria, Tall Manna Grass ■☆
177611 Glyceria grandis S. Watson f. pallescens Fernald = Glyceria grandis S. Watson ■☆
177612 Glyceria ischyroneura Steud.;强脉甜茅■☆
177613 Glyceria japonica (Steud.) Miq. = Glyceria acutiflora Torr. ex Trin. subsp. japonica (Steud.) T. Koyama et Kawano ■
177614 Glyceria japonica Steud. = Glyceria acutiflora Torr. ex Trin. subsp. japonica (Steud.) T. Koyama et Kawano ■
177615 Glyceria kamtschatica Kom. = Glyceria triflora (Korsh.) Kom. ■
177616 Glyceria kashmiriensis Kelso = Glyceria tonglensis C. B. Clarke ■
177617 Glyceria laxa (Scribn.) Scribn.;疏松甜茅;Manna Grass ■☆
177618 Glyceria leptolepis Ohwi;假鼠妇草(鳞片甜茅,乌苏里甜茅);Broadleaf Mannagrass, Broadleaf Sweetgrass ■
177619 Glyceria leptolepis Ohwi var. formosensis (Ohwi) Ohwi = Glyceria leptolepis Ohwi ■
177620 Glyceria leptolepis Ohwi var. laxior Keng = Glyceria leptolepis Ohwi ■
177621 Glyceria leptorhiza (Maxim.) Kom.;细根茎甜茅;Thin-rooted Sweetgrass ■
177622 Glyceria leptorrhiza (Maxim.) Kom. subsp. depauperata (Ohwi) T. Koyama = Glyceria depauperata Ohwi ■☆
177623 Glyceria leptorrhiza (Maxim.) Kom. subsp. infirma (Ohwi) T. Koyama = Glyceria depauperata Ohwi var. infirma (Ohwi) Ohwi ■☆
177624 Glyceria leptorrhiza (Maxim.) Kom. var. depauperata (Ohwi) T. Koyama = Glyceria depauperata Ohwi ■☆
177625 Glyceria leptorrhiza (Maxim.) Kom. var. infirma (Ohwi) Ohwi = Glyceria depauperata Ohwi var. infirma (Ohwi) Ohwi ■☆
177626 Glyceria lithuanica (Gorski) Gorski;两蕊甜茅(东方甜茅,立陶宛甜茅);Lithuania Mannagrass ■
177627 Glyceria longiglumis Hand.-Mazz. = Glyceria spiculosa (F. Schmidt) Roshev. ex B. Fedtsch. ■
177628 Glyceria maxima (Hartm.) Hartm. subsp. triflora (Korsh.) Hultén = Glyceria triflora (Korsh.) Kom. ■
177629 Glyceria maxima (Hartm.) Holmb.;水甜茅(大甜茅);Aquatic Mannagrass, Brook Grass, English Water Grass, Giant Mannagrass, Reed Manna Grass, Reed Mannagrass, Reed Meadow Grass, Reed Meadow-grass, Reed Sweet-grass, Reed-grass, Tall Manna Grass, Water Sweetgrass ■
177630 Glyceria maxima (Hartm.) Holmb. 'Variegata';大甜茅;Variegated Manna Grass ■☆
177631 Glyceria maxima (Hartm.) Holmb. subsp. grandis (S. Watson) Hultén = Glyceria grandis S. Watson ■☆
177632 Glyceria maxima (Hartm.) Holmb. subsp. triflora (Korsh.) Hultén = Glyceria triflora (Korsh.) Kom. ■
177633 Glyceria maxima (Hartm.) Holmb. var. americana (Torr.) B. Boivin = Glyceria grandis S. Watson ■☆
177634 Glyceria natans Kom. = Torreyochloa natans (Kom.) Church ■☆
177635 Glyceria nemoralis Uechtr. et Körn.;栎甜茅;Melica Mannagrass ■☆
177636 Glyceria nervata (Willd.) Trin. = Glyceria striata (Lam.) Hitchc. ■☆
177637 Glyceria notata Chevall.;蔗甜茅■
177638 Glyceria notata Chevall. = Glyceria plicata (Fr.) Fr. ■

177639 Glyceria occidentalis (Piper) J. C. Nelson;西方甜茅■☆
177640 Glyceria orientalis Kom. = Glyceria lithuanica (Gorski) Gorski ■
177641 Glyceria ottawensis Bowden = Glyceria laxa (Scribn.) Scribn. ■☆
177642 Glyceria ovatiflora Keng ex P. C. Keng = Glyceria tonglensis C. B. Clarke ■
177643 Glyceria pallida (Torr.) Trin.;苍白甜茅;Pale Manna-grass ■☆
177644 Glyceria pallida (Torr.) Trin. = Puccinellia pallida (Torr.) R. T. Clausen ■☆
177645 Glyceria pallida (Torr.) Trin. = Torreyochloa pallida (Torr.) G. L. Church ■☆
177646 Glyceria pallida (Torr.) Trin. var. fernaldii Hitchc. = Puccinellia fernaldii (Hitchc.) E. G. Voss ■☆
177647 Glyceria paludificans Kom. = Glyceria spiculosa (F. Schmidt) Roshev. ex B. Fedtsch. ■
177648 Glyceria plicata (Fr.) Fr.;折甜茅(土库曼甜茅,摺甜茅);Europe Sweetgrass, European Mannagrass, Flicate Sweet-grass, Sweet Grass ■
177649 Glyceria plicata (Fr.) Fr. = Glyceria notata Chevall. ■
177650 Glyceria poaeoides Stapf = Puccinellia stapfiana R. R. Stewart ■
177651 Glyceria pseudodistans Crép. = Puccinellia fasciculata (Torr.) E. P. Bicknell subsp. pseudodistans (Crép.) Kerguélen ■☆
177652 Glyceria remota (Forselles) Fr. = Glyceria lithuanica (Gorski) Gorski ■
177653 Glyceria scaberrima Nees ex Steud. = Melica scaberrima (Nees ex Steud.) Hook. f. ■
177654 Glyceria scaberrima Steud. = Melica scaberrima (Nees ex Steud.) Hook. f. ■
177655 Glyceria septentrionalis Hitchc.;东部甜茅;Eastern Manna Grass, Floating Manna Grass, Northern Manna-grass ■☆
177656 Glyceria songarica Schrenk = Eremopoa songarica (Schrenk) Roshev. ■
177657 Glyceria songarica Schrenk = Poa diaphora Trin. ■
177658 Glyceria spectabilis Mert. et W. D. J. Koch = Glyceria maxima (Hartm.) Holmb. ■
177659 Glyceria spectabilis Trin. = Glyceria lithuanica (Gorski) Gorski ■
177660 Glyceria spicata (Biv.) Guss.;长穗甜茅■☆
177661 Glyceria spiculosa (F. Schmidt) Roshev. ex B. Fedtsch.;小穗甜茅(狭叶甜茅);Smallspike Mannagrass ■
177662 Glyceria striata (Lam.) Hitchc.;脉甜茅;Fowl Manna Grass, Fowl Meadow Grass, Nerved Manna-grass ■☆
177663 Glyceria striata (Lam.) Hitchc. var. stricta (Scribn.) Fernald = Glyceria striata (Lam.) Hitchc. ■☆
177664 Glyceria subfastigiata (Trin.) Griseb. = Poa subfastigiata Trin. ex Ledeb. ■
177665 Glyceria tenella Lange = Puccinellia tenella (Lange) Holmb. ex A. E. Porsild ■
177666 Glyceria tenuifolia Boiss. et Reut. = Puccinellia tenuifolia (Boiss. et Reut.) H. Lindb. ■☆
177667 Glyceria thomsonii Stapf = Puccinellia thomsonii (Stapf) R. R. Stewart ■
177668 Glyceria tonglensis C. B. Clarke;卵花甜茅(通兰卵花甜茅);Ovateflower Mannagrass, Ovateflower Sweetgrass ■
177669 Glyceria tonglensis C. B. Clarke = Glyceria chinensis Keng ex Z. L. Wu ■
177670 Glyceria tonglensis C. B. Clarke var. ovatiflora (Keng ex P. C. Keng) P. C. Keng = Glyceria tonglensis C. B. Clarke ■
177671 Glyceria tonglensis C. B. Clarke var. ovatiflora (Keng) P. C. Keng = Glyceria tonglensis C. B. Clarke ■
177672 Glyceria triflora (Korsh.) Kom.;三花甜茅(东北甜茅,水甜茅);Northeaste Mannagrass ■
177673 Glyceria triflora (Korsh.) Kom. var. effusa (Kitag.) Z. L. Wu;散穗甜茅;Effuse Mannagrass ■
177674 Glyceria triflora (Korsh.) Kom. var. effusa (Kitag.) Z. L. Wu = Glyceria triflora (Korsh.) Kom. ■
177675 Glyceria turcomanica Kom. = Glyceria notata Chevall. ■
177676 Glyceria turcomanica Kom. = Glyceria plicata (Fr.) Fr. ■
177677 Glyceria ussuriensis Kom.;乌苏里甜茅■☆
177678 Glyceria ussuriensis Kom. = Glyceria leptolepis Ohwi ■
177679 Glyceria viridis Honda;绿甜茅■☆
177680 Glyceria viridis Honda = Torreyochloa viridis (Honda) Church ■☆
177681 Glyceriaceae Link = Gramineae Juss.(保留科名)■●
177682 Glyceriaceae Link = Poaceae Barnhart(保留科名)■●
177683 Glycicarpus Benth. et Hook. f. = Nothopegia Blume(保留属名) ●☆
177684 Glycideras DC. = Glycyderas Cass. ■☆
177685 Glycideras DC. = Psiadia Jacq. ●☆
177686 Glycideras lucida (Cass.) Cass. ex DC. = Psiadia lucida (Cass.) Drake ●☆
177687 Glycine L.(废弃属名) = Apios Fabr.(保留属名) + Wisteria Nutt.(保留属名) + Abrus Adans. + Rhynchosia Lour.(保留属名) + Amphicarpaea Elliott ex Nutt. + Pueraria DC. + Fagelia Neck. ex DC. ■☆
177688 Glycine L.(废弃属名) = Glycine Willd.(保留属名)■
177689 Glycine Willd.(1802)(保留属名);大豆属(黄豆属,秣石豆属,秣食豆属);Ground Nut, Soja, Sojabean, Soya, Soya-bean, Soybean ■
177690 Glycine abrus L. = Abrus precatorius L. ●■
177691 Glycine abyssinica Hochst. ex A. Rich. = Teramnus labialis (L. f.) Spreng. var. abyssinicus (Hochst. ex A. Rich.) Verdc. ■☆
177692 Glycine albidiflora De Wild. = Neonotonia wightii (Wight et Arn.) J. A. Lackey var. longicauda (Schweinf.) J. A. Lackey ■☆
177693 Glycine andongensis Welw. ex Baker = Teramnus uncinatus (L.) Sw. subsp. ringoetii (De Wild.) Verdc. ■☆
177694 Glycine angustifolia Jacq. = Rhynchosia angustifolia (Jacq.) DC. ●☆
177695 Glycine apios L. = Apios americana Medik. ●☆
177696 Glycine argentea Thunb. = Rhynchosia argentea (Thunb.) Harv. ■☆
177697 Glycine axilliflora Kotschy = Teramnus uncinatus (L.) Sw. subsp. axilliflorus (Kotschy) Verdc. ■☆
177698 Glycine bequaertii De Wild. = Pseudoeriosema andongense (Baker) Hauman ■☆
177699 Glycine biflora Schumach. et Thonn. = Macrotyloma biflorum (Schumach. et Thonn.) Hepper ■☆
177700 Glycine bituminosa L. = Bolusafra bituminosa (L.) Kuntze ■☆
177701 Glycine borianii (Schweinf.) Baker = Pseudoeriosema borianii (Schweinf.) Hauman ■☆
177702 Glycine bracteata L. = Amphicarpaea bracteata (L.) Fernald ■
177703 Glycine buettneri Harms = Teramnus buettneri (Harms) Baker f. ■☆
177704 Glycine capitata Heyne ex Roth = Rhynchosia capitata (Heyne

ex Roth) DC. ■☆
177705 Glycine caribaea Jacq. = Rhynchosia caribaea (Jacq.) DC. ■☆
177706 Glycine claessensii De Wild. = Neonotonia wightii (Wight et Arn.) J. A. Lackey var. longicauda (Schweinf.) J. A. Lackey ■☆
177707 Glycine clandestina J. C. Wendl.;澎湖大豆;Love Creeper, Penghu Soja, Penghu Soybean ■
177708 Glycine comosa L. = Amphicarpaea bracteata (L.) Fernald ■
177709 Glycine cordifolia Harms = Desmodium cordifolium (Harms) Schindl. ●☆
177710 Glycine cyanea De Wild. = Teramnus micans (Welw. ex Baker) Baker f. var. cyaneus (De Wild.) Hauman ■☆
177711 Glycine debilis Aiton = Teramnus labialis (L. f.) Spreng. ■
177712 Glycine dentata Schumach. et Thonn. = Pseudovigna argentea (Willd.) Verdc. ■☆
177713 Glycine digitata Harms = Ophrestia digitata (Harms) Verdc. ■☆
177714 Glycine dolichocarpa Tateishi et H. Ohashi;扁豆荚大豆■
177715 Glycine erecta Thunb. = Rhynchosia chrysoscias Benth. ex Harv. ■☆
177716 Glycine ferruginea Graham = Shuteria hirsuta Baker ■
177717 Glycine floribunda Willd. = Wisteria floribunda (Willd.) DC. ●■
177718 Glycine formosana Hosok. = Glycine max (L.) Merr. subsp. formosana (Hosok.) Tateishi et H. Ohashi ■
177719 Glycine formosana Hosok. = Glycine soja Siebold et Zucc. ■
177720 Glycine gilletii De Wild. = Teramnus uncinatus (L.) Sw. subsp. axilliflorus (Kotschy) Verdc. ■☆
177721 Glycine glandulosa Thunb. = Rhynchosia glandulosa (Thunb.) DC. ■☆
177722 Glycine gracilis Skvortsov;宽叶蔓豆(细茎大豆);Slender Soja, Slender Soybean ■
177723 Glycine gracilis Skvortsov = Glycine max (L.) Merr. ■
177724 Glycine hainanensis Merr. et F. P. Metcalf = Teyleria koordersii (Backer) Backer ■
177725 Glycine hedysaroides Willd. = Ophrestia hedysaroides (Willd.) Verdc. ■☆
177726 Glycine hispidata (Moench.) Maxim. = Glycine max (L.) Merr. ■
177727 Glycine holophylla (Baker f.) Taub. = Pseudoeriosema andongense (Baker) Hauman ■☆
177728 Glycine homblei De Wild. = Pseudoeriosema homblei (De Wild.) Hauman ■☆
177729 Glycine involucrata Wall. = Shuteria involucrata (Wall.) Wight et Arn. ■
177730 Glycine javanica L. = Neonotonia wightii (Wight et Arn.) J. A. Lackey ■
177731 Glycine javanica L. = Pueraria lobata (Willd.) Ohwi var. montana (Lour.) Maesen ●■
177732 Glycine javanica L. subsp. micrantha (Hochst. et A. Rich.) F. J. Herm. = Neonotonia wightii (Wight et Arn.) J. A. Lackey ■
177733 Glycine javanica L. subsp. pseudojavanica (Taub.) Hauman = Neonotonia wightii (Wight et Arn.) J. A. Lackey subsp. pseudojavanica (Taub.) J. A. Lackey ■☆
177734 Glycine javanica L. var. claessensii (De Wild.) Hauman = Neonotonia wightii (Wight et Arn.) J. A. Lackey var. longicauda (Schweinf.) J. A. Lackey ■☆
177735 Glycine javanica L. var. laurentii (De Wild.) Hauman = Neonotonia wightii (Wight et Arn.) J. A. Lackey subsp. pseudojavanica (Taub.) J. A. Lackey ■☆
177736 Glycine javanica L. var. longicauda (Schweinf.) Baker = Neonotonia wightii (Wight et Arn.) J. A. Lackey var. longicauda (Schweinf.) J. A. Lackey ■☆
177737 Glycine javanica L. var. moniliformis (Hochst. et A. Rich.) F. J. Herm. = Neonotonia wightii (Wight et Arn.) J. A. Lackey var. longicauda (Schweinf.) J. A. Lackey ■☆
177738 Glycine kisantuensis De Wild. = Galactia striata (Jacq.) Urb. var. villosa (Wight et Arn.) Verdc. ■☆
177739 Glycine koidzumii Ohwi;小泉氏大豆■☆
177740 Glycine koordersii Backer = Teyleria koordersii (Backer) Backer ■
177741 Glycine labialis L. f. = Teramnus labialis (L. f.) Spreng. ■
177742 Glycine lanceolifoliata De Wild. = Teramnus uncinatus (L.) Sw. subsp. ringoetii (De Wild.) Verdc. ■☆
177743 Glycine laurentii De Wild. = Neonotonia wightii (Wight et Arn.) J. A. Lackey subsp. pseudojavanica (Taub.) J. A. Lackey ■☆
177744 Glycine longicauda Schweinf. = Neonotonia wightii (Wight et Arn.) J. A. Lackey var. longicauda (Schweinf.) J. A. Lackey ■☆
177745 Glycine longipes Harms = Pseudoeriosema longipes (Harms) Hauman ●☆
177746 Glycine lyallii Benth. = Ophrestia lyallii (Benth.) Verdc. ■☆
177747 Glycine macrophylla Thonn.;大叶大豆■☆
177748 Glycine malacophylla Spreng. = Rhynchosia malacophylla (Spreng.) Bojer ■☆
177749 Glycine maranguensis Taub. = Macrotyloma maranguense (Taub.) Verdc. ■☆
177750 Glycine max (L.) Merr.;大豆(白豆,大菽,冬豆子,黑大豆,黑豆,黄大豆,黄豆,毛豆,菽,朩,乌豆,雄豆);Bean Curd, Japan Bean, Soja, Soja Bean, Soy Bean, Soya, Soya Bean, Soya-bean, Soybean, Tau Foo, Tofu, Tou-fou ■
177751 Glycine max (L.) Merr. subsp. formosana (Hosok.) Tateishi et H. Ohashi;台湾大豆■
177752 Glycine max (L.) Merr. subsp. soja (Siebold et Zucc.) H. Ohashi = Glycine soja Siebold et Zucc. ■
177753 Glycine max (L.) Merr. subsp. soja (Siebold et Zucc.) H. Ohashi var. okuharae H. Nakam. = Glycine soja Siebold et Zucc. ■
177754 Glycine mearnsii De Wild. = Neonotonia wightii (Wight et Arn.) J. A. Lackey var. mearnsii (De Wild.) J. A. Lackey ■☆
177755 Glycine micans Welw. ex Baker = Teramnus micans (Welw. ex Baker) Baker f. ■☆
177756 Glycine micrantha Hochst. ex A. Rich. = Neonotonia wightii (Wight et Arn.) J. A. Lackey var. longicauda (Schweinf.) J. A. Lackey ■☆
177757 Glycine mollis Hook. = Rhynchosia malacophylla (Spreng.) Bojer ■☆
177758 Glycine mollis Willd. = Cajanus scarabaeoides (L.) Thouars ●
177759 Glycine moniliformis Hochst. ex A. Rich. = Neonotonia wightii (Wight et Arn.) J. A. Lackey var. longicauda (Schweinf.) J. A. Lackey ■☆
177760 Glycine monoica L. = Amphicarpaea bracteata (L.) Fernald ■
177761 Glycine monophylla L. = Psoralea monophylla (L.) C. H. Stirt. ■☆
177762 Glycine pescaclrensis Hayata = Glycine clandestina J. C. Wendl. ■
177763 Glycine pescadrensis Hayata = Glycine tabacina (Labill.) Benth. ■

177764 Glycine petitiana (A. Rich.) Schweinf. = Neonotonia wightii (Wight et Arn.) J. A. Lackey var. petitiana (A. Rich.) J. A. Lackey ■☆
177765 Glycine pinnata Merr. = Ophrestia pinnata (Merr.) H. M. L. Forbes ●■
177766 Glycine pseudojavanica Taub. = Neonotonia wightii (Wight et Arn.) J. A. Lackey subsp. pseudojavanica (Taub.) J. A. Lackey ■☆
177767 Glycine radicosa (A. Rich.) Baker f. = Ophrestia radicosa (A. Rich.) Verdc. ■☆
177768 Glycine reducta De Wild. = Teramnus uncinatus (L.) Sw. subsp. axilliflorus (Kotschy) Verdc. ■☆
177769 Glycine repens Taub. = Teramnus repens (Taub.) Baker f. ■☆
177770 Glycine ringoetii De Wild. = Teramnus uncinatus (L.) Sw. subsp. ringoetii (De Wild.) Verdc. ■☆
177771 Glycine rooseveltii De Wild. = Neonotonia wightii (Wight et Arn.) J. A. Lackey subsp. pseudojavanica (Taub.) J. A. Lackey ■☆
177772 Glycine rufescens Willd. = Rhynchosia rufescens (Willd.) DC. ■
177773 Glycine schliebenii Harms = Ophrestia radicosa (A. Rich.) Verdc. var. schliebenii (Harms) Verdc. ■☆
177774 Glycine schliebenii Harms var. rufescens Hauman = Ophrestia radicosa (A. Rich.) Verdc. ■☆
177775 Glycine secunda Thunb. = Rhynchosia secunda (Thunb.) Eckl. et Zeyh. ■☆
177776 Glycine sinensis Sims = Wisteria sinensis (Sims) Sweet ●
177777 Glycine soja Siebold et Zucc.;野大豆(黄大豆,劳豆,料豆,零乌豆,鲁豆,鹿霍,落豆秧,马豆,马料豆,山黄豆,乌豆,乌苏里大豆,细黑豆,小落豆,小落豆秧,野黄豆,野料豆,野毛豆);Soybean,Ussuri Soja,Wild Soja,Wild Soybean ■
177778 Glycine soja Siebold et Zucc. = Glycine max (L.) Merr. ■
177779 Glycine soja Siebold et Zucc. f. angustifolia P. Y. Fu et Y. A. Chen;狭叶白花野大豆■
177780 Glycine soja Siebold et Zucc. f. linearifolia L. Z. Wang;线叶野大豆;Linearleaf Soja,Linearleaf Soybean ■
177781 Glycine soja Siebold et Zucc. var. albiflora P. Y. Fu et Y. A. Chen;白花野大豆;Whiteflower Wild Soja, Whiteflower Wild Soybean ■
177782 Glycine soja Siebold et Zucc. var. lanceolata Skvortsov;披针叶劳豆(狭叶野大豆)■
177783 Glycine soja Siebold et Zucc. var. lanceolata Skvortsov = Glycine soja Siebold et Zucc. f. angustifolia P. Y. Fu et Y. A. Chen ■
177784 Glycine soja Siebold et Zucc. var. ovata Skvortsov = Glycine soja Siebold et Zucc. ■
177785 Glycine sublobata Schumach. = Rhynchosia sublobata (Schumach.) Meikle ■☆
177786 Glycine sublobata Schumach. et Thonn. = Rhynchosia sublobata (Schumach.) Meikle ■☆
177787 Glycine subonensis Hayata = Teramnus labialis (L. f.) Spreng. ■
177788 Glycine subterranea L. = Vigna subterranea (L.) Verdc. ■☆
177789 Glycine tabacina (Labill.) Benth.;烟豆(绿豆参,澎湖大豆);Tobaco Soybean ■
177790 Glycine tabacina Benth. = Glycine clandestina J. C. Wendl. ■
177791 Glycine tenuiflora Klein ex Willd. = Galactia tenuiflora (Klein ex Willd.) Wight et Arn. ■
177792 Glycine tomentella Hayata;短绒野大豆(阔叶大豆);Shortfloss Soja,Short-tomentose Soybean ■
177793 Glycine tomentosa L. = Glycine tomentella Hayata ■
177794 Glycine totta Thunb. = Rhynchosia totta (Thunb.) DC. ■☆
177795 Glycine unifoliolata Baker f. = Ophrestia unifoliolata (Baker f.) Verdc. ■☆
177796 Glycine upembae Hauman = Ophrestia upembae (Hauman) Verdc. ■☆
177797 Glycine ussuriensis Regel et Maack = Glycine soja Siebold et Zucc. ■
177798 Glycine ussuriensis Regel et Maack var. brevifolia Kom. et Aliss. = Glycine soja Siebold et Zucc. ■
177799 Glycine vanderystii De Wild. = Eriosema vanderystii (De Wild.) Hauman ■☆
177800 Glycine vestita Graham = Shuteria involucrata (Wall.) Wight et Arn. var. glabrata (Wight et Arn.) Ohashi ■
177801 Glycine villosa Thunb. = Dunbaria villosa (Thunb.) Makino ■
177802 Glycine viscosa Roth = Rhynchosia viscosa (Roth) DC. ●■
177803 Glycine wightii (Wight et Arn.) Verdc. = Neonotonia wightii (Wight et Arn.) J. A. Lackey ■
177804 Glycine wightii (Wight et Arn.) Verdc. var. longicauda (Schweinf.) Verdc. = Neonotonia wightii (Wight et Arn.) J. A. Lackey ■
177805 Glycine wightii (Wight et Arn.) Verdc. var. mearnsii (De Wild.) Verdc. = Neonotonia wightii (Wight et Arn.) J. A. Lackey var. mearnsii (De Wild.) J. A. Lackey ■☆
177806 Glycine wightii (Wight et Arn.) Verdc. var. petitiana (A. Rich.) Verdc. = Neonotonia wightii (Wight et Arn.) J. A. Lackey var. petitiana (A. Rich.) J. A. Lackey ■☆
177807 Glycine wightii (Wight et Arn.) Verdc. var. pseudojavanica (Taub.) Verdc. = Neonotonia wightii (Wight et Arn.) J. A. Lackey subsp. pseudojavanica (Taub.) J. A. Lackey ■☆
177808 Glycinopsis (DC.) Kuntze = Periandra Mart. ex Benth. ■☆
177809 Glycinopsis Kuntze = Periandra Mart. ex Benth. ■☆
177810 Glyciphylla Raf. = Chiogenes Salisb. ●
177811 Glyciphylla Raf. = Gaultheria L. ●
177812 Glycocystis Chinnock = Eremophila R. Br. ●☆
177813 Glycorchis D. L. Jones et M. A. Clem. (2001);澳香兰属■☆
177814 Glycorchis D. L. Jones et M. A. Clem. = Caladenia R. Br. ■☆
177815 Glycosma Nutt. = Myrrhis Mill. ■☆
177816 Glycosma Nutt. ex Torr. et A. Gray = Myrrhis Mill. ■☆
177817 Glycosmis Corrêa(1805)(保留属名);山小橘属(酒饼叶属,山柑子叶属,山橘属);Glycosmis ●
177818 Glycosmis aglaioides R. H. Miao;米兰山小橘●
177819 Glycosmis arborea (Roxb.) DC.;乔木山小橘(山柑子,五叶山小橘);Five-leaved Glycosmis,Tree Glycosmis ●
177820 Glycosmis arborea (Roxb.) DC. = Glycosmis pentaphylla (Retz.) DC. ●
177821 Glycosmis citrifolia (Willd.) Lindl. = Glycosmis parviflora (Sims) Little ●
177822 Glycosmis cochinchinensis (Lour.) Pierre ex Engl.;山橘树(酒饼叶,乱桃,山桔树,山橘,石苓舅,越南山小橘);Cochinchina Glycosmis, Cochin-China Glycosmis, Field Glycosmis, Malay Glycosmis,Vietnamese Glycosmis ●
177823 Glycosmis cochinchinensis (Lour.) Pierre ex Engl. = Glycosmis parviflora (Sims) Little ●
177824 Glycosmis cochinchinensis Pierre ex Engl. = Glycosmis citrifolia (Willd.) Lindl. ●
177825 Glycosmis craibii Tanaka;毛山小橘;Craib Glycosmis, Hair Glycosmis ●
177826 Glycosmis craibii Tanaka var. glabra (Craib) Tanaka;光叶山小

橘;Glabrous Craib Glycosmis ●
177827 Glycosmis crenulata Turcz. = Murraya crenulata (Turcz.) Oliv. ●
177828 Glycosmis cyanocarpa Spreng.; 蓝果山小橘; Bluefruit Glycosmis ●☆
177829 Glycosmis cyanocarpa Spreng. f. longifolia Tanaka = Glycosmis longifolia (Oliv.) Tanaka ●
177830 Glycosmis cyanocarpa Spreng. var. simplicifolia Kurz = Glycosmis longifolia (Oliv.) Tanaka ●
177831 Glycosmis cymosa (Kurz) V. Naray. ex Tanaka = Glycosmis lucida Wall. ex C. C. Huang ●
177832 Glycosmis cymosa (Kurz) V. Naray. ex Tanaka var. simplicifolia (Kurz) V. Naray. = Glycosmis longifolia (Oliv.) Tanaka ●
177833 Glycosmis erythrocarpa (Hayata) Hayata;红果山小橘;Redfruit Glycosmis ●
177834 Glycosmis erythrocarpa (Hayata) Hayata = Glycosmis parviflora (Sims) Little ●
177835 Glycosmis esquirolii (H. Lév.) Tanaka;锈毛山小橘;Rusthair Glycosmis, Rusty Glycosmis, Rusty-coloured Glycosmis ●
177836 Glycosmis ferruginea (C. C. Huang) C. C. Huang = Glycosmis esquirolii (H. Lév.) Tanaka ●
177837 Glycosmis hainanensis C. C. Huang = Glycosmis montana Pierre ●
177838 Glycosmis longifolia (Oliv.) Tanaka; 长叶山小橘; Longleaf Glycosmis ●
177839 Glycosmis lucida Wall. ex C. C. Huang;亮叶山小橘;Brightleaf Glycosmis, Shinyleaf Glycosmis, Yunnan Glycosmis ●
177840 Glycosmis medogensis D. D. Tao = Glycosmis xizangensis (C. Y. Wu et H. Li) D. D. Tao ●
177841 Glycosmis montana Pierre;海南山小橘(光叶山小橘);Hainan Glycosmis, Montaneous Glycosmis ●
177842 Glycosmis motuoensis D. D. Tao; 墨脱山小橘; Medog Glycosmis, Motuo Glycosmis ●
177843 Glycosmis oligantha C. C. Huang; 少花山小橘; Fewflower Glycosmis, Poorflower Glycosmis ●
177844 Glycosmis oxyphylla Wall. = Glycosmis lucida Wall. ex C. C. Huang ●
177845 Glycosmis parviflora (Sims) Little;小花山小橘(饭汤木,假酒饼木,酒饼木,山橘,山橘子,山小橘,山油甘,山油柑,石苓舅,水禾木,小果,野沙柑); Cirtusleaf Glycosmis, Flower Axistree, Littleflower Glycosmis, Small-flowered Glycosmis ●
177846 Glycosmis pentaphylla (Retz.) DC.;山小橘(酒饼叶,五叶山小橘);Malay Glycosmis ●
177847 Glycosmis pentaphylla (Retz.) DC. = Glycosmis citrifolia (Willd.) Lindl. ●
177848 Glycosmis pentaphylla (Retz.) DC. subvar. longifolia Oliv. = Glycosmis longifolia (Oliv.) Tanaka ●
177849 Glycosmis pseudoracemosa (Guillaumin) Swingle;华山山小橘;China Glycosmis, Chinese Glycosmis, False-racemose Glycosmis ●
177850 Glycosmis puberula Lindl.;短毛山小橘●☆
177851 Glycosmis sinensis C. C. Huang; 中华山小橘; Chinese Glycosmis ●
177852 Glycosmis sinensis C. C. Huang = Glycosmis pseudoracemosa (Guillaumin) Swingle ●
177853 Glycosmis singuliflora Kurz var. glabra Craib = Glycosmis craibii Tanaka var. glabra (Craib) Tanaka ●
177854 Glycosmis tetraphylla Wall. = Glycosmis lucida Wall. ex C. C. Huang ●
177855 Glycosmis tonkinensis Tanaka ex Guillaumin = Glycosmis montana Pierre ●
177856 Glycosmis touranensis Guillaumin = Glycosmis cochinchinensis (Lour.) Pierre ex Engl. ●
177857 Glycosmis welwitschii Hiern = Vepris welwitschii (Hiern) Exell ●☆
177858 Glycosmis xizangensis (C. Y. Wu et H. Li) D. D. Tao;西藏割舌树;Tibet Walsura, Xizang Cuttonguetree, Xizang Walsura ●
177859 Glycosmis yunnanensis C. C. Huang;云南山小橘●
177860 Glycosmis yunnanensis C. C. Huang = Glycosmis lucida Wall. ex C. C. Huang ●
177861 Glycoxylon Ducke = Pradosia Liais ●☆
177862 Glycoxylum Capelier ex Tul. = Dicoryphe Thouars ●☆
177863 Glycycarpus Dalzell(废弃属名) = Nothopegia Blume(保留属名)●☆
177864 Glycydendron Ducke(1922);甜大戟属●☆
177865 Glycydendron amazonicum Ducke;亚马孙甜大戟●☆
177866 Glycyderas Cass. = Glyphia Cass. ●☆
177867 Glycyderas Cass. = Psiadia Jacq. ●☆
177868 Glycynodendron Pax et K. Hoffm. = Glycydendron Ducke ●☆
177869 Glycyphylla Spach = Chiogenes Salisb. ●
177870 Glycyphylla Spach = Gaultheria L. ●
177871 Glycyphylla Spach = Glyciphylla Raf. ●
177872 Glycyphylla Steven = Astragalus L. ●■
177873 Glycyrrhiza L. (1753);甘草属;Lickorice, Licorice, Liquorice ■
177874 Glycyrrhiza acanthocarpa (Lindl.) J. M. Black;多刺甘草■☆
177875 Glycyrrhiza alalensis X. Y. Li;阿拉尔甘草;Alal Licorice ■
177876 Glycyrrhiza alalensis X. Y. Li = Glycyrrhiza glabra L. ■
177877 Glycyrrhiza aspera Pall.;粗毛甘草;Rough Licorice ■
177878 Glycyrrhiza asperrima L. = Glycyrrhiza aspera Pall. ■
177879 Glycyrrhiza asperrima L. var. desertorum Regel = Glycyrrhiza uralensis Fisch. ex DC. ■
177880 Glycyrrhiza asperrima L. var. uralensis Regel = Glycyrrhiza uralensis Fisch. ex DC. ■
177881 Glycyrrhiza astragalina Gillies;直甘草(紫云英甘草)■☆
177882 Glycyrrhiza brachycarpa Boiss. = Glycyrrhiza glabra L. ■
177883 Glycyrrhiza bucharica Regel;布赫甘草■☆
177884 Glycyrrhiza costulata Hand.-Mazz. = Astragalus chinensis L. f. ■
177885 Glycyrrhiza echinata L.;刺毛甘草(甘草,皮刺甘草);Ecjinate Licorice ■☆
177886 Glycyrrhiza eglandulosa X. Y. Li; 无腺毛甘草; Glandless Licorice ■
177887 Glycyrrhiza erythrocarpa M. N. Abdull.;红萼甘草■☆
177888 Glycyrrhiza eurycarpa P. C. Li;黄甘草;Yellow Licorice ■
177889 Glycyrrhiza eurycarpa P. C. Li = Glycyrrhiza inflata Batalin ■
177890 Glycyrrhiza eurycarpa P. C. Li = Glycyrrhiza korshinskyi Grig. ■☆
177891 Glycyrrhiza flavescens Boiss.;浅黄甘草■☆
177892 Glycyrrhiza foetida Desf.;臭甘草■☆
177893 Glycyrrhiza glabra L.;光果甘草(棒草,汾草,粉草,粉甘草,甘草,国光,红甘草,灵通,蕗草,美草,蜜草,蜜甘,欧甘草,甜草,甜根子,无毛甘草,无毛山小橘,洋甘草); Common Licorice, Cultivated Licorice, Drops, Hairless Licorice, Licorice, Liquorice, Pontefract Root, Spanish Liquorice ■
177894 Glycyrrhiza glabra L. subsp. glandulifera (Waldst. et Kit.) Ponert = Glycyrrhiza glabra L. ■
177895 Glycyrrhiza glabra L. var. caduca X. Y. Li;落果甘草■
177896 Glycyrrhiza glabra L. var. caduca X. Y. Li = Glycyrrhiza glabra

L. ■
177897 Glycyrrhiza glabra L. var. glandulifera (Waldst. et Kit.) Regel et Herder;苏联甘草(甘草,西北甘草,腺点无毛甘草,腺点无毛山小橘,腺毛甘草);Common Licorice,Russian Liquorice ■
177898 Glycyrrhiza glabra L. var. glandulifera (Waldst. et Kit.) Regel et Herder = Glycyrrhiza glabra L. ■
177899 Glycyrrhiza glabra L. var. glandulifera Regel et Herder = Glycyrrhiza glabra L. ■
177900 Glycyrrhiza glabra L. var. glandulifera Regel et Herder = Glycyrrhiza glabra L. var. glandulifera (Waldst. et Kit.) Regel et Herder ■
177901 Glycyrrhiza glabra L. var. glandulosa X. Y. Li;蜜腺甘草(甘草);Glandulose Licorice ■
177902 Glycyrrhiza glabra L. var. glandulosa X. Y. Li = Glycyrrhiza glabra L. ■
177903 Glycyrrhiza glabra L. var. laxifoliolata X. Y. Li;疏小叶甘草;Laxifoliolate Licorice ■
177904 Glycyrrhiza glabra L. var. laxifoliolata X. Y. Li = Glycyrrhiza glabra L. ■
177905 Glycyrrhiza glabra L. var. typica Regel et Herder;欧亚甘草(巴勒斯坦甘草,欧甘草,西班牙甘草);Spanish Liquorice ■☆
177906 Glycyrrhiza glabra L. var. violacea (Boiss.) Boiss.;伊朗甘草(紫罗兰甘草);Purple ■
177907 Glycyrrhiza glabra L. var. violacea (Boiss.) Boiss. = Glycyrrhiza glabra L. ■
177908 Glycyrrhiza glabra L. var. violacea Boiss. = Glycyrrhiza glabra L. ■
177909 Glycyrrhiza glandulifera Ledeb. = Glycyrrhiza uralensis Fisch. ex DC. ■
177910 Glycyrrhiza glandulifera Waldst. et Kit. = Glycyrrhiza glabra L. var. glandulifera (Waldst. et Kit.) Regel et Herder ■
177911 Glycyrrhiza glandulifera Waldst. et Kit. = Glycyrrhiza glabra L. ■
177912 Glycyrrhiza glutinosa Nutt. = Glycyrrhiza lepidota (Nutt.) Pursh ■☆
177913 Glycyrrhiza gontscharovii Maslen;高氏甘草■☆
177914 Glycyrrhiza hediniana Harms ex Ostenf. et Paulsen = Glycyrrhiza inflata Batalin ■
177915 Glycyrrhiza inflata Batalin;胀果甘草(棒草,粉草,粉甘草,国光,红甘草,灵通,蕗草,美草,蜜草,蜜甘,甜草,甜根子);Bulgefruit Licorice,Inflate Licorice ■
177916 Glycyrrhiza korshinskyi Grig.;膜荚甘草(长序甘草,黄甘草,科氏甘草);Korshinsky Licorice ■☆
177917 Glycyrrhiza korshinskyi Grig. = Glycyrrhiza inflata Batalin ■
177918 Glycyrrhiza kulabensis Maslen;库拉波甘草■☆
177919 Glycyrrhiza laxiflora X. Y. Li et D. C. Feng;疏花甘草;Laxflower Licorice ■
177920 Glycyrrhiza laxiflora X. Y. Li et D. C. Feng = Glycyrrhiza aspera Pall. ■
177921 Glycyrrhiza laxissima Vassilcz. = Glycyrrhiza aspera Pall. ■
177922 Glycyrrhiza lepidota (Nutt.) Pursh;北美甘草(美国甘草);American Licorice,American Liquorice,Wild Licorice ■☆
177923 Glycyrrhiza lepidota Pursh = Glycyrrhiza lepidota (Nutt.) Pursh ■☆
177924 Glycyrrhiza lepidota Pursh var. glutinosa (Nutt.) S. Watson = Glycyrrhiza lepidota (Nutt.) Pursh ■☆
177925 Glycyrrhiza macedonica Boiss. et Orph.;瘦甘草■☆
177926 Glycyrrhiza macrophylla X. Y. Li;大叶甘草;Bigleaf Licorice,Largeleaf Licorice ■
177927 Glycyrrhiza macrophylla X. Y. Li = Glycyrrhiza aspera Pall. ■
177928 Glycyrrhiza malensis ?;马地甘草■☆
177929 Glycyrrhiza nutantiflora X. Y. Li;垂花甘草;Nutantflower Licorice ■
177930 Glycyrrhiza nutantiflora X. Y. Li = Glycyrrhiza aspera Pall. ■
177931 Glycyrrhiza pallida Boiss. = Glycyrrhiza glabra L. ■
177932 Glycyrrhiza pallidiflora Maxim.;刺果甘草(甘草,狗日花,马狼柴,奶椎,山大料,头序甘草);Pricklefruit Licorice ■
177933 Glycyrrhiza paucifoliolata Hance;少叶甘草;Poorleaf Licorice ■
177934 Glycyrrhiza paucifoliolata Hance = Glycyrrhiza inflata Batalin ■
177935 Glycyrrhiza prostata X. Y. Li = Glycyrrhiza aspera Pall. ■
177936 Glycyrrhiza prostata X. Y. Li et D. C. Feng = Glycyrrhiza aspera Pall. ■
177937 Glycyrrhiza prostrata X. Y. Li et D. C. Feng;平卧甘草;Creeping Licorice ■
177938 Glycyrrhiza prostrata X. Y. Li et D. C. Feng = Glycyrrhiza aspera Pall. ■
177939 Glycyrrhiza purpureiflora X. Y. Li;紫花甘草;Purpleflower Licorice ■
177940 Glycyrrhiza purpureiflora X. Y. Li = Glycyrrhiza aspera Pall. ■
177941 Glycyrrhiza saissanica Serg. = Glycyrrhiza zaissanica Serg. ■☆
177942 Glycyrrhiza shiheziensis X. Y. Li = Glycyrrhiza uralensis Fisch. ex DC. ■
177943 Glycyrrhiza shiheziensis X. Y. Li et D. C. Feng;石河子甘草;Shihezi Licorice ■
177944 Glycyrrhiza squamulosa Franch.;圆果甘草(马兰秆);Round Fruit Licorice,Roundfruit Licorice,Squamulose Licorice ■
177945 Glycyrrhiza triphylla Fisch. et C. A. Mey.;三叶甘草■☆
177946 Glycyrrhiza undulata Ruiz et Pav. ex G. Don;波状甘草■☆
177947 Glycyrrhiza uralensis Fisch. ex DC.;甘草(棒草,东北甘草,汾草,粉草,粉甘草,疙瘩草,国光,红甘草,灵草,灵通,蕗草,伦蜜珊瑚,美草,美丹,蜜草,蜜甘,甜草,甜草苗,甜根子,乌拉尔甘草,主人);Ural Licorice ■
177948 Glycyrrhiza violacea Boiss. = Glycyrrhiza glabra L. ■
177949 Glycyrrhiza yunnanensis H. S. Cheng et L. K. Dai = Glycyrrhiza yunnanensis H. S. Cheng et L. K. Tai ex P. C. Li ■
177950 Glycyrrhiza yunnanensis H. S. Cheng et L. K. Tai ex P. C. Li;云南甘草(刺球,甘草籽);Yunnan Licorice ■
177951 Glycyrrhiza zaissanica Serg.;斋桑甘草■☆
177952 Glycyrrhizopsis Boiss. = Glycyrrhiza L. ■
177953 Glycyrrhizopsis Boiss. = Glycyrrhizopsis Boiss. et Balansa ■☆
177954 Glycyrrhizopsis Boiss. et Balansa = Glycyrrhiza L. ■
177955 Glycyrrhizopsis Boiss. et Balansa(1856);类甘草属■☆
177956 Glycyrrhizopsis flavescens Boiss.;类甘草■☆
177957 Glycyrrhizopsis flavescens Boiss. = Glycyrrhiza flavescens Boiss. ■☆
177958 Glycyrrhizopsis syriaca Turrill;叙里亚类甘草■☆
177959 Glypha Lour. ex Endl. = Scaevola L.(保留属名)●■
177960 Glyphaea Hook. f.(1848);箭羽椴属●☆
177961 Glyphaea Hook. f. ex Planch. = Glyphaea Hook. f. ●☆
177962 Glyphaea brevis (Spreng.) Monach.;箭羽椴●☆
177963 Glyphaea grewioides Hook. f. = Glyphaea brevis (Spreng.) Monach. ●☆
177964 Glyphaea lateriflora (G. Don) Hutch. et Dalziel = Glyphaea brevis (Spreng.) Monach. ●☆
177965 Glyphaea monteiroi Hook. f. = Glyphaea brevis (Spreng.) Monach. ●☆

177966 Glyphaea tomentosa Mast.;毛箭羽椴●☆
177967 Glyphia Cass. = Glycyderas Cass. ■☆
177968 Glyphia Cass. = Psiadia Jacq. ●☆
177969 Glyphia lucida Cass. = Psiadia lucida (Cass.) Drake ●☆
177970 Glyphochloa Clayton(1981);塑草属■☆
177971 Glyphochloa acuminata (Hack.) Clayton;塑草■☆
177972 Glyphosperma S. Watson = Asphodelus L. ■☆
177973 Glyphospermum G. Don = Gentiana L. ■
177974 Glyphostylus Gagnep. (1925);箭柱大戟属☆
177975 Glyphostylus laoticus Gagnep.;箭柱大戟☆
177976 Glyptocarpa Hu = Camellia L. ●
177977 Glyptocarpa Hu = Pyrenaria Blume ●
177978 Glyptocarpa camellioides (Hu) Hu = Camellia yunnanensis (Pit. ex Diels) Cohen-Stuart var. camellioides (Hu) T. L. Ming ●
177979 Glyptocarpa camellioides (Hu) Hu = Camellia yunnanensis (Pit. ex Diels) Cohen-Stuart ●
177980 Glyptocarpa camellioides Hu = Camellia yunnanensis (Pit. ex Diels) Cohen-Stuart ●
177981 Glyptomenes Collins ex Raf. = Asimina Adans. ●☆
177982 Glyptopetalum Thwaites(1856);沟瓣木属(沟瓣花属,沟瓣属);Calvepetal,Glyptic-petal Bush,Glyptopetalum ●
177983 Glyptopetalum acutorhombifolium (Hayata) H. L. Li et Ding Hou = Euonymus tashiroi Maxim. ●
177984 Glyptopetalum acutorhombifolium (Hayata) Nakai = Euonymus acutorhombifolius Hayata ●
177985 Glyptopetalum aquifolium (Loes. et Rehder) C. Y. Cheng et Q. S. Ma;冬青沟瓣木(刺叶卫矛,冬青沟瓣,尖刺卫矛,尖叶卫矛);Acute-leaved Spindle-tree,Hollyleaf Euonymus,Spineleaf Calvepetal ●
177986 Glyptopetalum calyptratum Pierre;盖果沟瓣木(盖果沟瓣);Calyptrate Glyptic-petal Bush ●☆
177987 Glyptopetalum chaudocense Pierre;朱笃沟瓣木(朱笃沟瓣);Chaudoc Glyptic-petal Bush ●☆
177988 Glyptopetalum continentale (Chun et F. C. How) C. Y. Cheng et Q. S. Ma;大陆沟瓣木(大陆长柄卫矛,大陆沟瓣);Continent Calvepetal, Continent Long-pedicellate Spindle-tree, Continental Glyptopetalum ●
177989 Glyptopetalum feddei (H. Lév.) Ding Hou;罗甸沟瓣木(贵州沟瓣,贵州沟瓣木,罗甸沟瓣);Fedde Calvepetal,Fedde Glyptic-petal Bush,Fedde Glyptopetalum,Luodian Glyptic-petal Bush ●◇
177990 Glyptopetalum fengii (Chun et F. C. How) Ding Hou;海南沟瓣(海南沟瓣木);Feng Glyptopetalum, Feng Spindle-tree, Hainan Calvepetal,Hainan Glyptic-petal Bush,Hainan Glyptopetalum ●
177991 Glyptopetalum geloniifolium (Chun et F. C. How) C. Y. Cheng;白树沟瓣(白树沟瓣木);Gelonium-leaved Glyptic-petal Bush, Gelonium-leaved Glyptopetalum,Whitetree Calvepetal ●
177992 Glyptopetalum geloniifolium (Chun et F. C. How) C. Y. Cheng var. robustum (Chun et F. C. How) C. Y. Cheng;大叶白树沟瓣木(大叶白树沟瓣);Robust Gelonium-leaved Glyptic-petal Bush ●
177993 Glyptopetalum gracilipes Pierre;细柄沟瓣木(细柄沟瓣);Slender-stalk Glyptic-petal Bush ●☆
177994 Glyptopetalum harmandianum Pierre;哈曼德沟瓣木(哈曼德沟瓣);Harmand Glyptic-petal Bush ●☆
177995 Glyptopetalum ilicifolium (Franch.) C. Y. Cheng et Q. S. Ma;枸骨沟瓣木(刺叶沟瓣,刺叶卫矛,枸骨沟瓣,枸骨卫矛,枸骨叶卫矛);Hollyleaf Calvepetal, Hollyleaf Glyptopetalum, Holly-leaved Euonymus, Holly-leaved Glyptopetalum, Ilex-leaved Spindle-tree, Spinyleaf Euonymus ●◇
177996 Glyptopetalum ilieifolium (Franch.) C. Y. Cheng = Glyptopetalum ilicifolium (Franch.) C. Y. Cheng et Q. S. Ma ●◇
177997 Glyptopetalum longepedunculatum Tardieu;细梗沟瓣木(细梗沟瓣);Longpeduncle Calvepetal ●
177998 Glyptopetalum longipedicellatum (Merr. et Chun) C. Y. Cheng;长梗沟瓣木(长柄卫矛,长梗沟瓣);Longpedicel Calvepetal,Long-pedicellate Glyptopetalum,Long-pedicellate Spindle-tree ●
177999 Glyptopetalum matsudae (Hayata) Nakai = Euonymus tashiroi Maxim. ●
178000 Glyptopetalum occultonervatum R. H. Miao = Glyptopetalum geloniifolium (Chun et F. C. How) C. Y. Cheng ●
178001 Glyptopetalum rhytidophyllum (Chun et F. C. How) C. Y. Cheng;皱叶沟瓣木(皱叶沟瓣);Crink-leaved Glyptopetalum, Wrinkleleaf Calvepetal, Wrinkly-leaf Glyptopetalum, Wrinkly-leaved Glyptic-petal Bush ●
178002 Glyptopetalum rhytidophyllum (Chun et F. C. How) C. Y. Cheng var. gracilipes C. Y. Cheng;长梗皱叶沟瓣木;Longpeduncle Wrinkly-leaf Glyptopetalum ●
178003 Glyptopetalum rhytidophyllum (Chun et F. C. How) C. Y. Cheng var. gracilipes C. Y. Cheng = Glyptopetalum longepedunculatum Tardieu ●
178004 Glyptopetalum sclerocarpum (Kurz) M. A. Lawson;硬果沟瓣木(实果沟瓣花,硬果沟瓣);Hardfruit Calvepetal, Hardfruit Glyptopetalum, Sclero-fruited Glyptic-petal Bush, Sclero-fruited Glyptopetalum ●
178005 Glyptopetalum stixifolium Pierre;刺孔叶沟瓣●☆
178006 Glyptopetalum thorelii Pit.;托雷尔沟瓣●☆
178007 Glyptopetalum tonkinense Pit.;东京沟瓣●☆
178008 Glyptopetalum zeylanicum Thwaites;锡兰沟瓣●☆
178009 Glyptopleura D. C. Eaton(1871);割脉苣属■☆
178010 Glyptopleura marginata D. C. Eaton;白边割脉苣;Carveseed, White-margined Wax-plant ■☆
178011 Glyptopleura marginata D. C. Eaton var. setulosa (A. Gray) Jeps. = Glyptopleura setulosa A. Gray ■☆
178012 Glyptopleura setulosa A. Gray;割脉苣;Holly-dandelion,Keyesia ■☆
178013 Glyptospermae Vent. = Annonaceae Juss.(保留科名)●
178014 Glyptostrobus Endl. (1847);水松属;China Cypress, Chinese Deciduous Cypress,Waterpine ●★
178015 Glyptostrobus aquaticus (Antoine) R. Parker = Glyptostrobus pensilis (Staunton ex D. Don) K. Koch ●◇
178016 Glyptostrobus lineatus (Poir.) Druce = Glyptostrobus pensilis (Staunton ex D. Don) K. Koch ●◇
178017 Glyptostrobus lineatus (Poir.) Druce = Taxodium ascendens Brongn. 'Nutans' ●
178018 Glyptostrobus lineatus (Poir.) Druce = Taxodium distichum (L.) Rich. var. imbricatum (Nutt.) Croom ●
178019 Glyptostrobus pensilis (Staunton ex D. Don) K. Koch;水松(广东杉,孔雀松,泪杉,水绵,水棉,水石松,水松柏,卧子松);Canton Water Pine, China Cypress, Chinese Cypress, Chinese Deciduous Cypress, Chinese Swamp Cypress, Chinese Water Pine, Cypress, Waterpine ●◇
178020 Glyptostrobus pensilis (Staunton) K. Koch = Glyptostrobus pensilis (Staunton ex D. Don) K. Koch ●◇
178021 Glyptostrobus pensilis K. Koch = Glyptostrobus pensilis (Staunton ex D. Don) K. Koch ●◇
178022 Glyptostrobus sinensis A. Henry ex Loder = Glyptostrobus

pensilis (Staunton ex D. Don) K. Koch ●◇

178023 Glyscosmis D. Dietr. = Glycosmis Corrêa(保留属名)●

178024 Gmelina L. (1753);石梓属(苦梓属);Bushbeech, Bushbeech, Gmelina, Grey Teak ●

178025 Gmelina arborea Roxb.;云南石梓(滇石梓,酸树);Gamar, Gumari, Gumhar, Malay Bushbeech, Malay Bush-beech, Yemtani ●◇

178026 Gmelina asiatica L.;亚洲石梓(假石榴,蛇头花);Asia Bushbeech, Asian Bushbeech, Asiatic Bush-beech ●

178027 Gmelina asiatica L. var. typica Lam et Bakh. = Gmelina asiatica L. ●

178028 Gmelina chinensis Benth.;石梓;China Bushbeech, Chinese Bushbeech, Chinese Bush-beech ●

178029 Gmelina delavayana Dop;小叶石梓;Delavay Bushbeech, Delavay Bush-beech, Littleleaf Bushbeech ●

178030 Gmelina finlaysoniana Wall. = Gmelina philippensis Cham. ●

178031 Gmelina hainanensis Oliv.;苦梓(海南石梓);Hainan Bushbeech, Hainan Bush-beech ●◇

178032 Gmelina hystrix Kurz = Gmelina philippensis Cham. ●

178033 Gmelina hystrix Schult. ex Kurz = Gmelina philippensis Cham. ●

178034 Gmelina indica Burm. f. = Flacourtia indica (Burm. f.) Merr. ●

178035 Gmelina lecomtei Dop;越南石梓(葫芦树);Lecomte Bushbeech, Lecomte Bush-beech, Vietnam Bushbeech ●

178036 Gmelina leichhardtii (F. Muell.) Benth.;澳洲石梓;White Beech ●☆

178037 Gmelina montana W. W. Sm. = Gmelina delavayana Dop ●

178038 Gmelina philippensis Cham. = Gmelina philippinensis Cham. ●

178039 Gmelina philippinensis Cham.;菲律宾石梓;Philippine Bushbeech ●

178040 Gmelina rheedii Hook. = Gmelina arborea Roxb. ●◇

178041 Gmelina speciosissima D. Don = Wightia speciosissima (D. Don) Merr. ●

178042 Gmelina szechuenensis K. Yao;四川石梓;Sichuan Bushbeech, Sichuan Bush-beech ●

178043 Gmelina uniflora Stapf;单花石梓●☆

178044 Gmelina villosa Roxb.;马来石梓●☆

178045 Gmelinia speciosissima D. Don = Wightia speciosissima (D. Don) Merr. ●

178046 Gnafalium Raf. = Gnaphalium L. ■

178047 Gnaphaliaceae F. Rudolphi = Asteraceae Bercht. et J. Presl(保留科名)●■

178048 Gnaphaliaceae F. Rudolphi = Compositae Giseke(保留科名)●■

178049 Gnaphaliaceae Link ex F. Rudolphi = Asteraceae Bercht. et J. Presl(保留科名)●■

178050 Gnaphaliaceae Link ex F. Rudolphi = Compositae Giseke(保留科名)●■

178051 Gnaphalion St. -Lag. = Gnafalium Raf. ■

178052 Gnaphaliothamnus Kirp. (1950);鼠麴木属●☆

178053 Gnaphaliothamnus rhodanthus (Sch. Bip.) Kirp.;粉花鼠麴木●☆

178054 Gnaphaliothamnus salicifolium (Bertol.) Anderb.;柳叶鼠麴木●☆

178055 Gnaphalium Adans. = Otanthus Hoffmanns. et Link ■☆

178056 Gnaphalium L. (1753);鼠麴草属;Cudweed, Everlasting ■

178057 Gnaphalium L. = Leontopodium (Pers.) R. Br. ex Cass. ●■

178058 Gnaphalium abyssinicum Sch. Bip. = Helichrysum splendidum (Thunb.) Less. ●☆

178059 Gnaphalium achilleoides Lam. = Gnaphalium declinatum L. f. ■☆

178060 Gnaphalium acilepis DC. = Gnaphalium vestitum Thunb. ■☆

178061 Gnaphalium adnatum (Wall. ex DC.) Kitam.;宽叶鼠麴草(白头翁,地膏药,红面番,贴生鼠麴草,贴生香青,兔耳风,雾水草,岩白菜);Broadleaf Cudweed ■

178062 Gnaphalium affine D. Don;鼠麴草(白芒草,白猫耳,白头草,菠菠菜,地莲,凤尾草,佛耳草,孩儿草,花佛草,黄蒿,黄花白艾,黄花果,黄花曲草,黄花仔草,黄花子草,金佛草,酒曲绒,宽紧菜,宽紧草,猫耳朵,猫耳朵草,猫脚药草,毛耳朵,毛毛头草,毛女儿菜,毛毡草,米曲,绵絮头草,棉菜,棉花菜,棉茧头,棉絮头草,糯米饭青,粑菜,蚍蜉酒草,清明菜,清明蒿,清明香,绒毛草,茸母,茸母草,暑菊,黍曲草,鼠耳,鼠耳草,鼠密艾,鼠曲,鼠曲棉,鼠直,水蒿,水菊,水曲,水蚁草,丝棉草,田艾,土白头翁,土茵陈,无心草,香茅,羊耳朵草,一面青,追骨风);Cudweed ■

178063 Gnaphalium affine D. Don = Gnaphalium luteoalbum L. subsp. affine (D. Don) Kosterm. ■

178064 Gnaphalium affine D. Don = Pseudognaphalium affine (D. Don) Anderb. ■

178065 Gnaphalium affine D. Don = Pseudognaphalium luteoalbum (L.) Hilliard et B. L. Burtt subsp. affine (D. Don) Hilliard et B. L. Burtt ■☆

178066 Gnaphalium afghanicum Rech. f. = Gnaphalium stewartii C. B. Clarke ex Hook. f. ■

178067 Gnaphalium albidum I. M. Johnst. = Pseudognaphalium microcephalum (Nutt.) Anderb. ■☆

178068 Gnaphalium amoyense Hance = Gnaphalium hypoleucum DC. var. amoyense (Hance) Hand. -Mazz. ■

178069 Gnaphalium amplum Kuntze = Helichrysum platypterum DC. ●☆

178070 Gnaphalium andersonii (C. B. Clarke) Franch. = Leontopodium andersonii C. B. Clarke ■

178071 Gnaphalium angustifolium A. Nelson = Gnaphalium exilifolium A. Nelson ■☆

178072 Gnaphalium antillanum Urb. = Gamochaeta antillana (Urb.) Anderb. ■☆

178073 Gnaphalium araneosum S. Moore = Lasiopogon glomerulatus (Harv.) Hilliard ■☆

178074 Gnaphalium arborescens L. = Anaxeton arborescens (L.) Less. ●☆

178075 Gnaphalium arboreum L. = Anaxeton arborescens (L.) Less. ●☆

178076 Gnaphalium arbusculum Beauverd = Leontopodium sinense Hemsl. ex Forbes et Hemsl. ■

178077 Gnaphalium arenarium L. = Helichrysum arenarium (L.) Moench ●■

178078 Gnaphalium argyrosphaerum (DC.) Sch. Bip. = Helichrysum argyrosphaerum DC. ●☆

178079 Gnaphalium arizonicum A. Gray = Pseudognaphalium arizonicum (A. Gray) Anderb. ■☆

178080 Gnaphalium artemisiifolium H. Lév. = Leontopodium artemisiifolium (H. Lév.) Beauverd ■

178081 Gnaphalium arvense (L.) Scop. = Filago arvensis L. ■

178082 Gnaphalium arvense Willd. = Filago arvensis L. ■

178083 Gnaphalium asperum Thunb. = Anaxeton asperum (Thunb.) DC. ●☆

178084 Gnaphalium athrixiifolium Kuntze = Helichrysum athrixiifolium (Kuntze) Moeser ●☆

178085 Gnaphalium aureonitens (Sch. Bip.) Sch. Bip. = Helichrysum

aureonitens Sch. Bip. ●☆
178086 Gnaphalium aureum Gilib. = Helichrysum arenarium (L.) Moench ●■
178087 Gnaphalium aureum Houtt. = Helichrysum aureum (Houtt.) Merr. ●☆
178088 Gnaphalium auriculatum A. Rich. = Pseudognaphalium richardianum (Cufod.) Hilliard et B. L. Burtt ■☆
178089 Gnaphalium austroafricanum Hilliard;南非鼠麴草■☆
178090 Gnaphalium baicalense Kirp. et Kuprian. ex Kirp.;贝加尔鼠麴草(湿鼠麴草);Baikal Cudweed,Swamp Cudweed ■
178091 Gnaphalium baicalense Kirp. et Kuprian. ex Kirp. = Gnaphalium uliginosum L. ■☆
178092 Gnaphalium beneolens Davidson = Pseudognaphalium beneolens (Davidson) Anderb. ■☆
178093 Gnaphalium berlandieri DC.;伯兰鼠麴草■☆
178094 Gnaphalium bicolor Bioletti = Pseudognaphalium biolettii Anderb. ■☆
178095 Gnaphalium bicolor Franch. = Anaphalis bicolor (Franch.) Diels ■
178096 Gnaphalium bodinieri (Finch.) Franch. = Anaphalis hancockii Maxim. ■
178097 Gnaphalium brevifolium Lam. = Metalasia brevifolia (Lam.) Levyns ●☆
178098 Gnaphalium busuum Buch.-Ham. = Anaphalis busua (Ham.) DC. ■
178099 Gnaphalium busuum Buch.-Ham. ex D. Don = Anaphalis busua (Buch.-Ham. ex D. Don) DC. ■
178100 Gnaphalium californicum DC. = Pseudognaphalium californicum (DC.) Anderb. ■☆
178101 Gnaphalium calviceps Fernald;直茎鼠麴草;Erect Cudweed ■
178102 Gnaphalium calviceps Fernald = Gamochaeta calviceps (Fernald) Cabrera ■
178103 Gnaphalium candidissimum Lam. = Vellereophyton dealbatum (Thunb.) Hilliard et B. L. Burtt ■☆
178104 Gnaphalium candolleanum (H. Buek) Sch. Bip. = Helichrysum candolleanum H. Buek ●☆
178105 Gnaphalium canescens DC. = Pseudognaphalium canescens (DC.) Anderb. ■☆
178106 Gnaphalium canescens DC. subsp. beneolens (Davidson) Stebbins et D. J. Keil = Pseudognaphalium beneolens (Davidson) Anderb. ■☆
178107 Gnaphalium canescens DC. subsp. microcephalum (Nutt.) Stebbins et D. J. Keil = Pseudognaphalium microcephalum (Nutt.) Anderb. ■☆
178108 Gnaphalium canescens DC. subsp. thermale (E. E. Nelson) Stebbins et D. J. Keil = Pseudognaphalium thermale (E. E. Nelson) G. L. Nesom ■☆
178109 Gnaphalium capense Hilliard;好望角鼠麴草■☆
178110 Gnaphalium capillaceum Thunb. = Troglophyton capillaceum (Thunb.) Hilliard et B. L. Burtt ■☆
178111 Gnaphalium capitatum Lam. = Metalasia capitata (Lam.) Less. ●☆
178112 Gnaphalium capitellatum Thunb. = Helichrysum helianthemifolium (L.) D. Don ●☆
178113 Gnaphalium carroense Schrank = Vellereophyton dealbatum (Thunb.) Hilliard et B. L. Burtt ■☆
178114 Gnaphalium caucasicum Leskov ex Grossh.;高加索鼠麴草■☆
178115 Gnaphalium cauliflorum Desf. = Ifloga spicata (Forssk.) Sch. Bip. ■☆
178116 Gnaphalium cephalotes Thunb. = Metalasia cephalotes (Thunb.) Less. ●☆
178117 Gnaphalium cerastioides (DC.) Sch. Bip. = Helichrysum cerastioides DC. ●☆
178118 Gnaphalium chanetii H. Lév. = Anaphalis sinica Hance var. remota Y. Ling ■
178119 Gnaphalium chilense Hook. et Arn.;智利鼠麴草;Cotton Batting Plant,Cottonbatting Cudweed ■☆
178120 Gnaphalium chilense Spreng. = Pseudognaphalium stramineum (Kunth) Anderb. ■☆
178121 Gnaphalium chilense Spreng. var. confertifolium Greene = Pseudognaphalium stramineum (Kunth) Anderb. ■☆
178122 Gnaphalium chinense Gand. = Gnaphalium pensylvanicum Willd. ■
178123 Gnaphalium chionosphaerum (DC.) Sch. Bip. = Helichrysum chionosphaerum DC. ●☆
178124 Gnaphalium chrysanthum Y. S. Chen;金花鼠麴草■
178125 Gnaphalium chrysocephalum Franch.;金头鼠麴草;Goldhead Cudweed ■
178126 Gnaphalium chrysocephalum Franch. = Gnaphalium chrysanthum Y. S. Chen ■
178127 Gnaphalium chrysocephalum Sch. Bip. = Helichrysum forskahlii (J. F. Gmel.) Hilliard et B. L. Burtt ●☆
178128 Gnaphalium cinnamomeum Wall. = Anaphalis margaritacea (L.) Benth. et Hook. f. var. cinnamomea (DC.) Herder ex Maxim. ■
178129 Gnaphalium cinnamomeum Wall. = Anaphalis margaritacea (L.) Benth. et Hook. f. ■
178130 Gnaphalium citrispinum (Delile) Schweinf. et Asch. = Helichrysum citrispinum Delile ●☆
178131 Gnaphalium coarctatum Willd. = Gamochaeta coarctata (Willd.) Kerguélen ■
178132 Gnaphalium cochleariforme L. f.;螺状鼠麴草■☆
178133 Gnaphalium confertum Benth. = Gnaphalium hypoleucum DC. ■
178134 Gnaphalium confine Harv.;邻近鼠麴草■☆
178135 Gnaphalium confusum DC. = Gnaphalium affine D. Don ■
178136 Gnaphalium contortum (D. Don) Buch.-Ham. = Anaphalis contorta (D. Don) Hook. f. ■
178137 Gnaphalium contortum Ham. = Anaphalis contorta (D. Don) Hook. f. ■
178138 Gnaphalium coronatum L. = Petalacte coronata (L.) D. Don ●☆
178139 Gnaphalium corymbosum Bureau et Franch. = Anaphalis nepalensis (Spreng.) Hand.-Mazz. var. corymbosa (Franch.) Hand.-Mazz. ■
178140 Gnaphalium corymbosum Bureau et Franch. = Anaphalis nepalensis var. corymbosa (Bureau et Franch.) Hand.-Mazz. ■
178141 Gnaphalium crispatulum Delile;皱波鼠麴草■☆
178142 Gnaphalium crispum L. = Helichrysum crispum (L.) D. Don ■☆
178143 Gnaphalium cuneifolium Wall. = Anaphalis nepalensis (Spreng.) Hand.-Mazz. ■
178144 Gnaphalium cylindriflorum L. = Helichrysum cylindriflorum (L.) Hilliard et B. L. Burtt ●☆
178145 Gnaphalium cymosum L. = Helichrysum cymosum (L.) D. Don ●☆

178146 Gnaphalium cynoglossoides Trev. = Anaphalis triplinervis (Sims) Sims ex C. B. Clarke ■
178147 Gnaphalium dasyanthum Willd. = Helichrysum dasyanthum (Willd.) Sweet ●☆
178148 Gnaphalium dealbatum Thunb. = Vellereophyton dealbatum (Thunb.) Hilliard et B. L. Burtt ■☆
178149 Gnaphalium dealbatum Thunb. var. luteofuscum (Webb) Lobin = Pseudognaphalium luteoalbum (L.) Hilliard et B. L. Burtt ■☆
178150 Gnaphalium debile Thunb. = Lasiopogon debilis (Thunb.) Hilliard ■☆
178151 Gnaphalium declinatum L. f.;外折鼠麴草■☆
178152 Gnaphalium decorum (DC.) Rochet = Helichrysum decorum DC. ■☆
178153 Gnaphalium decorum (DC.) Sch. Bip. = Helichrysum decorum DC. ■☆
178154 Gnaphalium decumbens Thunb. = Trichogyne decumbens (Thunb.) Less. ■☆
178155 Gnaphalium decurrens Buch. -Ham.;北美鼠麴草;Clammy Everlasting ■☆
178156 Gnaphalium decurrens Buch. -Ham. var. californicum ?;加州鼠麴草;Californian Everlasting ■☆
178157 Gnaphalium decurrens Ives = Gnaphalium macounii Greene ■☆
178158 Gnaphalium decurrens Ives = Pseudognaphalium macounii (Greene) Kartesz ■☆
178159 Gnaphalium decurrens Ives var. californicum (DC.) A. Gray = Pseudognaphalium californicum (DC.) Anderb. ■☆
178160 Gnaphalium dedekensii Bureau et Franch. = Leontopodium dedekensii (Bureau et Franch.) Beauverd ■
178161 Gnaphalium delavayi Franch. = Anaphalis delavayi (Franch.) Diels ■
178162 Gnaphalium densum Lam. = Metalasia densa (Lam.) P. O. Karis ●☆
178163 Gnaphalium dentatum L. = Pentzia dentata (L.) Kuntze ■☆
178164 Gnaphalium dimorphum Nutt. = Antennaria dimorpha (Nutt.) Torr. et A. Gray ■☆
178165 Gnaphalium dioicum L. = Antennaria dioica (L.) Gaertn. ■
178166 Gnaphalium distans Schrank = Metalasia distans (Schrank) DC. ●☆
178167 Gnaphalium divergens Thunb. = Metalasia divergens (Thunb.) D. Don ●☆
178168 Gnaphalium dodii Levyns = Plecostachys polifolia (Thunb.) Hilliard et B. L. Burtt ■☆
178169 Gnaphalium domingense Lam.;多明各鼠麴草■☆
178170 Gnaphalium dominici-saccardoi Fiori = Helichrysum globosum A. Rich. ■☆
178171 Gnaphalium drakensbergense Markötter = Gnaphalium confine Harv. ■☆
178172 Gnaphalium elichrysum Pall. = Helichrysum arenarium (L.) Moench ●■
178173 Gnaphalium englerianum (O. Hoffm.) Hilliard et B. L. Burtt;恩格勒鼠麴草■☆
178174 Gnaphalium esquirolii H. Lév. = Gnaphalium adnatum (Wall. ex DC.) Kitam. ■
178175 Gnaphalium excisum Thunb. = Helichrysum excisum (Thunb.) Less. ●☆
178176 Gnaphalium exilifolium A. Nelson;纤弱鼠麴草;Slender Cudweed ■☆
178177 Gnaphalium eximium L. = Syncarpha eximia (L.) B. Nord. ■☆
178178 Gnaphalium expansum Thunb. = Helichrysum indicum (L.) Grierson ■☆
178179 Gnaphalium fastigiatum Thunb. = Metalasia fastigiata (Thunb.) D. Don ●☆
178180 Gnaphalium filaginoides Hook. et Arn.;拟絮菊鼠麴草■☆
178181 Gnaphalium filagopsis Hilliard et B. L. Burtt;絮菊鼠麴草■☆
178182 Gnaphalium flavescens Kitam.;拉萨鼠麴草;Lasa Cudweed ■
178183 Gnaphalium floridum Poir. = Anaxeton arborescens (L.) Less. ●☆
178184 Gnaphalium foetidum L. = Helichrysum foetidum (L.) Moench ■☆
178185 Gnaphalium formosanum Hayata = Gnaphalium adnatum (Wall. ex DC.) Kitam. ■
178186 Gnaphalium forskahlii J. F. Gmel. = Helichrysum forskahlii (J. F. Gmel.) Hilliard et B. L. Burtt ●☆
178187 Gnaphalium fruticans L. = Helichrysum fruticans (L.) D. Don ●☆
178188 Gnaphalium fruticosum Forssk. = Helichrysum forskahlii (J. F. Gmel.) Hilliard et B. L. Burtt ●☆
178189 Gnaphalium fulgidum (L. f.) Zucc. = Helichrysum aureum (Houtt.) Merr. ●☆
178190 Gnaphalium fuscatum Pers. = Gnaphalium norvegicum Gunnerus ■
178191 Gnaphalium fuscum Lam. = Gnaphalium norvegicum Gunnerus ■
178192 Gnaphalium fuscum Scop. = Gnaphalium supinum L. ■
178193 Gnaphalium futtereri Diels = Leontopodium dedekensii (Bureau et Franch.) Beauverd ■
178194 Gnaphalium globosum Sch. Bip. = Helichrysum globosum A. Rich. ■☆
178195 Gnaphalium globosum Sch. Bip. var. rhodochlamys (Vatke) Moeser = Helichrysum globosum A. Rich. ■☆
178196 Gnaphalium glomeratum L. = Helichrysum tinctum (Thunb.) Hilliard et B. L. Burtt ●☆
178197 Gnaphalium glomerulatum Harv. = Lasiopogon glomerulatus (Harv.) Hilliard ■☆
178198 Gnaphalium glumaceum (DC.) Sch. Bip. = Helichrysum glumaceum DC. ■☆
178199 Gnaphalium gnaphalodes (DC.) Hilliard et B. L. Burtt;普通鼠麴草■☆
178200 Gnaphalium gossypinum Nutt. = Pseudognaphalium stramineum (Kunth) Anderb. ■☆
178201 Gnaphalium grandiflorum L. = Helichrysum grandiflorum (L.) D. Don ■☆
178202 Gnaphalium graveolens Henning = Helichrysum arenarium (L.) Moench ●■
178203 Gnaphalium griquense Hilliard et B. L. Burtt;格里夸鼠麴草■☆
178204 Gnaphalium gymnocephalum DC. = Euchiton gymnocephalus (DC.) Holub ■☆
178205 Gnaphalium helianthemifolium L. = Helichrysum helianthemifolium (L.) D. Don ●☆
178206 Gnaphalium helichrysoides Ball = Aliella ballii (Klatt) Greuter ■☆
178207 Gnaphalium helichrysoides Ball var. microphyllum Maire = Aliella ballii (Klatt) Greuter ■☆
178208 Gnaphalium helichrysoides Ball var. platyphyllum Maire = Aliella platyphylla (Maire) Qaiser et Lack ■☆

178209 Gnaphalium helleri Britton = Pseudognaphalium helleri (Britton) Anderb. ■☆

178210 Gnaphalium helleri Britton var. micradenium (Weath.) Mahler = Pseudognaphalium micradenium (Weath.) G. L. Nesom ■☆

178211 Gnaphalium heteroides Klatt = Gnaphalium palustre Nutt. ■☆

178212 Gnaphalium hirsutum Thunb. = Anaxeton hirsutum (Thunb.) Less. ●☆

178213 Gnaphalium hispidum L. f. = Elytropappus hispidus (L. f.) Druce ●☆

178214 Gnaphalium hochstetteri (Sch. Bip. ex A. Rich.) Sch. Bip. = Helichrysum stenopterum DC. ●☆

178215 Gnaphalium hoffmannii Kuntze = Helichrysum cephaloideum DC. ●☆

178216 Gnaphalium hololeucum Hayata = Gnaphalium hypoleucum DC. var. amoyense (Hance) Hand. -Mazz. ■

178217 Gnaphalium hurdwaricum Wall. ex DC. = Filago hurdwarica (Wall. ex DC.) Wagenitz ■☆

178218 Gnaphalium hypoleucum DC.;秋鼠麴草(白调羹,白头风,白头翁,大白艾,大鼠麴草,大水牛草,大叶毛鼠麹,大叶青花,黄花草,黄火草,火草,雷公青,毛鼠肉,毛志药,青节草,山果花,石曲菇,水杨花杆,碎米花,碎叶青花,碎蚁草,天水蚁草,下白鼠麹草,野火草);Autumn Cudweed ■

178219 Gnaphalium hypoleucum DC. = Pseudognaphalium hypoleucum (DC.) Hilliard et B. L. Burtt ■

178220 Gnaphalium hypoleucum DC. var. amoyense (Hance) Hand. -Mazz.;同白秋鼠麴草(长叶鼠麴草,假秋鼠麴草)■

178221 Gnaphalium hypoleucum DC. var. brunneonitens Hand. -Mazz.;亮褐秋鼠麴草■

178222 Gnaphalium hypoleucum DC. var. hololeucum (Hayata) Yamam. = Gnaphalium hypoleucum DC. var. amoyense (Hance) Hand. -Mazz. ■

178223 Gnaphalium hypoleucum DC. var. ramosum DC.;分枝鼠麴草■

178224 Gnaphalium hypoleucum DC. var. simplex DC.;细叶秋鼠麴草(细叶鼠麴草)■

178225 Gnaphalium hypoleucum Spreng. ex DC. = Gnaphalium hypoleucum DC. ■

178226 Gnaphalium hypoleucum Spreng. ex DC. var. amoyense (Hance) Hand. -Mazz. = Gnaphalium hypoleucum DC. var. amoyense (Hance) Hand. -Mazz. ■

178227 Gnaphalium imbricatum L. = Helichrysum cochleariforme DC. ●☆

178228 Gnaphalium indicum L. = Gnaphalium polycaulon Pers. ■

178229 Gnaphalium indicum L. = Helichrysum indicum (L.) Grierson ■☆

178230 Gnaphalium inornatum DC.;无饰鼠麴草■☆

178231 Gnaphalium insulare (Humbert) Wild = Helichrysum globosum A. Rich. ■☆

178232 Gnaphalium involucratum G. Forst.;星芒鼠麴草;Involucrate Cudweed,Involucred Cudweed ■

178233 Gnaphalium involucratum G. Forst. = Euchiton involucratus (G. Forst.) Anderb. ■☆

178234 Gnaphalium involucratum G. Forst. var. ramosum DC.;分枝星芒鼠麴草(分枝鼠麴草);Ramose Involucred Cudweed ■

178235 Gnaphalium involucratum G. Forst. var. simplex DC.;单茎星芒鼠麴草(细叶鼠麴草);Singlestem Involucred Cudweed ■

178236 Gnaphalium jaliscense Greenm. = Pseudognaphalium jaliscense (Greenm.) Anderb. ■☆

178237 Gnaphalium japonicum Thunb.;细叶鼠麴草(白背鼠麴草,白草仔,白招曲,菠萝草,父子草,锦鸡舌,雷公青,毛女儿菜,毛水蚁,棉花草,磨地莲,清明草,日本鼠麴草,神仙眼镜草,天青地白,天青地白草,乌云盖雪,小白根菊,小地罗汉,小火草,小叶金鸡舌,野清明草,叶下白);Japan Cudweed,Japanese Cudweed ■

178238 Gnaphalium javanicum DC. = Gnaphalium affine D. Don ■

178239 Gnaphalium johnstonii G. N. Jones = Pseudognaphalium thermale (E. E. Nelson) G. L. Nesom ■☆

178240 Gnaphalium kasachstanicum Kirp. et Kuprian. ex Kirp.;天山鼠麴草;Kasachstanian Cudweed,Tianshan Cudweed ■

178241 Gnaphalium kasachstanicum Kirp. et Kuprian. ex Kirp. = Gnaphalium uliginosum L. ■☆

178242 Gnaphalium keriense A. Cunn. = Gnaphalium keriense A. Cunn. ex Hook. f. ■☆

178243 Gnaphalium keriense A. Cunn. ex Hook. f.;新西兰鼠麴草■☆

178244 Gnaphalium kraussii (Sch. Bip.) Sch. Bip. = Helichrysum kraussii Sch. Bip. ■☆

178245 Gnaphalium kuntzei Kuntze = Helichrysum melanacme DC. ●☆

178246 Gnaphalium lagopodioides Rydb. = Pseudognaphalium stramineum (Kunth) Anderb. ■☆

178247 Gnaphalium lagopus Stephan ex Willd. = Filago arvensis L. ■

178248 Gnaphalium latifolium Thunb. = Helichrysum nudifolium (L.) Less. var. pilosellum (L. f.) Beentje ■●☆

178249 Gnaphalium leontopodioides Willd. = Leontopodium leontopodioides (Willd.) Beauverd ■

178250 Gnaphalium leontopodium L. = Leontopodium alpinum Cass. ■☆

178251 Gnaphalium leontopodium L. f. depauperata Herder = Leontopodium leontopodioides (Willd.) Beauverd ■

178252 Gnaphalium leontopodium L. f. gracilis Herder = Leontopodium leontopodioides (Willd.) Beauverd ■

178253 Gnaphalium leontopodium L. var. calocephalum Franch. = Leontopodium calocephalum (Franch.) Beauverd ■

178254 Gnaphalium leontopodium Scop. var. foliosa Franch. = Leontopodium dedekensii (Bureau et Franch.) Beauverd ■

178255 Gnaphalium leseroides Desf. = Leysera leyseroides (Desf.) Maire ●☆

178256 Gnaphalium leucocephalum A. Gray = Pseudognaphalium leucocephalum (A. Gray) Anderb. ■☆

178257 Gnaphalium leysseroides Desf. = Leysera leyseroides (Desf.) Maire ●☆

178258 Gnaphalium likiangense Franch. = Anaphalis likiangensis (Franch.) Y. Ling ■

178259 Gnaphalium limicola Hilliard;湿生鼠麴草■☆

178260 Gnaphalium lineare (DC.) Sch. Bip. = Helichrysum lineare DC. ●☆

178261 Gnaphalium lineare Hayata = Gnaphalium involucratum G. Forst. var. simplex DC. ■

178262 Gnaphalium liuii S. S. Ying = Gnaphalium coarctatum Willd. ■

178263 Gnaphalium liuii S. S. Ying = Gnaphalium spicatum Lam. ■

178264 Gnaphalium longifolium (DC.) Sch. Bip. = Helichrysum longifolium DC. ■☆

178265 Gnaphalium luteoalbum L.;黄白鼠麴草(大鼠曲舅,丝绵草,丝棉草,丝棉木);Jersey Cudweed,Jersey Live-long,Yellowwhire Cudweed ■

178266 Gnaphalium luteoalbum L. = Pseudognaphalium luteoalbum (L.) Hilliard et B. L. Burtt ■☆

178267 Gnaphalium luteoalbum L. subsp. affine (D. Don) Kosterm. = Gnaphalium affine D. Don ■

178268 Gnaphalium luteoalbum L. subsp. affine (D. Don) Kosterm. = Pseudognaphalium luteoalbum (L.) Hilliard et B. L. Burtt subsp. affine (D. Don) Hilliard et B. L. Burtt ■☆

178269 Gnaphalium luteoalbum L. subsp. affine (D. Don) Kosterm. = Pseudognaphalium affine (D. Don) Anderb. ■

178270 Gnaphalium luteoalbum L. subsp. pallidum (Lam.) Maheshw. = Pseudognaphalium luteoalbum (L.) ■☆

178271 Gnaphalium luteoalbum L. var. multiceps (DC.) Hook. f. = Gnaphalium affine D. Don ■

178272 Gnaphalium luteoalbum L. var. multiceps (Wall. ex DC.) Hook. f. = Pseudognaphalium affine (D. Don) Anderb. ■

178273 Gnaphalium luteoalbum L. var. multiceps Hook. f. = Gnaphalium affine D. Don ■

178274 Gnaphalium luteofuscum Webb = Pseudognaphalium luteoalbum (L.) Hilliard et B. L. Burtt ■☆

178275 Gnaphalium luzuloides Sch. Bip. = Helichrysum glumaceum DC. ■☆

178276 Gnaphalium macounii Greene = Pseudognaphalium macounii (Greene) Kartesz ■☆

178277 Gnaphalium maculatum Thunb. = Vellereophyton dealbatum (Thunb.) Hilliard et B. L. Burtt ■☆

178278 Gnaphalium mandshuricum Kirp. et Kuprian. ex Kirp.;东北鼠麴草;Manchurian Cudweed,NE. China Cudweed ■

178279 Gnaphalium mandshuricum Kirp. et Kuprian. ex Kirp. = Gnaphalium uliginosum L. ■☆

178280 Gnaphalium margaritaceum L. = Anaphalis margaritacea (L.) Benth. et Hook. f. ■

178281 Gnaphalium margaritaceum L. var. angustifolium Franch. et Sav. = Anaphalis margaritacea (L.) Benth. et Hook. f. var. japonica (Sch. Bip.) Makino ■

178282 Gnaphalium margaritaceum L. var. timua Kuntze = Anaphalis margaritacea (L.) Benth. et Hook. f. ■

178283 Gnaphalium melanosphaerum A. Rich. = Pseudognaphalium melanosphaerum (A. Rich.) Hilliard ■☆

178284 Gnaphalium micranthum Thunb. = Vellereophyton dealbatum (Thunb.) Hilliard et B. L. Burtt ■☆

178285 Gnaphalium micranthum Thunb. var. spretum DC. = Gnaphalium gnaphalodes (DC.) Hilliard et B. L. Burtt ■☆

178286 Gnaphalium microcephalum Nutt.;小头鼠麴草;White Everlasting ■☆

178287 Gnaphalium microcephalum Nutt. = Pseudognaphalium microcephalum (Nutt.) Anderb. ■☆

178288 Gnaphalium microcephalum Nutt. var. thermale (E. E. Nelson) Cronquist = Pseudognaphalium thermale (E. E. Nelson) G. L. Nesom ■☆

178289 Gnaphalium milleflorum L. f. = Syncarpha milleflora (L. f.) B. Nord. ■☆

178290 Gnaphalium minimum Sm. = Logfia minima (Sm.) Dumort. ■☆

178291 Gnaphalium minutum B. Nord. = Lasiopogon minutus (B. Nord.) Hilliard et B. L. Burtt ■☆

178292 Gnaphalium mixtum Kuntze = Helichrysum mixtum (Kuntze) Moeser ●☆

178293 Gnaphalium morii Hayata = Gnaphalium involucratum G. Forst. var. ramosum DC. ■

178294 Gnaphalium mucronatum P. J. Bergius = Syncarpha mucronata (P. J. Bergius) B. Nord. ■☆

178295 Gnaphalium multicaule Willd. = Gnaphalium indicum L. ■

178296 Gnaphalium multicaule Willd. = Gnaphalium polycaulon Pers. ■

178297 Gnaphalium multiceps Wall.;多叉鼠麴草(多头鼠麴草)■

178298 Gnaphalium multiceps Wall. = Gnaphalium affine D. Don ■

178299 Gnaphalium multiceps Wall. ex DC. = Pseudognaphalium affine (D. Don) Anderb. ■

178300 Gnaphalium muricatum L. = Metalasia muricata (L.) D. Don ●☆

178301 Gnaphalium muricatum L. var. fasciculatum P. J. Bergius = Metalasia brevifolia (Lam.) Levyns ●☆

178302 Gnaphalium muscoides Desf. = Lasiopogon muscoides (Desf.) DC. ■☆

178303 Gnaphalium nanchuanense Y. Ling et Y. Q. Tseng;南川鼠麴草;Nanchuan Cudweed ■

178304 Gnaphalium nelsonii Burtt Davy;纳尔逊鼠麴草■☆

178305 Gnaphalium niliacum Spreng. = Gnaphalium polycaulon Pers. ■

178306 Gnaphalium niveum Hand. -Mazz. = Leontopodium sinense Hemsl. ex Forbes et Hemsl. ■

178307 Gnaphalium niveum L. = Helichrysum niveum (L.) Less. ●☆

178308 Gnaphalium nobile (Bureau et Franch.) Beauverd = Leontopodium sinense Hemsl. ex Forbes et Hemsl. ■

178309 Gnaphalium nobile Bureau et Franch.;华鼠麴草■

178310 Gnaphalium nobile Bureau et Franch. = Leontopodium sinense Hemsl. ex Forbes et Hemsl. ■

178311 Gnaphalium norvegicum Gunnerus;挪威鼠麴草;Highland Cudweed,Norvegian Cudweed,Norwey Cudweed ■

178312 Gnaphalium norvegicum Gunnerus = Omalotheca norvegica (Gunnerus) Sch. Bip. et F. W. Schultz ■☆

178313 Gnaphalium nubicum Schweinf. et Asch. = Gnaphalium unionis Sch. Bip. ex Oliv. et Hiern ■☆

178314 Gnaphalium nubigenum Wall. = Anaphalis nepalensis (Spreng.) Hand. -Mazz. var. monocephala (DC.) Hand. -Mazz. ■

178315 Gnaphalium nudifolium L. = Helichrysum nudifolium (L.) Less. ■☆

178316 Gnaphalium nutakayamense Hayata = Anaphalis nagasawai Hayata ■

178317 Gnaphalium nutakayamense Hayata = Anaphalis nepalensis (Spreng.) Hand. -Mazz. ■

178318 Gnaphalium obtusifolium L.;钝叶鼠麴草(芸草);Cat-foot, Cat's-foot, Fragrant Cudweed, Obtuse-leaved Everlasting, Old-field Cudweed,Old-field-balsam,Rabbit-tobacco,Sweet Everlasting ■☆

178319 Gnaphalium obtusifolium L. = Pseudognaphalium obtusifolium (L.) Hilliard et B. L. Burtt ■☆

178320 Gnaphalium obtusifolium L. var. helleri (Britton) S. F. Blake = Pseudognaphalium helleri (Britton) Anderb. ■☆

178321 Gnaphalium obtusifolium L. var. micradenium Weath. = Gnaphalium helleri Britton var. micradenium (Weath.) Mahler ■☆

178322 Gnaphalium obtusifolium L. var. micradenium Weath. = Pseudognaphalium micradenium (Weath.) Nesom ■☆

178323 Gnaphalium obtusifolium L. var. praecox Fernald;早熟钝叶鼠麴草;Cudweed,Rabbit Tobacco ■☆

178324 Gnaphalium obtusifolium L. var. praecox Fernald = Pseudognaphalium obtusifolium (L.) Hilliard et B. L. Burtt ■☆

178325 Gnaphalium obtusifolium L. var. saxicola (Fassett) Cronquist = Gnaphalium saxicola Fassett ■☆

178326 Gnaphalium obtusifolium L. var. saxicola (Fassett) Cronquist = Pseudognaphalium saxicola (Fassett) H. E. Ballard et Feller ■☆
178327 Gnaphalium oculus-cati L. f. = Galeomma oculus-cati (L. f.) Rauschert ■☆
178328 Gnaphalium odoratissimum L. = Helichrysum odoratissimum (L.) Sweet ●☆
178329 Gnaphalium orbiculare Thunb. = Plecostachys serpyllifolia (P. J. Bergius) Hilliard et B. L. Burtt ■☆
178330 Gnaphalium orientale L.;东方鼠麴草;Gold Flower, Golden Mothwort, Mothweed, Mothwort ■☆
178331 Gnaphalium orientale L. = Helichrysum orientale (L.) Gaertn. ■☆
178332 Gnaphalium palustre Nutt.;西方沼泽鼠麴草;Western Marsh Cudweed ■☆
178333 Gnaphalium palustre Nutt. var. nanum Jeps. = Gnaphalium palustre Nutt. ■☆
178334 Gnaphalium pannosum Gand. = Gamochaeta ustulata (Nutt.) Holub ■☆
178335 Gnaphalium parviflorum Lam. = Helichrysum rutilans (L.) D. Don ■☆
178336 Gnaphalium parvulum Harv. = Troglophyton parvulum (Harv.) Hilliard et B. L. Burtt ■☆
178337 Gnaphalium patulum L. = Helichrysum patulum (L.) D. Don ■☆
178338 Gnaphalium pauciflorum DC.;少花鼠麴草■☆
178339 Gnaphalium pellitum Kunth;薄皮鼠麴草■☆
178340 Gnaphalium pellucidum Franch. = Anaphalis contorta (D. Don) Hook. f. ■
178341 Gnaphalium pellucidum Franch. = Anaphalis contorta (D. Don) Hook. f. var. pellucida (Franch.) Y. Ling ■
178342 Gnaphalium pensylvanicum Willd.;匙叶鼠麴草;Pensylvania Cudweed, Pensylvanian Cudweed, Spoonleaf Cudweed ■
178343 Gnaphalium pensylvanicum Willd. = Gamochaeta pensylvanica (Willd.) Cabrera ■
178344 Gnaphalium pensylvanicum Willd. = Gnaphalium purpureum L. ■
178345 Gnaphalium pentheri Gand. = Gnaphalium declinatum L. f. ■☆
178346 Gnaphalium peregrinum Fernald = Gamochaeta pensylvanica (Willd.) Cabrera ■
178347 Gnaphalium perfoliatum Wall. = Anaphalis triplinervis (Sims) Sims ex C. B. Clarke ■
178348 Gnaphalium petitianum A. Rich. = Pseudognaphalium petitianum (A. Rich.) Mesfin ■☆
178349 Gnaphalium phlomoides Lam. = Syncarpha milleflora (L. f.) B. Nord. ■☆
178350 Gnaphalium pilosellum L. f. = Helichrysum nudifolium (L.) Less. var. pilosellum (L. f.) Beentje ■●☆
178351 Gnaphalium plantaginifoliatum Kuntze = Helichrysum nudifolium (L.) Less. ■☆
178352 Gnaphalium plantaginifolium L. = Antennaria plantaginifolia (L.) Hook. ■☆
178353 Gnaphalium polifolium Thunb. = Plecostachys polifolia (Thunb.) Hilliard et B. L. Burtt ■☆
178354 Gnaphalium polyanthos Thunb. = Metalasia densa (Lam.) P. O. Karis ●☆
178355 Gnaphalium polycaulon Pers.;多茎鼠麴草(黄花艾,田艾,狭叶鼠麴草,印度鼠麴草);Manystem Cudweed ■
178356 Gnaphalium polycephalum Michx. = Gnaphalium obtusifolium L. ■☆
178357 Gnaphalium polycephalum Spreng. ex DC. = Gnaphalium domingense Lam. ■☆
178358 Gnaphalium polycephalum Wall. ex DC.;多头鼠麴草;Blunt-leaved Everlasting, Cat's Foot, Common Everlasting, Cud-weed-old Balsa, Indian Posy, Mouse Ear Everlasting, Mouse-ear Everlasting, None-so-pretty, Silver-leaf, Sweet Everlasting, Sweet-scented Life Everlasting, White Balsam ■☆
178359 Gnaphalium polycephalum Wall. ex DC. = Pterocaulon cylindrostachyum C. B. Clarke ■
178360 Gnaphalium polycephalum Willd. ex Spreng. = Helichrysum nodiflorum (L.) Less. ■☆
178361 Gnaphalium pringlei A. Gray = Pseudognaphalium pringlei (A. Gray) Anderb. ■☆
178362 Gnaphalium prostratum Thunb. = Helichrysum micropoides DC. ●☆
178363 Gnaphalium proximum Greene = Pseudognaphalium stramineum (Kunth) Anderb. ■☆
178364 Gnaphalium pterigoideum Klatt = Helichrysum mutisiifolium Less. ●☆
178365 Gnaphalium pterocaulis Franch. et Sav. = Anaphalis sinica Hance ■
178366 Gnaphalium pulvinatum Delile;垫头鼠麴草;Pulvinate Cudweed ■
178367 Gnaphalium purpureum L.;紫鼠麴草(鼠曲舅);American Cudweed, Purple Cudweed, Spoonleaf Purple Everlasting ■
178368 Gnaphalium purpureum L. = Gamochaeta purpurea (L.) Cabrera ■☆
178369 Gnaphalium purpureum L. = Gnaphalium pensylvanicum Willd. ■
178370 Gnaphalium purpureum L. var. simplicicaule (Willd. ex Spreng.) Klatt = Gamochaeta simplicicaulis (Willd. ex Spreng.) Cabrera ■☆
178371 Gnaphalium purpureum L. var. spathulatum Baker = Gnaphalium pensylvanicum Willd. ■
178372 Gnaphalium purpureum L. var. stachydifolium (Lam.) Baker = Gamochaeta stachydifolia (Lam.) Cabrera ■☆
178373 Gnaphalium purpureum L. var. ustulatum (Nutt.) B. Boivin = Gamochaeta ustulata (Nutt.) Holub ■☆
178374 Gnaphalium pygmaeum Thunb. = Gnaphalium declinatum L. f. ■☆
178375 Gnaphalium pyramidatum (L.) Lam. = Filago pyramidata L. ■
178376 Gnaphalium quinquenerve Thunb. = Helichrysum nudifolium (L.) Less. ■☆
178377 Gnaphalium ramigerum DC. = Gnaphalium affine D. Don ■
178378 Gnaphalium ramosissimum Nutt. = Pseudognaphalium ramosissimum (Nutt.) Anderb. ■☆
178379 Gnaphalium recurvum Lam. = Anaxeton arborescens (L.) Less. ●☆
178380 Gnaphalium repens L. = Trichogyne repens (L.) Anderb. ■☆
178381 Gnaphalium repens L. var. vestitum (Thunb.) DC. = Gnaphalium vestitum Thunb. ■☆
178382 Gnaphalium retusum Lam. = Facelis retusa (Lam.) Sch. Bip. ■☆
178383 Gnaphalium revolutum Thunb. = Helichrysum revolutum (Thunb.) Less. ●☆
178384 Gnaphalium richardianum Cufod. = Pseudognaphalium richardianum (Cufod.) Hilliard et B. L. Burtt ■☆
178385 Gnaphalium rosaceum I. M. Johnst. = Gamochaeta purpurea

(L.) Cabrera ■☆

178386 Gnaphalium rosaceum I. M. Johnst. = Gnaphalium purpureum L. ■

178387 Gnaphalium roseum Kunth = Pseudognaphalium roseum (Kunth) Anderb. ■☆

178388 Gnaphalium rosmarinoides Hand.-Mazz. = Leontopodium sinense Hemsl. ex Forbes et Hemsl. ■

178389 Gnaphalium rossicum Kirp.;俄罗斯鼠麹草■☆

178390 Gnaphalium rosum P. J. Bergius = Helichrysum rosum (P. J. Bergius) Less. ●☆

178391 Gnaphalium rotundifolium Thunb. = Helichrysum rotundifolium (Thunb.) Less. ■☆

178392 Gnaphalium rubellum Thunb. = Helichrysum cylindriflorum (L.) Hilliard et B. L. Burtt ●☆

178393 Gnaphalium rubriflorum Hilliard = Gnaphalium unionis Sch. Bip. ex Oliv. et Hiern var. rubriflorum (Hilliard) Beentje ■☆

178394 Gnaphalium rueppellii Fresen. = Ifloga spicata (Forssk.) Sch. Bip. subsp. albescens Chrtek ■☆

178395 Gnaphalium rutilans L. = Helichrysum rutilans (L.) D. Don ■☆

178396 Gnaphalium saxicola Fassett = Pseudognaphalium saxicola (Fassett) H. E. Ballard et Feller ■☆

178397 Gnaphalium scabrum L. = Helichrysum spiralepis Hilliard et B. L. Burtt ●☆

178398 Gnaphalium scabrum Thunb. = Helichrysum scabrum Less. ●☆

178399 Gnaphalium schimperi (Sch. Bip. ex A. Rich.) Sch. Bip. = Helichrysum schimperi (Sch. Bip. ex A. Rich.) Moeser ●☆

178400 Gnaphalium schimperi (Sch. Bip. ex A. Rich.) Sch. Bip. var. stramineum Sch. Bip. = Helichrysum schimperi (Sch. Bip. ex A. Rich.) Moeser ●☆

178401 Gnaphalium schultzii Mendonça = Helichrysum globosum A. Rich. ■☆

178402 Gnaphalium semidecurrens Wall. ex DC. = Anaphalis busua (Buch.-Ham. ex D. Don) DC. ■

178403 Gnaphalium septentrionale (Vatke) Hilliard = Helichrysopsis septentrionalis (Vatke) Hilliard ■☆

178404 Gnaphalium sericeo-albidum (Vaniot) H. Lév. = Gnaphalium adnatum (Wall. ex DC.) Kitam. ■

178405 Gnaphalium sericeo-albidum H. Lév. et Vaniot = Gnaphalium adnatum (Wall. ex DC.) Kitam. ■

178406 Gnaphalium sericeo-albidum Vaniot = Gnaphalium adnatum (Wall. ex DC.) Kitam. ■

178407 Gnaphalium serpyllifolium P. J. Bergius = Plecostachys serpyllifolia (P. J. Bergius) Hilliard et B. L. Burtt ■☆

178408 Gnaphalium sesamoides (L.) Kuntze = Edmondia sesamoides (L.) Hilliard ●☆

178409 Gnaphalium sibiricum Kirp. et Kuprian. ex Kirp.;西伯利亚鼠麹草■☆

178410 Gnaphalium siculum Spreng. = Helichrysum conglobatum (Viv.) Steud. ●☆

178411 Gnaphalium sieboldianum Franch. et Sav. = Leontopodium japonicum Miq. ■

178412 Gnaphalium simii (Bolus) Hilliard et B. L. Burtt;西姆鼠麹草■☆

178413 Gnaphalium simplicicaule Wall. = Anaphalis contorta (D. Don) Hook. f. ■

178414 Gnaphalium simplicicaule Willd. ex Spreng. = Gamochaeta simplicicaulis (Willd. ex Spreng.) Cabrera ■☆

178415 Gnaphalium sinense (Hemsl.) Franch. = Leontopodium sinense Hemsl. ex Forbes et Hemsl. ■

178416 Gnaphalium sinuatum Lour. = Blumea laciniata (Roxb.) DC. ■

178417 Gnaphalium solidaginoides Poir. = Blumea axillaris (Lam.) DC. ■

178418 Gnaphalium sonorae I. M. Johnst. = Pseudognaphalium canescens (DC.) Anderb. ■☆

178419 Gnaphalium soongorica Poir.;准噶尔鼠麹草■

178420 Gnaphalium spathulatum (C. Presl) Bonnier et Layens = Filago spathulata C. Presl ■

178421 Gnaphalium spathulatum Delile = Gnaphalium indicum L. ■

178422 Gnaphalium spathulatum Lam. = Gamochaeta pensylvanica (Willd.) Cabrera ■

178423 Gnaphalium spathulatum Lam. = Gamochaeta purpurea (L.) Cabrera ■☆

178424 Gnaphalium spathulatum Lam. = Gnaphalium pensylvanicum Willd. ■

178425 Gnaphalium spathulatum Phil.;小匙鼠麹草■☆

178426 Gnaphalium spathulatum Thunb. = Leontonyx spathulatus Less. ●☆

178427 Gnaphalium sphacelatum Kunth = Gamochaeta sphacelata (Kunth) Cabrera ■☆

178428 Gnaphalium sphaericum Willd. = Euchiton sphaericus (Willd.) Anderb. ■☆

178429 Gnaphalium sphaericum Willd. = Gnaphalium involucratum G. Forst. var. simplex DC. ■

178430 Gnaphalium spicatum Lam.;里白鼠麹草■

178431 Gnaphalium spicatum Lam. = Gamochaeta coarctata (Willd.) Kerguélen ■

178432 Gnaphalium spicatum Lam. = Gnaphalium coarctatum Willd. ■

178433 Gnaphalium splendidum Thunb. = Helichrysum splendidum (Thunb.) Less. ●☆

178434 Gnaphalium squamosum (Jacq.) Sch. Bip. = Edmondia pinifolia (Lam.) Hilliard ●☆

178435 Gnaphalium squarrosum L. = Helichrysum spiralepis Hilliard et B. L. Burtt ●☆

178436 Gnaphalium stachydifolium Lam. = Gamochaeta stachydifolia (Lam.) Cabrera ■☆

178437 Gnaphalium stagnale I. M. Johnst. = Gamochaeta stagnalis (I. M. Johnst.) Anderb. ■☆

178438 Gnaphalium stellatum L. = Helichrysum stellatum (L.) Less. ●☆

178439 Gnaphalium stenocladon Schrank = Anaxeton asperum (Thunb.) DC. ●☆

178440 Gnaphalium stenolepis S. Moore = Galeomma stenolepis (S. Moore) Hilliard ■☆

178441 Gnaphalium stenophyllum Oliv. et Hiern = Helichrysopsis septentrionalis (Vatke) Hilliard ■☆

178442 Gnaphalium stenopterum (DC.) Sch. Bip. = Helichrysum stenopterum DC. ●☆

178443 Gnaphalium stewartii C. B. Clarke = Gnaphalium stewartii C. B. Clarke ex Hook. f. ■

178444 Gnaphalium stewartii C. B. Clarke ex Hook. f.;矮鼠麹草;Dwarf Cudweed,Stewart Cudweed ■

178445 Gnaphalium stoechas Hand.-Mazz. = Leontopodium sinense Hemsl. ex Forbes et Hemsl. ■

178446 Gnaphalium stoechas L. = Helichrysum arenarium (L.) Moench ●■
178447 Gnaphalium stoechas L. = Helichrysum stoechas (L.) Moench ■☆
178448 Gnaphalium stoechas L. var. minor Y. Ling = Leontopodium sinense Hemsl. ex Forbes et Hemsl. ■
178449 Gnaphalium stracheyi (Hook. f.) Franch. = Leontopodium stracheyi (Hook. f.) C. B. Clarke ex Hemsl. ■
178450 Gnaphalium stracheyi Hook. f. = Leontopodium franchetii Beauverd ■
178451 Gnaphalium stramineum Kunth = Pseudognaphalium stramineum (Kunth) Anderb. ■☆
178452 Gnaphalium strictum A. Gray = Gnaphalium exilifolium A. Nelson ■☆
178453 Gnaphalium strictum Lam. = Helichrysum splendidum (Thunb.) Less. ●☆
178454 Gnaphalium strictum Roxb. = Gnaphalium polycaulon Pers. ■
178455 Gnaphalium suaveolens Vell. = Pluchea sagittalis (Lam.) Cabrera ■
178456 Gnaphalium subcordatum Kuntze = Helichrysum hypoleucum Harv. ■☆
178457 Gnaphalium subfalcatum Cabrera = Gamochaeta antillana (Urb.) Anderb. ■☆
178458 Gnaphalium subfalcatum Cabrera = Gamochaeta subfalcata (Cabrera) Cabrera ■☆
178459 Gnaphalium subglomeratum (Less.) Sch. Bip. = Helichrysum subglomeratum Less. ●☆
178460 Gnaphalium subulatum Franch. = Leontopodium andersonii C. B. Clarke ■
178461 Gnaphalium subulatum Franch. = Leontopodium subulatum (Franch.) Beauverd ■
178462 Gnaphalium sulphurescens Rydb. = Pseudognaphalium stramineum (Kunth) Anderb. ■☆
178463 Gnaphalium supinum L.;平卧鼠麹草(仰卧鼠麹草);Dwarf Cudweed, Prostrate Cudweed ■
178464 Gnaphalium supinum L. = Omalotheca supina (L.) DC. ■☆
178465 Gnaphalium sylvaticum L.;林地鼠麹草(林鼠麹草);Cartaphilago, Dwarf Cotton, Heath Cudweed, Highland Cudweed, Petty Cotton, Wood Cudweed, Woodland Cudweed ■
178466 Gnaphalium sylvaticum L. = Omalotheca sylvatica (L.) Sch. Bip. et F. W. Schultz ■☆
178467 Gnaphalium tenellum Wall. = Anaphalis contorta (D. Don) Hook. f. ■
178468 Gnaphalium teretifolium L. = Helichrysum teretifolium (L.) D. Don ●☆
178469 Gnaphalium texanum I. M. Johnst. = Pseudognaphalium canescens (DC.) Anderb. ■☆
178470 Gnaphalium thapsus Kuntze = Helichrysum thapsus (Kuntze) Moeser ●☆
178471 Gnaphalium thermale E. E. Nelson = Pseudognaphalium thermale (E. E. Nelson) G. L. Nesom ■☆
178472 Gnaphalium thibeticum Bureau et Franch. = Leontopodium nanum (Hook. f. et Thomson) Hand. -Mazz. ■
178473 Gnaphalium thomsonii Hook. f.;托马森鼠麹草■☆
178474 Gnaphalium tinctum Thunb. = Helichrysum tinctum (Thunb.) Hilliard et B. L. Burtt ●☆
178475 Gnaphalium tranzschelii Kirp.;喜湿鼠麹草(湿鼠麹草,鼠麹草,无心草,沼泽鼠麹草);Wet Cudweed, Wetland Cudweed ■
178476 Gnaphalium tranzschelii Kirp. = Gnaphalium uliginosum L. ■☆
178477 Gnaphalium tricostatum Thunb. = Helichrysum tricostatum (Thunb.) Less. ●☆
178478 Gnaphalium trifidum Thunb. = Pseudognaphalium luteoalbum (L.) Hilliard et B. L. Burtt ■☆
178479 Gnaphalium tweediae Hilliard = Gnaphalium unionis Sch. Bip. ex Oliv. et Hiern var. tweediae (Hilliard) Beentje ■☆
178480 Gnaphalium ulginosum sensu C. B. Clarke = Gnaphalium thomsonii Hook. f. ■☆
178481 Gnaphalium uliginosum L.;沼泽鼠麹草(臁疮草,脓疮草,湿生鼠麹草,湿鼠麹草,鼠麹草,无心草);Cape Cudweed, Live-forever, Low Cudweed, Marsh Cudweed, Marsh Everlasting, Mud Cudweed, Swamp Cudweed, Wartwort, Wayside Cudweed ■☆
178482 Gnaphalium uliginosum L. var. vaillantii Leredde = Gnaphalium uliginosum L. ■☆
178483 Gnaphalium umbellatum L. f. = Lachnospermum umbellatum (L. f.) Pillans ●☆
178484 Gnaphalium umbraculigerum (Less.) Sch. Bip. = Helichrysum umbraculigerum Less. ●☆
178485 Gnaphalium undatum J. F. Gmel. = Helichrysum nudifolium (L.) Less. var. oxyphyllum (DC.) Beentje ■☆
178486 Gnaphalium undulatum L. = Pseudognaphalium undulatum (L.) Hilliard et B. L. Burtt ■☆
178487 Gnaphalium unionis Sch. Bip. ex Oliv. et Hiern;单鼠麹草■☆
178488 Gnaphalium unionis Sch. Bip. ex Oliv. et Hiern var. rubriflorum (Hilliard) Beentje;红花单鼠麹草■☆
178489 Gnaphalium unionis Sch. Bip. ex Oliv. et Hiern var. tweediae (Hilliard) Beentje;非洲单鼠麹草■☆
178490 Gnaphalium ustulatum Nutt. = Gamochaeta ustulata (Nutt.) Holub ■☆
178491 Gnaphalium verticillatum L. f. = Trichogyne verticillata (L. f.) Less. ■☆
178492 Gnaphalium vestitum Thunb.;包被鼠麹草■☆
178493 Gnaphalium virgatum L. = Pterocaulon virgatum (L.) DC. ■☆
178494 Gnaphalium viridulum I. M. Johnst. = Pseudognaphalium canescens (DC.) Anderb. ■☆
178495 Gnaphalium viscosum Kunth = Gnaphalium macounii Greene ■☆
178496 Gnaphalium viscosum Kunth = Pseudognaphalium macounii (Greene) Kartesz ■☆
178497 Gnaphalium viscosum Kunth = Pseudognaphalium viscosum (Kunth) Anderb. ■☆
178498 Gnaphalium volkii B. Nord. = Lasiopogon volkii (B. Nord.) Hilliard ■☆
178499 Gnaphalium wrightii A. Gray = Pseudognaphalium canescens (DC.) Anderb. ■☆
178500 Gnaphalium yedoense Franch. et Sav. = Anaphalis yedoensis (Franch. et Sav.) Maxim. ■☆
178501 Gnaphalium yunnanense Franch. = Anaphalis yunnanensis (Franch.) Diels ■
178502 Gnaphalodes A. Gray = Actinobole Fenzl ex Endl. ■☆
178503 Gnaphalodes Mill. = Actinobole Fenzl ex Endl. ■☆
178504 Gnaphalodes Mill. = Micropus L. ■☆
178505 Gnaphalon Lowe = Phagnalon Cass. ●■
178506 Gnaphalopsis DC. = Dyssodia Cav. ■☆
178507 Gnaphalopsis DC. = Hymenantherum Cass. ■☆

178508 Gnaphalopsis micropoides DC. = Thymophylla micropoides (DC.) Strother ■☆
178509 Gnemon Kuntze = Gnetum L. ●
178510 Gnemon Rumph. = Gnetum L. ●
178511 Gnemon Rumph. ex Kuntze = Gnetum L. ●
178512 Gneorum G. Don = Cneorum L. ●☆
178513 Gnephosis Cass. (1820);长序鼠麹草属■☆
178514 Gnephosis brevifolia Benth.;短叶长序鼠麹草■☆
178515 Gnephosis eriocarpa (F. Muell.) Benth.;毛果长序鼠麹草■☆
178516 Gnephosis eriocephala (A. Gray) Benth.;毛头长序鼠麹草■☆
178517 Gnephosis leptoclada (F. Muell.) Benth.;细枝长序鼠麹草■☆
178518 Gnephosis macrocephala Turcz.;大头长序鼠麹草■☆
178519 Gnephosis multiflora (P. S. Short) P. S. Short;多花长序鼠麹草■☆
178520 Gnephosis tridens (P. Short) P. S. Short;三齿长序鼠麹草■☆
178521 Gnephosis uniflora (Turcz.) P. S. Short;单花长序鼠麹草■☆
178522 Gnetaceae Blume(1833)(保留科名);买麻藤科(倪藤科);Jointfir Family,Joint-fir Family ●
178523 Gnetaceae Lindl. = Gnetaceae Blume(保留科名)●
178524 Gnetum L. (1767);买麻藤属(倪藤属);Joint Fir,Jointfir,Joint-fir,Tulip ●
178525 Gnetum africanum Welw.;刚果买麻藤;Africa Jointfir,African Jointfir,Eru ●☆
178526 Gnetum brunonianum Griff.;少苞买麻藤●
178527 Gnetum buchholzianum Engl.;喀麦隆买麻藤;Buchholz Jointfir,Cameroon Jointfir ●☆
178528 Gnetum catasphaericum H. Shao;球子买麻藤;Coned-seeded Jointfir ●
178529 Gnetum cleistostachyum C. Y. Cheng;闭苞买麻藤;Close-bracted Jointfir,Closedbract Jointfir ●
178530 Gnetum costatum Schum.;单脉买麻藤●
178531 Gnetum cuspidatum Blume;急尖买麻藤;Cuspidate Gnetum ●☆
178532 Gnetum diminutum Markgr.;加里曼丹买麻藤;Diminashed Gnetum,Kalimandan Jointfir ●☆
178533 Gnetum formosum Markgr.;美丽买麻藤;Beautiful Gnetum ●☆
178534 Gnetum giganteum H. Shao;巨子买麻藤;Big-seeded Gnetum ●
178535 Gnetum gnemon L.;显轴买麻藤(灌状买麻藤,马来倪藤);Emping,Melindjo,Spinach Joint Fir,Spinach Jointfir,Spinach Joint-fir ●
178536 Gnetum gnemonoides Brongn.;马来西亚买麻藤;Maleysia Jointfir,Spinach Jointfir ●☆
178537 Gnetum gracilipes C. Y. Cheng;细柄买麻藤;Slenderstalk Jointfir,Slender-stalked Jointfir ●
178538 Gnetum hainanense C. Y. Cheng ex L. K. Fu,Y. F. Yu et M. G. Gilbert;海南买麻藤;Hainan Jointfir ●
178539 Gnetum indicum (Lour.) Merr. = Gnetum montanum Markgr. ●
178540 Gnetum indicum (Lour.) Merr. f. parvifolium (Warb.) Masam. = Gnetum parvifolium (Warb.) W. C. Cheng ●
178541 Gnetum indicum L.;印度买麻藤;India Jointfir,Indian Jointfir ●☆
178542 Gnetum indicum Merr. = Gnetum parvifolium (Warb.) W. C. Cheng ●
178543 Gnetum latifolium Blume;宽叶买麻藤;Broadleaf Jointfir ●☆
178544 Gnetum leptostachyum Blume;细穗买麻藤;Slenderspike Jointfir ●☆
178545 Gnetum leyboldii Tul.;亚马孙买麻藤;Leybold Jointfir ●☆
178546 Gnetum luofuense C. Y. Cheng;罗浮买麻藤;Luofu Jointfir,Luofu Mountain Jointfir,Luofushan Jointfir ●
178547 Gnetum macrostachyum Hook. f.;大穗买麻藤;Large-spike Jointfir ●☆
178548 Gnetum microcarpum Blume;小籽买麻藤;Littleseed Jointfir ●☆
178549 Gnetum montanum Markgr.;买麻藤(博节藤,大节藤,老熊果,倪藤,山花生,山米藤);Common Jointfir,Jointfir,Sweet Berry Joint-fir,Sweetberry Jointfir ●
178550 Gnetum montanum Markgr. f. megalocarpum Markgr. = Gnetum pendulum C. Y. Cheng ●
178551 Gnetum montanum Markgr. f. parvifolium (Warb.) Markgr. = Gnetum parvifolium (Warb.) W. C. Cheng ●
178552 Gnetum nodiflorum Brongn.;巴西买麻藤;Brazil Jointfir ●☆
178553 Gnetum oblongum Markgr.;矩圆叶买麻藤;Oblonge-leaf Jointfir ●☆
178554 Gnetum paniculatum Spruce ex Benth.;哥伦比亚买麻藤;Paniculate Jointfir ●☆
178555 Gnetum parvifolium (Warb.) W. C. Cheng;小叶买麻藤(驳骨藤,大春根,大节藤,大籽买麻藤,狗裸藤,古歪藤,鹤膝风,黑藤,鸡节藤,接骨草,接骨藤,拦地青,麻骨风,买麻藤,买子藤,木花生,脱节藤,乌骨风,乌蛇根,细样买麻藤,小木米藤,竹节藤,竹芦藤);Bigseed Jointfir,Small Leaf Joint-fir,Small-leaf Jointfir,Small-leaved Jointfir ●
178556 Gnetum parvifolium C. Y. Cheng = Gnetum hainanense C. Y. Cheng ex L. K. Fu,Y. F. Yu et M. G. Gilbert ●
178557 Gnetum pendulum C. Y. Cheng;垂子买麻藤(垂果买麻藤,大籽买麻藤,大子买麻藤);Pendentseed Jointfir,Pendent-seeded Jointfir ●
178558 Gnetum pendulum C. Y. Cheng f. intermedium C. Y. Cheng;短柄垂子买麻藤;Shortstalk Pendentseed Jointfir ●
178559 Gnetum pendulum C. Y. Cheng f. subsessile C. Y. Cheng;无柄垂子买麻藤;Stalkless Pendentseed Jointfir ●
178560 Gnetum pendulum C. Y. Cheng f. subsessile C. Y. Cheng = Gnetum pendulum C. Y. Cheng ●
178561 Gnetum scandens Roxb. = Gnetum montanum Markgr. ●
178562 Gnetum scandens Roxb. = Gnetum parvifolium (Warb.) W. C. Cheng ●
178563 Gnetum scandens Roxb. var. parvifolium (Warb.) Markgr. = Gnetum parvifolium (Warb.) W. C. Cheng ●
178564 Gnetum tenuifolium Ridl.;薄叶买麻藤;Barringtonia Climber,Marsh Speckled Climber,Mud-Fish's Egg Climber,Thinleaf Jointfir ●
178565 Gnetum ula Brongn. = Gnetum scandens Roxb. ●
178566 Gnetum venosum Spruce ex Benth.;大籽买麻藤;Largeseed Jointfir ●☆
178567 Gnidia L. (1753);格尼瑞香属(格尼迪木属)●☆
178568 Gnidia aberrans C. H. Wright;迷走格尼瑞香●☆
178569 Gnidia albicans Meisn. var. tenella (Meisn.) Meisn. = Gnidia tenella Meisn. ●☆
178570 Gnidia alboscericea Moss ex B. Peterson;白绢毛格尼瑞香●☆
178571 Gnidia anomala Meisn.;异常格尼瑞香●☆
178572 Gnidia anthylloides (L. f.) Gilg;绒毛花格尼瑞香●☆
178573 Gnidia anthylloides (L. f.) Gilg var. macrophylla (Meisn.) M. Moss = Gnidia anthylloides (L. f.) Gilg ●☆
178574 Gnidia apiculata (Oliv.) Gilg;细尖格尼瑞香●☆
178575 Gnidia apiculata (Oliv.) Gilg f. pyramidalis Aymonin;圆锥格

尼瑞香●☆
178576 Gnidia baurii C. H. Wright;巴利格尼瑞香●☆
178577 Gnidia bojeriana (Decne.) Gilg;博耶尔格尼瑞香●☆
178578 Gnidia buchananii Gilg = Gnidia involucrata Steud. ex A. Rich. ●☆
178579 Gnidia burchellii (Meisn.) Gilg;伯切尔格尼瑞香●☆
178580 Gnidia burmannii Eckl. et Zeyh. ex Meisn.;布尔曼格尼瑞香●☆
178581 Gnidia caffra (Meisn.) Gilg;开菲尔格尼瑞香●☆
178582 Gnidia calocephala (C. A. Mey.) Gilg;美头格尼瑞香●☆
178583 Gnidia capitata L. f.;头状格尼瑞香●☆
178584 Gnidia carinata Thunb.;龙骨状格尼瑞香●☆
178585 Gnidia chapmanii B. Peterson;查普曼格尼瑞香●☆
178586 Gnidia chrysantha Gilg;金花格尼瑞香●☆
178587 Gnidia chrysophylla Meisn.;金叶格尼瑞香●☆
178588 Gnidia claessensii Staner = Gnidia stenophylla Gilg ●☆
178589 Gnidia clavata Schinz;棍棒格尼瑞香●☆
178590 Gnidia compacta (C. H. Wright) J. H. Ross;紧密格尼瑞香●☆
178591 Gnidia coriacea Meisn.;革质格尼瑞香●☆
178592 Gnidia cuneata Meisn.;楔形格尼瑞香●☆
178593 Gnidia danguyana Léandri;当吉格尼瑞香●☆
178594 Gnidia daphnifolia L. f.;马岛格尼瑞香●☆
178595 Gnidia decaryana Léandri;德卡里格尼瑞香●☆
178596 Gnidia decurrens Meisn.;下延格尼瑞香●☆
178597 Gnidia dekindtiana Gilg;德金格尼瑞香●☆
178598 Gnidia denudata Lindl.;裸露格尼瑞香●☆
178599 Gnidia deserticola Gilg;荒漠格尼瑞香●☆
178600 Gnidia dregeana Meisn.;德雷格尼瑞香●☆
178601 Gnidia eminii Engl. et Gilg;埃明格尼瑞香●☆
178602 Gnidia ericoides C. H. Wright;石南状格尼瑞香●☆
178603 Gnidia fastigiata Rendle;帚状格尼瑞香●☆
178604 Gnidia flanaganii C. H. Wright;弗拉纳根格尼瑞香●☆
178605 Gnidia foliosa (H. Pearson) Engl.;多叶格尼瑞香●☆
178606 Gnidia fourcadei Moss;富尔卡德格尼瑞香●☆
178607 Gnidia francisci Bolus;弗朗西斯科格尼瑞香●☆
178608 Gnidia fraterna (N. E. Br.) E. Phillips;兄弟格尼瑞香●☆
178609 Gnidia fruticulosa Gilg;灌木状格尼瑞香●☆
178610 Gnidia galpinii C. H. Wright;盖尔格尼瑞香●☆
178611 Gnidia geminiflora E. Mey. ex Meisn.;对花格尼瑞香●☆
178612 Gnidia genistifolia Engl. et Gilg;金雀叶格尼瑞香●☆
178613 Gnidia gilbertae Drake;吉尔伯特格尼瑞香●☆
178614 Gnidia glabra (H. Pearson) Gastaldo = Gnidia somalensis (Franch.) Gilg var. glabra (H. Pearson) Cufod. ●☆
178615 Gnidia glauca (Fresen.) Gilg;灰格尼瑞香(灰格尼迪木)●☆
178616 Gnidia glauca Gilg = Gnidia glauca (Fresen.) Gilg ●☆
178617 Gnidia gnidioides (Baker) Domke;普通格尼瑞香●☆
178618 Gnidia goetzeana Gilg;格兹格尼瑞香●☆
178619 Gnidia gymnostachya (C. A. Mey.) Gilg;裸穗格尼瑞香●☆
178620 Gnidia harveyiana Meisn.;哈维格尼瑞香●☆
178621 Gnidia heterophylla Gilg;互叶格尼瑞香●☆
178622 Gnidia hockii De Wild.;霍克格尼瑞香●☆
178623 Gnidia hoepfneriana Gilg = Gnidia kraussiana Meisn. ●☆
178624 Gnidia huillensis Gilg = Gnidia involucrata Steud. ex A. Rich. ●☆
178625 Gnidia humilis Meisn.;低矮格尼瑞香●☆
178626 Gnidia ignea Gilg = Gnidia chrysantha Gilg ●☆
178627 Gnidia imbricata L. f.;覆瓦格尼瑞香●☆
178628 Gnidia inconspicua Meisn.;显著格尼瑞香●☆
178629 Gnidia insignis Compton;标记格尼瑞香●☆
178630 Gnidia involucrata Steud. ex A. Rich.;总苞格尼瑞香●☆
178631 Gnidia involucrata Steud. var. apiculata Oliv. = Gnidia apiculata (Oliv.) Gilg ●☆
178632 Gnidia juniperifolia Lam.;刺柏叶格尼瑞香●☆
178633 Gnidia kasaiensis S. Moore;开赛格尼瑞香●☆
178634 Gnidia kraussiana Meisn.;克氏格尼瑞香(克氏格尼迪木)●☆
178635 Gnidia kraussiana Meisn. var. mollissima (E. A. Bruce) A. Robyns;柔软克氏格尼瑞香●☆
178636 Gnidia kundelungensis S. Moore;昆德龙格尼瑞香●☆
178637 Gnidia lamprantha Gilg;亮花格尼瑞香(格尼迪亚,亮花格尼迪木)●☆
178638 Gnidia latifolia (Oliv.) Gilg;宽叶格尼瑞香(宽叶格尼迪木)●☆
178639 Gnidia latifolia Gilg = Gnidia latifolia (Oliv.) Gilg ●☆
178640 Gnidia laxa (L. f.) Gilg;疏松格尼瑞香●☆
178641 Gnidia leiantha Gilg = Gnidia involucrata Steud. ex A. Rich. ●☆
178642 Gnidia leipoldtii C. H. Wright;莱波尔德格尼瑞香●☆
178643 Gnidia linearifolia (Wikstr.) B. Peterson;线叶格尼瑞香●☆
178644 Gnidia lucens Lam.;亮格尼瑞香●☆
178645 Gnidia macropetala Meisn.;大瓣格尼瑞香●☆
178646 Gnidia macrorhiza Gilg = Gnidia involucrata Steud. ex A. Rich. ●☆
178647 Gnidia meyeri Meisn.;迈尔格尼瑞香●☆
178648 Gnidia microcephala Meisn.;小头格尼瑞香●☆
178649 Gnidia microphylla Meisn.;小叶格尼瑞香●☆
178650 Gnidia miniata R. E. Fr.;小株格尼瑞香●☆
178651 Gnidia mollis C. H. Wright;绢毛格尼瑞香●☆
178652 Gnidia montana H. Pearson;山地格尼瑞香●☆
178653 Gnidia myrtifolia C. H. Wright;香桃木叶格尼瑞香●☆
178654 Gnidia nana (L. f.) Wikstr.;柔软格尼瑞香●☆
178655 Gnidia newtonii Gilg;纽敦格尼瑞香●☆
178656 Gnidia nitida Bolus;光亮格尼瑞香●☆
178657 Gnidia nodiflora Meisn.;节花格尼瑞香●☆
178658 Gnidia nutans H. Pearson = Gnidia usafuae Gilg ●☆
178659 Gnidia obtusissima Meisn.;钝格尼瑞香●☆
178660 Gnidia oliveriana Engl. et Gilg;奥里弗格尼瑞香●☆
178661 Gnidia oppositifolia L.;对叶格尼瑞香●☆
178662 Gnidia orbiculata C. H. Wright;圆格尼瑞香●☆
178663 Gnidia ornata (Meisn.) Gilg;装饰格尼瑞香●☆
178664 Gnidia ovalifolia Meisn. = Englerodaphne ovalifolia (Meisn.) E. Phillips ■☆
178665 Gnidia pallida Meisn.;苍白格尼瑞香●☆
178666 Gnidia parviflora Meisn.;小花格尼瑞香●☆
178667 Gnidia parvula Wolley-Dod;较小格尼瑞香●☆
178668 Gnidia pedunculata Beyers;梗花格尼瑞香●☆
178669 Gnidia penicillata Licht. ex Meisn.;扫帚状格尼瑞香●☆
178670 Gnidia phaeotricha Gilg;褐毛格尼瑞香●☆
178671 Gnidia pinifolia L.;松叶格尼瑞香●☆
178672 Gnidia pleurocephala Gilg;侧头格尼瑞香●☆
178673 Gnidia poggei Gilg;波氏格尼瑞香●☆
178674 Gnidia polyantha Gilg;多花格尼瑞香●☆
178675 Gnidia polycephala (C. A. Mey.) Gilg ex Engl.;多头格尼瑞香●☆
178676 Gnidia polystachya P. J. Bergius = Gnidia carinata Thunb. ●☆
178677 Gnidia polystachya P. J. Bergius = Gnidia squarrosa (L.)

Druce ●☆
178678 Gnidia polystachya P. J. Bergius var. congesta C. H. Wright = Gnidia squarrosa (L.) Druce ●☆
178679 Gnidia propinqua (Hilliard) B. Peterson;邻近格尼瑞香●☆
178680 Gnidia pulchella Meisn.;美丽格尼瑞香●☆
178681 Gnidia pulvinata Bolus = Gnidia nana (L. f.) Wikstr. ●☆
178682 Gnidia quadrifaria C. H. Wright = Gnidia styphelioides Meisn. ●☆
178683 Gnidia quarrei A. Robyns;卡雷格尼瑞香●☆
178684 Gnidia racemosa Thunb.;总花格尼瑞香●☆
178685 Gnidia ramosa H. Pearson = Gnidia goetzeana Gilg ●☆
178686 Gnidia ratangensis Gilg et Dewèvre = Gnidia chrysantha Gilg ●☆
178687 Gnidia razakamalalana Z. S. Rogers;拉扎卡格尼瑞香●☆
178688 Gnidia renniana Hilliard et B. L. Burtt;伦内格尼瑞香●☆
178689 Gnidia rivae Gilg;沟格尼瑞香●☆
178690 Gnidia robusta B. Peterson;粗壮格尼瑞香●☆
178691 Gnidia robynsiana Lisowski;罗宾斯格尼瑞香●☆
178692 Gnidia rubescens B. Peterson;变红格尼瑞香●☆
178693 Gnidia rubrocincta Gilg;红带格尼瑞香●☆
178694 Gnidia scabra Thunb.;粗糙格尼瑞香●☆
178695 Gnidia scabrida Meisn.;微糙格尼瑞香●☆
178696 Gnidia schweinfurthii Gilg = Gnidia involucrata Steud. ex A. Rich. ●☆
178697 Gnidia sericea L.;糙绢毛格尼瑞香●☆
178698 Gnidia sericea L. var. hirsuta Meisn.;粗毛格尼瑞香●☆
178699 Gnidia sericocephala (Meisn.) Gilg ex Engl.;绢毛头格尼瑞香●☆
178700 Gnidia setosa Wikstr.;刚毛格尼瑞香●☆
178701 Gnidia similis C. H. Wright;相似格尼瑞香●☆
178702 Gnidia simplex L.;简单格尼瑞香●☆
178703 Gnidia singularis Hilliard;单一格尼瑞香●☆
178704 Gnidia somalensis (Franch.) Gilg;索马里格尼瑞香●☆
178705 Gnidia somalensis (Franch.) Gilg var. glabra (H. Pearson) Cufod.;光索马里格尼瑞香●☆
178706 Gnidia somalensis (Franch.) Gilg var. sphaerocephala (Baker) Gastaldo = Gnidia somalensis (Franch.) Gilg ●☆
178707 Gnidia sonderiana Meisn.;森诺格尼瑞香●☆
178708 Gnidia sparsiflora Bartl. ex Meisn.;稀花格尼瑞香●☆
178709 Gnidia spicata (L. f.) Gilg;头序格尼瑞香●☆
178710 Gnidia splendens Meisn.;闪烁格尼瑞香●☆
178711 Gnidia squarrosa (L.) Druce;粗鳞格尼瑞香●☆
178712 Gnidia stellatifolia Gand.;星叶格尼瑞香●☆
178713 Gnidia stenophylla Gilg;窄叶格尼瑞香●☆
178714 Gnidia stenophylloides Gilg;拟窄叶格尼瑞香●☆
178715 Gnidia strigillosa Meisn.;硬毛格尼瑞香●☆
178716 Gnidia styphelioides Meisn.;垂钉石南格尼瑞香●☆
178717 Gnidia suavissima Dinter;芳香格尼瑞香●☆
178718 Gnidia subcordata Meisn.;近心格尼瑞香(近心格尼迪木)●☆
178719 Gnidia subulata Lam.;钻形格尼瑞香●☆
178720 Gnidia tenella Meisn.;柔弱格尼瑞香●☆
178721 Gnidia thesioides Meisn.;百蕊草格尼瑞香●☆
178722 Gnidia thesioides Meisn. var. condensata ?;密集格尼瑞香●☆
178723 Gnidia thomsonii H. Pearson = Gnidia microcephala Meisn. ●☆
178724 Gnidia tomentosa L.;绒毛格尼瑞香●☆
178725 Gnidia triplinervis Meisn.;三脉格尼瑞香●☆
178726 Gnidia urundiensis Gilg = Gnidia stenophylla Gilg ●☆
178727 Gnidia usafuae Gilg;乌沙夫格尼瑞香●☆
178728 Gnidia variabilis (C. H. Wright) Engl.;易变格尼瑞香●☆
178729 Gnidia variegata Gand.;杂色格尼瑞香●☆
178730 Gnidia vesiculosa Eckl. et Zeyh. ex Drège = Gnidia ornata (Meisn.) Gilg ●☆
178731 Gnidia welwitschii Hiern;韦尔格尼瑞香●☆
178732 Gnidia wilmsii (C. H. Wright) Engl.;维尔姆斯格尼瑞香●☆
178733 Gnidia woodii C. H. Wright;伍得格尼瑞香●☆
178734 Gnidiaceae Bercht. et J. Presl = Thymelaea Mill. (保留属名)●■
178735 Gnidiopsis Tiegh. = Gnidia L. ●☆
178736 Gnidium G. Don = Cnidium Cusson ex Juss. ■
178737 Gnidium G. Don = Selinum L. (保留属名)■
178738 Gnomonia Lunell = Festuca L. ■
178739 Gnomophalium Greuter(2003);密头金绒草属■☆
178740 Gnomophalium pulvinatum (Delile) Greuter;密头金绒草■☆
178741 Gnoteris Raf. = Hyptis Jacq. (保留属名)●■
178742 Gnoteris Raf. = Mesosphaerum P. Browne(废弃属名)●■
178743 Gnuphalium redolens G. Forst. = Pterocaulon redolens (G. Forst.) Fern. -Vill. ■
178744 Goadbyella R. S. Rogers = Microtis R. Br. ■
178745 Gobara Wight et Arn. ex Voigt = Dysoxylum Blume ●
178746 Gochnatia Decora (Kurz) Cabrera = Leucomeris Franch. ●
178747 Gochnatia Kunth = Leucomeris D. Don ●
178748 Gochnatia Kunth(1818);白菊木属(绒菊木属);Gochnatia, Leucomeris ●
178749 Gochnatia decora (Kurz) Cabrera;白菊木(大叶理肺药,枪花药);Beautify Gochnatia, Common Leucomeris ●◇
178750 Gochnatia hypoleuca (DC.) A. Gray;灌木白菊木;Chomonque, Shrubby Bullseye ●☆
178751 Gocimeda Gand. = Medicago L. (保留属名)●■
178752 Godefroya Gagnep. = Cleistanthus Hook. f. ex Planch. ●
178753 Godetia Spach = Clarkia Pursh ■
178754 Godetia Spach = Oenothera L. ●■
178755 Godetia amoena Lehm. = Clarkia amoena (Lehm.) A. Nelson et J. F. Macbr. ■☆
178756 Godetia biloba (Durand) S. Watson = Oenothera biloba Durand ■☆
178757 Godetia grandiflora Lindl. = Clarkia amoena (Lehm.) A. Nelson et J. F. Macbr. ■☆
178758 Godetia grandiflora Lindl. = Clarkia superba A. Nelson et J. F. Macbr. ■☆
178759 Godetia grandiflora Lindl. = Oenothera whitneyi Grey ■☆
178760 Godetia viminea (Douglas) Spach = Oenothera viminea Douglas ■☆
178761 Godia Steud. = Golia Adans. ■☆
178762 Godia Steud. = Soldanella L. ■☆
178763 Godiaeum Bojer = Codiaeum A. Juss. (保留属名)●
178764 Godinella T. Lestib. = Lysimachia L. ●■
178765 Godmania Hemsl. (1879);戈德曼紫葳属●☆
178766 Godmania macrocarpa Hemsl.;戈德曼紫葳●☆
178767 Godoya Ruiz et Pav. (1794);戈多伊木属●☆
178768 Godoya oblonga Ruiz et Pav.;戈多伊木●☆
178769 Godwinia Seem. = Dracontium L. ■☆
178770 Goebelia Bunge ex Boiss. (1872);哥培尔槐属●☆
178771 Goebelia Bunge ex Boiss. = Radiusia Rchb. ●■
178772 Goebelia Bunge ex Boiss. = Sophora L. ●■
178773 Goebelia alopecuroides (L.) Bunge = Sophora alopecuroides L. ■●

178774 Goebelia alopecuroides (L.) Bunge ex Boiss. = Sophora alopecuroides L. ■●

178775 Goebelia alopecuroides (L.) Bunge ex Boiss. var. tomentosa Boiss. = Sophora alopecuroides L. var. tomentosa (Boiss.) Bornm. ●

178776 Goebelia alopecuroides Bunge ex Boiss. = Sophora alopecuroides L. ■●

178777 Goebelia pachycarpa (Schrenk) Bunge ex Boiss. = Sophora pachycarpa Schrenk ex C. A. Mey. ●

178778 Goebelia pachycarpa Bunge ex Boiss. = Sophora pachycarpa Schrenk ex C. A. Mey. ●

178779 Goeldinia Huber = Allantoma Miers ●☆

178780 Goeppertia Griseb. (1862);格佩特龙胆属■☆

178781 Goeppertia Griseb. = Bisgoeppertia Kuntze ■☆

178782 Goeppertia Nees(1831) = Calathea G. Mey. + Maranta L. + Monoranta K. Schum. ■

178783 Goeppertia Nees(1831) = Endlicheria Nees(保留属名)●☆

178784 Goeppertia Nees(1836) = Aniba Aubl. ●☆

178785 Goeppertia Nees(1836) = Endlicheria Nees(保留属名)●☆

178786 Goeppertia Raf. = Goeppertia Nees ●☆

178787 Goeppertia gracilis C. Wright = Goeppertia gracilis C. Wright ex Griseb. ■☆

178788 Goeppertia gracilis C. Wright ex Griseb.;格佩特龙胆■☆

178789 Goeppertia volubilis Griseb.;细格佩特龙胆■☆

178790 Goerkemia Yild. = Isatis L. ■

178791 Goerteria pinnata Thunb. = Gazania pinnata Less. ■☆

178792 Goerziella Urb. = Amaranthus L. ■

178793 Goethalsia Pittier(1914);三裂萼椴属●☆

178794 Goethalsia isthmica Pittier;三裂萼椴●☆

178795 Goethartia Herzog = Pouzolzia Gaudich. ●■

178796 Goethea Nees et Mart. = Goethea Nees ●☆

178797 Goethea Nees(1821);歌德木属●☆

178798 Goethea cauliflora Nees;歌德木●☆

178799 Goethea multiflora (Juss.) N. E. Br.;多花歌德木●☆

178800 Goetzea Rchb. (废弃属名) = Goetzea Wydler(保留属名)●☆

178801 Goetzea Rchb. (废弃属名) = Rothia Pers. (保留属名)■

178802 Goetzea Wydler(1830)(保留属名);印茄树属(锈毛茄属)●☆

178803 Goetzea elegans Wydler;印茄树●☆

178804 Goetzeaceae Miers = Goetzeaceae Miers ex Airy Shaw ●☆

178805 Goetzeaceae Miers = Solanaceae Juss. (保留科名)●■

178806 Goetzeaceae Miers ex Airy Shaw = Solanaceae Juss. (保留科名)●■

178807 Goetzeaceae Miers ex Airy Shaw(1965);印茄树科●☆

178808 Goetzia Miers = Goetzea Wydler(保留属名)●☆

178809 Goetziaceae Miers = Goetzeaceae Miers ex Airy Shaw ●☆

178810 Gohoria Neck. = Ammi L. ■

178811 Golaea Chiov. (1929);戈拉爵床属■☆

178812 Golaea migiurtina Chiov. = Crabbea migiurtina (Chiov.) Thulin ■☆

178813 Golatta Raf. = Grafia Rchb. ■

178814 Goldbachia DC. (1821)(保留属名);四棱荠属(果革属);Goldbachia ■

178815 Goldbachia Trin. (废弃属名) = Arundinella Raddi ■

178816 Goldbachia Trin. (废弃属名) = Calamochloe Rchb. ■

178817 Goldbachia Trin. (废弃属名) = Goldbachia DC. (保留属名)■

178818 Goldbachia hispida Blatt. et Hallb. = Goldbachia laevigata (M. Bieb.) DC. ■

178819 Goldbachia ikonnikovii V. N. Vassil.;短梗四棱荠■

178820 Goldbachia ikonnikovii V. N. Vassil. = Goldbachia laevigata (M. Bieb.) DC. ■

178821 Goldbachia laevigata (M. Bieb.) DC.;四棱荠;Smooth Goldbachia ■

178822 Goldbachia laevigata (M. Bieb.) DC. subsp. torulose (DC.) Bornm. = Goldbachia laevigata (M. Bieb.) DC. ■

178823 Goldbachia laevigata (M. Bieb.) DC. var. adscendens Boiss. = Goldbachia laevigata (M. Bieb.) DC. ■

178824 Goldbachia laevigata (M. Bieb.) DC. var. adscendens Franch. = Eutrema integrifolium (DC.) Bunge ■

178825 Goldbachia laevigata (M. Bieb.) DC. var. ascendens Boiss. = Goldbachia laevigata (M. Bieb.) DC. ■

178826 Goldbachia laevigata (M. Bieb.) DC. var. ascendens Boiss. f. reticulata Kuntze = Goldbachia laevigata (M. Bieb.) DC. ■

178827 Goldbachia laevigata (M. Bieb.) DC. var. ikonnikovii (V. N. Vassil.) K. C. Kuan et Ma = Goldbachia laevigata (M. Bieb.) DC. ■

178828 Goldbachia lancifolia Franch. = Eutrema himalaicum Hook. f. et Thomson ■

178829 Goldbachia papulosa Vassilcz.;多乳突四棱荠■☆

178830 Goldbachia pendula Botsch.;垂果四棱荠■

178831 Goldbachia reticulata (Kuntze) Vassilcz.;网状四棱荠■

178832 Goldbachia reticulata (Kuntze) Vassilcz. = Goldbachia laevigata (M. Bieb.) DC. ■

178833 Goldbachia tetragona Ledeb. = Goldbachia laevigata (M. Bieb.) DC. ■

178834 Goldbachia torulose DC. = Goldbachia laevigata (M. Bieb.) DC. ■

178835 Goldbachia verrucosa Kom.;瘤四棱荠■☆

178836 Goldenia Raeusch. = Coldenia L. ■

178837 Goldfussia Nees = Strobilanthes Blume ●■

178838 Goldfussia Nees(1832);金足草属(曲蕊马蓝属,头花马蓝属)●■

178839 Goldfussia austinii (C. B. Clarke ex W. W. Sm.) Bremek.;蒙自金足草(金足草,马红金足草,宣威金足草)■

178840 Goldfussia capitata Nees;金足草(头花马蓝)●■

178841 Goldfussia capitata Nees = Strobilanthes capitata T. Anderson ●■

178842 Goldfussia colorata Nees = Diflugossa colorata (Nees) Bremek. ■

178843 Goldfussia cusia Ness = Baphicacanthus cusia (Ness) Bremek. ●

178844 Goldfussia cusia Ness = Strobilanthes cusia (Ness) Kuntze ●

178845 Goldfussia dimorphotricha (Hance) Bremek. = Goldfussia pentastemonoides (Wall.) Nees ■

178846 Goldfussia divaricata Nees = Diflugossa divaricata (Nees) Bremek. ■

178847 Goldfussia equitans (H. Lév.) E. Hossain;黔金足草■

178848 Goldfussia extensa Nees = Pteracanthus extensus (Nees) Bremek. ●■

178849 Goldfussia feddei (H. Lév.) E. Hossain;观音山金足草■

178850 Goldfussia flexuosa Nees = Strobilanthes penstemonoides (Nees) T. Anderson ■

178851 Goldfussia formosana (S. Moore) C. F. Hsieh et T. C. Huang;台湾金足草(台湾马蓝)■

178852 Goldfussia glandibracteata (D. Fang et H. S. Lo) C. Y. Wu;腺苞金足草(腺苞马蓝)■

178853 Goldfussia glomerata (Wall.) Nees;聚花金足草●■

178854 Goldfussia grandissima H. P. Tsui = Pteracanthus grandissimus (H. P. Tsui) C. Y. Wu et C. C. Hu ■

178855 Goldfussia hanocokii (C. B. Clarke ex W. W. Sm.) Bremek. = Goldfussia austinii (C. B. Clarke ex W. W. Sm.) Bremek. ■
178856 Goldfussia leucocephala (Craib) C. Y. Wu;白头金足草■
178857 Goldfussia mahongensis (H. Lév.) E. Hossain = Goldfussia austinii (C. B. Clarke ex W. W. Sm.) Bremek. ■
178858 Goldfussia medogensis H. W. Li = Diflugossa scoriarum (W. W. Sm.) E. Hossain ■
178859 Goldfussia ningmingensis (D. Fang et H. S. Lo) C. Y. Wu;宁明金足草(宁明马蓝)●
178860 Goldfussia ovatibracteata (H. S. Lo et D. Fang) C. Y. Wu;卵苞金足草(卵苞马蓝)●■
178861 Goldfussia pentastemonoides (Wall.) Nees;圆苞金足草(大青草,杜牛膝,鸡骨草,鸡腿牛膝,蓝靛七,两广马蓝,球花马兰,球花马蓝,石大骨,铁脚灵仙,头花金足草,土大黄,温大青,腺萼马蓝,野牛膝,异毛金足草,异毛紫云菜);Ballflower Conehead ■
178862 Goldfussia pentastemonoides Nees = Goldfussia pentastemonoides (Wall.) Nees ■
178863 Goldfussia psilostachys (C. B. Clarke ex W. W. Sm.) Bremek.;细穗曲蕊马蓝(汗斑草,红石蓝,六月青,细穗金足草);Thinstachys Conehead ■
178864 Goldfussia scorianum (W. W. Sm.) Bremek. = Diflugossa scoriarum (W. W. Sm.) E. Hossain ■
178865 Goldfussia seguinii (H. Lév.) C. Y. Wu et C. C. Hu;独山金足草■
178866 Goldfussia sessilis Nees = Diflugossa scoriarum (W. W. Sm.) E. Hossain ■
178867 Goldfussia shweliensis (W. W. Sm.) E. Hossain = Diflugossa scoriarum (W. W. Sm.) E. Hossain ■
178868 Goldfussia straminea (W. W. Sm.) C. Y. Wu et C. C. Hu;草色金足草■
178869 Goldfussia tengyuehensis C. Y. Wu = Diflugossa colorata (Nees) Bremek. ■
178870 Goldfussia thomsoni Hook. = Pteracanthus alatus (Wall.) Bremek. ●■
178871 Goldmanella Greenm. (1908);斜叶菊属■☆
178872 Goldmanella sarmentosa Greenm.;斜叶菊■☆
178873 Goldmania Greenm. = Goldmanella Greenm. ■☆
178874 Goldmania Rose = Goldmania Rose ex Micheli ■☆
178875 Goldmania Rose ex Micheli(1903);戈尔豆属■☆
178876 Goldmania platycarpa Rose ex Micheli;戈尔豆■☆
178877 Goldschmidtia Dammer = Dendrobium Sw. (保留属名)■
178878 Golenkinianthe Koso-Pol. = Chaerophyllum L. ■
178879 Golia Adans. = Soldanella L. ■☆
178880 Golionema S. Watson = Olivaea Sch. Bip. ex Benth. ■☆
178881 Golowninia Maxim. = Crawfurdia Wall. ■
178882 Golowninia Maxim. = Gentiana L. ■
178883 Golowninia japonica (Siebold et Zucc.) Maxim. = Tripterospermum japonicum (Siebold et Zucc.) Maxim. ■
178884 Golubiopsis Becc. ex Martelli = Gulubiopsis Becc. ●☆
178885 Gomara Adans. = Crassula L. ●■☆
178886 Gomara Ruiz et Pav. = Gomaranthus Rauschert ●☆
178887 Gomara Ruiz et Pav. = Sanango G. S. Bunting et J. A. Duke ●☆
178888 Gomaranthus Rauschert = Sanango G. S. Bunting et J. A. Duke ●☆
178889 Gomaria Spreng. = Gomara Ruiz et Pav. ●☆
178890 Gomaria Spreng. = Sanango G. S. Bunting et J. A. Duke ●☆
178891 Gomarum Raf. = Comarum L. ●■
178892 Gomarum Raf. = Potentilla L. ■●
178893 Gomesa R. Br. (1815);小人兰属(宫美兰属);Little Man Orchid ■☆
178894 Gomesa crispa (Lindl.) Klotzsch ex Rchb. f.;皱瓣小人兰;Curled Petal Little Man Orchid ■☆
178895 Gomesa laxiflora Klotzsch ex Rchb. f.;疏花小人兰;Looseflower Little Man Orchid ■☆
178896 Gomesa planifolia (Lindl.) Klotzsch ex Rchb. f.;扁叶小人兰(扁叶宫美兰,无柄小人兰);Flattenedleaf Little Man Orchid, Sessile Little Man Orchid ■☆
178897 Gomesia Spreng. = Gomesa R. Br. ■☆
178898 Gomeza Lindl. = Gomesia Spreng. ■☆
178899 Gomezia Bartl. = Gomesia Spreng. ■☆
178900 Gomezia Mutis = Gomozia Mutis ex L. f. (废弃属名)■
178901 Gomezia Mutis = Nertera Banks ex Gaertn. (保留属名)■
178902 Gomidesia O. Berg = Myrcia DC. ex Guill. ●☆
178903 Gomidezia Benth. et Hook. f. = Gomidesia O. Berg ●☆
178904 Gomortega Ruiz et Pav. (1794);油籽树属(葵乐果属,腺蕊花属)●☆
178905 Gomortega nitida Ruiz et Pav.;油籽树●☆
178906 Gomortegaceae Reiche(1896)(保留科名);油籽树科(葵乐果科,腺蕊花科)●☆
178907 Gomoscypha Post et Kuntze = Gonioscypha Baker ■☆
178908 Gomoscypha Post et Kuntze = Tupistra Ker Gawl. ■
178909 Gomosia Lam. = Gomozia Mutis ex L. f. (废弃属名)■
178910 Gomosia Lam. = Nertera Banks ex Gaertn. (保留属名)■
178911 Gomotriche Turcz. = Goniotriche Turcz. ■●☆
178912 Gomotriche Turcz. = Trichinium R. Br. ■●☆
178913 Gomoza Cothen. = Nertera Banks ex Gaertn. (保留属名)■
178914 Gomozia Mutis ex L. f. (废弃属名) = Nertera Banks ex Gaertn. (保留属名)■
178915 Gomozia granadensis Mutis ex L. f. = Nertera granadensis (Mutis ex L. f.) Druce ■
178916 Gomphandra Wall. ex Lindl. (1836);粗丝木属(毛蕊木属,须蕊木属);Gomphandra ●
178917 Gomphandra cambodiana Pierre ex Gagnep. = Gomphandra tetrandra (Wall.) Sleumer ●
178918 Gomphandra chingiana (Hand. -Mazz.) Sleumer = Gomphandra tetrandra (Wall.) Sleumer ●
178919 Gomphandra hainanensis Merr. = Gomphandra tetrandra (Wall.) Sleumer ●
178920 Gomphandra luzoniensis (Merr.) Merr.;吕宋毛蕊木●
178921 Gomphandra mollis Merr.;毛粗丝木(东京粗丝木);Pubescent Gomphandra ●
178922 Gomphandra pauciflora Craib = Gomphandra tetrandra (Wall.) Sleumer ●
178923 Gomphandra tetrandra (Wall.) Sleumer;粗丝木(海南粗丝木,黑骨走马,毛蕊木);Ching Stemonurus, Fourstamen Gomphandra, Four-stamen Gomphandra, Hainan Gomphandra ●
178924 Gomphandra tonkinensis Gagnep. = Gomphandra mollis Merr. ●
178925 Gomphia Schreb. (1789);拟乌拉木属●
178926 Gomphia Schreb. = Ouratea Aubl. (保留属名)●
178927 Gomphia affinis Hook. f. = Rhabdophyllum affine (Hook. f.) Tiegh. ●☆
178928 Gomphia amplectens Stapf = Campylospermum amplectens (Stapf) Farron ●☆
178929 Gomphia angustifolia Vahl = Ouratea angustifolia (Vahl)

Baill. ●☆

178930 Gomphia axillaris Oliv. = Idertia axillaris (Oliv.) Farron ●☆

178931 Gomphia calophylla Hook. f. = Rhabdophyllum calophyllum (Hook. f.) Tiegh. ●☆

178932 Gomphia congesta Oliv. = Campylospermum congestum (Oliv.) Farron ●☆

178933 Gomphia densiflora (De Wild. et T. Durand) Verdc. = Campylospermum densiflorum (De Wild. et T. Durand) Farron ●☆

178934 Gomphia duparquetiana Baill. = Campylospermum duparquetianum (Baill.) Tiegh. ●☆

178935 Gomphia elongata Oliv. = Campylospermum elongatum (Oliv.) Tiegh. ●☆

178936 Gomphia flava Schumach. et Thonn. = Campylospermum flavum (Schumach. et Thonn.) Farron ●☆

178937 Gomphia florida Lye = Campylospermum bukobense (Gilg) Farron ●☆

178938 Gomphia glaberrima P. Beauv. = Campylospermum glaberrimum (P. Beauv.) Farron ●☆

178939 Gomphia hiernii (Tiegh.) Lye = Campylospermum hiernii (Tiegh.) Exell ●☆

178940 Gomphia likimiensis (De Wild.) Verdc.;利基米拟乌拉木●☆

178941 Gomphia lunzuensis (N. Robson) Verdc.;菲律宾拟乌拉木●☆

178942 Gomphia lutambensis (Sleumer) Verdc.;卢塔波拟乌拉木●☆

178943 Gomphia mannii Oliv. = Campylospermum mannii (Oliv.) Tiegh. ●☆

178944 Gomphia mannii Oliv. var. brachypoda ? = Campylospermum oliveri (Tiegh.) Farron ●☆

178945 Gomphia micrantha Hook. f. = Ouratea micrantha (Hook. f.) Hutch. et Dalziel ●☆

178946 Gomphia mildbraedii (Gilg) Lye = Idertia mildbraedii (Gilg) Farron ●☆

178947 Gomphia parviflora DC.;小花拟乌拉木●☆

178948 Gomphia reticulata P. Beauv. = Campylospermum reticulatum (P. Beauv.) Farron ●☆

178949 Gomphia sacleuxii (Tiegh.) Verdc. = Campylospermum sacleuxii (Tiegh.) Farron ●☆

178950 Gomphia scheffleri (Gilg) Verdc. subsp. schusteri (Gilg ex Engl.) Verdc.;谢夫勒拟乌拉木●☆

178951 Gomphia scheffleri (Gilg) Verdc. subsp. taitensis Verdc.;泰塔拟乌拉木●☆

178952 Gomphia schoenleiniana Klotzsch = Campylospermum schoenleinianum (Klotzsch) Farron ●☆

178953 Gomphia serrata (Gaertn.) Kanis = Campylospermum serratum (Gaertn.) Bittrich et M. C. E. Amaral ●

178954 Gomphia squamosa DC. = Campylospermum squamosum (DC.) Farron ●☆

178955 Gomphia striata (Tiegh.) C. F. Wei = Campylospermum striatum (Tiegh.) M. C. E. Amaral ●

178956 Gomphia subcordata Stapf = Campylospermum subcordatum (Stapf) Farron ●☆

178957 Gomphia turnerae Hook. f. = Campylospermum reticulatum (P. Beauv.) Farron var. turnerae (Hook. f.) Farron ●☆

178958 Gomphia vogelii Hook. f. = Campylospermum vogelii (Hook. f.) Farron ●☆

178959 Gomphia zeylanica (Lam.) DC. = Gomphia angustifolia Vahl ●☆

178960 Gomphia zeylanica DC. = Gomphia angustifolia Vahl ●☆

178961 Gomphiaceae DC. ex Schnizl. = Ochnaceae DC.(保留科名)●■

178962 Gomphichis Lindl. (1840);棒兰属■☆

178963 Gomphichis alba F. Lehm. et Kraenzl.;白棒兰■☆

178964 Gomphichis altissima Renz;高棒兰■☆

178965 Gomphichis brachystachys Schltr.;短穗棒兰■☆

178966 Gomphichis foliosa Ames;多叶棒兰■☆

178967 Gomphichis longifolia Schltr.;长叶棒兰■☆

178968 Gomphiluma Baill. = Pouteria Aubl. ●

178969 Gomphima Raf. = Monochoria C. Presl ■

178970 Gomphipus (Raf.) B. D. Jacks. = Calonyction Choisy ■

178971 Gomphocalyx Baker(1887);棒萼茜属☆

178972 Gomphocalyx herniarioides Baker;棒萼茜☆

178973 Gomphocarpa van Royen = Gomphandra Wall. ex Lindl. ●

178974 Gomphocarpus R. Br. (1810);钉头果属;Gomphocarpus, Naiheadfruit ●

178975 Gomphocarpus R. Br. = Asclepias L. ■

178976 Gomphocarpus abyssinicus Decne.;阿比西尼亚钉头果●☆

178977 Gomphocarpus abyssinicus Hochst. = Gomphocarpus abyssinicus Decne. ●☆

178978 Gomphocarpus acerateoides Schltr. = Xysmalobium acerateoides (Schltr.) N. E. Br. ■☆

178979 Gomphocarpus adscendens Schltr. = Asclepias adscendens (Schltr.) Schltr. ■☆

178980 Gomphocarpus affinis Schltr. = Asclepias albens (E. Mey.) Schltr. ■☆

178981 Gomphocarpus alatus Schltr. = Pachycarpus dealbatus E. Mey. ■☆

178982 Gomphocarpus albens (E. Mey.) Decne. = Asclepias albens (E. Mey.) Schltr. ■☆

178983 Gomphocarpus amabilis (N. E. Br.) Bullock;秀丽钉头果●☆

178984 Gomphocarpus amoenus K. Schum. = Trachycalymma amoenum (K. Schum.) Goyder ■☆

178985 Gomphocarpus angustatus Hochst. = Stathmostelma angustatum K. Schum. ■☆

178986 Gomphocarpus angustifolius (Schweigg.) Link = Gomphocarpus fruticosus (L.) W. T. Aiton ●

178987 Gomphocarpus appendiculatus (E. Mey.) Decne. = Pachycarpus appendiculatus E. Mey. ■☆

178988 Gomphocarpus arachnoideus E. Fourn. = Gomphocarpus fruticosus (L.) W. T. Aiton ●

178989 Gomphocarpus arborescens (L.) W. T. Aiton = Gomphocarpus cancellatus (Burm. f.) Bruyns ●☆

178990 Gomphocarpus arenarius Schltr. = Asclepias crispa P. J. Bergius ■☆

178991 Gomphocarpus asclepiaceus Schltr. = Asclepias hastata (E. Mey.) Schltr. ■☆

178992 Gomphocarpus asper Decne. = Pachycarpus linearis (E. Mey.) N. E. Br. ●☆

178993 Gomphocarpus asperifolius (Meisn.) Walp. = Pachycarpus asperifolius Meisn. ■☆

178994 Gomphocarpus aureus Schltr. = Asclepias aurea (Schltr.) Schltr. ■☆

178995 Gomphocarpus bisacculatus Oliv. = Pachycarpus bisacculatus (Oliv.) Goyder ■☆

178996 Gomphocarpus brasiliensis E. Fourn. = Gomphocarpus physocarpus E. Mey. ●

178997 Gomphocarpus brevicuspis (E. Mey.) D. Dietr. = Asclepias brevicuspis (E. Mey.) Schltr. ●☆

178998 Gomphocarpus brevipes Schltr. = Asclepias brevipes (Schltr.) Schltr. ●☆

178999 Gomphocarpus buchwaldii Schltr. et K. Schum. = Trachycalymma buchwaldii (Schltr. et K. Schum.) Goyder ■☆

179000 Gomphocarpus campanulatus Harv. = Pachycarpus campanulatus (Harv.) N. E. Br. ■☆

179001 Gomphocarpus cancellatus (Burm. f.) Bruyns;格纹钉头果●☆

179002 Gomphocarpus cancellatus (Burm. f.) Nicholas et P. I. Forst. = Gomphocarpus cancellatus (Burm. f.) Bruyns ●☆

179003 Gomphocarpus carinatus (Schltr.) Schltr. = Xysmalobium carinatum (Schltr.) N. E. Br. ■☆

179004 Gomphocarpus chironioides Decne. = Glossostelma lisianthoides (Decne.) Bullock ■☆

179005 Gomphocarpus chlorojodina K. Schum. = Glossostelma carsonii (N. E. Br.) Bullock ■☆

179006 Gomphocarpus concinnus Schltr. = Asclepias concinna (Schltr.) Schltr. ■☆

179007 Gomphocarpus concolor (E. Mey.) Decne. = Pachycarpus concolor E. Mey. ●☆

179008 Gomphocarpus corniculatus (E. Mey.) D. Dietr. = Stenostelma corniculatum (E. Mey.) Bullock ■☆

179009 Gomphocarpus cornutus Decne.;角状钉头果●☆

179010 Gomphocarpus cornutus Decne. = Gomphocarpus fruticosus (L.) W. T. Aiton ●

179011 Gomphocarpus coronarius (E. Mey.) Decne. = Pachycarpus coronarius E. Mey. ●☆

179012 Gomphocarpus crinitus G. Bertol. = Gomphocarpus fruticosus (L.) W. T. Aiton ●

179013 Gomphocarpus crispus (P. J. Bergius) R. Br. = Asclepias crispa P. J. Bergius ■☆

179014 Gomphocarpus cristatus Decne. = Trachycalymma cristatum (Decne.) Bullock ●☆

179015 Gomphocarpus cucullatus Schltr. = Asclepias cucullata (Schltr.) Schltr. ■☆

179016 Gomphocarpus cultriformis Harv. ex Schltr. = Asclepias cultriformis (Harv. ex Schltr.) Schltr. ■☆

179017 Gomphocarpus dealbatus (E. Mey.) Decne. = Pachycarpus dealbatus E. Mey. ■☆

179018 Gomphocarpus dependens K. Schum. = Asclepias dependens (K. Schum.) N. E. Br. ■☆

179019 Gomphocarpus depressus Schltr. = Asclepias multicaulis (E. Mey.) Schltr. ■☆

179020 Gomphocarpus diploglossus Turcz. = Aspidonepsis diploglossa (Turcz.) Nicholas et Goyder ●☆

179021 Gomphocarpus drepanostephanus Hochst. = Pachycarpus robustus (A. Rich.) Bullock ■☆

179022 Gomphocarpus eminens Harv. = Asclepias eminens (Harv.) Schltr. ■☆

179023 Gomphocarpus eustegioides (E. Mey.) D. Dietr. = Schizoglossum eustegioides (E. Mey.) Druce ■☆

179024 Gomphocarpus expansus (E. Mey.) D. Dietr. = Asclepias expansa (E. Mey.) Schltr. ■☆

179025 Gomphocarpus fallax Schltr. = Asclepias fallax (Schltr.) Schltr. ■☆

179026 Gomphocarpus filiformis (E. Mey.) D. Dietr.;线状钉头果●☆

179027 Gomphocarpus flexuosus (E. Mey.) D. Dietr. = Asclepias flexuosa (E. Mey.) Schltr. ■☆

179028 Gomphocarpus foliosus K. Schum. = Trachycalymma foliosum (K. Schum.) Goyder ■☆

179029 Gomphocarpus fragrans Schltr. = Asclepias flexuosa (E. Mey.) Schltr. ■☆

179030 Gomphocarpus frederici (Hiern) Bullock;弗雷德里库钉头果●☆

179031 Gomphocarpus frutescens E. Mey. = Gomphocarpus fruticosus (L.) W. T. Aiton ●

179032 Gomphocarpus fruticosus (L.) W. T. Aiton;钉头果(非洲马利筋);African Milkweed, Cotine, Firesticks, Fruticose Gomphocarpus, Fruticose Naiheadfruit, Narrow-leaved Cotton Bush, Shrubby Milkweed, Vegetable Down ●

179033 Gomphocarpus fruticosus (L.) W. T. Aiton f. brasiliensis (E. Fourn.) Briq. = Gomphocarpus physocarpus E. Mey. ●

179034 Gomphocarpus fruticosus (L.) W. T. Aiton subsp. decipiens (N. E. Br.) Goyder et Nicholas;迷惑钉头果●☆

179035 Gomphocarpus fruticosus (L.) W. T. Aiton subsp. flavidus (N. E. Br.) Goyder;浅黄钉头果●☆

179036 Gomphocarpus fruticosus (L.) W. T. Aiton subsp. rostratus (N. E. Br.) Goyder et Nicholas;喙状钉头果●☆

179037 Gomphocarpus fruticosus (L.) W. T. Aiton subsp. setosus (Forssk.) Goyder et Nicholas;刚毛钉头果●☆

179038 Gomphocarpus fruticosus (L.) W. T. Aiton var. angustissimus Engl. = Gomphocarpus phillipsiae (N. E. Br.) Goyder ●☆

179039 Gomphocarpus fruticosus (L.) W. T. Aiton var. purpureus Schweinf. = Gomphocarpus purpurascens A. Rich. ●☆

179040 Gomphocarpus fruticosus (L.) W. T. Aiton var. tomentosus (Burch.) K. Schum. = Gomphocarpus tomentosus Burch. ●☆

179041 Gomphocarpus galpinii Schltr. = Pachycarpus galpinii (Schltr.) N. E. Br. ■☆

179042 Gomphocarpus geminatus Schltr. = Asclepias hastata (E. Mey.) Schltr. ■☆

179043 Gomphocarpus geminiflorus Schltr. = Pachycarpus concolor E. Mey. ●☆

179044 Gomphocarpus gerrardii Harv. = Pachycarpus campanulatus (Harv.) N. E. Br. var. sutherlandii N. E. Br. ■☆

179045 Gomphocarpus gibbus (E. Mey.) D. Dietr. = Asclepias gibba (E. Mey.) Schltr. ■☆

179046 Gomphocarpus glaberrimus Oliv. = Kanahia laniflora (Forssk.) R. Br. ■☆

179047 Gomphocarpus glaucophyllus Schltr.;灰绿钉头果●☆

179048 Gomphocarpus gracilis (E. Mey.) D. Dietr. = Aspidoglossum gracile (E. Mey.) Kupicha ■☆

179049 Gomphocarpus grandiflorus (L. f.) Decne. = Pachycarpus grandiflorus (L. f.) E. Mey. ●☆

179050 Gomphocarpus grandiflorus (L. f.) Decne. var. tomentosus Schltr. = Pachycarpus grandiflorus (L. f.) E. Mey. subsp. tomentosus (Schltr.) Goyder ●☆

179051 Gomphocarpus grandiflorus (L. f.) K. Schum. = Pachycarpus grandiflorus (L. f.) E. Mey. ●☆

179052 Gomphocarpus grantii (Oliv.) Schltr. = Pachycarpus grantii (Oliv.) Bullock ●☆

179053 Gomphocarpus harveyanus Schltr. = Xysmalobium prunelloides Turcz. ■☆

179054 Gomphocarpus hastatus E. Mey. = Asclepias hastata (E. Mey.)

Schltr. ■☆
179055 Gomphocarpus hastatus E. Mey. var. angustifolius Meisn. = Asclepias crispa P. J. Bergius ■☆
179056 Gomphocarpus humilis (E. Mey.) Decne. = Asclepias humilis (E. Mey.) Schltr. ■☆
179057 Gomphocarpus insignis Schltr. = Pachycarpus transvaalensis (Schltr.) N. E. Br. ■☆
179058 Gomphocarpus integer (N. E. Br.) Bullock;全缘钉头果●☆
179059 Gomphocarpus interruptus (E. Mey.) D. Dietr. = Aspidoglossum interruptum (E. Mey.) Bullock ■☆
179060 Gomphocarpus involucratus (E. Mey.) D. Dietr. = Xysmalobium involucratum (E. Mey.) Decne. ■☆
179061 Gomphocarpus kaessneri (N. E. Br.) Goyder et Nicholas;卡斯纳钉头果●☆
179062 Gomphocarpus kamerunensis (Schltr.) Bullock;喀麦隆钉头果●☆
179063 Gomphocarpus lanatus E. Mey. = Gomphocarpus tomentosus Burch. ●☆
179064 Gomphocarpus linearis (E. Mey.) D. Dietr. = Pachycarpus linearis (E. Mey.) N. E. Br. ●☆
179065 Gomphocarpus lineolatus Decne.;线条钉头果●☆
179066 Gomphocarpus lineolatus Decne. = Pachycarpus lineolatus (Decne.) Bullock ■☆
179067 Gomphocarpus lisianthoides Decne. = Glossostelma lisianthoides (Decne.) Bullock ■☆
179068 Gomphocarpus longifolius Schltr. = Xysmalobium gomphocarpoides (E. Mey.) D. Dietr. ■☆
179069 Gomphocarpus longipes Oliv. = Stathmostelma pedunculatum (Decne.) K. Schum. ●☆
179070 Gomphocarpus longissimus K. Schum.;极长钉头果●☆
179071 Gomphocarpus macer (E. Mey.) D. Dietr. = Sisyranthus macer (E. Mey.) Schltr. ■☆
179072 Gomphocarpus mackenii Harv. = Pachycarpus mackenii (Harv.) N. E. Br. ■☆
179073 Gomphocarpus macroglossus Turcz. = Pachycarpus appendiculatus E. Mey. ■☆
179074 Gomphocarpus macropus Schltr. = Asclepias macropus (Schltr.) Schltr. ■☆
179075 Gomphocarpus marginatus (E. Mey.) Decne. = Woodia mucronata (Thunb.) N. E. Br. ■☆
179076 Gomphocarpus marginatus Schltr. = Asclepias dregeana Schltr. ■☆
179077 Gomphocarpus meliodorus Schltr. = Asclepias meliodora (Schltr.) Schltr. ■☆
179078 Gomphocarpus meyerianus Schltr. = Asclepias meyeriana (Schltr.) Schltr. ■☆
179079 Gomphocarpus multicaulis (E. Mey.) D. Dietr. = Asclepias multicaulis (E. Mey.) Schltr. ■☆
179080 Gomphocarpus multiflorus Decne. = Asclepias multiflora (Decne.) N. E. Br. ■☆
179081 Gomphocarpus navicularis (E. Mey.) D. Dietr. = Asclepias navicularis (E. Mey.) Schltr. ■☆
179082 Gomphocarpus nutans Klotzsch = Asclepias nutans (Klotzsch) N. E. Br. ■☆
179083 Gomphocarpus ochroleucus Schltr. = Xysmalobium gerrardii Scott-Elliot ■☆
179084 Gomphocarpus orbicularis (E. Mey.) Schltr. = Xysmalobium orbiculare (E. Mey.) D. Dietr. ■☆
179085 Gomphocarpus ovatus Schltr. = Xysmalobium acerateoides (Schltr.) N. E. Br. ■☆
179086 Gomphocarpus oxytropis Turcz. = Asclepias gibba (E. Mey.) Schltr. ■☆
179087 Gomphocarpus pachyglossus Schltr. = Xysmalobium parviflorum Harv. ex Scott-Elliot ●☆
179088 Gomphocarpus pachystephanus (Schltr.) Schltr. = Schizoglossum linifolium Schltr. ■☆
179089 Gomphocarpus padifolius Baker = Xysmalobium orbiculare (E. Mey.) D. Dietr. ■☆
179090 Gomphocarpus palustris K. Schum. = Trachycalymma cristatum (Decne.) Bullock ●☆
179091 Gomphocarpus parviflorus Harv. ex Schltr. = Xysmalobium asperum N. E. Br. ■☆
179092 Gomphocarpus pauciflorus Klotzsch = Stathmostelma pauciflorum (Klotzsch) K. Schum. ●☆
179093 Gomphocarpus pedunculatus Decne. = Stathmostelma pedunculatum (Decne.) K. Schum. ●☆
179094 Gomphocarpus peltigerus (E. Mey.) D. Dietr. = Asclepias peltigera (E. Mey.) Schltr. ■☆
179095 Gomphocarpus phillipsiae (N. E. Br.) Goyder;菲利钉头果●☆
179096 Gomphocarpus physocarpus E. Mey.;钝钉头果(膀胱状钉头果,囊钉头果,汽球花);Balloon Cottonbush, Obtuse-fruit Gomphocarpus, Pochetfruit Naiheadfruit ●
179097 Gomphocarpus praticola (S. Moore) Goyder et Nicholas;草原钉头果●☆
179098 Gomphocarpus prunelloides (Turcz.) Schltr. = Xysmalobium prunelloides Turcz. ■☆
179099 Gomphocarpus pulchellus Decne. = Trachycalymma pulchellum (Decne.) Bullock ■☆
179100 Gomphocarpus purpurascens A. Rich.;浅紫钉头果●☆
179101 Gomphocarpus rectinervis Schltr. = Xysmalobium confusum Scott-Elliot ■☆
179102 Gomphocarpus reflectens (E. Mey.) Decne. = Pachycarpus reflectens E. Mey. ■☆
179103 Gomphocarpus revolutus (E. Mey.) D. Dietr. = Asclepias stellifera Schltr. ■☆
179104 Gomphocarpus rhinophyllus K. Schum. = Pachycarpus concolor E. Mey. ●☆
179105 Gomphocarpus rigidus (E. Mey.) Decne. = Pachycarpus rigidus E. Mey. ■☆
179106 Gomphocarpus rigidus (E. Mey.) Decne. var. tridens ? = Pachycarpus rigidus E. Mey. ■☆
179107 Gomphocarpus rigidus Decne.;坚挺钉头果●☆
179108 Gomphocarpus rivularis Schltr.;溪边钉头果●☆
179109 Gomphocarpus robustus A. Rich. = Pachycarpus robustus (A. Rich.) Bullock ■☆
179110 Gomphocarpus rostratus (N. E. Br.) Bullock = Gomphocarpus fruticosus (L.) W. T. Aiton subsp. rostratus (N. E. Br.) Goyder et Nicholas ●☆
179111 Gomphocarpus rubioides Kotschy et Peyr.;盖茜钉头果●☆
179112 Gomphocarpus scaber Harv. = Pachycarpus scaber (Harv.) N. E. Br. ■☆
179113 Gomphocarpus scaber K. Schum. = Pachycarpus concolor E. Mey. ●☆
179114 Gomphocarpus schinzianus Schltr.;欣齐钉头果●☆

179115 Gomphocarpus schinzianus Schltr. = Pachycarpus schinzianus (Schltr.) N. E. Br. ■☆

179116 Gomphocarpus schizoglossoides Schltr. = Asclepias aurea (Schltr.) Schltr. ■☆

179117 Gomphocarpus schlechteri K. Schum. = Asclepias schlechteri (K. Schum.) N. E. Br. ■☆

179118 Gomphocarpus semiamplectens K. Schum.;半抱钉头果●☆

179119 Gomphocarpus semilunatus A. Rich.;半月钉头果●☆

179120 Gomphocarpus sessilis Decne. = Xysmalobium sessile (Decne.) Decne. ■☆

179121 Gomphocarpus setosus (Forssk.) Decne. = Gomphocarpus fruticosus (L.) W. T. Aiton subsp. setosus (Forssk.) Goyder et Nicholas ●☆

179122 Gomphocarpus setosus Hochst. ex Oliv. = Gomphocarpus abyssinicus Decne. ●☆

179123 Gomphocarpus simplex Schltr. = Asclepias stellifera Schltr. ■☆

179124 Gomphocarpus sinaicus Boiss. = Asclepias sinaica (Boiss.) Muschl. ■☆

179125 Gomphocarpus spathulatus (K. Schum.) Schltr. = Glossostelma spathulatum (K. Schum.) Bullock ■☆

179126 Gomphocarpus sphacelatus K. Schum. = Asclepias sphacelata (K. Schum.) N. E. Br. ■☆

179127 Gomphocarpus stenoglossus Schltr. = Stenostelma capense Schltr. ■☆

179128 Gomphocarpus stenophyllus Oliv.;窄叶钉头果●☆

179129 Gomphocarpus stockenstromensis (Scott-Elliot) Schltr. = Xysmalobium stockenstromense Scott-Elliot ■☆

179130 Gomphocarpus stolzianus K. Schum.;斯托尔兹钉头果●☆

179131 Gomphocarpus suaveolens Schltr. = Pachycarpus suaveolens (Schltr.) Nicholas et Goyder ■☆

179132 Gomphocarpus swynnertonii (S. Moore) Goyder et Nicholas;斯温纳顿钉头果●☆

179133 Gomphocarpus tanganyikensis (E. A. Bruce) Bullock;坦噶尼喀钉头果●☆

179134 Gomphocarpus tenuifolius (N. E. Br.) Bullock;狭叶钉头果●☆

179135 Gomphocarpus tenuis (E. Mey.) D. Dietr. = Schizoglossum linifolium Schltr. ■☆

179136 Gomphocarpus tomentosus Burch.;绒毛钉头果●☆

179137 Gomphocarpus tomentosus Burch. subsp. frederici (Hiern) Goyder et Nicholas;热非绒毛钉头果●☆

179138 Gomphocarpus trachyphyllus K. Schum. = Pachycarpus concolor E. Mey. ●☆

179139 Gomphocarpus transvaalensis Schltr. = Pachycarpus transvaalensis (Schltr.) N. E. Br. ■☆

179140 Gomphocarpus trifurcatus Schltr. = Woodia mucronata (Thunb.) N. E. Br. ■☆

179141 Gomphocarpus truncatus (E. Mey.) D. Dietr. = Asclepias praemorsa Schltr. ■☆

179142 Gomphocarpus truncatus (E. Mey.) Harv. = Asclepias praemorsa Schltr. ■☆

179143 Gomphocarpus undulatus (L.) Schltr. = Xysmalobium undulatum (L.) W. T. Aiton ■☆

179144 Gomphocarpus undulatus Turcz. = Woodia mucronata (Thunb.) N. E. Br. ■☆

179145 Gomphocarpus validus Schltr.;强壮钉头果●☆

179146 Gomphocarpus validus Schltr. = Pachycarpus asperifolius Meisn. ■☆

179147 Gomphocarpus velutinus Schltr. = Asclepias velutina (Schltr.) Schltr. ■☆

179148 Gomphocarpus verticillatus Turcz. = Gomphocarpus fruticosus (L.) W. T. Aiton ●

179149 Gomphocarpus virgatus (E. Mey.) D. Dietr. = Aspidoglossum virgatum (E. Mey.) Kupicha ■☆

179150 Gomphocarpus viridiflorus (E. Mey.) Decne. = Asclepias dregeana Schltr. ■☆

179151 Gomphocarpus woodii Schltr. = Asclepias woodii (Schltr.) Schltr. ■☆

179152 Gomphogyna Post et Kuntze = Gomphogyne Griff. ■

179153 Gomphogyne Griff. (1845);锥形果属(棒瓜属);Awlfruit, Gomphogyne ■

179154 Gomphogyne alleizetii Gagnep. = Gomphogyne cissiformis Griff. ■

179155 Gomphogyne bonii Gagnep. = Gomphogyne cissiformis Griff. ■

179156 Gomphogyne cissiformis Griff.;锥形果;Awlfruit, Threebine-shaped Gomphogyne ■

179157 Gomphogyne cissiformis Griff. f. villosa (Cogn.) Mizush. = Gomphogyne cissiformis Griff. var. villosa Cogn. ■

179158 Gomphogyne cissiformis Griff. var. villosa Cogn.;毛锥形果;Villose Awlfruit, Villose Gomphogyne ■

179159 Gomphogyne delavayi Gagnep. = Hemsleya delavayi (Gagnep.) C. Jeffrey ex C. Y. Wu et Z. L. Chen ■

179160 Gomphogyne heterosperma (Wall.) Kurtz = Hemsleya heterosperma (Wall.) C. Jeffrey ■

179161 Gomphogyne macrocarpa Cogn. = Hemsleya macrocarpa (Cogn.) C. Y. Wu ex C. Jeffrey ■

179162 Gompholobium Sm. (1798);假水龙骨豆属(假水龙骨属);Wedge Pea ●☆

179163 Gompholobium grandiflorum Sm.;黑果假水龙骨;Golden Glory Pea, Wedge Pea ●☆

179164 Gompholobium latifolium Sm.;大花假水龙骨;Golden Glory Pea ●☆

179165 Gompholobium maculatum Andréws = Cyclopia maculata (Andréws) Kies ●☆

179166 Gomphopetalum Turcz. = Angelica L. ■

179167 Gomphopetalum Turcz. = Ostericum Hoffm. ■

179168 Gomphopetalum amaximowiczii F. Schmidt ex Maxim. = Ostericum maximowiczii (F. Schmidt ex Maxim.) Kitag. ■

179169 Gomphopetalum viridiflorum Turcz. = Ostericum viridiflorum (Turcz.) Kitag. ■

179170 Gomphopus Post et Kuntze = Calonyction Choisy ■

179171 Gomphopus Post et Kuntze = Gomphipus (Raf.) B. D. Jacks. ■

179172 Gomphosia Wedd. = Ferdinandusa Pohl ●☆

179173 Gomphostemma Wall. = Gomphostemma Wall. ex Benth. ●■

179174 Gomphostemma Wall. ex Benth. (1830);锥花属;Clubfilment, Gomphostemma ●■

179175 Gomphostemma acaule Kurz ex Hook. f.;无茎锥花;Stemless Gomphostemma ■☆

179176 Gomphostemma arbusculum C. Y. Wu;木锥花;Woody Clubfilment, Woody Gomphostemma ●■

179177 Gomphostemma callicarpoides (Yamam.) Masam.;紫珠状锥花(台湾锥花,楔冠草,紫珠叶千日红);Beautyberrylike Gomphostemma, Purplepearl Clubfilment ●■

179178 Gomphostemma chinense Oliv.;中华锥花(白腊锁,棒红花,棒丝花,宽叶锥花,老虎耳,山继谷,山继香);China Clubfilment,

Chinese Gomphostemma ■
179179 Gomphostemma chinense Oliv. var. cauliflorum C. Y. Wu；茎花中华锥花(茎锥花)■
179180 Gomphostemma crinitum Wall. ex Benth.；长毛锥花；Longhair Clubfilment, Longhair Gomphostemma ■
179181 Gomphostemma deltodon C. Y. Wu；三角齿锥花；Triangletooth Clubfilment, Triangulartooth Gomphostemma ■
179182 Gomphostemma eriocarpum Benth.；毛果锥花；Wooly-fruited Gomphostemma ■☆
179183 Gomphostemma formosana Masam.；台湾楔冠草(球冠草,台湾钉茎)●■
179184 Gomphostemma formosana Masam. = Gomphostemma callicarpoides (Yamam.) Masam. ●■
179185 Gomphostemma hainanense C. Y. Wu；海南锥花；Hainan Clubfilment, Hainan Gomphostemma ■
179186 Gomphostemma insuave Hance = Microtoena insuavis (Hance) Prain ex Briq. ■
179187 Gomphostemma intermedium Craib = Gomphostemma lucidum Wall. ex Benth. var. intermedium (Craib) C. Y. Wu ●
179188 Gomphostemma javanicum (Blume) Benth.；爪哇锥花●☆
179189 Gomphostemma latifolium C. Y. Wu；宽叶锥花；Broadleaf Clubfilment, Broadleaf Gomphostemma, Broad-leaved Gomphostemma ●
179190 Gomphostemma leptodon Dunn；细齿锥花(假走马胎)；Slendertooth Clubfilment, Slendertooth Gomphostemma, Slender-toothed Gomphostemma ●
179191 Gomphostemma lucidum Wall. ex Benth.；光泽锥花(咸鱼郎树)；Lucid Clubfilment, Lucid Gomphostemma ●■
179192 Gomphostemma lucidum Wall. ex Benth. var. intermedium (Craib) C. Y. Wu；中间型光泽锥花(中间光泽锥花)●
179193 Gomphostemma mastersii Benth. ex Hook. f.；马氏锥花；Masters Gomphostemma ■☆
179194 Gomphostemma melissifolium Wall.；蜜蜂花叶锥花；Balmleaf Gomphostemma ■☆
179195 Gomphostemma microdon Dunn；小齿锥花(家走马胎,木锥花,细齿锥花)；Smalltooth Clubfilment, Smalltooth Gomphostemma ●■
179196 Gomphostemma niveum Hook. f.；雪白锥花；Snowy Gomphostemma ■☆
179197 Gomphostemma nutans Hook. f.；俯垂锥花；Nodding Gomphostemma ■☆
179198 Gomphostemma oblongum Wall.；长圆锥花；Oblong Gomphostemma ■☆
179199 Gomphostemma ovatum Wall.；卵形锥花；Ovate Gomphostemma ■☆
179200 Gomphostemma parviflorum Wall.；小花锥花；Smallflower Clubfilment, Smallflower Gomphostemma ■
179201 Gomphostemma parviflorum Wall. var. farinosum Prain；粉被小花锥花■
179202 Gomphostemma pedunculatum Benth. ex Hook. f.；抽葶锥花(石花)；Peduncled Gomphostemma, Pedunculate Clubfilment ■
179203 Gomphostemma pseudocrinitum C. Y. Wu；拟长毛锥花；Long-haired Gomphostemma, Longhairlike Clubfilment, Longhairlike Gomphostemma ●
179204 Gomphostemma stellato-hilsutum C. Y. Wu；硬毛锥花；Hardhair Clubfilment, Hirsute Gomphostemma ■
179205 Gomphostemma strobilinum Wall.；球果锥花；Conebearing Gomphostemma ■☆
179206 Gomphostemma sulcatum C. Y. Wu；槽茎锥花；Sulcatestem Clubfilment, Sulcatestem Gomphostemma ■
179207 Gomphostemma thompsonii Benth.；汤普森锥花■☆
179208 Gomphostemma velutinum Benth.；短毛锥花■☆
179209 Gomphostemma wallichii Prain；顶序锥花■☆
179210 Gomphostigma Turcz. (1843)；棒柱醉鱼草属●☆
179211 Gomphostigma incanum Oliv. = Gomphostigma incomptum (L. f.) N. E. Br. ●☆
179212 Gomphostigma incomptum (L. f.) N. E. Br.；棒柱醉鱼草●☆
179213 Gomphostigma scoparioides Turcz. = Gomphostigma virgatum (L. f.) Baill. ●☆
179214 Gomphostigma virgatum (L. f.) Baill.；非洲棒柱醉鱼草；Otter Bush ●☆
179215 Gomphostigma virgatum Baill. = Gomphostigma virgatum (L. f.) Baill. ●☆
179216 Gomphostylis Raf. = Zygadenus Michx. ■
179217 Gomphostylis Wall. ex Lindl. = Coelogyne Lindl. ■
179218 Gomphotis Raf. (废弃属名) = Thryptomene Endl. (保留属名) ●☆
179219 Gomphotis Raf. (废弃属名) = Zygadenus Michx. ■
179220 Gomphraema L. = Gomphrena L. ●■
179221 Gomphrena L. (1753)；千日红属；Globe Amaranth, Globeamaranth, Globe-amaranth ●■
179222 Gomphrena alba Peter = Gomphrena celosioides Mart. ■
179223 Gomphrena angustifolia Vahl = Pandiaka angustifolia (Vahl) Hepper ■☆
179224 Gomphrena aurantiaca Hort.；橙黄千日红■☆
179225 Gomphrena brasiliana L. = Alternanthera brasiliana Kuntze ■☆
179226 Gomphrena caespitosa Torr.；簇生千日红；Ball Clover, Tufted Globe Amaranth, Tufted Globe-amaranth ■☆
179227 Gomphrena celosioides Mart.；银花苋(地锦苋,鸡冠千日红,假千日红)；Silverflower Globeamaranth ■
179228 Gomphrena celosioides Mart. f. villosa Suess. = Gomphrena celosioides Mart. ■
179229 Gomphrena cylindrica Schumach. et Thonn. = Blutaparon vermiculare (L.) Mears ■☆
179230 Gomphrena decumbens Jacq.；仰卧千日红■
179231 Gomphrena decumbens Jacq. = Gomphrena celosioides Mart. ■
179232 Gomphrena decumbens Jacq. = Gomphrena serrata L. ■☆
179233 Gomphrena decumbens sensu Gamble = Gomphrena celosioides Mart. ■
179234 Gomphrena dispersa Standl. = Gomphrena serrata L. ■☆
179235 Gomphrena ficoidea L. = Alternanthera ficoidea (L.) P. Beauv. ■☆
179236 Gomphrena globosa L.；千日红(百日白,百日红,长生花,沸水菊,滚水花,火球花,吕宋菊,千金红,千年红,千日白,千日娇,蜻蜓红,球形鸡冠花,圆仔花)；Bachelor's Button, Bachelor's Buttons, Common Globe Amaranth, Common Globe-amaranth, Globe Amaranth, Globe Everlasting, Globeamaranth ■
179237 Gomphrena globosa L. var. albiflora Moq. = Gomphrena nitida Rothr. ■☆
179238 Gomphrena haageana Klotzsch；块根千日红■☆
179239 Gomphrena haenkeana Mart.；美洲千日红；Golden Globe-amaranth, Rio Grande Globe-amaranth, Strawberry Fields Globe Amaranth ■☆
179240 Gomphrena martiana Gillies ex Moq.；马天千日红；Globe Amaranth ■☆

179241 Gomphrena nealleyi J. M. Coult. et Fisher; 聂氏千日红; Nealley's Globe-amaranth ■☆
179242 Gomphrena nitida Rothr.; 光亮千日红; Pearly Globe-amaranth ■☆
179243 Gomphrena officinalis Mart.; 药用千日红■☆
179244 Gomphrena perennis L.; 多年千日红■☆
179245 Gomphrena serrata L.; 阿拉斯千日红■☆
179246 Gomphrena sessilis L. = Alternanthera sessilis (L.) R. Br. ex DC. ■
179247 Gomphrena sonorae Torr.; 索诺拉千日红; Sonoran Globe-amaranth ■☆
179248 Gomphrena strigosa Isert ex Roem. et Schult.; 伏毛千日红■☆
179249 Gomphrena tuberifera Torr. = Gomphrena haageana Klotzsch ■☆
179250 Gomphrena vermicularis L. = Blutaparon vermiculare (L.) Mears ■☆
179251 Gomphrena viridis Wooton et Standl.; 绿千日红■☆
179252 Gomphrenaceae Raf. = Amaranthaceae Juss. (保留科名) ●■
179253 Gomutus Corrêa = Arenga Labill. (保留属名) ●
179254 Gonancylis Raf. = Apios Fabr. (保留属名) ●
179255 Gonantherus Raf. = Osmorhiza Raf. (保留属名) ■
179256 Gonatandra Schltdl. = Campelia Rich. ■
179257 Gonatanthus Klotzsch = Remusatia Schott ■
179258 Gonatanthus Klotzsch (1841); 曲苞芋属; Gonatanthus ■
179259 Gonatanthus griffithii Schott = Steudnera griffithii Schott ■
179260 Gonatanthus ornathus Schott; 秀丽曲苞芋; Decorated Gonatanthus ■
179261 Gonatanthus peltatus Van Houtte = Steudnera colocasiifolia K. Koch ■
179262 Gonatanthus pumilus (D. Don) Engl. et Krause; 曲苞芋(团芋, 湾洪, 香芋, 小野芋, 岩芋, 野木鱼); Dwarf Gonatanthus ■
179263 Gonatanthus sarmentosus Klotzsch. = Gonatanthus pumilus (D. Don) Engl. et Krause ■
179264 Gonatanthus yunnanensis H. Li et A. Hay; 云南曲苞芋; Yunnan Gonatanthus ■
179265 Gonatherus Post et Kuntze = Gonantherus Raf. ■
179266 Gonatherus Post et Kuntze = Osmorhiza Raf. (保留属名) ■
179267 Gonatia Nutt. ex DC. = Gratiola L. ■
179268 Gonatocarpus Schreb. (1798); 膝果小二仙草属■☆
179269 Gonatocarpus Schreb. = Gonocarpus Thunb. ■●
179270 Gonatocarpus Schreb. = Haloragis J. R. Forst. et G. Forst. ■●
179271 Gonatocarpus micranthus Willd.; 膝果小二仙草■☆
179272 Gonatogyne Klotzsch ex Müll. Arg. = Savia Willd. ●☆
179273 Gonatopus (Hook. f.) Engl. = Gonatopus Hook. f. ex Engl. ■☆
179274 Gonatopus Engl. = Gonatopus Hook. f. ex Engl. ■☆
179275 Gonatopus Hook. f. ex Engl. (1879); 曲足南星属■☆
179276 Gonatopus angustus N. E. Br.; 狭曲足南星■☆
179277 Gonatopus boivinii (Decne.) Engl.; 博伊文曲足南星■☆
179278 Gonatopus boivinii (Decne.) Engl. var. lanceolatus Peter = Gonatopus boivinii (Decne.) Engl. ■☆
179279 Gonatopus clavatus Mayo; 棍棒曲足南星■☆
179280 Gonatopus latilobus K. Krause = Gonatopus petiolulatus (Peter) Bogner ■☆
179281 Gonatopus petiolulatus (Peter) Bogner; 小梗曲足南星■☆
179282 Gonatopus rhizomatosus Bogner et Oberm. = Gonatopus angustus N. E. Br. ■☆
179283 Gonatostemon Regel = Chirita Buch. -Ham. ex D. Don ●■
179284 Gonatostemon boucheanum Regel = Chirita urticifolia Buch. -Ham. ex D. Don ■
179285 Gonatostylis Schltr. (1906); 膝柱兰属■☆
179286 Gonatostylis vieillardii Schltr.; 膝柱兰■☆
179287 Gonema Raf. = Ossaea DC. ●☆
179288 Gongora Ruiz et Pav. (1794); 爪唇兰属; Gongora ■☆
179289 Gongora armeniaca Rchb. f.; 杏黄爪唇兰; Apricot-yellow Gongora ■☆
179290 Gongora atropurpurea Hook.; 暗紫花爪唇兰; Darkpurpleflower Gongora ■☆
179291 Gongora bufonia Lindl.; 蟾蜍色爪唇兰; Toadcolour Gongora ■☆
179292 Gongora galeata Rchb. f.; 墨西哥爪唇兰■☆
179293 Gongora maculata Lindl.; 斑纹爪唇兰; Spotted Gongora ■☆
179294 Gongora nigrita Lindl.; 黑色爪唇兰■☆
179295 Gongora portentosa Lindl. et Rchb. f.; 奇异爪唇兰■☆
179296 Gongora quinquenervis Ruiz et Pav.; 五脉爪唇兰; Fivenerved Gongora ■☆
179297 Gongora truncata Lindl.; 截形爪唇兰; Truncate Gongora ■☆
179298 Gongora viridipurpurea Hook. = Cirrhaea dependens (Lodd.) Rchb. f. ■☆
179299 Gongrodiscus Radlk. (1879); 鳗鱼木属●☆
179300 Gongrodiscus parvifolius Radlk.; 鳗鱼木●☆
179301 Gongronema (Endl.) Decne. (1844); 纤冠藤属; Gongronema ●
179302 Gongronema Decne. = Gongronema (Endl.) Decne. ●
179303 Gongronema angolense (N. E. Br.) Bullock; 安哥拉纤冠藤●☆
179304 Gongronema gazense (S. Moore) Bullock; 加兹纤冠藤●☆
179305 Gongronema hemsleyana Warb. = Biondia hemsleyana (Warb. ex Schltr. et Diels) Tsiang et P. T. Li ●
179306 Gongronema latifolium Benth.; 宽叶纤冠藤●☆
179307 Gongronema multibracteolatum P. T. Li et X. M. Wang; 多苞纤冠藤; Many-bract Gongronema ●
179308 Gongronema nepalense (Wall.) Decne.; 纤冠藤(大防己, 牛奶树, 乳汁藤, 入地龙, 双飞蝴蝶, 睡地金牛, 细羊角, 羊乳藤); Nepal Gongronema ●
179309 Gongronema obscurum Bullock; 隐匿纤冠藤●☆
179310 Gongronema taylorii (Schltr. et Rendle) Bullock; 泰勒纤冠藤 ●☆
179311 Gongronema welwitschii K. Schum. = Sphaerocodon caffer (Meisn.) Schltr. ●☆
179312 Gongronema yunnanense H. Lév. = Marsdenia yunnanensis (H. Lév.) Woodson ●
179313 Gongronema yunnanense H. Lév. = Marsdenia oreophila W. W. Sm. ●
179314 Gongrospermum Radlk. (1914); 鳗籽木属●☆
179315 Gongrospermum philippinense Radlk.; 鳗籽木●☆
179316 Gongrostylus R. M. King et H. Rob. (1972); 宽柱尖泽兰属■☆
179317 Gongrostylus costaricensis (Kuntze) R. M. King et H. Rob.; 宽柱尖泽兰■☆
179318 Gongrothamnus Steetz = Distephanus (Cass.) Cass. ●■
179319 Gongrothamnus Steetz (1864); 鳗鱼菊属■☆
179320 Gongrothamnus angolensis Hiern = Distephanus angolensis (O. Hoffm.) H. Rob. et B. Kahn ●☆
179321 Gongrothamnus aurantiacus O. Hoffm. = Distephanus divaricatus (Steetz) H. Rob. et B. Kahn ●☆
179322 Gongrothamnus conyzoides Hiern; 鳗鱼菊■☆
179323 Gongrothamnus corradianus Cufod. = Distephanus divaricatus

(Steetz) H. Rob. et B. Kahn ●☆

179324 Gongrothamnus divaricatus Steetz = Distephanus divaricatus (Steetz) H. Rob. et B. Kahn ●☆

179325 Gongrothamnus hildebrandtii (Vatke) Oliv. et Hiern = Vernonia hildebrandtii Vatke ■☆

179326 Gongrothamnus plumosus O. Hoffm. = Distephanus plumosus (O. Hoffm.) Mesfin ●☆

179327 Gongrothamnus solidaginifolius (Bojer ex DC.) Oliv. et Hiern = Vernonia solidaginifolius Bojer ex DC. ■☆

179328 Gongylocarpus Cham. et Schltdl. = Gongylocarpus Schltdl. et Cham. ■☆

179329 Gongylocarpus Schltdl. et Cham. (1830);圆果柳叶菜属■☆

179330 Gongyloglossa tortilis (DC.) Koekemoer;圆果柳叶菜■☆

179331 Gongylolepis R. H. Schomb. (1847);密叶毛菊木属●☆

179332 Gongylolepis benthamiana Schomb.;密叶毛菊木●☆

179333 Gongylosciadium Rech. f. (1987);圆伞芹属■☆

179334 Gongylosciadium falcarioides (Bornm. et Wolff) Rech. f.;圆伞芹■☆

179335 Gongylosperma King et Gamble(1908);圆籽萝藦属●☆

179336 Gongylosperma curtisii King et Gamble;圆籽萝藦●☆

179337 Gongylotaxis Pimenov et Kljuykov = Scaligeria DC.(保留属名)■

179338 Gongylotaxis Pimenov et Kljuykov(1996);阿富汗丝叶芹属■☆

179339 Gonianthes A. Rich. = Portlandia P. Browne ●☆

179340 Gonianthes Blume = Burmannia L. ■

179341 Goniaticum Stokes = Polygonum L.(保留属名)■●

179342 Gonioanthela Malme(1927);膝花萝藦属●☆

179343 Gonioanthela acuminata (Decne. ex DC.) Malme;尖膝花萝藦●☆

179344 Gonioanthela axillaris (Vell.) Fontella et E. A. Schwarz;腋生膝花萝藦●☆

179345 Gonioanthela laxa Malme;松散膝花萝藦●☆

179346 Goniocarpus K. D. König = Gonatocarpus Schreb. ■☆

179347 Goniocarpus K. D. König = Haloragis J. R. Forst. et G. Forst. ■●

179348 Goniocarpus K. D. König(1805);棱果草属■☆

179349 Goniocarpus micranthus K. D. König;棱果草■☆

179350 Goniocaulon Cass. (1817);棱枝菊属■☆

179351 Goniocaulon glabrum Cass. = Goniocaulon indicum (Klein ex Willd.) C. B. Clarke ■☆

179352 Goniocaulon indicum (Klein ex Willd.) C. B. Clarke;棱枝菊■☆

179353 Goniocheton Blume = Dysoxylum Blume ●

179354 Goniochilus M. W. Chase(1987);哥斯达黎加兰属■☆

179355 Goniochilus leochinus (Rchb. f.) M. W. Chase;哥斯达黎加兰■☆

179356 Goniochiton Rchb. = Goniocheton Blume ●

179357 Goniocladus Burret(1940);棱枝椰属●☆

179358 Goniocladus petiolatus Burret;棱枝椰●☆

179359 Goniodiscus Kuhlm. (1933);棱盘卫矛属●☆

179360 Goniodiscus elaeospermus Kuhlm.;棱盘卫矛●☆

179361 Goniogyna DC. (1825);肖猪屎豆属●☆

179362 Goniogyna DC. = Crotalaria L. ●■

179363 Goniogyna hebecarpa DC. = Goniogyna hirta (Willd.) Ali ■☆

179364 Goniogyna hirta (Willd.) Ali;多毛肖猪屎豆■☆

179365 Goniogyna leiocarpa DC. = Goniogyna hirta (Willd.) Ali ■☆

179366 Goniogyne Benth. et Hook. f. = Crotalaria L. ●■

179367 Goniogyne Benth. et Hook. f. = Goniogyna DC. ●☆

179368 Goniolimon Boiss. (1848);驼舌草属(匙叶草属,棱枝草属);Goniolimon,Tartarian Statice ■●

179369 Goniolimon besserianum Nyman;拜氏驼舌草■☆

179370 Goniolimon callicomum (C. A. Mey.) Boiss.;疏花驼舌草(美冠驼舌草);Laxflower Goniolimon ■

179371 Goniolimon cuspidatum Gamajun.;骤尖驼舌草■☆

179372 Goniolimon dschungaricum (Regel) O. Fedtsch. et B. Fedtsch.;大叶驼舌草;Bigleaf Goniolimon ■

179373 Goniolimon elatum Boiss.;高驼舌草■☆

179374 Goniolimon eximium (Schrenk) Boiss.;团花驼舌草;Excellent Goniolimon ■

179375 Goniolimon graminifolium Boiss.;禾叶驼舌草■☆

179376 Goniolimon kaufmannianum (Regel) Voss = Ikonnikovia kaufmanniana (Regel) Lincz. ●◇

179377 Goniolimon orthocladum Rupr. = Goniolimon eximium (Schrenk) Boiss. ■

179378 Goniolimon rubellum (S. G. Gmel.) Klokov;红驼舌草■☆

179379 Goniolimon sewerzowii Herder;西天山驼舌草■☆

179380 Goniolimon speciosum (L.) Boiss.;驼舌草(刺叶矶松,棱枝草);Beauty Goniolimon ■

179381 Goniolimon speciosum (L.) Boiss. var. strictum (Regel) T. H. Peng;直杆驼舌草;Strict Goniolimon ■

179382 Goniolimon stricture (Regel) Lincz. = Goniolimon speciosum (L.) Boiss. var. strictum (Regel) T. H. Peng ■

179383 Goniolimon tarbagataicum Gamajun. = Goniolimon dschungaricum (Regel) O. Fedtsch. et B. Fedtsch. ■

179384 Goniolimon tataricum (L.) Boiss.;鞑靼驼舌草;German Statice, Tartarian Statice, Tatarian Sea Lavender, Tatarian Sea-lavender ■☆

179385 Goniolobium Beck = Conringia Heist. ex Fabr. ■

179386 Gonioma E. Mey. (1838);南非夹竹桃属●☆

179387 Gonioma kamassi E. Mey.;南非夹竹桃;Cape Box, Cape Box Wood, Kamassi ●☆

179388 Goniopogon Turcz. = Calotis R. Br. ■

179389 Goniorrhachis Taub. (1892);角刺豆属●☆

179390 Goniorrhachis marginata Taub.;缘生角刺豆●☆

179391 Gonioscheton G. Don = Dysoxylum Blume ●

179392 Gonioscheton G. Don = Goniocheton Blume ●

179393 Gonioscypha Baker(1875);角杯铃兰属■☆

179394 Gonioscypha eucomoides Baker;角杯铃兰■☆

179395 Gonioscypha muricata Gagnep.;钝尖角杯铃兰■☆

179396 Goniosperma Burret = Physokentia Becc. ●☆

179397 Goniostachyum (Schau.) Small = Lippia L. ●■☆

179398 Goniostachyum Small = Lippia L. ●■☆

179399 Goniostemma Wight = Toxocarpus Wight et Arn. ●

179400 Goniostemma Wight(1834);勐腊藤属;Goniostemma ●

179401 Goniostemma punctatum Tsiang et P. T. Li;勐腊藤;Punctate Goniostemma ●◇

179402 Goniostoma Elmer = Geniostoma J. R. Forst. et G. Forst. ●

179403 Goniothalamus (Blume) Hook. f. et Thomson(1855);哥纳香属;Goniothalamus ●

179404 Goniothalamus Hook. f. et Thomson = Goniothalamus (Blume) Hook. f. et Thomson ●

179405 Goniothalamus amuyon (Blanco) Merr.;台湾哥纳香(恒春哥纳香);Amuyon Goniothalamus, Taiwan Goniothalamus ●◇

179406 Goniothalamus cheliensis Hu;景洪哥纳香;Cheli Goniothalamus, Jinghong Goniothalamus ●◇

179407 Goniothalamus chinensis Merr. et Chun;哥纳香;China

Goniothalamus, Chinese Goniothalamus ●
179408 Goniothalamus donnaiensis Finet et Gagnep.;田方骨(山芭蕉,四方骨,锈毛哥纳香);Viet Nam Goniothalamus ●
179409 Goniothalamus gardneri Hook. f. et Thomson;长叶哥纳香;Gardner Goniothalamus, Longleaf Goniothalamus ●
179410 Goniothalamus giganteus Hook. f. et Thomson;巨大哥纳香●
179411 Goniothalamus glabriacianus (Baill.) Ast;保亭哥纳香;Baoting Goniothalamus ●
179412 Goniothalamus griffithii Hook. f. et Thomson;大花哥纳香;Griffith Goniothalamus, Largeflower Goniothalamus ●
179413 Goniothalamus howii Merr. et Chun;海南哥纳香;Hainan Goniothalamus ●
179414 Goniothalamus leiocarpus (W. T. Wang) P. T. Li;金平哥纳香;Smoothfruit Goniothalamus, Smooth-fruited Goniothalamus ●
179415 Goniothalamus macrophyllus Miq.;大叶哥纳香●☆
179416 Goniothalamus saigonensis Pierre = Goniothalamus glabriacianus (Baill.) Ast ●
179417 Goniothalamus saigonensis Pierre ex Finet et Gagnep. = Goniothalamus glabriacianus (Baill.) Ast ●
179418 Goniothalamus scortechinii King;斯氏哥纳香●☆
179419 Goniothalamus tapis Miq.;厚哥纳香●☆
179420 Goniothalamus yunnanensis W. T. Wang;云南哥纳香;Yunnan Goniothalamus ●
179421 Goniotriche Turcz. = Trichinium R. Br. ■●☆
179422 Gonipia Raf. = Centaurion Adans. ■
179423 Gonipia Raf. = Centaurium Hill ■
179424 Gonistum Raf. = Piper L. ●■
179425 Gonistylus Baill. = Gonystylus Teijsm. et Binn. ●
179426 Goniurus C. Presl = Pothos L. ●■
179427 Gonocalyx Planch. et Linden ex A. C. Sm. = Gonocalyx Planch. et Linden ●☆
179428 Gonocalyx Planch. et Linden ex Lindl. = Gonocalyx Planch. et Linden ●☆
179429 Gonocalyx Planch. et Linden(1856);棱萼杜鹃属●☆
179430 Gonocalyx pulcher Planch. et Linden;棱萼杜鹃●☆
179431 Gonocarpus Ham. = Combretum Loefl.(保留属名)●
179432 Gonocarpus Thunb.(1783);小二仙草属■●
179433 Gonocarpus Thunb. = Haloragis J. R. Forst. et G. Forst. ■●
179434 Gonocarpus chinensis (Lour.) Orchard = Haloragis chinensis (Lour.) Merr. ■
179435 Gonocarpus chinensis (Lour.) Orchard subsp. verrucosus Orchard;多疣黄花小二仙草;Chinese Raspwort ■☆
179436 Gonocarpus citriodorus A. Cunn. = Gonocarpus micranthus Thunb. ■
179437 Gonocarpus depressus A. Cunn. = Gonocarpus micranthus Thunb. ■
179438 Gonocarpus micranthus Thunb.;小二仙草(白粘草,扁宿草,船板草,地花椒,豆瓣菜,豆瓣草,女儿红,沙生草,砂生草,水豆瓣,下风草,蚁塔);Creeping Raspwort, Smallflower Seaberry ■
179439 Gonocarpus micranthus Thunb. = Haloragis micrantha (Thunb.) R. Br. ■
179440 Gonocarpus scaber K. D. König = Gonocarpus chinensis (Lour.) Orchard ■
179441 Gonocaryum Miq.(1861);琼榄属(茶茱萸属);Gonocaryum, Jadeolive ●
179442 Gonocaryum calleryanum (Baill.) Becc.;台湾琼榄(柿叶茶茱萸);Luzon Gonocaryum, Taiwan Gonocaryum, Taiwan Jadeolive ●
179443 Gonocaryum diospyrosifolium Hayata = Gonocaryum calleryanum (Baill.) Becc. ●
179444 Gonocaryum lobbianum (Miers) Kurz;琼榄(黄柄木,黄蒂,金蒂);Jadeolive, Lobb Gonocaryum, Maclure Gonocaryum ●
179445 Gonocaryum maclurei Merr. = Gonocaryum lobbianum (Miers) Kurz ●
179446 Gonocaryum sinense Hand.-Mazz. = Osmanthus marginatus (Champ. ex Benth.) Hemsl. ex Knobl. ●
179447 Gonoceras Post et Kuntze = Cephalaria Schrad.(保留属名)■
179448 Gonoceras Post et Kuntze = Gonokeros Raf. ■
179449 Gonocitrus Kurz = Atalantia Corrêa(保留属名)●
179450 Gonocitrus Kurz = Merope M. Roem. ●☆
179451 Gonocrypta (Baill.) Costantin et Gallaud = Pentopetia Decne. ■☆
179452 Gonocrypta Baill.(1889);隐节萝藦属■☆
179453 Gonocrypta grevei (Baill.) Costantin et Gallaud = Pentopetia grevei (Baill.) Venter ■☆
179454 Gonocrypta grevei Baill.;隐节萝藦■☆
179455 Gonocytisus Spach = Genista L. ●
179456 Gonocytisus Spach(1845);翅金雀花属■☆
179457 Gonocytisus angulatus Spach;窄翅金雀花■☆
179458 Gonocytisus pterocladus Spach;翅金雀花■☆
179459 Gonogona Link = Goodyera R. Br. + Ludisia A. Rich. ■
179460 Gonogona Link = Goodyera R. Br. ■
179461 Gonogona discolor (Ker Gawl.) Link = Ludisia discolor (Ker Gawl.) A. Rich. ■
179462 Gonogona repens (L.) Link = Goodyera repens (L.) R. Br. ■
179463 Gonohoria G. Don = Rinorea Aubl.(保留属名)●
179464 Gonokeros Raf. = Cephalaria Schrad.(保留属名)■
179465 Gonolobium R. Hedw. = Gonolobus Michx. ●☆
179466 Gonolobus Michx.(1803);美洲萝藦属●☆
179467 Gonolobus edulis Hemsl.;可食美洲萝藦●☆
179468 Gonolobus gonocarpus (Walter) L. M. Perry = Gonolobus suberosus (L.) W. T. Aiton ●☆
179469 Gonolobus patens Decne. = Exolobus patens (Decne.) E. Fourn. ●☆
179470 Gonolobus suberosus (L.) W. T. Aiton;木栓质美洲萝藦;Angle-pod ●☆
179471 Gonoloma Raf. = Cissus L. ●
179472 Gononcus Raf. = Polygonum L.(保留属名)■●
179473 Gonondra Raf. = Sophora L. ●■
179474 Gonophylla Ecl et et Zeyh. ex Meisn. = Lachnaea L. ●☆
179475 Gonoptera Turcz. = Bulnesia Gay ●☆
179476 Gonopyros Raf. = Diospyros L. ●
179477 Gonopyrum Fisch. et C. A. Mey. = Polygonella Michx. ■☆
179478 Gonopyrum Fisch. et C. A. Mey. ex C. A. Mey. = Polygonella Michx. ■☆
179479 Gonopyrum americanum Fisch. et C. A. Mey. = Polygonella americana (Fisch. et C. A. Mey.) Small ●☆
179480 Gonospermum Less.(1832);棱子菊属■●☆
179481 Gonospermum canariense Less.;加那利棱子菊■☆
179482 Gonospermum elegans (Cass.) DC.;雅致棱子菊■☆
179483 Gonospermum fruticosum (Buch) Less.;灌丛棱子菊■☆
179484 Gonospermum gomerae Bolle;戈梅拉棱子菊■☆
179485 Gonostegia Turcz. (1846);糯米团属(石薯属);Glutinousmass, Gonostegia ●■
179486 Gonostegia Turcz. = Hyrtanandra Miq. ●■

179487 Gonostegia Turcz. = Pouzolzia Gaudich. ●■

179488 Gonostegia hirta (Blume ex Hassk.) Miq.;糯米团(蚌巢草,啜脓膏,大红袍,大拳头,饭藤子,贯菜子,贯线草,红饭藤,红米藤,红石薯,红头带,捆仙绳,蔓苎麻,米麸子,米浆藤,奶叶藤,糯米菜,糯米草,糯米莲,糯米藤,糯米条,糯米团儿,山笋草,生扯拢,铁箍蔓草,铁节草,土加藤,乌蛇草,雾水葛,箣箕藤,小铁箍,小黏药,玄麻根,猪粥菜,猪仔菜,自消散);Glutinousmass ■

179489 Gonostegia hirta (Blume) Miq. = Gonostegia hirta (Blume ex Hassk.) Miq. ■

179490 Gonostegia matsudae (Yamam.) Yamam. et Masam.;松田糯米团■☆

179491 Gonostegia matsudae (Yamam.) Yamam. et Masam. = Gonostegia parvifolia (Wight) Miq. ●■

179492 Gonostegia neurocarpa (Yamam.) Yamam. et Masam. = Gonostegia matsudae (Yamam.) Yamam. et Masam. ●■

179493 Gonostegia neurocarpa (Yamam.) Yamam. et Masam. = Gonostegia parvifolia (Wight) Miq. ●■

179494 Gonostegia parvifolia (Wight) Miq.;台湾糯米团(脉果石薯,小叶糯米团,小叶石薯);Minileaf Glutinousmass,Taiwan Glutinousmass,Taiwan Gonostegia ●■

179495 Gonostegia pentandra (Roxb.) Miq.;五蕊糯米团(五蕊石薯,狭叶糯米团);Fivestamen Glutinousmass ●

179496 Gonostegia pentandra (Roxb.) Miq. var. akoensis (Yamam.) Masam. = Gonostegia pentandra (Roxb.) Miq. var. akoensis (Yamam.) Yamam. et Masam. ●

179497 Gonostegia pentandra (Roxb.) Miq. var. akoensis (Yamam.) Masam. = Gonostegia pentandra (Roxb.) Miq. ●

179498 Gonostegia pentandra (Roxb.) Miq. var. akoensis (Yamam.) Yamam. et Masam.;异叶糯米团(台东石薯)●

179499 Gonostegia pentandra (Roxb.) Miq. var. akoensis (Yamam.) Yamam. et Masam. = Gonostegia pentandra (Roxb.) Miq. ●

179500 Gonostegia pentandra (Roxb.) Miq. var. hypericifolia (Blume) Masam.;狭叶糯米团(南密花蚌巢草,气骨,石薯,石珠子);Narrowleaf Glutinousmass ●

179501 Gonostegia pentandra (Roxb.) Miq. var. hypericifolia (Blume) Masam. = Gonostegia pentandra (Roxb.) Miq. ●

179502 Gonostemma Haw. = Gonostemon Haw. ■

179503 Gonostemon Haw. = Stapelia L. (保留属名)■

179504 Gonostemon glabricaulis (N. E. Br.) P. V. Heath var. forcipis (E. Phillips et Letty) P. V. Heath = Stapelia hirsuta L. var. tsomoensis (N. E. Br.) Bruyns ■☆

179505 Gonosuke Raf. = Covellia Gasp. ●

179506 Gonosuke Raf. = Ficus L. ●

179507 Gonotheca Blume ex DC. = Oldenlandia L. ●■

179508 Gonotheca Blume ex DC. = Thecagonum Babu ●■

179509 Gonotheca Raf. = Tetragonotheca L. ■☆

179510 Gonotheca blumei DC. = Hedyotis pterita Blume ■

179511 Gonotheca ovatifolia (Cav.) Santapau et Wagh = Hedyotis ovatifolia Cav. ■

179512 Gonsii Adans. = Adenanthera L. ●

179513 Gontarella Gilib. ex Steud. = Fontanella Kluk ■

179514 Gontarella Gilib. ex Steud. = Isopyrum L. (保留属名)■

179515 Gontscharovia Boriss. (1953);新姜草属●☆

179516 Gontscharovia popovii (B. Fedtsch. et Gontsch.) Boriss.;新姜草■☆

179517 Gonufas Raf. = Celosia L. ■

179518 Gonus Lour. = Brucea J. F. Mill. (保留属名)●

179519 Gonus amarissimus Lour. = Brucea javanica (L.) Merr. ●

179520 Gonyanera Korth. = Acranthera Arn. ex Meisn. (保留属名)●

179521 Gonyanthes Nees = Burmannia L. ■

179522 Gonyanthes Nees = Gonianthes Blume ■

179523 Gonyanthes nepalensis Miers = Burmannia nepalensis (Miers) Hook. f. ■

179524 Gonyanthes wallichii Miers = Burmannia wallichii (Miers) Hook. f. ■

179525 Gonyclisia Dulac = Kernera Medik. (保留属名)■☆

179526 Gonypetalum Ule = Tapura Aubl. ●☆

179527 Gonyphas Post et Kuntze = Celosia L. ■

179528 Gonyphas Post et Kuntze = Gonufas Raf. ■

179529 Gonystylaceae Gilg = Gonystylaceae Tiegh. (保留科名)●☆

179530 Gonystylaceae Gilg = Thymelaea Mill. (保留属名)●■

179531 Gonystylaceae Tiegh. (1896)(保留科名);膝柱花科(弯柱科)●☆

179532 Gonystylus Teijsm. et Binn. (1862);膝柱花属(番木属,棱柱木属);Ramin ●

179533 Gonystylus bancanus (Miq.) Kurz;膝柱花(棱柱木);Bancaran Ramin,Ramin ●

179534 Gonystylus keithii Airy Shaw;基斯膝柱花(基斯棱柱木)●☆

179535 Gonystylus macrophyllus (Miq.) Airy Shaw;大叶棱柱木(白木,拉敏木);Ramin ●☆

179536 Gonzalagunea Kuntze = Gonzalagunia Ruiz et Pav. ●☆

179537 Gonzalagunia Ruiz et Pav. (1794);西印度茜属●☆

179538 Gonzalagunia acutifolia Rusby;尖叶西印度茜●☆

179539 Gonzalagunia affinis Standl. ex Steyerm.;近缘西印度茜●☆

179540 Gonzalagunia asperula Standl.;粗糙西印度茜●☆

179541 Gonzalagunia bifida B. Ståhl;二裂西印度茜●☆

179542 Gonzalagunia brachyantha Urb.;短花西印度茜●☆

179543 Gonzalagunia ciliata Steyerm.;缘毛西印度茜●☆

179544 Gonzalagunia leptantha (A. Rich.) M. Gómez;细花西印度茜●☆

179545 Gonzalagunia mollis Spruce ex K. Schum.;柔软西印度茜●☆

179546 Gonzalagunia nivea Kuntze;雪白西印度茜●☆

179547 Gonzalagunia ovatifolia B. L. Rob.;卵叶西印度茜●☆

179548 Gonzalagunia pauciflora B. Ståhl;少花西印度茜●☆

179549 Gonzalagunia rosea Standl.;粉红西印度茜●☆

179550 Gonzalagunia sessifolia Standl.;无柄西印度茜●☆

179551 Gonzalea Pers. = Gonzalagunia Ruiz et Pav. ●☆

179552 Goodallia Benth. = Goodallia T. E. Bowdich ex Rchb. ●☆

179553 Goodallia T. E. Bowdich = Goodallia T. E. Bowdich ex Rchb. ●☆

179554 Goodallia T. E. Bowdich ex Rchb. (1825);古多尔瑞香属●☆

179555 Goodallia guianensis Benth.;古多尔瑞香●☆

179556 Goodenia Sm. (1794);古登桐属(草海桐属,古登木属);Goodenia ●■☆

179557 Goodenia bellidifolia Sm.;菊叶古登桐(菊叶草海桐,菊叶古登木);Daisy-leaf Goodenia ●☆

179558 Goodenia graminifolia Hook. f.;大花古登桐(大花草海桐,大花古登木)●☆

179559 Goodenia ovata Sm.;卵叶古登桐(卵叶草海桐,卵叶古登木);Hop Goodenia ●☆

179560 Goodenia rotundifolia R. Br.;圆叶古登桐(圆叶草海桐,圆叶古登木)●☆

179561 Goodenia scaevolina F. Muell.;拟草海桐●☆

179562 Goodenia varia R. Br.;变色古登桐(变色草海桐)●☆

179563 Goodeniaceae R. Br. (1810)(保留科名);草海桐科;Goodenia Family ●■

179564 Goodenoughia A. Voss = Goodenia Sm. ●■☆

179565 Goodenoviaceae R. Br. = Goodeniaceae R. Br. (保留科名)●■

179566 Goodia Salisb. (1806);古德豆属(谷豆属)■☆

179567 Goodia lotifolia Salisb.;古德豆;Golden Tip ■☆

179568 Goodiera W. D. J. Koch = Goodyera R. Br. ■

179569 Goodmania Reveal et Ertter (1977);黄刺蓼属;Yellow Spinecape ■☆

179570 Goodmania luteola (Parry) Reveal et Ertter;黄刺蓼■☆

179571 Goodyera R. Br. (1813);斑叶兰属;Adder's Violet, Jewel Orchids, Lattice-leaf, Rattlesnake Orchis, Rattlesnake Plantain, Rattlesnake-plantain, Spotleaf-orchis ■

179572 Goodyera R. Br. = Epipactis Ség. (废弃属名)■

179573 Goodyera affinis Griff. = Hetaeria affinis (Griff.) Seidenf. et Ormerod ■

179574 Goodyera afzelii Schltr.;阿芙泽尔斑叶兰■☆

179575 Goodyera alboreticulata Hayata = Goodyera hachijoensis Yatabe ■

179576 Goodyera alboreticulata Hayata = Goodyera matsumurana (Eaton) Schltr. ■

179577 Goodyera arisanensis Hayata;阿里山斑叶兰;Alishan Spotleaf-orchis ■

179578 Goodyera arisanensis Hayata = Goodyera schlechtendaliana Rchb. f. ■

179579 Goodyera augustini Tuyama = Goodyera foliosa (Lindl.) Benth. ex C. B. Clarke ■

179580 Goodyera biflora (Lindl.) Hook. f.;双花斑叶兰(长花斑叶兰,大斑叶兰,大花斑叶兰,短苞斑叶兰,金线盘,石花,双肾参,岩蒜,岩芋);Bigflower Spotleaf-orchis, Twoflower Rattlesnake Plantain ■

179581 Goodyera biflora (Lindl.) Hook. f. var. macrantha (Maxim. ex Regel) T. Hashim. = Goodyera biflora (Lindl.) Hook. f. ■

179582 Goodyera bilamellata Hayata;长叶斑叶兰(双板斑叶兰,双棱斑叶兰);Longleaf Spotleaf-orchis ■

179583 Goodyera bilamellata Hayata = Goodyera robusta Hook. f. ■

179584 Goodyera bomiensis K. Y. Lang;波密斑叶兰;Bomi Rattlesnake Plantain, Bomi Spotleaf-orchis ■

179585 Goodyera boninensis Nakai;小笠原斑叶兰■☆

179586 Goodyera brachystegia Hand. -Mazz.;莲座叶斑叶兰(短苞斑叶兰,石花,双肾参,岩蒜);Rosella Spotleaf-orchis ■

179587 Goodyera brevis Schltr. = Goodyera repens (L.) R. Br. ■

179588 Goodyera brevis Schltr. ex Limpr. = Goodyera repens (L.) R. Br. ■

179589 Goodyera carnea A. Rich. = Goodyera procera (Ker Gawl.) Hook. ■

179590 Goodyera caudatilabella Hayata = Goodyera fumata Thwaites ■

179591 Goodyera chilanensis S. S. Ying = Goodyera foliosa (Lindl.) Benth. ex C. B. Clarke ■

179592 Goodyera chinensis Schltr. = Goodyera repens (L.) R. Br. ■

179593 Goodyera clavata N. Pearce et P. J. Cribb = Goodyera rubicunda (Rchb. f.) J. J. Sm. ■

179594 Goodyera colorata (Blume) Blume;具色斑叶兰;Coloroured Rattlesnake Plantain ■☆

179595 Goodyera commelinoides Fukuy. = Goodyera foliosa (Lindl.) Benth. ex C. B. Clarke ■

179596 Goodyera confundens J. J. Sm. = Goodyera rubicunda (Rchb. f.) J. J. Sm. ■

179597 Goodyera cordata (Lindl.) Benth. ex Hook. f. = Goodyera viridiflora (Blume) Blume ■

179598 Goodyera cyrtoglossa Hayata = Goodyera fumata Thwaites ■

179599 Goodyera cyrtoglossa Hayata = Goodyera grandis (Blume) Blume ■

179600 Goodyera daibuzanensis Yamam.;大武斑叶兰;Daibuzan Spotleaf-orchis ■

179601 Goodyera decipiens (Hook.) F. T. Hubb. = Goodyera oblongifolia Raf. ■☆

179602 Goodyera discoidea (Rchb. f.) Schltr. = Hetaeria oblongifolia Blume ■

179603 Goodyera discolor Ker Gawl. = Haemaria discolor (Ker Gawl.) Lindl. ■

179604 Goodyera discolor Ker Gawl. = Ludisia discolor (Ker Gawl.) A. Rich. ■

179605 Goodyera dongchenii Lucksom var. gongligongensis X. H. Jin et S. C. Chen;高黎贡斑叶兰■

179606 Goodyera elongata Lindl. = Hetaeria elongata (Lindl.) Hook. f. ■

179607 Goodyera elongata Lindl. = Hetaeria finlaysoniana Seidenf. ■

179608 Goodyera erimae Schltr. = Hetaeria oblongifolia Blume ■

179609 Goodyera flaccida Schltr.;柔软斑叶兰■☆

179610 Goodyera foliosa (Lindl.) Benth. ex C. B. Clarke;多叶斑叶兰(斑叶兰,高岭斑叶兰,厚唇斑叶兰);Leafy Spotleaf-orchis ■

179611 Goodyera foliosa (Lindl.) Benth. ex C. B. Clarke var. commelinoides (Fukuy.) F. Maek. = Goodyera foliosa (Lindl.) Benth. ex C. B. Clarke ■

179612 Goodyera foliosa (Lindl.) Benth. ex C. B. Clarke var. laevis Finet f. albiflora N. Yonez.;白花平滑多叶斑叶兰■☆

179613 Goodyera foliosa (Lindl.) Benth. ex C. B. Clarke var. laevis Finet;平滑多叶斑叶兰■☆

179614 Goodyera foliosa (Lindl.) Benth. ex C. B. Clarke var. maximowicziana (Makino) F. Maek. = Goodyera foliosa (Lindl.) Benth. ex C. B. Clarke var. laevis Finet ■☆

179615 Goodyera foliosa (Lindl.) Benth. ex Hook. f. = Goodyera foliosa (Lindl.) Benth. ex C. B. Clarke ■

179616 Goodyera foliosa (Lindl.) Benth. ex Hook. f. var. alba S. Y. Hu et Barretto = Goodyera foliosa (Lindl.) Benth. ex C. B. Clarke ■

179617 Goodyera foliosa (Lindl.) Benth. ex Hook. f. var. maximowicziana (Makino) S. S. Ying = Goodyera henryi Rolfe ■

179618 Goodyera foliosa (Lindl.) Benth. ex Hook. f. var. maximowicziana (Maxim.) S. S. Ying = Goodyera foliosa (Lindl.) Benth. ex C. B. Clarke ■

179619 Goodyera formosana Rolfe = Goodyera fumata Thwaites ■

179620 Goodyera fumata Thwaites;烟色斑叶兰(台湾斑叶兰,尾唇斑叶兰);Smokecolour Rattlesnake Plantain, Smoky Spotleaf-orchis ■

179621 Goodyera fusca (Lindl.) Hook. f.;脊唇斑叶兰;Ridgelip Spotleaf-orchis ■

179622 Goodyera fusca Lindl. = Goodyera fusca (Lindl.) Hook. f. ■

179623 Goodyera grandis (Blume) Blume;红花斑叶兰(长苞斑叶兰,毛苞斑叶兰,深红斑叶兰);Red Rattlesnake Plantain, Red Spotleaf-orchis ■

179624 Goodyera grandis (Blume) Blume = Goodyera rubicunda (Rchb. f.) J. J. Sm. ■

179625 Goodyera hachijoensis Yatabe;白网脉斑叶兰(八丈岛斑叶兰,白网斑叶兰,假金线莲,银线莲);White-netvein Spotleaf-orchis ■

179626 Goodyera hachijoensis Yatabe f. izuohsimensis Satomi;里见斑叶兰■☆

179627 Goodyera hachijoensis Yatabe var. leuconeura (F. Maek.) Ohwi;白脉八丈岛斑叶兰■☆
179628 Goodyera hachijoensis Yatabe var. matsumurana (Schltr.) Ohwi ex Hatus. et T. Amano = Goodyera hachijoensis Yatabe ■
179629 Goodyera hachijoensis Yatabe var. matsumurana (Schltr.) Ohwi ex Hatus. et T. Amano = Goodyera matsumurana (Eaton) Schltr. ■
179630 Goodyera hachijoensis Yatabe var. yakushimensis (Nakai) Ohwi;屋久岛斑叶兰■☆
179631 Goodyera henryi Rolfe;光萼斑叶兰(翠玉斑叶兰,短穗斑叶兰,童山白兰);Henry Rattlesnake Plantain, Nitidcalyx Spotleaf-orchis ■
179632 Goodyera henryi Rolfe = Goodyera foliosa (Lindl.) Benth. ex C. B. Clarke var. laevis Finet ■☆
179633 Goodyera hirsuta Griff. = Erythrodes hirsuta (Griff.) Ormerod ■
179634 Goodyera hispida Lindl.;粗硬毛斑叶兰;Hispid Rattlesnake Plantain ■☆
179635 Goodyera humicola Schltr.;湿地斑叶兰■☆
179636 Goodyera japonica Blume = Goodyera schlechtendaliana Rchb. f. ■
179637 Goodyera kwangtungensis C. L. Tso;花格斑叶兰(金边莲,金钱片,金小莲);Guangdong Rattlesnake Plantain, Guangdong Spotleaf-orchis ■
179638 Goodyera labiata Pamp. = Goodyera schlechtendaliana Rchb. f. ■
179639 Goodyera longibracteata Hayata = Goodyera grandis (Blume) Blume ■
179640 Goodyera longibracteata Hayata = Goodyera rubicunda (Rchb. f.) J. J. Sm. ■
179641 Goodyera longicolumna Hayata = Goodyera grandis (Blume) Blume ■
179642 Goodyera longicolumna Hayata = Goodyera rubicunda (Rchb. f.) J. J. Sm. ■
179643 Goodyera longirostrata Hayata = Goodyera viridiflora (Blume) Blume ■
179644 Goodyera macrantha Maxim.;大花斑叶兰■
179645 Goodyera macrantha Maxim. = Goodyera biflora (Lindl.) Hook. f. ■
179646 Goodyera macrantha Maxim. ex Regel = Goodyera biflora (Lindl.) Hook. f. ■
179647 Goodyera macrophylla Lowe;大叶斑叶兰;Madeiran Lady's-tresses ■☆
179648 Goodyera mairei Schltr. = Goodyera repens (L.) R. Br. ■
179649 Goodyera marginata Lindl. = Goodyera repens (L.) R. Br. ■
179650 Goodyera matsumurana (Eaton) Schltr.;银线莲;Matsumura Spotleaf-orchis ■
179651 Goodyera matsumurana (Eaton) Schltr. = Goodyera hachijoensis Yatabe ■
179652 Goodyera matsumurana Schltr. = Goodyera hachijoensis Yatabe ■
179653 Goodyera maximowicziana Makino;短穗斑叶兰;Maximowicz Spotleaf-orchis ■
179654 Goodyera maximowicziana Makino = Goodyera foliosa (Lindl.) Benth. ex C. B. Clarke var. laevis Finet ■☆
179655 Goodyera maximowicziana Makino = Goodyera henryi Rolfe ■
179656 Goodyera maximowicziana Makino f. commelinoides (Fukuy.) Hiroe = Goodyera foliosa (Lindl.) Benth. ex C. B. Clarke ■
179657 Goodyera maximowicziana Makino var. commelinoides (Fukuy.) Masam. = Goodyera foliosa (Lindl.) Benth. ex C. B. Clarke ■
179658 Goodyera melinostele Schltr. = Goodyera schlechtendaliana Rchb. f. ■
179659 Goodyera morrisonicola Hayata = Goodyera velutina Maxim. ■
179660 Goodyera nankoensis Fukuy.;南湖斑叶兰;Nanhu Rattlesnake Plantain, Nanhu Spotleaf-orchis ■
179661 Goodyera nantoensis Hayata = Goodyera repens (L.) R. Br. ■
179662 Goodyera nebularum (Hance) Rolfe = Goodyera foliosa (Lindl.) Benth. ex C. B. Clarke ■
179663 Goodyera nuda Thouars = Cheirostylis nuda (Thouars) Ormerod ■☆
179664 Goodyera oblongifolia Raf.;长圆叶斑叶兰;Giant Rattlesnake Plantain, Giant Rattlesnake-plantain, Green-leaved Rattlesnake-plantain, Intermediate Rattlesnake-plantain, Menzies' Giant Rattlesnake-plantain, Western Rattlesnake-plantain ■☆
179665 Goodyera oblongifolia Raf. var. reticulata B. Boivin = Goodyera oblongifolia Raf. ■☆
179666 Goodyera occulta Thouars = Polystachya anceps Ridl. ■☆
179667 Goodyera ogatae Yamam. = Goodyera viridiflora (Blume) Blume ■
179668 Goodyera ophioides (Fernald) Rydb. = Goodyera repens (L.) R. Br. ■
179669 Goodyera pachyglossa Hayata = Goodyera foliosa (Lindl.) Benth. ex C. B. Clarke ■
179670 Goodyera papuana Ridl. = Goodyera rubicunda (Rchb. f.) J. J. Sm. ■
179671 Goodyera pauciflora Schltr. = Goodyera biflora (Lindl.) Hook. f. ■
179672 Goodyera pendula Maxim.;垂叶斑叶兰(下垂斑叶兰)■
179673 Goodyera pendula Maxim. f. brachyphylla (F. Maek.) Masam. et Satomi;短叶下垂斑叶兰■☆
179674 Goodyera pendula Maxim. var. brachyphylla F. Maek. = Goodyera pendula Maxim. f. brachyphylla (F. Maek.) Masam. et Satomi ■☆
179675 Goodyera perrieri Schltr.;佩里耶斑叶兰■☆
179676 Goodyera pogonorrhyncha Hand. -Mazz. = Anoectochilus abbreviatus (Lindl.) Seidenf. ■
179677 Goodyera pogonorrhyncha Hand. -Mazz. = Rhomboda tokioi (Fukuy.) Ormerod ■
179678 Goodyera prainii Hook. f. = Goodyera recurva Lindl. ■
179679 Goodyera procera (Ker Gawl.) Hook.;高斑叶兰(斑叶兰,大斑叶兰,观音竹,虎头蕉,兰花草,石风丹,碎米兰,穗花斑叶兰,一根香,追风草);Tall Rattlesnake Plantain, Tall Spotleaf-orchis ■
179680 Goodyera pubescens (Willd.) R. Br.;柔毛斑叶兰;Downy Rattlesnake Plantain, Downy Rattlesnake-plantain, Hairy Rattlesnake-plantain, Pubescent Rattlesnake ■☆
179681 Goodyera pubescens (Willd.) R. Br. var. repens (L.) Alph. Wood = Goodyera repens (L.) R. Br. ■
179682 Goodyera recurva Lindl.;长苞斑叶兰;Longbract Spotleaf-orchis ■
179683 Goodyera recurva Lindl. = Goodyera prainii Hook. f. ■
179684 Goodyera recurva Lindl. var. prainii (Hook. f.) Pradhan = Goodyera recurva Lindl. ■
179685 Goodyera repens (L.) R. Br.;小斑叶兰(斑叶兰,滴水珠,肺脚草,花蛇一枝箭,九层盖,南投斑叶兰,匍枝斑叶兰,小将军,小青,小叶青,袖珍斑叶兰,野洋参,银线莲,银线盆,斩蛇药,竹叶青,竹叶小青);Creeping Lady's-tresses, Creeping Plantain, Creeping Rattlesnake Plantain, Creeping Rattlesnake-plantain, Dwarf Rattlesnake-plantain, Lesser Rattlesnake-plantain, Rattlesnake Plantain, Small Spotleaf-orchis ■
179686 Goodyera repens (L.) R. Br. subsp. marginata ? = Goodyera

repens (L.) R. Br. ■
179687 Goodyera repens (L.) R. Br. var. marginata (Lindl.) Ts. Tang et F. T. Wang = Goodyera repens (L.) R. Br. ■
179688 Goodyera repens (L.) R. Br. var. ophioides Fernald = Goodyera repens (L.) R. Br. ■
179689 Goodyera robusta Hook. f.;滇藏斑叶兰;Dian-Zang Spotleaf-orchis ■
179690 Goodyera rontabunensis T. Chow = Goodyera kwangtungensis C. L. Tso ■
179691 Goodyera rosea (H. Perrier) Ormerod;粉红斑叶兰■☆
179692 Goodyera rubens Blume = Goodyera rubicunda (Rchb. f.) J. J. Sm. ■
179693 Goodyera rubicunda (Rchb. f.) J. J. Sm. = Goodyera grandis (Blume) Blume ■
179694 Goodyera schlechtendaliana Rchb. f.;斑叶兰(白花斑叶兰,大斑叶兰,大武山斑叶兰,滴水珠,肺脚草,尖叶山蝴蝶,金边莲,九层盖,麻叶青,偏花斑叶兰,小将军,小青,小叶青,野洋参,银耳环,银线莲,银线盆,斩蛇药,竹叶青,竹叶小青);Big Rattlesnake Plantain,Secundflower Rattle Snake Plantain,Spotleaf-orchis ■
179695 Goodyera schlechtendaliana Rchb. f. f. similis (Blume) Makino = Goodyera schlechtendaliana Rchb. f. ■
179696 Goodyera schlechtendaliana Rchb. f. f. similis (Blume) Makino = Goodyera similis Blume ■
179697 Goodyera schlechtendaliana Rchb. f. var. ogatae (Yamam.) M. Hiroe = Goodyera viridiflora (Blume) Blume ■
179698 Goodyera schlechtendaliana Rchb. f. var. velutina (Maxim. ex Regel) M. Hiroe = Goodyera velutina Maxim. ■
179699 Goodyera secundiflora Griff. = Goodyera schlechtendaliana Rchb. f. ■
179700 Goodyera seikoomontana Yamam.;歌绿斑叶兰(歌绿怀兰,新港山斑叶兰);Seikoo Spotleaf-orchis ■
179701 Goodyera serpens Schltr. = Goodyera yunnanensis Schltr. ■
179702 Goodyera shixingensis K. Y. Lang;始兴斑叶兰;Shixing Rattlesnake Plantain,Shixing Spotleaf-orchis ■
179703 Goodyera shixingensis K. Y. Lang = Goodyera yangmeishanensis T. P. Lin ■
179704 Goodyera similis Blume = Goodyera schlechtendaliana Rchb. f. ■
179705 Goodyera sonoharae Fukuy. = Goodyera foliosa (Lindl.) Benth. ex C. B. Clarke ■
179706 Goodyera tatewakii (Masam.) S. S. Ying = Cheirostylis takeoi (Hayata) Schltr. ■
179707 Goodyera tesselata Lodd.;方格纹斑叶兰;Checkered Rattlesnake-plantain, Square Rattlesnake Plantain, Tesselated Rattlesnake-plantain ■☆
179708 Goodyera velutina Maxim.;绒叶斑叶兰(白肋斑叶兰,金线盘,鸟嘴莲,绒毛斑叶兰);Velutinous Rattlesnake Plantain, Velutinous Spotleaf-orchis ■
179709 Goodyera viridiflora (Blume) Blume;绿花斑叶兰(草山绿花斑叶兰,鸟喙斑叶兰);Green Spotleaf-orchis ■
179710 Goodyera viridiflora (Blume) Blume = Goodyera seikoomontana Yamam. ■
179711 Goodyera viridiflora (Blume) Blume var. ogatai (Yamam.) Tang S. Liu et H. J. Su = Goodyera viridiflora (Blume) Blume ■
179712 Goodyera viridiflora (Blume) Blume var. seikoomontana (Yamam.) S. S. Ying = Goodyera seikoomontana Yamam. ■
179713 Goodyera viridiflora Blume = Goodyera seikoomontana Yamam. ■
179714 Goodyera vittata Benth. ex Hook. f.;秀丽斑叶兰(纵带斑叶兰);Fillet Rattlesnake Plantain,Spiffy Spotleaf-orchis ■
179715 Goodyera wolongensis K. Y. Lang;卧龙斑叶兰;Wolong Rattlesnake Plantain,Wolong Spotleaf-orchis ■
179716 Goodyera wuana Ts. Tang et F. T. Wang;天全斑叶兰;Wu Rattlesnake Plantain,Wu Spotleaf-orchis ■
179717 Goodyera yaeyamae Ohwi = Goodyera rubicunda (Rchb. f.) J. J. Sm. ■
179718 Goodyera yangmeishanensis T. P. Lin;小小斑叶兰;Mini Rattlesnake Plantain,Mini Spotleaf-orchis ■
179719 Goodyera youngsayei S. Y. Hu et Barretto;香港斑叶兰;Hongkong Rattlesnake Plantain,Hongkong Spotleaf-orchis ■
179720 Goodyera youngsayei S. Y. Hu et Barretto = Goodyera seikoomontana Yamam. ■
179721 Goodyera yumiana Fukuy.;兰屿斑叶兰(兰屿金银草);Lanyu Rattlesnake Plantain,Lanyu Spotleaf-orchis ■
179722 Goodyera yunnanensis Schltr.;川滇斑叶兰;Yunnan Rattlesnake Plantain,Yunnan Spotleaf-orchis ■
179723 Gooringia F. N. Williams = Arenaria L. ■
179724 Gooringia F. N. Williams(1897);古临无心菜属■
179725 Gooringia littledalei (Hemsl.) F. N. Williams = Arenaria littledalei Hemsl. ■
179726 Gopanax Hemsl. = Schefflera J. R. Forst. et G. Forst.(保留属名)●
179727 Gorceixia Baker(1882);翅莛菊属■☆
179728 Gorceixia decurrens Baker;翅莛菊■☆
179729 Gordonia J. Ellis(1771)(保留属名);大头茶属;Axillary Polyspora,Gordonia,Gordontea,Loblolly Bay ●
179730 Gordonia L. = Gordonia J. Ellis(保留属名)●
179731 Gordonia acuminata Hung T. Chang;四川大头茶;Acuminate Gordontea,Sichuan Gordonia ●
179732 Gordonia acuminata Hung T. Chang = Gordonia szechuanensis Hung T. Chang ●
179733 Gordonia acuminata Hung T. Chang = Polyspora speciosa (Kochs) B. M. Barthol. et T. L. Ming ●
179734 Gordonia altamaha Sarg.;阿尔塔马哈大头茶;Franklin's Tree ●☆
179735 Gordonia anomala Spreng. = Gordonia axillaris (Roxb. ex Ker Gawl.) Endl. ●
179736 Gordonia anomala Spreng. = Polyspora axillaris (Roxb. ex Ker Gawl.) Sweet ex G. Don ●
179737 Gordonia axillaris (Ker Gawl.) Endl. = Gordonia axillaris (Roxb. ex Ker Gawl.) Endl. ●
179738 Gordonia axillaris (Roxb. ex Ker Gawl.) D. Dietr. = Gordonia acuminata Hung T. Chang ●
179739 Gordonia axillaris (Roxb. ex Ker Gawl.) D. Dietr. = Gordonia axillaris (Roxb. ex Ker Gawl.) Endl. ●
179740 Gordonia axillaris (Roxb. ex Ker Gawl.) D. Dietr. = Polyspora axillaris (Roxb. ex Ker Gawl.) Sweet ex G. Don ●
179741 Gordonia axillaris (Roxb. ex Ker Gawl.) D. Dietr. var. acuminata E. Pritz. = Gordonia szechuanensis Hung T. Chang ●
179742 Gordonia axillaris (Roxb. ex Ker Gawl.) D. Dietr. var. acuminata E. Pritz. = Polyspora speciosa (Kochs) B. M. Barthol. et T. L. Ming ●
179743 Gordonia axillaris (Roxb. ex Ker Gawl.) D. Dietr. var. nantoensis H. Keng = Polyspora axillaris (Roxb. ex Ker Gawl.) Sweet ex G. Don ●
179744 Gordonia axillaris (Roxb. ex Ker Gawl.) Dietr. = Polyspora

axillaris (Roxb. ex Ker Gawl.) Sweet ex G. Don ●

179745 Gordonia axillaris (Roxb. ex Ker Gawl.) Endl.;大头茶(大山皮,花东青,南投大头茶,台东大头茶,香港大头茶);Hongkong Gordonia,Hongkong Gordontea,Nantou Gordonia,Nantou Gordontea,Taiwan Gordonia ●

179746 Gordonia axillaris (Roxb. ex Ker Gawl.) Endl. var. acuminata Pritz. = Gordonia acuminata Hung T. Chang ●

179747 Gordonia axillaris (Roxb. ex Ker Gawl.) Endl. var. nantoensis Keng = Gordonia axillaris (Roxb. ex Ker Gawl.) Endl. ●

179748 Gordonia axillaris (Roxb. ex Ker Gawl.) Endl. var. tagawae (Ohwi) Keng = Gordonia axillaris (Roxb. ex Ker Gawl.) Endl. ●

179749 Gordonia balansae sensu Merr. et Chun = Gordonia hainanensis Hung T. Chang ●

179750 Gordonia chilaunia Buch. -Ham. ex D. Don = Schima wallichii (DC.) Korth. ●

179751 Gordonia chrysandra Cowan;黄药大头茶(云南山枇花);Yellow Stamen Gordonia,Yellow-androus Gordonia,Yellowanther Gordontea ●

179752 Gordonia chrysandra Cowan = Polyspora chrysandra (Cowan) Hu ex B. M. Barthol. et T. L. Ming ●

179753 Gordonia hainanensis Hung T. Chang;海南大头茶(猪血槁);Hainan Gordonia,Hainan Gordontea ●

179754 Gordonia hainanensis Hung T. Chang = Polyspora hainanensis (Hung T. Chang) C. X. Ye ex B. M. Barthol. et T. L. Ming ●

179755 Gordonia hirta Hand. -Mazz. = Pyrenaria hirta (Hand. -Mazz.) H. Keng ●

179756 Gordonia hirta Hand. -Mazz. = Tutcheria hirta (Hand. -Mazz.) H. L. Li ●

179757 Gordonia javanica Rollison ex Hook. = Schima noronhae Reinw. ex Blume ●

179758 Gordonia kwangsiensis Hung T. Chang;广西大头茶;Guangxi Gordonia,Guangxi Gordontea,Kwangsi Gordonia ●

179759 Gordonia kwangsiensis Hung T. Chang = Gordonia szechuanensis Hung T. Chang ●

179760 Gordonia kwangsiensis Hung T. Chang = Polyspora speciosa (Kochs) B. M. Barthol. et T. L. Ming ●

179761 Gordonia lasianthus (L.) J. Ellis;窄冠大头茶(长毛大头茶);Black Laurel,Franklin Tree,Loblolly Bay ●☆

179762 Gordonia lasianthus L. = Gordonia lasianthus (L.) J. Ellis ●☆

179763 Gordonia longicarpa Hung T. Chang;长果大头茶(大果大头茶);Long-fruit Gordonia,Longfruit Gordontea,Long-fruited Gordonia ●

179764 Gordonia longicarpa Hung T. Chang = Polyspora longicarpa (Hung T. Chang) C. X. Ye ex B. M. Barthol. et T. L. Ming ●

179765 Gordonia pubescens L'Hér. = Gordonia altamaha Sarg. ●☆

179766 Gordonia shimadae Ohwi = Gordonia axillaris (Roxb. ex Ker Gawl.) Endl. ●

179767 Gordonia shimadae Ohwi = Polyspora axillaris (Roxb. ex Ker Gawl.) Sweet ex G. Don ●

179768 Gordonia shinkoensis (Hayata) Keng = Pyrenaria shinkoensis (Hayata) H. Keng ●

179769 Gordonia sinensis Hemsl. et E. H. Wilson = Schima sinensis (Hemsl. et E. H. Wilson) Airy Shaw ●

179770 Gordonia szechuanensis Hung T. Chang = Gordonia acuminata Hung T. Chang ●

179771 Gordonia tagawae Ohwi = Gordonia axillaris (Roxb. ex Ker Gawl.) Endl. ●

179772 Gordonia tagawae Ohwi = Polyspora axillaris (Roxb. ex Ker Gawl.) Sweet ex G. Don ●

179773 Gordonia tiantangensis L. L. Deng et G. S. Fan = Polyspora tiantangensis (L. L. Deng et G. S. Fan) S. X. Yang ●

179774 Gordonia tonkinensis Pit. = Polyspora axillaris (Roxb. ex Ker Gawl.) Sweet ex G. Don ●

179775 Gordonia wallichii DC. = Schima wallichii (DC.) Korth. ●

179776 Gordonia yunnanensis (Hu) H. L. Li = Camellia irrawadiensis P. K. Barua ●

179777 Gordonia yunnanensis (Hu) H. L. Li = Camellia taliensis (W. W. Sm.) Melch. ●

179778 Gordoniaceae Rainey et al. = Theaceae Mirb. (保留科名)●

179779 Gordoniaceae Spreng. = Theaceae Mirb. (保留科名)●

179780 Gorenia Meisn. = Govenia Lindl. ■☆

179781 Gorgoglosum F. Lehm. = Sievekingia Rchb. f. ■☆

179782 Gorgonidium Schott(1864);魔南星属■☆

179783 Gorgonidium mirabile Schott;魔南星■☆

179784 Gorinkia J. Presl et C. Presl = Brassica L. + Conringia Heist. ex Fabr. ■

179785 Gorinkia J. Presl et C. Presl = Conringia Heist. ex Fabr. ■

179786 Gormania Britton = Sedum L. ●■

179787 Gormania Britton ex Britton et Rose = Sedum L. ●■

179788 Gorodkovia Botsch. et Karav. (1959);西伯利亚芥属■☆

179789 Gorodkovia jacutica Botsch. et Karav.;西伯利亚芥■☆

179790 Gorostemum Steud. = Gonostemon Haw. ■

179791 Gorostemum Steud. = Stapelia L. (保留属名)■

179792 Gorskia Bolle = Guibourtia Benn. ●☆

179793 Gorskia conjugata Bolle = Guibourtia conjugata (Bolle) J. Léonard ●☆

179794 Gortera Hill = Gorteria L. ■☆

179795 Gorteria L. (1759);黑斑菊属■☆

179796 Gorteria affinis DC. = Gorteria diffusa Thunb. ■☆

179797 Gorteria asteroides L. f. = Berkheya fruticosa (L.) Ehrh. ■☆

179798 Gorteria barbata L. f. = Berkheya barbata (L. f.) Hutch. ■☆

179799 Gorteria ciliaris L. = Cullumia ciliaris (L.) R. Br. ■☆

179800 Gorteria corymbosa DC.;伞序黑斑菊■☆

179801 Gorteria cruciata Houtt. = Berkheya cruciata (Houtt.) Willd. ■☆

179802 Gorteria diffusa Thunb.;铺散黑斑菊■☆

179803 Gorteria diffusa Thunb. subsp. parviligulata Rössler;小舌黑斑菊■☆

179804 Gorteria herbacea L. f. = Berkheya herbacea (L. f.) Druce ■☆

179805 Gorteria hispida L. f. = Cullumia aculeata (Houtt.) Rössler ■☆

179806 Gorteria ictinus Cass. = Gorteria diffusa Thunb. ■☆

179807 Gorteria integrifolia Thunb. = Hirpicium integrifolium (Thunb.) Less. ■☆

179808 Gorteria mitis Burm. = Heterolepis mitis (Burm.) DC. ●☆

179809 Gorteria othonnites Thunb. = Gazania othonnites (Thunb.) Less. ●☆

179810 Gorteria pectinata Thunb. = Gazania pectinata (Thunb.) Hartw. ●☆

179811 Gorteria personata L.;张开黑斑菊■☆

179812 Gorteria personata L. subsp. gracilis Rössler;纤细黑斑菊■☆

179813 Gorteria pinnata Thunb. = Gazania pinnata Less. ■☆

179814 Gorteria rigens L. = Gazania rigens (L.) Gaertn. ■☆

179815 Gorteria setosa L. = Cullumia setosa (L.) R. Br. ■☆

179816 Gorteria spectabilis Salisb. = Gazania rigens (L.) Gaertn. ■☆

179817 Gorteria spinosa L. f. = Berkheya spinosa (L. f.) Druce ■☆

179818 Gorteria squarrosa L. = Cullumia squarrosa (L.) R. Br. ■☆

179819 Gorteria tenuifolia Licht. ex Less. = Gazania tenuifolia Less. ■☆
179820 Gorteria uniflora L. f. = Gazania rigens (L.) Gaertn. var. uniflora (L. f.) Rössler ■☆
179821 Gosela Choisy(1848);好望角玄参属●☆
179822 Gosela eckloniana Choisy;好望角玄参●☆
179823 Gossampinus Buch. -Ham. = Bombax L.(保留属名) + Ceiba Mill. ●
179824 Gossampinus Buch. -Ham. = Bombax L.(保留属名)●
179825 Gossampinus Buch. -Ham. emend. Schott et Endl. = Ceiba Mill. ●
179826 Gossampinus Schott et Endl. = Ceiba Mill. ●
179827 Gossampinus alba Buch. -Ham. = Ceiba pentandra (L.) Gaertn. ●
179828 Gossampinus angulicarpa (Ulbr.) Bakh. = Bombax buonopozense P. Beauv. ●☆
179829 Gossampinus buonopozensis (P. Beauv.) Bakh. = Bombax buonopozense P. Beauv. ●☆
179830 Gossampinus cambodiensis (Pierre) Bakh. = Bombax cambodiense Pierre ●
179831 Gossampinus chevalieri (Pellegr.) Ghesq. = Bombax brevicuspe Sprague ●☆
179832 Gossampinus flammea (Ulbr.) Bakh. = Bombax buonopozense P. Beauv. ●☆
179833 Gossampinus insignis Bakh. = Bombax insigne Wall. ●
179834 Gossampinus lumphii Schott et Endl. = Ceiba pentandra (L.) Gaertn. ●
179835 Gossampinus malabarica (DC.) Merr. = Bombax ceiba L. ●
179836 Gossampinus malabarica (DC.) Merr. = Bombax malabaricum DC. ●
179837 Gossampinus reflexa (Sprague) Bakh. = Bombax buonopozense P. Beauv. ●☆
179838 Gossampinus rubra Buch. -Ham. = Bombax ceiba L. ●
179839 Gossania Walp. = Gouania Jacq. ●
179840 Gossia N. Snow et Guymer(1931);戈斯桃金娘属●
179841 Gossweilera S. Moore(1908);戈斯菊属■☆
179842 Gossweilera lanceolata S. Moore;披针形戈斯菊■☆
179843 Gossweilera paludosa S. Moore;沼泽戈斯菊■☆
179844 Gossweilerochloa Renvoize = Tridens Roem. et Schult. ■☆
179845 Gossweilerodendron Harms(1925);香脂苏木属(刚果苏木属)●☆
179846 Gossweilerodendron balsamiferum (Vermoesen) Harms;香脂苏木;Agba ●☆
179847 Gossweilerodendron balsamiferum (Vermoesen) Harms = Prioria balsamifera (Vermoesen) Breteler ●☆
179848 Gossweilerodendron balsamiferum Harms = Gossweilerodendron balsamiferum (Vermoesen) Harms ●☆
179849 Gossweilerodendron joveri Normand ex Aubrév. = Prioria joveri (Normand ex Aubrév.) Breteler ●☆
179850 Gossypianthus Hook.(1840);毛花苋属;Cottonflower ■☆
179851 Gossypianthus Hook. = Guilleminea Kunth ■☆
179852 Gossypianthus lanuginosus (Poir.) Moq.;毛花苋;Woolly Cottonflower ■☆
179853 Gossypianthus lanuginosus (Poir.) Moq. var. sheldonii Uline et W. L. Bray = Gossypianthus lanuginosus (Poir.) Moq. ■☆
179854 Gossypianthus lanuginosus (Poir.) Moq. var. tenuiflorus (Hook.) Henrickson;细花毛花苋■☆
179855 Gossypianthus tenuiflorus Hook. = Gossypianthus lanuginosus (Poir.) Moq. var. tenuiflorus (Hook.) Henrickson ■☆
179856 Gossypioides Skovst. = Gossypioides Skovst. ex J. B. Hutch. ●☆
179857 Gossypioides Skovst. ex J. B. Hutch.(1947);拟棉属●☆
179858 Gossypioides kirkii (Mast.) J. B. Hutch.;拟棉■☆
179859 Gossypiospermum (Griseb.) Urb.(1923);棉籽木属●☆
179860 Gossypiospermum (Griseb.) Urb. = Casearia Jacq. ●
179861 Gossypiospermum Urb. = Casearia Jacq. ●
179862 Gossypiospermum Urb. = Gossypiospermum (Griseb.) Urb. ●☆
179863 Gossypiospermum eriophorum (Griseb.) Urb.;棉籽木●☆
179864 Gossypiospermum praecox (Griseb.) P. Wilson = Casearia praecox Griseb. ●☆
179865 Gossypium L.(1753);棉属(草棉属);Cotton,Incaparina ●■
179866 Gossypium abyssinicum Watt = Gossypium herbaceum L. ●■
179867 Gossypium acuminatum Roxb. = Gossypium barbadense L. var. acuminatum (Roxb.) Mast. ●
179868 Gossypium acuminatum Roxb. ex G. Don = Gossypium barbadense L. var. acuminatum (Roxb. ex G. Don) Triana et Planch. ●
179869 Gossypium africanum (Watt) Watt = Gossypium herbaceum L. subsp. africanum (Watt) Vollesen ●☆
179870 Gossypium africanum (Watt) Watt var. bracteatum Watt = Gossypium herbaceum L. subsp. africanum (Watt) Vollesen ●☆
179871 Gossypium anomalum Watt = Gossypium arboreum L. var. obtusifolium (Roxb.) Roberty ●
179872 Gossypium anomalum Wawra et Peyr. var. steudneri Roberty = Gossypium anomalum Wawra ex Wawra et Peyr. subsp. senarense (Wawra et Peyr.) Vollesen ●☆
179873 Gossypium anomalum Wawra ex Wawra et Peyr.;异常树棉●☆
179874 Gossypium anomalum Wawra ex Wawra et Peyr. subsp. senarense (Wawra et Peyr.) Vollesen;塞内加尔树棉●☆
179875 Gossypium anomalum Wawra ex Wawra et Peyr. subsp. triphyllum (Harv.) Roberty = Gossypium triphyllum (Harv.) Hochr. ■☆
179876 Gossypium arboreum L.;树棉(木本鸡脚棉,印度棉,中棉);Asia Tree Cotton,Asiatic Tree Cotton,Asiatic Tree-cotton,Chinese Cotton,Tree Cotton ●
179877 Gossypium arboreum L. var. indicum (Lam.) Roberty = Gossypium arboreum L. var. obtusifolium (Roxb.) Roberty ●
179878 Gossypium arboreum L. var. obtusifolium (Roxb.) Roberty;钝叶树棉(鸡脚棉,棉,中棉);Bluntleaf Cotton,China Cotton,Indian Cotton ●
179879 Gossypium arboreum L. var. rubicundum (Watt) Roberty;稍红树棉●☆
179880 Gossypium arboreum Watt var. nangking (Meyen) Roberty = Gossypium arboreum L. var. obtusifolium (Roxb.) Roberty ●
179881 Gossypium arboreum Watt var. paradoxum Prokh. = Gossypium arboreum L. var. obtusifolium (Roxb.) Roberty ●
179882 Gossypium australe F. Muell.;澳洲棉;Australian Wild Cotton ●☆
179883 Gossypium bakeri Watt = Senra incana Cav. ●☆
179884 Gossypium barbadense L.;海岛棉(光籽棉,光子棉,离核木棉,木棉);Barbados Cotton,Creole Cotton,Egyptian Cotton,Peru Cotton,Peruvian Cotton,Sea Island Cotton,Sea-Island Cotton,Tree Cotton ●
179885 Gossypium barbadense L. var. acuminatum (Roxb. ex G. Don) Triana et Planch.;巴西海岛棉(巴西木棉);Brazil Barbados Cotton ●
179886 Gossypium barbadense L. var. acuminatum (Roxb.) Mast. = Gossypium barbadense L. var. acuminatum (Roxb. ex G. Don) Triana et Planch. ●

179887 Gossypium barbadense L. var. brasiliense (Macfad.) J. B. Hutch. = Gossypium barbadense L. var. acuminatum (Roxb.) Mast. ●

179888 Gossypium barbadense L. var. brasiliense (Macfad.) Mauer = Gossypium barbadense L. var. acuminatum (Roxb. ex G. Don) Triana et Planch. ●

179889 Gossypium barbadense L. var. hirsutum (L.) Triana et Planch. = Gossypium hirsutum L. ■

179890 Gossypium barbadense L. var. maritima L.;美洲海岛棉;American Cotton ■☆

179891 Gossypium barbosanum Phillips et Clement = Gossypium anomalum Wawra ex Wawra et Peyr. subsp. senarense (Wawra et Peyr.) Vollesen ●☆

179892 Gossypium benadirense Mattei = Gossypium bricchettii (Ulbr.) Vollesen ■☆

179893 Gossypium brasiliense Macfad.;巴西棉;Kidney Cotton ■☆

179894 Gossypium brasiliense Macfad. = Gossypium barbadense L. var. acuminatum (Roxb. ex G. Don) Triana et Planch. ●

179895 Gossypium bricchettii (Ulbr.) Vollesen;布里棉■☆

179896 Gossypium capitis-viridis Mauer = Gossypium anomalum Wawra ex Wawra et Peyr. subsp. senarense (Wawra et Peyr.) Vollesen ●☆

179897 Gossypium ellenbeckii (Gürke) Mauer = Gossypium somalense (Gürke) J. B. Hutch. ●☆

179898 Gossypium guyanense Raf. var. brasiliense (Macfad.) Raf. = Gossypium barbadense L. var. acuminatum (Roxb. ex G. Don) Triana et Planch. ●

179899 Gossypium harknessii Brandegee;哈氏棉;San Marcos Hibiscus ■☆

179900 Gossypium herbaceum L.;草棉(阿拉伯棉,草绵,吉贝,绵花,棉花,树棉,小棉);Cotton,Cotton Root,Levant Cotton ●■

179901 Gossypium herbaceum L. subsp. africanum (Watt) Vollesen;非洲棉●☆

179902 Gossypium herbaceum L. var. africanum (Watt) Hutch. et R. L. M. Ghose = Gossypium herbaceum L. subsp. africanum (Watt) Vollesen ●☆

179903 Gossypium herbaceum L. var. hirsutum (L.) Mast. = Gossypium hirsutum L. ■

179904 Gossypium herbaceum L. var. obtusifolium (Roxb.) Mast. = Gossypium arboreum L. var. obtusifolium (Roxb.) Roberty ●

179905 Gossypium herbaceum L. var. steudneri Schweinf. ex Gürke = Gossypium anomalum Wawra ex Wawra et Peyr. subsp. senarense (Wawra et Peyr.) Vollesen ●☆

179906 Gossypium hirsutum L.;陆地棉(大陆棉,高地棉,美棉,美洲棉,墨西哥棉);American Upland Cotton,Cotton,Upland Cotton ■

179907 Gossypium hirsutum L. f. mexicanum (Tod.) Roberty = Gossypium hirsutum L. ■

179908 Gossypium hopii Lewton;霍普棉;Hopi Cotton ■☆

179909 Gossypium indicum Lam. = Gossypium arboreum L. var. obtusifolium (Roxb.) Roberty ●

179910 Gossypium kirkii Mast. = Gossypioides kirkii (Mast.) J. B. Hutch. ■☆

179911 Gossypium lanceolatum Tod. = Gossypium hirsutum L. ■

179912 Gossypium longicalyx Hutch. et B. J. S. Lee;长萼棉●☆

179913 Gossypium mexicanum Tod. = Gossypium hirsutum L. ■

179914 Gossypium microcarpum Welw. ex Gürke = Gossypium anomalum Wawra ex Wawra et Peyr. ●☆

179915 Gossypium nanking Meyen = Gossypium arboreum L. var. obtusifolium (Roxb.) Roberty ●

179916 Gossypium obtusifolium Roxb. = Gossypium arboreum L. var. obtusifolium (Roxb.) Roberty ●

179917 Gossypium obtusifolium Roxb. ex G. Don var. africanum Watt = Gossypium herbaceum L. subsp. africanum (Watt) Vollesen ●☆

179918 Gossypium obtusifolium sensu Dalzell et Gibson = Gossypium stocksii Mast ■☆

179919 Gossypium paolii Mattei = Gossypium somalense (Gürke) J. B. Hutch. ●☆

179920 Gossypium peruvianum Cav. = Gossypium barbadense L. ●

179921 Gossypium prostratum Schumach. et Thonn. = Gossypium herbaceum L. ●■

179922 Gossypium puberulum Klotzsch = Gossypium herbaceum L. ●■

179923 Gossypium punctatum Schumach.;斑棉;Upland Cotton ■☆

179924 Gossypium purpurascens Poir.;紫棉;Bourbon Cotton ■☆

179925 Gossypium religiosum L. = Gossypium hirsutum L. ■

179926 Gossypium senarense Wawra et Peyr. = Gossypium anomalum Wawra ex Wawra et Peyr. subsp. senarense (Wawra et Peyr.) Vollesen ●☆

179927 Gossypium somalense (Gürke) J. B. Hutch.;索马里棉●☆

179928 Gossypium stocksii Mast.;阿拉伯棉■☆

179929 Gossypium sturtianum J. H. Willis;斯图棉;Sturt Desert Rose, Sturt's Desert Rose,Sturt's Desert-rose ■☆

179930 Gossypium sturtianum J. H. Willis var. nandewarense (Derera) Fryxell;南德瓦棉●☆

179931 Gossypium thurberi Tod.;野棉;Wild Cotton ■☆

179932 Gossypium transvaalense Watt = Gossypium herbaceum L. subsp. africanum (Watt) Vollesen ●☆

179933 Gossypium trifurcatum Vollesen;三叉棉■☆

179934 Gossypium triphyllum (Harv.) Hochr.;三叶棉■☆

179935 Gossypium vollesenii Fryxell;福勒森棉■☆

179936 Gossypium wattianum S. Y. Hu = Gossypium arboreum L. var. obtusifolium (Roxb.) Roberty ●

179937 Gossypium zaitzevii Prokh.;扎氏棉■☆

179938 Gossypium zaitzevii Prokh. = Gossypium herbaceum L. ●■

179939 Gothofreda Vent.(废弃属名) = Oxypetalum R. Br.(保留属名)●■☆

179940 Gouania Jacq.(1763);咀签属(咀签草属,下果藤属);Gouania ●

179941 Gouania glabra Jacq.;无毛咀签;Glabrous Gouania ●

179942 Gouania humbertii H. Perrier;亨伯特咀签●☆

179943 Gouania integrifolia Lam. = Helinus integrifolius (Lam.) Kuntze ●☆

179944 Gouania javanica Miq.;毛咀签(节节藤,三棱果藤,烧伤藤,爪哇下果藤);Java Gouania ●

179945 Gouania lanceolata Wall. = Helinus lanceolatus Wall. ex Brandis ●☆

179946 Gouania laxiflora Tul.;疏花咀签●☆

179947 Gouania leptostachya DC.;咀签(大苞咀签,风吹藤,下果藤);Gouania,Slender-spike Gouania,Slender-spiked Gouania ●

179948 Gouania leptostachya DC. var. macrocarpa Pit.;大果咀签;Bigfruit Gouania ●

179949 Gouania leptostachya DC. var. tokinensis Pit.;越南咀签(大苞咀签,烧伤藤);Viet Nam Gouania,Vietnam Gouania ●

179950 Gouania lineata Tul.;条纹咀签●☆

179951 Gouania longipetala Hemsl.;长瓣咀签●☆

179952 Gouania longispicata Engl.;长穗咀签●☆

179953 Gouania lupuloides (L.) Urb.;忽布咀签●☆

179954 Gouania mozambicensis M. L. Green = Gouania scandens (Gaertn.) R. B. Drumm. ●☆
179955 Gouania myriocarpa Tul.;多果咀签●☆
179956 Gouania pannigera Tul.;毡状咀签●☆
179957 Gouania polygama (Jacq.) Urb.;杂咀签●☆
179958 Gouania scandens (Gaertn.) R. B. Drumm.;攀缘咀签●☆
179959 Gouania tiliifolia Lam.;椴树叶咀签●☆
179960 Gouania ulugurica Gilli;乌卢古尔咀签●☆
179961 Gouaniaceae Raf. = Rhamnaceae Juss.(保留科名)●
179962 Gouaniaceae Rainey et al.;咀签科●
179963 Gouaniaceae Rainey et al. = Rhamnaceae Juss.(保留科名)●
179964 Gouarea R. Hedw. = Guarea F. Allam.(保留属名)●☆
179965 Goudenia Vent. = Goodenia Sm. ●■☆
179966 Goudotia Decne. = Distichia Nees et Meyen ■☆
179967 Gouffeia Robill. et Cast. ex DC. = Arenaria L. ■
179968 Gouffeia Robill. et Cast. ex Lam. et DC. = Arenaria L. ■
179969 Gouffeia crassiuscula Cambess. = Lepyrodiclis holosteoides (C. A. Mey.) Fenzl ex Fisch. et C. A. Mey. ■
179970 Gouffeia holosteoides C. A. Mey. = Lepyrodiclis holosteoides (C. A. Mey.) Fenzl ex Fisch. et C. A. Mey. ■
179971 Goughia Wight = Daphniphyllum Blume ●
179972 Goughia himalensis Benth. = Daphniphyllum himalayense (Benth.) Müll. Arg. ●
179973 Gouinia E. Fourn.(1883);格维木草属■☆
179974 Gouinia E. Fourn. ex Benth. = Gouinia E. Fourn. ■☆
179975 Gouinia E. Fourn. ex Benth. et Hook. f. = Gouinia E. Fourn. ■☆
179976 Gouinia barbata (Hack.) Swallen;髯毛格维木草■☆
179977 Gouinia brasiliensis (S. Moore) Swallen;巴西格维木草■☆
179978 Gouinia latifolia (Griseb.) Vasey;宽叶格维木草■☆
179979 Gouinia latifolia Vasey = Gouinia latifolia (Griseb.) Vasey ■☆
179980 Gouinia mexicana Vasey;墨西哥格维木草■☆
179981 Goulardia Husnot = Agropyron Gaertn. ■
179982 Goulardia Husnot = Elymus L. ■
179983 Goulardia abolinii (Drobow) Ikonn. = Elymus abolinii (Drobow) Tzvelev ■
179984 Goulardia canina (L.) Husn. = Elymus caninus (L.) L. ■
179985 Goulardia mutabilis (Drobow) Ikonn. = Elymus mutabilis (Drobow) Tzvelev ■
179986 Goulardia praecaespitosa (Nevski) Ikonn. = Elymus mutabilis (Drobow) Tzvelev var. praecaespitosus (Nevski) S. L. Chen ■
179987 Goulardia ugamica (Drobow) Ikonn. = Elymus nevskii Tzvelev ■
179988 Gouldia A. Gray = Hedyotis L.(保留属名)●■
179989 Gouldochloa J. Valdés, Morden et S. L. Hatch = Chasmanthium Link ■☆
179990 Goupia Aubl.(1775);毛药树属(贵巴木属,贵巴卫矛属)●☆
179991 Goupia glabra Aubl.;光毛药树(光贵巴木,平滑毛药树)●☆
179992 Goupia tomentosa Aubl.;毛药树●☆
179993 Goupiaceae Miers(1862);毛药树科●☆
179994 Goupiaceae Miers. = Celastraceae R. Br.(保留科名)●
179995 Gourliea Gillies ex Hook. = Gourliea Gillies ex Hook. et Arn. ●☆
179996 Gourliea Gillies ex Hook. et Arn.(1833);刺木属●☆
179997 Gourliea Gillies ex Hook. et Arn. = Geoffroea Jacq. ●☆
179998 Gourliea Gillies ex Hook. f. = Gourliea Gillies ex Hook. et Arn. ●☆
179999 Gourliea chilensis Clos;智利刺木●☆
180000 Gourliea decorticans Gillies ex Hook. et Arn. = Geoffroea decorticans (Hook. et Arn.) Burkart ●☆
180001 Gourliea spinosa Skeels;阿根廷刺木●☆
180002 Gourmania A. Chev. = Hibiscus L.(保留属名)●■
180003 Gourmannia A. Chev. = Hibiscus L.(保留属名)●■
180004 Govana All. = Gouania Jacq. ●
180005 Govania Wall. = Givotia Griff. ●☆
180006 Govantesia Llanos = Champereia Griff. ●
180007 Govenia Lindl.(1832);高恩兰属(哥温兰属)■☆
180008 Govenia alba A. Rich. et Galeotti;白高恩兰■☆
180009 Govenia barbata Poepp. et Endl.;髯毛高恩兰■☆
180010 Govenia capitata Lindl.;头状高恩兰■☆
180011 Govenia elliptica S. Watson;椭圆高恩兰■☆
180012 Govenia floridana P. M. Br.;多花高恩兰■☆
180013 Govenia latifolia (Kunth) Garay et G. A. Romero;宽叶高恩兰■☆
180014 Govenia pauciflora Lindl.;少花高恩兰■☆
180015 Govenia platyglossa Schltr.;宽舌高恩兰■☆
180016 Govenia sulphurea Rchb. f.;硫色高恩兰■☆
180017 Govindooia Wight = Tropidia Lindl. ■
180018 Govindooia nervosa Wight = Tropidia angulosa (Lindl.) Blume ■
180019 Gowenia Lindl. = Govenia Lindl. ■☆
180020 Goyazia Taub.(1896);戈亚斯苣苔属■☆
180021 Goyazia rupicola Taub.;戈亚斯苣苔■☆
180022 Goyazianthus R. M. King et H. Rob.(1977);异毛修泽兰属●☆
180023 Goyazianthus tetrastichus (B. L. Rob.) R. M. King et H. Rob.;异毛修泽兰■☆
180024 Goydera Liede(1993);戈伊萝藦属☆
180025 Goydera somaliensis Liede;戈伊萝藦☆
180026 Grabowskia Schltdl.(1832);刺茄属●☆
180027 Grabowskia boerhaviifolia Schltdl.;刺茄●☆
180028 Grabowskia cuneifolia Dunal;楔叶刺茄●☆
180029 Grabowskia megalosperma Speg.;大籽刺茄●☆
180030 Grabuskia Raf. = Grabowskia Schltdl. ●☆
180031 Graciela Rzed. = Strotheria B. L. Turner ■☆
180032 Gracilangis Thouars = Angraecum Bory ■
180033 Gracilangis Thouars = Chamaeangis Schltr. ■☆
180034 Gracilea Hook. f. = Melanocenchris Nees ■☆
180035 Gracilea Kocn. ex Rottl. = Melanocenchris Nees ■☆
180036 Gracilea royleana (Nees ex Steud.) Hook. f. = Melanocenchris jacquemontii Jaub. et Spach ■☆
180037 Gracilea royleana (Nees ex Steud.) Hook. f. var. plumosa (Steud.) Hook. f. = Melanocenchris abyssinica (R. Br. ex Fresen.) Hochst. ■☆
180038 Gracilicaulaceae Dulac = Illecebraceae R. Br.(保留科名)●■
180039 Gracilophylis Thouars = Bulbophyllum Thouars(保留属名)■
180040 Graderia Benth.(1846);格雷玄参属■●☆
180041 Graderia linearifolia Codd;线叶格雷玄参■☆
180042 Graderia scabra (L. f.) Benth.;粗糙格雷玄参■☆
180043 Graderia speciosa Rendle = Ghikaea speciosa (Rendle) Diels ●☆
180044 Graeffea Seem. = Trichospermum Blume ●☆
180045 Graeffenrieda D. Dietr. = Graffenrieda DC. ●☆
180046 Graellsia Boiss.(1841);格雷芥属■☆
180047 Graellsia chitralensis O. E. Schulz = Graptophyllum pictum (L.) Griff. ●☆
180048 Graellsia hederifolia (Coss.) R. D. Hyam et Jury = Draba

hederifolia Coss. ■☆
180049 Graellsia hederifolia (Coss.) R. D. Hyam et Jury subsp. cossonii (O. E. Schulz) R. D. Hyam et Jury = Draba hederifolia Coss. subsp. cossoniana (O. E. Schulz) Maire ■☆
180050 Graellsia saxifragifolia (DC.) Boiss.;格雷芥■☆
180051 Graemia Hook. = Cephalophora Cav. ■
180052 Graevia Neck. = Grewia L. ●
180053 Graffenrieda DC. (1828);美洲野牡丹属●☆
180054 Graffenrieda boliviensis Cogn.;玻利维亚美洲野牡丹●☆
180055 Graffenrieda grandifolia Gleason;大叶美洲野牡丹●☆
180056 Graffenrieda intermedia Triana;全缘美洲野牡丹●☆
180057 Graffenrieda ovalifolia Naudin;卵叶美洲野牡丹●☆
180058 Graffenrieda parviflora Cogn.;小花美洲野牡丹●☆
180059 Graffenrieda reticulata Wurdack;网状美洲野牡丹●☆
180060 Grafia A. D. Hawkes = Phalaenopsis Blume ■
180061 Grafia Rchb. = Pleurospermum Hoffm. ■
180062 Grafia parishii (Rchb. f.) A. D. Hawkes;格雷芹■☆
180063 Grahamia Gillies ex Hook. et Arn. = Grahamia Gillies ●☆
180064 Grahamia Gillies(1833);马齿藤属●☆
180065 Grahamia Spreng. = Cephalophora Cav. ■
180066 Grahamia bracteata Gillies;马齿藤●☆
180067 Grajalesia Miranda(1951);束花茉莉属●☆
180068 Grajalesia fasciculata (Standl.) Miranda;束花茉莉■☆
180069 Gramen E. H. L. Krause = Festuca L. ■
180070 Gramen Ség. = Secale L. ■
180071 Gramen W. Young;美洲羊茅属■☆
180072 Gramerium Desv. = Digitaria Haller(保留属名)■
180073 Graminaceae Lindl. = Gramineae Juss.(保留科名)■●
180074 Graminaceae Lindl. = Poaceae Barnhart(保留科名)■●
180075 Graminastrum E. H. L. Krause = Dissanthelium Trin. ■☆
180076 Gramineae Adans. = Gramineae Juss.(保留科名)■●
180077 Gramineae Adans. = Poaceae Barnhart(保留科名)■●
180078 Gramineae Juss.(1789)(保留科名);禾本科;Gramineous Plants, Grass Family, Grasses ■●
180079 Gramineae Juss.(保留科名) = Poaceae Barnhart(保留科名)■●
180080 Graminisatis Thouars = Cynorkis Thouars ■☆
180081 Graminisatis Thouars = Satyrium Sw.(保留属名)■
180082 Grammadenia Benth. (1846);显腺紫金牛属●☆
180083 Grammadenia Benth. = Cybianthus Mart.(保留属名)●☆
180084 Grammadenia acuminata Lundell;渐尖显腺紫金牛(渐尖格拉紫金牛)●☆
180085 Grammadenia alpina Mez;高山显腺紫金牛(高山格拉紫金牛)●☆
180086 Grammadenia linearifolia Lundell;线叶显腺紫金牛(线叶格拉紫金牛)●☆
180087 Grammadenia macrocarpa Lundell;大果显腺紫金牛(大果格拉紫金牛)●☆
180088 Grammadenia minor Lundell;小显腺紫金牛(小格拉紫金牛)●☆
180089 Grammadenia oxygyna Cuatrec.;尖蕊显腺紫金牛(尖蕊格拉紫金牛)●☆
180090 Grammangis Rchb. f. (1860);斑唇兰属■☆
180091 Grammangis ellisii (Lindl.) Rchb. f.;爱利丝斑唇兰■☆
180092 Grammangis ellisii (Lindl.) Rchb. f. var. dayanum Rchb. f. = Grammangis ellisii (Lindl.) Rchb. f. ■☆
180093 Grammangis falcigera Rchb. f. = Cymbidiella falcigera (Rchb. f.) Garay ■☆
180094 Grammangis fallax Schltr. = Grammangis ellisii (Lindl.) Rchb. f. ■☆
180095 Grammangis pardalina Rchb. f. = Cymbidiella pardalina (Rchb. f.) Garay ■☆
180096 Grammangis spectabilis Bosser et Morat;马岛斑唇兰■☆
180097 Grammangis stapeliiflora Schltr.;豹皮花兰■☆
180098 Grammanthes DC. = Crassula L. ●■☆
180099 Grammanthes DC. = Vauanthes Haw. ●■☆
180100 Grammanthes chloraeflora (Haw.) DC. = Crassula dichotoma L. ●☆
180101 Grammanthes chloraeflora (Haw.) DC. var. caesia Hook. f. = Crassula dichotoma L. ●☆
180102 Grammanthes depressa Eckl. et Zeyh. = Crassula depressa (Eckl. et Zeyh.) Toelken ●☆
180103 Grammanthes filiformis Eckl. et Zeyh. = Crassula filiformis (Eckl. et Zeyh.) D. Dietr. ■☆
180104 Grammanthes flava E. Mey. ex Drège = Crassula sebaeoides (Eckl. et Zeyh.) Toelken ■☆
180105 Grammanthes gentianoides (Lam.) DC. = Crassula dichotoma L. ●☆
180106 Grammanthes gentianoides (Lam.) DC. var. chloraeflora (Haw.) Harv. = Crassula dichotoma L. ●☆
180107 Grammanthes gentianoides (Lam.) DC. var. depressa (Eckl. et Zeyh.) Harv. = Crassula depressa (Eckl. et Zeyh.) Toelken ●☆
180108 Grammanthes gentianoides (Lam.) DC. var. media Harv. = Crassula sebaeoides (Eckl. et Zeyh.) Toelken ■☆
180109 Grammanthes gentianoides (Lam.) DC. var. sebaeoides (Eckl. et Zeyh.) Harv. = Crassula sebaeoides (Eckl. et Zeyh.) Toelken ■☆
180110 Grammanthes gentianoides (Lam.) DC. var. vera Harv. = Crassula dichotoma L. ●☆
180111 Grammanthes retroflexa (Thunb.) Sweet = Crassula dichotoma L. ●☆
180112 Grammanthes sebaeiodes Eckl. et Zeyh. = Crassula sebaeoides (Eckl. et Zeyh.) Toelken ■☆
180113 Grammartheon Rchb. = Grammarthron Cass. ■
180114 Grammarthron Cass. = Doronicum L. ■
180115 Grammatocarpus C. Presl = Scyphanthus Sweet ■☆
180116 Grammatophyllum Blume (1825);巨兰属;Giant Orchid, Grammatophyllum, Queen Orchid ■☆
180117 Grammatophyllum ellisii Lindl. = Grammangis ellisii (Lindl.) Rchb. f. ■☆
180118 Grammatophyllum fenzlianum Rchb. f. = Grammatophyllum scriptum (L.) Blume ■☆
180119 Grammatophyllum measuresianum Sander;米氏巨兰;Measures Giant Orchid ■☆
180120 Grammatophyllum multiflorum Lindl.;多花巨兰■☆
180121 Grammatophyllum papuanum J. J. Sm.;尼日利亚巨兰■☆
180122 Grammatophyllum roemplerianum Rchb. f. = Eulophiella roempleriana Schltr. ■☆
180123 Grammatophyllum rumphianum Miq. = Grammatophyllum scriptum (L.) Blume ■☆
180124 Grammatophyllum schmidtianum Schltr.;斯氏巨兰;Schmidt Giant Orchid ■☆
180125 Grammatophyllum scriptum (L.) Blume;雕刻巨兰(多花巨兰,虎兰);Manyflower Giant Orchid ■☆
180126 Grammatophyllum speciosum Blume;巨兰;Giant Orchid, Letter

Plant, Queen of Orchid ■☆
180127 Grammatotheca C. Presl(1836);纹桔梗属■☆
180128 Grammatotheca bergiana (Cham.) C. Presl;纹桔梗■☆
180129 Grammatotheca bergiana (Cham.) C. Presl var. eckloniana (C. Presl) E. Wimm.;埃氏纹桔梗■☆
180130 Grammatotheca bergiana (Cham.) C. Presl var. foliosa E. Wimm.;多叶纹桔梗■☆
180131 Grammatotheca bergiana (Cham.) C. Presl var. pedunculata E. Wimm.;梗花纹桔梗■☆
180132 Grammatotheca eckloniana C. Presl = Grammatotheca bergiana (Cham.) C. Presl var. eckloniana (C. Presl) E. Wimm. ■☆
180133 Grammatotheca erinoides (Thunb.) Sond. = Grammatotheca bergiana (Cham.) C. Presl ■☆
180134 Grammeionium Rchb. = Viola L. ■●
180135 Grammica Lour. = Cuscuta L. ■
180136 Grammica campestris (Yunck.) Hadac et Chrtek = Cuscuta pentagona Engelm. ■☆
180137 Grammica cephalanthi (Engelm.) Hadac et Chrtek = Cuscuta cephalanthi Engelm. ■☆
180138 Grammica coryli (Engelm.) Hadac et Chrtek = Cuscuta coryli Engelm. ■☆
180139 Grammica cuspidata (Engelm.) Hadac et Chrtek = Cuscuta cuspidata Engelm. ■☆
180140 Grammica gronovii (Willd. ex Roem. et Schult.) Hadac et Chrtek = Cuscuta gronovii Willd. ex Roem. et Schult. ■☆
180141 Grammica pentagona (Engelm.) W. A. Weber = Cuscuta pentagona Engelm. ■☆
180142 Grammocarpus Schur = Trigonella L. ■
180143 Grammopetalum C. A. May. ex Meinsn. = Trinia Hoffm. (保留属名)■☆
180144 Grammosciadium DC. (1829);文字芹属■☆
180145 Grammosciadium daucoides DC.;文字芹■☆
180146 Grammosolen Haegi(1981);纹茄属●☆
180147 Grammosolen dixonii (F. Muell. et Tate) Haegi;纹茄●☆
180148 Grammosolen truncatus (Ising) Haegi;平截纹茄●☆
180149 Grammosperma O. E. Schulz(1929);纹籽芥属■☆
180150 Grammosperma dusenii O. E. Schulz;纹籽芥■☆
180151 Granadilla Mill. = Passiflora L. ●■
180152 Granadilla foetida (L.) Gaertn. = Passiflora foetida L. ■
180153 Granadilla quadrangularis (L.) Medik. = Passiflora quadriangularis L. ●
180154 Granataceae D. Don = Punicaceae Bercht. et J. Presl(保留科名)●
180155 Granatum Kuntze = Carapa Aubl. ●☆
180156 Granatum Kuntze = Xylocarpus J. König ●
180157 Granatum St. -Lag. = Punica L. ●
180158 Grandidiera Jaub. (1866);格兰大风子属●☆
180159 Grandidiera boivinii Jaub.;格兰大风子●☆
180160 Grandiera Lefeb. ex Baill. = Sindora Miq. ●
180161 Grandiphyllum Docha Neto = Oncidium Sw. (保留属名)■☆
180162 Grandiphyllum Docha Neto(2006);巨叶兰属■☆
180163 Grangea Adans. (1763);田基黄属(线球菊属);Grangea ■
180164 Grangea adansonii Cass. = Grangea maderaspatana (L.) Poir. ■
180165 Grangea aegyptiaca (Juss. ex Jacq.) DC. = Grangea maderaspatana (L.) Poir. ■
180166 Grangea anthemoides O. Hoffm.;春黄菊田基黄■☆
180167 Grangea ceruanoides Cass. = Grangea maderaspatana (L.) Poir. ■
180168 Grangea galamensis Cass. = Grangea ceruanoides Cass. ■
180169 Grangea glandulosa Fayed = Grangea maderaspatana (L.) Poir. ■
180170 Grangea hippioides Merxm. = Grangea anthemoides O. Hoffm. ■☆
180171 Grangea hippioides Merxm. var. epapposa ? = Grangea anthemoides O. Hoffm. ■☆
180172 Grangea hispida Humbert = Grangea maderaspatana (L.) Poir. ■
180173 Grangea jeffreyana Fayed;杰弗里田基黄■☆
180174 Grangea latifolia Lam. ex Poir. = Dichrocephala auriculata (Thunb.) Druce ■
180175 Grangea latifolia Lam. ex Poir. = Dichrocephala integrifolia (L. f.) Kuntze ■
180176 Grangea madagascariensis Vatke;马岛田基黄■☆
180177 Grangea maderaspatana (L.) Poir.;田基黄(荔枝草,线球菊);Madras Grangea ■
180178 Grangea mucronata Buch. -Ham. ex Wall. = Grangea maderaspatana (L.) Poir. ■
180179 Grangea procumbens DC. = Grangea ceruanoides Cass. ■
180180 Grangea procumbens DC. = Grangea maderaspatana (L.) Poir. ■
180181 Grangea sphaeranthus (Link) K. Koch = Grangea maderaspatana (L.) Poir. ■
180182 Grangea strigosa Gand. = Grangea maderaspatana (L.) Poir. ■
180183 Grangea zambesiaca Fayed;赞比西田基黄■☆
180184 Grangeopsis Humbert(1923);翅果田基黄属■☆
180185 Grangeopsis perrieri Humbert;翅果田基黄■☆
180186 Grangeria Comm. ex Juss. (1789);格兰杰金壳果属●☆
180187 Grangeria brasiliensis Hoffmanns. ex Mart. et Zucc.;巴西格兰杰金壳果●☆
180188 Grangeria buxifolia Sm.;黄杨叶格兰杰金壳果●☆
180189 Granitites Rye(1996);拟麦珠子属●☆
180190 Granitites intangendus (F. Muell.) Rye;拟麦珠子●☆
180191 Granters Mandon et Wedd. ex Benth. et Hook. f. = Abatia Ruiz et Pav. ●☆
180192 Grantia Boiss. (1846);格兰特菊属■☆
180193 Grantia Boiss. = Iphiona Cass. (保留属名)●■☆
180194 Grantia Boiss. = Perralderiopsis Rauschert ●■☆
180195 Grantia Griff. ex Voigt = Wolffia Horkel ex Schleid. (保留属名)■
180196 Grantia aucheri Boiss.;西亚格兰特菊■☆
180197 Grantia coronopifolia (Coss.) Benth. = Perralderia coronopifolia Coss. ■☆
180198 Grantia globosa Griff. ex Voigt = Wolffia globosa (Roxb.) Hartog et Plas ■☆
180199 Grantia microscopica Griff. ex Voigt = Wolffia microscopica (Griff. ex Voigt) Kurz ■☆
180200 Graphandra J. B. Imlay(1939);泰国爵床属■☆
180201 Graphandra procumbens J. B. Imlay;泰国爵床■☆
180202 Graphardtsia (Mez) Lundell = Ardisia Sw. (保留属名)●■
180203 Graphephorum Desv. (1810);画柄草属■☆
180204 Graphephorum Desv. = Trisetum Pers. ■
180205 Graphephorum arundinaceum (Roem. et Schult.) Asch. = Scolochloa festucacea (Willd.) Link ■
180206 Graphephorum arundinaceum Asch. = Scolochloa festucacea Link ■
180207 Graphephorum melicoides (Michx.) P. Beauv. var. majus A. Gray = Trisetum melicoides (Michx.) Vasey ex Scribn. ■☆
180208 Graphephorum melicoideum (Michx.) Desv. = Trisetum

melicoides (Michx.) Vasey ex Scribn. ■☆

180209 Graphiosa Alef. = Lathyrus L. ■

180210 Graphistemma (Benth.) Benth. = Graphistemma (Champ. ex Benth.) Champ. ex Benth. ●

180211 Graphistemma (Champ. ex Benth.) Champ. ex Benth. (1876); 天星藤属; Graphistemma ●

180212 Graphistemma Champ. ex Benth. = Graphistemma (Champ. ex Benth.) Champ. ex Benth. ●

180213 Graphistemma Champ. ex Benth. et Hook. f. = Graphistemma (Champ. ex Benth.) Champ. ex Benth. ●

180214 Graphistemma liukiuense ? = Cynanchum liukiuense Warb. ■☆

180215 Graphistemma pictum (Champ. ex Benth.) Benth. et Hook. f. ex Maxim.; 天星藤(大奶藤,骨碗藤,鸡腿果,鸡腿藤,萝藦藤,奶藤,牛奶藤); Painted Graphistemma ●

180216 Graphistemma pictum Champ. ex Benth. et Hook. f. = Graphistemma pictum (Champ. ex Benth.) Benth. et Hook. f. ex Maxim. ●

180217 Graphistylis B. Nord. (1978); 笔柱菊属■●☆

180218 Graphophorum Post et Kuntze = Graphephorum Desv. ■☆

180219 Graphophorum Post et Kuntze = Trisetum Pers. ■

180220 Graphorchis Thouars = Graphorkis Thouars(保留属名)■☆

180221 Graphorchis beravensis (Rchb. f.) Kuntze = Eulophia beravensis Rchb. f. ■☆

180222 Graphorchis bicarinata (Lindl.) Kuntze = Eulophia bicallosa (D. Don) P. F. Hunt et Summerh. ■

180223 Graphorchis bicolor (Roxb.) Kuntze = Eulophia herbacea Lindl. ■

180224 Graphorchis galbana (Ridl.) Kuntze = Eulophiella galbana (Ridl.) Bosser et Morat ■☆

180225 Graphorchis graminea (Lindl.) Kuntze = Eulophia graminea Lindl. ■

180226 Graphorchis lissochiloides (Lindl.) Kuntze = Eulophia platypetala Lindl. ■☆

180227 Graphorchis lurida (Sw.) Kuntze; 灰黄笔柱菊■☆

180228 Graphorchis maculata (Lindl.) Kuntze = Oeceoclades maculata (Lindl.) Lindl. ■☆

180229 Graphorchis odontoglossa (Rchb. f.) Kuntze = Eulophia odontoglossa Rchb. f. ■☆

180230 Graphorchis pileata (Ridl.) Kuntze = Eulophia pileata Ridl. ■☆

180231 Graphorchis plantaginea (Thouars) Kuntze = Eulophia plantaginea (Thouars) Rolfe ex Hochr. ■☆

180232 Graphorchis pulchra (Thouars) Kuntze = Eulophia pulchra (Thouars) Lindl. ■

180233 Graphorchis ramosa (Ridl.) Kuntze = Eulophia ramosa Ridl. ■☆

180234 Graphorchis reticulata (Ridl.) Kuntze = Eulophia reticulata Ridl. ■☆

180235 Graphorchis rupestris (Rchb. f.) Kuntze = Eulophia parviflora (Lindl.) A. V. Hall ■☆

180236 Graphorchis rutenbergiana (Kraenzl.) Kuntze = Eulophia rutenbergiana Kraenzl. ■☆

180237 Graphorkis Thouars(1809)(保留属名); 画兰属■☆

180238 Graphorkis bicallosa (D. Don) Kuntze = Eulophia bicallosa (D. Don) P. F. Hunt et Summerh. ■

180239 Graphorkis bicarinata (Lindl.) Kuntze = Eulophia bicallosa (D. Don) P. F. Hunt et Summerh. ■

180240 Graphorkis bicolor (Roxb.) Kuntze = Eulophia herbacea Lindl. ■

180241 Graphorkis bracteosa (Lindl.) Kuntze = Eulophia bracteosa Lindl. ■

180242 Graphorkis campestris (Wall. ex Lindl.) Kuntze = Eulophia dabia (D. Don) Hochr. ■

180243 Graphorkis candida (Lindl.) Kuntze = Eulophia bicallosa (D. Don) P. F. Hunt et Summerh. ■

180244 Graphorkis clavicornis (Lindl.) Kuntze = Eulophia hians Spreng. ■☆

180245 Graphorkis concolor (Thouars) Kuntze; 同色画兰■☆

180246 Graphorkis dabia (D. Don) Kuntze = Eulophia dabia (D. Don) Hochr. ■

180247 Graphorkis decipiens (Kurz) Kuntze = Eulophia graminea Lindl. ■

180248 Graphorkis ecalcarata (Schltr.) Summerh.; 无距画兰■☆

180249 Graphorkis emarginata (Lindl.) Kuntze = Eulophia hians Spreng. ■☆

180250 Graphorkis fitzalanii (F. Muell.) Kuntze = Eulophia bicallosa (D. Don) P. F. Hunt et Summerh. ■

180251 Graphorkis flava (Lindl.) Kuntze = Eulophia flava (Lindl.) Hook. f. ■

180252 Graphorkis graminea (Lindl.) Kuntze = Eulophia graminea Lindl. ■

180253 Graphorkis herbacea (Lindl.) A. Lyons = Eulophia herbacea Lindl. ■

180254 Graphorkis inconspicua (Griff.) Kuntze = Eulophia graminea Lindl. ■

180255 Graphorkis lurida (Sw.) Kuntze; 灰黄画兰■☆

180256 Graphorkis macrorhiza (Blume) Kuntze = Eulophia zollingeri (Rchb. f.) J. J. Sm. ■

180257 Graphorkis macrostachya (Lindl.) Kuntze = Eulophia pulchra (Thouars) Lindl. ■

180258 Graphorkis medemiae (Schltr.) Summerh.; 梅德姆画兰■☆

180259 Graphorkis ovalis (Lindl.) Kuntze = Eulophia ovalis Lindl. ■☆

180260 Graphorkis papuana (Ridl.) Kuntze = Eulophia zollingeri (Rchb. f.) J. J. Sm. ■

180261 Graphorkis pulchra (Thouars) Kuntze = Eulophia pulchra (Thouars) Lindl. ■

180262 Graphorkis rufa (Thwaites) Kuntze = Eulophia zollingeri (Rchb. f.) J. J. Sm. ■

180263 Graphorkis rupestris (Wall. ex Lindl.) Kuntze = Eulophia dabia (D. Don) Hochr. ■

180264 Graphorkis sanguinea (Lindl.) Kuntze = Eulophia zollingeri (Rchb. f.) J. J. Sm. ■

180265 Graptopetalum Rose(1911); 风车草属(缟瓣属,刻瓣草属); Graptopetalum ■●☆

180266 Graptopetalum amethystinum E. Walther; 紫水晶风车草(棒锤玉莲,紫水晶缟瓣,醉美人); Jewel-leaf Plant, Lavender Pebbles ■☆

180267 Graptopetalum bellum (Moran et J. Meyrán) D. R. Hunt; 艳红星■☆

180268 Graptopetalum filiferum (S. Watson) J. Whitehead; 无茎风车草■☆

180269 Graptopetalum paraguayense (N. E. Br.) E. Walther; 风车草(巴拉圭刻瓣草,初霜,东美人,粉莲,胧月,肉莲); Ghost Plant, Mother of Pearl Plant, Mother-of-pearl Plant, Paraguyaran Graptopetalum ■☆

180270 Graptophyllum Nees(1832);紫叶属(彩叶木属,金碧木属,紫叶木属);Graptophyllum,Purpleleaf ●

180271 Graptophyllum excelsum (F. Muell.) Druce;大紫叶;Scarlet Fuchsia Bush ●☆

180272 Graptophyllum glandulosum Turrill;腺点紫叶●☆

180273 Graptophyllum hortense (L.) Nees = Graptophyllum pictum (L.) Griff. ●☆

180274 Graptophyllum hortense Nees = Graptophyllum pictum (L.) Griff. ●☆

180275 Graptophyllum hortense Nees var. lurido-sanguineum (Sims) Chitt. = Graptophyllum pictum (L.) Griff. var. lurido-sanguineum (Sims) Bremek. et Backer ●☆

180276 Graptophyllum hortense Nees var. rubrum Hassk. = Graptophyllum pictum (L.) Griff. var. lurido-sanguineum (Sims) Bremek. et Backer ●☆

180277 Graptophyllum ilicifolium F. Muell. ex Benth.;冬青紫叶;Holly-leafed Fuchsia Bush,Prickly Fuchsia Bush ●☆

180278 Graptophyllum pictum (L.) Griff.;斑紫叶(彩色紫叶,彩叶木,金碧木,紫叶木);Caricature Plant,Caricature-plant ●☆

180279 Graptophyllum pictum (L.) Griff. var. lurido-sanguineum (Sims) Bremek. et Backer;黄血色斑紫叶●☆

180280 Graptophyllum pictum Griff. = Graptophyllum pictum (L.) Griff. ●☆

180281 Graptophyllum pictum Lindau = Graptophyllum glandulosum Turrill ●☆

180282 Graptophyllum viriduliflorum C. Y. Wu et H. S. Lo;琼紫叶;Hainan Graptophyllum,Hainan Purpleleaf ●

180283 Graptophyllum viriduliflorum C. Y. Wu et H. S. Lo = Cosmianthemum viriduliflorum (C. Y. Wu et H. S. Lo) H. S. Lo ■

180284 Grastidium Blume = Dendrobium Sw.(保留属名)■

180285 Grastidium Blume = Gastridium Blume ■

180286 Grastidium daoense (Gagnep.) Rauschert = Dendrobium henryi Schltr. ■

180287 Grastidium furcatopedicellatum (Hayata) Rauschert = Dendrobium furcatopedicellatum Hayata ■

180288 Grastidium leptocladum (Hayata) Rauschert = Dendrobium leptocladum Hayata ■

180289 Grastidium luzonense (Lindl.) M. A. Clem. et D. L. Jones = Dendrobium luzonense Lindl. ■

180290 Grastidium salaccense Blume = Dendrobium salaccense (Blume) Lindl. ■

180291 Grastidium somae (Hayata) Rauschert = Dendrobium somai Hayata ■

180292 Gratiola L. (1753);水八角属;Gratiole, Hedge Hyssop, Hedgehyssop,Hedge-hyssop ■

180293 Gratiola adenocaulis Maxim. = Deinostema adenocaulum (Maxim.) T. Yamaz. ■

180294 Gratiola anagallidea Michx. = Lindernia anagallidea (Michx.) Pennell ■

180295 Gratiola anagallidea Michx. = Lindernia dubia (L.) Pennell ■

180296 Gratiola attenuata Spreng. = Lindernia dubia (L.) Pennell ■

180297 Gratiola aurea Pursh;金色水八角;Clammy Hedge-hyssop, Golden Hedge-hyssop,Golden-pert,Yellow Hedge-hyssop ■☆

180298 Gratiola aurea Pursh f. pusilla Fassett = Gratiola aurea Pursh ■☆

180299 Gratiola aurea Pursh var. obtusa Pennell = Gratiola aurea Pursh ■☆

180300 Gratiola chamaedrifolia Lam. = Limnophila indica (L.) Druce ■

180301 Gratiola ciliata Colsm. = Lindernia ciliata (Colsm.) Pennell ■

180302 Gratiola cordifolia Colsm. = Lindernia anagallis (Burm. f.) Pennell ■

180303 Gratiola dubia L. = Lindernia dubia (L.) Pennell ■

180304 Gratiola fluviatilis Koidz.;河岸水八角;Hedge Hyssop, Round-fruited Hedge Hyssop ■☆

180305 Gratiola goodenifolia Hornem. = Mazus goodenifolius (Hornem.) Pennell ■

180306 Gratiola griffithii Hook. f.;黄花水八角;Griffith Hedgehyssop, Yellow Hedgehyssop ■

180307 Gratiola hyssopoides L. = Lindernia hyssopioides (L.) Haines ■

180308 Gratiola japonica Miq.;白花水八角;Japan Hedgehyssop, Japanese Hedgehyssop ■

180309 Gratiola juncea Roxb. = Dopatrium junceum (Roxb.) Buch.-Ham. ex Benth. ■

180310 Gratiola linifolia Vahl;亚麻叶水八角■☆

180311 Gratiola linifolia Vahl var. mauretanica Emb. et Maire = Gratiola linifolia Vahl ■☆

180312 Gratiola lutea Raf. = Gratiola aurea Pursh ■☆

180313 Gratiola lutea Raf. f. pusilla (Fassett) Pennell = Gratiola aurea Pursh ■☆

180314 Gratiola macrantha Chapm.;大花水八角■☆

180315 Gratiola mexicana S. Watson;墨西哥水八角■☆

180316 Gratiola monnieri (L.) L. = Bacopa floribunda (R. Br.) Wettst. ■

180317 Gratiola monnieri (L.) L. = Bacopa monnieri (L.) Pennell ■

180318 Gratiola monnieria L. = Bacopa monnieri (L.) Pennell ■

180319 Gratiola neglecta Torr.;北美水八角;Clammy Hedge Hyssop, Clammy Hedge-hyssop,Hedge Hyssop ■☆

180320 Gratiola neglecta Torr. var. glaberrima Fernald = Gratiola neglecta Torr. ■☆

180321 Gratiola officinalis L.;水八角(新疆水八角);Drug Hedge Hyssop,Gratiole,Hedge Hyssop,Hedge-hyssop ■

180322 Gratiola parviflora Roxb. = Lindernia parviflora (Roxb.) Haines ■☆

180323 Gratiola pedunculata R. Br.;花序柄水八角■☆

180324 Gratiola pusilla Willd. = Lindernia pusilla (Willd.) Bold. ■

180325 Gratiola repens Sw. = Bacopa repens (Sw.) Wettst. ■

180326 Gratiola reptans Roxb. = Lindernia ruellioides (Colsm.) Pennell ■

180327 Gratiola rotundifolia L. = Lindernia rotundifolia (L.) Alston ■☆

180328 Gratiola ruelloides Colsm. = Lindernia ruellioides (Colsm.) Pennell ■

180329 Gratiola serrata Roxb. = Lindernia ciliata (Colsm.) Pennell ■

180330 Gratiola tenuifolia Colsm. = Lindernia tenuifolia (Vahl) Alston ■

180331 Gratiola trifida Willd. = Limnophila indica (L.) Druce ■

180332 Gratiola verbenifolia Colsm. = Lindernia antipoda (L.) Alston ■

180333 Gratiola veronicifolia Retz. = Lindernia antipoda (L.) Alston ■

180334 Gratiola violacea Maxim. = Deinostema violaceum (Maxim.) T. Yamaz. ■

180335 Gratiola violacea Maxim. var. adenocaulis Maxim. = Deinostema adenocaulum (Maxim.) T. Yamaz. ■

180336 Gratiola violacea Maxim. var. saginoides Maxim. = Deinostema violaceum (Maxim.) T. Yamaz. ■

180337 Gratiola virginiana L. = Gratiola fluviatilis Koidz. ■☆

180338 Gratiola viscidula Pennell;黏性水八角;Hedge Hyssop, Sticky

Hedge Hyssop ■☆
180339 Gratiola viscosa Hornem. = Lindernia viscosa (Hornem.) Merr. ■
180340 Gratiola viscosa Schwein. ex Le Conte = Deinostema violaceum (Maxim.) T. Yamaz. ■
180341 Gratiolaceae Martinov = Plantaginaceae Juss.(保留科名)■
180342 Gratiolaceae Martinov = Scrophulariaceae Juss.(保留科名)●■
180343 Gratiolaceae Martinov;水八角科■☆
180344 Gratwickia F. Muell.(1895);单毛金绒草属■☆
180345 Gratwickia monochaeta F. Muell.;单毛金绒草■☆
180346 Grauanthus Fayed(1979);平托田基黄属■☆
180347 Grauanthus linearifolius (O. Hoffm.) Fayed;线叶平托田基黄■☆
180348 Grauanthus parviflorus Fayed;小花平托田基黄■☆
180349 Graumuellera Rchb. = Amphibolis C. Agardh ■☆
180350 Gravenhorstia Nees = Lonchostoma Wikstr.(保留属名)●☆
180351 Gravenshorstia Nees = Lonchostoma Wikstr.(保留属名)●☆
180352 Gravesia Naudin(1851);格雷野牡丹属●☆
180353 Gravesia aberrans H. Perrier;异常格雷野牡丹●☆
180354 Gravesia alata H. Perrier;具翅格雷野牡丹●☆
180355 Gravesia albinervia Jum. et H. Perrier;白脉格雷野牡丹●☆
180356 Gravesia ambrensis H. Perrier;昂布尔格雷野牡丹●☆
180357 Gravesia angustifolia Cogn.;窄叶格雷野牡丹●☆
180358 Gravesia angustisepala H. Perrier;窄萼格雷野牡丹●☆
180359 Gravesia antongiliana H. Perrier;安通吉尔格雷野牡丹●☆
180360 Gravesia apiculata (Cogn.) H. Perrier;细尖格雷野牡丹●☆
180361 Gravesia barbata H. Perrier;髯毛格雷野牡丹●☆
180362 Gravesia baroni H. Perrier;巴龙格雷野牡丹●☆
180363 Gravesia bertolonioides Naudin;华贵草格雷野牡丹●☆
180364 Gravesia biauriculata H. Perrier;双耳格雷野牡丹●☆
180365 Gravesia biporosa H. Perrier;双孔格雷野牡丹●☆
180366 Gravesia bullosa (Cogn.) H. Perrier;泡状格雷野牡丹●☆
180367 Gravesia calliantha Jum. et H. Perrier;美花格雷野牡丹●☆
180368 Gravesia capitata H. Perrier;头状格雷野牡丹●☆
180369 Gravesia cauliflora H. Perrier;茎花格雷野牡丹●☆
180370 Gravesia cistoides H. Perrier;岩蔷薇格雷野牡丹●☆
180371 Gravesia crassicauda H. Perrier;粗尾格雷野牡丹●☆
180372 Gravesia decaryana H. Perrier;德卡里格雷野牡丹●☆
180373 Gravesia dichaetantheroides H. Perrier;二毛药格雷野牡丹●☆
180374 Gravesia diversifolia H. Perrier;异叶格雷野牡丹●☆
180375 Gravesia ecalcarata H. Perrier;无距格雷野牡丹●☆
180376 Gravesia elongata (Cogn.) H. Perrier;伸长格雷野牡丹●☆
180377 Gravesia erecta H. Perrier;直立格雷野牡丹●☆
180378 Gravesia fulva H. Perrier;黄褐格雷野牡丹●☆
180379 Gravesia gabonensis Jacq. -Fél.;加蓬格雷野牡丹●☆
180380 Gravesia glandulosa H. Perrier;多腺格雷野牡丹●☆
180381 Gravesia gunneroides H. Perrier;大叶草格雷野牡丹●☆
180382 Gravesia guttata (Hook.) Triana;斑点格雷野牡丹●☆
180383 Gravesia hederoides H. Perrier;常春藤格雷野牡丹●☆
180384 Gravesia heterophylla A. DC.;互叶格雷野牡丹●☆
180385 Gravesia hirtopetala H. Perrier;毛瓣格雷野牡丹●☆
180386 Gravesia hispida (Baker) H. Perrier;粗毛格雷野牡丹●☆
180387 Gravesia humbertii H. Perrier;亨伯特格雷野牡丹●☆
180388 Gravesia humblotii Cogn.;洪布格雷野牡丹●☆
180389 Gravesia hylophila (Gilg) A. Fern. et R. Fern.;喜盐格雷野牡丹●☆
180390 Gravesia ikongoensis H. Perrier;伊孔古格雷野牡丹●☆
180391 Gravesia inappendiculata H. Perrier;附属物格雷野牡丹●☆
180392 Gravesia jumellei H. Perrier;朱迈尔格雷野牡丹●☆
180393 Gravesia lanceolata (Cogn.) H. Perrier;披针形格雷野牡丹■☆
180394 Gravesia laxiflora (Naudin) Baill.;疏花格雷野牡丹●☆
180395 Gravesia lebrunii Jacq. -Fél.;勒布伦格雷野牡丹●☆
180396 Gravesia longifolia H. Perrier;长叶格雷野牡丹●☆
180397 Gravesia longipes H. Perrier;长梗格雷野牡丹●☆
180398 Gravesia lutea (Naudin) H. Perrier;黄格雷野牡丹■☆
180399 Gravesia macrantha Jum. et H. Perrier;大花格雷野牡丹●☆
180400 Gravesia macrophylla (Naudin) Baill.;大叶格雷野牡丹■☆
180401 Gravesia macropoda (Jum. et H. Perrier) H. Perrier;大足格雷野牡丹●☆
180402 Gravesia macrosepala Jum. et H. Perrier;大萼格雷野牡丹■☆
180403 Gravesia mangorensis Jum. et H. Perrier;曼古鲁格雷野牡丹●☆
180404 Gravesia masoalensis Jum. et H. Perrier;马苏阿拉格雷野牡丹■☆
180405 Gravesia medinilloides H. Perrier;酸脚杆格雷野牡丹●☆
180406 Gravesia microphylla (Cogn.) H. Perrier;小叶格雷野牡丹■☆
180407 Gravesia minutidentata H. Perrier;微齿格雷野牡丹■☆
180408 Gravesia mirabilis H. Perrier;奇异格雷野牡丹■☆
180409 Gravesia nigrescens (Naudin) Baill.;变黑格雷野牡丹■☆
180410 Gravesia nigro-ferruginea H. Perrier;黑锈格雷野牡丹■☆
180411 Gravesia oblanceolata H. Perrier;倒披针形格雷野牡丹■☆
180412 Gravesia oblongifolia (Cogn.) H. Perrier;矩圆叶格雷野牡丹■☆
180413 Gravesia pauciflora H. Perrier;少花格雷野牡丹■☆
180414 Gravesia pedunculata Triana;梗花格雷野牡丹■☆
180415 Gravesia peltata H. Perrier;盾状格雷野牡丹■☆
180416 Gravesia pilosula (Cogn.) Baill.;疏毛格雷野牡丹■☆
180417 Gravesia porphyrovalvis Baker;紫格雷野牡丹■☆
180418 Gravesia primuloides Cogn.;报春格雷野牡丹■☆
180419 Gravesia pterocaulon H. Perrier;翅茎格雷野牡丹■☆
180420 Gravesia pulchra (Gilg) Wickens;美丽格雷野牡丹■●☆
180421 Gravesia pulchra (Gilg) Wickens var. glandulosa (A. Fern. et R. Fern.) Wickens;具腺格雷野牡丹■☆
180422 Gravesia pusilla Cogn.;微小格雷野牡丹■☆
180423 Gravesia pustulosa H. Perrier;多刚毛格雷野牡丹●☆
180424 Gravesia ramosa Jum. et H. Perrier;分枝格雷野牡丹■☆
180425 Gravesia reticulata Cogn.;网状格雷野牡丹■☆
180426 Gravesia riparia A. Fern. et R. Fern.;河岸格雷野牡丹■☆
180427 Gravesia rosea Jum. et H. Perrier = Gravesia jumellei H. Perrier ●☆
180428 Gravesia rostrata H. Perrier;喙状格雷野牡丹■☆
180429 Gravesia rotundifolia H. Perrier;圆叶格雷野牡丹■☆
180430 Gravesia rubiginosa H. Perrier;锈红格雷野牡丹■☆
180431 Gravesia rubra (Jum. et H. Perrier) H. Perrier;红格雷野牡丹■☆
180432 Gravesia rubripes (Jum. et H. Perrier) H. Perrier;红梗格雷野牡丹■☆
180433 Gravesia rupicola H. Perrier;岩生格雷野牡丹■☆
180434 Gravesia rutenbergiana Baill. ex Cogn.;鲁滕贝格格雷野牡丹■☆
180435 Gravesia sambiranensis H. Perrier;桑比朗雷野牡丹■☆
180436 Gravesia scandens H. Perrier;攀缘格雷野牡丹■☆
180437 Gravesia scripta H. Perrier;雕刻格雷野牡丹■☆
180438 Gravesia serpens H. Perrier;蛇形格雷野牡丹■☆

180439 Gravesia setifera H. Perrier;刚毛格雷野牡丹■☆
180440 Gravesia stipulata H. Perrier;托叶格雷野牡丹■☆
180441 Gravesia subglobosa H. Perrier;亚球形格雷野牡丹■☆
180442 Gravesia submalvacea H. Perrier;亚锦葵格雷野牡丹■☆
180443 Gravesia subsessilifolia H. Perrier;近无梗格雷野牡丹■☆
180444 Gravesia succosa H. Perrier;多汁格雷野牡丹■☆
180445 Gravesia tanalensis H. Perrier;塔纳尔格雷野牡丹■☆
180446 Gravesia tetramera H. Perrier;四数格雷野牡丹■☆
180447 Gravesia tetraptera (Cogn.) H. Perrier;四翅格雷野牡丹■☆
180448 Gravesia thymoides (Baker) H. Perrier;百里香格雷野牡丹●☆
180449 Gravesia torrentium Jum. et H. Perrier;托尔格雷野牡丹●☆
180450 Gravesia tricaudata H. Perrier;三尾格雷野牡丹■☆
180451 Gravesia variesetosa H. Perrier;杂毛格雷野牡丹■☆
180452 Gravesia velutina Jum. et H. Perrier;绒毛格雷野牡丹■☆
180453 Gravesia venusta H. Perrier;雅致格雷野牡丹■☆
180454 Gravesia vestita (Baker) H. Perrier;包被格雷野牡丹■☆
180455 Gravesia viguieri H. Perrier;维基耶格雷野牡丹■☆
180456 Gravesia violacea (Jum. et H. Perrier) H. Perrier;堇色格雷野牡丹■☆
180457 Gravesia viscosa H. Perrier;黏格雷野牡丹■☆
180458 Gravesiella A. Fern. et R. Fern. = Cincinnobotrys Gilg ■☆
180459 Gravesiella speciosa A. Fern. et R. Fern. = Cincinnobotrys speciosa (A. Fern. et R. Fern.) Jacq. -Fél. ■☆
180460 Gravesiella speciosa A. Fern. et R. Fern. var. grandifolia ? = Cincinnobotrys speciosa (A. Fern. et R. Fern.) Jacq. -Fél. ■☆
180461 Gravia Steud. = Grafia Rchb. ■
180462 Gravia Steud. = Pleurospermum Hoffm. ■
180463 Gravisia Mez = Aechmea Ruiz et Pav. (保留属名)■☆
180464 Graya Arn. ex Steud. = Andropogon L. (保留属名)■
180465 Graya Arn. ex Steud. = Sphaerocaryum Nees ex Hook. f. ■
180466 Graya Endl. = Eremosemium Greene ●☆
180467 Graya Endl. = Grayia Hook. et Arn. ●☆
180468 Graya Nees ex Steud. = Isachne R. Br. ■
180469 Graya Steud. = Sphaerocaryum Nees ex Hook. f. ■
180470 Grayia Hook. et Arn. (1840);宽翅滨藜属;Hopsage ●☆
180471 Grayia Hook. et Arn. = Eremosemium Greene ●☆
180472 Grayia brandegeei A. Gray = Zuckia brandegeei (A. Gray) S. L. Welsh et Stutz ●☆
180473 Grayia brandegeei A. Gray var. plummeri Stutz et S. C. Sand. = Zuckia brandegeei (A. Gray) S. L. Welsh et Stutz var. plummeri (Stutz et S. C. Sand.) Dorn ●☆
180474 Grayia spinosa (Hook.) Moq.;宽翅滨藜■☆
180475 Grazielanthus Peixoto et Per. -Moura(2008);格氏香材树属●☆
180476 Grazielia R. M. King et H. Rob. (1972);等苞泽兰属■●☆
180477 Grazielia anethifolia (DC.) R. M. King et H. Rob.;等苞泽兰■●☆
180478 Grazielodendron H. C. Lima(1983);巴西紫檀属●☆
180479 Grazielodendron riodocensis H. C. Lima;巴西紫檀●☆
180480 Grecescua Gand. = Epilobium L. ■
180481 Greenea Post et Kuntze = Greenia Nutt. ■☆
180482 Greenea Post et Kuntze = Thurberia Benth. ■☆
180483 Greenea Wight et Arn. (1834);格林茜属●☆
180484 Greenea jackii Wight et Arn.;格林茜●☆
180485 Greenea latifolia Teijsm. et Binn.;宽叶格林茜●☆
180486 Greenea longiflora Merr.;长花格林茜●☆
180487 Greenea tetrandra Miq.;四蕊格林茜●☆
180488 Greeneina Kuntze = Helicostylis Trécul ●☆
180489 Greenella A. Gray = Gutierrezia Lag. ■●☆
180490 Greenella arizonica A. Gray = Gutierrezia arizonica (A. Gray) M. A. Lane ■☆
180491 Greeneocharis Gürke et Harms = Cryptantha Lehm. ex G. Don ■☆
180492 Greenia Nutt. = Limnodea L. H. Dewey ■☆
180493 Greenia Nutt. = Thurberia Benth. ■☆
180494 Greeniopsis Merr. (1909);拟格林茜属●☆
180495 Greeniopsis discolor Merr.;异色拟格林茜●☆
180496 Greeniopsis megalantha Merr.;大花拟格林茜●☆
180497 Greeniopsis multiflora Merr.;多花拟格林茜●☆
180498 Greeniopsis philippinensis Merr.;菲律宾拟格林茜●☆
180499 Greeniopsis pubescens Merr.;毛拟格林茜●☆
180500 Greenmania Hieron. = Unxia L. f. (废弃属名)■☆
180501 Greenmania Hieron. = Villanova Lag. (保留属名)■☆
180502 Greenmaniella W. M. Sharp(1935);微芒菊属■●☆
180503 Greenmaniella resinosa W. M. Sharp;微芒菊■☆
180504 Greenovia Webb et Berthel. (1841);格利景天属●■☆
180505 Greenovia Webb et Berthel. = Aeonium Webb et Berthel. ●■☆
180506 Greenovia aizoon Bolle = Aeonium aizoon (Bolle) T. Mes ●☆
180507 Greenovia aurea (Hornem.) Webb et Berthel. = Aeonium aureum (Hornem.) T. Mes ●☆
180508 Greenovia diplocycla Bolle = Aeonium diplocyclum (Bolle) T. Mes ●☆
180509 Greenovia dodrentalis (Willd.) Webb et Berthel. = Aeonium dodrantale (Willd.) T. Mes ●☆
180510 Greenovia ferrea Christ = Aeonium aureum (Hornem.) T. Mes ●☆
180511 Greenovia gracilis Bolle = Aeonium dodrantale (Willd.) T. Mes ●☆
180512 Greenovia polypharmica Christ = Aeonium aureum (Hornem.) T. Mes ●☆
180513 Greenovia rupifraga Webb = Aeonium aureum (Hornem.) T. Mes ●☆
180514 Greenovia sedifolia (Bolle) Christ = Aeonium sedifolium (Bolle) Pit. et Proust ●☆
180515 Greenwaya Giseke = Amomum Roxb. (保留属名)■
180516 Greenwaya Giseke = Hornstedtia Retz. ■
180517 Greenwayodendron Verdc. (1969);绿廊木属●☆
180518 Greenwayodendron Verdc. = Polyalthia Blume ●
180519 Greenwayodendron oliveri (Engl.) Verdc. = Polyalthia oliveri Engl. ●☆
180520 Greenwayodendron suaveolens (Engl. et Diels) Verdc. = Polyalthia suaveolens Engl. et Diels ●☆
180521 Greenwayodendron suaveolens (Engl. et Diels) Verdc. var. gabonica (Pellegr. ex Le Thomas) Verdc. = Polyalthia suaveolens Engl. et Diels var. gabonica Pellegr. ex Le Thomas ●☆
180522 Greenwoodia Burns-Bal. (1986);格林伍得兰属■☆
180523 Greenwoodia Burns-Bal. = Stenorrhynchos Rich. ex Spreng. ■☆
180524 Greenwoodia sawyeri (Standl. et L. O. Williams) Burns-Bal.;格林伍得兰■☆
180525 Greevesia F. Muell. = Pavonia Cav. (保留属名)●■☆
180526 Greggia A. Gray = Nerisyrenia Greene ■☆
180527 Greggia A. Gray = Parrasia Greene ■☆
180528 Greggia Engelm. = Fallugia Endl. + Cowania D. Don ●☆
180529 Greggia Gaertn. = Eugenia L. ●
180530 Gregia Carrière = Greigia Regel ■☆

180531 Gregoria Duby = Androsace L. ■
180532 Gregoria Duby = Dionysia Fenzl + Douglasia Lindl.(保留属名)■☆
180533 Gregoria Duby = Dionysia Fenzl ■☆
180534 Gregoria Duby = Vitaliana Sesl.(废弃属名)■☆
180535 Greigia Regel(1865);头花凤梨属(葛雷凤梨属,葛瑞金属,头花属);Greigia ■☆
180536 Greigia sphacellata (Ruiz et Pav.) Regel;智利头花凤梨■☆
180537 Greigia sphacellata Regel = Greigia sphacellata (Ruiz et Pav.) Regel ■☆
180538 Greigia van-hyningii L. B. Sm.;万头花凤梨■☆
180539 Grenacheria Mez(1902);格雷草属●☆
180540 Grenacheria amentacea Mez;格雷草●☆
180541 Grenacheria fulva (Mez) Airy Shaw;黄格雷草●☆
180542 Grenacheria montana Airy Shaw;山地格雷草●☆
180543 Greniera J. Gay = Arenaria L. ■
180544 Grenvillea Sweet = Pelargonium L'Hér. ex Aiton ●■
180545 Grenvillea conspicua Sweet = Pelargonium grenvillei (Andréws) Harv. ■☆
180546 Greslania Balansa(1873);格里斯兰竹属●☆
180547 Greslania circinnata Balansa;格里斯兰竹●☆
180548 Greslania montana Balansa;山地格里斯兰竹●☆
180549 Greslania multiflora Pilg.;多花格里斯兰竹●☆
180550 Greuia Stokes = Grewia L. ●
180551 Grevea Baill.(1884);格雷山醋李属●☆
180552 Grevea bosseri Letouzey;博瑟山醋李●☆
180553 Grevea eggelingii Milne-Redh.;格雷山醋李●☆
180554 Grevea eggelingii Milne-Redh. var. echinocarpa Mendes = Grevea eggelingii Milne-Redh. ●☆
180555 Grevea eggelingii Milne-Redh. var. keniensis (Verdc.) Verdc.;肯尼亚格雷山醋李●☆
180556 Grevea madagascariensis Baill. subsp. keniensis Verdc. = Grevea eggelingii Milne-Redh. var. keniensis (Verdc.) Verdc. ●☆
180557 Grevellina Baill. = Turraea L. ●
180558 Greviaceae Doweld et Reveal = Greyiaceae Hutch.(保留科名)●☆
180559 Grevillea Knight = Grevillea R. Br. ex Knight(保留属名)●
180560 Grevillea R. Br. = Grevillea R. Br. ex Knight(保留属名)●
180561 Grevillea R. Br. ex Knight(1809)('Grevillia')(保留属名);银桦属;Grevill,Grevillea,Silk Oak,Silk Tree,Silver-oak,Spider Flower ●
180562 Grevillea acanthifolia A. Cunn.;老鼠簕银桦●☆
180563 Grevillea alpina Lindl.;高山银桦;Grampians Grevillea,Mountain Grevillea ●☆
180564 Grevillea aquifolium Lindl.;刺叶银桦;Holly Grevillea,Holly-leaved Grevill ●☆
180565 Grevillea argyrophylla Meisn.;银叶银桦;Silvery-leafed Grevillea ●☆
180566 Grevillea aspleniifolia R. Br. ex Salisb.;铁角蕨叶银桦(蕨叶银桦);Fern-leaf Grevillea ●☆
180567 Grevillea asteriscosa Diels ex Diels et E. Pritz.;星叶银桦;Star-leaf Grevillea ●☆
180568 Grevillea australis R. Br.;南银桦;Alpine Grevillea,Southern Grevillea ●☆
180569 Grevillea baileyana McGill.;锈毛银桦;Brown Sily Oak,Scrub Beef-wood ●☆
180570 Grevillea banksii R. Br.;贝克斯银桦(红花银桦);Banks Grevilll,Banks Silk Oak,Banks' Grevillea,Grevillea de Banks,Kahili Flower,Kahiliflower,Red Silk Oak,Spider Flower ●
180571 Grevillea barklyana F. Muell. ex Benth.;羽裂银桦;White Oak ●☆
180572 Grevillea baueri R. Br.;鲍尔银桦;Bauer's Grevillea ●☆
180573 Grevillea beadleana McGill.;拜德勒银桦●☆
180574 Grevillea bipinnatifida R. Br.;硬叶银桦(二回羽裂叶);Fuchsia Grevillea,Grape Grevillea,Stiffleaf Grevill ●☆
180575 Grevillea biternata Meisn.;香银桦;Grevillea ●☆
180576 Grevillea brachystylis Meisn.;短花柱银桦;Short-styled Grevillea ●☆
180577 Grevillea bronwenae Keighery;卷叶银桦●☆
180578 Grevillea buxifolia (Sm.) R. Br.;灰花银桦;Gray Spider Flower ●☆
180579 Grevillea caleyi R. Br.;卡勒银桦;Caley's Grevillea,Fern-leaf Grevillea ●☆
180580 Grevillea chrysophaea Meisn.;金银桦;Golden Grevillea ●☆
180581 Grevillea coccinea Meisn.;绯红银桦●☆
180582 Grevillea confertifolia F. Muell.;密叶银桦;Grampians Grevillea,Straw-berry Grevillea ●☆
180583 Grevillea crithmifolia R. Br.;海茴香叶银桦(海蓬子银桦);Samphireleaf Grevill ●☆
180584 Grevillea curviloba McGill.;亮叶银桦●☆
180585 Grevillea curviloba McGill. subsp. incurva P. M. Olde et N. R. Marriott;弯曲亮叶银桦●☆
180586 Grevillea decora Domin;长叶银桦;Burra Range Grevillea ●☆
180587 Grevillea dielsiana C. A. Gardner;多刺银桦●☆
180588 Grevillea dimorpha F. Muell.;二型叶银桦;Flame Grevillea,Olive Grevillea ●☆
180589 Grevillea disjuncta F. Muell.;矮生银桦;Dwarf Grevillea ●☆
180590 Grevillea dissecta (McGill.) P. M. Olde et Marriott;拱枝银桦 ●☆
180591 Grevillea dryandri R. Br.;德利安德尔银桦;Dryander's Grevillea ●☆
180592 Grevillea dryophylla N. A. Wakef.;短花银桦;Goldfields Grevillea ●☆
180593 Grevillea endlicheriana Meisn.;恩德列契银桦;Endlicher Grevill ●☆
180594 Grevillea erectiloba F. Muell.;直叶银桦●☆
180595 Grevillea eriostachya Lindl.;绵毛穗银桦;Desert Grevillea,Eriostachys Grevill,Yellow Flame Grevillea ●☆
180596 Grevillea exul Lindl.;伊苏银桦●☆
180597 Grevillea floribunda R. Br.;丰花银桦;Rusty Spider Flower ●☆
180598 Grevillea gaudichaudii Gaudich.;匍匐银桦●☆
180599 Grevillea gillivrayi Hook.;角银桦●☆
180600 Grevillea glauca Banks et Sol. ex Knight;灰银桦;Bushman's Clothes-pegs ●☆
180601 Grevillea heliosperma R. Br.;红花银桦;Red Grevillea,Rock Grevillea ●☆
180602 Grevillea hilliana F. Muell.;海莉亚银桦;White Silky Oak,White Yiel-yiel,Yielyiel Grevill ●☆
180603 Grevillea hookeriana Meisn.;黑银桦;Black Toothbrushes ●☆
180604 Grevillea huegelii Meisn.;健壮银桦;Comb Grevillea ●☆
180605 Grevillea ilicifolia (R. Br.) R. Br.;冬青叶银桦;Holly Grevillea ●☆
180606 Grevillea jephcottii J. H. Willis;绿银桦;Green Grevillea,Pine Mountain Grevillea ●☆

180607 Grevillea johnsonii McGill.;约翰逊银桦;Johnson's Grevillea ●☆
180608 Grevillea juncifolia Hook.;灯芯草叶银桦;Honeysuckley Spider Flower ●☆
180609 Grevillea juniperina R. Br.;桧叶银桦;Juniper Grevill,Juniper-leaf Grevillea,Prickly Spider Flower ●☆
180610 Grevillea lanigera A. Cunn.;绵毛银桦;Coastal Gem,Lanigera Grevill,Woolly Grevillea ●☆
180611 Grevillea laurifolia Spreng.;樟叶银桦;Laurel-leaf Grevillea ●☆
180612 Grevillea lavandulacea Schltdl.;薰衣草银桦;Lavender Grevill,Lavender Grevillea ●☆
180613 Grevillea leucoclada McGill.;白枝银桦●☆
180614 Grevillea leucopteris Meisn.;白翅银桦;White Plume Grevillea,White-plume Grevillea,Whitewing Grevill ●☆
180615 Grevillea linearifolia (Cav.) Druce;线叶银桦;Linear-leaf Grevillea ●☆
180616 Grevillea longistyla Hook.;长柱银桦;Long-style Grevillea ●☆
180617 Grevillea macleayana (McGill.) P. M. Olde et N. R. Marriott;麦克利银桦●☆
180618 Grevillea manglesii (Graham) McGill.;蒙格拉银桦;Smooth Grevillea ●☆
180619 Grevillea mimosoides R. Br.;含羞草银桦;Mimosa Grevill ●☆
180620 Grevillea miqueliana F. Muell.;卵叶银桦;Oval-leaf Grevillea ●☆
180621 Grevillea myosodes McGill.;澳洲银桦●☆
180622 Grevillea neurophylla Gand.;脉叶银桦●☆
180623 Grevillea nudiflora Meisn.;裸花银桦●☆
180624 Grevillea obtusifolia Meisn.;钝叶银桦;Bluntleaf Grevill,Blunt-leaved Silk Oak ●☆
180625 Grevillea oleoides Sieber ex Schult. et Schult. f.;灰毛银桦●☆
180626 Grevillea olivacea A. S. George;橄榄绿银桦(油橄榄银桦);Olive Grevillea,Oliveleaf Grevill ●☆
180627 Grevillea ornithopoda Meisn.;鸟足银桦;Bird-foot Grevill ●☆
180628 Grevillea paniculata Meisn.;圆锥花银桦;Paniculate Grevill ●☆
180629 Grevillea paradoxa F. Muell.;奇异银桦●☆
180630 Grevillea parallela Knight;垂叶银桦;Silver Oak,White Grevillea ●☆
180631 Grevillea petrophiloides Meisn.;粉红银桦;Pink Pokers Grevillea ●☆
180632 Grevillea pinaster Meisn.;松叶银桦●☆
180633 Grevillea plurijuga F. Muell.;奇果银桦●☆
180634 Grevillea polybotrya Meisn.;多总状花银桦;Caramel Grevillea,Manyraceme Grevill ●☆
180635 Grevillea polystschya R. Br.;多穗银桦;Manyspike Grevill ●☆
180636 Grevillea pteridifolia Knight;蕨叶银桦;Fern-leaf Grevillea,Golden Parrot Tree,Golden Tree ●☆
180637 Grevillea pterosperma F. Muell.;沙漠银桦;Desert Spider Flower ●☆
180638 Grevillea punicea R. Br.;深红银桦;Crimson Grevill,Red Spider Flower ●☆
180639 Grevillea pyramidalis A. Cunn. ex R. Br.;金字塔银桦;Pyramidal Grevill ●☆
180640 Grevillea quercifolia R. Br.;栎叶银桦;Oak-lefaf Grevillea ●☆
180641 Grevillea rivularis L. A. S. Johnson et McGill.;红枝银桦;Carring Falls Grevillea ●☆
180642 Grevillea robusta A. Cunn. ex R. Br.;银桦(凤尾七,绢柽,丝树,银桦树,银橡树,樱槐);Golden Pine,Robust Silk Grevillea,Robust Silk Oak,Robust Silver-oak,Silk Oak,Silk Oak Grevillea,Silky Oak,Silver Grevill,Silveroak ●
180643 Grevillea rogersii Maiden;罗格斯银桦●☆
180644 Grevillea rosmarinifolia A. Cunn.;迷迭香叶银桦(迷迭香叶丝栎);Rosemary Grevill,Rosemary Grevillea,Rosemary-leaf Grevillea ●
180645 Grevillea scapigera A. S. George;直花银桦;Corringin Grevillea ●☆
180646 Grevillea sericea Khotsky ex Meisn.;绢毛银桦;Pink Spider Flower,Silky Grevillea ●☆
180647 Grevillea shiressii Blakely;细枝银桦;Mullet Creek Grevillea ●☆
180648 Grevillea speciosa (Knight) McGill.;美丽银桦;Red Spider Flower ●☆
180649 Grevillea steiglitziana N. A. Wakef.;三角银桦●☆
180650 Grevillea stenobotrya F. Muell.;宿果银桦;Rattle-pod Grevillea,Sandhill Spider Flower ●☆
180651 Grevillea striata R. Br.;带叶银桦(条纹银桦);Beef Wood,Beefsteak,Beefwood,Silver Honeysuckle,Turraie ●☆
180652 Grevillea superba P. M. Olde et Marriott;极美银桦;Grevillea ●☆
180653 Grevillea synapheae R. Br.;柔荑银桦;Katkin Grevillea ●☆
180654 Grevillea tetragonoloba Meisn.;四棱荚银桦●☆
180655 Grevillea thelemanniana Hugel ex Endl.;多乳头银桦(细叶羽衣木);Hummingbird Bush,Hummingbird Grevillea,Spidernet Grevill,Spider-net Grevillea ●
180656 Grevillea triloba Meisn.;三裂银桦;Grevillea ●☆
180657 Grevillea triternata R. Br.;双三银桦;Triternate Grevill ●
180658 Grevillea venusta R. Br.;迷人银桦●☆
180659 Grevillea victoriae F. Muell.;高贵银桦;Royal Grevillea ●☆
180660 Grevillea viscidula C. A. Gardner;浅绿银桦●☆
180661 Grevillea wickhamii Meisn.;威克汉姆银桦;Holly Grevillea,Wickham's Grevillea ●☆
180662 Grevillea willisii R. V. Sm. et McGill.;岩生银桦;Omeo Grevillea,Rock Grevillea ●☆
180663 Grevillea wilsonii A. Cunn.;威尔逊银桦;Firewheel,Wilson Grevill,Wilson's Grevillea ●
180664 Grevillia Knight = Grevillea R. Br. ex Knight(保留属名)●
180665 Grewia L. (1753);扁担杆属(扁担杆子属,田麻属);Grewia ●
180666 Grewia abutilifolia Vent. ex Juss.;苘麻叶扁担杆(米暖麻,苘麻叶解宝叶,羊屎疙瘩);Abutilonleaf Grewia,Abutilon-leaved Grewia ●
180667 Grewia abutilifolia W. Vent ex Juss. var. urenifolia Pierre = Grewia urenifolia (Pierre) Gagnep. ●
180668 Grewia acuminata Juss.;密齿扁担杆;Densetooth Grewia,Dense-toothed Grewia ●
180669 Grewia adolfi-friderici Burret = Grewia oligoneura Sprague ●☆
180670 Grewia africana (Hook. f.) Mast. = Grewia hookeriana Exell et Mendonça ●☆
180671 Grewia africana Mill.;非洲扁担杆●☆
180672 Grewia africana Mill. var. drummondiana (Sprague) Burret;德拉蒙德扁担杆●☆
180673 Grewia africana Mill. var. ugandensis (Sprague) Burret = Grewia ugandensis Sprague ●☆
180674 Grewia albiflora K. Schum. = Grewia praecox K. Schum. ●☆
180675 Grewia aneimenoclada K. Schum. = Grewia microcarpa K. Schum. ●☆
180676 Grewia angolensis Welw. ex Mast.;安哥拉扁担杆●☆
180677 Grewia angustifolia Wall. = Grewia helicterifolia Wall. ex G. Don ●

180678 Grewia angustisepala Hung T. Chang;狭萼扁担杆;Narrowcalyx Grewia,Narrowsepal Grewia,Narrow-sepaled Grewia ●

180679 Grewia apetala Juss.;无瓣扁担杆●☆

180680 Grewia arborea (Forssk.) Lam.;树状扁担杆●☆

180681 Grewia argentea Exell et Mendonça;银白扁担杆●☆

180682 Grewia asiatica L.;亚洲扁担杆(亚洲捕鱼草,亚洲解宝叶,印度捕鱼木);Asia Grewia,Asian Grewia,Phalsa ●

180683 Grewia asiatica L. var. celtltlifolia (Juss.) Gagnep. = Grewia celtidifolia Juss. ●

180684 Grewia asiatica L. var. vestita Mast. = Grewia elastica Royle ●☆

180685 Grewia asiatica L. var. vestita Mast. = Grewia subinaequalis DC. ●

180686 Grewia astropetala Pierre;毛瓣扁担杆;Hairpetal Grewia ●☆

180687 Grewia aurantiaca Weinm. = Grewia micrantha Bojer ●☆

180688 Grewia avellana Hiern;阿韦拉扁担杆●☆

180689 Grewia baillonii R. Vig.;巴永扁担杆●☆

180690 Grewia balensis Kirkup et Sebsebe;巴莱扁担杆●☆

180691 Grewia barteri Burret;巴特扁担杆●☆

180692 Grewia batangensis C. H. Wright = Leptonychia batangensis (C. H. Wright) Burret ●☆

180693 Grewia beguinotii Lanza = Grewia ferruginea Hochst. ex A. Rich. ●☆

180694 Grewia benguellensis Exell et Mendonça;本格拉扁担杆●☆

180695 Grewia betulifolia Juss. = Grewia tenax (Forssk.) Fiori ●☆

180696 Grewia bicolor Juss.;二色扁担杆●☆

180697 Grewia bicolor Juss. var. canescens (A. Rich.) Burret = Grewia velutina (Forssk.) Lam. ●☆

180698 Grewia bicolor Juss. var. tephrodermis (K. Schum.) Burret = Grewia tephrodermis K. Schum. ●☆

180699 Grewia biloba G. Don = Grewia biloba Wall. ex G. Don ●

180700 Grewia biloba Wall. ex G. Don;扁担杆(拗山皮,扁担杆子,葛荆麻,狗糜子,厚叶捕鱼木,裂果扁担杆子,麻糖果,棉筋条,七叶莲,山络麻,娃娃拳,月亮皮);Bilobed Grewia,Chinese Grewia,Two-lobed Fruit Grewia ●

180701 Grewia biloba Wall. ex G. Don var. glabrescens (Benth.) Rehder = Grewia biloba Wall. ex G. Don ●

180702 Grewia biloba Wall. ex G. Don var. microphylla (Maxim.) Hand. -Mazz.;小叶扁担杆;Small-leaf Grewia ●

180703 Grewia biloba Wall. ex G. Don var. parviflora (Bunge) Hand. -Mazz.;小花扁担杆(扁担格子,扁担木,小叶扁担杆);Smallflower Grewia ●

180704 Grewia boehmeriifolia Kaneh. et Sasaki = Grewia eriocarpa Juss. ●

180705 Grewia boehmiana F. Hoffm.;贝姆扁担杆●☆

180706 Grewia brachyclada K. Schum. ex Burret = Grewia arborea (Forssk.) Lam. ●☆

180707 Grewia brachypoda C. Y. Wu;短柄扁担杆;Shortstalk Grewia,Short-stalked Grewia,Shortstipe Grewia ●

180708 Grewia brevicaulis K. Schum. = Grewia suffruticosa K. Schum. ●☆

180709 Grewia brunnea K. Schum.;褐色扁担杆●☆

180710 Grewia burretii Ulbr. = Grewia oligoneura Sprague ●☆

180711 Grewia burttii Exell;伯特扁担杆●☆

180712 Grewia caducisepala K. Schum. = Grewia goetzeana K. Schum. ●☆

180713 Grewia caffra Meisn.;开菲尔扁担杆●☆

180714 Grewia calvata Baker;光秃扁担杆●☆

180715 Grewia calycina N. E. Br. = Grewia avellana Hiern ●☆

180716 Grewia calymmatosepala K. Schum.;遮萼扁担杆●☆

180717 Grewia cana Sond. = Grewia flava DC. ●☆

180718 Grewia canescens A. Rich. = Grewia velutina (Forssk.) Lam. ●☆

180719 Grewia capitellata Bojer;小头扁担杆●☆

180720 Grewia carpinifolia Juss.;鹅耳枥叶扁担杆●☆

180721 Grewia carpinifolia Juss. var. hierniana Burret;希尔恩鹅耳枥叶扁担杆●☆

180722 Grewia carpinifolia Juss. var. rowlandii (K. Schum.) Burret;罗兰扁担杆●☆

180723 Grewia carrissoi Exell et Mendonça;卡里索扁担杆●☆

180724 Grewia celtidifolia Juss.;朴叶扁担杆;Hackberry-leaf Grewia,Hackberry-leaved Grewia ●

180725 Grewia cerasifera (Chiov.) Thulin;索马里扁担杆●☆

180726 Grewia cerasifera Chiov. = Grewia cerasifera (Chiov.) Thulin ●☆

180727 Grewia chanetii H. Lév. = Grewia biloba Wall. ex G. Don var. parviflora (Bunge) Hand. -Mazz. ●

180728 Grewia chaunothamnus K. Schum. = Grewia villosa Willd. ●☆

180729 Grewia chirindae Baker f. = Grewia occidentalis L. ●☆

180730 Grewia chlorophila K. Schum. = Grewia similis K. Schum. ●☆

180731 Grewia chungii Merr. = Microcos chungii (Merr.) Chun ●

180732 Grewia chuniana Burret;崖县扁担杆;Chun Grewia ●

180733 Grewia cinerea A. Rich. = Grewia bicolor Juss. ●☆

180734 Grewia cissoides Hutch. et Dalziel;常春藤扁担杆●☆

180735 Grewia claessensii De Wild. = Grewia pubescens P. Beauv. ●☆

180736 Grewia coerulea K. Schum. = Grewia similis K. Schum. ●☆

180737 Grewia columnaris Hochst. = Grewia ferruginea Hochst. ex A. Rich. ●☆

180738 Grewia concolor Merr.;同色扁担杆;Concolor Grewia,Concolour Grewia ●

180739 Grewia congesta Weim. = Grewia praecox K. Schum. ●☆

180740 Grewia conocarpa K. Schum.;束果扁担杆●☆

180741 Grewia conocarpoides Burret;拟束果扁担杆●☆

180742 Grewia cordata N. E. Br. = Grewia monticola Sond. ●☆

180743 Grewia coriacea Mast.;革质扁担杆●☆

180744 Grewia corylifolia A. Rich. = Grewia villosa Willd. ●☆

180745 Grewia crenata (G. Forst.) Schinz et Guillaumin;汤加扁担杆●☆

180746 Grewia crinita K. Schum. = Grewia pinnatifida Mast. ●☆

180747 Grewia cuneifolia Juss.;楔叶扁担杆●☆

180748 Grewia cuspidato-serrata Burret;复齿扁担杆(尖齿扁担杆);Compound-serrated Grewia,Doubletooth Grewia ●

180749 Grewia cyclopetala Wawra;圆瓣扁担杆●☆

180750 Grewia dehnhardtii K. Schum. = Grewia densa K. Schum. ●☆

180751 Grewia densa K. Schum.;密集扁担杆●☆

180752 Grewia densiserrulata Hung T. Chang = Grewia acuminata Juss. ●

180753 Grewia dependens K. Schum. = Grewia malacocarpa Mast. ●☆

180754 Grewia deserticola Ulbr. = Grewia retinervis Burret ●☆

180755 Grewia didyma Roxb. ex G. Don = Grewia multiflora Juss. ●

180756 Grewia discolor Baill. = Grewia madagascariensis Capuron ●☆

180757 Grewia discolor Fresen. = Grewia bicolor Juss. ●☆

180758 Grewia discolor Harv. = Grewia monticola Sond. ●☆

180759 Grewia disperma Rottler ex Spreng. = Grewia multiflora Juss. ●

180760 Grewia disticha Dinter et Burret = Grewia bicolor Juss. ●☆

180761 Grewia drummondiana Sprague = Grewia africana Mill. var. drummondiana (Sprague) Burret ●☆

180762 Grewia dubia Deflers = Grewia arborea (Forssk.) Lam. ●☆

180763 Grewia dumicola Exell = Grewia hexamita Burret ●☆
180764 Grewia echinulata Delile = Grewia villosa Willd. ●☆
180765 Grewia ectasicarpa S. Moore = Grewia capitellata Bojer ●☆
180766 Grewia ehretioides Chiov. = Grewia pedunculata K. Schum. ●☆
180767 Grewia elastica Royle;弹性扁担杆●☆
180768 Grewia eriocarpa Juss.;毛果扁担杆(大叶扁担杆子,大叶捕鱼木,杠木,黑神果,假玉桂,澜沧扁担杆,马尾巴大绳,毛果解宝树,毛果解宝叶,山麻树,细大绳,小白药,小火绳,野火绳,野麻根,子金根);Hairfruit Grewia, Hairyfruit Grewia, Rund-leaved Grewia, Woolly-fruited Grewia ●
180769 Grewia erythraea Schweinf.;浅红扁担杆●☆
180770 Grewia evrardii R. Wilczek;埃夫拉尔扁担杆●☆
180771 Grewia excelsa Vahl = Grewia arborea (Forssk.) Lam. ●☆
180772 Grewia fabreguesii E. Boudour. = Grewia flavescens Juss. ●☆
180773 Grewia falcata C. Y. Wu;镰叶扁担杆(狗卵子果,猴子饭团,黄龙粉,镰叶解宝树,炸腰果);Falcate Grewia, Sickleleaf Grewia ●◇
180774 Grewia falcistipula K. Schum.;镰托叶扁担杆●☆
180775 Grewia fallax K. Schum. = Grewia arborea (Forssk.) Lam. ●☆
180776 Grewia ferruginea Hochst. ex A. Rich.;锈色扁担杆●☆
180777 Grewia ferruginea Hochst. ex A. Rich. = Grewia nitida Juss. ●☆
180778 Grewia filiformis Bullock = Grewia nematopus K. Schum. ●☆
180779 Grewia filipes Burret;线梗扁担杆●☆
180780 Grewia flava DC.;黄色扁担杆●☆
180781 Grewia flavescens Juss.;渐黄扁担杆●☆
180782 Grewia flavescens Juss. var. brevipedunculata Burret = Grewia flavescens Juss. ●☆
180783 Grewia flavescens Juss. var. longipedunculata Burret = Grewia flavescens Juss. ●☆
180784 Grewia flavescens Juss. var. olukondae (Schinz) Wild = Grewia olukondae Schinz ●☆
180785 Grewia floribunda Mast.;繁花扁担杆●☆
180786 Grewia floribunda Mast. var. latifolia De Wild. = Grewia floribunda Mast. ●☆
180787 Grewia forbesii Harv. ex Mast.;福贝扁担杆●☆
180788 Grewia franchetii K. Schum. ex Borzí = Grewia velutina (Forssk.) Lam. ●☆
180789 Grewia fruticetorum J. Drumm. ex Baker f. = Grewia caffra Meisn. ●☆
180790 Grewia gigantiflora K. Schum. = Grewia pubescens P. Beauv. ●☆
180791 Grewia gillettii Sebsebe;吉莱特扁担杆●☆
180792 Grewia gilviflora Exell = Grewia conocarpoides Burret ●☆
180793 Grewia glabra Blume;光滑扁担杆●☆
180794 Grewia glabra Blume = Grewia disperma Rottler ex Spreng. ●
180795 Grewia glabra Blume = Grewia multiflora Juss. ●
180796 Grewia glabrescens Benth. = Grewia biloba Wall. ex G. Don ●
180797 Grewia glandulosa Vahl;腺点扁担杆●☆
180798 Grewia goetzeana K. Schum.;格兹扁担杆●☆
180799 Grewia gonioclinia K. Schum. var. concolor (Chiov.) Cufod. = Grewia densa K. Schum. ●☆
180800 Grewia gossweileri (Burret) Exell;戈斯扁担杆●☆
180801 Grewia gracillima Wild;细长扁担杆●☆
180802 Grewia grandiflora Baker;大花扁担杆●☆
180803 Grewia grisea N. E. Br. = Grewia bicolor Juss. ●☆
180804 Grewia hainesiana Hole = Grewia asiatica L. ●
180805 Grewia helicterifolia Wall. ex G. Don;山芝麻扁担杆●
180806 Grewia henryi Burret;黄麻叶扁担杆(亨利解宝叶);Henry Grewia ●
180807 Grewia herbacea Welw. ex Hiern;草本扁担杆●☆
180808 Grewia hermannioides Harv. = Grewia flava DC. ●☆
180809 Grewia heterophylla A. Rich. = Grewia bicolor Juss. ●☆
180810 Grewia heterotricha Burret = Grewia transzambesica Wild ●☆
180811 Grewia hexamita Burret;黄花扁担杆;Giant Raisin ●☆
180812 Grewia hierniana Exell et Mendonça;希尔恩扁担杆●☆
180813 Grewia hirsuta Vahl;粗毛扁担杆;Hirsute Grewia, Thickhair Grewia ●
180814 Grewia hirsuta Vahl var. helicterifolia (Wall. ex G. Don) Haines = Grewia helicterifolia Wall. ex G. Don ●
180815 Grewia hirsutovelutina Burret;粗茸扁担杆(黄果扁担杆);Thick-velutinous Grewia, Thickvelvety Grewia ●
180816 Grewia hirsutovelutina Burret = Grewia abutilifolia Vent. ex Juss. ●
180817 Grewia holstii Burret;霍尔斯特扁担杆●☆
180818 Grewia holtzii Burret;霍尔茨扁担杆●☆
180819 Grewia homblei De Wild. = Grewia flavescens Juss. ●☆
180820 Grewia hookeriana Exell et Mendonça;胡克扁担杆●☆
180821 Grewia hopkinsii Suess. et Merxm. = Grewia stolzii Ulbr. ●☆
180822 Grewia hornbyi Wild;赫恩比扁担杆●☆
180823 Grewia humblotii Baill.;洪布扁担杆●☆
180824 Grewia humilis Wall. = Grewia humilis Wall. et G. Don ●
180825 Grewia humilis Wall. et G. Don;矮扁担杆(元谋扁担杆);Dwarf Grewia ●
180826 Grewia hydrophila K. Schum. = Grewia avellana Hiern ●☆
180827 Grewia hypoglauca K. Schum. = Grewia trichocarpa Hochst. ex A. Rich. ●☆
180828 Grewia inaequilatera Garcke;不等扁担杆●☆
180829 Grewia jinghongensis Y. Y. Qian = Grewia multiflora Juss. ●
180830 Grewia kainantensis Masam. = Grewia abutilifolia Vent. ex Juss. ●
180831 Grewia kapiriensis De Wild. = Grewia flavescens Juss. ●☆
180832 Grewia katangensis R. Wilczek;加丹加扁担杆●☆
180833 Grewia kerstingii Burret = Grewia lasiodiscus K. Schum. ●☆
180834 Grewia kirkii J. R. Drumm. = Grewia plagiophylla K. Schum. ●☆
180835 Grewia kwangtungensis Hung T. Chang;广东扁担杆;Guangdong Grewia, Kwangtung Grewia ●
180836 Grewia kwebensis N. E. Br. = Grewia bicolor Juss. ●☆
180837 Grewia lacei Drumm. et Craib;细齿扁担杆●
180838 Grewia lactea Delile ex Hochr.;乳白扁担杆●☆
180839 Grewia laevigata Heyne ex Steud. = Grewia glabra Blume ●☆
180840 Grewia lagenophora Chiov. = Grewia forbesii Harv. ex Mast. ●☆
180841 Grewia lantsangensis Hu = Grewia eriocarpa Juss. ●
180842 Grewia lasiocarpa E. Mey. = Grewia lasiocarpa E. Mey. ex Harv. ●☆
180843 Grewia lasiocarpa E. Mey. ex Harv.;澳非毛果扁担杆●☆
180844 Grewia lasiodiscus K. Schum.;毛盘扁担杆●☆
180845 Grewia lateriflora G. Don = Glyphaea brevis (Spreng.) Monach. ●☆
180846 Grewia latifolia F. Muell. ex Benth.;宽叶扁担杆●☆
180847 Grewia latiglandulosa Z. Y. Huang et S. Y. Liu;阔腺扁担杆●
180848 Grewia latiunguiculata K. Schum. = Glyphaea brevis (Spreng.) Monach. ●☆
180849 Grewia lepidopetala Garcke;鳞瓣扁担杆●☆
180850 Grewia leptopus Ulbr.;细足扁担杆●

180851 Grewia leucodiscus K. Schum. = Grewia herbacea Welw. ex Hiern ●☆
180852 Grewia lilacina K. Schum.;紫丁香扁担杆●
180853 Grewia louisii R. Wilczek;路易斯扁担杆●☆
180854 Grewia lutea Exell;安哥拉黄扁担杆●☆
180855 Grewia macropetala Burret;长瓣扁担杆;Longpetal Grewia, Long-petaled Grewia ●
180856 Grewia madagascariensis Capuron;马岛扁担杆●☆
180857 Grewia madandensis J. R. Drumm. ex Baker f. = Grewia bicolor Juss. ●☆
180858 Grewia mahafaliensis Capuron;马哈法里扁担杆●☆
180859 Grewia malacocarpa Mast.;软果扁担杆●☆
180860 Grewia malacocarpoides De Wild.;拟软果扁担杆●☆
180861 Grewia malacocarpoides De Wild. var. tomentosa R. Wilczek;绒毛扁担杆●☆
180862 Grewia mayottensis Baill. = Grewia triflora (Bojer) Walp. ●☆
180863 Grewia mbuluensis Exell = Grewia similis K. Schum. ●☆
180864 Grewia megalocarpa Juss.;大果扁担杆●☆
180865 Grewia megistocarpa Burret = Grewia hexamita Burret ●☆
180866 Grewia melindensis J. R. Drumm. ≐ Grewia triflora (Bojer) Walp. ●☆
180867 Grewia messinica Burtt Davy et Greenway = Grewia hexamita Burret ●☆
180868 Grewia micrantha Bojer = Grewia micrantha Bojer ex Mast. ●☆
180869 Grewia micrantha Bojer ex Mast.;马达加斯加小花扁担杆●☆
180870 Grewia micrantha Bojer ex Mast. var. concolor Chiov. = Grewia densa K. Schum. ●☆
180871 Grewia microcarpa K. Schum.;小果扁担杆●☆
180872 Grewia microcarpa K. Schum. var. aneimenoclada (K. Schum.) Burret = Grewia microcarpa K. Schum. ●☆
180873 Grewia microcarpa K. Schum. var. polyantha (K. Schum.) Burret = Grewia microcarpa K. Schum. ●☆
180874 Grewia microcos L. = Microcos paniculata L. ●
180875 Grewia microcos Mast. = Microcos stauntoniana G. Don ●
180876 Grewia microphylla Weim. = Grewia occidentalis L. ●☆
180877 Grewia microthyrsa K. Schum. ex Burret;小穗扁担杆●☆
180878 Grewia mildbraedii Burret;米尔德扁担杆●☆
180879 Grewia miniata Mast. ex Hiern = Grewia bicolor Juss. ●☆
180880 Grewia mollis Juss.;柔软扁担杆●☆
180881 Grewia mollis Juss. var. morifolia (Fiori) Cufod. = Grewia trichocarpa Hochst. ex A. Rich. ●☆
180882 Grewia mollis Juss. var. petitiana (A. Rich.) Burret = Grewia mollis Juss. ●☆
180883 Grewia mollis Juss. var. trichocarpa (Hochst. ex A. Rich.) Burret = Grewia trichocarpa Hochst. ex A. Rich. ●☆
180884 Grewia monticola Sond.;山地扁担杆●☆
180885 Grewia mortehanii De Wild. = Grewia mildbraedii Burret ●☆
180886 Grewia mossambicensis Burret = Grewia bicolor Juss. ●☆
180887 Grewia mossamedensis Exell et Mendonça;莫萨梅迪扁担杆●☆
180888 Grewia multiflora Juss.;光叶扁担杆(细齿扁担杆);Pansura Grewia ●
180889 Grewia myriantha Exell et Mendonça;多花扁担杆●☆
180890 Grewia nematopus K. Schum.;虫梗扁担杆●☆
180891 Grewia newtonii Burret;纽敦扁担杆●☆
180892 Grewia nitida Juss.;光亮扁担杆●☆
180893 Grewia nodisepala K. Schum. = Grewia truncata Mast. ●☆
180894 Grewia nyanzae J. R. Drumm. = Grewia trichocarpa Hochst. ex A. Rich. ●☆
180895 Grewia obliqua Weim. = Grewia monticola Sond. ●☆
180896 Grewia obovata K. Schum. = Grewia pedunculata K. Schum. ●☆
180897 Grewia occidentalis L.;拟重瓣扁担杆;Crossberry, Four Corners, Lavender Star Flower, Lavender Starflower ●☆
180898 Grewia occidentalis L. var. litoralis Wild;滨海扁担杆●☆
180899 Grewia ogadenensis Sebsebe;欧加登扁担杆●☆
180900 Grewia oligandra Pierre;寡蕊扁担杆(狗核树,少蕊扁担杆,四眼果);Fewstamen Grewia, Few-stamened Grewia ●
180901 Grewia oligoneura Sprague;寡脉扁担杆●☆
180902 Grewia olukondae Schinz;奥卢孔达扁担杆●☆
180903 Grewia orbiculata G. Don = Grewia villosa Willd. ●☆
180904 Grewia pachycalyx K. Schum.;厚萼扁担杆●☆
180905 Grewia pallida Hochst. ex A. Rich. = Grewia bicolor Juss. ●☆
180906 Grewia palustris K. Schum. = Grewia lepidopetala Garcke ●☆
180907 Grewia paniculata Roxb. ex DC.;圆锥扁担杆●☆
180908 Grewia pannosisepala Chiov.;毡萼扁担杆●☆
180909 Grewia parviflora Bunge = Grewia biloba Wall. ex G. Don var. parviflora (Bunge) Hand.-Mazz. ●
180910 Grewia parviflora Bunge var. glabrescens (Benth.) Rehder et E. H. Wilson = Grewia biloba Wall. ex G. Don ●
180911 Grewia parviflora Bunge var. glabrescens Rehder et E. H. Wilson = Grewia biloba Wall. ex G. Don ●
180912 Grewia parviflora Bunge var. microphylla Maxim. = Grewia biloba Wall. ex G. Don var. microphylla (Maxim.) Hand.-Mazz. ●
180913 Grewia parviflora Bunge var. velutina Pamp. = Grewia biloba Wall. ex G. Don var. parviflora (Bunge) Hand.-Mazz. ●
180914 Grewia pedunculata K. Schum.;梗花扁担杆●☆
180915 Grewia penicillata Chiov.;帚状扁担杆●☆
180916 Grewia penninervis Boivin ex Baill. = Grewia subaequalis Baill. ●☆
180917 Grewia perennans K. Schum. = Grewia avellana Hiern ●☆
180918 Grewia permagna C. Y. Wu ex Hung T. Chang;大叶扁担杆;Bigleaf Grewia, Big-leaved Grewia ●
180919 Grewia petitiana A. Rich. = Grewia mollis Juss. ●☆
180920 Grewia picta Baill.;着色扁担杆●☆
180921 Grewia pilosa Lam. var. grandifolia Kuntze = Grewia forbesii Harv. ex Mast. ●☆
180922 Grewia pilosa Roxb. = Grewia hirsuta Vahl ●
180923 Grewia pinacostigma K. Schum. = Grewia schinzii K. Schum. ●☆
180924 Grewia pinnatifida Mast.;羽裂扁担杆●☆
180925 Grewia piscatorum Hance;海岸扁担杆(海南扁担杆,小叶扁担杆子,小叶捕鱼木);Coast Grewia, Small-leaved Grewia ●
180926 Grewia plagiophylla K. Schum.;斜叶扁担杆●☆
180927 Grewia platyclada K. Schum. = Grewia flavescens Juss. ●☆
180928 Grewia polyantha K. Schum. = Grewia microcarpa K. Schum. ●☆
180929 Grewia pondoensis Burret;庞多扁担杆●☆
180930 Grewia populifolia Vahl = Grewia tenax (Forssk.) Fiori ●☆
180931 Grewia praecox K. Schum.;早扁担杆●☆
180932 Grewia praecox K. Schum. subsp. latiovata C. Whitehouse;宽卵早扁担杆●☆
180933 Grewia pubescens P. Beauv.;短柔毛扁担杆●☆
180934 Grewia pulverulenta R. Vig.;粉粒扁担杆●☆
180935 Grewia radula Baker;刮刀扁担杆●☆
180936 Grewia retinervis Burret;网脉扁担杆●☆

180937 Grewia retusa Chiov. = Grewia truncata Mast. ●☆
180938 Grewia retusifolia Pierre; 钝叶扁担杆; Blundleaf Grewia, Obtuse-leaved Grewia, Retunse-leaf Grewia ●
180939 Grewia rhombifolia Kaneh. et Sasaki; 菱叶扁担杆(菱叶捕鱼木); Rhombic Leaved Grewia, Rhombic-foliate Grewia, Rhombic-leaf Grewia ●
180940 Grewia rhytidophylla K. Schum. = Grewia arborea (Forssk.) Lam. ●☆
180941 Grewia richardiana Baill. = Grewia apetala Juss. ●☆
180942 Grewia robusta Burch.; 粗壮扁担杆●☆
180943 Grewia rogersii Burtt Davy et Greenway; 罗杰斯扁担杆●☆
180944 Grewia rotunda C. Y. Wu ex Hung T. Chang; 圆叶扁担杆; Rotundleaf Grewia, Round-leaved Grewia ●
180945 Grewia rotunda C. Y. Wu ex Hung T. Chang = Grewia tiliifolia Vahl ●
180946 Grewia rowlandii K. Schum. = Grewia carpinifolia Juss. var. rowlandii (K. Schum.) Burret ●☆
180947 Grewia rugosifolia De Wild.; 糙叶扁担杆●☆
180948 Grewia rugulosa C. Y. Wu ex Hung T. Chang; 硬毛扁担杆; Hardhair Grewia, Rugulose Grewia ●
180949 Grewia rugulosa C. Y. Wu ex Hung T. Chang = Grewia permagna C. Y. Wu ex Hung T. Chang ●
180950 Grewia rupestris Dinter et Schinz = Grewia tenax (Forssk.) Fiori ●☆
180951 Grewia salamensis Sprague = Grewia conocarpa K. Schum. ●☆
180952 Grewia salviifolia L. f. = Alangium salviifolium (L. f.) Wangerin ●
180953 Grewia sapida Roxb. ex DC.; 美味扁担杆●☆
180954 Grewia scabrophylla Vahl; 粗叶扁担杆●☆
180955 Grewia schinzii K. Schum.; 欣兹扁担杆●☆
180956 Grewia schlechteri K. Schum. = Grewia malacocarpa Mast. ●☆
180957 Grewia schliebenii Burret = Grewia stolzii Ulbr. ●☆
180958 Grewia schmitzii R. Wilczek; 施密茨扁担杆●☆
180959 Grewia schweickerdtii Burret = Grewia hexamita Burret ●☆
180960 Grewia schweinfurthii Burret; 施韦扁担杆●☆
180961 Grewia semlikiensis De Wild. = Grewia seretii De Wild. ●☆
180962 Grewia seretii De Wild.; 赛雷扁担杆●☆
180963 Grewia seretii De Wild. var. rotundata Sprague = Grewia seretii De Wild. ●☆
180964 Grewia serrulata DC. = Grewia multiflora Juss. ●
180965 Grewia sessiliflora Gagnep.; 无柄扁担杆; Sessileleaf Grewia, Sessile-leaved Grewia ●
180966 Grewia simaoensis Y. Y. Qian = Grewia celtidifolia Juss. ●
180967 Grewia similis K. Schum.; 相似扁担杆●☆
180968 Grewia stenophylla Bojer; 窄叶扁担杆●☆
180969 Grewia stolzii Ulbr.; 斯托尔兹扁担杆●☆
180970 Grewia stuhlmannii K. Schum.; 斯图扁担杆●☆
180971 Grewia subaequalis Baill.; 近对称扁担杆●☆
180972 Grewia subargentea De Wild. = Grewia ugandensis Sprague ●☆
180973 Grewia subinaequalis DC. = Grewia asiatica L. ●
180974 Grewia subspathulata N. E. Br.; 匙形扁担杆●☆
180975 Grewia suffruticosa K. Schum.; 亚灌木扁担杆●☆
180976 Grewia sulcata Mast.; 纵沟扁担杆●☆
180977 Grewia sulcata Mast. var. ectasicarpa (S. Moore) Burret = Grewia capitellata Bojer ●☆
180978 Grewia sulcata Mast. var. obovata Burret = Grewia pedunculata K. Schum. ●☆
180979 Grewia sulcata Mast. var. stuhlmannii (K. Schum.) Burret = Grewia stuhlmannii K. Schum. ●☆
180980 Grewia swynnertonii J. R. Drumm. ex Baker f. = Grewia microcarpa K. Schum. ●☆
180981 Grewia tembensis Fresen.; 滕博扁担杆●☆
180982 Grewia tembensis Fresen. var. ellenbeckii Burret; 埃伦扁担杆●☆
180983 Grewia tenax (Forssk.) Fiori; 热非扁担杆●☆
180984 Grewia tenax (Forssk.) Fiori var. betulifolia (Juss.) Maire = Grewia tenax (Forssk.) Fiori ●☆
180985 Grewia tenax (Forssk.) Fiori var. capillipes Lanza = Grewia tenax (Forssk.) Fiori ●☆
180986 Grewia tenax (Forssk.) Fiori var. erythraea (Schweinf.) Chiov. = Grewia erythraea Schweinf. ●☆
180987 Grewia tenax (Forssk.) Fiori var. glechomifolia Chiov. = Grewia tenax (Forssk.) Fiori ●☆
180988 Grewia tenax (Forssk.) Fiori var. ribesifolia Fiori = Grewia tenax (Forssk.) Fiori ●☆
180989 Grewia tenuifolia Kaneh. et Sasaki = Grewia biloba Wall. ex G. Don ●
180990 Grewia tephrodermis K. Schum.; 灰皮扁担杆●☆
180991 Grewia tetragastris R. Br. ex Mast. = Grewia pubescens P. Beauv. ●☆
180992 Grewia thikaensis C. Whitehouse; 锡卡扁担杆●☆
180993 Grewia thouvenotii Danguy; 图弗诺扁担杆●☆
180994 Grewia tiliicarpa Baill. = Grewia triflora (Bojer) Walp. ●☆
180995 Grewia tiliifolia Vahl; 椴叶扁担杆; Dhaman, Linden-leaf Grewia, Linden-leaved Grewia ●
180996 Grewia transzambesica Wild; 异毛扁担杆●☆
180997 Grewia trichocarpa Hochst. ex A. Rich.; 西方毛果扁担杆●☆
180998 Grewia trichocarpa Hochst. ex A. Rich. var. morifolia Fiori = Grewia trichocarpa Hochst. ex A. Rich. ●☆
180999 Grewia triflora (Bojer) Walp.; 三花扁担杆●☆
181000 Grewia trinervia De Wild.; 三脉扁担杆●☆
181001 Grewia trinervia De Wild. var. longifolia ? = Grewia trinervia De Wild. ●☆
181002 Grewia tristis K. Schum.; 暗淡扁担杆●☆
181003 Grewia truncata Mast.; 平截扁担杆●☆
181004 Grewia ugandensis Sprague; 乌干达扁担杆●☆
181005 Grewia ulmifolia Bojer = Grewia glandulosa Vahl ●☆
181006 Grewia urenifolia (Pierre) Gagnep.; 稔叶扁担杆; Cadillo-leaved Grewia, Mallowleaf Grewia ●
181007 Grewia utilis Exell = Grewia microcarpa K. Schum. ●☆
181008 Grewia vaughanii Exell = Grewia triflora (Bojer) Walp. ●☆
181009 Grewia velutina (Forssk.) Lam.; 短绒毛扁担杆●☆
181010 Grewia velutina A. Rich. = Grewia mollis Juss. ●☆
181011 Grewia velutina Franch. = Grewia velutina (Forssk.) Lam. ●☆
181012 Grewia velutinissima Dunkley = Grewia schinzii K. Schum. ●☆
181013 Grewia venusta Fresen. = Grewia mollis Juss. ●☆
181014 Grewia venusta Fresen. var. angustifolia K. Schum. ex T. Durand et H. Durand = Grewia mollis Juss. ●☆
181015 Grewia vernicosa Schinz; 光泽扁担杆●☆
181016 Grewia vestita Wall. = Grewia elastica Royle ●☆
181017 Grewia villosa Willd.; 长柔毛扁担杆●☆
181018 Grewia villosa Willd. var. glabrior K. Schum. = Grewia villosa Willd. ●☆
181019 Grewia viridiflora De Wild. = Grewia stolzii Ulbr. ●☆

181020 Grewia viscosa Boivin ex Baill. = Grewia triflora (Bojer) Walp. ●☆
181021 Grewia welwitschii Burret;威尔扁担杆●☆
181022 Grewia woodiana K. Schum.;伍得扁担杆●☆
181023 Grewia yinkiangensis Y. C. Hsu et Zhuge;盈江扁担杆;Yingjiang Grewia ●
181024 Grewia yunnanensis Hung T. Chang;云南扁担杆;Yunnan Grewia ●
181025 Grewia yunnanensis Hung T. Chang = Grewia celtidifolia Juss. ●
181026 Grewia zizyphifolia Baill. = Grewia humblotii Baill. ●☆
181027 Grewiaceae Doweld et Reveal = Malvaceae Juss.(保留科名)●■
181028 Grewiaceae Doweld et Reveal;扁担杆科●
181029 Grewiella Kuntze = Grewiopsis De Wild. et T. Durand ●☆
181030 Grewiella Kuntze(1903);小扁担杆属●☆
181031 Grewiella dewevrei (De Wild. et T. Durand) T. Durand et H. Durand = Desplatsia dewevrei (De Wild. et T. Durand) Burret ●☆
181032 Grewiella dewevrei T. Durand et H. Durand;小扁担杆●☆
181033 Grewiella globosa (De Wild. et T. Durand) T. Durand et H. Durand = Desplatsia subericarpa Bocq. ●☆
181034 Grewiella globosa T. Durand et H. Durand = Desplatsia subericarpa Bocq. ●☆
181035 Grewiopsis De Wild. et T. Durand = Desplatsia Bocq. ●☆
181036 Grewiopsis De Wild. et T. Durand = Grewiella Kuntze ●☆
181037 Grewiopsis dewevrei De Wild. et T. Durand = Desplatsia dewevrei (De Wild. et T. Durand) Burret ●☆
181038 Grewiopsis globosa De Wild. et T. Durand = Desplatsia subericarpa Bocq. ●☆
181039 Grewiopsis trillesiana Pierre ex De Wild. = Desplatsia trillesiana (Pierre ex De Wild.) Pierre ex A. Chev. ●☆
181040 Greyia Hook. et Harv. (1859);鞘叶树属(格雷木属,葵叶树属);Natal Bottlebrush ●☆
181041 Greyia flanaganii Bolus;弗氏鞘叶树●☆
181042 Greyia radlkoferi Szyszyl.;鞘叶树(格雷木);Natal Bottlebrush ●☆
181043 Greyia sutherlandii Hook. et Harv.;基生鞘叶树(基生格雷木,葵叶树);Greyia, Natal Bottlebrush ●☆
181044 Greyiaceae Hutch. (1926)(保留科名);鞘叶树科(葵叶树科)●☆
181045 Greyiaceae Hutch.(保留科名) = Melianthaceae Horan.(保留科名)●☆
181046 Grias L. (1759);四瓣玉蕊属●☆
181047 Grias cauliflora L.;四瓣玉蕊;Anchovy Pear ●☆
181048 Grielaceae Martinov = Neuradaceae Kostel.(保留科名)■☆
181049 Grielum L. (1764);等瓣两极孔草属■☆
181050 Grielum cuneifolium Schinz;楔叶等瓣两极孔草■☆
181051 Grielum flagelliforme E. Mey. = Grielum humifusum Thunb. ■☆
181052 Grielum grandiflorum (L.) Druce;大花等瓣两极孔草■☆
181053 Grielum humifusum Thunb.;平伏等瓣两极孔草■☆
181054 Grielum humifusum Thunb. var. parviflorum Harv.;小花等瓣两极孔草■☆
181055 Grielum marlothii Engl. = Grielum sinuatum Licht. ex Burch. ■☆
181056 Grielum obtusifolium E. Mey. ex Harv. = Grielum sinuatum Licht. ex Burch. ■☆
181057 Grielum sinuatum Licht. ex Burch.;深波等瓣两极孔草■☆
181058 Grielum tenuifolium L. = Grielum grandiflorum (L.) Druce ■☆
181059 Griesebachia Endl. = Grisebachia Klotzsch ●☆
181060 Grieselinia Endl. = Griselinia J. R. Forst. et G. Forst. ●☆
181061 Griffinia Ker Gawl. (1820);格里芬石蒜属■☆
181062 Griffinia liboniana Morren;格里芬石蒜■☆
181063 Griffithella (Tul.) Warm. (1901);格里苔草属■☆
181064 Griffithella (Tul.) Warm. = Cladopus H. Möller ■
181065 Griffithella pierrei (Lecomte) Engl.;格里苔草■☆
181066 Griffithia J. M. Black = Helipterum DC. ex Lindl. ■☆
181067 Griffithia King = Enicosanthum Becc. ●☆
181068 Griffithia Maingay ex King = Enicosanthum Becc. ●☆
181069 Griffithia Maingay ex King = Griffithianthus Merr. ●☆
181070 Griffithia Wight et Arn. = Benkara Adans. ●■
181071 Griffithia Wight et Arn. = Randia L. ●
181072 Griffithianthus Merr. = Enicosanthum Becc. ●☆
181073 Griffithsochloa G. J. Pierce(1978);多裂稃草属■☆
181074 Griffithsochloa multifida (Griffiths) G. J. Pierce;多裂稃草■☆
181075 Griffonia Baill. (1865);加纳籽属■☆
181076 Griffonia Baill. = Bandeiraea Welw. ■☆
181077 Griffonia Hook. f. = Acioa Aubl. ●☆
181078 Griffonia barteri Hook. f. ex Oliv. = Dactyladenia barteri (Hook. f. ex Oliv.) Prance et F. White ●☆
181079 Griffonia bellayana (Baill.) Oliv. = Dactyladenia bellayana (Baill.) Prance et F. White ●☆
181080 Griffonia mannii Oliv. = Dactyladenia mannii (Oliv.) Prance et F. White ●☆
181081 Griffonia pallescens (Baill.) Oliv. = Dactyladenia pallescens (Baill.) Prance et F. White ●☆
181082 Griffonia pallescens (Baill.) Oliv. var. arborescens Oliv. = Dactyladenia pallescens (Baill.) Prance et F. White ●☆
181083 Griffonia pallescens (Baill.) Oliv. var. scandens Oliv. = Dactyladenia pallescens (Baill.) Prance et F. White ●☆
181084 Griffonia physocarpa Baill.;囊果加纳籽■☆
181085 Griffonia simplicifolia (Vahl ex DC.) Baill.;单叶加纳籽■☆
181086 Griffonia speciosa (Welw. ex Benth.) Taub.;美丽加纳籽■☆
181087 Griffonia tessmannii (De Wild.) Compère;泰斯曼加纳籽■☆
181088 Grimaldia Schrank = Chamaecrista Moench ■●
181089 Grimaldia absus (L.) Link = Cassia absus L. ■☆
181090 Grimmeodendron Urb. (1908);格林木属●☆
181091 Grimmeodendron eglandulosum Urb.;格林木●☆
181092 Grindelia Willd. (1807);胶菀属(格林菊属,胶草属);Gum Plant, Gumplant, Gum-plant, Gumweed, Resin-weed ●■☆
181093 Grindelia acutifolia Steyerm. = Grindelia hirsutula Hook. et Arn. ■☆
181094 Grindelia adenodonta (Steyerm.) G. L. Nesom;腺齿胶草■☆
181095 Grindelia aphanactis Rydb. = Grindelia squarrosa (Pursh) Dunal ■☆
181096 Grindelia arizonica A. Gray;亚利桑那胶菀(亚利桑那胶草)■☆
181097 Grindelia arizonica A. Gray var. dentata Steyerm. = Grindelia arizonica A. Gray ■☆
181098 Grindelia arizonica A. Gray var. microphylla Steyerm. = Grindelia arizonica A. Gray ■☆
181099 Grindelia arizonica A. Gray var. neomexicana (Wooton et Standl.) G. L. Nesom = Grindelia arizonica A. Gray ■☆
181100 Grindelia arizonica A. Gray var. stenophylla Steyerm. = Grindelia arizonica A. Gray ■☆
181101 Grindelia camporum Greene;园田胶菀(园田胶草)■☆
181102 Grindelia camporum Greene = Grindelia hirsutula Hook. et

Arn. ■☆
181103 Grindelia camporum Greene var. bracteosa (J. T. Howell) M. A. Lane = Grindelia hirsutula Hook. et Arn. ■☆
181104 Grindelia camporum Greene var. davyi (Jeps.) Steyerm. = Grindelia hirsutula Hook. et Arn. ■☆
181105 Grindelia camporum Greene var. parviflora Steyerm. = Grindelia hirsutula Hook. et Arn. ■☆
181106 Grindelia chiloensis (Cornel.) Cabrera;美丽胶菀(美丽胶草,奇洛埃格林菊)■☆
181107 Grindelia chiloensis Cornel. = Grindelia chiloensis (Cornel.) Cabrera ■☆
181108 Grindelia ciliata (Nutt.) Spreng.;缘毛胶菀(缘毛胶草)■☆
181109 Grindelia columbiana (Piper) Rydb. = Grindelia hirsutula Hook. et Arn. ■☆
181110 Grindelia decumbens Greene;平卧胶菀(平卧胶草)■☆
181111 Grindelia decumbens Greene var. subincisa (Greene) Steyerm. = Grindelia decumbens Greene ■☆
181112 Grindelia erecta A. Nelson = Grindelia subalpina Greene ■☆
181113 Grindelia fastigiata Greene = Grindelia hirsutula Hook. et Arn. ■☆
181114 Grindelia glutinosa (Cav.) C. Mart.;南美胶菀(南美胶草)■☆
181115 Grindelia grandiflora Hook.;大花胶菀(大花胶草)■☆
181116 Grindelia gymnospermoides (A. Gray) Ruffin = Xanthocephalum gymnospermoides (A. Gray) Benth. et Hook. f. ■☆
181117 Grindelia hallii Steyerm. = Grindelia hirsutula Hook. et Arn. ■☆
181118 Grindelia hirsutula Hook. et Arn.;长硬毛胶菀(长硬毛胶草)■☆
181119 Grindelia hirsutula Hook. et Arn. subsp. rubricaulis (DC.) D. D. Keck = Grindelia hirsutula Hook. et Arn. ■☆
181120 Grindelia hirsutula Hook. et Arn. var. davyi (Jeps.) M. A. Lane = Grindelia hirsutula Hook. et Arn. ■☆
181121 Grindelia hirsutula Hook. et Arn. var. hallii (Steyerm.) M. A. Lane = Grindelia hirsutula Hook. et Arn. ■☆
181122 Grindelia hirsutula Hook. et Arn. var. maritima (Greene) M. A. Lane = Grindelia hirsutula Hook. et Arn. ■☆
181123 Grindelia humilis Hook. et Arn.;沼泽胶菀(沼泽胶草)■☆
181124 Grindelia humilis Hook. et Arn. = Grindelia hirsutula Hook. et Arn. ■☆
181125 Grindelia incisa (Fisch.) Spreng. = Kalimeris incisa (Fisch.) DC. ■
181126 Grindelia incisa Spreng. = Aster incisus Fisch. ■
181127 Grindelia incise (Fisch.) Sprang. = Kalimeris incisa (Fisch.) DC. ■
181128 Grindelia inornata Greene = Grindelia hirsutula Hook. et Arn. ■☆
181129 Grindelia inornata Greene var. angusta Steyerm. = Grindelia hirsutula Hook. et Arn. ■☆
181130 Grindelia integrifolia DC. var. macrophylla (Greene) Cronquist = Grindelia hirsutula Hook. et Arn. ■☆
181131 Grindelia laciniata Rydb. = Grindelia arizonica A. Gray ■☆
181132 Grindelia lanceolata Nutt.;刺齿胶菀(刺齿胶草);Narrow-leaved Gum-weed, Spiny-tooth Gum-weed, Spiny-toothed Gumweed ■☆
181133 Grindelia lanceolata var. texana (Scheele) Shinners = Grindelia lanceolata Nutt. ■☆
181134 Grindelia latifolia Kellogg = Grindelia hirsutula Hook. et Arn. ■☆
181135 Grindelia latifolia subsp. platyphylla (Greene) D. D. Keck = Grindelia hirsutula Hook. et Arn. ■☆
181136 Grindelia littoralis Steyerm. = Grindelia lanceolata Nutt. ■☆
181137 Grindelia macrophylla Greene = Grindelia hirsutula Hook. et Arn. ■☆
181138 Grindelia maritima (Greene) Steyerm. = Grindelia hirsutula Hook. et Arn. ■☆
181139 Grindelia microcephala DC.;小头胶菀(小头胶草)■☆
181140 Grindelia microcephala DC. var. adenodonta Steyerm. = Grindelia adenodonta (Steyerm.) G. L. Nesom ■☆
181141 Grindelia microcephala DC. var. pusilla Steyerm. = Grindelia pusilla (Steyerm.) G. L. Nesom ■☆
181142 Grindelia nana Nutt. = Grindelia hirsutula Hook. et Arn. ■☆
181143 Grindelia nana Nutt. subsp. columbiana Piper = Grindelia hirsutula Hook. et Arn. ■☆
181144 Grindelia nana Nutt. var. altissima Steyerm. = Grindelia hirsutula Hook. et Arn. ■☆
181145 Grindelia nana Nutt. var. integerrima (Rydb.) Steyerm. = Grindelia hirsutula Hook. et Arn. ■☆
181146 Grindelia nana Nutt. var. integrifolia Nutt. = Grindelia hirsutula Hook. et Arn. ■☆
181147 Grindelia neomexicana Wooton et Standl. = Grindelia arizonica A. Gray ■☆
181148 Grindelia nuda A. W. Wood = Grindelia squarrosa (Pursh) Dunal ■☆
181149 Grindelia nuda A. W. Wood var. aphanactis (Rydb.) G. L. Nesom;模糊胶菀;Gum Weed ■☆
181150 Grindelia nuda A. W. Wood var. aphanactis (Rydb.) G. L. Nesom = Grindelia squarrosa (Pursh) Dunal ■☆
181151 Grindelia oolepis S. F. Blake;卵鳞胶菀(卵鳞胶草)■☆
181152 Grindelia oxylepis Greene;尖鳞胶菀(尖鳞胶草)■☆
181153 Grindelia paludosa Greene = Grindelia hirsutula Hook. et Arn. ■☆
181154 Grindelia papposa G. L. Nesom et Y. B. Suh;蜡胶菀(蜡胶草);Wax Goldenweed ■☆
181155 Grindelia papposa G. L. Nesom et Y. B. Suh = Grindelia ciliata (Nutt.) Spreng. ■☆
181156 Grindelia patens Greenm.;铺展胶菀■☆
181157 Grindelia perennis A. Nelson = Grindelia hirsutula Hook. et Arn. ■☆
181158 Grindelia procera Greene = Grindelia hirsutula Hook. et Arn. ■☆
181159 Grindelia pusilla (Steyerm.) G. L. Nesom;微小胶菀(微小胶草)■☆
181160 Grindelia revoluta Steyerm. = Grindelia hirsutula Hook. et Arn. ■☆
181161 Grindelia robusta Nutt.;大胶菀(大胶草);Californian Gum Plant, Gum Plant, Gum-plant, Shore Gumweed ■☆
181162 Grindelia robusta Nutt. = Grindelia hirsutula Hook. et Arn. ■☆
181163 Grindelia robusta Nutt. var. bracteosa (J. T. Howell) D. D. Keck = Grindelia hirsutula Hook. et Arn. ■☆
181164 Grindelia robusta Nutt. var. davyi Jeps. = Grindelia hirsutula Hook. et Arn. ■☆
181165 Grindelia robusta Nutt. var. patens Gray = Grindelia patens Greenm. ■☆
181166 Grindelia robusta Nutt. var. platyphylla Greene = Grindelia

hirsutula Hook. et Arn. ■☆
181167 Grindelia robusta Nutt. var. rigida A. Gray = Grindelia hirsutula Hook. et Arn. ■☆
181168 Grindelia rubricaulis DC. = Grindelia hirsutula Hook. et Arn. ■☆
181169 Grindelia rubricaulis DC. var. maritima Greene = Grindelia hirsutula Hook. et Arn. ■☆
181170 Grindelia scabra Greene var. neomexicana (Wooton et Standl.) Steyerm. = Grindelia arizonica A. Gray ■☆
181171 Grindelia serrulata Rydb. = Grindelia squarrosa (Pursh) Dunal var. serrulata (Rydb.) Steyerm. ■☆
181172 Grindelia serrulata Rydb. = Grindelia squarrosa (Pursh) Dunal ■☆
181173 Grindelia speciosa Lindl. et Paxton = Grindelia chiloensis Cornel. ■☆
181174 Grindelia squarrosa (Pursh) Dunal;卷苞胶菀(卷苞胶草); Curly-cup Gum-weed, Curlytop Gumweed, Gum Weed, Gum-plant, Gumweed, Gum-weed, Scaly Grindelia, Sticky Head, Sticky-head, Tarweed ■☆
181175 Grindelia squarrosa (Pursh) Dunal var. integrifolia (Nutt.) B. Boivin = Grindelia hirsutula Hook. et Arn. ■☆
181176 Grindelia squarrosa (Pursh) Dunal var. nuda (A. W. Wood) A. Gray = Grindelia squarrosa (Pursh) Dunal ■☆
181177 Grindelia squarrosa (Pursh) Dunal var. quasiperennis Lunell = Grindelia hirsutula Hook. et Arn. ■☆
181178 Grindelia squarrosa (Pursh) Dunal var. serrulata (Rydb.) Steyerm.;齿卷苞胶菀(齿卷苞胶草);Curly-cup Gum-weed, Gum-plant, Gum-weed ■☆
181179 Grindelia squarrosa (Pursh) Dunal var. serrulata (Rydb.) Steyerm. = Grindelia squarrosa (Pursh) Dunal ■☆
181180 Grindelia stricta DC.;沿海胶菀(沿海胶草);Coastal Gumplant ■☆
181181 Grindelia stricta DC. = Grindelia hirsutula Hook. et Arn. ■☆
181182 Grindelia stricta DC. subsp. blakei (Steyerm.) D. D. Keck = Grindelia hirsutula Hook. et Arn. ■☆
181183 Grindelia stricta DC. subsp. venulosa (Jeps.) D. D. Keck = Grindelia hirsutula Hook. et Arn. ■☆
181184 Grindelia stricta DC. var. angustifolia (A. Gray) M. A. Lane = Grindelia hirsutula Hook. et Arn. ■☆
181185 Grindelia stricta DC. var. macrophylla (Greene) Steyerm. = Grindelia hirsutula Hook. et Arn. ■☆
181186 Grindelia stricta DC. var. platyphylla (Greene) M. A. Lane = Grindelia hirsutula Hook. et Arn. ■☆
181187 Grindelia stylosa Eastw. = Chrysothamnus stylosus (Eastw.) Urbatsch, R. P. Roberts et Neubig ●☆
181188 Grindelia subalpina Greene;亚高山胶菀(亚高山胶草)■☆
181189 Grindelia subalpina var. erecta (A. Nelson) Steyerm. = Grindelia subalpina Greene ■☆
181190 Grindelia subincisa Greene = Grindelia decumbens Greene ■☆
181191 Grindelia texana Scheele = Grindelia lanceolata Nutt. ■☆
181192 Grindeliaceae Rchb. ex A. Heller = Asteraceae Bercht. et J. Presl (保留科名)●■
181193 Grindeliaceae Rchb. ex A. Heller = Compositae Giseke(保留科名)●■
181194 Grindeliopsis Sch. Bip. (1858);类胶菀属(类胶草属)■☆
181195 Grindeliopsis Sch. Bip. = Xanthocephalum Willd. ■☆
181196 Grindeliopsis gymnospermoides (A. Gray) Sch. Bip.;类胶菀(类胶草)■☆
181197 Gripidea Miers = Caiophora C. Presl ■☆
181198 Grischowia H. Karst. = Monochaetum (DC.) Naudin(保留属名)●☆
181199 Grisebachia Drude et H. Wendl. = Howeia Becc. ●
181200 Grisebachia H. Wendl. et Drude = Howeia Becc. ●
181201 Grisebachia Klotzsch = Erica L. ●☆
181202 Grisebachia Klotzsch = Howeia Becc. ●
181203 Grisebachia Klotzsch(1838);格里杜鹃属●☆
181204 Grisebachia alba N. E. Br. = Erica plumosa Thunb. ●☆
181205 Grisebachia apiculata N. E. Br. = Erica plumosa Thunb. ●☆
181206 Grisebachia bolusii N. E. Br. = Erica plumosa Thunb. ●☆
181207 Grisebachia bruniades Benth. = Erica pilosiflora E. G. H. Oliv. ●☆
181208 Grisebachia ciliaris (L. f.) Klotzsch;缘毛格里杜鹃●☆
181209 Grisebachia ciliaris (L. f.) Klotzsch = Erica plumosa Thunb. ●☆
181210 Grisebachia ciliaris (L. f.) Klotzsch subsp. bolusii (N. E. Br.) E. G. H. Oliv. = Erica plumosa Thunb. ●☆
181211 Grisebachia ciliaris (L. f.) Klotzsch subsp. ciliciiflora (Salisb.) E. G. H. Oliv. = Erica plumosa Thunb. ●☆
181212 Grisebachia ciliaris (L. f.) Klotzsch subsp. involuta (Klotzsch) E. G. H. Oliv. = Erica plumosa Thunb. ●☆
181213 Grisebachia ciliaris (L. f.) Klotzsch subsp. multiglandulosa E. G. H. Oliv. = Erica plumosa Thunb. ●☆
181214 Grisebachia ciliciiflora (Salisb.) Druce = Erica plumosa Thunb. ●☆
181215 Grisebachia dregeana Benth. = Erica plumosa Thunb. ●☆
181216 Grisebachia dregeana Benth. var. vestita Zahlbr. = Erica plumosa Thunb. ●☆
181217 Grisebachia eremioides MacOwan = Erica eremioides (MacOwan) E. G. H. Oliv. ●☆
181218 Grisebachia eremioides MacOwan var. eglandula N. E. Br. = Erica eremioides (MacOwan) E. G. H. Oliv. subsp. eglandula (N. E. Br.) E. G. H. Oliv. ●☆
181219 Grisebachia eremioides MacOwan var. pubicalyx N. E. Br. = Erica eremioides (MacOwan) E. G. H. Oliv. ●☆
181220 Grisebachia eriocephala (Klotzsch) Benth. = Erica pilosiflora E. G. H. Oliv. ●☆
181221 Grisebachia hirta Klotzsch = Erica plumosa Thunb. ●☆
181222 Grisebachia hispida Klotzsch = Erica plumosa Thunb. ●☆
181223 Grisebachia incana (Bartl.) Klotzsch = Erica plumosa Thunb. ●☆
181224 Grisebachia involuta Klotzsch = Erica plumosa Thunb. ●☆
181225 Grisebachia minutiflora N. E. Br.;微花格里杜鹃●☆
181226 Grisebachia minutiflora N. E. Br. = Erica caprina E. G. H. Oliv. ●☆
181227 Grisebachia minutiflora N. E. Br. subsp. nodiflora (N. E. Br.) E. G. H. Oliv. = Erica caprina E. G. H. Oliv. ●☆
181228 Grisebachia nivenii N. E. Br. = Erica plumosa Thunb. ●☆
181229 Grisebachia nodiflora N. E. Br. = Erica caprina E. G. H. Oliv. ●☆
181230 Grisebachia parviflora (Klotzsch) Druce;小花格里杜鹃●☆
181231 Grisebachia parviflora (Klotzsch) Druce = Erica eremioides (MacOwan) E. G. H. Oliv. ●☆
181232 Grisebachia parviflora (Klotzsch) Druce subsp. eglandula (N. E. Br.) E. G. H. Oliv. = Erica eremioides (MacOwan) E. G. H.

Oliv. subsp. eglandula (N. E. Br.) E. G. H. Oliv. ●☆
181233 Grisebachia parviflora (Klotzsch) Druce subsp. pubescens E. G. H. Oliv. = Erica eremioides (MacOwan) E. G. H. Oliv. subsp. pubescens (E. G. H. Oliv.) E. G. H. Oliv. ●☆
181234 Grisebachia pentheri Zahlbr. = Erica plumosa Thunb. ●☆
181235 Grisebachia pilifolia N. E. Br. = Erica plumosa Thunb. ●☆
181236 Grisebachia plumosa (Thunb.) Klotzsch;羽状格里杜鹃●☆
181237 Grisebachia plumosa (Thunb.) Klotzsch subsp. eciliata E. G. H. Oliv. = Erica plumosa Thunb. ●☆
181238 Grisebachia plumosa (Thunb.) Klotzsch subsp. hirta (Klotzsch) E. G. H. Oliv. = Erica plumosa Thunb. ●☆
181239 Grisebachia plumosa (Thunb.) Klotzsch subsp. hispida (Klotzsch) E. G. H. Oliv. = Erica plumosa Thunb. ●☆
181240 Grisebachia plumosa (Thunb.) Klotzsch subsp. irrorata E. G. H. Oliv. = Erica plumosa Thunb. ●☆
181241 Grisebachia plumosa (Thunb.) Klotzsch subsp. pentheri (Klotzsch) E. G. H. Oliv. = Erica plumosa Thunb. ●☆
181242 Grisebachia plumosa (Thunb.) Klotzsch var. scabra N. E. Br. = Erica plumosa Thunb. ●☆
181243 Grisebachia plumosa (Thunb.) Klotzsch var. serrulata (Benth.) N. E. Br. = Erica plumosa Thunb. ●☆
181244 Grisebachia rigida N. E. Br. = Erica plumosa Thunb. ●☆
181245 Grisebachia secundiflora E. G. H. Oliv. = Erica lateriflora E. G. H. Oliv. ●☆
181246 Grisebachia serrulata Benth. = Erica plumosa Thunb. ●☆
181247 Grisebachia similis N. E. Br. = Erica eremioides (MacOwan) E. G. H. Oliv. ●☆
181248 Grisebachia similis N. E. Br. var. grata ? = Erica eremioides (MacOwan) E. G. H. Oliv. ●☆
181249 Grisebachia solivaga N. E. Br. = Erica plumosa Thunb. ●☆
181250 Grisebachia thunbergii Rach = Erica plumosa Thunb. ●☆
181251 Grisebachia velleriflora Klotzsch = Erica plumosa Thunb. ●☆
181252 Grisebachia zeyheriana Klotzsch = Erica plumosa Thunb. ●☆
181253 Grisebachianthus R. M. King et H. Rob. (1975);密毛亮泽兰属■☆
181254 Grisebachianthus carsticola (Borhidi et O. Muñiz) R. M. King et H. Rob.;密毛亮泽兰■☆
181255 Grisebachiella Lorentz = Astephanus R. Br. ■☆
181256 Griselea D. Dietr. = Combretum L. ●
181257 Griselea D. Dietr. = Combretum Loefl. (保留属名)●
181258 Griselea D. Dietr. = Grislea L. (废弃属名)●
181259 Griselinia G. Forst. = Griselinia J. R. Forst. et G. Forst. ●☆
181260 Griselinia J. R. Forst. et G. Forst. (1775);夷茱萸属(覆瓣梾木属,格里塞林木属,格里斯木属);New Zealand Broadleaf ●☆
181261 Griselinia Scop. = Moutouchi Aubl. ●
181262 Griselinia Scop. = Pterocarpus Jacq. (保留属名)●
181263 Griselinia Scop. = Pterocarpus L. ●
181264 Griselinia littoralis Raoul;海滨夷茱萸(滨覆瓣梾木,海滨格里塞林木);Brosdleaf, Kapuka, New Zealand Broadleaf, Papauma ●☆
181265 Griselinia littoralis Raoul 'Dixon's Cream';乳心白夷茱萸(乳心白滨覆瓣梾木)●☆
181266 Griselinia littoralis Raoul 'Variegata';散斑滨覆瓣梾木●☆
181267 Griselinia lucida G. Forst.;夷茱萸(附生格里塞林木,覆瓣梾木,格里斯木);Akepuka, Puka ●☆
181268 Griselinia scandens Taub.;硬叶夷茱萸(硬叶格里塞林木)●☆
181269 Griseliniaceae (Wang.) Takht. = Griseliniaceae Takht. ●☆
181270 Griseliniaceae J. R. Forst. et G. Forst. ex A. Cunn. = Griseliniaceae Takht. ●☆
181271 Griseliniaceae Takht. (1987);夷茱萸科●☆
181272 Grisia Brongn. = Bikkia Reinw. (保留属名)●☆
181273 Grislea L. (废弃属名) = Combretum Loefl. (保留属名)●
181274 Grislea Loefl. = Pehria Sprague ●☆
181275 Grislea punctata Buch. -Ham. ex Sm. = Woodfordia fruticosa (L.) Kurz ●
181276 Grislea tomentosa Roxb. = Woodfordia fruticosa (L.) Kurz ●
181277 Grisleya Post et Kuntze = Grislea Loefl. ●☆
181278 Grisollea Baill. (1864);马岛茱萸属●☆
181279 Grisollea myriantha Baill.;马岛茱萸●☆
181280 Grisseea Bakh. f. (1950);爪哇夹竹桃属●☆
181281 Grisseea apiculata Bakh. f.;爪哇夹竹桃●☆
181282 Grobya Lindl. (1835);格罗比兰属■☆
181283 Grobya amherstiae Lindl.;格罗比兰■☆
181284 Groelandia Fourr. = Groenlandia J. Gay ■☆
181285 Groenlandia J. Gay (1854);对叶眼子菜属;Opposite-leaved Pondweed ■☆
181286 Groenlandia densa (L.) Fourr.;对叶眼子菜;Opposite-leaved Pondweed ■☆
181287 Groftia spectabilis King et Prain = Pommereschea spectabilis (King et Prain) K. Schum. ■
181288 Gromovia Regel = Beloperone Nees ■☆
181289 Gromphaena St. -Lag. = Gomphrena L. ●■
181290 Grona Benth. = Nogra Merr. ■
181291 Grona Benth. et Hook. f. = Nogra Merr. ■
181292 Grona Lour. (废弃属名) = Desmodium Desv. (保留属名)●■
181293 Grone Spreng. = Desmodium Desv. (保留属名)●■
181294 Grone Spreng. = Grona Lour. (废弃属名)●■
181295 Gronophyllum Scheff. (1876);沟叶棕属(长瓣槟榔属,沟叶椰子属,尖瓣椰属)●☆
181296 Gronophyllum microcarpum Scheff.;沟叶棕●☆
181297 Gronovia Blanco = Illigera Blume ●■
181298 Gronovia L. (1753);金刚大属■☆
181299 Gronovia scandens L.;金刚大■☆
181300 Gronovia ternata Blanco = Illigera luzonensis (C. Presl) Merr. ●■
181301 Gronoviaceae A. Juss. = Gronoviaceae Endl. ●■
181302 Gronoviaceae Endl.;金刚大科●■
181303 Gronoviaceae Endl. = Loasaceae Juss. (保留科名)●■☆
181304 Grosourdya Rchb. f. (1864);火炬兰属;Torchorchis ■
181305 Grosourdya appendiculatum (Blume) Rchb. f.;火炬兰(长脚兰);Torchorchis ■
181306 Grosowidya B. D. Jacks. = Grosourdya Rchb. f. ■
181307 Grossera Pax(1903);格罗大戟属☆
181308 Grossera aurea Cavaco = Cavacoa aurea (Cavaco) J. Léonard☆
181309 Grossera baldwinii Keay et Cavaco = Cavacoa baldwinii (Keay et Cavaco) J. Léonard☆
181310 Grossera elongata Hutch.;伸长格罗大戟☆
181311 Grossera glomeratospicata J. Léonard;团穗格罗大戟☆
181312 Grossera macrantha Pax;大花格罗大戟☆
181313 Grossera multinervis J. Léonard;多脉格罗大戟☆
181314 Grossera paniculata Pax;圆锥格罗大戟☆
181315 Grossera quintasii Pax et K. Hoffm. = Cavacoa quintasii (Pax et K. Hoffm.) J. Léonard☆
181316 Grossera vignei Hoyle;维涅大戟☆

181317 Grossheimia Sosn. et Takht.（1945）；格罗菊属（大海米菊属，格罗海米亚菊属）■☆
181318 Grossheimia Sosn. et Takht. = Centaurea L.（保留属名）●■
181319 Grossheimia macrocephala（Muss. Puschk. ex Willd.）Sosn. et Takht.；格罗菊（大海米菊，格罗海米亚菊）■☆
181320 Grossheimia macrocephala（Muss. Puschk. ex Willd.）Sosn. et Takht. = Centaurea macrocephala Muss. Puschk. ex Willd. ■☆
181321 Grossheimia ossica（K. Koch）Sosn. et Takht.；奥斯格罗菊（奥斯大海米菊）■☆
181322 Grossostylis Pers. = Crossostylis J. R. Forst. et G. Forst. ●☆
181323 Grossularia Adans. = Ribes L. ●
181324 Grossularia Mill. = Ribes L. ●
181325 Grossularia Rupr. = Ribes L. ●
181326 Grossularia acicularis（Sm.）Spach = Ribes aciculare Sm. ●
181327 Grossularia atropurpurea Ost. -Sack. et Rupr. = Ribes meyeri Maxim. ●
181328 Grossularia burejensis（F. Schmidt）Berger = Ribes burejense F. Schmidt ●
181329 Grossularia cynosbati（L.）Mill. = Ribes cynosbati L. ●☆
181330 Grossularia hirtella（Michx.）Spach = Ribes hirtellum Michx. ●☆
181331 Grossularia missouriensis（Nutt.）Coville et Britton = Ribes missouriense Bean ●☆
181332 Grossularia nigra（L.）Rupr. = Ribes nigrum L. ●
181333 Grossularia nigra Rupr. = Ribes nigrum L. ●
181334 Grossularia reclinata（L.）Mill. = Ribes reclinatum L. ●
181335 Grossularia rubra Rupr. = Ribes pubescens Hedl. ●
181336 Grossularia stenocarpa（Maxim.）Berger = Ribes stenocarpum Maxim. ●
181337 Grossularia uva-rrispa Mill. = Ribes uva-crispa L. ●
181338 Grossularia vulgaris Spach = Ribes reclinatum L. ●
181339 Grossulariaceae DC.（1805）（保留科名）；醋栗科（茶藨子科）；Gooseberry Family ●
181340 Grossulariaceae DC.（保留科名）= Pterostemonaceae Small（保留科名）●☆
181341 Grosvenoria R. M. King et H. Rob.（1975）；肋苞亮泽兰属●☆
181342 Grosvenoria coelocaulis（B. L. Rob.）R. M. King et H. Rob.；肋苞亮泽兰●☆
181343 Grotefendia Seem. = Botryopanax Miq. ●
181344 Grotefendia Seem. = Polyscias J. R. Forst. et G. Forst. ●
181345 Groutia Guill. et Perr. = Opilia Roxb. ●
181346 Groutia celtidifolia Guillaumin et Perr. = Opilia amentacea Roxb. ●
181347 Grramen Ség. = Secale L. ■
181348 Grubbia P. J. Bergius（1767）；毛盘花属（假石南属）●☆
181349 Grubbia gracilis T. M. Salter = Grubbia rosmarinifolia P. J. Bergius subsp. gracilis（T. M. Salter）Carlquist ●☆
181350 Grubbia hirsuta E. Mey. ex A. DC. = Grubbia rosmarinifolia P. J. Bergius subsp. hirsuta（E. Mey. ex A. DC.）Carlquist ●☆
181351 Grubbia pinifolia Sond. = Grubbia rosmarinifolia P. J. Bergius var. pinifolia（Sond.）Carlquist ●☆
181352 Grubbia rosmarinifolia Berger = Grubbia rosmarinifolia P. J. Bergius ●☆
181353 Grubbia rosmarinifolia P. J. Bergius；迷迭香叶毛盘花（假石南）●☆
181354 Grubbia rosmarinifolia P. J. Bergius subsp. gracilis（T. M. Salter）Carlquist；纤细毛盘花（假石南）●☆
181355 Grubbia rosmarinifolia P. J. Bergius subsp. hirsuta（E. Mey. ex A. DC.）Carlquist；粗毛迷迭香叶毛盘花●☆
181356 Grubbia rosmarinifolia P. J. Bergius var. pinifolia（Sond.）Carlquist；松叶毛盘花（假石南）●☆
181357 Grubbia rourkei Carlquist；鲁尔克毛盘花●☆
181358 Grubbia stricta A. DC. = Grubbia tomentosa（Thunb.）Harms ●☆
181359 Grubbia tomentosa（Thunb.）Harms；绒毛毛盘花●☆
181360 Grubbiaceae Endl. = Grubbiaceae Endl. ex Meisn.（保留科名）●☆
181361 Grubbiaceae Endl. ex Meisn.（1841）（保留科名）；毛盘花科（假石南科）●☆
181362 Gruenera Opiz = Salix L.（保留属名）●
181363 Gruhlmania Neck. = Spermacoce L. ●■
181364 Gruhlmania Neck. ex Raf. = Spermacoce L. ●■
181365 Grumilea Gaertn.（1788）；类九节属●☆
181366 Grumilea Gaertn. = Psychotria L.（保留属名）●
181367 Grumilea achteni De Wild. = Psychotria djumaensis De Wild. ●☆
181368 Grumilea albiflora De Wild. = Psychotria djumaensis De Wild. ●☆
181369 Grumilea articulata Hiern = Psychotria articulata（Hiern）E. M. Petit ●☆
181370 Grumilea aruwimiensis De Wild. = Psychotria brassii Hiern ●☆
181371 Grumilea bequaertii De Wild. = Psychotria mahonii C. H. Wright var. puberula（E. M. Petit）Verdc. ●☆
181372 Grumilea bequaertii De Wild. var. pubescens Robyns = Psychotria mahonii C. H. Wright var. pubescens（Robyns）Verdc. ●☆
181373 Grumilea blepharostipula K. Schum.；毛托叶类九节●☆
181374 Grumilea buchananii K. Schum. = Psychotria capensis（Eckl.）Vatke subsp. riparia（K. Schum. et K. Krause）Verdc. ●☆
181375 Grumilea bussei K. Schum. et K. Krause = Psychotria capensis（Eckl.）Vatke subsp. riparia（K. Schum. et K. Krause）Verdc. ●☆
181376 Grumilea cabrae（De Wild.）De Wild. = Psychotria dermatophylla（K. Schum.）E. M. Petit ●☆
181377 Grumilea capensis（Eckl.）Sond. = Psychotria capensis（Eckl.）Vatke ●☆
181378 Grumilea capensis（Eckl.）Sond. var. angustifolia Sond. = Psychotria capensis（Eckl.）Vatke ●☆
181379 Grumilea capensis（Eckl.）Sond. var. pubescens Sond. = Psychotria capensis（Eckl.）Vatke var. pubescens（Sond.）E. M. Petit ●☆
181380 Grumilea catetensis Hiern = Psychotria catetensis（Hiern）E. M. Petit ●☆
181381 Grumilea chevalieri De Wild. = Psychotria djumaensis De Wild. ●☆
181382 Grumilea cymosa E. Mey. = Psychotria capensis（Eckl.）Vatke ●☆
181383 Grumilea dermatophylla K. Schum. = Psychotria dermatophylla（K. Schum.）E. M. Petit ●☆
181384 Grumilea diploneura K. Schum. = Psychotria diploneura（K. Schum.）Bridson et Verdc. ●☆
181385 Grumilea djumaensis（De Wild.）R. D. Good；朱马类九节●☆
181386 Grumilea ealaensis（De Wild.）De Wild. = Psychotria ealaensis De Wild. ●☆
181387 Grumilea elachistantha K. Schum. = Psychotria elachistantha

(K. Schum.) E. M. Petit ●☆

181388 Grumilea elliottii K. Schum. et K. Krause = Psychotria orophila E. M. Petit ●☆

181389 Grumilea elongato-sepala De Wild. = Psychotria elongatosepala (De Wild.) E. M. Petit ●☆

181390 Grumilea eminiana Kuntze = Psychotria eminiana (Kuntze) E. M. Petit ●☆

181391 Grumilea euchrysantha K. Schum.;金花类九节●☆

181392 Grumilea exserta K. Schum. = Psychotria fractinervata E. M. Petit ●☆

181393 Grumilea fissistipula K. Schum. et K. Krause = Gaertnera fissistipula (K. Schum. et K. Krause) E. M. Petit ●☆

181394 Grumilea flaviflora Hiern = Psychotria eminiana (Kuntze) E. M. Petit ●☆

181395 Grumilea flaviflora Hiern var. glabra R. D. Good = Psychotria butayei De Wild. var. glabra (R. D. Good) E. M. Petit ●☆

181396 Grumilea glabrifolia De Wild. = Psychotria elongatosepala (De Wild.) E. M. Petit ●☆

181397 Grumilea globosa Hochst. = Psychotria capensis (Eckl.) Vatke ●☆

181398 Grumilea globuloso-baccata De Wild. = Psychotria globuloso-baccata (De Wild.) E. M. Petit ●☆

181399 Grumilea goetzei K. Schum. = Psychotria goetzei (K. Schum.) E. M. Petit ●☆

181400 Grumilea goossensii De Wild. = Psychotria brassii Hiern ●☆

181401 Grumilea gossweileri Cavaco = Chazaliella gossweileri (Cavaco) E. M. Petit et Verdc. ●☆

181402 Grumilea ileka De Wild. = Psychotria djumaensis De Wild. ●☆

181403 Grumilea keilii K. Krause;凯尔类九节●☆

181404 Grumilea kirkii Hiern = Psychotria zombamontana (Kuntze) E. M. Petit ●☆

181405 Grumilea kwaiensis K. Schum. et K. Krause;夸伊类九节●☆

181406 Grumilea lauracea K. Schum. = Psychotria lauracea (K. Schum.) E. M. Petit ●☆

181407 Grumilea laurentii (De Wild.) De Wild. = Psychotria laurentii De Wild. ●☆

181408 Grumilea lehmbachii K. Schum. = Psychotria gabonica Hiern ●☆

181409 Grumilea lomamiensis Bremek. = Psychotria eminiana (Kuntze) E. M. Petit ●☆

181410 Grumilea longipetiolata De Wild. = Psychotria walikalensis E. M. Petit ●☆

181411 Grumilea macrantha K. Schum. = Psychotria mahonii C. H. Wright var. puberula (E. M. Petit) Verdc. ●☆

181412 Grumilea megistosticta S. Moore = Psychotria mahonii C. H. Wright var. puberula (E. M. Petit) Verdc. ●☆

181413 Grumilea micrantha Hiern = Psychotria calva Hiern ●☆

181414 Grumilea micrantha Hiern var. floribunda A. Chev. = Psychotria calva Hiern ●☆

181415 Grumilea oblanceolata K. Schum. = Psychotria capensis (Eckl.) Vatke ●☆

181416 Grumilea orientalis K. Schum.;东方类九节●☆

181417 Grumilea pallidiflora K. Schum.;苍白花类九节●☆

181418 Grumilea platyphylla K. Schum. = Psychotria goetzei (K. Schum.) E. M. Petit var. platyphylla ? ●☆

181419 Grumilea psychotrioides DC. = Psychotria psychotrioides (DC.) Roberty ●☆

181420 Grumilea puberulosa De Wild. = Psychotria elongatosepala (De Wild.) E. M. Petit ●☆

181421 Grumilea punicea S. Moore = Psychotria mahonii C. H. Wright var. puberula (E. M. Petit) Verdc. ●☆

181422 Grumilea purtschelleri K. Schum. ex Engl. = Psychotria capensis (Eckl.) Vatke subsp. riparia (K. Schum. et K. Krause) Verdc. ●☆

181423 Grumilea quadrangularis De Wild. = Psychotria gilletii De Wild. ●☆

181424 Grumilea refractistipula (De Wild.) De Wild. = Psychotria cyanopharynx K. Schum. ●☆

181425 Grumilea riparia K. Schum. et K. Krause = Psychotria capensis (Eckl.) Vatke subsp. riparia (K. Schum. et K. Krause) Verdc. ●☆

181426 Grumilea rufescens K. Krause;浅红类九节●☆

181427 Grumilea rufo-pilosa De Wild. = Psychotria elongatosepala (De Wild.) E. M. Petit ●☆

181428 Grumilea saltiensis S. Moore = Psychotria bagshawei E. M. Petit ●☆

181429 Grumilea scandens ? = Psychotria serpens L. ●

181430 Grumilea sodifera A. Chev. = Psychotria schweinfurthii Hiern ●☆

181431 Grumilea stolzii K. Krause = Psychotria eminiana (Kuntze) E. M. Petit ●☆

181432 Grumilea subsuccosa Hiern = Psychotria brassii Hiern ●☆

181433 Grumilea succulenta Schweinf. ex Hiern = Psychotria succulenta (Schweinf. ex Hiern) E. M. Petit ●☆

181434 Grumilea sulphurea Hiern = Psychotria eminiana (Kuntze) E. M. Petit ●☆

181435 Grumilea sycophylla K. Schum. = Psychotria sycophylla (K. Schum.) E. M. Petit ●☆

181436 Grumilea tibatensis K. Krause;蒂巴特类九节●☆

181437 Grumilea venosa Hiern = Psychotria venosa (Hiern) E. M. Petit ●☆

181438 Grumilea vermoeseni De Wild. = Psychotria dermatophylla (K. Schum.) E. M. Petit ●☆

181439 Grumilea welwitschii Hiern = Psychotria welwitschii (Hiern) Bremek. ●☆

181440 Grundelia Engl. et O. Hoffm. = Gundelia L. ■☆

181441 Grundlea Poir. ex Steud. = Grumilea Gaertn. ●☆

181442 Grundlea Steud. = Grumilea Gaertn. ●☆

181443 Grundlea Steud. = Psychotria L.(保留属名)●

181444 Grunilea Poir. = Psychotria L.(保留属名)●

181445 Grushvitzkya Skvortsova et Aver.(1994);越南罗伞属●☆

181446 Grushvitzkya Skvortsova et Aver. = Brassaiopsis Decne. et Planch. ●

181447 Grushvitzkya stellata Skvortsova et Aver. = Brassaiopsis grushvitzkyi J. Wen et al. ●

181448 Grusonia Britton et Rose = Opuntia Mill. ●

181449 Grusonia F. Rchb. ex Britton et Rose = Opuntia Mill. ●

181450 Grusonia F. Rchb. ex K. Schum.(1919);白峰掌属;Club-cholla ■☆

181451 Grusonia aggeria (Ralston et Hilsenb.) E. F. Anderson;密集白峰掌■☆

181452 Grusonia bradiana (Coult.) Britton et Rose;银戟白峰掌(白峰,银戟仙人掌);Organillo,Viejo ■☆

181453 Grusonia clavata (Engelm.) H. Rob.;白峰掌;Club-cholla, Dagger Cholla ■☆

181454 Grusonia emoryi (Engelm.) Pinkava;埃默里白峰掌;Devil

Cholla, Devil Club-cholla, Stanly's Club Cholla ■☆
181455 Grusonia grahamii (Engelm.) H. Rob.;格拉姆白峰掌;Graham's Club-cholla ■☆
181456 Grusonia kunzei (Rose) Pinkava;孔策白峰掌;Devil Cholla, Kunze's Club-cholla ■☆
181457 Grusonia parishii (Orcutt) Pinkava;帕里什白峰掌;Ground Mat Cholla, Parish Cholla, Parish Club-cholla ■☆
181458 Grusonia pulchella (Engelm.) H. Rob.;小白峰掌;Dwarf Cholla, Sand Club-cholla ■☆
181459 Grusonia schottii (Engelm.) H. Rob.;肖特白峰掌;Clavellina, Dog Cholla ■☆
181460 Grusonia stanlyi (Engelm. ex B. D. Jacks.) H. Rob. = Grusonia emoryi (Engelm.) Pinkava ■☆
181461 Grusonia wrightiana (E. M. Baxter) E. M. Baxter = Grusonia kunzei (Rose) Pinkava ■☆
181462 Grussia M. Wolff = Phalaenopsis Blume ■
181463 Gruvelia A. DC. = Pectocarya DC. ex Meisn. ●☆
181464 Grymania C. Presl = Couepia Aubl. + Maranthes Blume ●☆
181465 Grymania C. Presl = Parinari Aubl. ●☆
181466 Grypocarpha Greenm. = Philactis Schrad. ●☆
181467 Guacamaya Maguire(1958);双裂偏穗草属■☆
181468 Guacamaya superba Maguire;双裂偏穗草■☆
181469 Guachamaca De Gross = Prestonia R. Br.(保留属名)●☆
181470 Guaco Liebm. = Aristolochia L. ■●
181471 Guadella Franch. = Guaduella Franch. ■☆
181472 Guadua Kunth = Bambusa Schreb.(保留属名)●
181473 Guadua Kunth(1822);瓜多竹属●☆
181474 Guadua angustifolia Kunth;瓜多竹(南美刺竹);American Narrow-leaved Bamboo, Narrow-leaved Guadua ●☆
181475 Guadua latifolia (Humb. et Bonpl.) Kunth;宽叶瓜多竹;Brazil Large-leaved Bamboo ●☆
181476 Guadua longifolia (E. Fourn.) R. W. Pohl;长叶瓜多竹;American Long-leaved Bamboo, Long-leaved Guadua ●☆
181477 Guadua macrostachya Rupr.;大穗瓜多竹●☆
181478 Guadua parviflora J. Presl;小花瓜多竹●☆
181479 Guaduella Franch.(1887)('Guadella');小瓜多笨属(小瓜多竹属)■☆
181480 Guaduella densiflora Pilg.;密花小瓜多笨■☆
181481 Guaduella dichroa Cope;二色瓜多笨■☆
181482 Guaduella foliosa Pilg. = Guaduella densiflora Pilg. ■☆
181483 Guaduella humilis Clayton;矮小瓜多笨■☆
181484 Guaduella ledermannii Pilg. = Guaduella densiflora Pilg. ■☆
181485 Guaduella longifolia E. G. Camus = Guaduella marantifolia Franch. ■☆
181486 Guaduella macrostachys (K. Schum.) Pilg.;大穗小瓜多笨■☆
181487 Guaduella marantifolia Franch.;小瓜多笨■☆
181488 Guaduella mildbraedii Pilg. = Guaduella marantifolia Franch. ■☆
181489 Guaduella oblonga Hutch. ex Clayton;矩圆瓜多笨■☆
181490 Guaduella zenkeri Pilg. = Guaduella macrostachys (K. Schum.) Pilg. ■☆
181491 Guagnebina Vell. = Manettia Mutis ex L.(保留属名)●■☆
181492 Guaiabara Mill.(废弃属名) = Coccoloba P. Browne(保留属名)●
181493 Guaiacana Duhamel = Diospyros L. ●
181494 Guaiacanaceae Juss. = Ebenaceae Gürke(保留科名)●
181495 Guaiacon Adans. = Guaiacum L.(保留属名)●
181496 Guaiacum L.('Guajacum')(1753)(保留属名);愈疮木属;Guajacumwood, Guayacan, Lignum Vitae, Lignumvitae, Lignum-vitae, Rockwood ●
181497 Guaiacum officinale L. = Guajacum officinale L. ●
181498 Guaiava Adans. = Guaicaia Magnire ●☆
181499 Guaiava Adans. = Psidium L. ●
181500 Guaiava Tourn. ex Adans. = Guaicaia Magnire ●☆
181501 Guaicaia Maguire = Glossarion Maguire et Wurdack ●☆
181502 Guajacum L. = Guaiacum L.(保留属名)●
181503 Guajacum afrum L. = Schotia afra (L.) Thunb. ●☆
181504 Guajacum angustifolium Engelm.;狭叶愈疮木;Soapbush ●☆
181505 Guajacum officinale L.;愈疮木(药用愈疮木);Common Lignum Vitae, Guaiac Wood, Guaiacum, Guaiacum Wood, Guajacum Tree, Holy Wood, Lignum Vitae, Lignumvitae, Lignum-vitae, Pockwood Tree ●
181506 Guajacum sanctum L.;粗皮愈疮木(神圣愈疮木,圣愈疮木);Bastard Lignum-vitae, Holywood, Holywood Lignumvitae, Holywood Lignum-vitae, Lignum Vitae, Roughbark Lignumvitae ●
181507 Guajava Mill. = Psidium L. ●
181508 Guajava cattleyana (Sabine) Kuntze = Psidium cattleyanum Sabine ●
181509 Guajava pyrifera (L.) Kuntze = Psidium guajava L. ●
181510 Gualteria Duhamel = Gaultheria L. ●
181511 Gualtheria J. F. Gmel. = Gualteria Duhamel ●
181512 Guamatela Dorm. Sm.(1914);南线梅属●☆
181513 Guamatela tuerckheimii Donn. Sm.;南线梅●☆
181514 Guamatelaceae S. Oh et D. Potter(2006);南线梅科●☆
181515 Guamia Merr.(1915);关岛番荔枝属●☆
181516 Guamia mariannae Merr.;关岛番荔枝●☆
181517 Guanabanus Mill. = Annona L. ●
181518 Guanchezia G. A. Romero et Carnevali = Bifrenaria Lindl. ■☆
181519 Guanchezia G. A. Romero et Carnevali(2000);委内瑞拉双柄兰属■☆
181520 Guandiola Steud. = Guardiola Cerv. ex Bonpl. ■☆
181521 Guania Tul. = Gouania Jacq. ●
181522 Guapea Endl. = Guapira Aubl. ●☆
181523 Guapea Endl. = Pisonia L. ●
181524 Guapeba Gomez = Pouteria Aubl. ●
181525 Guapebeira Gomez = Guapeba Gomez ●
181526 Guapeiba Gomez = Guapeba Gomez ●
181527 Guapina Steud. = Guapira Aubl. ●☆
181528 Guapira Aubl.(1775);无腺木属●☆
181529 Guapira Aubl. = Pisonia L. ●
181530 Guapira bracei (Britton) Little = Guapira discolor (Spreng.) Little ●☆
181531 Guapira discolor (Spreng.) Little;异色无腺木(牛肉树);Beef-tree, Beef-wood, Blolly, Pigeon-wood, Pork-wood ●☆
181532 Guapira floridana (Britton) Lundell = Guapira discolor (Spreng.) Little ●☆
181533 Guapira globosa (Small) Little = Guapira discolor (Spreng.) Little ●☆
181534 Guapira longifolia (Heimerl) Little = Guapira discolor (Spreng.) Little ●☆
181535 Guapira obtusata (Jacq.) Little;宽叶无腺木;Broadleaf Blolly ●☆
181536 Guapurium Juss. = Eugenia L. ●
181537 Guapurum J. F. Gmel. = Guapurium Juss. ●

181538 Guarania Wedd. ex Baill. = Richeria Vahl ●☆

181539 Guararibea Cav. = Quararibea Aubl. ●☆

181540 Guardiola Cerv. ex Bonpl. (1807);毛丝菊属■☆

181541 Guardiola Cerv. ex Humb. et Bonpl. = Guardiola Cerv. ex Bonpl. ■☆

181542 Guardiola Humb. et Bonpl. = Guardiola Cerv. ex Bonpl. ■☆

181543 Guardiola platyphylla A. Gray;宽叶毛丝菊■☆

181544 Guarea F. Allam. (1771)(保留属名);驼峰楝属;Guarea, Muskwood ●☆

181545 Guarea F. Allam. ex L. = Guarea F. Allam. (保留属名)●☆

181546 Guarea L. = Guarea F. Allam. (保留属名)●☆

181547 Guarea africana Welw. ex C. DC. = Turraeanthus africanus (Welw. ex C. DC.) Pellegr. ●☆

181548 Guarea alatipetiolata De Wild. = Guarea cedrata (A. Chev.) Pellegr. ●☆

181549 Guarea angustifolia (Pierre) Pellegr. = Heckeldora staudtii (Harms) Staner ●☆

181550 Guarea bangii Rusby;邦驼峰楝●☆

181551 Guarea bipindeana C. DC. = Heckeldora zenkeri (Harms) Staner ●☆

181552 Guarea cedrata (A. Chev.) Pellegr.;驼峰楝(白驼峰楝);Cedrate Guarea ●☆

181553 Guarea cedrata Pellegr. ex A. Chev. = Guarea cedrata (A. Chev.) Pellegr. ●☆

181554 Guarea claessensii De Wild. = Guarea glomerulata Harms ●☆

181555 Guarea excelsa Kunth;大驼峰楝●☆

181556 Guarea glomerulata Harms;团集驼峰楝●☆

181557 Guarea grandifoliola C. DC.;长叶驼峰楝(长叶瓜楝)●☆

181558 Guarea guara P. Wilson;拉美驼峰楝;Cramantree ●☆

181559 Guarea guidonia (L.) Sleunrer;西印度驼峰楝;Alligator Redwood, West Indian Redwood ●☆

181560 Guarea klainei Pierre ex Pellegr.;克莱恩驼峰楝●☆

181561 Guarea laurentii De Wild.;劳氏驼峰楝●☆

181562 Guarea ledermannii Harms = Heckeldora ledermanii (Harms) J. J. de Wilde ●☆

181563 Guarea leonensis Hutch. et Dalziel;莱昂驼峰楝●☆

181564 Guarea leptotricha Harms;纤毛驼峰楝●☆

181565 Guarea letestui Pellegr.;勒泰斯蒂驼峰楝●☆

181566 Guarea mangenotiana (Aké Assi et Lorougnon) J. J. de Wilde;芒热诺驼峰楝●☆

181567 Guarea mayombensis Pellegr. = Leplaea mayombensis (Pellegr.) Staner ●☆

181568 Guarea multiflora A. Juss.;多花驼峰楝●☆

181569 Guarea ngounyensis Pellegr.;马永贝驼峰楝●☆

181570 Guarea nigerica Baker f. = Heckeldora zenkeri (Harms) Staner ●☆

181571 Guarea oyemensis Pellegr.;奥也姆驼峰楝●☆

181572 Guarea paniculata Roxb. = Chisocheton paniculatus (Roxb.) Hiern ●

181573 Guarea parviflora Baker f. = Heckeldora staudtii (Harms) Staner ●☆

181574 Guarea rhopalocarpa Radlk.;中美驼峰楝●☆

181575 Guarea rusbyi Rusby;罗比驼峰楝●☆

181576 Guarea staudtii Harms = Heckeldora staudtii (Harms) Staner ●☆

181577 Guarea thompsonii Sprague et Hutch.;黑驼峰楝●☆

181578 Guarea trichilioides L.;海木状驼峰楝;American Muskwood ●☆

181579 Guarea zenkeri Harms = Heckeldora zenkeri (Harms) Staner ●☆

181580 Guaria Dumort. = Guarea F. Allam. (保留属名)●☆

181581 Guariruma Cass. = Mutisia L. f. ●☆

181582 Guaropsis C. Presl = Clarkia Pursh ■

181583 Guatemala A. W. Hill = Guamatela Dorm. Sm. ●☆

181584 Guatteria Ruiz et Pav. (1794)(保留属名);硬蕊花属(瓜泰木属)●☆

181585 Guatteria amplifolia Triana et Planch.;大叶硬蕊花(大叶瓜泰木)●☆

181586 Guatteria caffra Sond. = Monanthotaxis caffra (Sond.) Verdc. ●☆

181587 Guatteria cordata Dunal = Uvaria macrophylla Roxb. ●

181588 Guatteria foliosa Benth.;多叶硬蕊花(多叶瓜泰木)●☆

181589 Guatteria fragrans Dalziel = Polyalthia fragrans (Dalziel) Benth. et Hook. f. ex Hook. f. et Thomson ●

181590 Guatteria gaumeri Greenm.;高梅硬蕊花(高梅瓜泰木)●☆

181591 Guatteria jenkinsii Hook. f. et Thomson = Polyalthia rumphii (Blume ex Hensch.) Merr. ●

181592 Guatteria longifolia (Sonn.) Wall. = Polyalthia longifolia (Sonn.) Thwaites ●

181593 Guatteria longifolia Wall. = Polyalthia longifolia (Sonn.) Thwaites ●

181594 Guatteria megalophylla Diels;巨叶硬蕊花(巨叶瓜泰木)●☆

181595 Guatteria pisocarpa Blume = Popowia pisocarpa (Blume) Endl. ●

181596 Guatteria rumphii Blume ex Hensch. = Polyalthia rumphii (Blume ex Hensch.) Merr. ●

181597 Guatteria scandens Ducke;攀缘硬蕊花(攀援瓜泰木)●☆

181598 Guatteria simiarum Ham. ex Hook. f. et Thomson = Polyalthia simiarum (Ham. ex Hook. f. et Thomson) Benth. ex Hook. f. et Thomson ●

181599 Guatteria suberosa Dun. = Polyalthia suberosa (Roxb.) Thwaites ●

181600 Guatteria velutina (Dunal) A. DC. = Miliusa velutina (Dunal) Hook. f. et Thomson ●

181601 Guatteriella R. E. Fr. (1939);小硬蕊花属●☆

181602 Guatteriella R. E. Fr. = Guatteria Ruiz et Pav. (保留属名)●☆

181603 Guatteriella tomentosa R. E. Fr.;小硬蕊花●☆

181604 Guatteriopsis R. E. Fr. (1934);拟硬蕊花属●☆

181605 Guatteriopsis R. E. Fr. = Guatteria Ruiz et Pav. (保留属名)●☆

181606 Guatteriopsis blepharophylla (Mart.) R. E. Fr.;拟硬蕊花●☆

181607 Guayaba Noronha = Psidium L. ●

181608 Guayabilla Sessé et Moc. = Samyda Jacq. (保留属名)●☆

181609 Guayania R. M. King et H. Rob. (1971);光托泽兰属■☆

181610 Guayania bulbosa (Aristeg.) R. M. King et H. Rob.;光托泽兰■☆

181611 Guayania cerasifolia (Baker) R. M. King et H. Rob.;角叶光托泽兰■☆

181612 Guayania crassicaulis (Steyerm.) R. M. King et H. Rob.;粗茎光托泽兰■☆

181613 Guaymasia Britton et Rose = Caesalpinia L. ●

181614 Guayunia Gay ex Moldenke = Rhaphithamnus Miers ●☆

181615 Guazuma Kunth = Guazuma Mill. ●☆

181616 Guazuma Mill. (1754);榆叶梧桐属(瓜祖马属);Guazuma ●☆

181617 Guazuma grandiflora G. Don;大花榆叶梧桐●☆

181618 Guazuma tomentosa Kunth;毛榆叶梧桐(毛可可,绒毛瓜祖马);Bastard Cedar,Tomentose Guazuma ●☆

181619 Guazuma tomentosa Kunth = Guazuma ulmifolia Lam. ●☆

181620 Guazuma ulmifolia Lam.;榆叶梧桐(榆叶瓜祖马,榆叶毛可可);West India Elm ●☆

181621 Gubleria Gaudich. = Nolana L. ex L. f. ■☆

181622 Gubleria Gaudich. = Periloba Raf. ■☆

181623 Gudrunia Braem = Oncidium Sw.(保留属名)■☆

181624 Gueinzia Sond. = Stylochaeton Lepr. ■☆

181625 Gueinzia Sond. ex Schott = Stylochaeton Lepr. ■☆

181626 Gueldenstaedtia Fisch.(1823);米口袋属;Gueldenstaedtia, Ricebag ■

181627 Gueldenstaedtia Fisch. et C. A. Mey. = Gueldenstaedtia Fisch. ■

181628 Gueldenstaedtia Neck. = Eurotia Adans. ■☆

181629 Gueldenstaedtia brachyptera Pamp. = Gueldenstaedtia harmsii Ulbr. ■

181630 Gueldenstaedtia brachyptera Pamp. = Gueldenstaedtia verna (Georgi) Borissov ■

181631 Gueldenstaedtia brachyptera Pamp. var. elongata (Pavol.) Pamp. = Gueldenstaedtia harmsii Ulbr. ■

181632 Gueldenstaedtia brachyptera Pamp. var. elongata (Pavol.) Pamp. = Gueldenstaedtia verna (Georgi) Borissov ■

181633 Gueldenstaedtia coelestis (Diels) Simpson = Tibetia coelestis (Diels) H. P. Tsui ■

181634 Gueldenstaedtia coelestis (Diels) Simpson = Tibetia yunnanensis (Franch.) H. P. Tsui var. coelestis (Diels) X. Y. Zhu ■

181635 Gueldenstaedtia coelestis Ulbr.;蓝花米口袋(野花生);Blue Flower Gueldenstaedtia,Blueflower Ricebag ■

181636 Gueldenstaedtia cuneata Benth. = Caragana cuneata (Benth.) Baker ●

181637 Gueldenstaedtia cuneata Benth. = Chesneya cuneata (Benth.) Ali ●

181638 Gueldenstaedtia delavayi Franch.;川滇米口袋(洱源米口袋);Delavay Gueldenstaedtia,Delavay Ricebag ■

181639 Gueldenstaedtia delavayi Franch. = Gueldenstaedtia verna (Georgi) Borissov ■

181640 Gueldenstaedtia delavayi Franch. f. alba H. P. Tsui;白花川滇米口袋(白花米口袋);Whiteflower Gueldenstaedtia, Whiteflower Ricebag ■

181641 Gueldenstaedtia delavayi Franch. f. alba H. P. Tsui = Gueldenstaedtia verna (Georgi) Borissov ■

181642 Gueldenstaedtia diversifolia Maxim.;异叶米口袋(喜马拉雅米口袋);Diverse-foliage Gueldenstaedtia,Diverseleaf Ricebag ■

181643 Gueldenstaedtia diversifolia Maxim. = Tibetia himalaica (Baker) H. P. Tsui ■

181644 Gueldenstaedtia flava Adans.;黄花米口袋;Yellowflower Gueldenstaedtia ■

181645 Gueldenstaedtia flava Adans. = Tibetia tongolensis (Ulbr.) H. P. Tsui ■

181646 Gueldenstaedtia flava Adans. var. tonglensis (Ulbr.) Ali = Tibetia tongolensis (Ulbr.) H. P. Tsui ■

181647 Gueldenstaedtia forrestii Ali = Tibetia forrestii (Ali) P. C. Li ■

181648 Gueldenstaedtia forrestii Ali = Tibetia yunnanensis (Franch.) H. P. Tsui ■

181649 Gueldenstaedtia gansuensis H. P. Tsui;甘肃米口袋;Gansu Kansu,Gansu Ricebag,Gueldenstaedtia ■

181650 Gueldenstaedtia gansuensis H. P. Tsui = Gueldenstaedtia verna (Georgi) Borissov ■

181651 Gueldenstaedtia giraldii Harms = Gueldenstaedtia verna (Georgi) Borissov ■

181652 Gueldenstaedtia giraldii Harms = Gueldenstaedtia verna (Georgi) Borissov subsp. multiflora (Bunge) H. P. Tsui ■

181653 Gueldenstaedtia giraldii Harms f. elongata Pavol. = Gueldenstaedtia verna (Georgi) Borissov ■

181654 Gueldenstaedtia giraldii Harms f. elongata Pavol. = Gueldenstaedtia harmsii Ulbr. ■

181655 Gueldenstaedtia giraldii Harms subsp. glabra Jacot = Gueldenstaedtia maritima Maxim. ■

181656 Gueldenstaedtia giraldii Harms subsp. glabra Jacot = Gueldenstaedtia verna (Georgi) Borissov ■

181657 Gueldenstaedtia giraldii Harms var. alba Jacot = Gueldenstaedtia verna (Georgi) Borissov ■

181658 Gueldenstaedtia giraldii Harms var. longiscapa (Franch.) H. Lév. = Gueldenstaedtia harmsii Ulbr. ■

181659 Gueldenstaedtia gracilis H. P. Tsui;细瘦米口袋;Slender Gueldenstaedtia,Weak Ricebag ■

181660 Gueldenstaedtia gracilis H. P. Tsui = Gueldenstaedtia verna (Georgi) Borissov ■

181661 Gueldenstaedtia guangxiensis W. L. Sha et X. X. Chen;广西米口袋;Guangxi Gueldenstaedtia,Guangxi Ricebag ■

181662 Gueldenstaedtia guangxiensis W. L. Sha et X. X. Chen = Gueldenstaedtia taihangensis H. P. Tsui ■

181663 Gueldenstaedtia guillonii Franch. = Gueldenstaedtia maritima Maxim. ■

181664 Gueldenstaedtia guillonii Franch. = Gueldenstaedtia verna (Georgi) Borissov ■

181665 Gueldenstaedtia harmsii Ulbr.;长柄米口袋(短翼米口袋);Longstalk Gueldenstaedtia,Longstalk Ricebag ■

181666 Gueldenstaedtia harmsii Ulbr. = Gueldenstaedtia verna (Georgi) Borissov ■

181667 Gueldenstaedtia henryi Ulbr.;川鄂米口袋;Henry Gueldenstaedtia,Henry Ricebag ■

181668 Gueldenstaedtia himalaica Baker = Tibetia himalaica (Baker) H. P. Tsui ■

181669 Gueldenstaedtia longiscapa Franch. = Gueldenstaedtia harmsii Ulbr. ■

181670 Gueldenstaedtia maritima Maxim.;光滑米口袋(海滨米口袋);Glabrous Gueldenstaedtia,Velvet Ricebag ■

181671 Gueldenstaedtia maritima Maxim. = Gueldenstaedtia verna (Georgi) Borissov ■

181672 Gueldenstaedtia mirpoureana (Cambess.) Benth. ex Baker = Gueldenstaedtia verna (Georgi) Borissov ■

181673 Gueldenstaedtia monophylla (Fisch. ex DC.) C. Y. Wu;一叶米口袋;Oneleaf Gueldenstaedtia ■

181674 Gueldenstaedtia multiflora Bunge = Gueldenstaedtia henryi Ulbr. ■

181675 Gueldenstaedtia multiflora Bunge = Gueldenstaedtia verna (Georgi) Borissov ■

181676 Gueldenstaedtia multiflora Bunge = Gueldenstaedtia verna (Georgi) Borissov subsp. multiflora (Bunge) H. P. Tsui ■

181677 Gueldenstaedtia multiflora Bunge f. alba F. Z. Li = Gueldenstaedtia verna (Georgi) Borissov f. alba (F. Z. Li) H. P. Tsui ■

181678 Gueldenstaedtia multiflora Bunge f. alba F. Z. Li = Gueldenstaedtia verna (Georgi) Borissov ■

181679 Gueldenstaedtia multiflora Bunge var. longiscapa Franch. = Gueldenstaedtia harmsii Ulbr. ■

181680 Gueldenstaedtia multiflora Bunge var. maritima (Maxim.) Jacot = Gueldenstaedtia maritima Maxim. ■

181681 Gueldenstaedtia multiflora Bunge var. maritima (Maxim.) Jacot = Gueldenstaedtia verna (Georgi) Borissov ■

181682 Gueldenstaedtia pauciflora (Pall.) Fisch. ex DC. = Gueldenstaedtia verna (Georgi) Borissov ■

181683 Gueldenstaedtia pauciflora Fisch. = Gueldenstaedtia stenophylla Bunge ■

181684 Gueldenstaedtia pauciflora Fisch. = Gueldenstaedtia verna (Georgi) Borissov ■

181685 Gueldenstaedtia pauciflora Fisch. ex DC. = Gueldenstaedtia verna (Georgi) Borissov ■

181686 Gueldenstaedtia santapaui Thoth. = Gueldenstaedtia himalaica Baker ■

181687 Gueldenstaedtia stenophylla Bunge;狭叶米口袋(地丁,细叶米口袋);Narrow-leaf Gueldenstaedtia,Narrowleaf Ricebag ■

181688 Gueldenstaedtia stenophylla Bunge = Gueldenstaedtia verna (Georgi) Borissov ■

181689 Gueldenstaedtia taihangensis H. P. Tsui;太行米口袋;Taihang Gueldenstaedtia,Taihang Ricebag ■

181690 Gueldenstaedtia tongolensis Ulbr. = Tibetia tongolensis (Ulbr.) H. P. Tsui ■

181691 Gueldenstaedtia uniflora (Stratchey ex Jacot) Kuang et H. P. Tsui = Tibetia himalaica (Baker) H. P. Tsui ■

181692 Gueldenstaedtia uniflora Strachey ex Jacot = Tibetia himalaica (Baker) H. P. Tsui ■

181693 Gueldenstaedtia verna (Georgi) Borissov;少花米口袋(地丁,多花米口袋,米布袋,米口袋,甜地丁,小花米口袋,小米口袋,紫花地丁);Few-flower Gueldenstaedtia,Foorflower Ricebag ■

181694 Gueldenstaedtia verna (Georgi) Borissov f. alba (F. Z. Li) H. P. Tsui;白花米口袋■

181695 Gueldenstaedtia verna (Georgi) Borissov subsp. multiflora (Bunge) H. P. Tsui;米口袋(地丁,多花米口袋,老米口袋,米布袋,紫花地丁);Many-flower Gueldenstaedtia,Manyflower Ricebag ■

181696 Gueldenstaedtia verna (Georgi) Borissov subsp. multiflora (Bunge) H. P. Tsui = Gueldenstaedtia verna (Georgi) Borissov ■

181697 Gueldenstaedtia verna (Georgi) Borissov subsp. multiflora f. alba (H. P. Tsui) P. C. Li = Gueldenstaedtia verna (Georgi) Borissov ■

181698 Gueldenstaedtia yunnanensis Franch. = Tibetia yunnanensis (Franch.) H. P. Tsui ■

181699 Guenetia Sagot = Catostemma Benth. ■●☆

181700 Guenetia Sagot ex Benoist = Catostemma Benth. ■●☆

181701 Guenthera Andrz. = Brassica L. ■●

181702 Guenthera Andrz. = Guenthera Andrz. ex Besser ■☆

181703 Guenthera Andrz. ex Besser = Brassica L. ■●

181704 Guenthera Andrz. ex Besser(1822);非芥属■☆

181705 Guenthera Regel = Xanthocephalum Willd. ■☆

181706 Guenthera amplexicaulis (Desf.) Gómez-Campo;抱茎非芥■☆

181707 Guenthera amplexicaulis (Desf.) Gómez-Campo subsp. souliei (Batt.) Gómez-Campo;苏利耶非芥■☆

181708 Guenthera dimorpha (Coss. et Durieu) Gómez-Campo;二型非芥■☆

181709 Guenthera elongata (Ehrh.) Andr.;伸长米口袋■☆

181710 Guenthera elongata (Ehrh.) Andr. subsp. subscaposa (Maire et Weiller) Gómez-Campo;亚花茎伸长非芥■☆

181711 Guenthera gravinae (Ten.) Gómez-Campo;格拉维纳非芥■☆

181712 Guenthera loncholoma (Pomel) Gómez-Campo;矛边非芥■☆

181713 Guenthera repanda (Willd.) Gómez-Campo;浅波非芥■☆

181714 Guenthera repanda (Willd.) Gómez-Campo subsp. africana (Maire) Gómez-Campo;非洲浅波非芥■☆

181715 Guenthera repanda (Willd.) Gómez-Campo subsp. blancoana (Boiss.) Gómez-Campo;布兰科非芥■☆

181716 Guenthera repanda (Willd.) Gómez-Campo subsp. confusa (Emb. et Maire) Gómez-Campo;北非非芥■☆

181717 Guenthera repanda (Willd.) Gómez-Campo subsp. diplotaxiformis (Maire) Gómez-Campo;二行芥非芥■☆

181718 Guenthera repanda (Willd.) Gómez-Campo subsp. nudicaulis (Lag.) Gómez-Campo = Guenthera repanda (Willd.) Gómez-Campo subsp. africana (Maire) Gómez-Campo ■☆

181719 Guenthera repanda (Willd.) Gómez-Campo subsp. silenifolia (Emb.) Gómez-Campo;蝇子草叶非芥■☆

181720 Guenthera setulosa (Boiss. et Reut.) Gómez-Campo;多刚毛非芥■☆

181721 Guentheria Spreng. = Gaillardia Foug. ■

181722 Guepinia Bastard = Teesdalia R. Br. ■☆

181723 Guerezia L. = Queria L. ■

181724 Guerkea K. Schum. = Baissea A. DC. ●☆

181725 Guerreroia Merr. = Glossocardia Cass. ■

181726 Guersentia Raf. = Chrysophyllum L. ●

181727 Guesmelia Walp. = Quesnelia Gaudich. ■☆

181728 Guettarda L. (1753);海岸桐属(葛塔德木属,奎塔茜属);Velvetseed,Velvet-seed ●

181729 Guettarda acreana K. Krause;阿雷海岸桐●☆

181730 Guettarda acreana Radlk. = Guettarda acreana K. Krause ●☆

181731 Guettarda argentea Lam.;银色海岸桐;Black Guava ●☆

181732 Guettarda aromatica Poepp. et Endl.;芳香海岸桐●☆

181733 Guettarda comata Standl.;束毛海岸桐●☆

181734 Guettarda crispiflora Vahl;皱波花海岸桐●☆

181735 Guettarda elliptica Sw.;椭圆海岸桐●☆

181736 Guettarda hirsuta (Ruiz et Pav.) Pers. = Guettarda crispiflora Vahl ●☆

181737 Guettarda kajewskii Guillaumin = Tinadendron kajewskii (Guillaumin) Achille ●☆

181738 Guettarda noumeana Baill. = Tinadendron noumeanum (Baill.) Achille ●☆

181739 Guettarda ochreata Schltdl. = Guettarda crispiflora Vahl ●☆

181740 Guettarda pichisensis Standl. = Guettarda crispiflora Vahl ●☆

181741 Guettarda platypoda DC.;宽柄海岸桐(宽柄奎塔茜)●☆

181742 Guettarda sabiceoides Standl. = Guettarda crispiflora Vahl ●☆

181743 Guettarda speciosa L.;海岸桐(葛塔德木,榄仁舅);Velvetseed,Velvet-seed,Zebra Wood ●

181744 Guettarda tournefortiopsis Standl. = Tournefortiopsis reticulata Rusby ●☆

181745 Guettarda uruguensis Cham. et Schltdl.;乌鲁古海岸桐●☆

181746 Guettarda viburnoides Cham. et Schltdl.;荚蒾海岸桐●☆

181747 Guettardaceae Batsch = Rubiaceae Juss.(保留科名)●■

181748 Guettardaceae Batsch;海岸桐科●

181749 Guettardella Benth. = Antirhea Comm. ex Juss. ●

181750 Guettardella Champ. ex Benth. = Antirhea Comm. ex Juss. ●

181751 Guettardella chinensis Champ. ex Benth. = Antirhea chinensis (Champ. ex Benth.) F. B. Forbes et Hemsl. ●◇

181752 Guettardia Post et Kuntze = Guettarda L. ●
181753 Guetzlaffia Walp. = Gutzlaffia Hance ●■
181754 Guetzlaffia Walp. = Strobilanthes Blume ●■
181755 Guevaria R. M. King et H. Rob.(1974);微片菊属■☆
181756 Guevaria alvaroi R. M. King et H. Rob.;微片菊■☆
181757 Guevaria micranthera H. Rob.;小蕊微片菊■☆
181758 Guevina Juss. = Gevuina Molina ●☆
181759 Guevina avellana Juss. = Gevuina avellana Molina ●☆
181760 Guevinia Hort. Par. ex Decne. = Celastrus L.(保留属名)●
181761 Guevuina Post et Kuntze = Gevuina Molina ●☆
181762 Guiabara Adans. = Coccoloba P. Browne(保留属名)●
181763 Guiaria Garay = Schiedeella Schltr. ■☆
181764 Guibourtia Benn.(1857);吉布苏木属(古夷苏木属)●☆
181765 Guibourtia arnoldiana (De Wild. et T. Durand) J. Léonard;阿诺古夷苏木;Benge ●☆
181766 Guibourtia carrissoana (Exell) J. Léonard;卡尔古夷苏木●☆
181767 Guibourtia carrissoana (Exell) J. Léonard var. gossweileri ?;戈斯古夷苏木●☆
181768 Guibourtia coleosperma (Benth.) J. Léonard;鞘籽古夷苏木;Chivi Tree ●☆
181769 Guibourtia conjugata (Bolle) J. Léonard;联合古夷苏木(连合香脂树)●☆
181770 Guibourtia copallifera Benn.;古夷苏木;Sierra Leone Copal ●☆
181771 Guibourtia demeusei (Harms) J. Léonard;德米古夷苏木;African Rosewood,Bubinga,Congo Copai ●☆
181772 Guibourtia dinklagei (Harms) J. Léonard;丁克古夷苏木●☆
181773 Guibourtia ehie (A. Chev.) J. Léonard;爱里古夷苏木(琴弓苏木);Amazakoue,Nokye ●☆
181774 Guibourtia gossweileri (Exell) Torre et Hillc. = Guibourtia carrissoana (Exell) J. Léonard var. gossweileri ? ●☆
181775 Guibourtia leonensis J. Léonard;莱昂古夷苏木●☆
181776 Guibourtia liberiensis J. Léonard = Guibourtia dinklagei (Harms) J. Léonard ●☆
181777 Guibourtia pellegriniana J. Léonard;佩尔古夷苏木●☆
181778 Guibourtia schliebenii (Harms) J. Léonard;施利本古夷苏木●☆
181779 Guibourtia sousae J. Léonard;索萨古夷苏木●☆
181780 Guibourtia tessmannii (Harms) J. Léonard;物氏古夷苏木●☆
181781 Guibourtia vuilletiana (A. Chev.) A. Chev. = Guibourtia copallifera Benn. ●☆
181782 Guichenotia J. Gay(1821);三肋果梧桐属●☆
181783 Guichenotia alba Keighery;白三肋果梧桐●☆
181784 Guichenotia angustifolia (Turcz.) Druce;窄叶三肋果梧桐●☆
181785 Guichenotia ledifolia J. Gay;三肋果梧桐●☆
181786 Guichenotia macrantha Turcz.;大花三肋果梧桐●☆
181787 Guidonia (DC.) Griseb. = Samyda Jacq.(保留属名)●☆
181788 Guidonia Adans. = Guidonia P. Browne ●☆
181789 Guidonia Adans. = Laetia Loefl. ex L.(保留属名)●☆
181790 Guidonia Mill. = Guarea F. Allam.(保留属名)●☆
181791 Guidonia Mill. = Samyda Jacq.(保留属名)●☆
181792 Guidonia P. Browne = Laetia Loefl. ex L.(保留属名)●☆
181793 Guidonia Plum. ex Adans. = Guidonia P. Browne ●☆
181794 Guidonia Plum. ex Adans. = Laetia Loefl. ex L.(保留属名)●☆
181795 Guienzia Benth. et Hook. f. = Gueinzia Sond. ■☆
181796 Guienzia Benth. et Hook. f. = Stylochaeton Lepr. ■☆
181797 Guienzia Sond. ex Benth. et Hook. f. = Stylochaeton Lepr. ■☆
181798 Guiera Adans. ex Juss.(1789);吉耶尔木属(吉拉木属)●☆
181799 Guiera Adans. ex Juss. = Gueinzia Sond. ■☆
181800 Guiera senegalensis J. F. Gmel.;吉拉木●☆
181801 Guiera senegalensis Lam. = Guiera senegalensis J. F. Gmel. ●☆
181802 Guihaia J. Dransf.,S. K. Lee et F. N. Wei(1985);石山棕属(岩棕属);Guihaia,Torpalm ●
181803 Guihaia argyrata (S. K. Lee et F. N. Wei) S. K. Lee,F. N. Wei et J. Dransf.;石山棕(崖棕,岩棕);Argyrate Windmill-palm,Silvery Guihaia,Torpalm,White Guihaia ●
181804 Guihaia argyrata S. K. Lee et F. N. Wei = Guihaia argyrata (S. K. Lee et F. N. Wei) S. K. Lee,F. N. Wei et J. Dransf. ●
181805 Guihaia grossefibrosa (Gagnep.) J. Dransf.,S. K. Lee et F. N. Wei;两广石山棕;Guangdong-Guangxi Guihaia,Largefibre Torpalm,Thick-fibred Guihaia ●
181806 Guihaiothamnus H. C. Lo(1998);桂海木属;Guihaiothamnus,Guihaitree ●★
181807 Guihaiothamnus acaulis H. C. Lo;桂海木;Common Guihaiothamnus,Guihaitree ●
181808 Guiina Crueg. = Quiina Aubl. ●☆
181809 Guilandia P. Browne = Guilandina L. ●
181810 Guilandina L. = Caesalpinia L. ●
181811 Guilandina bonduc L. = Caesalpinia bonduc (L.) Roxb. ●
181812 Guilandina bonducella L. = Caesalpinia bonduc (L.) Roxb. ●
181813 Guilandina dioica L. = Gymnocladus dioicus (L.) K. Koch ●☆
181814 Guilandina moringa L. = Moringa oleifera Lam. ●
181815 Guilandina nuga L. = Caesalpinia crista L. ●
181816 Guildingia Hook. = Mouriri Aubl. ●☆
181817 Guilelma Link = Bactris Jacq. ex Scop. ●
181818 Guilelma Link = Guilielma Mart. ●☆
181819 Guilfoylia F. Muell.(1873);吉福树属●☆
181820 Guilfoylia monostylis (Benth.) F. Muell.;吉福树●☆
181821 Guilielma Mart.(1824);肖刺棒棕属(手杖椰子属)●☆
181822 Guilielma Mart. = Bactris Jacq. ex Scop. ●
181823 Guilielma gasipaes L. H. Bailey = Bactris gasipaes Kunth ●☆
181824 Guilielma insignis Mart.;肖刺棒棕●☆
181825 Guilielma speciosa Mart. = Bactris gasipaes Kunth ●☆
181826 Guillainia Ridl. = Alpinia Roxb.(保留属名)■
181827 Guillainia Vieill. = Alpinia Roxb.(保留属名)■
181828 Guillainia purpurata Vieill. = Alpinia purpurea (Vieill.) K. Schum. ■
181829 Guillandinodes Kuntze = Schotia Jacq.(保留属名)●☆
181830 Guillauminia A. Bertrand = Aloe L. ●■
181831 Guillauminia albiflora (Guillaumin) A. Bertrand = Aloe albiflora Guillaumin ●☆
181832 Guilleminea Kunth = Brayulinea Small ■☆
181833 Guilleminea Kunth(1823);棉花苋属■☆
181834 Guilleminea densa (Humb. et Bonpl. ex Schult.) Moq.;密集棉花苋■☆
181835 Guilleminea densa (Willd.) Moq. = Guilleminea densa (Humb. et Bonpl. ex Schult.) Moq. ■☆
181836 Guilleminea lanuginosa (Poir.) Benth. et Hook. f. var. rigidiflora (Hook.) Mears = Gossypianthus lanuginosus (Poir.) Moq. ■☆
181837 Guilleminea lanuginosa (Poir.) Benth. et Hook. f. var. sheldonii (Uline et W. L. Bray) Mears = Gossypianthus lanuginosus (Poir.) Moq. ■☆
181838 Guilleminea lanuginosa (Poir.) Benth. et Hook. f. var. tenuiflora

(Hook.) Mears = Gossypianthus lanuginosus (Poir.) Moq. var. tenuiflorus (Hook.) Henrickson ■☆
181839 Guilleminea lanuginosa (Poir.) Moq. ex Benth. et Hook. f. = Gossypianthus lanuginosus (Poir.) Moq. ■☆
181840 Guilleminia Neck. = Votomita Aubl. ●☆
181841 Guilleminia Rchb. = Brayulinea Small ■☆
181842 Guilleminia Rchb. = Guilleminea Kunth ■☆
181843 Guillenia Greene = Caulanthus S. Watson ■☆
181844 Guillenia Greene(1906);野卷心菜属■☆
181845 Guillenia axillaris (Hook. f. et Thomson) Bennet = Crucihimalaya axillaris (Hook. f. et Thomson) Al-Shehbaz, O'Kane et R. A. Price ■
181846 Guillenia bracteosa (Jafri) H. B. Naithani et S. N. Biswas = Crucihimalaya axillaris (Hook. f. et Thomson) Al-Shehbaz, O'Kane et R. A. Price ■
181847 Guillenia duthiei (O. E. Schulz) Kuntze = Crucihimalaya lasiocarpa (Hook. f. et Thomson) Al-Shehbaz, O'Kane et R. A. Price ■
181848 Guillenia minutiflora (Hook. f. et Thomson) Bennet = Ianhedgea minutiflora (Hook. f. et Thomson) Al-Shehbaz et O'Kane ■
181849 Guillimia Rchb. = Gwillimia Rottl. ●
181850 Guillimia Rchb. = Magnolia L. ●
181851 Guillonea Coss. (1851);吉罗草属●☆
181852 Guillonea Coss. = Laserpitium L. ●☆
181853 Guillonea scabra Coss.;吉罗草●☆
181854 Guindilia Gillies = Guindilia Gillies ex Hook. et Arn. ●☆
181855 Guindilia Gillies ex Hook. et Arn. (1833);吉恩无患子属●☆
181856 Guindilia Gillies ex Hook. et Arn. = Valenzuelia Bertero ex Cambess. ●☆
181857 Guindilia trinervis Gillies;吉恩无患子●☆
181858 Guinetia L. Rico et M. Sousa(2000);吉内豆属(圭奈豆属)☆
181859 Guinnalda Sessé ex Meisn. = Gelsemium Juss. ●
181860 Guioa Cav. (1798);圭奥无患子属●☆
181861 Guioa grandifoliola Welzen;大托叶圭奥无患子●☆
181862 Guioa lasioneura Radlk.;毛脉圭奥无患子●☆
181863 Guioa megacarpa Welzen;大果圭奥无患子●☆
181864 Guioa membranifolia Radlk.;膜叶圭奥无患子●☆
181865 Guioa microphylla Radlk.;小叶圭奥无患子●☆
181866 Guioa microsepala Radlk.;小瓣圭奥无患子●☆
181867 Guioa montana C. T. White;山地圭奥无患子●☆
181868 Guioa parvifoliola Merr.;小托叶圭奥无患子●☆
181869 Guiraoa Coss. (1851);贵萝芥属■☆
181870 Guiraoa arvensis Coss.;贵萝芥■☆
181871 Guirea Steud. = Guiera Adans. ex Juss. ●☆
181872 Guizotia Cass. (1829)(保留属名);小葵子属;Niger Seed, Niger Thistle, Niger-seed ■●
181873 Guizotia abyssinica (L. f.) Cass.;小葵子;Ethiopian Niger Seed, Ethiopian Niger-seed, Niger Seed, Niger Thistle, Niger-seed, Ramtil, Ramtilla ■☆
181874 Guizotia abyssinica (L. f.) Cass. var. angustior (DC.) Oliv. et Hiern = Guizotia abyssinica (L. f.) Cass. ■☆
181875 Guizotia abyssinica (L. f.) Cass. var. baldratiana Cufod. = Guizotia abyssinica (L. f.) Cass. ■☆
181876 Guizotia abyssinica (L. f.) Cass. var. caulirufa Cif. = Guizotia abyssinica (L. f.) Cass. ■☆
181877 Guizotia abyssinica (L. f.) Cass. var. corgevinii Cif. = Guizotia abyssinica (L. f.) Cass. ■☆
181878 Guizotia abyssinica (L. f.) Cass. var. negriana Cif. = Guizotia abyssinica (L. f.) Cass. ■☆
181879 Guizotia abyssinica (L. f.) Cass. var. pichisermollii Cif. = Guizotia abyssinica (L. f.) Cass. ■☆
181880 Guizotia abyssinica (L. f.) Cass. var. sativa (DC.) Oliv. et Hiern = Guizotia abyssinica (L. f.) Cass. ■☆
181881 Guizotia abyssinica (L. f.) Cass. var. sciarapovii Cif. = Guizotia abyssinica (L. f.) Cass. ■☆
181882 Guizotia arborescens Friis;树状小葵子■☆
181883 Guizotia bidentoides Oliv. et Hiern = Bidens pinnatipartita (O. Hoffm.) Wild ■☆
181884 Guizotia collina S. Moore = Guizotia scabra (Vis.) Chiov. ■☆
181885 Guizotia discoidea Sch. Bip. = Micractis discoidea (Vatke) D. L. Schulz ■☆
181886 Guizotia eylesii S. Moore = Guizotia scabra (Vis.) Chiov. ■☆
181887 Guizotia jacksonii (S. Moore) J. Baagoe;杰克逊小葵子■☆
181888 Guizotia kassneri De Wild. = Guizotia scabra (Vis.) Chiov. ■☆
181889 Guizotia nyikensis Baker = Guizotia scabra (Vis.) Chiov. ■☆
181890 Guizotia oblonga (Hutch.) Hutch. et Bull. = Guizotia scabra (Vis.) Chiov. ■☆
181891 Guizotia oleifera DC. = Guizotia abyssinica (L. f.) Cass. ■☆
181892 Guizotia oleifera DC. subsp. angustior ? = Guizotia abyssinica (L. f.) Cass. ■☆
181893 Guizotia oleifera DC. subsp. sativa ? = Guizotia abyssinica (L. f.) Cass. ■☆
181894 Guizotia reptans Hutch. = Guizotia jacksonii (S. Moore) J. Baagoe ■☆
181895 Guizotia reptans Hutch. var. keniensis R. E. Fr. = Guizotia jacksonii (S. Moore) J. Baagoe ■☆
181896 Guizotia ringoetii De Wild. = Guizotia scabra (Vis.) Chiov. ■☆
181897 Guizotia scabra (Vis.) Chiov.;粗糙小葵子■☆
181898 Guizotia scabra (Vis.) Chiov. subsp. schimperi (Sch. Bip. ex Walp.) J. Baagoe = Guizotia schimperi Sch. Bip. ex Walp. ■☆
181899 Guizotia scabra (Vis.) Chiov. var. sotikensis (S. Moore) Robyns = Guizotia scabra (Vis.) Chiov. ■☆
181900 Guizotia schimperi Sch. Bip. ex Walp.;欣珀小葵子■☆
181901 Guizotia schultzii Hochst. ex Sch. Bip. = Guizotia scabra (Vis.) Chiov. ■☆
181902 Guizotia schultzii Hochst. ex Sch. Bip. var. angustifolia Oliv. et Hiern = Guizotia scabra (Vis.) Chiov. ■☆
181903 Guizotia schultzii Hochst. ex Sch. Bip. var. sotikensis S. Moore = Guizotia scabra (Vis.) Chiov. ■☆
181904 Guizotia villosa Sch. Bip.;长柔毛小葵子■☆
181905 Guizotia villosa Sch. Bip. var. microcephala Chiov. ex Fiori = Guizotia villosa Sch. Bip. ■☆
181906 Guizotia villosula Cif.;柔毛小葵子■☆
181907 Guizotia zavattarii Lanza;扎瓦小葵子■☆
181908 Guizotia zavattarii Lanza var. angustata Cufod.;狭小葵子■☆
181909 Guizotia zavattarii Lanza var. hirsutissima Cufod. = Guizotia zavattarii Lanza ■☆
181910 Guizotia zavattarii Lanza var. opima ? = Guizotia zavattarii Lanza ■☆
181911 Gularia Garay = Schiedeella Schltr. ■☆
181912 Guldaenstedtia A. Juss. = Gueldenstaedtia Fisch. ■
181913 Guldenstaedtia Dumort. = Guldaenstedtia A. Juss. ■
181914 Gulielma Spreng. = Guilielma Mart. ●☆

181915 Gulubia Becc. (1885);单茎椰属(八重山椰子属,单茎棕属,单生槟榔属,古鲁比棕属,古鲁别榈属,古路棕属)●☆
181916 Gulubia liukiuensis Hatus. = Satakentia liukiuensis (Hatus.) H. E. Moore ●☆
181917 Gulubia palauensis H. E. Moore.;单茎椰(古鲁比棕)●☆
181918 Gulubiopsis Becc. = Gulubia Becc. ●☆
181919 Gulubiopsis palauensis Becc. = Gulubia palauensis H. E. Moore. ●☆
181920 Gumifera Raf. = Acacia Mill.(保留属名)●■
181921 Gumillaea Roem. et Schult. = Gumillea Ruiz et Pav. ●☆
181922 Gumillaea Roem. et Schult. = Picramnia Sw.(保留属名)●☆
181923 Gumillea Ruiz et Pav. = Picramnia Sw.(保留属名)●☆
181924 Gumira Hassk. = Premna L.(保留属名)●■
181925 Gumnocline Cass. = Pyrethrum Zinn ■
181926 Gumsia Buch. -Ham. ex Wall. = Eriolaena DC. ●
181927 Gumteolis Buch. -Ham. ex D. Don = Centranthera R. Br. ■
181928 Gumutus Spreng. = Arenga Labill.(保留属名)●
181929 Gundelia L. (1753);金代菊属(风滚菊属)■☆
181930 Gundelia tournefortii L.;金代菊(风滚菊,图内金代菊)■☆
181931 Gundelsheimera Cass. = Gundelia L. ■☆
181932 Gundlachia A. Gray(1880);金黄花属;Goldenshrub ●☆
181933 Gundlachia triantha (S. F. Blake) Urbatsch et R. P. Roberts;三花金黄花;Trans Pecos Goldenshrub ●☆
181934 Gundlea Willis = Grumilea Gaertn. ●☆
181935 Gundlea Willis = Grundlea Poir. ex Steud. ●☆
181936 Gunillaea Thulin(1974);古尼桔梗属■☆
181937 Gunillaea emirnensis (A. DC.) Thulin;古尼桔梗■☆
181938 Gunillaea rhodesica (Adamson) Thulin;罗得西亚古尼桔梗●☆
181939 Gunisanthus A. DC. = Diospyros L. ●
181940 Gunnarella Senghas. (1988);古纳兰属■☆
181941 Gunnarella aymardii (N. Hallé) Senghas;古纳兰■☆
181942 Gunnarella gracilis (Schltr.) Senghas;细古纳兰■☆
181943 Gunnaria S. C. Chen ex Z. J. Liu et L. J. Chen = Ascocentrum Schltr. ex J. J. Sm. ■
181944 Gunnaria S. C. Chen ex Z. J. Liu et L. J. Chen(2009);越南鸟舌兰属■☆
181945 Gunnarorchis Brieger = Dendrobium Sw.(保留属名)■
181946 Gunnera L. (1767);大叶草属(根乃拉草属,南洋小二仙属);Gunnera ■☆
181947 Gunnera brasiliensis Schindl. = Gunnera manicata Linden ex André ■☆
181948 Gunnera chilensis Lam. = Gunnera tinctoria (Molina) Mirb. ■☆
181949 Gunnera magellanica Lam.;麦哲伦根大叶草(麦哲伦根乃拉草)■☆
181950 Gunnera manicata Linden = Gunnera manicata Linden ex André ■☆
181951 Gunnera manicata Linden ex André;大根大叶草(大根乃拉草,大叶草);Brazilian Gunnera, Brazilian Umbrella Plant, Great Gunnera, Gunnera ■☆
181952 Gunnera perpensa L.;大叶草■☆
181953 Gunnera perpensa L. var. alpina T. C. E. Fr. = Gunnera perpensa L. ■☆
181954 Gunnera perpensa L. var. angusta Schindl. = Gunnera perpensa L. ■☆
181955 Gunnera perpensa L. var. kilimandscharica Schindl. = Gunnera perpensa L. ■☆
181956 Gunnera petaloidea Gaudich.;夏威夷大叶草■☆
181957 Gunnera scabra Ruiz et Pav. = Gunnera tinctoria (Molina) Mirb. ■☆
181958 Gunnera tinctoria (Molina) Mirb.;智利大叶草(洋伞草,智利根乃拉草);Chilean Giant-rhubarb, Chilean Gunnera, Dinosaur Food, Giant-rhubarb, Gunnera, Umbrella Plant ■☆
181959 Gunneraceae Endl. = Gunneraceae Meisn.(保留科名)■☆
181960 Gunneraceae Meisn. (1842)(保留科名);大叶草科(南洋小二仙科,洋二仙草科);Giant-rhubarb Family ■☆
181961 Gunneropsis Oerst. (1857);类大叶草属■☆
181962 Gunneropsis Oerst. = Gunnera L. ■☆
181963 Gunneropsis petaloidea (Gaudich.) Oerst. ex Jacks.;类大叶草■☆
181964 Gunnessia P. I. Forst. (1990);昆士兰萝藦属■☆
181965 Gunnessia pepo P. I. Forst.;昆士兰萝藦■☆
181966 Gunnia F. Muell. = Neogunnia Pax et K. Hoffm. ■☆
181967 Gunnia Lindl. = Sarcochilus R. Br. ■☆
181968 Gunniopsis Pax = Aizoon L. ■☆
181969 Gunniopsis Pax(1889);细叶番杏属■☆
181970 Gunniopsis quadrifida (F. Muell.) Pax;细叶番杏;Sturt's Pigface ■☆
181971 Gunthera Steud. = Brassica L. ■●
181972 Gunthera Steud. = Guenthera Andrz. ex Besser ■☆
181973 Guntheria Benth. et Hook. f. = Gaillardia Foug. ■
181974 Guntheria Benth. et Hook. f. = Guentheria Spreng. ■
181975 Gupa J. St. -Hil. = Goupia Aubl. ●☆
181976 Gupia Post et Kuntze = Goupia Aubl. ●☆
181977 Gupia Post et Kuntze = Gupa J. St. -Hil. ●☆
181978 Gurania (Schltdl.) Cogn. (1875);古兰瓜属■☆
181979 Gurania Cogn. = Gurania (Schltdl.) Cogn. ■☆
181980 Gurania acuminata Cogn.;渐尖古朗瓜■☆
181981 Gurania angustiflora Cuatrec.;细花古朗瓜■☆
181982 Gurania boliviana Rusby;玻利维亚古朗瓜■☆
181983 Gurania breviflora Cogn.;短花古朗瓜■☆
181984 Gurania latifolia Rusby;宽叶古朗瓜■☆
181985 Gurania longiflora Cogn.;长花古朗瓜■☆
181986 Gurania macrantha Cuatrec.;大花古朗瓜■☆
181987 Gurania macrophylla Cogn.;大叶古朗瓜■☆
181988 Gurania macrotricha Cuatrec.;大毛古朗瓜■☆
181989 Gurania multiflora Cogn.;多花古朗瓜■☆
181990 Gurania oxyphylla C. Jeffrey;尖叶古朗瓜■☆
181991 Gurania pachypoda Harms;粗梗古朗瓜■☆
181992 Gurania parviflora Cogn.;小花古朗瓜■☆
181993 Gurania pycnocephala Harms;密头古朗瓜■☆
181994 Gurania sylvatica Cogn.;林地古朗瓜■☆
181995 Guraniopsis Cogn. (1908);拟古朗瓜属■☆
181996 Guraniopsis longipedicellata Cogn.;拟古朗瓜■☆
181997 Guringalia B. G. Briggs et L. A. S. Johnson(1998);疏鞘帚灯草属■☆
181998 Guringalia dimorpha (R. Br.) B. G. Briggs et L. A. S. Johnson;疏鞘帚灯草■☆
181999 Gürkea K. Schum. = Baissea A. DC. ●☆
182000 Gürkea congolana De Wild. et T. Durand = Baissea multiflora A. DC. ●☆
182001 Gürkea floribunda K. Schum. = Baissea leonensis Benth. ●☆
182002 Gürkea gracillima K. Schum. = Baissea gracillima (K. Schum.)

Hua ●☆
182003 Gürkea schumanniana De Wild. et T. Durand = Baissea axillaris (Benth.) Hua ●☆
182004 Gürkea uropetala K. Schum. = Baissea leonensis Benth. ●☆
182005 Gurltia Klotzsch = Begonia L. ●■
182006 Guroa Steud. = Gurua Buch. -Ham. ex Wight ●☆
182007 Gurua Buch. -Ham. ex Wight = Finlaysonia Wall. ●☆
182008 Gusmania J. Rémy = Erigeron L. ■●
182009 Gusmannia Juss. = Guzmania Ruiz et Pav. ■☆
182010 Gussonea A. Rich. = Microcoelia Lindl. ■☆
182011 Gussonea A. Rich. = Solenangis Schltr. ■☆
182012 Gussonea J. Presl et C. Presl = Fimbristylis Vahl(保留属名)■
182013 Gussonea Parl. = Dorycnium Mill. ●■☆
182014 Gussonea Parl. = Ortholotus Fourr. ●■☆
182015 Gussonea chiloschistae (Rchb. f.) Schltr. = Microcoelia exilis Lindl. ■☆
182016 Gussonea conica (Schltr.) Schltr. = Solenangis conica (Schltr.) L. Jonss. ■☆
182017 Gussonea exile (Lindl.) Ridl. = Microcoelia exilis Lindl. ■☆
182018 Gussonea friesii Schltr. = Microcoelia koehleri (Schltr.) Summerh. ■☆
182019 Gussonea globulosa Ridl. = Microcoelia globulosa (Ridl.) L. Jonss. ■☆
182020 Gussonea stolzii Schltr. = Microcoelia stolzii (Schltr.) Summerh. ■☆
182021 Gussonia D. Dietr. = Cussonia Thunb. ●☆
182022 Gussonia Spreng. (1821) = Actinostemon Mart. ex Klotzsch + Excoecaria L. ●
182023 Gussonia Spreng. (1831) = Gussonea A. Rich. ■☆
182024 Gussonia Spreng. (1831) = Solenangis Schltr. ■☆
182025 Gussonia Spreng. = Sebastiania Spreng. ●
182026 Gustavia L. (1775)(保留属名);烈臭玉蕊属●☆
182027 Gustavia angusta J. F. Gmel.;狭叶烈臭玉蕊;Stinkwood ●☆
182028 Gustavia fastuosa Willd.;法图萨烈臭玉蕊●☆
182029 Gustaviaceae Bureett = Lecythidaceae A. Rich.(保留科名)●
182030 Gustaviaceae Bureett;烈臭玉蕊科●
182031 Gutenbergia Sch. Bip. (1843);毛瓣瘦片菊属■☆
182032 Gutenbergia Sch. Bip. ex Walp. = Gutenbergia Sch. Bip. ■☆
182033 Gutenbergia Walp. = Guttenbergia Zoll. et Moritzi ●■
182034 Gutenbergia Walp. = Morinda L. ●■
182035 Gutenbergia abyssinica Sch. Bip.;阿比西尼亚毛瓣瘦片菊■☆
182036 Gutenbergia adenocarpa Wech.;腺果毛瓣瘦片菊■☆
182037 Gutenbergia araneosa S. Moore = Gutenbergia cordifolia Benth. ex Oliv. ■☆
182038 Gutenbergia arenarioides Muschl. = Gutenbergia rueppellii Sch. Bip. ■☆
182039 Gutenbergia babatiensis C. Jeffrey;巴巴蒂毛瓣瘦片菊■☆
182040 Gutenbergia benguelensis Muschl.;本格拉毛瓣瘦片菊■☆
182041 Gutenbergia boranensis (S. Moore) M. G. Gilbert;博兰毛瓣瘦片菊■☆
182042 Gutenbergia cordifolia Benth. ex Oliv.;心叶毛瓣瘦片菊■☆
182043 Gutenbergia cordifolia Benth. ex Oliv. var. depauperata (S. Moore) C. Jeffrey = Gutenbergia cordifolia Benth. ex Oliv. ■☆
182044 Gutenbergia cordifolia Benth. ex Oliv. var. glanduliflora (Wech.) C. Jeffrey = Gutenbergia cordifolia Benth. ex Oliv. ■☆
182045 Gutenbergia cordifolia Benth. ex Oliv. var. marginata (O. Hoffm.) C. Jeffrey = Gutenbergia cordifolia Benth. ex Oliv. ■☆
182046 Gutenbergia cordifolia Benth. ex Oliv. var. pulchra (B. L. Burtt) C. Jeffrey;美丽毛瓣瘦片菊■☆
182047 Gutenbergia cupricola Robyns = Gutenbergia pubescens (S. Moore) C. Jeffrey ■☆
182048 Gutenbergia cuprophila P. A. Duvign. = Gutenbergia pubescens (S. Moore) C. Jeffrey ■☆
182049 Gutenbergia elgonensis R. E. Fr. = Gutenbergia rueppellii Sch. Bip. ■☆
182050 Gutenbergia eylesii (S. Moore) Wild et G. V. Pope;艾尔斯瘦片菊■☆
182051 Gutenbergia eylesii (S. Moore) Wild et G. V. Pope subsp. reticulata Wild et G. V. Pope;网状毛瓣瘦片菊■☆
182052 Gutenbergia filifolia (R. E. Fr.) C. Jeffrey = Paurolepis filifolia (R. E. Fr.) Wild et G. V. Pope ■☆
182053 Gutenbergia fischeri R. E. Fr. = Gutenbergia rueppellii Sch. Bip. var. fischeri (R. E. Fr.) C. Jeffrey ■☆
182054 Gutenbergia foliosa O. Hoffm. = Kinghamia foliosa (O. Hoffm.) C. Jeffrey ■☆
182055 Gutenbergia fruticosa (O. Hoffm.) C. Jeffrey;灌丛毛瓣瘦片菊■☆
182056 Gutenbergia gilbertii C. Jeffrey;吉尔伯特瘦片菊■☆
182057 Gutenbergia glanduliflora Wech. = Gutenbergia cordifolia Benth. ex Oliv. ■☆
182058 Gutenbergia gossweileri S. Moore = Gutenbergia leiocarpa O. Hoffm. ■☆
182059 Gutenbergia gracilis Muschl. ex S. Moore = Gutenbergia leiocarpa O. Hoffm. ■☆
182060 Gutenbergia kassneri S. Moore;卡斯纳瘦片菊■☆
182061 Gutenbergia kassneri S. Moore var. angustifolia ?;窄叶瘦片菊■☆
182062 Gutenbergia leiocarpa O. Hoffm.;光果瘦片菊■☆
182063 Gutenbergia leiocarpa O. Hoffm. var. longepedicellata Wech. = Gutenbergia leiocarpa O. Hoffm. ■☆
182064 Gutenbergia leiocarpa O. Hoffm. var. microcarpa Wech. = Gutenbergia leiocarpa O. Hoffm. ■☆
182065 Gutenbergia longipedicellata Wech.;长花梗瘦片菊■☆
182066 Gutenbergia longipes Steetz = Bothriocline steetziana Wild et G. V. Pope ■☆
182067 Gutenbergia longipes Steetz var. crassifolia ? = Bothriocline steetziana Wild et G. V. Pope ■☆
182068 Gutenbergia longipes Steetz var. membranifolia ? = Bothriocline steetziana Wild et G. V. Pope ■☆
182069 Gutenbergia macrocephala Oliv. et Hiern = Kinghamia macrocephala (Oliv. et Hiern) C. Jeffrey ■☆
182070 Gutenbergia marginata (O. Hoffm.) Wild et G. V. Pope = Gutenbergia cordifolia Benth. ex Oliv. ■☆
182071 Gutenbergia mweroensis Wild et G. V. Pope;姆韦鲁瘦片菊■☆
182072 Gutenbergia nigritana (Benth.) Oliv. et Hiern = Kinghamia nigritana (Benth.) C. Jeffrey ■☆
182073 Gutenbergia nivea Hutch. et B. L. Burtt;雪白瘦片菊■☆
182074 Gutenbergia oppositifolia O. Hoffm. et Muschl.;对叶瘦片菊■☆
182075 Gutenbergia pembensis S. Moore;彭贝瘦片菊■☆
182076 Gutenbergia petersii Steetz;彼得斯瘦片菊■☆
182077 Gutenbergia polycephala Oliv. et Hiern;多头瘦片菊■☆
182078 Gutenbergia polytrichotoma Wech.;多毛瘦片菊■☆
182079 Gutenbergia pubescens (S. Moore) C. Jeffrey;短柔毛瘦片菊■☆

182080 Gutenbergia pumila Chiov.;矮瘦片菊■☆
182081 Gutenbergia rangei Muschl. ex Dinter = Senecio niveus (Thunb.) Willd. ■☆
182082 Gutenbergia rueppellii Sch. Bip.;吕佩尔瘦片菊■☆
182083 Gutenbergia rueppellii Sch. Bip. var. fischeri (R. E. Fr.) C. Jeffrey;菲舍尔瘦片菊■☆
182084 Gutenbergia somalensis (O. Hoffm.) M. G. Gilbert;索马里瘦片菊■☆
182085 Gutenbergia spermacoceoides Wild et G. V. Pope;鸭舌癀舅瘦片菊■☆
182086 Gutenbergia tenuis S. Moore = Gutenbergia leiocarpa O. Hoffm. ■☆
182087 Gutenbergia trifolia Wild et G. V. Pope;三叶瘦片菊■☆
182088 Gutenbergia westii (Wild) Wild et G. V. Pope;韦斯特瘦片菊■☆
182089 Guthnickia Regel = Achimenes Pers.(保留属名)■☆
182090 Guthriea Bolus(1873);宿冠草属■☆
182091 Guthriea capensis Bolus;宿冠草■☆
182092 Gutierrezia Lag.(1816);古堆菊属(古蒂菊属,蛇黄花属);Snakeweed ■●☆
182093 Gutierrezia amoena (Shinners) Diggs, Lipscomb et O' Kennon = Amphiachyris amoena (Shinners) Solbrig ■☆
182094 Gutierrezia arizonica (A. Gray) M. A. Lane;亚利桑那古堆菊;Arizona Snakeweed ■☆
182095 Gutierrezia bracteata Abrams = Gutierrezia californica (DC.) Torr. et A. Gray ■☆
182096 Gutierrezia californica (DC.) Torr. et A. Gray;加州古堆菊;San Joaquin Snakeweed ■☆
182097 Gutierrezia divergens Greene = Gutierrezia californica (DC.) Torr. et A. Gray ■☆
182098 Gutierrezia dracunculoides (DC.) S. F. Blake = Amphiachyris dracunculoides (DC.) Nutt. ■☆
182099 Gutierrezia eriocarpa A. Gray = Gutierrezia sphaerocephala A. Gray ■☆
182100 Gutierrezia filifolia Greene;线叶古堆菊;Snakeweed ■☆
182101 Gutierrezia glutinosa (S. Schauer) Sch. Bip. = Gutierrezia texana (DC.) Torr. et A. Gray var. glutinosa (S. Schauer) M. A. Lane ■☆
182102 Gutierrezia gymnospermoides A. Gray = Xanthocephalum gymnospermoides (A. Gray) Benth. et Hook. f. ■☆
182103 Gutierrezia microcephaia (DC.) A. Gray;小头古堆菊;Broom Snakeweed, Broomweed, Brownweed, Dodgeweed, Matchweed, Perennial Snakeweed, Sheepweed, Slinkweed, Small-head Snakeweed, Turpentine Weed, Yellow-weed ■☆
182104 Gutierrezia petradoria (S. L. Welsh et Goodrich) S. L. Welsh;石茅古堆菊■☆
182105 Gutierrezia polyantha A. Nelson = Gutierrezia serotina Greene ■☆
182106 Gutierrezia pomariensis (S. L. Welsh) S. L. Welsh;果园古堆菊;Orchard Snakeweed ■☆
182107 Gutierrezia sarothrae (Pursh) Britton et Rusby;闪光古堆菊(古蒂菊,古堆菊,蛇草);Broom Snakeweed, Broomweed, Coyaye, Escobilla, Kindlingweed, Snake Weed, Snakeweed, Turpentine Weed ■☆
182108 Gutierrezia sarothrae (Pursh) Britton et Rusby var. microcephala (DC.) L. D. Benson = Gutierrezia microcephaia (DC.) A. Gray ■☆
182109 Gutierrezia sarothrae (Pursh) Britton et Rusby var. pomariensis S. L. Welsh = Gutierrezia pomariensis (S. L. Welsh) S. L. Welsh ■☆
182110 Gutierrezia sarothrae Britton et Rusby = Gutierrezia sarothrae (Pursh) Britton et Rusby ■☆
182111 Gutierrezia serotina Greene;晚花古堆菊;Late Snakeweed ■☆
182112 Gutierrezia sphaerocephala A. Gray;圆叶古堆菊;Round-leaf Snakeweed ■☆
182113 Gutierrezia texana (DC.) Torr. et A. Gray;得州古堆菊;Snakeweed, Texas Snakeweed ■☆
182114 Gutierrezia texana (DC.) Torr. et A. Gray var. glutinosa (S. Schauer) M. A. Lane;黏古堆菊■☆
182115 Gutierrezia triflora (Rose) M. A. Lane = Thurovia triflora Rose ■☆
182116 Gutierrezia wrightii A. Gray;赖特古堆菊;Wright's Snakeweed ■☆
182117 Guttenbergia Zoll. et Moritzi = Morinda L. ●■
182118 Guttiferaceae Juss. = Guttiferae Juss.(保留科名)●■
182119 Guttiferae Juss.(1789)(保留科名);猪胶树科(金丝桃科,克鲁西科,山竹子科,藤黄科)●■
182120 Guttiferae Juss.(保留科名) = Clusiaceae Lindl.(保留科名)●■
182121 Gutzlaffia Hance = Strobilanthes Blume ●■
182122 Gutzlaffia Hance (1849);山一笼鸡属;Acoop of Cock, Gutzlaffia ●■
182123 Gutzlaffia anisandra (Benoist) Hand. -Mazz. = Paragutzlaffia henryi (Hemsl.) H. P. Tsui ●■
182124 Gutzlaffia anisandra (Benoist) Hand. -Mazz. = Paragutzlaffia lyi (H. Lév.) H. P. Tsui ■
182125 Gutzlaffia anisandra (Benoist) Hand. -Mazz. var. drosothyrsa Hand. -Mazz. = Paragutzlaffia henryi (Hemsl.) H. P. Tsui ●■
182126 Gutzlaffia aprica Hance;山一笼鸡(白背草,东川紫云菜,野古蓝,一炉香);Acoop of Cock, Maire Conehead, Sunward Gutzlaffia ■
182127 Gutzlaffia aprica Hance var. collina C. B. Clarke;蒙自一笼鸡;Mengzi Gutzlaffia ■
182128 Gutzlaffia aprica Hance var. glabra (Imlay) H. S. Lo;岩山一笼鸡(岩野古蓝,岩一笼鸡);Glabrous Acoop of Cock ■
182129 Gutzlaffia cavaleriei H. Lév. = Gutzlaffia aprica Hance ■
182130 Gutzlaffia dielsiana (W. W. Sm.) S. Moore = Gutzlaffia aprica Hance ■
182131 Gutzlaffia forrestii S. Moore = Paragutzlaffia henryi (Hemsl.) H. P. Tsui ●■
182132 Gutzlaffia henryi (Hemsl.) C. B. Clarke ex S. Moore = Paragutzlaffia henryi (Hemsl.) H. P. Tsui ●■
182133 Gutzlaffia lyi (H. Lév.) E. Hossain = Paragutzlaffia lyi (H. Lév.) H. P. Tsui ■
182134 Gutzlaffia multiramosa Hand. -Mazz.;多枝山一笼鸡;Manybranch Gutzlaffia ●■
182135 Gutzlaffia multiramosa Hand. -Mazz. = Paragutzlaffia henryi (Hemsl.) H. P. Tsui ●■
182136 Gutzlaffia multiramosa Hand. -Mazz. = Paragutzlaffia lyi (H. Lév.) H. P. Tsui ■
182137 Gutzlaffia yunnanensis C. B. Clarke;滇一笼鸡;Yunnan Gutzlaffia ■
182138 Guya Frapp. = Drypetes Vahl ●
182139 Guya Frapp. ex Cordem. = Drypetes Vahl ●
182140 Guyania Airy Shaw = Guayania R. M. King et H. Rob. ■☆
182141 Guyania R. M. King et H. Rob. = Guayania R. M. King et H.

Rob. ■☆
182142 Guynesomia Bonif. et G. Sancho(2004);多枝菀属■●☆
182143 Guynesomia scoparia (Phil.) Bonif. et G. Sancho;多枝菀■☆
182144 Guyonia Naudin(1850);居永野牡丹属☆
182145 Guyonia ciliata Hook. f.;睫毛居永野牡丹■☆
182146 Guyonia gracilis A. Chev. = Guyonia ciliata Hook. f. ■☆
182147 Guyonia intermedia Cogn. = Guyonia ciliata Hook. f. ■☆
182148 Guyonia tenella Naudin;居永野牡丹☆
182149 Guzmania Ruiz et Pav.(1802);果子蔓属(彩纹凤梨属,姑氏凤梨属,古斯曼氏凤梨属,古兹曼属,擎天凤梨属,擎天属,西洋凤梨属,星花凤梨属);Guzmania,Guzmannia ■☆
182150 Guzmania 'Cherry';樱桃星■☆
182151 Guzmania 'Claret';克兰氏深红星■☆
182152 Guzmania 'Decora';美爱星■☆
182153 Guzmania 'Denise';丹尼星■☆
182154 Guzmania 'Hilde';大红星■☆
182155 Guzmania 'Lambada';大炮仗星■☆
182156 Guzmania 'Luna';露娜星■☆
182157 Guzmania 'Morado';魔力多星■☆
182158 Guzmania 'Orangeade';橙星■☆
182159 Guzmania 'Pax';狭叶黄星■☆
182160 Guzmania 'Rana';娜娜红星■☆
182161 Guzmania 'Sunstar';斑叶太阳星■☆
182162 Guzmania 'Torch';火炬星■☆
182163 Guzmania 'Victorie';胜利星■☆
182164 Guzmania angustifolia Wittm.;狭叶果子蔓■☆
182165 Guzmania berteroniana (Schult. et Schult. f.) Mez;贝氏果子蔓■☆
182166 Guzmania danielii L. B. Sm.;达氏果子蔓■☆
182167 Guzmania dissitiflora (André) L. B. Sm.;离花果子蔓(如意凤梨,小炮仗星)■☆
182168 Guzmania globosa L. B. Sm.;球形果子蔓■☆
182169 Guzmania gloriosa André;大果子蔓■☆
182170 Guzmania insignis Mez;锦叶菠萝■
182171 Guzmania lindenii Mez;林登果子蔓(环带果子蔓,锦叶菠萝)■☆
182172 Guzmania lingulata (L.) Mez;果子蔓(姑氏凤梨,鲜红凤梨);Tongueshaped Guzmania ■☆
182173 Guzmania lingulata Mez var. cardinalis Mez;绯红果子蔓■☆
182174 Guzmania lingulata Mez var. minor (Mez) L. B. Sm. et Pittendr.;小果子蔓■☆
182175 Guzmania magnifica Hort.;火轮菠萝■☆
182176 Guzmania monostachia (L.) Rusby ex Mez = Guzmania monostachya (L.) Rusby ■☆
182177 Guzmania monostachya (L.) Rusby;单穗果子蔓;Bright Green,Leaf Blade of One Color,Onespike Guzmania,Striped Torch,West Indian Tufted Airplant ■☆
182178 Guzmania monostachya (L.) Rusby var. variegata M. B. Foster;斑叶单穗果子蔓;Leaf Blade Longitudinally Green-and-white Striped ■☆
182179 Guzmania monostachya L. = Guzmania monostachya (L.) Rusby ■☆
182180 Guzmania obtusa Rusby = Vriesea heliconioides (Kunth) Lindl. ■☆
182181 Guzmania sanguinea (André) André;红叶果子蔓(红苞果子蔓);Guzmania ■☆
182182 Guzmania tricolor Ruiz et Pav. = Guzmania monostachya (L.) Rusby ■☆
182183 Guzmania vittata Mez;横纹叶果子蔓■☆
182184 Guzmania zahnii Mez;察恩氏果子蔓(斑叶金星)■☆
182185 Guzmannia F. Phil. = Erigeron L. ■●
182186 Guzmannia F. Phil. = Gusmania J. Rémy ■●
182187 Gwillimia Rottl. = Magnolia L. ●
182188 Gwillimia Rottl. ex DC. = Magnolia L. ●
182189 Gwillimia yulan (Desf.) de Vos = Yulania denudata (Desr.) D. L. Fu ●
182190 Gyaladenia Schltr. = Brachycorythis Lindl. ■
182191 Gyalanthos Szlach. et Marg.(2002);空花兰属■☆
182192 Gyalanthos Szlach. et Marg. = Pleurothallis R. Br. ■☆
182193 Gyas Salisb. = Bletia Ruiz et Pav. ■☆
182194 Gyas verecunda (Salisb.) Salisb. = Bletia purpurea (Lam.) DC. ■☆
182195 Gyaxis Salisb. = Haemanthus L. ■
182196 Gybianthus Pritz. = Cybianthus Mart.(保留属名)●☆
182197 Gymapsis Bremek. = Strobilanthes Blume ●■
182198 Gymelaea (Endl.) Spach = Nestegis Raf. ●☆
182199 Gyminda (Griseb.) Sarg.(1891);假黄杨木属;False Boxwood ●☆
182200 Gyminda Sarg. = Gyminda (Griseb.) Sarg. ●☆
182201 Gyminda grisebachii Sarg.;阔叶假黄杨木;Grisebach False Boxwood ●☆
182202 Gymnacalypha Post et Kuntze = Acalypha L. ●■
182203 Gymnacalypha Post et Kuntze = Gymnalypha Griseb. ●■
182204 Gymnacanthus Nees(1836);裸刺爵床属■☆
182205 Gymnacanthus Oerst. = Ruellia L. ■●
182206 Gymnacanthus petiolaris Nees;裸刺爵床■☆
182207 Gymnachne L. Parodi = Rhombolytrum Link ■☆
182208 Gymnacranthera (DC.) Warb.(1896);裸药花属●☆
182209 Gymnacranthera Warb. = Gymnacranthera (DC.) Warb. ●☆
182210 Gymnacranthera cryptocaryoides Elmer;裸药花●☆
182211 Gymnacranthera stenophylla Warb.;窄叶裸药花●☆
182212 Gymnactis Cass. = Glossogyne Cass. ■
182213 Gymnadenia R. Br.(1813);手参属;Fragrant Orchid,Gymnadenia,Rein Orchis,Reinorchis ■
182214 Gymnadenia Schltr. = Brachycorythis Lindl. ■
182215 Gymnadenia affinis (D. Don) Rchb. f. = Peristylus affinis (D. Don) Seidenf. ■
182216 Gymnadenia albida (L.) Rich.;欧洲手参(小手参);European Gymnadenia,Small White Orchid ■☆
182217 Gymnadenia albida Rich. = Gymnadenia albida (L.) Rich. ■☆
182218 Gymnadenia bicornis Ts. Tang et K. Y. Lang;角距手参;Doublehorn Reinorchis ■
182219 Gymnadenia brevicalcarata (Finet) Finet = Ponerorchis brevicalcarata (Finet) Soó ■
182220 Gymnadenia brevicalcarata Finet = Orchis brevicalcarata (Finet) Schltr. ■
182221 Gymnadenia bulbinella (Rchb. f.) Kraenzl. = Schizochilus bulbinellus (Rchb. f.) Bolus ■☆
182222 Gymnadenia calcicola W. W. Sm. = Neottianthe calcicola (W. W. Sm.) Schltr. ■
182223 Gymnadenia calcicola W. W. Sm. = Neottianthe cucullata (W. W. Sm.) Schltr. var. calcicola (W. W. Sm.) Soó ■
182224 Gymnadenia camptoceras (Rolfe) Schltr. = Neottianthe camptoceras (Rolfe) Schltr. ■

182225 Gymnadenia camtschatica (Cham.) Miyabe et Kudo;勘察加手参■☆
182226 Gymnadenia chlorantha (Custer) Ambrosi = Platanthera chlorantha Custer ex Rchb. ■
182227 Gymnadenia chusua (D. Don) Lindl. = Ponerorchis chusua (D. Don) Soó ■
182228 Gymnadenia chusua (D. Don) Lindl. var. nana (King et Pantl.) Finet = Orchis chusua D. Don ■
182229 Gymnadenia chusua (D. Don) Lindl. var. nana (King et Pantl.) Finet = Ponerorchis chusua (D. Don) Soó ■
182230 Gymnadenia conopsea (L.) R. Br.;手参(佛手参,虎掌参,手儿参,手掌参,阴阳参,阴阳草,掌参);Conic Gymnadenia, Fragrant Orchid, Gnat Orchid, Red-handed Orchid, Reinorchis, Scented Orchid, Sweet-scented Orchid ■
182231 Gymnadenia conopsea (L.) R. Br. var. latifolia Schltr. = Gymnadenia conopsea (L.) R. Br. ■
182232 Gymnadenia conopsea (L.) R. Br. var. ussuriensis Regel = Gymnadenia conopsea (L.) R. Br. ■
182233 Gymnadenia conopsea (L.) R. Br. var. yunnanensis Schltr. = Gymnadenia orchidis Lindl. ■
182234 Gymnadenia conopsea (Willd.) R. Br. = Gymnadenia conopsea (L.) R. Br. ■
182235 Gymnadenia crassinervis Finet;短距手参(粗脉手参,佛手参);Shortspur Reinorchis ■
182236 Gymnadenia crassinervis Finet var. elatior Ts. Tang et F. T. Wang;高大手参■
182237 Gymnadenia crassinervis Finet var. elatior Ts. Tang et F. T. Wang = Gymnadenia crassinervis Finet ■
182238 Gymnadenia cucullata (L.) Rich. = Neottianthe cucullata (L.) Schltr. ■
182239 Gymnadenia cucullata (L.) Rich. var. maculata Nakai et Kitag. = Neottianthe cucullata (L.) Schltr. ■
182240 Gymnadenia cylindrostachya Lindl. = Gymnadenia orchidis Lindl. ■
182241 Gymnadenia cylindrostachya Lindl. ex Wall. = Gymnadenia orchidis Lindl. ■
182242 Gymnadenia delavayi Schltr. = Gymnadenia orchidis Lindl. ■
182243 Gymnadenia densiflora A. Dietr.;密花手参;Larger Scented Orchid ■☆
182244 Gymnadenia emeiensis K. Y. Lang;峨眉手参(佛手参);Emei Gymnadenia, Reinorchis ■
182245 Gymnadenia faberi Rolfe = Amitostigma faberi (Rolfe) Schltr. ■
182246 Gymnadenia fastigiata (Spreng.) A. Rich. = Cynorkis fastigiata Thouars ■☆
182247 Gymnadenia fujisanensis Sugim. = Neottianthe fujisanensis (Sugim.) F. Maek. ■☆
182248 Gymnadenia galeandra (Rchb. f.) Rchb. f. = Brachycorythis galeandra (Rchb. f.) Summerh. ■
182249 Gymnadenia gerrardii (Rchb. f.) Kraenzl. = Schizochilus gerrardii (Rchb. f.) Bolus ■☆
182250 Gymnadenia graminifolia Rchb. f.;禾叶手参;Grassleaf Gymnadenia ■☆
182251 Gymnadenia hemipilioides Finet = Amitostigma hemipilioides (Finet) Ts. Tang et F. T. Wang ■
182252 Gymnadenia himalayica Schltr.;喜马拉雅手参;Himalayan Gymnadenia ■
182253 Gymnadenia himalayica Schltr. = Gymnadenia orchidis Lindl. ■
182254 Gymnadenia kamtschatica Miyabe et Kudo;堪察加手参■☆
182255 Gymnadenia lyallii Steud. = Cynorkis flexuosa Lindl. ■☆
182256 Gymnadenia macrantha Lindl. = Brachycorythis macrantha (Lindl.) Summerh. ■☆
182257 Gymnadenia microgymnadenia (Kraenzl.) Schltr. = Gymnadenia orchidis Lindl. ■
182258 Gymnadenia monophylla Ames et Schltr. = Neottianthe cucullata (L.) Schltr. ■
182259 Gymnadenia monophylla Ames et Schltr. = Neottianthe monophylla (Ames et Schltr.) Schltr. ■
182260 Gymnadenia obcordata Rchb. f. = Brachycorythis galeandra (Rchb. f.) Summerh. ■
182261 Gymnadenia odoratissima A. Rich.;香手参(芳香手参);Fragrant Gymnadenia, Short-spurred Fragrant Orchid ■☆
182262 Gymnadenia orchidis Lindl.;西南手参(德氏手参,佛手参,双肾参);Southwestern Gymnadenia, SW. China Reinorchis ■
182263 Gymnadenia pauciflora Lindl. = Orchis chusua D. Don ■
182264 Gymnadenia pauciflora Lindl. = Ponerorchis chusua (D. Don) Soó ■
182265 Gymnadenia pingguicula Rchb. f. et S. Moore = Amitostigma pingguiculum (Rchb. f. et S. Moore) Schltr. ■
182266 Gymnadenia pseudodiphylax Kraenzl. = Neottianthe cucullata (L.) Schltr. ■
182267 Gymnadenia pseudodiphylax Kraenzl. = Neottianthe pseudodiphylax (Kraenzl.) Schltr. ■
182268 Gymnadenia purpurascens A. Rich. = Cynorkis purpurascens Thouars ■☆
182269 Gymnadenia rosellata A. Rich. = Cynorkis rosellata (Thouars) Bosser ■☆
182270 Gymnadenia scabrilinguis Kraenzl. = Neottianthe cucullata (L.) Schltr. ■
182271 Gymnadenia secundiflora (Hook. f.) Kraenzl. = Neottianthe secundiflora (Hook. f.) Schltr. ■
182272 Gymnadenia secundiflora Kraenzl. = Neottianthe secundiflora (Hook. f.) Schltr. ■
182273 Gymnadenia sibirica Turcz. ex Lindl. = Gymnadenia conopsea (L.) R. Br. ■
182274 Gymnadenia souliei Schltr. = Gymnadenia orchidis Lindl. ■
182275 Gymnadenia spathulata Lindl. = Galearis spathulata (Lindl.) P. F. Hunt ■
182276 Gymnadenia spathulata Lindl. = Orchis diantha Schltr. ■
182277 Gymnadenia tominagae Hayata = Orchis tomingai (Hayata) H. J. Su ■
182278 Gymnadenia tominagae Hayata = Ponerorchis tominagai (Hayata) H. J. Su et J. J. Chen ■
182279 Gymnadenia tryphiaeformis Rchb. f. ex Hemsl. = Amitostigma gracile (Blume) Schltr. ■
182280 Gymnadenia uniflora (Lindl.) Steud. = Cynorkis uniflora Lindl. ■☆
182281 Gymnadenia violacea Schltr. = Gymnadenia orchidis Lindl. ■
182282 Gymnadenia virginea (Bolus) Kraenzl. = Dracomonticola virginea (Bolus) H. P. Linder et Kurzweil ■☆
182283 Gymnadenia viridis (L.) Rich. = Coeloglossum viride (L.) Hartm. ■
182284 Gymnadenia viridis (L.) Rich. = Dactylorhiza viridis (L.) R. M. Bateman, Pridgeon et M. W. Chase ■
182285 Gymnadenia zeyheri (Sond.) Kraenzl. = Schizochilus zeyheri

Sond. ■☆
182286 Gymnadeniopsis Rydb. (1901);类手参属■☆
182287 Gymnadeniopsis Rydb. = Platanthera Rich. (保留属名)■
182288 Gymnadeniopsis clavellata (Michx.) Rydb. = Platanthera clavellata (Michx.) Luer ■☆
182289 Gymnadeniopsis nivea (Nutt.) Rydb.;类手参■☆
182290 Gymnagathis Schauer = Melaleuca L. (保留属名)●
182291 Gymnagathis Stapf = Fordiophyton Stapf ●■★
182292 Gymnagathis Stapf = Stapfiophyton H. L. Li ■★
182293 Gymnagathis peperomiifolia (Oliv.) Stapf = Fordiophyton peperomiifolium (Oliv.) Hansen ■
182294 Gymnalypha Griseb. = Acalypha L. ●■
182295 Gymnamblosis Pfeiff. = Croton L. ●
182296 Gymnamblosis Pfeiff. = Gynamblosis Torr. ●
182297 Gymnandra Pall. = Lagotis J. Gaertn. ■
182298 Gymnandra bullii Eaton = Besseya bullii (Eaton) Rydb. ■☆
182299 Gymnandra integrifolia Willd. = Lagotis integrifolia (Willd.) Schischk. ■
182300 Gymnandra pallasii Cham. et Schltdl. = Lagotis integrifolia (Willd.) Schischk. ■
182301 Gymnandropogon (Nees) Duthie = Bothriochloa Kuntze ■
182302 Gymnandropogon (Nees) Munro ex Duthie = Dichanthium Willemet ■
182303 Gymnandropogon Duthie = Bothriochloa Kuntze ■
182304 Gymnantha Y. Ito = Gymnocalycium Sweet ex Mittler ●
182305 Gymnantha Y. Ito = Rebutia K. Schum. ●
182306 Gymnanthelia Andersson = Andropogon L. (保留属名)■
182307 Gymnanthelia Schweinf. = Cymbopogon Spreng. ■
182308 Gymnanthemum Cass. (1817);鸡菊花属●■☆
182309 Gymnanthemum Cass. = Vernonia Schreb. (保留属名)●■
182310 Gymnanthemum abyssinicum Sch. Bip. ex Walp. = Vernonia amygdalina Delile ■☆
182311 Gymnanthemum angustifolium Benth. = Kinghamia angustifolia (Benth.) C. Jeffrey ■☆
182312 Gymnanthemum arboreum (Buch. -Ham.) H. Rob.;树鸡菊花●
182313 Gymnanthemum blandum (Wall.) Steetz;喜鸡菊花■
182314 Gymnanthemum bockianum (Diels) H. Rob.;南川鸡菊花■
182315 Gymnanthemum bolleanum Steetz = Vernonia colorata (Willd.) Drake ■☆
182316 Gymnanthemum coloratum (Willd.) H. Rob. et B. Kahn = Vernonia colorata (Willd.) Drake ■☆
182317 Gymnanthemum cumingianum (Benth.) H. Rob.;毒根鸡菊花■☆
182318 Gymnanthemum divergens (DC.) Sch. Bip. ex Walp.;叉枝鸡菊花■
182319 Gymnanthemum extensum (Wall.) Steetz;展枝鸡菊花■
182320 Gymnanthemum quercifolium Steetz = Vernonia colorata (Willd.) Drake ■☆
182321 Gymnanthemum solanifolium (Benth.) H. Rob.;茄叶鸡菊花■
182322 Gymnanthemum triflorum (Bremek.) H. Rob.;三花鸡菊花■
182323 Gymnanthemum volkameriifolium (DC.) H. Rob.;大叶鸡菊花■
182324 Gymnanthera R. Br. (1810);海岛藤属(海南藤属,假络石属);Gymnanthera, Islandvine ●
182325 Gymnanthera nitida R. Br. = Gymnanthera oblonga (Burm. f.) P. S. Green ●
182326 Gymnanthera oblonga (Burm. f.) P. S. Green;海岛藤(海南藤);Shining Gymnanthera, Shining Islandvine ●
182327 Gymnanthera paludosa (Blume) K. Schum. = Gymnanthera oblonga (Burm. f.) P. S. Green ●
182328 Gymnanthes Sw. (1788);非洲裸花大戟属●☆
182329 Gymnanthes inopinata (Prain) Esser;非洲裸花大戟●☆
182330 Gymnanthocereus Backeb. = Browningia Britton et Rose ●☆
182331 Gymnanthocereus Backeb. = Cleistocactus Lem. ●☆
182332 Gymnanthus Endl. = Gymnanthes Sw. ●☆
182333 Gymnanthus Jungh. = Trochodendron Siebold et Zucc. ●
182334 Gymnanthus Sw. (1840);裸花大戟属(裸花属)●
182335 Gymnanthus remota (Steenis) Esser;云南裸花●
182336 Gymnarren Leandro ex Klotzsch = Actinostemon Mart. ex Klotzsch ■☆
182337 Gymnarrhena Desf. (1818);异头菊属■☆
182338 Gymnarrhena micrantha Desf.;异头菊■☆
182339 Gymnarrhoea (Baill.) Post et Kuntze = Actinostemon Mart. ex Klotzsch ■☆
182340 Gymnarrhoea (Baill.) Post et Kuntze = Gymnarren Leandro ex Klotzsch ■☆
182341 Gymnartocarpus Boerl. = Parartocarpus Baill. ●☆
182342 Gymnaster B. Schütt = Actiniscus (Ehrenb.) Ehrenb. ■
182343 Gymnaster Kitam. = Aster L. ●■
182344 Gymnaster Kitam. = Miyamayomena Kitam. ■
182345 Gymnaster angustifolius (C. C. Chang) Y. Ling = Miyamayomena angustifolius Y. L. Chen ■
182346 Gymnaster koraiensis (Nakai) Kitam. = Aster koraiensis Nakai ■☆
182347 Gymnaster lixianensis J. Q. Fu;理县裸菀;Gymnaster Lixian, Lixian Nakeaster ■
182348 Gymnaster lushiensis J. Q. Fu = Miyamayomena lushiensis (J. Q. Fu) Y. L. Chen ■
182349 Gymnaster piccolii (Hook. f.) Kitam. = Miyamayomena piccolii (Hook. f.) Kitam. ■
182350 Gymnaster pygmaeus (Makino) Kitam. = Aster savatieri Makino var. pygmaeus Makino ■☆
182351 Gymnaster savatieri (Makino) Kitam. 'Variegata';斑叶日本裸菀;Variegata Japan Nakeaster ■☆
182352 Gymnaster savatieri (Makino) Kitam. = Aster savatieri Makino ■☆
182353 Gymnaster savatieri (Makino) Kitam. subsp. pygmaeus (Makino) Kitam. = Aster savatieri Makino var. pygmaeus Makino ■☆
182354 Gymnaster simplex (C. C. Chang) Y. Ling ex J. Q. Fu = Miyamayomena simplex Y. L. Chen ■
182355 Gymnaster yuanqunensis J. Q. Fu;垣曲裸菀;Yuanqu Gymnaster, Yuanqu Nakeaster ■
182356 Gymncampus Pfeiff. = Gynocampus Lesch. ■☆
182357 Gymncampus Pfeiff. = Levenhookia R. Br. ■☆
182358 Gymnelaea (Endl.) Spach = Nestegis Raf. ●☆
182359 Gymnema Endl. = Gynema Raf. ●■
182360 Gymnema Endl. = Pluchea Cass. ●■
182361 Gymnema R. Br. (1810);匙羹藤属(武靴藤属);Gymnema ●
182362 Gymnema affine Decne. = Gymnema sylvestre (Retz.) Schult. ●
182363 Gymnema alterniflorum (Lour.) Merr. = Gymnema sylvestre (Retz.) Schult. ●
182364 Gymnema crenatum Klotzsch = Loeseneriella crenata (Klotzsch) R. Wilczek ex N. Hallé ●☆
182365 Gymnema foetidum (Tsiang) P. T. Li var. mairei Tsiang =

Gymnema foetidum Tsiang ●

182366 Gymnema foetidum Tsiang;华宁藤(臭匙羹藤,化肉藤,毛脉华宁藤,软皮树,藤杜仲,藤子杜仲,藤子化石胆,跳八丈,橡胶藤,银丝杜仲,银药杜仲);Fetid Gymnema,Huaning Gymnema,Maire Fetid Gymnema,Stink Gymnema ●

182367 Gymnema foetidum Tsiang var. mairei Tsiang;毛脉华宁藤●

182368 Gymnema foetidum Tsiang var. mairei Tsiang = Gymnema foetidum Tsiang ●

182369 Gymnema formosanum Warb. = Gymnema sylvestre (Retz.) Schult. ●

182370 Gymnema hainanense Tsiang;海南匙羹藤;Hainan Gymnema ●

182371 Gymnema hirsutum Wall. = Tylophora ovata (Lindl.) Hook. ex Steud. ●

182372 Gymnema hisutum Wall. = Tylophora hirsuta (Wall.) Wight ●

182373 Gymnema humile Decne. = Gymnema sylvestre (Retz.) Schult. ●

182374 Gymnema inodorum (Lour.) Decne.;广东匙羹藤(大叶匙羹藤,猪罗摆,猪满芋);Guangdong Gymnema,Kwangtung Gymnema,Largeleaf Gymnema ●

182375 Gymnema latifolium Wall. ex Wight;宽叶匙羹藤;Broadleaf Gymnema,Broad-leaved Gymnema ●

182376 Gymnema longepedunculata (Schltr.) Schweinf. = Tylophora heterophylla A. Rich. ●☆

182377 Gymnema longiretinaculatum Tsiang;会东藤(会东匙羹藤);Fiveangular Gymnema,Five-angular Gymnema ●

182378 Gymnema macrocarpum A. Rich. = Dregea schimperi (Decne.) Bullock ●☆

182379 Gymnema melananthum (N. E. Br.) K. Schum. ex Schltr. = Sphaerocodon melananthus N. E. Br. ●☆

182380 Gymnema napalense Wall. = Gongronema nepalense (Wall.) Decne. ●

182381 Gymnema nitidum Benth. = Salacia nitida (Benth.) N. E. Br. ●☆

182382 Gymnema parvifolium Oliv. = Secamone parvifolia (Oliv.) Bullock ●☆

182383 Gymnema subvolubile Decne. = Gymnema sylvestre (Retz.) Schult. ●

182384 Gymnema sylvestre (Retz.) Schult.;匙羹藤(饭勺藤,钢藤,狗屎藤,金刚藤,森林匙羹藤,蛇天角,乌鸦藤,武靴藤,小羊角扭,羊角藤,印度武靴藤);Australia Gymnema,Australian Gymnema,Taiwan Cow-plant ●

182385 Gymnema sylvestre (Retz.) Schult. var. affine (Decne.) Tsiang = Gymnema sylvestre (Retz.) Schult. ●

182386 Gymnema sylvestre (Retz.) Schult. var. chinense Benth. = Gymnema sylvestre (Retz.) Schult. ●

182387 Gymnema sylvestre (Retz.) Sm. = Gymnema sylvestre (Retz.) Schult. ●

182388 Gymnema sylvestre (Willd.) R. Br. = Gymnema sylvestre (Retz.) Schult. ●

182389 Gymnema tenacissima (Roxb.) Spreng. = Marsdenia tenacissima (Roxb.) Moon ●

182390 Gymnema tingens Roxb. = Gymnema inodorum (Lour.) Decne. ●

182391 Gymnema tingens Roxb. ex Spreng. = Gymnema inodorum (Lour.) Decne. ●

182392 Gymnema tingens Spreng.;大叶匙羹藤●

182393 Gymnema tingens Spreng. = Gymnema inodorum (Lour.) Decne. ●

182394 Gymnema tingens Spreng. var. cordifolia ? = Gymnema tingens Spreng. ●

182395 Gymnema yunnanense Tsiang;云南匙羹藤;Yunnan Gymnema ●

182396 Gymnemopsis Costantin(1912);类匙羹藤属●☆

182397 Gymnemopsis pierrei Costantin;类匙羹藤●☆

182398 Gymnerpis Thouars = Goodyera R. Br. ■

182399 Gymnima Raf. ex Britten = Gymnema R. Br. ●

182400 Gymnobalanus Nees et Mart. = Ocotea Aubl. ●☆

182401 Gymnobalanus Nees et Mart. ex Nees = Ocotea Aubl. ●☆

182402 Gymnobalanus Nees et Mart. ex Nees(1833);裸果樟属●☆

182403 Gymnobalanus minarum Nees et Mart. ex Nees;裸果樟●☆

182404 Gymnobothrys Wall. ex Baill. = Sapium Jacq.(保留属名)●

182405 Gymnobotrys lucida Wall. ex Baill. = Sapium insigne (Royle) Benth. ●

182406 Gymnocactus Backeb.(1938);裸玉属■☆

182407 Gymnocactus Backeb. = Neolloydia Britton et Rose ●☆

182408 Gymnocactus Backeb. = Turbinicarpus (Backeb.) Buxb. et Backeb. ■☆

182409 Gymnocactus V. John et ? íha = Turbinicarpus (Backeb.) Buxb. et Backeb. ■☆

182410 Gymnocactus beguinii (F. A. C. Weber ex K. Schum.) Backeb.;白裸玉(白琅玉)■☆

182411 Gymnocactus gielsdorfianus (Werderm.) Backeb.;黑枪球(黑枪丸)■☆

182412 Gymnocactus horripilus (Lem.) Backeb.;红梅殿(白鲈)■☆

182413 Gymnocactus knuthianus (Boed.) Backeb.;熏染球(熏染丸)■☆

182414 Gymnocactus mandragora (Frič ex A. Berger) Backeb.;美针玉■☆

182415 Gymnocactus saussieri (F. A. C. Weber) Backeb.;仙境■☆

182416 Gymnocactus subterraneus (Backeb.) Backeb. ex Fritz Schwarz;武辉球(武辉丸)■☆

182417 Gymnocalicium Pfeiff. ex Mittler = Gymnocalycium Sweet ex Mittler ●

182418 Gymnocalycium Pfeiff. = Gymnocalycium Pfeiff. ex Mittler ●

182419 Gymnocalycium Pfeiff. ex Mittler(1844);裸萼球属(裸萼属);Chin Cactus,Gymnocalycium ●

182420 Gymnocalycium Sweet ex Mittler = Gymnocalycium Pfeiff. ex Mittler ●

182421 Gymnocalycium albispinum Backeb.;银星玉■

182422 Gymnocalycium andreae (Boed.) Backeb. et F. M. Knuth;黄蛇球(黄蛇丸)■

182423 Gymnocalycium anisitsii (K. Schum.) Britton et Rose;翠晃冠■

182424 Gymnocalycium asterium (Speg.) Y. Ito;凤头仙人球(凤头)■

182425 Gymnocalycium baldianum Speg.;绯花玉(绯红仙人球);Dwarf Chin Cactus ■

182426 Gymnocalycium bicolor Schütz;异色刺裸萼球■☆

182427 Gymnocalycium bodenbenderianum A. Berger;黑蝶玉■

182428 Gymnocalycium brachyanthum Britton et Rose;龙卵■

182429 Gymnocalycium brachypetalum Speg.;鬼胆球(鬼胆丸)■

182430 Gymnocalycium bruchii (Speg.) Hosseus;罹星丸■

182431 Gymnocalycium bruchii (Speg.) Hosseus var. hossei (A. Berger) Backeb.;百朵仙人球■

182432 Gymnocalycium bueneckeri (Buining) Swales;圣王球■☆

182433 Gymnocalycium calochlorum (Boed.) Y. Ito;火星球(火星丸)■

182434 Gymnocalycium calochlorum (Boed.) Y. Ito var. proliferum (Backeb.) Backeb.;唐子球(唐子丸)■

182435 Gymnocalycium capillense (Schick) Hosseus;桃冠玉(桃冠

球)■
182436 Gymnocalycium cardenasianum F. Ritter;光淋玉■
182437 Gymnocalycium castellanosii Backeb.;剑魔玉■
182438 Gymnocalycium chubutense Speg.;穹天球(穹天丸)■
182439 Gymnocalycium damsii Britton et Rose;丽蛇球(丽蛇丸);Dams Chin Cactus ■
182440 Gymnocalycium deeszianum Dölz;月冠球(月冠丸)■
182441 Gymnocalycium denudatum (Link et Otto) Pfeiff. ex J. Forst.;蛇龙球(裸萼仙人球,蛇龙丸,天王球,天王丸);Spider Cactus, Spider Chin Cactus ■
182442 Gymnocalycium denudatum (Link et Otto) Pfeiff. ex J. Forst. var. paraguayense (K. Schum.) Borg;海王球(海王丸)■☆
182443 Gymnocalycium fleischerianum Jajó ex Backeb.;蛇纹玉(蛇纹球)■
182444 Gymnocalycium gibbosum Pfeiff. ex Foerster;九纹龙;Chin Cactus, Gibbous Chin Cactus ■
182445 Gymnocalycium grandiflorum Backeb.;巨轮玉■
182446 Gymnocalycium horridispinum G. Frank ex H. Till;恐龙球(恐龙丸,钟鬼球)■
182447 Gymnocalycium hybopleurum (K. Schum.) Backeb.;碧岩玉■
182448 Gymnocalycium hyptiacanthum (Lem.) Britton et Rose;雪冠玉■
182449 Gymnocalycium joossensianum Britton et Rose;明宝玉■
182450 Gymnocalycium lafaldensis Vaupel;罗星球;Lafaldense Chin Cactus ■
182451 Gymnocalycium leeanum (Hook.) Britton et Rose;夕爋球(夕爋丸)■
182452 Gymnocalycium leeanum Britton et Rose var. netrelianum (Monv.) Backeb.;稚龙球(稚龙丸)■
182453 Gymnocalycium leptanthum Speg.;丽富玉(丽富球)■
182454 Gymnocalycium marsoneri Y. Ito;绫鼓■
182455 Gymnocalycium mazanense Backeb.;魔天龙■
182456 Gymnocalycium megalothelos Britton et Rose;宝卵玉(宝卵球)■
182457 Gymnocalycium mesopotamicum R. Kiesling;湿生裸萼球■☆
182458 Gymnocalycium michoga Y. Ito;蛇斑龙■
182459 Gymnocalycium mihanovichii (Frič et Gürke) Britton et Rose;瑞云球(瑞云丸,瑞云仙人球);Michanovich Chin Cactus, Plains Cactus ■
182460 Gymnocalycium mihanovichii (Frič et Gürke) Britton et Rose 'Red Cap' = Gymnocalycium mihanovichii (Frič et Gürke) Britton et Rose 'Red Head' ■☆
182461 Gymnocalycium mihanovichii (Frič et Gürke) Britton et Rose 'Red Head';绯牡丹■☆
182462 Gymnocalycium mihanovichii (Frič et Gürke) Britton et Rose 'Rubra';红瑞云球■☆
182463 Gymnocalycium mihanovichii (Frič et Gürke) Britton et Rose var. friedrichii Werderm.;牡丹玉■☆
182464 Gymnocalycium monvillei Pfeiff. ex Britton et Rose;云龙■
182465 Gymnocalycium mostii (Gürke) Britton et Rose;红蛇球(红蛇丸);Most Chin Cactus ■
182466 Gymnocalycium multiflorum (Hook.) Britton et Rose;多花球(多花玉);Manyflower Chin Cactus ■
182467 Gymnocalycium nidulans Backeb.;猛鹫玉■
182468 Gymnocalycium nigriareolatum Backeb.;曛装玉■
182469 Gymnocalycium oenanthemum Backeb.;纯绯玉;Oenanthem Chin Cactus ■
182470 Gymnocalycium parvulum (Speg.) Speg.;曛冠玉■
182471 Gymnocalycium pflanzii (Vaupel) Werderm.;天赐玉■
182472 Gymnocalycium platense (Vaupel) Britton et Rose;蛟龙球(蛟龙丸)■
182473 Gymnocalycium quehlianum Vaupel;龙头仙人球(龙头)■
182474 Gymnocalycium ragonesei A. Cast.;拉氏白花裸萼球■☆
182475 Gymnocalycium ritterianum Rausch;里特里裸萼球■☆
182476 Gymnocalycium saglione (F. Cels) Britton et Rose;新天地(金碧仙人球);Giant Chin Cactus, Saglionis Chin Cactus ■
182477 Gymnocalycium schickendantzii (F. A. C. Weber) Britton et Rose;波光龙■
182478 Gymnocalycium sigelianum (Schick) Hosseus;征冠玉■
182479 Gymnocalycium spegazzinii Britton et Rose;天平球(天平冠,天平丸)■
182480 Gymnocalycium stellatum (Speg.) Speg.;守殿玉■
182481 Gymnocalycium stuckertii Britton et Rose;万珠玉■
182482 Gymnocalycium sutterianum (Schick) Hosseus;王冠玉■
182483 Gymnocalycium tilcarense (Backeb.) H. Till et W. Till = Brachycalycium tilcarense Backeb. ■☆
182484 Gymnocalycium triacanthum Backeb.;十字军■
182485 Gymnocalycium tudae Y. Ito;碧盘■
182486 Gymnocalycium uebelmannianum Rausch;乌伯裸萼球■☆
182487 Gymnocalycium uruguayense Britton et Rose;圣姿球(圣姿丸)■
182488 Gymnocalycium valnicekianum Jajó;活火山■
182489 Gymnocalycium vatteri Buining;春秋之壶■
182490 Gymnocarpon Pers. = Gymnocarpos Forssk. ●
182491 Gymnocarpos Forssk. (1775);裸果木属;Gymnocarpos, Nakedfruit, Oak Fern ●
182492 Gymnocarpos Forssk. = Paronychia Mill. ■
182493 Gymnocarpos decandrus Forssk. f. salsoloides (Webb ex H. Christ) Chaudhri = Gymnocarpos decander Forssk. ●☆
182494 Gymnocarpos decandus Forssk.;十雄蕊裸果木●☆
182495 Gymnocarpos fruticosus (Vahl) Pers. = Gymnocarpos decander Forssk. ●☆
182496 Gymnocarpos fruticosus Pers. = Gymnocarpos decander Forssk. ●☆
182497 Gymnocarpos parvibractus (M. G. Gilbert) Petruss. et Thulin;细裂裸果木●☆
182498 Gymnocarpos przewalskii Bunge ex Maxim.;裸果木(瘦果石竹);Nakedfruit, Przewalsk Gymnocarpos ●◇
182499 Gymnocarpos przewalskii Bunge ex Maxim. var. scabrida Chaudhri = Gymnocarpos przewalskii Bunge ex Maxim. ●◇
182500 Gymnocarpos przewalskii Maxim. = Gymnocarpos przewalskii Bunge ex Maxim. ●◇
182501 Gymnocarpos przewalskii Maxim. var. scabrida Chaudhri = Gymnocarpos przewalskii Bunge ex Maxim. ●◇
182502 Gymnocarpos salsaloides Webb ex Christ = Gymnocarpos decander Forssk. ●☆
182503 Gymnocarpos sclerocephalus (Decne.) Ahlgren et Thulin = Sclerocephalus arabicus Boiss. ●☆
182504 Gymnocarpum DC. = Gymnocarpos Forssk. ●
182505 Gymnocarpus Thouars ex Baill. = Uapaca Baill. ■☆
182506 Gymnocarpus Viv. = Gymnocarpos Forssk. ●
182507 Gymnocaulis (Nutt.) Nutt. = Aphyllon Mitch. ■
182508 Gymnocaulis (Nutt.) Nutt. = Polyclonos Raf. ■
182509 Gymnocaulis Nutt. = Aphyllon Mitch. ■
182510 Gymnocaulus Phil. = Calycera Cav. (保留属名)■☆
182511 Gymnocereus Backeb. (1956);美翠柱属●☆
182512 Gymnocereus Backeb. = Browningia Britton et Rose ●☆

182513 Gymnocereus Rauh et Backeb. = Browningia Britton et Rose ●☆
182514 Gymnocereus Rauh et Backeb. = Gymnocereus Backeb. ●☆
182515 Gymnocereus Rauh ex Backeb. = Browningia Britton et Rose ●☆
182516 Gymnocereus microspermus (Werderm. et Backeb.) Backeb.;美翠柱●☆
182517 Gymnochaeta Steud. = Schoenus L. ■
182518 Gymnochaete Benth. et Hook. f. = Gymnochaeta Steud. ■
182519 Gymnochaete Benth. et Hook. f. = Schoenus L. ■
182520 Gymnochilus Blume = Cheirostylis Blume ■
182521 Gymnochilus Blume(1859);裸唇兰属■☆
182522 Gymnochilus nudum Blume;裸唇兰■☆
182523 Gymnochilus recurvum Blume = Cheirostylis nuda (Thouars) Ormerod ■☆
182524 Gymnocladus Lam.(1785)(保留属名);肥皂荚属;Coffee Tree,Coffeetree,Coffee-tree,Soappod ●
182525 Gymnocladus canadensis Lam. = Gymnocladus dioicus (L.) K. Koch ●☆
182526 Gymnocladus chinensis Baill.;肥皂荚(肥皂豆,肥皂树,肥猪子,肉皂荚,肉皂角,油皂);Chinese Coffeetree,Soap Tree,Soappod ●
182527 Gymnocladus dioicus (L.) K. Koch;美国肥皂荚(北美肥皂荚,加拿大肥皂荚,美洲肥皂荚);Canada Soappod,Chicot,Kentucky Coffee,Kentucky Coffee Tree,Kentucky Coffeetree,Kentucky Coffee-tree,Knickier Tree ●☆
182528 Gymnocladus dioicus (L.) K. Koch 'Variegata';斑叶美洲肥皂荚●☆
182529 Gymnocladus guangxiensis P. C. Huang et Q. W. Yao;广西肥皂荚;Guangxi Coffeetree,Guangxi Soappod ●
182530 Gymnocline Cass. = Chrysanthemum L.(保留属名)■●
182531 Gymnocline Cass. = Tanacetum L. ■●
182532 Gymnococca Fisch. et C. A. Mey. ex Fisch. Mey. et Avé-Lall. = Pimelea Banks ex Gaertn.(保留属名)●☆
182533 Gymnococca C. A. Mey. = Pimelea Banks ex Gaertn.(保留属名)●☆
182534 Gymnocondylus R. M. King et H. Rob.(1972);梭果尖泽兰属■☆
182535 Gymnocondylus galeopsifolius (Gardner) R. M. King et H. Rob.;梭果尖泽兰■☆
182536 Gymnocoronis DC.(1836);裸冠菊属(史必草属)■
182537 Gymnocoronis spilanthoides (D. Don ex Hook. et Arn.) DC.;裸冠菊(史必草);Senegal Tea ■
182538 Gymnocoronis spilanthoides (D. Don) DC. = Gymnocoronis spilanthoides (D. Don ex Hook. et Arn.) DC. ■
182539 Gymnocoronis spilanthoides DC. = Gymnocoronis spilanthoides (D. Don ex Hook. et Arn.) DC. ■
182540 Gymnodes (Griseb.) Fourr. = Luzula DC.(保留属名)■
182541 Gymnodes Fourr. = Luzula DC.(保留属名)■
182542 Gymnodiscus Less.(1831);裸盘菊属■☆
182543 Gymnodiscus capillaris (L. f.) DC.;发状裸盘菊■☆
182544 Gymnodiscus linearifolius DC.;线叶裸盘菊■☆
182545 Gymnogonum Parry = Goodmania Reveal et Ertter ■☆
182546 Gymnogyne (F. Didr.) F. Didr. = Boehmeria Jacq. ●
182547 Gymnogyne F. Didr. = Boehmeria Jacq. ●
182548 Gymnogyne Steetz = Cotula L. ■
182549 Gymnolaema Benth. = Sacleuxia Baill. ■☆
182550 Gymnolaema newii Benth. = Sacleuxia salicina Baill. ■☆
182551 Gymnolaema tuberosa E. A. Bruce = Sacleuxia tuberosa (E. A. Bruce) Bullock ■☆
182552 Gymnolaena (DC.) Rydb.(1915);裸被菊属●☆
182553 Gymnolaena Rydb. = Gymnolaena (DC.) Rydb. ●☆
182554 Gymnolaena integrifolia Rydb.;裸被菊●☆
182555 Gymnoleima Decne. = Lithodora Griseb. + Moltkia Lehm. ●■☆
182556 Gymnoleima Decne. = Moltkia Lehm. ●■☆
182557 Gymnoloma Ker Gawl. = Gymnolomia Kunth ■☆
182558 Gymnolomia Kunth = Aspilia Thouars ■☆
182559 Gymnolomia Kunth = Wedelia Jacq.(保留属名)■●
182560 Gymnolomia brevifolia Greene ex Wooton et Standl. = Heliomeris multiflora Nutt. var. brevifolia (Greene ex Wooton et Standl.) W. F. Yates ■☆
182561 Gymnolomia longifolia B. L. Rob. et Greenm. = Heliomeris longifolia (B. L. Rob. et Greenm.) Cockerell ■☆
182562 Gymnolomia multiflora (Nutt.) Benth. et Hook. f. var. annua M. E. Jones = Heliomeris longifolia (B. L. Rob. et Greenm.) Cockerell var. annua (M. E. Jones) W. F. Yates ■☆
182563 Gymnolomia nevadensis A. Nelson = Heliomeris multiflora Nutt. var. nevadensis (A. Nelson) W. F. Yates ■☆
182564 Gymnolomia triloba A. Gray = Zaluzania grayana B. L. Rob. et Greenm. ■☆
182565 Gymnoluma Baill. = Elaeoluma Baill. ●☆
182566 Gymnoluma Baill. = Lucuma Molina ●
182567 Gymnoluma usambarensis (Engl.) Baehni = Synsepalum cerasiferum (Welw.) T. D. Penn. ●☆
182568 Gymnomesium Schott = Arum L. ■☆
182569 Gymnomyosotis (A. DC.) O. D. Nikif. = Myosotis L. ■
182570 Gymnonychium Bartl. = Agathosma Willd.(保留属名)●☆
182571 Gymnopentzia Benth.(1873);对叶杯子菊属●☆
182572 Gymnopentzia bifurcata Benth.;对叶杯子菊■☆
182573 Gymnopentzia pilifera N. E. Br. = Gymnopentzia bifurcata Benth. ■☆
182574 Gymnopetalum Arn.(1840);金瓜属(裸瓣瓜属,裸瓣花属);Goldenmelon,Gymnopetalum ■
182575 Gymnopetalum chinense (Lour.) Merr.;金瓜(瓣瓜,老鼠瓜,裸瓣瓜,台湾金瓜,天花粉,野苦瓜,越南裸瓣瓜);Cochinchina Gymnopetalum,Golden Gymnopetalum,Goldenmelon,Taiwan Goldenmelon ■
182576 Gymnopetalum cochinchinense (Lour.) Kurz = Gymnopetalum chinense (Lour.) Merr. ■
182577 Gymnopetalum cochinchinense Kurz = Gymnopetalum chinense (Lour.) Merr. ■
182578 Gymnopetalum heterophyllum Kurz = Gymnopetalum chinense (Lour.) Merr. ■
182579 Gymnopetalum horsfleldii Miq. = Thladiantha cordifolia (Blume) Cogn. ■
182580 Gymnopetalum integrifolium (Roxb.) Kurz;凤瓜(白斑金瓜,风瓜);Entireleaf Goldenmelon,Penicaud Gymnopetalum ■
182581 Gymnopetalum integrifolium (Roxb.) Kurz var. penicaudii (Gagnep.) W. J. de Wilde et Duyfjes = Gymnopetalum integrifolium (Roxb.) Kurz ■
182582 Gymnopetalum japonicum Miq. = Trichosanthes japonica (Miq.) Regel ■☆
182583 Gymnopetalum leucostictum Miq. = Gymnopetalum integrifolium (Roxb.) Kurz ■
182584 Gymnopetalum monoicum Gagnep. = Gymnopetalum integrifolium (Roxb.) Kurz ■

182585 Gymnopetalum monoicum Gagnep. var. incisa Gagnep. = Gymnopetalum integrifolium (Roxb.) Kurz ■

182586 Gymnopetalum penicaudii Gagnep. = Gymnopetalum integrifolium (Roxb.) Kurz ■

182587 Gymnopetalum piperifolium Miq. = Thladiantha cordifolia (Blume) Cogn. ■

182588 Gymnopetalum quinquelobatum Merr. = Gymnopetalum chinense (Lour.) Merr. ■

182589 Gymnopetalum quinquelobum Miq. = Gymnopetalum chinense (Lour.) Merr. ■

182590 Gymnopetalum scabrum (Lour.) W. J. de Wilde et Duyfjes var. penicaudii (Gagnep.) W. J. de Wilde et Duyfjes = Gymnopetalum integrifolium (Roxb.) Kurz ■

182591 Gymnophragma Lindau. (1917);裸篱爵床属☆

182592 Gymnophragma simplex Lindau;裸篱爵床☆

182593 Gymnophyton Clos(1848);裸芹属■☆

182594 Gymnophyton flexuosum Clos;裸芹■☆

182595 Gymnophyton foliosum Phil.;多叶裸芹■☆

182596 Gymnophyton kingii Phil.;金氏裸芹■☆

182597 Gymnophyton robustum Clos;粗壮裸芹■☆

182598 Gymnopodium Rolfe(1901);两性蓼树属●☆

182599 Gymnopodium floribundum Rolfe;繁花两性蓼树●☆

182600 Gymnopodium ovatifolium S. F. Blake;卵叶两性蓼树●☆

182601 Gymnopogon P. Beauv. (1812);裸芒草属(裸须草属)■☆

182602 Gymnopogon ambiguus (Michx.) Britton, Sterns et Poggenb.;裸芒草;Beard Grass, Bearded Skeleton Grass ■☆

182603 Gymnopogon mensense Schweinf. = Chloris mensensis (Schweinf.) Cufod. ■☆

182604 Gymnopoma N. E. Br. = Skiatophytum L. Bolus ■☆

182605 Gymnopsis DC. = Gymnolomia Kunth ■☆

182606 Gymnopsis uniserialis Hook. = Sclerocarpus uniserialis (Hook.) Benth. et Hook. f. ex Hemsl. ■☆

182607 Gymnopyrenum Dulac = Cotoneaster Medik. ●

182608 Gymnorebutia Doweld = Weingartia Werderm. ■☆

182609 Gymnorebutia Doweld(2001);玻轮冠属■☆

182610 Gymnoreima Endl. = Gymnoleima Decne. ●■☆

182611 Gymnoreima Endl. = Lithodora Griseb. + Moltkia Lehm. ●■☆

182612 Gymnorinorea Keay = Decorsella A. Chev. ■☆

182613 Gymnorinorea abidjanensis (Aubrév. et Pellegr.) Keay = Decorsella paradoxa A. Chev. ■☆

182614 Gymnoschoenus Nees(1841);裸莎属■☆

182615 Gymnoschoenus adustus Nees;裸莎■☆

182616 Gymnoschoenus sphaeocephalus (R. Br.) Hook. f.;扣裸莎;Button Grass ■☆

182617 Gymnosciadium Hochst. = Pimpinella L. ■

182618 Gymnosciadium pimpinelloides Hochst. = Pimpinella pimpinelloides (Hochst.) H. Wolff ■☆

182619 Gymnosciadium pusillum Pic. Serm. = Pimpinella pimpinelloides (Hochst.) H. Wolff ■☆

182620 Gymnosiphon Blume(1827);腐草属;Stalegrass ■

182621 Gymnosiphon aphyllum Blume;腐草(无叶腐草,小水玉簪);Dwarf Stalegrass, Leafless Stalegrass ■

182622 Gymnosiphon congestus C. H. Wright = Burmannia congesta (C. H. Wright) Jonker ■☆

182623 Gymnosiphon danguyanus H. Perrier;当吉腐草■☆

182624 Gymnosiphon longistylus (Benth.) Hutch. et Dalziel;长穗腐草■☆

182625 Gymnosiphon nanum (Fukuy. et T. Suzuki) Tuyama = Gymnosiphon aphyllus Blume ■

182626 Gymnosiphon squamatus C. H. Wright = Gymnosiphon longistylus (Benth.) Hutch. et Dalziel ■☆

182627 Gymnosiphon usambaricus Engl.;乌桑巴拉腐草■☆

182628 Gymnosperma Less. (1832);胶头菊属(裸籽菊属,裸子菊属);Gumhead, Gymnosperms ●☆

182629 Gymnosperma glutinosum (Spreng.) Less.;胶头菊(胶裸子菊,胶头裸子菊);Gumhead ■☆

182630 Gymnosperma glutinosum Less. = Gymnosperma glutinosum (Spreng.) Less. ■☆

182631 Gymnospermium Spach(1839);牡丹草属(新牡丹草属,新牡丹属)■

182632 Gymnospermium altaicum (Pall.) Spach;阿尔泰牡丹草(阿尔泰新牡丹);Altai Leontice ■

182633 Gymnospermium kiangnanense (P. L. Chiu) Lecomte;江南牡丹草;Jiangnan Peonygrass ■

182634 Gymnospermium microrrhynchum (S. Moore) Takht.;牡丹草(山地豆);Leontice, Littlebeaked Peonygrass ■

182635 Gymnosporia (Wight et Arn.) Benth. et Hook. f. (1862)(保留属名);裸实属●

182636 Gymnosporia (Wight et Arn.) Benth. et Hook. f. (保留属名) = Maytenus Molina ●

182637 Gymnosporia (Wight et Arn.) Hook. f. = Gymnosporia (Wight et Arn.) Benth. et Hook. f. (保留属名)●

182638 Gymnosporia (Wight et Arn.) Hook. f. = Maytenus Molina ●

182639 Gymnosporia Benth. et Hook. f. = Gymnosporia (Wight et Arn.) Benth. et Hook. f. (保留属名)●

182640 Gymnosporia Benth. et Hook. f. = Maytenus Molina ●

182641 Gymnosporia acanthophora Loes. = Gymnosporia heterophylla (Eckl. et Zeyh.) Loes. ●☆

182642 Gymnosporia acuminata (L. f.) Szyszyl.;尖裸实●☆

182643 Gymnosporia acuminata (L. f.) Szyszyl. var. lepidota (Loes.) Loes. = Gymnosporia acuminata (L. f.) Szyszyl. ●☆

182644 Gymnosporia acuminata Hook. f. = Maytenus hookeri Loes. ●

182645 Gymnosporia albata (N. E. Br.) Sim = Maytenus albata (N. E. Br.) Ernst Schmidt et Jordaan ●☆

182646 Gymnosporia amaniensis Loes. = Maytenus acuminata (L. f.) Loes. ●☆

182647 Gymnosporia amapondensis Sim = Robsonodendron eucleiforme (Eckl. et Zeyh.) R. H. Archer ●☆

182648 Gymnosporia ambonensis Loes. = Gymnosporia gracilis Loes. ●☆

182649 Gymnosporia angularis (Sond.) Sim = Gymnosporia heterophylla (Eckl. et Zeyh.) Loes. ●☆

182650 Gymnosporia angularis (Sond.) Sim var. grandifolia Davison = Gymnosporia grandifolia (Davison) Jordaan ●☆

182651 Gymnosporia angustifolia (C. Presl ex Sond.) Loes. = Robsonodendron eucleiforme (Eckl. et Zeyh.) R. H. Archer ●☆

182652 Gymnosporia annobonensis Loes. et Mildbr. = Maytenus annobonensis (Loes. et Mildbr.) Exell ●☆

182653 Gymnosporia antunesii Loes. = Gymnosporia senegalensis (Lam.) Loes. ●☆

182654 Gymnosporia apiculata Sim = Robsonodendron maritimum (Bolus) R. H. Archer ●☆

182655 Gymnosporia arbutifolia (Hochst. ex A. Rich.) Loes.;浆果鹃叶裸实●☆

182656 Gymnosporia arbutifolia (Hochst. ex A. Rich.) Loes. subsp. sidamoensis (Sebsebe) Jordaan;锡达莫美登木●☆

182657 Gymnosporia arenicola Jordaan;沙生美登木●☆

182658 Gymnosporia atkaio (A. Rich.) Loes. = Gymnosporia arbutifolia (Hochst. ex A. Rich.) Loes. ●☆

182659 Gymnosporia bachmannii Loes.;巴克曼美登木●☆

182660 Gymnosporia baumii Loes. = Gymnosporia senegalensis (Lam.) Loes. ●☆

182661 Gymnosporia benguelensis Loes. = Gymnosporia senegalensis (Lam.) Loes. ●☆

182662 Gymnosporia bequaertii De Wild. = Gymnosporia heterophylla (Eckl. et Zeyh.) Loes. ●☆

182663 Gymnosporia berberioides W. W. Sm. = Maytenus berberioides (W. W. Sm.) S. J. Pei et Y. H. Li ●

182664 Gymnosporia berberoides W. W. Sm.;小檗美登木(小檗状裸实,小檗状美登木);Barberry Mayten,Barberry-like Mayten ●

182665 Gymnosporia borumensis Loes. = Gymnosporia putterlickioides Loes. ●☆

182666 Gymnosporia botsabelensis Loes. = Gymnosporia tenuispina (Sond.) Szyszyl. ●☆

182667 Gymnosporia buchananii Loes.;布坎南美登木(布昌美登木,布昌南美登木,山檨美登木);Buchanan Mayten ●☆

182668 Gymnosporia bukobina Loes. = Maytenus acuminata (L. f.) Loes. ●☆

182669 Gymnosporia buxifolia (L.) Szyszyl.;黄杨叶美登木●☆

182670 Gymnosporia buxifolia (L.) Szyszyl. var. glomeruliflora Davison = Gymnosporia buxifolia (L.) Szyszyl. ●☆

182671 Gymnosporia buxifolioides Loes. = Gymnosporia heterophylla (Eckl. et Zeyh.) Loes. ●☆

182672 Gymnosporia capitata (E. Mey. ex Sond.) Loes.;头状美登木●☆

182673 Gymnosporia castellii Pic. Serm. = Maytenus gracilipes (Welw. ex Oliv.) Exell subsp. arguta (Loes.) Sebsebe ●☆

182674 Gymnosporia concinna (N. E. Br.) Bews = Gymnosporia harveyana Loes. ●☆

182675 Gymnosporia condensata Sprague = Gymnosporia buxifolia (L.) Szyszyl. ●☆

182676 Gymnosporia cordata (E. Mey. ex Sond.) Sim = Maytenus cordata (E. Mey. ex Sond.) Loes. ●☆

182677 Gymnosporia coriacea (Guillaumin et Perr.) Egeling = Gymnosporia senegalensis (Lam.) Loes. ●☆

182678 Gymnosporia crataegiflora Davidson = Gymnosporia woodii Szyszyl. ●☆

182679 Gymnosporia crenulata Engl. = Gymnosporia senegalensis (Lam.) Loes. ●☆

182680 Gymnosporia deflexa Sprague = Maytenus deflexa (Sprague) Ernst Schmidt et Jordaan ●☆

182681 Gymnosporia dinteri Loes. = Gymnosporia senegalensis (Lam.) Loes. ●☆

182682 Gymnosporia diversifolia Hemsl. = Maytenus diversifolia (Maxim.) Ding Hou ●

182683 Gymnosporia diversifolia Maxim.;变叶美登木(北仲,变叶裸实,刺裸实,刺仔木,光叶美登木,绣花针,咬眼刺);Diverseleaf Mayten, Smooth-leaf Mayten, Thorny Gymnosporia, Variable-leaved Mayten, Varyleaf Mayten, Velvetleaf Mayten ●

182684 Gymnosporia drummondii (N. Robson et Sebsebe) Jordaan;德拉蒙德美登木●☆

182685 Gymnosporia ellenbeckii Loes. = Maytenus gracilipes (Welw. ex Oliv.) Exell subsp. arguta (Loes.) Sebsebe ●☆

182686 Gymnosporia elliptica (Thunb.) Schönland;椭圆美登木●☆

182687 Gymnosporia emarginata (Willd.) Thwaites;台湾美登木(红头裸实,兰屿裸实,三出美登木,三裂裸实,微缺美登木);Emarginate Mayten, Lanyu Gymnosporia, Taiwan Mayten ●

182688 Gymnosporia eminiana Loes. = Gymnosporia senegalensis (Lam.) Loes. ●☆

182689 Gymnosporia engleriana Loes. = Gymnosporia arbutifolia (Hochst. ex A. Rich.) Loes. ●☆

182690 Gymnosporia engleriana Loes. var. macrantha ? = Gymnosporia arbutifolia (Hochst. ex A. Rich.) Loes. ●☆

182691 Gymnosporia eremoecusa Loes. = Gymnosporia senegalensis (Lam.) Loes. ●☆

182692 Gymnosporia esquirolii H. Lév.;贵州美登木(贵州裸实,细叶裸实);Esquirol Mayte, Guizhou Mayten ●

182693 Gymnosporia esquirolii H. Lév. = Maytenus esquirolii (H. Lév.) C. Y. Cheng ●

182694 Gymnosporia euonymoides (Welw. ex Oliv.) Loes. = Gymnosporia putterlickioides Loes. subsp. euonymoides (Welw. ex Oliv.) Jordaan ●☆

182695 Gymnosporia fasciculata (Tul.) Loes. = Maytenus undata (Thunb.) Blakelock ●☆

182696 Gymnosporia ferruginea Baker = Euclea crispa (Thunb.) Gürke ●☆

182697 Gymnosporia filamentosa Loes. var. brevistaminea ? = Gymnosporia arbutifolia (Hochst. ex A. Rich.) Loes. ●☆

182698 Gymnosporia filamentosa Loes. var. major ? = Gymnosporia buchananii Loes. ●☆

182699 Gymnosporia filamentosa Loes. var. minor ? = Gymnosporia buchananii Loes. ●☆

182700 Gymnosporia filiformis Davison = Maytenus acuminata (L. f.) Loes. ●☆

182701 Gymnosporia fischeri Loes. var. magniflora ? = Gymnosporia putterlickioides Loes. ●☆

182702 Gymnosporia fischeri Loes. var. parviflora ? = Gymnosporia putterlickioides Loes. ●☆

182703 Gymnosporia gilletii De Wild. et T. Durand = Gymnosporia gracilipes (Welw. ex Oliv.) Loes. ●☆

182704 Gymnosporia glauca Loes. = Gymnosporia heterophylla (Eckl. et Zeyh.) Loes. ●☆

182705 Gymnosporia glaucophylla Jordaan;灰叶美登木●☆

182706 Gymnosporia goetzeana Loes. = Maytenus undata (Thunb.) Blakelock ●☆

182707 Gymnosporia gracilipes (Welw. ex Oliv.) Loes.;细梗美登木●☆

182708 Gymnosporia gracilipes (Welw. ex Oliv.) Loes. subsp. arguta (Loes.) Jordaan;锐齿细梗美登木●☆

182709 Gymnosporia gracilipes (Welw. ex Oliv.) Loes. var. arguta Loes. = Gymnosporia gracilipes (Welw. ex Oliv.) Loes. subsp. arguta (Loes.) Jordaan ●☆

182710 Gymnosporia graciliramula (S. J. Pei et Y. H. Li) Q. R. Liu et Funston;疏花美登木(细梗美登木);False-raceme Mayten, Lax-flowered Mayten ●

182711 Gymnosporia gracilis Loes.;纤细美登木●☆

182712 Gymnosporia gracilis Loes. subsp. usambarensis Jordaan;乌桑巴拉美登木●☆

182713 Gymnosporia grandifolia (Davison) Jordaan;大叶美登木●☆

182714 Gymnosporia hainanensis Merr. et Chun = Maytenus hainanensis (Merr. et Chun) C. Y. Cheng ●

182715 Gymnosporia harenensis (Sebsebe) Jordaan;哈伦裸实●☆

182716 Gymnosporia harveyana Loes.;哈维美登木●☆

182717 Gymnosporia harveyana Loes. subsp. stolzii (N. Robson) Jordaan;斯托尔兹美登木●☆

182718 Gymnosporia heterophylla (Eckl. et Zeyh.) Loes.;异叶裸实●☆

182719 Gymnosporia huillensis (Welw. ex Oliv.) Szyszyl. = Maytenus undata (Thunb.) Blakelock ●☆

182720 Gymnosporia ilicina (Burch.) Davison = Maytenus ilicina (Burch.) Loes. ●☆

182721 Gymnosporia integrifolia (L. f.) R. Glover = Gloveria integrifolia (L. f.) Jordaan ●☆

182722 Gymnosporia intermedia Chiov. = Gymnosporia senegalensis (Lam.) Loes. ●☆

182723 Gymnosporia jinyangensis (C. Yu Cheng) Q. R. Liu et Funston;金阳美登木(多刺美登木);Jinyang Mayten, Sinomontanous Mayten ●

182724 Gymnosporia keniensis (Loes.) Jordaan;肯尼亚美登木●☆

182725 Gymnosporia lanceolata (Eckl. et Zeyh.) Loes. = Gymnosporia linearis (L. f.) Loes. subsp. lanceolata (E. Mey. ex Sond.) Jordaan ●☆

182726 Gymnosporia lancifolia (Thonn.) Loes. = Maytenus undata (Thunb.) Blakelock ●☆

182727 Gymnosporia laurina (Thunb.) Szyszyl. = Maytenus oleoides (Lam.) Loes. ●☆

182728 Gymnosporia lepidota Loes. = Gymnosporia acuminata (L. f.) Szyszyl. ●☆

182729 Gymnosporia lepidota Loes. var. kilimandscharica ? = Gymnosporia acuminata (L. f.) Szyszyl. ●☆

182730 Gymnosporia linearis (L. f.) Loes.;线状美登木●☆

182731 Gymnosporia linearis (L. f.) Loes. subsp. lanceolata (E. Mey. ex Sond.) Jordaan;披针形美登木●☆

182732 Gymnosporia livingstonei Jordaan;利文斯通美登木●☆

182733 Gymnosporia lucida (L.) Loes. = Maytenus lucida (L.) Loes. ●☆

182734 Gymnosporia luteola (Delile) Szyszyl. = Maytenus undata (Thunb.) Blakelock ●☆

182735 Gymnosporia macrocarpa Jordaan;大果裸实●☆

182736 Gymnosporia maliensis Schnell = Maytenus undata (Thunb.) Blakelock ●☆

182737 Gymnosporia maranguensis (Loes.) Loes.;马兰古美登木●☆

182738 Gymnosporia masindei (Gereau) Jordaan;马辛德裸实●☆

182739 Gymnosporia meruensis Loes. = Gymnosporia acuminata (L. f.) Szyszyl. ●☆

182740 Gymnosporia montana (Roth) Benth.;山地裸实●☆

182741 Gymnosporia montana (Roth) Benth. = Gymnosporia senegalensis (Lam.) Loes. ●☆

182742 Gymnosporia montana (Roth) Benth. = Maytenus senegalensis (Lam.) Exell ●☆

182743 Gymnosporia montana Benth. = Gymnosporia montana (Roth) Benth. ●☆

182744 Gymnosporia mossambicensis (Klotzsch) Loes.;莫桑比克裸实●☆

182745 Gymnosporia nemorosa (Eckl. et Zeyh.) Szyszyl.;森林美登木●☆

182746 Gymnosporia nguruensis (N. Robson et Sebsebe) Jordaan;恩古鲁裸实●☆

182747 Gymnosporia nyasica Burtt Davy et Hutch. = Pterocelastrus echinatus N. E. Br. ●☆

182748 Gymnosporia nyassica Gilli = Gymnosporia heterophylla (Eckl. et Zeyh.) Loes. ●☆

182749 Gymnosporia obbiadensis Chiov.;奥巴迪裸实●☆

182750 Gymnosporia obscura (A. Rich.) Loes.;隐匿裸实●☆

182751 Gymnosporia orbiculata (C. Y. Wu ex S. J. Pei et Y. H. Li) Q. R. Liu et Funston;厚叶美登木(圆叶叶美登木);Orbiculate Mayten, Roundleaf Mayten, Thickleaf Mayten ●

182752 Gymnosporia oxycarpa (N. Robson) Jordaan;尖果裸实●☆

182753 Gymnosporia parviflora (Vahl) Chiov.;小花裸实●☆

182754 Gymnosporia peduncularis (Sond.) Loes. = Maytenus peduncularis (Sond.) Loes. ●☆

182755 Gymnosporia peglerae Davison = Maytenus undata (Thunb.) Blakelock ●☆

182756 Gymnosporia polyacanthus (Sond.) Szyszyl.;多刺美登木●☆

182757 Gymnosporia polyacanthus (Sond.) Szyszyl. subsp. vaccinifolia (P. Conrath) Jordaan;越橘叶美登木●☆

182758 Gymnosporia populifolia (Lam.) Dümmer = Gymnosporia acuminata (L. f.) Szyszyl. ●☆

182759 Gymnosporia procumbens (L. f.) Loes. = Maytenus procumbens (L. f.) Loes. ●☆

182760 Gymnosporia pubescens (N. Robson) Jordaan;短柔毛美登木●☆

182761 Gymnosporia punctata (Sebsebe) Jordaan;斑点美登木●☆

182762 Gymnosporia putterlickioides Loes.;普氏卫矛美登木●☆

182763 Gymnosporia putterlickioides Loes. subsp. euonymoides (Welw. ex Oliv.) Jordaan;卫矛裸实●☆

182764 Gymnosporia rehmannii Szyszyl. = Maytenus undata (Thunb.) Blakelock ●☆

182765 Gymnosporia rhombifolia (Eckl. et Zeyh.) Bolus et Wolley-Dod = Gymnosporia heterophylla (Eckl. et Zeyh.) Loes. ●☆

182766 Gymnosporia richardsiae (N. Robson et Sebsebe) Jordaan;理查兹裸实●☆

182767 Gymnosporia royleana (Royle) M. A. Lawson = Maytenus royleana (Wall. ex Lawson) Cufod. ●

182768 Gymnosporia royleana Wall. ex M. A. Lawson;被子美登木(阿达子美登木,被子裸实,裸实);Royle's Mayten ●

182769 Gymnosporia royleana Wall. ex M. A. Lawson = Maytenus royleana (Wall. ex Lawson) Cufod. ●

182770 Gymnosporia rubra (Harv.) Loes.;红裸实●☆

182771 Gymnosporia rudatisii Loes. = Robsonodendron eucleiforme (Eckl. et Zeyh.) R. H. Archer ●☆

182772 Gymnosporia rufa (Wall.) M. A. Lawson;淡红美登木(红色梅丹,红色美登木);Foxy-red Mayten, Reddish Mayten, Rufous Mayten ●

182773 Gymnosporia rufa (Wall.) M. A. Lawson = Maytenus rufa (Wall. ex Roxb.) D. C. S. Raju et Babu ●

182774 Gymnosporia saharae (Batt.) Loes. = Gymnosporia senegalensis (Lam.) Loes. ●☆

182775 Gymnosporia saxatilis (Burch.) Davison = Putterlickia saxatilis (Burch.) Jordaan ●☆

182776 Gymnosporia schlechteri Loes. = Gymnosporia schliebenii Jordaan ●☆

182777 Gymnosporia schliebenii Jordaan;施利本裸实●☆

182778 Gymnosporia senegalensis (Lam.) Loes. = Maytenus

senegalensis (Lam.) Exell ●☆
182779 Gymnosporia senegalensis (Lam.) Loes. var. angustifolia Engl. = Gymnosporia senegalensis (Lam.) Loes. ●☆
182780 Gymnosporia senegalensis (Lam.) Loes. var. europaea (Boiss.) Jahand. et Maire = Gymnosporia senegalensis (Lam.) Loes. ●☆
182781 Gymnosporia senegalensis (Lam.) Loes. var. inermis (A. Rich.) Loes. = Gymnosporia senegalensis (Lam.) Loes. ●☆
182782 Gymnosporia senegalensis (Lam.) Loes. var. maranguensis Loes. = Gymnosporia maranguensis (Loes.) Loes. ●☆
182783 Gymnosporia senegalensis (Lam.) Loes. var. spinosa Engl. ex Loes. = Gymnosporia senegalensis (Lam.) Loes. ●☆
182784 Gymnosporia serrata (Hochst. ex A. Rich.) Loes.;具齿美登木●☆
182785 Gymnosporia serrata (Hochst. ex A. Rich.) Loes. var. keniensis Loes. = Gymnosporia keniensis (Loes.) Jordaan ●☆
182786 Gymnosporia serrata (Hochst. ex A. Rich.) Loes. var. obscura (A. Rich.) Fiori = Gymnosporia obscura (A. Rich.) Loes. ●☆
182787 Gymnosporia serrata (Hochst. ex A. Rich.) Loes. var. schimperi (Hochst. ex A. Rich.) Fiori = Gymnosporia serrata (Hochst. ex A. Rich.) Loes. ●☆
182788 Gymnosporia serrata (Hochst. ex A. Rich.) Loes. var. steudneri (Engl.) Loes. = Maytenus gracilipes (Welw. ex Oliv.) Exell subsp. arguta (Loes.) Sebsebe ●☆
182789 Gymnosporia somalensis Loes.;索马里美登木●☆
182790 Gymnosporia tenuispina (Sond.) Szyszyl.;细刺美登木●☆
182791 Gymnosporia tiaoloshanensis Chun et F. C. How;吊罗山美登木(吊罗裸实,吊罗美登木);Diaoluoshan Mayten ●
182792 Gymnosporia tiaoloshanensis Chun et F. C. How = Maytenus tiaoloshanensis (Chun et F. C. How) C. Y. Cheng ●
182793 Gymnosporia trilocularis Hayata = Gymnosporia emarginata (Willd.) Thwaites ●
182794 Gymnosporia trilocularis Hayata = Maytenus emarginata (Willd.) Ding Hou ●
182795 Gymnosporia trothae Loes. = Gymnosporia gracilipes (Welw. ex Oliv.) Loes. ●☆
182796 Gymnosporia undata (Thunb.) Szyszyl. = Maytenus undata (Thunb.) Blakelock ●☆
182797 Gymnosporia uniflora Davison;单花美登木●☆
182798 Gymnosporia vaccinifolia Conrath = Gymnosporia polyacanthus (Sond.) Szyszyl. subsp. vaccinifolia (P. Conrath) Jordaan ●☆
182799 Gymnosporia vanwykii (R. H. Archer) Jordaan;万维裸实●☆
182800 Gymnosporia variabilis (Hemsl.) Loes.;刺茶裸实(刺茶,刺茶美登木,广西刺茶,广西美登木,牛王刺);Variable Mayten ●
182801 Gymnosporia variabilis (Hemsl.) Loes. = Maytenus variabilis (Hemsl.) C. Y. Cheng ●
182802 Gymnosporia wallichiana (Spreng.) M. A. Lawson = Maytenus wallichiana (Spreng.) D. C. S. Raju et Babu ●☆
182803 Gymnosporia wallichiana M. A. Lawson;沃利克裸实(华氏裸实)●☆
182804 Gymnosporia woodii Szyszyl.;伍得美登木●☆
182805 Gymnosporia zanzibarica Loes. = Gymnosporia gracilis Loes. ●☆
182806 Gymnosporia zeyheri (Sond.) Davison = Maytenus undata (Thunb.) Blakelock ●☆
182807 Gymnostachium Rchb. = Gymnostachyum Nees ■
182808 Gymnostachys R. Br. (1810);裸穗南星属■☆
182809 Gymnostachys anceps R. Br.;二棱裸穗南星■☆
182810 Gymnostachyum Nees(1832);裸柱草属(裸柱花属)■
182811 Gymnostachyum knoxiifolium C. B. Clarke = Cosmianthemum knoxifolium (C. B. Clarke) B. Hansen ●
182812 Gymnostachyum kwangsiense H. S. Lo;广西裸柱草(广西裸柱花,裸柱草)■
182813 Gymnostachyum leptostachyum Nees;细穗裸柱草(细穗裸柱花)■
182814 Gymnostachyum sanguinolentum (Vahl) T. Anderson;裸柱草■
182815 Gymnostachyum sinense (H. S. Lo) H. Chu;华裸柱草(华穿心莲);China Andrographis ■
182816 Gymnostachyum subrosulatum H. S. Lo;矮裸柱草■
182817 Gymnostechyum Spach = Gymnostachyum Nees ■
182818 Gymnostemon Aubrév. et Pellegr. (1937);裸蕊苦木属●☆
182819 Gymnostemon zaizou Aubrév. et Pellegr.;裸蕊苦木●☆
182820 Gymnostephium Less. (1832);突果菀属●☆
182821 Gymnostephium angustifolium Harv.;细叶突果菀■☆
182822 Gymnostephium ciliare (DC.) Harv.;缘毛突果菀■☆
182823 Gymnostephium corymbosum (Turcz.) Harv.;伞序突果菀■☆
182824 Gymnostephium fruticosum DC.;灌丛突果菀■☆
182825 Gymnostephium gracile Less.;纤细突果菀■☆
182826 Gymnostephium hirsutum Less.;毛突果菀■☆
182827 Gymnostephium leve Bolus;平滑突果菀■☆
182828 Gymnostephium papposum G. L. Nesom;冠毛突果菀■☆
182829 Gymnosteris Greene(1898);裸星花葱属■☆
182830 Gymnosteris nudicaulis Greene;裸星花葱■☆
182831 Gymnostichum Schreb. = Asperella Humb. ■
182832 Gymnostichum Schreb. = Hystrix Moench ■
182833 Gymnostillingia Müll. Arg. = Stillingia Garden ex L. ●■☆
182834 Gymnostoma L. A. S. Johnson(1980);裸孔木属(吉努斯图属)●☆
182835 Gymnostoma australianum L. A. S. Johnson;澳洲裸孔木(澳洲吉努斯图)●☆
182836 Gymnostoma deplancheanum (Miq.) L. A. S. Johnson;裸孔木;Deplanche's She-oak ●☆
182837 Gymnostoma nodiflorum (Thunb.) L. A. S. Johnson;节花裸孔木(节花吉努斯图)●☆
182838 Gymnostyles Juss. = Soliva Ruiz et Pav. ■
182839 Gymnostyles Raf. = Pluchea Cass. ●■
182840 Gymnostyles anthemifolia Juss. = Soliva anthemifolia (Juss.) R. Br. ■
182841 Gymnostyles nasturtifolia Juss. = Soliva stolonifera (Brot.) Sweet ■☆
182842 Gymnostyles pterosperma Juss. = Soliva sessilis Ruiz et Pav. ■☆
182843 Gymnostyles stolonifera (Brot.) Tutin = Soliva stolonifera (Brot.) Sweet ■☆
182844 Gymnostylis B. D. Jacks. = Gymnostyles Raf. ●■
182845 Gymnostylis Raf. = Pluchea Cass. ●■
182846 Gymnoterpe Salisb. = Tapeinanthus Herb. (废弃属名)●☆
182847 Gymnotheca Decne. (1845);裸蒴属;Gymnotheca ■★
182848 Gymnotheca chinensis Decne.;裸蒴(百步还魂,百部还魂,狗笠耳,还魂草,三白草,水百步还魂草,土细草,鱼腥草);China Gymnotheca, Chinese Gymnotheca ■
182849 Gymnotheca involucrata C. P'ei;白苞裸蒴(白侧耳根,白折耳,水折耳,圆叶蕺菜,总苞裸蒴);Whitebract Gymnotheca ■
182850 Gymnothrix P. Beauv. = Pennisetum Rich. ■
182851 Gymnothrix Spreng. = Pennisetum Pers. ■
182852 Gymnothrix cladodes Hochst. ex Steud. = Pennisetum

glaucifolium Hochst. ex A. Rich. ■☆
182853 Gymnothrix flaccida (Griseb.) Munro ex Aitch. = Pennisetum flaccidum Griseb. ■
182854 Gymnothrix gigantea (A. Rich.) Walp. = Pennisetum macrourum Trin. ■☆
182855 Gymnothrix glaucifolia (Hochst. ex A. Rich.) Walp. = Pennisetum glaucifolium Hochst. ex A. Rich. ■☆
182856 Gymnothrix humilis (Hochst. ex A. Rich.) Walp. = Pennisetum humile Hochst. ex A. Rich. ■☆
182857 Gymnothrix longiglumis Munro ex Hook. f. = Pennisetum divisum (Forssk. ex J. F. Gmel.) Henrard ■☆
182858 Gymnothrix nitens Andersson = Pennisetum purpureum Schum. ■
182859 Gymnothrix nubica Hochst. = Pennisetum nubicum (Hochst.) K. Schum. ex Engl. ■☆
182860 Gymnothrix petiolaris Hochst. = Pennisetum petiolare (Hochst.) Chiov. ■☆
182861 Gymnothrix quartiniana (A. Rich.) Walp. = Pennisetum macrourum Trin. ■☆
182862 Gymnothrix riparia (Hochst. ex A. Rich.) Walp. = Pennisetum riparium Hochst. ex A. Rich. ■☆
182863 Gymnothrix riparioides (Hochst. ex A. Rich.) Walp. = Pennisetum macrourum Trin. ■☆
182864 Gymnothrix thuarii P. Beauv. = Pennisetum alopecuroides (L.) Spreng. ■
182865 Gymnothrix uniseta Nees = Pennisetum unisetum (Nees) Benth. ■☆
182866 Gymnotrix P. Beauv. = Pennisetum Rich. ■
182867 Gymnotrix japonica (Trin.) Kunth var. viridescens Miq. = Pennisetum alopecuroides (L.) Spreng. ■
182868 Gymnotrix nitens Andersson = Pennisetum purpureum Schum. ■
182869 Gymnotrix ramosa Hochst. = Pennisetum ramosum (Hochst.) Schweinf. ■☆
182870 Gymnotrix sphacelata Nees = Pennisetum sphacelatum (Nees) T. Durand et Schinz ■☆
182871 Gymnouratella Tiegh. = Ouratea Aubl. (保留属名) ●
182872 Gymnoxis Steud. = Gymnolomia Kunth ■☆
182873 Gymnoxis Steud. = Gymnopsis DC. ■☆
182874 Gymostyles Willd. = Gymnostyles Juss. ■
182875 Gymostyles Willd. = Soliva Ruiz et Pav. ■
182876 Gynactis Cass. = Glossogyne Cass. ■
182877 Gynaecocephalium Hassk. = Gynocephalum Blume (废弃属名) ●☆
182878 Gynaecocephalium Hassk. = Phytocrene Wall. (保留属名) ●☆
182879 Gynaecopachys Hassk. = Gynopachis Blume ●☆
182880 Gynaecopachys Hassk. = Randia L. ●
182881 Gynaecotrochus Hassk. = Gynotroches Blume ●☆
182882 Gynaecura Hassk. = Gynura Cass. (保留属名) ■●
182883 Gynaeum Post et Kuntze = Gynaion A. DC. ●
182884 Gynaion A. DC. = Cordia L. (保留属名) ●
182885 Gynaion vestitum DC. = Cordia vestita (DC.) Hook. f. et Thomson ●☆
182886 Gynamblosis Torr. = Croton L. ●
182887 Gynampsis Raf. = Downingia Torr. (保留属名) ■☆
182888 Gynandriris Parl. (1854);阴阳兰属■☆
182889 Gynandriris Parl. = Moraea Mill. (保留属名) ■
182890 Gynandriris anomala Goldblatt = Moraea contorta Goldblatt ■☆
182891 Gynandriris apetala (L. Bolus) R. C. Foster = Moraea cooperi Baker ■☆
182892 Gynandriris australis Goldblatt = Moraea australis (Goldblatt) Goldblatt ■☆
182893 Gynandriris burchellii (Baker) R. C. Foster = Moraea simulans Baker ■☆
182894 Gynandriris cedarmontana Goldblatt = Moraea cedarmontana (Goldblatt) Goldblatt ■☆
182895 Gynandriris cladostachya (Baker) R. C. Foster = Moraea simulans Baker ■☆
182896 Gynandriris elata (N. E. Br.) R. C. Foster = Moraea simulans Baker ■☆
182897 Gynandriris hesperantha Goldblatt = Moraea hesperantha (Goldblatt) Goldblatt ■☆
182898 Gynandriris longiflora (Ker Gawl.) R. C. Foster = Moraea longiflora Ker Gawl. ■☆
182899 Gynandriris monophylla Boiss. et Heldr. ex Klatt = Moraea mediterranea Goldblatt ■☆
182900 Gynandriris mossii (N. E. Br.) R. C. Foster = Moraea simulans Baker ■☆
182901 Gynandriris pritzeliana (Diels) Goldblatt = Moraea pritzeliana Diels ■☆
182902 Gynandriris propinqua (N. E. Br.) R. C. Foster = Moraea simulans Baker ■☆
182903 Gynandriris rogersii (Baker) R. C. Foster = Moraea setifolia (L. f.) Druce ■☆
182904 Gynandriris setifolia (L. f.) R. C. Foster = Moraea setifolia (L. f.) Druce ■☆
182905 Gynandriris simulans (Baker) R. C. Foster = Moraea simulans Baker ■☆
182906 Gynandriris sisyrinchium (L.) Parl. = Moraea sisyrinchium (L.) Ker Gawl. ■☆
182907 Gynandriris sisyrinchium Parl. = Iris sisyrinchium L. ■☆
182908 Gynandriris spicata (N. E. Br.) R. C. Foster = Moraea simulans Baker ■☆
182909 Gynandriris spiralis (N. E. Br.) R. C. Foster = Moraea herrei (L. Bolus) Goldblatt ■☆
182910 Gynandriris stenocarpa (Schltr.) R. C. Foster = Moraea cooperi Baker ■☆
182911 Gynandriris torta (L. Bolus) R. C. Foster = Moraea pritzeliana Diels ■☆
182912 Gynandropsis DC. (1824) (保留属名);羊角菜属■
182913 Gynandropsis DC. (保留属名) = Cleome L. ●■
182914 Gynandropsis denticulata DC. = Cleome gynandra L. ■
182915 Gynandropsis gynandra (L.) Briq.;白花菜(白花草,臭菜,臭豆角,臭狗粪,臭花菜,臭腊菜,屡析草,五梅草,羊角菜,猪屎草);Bastard Mustard, Cat's Whiskers, Cat's-whiskers, Common Spiderflower, Spiderflower, Spiderwisp ■
182916 Gynandropsis gynandra (L.) Briq. = Cleome gynandra L. ■
182917 Gynandropsis heterotricha (Burch.) DC. = Cleome gynandra L. ■
182918 Gynandropsis heterotricha (Burch.) DC. = Gynandropsis gynandra (L.) Briq. ■
182919 Gynandropsis pentaphylla (L.) DC. = Cleome pentaphylla L. ■☆
182920 Gynandropsis pentaphylla (L.) DC. = Gynandropsis gynandra (L.) Briq. ■
182921 Gynandropsis sinica Miq. = Cleome gynandra L. ■

182922 Gynandropsis sinica Miq. = Gynandropsis gynandra (L.) Briq. ■
182923 Gynandropsis speciosa (Kunth) DC. = Cleome speciosa Raf. ■
182924 Gynandropsis speciosa (Kunth) DC. = Cleoserrata speciosa (Raf.) Iltis ■
182925 Gynandropsis triphylla (L.) DC. = Cleome gynandra L. ■
182926 Gynandropsis viscida Bunge = Cleome gynandra L. ■
182927 Gynanthistrophe Poit. ex DC. = Swartzia Schreb.(保留属名) ●☆
182928 Gynaphanes Steetz = Epaltes Cass. ■
182929 Gynapteina Spach = Schefflera J. R. Forst. et G. Forst.(保留属名)●
182930 Gynastrum Neck. = Guapira Aubl. ●☆
182931 Gynastrum Neck. = Pisonia L. ●
182932 Gynatrix Alef.(1862);坤锦葵属●☆
182933 Gynatrix Alef. = Plagianthus J. R. Forst. et G. Forst. ●☆
182934 Gynatrix pulchella (Willd.) Alef.;坤锦葵●☆
182935 Gynatrix pulchella Alef. = Gynatrix pulchella (Willd.) Alef. ●☆
182936 Gynema Raf. = Pluchea Cass. ●■
182937 Gynerium Humb. = Gynerium Willd. ex P. Beauv. ■☆
182938 Gynerium Humb. et Bonpl. = Gynerium Willd. ex P. Beauv. ■☆
182939 Gynerium Kunth = Gynerium Willd. ex P. Beauv. ■☆
182940 Gynerium P. Beauv. = Gynerium Willd. ex P. Beauv. ■☆
182941 Gynerium Willd. ex P. Beauv.(1812);坤草属;Pampas Grass, Pampas-grass ■☆
182942 Gynerium argenteum Nees;银坤草;Australian Grass, Feathers, Feathery Plum, Feathery Plume, Ghost Grass, Indian Grass, Pampas Grass, Plume Feathers, Prince's Feathers, Queen Anne's Plume, Queen Anne's Plumes, Spear ■☆
182943 Gynerium jubatum Lemoine = Cortaderia quila Stapf ■☆
182944 Gynerium jubatum Lemoine ex Carrière = Cortaderia jubata (Lemoine ex Carrière) Stapf ■☆
182945 Gynerium quila Nees et Meyen = Cortaderia quila Stapf ■☆
182946 Gynerium saginatum (Aubl.) P. Beauv.;坤草;Uva Grass, White Roseau ■☆
182947 Gynestum Poit. = Geonoma Willd. ●☆
182948 Gynetera Raf. = Tetracera L. ●
182949 Gyneteria Spreng. = Gynheteria Willd. ●☆
182950 Gyneteria Spreng. = Tessaria Ruiz et Pav. ●☆
182951 Gynetra B. D. Jacks. = Gynetera Raf. ●
182952 Gynetra B. D. Jacks. = Tetracera L. ●
182953 Gynheteria Willd. = Tessaria Ruiz et Pav. ●☆
182954 Gynicidia Neck. = Mesembryanthemum L.(保留属名)■●
182955 Gynisanthus Post et Kuntze = Diospyros L. ●
182956 Gynisanthus Post et Kuntze = Gunisanthus A. DC. ●
182957 Gynizodon Raf. = Miltonia Lindl.(保留属名)■☆
182958 Gynizodon Raf. = Oncidium Sw.(保留属名)■☆
182959 Gynocampus Lesch. = Levenhookia R. Br. ■☆
182960 Gynocampus Lesch. ex DC. = Levenhookia R. Br. ■☆
182961 Gynocardia R. Br.(1820);马蛋果属(马旦果属);Gynocardia, Horseegg ●
182962 Gynocardia odorata R. Br.;马蛋果(大风子,大枫子,马旦果,野沙梨);Chaulmugra, Fragrant Gynocardia, Fragrant Horseegg ●◇
182963 Gynocephala Benth. et Hook. f. = Gynocephalum Blume(废弃属名)●☆
182964 Gynocephalium Endl. = Gynocephalum Blume(废弃属名)●☆
182965 Gynocephalum Blume(废弃属名) = Phytocrene Wall.(保留属名)●☆
182966 Gynochthodes Blume(1827);丘蕊茜属●☆
182967 Gynochthodes nigra Merr.;黑丘蕊茜●☆
182968 Gynochthodes ovalifolia (Valeton) Kaneh.;卵叶丘蕊茜●☆
182969 Gynochthodes tetrandra Kuntze;四蕊丘蕊茜●☆
182970 Gynocraterium Bremek.(1939);杯蕊爵床属☆
182971 Gynocraterium guianense Bremek.;杯蕊爵床☆
182972 Gynodon Raf. = Allium L. ■
182973 Gynoglossum Zipp. ex Scheft. = Rapanea Aubl. ●
182974 Gynoglottis J. J. Sm.(1904);舌蕊兰属■☆
182975 Gynoglottis cymbidioides J. J. Sm.;舌蕊兰■☆
182976 Gynoisa B. D. Jacks. = Gynoisia Raf. ●■
182977 Gynoisia Raf. = Diatremis Raf.(废弃属名)●■
182978 Gynoisia Raf. = Ipomoea L.(保留属名)●■
182979 Gynomphis Raf. = Tibouchina Aubl. ●■☆
182980 Gynoon Juss. = Glochidion J. R. Forst. et G. Forst.(保留属名)●
182981 Gynopachis Blume(1823);粗蕊茜属●☆
182982 Gynopachis Blume(1823) = Randia L. ●
182983 Gynopachis acuminata Blume;渐尖粗蕊茜●☆
182984 Gynopachis axilliflora Miq.;腋花粗蕊茜●☆
182985 Gynopachis oblongata Miq.;矩圆粗蕊茜●☆
182986 Gynopachis pulcherrima (Merr.) Tirveng.;美丽粗蕊茜●☆
182987 Gynopachis tomentosa Blume;毛粗蕊茜●☆
182988 Gynopachys Blume(1825) = Gynopachis Blume(1823)●☆
182989 Gynophoraria Rydb. = Astragalus L. ●■
182990 Gynophorea Gilli = Erysimum L. ■●
182991 Gynophorea Gilli(1955);柄柱芥属■☆
182992 Gynophyge Gilli = Agrocharis Hochst. ■☆
182993 Gynophyge tansaniensis Gilli = Agrocharis pedunculata (Baker f.) Heywood et Jury ■☆
182994 Gynopleura Cav. = Malesherbia Ruiz et Pav. ●■☆
182995 Gynopogon J. R. Forst. et G. Forst.(废弃属名) = Alyxia Banks ex R. Br.(保留属名)●
182996 Gynopogon erythrocarpus (Vatke) K. Schum. = Petchia erythrocarpa (Vatke) Leeuwenb. ●☆
182997 Gynopogon madagascariensis (A. DC.) K. Schum. = Petchia erythrocarpa (Vatke) Leeuwenb. ●☆
182998 Gynostemma Blume(1825);绞股蓝属;Gynostemma ■
182999 Gynostemma aggregatum C. Y. Wu et S. K. Chen;聚果绞股蓝;Aggregate Gynostemma, Gaterfruit Gynostemma ■
183000 Gynostemma burmanicum King ex Chakr.;缅甸绞股蓝(毛绞股蓝);Burma Gynostemma ■
183001 Gynostemma burmanicum King ex Chakr. var. molle C. Y. Wu ex C. Y. Wu et S. K. Chen;大果绞股蓝;Bigfruit Burma Gynostemma, Big-fruit Gynostemma ■
183002 Gynostemma cardiospermum Cogn. ex Oliv.;心籽绞股蓝(白味莲);Heartseed Gynostemma, Heartseed Horseegg ■
183003 Gynostemma caulopterum S. Z. He;翅茎绞股蓝;Wingstem Horseegg ■
183004 Gynostemma compressum X. X. Chen et D. R. Liang;扁果绞股蓝;Flatfruit Gynostemma ■
183005 Gynostemma crenulata Ridl. = Gynostemma laxum (Wall.) Cogn. ■
183006 Gynostemma elongatum Merr. = Neoalsomitra integrifoliola (Cogn.) Hutch. ●■
183007 Gynostemma elongatum Merr. = Zanonia indica L. ■
183008 Gynostemma guangxiense X. X. Chen et D. H. Qin;广西绞股

蓝;Guangxi Gynostemma ■
183009 Gynostemma integrifoliola Cogn. = Neoalsomitra integrifoliola (Cogn.) Hutch. ●■
183010 Gynostemma integrifoliola Cogn. = Zanonia indica L. ■
183011 Gynostemma laxiflorum C. Y. Wu et S. K. Chen;疏花绞股蓝;Looseflower Gynostemma,Scatterflower Gynostemma ■
183012 Gynostemma laxum (Wall.) Cogn.;光叶绞股蓝(三叶绞股蓝,松散绞股蓝);Lax Horseegg ■
183013 Gynostemma longipes C. Y. Wu ex C. Y. Wu et S. K. Chen;长梗绞股蓝;Longstalk Gynostemma ■
183014 Gynostemma microspermum C. Y. Wu et S. K. Chen;小籽绞股蓝;Smallseed Gynostemma ■
183015 Gynostemma pallidinerve Z. Zhang;白脉绞股蓝;Whitevein Gynostemma ■
183016 Gynostemma pallidinerve Z. Zhang = Gynostemma pentaphyllum (Thunb.) Makino ■
183017 Gynostemma pedatum Blume = Gynostemma pentaphyllum (Thunb.) Makino ■
183018 Gynostemma pedatum Blume var. hypehense Pamp. = Gynostemma pentaphyllum (Thunb.) Makino ■
183019 Gynostemma pedatum Blume var. pubescens Gagnep. = Gynostemma pentaphyllum (Thunb.) Makino ■
183020 Gynostemma pedatum Blume var. pubescens Gagnep. = Gynostemma pubescens (Gagnep.) C. Y. Wu ex C. Y. Wu et S. K. Chen ■
183021 Gynostemma pedatum Blume var. trifoliatum Hayata = Gynostemma pentaphyllum (Thunb.) Makino ■
183022 Gynostemma pentagynum Z. P. Wang;五柱绞股蓝■
183023 Gynostemma pentaphyllum (Thunb.) Makino;绞股蓝(遍地生根,甘茶蔓,公罗锅底,七叶胆,五叶参,小苦药,锥形果);Fiveleaf Gynostemma ■
183024 Gynostemma pentaphyllum (Thunb.) Makino var. dasycarpum C. Y. Wu ex C. Y. Wu et S. K. Chen;毛果绞股蓝(毛绞股蓝);Hairfruit Gynostemma,Hairy Fruit Gynostemma ■
183025 Gynostemma pentaphyllum (Thunb.) Makino var. maritimum Kitam.;海滨绞股蓝■☆
183026 Gynostemma pubescens (Gagnep.) C. Y. Wu ex C. Y. Wu et S. K. Chen;毛绞股蓝;Hairy Gynostemma,Pubescent Gynostemma ■
183027 Gynostemma pubescens (Gagnep.) C. Y. Wu ex C. Y. Wu et S. K. Chen = Gynostemma pentaphyllum (Thunb.) Makino ■
183028 Gynostemma siamicum Craib = Gynostemma pentaphyllum (Thunb.) Makino ■
183029 Gynostemma simplicifolium Blume;单叶绞股蓝;Simpleleaf Gynostemma ■
183030 Gynostemma simplicifolium Blume = Gynostemma pentaphyllum (Thunb.) Makino ■
183031 Gynostemma yixingense (Z. P. Wang et Q. Z. Xie) C. Y. Wu et S. K. Chen var. trichocarpum J. N. Ding;毛果喙果藤;Hairfruit Billfruit Gynostemma ■
183032 Gynostemma yixingense (Z. P. Wang et Q. Z. Xie) C. Y. Wu et S. K. Chen;喙果绞股蓝;Beaked-fruit Gynostemma,Billfruit Gynostemma ■
183033 Gynostemma zhejiangense X. J. Xue;小果绞股蓝;Smallfruit Gynostemma ■
183034 Gynostemma zhejiangense X. J. Xue = Gynostemma pentaphyllum (Thunb.) Makino ■
183035 Gynothrix Post et Kuntze = Gynatrix Alef. ●☆
183036 Gynothrix Post et Kuntze = Plagianthus J. R. Forst. et G. Forst. ●☆
183037 Gynotroches Blume(1825);轮蕊木属●☆
183038 Gynotroches axillaris Blume;轮蕊木●☆
183039 Gynoxys Cass.(1827);绒安菊属●☆
183040 Gynoxys albiflora Wedd.;白花绒安菊●☆
183041 Gynoxys boliviana S. F. Blake;玻利维亚绒安菊●☆
183042 Gynoxys cordifolia Cass.;心叶绒安菊●☆
183043 Gynoxys foliosa S. F. Blake;多叶绒安菊●☆
183044 Gynoxys fragrans Hook.;香绒安菊●☆
183045 Gynoxys longifolia Wedd.;长叶绒安菊●☆
183046 Gynoxys longistyla (Greenm. et Cuatrec.) Cuatrec.;长柱绒安菊●☆
183047 Gynoxys macrophylla Muschl.;大叶绒安菊●☆
183048 Gynoxys megacephala Rusby;大头绒安菊●☆
183049 Gynoxys nitida Muschl.;光亮绒安菊●☆
183050 Gynoxys parvifolia Cuatrec.;小叶绒安菊●☆
183051 Gynura Cass.(1825)(保留属名);菊三七属(白凤菜属,绒安菊属,三七草属,三七属,土三七属);Velvet Plant,Velvetplant ■●
183052 Gynura amaclurei Merr. = Gynura barbareifolia Gagnep. ■
183053 Gynura amplexicaulis Oliv. et Hiern;抱茎菊三七■☆
183054 Gynura angulosa (Wall.) DC. = Gynura cusimbua (D. Don) S. Moore ■
183055 Gynura angulosa DC. = Gynura bicolor (Roxb. ex Willd.) DC. ■
183056 Gynura aurantiaca (Blume) DC.;橙花菊三七(耳叶三七草,天鹅绒三七,爪哇三七草,紫绒藤);Purple Velvet Plant,Velvet Nettle,Velvet Plant,Velvetplant,Velvet-tree ■☆
183057 Gynura aurantiaca (Blume) DC. 'Purple Passion';紫绒草(紫鹅绒)■☆
183058 Gynura aurantiaca Benth. = Crassocephalum vitellinum (Benth.) S. Moore ■☆
183059 Gynura aurantiaca DC. = Gynura aurantiaca (Blume) DC. ■☆
183060 Gynura auriculata Cass. = Gynura divaricata (L.) DC. ■
183061 Gynura auriformis (S. Moore) S. Moore = Gynura scandens O. Hoffm. ■☆
183062 Gynura aurita C. Winkl. = Gynura japonica (Thunb.) Juel ■
183063 Gynura baoulensis Hutch. et Dalziel;巴乌莱菊三七■☆
183064 Gynura barbareifolia Gagnep.;山芥菊三七(山芥菜)■
183065 Gynura bauchiensis Hutch.;包奇菊三七■☆
183066 Gynura bicolor (Roxb. ex Willd.) DC.;红凤菜(白背三七,当归菜,观音苋,红背菜,红菜,红番苋,红毛番,红苋菜,红玉菜,金枇杷,两色三七草,木耳菜,水前寺菜,水三七,天青地红,血皮菜,血匹菜,叶下红,玉枇杷,紫背菜,紫背天葵);Bicolor Velvetplant,Okinawa Spinach ■
183067 Gynura bicolor DC. = Gynura bicolor (Roxb. ex Willd.) DC. ■
183068 Gynura bodinieri H. Lév. = Gynura pseudochina (L.) DC. ■
183069 Gynura brownii S. Moore = Gynura scandens O. Hoffm. ■☆
183070 Gynura buntingii S. Moore = Gynura procumbens (Lour.) Merr. ■
183071 Gynura campanulata C. Jeffrey;风铃草状菊三七■☆
183072 Gynura cardunculus L. var. scolymus (L.) Hegi;菜菊三七■☆
183073 Gynura cavalerei H. Lév. = Gynura procumbens (Lour.) Merr. ■
183074 Gynura cernua (L. f.) Benth. = Crassocephalum rubens (Juss. ex Jacq.) S. Moore ■
183075 Gynura cernua Benth. = Crassocephalum rubens (Juss. ex Jacq.) S. Moore ■
183076 Gynura claessensii De Wild. = Gynura amplexicaulis Oliv. et Hiern ■☆
183077 Gynura coerulea O. Hoffm. = Crassocephalum coeruleum (O.

Hoffm.) R. E. Fr. ■☆

183078 Gynura colorata A. Peter ex F. G. Davies;色菊三七■☆

183079 Gynura crepidioides Benth. = Crassocephalum crepidioides (Benth.) S. Moore ■

183080 Gynura cusimbua (D. Don) S. Moore;木耳菜(青跌打,箐跌打,石头菜,西藏三七草)■

183081 Gynura dielsii H. Lév. = Gynura nepalensis DC. ■

183082 Gynura divaricata (L.) DC.;白子菜(白背三七,白背土三七,白东枫,白番苋,白凤菜,白红菜,白仔菜药,百步还阳,叉花土三七,大肥牛,大救驾,大绿叶,地滚子,疗拔,厚面皮,鸡菜,接骨丹,三百棒,散血姜,石三七,树三七,土生地,土田七,血三七,玉枇杷);Divaricate Velvetplant ■

183083 Gynura divaricata (L.) DC. subsp. barbareifolia (Gagnep.) F. G. Davies = Gynura barbareifolia Gagnep. ■

183084 Gynura divaricata (L.) DC. subsp. formosana (Kitam.) F. G. Davies;白凤菜(台湾三七草);Taiwan Velvetplant ■

183085 Gynura divaricata (L.) DC. subsp. formosana (Kitam.) F. G. Davies = Gynura formosana Kitam. ■

183086 Gynura elliptica Y. Yabe et Hayata ex Hayata;兰屿木耳菜(椭圆菊三七);Lanyu Velvetplant ■

183087 Gynura esquirolii H. Lév. = Synotis hieraciifolia (H. Lév.) C. Jeffrey et Y. L. Chen ■

183088 Gynura eximia S. Moore = Gynura pseudochina (L.) DC. ■

183089 Gynura fischeri O. Hoffm. = Solanecio angulatus (Vahl) C. Jeffrey ■☆

183090 Gynura flava Hayata = Gynura japonica (Thunb.) Juel ■

183091 Gynura foetens DC. = Gynura nepalensis DC. ■

183092 Gynura formosana Kitam. = Gynura divaricata (L.) DC. subsp. formosana (Kitam.) F. G. Davies ■

183093 Gynura gracilis Hook. f. ex Hutch. et Dalziel = Crassocephalum gracile (Hook. f.) Milne-Redh. ex Guinea ■☆

183094 Gynura hemsleyana H. Lév. = Gynura divaricata (L.) DC. ■

183095 Gynura hieraciifolia H. Lév. = Synotis hieraciifolia (H. Lév.) C. Jeffrey et Y. L. Chen ■

183096 Gynura integrifolia Gagnep.;缘叶三七草;Entire Velvetplant ■

183097 Gynura japonica (Thunb.) Juel;三七草(艾叶三七,白田七草,参三七草,当归菜,狗头三七,观音苋,和血丹,红菜,红番苋,红毛番,红苋菜,红玉菜,黄花三七草,见肿消,金不换,九头狮子草,菊三七,菊叶三七,木耳菜,奶草,破血丹,乳香草,散血草,散血丹,水三七,天青地红,铁罗汉,土三七,乌七,血当归,血格,血牡丹,血匹菜,血七,血三七,叶下红,羽裂叶三七草,泽兰,紫背三七,紫蓉三七,紫三七);Gynura,Japan Velvetplant ■

183098 Gynura japonica (Thunb.) Juel var. flava (Hayata) Kitam.;黄花三七草■

183099 Gynura japonica (Thunb.) Juel var. flava (Hayata) Kitam. = Gynura japonica (Thunb.) Juel ■

183100 Gynura liberica (S. Moore) Hutch. et Dalziel = Crassocephalum libericum S. Moore ■☆

183101 Gynura lutea Humb. = Crassocephalum montuosum (S. Moore) Milne-Redh. ■☆

183102 Gynura maclurei Merr. = Gynura barbareifolia Gagnep. ■

183103 Gynura meyeri-johannis O. Hoffm. = Senecio syringifolius O. Hoffm. ■☆

183104 Gynura micheliana J. -G. Adam;米歇尔菊三七■☆

183105 Gynura miniata Welw. = Gynura pseudochina (L.) DC. ■

183106 Gynura miniata Welw. var. orientalis O. Hoffm. = Gynura pseudochina (L.) DC. ■

183107 Gynura montuosa (S. Moore) Bullock = Crassocephalum montuosum (S. Moore) Milne-Redh. ■☆

183108 Gynura nepalensis DC.;尼泊尔菊三七(茎叶天葵,尼泊尔菊);Nepal Velvetplant ■

183109 Gynura notonioides (S. Moore) S. Moore = Kleinia abyssinica (A. Rich.) A. Berger var. hildebrandtii (Vatke) C. Jeffrey ■☆

183110 Gynura nudibasis (H. Lév. et Vaniot) Lauener et Ferguson = Gynura nepalensis DC. ■

183111 Gynura nudibasis (H. Lév.) Lauener et Ferguson = Gynura nepalensis DC. ■

183112 Gynura ovalis (Ker Gawl.) DC. = Gynura divaricata (L.) DC. ■

183113 Gynura ovalis DC. = Gynura divaricata (L.) DC. subsp. formosana (Kitam.) F. G. Davies ■

183114 Gynura ovalis DC. = Gynura formosana Kitam. ■

183115 Gynura ovalis DC. var. pinnatifida Hemsl. = Gynura divaricata (L.) DC. ■

183116 Gynura picridifolia (DC.) Burtt Davy = Crassocephalum picridifolium (DC.) S. Moore ■☆

183117 Gynura pinnatifida (Lour.) DC. = Gynura japonica (Thunb.) Juel ■

183118 Gynura pinnatifida DC.;羽裂叶三七草■

183119 Gynura pinnatifida DC. = Gynura japonica (Thunb.) Juel ■

183120 Gynura pinnatifida Vaniot = Gynura japonica (Thunb.) Juel ■

183121 Gynura polycephala Benth. = Crassocephalum crepidioides (Benth.) S. Moore ■

183122 Gynura procumbens (Lour.) Merr.;平卧菊三七(白叶跌打,见肿消,烂脚杆叶,蔓三七草,平卧三七草,平卧土三七,蛇接骨,石三七,树三七,四筋口干,乌风七,羊草跌打);Climbing Velvetplant,Prostrate Velvetplant ■

183123 Gynura proschii Briq.;普罗施菊三七■☆

183124 Gynura pseudochina (L.) DC.;狗头七(矮人陀,见肿消,鹿衔草,萝卜母,牛舌三七,岩七,紫背天葵);China Root,Purpleback Velvetplant,Tuberose Velvetplant ■

183125 Gynura pseudochina (L.) DC. = Gynura nepalensis DC. ■

183126 Gynura regetum (Lour.) Merr.;裂叶三七草■

183127 Gynura rubens (Jacq.) Roberty = Gynura rubens (Juss. ex Jacq.) Roberty ■☆

183128 Gynura rubens (Juss. ex Jacq.) Muschl. = Crassocephalum rubens (Juss. ex Jacq.) S. Moore ■

183129 Gynura rubens (Juss. ex Jacq.) Roberty;红菊三七■☆

183130 Gynura rusisiensis R. E. Fr. = Gynura pseudochina (L.) DC. ■

183131 Gynura ruwenzoriensis (S. Moore) S. Moore = Gynura scandens O. Hoffm. ■☆

183132 Gynura sagittaria DC.;止血丹■☆

183133 Gynura sarcobasis DC. = Crassocephalum rubens (Juss. ex Jacq.) S. Moore var. sarcobasis (DC.) C. Jeffrey et Beentje ■

183134 Gynura sarmentosa (Blume) DC.;南亚三七草(紫鹅绒)■☆

183135 Gynura sarmentosa (Blume) DC. = Gynura procumbens (Lour.) Merr. ■

183136 Gynura sarmentosa DC. = Gynura procumbens (Lour.) Merr. ■

183137 Gynura sarmentosa DC. = Gynura sarmentosa (Blume) DC. ■☆

183138 Gynura scandens O. Hoffm.;攀缘菊三七■☆

183139 Gynura segetum (Lour.) Merr. = Gynura japonica (Thunb.) Juel ■

183140 Gynura segetum Lour. ex Merr. = Gynura japonica (Thunb.) Juel ■

183141 Gynura sinica Diels = Synotis sinica (Diels) C. Jeffrey et Y. L.

Chen ■

183142 Gynura somalensis (Chiov.) Cufod. = Gynura pseudochina (L.) DC. ■

183143 Gynura taiwanensis S. S. Ying = Blumea aromatica DC. ■

183144 Gynura taylorii S. Moore = Gynura scandens O. Hoffm. ■☆

183145 Gynura tedliei (Oliv. et Hiern) S. Moore ex Hutch. = Mikaniopsis tedliei (Oliv. et Hiern) C. D. Adams ■☆

183146 Gynura valeriana Oliv.;缬草菊三七■☆

183147 Gynura vaniotii H. Lév. = Gynura japonica (Thunb.) Juel ■

183148 Gynura variifolia De Wild. = Gynura pseudochina (L.) DC. ■

183149 Gynura vitellina Benth. = Crassocephalum vitellinum (Benth.) S. Moore ■☆

183150 Gynura vitellina Benth. var. gracilis Hook. f. = Crassocephalum gracile (Hook. f.) Milne-Redh. ex Guinea ■☆

183151 Gypothamnium Phil. (1860);线菊木属●☆

183152 Gypothamnium pinifolium Phil.;线菊木●☆

183153 Gypsacanthus Lott, V. Jaram. et Rzed. (1986);刺石爵床属☆

183154 Gypsacanthus nelsonii Lott, V. Jaram. et Rzed.;刺石爵床☆

183155 Gypsocallis Salisb. = Erica L. ●☆

183156 Gypsocallis Salisb. ex Gray = Erica L. ●☆

183157 Gypsophila L. (1753);石头花属(丝石竹属,霞草属);Baby's Breath, Baby's-breath, Chalk Plant, Chalkplant, Cloud Plant, Gypsophila ■●

183158 Gypsophila acutifolia Fisch. ex Spreng.;石头花(黄接骨丹,尖叶丝石竹,尖叶霞草,山马菜,石栏菜,丝石竹,狭叶霞草);Big Baby's-breath, Big Gypsophila, Narrowleaf Chalkplant, Sharpleaf Baby's-breath, Sharp-leaf Baby's-breath ■

183159 Gypsophila acutifolia Fisch. ex Spreng. = Gypsophila licentiana Hand.-Mazz. ■

183160 Gypsophila acutifolia Fisch. ex Spreng. = Gypsophila tschiliensis J. Krause ■

183161 Gypsophila acutifolia Fisch. ex Spreng. var. chinensis Regel = Gypsophila tschiliensis J. Krause ■

183162 Gypsophila acutifolia Fisch. ex Spreng. var. gmelinii (Bunge) Regel;光梗丝石竹■☆

183163 Gypsophila acutifolia Fisch. ex Spreng. var. gmelinii (Bunge) Regel = Gypsophila patrinii Ser. ■

183164 Gypsophila acutifolia Fisch. ex Spreng. var. gmelinii Regel = Gypsophila acutifolia Fisch. ex Spreng. var. gmelinii (Bunge) Regel ■☆

183165 Gypsophila acutifolia Steven ex Spreng. = Gypsophila acutifolia Fisch. ex Spreng. ■

183166 Gypsophila aggregata L. = Arenaria aggregata (L.) Loisel. ■☆

183167 Gypsophila albida Schischk.;白石头花■☆

183168 Gypsophila alpina Blume = Petrorhagia alpina (Hablitz) P. W. Ball et Heywood ■

183169 Gypsophila alsinoides Bunge;繁缕石头花■☆

183170 Gypsophila altissima L.;高石头花(高丝石竹,高霞草);Tall Chalkplant ■

183171 Gypsophila anatolica Boiss. et Heldr.;阿纳托里石头花■☆

183172 Gypsophila antoninae Schischk.;安陶石头花■☆

183173 Gypsophila aretioides Boiss.;点地梅石头花■☆

183174 Gypsophila arrostii Guss.;白皂根;White Soaproot ■☆

183175 Gypsophila bicolor Grossh.;二色石头花■☆

183176 Gypsophila brachypetala Trautv.;短瓣石头花■☆

183177 Gypsophila bucharica B. Fedtsch.;布哈尔石头花■☆

183178 Gypsophila capillaris (Forssk.) C. Chr.;发状石头花■☆

183179 Gypsophila capitata M. Bieb.;光萼石头花■

183180 Gypsophila capituliflora Rupr.;头状石头花(拟密花丝石竹,头花丝石竹,准噶尔丝石竹);Headlike Chalkplant ■

183181 Gypsophila cappadocia Boiss. et Balansa;卡帕多细亚石头花■☆

183182 Gypsophila cephalotes (Schrenk) Raikova;膜苞石头花(头状花霞草);Filmbract Chalkplant ■

183183 Gypsophila cerastioides D. Don;卷耳状石头花(卷耳丝石竹,卷耳状丝石竹);Chickweed Baby's-breath, Mouseear Chalkplant, Mouseear Gypsophila, Mouse-ear Gypsophila ■

183184 Gypsophila compressa Desf. = Petrorhagia illyrica (Ard.) P. W. Ball et Heywood subsp. angustifolia (Poir.) P. W. Ball et Heywood ■☆

183185 Gypsophila davurica Turcz. ex Fenzl;草原石头花(北丝石竹,草原丝石竹,草原霞草,兴安丝石竹);Grassland Chalkplant ■

183186 Gypsophila davurica Turcz. ex Fenzl var. angustifolia Fenzl;狭叶草原石头花(狭叶草原丝石竹,狭叶草原霞草,狭叶石头花);Narrowleaf Grassland Chalkplant ■

183187 Gypsophila desertorum (Bunge) Fenzl;荒漠石头花(荒漠丝石竹,荒漠霞草);Desert Chalkplant ■

183188 Gypsophila dichotoma Besser;二叉丝石竹■☆

183189 Gypsophila diffusa Fisch. et C. A. Mey.;铺散石头花■☆

183190 Gypsophila dshungarica Czerniak. = Gypsophila capituliflora Rupr. ■

183191 Gypsophila elegans M. Bieb.;缕丝花(草原霞草,满天星,丝石竹,霞草,线状花瞿麦,洋香花菜);Annual Baby's-breath, Annual Gypsophila, Baby's-breath, Common Gypsophila, Graceful Gypsophila, Showy Babysbreath, Showy Baby's-breath ■

183192 Gypsophila elegans M. Bieb. var. carminea Hort.;红缕丝花■☆

183193 Gypsophila ellipticifolia Barkoudah = Gypsophila tschiliensis J. Krause ■

183194 Gypsophila eriocalyx Boiss.;毛萼石头花■☆

183195 Gypsophila fastigiata L.;束状丝石竹■☆

183196 Gypsophila fastigiata L. var. cephalotes Schrenk = Gypsophila cephalotes (Schrenk) Raikova ■

183197 Gypsophila fedtschenkoana Schischk.;范氏石头花■☆

183198 Gypsophila filipes (Boiss.) Schischk.;丝梗石头花■☆

183199 Gypsophila floribunda (Kar. et Kir.) Turcz. ex Ledeb.;繁花石头花■☆

183200 Gypsophila glandulosa (Boiss.) Walp.;具腺石头花■☆

183201 Gypsophila glauca Steven ex Ser.;灰绿石头花■☆

183202 Gypsophila globulosa Steven ex Besser;小圆丝石竹■☆

183203 Gypsophila glomerata Pall. ex M. Bieb.;绣球丝石竹■☆

183204 Gypsophila gmelinii Bunge = Gypsophila patrinii Ser. ■

183205 Gypsophila herniarioides Boiss.;治疝草石头花■☆

183206 Gypsophila heteropoda Freyn;异足石头花■☆

183207 Gypsophila hispida Boiss.;硬毛石头花■☆

183208 Gypsophila huashanensis Y. W. Tsui et D. Q. Lu;华山石头花(华北石头花);Huashan Chalkplant ■

183209 Gypsophila imbricata Rupr.;覆瓦石头花■☆

183210 Gypsophila intricata Franch.;缠结石头花■☆

183211 Gypsophila krascheninnikovii Schischk.;克列塞石头花■☆

183212 Gypsophila licentiana Hand.-Mazz.;细叶石头花(尖叶石头花,尖叶丝石竹,石头花,狭叶丝石竹,香叶丝石竹,窄叶丝石竹);Smallleaf Chalkplant ■

183213 Gypsophila linearifolia Boiss.;线叶丝石竹;Linearleaf Chalkplant ■☆

183214 Gypsophila lipskyi Schischk.;利普斯基石头花■☆
183215 Gypsophila litwinowii Koso-Pol.;利特氏丝石竹;Litwinow Chalkplant ■☆
183216 Gypsophila manginii Hort.;芒氏石头花■☆
183217 Gypsophila meyeri Rupr.;迈氏石头花■☆
183218 Gypsophila microphylla (Schrenk) Fenzl;小叶石头花;Small-leaved Chalkplant ■
183219 Gypsophila montana Balf. f.;山地石头花■☆
183220 Gypsophila montana Balf. f. subsp. somalensis (Franch.) M. G. Gilbert;索马里石头花■☆
183221 Gypsophila muralis L.;细小石头花(墙生丝石竹);Chalk Plant, Cushion Baby's-breath, Cushion Gypsophila, Gypsophila, Low Baby's-breath ■
183222 Gypsophila oldhamiana Miq.;长蕊石头花(长蕊丝石竹,灯芯草蚤缀,旱麦瓶草,鹤草,黄柴胡,欧石头花,山蚂蚱,山银柴胡,丝石竹,铁柴胡,霞草,线形瞿麦,香丝石竹,蝇子草,圆叶丝石竹,锥花丝石竹);Oldham Chalkplant, Oldham Gypsophila, Oldham's Baby's-breath ■
183223 Gypsophila pacifica Kom.;大叶石头花(马蛇菜,山响,石头花,丝石竹,太平洋丝石竹,细梗石头花,细梗丝石竹);Pacific Chalkplant, Pacific Gypsophila ■
183224 Gypsophila pacifica Kom. = Gypsophila perfoliata L. ■
183225 Gypsophila paniculata L.;圆锥石头花(满天星,丝石竹,线形瞿麦,小米瞿麦,小香花菜,圆锥花丝石竹,锥花石头花,锥花丝石竹,锥花霞草);Babies'-breath, Baby's Breath, Baby's-breath, Baby's-breath Gypsophila, Chalk Plant, Common Baby's-breath, Maiden's Breath, Panicle Chalkplant, Panicle Gypsophila, Perennial, Tall Baby's-breath ■
183226 Gypsophila paniculata L.'Bristol Fairy';仙女圆锥丝石竹■☆
183227 Gypsophila paniculata L.'Doubles';重瓣圆锥丝石竹■☆
183228 Gypsophila paniculata L.'Flamingo';火烈鸟圆锥丝石竹(重瓣圆锥丝石竹)■☆
183229 Gypsophila patrinii Ser.;紫萼石头花(巴氏霞草,沙地丝石竹);Purplecalyx Chalkplant ■
183230 Gypsophila patrinii Ser. subsp. davurica (Turcz. ex Fenzl) Kozhevn. = Gypsophila davurica Turcz. ex Fenzl ■
183231 Gypsophila perfoliata L.;钝叶石头花(三岐丝石竹,香菜花)■
183232 Gypsophila picta Boiss.;着色石头花■☆
183233 Gypsophila pilosa Huds.;土耳其石头花;Turkish Baby's-breath ■☆
183234 Gypsophila popovii Preobr.;波波夫石头花■☆
183235 Gypsophila porrigens (L.) Boiss. = Gypsophila pilosa Huds. ■☆
183236 Gypsophila porrigens (L.) Fenzl;伸展石头花■☆
183237 Gypsophila preobrashenskyi Czerniak.;普列奥石头花■☆
183238 Gypsophila repens L.;匍匐丝石竹(匍生丝石竹);Baby's Breath, Creeping Baby's Breath, Creeping Gypsophila ■☆
183239 Gypsophila repens L.'Dorothy Teacher';道乐赛老师匍匐丝石竹■☆
183240 Gypsophila rohusta Grossh.;粗壮石头花■☆
183241 Gypsophila rokejeka Delile;埃及石头花■☆
183242 Gypsophila sambukii Schischk.;萨姆石头花■☆
183243 Gypsophila scorzonerifolia Ser.;鸭葱叶丝石竹;Garden Baby's-breath, Glandular Bbaby's-breath ■☆
183244 Gypsophila sericea (Ser.) Krylov;绢毛石头花;Sericeous Chalkplant ■
183245 Gypsophila serotina Hayne;晚丝石竹;Late Gypsophila ■☆
183246 Gypsophila serpyllifolia L.;霞草■☆
183247 Gypsophila silenoides Rupr.;蝇子草石头花■☆
183248 Gypsophila somalensis Franch. = Gypsophila montana Balf. f. subsp. somalensis (Franch.) M. G. Gilbert ■☆
183249 Gypsophila spathulifolia (Fisch. et C. A. Mey.) Fenzl;匙叶石头花■☆
183250 Gypsophila spinosa D. Q. Lu;刺序石头花;Manyspine Chalkplant ■
183251 Gypsophila stepposa Klokov;草原丝石竹■☆
183252 Gypsophila steupii Schischk.;斯泰石头花■☆
183253 Gypsophila steveni Hohen. ex Ledeb.;斯氏石竹;Steven Gypsophila, Steven's Gypsopbila ■☆
183254 Gypsophila stricta Bunge = Petrorhagia alpina (Hablitz) P. W. Ball et Heywood ■☆
183255 Gypsophila struthium Fenzl = Gypsophila fastigiata L. ■☆
183256 Gypsophila struthium L. = Gypsophila struthium Loefl. ■☆
183257 Gypsophila struthium Loefl.;西班牙石头花(皂草)■☆
183258 Gypsophila szowitsii Fisch. et C. A. Mey.;绍氏石头花■☆
183259 Gypsophila tenuifolia M. Bieb.;狭叶石头花■☆
183260 Gypsophila tianschanica Popovet Schischk.;天山石头花■☆
183261 Gypsophila trichotoma Wender.;三叉丝石竹(三岐丝石竹)■
183262 Gypsophila trichotoma Wender. = Gypsophila perfoliata L. ■
183263 Gypsophila tschiliensis J. Krause;河北石头花(河北丝石竹,河北霞草);Hebei Chalkplant ■
183264 Gypsophila turkestanica Schischk.;土耳其斯坦石头花■☆
183265 Gypsophila ucrainica Kleopow;乌克兰丝石竹;Ukraine Chalkplant ■☆
183266 Gypsophila uralensis Less.;乌拉尔丝石竹;Ural Chalkplant ■☆
183267 Gypsophila venusta Fenzl;秀丽石头花■☆
183268 Gypsophila violacea (Ledeb.) Fenzl;维奥石头花■☆
183269 Gypsophila virgata Boiss.;条纹石头花■☆
183270 Gypsophila viscosa Murray;叙利亚石头花;Sticky Gypsophila ■☆
183271 Gypsophila yorae Woronow;伊奥石头花■☆
183272 Gypsophytum Adans. = Arenaria L. ■
183273 Gypsophytum Adans. = Cerastium L. ■
183274 Gypsophytum Adans. = Minuartia L. ■
183275 Gypsophytum Adans. = Moehringia L. ■
183276 Gypsophytum Ehrh. = Crypsophila Benth. et Hook. f. ●☆
183277 Gyptidium R. M. King et H. Rob. (1972);展瓣菊属■☆
183278 Gyptidium R. M. King et H. Rob. = Eupatorium L. ■●
183279 Gyptidium militare (B. L. Rob.) R. M. King et H. Rob.;展瓣菊■☆
183280 Gyptidium trichobasis (Baker) R. M. King et H. Rob.;毛基展瓣菊■☆
183281 Gyptis (Cass.) Cass. (1820);柄泽兰属■☆
183282 Gyptis (Cass.) Cass. = Eupatorium L. ■●
183283 Gyptis Cass. = Gyptis (Cass.) Cass. ■☆
183284 Gyptis alternifolia (Sch. Bip. ex Baker) R. M. King et H. Rob.;异叶柄泽兰■☆
183285 Gyptis commersonii Cass.;柄泽兰■☆
183286 Gyptis crassipes (Hieron.) R. M. King et H. Rob.;粗梗柄泽兰■☆
183287 Gyrandra Griseb. = Centaurium Hill ■
183288 Gyrandra Moq. = Tersonia Moq. ●☆
183289 Gyrandra Wall. = Daphniphyllum Blume ●

183290 Gyranthera Pittier(1914);圆药木棉属●☆
183291 Gyranthera caribensis Pittier;圆药木棉●☆
183292 Gyrenia Knowles et Westc. ex Loudon = Milla Cav. ■☆
183293 Gyrinops Gaertn. (1791);蝌蚪瑞香属●☆
183294 Gyrinops walla Gaertn.;蝌蚪瑞香;Wallapata ●☆
183295 Gyrinopsis Decne. = Aquilaria Lam. (保留属名)●
183296 Gyrinopsis Decne. = Gyrinops Gaertn. ●☆
183297 Gyrocarpaceae Dumort.;旋翼果科(圆果树科)●☆
183298 Gyrocarpaceae Dumort. = Hernandiaceae Blume(保留科名)●■
183299 Gyrocarpus Jacq. (1763);旋翼果属(圆果树属)●☆
183300 Gyrocarpus americanus Jacq.;旋翼果(美洲圆果树)●☆
183301 Gyrocarpus americanus Jacq. subsp. africanus Kubitzki;非洲旋翼果(非洲圆果树)●☆
183302 Gyrocarpus americanus Jacq. subsp. capuronianus ?;凯普伦旋翼果●☆
183303 Gyrocarpus americanus Jacq. subsp. glaber ?;光滑旋翼果●☆
183304 Gyrocarpus americanus Jacq. subsp. pachyphyllus Kubitzki;厚叶旋翼果●☆
183305 Gyrocarpus americanus Jacq. subsp. pinnatilobus Kubitzki;羽裂旋翼果(羽裂圆果树)●☆
183306 Gyrocarpus americanus Jacq. subsp. tomentosu ?;绒毛旋翼果●☆
183307 Gyrocarpus angustifolius (Verdc.) Thulin;窄叶旋翼果(窄叶圆果树)●☆
183308 Gyrocarpus asiaticus Willd. = Gyrocarpus americanus Jacq. subsp. africanus Kubitzki ●☆
183309 Gyrocarpus hababensis Chiov. var. angustifolius Verdc. = Gyrocarpus angustifolius (Verdc.) Thulin ●☆
183310 Gyrocarpus jacquinii Gaertn. = Gyrocarpus americanus Jacq. ●☆
183311 Gyrocaryum Valdés(1983);西班牙紫草属■☆
183312 Gyrocaryum oppositifolium Valdés;西班牙紫草■☆
183313 Gyrocephalium Rchb. = Gynocephalum Blume(废弃属名)●☆
183314 Gyrocephalium Rchb. = Phytocrene Wall. (保留属名)●☆
183315 Gyrocheilos W. T. Wang(1981);圆唇苣苔属;Gyrocheilos ■★
183316 Gyrocheilos chorisepalum W. T. Wang;圆唇苣苔(蚂蝗七);Gyrocheilos ■
183317 Gyrocheilos chorisepalum W. T. Wang var. synsepalum W. T. Wang;北流圆唇苣苔(白天葵)■
183318 Gyrocheilos lasiocalyx W. T. Wang;毛萼圆唇苣苔;Haircalyx Gyrocheilos ■
183319 Gyrocheilos microtrichum W. T. Wang;微毛圆唇苣苔;Minihair Gyrocheilos ■
183320 Gyrocheilos retrotrichum W. T. Wang;折毛圆唇苣苔;Flexhair Gyrocheilos ■
183321 Gyrocheilos retrotrichum W. T. Wang var. oligolobum W. T. Wang;稀裂圆唇苣苔;Oligolobed Flexhair Gyrocheilos ■
183322 Gyrodoma Wild(1974);硬毛田基黄属■☆
183323 Gyrodoma hispida (Vatke) Wild;硬毛田基黄■☆
183324 Gyrogyne W. T. Wang(1981);圆果苣苔属;Gyrogyne ■★
183325 Gyrogyne subaequifolia W. T. Wang;圆果苣苔;Gyrogyne ■
183326 Gyromia Nutt. = Medeola L. ■☆
183327 Gyroptera Botsch. = Choriptera Botsch. ●☆
183328 Gyroptera cycloptera (Stapf) Botsch. = Lagenantha cycloptera (Stapf) M. G. Gilbert et Friis ■☆
183329 Gyroptera gillettii Botsch. = Lagenantha gillettii (Botsch.) M. G. Gilbert et Friis ■☆
183330 Gyroptera somalensis Botsch. = Lagenantha cycloptera (Stapf) M. G. Gilbert et Friis ■☆
183331 Gyrostachis Blume = Spiranthes Rich. (保留属名)■
183332 Gyrostachis Pers. = Spiranthes Rich. (保留属名)■
183333 Gyrostachys Pers. = Spiranthes Rich. (保留属名)■
183334 Gyrostachys Pers. ex Blume = Spiranthes Rich. (保留属名)■
183335 Gyrostachys australis (R. Br.) Blume = Spiranthes sinensis (Pers.) Ames ■
183336 Gyrostachys cernua (L.) Kuntze = Spiranthes cernua (L.) Rich. ■☆
183337 Gyrostachys costaricensis (Rchb. f.) Kuntze = Beloglottis costaricensis (Rchb. f.) Schltr. ■☆
183338 Gyrostachys gracilis (Bigelow) Kuntze = Spiranthes lacera (Raf.) Raf. ■☆
183339 Gyrostachys laciniata Small = Spiranthes laciniata (Small) Ames ■☆
183340 Gyrostachys ochroleuca Rydb. = Spiranthes ochroleuca (Rydb.) Rydb. ■☆
183341 Gyrostachys parviflora (Chapm.) Small = Spiranthes ovalis Lindl. ■☆
183342 Gyrostachys stricta Rydb. = Spiranthes romanzoffiana Cham. ■☆
183343 Gyrostachys stylites (Lindl.) Kuntze = Spiranthes sinensis (Pers.) Ames ■
183344 Gyrostelma E. Fourn. = Matelea Aubl. ●☆
183345 Gyrostemon Desf. (1820);环蕊木属(环蕊属)●☆
183346 Gyrostemon angustifolius Schnizl.;狭叶环蕊木●☆
183347 Gyrostemon brevipes Hook. ex Moq.;短梗环蕊木●☆
183348 Gyrostemon ramulosus Desf.;环蕊木●☆
183349 Gyrostemon reticulatus A. S. George;网状环蕊木●☆
183350 Gyrostemonaceae A. Juss. (1845)(保留科名);环蕊木科(环蕊科)●■☆
183351 Gyrostemonaceae Endl. = Gyrostemonaceae A. Juss. (保留科名)●☆
183352 Gyrostephium Turcz. = Chthonocephalus Steetz ■☆
183353 Gyrostipula J. -F. Leroy(1975);圆托茜属●☆
183354 Gyrostipula comorensis J. -F. Leroy;圆托茜●☆
183355 Gyrotaenia Griseb. (1860);旋带麻属●☆
183356 Gyrotaenia argentina Lillo.;银色旋带麻●☆
183357 Gyrotaenia cephalantha Wedd.;头花旋带麻●☆
183358 Gyrotaenia crassifolia Urb.;厚叶旋带麻●☆
183359 Gyrotaenia microcarpa Fawc. et Rendle;小果旋带麻●☆
183360 Gyrotaenia trinervata Wedd.;三脉旋带麻●☆
183361 Gyrotheca Salisb. = Lachnanthes Elliott(保留属名)■☆
183362 Gytonanthus Raf. = Patrinia Juss. (保留属名)■
183363 Haagea Frič = Mammillaria Haw. (保留属名)●
183364 Haagea Klotzsch = Begonia L. ●■
183365 Haageocactus Backeb. = Haageocereus Backeb. ●☆
183366 Haageocereus Backeb. (1933);金煌柱属●☆
183367 Haageocereus acranthus (Vaupel) Backeb.;金煌柱■☆
183368 Haageocereus ambiguus Rauh et Backeb. = Haageocereus decumbens (Vaupel) Backeb. ■☆
183369 Haageocereus australis Backeb. = Haageocereus decumbens (Vaupel) Backeb. ■☆
183370 Haageocereus chalaensis F. Ritter;查拉角金煌柱(拟链状金煌柱)■☆
183371 Haageocereus chosicensis (Werderm. et Backeb.) Backeb. = Haageocereus multangularis Y. Ito ■☆

183372 Haageocereus chrysacanthus (Akers) Backeb.;华岩(彩煌柱)■☆

183373 Haageocereus decumbens (Vaupel) Backeb.;日光殿(花狮子柱,天龙柱,仰卧金煌柱)■☆

183374 Haageocereus decumbens Backeb. var. brevispinus F. Ritter;短刺金煌柱■☆

183375 Haageocereus litoralis Rauh et Backeb. = Haageocereus decumbens (Vaupel) Backeb. ■☆

183376 Haageocereus multangularis Y. Ito;金芒柱(多棱金煌柱,金煌柱,金焰柱)■☆

183377 Haageocereus pacalaensis Backeb.;金耀柱(金银阁)■☆

183378 Haageocereus platinospinus (Werderm. et Backeb.) Backeb.;猛金鹫(白芒龙)■☆

183379 Haageocereus turbidus Rauh et Backeb.;茶柱(大王阁)■☆

183380 Haageocereus versicolor (Werderm. et Backeb.) Backeb.;彩华柱(彩华阁)■☆

183381 Haarera Hutch. et E. A. Bruce = Erlangea Sch. Bip. ■☆

183382 Haarera alternifolia (O. Hoffm.) Hutch. et E. A. Bruce = Erlangea alternifolia (O. Hoffm.) S. Moore ■☆

183383 Haasia Blume = Dehaasia Blume ●

183384 Haasia Nees = Dehaasia Blume ●

183385 Haaslundia Schumach. et Thonn. = Hoslundia Vahl ●☆

183386 Haastia Hook. f. (1864);密垫菊属●☆

183387 Haastia pulvinaris Hook. f.;密垫菊■☆

183388 Habenaria Nimmo = Habenaria Willd. ■

183389 Habenaria Willd. (1805);玉凤花属(鬼箭玉凤花属,玉凤兰属);Habenaria,Rein Orchid,Rein Orchis ■

183390 Habenaria aberrans Schltr.;异常玉凤花■☆

183391 Habenaria achalensis Kraenzl.;阿根廷玉凤花;Argentine Habenaria ■☆

183392 Habenaria acianthoides Schltr.;小花玉凤花;Small Habenaria ■

183393 Habenaria acuifera Lindl.;凸孔坡参(黄花玉凤花);Convexhole Habenaria,Yellow Habenaria ■

183394 Habenaria acuifera Lindl. var. linguella (Lindl.) Finet = Habenaria linguella Lindl. ■

183395 Habenaria acuifera Lindl. var. rostrata (Lindl.) Finet = Habenaria rostrata Wall. ex Lindl. ■

183396 Habenaria acuifera Lindl. var. rostrata Finet = Habenaria rostrata Wall. ex Lindl. ■

183397 Habenaria acuticalcar H. Perrier;尖距玉凤花■☆

183398 Habenaria adolphii Schltr.;阿道夫玉凤花■☆

183399 Habenaria aequatorialis Rendle = Habenaria stylites Rchb. f. et S. Moore ■☆

183400 Habenaria aethiopica Thomas et P. J. Cribb;埃塞俄比亚玉凤花■☆

183401 Habenaria affinis D. Don = Peristylus affinis (D. Don) Seidenf. ■

183402 Habenaria aitchisonii Rchb. f. ex Aitch. et Hemsl.;落地金钱(对对参,落地玉凤花,一面锣);Aitchison Habenaria,Fallingcoin ■

183403 Habenaria albida (L.) R. Br. var. straminea (Fernald) Morris et Eames = Pseudorchis albida (L.) Á. Löve et D. Löve subsp. straminea (Fernald) Á. Löve et D. Löve ■☆

183404 Habenaria alexandrae Schltr. = Habenaria glaucifolia Bureau et Franch. ■

183405 Habenaria alinae Szlach.;阿丽娜玉凤花■☆

183406 Habenaria alpina Hand.-Mazz. = Bhutanthera alpina (Hand.-Mazz.) Renz ■

183407 Habenaria alta Ridl.;翅玉凤花■☆

183408 Habenaria altior Rendle;较高玉凤花;Hight Habenaria ■☆

183409 Habenaria amanoana Ohwi = Habenaria stenopetala (Lindl.) Benth. ■

183410 Habenaria ambigua Kraenzl. = Platycoryne ambigua (Kraenzl.) Summerh. ■☆

183411 Habenaria ambositrana Schltr.;安布西特拉玉凤花■☆

183412 Habenaria andrewsii M. White;安氏玉凤花;Andréws' Rose-purple Orchid ■☆

183413 Habenaria andrewsii M. White = Platanthera andrewsii (M. White) Luer ■☆

183414 Habenaria anisoptera Rchb. f. = Habenaria quartiniana A. Rich. ■☆

183415 Habenaria ankaratrana Schltr. = Habenaria hilsenbergii Ridl. ■☆

183416 Habenaria anomala Lindl. ex Kraenzl. = Habenaria schimperiana Hochst. ex A. Rich. ■☆

183417 Habenaria antennifera A. Rich.;须玉凤花■☆

183418 Habenaria antunesiana Kraenzl. = Habenaria tentaculigera Rchb. f. ■☆

183419 Habenaria apiculata Summerh.;细尖玉凤花■☆

183420 Habenaria arachnoides Thouars;蛛网玉凤花■☆

183421 Habenaria arcuata (Lindl.) Hook. f. = Platanthera arcuata Lindl. ■

183422 Habenaria arenaria Lindl.;沙地玉凤花■☆

183423 Habenaria argentea P. J. Cribb;银白玉凤花■☆

183424 Habenaria arianae Geerinck;布隆迪玉凤花■☆

183425 Habenaria arietina Hook. f.;毛瓣玉凤花(羊角玉凤花);Hairypetal Habenaria,Ram Habenaria ■

183426 Habenaria armatissima Rchb. f.;具刺玉凤花■☆

183427 Habenaria atra Schltr. = Habenaria hilsenbergii Ridl. ■☆

183428 Habenaria atramentaria Kraenzl. = Peristylus densus (Lindl.) Santapau et Kapadia ■

183429 Habenaria attenuata Hook. f.;渐狭玉凤花■☆

183430 Habenaria aurea Kraenzl. = Platycoryne paludosa (Lindl.) Rolfe ■☆

183431 Habenaria austrosinensis Ts. Tang et F. T. Wang;薄叶玉凤花;Filmleaf Habenaria ■

183432 Habenaria bakeriana King et Pantl. = Platanthera bakeriana (King et Pantl.) Kraenzl. ■

183433 Habenaria balfouriana Schltr.;滇蜀玉凤花;Balour Habenaria ■

183434 Habenaria baoulensis A. Chev. = Habenaria zambesina Rchb. f. ■☆

183435 Habenaria barberae Schltr. = Habenaria tridens Lindl. ■☆

183436 Habenaria barbertoni Kraenzl. et Schltr.;巴伯顿玉凤花■☆

183437 Habenaria bassacensis Gagnep. = Pecteilis henryi Schltr. ■

183438 Habenaria batesii la Croix;贝茨玉凤花■☆

183439 Habenaria bathiei Schltr.;巴西玉凤花■☆

183440 Habenaria beesiana W. W. Sm. = Peristylus bulleyi (Rolfe) K. Y. Lang ■

183441 Habenaria beharensis Bosser;贝哈拉玉凤花■☆

183442 Habenaria bennettiana Rchb. f. = Roeperocharis bennettiana Rchb. f. ■☆

183443 Habenaria bequaertii Summerh.;贝卡尔玉凤花■☆

183444 Habenaria bicolor Conrath et Kraenzl.;二色玉凤花■☆

183445 Habenaria bifolia (L.) R. Br. = Platanthera bifolia (L.) Rich. ■

183446 Habenaria bihamata Kraenzl. = Habenaria aitchisonii Rchb. f. ex Aitch. et Hemsl. ■

183447 Habenaria bilabrella (Lindl.) Kraenzl. = Habenaria falcicornis (Burch. ex Lindl.) Bolus ■☆

183448 Habenaria bimaculata Ridl. = Cynorkis bimaculata (Ridl.) H. Perrier ■☆

183449 Habenaria blephariglottis (Willd.) Hook. = Platanthera blephariglottis (Willd.) Lindl. ■☆

183450 Habenaria boiviniana Kraenzl. = Habenaria boiviniana Kraenzl. et Schltr. ■☆

183451 Habenaria boiviniana Kraenzl. et Schltr.;博伊文玉凤花■☆

183452 Habenaria boltoni Harv. = Bonatea boltonii (Harv.) Bolus ■☆

183453 Habenaria bolusiana Schltr. = Habenaria lithophila Schltr. ■☆

183454 Habenaria bonatea Rchb. f. var. boltonii (Harv.) Bolus = Bonatea speciosa (L. f.) Willd. ■☆

183455 Habenaria bonateoides Ponsie;长须兰玉凤花■☆

183456 Habenaria bonatiana Schltr. = Platanthera latilabris Lindl. ■

183457 Habenaria bongensium Rchb. f.;邦戈玉凤花■☆

183458 Habenaria borealis Cham. var. albiflora Cham. = Limnorchis dilatata (Pursh) Rydb. subsp. albiflora (Cham.) Á. Löve et W. Simon ■☆

183459 Habenaria borealis Cham. var. albiflora Cham. = Platanthera dilatata (Pursh) Lindl. ex L. C. Beck var. albiflora (Cham.) Ledeb. ■☆

183460 Habenaria borealis Cham. var. viridiflora Cham. = Platanthera stricta Lindl. ■☆

183461 Habenaria bosseriana Szlach. et Olszewski;博塞尔玉凤花■☆

183462 Habenaria brachiandra W. Sanford;短蕊玉凤花■☆

183463 Habenaria brachylobos (Summerh.) Summerh.;短裂玉凤花■☆

183464 Habenaria brachyphylla Aitch. = Habenaria aitchisonii Rchb. f. ex Aitch. et Hemsl. ■

183465 Habenaria bracteata (Muhl.) R. Br. = Coeloglossum viride (L.) Hartm. ■

183466 Habenaria bracteata (Muhl.) R. Br. = Coeloglossum viride (L.) Hartm. var. virescens (Muhl.) Luer ■☆

183467 Habenaria bracteosa Hochst. ex A. Rich.;多苞片玉凤花■☆

183468 Habenaria brevicalcarata (Hayata) Masam. = Platanthera brevicalcarata Hayata ■

183469 Habenaria brevicalcarata Fukuy. = Peristylus formosanus (Schltr.) T. P. Lin ■

183470 Habenaria brevilabris Kraenzl. = Habenaria holubii Rolfe ■☆

183471 Habenaria buchananiana Kraenzl. = Platycoryne buchananiana (Kraenzl.) Rolfe ■☆

183472 Habenaria buchwaldiana Kraenzl. = Platycoryne pervillei Rchb. f. ■☆

183473 Habenaria buettneriana Kraenzl.;比特纳玉凤花■☆

183474 Habenaria bulleyi Rolfe = Peristylus bulleyi (Rolfe) K. Y. Lang ■

183475 Habenaria buntingii Rendle = Habenaria physuriformis Kraenzl. ■☆

183476 Habenaria burchneroides Schltr. = Peristylus densus (Lindl.) Santapau et Kapadia ■

183477 Habenaria burttii Summerh.;伯特玉凤花■☆

183478 Habenaria busseana Kraenzl.;布瑟玉凤花■☆

183479 Habenaria caffra Schltr. = Habenaria falcicornis (Burch. ex Lindl.) Bolus subsp. caffra (Schltr.) J. C. Manning ■☆

183480 Habenaria calcarata (Rchb. f.) Benth. = Cynorkis anacamptoides Kraenzl. ■☆

183481 Habenaria calcarata (Rolfe) Schltr. = Peristylus calcaratus (Rolfe) S. Y. Hu ■

183482 Habenaria calva (Rchb. f.) Rolfe = Habenaria dregeana Lindl. ■☆

183483 Habenaria calvilabris Summerh. var. crassocalcarata Geerinck;粗距玉凤花■☆

183484 Habenaria camptoceras Rolfe = Neottianthe camptoceras (Rolfe) Schltr. ■

183485 Habenaria cardiochila Kraenzl. = Habenaria peristyloides A. Rich. ■☆

183486 Habenaria carnea N. E. Br.;肉色玉凤花;Fleshcolour Habenaria ■☆

183487 Habenaria cavaleriei Schltr. = Peristylus affinis (D. Don) Seidenf. ■

183488 Habenaria ceratopetala A. Rich.;角状瓣玉凤花;Hornlikepetal Habenaria ■☆

183489 Habenaria ceratopetala A. Rich. = Habenaria cornuta Lindl. ■☆

183490 Habenaria chiloglossa Ts. Tang et F. T. Wang = Platanthera chiloglossa (Ts. Tang et F. T. Wang) K. Y. Lang ■

183491 Habenaria chirensis Rchb. f.;希雷玉凤花■☆

183492 Habenaria chlorantha (Custer ex Rchb.) Bab. = Platanthera chlorantha Custer ex Rchb. ■

183493 Habenaria chlorantha (Custer) Bab. = Platanthera chlorantha Custer ex Rchb. ■

183494 Habenaria chloropecten Schltr. = Habenaria davidii Franch. ■

183495 Habenaria chlorotica Rchb. f. = Habenaria filicornis Lindl. ■☆

183496 Habenaria chorisiana Cham. = Platanthera chorisiana (Cham.) Rchb. f. ■☆

183497 Habenaria chrysantha Schltr. = Habenaria linguella Lindl. ■

183498 Habenaria chrysea W. W. Sm. = Ponerorchis chrysea (W. W. Sm.) Soó ■

183499 Habenaria chusua (D. Don) Benth. = Ponerorchis chusua (D. Don) Soó ■

183500 Habenaria chysea W. W. Sm. = Orchis chrysea (W. W. Sm.) Schltr. ■

183501 Habenaria ciliaris (L.) R. Br.;缘毛玉凤花英(缘毛舌唇兰);Ciliate Platanthera, Yellow Fringed Orchid, Yellow-fringed Orchis ■☆

183502 Habenaria ciliaris (L.) R. Br. = Platanthera ciliaris (L.) Lindl. ■☆

183503 Habenaria ciliolaris Kraenzl.;毛葶玉凤花(地夫子,鸡儿草,鸡肾草,双肾草,丝裂玉凤花,野阳合,玉峰兰,玉凤兰);Ciliolate Habenaria, Hairscape Habenaria ■

183504 Habenaria cinnabarina Rolfe = Benthamia cinnabarina (Rolfe) H. Perrier ●☆

183505 Habenaria cirrhata (Lindl.) Rchb. f.;卷须玉凤花■☆

183506 Habenaria cirrhifera Ohwi = Habenaria pantlingiana Kraenzl. ■

183507 Habenaria clarencensis Rolfe = Habenaria bracteosa Hochst. ex A. Rich. ■☆

183508 Habenaria clavata (Lindl.) Rchb. f.;棍棒玉凤花■☆

183509 Habenaria clavellata (Michx.) Spreng. = Platanthera clavellata (Michx.) Luer ■☆

183510 Habenaria clavellata (Michx.) Spreng. var. ophioglossoides Fernald = Platanthera clavellata (Michx.) Luer ■☆

183511 Habenaria clavellata (Michx.) Spreng. var. wrightii Olive = Platanthera clavellata (Michx.) Luer ■☆

183512 Habenaria clavigera (Lindl.) Dandy = Platanthera clavigera Lindl. ■

183513 Habenaria coeloglossoides Summerh.;鞘舌玉凤花■☆
183514 Habenaria combusta Ridl. = Habenaria peristyloides A. Rich. ■☆
183515 Habenaria commelinifolia (Roxb.) Wall. ex Lindl.;斧萼玉凤花;Axcalyx Habenaria ■
183516 Habenaria confusa Rolfe = Habenaria genuflexa Rendle ■☆
183517 Habenaria conopodes Ridl.;束梗玉凤花■☆
183518 Habenaria conopsea (L.) Benth. = Gymnadenia conopsea (L.) R. Br. ■
183519 Habenaria constricta (Lindl.) Hook. f. = Peristylus constrictus (Lindl.) Lindl. ■
183520 Habenaria cooperi S. Watson = Piperia cooperi (S. Watson) Rydb. ■☆
183521 Habenaria cordifolia Summerh. = Habenaria verdickii (De Wild.) Schltr. ■☆
183522 Habenaria cornuta Lindl.;角状玉凤花■☆
183523 Habenaria costricta (Lindl.) Hook. f. = Peristylus constrictus (Lindl.) Lindl. ■
183524 Habenaria coultousii Barretto; 香港玉凤花; Hongkong Habenaria ■
183525 Habenaria crassilabia Kraenzl. = Habenaria shweliensis W. W. Sm. et Banerji ■
183526 Habenaria cristata (Michx.) R. Br. = Platanthera cristata (Michx.) Lindl. ■☆
183527 Habenaria crocea Schweinf. ex Rchb. f. = Platycoryne crocea (Schweinf. ex Rchb. f.) Rolfe ■☆
183528 Habenaria ctenophora Schltr. = Habenaria praestans Rendle ■☆
183529 Habenaria cucullata (L.) Höfft = Neottianthe cucullata (L.) Schltr. ■
183530 Habenaria culicifera Rendle = Habenaria humilior Rchb. f. ■☆
183531 Habenaria cultrata A. Rich.;小刀玉凤花■☆
183532 Habenaria cultriformis Kraenzl. ex Engl.;刀形玉凤花■☆
183533 Habenaria cyclochila Franch. et Sav. = Galearis cyclochila (Franch. et Sav.) Soó ■
183534 Habenaria cyclochila Franch. et Sav. = Orchis cyclochila (Franch. et Sav.) Maxim. ■
183535 Habenaria cynosorchidacea C. Schweinf. = Cynorkis fastigiata Thouars ■☆
183536 Habenaria dactylostigma Schltr. = Habenaria stenorhynchos Schltr. ■☆
183537 Habenaria dalzielii Summerh.;达尔齐尔玉凤花■☆
183538 Habenaria dankiaensis Gagnep. = Peristylus densus (Lindl.) Santapau et Kapadia ■
183539 Habenaria dauphinensis Rolfe = Benthamia dauphinensis (Rolfe) Schltr. ●☆
183540 Habenaria davidii Franch.;长距玉凤花(长距鸭头兰,对对参,鸡肾参,肾阳草,双肾草);Longspur Habenaria ■
183541 Habenaria dawei Rolfe = Habenaria cirrhata (Lindl.) Rchb. f. ■☆
183542 Habenaria debeerstiana Kraenzl.;德比尔玉凤花■☆
183543 Habenaria debiliflora G. Will. = Habenaria silvatica Schltr. ■☆
183544 Habenaria debilis G. Will. = Habenaria silvatica Schltr. ■☆
183545 Habenaria debilis Hook. f. = Cynorkis debilis (Hook. f.) Summerh. ■☆
183546 Habenaria decaryana H. Perrier;德卡里玉凤花■☆
183547 Habenaria decipiens Hook. f. = Diphylax griffithii (Hook. f.) Kraenzl. ■☆
183548 Habenaria decorata Hochst. = Habenaria decorata Hochst. ex A. Rich. ■☆
183549 Habenaria decorata Hochst. ex A. Rich.;美丽玉凤花;Beaty Habenaria ■☆
183550 Habenaria decumbens Thomas et P. J. Cribb;外倾玉凤花■☆
183551 Habenaria decurvirostris Summerh.;喙玉凤花■☆
183552 Habenaria deflexa Hochst. ex Kraenzl. = Habenaria filicornis Lindl. ■☆
183553 Habenaria delavayi Finet;厚瓣玉凤花(大叶白芨,对对参,鸡蛋七,鸡肾参,鸡肾草,鸡肾子,昆明二叶兰,双合草,双肾参,双肾草);Delavay Habenaria,Thickpetal Habenaria ■
183554 Habenaria delessertiana Kraenzl.;线瓣玉凤兰■
183555 Habenaria delessertiana Kraenzl. = Habenaria stenopetala (Lindl.) Benth. ■
183556 Habenaria demissa Schltr.;下垂玉凤花■☆
183557 Habenaria densa Wall. ex Lindl. = Platanthera clavigera Lindl. ■
183558 Habenaria densiflora (Sond.) Rchb. f. = Bonatea speciosa (L. f.) Willd. ■☆
183559 Habenaria dentata (Sw.) Schltr.;鹅毛玉凤花(白凤兰,白花草,齿片鹭兰,齿片玉凤花,齿玉凤兰,对对参,对肾参,鸡儿花,鸡肾草,金鹅抱蛋,金刚如意,金刚如意草,老母鸡抱蛋,肾经草,双环参,双肾参,双肾子,天鹅抱蛋,仙鹅抱蛋,羊肾参,腰子七,玉凤花);Goosefeather Habenaria,Toothed Habenaria ■
183560 Habenaria dentata (Sw.) Schltr. f. ecalcarata (King et Pantl.) Tuyama = Habenaria malintana (Blanco) Merr. ■
183561 Habenaria dentata (Sw.) Schltr. subsp. ecalcarata (King et Pantl.) Panigrahi et Murti = Habenaria malintana (Blanco) Merr. ■
183562 Habenaria dentata (Sw.) Schltr. var. ecalcarata (King et Pantl.) Hand. -Mazz. = Habenaria malintana (Blanco) Merr. ■
183563 Habenaria dentata (Sw.) Schltr. var. tohoensis (Hayata) S. S. Ying = Habenaria dentata (Sw.) Schltr. ■
183564 Habenaria depauperata Kraenzl. = Platycoryne pervillei Rchb. f. ■☆
183565 Habenaria dianthoides Nevski;拟鹅毛玉凤花■☆
183566 Habenaria diceras Schltr. = Habenaria aitchisonii Rchb. f. ex Aitch. et Hemsl. ■
183567 Habenaria diceras Schltr. var. pubicaulis (Schltr.) Soó = Habenaria aitchisonii Rchb. f. ex Aitch. et Hemsl. ■
183568 Habenaria digitata Lindl.;指状玉凤花;Digitate Habenaria ■☆
183569 Habenaria dilatata (Purchas) Hook. subsp. lucida (Willd.) S. S. Ying = Habenaria lucida Wall. ex Lindl. ■
183570 Habenaria dilatata (Purchas) Hook. subsp. lucida (Willd.) S. S. Ying = Habenaria longiracema Fukuy. ■
183571 Habenaria dilatata (Pursh) Hook.;北方高大玉凤花;Boreal Bog Orchid, Leafy White Orchis, Scent-bottle, Tall White Bog Orchid,Tall White Bog Orchis,White Bog Orchid,White Bog-orchis ■☆
183572 Habenaria dilatata (Pursh) Hook. = Limnorchis dilatatus (Pursh) Rydb. ■☆
183573 Habenaria dilatata (Pursh) Hook. = Platanthera dilatata (Pursh) Lindl. ex L. C. Beck ■☆
183574 Habenaria dilatata (Pursh) Hook. subsp. lucida (Wall. ex Lindl.) S. S. Ying = Habenaria lucida Wall. ex Lindl. ■
183575 Habenaria dilatata (Pursh) Hook. var. albiflora (Cham.) Correll = Limnorchis dilatata (Pursh) Rydb. subsp. albiflora (Cham.) Á. Löve et W. Simon ■☆
183576 Habenaria dilatata (Pursh) Hook. var. albiflora (Cham.)

Correll = Platanthera dilatata (Pursh) Lindl. ex L. C. Beck var. albiflora (Cham.) Ledeb. ■☆
183577 Habenaria dilatata (Pursh) Hook. var. media (Rydb.) Ames = Platanthera huronensis (Nutt.) Lindl. ■☆
183578 Habenaria dinklagei Kraenzl.;丁克玉凤花■☆
183579 Habenaria dinteriana Kraenzl. = Habenaria armatissima Rchb. f. ■☆
183580 Habenaria diphylla Dalzell;二叶玉凤花(二叶鹭兰);Twoflower Habenaria ■
183581 Habenaria diplonema Schltr.;小巧玉凤花(蝴蝶参,蝴蝶和气草,两块瓦,双线二叶兰);Skilful Habenaria ■
183582 Habenaria diptera Schltr. = Habenaria incarnata Rchb. f. ■☆
183583 Habenaria diselloides Schltr.;小迪萨兰玉凤花■☆
183584 Habenaria disparilis Summerh.;异型玉凤花■☆
183585 Habenaria dissimulata Schltr. = Benthamia perularioides Schltr. ●☆
183586 Habenaria divergens Summerh.;稍叉玉凤花■☆
183587 Habenaria dives Rchb. f.;富有玉凤花■☆
183588 Habenaria dregeana Lindl.;德雷玉凤花■☆
183589 Habenaria dregeana Lindl. var. calva Rchb. f. = Habenaria dregeana Lindl. ■☆
183590 Habenaria duclouxii Rolfe = Peristylus mannii (Rchb. f.) Mukerjee ■
183591 Habenaria eburnea Ridl. = Habenaria armatissima Rchb. f. ■☆
183592 Habenaria ecaudata Kraenzl. = Bonatea steudneri (Rchb. f.) T. Durand et Schinz ■☆
183593 Habenaria edgeworthii Hook. f. ex Collett;埃奇沃斯玉凤花■☆
183594 Habenaria eggelingii Summerh. = Habenaria tenuispica Rendle var. eggelingii (Summerh.) Geerinck ■☆
183595 Habenaria egregia Summerh.;优秀玉凤花■☆
183596 Habenaria elatior Schltr. = Habenaria nyikana Rchb. f. ■☆
183597 Habenaria elegans (Lindl.) Bol. var. elata Jeps. = Piperia elongata Rydb. ■☆
183598 Habenaria elegans (Lindl.) Bol. var. maritima (Greene) Ames = Piperia elegans (Lindl.) Rydb. ■☆
183599 Habenaria elegans (Lindl.) Bol. var. multiflora (Rydb.) Peck = Piperia elegans (Lindl.) Rydb. ■☆
183600 Habenaria elegantula Kraenzl.;雅丽玉凤花■☆
183601 Habenaria elisabethae Duthie = Peristylus elisabethae (Duthie) R. K. Gupta ■
183602 Habenaria elliotii Rolfe;埃利玉凤花■☆
183603 Habenaria eminii Kraenzl. = Bonatea eminii (Kraenzl.) Rolfe ■☆
183604 Habenaria endothrix Miq. = Habenaria linguella Lindl. ■
183605 Habenaria engleriana Kraenzl.;恩格勒玉凤花■☆
183606 Habenaria ensifolia Lindl. = Habenaria pectinata (Sm.) D. Don ■
183607 Habenaria epipactidea Rchb. f.;火烧兰玉凤花■☆
183608 Habenaria epipactidea Rchb. f. var. schinzii (Rolfe) Kraenzl. = Habenaria epipactidea Rchb. f. ■☆
183609 Habenaria erythreae Rolfe = Habenaria filicornis Lindl. ■☆
183610 Habenaria evrardii Gagnep. = Peristylus densus (Lindl.) Santapau et Kapadia ■
183611 Habenaria excelsa Thomas et P. J. Cribb;高大玉凤花■☆
183612 Habenaria faberi Rolfe = Amitostigma faberi (Rolfe) Schltr. ■
183613 Habenaria falcata G. Will.;镰形玉凤花■☆
183614 Habenaria falcicornis (Burch. ex Lindl.) Bolus;镰角玉凤花■☆
183615 Habenaria falcicornis (Burch. ex Lindl.) Bolus subsp. caffra (Schltr.) J. C. Manning;开菲尔玉凤花■☆
183616 Habenaria falcicornis (Burch. ex Lindl.) Bolus var. caffra (Schltr.) Renz et Schelpe = Habenaria falcicornis (Burch. ex Lindl.) Bolus subsp. caffra (Schltr.) J. C. Manning ■☆
183617 Habenaria falciloba Summerh.;镰荚玉凤花■☆
183618 Habenaria fallax (Lindl.) King et Pantl. = Peristylus fallax Lindl. ■
183619 Habenaria fargesii Finet;雅致玉凤花(斑叶玉凤花,玉凤花);Elegant Habenaria, Farges Habenaria ■
183620 Habenaria filicornis Lindl.;线角玉凤花■☆
183621 Habenaria filicornis Lindl. var. chlorotica (Rchb. f.) Geerinck = Habenaria filicornis Lindl. ■☆
183622 Habenaria filiformis (Kraenzl.) Ridl. = Cynorkis papillosa (Ridl.) Summerh. ■☆
183623 Habenaria fimbriata (Dryand.) R. Br. = Platanthera grandiflora (Bigelow) Lindl. ■☆
183624 Habenaria finetiana Schltr.;齿片玉凤花;Finet Habenaria ■
183625 Habenaria flagellifera Makino;鞭状玉凤花■
183626 Habenaria flagellifera Makino = Peristylus calcaratus (Rolfe) S. Y. Hu ■
183627 Habenaria flagellifera Makino = Peristylus densus (Lindl.) Santapau et Kapadia ■
183628 Habenaria flagellifera Makino = Peristylus flagellifer (Makino) Ohwi ■
183629 Habenaria flagellifera Makino var. yosiei H. Hara;义江玉凤兰■☆
183630 Habenaria flammea Kraenzl. = Platycoryne pervillei Rchb. f. ■☆
183631 Habenaria flava (L.) R. Br. ex Spreng. = Platanthera flava (L.) Lindl. ■☆
183632 Habenaria flava (L.) R. Br. ex Spreng. var. bracteata ? = Platanthera bracteata Torr. ■☆
183633 Habenaria flava (L.) R. Br. ex Spreng. var. herbiola (R. Br.) Ames et Correll = Platanthera flava (L.) Lindl. var. herbiola (R. Br.) Luer ■☆
183634 Habenaria flava (L.) R. Br. ex Spreng. var. herbiola (R. Br.) Ames et Correll = Platanthera flava (L.) Lindl. ■☆
183635 Habenaria foliosa (Sw.) Rchb. f. = Habenaria epipactidea Rchb. f. ■☆
183636 Habenaria forceps (Finet) Schltr. = Peristylus forceps Finet ■
183637 Habenaria fordii Rolfe;线瓣玉凤花(长距阔蕊兰,长距玉凤花,母鸡抱蛋);Linearpetal Habenaria ■
183638 Habenaria formosana Schltr. = Habenaria lacertifera (Lindl.) Benth. ■
183639 Habenaria formosana Schltr. = Peristylus formosanus (Schltr.) T. P. Lin ■
183640 Habenaria forrestii Schltr. = Peristylus forrestii (Schltr.) K. Y. Lang ■
183641 Habenaria friesii Schltr. = Habenaria dregeana Lindl. ■☆
183642 Habenaria fulva Ts. Tang et F. T. Wang;褐黄玉凤花;Yellow-brown Habenaria ■
183643 Habenaria furcifera Lindl.;密花玉凤花;Denseflower Habenaria ■
183644 Habenaria furcipetala Schltr. = Habenaria kyimbilae Schltr. ■☆
183645 Habenaria gabonensis Rchb. f.;加蓬玉凤花■☆
183646 Habenaria gabonensis Rchb. f. var. psiloceras (Welw. ex Rchb. f.) Summerh.;毛角加蓬玉凤花■☆
183647 Habenaria galactantha Kraenzl.;乳白玉凤花■☆

183648 Habenaria galeandra (Rchb. f.) Benth. = Brachycorythis galeandra (Rchb. f.) Summerh. ■
183649 Habenaria galeandra (Rchb. f.) Benth. var. annamica Gagnep. = Brachycorythis galeandra (Rchb. f.) Summerh. ■
183650 Habenaria galpinii Bolus;盖尔玉凤花■☆
183651 Habenaria garrettii Rolfe ex Downie = Peristylus tentaculatus (Lindl.) J. J. Sm. ■
183652 Habenaria geniculata D. Don = Habenaria dentata (Sw.) Schltr. ■
183653 Habenaria geniculata D. Don var. ecalcarata King et Pantl. = Habenaria malintana (Blanco) Merr. ■
183654 Habenaria geniculata D. Don var. yunnanensis (Finet) Finet = Habenaria finetiana Schltr. ■
183655 Habenaria genuflexa Rendle;膝曲玉凤花■☆
183656 Habenaria gerrardii Rchb. f. = Habenaria tridens Lindl. ■☆
183657 Habenaria gigantea (Sm.) D. Don = Pecteilis gigantea (Sm.) Raf. ■
183658 Habenaria gigantea Don = Habenaria susannae (L.) R. Br. ■
183659 Habenaria gigantea Don = Pecteilis susannae (L.) Raf. ■
183660 Habenaria gilbertii Thomas et P. J. Cribb;吉尔伯特玉凤花■☆
183661 Habenaria glaberrima (Ridl.) Schltr. = Benthamia glaberrima (Ridl.) H. Perrier ●☆
183662 Habenaria glaucifolia Bureau et Franch.;粉叶玉凤花(鸡肾草,疝气药,双叶兰);Farinoseleaf Habenaria, Glaucousleaf Habenaria ■
183663 Habenaria glossophora W. W. Sm. = Platanthera hologlottis Maxim. ■
183664 Habenaria gnomifera Schltr. = Habenaria glaucifolia Bureau et Franch. ■
183665 Habenaria goetzeana Kraenzl.;格兹玉凤花■☆
183666 Habenaria gonatosiphon Summerh.;管玉凤花■☆
183667 Habenaria goodyeroides D. Don;南投玉凤兰■
183668 Habenaria goodyeroides D. Don = Peristylus goodyeroides (D. Don) Lindl. ■
183669 Habenaria goodyeroides D. Don var. affinis (D. Don) King et Pantl. = Peristylus affinis (D. Don) Seidenf. ■
183670 Habenaria goodyeroides D. Don var. affinis King et Pantl. = Peristylus affinis (D. Don) Seidenf. ■
183671 Habenaria goodyeroides D. Don var. formosana Hayata = Peristylus goodyeroides (D. Don) Lindl. ■
183672 Habenaria gracillima Hook. f. = Peristylus mannii (Rchb. f.) Mukerjee ■
183673 Habenaria graminea (Thouars) Spreng. = Cynorkis graminea (Thouars) Schltr. ■☆
183674 Habenaria graminea A. Chev. = Habenaria buettneriana Kraenzl. ■☆
183675 Habenaria graveolens Duthie. = Habenaria digitata Lindl. ■☆
183676 Habenaria greenei Jeps. = Piperia elegans (Lindl.) Rydb. ■☆
183677 Habenaria griffithii Hook. f. = Diphylax griffithii (Hook. f.) Kraenzl. ■☆
183678 Habenaria habenaria (L.) Small = Habenaria quinqueseta (Michx.) Eaton ■☆
183679 Habenaria hancockii Rolfe = Habenaria rostellifera Rchb. f. ■
183680 Habenaria harmsiana Schltr.;哈姆斯玉凤花■☆
183681 Habenaria haullevilleana De Wild. = Habenaria zambesina Rchb. f. ■☆
183682 Habenaria hayataeana Schltr. = Peristylus goodyeroides (D. Don) Lindl. ■
183683 Habenaria hebes la Croix et P. J. Cribb;柔毛玉凤花■☆
183684 Habenaria helleborina (Hook. f.) G. Nicholson = Brachycorythis macrantha (Lindl.) Summerh. ■☆
183685 Habenaria henningiana Schltr. = Habenaria holubii Rolfe ■☆
183686 Habenaria henryi Rolfe = Platanthera minor (Miq.) Rchb. f. ■
183687 Habenaria herbiola R. Br. = Platanthera flava (L.) Lindl. var. herbiola (R. Br.) Luer ■☆
183688 Habenaria herbiola R. Br. = Tulotis fuscescens Raf. ■
183689 Habenaria herminioides Ames et Schltr. = Peristylus forceps Finet ■
183690 Habenaria hetaerioides Summerh.;翻唇兰玉凤花■☆
183691 Habenaria hildebrandtii Ridl. = Tylostigma hildebrandtii (Ridl.) Schltr. ■☆
183692 Habenaria hilsenbergii Ridl.;希尔森玉凤花■☆
183693 Habenaria hircina Rchb. f. = Habenaria epipactidea Rchb. f. ■☆
183694 Habenaria hirsutissima Summerh.;粗毛玉凤花■☆
183695 Habenaria hochstetteriana Kraenzl. = Habenaria humilior Rchb. f. ■☆
183696 Habenaria hologlossa Summerh.;全舌玉凤花■☆
183697 Habenaria holothrix Schltr.;全毛玉凤花■☆
183698 Habenaria holstii Kraenzl. = Habenaria malacophylla Rchb. f. ■☆
183699 Habenaria holubii Rolfe;霍勒布玉凤花■☆
183700 Habenaria hookeri Torr. ex A. Gray;胡克玉凤花;Hooker's Orchid, Hooker's Orchis ■☆
183701 Habenaria hookeri Torr. ex A. Gray = Platanthera hookeri (Torr. ex A. Gray) Lindl. ■☆
183702 Habenaria hookeri Torr. ex A. Gray var. abbreviata Fernald = Platanthera hookeri (Torr. ex A. Gray) Lindl. ■☆
183703 Habenaria hosokawae Fukuy.;毛唇玉凤花(毛唇玉凤兰,细川氏玉凤兰);Hairlip Habenaria ■
183704 Habenaria hosokawae Fukuy. = Habenaria petelotii Gagnep. ■
183705 Habenaria huillensis Rchb. f.;威拉玉凤花■☆
183706 Habenaria huillensis Rchb. f. var. weberiana (Schltr.) Geerinck = Habenaria weberiana Schltr. ■☆
183707 Habenaria humbertii Szlach. et Olszewski;亨伯特玉凤花■☆
183708 Habenaria humblotii Rchb. f. = Habenaria incarnata Rchb. f. ■☆
183709 Habenaria humidicola Rolfe;湿地玉凤花;Wet Habenaria ■
183710 Habenaria humilior Rchb. f.;矮小玉凤花■☆
183711 Habenaria humilior Rchb. f. var. brevicalcarata Rendle = Habenaria thomsonii Rchb. f. ■☆
183712 Habenaria humistrata Rolfe ex Downie = Habenaria diphylla Dalzell ■
183713 Habenaria hunteri Rolfe = Habenaria engleriana Kraenzl. ■☆
183714 Habenaria huronensis (Nutt.) Spreng. = Platanthera huronensis (Nutt.) Lindl. ■☆
183715 Habenaria hymenophylla Schltr. = Habenaria uhehensis Schltr. ■☆
183716 Habenaria hyperborea (L.) R. Br. = Platanthera hyperborea (L.) Lindl. ■☆
183717 Habenaria hyperborea (L.) R. Br. var. huronensis (Nutt.) Farw. = Platanthera huronensis (Nutt.) Lindl. ■☆
183718 Habenaria hystris Ames;粤琼玉凤花;Guangdong Habenaria ■
183719 Habenaria ichneumonea (Sw.) Lindl.;蜂玉凤花■☆
183720 Habenaria ichneumoniformis Ridl. = Habenaria simplex

Kraenzl. ■☆
183721 Habenaria imerinensis Ridl. = Cynorkis rosellata (Thouars) Bosser ■☆
183722 Habenaria inaequiloba Schltr.;不等玉凤花■☆
183723 Habenaria incarnata Rchb. f.;拟肉色玉凤花■☆
183724 Habenaria incompta Kraenzl.;装饰玉凤花■☆
183725 Habenaria incurva Rolfe = Habenaria galpinii Bolus ■☆
183726 Habenaria insignis Rolfe = Habenaria mirabilis Rolfe ■☆
183727 Habenaria insignis Schltr. = Bonatea polypodantha (Rchb. f.) L. Bolus ■☆
183728 Habenaria integra (Nutt.) Spreng.;全缘玉凤花;Southern Yellow Orchis ■☆
183729 Habenaria integra (Nutt.) Spreng. = Platanthera integra (Nutt.) A. Gray ex L. C. Beck ■☆
183730 Habenaria integra Spreng. = Habenaria integra (Nutt.) Spreng. ■☆
183731 Habenaria intermedia D. Don;大花玉凤花(大鸭头兰,母鸡抱蛋);Bigflower Habenaria ■
183732 Habenaria intermedia D. Don var. arietina (Hook. f.) Finet = Habenaria arietina Hook. f. ■
183733 Habenaria involuta Bolus = Habenaria schimperiana Hochst. ex A. Rich. ■☆
183734 Habenaria ipyanae Schltr. = Platycoryne buchananiana (Kraenzl.) Rolfe ■☆
183735 Habenaria isoantha Schltr.;同花玉凤花■☆
183736 Habenaria iyoensis Ohwi;岩坡玉凤兰■
183737 Habenaria iyoensis Ohwi = Peristylus iyoensis Ohwi ■
183738 Habenaria jaegeri Summerh.;耶格玉凤花■☆
183739 Habenaria japonica (Thunb. ex A. Murray) A. Gray = Platanthera japonica (Thunb. ex A. Murray) Lindl. ■
183740 Habenaria japonica (Thunb.) A. Gray = Platanthera japonica (Thunb. ex A. Murray) Lindl. ■
183741 Habenaria japonica (Thunb.) A. Gray var. minor Miq. = Platanthera minor (Miq.) Rchb. f. ■
183742 Habenaria japonica (Thunb.) Rchb. f. minor Miq. = Platanthera minor (Miq.) Rchb. f. ■
183743 Habenaria japonica (Thunb.) Rchb. f. var. minor Miq. = Platanthera minor (Miq.) Rchb. f. ■
183744 Habenaria johnsonii Rolfe = Habenaria stylites Rchb. f. et S. Moore subsp. johnsonii (Rolfe) Summerh. ■☆
183745 Habenaria juncea King et Pantl. = Peristylus nematocaulon (Hook. f.) Banerji et P. Pradhan ■
183746 Habenaria juncea King et Pantl. = Platanthera juncea (King et Pantl.) Kraenzl. ■
183747 Habenaria kaessnerana Kraenzl. = Habenaria humilior Rchb. f. ■☆
183748 Habenaria kassneriana Kraenzl.;卡斯纳玉凤花■☆
183749 Habenaria katangensis Summerh.;加丹加玉凤花■☆
183750 Habenaria kayseri Kraenzl. = Bonatea steudneri (Rchb. f.) T. Durand et Schinz ■☆
183751 Habenaria keayi Summerh.;凯伊玉凤花■☆
183752 Habenaria keiliana Kraenzl. = Habenaria welwitschii Rchb. f. ■☆
183753 Habenaria keniensis Summerh.;肯尼亚玉凤花■
183754 Habenaria kilimanjari Rchb. f.;基利曼玉凤花■☆
183755 Habenaria kitimboana Kraenzl. = Platycoryne buchananiana (Kraenzl.) Rolfe ■☆
183756 Habenaria kitondo De Wild. = Platycoryne buchananiana (Kraenzl.) Rolfe ■☆
183757 Habenaria kornasiorum Szlach. et Olszewski;科纳斯玉凤花■☆
183758 Habenaria kubangensis Schltr.;古邦玉凤花■☆
183759 Habenaria kweitschuensis Schltr. = Habenaria ciliolaris Kraenzl. ■
183760 Habenaria kyimbilae Schltr.;基穆比拉玉凤花■☆
183761 Habenaria lacei (Rolfe ex Downie) Gagnep. = Pecteilis henryi Schltr. ■
183762 Habenaria lacera (Michx.) Lodd. = Platanthera lacera (Michx.) G. Don ■☆
183763 Habenaria lacera (Michx.) R. Br. = Platanthera lacera (Michx.) G. Don ■☆
183764 Habenaria lacertifera (Lindl.) Benth. = Peristylus lacertifer (Lindl.) J. J. Sm. ■
183765 Habenaria lacertifera (Lindl.) Benth. var. triangularis (F. Maek.) Satomi;三角玉凤花■☆
183766 Habenaria laevigata Lindl.;光滑玉凤花■☆
183767 Habenaria lastelleana Kraenzl.;拉斯泰勒玉凤花■☆
183768 Habenaria latilabris (Lindl.) Hook. f. = Platanthera latilabris Lindl. ■
183769 Habenaria laurentii De Wild.;洛朗玉凤花■☆
183770 Habenaria leandriana Bosser;利安玉凤花■☆
183771 Habenaria lecardii Kraenzl.;莱卡德玉凤花■☆
183772 Habenaria lefebureana (A. Rich.) T. Durand et Schinz;勒福布雷玉凤花■☆
183773 Habenaria lelyi Summerh.;莱利玉凤花■☆
183774 Habenaria lelyi Summerh. var. macroceras ?;大角玉凤花■☆
183775 Habenaria leonensis T. Durand et Schinz;莱昂玉凤花■☆
183776 Habenaria leptobrachiata Ridl. = Habenaria antennifera A. Rich. ■☆
183777 Habenaria leptocaulon Hook. f. = Platanthera leptocaulon (Hook. f.) Soó ■
183778 Habenaria leptoloba Benth.;细裂玉凤花;Thinsplit Habenaria ■
183779 Habenaria leptostigma Schltr. = Habenaria welwitschii Rchb. f. ■☆
183780 Habenaria letestuana Szlach. et Olszewski;莱泰斯图玉凤花■☆
183781 Habenaria letouzeyana (Szlach. et Olszewski) P. J. Cribb et Stévart;勒图玉凤花■☆
183782 Habenaria leucoceras Schltr.;白角玉凤花■☆
183783 Habenaria leucopecten Schltr. = Habenaria davidii Franch. ■
183784 Habenaria leucophaea (Nutt.) A. Gray = Platanthera leucophaea (Nutt.) Lindl. ■☆
183785 Habenaria leucophaea (Nutt.) A. Gray var. praeclara (Sheviak et M. L. Bowles) Cronquist = Platanthera praeclara Sheviak et M. L. Bowles ■☆
183786 Habenaria leucotricha Schltr.;白毛玉凤花■☆
183787 Habenaria leucotricha Schltr. var. reticalcar la Croix;网状白毛玉凤花■☆
183788 Habenaria lewallei Geerinck;勒瓦莱玉凤花■☆
183789 Habenaria libeniana Geerinck;利本玉凤花■☆
183790 Habenaria liguliforme Ts. Tang et F. T. Wang = Peristylus forceps Finet ■
183791 Habenaria lilungshania S. S. Ying = Peristylus calcaratus (Rolfe) S. Y. Hu ■
183792 Habenaria limnophila Summerh. = Habenaria chirensis Rchb. f. ■☆

183793 Habenaria limosa (Lindl.) Hemsl. = Platanthera limosa Lindl. ■☆
183794 Habenaria limprichtii Schltr.;宽药隔玉凤花(大理鸭头兰,大叶双肾草);Limpricht Habenaria ■
183795 Habenaria lindblomii Schltr.;林德布卢姆玉凤花■☆
183796 Habenaria linderi Summerh.;林德玉凤花■☆
183797 Habenaria linearifolia Maxim.;线叶十字兰(十字兰,线叶玉凤花);Linearleaf Habenaria ■
183798 Habenaria linearifolia Maxim. f. integriloba Ohwi;全缘裂片玉凤花■☆
183799 Habenaria linearifolia Maxim. var. brachycentra H. Hara;短距玉凤花■☆
183800 Habenaria linearipetala Hayata = Habenaria stenopetala (Lindl.) Benth. ■
183801 Habenaria linguella Lindl.;小舌玉凤花(大贝母兰,玲姬玉凤花,坡参,沙姜,山坡参,土沙参);Slopeginseng Habenaria, Tongue Habenaria ■
183802 Habenaria linguiformis Summerh.;舌状玉凤花■☆
183803 Habenaria lisowskiana Geerinck;利索玉凤花■☆
183804 Habenaria lisowskii Szlach.;利氏玉凤花■☆
183805 Habenaria lithophila Schltr.;滨海玉凤花■☆
183806 Habenaria lithophila Schltr. subsp. mossii G. Will. = Habenaria mossii (G. Will.) J. C. Manning ■☆
183807 Habenaria livingstoniana la Croix et P. J. Cribb;利文斯顿玉凤花■☆
183808 Habenaria loloorum Schltr. = Habenaria acuifera Lindl. ■
183809 Habenaria longicalcarata (Hayata) S. S. Ying = Platanthera longicalcarata Hayata ■
183810 Habenaria longicalcarata (Hayata) S. S. Ying = Tulotis devolii T. P. Lin et T. W. Hu ■
183811 Habenaria longicalcarata Hayata var. devolii (T. P. Lin et T. W. Hu) S. S. Ying = Tulotis devolii T. P. Lin et T. W. Hu ■
183812 Habenaria longifolia Buch.-Ham. ex Lindl.;长叶玉凤花;Longleaf Habenaria ■☆
183813 Habenaria longiracema Fukuy.;长穗玉凤兰;Long-spiked Habenaria ■
183814 Habenaria longiracema Fukuy. = Habenaria lucida Wall. ex Lindl. ■
183815 Habenaria longiracema Fukuy. = Peristylus longiracemus (Fukuy.) K. Y. Lang ■
183816 Habenaria longirostris Summerh.;长喙玉凤花■☆
183817 Habenaria longistigma Rolfe = Habenaria cirrhata (Lindl.) Rchb. f. ■☆
183818 Habenaria longitentaculata Hayata;叉瓣玉凤兰■
183819 Habenaria longitentaculata Hayata = Habenaria pantlingiana Kraenzl. ■
183820 Habenaria lucida Wall. ex Lindl.;细花玉凤花(光玉凤花,翘唇玉凤兰);Shining Habenaria, Thinflower Habenaria ■
183821 Habenaria ludens Kraenzl. = Habenaria tentaculigera Rchb. f. ■☆
183822 Habenaria lugardii Rolfe = Habenaria armatissima Rchb. f. ■☆
183823 Habenaria lurida Schltr. = Habenaria uhehensis Schltr. ■☆
183824 Habenaria lutaria Schltr. = Habenaria kilimanjari Rchb. f. ■☆
183825 Habenaria lykipiensis Rolfe = Habenaria altior Rendle ■☆
183826 Habenaria macowaniana Kraenzl. = Habenaria lithophila Schltr. ■☆
183827 Habenaria macrandra Lindl.;大蕊玉凤花■☆
183828 Habenaria macrantha Hochst. ex A. Rich.;西方大玉凤花(大花玉凤花);Largeflower Habenaria ■☆
183829 Habenaria macroceratitis Willd. = Habenaria quinqueseta (Michx.) Eaton ■☆
183830 Habenaria macrophylla Goldie;大叶玉凤花;Large-leaved Orchis ■☆
183831 Habenaria macrophylla Goldie = Platanthera macrophylla (Goldie) P. M. Br. ■☆
183832 Habenaria macroplectron Schltr.;大玉凤花■☆
183833 Habenaria macrostele Summerh.;大柱玉凤花■☆
183834 Habenaria macrura Kraenzl.;大尾玉凤花■☆
183835 Habenaria macruroides Summerh.;拟大尾玉凤花■☆
183836 Habenaria madagascariensis (Rolfe) Schltr. = Benthamia madagascariensis (Rolfe) Schltr. ●☆
183837 Habenaria magnifica Fritsch;华丽玉凤花■☆
183838 Habenaria magnirostris Summerh.;大喙玉凤花■☆
183839 Habenaria mairei Schltr.;棒距玉凤花(川滇玉凤花);Maire Habenaria, Stickspur Habenaria ■
183840 Habenaria maitlandii Summerh.;梅特兰玉凤花■☆
183841 Habenaria malacophylla Rchb. f.;软叶玉凤花■☆
183842 Habenaria malacophylla Rchb. f. var. shabaensis Geerinck;沙巴玉凤花■☆
183843 Habenaria malaisseana Geerinck;马莱泽玉凤花■☆
183844 Habenaria malintana (Blanco) Merr.;南方玉凤花(马宁玉凤花);Malinta Habenaria, Southward Habenaria ■
183845 Habenaria malleifera Hook. f. = Habenaria ciliolaris Kraenzl. ■
183846 Habenaria mandarinorum (Rchb. f.) Herklots = Platanthera mandarinorum Rchb. f. ■
183847 Habenaria mannii Hook. f.;曼氏玉凤花■☆
183848 Habenaria marginata Colebr.;滇南玉凤花;S. Yunnan Habenaria ■
183849 Habenaria maritima Greene = Piperia elegans (Lindl.) Rydb. ■☆
183850 Habenaria martialis Rchb. f. = Habenaria kilimanjari Rchb. f. ■☆
183851 Habenaria marxiana Schltr. = Habenaria isoantha Schltr. ■☆
183852 Habenaria mascarenensis Spreng. = Cynorkis rosellata (Thouars) Bosser ■☆
183853 Habenaria mechowii Rchb. f.;梅休玉凤花■☆
183854 Habenaria media (Rydb.) G. G. Niles = Platanthera huronensis (Nutt.) Lindl. ■☆
183855 Habenaria medioflexa Turrill;版纳玉凤花;Banna Habenaria ■
183856 Habenaria megistosolen Schltr. = Habenaria cirrhata (Lindl.) Rchb. f. ■☆
183857 Habenaria membranacea (Sw. ex Pers.) Lindl.;膜玉凤花■☆
183858 Habenaria meyenii Merr. = Peristylus lacertifer (Lindl.) J. J. Sm. ■
183859 Habenaria michaelii Greene = Piperia michaelii (Greene) Rydb. ■☆
183860 Habenaria micrantha (Lindl.) Rchb. f. = Habenaria arenaria Lindl. ■☆
183861 Habenaria microceras Hook. f.;小角玉凤花■☆
183862 Habenaria microgymnadenia Kraenzl. = Gymnadenia conopsea (L.) R. Br. ■
183863 Habenaria microgymnadenia Kraenzl. = Gymnadenia orchidis Lindl. ■
183864 Habenaria microrhynchos Schltr. = Habenaria petitiana (A.

Rich.) T. Durand et Schinz ■☆
183865 Habenaria microsaccus Kraenzl. = Habenaria linderi Summerh. ■☆
183866 Habenaria miersiana Champ. ex Benth. = Habenaria dentata (Sw.) Schltr. ■
183867 Habenaria miersiana Champ. ex Benth. var. yunnanensis Finet = Habenaria finetiana Schltr. ■
183868 Habenaria militaris Rchb. f. = Habenaria rhodochelia Hance ■
183869 Habenaria milnei Rchb. f. = Habenaria gabonensis Rchb. f. ■☆
183870 Habenaria minor Fukuy. et Masam. = Habenaria iyoensis Ohwi ■
183871 Habenaria minor Fukuy. ex Masam.;岩坡玉凤花(岩坡玉凤兰);Minor Habenaria ■
183872 Habenaria minor Fukuy. ex Masam. = Habenaria iyoensis Ohwi ■
183873 Habenaria minutiflora Ridl. = Benthamia perularioides Schltr. ●☆
183874 Habenaria mira Summerh.;奇异玉凤花■☆
183875 Habenaria mirabilis Rolfe;非洲奇异玉凤花■☆
183876 Habenaria misera Ridl. = Benthamia misera (Ridl.) Schltr. ●☆
183877 Habenaria modica Summerh. = Habenaria uhehensis Schltr. ■☆
183878 Habenaria monadenioides Schltr.;单体雄蕊玉凤花■☆
183879 Habenaria monophylla Collett et Hemsl. = Orchis monophylla (Collett et Hemsl.) Rolfe ■
183880 Habenaria monophylla Collett et Hemsl. = Ponerorchis monophylla (Collett et Hemsl.) Soó ■
183881 Habenaria monophylla Schltr. = Habenaria verdickii (De Wild.) Schltr. ■☆
183882 Habenaria montiselgon Schltr. = Platycoryne crocea (Schweinf. ex Rchb. f.) Rolfe subsp. montiselgon (Schltr.) Summerh. ■☆
183883 Habenaria montolivaea Kraenzl. ex Engl.;蒙托玉凤花■☆
183884 Habenaria moratii Szlach. et Olszewski;莫拉特玉凤花■☆
183885 Habenaria mosambicensis Schltr.;莫桑比克玉凤花■☆
183886 Habenaria mossii (G. Will.) J. C. Manning;莫西玉凤花■☆
183887 Habenaria multibracteata W. W. Sm. = Platanthera minor (Miq.) Rchb. f. ■
183888 Habenaria mundtii Kraenzl. = Habenaria falcicornis (Burch. ex Lindl.) Bolus ■☆
183889 Habenaria myodes Summerh. subsp. latipetala ?;宽瓣玉凤花■☆
183890 Habenaria myriantha Kraenzl. = Habenaria zambesina Rchb. f. ■☆
183891 Habenaria narcissiflora Kraenzl. = Habenaria stylites Rchb. f. et S. Moore subsp. johnsonii (Rolfe) Summerh. ■☆
183892 Habenaria natalensis Rchb. f. = Habenaria filicornis Lindl. ■☆
183893 Habenaria nautiloides H. Perrier;舟状玉凤花■☆
183894 Habenaria neglecta King et Pantl. = Peristylus densus (Lindl.) Santapau et Kapadia ■
183895 Habenaria nematocaulon Hook. f. = Peristylus nematocaulon (Hook. f.) Banerji et P. Pradhan ■
183896 Habenaria nematocerata Ts. Tang et F. T. Wang;细距玉凤花;Thinspur Habenaria ■
183897 Habenaria nephrophylla Schltr. = Habenaria rhopalostigma Kraenzl. ■☆
183898 Habenaria nicholsonii Rolfe;尼克尔森玉凤花■☆
183899 Habenaria nicholsonii Rolfe var. debeerstiana (Kraenzl.) Geerinck = Habenaria debeerstiana Kraenzl. ■☆
183900 Habenaria nigerica Summerh.;尼日利亚玉凤花■☆
183901 Habenaria nigrescens Summerh.;黑玉凤花■☆
183902 Habenaria nigricans Schltr. = Habenaria boiviniana Kraenzl. et Schltr. ■☆
183903 Habenaria nivea (Nutt.) Spreng.;雪白玉凤花;Snowy Orchis ■☆
183904 Habenaria nivea (Nutt.) Spreng. = Platanthera nivea (Nutt.) Luer ■☆
183905 Habenaria nutans Ridl. = Cynorkis nutans H. Perrier ■☆
183906 Habenaria nuttallii Small = Habenaria repens Nutt. ■☆
183907 Habenaria nyikana Rchb. f.;尼卡玉凤花■☆
183908 Habenaria nyikana Rchb. f. subsp. pubipetala Summerh.;毛瓣尼卡玉凤花■☆
183909 Habenaria nyikensis G. Will.;马拉维玉凤花■☆
183910 Habenaria obovata Summerh.;卵形玉凤花■☆
183911 Habenaria obtusa Lindl.;粗壮玉凤花;Blunt-leaf Orchid ■☆
183912 Habenaria obtusata (Banks ex Pursh) Richardson = Platanthera obtusata (Banks ex Pursh) Lindl. ■☆
183913 Habenaria obtusata (Banks ex Pursh) Richardson var. collectanea Fernald = Platanthera obtusata (Banks ex Pursh) Lindl. ■☆
183914 Habenaria occidentalis (Lindl.) Summerh.;西方玉凤花■☆
183915 Habenaria occlusa Summerh.;闭合玉凤花■☆
183916 Habenaria occultans Welw. ex Rchb. f. = Centrostigma occultans (Welw. ex Rchb. f.) Schltr. ■☆
183917 Habenaria ochrantha Schltr. = Platycoryne crocea (Schweinf. ex Rchb. f.) Rolfe subsp. ochrantha (Schltr.) Summerh. ■☆
183918 Habenaria ochyrae Szlach. et Olszewski;奥吉拉玉凤花■☆
183919 Habenaria odontopetala Rchb. f.;齿瓣玉凤花■☆
183920 Habenaria odorata Schltr.;具齿玉凤花■☆
183921 Habenaria oldhamii Kraenzl.;奥氏玉凤花;Oldham Habenaria ■☆
183922 Habenaria oligoschista Schltr. = Habenaria limprichtii Schltr. ■
183923 Habenaria omeiensis Rolfe = Platanthera japonica (Thunb. ex A. Murray) Lindl. ■
183924 Habenaria orangana Rchb. f. = Habenaria dives Rchb. f. ■☆
183925 Habenaria orbiculata (Pursh) Torr. = Platanthera orbiculata (Pursh) Lindl. ■☆
183926 Habenaria orbiculata (Pursh) Torr. var. lehorsii Fernald = Platanthera orbiculata (Pursh) Lindl. ■☆
183927 Habenaria orbiculata (Pursh) Torr. var. macrophylla (Goldie) B. Boivin = Platanthera macrophylla (Goldie) P. M. Br. ■☆
183928 Habenaria orbiculata (Pursh) Torr. var. menziesii (Lindl.) Fernald = Platanthera orbiculata (Pursh) Lindl. ■☆
183929 Habenaria orchidis (Lindl.) Hook. f. = Gymnadenia orchidis Lindl. ■
183930 Habenaria oreophila W. W. Sm. = Platanthera oreophila (W. W. Sm.) Schltr. ■
183931 Habenaria ornithopoda Rchb. f. = Habenaria laevigata Lindl. ■☆
183932 Habenaria orthocaulis Schltr. = Habenaria cornuta Lindl. ■☆
183933 Habenaria orthocentron P. J. Cribb;直距玉凤花■☆
183934 Habenaria pachyglossa (Hayata) Masam. = Platanthera mandarinorum Rchb. f. subsp. pachyglossa (Hayata) T. P. Lin et K. Inoue ■
183935 Habenaria paludosa Lindl. = Platycoryne paludosa (Lindl.) Rolfe ■☆
183936 Habenaria pandurilabia Schltr. = Peristylus goodyeroides (D.

Don) Lindl. ■

183937 Habenaria pantlingiana Kraenzl.;丝瓣玉凤花(叉瓣玉凤兰,冠毛玉凤兰,丝花玉凤兰);Silkpetal Habenaria ■

183938 Habenaria pantothrix Kraenzl. = Habenaria antennifera A. Rich. ■☆

183939 Habenaria papillosa Ridl.;乳头玉凤花■☆

183940 Habenaria papyracea Schltr.;纸质玉凤花■☆

183941 Habenaria parishii (Rchb. f.) Hook. f. = Peristylus parishii Rchb. f. ■

183942 Habenaria parva (Summerh.) Summerh.;较小玉凤花■☆

183943 Habenaria passerina (Gagnep.) Ts. Tang et F. T. Wang = Peristylus densus (Lindl.) Santapau et Kapadia ■

183944 Habenaria pauper Summerh.;贫乏玉凤花■☆

183945 Habenaria pectinata (Sm.) D. Don;剑叶玉凤花(篦状玉凤花);Pectinate Habenaria,Swordleaf Habenaria ■

183946 Habenaria pectinata (Sm.) D. Don var. davidii (Franch.) Finet = Habenaria davidii Franch. ■

183947 Habenaria pectinata D. Don var. arietina (Hook. f.) Kraenzl. = Habenaria arietina Hook. f. ■

183948 Habenaria pectinata D. Don var. davidii (Franch.) Finet = Habenaria davidii Franch. ■

183949 Habenaria pectinata D. Don var. limprichtii (Schltr.) Pradhan = Habenaria limprichtii Schltr. ■

183950 Habenaria pedicellaris Rchb. f.;梗花玉凤花■☆

183951 Habenaria peltastes Rchb. f. = Habenaria schimperiana Hochst. ex A. Rich. ■☆

183952 Habenaria pentaglossa Kraenzl. = Habenaria macrura Kraenzl. ■☆

183953 Habenaria peramoena A. Gray = Platanthera peramoena (A. Gray) A. Gray ■☆

183954 Habenaria perbella Rchb. f.;极美玉凤花■☆

183955 Habenaria perfoliata Kraenzl. = Habenaria epipactidea Rchb. f. ■☆

183956 Habenaria peristyloides A. Rich.;阔蕊兰玉凤花■☆

183957 Habenaria perpulchra Kraenzl.;艳丽玉凤花■☆

183958 Habenaria perrieri Schltr.;佩里耶玉凤花■☆

183959 Habenaria perrieri Schltr. = Habenaria boiviniana Kraenzl. et Schltr. ■☆

183960 Habenaria pertenuis Kraenzl. = Habenaria filicornis Lindl. ■☆

183961 Habenaria pervillei Kraenzl. = Platycoryne pervillei Rchb. f. ■☆

183962 Habenaria petelotii Gagnep.;裂瓣玉凤花(单肾草,鸡肾草,毛瓣玉凤花,毛唇玉凤兰);Petelot Habenaria,Splitpetal Habenaria ■

183963 Habenaria petitiana (A. Rich.) T. Durand et Schinz;小喙玉凤花■☆

183964 Habenaria petraea Renz et Grosvenor;岩生玉凤花■☆

183965 Habenaria petri Schltr. = Habenaria lithophila Schltr. ■☆

183966 Habenaria peyentsinensis Kraenzl. = Habenaria finetiana Schltr. ■

183967 Habenaria philippsii Rolfe = Bonatea steudneri (Rchb. f.) T. Durand et Schinz ■☆

183968 Habenaria physuriformis Kraenzl.;钳唇兰玉凤花■☆

183969 Habenaria pilosa Schltr.;疏毛玉凤花■☆

183970 Habenaria pilosa Schltr. var. grandiflora Geerinck;大花疏毛玉凤花■☆

183971 Habenaria pinguicula (Rchb. f. et S. Moore) Benth. ex Rolfe = Amitostigma pingguiculum (Rchb. f. et S. Moore) Schltr. ■

183972 Habenaria platantheroides Ts. Tang et F. T. Wang = Platanthera curvata K. Y. Lang ■

183973 Habenaria platantheroides Ts. Tang et F. T. Wang = Platanthera platantheroides (Ts. Tang et F. T. Wang) K. Y. Lang ■

183974 Habenaria platyanthera Rchb. f.;阔药玉凤花■☆

183975 Habenaria platymera Schltr. = Habenaria perpulchra Kraenzl. ■☆

183976 Habenaria pleistadenia Rchb. f. = Cynorkis pleistadenia (Rchb. f.) Schltr. ■☆

183977 Habenaria plurifoliata Ts. Tang et F. T. Wang;莲座玉凤花;Rosula Habenaria ■

183978 Habenaria polyantha Kraenzl. = Habenaria malacophylla Rchb. f. ■☆

183979 Habenaria polychlamys Schltr.;多被玉凤花■☆

183980 Habenaria polyphylla Kraenzl. = Habenaria epipactidea Rchb. f. ■☆

183981 Habenaria polypodantha Rchb. f. = Bonatea polypodantha (Rchb. f.) L. Bolus ■☆

183982 Habenaria polytricha (Hook. f.) Pradhan = Habenaria pantlingiana Kraenzl. ■

183983 Habenaria polytricha Rolfe;丝裂玉凤花(多裂玉凤兰,裂瓣玉凤兰);Silksplit Habenaria ■

183984 Habenaria porrecta Bolus = Bonatea porrecta (Bolus) Summerh. ■☆

183985 Habenaria praealta (Thouars) Spreng.;极高玉凤花■☆

183986 Habenaria praestans Rendle;优越玉凤花■☆

183987 Habenaria praestans Rendle var. umbrosa G. Will.;耐荫优秀玉凤花■☆

183988 Habenaria praetermissa la Croix = Habenaria batesii la Croix ■☆

183989 Habenaria procera (Sw. ex Pers.) Lindl.;高玉凤花■☆

183990 Habenaria procera (Sw. ex Pers.) Lindl. var. gabonensis (Rchb. f.) Geerinck = Habenaria gabonensis Rchb. f. ■☆

183991 Habenaria proteara Rchb. f. = Platycoryne protearum (Rchb. f.) Rolfe ■☆

183992 Habenaria pseudodenticulata Hand. -Mazz. = Habenaria petelotii Gagnep. ■

183993 Habenaria psiloceras Welw. ex Rchb. f. = Habenaria gabonensis Rchb. f. var. psiloceras (Welw. ex Rchb. f.) Summerh. ■☆

183994 Habenaria psycodes (L.) Spreng. = Platanthera psycodes (L.) Lindl. ■☆

183995 Habenaria psycodes (L.) Spreng. var. grandiflora (Bigelow) A. Gray = Platanthera grandiflora (Bigelow) Lindl. ■☆

183996 Habenaria pubicaulis Schltr. = Habenaria aitchisonii Rchb. f. ex Aitch. et Hemsl. ■

183997 Habenaria pubidens P. J. Cribb;短毛齿玉凤花■☆

183998 Habenaria pugionifera W. W. Sm. = Platanthera souliei Kraenzl. ■

183999 Habenaria pugionifera W. W. Sm. = Tulotis fuscescens Raf. ■

184000 Habenaria pulla Schltr. = Habenaria malacophylla Rchb. f. ■☆

184001 Habenaria purpurea Thouars = Cynorkis purpurea (Thouars) Kraenzl. ■☆

184002 Habenaria purpureo-punctata K. Y. Lang;紫斑玉凤花;Purplespot Habenaria ■

184003 Habenaria purpureopunctata K. Y. Lang = Hemipiliopsis purpureopunctata (K. Y. Lang) Y. B. Luo et S. C. Chen ■

184004 Habenaria pusilla Rchb. f. = Habenaria rhodochelia Hance ■

184005 Habenaria quadrifida Schltr. = Habenaria trilobulata Schltr. ■☆

184006 Habenaria quartiniana A. Rich.;夸尔廷玉凤花■☆

184007 Habenaria quartziticola Schltr.;阔茨玉凤花■☆

184008 Habenaria quinqueseta (Michx.) Eaton;米氏玉凤花;Long-

horned Habenaria, Michaux's Orchid ■☆
184009 Habenaria quinqueseta (Michx.) Eaton var. macroceratitis (Willd.) Luer = Habenaria quinqueseta (Michx.) Eaton ■☆
184010 Habenaria radiata (Thunb.) Spreng. = Pecteilis radiata (Thunb.) Raf. ■
184011 Habenaria radiata (Thunb.) Spreng. = Zeuxine strateumatica (L.) Schltr. ■
184012 Habenaria ranicolorata Rchb. f. ex Rolfe = Habenaria altior Rendle ■☆
184013 Habenaria rautaneniana Kraenzl.;劳塔宁玉凤花■☆
184014 Habenaria rautanenii Kraenzl. = Habenaria epipactidea Rchb. f. ■☆
184015 Habenaria recurva Rolfe ex Downie var. erectiflora Ts. Tang et F. T. Wang = Habenaria lucida Wall. ex Lindl. ■
184016 Habenaria regalis Schltr. = Megalorchis regalis (Schltr.) H. Perrier ■☆
184017 Habenaria rehmannii Bolus = Habenaria humilior Rchb. f. ■☆
184018 Habenaria rendlei Rolfe = Habenaria peristyloides A. Rich. ■☆
184019 Habenaria reniformis (D. Don) Hook. f.;肾叶玉凤花;Kidneyleaf Habenaria, Reniformleaf Habenaria ■
184020 Habenaria renziana Szlach. et Olszewski;伦兹玉凤花■☆
184021 Habenaria repens Nutt.;漂浮玉凤花;Floating Orchid, Water Orchid, Water-spider Orchid ■☆
184022 Habenaria replicata Hochst. ex A. Rich. = Habenaria humilior Rchb. f. ■☆
184023 Habenaria retinervis Summerh.;网脉玉凤花■☆
184024 Habenaria retrocalla (Hayata) Kudo = Haraella retrocalla (Hayata) Kudo ■
184025 Habenaria rhodochelia Hance;橙黄玉凤花(当发榄,飞花羊,红唇玉凤花,鸡母虫药,鸡肾草);Orange Habenaria, Redclawed Habenaria ■
184026 Habenaria rhombocorys Schltr. = Habenaria trachypetala Kraenzl. ■☆
184027 Habenaria rhopaloceras Schltr. = Habenaria holubii Rolfe ■☆
184028 Habenaria rhopalostigma Kraenzl.;棒柱头玉凤花■☆
184029 Habenaria rhynchocarpa (Thwaites) Hook. f. = Habenaria stenopetala (Lindl.) Benth. ■
184030 Habenaria richardsiae Summerh.;理查兹玉凤花■☆
184031 Habenaria ridleyana Kraenzl.;里德利玉凤花■☆
184032 Habenaria riparia Renz et Grosvenor;河岸玉凤花■☆
184033 Habenaria rivae Kraenzl.;沟玉凤花■☆
184034 Habenaria robbrechtiana Geerinck et Schaijes;罗布玉凤花■☆
184035 Habenaria robusta N. E. Br. = Bonatea speciosa (L. f.) Willd. ■☆
184036 Habenaria rosellata (Thouars) Schltr. = Cynorkis rosellata (Thouars) Bosser ■☆
184037 Habenaria roseotincta W. W. Sm. = Platanthera roseotincta (W. W. Sm.) Ts. Tang et F. T. Wang ■
184038 Habenaria rostellifera Rchb. f.;齿片坡参(腺喙玉凤花);Glandbeak Habenaria, Smallbeak Habenaria ■
184039 Habenaria rostrata Wall. ex Lindl.;喙房坡参;Beakovary Habenaria ■
184040 Habenaria rupestria T. P. Lin et T. W. Hu = Habenaria minor Fukuy. ex Masam. ■
184041 Habenaria rupestris T. P. Lin et T. W. Hu = Habenaria iyoensis Ohwi ■
184042 Habenaria rutenbergiana Kraenzl. = Habenaria incarnata Rchb. f. ■☆
184043 Habenaria ruwenzoriensis Rendle = Habenaria cornuta Lindl. ■☆
184044 Habenaria saccata Greene = Platanthera stricta Lindl. ■☆
184045 Habenaria sagittifera Rchb. f. = Habenaria linearifolia Maxim. ■
184046 Habenaria sagittifera Rchb. f. f. lacerata Matsuda = Habenaria schindleri Schltr. ■
184047 Habenaria sagittifera Rchb. f. var. linearifolia (Maxim.) Takeda = Habenaria linearifolia Maxim. ■
184048 Habenaria sampsonii (Hance) Hance = Peristylus affinis (D. Don) Seidenf. ■
184049 Habenaria sanfordiana Szlach. et Olszewski;桑福德玉凤花■☆
184050 Habenaria saundersiae Harv. = Bonatea saundersiae (Harv.) T. Durand et Schinz ■☆
184051 Habenaria saundersioides Kraenzl. et Schltr. = Bonatea saundersioides (Kraenzl. et Schltr.) Cortesi ■☆
184052 Habenaria schimperiana Hochst. ex A. Rich.;欣珀玉凤花■☆
184053 Habenaria schindleri Schltr.;十字兰;Arrowshaped Habenaria, Crossorchis Habenaria ■
184054 Habenaria schinzii Rolfe = Habenaria epipactidea Rchb. f. ■☆
184055 Habenaria schlechteri Kraenzl. = Centrostigma occultans (Welw. ex Rchb. f.) Schltr. ■☆
184056 Habenaria schweinfurthii Rchb. f. = Habenaria cirrhata (Lindl.) Rchb. f. ■☆
184057 Habenaria secundiflora Hook. f. = Neottianthe secundiflora (Hook. f.) Schltr. ■
184058 Habenaria shensiana Kraenzl. = Platanthera ussuriensis (Regel et Maack) Maxim. ■
184059 Habenaria shensiana Kraenzl. = Tulotis ussuriensis (Regel et Maack) H. Hara ■
184060 Habenaria shweliensis W. W. Sm. et Banerji;中缅玉凤花;Sino-Burma Habenaria ■
184061 Habenaria siamensis Schltr.;中泰玉凤花;Sino-Thailand Habenaria ■
184062 Habenaria sikkimensis Hook. f. = Platanthera sikkimensis (Hook. f.) Kraenzl. ■
184063 Habenaria silvatica Schltr.;林地玉凤花■☆
184064 Habenaria simensis Rchb. f. = Habenaria antennifera A. Rich. ■☆
184065 Habenaria simeonis Kraenzl. = Habenaria linguella Lindl. ■
184066 Habenaria simplex Kraenzl.;简单玉凤花■☆
184067 Habenaria singularis Summerh.;单一玉凤花■☆
184068 Habenaria socotrana Balf. f.;索科特拉玉凤花■☆
184069 Habenaria soyauxii Kraenzl. = Habenaria walleri Rchb. f. ■☆
184070 Habenaria sparsiflora S. Watson = Platanthera sparsiflora (S. Watson) Schltr. ■☆
184071 Habenaria sparsiflora S. Watson var. laxiflora (Rydb.) Correll = Platanthera sparsiflora (S. Watson) Schltr. ■☆
184072 Habenaria spathulata (Lindl.) Benth. = Galearis spathulata (Lindl.) P. F. Hunt ■
184073 Habenaria spiralis (Thouars) A. Rich. = Benthamia perularioides Schltr. ●☆
184074 Habenaria spiranthes Rchb. f. = Habenaria filicornis Lindl. ■☆
184075 Habenaria spiranthiformis Ames et Schltr. = Peristylus mannii (Rchb. f.) Mukerjee ■
184076 Habenaria splendens Rendle;光亮玉凤花■☆
184077 Habenaria splendentior Summerh.;细齿玉凤花■☆

184078 Habenaria staudtiana Kraenzl. = Habenaria gabonensis Rchb. f. ■☆

184079 Habenaria staudtii Kraenzl. ex Rolfe = Habenaria gabonensis Rchb. f. ■☆

184080 Habenaria stenantha Hook. f. = Platanthera stenantha (Hook. f.) Soó ■

184081 Habenaria stenantha Hook. f. var. auriculata (Finet) S. Y. Hu = Platanthera finetiana Schltr. ■

184082 Habenaria stenoceras Summerh.;狭角玉凤花■☆

184083 Habenaria stenochila Lindl.;狭唇玉凤花■☆

184084 Habenaria stenoloba Schltr. = Habenaria genuflexa Rendle ■☆

184085 Habenaria stenopetala (Lindl.) Benth.;狭瓣玉凤花(倒杆章,狭瓣玉凤兰,狭穗鹭兰,狭穗玉凤花,线瓣玉凤兰);Narrowpetal Habenaria ■

184086 Habenaria stenopetala (Lindl.) Benth. var. polytricha Hook. f. = Habenaria pantlingiana Kraenzl. ■

184087 Habenaria stenopetala Lindl. var. polytricha Hook. f. = Habenaria pantlingiana Kraenzl. ■

184088 Habenaria stenophylla Summerh.;窄叶玉凤花■☆

184089 Habenaria stenorhynchos Schltr.;窄喙玉凤花■☆

184090 Habenaria stenorhynchus Kraenzl. = Habenaria macrandra Lindl. ■☆

184091 Habenaria stenostachya (Lindl. ex Benth.) Benth. = Peristylus densus (Lindl.) Santapau et Kapadia ■

184092 Habenaria stenostachya (Lindl. ex Benth.) Benth. subsp. burchneroides Soó = Peristylus densus (Lindl.) Santapau et Kapadia ■

184093 Habenaria stenostachya (Lindl. ex Benth.) Benth. subsp. burchneroides (Schltr.) Soó = Peristylus densus (Lindl.) Santapau et Kapadia ■

184094 Habenaria stenostachya (Lindl.) Benth. = Peristylus densus (Lindl.) Santapau et Kapadia ■

184095 Habenaria stereophylla Kraenzl. = Bonatea stereophylla (Kraenzl.) Summerh. ■☆

184096 Habenaria steudneri Rchb. f. = Bonatea steudneri (Rchb. f.) T. Durand et Schinz ■☆

184097 Habenaria stoliczkae Kraenzl. = Gymnadenia orchidis Lindl. ■

184098 Habenaria stolzii Kraenzl. = Platycoryne buchananiana (Kraenzl.) Rolfe ■☆

184099 Habenaria stolzii Schltr.;斯托尔兹玉凤花■☆

184100 Habenaria straminea Fernald = Pseudorchis albida (L.) Á. Löve et D. Löve subsp. straminea (Fernald) Á. Löve et D. Löve ■☆

184101 Habenaria strangulans Summerh.;收缩玉凤花■☆

184102 Habenaria strictissima Rchb. f. var. odontopetala (Rchb. f.) L. O. Williams = Habenaria odontopetala Rchb. f. ■☆

184103 Habenaria stylites Rchb. f. et S. Moore;小柱玉凤花■☆

184104 Habenaria stylites Rchb. f. et S. Moore subsp. johnsonii (Rolfe) Summerh.;约翰逊玉凤花■☆

184105 Habenaria stylites Rchb. f. et S. Moore subsp. rhodesiaca Summerh.;罗得西亚玉凤花■☆

184106 Habenaria subaequalis Summerh.;近对称玉凤花■☆

184107 Habenaria subcornuta Schltr. = Habenaria cornuta Lindl. ■☆

184108 Habenaria subulifera W. W. Sm. = Platanthera chlorantha Custer ex Rchb. ■

184109 Habenaria susannae (L.) Blume = Pecteilis susannae (L.) Raf. ■

184110 Habenaria susannae (L.) R. Br. = Pecteilis susannae (L.) Raf. ■

184111 Habenaria susannae (L.) R. Br. = Ponerorchis taiwanensis (Fukuy.) Ohwi ■

184112 Habenaria sutepensis Rolfe ex Downie = Habenaria stenopetala (Lindl.) Benth. ■

184113 Habenaria sylviae Geerinck = Habenaria uncicalcar Summerh. ■☆

184114 Habenaria szechuanica Schltr.;四川玉凤花;Sichuan Habenaria,Szechuan Habenaria ■

184115 Habenaria taenioderma Summerh.;带皮玉凤花■☆

184116 Habenaria tenerrima Ridl. = Cynorkis tenerrima (Ridl.) Kraenzl. ■☆

184117 Habenaria tenii Schltr. = Peristylus goodyeroides (D. Don) Lindl. ■

184118 Habenaria tentaculata (Lindl.) Rchb. f. = Peristylus tentaculatus (Lindl.) J. J. Sm. ■

184119 Habenaria tentaculata (Lindl.) Rchb. f. var. acutifolia Hayata = Peristylus formosanus (Schltr.) T. P. Lin ■

184120 Habenaria tentaculata Rchb. f. var. acutifolia Hayata = Peristylus formosanus (Schltr.) T. P. Lin ■

184121 Habenaria tentaculigera Rchb. f.;触角玉凤花■☆

184122 Habenaria tenuicaulis Rendle = Platycoryne pervillei Rchb. f. ■☆

184123 Habenaria tenuifolia Summerh. = Habenaria uhehensis Schltr. ■☆

184124 Habenaria tenuifolia Summerh. var. bianoensis Geerinck;比亚诺玉凤花■☆

184125 Habenaria tenuior (Rchb. f.) N. E. Br. = Brachycorythis tenuior Rchb. f. ■☆

184126 Habenaria tenuispica Rendle;细穗玉凤花■☆

184127 Habenaria tenuispica Rendle var. eggelingii (Summerh.) Geerinck;埃格林玉凤花■☆

184128 Habenaria tetraceras Summerh.;四角玉凤花■☆

184129 Habenaria tetramera Bolus = Habenaria falcicornis (Burch. ex Lindl.) Bolus ■☆

184130 Habenaria tetrapetala (Lindl.) Rchb. f. = Habenaria falcicornis (Burch. ex Lindl.) Bolus ■☆

184131 Habenaria tetrapetala (Lindl.) Rchb. f. var. major Schltr. = Habenaria nyikana Rchb. f. ■☆

184132 Habenaria tetrapetaloides Schltr. = Habenaria humilior Rchb. f. ■☆

184133 Habenaria theodori Kraenzl. = Habenaria kilimanjari Rchb. f. ■☆

184134 Habenaria thomsonii Rchb. f.;托马森玉凤花■☆

184135 Habenaria thurberi A. Gray = Platanthera limosa Lindl. ■☆

184136 Habenaria tibetica Schltr. ex Limpr.;西藏玉凤花;Tibet Habenaria,Xizang Habenaria ■

184137 Habenaria tienensis Ts. Tang et F. T. Wang = Habenaria finetiana Schltr. ■

184138 Habenaria tiesleriana Kraenzl. = Habenaria debeerstiana Kraenzl. ■☆

184139 Habenaria tisserantii Szlach. et Olszewski;蒂斯朗特玉凤花■☆

184140 Habenaria tohoensis Hayata = Habenaria dentata (Sw.) Schltr. ■

184141 Habenaria tonkinensis Seidenf.;丛叶玉凤花;Tonkin Habenaria ■

184142 Habenaria tortilis P. J. Cribb;螺旋状玉凤花■☆

184143 Habenaria trachychila Kraenzl. = Habenaria rautaneniana Kraenzl. ■☆

184144 Habenaria trachypetala Kraenzl.;糙瓣玉凤花■☆

184145 Habenaria transnokoensis (Ohwi et Fukuy.) S. S. Ying = Platanthera sachalinensis F. Schmidt ■

184146 Habenaria transvaalensis Schltr. ;德兰士瓦玉凤花■☆

184147 Habenaria trichochila Rolfe ex Downie = Habenaria medioflexa Turrill ■

184148 Habenaria tridactyla A. Rich. ;三指玉凤花■☆

184149 Habenaria tridactylites Lindl. ; 小三指玉凤花; Three-lobed Habenaria ■☆

184150 Habenaria tridens Lindl. ;三齿玉凤花■☆

184151 Habenaria trilobulata Schltr. ;三裂玉凤花■☆

184152 Habenaria truncata Lindl. ;平截玉凤花■☆

184153 Habenaria tsaratananensis H. Perrier;察拉塔纳纳玉凤花■☆

184154 Habenaria tsoongii Ts. Tang et F. T. Wang = Peristylus forceps Finet ■

184155 Habenaria tubifolia la Croix et P. J. Cribb;管叶玉凤花■☆

184156 Habenaria tweedieae Summerh. ;特威迪玉凤花■☆

184157 Habenaria tysonii Bolus;泰森玉凤花■☆

184158 Habenaria ugandensis Summerh. ;乌干达玉凤花■☆

184159 Habenaria uhehensis Schltr. ;乌赫玉凤花■☆

184160 Habenaria uhligii Kraenzl. = Habenaria kilimanjari Rchb. f. ■☆

184161 Habenaria ukingensis Schltr. = Platycoryne protearum (Rchb. f.) Rolfe ■☆

184162 Habenaria uliginosa Rchb. f. ;水泽玉凤花; Marshy Habenaria ■☆

184163 Habenaria umvotensis Rolfe = Bonatea saundersioides (Kraenzl. et Schltr.) Cortesi ■☆

184164 Habenaria unalascensis (Spreng.) S. Watson subsp. elata (Jeps.) Calder et R. L. Taylor = Piperia elongata Rydb. ■☆

184165 Habenaria unalascensis (Spreng.) S. Watson subsp. maritima (Greene) Calder et R. L. Taylor = Piperia elegans (Lindl.) Rydb. ■☆

184166 Habenaria unalascensis (Spreng.) S. Watson var. elata (Jeps.) Correll = Piperia elongata Rydb. ■☆

184167 Habenaria unalascensis (Spreng.) S. Watson var. maritima (Greene) Correll = Piperia elegans (Lindl.) Rydb. ■☆

184168 Habenaria uncicalcar Summerh. ;钩玉凤花■☆

184169 Habenaria uncinata Szlach. et Olszewski;钩状玉凤花■☆

184170 Habenaria unguilabris Adams;爪状玉凤花■☆

184171 Habenaria uniflora (Roxb.) Griff. = Diplomeris pulchella D. Don ■

184172 Habenaria unifoliata Summerh. ;单小叶玉凤花■☆

184173 Habenaria urceolata C. B. Clarke = Diphylax urceolata (C. B. Clarke) Hook. f. ■

184174 Habenaria urundiensis Summerh. ;乌隆迪玉凤花■☆

184175 Habenaria ussuriensis (Maxim.) Miyabe = Platanthera ussuriensis (Regel et Maack) Maxim. ■

184176 Habenaria ussuriensis (Maxim.) Miyabe = Tulotis ussuriensis (Regel et Maack) H. Hara ■

184177 Habenaria ussuriensis (Regel) Miyabe = Platanthera ussuriensis (Regel et Maack) Maxim. ■

184178 Habenaria vaginata A. Rich. ;具鞘玉凤花■☆

184179 Habenaria valida Schltr. = Habenaria holubii Rolfe ■☆

184180 Habenaria vandenbergheniana Geerinck;范登玉凤花■☆

184181 Habenaria variabilis Ridl. ;易变玉凤花■☆

184182 Habenaria velutina Summerh. ;短绒毛玉凤花■☆

184183 Habenaria verdickii (De Wild.) Schltr. ;韦尔迪玉凤花■☆

184184 Habenaria verdickii (De Wild.) Schltr. var. lindblomii (Schltr.) Geerinck = Habenaria lindblomii Schltr. ■☆

184185 Habenaria villosa Rolfe;长柔毛玉凤花■☆

184186 Habenaria viridiflora (Rottler ex Sw.) R. Br. ;绿花玉凤花(一枝枪) ; Green Habenaria ■

184187 Habenaria viridiflora (Rottler ex Sw.) R. Br. var. dalzellii Hook. ;长距绿花玉凤花;Longspur Green Habenaria ■

184188 Habenaria viridis (L.) Hartm. var. bracteata (Muhl. ex Willd.) A. Gray = Coeloglossum viride (L.) Hartm. ■

184189 Habenaria viridis (L.) R. Br. = Coeloglossum viride (L.) Hartm. ■

184190 Habenaria viridis (L.) R. Br. = Dactylorhiza viridis (L.) R. M. Bateman, Pridgeon et M. W. Chase ■

184191 Habenaria viridis (L.) R. Br. subsp. bracteata (Muhl.) Clausen = Coeloglossum viride (L.) Hartm. ■

184192 Habenaria viridis (L.) R. Br. var. bracteata (Muhl. ex Willd.) A. Gray = Dactylorhiza viridis (L.) R. M. Bateman, Pridgeon et M. W. Chase ■

184193 Habenaria viridis (L.) R. Br. var. bracteata (Muhl.) A. Gray = Coeloglossum viride (L.) Hartm. var. bracteatum (Muhl. ex Willd.) Richt. ex Miyabe et T. Miyake ■

184194 Habenaria viridis (L.) R. Br. var. bracteata (Muhl.) A. Gray = Coeloglossum viride (L.) Hartm. var. virescens (Muhl.) Luer ■☆

184195 Habenaria viridis (L.) R. Br. var. bracteata (Muhl.) A. Gray = Coeloglossum viride (L.) Hartm. ■

184196 Habenaria viridis (L.) R. Br. var. interjecta Fernald = Coeloglossum viride (L.) Hartm. ■

184197 Habenaria volkensiana Kraenzl. = Bonatea volkensiana (Kraenzl.) Rolfe ■☆

184198 Habenaria vollesenii Thomas et P. J. Cribb;福勒森玉凤花■☆

184199 Habenaria walleri Rchb. f. ;瓦勒玉凤花■☆

184200 Habenaria weberiana Schltr. ;韦伯玉凤花■☆

184201 Habenaria welwitschii Rchb. f. ;韦尔玉凤花■☆

184202 Habenaria wilfordii Ridl. = Platycoryne paludosa (Lindl.) Rolfe ■☆

184203 Habenaria williamsonii P. J. Cribb = Habenaria arianae Geerinck ■☆

184204 Habenaria wilmsiana Kraenzl. = Habenaria filicornis Lindl. ■☆

184205 Habenaria wolongensis K. Y. Lang; 卧龙玉凤花; Wolong Habenaria ■

184206 Habenaria woodii Schltr. ;伍得玉凤花■☆

184207 Habenaria xanthochlora Schltr. ;黄绿玉凤花■☆

184208 Habenaria yatengensis A. Chev. = Habenaria armatissima Rchb. f. ■☆

184209 Habenaria yezoensis H. Hara = Habenaria linearifolia Maxim. var. brachycentra H. Hara ■☆

184210 Habenaria yezoensis H. Hara var. longicalcarata Miyabe et Tatew. = Habenaria linearifolia Maxim. var. brachycentra H. Hara ■☆

184211 Habenaria yuana Ts. Tang et F. T. Wang;川滇玉凤花(膨瓣玉凤花) ; Inflated Habenaria, Yuan Habenaria ■

184212 Habenaria yunnanensis Rolfe = Habenaria delavayi Finet ■

184213 Habenaria zambesina Rchb. f. ;赞比西玉凤花■☆

184214 Habenaria zenkeriana Kraenzl. = Habenaria cirrhata (Lindl.) Rchb. f. ■☆

184215 Habenaria zothecina L. C. Higgins et S. L. Welsh = Platanthera zothecina (L. C. Higgins et S. L. Welsh) Kartesz et Gandhi ■☆

184216 Habenella Small = Habenaria Willd. ■
184217 Habenella Small = Platanthera Rich. (保留属名)■
184218 Habenella latilabris (Lindl.) Szlach. et Kras-Lap. = Platanthera latilabris Lindl. ■
184219 Habenella lucida (Wall. ex Lindl.) Szlach. et Kras-Lap. = Habenaria lucida Wall. ex Lindl. ■
184220 Habenella odontopetala (Rchb. f.) Small = Habenaria odontopetala Rchb. f. ■☆
184221 Habenorkis Thouars = Habenaria Willd. ■
184222 Haberlea Friv. (1835);巴尔干苣苔属(喉凸苣苔属);Haberlea ■☆
184223 Haberlea Pohl ex Baker = Praxelis Cass. ■●
184224 Haberlea ferdinandicoburgii Urum.;费的南多巴尔干苣苔(短筒喉凸苣苔);Ferdinandi-coburg Haberlea ■☆
184225 Haberlea rhodopensis Friv.;巴尔干苣苔(喉凸苣苔);Common Haberlea ■☆
184226 Haberlea rhodopensis Friv. 'Virginalis';白花喉凸苣苔■☆
184227 Haberlia Dennst. = Lannea A. Rich. (保留属名)●
184228 Haberlia Dennst. = Odina Roxb. ●
184229 Haberlia grandis Dennst. = Lannea coromandelica (Houtt.) Merr. ●
184230 Habershamia Raf. = Bacopa Aubl. (保留属名)■
184231 Habershamia Raf. = Brami Adans. (废弃属名)■
184232 Hablanthera Hochst. = Haplanthera Hochst. ●☆
184233 Hablanthera Hochst. = Ruttya Harv. ●☆
184234 Hablitzia M. Bieb. (1817);藤本无针苋属■☆
184235 Hablitzia tamnoides M. Bieb.;藤本无针苋■☆
184236 Hablitzlia Rchb. = Hablitzia M. Bieb. ■☆
184237 Hablizia Spreng. = Hablitzia M. Bieb. ■☆
184238 Hablizlia Pritz. = Hablitzia M. Bieb. ■☆
184239 Habracanthus Nees(1847);小刺爵床属●☆
184240 Habracanthus atropurpureus (Lindau) J. R. I. Wood;暗紫小刺爵床●☆
184241 Habracanthus latifolius Wassh.;宽叶小刺爵床●☆
184242 Habracanthus laxus Wassh.;松散小刺爵床●☆
184243 Habracanthus microcalyx Léonard;小萼小刺爵床●☆
184244 Habracanthus pilosus Léonard;毛小刺爵床●☆
184245 Habracanthus pycnostachys Léonard;密穗小刺爵床●☆
184246 Habracanthus pyramidalis Lindau;塔形小刺爵床●☆
184247 Habracanthus silvaticus Nees;林地小刺爵床●☆
184248 Habracanthus xanthothrix Léonard;黄毛小刺爵床●☆
184249 Habranthus Herb. (1824);美花莲属;Habranthus, Rain Lily, Rain-lily ■☆
184250 Habranthus andersonianus Herb. = Habranthus tubispathus (L'Hér.) Traub ■☆
184251 Habranthus andersonii Herb. ex Lindl. = Habranthus tubispathus (L'Hér.) Traub ■☆
184252 Habranthus brachyandrus Sealy;短雄蕊美花莲(大美花莲)■☆
184253 Habranthus gracilifolius Herb.;纤叶美花莲;Thinleaf Habranthus ■☆
184254 Habranthus robustus Herb. = Habranthus robustus Herb. ex Sweet ■☆
184255 Habranthus robustus Herb. ex Sweet;强壮美花莲(粗壮美花莲,强壮葱莲,壮石蒜);Brazilian Copperlily, Robust Zephyrlily ■☆
184256 Habranthus texanus (Herb.) Steud. = Habranthus tubispathus (L'Hér.) Traub ■☆
184257 Habranthus tubispathus (L'Hér.) Traub;筒苞美花莲(安德逊氏美花莲);Anderson Habranthus, Barbados Snowdrop, Copper-lily ■☆
184258 Habrochloa C. E. Hubb. (1967);美草属■☆
184259 Habrochloa bullockii C. E. Hubb.;布洛克美草■☆
184260 Habroneuron Standl. (1927);雅脉茜属☆
184261 Habroneuron radicans (Wernham) S. Darwin;雅脉茜☆
184262 Habropetalum Airy Shaw(1952);二柱钩叶属(西非钩叶属,西非叶属)●☆
184263 Habropetalum dawei (Hutch. et Dalziel) Airy Shaw;二柱钩叶(西非叶)●☆
184264 Habrosia Fenzl(1843);刺花草属■☆
184265 Habrosia spinulifera (Ser.) Fenzl;刺花草■☆
184266 Habrothamnus Endl. = Cestrum L. ●
184267 Habrothamnus corymbosum Endl. = Cestrum endlicheri Miers ●☆
184268 Habrothamnus elegans Brongn. = Cestrum elegans (Brongn.) Schltdl. ●
184269 Habrothamnus elegans Brongn. = Cestrum nocturnum L. ●
184270 Habrothamnus purpureus Lindl. = Cestrum elegans (Brongn.) Schltdl. ●
184271 Habrozia Lindl. = Habrosia Fenzl ■☆
184272 Habrurus Hochst. = Elionurus Humb. et Bonpl. ex Willd. (保留属名)■☆
184273 Habrurus Hochst. ex Hack. = Elionurus Humb. et Bonpl. ex Willd. (保留属名)■☆
184274 Habsburgia Mart. = Skytanthus Meyen ●☆
184275 Habsia Steud. = Guettarda L. ●
184276 Habzelia A. DC. = Unona L. f. ●
184277 Habzelia A. DC. = Xylopia L. (保留属名)●
184278 Habzelia aethiopica (Dunal) A. DC. = Xylopia aethiopica (Dunal) A. Rich. ●☆
184279 Hachelia Vasey = Gouinia E. Fourn. ex Benth. et Hook. f. ■☆
184280 Hachenbachia D. Dietr. = Hagenbachia Nees et Mart. ■☆
184281 Hachettea Baill. (1880);卡利登菰属■☆
184282 Hachettea austrocaledonica Baill.;卡利登菰■☆
184283 Hachetteaceae Doweld = Balanophoraceae Rich. (保留科名)●■
184284 Hachetteaceae Tiagh. = Balanophoraceae Rich. (保留科名)●■
184285 Hackela Pohl ex Welden = Curtia Cham. et Schltdl. ■☆
184286 Hackela Pohl ex Welden = Hackelia Pohl ex Griseb. ■☆
184287 Hackelia Opiz = Echinospermum Sw. ex Lehm. ■
184288 Hackelia Opiz = Eritrichium Schrad. ex Gaudin ■
184289 Hackelia Opiz = Hackelia Opiz ex Bercht. ■
184290 Hackelia Opiz = Lappula Moench ■
184291 Hackelia Opiz ex Bercht. (1839);假鹤虱属(郝吉利草属)■
184292 Hackelia Pohl ex Griseb. = Curtia Cham. et Schltdl. ■☆
184293 Hackelia Vasey ex Beat = Leptochloa P. Beauv. ■
184294 Hackelia americana (A. Gray) Fernald = Hackelia deflexa (Wahlenb.) Opiz var. americana (A. Gray) Fernald et I. M. Johnst. ■☆
184295 Hackelia brachytuba (Diels) I. M. Johnst.;宽叶假鹤虱;Bigleaf Eritrichium, Broadleaf Eritrichium ■
184296 Hackelia brachytuba (Diels) I. M. Johnst. = Eritrichium brachytubum (Diels) Y. S. Lian et J. Q. Wang ■
184297 Hackelia deflexa (Wahlenb.) I. M. Johnst. = Eritrichium deflexum (Wahlenb.) Y. S. Lian et J. Q. Wang ■
184298 Hackelia deflexa (Wahlenb.) Opiz;反折假鹤虱;Cliff

Stickseed, Nodding Hackelia, Nodding Stickseed, Reflex Eritrichium ■
184299 Hackelia deflexa (Wahlenb.) Opiz = Eritrichium deflexum (Wahlenb.) Y. S. Lian et J. Q. Wang ■
184300 Hackelia deflexa (Wahlenb.) Opiz var. americana (A. Gray) Fernald et I. M. Johnst.;美洲反折假鹤虱;American Stickseed, Cliff Stickseed, Nodding Stickseed ■☆
184301 Hackelia dielsii (Brand) I. M. Johnst. = Hackelia brachytuba (Diels) I. M. Johnst. ■
184302 Hackelia difformis (Y. S. Lian et J. Q. Wang) Riedl;不齐假鹤虱(异果假鹤虱);Diffrent Eritrichium, Diffrentfruit Eritrichium ■
184303 Hackelia difformis (Y. S. Lian et J. Q. Wang) Riedl = Eritrichium difforme Y. S. Lian et J. Q. Wang ■
184304 Hackelia echinocarya I. M. Johnst. = Eritrichium echinocaryum (I. M. Johnst.) Y. S. Lian et J. Q. Wang ■
184305 Hackelia floribunda (Lehm.) I. M. Johnst.;多花假鹤虱;Many-flowered Stickseed ■☆
184306 Hackelia glochidiata (A. DC.) Brand = Hackelia uncinata (Benth.) C. E. C. Fisch. ■
184307 Hackelia glochidiata (Wall.) Brand = Hackelia uncinata (Benth.) C. E. C. Fisch. ■
184308 Hackelia macrophylla (Brand) I. M. Johnst.;大叶假鹤虱■☆
184309 Hackelia matsudairai (Makino) Ohwi = Hackelia deflexa (Wahlenb.) Opiz ■
184310 Hackelia minima Brand = Actinocarya tibetica Benth. ■
184311 Hackelia nipponica Brand = Eritrichium nipponicum Makino ■
184312 Hackelia pamirica (B. Fedtsch. ex O. Fedtsch.) Brand = Eritrichium pamiricum B. Fedtsch. ex O. Fedtsch. ■
184313 Hackelia pamirica (B. Fedtsch.) Brand = Eritrichium pamiricum B. Fedtsch. ex O. Fedtsch. ■
184314 Hackelia roylei (Wall. ex G. Don) I. M. Johnst. = Hackelia uncinata (Benth.) C. E. C. Fisch. ■
184315 Hackelia roylei (Wall.) I. M. Johnst. = Hackelia uncinata (Benth.) C. E. C. Fisch. ■
184316 Hackelia stewartii I. M. Johnst. = Hackelia macrophylla (Brand) I. M. Johnst. ■☆
184317 Hackelia thymifolia (A. DC.) I. M. Johnst. = Eritrichium thymifolium (DC.) Y. S. Lian et J. Q. Wang ■
184318 Hackelia uncinata (Benth.) C. E. C. Fisch. = Hackelia uncinata (Royle ex Benth.) C. E. C. Fisch. ■
184319 Hackelia uncinata (Royle ex Benth.) C. E. C. Fisch. = Eritrichium uncinatum (Benth.) Y. S. Lian et J. Q. Wang ■
184320 Hackelia virginiana (L.) I. M. Johnst.;弗州假鹤虱;Beggar's Lice, Beggar's-lice, Stickseed, Virginia Hackelia, Virginia Stickseed, Wild Comfrey ■☆
184321 Hackelochloa Kuntze = Rytilix Raf. ■
184322 Hackelochloa Kuntze(1891);球穗草属(亥氏草属,珠穗草属)■
184323 Hackelochloa granularis (L.) Kuntze;球穗草(亥氏草,珠穗草);Pitscale Grass ■
184324 Hackelochloa porifera (Hack.) Rhind;穿孔球穗草(穿孔亥氏草)■
184325 Hacquetia Neck. = Hacquetia Neck. ex DC. ■☆
184326 Hacquetia Neck. ex DC. (1830);瓣苞芹属;Hacquetia ■☆
184327 Hacquetia epipactis (Scop.) DC.;瓣苞芹■☆
184328 Hacquetia epipactis DC. = Hacquetia epipactis (Scop.) DC. ■☆
184329 Hacub Boehm. = Gundelia L. ■☆
184330 Hadestaphylum Dennst. = Holigarna Buch. -Ham. ex Roxb. (保留属名)●☆
184331 Hadongia Gagnep. = Citharexylum Mill. ●☆
184332 Hadrodemas H. E. Moore = Callisia Loefl. ■☆
184333 Haeckeria F. Muell. (1853);无冠鼠麹木属●☆
184334 Haeckeria F. Muell. = Humea Sm. ●☆
184335 Haeckeria cassiniiformis F. Muell.;无冠鼠麹木●☆
184336 Haeckeria punctulata (F. Muell.) J. H. Willis;斑点无冠鼠麹木●☆
184337 Haegiela P. S. Short et Paul G. Wilson(1990);对叶金绒草属■☆
184338 Haegiela tatei (F. Muell.) P. S. Short et Paul G. Wilson;对叶金绒草■☆
184339 Haegiela tatei P. S. Short et Paul G. Wilson = Haegiela tatei (F. Muell.) P. S. Short et Paul G. Wilson ■☆
184340 Haemacanthus S. Moore = Satanocrater Schweinf. ■☆
184341 Haemacanthus coccineus S. Moore = Satanocrater somalensis (Lindau) Lindau ■☆
184342 Haemadictyon Lindl. = Prestonia R. Br. (保留属名)●☆
184343 Haemanthaceae Salisb.;网球花科■☆
184344 Haemanthaceae Salisb. = Amaryllidaceae J. St. -Hil. (保留科名)●■
184345 Haemanthus L. (1753);网球花属(雪球花属);Blood Lily, Blood-flower, Bloodlily, Blood-lily, Bloodred Flower, Cape Tulip, Catherine Wheel, Red Cape Lily ■
184346 Haemanthus L. = Scadoxus Raf. ■
184347 Haemanthus albiflorus Jacq.;白花网球花(虎耳兰,眉刷毛万年青,雪球花);Paintbrush, Shaving Brush Plant, White Blood Lily, White Bloodlily, White Blood-lily, White Paintbrush ■☆
184348 Haemanthus albiflorus Jacq. var. pubescens Baker;软毛白花网球花■☆
184349 Haemanthus albiflos Jacq. = Haemanthus albiflorus Jacq. ■☆
184350 Haemanthus albomaculatus Baker = Haemanthus albiflorus Jacq. ■☆
184351 Haemanthus amarylloides Jacq.;孤挺花状网球花■☆
184352 Haemanthus amarylloides Jacq. subsp. polyanthus Snijman;多花网球花■☆
184353 Haemanthus andrei De Wild. = Scadoxus multiflorus (Martyn) Raf. ■
184354 Haemanthus angolensis Welw. ex Baker = Scadoxus cinnabarinus (Decne.) Friis et Nordal ■☆
184355 Haemanthus arnoldianus De Wild. et T. Durand = Scadoxus multiflorus (Martyn) Raf. ■
184356 Haemanthus arnottii Baker = Haemanthus humilis Jacq. ■☆
184357 Haemanthus avasmontanus Dinter;埃文网球花■☆
184358 Haemanthus barkerae Snijman;巴尔凯拉网球花■☆
184359 Haemanthus baurii Baker = Haemanthus deformis Hook. f. ■☆
184360 Haemanthus bequaertii De Wild. = Scadoxus multiflorus (Martyn) Raf. ■
184361 Haemanthus bivalvis Beck = Scadoxus multiflorus (Martyn) Raf. ■
184362 Haemanthus brachyandrus Baker = Scadoxus cinnabarinus (Decne.) Friis et Nordal ■☆
184363 Haemanthus cabrae De Wild. et T. Durand = Scadoxus cinnabarinus (Decne.) Friis et Nordal ■☆
184364 Haemanthus callosus Burch. ex Baker = Haemanthus coccineus L. ■☆

184365 Haemanthus canaliculatus Levyns；具沟网球花■☆

184366 Haemanthus candidus Bull. = Haemanthus humilis Jacq. subsp. hirsutus (Baker) Snijman ■☆

184367 Haemanthus carneus Ker Gawl.；肉色网球花■☆

184368 Haemanthus ceciliae Baker = Scadoxus multiflorus (Martyn) Raf. ■

184369 Haemanthus cernuiflorus Drapiez = Clivia nobilis Lindl. ■

184370 Haemanthus cinnabarinus Decne. = Scadoxus cinnabarinus (Decne.) Friis et Nordal ■☆

184371 Haemanthus coccineus Forssk. = Scadoxus multiflorus (Martyn) Raf. ■

184372 Haemanthus coccineus L.；血莲(火球花，网球花)；Blood Lily, Blood-lily, Cape Tulip, Ox-tongue Lily, Scarlet Blood Lily, Scarlet Bloodlily ■☆

184373 Haemanthus concolor Herb. = Haemanthus coccineus L. ■☆

184374 Haemanthus congolensis De Wild. = Scadoxus cinnabarinus (Decne.) Friis et Nordal ■☆

184375 Haemanthus cooperi Baker = Haemanthus sanguineus Jacq. ■☆

184376 Haemanthus crassipes Jacq. = Haemanthus coccineus L. ■☆

184377 Haemanthus crispus Snijman；皱波网球花■☆

184378 Haemanthus cruentatus Schumach. et Thonn. = Scadoxus multiflorus (Martyn) Raf. ■

184379 Haemanthus dasyphyllus Snijman；毛叶网球花■☆

184380 Haemanthus deformis Hook. f.；变形网球花■☆

184381 Haemanthus demeusei De Wild. = Scadoxus cinnabarinus (Decne.) Friis et Nordal ■☆

184382 Haemanthus diadema Linden ex De Wild. = Scadoxus cinnabarinus (Decne.) Friis et Nordal ■☆

184383 Haemanthus eetveldeanus De Wild. et T. Durand = Scadoxus cinnabarinus (Decne.) Friis et Nordal ■☆

184384 Haemanthus eurysiphon Harms = Scadoxus multiflorus (Martyn) Raf. ■

184385 Haemanthus fascinator Linden ex De Wild. = Scadoxus cinnabarinus (Decne.) Friis et Nordal ■☆

184386 Haemanthus faximperi Cufod. = Scadoxus puniceus (L.) Friis et Nordal ■☆

184387 Haemanthus filiflorus Hiern ex Baker = Scadoxus multiflorus (Martyn) Raf. ■

184388 Haemanthus germarianus J. Braun et K. Schum. = Scadoxus cinnabarinus (Decne.) Friis et Nordal ■☆

184389 Haemanthus goetzei Harms = Scadoxus puniceus (L.) Friis et Nordal ■☆

184390 Haemanthus grandifolius Balf. f. = Ledebouria grandifolia (Balf. f.) A. G. Mill. et D. A. Alexander ■☆

184391 Haemanthus graniticus Snijman；花岗岩网球花■☆

184392 Haemanthus hirsutus Baker = Haemanthus humilis Jacq. subsp. hirsutus (Baker) Snijman ■☆

184393 Haemanthus humilis Jacq.；低矮网球花■☆

184394 Haemanthus humilis Jacq. subsp. hirsutus (Baker) Snijman；粗毛低矮网球花■☆

184395 Haemanthus hyalocarpus Jacq. = Haemanthus coccineus L. ■☆

184396 Haemanthus hybridus Wittm.；美丽火球花■☆

184397 Haemanthus incarnatus Burch. ex Herb. = Haemanthus sanguineus Jacq. ■☆

184398 Haemanthus insignis Hook. = Scadoxus puniceus (L.) Friis et Nordal ■☆

184399 Haemanthus kalbreyeri Baker = Scadoxus multiflorus (Martyn) Raf. ■

184400 Haemanthus katherinae Baker = Scadoxus multiflorus Raf. subsp. katherinae (Baker) Friis et Nordal ■☆

184401 Haemanthus kundianus J. Braun et K. Schum. = Scadoxus cinnabarinus (Decne.) Friis et Nordal ■☆

184402 Haemanthus lambertianus Schult. = Haemanthus sanguineus Jacq. ■☆

184403 Haemanthus lanceifolius Jacq.；剑叶网球花■☆

184404 Haemanthus laurentii De Wild. = Scadoxus cinnabarinus (Decne.) Friis et Nordal ■☆

184405 Haemanthus lemairei De Wild. = Boophone disticha (L. f.) Herb. ■☆

184406 Haemanthus lescrauwaetii De Wild. = Scadoxus cinnabarinus (Decne.) Friis et Nordal ■☆

184407 Haemanthus leucanthus Miq. = Haemanthus albiflorus Jacq. ■☆

184408 Haemanthus lindenii N. E. Br.；林登网球花■☆

184409 Haemanthus lindenii N. E. Br. = Scadoxus cinnabarinus (Decne.) Friis et Nordal ■☆

184410 Haemanthus longifolius (De Wild. et T. Durand) Traub = Scadoxus longifolius (De Wild. et T. Durand) Friis et Nordal ■☆

184411 Haemanthus longipes Engl. = Scadoxus cinnabarinus (Decne.) Friis et Nordal ■☆

184412 Haemanthus longitubus C. H. Wright = Scadoxus multiflorus (Martyn) Raf. subsp. longitubus (C. H. Wright) I. Björnstad et Friis ■☆

184413 Haemanthus lynesii Stapf = Scadoxus multiflorus (Martyn) Raf. ■

184414 Haemanthus mackenii Baker = Haemanthus deformis Hook. f. ■☆

184415 Haemanthus magnificus (Herb.) Herb. = Scadoxus puniceus (L.) Friis et Nordal ■☆

184416 Haemanthus magnificus (Herb.) Herb. f. gumbletonii Baker = Scadoxus puniceus (L.) Friis et Nordal ■☆

184417 Haemanthus magnificus (Herb.) Herb. f. insignis (Hook.) Traub = Scadoxus puniceus (L.) Friis et Nordal ■☆

184418 Haemanthus magnificus (Herb.) Herb. subsp. superbus (Baker) Traub = Scadoxus puniceus (L.) Friis et Nordal ■☆

184419 Haemanthus magnificus (Herb.) Herb. var. superbus Baker = Scadoxus puniceus (L.) Friis et Nordal ■☆

184420 Haemanthus magnificus Herb. = Scadoxus puniceus (L.) Friis et Nordal ■☆

184421 Haemanthus mannii Baker = Scadoxus multiflorus (Martyn) Raf. ■

184422 Haemanthus membranaceus Baker = Scadoxus membranaceus (Baker) Friis et Nordal ■☆

184423 Haemanthus micrantherus Pax = Scadoxus multiflorus (Martyn) Raf. ■

184424 Haemanthus mildbraedii Perkins = Scadoxus multiflorus (Martyn) Raf. ■

184425 Haemanthus mirabilis Linden = Scadoxus cinnabarinus (Decne.) Friis et Nordal ■☆

184426 Haemanthus montanus Baker；山地网球花■☆

184427 Haemanthus moschatus Jacq. = Haemanthus coccineus L. ■☆

184428 Haemanthus multiflorus (Tratt.) Martyn ex Willd.；网球花(火球花)；African Blood Lily, Blood Lily, Powderpuff Lily, Salmon Blood-lily ■☆

184429 Haemanthus multiflorus (Tratt.) Martyn ex Willd. = Scadoxus multiflorus Raf. ■

184430 Haemanthus multiflorus Martyn = Scadoxus multiflorus (Martyn) Raf. ■
184431 Haemanthus namaquensis R. A. Dyer;纳马夸网球花■☆
184432 Haemanthus natalensis Hook. = Scadoxus puniceus (L.) Friis et Nordal ■☆
184433 Haemanthus natalensis Pappe ex Hook. = Scadoxus puniceus (L.) Friis et Nordal ■☆
184434 Haemanthus nelsonii Baker = Haemanthus humilis Jacq. ■☆
184435 Haemanthus nicholsonii Baker = Scadoxus multiflorus (Martyn) Raf. ■
184436 Haemanthus nortieri Isaac;诺尔捷网球花■☆
184437 Haemanthus nutans Friis et I. Björnstad = Scadoxus nutans (Friis et I. Björnstad) Friis et Nordal ■☆
184438 Haemanthus otaviensis Dinter = Scadoxus multiflorus (Martyn) Raf. ■
184439 Haemanthus pole-evansii Oberm. = Scadoxus pole-evansii (Oberm.) Friis et Nordal ■☆
184440 Haemanthus pseudocaulus I. Björnstad et Friis = Scadoxus pseudocaulus (I. Björnstad et Friis) Friis et Nordal ●☆
184441 Haemanthus pseudocaulus I. Björnstad et Friis subsp. prorumpens ? = Scadoxus pseudocaulus (I. Björnstad et Friis) Friis et Nordal ●☆
184442 Haemanthus pubescens L. f.;短柔毛网球花■☆
184443 Haemanthus pubescens L. f. subsp. arenicola Snijman;沙生网球花■☆
184444 Haemanthus pubescens L. f. subsp. leipoldtii Snijman;莱波尔德网球花■☆
184445 Haemanthus pumilio Jacq.;偃伏网球花■☆
184446 Haemanthus puniceus L. = Scadoxus puniceus (L.) Friis et Nordal ■☆
184447 Haemanthus puniceus L. var. magnifica Herb. = Scadoxus puniceus (L.) Friis et Nordal ■☆
184448 Haemanthus puniceus L. var. membranaceus (Baker) Baker = Scadoxus membranaceus (Baker) Friis et Nordal ■☆
184449 Haemanthus radcliffei Rendle = Scadoxus cinnabarinus (Decne.) Friis et Nordal ■☆
184450 Haemanthus redouteanus Roem. var. subalba ? = Scadoxus puniceus (L.) Friis et Nordal ■☆
184451 Haemanthus robustus Pax = Boophone disticha (L. f.) Herb. ■☆
184452 Haemanthus rotularis Baker = Scadoxus cinnabarinus (Decne.) Friis et Nordal ■☆
184453 Haemanthus rotundifolius Ker Gawl. = Haemanthus sanguineus Jacq. ■☆
184454 Haemanthus rupestris Baker = Scadoxus multiflorus (Martyn) Raf. ■
184455 Haemanthus sacculus E. Phillips = Scadoxus multiflorus (Martyn) Raf. ■
184456 Haemanthus sanguineus Jacq.;血红网球花■☆
184457 Haemanthus seretii De Wild. = Scadoxus multiflorus (Martyn) Raf. ■
184458 Haemanthus sessiliflorus Dinter = Massonia sessiliflora (Dinter) U. Müll. -Doblies et D. Müll. -Doblies ■☆
184459 Haemanthus sinuatus Thunb. ex Schult. et Schult. f. = Boophone disticha (L. f.) Herb. ■☆
184460 Haemanthus somalensis Baker = Scadoxus multiflorus (Martyn) Raf. ■
184461 Haemanthus splendens Dinter = Haemanthus coccineus L. ■☆
184462 Haemanthus superbus A. Chev.;华美网球花■☆
184463 Haemanthus tenuiflorus Martyn = Scadoxus multiflorus (Martyn) Raf. ■
184464 Haemanthus tigrinus Jacq. = Haemanthus coccineus L. ■☆
184465 Haemanthus toxicarius L. f. ex Aiton;毒网球花■☆
184466 Haemanthus tristis Snijman;暗淡网球花■☆
184467 Haemanthus undulatus Herb. = Haemanthus crispus Snijman ■☆
184468 Haemanthus unifoliatus Snijman;单小叶网球花■☆
184469 Haemanthus zambesiacus Baker = Scadoxus multiflorus (Martyn) Raf. ■
184470 Haemaria L. = Ludisia A. Rich. ■
184471 Haemaria Lindl. (1833);黑玛兰属(石上藕属);Haemaria ■☆
184472 Haemaria Lindl. = Epipactis Ség. (废弃属名) ■
184473 Haemaria Lindl. = Goodyera R. Br. ■
184474 Haemaria Lindl. = Ludisia A. Rich. ■
184475 Haemaria dawsoniana (H. Low ex Rchb. f.) Hook. f. = Ludisia discolor (Ker Gawl.) A. Rich. ■
184476 Haemaria dawsoniana Hassl.;道森氏黑玛兰■☆
184477 Haemaria discolor (Ker Gawl.) Lindl. = Ludisia discolor (Ker Gawl.) A. Rich. ■
184478 Haemaria discolor (Ker Gawl.) Lindl. var. dawsoniana (H. Low ex Rchb. f.) B. S. Williams = Ludisia discolor (Ker Gawl.) A. Rich. ■
184479 Haemaria otletae Rolfe = Ludisia discolor (Ker Gawl.) A. Rich. ■
184480 Haemarthria Munro = Hemarthria R. Br. ■
184481 Haemarthria Munro = Rottboellia L. f. (保留属名) ■
184482 Haemastegia Klatt = Erythrocephalum Benth. ■●☆
184483 Haemastegia foliosa Klatt = Erythrocephalum foliosum (Klatt) O. Hoffm. ■☆
184484 Haematobanche C. Presl = Hyobanche L. ■☆
184485 Haematobanche sanguinea C. Presl = Hyobanche glabrata Hiern ■☆
184486 Haematocarpus Miers (1867);血果藤属●☆
184487 Haematocarpus comptus Miers;血果藤●☆
184488 Haematodendron Capuron (1973);血蔻木属●☆
184489 Haematodendron glabrum Capuron;血蔻木●☆
184490 Haematodes Post et Kuntze = Hematodes Raf. ●■
184491 Haematodes Post et Kuntze = Salvia L. ●■
184492 Haematolepis C. Presl = Cytinus L. (保留属名) ■☆
184493 Haematophyla Post et Kuntze = Columnea L. ●■☆
184494 Haematophyla Post et Kuntze = Hematophyla Raf. ●■☆
184495 Haematorchis Blume = Galeola Lour. ■
184496 Haematorchis Blume (1849);血兰属■
184497 Haematorchis altissima (Blume) Blume = Erythrorchis altissima (Blume) Blume ■
184498 Haematorchis altissima (Blume) Blume = Galeola altissima Blume ■
184499 Haematospermum Wall. (1832);血籽大戟属●☆
184500 Haematospermum Wall. = Homonoia Lour. ●
184501 Haematospermum riparium Wall.;血籽大戟●☆
184502 Haematostaphis Hook. f. (1860);西非漆属●☆
184503 Haematostaphis barteri Hook. f.;西非漆;Blood Plum ●☆
184504 Haematostaphis pierreana Engl. = Pseudospondias longifolia Engl. ●☆

184505 Haematostemon (Müll. Arg.) Pax et K. Hoffm. (1919);血蕊大戟属●☆
184506 Haematostemon Pax et K. Hoffm. = Haematostemon (Müll. Arg.) Pax et K. Hoffm. ●☆
184507 Haematostemon coriaceus Pax et K. Hoffm.;血蕊大戟●☆
184508 Haematostemon guianensis Sandwith;圭亚那血蕊大戟●☆
184509 Haematostrobus Endl. = Thonningia Vahl ■☆
184510 Haematoxyllum Scop. = Haematoxylum L. ●
184511 Haematoxylon L. = Haematoxylum L. ●
184512 Haematoxylon campechianum L. = Haematoxylum campechianum L. ●
184513 Haematoxylum L. (1753);采木属(彩木属,墨水树属,血木豆属,血苏木属,洋苏木属);Bloodwood Tree, Logwood, Nicaragua Wood ●
184514 Haematoxylum africanum Stephens = Haematoxylum dinteri (Harms) Harms ●☆
184515 Haematoxylum boreale S. Watson;巴西采木(巴西血树,巴西血苏木)●☆
184516 Haematoxylum brasiletto H. Karst.;桃采木;Peach Wood ●☆
184517 Haematoxylum caesapinum L.;苏采木(苏木,洋苏木)●☆
184518 Haematoxylum campechianum L.;采木(彩木,美洲苏木,墨水树,墨西哥湾血苏木,洋森木,洋苏木);Allerheiligenholz, Blackwood, Blood Wood Tree, Bloodwood Tree, Blutbaum, Blutholzbaum, Brasiletto, Campeachy Wood, Campeche, Campeche Wood, Indian-wood, Jamaica-wood, Logwood ●
184519 Haematoxylum dinteri (Harms) Harms;非洲采木●☆
184520 Haemax E. Mey. = Microloma R. Br. ■☆
184521 Haemax dregei E. Mey. = Microloma armatum (Thunb.) Schltr. ■☆
184522 Haemocarpus Noronha ex Thouars = Haronga Thouars ■☆
184523 Haemocharis Salisb. ex Marc et Zucc. = Laplacea Kunth(保留属名)●☆
184524 Haemodoraceae R. Br. (1810)(保留科名);血草科(半授花科,给血草科,血皮草科);Bloodwort Family ■☆
184525 Haemodoron Rchb. = Cistanche Hoffmanns. et Link ■
184526 Haemodorum Sm. (1798);血草属(血根草属);Blood Wort, Bloodwort ■☆
184527 Haemodorum coccineum R. Br.;绯红血草(绯红血根草);Blood Root ■☆
184528 Haemodorum corymbosum Vahl;伞花血草(伞花血根草)■☆
184529 Haemodorum spicatum R. Br.;穗花血草(穗花血根草)■☆
184530 Haemospermum Reinw. (1827);血籽马钱属●☆
184531 Haemospermum Reinw. = Geniostoma J. R. Forst. et G. Forst. ●
184532 Haemospermum arboreum Reinw. ex Blume;血籽马钱●☆
184533 Haenckea Juss. = Haenkea Ruiz et Pav. (1802)●
184534 Haenckea Juss. = Schoepfia Schreb. ●
184535 Haenelia Walp. = Amellus L. (保留属名)■●☆
184536 Haenelia capensis Walp. = Amellus capensis (Walp.) Hutch. ■☆
184537 Haenianthus Griseb. (1861);盾鳞木犀属●☆
184538 Haenianthus grandifolius Urb.;大花盾鳞木犀●☆
184539 Haenianthus incrassatus Griseb.;盾鳞木犀●☆
184540 Haenkaea Usteri = Adenandra Willd. (保留属名)■☆
184541 Haenkaea Usteri = Haenkea F. W. Schmidt(废弃属名)■☆
184542 Haenkea F. W. Schmidt(废弃属名) = Adenandra Willd. (保留属名)■☆
184543 Haenkea Rniz et Pav. (1794) = Maytenus Molina ●
184544 Haenkea Ruiz et Pav. (1802) = Schoepfia Schreb. ●
184545 Haenkea Salisb. = Portulacaria Jacq. ●☆
184546 Haenselera Boiss. = Rothmaleria Font Quer ■☆
184547 Haenselera Boiss. ex DC. = Rothmaleria Font Quer ■☆
184548 Haenselera Lag. = Physospermum Cusson ex Juss. ■☆
184549 Haeupleria G. H. Loos = Bromus L. (保留属名)■
184550 Haeupleria G. H. Loos(2010);霍雀麦属■☆
184551 Hafunia Chiov. = Sphaerocoma T. Anderson ●☆
184552 Hafunia globifera Chiov. = Sphaerocoma hookeri T. Anderson ●☆
184553 Hagaea Vent. = Polycarpaea Lam. (保留属名)■●
184554 Hagaea alsinifolia Biv. = Polycarpon tetraphyllum (L.) L. subsp. alsinifolium (Biv.) Ball ■☆
184555 Hagea Pers. = Hagaea Vent. ■●
184556 Hagea Poir. = Hagenia J. F. Gmel. ●☆
184557 Hagenbachia Nees et Mart. (1823);哈根吊兰属■☆
184558 Hagenbachia angusta Ravenna;窄哈根吊兰■☆
184559 Hagenbachia boliviensis (Poelln.) Ravenna;玻利维亚哈根吊兰■☆
184560 Hagenbachia brasiliensis Nees et Mart.;巴西哈根吊兰■☆
184561 Hagenbachia columbiana Cruden;哥伦比亚哈根吊兰■☆
184562 Hagenbachia panamensis (Standl.) Cruden;巴拿马哈根吊兰■☆
184563 Hagenia J. F. Gmel. (1791);哈根蔷薇属(哈根花属,柯苏属)●☆
184564 Hagenia Moench = Saponaria L. ■
184565 Hagenia abyssinica (Bruce) J. F. Gmel.;哈根蔷薇(埃塞俄比亚柯索树,哈根花,柯苏树,苦苏);Koso, Kousso, Kusso Tree, Kusso-tree ●☆
184566 Hagenia abyssinica J. F. Gmel. = Hagenia abyssinica (Bruce) J. F. Gmel. ●☆
184567 Hagidryas Griseb. = Prunus L. ●
184568 Hagioseris Boiss. = Pieris D. Don ●
184569 Hagnothesium (A. DC.) Kuntze = Thesidium Sond. ■☆
184570 Hagsatera Gonzalez = Epidendrum L. (保留属名)■☆
184571 Hagsatera Tamayo(1974);黑沙兰属■☆
184572 Hagsatera brachycolumna (L. O. Williams) R. González;黑沙兰■☆
184573 Hahnia Medik. = Sorbus L. ●
184574 Hahnia Medik. = Torminalis Medik. ●
184575 Hainania Merr. (1935);海南椴属;Hainania, Hainanlinden, One-glumed Hard-grass ●★
184576 Hainania Merr. = Diplodiscus Turcz. ●
184577 Hainania Merr. = Pityranthe Thwaites ●
184578 Hainania trichosperma Merr.;海南椴;Hairyseeded Hainanlinden, Hairy-seeded Haonania ●◇
184579 Hainardia Greuter = Monerma P. Beauv. ■
184580 Hainardia Greuter(1967);圆筒禾属■☆
184581 Hainardia cylindrica (Willd.) Greuter;圆筒禾;Barb Grass, Barbgrass, One-glumed Hard-grass ■☆
184582 Haitia Urb. (1919);海特千屈菜属■☆
184583 Haitia buchii Urb.;海特千屈菜■☆
184584 Haitiella L. H. Bailey = Coccothrinax Sarg. ●☆
184585 Haitimimosa Britton = Mimosa L. ●■
184586 Hakea Schrad. (1798);哈克木属(哈克属);Cork Wood, Hakea, Needle Bush, Needle Needlebush, Needle-wood, Pincushion

Tree, Wood ●☆

184587 Hakea Schrad. et J. C. Wendl. = Hakea Schrad. ●☆

184588 Hakea acicularis (Vent.) Knight = Hakea sericea Schrad. et J. C. Wendl. ●☆

184589 Hakea acicularis Knight;针叶哈克木(针叶哈克);Needleleaf Hakea ●☆

184590 Hakea adnata R. Br.;锈红哈克木(锈红哈克)●☆

184591 Hakea arborescens R. Br.;乔木状哈克木(乔木状哈克);Arborescent Hakea ●☆

184592 Hakea auriculata Meisn. et Kippist;耳叶哈克木(耳叶哈克);Earleaf Hakea ●☆

184593 Hakea bucculenta C. A. Gardner;红哈克木(红哈克);Red Poker, Red Pokers ●☆

184594 Hakea cinerea R. Br.;灰叶哈克木(灰叶哈克);Ashy Hakea, Gray Hakea ●☆

184595 Hakea constablei L. A. S. Johnson;大果哈克木(大果哈克)●☆

184596 Hakea coriacea Maconochie;粉红哈克木(粉红哈克);Pink Spike Hakea ●☆

184597 Hakea crassifolia Meisn.;厚叶哈克木(厚叶哈克);Thick-leafed ●☆

184598 Hakea cristata R. Br.;鸡冠状哈克木(鸡冠状哈克);Crested Hakea ●☆

184599 Hakea cucullata R. Br.;兜状哈克木(兜状哈克);Hooded Hakea, Hood-leafed Hakea, Scallops ●☆

184600 Hakea cyclocarpa Lindl.;粗果哈克木(粗果哈克,环状哈克);Rough-fruit Hakea ●☆

184601 Hakea dactyloides (Gaertn.) Cav.;指叶哈克木(指状叶哈克);Broad-leafed Hakea, Finger Hakea ●☆

184602 Hakea drupacea (C. F. Gaertn.) Roem. et Schult.;甜香哈克木(甜香哈克);Sweet Hakea, Sweet Scented Pincushion, Sweet-scented Hakea ●☆

184603 Hakea drupacea R. Br. = Hakea drupacea (C. F. Gaertn.) Roem. et Schult. ●☆

184604 Hakea elliptica (Sm.) R. Br.;椭圆哈克木(椭圆哈克);Ovalfruit Hakea ●☆

184605 Hakea eriantha R. Br.;树哈克;Tree Hakea ●☆

184606 Hakea erinacea Meisn.;猥状哈克木(猥状哈克);Hedgehog Hakea ●☆

184607 Hakea eyreana (S. Moore) McGill.;多瘤哈克木(多瘤哈克);Straggly Corkbark ●☆

184608 Hakea francisiana F. Muell.;细干哈克木(细干哈克);Grassleaf Hakea ●☆

184609 Hakea gibbosa (Sm.) Cav.;隆凸哈克木(隆凸哈克);Needlebush, Rock Hakea ●☆

184610 Hakea gibbosa Cav. = Hakea gibbosa (Sm.) Cav. ●☆

184611 Hakea glabella R. Br.;光滑哈克木(光滑哈克);Smooth Hakea ●☆

184612 Hakea ilicifolia R. Br. = Hakea varia R. Br. ●☆

184613 Hakea incrassata R. Br.;天鹅河哈克木(厚叶哈克,天鹅河哈克);Swanriver Hakea ●☆

184614 Hakea ivoryi F. M. Bailey;象牙哈克木(象牙哈克);Corkbark Tree, Corkwood, Ivory's Hakea ●☆

184615 Hakea laurina R. Br.;海猥哈克木(海胆木,海猥哈克,月桂哈克);Pincushion Hakea, Pincushion Tree, Sea Urchin, Seaurchin Hakea, Sea-urchin Tree ●☆

184616 Hakea leucoptera R. Br.;白翅哈克木(白翅哈克);Needle Bush, Needlewood, Water-tree, Whitewing Hakea ●☆

184617 Hakea lissosperma R. Br.;高山哈克木(高山哈克,针叶哈克木);Mountain Needlewood, Needlebush ●☆

184618 Hakea lorea (R. Br.) R. Br.;带哈克木(带哈克);Bootlace Oak, Bootlace Tree, Western Cork Tree ●☆

184619 Hakea macraeana F. Muell.;曲干哈克木(曲干哈克);Macrae's Hakea ●☆

184620 Hakea marginata R. Br.;边缘哈克木(边缘哈克);Marginate Hakea ●☆

184621 Hakea muelleriana J. M. Black;旱生哈克木(旱生哈克);Desert Hakea ●☆

184622 Hakea multilineata Meisn.;多条哈克木(多条哈克,禾叶哈克);Crassleaf Hakea ●☆

184623 Hakea myrtoides Meisn.;乌饭树哈克木(乌饭树哈克哈克);Myrtle Hakea ●☆

184624 Hakea pectinata Dum. Cours. = Hakea suaveolens R. Br. ●☆

184625 Hakea petiolaris Meisn.;柄生哈克木(柄生哈克);Petiolar Hakea, Sea Urchin Hakea ●☆

184626 Hakea platysperma Hook.;宽籽哈克木(宽籽哈克);Broadseed Hakea, Cricktb Hakea ●☆

184627 Hakea plurinervia F. Muell. ex Benth.;哈克木(哈克)●☆

184628 Hakea propinqua A. Cunn.;亲哈克木(浓香哈克,沙洲哈克);Sandbank Hakea ●☆

184629 Hakea prostrata R. Br.;平卧哈克木(平卧哈克);Harsh Hakea ●☆

184630 Hakea pugioniformis Cav.;匕首果哈克木(匕首形果哈克,匕首形哈克);Daggerfruit Hakea ●☆

184631 Hakea purpurea Hook.;紫色哈克木(紫色哈克);Purple Hakea ●☆

184632 Hakea recurva Meisn.;弯形哈克木(弯形哈克);Recurvate Hakea ●☆

184633 Hakea ruscifolia Labill.;假叶树状哈克(假叶树哈克);Ruscusleaf Hakea ●☆

184634 Hakea salicifolia (Vent.) B. L. Burtt;柳叶哈克木(柳叶哈克);Willow Hakea, Willow-leaf Hakea ●☆

184635 Hakea saligna (Andréws) Knight = Hakea salicifolia (Vent.) B. L. Burtt ●☆

184636 Hakea saligna Knight = Hakea salicifolia (Vent.) B. L. Burtt ●☆

184637 Hakea scoparia Meisn.;帚状哈克木(帚状哈克)●☆

184638 Hakea sericea L. = Hakea acicularis Knight ●☆

184639 Hakea sericea Regel = Hakea sericea Schrad. et J. C. Wendl. ●☆

184640 Hakea sericea Schrad. et J. C. Wendl.;木栓哈克木(木栓哈克);Cork Tree, Long-leaf Corkwood ●☆

184641 Hakea suaveolens R. Br.;香甜哈克木(香甜哈克);Sweet Hakea ●☆

184642 Hakea suaveolens R. Br. = Hakea drupacea (C. F. Gaertn.) Roem. et Schult. ●☆

184643 Hakea subsulcata Meisn.;沟状哈克木(沟状哈克);Subsulcate Hakea ●☆

184644 Hakea tenuifolia (Salisb.) Britten = Hakea sericea Schrad. et J. C. Wendl. ●☆

184645 Hakea tephrosperma R. Br.;疏叶哈克木(疏叶哈克);Hooked Needlewood, Stroped Hakea ●☆

184646 Hakea teretifolia (Salisb.) Britten;尖叶哈克木(尖叶哈克);Dagger Hakea, Needlebush ●☆

184647 Hakea trifurcata (Sm.) R. Br.;三叉哈克木(三叉哈克);Threefork Hakea ●☆

184648 Hakea tuberculata R. Br. = Hakea varia R. Br. ●☆

184649 Hakea ulicina R. Br.;荆豆哈克木(荆豆哈克);Furze Hakea, Gorse Hakea ●☆

184650 Hakea varia R. Br.;彩叶哈克木(多色叶哈克);Variedleaf Hakea ●☆

184651 Hakea victoria J. L. Drumm.;胜利哈克木(胜利哈克);Royal Hakea, Victirious Hakea ●☆

184652 Hakea vittata R. Br.;纵带哈克木(纵带哈克);Longitudinally Striped Hakea ●☆

184653 Hakoneaste F. Maek. = Ephippianthus Rchb. f. ■☆

184654 Hakonechloa Makino = Hakonechloa Makino ex Honda ■☆

184655 Hakonechloa Makino ex Honda(1930);箱根草属■☆

184656 Hakonechloa macra (Munro ex S. Moore) Makino ex Honda;箱根草(里叶草,知风草);Hakone Grass, Japanese Forest Grass ■☆

184657 Hakonechloa macra (Munro) Makino ex Honda 'Albovariegata';白斑箱根草(黄白箱根草);White Variegated Hakone Grass ■☆

184658 Hakonechloa macra (Munro) Makino ex Honda 'Aureola';金线箱根草;Golden Hakonechloa ■☆

184659 Hakonechloa macra (Munro) Makino ex Honda f. alboaurea Ohwi;黄白箱根草■☆

184660 Hakonechloa macra (Munro) Makino ex Honda f. albovariegata Ohwi = Hakonechloa macra (Munro) Makino ex Honda 'Albovariegata' ■☆

184661 Hakonechloa macra (Munro) Makino ex Honda f. aureola Makino = Hakonechloa macra (Munro) Makino ex Honda 'Aureola' ■☆

184662 Hakonechloa macra (Munro) Makino ex Honda f. aureola Ohwi = Hakonechloa macra (Munro) Makino ex Honda 'Aureola' ■☆

184663 Hakonechloa macra Makino = Hakonechloa macra (Munro ex S. Moore) Makino ex Honda ■☆

184664 Halacsya Dörfl. (1902);哈拉草属☆

184665 Halacsya sendtneri Dörfl.;哈拉草☆

184666 Halacsyella Janch. = Edraianthus A. DC. (保留属名)■☆

184667 Halaea Garden = Berchemia Neck. ex DC. (保留属名)●

184668 Halanthium C. Koch = Halanthium K. Koch ■☆

184669 Halanthium K. Koch(1844);盐花蓬属■☆

184670 Halanthium kulpianum (K. Koch) Bunge;库尔普盐花蓬■☆

184671 Halanthium rariflorum K. Koch;稀花盐花蓬■☆

184672 Halanthium roseum (Trautv.) Iljin;粉红盐花蓬■☆

184673 Halanthus Czerep. = Halanthium K. Koch ■☆

184674 Halarchon Bunge(1862);短柱盐蓬属■☆

184675 Halarchon vesiculosus Bunge;短柱盐蓬■☆

184676 Halconia Merr. = Trichospermum Blume ●☆

184677 Haldina Ridsdale(1979);心叶木属(心叶树属);Haldina, Golden Grass ●

184678 Haldina cordifolia (Roxb.) Ridsdale;心叶木(心叶水团花,心叶水杨梅);Haldina, Haldu, Heart Leaf Adina, Heart-leaved Adina ●

184679 Haldina cordifolia (Roxb.) Ridsdale = Nauclea cordifolia Roxb. ●

184680 Halea L. ex Sm. = Eupatorium L. ■●

184681 Halea Torr. et A. Gray = Tetragonotheca L. ■☆

184682 Halea ludoviciana Torr. et A. Gray = Tetragonotheca ludoviciana (Torr. et A. Gray) A. Gray ex E. Hall ■☆

184683 Halea repanda Buckley = Tetragonotheca repanda (Buckley) Small ■☆

184684 Halecus Raf. = Croton L. ●

184685 Halecus Rumph. ex Raf. = Croton L. ●

184686 Halenbergia Dinter = Mesembryanthemum L. (保留属名)■●

184687 Halenbergia hypertrophica (Dinter) Dinter = Mesembryanthemum hypertrophicum Dinter ■☆

184688 Halenea Wight = Halenia Borkh. (保留属名)■

184689 Halenia Borkh. (1796)(保留属名);花锚属;Snowdroptree, Spur Gentian, Spurgentian ■

184690 Halenia asclepiadea G. Don;马利筋花锚■☆

184691 Halenia corniculata (L.) Cornaz;花锚(西伯利亚花锚);Corniculate Spurgentian, Spured Gentian ■

184692 Halenia corniculata (L.) Cornaz f. purpurea T. Shimizu;紫花锚■☆

184693 Halenia corniculata (L.) Cornaz var. albiflora D. Z. Lu;白花花锚;Whiteflower Spured Gentian ■

184694 Halenia deflexa (Sm.) Griseb.;美洲花锚;American Spurred-gentian, Spurred Gentian, Spurred-gentian ■☆

184695 Halenia deltoidea Gand. = Halenia corniculata (L.) Cornaz ■

184696 Halenia elliptica D. Don;椭圆叶花锚(肝炎药,黑耳草,黑及草,花脸猫,卵萼花锚,青鱼胆,四棱草,椭叶花锚,小见肿消,紫白花锚);Ellipticleaf Spurgentian ■

184697 Halenia elliptica D. Don var. grandiflora Hemsl.;大花花锚;Largeflower Spurgentian ■

184698 Halenia fischeri Graham = Halenia corniculata (L.) Cornaz ■

184699 Halenia japonica Gand. = Halenia corniculata (L.) Cornaz ■

184700 Halenia sibirica Borkh. = Halenia corniculata (L.) Cornaz ■

184701 Halenia vaniotii H. Lév. = Halenia elliptica D. Don ■

184702 Halerpestes Greene (1900);碱毛茛属(水葫芦苗属);Halerpestes, Soda Buttercup ■

184703 Halerpestes cymbalaria (Pursh) Green;水葫芦苗;Cymbalaria Halerpestes, Cymbalaria Soda Buttercup ■

184704 Halerpestes cymbalaria (Pursh) Greene = Halerpestes cymbalaria (Pursh) Green ■

184705 Halerpestes cymbalaria (Pursh) Greene = Ranunculus cymbalaria Pursh ■☆

184706 Halerpestes cymbalaria (Pursh) Prantl = Halerpestes sarmentosa (Adans.) Kom. et Aliss. ■

184707 Halerpestes filisecta L. Liou;丝裂碱毛茛;Filisect Halerpestes, Filisect Soda Buttercup ■

184708 Halerpestes haiyanica D. Z. Ma = Halerpestes tricuspis (Maxim.) Hand. -Mazz. ■

184709 Halerpestes lancifolia (Bertol.) Hand. -Mazz.;狭叶碱毛茛;Lanceleaf Halerpestes, Lanceleaf Soda Buttercup ■

184710 Halerpestes lancifolia (Bertol.) Hand. -Mazz. var. variifolia Tamura = Halerpestes tricuspis (Maxim.) Hand. -Mazz. var. variifolia (Tamura) W. T. Wang ■

184711 Halerpestes ruthenica (Jacq.) Ovcz.;长叶碱毛茛(黄戴戴,金戴戴);Longleaf Halerpestes, Longleaf Soda Buttercup ■

184712 Halerpestes ruthenica (Jacq.) Ovcz. = Ranunculus ruthenicus Jacq. ■

184713 Halerpestes salsuginosa (Pall.) Greene;盐地碱毛茛;Saltplace Halerpestes ■

184714 Halerpestes salsuginosa (Pall.) Greene = Halerpestes cymbalaria (Pursh) Green ■

184715 Halerpestes salsuginosa (Pall.) Greene = Halerpestes sarmentosa (Adans.) Kom. et Aliss. ■

184716 Halerpestes salsuginosa Greene = Halerpestes sarmentosa (Adans.) Kom. et Aliss. ■

184717 Halerpestes sarmentosa (Adans.) Kom. et Aliss.;碱毛茛(圆叶碱毛茛);Alkali Buttercup,Seaside Crowfoot ■

184718 Halerpestes sarmentosa (Adans.) Kom. et Aliss. var. multisecta (S. H. Li et Y. Huei Huang) W. T. Wang;裂叶碱毛茛;Multifid Cuneateleaf Buttercup ■

184719 Halerpestes tricuspis (Maxim.) Hand.-Mazz.;三裂碱毛茛;Tricuspidate Halerpestes,Tricuspidate Soda Buttercup ■

184720 Halerpestes tricuspis (Maxim.) Hand.-Mazz. var. heterophylla W. T. Wang;异叶三裂碱毛茛■

184721 Halerpestes tricuspis (Maxim.) Hand.-Mazz. var. intermedia W. T. Wang;浅三裂碱毛茛■

184722 Halerpestes tricuspis (Maxim.) Hand.-Mazz. var. linearisecta L. H. Zhou = Halerpestes tricuspis (Maxim.) Hand.-Mazz. ■

184723 Halerpestes tricuspis (Maxim.) Hand.-Mazz. var. variifolia (Maxim.) Hand.-Mazz. = Halerpestes tricuspis (Maxim.) Hand.-Mazz. var. variifolia (Tamura) W. T. Wang ■

184724 Halerpestes tricuspis (Maxim.) Hand.-Mazz. var. variifolia (Tamura) W. T. Wang;变叶三裂碱毛茛■

184725 Halerpestes variifolia (Tamura) Tamura = Halerpestes tricuspis (Maxim.) Hand.-Mazz. var. variifolia (Maxim.) Hand.-Mazz. ■

184726 Halesia J. Ellis ex L. (1759)(保留属名);银钟花属;Bell Tree, Silver Bell, Silverbell, Silver-bell, Silverbell Tree, Silver-bell Tree, Snowdrop Tree, Snowdrop-tree ●

184727 Halesia L. = Halesia J. Ellis ex L. (保留属名)●

184728 Halesia Loefl. = Trichilia P. Browne(保留属名)●

184729 Halesia P. Browne(废弃属名) = Guettarda L. ●

184730 Halesia P. Browne(废弃属名) = Halesia J. Ellis ex L. (保留属名)●

184731 Halesia carolina L.;美国银钟花(北美银钟花,卡罗来纳银钟花,卡州银钟花,美国银钟树,四翅银钟花);Carolina Silverbell, Great Silver Bell, Opossum Wood, Oppossum Wood, Silver Bell, Silverbell, Silverbell Tree, Snowdrop Tree, Snowdrop-tree, Wild Olive ●☆

184732 Halesia carolina L. subsp. monticola (Rehder) E. Murray = Halesia monticola Sarg. ●☆

184733 Halesia carolina L. var. dialypetala (Rehder) C. K. Schneid.;深裂瓣四翅银钟花;Dialypetalous Carolina Silverbell ●☆

184734 Halesia carolina L. var. meehanii Perkins;米汉四翅银钟花;Meehan Carolina Silverbell ●☆

184735 Halesia carolina L. var. mollis Perkins;毛四翅银钟花;Suwanee Carolina Silverbell ●☆

184736 Halesia carolina L. var. monticola Rehder = Halesia monticola Sarg. ●☆

184737 Halesia carolina L. var. parviflora (Michx.) E. Murray;小花山地银钟花●☆

184738 Halesia cotymbosa (Siebold et Zucc.) G. Nichols. = Pterostyrax corymbosus Siebold et Zucc. ●

184739 Halesia diptera Ellis = Halesia diptera L. ●☆

184740 Halesia diptera L.;双翅银钟树(二翅银钟花);American Snowdrop Tree, Snowdrop-tree, Two-wing Silverbell, Two-winged Silverbell ●☆

184741 Halesia fortunei Hemsl. = Alniphyllum fortunei (Hemsl.) Makino ●

184742 Halesia hispidus Mast. = Pterostyrax psilophyllus Diels ex Perkins ●

184743 Halesia macgregorii Chun;银钟花(假杨桃,山杨桃,银钟树);Macgregor Silverbell, Snow Drop Tree ●

184744 Halesia macgregorii Chun var. crenata Chun = Halesia macgregorii Chun ●

184745 Halesia macgregorii Chun var. venata Chun = Halesia macgregorii Chun ●

184746 Halesia monticola Sarg.;山地银钟花(山银钟花);Carolina Silverbell, Mountain Silverbell, Mountain Silver-bell, Mountain Snowdrop Tree, Mountain Snowdrop-tree, Silver Bell, Snowdrop-tree ●☆

184747 Halesia monticola Sarg. f. rosea Sarg.;粉红山银钟花(玫瑰红山银钟花);Pink Mountain Silverbell ●☆

184748 Halesia monticola Sarg. var. vestita Sarg.;毛叶山银钟花;Fuzzy Mountain Silverbell ●☆

184749 Halesia parviflora Michx.;佛罗里达银钟花(小花银钟花);Florida Silverbell, Little Silverbell ●☆

184750 Halesia reticulata Buckley = Halesia diptera L. ●☆

184751 Halesia stenocarpa K. Koch;狭果银钟花●☆

184752 Halesia ternata Blanco = Illigera luzonensis (C. Presl) Merr. ●■

184753 Halesia tetraptera J. Ellis = Halesia carolina L. ●☆

184754 Halesia tetraptera J. Ellis f. stenocarpa (K. Koch) Voss = Halesia stenocarpa K. Koch ●☆

184755 Halesiaceae D. Don = Styracaceae DC. et Spreng. (保留科名)●

184756 Halesiaceae Link = Styracaceae DC. et Spreng. (保留科名)●

184757 Halesiaceae Link;银钟花科●

184758 Halfordia F. Muell. (1865);哈氏芸香属(哈弗地亚属,哈福芸香属)●☆

184759 Halfordia scleroxyla F. Muell.;哈氏芸香(哈费地亚,哈弗地亚,哈福芸香)●☆

184760 Halgania Gaudich. (1829);哈根木属;Halgania ●☆

184761 Halgania cyanea Lindl.;钝叶哈根木;Rough Halgania ●☆

184762 Halgania lavandulacea Endl.;狭叶哈根木;Bluebush, Smooth Halgania ●☆

184763 Halia St.-Lag. = Halesia J. Ellis ex L. (保留属名)●

184764 Halianthus Fr. = Honckenya Ehrh. ■☆

184765 Halianthus peploides (L.) Fr. var. diffusus (Hornem.) Lange = Honckenya peploides (L.) Ehrh. subsp. diffusa (Hornem.) Hultén ex V. V. Petrovsky ■☆

184766 Halibrexia Phil. = Alibrexia Miers ■☆

184767 Halibrexia Phil. = Nolana L. ex L. f. ■☆

184768 Halicacabus (Bunge) Nevski = Astragalus L. ●■

184769 Halimione Aellen = Atriplex L. ■●

184770 Halimione Aellen(1938);盐滨藜属■☆

184771 Halimione portulacoides (L.) Aellen = Atriplex portulacoides L. ●☆

184772 Halimione verrucifera (M. Bieb.) Aellen = Atriplex verrucifera M. Bieb. ●

184773 Halimiphyllum (Engl.) Boriss. (1957);海滨蒺藜属●☆

184774 Halimiphyllum atriplicoides (Fisch. et C. A. Mey.) Boriss.;海滨蒺藜●☆

184775 Halimiphyllum megacarpum (Boriss.) Boriss.;大果海滨蒺藜●☆

184776 Halimium (Dunal) Spach(1836);哈利木属(海蔷薇属)●☆

184777 Halimium Spach = Halimium (Dunal) Spach ●☆

184778 Halimium antiatlanticum Maire et Wilczek;安蒂哈利木●☆

184779 Halimium atlanticum Humbert et Maire;大西洋哈利木●☆

184780 Halimium atriplicifolium (Lam.) Spach;暗沟哈利木●☆

184781 Halimium atriplicifolium (Lam.) Spach subsp. macrocalycinum (Pau) Greuter et Burdet;大萼哈利木●☆
184782 Halimium atriplicifolium (Lam.) Spach var. macrocalycinum Pau = Halimium atriplicifolium (Lam.) Spach ●☆
184783 Halimium calycinum (L.) K. Koch;萼状哈利木(萼状海蔷薇)●☆
184784 Halimium calycinum K. Koch = Halimium calycinum (L.) K. Koch ●☆
184785 Halimium commutatum Pau = Halimium calycinum (L.) K. Koch ●☆
184786 Halimium formosum K. Koch;美丽哈利木(美丽海蔷薇)●☆
184787 Halimium halimifolium (L.) Willk.;滨藜叶哈利木●☆
184788 Halimium halimifolium (L.) Willk. subsp. lasiocalycinum (Boiss. et Reut.) Raynaud = Halimium lasiocalycinum (Boiss. et Reut.) Engl. et Pax ●☆
184789 Halimium halimifolium (L.) Willk. subsp. lepidotum (Spach) Maire = Halimium halimifolium (L.) Willk. ●☆
184790 Halimium halimifolium (L.) Willk. subsp. multiflorum (Dunal) Maire;多花哈利木●☆
184791 Halimium halimifolium (L.) Willk. var. rhiphaeum (Pau et Font Quer) Raynaud = Halimium lasiocalycinum (Boiss. et Reut.) Engl. et Pax subsp. riphaeum (Pau et Font Quer) Maire ●☆
184792 Halimium lasianthum (Lam.) Spach;灰叶哈利木(毛花海蔷薇);Lisbon False Sun-rose ●☆
184793 Halimium lasianthum (Lam.) Spach 'Concolor';同色灰叶哈利木●☆
184794 Halimium lasianthum (Lam.) Spach 'Sandling';杉德林灰叶哈利木●☆
184795 Halimium lasiocalycinum (Boiss. et Reut.) Engl. et Pax;毛萼哈利木●☆
184796 Halimium lasiocalycinum (Boiss. et Reut.) Engl. et Pax subsp. riphaeum (Pau et Font Quer) Maire;山地哈利木●☆
184797 Halimium lasiocalycinum (Boiss. et Reut.) Engl. et Pax var. angustifolium Pau et Font Quer = Halimium lasiocalycinum (Boiss. et Reut.) Engl. et Pax ●☆
184798 Halimium libanotis Lange = Halimium calycinum (L.) K. Koch ●☆
184799 Halimium ocymoides (Lam.) Willk.;罗勒哈利木(罗勒海蔷薇)●☆
184800 Halimium ocymoides Willk. 'Susan';苏珊海蔷薇●☆
184801 Halimium ocymoides Willk. = Halimium ocymoides (Lam.) Willk. ●☆
184802 Halimium papillosum Font Quer = Halimium calycinum (L.) K. Koch ●☆
184803 Halimium umbellatum (L.) Spach;亮叶哈利木(伞状海蔷薇)●☆
184804 Halimium umbellatum (L.) Spach subsp. viscosum (Willk.) O. Bolòs et Vigo;长柔毛哈利木●☆
184805 Halimium umbellatum (L.) Spach var. verticillatum (Brot.) Willk. = Halimium umbellatum (L.) Spach ●☆
184806 Halimium umbellatum (L.) Spach var. villosissimum Emb. et Maire = Halimium umbellatum (L.) Spach subsp. viscosum (Willk.) O. Bolòs et Vigo ●☆
184807 Halimium umbellatum Spach = Halimium umbellatum (L.) Spach ●☆
184808 Halimium verticillatum (Brot.) P. Silva = Halimium umbellatum (L.) Spach subsp. viscosum (Willk.) O. Bolòs et Vigo ●☆
184809 Halimium viscosum (Willk.) P. Silva = Halimium umbellatum (L.) Spach subsp. viscosum (Willk.) O. Bolòs et Vigo ●☆
184810 Halimocnemis C. A. Mey. (1829);盐蓬属(节节盐木属);Halimocnemis, Saltbane ■
184811 Halimocnemis beresinii Iljin;拜列盐蓬■☆
184812 Halimocnemis crassifolia (Pall.) C. A. Mey. = Petrosimonia oppositifolia (Pall.) Litv. ■
184813 Halimocnemis glaberrima Iljin;光盐蓬■☆
184814 Halimocnemis juniperina C. A. Mey. = Nanophyton erinaceum (Pall.) Bunge ●■
184815 Halimocnemis karelinii Moq.;短苞盐蓬;Karelin Halimocnemis, Karelin Saltbane ■
184816 Halimocnemis lasiantha Iljin;毛花盐蓬■☆
184817 Halimocnemis latifolia Iljin;宽叶盐蓬■☆
184818 Halimocnemis longifolia Bunge;长叶盐蓬;Longleaf Halimocnemis, Longleaf Saltbane ■
184819 Halimocnemis macranthera Bunge;大花盐蓬■☆
184820 Halimocnemis mollissima Bunge;柔软盐蓬■☆
184821 Halimocnemis obtusifolia Schrenk = Salsola heptapotamica Iljin ■
184822 Halimocnemis occulta (Bunge) HedgeHalocharis clavata Bunge;棍棒盐蓬■☆
184823 Halimocnemis oppositifolia (Pall.) Eichw. = Petrosimonia oppositifolia (Pall.) Litv. ■
184824 Halimocnemis sclerosperma C. A. Mey.;硬果盐蓬;Hardfruit Halimocnemis ■☆
184825 Halimocnemis sibirica (Pall.) C. A. Mey. = Petrosimonia sibirica (Pall.) Bunge ■
184826 Halimocnemis sibirica C. A. Mey. = Petrosimonia sibirica (Pall.) Bunge ■
184827 Halimocnemis smirnowii Bunge;斯米尔盐蓬■☆
184828 Halimocnemis squarrosa Schrenk = Petrosimonia squarrosa (Schrenk) Bunge ■
184829 Halimocnemis villosa Kar. et Kir.;柔毛盐蓬;Villous Halimocnemis, Villous Saltbane ■
184830 Halimocnemum Lindem. = Halocnemum M. Bieb. ●
184831 Halimodendron Fisch. = Halimodendron Fisch. ex DC. ●
184832 Halimodendron Fisch. ex DC. (1825);铃铛刺属(盐豆木属);Salt Tree, Saltbeantree, Salttree, Salt-tree ●
184833 Halimodendron argenteum (Lam.) DC. = Halimodendron halodendron (Pall.) C. K. Schneid. ●
184834 Halimodendron argenteum (Lam.) DC. var. albiflora Kar. et Kir. = Halimodendron halodendron (Pall.) C. K. Schneid. ●
184835 Halimodendron argenteum DC. = Halimodendron halodendron (Pall.) C. K. Schneid. ●
184836 Halimodendron argenteum Fisch. ex DC. = Halimodendron halodendron (Pall.) C. K. Schneid. ●
184837 Halimodendron argentium Fisch. ex DC. var. albiflorum Kar. et Kir. = Halimodendron halodendron (Pall.) C. K. Schneid. var. albiflorum (Kar. et Kir.) Prjachin ●
184838 Halimodendron halodendron (Pall.) C. K. Schneid.;铃铛刺(耐碱树,耐盐豆,耐盐树,盐豆木);Common Salttree, Salt Tree, Saltbeantree, Salt-tree, Siberian Salt Tree, Siberian Salttree, Siberian Salt-tree ●
184839 Halimodendron halodendron (Pall.) C. K. Schneid. f. purpurem C. K. Schneid.;紫花铃铛刺●☆
184840 Halimodendron halodendron (Pall.) C. K. Schneid. var.

albiflorum (Kar. et Kir.) Prjachin;白花铃铛刺(白花盐豆木);Whiteflower Salttree ●
184841 Halimodendron halodendron (Pall.) C. K. Schneid. var. albiflorum (Kar. et Kir.) Prjachin = Halimodendron halodendron (Pall.) C. K. Schneid. ●
184842 Halimodendron halodendron (Pall.) Voss = Halimodendron halodendron (Pall.) C. K. Schneid. ●
184843 Halimolobos Tausch(1836);瘦鼠耳芥属■☆
184844 Halimolobos diffusus (A. Gray) O. E. Schulz;铺散瘦鼠耳芥■☆
184845 Halimolobos minutiflorus Rollins;小花瘦鼠耳芥■☆
184846 Halimolobos mollis (Hook.) Rollins;软瘦鼠耳芥■☆
184847 Halimolobos montanus O. E. Schulz;山地瘦鼠耳芥■☆
184848 Halimolobos polyspermus O. E. Schulz;多籽瘦鼠耳芥■☆
184849 Halimolobos rigidus Rollins;硬瘦鼠耳芥■☆
184850 Halimum Loefl. = Sesuvium L. ■
184851 Halimum Loefl. ex Hiern = Sesuvium L. ■
184852 Halimum portulacastrum (L.) Kuntze = Sesuvium portulacastrum (L.) L. ■
184853 Halimum portulacastrum (L.) Kuntze var. crithmoides (Welw.) Hiern = Sesuvium crithmoides Welw. ■☆
184854 Halimus Kuntze = Sesuvium L. ■
184855 Halimus L. = Atriplex L. ■●
184856 Halimus P. Browne = Portulaca L. ■
184857 Halimus Rumph. = Sesuvium L. ■
184858 Halimus Rumph. ex Kuntze = Sesuvium L. ■
184859 Halimus Wallr. = Atriplex L. ■●
184860 Halimus Wallr. = Halimione Aellen ■☆
184861 Halimus portulacastrum (L.) Kuntze = Sesuvium portulacastrum (L.) L. ■
184862 Hallackia Harv. = Huttonaea Harv. ■☆
184863 Hallackia fimbriata Harv. = Huttonaea fimbriata (Harv.) Rchb. f. ■☆
184864 Hallea J. -F. Leroy(1975);哈勒茜属●☆
184865 Hallea ciliata (Aubrév. et Pellegr.) Leroy = Hallea ledermannii (K. Krause) Verdc. ●☆
184866 Hallea ledermannii (K. Krause) Verdc.;莱德哈勒茜●☆
184867 Hallea rubrostipulata (K. Schum.) Leroy;红托叶哈勒茜●☆
184868 Hallea stipulosa (DC.) Leroy;多托叶哈勒茜●☆
184869 Halleorchis Szlach. et Olszewski(1998);哈勒兰属■☆
184870 Halleorchis aspidogynoides Szlach. et Olszewski;哈勒兰■☆
184871 Hallera St. -Lag. = Halleria L. ●☆
184872 Halleria L. (1753);哈勒木属●☆
184873 Halleria abyssinica Jaub. et Spach = Halleria lucida L. ●☆
184874 Halleria elliptica Thunb.;椭圆哈勒木●☆
184875 Halleria lucida L.;亮叶哈勒木;African Honey Suckle, African Honeysuckle, Tree Fuchsia, Umbinza ●☆
184876 Halleria lucida L. var. crispa Drège;皱波哈勒木●☆
184877 Halleria ovata Benth.;卵叶哈勒木●☆
184878 Halleriaceae Link = Scrophulariaceae Juss.(保留科名)●■
184879 Hallesia Scop. = Guettarda L. ●
184880 Hallesia Scop. = Halesia J. Ellis ex L.(保留属名)●
184881 Hallia Dumort. ex Pfeiff. = Honkenya Ehrh. ■☆
184882 Hallia J. St. -Hil. = Alysicarpus Desv.(保留属名)■
184883 Hallia Thunb. (1799);霍尔豆属(哈尔豆属,南非哈豆属)■☆
184884 Hallia Thunb. = Psoralea L. ●■
184885 Hallia alata Thunb. = Psoralea alata (Thunb.) T. M. Salter ■☆
184886 Hallia bojeriana Baill. = Leptodesmia bojeriana (Baill.) Drake ●☆
184887 Hallia cordata (L.) Thunb. = Psoralea monophylla (L.) C. H. Stirt. ■☆
184888 Hallia flaccida Thunb. = Psoralea plauta C. H. Stirt. ■☆
184889 Hallia hirta Willd. = Goniogyna hirta (Willd.) Ali ■☆
184890 Hallia imbricata (L. f.) Thunb. = Psoralea imbricata (L. f.) T. M. Salter ■☆
184891 Hallia virgata Thunb. = Psoralea laxa T. M. Salter ■☆
184892 Hallianthus H. E. K. Hartmann(1983);扁棱玉属●☆
184893 Hallianthus griseus S. A. Hammer et U. Schmiedel;灰扁棱玉■☆
184894 Hallianthus planus (L. Bolus) H. E. K. Hartmann;扁棱玉■☆
184895 Hallieracantha Stapf = Ptyssiglottis T. Anderson ■☆
184896 Hallieraceae Trin. = Stilbaceae Kunth(保留科名)●☆
184897 Halliophytum I. M. Johnst. = Tetracoccus Engelm. ex Parry ●☆
184898 Halliophytum I. M. Johnston = Securinega Comm. ex Juss.(保留属名)+ Tetracoccus Engelm. ex Parry ●☆
184899 Halliophytum capense I. M. Johnst. = Tetracoccus capensis (I. M. Johnst.) Croizat ●☆
184900 Halliophytum hallii (Brandegee) I. M. Johnst. = Tetracoccus hallii Brandegee ●☆
184901 Hallomuellera Kuntze = Crantzia Nutt. ■☆
184902 Hallomuellera Kuntze = Lilaeopsis Greene ■☆
184903 Halloschulzia Kuntze = Stenomeris Planch. ■☆
184904 Halmia M. Roem. = Crataegus L. ●
184905 Halmoorea J. Dransf. et N. W. Uhl = Orania Zipp. ●☆
184906 Halmoorea J. Dransf. et N. W. Uhl(1984);哈勒摩里椰属●☆
184907 Halmoorea trispatha J. Dransf. et N. W. Uhl = Orania trispatha (J. Dransf. et N. W. Uhl) Beentje et J. Dransf. ●☆
184908 Halmyra Herb. = Pancratium L. ■
184909 Halmyra Salisb. ex Parl. = Zouchia Raf. ■
184910 Halocarpaceae A. V. Bobrov et Melikyan = Podocarpaceae Endl.(保留科名)●
184911 Halocarpaceae Melikyan et A. V. Bobrov = Podocarpaceae Endl.(保留科名)●
184912 Halocarpus Quinn(1982);哈罗果松属●
184913 Halocarpus bidwillii (Hook. f. ex Kirk) Quinn;沼生哈罗果松(高山陆均松);Dog Pine, Mountain Pine, New Zealand Mountain Pine ●☆
184914 Halocarpus bidwillii (Hook. f. ex Kirk) Quinn = Dacrydium bidwillii Hook. f. ex Kirk ●☆
184915 Halocarpus biformis (Hook.) Quinn;二型叶哈罗果松(二型陆均松);Manoao, Pink Pine, Yellow Pine ●☆
184916 Halocarpus biformis (Hook.) Quinn = Dacrydium biforme Pilg. ●☆
184917 Halocarpus kirkii (F. Muell. ex Parl.) Quinn;凯尔克哈罗果松;Kirki Pine ●☆
184918 Halocharis M. Bieb. ex DC. = Centaurea L.(保留属名)●■
184919 Halocharis Moq. (1849);嗜盐草属(盐美草属,盐美人属)■☆
184920 Halocharis carthamoides M. Bieb. ex DC. = Stemmacantha carthamoides (Willd.) Dittrich ■
184921 Halocharis hispida (C. A. Mey.) Bunge = Halocharis hispida (Schrenk ex C. A. Mey.) Bunge ■☆
184922 Halocharis hispida (Schrenk ex C. A. Mey.) Bunge;毛嗜盐草

（毛盐美人）■☆
184923 Halocharis lachnantha Korovin;毛花嗜盐草(毛花盐美人)■☆
184924 Halocharis pycnantha K. Koch;密花嗜盐草■☆
184925 Halocharis sulphurea (Moq.) Moq.;硫磺嗜盐草(硫磺盐美人)■☆
184926 Halocharis turcomanica Iljin;土库曼嗜盐草(土库曼盐美人)■☆
184927 Halocharis violacea Bunge;巴基斯坦嗜盐草(巴基斯坦盐美人)■☆
184928 Halochloa Griseb. = Monanthochloe Engelm. ■☆
184929 Halocnemon Spreng. = Halocnemum M. Bieb. ●
184930 Halocnemum M. Bieb. (1819);盐节木属(盐节草属);Halocnemum,Saltnodetree ●
184931 Halocnemum caspicum M. Bieb. = Halostachys caspica C. A. Mey. ex Schrenk ●
184932 Halocnemum foliatum (Pall.) Spreng. = Kalidium foliatum (Pall.) Moq. ●
184933 Halocnemum strobilaceum (Pall.) M. Bieb.;盐节木(球果海蓬子,球果盐节草);Cone-shaped Halocnemum,Saltnodetree ●
184934 Halodendron DC. = Halimodendron Fisch. ex DC. ●
184935 Halodendron Roem. et Schult. = Halodendrum Thouars ●
184936 Halodendrum Thouars = Avicennia L. ●
184937 Halodula Benth. et Hook. f. = Halodule Endl. ■
184938 Halodule Endl. (1841);二药藻属;Biantheralga,Shoalweed ■
184939 Halodule beaudettei (Hartog) Hartog = Halodule wrightii Asch. ■☆
184940 Halodule pinifolia (Miki) Hartog;羽叶二药藻(线叶二药藻);Pinnate Biantheralga ■
184941 Halodule tridentata (Steinh.) Endl. ex Unger = Halodule tridentata (Steinh.) F. Muell. ■☆
184942 Halodule tridentata (Steinh.) F. Muell.;齿叶二药藻■☆
184943 Halodule uninervis (Forssk.) Asch.;二药藻(单脉二药藻);Biantheralga ■
184944 Halodule wrightii Asch.;赖特二药藻■☆
184945 Halogeton C. A. Mey. = Halodule Endl. ■
184946 Halogeton C. A. Mey. = Halogeton C. A. Mey. ex Ledeb. ■●
184947 Halogeton C. A. Mey. ex Ledeb. (1829);盐生草属;Barilla,Halogeton,Saltlivedgrass ■●
184948 Halogeton C. A. Mey. ex Ledeb. = Halodule Endl. ■
184949 Halogeton alopecuroides (Delile) Moq.;看麦娘盐生草■☆
184950 Halogeton arachnoides Moq.;白茎盐生草(灰蓬,小盐大戟,蛛丝蓬,蛛丝盐生草);Cobwebby Halogeton,Cobwebby Saltlivedgrass ■
184951 Halogeton glomeratus (M. Bieb.) C. A. Mey.;盐生草(团集盐生草);Barilla,Clustered Halogeton,Clustered Saltlivedgrass,Common Halogeton,Halogeton,Saltlover ■
184952 Halogeton glomeratus (M. Bieb.) C. A. Mey. var. tibeticus (Bunge) Grubov;西藏盐生草;Xizang Halogeton,Xizang Saltlivedgrass ■
184953 Halogeton oppositiflora C. A. Mey. = Girgensohnia oppositiflora (Pall.) Fenzl ●■
184954 Halogeton sativus (L.) Moq.;栽培盐生草■
184955 Halogeton tibeticus Bunge = Halogeton glomeratus (M. Bieb.) C. A. Mey. var. tibeticus (Bunge) Grubov ■
184956 Halolachna Endl. = Hololachna Ehrenb. ●
184957 Halongia Jeanpl. = Thysanotus R. Br. (保留属名)■
184958 Halongia purpurea Jeanpl. = Thysanotus chinensis Benth. ■
184959 Halopegia K. Schum. (1902);沼竹芋属■☆
184960 Halopegia azurea (K. Schum.) K. Schum.;沼竹芋■☆
184961 Halopeplis Bunge = Halopeplis Bunge ex Ung. -Sternb. ■
184962 Halopeplis Bunge ex Ung. -Sternb. (1866);盐千屈菜属(盐千屈叶属);Halopeplis ■
184963 Halopeplis amplexicaulis (Vahl) Ung. -Sternb. ex Ces. ,Pass. et Gibelli;抱茎盐千屈菜■☆
184964 Halopeplis perfoliata (Forssk.) Bunge ex Asch. et Schweinf.;穿叶盐千屈菜■☆
184965 Halopeplis pygmaea (Pall.) Bunge ex Ung. -Sternb.;盐千屈菜(矮盐千屈叶);Dwarf Halopeplis ■
184966 Halopetalum Steud. = Heteropterys Kunth(保留属名)●☆
184967 Halophila Thouars (1806);喜盐草属(盐藻属);Halophila,Saltgrass ■
184968 Halophila balfourii Soler. = Halophila stipulacea (Forssk.) Asch. ■☆
184969 Halophila beccarii Asch.;贝克喜盐草(贝克盐藻,贝氏盐藻);Beccar Halophila,Beccar Saltgrass ■
184970 Halophila decipiens Ostenf.;毛叶盐藻■
184971 Halophila decipiens Ostenf. var. pubescens Hartog = Halophila decipiens Ostenf. ■
184972 Halophila euphlebia Makino = Halophila ovalis (R. Br.) Hook. f. ■
184973 Halophila hawaiiana Doty et B. C. Strong = Halophila ovalis (R. Br.) Hook. f. ■
184974 Halophila lemnopsis Miq. = Halophila minor (Zoll.) Hartog ■
184975 Halophila linearis Hartog = Halophila ovalis (R. Br.) Hook. f. subsp. linearis (Hartog) Hartog ■☆
184976 Halophila madagscariensis Doty et Stone;马岛喜盐草■☆
184977 Halophila minor (Zoll.) Hartog;小喜盐草;Small Halophila,Small Saltgrass ■
184978 Halophila minor (Zoll.) Hartog = Halophila ovata Gaudich. ■
184979 Halophila ovalis (R. Br.) Hook. f.;喜盐草(卵叶盐藻);Oval Halophila,Saltgrass ■
184980 Halophila ovalis (R. Br.) Hook. f. subsp. linearis (Hartog) Hartog;线形喜盐草■☆
184981 Halophila ovata Gaudich. = Halophila minor (Zoll.) Hartog ■
184982 Halophila ovata Gaudich. = Halophila ovalis (R. Br.) Hook. f. ■
184983 Halophila stipulacea (Forssk.) Asch.;托叶喜盐草■☆
184984 Halophilaceae J. Agardh = Hydrocharitaceae Juss. (保留科名)■
184985 Halophilaceae J. Agardh(1858);喜盐草科■
184986 Halophytaceae A. Soriano = Haloragaceae R. Br. (保留科名)●■
184987 Halophytaceae A. Soriano(1984);滨藜叶科(盐藜科)■☆
184988 Halophytum Speg. (1902);滨藜叶属(滨藜叶属,盐藜属)■☆
184989 Halophytum ameghinoi (Speg.) Speg.;滨藜叶■☆
184990 Halophytum ameghinoi Speg. = Halophytum ameghinoi (Speg.) Speg. ■☆
184991 Halopyrum Stapf(1896);盐麦草属■☆
184992 Halopyrum mucronatum (L.) Stapf;盐麦草■☆
184993 Haloragaceae R. Br. (1814)(保留科名);小二仙草科;Seaberry Family,Water Milfoil Family,Watermilfoil Family ●■
184994 Haloragidaceae R. Br. = Haloragaceae R. Br. (保留科名)●■
184995 Haloragis J. R. Forst. et G. Forst. (1775);黄花小二仙草属(小二仙草属);Creeping Raspwort,Seaberry ■●
184996 Haloragis brownii (Hook. f.) Schindl. = Haloragis walkeri Ohwi ■☆
184997 Haloragis chinensis (Lour.) Merr.;黄花小二仙草(黄花船板草,石崩);China Seaberry,Chinese Raspwort ■

184998 Haloragis chinensis (Lour.) Merr. = Gonocarpus chinensis (Lour.) Orchard ■
184999 Haloragis chinensis (Lour.) Merr. var. yapensis Tuyama = Gonocarpus chinensis (Lour.) Orchard ■
185000 Haloragis citriodora (A. Cunn.) Walp. = Gonocarpus micranthus Thunb. ■
185001 Haloragis depressa (A. Cunn.) Walp. = Gonocarpus micranthus Thunb. ■
185002 Haloragis erecta Schindl.;直立黄花小二仙草;Erect Seaberry ■☆
185003 Haloragis hexandra F. Muell. = Trihaloragis hexandra (F. Muell.) M. L. Moody et Les ■☆
185004 Haloragis micrantha (Thunb.) R. Br. = Gonocarpus micranthus Thunb. ■
185005 Haloragis micrantha (Thunb.) Siebold et Zucc. = Haloragis micrantha (Thunb.) R. Br. ■
185006 Haloragis minima Colenso = Gonocarpus micranthus Thunb. ■
185007 Haloragis scabra (K. D. König) Benth. = Gonocarpus chinensis (Lour.) Orchard ■
185008 Haloragis scabra (K. D. König) Benth. var. elongata Schindl. = Gonocarpus chinensis (Lour.) Orchard ■
185009 Haloragis scabra (K. D. König) Benth. var. novaguineensis Valeton = Gonocarpus chinensis (Lour.) Orchard ■
185010 Haloragis scabra Benth. = Haloragis chinensis (Lour.) Merr. ■
185011 Haloragis tetragyna (Labill.) Hook. f. = Gonocarpus chinensis (Lour.) Orchard ■
185012 Haloragis tetragyna (Labill.) Hook. f. var. micrantha Benth. = Gonocarpus chinensis (Lour.) Orchard ■
185013 Haloragis tetragyna Hook. f. = Haloragis chinensis (Lour.) Merr. ■
185014 Haloragis walkeri Ohwi;瓦氏黄花小二仙草■☆
185015 Haloragodendron Orchard(1975);盐葡萄木属●☆
185016 Haloragodendron glandulosum Orchard;多腺盐葡萄木●☆
185017 Haloragodendron monospermum (F. Muell.) Orchard;单子盐葡萄木●☆
185018 Haloragodendron racemosum (Labill.) Orchard;盐葡萄木●☆
185019 Halorrhagaceae Lindl. = Haloragaceae R. Br.(保留科名)●■
185020 Halorrhena Elmer = Holarrhena R. Br. ●
185021 Halosarcia Paul G. Wilson(1980);聚花盐角木属(滨节藜属)●☆
185022 Halosarcia indica (Willd.) Paul G. Wilson = Arthrocnemum indicum (Willd.) Moq. ●☆
185023 Haloschoenus Nees = Rhynchospora Vahl(保留属名)■
185024 Haloschoenus Nees(1834);盐莎属■☆
185025 Haloschoenus contractus Nees = Rhynchospora contracta (Nees) J. Raynal ■☆
185026 Haloschoenus riparius Nees;盐莎■☆
185027 Haloscias Fr. = Ligusticum L. ■
185028 Halosciastrum Koidz. (1941);盐小伞属■
185029 Halosciastrum Koidz. = Cymopterus Raf. ■☆
185030 Halosciastrum crassum Koidz.;盐小伞■
185031 Halosicyos Mart. Crov. (1947);盐葫芦属■☆
185032 Halosicyos ragonesei Mart. Crov.;盐葫芦■☆
185033 Halostachys C. A. Mey. = Halostachys C. A. Mey. ex Schrenk ●
185034 Halostachys C. A. Mey. ex Schrenk (1843);盐穗木属(盐穗属);Halostachys, Saltspike ●
185035 Halostachys belangeriana (Moq.) Botsch. = Halostachys caspica C. A. Mey. ex Schrenk ●
185036 Halostachys caspica (M. Bieb.) C. A. Mey. = Halostachys caspica C. A. Mey. ex Schrenk ●
185037 Halostachys caspica (Pall.) C. A. Mey. = Halostachys caspica C. A. Mey. ex Schrenk ●
185038 Halostachys caspica C. A. Mey. ex Schrenk;盐穗木;Caspian Halostachys, Caspian Saltspike ●
185039 Halostachys caspica M. Bieb. = Halostachys caspica (M. Bieb.) C. A. Mey. ●
185040 Halostachys occidentalis S. Watson = Allenrolfea occidentalis (S. Watson) Kuntze ●☆
185041 Halostemma Benth. et Hook. f. = Mapania Aubl. ■
185042 Halostemma Benth. et Hook. f. = Pandanophyllum Hassk. ■
185043 Halostemma Wall. ex Benth. et Hook. f. = Mapania Aubl. ■
185044 Halostemma Wall. ex Benth. et Hook. f. = Pandanophyllum Hassk. ■
185045 Halothamnus F. Muell. = Lawrencia Hook. ●☆
185046 Halothamnus F. Muell. = Selenothamnus Melville ●☆
185047 Halothamnus Jaub. et Spach = Salsola L. ●■
185048 Halothamnus Jaub. et Spach(1845);盐灌藜属(新疆藜属)●■
185049 Halothamnus auriculus (Moq.) Botsch.;耳状盐灌藜●☆
185050 Halothamnus auriculus (Moq.) Botsch. subsp. acutifolius (Moq.) Kothe-Heinr.;尖叶耳状盐灌藜●☆
185051 Halothamnus bottae Jaub. et Spach;盐灌藜●☆
185052 Halothamnus glaucus (M. Bieb.) Botsch.;新疆藜●
185053 Halothamnus iranicus Botsch.;伊朗盐灌藜●☆
185054 Halothamnus somalensis (N. E. Br.) Botsch.;索马里盐灌藜●☆
185055 Halothamnus subaphyllus (C. A. Mey.) Botsch.;亚无叶盐灌藜●☆
185056 Halotis Bunge = Halimocnemis C. A. Mey. ■
185057 Halotis Bunge(1862);盐藜属(翅盐蓬属)■☆
185058 Halotis occulta Bunge;盐藜■☆
185059 Halotis pilosa (Moq.) Iljin;毛盐藜■☆
185060 Haloxanthium Ulbr. = Atriplex L. ■●
185061 Haloxylon Bunge ex E. Fenzl = Haloxylon Bunge ●
185062 Haloxylon Bunge(1851);梭梭属(琐琐属,盐木属);Saxaul ●
185063 Haloxylon ammodendron (C. A. Mey.) Bunge = Haloxylon ammodendron (C. A. Mey.) Bunge ex Fenzl ●
185064 Haloxylon ammodendron (C. A. Mey.) Bunge ex Fenzl;梭梭(黑梭梭,黑梭梭树,黑琐琐,梭梭柴,琐琐);Black Saxoul, Saxoul ●
185065 Haloxylon ammodendron C. A. Mey. = Haloxylon ammodendron (C. A. Mey.) Bunge ex Fenzl ●
185066 Haloxylon aphyllum (Minkw.) Iljin = Haloxylon ammodendron (C. A. Mey.) Bunge ex Fenzl ●
185067 Haloxylon articulatum (Moq.) Bunge = Hammada scoparia (Pomel) Iljin ●☆
185068 Haloxylon articulatum (Moq.) Bunge var. scoparium (Pomel) Hochr. = Hammada scoparia (Pomel) Iljin ●☆
185069 Haloxylon griffithii (Moq.) Boiss.;格氏梭梭●☆
185070 Haloxylon negevensis (Iljin et Zohary) Boulos = Hammada negevensis Iljin et Zohary ●☆
185071 Haloxylon persicum Bunge = Haloxylon persicum Bunge ex Boiss. et Buhse ●◇
185072 Haloxylon persicum Bunge ex Boiss. et Buhse;白梭梭(白梭梭树,白琐琐,波斯梭梭);Persian Saxoul, White Saxoul ●◇
185073 Haloxylon recuruum Bunge;反曲梭梭●☆

185074 Haloxylon regelii Bunge;雷格尔梭梭●☆
185075 Haloxylon regelii Bunge = Iljinia regelii (Bunge) Korovin ●
185076 Haloxylon salicornicum (Moq.) Boiss. = Hammada salicornica (Moq.) Iljin ●☆
185077 Haloxylon salicornicum (Moq.) Bunge ex Boiss.;柳梭梭●☆
185078 Haloxylon schmittianum Pomel = Hammada schmittiana (Pomel) Botsch. ●☆
185079 Haloxylon scoparium Pomel = Hammada scoparia (Pomel) Iljin ●☆
185080 Haloxylon stocksii (Boiss.) Benth. et Hook.;斯托克斯梭梭●☆
185081 Halphophyllum Mansf. = Gasteranthus Benth. ●■☆
185082 Halymus Waldenb. = Atriplex L. ■●
185083 Hamadryas Comm. ex Juss. (1789);单性毛茛属■☆
185084 Hamadryas kingii Hook. f.;金氏单性毛茛■☆
185085 Hamadryas paniculata Hook. f.;圆锥单性毛茛■☆
185086 Hamadryas tomentosa Hook. f.;毛单性毛茛■☆
185087 Hamalium Hamsl. = Hamulium Cass. ●■☆
185088 Hamalium Hamsl. = Verbesina L.(保留属名)●■☆
185089 Hamamelidaceae R. Br. (1818)(保留科名);金缕梅科;Witch Hazel Family,Witchhazel Family,Witeh-Hazel Family ●
185090 Hamamelis (Gronov.) ex L. = Hamamelis L. ●
185091 Hamamelis Gronov. ex L. = Hamamelis L. ●
185092 Hamamelis L. (1753);金缕梅属;Witch Hazel,Witchhazel,Witch-hazel ●
185093 Hamamelis × intermedia Rehder;杂种金缕梅;Hybrid Witch Hazel,Hybrid Witchhazel ●
185094 Hamamelis × intermedia Rehder 'Arnold Promise';阿诺德间型金缕梅(阿诺德预言杂种金缕梅)●☆
185095 Hamamelis × intermedia Rehder 'Copper Beauty' = Hamamelis × intermedia Rehder 'Jelena' ●☆
185096 Hamamelis × intermedia Rehder 'Diane';黛安杂种金缕梅(黛安娜间型金缕梅)●☆
185097 Hamamelis × intermedia Rehder 'Jelena';杰勒纳杂种金缕梅(杰丽娜间型金缕梅)●☆
185098 Hamamelis × intermedia Rehder 'Pallida';帕丽达杂种金缕梅(洁白间型金缕梅)●☆
185099 Hamamelis × intermedia Rehder 'Ruby Glow';红宝石之光杂种金缕梅●☆
185100 Hamamelis androgyna Walter = Hamamelis virginiana L. ●☆
185101 Hamamelis chinensis R. Br. = Loropetalum chinense (R. Br.) Oliv. ●
185102 Hamamelis corylifolia Moench = Hamamelis virginiana L. ●☆
185103 Hamamelis dioica Walter = Hamamelis virginiana L. ●☆
185104 Hamamelis japonica Siebold et Zucc.;日本金缕梅(金缕梅);Japanese Witch Hazel,Japanese Witchhazel,Witch Hazel ●☆
185105 Hamamelis japonica Siebold et Zucc. 'Arborea';乔木状日本金缕梅●☆
185106 Hamamelis japonica Siebold et Zucc. 'Sulphurea';硫黄日本金缕梅(硫磺日本金缕梅)●☆
185107 Hamamelis japonica Siebold et Zucc. 'Zuccariniana';佐卡林日本金缕梅●☆
185108 Hamamelis japonica Siebold et Zucc. f. discolor Ohwi;二色日本金缕梅●☆
185109 Hamamelis japonica Siebold et Zucc. f. flavo-purpurascens Rehder;紫黄日本金缕梅●☆
185110 Hamamelis japonica Siebold et Zucc. f. incarnata Ohwi;肉色日本金缕梅●☆
185111 Hamamelis japonica Siebold et Zucc. f. pendula Okuyama;垂枝日本金缕梅●☆
185112 Hamamelis japonica Siebold et Zucc. subsp. megalophylla (Koidz.) Murata = Hamamelis japonica Siebold et Zucc. var. megalophylla (Koidz.) Kitam. ●☆
185113 Hamamelis japonica Siebold et Zucc. subsp. obtusata (Makino) Sugim. = Hamamelis japonica Siebold et Zucc. var. discolor (Nakai) Sugim. f. obtusata (Makino) H. Ohba ●☆
185114 Hamamelis japonica Siebold et Zucc. var. bitchuensis (Makino) Ohwi;冈山日本金缕梅●☆
185115 Hamamelis japonica Siebold et Zucc. var. discolor (Nakai) Sugim.;异色金缕梅●☆
185116 Hamamelis japonica Siebold et Zucc. var. discolor (Nakai) Sugim. f. auriflora Satomi;黄花异色金缕梅●☆
185117 Hamamelis japonica Siebold et Zucc. var. discolor (Nakai) Sugim. f. flavopurpurascens (Makino) Rehder;紫褐异色金缕梅●☆
185118 Hamamelis japonica Siebold et Zucc. var. discolor (Nakai) Sugim. f. obtusata (Makino) H. Ohba;钝叶异色金缕梅(钝金缕梅,异色钝叶金缕梅)●☆
185119 Hamamelis japonica Siebold et Zucc. var. glauca (Koidz.) Kitam.;灰金缕梅●☆
185120 Hamamelis japonica Siebold et Zucc. var. megalophylla (Koidz.) Kitam.;大叶日本金缕梅●☆
185121 Hamamelis japonica Siebold et Zucc. var. obtusata (Makino) Matsum. ex Satomi = Hamamelis japonica Siebold et Zucc. var. discolor (Nakai) Sugim. f. obtusata (Makino) H. Ohba ●☆
185122 Hamamelis japonica Siebold et Zucc. var. obtusata (Makino) Matsum. ex Satomi f. discolor (Nakai) Ohwi = Hamamelis japonica Siebold et Zucc. var. discolor (Nakai) Sugim. ●☆
185123 Hamamelis japonica Siebold et Zucc. var. obtusata (Makino) Matsum. ex Satomi f. incarnata (Makino) Ohwi = Hamamelis japonica Siebold et Zucc. var. discolor (Nakai) Sugim. f. obtusata (Makino) H. Ohba ●☆
185124 Hamamelis japonica Siebold et Zucc. var. obtusata Makino = Hamamelis japonica Siebold et Zucc. var. discolor (Nakai) Sugim. f. obtusata (Makino) H. Ohba ●☆
185125 Hamamelis japonica Siebold et Zucc. var. obtusata Matsum. = Hamamelis japonica Siebold et Zucc. var. discolor (Nakai) Sugim. f. obtusata (Makino) H. Ohba ●☆
185126 Hamamelis japonica Siebold et Zucc. var. obtusata Matsum. ex Satomi = Hamamelis japonica Siebold et Zucc. var. discolor (Nakai) Sugim. f. obtusata (Makino) H. Ohba ●☆
185127 Hamamelis macrophylla Pursh;大叶金缕梅;Southern Witchhazel ●☆
185128 Hamamelis macrophylla Pursh = Hamamelis virginiana L. ●☆
185129 Hamamelis mollis Oliv. = Hamamelis mollis Oliv. ex Forbes et Hemsl. ●
185130 Hamamelis mollis Oliv. ex Forbes et Hemsl.;金缕梅(木里仙,木里香,牛踏果);China Witchhazel,Chinese Witch Hazel,Chinese Witchhazel,Witch Hazel ●
185131 Hamamelis mollis Oliv. ex Forbes et Hemsl. 'Coombe Wood';峡谷林金缕梅●☆
185132 Hamamelis mollis Oliv. ex Forbes et Hemsl. 'Pallida' = Hamamelis × intermedia Rehder 'Pallida' ●☆
185133 Hamamelis mollis Oliv. ex Forbes et Hemsl. var. oblongifolia M. P. Deng et K. Yao;长椭圆金缕梅●

185134 Hamamelis mollis Oliv. ex Forbes et Hemsl. var. oblongifolia M. P. Deng et K. Yao = Hamamelis mollis Oliv. ex Forbes et Hemsl. ●

185135 Hamamelis obtusata (Matsum.) Makino = Hamamelis japonica Siebold et Zucc. var. obtusata Matsum. ●☆

185136 Hamamelis subaequalis Hung T. Chang = Parrotia subaequalis (Hung T. Chang) R. M. Hao et H. T. Wei ●◇

185137 Hamamelis subaequalis Hung T. Chang = Shaniodendron subaequalis (Hung T. Chang) M. P. Deng, H. T. Wei et X. Q. Wang ●◇

185138 Hamamelis vernalis Sarg.;春金缕梅(青春金缕梅);Ozark Witch Hazel, Ozark Witchhazel, Ozark Witch-hazel, Vernal Witch Hazel, Vernal Witchhazel, Vernal Witch-hazel ●☆

185139 Hamamelis vernalis Sarg. 'Sandra';桑德拉春金缕梅●☆

185140 Hamamelis vernalis Sarg. var. tomentella (Rehder) E. J. Palmer = Hamamelis vernalis Sarg. ●☆

185141 Hamamelis virginiana L.;美洲金缕梅(北美金缕梅,弗吉尼亚金缕梅);American Witch Hazel, American Witch-hazel, Common Witch Hazel, Common Witchhazel, Eastern Witch Hazel, Snapping Hazelnut, Southern Witch-hazel, Spotted Alder, Virginia Witch Hazel, Virginian Witch Hazel, Witch Hazel, Witchhazel, Witch-hazel ●☆

185142 Hamamelis virginiana L. var. angustifolia Nieuwl. = Hamamelis virginiana L. ●☆

185143 Hamamelis virginiana L. var. henryi Jenne ex C. Lane = Hamamelis virginiana L. ●☆

185144 Hamamelis virginiana L. var. macrophylla (Pursh) Nutt. = Hamamelis virginiana L. ●☆

185145 Hamamelis virginiana L. var. orbiculata Nieuwl. = Hamamelis virginiana L. ●☆

185146 Hamamelis virginiana L. var. parvifolia Nutt. = Hamamelis virginiana L. ●☆

185147 Hamamelis virginica L. var. parvifolia Nutt. = Hamamelis virginiana L. ●☆

185148 Hamaria Fourr. = Astragalus L. ●■

185149 Hamaria Fourr. = Hamosa Medik. ●■

185150 Hamaria Kunze ex Baill. = Lastarriaea J. Rémy ■☆

185151 Hamaria Kunze ex Rchb. = Acaena L. ■●☆

185152 Hamaria uncinata Fourr. = Astragalus hamosus L. ■☆

185153 Hamastris Mart. ex Pfeiff. = Myriaspora DC. ●☆

185154 Hamatocactus Britton et Rose = Thelocactus (K. Schum.) Britton et Rose ●

185155 Hamatocactus Britton et Rose(1922);长钩球属(钩刺球属,卧龙柱属);Hamatocactus, Twisted-rib Cactus ■

185156 Hamatocactus bicolor (Terán et Berland.) I. M. Johnst.;二色长钩球;Twisted-rib Cactus ■☆

185157 Hamatocactus hamatocanthus Knuth; 大虹; Hooked Spine Hamatocactus ■

185158 Hamatocactus setispinus (Engelm.) Britton et Rose;龙王球(钩刺仙人球,龙王丸);Bristle-spine Hamatocactus ■

185159 Hamatocactus setispinus (Engelm.) Britton et Rose = Hamatocactus bicolor (Terán et Berland.) I. M. Johnst. ■☆

185160 Hamatolobium Fenal = Hammatolobium Fenzl ■☆

185161 Hamatris Salisb. = Dioscorea L.(保留属名)■

185162 Hambergera Scop. = Cacoucia Aubl. ●

185163 Hambergera Scop. = Combretum Loefl.(保留属名)●

185164 Hamelia Jacq.(1760);长隔木属(哈梅木属);Hamelia ●

185165 Hamelia axillaris Sw.;腋生长隔木(腋生哈梅木)●☆

185166 Hamelia erecta Jacq.;直立长隔木(直立哈梅木)●

185167 Hamelia erecta Jacq. = Hamelia patens Jacq. ●

185168 Hamelia lanuginosa M. Martens et Galeotti;多绵毛长隔木●☆

185169 Hamelia patens Jacq.;长隔木(开展哈梅木,希美莉,希茉莉,醉娇花);Coloradillo, Fire Bush, Firebush, Hamelia, Hummingbird Bush, Patent Hamelia, Scarlet Bush, Texas Firecracker Bush ●

185170 Hamelia sphaerocarpa Ruiz et Pav.;球果长隔木●☆

185171 Hameliaceae Mart. = Rubiaceae Juss.(保留科名)●■

185172 Hamelinia A. Rich. = Astelia Banks et Sol. ex R. Br.(保留属名)■☆

185173 Hamellia L. = Hamelia Jacq. ●

185174 Hamemelis Wemischek = Hamamelis L. ●

185175 Hamilcoa Prain(1912);西非大戟属●☆

185176 Hamilcoa zenkeri (Pax) Prain;西非大戟●☆

185177 Hamiltonia Harv. = Colpoon P. J. Bergius ●☆

185178 Hamiltonia Muhlenb. ex Willd. = Pyrularia Michx. ●

185179 Hamiltonia Roxb.(1824);香叶木属●☆

185180 Hamiltonia Roxb. = Spermadictyon Roxb. ●

185181 Hamiltonia Spreng. = Comandra Nutt. ●☆

185182 Hamiltonia capensis Harv. = Rhoiacarpos capensis (Harv.) A. DC. ●☆

185183 Hamiltonia dulina Buch.-Ham. ex D. Don = Spermadictyon suaveolens Roxb. ●

185184 Hamiltonia mysorensis Wight et Arn. = Spermadictyon suaveolens Roxb. ●

185185 Hamiltonia oblonga Franch. = Leptodermis oblonga Bunge ●

185186 Hamiltonia pilosa Roxb. = Spermadictyon pilosum Spreng. ●☆

185187 Hamiltonia propinqua Decne. = Spermadictyon suaveolens Roxb. ●

185188 Hamiltonia scabra D. Don = Spermadictyon suaveolens Roxb. ●

185189 Hamiltonia suaveolens Roxb. = Spermadictyon suaveolens Roxb. ●

185190 Hammada Iljin = Haloxylon Bunge ●

185191 Hammada Iljin(1948);肖梭梭属●☆

185192 Hammada articulata (Cav.) O. Bolòs et Vigo subsp. scoparia (Pomel) O. Bolòs et Vigo = Hammada scoparia (Pomel) Iljin ●☆

185193 Hammada articulata (Moq.) O. Bolòs et Vigo;关节肖梭梭●☆

185194 Hammada negevensis Iljin et Zohary;内盖夫肖梭梭●☆

185195 Hammada salicornica (Moq.) Iljin;盐角草肖梭梭●☆

185196 Hammada schmittiana (Pomel) Botsch.;施米特肖梭梭●☆

185197 Hammada scoparia (Pomel) Iljin;帚状肖梭梭●☆

185198 Hammarbya Kuntze = Malaxis Sol. ex Sw. ■

185199 Hammarbya Kuntze(1891);瑞典兰属;Bog Orchid ■☆

185200 Hammarbya paludosa (L.) Kuntze;沼兰(湿沼兰);Bog Adder's-mouth, Bog Orchid, Leafy Adder's-mouth Orchid ■☆

185201 Hammarbya paludosa (L.) Kuntze = Malaxis paludosa (L.) Sw. ■☆

185202 Hammatocaulis Tausch = Ferula L. ■

185203 Hammatolobium Fenzl(1842);哈马豆属■☆

185204 Hammatolobium kremerianum (Coss.) C. Müll. = Tripodion kremerianum (Coss.) Lassen ■☆

185205 Hammatolobium ludovicia Batt. = Tripodion kremerianum (Coss.) Lassen ■☆

185206 Hammeria Burgoyne(1998);哈默番杏属●☆

185207 Hammeria gracilis Burgoyne;纤细哈马豆■☆

185208 Hammeria meleagris (L. Bolus) Klak;哈马豆■☆

185209 Hammeria salteri (L. Bolus) Burgoyne = Hammeria meleagris (L. Bolus) Klak ■☆

185210 Hamolocenchrus Scop. = Homalocenchrus Mieg. ex Haller ■
185211 Hamolocenchrus Scop. = Leersia Sw.（保留属名）■
185212 Hamosa Medik. = Astragalus L. ●■
185213 Hampea Schltdl.（1837）；汉珀锦葵属（哈皮锦属）●☆
185214 Hampea albipetala Cuatrec.；白花汉珀锦葵●☆
185215 Hampea latifolia Standl.；宽叶汉珀锦葵●☆
185216 Hampea longipes Miranda；长梗汉珀锦葵●☆
185217 Hampea macrocarpa Lundell；大果汉珀锦葵●☆
185218 Hampea mexicana Fryxell；墨西哥汉珀锦葵●☆
185219 Hampea micrantha A. Robyns；小花汉珀锦葵●☆
185220 Hampea ovatifolia Lundell；卵叶汉珀锦葵●☆
185221 Hampea tomentosa（C. Presl）Standl.；毛汉珀锦葵●☆
185222 Hamularia Aver. et Averyanova（1959）；沟兰属■☆
185223 Hamulia Raf. = Utricularia L. ■
185224 Hamulium Cass. = Verbesina L.（保留属名）●■☆
185225 Hanabusaya Nakai（1911）；朝鲜桔梗属■☆
185226 Hanabusaya asiatica（Nakai）Nakai；朝鲜桔梗■☆
185227 Hanburia Seem.（1858）；汉布瓜属■☆
185228 Hanburia mexicana Seem.；汉布瓜■☆
185229 Hanburyophyton Bureau = Mansoa DC. ●☆
185230 Hanburyophyton Bureau ex Warm. = Mansoa DC. ●☆
185231 Hanburyophyton Corr. Mello = Mansoa DC. ●☆
185232 Hancea Hemsl. = Hanceola Kudo ■★
185233 Hancea Pierre = Hopea Roxb.（保留属名）●
185234 Hancea Seem. = Mallotus Lour. ●
185235 Hancea cavaleriei H. Lév. = Hanceola cavaleriei（H. Lév.）Kudo ■
185236 Hancea hemsleiana H. Lév. = Siphocranion macranthum（Hook. f.）C. Y. Wu ■
185237 Hancea hookeriana Seem. = Mallotus hookerianus（Seem.）Müll. Arg. ●
185238 Hancea labordei H. Lév. = Hanceola labordei（H. Lév.）Y. Z. Sun ■
185239 Hancea mairei H. Lév. = Hanceola mairei（H. Lév.）Y. Z. Sun ■
185240 Hancea muricata Benth. = Mallotus oblongifolius（Miq.）Müll. Arg. ●
185241 Hancea nudipes（Hemsl.）Dunn = Siphocranion nudipes（Hemsl.）Kudo ■
185242 Hancea prainiana H. Lév. = Siphocranion macranthum（Hook. f.）C. Y. Wu ■
185243 Hancea sinensis Hemsl. = Hanceola sinensis（Hemsl.）Kudo ■
185244 Hanceola Kudo（1929）；四轮香属；Hanceola ■★
185245 Hanceola cavaleriei（H. Lév.）Kudo；贵州四轮香（贵州汉史草）；Guizhou Hanceola, Kweichow Hanceola ■
185246 Hanceola cordiovata Y. Z. Sun；心卵叶四轮香；Cocdare-ovate-leaf Hanceola, Heart-ovateleaf Hanceola ■
185247 Hanceola exserta Y. Z. Sun ex C. Y. Wu；出蕊四轮香（出蕊汉史草）；Exserted Hanceola ■
185248 Hanceola flexuosa C. Y. Wu et H. W. Li；曲折四轮香（曲折汉史草，曲折罗香草）；Flexed Hanceola, Flexuose Hanceola ■
185249 Hanceola labordei（H. Lév.）Y. Z. Sun；高坡四轮香；Gaopo Hanceola, Highslope Hanceola ■
185250 Hanceola mairei（H. Lév.）Y. Z. Sun；龙溪四轮香；Longxi Hanceola ■
185251 Hanceola omeiensis Z. Y. Zhu；蛾眉四轮香■
185252 Hanceola sinensis（Hemsl.）Kudo；四轮香（汉史草，野藿香）；China Hanceola, Chinese Hanceola ■
185253 Hanceola tuberifera Y. Z. Sun ex G. Y. Wu；块茎四轮香（块茎汉史草）；Tuber Hanceola ■
185254 Hancockia Rolfe（1903）；滇兰属；Hancockia ■
185255 Hancockia japonica（Hatus.）F. Maek. = Hancockia uniflora Rolfe ■
185256 Hancockia uniflora Rolfe；滇兰；Hancockia, Oneflower Hancockia ■
185257 Hancornia Gomes（1812）；汉考木属●☆
185258 Hancornia speciosa Gomes；汉考木；Mangabeira Rubber, Mangoba, Pernambuco Rubber ●☆
185259 Handelia Heimerl（1922）；天山蓍属；Tianshanyarrow ■
185260 Handelia trichophylla（Schrenk ex Fisch. et C. A. Mey.）Heimerl；天山蓍；Hairyleaf Tianshanyarrow ■
185261 Handeliodendron Rehder = Sideroxylon L. ●☆
185262 Handeliodendron Rehder（1935）；掌叶木属（对掌树属）；Handeliodendron, Palmleaftree ●★
185263 Handeliodendron bodinieri（H. Lév.）Rehder；掌叶木（对掌树，平舟木）；Bodinier Handeliodendron, Bodinier Palmleaftree ●◇
185264 Handroanthus Mattos = Tabebuia Gomes ex DC. ●☆
185265 Hanghomia Gagnep. et Thénint（1936）；汉高木属●☆
185266 Hanghomia marseillei Gagnep. et Thénint；汉高木●☆
185267 Hanguana Blume（1827）；钵子草属■☆
185268 Hanguana kassintu Blume；钵子草■☆
185269 Hanguanaceae Airy Shaw = Flagellariaceae Dumort.（保留科名）●■
185270 Hanguanaceae Airy Shaw（1965）；钵子草科（匍茎草科）■☆
185271 Haniffia Holttum（1950）；哈尼姜属■☆
185272 Haniffia albiflora K. Larsen et Mood；白花哈尼姜■☆
185273 Haniffia cyanescens（Ridl.）Holttum；哈尼姜■☆
185274 Haniffia flavescens Y. Y. Sam et Julius；黄哈尼姜■☆
185275 Hannafordia F. Muell.（1860）；哈那梧桐属●☆
185276 Hannafordia bissillii F. Muell.；哈那梧桐●☆
185277 Hannoa Planch.（1846）；汉诺苦木属（哈诺苦木属，苦木属）●☆
185278 Hannoa Planch. = Quassia L. ●☆
185279 Hannoa chlorantha Engl. et Gilg；绿花哈诺苦木（绿花苦木）●☆
185280 Hannoa chlorantha Engl. et Gilg = Quassia undulata（Guillaumin et Perr.）F. Dietr. ●☆
185281 Hannoa ferruginea Engl. = Quassia undulata（Guillaumin et Perr.）F. Dietr. ●☆
185282 Hannoa kitombetombe G. C. C. Gilbert = Quassia undulata（Guillaumin et Perr.）F. Dietr. ●☆
185283 Hannoa klaineana Pierre et Engl.；克伦哈诺苦木（克伦苦木）●☆
185284 Hannoa klaineana Pierre et Engl. = Quassia undulata（Guillaumin et Perr.）F. Dietr. ●☆
185285 Hannoa longipes（Sprague）G. C. C. Gilbert = Quassia undulata（Guillaumin et Perr.）F. Dietr. ●☆
185286 Hannoa njariensis G. C. C. Gilbert = Quassia undulata（Guillaumin et Perr.）F. Dietr. ●☆
185287 Hannoa schweinfurthii Oliv. = Quassia schweinfurthii（Oliv.）Noot. ●☆
185288 Hannoa undulata（Guillaumin et Perr.）Planch. = Quassia undulata（Guillaumin et Perr.）F. Dietr. ●☆
185289 Hannoa undulata Planch. = Hannoa undulata（Guillaumin et Perr.）Planch. ●☆

185290 Hannonia Braun-Blanq. et Maire(1931);汉农石蒜属■☆
185291 Hannonia hesperidum Braun-Blanq. et Maire;汉农石蒜■☆
185292 Hannonia hesperidum Braun-Blanq. et Maire var. legionariorum Emb. = Vagaria ollivieri Maire ■☆
185293 Hansalia Schott = Amorphophallus Blume ex Decne.(保留属名)■●
185294 Hansalia grata Schott = Amorphophallus abyssinicus (A. Rich.) N. E. Br. ■☆
185295 Hansemannia K. Schum. = Archidendron F. Muell. ●
185296 Hansenia Turcz. = Ligusticum L. ■
185297 Hanseniella C. Cusset(1992);泰国川苔草属■☆
185298 Hanslia Schindl. = Desmodium Desv.(保留属名)●■
185299 Hansteinia Oerst. = Habracanthus Nees ●☆
185300 Hapalanthe Post et Kuntze = Apalanthe Planch. ■☆
185301 Hapalanthe Post et Kuntze = Elodea Michx. ■☆
185302 Hapalanthus Jacq. = Callisia Loefl. ■☆
185303 Hapale Schott(废弃属名) = Hapaline Schott(保留属名)■
185304 Hapaline Schott(1858)(保留属名);细柄芋属;Hapaline ■
185305 Hapaline ellipticifolium C. Y. Wu et H. Li;细柄芋;Ellipticleaf Hapaline ■
185306 Hapalocarpum Miq. = Ammannia L. ■
185307 Hapaloceras Hassk. = Keratephorus Hassk. ●☆
185308 Hapaloceras Hassk. = Payena A. DC. + Ganua Pierre ex Dubard ●
185309 Hapaloceras Hassk. = Payena A. DC. ●☆
185310 Hapalochilus (Schltr.) Senghas = Bulbophyllum Thouars(保留属名)■
185311 Hapalochlamys Rchb. = Apalochlamys Cass. ●☆
185312 Hapalochlamys Rchb. = Cassinia R. Br.(保留属名)●☆
185313 Hapaloptera Post et Kuntze = Abronia Juss. ■☆
185314 Hapaloptera Post et Kuntze = Apaloptera Nutt. ex A. Gray ■☆
185315 Hapalorchis Schltr.(1919);软兰属■☆
185316 Hapalorchis candida Schltr.;软兰■☆
185317 Hapalorchis longirostris Schltr.;长喙软兰■☆
185318 Hapalorchis micrantha (Barb. Rodr.) Hoehne;小花软兰■☆
185319 Hapalorchis pauciflora Porto et Brade;少花软兰■☆
185320 Hapalorchis tenuis Schltr.;细软兰■☆
185321 Hapalosa Edgew. = Hapalosia Wall. ex Wight et Arn. ■
185322 Hapalosia Wall. = Polycarpon L. ■
185323 Hapalosia Wall. ex Wight et Arn. = Polycarpon L. ■
185324 Hapalosia loeflingii Wall. ex Wight et Arn. = Polycarpon prostratum (Forssk.) Asch. et Schweinf. ■
185325 Hapalostephium D. Don ex Sweet = Crepis L. ■
185326 Hapalus Endl. = Apalus DC. ■☆
185327 Hapalus Endl. = Blennosperma Less. ■☆
185328 Haphlanthoides H. W. Li = Andrographis Wall. ex Nees ■
185329 Haphlanthoides yunnanensis H. W. Li = Andrographis laxiflora (Blume) Lindau var. glomeruliflora (Bremek.) H. Chu ■
185330 Haplachne C. Presl = Dimeria R. Br. ■
185331 Haplachne J. Presl = Dimeria R. Br. ■
185332 Haplanthera Hochst. = Ruttya Harv. ●☆
185333 Haplanthera Post et Kuntze = Globba L. ■
185334 Haplanthera speciosa Hochst. = Ruttya speciosa (Hochst.) Engl. ●☆
185335 Haplanthodes Kuntze = Andrographis Wall. ex Nees ■
185336 Haplanthoides H. W. Li = Andrographis Wall. ex Nees ■
185337 Haplanthoides H. W. Li(1983);宽丝爵床属;Haplanthoides ■★
185338 Haplanthoides yunnanensis H. W. Li;宽丝爵床;Yunnan Haplanthoides ■
185339 Haplanthoides yunnanensis H. W. Li = Andrographis laxiflora (Blume) Lindau var. glomeruliflora (Bremek.) H. Chu ■
185340 Haplanthus Nees = Andrographis Wall. ex Nees ■
185341 Haplanthus Nees ex Anderson = Haplanthodes Kuntze ■
185342 Haplanthus T. Anderson = Haplanthodes Kuntze ■
185343 Haplanthus tener Nees = Andrographis laxiflora (Blume) Lindau ■
185344 Haplatalix Lindl. = Saussurea DC.(保留属名)●■
185345 Haplesthes Post et Kuntze = Haploesthes A. Gray ■●☆
185346 Haplocalymma S. F. Blake = Viguiera Kunth ●■☆
185347 Haplocalymma S. F. Blake(1916);软被菊属■☆
185348 Haplocalymma microcephalum S. F. Blake;小头软被菊■☆
185349 Haplocalymma woronowii S. F. Blake;软被菊■☆
185350 Haplocarpha Less.(1831);齿叶灰毛菊属■☆
185351 Haplocarpha hastata K. Lewin;戟形齿叶灰毛菊■☆
185352 Haplocarpha hirsuta (Less.) Beauverd = Haplocarpha nervosa (Thunb.) Beauverd ■☆
185353 Haplocarpha lanata Less.;绵毛齿叶灰毛菊■☆
185354 Haplocarpha leichtlinii N. E. Br. = Haplocarpha lyrata Harv. ■☆
185355 Haplocarpha lyrata Harv.;齿叶灰毛菊;Harp Onefruit ■☆
185356 Haplocarpha nervosa (Thunb.) Beauverd;多脉齿叶灰毛菊■☆
185357 Haplocarpha oocephala (DC.) Beyers;卵头齿叶灰毛菊■☆
185358 Haplocarpha ovata K. Lewin = Haplocarpha nervosa (Thunb.) Beauverd ■☆
185359 Haplocarpha parvifolia (Schltr.) Beauverd;小齿叶灰毛菊■☆
185360 Haplocarpha rueppellii (Sch. Bip.) Beauverd;鲁佩尔灰毛菊■☆
185361 Haplocarpha scaposa Harv. = Haplocarpha thunbergii Less. ■☆
185362 Haplocarpha schimperi (Sch. Bip.) Beauverd;欣珀齿叶灰毛菊■☆
185363 Haplocarpha serrata K. Lewin = Haplocarpha nervosa (Thunb.) Beauverd ■☆
185364 Haplocarpha thunbergii Less.;通贝里齿叶灰毛菊■☆
185365 Haplocarya Phil. = Aplocarya Lindl. ■☆
185366 Haplocarya Phil. = Nolana L. ex L. f. ■☆
185367 Haplochilus Endl. = Bulbophyllum Thouars(保留属名)■
185368 Haplochilus Endl. = Zeuxine Lindl.(保留属名)■
185369 Haplochilus flavus (Wall. ex Lindl.) D. Dietr. = Zeuxine flava (Wall. ex Lindl.) Benth. ■
185370 Haplochilus nervosus (Wall. ex Lindl.) D. Dietr. = Zeuxine nervosa (Wall. ex Lindl.) Trimen ■
185371 Haplochorema K. Schum.(1899);圆唇姜属■☆
185372 Haplochorema extensum K. Schum.;圆唇姜■☆
185373 Haploclathra Benth.(1861);单格藤黄属●☆
185374 Haplocoelopsis F. G. Davies(1997);非洲无患子属●☆
185375 Haplocoelopsis africana F. G. Davies;非洲单格藤黄●☆
185376 Haplocoelum Radlk.(1878);单腔无患子属●☆
185377 Haplocoelum acuminatum Radlk.;渐尖单腔无患子●☆
185378 Haplocoelum congolanum Hauman;刚果单腔无患子●☆
185379 Haplocoelum dekindtianum (Engl.) Radlk. = Haplocoelum foliolosum (Hiern) Bullock ●☆
185380 Haplocoelum foliolosum (Hiern) Bullock;多小叶单腔无患子●☆
185381 Haplocoelum foliolosum (Hiern) Bullock subsp. mombasense

(Bullock) Verdc.;蒙巴萨单腔无患子●☆
185382 Haplocoelum foliolosum (Hiern) Bullock subsp. strongylocarpum (Bullock) Verdc.;圆果多小叶单腔无患子●☆
185383 Haplocoelum gallaense (Engl.) Chiov. = Haplocoelum foliolosum (Hiern) Bullock subsp. strongylocarpum (Bullock) Verdc. ●☆
185384 Haplocoelum inoploeum Radlk.;索马里单腔无患子●☆
185385 Haplocoelum intermedium Hauman;间型单腔无患子●☆
185386 Haplocoelum jubense Chiov. = Camptolepis ramiflora (Taub.) Radlk. ●☆
185387 Haplocoelum mombasense Bullock = Haplocoelum foliolosum (Hiern) Bullock subsp. mombasense (Bullock) Verdc. ●☆
185388 Haplocoelum perrieri Capuron;佩里耶单腔无患子●☆
185389 Haplocoelum scassellatii Chiov. = Lecaniodiscus fraxinifolius Baker subsp. scassellatii (Chiov.) Friis ●☆
185390 Haplocoelum strongylocarpum Bullock = Haplocoelum foliolosum (Hiern) Bullock subsp. strongylocarpum (Bullock) Verdc. ●☆
185391 Haplocoelum trigonocarpum Radlk. = Haplocoelum inoploeum Radlk. ●☆
185392 Haplodesmium Naudin = Chaetolepis (DC.) Miq. ●☆
185393 Haplodiscus (Benth.) Phil. = Haplopappus Cass.(保留属名)■●☆
185394 Haplodypsis Baill. = Dypsis Noronha ex Mart. ●☆
185395 Haplodypsis Baill. = Neophloga Baill. ●☆
185396 Haplodypsis pervillei Baill. = Dypsis pervillei (Baill.) Beentje et J. Dransf. ●☆
185397 Haploesthes A. Gray(1849);黄帚菊属■●☆
185398 Haploesthes fruticosa B. L. Turner;灌木黄帚菊●☆
185399 Haploesthes greggii A. Gray;黄帚菊■☆
185400 Haploësthes greggii A. Gray var. texana (J. M. Coult.) I. M. Johnst.;得州黄帚菊■☆
185401 Haploesthes robusta I. M. Johnst.;粗壮黄帚菊■☆
185402 Haploleja Post et Kuntze = Aploleia Raf. ■☆
185403 Haploleja Post et Kuntze = Tradescantia L. ■
185404 Haplolobus H. J. Lam. (1931);单裂橄榄属●☆
185405 Haplolobus acuminatus (K. Schum.) H. J. Lam;渐尖单裂橄榄●☆
185406 Haplolobus floribundus (K. Schum.) H. J. Lam;繁花单裂橄榄●☆
185407 Haplolobus glandulosus Husson;多腺单裂橄榄●☆
185408 Haplolobus lanceolatus H. J. Lam = Haplolobus lanceolatus H. J. Lam ex Leenh. ●☆
185409 Haplolobus lanceolatus H. J. Lam ex Leenh.;披针叶单裂橄榄●☆
185410 Haplolobus microphyllus Husson;小叶单裂橄榄●☆
185411 Haplolobus pubescens H. J. Lam ex Leenh.;毛单裂橄榄●☆
185412 Haplolobus triphyllus (Lauterb.) H. J. Lam;三叶单裂橄榄●☆
185413 Haplolophium Cham. (1832)(保留属名);巴西紫葳属●☆
185414 Haplolophium Endl. = Haplolophium Cham.(保留属名)●☆
185415 Haplolophium bracteatum Cham.;巴西紫葳●☆
185416 Haplolophium pyramidatum (Rich.) Miers;塔形巴西紫葳●☆
185417 Haplopappus Cass. (1828)('Aplopappus')(保留属名);单冠毛菊属(单冠菊属)■●☆
185418 Haplopappus Endl. = Haplopappus Cass.(保留属名)■●☆
185419 Haplopappus aberrans (A. Nelson) H. M. Hall = Triniteurybia aberrans (A. Nelson) Brouillet, Urbatsch et R. P. Roberts ■☆
185420 Haplopappus acaulis (Nutt.) A. Gray = Stenotus acaulis (Nutt.) Nutt. ■☆
185421 Haplopappus acaulis (Nutt.) A. Gray subsp. glabratus (D. C. Eaton) H. M. Hall = Stenotus acaulis (Nutt.) Nutt. ■☆
185422 Haplopappus acaulis (Nutt.) A. Gray var. atwoodii S. L. Welsh = Stenotus acaulis (Nutt.) Nutt. ■☆
185423 Haplopappus acaulis (Nutt.) A. Gray var. glabratus D. C. Eaton = Stenotus acaulis (Nutt.) Nutt. ■☆
185424 Haplopappus acradenius (Greene) S. F. Blake = Isocoma acradenia (Greene) Greene ■☆
185425 Haplopappus acradenius (Greene) S. F. Blake subsp. bracteosus (Greene) H. M. Hall = Isocoma acradenia (Greene) Greene var. bracteosa (Greene) G. L. Nesom ■☆
185426 Haplopappus acradenius (Greene) S. F. Blake subsp. eremophilus (Greene) H. M. Hall = Isocoma acradenia (Greene) Greene var. eremophila (Greene) G. L. Nesom ■☆
185427 Haplopappus alpigenus Torr. et A. Gray = Oreostemma alpigenum (Torr. et A. Gray) Greene ■☆
185428 Haplopappus alpinus L. C. Anderson et Goodrich = Toiyabea alpina (L. C. Anderson et Goodrich) R. P. Roberts, Urbatsch et Neubig ■☆
185429 Haplopappus annuus (Rydb.) Cory = Rayjacksonia annua (Rydb.) R. L. Hartm. et M. A. Lane ■☆
185430 Haplopappus apargioides A. Gray = Pyrrocoma apargioides (A. Gray) Greene ■☆
185431 Haplopappus arborescens (A. Gray) H. M. Hall = Ericameria arborescens (A. Gray) Greene ●☆
185432 Haplopappus arborescens (A. Gray) H. M. Hall subsp. parishii (Greene) Moran = Ericameria parishii (Greene) H. M. Hall ●☆
185433 Haplopappus armerioides (Nutt.) A. Gray = Stenotus armerioides Nutt. ■☆
185434 Haplopappus armerioides (Nutt.) A. Gray var. gramineus S. L. Welsh et F. J. Sm. = Stenotus armerioides Nutt. var. gramineus (S. L. Welsh et F. J. Sm.) Kartesz et Gandhi ■☆
185435 Haplopappus aureus A. Gray = Rayjacksonia aurea (A. Gray) R. L. Hartm. et M. A. Lane ■☆
185436 Haplopappus aureus A. Gray var. acutifolius Raup = Erigeron aureus Greene ■☆
185437 Haplopappus baylahuen J. Rémy;智利单冠毛菊■☆
185438 Haplopappus blephariphyllus A. Gray = Xanthisma blephariphyllum (A. Gray) D. R. Morgan et R. L. Hartm. ●☆
185439 Haplopappus bloomeri (A. Gray) J. F. Macbr. var. ophitidis J. T. Howell = Ericameria ophitidis (J. T. Howell) G. L. Nesom ●☆
185440 Haplopappus bloomeri A. Gray = Ericameria bloomeri (A. Gray) J. F. Macbr. ●☆
185441 Haplopappus bloomeri A. Gray subsp. compactus H. M. Hall = Ericameria compacta (H. M. Hall) G. L. Nesom ●☆
185442 Haplopappus bloomeri A. Gray var. compactus (H. M. Hall) S. F. Blake = Ericameria compacta (H. M. Hall) G. L. Nesom ●☆
185443 Haplopappus brandegeei A. Gray = Erigeron aureus Greene ■☆
185444 Haplopappus brickellioides S. F. Blake = Hazardia brickellioides (S. F. Blake) W. D. Clark ●☆
185445 Haplopappus canescens DC. = Heterotheca canescens (DC.) Shinners ■☆
185446 Haplopappus canus (A. Gray) S. F. Blake = Hazardia cana (A. Gray) Greene ●☆
185447 Haplopappus carthamoides (Hook.) A. Gray = Pyrrocoma carthamoides Hook. ■☆

185448 Haplopappus carthamoides (Hook.) A. Gray subsp. cusickii (A. Gray) H. M. Hall = Pyrrocoma carthamoides Hook. var. cusickii (A. Gray) Kartesz et Gandhi ■☆

185449 Haplopappus carthamoides (Hook.) A. Gray subsp. rigidus (Rydb.) H. M. Hall = Pyrrocoma carthamoides Hook. ■☆

185450 Haplopappus carthamoides (Hook.) A. Gray var. cusickii A. Gray = Pyrrocoma carthamoides Hook. var. cusickii (A. Gray) Kartesz et Gandhi ■☆

185451 Haplopappus carthamoides (Hook.) A. Gray var. erythropappus (Rydb.) H. St. John = Pyrrocoma carthamoides Hook. ■☆

185452 Haplopappus carthamoides (Hook.) A. Gray var. rigidus (Rydb.) M. Peck = Pyrrocoma carthamoides Hook. ■☆

185453 Haplopappus carthamoides (Hook.) A. Gray var. subsquarrosus (Greene) Dorn = Pyrrocoma carthamoides Hook. var. subsquarrosa (Greene) G. K. Br. et D. J. Keil ■☆

185454 Haplopappus cervinus S. Watson = Ericameria cervina (S. Watson) Rydb. ●☆

185455 Haplopappus ciliatus (Nutt.) DC. = Grindelia ciliata (Nutt.) Spreng. ■☆

185456 Haplopappus ciliatus (Nutt.) DC. = Grindelia papposa G. L. Nesom et Y. B. Suh ■☆

185457 Haplopappus clementis (Rydb.) S. F. Blake = Pyrrocoma clementis Rydb. ■☆

185458 Haplopappus coloradoensis (A. Gray) R. L. Hartm. ex Dorn = Xanthisma coloradoense (A. Gray) D. R. Morgan et R. L. Hartm. ■☆

185459 Haplopappus compactus (H. M. Hall) L. C. Anderson = Ericameria compacta (H. M. Hall) G. L. Nesom ●☆

185460 Haplopappus contractus H. M. Hall = Pyrrocoma uniflora (Hook.) Greene ■☆

185461 Haplopappus cooperi (A. Gray) H. M. Hall = Ericameria cooperi (A. Gray) H. M. Hall ●☆

185462 Haplopappus crispus L. C. Anderson = Ericameria crispa (L. C. Anderson) G. L. Nesom ●☆

185463 Haplopappus croceus A. Gray = Pyrrocoma crocea (A. Gray) Greene ■☆

185464 Haplopappus croceus A. Gray var. genuflexus (Greene) S. F. Blake = Pyrrocoma crocea (A. Gray) Greene var. genuflexa (Greene) Mayes ex G. K. Br. et D. J. Keil ■☆

185465 Haplopappus cuneatus A. Gray = Ericameria cuneata (A. Gray) McClatchie ●☆

185466 Haplopappus detonsus (Greene) P. H. Raven = Hazardia detonsa (Greene) Greene ●☆

185467 Haplopappus divaricatus (Nutt.) A. Gray; 开展单冠毛菊; Scratch Daisy ■☆

185468 Haplopappus drummondii (Torr. et A. Gray) S. F. Blake = Isocoma drummondii (Torr. et A. Gray) Greene ■☆

185469 Haplopappus eastwoodiae H. M. Hall = Ericameria fasciculata (Eastw.) J. F. Macbr. ●☆

185470 Haplopappus engelmannii (A. Gray) H. M. Hall = Oönopsis engelmannii (A. Gray) Greene ■☆

185471 Haplopappus ericoides (Less.) Hook. et Arn. = Ericameria ericoides (Less.) Jeps. ●☆

185472 Haplopappus ericoides (Less.) Hook. et Arn. subsp. blakei C. B. Wolf = Ericameria ericoides (Less.) Jeps. ●☆

185473 Haplopappus eximius H. M. Hall = Tonestus eximius (H. M. Hall) A. Nelson et J. F. Macbr. ■☆

185474 Haplopappus eximius H. M. Hall subsp. peirsonii D. D. Keck = Lorandersonia peirsonii (D. D. Keck) Urbatsch, R. P. Roberts et Neubig ●☆

185475 Haplopappus fremontii A. Gray = Oönopsis foliosa (A. Gray) Greene ■☆

185476 Haplopappus fremontii A. Gray subsp. monocephalus (A. Nelson) H. M. Hall = Oönopsis foliosa (A. Gray) Greene var. monocephala (A. Nelson) Kartesz et Gandhi ■☆

185477 Haplopappus fremontii A. Gray subsp. wardii (A. Gray) H. M. Hall = Oonopsis wardii (A. Gray) Greene ■☆

185478 Haplopappus fremontii A. Gray var. wardii A. Gray = Oonopsis wardii (A. Gray) Greene ■☆

185479 Haplopappus gilmanii S. F. Blake = Ericameria gilmanii (S. F. Blake) G. L. Nesom ●☆

185480 Haplopappus gooddingii (A. Nelson) Munz et I. M. Johnst. = Xanthisma spinulosum (Pursh) D. R. Morgan et R. L. Hartm. var. gooddingii (A. Nelson) D. R. Morgan et R. L. Hartm. ●☆

185481 Haplopappus gracilis (Nutt.) A. Gray = Xanthisma gracile (Nutt.) D. R. Morgan et R. L. Hartm. ■☆

185482 Haplopappus gracilis A. Gray; 单冠毛菊; Slender Goldenbush ■☆

185483 Haplopappus graniticus Tiehm et L. M. Schultz = Tonestus graniticus (Tiehm et L. M. Schultz) G. L. Nesom et D. R. Morgan ■☆

185484 Haplopappus greenei A. Gray = Ericameria greenei (A. Gray) G. L. Nesom ●☆

185485 Haplopappus greenei A. Gray subsp. mollis (A. Gray) H. M. Hall = Ericameria greenei (A. Gray) G. L. Nesom ●☆

185486 Haplopappus hallii A. Gray = Columbiadoria hallii (A. Gray) G. L. Nesom ■☆

185487 Haplopappus havardii Waterf. = Xanthisma viscidum (Wooton et Standl.) D. R. Morgan et R. L. Hartm. ■☆

185488 Haplopappus heterophyllus (A. Gray) S. F. Blake = Isocoma pluriflora (Torr. et A. Gray) Greene ■☆

185489 Haplopappus heterophyllus S. F. Blake; 异叶单冠毛菊; Burrow-weed, Jimmy Weed, Rayless Golden Rod ■☆

185490 Haplopappus hirtus A. Gray = Pyrrocoma hirta (A. Gray) Greene ■☆

185491 Haplopappus hirtus A. Gray subsp. lanulosus (Greene) H. M. Hall = Pyrrocoma hirta (A. Gray) Greene var. lanulosa (Greene) Mayes ex G. K. Br. et D. J. Keil ■☆

185492 Haplopappus hirtus A. Gray subsp. sonchifolius (Greene) H. M. Hall = Pyrrocoma hirta (A. Gray) Greene var. sonchifolia (Greene) Kartesz et Gandhi ■☆

185493 Haplopappus hirtus A. Gray var. lanulosus (Greene) M. Peck = Pyrrocoma hirta (A. Gray) Greene var. lanulosa (Greene) Mayes ex G. K. Br. et D. J. Keil ■☆

185494 Haplopappus hirtus A. Gray var. sonchifolius (Greene) M. Peck = Pyrrocoma hirta (A. Gray) Greene var. sonchifolia (Greene) Kartesz et Gandhi ■☆

185495 Haplopappus insecticruris L. F. Hend. = Pyrrocoma insecticruris (L. F. Hend.) A. Heller ■☆

185496 Haplopappus integrifolius Porter ex A. Gray = Pyrrocoma integrifolia (Porter ex A. Gray) Greene ■☆

185497 Haplopappus integrifolius Porter ex A. Gray subsp. insecticruris (L. F. Hend.) H. M. Hall = Pyrrocoma insecticruris (L. F. Hend.) A. Heller ■☆

185498 Haplopappus integrifolius Porter ex A. Gray subsp. liatriformis

(Greene) H. M. Hall = Pyrrocoma liatriformis Greene ■☆
185499 Haplopappus integrifolius Porter ex A. Gray subsp. scaberulus (Greene) H. M. Hall = Pyrrocoma liatriformis Greene ■☆
185500 Haplopappus junceus Greene = Xanthisma junceum (Greene) D. R. Morgan et R. L. Hartm. ●☆
185501 Haplopappus lanceolatus (Hook.) Torr. et A. Gray = Pyrrocoma lanceolata (Hook.) Greene ■☆
185502 Haplopappus lanceolatus (Hook.) Torr. et A. Gray subsp. solidagineus (Greene) H. M. Hall = Pyrrocoma lanceolata (Hook.) Greene ■☆
185503 Haplopappus lanceolatus (Hook.) Torr. et A. Gray subsp. tenuicaulis (D. C. Eaton) H. M. Hall = Pyrrocoma lanceolata (Hook.) Greene ■☆
185504 Haplopappus lanceolatus (Hook.) Torr. et A. Gray subsp. vaseyi (Parry ex D. C. Eaton) H. M. Hall = Pyrrocoma lanceolata (Hook.) Greene ■☆
185505 Haplopappus lanceolatus (Hook.) Torr. et A. Gray var. sublanatus Cody = Pyrrocoma lanceolata (Hook.) Greene ■☆
185506 Haplopappus lanceolatus (Hook.) Torr. et A. Gray var. tenuicaulis (D. C. Eaton) A. Gray = Pyrrocoma lanceolata (Hook.) Greene ■☆
185507 Haplopappus lanceolatus (Hook.) Torr. et A. Gray var. vaseyi Parry ex D. C. Eaton = Pyrrocoma lanceolata (Hook.) Greene ■☆
185508 Haplopappus lanuginosus A. Gray = Stenotus lanuginosus (A. Gray) Greene ■☆
185509 Haplopappus lanuginosus A. Gray subsp. andersonii (Rydb.) H. M. Hall = Stenotus lanuginosus (A. Gray) Greene var. andersonii (Rydb.) C. A. Morse ■☆
185510 Haplopappus lanuginosus A. Gray var. andersonii (Rydb.) Cronquist = Stenotus lanuginosus (A. Gray) Greene var. andersonii (Rydb.) C. A. Morse ■☆
185511 Haplopappus laricifolius A. Gray = Ericameria laricifolia (A. Gray) Shinners ●☆
185512 Haplopappus leverichii Cronquist = Isocoma humilis G. L. Nesom ■☆
185513 Haplopappus liatriformis (Greene) H. St. John = Pyrrocoma liatriformis Greene ■☆
185514 Haplopappus lignumviridis S. L. Welsh = Ericameria lignumviridis (S. L. Welsh) G. L. Nesom ●☆
185515 Haplopappus linearifolius DC. = Ericameria linearifolia (DC.) Urbatsch et Wussow ●☆
185516 Haplopappus linearifolius DC. subsp. interior (Coville) H. M. Hall = Ericameria linearifolia (DC.) Urbatsch et Wussow ●☆
185517 Haplopappus lucidus (D. D. Keck) D. D. Keck = Pyrrocoma lucida (D. D. Keck) Kartesz et Gandhi ■☆
185518 Haplopappus lyallii A. Gray = Tonestus lyallii (A. Gray) A. Nelson ■☆
185519 Haplopappus macleanii Brandegee = Nestotus macleanii (Brandegee) Urbatsch, R. P. Roberts et Neubig ●☆
185520 Haplopappus macronema A. Gray = Ericameria discoidea (Nutt.) G. L. Nesom ●☆
185521 Haplopappus macronema A. Gray subsp. linearis (Rydb.) H. M. Hall = Ericameria linearis (Rydb.) R. P. Roberts et Urbatsch ●☆
185522 Haplopappus macronema A. Gray var. linearis (Rydb.) Dorn = Ericameria linearis (Rydb.) R. P. Roberts et Urbatsch ●☆
185523 Haplopappus microcephalus Cronquist = Lorandersonia microcephala (Cronquist) Urbatsch, R. P. Roberts et Neubig ●☆
185524 Haplopappus multicaulis (Nutt.) A. Gray = Oonopsis multicaulis (Nutt.) Greene ■☆
185525 Haplopappus nanus (Nutt.) D. C. Eaton = Ericameria nana Nutt. ●☆
185526 Haplopappus nuttallii Torr. et A. Gray = Xanthisma grindelioides (Nutt.) D. R. Morgan et R. L. Hartm. ■☆
185527 Haplopappus nuttallii Torr. et A. Gray var. depressus Maguire = Xanthisma grindelioides (Nutt.) D. R. Morgan et R. L. Hartm. var. depressum (Maguire) D. R. Morgan et R. L. Hartm. ■☆
185528 Haplopappus occidentalis H. M. Hall = Benitoa occidentalis (H. M. Hall) D. D. Keck ■☆
185529 Haplopappus ophitidis (J. T. Howell) D. D. Keck = Ericameria ophitidis (J. T. Howell) G. L. Nesom ●☆
185530 Haplopappus orcuttii A. Gray = Hazardia orcuttii (A. Gray) Greene ●☆
185531 Haplopappus palmeri A. Gray = Ericameria palmeri (A. Gray) H. M. Hall ●☆
185532 Haplopappus palmeri A. Gray subsp. pachylepis H. M. Hall = Ericameria palmeri (A. Gray) H. M. Hall var. pachylepis (H. M. Hall) G. L. Nesom ●☆
185533 Haplopappus paniculatus (Nutt.) A. Gray var. virgatus A. Gray = Pyrrocoma racemosa (Nutt.) Torr. et A. Gray var. paniculata (Nutt.) Kartesz et Gandhi ■☆
185534 Haplopappus parishii (Greene) S. F. Blake = Ericameria parishii (Greene) H. M. Hall ●☆
185535 Haplopappus parryi A. Gray = Oreochrysum parryi (A. Gray) Rydb. ■☆
185536 Haplopappus peirsonii (D. D. Keck) J. T. Howell = Lorandersonia peirsonii (D. D. Keck) Urbatsch, R. P. Roberts et Neubig ●☆
185537 Haplopappus phyllocephalus DC. = Rayjacksonia phyllocephala (DC.) R. L. Hartm. et M. L. Lane ■☆
185538 Haplopappus phyllocephalus DC. var. megacephalus (Nash) Waterf. = Rayjacksonia phyllocephala (DC.) R. L. Hartm. et M. L. Lane ■☆
185539 Haplopappus pinifolius A. Gray = Ericameria pinifolia (A. Gray) H. M. Hall ●☆
185540 Haplopappus pluriflorus (Torr. et A. Gray) H. M. Hall = Isocoma pluriflora (Torr. et A. Gray) Greene ■☆
185541 Haplopappus propinquus S. F. Blake = Ericameria brachylepis (A. Gray) H. M. Hall ●☆
185542 Haplopappus pseudobaccharis S. F. Blake J. Wash. = Xylovirgata pseudobaccharis (S. F. Blake) Urbatsch et R. P. Roberts ■☆
185543 Haplopappus pygmaeus (Torr. et A. Gray) A. Gray = Tonestus pygmaeus (Torr. et A. Gray) A. Nelson ■☆
185544 Haplopappus racemosus (Nutt.) Torr. = Pyrrocoma racemosa (Nutt.) Torr. et A. Gray ■☆
185545 Haplopappus racemosus (Nutt.) Torr. subsp. brachycephalus (A. Nelson) H. M. Hall = Pyrrocoma racemosa (Nutt.) Torr. et A. Gray var. paniculata (Nutt.) Kartesz et Gandhi ■☆
185546 Haplopappus racemosus (Nutt.) Torr. subsp. liatriformis (Greene) D. D. Keck = Pyrrocoma liatriformis Greene ■☆
185547 Haplopappus racemosus (Nutt.) Torr. subsp. lucidus D. D. Keck = Pyrrocoma lucida (D. D. Keck) Kartesz et Gandhi ■☆
185548 Haplopappus racemosus (Nutt.) Torr. subsp. pinetorum D. D. Keck = Pyrrocoma racemosa (Nutt.) Torr. et A. Gray var. pinetorum

(D. D. Keck) Kartesz et Gandhi ■☆

185549 Haplopappus racemosus (Nutt.) Torr. subsp. sessiliflorus (Greene) H. M. Hall = Pyrrocoma racemosa (Nutt.) Torr. et A. Gray var. sessiliflora (Greene) Mayes ex G. K. Br. et D. J. Keil ■☆

185550 Haplopappus racemosus (Nutt.) Torr. var. sessiliflorus (Greene) S. L. Welsh = Pyrrocoma racemosa (Nutt.) Torr. et A. Gray var. sessiliflora (Greene) Mayes ex G. K. Br. et D. J. Keil ■☆

185551 Haplopappus ravenii R. C. Jacks. = Xanthisma gracile (Nutt.) D. R. Morgan et R. L. Hartm. ■☆

185552 Haplopappus resinosus (Nutt.) A. Gray = Ericameria resinosa Nutt. ●☆

185553 Haplopappus rigidifolius E. B. Sm. = Croptilon rigidifolium (E. B. Sm.) E. B. Sm. ■☆

185554 Haplopappus rigidus (Rydb.) Blank.;硬单冠毛菊(单冠毛菊)■☆

185555 Haplopappus rydbergii S. F. Blake = Ericameria obovata (Rydb.) G. L. Nesom ●☆

185556 Haplopappus salicinus S. F. Blake = Lorandersonia salicina (S. F. Blake) Urbatsch, R. P. Roberts et Neubig ●☆

185557 Haplopappus scopulorum (M. E. Jones) S. F. Blake = Chrysothamnus scopulorum (M. E. Jones) Urbatsch, R. P. Roberts et Neubig ●☆

185558 Haplopappus scopulorum (M. E. Jones) S. F. Blake var. hirtellus S. F. Blake = Chrysothamnus scopulorum (M. E. Jones) Urbatsch, R. P. Roberts et Neubig ●☆

185559 Haplopappus spinulosus (Pursh) DC. = Xanthisma spinulosum (Pursh) D. R. Morgan et R. L. Hartm. ●■☆

185560 Haplopappus spinulosus (Pursh) DC. subsp. cotula (Small) H. M. Hall = Xanthisma spinulosum (Pursh) D. R. Morgan et R. L. Hartm. ●■☆

185561 Haplopappus spinulosus (Pursh) DC. subsp. glaberrimus (Rydb.) H. M. Hall = Xanthisma spinulosum (Pursh) D. R. Morgan et R. L. Hartm. var. glaberrimum (Rydb.) D. R. Morgan et R. L. Hartm. ■☆

185562 Haplopappus spinulosus (Pursh) DC. subsp. gooddingii (A. Nelson) H. M. Hall = Xanthisma spinulosum (Pursh) D. R. Morgan et R. L. Hartm. var. gooddingii (A. Nelson) D. R. Morgan et R. L. Hartm. ●☆

185563 Haplopappus spinulosus (Pursh) DC. var. chihuahuanus (B. L. Turner et R. L. Hartm.) Gandhi = Xanthisma spinulosum (Pursh) D. R. Morgan et R. L. Hartm. var. chihuahuanum (B. L. Turner et R. L. Hartm.) D. R. Morgan et R. L. Hartm. ■☆

185564 Haplopappus spinulosus (Pursh) DC. var. gooddingii (A. Nelson) S. F. Blake = Xanthisma spinulosum (Pursh) D. R. Morgan et R. L. Hartm. var. gooddingii (A. Nelson) D. R. Morgan et R. L. Hartm. ●☆

185565 Haplopappus spinulosus (Pursh) DC. var. paradoxus (B. L. Turner et R. L. Hartm.) Cronquist = Xanthisma spinulosum (Pursh) D. R. Morgan et R. L. Hartm. var. paradoxum (B. L. Turner et R. L. Hartm.) D. R. Morgan et R. L. Hartm. ■☆

185566 Haplopappus spinulosus Phil.;小刺单冠毛菊;Goldenweed, Yellow Spiny Daisy ■☆

185567 Haplopappus spinulosus Phil. var. glaberrimus (Rydb.) S. F. Blake = Xanthisma spinulosum (Pursh) D. R. Morgan et R. L. Hartm. var. glaberrimum (Rydb.) D. R. Morgan et R. L. Hartm. ■☆

185568 Haplopappus squarrosus Hook. et Arn. = Hazardia squarrosa (Hook. et Arn.) Greene ●☆

185569 Haplopappus squarrosus Hook. et Arn. subsp. grindelioides (DC.) D. D. Keck = Hazardia squarrosa (Hook. et Arn.) Greene var. grindelioides (DC.) W. D. Clark ●☆

185570 Haplopappus squarrosus Hook. et Arn. subsp. obtusus (Greene) H. M. Hall = Hazardia squarrosa (Hook. et Arn.) Greene var. obtusa (Greene) Jeps. ●☆

185571 Haplopappus squarrosus Hook. et Arn. subsp. stenolepis H. M. Hall = Hazardia stenolepis (H. M. Hall) Hoover ●☆

185572 Haplopappus stenophyllus A. Gray = Nestotus stenophyllus (A. Gray) Urbatsch, R. P. Roberts et Neubig ●☆

185573 Haplopappus subviscosus (Greene) S. F. Blake = Pyrrocoma lanceolata (Hook.) Greene var. subviscosa (Greene) Mayes ex G. K. Br. et D. J. Keil ■☆

185574 Haplopappus suffruticosus (Nutt.) A. Gray = Ericameria suffruticosa (Nutt.) G. L. Nesom ●☆

185575 Haplopappus tenuisectus (Greene) S. F. Blake ex L. D. Benson = Isocoma tenuisecta Greene ■☆

185576 Haplopappus texanus J. M. Coult. = Haploësthes greggii A. Gray var. texana (J. M. Coult.) I. M. Johnst. ■☆

185577 Haplopappus texensis R. C. Jacks. = Xanthisma spinulosum (Pursh) D. R. Morgan et R. L. Hartm. ●■☆

185578 Haplopappus tortifolius Torr. et A. Gray = Xylorhiza tortifolia (Torr. et A. Gray) Greene ●☆

185579 Haplopappus trianthus S. F. Blake;三花单冠毛菊■☆

185580 Haplopappus uniflorus (Hook.) Torr. et A. Gray = Pyrrocoma uniflora (Hook.) Greene ■☆

185581 Haplopappus uniflorus (Hook.) Torr. et A. Gray subsp. gossypinus (Greene) H. M. Hall = Pyrrocoma uniflora (Hook.) Greene var. gossypina (Greene) Kartesz et Gandhi ■☆

185582 Haplopappus uniflorus (Hook.) Torr. et A. Gray subsp. howellii (A. Gray) H. M. Hall = Pyrrocoma uniflora (Hook.) Greene ■☆

185583 Haplopappus uniflorus (Hook.) Torr. et A. Gray subsp. linearis D. D. Keck = Pyrrocoma linearis (D. D. Keck) Kartesz et Gandhi ■☆

185584 Haplopappus uniflorus (Hook.) Torr. et A. Gray var. howellii (A. Gray) M. Peck = Pyrrocoma uniflora (Hook.) Greene ■☆

185585 Haplopappus validus (Rydb.) Cory = Croptilon hookerianum (Torr. et A. Gray) House var. validum (Rydb.) E. B. Sm. ■☆

185586 Haplopappus validus (Rydb.) Cory subsp. graniticus E. B. Sm. = Croptilon hookerianum (Torr. et A. Gray) House var. graniticum (E. B. Sm.) E. B. Sm. ■☆

185587 Haplopappus validus (Rydb.) Cory subsp. torreyi E. B. Sm. = Croptilon hookerianum (Torr. et A. Gray) House ■☆

185588 Haplopappus venetus (Kunth) S. F. Blake subsp. oxyphyllus (Greene) H. M. Hall = Isocoma menziesii (Hook. et Arn.) G. L. Nesom ■☆

185589 Haplopappus venetus (Kunth) S. F. Blake subsp. vernonioides (Nutt.) H. M. Hall = Isocoma menziesii (Hook. et Arn.) G. L. Nesom var. vernonioides (Nutt.) G. L. Nesom ■☆

185590 Haplopappus venetus (Kunth) S. F. Blake var. argutus (Greene) D. D. Keck = Isocoma arguta Greene ■☆

185591 Haplopappus venetus (Kunth) S. F. Blake var. sedoides (Greene) Munz = Isocoma menziesii (Hook. et Arn.) G. L. Nesom var. sedoides (Greene) G. L. Nesom ■☆

185592 Haplopappus venetus S. F. Blake;威尼单冠毛菊■☆

185593 Haplopappus viscidus (Wooton et Standl.) S. F. Blake = Xanthisma viscidum (Wooton et Standl.) D. R. Morgan et R. L. Hartm. ■☆

185594 Haplopappus wardii (A. Gray) Dorn = Oonopsis wardii (A. Gray) Greene ■☆
185595 Haplopappus watsonii A. Gray = Ericameria watsonii (A. Gray) G. L. Nesom ●☆
185596 Haplopappus watsonii A. Gray var. rydbergii (S. F. Blake) S. L. Welsh = Ericameria obovata (Rydb.) G. L. Nesom ●☆
185597 Haplopappus whitneyi A. Gray = Hazardia whitneyi (A. Gray) Greene ●☆
185598 Haplopappus zionis L. C. Anderson = Ericameria zionis (L. C. Anderson) G. L. Nesom ●☆
185599 Haplopetalon A. Gray = Crossostylis J. R. Forst. et G. Forst. ●☆
185600 Haplopetalum Miq. = Crossostylis J. R. Forst. et G. Forst. ●☆
185601 Haplopetalum Miq. = Haplopetalon A. Gray ●☆
185602 Haplophandra Pichon = Odontadenia Benth. ●☆
185603 Haplophloga Baill. = Dypsis Noronha ex Mart. ●☆
185604 Haplophloga Baill. = Neophloga Baill. ●☆
185605 Haplophloga bernierana Baill. = Dypsis bernierana (Baill.) Beentje et J. Dransf. ●☆
185606 Haplophloga poivreana Baill. = Dypsis poivreana (Baill.) Beentje et J. Dransf. ●☆
185607 Haplophragma Dop = Fernandoa Welw. ex Seem. ●
185608 Haplophragma adenophyllum (Wall. ex G. Don) Dop = Fernandoa adenophylla (Wall. ex G. Don) Steenis ●☆
185609 Haplophragma adenophyllum (Wall.) Dop = Fernandoa adenophylla (Wall. ex G. Don) Steenis ●☆
185610 Haplophyllophora (Brenan) A. Fern. et R. Fern. = Cincinnobotrys Gilg ■☆
185611 Haplophyllophora acaulis (Cogn.) A. Fern. et R. Fern. = Cincinnobotrys acaulis (Cogn.) Gilg ■☆
185612 Haplophyllophora acaulis (Cogn.) A. Fern. et R. Fern. var. brevipes (Brenan) A. Fern. et R. Fern. = Cincinnobotrys acaulis (Cogn.) Gilg ■☆
185613 Haplophyllophora seretii (De Wild.) A. Fern. et R. Fern. = Cincinnobotrys acaulis (Cogn.) Gilg ■☆
185614 Haplophyllophorus (Brenan) A. Fern. et R. Fern. = Cincinnobotrys Gilg ■☆
185615 Haplophyllum A. Juss. (1825)('Aplophyllum')(保留属名);拟芸香属(单叶芸香属,假芸香属,芸香草属);Haplophyllum, Shamrue ●■
185616 Haplophyllum Post et Kuntze = Aplophyllum Cass. (废弃属名) ●☆
185617 Haplophyllum Post et Kuntze = Mutisia L. f. ●☆
185618 Haplophyllum Rchb. = Haplophyllum A. Juss. (保留属名) ●■
185619 Haplophyllum acutifolium (DC.) G. Don;尖叶芸香■
185620 Haplophyllum affine (Aitch. et Hemsl.) Korovin;近缘拟芸香■☆
185621 Haplophyllum alberti-regelii Korovin;艾雷拟芸香●☆
185622 Haplophyllum alberti-regelli Korovin f. sub-ternata Korovin = Haplophyllum dubium (L.) G. Don ■☆
185623 Haplophyllum arbuscula Franch. = Ruta arbuscula (Franch.) Cufod. ●☆
185624 Haplophyllum arbusculum Franch.;小乔木拟芸香■☆
185625 Haplophyllum bourgaei Boiss.;鲍尔拟芸香■☆
185626 Haplophyllum broussonetianum Coss.;布鲁索内拟芸香■☆
185627 Haplophyllum broussonetianum Coss. var. antiatlanticum Emb. et Maire = Haplophyllum broussonetianum Coss. ■☆
185628 Haplophyllum broussonetianum Coss. var. zizianum Maire et Wilczek = Haplophyllum broussonetianum Coss. ■☆
185629 Haplophyllum bucharicum Litv.;布哈尔拟芸香■☆
185630 Haplophyllum bungei Trautv.;拟芸香■☆
185631 Haplophyllum buxbaumii (Poir.) G. Don;布氏拟芸香■☆
185632 Haplophyllum ciliatum Griseb.;缘毛拟芸香■☆
185633 Haplophyllum ciscaucasicum Grossh. et Wed.;北高加索拟芸香■☆
185634 Haplophyllum crenulatum Boiss.;细圆齿拟芸香■☆
185635 Haplophyllum dauricum (L.) G. Don;北芸香(北芸香草,草芸香,单叶芸香,单芸香,假芸香);Daur Shamrue, Daurian Haplophyllum ■
185636 Haplophyllum dshungaricum Rubtzov;准噶尔拟芸香■☆
185637 Haplophyllum dubium (L.) G. Don;疑芸拟芸香(单叶芸香)■☆
185638 Haplophyllum erythraeum Boiss;淡红拟芸香■☆
185639 Haplophyllum eugenii-korovinii Pavlov;欧根? 考氏拟芸香■☆
185640 Haplophyllum ferganicum Vved.;费尔干拟芸香■☆
185641 Haplophyllum filifolium Spach = Haplophyllum tuberculatum (Forssk.) A. Juss. ●☆
185642 Haplophyllum flexuosum Boiss. = Haplophyllum acutifolium (DC.) G. Don ■
185643 Haplophyllum foliosum Vved.;多叶拟芸香(单叶芸香,单叶芸香草)■☆
185644 Haplophyllum gilesii (Hemsl.) C. C. Towns.;吉莱斯拟芸香■☆
185645 Haplophyllum haussknechtii Boiss. = Haplophyllum tuberculatum (Forssk.) A. Juss. ●☆
185646 Haplophyllum hispanicum Spach;西班牙拟芸香■☆
185647 Haplophyllum kowalenskyi Stschegl.;科瓦拟芸香■☆
185648 Haplophyllum latifolium Kar. et Kir.;宽叶拟芸香■☆
185649 Haplophyllum lineare (DC.) G. Don = Haplophyllum dauricum (L.) G. Don ■
185650 Haplophyllum linifolium (L.) G. Don;麻叶拟芸香■☆
185651 Haplophyllum linifolium (L.) G. Don subsp. africanum C. C. Towns.;非洲麻叶拟芸香■☆
185652 Haplophyllum linifolium (L.) G. Don var. sexovulatum Litard. et Maire = Haplophyllum linifolium (L.) G. Don ■☆
185653 Haplophyllum monadelphum Afan.;单体雄蕊拟芸香■☆
185654 Haplophyllum multicaule Vved.;多茎拟芸香■☆
185655 Haplophyllum obtusifolium Ledeb.;钝叶拟芸香■☆
185656 Haplophyllum pedicellatum Bunge = Haplophyllum pedicellatum Bunge ex Boiss. ■☆
185657 Haplophyllum pedicellatum Bunge ex Boiss.;梗花拟芸香■☆
185658 Haplophyllum perforatum (M. Bieb.) Kar. et Kir.;大叶芸香(大叶拟芸香圆,大叶芸香草);Bigleaf Shamrue, Perforated Haplophyllum ■
185659 Haplophyllum perforatum (M. Bieb.) Kar. et Kir. = Haplophyllum sieversii Fisch. et C. A. Mey. ■
185660 Haplophyllum perforatum (M. Bieb.) Vved. = Haplophyllum acutifolium (DC.) G. Don ■
185661 Haplophyllum perforatum Kar. et Kir. = Haplophyllum acutifolium (DC.) G. Don ■
185662 Haplophyllum popovii Korovin;波氏拟芸香■☆
185663 Haplophyllum propinquum Spach = Haplophyllum tuberculatum (Forssk.) A. Juss. ●☆
185664 Haplophyllum ramosissimum Wed.;多枝拟芸香■☆
185665 Haplophyllum robustum Bunge;粗壮拟芸香■☆

185666 Haplophyllum sanguineum Thulin;血红拟芸香■☆

185667 Haplophyllum schelkovnikovii Grossh.;赛尔拟芸香■☆

185668 Haplophyllum sieversii Fisch. et C. A. Mey. = Haplophyllum acutifolium (DC.) G. Don ■

185669 Haplophyllum stocksianum Boiss. = Haplophyllum tuberculatum (Forssk.) A. Juss. ●☆

185670 Haplophyllum suaveolens (DC.) G. Don = Haplophyllum tauricum Jaub. et Spach ■☆

185671 Haplophyllum superpositum Kitam. = Haplophyllum dubium (L.) G. Don ■☆

185672 Haplophyllum tauricum Jaub. et Spach;克里木拟芸香;Taur Shamrue ■☆

185673 Haplophyllum tenue Boiss.;纤细拟芸香■☆

185674 Haplophyllum tenuisectum Lincz. et Vved.;细裂芸香■☆

185675 Haplophyllum tragacanthoides Diels;针枝拟芸香(针枝芸香草);Needletwig Shamrue, Tragacanthus-like Haplophyllum ●■

185676 Haplophyllum tuberculatum (Forssk.) A. Juss.;阿拉伯拟芸香(瘤状单叶芸香);Arabian Rue ●☆

185677 Haplophyllum tuberculatum (Forssk.) A. Juss. = Ruta tuberculata Forssk. ●☆

185678 Haplophyllum tuberculatum (Forssk.) A. Juss. subsp. vermiculare (Hand.-Mazz.) Maire = Haplophyllum tuberculatum (Forssk.) A. Juss. ●☆

185679 Haplophyllum tuberculatum (Forssk.) A. Juss. var. leiocalycinum Hand.-Mazz. = Haplophyllum tuberculatum (Forssk.) A. Juss. ●☆

185680 Haplophyllum tuberculatum (Forssk.) A. Juss. var. linearifolium Stapf ex Parsa = Haplophyllum tuberculatum (Forssk.) A. Juss. ●☆

185681 Haplophyllum tuberculatum (Forssk.) A. Juss. var. obovatum Hochst. ex Boiss. = Haplophyllum tuberculatum (Forssk.) A. Juss. ●☆

185682 Haplophyllum tuberculatum (Forssk.) Juss. = Haplophyllum tuberculatum (Forssk.) A. Juss. ●☆

185683 Haplophyllum vermiculare Hand.-Mazz. = Haplophyllum tuberculatum (Forssk.) A. Juss. ●☆

185684 Haplophyllum vermiculare Hand.-Mazz. var. cyrenaicum Pamp. = Haplophyllum tuberculatum (Forssk.) A. Juss. ●☆

185685 Haplophyllum versicolor Fisch. et C. A. Mey.;彩色拟芸香■☆

185686 Haplophyllum villosulum Boiss. = Haplophyllum tuberculatum (Forssk.) A. Juss. ●☆

185687 Haplophyllum villosulum Boiss. et Hausskn. = Haplophyllum tuberculatum (Forssk.) A. Juss. ●☆

185688 Haplophyllum villosum (M. Bieb.) G. Don;长柔毛拟芸香■☆

185689 Haplophyllum vvedenskyi Nevski;韦氏拟芸香■☆

185690 Haplophyton A. DC. (1844);单干夹竹桃属●☆

185691 Haplophyton cimicidium A. DC.;单干夹竹桃●☆

185692 Haplophyton crooksii (L. D. Benson) L. D. Benson;克卢单干夹竹桃;Cockroach Plant ●☆

185693 Haplorhus Engl. (1881);单漆属●☆

185694 Haplorhus peruviana Engl.;单漆●☆

185695 Haplormosia Harms(1915);独叶红豆属(单链豆属)●☆

185696 Haplormosia ledermannii Harms;里德独叶红豆●☆

185697 Haplormosia monophylla (Harms) Harms;独叶红豆(单叶单链豆);Idewa ●☆

185698 Haplormosia monophylla Harms = Haplormosia monophylla (Harms) Harms ●☆

185699 Haplosciadium Hochst. (1844);单伞芹属■☆

185700 Haplosciadium abyssinicum Hochst.;单伞芹■☆

185701 Haploseseli H. Wolff et Hand.-Mazz. = Physospermopsis H. Wolff ■★

185702 Haploseseli alepidioides H. Wolff et Hand.-Mazz. = Physospermopsis alepidioides (H. Wolff et Hand.-Mazz.) R. H. Shan ■

185703 Haplosphaera Hand.-Mazz. (1920);单球芹属;Haplosphaera ■★

185704 Haplosphaera himalayensis Ludlow;西藏单球芹;Xizang Haplosphaera ■

185705 Haplosphaera phaea Hand.-Mazz.;单球芹;Brown Haplosphaera ■

185706 Haplospondias Kosterm. (1872);单槟榔青属●

185707 Haplostachys (A. Gray) W. F. Hillebr. (1888);单穗芹属■☆

185708 Haplostachys W. F. Hillebr. = Haplostachys (A. Gray) W. F. Hillebr. ■☆

185709 Haplostachys haplostachya (A. Gray) St. John;单穗芹■☆

185710 Haplostelis Rchb. = Aplostellis A. Rich. ■

185711 Haplostelis Rchb. = Nervilia Comm. ex Gaudich. (保留属名)■

185712 Haplostellis Endl. = Nervilia Comm. ex Gaudich. (保留属名)■

185713 Haplostellis truncata Lindl. = Nervilia simplex (Thouars) Schltr. ■☆

185714 Haplostemma Endl. = Blyttia Arn. ■☆

185715 Haplostemma Endl. = Cynanchum L. ●■

185716 Haplostemma Endl. = Vincetoxicum Wolf ●■

185717 Haplostemum Endl. = Aplostemon Raf. ■

185718 Haplostemum Endl. = Scirpus L. (保留属名)■

185719 Haplostephium Mart. ex DC. = Lychnophora Mart. ●☆

185720 Haplostephium sibiricum (L.) D. Don = Crepis sibirica L. ■

185721 Haplosticha Phil. = Senecio L. ■●

185722 Haplostichanthus F. Muell. (1891);简序花属●☆

185723 Haplostichanthus lanceolatus (S. Vidal) Heusden;披针叶简序花●☆

185724 Haplostichanthus longirostris (Scheff.) Heusden;长喙简序花●☆

185725 Haplostichia Phil. = Senecio L. ■●

185726 Haplostigma F. Muell. = Loxocarya R. Br. ■☆

185727 Haplostylis Nees = Rhynchospora Vahl(保留属名)■

185728 Haplostylis Post et Kuntze = Aplostylis Raf. ■

185729 Haplostylis Post et Kuntze = Cuscuta L. ■

185730 Haplotaxis Endl. = Aplotaxis DC. ●■

185731 Haplotaxis Endl. = Saussurea DC. (保留属名)●■

185732 Haplotaxis australasia F. Muell. = Hemistepta lyrata (Bunge) Bunge ■

185733 Haplotaxis involucrata Kar. et Kir. = Saussurea involucrata (Kar. et Kir.) Sch. Bip. ■

185734 Haplotaxis sorocephala (Schrenk) Schrenk = Saussurea gnaphaloides (Royle) Sch. Bip. ■

185735 Haplotaxis sorocephala (Schrenk) Schrenk = Theodorea gnaphaloides (Schrenk) Kuntze ■

185736 Haplothismia Airy Shaw(1952);单杯腐草属■☆

185737 Haplothismia exannulata Airy Shaw;单杯腐草■☆

185738 Haploxylon (Koelme) Kom. = Pinus L. ●

185739 Haploxylon Kom. = Pinus L. ●

185740 Happia Neck. = Tococa Aubl. ●☆

185741 Happia Neck. ex DC. = Tococa Aubl. ●☆

185742 Haptanthaceae C. Nelson(2002);系花科(未知果科,无知果科)■☆
185743 Haptanthus Goldberg et C. Nelson(1989);系花属(未知果属,无知果属)■☆
185744 Haptanthus hazlettii Goldberg et C. Nelson;系花(未知果)■☆
185745 Haptocarpum Ule(1908);系果属●☆
185746 Haptocarpum bahiense Ule;系果●☆
185747 Haptophyllum Vis. et Pančić = Haplophyllum A. Juss.(保留属名)●■
185748 Haptotrichion Paul G. Wilson(1992);截柱鼠麹草属■☆
185749 Haptotrichion colwillii Paul G. Wilson;考氏截柱鼠麹草■☆
185750 Haptotrichion conicum (B. L. Turner) Paul G. Wilson;截柱鼠麹草■☆
185751 Haquetia D. Dietr. = Hacquetia Neck. ex DC. ■☆
185752 Haradjania Rech. f. = Myopordon Boiss. ■●☆
185753 Haraella Kudo(1930);香兰属(台原兰属);Aromaticorchis, Haraella ■★
185754 Haraella odorata Kudo = Haraella retrocalla (Hayata) Kudo ■
185755 Haraella retrocalla (Hayata) Kudo;香兰(台原兰);Aromaticorchis,Fragrant Haraella ■
185756 Harbouria J. M. Coult. et Rose(1888);哈伯草属■☆
185757 Harbouria trachypleura (A. Gray) J. M. Coult. et Rose;哈伯草■☆
185758 Hardenbergia Benth. (1837);哈登藤属(哈登柏豆属,哈登豆属,一叶豆属)●■☆
185759 Hardenbergia alba R. T. Baker;白哈登藤;Hardenbergia ●☆
185760 Hardenbergia comptoniana Benth.;康普顿哈登藤(单叶哈登豆,哈登柏豆,伪菝葜);Blue Coral Pea, Native Wistaria, Wild Sarsaparilla ●☆
185761 Hardenbergia monophylla (Vent.) Benth. = Hardenbergia comptoniana Benth. ●☆
185762 Hardenbergia monophylla (Vent.) Benth. = Hardenbergia violacea (Schneev.) Stearn ●☆
185763 Hardenbergia monophylla Benth. = Hardenbergia violacea (Schneev.) Stearn ●☆
185764 Hardenbergia violacea (Schneev.) Stearn;蔓丁香(堇花哈登柏豆,蔓一叶,珊瑚豆,一叶豆,紫蔓豆);Australian Sarsaparilla, Coral Pea, False Sarsaparilla, Lilac Vine, Purple Coral Pea, Purple Glycine, Purple Twining Pea, Vine Lilac ●☆
185765 Hardenbergia violacea (Schneev.) Stearn 'Happy Wanderer';逍遥堇花哈登柏豆●☆
185766 Hardwickia Roxb.(废弃属名) = Colophospermum J. Kirk ex J. Léonard ●☆
185767 Hardwickia mannii (Baill.) Oliv. = Prioria mannii (Baill.) Breteler ●☆
185768 Hardwickia mannii Oliv. = Prioria mannii (Baill.) Breteler ●☆
185769 Hardwickia mopane (J. Kirk ex Benth.) Breteler = Copaifera mopane J. Kirk ex Benth. ●☆
185770 Harfordia Greene et Parry(1886);木本翅苞蓼属●☆
185771 Harfordia fruticosa (Greene) Greene et Parry;木本翅苞蓼●☆
185772 Hargasseria A. Rich. = Linodendron Griseb. ●☆
185773 Hargasseria C. A. Mey. = Daphnopsis Mart. ●☆
185774 Hargasseria Schiede et Deppe ex C. A. Mey. = Daphnopsis Mart. ●☆
185775 Hariandia Hance = Solena Lour. ■
185776 Harina Buch. -Ham. = Wallichia Roxb. ●
185777 Harina caryotoides Buch. -Ham. = Wallichia caryotoides Roxb. ●
185778 Harina oblongifolia Griff. = Wallichia densiflora Mart. ●◇
185779 Harina wallichia Steud. ex Saloman = Wallichia caryotoides Roxb. ●
185780 Hariota Adans.(废弃属名) = Rhipsalis Gaertn.(保留属名)●
185781 Hariota DC. = Hatiora Britton et Rose ●
185782 Harissona Adans. ex Léman(废弃属名) = Harrisonia R. Br. ex A. Juss.(保留属名)●
185783 Harlandia Hance = Solena Lour. ■
185784 Harlanlewisia Epling = Scutellaria L. ●■
185785 Harleya S. F. Blake(1932);无冠斑鸠菊属●☆
185786 Harleya oxylepis (Benth.) S. F. Blake;无冠斑鸠菊●☆
185787 Harleyodendron R. S. Cowan(1979);巴西单叶豆属●☆
185788 Harleyodendron unifoliolatum R. S. Cowan;巴西单叶豆●☆
185789 Harmala Mill. = Peganum L. ●■
185790 Harmandia Pierre ex Baill. (1889);阿尔芒铁青树属●☆
185791 Harmandia congoensis Tiegh. = Aptandra zenkeri Engl. ●☆
185792 Harmandia mekongensis Baill.;阿尔芒铁青树●☆
185793 Harmandiaceae Tiegh. = Olacaceae R. Br.(保留科名)●
185794 Harmandiaceae Tiegh. ex Bullock = Olacaceae R. Br.(保留科名)●
185795 Harmandiella Costantin(1912);阿尔芒萝藦属■☆
185796 Harmandiena cordifolia Cnstantin;阿尔芒萝藦■☆
185797 Harmogia Schauer = Baeckea L. ●
185798 Harmonia B. G. Baldwin(1999);星黄菊属■☆
185799 Harmonia hallii (D. D. Keck) B. G. Baldwin;霍尔星黄菊■☆
185800 Harmonia nutans (Greene) B. G. Baldwin;悬垂星黄菊■☆
185801 Harmonia stebbinsii (T. W. Nelson et J. P. Nelson) B. G. Baldwin;斯特宾斯星黄菊■☆
185802 Harmsia K. Schum. (1897);哈姆斯梧桐属●☆
185803 Harmsia emarginata Schinz = Harmsia sidoides K. Schum. ●☆
185804 Harmsia kelleri Schinz;凯勒哈姆斯梧桐●☆
185805 Harmsia lepidota (Vollesen) M. Jenny;鳞哈姆斯梧桐●☆
185806 Harmsia microblastos K. Schum. = Harmsia sidoides K. Schum. ●☆
185807 Harmsia sidoides K. Schum.;哈姆斯梧桐●☆
185808 Harmsiella Briq. = Chartocalyx Regel ●☆
185809 Harmsiella Briq. = Otostegia Benth. ●☆
185810 Harmsiodoxa O. E. Schulz(1924);澳旱芥属■☆
185811 Harmsiodoxa blennodioides (F. Muell.) O. E. Schulz;澳旱芥■☆
185812 Harmsiodoxa brevipes (F. Muell.) O. E. Schulz;短梗澳旱芥■☆
185813 Harmsiodoxa puberula E. A. Shaw;毛澳旱芥■☆
185814 Harmsiopanax Warb. (1897);哈姆参属●☆
185815 Harmsiopanax ingens Philipson;哈姆参●☆
185816 Harnackia Urb. (1925);三裂藤菊属●☆
185817 Harnackia bisecta Urb.;三裂藤菊■☆
185818 Harnieria Solms = Justicia L. ●■
185819 Harnieria dimorphocarpa Solms = Justicia heterocarpa T. Anderson ■☆
185820 Haroldia Bonif. (2009);哈罗菊属●☆
185821 Haroldia Bonif. = Chiliotrichiopsis Cabrera ●☆
185822 Haroldiella J. Florence(1997);土布艾荨麻属☆
185823 Haronga Thouars = Harungana Lam. ●☆
185824 Haronga madagascariensis (Lam. ex Poir.) Choisy = Harungana madagascariensis Lam. ex Poir. ●☆
185825 Haronga paniculata Lodd. ex Steud. = Harungana

madagascariensis Lam. ex Poir. ●☆
185826 Harpachaena Bunge = Acanthocephalus Kar. et Kir. ■
185827 Harpachne Hochst. = Harpachne Hochst. ex A. Rich. ■
185828 Harpachne Hochst. ex A. Rich. (1847);镰稃草属;Harpachne ■
185829 Harpachne bogdanii Kenn. -O'Byrne;鲍格镰稃草■☆
185830 Harpachne harpachnoides (Hack.) B. S. Sun et S. Wang;镰稃草;Harpachne ■
185831 Harpachne harpachnoides (Hack.) Keng = Harpachne harpachnoides (Hack.) B. S. Sun et S. Wang ■
185832 Harpachne schimperi Hochst. = Harpachne schimperi Hochst. ex A. Rich. ■☆
185833 Harpachne schimperi Hochst. ex A. Rich.;非洲镰稃草;Schimper Harpachne ■☆
185834 Harpaecarpus Nutt. (1841);镰果菊属■☆
185835 Harpaecarpus Nutt. = Madia Molina ■☆
185836 Harpaecarpus madarioides Nutt.;镰果菊■☆
185837 Harpagocarpus Hutch. et Dandy = Fagopyrum Mill. (保留属名) ●■
185838 Harpagonella A. Gray(1876);镰紫草属■☆
185839 Harpagonella palmeri A. Gray;镰紫草■☆
185840 Harpagonia Noronha = Psychotria L. (保留属名)●
185841 Harpagophytum DC. = Harpagophytum DC. ex Meisn. ■☆
185842 Harpagophytum DC. ex Meisn. (1840);南非钩麻属(钩果草属,钩麻属,钩藤属,爪钩草属)■☆
185843 Harpagophytum burchellii Decne. = Harpagophytum procumbens (Burch.) DC. ex Meisn. ■☆
185844 Harpagophytum peglerae Stapf = Harpagophytum zeyheri Decne. ■☆
185845 Harpagophytum pinnatifidum Engl. = Pterodiscus speciosus Hook. ■☆
185846 Harpagophytum procumbens (Burch.) DC. ex Meisn.;南非钩麻(钩果草);Devil's Claw,Grapple Plant ■☆
185847 Harpagophytum procumbens (Burch.) DC. ex Meisn. f. sublobatum Engl. = Harpagophytum zeyheri Decne. subsp. sublobatum (Engl.) Ihlenf. et H. E. K. Hartmann ■☆
185848 Harpagophytum procumbens (Burch.) DC. ex Meisn. subsp. transvaalense Ihlenf. et H. E. K. Hartmann;德兰士瓦南非钩麻■☆
185849 Harpagophytum procumbens (Burch.) DC. ex Meisn. var. sublobatum (Engl.) Stapf = Harpagophytum zeyheri Decne. subsp. sublobatum (Engl.) Ihlenf. et H. E. K. Hartmann ■☆
185850 Harpagophytum procumbens DC. ex Meisn. = Harpagophytum procumbens (Burch.) DC. ex Meisn. ■☆
185851 Harpagophytum zeyheri Decne.;泽赫南非钩麻(蔡赫钩果草) ■☆
185852 Harpagophytum zeyheri Decne. subsp. sublobatum (Engl.) Ihlenf. et H. E. K. Hartmann;浅裂泽赫南非钩麻(蔡赫钩果草) ■☆
185853 Harpalium (Cass.) Cass. = Helianthus L. ■
185854 Harpalium Cass. = Helianthus L. ■
185855 Harpalyce D. Don = Prenanthes L. ■
185856 Harpalyce DC. = Harpalyce Moqino et Sessé ex DC. ■☆
185857 Harpalyce Moqino et Sessé ex DC. (1825);猎豆属■☆
185858 Harpalyce formosa DC.;猎豆■☆
185859 Harpanema Decne. (1844);镰丝萝藦属●☆
185860 Harpanema Decne. = Camptocarpus Decne. (保留属名)●■☆
185861 Harpanema acuminatum Decne. = Camptocarpus semihastatus Klack. ●☆
185862 Harpechloa Kunth = Harpochloa Kunth ■☆
185863 Harpechloa capensis Kunth = Harpochloa falx (L. f.) Kuntze ■☆
185864 Harpelema J. Jacq. = Rothia Pers. (保留属名)■
185865 Harpephora Endl. = Aspilia Thouars ■☆
185866 Harpephyllum Bernh. ex Krauss(1844);镰叶漆属(卡尔菲李属)●☆
185867 Harpephyllum caffrum Bernh. ex Krauss;镰叶漆(卡尔菲李);Kaffir Date, Kaffir Nut, Kaffir Plum, South African Plum, South African Wild Plum, Wild Plum ●☆
185868 Harperella Rose = Helenium L. ■
185869 Harperella Rose = Ptilepida Raf. ■
185870 Harperia Rose = Harperella Rose ■
185871 Harperia Rose = Helenium L. ■
185872 Harperia Rose = Ptilepida Raf. ■
185873 Harperia W. Fitzg. (1904);哈珀草属■☆
185874 Harperia lateriflora W. Fitzg.;哈珀草■☆
185875 Harperocallis McDaniel(1968);哈珀花属;Harper's Beauty ■☆
185876 Harperocallis flava McDaniel;哈珀花■☆
185877 Harpocarpus Endl. = Acanthocephalus Kar. et Kir. ■
185878 Harpocarpus Post et Kuntze = Harpaecarpus Nutt. ■☆
185879 Harpocarpus Post et Kuntze = Madia Molina ■☆
185880 Harpochilus Nees(1847);镰唇爵床属■☆
185881 Harpochilus neesianus Mart. ex Nees;镰唇爵床■☆
185882 Harpochloa Kunth(1829);南非镰草属■☆
185883 Harpochloa altera Rendle = Microchloa altera (Rendle) Stapf ■☆
185884 Harpochloa falx (L. f.) Kuntze;好望角南非镰草■☆
185885 Harpochloa pseudoharpechloa (Chiov.) Clayton;南非镰草■☆
185886 Harpolema Post et Kuntze = Harpelema J. Jacq. ■
185887 Harpolema Post et Kuntze = Rothia Pers. (保留属名)■
185888 Harpolyce Post et Kuntze = Harpalyce D. Don ■
185889 Harpolyce Post et Kuntze = Prenanthes L. ■
185890 Harpophora Post et Kuntze = Aspilia Thouars ■☆
185891 Harpophora Post et Kuntze = Harpephora Endl. ■☆
185892 Harpostachys Trin. = Panicum L. ■
185893 Harpullia Roxb. (1824);假山萝属(哈莆木属,山木患属);Tulip Wood,Tulipwood ●
185894 Harpullia arborea (Blanco) Radlk.;乔木假山萝木;Tulipwood Tree ●☆
185895 Harpullia cupanioides Roxb.;假山萝(哈莆木,山木患);Cupanis-like Tulip Wood,Cupanis-like Tulipwood,Tulipwood ●
185896 Harpullia fosteri Sprague = Majidea fosteri (Sprague) Radlk. ●☆
185897 Harpullia madagascariensis Radlk.;马达加斯加假山萝●☆
185898 Harpullia multijuga Radlk. = Majidea fosteri (Sprague) Radlk. ●☆
185899 Harpullia pendula F. Muell. = Harpullia pendula Planch. ex F. Muell. ●☆
185900 Harpullia pendula Planch. ex F. Muell.;垂花假山萝(下垂哈莆木);Black Tulip,Tulip Lancewood,Tulipwood ●☆
185901 Harrachia J. Jacq. = Crossandra Salisb. ●
185902 Harrera Macfad. = Tetrazygia Rich. ex DC. ●☆
185903 Harrimanella Coville(1901);藓石南属●☆
185904 Harrimanella hypnoides (L.) Coville;藓石南●☆
185905 Harrimanella stelleriana (Pall.) Coville = Cassiope stelleriana (Pall.) DC. ●

185906 Harrisella Fawc. et Rendle(1909);哈利斯兰属■☆
185907 Harrisella Willis = Harrisiella Fawc. et Rendle ●☆
185908 Harrisella amesiana Cogn. = Harrisella porrecta (Rchb. f.) Fawc. et Rendle ■☆
185909 Harrisella porrecta (Rchb. f.) Fawc. et Rendle;哈利斯兰■☆
185910 Harrisella uniflora H. Dietr. = Harrisella porrecta (Rchb. f.) Fawc. et Rendle ■☆
185911 Harrisia Britton et Rose = Harrisia Britton ●
185912 Harrisia Britton(1909);卧龙柱属;Applecactus, Harrisia ●
185913 Harrisia aboriginum Small = Harrisia aboriginum Small ex Britton et Rose ●☆
185914 Harrisia aboriginum Small ex Britton et Rose;黄卧龙柱;Aboriginal Prickly Apple, Prickly Aapplecactus, Yellow Prickly Apple ●☆
185915 Harrisia bonplandii (Parm. et Pfeiff.) Britton et Rose;宝卧龙(卧龙柱)●☆
185916 Harrisia donae-antoniae Hooten = Harrisia aboriginum Small ex Britton et Rose ●☆
185917 Harrisia fragrans Small = Harrisia fragrans Small ex Britton et Rose ●☆
185918 Harrisia fragrans Small ex Britton et Rose;香卧龙柱;Caribbean Applecactus, Fragrant Prickly-apple, Fragrant Woolly Cactus ●☆
185919 Harrisia gracilis Britton;美形柱●☆
185920 Harrisia guelichii Britton et Rose;卧龙柱;Climbing Harrisia ●☆
185921 Harrisia jusbertii (Rebut ex K. Schum.) Borg;六棱卧龙柱(袖浦)●
185922 Harrisia martinii (Labour.) Britton;新桥(马丁哈里);Mooncactus ●☆
185923 Harrisia martinii Britton = Harrisia martinii (Labour.) Britton ●☆
185924 Harrisia simpsonii Small ex Britton et Rose;辛普森卧龙柱;Queen-of-the-night, Simpson's Applecactus, Simpson's Prickly Apple ●☆
185925 Harrisia tortuosa (Forbes) Britton et Rose;拱龙柱(金时,卧龙柱);Tortuous Harrisia ●
185926 Harrisiella Fawc. et Rendle(1982);小卧龙柱属●☆
185927 Harrisonia A. Juss. = Harrisonia R. Br. ex A. Juss.(保留属名)●
185928 Harrisonia Hook. = Loniceroides Bullock ■☆
185929 Harrisonia Neck. = Xeranthemum L. ■☆
185930 Harrisonia R. Br. = Harrisonia R. Br. ex A. Juss.(保留属名)●
185931 Harrisonia R. Br. ex A. Juss.(1825)(保留属名);牛筋果属;Harrisonia, Oxmusclefruit ●
185932 Harrisonia abyssinica Oliv.;阿比西尼亚牛筋果;Abyssinia Harrisonia ●☆
185933 Harrisonia occidentalis Engl. = Harrisonia abyssinica Oliv. ●☆
185934 Harrisonia perforata (Blanco) Merr.;牛筋果;Perforated Harrisonia, Perforated Oxmusclefruit ●
185935 Harrysmithia H. Wolff(1926);细裂芹属(细柄芹属);Harrysmithia ■★
185936 Harrysmithia dissecta (Franch.) H. Wolff ex R. H. Shan = Harrysmithia franchetii M. Hiroe) M. L. Sheh ■
185937 Harrysmithia dissecta H. Wolff ex R. H. Shan. = Harrysmithia franchetii (M. Hiroe) M. L. Sheh ■
185938 Harrysmithia franchetii (M. Hiroe) M. L. Sheh;云南细裂芹(细裂芹);Yunnan Harrysmithia ■
185939 Harrysmithia heterophylla H. Wolff;细裂芹;Diversifolious Harrysmithia ■
185940 Harthamnus H. Rob. = Plazia Ruiz et Pav. ●☆
185941 Hartia Dunn = Stewartia L. ●
185942 Hartia Dunn = Stuartia L'Hér. ●
185943 Hartia Dunn(1902);折柄茶属(舟柄茶属);Hartia ●
185944 Hartia brevicalyx Hung T. Chang = Stewartia medogensis J. Li et T. L. Ming ●
185945 Hartia cordifolia H. L. Li = Stewartia cordifolia (H. L. Li) J. Li et T. L. Ming ●
185946 Hartia crassifolia S. Z. Yan = Stewartia crassifolia (S. Z. Yan) J. Li et T. L. Ming ●
185947 Hartia densivillosa Hu ex Hung T. Chang et C. X. Ye = Stewartia densivillosa (Hu ex Hung T. Chang et C. X. Ye) J. Li et T. L. Ming ●
185948 Hartia gracilis (S. Z. Yan) Hung T. Chang et C. X. Ye = Stewartia laotica (Gagnep.) J. Li et T. L. Ming ●
185949 Hartia guizhouensis C. X. Ye = Stewartia cordifolia (H. L. Li) J. Li et T. L. Ming ●
185950 Hartia kwangtungensis Chun = Hartia villosa (Merr.) Merr. var. kwangtungensis (Chun) Hung T. Chang ●
185951 Hartia kwangtungensis Chun = Stewartia villosa Merr. var. kwangtungensis (Chun) J. Li et T. L. Ming ●
185952 Hartia kwangtungensis Chun var. grandifolia Chun = Stewartia villosa Merr. var. kwangtungensis (Chun) J. Li et T. L. Ming ●
185953 Hartia kwangtungensis Chun var. serrata Hu = Stewartia villosa Merr. var. serrata (Hu) T. L. Ming ●
185954 Hartia laotica Gagnep. = Stewartia laotica (Gagnep.) J. Li et T. L. Ming ●
185955 Hartia micrantha Chun = Stewartia micrantha (Chun) Sealy ●
185956 Hartia multinerva S. Z. Yan = Stewartia obovata (Chun ex Hung T. Chang) J. Li et T. L. Ming ●
185957 Hartia multinervis S. Z. Yan = Hartia tonkinensis Merr. ●
185958 Hartia nankwanica Hung T. Chang et C. X. Ye = Stewartia villosa Merr. ●
185959 Hartia nitida H. L. Li = Stewartia micrantha (Chun) Sealy ●
185960 Hartia obovata Chun ex Hung T. Chang = Stewartia obovata (Chun ex Hung T. Chang) J. Li et T. L. Ming ●
185961 Hartia quizhouensis C. X. Ye = Hartia cordifolia H. L. Li ●
185962 Hartia racemosa Hung T. Chang et C. X. Ye = Hartia gracilis (S. Z. Yan) Hung T. Chang et C. X. Ye ●
185963 Hartia racemosa Hung T. Chang et C. X. Ye = Stewartia laotica (Gagnep.) J. Li et T. L. Ming ●
185964 Hartia robusta Hu;粗折柄茶;Robuste Hartia ●
185965 Hartia rotundisepala S. Z. Yan;圆萼折柄茶;Round-sepaled Hartia ●
185966 Hartia serratisepala Hu = Stewartia pteropetiolata W. C. Cheng ●
185967 Hartia sichuanensis S. Z. Yan = Stewartia sichuanensis (S. Z. Yan) J. Li et T. L. Ming ●
185968 Hartia sinensis Dunn = Stewartia pteropetiolata W. C. Cheng ●
185969 Hartia sinii Y. C. Wu = Stewartia sinii (Y. C. Wu) Sealy ●
185970 Hartia tonkinensis Merr.;小叶折柄茶;Littleleaf Hartia, Tonkin Hartia ●
185971 Hartia villosa (Merr.) Merr. = Stewartia villosa Merr. ●
185972 Hartia villosa (Merr.) Merr. var. elliptica Hung T. Chang;短叶毛折柄茶(短叶毛赫德木);Short-leaf Hartia ●
185973 Hartia villosa (Merr.) Merr. var. elliptica Hung T. Chang = Stewartia villosa Merr. ●
185974 Hartia villosa (Merr.) Merr. var. grandifolia (Chun) Hung T.

Chang = Stewartia villosa Merr. var. grandifolia (Chun) J. Li et T. L. Ming ●
185975 Hartia villosa (Merr.) Merr. var. grandifolia (Chun) Hung T. Chang = Stewartia villosa Merr. var. kwangtungensis (Chun) J. Li et T. L. Ming ●
185976 Hartia villosa (Merr.) Merr. var. kwangtungensis (Chun) Hung T. Chang = Stewartia villosa Merr. var. kwangtungensis (Chun) J. Li et T. L. Ming ●
185977 Hartia villosa (Merr.) Merr. var. serrata (Hu) Hung T. Chang = Stewartia villosa Merr. var. serrata (Hu) T. L. Ming ●
185978 Hartia yunnanensis Hu = Stewartia calcicola T. L. Ming et J. Li ●
185979 Hartia yunnanensis Hu var. gracilis S. Z. Yan = Hartia gracilis (S. Z. Yan) Hung T. Chang et C. X. Ye ●
185980 Hartia yunnanensis Hu var. gracilis S. Z. Yan = Stewartia laotica (Gagnep.) J. Li et T. L. Ming ●
185981 Hartiana Raf. = Anemone L. (保留属名) ■
185982 Hartighaea A. Juss. = Dysoxylum Blume ●
185983 Hartighaea Rchb. = Hartighaea A. Juss. ●
185984 Hartigia Miq. = Miconia Ruiz et Pav. (保留属名) ●☆
185985 Hartigsea Steud. = Dysoxylum Blume ●
185986 Hartigsea Steud. = Hartighaea A. Juss. ●
185987 Hartigshea A. Juss. = Dysoxylum Blume ●
185988 Hartleya Sleumer(1969);哈特利茱萸属●☆
185989 Hartleya inopinata Sleumer;哈特利茱萸●☆
185990 Hartliella E. Fisch. (1992);哈尔特婆婆纳属■☆
185991 Hartliella bampsii (Eb. Fisch.) Eb. Fisch.;邦氏哈尔特婆婆纳■☆
185992 Hartliella capitata (Eb. Fisch.) Eb. Fisch.;头状哈尔特婆婆纳■☆
185993 Hartliella cupricola Eb. Fisch.;哈尔特婆婆纳■☆
185994 Hartliella suffruticosa (Lisowski et Mielcarek) Eb. Fisch.;灌状哈尔特婆婆纳■☆
185995 Hartmania Spach = Oenothera L. ●■
185996 Hartmania Spach(1835);槌果草属(哈氏柳叶菜属,哈特曼属)■☆
185997 Hartmania corymbosa DC. = Deinandra corymbosa (DC.) B. G. Baldwin ■☆
185998 Hartmania fasciculata DC. = Deinandra fasciculata (DC.) Greene ■☆
185999 Hartmania pungens Hook. et Arn. = Centromadia pungens (Hook. et Arn.) Greene ■☆
186000 Hartmania rosea (Aiton) G. Don;红色槌果草(红色哈氏柳叶菜,红色哈特曼)■☆
186001 Hartmannia DC. = Deinandra Greene ■●☆
186002 Hartmannia DC. = Hemizonia DC. ■☆
186003 Hartmannia Spach = Oenothera L. ●■
186004 Hartmanthus S. A. Hammer(1995);哈特番杏属●☆
186005 Hartmanthus halii (L. Bolus) S. A. Hammer;哈利番杏●☆
186006 Hartmanthus pergamentaceus (L. Bolus) S. A. Hammer;羊皮纸露子花●☆
186007 Hartogia Hochst. = Cassinopsis Sond. ●☆
186008 Hartogia Hochst. = Hartogiella Codd ●☆
186009 Hartogia L. (废弃属名) = Agathosma Willd. (保留属名) ●☆
186010 Hartogia L. f. = Hartogiella Codd ●☆
186011 Hartogia Thunb. ex L. f. = Hartogiella Codd ●☆
186012 Hartogia Thunb. ex L. f. = Schrebera Roxb. (保留属名) ●☆
186013 Hartogia agrifolia Chiov. = Elaeodendron aquifolium (Fiori) Chiov. ●☆
186014 Hartogia angustifolia Turcz. = Cassine schinoides (Spreng.) R. H. Archer ●☆
186015 Hartogia betulina P. J. Bergius = Agathosma betulina (P. J. Bergius) Pillans ●☆
186016 Hartogia capensis L. = Cassine schinoides (Spreng.) R. H. Archer ●☆
186017 Hartogia capensis L. var. lanceolata Sond. = Cassine schinoides (Spreng.) R. H. Archer ●☆
186018 Hartogia capensis L. var. latifolia Sond. = Cassine schinoides (Spreng.) R. H. Archer ●☆
186019 Hartogia capensis L. var. multiflora (Eckl. et Zeyh.) Sond. = Cassine schinoides (Spreng.) R. H. Archer ●☆
186020 Hartogia ciliaris L. = Agathosma ciliaris (L.) Druce ●☆
186021 Hartogia ilicifolia Hochst. = Cassinopsis ilicifolia (Hochst.) Kuntze ●☆
186022 Hartogia imbricata L. = Agathosma imbricata (L.) Willd. ●☆
186023 Hartogia lanceolata L. = Agathosma lanceolata (L.) Engl. ●☆
186024 Hartogia multiflora Eckl. et Zeyh. = Cassine schinoides (Spreng.) R. H. Archer ●☆
186025 Hartogia riparia Eckl. et Zeyh. = Cassine schinoides (Spreng.) R. H. Archer ●☆
186026 Hartogia schinoides C. A. Sm. = Cassine schinoides (Spreng.) R. H. Archer ●☆
186027 Hartogia thea E. Mey. = Catha edulis (Vahl) Forssk. ex Endl. ●
186028 Hartogia villosa P. J. Bergius = Adenandra villosa (P. J. Bergius) Licht. ex Roem. et Schult. ■☆
186029 Hartogiella Codd = Cassine L. (保留属名) ●☆
186030 Hartogiella Codd(1983);哈尔卫矛属●☆
186031 Hartogiella schinoides (Spreng.) Codd = Cassine schinoides (Spreng.) R. H. Archer ●☆
186032 Hartogiopsis H. Perrier(1942);肖哈尔卫矛属●☆
186033 Hartogiopsis tribulocarpa (Baker) H. Perrier;肖哈尔卫矛●☆
186034 Hartwegia Lindl. = Nägeliella L. O. Williams ■☆
186035 Hartwegia Nees = Chlorophytum Ker Gawl. ■
186036 Hartwegia comosa (Thunb.) Nees = Chlorophytum comosum (Thunb.) Jacques ■☆
186037 Hartwegiella O. E. Schulz = Mancoa Wedd. (保留属名) ■☆
186038 Hartwrightia A. Gray = Hartwrightia A. Gray ex S. Watson ■☆
186039 Hartwrightia A. Gray ex S. Watson(1888);五肋菊属■☆
186040 Hartwrightia floridana A. Gray ex S. Watson;五肋菊■☆
186041 Harungana Lam. (1796);哈伦木属(哈伦加属)●☆
186042 Harungana lebrunia Spirlet = Vismia rubescens Oliv. ●☆
186043 Harungana madagascariensis Lam. ex Poir.;马岛哈伦木●☆
186044 Harungana montana Spirlet;山地哈伦木●☆
186045 Harungana robynsii Spirlet = Harungana madagascariensis Lam. ex Poir. ●☆
186046 Harveya Hook. (1837);哈维列当属(哈维玄参属)■☆
186047 Harveya R. W. Plant ex Meisn. = Peddiea Harv. ex Hook. ●☆
186048 Harveya alba Hepper = Alectra alba (Hepper) B. L. Burtt ■☆
186049 Harveya andongensis Hiern;安东哈维列当■☆
186050 Harveya anisodonta C. A. Sm. = Harveya speciosa Bernh. ■☆
186051 Harveya bequaertii De Wild. = Harveya obtusifolia (Benth.) Vatke ■☆
186052 Harveya bodkinii Hiern;博德金哈维列当■☆

186053 Harveya bolusii Kuntze;博卢斯哈维列当■☆
186054 Harveya buchwaldii Engl.;布赫哈维列当■☆
186055 Harveya capensis Hook.;好望角哈维列当■☆
186056 Harveya cathcartensis Kuntze = Harveya speciosa Bernh. ■☆
186057 Harveya coccinea (Harv.) Schltr. = Harveya pauciflora (Benth.) Hiern ■☆
186058 Harveya coccinea Hepper = Harveya tanzanica Hepper ■☆
186059 Harveya crispula Conrath = Harveya pumila Schltr. ■☆
186060 Harveya euryantha Schltr. = Harveya purpurea (L. f.) Harv. ex Hook. subsp. euryantha (Schltr.) Randle ■☆
186061 Harveya foliosa Schweinf. ex Penz.;密叶哈维列当■☆
186062 Harveya helenae Buscal. et Muschl.;海伦娜哈维列当■☆
186063 Harveya hirtiflora Schltr. = Harveya bolusii Kuntze ■☆
186064 Harveya huillensis Hiern;威拉哈维列当■☆
186065 Harveya huttonii Hiern;赫顿哈维列当■☆
186066 Harveya hyobanchoides Schltr. ex Hiern;猪果哈维列当■☆
186067 Harveya kenyensis Hepper;肯尼亚哈维列当■☆
186068 Harveya lactea (Eckl. et Zeyh. ex C. Presl) C. Presl = Harveya capensis Hook. ■☆
186069 Harveya laxiflora Hiern ex Schltr. = Harveya purpurea (L. f.) Harv. ex Hook. ■☆
186070 Harveya leucopharynx Hilliard et B. L. Burtt = Harveya huttonii Hiern ■☆
186071 Harveya macrantha Engl. et Gilg = Harveya andongensis Hiern ■☆
186072 Harveya obtusifolia (Benth.) Vatke;钝叶哈维列当■☆
186073 Harveya pauciflora (Benth.) Hiern;少花哈维列当■☆
186074 Harveya pratensis (Eckl. et Zeyh. ex C. Presl) C. Presl = Harveya purpurea (L. f.) Harv. ex Hook. ■☆
186075 Harveya pulchra Hilliard et B. L. Burtt = Harveya huttonii Hiern ■☆
186076 Harveya pumila Schltr.;矮哈维列当■☆
186077 Harveya purpurea (L. f.) Harv. ex Hook.;紫哈维列当■☆
186078 Harveya purpurea (L. f.) Harv. ex Hook. subsp. euryantha (Schltr.) Randle;宽花紫哈维列当■☆
186079 Harveya purpurea (L. f.) Harv. ex Hook. subsp. sulphurea (Hiern) Randle;硫色宽花紫哈维列当■☆
186080 Harveya randii Hiern = Harveya pumila Schltr. ■☆
186081 Harveya roseoalba J. C. Manning et Goldblatt;红白哈维列当■☆
186082 Harveya scarlatina (Benth.) Hiern;斯卡拉特哈维列当■☆
186083 Harveya schliebenii Melch.;施利本哈维列当■☆
186084 Harveya silvatica Hilliard et B. L. Burtt = Harveya huttonii Hiern ■☆
186085 Harveya speciosa Bernh.;美丽哈维列当■☆
186086 Harveya spectabilis (Benth. ex E. Mey.) Hook. ex Steud. = Harveya capensis Hook. ■☆
186087 Harveya squamosa (Thunb.) Steud.;多鳞哈维列当■☆
186088 Harveya stenosiphon Hiern;细管哈维列当■☆
186089 Harveya sulphurea Hiern = Harveya purpurea (L. f.) Harv. ex Hook. subsp. sulphurea (Hiern) Randle ■☆
186090 Harveya tanzanica Hepper;坦桑尼亚哈维列当■☆
186091 Harveya thonneri De Wild. et T. Durand;托内哈维列当■☆
186092 Harveya tubata (E. Mey. ex Benth.) Reut. = Harveya speciosa Bernh. ■☆
186093 Harveya tubata (E. Mey.) Hook. ex Steud. = Harveya speciosa Bernh. ■☆
186094 Harveya tubulosa Harv. ex Hiern = Harveya pauciflora (Benth.) Hiern ■☆
186095 Harveya tulbaghensis (Eckl. et Zeyh. ex C. Presl) C. Presl;塔尔巴赫哈维列当■☆
186096 Harveya varia (E. Mey. ex Drège) Hook. ex C. Presl = Striga gesnerioides (Willd.) Vatke ■☆
186097 Harveya versicolor Engl.;变色哈维列当■☆
186098 Harveya vestita Hiern;包被哈维列当■☆
186099 Harwaya Steud. = Harveya Hook. ■☆
186100 Haselhoffia Lindau = Physacanthus Benth. ■☆
186101 Haselhoffia batangana (J. Braun et K. Schum.) Lindau = Physacanthus batanganus (J. Braun et K. Schum.) Lindau ■☆
186102 Haselhoffia cylindrica (C. B. Clarke) Lindau = Physacanthus batanganus (J. Braun et K. Schum.) Lindau ■☆
186103 Haselhoffia leucophthalma Lindau = Physacanthus batanganus (J. Braun et K. Schum.) Lindau ■☆
186104 Haselhoffia nematosiphon Lindau = Physacanthus nematosiphon (Lindau) Rendle et Britten ■☆
186105 Haseltonia Backeb. (1949);望云龙属(哈氏仙人柱属)●☆
186106 Haseltonia Backeb. = Cephalocereus Pfeiff. ●
186107 Haseltonia columna-trajanii (Karw.) Backeb.;望云龙●☆
186108 Hasseanthus Rose = Dudleya Britton et Rose ■☆
186109 Hasseanthus Rose ex Britton et Rose = Dudleya Britton et Rose ■☆
186110 Hasselquistia L. = Tordylium L. ■☆
186111 Hasseltia Blume = Kibatalia G. Don ●
186112 Hasseltia Blume = Kickxia Blume ●
186113 Hasseltia Kunth(1825);哈氏椴属●☆
186114 Hasseltia floribunda Kunth;多花哈氏椴●☆
186115 Hasseltia grandiflora (Spruce) Sleumer;大花哈氏椴●☆
186116 Hasseltia lateriflora Rusby;侧花哈氏椴●☆
186117 Hasseltiopsis Sleumer = Pleuranthodendron L. O. Williams ●☆
186118 Hasseltiopsis Sleumer(1938);拟哈氏椴属●☆
186119 Hasseltiopsis dioica (Benth.) Sleumer;拟哈氏椴●☆
186120 Hasskarlia Baill. = Tetrorchidiopsis Rauschert ●☆
186121 Hasskarlia Baill. = Tetrorchidium Poepp. ●☆
186122 Hasskarlia Meisn. = Turpinia Vent. (保留属名)●
186123 Hasskarlia Walp. = Marquartia Hassk. ●■
186124 Hasskarlia Walp. = Pandanus Parkinson ex Du Roi ●■
186125 Hasskarlia didymostemon Baill. = Tetrorchidium didymostemon (Baill.) Pax et K. Hoffm. ●☆
186126 Hasskarlia minor Prain = Tetrorchidium didymostemon (Baill.) Pax et K. Hoffm. ●☆
186127 Hasskarlia oppositifolia Pax = Tetrorchidium oppositifolium (Pax) Pax et K. Hoffm. ●☆
186128 Hasskarlia tenuifolia Pax et K. Hoffm. = Tetrorchidium oppositifolium (Pax) Pax et K. Hoffm. ●☆
186129 Hasslerella Chodat = Polypremum L. ■☆
186130 Hassleria Briq. ex Moldenke = Amasonia L. f. (保留属名)●■☆
186131 Hassleropsis Chodat = Basistemon Turcz. ●☆
186132 Hasteola Raf. (1838);戟叶菊属■☆
186133 Hasteola auriculata (A. DC.) Pojark. = Parasenecio auriculatus (DC.) H. Koyama ■
186134 Hasteola hastata (L.) Pojark. = Parasenecio hastatus (L.) H. Koyama ■
186135 Hasteola komarovianus Pojark. = Parasenecio komarovianus (Pojark.) Y. L. Chen ■

186136 Hasteola praetermissus Pojark. = Parasenecio praetermissus (Poljakov) Y. L. Chen ■
186137 Hasteola suaveolens (L.) Pojark.;香戟叶菊;Hastate Indian-plantain, Sweet Indian-plantain ■☆
186138 Hastifolia Ehrh. = Scutellaria L. ●■
186139 Hastingia Koenig ex Endl. = Abroma Jacq. ●
186140 Hastingia Koenig ex Sm. = Holmskioldia Retz. ●
186141 Hastingia Sm. = Holmskioldia Retz. ●
186142 Hastingia coccinea Sm. = Holmskioldia sanguinea Retz. ●
186143 Hastingsia (Durand) S. Watson(1879);哈氏风信子属■☆
186144 Hastingsia Post et Kuntze (bis) = Hastingia Koenig ex Sm. ●
186145 Hastingsia S. Watson = Hastingsia (Durand) S. Watson ■☆
186146 Hastingsia S. Watson = Schoenolirion Torr. (保留属名) ■☆
186147 Hastingsia alba (Durand) S. Watson;白哈氏风信子■☆
186148 Hastingsia alba S. Watson = Hastingsia alba (Durand) S. Watson ■☆
186149 Hastingsia atropurpurea Becking;深紫哈氏风信子■☆
186150 Hastingsia bracteosa S. Watson;多苞哈氏风信子■☆
186151 Hatiora Britton et Rose(1915);念珠掌属(哈提欧拉属,苇仙人棒属)●
186152 Hatiora clavata (A. A. Weber) Moran;棒念珠掌(鞍马苇)●☆
186153 Hatiora gaertneri (Regel) Barthlott;星孔雀;Easter Cactus ●☆
186154 Hatiora herminiae (Porto et A. Cast.) Backeb.;筒枝念珠掌(圆筒枝哈提欧拉)●☆
186155 Hatiora rosea (Lagerh.) Barthlott = Rhipsalidopsis rosea (Lagerh.) Britton et Rose ●
186156 Hatiora salicornioides (Haw.) Britton et Rose;念珠掌(仙人棒,猿恋苇);Bottle Plant, Drunkard's Dream, Spice Cactus ●☆
186157 Hatschbachia L. B. Sm. = Melasma P. J. Bergius ■
186158 Hatschbachia L. B. Sm. = Napeanthus Gardner ■☆
186159 Hatschbachiella R. M. King et H. Rob. (1972);刺果泽兰属■●☆
186160 Hatschbachiella polyclada (Dusén ex Malme) R. M. King et H. Rob.;多枝刺果泽兰■●☆
186161 Hatschbachiella tweedieana (Hook. ex Arn.) R. M. King et H. Rob.;刺果泽兰■●☆
186162 Haumania J. Léonard(1949);大白苞竹芋属(豪曼竹竽属)■☆
186163 Haumania leonardiana Evrard et Bamps;莱奥大白苞竹芋■☆
186164 Haumania liebrechtsiana (De Wild. et T. Durand) J. Léonard;利布大白苞竹芋■☆
186165 Haumaniastrum P. A. Duvign. et Plancke(1959);豪曼草属●■☆
186166 Haumaniastrum abyssinicum (Hochst. ex Chiov.) Cufod. = Haumaniastrum villosum (Benth.) A. J. Paton ●☆
186167 Haumaniastrum abyssinicum Cufod. = Haumaniastrum villosum (Benth.) A. J. Paton ●☆
186168 Haumaniastrum alboviride (Hutch.) P. A. Duvign. et Plancke;白绿豪曼草●☆
186169 Haumaniastrum buddleioides (S. Moore) P. A. Duvign. et Plancke = Haumaniastrum praealtum (Briq.) P. A. Duvign. et Plancke ●☆
186170 Haumaniastrum buettneri (Gürke) J. K. Morton;比特纳豪曼草●☆
186171 Haumaniastrum caeruleum (Oliv.) P. A. Duvign. et Plancke;蓝豪曼草●☆
186172 Haumaniastrum callianthum (Briq.) Gilli = Haumaniastrum villosum (Benth.) A. J. Paton ●☆
186173 Haumaniastrum callianthum (Briq.) Gilli f. nigrivillosum Gilli = Haumaniastrum villosum (Benth.) A. J. Paton ●☆
186174 Haumaniastrum callianthum (Briq.) Harley = Haumaniastrum villosum (Benth.) A. J. Paton ●☆
186175 Haumaniastrum chartaceum A. J. Paton;纸质豪曼草●☆
186176 Haumaniastrum coriaceum (Robyns et Lebrun) A. J. Paton;革质豪曼草●☆
186177 Haumaniastrum cubanquense (R. D. Good) A. J. Paton;库巴豪曼草●☆
186178 Haumaniastrum cylindraceum (Oliv.) Cufod. = Haumaniastrum villosum (Benth.) A. J. Paton ●☆
186179 Haumaniastrum derriksianum P. A. Duvign. = Haumaniastrum praealtum (Briq.) P. A. Duvign. et Plancke var. homblei (De Wild.) A. J. Paton ●☆
186180 Haumaniastrum desenfansii P. A. Duvign. et Plancke = Haumaniastrum timpermannii (P. A. Duvign. et Plancke) P. A. Duvign. et Plancke ●☆
186181 Haumaniastrum dilunguense Lisowski, Malaisse et Symoens = Haumaniastrum linearifolium (De Wild.) P. A. Duvign. et Plancke ●☆
186182 Haumaniastrum dissitifolium (Baker) A. J. Paton;疏叶豪曼草●☆
186183 Haumaniastrum elskensii (Robyns et Lebrun) P. A. Duvign. et Plancke = Haumaniastrum villosum (Benth.) A. J. Paton ●☆
186184 Haumaniastrum galeopsifolium (Baker) P. A. Duvign. et Plancke = Haumaniastrum villosum (Benth.) A. J. Paton ●☆
186185 Haumaniastrum glabrifolium A. J. Paton;光叶豪曼草●☆
186186 Haumaniastrum glaucescens (Robyns et Lebrun) P. A. Duvign. et Plancke = Haumaniastrum caeruleum (Oliv.) P. A. Duvign. et Plancke ●☆
186187 Haumaniastrum goetzei (Gürke) Gilli = Haumaniastrum venosum (Baker) Agnew ●☆
186188 Haumaniastrum gracile (Briq.) P. A. Duvign. et Plancke = Haumaniastrum caeruleum (Oliv.) P. A. Duvign. et Plancke ●☆
186189 Haumaniastrum graminifolium (Robyns) A. J. Paton;禾叶豪曼草●☆
186190 Haumaniastrum homblei (De Wild.) P. A. Duvign. et Plancke = Haumaniastrum praealtum (Briq.) P. A. Duvign. et Plancke var. homblei (De Wild.) A. J. Paton ●☆
186191 Haumaniastrum kaessneri (S. Moore) P. A. Duvign. et Plancke;卡斯纳豪曼草●☆
186192 Haumaniastrum katangense (S. Moore) P. A. Duvign. et Plancke;加丹加豪曼草●☆
186193 Haumaniastrum kundelungense (De Wild.) P. A. Duvign. et Plancke = Haumaniastrum lantanoides (S. Moore) P. A. Duvign. et Plancke ●☆
186194 Haumaniastrum lantanoides (S. Moore) P. A. Duvign. et Plancke;马缨丹豪曼草●☆
186195 Haumaniastrum latifolium Gilli = Haumaniastrum coriaceum (Robyns et Lebrun) A. J. Paton ●☆
186196 Haumaniastrum lilacinum (Oliv.) J. K. Morton = Haumaniastrum caeruleum (Oliv.) P. A. Duvign. et Plancke ●☆
186197 Haumaniastrum linearifolium (De Wild.) P. A. Duvign. et Plancke;线叶豪曼草●☆
186198 Haumaniastrum membranaceum A. J. Paton;膜质豪曼草●☆
186199 Haumaniastrum minor (Briq.) A. J. Paton;小豪曼草●☆

186200 Haumaniastrum monocephalum (Baker) P. A. Duvign. et Plancke = Haumaniastrum caeruleum (Oliv.) P. A. Duvign. et Plancke ●☆

186201 Haumaniastrum morumbense (De Wild.) A. J. Paton;莫卢豪曼草●☆

186202 Haumaniastrum nyassicum Gilli = Haumaniastrum villosum (Benth.) A. J. Paton ●☆

186203 Haumaniastrum paniculatum (Briq.) A. J. Paton;圆锥豪曼草●☆

186204 Haumaniastrum polyneurum (S. Moore) P. A. Duvign. et Plancke;多脉豪曼草●☆

186205 Haumaniastrum praealtum (Briq.) P. A. Duvign. et Plancke;高大豪曼草●☆

186206 Haumaniastrum praealtum (Briq.) P. A. Duvign. et Plancke var. homblei (De Wild.) A. J. Paton;洪布勒豪曼草●☆

186207 Haumaniastrum praealtum (Briq.) P. A. Duvign. et Plancke var. succisifolium (Baker) A. J. Paton;肉叶豪曼草●☆

186208 Haumaniastrum quarrei (Robyns et Lebrun) J. K. Morton = Haumaniastrum caeruleum (Oliv.) P. A. Duvign. et Plancke ●☆

186209 Haumaniastrum robertii (Robyns) P. A. Duvign. et Plancke;罗伯特豪曼草●☆

186210 Haumaniastrum rosulatum (De Wild.) P. A. Duvign. et Plancke;莲座豪曼草●☆

186211 Haumaniastrum rupestre (R. E. Fr.) A. J. Paton;岩生豪曼草●☆

186212 Haumaniastrum semilignosum (P. A. Duvign. et Plancke) P. A. Duvign. et Plancke;半木质豪曼草●☆

186213 Haumaniastrum sericeum (Briq.) A. J. Paton;绢毛豪曼草●☆

186214 Haumaniastrum speciosum (E. A. Bruce) A. J. Paton;美丽豪曼草●☆

186215 Haumaniastrum suberosum (Robyns et Lebrun) P. A. Duvign. et Plancke subsp. kibarense P. A. Duvign. et Plancke;基巴拉豪曼草●☆

186216 Haumaniastrum suberosum (Robyns et Lebrun) P. A. Duvign. et Plancke;木栓质豪曼草●☆

186217 Haumaniastrum timpermannii (P. A. Duvign. et Plancke) P. A. Duvign. et Plancke;廷珀曼豪曼草●☆

186218 Haumaniastrum timpermannii (P. A. Duvign. et Plancke) P. A. Duvign. et Plancke subsp. kambovianus (P. A. Duvign.) P. A. Duvign. et Plancke = Haumaniastrum timpermannii (P. A. Duvign. et Plancke) P. A. Duvign. et Plancke ●☆

186219 Haumaniastrum triramosum (N. E. Br.) A. J. Paton;三枝豪曼草●☆

186220 Haumaniastrum uluguricum Gilli = Haumaniastrum villosum (Benth.) A. J. Paton ●☆

186221 Haumaniastrum uniflorum A. J. Paton;单花豪曼草●☆

186222 Haumaniastrum vandenbrandei (P. A. Duvign. et Plancke) P. A. Duvign. et Plancke;范登布兰德豪曼草●☆

186223 Haumaniastrum venosum (Baker) Agnew;密脉豪曼草●☆

186224 Haumaniastrum villosum (Benth.) A. J. Paton;长毛豪曼草●☆

186225 Haussknechtia Boiss. (1872);豪斯草属☆

186226 Haussknechtia elymaitica Boiss.;豪斯草☆

186227 Haussmannia F. Muell. = Haussmannianthes Steenis ●☆

186228 Haussmannia F. Muell. = Neosepicaea Diels ●☆

186229 Haussmannianthes Steenis = Neosepicaea Diels ●☆

186230 Haustrum Noronha = Rhododendron L. ●

186231 Hauya DC. = Hauya Moc. et Sessé ex DC. ■☆

186232 Hauya Moc. et Sessé ex DC. (1828);阿于莱属■☆

186233 Hauya elegans Moc. et Sessé ex DC.;阿于莱■☆

186234 Havanella Kuntze = Flaveria Juss. ■●

186235 Havardia Small (1901);阿瓦尔豆属(哈瓦豆属)●☆

186236 Havardia acatlensis (Benth.) Britton et Rose;阿瓦尔豆●☆

186237 Havardia laurifolia Mart.;疏叶阿瓦尔豆●☆

186238 Havardia pallens Britton et Rose;淡色阿瓦尔豆;Huajillo, Tenaza Huajillo ●☆

186239 Havetia Kunth (1822);阿韦树属●☆

186240 Havetia laurifolia Mart.;阿韦树●☆

186241 Havetiopsis Planch. et Triana (1860);拟阿韦树属●☆

186242 Havetiopsis caryophylloides Planch. et Triana;拟阿韦树●☆

186243 Havetiopsis glauca Rusby;灰拟阿韦树●☆

186244 Havetiopsis laurifolia Engl.;桂叶拟阿韦树●☆

186245 Havetiopsis obovata (Planch. et Triana) Spruce;倒卵拟阿韦树●☆

186246 Havilandia Stapf = Trigonotis Steven ■

186247 Hawkesiophyton Hunz. (1977);霍克斯茄属●☆

186248 Hawkesiophyton breviflorum (Dunal) Hunz.;短花霍克斯茄●☆

186249 Hawkesiophyton klugii Hunz.;霍克斯茄●☆

186250 Hawkesiophyton panamense (Standl.) Hunz.;巴拿马霍克斯茄●☆

186251 Haworthia Duval (1809)(保留属名);十二卷属(锉刀花属,锦鸡尾属,蛇尾掌属);Haworthia ■☆

186252 Haworthia aegrota Poelln. = Haworthia herbacea (Mill.) Stearn ■☆

186253 Haworthia agavoides Zantner et Poelln. = Haworthia sordida Haw. ■☆

186254 Haworthia albanensis Schönland = Haworthia angustifolia Haw. ■☆

186255 Haworthia albicans (Haw.) Haw. = Haworthia marginata (Lam.) Stearn ■☆

186256 Haworthia albicans (Haw.) Haw. var. virescens (Haw.) Baker = Haworthia marginata (Lam.) Stearn ■☆

186257 Haworthia altilinea Haw. = Haworthia mucronata Haw. ■☆

186258 Haworthia angolensis Baker;安哥拉十二卷■☆

186259 Haworthia angolensis Baker = Chortolirion angolense (Baker) A. Berger ■☆

186260 Haworthia angustifolia Haw.;窄叶十二卷■☆

186261 Haworthia angustifolia Haw. f. baylissii (C. L. Scott) M. B. Bayer = Haworthia angustifolia Haw. var. baylissii (C. L. Scott) M. B. Bayer ■☆

186262 Haworthia angustifolia Haw. var. altissima M. B. Bayer;高大十二卷■☆

186263 Haworthia angustifolia Haw. var. baylissii (C. L. Scott) M. B. Bayer;贝利斯十二卷■☆

186264 Haworthia angustifolia Haw. var. denticulifera Poelln. = Haworthia chloracantha Haw. var. denticulifera (Poelln.) M. B. Bayer ■☆

186265 Haworthia angustifolia Haw. var. grandis G. G. Sm. = Haworthia angustifolia Haw. ■☆

186266 Haworthia angustifolia Haw. var. liliputana Uitewaal = Haworthia chloracantha Haw. var. denticulifera (Poelln.) M. B. Bayer ■☆

186267 Haworthia angustifolia Haw. var. paucifolia G. G. Sm.;寡窄叶十二卷■☆

186268 Haworthia aquamarina M. Hayashi;海水十二卷■☆

186269 Haworthia arachnoidea (L.) Duval;蛛网卷(巢鹰爪,水牡丹);Arachnoid Haworthia ■☆

186270 Haworthia arachnoidea (L.) Duval var. aranea (A. Berger) M. B. Bayer;丝状蛛网卷■☆

186271 Haworthia arachnoidea (L.) Duval var. minor Haw. = Haworthia arachnoidea (L.) Duval ■☆

186272 Haworthia arachnoidea (L.) Duval var. namaquensis M. B. Bayer;纳马夸蛛网卷■☆

186273 Haworthia arachnoidea (L.) Duval var. nigricans (Haw.) M. B. Bayer;黑蛛网卷■☆

186274 Haworthia arachnoidea (L.) Duval var. scabrispina M. B. Bayer;裸刺蛛网卷■☆

186275 Haworthia arachnoidea (L.) Duval var. setata (Haw.) M. B. Bayer = Haworthia setata Haw. ■☆

186276 Haworthia arachnoidea (L.) Duval var. xiphiophylla (Baker) M. B. Bayer = Haworthia decipiens Poelln. var. xiphiophylla (Baker) M. B. Bayer ■☆

186277 Haworthia aranea (A. Berger) M. B. Bayer = Haworthia arachnoidea (L.) Duval var. aranea (A. Berger) M. B. Bayer ■☆

186278 Haworthia archeri W. F. Barker ex M. B. Bayer = Haworthia marumiana Uitewaal var. archeri (W. F. Barker ex M. B. Bayer) M. B. Bayer ■☆

186279 Haworthia archeri W. F. Barker ex M. B. Bayer var. dimorpha M. B. Bayer = Haworthia marumiana Uitewaal var. dimorpha (M. B. Bayer) M. B. Bayer ■☆

186280 Haworthia aristata Haw.;芒十二卷■☆

186281 Haworthia armstrongii Poelln. = Haworthia glauca Baker var. herrei (Poelln.) M. B. Bayer ■☆

186282 Haworthia aspera (Haw.) Haw. = Astroloba corrugata N. L. Mey. et G. F. Sm. ■☆

186283 Haworthia aspera (Salm-Dyck) Parr = Astroloba corrugata N. L. Mey. et G. F. Sm. ■☆

186284 Haworthia aspera Haw. var. major (Haw.) Parr;大粗糙十二卷■☆

186285 Haworthia asperiuscula Haw. = Haworthia viscosa (L.) Haw. ■☆

186286 Haworthia asperiuscula Haw. var. patagiata G. G. Sm. = Haworthia viscosa (L.) Haw. ■☆

186287 Haworthia asperiuscula Haw. var. subintegra G. G. Sm. = Haworthia viscosa (L.) Haw. ■☆

186288 Haworthia asperula Haw.;圆三锥十二卷■☆

186289 Haworthia atrofusca G. G. Sm. = Haworthia magnifica Poelln. var. atrofusca (G. G. Sm.) M. B. Bayer ■☆

186290 Haworthia atrovirens (DC.) Haw. = Haworthia herbacea (Mill.) Stearn ■☆

186291 Haworthia attenuata (Haw.) Haw.;简缩十二卷■☆

186292 Haworthia attenuata (Haw.) Haw. f. britteniae (Poelln.) M. B. Bayer = Haworthia attenuata (Haw.) Haw. ■☆

186293 Haworthia attenuata (Haw.) Haw. f. clariperla (Haw.) M. B. Bayer = Haworthia attenuata (Haw.) Haw. ■☆

186294 Haworthia attenuata (Haw.) Haw. var. britteniae (Poelln.) Poelln. = Haworthia attenuata (Haw.) Haw. ■☆

186295 Haworthia attenuata (Haw.) Haw. var. clariperla (Haw.) Baker = Haworthia attenuata (Haw.) Haw. ■☆

186296 Haworthia attenuata (Haw.) Haw. var. deltoidea R. S. Farden = Haworthia attenuata (Haw.) Haw. ■☆

186297 Haworthia attenuata (Haw.) Haw. var. inusitata R. S. Farden = Haworthia attenuata (Haw.) Haw. ■☆

186298 Haworthia attenuata (Haw.) Haw. var. linearis R. S. Farden = Haworthia attenuata (Haw.) Haw. ■☆

186299 Haworthia attenuata (Haw.) Haw. var. minissima R. S. Farden = Haworthia attenuata (Haw.) Haw. ■☆

186300 Haworthia attenuata (Haw.) Haw. var. odonoghueana R. S. Farden = Haworthia attenuata (Haw.) Haw. ■☆

186301 Haworthia attenuata (Haw.) Haw. var. radula (Jacq.) M. B. Bayer;鹰爪(霜面草);Minute Haworthia ■☆

186302 Haworthia attenuata (Haw.) Haw. var. uitewaaliana R. S. Farden = Haworthia attenuata (Haw.) Haw. ■☆

186303 Haworthia attenuata Haw.;松雪(松之雪);Attenuated Haworthia ■☆

186304 Haworthia attenuata Haw. var. elaviperla Baker;细点纹十二卷;Tiny Attenuated Haworthia ■☆

186305 Haworthia attenuata Haw. var. radula (Jacq.) M. B. Bayer;糙松雪■☆

186306 Haworthia azurea M. Hayashi;天蓝十二卷■☆

186307 Haworthia baccata G. G. Sm.;浆果十二卷■☆

186308 Haworthia badia Poelln. = Haworthia mirabilis (Haw.) Haw. var. badia (Poelln.) M. B. Bayer ■☆

186309 Haworthia batesiana Uitewaal = Haworthia marumiana Uitewaal var. batesiana (Uitewaal) M. B. Bayer ■☆

186310 Haworthia batteniae C. L. Scott = Haworthia bolusii Baker var. blackbeardiana (Poelln.) M. B. Bayer ■☆

186311 Haworthia bayeri J. D. Venter et S. A. Hammer;巴耶尔十二卷■☆

186312 Haworthia baylissii C. L. Scott = Haworthia angustifolia Haw. var. baylissii (C. L. Scott) M. B. Bayer ■☆

186313 Haworthia beanii G. G. Sm. = Haworthia viscosa (L.) Haw. ■☆

186314 Haworthia beanii G. G. Sm. var. minor ? = Haworthia viscosa (L.) Haw. ■☆

186315 Haworthia bilineata Baker;双条纹十二卷■☆

186316 Haworthia blackbeardiana Poelln. = Haworthia bolusii Baker var. blackbeardiana (Poelln.) M. B. Bayer ■☆

186317 Haworthia blackbeardiana Poelln. var. major ? = Haworthia bolusii Baker var. blackbeardiana (Poelln.) M. B. Bayer ■☆

186318 Haworthia blackburniae W. F. Barker;布拉十二卷■☆

186319 Haworthia blackburniae W. F. Barker var. derustensis M. B. Bayer;德卢斯特十二卷■☆

186320 Haworthia blackburniae W. F. Barker var. graminifolia (G. G. Sm.) M. B. Bayer;禾叶布拉十二卷■☆

186321 Haworthia bolusii Baker;博氏十二卷■☆

186322 Haworthia bolusii Baker var. aranea A. Berger = Haworthia arachnoidea (L.) Duval var. aranea (A. Berger) M. B. Bayer ■☆

186323 Haworthia bolusii Baker var. blackbeardiana (Poelln.) M. B. Bayer;黑须尾;Black-beard Haworthia ■☆

186324 Haworthia bolusii Baker var. pringlei (C. L. Scott) M. B. Bayer;普氏十二卷■☆

186325 Haworthia bolusii Baker var. semiviva Poelln. = Haworthia semiviva (Poelln.) M. B. Bayer ■☆

186326 Haworthia brevis Haw. = Haworthia minima (Aiton) Haw. ■☆

186327 Haworthia britteniae Poelln. = Haworthia attenuata (Haw.) Haw. ■☆

186328 Haworthia browniana Poelln. = Haworthia fasciata (Willd.) Haw. ■☆

186329 Haworthia bullulata (Jacq.) Parr = Astroloba bullulata (Jacq.) Uitewaal ■☆

186330 Haworthia caesia M. Hayashi;蓝灰十二卷■☆

186331 Haworthia caespitosa Poelln.;软叶鹰爪草■☆

186332 Haworthia caespitosa Poelln. = Haworthia turgida Haw. ■☆

186333 Haworthia caespitosa Poelln. f. subplana ? = Haworthia turgida Haw. ■☆

186334 Haworthia caespitosa Poelln. f. subproliferans ? = Haworthia turgida Haw. ■☆

186335 Haworthia carrissoi Resende = Haworthia glauca Baker ■☆

186336 Haworthia chalwinii Marloth et A. Berger = Haworthia coarctata Haw. ■☆

186337 Haworthia chloracantha Haw.;绿刺十二卷■☆

186338 Haworthia chloracantha Haw. var. denticulifera (Poelln.) M. B. Bayer;细齿绿刺十二卷■☆

186339 Haworthia chloracantha Haw. var. subglauca Poelln.;粉绿刺十二卷■☆

186340 Haworthia clariperla Haw. = Haworthia attenuata (Haw.) Haw. ■☆

186341 Haworthia coarctata Haw.;曲叶龙掌;Aristocrat Plant, Column of Pearls, Denseleaf Haworthia ■☆

186342 Haworthia coarctata Haw. f. greenii (Baker) M. B. Bayer;格林曲叶龙掌■☆

186343 Haworthia coarctata Haw. f. major Resende = Haworthia coarctata Haw. ■☆

186344 Haworthia coarctata Haw. subsp. adelaidensis (Poelln.) M. B. Bayer = Haworthia coarctata Haw. var. adelaidensis (Poelln.) M. B. Bayer ■☆

186345 Haworthia coarctata Haw. var. adelaidensis (Poelln.) M. B. Bayer;阿地曲叶龙掌■☆

186346 Haworthia coarctata Haw. var. greenii (Baker) M. B. Bayer = Haworthia coarctata Haw. f. greenii (Baker) M. B. Bayer ■☆

186347 Haworthia coarctata Haw. var. krausii Resende = Haworthia coarctata Haw. ■☆

186348 Haworthia coarctata Haw. var. tenuis (G. G. Sm.) M. B. Bayer;细曲叶龙掌■☆

186349 Haworthia comptoniana G. G. Sm. = Haworthia emelyae Poelln. var. comptoniana (G. G. Sm.) J. D. Venter et S. A. Hammer ■☆

186350 Haworthia concava Haw. = Haworthia cymbiformis (Haw.) Duval ■☆

186351 Haworthia concinna Haw. = Haworthia viscosa (L.) Haw. ■☆

186352 Haworthia confusa Poelln.;混乱十二卷■☆

186353 Haworthia congesta (Salm-Dyck) Parr = Astroloba congesta (Salm-Dyck) Uitewaal ■☆

186354 Haworthia cooperi Baker;白尖锦鸡尾;Cooper Haworthia ■☆

186355 Haworthia cooperi Baker var. dielsiana (Poelln.) M. B. Bayer;迪尔斯白尖锦鸡尾■☆

186356 Haworthia cooperi Baker var. gracilis (Poelln.) M. B. Bayer;细长锦鸡尾■☆

186357 Haworthia cooperi Baker var. isabellae (Poelln.) M. B. Bayer;灰褐锦鸡尾■☆

186358 Haworthia cooperi Baker var. picturata (M. B. Bayer) M. B. Bayer;色彩白尖锦鸡尾■☆

186359 Haworthia cooperi Baker var. pilifera (Baker) M. B. Bayer;毛白尖锦鸡尾■☆

186360 Haworthia cooperi Baker var. tenera (Poelln.) M. B. Bayer = Haworthia tenera Poelln. ■☆

186361 Haworthia cooperi Baker var. truncata (H. Jacobsen) M. B. Bayer;平截锦鸡尾■☆

186362 Haworthia cooperi Baker var. venusta (C. L. Scott) M. B. Bayer;雅致白尖锦鸡尾■☆

186363 Haworthia cooperi Baker var. viridis (M. B. Bayer) M. B. Bayer;绿锦鸡尾■☆

186364 Haworthia cordifolia Haw. = Haworthia viscosa (L.) Haw. ■☆

186365 Haworthia correcta Poelln. = Haworthia emelyae Poelln. ■☆

186366 Haworthia crinita M. Hayashi;长软毛十二卷■☆

186367 Haworthia cummingii I. Breuer et M. Hayashi;卡明十二卷■☆

186368 Haworthia cuspidata Haw.;杯状宝草(宝草,大宝草);Awned Haworthia, Star Window Plant ■☆

186369 Haworthia cyanea (M. B. Bayer) Hayashi = Haworthia decipiens Poelln. var. cyanea M. B. Bayer ■☆

186370 Haworthia cymbiformis (Haw.) Duval;宝草(玻璃莲,水晶掌);Boat-shaped Haworthia ■☆

186371 Haworthia cymbiformis (Haw.) Duval f. ramosa (G. G. Sm.) M. B. Bayer = Haworthia cymbiformis (Haw.) Duval var. ramosa (G. G. Sm.) M. B. Bayer ■☆

186372 Haworthia cymbiformis (Haw.) Duval f. subarmata Poelln. = Haworthia cymbiformis (Haw.) Duval ■☆

186373 Haworthia cymbiformis (Haw.) Duval var. angustata Poelln. = Haworthia cymbiformis (Haw.) Duval ■☆

186374 Haworthia cymbiformis (Haw.) Duval var. brevifolia Poelln. = Haworthia transiens (Poelln.) M. B. Bayer ■☆

186375 Haworthia cymbiformis (Haw.) Duval var. compacta Triebner = Haworthia cymbiformis (Haw.) Duval ■☆

186376 Haworthia cymbiformis (Haw.) Duval var. incurvula (Poelln.) M. B. Bayer;内曲宝草■☆

186377 Haworthia cymbiformis (Haw.) Duval var. multifolia Triebner = Haworthia transiens (Poelln.) M. B. Bayer ■☆

186378 Haworthia cymbiformis (Haw.) Duval var. obesa Poelln. = Haworthia cymbiformis (Haw.) Duval var. setulifera (Poelln.) M. B. Bayer ■☆

186379 Haworthia cymbiformis (Haw.) Duval var. obtusa (Haw.) Baker;钝叶宝草■☆

186380 Haworthia cymbiformis (Haw.) Duval var. planifolia (Haw.) Baker = Haworthia cymbiformis (Haw.) Duval ■☆

186381 Haworthia cymbiformis (Haw.) Duval var. ramosa (G. G. Sm.) M. B. Bayer;多枝宝草■☆

186382 Haworthia cymbiformis (Haw.) Duval var. reddii (C. L. Scott) M. B. Bayer;来德宝草■☆

186383 Haworthia cymbiformis (Haw.) Duval var. setulifera (Poelln.) M. B. Bayer;毛宝草■☆

186384 Haworthia cymbiformis (Haw.) Duval var. transiens (Poelln.) M. B. Bayer = Haworthia transiens (Poelln.) M. B. Bayer ■☆

186385 Haworthia cymbiformis (Haw.) Duval var. transiens (Poelln.) M. B. Bayer;宝透草;Transcucent Haworthia ■☆

186386 Haworthia cymbiformis (Haw.) Duval var. translucens Triebner et Poelln. = Haworthia transiens (Poelln.) M. B. Bayer ■☆

186387 Haworthia cymbiformis (Haw.) Duval var. umbraticola (Poelln.) M. B. Bayer = Haworthia cymbiformis (Haw.) Duval var. obtusa (Haw.) Baker ■☆

186388 Haworthia decipiens Poelln.;迷惑十二卷■☆

186389 Haworthia decipiens Poelln. var. cyanea M. B. Bayer;蓝迷惑十二卷■☆

186390 Haworthia decipiens Poelln. var. minor M. B. Bayer;小迷惑十

二卷■☆

186391 Haworthia decipiens Poelln. var. pringlei (C. L. Scott) M. B. Bayer = Haworthia bolusii Baker var. pringlei (C. L. Scott) M. B. Bayer ■☆

186392 Haworthia decipiens Poelln. var. virella M. B. Bayer = Haworthia virella (M. B. Bayer) Bruyns ■☆

186393 Haworthia decipiens Poelln. var. xiphiophylla (Baker) M. B. Bayer;剑叶迷惑十二卷■☆

186394 Haworthia dekenahii G. G. Sm.;戴克十二卷■☆

186395 Haworthia dekenahii G. G. Sm. = Haworthia magnifica Poelln. var. dekenahii (G. G. Sm.) M. B. Bayer ■☆

186396 Haworthia dekenahii G. G. Sm. var. argenteo-maculosa ? = Haworthia pygmaea Poelln. var. argenteo-maculosa (G. G. Sm.) M. B. Bayer ■☆

186397 Haworthia deltoidea (Hook. f.) Parr = Astroloba congesta (Salm-Dyck) Uitewaal ■☆

186398 Haworthia deltoidea (Hook. f.) Parr var. intermedia (A. Berger) Parr = Astroloba congesta (Salm-Dyck) Uitewaal ■☆

186399 Haworthia deltoidea (Hook. f.) Parr var. turgida (Baker) Parr = Astroloba congesta (Salm-Dyck) Uitewaal ■☆

186400 Haworthia denticulata Haw. = Haworthia aristata Haw. ■☆

186401 Haworthia dielsiana Poelln. = Haworthia cooperi Baker var. dielsiana (Poelln.) M. B. Bayer ■☆

186402 Haworthia distincta N. E. Br. = Haworthia venosa (Lam.) Haw. ■☆

186403 Haworthia divergens M. B. Bayer = Haworthia monticola Fourc. ■☆

186404 Haworthia diversifolia Poelln. = Haworthia nigra (Haw.) Baker var. diversifolia (Poelln.) Uitewaal ■☆

186405 Haworthia dodsoniana (Uitewaal) Parr = Astroloba herrei Uitewaal ■☆

186406 Haworthia egregia (Poelln.) Parr;埃格十二卷■☆

186407 Haworthia egregia (Poelln.) Parr = Astroloba bullulata (Jacq.) Uitewaal ■☆

186408 Haworthia egregia (Poelln.) Parr var. fardeniana (Uitewaal) Parr = Astroloba bullulata (Jacq.) Uitewaal ■☆

186409 Haworthia eilyae Poelln.;爱氏十二卷■☆

186410 Haworthia eilyae Poelln. = Haworthia glauca Baker var. herrei (Poelln.) M. B. Bayer ■☆

186411 Haworthia eilyae Poelln. var. zantneriana Resende = Haworthia glauca Baker var. herrei (Poelln.) M. B. Bayer ■☆

186412 Haworthia emelyae Poelln.;长叶宝草■☆

186413 Haworthia emelyae Poelln. var. beukmannii ? = Haworthia mirabilis (Haw.) Haw. var. beukmannii (Poelln.) M. B. Bayer ■☆

186414 Haworthia emelyae Poelln. var. comptoniana (G. G. Sm.) J. D. Venter et S. A. Hammer;考姆长叶宝草■☆

186415 Haworthia emelyae Poelln. var. major (G. G. Sm.) M. B. Bayer;大长叶宝草■☆

186416 Haworthia emelyae Poelln. var. multifolia M. B. Bayer;多长叶宝草■☆

186417 Haworthia eminens M. Hayashi;显著十二卷■☆

186418 Haworthia engleri Dinter = Haworthia venosa (Lam.) Haw. subsp. tessellata (Haw.) M. B. Bayer ■☆

186419 Haworthia erecta Haw. = Haworthia minima (Aiton) Haw. ■☆

186420 Haworthia exilis M. Hayashi;瘦小十二卷■☆

186421 Haworthia fallax Poelln. = Haworthia coarctata Haw. ■☆

186422 Haworthia fasciata (Willd.) Haw.;锦鸡尾(锉刀花,虎纹鹰爪草,十二卷,条纹十二卷);Fasciated Haworthia, Zebra Haworthia, Zebra Plant ■☆

186423 Haworthia fasciata (Willd.) Haw. f. browniana (Poelln.) M. B. Bayer = Haworthia fasciata (Willd.) Haw. ■☆

186424 Haworthia fasciata (Willd.) Haw. f. ovato-lanceolata Poelln. = Haworthia fasciata (Willd.) Haw. ■☆

186425 Haworthia fasciata (Willd.) Haw. f. sparsa Poelln. = Haworthia fasciata (Willd.) Haw. ■☆

186426 Haworthia fasciata (Willd.) Haw. f. vanstadensis Poelln. = Haworthia fasciata (Willd.) Haw. ■☆

186427 Haworthia fasciata (Willd.) Haw. f. variabilis Poelln. = Haworthia fasciata (Willd.) Haw. ■☆

186428 Haworthia fasciata (Willd.) Haw. var. caespitosa A. Berger = Haworthia attenuata (Haw.) Haw. ■☆

186429 Haworthia fasciata (Willd.) Haw. var. subconfluens Poelln. = Haworthia fasciata (Willd.) Haw. ■☆

186430 Haworthia fasciata Haw. f. houo Hort.;凤凰十二卷;Phoenix Haworthia ■☆

186431 Haworthia fasciata Haw. f. major Hort.;大叶条纹十二卷;Largeleaf Fasciated Haworthia ■☆

186432 Haworthia fasciata Haw. var. browniana (Poelln.) C. L. Scott;布朗锦鸡尾;Brown Fasciated Haworthia ■☆

186433 Haworthia ferox Poelln.;大刺十二卷■☆

186434 Haworthia flavida M. Hayashi;浅黄十二卷■☆

186435 Haworthia floccosa M. Hayashi;丛卷毛十二卷■☆

186436 Haworthia floribunda Poelln.;多花十二卷■☆

186437 Haworthia floribunda Poelln. var. dentata M. B. Bayer;齿多花十二卷■☆

186438 Haworthia floribunda Poelln. var. major M. B. Bayer;大多花十二卷■☆

186439 Haworthia foliolosa (Haw.) Haw. = Astroloba foliolosa (Haw.) Uitewaal ■☆

186440 Haworthia fouchei Poelln. = Haworthia retusa (L.) Duval ■☆

186441 Haworthia fulva G. G. Sm. = Haworthia coarctata Haw. ■☆

186442 Haworthia gigas Poelln. = Haworthia arachnoidea (L.) Duval var. setata (Haw.) M. B. Bayer ■☆

186443 Haworthia glabrata (Salm-Dyck) Baker;脱毛十二卷■☆

186444 Haworthia glauca Baker;灰绿十二卷■☆

186445 Haworthia glauca Baker var. herrei (Poelln.) M. B. Bayer;赫勒十二卷■☆

186446 Haworthia globosiflora G. G. Sm. = Haworthia nortieri G. G. Sm. var. globosiflora (G. G. Sm.) M. B. Bayer ■☆

186447 Haworthia gracilidelineata Poelln.;细条纹十二卷■☆

186448 Haworthia gracilis Poelln.;纤毛尾十二卷;Gracile Haworthia ■☆

186449 Haworthia gracilis Poelln. = Haworthia cooperi Baker var. gracilis (Poelln.) M. B. Bayer ■☆

186450 Haworthia gracilis Poelln. var. isabellae (Poelln.) M. B. Bayer = Haworthia cooperi Baker var. isabellae (Poelln.) M. B. Bayer ■☆

186451 Haworthia gracilis Poelln. var. picturata M. B. Bayer = Haworthia cooperi Baker var. picturata (M. B. Bayer) M. B. Bayer ■☆

186452 Haworthia gracilis Poelln. var. tenera (Poelln.) M. B. Bayer = Haworthia cooperi Baker var. tenera (Poelln.) M. B. Bayer ■☆

186453 Haworthia gracilis Poelln. var. viridis M. B. Bayer = Haworthia cooperi Baker var. viridis (M. B. Bayer) M. B. Bayer ■☆

186454 Haworthia graminifolia G. G. Sm. = Haworthia blackburniae W. F. Barker var. graminifolia (G. G. Sm.) M. B. Bayer ■☆

186455 Haworthia granata (Willd.) Haw. var. polyphylla Haw. = Haworthia minima (Aiton) Haw. ■☆

186456 Haworthia granulata Marloth = Haworthia venosa (Lam.) Haw. subsp. granulata (Marloth) M. B. Bayer ■☆

186457 Haworthia greenii Baker = Haworthia coarctata Haw. f. greenii (Baker) M. B. Bayer ■☆

186458 Haworthia greenii Baker f. minor Resende = Haworthia coarctata Haw. f. greenii (Baker) M. B. Bayer ■☆

186459 Haworthia greenii Baker var. silvicola G. G. Sm. = Haworthia coarctata Haw. ■☆

186460 Haworthia guttata Uitewaal = Haworthia reticulata (Haw.) Haw. ■☆

186461 Haworthia gweneana Parr = Astroloba spiralis (L.) Uitewaal ■☆

186462 Haworthia haageana Poelln. = Haworthia reticulata (Haw.) Haw. var. subregularis (Baker) Pilbeam ■☆

186463 Haworthia haageana Poelln. var. subreticulata ? = Haworthia reticulata (Haw.) Haw. var. subregularis (Baker) Pilbeam ■☆

186464 Haworthia habdomadis Poelln. var. morrisiae (Poelln.) M. B. Bayer = Haworthia mucronata Haw. var. morrisiae (Poelln.) M. B. Bayer ■☆

186465 Haworthia hamata M. Hayashi;顶钩十二卷■☆

186466 Haworthia harlandiana Parr = Astroloba herrei Uitewaal ■☆

186467 Haworthia heidelbergensis G. G. Sm.;黑地十二卷■☆

186468 Haworthia heidelbergensis G. G. Sm. var. minor M. B. Bayer;小黑地十二卷■☆

186469 Haworthia heidelbergensis G. G. Sm. var. scabra M. B. Bayer;粗糙黑地十二卷■☆

186470 Haworthia heidelbergensis G. G. Sm. var. toonensis M. B. Bayer;图恩十二卷■☆

186471 Haworthia helmiae Poelln. = Haworthia arachnoidea (L.) Duval var. nigricans (Haw.) M. B. Bayer ■☆

186472 Haworthia herbacea (Mill.) Stearn;草质卷;Herbaceous Haworthia ■☆

186473 Haworthia herbacea (Mill.) Stearn var. flaccida M. B. Bayer;柔软草质卷■☆

186474 Haworthia herbacea (Mill.) Stearn var. paynei (Poelln.) M. B. Bayer;帕氏草质卷■☆

186475 Haworthia herrei Poelln. = Haworthia glauca Baker var. herrei (Poelln.) M. B. Bayer ■☆

186476 Haworthia herrei Poelln. var. depauperata ? = Haworthia glauca Baker var. herrei (Poelln.) M. B. Bayer ■☆

186477 Haworthia hilliana Poelln. = Haworthia cymbiformis (Haw.) Duval var. obtusa (Haw.) Baker ■☆

186478 Haworthia hurlingii Poelln. = Haworthia reticulata (Haw.) Haw. var. hurlingii (Poelln.) M. B. Bayer ■☆

186479 Haworthia hurlingii Poelln. var. ambigua Triebner et Poelln. = Haworthia reticulata (Haw.) Haw. ■☆

186480 Haworthia hybrida (Salm-Dyck) Haw.;杂种十二卷■☆

186481 Haworthia imbricata (Aiton) Haw. = Astroloba spiralis (L.) Uitewaal ■☆

186482 Haworthia incurvula Poelln. = Haworthia cymbiformis (Haw.) Duval var. incurvula (Poelln.) M. B. Bayer ■☆

186483 Haworthia indurata Haw. = Haworthia viscosa (L.) Haw. ■☆

186484 Haworthia inermis Poelln. = Haworthia bolusii Baker var. blackbeardiana (Poelln.) M. B. Bayer ■☆

186485 Haworthia integra Poelln.;全缘十二卷■☆

186486 Haworthia intermedia Poelln. = Haworthia maculata (Poelln.) M. B. Bayer var. intermedia (Poelln.) M. B. Bayer ■☆

186487 Haworthia isabellae Poelln. = Haworthia cooperi Baker var. isabellae (Poelln.) M. B. Bayer ■☆

186488 Haworthia jacobseniana Poelln. = Haworthia glauca Baker var. herrei (Poelln.) M. B. Bayer ■☆

186489 Haworthia janseneana Uitewaal;雅恩十二卷■☆

186490 Haworthia joeyae C. L. Scott = Haworthia cooperi Baker var. dielsiana (Poelln.) M. B. Bayer ■☆

186491 Haworthia jonesiae Poelln. = Haworthia glauca Baker var. herrei (Poelln.) M. B. Bayer ■☆

186492 Haworthia kemari M. Hayashi;凯马尔十二卷■☆

186493 Haworthia kewensis Poelln.;邱园十二卷■☆

186494 Haworthia krausii Haage et Schmidt.;绿心锦鸡尾(绿心十二卷);Greencenetr Haworthia, Kraus Haworthia ■☆

186495 Haworthia laetevirens Haw. = Haworthia turgida Haw. ■☆

186496 Haworthia laevis Haw. = Haworthia marginata (Lam.) Stearn ■☆

186497 Haworthia latericia M. Hayashi;侧生十二卷■☆

186498 Haworthia leightonii G. G. Sm.;莱顿十二卷■☆

186499 Haworthia leightonii G. G. Sm. var. davidii Breuer;戴维十二卷■☆

186500 Haworthia lepida G. G. Sm. = Haworthia cymbiformis (Haw.) Duval ■☆

186501 Haworthia limifolia Marloth;界叶掌(旋叶鹰爪草);Limitedleaf Haworthia ■☆

186502 Haworthia limifolia Marloth f. diploidea Resende = Haworthia limifolia Marloth ■☆

186503 Haworthia limifolia Marloth f. major Resende = Haworthia limifolia Marloth ■☆

186504 Haworthia limifolia Marloth f. pigmentellii Resende = Haworthia limifolia Marloth ■☆

186505 Haworthia limifolia Marloth f. tetraploidea Resende = Haworthia limifolia Marloth ■☆

186506 Haworthia limifolia Marloth var. arcana G. F. Sm. et Crouch;灰色十二卷■☆

186507 Haworthia limifolia Marloth var. gigantea M. B. Bayer;大界叶掌■☆

186508 Haworthia limifolia Marloth var. glaucophylla M. B. Bayer;粉界叶掌■☆

186509 Haworthia limifolia Marloth var. keithii G. G. Sm. = Haworthia limifolia Marloth var. ubomboensis (I. Verd.) G. G. Sm. ■☆

186510 Haworthia limifolia Marloth var. stolonifera Resende = Haworthia limifolia Marloth ■☆

186511 Haworthia limifolia Marloth var. ubomboensis (I. Verd.) G. G. Sm.;乌邦博十二卷■☆

186512 Haworthia limpida Haw. = Haworthia mucronata Haw. ■☆

186513 Haworthia longiana Poelln.;长叶十二卷■☆

186514 Haworthia longiana Poelln. var. albinota G. G. Sm. = Haworthia longiana Poelln. ■☆

186515 Haworthia longiaristata Poelln. = Haworthia decipiens Poelln. var. xiphiophylla (Baker) M. B. Bayer ■☆

186516 Haworthia longibracteata G. G. Sm. = Haworthia turgida Haw. var. longibracteata (G. G. Sm.) M. B. Bayer ■☆

186517 Haworthia luteorosea Uitewaal = Haworthia herbacea (Mill.) Stearn ■☆

186518 Haworthia maculata (Poelln.) M. B. Bayer;斑点十二卷■☆

186519 Haworthia maculata (Poelln.) M. B. Bayer var. intermedia (Poelln.) M. B. Bayer;间型斑点十二卷■☆
186520 Haworthia magnifica Poelln.;繁茂十二卷■☆
186521 Haworthia magnifica Poelln. var. acuminata (M. B. Bayer) M. B. Bayer;渐尖繁茂十二卷■☆
186522 Haworthia magnifica Poelln. var. atrofusca (G. G. Sm.) M. B. Bayer;黑褐十二卷■☆
186523 Haworthia magnifica Poelln. var. dekenahii (G. G. Sm.) M. B. Bayer;德凯纳十二卷■☆
186524 Haworthia magnifica Poelln. var. major (G. G. Sm.) M. B. Bayer = Haworthia emelyae Poelln. var. major (G. G. Sm.) M. B. Bayer ■☆
186525 Haworthia magnifica Poelln. var. meiringii M. B. Bayer = Haworthia maraisii Poelln. var. meiringii (M. B. Bayer) M. B. Bayer ■☆
186526 Haworthia magnifica Poelln. var. notabilis (Poelln.) M. B. Bayer = Haworthia maraisii Poelln. var. notabilis (Poelln.) M. B. Bayer ■☆
186527 Haworthia magnifica Poelln. var. paradoxa (Poelln.) M. B. Bayer = Haworthia mirabilis (Haw.) Haw. var. paradoxa (Poelln.) M. B. Bayer ■☆
186528 Haworthia magnifica Poelln. var. splendens J. D. Venter et S. A. Hammer;光亮十二卷■☆
186529 Haworthia maraisii Poelln.;马雷十二卷■☆
186530 Haworthia maraisii Poelln. var. major (G. G. Sm.) M. B. Bayer = Haworthia emelyae Poelln. var. major (G. G. Sm.) M. B. Bayer ■☆
186531 Haworthia maraisii Poelln. var. meiringii (M. B. Bayer) M. B. Bayer;迈林十二卷■☆
186532 Haworthia maraisii Poelln. var. notabilis (Poelln.) M. B. Bayer;著名十二卷■☆
186533 Haworthia maraisii Poelln. var. paradoxa (Poelln.) M. B. Bayer = Haworthia mirabilis (Haw.) Haw. var. paradoxa (Poelln.) M. B. Bayer ■☆
186534 Haworthia margaritifera (L.) Haw.;珍珠十二卷(点纹十二卷);Margarite Haworthia, Pearl Haworthia, Pearl Plant ■☆
186535 Haworthia margaritifera (L.) Haw. var. corallina Baker = Haworthia minima (Aiton) Haw. ■☆
186536 Haworthia margaritifera (L.) Haw. var. maxima (Haw.) Uitewaal = Haworthia maxima (Haw.) Duval ■☆
186537 Haworthia margaritifera (L.) Haw. var. maxima Uitewaal = Haworthia maxima (Haw.) Duval ■☆
186538 Haworthia margaritifera (L.) Haw. var. minima (Aiton) Uitewaal = Haworthia minima (Aiton) Haw. ■☆
186539 Haworthia margaritifera (L.) Haw. var. minor (Aiton) Uitewaal = Haworthia minima (Aiton) Haw. ■☆
186540 Haworthia marginata (Lem.) Stearn;白边十二卷■☆
186541 Haworthia marumiana Uitewaal var. archeri (W. F. Barker ex M. B. Bayer) M. B. Bayer;阿谢尔十二卷■☆
186542 Haworthia marumiana Uitewaal var. batesiana (Uitewaal) M. B. Bayer;软锦鸡尾;Bate Haworthia ■☆
186543 Haworthia marumiana Uitewaal var. dimorpha (M. B. Bayer) M. B. Bayer;二型十二卷■☆
186544 Haworthia marumiana Uitewaal var. viridis M. B. Bayer;绿十二卷■☆
186545 Haworthia maughanii Poelln.;象脚草■☆
186546 Haworthia maxima (Haw.) Duval;龙爪珍珠草(八千代锦,大十二卷)■☆
186547 Haworthia mclarenii Poelln. = Haworthia mucronata Haw. ■☆
186548 Haworthia minima (Aiton) Haw.;小十二卷■☆
186549 Haworthia minutissima Poelln. = Haworthia venosa (Lam.) Haw. subsp. tessellata (Haw.) M. B. Bayer ■☆
186550 Haworthia mirabilis (Haw.) Haw.;卷边十二卷;Wonderful Haworthia ■☆
186551 Haworthia mirabilis (Haw.) Haw. subsp. badia (Poelln.) M. B. Bayer = Haworthia mirabilis (Haw.) Haw. var. badia (Poelln.) M. B. Bayer ■☆
186552 Haworthia mirabilis (Haw.) Haw. subsp. mundula (G. G. Sm.) M. B. Bayer = Haworthia mirabilis (Haw.) Haw. ■☆
186553 Haworthia mirabilis (Haw.) Haw. var. badia (Poelln.) M. B. Bayer;栗色卷边十二卷■☆
186554 Haworthia mirabilis (Haw.) Haw. var. beukmannii (Poelln.) M. B. Bayer;比克曼十二卷■☆
186555 Haworthia mirabilis (Haw.) Haw. var. calcarea M. B. Bayer;石灰十二卷■☆
186556 Haworthia mirabilis (Haw.) Haw. var. consanguinea M. B. Bayer;亲缘十二卷■☆
186557 Haworthia mirabilis (Haw.) Haw. var. paradoxa (Poelln.) M. B. Bayer;珍奇十二卷■☆
186558 Haworthia mirabilis (Haw.) Haw. var. sublineata (Poelln.) M. B. Bayer;线卷边十二卷■☆
186559 Haworthia mirabilis (Haw.) Haw. var. triebneriana (Poelln.) M. B. Bayer;特里卷边十二卷■☆
186560 Haworthia mirabilis Haw. = Haworthia mirabilis (Haw.) Haw. ■☆
186561 Haworthia mollis M. Hayashi;柔软十二卷■☆
186562 Haworthia monticola Fourc.;山地十二卷■☆
186563 Haworthia morrisiae Poelln. = Haworthia scabra Haw. var. morrisiae (Poelln.) M. B. Bayer ■☆
186564 Haworthia mucronata Haw.;虾蟆鹰爪草■☆
186565 Haworthia mucronata Haw. var. morrisiae (Poelln.) M. B. Bayer;莫里斯十二卷■☆
186566 Haworthia multifaria Haw. = Haworthia mirabilis (Haw.) Haw. ■☆
186567 Haworthia mundula G. G. Sm. = Haworthia mirabilis (Haw.) Haw. ■☆
186568 Haworthia musculina G. G. Sm. = Haworthia coarctata Haw. ■☆
186569 Haworthia mutabilis Poelln. = Haworthia minima (Aiton) Haw. ■☆
186570 Haworthia mutica Haw.;无尖十二卷■☆
186571 Haworthia mutica Haw. var. nigra M. B. Bayer;黑无尖十二卷■☆
186572 Haworthia nigra (Haw.) Baker;黑十二卷■☆
186573 Haworthia nigra (Haw.) Baker var. diversifolia (Poelln.) Uitewaal;异叶黑十二卷■☆
186574 Haworthia nigra Baker = Haworthia nigra (Haw.) Baker ■☆
186575 Haworthia nigricans Haw. = Gasteria nitida (Salm-Dyck) Haw. ■☆
186576 Haworthia nitidula Poelln. = Haworthia mirabilis (Haw.) Haw. var. triebneriana (Poelln.) M. B. Bayer ■☆
186577 Haworthia nortieri G. G. Sm.;诺尔捷十二卷■☆
186578 Haworthia nortieri G. G. Sm. var. giftbergensis ? = Haworthia nortieri G. G. Sm. ■☆
186579 Haworthia nortieri G. G. Sm. var. globosiflora (G. G. Sm.) M.

B. Bayer;球花十二卷■☆
186580 Haworthia notabilis Poelln. = Haworthia maraisii Poelln. var. notabilis (Poelln.) M. B. Bayer ■☆
186581 Haworthia obtusa Haw. = Haworthia cymbiformis (Haw.) Duval var. obtusa (Haw.) Baker ■☆
186582 Haworthia obtusa Haw. f. truncata H. Jacobsen = Haworthia cooperi Baker var. truncata (H. Jacobsen) M. B. Bayer ■☆
186583 Haworthia obtusa Haw. var. pilifera (Baker) Uitewaal = Haworthia cooperi Baker var. pilifera (Baker) M. B. Bayer ■☆
186584 Haworthia opalina M. Hayashi;半透明十二卷■☆
186585 Haworthia otzenii G. G. Sm. = Haworthia mutica Haw. ■☆
186586 Haworthia outeniquensis M. B. Bayer;南非十二卷■☆
186587 Haworthia pallida Haw. = Haworthia herbacea (Mill.) Stearn ■☆
186588 Haworthia pallida Haw. var. paynei (Poelln.) Poelln. = Haworthia herbacea (Mill.) Stearn var. paynei (Poelln.) M. B. Bayer ■☆
186589 Haworthia papillosa (Salm-Dyck) Haw.;乳突锦鸡尾(大珍珠草);Papillated Haworthia ■☆
186590 Haworthia papillosa (Salm-Dyck) Haw. = Haworthia maxima (Haw.) Duval ■☆
186591 Haworthia papillosa (Salm-Dyck) Haw. var. semipapillosa Haw. = Haworthia maxima (Haw.) Duval ■☆
186592 Haworthia paradoxa Poelln. = Haworthia mirabilis (Haw.) Haw. var. paradoxa (Poelln.) M. B. Bayer ■☆
186593 Haworthia parksiana Poelln.;帕尔十二卷■☆
186594 Haworthia parva Haw. = Haworthia venosa (Lam.) Haw. subsp. tessellata (Haw.) M. B. Bayer ■☆
186595 Haworthia paynei Poelln. = Haworthia herbacea (Mill.) Stearn var. paynei (Poelln.) M. B. Bayer ■☆
186596 Haworthia peacockii Baker = Haworthia coarctata Haw. f. greenii (Baker) M. B. Bayer ■☆
186597 Haworthia pearsonii C. H. Wright;皮尔逊十二卷■☆
186598 Haworthia pectinis M. Hayashi;蓖齿十二卷■☆
186599 Haworthia pellucens Haw. = Haworthia herbacea (Mill.) Stearn ■☆
186600 Haworthia pentagona (Aiton) Haw. = Astroloba spiralis (L.) Uitewaal ■☆
186601 Haworthia pentagona (Aiton) Haw. var. spiralis (Haw.) Parr = Astroloba spiralis (L.) Uitewaal ■☆
186602 Haworthia pentagona Haw. var. spirella (Haw.) Parr = Astroloba spiralis (L.) Uitewaal ■☆
186603 Haworthia pentagona Haw. var. torulosa (Haw.) Parr = Astroloba spiralis (L.) Uitewaal ■☆
186604 Haworthia perplexa Poelln.;组合十二卷■☆
186605 Haworthia picta Poelln.;着色十二卷■☆
186606 Haworthia picta Poelln. var. janvlokii Breuer;雅恩着色十二卷■☆
186607 Haworthia picta Poelln. var. tricolor Breuer;三色十二卷■☆
186608 Haworthia pilifera Baker = Haworthia cooperi Baker var. pilifera (Baker) M. B. Bayer ■☆
186609 Haworthia pilifera Baker f. acuminata Poelln. = Haworthia cooperi Baker var. pilifera (Baker) M. B. Bayer ■☆
186610 Haworthia planifolia (Roem. et Schult.) Haw.;凝脂草■☆
186611 Haworthia planifolia Haw. = Haworthia cymbiformis (Haw.) Duval ■☆
186612 Haworthia planifolia Haw. f. agavoides Triebner et Poelln. = Haworthia cymbiformis (Haw.) Duval ■☆
186613 Haworthia planifolia Haw. f. alta Triebner et Poelln. = Haworthia cymbiformis (Haw.) Duval ■☆
186614 Haworthia planifolia Haw. f. calochlora Triebner et Poelln. = Haworthia cymbiformis (Haw.) Duval ■☆
186615 Haworthia planifolia Haw. f. olivacea Triebner et Poelln. = Haworthia cymbiformis (Haw.) Duval ■☆
186616 Haworthia planifolia Haw. f. robusta Triebner et Poelln. = Haworthia cymbiformis (Haw.) Duval ■☆
186617 Haworthia planifolia Haw. var. exulata Poelln. = Haworthia cymbiformis (Haw.) Duval ■☆
186618 Haworthia planifolia Haw. var. incrassata Poelln. = Haworthia cymbiformis (Haw.) Duval ■☆
186619 Haworthia planifolia Haw. var. longifolia Triebner et Poelln. = Haworthia cymbiformis (Haw.) Duval ■☆
186620 Haworthia planifolia Haw. var. poellnitziana Resende = Haworthia cymbiformis (Haw.) Duval ■☆
186621 Haworthia planifolia Haw. var. setulifera Poelln. = Haworthia cymbiformis (Haw.) Duval var. setulifera (Poelln.) M. B. Bayer ■☆
186622 Haworthia planifolia Haw. var. sublaevis Poelln. = Haworthia cymbiformis (Haw.) Duval ■☆
186623 Haworthia planifolia Haw. var. transiens Poelln. = Haworthia transiens (Poelln.) M. B. Bayer ■☆
186624 Haworthia pringlei C. L. Scott = Haworthia bolusii Baker var. pringlei (C. L. Scott) M. B. Bayer ■☆
186625 Haworthia pseudogranulata Poelln.;颗粒十二卷■☆
186626 Haworthia pseudotessellata Poelln. = Haworthia venosa (Lam.) Haw. subsp. tessellata (Haw.) M. B. Bayer ■☆
186627 Haworthia pubescens M. B. Bayer;短柔毛十二卷■☆
186628 Haworthia pubescens M. B. Bayer var. livida M. B. Bayer;铅色十二卷■☆
186629 Haworthia pulchella M. B. Bayer;美丽十二卷■☆
186630 Haworthia pulchella M. B. Bayer var. globifera M. B. Bayer;球美丽十二卷■☆
186631 Haworthia pumila (L.) Duval = Haworthia herbacea (Mill.) Stearn ■☆
186632 Haworthia pumila (L.) M. B. Bayer;偃俯十二卷■☆
186633 Haworthia pungens M. B. Bayer;刺十二卷■☆
186634 Haworthia pygmaea Poelln.;矮小十二卷■☆
186635 Haworthia pygmaea Poelln. var. argenteo-maculosa (G. G. Sm.) M. B. Bayer;白斑矮小十二卷■☆
186636 Haworthia radula (Jacq.) Haw. = Haworthia attenuata (Haw.) Haw. var. radula (Jacq.) M. B. Bayer ■☆
186637 Haworthia radula (Jacq.) Haw. var. pluriperlata Haw. = Haworthia attenuata (Haw.) Haw. var. radula (Jacq.) M. B. Bayer ■☆
186638 Haworthia ramifera Haw. = Haworthia marginata (Lam.) Stearn ■☆
186639 Haworthia ramosa G. G. Sm. = Haworthia cymbiformis (Haw.) Duval var. ramosa (G. G. Sm.) M. B. Bayer ■☆
186640 Haworthia recurva (Haw.) Haw. = Haworthia venosa (Lam.) Haw. ■☆
186641 Haworthia reddii C. L. Scott = Haworthia cymbiformis (Haw.) Duval var. reddii (C. L. Scott) M. B. Bayer ■☆
186642 Haworthia regalis M. Hayashi;王十二卷■☆
186643 Haworthia regina M. Hayashi;女王十二卷■☆

186644 Haworthia reinwardtii (Salm-Dyck) Haw.;鹰爪草(白点锦鸡尾);Whitespot Haworthia ■☆

186645 Haworthia reinwardtii (Salm-Dyck) Haw. f. chalumnensis (G. G. Sm.) M. B. Bayer;哈地鹰爪草■☆

186646 Haworthia reinwardtii (Salm-Dyck) Haw. f. kaffirdriftensis (G. G. Sm.) M. B. Bayer;卡菲尔十二卷■☆

186647 Haworthia reinwardtii (Salm-Dyck) Haw. f. olivacea (G. G. Sm.) M. B. Bayer;橄榄绿鹰爪草■☆

186648 Haworthia reinwardtii (Salm-Dyck) Haw. f. zebrina (G. G. Sm.) M. B. Bayer;条斑十二卷■☆

186649 Haworthia reinwardtii (Salm-Dyck) Haw. var. adelaidensis Poelln. = Haworthia coarctata Haw. var. adelaidensis (Poelln.) M. B. Bayer ■☆

186650 Haworthia reinwardtii (Salm-Dyck) Haw. var. archibaldiae Poelln. = Haworthia reinwardtii (Salm-Dyck) Haw. ■☆

186651 Haworthia reinwardtii (Salm-Dyck) Haw. var. bellula G. G. Sm. = Haworthia coarctata Haw. var. adelaidensis (Poelln.) M. B. Bayer ■☆

186652 Haworthia reinwardtii (Salm-Dyck) Haw. var. brevicula G. G. Sm.;短茎鹰爪草■☆

186653 Haworthia reinwardtii (Salm-Dyck) Haw. var. bullula G. G. Sm.;皱叶鹰爪草■☆

186654 Haworthia reinwardtii (Salm-Dyck) Haw. var. chalumnensis G. G. Sm. = Haworthia reinwardtii (Salm-Dyck) Haw. f. chalumnensis (G. G. Sm.) M. B. Bayer ■☆

186655 Haworthia reinwardtii (Salm-Dyck) Haw. var. chalwinii (Marloth et Berger) Resende;小鹰爪草(九轮塔)■☆

186656 Haworthia reinwardtii (Salm-Dyck) Haw. var. committeesensis G. G. Sm. = Haworthia coarctata Haw. ■☆

186657 Haworthia reinwardtii (Salm-Dyck) Haw. var. conspicua Poelln. = Haworthia coarctata Haw. ■☆

186658 Haworthia reinwardtii (Salm-Dyck) Haw. var. diminuta G. G. Sm. = Haworthia reinwardtii (Salm-Dyck) Haw. var. brevicula G. G. Sm. ■☆

186659 Haworthia reinwardtii (Salm-Dyck) Haw. var. grandicula G. G. Sm. = Haworthia reinwardtii (Salm-Dyck) Haw. ■☆

186660 Haworthia reinwardtii (Salm-Dyck) Haw. var. huntsdriftensis G. G. Sm. = Haworthia coarctata Haw. ■☆

186661 Haworthia reinwardtii (Salm-Dyck) Haw. var. kaffirdriftensis G. G. Sm. = Haworthia reinwardtii (Salm-Dyck) Haw. f. kaffirdriftensis (G. G. Sm.) M. B. Bayer ■☆

186662 Haworthia reinwardtii (Salm-Dyck) Haw. var. major Baker = Haworthia reinwardtii (Salm-Dyck) Haw. ■☆

186663 Haworthia reinwardtii (Salm-Dyck) Haw. var. olivacea G. G. Sm. = Haworthia reinwardtii (Salm-Dyck) Haw. f. olivacea (G. G. Sm.) M. B. Bayer ■☆

186664 Haworthia reinwardtii (Salm-Dyck) Haw. var. peddiensis G. G. Sm. = Haworthia reinwardtii (Salm-Dyck) Haw. ■☆

186665 Haworthia reinwardtii (Salm-Dyck) Haw. var. pseudocoarctata Poelln. = Haworthia coarctata Haw. ■☆

186666 Haworthia reinwardtii (Salm-Dyck) Haw. var. pulchra Poelln. = Haworthia reinwardtii (Salm-Dyck) Haw. ■☆

186667 Haworthia reinwardtii (Salm-Dyck) Haw. var. riebeekensis G. G. Sm. = Haworthia coarctata Haw. var. adelaidensis (Poelln.) M. B. Bayer ■☆

186668 Haworthia reinwardtii (Salm-Dyck) Haw. var. tenuis G. G. Sm. = Haworthia coarctata Haw. var. tenuis (G. G. Sm.) M. B. Bayer ■☆

186669 Haworthia reinwardtii (Salm-Dyck) Haw. var. triebneri Resende = Haworthia reinwardtii (Salm-Dyck) Haw. ■☆

186670 Haworthia reinwardtii (Salm-Dyck) Haw. var. valida G. G. Sm. = Haworthia reinwardtii (Salm-Dyck) Haw. ■☆

186671 Haworthia reinwardtii (Salm-Dyck) Haw. var. zebrina G. G. Sm. = Haworthia reinwardtii (Salm-Dyck) Haw. f. zebrina (G. G. Sm.) M. B. Bayer ■☆

186672 Haworthia reinwardtii Haw. = Haworthia reinwardtii (Salm-Dyck) Haw. ■☆

186673 Haworthia reticulata (Haw.) Haw.;网状十二卷■☆

186674 Haworthia reticulata (Haw.) Haw. var. acuminata Poelln. = Haworthia reticulata (Haw.) Haw. ■☆

186675 Haworthia reticulata (Haw.) Haw. var. attenuata M. B. Bayer;渐尖网状十二卷■☆

186676 Haworthia reticulata (Haw.) Haw. var. hurlingii (Poelln.) M. B. Bayer;赫灵网状十二卷■☆

186677 Haworthia reticulata (Haw.) Haw. var. subregularis (Baker) Pilbeam;齐整网状十二卷■☆

186678 Haworthia reticulata Haw. = Haworthia reticulata (Haw.) Haw. ■☆

186679 Haworthia retusa (L.) Duval;水晶掌(透明宝草);Retuse Haworthia ■☆

186680 Haworthia retusa (L.) Duval f. acuminata M. B. Bayer = Haworthia magnifica Poelln. var. acuminata (M. B. Bayer) M. B. Bayer ■☆

186681 Haworthia retusa (L.) Duval f. argenteo-maculosa (G. G. Sm.) M. B. Bayer = Haworthia magnifica Poelln. var. dekenahii (G. G. Sm.) M. B. Bayer ■☆

186682 Haworthia retusa (L.) Duval var. acuminata (M. B. Bayer) M. B. Bayer = Haworthia magnifica Poelln. var. acuminata (M. B. Bayer) M. B. Bayer ■☆

186683 Haworthia retusa (L.) Duval var. dekenahii (G. G. Sm.) M. B. Bayer = Haworthia magnifica Poelln. var. dekenahii (G. G. Sm.) M. B. Bayer ■☆

186684 Haworthia retusa (L.) Duval var. densiflora G. G. Sm.;密花水晶掌■☆

186685 Haworthia retusa (L.) Duval var. densiflora G. G. Sm. = Haworthia retusa (L.) Duval ■☆

186686 Haworthia retusa (L.) Duval var. multilineata G. G. Sm.;多线水晶掌■☆

186687 Haworthia retusa (L.) Duval var. multilineata G. G. Sm. = Haworthia retusa (L.) Duval ■☆

186688 Haworthia retusa (L.) Duval var. mutica (Haw.) Halda;无刺水晶掌■☆

186689 Haworthia retusa (L.) Duval var. solitaria G. G. Sm.;单生水晶掌■☆

186690 Haworthia retusa (L.) Duval var. solitaria G. G. Sm. = Haworthia retusa (L.) Duval ■☆

186691 Haworthia retusa Duval = Haworthia retusa (L.) Duval ■☆

186692 Haworthia rigida (Lam.) Haw.;硬直十二卷■☆

186693 Haworthia rigida Haw. = Haworthia rigida (Lam.) Haw. ■☆

186694 Haworthia rossouwii Poelln. = Haworthia mirabilis (Haw.) Haw. var. triebneriana (Poelln.) M. B. Bayer ■☆

186695 Haworthia rubriflora (L. Bolus) Parr = Astroloba rubriflora (L. Bolus) G. F. Sm. et J. C. Manning ■☆

186696 Haworthia rubriflora (L. Bolus) Parr var. jacobseniana (Poelln.) Parr = Astroloba rubriflora (L. Bolus) G. F. Sm. et J. C.

Manning ■☆
186697 Haworthia rugosa (Salm-Dyck) Baker;长三角鹰爪草■☆
186698 Haworthia rycroftiana M. B. Bayer = Haworthia integra Poelln. ■☆
186699 Haworthia ryderiana Poelln.;绿玉宝草■☆
186700 Haworthia ryneveldii Poelln. = Haworthia nigra (Haw.) Baker ■☆
186701 Haworthia saundersiae Baker = Chortolirion angolense (Baker) A. Berger ■☆
186702 Haworthia scabra Haw.;粗面十二卷■☆
186703 Haworthia scabra Haw. var. johanii M. Hayashi;约翰粗面十二卷■☆
186704 Haworthia scabra Haw. var. morrisiae (Poelln.) M. B. Bayer;毛利粗面十二卷■☆
186705 Haworthia scabra Haw. var. starkiana (Poelln.) M. B. Bayer;斯塔尔十二卷■☆
186706 Haworthia schmidtiana Poelln. = Haworthia nigra (Haw.) Baker ■☆
186707 Haworthia schmidtiana Poelln. f. nana ? = Haworthia nigra (Haw.) Baker var. diversifolia (Poelln.) Uitewaal ■☆
186708 Haworthia schmidtiana Poelln. var. angustata ? = Haworthia nigra (Haw.) Baker ■☆
186709 Haworthia schmidtiana Poelln. var. elongata ? = Haworthia nigra (Haw.) Baker ■☆
186710 Haworthia schmidtiana Poelln. var. pusilla ? = Haworthia nigra (Haw.) Baker ■☆
186711 Haworthia schmidtiana Poelln. var. suberectata ? = Haworthia nigra (Haw.) Baker ■☆
186712 Haworthia schoemanii M. Hayashi;舍曼十二卷■☆
186713 Haworthia schuldtiana Poelln. = Haworthia maraisii Poelln. ■☆
186714 Haworthia schuldtiana Poelln. var. erecta Triebner et Poelln. = Haworthia maraisii Poelln. var. notabilis (Poelln.) M. B. Bayer ■☆
186715 Haworthia schuldtiana Poelln. var. maculata Poelln. = Haworthia maculata (Poelln.) M. B. Bayer ■☆
186716 Haworthia schuldtiana Poelln. var. major G. G. Sm. = Haworthia emelyae Poelln. var. major (G. G. Sm.) M. B. Bayer ■☆
186717 Haworthia schuldtiana Poelln. var. minor Triebner et Poelln. = Haworthia maraisii Poelln. ■☆
186718 Haworthia schuldtiana Poelln. var. robertsonensis ? = Haworthia maraisii Poelln. ■☆
186719 Haworthia schuldtiana Poelln. var. simplicior ? = Haworthia maraisii Poelln. ■☆
186720 Haworthia schuldtiana Poelln. var. sublaevis ? = Haworthia maraisii Poelln. ■☆
186721 Haworthia schuldtiana Poelln. var. subtuberculata ? = Haworthia maraisii Poelln. ■☆
186722 Haworthia schuldtiana Poelln. var. unilineata ? = Haworthia maraisii Poelln. ■☆
186723 Haworthia scottii Breuer;司科特十二卷■☆
186724 Haworthia semiglabrata Haw. = Haworthia maxima (Haw.) Duval ■☆
186725 Haworthia semiviva (Poelln.) M. B. Bayer;醉眠十二卷■☆
186726 Haworthia serrata M. B. Bayer;具齿十二卷■☆
186727 Haworthia sessiliflora Baker;无梗花十二卷■☆
186728 Haworthia setata Haw.;刚毛锦鸡尾(刚毛蛛网卷,绫衣草,绫衣绘卷);Setaceous Haworthia ■☆
186729 Haworthia setata Haw. = Haworthia arachnoidea (L.) Duval var. setata (Haw.) M. B. Bayer ■☆
186730 Haworthia setata Haw. = Haworthia arachnoidea (L.) Duval ■☆
186731 Haworthia setata Haw. var. major Haw. = Haworthia arachnoidea (L.) Duval var. setata (Haw.) M. B. Bayer ■☆
186732 Haworthia setata Haw. var. nigricans Haw. = Haworthia arachnoidea (L.) Duval var. nigricans (Haw.) M. B. Bayer ■☆
186733 Haworthia setata Haw. var. subinermis Poelln. = Haworthia aristata Haw. ■☆
186734 Haworthia shieldsiana Parr = Astroloba congesta (Salm-Dyck) Uitewaal ■☆
186735 Haworthia smitii Poelln. = Haworthia scabra Haw. var. starkiana (Poelln.) M. B. Bayer ■☆
186736 Haworthia sordida Haw.;污浊十二卷■☆
186737 Haworthia sordida Haw. var. lavranii C. L. Scott;拉夫朗十二卷■☆
186738 Haworthia spiralis (L.) Duval = Astroloba spiralis (L.) Uitewaal ■☆
186739 Haworthia spirella Haw. = Astroloba spiralis (L.) Uitewaal ■☆
186740 Haworthia starkiana Poelln. = Haworthia scabra Haw. var. starkiana (Poelln.) M. B. Bayer ■☆
186741 Haworthia stayneri Poelln. = Haworthia cooperi Baker var. pilifera (Baker) M. B. Bayer ■☆
186742 Haworthia stayneri Poelln. var. salina Poelln. = Haworthia cooperi Baker var. pilifera (Baker) M. B. Bayer ■☆
186743 Haworthia stenophylla Baker = Chortolirion angolense (Baker) A. Berger ■☆
186744 Haworthia stenophylla Hook. = Chortolirion angolense (Baker) A. Berger ■☆
186745 Haworthia subattenuata (Salm-Dyck) Baker;渐尖十二卷■☆
186746 Haworthia subfasciata (Salm-Dyck) Baker = Haworthia fasciata (Willd.) Haw. ■☆
186747 Haworthia subfasciata Baker;锦纹卷;Subflatted Haworthia ■☆
186748 Haworthia sublimpidula Poelln. = Haworthia maraisii Poelln. ■☆
186749 Haworthia submaculata Poelln. = Haworthia herbacea (Mill.) Stearn ■☆
186750 Haworthia subregularis Baker = Haworthia reticulata (Haw.) Haw. var. subregularis (Baker) Pilbeam ■☆
186751 Haworthia subspicata Baker = Chortolirion angolense (Baker) A. Berger ■☆
186752 Haworthia subularis M. Hayashi;钻十二卷■☆
186753 Haworthia tenera Poelln.;柔茎锦鸡尾;Tender Haworthia ■☆
186754 Haworthia tenera Poelln. = Haworthia cooperi Baker var. tenera (Poelln.) M. B. Bayer ■☆
186755 Haworthia tenuifolia Engl. = Chortolirion angolense (Baker) A. Berger ■☆
186756 Haworthia tessellata (Salm-Dyck) Haw.;龙鳞草(龙鳞,龙鳞锉刀花,蛇皮掌);Tessellatted Haworthia ■
186757 Haworthia tessellata Haw. = Haworthia venosa (Lam.) Haw. subsp. tessellata (Haw.) M. B. Bayer ■☆
186758 Haworthia tessellata Haw. f. brevior Resende et Poelln.;短龙鳞草■☆
186759 Haworthia tessellata Haw. f. brevior Resende et Poelln. = Haworthia venosa (Lam.) Haw. subsp. tessellata (Haw.) M. B. Bayer ■☆
186760 Haworthia tessellata Haw. f. longior Resende et Poelln.;长龙鳞

草■☆

186761 Haworthia tessellata Haw. f. longior Resende et Poelln. = Haworthia venosa (Lam.) Haw. subsp. tessellata (Haw.) M. B. Bayer ■☆

186762 Haworthia tessellata Haw. f. major J. R. Br. = Haworthia venosa (Lam.) Haw. subsp. tessellata (Haw.) M. B. Bayer ■☆

186763 Haworthia tessellata Haw. var. coriacea Resende et Poelln.; 革质龙鳞草■☆

186764 Haworthia tessellata Haw. var. coriacea Resende et Poelln. = Haworthia venosa (Lam.) Haw. subsp. tessellata (Haw.) M. B. Bayer ■☆

186765 Haworthia tessellata Haw. var. elongata ? = Haworthia venosa (Lam.) Haw. subsp. tessellata (Haw.) M. B. Bayer ■☆

186766 Haworthia tessellata Haw. var. inflexa Baker; 内曲龙鳞草■☆

186767 Haworthia tessellata Haw. var. inflexa Baker = Haworthia venosa (Lam.) Haw. subsp. tessellata (Haw.) M. B. Bayer ■☆

186768 Haworthia tessellata Haw. var. luisieri Resende et Poelln. = Haworthia venosa (Lam.) Haw. subsp. tessellata (Haw.) M. B. Bayer ■☆

186769 Haworthia tessellata Haw. var. obesa Resende et Poelln. = Haworthia venosa (Lam.) Haw. subsp. tessellata (Haw.) M. B. Bayer ■☆

186770 Haworthia tessellata Haw. var. palhinhae Resende et Poelln. = Haworthia venosa (Lam.) Haw. subsp. tessellata (Haw.) M. B. Bayer ■☆

186771 Haworthia tessellata Haw. var. simplex Resende et Poelln. = Haworthia venosa (Lam.) Haw. subsp. tessellata (Haw.) M. B. Bayer ■☆

186772 Haworthia tessellata Haw. var. stephaniana Resende et Poelln. = Haworthia venosa (Lam.) Haw. subsp. tessellata (Haw.) M. B. Bayer ■☆

186773 Haworthia tessellata Haw. var. tuberculata Poelln. = Haworthia venosa (Lam.) Haw. subsp. tessellata (Haw.) M. B. Bayer ■☆

186774 Haworthia tessellata Haw. var. velutina Resende et Poelln. = Haworthia venosa (Lam.) Haw. subsp. tessellata (Haw.) M. B. Bayer ■☆

186775 Haworthia torquata Haw. = Haworthia viscosa (L.) Haw. ■☆

186776 Haworthia tortuosa (Haw.) Haw.; 象牙草(小天狗)■

186777 Haworthia tortuosa (Haw.) Haw. = Haworthia viscosa (L.) Haw. ■☆

186778 Haworthia transiens (Poelln.) M. B. Bayer; 变幻十二卷■☆

186779 Haworthia translucens (W. T. Aiton) Haw. subsp. tenera (Poelln.) M. B. Bayer = Haworthia cooperi Baker var. tenera (Poelln.) M. B. Bayer ■☆

186780 Haworthia translucens Haw.; 玻璃虎爪; Traslucence Haworthia ■☆

186781 Haworthia translucens Haw. = Haworthia herbacea (Mill.) Stearn ■☆

186782 Haworthia triebneriana Poelln. = Haworthia mirabilis (Haw.) Haw. var. triebneriana (Poelln.) M. B. Bayer ■☆

186783 Haworthia triebneriana Poelln. var. depauperata ? = Haworthia mirabilis (Haw.) Haw. var. triebneriana (Poelln.) M. B. Bayer ■☆

186784 Haworthia triebneriana Poelln. var. diversicolor Triebner et Poelln. = Haworthia maraisii Poelln. ■☆

186785 Haworthia triebneriana Poelln. var. multituberculata ? = Haworthia mirabilis (Haw.) Haw. var. triebneriana (Poelln.) M. B. Bayer ■☆

186786 Haworthia triebneriana Poelln. var. napierensis Triebner et Poelln. = Haworthia mirabilis (Haw.) Haw. var. triebneriana (Poelln.) M. B. Bayer ■☆

186787 Haworthia triebneriana Poelln. var. pulchra ? = Haworthia mirabilis (Haw.) Haw. var. triebneriana (Poelln.) M. B. Bayer ■☆

186788 Haworthia triebneriana Poelln. var. rubrodentata Triebner et Poelln. = Haworthia mirabilis (Haw.) Haw. var. triebneriana (Poelln.) M. B. Bayer ■☆

186789 Haworthia triebneriana Poelln. var. sublineata ? = Haworthia mirabilis (Haw.) Haw. var. sublineata (Poelln.) M. B. Bayer ■☆

186790 Haworthia triebneriana Poelln. var. subtuberculata ? = Haworthia mirabilis (Haw.) Haw. var. triebneriana (Poelln.) M. B. Bayer ■☆

186791 Haworthia triebneriana Poelln. var. turgida Triebner = Haworthia mirabilis (Haw.) Haw. var. triebneriana (Poelln.) M. B. Bayer ■☆

186792 Haworthia truncata Schönland; 截枝锦鸡尾(玉扇); Haworthia, Truncated Haworthia ■☆

186793 Haworthia truncata Schönland f. crassa Poelln. = Haworthia truncata Schönland ■☆

186794 Haworthia truncata Schönland f. tenuis Poelln. = Haworthia truncata Schönland ■☆

186795 Haworthia truncata Schönland var. minor Breuer; 小截枝锦鸡尾■☆

186796 Haworthia tuberculata Poelln. = Haworthia scabra Haw. ■☆

186797 Haworthia tuberculata Poelln. var. acuminata ? = Haworthia scabra Haw. ■☆

186798 Haworthia tuberculata Poelln. var. angustata ? = Haworthia scabra Haw. ■☆

186799 Haworthia tuberculata Poelln. var. subexpansa ? = Haworthia scabra Haw. ■☆

186800 Haworthia tuberculata Poelln. var. sublaevis ? = Haworthia scabra Haw. ■☆

186801 Haworthia turgida (Roem. et Schult.) Haw.; 丛生玻璃掌(翠宝草,厚叶十二卷); Swollen Haworthia ■☆

186802 Haworthia turgida (Roem. et Schult.) Haw. var. longibracteata (G. G. Sm.) M. B. Bayer; 长苞丛生玻璃掌■☆

186803 Haworthia turgida Haw. = Haworthia turgida (Roem. et Schult.) Haw. ■☆

186804 Haworthia turgida Haw. var. longibracteata (G. G. Sm.) M. B. Bayer = Haworthia turgida (Roem. et Schult.) Haw. var. longibracteata (G. G. Sm.) M. B. Bayer ■☆

186805 Haworthia turgida Haw. var. pallidifolia G. G. Sm. = Haworthia turgida Haw. var. suberecta Poelln. ■☆

186806 Haworthia turgida Haw. var. suberecta Poelln.; 直立丛生玻璃掌■☆

186807 Haworthia turgida Haw. var. subtuberculata Poelln. = Haworthia turgida Haw. var. suberecta Poelln. ■☆

186808 Haworthia ubomboensis I. Verd. = Haworthia limifolia Marloth var. ubomboensis (I. Verd.) G. G. Sm. ■☆

186809 Haworthia umbraticola Poelln. = Haworthia cymbiformis (Haw.) Duval var. obtusa (Haw.) Baker ■☆

186810 Haworthia unicolor Poelln. = Haworthia mucronata Haw. ■☆

186811 Haworthia unicolor Poelln. var. venteri (Poelln.) M. B. Bayer = Haworthia arachnoidea (L.) Duval var. nigricans (Haw.) M. B. Bayer ■☆

186812 Haworthia variegata L. Bolus; 白斑十二卷■☆

186813 Haworthia variegata L. Bolus var. hemicrypta M. B. Bayer; 半隐

白斑十二卷■☆
186814 Haworthia variegata L. Bolus var. modesta M. B. Bayer;适度白斑十二卷■☆
186815 Haworthia variegata L. Bolus var. petrophila M. B. Bayer;喜岩白斑十二卷■☆
186816 Haworthia venosa (Lam.) Haw.;多脉十二卷■☆
186817 Haworthia venosa (Lam.) Haw. subsp. granulata (Marloth) M. B. Bayer;颗粒多脉十二卷■☆
186818 Haworthia venosa (Lam.) Haw. subsp. tessellata (Haw.) M. B. Bayer;格纹多脉十二卷■☆
186819 Haworthia venosa (Lam.) Haw. subsp. woolleyi (Poelln.) Halda;伍雷十二卷■☆
186820 Haworthia venosa (Lam.) Haw. var. oertendahlii Hjelmq. = Haworthia venosa (Lam.) Haw. ■☆
186821 Haworthia venteri Poelln. = Haworthia arachnoidea (L.) Duval var. nigricans (Haw.) M. B. Bayer ■☆
186822 Haworthia venusta C. L. Scott = Haworthia cooperi Baker var. venusta (C. L. Scott) M. B. Bayer ■☆
186823 Haworthia virella (M. B. Bayer) Bruyns;浅绿十二卷■☆
186824 Haworthia virescens Haw. = Haworthia marginata (Lam.) Stearn ■☆
186825 Haworthia virescens Haw. var. minor ? = Haworthia marginata (Lam.) Stearn ■☆
186826 Haworthia viscosa (L.) Haw.;黏十二卷■☆
186827 Haworthia viscosa (L.) Haw. subsp. dereki-clarki Halda = Haworthia viscosa (L.) Haw. ■☆
186828 Haworthia viscosa (L.) Haw. var. caespitosa Poelln. = Haworthia viscosa (L.) Haw. ■☆
186829 Haworthia viscosa (L.) Haw. var. concinna (Schult. et Schult. f.) Baker = Haworthia viscosa (L.) Haw. ■☆
186830 Haworthia viscosa (L.) Haw. var. cougaensis G. G. Sm. = Haworthia viscosa (L.) Haw. ■☆
186831 Haworthia viscosa (L.) Haw. var. indurata (Haw.) Baker = Haworthia viscosa (L.) Haw. ■☆
186832 Haworthia viscosa (L.) Haw. var. major Haw. = Haworthia viscosa (L.) Haw. ■☆
186833 Haworthia viscosa (L.) Haw. var. parvifolia Haw. = Haworthia viscosa (L.) Haw. ■☆
186834 Haworthia viscosa (L.) Haw. var. pseudotortuosa (Salm-Dyck) Baker = Haworthia viscosa (L.) Haw. ■☆
186835 Haworthia viscosa (L.) Haw. var. quaggaensis G. G. Sm. = Haworthia viscosa (L.) Haw. ■☆
186836 Haworthia viscosa (L.) Haw. var. subobtusa Poelln. = Haworthia viscosa (L.) Haw. ■☆
186837 Haworthia viscosa (L.) Haw. var. torquata (Salm-Dyck) Baker = Haworthia viscosa (L.) Haw. ■☆
186838 Haworthia viscosa (L.) Haw. var. variabilis Breuer;多变黏十二卷■☆
186839 Haworthia viscosa (L.) Haw. var. viridissima G. G. Sm. = Haworthia viscosa (L.) Haw. ■☆
186840 Haworthia viscosa Haw.;三角鹰爪草(粘塔);Viscose Haworthia ■☆
186841 Haworthia vittata Baker = Haworthia cooperi Baker ■☆
186842 Haworthia vlokii M. B. Bayer;弗劳克十二卷■☆
186843 Haworthia whitesloaneana Poelln. = Haworthia maraisii Poelln. ■☆
186844 Haworthia willowmorensis Poelln. = Haworthia mirabilis (Haw.) Haw. var. triebneriana (Poelln.) M. B. Bayer ■☆
186845 Haworthia wittebergensis W. F. Barker;维特伯格十二卷■☆
186846 Haworthia woolleyi Poelln. = Haworthia venosa (Lam.) Haw. subsp. woolleyi (Poelln.) Halda ■☆
186847 Haworthia xiphiophylla Baker = Haworthia decipiens Poelln. var. xiphiophylla (Baker) M. B. Bayer ■☆
186848 Haworthia zantneriana Poelln.;扎恩十二卷■☆
186849 Haworthia zantneriana Poelln. var. minor M. B. Bayer;小扎恩十二卷■☆
186850 Haworthiaceae Horan. = Asphodelaceae Juss. ●■
186851 Haxtonia Caley ex D. Don = Olearia Moench(保留属名)●☆
186852 Haya Balf. f. (1884);卵叶轮草属■☆
186853 Haya obovata Balf. f.;卵叶轮草■☆
186854 Hayacka Willis = ? Paullinia L. ●☆
186855 Hayacka Willis = Hayecka Pohl ●☆
186856 Hayataella Masam. (1934);棱萼茜属(玉兰草属,早田草属);Hayatagrass ●■★
186857 Hayataella Masam. = Ophiorrhiza L. ●■
186858 Hayataella mitchelloides Masam.;棱萼茜(东南蛇根草,山茜草,玉兰草,早田草);Michella-like Hayatagrass ■
186859 Hayataella mitchelloides Masam. = Ophiorrhiza mitchelloides (Masam.) H. S. Lo ■
186860 Haydonia R. Wilczek = Vigna Savi(保留属名)■
186861 Haydonia juncea (Milne-Redh.) Maréchal = Vigna juncea Milne-Redh. ■☆
186862 Haydonia monophylla (Taub.) R. Wilczek = Vigna monophylla Taub. ■☆
186863 Haydonia triphylla R. Wilczek = Vigna triphylla (R. Wilczek) Verdc. ■☆
186864 Hayecka Pohl = ? Paullinia L. ●☆
186865 Haylockia Herb. = Zephyranthes Herb. (保留属名)■
186866 Haynaldia Kanitz = Lobelia L. ●■
186867 Haynaldia Schur = Dasypyrum (Coss. et Durieu) T. Durand ■☆
186868 Haynaldia Schur(1866);海因禾属■☆
186869 Haynaldia breviaristata H. Lindb. = Dasypyrum breviaristatum (H. Lindb.) Fred. ■☆
186870 Haynaldia hordeacea (Coss. et Durieu) Hack. = Dasypyrum breviaristatum (H. Lindb.) Fred. ■☆
186871 Haynaldia hordeacea (Coss. et Durieu) Hack. var. breviaristata (H. Lindb.) Maire = Dasypyrum breviaristatum (H. Lindb.) Fred. ■☆
186872 Haynaldia hordeacea (Coss. et Durieu) Hack. var. velutina Maire = Dasypyrum breviaristatum (H. Lindb.) Fred. ■☆
186873 Haynaldia villosa (L.) Schur = Dasypyrum villosum (L.) P. Candargy ■☆
186874 Haynaldia villosa (L.) Schur.;海因禾■☆
186875 Haynea Rchb. = Modiola Moench ■☆
186876 Haynea Schumach. et Thonn. = Fleurya Gaudich. ●■☆
186877 Haynea Schumach. et Thonn. = Laportea Gaudich. (保留属名)●■
186878 Haynea Willd. = Pacourina Aubl. ■☆
186879 Haynea ovalifolia Schumach. et Thonn. = Laportea ovalifolia (Schumach. et Thonn.) Chew ●☆
186880 Hazardia Greene = Haplopappus Cass. (保留属名)■●☆
186881 Hazardia Greene(1887);毛菀木属;Bristleweed ■●☆
186882 Hazardia brickellioides (S. F. Blake) W. D. Clark;肋泽兰毛菀木●☆

186883 Hazardia cana (A. Gray) Greene;灰色毛菀木;San Clemente Island Bristleweed ●☆
186884 Hazardia detonsa (Greene) Greene;海岛毛菀木;Island Bristleweed ●☆
186885 Hazardia obtusa Greene = Hazardia squarrosa (Hook. et Arn.) Greene var. obtusa (Greene) Jeps. ●☆
186886 Hazardia orcuttii (A. Gray) Greene;奥克特毛菀木;Orcutt's Bristleweed ●☆
186887 Hazardia squarrosa (Hook. et Arn.) Greene;粗糙毛菀木;Sawtooth Bristleweed ●☆
186888 Hazardia squarrosa (Hook. et Arn.) Greene var. grindelioides (DC.) W. D. Clark;胶菀毛菀木●☆
186889 Hazardia squarrosa (Hook. et Arn.) Greene var. obtusa (Greene) Jeps.;粗壮毛菀木●☆
186890 Hazardia stenolepis (H. M. Hall) Hoover;窄鳞毛菀木;Serpentine Bristleweed ●☆
186891 Hazardia whitneyi (A. Gray) Greene;惠特尼毛菀木;Whitney's bristleweed ●☆
186892 Hazomalania Capuron = Hernandia L. ●
186893 Hazomalania Capuron(1966);马岛莲叶桐属●☆
186894 Hazomalania voyronii (Jum.) Capuron;马岛莲叶桐●☆
186895 Hazomalania voyronii (Jum.) Capuron = Hernandia voyronii Jum. ●☆
186896 Hazunta Pichon = Tabernaemontana L. ●
186897 Hazunta Pichon(1948);黑簪木属(黑簪属)●☆
186898 Hazunta angustifolia Pichon;狭叶黑簪木●☆
186899 Hazunta angustifolia Pichon = Tabernaemontana coffeoides Bojer ex A. DC. ●☆
186900 Hazunta coffeoides (Bojer ex A. DC.) Pichon = Tabernaemontana coffeoides Bojer ex A. DC. ●☆
186901 Hazunta costata Markgr. = Tabernaemontana coffeoides Bojer ex A. DC. ●☆
186902 Hazunta decaryi Markgr. = Pentopetia ovalifolia (Costantin et Gallaud) Klack. ■☆
186903 Hazunta graciliflora Pichon = Tabernaemontana coffeoides Bojer ex A. DC. ●☆
186904 Hazunta membranacea (A. DC.) Pichon;膜质黑簪木●☆
186905 Hazunta membranacea (A. DC.) Pichon = Tabernaemontana coffeoides Bojer ex A. DC. ●☆
186906 Hazunta membranacea (A. DC.) Pichon f. pilifera Markgr. = Tabernaemontana coffeoides Bojer ex A. DC. ●☆
186907 Hazunta modesta (Baker) Pichon;素黑簪木(素黑簪)●☆
186908 Hazunta modesta (Baker) Pichon subvar. brevituba Markgr. = Tabernaemontana coffeoides Bojer ex A. DC. ●☆
186909 Hazunta modesta (Baker) Pichon subvar. divaricata (Pichon) Markgr. = Tabernaemontana coffeoides Bojer ex A. DC. ●☆
186910 Hazunta modesta (Baker) Pichon subvar. montana Markgr. = Tabernaemontana coffeoides Bojer ex A. DC. ●☆
186911 Hazunta modesta (Baker) Pichon subvar. velutina (Pichon) Markgr. = Tabernaemontana coffeoides Bojer ex A. DC. ●☆
186912 Hazunta modesta (Baker) Pichon var. divaricata Pichon = Tabernaemontana coffeoides Bojer ex A. DC. ●☆
186913 Hazunta modesta (Baker) Pichon var. methuenii (Stapf et M. L. Green) Pichon = Tabernaemontana coffeoides Bojer ex A. DC. ●☆
186914 Hazunta silicicola Pichon = Tabernaemontana coffeoides Bojer ex A. DC. ●☆
186915 Hazunta subcaudata Pichon;尾状黑簪木●☆
186916 Hazunta velutina Pichon = Tabernaemontana coffeoides Bojer ex A. DC. ●☆
186917 Hearnia F. Muell. = Aglaia Lour. (保留属名)●
186918 Hearnia balansae C. DC. = Canarium parvum Leenh. ●
186919 Hearnia balansae C. DC. = Canarium tonkinense Guillaumin ●
186920 Hebandra Post et Kuntze = Hebeandra Bonpl. ●☆
186921 Hebandra Post et Kuntze = Monnina Ruiz et Pav. ●☆
186922 Hebanthe Mart. = Pfaffia Mart. ■☆
186923 Hebanthe palmeri S. Watson = Iresine palmeri (S. Watson) Standl. ●☆
186924 Hebanthodes Pedersen(2000);秘鲁苋属■☆
186925 Hebe Comm. ex Juss. (1789);木本婆婆纳属(长阶花属,赫柏木属,拟婆婆纳属);Hebe, Hedge Veronica, Koromiko, Shrubby Veronica ●☆
186926 Hebe × franciscana (Eastw.) Souster;紫花赫柏木;Hedge Veronica ●☆
186927 Hebe × franciscana (Eastw.) Souster 'Blue Gem';蓝宝石紫花赫柏木(蓝宝石长阶花)●☆
186928 Hebe × franciscana (Eastw.) Souster 'Variegata';斑叶紫花赫柏木●☆
186929 Hebe albicans Cockayne;白花赫柏木(白长阶花)●☆
186930 Hebe albicans Cockayne 'Cranleigh Gem';克兰利宝石白长阶花●☆
186931 Hebe andersonii Cockayne;木本婆婆纳(安德森赫柏木,安氏长阶花)●☆
186932 Hebe andersonii Cockayne 'Variegata';花叶安氏长阶花●☆
186933 Hebe armstrongii Cockayne et Allan;黄绿枝赫柏木●☆
186934 Hebe barkeri A. Wall;巴氏赫柏木;Barker's Hebe ●☆
186935 Hebe bollonsii Cockayne et Allan;鲍鲁赫柏木●☆
186936 Hebe brachysiphon Summerh.;短管长阶花;Hooker's Hebe ●☆
186937 Hebe brachysiphon Summerh. 'White Gem';白宝石长阶花●☆
186938 Hebe buchananii Cockayne et Allan;亮叶赫柏木(布氏长阶花)●☆
186939 Hebe buchananii Cockayne et Allan 'Minor';小叶布氏长阶花●☆
186940 Hebe buxifolia Cockayne et Allan;新西兰赫柏木;Boxleaf Hebe, New Zealand Flame Bush ●☆
186941 Hebe canterburiensis (Armstr.) L. B. Moore;坎特伯雷长阶花●☆
186942 Hebe carnosula Cockayne et Allan;肉叶长阶花●☆
186943 Hebe chathamica Cockayne et Allan;查塔姆赫柏木●☆
186944 Hebe cheesemanii Cockayne et Allan;细枝赫柏木●☆
186945 Hebe cockayniana Cockayne et Allan;考肯赫柏木●☆
186946 Hebe cupressoides Andersen;柏赫柏木(柏状长阶花);Whipcord Hebe ●☆
186947 Hebe decumbens Cockayne et Allan;匍匐赫柏木●☆
186948 Hebe dieffenbachii Cockayne et Allan;迪氏赫柏木;Dieffenbach's Hebe ●☆
186949 Hebe diosmifolia Andersen;狭叶赫柏木●☆
186950 Hebe elliptica (G. Forst.) Pennell;海滨赫柏木●☆
186951 Hebe elliptica (G. Forst.) Pennell = Hebe × franciscana (Eastw.) Souster ●☆
186952 Hebe epacridea Andersen;紫赫柏木●☆
186953 Hebe evenosa Cockayne et Allan;肉叶赫柏木●☆
186954 Hebe haastii Cockayne et Allan;曲枝赫柏木●☆
186955 Hebe hectori Cockayne et Allan;鳞叶赫柏木●☆

186956 Hebe hectori Cockayne et Allan subsp. demissa (G. Simpson) Wagstaff et Wardle;矮生鳞叶赫柏木●☆
186957 Hebe hulkeana Andersen;赫耳克长阶花;New Zealand Lilac ●☆
186958 Hebe hulkeana Andersen 'Lilac Hint';淡紫赫耳克长阶花●☆
186959 Hebe lewisii Cockayne et Allan;刘易斯赫柏木;Lewis' Hebe ●☆
186960 Hebe lycopodioides Allan;石松赫柏木●☆
186961 Hebe macrantha Cockayne et Allan;大花赫柏木(大花长阶花)●☆
186962 Hebe macrocarpa Cockayne et Allan;大果赫柏木●☆
186963 Hebe menziesii Cockayne et Allan;梅氏赫柏木●☆
186964 Hebe ochracea Ashwin;赭黄赫柏木(淡黄褐叶长阶花)●☆
186965 Hebe odora Cockayne;香赫柏木(香拟婆婆纳)●☆
186966 Hebe parviflora Andersen;小花赫柏木●☆
186967 Hebe pinguifolia Cockayne et Allan;厚叶赫柏木(长阶花,希稗,油叶长阶花);Disk-leaved Hebe,Veronica ●☆
186968 Hebe pinguifolia Cockayne et Allan 'Pagei';帕吉厚叶赫柏木;Veronica ●☆
186969 Hebe poppelwellii Cockayne et Allan;条纹赫柏木●☆
186970 Hebe rakaiensis (Armstr.) Cockayne;短叶赫柏木(拉凯长阶花)●☆
186971 Hebe recurva G. Simpson et J. S. Thomson;反曲长阶花●☆
186972 Hebe salicifolia Pennell;柳叶赫柏木(柳叶长阶花);Koromiko,Narrow-leaved Hedge Veronica ●☆
186973 Hebe speciosa Andersen;美丽赫柏木;New Zealand Hebe,Showy Hebe ●☆
186974 Hebe speciosa Andersen 'Ruddigore';迷人长阶花●☆
186975 Hebe speciosa Andersen 'Variegata';斑叶美丽赫柏木;Variegated Hebe ●☆
186976 Hebe speciosa Andersen = Hebe × franciscana (Eastw.) Souster ●☆
186977 Hebe stricta (Benth.) L. B. Moore;速生赫柏木(直拟婆婆纳)●☆
186978 Hebe subalpina Cockayne;山赫柏木●☆
186979 Hebe topiaria L. B. Moore;蓝赫柏木●☆
186980 Hebe townsoni Cockayne et Allan;汤森赫柏木●☆
186981 Hebe traversii Allan;垂枝赫柏木●☆
186982 Hebe venustula (Colenso) L. B. Moore;迷人赫柏木●☆
186983 Hebe vernicosa Cockayne et Allan;蔓生赫柏木(光亮长阶花)●☆
186984 Hebea (Pers.) R. Hedw. = Gladiolus L. ■
186985 Hebea L. Bolus = Tritoniopsis L. Bolus ■☆
186986 Hebea R. Hedw. = Gladiolus L. ■
186987 Hebea angusta L. Bolus = Tritoniopsis parviflora (Jacq.) G. J. Lewis var. angusta (L. Bolus) G. J. Lewis ■☆
186988 Hebea arenaria (Baker) L. Bolus = Tritoniopsis parviflora (Jacq.) G. J. Lewis ■☆
186989 Hebea bicolor Eckl. = Gladiolus virescens Thunb. ■☆
186990 Hebea dodii G. J. Lewis = Tritoniopsis dodii (G. J. Lewis) G. J. Lewis ■☆
186991 Hebea elongata L. Bolus = Tritoniopsis elongata (L. Bolus) G. J. Lewis ■☆
186992 Hebea lata L. Bolus = Tritoniopsis lata (L. Bolus) G. J. Lewis ■☆
186993 Hebea lata L. Bolus var. longibracteata ? = Tritoniopsis lata (L. Bolus) G. J. Lewis var. longibracteata ? ■☆
186994 Hebea nemorosa (Klatt) Lippert = Tritoniopsis nemorosa (Klatt) G. J. Lewis ■☆
186995 Hebea parviflora (Jacq.) L. Bolus = Tritoniopsis parviflora (Jacq.) G. J. Lewis ■☆
186996 Hebeandra Bonpl. = Monnina Ruiz et Pav. ●☆
186997 Hebeanthe Rchb. = Hebanthe Mart. ■☆
186998 Hebecladus Miers(1845)(保留属名);毛枝茄属●☆
186999 Hebecladus Miers(保留属名) = Jaltomata Schltdl. ●☆
187000 Hebeclinium DC. (1836);毛泽兰属■●☆
187001 Hebeclinium macrocephalum Benth.;大头毛泽兰●☆
187002 Hebeclinium macrophyllum DC.;大叶毛泽兰●☆
187003 Hebeclintum DC. = Eupatorium L. ■●
187004 Hebecocca Beurl. = Omphalea L. (保留属名)■☆
187005 Hebecoccus Radlk. = Lepisanthes Blume ●
187006 Hebejeebie Heads(2003);新西兰玄参属■☆
187007 Hebelia C. C. Gmel. = Narthecium Gerard(废弃属名)■
187008 Hebelia C. C. Gmel. = Tofieldia Huds. ■
187009 Hebenstreitia L. = Hebenstretia L. ●☆
187010 Hebenstreitia Murr. = Hebenstretia L. ●☆
187011 Hebenstreitiaceae Horan. = Scrophulariaceae Juss. (保留科名)●■
187012 Hebenstreitiaceae Horan. = Selaginaceae Choisy(保留科名)●■
187013 Hebenstretia L. (1753);单裂萼玄参属●☆
187014 Hebenstretia alba Jacq. f. = Dischisma ciliatum (P. J. Bergius) Choisy ■☆
187015 Hebenstretia albiflora Hort. = Dischisma ciliatum (P. J. Bergius) Choisy ■☆
187016 Hebenstretia angolensis Rolfe;安哥拉单裂萼玄参●☆
187017 Hebenstretia aurea Andréws = Hebenstretia integrifolia L. ●☆
187018 Hebenstretia basutica E. Phillips = Hebenstretia dura Choisy ●☆
187019 Hebenstretia bequaertii De Wild. = Hebenstretia angolensis Rolfe ●☆
187020 Hebenstretia capitata Thunb. = Dischisma capitatum (Thunb.) Choisy ■☆
187021 Hebenstretia chamaedryfolia Link ex Jaroscz = Dischisma ciliatum (P. J. Bergius) Choisy subsp. erinoides (L. f.) Rössler ■☆
187022 Hebenstretia ciliata P. J. Bergius = Dischisma ciliatum (P. J. Bergius) Choisy ■☆
187023 Hebenstretia comosa Hochst.;簇毛单裂萼玄参●☆
187024 Hebenstretia comosa Hochst. var. integrifolia Rolfe = Hebenstretia comosa Hochst. ●☆
187025 Hebenstretia cooperi Rolfe = Hebenstretia dura Choisy ●☆
187026 Hebenstretia cordata L.;心形单裂萼玄参●☆
187027 Hebenstretia crassifolia Choisy = Hebenstretia robusta E. Mey. ●☆
187028 Hebenstretia dentata L.;具齿单裂萼玄参●☆
187029 Hebenstretia dentata L. var. integrifolia (L.) Choisy = Hebenstretia integrifolia L. ●☆
187030 Hebenstretia dentata L. var. integrifolia (L.) E. Mey. = Hebenstretia dentata L. ●☆
187031 Hebenstretia dentata L. var. parvifolia Choisy = Hebenstretia integrifolia L. ●☆
187032 Hebenstretia discoidea E. Mey. = Hebenstretia repens Jaroscz ●☆
187033 Hebenstretia dregei Rolfe;德雷单裂萼玄参●☆
187034 Hebenstretia dura Choisy;硬单裂萼玄参●☆
187035 Hebenstretia elongata Bolus ex Rolfe = Hebenstretia comosa

Hochst. ●☆
187036 Hebenstretia erinoides L. f. = Dischisma ciliatum (P. J. Bergius) Choisy subsp. erinoides (L. f.) Rössler ■☆
187037 Hebenstretia fenestrata (E. Mey.) Rolfe = Hebenstretia repens Jaroscz ●☆
187038 Hebenstretia filifolia Gand. = Hebenstretia dentata L. ●☆
187039 Hebenstretia fruticosa L. f. = Dischisma fruticosum (L. f.) Rolfe ■☆
187040 Hebenstretia fruticosa Sims = Hebenstretia dura Choisy ●☆
187041 Hebenstretia glandulosa E. Phillips = Dischisma spicatum (Thunb.) Choisy ■☆
187042 Hebenstretia glaucescens Schltr.;灰绿单裂萼玄参●☆
187043 Hebenstretia hamulosa E. Mey.;钩单裂萼玄参●☆
187044 Hebenstretia hispida Lam. = Dischisma ciliatum (P. J. Bergius) Choisy ■☆
187045 Hebenstretia holubii Rolfe = Hebenstretia angolensis Rolfe ●☆
187046 Hebenstretia integrifolia L.;全叶单裂萼玄参●☆
187047 Hebenstretia kamiesbergensis Rössler;卡米斯贝赫单裂萼玄参●☆
187048 Hebenstretia lanceolata (E. Mey.) Rolfe;披针形单裂萼玄参●☆
187049 Hebenstretia laxifolia E. Phillips = Hebenstretia dentata L. ●☆
187050 Hebenstretia leucostachys Schltr. = Hebenstretia lanceolata (E. Mey.) Rolfe ●☆
187051 Hebenstretia macra E. Mey. = Hebenstretia robusta E. Mey. ●☆
187052 Hebenstretia minutiflora Rolfe;微花单裂萼玄参●☆
187053 Hebenstretia namaquensis Rössler;纳马夸单裂萼玄参●☆
187054 Hebenstretia neglecta Rössler;忽视单裂萼玄参●☆
187055 Hebenstretia oatesii Rolfe;奥茨单裂萼玄参●☆
187056 Hebenstretia oatesii Rolfe subsp. inyangana Rössler;伊尼扬加单裂萼玄参●☆
187057 Hebenstretia oatesii Rolfe subsp. rhodesiana Rössler;罗得西亚单裂萼玄参●☆
187058 Hebenstretia paarlensis Rössler;帕尔单裂萼玄参●☆
187059 Hebenstretia parviflora E. Mey.;小花单裂萼玄参●☆
187060 Hebenstretia polystachya Harv. ex Rolfe = Hebenstretia oatesii Rolfe ●☆
187061 Hebenstretia pubescens Rolfe = Dischisma spicatum (Thunb.) Choisy ■☆
187062 Hebenstretia pulchella Salisb. = Hebenstretia dentata L. ●☆
187063 Hebenstretia ramosissima Jaroscz;多枝单裂萼玄参●☆
187064 Hebenstretia rariflora A. Terracc. = Chascanum rariflorum (A. Terracc.) Moldenke ●☆
187065 Hebenstretia rehmannii Rolfe;拉赫曼单裂萼玄参●☆
187066 Hebenstretia repens Jaroscz;匍匐单裂萼玄参●☆
187067 Hebenstretia robusta E. Mey.;粗壮单裂萼玄参●☆
187068 Hebenstretia sarcocarpa Bolus ex Rolfe;肉果单裂萼玄参●☆
187069 Hebenstretia scabra Thunb. = Hebenstretia integrifolia L. ●☆
187070 Hebenstretia spicata Thunb. = Dischisma spicatum (Thunb.) Choisy ■☆
187071 Hebenstretia stenocarpa Schltr. = Hebenstretia parviflora E. Mey. ●☆
187072 Hebenstretia sutherlandi Rolfe = Hebenstretia dura Choisy ●☆
187073 Hebenstretia tenuifolia E. Mey. = Hebenstretia robusta E. Mey. ●☆
187074 Hebenstretia tenuifolia Schrad. ex Rchb. = Hebenstretia integrifolia L. ●☆
187075 Hebenstretia virgata E. Mey. = Hebenstretia integrifolia L. ●☆
187076 Hebenstretia watsonii Rolfe = Hebenstretia integrifolia L. ●☆
187077 Hebepetalum Benth. (1862);毛瓣亚麻属●☆
187078 Hebepetalum Benth. = Roucheria Miq. ●☆
187079 Hebepetalum Benth. = Sarcotheca Blume ●☆
187080 Hebepetalum latifolium (Spruce ex Benth. et Hook.) Jackson;宽叶毛瓣亚麻●☆
187081 Hebepetalum parviflorum Ducke;小花毛瓣亚麻●☆
187082 Hebepetalum punctatum Ducke;斑点毛瓣亚麻●☆
187083 Heberdenia Banks = Heberdenia Banks ex A. DC. ●☆
187084 Heberdenia Banks ex A. DC. (1841);马卡紫金牛属●☆
187085 Heberdenia Banks ex Vent. = Heberdenia Banks ex A. DC. ●☆
187086 Heberdenia excelsa (Aiton) DC.;马卡紫金牛●☆
187087 Hebestigma Urb. (1900);古巴玫冠豆属■☆
187088 Hebestigma cubense (Kunth) Urb.;古巴玫冠豆;False Locust ■☆
187089 Hebocladus Post et Kuntze = Hebecladus Miers(保留属名)●☆
187090 Hebocladus Post et Kuntze = Jaltomata Schltdl. ●☆
187091 Heboclinium Post et Kuntze = Eupatorium L. ■●
187092 Heboclinium Post et Kuntze = Hebeclintum DC. ■●
187093 Hebococca Post et Kuntze = Hebecocca Beurl. ■☆
187094 Hebococca Post et Kuntze = Omphalea L. (保留属名)■☆
187095 Hebococcus Post et Kuntze = Hebecoccus Radlk. ●
187096 Hebococcus Post et Kuntze = Lepisanthes Blume ●
187097 Hebokia Raf. (废弃属名) = Euscaphis Siebold et Zucc. (保留属名)●
187098 Hebokia japonica Raf. = Euscaphis japonica (Thunb. ex Murray) Dippel ●
187099 Hebonga Radlk. = Ailanthus Desf. (保留属名)●
187100 Hebopetalum Post et Kuntze = Hebepetalum Benth. ●☆
187101 Hebostigma Post et Kuntze = Hebestigma Urb. ■☆
187102 Hebradendron Graham = Cambogia L. ●
187103 Hebradendron Graham = Garcinia L. ●
187104 Hecabe Raf. = Phaius Lour. ■
187105 Hecale Raf. = Wahlenbergia Schrad. ex Roth(保留属名)■●
187106 Hecaste Sol. ex Schum. = Bobartia L. (保留属名)■☆
187107 Hecastocleis A. Gray(1882);红刺头属●☆
187108 Hecastocleis shockleyi A. Gray;红刺头●☆
187109 Hecastophyllum Kunth = Dalbergia L. f. (保留属名)●
187110 Hecastophyllum Kunth = Ecastaphyllum P. Browne(废弃属名)●
187111 Hecatactis (F. Muell.) Mattf. = Keysseria Lauterb. ■●☆
187112 Hecatactis F. Muell. = Keysseria Lauterb. ■●☆
187113 Hecatactis F. Muell. ex Mattf. = Keysseria Lauterb. ■●☆
187114 Hecatactis Mattf. = Keysseria Lauterb. ■●☆
187115 Hecatandra Raf. = Acacia Mill. (保留属名)●■
187116 Hecatea Thouars = Omphalea L. (保留属名)■☆
187117 Hecaterium Kuntze ex Rchb. = Hecatea Thouars ■☆
187118 Hecaterosaehna Post et Kuntze = Hekaterosachne Steud. ■
187119 Hecaterosaehna Post et Kuntze = Oplismenus P. Beauv. (保留属名)■
187120 Hecatonia Lour. = Ranunculus L. ■
187121 Hecatonia palustris Lour. = Ranunculus sceleratus L. ■
187122 Hecatonia pilosa Lour. = Ranunculus cantoniensis DC. ■
187123 Hecatonia scelerata (L.) Fourr. = Ranunculus sceleratus L. ■
187124 Hecatostemon S. F. Blake(1918);百蕊木属●☆
187125 Hecatostemon dasygynus S. F. Blake;百蕊木●☆
187126 Hecatounia Poir. = Ranunculus L. ■

187127 Hecatris Salisb. = Asparagus L. ■
187128 Hecatris Salisb. = Myrsiphyllum Willd. ■
187129 Hechtia Klotzsch(1835);银叶凤梨属(海帝凤梨属,海蒂属,海其属,剑山属,沙生凤梨属,银叶凤香属);Hechtia ■☆
187130 Hechtia argentea Baker;银叶凤香(银叶凤梨)■☆
187131 Hechtia ghiesbreghtii Lem.;吉氏银叶凤香■☆
187132 Hechtia glomerata Zucc.;球银叶凤香(球莨叶凤梨,银叶菠萝);Glomerate Hechtia,Guapilla ■☆
187133 Hechtia marnier-lapostollei L. B. Sm.;哈蒂凤梨■☆
187134 Hechtia podantha Mez;柄花银叶凤香■☆
187135 Hechtia scariosa L. B. Sm. = Hechtia texensis S. Watson ■☆
187136 Hechtia schottii Baker;肖特氏银叶凤香■☆
187137 Hechtia texensis S. Watson;得州银叶凤香;False Agave,False-agave,Texas False Agave ■☆
187138 Hechtia tillandsioides (André) L. B. Sm.;铁兰银叶凤香■☆
187139 Hecistocarpus T. Post et Kuntze = Hekistocarpa Hook. f. ☆
187140 Heckeldora Pierre(1897);赫克楝属●☆
187141 Heckeldora acuminata Pierre ex Pellegr. = Heckeldora staudtii (Harms) Staner ●☆
187142 Heckeldora angustifolia Pierre = Heckeldora staudtii (Harms) Staner ●☆
187143 Heckeldora jongkindii J. J. de Wilde;容金德赫克楝●☆
187144 Heckeldora klainei Pierre = Heckeldora staudtii (Harms) Staner ●☆
187145 Heckeldora latifolia Pierre = Heckeldora staudtii (Harms) Staner ●☆
187146 Heckeldora ledermanii (Harms) J. J. de Wilde;里德赫克楝●☆
187147 Heckeldora leptotricha (Harms) J. J. de Wilde;纤毛赫克楝●☆
187148 Heckeldora mangenotiana Aké Assi et Lorougnon;芒热诺赫克楝●☆
187149 Heckeldora staudtii (Harms) Staner;小花赫克楝●☆
187150 Heckeldora trifoliolata J. J. de Wilde;三小叶赫克楝●☆
187151 Heckeldora zenkeri (Harms) Staner;岑克尔楝●☆
187152 Heckelia K. Schum. = Rhipogonum J. R. Forst. et G. Forst. ●☆
187153 Heckeria Kunth = Lepianthes Raf. ●■
187154 Heckeria Kunth = Piper L. ●■
187155 Heckeria Kunth = Pothomorphe Miq. ●
187156 Heckeria Raf. (1838);赫克椒属●☆
187157 Heckeria Raf. = Litsea Lam. (保留属名)●
187158 Heckeria glomerata Raf.;赫克椒●☆
187159 Heckeria subpeltata (Willd.) Kunth = Piper umbellatum L. ●
187160 Heckeria subpeltata (Willd.) Kunth = Pothomorphe subpeltata (Willd.) Miq. ●
187161 Heckeria subpeltata Kunth = Pothomorphe subpeltata (Willd.) Miq. ●
187162 Heckeria umbellata (L.) Kunth = Piper umbellatum L. ●
187163 Hecleomoicles Briq. = Pogogyne Benth. ■☆
187164 Hectorea DC. = Chrysopsis (Nutt.) Elliott(保留属名)■☆
187165 Hectorella Hook. f. (1864);南极石竹属●☆
187166 Hectorella Hook. f. = Lyallia Hook. f. ■☆
187167 Hectorella caespitosa Hook. f.;南极石竹●☆
187168 Hectorellaceae Philipson et Skipw. (1961);南极石竹科(异石竹科)●☆
187169 Hectorellaceae Philipson et Skipw. = Montiaceae Dumort. ■☆
187170 Hectorellaceae Philipson et Skipw. = Portulacaceae Juss. (保留科名)■●
187171 Hecubaea DC. = Helenium L. ■
187172 Hedaroma Lindl. = Darwinia Rudge ●☆
187173 Hedbergia Molau(1988);阿比西尼亚玄参属■☆
187174 Hedbergia abyssinica (Benth.) Molau = Hedbergia abyssinica (Hochst. ex Benth.) Molau ■☆
187175 Hedbergia abyssinica (Hochst. ex Benth.) Molau;阿比西尼亚玄参■☆
187176 Hedeoma Pers. (1806);穗花薄荷属(香味草属);False Pennyroyal ■●☆
187177 Hedeoma arkansana Nutt. = Calamintha arkansana (Nutt.) Shinners ■☆
187178 Hedeoma crenatum R. S. Irving;棱纹穗花薄荷;Ribbed Hedeoma☆
187179 Hedeoma drummondii Benth.;防臭木;Drummond Pennyroyal,Lemon Verbena,Sweet Grass ●☆
187180 Hedeoma glabra Nutt. = Calamintha arkansana (Nutt.) Shinners ■☆
187181 Hedeoma hispidum Pursh;毛穗花薄荷;Mock Pennyroyal,Rough False Pennyroyal,Rough Pennyroyal ■☆
187182 Hedeoma micrantha Regel = Clinopodium micranthum (Regel) H. Hara ■☆
187183 Hedeoma nana Briq. = Hedeoma thymoides A. Gray ■☆
187184 Hedeoma nana Greene;矮穗花薄荷;Mock Pennyroyal ■☆
187185 Hedeoma nepalensis (D. Don) Benth. = Mosla dianthera (Buch. -Ham. ex Roxb.) Maxim. ■
187186 Hedeoma piperita Benth.;椒穗花薄荷■☆
187187 Hedeoma pulegioides (L.) Pers.;美洲穗花薄荷;American False Pennyroyal,American Pennyroyal,Pennyroyal ■☆
187188 Hedeoma thymoides A. Gray;麝香穗花薄荷;Thyme Pennyroyal ■☆
187189 Hedeomoides (A. Gray) Briq. (1896);拟穗花薄荷属●☆
187190 Hedeomoides Briq. = Hedeomoides (A. Gray) Briq. ●☆
187191 Hedeomoides Briq. = Pogogyne Benth. ■☆
187192 Hedeomoides serpylloides (Torr. ex A. Gray) Briq.;拟穗花薄荷●☆
187193 Hedeomoides serpylloides Briq. = Hedeomoides serpylloides (Torr. ex A. Gray) Briq. ●☆
187194 Hedeomoides tenuiflora Briq.;细叶拟穗花薄荷●☆
187195 Hedera L. (1753);常春藤属;English Ivy,Ivy ●
187196 Hedera L. = Parthenocissus Planch. (保留属名)●
187197 Hedera algeriensis Hibberd;阿尔及利亚常春藤;Algerian Ivy,Canary Ivy ●☆
187198 Hedera amurensis ? = Hedera colchica K. Koch ●☆
187199 Hedera arborea L. = Dendropanax arboreus (L.) Decne. et Planch. ●☆
187200 Hedera canariensis Willd.;加那利常春藤;Algerian Ivy,Canary Island Ivy,Canary Ivy,Madeira Ivy ●☆
187201 Hedera canariensis Willd. = Hedera algeriensis Hibberd ●☆
187202 Hedera caucasigena Pojark.;高加索常春藤●☆
187203 Hedera chrysocarpa Hort. = Hedera helix L. var. chrysocarpa Ten. ●☆
187204 Hedera chrysocarpa Walsh;金果常春藤●☆
187205 Hedera colchica (K. Koch) Hibberd;科西嘉常春藤(黑海常春藤);Colchis Ivy,Persian Ivy ●☆
187206 Hedera colchica (K. Koch) Hibberd 'Dentata Variegata';象耳科西嘉常春藤;Elephant's-ears ●☆

187207 Hedera colchica (K. Koch) Hibberd var. arborescens K. Koch;亚灌木科西嘉常春藤●☆

187208 Hedera colchica (K. Koch) Hibberd var. dentata Hibberd;齿叶科西嘉常春藤●☆

187209 Hedera colchica (K. Koch) Hibberd var. purpurea Hibberd;紫色科西嘉常春藤●☆

187210 Hedera colchica (K. Koch) K. Koch = Hedera colchica (K. Koch) Hibberd ●☆

187211 Hedera colchica K. Koch 'Dentata Variegata' = Hedera colchica (K. Koch) Hibberd 'Dentata Variegata' ●☆

187212 Hedera colchica K. Koch = Hedera colchica (K. Koch) Hibberd ●☆

187213 Hedera disperma (Blume) DC. = Macropanax dispermus (Blume) Kuntze ●

187214 Hedera elata Buch. -Ham. = Schefflera elata (C. B. Clarke) Harms ●

187215 Hedera floribunda Wall. = Brassaiopsis glomerulata (Blume) Regel ●

187216 Hedera floribunda Wall. ex G. Don = Brassaiopsis glomerulata (Blume) Regel ●

187217 Hedera formosana Nakai = Hedera rhombea (Miq.) Bean var. formosana (Nakai) H. L. Li ●

187218 Hedera fragrans D. Don = Heteropanax fragrans (Roxb.) Seem. ●

187219 Hedera fragrans D. Don = Pentapanax fragrans (D. Don) T. D. Ha ●

187220 Hedera hainla Buch. -Ham. = Brassaiopsis hainla (Buch. -Ham.) Seem. ●

187221 Hedera hainla Buch. -Ham. = Euaraliopsis hainla (Buch. -Ham.) Hutch. ●

187222 Hedera helix L.;欧洲常春藤(百脚蜈蚣,常春藤,欧常春藤,爬山虎,洋常春藤);Bentwood,Benwood,Bindwood,Black Ivy,Common English Ivy,Common Ivy,Eevy,English Ivy,Hibbin,Hyven,Hyvin,Ivery,Ivin,Ivory,Ivvy,Ivy,Love-stone,Woodbind ●☆

187223 Hedera helix L. 'Adam';亚当欧洲常春藤(亚当洋常春藤)●☆

187224 Hedera helix L. 'Albo-Marginata';银边欧洲常春藤(银边洋常春藤)●☆

187225 Hedera helix L. 'Angularis Aurea';角黄欧洲常春藤(角黄洋常春藤)●☆

187226 Hedera helix L. 'Anne Marie';安娜·玛利亚欧洲常春藤(安娜·玛利亚洋常春藤)●☆

187227 Hedera helix L. 'Argenteo-variegata';银斑欧洲常春藤(银斑洋常春藤)●☆

187228 Hedera helix L. 'Atropurpurea';暗紫欧洲常春藤(暗紫洋常春藤);Purple-leaved Ivy ●☆

187229 Hedera helix L. 'Baltica';波罗的海欧洲常春藤(波罗的海常春藤)●☆

187230 Hedera helix L. 'Buttercup';黄叶欧洲常春藤(黄叶洋常春藤,毛茛叶常春藤);Yellow-leaved Ivy ●☆

187231 Hedera helix L. 'Caenwoodiana' = Hedera helix L. 'Pedata' ●☆

187232 Hedera helix L. 'Congesta';致密欧洲常春藤(致密洋常春藤)●☆

187233 Hedera helix L. 'Conglomerata';团聚欧洲常春藤(团聚洋常春藤);Clustered Ivy ●☆

187234 Hedera helix L. 'Cristata' = Hedera helix L. 'Parsley Crested' ●☆

187235 Hedera helix L. 'Curlylocks' = Hedera helix L. 'Manda's Crested' ●☆

187236 Hedera helix L. 'Deltoidea' = Hedera hibernica (G. Kirchn.) Carrière 'Deltoidea' ●☆

187237 Hedera helix L. 'Digitata' = Hedera hibernica (G. Kirchn.) Carrière 'Digitata' ●☆

187238 Hedera helix L. 'Discolor';彩叶欧洲常春藤;Marble-leaved Ivy ●☆

187239 Hedera helix L. 'Erecta';直立欧洲常春藤(直立洋常春藤)●☆

187240 Hedera helix L. 'Eva';夏娃欧洲常春藤(夏娃洋常春藤)●☆

187241 Hedera helix L. 'Glacier';冰河欧洲常春藤(冰河洋常春藤,银叶常春藤)●☆

187242 Hedera helix L. 'Glymii';格莱姆欧洲常春藤(格莱姆洋常春藤)●☆

187243 Hedera helix L. 'Goldheart';金心欧洲常春藤(金心常春藤,金心洋常春藤)●☆

187244 Hedera helix L. 'Gracilis' = Hedera hibernica (G. Kirchn.) Carrière 'Gracilis' ●☆

187245 Hedera helix L. 'Green Feather' = Hedera helix L. 'Triton' ●☆

187246 Hedera helix L. 'Green Ripple';绿波欧洲常春藤(绿波洋常春藤)●☆

187247 Hedera helix L. 'Hahn's Self-branching' = Hedera helix L. 'Pittsburgh' ●☆

187248 Hedera helix L. 'Heise';赫斯欧洲常春藤(赫斯洋常春藤)●☆

187249 Hedera helix L. 'Henrietta';白斑欧洲常春藤(白斑洋常春藤);White-variegated Ivy ●☆

187250 Hedera helix L. 'Hibernica' = Hedera helix L. subsp. hibernica (G. Kirchn.) D. C. McClint. ●☆

187251 Hedera helix L. 'Hightess Miniature';蔓绿欧洲常春藤(蔓绿常春藤)●☆

187252 Hedera helix L. 'Ivalace';饰边欧洲常春藤(饰边洋常春藤)●☆

187253 Hedera helix L. 'Jubilaum Goldherz' = Hedera helix L. 'Goldheart' ●☆

187254 Hedera helix L. 'Jubilee Goldheart' = Hedera helix L. 'Goldheart' ●☆

187255 Hedera helix L. 'Koenigers Auslese';箭叶欧洲常春藤(箭叶洋常春藤)●☆

187256 Hedera helix L. 'Lobata Major';粗裂欧洲常春藤(粗裂洋常春藤)●☆

187257 Hedera helix L. 'Manda's Crested';皱叶欧洲常春藤(皱叶洋常春藤)●☆

187258 Hedera helix L. 'Merion Beauty';梅里翁丽欧洲常春藤(梅里翁丽洋常春藤)●☆

187259 Hedera helix L. 'Nigra';墨绿欧洲常春藤(墨绿洋常春藤)●☆

187260 Hedera helix L. 'Oro di Bogliasco' = Hedera helix L. 'Goldheart' ●☆

187261 Hedera helix L. 'Parsley Crested';皱芹欧洲常春藤(皱芹洋常春藤)●☆

187262 Hedera helix L. 'Pedata';鸟足欧洲常春藤(鸟足洋常春藤)●☆

187263 Hedera helix L. 'Pittsburgh';匹兹隆欧洲常春藤(匹兹隆洋常春藤)●☆

187264 Hedera helix L. 'Purpurea' = Hedera helix L. 'Atropurpurea' ●☆
187265 Hedera helix L. 'Sagittifolia' = Hedera helix L. 'Koenigers Auslese' ●☆
187266 Hedera helix L. 'Telecurl';卷曲欧洲常春藤(卷曲洋常春藤)●☆
187267 Hedera helix L. 'Triton';海王欧洲常春藤(海王洋常春藤)●☆
187268 Hedera helix L. 'Variegata';花叶欧洲常春藤(花叶洋常春藤)●☆
187269 Hedera helix L. 'Woeneri';沃乐尔欧洲常春藤(沃乐尔洋常春藤)●☆
187270 Hedera helix L. = Hedera nepalensis K. Koch var. sinensis (Tobler) Rehder ●
187271 Hedera helix L. = Hedera rhombea (Miq.) Bean var. formosana (Nakai) H. L. Li ●
187272 Hedera helix L. arborescens ?;树状欧洲常春藤●☆
187273 Hedera helix L. f. angustifolia Miq. = Hedera rhombea (Miq.) Bean ●☆
187274 Hedera helix L. f. latifolia Miq. = Hedera rhombea (Miq.) Bean ●☆
187275 Hedera helix L. subsp. canariensis (Willd.) Cout. = Hedera canariensis Willd. ●☆
187276 Hedera helix L. subsp. hibernica (G. Kirchn.) D. C. McClint.;爱尔兰常春藤(海伯尼亚常春藤);Atlantic Ivy, Irish Ivy ●☆
187277 Hedera helix L. subsp. maroccana (McAll.) Fennane;摩洛哥常春藤●☆
187278 Hedera helix L. var. canariensis (Willd.) Webb et Berthel. = Hedera canariensis Willd. ●☆
187279 Hedera helix L. var. chrysocarpa Ten.;黄果欧洲常春藤●☆
187280 Hedera helix L. var. colchica C. Koch;小欧洲常春藤(小风藤)●☆
187281 Hedera helix L. var. little Diamond;美斑欧洲常春藤(美斑常春藤)●☆
187282 Hedera helix L. var. patricia ?;白缘卷叶欧洲常春藤(白缘卷叶常春藤)●☆
187283 Hedera helix L. var. rhombea Miq. = Hedera rhombea (Miq.) Bean ●☆
187284 Hedera helix L. var. schester ?;金容欧洲常春藤(金容常春藤)●☆
187285 Hedera hibernica (G. Kirchn.) Carrière 'Deltoidea';三角海伯尼亚常春藤;Pfeifferheart Ivy, Shield Ivy ●☆
187286 Hedera hibernica (G. Kirchn.) Carrière 'Digitata';掌状海伯尼亚常春藤;Finger-leaved Ivy ●☆
187287 Hedera hibernica (G. Kirchn.) Carrière 'Gracilis';纤细海伯尼亚常春藤●☆
187288 Hedera hibernica (G. Kirchn.) Carrière 'Lobata Major' = Hedera helix L. 'Lobata Major' ●☆
187289 Hedera hibernica (G. Kirchn.) Carrière 'Sulphrea';硫黄海伯尼亚常春藤●☆
187290 Hedera hibernica (G. Kirchn.) Carrière = Hedera helix L. subsp. hibernica (G. Kirchn.) D. C. McClint. ●☆
187291 Hedera himalaica (Hibberd) Carrière var. sinensis Tobler = Hedera nepalensis K. Koch var. sinensis (Tobler) Rehder ●
187292 Hedera himalaica Tobler;喜马拉雅常春藤;Himalayan Ivy ●☆
187293 Hedera himalaica Tobler = Hedera nepalensis K. Koch var. sinensis (Tobler) Rehder ●
187294 Hedera himalaica Tobler = Hedera nepalensis K. Koch ●
187295 Hedera himalaica Tobler var. sinensis Tobler = Hedera nepalensis K. Koch var. sinensis (Tobler) Rehder ●
187296 Hedera hypoglauca Hance = Ampelopsis hypoglauca (Hance) C. L. Li ●
187297 Hedera iberica (McAll.) Ackerf. et J. Wen;伊比利亚常春藤●☆
187298 Hedera japonica Jungh. = Dendropanax trifidus (Thunb.) Makino ex H. Hara ●
187299 Hedera japonica Paul = Hedera rhombea (Miq.) Bean ●☆
187300 Hedera japonica Tobler = Hedera rhombea (Miq.) Bean ●☆
187301 Hedera leschenaultii (DC.) Wright et Arn. = Pentapanax fragrans (D. Don) T. D. Ha ●
187302 Hedera leschenaultii Wight et Arn. = Pentapanax leschenaultii (Wight et Arn.) Seem. ●
187303 Hedera maderensis A. Rutherf.;梅德常春藤●☆
187304 Hedera maderensis A. Rutherf. subsp. iberica McAll. = Hedera iberica (McAll.) Ackerf. et J. Wen ●☆
187305 Hedera maroccana McAll. = Hedera helix L. subsp. maroccana (McAll.) Fennane ●☆
187306 Hedera nepalensis K. Koch;尼泊尔常春藤(常春藤,多裂叶常春藤,多枝常春藤);Nepal Ivy, Nepalese Ivy ●
187307 Hedera nepalensis K. Koch var. sinensis (Tobler) Rehder;常春藤(扒岩枫,百脚蜈蚣,风藤草,枫荷梨藤,狗姆蛇,尖角枫,尖叶薜荔,梨头南枫藤,犁头南枫藤,龙鳞薜荔,牛一枫,爬墙虎,爬树藤,爬崖藤,槭枫,三角风,三角枫,三角尖,三角箭,三角藤,三牛枫,三叶木莲,散骨风,山葡萄,上树蜈蚣,上天龙,土枫藤,土鼓藤,中华长春藤,追风藤,钻矢风,钻天风);China Ivy, Chinese Ivy, Nepal Ivy ●
187308 Hedera parasitica D. Don = Pentapanax parasiticus (D. Don) Seem. ●
187309 Hedera parviflora Champ. ex Benth. = Dendropanax proteus (Champ. ex Benth.) Benth. ●
187310 Hedera parviflora Champ. ex Benth. = Dendropanax proteus (Champ.) Benth. ●
187311 Hedera pastuchovii Woronow ex Grossh.;帕氏常春藤●☆
187312 Hedera poetarum Bertol. = Hedera helix L. var. chrysocarpa Ten. ●☆
187313 Hedera polyacantha Wall. = Brassaiopsis hainla (Buch.-Ham.) Seem. ●
187314 Hedera potaninii Pojark. = Hedera nepalensis K. Koch var. sinensis (Tobler) Rehder ●
187315 Hedera protea Champ. = Dendropanax proteus (Champ. ex Benth.) Benth. ●
187316 Hedera protea Champ. ex Benth. = Dendropanax proteus (Champ. ex Benth.) Benth. ●
187317 Hedera quinquefolia L. = Parthenocissus quinquefolius (L.) Planch. ●
187318 Hedera rhombea (Miq.) Bean;菱叶常春藤(百脚蜈蚣,常春藤,菱形常春藤,日本常春藤);Japan Ivy, Japanese Ivy, Rhomboidleaf Ivy ●☆
187319 Hedera rhombea (Miq.) Bean 'Variegata';花叶菱叶常春藤●☆
187320 Hedera rhombea (Miq.) Bean f. argentea (Nakai) H. Hara = Hedera rhombea (Miq.) Bean var. argentea Nemoto ●☆
187321 Hedera rhombea (Miq.) Bean f. oblongifolia (Nakai) H. Hara;矩圆叶常春藤●☆

187322 Hedera rhombea (Miq.) Bean f. pedunculata (Nakai) Hatus. ex H. Hara;梗花菱叶常春藤●☆
187323 Hedera rhombea (Miq.) Bean f. variegata (Paul) H. Hara = Hedera rhombea (Miq.) Bean 'Variegata'●☆
187324 Hedera rhombea (Miq.) Bean var. argentea Nemoto;白斑叶常春藤●☆
187325 Hedera rhombea (Miq.) Bean var. formosana (Nakai) H. L. Li;台湾菱叶常春藤(常春藤,台湾常春藤,台湾菱形常春藤);Rhomboid-leaved Ivy,Taiwan Ivy ●
187326 Hedera rhombea Siebold et Zucc. = Hedera rhombea (Miq.) Bean ●☆
187327 Hedera robusta Pojark. = Hedera nepalensis K. Koch var. sinensis (Tobler) Rehder ●
187328 Hedera scandens (Poir.) DC. = Eleutherococcus nodiflorus (Dunn) S. Y. Hu ●
187329 Hedera senticosa Rupr. et Maxim. = Acanthopanax senticosus (Rupr. et Maxim.) Harms ●
187330 Hedera senticosa Rupr. et Maxim. = Eleutherococcus senticosus (Rupr. et Maxim.) Maxim. ●
187331 Hedera serrata Wall. = Macropanax dispermus (Blume) Kuntze ●
187332 Hedera shensiensis Pojark. = Hedera nepalensis K. Koch var. sinensis (Tobler) Rehder ●
187333 Hedera sinensis (Tobler) Hand. -Mazz. = Hedera nepalensis K. Koch var. sinensis (Tobler) Rehder ●
187334 Hedera sinensis Tobler = Hedera nepalensis K. Koch var. sinensis (Tobler) Rehder ●
187335 Hedera subcordata Wall. = Pentapanax subcordatus (Wall.) Seem. ●
187336 Hedera subcordata Wall. ex G. Don = Pentapanax subcordatus (Wall.) Seem. ●
187337 Hedera taurica Hort.;牛常春藤;Crimean Ivy ●☆
187338 Hedera tobleri Nakai = Hedera rhombea (Miq.) Bean ●☆
187339 Hedera tomentosa Buch. -Ham. = Schefflera rhododendrifolia (Griff.) Frodin ●
187340 Hedera trifoliata Wight et Arn. = Pentapanax fragrans (D. Don) T. D. Ha ●
187341 Hedera trifoliata Wight et Arn. = Pentapanax leschenaultii (Wight et Arn.) Seem. ●
187342 Hedera undulata Wall. = Macropanax undulatus (Wall.) Seem. ●
187343 Hedera undulata Wall. ex G. Don = Macropanax undulatus (Wall. ex G. Don) Seem. ●
187344 Hedera venosa Wall. = Schefflera elliptica (Blume) Harms ●
187345 Hederaceae Bartl.;常春藤科●
187346 Hederaceae Bartl. = Araliaceae Juss.(保留科名)●■
187347 Hederaceae Bartl. = Vitaceae Juss.(保留科名) + Cornaceae Bercht. et J. Presl(保留科名) + Hedera ●
187348 Hederaceae Giseke = Araliaceae Juss.(保留科名)●■
187349 Hederaceae Giseke = Hederaceae Bartl. ●
187350 Hederanthum Steud. = Phyteuma L. ■☆
187351 Hederella Stapf = Catanthera F. Muell. ●☆
187352 Hederella Stapf(1895);小常春藤属●☆
187353 Hederella forbesii Stapf;小常春藤●☆
187354 Hederopsis C. B. Clarke = Macropanax Miq. ●
187355 Hederorchis Thouars = Hederorkis Thouars ■☆
187356 Hederorkis Thouars = Bulbophyllum Thouars(保留属名)■
187357 Hederorkis Thouars(1809);马斯岛兰属■☆
187358 Hederorkis scandens Thouars;马斯岛兰■☆
187359 Hederula Fabr. = Glechoma L.(保留属名)■
187360 Hedichium Ritgen = Hedychium J. König ■
187361 Hedinia Ostenf.(1922);藏荠属;Hedinia ■
187362 Hedinia altainica Pobed.;阿尔泰藏荠■
187363 Hedinia elata X. L. He et C. H. An;宽果藏荠;Broadfruit Hedinia ■
187364 Hedinia elata X. L. He et C. H. An = Hedinia tibetica (Thomson) Ostenf. ■
187365 Hedinia rotundata C. H. An;圆果藏荠(圆叶藏荠);Circlefruit Hedinia ■
187366 Hedinia rotundata C. H. An = Hedinia tibetica (Thomson) Ostenf. ■
187367 Hedinia taxkarganica G. L. Zhou et C. H. An;塔什库尔干藏荠;Tashikuergan Hedinia ■
187368 Hedinia taxkarganica G. L. Zhou et C. H. An = Hedinia tibetica (Thomson) Ostenf. ■
187369 Hedinia taxkarganica G. L. Zhou et C. H. An var. hejingensis G. L. Zhou et C. H. An;扭果藏荠;Hejing ■
187370 Hedinia taxkarganica G. L. Zhou et C. H. An var. hejingensis G. L. Zhou et C. H. An = Hedinia tibetica (Thomson) Ostenf. ■
187371 Hedinia taxkargannica G. L. Zhou et C. H. An = Hedinia tibetica (Thomson) Ostenf. ■
187372 Hedinia taxkargannica G. L. Zhou et C. H. An var. hejigensis G. L. Zhou et C. H. An = Hedinia tibetica (Thomson) Ostenf. ■
187373 Hedinia tibetica (Thomson) Ostenf.;藏荠;Tibet Hedinia ■
187374 Hedinia tibetica (Thomson) Ostenf. = Smelowskia tibetica (Thomson) Lipsky ■
187375 Hediniopsis Botsch. et V. V. Petrovsky = Hedinia Ostenf. ■
187376 Hediniopsis Botsch. et V. V. Petrovsky(1986);拟藏荠属■☆
187377 Hediniopsis czukotica Botsch. et V. V. Petrovsky;拟藏荠■☆
187378 Hediosma L. ex B. D. Jacks. = Nepeta L. ■●
187379 Hediosmum Poir. = Hedyosmum Sw. ●■
187380 Hediotidaceae Dumort. = Rubiaceae Juss.(保留科名)●■
187381 Hedisarum Neck. = Hedysarum L.(保留属名)●■
187382 Hedona Lour. = Lychnis L.(废弃属名)■
187383 Hedona davidii (Franch.) F. N. Williams = Silene davidii (Franch.) Oxelman et Liden ■
187384 Hedona ischnopetala F. N. Williams = Silene aprica Turcz. ex Fisch. et C. A. Mey. ■
187385 Hedona sinensis Lour. = Lychnis coronata Thunb. ■
187386 Hedona sinensis Lour. = Silene banksia (Meerb.) Mabberly ■
187387 Hedosyne (A. Gray) Strother(2001);愉悦菊属■☆
187388 Hedosyne Strother = Hedosyne (A. Gray) Strother ■☆
187389 Hedosyne ambrosiifolia (A. Gray) Strother;愉悦菊■☆
187390 Hedraeanthus Griseb. = Edraianthus A. DC.(保留属名)■☆
187391 Hedraianthera F. Muell.(1865);常春藤卫矛属●☆
187392 Hedraianthera porphyropetala F. Muell.;常春藤卫矛●☆
187393 Hedraiophyllum (Less.) Spach = Gochnatia Kunth ●
187394 Hedraiophyllum Less. ex Steud. = Gochnatia Kunth ●
187395 Hedraiostylus Hassk. = Pterococcus Hassk.(保留属名)●☆
187396 Hedranthera (Stapf) Pichon = Callichilia Stapf ●☆
187397 Hedranthera barteri (Hook. f.) Pichon = Callichilia barteri (Hook. f.) Stapf ●☆
187398 Hedranthus Rupr. = Edraianthus A. DC.(保留属名)■☆
187399 Hedstromia A. C. Sm.(1936);斐济茜属☆
187400 Hedstromia latifolia A. C. Sm.;斐济茜☆

187401 Hedusa Raf.(废弃属名)= Dissotis Benth.(保留属名)●☆
187402 Hedwigia Medik. = Commelina L. ■
187403 Hedwigia Sw. = Tetragastris Gaertn. ●☆
187404 Hedwigia africana (L.) Medik. = Commelina africana L. ■☆
187405 Hedyachras Radlk. = Glenniea Hook. f. ●☆
187406 Hedycapnos Planch. = Dicentra Bernh.(保留属名)■
187407 Hedycaria Murr. = Hedycarya J. R. Forst. et G. Forst. ●☆
187408 Hedycarpus Jack = Baccaurea Lour. ●
187409 Hedycarya J. R. Forst. et G. Forst.(1775);甜桂属●☆
187410 Hedycarya alternifolia Hemsl.;互叶甜桂●☆
187411 Hedycarya angustifolia A. Cunn.;窄叶甜桂(澳洲甜桂)●☆
187412 Hedycarya arborea J. R. Forst. et G. Forst.; 树状甜桂; Pigeonwood ●☆
187413 Hedycarya rivularis Guillaumin;河岸甜桂●☆
187414 Hedycaryopsis Danguy = Ephippiandra Decne. ●☆
187415 Hedycaryopsis Danguy(1928);拟甜桂属●☆
187416 Hedycaryopsis madagascariensis Danguy;拟甜桂●☆
187417 Hedychium J. König(1783);姜花属(蝴蝶姜属);Butterfly-lily,Garland Flower,Ginger Lily,Gingerlily,Ginger-lily,Ginger-wort,Hedychium ■
187418 Hedychium acuminatum Roscoe = Hedychium spicatum Ham. ex Sm. var. acuminatum Wall. ■
187419 Hedychium angustifolium Roxb.;狭叶姜花■
187420 Hedychium angustifolium Roxb. = Hedychium coccineum Buch.-Ham. ex Sm. ■
187421 Hedychium aurantiacum Roscoe;橙黄姜花■☆
187422 Hedychium bijiangense T. L. Wu et S. J. Chen; 碧江姜花; Bijiang Gingerlily ■
187423 Hedychium bipartitum T. L. Wu et Senjen;深裂姜花(深裂黄姜花)■
187424 Hedychium brevicaule D. Fang;矮姜花(那坡姜花,野山姜);Shortstem Gingerlily ■
187425 Hedychium carneum Carey ex Roscoe;肉色姜花(肉色缩砂)■☆
187426 Hedychium carneum Y. Y. Qian = Hedychium neocarneum T. L. Wu et al. ■
187427 Hedychium chrysoleucum Hook.;黄白姜花;Fragrant Garland-flower,Yellow-white Gingerlily ■
187428 Hedychium coccineum Buch.-Ham. ex Sm.;红姜花(红花缩砂);Red Ginger-lily,Scarlet Gingerlily,Scarlet Ginger-lily ■
187429 Hedychium coccineum Buch.-Ham. ex Sm. var. angustifolium Baker = Hedychium coccineum Buch.-Ham. ex Sm. ■
187430 Hedychium coccineum Buch.-Ham. ex Sm. var. angustifolium Baker = Hedychium angustifolium Roxb. ■
187431 Hedychium convexum S. Q. Tong;唇凸姜花;Convex Gingerlily ■
187432 Hedychium coronarium J. König;姜花(白草果,白姜花,蝴蝶花,立茇,路边姜,山姜活,山羌活,穗花山奈,土姜活,土羌活,土砂仁,野姜花,夜寒苏);Butterfly Ginger,Butterfly Lily,Butterfly-lily,Common Ginger Lily,Coronarious Gingerlily,Garland Flower,Ginger Lily,Gingerlily,Whi,White Garland-lily,White Ginger,White Ginger Lily,White Ginger-lily ■
187433 Hedychium coronarium J. König var. baimao Z. Y. Zhu = Hedychium coronarium J. König ■
187434 Hedychium coronarium J. König var. chrysoleusum Baker = Hedychium chrysoleusum Hook. ■
187435 Hedychium coronarium J. König var. flacescens (Lodd.) Carey;鹅黄蝴蝶姜■
187436 Hedychium coronarium J. König var. flavum Baker = Hedychium flavum Roxb. ■
187437 Hedychium densiflorum Baker = Hedychium sino-aureum Stapf ■
187438 Hedychium densiflorum Wall.; 密花姜花(高良姜); Denseflower Gingerlily ■
187439 Hedychium efilamentosum Hand.-Mazz.; 无丝姜花; Filamentless Gingerlily ■
187440 Hedychium elatum R. Br.;高姜花■☆
187441 Hedychium ellipticum Sm.;椭圆姜花■☆
187442 Hedychium emeiense Z. Y. Zhu;峨眉姜花;Emei Gingerlily ■
187443 Hedychium emeiense Z. Y. Zhu = Hedychium flavescens Carey ex Roscoe ■
187444 Hedychium flavescens Carey = Hedychium flavescens Carey ex Roscoe ■
187445 Hedychium flavescens Carey ex Roscoe;淡白姜花(峨眉姜花)■
187446 Hedychium flavescens Roscoe = Hedychium flavescens Carey ex Roscoe ■
187447 Hedychium flavum Roxb.;黄姜花(月家草);Yellow Gingerlily ■
187448 Hedychium forrestii Diels;福氏姜花(圆瓣姜花)■
187449 Hedychium forrestii Diels var. latebracteatum K. Larsen;圆瓣姜花(大头姜,宽苞姜);Forrest Gingerlily ■
187450 Hedychium gardnerianum Ker Gawl. = Hedychium gardnerianum Sheppard ex Ker Gawl. ■☆
187451 Hedychium gardnerianum Sheppard ex Ker Gawl.;红丝姜花(金姜花)■☆
187452 Hedychium gardnerianum Wall. = Hedychium gardnerianum Sheppard ex Ker Gawl. ■☆
187453 Hedychium glabrum S. Q. Tong;无毛姜花;Hairless Gingerlily ■
187454 Hedychium horsfieldii R. Br. ex Wall.;红子姜花■☆
187455 Hedychium kwangsiense T. L. Wu et S. J. Chen;广西姜花(卡现);Guangxi Gingerlily,Kwangsi Gingerlily ■
187456 Hedychium maximum Roscoe;大姜花■☆
187457 Hedychium neocarneum T. L. Wu et al.;肉红姜花■
187458 Hedychium nutantiflorum H. Dong et G. J. Xu; 垂序姜花; Nutantspike Gingerlily ■
187459 Hedychium panzhuum Z. Y. Zhu;盘珠姜花;Panzhu Gingerlily ■
187460 Hedychium panzhuum Z. Y. Zhu = Hedychium flavescens Carey ex Roscoe ■
187461 Hedychium panzhuum Z. Y. Zhu = Hedychium flavum Roxb. ■
187462 Hedychium parvibracteatum T. L. Wu et S. J. Chen;小苞姜花;Small Bracteate Gingerlily,Smallbract Gingerlily ■
187463 Hedychium pauciflorum S. Q. Tong; 少花姜花; Fewflower Gingerlily ■
187464 Hedychium puerense Y. Y. Qian;普洱姜花;Puer Gingerlily ■
187465 Hedychium qingchengense Z. Y. Zhu;青藏姜花■
187466 Hedychium simaoense Y. Y. Qian;思茅姜花;Simao Gingerlily ■
187467 Hedychium sino-aureum Stapf;小花姜花(西藏良姜);China Orange Gingerlily,Chinese Gingerlily ■
187468 Hedychium spicatum Buch.-Ham. ex Sm.;草果药(白草果,草果,长穗姜花,豆蔻,独叶台,良姜,良姜花,锐尖姜花,三藾,三奈,山奈,疏穗姜花,四合红,土良姜,野姜); Abir, Spiked Gingerlily ■
187469 Hedychium spicatum Buch.-Ham. ex Sm. var. acuminatum (Roscoe) Wall.;疏花草果药;Acuminate Spiked Gingerlily ■
187470 Hedychium spicatum Ham. ex Sm. var. acuminatum Wall. = Hedychium spicatum Buch.-Ham. ex Sm. var. acuminatum (Roscoe) Wall. ■

187471 Hedychium spicatum Sm. = Hedychium spicatum Buch. -Ham. ex Sm. ■
187472 Hedychium sulphureum Wall. = Hedychium flavum Roxb. ■
187473 Hedychium tengchongense Y. B. Luo;腾冲姜花;Tengchong Gingerlily ■
187474 Hedychium tenuiflorum (Baker) K. Schum. = Hedychium villosum Wall. var. tenuiflorum Wall. ex Baker ■
187475 Hedychium tenuiflorum (Wall. ex Baker) K. Schum. = Hedychium villosum Wall. var. tenuiflorum Wall. ex Baker ■
187476 Hedychium thyrsiforme Buch. -Ham.;密圆锥姜花■☆
187477 Hedychium tienlinense D. Fang;田林姜花;Tianlin Gingerlily, Tienlin Gingerlily ■
187478 Hedychium tocucho Buch. -Ham. ex Wall. = Hedychium thyrsiforme Buch. -Ham. ■☆
187479 Hedychium venustum Wight;短蕊姜花■☆
187480 Hedychium villosum Wall.;毛姜花;Villous Gingerlily ■
187481 Hedychium villosum Wall. var. tenuiflorum Wall. ex Baker;小毛姜花;Small Villous Gingerlily ■
187482 Hedychium ximengense Y. Y. Qian;西盟姜花■
187483 Hedychium yungjiangense S. Q. Tong;盈江姜花;Yingjiang Gingerlily ■
187484 Hedychium yunnanense Gagnep.;滇姜花;Yunnan Gingerlily ■
187485 Hedychloa B. D. Jacks. = Hedychloe Raf. ■
187486 Hedychloe Raf. = Kyllinga Rottb.(保留属名)■
187487 Hedycrea Schreb. = Licania Aubl. ●☆
187488 Hedyosmaceae Caruel = Chloranthaceae R. Br. ex Sims(保留科名)●■
187489 Hedyosmon Spreng. = Hedyosmum Sw. ●■
187490 Hedyosmos Mitch. = Cunila L.(保留属名)●☆
187491 Hedyosmum Sw.(1788);雪香兰属;Hedyosmum ●■
187492 Hedyosmum bonplandianum Kunth;邦雪香兰●☆
187493 Hedyosmum brasiliense Mart. ex Miq.;巴西雪香兰●☆
187494 Hedyosmum nutans sensu Merr. = Hedyosmum orientale Merr. et Chun ■●
187495 Hedyosmum orientale Merr. et Chun;雪香兰(吹风散);Orintal Hedyosmum ■●
187496 Hedyotidaceae Dumort. = Rubiaceae Juss.(保留科名)●■
187497 Hedyotis L.(1753)(保留属名);耳草属(凉喉草属);Eargrass, Hedyotis ●■
187498 Hedyotis abyssinica Hochst. ex A. Rich. = Kohautia coccinea Royle ■☆
187499 Hedyotis acerosa A. Gray;针叶耳草;Needleleaf Bluet☆
187500 Hedyotis acuminatissima Merr. = Hedyotis matthewii Dunn ■
187501 Hedyotis acutangula Champ. ex Benth.;金草(尖角耳草,锐棱耳草,三稔草,糖果草,甜仔茶,猪粉草);Acuteangle Hedyotis, Golden Eargrass ■
187502 Hedyotis affinis Roem. et Schult. = Oldenlandia affinis (Roem. et Schult.) DC. ■☆
187503 Hedyotis albido-punctata (Merr.) Fosberg = Hedyotis strigulosa (Bartl. ex DC.) Fosberg ■☆
187504 Hedyotis albo-punctata (Merr.) Fosberg var. parvifolia ? = Hedyotis strigulosa (Bartl. ex DC.) Fosberg ■☆
187505 Hedyotis amatymbica (Eckl. et Zeyh.) Steud. = Kohautia amatymbica Eckl. et Zeyh. ■☆
187506 Hedyotis ampliflora Hance;广花耳草(理肺散);Largeflower Eargrass, Largeflowered Hedyotis ●■
187507 Hedyotis angustifolia Cham. et Schltdl. = Hedyotis tenelliflora Blume ■
187508 Hedyotis aspera Roth = Kohautia aspera (Roth) Bremek. ■☆
187509 Hedyotis assimllis Tutcher;清远耳草(剑叶耳草,近缘耳草);Qingyuan Eargrass, Qingyuan Hedyotis ■
187510 Hedyotis auricularia L.;耳草(大凉藤,鲫鱼草,鲫鱼胆草,鲫鱼苦草,较剪草,节节花,苦胆草,苦节节花,龙胆草,山过路蜈蚣,蜈蚣草,细梣鲫鱼草,细叶丑婆草,细叶亚婆巢,细叶亚婆钱,行路蜈蚣,野甘草);Aucuricled Hedyotis, Eargrass ■
187511 Hedyotis auricularia L. = Exallage auricularia (L.) Bremek. ■
187512 Hedyotis auricularia L. var. mina W. C. Ko;细叶亚婆潮(铺地毡草);Narrowleaf Hedyotis, Thinleaf Eargrass ■
187513 Hedyotis baotingensis W. C. Ko;保亭耳草;Baoting Eargrass, Baoting Hedyotis ■
187514 Hedyotis biflora (L.) Lam.;双花耳草(大叶珠子草,青骨蛇);Twoflower Hedyotis ■
187515 Hedyotis biflora (L.) Lam. var. parvifolia Hook. et Arn.;小叶双花耳草(瓜子草)■☆
187516 Hedyotis biflora (L.) Lam. var. parvifolia Hook. et Arn. = Hedyotis strigulosa (Bartl. ex DC.) Fosberg var. parvifolia (Hook. et Arn.) T. Yamaz. ■
187517 Hedyotis bodinieri H. Lév.;大帽山耳草;Bodinier Eargrass, Bodinier Hedyotis ●■
187518 Hedyotis boerhaavioides Hance = Neanotis boerhaavioides (Hance) W. H. Lewis ■
187519 Hedyotis bonincola Ohwi = Hedyotis hookeri (K. Schum.) Fosberg ■☆
187520 Hedyotis borrerioides Champ. ex Benth. = Hedyotis uncinella Hook. et Arn. ■
187521 Hedyotis boscii DC.;博斯克耳草;Oldenlandia ■☆
187522 Hedyotis brachyloba Sond. = Kohautia caespitosa Schnizl. subsp. brachyloba (Sond.) D. Mantell ■☆
187523 Hedyotis brachypoda (DC.) Sivar. et Biju;长梗白花蛇舌草(拟定经草);Longstalk Spreading Hedyotis, Longstalk White-snaketotue-grass ■
187524 Hedyotis bracteosa Hance;大苞耳草;Largebract Eargrass, Largebract Hedyotis ■
187525 Hedyotis butensis Masam.;台湾耳草(臭凉喉茶);Taiwan Eargrass, Taiwan Hedyotis ■
187526 Hedyotis caerulea (L.) Hook.;天蓝耳草;Azure Bluet, Azure Bluets, Bluets, Innocence, Quaker Ladies, Quaker Lady, Quaker-Ladies ■☆
187527 Hedyotis caerulea Wight et Arn. = Hedyotis caerulea (L.) Hook. ■☆
187528 Hedyotis caespitosa (Schnizl.) Walp. = Kohautia caespitosa Schnizl. ■☆
187529 Hedyotis cantoniensis F. C. How et W. C. Ko;广州耳草(广东耳草,山甘草,甜草,野甘草);Guangzhou Hedyotis ■
187530 Hedyotis capensis (L. f.) Lam. = Oldenlandia capensis L. f. ■☆
187531 Hedyotis capensis Lam. = Oldenlandia capensis L. f. ■☆
187532 Hedyotis capitellata Wall. et G. Don;头状花耳草(梵兰花,黑节草,接骨丹,节节乌,凉喉茶,荞花黄连,沙糖根,土红参,小兰花,小伸筋草,小头凉喉茶,一炷香,中参);Capitate Eargrass, Capitate Hedyotis ■
187533 Hedyotis capitellata Wall. ex G. Don var. mollis (Pierre ex Pit.) W. C. Ko;疏毛头状花耳草;Laxhair Capitate Eargrass, Laxhair Capitate Hedyotis ■

187534 Hedyotis capitellata Wall. ex G. Don var. mollissima (Pit.) W. C. Ko;绒毛头状花耳草(极毛双花耳草);Capitate Soft-hairy Hedyotis,Hair Capitate Eargrass ■

187535 Hedyotis capitellata Wall. var. mollis (Pierre ex Pit.) W. C. Ko = Hedyotis capitellata Wall. ex G. Don var. mollis (Pierre ex Pit.) W. C. Ko ■

187536 Hedyotis capitellata Wall. var. mollissima (Pit.) W. C. Ko = Hedyotis capitellata Wall. ex G. Don var. mollissima (Pit.) W. C. Ko ■

187537 Hedyotis capituliflora Miq. = Hedyotis costata (Roxb.) Kurz ■

187538 Hedyotis capituligera Hance;败酱耳草(一炷香,聚伞白花耳草);Smallcapitate Eargrass,Smallcapitate Hedyotis ■

187539 Hedyotis cathayana W. C. Ko;中华耳草;Cathaya Hedyotis,China Eargrass,Chinese Hedyotis ●

187540 Hedyotis caudatifolia Merr. et F. P. Metcalf;尾叶耳草(剑叶耳草);Caudare-leaf Hedyotis,Tailleaf Eargrass ●

187541 Hedyotis cephalotes Hochst. = Oldenlandia cephalotes (Hochst.) Kuntze ■☆

187542 Hedyotis cherreevensis (Pierre ex Pit.) W. C. Ko;越南耳草;Vietnam Eargrass,Vietnam Hedyotis ■

187543 Hedyotis chlorophylla Hochst. = Agathisanthemum chlorophyllum (Hochst.) Bremek. ■☆

187544 Hedyotis chrysotricha (Palib.) Merr.;金毛耳草(白山茄,白头走马仔,串地蜈蚣,地坎风,地麻筋,地蜈蚣,地蜈蚣草,对叶寸节草,敷地两耳草,腹泻草,过路蜈蚣,过路蜈蚣草,黄毛耳草,落地蜈蚣,铺地蜈蚣,山蜈蚣,伤口草,石打穿,摊地蜈蚣,铜眼狮,拖地莲,蜈蚣草,细节节花,细种节节花);Goldhair Eargrass,Goldhair Hedyotis ■

187545 Hedyotis communis W. C. Ko;大众耳草;Common Hedyotis,Commonage Eargrass ●■

187546 Hedyotis congesta R. Br. = Hedyotis philippensis (Willd. ex Spreng.) Merr. ex C. B. Rob. ■

187547 Hedyotis connata Hook. f. = Hedyotis coronaria (Kurz) Craib ■

187548 Hedyotis consanguinea Hance;拟金草(长尾耳草,剑叶耳草,千年茶,少年红,铁扫把);Consanfuinity Eargrass,Consanfuinity Hedyotis ■

187549 Hedyotis coreana H. Lév.;肉叶耳草(海耳草,脉耳草);Fleshleaf Eargrass,Fleshleaf Hedyotis ■

187550 Hedyotis coreana H. Lév. = Hedyotis strigulosa (Bartl. ex DC.) Fosberg var. parvifolia (Hook. et Arn.) T. Yamaz. ■

187551 Hedyotis coreana H. Lév. var. luxurians Hatus. = Hedyotis strigulosa (Bartl. ex DC.) Fosberg var. luxurians (Hatus.) T. Yamaz. ■☆

187552 Hedyotis coronaria (Kurz) Craib;合叶耳草;Closeleaf Eargrass,Connate Hedyotis ■

187553 Hedyotis coronata Wall. ex Hook. f. = Hedyotis coronaria (Kurz) Craib ■

187554 Hedyotis coronata Wall. ex Hook. f. et Jacks. = Hedyotis coronaria (Kurz) Craib ■

187555 Hedyotis corymbosa (L.) Lam.;伞房花耳草(矮脚白花蛇利草,定经草,鹅不食草,伞花龙吐珠,蛇舌草,水胡椒,水线草,汤气草,珠仔草,珠子草);Corymbose Eargrass,Corymbose Hedyotis ■

187556 Hedyotis corymbosa (L.) Lam. = Oldenlandia corymbosa L. ■

187557 Hedyotis corymbosa (L.) Lam. var. tereticaulis W. C. Ko;圆茎耳草;Terete Stock Hedyotis ■

187558 Hedyotis costata (Roxb.) Kurz;脉耳草(大黑节草,大接骨草,大接骨丹,肝炎草,黑节草,节节草,肋脉耳草,千里及,四棱草,小接骨丹,小节节花,亚婆潮草);Rib Eargrass,Ribbed Hedyotis ■

187559 Hedyotis crassifolia Raf.;爪哇厚叶耳草;Small Bluets,Star Violet ■☆

187560 Hedyotis cryptantha Dunn;闭花耳草;Hiddenflower Eargrass,Hiddenflower Hedyotis ■

187561 Hedyotis cynanchica (DC.) Steud. = Kohautia cynanchica DC. ■☆

187562 Hedyotis decumbens Hochst. = Oldenlandia affinis (Roem. et Schult.) DC. subsp. fugax (Vatke) Verdc. ■☆

187563 Hedyotis dianxiensis W. C. Ko;滇西耳草;Dianxi Eargrass,Dianxi Hedyotis ■

187564 Hedyotis dichotoma A. Rich. = Oldenlandia herbacea (L.) Roxb. ■☆

187565 Hedyotis diffusa Willd.;白花蛇舌草(矮脚白花蛇利草,白花十字草,定经草,短脚白花蛇舌草,二叶葎,鹤舌草,甲猛草,尖刀草,节节结蕊草,鹩哥利,鹩哥舌,龙舌草,龙吐珠,目目生珠草,千锤打,蛇脷草,蛇利草,蛇舌草,蛇舌癀,蛇舌仔,蛇针草,蛇总管,细叶柳子,细叶蛇叶草,小叶锅巴草,羊须草,珠仔草,珠子草,竹叶菜);Diffuse Hedyotis,Spreading Hedyotis,White-snaketotue-grass ■

187566 Hedyotis diffusa Willd. f. longipes (Nakai) H. Hara = Hedyotis diffusa Willd. ■

187567 Hedyotis diffusa Willd. var. longipes Nakai = Hedyotis diffusa Willd. ■

187568 Hedyotis effusa Hance;鼎湖耳草;Dinghu Eargrass,Effusive Hedyotis ■

187569 Hedyotis esquirolii H. Lév. = Hedyotis hedyotidea (DC.) Merr. ●■

187570 Hedyotis exserta Merr.;长花轴耳草(长轴耳草);Longradiate Hedyotis,Longstyle Eargrass ■

187571 Hedyotis fruticosa Kuntze = Hedyotis hedyotidea (DC.) Merr. ●■

187572 Hedyotis fugax Vatke = Oldenlandia affinis (Roem. et Schult.) DC. subsp. fugax (Vatke) Verdc. ■☆

187573 Hedyotis fugax Vatke = Oldenlandia affinis (Roem. et Schult.) DC. ■☆

187574 Hedyotis geminiflora Sond. = Oldenlandia geminiflora (Sond.) Kuntze ■☆

187575 Hedyotis gerrardii Harv. ex Sond. = Kohautia virgata (Willd.) Bremek. ■☆

187576 Hedyotis globosa Hochst. ex A. Rich. = Agathisanthemum globosum (Hochst. ex A. Rich.) Bremek. ■☆

187577 Hedyotis goreensis DC. = Oldenlandia goreensis (DC.) Summerh. ■☆

187578 Hedyotis grandiflora A. Rich. = Kohautia tenuis (S. Bowdich) Mabb. ■☆

187579 Hedyotis grayi Hook. f. = Hedyotis leptopetala A. Gray ■☆

187580 Hedyotis hainanensis (Chun) W. C. Ko;海南耳草■

187581 Hedyotis hedyotidea (DC.) Merr.;牛白藤(癍痧藤,大凉藤,大叶龙胆草,大叶婆,大叶亚婆巢,广花耳草,接骨丹,凉茶藤,毛鸡屎藤,南投凉喉茶,脓见消,排骨连,山甘草,甜茶,涂藤,涂藤头,土加藤,土五加皮,亚婆巢,亚婆潮,有毛鸡屎藤);Hedyotidous Hedyotis,Similar Eargrass ●■

187582 Hedyotis herbacea L.;丹草;Herb Eargrass,Herbaceous Hedyotis ■

187583 Hedyotis herbacea L. = Oldenlandia herbacea (L.) Roxb. ■☆

187584 Hedyotis herbacea Lour. = Hedyotis diffusa Willd. ■

187585 Hedyotis heynii (G. Don) Sond. = Oldenlandia herbacea (L.)

Roxb. ■☆

187586 Hedyotis hirsuta (L. f.) J. E. Sm. = Neanotis hirsuta (L. f.) W. H. Lewis ■

187587 Hedyotis hirsuta Retz. = Neanotis hirsuta (L. f.) W. H. Lewis ■

187588 Hedyotis hirsuta Wight et Arn. = Neanotis hirsuta (L. f.) W. H. Lewis ■

187589 Hedyotis hirtula Sond. = Oldenlandia rupicola (Sond.) Kuntze var. hirtula (Sond.) Bremek. ■☆

187590 Hedyotis hispida Retz. = Hedyotis verticillata (L.) Lam. ■

187591 Hedyotis hondae H. Hara = Neanotis hirsuta (L. f.) W. H. Lewis var. glabra (Honda) H. Hara ■☆

187592 Hedyotis hookeri (K. Schum.) Fosberg;胡克耳草■☆

187593 Hedyotis hui Diels = Hedyotis caudatifolia Merr. et F. P. Metcalf ●

187594 Hedyotis johnstonii Oliv. = Oldenlandia johnstonii (Oliv.) Engl. ■☆

187595 Hedyotis kuraruensis Hayata = Hedyotis uncinella Hook. et Arn. ■

187596 Hedyotis laevigata (DC.) Miq. = Hedyotis philippensis (Willd. ex Spreng.) Merr. ex C. B. Rob. ■

187597 Hedyotis lancea Tanaka et Odash. = Hedyotis minutopuberula Merr. et F. P. Metcalf ●■

187598 Hedyotis lancea Thunb. ex Maxim.;剑叶耳草(必儿药,产后茶,长尾耳草,黑骨风,痨病草,千年茶,山甘草,少年红,天蛇木,硬杆野甘草);Swordleaf Eargrass,Swordleaf Hedyotis ■

187599 Hedyotis lancea Thunb. ex Maxim. = Hedyotis caudatifolia Merr. et F. P. Metcalf ●

187600 Hedyotis lancea Thunb. ex Maxim. = Hedyotis consanguinea Hance ■

187601 Hedyotis lancifolia Schumach. = Oldenlandia lancifolia (Schumach.) DC. ■☆

187602 Hedyotis leptopetala A. Gray;细瓣耳草■☆

187603 Hedyotis lianshanensis W. C. Ko;连山耳草;Lianshan Eargrass, Lianshan Hedyotis ●

187604 Hedyotis lindeyana Hook. ex Wight et Arn. = Neanotis hirsuta (L. f.) W. H. Lewis ■

187605 Hedyotis lindeyana Hook. ex Wight et Arn. var. glabricalycina (Honda) H. Hara = Neanotis hirsuta (L. f.) W. H. Lewis ■

187606 Hedyotis lindleyana Hook. ex Wight et Arn. var. glabra (Honda) H. Hara = Neanotis hirsuta (L. f.) W. H. Lewis var. glabra (Honda) H. Hara ■☆

187607 Hedyotis lindleyana Hook. ex Wight et Arn. var. glabricalycina (Honda) H. Hara = Neanotis hirsuta (L. f.) W. H. Lewis var. glabricalycina (Honda) W. H. Lewis ■

187608 Hedyotis lindleyana Hook. ex Wight et Arn. var. glabricalycina (Honda) H. Hara = Neanotis hirsuta (L. f.) W. H. Lewis f. glabricalycina (Honda) H. Hara ■

187609 Hedyotis lindleyana Hook. ex Wight et Arn. var. glabricalycina (Honda) H. Hara = Neanotis hirsuta (L. f.) W. H. Lewis var. yakusimensis (Masam.) W. H. Lewis ■☆

187610 Hedyotis lindleyana Hook. ex Wight et Arn. var. hirsuta (L. f.) H. Hara = Neanotis hirsuta (L. f.) W. H. Lewis ■

187611 Hedyotis lindleyana Hook. ex Wight et Arn. var. yakusimensis (Masam.) H. Hara = Neanotis hirsuta (L. f.) W. H. Lewis var. yakusimensis (Masam.) W. H. Lewis ■☆

187612 Hedyotis lineata Roxb.;东亚耳草(线叶耳草);Linearifolious Hedyotis, Lineate Eargrass ■

187613 Hedyotis loganioides Benth.;粤港耳草;Similar-longania Eargrass, Similar-longania Hedyotis ■

187614 Hedyotis longidens Hance = Wendlandia longidens (Hance) Hutch. ●

187615 Hedyotis longiexserta Merr. et F. P. Metcalf;上思耳草(长突耳草);Shangsi Eargrass, Shangsi Hedyotis ●■

187616 Hedyotis longiflora (DC.) Steud. = Kohautia cynanchica DC. ■☆

187617 Hedyotis longifolia (Gaertn.) Hook.;长叶耳草;Long-leaved Bluets, Slender-leaved Bluets ■☆

187618 Hedyotis longifolia (Gaertn.) Hook. = Houstonia longifolia Gaertn. ■☆

187619 Hedyotis longifolia Schumach. = Oldenlandia lancifolia (Schumach.) DC. ■☆

187620 Hedyotis longipetala Merr.;长瓣耳草;Longpetal Eargrass, Long-petal Hedyotis ■●

187621 Hedyotis luxurians (Hatus.) Hatus. ex Shimabuku = Hedyotis strigulosa (Bartl. ex DC.) Fosberg var. luxurians (Hatus.) T. Yamaz. ■☆

187622 Hedyotis macrostemon Hook. et Arn. = Hedyotis hedyotidea (DC.) Merr. ●■

187623 Hedyotis mairei H. Lév. = Viburnum congestum Rehder ●

187624 Hedyotis matthewii Dunn;疏花耳草;Laxflower Eargrass, Laxflower Hedyotis ■

187625 Hedyotis mellii Tutcher;粗毛耳草(阿草娃,白花茶,甘草,光叶耳草,红花耳草,卷毛耳草,甜茶,腰消竹,野甘草,竹根草);Mell Eargrass, Mell Hedyotis ■

187626 Hedyotis mexicana (Hook. et Arn.) Hatus. = Hedyotis hookeri (K. Schum.) Fosberg ■☆

187627 Hedyotis michauxii Fosberg;米氏耳草(匍匐休氏茜草);Creeping Bluets, Thymeleaf Bluet ■☆

187628 Hedyotis minutopuberula Merr. et F. P. Metcalf;粉毛耳草;Minutepuberula Hedyotis, Puberulent Eargrass ●■

187629 Hedyotis monanthos A. Rich. = Oldenlandia monanthos (A. Rich.) Hiern ■☆

187630 Hedyotis nantoensis Hayata;理肺散;Nantou Hedyotis ●

187631 Hedyotis natalensis Hochst. = Conostomium natalense (Hochst.) Bremek. ■☆

187632 Hedyotis nigricans (Lam.) Fosberg;窄叶耳草;Narrow-leaved Bluets ■☆

187633 Hedyotis nuttalliana Fosberg = Hedyotis longifolia (Gaertn.) Hook. ■☆

187634 Hedyotis obliquinervis Merr.;偏脉耳草;Excentric-vein Eargrass, Obliquenerv Hedyotis ●■

187635 Hedyotis oligantha Merr. = Hedyotis hainanensis (Chun) W. C. Ko ■

187636 Hedyotis ovata Thunb. ex Maxim.;卵叶耳草;Ovate Eargrass, Ovateleaf Hedyotis ■

187637 Hedyotis ovatifolia Cav.;矮小耳草;Dwarf Eargrass, Dwarf Hedyotis ■

187638 Hedyotis pachyphylla Tuyama;厚叶耳草■☆

187639 Hedyotis paniculata (L.) Lam.;大叶珠仔草■

187640 Hedyotis paniculata (L.) Lam. = Hedyotis biflora (L.) Lam. ■

187641 Hedyotis paridiflora Dunn;延龄耳草;Parisleaf Eargrass, Parisleaf Hedyotis ■

187642 Hedyotis parryi Hance = Hedyotis tetrangularis (Korth.) Walp. ■

187643 Hedyotis pentamera Sond. = Pentodon pentandrus (Schumach. et Thonn.) Vatke var. minor Bremek. ■☆

187644 Hedyotis pentandra Schumach. et Thonn. = Pentodon pentandrus

(Schumach. et Thonn.) Vatke ■☆
187645 Hedyotis philippensis (Willd. ex Spreng.) Merr. ex C. B. Rob.;菲律宾耳草;Philippine Eargrass,Philippine Hedyotis ■
187646 Hedyotis pinifolia Wall. et G. Don;松叶耳草(利尖草,鹩哥舌,了哥舌,乌舌草,蛇舌草);Pineleaf Eargrass,Pineleaf Hedyotis ■
187647 Hedyotis platystipula Merr.;阔托叶耳草(大托叶耳草,月禁风);Broadstipule Eargrass,Broadstipule Hedyotis ■
187648 Hedyotis procumbens (J. F. Gmel.) Fosberg;匍匐耳草;Innocence ■☆
187649 Hedyotis pterita Blume;翅果耳草;Wingfruit Eargrass,Wingfruit Hedyotis ■
187650 Hedyotis pulcherrima Dunn;艳丽耳草(美丽耳草);Pretty Eargrass,Pretty Hedyotis ■
187651 Hedyotis pumila L. f. = Oldenlandia pumila (L. f.) DC. ■☆
187652 Hedyotis purpurea (L.) Torr. et A. Gray;紫耳草;Broad-leaved Bluets,Mountain Houstonia ■☆
187653 Hedyotis purpurea (L.) Torr. et A. Gray var. longifolia (Gaertn.) Fosberg = Houstonia longifolia Gaertn. ■☆
187654 Hedyotis pusilla (Schoepf) Mohlenbr. = Hedyotis crassifolia Raf. ■☆
187655 Hedyotis pusilla Hochst. ex A. Rich. = Oldenlandia corymbosa L. var. linearis (DC.) Verdc. ■☆
187656 Hedyotis quadrangularis Miq. = Hedyotis tetrangularis (Korth.) Walp. ■
187657 Hedyotis quartiniana A. Rich. = Kohautia tenuis (S. Bowdich) Mabb. ■☆
187658 Hedyotis racemosa Lam. = Hedyotis biflora (L.) Lam. ■
187659 Hedyotis racemosa Lam. = Hedyotis paniculata (L.) Lam. ■
187660 Hedyotis racemosa Lam. = Hedyotis strigulosa (Bartl. ex DC.) Fosberg ■☆
187661 Hedyotis recurva Benth. = Hedyotis hedyotidea (DC.) Merr. ●■
187662 Hedyotis rigida (Benth.) Walp. = Kohautia cynanchica DC. ■☆
187663 Hedyotis rosea Raf.;粉耳草■☆
187664 Hedyotis rotundifolia DC. = Hedyotis trinervia (Retz.) Roem. et Schult. ■
187665 Hedyotis rupicola Sond. = Oldenlandia rupicola (Sond.) Kuntze ●☆
187666 Hedyotis scandens Roxb.;攀茎耳草(大接骨草,接骨草,接骨丹,老人拐棍,理肺散,凉喉茶,攀援耳草,小接骨);Climbing Hedyotis,Hedyotis Eargrass ●■
187667 Hedyotis schimperi C. Presl = Kohautia caespitosa Schnizl. ■☆
187668 Hedyotis senegalensis (Cham. et Schltdl.) Steud. = Kohautia tenuis (S. Bowdich) Mabb. ■☆
187669 Hedyotis setifera (DC.) Steud. = Kohautia virgata (Willd.) Bremek. ■☆
187670 Hedyotis setifera (DC.) Steud. subsp. pubescens Sond. = Kohautia virgata (Willd.) Bremek. ■☆
187671 Hedyotis speciosa Hand. -Mazz. = Hedyotis mellii Tutcher ■
187672 Hedyotis sperguloides A. Rich. = Oldenlandia corymbosa L. var. linearis (DC.) Verdc. ■☆
187673 Hedyotis stipulata R. Br. ex Hook. f. = Neanotis hirsuta (L. f.) W. H. Lewis ■
187674 Hedyotis strigulosa (Bartl. ex DC.) Fosberg;硬毛耳草■☆
187675 Hedyotis strigulosa (Bartl. ex DC.) Fosberg var. coreana (H. Lév.) T. Yamaz. = Hedyotis strigulosa (Bartl. ex DC.) Fosberg var. parvifolia (Hook. et Arn.) T. Yamaz. ■
187676 Hedyotis strigulosa (Bartl. ex DC.) Fosberg var. luxurians (Hatus.) T. Yamaz.;疏花硬毛耳草■☆
187677 Hedyotis strigulosa (Bartl. ex DC.) Fosberg var. parvifolia (Hook. et Arn.) T. Yamaz.;小花耳草(单花耳草,脉耳草);Oneflower Eargrass,Oneflower Hedyotis ■
187678 Hedyotis strumosa A. Rich. = Kohautia aspera (Roth) Bremek. ■☆
187679 Hedyotis taiwanensis S. F. Huang et J. Murata = Hedyotis strigulosa (Bartl. ex DC.) Fosberg var. parvifolia (Hook. et Arn.) T. Yamaz. ■
187680 Hedyotis tenella Hochst. = Oldenlandia tenella (Hochst.) Kuntze ■☆
187681 Hedyotis tenelliflora Blume;纤花耳草(红虾子草,鸡口舌,尖刀草,箭头草,石耳草,石枫药,铁青草,细叶龙吐珠,虾子草,狭叶凉喉茶);Narrow-leaved Hedyotis,Tenderflower Eargrass,Tender-flowered Hedyotis ■
187682 Hedyotis tenelliflora Blume var. longipes Hatus.;长梗纤花耳草■☆
187683 Hedyotis tenuipes Hemsl. = Hedyotis tenuipes Hemsl. ex Forbes et Hemsl. ■
187684 Hedyotis tenuipes Hemsl. ex Forbes et Hemsl.;细梗耳草;Thinpeduncle Eargrass,Thinpeduncle Hedyotis ■
187685 Hedyotis terminaliflora Merr. et Chun;顶花耳草;Terminal-flower Hedyotis,Topflower Eargrass,Topflower Hedyotis ■
187686 Hedyotis tetrangularis (Korth.) Walp.;方茎耳草(白衣草);Squareanfle Hedyotis,Squarestem Eargrass ■
187687 Hedyotis thymifolia C. Presl = Kohautia caespitosa Schnizl. subsp. brachyloba (Sond.) D. Mantell ■☆
187688 Hedyotis trinervia (Retz.) Roem. et Schult.;三脉耳草;Threevein Eargrass,Threevein Hedyotis ■
187689 Hedyotis ulmifolia Wall. = Hedyotis lineata Roxb. ■
187690 Hedyotis umbellata (L.) Lam.;伞形花耳草;Umbel Eargrass,Umbel Hedyotis ■
187691 Hedyotis uncinella Hook. et Arn.;长节耳草(灯台兰花,狗骨消,黑头草,节节草,酒药草,小钩耳草,小绣球,一扫光);Longnode Eargrass,Smallhooked Hedyotis ■
187692 Hedyotis uncinella Hook. et Arn. var. cephalophora (Wall.) C. Y. Wu;具头小钩耳草■☆
187693 Hedyotis uncinella Hook. et Arn. var. mekongensis Pierre;湄公小钩耳草■☆
187694 Hedyotis uncinella Hook. et Arn. var. scabrida Franch.;糙叶长节耳草(糙叶小钩耳草,长节糙叶耳草,粗糙钩毛耳草,对坐叶,对座叶,节节花,酒药草,四方梗,小绣球,牙疳药,野鸡草,叶上绣球);Scabrous Hedyotis,Scabrous Longnode Eargrass ■
187695 Hedyotis uniflora (L.) Lam.;单花耳草;Oldenlandia ■☆
187696 Hedyotis vachellii Hook. et Arn.;香港耳草;Hongkong Eargrass,Hongkong Hedyotis ■
187697 Hedyotis verticillata (L.) Lam.;粗叶耳草(锅老根,节节花,阔叶耳草,杀虫草,西茜草);Coarseleaf Eargrass,Hispid Hedyotis,Thickleaf Eargrass,Whorled Hedyotis ■
187698 Hedyotis vestita R. Br. = Hedyotis costata (Roxb.) Kurz ■
187699 Hedyotis virgata Willd. = Kohautia virgata (Willd.) Bremek. ■☆
187700 Hedyotis wangii R. J. Wang;启无耳草;Wang Hedyotis ■
187701 Hedyotis wightiana Wall. ex Wight et Arn. = Neanotis wightiana (Wall. ex Wight et Arn.) W. H. Lewis ■
187702 Hedyotis wulsinii Merr. = Hedyotis mellii Tutcher ■

187703 Hedyotis xanthochroa Hance;黄叶耳草;Yellowleaf Eargrass, Yellowleaf Hedyotis ■

187704 Hedyotis yangchunensis W. C. Ko et Zhang;阳春耳草;Yangchun Eargrass, Yangchun Hedyotis ■

187705 Hedyotis yazhouensis F. W. Xing et R. J. Wang;崖州耳草;Yazhou Hedyotis ■

187706 Hedyotis yuannensis H. Lév. = Viburnum foetidum Wall. var. rectangulatum (Graebn.) Rehder ●

187707 Hedyotis zanguebariae (Lour.) Roem. et Schult. = Kohautia obtusiloba (Hiern) Bremek. ■☆

187708 Hedyphylla Steven = Astragalus L. ●■

187709 Hedypnois Mill. (1754);甜苣属;Scaly Hawkbit ■☆

187710 Hedypnois Schreb. = Taraxacum F. H. Wigg. (保留属名)■

187711 Hedypnois Scop. = Taraxacum F. H. Wigg. (保留属名)■

187712 Hedypnois annua Mill. ex Ferris;甜苣■☆

187713 Hedypnois arenaria (Schousb.) DC.;沙地甜苣■☆

187714 Hedypnois arenaria (Schousb.) DC. var. maximiliana Sennen = Hedypnois arenaria (Schousb.) DC. ■☆

187715 Hedypnois arenaria (Schousb.) DC. var. scaberrima Maire = Hedypnois arenaria (Schousb.) DC. ■☆

187716 Hedypnois arenaria (Schousb.) DC. var. setosa Maire = Hedypnois arenaria (Schousb.) DC. ■☆

187717 Hedypnois arenicola Sennen et Mauricio = Hedypnois rhagadioloides (L.) F. W. Schmidt ■☆

187718 Hedypnois cretica (L.) Dum. Cours.;克里特甜苣;Cretanweed, Scaly Hawkbit ■☆

187719 Hedypnois cretica (L.) Dum. Cours. subsp. monspeliensis (Willd.) Murb. = Hedypnois rhagadioloides (L.) F. W. Schmidt ■☆

187720 Hedypnois cretica (L.) Dum. Cours. subsp. tubiformis (Ten.) Nyman = Hedypnois rhagadioloides (L.) F. W. Schmidt ■☆

187721 Hedypnois cretica (L.) Dum. Cours. var. crepidiformis Rchb. = Hedypnois rhagadioloides (L.) F. W. Schmidt ■☆

187722 Hedypnois cretica (L.) Dum. Cours. var. gracilis (Batt.) Maire = Hedypnois rhagadioloides (L.) F. W. Schmidt ■☆

187723 Hedypnois cretica (L.) Dum. Cours. var. hyoseris (Rouy) Maire = Hedypnois rhagadioloides (L.) F. W. Schmidt ■☆

187724 Hedypnois cretica (L.) Dum. Cours. var. oasicola Hochr. = Hedypnois rhagadioloides (L.) F. W. Schmidt ■☆

187725 Hedypnois cretica (L.) Dum. Cours. var. pendula (Willd.) Fiori et Paol. = Hedypnois rhagadioloides (L.) F. W. Schmidt ■☆

187726 Hedypnois cretica (L.) Dum. Cours. var. persica (Fisher) Cout. = Hedypnois rhagadioloides (L.) F. W. Schmidt ■☆

187727 Hedypnois cretica (L.) Dum. Cours. var. rhagadioloides (L.) Rchb. = Hedypnois rhagadioloides (L.) F. W. Schmidt ■☆

187728 Hedypnois cretica (L.) Willd. = Hedypnois cretica (L.) Dum. Cours. ■☆

187729 Hedypnois globulifera Lam. = Hedypnois rhagadioloides (L.) F. W. Schmidt ■☆

187730 Hedypnois globulifera Lam. var. cretica (L.) Fiori = Hedypnois rhagadioloides (L.) F. W. Schmidt ■☆

187731 Hedypnois globulifera Lam. var. rhagadioloides (L.) Fiori = Hedypnois rhagadioloides (L.) F. W. Schmidt ■☆

187732 Hedypnois globulifera Lam. var. tubaeformis (Ten.) Fiori = Hedypnois rhagadioloides (L.) F. W. Schmidt ■☆

187733 Hedypnois hieracioides (L.) Huds. = Picris hieracioides L. ■

187734 Hedypnois persica Fisch.;波斯甜苣■☆

187735 Hedypnois persica Fisch. = Hedypnois rhagadioloides (L.) F. W. Schmidt ■☆

187736 Hedypnois polymorpha DC. = Hedypnois cretica (L.) Dum. Cours. ■☆

187737 Hedypnois polymorpha DC. var. crepidiformis (Rchb.) Willk. et Lange = Hedypnois rhagadioloides (L.) F. W. Schmidt ■☆

187738 Hedypnois polymorpha DC. var. cretica (L.) Willd. = Hedypnois rhagadioloides (L.) F. W. Schmidt ■☆

187739 Hedypnois polymorpha DC. var. gracilis Batt. = Hedypnois rhagadioloides (L.) F. W. Schmidt ■☆

187740 Hedypnois polymorpha DC. var. monspeliensis (Willd.) Rouy = Hedypnois rhagadioloides (L.) F. W. Schmidt ■☆

187741 Hedypnois polymorpha DC. var. pinnatifida (DC.) Willk. et Lange = Hedypnois rhagadioloides (L.) F. W. Schmidt ■☆

187742 Hedypnois polymorpha DC. var. rhagadioloides (L.) Willd. = Hedypnois rhagadioloides (L.) F. W. Schmidt ■☆

187743 Hedypnois polymorpha DC. var. tubiformis (Ten.) Batt. = Hedypnois rhagadioloides (L.) F. W. Schmidt ■☆

187744 Hedypnois rhagadioloides (L.) F. W. Schmidt;广布甜苣■☆

187745 Hedypnois sabulorum Pomel = Hedypnois rhagadioloides (L.) F. W. Schmidt ■☆

187746 Hedypnois tubiformis Ten. = Hedypnois rhagadioloides (L.) F. W. Schmidt ■☆

187747 Hedysa Post et Kuntze = Dissotis Benth. (保留属名)●☆

187748 Hedysa Post et Kuntze = Hedusa Raf. (废弃属名)●☆

187749 Hedysaraceae Bercht. et J. Presl = Fabaceae Lindl. (保留科名)●■

187750 Hedysaraceae Bercht. et J. Presl = Leguminosae Juss. (保留科名)●■

187751 Hedysaraceae J. Agardh = Fabaceae Lindl. (保留科名)●■

187752 Hedysaraceae J. Agardh = Leguminosae Juss. (保留科名)●■

187753 Hedysarum L. (1753)(保留属名);岩黄耆属(岩黄芪属,岩黄蓍属);French Honeysuckle, Hedysarum, Sweet Vetch ●■

187754 Hedysarum aculeolatum Boiss.;小皮刺岩黄耆●☆

187755 Hedysarum aculeolatum Boiss. subsp. mauritanicum (Pomel) Maire;毛里塔尼亚岩黄耆■☆

187756 Hedysarum aculeolatum Boiss. subsp. micranthum (Batt.) Maire = Hedysarum aculeolatum Boiss. ●☆

187757 Hedysarum aculeolatum Boiss. var. capitellatum (Pau et Font Quer) Maire = Hedysarum aculeolatum Boiss. ●☆

187758 Hedysarum acuminatum Michx. = Desmodium glutinosum (Muhl. ex Willd.) A. W. Wood ●☆

187759 Hedysarum adscendens Sw. = Desmodium adscendens (Sw.) DC. ●■

187760 Hedysarum alaicum B. Fedtsch.;阿莱岩黄耆■☆

187761 Hedysarum alaschanicum Y. Z. Zhao = Hedysarum petrovii Yakovlev ■

187762 Hedysarum algidum L. Z. Shue = Hedysarum algidum L. Z. Shue ex P. C. Li ■

187763 Hedysarum algidum L. Z. Shue ex P. C. Li;块茎岩黄耆(块茎岩黄芪);Tuber Sweetvetch ■

187764 Hedysarum algidum L. Z. Shue ex P. C. Li var. speciosum (Hand.-Mazz.) Y. H. Wu;美丽块茎岩黄耆(美丽岩黄耆)■

187765 Hedysarum algidum L. Z. Shue ex P. C. Li var. thyrsum Y. H. Wu;伞锥岩黄耆;Thyrse Tuber Sweet vetch ■

187766 Hedysarum algidum L. Z. Shue ex P. C. Li var. thyrsum Y. H. Wu = Hedysarum algidum L. Z. Shue ex P. C. Li ■

187767 Hedysarum alhagi L. = Alhagi maurorum Medik. ●

187768 Hedysarum alpinum Jacq. = Hedysarum obscurum L. ■☆

187769 Hedysarum alpinum L.;山岩黄耆(高山岩黄芪,高山岩黄耆,山岩黄芪);Alpine Hedysarum,Alpine Sweetvetch ■

187770 Hedysarum alpinum L. subsp. laxiflorum (Benth. ex Baker) H. Ohashi et Tateishi;疏花岩黄耆(疏花岩黄芪);Looseflower Alpine Sweetvetch ■

187771 Hedysarum alpinum L. subsp. laxiflorum (Benth. ex Baker) H. Ohashi et Tateishi = Hedysarum laxiflorum Benth. ex Baker ■

187772 Hedysarum alpinum L. var. chinense B. Fedtsch. = Hedysarum alpinum L. ■

187773 Hedysarum alpinum L. var. chinense B. Fedtsch. = Hedysarum chinense (B. Fedtsch.) Hand. -Mazz. ■

187774 Hedysarum alpinum L. var. vicioides (Turcz.) B. Fedtsch. = Hedysarum vicioides Turcz. ■

187775 Hedysarum amankutanicum B. Fedtsch.;阿曼岩黄耆■☆

187776 Hedysarum amatum L. = Stylosanthes hamata (L.) Taub. ■☆

187777 Hedysarum arbuscula Maxim. = Corethrodendron scoparium (Fisch. et C. A. Mey.) Fisch. et Basiner ●

187778 Hedysarum arbuscula Maxim. = Hedysarum scoparium Fisch. et C. A. Mey. var. arbuscula (Maxim.) Yokovl. ●

187779 Hedysarum arcticum B. Fedtsch.;北极岩黄耆■☆

187780 Hedysarum argentatum Maire = Hedysarum argyreum Greuter et Burdet ■☆

187781 Hedysarum argenteum L.;灰白岩黄耆;Silvery Sweetvetch ■☆

187782 Hedysarum argyreum Greuter et Burdet;银白岩黄耆■☆

187783 Hedysarum argyrophyllum Ledeb.;银叶岩黄耆■☆

187784 Hedysarum argyrophyllum Ledeb. = Hedysarum grandiflorum Pall. ■☆

187785 Hedysarum armenum Boiss.;亚美尼亚岩黄耆■☆

187786 Hedysarum asperum Poir. = Desmodium asperum (Poir.) Desr. ●☆

187787 Hedysarum astragaloides Benth. ex Baker;黄耆状岩黄耆■☆

187788 Hedysarum atlanticum Pomel = Hedysarum pallidum Desf. ■☆

187789 Hedysarum atropatanum Bunge ex Boiss.;阿特罗岩黄耆■☆

187790 Hedysarum auriculatum Eastw.;耳状岩黄耆■☆

187791 Hedysarum austrokurilense (N. S. Pavlova) N. S. Pavlova = Hedysarum hedysaroides (L.) Schinz et Thell. f. neglectum (Ledeb.) Ohwi ■

187792 Hedysarum austrosibiricum B. Fedtsch.;紫花岩黄耆(岩黄芪,岩黄耆,紫花岩黄芪);Purple-flowered Sweetvetch ■

187793 Hedysarum babatagicum Korotk.;巴巴塔戈岩黄耆■☆

187794 Hedysarum baicalense B. Fedtsch.;拜卡尔岩黄耆■☆

187795 Hedysarum baldshuanicum B. Fedtsch.;巴尔德岩黄耆■☆

187796 Hedysarum barbatum L. = Desmodium barbatum (L.) Benth. et Oerst. ●☆

187797 Hedysarum biarticulatum L. = Aphyllodium biarticulatum (L.) Gagnep. ●

187798 Hedysarum biarticulatum L. = Dicerma biarticulatum (L.) DC. ●

187799 Hedysarum biflorum Benth. = Desmodium triflorum (L.) DC. ●■

187800 Hedysarum blepharopterum Hand. -Mazz. = Hedysarum pseudoastragalus Ulbr. ■

187801 Hedysarum bordzilovskyi Grossh.;鲍尔岩黄耆■☆

187802 Hedysarum boreale Nutt.;北方岩黄耆;Sweet Vetch ■☆

187803 Hedysarum boveanum Basiner;博韦岩黄耆■☆

187804 Hedysarum boveanum Basiner subsp. europaeum Guitt. et Kerguélen;欧洲博韦岩黄耆■☆

187805 Hedysarum bovei Boiss. et Reut. = Hedysarum boveanum Basiner ■☆

187806 Hedysarum brachypterum Bunge;短翼岩黄耆(茄,茄蔯,蔯,地榆,短翼岩黄芪);Shortwing Sweetvetch ■

187807 Hedysarum bracteatum Roxb. = Flemingia bracteata (Roxb.) Wight ●

187808 Hedysarum bracteatum Roxb. = Flemingia strobilifera (L.) R. Br. ex Aiton ●

187809 Hedysarum branthii Trautv.;布朗斯岩黄耆■☆

187810 Hedysarum bucharicum B. Fedtsch.;布哈尔岩黄耆■☆

187811 Hedysarum bupleurifolium L. = Alysicarpus bupleurifolius (L.) DC. ■

187812 Hedysarum caespitosum Poir. = Desmodium adscendens (Sw.) DC. ●■

187813 Hedysarum campylocarpon Ohashi;曲果岩黄耆(曲果岩黄芪);Curvefruit Sweetvetch ■

187814 Hedysarum canadense L. = Desmodium canadense (L.) DC. ●☆

187815 Hedysarum candidum M. Bieb.;纯白岩黄耆;White-flowered Sweetvetch ■☆

187816 Hedysarum canum J. F. Gmel. = Desmodium incanum (Sw.) DC. ●☆

187817 Hedysarum capense Burm. f. = Wiborgia obcordata (P. J. Bergius) Thunb. ■☆

187818 Hedysarum capitatum Burm. f. = Desmodium styracifolium (Osbeck) Merr. ●■

187819 Hedysarum capitatum Desf. = Hedysarum glomeratum F. Dietr. ■☆

187820 Hedysarum capitellatum Pau et Font Quer = Hedysarum aculeolatum Boiss. ●☆

187821 Hedysarum caput-galli L. = Onobrychis caput-galli (L.) Lam. ■☆

187822 Hedysarum carnosum Desf.;肉质岩黄耆■☆

187823 Hedysarum caucasicum M. Bieb.;高加索岩黄耆(高加索岩黄芪);Caucasia Sweetvetch ■☆

187824 Hedysarum caucasicum M. Bieb. = Hedysarum obscurum L. ■☆

187825 Hedysarum caudatum Thunb. = Desmodium caudatum (Thunb.) DC. ●

187826 Hedysarum cephalotes (Roxb.) Wight et Arn. = Dendrolobium triangulare (Retz.) Schindl. ●

187827 Hedysarum cephalotes Franch. = Hedysarum ferganense Korsh. var. minjanense (Rech. f.) L. Z. Shue ■

187828 Hedysarum cephalotes Franch. = Hedysarum minjanense Rech. f. ■

187829 Hedysarum cephalotes Roxb. = Dendrolobium triangulare (Retz.) Schindl. ●

187830 Hedysarum cephalotes Roxb. = Desmodium triangulare (Retz.) Merr. ●

187831 Hedysarum chinense (B. Fedtsch.) Hand. -Mazz.;中国岩黄耆(山西岩黄芪,中国岩黄芪);China Sweetvetch,Chinese Sweetvetch ■

187832 Hedysarum chinense (B. Fedtsch.) Hand. -Mazz. = Hedysarum alpinum L. ■

187833 Hedysarum ciliatum Thunb. = Desmodium ciliatum (Thunb.) DC. ●☆

187834 Hedysarum citrinum Baker f.;黄花岩黄耆(黄花岩黄芪);Yellow Sweetvetch,Yellowflower Sweetvetch ■

187835 Hedysarum comosum Vahl = Uraria crinita (L.) Desv. ex DC. ●■

187836 Hedysarum confertum (N. S. Pavlova) N. S. Pavlova = Hedysarum hedysaroides (L.) Schinz et Thell. f. neglectum (Ledeb.) Ohwi ■

187837 Hedysarum confertum Desf. = Onobrychis conferta (Desf.) Desv. ■☆

187838 Hedysarum connatum (B. Fedtsch.) B. Fedtsch. = Hedysarum inundatum Turcz. ■

187839 Hedysarum connatum B. Fedtsch. = Hedysarum inundatum Turcz. ■

187840 Hedysarum consanguineum DC.;亲缘岩黄耆■☆

187841 Hedysarum coriaceum Poir. = Lespedeza tomentosa (Thunb.) Siebold ex Maxim. ●

187842 Hedysarum coronarium L.;红冠岩黄耆(冠状岩黄耆);Espercet, French Honey Suckle, French Honeysuckle, Garland Cock's Head, Italian Sainfoin, Maltese Clover, Red Honeysuckle, Red Satin Flower, Spanish Sainfoin, Sulla, Sulla Sweet Vetch, Sulla Sweet-Vetch ■☆

187843 Hedysarum cretaceum Fisch. ex DC.;垩白岩黄耆■☆

187844 Hedysarum crinitum L. = Uraria crinita (L.) Desv. ex DC. ●■

187845 Hedysarum cuneifolium Roth = Indigofera nummulariifolia (L.) Livera ex Alston ■

187846 Hedysarum cuneifolium Roth = Taverniera cuneifolia (Roth) Arn. ■☆

187847 Hedysarum cuspidatum Muhl. ex Willd. = Desmodium cuspidatum (Muhl. ex Willd.) DC. ex Loudon ●☆

187848 Hedysarum daghestanicum Rupr. ex Boiss.;达赫斯坦岩黄耆■☆

187849 Hedysarum dahuricum Turcz. ex B. Fedtsch.;刺岩黄耆(刺岩黄芪);Dahur Sweetvetch, Dahurian Sweetvetch ■

187850 Hedysarum dahuricum Turcz. ex B. Fedtsch. = Hedysarum gmelinii Ledeb. ■

187851 Hedysarum dasycarpum Turcz.;毛果岩黄耆■☆

187852 Hedysarum dentato-alatum K. T. Fu;齿翅岩黄耆(齿翅岩黄芪);Toothwing Sweetvetch ■

187853 Hedysarum denticulatum Regel;细齿岩黄耆(齿状岩黄芪,齿状岩黄耆,细齿岩黄芪)■☆

187854 Hedysarum dichotomum Willd. = Desmodium dichotomum (Willd.) DC. ●

187855 Hedysarum diffusum (A. DC.) Roxb. = Desmodium diffusum DC. ●

187856 Hedysarum diffusum Willd. = Desmodium dichotomum (Willd.) DC. ●

187857 Hedysarum diversifolium Poir. = Desmodium salicifolium (Poir.) DC. ●☆

187858 Hedysarum drobovii Korotk.;德罗岩黄耆■☆

187859 Hedysarum ecastaphyllum L. = Dalbergia ecastaphyllum (L.) Taub. ●☆

187860 Hedysarum elegans Boiss. et Huet;雅致岩黄耆■☆

187861 Hedysarum elegans Lour. = Phyllodium elegans (Lour.) Desv. ●

187862 Hedysarum elongatum Fisch. ex Lodd. = Hedysarum alpinum L. ■

187863 Hedysarum erinaceum Poir. = Indigofera nummulariifolia (L.) Livera ex Alston ■

187864 Hedysarum esculentum Ledeb. = Hedysarum vicioides Turcz. ■

187865 Hedysarum esculentum Ledeb. var. taipeicum Hand. -Mazz. = Hedysarum taipeicum (Hand. -Mazz.) K. T. Fu ■

187866 Hedysarum falcatum Poir. = Aeschynomene falcata (Poir.) DC. ●☆

187867 Hedysarum falconeri Baker = Hedysarum falconeri Benth. ex Baker ■

187868 Hedysarum falconeri Benth. ex Baker;藏西岩黄耆(藏西岩黄芪);Falconer Sweetvetch, W. Xizang Sweetvetch ■

187869 Hedysarum fedtschenkoanum Regel et Schmalh.;范氏岩黄耆■☆

187870 Hedysarum ferganense Korsh.;费尔干岩黄耆(费尔干岩黄芪);Fergan Sweetvetch ■

187871 Hedysarum ferganense Korsh. var. minjanense (Rech. f.) L. Z. Shue;敏姜岩黄耆(敏姜岩黄芪);Minjiang Sweetvetch ■

187872 Hedysarum ferganense Korsh. var. poncinsii (Franch.) L. Z. Shue;河滩岩黄耆(河滩岩黄芪);River-beach Sweetvetch ■

187873 Hedysarum fistulosum Hand. -Mazz.;空茎岩黄耆(空茎岩黄芪);Emptystem Sweetvetch, Fistular Sweetvetch ■

187874 Hedysarum flavescens Regel et Schmalh. = Hedysarum flavescens Regel et Schmalh. ex Regel ■

187875 Hedysarum flavescens Regel et Schmalh. ex Regel;乌恰岩黄耆(淡黄岩黄芪,淡黄岩黄耆,乌恰岩黄芪);Slightyellow Sweetvetch, Yellowish Sweetvetch ■

187876 Hedysarum flavum Rupr.;黄色岩黄耆(黄花岩黄芪,黄色岩黄芪)■☆

187877 Hedysarum flexuosum L.;蜿蜒岩黄耆■☆

187878 Hedysarum floribundum D. Don = Desmodium multiflorum DC. ●

187879 Hedysarum formosum Fisch. et C. A. Mey.;美丽岩黄耆■☆

187880 Hedysarum frutescens L. = Lespedeza violacea (L.) Pers. ●☆

187881 Hedysarum fruticosum Pall.;山竹岩黄耆(山竹岩黄芪,山竹子);Shrub Sweetvetch, Shrubby Sweetvetch ●

187882 Hedysarum fruticosum Pall. = Corethrodendron fruticosum (Pall.) B. H. Choi et H. Ohashi ●

187883 Hedysarum fruticosum Pall. subsp. laeve (Maxim.) B. Fedtsch. = Corethrodendron lignosum (Trautv.) L. R. Xu et B. H. Choi var. laeve (Maxim.) L. R. Xu et B. H. Choi ●

187884 Hedysarum fruticosum Pall. subsp. laeve (Maxim.) B. Fedtsch. = Hedysarum fruticosum Pall. var. lignosum (Trautv.) Kitag. ●

187885 Hedysarum fruticosum Pall. subsp. laeve (Maxim.) B. Fedtsch. = Hedysarum laeve Turcz. ●

187886 Hedysarum fruticosum Pall. subsp. laeve (Maxim.) B. Fedtsch. = Hedysarum lignosum Trautv. ●

187887 Hedysarum fruticosum Pall. subsp. lignosum (Trautv.) B. Fedtsch. = Corethrodendron lignosum (Trautv.) L. R. Xu et B. H. Choi ●

187888 Hedysarum fruticosum Pall. subsp. lignosum (Trautv.) B. Fedtsch. = Hedysarum fruticosum Pall. var. lignosum (Trautv.) Kitag. ●

187889 Hedysarum fruticosum Pall. subsp. lignosum (Trautv.) B. Fedtsch. = Hedysarum lignosum Trautv. ●

187890 Hedysarum fruticosum Pall. subsp. mongolicum (Turcz.) B. Fedtsch. = Corethrodendron fruticosum (Pall.) B. H. Choi et H. Ohashi var. mongolicum (Turcz.) Turcz. ex Kitag. ●

187891 Hedysarum fruticosum Pall. subsp. mongolicum B. Fedtsch. = Hedysarum fruticosum Pall. var. lignosum (Trautv.) Kitag. ●

187892 Hedysarum fruticosum Pall. subsp. mongolicum B. Fedtsch. = Hedysarum lignosum Trautv. ●

187893 Hedysarum fruticosum Pall. var. gobicum Y. Z. Zhao et al. = Corethrodendron fruticosum (Pall.) B. H. Choi et H. Ohashi var.

mongolicum (Turcz.) Turcz. ex Kitag. ●

187894 Hedysarum fruticosum Pall. var. hybridum H. C. Fu = Corethrodendron lignosum (Trautv.) L. R. Xu et B. H. Choi ●

187895 Hedysarum fruticosum Pall. var. hybridum H. C. Fu = Hedysarum fruticosum Pall. var. lignosum (Trautv.) Kitag. ●

187896 Hedysarum fruticosum Pall. var. hybridum H. C. Fu = Hedysarum lignosum Trautv. ●

187897 Hedysarum fruticosum Pall. var. laeve (Maxim.) H. C. Fu = Corethrodendron lignosum (Trautv.) L. R. Xu et B. H. Choi var. laeve (Maxim.) L. R. Xu et B. H. Choi ●

187898 Hedysarum fruticosum Pall. var. laeve (Maxim.) H. C. Fu = Hedysarum laeve Turcz. ●

187899 Hedysarum fruticosum Pall. var. laeve (Maxim.) H. C. Fu f. albiflorum H. C. Fu et Z. Y. Chou = Hedysarum laeve Turcz. f. albiflorum (H. C. Fu et Z. Y. Chou) H. C. Fu et Z. Y. Chou ●

187900 Hedysarum fruticosum Pall. var. laeve (Maxim.) H. F. Fu ex L. R. Xu = Corethrodendron lignosum (Trautv.) L. R. Xu et B. H. Choi var. laeve (Maxim.) L. R. Xu et B. H. Choi ●

187901 Hedysarum fruticosum Pall. var. lignosum (Trautv.) Kitag. = Corethrodendron lignosum (Trautv.) L. R. Xu et B. H. Choi ●

187902 Hedysarum fruticosum Pall. var. lignosum (Trautv.) Kitag. = Hedysarum lignosum Trautv. ●

187903 Hedysarum fruticosum Pall. var. mongolicum (Turcz.) Turcz. ex Kitag. = Corethrodendron fruticosum (Pall.) B. H. Choi et H. Ohashi var. mongolicum (Turcz.) Turcz. ex Kitag. ●

187904 Hedysarum fruticosum Pall. var. mongolicum Turcz. = Hedysarum mongolicum Turcz. ●

187905 Hedysarum fruticulosum Desv. = Desmodium ramosissimum G. Don ●☆

187906 Hedysarum gangeticum L.;恒河岩黄耆(恒河岩黄芪)■☆

187907 Hedysarum gangeticum L. = Desmodium gangeticum (L.) DC. ●

187908 Hedysarum gibsonii Graham = Taverniera cuneifolia (Roth) Arn. ■☆

187909 Hedysarum glomeratum F. Dietr.;团伞岩黄耆■☆

187910 Hedysarum glumaceum Vahl = Alysicarpus glumaceus (Vahl) DC. ■☆

187911 Hedysarum glutinosum Muhl. ex Willd. = Desmodium glutinosum (Muhl. ex Willd.) A. W. Wood ●☆

187912 Hedysarum gmelinii Ledeb.;华北岩黄耆(矮岩黄芪,矮岩黄耆,刺岩黄芪,刺岩黄耆,华北岩黄芪);Gmelin Sweetvetch, N. China Sweetvetch ■

187913 Hedysarum gmelinii Ledeb. = Hedysarum gmelinii Ledeb. var. lineiforme H. C. Fu ■

187914 Hedysarum gmelinii Ledeb. var. lineiforme H. C. Fu;窄叶华北岩黄耆(窄叶华北岩黄芪);Narrowleaf N. China Sweetvetch ■

187915 Hedysarum gmelinii Ledeb. var. lineiforme H. C. Fu = Hedysarum gmelinii Ledeb. ■

187916 Hedysarum gmelinii Ledeb. var. tongtianheense Y. H. Wu;通天河岩黄耆(通天河岩黄芪);Tongtianhe Sweetvetch ■

187917 Hedysarum gramineum Retz. = Alysicarpus bupleurifolius (L.) DC. ■

187918 Hedysarum grandiflorum Pall.;大花岩黄耆(大花岩黄芪);Bigflower Sweetvetch ■☆

187919 Hedysarum grandiflorum Walter = Desmodium cuspidatum (Muhl. ex Willd.) DC. ex Loudon ●☆

187920 Hedysarum granulatum Schumach. et Thonn. = Desmodium triflorum (L.) DC. ●■

187921 Hedysarum granuliferum Spreng.;颗粒岩黄耆■☆

187922 Hedysarum gyrans L. f. = Codariocalyx motorius (Houtt.) H. Ohashi ●

187923 Hedysarum gyrans L. f. = Desmodium motorium (Houtt.) Merr. ●

187924 Hedysarum gyroides Roxb. = Codariocalyx gyroides (Roxb. ex Link) Hassk. ●

187925 Hedysarum gyroides Roxb. = Desmodium gyroides (Roxb.) DC. ●

187926 Hedysarum gyroides Roxb. ex Link = Codariocalyx gyroides (Roxb. ex Link) Hassk. ●

187927 Hedysarum hedysaroides (L.) Schinz et Thell. = Hedysarum obscurum L. ■☆

187928 Hedysarum hedysaroides (L.) Schinz et Thell. f. neglectum (Ledeb.) Ohwi = Hedysarum neglectum Ledeb. ■

187929 Hedysarum heterocarpon L. = Desmodium heterocarpon (L.) DC. ●

187930 Hedysarum heterophyllum Willd. = Desmodium heterophyllum (Willd.) DC. ●■

187931 Hedysarum humile L. var. bovei (Boiss. et Reut.) Batt. = Hedysarum boveanum Basiner ■☆

187932 Hedysarum humile L. var. brivesii Humbert et Maire = Hedysarum boveanum Basiner ■☆

187933 Hedysarum humile L. var. fontanesii (DC.) Batt. = Onobrychis conferta (Desf.) Desv. ■☆

187934 Hedysarum humile L. var. laxum (Pomel) Batt. = Hedysarum boveanum Basiner ■☆

187935 Hedysarum humile L. var. maroccanum Vindt = Hedysarum boveanum Basiner ■☆

187936 Hedysarum humile L. var. mesanthum Emb. et Maire = Hedysarum boveanum Basiner ■☆

187937 Hedysarum humile L. var. speciosum Emb. et Maire = Hedysarum boveanum Basiner ■☆

187938 Hedysarum humile L. var. subspeciosum Emb. et Maire = Hedysarum boveanum Basiner ■☆

187939 Hedysarum ibericum M. Bieb.;伊比利亚岩黄耆■☆

187940 Hedysarum iliense B. Fedtsch.;伊犁岩黄耆(伊犁岩黄芪);Ili Sweetvetch, Yili Sweetvetch ■

187941 Hedysarum imbricatum L. f. = Psoralea imbricata (L. f.) T. M. Salter ■☆

187942 Hedysarum incanum Sw. = Desmodium incanum (Sw.) DC. ●☆

187943 Hedysarum incarnatum Willd. = Indigofera decora Lindl. ●

187944 Hedysarum intactum Pomel;洁净岩黄耆●☆

187945 Hedysarum intortum Mill. = Desmodium intortum (Mill.) Urb. ■

187946 Hedysarum inundatum Turcz.;湿地岩黄耆(湿地岩黄芪);Inundated Sweetvetch, Marsh Sweetvetch ■

187947 Hedysarum iwawogi H. Hara = Hedysarum vicioides Turcz. var. japonicum (B. Fedtsch.) B. H. Choi et H. Ohashi ■☆

187948 Hedysarum jaxarticum Popov;锡尔岩黄耆■☆

187949 Hedysarum jinchuanense L. Z. Shue;金川岩黄耆(金川岩黄芪);Jinchuan Sweetvetch ■

187950 Hedysarum junatovii Yakovlev = Hedysarum semenovii Regel et Herder ■

187951 Hedysarum junceum L. = Lespedeza juncea (L. f.) Pers. ●■

187952 Hedysarum karataviense B. Fedtsch.;卡拉塔夫岩黄耆■☆

187953 Hedysarum kirghisorum B. Fedtsch.;吉尔吉斯岩黄耆(吉尔吉斯岩黄芪);Kirghis Sweetvetch ■

187954 Hedysarum komarovii B. Fedtsch. = Hedysarum vicioides Turcz. var. japonicum (B. Fedtsch.) B. H. Choi et H. Ohashi ■☆

187955 Hedysarum kopetdaghi Boriss.;科佩特岩黄耆■☆

187956 Hedysarum korshinskyanum B. Fedtsch.;考尔岩黄耆■☆

187957 Hedysarum krassnovii B. Fedtsch.;克拉斯岩黄耆■☆

187958 Hedysarum krassnovii B. Fedtsch. = Corethrodendron krassnovii (B. Fedtsch.) B. H. Choi et H. Ohashi ●

187959 Hedysarum krylovii Sumnev.;克氏岩黄耆(克氏岩黄芪);Krylov Sweetvetch ■

187960 Hedysarum kudrjaschevii Korotk.;库德岩黄耆■☆

187961 Hedysarum kuhitangi Boriss.;库希塘岩黄耆■☆

187962 Hedysarum kumaonense Benth. ex Baker;库莽岩黄耆(库茂恩岩黄芪);Kumon Sweetvetch ■

187963 Hedysarum laburnifolium Poir. = Desmodium caudatum (Thunb.) DC. ●

187964 Hedysarum laeve Maxim. = Corethrodendron lignosum (Trautv.) L. R. Xu et B. H. Choi var. laeve (Maxim.) L. R. Xu et B. H. Choi ●

187965 Hedysarum laeve Maxim. = Hedysarum fruticosum Pall. var. laeve (Maxim.) H. C. Fu ●

187966 Hedysarum laeve Maxim. = Hedysarum laeve Turcz. ●

187967 Hedysarum laeve Turcz.;踏郎岩黄耆(三花子,塔落岩黄芪,塔落岩黄耆,踏郎,踏郎岩黄芪,踏郎岩黄著,羊柴);Smooth Shrubby Sweetvetch,Smooth Sweetvetch ●

187968 Hedysarum laeve Turcz. f. albiflorum (H. C. Fu et Z. Y. Chou) H. C. Fu et Z. Y. Chou;白花踏郎岩黄耆(白花踏郎岩黄芪);Whiteflower Smooth Sweetvetch ●

187969 Hedysarum lagopodioides L. = Uraria lagopodioides (L.) Desv. ex DC. ■

187970 Hedysarum lagopoides Burm. f. = Uraria lagopodioides (L.) Desv. ex DC. ■

187971 Hedysarum lappaceum Forssk. = Taverniera lappacea (Forssk.) DC. ■☆

187972 Hedysarum lasiocarpum (P. Beauv.) DC. = Desmodium velutinum (Willd.) DC. ●

187973 Hedysarum lasiocarpum P. Beauv. = Desmodium velutinum (Willd.) DC. ●

187974 Hedysarum latifolium Herb. Madr. ex Wall. = Desmodium velutinum (Willd.) DC. ●

187975 Hedysarum latifolium Roxb. ex Ker Gawl. = Desmodium velutinum (Willd.) DC. ●

187976 Hedysarum laxiflorum Benth. ex Baker = Hedysarum alpinum L. subsp. laxiflorum (Benth. ex Baker) H. Ohashi et Tateishi ■

187977 Hedysarum laxiflorum Benth. ex Baker = Hedysarum alpinum L. ■

187978 Hedysarum laxum Pomel = Hedysarum boveanum Basiner ■☆

187979 Hedysarum lehmannianum Bunge;李曼氏岩黄耆■☆

187980 Hedysarum leiocarpum Spreng. = Desmodium leiocarpum (Spreng.) G. Don ●☆

187981 Hedysarum lignosum Trautv.;木岩黄耆(木岩黄芪,山竹子);Woody Sweetvetch ●

187982 Hedysarum lignosum Trautv. = Corethrodendron lignosum (Trautv.) L. R. Xu et B. H. Choi ●

187983 Hedysarum lignosum Trautv. = Hedysarum fruticosum Pall. var. lignosum (Trautv.) Kitag. ●

187984 Hedysarum limitaneum Hand. -Mazz.;滇岩黄耆(滇岩黄芪,红棉芪,西藏岩黄芪);Border Sweetvetch,Yunnan Sweetvetch ■

187985 Hedysarum limprichtii Ulbr.;川西岩黄耆(川西岩黄芪,西康岩黄芪,西康岩黄耆,锡金岩黄耆);W. Sichuan Sweetvetch ■

187986 Hedysarum limprichtii Ulbr. = Hedysarum sikkimense Benth. ex Baker ■

187987 Hedysarum lineatum L. = Flemingia lineata (L.) Roxb. ex Aiton ●

187988 Hedysarum linifolium L. f. = Indigofera linifolia (L. f.) Retz. ●

187989 Hedysarum lipskyi Fedtsch.;利普斯基岩黄耆■☆

187990 Hedysarum liupanshanicum L. Z. Shue = Hedysarum petrovii Yakovlev ■

187991 Hedysarum longifolium Rottler ex Spreng. = Alysicarpus longifolius (Rottler ex Spreng.) Wight et Arn. ■☆

187992 Hedysarum longigynophorum C. C. Ni;长柄岩黄耆(长柄岩黄芪);Longstalk Sweetvetch ■

187993 Hedysarum lutescens Poir. = Pycnospora lutescens (Poir.) Schindl. ●■

187994 Hedysarum mackenzii Richardson;麦肯岩黄耆(麦肯岩黄芪);Wild SweetPea ■☆

187995 Hedysarum macranthum Freyn et Sint.;欧洲大花岩黄耆■☆

187996 Hedysarum maculatum L. = Desmodium gangeticum (L.) DC. ●

187997 Hedysarum magnificum Kudr.;华丽岩黄耆■☆

187998 Hedysarum mauritanicum Pomel = Hedysarum aculeolatum Boiss. subsp. mauritanicum (Pomel) Maire ■☆

187999 Hedysarum mauritanicum Pomel var. micranthum Batt. = Hedysarum aculeolatum Boiss. subsp. mauritanicum (Pomel) Maire ■☆

188000 Hedysarum membranaceum Coss. et Balansa;膜质岩黄耆■☆

188001 Hedysarum micranthos Poir. = Aeschynomene brevifolia L. ex Poir. ■☆

188002 Hedysarum microcalyx Baker;小萼岩黄耆■☆

188003 Hedysarum microphyllum Thunb. = Desmodium microphyllum (Thunb.) DC. ●■

188004 Hedysarum micropterum Thunb. var. vegetins Trauty. = Hedysarum wrightianum Aitch. et Baker ■☆

188005 Hedysarum minjanense Rech. f. = Hedysarum ferganense Korsh. var. minjanense (Rech. f.) L. Z. Shue ■

188006 Hedysarum minussinense B. Fedtsch.;米努辛岩黄耆■☆

188007 Hedysarum mongolicum Turcz.;蒙古岩黄耆(马岑草,蒙古岩黄芪,山竹子,杨柴);Mongolian Sweetvetch ●

188008 Hedysarum mongolicum Turcz. = Corethrodendron fruticosum (Pall.) B. H. Choi et H. Ohashi var. mongolicum (Turcz.) Turcz. ex Kitag. ●

188009 Hedysarum mongolicum Turcz. = Hedysarum fruticosum Pall. var. mongolicum Turcz. ●

188010 Hedysarum mongolicum Turcz. var. lignosum (Trautv.) Kitag. = Hedysarum lignosum Trautv. ●

188011 Hedysarum moniliferum L. = Alysicarpus monilifer (L.) DC. ■☆

188012 Hedysarum monophyllum Boriss.;单叶岩黄耆■☆

188013 Hedysarum montanum (B. Fedtsch.) B. Fedtsch. = Hedysarum shanense L. R. Xu et B. H. Choi ■

188014 Hedysarum motorium Houtt. = Codariocalyx motorius (Houtt.) H. Ohashi ●

188015 Hedysarum motorium Houtt. = Desmodium motorium (Houtt.) Merr. ●

188016 Hedysarum multijugum Maxim.;红花岩黄耆(豆花牛筋脖,红花岩黄芪,红黄芪,花柴,牛以消,岩黄著);Multijugate Sweetvetch,Redflower Sweetvetch ●■

188017 Hedysarum multijugum Maxim. = Corethrodendron multijugum (Maxim.) B. H. Choi et H. Ohashi ●

188018 Hedysarum multijugum Maxim. f. albiflorus Y. H. Wu;白花岩黄耆;Whitefloer Multijugate Sweetvetch ■

188019 Hedysarum multijugum Maxim. f. albiflorus Y. H. Wu = Corethrodendron multijugum (Maxim.) B. H. Choi et H. Ohashi ●

188020 Hedysarum multijugum Maxim. var. inermis Liu = Hedysarum multijugum Maxim. ●■

188021 Hedysarum nagarzense C. C. Ni;浪卡子岩黄耆(浪卡子岩黄芪);Nagarze Sweetvetch ■

188022 Hedysarum naudinianum Coss. et Durieu;诺丁岩黄耆■☆

188023 Hedysarum neglectum Ledeb.;疏忽岩黄耆(疏忽岩黄芪,淹没岩黄芪,淹没岩黄耆);Neglect Sweetvetch,Neglected Sweetvetch ■

188024 Hedysarum neglectum Ledeb. = Hedysarum obscurum L. ■☆

188025 Hedysarum nudiflorum L. = Desmodium nudiflorum (L.) DC. ●☆

188026 Hedysarum nummularifolium L. = Indigofera nummularifolia (L.) Livera ex Alston ■

188027 Hedysarum obocordatum Poir. = Christia obcordata (Poir.) Bakh. f. ex Meeuwen ■

188028 Hedysarum obscurum L.;暗昧岩黄耆(类岩黄芪,类岩黄耆,湿地岩黄芪,湿地岩黄耆);French Honeysuckle,Sainfoin ■☆

188029 Hedysarum obscurum L. var. connatum B. Fedtsch. = Hedysarum inundatum Turcz. ■

188030 Hedysarum obscurum L. var. falconeri (Baker) B. Fedtsch. = Hedysarum falconeri Benth. ex Baker ■

188031 Hedysarum obscurum L. var. inundatum B. Fedtsch. = Hedysarum inundatum Turcz. ■

188032 Hedysarum obscurum L. var. lasiocarpum B. Fedtsch. = Hedysarum neglectum Ledeb. ■

188033 Hedysarum obscurum L. var. neglectum (Ledeb.) Krylov = Hedysarum neglectum Ledeb. ■

188034 Hedysarum olgae B. Fedtsch.;奥氏岩黄耆■☆

188035 Hedysarum onobrychis Lam. = Onobrychis viciifolia Scop. ■

188036 Hedysarum ovalifolium K. Schum. = Alysicarpus ovalifolius (K. Schum.) J. Léonard ■

188037 Hedysarum ovalifolium K. Schum. et Thonn. = Alysicarpus ovalifolius (K. Schum.) J. Léonard ■

188038 Hedysarum pallidum Desf.;苍白岩黄耆■☆

188039 Hedysarum pallidum Desf. subsp. intactum (Pomel) Batt. = Hedysarum pallidum Desf. ■☆

188040 Hedysarum pallidum Desf. var. atlanticum (Pomel) Batt. = Hedysarum pallidum Desf. ■☆

188041 Hedysarum pedunculare Cav. = Hedysarum boveanum Basiner ■☆

188042 Hedysarum petrovii Yakovlev;贺兰山岩黄耆(贺兰山岩黄芪,六盘山岩黄芪,六盘山岩黄耆);Liupanshan Sweetvetch,Petrov Sweetvetch ■

188043 Hedysarum pictum Jacq. = Uraria picta (Jacq.) Desv. ex DC. ●

188044 Hedysarum pilosum Thunb. = Lespedeza pilosa (Thunb.) Siebold et Zucc. ●■

188045 Hedysarum podocarpum (A. DC.) Spreng. = Hylodesmum podocarpum (DC.) H. Ohashi et R. R. Mill ■

188046 Hedysarum polybotis Hand. -Mazz. var. latifolium L. Z. Shue = Hedysarum polybotrys Hand. -Mazz. var. alaschanicum (B. Fedtsch.) H. C. Fu et Z. Y. Chu ■

188047 Hedysarum polybotrys Hand. -Mazz.;多序岩黄耆(多序岩黄芪,黑芪,红芪,岩黄芪);Manaraceme Sweetvetch,Manyinflorescenced Sweetvetch ■

188048 Hedysarum polybotrys Hand. -Mazz. var. alaschanicum (B. Fedtsch.) H. C. Fu et Z. Y. Chu;宽叶岩黄耆(红芪,宽叶多序岩黄耆,宽叶岩黄芪);Alashan Manaraceme Sweetvetch ■

188049 Hedysarum polybotrys Hand. -Mazz. var. latifolium L. Z. Shue;多序宽叶岩黄耆;Broadleaf Manaraceme Sweetvetch,Broadleaf Sweetvetch ■

188050 Hedysarum polybotrys Hand. -Mazz. var. latifolium L. Z. Shue = Hedysarum polybotrys Hand. -Mazz. ■

188051 Hedysarum polybotrys Hand. -Mazz. var. latifolium L. Z. Shue = Hedysarum polybotrys Hand. -Mazz. var. alaschanicum (B. Fedtsch.) H. C. Fu et Z. Y. Chu ■

188052 Hedysarum polybotrys Hand. -Mazz. var. robustum K. T. Fu;粗壮岩黄耆(粗壮岩黄芪);Robust Manaraceme Sweetvetch,Robust Sweetvetch ■

188053 Hedysarum polybotrys Hand. -Mazz. var. rubustum K. T. Fu = Hedysarum alpinum L. ■

188054 Hedysarum polycarpon Poir. = Desmodium heterocarpon (L.) DC. var. strigosum Meeuwen ●

188055 Hedysarum polymorphum Ledeb. var. pumilum Ledeb. = Hedysarum ferganense Korsh. ■

188056 Hedysarum poncinsii Franch. = Hedysarum ferganense Korsh. var. poncinsii (Franch.) L. Z. Shue ■

188057 Hedysarum prattii Simpson;短苞岩黄耆(短苞岩黄芪)■☆

188058 Hedysarum procumbens Mill. = Desmodium procumbens (Mill.) Hitchc. ●☆

188059 Hedysarum prostratum L. = Indigofera linnaei Ali ■

188060 Hedysarum przewalskii Yakovlev = Hedysarum polybotrys Hand. -Mazz. var. alaschanicum (B. Fedtsch.) H. C. Fu et Z. Y. Chu ■

188061 Hedysarum pseudalhagi M. Bieb. = Alhagi maurorum Medik. ●

188062 Hedysarum pseudoastragalus Ulbr.;紫云英岩黄耆(紫云英岩黄芪);False Milkvetch Sweetvetch,Sham Milkvetch Sweetvetch ■

188063 Hedysarum pulchellum L. = Phyllodium pulchellum (L.) Desv. ●

188064 Hedysarum pumilum (Ledeb.) B. Fedtsch. = Hedysarum ferganense Korsh. ■

188065 Hedysarum purpureum Mill. = Desmodium tortuosum (Sw.) DC. ●■

188066 Hedysarum qinggilense Chang Y. Yang et N. Li;青河岩黄耆(青河岩黄芪);Qinghe Sweetvetch ■

188067 Hedysarum qinggilense Chang Y. Yang et N. Li = Hedysarum splendens Fisch. ex DC. ■

188068 Hedysarum racemosum Aubl. = Desmodium incanum (Sw.) DC. ●☆

188069 Hedysarum racemosum Thunb. = Desmodium podocarpum DC. subsp. oxyphyllum (DC.) H. Ohashi ●■

188070 Hedysarum racemosum Thunb. = Desmodium podocarpum DC. ●■

188071 Hedysarum razoumovianum Fisch.;拉祖莫夫岩黄耆■☆

188072 Hedysarum renifolium L. = Desmodium renifolium (L.) Schindl. ●

188073 Hedysarum reniforme L. = Desmodium renifolium (L.) Schindl. ●

188074 Hedysarum repandum Vahl = Desmodium repandum (Vahl) DC. ●

188075 Hedysarum repandum Vahl = Hylodesmum repandum (Vahl)

H. Ohashi et R. R. Mill. ■
188076 Hedysarum repandum Vahl = Podocarpium repandum (Vahl) Yen C. Yang et P. H. Huang ●
188077 Hedysarum repens L. = Lespedeza repens (L.) W. P. C. Barton ●☆
188078 Hedysarum retroflexum L. = Desmodium styracifolium (Osbeck) Merr. ●■
188079 Hedysarum rotundifolium Vahl = Indigofera nummulariifolia (L.) Livera ex Alston ■
188080 Hedysarum rugosum Willd. = Alysicarpus rugosus (Willd.) DC. ■
188081 Hedysarum sachalinense B. Fedtsch.;库页岩黄耆■☆
188082 Hedysarum sachalinense B. Fedtsch. = Hedysarum hedysaroides (L.) Schinz et Thell. ■☆
188083 Hedysarum sachalinense B. Fedtsch. subsp. austrokurilense N. S. Pavlova = Hedysarum hedysaroides (L.) Schinz et Thell. f. neglectum (Ledeb.) Ohwi ■
188084 Hedysarum sachalinense B. Fedtsch. subsp. confertum N. S. Pavlova = Hedysarum hedysaroides (L.) Schinz et Thell. f. neglectum (Ledeb.) Ohwi ■
188085 Hedysarum salicifolium Poir. = Desmodium salicifolium (Poir.) DC. ●☆
188086 Hedysarum sambuense D. Don = Desmodium multiflorum DC. ●
188087 Hedysarum schischkinii Sumnev.;希施岩黄耆■☆
188088 Hedysarum scoparium Fisch. et C. A. Mey.;细枝岩黄耆(花棒,花柴,花帽,花秧,桦棒,桦秧,牛尾梢,细枝岩黄芪);Slender-branch Sweetvetch, Slender-branched Sweetvetch ●
188089 Hedysarum scoparium Fisch. et C. A. Mey. = Corethrodendron scoparium (Fisch. et C. A. Mey.) Fisch. et Basiner ●
188090 Hedysarum scoparium Fisch. et C. A. Mey. f. arbuscula (Maxim.) Y. X. Liou = Hedysarum scoparium Fisch. et C. A. Mey. var. arbuscula (Maxim.) Yokovl. ●
188091 Hedysarum scoparium Fisch. et C. A. Mey. var. arbuscula (Maxim.) Yokovl.;木本岩黄耆(木本岩黄芪,树岩黄芪)●
188092 Hedysarum scorpiurus Sw. = Desmodium scorpiurus (Sw.) Desv. ●
188093 Hedysarum scorpiurus Sw. = Hedysarum scoparium Fisch. et C. A. Mey. ●
188094 Hedysarum semenovii Regel et Herder;天山岩黄耆(天山岩黄芪,谢氏岩黄芪,谢氏岩黄耆);Semenov Sweetvetch, Tianshan Sweetvetch ■
188095 Hedysarum semenovii Regel et Herder var. alaschanicum B. Fedtsch. = Hedysarum polybotrys Hand.-Mazz. var. alaschanicum (B. Fedtsch.) H. C. Fu et Z. Y. Chu ■
188096 Hedysarum sennoides Willd. = Ormocarpum cochinchinense (Lour.) Merr. ●
188097 Hedysarum sericeum Thunb. = Lespedeza cuneata (Dum. Cours.) G. Don ●■
188098 Hedysarum sericeum Thunb. = Lespedeza juncea (L. f.) Pers. var. sericea (Thunb.) Lace et Hemsl. ●
188099 Hedysarum setigerum Turcz. ex Fisch. et C. A. Mey.;短茎岩黄耆(短茎岩黄芪);Setiferous Sweetvetch, Short Sweetvetch ■
188100 Hedysarum setosum Vved.;刚毛岩黄耆(刚毛岩黄芪,岩黄芪);Bristle Sweetvetch, Setose Sweetvetch ■
188101 Hedysarum severzovii Bunge;赛氏岩黄耆■☆
188102 Hedysarum shanense L. R. Xu et B. H. Choi;山地岩黄耆(山地岩黄芪);Montane Sweetvetch ■
188103 Hedysarum sibiricum Ledeb. = Hedysarum alpinum L. ■
188104 Hedysarum sibiricum Poir.;西伯利亚岩黄耆(西伯利亚岩黄芪);Siberia Sweetvetch ■☆
188105 Hedysarum sikkimense Benth. ex Baker;锡金岩黄耆(锡金岩黄芪);Sikkim Sweetvetch ■
188106 Hedysarum sikkimense Benth. ex Baker var. megalanthum H. Ohashi et Tateishi = Hedysarum tanguticum B. Fedtsch. ■
188107 Hedysarum sikkimense Benth. ex Baker var. megalanthum Ohashi et Tateishi = Hedysarum tanguticum B. Fedtsch. ■
188108 Hedysarum sikkimense Benth. ex Baker var. rigidum Hand.-Mazz.;坚硬岩黄耆(坚岩黄耆,坚硬岩黄芪);Hard Sikkim Sweetvetch, Rigid Sweetvetch ■
188109 Hedysarum sikkimense Benth. ex Baker var. rigidum Hand.-Mazz. = Hedysarum sikkimense Benth. ex Baker ■
188110 Hedysarum sikkimense Benth. ex Baker var. xiangchengense L. Z. Shue;乡城岩黄耆(乡城岩黄芪);Xiangcheng Sweetvetch ■
188111 Hedysarum sikkimense Benth. ex Baker var. xiangchengense L. Z. Shue = Hedysarum sikkimense Benth. ex Baker ■
188112 Hedysarum siliquosum Burm. f. = Desmodium heterocarpon (L.) DC. var. strigosum Meeuwen ●
188113 Hedysarum smithianum Hand.-Mazz.;山西岩黄耆(山西岩黄芪)■☆
188114 Hedysarum smithianum Hand.-Mazz. = Hedysarum alpinum L. ■
188115 Hedysarum smithianum Hand.-Mazz. = Hedysarum chinense (B. Fedtsch.) Hand.-Mazz. ■
188116 Hedysarum songaricum Bong.;准噶尔岩黄耆(准噶尔岩黄芪);Dzungar Sweetvetch, Songorian Sweetvetch ■
188117 Hedysarum songaricum Bong. var. montanum B. Fedtsch. = Hedysarum montanum (B. Fedtsch.) B. Fedtsch. ■
188118 Hedysarum songaricum Bong. var. montanum B. Fedtsch. = Hedysarum shanense L. R. Xu et B. H. Choi ■
188119 Hedysarum songaricum Bong. var. urumuchiense L. Z. Shue;乌鲁木齐岩黄耆(乌鲁木齐岩黄芪);Urumchi Sweetvetch, Wulumuqi Sweetvetch ■
188120 Hedysarum spartium Burm. f. = Taverniera spartea (Burm. f.) DC. ■☆
188121 Hedysarum speciosum (Hand.-Mazz.) Yakovlev = Hedysarum algidum L. Z. Shue ex P. C. Li var. speciosum (Hand.-Mazz.) Y. H. Wu ■
188122 Hedysarum spictum Jacq. = Uraria picta (Jacq.) Desv. ex DC. ●
188123 Hedysarum spinosissimum L.;多刺岩黄耆■☆
188124 Hedysarum spinosissimum L. subsp. capitatum (Desf.) Asch. et Graebn. = Hedysarum glomeratum F. Dietr. ■☆
188125 Hedysarum spinosissimum L. subsp. capitellatum Pau et Font Quer = Hedysarum aculeolatum Boiss. ●☆
188126 Hedysarum spinosissimum L. var. lanatum Maire et Weiller = Hedysarum spinosissimum L. ■☆
188127 Hedysarum spinosissimum L. var. pallens (Moris) Rouy = Hedysarum spinosissimum L. ■☆
188128 Hedysarum spirale Sw. = Desmodium procumbens (Mill.) Hitchc. ●☆
188129 Hedysarum splendens Fisch. ex DC.;光滑岩黄耆(光滑岩黄芪);Bright Sweetvetch, Shining Sweetvetch ■
188130 Hedysarum squarrosum Thunb. = Eriosema squarrosum (Thunb.) Walp. ■☆
188131 Hedysarum stipulaceum Burm. f. = Desmodium triflorum (L.) DC. ●■

188132 Hedysarum striatum Thunb. = Kummerowia striata (Thunb.) Schindl. ■
188133 Hedysarum strobiliferum Baker = Astragalus chlorostachys Lindl. ■
188134 Hedysarum strobiliferum L. = Flemingia strobilifera (L.) R. Br. ex Aiton ●
188135 Hedysarum styracifolium Osbeck = Desmodium styracifolium (Osbeck) Merr. ●■
188136 Hedysarum subglabrum (Kar. et Kir.) B. Fedtsch.;亚光岩黄耆■☆
188137 Hedysarum sulphurescens Rydb.;硫色岩黄耆(硫磺色岩黄芪);Sulfur Sweetvetch ■☆
188138 Hedysarum taipeicum (Hand. -Mazz.) K. T. Fu;太白岩黄耆(红芪,绵芪,太白黄耆,太白岩黄芪);Taibai Sweetvetch, Taipai Sweetvetch ■
188139 Hedysarum tanguticum B. Fedtsch.;唐古特岩黄耆(唐古特岩黄芪);Tangut Sweetvetch ■
188140 Hedysarum taschkendicum Popov;塔什干岩黄耆■☆
188141 Hedysarum tauricum Pall.;克里木岩黄耆(克里木岩黄芪)■☆
188142 Hedysarum tenuifolium B. Fedtsch.;细叶岩黄耆■☆
188143 Hedysarum thiochroum Hand. -Mazz.;中甸岩黄耆(中甸岩黄芪);Zhongdian Sweetvetch ■
188144 Hedysarum tibeticum (Benth.) B. H. Choi et H. Ohashi = Stracheya tibetica Benth. ●■◇
188145 Hedysarum tiliifolium D. Don = Desmodium elegans DC. ●
188146 Hedysarum tomentosum Thunb. = Lespedeza tomentosa (Thunb.) Siebold ex Maxim. ●
188147 Hedysarum tongolense Ulbr. = Hedysarum tanguticum B. Fedtsch. ■
188148 Hedysarum tortuosum Sw. = Desmodium tortuosum (Sw.) DC. ●■
188149 Hedysarum triangulare Retz. = Dendrolobium triangulare (Retz.) Schindl. ●
188150 Hedysarum triangulare Retz. = Desmodium triangulare (Retz.) Merr. ●
188151 Hedysarum trichocarpum Stephan ex Willd. = Lespedeza dahurica (Laxm.) Schindl. ●
188152 Hedysarum triflorum L. = Desmodium triflorum (L.) DC. ●■
188153 Hedysarum trigonomerum Hand. -Mazz.;三角荚岩黄耆(三角荚岩黄芪);Triangle Sweetvetch, Triangularpod Sweetvetch ■
188154 Hedysarum triquetrum L. = Tadehagi triquetra (L.) H. Ohashi ●
188155 Hedysarum truncatum Eastw.;截形岩黄耆■☆
188156 Hedysarum tuberosum B. Fedtsch. = Hedysarum algidum L. Z. Shue ex P. C. Li ■
188157 Hedysarum tuberosum B. Fedtsch. var. speciosum Hand. -Mazz. = Hedysarum algidum L. Z. Shue ex P. C. Li ■
188158 Hedysarum tuberosum Roxb. ex Willd. = Pueraria tuberosa (Roxb. ex Willd.) DC. ■☆
188159 Hedysarum tuberosum Roxb. ex Willd. var. speciosum Hand. -Mazz. = Hedysarum algidum L. Z. Shue ex P. C. Li var. speciosum (Hand. -Mazz.) Y. H. Wu ■
188160 Hedysarum turkestanicum Regel et Schmalh.;土耳其斯坦岩黄耆■☆
188161 Hedysarum turkeviczii B. Fedtsch.;图氏岩黄耆■☆
188162 Hedysarum ucrainicum M. Schmidt;乌克兰岩黄耆(乌克兰岩黄芪);Ukraine Sweetvetch ■☆
188163 Hedysarum umbellatum L. = Dendrolobium umbellatum (L.) Benth. ●
188164 Hedysarum umbellatum L. = Desmodium umbellatum (L.) DC. ■
188165 Hedysarum uncinatum Jacq. = Desmodium uncinatum (Jacq.) DC. ■
188166 Hedysarum ussuriense I. Schischk. et Kom.;拟蚕岩黄耆(长白岩黄芪,长白岩黄耆)■
188167 Hedysarum ussuriense I. Schischk. et Kom. = Hedysarum vicioides Turcz. ■
188168 Hedysarum ussuriense I. Schischk. et Kom. = Hedysarum vicioides Turcz. var. japonicum (B. Fedtsch.) B. H. Choi et H. Ohashi ■☆
188169 Hedysarum vaginale L. = Alysicarpus vaginalis (L.) DC. ■
188170 Hedysarum varium Willd.;多态岩黄耆■☆
188171 Hedysarum vegetius (Trautv.) B. Fedtsch. = Hedysarum wrightianum Aitch. et Baker ■☆
188172 Hedysarum vegetius B. Fedtsch. = Hedysarum wrightianum Aitch. et Baker ■☆
188173 Hedysarum velutinum Willd. = Desmodium velutinum (Willd.) DC. ●
188174 Hedysarum venosum Desf. = Onobrychis kabylica (Bornm.) Sirj. ■☆
188175 Hedysarum vespertilionis L. f. = Christia vespertilionis (L. f.) Bakh. f. ■
188176 Hedysarum vicicoides Turcz. var. alaschanicum (B. Fedtsch.) Y. Z. Zhao, R. Sha et R. Cao = Hedysarum polybotrys Hand. -Mazz. var. alaschanicum (B. Fedtsch.) H. C. Fu et Z. Y. Chu ■
188177 Hedysarum vicioides Turcz.;拟蚕豆岩黄耆(拟蚕豆岩黄芪,岩黄耆);False Broadbean Sweetvetch, Falsehorsebean Sweetvetch ■
188178 Hedysarum vicioides Turcz. var. japonicum (B. Fedtsch.) B. H. Choi et H. Ohashi;日本岩黄耆(和黄芪,和岩黄芪)■☆
188179 Hedysarum vicioides Turcz. var. japonicum (B. Fedtsch.) B. H. Choi et H. Ohashi f. pilosum (Ohwi) Kitag.;毛日本岩黄耆■☆
188180 Hedysarum vicioides Turcz. var. taipeicum (Hand. -Mazz.) Liu = Hedysarum taipeicum (Hand. -Mazz.) K. T. Fu ■
188181 Hedysarum vicioides Turcz. var. taipeicum (Hand. -Mazz.) Liu ex B. H. Choi et H. Ohashi = Hedysarum taipeicum (Hand. -Mazz.) K. T. Fu ■
188182 Hedysarum villosum Willd. = Lespedeza tomentosa (Thunb.) Siebold ex Maxim. ●
188183 Hedysarum violaceum Forssk. = Alysicarpus glumaceus (Vahl) DC. ■☆
188184 Hedysarum violaceum L. = Lespedeza violacea (L.) Pers. ●☆
188185 Hedysarum virgatum Thunb. = Lespedeza virgata (Thunb.) DC. ●
188186 Hedysarum wrightianum Aitch. et Baker;小翅岩黄耆■☆
188187 Hedysarum xizangense C. C. Ni;西藏岩黄耆(西藏岩黄芪);Xizang Sweetvetch ■
188188 Hedysarum zeluanum Pau = Hedysarum aculeolatum Boiss. ●☆
188189 Hedysarurn bracteatum Roxb. = Flemingia bracteata (Roxb.) Wight ●
188190 Hedyscepe H. Wendl. et Druce(1875);伞棕属(美味包榈属,伞椰属,伞椰子属,直叶椰属);Umbrella Palm ●☆
188191 Hedyscepe cantherburyana (F. Muell.) H. Wendl. et Druce;伞棕;Big Mountain Palm, Umbrella Palm ●☆
188192 Hedystachys Fourr. = Pseudolysimachion (W. D. J. Koch) Opiz ■
188193 Hedystachys Fourr. = Veronica L. ■

188194 Hedythyrsus Bremek. (1952);香花茜属■☆
188195 Hedythyrsus spermacocinus (K. Schum.) Bremek.;鸭舌癀舅香花茜■☆
188196 Hedythyrsus thamnoideus (K. Schum.) Bremek.;香花茜■☆
188197 Heeria Meisn. (1837);黑尔漆属●☆
188198 Heeria Schltdl. = Heterocentron Hook. et Arn. ●■☆
188199 Heeria Schltdl. = Schizocentron Meisn. ●☆
188200 Heeria arenophila Schinz = Ozoroa schinzii (Engl.) R. Fern. et A. Fern. ●☆
188201 Heeria argentea (Thunb.) Meisn.;银白黑尔漆●☆
188202 Heeria argyrochrysea Engl. et Gilg = Ozoroa argyrochrysea (Engl. et Gilg) R. Fern. et A. Fern. ●☆
188203 Heeria aromatica Dinter = Ozoroa crassinervia (Engl.) R. Fern. et A. Fern. ●☆
188204 Heeria aurantiaca Van der Veken = Ozoroa aurantiaca (Van der Veken) R. Fern. et A. Fern. ●☆
188205 Heeria benguellensis Engl. = Ozoroa benguellensis (Engl.) R. Fern. ●☆
188206 Heeria cinerea Engl. = Ozoroa cinerea (Engl.) R. Fern. et A. Fern. ●☆
188207 Heeria concolor (C. Presl) Kuntze = Ozoroa concolor (C. Presl) De Winter ●☆
188208 Heeria crassinervia (Engl.) Engl. = Ozoroa crassinervia (Engl.) R. Fern. et A. Fern. ●☆
188209 Heeria dinteri Schinz = Ozoroa crassinervia (Engl.) R. Fern. et A. Fern. ●☆
188210 Heeria dispar (C. Presl) Kuntze = Ozoroa dispar (C. Presl) R. Fern. et A. Fern. ●☆
188211 Heeria fulva Van der Veken = Ozoroa fulva (Van der Veken) R. Fern. et A. Fern. ●☆
188212 Heeria fulva Van der Veken var. nitidula ? = Ozoroa fulva (Van der Veken) R. Fern. et A. Fern. var. nitidula ? ●☆
188213 Heeria gossweileri Exell = Ozoroa gossweileri (Exell) R. Fern. et A. Fern. ●☆
188214 Heeria hereroensis Schinz = Ozoroa hereroensis (Schinz) R. Fern. et A. Fern. ●☆
188215 Heeria homblei De Wild. = Ozoroa homblei (De Wild.) R. Fern. et A. Fern. ●☆
188216 Heeria hypoleuca Van der Veken = Ozoroa hypoleuca (Van der Veken) R. Fern. et A. Fern. ●☆
188217 Heeria insignis (Delile) Kuntze var. lanceolata Suess. = Ozoroa insignis Delile subsp. reticulata (Baker f.) J. B. Gillett ●☆
188218 Heeria insignis (Delile) Kuntze var. latifolia (Engl.) Engl. = Ozoroa insignis Delile var. latifolia (Engl.) R. Fern. ●☆
188219 Heeria insignis (Delile) Kuntze var. reticulata Baker f. = Ozoroa insignis Delile subsp. reticulata (Baker f.) J. B. Gillett ●☆
188220 Heeria kassneri Engl. et Brehmer = Ozoroa kassneri (Engl. et Brehmer) R. Fern. et A. Fern. ●☆
188221 Heeria kwangoensis Van der Veken = Ozoroa kwangoensis (Van der Veken) R. Fern. et A. Fern. ●☆
188222 Heeria longipes Engl. et Gilg = Ozoroa longipes (Engl. et Gilg) R. Fern. et A. Fern. ●☆
188223 Heeria marginata Van der Veken = Ozoroa marginata (Van der Veken) R. Fern. et A. Fern. ●☆
188224 Heeria microphylla Schinz;小叶黑尔漆●☆
188225 Heeria mucronata Bernh. = Ozoroa mucronata (Bernh.) R. Fern. et A. Fern. ●☆
188226 Heeria mucronata Bernh. var. obovata (Oliv.) Engl. = Ozoroa obovata (Oliv.) R. Fern. et A. Fern. ●☆
188227 Heeria mucronifolia Burtt Davy et Hoyle = Ozoroa insignis Delile subsp. reticulata (Baker f.) J. B. Gillett ●☆
188228 Heeria namaensis Schinz et Dinter = Ozoroa namaensis (Schinz et Dinter) R. Fern. ●☆
188229 Heeria nigricans Van der Veken = Ozoroa nigricans (Van der Veken) R. Fern. et A. Fern. ●☆
188230 Heeria nigricans Van der Veken var. elongata ? = Ozoroa nigricans (Van der Veken) R. Fern. et A. Fern. var. elongata ? ●☆
188231 Heeria nitida Engl. et Brehmer = Ozoroa nitida (Engl. et Brehmer) R. Fern. et A. Fern. ●☆
188232 Heeria pallida Van der Veken = Ozoroa pallida (Van der Veken) R. Fern. et A. Fern. ●☆
188233 Heeria paniculosa (Sond.) Kuntze = Ozoroa paniculosa (Sond.) R. Fern. et A. Fern. ●☆
188234 Heeria petrophila Gilg = Ozoroa argyrochrysea (Engl. et Gilg) R. Fern. et A. Fern. ●☆
188235 Heeria pseudoverticillata Van der Veken = Ozoroa pseudoverticillata (Van der Veken) R. Fern. et A. Fern. ●☆
188236 Heeria pulcherrima (Schweinf.) Kuntze = Ozoroa pulcherrima (Schweinf.) R. Fern. et A. Fern. ●☆
188237 Heeria pwetoensis Van der Veken = Ozoroa pwetoensis (Van der Veken) R. Fern. et A. Fern. ●☆
188238 Heeria pwetoensis Van der Veken var. subreticulata ? = Ozoroa pwetoensis (Van der Veken) R. Fern. et A. Fern. var. subreticulata ? ●☆
188239 Heeria rangeana Engl. = Ozoroa dispar (C. Presl) R. Fern. et A. Fern. ●☆
188240 Heeria rautaneniana Schinz;劳塔宁黑尔漆●☆
188241 Heeria reticulata (Baker f.) Engl. = Ozoroa insignis Delile subsp. reticulata (Baker f.) J. B. Gillett ●☆
188242 Heeria robusta Van der Veken = Ozoroa robusta (Van der Veken) R. Fern. et A. Fern. ●☆
188243 Heeria salicina (Sond.) Burtt Davy = Ozoroa paniculosa (Sond.) R. Fern. et A. Fern. var. salicina ? ●☆
188244 Heeria schinzii Engl. = Ozoroa schinzii (Engl.) R. Fern. et A. Fern. ●☆
188245 Heeria stenophylla Engl. et Gilg = Ozoroa stenophylla (Engl. et Gilg) R. Fern. et A. Fern. ●☆
188246 Heeria uelensis Van der Veken = Ozoroa uelensis (Van der Veken) R. Fern. et A. Fern. ●☆
188247 Heeria verticillata (Engl.) Engl. = Ozoroa verticillata (Engl.) R. Fern. et A. Fern. ●☆
188248 Heeria xylophylla Engl. et Gilg = Ozoroa xylophylla (Engl. et Gilg) R. Fern. et A. Fern. ●☆
188249 Hegemone Bunge = Hegemone Bunge ex Ledeb. ■
188250 Hegemone Bunge ex Ledeb. (1841);山紫莲属■
188251 Hegemone Bunge ex Ledeb. = Trollius L. ■
188252 Hegemone chartosepala (Schipcz.) A. P. Khokhr. = Trollius chartosepalus Schipcz. ■
188253 Hegemone lilacina (Bunge) Bunge = Trollius lilacinus Bunge ■
188254 Hegemone lilacina (Bunge) Bunge ex Ledeb. = Trollius lilacinus Bunge ■
188255 Hegemone micrantha (Winkl. et Kom.) Butkov;小花山紫莲■☆
188256 Hegetschweilera Heer et Regel = Alysicarpus Desv. (保留属名)■

188257 Hegnera Schindl. = Desmodium Desv. (保留属名)●■
188258 Heimerlia Skottsb. = Heimerliodendron Skottsb. ●
188259 Heimerlia Skottsb. = Pisonia L. ●
188260 Heimerliodendron Skottsb. = Pisonia L. ●
188261 Heimerliodendron brunonianum (Endl.) Skottsb. = Pisonia umbellifera (J. R. Forst. et G. Forst.) Seem. ●
188262 Heimia Link et Otto = Heimia Link ●
188263 Heimia Link (1822);黄薇属(花紫薇属,黄槭属);Heimia, Yellow 'Loosestrife' ●
188264 Heimia myrtifolia Champ. et Schltdl.;黄薇(黄槭);Myrtleleaf Heimia, Myrtle-leaved Heimia, Sinicuichi ●
188265 Heimia salicifolia (Kunth) Link et Otto;柳叶黄薇(柳叶黄槭);Willowleaf Heimia, Willow-leaved Heimia ●
188266 Heimia salicifolia Link et Otto = Heimia salicifolia (Kunth) Link et Otto ●
188267 Heimodendron Sillans = Entandrophragma C. E. C. Fisch. ●☆
188268 Heimodendron tisserantii Sillans = Entandrophragma palustre Staner ●☆
188269 Heinchenia Hook. f. = Heinekenia Webb ex Benth. et Hook. f. ■
188270 Heinchenia Webb ex Hook. f. = Lotus L. ■
188271 Heinekenia Webb ex Benth. et Hook. f. = Lotus L. ■
188272 Heinekenia Webb ex Christ = Lotus L. ■
188273 Heinekenia berthelotii (Masf.) G. Kunkel = Lotus berthelotii Lowe ex Masf. ■☆
188274 Heinekenia maculata (Breitf.) G. Kunkel = Lotus maculatus Breitf. ■☆
188275 Heinsenia K. Schum. (1897);德因茜属●☆
188276 Heinsenia brownii S. Moore = Heinsenia diervilleoides K. Schum. ●☆
188277 Heinsenia diervilleoides K. Schum.;黄锦带德因茜●☆
188278 Heinsenia lujae De Wild. = Heinsenia diervilleoides K. Schum. ●☆
188279 Heinsenia sylvestris S. Moore = Heinsenia diervilleoides K. Schum. ●☆
188280 Heinsia DC. (1830);海因斯茜属●☆
188281 Heinsia benguelensis Benth. et Hook. f. = Leptactina benguelensis (Benth. et Hook. f.) R. D. Good ●☆
188282 Heinsia bussei Verdc.;布瑟海因斯茜●☆
188283 Heinsia capensis H. Buek ex Harv. = Coddia rudis (E. Mey. ex Harv.) Verdc. ●☆
188284 Heinsia crinita (Afzel.) G. Taylor;髯毛海因斯茜●☆
188285 Heinsia crinita (Afzel.) G. Taylor subsp. parviflora (K. Schum. et K. Krause) Verdc.;小花海因斯茜●☆
188286 Heinsia crinita (Afzel.) G. Taylor var. scitula N. Hallé;绮丽海因斯茜●☆
188287 Heinsia crinita (Afzel.) G. Taylor var. splendida N. Hallé;闪光髯毛海因斯茜●☆
188288 Heinsia densiflora Hiern = Heinsia zanzibarica (Bojer) Verdc. ●☆
188289 Heinsia gossweileri Wernham;戈斯海因斯茜●☆
188290 Heinsia jasminiflora DC. = Heinsia crinita (Afzel.) G. Taylor ●☆
188291 Heinsia lindenioides S. Moore = Pentas lindenioides (S. Moore) Verdc. ●☆
188292 Heinsia parviflora K. Schum. et K. Krause = Heinsia crinita (Afzel.) G. Taylor subsp. parviflora (K. Schum. et K. Krause) Verdc. ●☆
188293 Heinsia pubescens Klotzsch = Heinsia crinita (Afzel.) G. Taylor ●☆
188294 Heinsia pulchella (G. Don) K. Schum. = Heinsia crinita (Afzel.) G. Taylor ●☆
188295 Heinsia splendida A. Chev. = Heinsia crinita (Afzel.) G. Taylor var. splendida N. Hallé ●☆
188296 Heinsia tomentosa Welw. ex Hiern;绒毛海因斯茜●☆
188297 Heinsia zanzibarica (Bojer) Verdc.;桑给巴尔海因斯茜●☆
188298 Heintzia H. Karst. = Alloplectus Mart. (保留属名)●■☆
188299 Heintzia Steud. = Dipteryx Schreb. (保留属名)●☆
188300 Heintzia Steud. = Heinzia Scop. ●☆
188301 Heinzelia Nees = Chaetothylax Nees ●■
188302 Heinzelia Nees = Justicia L. ●■
188303 Heinzelmannia Neck. = Spigelia L. ■☆
188304 Heinzia Scop. = Coumarouna Aubl. (废弃属名)●☆
188305 Heinzia Scop. = Dipteryx Schreb. (保留属名)●☆
188306 Heiraciastrum Heist. ex Fabr. = Helminthotheca Zinn ■☆
188307 Heistera Kuntze = Heisteria Jacq. (保留属名)●☆
188308 Heistera Kuntze = Muraltia DC. (保留属名)●☆
188309 Heistera Schreb. = Heisteria Jacq. (保留属名)●☆
188310 Heisteria Boehm. = Muraltia DC. (保留属名)●☆
188311 Heisteria Fabr. = Muraltia DC. (保留属名)●☆
188312 Heisteria Jacq. (1760)(保留属名);海特木属●☆
188313 Heisteria L. (废弃属名) = Heisteria Jacq. (保留属名)●☆
188314 Heisteria L. (废弃属名) = Muraltia DC. (保留属名)●☆
188315 Heisteria acuminata (Humb. et Bonpl.) Engl.;渐尖海特木●☆
188316 Heisteria barbata Cuatrec.;髯毛海特木●☆
188317 Heisteria biflora Rusby;双花海特木●☆
188318 Heisteria brasiliensis Engl.;巴西海特木●☆
188319 Heisteria elegans A. Chev.;圭亚那海特木●☆
188320 Heisteria elegans A. Chev. = Heisteria parvifolia Sm. ●☆
188321 Heisteria erythrocarpa P. Jorg. et C. Ulloa;海特木●☆
188322 Heisteria latifolia Standl.;阔叶海特木●☆
188323 Heisteria laxiflora Engl.;疏花海特木●☆
188324 Heisteria longifolia Spruce ex Engl.;长叶海特木●☆
188325 Heisteria longipes Standl.;长梗海特木●☆
188326 Heisteria lucida Glaz.;光滑海特木●☆
188327 Heisteria macrophylla Oerst.;大叶海特木●☆
188328 Heisteria micrantha Huber;小花海特木●☆
188329 Heisteria microcalyx Sagot;小萼海特木●☆
188330 Heisteria microcalyx Sagot et Amshoff = Heisteria microcalyx Sagot ●☆
188331 Heisteria microcarpa Spruce ex Engl.;小果海特木●☆
188332 Heisteria minor Glaz.;小海特木●☆
188333 Heisteria mitior P. J. Bergius = Muraltia mitior (P. J. Bergius) Levyns ●☆
188334 Heisteria nitida Engl.;光亮海特木●☆
188335 Heisteria olivae Steyerm. = Heisteria latifolia Standl. ●☆
188336 Heisteria ovata Benth.;卵形海特木●☆
188337 Heisteria pallida Engl.;苍白海特木●☆
188338 Heisteria parvifolia Sm.;小叶海特木●☆
188339 Heisteria rubricalyx S. Moore;红萼海特木●☆
188340 Heisteria salicifolia Engl.;柳叶海特木●☆
188341 Heisteria spruceana Engl.;热美海特木●☆
188342 Heisteria trillesiana Pierre;特里列斯海特木●☆
188343 Heisteria winkleri Engl. = Diospyros physocalycina Gürke ●☆
188344 Heisteria zimmereri Engl.;齐默海特木●☆

188345 Heisteriaceae Tiegh. = Erythropalaceae Planch. ex Miq.(保留科名)●
188346 Heiwingiaceae Decne. = Cornaceae Bercht. et J. Presl(保留科名)●■
188347 Heiwingiaceae Tiegh. = Cornaceae Bercht. et J. Presl(保留科名)●■
188348 Hekaterosachne Steud. = Oplismenus P. Beauv.(保留属名)■
188349 Hekeria Endl. = Heckeria Kunth ●■
188350 Hekeria Endl. = Pothomorphe Miq. ●
188351 Hekistocarpa Hook. f.(1873);寡果茜属☆
188352 Hekistocarpa minutiflora Hook. f.;寡果茜☆
188353 Hekkingia H. E. Ballard et Munzinger(2003);大苞堇属■☆
188354 Hekkingia bordenavei H. E. Ballard et Munzinger;大苞堇■☆
188355 Hekorima Kunth = Streptopus Michx. ■
188356 Heladena A. Juss.(1840);爪腺金虎尾属●☆
188357 Heladena albiflora A. Juss.;白花爪腺金虎尾●☆
188358 Heladena australis A. Juss.;南方爪腺金虎尾●☆
188359 Heladena biglandulosa A. Juss.;爪腺金虎尾●☆
188360 Heladena multiflora Nied.;多花爪腺金虎尾●☆
188361 Helanthium (Benth. et Hook. f.) Engelm. ex Britton = Echinodorus Rich. ex Engelm. ■☆
188362 Helanthium (Benth. et Hook. f.) Engelm. ex J. G. Sm. = Echinodorus Rich. ex Engelm. ■☆
188363 Helanthium (Benth.) Engelm. ex Britton = Echinodorus Rich. ex Engelm. ■☆
188364 Helanthium Engelm. ex Benth. et Hook. f. = Echinodorus Rich. ex Engelm. ■☆
188365 Helcia Lindl.(1845);枷兰属■☆
188366 Helcia sanguinolenta Lindl.;枷兰■☆
188367 Heldreichia Boiss.(1841);赫尔芥属■☆
188368 Heldreichia longifolia Boiss.;长叶赫尔芥■☆
188369 Heldreichia silaifolia Hook. f. et Thomson = Uranodactylus silaifolius (Hook. f. et Thomson) Jafri ■☆
188370 Heldreichia silaifolia Hook. f. et Thomson = Winklera silaifolia Korsh. ■☆
188371 Heleastrum DC. = Aster L. ●■
188372 Heleastrum album (Nutt.) DC. = Solidago ptarmicoides (Torr. et A. Gray) B. Boivin ■☆
188373 Heleastrum chapmanii (Torr. et A. Gray) Greene = Eurybia eryngiifolia (Torr. et A. Gray) G. L. Nesom ■☆
188374 Heleastrum chapmanii (Torr. et A. Gray) Shinners = Symphyotrichum chapmanii (Torr. et A. Gray) Semple et Brouillet ■☆
188375 Heleastrum hemisphaericum (Alexander) Shinners = Eurybia hemispherica (Alexander) G. L. Nesom ■☆
188376 Heleastrum paludosum (Aiton) DC. = Eurybia paludosa (Aiton) G. L. Nesom ■☆
188377 Heleastrum spinulosum (Chapm.) Greene = Eurybia spinulosa (Chapm.) G. L. Nesom ■☆
188378 Heleiotis Hassk. = Phylacium A. W. Benn. ■
188379 Helemonium Steud. = Heliopsis Pers.(保留属名)■☆
188380 Helena Haw. = Narcissus L. ■
188381 Heleneum Buckley = Helenium L. ■
188382 Helenia Mill. = Helenium L. ■
188383 Helenia Zinn = Helenium L. ■
188384 Heleniaceae Besscy = Asteraceae Bercht. et J. Presl(保留科名)●■
188385 Heleniaceae Besscy = Compositae Giseke(保留科名)●■
188386 Heleniaceae Besscy;堆心菊科■
188387 Heleniaceae Raf. = Asteraceae Bercht. et J. Presl(保留科名)●■
188388 Heleniaceae Raf. = Compositae Giseke(保留科名)●■
188389 Heleniastrum Fabr. = Helenium L. ■
188390 Heleniastrum Heist. ex Fabr. = Helenium L. ■
188391 Heleniastrum Kuntze = Helenium L. ■
188392 Heleniopsis Baker = Heloniopsis A. Gray(保留属名)■
188393 Helenium L.(1753);堆心菊属;Helen-flower, Heleninm, Helen's Flower, Mountain Sneezeweed, Mtn Sneezeweed, Sneezeweed, Sneezewort ■
188394 Helenium Mill. = Inula L. ●■
188395 Helenium aestivale Walter = Gaillardia aestivalis (Walter) H. Rock ■☆
188396 Helenium altissimum Link = Helenium autumnale L. ■
188397 Helenium amarum (Raf.) H. Rock;苦味堆心菊;Bitter Sneezeweed, Bitter Weed, Bitterweed, Bitter-weed, Fiveleaf Sneezeweed, Narrow-leaved Sneezeweed, Yellow Dog-fennel, Yellowdicks, Yellow-dicks ■☆
188398 Helenium amarum (Raf.) H. Rock var. badium (A. Gray ex S. Watson) Waterf.;盆地堆心菊;Basin Sneezeweed ■☆
188399 Helenium amphibolum A. Gray = Helenium elegans DC. var. amphibolum (A. Gray) Bierner ■☆
188400 Helenium arizonicum S. F. Blake;亚利桑那堆心菊;Arizona Sneezeweed ■☆
188401 Helenium aromaticum L. H. Bailey;芳堆心菊■☆
188402 Helenium autumnale L.;堆心菊(秋花堆心菊,团子菊);Autumn Sneezeweed, Bitterweed, Common Sneezeweed, False Sunflower, Helen's Flower, Sneezeweed, Swamp Sunflower ■
188403 Helenium autumnale L. var. canaliculatum (Lam.) Torr. et A. Gray = Helenium autumnale L. ■
188404 Helenium autumnale L. var. fylesii B. Boivin = Helenium autumnale L. ■
188405 Helenium autumnale L. var. grandiflorum Torr. et A. Gray = Helenium autumnale L. ■
188406 Helenium autumnale L. var. montanum (Nutt.) Fernald;山地堆心菊(堆心菊)■☆
188407 Helenium autumnale L. var. montanum (Nutt.) Fernald = Helenium autumnale L. ■
188408 Helenium autumnale L. var. parviflorum (Nutt.) Fernald = Helenium autumnale L. ■
188409 Helenium badium (A. Gray ex S. Watson) Greene = Helenium amarum (Raf.) H. Rock var. badium (A. Gray ex S. Watson) Waterf. ■☆
188410 Helenium bigelovii A. Gray;翼锦鸡菊(堆心菊);Bigelow Sneezeweed ■☆
188411 Helenium bolanderi A. Gray;沿海堆心菊;Coastal Sneezeweed ■☆
188412 Helenium brevifolium (Nutt.) A. W. Wood;短叶堆心菊;Shortleaf Sneezeweed ■☆
188413 Helenium campestre Small;平原堆心菊;Oldfield Sneezeweed ■☆
188414 Helenium canaliculatum Lam. = Helenium autumnale L. ■
188415 Helenium curtisii A. Gray = Helenium brevifolium (Nutt.) A. W. Wood ■☆
188416 Helenium drummondii H. Rock;流苏堆心菊;Fringed Sneezeweed ■☆
188417 Helenium elegans DC.;雅致堆心菊;Pretty Sneezeweed ■☆
188418 Helenium elegans DC. var. amphibolum (A. Gray) Bierner;含糊

堆心菊■☆

188419 Helenium flexuosum Raf.；裸花堆心菊；Naked-flowered Sneezeweed, Purplehead Sneezeweed, Purple-headed Sneezeweed, Sneezeweed, Southern Sneezeweed ■☆

188420 Helenium floridanum Fernald = Helenium flexuosum Raf. ■☆

188421 Helenium godfreyi Fernald = Helenium flexuosum Raf. ■☆

188422 Helenium grandiflorum Gilib. = Inula helenium L. ■

188423 Helenium grandiflorum Nutt. = Helenium autumnale L. ■

188424 Helenium hoopesii A. Gray；胡氏堆心菊；Orange Sneezeweed, Owl's Claws, Sneezeweed, South American Rubber Plant ■☆

188425 Helenium hoopesii A. Gray = Hymenoxys hoopesii (A. Gray) Bierner ■☆

188426 Helenium latifolium Mill. = Helenium autumnale L. ■

188427 Helenium linifolium Rydb.；细叶堆心菊；Slimleaf Sneezeweed ■☆

188428 Helenium microcephalum DC.；小头堆心菊；Smallhead Sneezeweed ■

188429 Helenium nudiflorum Nutt.；紫心菊；Purple-headed Sneezeweed ■☆

188430 Helenium nudiflorum Nutt. = Helenium flexuosum Raf. ■☆

188431 Helenium parviflorum Nutt. = Helenium autumnale L. ■

188432 Helenium pinnatifidum (Schwein. ex Nutt.) Rydb.；东南堆心菊；Southeastern Sneezeweed ■☆

188433 Helenium polyphyllum Small = Helenium flexuosum Raf. ■☆

188434 Helenium puberulum DC.；柔毛堆心菊；Rosilla ■☆

188435 Helenium quadridentatum Labill.；长盘堆心菊；Longdisk Sneezeweed ■☆

188436 Helenium setigerum (DC.) Britton et Rusby = Amblyolepis setigera DC. ■☆

188437 Helenium tenuifolium Nutt.；薄叶堆心菊(细叶堆心菊)；Bitter Sneezeweed, Bitterweed, Fine-leaved Sneezeweed, Thinleaf Sneezeweed ■

188438 Helenium tenuifolium Nutt. = Helenium amarum (Raf.) H. Rock ■☆

188439 Helenium tenuifolium Nutt. var. badium A. Gray ex S. Watson = Helenium amarum (Raf.) H. Rock var. badium (A. Gray ex S. Watson) Waterf. ■☆

188440 Helenium thurberi A. Gray；瑟伯堆心菊；Thurber's Sneezeweed ■☆

188441 Helenium vernale Walter；春堆心菊；Savanna Sneezeweed, Spring Sneezeweed ■☆

188442 Helenium virginicum S. F. Blake；弗吉尼亚堆心菊(维吉尼亚堆心菊)；Virginia Sneezeweed ■☆

188443 Helenomoium Willd. = Heliopsis Pers.(保留属名)■☆

188444 Helenomoium Willd. ex DC. = Heliopsis Pers.(保留属名)■☆

188445 Heleocharis P. Beauv. ex T. Lestib. = Eleocharis R. Br. ■

188446 Heleocharis R. Br. = Eleocharis R. Br. ■

188447 Heleocharis T. Lestib. = Eleocharis R. Br. ■

188448 Heleocharis acicularis (L.) Roem. et Schult. = Eleocharis acicularis (L.) Roem. et Schult. ■

188449 Heleocharis acicularis (L.) Roem. et Schult. f. longiseta (Svenson) T. Koyama = Eleocharis acicularis (L.) Roem. et Schult. subsp. yokoscensis (Franch. et Sav.) T. V. Egorova ■

188450 Heleocharis acicularis Maxim. = Eleocharis mitracarpa Steud. ■

188451 Heleocharis acicularis Maxim. = Heleocharis yokoscensis (Franch. et Sav.) Ts. Tang et F. T. Wang ■

188452 Heleocharis acicularis Maxim. var. longiseta Svenson = Eleocharis mitracarpa Steud. ■

188453 Heleocharis acicularis Maxim. var. longiseta Svenson = Heleocharis yokoscensis (Franch. et Sav.) Ts. Tang et F. T. Wang ■

188454 Heleocharis acutangula (Roxb.) Schult. = Eleocharis acutangula (Roxb.) Schult. ■

188455 Heleocharis affiata Steud. = Eleocharis pellucida J. Presl et C. Presl ■

188456 Heleocharis argyrolepis Kierulff ex Bunge = Eleocharis argyrolepis Kierulff ex Bunge ■

188457 Heleocharis atropurpurea (Retz.) J. Presl et C. Presl = Eleocharis atropurpurea (Retz.) J. Presl et C. Presl ■

188458 Heleocharis attenuata (Franch. et Sav.) Palla = Eleocharis attenuata (Franch. et Sav.) Palla ■

188459 Heleocharis attenuata (Franch. et Sav.) Palla var. erhizomatosa Ts. Tang et F. T. Wang = Eleocharis attenuata (Franch. et Sav.) Palla var. erhizomatosa Ts. Tang et F. T. Wang ■

188460 Heleocharis braviseta Kurz et Skvortsov = Eleocharis braviseta Kurz et Skvortsov ■☆

188461 Heleocharis caribaea (Rottb.) Blake = Eleocharis braviseta Kurz et Skvortsov ■☆

188462 Heleocharis chaetaria Roem. et Schult. = Eleocharis chaetaria Roem. et Schult. ■

188463 Heleocharis congesta D. Don = Eleocharis congesta D. Don ■

188464 Heleocharis dulcis (Burm. f.) Trin. ex Hensch. = Eleocharis tuberosa (Roxb.) Roem. et Schult. ■

188465 Heleocharis dulcis (Burm. f.) Trin. ex Hensch. var. tuberosa (Roxb.) T. Koyama = Eleocharis tuberosa (Roxb.) Roem. et Schult. ■

188466 Heleocharis fennica Pall. ex Kneuck. = Eleocharis fennica Pall. ex Kneuck. ■

188467 Heleocharis fistulosa (Poir.) Link = Eleocharis fistulosa (Poir.) Schult. ■

188468 Heleocharis hildebrandtii Boeck. = Eleocharis nigrescens (Nees) Steud. ■☆

188469 Heleocharis intermedia (Muhl.) Schult. = Eleocharis intermedia (Muhl.) Schult. ■☆

188470 Heleocharis intersita G. Zinserl. = Eleocharis intersita G. Zinserl. ex Kom. ■

188471 Heleocharis intersita G. Zinserl. ex Kom. f. acetosa Ts. Tang et F. T. Wang = Eleocharis intersita G. Zinserl. ex Kom. f. acetosa Ts. Tang et F. T. Wang ■

188472 Heleocharis kamtschatica (C. A. Mey.) Kom. = Eleocharis kamtschatica (C. A. Mey.) Kom. ■

188473 Heleocharis kamtschatica (C. A. Mey.) Kom. f. reducta Ohwi = Eleocharis kamtschatica (C. A. Mey.) Kom. f. reducta Ohwi ■

188474 Heleocharis kuroguwai Ohwi = Eleocharis equisetina J. Presl et C. Presl ■

188475 Heleocharis kuroguwai Ohwi = Eleocharis mitracarpa Steud. ■

188476 Heleocharis kuroguwai Ohwi = Heleocharis mitracarpa Steud. ■

188477 Heleocharis laevigeta var. major (H. Hara) H. Hara = Eleocharis attenuata (Franch. et Sav.) Palla ■

188478 Heleocharis liouana Ts. Tang et F. T. Wang = Eleocharis liouana Ts. Tang et F. T. Wang ■

188479 Heleocharis major H. Hara = Eleocharis attenuata (Franch. et Sav.) Palla ■

188480 Heleocharis major H. Hara = Heleocharis attenuata (Franch. et Sav.) Palla ■

188481 Heleocharis mamillata (H. Lindb.) H. Lindb. = Eleocharis mamillata (H. Lindb.) H. Lindb. ■

188482 Heleocharis mamillata (H. Lindb.) H. Lindb. f. ussuriensis (Zinserl.) Y. L. Chang = Eleocharis mamillata (H. Lindb.) H. Lindb. var. ussuriensis (Zinserl.) Y. L. Chang ■

188483 Heleocharis mamillata (H. Lindb.) H. Lindb. var. cyclocarpa Kitag. = Eleocharis mamillata (H. Lindb.) H. Lindb. var. cyclocarpa Kitag. ■

188484 Heleocharis maximowiczii G. Zinserl. = Eleocharis maximowiczii G. Zinserl. ■☆

188485 Heleocharis migoana Ohwi et T. Koyama = Eleocharis migoana Ohwi et T. Koyama ■

188486 Heleocharis mitracarpa Steud. = Eleocharis mitracarpa Steud. ■

188487 Heleocharis mitrata (Franch. et Sav.) Makino = Eleocharis kamtschatica (C. A. Mey.) Kom. f. reducta Ohwi ■

188488 Heleocharis mitrata (Franch. et Sav.) Makino = Heleocharis kamtschatica (C. A. Mey.) Kom. f. reducta Ohwi ■

188489 Heleocharis obtusa (Willd.) Schult. = Eleocharis obtusa (Willd.) Schult. ■☆

188490 Heleocharis ochrostachys Steud. = Eleocharis ochrostachys Steud. ■

188491 Heleocharis ovata (Roth.) Roem. et Schult. = Eleocharis ovata (Roth) Roem. et Schult. ■

188492 Heleocharis ovata (Roth.) Roem. et Schult. = Heleocharis soloniensis (Dubois) H. Hara ■

188493 Heleocharis palustris (L.) Roem. et Schult. = Eleocharis palustris (L.) Roem. et Schult. ■

188494 Heleocharis parvula (Roem. et Schult.) Link = Eleocharis parvula (Roem. et Schult.) Link ex Bluff, Nees et Schauer ■☆

188495 Heleocharis pauciflora (Lightf.) Link = Eleocharis pauciflora (Lightf.) Link

188496 Heleocharis pauciflora (Lightf.) Link var. rhizomatosa Hand.-Mazz. = Heleocharis yunnanensis Svenson ■

188497 Heleocharis pellucida J. Presl et C. Presl = Eleocharis pellucida J. Presl et C. Presl

188498 Heleocharis pellucida J. Presl et C. Presl f. elata H. Hara = Heleocharis pellucida J. Presl et C. Presl ■

188499 Heleocharis petasata (Maxim.) Zinserl. = Heleocharis wichurai Boeck. ■

188500 Heleocharis philippinensis Svenson = Eleocharis philippinensis Svenson ■☆

188501 Heleocharis plantaginea R. Br. = Eleocharis tuberosa (Roxb.) Roem. et Schult. ■

188502 Heleocharis plantaginea R. Br. = Heleocharis dulcis (Burm. f.) Trin. ex Hensch. ■

188503 Heleocharis plantagineiformis Ts. Tang et F. T. Wang = Eleocharis plantagineiformis Ts. Tang et F. T. Wang ■

188504 Heleocharis purpurascens Boeck. = Eleocharis congesta D. Don ■

188505 Heleocharis purpurascens Boeck. = Heleocharis congesta D. Don ■

188506 Heleocharis quadrangulata (Michx.) Roem. et Schult. = Eleocharis quadrangulata (Michx.) Roem. et Schult. ■☆

188507 Heleocharis sachalinensis (Meinsh.) Kom. = Eleocharis kamtschatica (C. A. Mey.) Kom. ■

188508 Heleocharis sareptana Zinserl. = Eleocharis fennica Palla ex Kneuck. et Zinserl. f. sareptana (Zinserl.) Ts. Tang et F. T. Wang ■

188509 Heleocharis soloniensis (Dubois) H. Hara = Eleocharis ovata (Roth) Roem. et Schult. ■

188510 Heleocharis spiralis (Rottb.) R. Br. = Eleocharis spiralis (Rottb.) Roem. et Schult. ■

188511 Heleocharis svensonii Zinserl. = Eleocharis mitracarpa Steud. ■

188512 Heleocharis svensonii Zinserl. = Heleocharis yokoscensis (Franch. et Sav.) Ts. Tang et F. T. Wang ■

188513 Heleocharis tenuis (Willd.) Schult. = Eleocharis tenuis (Willd.) Schult. ■☆

188514 Heleocharis tetraquetra Nees = Eleocharis tetraquetra Nees ■

188515 Heleocharis trilateralis Ts. Tang et F. T. Wang = Eleocharis trilateralis Ts. Tang et F. T. Wang ■

188516 Heleocharis tuberosa (Roxb.) Roem. et Schult. = Eleocharis tuberosa (Roxb.) Roem. et Schult. ■

188517 Heleocharis uniglumis (Link) Schult. = Eleocharis uniglumis (Link) Schult. et Zinserl. ■

188518 Heleocharis ussuriensis Zinserl. = Eleocharis mamillata (H. Lindb.) H. Lindb. var. ussuriensis (Zinserl.) Y. L. Chang ■

188519 Heleocharis valleculosa Ohwi = Eleocharis valleculosa Ohwi ■

188520 Heleocharis wichurai Boeck. = Eleocharis wichurai Boeck. ■

188521 Heleocharis yokoscensis (Franch. et Sav.) Ts. Tang et F. T. Wang = Eleocharis mitracarpa Steud. ■

188522 Heleocharis yunnanensis Svenson = Eleocharis yunnanensis Svenson ■

188523 Heleochloa (Fries) Dreier = Glyceria R. Br.（保留属名）+ Puccinellia Parl. ■

188524 Heleochloa Fr. = Glyceria R. Br.（保留属名）■

188525 Heleochloa Host ex Roem. = Crypsis Aiton（保留属名）■

188526 Heleochloa Host. = Crypsis Aiton（保留属名）■

188527 Heleochloa P. Beauv. = Phleum L. ■

188528 Heleochloa P. Beauv. = Sporobolus R. Br. + Phleum L. ■

188529 Heleochloa Roem. = Crypsis Aiton（保留属名）■

188530 Heleochloa alopecuroides (Piller et Mitterp.) Host = Crypsis alopecuroides (Piller et Mitterp.) Schrad. ■☆

188531 Heleochloa compacta (Steud.) T. Durand et Schinz = Crypsis vaginiflora (Forssk.) Opiz ■☆

188532 Heleochloa dura (Boiss.) Boiss. = Urochondra setulosa (Trin.) C. E. Hubb. ■☆

188533 Heleochloa schoenoides (L.) Host = Crypsis schoenoides (L.) Lam. ■

188534 Heleochloa schoenoides (L.) Host ex Roem. = Crypsis schoenoides (L.) Lam. ■

188535 Heleochloa schoenoides L. = Crypsis schoenoides (L.) Lam. ■

188536 Heleochloa setulosa (Trin.) Blatt. et McCann = Urochondra setulosa (Trin.) C. E. Hubb. ■☆

188537 Heleochloa turkestanica Litv. = Crypsis turkestanica Eig ■

188538 Heleogenus Post et Kuntze = Eleogenus Nees ■

188539 Heleogenus Post et Kuntze = Scirpus L.（保留属名）■

188540 Heleogiton Schult. = Heleophylax P. Beauv. ex T. Lestib.（废弃属名）■

188541 Heleogiton Schult. = Scirpus L.（保留属名）■

188542 Heleonastes Ehrh. = Carex L. ■

188543 Heleophila Schult. = Heleophylax P. Beauv. ex T. Lestib.（废弃属名）■

188544 Heleophylax P. Beauv. ex T. Lestib.（废弃属名）= Schoenoplectus (Rchb.) Palla（保留属名）■

188545 Heleophylax P. Beauv. ex T. Lestib.（废弃属名）= Scirpus L.（保留属名）■

188546 Helepta Raf. = Heliopsis Pers.（保留属名）■☆

188547 Helia Benth. et Hook. f. = Atalantia Corrêa(保留属名)●
188548 Helia Benth. et Hook. f. = Helie M. Room. ●
188549 Helia Mart. = Irlbachia Mart. ■☆
188550 Helia Mart. = Lisianthus P. Browne ■☆
188551 Heliabravoa Backeb. (1956);夜雾阁属■☆
188552 Heliabravoa Backeb. = Polaskia Backeb. ●☆
188553 Heliabravoa chende (Rol. -Goss.) Bravo et D. K. Cox;夜雾阁■☆
188554 Heliamphora Benth. (1840);捕蝇瓶子草属(囊叶草属);Pitcher Plants, Sunpitcher ●■☆
188555 Heliamphora nutans Benth.;捕蝇瓶子草;Marsh Pitcher ■☆
188556 Heliamphoraceae Chrtek, Slavíková et M. Studnička = Sarraceniaceae Dumort. (保留科名)■☆
188557 Helianthaceae Bercht. et J. Presl = Asteraceae Bercht. et J. Presl (保留科名)●■
188558 Helianthaceae Bercht. et J. Presl = Compositae Giseke(保留科名)●■
188559 Helianthaceae Bessey = Asteraceae Bercht. et J. Presl(保留科名)●■
188560 Helianthaceae Bessey = Compositae Giseke(保留科名)●■
188561 Helianthaceae Bessey;向日葵科■
188562 Helianthaceae Dumort. = Asteraceae Bercht. et J. Presl(保留科名)●■
188563 Helianthaceae Dumort. = Compositae Giseke(保留科名)●■
188564 Helianthella Torr. et A. Gray (1842);小向日葵属;Little Sunflower ■☆
188565 Helianthella californica A. Gray;加州小向日葵■☆
188566 Helianthella californica A. Gray subsp. nevadensis (Greene) W. A. Weber;内华达小向日葵■☆
188567 Helianthella californica A. Gray subsp. shastensis (W. A. Weber) W. A. Weber;沙斯塔小向日葵■☆
188568 Helianthella californica A. Gray var. nevadensis (Greene) Jeps. = Helianthella californica A. Gray subsp. nevadensis (Greene) W. A. Weber ■☆
188569 Helianthella californica A. Gray var. shastensis W. A. Weber = Helianthella californica A. Gray subsp. shastensis (W. A. Weber) W. A. Weber ■☆
188570 Helianthella covillei A. Nelson = Enceliopsis covillei (A. Nelson) S. F. Blake ■☆
188571 Helianthella grandiflora Torr. et A. Gray = Phoebanthus grandiflorus (Torr. et A. Gray) S. F. Blake ■☆
188572 Helianthella microcephala (A. Gray) A. Gray;小头小向日葵■☆
188573 Helianthella nevadensis Greene = Helianthella californica A. Gray subsp. nevadensis (Greene) W. A. Weber ■☆
188574 Helianthella pringlei A. Gray = Flourensia pringlei (A. Gray) S. F. Blake ■☆
188575 Helianthella quinquenervis (Hook.) A. Gray;五脉小向日葵■☆
188576 Helianthella tenuifolia Torr. et A. Gray = Phoebanthus tenuifolius (Torr. et A. Gray) S. F. Blake ■☆
188577 Helianthella uniflora (Nutt.) Torr. et A. Gray;小向日葵■☆
188578 Helianthella uniflora (Nutt.) Torr. et A. Gray var. douglasii (Torr. et A. Gray) W. A. Weber = Helianthella uniflora (Nutt.) Torr. et A. Gray ■☆
188579 Helianthemaceae G. Mey. = Cistaceae Juss. (保留科名)●■
188580 Helianthemoides Medik. = Talinum Adans. (保留属名)■●
188581 Helianthemon St. -Lag. = Helianthemum Mill. ●■
188582 Helianthemum Gray = Helianthus L. ■
188583 Helianthemum Mill. (1754);半日花属;Helianthemum, Rock Rose, Rockrose, Sun Rose, Sunrose, Sun-Rose ●■
188584 Helianthemum aegyptiacum (L.) Mill.;埃及半日花●☆
188585 Helianthemum almeriense Pau;西班牙半日花●☆
188586 Helianthemum alpestre (Jacq.) DC.;亚高山半日花;Alpine Sun Rose, Alpine Sun-rose ●☆
188587 Helianthemum ambiguum Pomel = Helianthemum salicifolium (L.) Mill. ●☆
188588 Helianthemum angustatum Pomel;狭窄半日花●☆
188589 Helianthemum annuum Fisch. ex Steud.;一年生半日花;Sunflower ■☆
188590 Helianthemum apenninum (L.) Mill.;意大利半日花(亚平宁半日花);Apennine Rockrose, White Rock Rose, White Rockrose ●☆
188591 Helianthemum apenninum (L.) Mill. subsp. croceum (Desf.) G. López = Helianthemum croceum (Desf.) Pers. ●☆
188592 Helianthemum apenninum (L.) Mill. subsp. stoechadifolium (Brot.) Samp. = Helianthemum apenninum (L.) Mill. ●☆
188593 Helianthemum apenninum (L.) Mill. var. baeticum Pau = Helianthemum helianthemoides (Desf.) Grosser ●☆
188594 Helianthemum apenninum (L.) Mill. var. pulverulentum (Thuill.) Grosser = Helianthemum virgatum (Desf.) Pers. ●☆
188595 Helianthemum apenninum (L.) Mill. var. roseum Gross;粉红意大利半日花●☆
188596 Helianthemum apenninum (L.) Mill. var. setosum (Willk.) Raynaud = Helianthemum virgatum (Desf.) Pers. ●☆
188597 Helianthemum apenninum (L.) Mill. var. virgatum (Desf.) Pau et Font Quer = Helianthemum virgatum (Desf.) Pers. ●☆
188598 Helianthemum apenninum DC. = Helianthemum apenninum (L.) Mill. ●☆
188599 Helianthemum apenninum DC. var. roseum Gross = Helianthemum apenninum (L.) Mill. var. roseum Gross ●☆
188600 Helianthemum apertum Pomel = Helianthemum ledifolium (L.) Mill. subsp. apertum (Pomel) Greuter et Burdet ●☆
188601 Helianthemum apertum Pomel var. longisepalum Maire = Helianthemum ledifolium (L.) Mill. subsp. apertum (Pomel) Greuter et Burdet ●☆
188602 Helianthemum atriplicifolium (Lam.) Willd.;暗沟半日花●☆
188603 Helianthemum atriplicifolium (Lam.) Willd. var. macrocalycinum Pau = Halimium atriplicifolium (Lam.) Spach subsp. macrocalycinum (Pau) Greuter et Burdet ●☆
188604 Helianthemum bergevinii Maire = Helianthemum ruficonum (Viv.) Spreng. ●☆
188605 Helianthemum bicknellii Fernald;毕氏半日花;Bicknell's Rock-rose, Hoary Frostweed, Rockrose ●☆
188606 Helianthemum biseriale Pomel = Helianthemum papillare Boiss. ●☆
188607 Helianthemum brachypodum L. Chevall. = Helianthemum confertum Dunal ●☆
188608 Helianthemum broussonetii DC.;布鲁索内半日花●☆
188609 Helianthemum buschii (Palib.) Juz. et Pozdeeva;布氏半日花●☆
188610 Helianthemum canadense (L.) Michx.;加拿大半日花;Common Rock-rose, Frost Weed, Frostweed, Long-branch Frostweed, Rockrose ●☆

188611 Helianthemum canadense (L.) Michx. var. sabulonum Fernald = Helianthemum canadense (L.) Michx. ●☆

188612 Helianthemum canariense (Jacq.) Pers. = Helianthemum canadense (L.) Michx. ●☆

188613 Helianthemum canum (L.) Baumg.;苍灰半日花;Hoary Rock Rose, Hoary Rockrose, Hoary Sun Rose, Hoary Sunrose ●☆

188614 Helianthemum canum (L.) Hornem. = Helianthemum oelandicum (L.) DC. subsp. incanum (Willk.) G. López ●☆

188615 Helianthemum canum (L.) Hornem. var. alpinum Willk. = Helianthemum oelandicum (L.) DC. subsp. incanum (Willk.) G. López ●☆

188616 Helianthemum chamaecistus Mill. = Helianthemum nummularium (L.) Mill. ●☆

188617 Helianthemum ciliatum (Desf.) Pers.;睫毛半日花●☆

188618 Helianthemum ciliatum (Desf.) Pers. var. marmaricum Bég. et Vacc. = Helianthemum ciliatum (Desf.) Pers. ●☆

188619 Helianthemum ciliatum (Desf.) Pers. var. psilocalyx (Grosser) Maire = Helianthemum ciliatum (Desf.) Pers. ●☆

188620 Helianthemum cinereum (Cav.) Pers.;灰色半日花●☆

188621 Helianthemum cinereum (Cav.) Pers. subsp. rotundifolium (Dunal) Greuter et Burdet;圆叶灰色半日花●☆

188622 Helianthemum cinereum (Cav.) Pers. subsp. rubellum (C. Presl) Pau et Font Quer = Helianthemum cinereum (Cav.) Pers. subsp. rotundifolium (Dunal) Greuter et Burdet ●☆

188623 Helianthemum cinereum (Cav.) Pers. var. argenteum Maire = Helianthemum cinereum (Cav.) Pers. subsp. rotundifolium (Dunal) Greuter et Burdet ●☆

188624 Helianthemum cinereum (Cav.) Pers. var. bicolor Willk. = Helianthemum cinereum (Cav.) Pers. subsp. rotundifolium (Dunal) Greuter et Burdet ●☆

188625 Helianthemum cinereum (Cav.) Pers. var. paniculatum (Dunal) Pau = Helianthemum cinereum (Cav.) Pers. subsp. rotundifolium (Dunal) Greuter et Burdet ●☆

188626 Helianthemum cinereum (Cav.) Pers. var. tenuicaule (Pomel) Batt. = Helianthemum cinereum (Cav.) Pers. subsp. rotundifolium (Dunal) Greuter et Burdet ●☆

188627 Helianthemum clausonis Pomel = Helianthemum croceum (Desf.) Pers. ●☆

188628 Helianthemum clausonis Pomel var. safiense H. Lindb. = Helianthemum croceum (Desf.) Pers. ●☆

188629 Helianthemum confertum Dunal;密集半日花●☆

188630 Helianthemum confertum Dunal var. australe Maire = Helianthemum confertum Dunal ●☆

188631 Helianthemum confertum Dunal var. brachypodum (L. Chevall.) Maire = Helianthemum confertum Dunal ●☆

188632 Helianthemum crassifolium Pers.;厚叶半日花●☆

188633 Helianthemum crassifolium Pers. subsp. glaucum (Desf.) Maire et Weiller = Helianthemum crassifolium Pers. ●☆

188634 Helianthemum crassifolium Pers. subsp. sphaerocalyx (Gauba et Janch.) Maire;球萼半日花●☆

188635 Helianthemum crassifolium Pers. var. crinitum (Pamp.) Maire et Weiller = Helianthemum crassifolium Pers. ●☆

188636 Helianthemum crassifolium Pers. var. glabrescens Le Houér. = Helianthemum crassifolium Pers. ●☆

188637 Helianthemum crassifolium Pers. var. latifolium (Pamp.) Maire et Weiller = Helianthemum crassifolium Pers. ●☆

188638 Helianthemum croceum (Desf.) Pers.;镉黄半日花●☆

188639 Helianthemum croceum (Desf.) Pers. subsp. suffruticosum (Boiss.) Raynaud;亚灌木半日花●☆

188640 Helianthemum croceum (Desf.) Pers. var. albiflorum (Boiss.) Emb. et Maire = Helianthemum croceum (Desf.) Pers. ●☆

188641 Helianthemum croceum (Desf.) Pers. var. antiatlanticum (Emb. et Maire) Maire = Helianthemum croceum (Desf.) Pers. ●☆

188642 Helianthemum croceum (Desf.) Pers. var. clausonis (Pomel) Emb. et Maire = Helianthemum croceum (Desf.) Pers. ●☆

188643 Helianthemum croceum (Desf.) Pers. var. flavum (Willk.) Emb. et Maire = Helianthemum croceum (Desf.) Pers. ●☆

188644 Helianthemum croceum (Desf.) Pers. var. lanceolatum (Grosser) Emb. et Maire = Helianthemum croceum (Desf.) Pers. ●☆

188645 Helianthemum croceum (Desf.) Pers. var. stenophyllum (Maire) Emb. et Maire = Helianthemum croceum (Desf.) Pers. ●☆

188646 Helianthemum croceum (Desf.) Pers. var. stoechadifolium (Brot.) Emb. et Maire = Helianthemum croceum (Desf.) Pers. ●☆

188647 Helianthemum croceum (Desf.) Pers. var. tananicum (Maire) Emb. et Maire = Helianthemum croceum (Desf.) Pers. ●☆

188648 Helianthemum croceum (Desf.) Pers. var. virens (Maire) Emb. et Maire = Helianthemum croceum (Desf.) Pers. ●☆

188649 Helianthemum cucumerifolium ?;瓜叶半日花●☆

188650 Helianthemum cylindrifolium Verdc.;柱叶半日花●☆

188651 Helianthemum cyrenaicum (Grosser) Brullo et Furnari;昔兰尼半日花●☆

188652 Helianthemum dagestanicum Rupr.;达吉斯坦半日花●☆

188653 Helianthemum desertorum Willk. = Helianthemum ruficonum (Viv.) Spreng. ●☆

188654 Helianthemum desiderii Sennen = Tuberaria inconspicua (Pers.) Willk. ■☆

188655 Helianthemum dichotomum (Cav.) Pers. = Helianthemum origanifolium (Lam.) Pers. ●☆

188656 Helianthemum dichotomum (Cav.) Pers. var. mairei Sennen = Helianthemum origanifolium (Lam.) Pers. ●☆

188657 Helianthemum discolor Pomel = Tuberaria guttata (L.) Fourr. subsp. discolor (Pomel) Quézel et Santa ■☆

188658 Helianthemum echioides (Lam.) Pers. = Tuberaria echioides (Lam.) Willk. ■☆

188659 Helianthemum echioides (Lam.) Pers. var. laxum Faure et Maire = Tuberaria echioides (Lam.) Willk. ■☆

188660 Helianthemum ehrenbergii Willk. = Helianthemum stipulatum (Forssk.) C. Chr. ●☆

188661 Helianthemum ellipticum (Desf.) Pers.;椭圆半日花●☆

188662 Helianthemum eremophilum Pomel = Helianthemum ruficonum (Viv.) Spreng. ●☆

188663 Helianthemum eriocephalum Pomel;毛头半日花●☆

188664 Helianthemum floribundum Pomel = Helianthemum cinereum (Cav.) Pers. subsp. rotundifolium (Dunal) Greuter et Burdet ●☆

188665 Helianthemum fontanesii Boiss. et Reut. = Helianthemum helianthemoides (Desf.) Grosser ●☆

188666 Helianthemum fontanesii Boiss. et Reut. var. yvesii Sennen et Mauricio = Helianthemum helianthemoides (Desf.) Grosser ●☆

188667 Helianthemum fugacium Mill. = Helianthemum salicifolium (L.) Mill. subsp. intermedium (Pers.) Bonnier et Layens ●☆

188668 Helianthemum geniorum Maire;多育半日花●☆

188669 Helianthemum geniorum Maire var. grandiflorum Quézel = Helianthemum geniorum Maire ●☆

188670 Helianthemum glaucum Pers. var. albiflorum Boiss. = Helianthemum croceum (Desf.) Pers. ●☆

188671 Helianthemum glaucum Pers. var. angustum H. Lindb. = Helianthemum croceum (Desf.) Pers. ●☆

188672 Helianthemum glaucum Pers. var. antiatlanticum Emb. et Maire = Helianthemum croceum (Desf.) Pers. ●☆

188673 Helianthemum glaucum Pers. var. clausonis (Pomel) Batt. = Helianthemum croceum (Desf.) Pers. ●☆

188674 Helianthemum glaucum Pers. var. croceum (Desf.) Batt. = Helianthemum croceum (Desf.) Pers. ●☆

188675 Helianthemum glaucum Pers. var. dubuisianum Maire = Helianthemum croceum (Desf.) Pers. ●☆

188676 Helianthemum glaucum Pers. var. flavum Willk. = Helianthemum croceum (Desf.) Pers. ●☆

188677 Helianthemum glaucum Pers. var. setifiensis (Batt.) Maire = Helianthemum croceum (Desf.) Pers. ●☆

188678 Helianthemum glaucum Pers. var. stenophyllum Maire = Helianthemum croceum (Desf.) Pers. ●☆

188679 Helianthemum glaucum Pers. var. stoechadifolium (Brot.) Ball = Helianthemum croceum (Desf.) Pers. ●☆

188680 Helianthemum glaucum Pers. var. suffruticosum Boiss. = Helianthemum croceum (Desf.) Pers. ●☆

188681 Helianthemum glaucum Pers. var. tananicum Maire = Helianthemum croceum (Desf.) Pers. ●☆

188682 Helianthemum glaucum Pers. var. virens Maire = Helianthemum croceum (Desf.) Pers. ●☆

188683 Helianthemum grandiflorum (Scop.) Lam. et DC.;大花半日花●☆

188684 Helianthemum grandiflorum Lam. = Helianthemum nummularium (L.) Mill. var. grandiflorum Fiek ●☆

188685 Helianthemum guttatum (L.) Mill. = Tuberaria guttata (L.) Fourr. ■☆

188686 Helianthemum guttatum (L.) Mill. = Tuberaria guttata Gross. ■☆

188687 Helianthemum guttatum (L.) Mill. subsp. discolor (Pomel) Jahand. et Maire = Tuberaria guttata (L.) Fourr. ■☆

188688 Helianthemum guttatum (L.) Mill. subsp. inconspicuum (Pers.) Rouy et Foucaud = Tuberaria inconspicua (Pers.) Willk. ■☆

188689 Helianthemum guttatum (L.) Mill. subsp. lipopetalum Murb. = Tuberaria lipopetala (Murb.) Greuter et Burdet ■☆

188690 Helianthemum guttatum (L.) Mill. subsp. macrosepalum (Boiss.) Ball = Tuberaria macrosepala (Boiss.) Willk. ■☆

188691 Helianthemum guttatum (L.) Mill. subsp. milleri (Rouy et Foucaud) Maire = Tuberaria guttata (L.) Fourr. ■☆

188692 Helianthemum guttatum (L.) Mill. subsp. praecox (Grosser) Emb. et Maire = Tuberaria guttata (L.) Fourr. subsp. praecox (Grosser) Quézel et Santa ■☆

188693 Helianthemum guttatum (L.) Mill. subsp. villosissimum (Pomel) Maire = Tuberaria guttata (L.) Fourr. ■☆

188694 Helianthemum guttatum (L.) Mill. var. alatocalyx (Grosser) Emb. et Maire = Tuberaria guttata (L.) Fourr. ■☆

188695 Helianthemum guttatum (L.) Mill. var. asterotrichum Maire = Tuberaria guttata (L.) Fourr. ■☆

188696 Helianthemum guttatum (L.) Mill. var. desiderii (Sennen) Maire = Tuberaria guttata (L.) Fourr. ■☆

188697 Helianthemum guttatum (L.) Mill. var. discolor (Pomel) Batt. = Tuberaria guttata (L.) Fourr. ■☆

188698 Helianthemum guttatum (L.) Mill. var. eriocaulon (Dunal) Grosser = Tuberaria guttata (L.) Fourr. ■☆

188699 Helianthemum guttatum (L.) Mill. var. inconspicuum (Pers.) Ball = Tuberaria guttata (L.) Fourr. ■☆

188700 Helianthemum guttatum (L.) Mill. var. macranthum Faure et Maire = Tuberaria guttata (L.) Fourr. ■☆

188701 Helianthemum guttatum (L.) Mill. var. macrosepalum (Dunal) Batt. = Tuberaria guttata (L.) Fourr. ■☆

188702 Helianthemum guttatum (L.) Mill. var. pomelii (Grosser) Maire = Tuberaria guttata (L.) Fourr. ■☆

188703 Helianthemum guttatum (L.) Mill. var. purpureosetosum (Grosser) Maire = Tuberaria guttata (L.) Fourr. ■☆

188704 Helianthemum guttatum (L.) Mill. var. subaequisepalum (Grosser) Emb. et Maire = Tuberaria guttata (L.) Fourr. ■☆

188705 Helianthemum guttatum (L.) Mill. var. villosissimum (Pomel) Batt. = Tuberaria guttata (L.) Fourr. ■☆

188706 Helianthemum halimifolium L. = Halimium halimifolium (L.) Willk. ●☆

188707 Helianthemum halimifolium L. var. lasiocalycimum (Boiss. et Reut.) Ball = Halimium lasianthum (Lam.) Spach ●☆

188708 Helianthemum halimifolium L. var. stellatotomentosum Ball = Halimium halimifolium (L.) Willk. subsp. multiflorum (Dunal) Maire ●☆

188709 Helianthemum halimioides Pomel;哈利木半日花●☆

188710 Helianthemum helianthemoides (Desf.) Grosser;向日葵半日花●☆

188711 Helianthemum helianthemoides (Desf.) Grosser var. fontanesii (Boiss. et Reut.) Emb. et Maire = Helianthemum helianthemoides (Desf.) Grosser ●☆

188712 Helianthemum helianthemoides (Desf.) Grosser var. yvesii (Sennen et Mauricio) Maire = Helianthemum helianthemoides (Desf.) Grosser ●☆

188713 Helianthemum hirsutum (Thuill.) Merat;粗毛半日花●☆

188714 Helianthemum hirtum (L.) Mill. subsp. bergevinii (Maire) Maire = Helianthemum ruficonum (Viv.) Spreng. ●☆

188715 Helianthemum hirtum (L.) Mill. subsp. ruficonum (Viv.) Maire = Helianthemum ruficonum (Viv.) Spreng. ●☆

188716 Helianthemum hirtum (L.) Mill. var. calvescens Maire = Helianthemum ruficonum (Viv.) Spreng. ●☆

188717 Helianthemum hirtum (L.) Mill. var. macranthum Maire = Helianthemum ruficonum (Viv.) Spreng. ●☆

188718 Helianthemum hirtum (L.) Mill. var. villosissimum Emb. et Maire = Helianthemum ruficonum (Viv.) Spreng. ●☆

188719 Helianthemum humile Verdc.;矮小半日花●☆

188720 Helianthemum intermedium Pers. = Helianthemum salicifolium (L.) Mill. subsp. intermedium (Pers.) Bonnier et Layens ●☆

188721 Helianthemum intermedium Pers. var. ambiguum (Pomel) Batt. = Helianthemum salicifolium (L.) Mill. subsp. intermedium (Pers.) Bonnier et Layens ●☆

188722 Helianthemum juliae Wildpret;尤利半日花●☆

188723 Helianthemum lasiocalycinum Boiss. et Reut. = Halimium lasiocalycinum (Boiss. et Reut.) Engl. et Pax ●☆

188724 Helianthemum lasiocalycinum Boiss. et Reut. var. angustifolium Pau et Font Quer = Halimium lasiocalycinum (Boiss. et Reut.) Engl. et Pax ●☆

188725 Helianthemum lasiocarpum Desf. ex Spach;毛果半日花●☆

188726 Helianthemum ledifolium (L.) Mill.;喇叭茶叶半日花●☆
188727 Helianthemum ledifolium (L.) Mill. subsp. apertum (Pomel) Greuter et Burdet;长萼半日花●☆
188728 Helianthemum ledifolium (L.) Mill. var. erianthum Willk. = Helianthemum ledifolium (L.) Mill. ●☆
188729 Helianthemum ledifolium (L.) Mill. var. glaberrimum (Bornm.) Andr. = Helianthemum ledifolium (L.) Mill. ●☆
188730 Helianthemum ledifolium (L.) Mill. var. macrocarpum Willk. = Helianthemum ledifolium (L.) Mill. ●☆
188731 Helianthemum ledifolium (L.) Mill. var. microcarpum (Coss.) Willk. = Helianthemum ledifolium (L.) Mill. ●☆
188732 Helianthemum ledifolium (L.) Mill. var. niloticum (Pers.) Pau = Helianthemum ledifolium (L.) Mill. ●☆
188733 Helianthemum ledifolium (L.) Mill. var. pumilum (Ball) Jahand. et Maire = Helianthemum ledifolium (L.) Mill. ●☆
188734 Helianthemum leptophyllum Dunal;细叶半日花●☆
188735 Helianthemum lippii (L.) Dum. Cours.;里普半日花●☆
188736 Helianthemum lippii (L.) Dum. Cours. var. angustifolium Willk. = Helianthemum lippii (L.) Dum. Cours. ●☆
188737 Helianthemum lippii (L.) Dum. Cours. var. ehrenbergii Willk. = Helianthemum lippii (L.) Dum. Cours. ●☆
188738 Helianthemum lippii (L.) Dum. Cours. var. intricatum Murb. = Helianthemum lippii (L.) Dum. Cours. ●☆
188739 Helianthemum lippii (L.) Dum. Cours. var. marmaricum Bég. et Vacc. = Helianthemum lippii (L.) Dum. Cours. ●☆
188740 Helianthemum lippii (L.) Dum. Cours. var. sessiliflorum (Desf.) Murb. = Helianthemum lippii (L.) Dum. Cours. ●☆
188741 Helianthemum lippii (L.) Dum. Cours. var. velutinum (Pomel) Murb. = Helianthemum lippii (L.) Dum. Cours. ●☆
188742 Helianthemum lippii (L.) Dum. Cours. var. vesicarium (Boiss.) Durand et Barratte = Helianthemum lippii (L.) Dum. Cours. ●☆
188743 Helianthemum lippii (L.) Pers. = Helianthemum lippii (L.) Dum. Cours. ●☆
188744 Helianthemum lunulatum DC.;球冠半日花●☆
188745 Helianthemum macrosepalum Dunal = Tuberaria macrosepala (Boiss.) Willk. ■☆
188746 Helianthemum marifolium (L.) Mill.;芋叶半日花●☆
188747 Helianthemum marifolium (L.) Mill. subsp. molle (Cav.) G. López = Helianthemum origanifolium (Lam.) Pers. subsp. molle (Cav.) Font Quer et Rothm. ●☆
188748 Helianthemum marifolium (L.) Mill. subsp. origanifolium (Lam.) G. López = Helianthemum origanifolium (Lam.) Pers. ●☆
188749 Helianthemum maritimum Pomel;滨海半日花●☆
188750 Helianthemum mathezii Dobignard;马泰半日花●☆
188751 Helianthemum montanum Vis. = Helianthemum oelandicum (L.) DC. subsp. incanum (Willk.) G. López ●☆
188752 Helianthemum mucronatum Dunal = Helianthemum canariense (Jacq.) Pers. ●☆
188753 Helianthemum neopiliferum Munoz Garm. et Navarro;纤毛半日花●☆
188754 Helianthemum niloticum Pers. = Helianthemum ledifolium (L.) Mill. ●☆
188755 Helianthemum niloticum Pers. var. microcarpum (Coss.) Ball = Helianthemum ledifolium (L.) Mill. ●☆
188756 Helianthemum niloticum Pers. var. pumilum Ball = Helianthemum ledifolium (L.) Mill. ●☆
188757 Helianthemum nummularium (L.) Mill.;铺地半日花(半日花,金钱半日花,索氏半日花,圆板半日花);Brilliant Sunset, Common Rockrose, Common Rock-rose, Common Sunrose, Common Sun-rose, Goat's Foot, Rock Rose, Rockrose, Rock-rose, Soldier Buttons, Soldier's Buttons, Solflower, Sol-flower, Summer Daisy, Sun Daisy, Sun Rose, Sunflower, Sunrose ●☆
188758 Helianthemum nummularium (L.) Mill. 'Amy Baring';阿米·巴林金钱半日花●☆
188759 Helianthemum nummularium (L.) Mill. 'Annabel';粉色铺地半日花;Pink Sunrose ●☆
188760 Helianthemum nummularium (L.) Mill. 'Golden Nugget';金色铺地半日花;Golden Sunrose ●☆
188761 Helianthemum nummularium (L.) Mill. 'Orange';橙色铺地半日花;Orange Sunrose ●☆
188762 Helianthemum nummularium (L.) Mill. 'St. Mary's';白色铺地半日花;White Sunrose ●☆
188763 Helianthemum nummularium (L.) Mill. 'Wisley Primrose';春黄铺地半日花;Primrose-yellow Sunrose ●☆
188764 Helianthemum nummularium (L.) Mill. subsp. semiglabrum (Badarò) M. Proctor;半光半日花●☆
188765 Helianthemum nummularium (L.) Mill. var. africanum Murb. = Helianthemum nummularium (L.) Mill. ●☆
188766 Helianthemum nummularium (L.) Mill. var. albo-plenum K. Schneid.;八重铺地半日花●☆
188767 Helianthemum nummularium (L.) Mill. var. aureum Hort.;金黄铺地半日花●☆
188768 Helianthemum nummularium (L.) Mill. var. grandiflorum Fiek;大花铺地半日花●☆
188769 Helianthemum obtusatum Pomel = Helianthemum pergamaceum Pomel ●☆
188770 Helianthemum oelandicum (L.) DC. subsp. incanum (Willk.) G. López;灰毛半日花●☆
188771 Helianthemum ordosicum Y. Z. Zhao, Z. Y. Chu et R. Cao;鄂尔多斯半日花;Erduosi Sunrose, Erduosi Sun-rose ●◇
188772 Helianthemum ordosicum Y. Z. Zhao, Z. Y. Chu et R. Cao = Helianthemum soongoricum Schrenk ●◇
188773 Helianthemum orientale (Gross.) Juz. et Pozdeeva;东方半日花●☆
188774 Helianthemum origanifolium (Lam.) Pers.;牛至叶半日花●☆
188775 Helianthemum origanifolium (Lam.) Pers. subsp. molle (Cav.) Font Quer et Rothm.;软牛至叶半日花●☆
188776 Helianthemum origanifolium (Lam.) Pers. var. algarbiense Font Quer et Rothm. = Helianthemum origanifolium (Lam.) Pers. ●☆
188777 Helianthemum origanifolium (Lam.) Pers. var. argenteum Maire = Helianthemum origanifolium (Lam.) Pers. ●☆
188778 Helianthemum paniculatum Dunal = Helianthemum cinereum (Cav.) Pers. subsp. rotundifolium (Dunal) Greuter et Burdet ●☆
188779 Helianthemum papillare Boiss.;乳突半日花●☆
188780 Helianthemum papillare Boiss. var. pediforme (Pomel) Batt. = Helianthemum papillare Boiss. ●☆
188781 Helianthemum patulum Pomel = Tuberaria guttata (L.) Fourr. ■☆
188782 Helianthemum pediforme Pomel = Helianthemum papillare Boiss. ●☆
188783 Helianthemum pergamaceum Pomel;羊皮半日花●☆
188784 Helianthemum pergamaceum Pomel var. faurei Batt. = Helianthemum pergamaceum Pomel ●☆

188785 Helianthemum pergamaceum Pomel var. obtusatum (Pomel) Raynaud = Helianthemum pergamaceum Pomel ●☆
188786 Helianthemum pergamaceum Pomel var. virescens (Maire) Raynaud = Helianthemum pergamaceum Pomel ●☆
188787 Helianthemum perplexans Maire et Wilczek = Helianthemum croceum (Desf.) Pers. ●☆
188788 Helianthemum piliferum Boiss. = Helianthemum neopiliferum Munoz Garm. et Navarro ●☆
188789 Helianthemum piliferum Boiss. var. leiogynum Maire = Helianthemum neopiliferum Munoz Garm. et Navarro ●☆
188790 Helianthemum pilosum (L.) Mill.;疏毛半日花●☆
188791 Helianthemum pilosum (L.) Mill. subsp. subobtusatum (Maire) Maire = Helianthemum violaceum (Cav.) Pers. subsp. subobtusatum (Maire) I. Soriano ●☆
188792 Helianthemum pilosum (L.) Mill. var. carneum Raynaud = Helianthemum pilosum (L.) Mill. ●☆
188793 Helianthemum pilosum (L.) Mill. var. claryi (Batt.) Maire = Helianthemum pergamaceum Pomel ●☆
188794 Helianthemum pilosum (L.) Mill. var. exasperatum Maire = Helianthemum pilosum (L.) Mill. ●☆
188795 Helianthemum pilosum (L.) Mill. var. farinosum (Dunal) Grosser = Helianthemum pilosum (L.) Mill. ●☆
188796 Helianthemum pilosum (L.) Mill. var. faurei (Batt.) Maire = Helianthemum pergamaceum Pomel ●☆
188797 Helianthemum pilosum (L.) Mill. var. hirticalycinum Maire = Helianthemum pilosum (L.) Mill. ●☆
188798 Helianthemum pilosum (L.) Mill. var. obtusatum (Pomel) Batt. = Helianthemum pergamaceum Pomel ●☆
188799 Helianthemum pilosum (L.) Mill. var. pergamaceum Pomel = Helianthemum pergamaceum Pomel ●☆
188800 Helianthemum pilosum (L.) Mill. var. virescens Maire = Helianthemum pergamaceum Pomel ●☆
188801 Helianthemum polifolium DC. = Helianthemum apenninum DC. ●☆
188802 Helianthemum polifolium DC. = Helianthemum soongoricum Schrenk ●◇
188803 Helianthemum polifolium Pers. = Helianthemum apenninum (L.) Mill. ●☆
188804 Helianthemum polyanthum (Desf.) Pers.;多花半日花●☆
188805 Helianthemum polyanthum (Desf.) Pers. var. glabrescens Willk. = Helianthemum polyanthum (Desf.) Pers. ●☆
188806 Helianthemum polyanthum (Desf.) Pers. var. hirsutum (Grosser) Maire = Helianthemum polyanthum (Desf.) Pers. ●☆
188807 Helianthemum polyanthum (Desf.) Pers. var. viride Faure et Maire = Helianthemum polyanthum (Desf.) Pers. ●☆
188808 Helianthemum polyanthum (Desf.) Pers. var. viscidum (Pomel) Maire = Helianthemum polyanthum (Desf.) Pers. ●☆
188809 Helianthemum pomeridianum Dunal;午后半日花●☆
188810 Helianthemum prostratum Pomel = Helianthemum cinereum (Cav.) Pers. subsp. rotundifolium (Dunal) Greuter et Burdet ●☆
188811 Helianthemum pulverulentum DC. = Helianthemum apenninum (L.) Mill. ●☆
188812 Helianthemum racemosum (L.) Vahl = Helianthemum syriacum (Jacq.) Dum. Cours. ●☆
188813 Helianthemum racemosum (L.) Vahl var. micranthum Faure et Maire = Helianthemum syriacum (Jacq.) Dum. Cours. ●☆
188814 Helianthemum racemosum (L.) Vahl var. stoechadifolium (Pers.) Grosser = Helianthemum syriacum (Jacq.) Dum. Cours. ●☆
188815 Helianthemum racemosum (L.) Vahl var. syriacum (Jacq.) Dunal = Helianthemum syriacum (Jacq.) Dum. Cours. ●☆
188816 Helianthemum retrofractum Pers. = Helianthemum sanguineum (Lag.) Dunal ●☆
188817 Helianthemum rhiphaeum Pau et Font Quer = Halimium lasiocalycinum (Boiss. et Reut.) Engl. et Pax subsp. riphaeum (Pau et Font Quer) Maire ●☆
188818 Helianthemum rosmarinifolium C. Presl = Helianthemum stipulatum (Forssk.) C. Chr. ●☆
188819 Helianthemum rosmarinifolium C. Presl subsp. ehrenbergii (Willk.) Murb. = Helianthemum stipulatum (Forssk.) C. Chr. ●☆
188820 Helianthemum rosmarinifolium Pursh;迷迭香叶半日花●☆
188821 Helianthemum rotundifolium Dunal = Helianthemum cinereum (Cav.) Pers. subsp. rotundifolium (Dunal) Greuter et Burdet ●☆
188822 Helianthemum rubellum C. Presl = Helianthemum cinereum (Cav.) Pers. ●☆
188823 Helianthemum rubellum C. Presl var. argenteum Maire = Helianthemum cinereum (Cav.) Pers. ●☆
188824 Helianthemum rubellum C. Presl var. giganteum Faure et Maire = Helianthemum cinereum (Cav.) Pers. ●☆
188825 Helianthemum rubellum C. Presl var. prostratum (Pomel) Batt. = Helianthemum cinereum (Cav.) Pers. ●☆
188826 Helianthemum ruficonum (Viv.) Spreng.;浅红半日花●☆
188827 Helianthemum ruficonum (Viv.) Spreng. var. bergevinii (Maire) Raynaud = Helianthemum ruficonum (Viv.) Spreng. ●☆
188828 Helianthemum rupifragum A. Kern.;石隙半日花●☆
188829 Helianthemum salicifolium (L.) Mill.;柳叶半日花;Willowleaf Frostweed ●☆
188830 Helianthemum salicifolium (L.) Mill. subsp. intermedium (Pers.) Bonnier et Layens;全缘柳叶半日花●☆
188831 Helianthemum salicifolium (L.) Mill. var. brevipes Batt. = Helianthemum salicifolium (L.) Mill. ●☆
188832 Helianthemum salicifolium (L.) Mill. var. macrocarpum Willk. = Helianthemum salicifolium (L.) Mill. ●☆
188833 Helianthemum salicifolium (L.) Mill. var. microcarpum Willk. = Helianthemum salicifolium (L.) Mill. ●☆
188834 Helianthemum salicifolium (L.) Mill. var. setosum Faure et Maire = Helianthemum salicifolium (L.) Mill. ●☆
188835 Helianthemum salicifolium (L.) Mill. var. trifoliatum Willk. = Helianthemum salicifolium (L.) Mill. ●☆
188836 Helianthemum sanguineum (Lag.) Dunal;血红半日花●☆
188837 Helianthemum sanguineum (Lag.) Dunal var. erectipes Maire et Sam. = Helianthemum sanguineum (Lag.) Dunal ●☆
188838 Helianthemum sanguineum (Lag.) Dunal var. retrofractum (Pers.) Maire = Helianthemum sanguineum (Lag.) Dunal ●☆
188839 Helianthemum sauvagei Raynaud;索瓦热半日花●☆
188840 Helianthemum schweinfurthii Grosser;施韦半日花●☆
188841 Helianthemum semiglabrum Badarò = Helianthemum nummularium (L.) Mill. subsp. semiglabrum (Badarò) M. Proctor ●☆
188842 Helianthemum semiglabrum Badarò var. africanum Murb. = Helianthemum nummularium (L.) Mill. subsp. semiglabrum (Badarò) M. Proctor ●☆
188843 Helianthemum sennenianum Maire = Helianthemum viscarium Boiss. et Reut. ●☆

188844 Helianthemum sessiliflorum (Desf.) Pers. = Helianthemum lippii (L.) Dum. Cours. ●☆

188845 Helianthemum somalense J. B. Gillett;索马里半日花●☆

188846 Helianthemum soongoricum Schrenk;半日花;Songar Sunrose, Songarian Sunrose,Songarian Sun-rose ●◇

188847 Helianthemum speciosum Thulin;美丽半日花●☆

188848 Helianthemum sphaerocalyx Gauba et Janch. = Helianthemum crassifolium Pers. subsp. sphaerocalyx (Gauba et Janch.) Maire ●☆

188849 Helianthemum squamatum (L.) Dum. Cours.;鳞片半日花●☆

188850 Helianthemum stipulatum (Forssk.) C. Chr.;托叶半日花●☆

188851 Helianthemum syriacum (Jacq.) Dum. Cours.;丁香半日花●☆

188852 Helianthemum syrticum Viv.;瑟尔特半日花●☆

188853 Helianthemum teneriffae Coss.;特纳半日花●☆

188854 Helianthemum tenuicaulis Pomel = Helianthemum cinereum (Cav.) Pers. subsp. rotundifolium (Dunal) Greuter et Burdet ●☆

188855 Helianthemum thymifolium (L.) Pers. var. violaceum (Cav.) Pau = Helianthemum pergamaceum Pomel ●☆

188856 Helianthemum thymiphyllum Svent.;百里香叶半日花●☆

188857 Helianthemum tomentosum (Scop.) Spreg.;绒毛半日花●☆

188858 Helianthemum tuberaria (L.) Mill. = Tuberaria lignosa (Sweet) Samp. ■☆

188859 Helianthemum tunetanum Coss. et Kralik = Helianthemum helianthemoides (Desf.) Grosser ●☆

188860 Helianthemum tunetanum Coss. et Kralik var. latifolium Bég. et Vacc. = Helianthemum helianthemoides (Desf.) Grosser ●☆

188861 Helianthemum umbellatum (L.) Mill. = Halimium umbellatum (L.) Spach ●☆

188862 Helianthemum velutinum Pomel = Helianthemum lippii (L.) Dum. Cours. ●☆

188863 Helianthemum ventosum Boiss.;艳丽半日花;Showy Sun Rose ●☆

188864 Helianthemum vesicarium Boiss.;水泡半日花●☆

188865 Helianthemum vesicarium Boiss. var. ciliatum (Desf.) Zohary = Helianthemum ciliatum (Desf.) Pers. ●☆

188866 Helianthemum villosissimum Pomel = Tuberaria guttata (L.) Fourr. subsp. discolor (Pomel) Quézel et Santa ■☆

188867 Helianthemum villosum Pers. var. angustatum (Pomel) Batt. = Helianthemum angustatum Pomel ●☆

188868 Helianthemum villosum Thibaud ex Pers.;长柔毛半日花;Pinweed ●☆

188869 Helianthemum violaceum (Cav.) Pers.;堇色半日花●☆

188870 Helianthemum violaceum (Cav.) Pers. subsp. subobtusatum (Maire) I. Soriano;钝半日花●☆

188871 Helianthemum virgatum (Desf.) Pers.;条纹半日花●☆

188872 Helianthemum virgatum (Desf.) Pers. subsp. ciliatum (Desf.) Murb. = Helianthemum ciliatum (Desf.) Pers. ●☆

188873 Helianthemum virgatum (Desf.) Pers. subsp. maritimum (Pomel) Batt. = Helianthemum maritimum Pomel ●☆

188874 Helianthemum virgatum (Desf.) Pers. var. angustifolium Grosser = Helianthemum virgatum (Desf.) Pers. ●☆

188875 Helianthemum virgatum (Desf.) Pers. var. ciliatum (Desf.) Batt. = Helianthemum ciliatum (Desf.) Pers. ●☆

188876 Helianthemum virgatum (Desf.) Pers. var. marmaricum Bég. et Vacc. = Helianthemum virgatum (Desf.) Pers. ●☆

188877 Helianthemum virgatum (Desf.) Pers. var. maroccanum Ball = Helianthemum virgatum (Desf.) Pers. ●☆

188878 Helianthemum virgatum (Desf.) Pers. var. racemosum Coss. = Helianthemum virgatum (Desf.) Pers. ●☆

188879 Helianthemum virgatum (Desf.) Pers. var. setosum Willk. = Helianthemum virgatum (Desf.) Pers. ●☆

188880 Helianthemum virgatum (Desf.) Pers. var. strictum (Cav.) Ball = Helianthemum virgatum (Desf.) Pers. ●☆

188881 Helianthemum virgatum (Desf.) Pers. var. vesicarium (Boiss.) Durand et Barratte = Helianthemum virgatum (Desf.) Pers. ●☆

188882 Helianthemum viscarium Boiss. et Reut.;黏半日花●☆

188883 Helianthemum viscarium Boiss. et Reut. var. hispidulum Willk. = Helianthemum viscarium Boiss. et Reut. ●☆

188884 Helianthemum viscarium Boiss. et Reut. var. viscidum (Grosser) Emb. et Maire = Helianthemum viscarium Boiss. et Reut. ●☆

188885 Helianthemum viscidum Pomel = Tuberaria guttata (L.) Fourr. ■☆

188886 Helianthemum vulgare Gaertn. = Helianthemum nummularium (L.) Mill. ●☆

188887 Helianthium (Engelm. ex Hook. f.) J. G. Sm. = Echinodorus Rich. ex Engelm. ■☆

188888 Helianthium Britton = Helanthium (Benth. et Hook. f.) Engelm. ex Britton ■☆

188889 Helianthium Engelm. ex J. G. Sm. = Echinodorus Rich. ex Engelm. ■☆

188890 Helianthium parvulum (Engelm.) Small = Echinodorus tenellus (Mart.) Buchenau ■☆

188891 Helianthocereus Backeb. = Echinopsis Zucc. ●

188892 Helianthocereus Backeb. = Trichocereus (A. Berger) Riccob. ●

188893 Helianthocereus grandiflorus (Britton et Rose) Backeb. = Trichocereus grandiflorus Backeb. ●☆

188894 Helianthocereus huascha (F. A. C. Weber) Backeb. = Trichocereus huascha Britton et Rose ●☆

188895 Helianthocereus pasacanus (F. A. C. Weber) Backeb. = Trichocereus pasacana (F. A. C. Weber) Britton et Rose ●☆

188896 Helianthocereus poco (Backeb.) Backeb. = Trichocereus poco Backeb. ●☆

188897 Helianthopsis H. Rob. = Helianthus L. ■

188898 Helianthostylis Baill. (1875);葵柱桑属●☆

188899 Helianthostylis sprucei Baill.;葵柱桑●☆

188900 Helianthum Engelm. ex Britton = Helanthium (Benth. et Hook. f.) Engelm. ex Britton ■☆

188901 Helianthum Prain = Helanthium (Benth. et Hook. f.) Engelm. ex Britton ■☆

188902 Helianthus L. (1753);向日葵属;Helianthus, Sun Flower, Sunflower ■

188903 Helianthus agrestis Pollard;西南向日葵;Southeastern Sunflower ■☆

188904 Helianthus alienus E. Watson = Helianthus giganteus L. ■☆

188905 Helianthus angustifolius (L.) Michx. ex DC. = Helianthus angustifolius L. ■

188906 Helianthus angustifolius L.;狭叶向日葵(沼泽向日葵);Narrowleaf Sunflower, Narrow-leaved Sunflower, Swamp Sunflower ■

188907 Helianthus angustifolius L. var. planifolius Fernald = Helianthus angustifolius L. ■

188908 Helianthus annuus L.;向日葵(草天葵,朝阳花,倒葵,葵花,天葵,望日莲,西番菊,西番葵,向阳花,一丈菊,迎阳花,丈菊,照日葵,重瓣向日葵,转葵,转日莲);Common Garden Sunflower, Common Sunflower, Garden Sunflower, Golden Nigger, Indian Sunflower, Lareabell, Marigold of Peru, Plains Sunflower, Pride,

Skyscraper, Sun Flower, Sunflower, Sun's Eye, Sun's Eyes, Sun's Ray, Sun's Rays, Sunshade, Turnsole, Wallflower, Weed Sunflower, Wild Sunflower, Witches' Cap ■

188909 Helianthus annuus L. 'Californicus';大花重瓣向日葵■☆

188910 Helianthus annuus L. 'Music Box';音乐盒向日葵■☆

188911 Helianthus annuus L. 'Nanus Plenus';矮生重瓣向日葵■☆

188912 Helianthus annuus L. 'Russian Giant';俄国大不种向日葵■☆

188913 Helianthus annuus L. 'Teddy Bear';泰迪熊向日葵■☆

188914 Helianthus annuus L. subsp. jaegeri (Heiser) Heiser = Helianthus annuus L. ■

188915 Helianthus annuus L. subsp. lenticularis (Douglas ex Lindl.) Cockerell = Helianthus annuus L. ■

188916 Helianthus annuus L. subsp. texanus Heiser = Helianthus annuus L. ■

188917 Helianthus annuus L. var. lenticularis (Douglas ex Lindl.) Steyerm. = Helianthus annuus L. ■

188918 Helianthus annuus L. var. macrocarpus (DC.) Cockerell = Helianthus annuus L. subsp. texanus Heiser ■

188919 Helianthus annuus L. var. macrocarpus (DC.) Cockerell = Helianthus annuus L. ■

188920 Helianthus annuus L. var. texanus (Heiser) Shinners = Helianthus annuus L. ■

188921 Helianthus anomalus S. F. Blake; 不整向日葵; Anomalous Sunflower ■☆

188922 Helianthus argophyllus Torr. et A. Gray; 绢毛葵(银叶向日葵); Silverleaf Sunflower, Silver-leaf Sunflower, Silvery-leaved Sunflower ■

188923 Helianthus aridus Rydb. = Helianthus annuus L. ■

188924 Helianthus aristatus Elliott = Verbesina aristata (Elliott) A. Heller ■☆

188925 Helianthus arizonensis R. C. Jacks.;亚利桑那向日葵;Arizona Sunflower ■☆

188926 Helianthus atrorubens L.;黑紫向日葵(黑斑向日葵,紫心向日葵);Drakeye Sunflower, Purpledisc Sunflower ■

188927 Helianthus atrorubens L. 'Monarch';大王紫心向日葵■☆

188928 Helianthus atrorubens L. var. alsodes Fernald = Helianthus sparsifolius Elliott ■☆

188929 Helianthus bolanderi A. Gray; 鲍兰德向日葵; Bolander's Sunflower ■☆

188930 Helianthus borealis E. Watson = Helianthus giganteus L. ■☆

188931 Helianthus californicus DC.;加州向日葵;California Sunflower ■☆

188932 Helianthus carnosus Small; 湖畔向日葵; Lakeside Sunflower ■☆

188933 Helianthus ciliaris DC.; 蓝蓟向日葵(睫毛向日葵); Blueweed, Blueweed Sunflower, Texas Blueweed ■☆

188934 Helianthus couplandii B. Boivin = Helianthus petiolaris Nutt. ■☆

188935 Helianthus crenatus R. C. Jacks. = Helianthus laciniatus A. Gray ■☆

188936 Helianthus cucumerifolius Torr. et A. Gray;瓜叶葵(瓜叶向日葵,小向日葵); Cucumberleaf Sunflower, Cucumber-leaved Sunflower ■

188937 Helianthus cucumerifolius Torr. et A. Gray = Helianthus debilis Nutt. subsp. cucumerifolius (Torr. et A. Gray) Heiser ■

188938 Helianthus cucumerifolius Torr. et A. Gray = Helianthus debilis Nutt. var. cucumerifolius (Torr. et A. Gray) A. Gray ■

188939 Helianthus cusickii A. Gray; 库氏向日葵; Cusick's Sunflower ■☆

188940 Helianthus dalyi Britton = Helianthus maximillianii Schrad. ■

188941 Helianthus debilis Nutt.;小花葵;Beach Sunflower, Cucumber-leaf Sunflower, Cucumber-leaved Sunflower ■☆

188942 Helianthus debilis Nutt. = Helianthus cucumerifolius Torr. et A. Gray ■

188943 Helianthus debilis Nutt. subsp. cucumerifolius (Torr. et A. Gray) Heiser = Helianthus cucumerifolius Torr. et A. Gray ■

188944 Helianthus debilis Nutt. subsp. hirtus Heiser = Helianthus praecox Engelm. et A. Gray subsp. hirtus (Heiser) Heiser ■☆

188945 Helianthus debilis Nutt. subsp. praecox (Engelm. et A. Gray) Heiser = Helianthus praecox Engelm. et A. Gray ■☆

188946 Helianthus debilis Nutt. subsp. runyonii Heiser = Helianthus praecox Engelm. et A. Gray subsp. runyonii (Heiser) Heiser ■☆

188947 Helianthus debilis Nutt. subsp. silvestris Heiser; 林地小花葵 ■☆

188948 Helianthus debilis Nutt. subsp. tardiflorus Heiser;迟小花葵■☆

188949 Helianthus debilis Nutt. subsp. vestitus (E. Watson) Heiser;包被小花葵■☆

188950 Helianthus debilis Nutt. var. cucumerifolius (Torr. et A. Gray) A. Gray = Helianthus cucumerifolius Torr. et A. Gray ■

188951 Helianthus debilis Nutt. var. tardiflorus (Heiser) Cronquist = Helianthus debilis Nutt. subsp. tardiflorus Heiser ■☆

188952 Helianthus debilis Nutt. var. vestitus (E. Watson) Cronquist = Helianthus debilis Nutt. subsp. vestitus (E. Watson) Heiser ■☆

188953 Helianthus decapetalus L.; 千瓣葵(薄叶向日葵); Forest Sunflower, Pale Sunflower, Ten-rayed Sunflower, Thin Leaf Sunflower, Thinleaf Sunflowe, Thin-leaved Sunflower ■

188954 Helianthus decapetalus L. var. multiflorus Bailey; 多花千瓣葵 ■☆

188955 Helianthus dentatus Cav. = Viguieria dentata (Cav.) Spreng. ■☆

188956 Helianthus deserticola Heiser; 沙地向日葵; Desert Sunflower ■☆

188957 Helianthus discolor S. F. Blake;异色向日葵■☆

188958 Helianthus divaricatus L.;林地向日葵;Divaricate Sunflower, Rough Sunfllower, Woodland Sunflower ■☆

188959 Helianthus divaricatus L. var. angustifolius Kuntze = Helianthus divaricatus L. ■☆

188960 Helianthus divaricatus Michx. = Helianthus parviflorus Bernh. ex Spreng. ■☆

188961 Helianthus dowellianus M. A. Curtis = Helianthus occidentalis Riddell ■☆

188962 Helianthus eggertii Small;埃氏向日葵;Eggert's Sunflower ■☆

188963 Helianthus elongatus Small = Helianthus heterophyllus Nutt. ■☆

188964 Helianthus exasperatus E. Watson = Helianthus giganteus L. ■☆

188965 Helianthus exilis A. Gray; 蜿蜒向日葵; Serpentine Sunflower ■☆

188966 Helianthus filiformis Small = Helianthus salicifolius A. Dietr. ■☆

188967 Helianthus floridanus A. Gray ex Chapm.; 佛罗里达向日葵; Florida Sunflower ■☆

188968 Helianthus giganteus L.;大向日葵(黄葵);Giant Sunflower, Indian Potato, Swamp Sunflower, Tall Sunflower, Tallor Wild Sunflower ■☆

188969 Helianthus giganteus L. subsp. alienus (E. Watson) R. W. Long

= Helianthus giganteus L. ■☆
188970 Helianthus giganteus L. var. subtuberosus Britton = Helianthus giganteus L. ■☆
188971 Helianthus gigas Michx. = Helianthus giganteus L. ■☆
188972 Helianthus glaucophyllus D. M. Sm.;白叶向日葵;Whiteleaf Sunflower ■☆
188973 Helianthus gracilentus A. Gray;柔弱向日葵;Slender Sunflower ■☆
188974 Helianthus grosseserratus M. Martens;锐齿向日葵;Sawtooth Sunflower, Saw-tooth Sunflower ■☆
188975 Helianthus grosseserratus M. Martens f. plenifolius Wadmond = Helianthus grosseserratus M. Martens ■☆
188976 Helianthus grosseserratus M. Martens subsp. maximus R. W. Long = Helianthus grosseserratus M. Martens ■☆
188977 Helianthus grosseserratus M. Martens var. hypoleucus A. Gray = Helianthus grosseserratus M. Martens ■☆
188978 Helianthus heiseri R. C. Jacks. = Helianthus laciniatus A. Gray ■☆
188979 Helianthus heterophyllus Nutt.;异叶向日葵;Wetland Sunflower ■☆
188980 Helianthus hirsutus Raf.;多毛向日葵;Bristly Sunflower, Hairy Sunflower, Oblong Sunflower, Rough Sunflower ■☆
188981 Helianthus hirsutus Raf. var. stenophyllus Torr. et A. Gray = Helianthus hirsutus Raf. ■☆
188982 Helianthus instabilis E. Watson = Helianthus grosseserratus M. Martens ■☆
188983 Helianthus invenustus Greene = Agnorhiza invenusta (Greene) W. A. Weber ■☆
188984 Helianthus jaegeri Heiser = Helianthus annuus L. ■
188985 Helianthus kentuckiensis McFarland et W. A. Anderson = Helianthus silphioides Nutt. ■☆
188986 Helianthus laciniatus A. Gray;条裂向日葵■☆
188987 Helianthus laetiflorus Pers.;美丽向日葵(艳花向日葵);Perennial Sunflower, Showy Sunflower ■
188988 Helianthus laetiflorus Pers. var. rigidus (Cass.) Fernald = Helianthus rigidus (Carrière) Desf. ■☆
188989 Helianthus laetiflorus Pers. var. rigidus (Cass.) Fernald = Helianthus pauciflorus Nutt. ■☆
188990 Helianthus laetiflorus Pers. var. subrhomboideus (Rydb.) Fernald = Helianthus pauciflorus Nutt. subsp. subrhomboideus (Rydb.) O. Spring et E. E. Schill. ■☆
188991 Helianthus laevigatus Torr. et A. Gray;光滑向日葵;Smooth Sunflower ■☆
188992 Helianthus laevigatus Torr. et A. Gray subsp. reindutus E. S. Steele = Helianthus laevigatus Torr. et A. Gray ■☆
188993 Helianthus laevis L. = Bidens laevis (L.) Britton, Stern et Poggenb. ■☆
188994 Helianthus lenticularis Douglas ex Lindl. = Helianthus annuus L. ■
188995 Helianthus longifolius Pursh;长叶向日葵;Longleaf Sunflower ■☆
188996 Helianthus macrocarpus DC. = Helianthus annuus L. ■
188997 Helianthus maximillianii Schrad.;糙叶向日葵;Maximilian Sunflower, Maximilian's Sunflower, Native Peren Sunflower, Rough-leaved Sunflower ■
188998 Helianthus membranaceus E. Watson = Helianthus giganteus L. ■☆
188999 Helianthus microcephalus Torr. et A. Gray;小头向日葵;Small Wood Sunflower, Woodland Sunflower ■☆
189000 Helianthus missouriensis Schwein. = Helianthus rigidus (Carrière) Desf. ■☆
189001 Helianthus mollis Lam.;毛叶向日葵(柔毛向日葵);Ashy Sunflower, Downy Sunflower, Hairleaf Sunflower, Hairy Wild Sunflower, Soft Sunflower ■
189002 Helianthus mollis Lam. f. flavidus Steyerm. = Helianthus mollis Lam. ■
189003 Helianthus mollis Lam. var. cordatus Bailey;心叶向日葵;Heartleaf Sunflower ■
189004 Helianthus mollis Lam. var. cordatus S. Watson = Helianthus mollis Lam. ■
189005 Helianthus montanus E. Watson = Helianthus strumosus L. ■☆
189006 Helianthus multiflorus L.;多花向日葵;Thin-leaved Sunflower ■☆
189007 Helianthus multiflorus L. 'Capenoch Star';卡蓬洛克星多花向日葵■☆
189008 Helianthus multiflorus L. 'Loddon Gold';洛登金多花向日葵 ■☆
189009 Helianthus neglectus Heiser;忽视向日葵;Neglected Sunflower ■☆
189010 Helianthus niveus (Benth.) Brandegee;雪白向日葵■☆
189011 Helianthus niveus (Benth.) Brandegee subsp. tephrodes (A. Gray) Heiser;灰向日葵;Algodones Dunes Sunflower ■☆
189012 Helianthus nuttallii Torr. et A. Gray;纳托尔向日葵;Nuttall's Sunflower ■☆
189013 Helianthus nuttallii Torr. et A. Gray subsp. canadensis R. W. Long = Helianthus nuttallii Torr. et A. Gray ■☆
189014 Helianthus nuttallii Torr. et A. Gray subsp. parishii (A. Gray) Heiser;帕里什向日葵;Los Angeles Sunflower, Parish's Sunflower ■☆
189015 Helianthus nuttallii Torr. et A. Gray subsp. rydbergii (Britton) R. W. Long;吕德贝里向日葵(雷氏向日葵);Rydberg's Sunflower ■☆
189016 Helianthus nuttallii Torr. et A. Gray var. subtuberosus (Britton) B. Boivin = Helianthus giganteus L. ■☆
189017 Helianthus occidentalis Riddell;西方向日葵;Few-leaved Sunflower, Naked-stemmed Sunflower, Sunflower, Western Sunflower ■☆
189018 Helianthus occidentalis Riddell subsp. plantagineus (Torr. et A. Gray) Heiser;沙氏向日葵;Shinner's Sunflower ■☆
189019 Helianthus occidentalis Riddell var. dowellianus (M. A. Curtis) A. Gray = Helianthus occidentalis Riddell ■☆
189020 Helianthus occidentalis Riddell var. dowellianus (M. A. Curtis) Torr. et A. Gray = Helianthus occidentalis Riddell ■☆
189021 Helianthus occidentalis Riddell var. plantagineus Torr. et A. Gray = Helianthus occidentalis Riddell subsp. plantagineus (Torr. et A. Gray) Heiser ■☆
189022 Helianthus orgyalis DC. = Helianthus salicifolius A. Dietr. ■☆
189023 Helianthus paradoxus Heiser;奇异向日葵;Paradox Sunflower, Pecos Sunflower ■☆
189024 Helianthus parishii A. Gray = Helianthus nuttallii Torr. et A. Gray subsp. parishii (A. Gray) Heiser ■☆
189025 Helianthus parviflorus Bernh. ex Spreng.;小花向日葵■☆
189026 Helianthus parviflorus Bernh. ex Spreng. = Helianthus smithii Heiser ■☆

189027 Helianthus parviflorus Bernh. ex Spreng. var. attenuatus A. Gray = Helianthus smithii Heiser ■☆
189028 Helianthus pauciflorus Nutt.; 少花向日葵; Few-leaved Sunflower, Prairie Sunflower, Stiff Sunflower ■☆
189029 Helianthus pauciflorus Nutt. = Helianthus rigidus (Carrière) Desf. ■☆
189030 Helianthus pauciflorus Nutt. subsp. subrhomboideus (Rydb.) O. Spring et E. E. Schill.; 菱形少花向日葵; Few-leaved Sunflower, Stiff Sunflower ■☆
189031 Helianthus pauciflorus Nutt. var. subrhomboideus (Rydb.) Cronquist = Helianthus pauciflorus Nutt. subsp. subrhomboideus (Rydb.) O. Spring et E. E. Schill. ■☆
189032 Helianthus petiolaris Nutt.; 阿州向日葵; Kansas Sunflower, Lesser Sunflower, Petioled Sunflower, Plains Sunflower, Prairie Sunflower ■☆
189033 Helianthus porteri (A. Gray) Pruski; 联合向日葵; Confederate Daisy ■☆
189034 Helianthus praecox Engelm. et A. Gray; 早熟向日葵(得州向日葵); Texas Sunflower ■☆
189035 Helianthus praecox Engelm. et A. Gray subsp. hirtus (Heiser) Heiser; 毛得州向日葵; Dimmit Sunflower ■☆
189036 Helianthus praecox Engelm. et A. Gray subsp. runyonii (Heiser) Heiser; 拉氏向日葵; Runyon's Sunflower ■☆
189037 Helianthus praecox Engelm. et A. Gray var. runyonii (Heiser) B. L. Turner = Helianthus praecox Engelm. et A. Gray subsp. runyonii (Heiser) Heiser ■☆
189038 Helianthus pumilus L.; 矮向日葵; Dwarf Sunflower, Little Sunflower ■
189039 Helianthus pumilus Nutt. = Helianthus pumilus L. ■
189040 Helianthus quinquenervis Hook. = Helianthella quinquenervis (Hook.) A. Gray ■☆
189041 Helianthus radula (Pursh) Torr. et A. Gray; 松林向日葵; Pineland Sunflower, Rayless Sunflower ■☆
189042 Helianthus reindutus (E. S. Steele) E. Watson = Helianthus laevigatus Torr. et A. Gray ■☆
189043 Helianthus resinosus Small; 树脂向日葵; Resindot Sunflower ■☆
189044 Helianthus rigidus (Carrière) Desf.; 坚秆向日葵; Perenial Sunflower, Prairie Sunflower, Rayless Sunflower, Stiff Sunflower ■☆
189045 Helianthus rigidus (Cass.) Desf. = Helianthus pauciflorus Nutt. ■☆
189046 Helianthus rigidus (Cass.) Desf. f. flavus Deam = Helianthus pauciflorus Nutt. ■☆
189047 Helianthus rigidus (Cass.) Desf. subsp. laetiflorus (Rydb.) Heiser = Helianthus pauciflorus Nutt. subsp. subrhomboideus (Rydb.) O. Spring et E. E. Schill. ■☆
189048 Helianthus rigidus (Cass.) Desf. subsp. subrhomboideus (Rydb.) Heiser = Helianthus pauciflorus Nutt. subsp. subrhomboideus (Rydb.) O. Spring et E. E. Schill. ■☆
189049 Helianthus rigidus (Cass.) Desf. var. subrhomboideus (Rydb.) Cronquist = Helianthus pauciflorus Nutt. subsp. subrhomboideus (Rydb.) O. Spring et E. E. Schill. ■☆
189050 Helianthus rigidus Desf. = Helianthus rigidus (Carrière) Desf. ■☆
189051 Helianthus rydbergii Britton = Helianthus nuttallii Torr. et A. Gray subsp. rydbergii (Britton) R. W. Long ■☆
189052 Helianthus salicifolius A. Dietr.; 柳叶向日葵; Rockweed, Willowleaf Sunflower, Willow-leaf Sunflower, Willow-leaved Sunflower, Willow-leaved Wild Sunflower ■☆
189053 Helianthus saxicola Small = Helianthus strumosus L. ■☆
189054 Helianthus schweinitzii Torr. et A. Gray; 施氏向日葵; Schweinitz's Sunflower ■☆
189055 Helianthus scrophulariifolius Britton = Helianthus decapetalus L. ■
189056 Helianthus severus E. Watson = Helianthus laetiflorus Pers. ■
189057 Helianthus silphioides Nutt.; 松香向日葵; Rosinweed Sunflower, Sunflower ■☆
189058 Helianthus simulans E. Watson; 肥料向日葵; Muck Sunflower ■☆
189059 Helianthus smithii Heiser; 史密斯向日葵; Smith's Sunflower ■☆
189060 Helianthus soaberrimus Elliott = Helianthus rigidus (Carrière) Desf. ■☆
189061 Helianthus sparsifolius Elliott; 寡叶向日葵■☆
189062 Helianthus stenophyllus (Torr. et A. Gray) E. Watson = Helianthus hirsutus Raf. ■☆
189063 Helianthus strumosus L.; 北美向日葵; Pale-leaved Sunflower, Pale-leaved Woodland Sunflower, Rough Sunflower, Rough-leaved Sunflower, Strumose Sunflower, Woodland Sunflower ■☆
189064 Helianthus strumosus Willd. = Helianthus decapetalus L. ■
189065 Helianthus subcanescens (A. Gray) E. Watson = Helianthus tuberosus L. ■
189066 Helianthus subrhomboideus Rydb.; 菱叶向日葵; Rhombic-leaved Sunflower ■☆
189067 Helianthus subrhomboideus Rydb. = Helianthus pauciflorus Nutt. subsp. subrhomboideus (Rydb.) O. Spring et E. E. Schill. ■☆
189068 Helianthus subtuberosus (Britton) Britton = Helianthus giganteus L. ■☆
189069 Helianthus superbus E. Watson = Helianthus laetiflorus Pers. ■
189070 Helianthus tephrodes A. Gray = Helianthus niveus (Benth.) Brandegee subsp. tephrodes (A. Gray) Heiser ■☆
189071 Helianthus tomentosus Michx. = Helianthus tuberosus L. ■
189072 Helianthus trachelifolius Mill. = Helianthus decapetalus L. ■
189073 Helianthus tuberosus L.; 菊芋(番羌,鬼子姜,黄葵花,块根向日葵,五星草,丫治竹,洋地梨儿,洋姜,洋羌,洋生姜,洋芋头,芋乃); Canada Potato, Earth Almond, Earth Apple, Girasole, Goiners, Jerusalem Artichoke, Jerusalem-artichoke, Namara Potato, Narnara Potato, Sunflower Artichoke, Woodland Sunflower ■
189074 Helianthus tuberosus L. var. subcanescens A. Gray = Helianthus tuberosus L. ■
189075 Helianthus tuberosus Michx. var. subcanescens A. Gray = Helianthus tuberosus L. ■
189076 Helianthus uniflorus Nutt. = Helianthella uniflora (Nutt.) Torr. et A. Gray ■☆
189077 Helianthus validus E. Watson = Helianthus giganteus L. ■☆
189078 Helianthus verticillatus Small; 轮叶向日葵; Whorled Sunflower ■☆
189079 Helianthus vestitus E. Watson = Helianthus debilis Nutt. subsp. vestitus (E. Watson) Heiser ■☆
189080 Helicandra Hook. et Arn. = Parsonsia R. Br.(保留属名)●
189081 Helicanthera Roem. et Schult. = Helixanthera Lour. ●
189082 Helicanthes Danser(1933); 卷花寄生属●☆
189083 Helicanthes elastica (Desr.) Danser; 卷花寄生●☆
189084 Helichroa Raf. = Echinacea Moench ■☆

189085 Helichrysaceae Link = Asteraceae Bercht. et J. Presl(保留科名)●■

189086 Helichrysaceae Link = Compositae Giseke(保留科名)●■

189087 Helichrysaceae Link = Elichrysaceae Link ●■

189088 Helichrysaceae Link;蜡菊科●■

189089 Helichrysopsis Kirp. (1950);白苞金绒草属●☆

189090 Helichrysopsis septentrionalis (Vatke) Hilliard;白苞金绒草■☆

189091 Helichrysopsis septentrionalis (Vatke) Hilliard et B. L. Burtt = Helichrysopsis septentrionalis (Vatke) Hilliard ■☆

189092 Helichrysopsis stenophyllum Kirp. = Helichrysopsis septentrionalis (Vatke) Hilliard ■☆

189093 Helichrysum Mill. (1754)(保留属名);蜡菊属(小蜡菊属);Everlasting, Everlasting Flower, Helichrysum, Strawflower, Waxdaisy ●■

189094 Helichrysum abbayesii Humbert;阿贝蜡菊●■☆

189095 Helichrysum aberdaricum R. E. Fr. = Helichrysum citrispinum Delile var. hoehnelii (Schweinf.) Hedberg ●☆

189096 Helichrysum abietifolium Humbert;杉叶蜡菊●■☆

189097 Helichrysum abietinum O. Hoffm.;冷杉蜡菊●■☆

189098 Helichrysum abyssinicum Sch. Bip. ex A. Rich. = Helichrysum splendidum (Thunb.) Less. ●☆

189099 Helichrysum acanthophorum R. E. Fr. = Helichrysum citrispinum Delile var. hoehnelii (Schweinf.) Hedberg ●☆

189100 Helichrysum achyroclinoides Baker;多头金绒草蜡菊●☆

189101 Helichrysum acrobates Bullock = Helichrysum splendidum (Thunb.) Less. ●☆

189102 Helichrysum acutatum DC.;锐尖蜡菊●☆

189103 Helichrysum acutatum DC. var. rhombifolium Moeser = Helichrysum acutatum DC. ●☆

189104 Helichrysum adenocarpum DC.;腺果蜡菊●☆

189105 Helichrysum adenocarpum DC. var. alpinum Oliv. et Hiern = Helichrysum meyeri-johannis Engl. ●☆

189106 Helichrysum adhaerens (Bojer ex DC.) R. Vig. et Humbert;附着蜡菊●☆

189107 Helichrysum adolfi-friderici Moeser = Helichrysum argyranthum O. Hoffm. ●☆

189108 Helichrysum adscendens (Thunb.) Less. var. cephaloideum (DC.) Moeser = Helichrysum cephaloideum DC. ●☆

189109 Helichrysum africanum (S. Moore) Wild = Calomeria africana (S. Moore) Heine ●☆

189110 Helichrysum agrostophilum Klatt = Helichrysum griseum Sond. ●☆

189111 Helichrysum agrostophilum Klatt var. nemorosum Bolus = Helichrysum pallidum DC. ●☆

189112 Helichrysum albanense Hilliard;阿尔班蜡菊●☆

189113 Helichrysum albiflorum Moeser = Helichrysum nudifolium (L.) Less. var. oxyphyllum (DC.) Beentje ■☆

189114 Helichrysum albilanatum Hilliard;白绵毛蜡菊●☆

189115 Helichrysum albirosulatum Killick;白莲座蜡菊●☆

189116 Helichrysum albobrunneum S. Moore;浅褐蜡菊●☆

189117 Helichrysum alismatifolium Moeser = Helichrysum nudifolium (L.) Less. var. oxyphyllum (DC.) Beentje ■☆

189118 Helichrysum alleizettei Gand. = Helichrysum fulvescens DC. ●☆

189119 Helichrysum allioides Less.;葱状蜡菊■☆

189120 Helichrysum alsinoides DC.;繁缕蜡菊●☆

189121 Helichrysum alticola Bolus;高原蜡菊●☆

189122 Helichrysum alticola Bolus var. montanum ? = Helichrysum evansii Hilliard ●☆

189123 Helichrysum ambiguum (Pers.) C. Presl;可疑蜡菊■☆

189124 Helichrysum amblyphyllum Mattf.;钝叶蜡菊■☆

189125 Helichrysum amboense Schinz;安博蜡菊●☆

189126 Helichrysum ambositrense Humbert;安布西特拉蜡菊●☆

189127 Helichrysum amoenum Moeser = Helichrysum nudifolium (L.) Less. var. oxyphyllum (DC.) Beentje ■☆

189128 Helichrysum amplectens Hilliard;环抱蜡菊●☆

189129 Helichrysum amplexicaule Baker = Helichrysum bakeri Humbert ■☆

189130 Helichrysum andohahelense Humbert;安杜哈赫尔蜡菊●☆

189131 Helichrysum angustifolium DC.;狭叶蜡菊;Curry Plant, Curry-plant, Immortelle ●☆

189132 Helichrysum angustifolium DC. = Helichrysum italicum (Roth) G. Don ●☆

189133 Helichrysum angustifolium DC. var. numidicum (Pomel) Maire = Helichrysum italicum (Roth) G. Don ●☆

189134 Helichrysum angustifrondeum S. Moore;非洲狭叶蜡菊●☆

189135 Helichrysum anomalum Less.;异常蜡菊●☆

189136 Helichrysum anomalum Less. var. ovatum Harv. = Helichrysum anomalum Less. ●☆

189137 Helichrysum anomalum Less. var. turbinatum Harv. = Helichrysum anomalum Less. ●☆

189138 Helichrysum antandroyi Scott-Elliot;安坦德罗蜡菊●☆

189139 Helichrysum antunesii Volkens et O. Hoffm. = Helichrysum quartinianum A. Rich. ●☆

189140 Helichrysum aphelexioides DC.;白苞紫绒草蜡菊●☆

189141 Helichrysum appendiculatum (L. f.) Less.;附属物蜡菊●☆

189142 Helichrysum araneosum Baker = Helichrysum xylocladum Baker ●☆

189143 Helichrysum arbuscula Chiov.;小乔木蜡菊●☆

189144 Helichrysum archeri Compton;阿谢尔蜡菊●☆

189145 Helichrysum arctioides Turcz. = Dolichothrix ericoides (Lam.) Hilliard et B. L. Burtt ■☆

189146 Helichrysum arenarium (L.) DC. = Helichrysum arenarium (L.) Moench ●■

189147 Helichrysum arenarium (L.) Moench;沙生蜡菊(沙地蜡菊,沙生鼠麹草);Yellow Everlasting, Yellow Waxdaisy ●■

189148 Helichrysum arenicola M. D. Hend.;沙地蜡菊●

189149 Helichrysum aretioides Thell. = Helichrysum sessilioides Hilliard ●☆

189150 Helichrysum aretioides Turcz. = Bryomorphe lycopodioides (Sch. Bip. ex Walp.) Levyns ■☆

189151 Helichrysum argenteum (Thunb.) Thunb. = Syncarpha argentea (Thunb.) B. Nord. ■☆

189152 Helichrysum argentissimum J. M. Wood;银白蜡菊●☆

189153 Helichrysum argyranthum O. Hoffm.;银花蜡菊●☆

189154 Helichrysum argyrocephalum C. H. Wright = Helichrysum argyranthum O. Hoffm. ●☆

189155 Helichrysum argyrochlamys Humbert;币苞蜡菊●☆

189156 Helichrysum argyrocotyle S. Moore = Helichrysum formosissimum Sch. Bip. ●☆

189157 Helichrysum argyrolepis MacOwan;银鳞蜡菊●☆

189158 Helichrysum argyrophyllum DC.;银币蜡菊;Golden-guinea Everlasting ■☆

189159 Helichrysum argyrosphaerum DC.;银头蜡菊●☆

189160 Helichrysum armatum Dinter ex Merxm. = Amphiglossa triflora DC. ■☆

189161 Helichrysum armatum Mattf. = Helichrysum citrispinum Delile var. hoehnelii (Schweinf.) Hedberg ●☆

189162 Helichrysum armenium DC.;亚美尼亚蜡菊■☆

189163 Helichrysum arussense Chiov.;阿鲁斯蜡菊●☆

189164 Helichrysum asperifolium Moeser = Helichrysum nudifolium (L.) Less. ■☆

189165 Helichrysum asperum (Thunb.) Hilliard et B. L. Burtt;粗糙蜡菊●☆

189166 Helichrysum asperum (Thunb.) Hilliard et B. L. Burtt var. albidulum (DC.) Hilliard;白粗糙蜡菊●☆

189167 Helichrysum asperum (Thunb.) Hilliard et B. L. Burtt var. comosum (Sch. Bip.) Hilliard;簇毛蜡菊●☆

189168 Helichrysum asperum (Thunb.) Hilliard et B. L. Burtt var. glabrum Hilliard;光滑蜡菊●☆

189169 Helichrysum athrixiifolium (Kuntze) Moeser;紫绒草叶蜡菊●☆

189170 Helichrysum attenuatum Humbert;渐狭蜡菊●☆

189171 Helichrysum attenuatum Humbert var. aureum Humbert = Helichrysum attenuatum Humbert ●☆

189172 Helichrysum aureonitens Sch. Bip.;金光蜡菊●☆

189173 Helichrysum aureum (Houtt.) Merr.;黄蜡菊●☆

189174 Helichrysum aureum (Houtt.) Merr. var. argenteum Hilliard;银白黄蜡菊●☆

189175 Helichrysum aureum (Houtt.) Merr. var. candidum Hilliard;纯白蜡菊●☆

189176 Helichrysum aureum (Houtt.) Merr. var. monocephalum (DC.) Hilliard;单头蜡菊●☆

189177 Helichrysum aureum (Houtt.) Merr. var. scopulosum (M. D. Hend.) Hilliard;岩栖黄蜡菊●☆

189178 Helichrysum aureum (Houtt.) Merr. var. serotinum Hilliard;晚熟黄蜡菊●☆

189179 Helichrysum auriculatum Less. = Helichrysum pandurifolium Schrank ●☆

189180 Helichrysum auriculatum Less. var. panduratum Harv. = Helichrysum panduratum O. Hoffm. ●☆

189181 Helichrysum bachmannii Klatt;巴克曼蜡菊●☆

189182 Helichrysum bakeri Humbert;贝克蜡菊■☆

189183 Helichrysum ballii Klatt = Aliella ballii (Klatt) Greuter ■☆

189184 Helichrysum bampsianum Lisowski;邦氏蜡菊■☆

189185 Helichrysum baronii Humbert;巴隆蜡菊●☆

189186 Helichrysum baxteri A. Cunn. ex DC.;巴氏蜡菊;Fringed Everlasting ■☆

189187 Helichrysum bellidiastrum Moeser;小雅致蜡菊●☆

189188 Helichrysum bellidioides Willd.;卵叶蜡菊(雏菊状蜡菊,毛叶麦秆菊);New Zealand Everlasting Flower,Ovateleaf Waxdaisy ●☆

189189 Helichrysum bellum Hilliard;雅致蜡菊●☆

189190 Helichrysum benguellense Hiern;本格拉蜡菊●☆

189191 Helichrysum benguellense Hiern var. latifolium S. Moore ex Moeser = Helichrysum tomentosulum (Klatt) Merxm. ●☆

189192 Helichrysum benoistii Humbert;本尼特蜡菊●☆

189193 Helichrysum benthamii R. Vig. et Humbert;本瑟姆蜡菊●☆

189194 Helichrysum betsiliense Klatt;贝齐里蜡菊●☆

189195 Helichrysum boissieri Nyman;布瓦西耶蜡菊■☆

189196 Helichrysum boiteaui Humbert;博伊蜡菊■☆

189197 Helichrysum bojerianum DC.;博耶尔蜡菊■☆

189198 Helichrysum bolusianum Moeser = Helichrysum pumilio (O. Hoffm.) Hilliard et B. L. Burtt ●☆

189199 Helichrysum bracteatum (Vent.) Andréws = Bracteantha bracteata (Vent.) Anderb. et Haegi ■

189200 Helichrysum bracteatum (Vent.) Andréws = Xerochrysum bracteatum (Vent.) Tzvelev ■

189201 Helichrysum bracteiferum (DC.) Humbert;苞片蜡菊●☆

189202 Helichrysum brassii Brenan;布拉斯蜡菊●☆

189203 Helichrysum brassii Brenan var. aggregatum ?;聚集布拉斯蜡菊■☆

189204 Helichrysum brassii Brenan var. tenellum ?;柔弱布拉斯蜡菊■☆

189205 Helichrysum brevifolium Humbert;短叶蜡菊■☆

189206 Helichrysum brownei S. Moore;布朗蜡菊●☆

189207 Helichrysum brownei S. Moore var. glandulosum Hedberg;具腺蜡菊■☆

189208 Helichrysum brownei S. Moore var. pleiocephalum ? = Helichrysum brownei S. Moore ●☆

189209 Helichrysum brunioides Moeser;鳞叶树蜡菊●☆

189210 Helichrysum brunioides Moeser subsp. recurvifolium Lisowski;反折鳞叶树蜡菊●☆

189211 Helichrysum buchananii Engl.;布坎南蜡菊●☆

189212 Helichrysum buchananii Engl. var. majus Brenan = Helichrysum buchananii Engl. ●☆

189213 Helichrysum bullatum Baker = Helichrysum microcephalum DC. ●☆

189214 Helichrysum burchellii DC. = Helichrysum zeyheri Less. ●☆

189215 Helichrysum burchellii DC. var. intermedium ? = Helichrysum zeyheri Less. ●☆

189216 Helichrysum butagense De Wild. = Helichrysum odoratissimum (L.) Sweet ●☆

189217 Helichrysum calocephalum Klatt;美头蜡菊●☆

189218 Helichrysum calocephalum Schltr. = Helichrysum ecklonis Sond. ●☆

189219 Helichrysum calocladum Humbert;美枝蜡菊●☆

189220 Helichrysum cameroonense Hutch. et Dalziel;喀麦隆蜡菊●☆

189221 Helichrysum campaneum S. Moore = Helichrysum cephaloideum DC. ●☆

189222 Helichrysum campanulatum Humbert;风铃草状蜡菊●☆

189223 Helichrysum candolleanum H. Buek;康氏蜡菊●☆

189224 Helichrysum candollei (Bojer ex DC.) R. Vig. et Humbert;康多勒蜡菊■☆

189225 Helichrysum capense Hilliard;好望角蜡菊■☆

189226 Helichrysum capillaceum (Thunb.) Less. = Troglophyton capillaceum (Thunb.) Hilliard et B. L. Burtt ■☆

189227 Helichrysum capillaceum (Thunb.) Less. var. diffusum DC. = Troglophyton capillaceum (Thunb.) Hilliard et B. L. Burtt subsp. diffusum (DC.) Hilliard ■☆

189228 Helichrysum capillaceum (Thunb.) Less. var. erectum DC. = Troglophyton parvulum (Harv.) Hilliard et B. L. Burtt ■☆

189229 Helichrysum capillaceum (Thunb.) Less. var. majus DC. = Troglophyton capillaceum (Thunb.) Hilliard et B. L. Burtt ■☆

189230 Helichrysum capitellatum (Thunb.) Less. = Helichrysum helianthemifolium (L.) D. Don ●☆

189231 Helichrysum cataractarum Beentje;瀑布群高原蜡菊●☆

189232 Helichrysum cephaloideum DC.;头状蜡菊●☆

189233 Helichrysum cephalotrichum Humbert = Helichrysum heterotrichum Humbert ●☆
189234 Helichrysum cerastioides DC.;卷耳蜡菊●☆
189235 Helichrysum cerastioides DC. var. gracile Moeser = Helichrysum cerastioides DC. ●☆
189236 Helichrysum ceres S. Moore = Helichrysum mechowianum Klatt var. ceres (S. Moore) Beentje ●☆
189237 Helichrysum chamaeyucca Humbert;矮蜡菊●☆
189238 Helichrysum chasei Wild;蔡斯蜡菊●☆
189239 Helichrysum chermezonii Humbert;谢尔默宗蜡菊●☆
189240 Helichrysum chiliocephalum Hilliard et B. L. Burtt = Chiliocephalum schimperi Benth. ■☆
189241 Helichrysum chionoides Philipson;肯尼亚蜡菊●☆
189242 Helichrysum chionosphaerum DC.;雪球蜡菊●☆
189243 Helichrysum chlorochrysum DC. = Syncarpha chlorochrysum (DC.) B. Nord. ■☆
189244 Helichrysum chrysanthum Pers. = Bracteantha bracteata (Vent.) Anderb. et Haegi ■
189245 Helichrysum chrysanthum Pers. = Xerochrysum bracteatum (Vent.) Tzvelev ■
189246 Helichrysum chrysargyrum Moeser;银黄蜡菊●☆
189247 Helichrysum chrysobracteatum De Wild. = Helichrysum globosum A. Rich. ■☆
189248 Helichrysum chrysocoma A. Rich. = Helichrysum forskahlii (J. F. Gmel.) Hilliard et B. L. Burtt ●☆
189249 Helichrysum cirrhosum DC. = Helichrysum mutisiifolium Less. ●☆
189250 Helichrysum citricephalum Hilliard et B. L. Burtt;橙头蜡菊●☆
189251 Helichrysum citrinum Less. = Syncarpha affinis (B. Nord.) B. Nord. ■☆
189252 Helichrysum citrispinum Delile;橙刺蜡菊●☆
189253 Helichrysum citrispinum Delile var. aberdaricum (R. E. Fr.) Hedberg = Helichrysum citrispinum Delile var. hoehnelii (Schweinf.) Hedberg ●☆
189254 Helichrysum citrispinum Delile var. armatum (Mattf.) Hedberg = Helichrysum citrispinum Delile var. hoehnelii (Schweinf.) Hedberg ●☆
189255 Helichrysum citrispinum Delile var. hoehnelii (Schweinf.) Hedberg;赫内尔蜡菊●☆
189256 Helichrysum coarctatum Humbert = Helichrysum leucosphaerum Baker ■☆
189257 Helichrysum cochleariforme DC.;螺状蜡菊●☆
189258 Helichrysum comosum Sch. Bip. = Helichrysum asperum (Thunb.) Hilliard et B. L. Burtt var. comosum (Sch. Bip.) Hilliard ●☆
189259 Helichrysum concinnum N. E. Br. = Helichrysum pulchellum DC. ■☆
189260 Helichrysum concolorum DC. = Helichrysum rosum (P. J. Bergius) Less. ●☆
189261 Helichrysum concretum Baker = Helichrysum bracteiferum (DC.) Humbert ●☆
189262 Helichrysum confertum N. E. Br.;密集蜡菊●☆
189263 Helichrysum conglobatum (Viv.) Steud.;地中海球蜡菊●☆
189264 Helichrysum congolanum Schltr. et O. Hoffm.;刚果蜡菊●☆
189265 Helichrysum cooperi Harv.;库珀蜡菊●☆
189266 Helichrysum coralloides Benth. et Hook. f. = Ozothamnus adnatus DC. ●☆
189267 Helichrysum cordifolium DC.;心叶蜡菊■☆
189268 Helichrysum cordifolium DC. var. leucocephalum Baker = Helichrysum cordifolium DC. ■☆
189269 Helichrysum coriaceum (DC.) Harv. = Helichrysum rotundatum Harv. ●☆
189270 Helichrysum coriaceum Harv. = Helichrysum nudifolium (L.) Less. ■☆
189271 Helichrysum corymbiferum R. E. Fr. = Helichrysum argyranthum O. Hoffm. ●☆
189272 Helichrysum coursii Humbert;库尔斯蜡菊●☆
189273 Helichrysum cremnophilum Humbert;悬崖蜡菊●☆
189274 Helichrysum crenulatum R. E. Fr. = Helichrysum newii Oliv. et Hiern ●☆
189275 Helichrysum crispomarginatum Baker = Helichrysum triplinerve DC. ■☆
189276 Helichrysum crispum (L.) D. Don;卷曲蜡菊;Hottentot Bedding ■☆
189277 Helichrysum crispum (L.) D. Don var. citrinum Harv. = Helichrysum patulum (L.) D. Don ■☆
189278 Helichrysum crispum D. Don = Helichrysum crispum (L.) D. Don ■☆
189279 Helichrysum cruentum S. Moore = Helichrysum formosissimum Sch. Bip. ●☆
189280 Helichrysum cuspidatum Mesfin et T. Reilly;骤尖蜡菊●☆
189281 Helichrysum cylindricum D. Don = Helichrysum cylindriflorum (L.) Hilliard et B. L. Burtt ●☆
189282 Helichrysum cylindriflorum (L.) Hilliard et B. L. Burtt;柱花蜡菊●☆
189283 Helichrysum cymosum (L.) D. Don;聚伞蜡菊●☆
189284 Helichrysum cymosum (L.) D. Don subsp. calvum Hilliard;光秃蜡菊●☆
189285 Helichrysum cymosum (L.) Less. subsp. fruticosum (Vatke) Hedberg = Helichrysum forskahlii (J. F. Gmel.) Hilliard et B. L. Burtt ●☆
189286 Helichrysum damarense O. Hoffm. = Helichrysum candolleanum H. Buek ●☆
189287 Helichrysum danae S. Moore = Helichrysum acutatum DC. ●☆
189288 Helichrysum dasyanthum (Willd.) Sweet;毛花蜡菊●☆
189289 Helichrysum dasycephalum O. Hoffm.;毛头蜡菊●☆
189290 Helichrysum dasymallum Hilliard;粗毛蜡菊●☆
189291 Helichrysum decaryi Humbert;德卡里蜡菊■☆
189292 Helichrysum declinatum (L. f.) Less. = Gnaphalium declinatum L. f. ■☆
189293 Helichrysum decorum DC.;华美蜡菊■☆
189294 Helichrysum decrescentisquamatum Humbert;鳞蜡菊●☆
189295 Helichrysum delhayei De Wild. = Helichrysum formosissimum Sch. Bip. var. guilelmii (Engl.) Mesfin ●☆
189296 Helichrysum delicatum Humbert = Helichrysum heterotrichum Humbert ●☆
189297 Helichrysum deltoideum Humbert;三角蜡菊●☆
189298 Helichrysum densiflorum Oliv.;密花蜡菊●☆
189299 Helichrysum densiflorum Oliv. var. pleianthum O. Hoffm. = Helichrysum densiflorum Oliv. ●☆
189300 Helichrysum deserticola Hilliard;荒漠蜡菊●☆
189301 Helichrysum detersum Steud. = Helichrysum candolleanum H. Buek ●☆
189302 Helichrysum devredii Lisowski;德夫雷蜡菊●☆

189303 Helichrysum dichroum Humbert;二色蜡菊●☆

189304 Helichrysum diffusum DC. ;松散蜡菊■☆

189305 Helichrysum dinteri S. Moore = Helichrysum pumilio (O. Hoffm.) Hilliard et B. L. Burtt subsp. fleckii (S. Moore) Hilliard ●☆

189306 Helichrysum dinteri S. Moore var. obtusum ? = Helichrysum obtusum (S. Moore) Moeser ●☆

189307 Helichrysum diosmifolium (Vent.) Sweet;逸香木叶蜡菊(地奥马叶蜡菊)■☆

189308 Helichrysum diotoides DC. ;灰肉蜡菊●☆

189309 Helichrysum drakensbergense Killick;德拉肯斯蜡菊●☆

189310 Helichrysum dregeanum Sond. et Harv. ;德雷蜡菊●☆

189311 Helichrysum ducis-aprutii Chiov. = Helichrysum stuhlmannii O. Hoffm. ●☆

189312 Helichrysum dunense Hilliard;砂丘蜡菊●☆

189313 Helichrysum duvigneaudii Lisowski;迪维尼奥蜡菊●☆

189314 Helichrysum dykei Bolus = Syncarpha dykei (Bolus) B. Nord. ■☆

189315 Helichrysum ecklonis Sond. ;埃氏蜡菊●☆

189316 Helichrysum edwardsii Wild;爱德华兹蜡菊●☆

189317 Helichrysum elegantissimum DC. ;雅丽蜡菊●☆

189318 Helichrysum ellipticifolium Moeser;椭圆叶蜡菊●☆

189319 Helichrysum emirnense DC. = Helichrysum fulvescens DC. ●☆

189320 Helichrysum engleri O. Hoffm. = Helichrysum odoratissimum (L.) Sweet ●☆

189321 Helichrysum epapposum Bolus;无冠毛蜡菊●☆

189322 Helichrysum epapposum Bolus var. robustum ? = Helichrysum griseolanatum Hilliard ●☆

189323 Helichrysum ericifolium Baker = Helichrysum triplinerve DC. ■☆

189324 Helichrysum ericifolium Less. = Helichrysum asperum (Thunb.) Hilliard et B. L. Burtt ●☆

189325 Helichrysum ericifolium Less. var. albidulum DC. = Helichrysum asperum (Thunb.) Hilliard et B. L. Burtt var. albidulum (DC.) Hilliard ●☆

189326 Helichrysum ericifolium Less. var. laxum (DC.) Harv. = Helichrysum asperum (Thunb.) Hilliard et B. L. Burtt ●☆

189327 Helichrysum ericifolium Less. var. metalasioides (DC.) Harv. = Helichrysum niveum (L.) Less. ●☆

189328 Helichrysum erici-rosenii R. E. Fr. = Helichrysum newii Oliv. et Hiern ●☆

189329 Helichrysum ericoides (Lam.) Pers. = Dolichothrix ericoides (Lam.) Hilliard et B. L. Burtt ■☆

189330 Helichrysum eriophorum Conrath = Helichrysum acutatum DC. ●☆

189331 Helichrysum ernestianum DC. = Helichrysum sessile DC. ●☆

189332 Helichrysum erosum Harv. = Helichrysum rosum (P. J. Bergius) Less. ●☆

189333 Helichrysum erubescens Hilliard;变红蜡菊●☆

189334 Helichrysum evansii Hilliard;埃文斯蜡菊●☆

189335 Helichrysum excisum (Thunb.) Less. ;缺刻蜡菊●☆

189336 Helichrysum expansum (Thunb.) Less. = Helichrysum indicum (L.) Grierson ■☆

189337 Helichrysum faradifani Scott-Elliot;法拉第范蜡菊■☆

189338 Helichrysum farinosum Baker = Helichrysum xylocladum Baker ●☆

189339 Helichrysum fasciculatum (Andréws) Willd. = Edmondia fasciculata (Andréws) Hilliard ●☆

189340 Helichrysum fastigiatum Harv. = Helichrysum cylindriflorum (L.) Hilliard et B. L. Burtt ●☆

189341 Helichrysum filagineum DC. = Helichrysum micropoides DC. ●☆

189342 Helichrysum filaginoides (DC.) Humbert;絮菊蜡菊●☆

189343 Helichrysum filiforme (D. Don) Less. = Edmondia sesamoides (L.) Hilliard ●☆

189344 Helichrysum flagellare Baker;鞭状蜡菊●☆

189345 Helichrysum flammeiceps Brenan = Helichrysum patulifolium Baker ●☆

189346 Helichrysum flanaganii Bolus;弗拉纳根蜡菊●☆

189347 Helichrysum flavum Burtt Davy = Helichrysum epapposum Bolus ●☆

189348 Helichrysum fleckii S. Moore = Helichrysum pumilio (O. Hoffm.) Hilliard et B. L. Burtt subsp. fleckii (S. Moore) Hilliard ●☆

189349 Helichrysum fleckii S. Moore var. dinteri (S. Moore) Merxm. et A. Schreib. = Helichrysum pumilio (O. Hoffm.) Hilliard et B. L. Burtt subsp. fleckii (S. Moore) Hilliard ●☆

189350 Helichrysum floccosum Klatt = Helichrysum acutatum DC. ●☆

189351 Helichrysum foetidum (L.) Moench; 臭 蜡 菊; Stinking Strawflower ■☆

189352 Helichrysum foetidum (L.) Moench var. intermedia Chiov. = Helichrysum foetidum (L.) Moench ■☆

189353 Helichrysum foetidum (L.) Moench var. latifolium De Wild. = Helichrysum ruandense Lisowski ●☆

189354 Helichrysum foetidum (L.) Moench var. macrocephalum A. Rich. = Helichrysum foetidum (L.) Moench ■☆

189355 Helichrysum foetidum Moench = Helichrysum foetidum (L.) Moench ■☆

189356 Helichrysum foliosum Humbert;密叶蜡菊●☆

189357 Helichrysum fontanesii Cambess. = Helichrysum rupestre (Raf.) DC. ●☆

189358 Helichrysum formosissimum Sch. Bip. ;极美蜡菊●☆

189359 Helichrysum formosissimum Sch. Bip. var. guilelmii (Engl.) Mesfin;吉莱尔姆蜡菊●☆

189360 Helichrysum formosissimum Sch. Bip. var. volkensii (O. Hoffm.) Hedberg = Helichrysum formosissimum Sch. Bip. ●☆

189361 Helichrysum forskahlii (J. F. Gmel.) Hilliard et B. L. Burtt;佛氏蜡菊●☆

189362 Helichrysum forsythii Humbert;福赛斯蜡菊●☆

189363 Helichrysum fourcadei Hilliard;富尔卡德蜡菊●☆

189364 Helichrysum fruticans (L.) D. Don;灌木蜡菊●☆

189365 Helichrysum fruticosum Vatke = Helichrysum forskahlii (J. F. Gmel.) Hilliard et B. L. Burtt ●☆

189366 Helichrysum fruticosum Vatke var. latifolium Cufod. = Helichrysum hedbergianum Mesfin et T. Reilly ●☆

189367 Helichrysum fruticosum Vatke var. majus Moeser = Helichrysum forskahlii (J. F. Gmel.) Hilliard et B. L. Burtt ●☆

189368 Helichrysum fulgens Humbert et Staner;亮蜡菊●☆

189369 Helichrysum fulgidum (L. f.) Willd. = Helichrysum aureum (Houtt.) Merr. ●☆

189370 Helichrysum fulgidum (L. f.) Willd. var. angustifolium DC. = Helichrysum aureum (Houtt.) Merr. ●☆

189371 Helichrysum fulgidum (L. f.) Willd. var. heterotrichum DC. = Helichrysum aureum (Houtt.) Merr. ●☆

189372 Helichrysum fulgidum (L. f.) Willd. var. monocephalum DC. = Helichrysum aureum (Houtt.) Merr. var. monocephalum (DC.) Hilliard ●☆

189373 Helichrysum fulgidum (L. f.) Willd. var. nanum DC. = Helichrysum aureum (Houtt.) Merr. var. monocephalum (DC.) Hilliard ●☆

189374 Helichrysum fulgidum (L. f.) Willd. var. subnudatum DC. = Helichrysum tenax M. D. Hend. ●☆

189375 Helichrysum fulgidum L. f. = Helichrysum aureum (Houtt.) Merr. ●☆

189376 Helichrysum fulvellum Harv. = Helichrysum rotundatum Harv. ●☆

189377 Helichrysum fulvescens DC.;褐变蜡菊●☆

189378 Helichrysum fulvum N. E. Br.;黄褐蜡菊●☆

189379 Helichrysum funereum Chiov.;墓地蜡菊●☆

189380 Helichrysum galbanum S. Moore = Helichrysum schimperi (Sch. Bip. ex A. Rich.) Moeser ●☆

189381 Helichrysum galpinii N. E. Br.;盖尔蜡菊●☆

189382 Helichrysum galpinii N. E. Br. var. tenuis Burtt Davy = Helichrysum galpinii N. E. Br. ●☆

189383 Helichrysum galpinii Schltr. et Moeser = Helichrysum acutatum DC. ●☆

189384 Helichrysum gariepinum DC.;加里普蜡菊●☆

189385 Helichrysum gazense S. Moore = Helichrysum lepidissimum S. Moore ■☆

189386 Helichrysum geminatum Klatt;双花蜡菊●☆

189387 Helichrysum gemmiferum Bolus = Atrichantha gemmifera (Bolus) Hilliard et B. L. Burtt ●☆

189388 Helichrysum geniorum Humbert;多育蜡菊●☆

189389 Helichrysum gerberifolium Sch. Bip. ex A. Rich. = Helichrysum nudifolium (L.) Less. ■☆

189390 Helichrysum gerrardii Harv. = Helichrysum stenopterum DC. ●☆

189391 Helichrysum gilletii De Wild. = Helichrysum keilii Moeser ■☆

189392 Helichrysum giorgii De Wild. = Helichrysum patulifolium Baker ●☆

189393 Helichrysum glabrimucronatum De Wild. = Helichrysum formosissimum Sch. Bip. var. guilelmii (Engl.) Mesfin ●☆

189394 Helichrysum glaciale Hilliard;冰雪蜡菊●☆

189395 Helichrysum globosum A. Rich.;球蜡菊■☆

189396 Helichrysum globosum Sch. Bip. = Helichrysum globosum A. Rich. ■☆

189397 Helichrysum globosum Sch. Bip. var. rhodochlamys Vatke = Helichrysum globosum A. Rich. ■☆

189398 Helichrysum glomeratum Klatt;团集蜡菊■☆

189399 Helichrysum glossophyllum Humbert;舌叶蜡菊●☆

189400 Helichrysum glumaceum DC.;具颖蜡菊■☆

189401 Helichrysum glutinosum A. Braun = Helichrysum foetidum (L.) Moench ■☆

189402 Helichrysum goetzeanum O. Hoffm.;格兹蜡菊●☆

189403 Helichrysum gofense Cufod.;戈法蜡菊●☆

189404 Helichrysum gossweileri S. Moore = Helichrysum geminatum Klatt ●☆

189405 Helichrysum gracilipes Oliv. et Hiern;细梗蜡菊■☆

189406 Helichrysum grandibracteatum M. D. Hend.;大苞蜡菊■☆

189407 Helichrysum grandiflorum (L.) D. Don;大花蜡菊■☆

189408 Helichrysum graniticola Wild;花岗岩蜡菊■☆

189409 Helichrysum graveolens Boiss.;香蜡菊■☆

189410 Helichrysum gregorii S. Moore = Helichrysum foetidum (L.) Moench ■☆

189411 Helichrysum griffithii Boiss. = Pseudognaphalium affine (D. Don) Anderb. ■

189412 Helichrysum griseolanatum Hilliard;灰毛蜡菊●☆

189413 Helichrysum griseum Sond.;灰蜡菊●☆

189414 Helichrysum guilelmii Engl. = Helichrysum formosissimum Sch. Bip. var. guilelmii (Engl.) Mesfin ●☆

189415 Helichrysum gymnocephalum (DC.) Humbert;裸头蜡菊●☆

189416 Helichrysum hamulosum E. Mey. ex DC.;钩蜡菊●☆

189417 Helichrysum harennensis Mesfin;哈伦蜡菊●☆

189418 Helichrysum harveyanum Wild;哈维蜡菊●☆

189419 Helichrysum haygarthii Bolus;海加斯蜡菊●☆

189420 Helichrysum hebelepis DC.;柔毛鳞蜡菊●☆

189421 Helichrysum hedbergianum Mesfin et T. Reilly;赫德蜡菊●☆

189422 Helichrysum helianthemifolium (L.) D. Don;向日葵叶蜡菊●☆

189423 Helichrysum helodes Hiern = Helichrysum aureonitens Sch. Bip. ●☆

189424 Helichrysum helothamnus Moeser var. majus (Moeser) Lisowski = Helichrysum forskahlii (J. F. Gmel.) Hilliard et B. L. Burtt ●☆

189425 Helichrysum hendersonae S. Moore = Helichrysum splendidum (Thunb.) Less. ●☆

189426 Helichrysum herbaceum (Andréws) Sweet;草本蜡菊■☆

189427 Helichrysum herniarioides DC.;治疝草蜡菊●☆

189428 Helichrysum heterolasium Hilliard;异蜡菊●☆

189429 Helichrysum heterotrichum Humbert;异毛蜡菊●☆

189430 Helichrysum hilliardiae Wild;希利亚德蜡菊●☆

189431 Helichrysum hirtum Humbert;多毛蜡菊●☆

189432 Helichrysum hochstetteri (Sch. Bip. ex A. Rich.) Hook. f. = Helichrysum stenopterum DC. ●☆

189433 Helichrysum hoehnelii Schweinf. = Helichrysum citrispinum Delile var. hoehnelii (Schweinf.) Hedberg ●☆

189434 Helichrysum hoepfnerianum Vatke ex Schinz = Helichrysum mechowianum Klatt ●☆

189435 Helichrysum hoffmannianum De Wild. = Helichrysum meyeri-johannis Engl. ●☆

189436 Helichrysum horridum Sch. Bip.;多刺蜡菊●☆

189437 Helichrysum humbertii Sillans;亨伯特蜡菊●☆

189438 Helichrysum humile (Andréws) Less. = Edmondia pinifolia (Lam.) Hilliard ●☆

189439 Helichrysum hutchinsonii E. Phillips = Helichrysum pumilio (O. Hoffm.) Hilliard et B. L. Burtt ●☆

189440 Helichrysum hypnoides (DC.) R. Vig. et Humbert;藓蜡菊●☆

189441 Helichrysum hypoleucum Harv.;白背蜡菊■☆

189442 Helichrysum ibityense R. Vig. et Humbert;伊比提蜡菊●☆

189443 Helichrysum imbricatum (L.) Less. = Helichrysum cochleariforme DC. ●☆

189444 Helichrysum incarnatum DC.;肉色蜡菊■☆

189445 Helichrysum indicum (L.) Grierson;印度蜡菊■☆

189446 Helichrysum inerme Moeser = Helichrysum epapposum Bolus ●☆

189447 Helichrysum inerme Moeser var. brachycladum ? = Helichrysum griseolanatum Hilliard ●☆

189448 Helichrysum infaustum J. M. Wood et M. S. Evans var. discolor Moeser = Helichrysum cymosum (L.) D. Don subsp. calvum Hilliard ●☆

189449 Helichrysum infuscum Burtt Davy = Helichrysum cephaloideum DC. ●☆
189450 Helichrysum inornatum Hilliard et B. L. Burtt;无饰蜡菊■☆
189451 Helichrysum interjacens Hilliard;间型蜡菊■☆
189452 Helichrysum interzonale Compton;间带蜡菊■☆
189453 Helichrysum intricatum DC.;缠结蜡菊■☆
189454 Helichrysum involucratum Klatt = Helichrysum spiralepis Hilliard et B. L. Burtt ●☆
189455 Helichrysum inyangense Wild;伊尼扬加蜡菊■☆
189456 Helichrysum isalense Humbert;伊萨卢蜡菊●☆
189457 Helichrysum isolepis Bolus;同鳞蜡菊■☆
189458 Helichrysum italicum (Roth) G. Don;意大利蜡菊(白叶蜡菊,狭叶蜡菊);Curry Plant,Whiteleaf Everlasting ●☆
189459 Helichrysum italicum (Roth) G. Don subsp. serotinum (Boiss.) P. Fourn. = Helichrysum serotinum Boiss. et Reut. ●☆
189460 Helichrysum italicum (Roth) G. Don var. microphyllum ?;小叶意大利蜡菊;Dwarf Curry ●☆
189461 Helichrysum italicum (Roth) G. Don var. numidicum (Pomel) Quézel et Santa = Helichrysum italicum (Roth) G. Don ●☆
189462 Helichrysum italicum (Roth) G. Don var. serotinum (Boiss.) O. Bolòs et Vigo = Helichrysum serotinum Boiss. et Reut. ●☆
189463 Helichrysum italicum (Roth) G. Don var. serotinum (Boiss.) O. Bolòs et Vigo;绒毛意大利蜡菊(绒毛狭叶蜡菊)●☆
189464 Helichrysum italicum G. Don = Helichrysum italicum (Roth) G. Don ●☆
189465 Helichrysum itremense Humbert;伊特雷穆蜡菊●☆
189466 Helichrysum janssensii De Wild. = Helichrysum kirkii Oliv. et Hiern ■☆
189467 Helichrysum jeffreyanum Lisowski;杰弗里蜡菊●☆
189468 Helichrysum jijigaense Mesfin et T. Reilly = Helichrysum arussense Chiov. ●☆
189469 Helichrysum junodii Moeser;朱诺德蜡菊●☆
189470 Helichrysum kashgaricum C. H. An;喀什蜡菊■
189471 Helichrysum kassneri S. Moore = Helichrysum buchananii Engl. ●☆
189472 Helichrysum keilii Moeser;凯尔蜡菊■☆
189473 Helichrysum keniense S. Moore = Helichrysum ellipticifolium Moeser ●☆
189474 Helichrysum kilimanjari Oliv.;基利曼蜡菊●☆
189475 Helichrysum kirkii Oliv. et Hiern;柯克蜡菊■☆
189476 Helichrysum kirkii Oliv. et Hiern var. angustifolium Moeser = Helichrysum kirkii Oliv. et Hiern ■☆
189477 Helichrysum kirkii Oliv. et Hiern var. concolor Engl. = Helichrysum kirkii Oliv. et Hiern ■☆
189478 Helichrysum kirkii Oliv. et Hiern var. luteorubellum (Baker) Moeser = Helichrysum kirkii Oliv. et Hiern ■☆
189479 Helichrysum kirkii Oliv. et Hiern var. petersii (Oliv. et Hiern) Beentje;彼得斯蜡菊●☆
189480 Helichrysum kokanicum Krasch. et Gontsch. = Helichrysum thianschanicum Regel ■
189481 Helichrysum kopetdagense Kirp.;科佩特蜡菊■☆
189482 Helichrysum korongoni Beentje;科罗根蜡菊●☆
189483 Helichrysum kraussii Sch. Bip.;克劳斯蜡菊■☆
189484 Helichrysum krebsianum Less.;克雷布斯蜡菊●☆
189485 Helichrysum krookii Moeser;克鲁科蜡菊●☆
189486 Helichrysum kundelungense S. Moore = Helichrysum kirkii Oliv. et Hiern var. petersii (Oliv. et Hiern) Beentje ●☆
189487 Helichrysum kuntzei (Kuntze) Moeser = Helichrysum melanacme DC. ●☆
189488 Helichrysum lacteum Coss. et Durieu;乳白蜡菊●☆
189489 Helichrysum lacteum Coss. et Durieu var. maroccanum Coss. = Helichrysum lacteum Coss. et Durieu ●☆
189490 Helichrysum laevigatum Markötter = Helichrysum sessile DC. ●☆
189491 Helichrysum lamprocephalum Bolus = Helichrysum ecklonis Sond. ●☆
189492 Helichrysum lanatomarginatum Markötter = Helichrysum thapsus (Kuntze) Moeser ●☆
189493 Helichrysum lanatum Harv. = Helichrysum dasymallum Hilliard ●☆
189494 Helichrysum lancifolium (Thunb.) Thunb.;剑叶蜡菊●☆
189495 Helichrysum laneum S. Moore = Helichrysum pumilio (O. Hoffm.) Hilliard et B. L. Burtt ●☆
189496 Helichrysum lanuginosum Humbert;多绵毛蜡菊●☆
189497 Helichrysum lasianthum Schltr. et Moeser = Vellereophyton lasianthum (Schltr. et Moeser) Hilliard ■☆
189498 Helichrysum latifolium (Thunb.) Less. = Helichrysum nudifolium (L.) Less. var. pilosellum (L. f.) Beentje ■●☆
189499 Helichrysum lavanduloides DC.;薰衣草蜡菊●☆
189500 Helichrysum lawalreeanum Lisowski;拉瓦尔蜡菊●☆
189501 Helichrysum laxum DC. = Helichrysum asperum (Thunb.) Hilliard et B. L. Burtt ●☆
189502 Helichrysum lecomtei R. Vig. et Humbert;勒孔特蜡菊●☆
189503 Helichrysum ledifolium Benth. = Ozothamnus ledifolius (DC.) Hook. f. ●☆
189504 Helichrysum leiopodium DC. = Helichrysum nudifolium (L.) Less. ■☆
189505 Helichrysum leiopodium DC. var. denudatum Harv. = Helichrysum nudifolium (L.) Less. ■☆
189506 Helichrysum leipoldtii Bolus = Helichrysum cylindriflorum (L.) Hilliard et B. L. Burtt ●☆
189507 Helichrysum lejolyanum Lisowski;勒若利蜡菊●☆
189508 Helichrysum lentii Volkens et O. Hoffm. = Helichrysum formosissimum Sch. Bip. var. guilelmii (Engl.) Mesfin ●☆
189509 Helichrysum lepidissimum S. Moore;多小鳞蜡菊■☆
189510 Helichrysum lepidissimum S. Moore var. flavidum Moeser = Helichrysum lepidissimum S. Moore ■☆
189511 Helichrysum lepidopodium Bolus = Syncarpha lepidopodium (Bolus) B. Nord. ■☆
189512 Helichrysum lepidorhizum Moeser = Helichrysum mechowianum Klatt var. ceres (S. Moore) Beentje ●☆
189513 Helichrysum leptocephalum (DC.) Humbert;细头蜡菊●☆
189514 Helichrysum leptolepis DC. = Helichrysum candolleanum H. Buek ●☆
189515 Helichrysum leptorhizum DC.;细根蜡菊●☆
189516 Helichrysum leptothamnus Moeser = Helichrysum forskahlii (J. F. Gmel.) Hilliard et B. L. Burtt ●☆
189517 Helichrysum lesliei Hilliard;莱斯利蜡菊●☆
189518 Helichrysum leucocladum Humbert;白枝蜡菊■☆
189519 Helichrysum leucophyllum Baker = Helichrysum bojerianum DC. ■☆
189520 Helichrysum leucosphaerum Baker;白球蜡菊■☆
189521 Helichrysum lineare DC.;线形蜡菊●☆
189522 Helichrysum lineatum Bolus;线叶蜡菊■☆

189523 Helichrysum lingulatum Hilliard;舌状蜡菊●☆
189524 Helichrysum litorale Bolus;滨海蜡菊●☆
189525 Helichrysum longebracteatum Schrank = Edmondia pinifolia (Lam.) Hilliard ●☆
189526 Helichrysum longifolium DC.;长叶蜡菊■☆
189527 Helichrysum lucilioides Less.;长毛紫绒草蜡菊■☆
189528 Helichrysum luteorubellum Baker = Helichrysum kirkii Oliv. et Hiern ■☆
189529 Helichrysum luzuloides (Sch. Bip. ex Vatke) Lanza = Helichrysum glumaceum DC. ■☆
189530 Helichrysum lychnophorum Mattf. = Helichrysum formosissimum Sch. Bip. ●☆
189531 Helichrysum macranthum Benth. = Helichrysum bracteatum (Vent.) Andréws ■
189532 Helichrysum madagascariense DC.;马岛蜡菊■☆
189533 Helichrysum mahafaly Humbert;马哈法里蜡菊●☆
189534 Helichrysum malaisseanum Lisowski;马莱泽蜡菊●☆
189535 Helichrysum mandrarense Humbert;曼德拉蜡菊●☆
189536 Helichrysum mangorense Humbert;曼古鲁蜡菊●☆
189537 Helichrysum mannii Hook. f.;曼氏蜡菊●☆
189538 Helichrysum manopappum O. Hoffm. = Helichrysum rutilans (L.) D. Don ■☆
189539 Helichrysum maracandicum Popov ex Kirp.;马拉坎达蜡菊●☆
189540 Helichrysum maranguense O. Hoffm.;马兰古蜡菊●☆
189541 Helichrysum margaritaceum (L.) Moench = Anaphalis margaritacea (L.) Benth. et Hook. f. ■
189542 Helichrysum margaritaceum Moench. = Anaphalis margaritacea (L.) Benth. et Hook. f. ■
189543 Helichrysum marginatum DC.;具边蜡菊●☆
189544 Helichrysum marifolium DC.;芋叶蜡菊●☆
189545 Helichrysum maritimum D. Don = Helichrysum dasyanthum (Willd.) Sweet ●☆
189546 Helichrysum marlothianum O. Hoffm.;马洛斯蜡菊●☆
189547 Helichrysum marmarolepis S. Moore;大理石鳞蜡菊●☆
189548 Helichrysum marojejyense Humbert;马罗蜡菊●☆
189549 Helichrysum mearnsii De Wild. = Helichrysum ellipticifolium Moeser ●☆
189550 Helichrysum mechowianum Klatt;梅休蜡菊●☆
189551 Helichrysum mechowianum Klatt var. ceres (S. Moore) Beentje;蜡梅休蜡菊●☆
189552 Helichrysum mechowianum Klatt var. vernonioides (Wild) Beentje;斑鸠蜡菊●☆
189553 Helichrysum melaleucum Rchb.;黑白蜡菊●☆
189554 Helichrysum melanacme DC.;黑边蜡菊●☆
189555 Helichrysum membranaceum Wild;膜质蜡菊●☆
189556 Helichrysum metalasioides DC. = Helichrysum niveum (L.) Less. ●☆
189557 Helichrysum meyeri-johannis Engl.;迈尔约翰蜡菊●☆
189558 Helichrysum microcephalum DC.;大头蜡菊●☆
189559 Helichrysum microphyllum Benth. et Hook. f. ex Kirk;小叶蜡菊;Korunca☆
189560 Helichrysum micropoides DC.;小足蜡菊●☆
189561 Helichrysum milanjiense Britten = Helichrysum kirkii Oliv. et Hiern ■☆
189562 Helichrysum mildbraedii Moeser;米尔德蜡菊●☆
189563 Helichrysum milfordiae Killick;米氏蜡菊●☆
189564 Helichrysum milleri Hilliard;米勒蜡菊●☆
189565 Helichrysum milne-redheadii Brenan;米尔恩蜡菊●☆
189566 Helichrysum mimetes S. Moore;相似蜡菊●☆
189567 Helichrysum minutiflorum Humbert;多花蜡菊■☆
189568 Helichrysum mirabile Humbert;奇异蜡菊●☆
189569 Helichrysum mixtum (Kuntze) Moeser;混合蜡菊●☆
189570 Helichrysum mixtum (Kuntze) Moeser var. grandiceps Hilliard;大头混合蜡菊●☆
189571 Helichrysum moggii Wild;莫格蜡菊●☆
189572 Helichrysum mollifolium Hilliard;毛叶蜡菊●☆
189573 Helichrysum monocephalum Baker = Helichrysum herbaceum (Andréws) Sweet ■☆
189574 Helichrysum monodianum Quézel;莫诺蜡菊●☆
189575 Helichrysum monogynum Burtt et Sunding;单蕊蜡菊●☆
189576 Helichrysum montanum DC.;山地蜡菊●☆
189577 Helichrysum monticola Hilliard;山生蜡菊●☆
189578 Helichrysum montosicola Gand. = Pseudognaphalium undulatum (L.) Hilliard et B. L. Burtt ■☆
189579 Helichrysum mossamedense (Hiern) Mendonça;莫萨梅迪蜡菊●☆
189580 Helichrysum mucronatum (P. J. Bergius) Less. = Syncarpha mucronata (P. J. Bergius) B. Nord. ■☆
189581 Helichrysum multirosulatum O. Hoffm. et Muschl. = Helichrysum haygarthii Bolus ●☆
189582 Helichrysum mundtii Harv.;蒙特蜡菊●☆
189583 Helichrysum mussae Nevski.;穆氏蜡菊●☆
189584 Helichrysum mutabile Hilliard;易变蜡菊●☆
189585 Helichrysum mutisiifolium Less.;帚菊木状蜡菊●☆
189586 Helichrysum myriocephalum Humbert;多头蜡菊●☆
189587 Helichrysum namaquense Schltr. et Moeser = Helichrysum micropoides DC. ●☆
189588 Helichrysum nandense S. Moore = Helichrysum argyranthum O. Hoffm. ●☆
189589 Helichrysum nanum Baker = Helichrysum mechowianum Klatt ●☆
189590 Helichrysum nanum Klatt;矮小蜡菊●☆
189591 Helichrysum natalitium DC.;纳塔尔蜡菊●☆
189592 Helichrysum neoachyroclinoides Humbert;新多头金绒草蜡菊●☆
189593 Helichrysum neoisalense Humbert;新伊萨卢蜡菊●☆
189594 Helichrysum nervicinctum Humbert;带脉蜡菊●☆
189595 Helichrysum newii Oliv. et Hiern;纽蜡菊●☆
189596 Helichrysum newii Oliv. et Hiern var. gunnae Engl. = Helichrysum citrispinum Delile ●☆
189597 Helichrysum nitens Oliv. et Hiern;亮叶蜡菊●☆
189598 Helichrysum nitens Oliv. et Hiern subsp. angustifolium Lisowski;窄叶亮蜡菊●☆
189599 Helichrysum nitens Oliv. et Hiern subsp. robynsii (De Wild.) Lisowski;罗宾斯蜡菊●☆
189600 Helichrysum niveum (L.) Less.;雪白蜡菊●☆
189601 Helichrysum nudifolium (L.) Less.;光叶蜡菊■☆
189602 Helichrysum nudifolium (L.) Less. var. leiopodium (DC.) Moeser = Helichrysum nudifolium (L.) Less. ■☆
189603 Helichrysum nudifolium (L.) Less. var. obovatum Harv. = Helichrysum nudifolium (L.) Less. ■☆
189604 Helichrysum nudifolium (L.) Less. var. oxyphyllum (DC.) Beentje;尖光叶蜡菊■☆
189605 Helichrysum nudifolium (L.) Less. var. pilosellum (L. f.)

Beentje;疏毛光叶蜡菊■●☆

189606 Helichrysum nudifolium (L.) Less. var. quinquenerve (Thunb.) Moeser = Helichrysum nudifolium (L.) Less. ■☆

189607 Helichrysum numidicum Pomel = Helichrysum italicum (Roth) G. Don ●☆

189608 Helichrysum nummularium Moeser = Helichrysum rotundifolium (Thunb.) Less. ■☆

189609 Helichrysum nuratavicum Krasch.;努拉套蜡菊■☆

189610 Helichrysum nyasicum Baker = Helichrysum schimperi (Sch. Bip. ex A. Rich.) Moeser ●☆

189611 Helichrysum obconicum DC.;倒圆锥蜡菊●☆

189612 Helichrysum obductum Bolus;包被蜡菊●☆

189613 Helichrysum obductum Bolus var. laxior ? = Helichrysum obductum Bolus ●☆

189614 Helichrysum obtusum (S. Moore) Moeser;钝蜡菊●☆

189615 Helichrysum obtusum (S. Moore) Moeser var. microphyllum Merxm. et A. Schreib. = Helichrysum obtusum (S. Moore) Moeser ●☆

189616 Helichrysum obtusum (S. Moore) Moeser var. namibense Merxm. et A. Schreib. = Helichrysum obtusum (S. Moore) Moeser ●☆

189617 Helichrysum obvallatum DC. = Helichrysum cerastioides DC. ●☆

189618 Helichrysum odoratissimum (L.) Less. = Helichrysum odoratissimum (L.) Sweet ●☆

189619 Helichrysum odoratissimum (L.) Sweet;极香蜡菊●☆

189620 Helichrysum ogadense Mesfin;男鹿蜡菊●☆

189621 Helichrysum oligocephalum S. Moore;少头蜡菊●☆

189622 Helichrysum oligopappum Bolus;寡毛蜡菊●☆

189623 Helichrysum onivense Humbert;乌尼韦蜡菊●☆

189624 Helichrysum opacum Klatt;暗色蜡菊●☆

189625 Helichrysum orbiculare (Thunb.) Druce = Plecostachys serpyllifolia (P. J. Bergius) Hilliard et B. L. Burtt ■☆

189626 Helichrysum oreophilum Dinter = Troglophyton capillaceum (Thunb.) Hilliard et B. L. Burtt ■☆

189627 Helichrysum oreophilum Klatt;喜山蜡菊●☆

189628 Helichrysum orientale (L.) Gaertn.;东方蜡菊■☆

189629 Helichrysum outeniquense Hilliard;南非蜡菊●☆

189630 Helichrysum ovato-ellipticum De Wild. = Helichrysum schimperi (Sch. Bip. ex A. Rich.) Moeser ●☆

189631 Helichrysum oxybelium DC.;尖蜡菊●☆

189632 Helichrysum oxyphyllum DC. = Helichrysum nudifolium (L.) Less. var. oxyphyllum (DC.) Beentje ■☆

189633 Helichrysum pachyrhizum Harv. = Helichrysum candolleanum H. Buek ●☆

189634 Helichrysum pachyrhizum Harv. var. huillense Hiern;威拉蜡菊●☆

189635 Helichrysum pachyrhizum Harv. var. mossamedense Hiern = Helichrysum mossamedense (Hiern) Mendonça ●☆

189636 Helichrysum pachyrhizum Harv. var. thunbergii ? = Helichrysum pumilio (O. Hoffm.) Hilliard et B. L. Burtt ●☆

189637 Helichrysum paleatum Hilliard;稃蜡菊●☆

189638 Helichrysum pallasii (Spreng.) Ledeb.;帕氏蜡菊●☆

189639 Helichrysum pallens S. Moore;变苍白蜡菊●☆

189640 Helichrysum pallidum DC.;苍白蜡菊●☆

189641 Helichrysum palustre Hilliard;沼泽蜡菊●☆

189642 Helichrysum panduratum O. Hoffm.;琴形蜡菊●☆

189643 Helichrysum panduratum O. Hoffm. var. transvaalense Moeser;德兰士瓦蜡菊●☆

189644 Helichrysum pandurifolium Schrank;琴叶蜡菊●☆

189645 Helichrysum paniculatum (L.) Willd. = Syncarpha paniculata (L.) B. Nord. ■☆

189646 Helichrysum pannosum DC.;毡状蜡菊●☆

189647 Helichrysum paronychioides DC.;指甲草蜡菊●☆

189648 Helichrysum parviflorum (Lam.) DC. = Helichrysum rutilans (L.) D. Don ■☆

189649 Helichrysum patulifolium Baker;叉叶蜡菊●☆

189650 Helichrysum patulum (L.) D. Don;张开蜡菊■☆

189651 Helichrysum patulum Baker = Helichrysum fulvescens DC. ●☆

189652 Helichrysum pawekiae Wild;帕维基蜡菊●☆

189653 Helichrysum pedunculare (L.) DC. var. pilosellum (L. f.) Harv. = Helichrysum nudifolium (L.) Less. var. pilosellum (L. f.) Beentje ■●☆

189654 Helichrysum pedunculatum Hilliard et B. L. Burtt;梗花蜡菊●☆

189655 Helichrysum pentzioides Less.;杯子蜡菊●☆

189656 Helichrysum perrieri Humbert;佩里耶蜡菊●☆

189657 Helichrysum petersii Oliv. et Hiern = Helichrysum kirkii Oliv. et Hiern var. petersii (Oliv. et Hiern) Beentje ●☆

189658 Helichrysum petersii Oliv. et Hiern var. subglabrum De Wild. = Helichrysum kirkii Oliv. et Hiern var. petersii (Oliv. et Hiern) Beentje ●☆

189659 Helichrysum petiolare Hilliard et B. L. Burtt;蔓生蜡菊(具柄蜡菊);Licorice Plant, Licorice-plant, Trailing Dusty Miller ●☆

189660 Helichrysum petiolare Hilliard et B. L. Burtt 'Limelight';白炽灯蔓生蜡菊(石灰光泽具柄蜡菊)●☆

189661 Helichrysum petiolatum D. Don;伞花蜡菊(伞花麦秆菊);Cudweed Everlasting, Licorice Plant, Trailing Dusty Miller ■☆

189662 Helichrysum petraeum Hilliard;岩生蜡菊●☆

189663 Helichrysum phylicifolium DC.;菲利木叶蜡菊●☆

189664 Helichrysum picardii Boiss. et Reut.;皮卡蜡菊■☆

189665 Helichrysum picardii Boiss. et Reut. = Helichrysum serotinum Boiss. et Reut. subsp. picardii (Boiss. et Reut.) Galbany, Sáenz de Rivas et Benedi ●☆

189666 Helichrysum pilosellum (L. f.) Less. = Helichrysum nudifolium (L.) Less. var. pilosellum (L. f.) Beentje ■●☆

189667 Helichrysum pinifolium (Lam.) Schrank = Edmondia pinifolia (Lam.) Hilliard ●☆

189668 Helichrysum plantaginifolium C. H. Wright = Helichrysum nudifolium (L.) Less. ■☆

189669 Helichrysum plantaginifolium O. Hoffm. = Helichrysum nudifolium (L.) Less. ■☆

189670 Helichrysum plantago DC.;车前蜡菊●☆

189671 Helichrysum platycephalum Baker;宽头蜡菊●☆

189672 Helichrysum platypterum DC.;宽翅蜡菊●☆

189673 Helichrysum plebeium DC.;普通蜡菊●☆

189674 Helichrysum plicatum (Fisch. et C. A. Mey.) DC.;折叠蜡菊●☆

189675 Helichrysum plicatum (Fisch. et C. A. Mey.) DC. subsp. polyphyllum (Ledeb.) P. H. Davis et Kupicha = Helichrysum polyphyllum Ledeb. ■☆

189676 Helichrysum polhillianum Lisowski;普尔蜡菊●☆

189677 Helichrysum polioides B. L. Burtt;拟灰色蜡菊●☆

189678 Helichrysum polycladum Klatt;多枝蜡菊●☆

189679 Helichrysum polylepis Bordz. et Grossh.;多鳞蜡菊■☆

189680 Helichrysum polyphyllum Conrath = Helichrysum cephaloideum DC. ●☆

189681 Helichrysum polyphyllum Ledeb.;多叶蜡菊■☆
189682 Helichrysum pomelianum Greuter = Helichrysum rupestre (Raf.) DC. ●☆
189683 Helichrysum pondoense Schltr. = Helichrysum chionosphaerum DC. ●☆
189684 Helichrysum populifolium DC.;杨叶蜡菊●☆
189685 Helichrysum praecinctum Klatt;围绕蜡菊●☆
189686 Helichrysum pseudofasciculatum Schrank = Edmondia sesamoides (L.) Hilliard ●☆
189687 Helichrysum psilolepis Harv.;毛鳞蜡菊■☆
189688 Helichrysum pulchellum DC.;美丽蜡菊■☆
189689 Helichrysum pullulum Burtt Davy = Helichrysum melanacme DC. ●☆
189690 Helichrysum pulvinatum O. Hoffm. ex Kuntze = Helichrysum sutherlandii Harv. ●☆
189691 Helichrysum pumilio (O. Hoffm.) Hilliard et B. L. Burtt;低矮蜡菊●☆
189692 Helichrysum pumilio (O. Hoffm.) Hilliard et B. L. Burtt subsp. fleckii (S. Moore) Hilliard;福来矮蜡菊●☆
189693 Helichrysum pumilum (Klatt) Moeser = Helichrysum somalense Baker f. ●☆
189694 Helichrysum quartinianum A. Rich.;夸尔廷蜡菊●☆
189695 Helichrysum quinquenerve (Thunb.) Less. = Helichrysum nudifolium (L.) Less. ■☆
189696 Helichrysum randii S. Moore = Helichrysum chionosphaerum DC. ●☆
189697 Helichrysum rangei Moeser ex Dinter = Helichrysum arenicola M. D. Hend. ●
189698 Helichrysum raynalianum Quézel = Helichrysum lacteum Coss. et Durieu ●☆
189699 Helichrysum recurvatum (L. f.) Thunb. = Syncarpha recurvata (L. f.) B. Nord. ■☆
189700 Helichrysum reflexum N. E. Br.;反折蜡菊●☆
189701 Helichrysum refractum Hilliard;骤折蜡菊●☆
189702 Helichrysum repandum DC. var. microphyllum ? = Helichrysum scabrum Less. ●☆
189703 Helichrysum retortoides N. E. Br.;拟外折蜡菊●☆
189704 Helichrysum retortum (L.) Willd.;外折蜡菊●☆
189705 Helichrysum retortum (L.) Willd. var. minus DC. = Helichrysum stoloniferum (L. f.) Willd. ●☆
189706 Helichrysum retrorsum DC.;倒向蜡菊●☆
189707 Helichrysum retusum (Lam.) Spreng. = Facelis retusa (Lam.) Sch. Bip. ■☆
189708 Helichrysum revolutum (Thunb.) Less.;外卷蜡菊●☆
189709 Helichrysum rhodellum Wild;粉红蜡菊●☆
189710 Helichrysum rhodolepis Baker = Helichrysum nudifolium (L.) Less. var. oxyphyllum (DC.) Beentje ■☆
189711 Helichrysum riparium Brenan;河岸蜡菊●☆
189712 Helichrysum robbrechtianum Lisowski;罗布蜡菊●☆
189713 Helichrysum robynsii De Wild. = Helichrysum nitens Oliv. et Hiern subsp. robynsii (De Wild.) Lisowski ●☆
189714 Helichrysum rochetii Delile = Phagnalon abyssinicum Sch. Bip. ex A. Rich. ■☆
189715 Helichrysum rogersii S. Moore = Helichrysum praecinctum Klatt ●☆
189716 Helichrysum roseo-niveum Marloth et O. Hoffm.;粉白蜡菊●☆
189717 Helichrysum rosmarinifolium DC. = Ozothamnus rosmarinifolius (Labill.) Sweet ●☆
189718 Helichrysum rosmarinum Mattf. = Helichrysum odoratissimum (L.) Sweet ●☆
189719 Helichrysum rosulatum Oliv. et Hiern;莲座蜡菊●☆
189720 Helichrysum rosum (P. J. Bergius) Less.;蔷薇蜡菊●☆
189721 Helichrysum rosum (P. J. Bergius) Less. var. concolorum (DC.) Moeser = Helichrysum rosum (P. J. Bergius) Less. ●☆
189722 Helichrysum rotundatum Harv.;圆形蜡菊●☆
189723 Helichrysum rotundifolium (Thunb.) Less.;圆叶蜡菊■☆
189724 Helichrysum roulingii De Wild. = Helichrysum odoratissimum (L.) Sweet ●☆
189725 Helichrysum ruandense Lisowski;卢旺达蜡菊●☆
189726 Helichrysum rubellum (Thunb.) Less. = Helichrysum cylindriflorum (L.) Hilliard et B. L. Burtt ●☆
189727 Helichrysum rubellum (Thunb.) Less. var. incarnatum (DC.) Harv. = Helichrysum incarnatum DC. ■☆
189728 Helichrysum ruderale Hilliard et B. L. Burtt;荒地蜡菊●☆
189729 Helichrysum rudolfii Hilliard;鲁道夫蜡菊●☆
189730 Helichrysum rugatum S. Moore = Helichrysum nitens Oliv. et Hiern subsp. robynsii (De Wild.) Lisowski ●☆
189731 Helichrysum rugulosum Less.;稍皱蜡菊●☆
189732 Helichrysum rupestre (Raf.) DC.;岩地蜡菊●☆
189733 Helichrysum rupestre (Raf.) DC. subsp. boissieri (Nyman) Rouy = Helichrysum boissieri Nyman ■☆
189734 Helichrysum rupestre (Raf.) DC. subsp. pomelianum (Greuter) Dobignard;波梅尔蜡菊●☆
189735 Helichrysum rupestre (Raf.) DC. var. jorroi Sennen et Mauricio = Helichrysum rupestre (Raf.) DC. ●☆
189736 Helichrysum rupestre (Raf.) DC. var. scandens (Guss.) Fiori = Helichrysum rupestre (Raf.) DC. ●☆
189737 Helichrysum rupicola Pomel = Helichrysum rupestre (Raf.) DC. ●☆
189738 Helichrysum rusillonii Hochr. = Helichrysum faradifani Scott-Elliot ■☆
189739 Helichrysum rusillonii Hochr. var. cuneatum Humbert = Helichrysum faradifani Scott-Elliot ■☆
189740 Helichrysum rutilans (L.) D. Don;橙红蜡菊■☆
189741 Helichrysum ruwenzoriense S. Moore = Helichrysum nudifolium (L.) Less. ■☆
189742 Helichrysum saboureai Humbert;萨布罗蜡菊●☆
189743 Helichrysum salviifolium Humbert;鼠尾草叶蜡菊●☆
189744 Helichrysum sambiranense Humbert;桑比朗蜡菊●☆
189745 Helichrysum sarmentosum O. Hoffm. = Helichrysum schimperi (Sch. Bip. ex A. Rich.) Moeser ●☆
189746 Helichrysum saxicola Hilliard;喜岩蜡菊●☆
189747 Helichrysum scabrum (Thunb.) Less. var. microphyllum (DC.) Harv. = Helichrysum scabrum Less. ●☆
189748 Helichrysum scabrum (Thunb.) Less. var. scaberrimum Harv. = Helichrysum scabrum Less. ●☆
189749 Helichrysum scabrum Less.;糙蜡菊●☆
189750 Helichrysum scaettae De Wild. = Helichrysum newii Oliv. et Hiern ●☆
189751 Helichrysum scandens Guss. subsp. brachyphyllum (Boiss.) Murb. = Helichrysum rupestre (Raf.) DC. ●☆
189752 Helichrysum scandens Sieber var. kabylicum Maire = Helichrysum rupestre (Raf.) DC. ●☆
189753 Helichrysum scapiforme Moeser = Helichrysum ecklonis Sond. ●☆

189754 Helichrysum schimperi (Sch. Bip. ex A. Rich.) Moeser;欣珀蜡菊●☆

189755 Helichrysum schimperi (Sch. Bip. ex A. Rich.) Moeser var. stramineum (Sch. Bip.) Chiov. = Helichrysum schimperi (Sch. Bip. ex A. Rich.) Moeser ●☆

189756 Helichrysum schlechteri Bolus = Helichrysum acutatum DC. ●☆

189757 Helichrysum scitulum Hilliard et B. L. Burtt;绮丽蜡菊●☆

189758 Helichrysum scleranthoides S. Moore = Ifloga molluginoides (DC.) Hilliard ■☆

189759 Helichrysum sclerochlaenum (Vatke) Moeser;硬蜡菊●☆

189760 Helichrysum scopulosum M. D. Hend. = Helichrysum aureum (Houtt.) Merr. var. scopulosum (M. D. Hend.) Hilliard ●☆

189761 Helichrysum scorpioides Labill.;蝎尾蜡菊;Button Everlasting ●☆

189762 Helichrysum seineri Moeser = Helichrysum lineare DC. ●☆

189763 Helichrysum selaginifolium (DC.) R. Vig. et Humbert;石松蜡菊●☆

189764 Helichrysum selago Benth. et Hook. f. ex Kirk = Ozothamnus selago Hook. f. ●☆

189765 Helichrysum serotinum Boiss. = Helichrysum italicum G. Don ●☆

189766 Helichrysum serotinum Boiss. et Reut.;晚熟蜡菊●☆

189767 Helichrysum serotinum Boiss. et Reut. subsp. picardii (Boiss. et Reut.) Galbany, Sáenz de Rivas et Benedi;皮卡德蜡菊●☆

189768 Helichrysum serpentinicola Wild;蛇纹岩蜡菊●☆

189769 Helichrysum serpyllifolium (P. J. Bergius) Pers. = Plecostachys serpyllifolia (P. J. Bergius) Hilliard et B. L. Burtt ■☆

189770 Helichrysum serpyllifolium (P. J. Bergius) Pers. var. orbiculare (Thunb.) DC. = Plecostachys serpyllifolia (P. J. Bergius) Hilliard et B. L. Burtt ■☆

189771 Helichrysum serpyllifolium (P. J. Bergius) Pers. var. polifolium (Thunb.) DC. = Plecostachys polifolia (Thunb.) Hilliard et B. L. Burtt ■☆

189772 Helichrysum serpyllifolium Pers.;百里香叶蜡菊;Hottentot Tea ●☆

189773 Helichrysum sesamoides (L.) Willd. = Edmondia sesamoides (L.) Hilliard ●☆

189774 Helichrysum sesamoides (L.) Willd. var. fasciculatum (Andréws) Harv. = Edmondia fasciculata (Andréws) Hilliard ●☆

189775 Helichrysum sesamoides (L.) Willd. var. filiforme (D. Don) Harv. = Edmondia sesamoides (L.) Hilliard ●☆

189776 Helichrysum sesamoides (L.) Willd. var. heterophyllum Harv. = Edmondia sesamoides (L.) Hilliard ●☆

189777 Helichrysum sesamoides (L.) Willd. var. willdenowii Harv. = Edmondia sesamoides (L.) Hilliard ●☆

189778 Helichrysum sessile DC.;无柄蜡菊●☆

189779 Helichrysum sessilioides Hilliard;拟无柄蜡菊●☆

189780 Helichrysum setigerum Bolus = Helichrysum albobrunneum S. Moore ●☆

189781 Helichrysum setigerum Bolus var. minor ? = Helichrysum albobrunneum S. Moore ●☆

189782 Helichrysum setosum Harv.;刚毛蜡菊●☆

189783 Helichrysum siculum Boiss. var. albidum Chiov. = Helichrysum stoechas (L.) Moench ■☆

189784 Helichrysum siculum Boiss. var. caespitosum (C. Presl) Cavara = Helichrysum stoechas (L.) Moench ■☆

189785 Helichrysum silicicola Compton = Helichrysum simulans Harv. et Sond. ●☆

189786 Helichrysum silvaticum Hilliard;森林蜡菊●☆

189787 Helichrysum simii Bolus = Gnaphalium simii (Bolus) Hilliard et B. L. Burtt ■☆

189788 Helichrysum simulans Harv. et Sond.;近似蜡菊●☆

189789 Helichrysum somalense Baker f.;索马里蜡菊●☆

189790 Helichrysum sordescens DC. = Syncarpha sordescens (DC.) B. Nord. ■☆

189791 Helichrysum sordidum Humbert;污蜡菊●☆

189792 Helichrysum spectabile Lodd. = Edmondia pinifolia (Lam.) Hilliard ●☆

189793 Helichrysum sphaeroideum Moeser;球形蜡菊●☆

189794 Helichrysum spiciforme DC.;矛蜡菊●☆

189795 Helichrysum spiciforme DC. subsp. amboense (Schinz) Merxm. = Helichrysum amboense Schinz ●☆

189796 Helichrysum spiciforme DC. var. amboense (Schinz) Moeser = Helichrysum amboense Schinz ●☆

189797 Helichrysum spinosum (L.) Willd. = Macledium spinosum (L.) S. Ortiz ●☆

189798 Helichrysum spiralepis Hilliard et B. L. Burtt;圈鳞蜡菊●☆

189799 Helichrysum splendidum (Thunb.) Less.;闪光蜡菊●☆

189800 Helichrysum splendidum (Thunb.) Less. var. basuticum E. Phillips = Helichrysum witbergense Bolus ●☆

189801 Helichrysum splendidum (Thunb.) Less. var. montanum (DC.) Harv. = Helichrysum montanum DC. ●☆

189802 Helichrysum splendidum Less.;光亮蜡菊●☆

189803 Helichrysum spodiophyllum Hilliard et B. L. Burtt;灰叶蜡菊●☆

189804 Helichrysum squamosifolium S. Moore = Helichrysum mechowianum Klatt var. ceres (S. Moore) Beentje ●☆

189805 Helichrysum squamosum (Jacq.) Thunb. = Edmondia pinifolia (Lam.) Hilliard ●☆

189806 Helichrysum squarrosum Baker = Helichrysum retrorsum DC. ●☆

189807 Helichrysum steetzii (Vatke) O. Hoffm. = Helichrysum kraussii Sch. Bip. ■☆

189808 Helichrysum stellatum (L.) Less.;星状蜡菊●☆

189809 Helichrysum stellatum (L.) Less. var. globiferum Harv. = Helichrysum cochleariforme DC. ●☆

189810 Helichrysum stenocephalum Humbert = Helichrysum heterotrichum Humbert ●☆

189811 Helichrysum stenoclinoides (Baker) Humbert;鼠麴木蜡菊●☆

189812 Helichrysum stenopterum DC.;窄翅蜡菊●☆

189813 Helichrysum steudelii Sch. Bip. ex A. Rich. = Pseudognaphalium oligandrum (DC.) Hilliard et B. L. Burtt ■☆

189814 Helichrysum stoechas (L.) Moench;斯托卡蜡菊;Eternal Flower, God's Flower, Gold Flower, Golden Cassidony, Goldilocks, Mothwort, Shrubby Everlasting, Straw-flower ■☆

189815 Helichrysum stoechas (L.) Moench subsp. boissieri (Nyman) Maire = Helichrysum boissieri Nyman ■☆

189816 Helichrysum stoechas (L.) Moench subsp. brachyphyllum (Boiss.) Murb. = Helichrysum rupestre (Raf.) DC. subsp. pomelianum (Greuter) Dobignard ●☆

189817 Helichrysum stoechas (L.) Moench subsp. conglobatum (Viv.) Maire et Weiller = Helichrysum stoechas (L.) Moench ■☆

189818 Helichrysum stoechas (L.) Moench subsp. decumbens (Cambess.) Batt. = Helichrysum rupestre (Raf.) DC. ●☆

189819 Helichrysum stoechas (L.) Moench subsp. numidicum (Pomel) Batt. = Helichrysum italicum (Roth) G. Don ●☆

189820 Helichrysum stoechas (L.) Moench subsp. rupestre (Raf.) Maire = Helichrysum rupestre (Raf.) DC. ●☆

189821 Helichrysum stoechas (L.) Moench subsp. rupicola (Pomel)

Maire = Helichrysum rupestre (Raf.) DC. subsp. pomelianum (Greuter) Dobignard ●☆

189822 Helichrysum stoechas (L.) Moench subsp. scandens (Siebold) Quézel et Santa = Helichrysum rupestre (Raf.) DC. subsp. pomelianum (Greuter) Dobignard ●☆

189823 Helichrysum stoechas (L.) Moench var. fontanesii (Cambess.) Batt. = Helichrysum stoechas (L.) Moench ■☆

189824 Helichrysum stoechas (L.) Moench var. serotinum (Boiss.) Batt. = Helichrysum serotinum Boiss. et Reut. subsp. picardii (Boiss. et Reut.) Galbany, Sáenz de Rivas et Benedi ●☆

189825 Helichrysum stoechas DC. = Helichrysum stoechas (L.) Moench ■☆

189826 Helichrysum stoloniferum (L. f.) Willd.;匍匐蜡菊●☆

189827 Helichrysum stoloniferum D. Don = Anaphalis nepalensis (Spreng.) Hand. -Mazz. ■

189828 Helichrysum stolzii Mattf.;斯托尔兹蜡菊●☆

189829 Helichrysum stramineum Hiern;草黄蜡菊●☆

189830 Helichrysum striatum (Thunb.) Thunb. = Syncarpha striata (Thunb.) B. Nord. ■☆

189831 Helichrysum strictum (Lam.) Druce = Helichrysum splendidum (Thunb.) Less. ●☆

189832 Helichrysum stuhlmannii O. Hoffm.;斯图尔曼蜡菊●☆

189833 Helichrysum stuhlmannii O. Hoffm. var. aberdaricum R. E. Fr. = Helichrysum chionoides Philipson ●☆

189834 Helichrysum stuhlmannii O. Hoffm. var. ducis-aprutii (Chiov.) Moeser = Helichrysum stuhlmannii O. Hoffm. ●☆

189835 Helichrysum stuhlmannii O. Hoffm. var. keniense R. E. Fr. = Helichrysum chionoides Philipson ●☆

189836 Helichrysum stuhlmannii O. Hoffm. var. latifolium De Wild. = Helichrysum stuhlmannii O. Hoffm. ●☆

189837 Helichrysum stuhlmannii O. Hoffm. var. rigidum Moeser = Helichrysum stuhlmannii O. Hoffm. ●☆

189838 Helichrysum subfalcatum Hilliard;亚镰形蜡菊●☆

189839 Helichrysum subglobosum Humbert;亚球形蜡菊●☆

189840 Helichrysum subglomeratum Less.;近团集蜡菊●☆

189841 Helichrysum subglomeratum Less. var. imbricatum DC. = Helichrysum albanense Hilliard ●☆

189842 Helichrysum subglomeratum Less. var. lingulatum Harv. = Helichrysum subglomeratum Less. ●☆

189843 Helichrysum subluteum Burtt Davy;淡黄蜡菊●☆

189844 Helichrysum subulifolium Harv. = Helichrysum harveyanum Wild ●☆

189845 Helichrysum subumbellatum Humbert;亚小伞蜡菊●☆

189846 Helichrysum sulfureofuscum Baker;硫棕色蜡菊●☆

189847 Helichrysum sutherlandii Harv.;萨瑟兰蜡菊●☆

189848 Helichrysum swynnertonii S. Moore;斯温纳顿蜡菊●☆

189849 Helichrysum symoensianum Lisowski;西莫蜡菊●☆

189850 Helichrysum syncephaloides Humbert;合头蜡菊●☆

189851 Helichrysum tanacetiflorum Baker;菊蒿花蜡菊■☆

189852 Helichrysum tenax M. D. Hend.;黏蜡菊●☆

189853 Helichrysum tenax M. D. Hend. var. pallidum Hilliard et B. L. Burtt;苍白黏蜡菊●☆

189854 Helichrysum tenue Humbert;瘦蜡菊■☆

189855 Helichrysum tenuifolium Killick;细叶蜡菊■☆

189856 Helichrysum teretifolium (L.) D. Don;柱叶蜡菊●☆

189857 Helichrysum teretifolium (L.) D. Don var. natalense Harv. = Helichrysum teretifolium (L.) D. Don ●☆

189858 Helichrysum thapsus (Kuntze) Moeser;毒胡萝卜蜡菊●☆

189859 Helichrysum thianschanicum Regel;天山蜡菊(天山麦秆菊);Tianshan Waxdaisy ■

189860 Helichrysum thianschanicum Regel var. aureum O. Fedtsch. et B. Fedtsch. = Helichrysum thianschanicum Regel ■

189861 Helichrysum tinctum (Thunb.) Hilliard et B. L. Burtt;染色蜡菊●☆

189862 Helichrysum tithonioides Wild;肿柄蜡菊●☆

189863 Helichrysum tomentosulum (Klatt) Merxm.;绒毛蜡菊●☆

189864 Helichrysum tomentosum Humbert;毛蜡菊■☆

189865 Helichrysum translucidum Humbert;半透明蜡菊■☆

189866 Helichrysum transvalense Staner = Helichrysum acutatum DC. ●☆

189867 Helichrysum tricostatum (Thunb.) Less.;三脉蜡菊●☆

189868 Helichrysum trilineatum DC.;三线蜡菊●☆

189869 Helichrysum trinervatum Baker;三小脉蜡菊■☆

189870 Helichrysum triplinerve DC.;离基三脉蜡菊■☆

189871 Helichrysum truncatum Burtt Davy;平截蜡菊■☆

189872 Helichrysum tysonii Hilliard;泰森蜡菊●☆

189873 Helichrysum umbellatum (Turcz.) Harv. = Helichrysum marifolium DC. ●☆

189874 Helichrysum umbellulatum S. Moore;小伞蜡菊●☆

189875 Helichrysum umbraculigerum Less.;伞状蜡菊●☆

189876 Helichrysum uncinulatum De Wild. = Helichrysum brunioides Moeser ●☆

189877 Helichrysum undatum (J. F. Gmel.) Less. = Helichrysum nudifolium (L.) Less. var. oxyphyllum (DC.) Beentje ■☆

189878 Helichrysum undatum (J. F. Gmel.) Less. var. agrostophilum (Klatt) Moeser = Helichrysum pallidum DC. ●☆

189879 Helichrysum undatum (J. F. Gmel.) Less. var. pallidum (DC.) Harv. = Helichrysum pallidum DC. ●☆

189880 Helichrysum undulatum Ledeb.;波状蜡菊■☆

189881 Helichrysum uninervium Burtt Davy;单脉蜡菊●☆

189882 Helichrysum vaginatum Humbert;具鞘蜡菊●☆

189883 Helichrysum variegatum (P. J. Bergius) Thunb. = Syncarpha variegata (P. J. Bergius) B. Nord. ■☆

189884 Helichrysum velatum Moeser = Helichrysum nudifolium (L.) Less. ■☆

189885 Helichrysum velatum Moeser var. longifolium De Wild. = Helichrysum nudifolium (L.) Less. ■☆

189886 Helichrysum vellereum R. A. Dyer = Vellereophyton vellereum (R. A. Dyer) Hilliard ●☆

189887 Helichrysum verbascifolium S. Moore = Helichrysum mechowianum Klatt var. ceres (S. Moore) Beentje ●☆

189888 Helichrysum vernonioides Wild = Helichrysum mechowianum Klatt var. vernonioides (Wild) Beentje ●☆

189889 Helichrysum vernum Hilliard;春蜡菊●☆

189890 Helichrysum versicolor O. Hoffm. et Muschl.;变色蜡菊●☆

189891 Helichrysum vestitum (L.) Willd. = Syncarpha vestita (L.) B. Nord. ■☆

189892 Helichrysum viguieri Humbert;维基耶蜡菊●☆

189893 Helichrysum viscidissimum Hutch. = Helichrysum pumilio (O. Hoffm.) Hilliard et B. L. Burtt subsp. fleckii (S. Moore) Hilliard ●☆

189894 Helichrysum viscidissimum Hutch. var. volkii Merxm. = Helichrysum pumilio (O. Hoffm.) Hilliard et B. L. Burtt subsp. fleckii (S. Moore) Hilliard ●☆

189895 Helichrysum viscosum Siebold = Xerochrysum bracteatum (Vent.) Tzvelev ■

189896 Helichrysum volkensii O. Hoffm. = Helichrysum formosissimum Sch. Bip. ●☆
189897 Helichrysum wilmsii Moeser;维尔姆斯蜡菊●☆
189898 Helichrysum witbergense Bolus;沃特山蜡菊●☆
189899 Helichrysum wittei Hutch. et B. L. Burtt;维特蜡菊●☆
189900 Helichrysum wollastonii S. Moore = Helichrysum formosissimum Sch. Bip. var. guilelmii (Engl.) Mesfin ●☆
189901 Helichrysum woodii N. E. Br. ;伍得蜡菊●☆
189902 Helichrysum xanthosphaerum Baker = Helichrysum kirkii Oliv. et Hiern ■☆
189903 Helichrysum xylocladum Baker;木枝蜡菊●☆
189904 Helichrysum zairense Lisowski = Helichrysum foetidum (L.) Moench ■☆
189905 Helichrysum zeyheri Less. ;泽赫蜡菊●☆
189906 Helichrysum zeyheri Less. var. burchellii (DC.) Harv. = Helichrysum zeyheri Less. ●☆
189907 Helichrysum zeyheri Less. var. intermedium (DC.) Harv. = Helichrysum zeyheri Less. ●☆
189908 Helichrysum zombense Moeser = Helichrysum mechowianum Klatt ●☆
189909 Helichrysum zwartbergense Bolus;茨瓦特伯格蜡菊●☆
189910 Helicia Lour. (1790);山龙眼属;Helicia ●
189911 Helicia Pers. = Helixanthera Lour. ●
189912 Helicia annularis W. W. Sm. = Helicia cochinchinensis Lour. ●
189913 Helicia cauliflora Merr. ; 茎花山龙眼(东兴山龙眼); Cauliflorous Helicia, Stemflower Helicia, Stem-flower Helicia ●
189914 Helicia caulifloroides W. T. Wang;茎序山龙眼;Cauliflous-like Helicia ●
189915 Helicia caulifloroides W. T. Wang = Heliciopsis lobata (Merr.) Sleumer ●
189916 Helicia chunii W. T. Wang = Helicia kwangtungensis W. T. Wang ●
189917 Helicia clivicola W. W. Sm. ; 山地山龙眼(倮倮栗果); Montane Helicia, Mountain Helicia ●
189918 Helicia cochinchinensis Lour. ;小果山龙眼(倒拉锯,红叶树,山茂坚,万打棍,翁仔树,羊咩屎,羊屎果,羊仔屎,越南山龙眼); Cochinchina Helicia, Cochin-china Helicia, Red-leaved Helicia, Smallfruit Helicia ●
189919 Helicia cochinchinensis Lour. var. lungtauensis Sleumer = Helicia kwangtungensis W. T. Wang ●
189920 Helicia cochinchinensis Lour. var. pseuderratica Sleumer = Helicia reticulata W. T. Wang ●
189921 Helicia cochinchinensis Lour. var. rengetiensis (Masam.) S. S. Ying = Helicia rengetiensis Masam. ●
189922 Helicia cornifolia W. T. Wang;梾叶山龙眼;Cornifoliate Helicia ●
189923 Helicia cornifolia W. T. Wang = Helicia nilagirica Bedd. ●
189924 Helicia diversifolia C. T. White;异叶山龙眼;Helicia Nut ●☆
189925 Helicia dongxingensis H. S. Kiu;东兴山龙眼;Dongxing Helicia ●
189926 Helicia erratica Hook. f. = Helicia nilagirica Bedd. ●
189927 Helicia erratica Hook. f. = Helicia reticulata W. T. Wang ●
189928 Helicia erratica Hook. f. var. sinica W. T. Wang = Helicia nilagirica Bedd. ●
189929 Helicia excelsa (R. Br.) Blume;高大山龙眼●☆
189930 Helicia falcata C. Y. Wu; 镰叶山龙眼; Falcate Helicia, Falcateleaf Helicia, Sickle-shaped Helicia ●
189931 Helicia formosana Hemsl. ;山龙眼(菜甫筋,山枇杷);Taiwan Helicia, Taiwan Mountain Longan ●
189932 Helicia formosana Hemsl. var. oblanceolata Sleumer = Helicia formosana Hemsl. ●
189933 Helicia grandis Hemsl. ; 大山龙眼(猫旦果); Big Helicia, Grand Helicia ●
189934 Helicia hainanensis Hayata; 海南山龙眼(火灰树); Hainan Helicia ●
189935 Helicia henryi Diels = Heliciopsis henryi (Diels) W. T. Wang ●
189936 Helicia henryi Diels = Heliciopsis terminalis (Kurz) Sleumer ●◇
189937 Helicia kwangtungensis W. T. Wang; 广东山龙眼(陈氏山龙眼,瓜络木,萝卜树);Chun Helicia, Guangdong Helicia, Kwangtung Helicia ●
189938 Helicia lancifolia Siebold et Zucc. = Helicia cochinchinensis Lour. ●
189939 Helicia lobata Merr. = Heliciopsis lobata (Merr.) Sleumer ●
189940 Helicia longipetiolata Merr. et Chun;长柄山龙眼;Longipetioled Helicia, Longpetiole Helicia ●
189941 Helicia nilagirica Bedd. ;深绿山龙眼(常绿山龙眼,豆腐渣果,萝卜树,母猪果);Darkgreen Helicia, Nilagiris Helicia ●
189942 Helicia obovata Y. C. Liu = Helicia rengetiensis Masam. ●
189943 Helicia obovatifolia Merr. et Chun;倒卵叶山龙眼(红心割,山枇杷);Obovateleaf Helicia, Obovate-leaved Helicia ●
189944 Helicia obovatifolia Merr. et Chun var. mixta (H. L. Li) Sleumer;枇杷叶山龙眼(野乌榄);Mixed Helicia ●
189945 Helicia pallidiflora W. W. Sm. = Heliciopsis henryi (Diels) W. T. Wang ●
189946 Helicia parasitica (Lour.) Pers. = Helixanthera parasitica Lour. ●
189947 Helicia pyrrhobotrya Kurz; 焰序山龙眼; Flame-coloured Inflorescence Helicia, Spathe Helicia ●
189948 Helicia rengetiensis Masam. ;莲花池山龙眼(倒卵叶山龙眼,台湾山龙眼);Lien Hua Chih Helicia ●
189949 Helicia reticulata W. T. Wang;网脉山龙眼(大果山龙眼,萝卜树,野萝卜子);Reticulate Helicia ●
189950 Helicia reticulata W. T. Wang var. parvifolia W. T. Wang = Helicia reticulata W. T. Wang ●
189951 Helicia shweliensis W. W. Sm. ;瑞丽山龙眼(老母猪果,罗罗李);Ruili Helicia, Shwelien Helicia ●◇
189952 Helicia silvicola W. W. Sm. ; 林地山龙眼; Forest Helicia, Woodland Helicia ●
189953 Helicia stricta Diels = Helicia nilagirica Bedd. ●
189954 Helicia terminalis Kurz = Heliciopsis terminalis (Kurz) Sleumer ●◇
189955 Helicia tibetensis H. S. Kiu;西藏山龙眼(藏山龙眼);Tibet Helicia, Xizang Helicia ●
189956 Helicia tonkinensis Lecomte = Helicia cochinchinensis Lour. ●
189957 Helicia tsaii W. T. Wang;潞西山龙眼;H. T. Tsai Helicia, Cai Helicia ●
189958 Helicia vestita W. W. Sm. ; 浓毛山龙眼; Densehair Helicia, Densihaired Helicia ●
189959 Helicia vestita W. W. Sm. var. longipes W. T. Wang;锈毛山龙眼;Longstalk Helicia ●
189960 Helicia vestita W. W. Sm. var. mixta H. L. Li = Helicia obovatifolia Merr. et Chun var. mixta (H. L. Li) Sleumer ●
189961 Helicia yangchunensis H. S. Kiu; 阳春山龙眼; Yangchun Helicia ●
189962 Helicia yingtzulinia S. S. Ying = Helicia formosana Hemsl. ●
189963 Helicilla Moq. (1849);小螺草属(南碱蓬属)■

189964 Helicilla Moq. = Suaeda Forssk. ex J. F. Gmel.(保留属名)●■
189965 Helicilla altissima Moq. = Suaeda glauca (Bunge) Bunge ■
189966 Heliciopsis Sleumer (1955);假山龙眼属(调羹树属);Heliciopsis ●
189967 Heliciopsis artocarpoides (Elmer) Sleumer;桂木假山龙眼●☆
189968 Heliciopsis henryi (Diels) W. T. Wang;假山龙眼;Henry Heliciopsis ●
189969 Heliciopsis incisa (Koord. et Valeton) Sleumer;锐裂假山龙眼●☆
189970 Heliciopsis lanceolata (Koord. et Valeton) Sleumer;剑叶假山龙眼●☆
189971 Heliciopsis litseifolia R. C. K. Chung;木姜子叶假山龙眼●☆
189972 Heliciopsis lobata (Merr.) Sleumer;调羹树(大裂叶萝白树,人字树,痄腮树);Lobed Heliciopsis,Spoontree ●
189973 Heliciopsis lobata (Merr.) Sleumer var. microcarpa C. Y. Wu et T. Z. Hsu = Heliciopsis terminalis (Kurz) Sleumer ●◇
189974 Heliciopsis montana Symington ex Kochummen;山地假山龙眼●☆
189975 Heliciopsis nilagirica Bedd.;萝卜树●☆
189976 Heliciopsis terminalis (Kurz) Sleumer;痄腮树(鹅掌枫,假山龙眼,老鼠核桃,七叶木,小果调羹树,硬壳果);Mumpstree,Terminal Heliciopsis ●◇
189977 Heliciopsis velutina (Prain) Sleumer;马来假山龙眼●☆
189978 Heliciopsis whitmorei Kochummen;惠氏山龙眼●☆
189979 Helicodea Lem. = Billbergia Thunb. ■
189980 Helicodea Lem. = Eucallias Raf. ■
189981 Helicodiceros Schott ex K. Koch = Helicodiceros Schott(保留属名)■☆
189982 Helicodiceros Schott(1855-1856)(保留属名);双旋角花属;Twisted-arum ■☆
189983 Helicodiceros crinitus Schott;双旋角花;Twisted-arum ■☆
189984 Helicodiceros muscivorus (L. f.) Engl. = Helicodiceros crinitus Schott ■☆
189985 Helicodiceros muscivorus Engl. = Helicodiceros crinitus Schott ■☆
189986 Heliconia L. (1771)(保留属名);蝎尾蕉属(海里康属,赫蕉属,火鹤花属);Beliconia, False Bird-of-paradise, Heliconia, Heliconias,Lobster Claw,Lobster Claws,Lobster-claws ■
189987 Heliconia 'Jamarca';牙买加蝎尾蕉■☆
189988 Heliconia alba L. f. = Strelitzia alba (L. f.) Skeels ●
189989 Heliconia angusta Vell.;圣诞蝎尾蕉;Christmas Heliconia ■☆
189990 Heliconia angustifolia Hook.;狭叶蝎尾蕉■☆
189991 Heliconia aurantiaca Ghiesbr.;橙黄蝎尾蕉■☆
189992 Heliconia aureo-striata Bull.;黄纹蝎尾蕉(金纹蝎尾蕉);Balisier, Carib Heliconia, Goldstripe Heliconia, Macawflower, Wild Plantain ■
189993 Heliconia bicolor Benth. = Heliconia angustifolia Hook. ■☆
189994 Heliconia bicolor Klotzsch = Heliconia hirsuta L. f. ■☆
189995 Heliconia bihai (L.) L.;比海蝎尾蕉;Balisier ■☆
189996 Heliconia bihai (L.) L. = Heliconia aureo-striata Bull. ■
189997 Heliconia bihai J. S. Mill. = Strelitzia reginae Banks ex Aiton ●
189998 Heliconia bihai L. 'Chocolata Dancer';朱古力舞女蕉■☆
189999 Heliconia bihai L. 'Lobster Claw One';龙虾爪 1 号蕉■☆
190000 Heliconia bihai L. 'Lobster Claw';龙虾爪蝎尾蕉■☆
190001 Heliconia bihai L. 'Yellow Dancer';黄舞女蝎尾蕉■☆
190002 Heliconia bihai L. = Heliconia aureo-striata Bull. ■
190003 Heliconia bihai L. = Heliconia bihai (L.) L. ■☆
190004 Heliconia borinquena Griggs = Heliconia caribaea Lam. ■☆
190005 Heliconia caribaea Lam.;加勒比群岛蝎尾蕉;Balisier,Lobster Claw,Parrot Beak,Wild Plantain ■☆
190006 Heliconia caribaea Lam. = Heliconia bihai (L.) L. ■☆
190007 Heliconia champneiana Griggs 'Maya Gold';马雅金蝎尾蕉■☆
190008 Heliconia chartacea Lane 'Sexy pink';醒狮粉红蕉■☆
190009 Heliconia chartacea Lane 'Sexy';醒狮蝎尾蕉■☆
190010 Heliconia collinsiana Griggs = Heliconia pendula Wawra ■☆
190011 Heliconia conferta Petersen = Heliconia caribaea Lam. ■☆
190012 Heliconia densiflora Verl. 'Fire Flash';火红蝎尾蕉■☆
190013 Heliconia distans Griggs = Heliconia bihai (L.) L. ■☆
190014 Heliconia elongata Griggs = Heliconia wagneriana Petersen ■☆
190015 Heliconia episcopalis Vell.;黄火炬蝎尾蕉■☆
190016 Heliconia farinosa Raddi;被粉蝎尾蕉■☆
190017 Heliconia hirsuta L. f.;硬毛蝎尾蕉■☆
190018 Heliconia humilis (Aubl.) Jacq.;矮蝎尾蕉(艳红赫蕉);Lobster-claw ■☆
190019 Heliconia humilis Jacq. = Heliconia bihai (L.) L. ■☆
190020 Heliconia humilis Jacq. = Heliconia humilis (Aubl.) Jacq. ■☆
190021 Heliconia illustris Bull.;显著蝎尾蕉(光亮蝎尾蕉);Famous Heliconia ■☆
190022 Heliconia indica Lam.;印度蝎尾蕉■☆
190023 Heliconia indica Lam. 'Spectabilis';美丽蝎尾蕉■☆
190024 Heliconia latispatha Benth.;阔苞蝎尾蕉(黄蝎尾蕉);Expanded Lobster Claw,Expanded Lobsterclaw,Golden Lobster Claw ■☆
190025 Heliconia latispatha Benth. 'Orange Gyro';黄鹤蝎尾蕉■☆
190026 Heliconia latispatha Benth. 'Red-Yellow';红黄蝎尾蕉■☆
190027 Heliconia luteofusca Jacq. = Heliconia bihai (L.) L. ■☆
190028 Heliconia marantifolia G. Shaw = Heliconia psittacorum L. f. ■☆
190029 Heliconia mariae Hook. f.;马里红蝎尾蕉■☆
190030 Heliconia metallica Hook. = Heliconia metallica Planch. et Linden ex Hook. ■
190031 Heliconia metallica Planch. et Linden ex Hook.;蝎尾蕉(银肋赫蕉);Lobster Claws, Lobster-claw, Shining Bird of Paradise, Venezuela Heliconia ■
190032 Heliconia metallica Planch. et Linden ex Hook. f. = Heliconia metallica Planch. et Linden ex Hook. ■
190033 Heliconia nana G. Rodr. = Heliconia metallica Planch. et Linden ex Hook. ■
190034 Heliconia nitens Hort. = Heliconia metallica Planch. et Linden ex Hook. ■
190035 Heliconia osaensis Cufod. var. rubescens Stiles = Heliconia metallica Planch. et Linden ex Hook. ■
190036 Heliconia pendula Wawra;下垂蝎尾蕉(红垂蝎尾蕉)■☆
190037 Heliconia pendula Wawra 'Red Waxy';红蜡蝎尾蕉■☆
190038 Heliconia psittacorum L. f.;鹦鹉蝎尾蕉(鹦鹉黄花赫蕉);Parakeetflower, Parrot's Flower, Parrot's Plantain, Parrots Heliconia ■☆
190039 Heliconia psittacorum L. f. 'Adrian';阿珍蝎尾蕉■☆
190040 Heliconia psittacorum L. f. 'Andromeda';多色蝎尾蕉■☆
190041 Heliconia psittacorum L. f. 'Black Cherry';黑梅蝎尾蕉■☆
190042 Heliconia psittacorum L. f. 'Choconiana';灰黄蝎尾蕉■☆
190043 Heliconia psittacorum L. f. 'Golden Torch';金火炬蝎尾蕉■☆
190044 Heliconia psittacorum L. f. 'Green Bananas';翠绿蝎尾蕉■☆
190045 Heliconia psittacorum L. f. 'Lady DiLady Di';美女蝎尾蕉■☆

190046 Heliconia psittacorum L. f. 'Lillian';百合蝎尾蕉■☆
190047 Heliconia psittacorum L. f. 'Orange Arawak';黄鹰蝎尾蕉■☆
190048 Heliconia psittacorum L. f. 'Sassy';沙紫蝎尾蕉■☆
190049 Heliconia psittacorum L. f. 'St. Vincent's Red';圣温红蝎尾蕉■☆
190050 Heliconia psittacorum L. f. 'Suriname Sassy';苏里南蝎尾蕉■☆
190051 Heliconia purpurea Griggs = Heliconia bihai (L.) L. ■☆
190052 Heliconia rostrata Ruiz et Pav.;喙蝎尾蕉(黄嘴火鸟蕉);False Bird of Paradise, Hanging Heliconia, Lobster Claw ■☆
190053 Heliconia rubra Sessé et Moc.;红宝石蝎尾蕉■☆
190054 Heliconia rutila Griggs = Heliconia bihai (L.) L. ■☆
190055 Heliconia spatho-circinata Aristeg.;内卷蝎尾蕉■☆
190056 Heliconia spissa Griggs 'Mexico Red';墨西哥红蕉■☆
190057 Heliconia strelitzia J. F. Gmel. = Strelitzia reginae Banks ex Aiton ●
190058 Heliconia stricta Huber 'Bob Wilson';波威尔逊蕉■☆
190059 Heliconia stricta Huber 'Carli's Sharonii';卡尼氏蝎尾蕉■☆
190060 Heliconia stricta Huber 'Dimples Peru';店铺蝎尾蕉■☆
190061 Heliconia stricta Huber 'Dwarf Jamaican';矮牙买加蕉■☆
190062 Heliconia stricta Huber 'Fire Bird';火鸟蕉■☆
190063 Heliconia stricta Huber 'Oliveira's Sharonii';奥尼维蝎尾蕉■☆
190064 Heliconia stricta Huber 'Peachy Pink';桃红蝎尾蕉■☆
190065 Heliconia stricta Huber 'Tagami';塔加美蝎尾蕉■☆
190066 Heliconia stricta Huber = Heliconia wagneriana Petersen ■☆
190067 Heliconia subulata Ruiz et Pav.;危地马拉蝎尾蕉;Guatemalan Bird of Paradise ■☆
190068 Heliconia vinosa Bull. = Heliconia metallica Planch. et Linden ex Hook. ■
190069 Heliconia vinosa Ender = Heliconia metallica Planch. et Linden ex Hook. ■
190070 Heliconia wagneriana Petersen;华列尼蝎尾蕉■☆
190071 Heliconia wagneriana Petersen 'Guyana';贵雅蝎尾蕉■☆
190072 Heliconiaceae (A. Rich.) Nakai = Musaceae Juss.(保留科名)■
190073 Heliconiaceae (A. Rich.) Nakai(1941);蝎尾蕉科(赫蕉科);False Bird-of-paradise Family, Heliconia Family, Lobster-claw Family ■☆
190074 Heliconiaceae (Endl.) Nakai = Heliconiaceae (A. Rich.) Nakai ■☆
190075 Heliconiaceae Nakai = Heliconiaceae (A. Rich.) Nakai ■☆
190076 Heliconiaceae Nakai = Musaceae Juss.(保留科名)■
190077 Heliconiaceae Vines = Musaceae Juss.(保留科名)■
190078 Heliconiopsis Miq. = Heliconia L.(保留属名)■
190079 Helicophyllum Schott = Eminium (Blume) Schott ■☆
190080 Helicophyllum Schott(1855);曲叶南星属■☆
190081 Helicophyllum angustatum Schott;窄曲叶南星■☆
190082 Helicophyllum crassifolium Engl.;厚曲叶南星■☆
190083 Helicostylis Trécul(1847);曲柱桑属(卷曲花柱桑属)●☆
190084 Helicostylis tomentosa Rusby;毛曲柱桑(毛卷曲花柱桑)●☆
190085 Helicotriohum Besser ex Rchb. = Helictotrichon Besser ex Schult. et Schult. f. ■
190086 Helicroa Raf. = Echinacea Moench ■☆
190087 Helicroa Raf. = Helichroa Raf. ■☆
190088 Helicta Cass. = Borrichia Adans. ●■☆
190089 Helicta Less. = Epallage DC. ■
190090 Helicteraceae J. Agardh = Malvaceae Juss.(保留科名)●■
190091 Helicteraceae J. Agardh = Sterculiaceae Vent.(保留科名)●■
190092 Helicteres L.(1753);山芝麻属;Screw Tree, Screwtree, Screw-tree ●
190093 Helicteres Pluk. ex L. = Helicteres L. ●
190094 Helicteres angustifolia L.;山芝麻(白头公,大山麻,岗油麻,岗芝麻,岗脂麻,狗屎树,假麻甲,假油麻,假芝麻,牛釜尾,牛爷尾,坡片公,坡油麻,山豆根,山麻,山野麻,山油麻,石秤砣,田油麻,仙桃草,野麻甲,野山麻,野芝麻,油麻甲,芝麻头);Narrowleaf Screwtree, Narrow-leaved Screwtree, Narrow-leaved Screw-tree ●
190095 Helicteres apetala Jacq. = Sterculia apetala (Jacq.) H. Karst. ●☆
190096 Helicteres cavaleriei (H. Lév.) H. Lév. = Helicteres glabriuscula Wall. ex Mast. ●
190097 Helicteres cavaleriei H. Lév. = Helicteres glabriuscula Wall. ●
190098 Helicteres chrysocalyx Mast. = Helicteres isora L. ●
190099 Helicteres chrysocalyx Miq. ex Mast. = Helicteres isora L. ●
190100 Helicteres elongata Wall.;长序山芝麻(长角山芝麻,长叶山芝麻,山芝麻,香芝麻棵,野芝麻,野芝麻棵);Elongated Screwtree, Elongated Screw-tree ●
190101 Helicteres glabriuscula Wall. = Helicteres glabriuscula Wall. ex Mast. ●
190102 Helicteres glabriuscula Wall. ex Mast.;细齿山芝麻(光叶山芝麻,野芝麻);Slender-tooth Screwtree, Slender-tooth Screw-tree ●
190103 Helicteres hirsuta Lour.;雁婆麻(坡麻,坡油麻,肖婆麻);Hirsute Screwtree, Hirsute Screw-tree ●
190104 Helicteres hispida Fern. -Vill. = Helicteres hirsuta Lour. ●
190105 Helicteres isora L.;火索麻(鞭龙,大麻树,火索木,假芝麻,癞皮树,黎仔麻木,扭蒴山芝麻,坡片麻);Kaivum Fibre, Tortedfruit Screwtree, Tortile-fruited Screw-tree ●
190106 Helicteres lanceolata DC.;剑叶山芝麻(大山芝麻,大叶山芝麻,假芝麻,米新,坡芝麻,山油麻,万头果,黏叶山芝麻);Lanceolate Screwtree, Lanceolate Screw-tree ●
190107 Helicteres obtusa Wall.;钝叶山芝麻;Bloontleaf Screwtree, Obtuseleaf Screwtree, Obtuse-leaved Screw-tree ●
190108 Helicteres plebeja Kurz;矮山芝麻(普通山芝麻);Common Screwtree, Dwarf Screwtree, Dwarf Screw-tree ●
190109 Helicteres prostrata S. Y. Liu;平卧山芝麻;Prostrate Screwtree ●
190110 Helicteres roxburghii G. Don = Helicteres isora L. ●
190111 Helicteres spicata Colebr. = Helicteres hirsuta Lour. ●
190112 Helicteres spicata Colebr. ex Roxb.;穗状山芝麻;Spicate Screwtree ●
190113 Helicteres spicata Colebr. ex Roxb. = Helicteres hirsuta Lour. ●
190114 Helicteres spicata Colebr. var. hainanensis Hance. = Helicteres hirsuta Lour. ●
190115 Helicteres spinulosa Wall. = Helicteres glabriuscula Wall. ●
190116 Helicteres undulata Lour. = Sterculia lanceolata Cav. ●
190117 Helicteres viscida Blume;黏毛山芝麻(黏毛火索麻);Viscidhair Screwtree, Viscid-haired Screw-tree ●
190118 Helicterodes (DC.) Kuntze = Caiophora C. Presl ■☆
190119 Helicteropsis Hochr.(1925);拟山芝麻属●☆
190120 Helicteropsis microsiphon (Baill.) Hochr.;小管拟山芝麻●☆
190121 Helicteropsis perrieri Hochr.;拟山芝麻●☆
190122 Helictonema Pierre = Hippocratea L. ●☆
190123 Helictonema Pierre(1898);旋丝卫矛属●☆
190124 Helictonema klaineanum Pierre = Helictonema velutinum (Afzel.) Pierre ex N. Hallé ●☆
190125 Helictonema velutinum (Afzel.) Pierre ex N. Hallé;短绒毛旋

丝卫矛●☆
190126 Helictonia Ehrh. = Ophrys L. ■☆
190127 Helictonia Ehrh. = Spiranthes Rich.（保留属名）■
190128 Helictotrichon Besser ex Schult. et Schult. f. = Helictotrichon Besser ■
190129 Helictotrichon Besser(1827)；异燕麦属(野燕麦属)；Blue Oat Grass, Helictotrichon, Oat Grass, Oat-grass ■
190130 Helictotrichon abietorum (Ohwi) Ohwi；冷杉异燕麦(台湾异燕麦)；Fir Helictotrichon, Taiwan Helictotrichon ■
190131 Helictotrichon albinerve (Boiss.) Henrard；白脉异燕麦■☆
190132 Helictotrichon altius (Hitchc.) Ohwi；高异燕麦(北异燕麦)；Tall Helictotrichon ■
190133 Helictotrichon angustum C. E. Hubb.；窄异燕麦■☆
190134 Helictotrichon asiaticum (Roshev.) Grossh. = Helictotrichon hookeri (Scribn.) Henrard ■
190135 Helictotrichon asperum (Munro ex Thwaites) Bor = Helictotrichon virescens (Nees ex Steud.) Henrard ■
190136 Helictotrichon asperum (Munro ex Thwaites) Bor var. roylei (Hook. f.) R. R. Stewart = Helictotrichon virescens (Nees ex Steud.) Henrard ■
190137 Helictotrichon asperum var. roylei (Hook. f.) R. R. Stewart = Helictotrichon virescens (Nees ex Steud.) Henrard ■
190138 Helictotrichon barbatum (Nees) Schweick.；刚毛异燕麦■☆
190139 Helictotrichon brachyantherum Keng = Helictotrichon potaninii Tzvelev ■
190140 Helictotrichon breviaristatum (Barratte) Henrard；短芒异燕麦■☆
190141 Helictotrichon bromoides (Gouan) C. E. Hubb.；雀麦状异燕麦■☆
190142 Helictotrichon capense Schweick.；好望角异燕麦■☆
190143 Helictotrichon cartilagineum C. E. Hubb. = Helictotrichon elongatum (Hochst. ex A. Rich.) C. E. Hubb. ■☆
190144 Helictotrichon cincinnatum (Ten.) Röser；卷毛异燕麦■☆
190145 Helictotrichon dahuricum (Kom.) Kitag.；大穗异燕麦；Dahur Helictotrichon, Dahurian Helictotrichon ■
190146 Helictotrichon delavayi (Hack.) Henrard；云南异燕麦(达氏异燕麦，洱源异燕麦)；Delavay Helictotrichon, Yunnan Helictotrichon ■
190147 Helictotrichon dodii (Stapf) Schweick.；多德异燕麦■☆
190148 Helictotrichon elongatum (Hochst. ex A. Rich.) C. E. Hubb.；伸长异燕麦■☆
190149 Helictotrichon fedtschenkoi (Hack.) Henrard；范氏异燕麦■☆
190150 Helictotrichon filifolium (Lag.) Henrard；线叶异燕麦■☆
190151 Helictotrichon friesiorum (Pilg.) C. E. Hubb. = Helictotrichon umbrosum (Hochst. ex Steud.) C. E. Hubb. ■☆
190152 Helictotrichon galpinii Schweick.；加尔异燕麦■☆
190153 Helictotrichon gervaisii (Holub) Röser；热尔异燕麦■☆
190154 Helictotrichon gervaisii (Holub) Röser subsp. arundanum (Romero Zarco) Röser；苇状热尔异燕麦■☆
190155 Helictotrichon hideoi (Honda) Ohwi；秀雄异燕麦■☆
190156 Helictotrichon hideoi (Honda) Ohwi subsp. abietetorum (Ohwi) T. Koyama = Helictotrichon abietorum (Ohwi) Ohwi ■
190157 Helictotrichon hirtulum (Steud.) Schweick.；多毛异燕麦■☆
190158 Helictotrichon hissaricum (Roshev.) Henrard；细叶异燕麦■
190159 Helictotrichon hookeri (Scribn.) Henrard；异燕麦(亚洲异燕麦)；Asia Helictotrichon ■
190160 Helictotrichon hookeri (Scribn.) Henrard subsp. schellianum (Hack.) Tzvelev = Helictotrichon schellianum (Hack.) Kitag. ■
190161 Helictotrichon jahandiezii (Litard.) Potztal；贾汉异燕麦■☆
190162 Helictotrichon jingpoensis Y. X. Ma；镜泊异燕麦；Jingbo Helictotrichon ■
190163 Helictotrichon junghuhnii (Büse) Henrard.；变绿异燕麦■
190164 Helictotrichon lachnanthum (Hochst. ex A. Rich.) C. E. Hubb.；毛花异燕麦■☆
190165 Helictotrichon laeve (Hack.) Potztal；光滑异燕麦■☆
190166 Helictotrichon leianthum (Keng) Ohwi；光花异燕麦；Glabrousflower Helictotrichon ■
190167 Helictotrichon leoninum (Steud.) Schweick.；莱昂异燕麦■☆
190168 Helictotrichon longifolium (Nees) Schweick.；长叶异燕麦■☆
190169 Helictotrichon longum (Stapf) Schweick.；长异燕麦■☆
190170 Helictotrichon macrostachyum (Coss. et Durieu) Henrard = Avena macrostachya Coss. et Durieu ■☆
190171 Helictotrichon maitlandii C. E. Hubb. = Helictotrichon elongatum (Hochst. ex A. Rich.) C. E. Hubb. ■☆
190172 Helictotrichon mannii (Pilg.) C. E. Hubb.；曼氏异燕麦■☆
190173 Helictotrichon marginatum (Lowe) Röser；具边异燕麦■☆
190174 Helictotrichon milanjianum (Rendle) C. E. Hubb.；米兰吉异燕麦■☆
190175 Helictotrichon mongolicum (Roshev.) Henrard；蒙古异燕麦；Mongol Helictotrichon, Mongolian Helictotrichon ■
190176 Helictotrichon montanum (Vill.) Henrard = Helictotrichon sedenense (DC.) Holub ■☆
190177 Helictotrichon namaquense Schweick.；纳马夸异燕麦■☆
190178 Helictotrichon natalense (Stapf) Schweick.；纳塔尔异燕麦■☆
190179 Helictotrichon neesii (Steud.) Stace = Amphibromus neesii Steud. ■☆
190180 Helictotrichon newtonii (Stapf) C. E. Hubb.；纽敦异燕麦■☆
190181 Helictotrichon parviflorum (Hook. f.) Bor = Helictotrichon virescens (Nees ex Steud.) Henrard ■
190182 Helictotrichon phaneroneuron C. E. Hubb. = Helictotrichon elongatum (Hochst. ex A. Rich.) C. E. Hubb. ■☆
190183 Helictotrichon polyneurum (Hook. f.) Henrard；长稃异燕麦(多脉异燕麦)；Longlemma Helictotrichon ■
190184 Helictotrichon potaninii Tzvelev；短药异燕麦；Potanin Helictotrichon ■
190185 Helictotrichon pratense (L.) Pilg. = Avena pratensis L. ■☆
190186 Helictotrichon pruinosum (Hack. et Trab.) Henrard；白粉异燕麦■☆
190187 Helictotrichon pubescens (Huds.) Pilg.；毛轴异燕麦；Downy Alpine Oatgrass, Downy Oat-grass, Hairy Helictotrichon ■
190188 Helictotrichon quinquesetum (Steud.) Schweick.；五刚毛异燕麦■☆
190189 Helictotrichon rigidulum (Pilg.) C. E. Hubb. = Helictotrichon elongatum (Hochst. ex A. Rich.) C. E. Hubb. ■☆
190190 Helictotrichon roylei (Hook. f.) Keng = Helictotrichon virescens (Nees ex Steud.) Henrard ■
190191 Helictotrichon schellianum (Hack.) Kitag.；野异燕麦(野燕麦，异燕麦)；Schelle Helictotrichon ■
190192 Helictotrichon schmidii (Hook. f.) Henrard；粗糙异燕麦(狭序异燕麦)；Schmid Helictotrichon ■
190193 Helictotrichon schmidii (Hook. f.) Henrard var. parviglumum Keng et Z. L. Wu；小颖异燕麦；Littleglume Helictotrichon ■
190194 Helictotrichon sedenense (DC.) Holub；塞曾异燕麦■☆
190195 Helictotrichon sedenense (DC.) Holub subsp. gervaisii

(Holub) Romero Zarco = Helictotrichon gervaisii (Holub) Röser ■☆

190196 Helictotrichon sempervirens (Vill.) Pilg.;欧洲异燕麦(常青异燕麦);Blue Oat Grass,Blue Oat-grass,Blue Oats Grass,Evergreen Helictotrichon ■☆

190197 Helictotrichon suffuscum (Hitchc.) Ohwi = Helictotrichon tibeticum (Roshev.) P. C. Keng ■

190198 Helictotrichon thomasii C. E. Hubb. = Helictotrichon umbrosum (Hochst. ex Steud.) C. E. Hubb. ■☆

190199 Helictotrichon tianschanicum (Roshev.) Henrard;天山异燕麦;Tianshan Helictotrichon ■

190200 Helictotrichon tibesticum (Miré et Quézel) Holub = Helictotrichon elongatum (Hochst. ex A. Rich.) C. E. Hubb. ■☆

190201 Helictotrichon tibeticum (Roshev.) Holub = Helictotrichon tibeticum (Roshev.) P. C. Keng ■

190202 Helictotrichon tibeticum (Roshev.) Holub var. laxiflorum Keng ex Z. L. Wu;疏花异燕麦;Looseflower Helictotrichon ■

190203 Helictotrichon tibeticum (Roshev.) Holub var. suffuscus (Hitchc.) Tzvelev = Helictotrichon tibeticum (Roshev.) Holub ■

190204 Helictotrichon tibeticum (Roshev.) P. C. Keng;藏异燕麦(藏野燕麦);Tibet Helictotrichon,Xizang Helictotrichon ■

190205 Helictotrichon tibeticum (Roshev.) P. C. Keng var. suffuscum (Hitchc.) Tzvelev = Helictotrichon tibeticum (Roshev.) P. C. Keng ■

190206 Helictotrichon trisetoides Kitag.;东北异燕麦;Northeast Helictotrichon ■

190207 Helictotrichon trisetoides Kitag. = Helictotrichon altius (Hitchc.) Ohwi ■

190208 Helictotrichon turgidulum (Stapf) Schweick.;膨胀异燕麦■☆

190209 Helictotrichon umbrosum (Hochst. ex Steud.) C. E. Hubb.;耐荫异燕麦■☆

190210 Helictotrichon umbrosum (Hochst. ex Steud.) C. E. Hubb. var. micratherum C. E. Hubb. = Helictotrichon umbrosum (Hochst. ex Steud.) C. E. Hubb. ■☆

190211 Helictotrichon virescens (Nees ex Steud.) Henrard;浅绿异燕麦(罗氏异燕麦,西南异燕麦);Greenish Helictotrichon,Royle Helictotrichon,Southwestern Helictotrichon ■

190212 Helictotrichon virescens (Nees ex Steud.) Henrard = Helictotrichon junghuhnii (Büse) Henrard. ■

190213 Helictotrichon yunnanense B. S. Sun et S. Wang;滇异燕麦■

190214 Helie M. Room. = Atalantia Corrêa(保留属名)●

190215 Helietta Tul. (1847);赫利芸香属●☆

190216 Helietta longifoliata Britton;长叶赫利芸香●☆

190217 Helietta parvifolia (A. Gray ex Hemsl.) Benth. = Helietta trifoliata (Baill.) Mabb. ●☆

190218 Helietta trifoliata (Baill.) Mabb.;三小叶赫利芸香●☆

190219 Heligma Benth. et Hook. f. = Heligme Blume ●

190220 Heligme Blume = Parsonsia R. Br. (保留属名)●

190221 Heligme Blume ex Endl. = Helygia Blume ●

190222 Heligme spiralis (Wall. ex G. Don) Thwaites = Parsonsia alboflavescens (Dennst.) Mabb. ●

190223 Helinus E. Mey. ex Endl. (1840)(保留属名);炸果鼠李属●☆

190224 Helinus integrifolius (Lam.) Kuntze;全叶炸果鼠李●☆

190225 Helinus lanceolatus Wall. ex Brandis;剑叶炸果鼠李●☆

190226 Helinus mystacinus (Aiton) E. Mey. ex Steud.;触须兰炸果鼠李●☆

190227 Helinus ovatus E. Mey. ex Sond. = Helinus integrifolius (Lam.) Kuntze ●☆

190228 Helinus scandens (Eckl. et Zeyh.) A. Rich. = Helinus integrifolius (Lam.) Kuntze ●☆

190229 Helinus spartioides (Engl.) Schinz ex Engl.;绳索炸果鼠李●☆

190230 Heliocarpus L. (1753);日果椴属●■☆

190231 Heliocarpus popayanensis Kunth;日果椴;White Moho ●☆

190232 Heliocarya Bunge = Caccinia Savi ■☆

190233 Heliocauta Humphries(1977);阳雏菊属■☆

190234 Heliocauta atlantica (Litard. et Maire) Humphries;阳雏菊■☆

190235 Heliocauta atlantica (Litard. et Maire) Humphries var. dasyphylla Humphries = Heliocauta atlantica (Litard. et Maire) Humphries ■☆

190236 Heliocereus (A. Berger) Britton et Rose = Disocactus Lindl. ●☆

190237 Heliocereus Britton et Rose(1909);牡丹柱属(日影掌属)●☆

190238 Heliocereus elegantissimus Britton et Rose;极丽日影掌●☆

190239 Heliocereus schrankii (Zucc. ex Seitz) Britton et Rose;牡丹柱;Sun Cactus ●☆

190240 Heliocereus speciosus (Cav.) Britton et Rose;红杯(特美牡丹柱)●☆

190241 Heliocharls Lindl. = Eleocharis R. Br. ■

190242 Heliochroa Raf. = Echinacea Moench ■☆

190243 Heliochroa Raf. = Helichroa Raf. (1825)■☆

190244 Heliogenes Benth. = Jaegeria Kunth ■☆

190245 Heliohebe Garn. -Jones(1993);阳婆木属(荷里奥赫柏木属,喜阳赫柏木属)●☆

190246 Heliohebe acuta Garn. -Jones;尖阳婆木●☆

190247 Heliohebe hulkeana (F. Muell.) Garn. -Jones;阳婆木(新西兰丁香);Nea Zealand Lilac ●☆

190248 Heliomeris Nutt. (1848);假金目菊属;Golden-eye,False Goldeneye ■☆

190249 Heliomeris hispida (A. Gray) Cockerell;毛假金目菊;Hairy Goldeneye ■☆

190250 Heliomeris hispida (A. Gray) Cockerell var. ciliata (B. L. Rob. et Greenm.) Cockerell = Heliomeris hispida (A. Gray) Cockerell ■☆

190251 Heliomeris longifolia (B. L. Rob. et Greenm.) Cockerell;假金目菊;Longleaf False Goldeneye ■☆

190252 Heliomeris longifolia (B. L. Rob. et Greenm.) Cockerell var. annua (M. E. Jones) W. F. Yates;一年假金目菊■☆

190253 Heliomeris multiflora Nutt.;多花假金目菊;False Goldeneye,Showy goldeneye ■☆

190254 Heliomeris multiflora Nutt. var. brevifolia (Greene ex Wooton et Standl.) W. F. Yates;短叶多花假金目菊■☆

190255 Heliomeris multiflora Nutt. var. hispida A. Gray = Heliomeris hispida (A. Gray) Cockerell ■☆

190256 Heliomeris multiflora Nutt. var. nevadensis (A. Nelson) W. F. Yates;内华达假金目菊;Nevada Goldeneye ■☆

190257 Heliomeris porteri (A. Gray) Cockerell = Helianthus porteri (A. Gray) Pruski ■☆

190258 Heliomeris soliceps (Barneby) W. F. Yates;热带假金目菊;Paria Sunflower,Tropical False Goldeneye ■☆

190259 Heliomeris tenuifolia A. Gray = Viguiera stenoloba S. F. Blake ■☆

190260 Helionopsis Franch. et Sav. = Heloniopsis A. Gray(保留属名)■

190261 Heliophila Burm. f. ex L. (1763);喜阳花属(日冠花属);Cape Stock,Sun Cress ●■☆

190262 Heliophila L. = Heliophila Burm. f. ex L. ●■☆
190263 Heliophila abrotanifolia Banks ex DC. = Heliophila carnosa (Thunb.) Steud. ■☆
190264 Heliophila abrotanifolia Banks ex DC. var. heterophylla (Thunb.) Sond. = Heliophila coronopifolia L. ■☆
190265 Heliophila abrotanifolia Banks ex DC. var. tenuiloba Sond. = Heliophila carnosa (Thunb.) Steud. ■☆
190266 Heliophila acuminata (Eckl. et Zeyh.) Steud.;渐尖喜阳花■☆
190267 Heliophila adpressa O. E. Schulz;匍匐喜阳花■☆
190268 Heliophila affinis Sond.;近缘喜阳花■☆
190269 Heliophila africana (L.) Marais;非洲喜阳花■☆
190270 Heliophila aggregata (Eckl. et Zeyh.) Steud. = Heliophila digitata L. f. ■☆
190271 Heliophila amplexicaulis L. f.;抱茎喜阳花■☆
190272 Heliophila amplexicaulis L. f. var. grandiflora Sond. = Heliophila amplexicaulis L. f. ■☆
190273 Heliophila amplexicaulis L. f. var. spathulata Sond. = Heliophila amplexicaulis L. f. ■☆
190274 Heliophila anomala Schltr. = Heliophila tulbaghensis Schinz ■☆
190275 Heliophila arabidea Schltr. = Heliophila crithmifolia Willd. ■☆
190276 Heliophila arenaria Schltr. = Heliophila lactea Schltr. ■☆
190277 Heliophila arenaria Sond.;沙地喜阳花■☆
190278 Heliophila arenaria Sond. var. acocksii Marais;阿氏沙地喜阳花■☆
190279 Heliophila arenaria Sond. var. glabrescens (O. E. Schulz) Marais;渐光沙地喜阳花■☆
190280 Heliophila arenosa Schltr.;砂喜阳花■☆
190281 Heliophila aspera Schltr. = Heliophila scoparia Burch. ex DC. var. aspera (Schltr.) Marais ■☆
190282 Heliophila azureiflora Schltr. = Heliophila lactea Schltr. ■☆
190283 Heliophila basutica E. Phillips = Heliophila suavissima Burch. ex DC. ■☆
190284 Heliophila brachycarpa Meisn.;短果喜阳花■☆
190285 Heliophila bulbostyla P. E. Barnes;球柱喜阳花■☆
190286 Heliophila caledonica (Eckl. et Zeyh.) Sond. = Heliophila coronopifolia L. ■☆
190287 Heliophila callosa (L. f.) DC.;硬皮喜阳花■☆
190288 Heliophila carifolia Schltr. = Heliophila variabilis Burch. ex DC. ■☆
190289 Heliophila carnosa (Thunb.) Steud.;肉质喜阳花■☆
190290 Heliophila cedarbergensis Marais;锡达伯格喜阳花■☆
190291 Heliophila chamaemelifolia Burch. ex DC. = Heliophila crithmifolia Willd. ■☆
190292 Heliophila chamaemelifolia Burch. ex DC. f. grandiflora O. E. Schulz = Heliophila crithmifolia Willd. ■☆
190293 Heliophila chamaemelifolia Eckl. et Zeyh. = Heliophila carnosa (Thunb.) Steud. ■☆
190294 Heliophila chamomillifolia Schinz = Heliophila digitata L. f. ■☆
190295 Heliophila christieana O. E. Schulz = Heliophila linearis (Thunb.) DC. var. reticulata (Eckl. et Zeyh.) Marais ■☆
190296 Heliophila cinerea Marais;灰色喜阳花■☆
190297 Heliophila circaeoides L. f. = Chamira circaeoides (L. f.) Zahlbr. ■☆
190298 Heliophila clavuligera O. E. Schulz = Heliophila pinnata L. f. ■☆
190299 Heliophila collina O. E. Schulz;山丘喜阳花■☆
190300 Heliophila concatenata Sond.;链状喜阳花■☆
190301 Heliophila cornigera Fourc. = Heliophila linearis (Thunb.) DC. var. reticulata (Eckl. et Zeyh.) Marais ■☆
190302 Heliophila cornuta Sond.;角状喜阳花■☆
190303 Heliophila cornuta Sond. var. squamata (Schltr.) Marais;鳞喜阳花■☆
190304 Heliophila coronopifolia L.;毛茛叶喜阳花■☆
190305 Heliophila crithmifolia Eckl. et Zeyh. = Heliophila carnosa (Thunb.) Steud. ■☆
190306 Heliophila crithmifolia Eckl. et Zeyh. var. laevis Sond. = Heliophila crithmifolia Willd. ■☆
190307 Heliophila crithmifolia Eckl. et Zeyh. var. parviflora Burch. ex DC. = Heliophila crithmifolia Willd. ■☆
190308 Heliophila crithmifolia Willd.;阿拉伯喜阳花■☆
190309 Heliophila cuneata Marais;楔形喜阳花■☆
190310 Heliophila dentifera Sond. = Heliophila meyeri Sond. ■☆
190311 Heliophila deserticola O. E. Schulz var. rangei ? = Heliophila minima (Stephens) Marais ■☆
190312 Heliophila deserticola O. E. Schulz var. umbrosa ? = Heliophila trifurca Burch. ex DC. ■☆
190313 Heliophila deserticola Schltr.;荒漠喜阳花■☆
190314 Heliophila deserticola Schltr. var. micrantha A. Schreib.;小花荒漠喜阳花■☆
190315 Heliophila diffusa (Thunb.) DC.;铺散喜阳花■☆
190316 Heliophila diffusa (Thunb.) DC. var. flacca (Sond.) Marais;柔软铺散喜阳花■☆
190317 Heliophila digitata L. f.;指裂喜阳花■☆
190318 Heliophila dissecta Thunb. = Heliophila coronopifolia L. ■☆
190319 Heliophila dissecta Thunb. var. pinnata DC. = Heliophila coronopifolia L. ■☆
190320 Heliophila divaricata Banks ex DC. = Heliophila pusilla L. f. ■☆
190321 Heliophila dodii Schltr. = Heliophila concatenata Sond. ■☆
190322 Heliophila dolichostyla Schltr. = Heliophila elongata (Thunb.) DC. ■☆
190323 Heliophila dregeana Sond.;德雷喜阳花■☆
190324 Heliophila dregeana Sond. var. induta O. E. Schulz = Heliophila dregeana Sond. ■☆
190325 Heliophila eckloniana Sond. = Heliophila acuminata (Eckl. et Zeyh.) Steud. ■☆
190326 Heliophila edentula O. E. Schulz = Heliophila minima (Stephens) Marais ■☆
190327 Heliophila elata Sond.;高大喜阳花■☆
190328 Heliophila elata Sond. var. pillansii Marais;皮朗斯喜阳花■☆
190329 Heliophila elongata (Thunb.) DC.;伸长喜阳花■☆
190330 Heliophila elongata (Thunb.) DC. var. filifolia (Sond.) Adamson = Heliophila coronopifolia L. ■☆
190331 Heliophila ephemera P. A. Bean;短命喜阳花■☆
190332 Heliophila esterhuyseniae Marais;埃斯特喜阳花■☆
190333 Heliophila exilis Schltr. = Heliophila pinnata L. f. ■☆
190334 Heliophila eximia Marais;优异喜阳花■☆
190335 Heliophila falcata Eckl. et Zeyh. = Heliophila linearis (Thunb.) DC. ■☆
190336 Heliophila fascicularis DC. = Heliophila suavissima Burch. ex DC. ■☆
190337 Heliophila filicaulis Marais;线茎喜阳花■☆
190338 Heliophila filifolia Thunb. = Heliophila coronopifolia L. ■☆

190339 Heliophila filiformis L. f. = Heliophila coronopifolia L. ■☆
190340 Heliophila fistulosa Sond. = Heliophila coronopifolia L. ■☆
190341 Heliophila flacca Sond. = Heliophila diffusa (Thunb.) DC. var. flacca (Sond.) Marais ■☆
190342 Heliophila flava L. f. = Brachycarpaea juncea (P. J. Bergius) Marais ■☆
190343 Heliophila florulente Sond. = Heliophila brachycarpa Meisn. ■☆
190344 Heliophila florulente Sond. var. obliqua E. Mey. ex Sond. = Heliophila brachycarpa Meisn. ■☆
190345 Heliophila foeniculacea R. Br. = Heliophila crithmifolia Willd. ■☆
190346 Heliophila formosa Hilliard et B. L. Burtt;美丽喜阳花●☆
190347 Heliophila gariepina Schltr.;加里普喜阳花●☆
190348 Heliophila glabra (Eckl. et Zeyh.) Steud. = Heliophila africana (L.) Marais ■☆
190349 Heliophila glauca Burch. ex DC.;灰绿喜阳花●☆
190350 Heliophila glauca Burch. var. candida DC. = Heliophila glauca Burch. ex DC. ●☆
190351 Heliophila glauca Burch. var. purpurascens DC. = Heliophila glauca Burch. ex DC. ●☆
190352 Heliophila gracilis Sond. = Heliophila digitata L. f. ■☆
190353 Heliophila graminea (Thunb.) DC. = Heliophila carnosa (Thunb.) Steud. ■☆
190354 Heliophila grandiflora Schltr. = Heliophila carnosa (Thunb.) Steud. ■☆
190355 Heliophila heterophylla Thunb. = Heliophila carnosa (Thunb.) Steud. ■☆
190356 Heliophila incana Aiton = Heliophila cinerea Marais ■☆
190357 Heliophila incana Burm. f. = Farsetia jacquemontii Hook. f. et Thomson ■☆
190358 Heliophila integrifolia L. = Heliophila africana (L.) Marais ■☆
190359 Heliophila juncea (P. J. Bergius) Druce;灯芯草喜阳花■☆
190360 Heliophila katbergensis Marais;卡特贝赫喜阳花■☆
190361 Heliophila laciniata Marais;撕裂喜阳花■☆
190362 Heliophila lactea Schltr.;乳白喜阳花■☆
190363 Heliophila lanceolata Adamson = Heliophila pusilla L. f. var. lanceolata (Adamson) Marais ■☆
190364 Heliophila latisiliqua E. Mey. ex Sond.;宽果喜阳花■☆
190365 Heliophila latisiliqua E. Mey. ex Sond. = Heliophila thunbergii (Eckl. et Zeyh.) Steud. ■☆
190366 Heliophila latisiliqua E. Mey. ex Sond. var. macrostylis (E. Mey. ex Sond.) Marais = Heliophila thunbergii (Eckl. et Zeyh.) Steud. var. macrostylis (E. Mey. ex Sond.) B. Nord. ■☆
190367 Heliophila leptophylla Schltr.;细叶喜阳花■☆
190368 Heliophila leucantha Schltr. = Heliophila affinis Sond. ■☆
190369 Heliophila lightfootii E. Phillips = Heliophila arenaria Sond. ■☆
190370 Heliophila linearifolia Burch. ex DC. = Heliophila linearis (Thunb.) DC. var. linearifolia (Burch. ex DC.) Marais ■☆
190371 Heliophila linearifolia Burch. ex DC. var. dolichocarpa Meisn. = Heliophila linearis (Thunb.) DC. var. linearifolia (Burch. ex DC.) Marais ■☆
190372 Heliophila linearifolia Burch. ex DC. var. filifolia Sond. = Heliophila coronopifolia L. ■☆
190373 Heliophila linearifolia Burch. ex DC. var. hirsuta ? = Heliophila linearis (Thunb.) DC. ■☆
190374 Heliophila linearifolia Burch. ex DC. var. pilosiuscula Sond. = Heliophila linearis (Thunb.) DC. ■☆
190375 Heliophila linearis (Thunb.) DC.;线状喜阳花■☆
190376 Heliophila linearis (Thunb.) DC. var. linearifolia (Burch. ex DC.) Marais;线叶喜阳花■☆
190377 Heliophila linearis (Thunb.) DC. var. reticulata (Eckl. et Zeyh.) Marais;网状喜阳花■☆
190378 Heliophila longifolia DC. = Heliophila coronopifolia L. ■☆
190379 Heliophila macowaniana Schltr.;麦克欧文喜阳花■☆
190380 Heliophila macra Schltr.;大喜阳花■☆
190381 Heliophila macrosperma Burch. ex DC.;大籽喜阳花■☆
190382 Heliophila macrostylis E. Mey. ex Sond. = Heliophila thunbergii (Eckl. et Zeyh.) Steud. var. macrostylis (E. Mey. ex Sond.) B. Nord. ■☆
190383 Heliophila mafubensis Beauvis. = Heliophila rigidiuscula Sond. ■☆
190384 Heliophila maraisiana Al-Shehbaz et Mummenhoff;马雷喜阳花■☆
190385 Heliophila maritima Eckl. et Zeyh. = Heliophila subulata Burch. ex DC. ■☆
190386 Heliophila marlothii O. E. Schulz = Heliophila seselifolia Burch. ex DC. var. marlothii (O. E. Schulz) Marais ■☆
190387 Heliophila maximilianii Schltr. = Heliophila arenaria Sond. ■☆
190388 Heliophila meyeri Sond.;迈尔喜阳花■☆
190389 Heliophila meyeri Sond. var. minor Marais;较小喜阳花■☆
190390 Heliophila minima (Stephens) Marais;小喜阳花■☆
190391 Heliophila monosperma Al-Shehbaz et Mummenhoff;单籽喜阳花■☆
190392 Heliophila monticola Sond. = Heliophila variabilis Burch. ex DC. ■☆
190393 Heliophila namaquensis (Marais) Al-Shehbaz et Mummenhoff;纳马夸喜阳花■☆
190394 Heliophila natalensis O. E. Schulz = Heliophila subulata Burch. ex DC. ■☆
190395 Heliophila nigellifolia Schltr. = Heliophila seselifolia Burch. ex DC. var. nigellifolia (Schltr.) Marais ■☆
190396 Heliophila nubigena Schltr.;云雾喜阳花■☆
190397 Heliophila odontopetala Zahlbr. = Heliophila digitata L. f. ■☆
190398 Heliophila odorans Dinter = Matthiola longipetala (Vent.) DC. subsp. livida (Delile) Maire ■☆
190399 Heliophila oreophila Schltr. = Heliophila pinnata L. f. ■☆
190400 Heliophila pallida Schltr. ex O. E. Schulz = Heliophila acuminata (Eckl. et Zeyh.) Steud. ■☆
190401 Heliophila patens Oliv.;铺展喜阳花■☆
190402 Heliophila pearsonii O. E. Schulz = Heliophila minima (Stephens) Marais ■☆
190403 Heliophila pearsonii O. E. Schulz var. edentata Hainz = Heliophila minima (Stephens) Marais ■☆
190404 Heliophila pearsonii O. E. Schulz var. prageri ? = Heliophila minima (Stephens) Marais ■☆
190405 Heliophila pectinata Burch. ex DC.;篦状喜阳花■☆
190406 Heliophila peltaria DC. = Heliophila diffusa (Thunb.) DC. ■☆
190407 Heliophila pendula Willd.;下垂喜阳花■☆
190408 Heliophila pilosa Lam.;软毛喜阳花■☆
190409 Heliophila pilosa Lam. = Heliophila africana (L.) Marais ■☆
190410 Heliophila pilosa Lam. var. incisa DC. = Heliophila africana (L.) Marais ■☆
190411 Heliophila pilosa Lam. var. integrifolia (L.) DC. = Heliophila africana (L.) Marais ■☆

190412 Heliophila pinnata L. f. ;羽状喜阳花■☆
190413 Heliophila pinnata Vent. = Heliophila pendula Willd. ■☆
190414 Heliophila pinnatisecta E. Phillips = Heliophila thunbergii (Eckl. et Zeyh.) Steud. ■☆
190415 Heliophila platysiliqua R. Br. = Heliophila carnosa (Thunb.) Steud. ■☆
190416 Heliophila polygaloides (Sond.) Compton = Heliophila nubigena Schltr. ■☆
190417 Heliophila polygaloides Schltr. ;多节喜阳花■☆
190418 Heliophila promontorii Marais;普罗蒙特里喜阳花■☆
190419 Heliophila pubescens Burch. ex Sond. ;短柔毛喜阳花■☆
190420 Heliophila pusilla L. f. ;微小喜阳花■☆
190421 Heliophila pusilla L. f. var. lanceolata (Adamson) Marais;披针形喜阳花■☆
190422 Heliophila pusilla L. f. var. macrosperma Marais;大籽微小喜阳花■☆
190423 Heliophila pusilla L. f. var. setacea (Schltr.) Marais;刚毛喜阳花■☆
190424 Heliophila ramosissima O. E. Schulz;多枝喜阳花■☆
190425 Heliophila refracta Sond. ;反折喜阳花■☆
190426 Heliophila remotiflora O. E. Schulz;疏花喜阳花■☆
190427 Heliophila reticulata Eckl. et Zeyh. = Heliophila linearis (Thunb.) DC. var. reticulata (Eckl. et Zeyh.) Marais ■☆
190428 Heliophila rigidiuscula Sond. ;稍坚挺喜阳花■☆
190429 Heliophila rimicola Marais;隙居喜阳花■☆
190430 Heliophila rivalis Burch. ex DC. = Heliophila pendula Willd. ■☆
190431 Heliophila rosea Schltr. = Heliophila concatenata Sond. ■☆
190432 Heliophila rostrata C. Presl = Heliophila africana (L.) Marais ■☆
190433 Heliophila rudolphii Schinz = Heliophila subulata Burch. ex DC. ■☆
190434 Heliophila sabulosa Schltr. = Heliophila arenaria Sond. ■☆
190435 Heliophila sabulosa Schltr. f. albiflora O. E. Schulz = Heliophila macowaniana Schltr. ■☆
190436 Heliophila sabulosa Schltr. var. glabrescens O. E. Schulz = Heliophila arenaria Sond. var. glabrescens (O. E. Schulz) Marais ■☆
190437 Heliophila salteri Exell = Heliophila concatenata Sond. ■☆
190438 Heliophila sarcophylla Meisn. = Heliophila glauca Burch. ex DC. ●☆
190439 Heliophila scabrida Schltr. = Heliophila concatenata Sond. ■☆
190440 Heliophila scandens Harv. ;攀缘喜阳花■☆
190441 Heliophila schlechteri Schinz = Heliophila coronopifolia L. ■☆
190442 Heliophila scoparia Burch. ex DC. ;帚状喜阳花■☆
190443 Heliophila scoparia Burch. ex DC. var. aspera (Schltr.) Marais;粗糙帚状喜阳花■☆
190444 Heliophila seselifolia Burch. ex DC. ;无梗喜阳花■☆
190445 Heliophila seselifolia Burch. ex DC. var. marlothii (O. E. Schulz) Marais;马洛斯喜阳花■☆
190446 Heliophila seselifolia Burch. ex DC. var. nigellifolia (Schltr.) Marais;黑种草叶喜阳花■☆
190447 Heliophila setacea Schltr. = Heliophila pusilla L. f. var. setacea (Schltr.) Marais ■☆
190448 Heliophila sisymbrioides Schltr. = Aplanodes sisymbrioides (Schltr.) Marais ■☆
190449 Heliophila smithii O. E. Schulz = Heliophila minima (Stephens) Marais ■☆
190450 Heliophila sonchifolia DC. = Heliophila coronopifolia L. ■☆
190451 Heliophila sparsiflora Schltr. = Heliophila lactea Schltr. ■☆
190452 Heliophila squamata Schltr. = Heliophila cornuta Sond. var. squamata (Schltr.) Marais ■☆
190453 Heliophila stenocarpa Schltr. = Heliophila arenosa Schltr. ■☆
190454 Heliophila stricta Sond. = Heliophila africana (L.) Marais ■☆
190455 Heliophila stylosa Burch. ex DC. = Heliophila elongata (Thunb.) DC. ■☆
190456 Heliophila stylosa Burch. ex DC. var. lobata Sond. = Heliophila elongata (Thunb.) DC. ■☆
190457 Heliophila suavissima Burch. ex DC. ;芳香喜阳花■☆
190458 Heliophila suavissima Sond. var. incana = Heliophila minima (Stephens) Marais ■☆
190459 Heliophila suavissima Sond. var. velutina O. E. Schulz = Heliophila minima (Stephens) Marais ■☆
190460 Heliophila subecornuta Beauverd = Heliophila carnosa (Thunb.) Steud. ■☆
190461 Heliophila suborbicularis Al-Shehbaz et Mummenhoff;亚圆喜阳花■☆
190462 Heliophila subulata Burch. ex DC. ;钻形喜阳花■☆
190463 Heliophila subulata Burch. var. glabrata Sond. = Heliophila subulata Burch. ex DC. ■☆
190464 Heliophila succulenta Banks ex Sond. = Heliophila carnosa (Thunb.) Steud. ■☆
190465 Heliophila sulcata Conrath = Heliophila carnosa (Thunb.) Steud. ■☆
190466 Heliophila sulcata Conrath var. modestior O. E. Schulz = Heliophila carnosa (Thunb.) Steud. ■☆
190467 Heliophila tabularis Wolley-Dod;扁平喜阳花■☆
190468 Heliophila tenuifolia Sond. = Heliophila digitata L. f. ■☆
190469 Heliophila tenuis N. E. Br. = Heliophila linearis (Thunb.) DC. ■☆
190470 Heliophila tenuisiliqua DC. = Heliophila pusilla L. f. ■☆
190471 Heliophila thunbergii (Eckl. et Zeyh.) Steud. ;通贝里喜阳花■☆
190472 Heliophila thunbergii (Eckl. et Zeyh.) Steud. var. macrostylis (E. Mey. ex Sond.) B. Nord. ;大柱通贝里喜阳花■☆
190473 Heliophila trichinostyla E. Phillips = Heliophila africana (L.) Marais ■☆
190474 Heliophila tricuspidata Schltr. ;三尖喜阳花■☆
190475 Heliophila trifida Thunb. = Heliophila pinnata L. f. ■☆
190476 Heliophila trifurca Burch. ex DC. ;三叉喜阳花■☆
190477 Heliophila tripartita Thunb. = Heliophila carnosa (Thunb.) Steud. ■☆
190478 Heliophila tulbaghensis Schinz;塔尔巴赫喜阳花■☆
190479 Heliophila variabilis Burch. ex DC. ;易变喜阳花■☆
190480 Heliophila variabilis Burch. ex DC. var. tenuifolia Sond. = Heliophila variabilis Burch. ex DC. ■☆
190481 Heliophila venusta Dinter = Heliophila lactea Schltr. ■☆
190482 Heliophila viminalis E. Mey. ex Sond. = Heliophila digitata L. f. ■☆
190483 Heliophila virgata Burch. ex DC. = Heliophila elongata (Thunb.) DC. ■☆
190484 Heliophila virgata Burch. ex DC. var. dentata ? = Heliophila elongata (Thunb.) DC. ■☆
190485 Heliophila virgata Burch. ex DC. var. integrifolia ? = Heliophila elongata (Thunb.) DC. ■☆

190486 Heliophila woodii Conrath = Heliophila subulata Burch. ex DC. ■☆
190487 Heliophila woodii Conrath var. schlechteri (Schinz) O. E. Schulz = Heliophila coronopifolia L. ■☆
190488 Heliophila zeyheri Steud. = Heliophila coronopifolia L. ■☆
190489 Heliophthalmum Raf. = Bidens L. ■●
190490 Heliophyla Neck. = Heliophila Burm. f. ex L. ●■☆
190491 Heliophylax T. Lestib. ex Steud. = Heleophylax P. Beauv. ex T. Lestib. (废弃属名)■
190492 Heliophylax T. Lestib. ex Steud. = Scirpus L. (保留属名)■
190493 Heliophylla Scop. = Heliophila Burm. f. ex L. ●■☆
190494 Heliophyton Benth. = Heliophytum DC. ●■
190495 Heliophytum (Cham.) DC. = Heliotropium L. ●■
190496 Heliophytum DC. = Heliotropium L. ●■
190497 Heliophytum erosum (Lehm.) DC. = Heliotropium bacciferum Forssk. subsp. erosum (Lehm.) Riedl ■☆
190498 Heliophytum kotschyi Bunge = Heliotropium ramosissimum (Lehm.) DC. ■☆
190499 Heliophytum lineare A. DC. = Heliotropium lineare (A. DC.) Gürke ■☆
190500 Heliophytum longiflorum A. DC. = Heliotropium longiflorum (A. DC.) Jaub. et Spach ■☆
190501 Heliophytum pterocapum DC. = Heliotropium pterocarpum (DC.) Bunge ■☆
190502 Heliopsis Pers. (1807)(保留属名);赛菊芋属(日光菊属,赛菊属);Heliopsis, North American Ox-eye, Orange Sunflower, Oxeye, Scabrin, Sunflower Everlasting, Sunglory ■☆
190503 Heliopsis balsamorhiza Hook. = Balsamorhiza hookeri Nutt. ■☆
190504 Heliopsis gracilis Nutt.;松林赛菊芋;Pinewoods Oxeye, Smooth Oxeye ■☆
190505 Heliopsis helianthoides (L.) Sweet;赛菊芋(姬菊芋,假菊诸,拟菊芋,赛菊);False Sunflower, Oxeye, Ox-eye, Ox-eye Sunflower, Ox-eyes, Smooth Oxeye, Smooth Ox-eye, Sunflower Heliopsis, Sunflower-everlasting ■☆
190506 Heliopsis helianthoides (L.) Sweet 'Incomparabilis';卓越赛菊芋■☆
190507 Heliopsis helianthoides (L.) Sweet 'Patula';微展赛菊芋■☆
190508 Heliopsis helianthoides (L.) Sweet subsp. occidentalis T. R. Fisher = Heliopsis helianthoides Sweet var. scabra (Dunal) Fernald ■☆
190509 Heliopsis helianthoides (L.) Sweet subsp. scabra (Dunal) T. R. Fisher = Heliopsis helianthoides Sweet var. scabra (Dunal) Fernald ■☆
190510 Heliopsis helianthoides (L.) Sweet var. gracilis (Nutt.) Gandhi et R. D. Thomas = Heliopsis gracilis Nutt. ■☆
190511 Heliopsis helianthoides (L.) Sweet var. occidentalis (T. R. Fisher) Steyerm. = Heliopsis helianthoides Sweet var. scabra (Dunal) Fernald ■☆
190512 Heliopsis helianthoides (L.) Sweet var. scabra (Dunal) Fernald = Heliopsis scabra Dunal ■☆
190513 Heliopsis helianthoides (L.) Sweet var. solidaginoides (L.) Fernald = Heliopsis helianthoides (L.) Sweet ■☆
190514 Heliopsis helianthoides Sweet 'Incomparabilis' = Heliopsis helianthoides (L.) Sweet 'Incomparabilis' ■☆
190515 Heliopsis helianthoides Sweet 'Patula' = Heliopsis helianthoides (L.) Sweet 'Patula' ■☆
190516 Heliopsis helianthoides Sweet = Heliopsis helianthoides (L.) Sweet ■☆
190517 Heliopsis helianthoides Sweet var. scabra (Dunal) Fernald = Heliopsis scabra Dunal ■☆
190518 Heliopsis laevis Pers.;美洲赛菊芋;American Ox-eye ■☆
190519 Heliopsis laevis Pers. = Heliopsis helianthoides (L.) Sweet ■☆
190520 Heliopsis laevis Pers. var. minor Hook. = Heliopsis gracilis Nutt. ■☆
190521 Heliopsis longipes (A. Gray) S. F. Blake;长梗赛菊芋■☆
190522 Heliopsis minor (Hook.) C. Mohr = Heliopsis gracilis Nutt. ■☆
190523 Heliopsis minor (Hook.) C. Mohr = Heliopsis helianthoides Sweet var. scabra (Dunal) Fernald ■☆
190524 Heliopsis parvifolia A. Gray;小花赛菊芋;Mountain Oxeye ■☆
190525 Heliopsis scabra Dunal;粗糙赛菊芋(糙叶赛菊,日光菊);False Sunflower, Ox Eye, Ox-eye, Rough Heliopsis, Rough Ox-eye, Sunflower-everlasting ■☆
190526 Heliopsis scabra Dunal = Heliopsis helianthoides (L.) Sweet var. scabra (Dunal) Fernald ■☆
190527 Heliopsis scabra Dunal = Heliopsis helianthoides Sweet var. scabra (Dunal) Fernald ■☆
190528 Helioreos Raf. = Pectis L. ■☆
190529 Heliosciadium Bluff et Fingerh. = Apium L. ■
190530 Heliosciadium Bluff et Fingerh. = Helosciadium W. D. J. Koch ■☆
190531 Heliosperma Rchb. = Silene L. (保留属名)■
190532 Heliospora Hook. f. = Helospora Jack(废弃属名)●
190533 Heliospora Hook. f. = Timonius DC. (保留属名)●
190534 Heliostemma Woodson = Matelea Aubl. ●☆
190535 Heliostemma Woodson(1935);阳冠萝藦属●☆
190536 Heliostemma molestum Woodson;阳冠萝藦●☆
190537 Heliotrichum Besser ex Schur = Helictotrichon Besser ex Schult. et Schult. f. ■
190538 Heliotropiaceae Schrad. (1819)(保留科名);天芥菜科■
190539 Heliotropiaceae Schrad. (保留科名) = Boraginaceae Juss. (保留科名)■●
190540 Heliotropium L. (1753);天芥菜属(天芹菜属);Cherry Pie, Heliotrope ●■
190541 Heliotropium abyssinicum Vatke;阿比西尼亚天芥菜■☆
190542 Heliotropium acutiflorum Kar. et Kir.;尖花天芥菜;Acuteflower Heliotrope ■
190543 Heliotropium aegyptiacum Lehm.;埃及天芥菜■☆
190544 Heliotropium affghanum Boiss. = Heliotropium ramosissimum (Lehm.) DC. ■☆
190545 Heliotropium afghanicum Boiss. = Heliotropium crispum Desf. ■☆
190546 Heliotropium africanum Schumach. et Thonn. = Heliotropium indicum L. ■
190547 Heliotropium albiflorum Engl.;白花天芥菜■☆
190548 Heliotropium albohispidum Baker = Echiochilon persicum (Burm. f.) I. M. Johnst. ■☆
190549 Heliotropium ambiguum DC. = Heliotropium supinum L. ■☆
190550 Heliotropium amplexicaule Vahl;抱茎天芥菜;Clasping Heliotrope, Creeping Heliotrope ■☆
190551 Heliotropium anchusifolium Poir. = Heliotropium amplexicaule Vahl ■☆
190552 Heliotropium angiospermum Murray;小天芥菜(被子天芥菜);Small Wild Clary, White Clary, Wild Clary ■☆
190553 Heliotropium anisophyllum P. Beauv. = Heliotropium indicum

L. ■

190554 Heliotropium anomalum Hook. et Arn. subsp. argenteum ?;银白天芥菜;White Heliotrope ■☆

190555 Heliotropium antiatlanticum Emb.;安蒂天芥菜■☆

190556 Heliotropium apiculatum E. Mey. ex DC. = Heliotropium ovalifolium Forssk. ■

190557 Heliotropium appendiculatum ?;羊耳天芥菜;Sheep's Ear, Sheep's Ears ■☆

190558 Heliotropium applanatum Thulin et Verdc.;扁平天芥菜■☆

190559 Heliotropium arborescens L.;南美天芥菜(木本天芹菜,普通天芥菜,伞房花天芥菜,天芥菜,香水菜,香水草,香水木,洋茉莉);Arborescent Heliotrope, Big Heliotrope, Cherry Pie, Common Heliotrope, Garden Heliotrope, Heliotrope, Heliotrope Cherry, Pie Vanille Heliotrop, S. America Heliotrope ●

190560 Heliotropium arborescens L. = Heliotropium peruvianum L. ●

190561 Heliotropium arenarium Vatke = Echiochilon arenarium (I. M. Johnst.) I. M. Johnst. ■☆

190562 Heliotropium arguzioides Kar. et Kir.;新疆天芥菜(阿古济天芥菜);Xinjiang Heliotrope ■

190563 Heliotropium aucheri DC.;奥切尔天芥菜■☆

190564 Heliotropium bacciferum Forssk.;浆果天芥菜■☆

190565 Heliotropium bacciferum Forssk. subsp. antiatlanticum (Emb.) Sauvage et Vindt = Heliotropium antiatlanticum Emb. ■☆

190566 Heliotropium bacciferum Forssk. subsp. erosum (Lehm.) Riedl;啮蚀状浆果天芥菜■☆

190567 Heliotropium bacciferum Forssk. subsp. lignosum ? = Heliotropium bacciferum Forssk. ■☆

190568 Heliotropium bacciferum Forssk. var. crispum (Desf.) Maire = Heliotropium ramosissimum (Lehm.) DC. ■☆

190569 Heliotropium bacciferum Forssk. var. erosum (Lehm.) Hadidy = Heliotropium ramosissimum (Lehm.) DC. ■☆

190570 Heliotropium bacciferum Forssk. var. fartakense ? = Heliotropium bacciferum Forssk. ■☆

190571 Heliotropium bacciferum Forssk. var. maroccanum (Lehm.) Ball = Heliotropium balansae Riedl ■☆

190572 Heliotropium bacciferum Forssk. var. suberosum (Clarke) Bhandari = Heliotropium bacciferum Forssk. ■☆

190573 Heliotropium baclei DC.;巴克天芥菜■☆

190574 Heliotropium baclei DC. var. rostratum I. M. Johnst.;喙状巴克天芥菜■☆

190575 Heliotropium balansae Riedl;巴拉天芥菜■☆

190576 Heliotropium benadirense Chiov.;贝纳迪尔天芥菜■☆

190577 Heliotropium biannulatiforme Popov;双环天芥菜■☆

190578 Heliotropium bicolor DC. = Heliotropium strigosum Willd. ■

190579 Heliotropium brahuicum Stocks = Heliotropium dasycarpum Ledeb. ■☆

190580 Heliotropium brevifolium Wall. = Heliotropium strigosum Willd. ■

190581 Heliotropium bucharicum B. Fedtsch.;布哈尔天芥菜■☆

190582 Heliotropium bullockii Verdc.;布洛克天芥菜■☆

190583 Heliotropium burmanni Roem. et Schult. = Heliotropium tubulosum E. Mey. ex DC. ■☆

190584 Heliotropium calcareum Vatke = Echiochilon persicum (Burm. f.) I. M. Johnst. ■☆

190585 Heliotropium capense Lehm. = Heliotropium supinum L. ■☆

190586 Heliotropium chorassanicum Bunge;浩拉桑天芥菜■☆

190587 Heliotropium ciliatum Kaplan;睫毛天芥菜■☆

190588 Heliotropium ciliatum Kaplan var. lanceolatum ? = Heliotropium ciliatum Kaplan ■☆

190589 Heliotropium cinerascens A. DC. = Heliotropium aegyptiacum Lehm. ■☆

190590 Heliotropium compactum D. Don = Heliotropium strigosum Willd. subsp. brevifolium (Wall.) Kazmi ■

190591 Heliotropium constrictum Kaplan = Heliotropium strigosum Willd. ■

190592 Heliotropium convolvulaceum A. Gray;旋花天芥菜;False Morning Glory, Sweet-scented Heliotrope ■☆

190593 Heliotropium cordofanum Hochst. ex A. DC. = Heliotropium strigosum Willd. ■

190594 Heliotropium corymbosum Ruiz et Pav. = Heliotropium arborescens L. ●

190595 Heliotropium cressoides Franch. = Heliotropium bacciferum Forssk. ■☆

190596 Heliotropium crispum Desf. = Heliotropium ramosissimum (Lehm.) DC. ■☆

190597 Heliotropium curassavicum L.;盐天芥菜;Chinese Pusley, Heliotrope, Quail Plant, Seaside Heliotrope, Small Seaside Lavender, Spatulate-leaved Heliotrope, Wild Lavender ■☆

190598 Heliotropium curassavicum L. subsp. obovatum (DC.) Á. Löve et D. Löve = Heliotropium curassavicum L. ■☆

190599 Heliotropium curassavicum L. var. vixens ? = Heliotropium curassavicum L. ■☆

190600 Heliotropium curassavicum L. var. zeylanicum Burm. f. = Heliotropium zeylanicum (Burm. f.) Lam. ■☆

190601 Heliotropium dasycarpum Ledeb.;欧洲毛果天芥菜■☆

190602 Heliotropium dasycarpum Ledeb. var. gymnostomum ?;光果天芥菜■☆

190603 Heliotropium decipiens Backer = Heliotropium elongatum (Lehm.) I. M. Johnst. ■☆

190604 Heliotropium digynum (Forssk.) C. Chr.;二蕊天芥菜■☆

190605 Heliotropium dissimile N. E. Br. = Heliotropium nelsonii C. H. Wright ■☆

190606 Heliotropium drepanophyllum Baker = Nogalia drepanophylla (Baker) Verdc. ■☆

190607 Heliotropium dubium R. Br.;可疑天芥菜■☆

190608 Heliotropium eduardii Martelli = Heliotropium steudneri Vatke ■☆

190609 Heliotropium eichwaldii Steud. = Heliotropium ellipticum Ledeb. ■

190610 Heliotropium eichwaldii Steud. ex DC.;艾氏天芥菜;Eichwald Heliotrope ■

190611 Heliotropium eichwaldii Steud. ex DC. = Heliotropium ellipticum Ledeb. ■

190612 Heliotropium eichwaldii Steud. var. lasiocarpum (Fisch. et C. A. Mey.) C. B. Clarke = Heliotropium europaeum L. var. lasiocarpum (Fisch. et C. A. Mey.) Kazmi ■

190613 Heliotropium eichwaldii Steud. var. lasiocarpum (Fisch. et C. A. Mey.) C. B. Clarke = Heliotropium lasiocarpum Fisch. et C. A. Mey. ■

190614 Heliotropium ellipticum Ledeb.;椭圆叶天芥菜(椭圆天芥菜);Elliptic Heliotrope ■

190615 Heliotropium ellipticum Ledeb. var. lasiocarpum (Fisch. et C. A. Mey.) Popov = Heliotropium europaeum L. var. lasiocarpum (Fisch. et C. A. Mey.) Kazmi ■

190616 Heliotropium ellipticum Ledeb. var. lasiocarpum (Fisch. et C. A. Mey.) Popov = Heliotropium lasiocarpum Fisch. et C. A. Mey. ■

190617 Heliotropium ellipticum R. Br. = Heliotropium ellipticum Ledeb. ■
190618 Heliotropium elongatum (Lehm.) I. M. Johnst.;伸长天芥菜 ■☆
190619 Heliotropium engleri Vaupel = Heliotropium longiflorum (A. DC.) Jaub. et Spach subsp. undulatifolium (Turrill) Verdc. ■☆
190620 Heliotropium erongense Dinter ex Friedr. -Holzh. = Heliotropium albiflorum Engl. ■☆
190621 Heliotropium erosum Lehm. = Heliotropium bacciferum Forssk. subsp. erosum (Lehm.) Riedl ■☆
190622 Heliotropium europaeum L.;天芥菜(欧洲天芥菜);Cherry Pie, Cherry-pie, European Heliotrope, Heliotrope, Hundreds-and-thousands, Peruvian Turnsole, Scorpion's Tail, Scorpion's Tails, Turnsole ■
190623 Heliotropium europaeum L. var. gymnocarpum Borbás = Heliotropium europaeum L. ■
190624 Heliotropium europaeum L. var. hebecarpum H. Lindb. = Heliotropium europaeum L. ■
190625 Heliotropium europaeum L. var. lasiocarpum (Fisch. et C. A. Mey.) Kazmi;毛果天芥菜;Hairfruit Heliotrope ■
190626 Heliotropium europaeum L. var. lasiocarpum (Fisch. et C. A. Mey.) Kazmi = Heliotropium lasiocarpum Fisch. et C. A. Mey. ■
190627 Heliotropium fartakense O. Schwartz = Heliotropium ramosissimum (Lehm.) DC. ■☆
190628 Heliotropium fedtschenkoanum Popov;范得天芥菜■☆
190629 Heliotropium foertherianum Diane et Hilger = Tournefortia argentea L. f. ●
190630 Heliotropium formosanum I. M. Johnst.;台湾天芥菜(山豆根,台湾天芹菜,天芹菜);Taiwan Heliotrope ■
190631 Heliotropium formosanum I. M. Johnst. = Euploca procumbens (Mill.) Diane et Hilger ■☆
190632 Heliotropium fruticulosum I. M. Johnst. var. persicum Burm. f. = Echiochilon persicum (Burm. f.) I. M. Johnst. ■☆
190633 Heliotropium gibbosum Friedr. -Holzh. = Heliotropium ciliatum Kaplan ■☆
190634 Heliotropium giessii Friedr. -Holzh.;吉斯天芥菜■☆
190635 Heliotropium gillianum (Riedl) Kazmi;吉尔天芥菜■☆
190636 Heliotropium glomeratum A. Terracc.;团集天芥菜■☆
190637 Heliotropium gorinii Chiov.;戈林天芥菜■☆
190638 Heliotropium gracile R. Br. var. depressum Cham. = Euploca procumbens (Mill.) Diane et Hilger ■☆
190639 Heliotropium graminifolium Chiov. = Heliotropium longiflorum (A. DC.) Jaub. et Spach ■☆
190640 Heliotropium grande Popov;大天芥菜■☆
190641 Heliotropium grandiflorum Don = Heliotropium corymbosum Ruiz et Pav. ●
190642 Heliotropium harareense E. S. Martins = Heliotropium pectinatum Vaupel subsp. harareense (E. S. Martins) Verdc. ■☆
190643 Heliotropium hereroense Schinz = Heliotropium rariflorum Stocks subsp. hereroense (Schinz) Verdc. ■☆
190644 Heliotropium hildebrandtianum Cufod. ex Förther;希尔德天芥菜■☆
190645 Heliotropium hirsutissimum Grauer;粗毛天芥菜■☆
190646 Heliotropium hirsutissimum Vatke = Heliotropium hildebrandtianum Cufod. ex Förther ■☆
190647 Heliotropium hispida Schltr. var. bracteata A. Rich. = Myosotis abyssinica Boiss. et Reut. ■☆
190648 Heliotropium hissopifolium Lepr. = Heliotropium strigosum Willd. ■
190649 Heliotropium hybridum Hort.;杂种天芥菜;Cherry Pie, Heliotrope ■☆
190650 Heliotropium inconspicuum Dinter ex Vaupel = Heliotropium zeylanicum (Burm. f.) Lam. ■☆
190651 Heliotropium indicum L.;大尾摇(斑草,臭柠檬,狗尾草,狗尾虫,猫尾草,墨色须草,墨鱼须草,全虫草,天芥菜,象鼻草,象鼻癀,鱿鱼草);Bigtail Heliotrope, Cock's Comb, Indian Heliotrope, Indian Turnsole, Turnsole, Wild Clary ■
190652 Heliotropium japonicum A. Gray;日本天芥菜;Siberian Sea Rosemary ■☆
190653 Heliotropium japonicum A. Gray = Tournefortia sibirica L. ●■
190654 Heliotropium kassasii Täckh. et Boulos = Heliotropium pterocarpum (DC.) Bunge ■☆
190655 Heliotropium katangense Gürke ex De Wild. = Heliotropium baclei DC. var. rostratum I. M. Johnst. ■☆
190656 Heliotropium kotschyi (Bunge) Gürke = Heliotropium ramosissimum (Lehm.) DC. ■☆
190657 Heliotropium kotschyi Gürke;科奇天芥菜■☆
190658 Heliotropium kowaleuskyi Stschegl.;考瓦天芥菜■☆
190659 Heliotropium kuntzei Gürke = Heliotropium lineare (A. DC.) Gürke ■☆
190660 Heliotropium lasiocarpum Fisch. et C. A. Mey. = Heliotropium europaeum L. var. lasiocarpum (Fisch. et C. A. Mey.) Kazmi ■
190661 Heliotropium laxum Thulin;蓬松天芥菜■☆
190662 Heliotropium leucophyllum Lepr. = Heliotropium ovalifolium Forssk. ■
190663 Heliotropium lignosum Bornm.;木质天芥菜■☆
190664 Heliotropium lineare (A. DC.) Gürke;线形天芥菜■☆
190665 Heliotropium lithospermoides Chiov.;紫草状天芥菜■☆
190666 Heliotropium litvinovii Popov;里特天芥菜■☆
190667 Heliotropium longiflorum (A. DC.) Jaub. et Spach;长花天芥菜■☆
190668 Heliotropium longiflorum (A. DC.) Jaub. et Spach subsp. undulatifolium (Turrill) Verdc.;波叶长花天芥菜■☆
190669 Heliotropium longiflorum (A. DC.) Jaub. et Spach var. stenophyllum O. Schwartz;窄叶长花天芥菜■☆
190670 Heliotropium longifolium Klotzsch = Heliotropium strigosum Willd. ■
190671 Heliotropium luteum Poir. = Heliotropium digynum (Forssk.) C. Chr. ■☆
190672 Heliotropium malabaricum Retz. = Heliotropium supinum L. ■☆
190673 Heliotropium marifolium Koening ex Retz.;大苞天芥菜;Bigbract Heliotrope, Large-bract Helitrope ●■
190674 Heliotropium marifolium Retz. = Heliotropium marifolium Koening ex Retz. ●■
190675 Heliotropium maroccanum Lehm. = Heliotropium balansae Riedl ■☆
190676 Heliotropium micranthum (Pall.) Bunge;小花天芥菜;Smallflower Heliotrope ■
190677 Heliotropium micranthum Welw. = Heliotropium zeylanicum (Burm. f.) Lam. ■☆
190678 Heliotropium nelsonii C. H. Wright;纳尔逊天芹菜■☆
190679 Heliotropium nigerinum A. Chev. = Heliotropium baclei DC. var. rostratum I. M. Johnst. ■☆
190680 Heliotropium nubicum Bunge = Heliotropium ramosissimum

(Lehm.) DC. ■☆
190681 Heliotropium obovatum D. Don = Heliotropium ovalifolium Forssk. ■
190682 Heliotropium odoratum Moench = Heliotropium arborescens L. ●
190683 Heliotropium olgae Bunge;奥氏天芥菜■☆
190684 Heliotropium oliveranum Schinz;奥里弗天芹菜■☆
190685 Heliotropium ophioglossum Stocks ex Aitch.;蛇舌天芥菜■☆
190686 Heliotropium ophioglossum Stocks ex Boiss. = Heliotropium ophioglossum Stocks ex Aitch. ■☆
190687 Heliotropium ovalifolium Forssk.;卵叶天芹菜■
190688 Heliotropium ovalifolium Forssk. = Euploca procumbens (Mill.) Diane et Hilger ■☆
190689 Heliotropium ovalifolium Forssk. var. depressum (Cham.) Merr. = Euploca procumbens (Mill.) Diane et Hilger ■☆
190690 Heliotropium ovalifolium Forssk. var. depressum (Cham.) Merr. = Heliotropium procumbens Mill. var. depressum (Cham.) H. Y. Liu ■
190691 Heliotropium pallens Delile = Heliotropium aegyptiacum Lehm. ■☆
190692 Heliotropium parvulum Popov;较小天芹菜■☆
190693 Heliotropium pectinatum Vaupel;篦状天芹菜■☆
190694 Heliotropium pectinatum Vaupel subsp. harareense (E. S. Martins) Verdc.;哈拉雷天芹菜■☆
190695 Heliotropium pectinatum Vaupel subsp. septentrionale Verdc.;北方天芹菜■☆
190696 Heliotropium perrieri J. S. Mill.;佩里耶天芹菜■☆
190697 Heliotropium persicum Burm. f. = Echiochilon persicum (Burm. f.) I. M. Johnst. ■☆
190698 Heliotropium persicum Lam. = Heliotropium crispum Desf. ■☆
190699 Heliotropium persicum Lam. = Heliotropium ramosissimum (Lehm.) DC. ■☆
190700 Heliotropium persicum Lam. f. erosulum Parsa = Heliotropium ramosissimum (Lehm.) DC. ■☆
190701 Heliotropium personatum Thulin;张开天芹菜■☆
190702 Heliotropium peruvianum L.;香水草;Cherry Pie, Common Heliotrope, Peruvian Heliotrope ●
190703 Heliotropium peruvianum L. = Heliotropium arborescens L. ●
190704 Heliotropium phyllosepalum Baker = Heliotropium ovalifolium Forssk. ■
190705 Heliotropium popovii Riedl subsp. gillianum ? = Heliotropium gillianum (Riedl) Kazmi ■☆
190706 Heliotropium procumbens Mill. = Euploca procumbens (Mill.) Diane et Hilger ■☆
190707 Heliotropium procumbens Mill. var. depressum (Cham.) Fosberg et Sachet = Euploca procumbens (Mill.) Diane et Hilger ■☆
190708 Heliotropium procumbens Mill. var. depressum (Cham.) H. Y. Liu;伏毛天芹菜■
190709 Heliotropium pseudoindicum H. Chuang;拟大尾摇;Falsebigtail Heliotrope ■
190710 Heliotropium pseudolongiflorum Chiov. = Heliotropium longiflorum (A. DC.) Jaub. et Spach ■☆
190711 Heliotropium pseudostrigosum Dinter = Heliotropium rariflorum Stocks subsp. hereroense (Schinz) Verdc. ■☆
190712 Heliotropium pterocarpum (DC.) Bunge;翅果天芥菜■☆
190713 Heliotropium pustulatum Kaplan = Heliotropium ciliatum Kaplan ■☆
190714 Heliotropium pygmaeum Klotzsch = Heliotropium strigosum Willd. ■
190715 Heliotropium radula Fisch. et C. A. Mey. = Heliotropium arguzioides Kar. et Kir. ■
190716 Heliotropium ramosissimum (Lehm.) DC. = Heliotropium ramosissimum Sieber ex DC. ■☆
190717 Heliotropium ramosissimum (Lehm.) DC. var. trichocarpum DC. = Heliotropium ramosissimum (Lehm.) DC. ■☆
190718 Heliotropium ramosissimum Sieber ex DC.;多枝天芥菜;Wavy Heliotrope ■☆
190719 Heliotropium ramosissimum Sieber ex DC. = Heliotropium crispum Desf. ■☆
190720 Heliotropium rariflorum Stocks;稀花天芥菜■☆
190721 Heliotropium rariflorum Stocks subsp. hereroense (Schinz) Verdc.;赫雷罗天芥菜■☆
190722 Heliotropium raripilum Vatke ex Penz.;稀毛天芥菜■☆
190723 Heliotropium remotiflorum Rech. f. et Riedl;疏花天芥菜■☆
190724 Heliotropium rogersii Kaplan = Heliotropium nelsonii C. H. Wright ■☆
190725 Heliotropium rotundifolium Lehm.;圆叶天芥菜■☆
190726 Heliotropium sarothroclados Bornm. = Heliotropium ramosissimum (Lehm.) DC. ■☆
190727 Heliotropium scotteae Rendle;司科特天芥菜■☆
190728 Heliotropium senense Klotzsch = Heliotropium strigosum Willd. ■
190729 Heliotropium sennii Chiov. = Heliotropium strigosum Willd. ■
190730 Heliotropium seravschanicum Popov;塞拉夫天芥菜■☆
190731 Heliotropium sericocarpum Bunge = Heliotropium aucheri DC. ■☆
190732 Heliotropium sessilistigma Hutch. et E. A. Bruce;无柄柱天芥菜■☆
190733 Heliotropium simile Vatke;相似天芥菜■☆
190734 Heliotropium somalense Vatke = Heliotropium longiflorum (A. DC.) Jaub. et Spach var. stenophyllum O. Schwartz ■☆
190735 Heliotropium stellulatum Maire = Heliotropium rariflorum Stocks ■☆
190736 Heliotropium steudneri Vatke;斯托德天芥菜■☆
190737 Heliotropium steudneri Vatke subsp. bullatum Verdc.;泡状天芥菜■☆
190738 Heliotropium strigosum Willd.;细叶天芥菜(金锁匙,山豆根);Thinleaf Heliotrope ■
190739 Heliotropium strigosum Willd. subsp. brevifolium (Wall.) Kazmi;短叶金锁匙(山豆根)■
190740 Heliotropium strigosum Willd. var. bicolor (DC.) O. Schwartz = Heliotropium strigosum Willd. ■
190741 Heliotropium strigosum Willd. var. brevifolium (Wall.) C. B. Clarke = Heliotropium strigosum Willd. ■
190742 Heliotropium strigosum Willd. var. cordofanum (Hochst. ex A. DC.) Maire = Heliotropium strigosum Willd. ■
190743 Heliotropium strigosum Willd. var. stellulatum (Maire) Maire = Heliotropium rariflorum Stocks ■☆
190744 Heliotropium strigosum Willd. var. trichocarpa Monod = Heliotropium rariflorum Stocks ■☆
190745 Heliotropium stylosum Franch. = Heliotropium ophioglossum Stocks ex Boiss. ■☆
190746 Heliotropium suaveolens M. Bieb.;香天芥菜;Fragrant Heliotrope ■☆
190747 Heliotropium subspinosum Thulin et A. G. Mill.;具刺天芥

菜■☆

190748 Heliotropium subulatum (Hochst. ex A. DC.) Vatke;钻形天芥菜■☆

190749 Heliotropium subulatum (Hochst. ex A. DC.) Vatke = Heliotropium zeylanicum (Burm. f.) Lam. ■☆

190750 Heliotropium subulatum (Hochst. ex A. DC.) Vatke var. arenarium Vatke = Heliotropium zeylanicum (Burm. f.) Lam. ■☆

190751 Heliotropium sudanicum Andréws;苏丹天芥菜■☆

190752 Heliotropium suffruticescens Pomel = Heliotropium ramosissimum (Lehm.) DC. ■☆

190753 Heliotropium supinum L.;矮小天芥菜;Dwarf Heliotrope ■☆

190754 Heliotropium supinum L. var. malabaricum (Retz.) DC. = Heliotropium supinum L. ■☆

190755 Heliotropium szovitsii (Steven) Bunge.;绍氏天芥菜■☆

190756 Heliotropium tenellum (Nutt.) Torr.;柔弱天芥菜■☆

190757 Heliotropium transoxanum Bunge;外阿穆达尔天芥菜■☆

190758 Heliotropium tuberculosum (Boiss.) Boiss. = Heliotropium ramosissimum (Lehm.) DC. ■☆

190759 Heliotropium tuberculosum (Cham.) Gürke = Heliotropium ciliatum Kaplan ■☆

190760 Heliotropium tuberculosum ? = Heliotropium bacciferum Forssk. ■☆

190761 Heliotropium tuberculosum Boiss. = Heliotropium ramosissimum (Lehm.) DC. ■☆

190762 Heliotropium tuberculosum Gürke = Heliotropium ciliatum Kaplan ■☆

190763 Heliotropium tubulosum E. Mey. ex DC.;管状天芥菜■☆

190764 Heliotropium turcomanicum Popov et Korovin;土库曼天芥菜■☆

190765 Heliotropium turcomanicum Popov et Korovin = Heliotropium ramosissimum (Lehm.) DC. ■☆

190766 Heliotropium ulophyllum Rech. f. et Riedl;卷叶天芥菜■☆

190767 Heliotropium undulatifolium Turrill = Heliotropium longiflorum (A. DC.) Jaub. et Spach subsp. undulatifolium (Turrill) Verdc. ■☆

190768 Heliotropium undulatum Vahl = Heliotropium ramosissimum (Lehm.) DC. ■☆

190769 Heliotropium undulatum Vahl subsp. antiatlanticum (Emb.) Maire = Heliotropium antiatlanticum Emb. ■☆

190770 Heliotropium undulatum Vahl subsp. erosum (Lehm.) Maire = Heliotropium ramosissimum (Lehm.) DC. ■☆

190771 Heliotropium undulatum Vahl var. crispum (Desf.) Maire = Heliotropium ramosissimum (Lehm.) DC. ■☆

190772 Heliotropium undulatum Vahl var. kralikii (Pomel) Maire = Heliotropium bacciferum Forssk. subsp. erosum (Lehm.) Riedl ■☆

190773 Heliotropium undulatum Vahl var. maroccanum (Lehm.) Ball = Heliotropium balansae Riedl ■☆

190774 Heliotropium undulatum Vahl var. monodianum Maire = Heliotropium ramosissimum (Lehm.) DC. ■☆

190775 Heliotropium undulatum Vahl var. nubicum (Bunge) Maire = Heliotropium ramosissimum (Lehm.) DC. ■☆

190776 Heliotropium undulatum Vahl var. persicum (Lam.) Maire = Heliotropium ramosissimum (Lehm.) DC. ■☆

190777 Heliotropium undulatum Vahl var. ramosissimum Lehm. = Heliotropium crispum Desf. ■☆

190778 Heliotropium undulatum Vahl var. ramosissimum Lehm. = Heliotropium ramosissimum (Lehm.) DC. ■☆

190779 Heliotropium undulatum Vahl var. suberosa ? = Heliotropium bacciferum Forssk. ■☆

190780 Heliotropium undulatum Vahl var. suffrutiscescens (Pomel) Maire = Heliotropium ramosissimum (Lehm.) DC. ■☆

190781 Heliotropium undulatum Vahl var. tuberculosum Boiss. = Heliotropium ramosissimum (Lehm.) DC. ■☆

190782 Heliotropium undulatum Vahl var. tuberculosum Boiss. = Heliotropium bacciferum Forssk. ■☆

190783 Heliotropium vatkei Baker = Echiochilon persicum (Burm. f.) I. M. Johnst. ■☆

190784 Heliotropium vierhapperi O. Schwartz = Heliotropium ophioglossum Stocks ex Boiss. ■☆

190785 Heliotropium xinjiangense Y. L. Liu = Heliotropium arguzioides Kar. et Kir. ■

190786 Heliotropium zeylanicum (Burm. f.) Lam.;斯里兰卡天芥菜■☆

190787 Heliotropium zeylanicum (Burm. f.) Lam. subsp. paniculatum?;圆锥天芥菜■☆

190788 Heliotropium zeylanicum (Burm. f.) Lam. var. subulatum (Hochst. ex A. DC.) Chiov. = Heliotropium zeylanicum (Burm. f.) Lam. ■☆

190789 Helipterum DC. = Helichrysum Mill.(保留属名)●■

190790 Helipterum DC. = Syncarpha DC. ■☆

190791 Helipterum DC. ex Lindl. (1838);羽毛菊属(小麦秆菊属);Everlasting, Sunray, Swan River Everlasting Flower ■☆

190792 Helipterum DC. ex Lindl. = Helichrysum Mill.(保留属名)●■

190793 Helipterum DC. ex Lindl. = Syncarpha DC. ■☆

190794 Helipterum affine B. Nord. = Syncarpha affinis (B. Nord.) B. Nord. ■☆

190795 Helipterum albicans (A. Cunn.) DC.;灰白羽毛菊(灰白小麦秆菊);Hoary Sunray ■☆

190796 Helipterum anthemoides DC.;春羽毛菊(春黄鳞托菊);Chamomile Sunray ■☆

190797 Helipterum argyropsis DC. = Syncarpha argyropsis (DC.) B. Nord. ■☆

190798 Helipterum brachypterum Levyns = Syncarpha zeyheri (Sond.) B. Nord. ■☆

190799 Helipterum canescens (L.) DC. = Syncarpha canescens (L.) B. Nord. ■☆

190800 Helipterum canescens (L.) DC. var. leucolepis DC. = Syncarpha canescens (L.) B. Nord. subsp. leucolepis (DC.) B. Nord. ■☆

190801 Helipterum canescens (L.) DC. var. tricolor DC. = Syncarpha canescens (L.) B. Nord. subsp. tricolor (DC.) B. Nord. ■☆

190802 Helipterum citrinum Harv. et Sond. = Syncarpha affinis (B. Nord.) B. Nord. ■☆

190803 Helipterum dregeanum DC. = Syncarpha dregeana (DC.) B. Nord. ■☆

190804 Helipterum eximium (L.) DC. = Syncarpha eximia (L.) B. Nord. ■☆

190805 Helipterum fasciculatum (Andréws) DC. = Edmondia fasciculata (Andréws) Hilliard ●☆

190806 Helipterum ferrugineum (Lam.) DC. = Syncarpha ferruginea (Lam.) B. Nord. ■☆

190807 Helipterum filiforme (D. Don) DC. = Edmondia sesamoides (L.) Hilliard ●☆

190808 Helipterum flavum Compton = Syncarpha flava (Compton) B. Nord. ■☆

190809 Helipterum gnaphaloides (L.) DC. = Syncarpha gnaphaloides (L.) DC. ■☆
190810 Helipterum humboldtianum DC.;黄花羽毛菊(黄花鳞托菊) ■☆
190811 Helipterum humile (Andréws) DC. = Edmondia pinifolia (Lam.) Hilliard ●☆
190812 Helipterum humile (Andréws) DC. var. pinifolium (Lam.) DC. = Edmondia pinifolia (Lam.) Hilliard ●☆
190813 Helipterum loganianum Compton = Syncarpha loganiana (Compton) B. Nord. ■☆
190814 Helipterum manglesii (Lindl.) F. Muell. ex Benth. = Rhodanthe manglesii Lindl. ■☆
190815 Helipterum marlothii Schltr. = Syncarpha marlothii (Schltr.) B. Nord. ■☆
190816 Helipterum milleflorum (L. f.) Druce = Syncarpha milleflora (L. f.) B. Nord. ■☆
190817 Helipterum montanum B. Nord. = Syncarpha montana (B. Nord.) B. Nord. ■☆
190818 Helipterum phlomoides (Lam.) DC. = Syncarpha milleflora (L. f.) B. Nord. ■☆
190819 Helipterum roseum (Hook.) Benth.;粉红羽毛菊(粉红花小麦秆菊,小蜡菊);Pink and White Everlasting, Pink Paper Daisy, Rose Everlasting ■☆
190820 Helipterum seminudum Sch. Bip. = Syncarpha speciosissima (L.) B. Nord. ■☆
190821 Helipterum sesamoides (L.) DC. = Edmondia sesamoides (L.) Hilliard ●☆
190822 Helipterum speciosissimum (L.) DC. = Syncarpha speciosissima (L.) B. Nord. ■☆
190823 Helipterum speciosissimum (L.) DC. var. angustifolium DC. = Syncarpha speciosissima (L.) B. Nord. subsp. angustifolia (DC.) B. Nord. ■☆
190824 Helipterum variegatum (P. J. Bergius) DC. = Syncarpha variegata (P. J. Bergius) B. Nord. ■☆
190825 Helipterum zeyheri Sond. = Syncarpha zeyheri (Sond.) B. Nord. ■☆
190826 Helisanthera Raf. = Helixanthera Lour. ●
190827 Helittophyllum Blume = Helicia Lour. ●
190828 Helix Dumort. ex Steud. = Salix L.(保留属名)●
190829 Helix Mitch. = Parthenocissus Planch.(保留属名)●
190830 Helixanthera Lour.(1790);离瓣寄生属(五瓣桑寄生属);Helixanthera, Jurinea ●
190831 Helixanthera apodanthes Danser;无梗离瓣寄生●☆
190832 Helixanthera coccinea (Jack) Danser;景洪离瓣寄生(景洪寄生);Deepred Jurinea, Jinghong Helixanthera, Scarlet Helixanthera ●
190833 Helixanthera combretoides (Welw. ex Tiegh.) Danser = Helixanthera mannii (Oliv.) Danser ●☆
190834 Helixanthera flabellifolia Balle ex Wiens et Polhill;扇状离瓣寄生●☆
190835 Helixanthera garciana (Engl.) Danser;加西亚离瓣寄生●☆
190836 Helixanthera guangxiensis H. S. Kiu;广西离瓣寄生(小叶山鸡茶,油茶寄生);Guangxi Helixanthera, Guangxi Jurinea, Kwangsi Helixanthera ●
190837 Helixanthera huillensis (Engl.) Danser;威拉离瓣寄生●☆
190838 Helixanthera ikelembensis (De Wild.) Danser = Helixanthera mannii (Oliv.) Danser ●☆
190839 Helixanthera kirkii (Oliv.) Danser;索马里离瓣寄生●☆
190840 Helixanthera ligustrina (Wall.) Danser;女贞叶离瓣寄生●☆
190841 Helixanthera longispicata (Lecomte) Danser = Helixanthera pierrei Danser ●
190842 Helixanthera longispicata (Lecomte) Danser = Helixanthera pulchra (DC.) Danser ●
190843 Helixanthera mannii (Oliv.) Danser;曼氏离瓣寄生●☆
190844 Helixanthera mannii (Oliv.) Danser var. rosacea (Engl.) Balle = Helixanthera mannii (Oliv.) Danser ●☆
190845 Helixanthera mannii (Oliv.) Danser var. ternata (Tiegh.) Balle = Helixanthera mannii (Oliv.) Danser ●☆
190846 Helixanthera mannii (Oliv.) Danser var. wildemanii (Sprague) Balle = Helixanthera mannii (Oliv.) Danser ●☆
190847 Helixanthera messinensis (N. E. Br.) Danser = Helixanthera garciana (Engl.) Danser ●☆
190848 Helixanthera parasitica Lour.;离瓣寄生(桂花寄生,木棉寄生,杉木寄生,树上茶,五瓣寄生,五瓣桑寄生,油桐寄生);Fivepetal Helixanthera, Fivepetal Scurrula, Jurinea, Parasite Helixanthera, Parasite Scurrula ●
190849 Helixanthera patentiflora (Engl. et K. Krause) Danser = Helixanthera mannii (Oliv.) Danser ●☆
190850 Helixanthera periclymenoides (Engl. et K. Krause) Balle;忍冬离瓣寄生●☆
190851 Helixanthera pierrei Danser = Helixanthera pulchra (DC.) Danser ●
190852 Helixanthera pulchra (DC.) Danser;密花离瓣寄生(密花寄生);Conferted Flower Helixanthera, Denseflower Jurinea, Pierre Helixanthera ●
190853 Helixanthera rosacea (Engl.) Danser = Helixanthera mannii (Oliv.) Danser ●☆
190854 Helixanthera rubrostaminea (Engl. et K. Krause) Danser = Helixanthera mannii (Oliv.) Danser ●☆
190855 Helixanthera sampsonii (Hance) Danser;油茶离瓣寄生(油茶寄生,油茶桑寄生);Sampson Helixanthera, Sampson Jurinea, Sampson Scurrula ●
190856 Helixanthera scoriara (W. W. Sm.) Danser;四瓣寄生(滇西离瓣寄生);West Yunnan Helixanthera ●
190857 Helixanthera somalensis (Chiov.) Danser = Helixanthera kirkii (Oliv.) Danser ●☆
190858 Helixanthera spathulata Wiens et Polhill;匙形离瓣寄生●☆
190859 Helixanthera subalata (De Wild.) Wiens et Polhill;翅离瓣寄生●☆
190860 Helixanthera subcylindrica (Sprague) Danser = Helixanthera woodii (Schltr. et K. Krause) Danser ●☆
190861 Helixanthera sublilacina (Sprague) Danser = Helixanthera mannii (Oliv.) Danser ●☆
190862 Helixanthera ternata (Tiegh.) Balle = Helixanthera mannii (Oliv.) Danser ●☆
190863 Helixanthera terrestris (Hook. f.) Danser;林地离瓣寄生(林地寄生);Terrestrial Helixanthera, Upland Helixanthera, Woodland Jurinea ●
190864 Helixanthera tetrapartita (E. A. Bruce) Wiens et Polhill;四深裂离瓣寄生●☆
190865 Helixanthera thomsonii (Sprague) Danser;托马森离瓣寄生●☆
190866 Helixanthera verruculosa Wiens et Polhill;小疣离瓣寄生●☆
190867 Helixanthera wildemanii (Sprague) Danser = Helixanthera mannii (Oliv.) Danser ●☆

190868 Helixanthera woodii (Schltr. et K. Krause) Danser;伍得离瓣寄生●☆
190869 Helixira Steud. = Gynandriris Parl. ■☆
190870 Helixyra Salisb. = Gynandriris Parl. ■☆
190871 Helixyra Salisb. ex N. E. Br. = Gynandriris Parl. ■☆
190872 Helixyra elata N. E. Br. = Moraea simulans Baker ■☆
190873 Helixyra flava Salisb. = Moraea longiflora Ker Gawl. ■☆
190874 Helixyra longiflora (Ker Gawl.) N. E. Br. = Moraea longiflora Ker Gawl. ■☆
190875 Helixyra mossii N. E. Br. = Moraea simulans Baker ■☆
190876 Helixyra propinqua N. E. Br. = Moraea simulans Baker ■☆
190877 Helixyra simulans (Baker) N. E. Br. = Moraea simulans Baker ■☆
190878 Helixyra spicata N. E. Br. = Moraea simulans Baker ■☆
190879 Helixyra spiralis N. E. Br. = Moraea herrei (L. Bolus) Goldblatt ■☆
190880 Helladia M. Kral = Sedum L. ●■
190881 Hellanthopsis H. Rob. = Pappobolus S. F. Blake ■●☆
190882 Helleboraceae Loisel.;铁筷子科■
190883 Helleboraceae Loisel. = Ranunculaceae Juss.(保留科名)●■
190884 Helleboraceae Vest = Helleboraceae Loisel. ■
190885 Helleboraster Fabr. = Adonis L.(保留属名)■
190886 Helleboraster Hill = Helleborus L. ■
190887 Helleboraster Moench = Helleborus L. ■
190888 Helleborine Ehrh. = Epipactis Zinn(保留属名)■
190889 Helleborine Ehrh. = Serapias L.(保留属名)■☆
190890 Helleborine Hill = Epipactis Zinn(保留属名)■
190891 Helleborine Kuntze = Calopogon R. Br.(保留属名)■☆
190892 Helleborine Martyn = Calopogon R. Br.(保留属名)■☆
190893 Helleborine Martyn ex Kuntze = Calopogon R. Br.(保留属名)■☆
190894 Helleborine Mill.(废弃属名) = Cephalanthera Rich. ■
190895 Helleborine Mill.(废弃属名) = Cypripedium L. ■
190896 Helleborine Mill.(废弃属名) = Epipactis Zinn(保留属名)■
190897 Helleborine Moench = Serapias L.(保留属名)■☆
190898 Helleborine Pers. = Serapias L.(保留属名)■☆
190899 Helleborine africana (Rendle) Druce = Epipactis africana Rendle ■☆
190900 Helleborine chinensis Soó = Epipactis thunbergii A. Gray ■
190901 Helleborine consimilis (D. Don) Druce = Epipactis consimilis D. Don ■
190902 Helleborine gigantea (Douglas ex Hook.) Druce = Epipactis gigantea Douglas ex Hook. ■☆
190903 Helleborine graminifolia (Elliott) Kuntze = Calopogon barbatus (Walter) Ames ■☆
190904 Helleborine macrostachya (Lindl.) Soó = Epipactis helleborine (L.) Crantz ■
190905 Helleborine mairei (Schltr.) Soó = Epipactis mairei Schltr. ■
190906 Helleborine multiflora (Lindl.) Kuntze = Calopogon multiflorus Lindl. ■☆
190907 Helleborine ovata (L.) F. W. Schmidt = Listera ovata R. Br. ■
190908 Helleborine pallida (Chapm.) Kuntze = Calopogon pallidus Chapm. ■☆
190909 Helleborine palustris (L.) Schrank = Epipactis palustris (L.) Crantz ■
190910 Helleborine persica Soó = Epipactis persica (Soó) Nannf. ■☆
190911 Helleborine royleana (Lindl.) Soó = Epipactis gigantea Douglas ex Hook. ■☆
190912 Helleborine royleana (Lindl.) Soó = Epipactis royleana Lindl. ■
190913 Helleborine schensiana (Schltr.) Soó = Epipactis mairei Schltr. ■
190914 Helleborine setschuanica (Ames et Schltr.) Soó = Epipactis mairei Schltr. ■
190915 Helleborine thunbergii (A. Gray) Druce = Epipactis thunbergii A. Gray ■
190916 Helleborine thunbergii Druce = Epipactis thunbergii A. Gray ■
190917 Helleborine tuberosa (L.) Kuntze = Calopogon tuberosus (L.) Britton, Sterns et Poggenb. ■☆
190918 Helleborine tuberosa (L.) Kuntze = Limodorum barbatum Lam. ■☆
190919 Helleborine veratrifolia (Boiss. et Hohen.) Bornm. = Epipactis consimilis D. Don ■
190920 Helleborine wilsonii (Schltr.) Soó = Epipactis mairei Schltr. ■
190921 Helleborine xanthophaea (Schltr.) Soó = Epipactis xanthophaea Schltr. ■
190922 Helleborodea Kuntze = Helleboroides Adans. ■
190923 Helleboroides Adans. = Eranthis Salisb.(保留属名)■
190924 Helleborus Gueldenst. = Veratrum L. ■
190925 Helleborus L. (1753);铁筷子属(嚏根草属);Christmas Rose, Hellebore, Helleborus, Iron-chopstick, Lenten Rose ■
190926 Helleborus × ballardiae B. Mathew 'December Dawn';腊月花铁筷子■☆
190927 Helleborus × sternii Turrill;斯特恩铁筷子■☆
190928 Helleborus abchasicus A. Br.;阿伯哈斯铁筷子■☆
190929 Helleborus argutifolius Viv.;尖叶铁筷子;Corn Corsican Hellebore, Corsican Hellebore ■☆
190930 Helleborus atrorubens Waldst. et Kit.;紫花铁筷子■☆
190931 Helleborus atrorubens Waldst. et Kit. = Helleborus odorus Waldst. et Kit. ■☆
190932 Helleborus caucasicus A. Braun;高加索嚏根草■☆
190933 Helleborus chinensis Maxim. = Helleborus thibetanus Franch. ■
190934 Helleborus corsicus Willd. ex Mabille = Helleborus argutifolius Viv. ■☆
190935 Helleborus cyclophyllus Boiss. = Helleborus orientalis Lam. ■☆
190936 Helleborus foetidus L.;臭味铁筷子(臭嚏根草,臭铁筷子);Bear's Foot, Bear's-foot, Bearsfoot Hellebore, Black Nisewort, Dwale, Fellon-grass, Gargut-root, He-barfoot, Helleboraster, Ox Heel, Ox-heal, Ox-heel, Seton-grass, Setter, Settergrass, Setterwort, Stinking Hellebore, Stinkwort ■☆
190937 Helleborus grandiflorus K. Koch ex Rupr.;大花铁筷子■☆
190938 Helleborus guttatus A. Br.;斑点铁筷子■☆
190939 Helleborus hybridus Vilm.;杂种铁筷子■☆
190940 Helleborus hyemalis L. = Eranthis hyemalis (L.) Salisb. ■☆
190941 Helleborus lividus Aiton = Helleborus lividus Aiton ex Curtis ■☆
190942 Helleborus lividus Aiton ex Curtis;暗色铁筷子;Corsican Hellebore ■☆
190943 Helleborus lividus Aiton ex Curtis subsp. corsicus (Briq.) Yeo = Helleborus argutifolius Viv. ■☆
190944 Helleborus niger L.;黑铁筷子(暗叶铁筷子,黑波儿,黑嚏根草,嚏根草);Black Hellebore, Christmas Rose, Christmas-rose, Christ's Herb, Christ's Wort, Clove Tongue, Clove-tongue, Cow's Lungwort, Fellon-grass, Lion's Foot, Melampode, New Year's Rose, Pedelion, Winter Hellebore, Winter Rose ■☆
190945 Helleborus odorus Waldst. et Kit.;香铁筷子■☆

190946 Helleborus olympicus Lindl.;奥林匹克铁筷子■☆
190947 Helleborus orientalis Cars. ex Nyman = Helleborus orientalis Lam. ■☆
190948 Helleborus orientalis Cars. ex Nyman var. hirsutus (Schiffn.) Hayata = Helleborus orientalis Lam. var. hirsutus(Schiffn.)Hayata ■☆
190949 Helleborus orientalis Lam.;东方铁筷子;Christmas Rose, Corsican Hellebore, Helleborus, Lenten Rose, Lenten-rose ■☆
190950 Helleborus orientalis Lam. var. atrorubens ? = Helleborus atrorubens Waldst. et Kit. ■☆
190951 Helleborus orientalis Lam. var. caucasicus A. Braun = Helleborus caucasicus A. Braun ■☆
190952 Helleborus orientalis Lam. var. guttatus (A. Braun et F. W. H. Sauer) Demoly;斑点东方铁筷子■☆
190953 Helleborus orientalis Lam. var. hirsutus (Schiffn.) Hayata;硬毛嚏根草■☆
190954 Helleborus orientalis Lam. var. olympicus Lindl. = Helleborus olympicus Lindl. ■☆
190955 Helleborus purpurascens Waldst. et Kit.;紫红嚏根草(紫花铁筷子,紫晕铁筷子);Purple Hellebore ■☆
190956 Helleborus thibetanus Franch.;铁筷子(黑儿波,黑毛七,见春花,九百棒,九朵云,九莲灯,九龙丹,九牛七,双铃草,小山桃儿七,小桃儿七,鸳鸯七);Iron-chopstick, Tibetan Helleborus ■
190957 Helleborus trifolius L. = Coptis trifolia (L.) Salisb. ■☆
190958 Helleborus vesicarius Aucher;水泡铁筷子■☆
190959 Helleborus viridis L.;绿嚏根草(绿花铁筷子);Bastard Hellebore, Bear's Foot, Bear's-foot, Fellon-herb, Green Hellebore, Green Lily, Lousewort, Setter, Settergrass, Setterwort, She-barfoot, Wild Black Hellebore, Wild Christmas Rose ■☆
190960 Helleborus viridis L. var. thibetanus (Franch.) Finet et Gagnep. = Helleborus thibetanus Franch. ■
190961 Hellenia Retz. = Costus L. ■
190962 Hellenia Willd. = Alpinia L. ■
190963 Hellenia Willd. = Alpinia Roxb.(保留属名)■
190964 Hellenia Willd. = Allagas Raf. ■
190965 Hellenocarum H. Wolff(1927);黑伦草属■☆
190966 Hellenocarum lumpeanum H. Wolff;黑伦草■☆
190967 Hellenocarum multiflorum H. Wolff;多花黑伦草■☆
190968 Hellera Doll = Raddia Bertol. ■☆
190969 Hellera Schrad. ex Doell = Raddia Bertol. ■☆
190970 Helleranthus Small = Verbena L. ■●
190971 Helleria E. Fourn. = Festuca L. ■
190972 Helleria E. Fourn. = Hellerochloa Rauschert ■
190973 Helleria Nees et Mart. = Vantanea Aubl. ●☆
190974 Helleriella A. D. Hawkes(1966);黑勒兰属■☆
190975 Helleriella nicaraguensis A. D. Hawkes;黑勒兰■☆
190976 Hellerochloa Rauschert = Festuca L. ■
190977 Hellerorchis A. D. Hawkes = Rodriguezіella Kuntze ■☆
190978 Helletonema velutinum (Afzel.) Hallé = Helictonema velutinum (Afzel.) Pierre ex N. Hallé ●☆
190979 Hellmuthia Steud.(1855);赫尔莎属■☆
190980 Hellmuthia Steud. = Scirpus L.(保留属名)■
190981 Hellmuthia membranacea (Thunb.) R. W. Haines et Lye;赫尔莎■☆
190982 Hellwigia Warb. = Alpinia Roxb.(保留属名)■
190983 Helmentia J. St. -Hil. = Helmintia Juss. ■
190984 Helmentia J. St. -Hil. = Picris L. ■
190985 Helmholtzia F. Muell.(1866);赫尔姆田葱属■☆
190986 Helmholtzia acorifolia F. Muell.;赫尔姆田葱■☆
190987 Helmholtzia glaberrima (Hook. f.) Caruel;光赫尔姆田葱■☆
190988 Helmia Kunth = Dioscorea L.(保留属名)■
190989 Helmia bulbifera (L.) Kunth = Dioscorea bulbifera L. ■
190990 Helmia dregeana Kunth = Dioscorea dregeana (Kunth) T. Durand et Schinz ■☆
190991 Helmia dumetorum Kunth = Dioscorea dumetorum (Kunth) Pax ■☆
190992 Helminta Willd. = Helminthia Juss. ■
190993 Helminthia Juss. = Helminthotheca Zinn ■☆
190994 Helminthia Juss. = Picris L. ■
190995 Helminthia aculeata (Vahl) Desf. = Helminthotheca aculeata (Vahl) Lack ■☆
190996 Helminthia asplenioides (L.) DC. = Picris asplenioides L. ■☆
190997 Helminthia balansae Coss. et Durieu = Helminthotheca balansae (Coss. et Durieu) Lack ■☆
190998 Helminthia echioides (L.) Gaertn. = Helminthotheca echioides (L.) Holub ■☆
190999 Helminthia glomerata (Pomel) Barratte = Helminthotheca glomerata (Pomel) Greuter ■☆
191000 Helminthion St. -Lag. = Helminthia Juss. ■
191001 Helminthocarpon A. Rich. = Lotus L. ■
191002 Helminthocarpon A. Rich. = Vermifrux J. B. Gillett ■
191003 Helminthocarpon abyssinicum A. Rich. = Dorycnopsis abyssinica (A. Rich.) Tikhom. et D. D. Sokoloff ■☆
191004 Helminthocarpum A. Rich. = Vermifrux J. B. Gillett ■
191005 Helminthospermum (Torr.) Dutand = Phacelia Juss. ■☆
191006 Helminthospermum Thwaites = Gironniera Gaudich. ●
191007 Helminthoteca Juss. = Helminthotheca Zinn ■☆
191008 Helminthoteca Vaill. ex Juss. = Helminthotheca Zinn ■☆
191009 Helminthotheca Vaill. = Helminthotheca Zinn ■☆
191010 Helminthotheca Vaill. ex Boehm. = Helminthotheca Zinn ■☆
191011 Helminthotheca Zinn = Helminthia Juss. ■
191012 Helminthotheca Zinn = Helmintia Juss. ■
191013 Helminthotheca Zinn(1757);牛舌苣属;Oxtongue ■☆
191014 Helminthotheca aculeata (Vahl) Lack;皮刺牛舌苣■☆
191015 Helminthotheca aculeata (Vahl) Lack subsp. maroccana (Sauvage) Greuter;摩洛哥牛舌苣■☆
191016 Helminthotheca balansae (Coss. et Durieu) Lack;巴兰萨牛舌苣■☆
191017 Helminthotheca comosa (Boiss.) Lack;簇毛牛舌苣■☆
191018 Helminthotheca echioides (L.) Holub;牛舌苣■☆
191019 Helminthotheca glomerata (Pomel) Greuter;团集牛舌苣■☆
191020 Helmintia Juss. = Picris L. ■
191021 Helmiopsiella Arènes(1956);小薯蓣梧桐属●☆
191022 Helmiopsiella madagascariensis Arènes;小薯蓣梧桐●☆
191023 Helmiopsis H. Perrier(1944);薯蓣梧桐属●☆
191024 Helmiopsis rigida (Baill.) Dorr;薯蓣梧桐●☆
191025 Helmontia Cogn.(1875);黑尔葫芦属■☆
191026 Helmontia simplicifolia Cogn.;黑尔葫芦■☆
191027 Helmuthia Pax = Hellmuthia Steud. ■☆
191028 Helmuthia Pax = Scirpus L.(保留属名)■
191029 Helodea Post et Kuntze = Elodes Adans. ■●
191030 Helodea Post et Kuntze = Hypericum L. ■●
191031 Helodea Rchb. = Elodea Michx. ■☆
191032 Helodes St. -Lag = Hypericum L. ■●
191033 Helodes St. -Lag. = Elodes Adans. ■●

191034 Helodium Dumort. = Apium L. ■
191035 Helodium Dumort. = Helosciadium W. D. J. Koch ■☆
191036 Helogyne Benth. = Hofmeisteria Walp. ■●☆
191037 Helogyne Nutt. (1841);腺瓣修泽兰属●☆
191038 Helogyne apaloidea Nutt.;腺瓣修泽兰●☆
191039 Helogyne macrogyne (Phil.) B. L. Rob.;大蕊腺瓣修泽兰●☆
191040 Helonema Suess. = Eleocharis R. Br. ■
191041 Heloniadaceae J. Agardh = Melanthiaceae Batsch ex Borkh.(保留科名)■
191042 Heloniadaceae J. Agardh;蓝药花科(胡麻花科)■
191043 Helonias Adans. = Helonias L. ■☆
191044 Helonias Adans. = Lilio-Hyacinthus Ortega ■
191045 Helonias Adans. = Scilla L. ■
191046 Helonias L. (1753);蓝药花属(地百合属,胡麻花属);Swamp Pink, Swamp-pink ■☆
191047 Helonias alpina (F. T. Wang et Ts. Tang) N. Tanaka = Ypsilandra alpina F. T. Wang et Ts. Tang ■
191048 Helonias angustifolia Michx. = Zigadenus densus (Desr.) Fernald ■☆
191049 Helonias asphodeloides L. = Xerophyllum asphodeloides (L.) Nutt. ■☆
191050 Helonias bullata L.;蓝药花(泽花);Swamp-pink ■☆
191051 Helonias dubia Michx. = Schoenocaulon dubium (Michx.) Small ■☆
191052 Helonias guineensis Thonn. = Iphigenia pauciflora Martelli ■☆
191053 Helonias minuta L. = Spiloxene minuta (L.) Fourc. ■☆
191054 Helonias paniculata Nutt. = Zigadenus paniculatus (Nutt.) S. Watson ■☆
191055 Helonias thibetica (Franch.) N. Tanaka = Ypsilandra thibetica Franch. ■
191056 Helonias umbellata (Baker) N. Tanaka = Heloniopsis umbellata (Baker) N. Tanaka ■
191057 Helonias virescens Kunth = Zigadenus virescens (Kunth) J. F. Macbr. ■☆
191058 Helonias yunnanensis (W. W. Sm. et Jeffrey) N. Tanaka = Ypsilandra yunnanensis W. W. Sm. et Jeffrey ■
191059 Heloniopsis A. Gray (1858)(保留属名);胡麻花属;Heloniopsis ■
191060 Heloniopsis A. Gray(保留属名) = Helonias L. ■☆
191061 Heloniopsis acutifolia Hayata;锐叶胡麻花■
191062 Heloniopsis acutifolia Hayata = Heloniopsis umbellata (Baker) N. Tanaka ■
191063 Heloniopsis arisanensis Hayata ex Honda = Heloniopsis umbellata (Baker) N. Tanaka ■
191064 Heloniopsis japonica Maxim. = Heloniopsis orientalis Koidz. ■☆
191065 Heloniopsis orientalis Koidz.;东方胡麻花(日本胡麻花,猩猩裙);Eastern Heloniopsis, Japanese Heloniopsis ■☆
191066 Heloniopsis taiwanensis S. S. Ying = Heloniopsis umbellata (Baker) N. Tanaka ■
191067 Heloniopsis taiwaniana S. S. Ying = Heloniopsis umbellata (Baker) N. Tanaka ■
191068 Heloniopsis umbellata (Baker) N. Tanaka;胡麻花(锐叶胡麻花,台湾胡麻花);Umbellate Heloniopsis ■
191069 Heloniopsis umbellata Baker;台湾胡麻花(胡麻花)■
191070 Heloniopsis umbellata Baker = Heloniopsis umbellata (Baker) N. Tanaka ■
191071 Helonoma Garay(1982);喜湿兰属■☆
191072 Helonoma americana (C. Schweinf. et Garay) Garay;喜湿兰■☆
191073 Helonoma americana (C. Schweinf. et Garay) Garay = Manniella americana C. Schweinf. et Garay ■☆
191074 Helophyllum (Hook. f.) Hook. f. = Phyllachne J. R. Forst. et G. Forst. ■☆
191075 Helophyllum Hook. f. = Phyllachne J. R. Forst. et G. Forst. ■☆
191076 Helophytum Eckl. et Zeyh. = Crassula L. ●■☆
191077 Helophytum Eckl. et Zeyh. = Tillaea L. ■
191078 Helophytum filiforme Eckl. et Zeyh. = Crassula natans Thunb. ■☆
191079 Helophytum filiforme Eckl. et Zeyh. var. parvulum ? = Crassula natans Thunb. ■☆
191080 Helophytum fluitans Eckl. et Zeyh. = Crassula natans Thunb. ■☆
191081 Helophytum fluitans Eckl. et Zeyh. var. intermedium ? = Crassula natans Thunb. ■
191082 Helophytum fluitans Eckl. et Zeyh. var. obovatum ? = Crassula natans Thunb. ■☆
191083 Helophytum inane (Thunb.) Eckl. et Zeyh. = Crassula inanis Thunb. ■☆
191084 Helophytum inane (Thunb.) Eckl. et Zeyh. var. latifolium Eckl. et Zeyh. = Crassula inanis Thunb. ■☆
191085 Helophytum natans (Thunb.) Eckl. et Zeyh. = Crassula natans Thunb. ■☆
191086 Helophytum natans (Thunb.) Eckl. et Zeyh. var. amphibia Harv. = Crassula natans Thunb. ■☆
191087 Helophytum natans (Thunb.) Eckl. et Zeyh. var. filiformis (Eckl. et Zeyh.) Harv. = Crassula natans Thunb. var. minus (Eckl. et Zeyh.) G. D. Rowley ■☆
191088 Helophytum natans (Thunb.) Eckl. et Zeyh. var. fluitans (Eckl. et Zeyh.) Harv. = Crassula natans Thunb. ■☆
191089 Helophytum natans (Thunb.) Eckl. et Zeyh. var. minus Eckl. et Zeyh. = Crassula natans Thunb. var. minus (Eckl. et Zeyh.) G. D. Rowley ■☆
191090 Helophytum natans (Thunb.) Eckl. et Zeyh. var. obovatum (Eckl. et Zeyh.) Harv. = Crassula natans Thunb. ■☆
191091 Helophytum reflexum Eckl. et Zeyh. = Crassula natans Thunb. ■☆
191092 Helopus Trin. = Eriochloa Kunth ■
191093 Helopus acrotrichus Steud. = Eriochloa fatmensis (Hochst. et Steud.) Clayton ■☆
191094 Helopus annulatus (Flüggé) Nees = Eriochloa procera (Retz.) C. E. Hubb. ■
191095 Helopus bolbodes Hochst. ex Steud. = Urochloa oligotricha (Fig. et De Not.) Henrard ■☆
191096 Helopus nubicus Steud. = Eriochloa fatmensis (Hochst. et Steud.) Clayton ■☆
191097 Helorchis Schltr. = Cynorkis Thouars ■☆
191098 Helorchis filiformis (Kraenzl.) Schltr. = Cynorkis papillosa (Ridl.) Summerh. ■☆
191099 Helosaceae (Schoot et Endl.) Tiegh. ex Reveal et Hoogland;盾苞菰科■☆
191100 Helosaceae (Schoot et Endl.) Tiegh. ex Reveal et Hoogland = Balanophoraceae Rich.(保留科名)●■
191101 Helosaceae (Schoot et Endl.) Tiegh. ex Reveal et Hoogland = Helosidaceae Tiegh. ■☆

191102 Helosaceae (Schott et Endl.) Rev. et Hoogl. = Helosaceae (Schoot et Endl.) Tiegh. ex Reveal et Hoogland ■☆

191103 Helosaceae Bromhead = Balanophoraceae Rich. (保留科名) ●■

191104 Helosaceae Reveal et Hoogland = Balanophoraceae Rich. (保留科名) ●■

191105 Helosaceae Tiegh. ex Reveal et Hoogland = Balanophoraceae Rich. (保留科名) ●■

191106 Helosaceae Tiegh. ex Reveal et Hoogland = Helosaceae (Schoot et Endl.) Tiegh. ex Reveal et Hoogland ■☆

191107 Helosaceae Tiegh. ex Reveal et Hoogland = Helosidaceae Tiegh. ■☆

191108 Heloschiadium Marsson = Helosciadium W. D. J. Koch ■☆

191109 Heloscia Dumort. = Helosciadium W. D. J. Koch ■☆

191110 Helosciadium Marsson = Helosciadium W. D. J. Koch ■☆

191111 Helosciadium W. D. J. Koch = Apium L. ■

191112 Helosciadium W. D. J. Koch (1824); 沼伞芹属 ■☆

191113 Helosciadium algeriense Coss. = Heracleum sphondylium L. subsp. algeriense (Coss.) Dobignard ■☆

191114 Helosciadium crassipes Rchb. = Apium crassipes (Rchb.) Rchb. f. ■☆

191115 Helosciadium inundatum (L.) Koch = Apium inundatum (L.) Rchb. f. ■☆

191116 Helosciadium leptophyllum DC. = Apium leptophyllum (Pers.) F. Muell. ex Benth. ■

191117 Helosciadium nodiflorum (L.) Koch; 节花沼伞芹 ■☆

191118 Helosciadium nodiflorum (L.) Koch = Apium nodiflorum (L.) Lag. ■☆

191119 Helosciadium nodiflorum (L.) Koch var. ochreatum DC. = Apium nodiflorum (L.) Lag. ■☆

191120 Helosciadium nodiflorum (L.) Koch var. radiatum (Viv.) Coss. = Apium nodiflorum (L.) Lag. ■☆

191121 Helosciadium nodiflorum (L.) Koch var. repentiforme Rouy et Camus = Apium nodiflorum (L.) Lag. ■☆

191122 Helosciadium pubescens DC. = Pimpinella diversifolia DC. ■

191123 Helosciadium repens (Jacq.) W. D. J. Koch = Apium repens (Jacq.) Lag. ■☆

191124 Helosciadium tenerum (Wall.) DC. = Acronema tenerum (Wall.) Edgew. ■

191125 Heloseaceae Tiegh. ex Reveal et Hoogland = Balanophoraceae Rich. (保留科名) ●■

191126 Heloseaceae Tiegh. ex Reveal et Hoogland = Helosidaceae Tiegh. ■☆

191127 Heloseris Rchb. ex Steud. = Senecio L. ■●

191128 Helosidaceae Tiegh. = Balanophoraceae Rich. (保留科名) ●■

191129 Helosidaceae Tiegh. = Helosaceae (Schoot et Endl.) Tiegh. ex Reveal et Hoogland ■☆

191130 Helosidaceae Tiegh. = Helwingiaceae Decne. ●

191131 Helosis Rich. (1822) (保留属名); 盾苞菰属 ■☆

191132 Helosis cayanensis (Sw.) Spreng.; 盾苞菰 ■☆

191133 Helosis guyannensis Rich. = Helosis cayanensis (Sw.) Spreng. ■☆

191134 Helospora Jack (废弃属名) = Timonius DC. (保留属名) ●

191135 Helothrix Nees = Schoenus L. ■

191136 Helvingia Adans. (废弃属名) = Helwingia Willd. (保留属名) ●

191137 Helvingia Adans. (废弃属名) = Laetia Loefl. ex L. (保留属名) ●☆

191138 Helvingia Adans. (废弃属名) = Thamnia P. Browne (废弃属名) ●☆

191139 Helwingia Willd. (1806) (保留属名); 青荚叶属; Helwingia ●

191140 Helwingia argyi H. Lév. et Vaniot = Stemona japonica (Blume) Miq. ■

191141 Helwingia chinensis Batalin; 中华青荚叶 (叶长花, 叶上珠, 月亮公公树); China Helwingia, Chinese Helwingia ●

191142 Helwingia chinensis Batalin f. megaphylla W. P. Fang = Helwingia chinensis Batalin var. crenata (Y. Ling ex H. Limpr.) W. P. Fang ●

191143 Helwingia chinensis Batalin f. oblanceolata S. S. Chien = Helwingia chinensis Batalin var. crenata (Y. Ling ex H. Limpr.) W. P. Fang ●

191144 Helwingia chinensis Batalin f. oblanceolata S. S. Chien = Helwingia himalaica Hook. f. et Thomson ex C. B. Clarke ●

191145 Helwingia chinensis Batalin var. agenuina Wangerin = Helwingia chinensis Batalin ●

191146 Helwingia chinensis Batalin var. crenata (Y. Ling ex H. Limpr.) W. P. Fang; 钝齿青荚叶; Crenate Chinese Helwingia ●

191147 Helwingia chinensis Batalin var. longipedicellata Wangerin = Helwingia chinensis Batalin ●

191148 Helwingia chinensis Batalin var. macrocarpa Pamp. = Helwingia chinensis Batalin ●

191149 Helwingia chinensis Batalin var. megaphylla W. P. Fang; 大叶青荚叶 (大叶中华青荚叶); Big-leaf Chinese Helwingia ●

191150 Helwingia chinensis Batalin var. microphylla W. P. Fang et Soong; 小叶中华青荚叶; Littleleaf Helwingia ●

191151 Helwingia chinensis Batalin var. microphylla W. P. Fang et Soong = Helwingia chinensis Batalin ●

191152 Helwingia chinensis Batalin var. stenophylla (Merr.) W. P. Fang et Soong; 窄叶青荚叶; Narrowleaf Helwingia ●

191153 Helwingia chinensis Batalin var. stenophylla (Merr.) W. P. Fang et Soong = Helwingia chinensis Batalin ●

191154 Helwingia chinensis Batalin var. stenophylla Merr. = Helwingia chinensis Batalin ●

191155 Helwingia crenata Lingelsh. ex Limpr. = Helwingia chinensis Batalin var. crenata (Y. Ling ex H. Limpr.) W. P. Fang ●

191156 Helwingia formosana Kaneh. et Sasaki = Helwingia japonica (Thunb.) F. Dietr. subsp. formosana (Kaneh. et Sasaki) H. Hara et S. Kuros. ●

191157 Helwingia himalaica Hook. f. et Thomson ex C. B. Clarke; 喜马拉雅青荚叶 (泡通青荚叶, 通心草, 西藏青荚叶, 西南青荚叶, 西域青荚叶, 野山花, 叶上果, 叶上珠); Himalayan Helwingia, Himalayas Helwingia ●

191158 Helwingia himalaica Hook. f. et Thomson ex C. B. Clarke f. oblanceolata (S. S. Chien) W. P. Fang et Soong = Helwingia himalaica Hook. f. et Thomson ex C. B. Clarke ●

191159 Helwingia himalaica Hook. f. et Thomson ex C. B. Clarke f. omeiensis W. P. Fang = Helwingia omeiensis (W. P. Fang) H. Hara et S. Kuros. ●

191160 Helwingia himalaica Hook. f. et Thomson ex C. B. Clarke var. crenata H. L. Li = Helwingia chinensis Batalin var. crenata (Y. Ling ex H. Limpr.) W. P. Fang ●

191161 Helwingia himalaica Hook. f. et Thomson ex C. B. Clarke var. gracilipes W. P. Fang et Soong; 细梗青荚叶; Slenderstalk Helwingia ●

191162 Helwingia himalaica Hook. f. et Thomson ex C. B. Clarke var. gracilipes W. P. Fang et Soong = Helwingia himalaica Hook. f. et Thomson ex C. B. Clarke ●

191163 Helwingia himalaica Hook. f. et Thomson ex C. B. Clarke var. lanceolata Deb = Helwingia himalaica Hook. f. et Thomson ex C. B. Clarke ●

191164 Helwingia himalaica Hook. f. et Thomson ex C. B. Clarke var. nanchuanensis (W. P. Fang) W. P. Fang et Soong;南川青荚叶;Nanchuan Helwingia ●

191165 Helwingia himalaica Hook. f. et Thomson ex C. B. Clarke var. nanchuanensis (W. P. Fang) W. P. Fang et Soong = Helwingia himalaica Hook. f. et Thomson ex C. B. Clarke ●

191166 Helwingia himalaica Hook. f. et Thomson ex C. B. Clarke var. papillosa W. P. Fang et Soong;乳凸青荚叶;Papillose Himalayan Helwingia ●

191167 Helwingia himalaica Hook. f. et Thomson ex C. B. Clarke var. parvifolia H. L. Li;小型青荚叶(小狭叶青荚叶,小叶青荚叶);Small-leaf Helwingia ●

191168 Helwingia himalaica Hook. f. et Thomson ex C. B. Clarke var. parvifolia H. L. Li = Helwingia himalaica Hook. f. et Thomson ex C. B. Clarke ●

191169 Helwingia himalaica Hook. f. et Thomson ex C. B. Clarke var. prunifolia W. P. Fang et Soong;桃叶青荚叶;Plum-leaf Helwingia ●

191170 Helwingia himalaica Hook. f. et Thomson ex C. B. Clarke var. prunifolia W. P. Fang et Soong = Helwingia himalaica Hook. f. et Thomson ex C. B. Clarke ●

191171 Helwingia himalaica var. crenata (Lingelsh. ex Limpr.) H. L. Li = Helwingia chinensis Batalin var. crenata (Y. Ling ex H. Limpr.) W. P. Fang ●

191172 Helwingia japonica (Thunb. ex Murray) F. Dietr. = Helwingia japonica (Thunb.) F. Dietr. ●

191173 Helwingia japonica (Thunb.) F. Dietr.;青荚叶(大部参,大叶通草,绿叶托红珠,台湾青荚叶,通条花,小录果,叶上果,叶上花,叶上珠,阴证药,转竺);Japan Helwingia,Japanese Helwingia ●

191174 Helwingia japonica (Thunb.) F. Dietr. f. lancifolia Hayashi;剑叶青荚叶●☆

191175 Helwingia japonica (Thunb.) F. Dietr. f. parvifolia (Makino) Okuyama = Helwingia japonica (Thunb.) F. Dietr. var. parvifolia Makino ●☆

191176 Helwingia japonica (Thunb.) F. Dietr. subsp. formosana (Kaneh. et Sasaki) H. Hara et S. Kuros. = Helwingia japonica (Thunb.) F. Dietr. subsp. taiwaniana Yuen P. Yang et H. Y. Liu ●

191177 Helwingia japonica (Thunb.) F. Dietr. subsp. liukiuensis (Hatus.) H. Hara et S. Kuros. = Helwingia japonica (Thunb.) F. Dietr. var. liukiuensis (Hatus.) Murata ●

191178 Helwingia japonica (Thunb.) F. Dietr. subsp. taiwaniana Yuen P. Yang et H. Y. Liu = Helwingia japonica (Thunb.) F. Dietr. var. zhejiangensis (W. P. Fang et Soong) M. B. Deng et Yo Zhang ●

191179 Helwingia japonica (Thunb.) F. Dietr. var. formosana (Kaneh. et Sasaki) Kitam. = Helwingia japonica (Thunb.) F. Dietr. subsp. taiwaniana Yuen P. Yang et H. Y. Liu ●

191180 Helwingia japonica (Thunb.) F. Dietr. var. formosana (Kaneh. et Sasaki) Kitam. = Helwingia japonica (Thunb.) F. Dietr. subsp. formosana (Kaneh. et Sasaki) H. Hara et S. Kuros. ●

191181 Helwingia japonica (Thunb.) F. Dietr. var. grisea W. P. Fang et Soong;灰色青荚叶;Gray Japanese Helwingia ●

191182 Helwingia japonica (Thunb.) F. Dietr. var. grisea W. P. Fang et Soong = Helwingia japonica (Thunb.) F. Dietr. var. hypoleuca Hemsl. ex Rehder ●

191183 Helwingia japonica (Thunb.) F. Dietr. var. himalaica (Hook. f. et Thomson) Franch. = Helwingia himalaica Hook. f. et Thomson ex C. B. Clarke ●

191184 Helwingia japonica (Thunb.) F. Dietr. var. hypoleuca Hemsl. ex Rehder;白粉青荚叶(白背青荚叶,青通草);White-back Japanese Helwingia ●

191185 Helwingia japonica (Thunb.) F. Dietr. var. liukiuensis (Hatus.) Murata;琉球青荚叶●

191186 Helwingia japonica (Thunb.) F. Dietr. var. nanchuanensis W. P. Fang = Helwingia himalaica Hook. f. et Thomson ex C. B. Clarke var. nanchuanensis (W. P. Fang) W. P. Fang et Soong ●

191187 Helwingia japonica (Thunb.) F. Dietr. var. nanchuanensis W. P. Fang = Helwingia himalaica Hook. f. et Thomson ex C. B. Clarke ●

191188 Helwingia japonica (Thunb.) F. Dietr. var. papillosa W. P. Fang et Soong;乳突青荚叶;Papillate Helwingia ●

191189 Helwingia japonica (Thunb.) F. Dietr. var. parvifolia Makino;小叶青荚叶●☆

191190 Helwingia japonica (Thunb.) F. Dietr. var. szechuanensis (W. P. Fang) W. P. Fang et Soong;四川青荚叶;Sichuan Helwingia ●

191191 Helwingia japonica (Thunb.) F. Dietr. var. szechuanensis (W. P. Fang) W. P. Fang et Soong = Helwingia japonica (Thunb.) F. Dietr. ●

191192 Helwingia japonica (Thunb.) F. Dietr. var. zhejiangensis (W. P. Fang et Soong) M. B. Deng et Yo Zhang;台湾青荚叶(浙江青荚叶);Zhejiang Helwingia ●

191193 Helwingia liukiuensis Hatus. = Helwingia japonica (Thunb.) F. Dietr. var. liukiuensis (Hatus.) Murata ●

191194 Helwingia omeiensis (W. P. Fang) H. Hara et S. Kuros.;峨眉青荚叶;Emei Helwingia ●

191195 Helwingia omeiensis (W. P. Fang) H. Hara et S. Kuros. var. oblanceolata (S. S. Chien) H. Hara et S. Kuros. = Helwingia himalaica Hook. f. et Thomson ex C. B. Clarke var. nanchuanensis (W. P. Fang) W. P. Fang et Soong ●

191196 Helwingia omeiensis (W. P. Fang) H. Hara et S. Kuros. var. oblanceolata (S. S. Chien) H. Hara et S. Kuros. = Helwingia himalaica Hook. f. et Thomson ex C. B. Clarke ●

191197 Helwingia omeiensis (W. P. Fang) H. Hara et S. Kuros. var. oblonga W. P. Fang et Soong;长圆叶青荚叶(长圆青荚叶,树花菜);Oblong Helwingia ●

191198 Helwingia omeiensis (W. P. Fang) H. Hara et S. Kuros. var. oblonga W. P. Fang et Soong = Helwingia omeiensis (W. P. Fang) H. Hara et S. Kuros. ●

191199 Helwingia rusciflora Willd. = Helwingia japonica (Thunb.) F. Dietr. ●

191200 Helwingia stenophylla Merr. = Helwingia chinensis Batalin var. stenophylla (Merr.) W. P. Fang et Soong ●

191201 Helwingia szechuanensis W. P. Fang = Helwingia japonica (Thunb.) F. Dietr. ●

191202 Helwingia szechuanensis W. P. Fang = Helwingia japonica (Thunb.) F. Dietr. var. szechuanensis (W. P. Fang) W. P. Fang et Soong ●

191203 Helwingia zhejiangensis W. P. Fang et Soong = Helwingia japonica (Thunb.) F. Dietr. var. zhejiangensis (W. P. Fang et Soong) M. B. Deng et Yo Zhang ●

191204 Helwingiaceae Decne. (1836);青荚叶科(梾木科,山茱萸科)●

191205 Helxine (L.) Raf. = Fallopia Adans. ●■

191206 Helxine Bubani = Parietaria L. ■

191207 Helxine Bubani = Soleirolia Gaudich. ■☆

191208 Helxine L. = Fagopyrum Mill. (保留属名) ●■
191209 Helxine Raf. = Fallopia Adans. ●■
191210 Helxine Req. = Soleirolia Gaudich. ■☆
191211 Helxine arifolia Raf. = Polygonum thunbergii Siebold et Zucc. ■
191212 Helxine convolvulus (L.) Raf. = Fallopia convolvulus (L.) Á. Löve ■
191213 Helxine dumetorum (L.) Raf. = Fallopia dumetora (L.) Holub ■
191214 Helxine multiflora (Thunb.) Raf. = Fallopia multiflora (Thunb.) Haraldson ■
191215 Helxine sagittata (L.) Raf. = Polygonum sagittatum L. ■
191216 Helxine soleirolii Req. = Soleirolia soleirolii (Req.) Dandy ■☆
191217 Helyga Blume = Parsonsia R. Br. (保留属名) ●
191218 Helygia Blume = Parsonsia R. Br. (保留属名) ●
191219 Hemandradenia Stapf(1908);血腺蕊属●☆
191220 Hemandradenia chevalieri Stapf;血腺蕊●☆
191221 Hemandradenia glomerata Aubrév. et Pellegr. = Hemandradenia mannii Stapf ●☆
191222 Hemandradenia madagascariensis G. Schellenb. = Ellipanthus madagascariensis (G. Schellenb.) Capuron et Rabenant. ●☆
191223 Hemandradenia mannii Stapf;曼氏血腺蕊●☆
191224 Hemanthus Raf. = Haemanthus L. ■
191225 Hemarthria R. Br. (1810);牛鞭草属;Hemarthria, Oxwhipgrass ■
191226 Hemarthria allionii Roem. et Schult. = Heteropogon contortus (L.) P. Beauv. ex Roem. et Schult. ■
191227 Hemarthria altissima (Poir.) Stapf et C. E. Hubb.;牛鞭草(大牛鞭草,脱节草);Limpo Grass, Limpograss, Tall Hemarthria, Tall Oxwhipgrass ■
191228 Hemarthria compressa (L. f.) R. Br.;扁穗牛鞭草(鞭草,马铃骨,牛鞭草,牛草,牛仔蔗);Flatspike Oxwhipgrass, Flattened Hemarthria ■
191229 Hemarthria compressa (L. f.) R. Br. subsp. altissima (Poir.) Maire = Hemarthria altissima (Poir.) Stapf et C. E. Hubb. ■
191230 Hemarthria compressa (L. f.) R. Br. var. altissima (Poir.) Maire = Hemarthria altissima (Poir.) Stapf et C. E. Hubb. ■
191231 Hemarthria compressa (L. f.) R. Br. var. fasciculata (Hack.) Keng = Hemarthria altissima (Poir.) Stapf et C. E. Hubb. ■
191232 Hemarthria compressa (L. f.) R. Br. var. fasciculata (Lam.) Keng;簇生牛鞭草(牛鞭草);Fasciculate Hemarthria ■
191233 Hemarthria compressa (L. f.) R. Br. var. fasciculata (Lam.) Keng = Hemarthria altissima (Poir.) Stapf et C. E. Hubb. ■
191234 Hemarthria compressa (L. f.) R. Br. var. japonica (Hack.) Ohwi;日本牛鞭草;Japanese Hemarthria ■
191235 Hemarthria compressa (L. f.) R. Br. var. japonica (Hack.) Ohwi = Hemarthria sibirica (Gand.) Ohwi ■
191236 Hemarthria compressa (L. f.) R. Br. var. japonica (Hack.) Y. N. Lee = Hemarthria sibirica (Gand.) Ohwi ■
191237 Hemarthria coromandelina Steud. = Hemarthria compressa (L. f.) R. Br. ■
191238 Hemarthria fasciculata (Lam.) Kunth = Hemarthria altissima (Poir.) Stapf et C. E. Hubb. ■
191239 Hemarthria fasciculata (Lam.) Kunth = Hemarthria compressa (L. f.) R. Br. var. fasciculata (Lam.) Keng ■
191240 Hemarthria fasciculata Kunth = Hemarthria altissima (Poir.) Stapf et C. E. Hubb. ■
191241 Hemarthria glabra (Roxb.) Blatt. et McCann = Hemarthria compressa (L. f.) R. Br. ■
191242 Hemarthria humilis Keng = Hemarthria protensa Steud. ■
191243 Hemarthria japonica (Hack.) Kunth = Hemarthria compressa (L. f.) R. Br. var. japonica (Hack.) Ohwi ■
191244 Hemarthria japonica (Hack.) Kunth = Hemarthria sibirica (Gand.) Ohwi ■
191245 Hemarthria japonica (Hack.) Roshev. = Hemarthria sibirica (Gand.) Ohwi ■
191246 Hemarthria laxa Nees ex Steud. = Hemarthria compressa (L. f.) R. Br. ■
191247 Hemarthria longiflora (Hook. f.) A. Camus;长花牛鞭草;Longflower Hemarthria, Longflower Oxwhipgrass ■
191248 Hemarthria natans Stapf;浮水牛鞭草■☆
191249 Hemarthria protensa Nees ex Steud. = Hemarthria vaginata Büse ■
191250 Hemarthria protensa Steud.;小牛鞭草;Low Hemarthria, Small Hemarthria, Small Oxwhipgrass ■
191251 Hemarthria sibirica (Gand.) Ohwi;西伯利亚牛鞭草(牛鞭草,日本牛鞭草);Japanese Hemarthria, Siberian Hemarthria ■
191252 Hemarthria vaginata Büse;具鞘牛鞭草■
191253 Hematodes Raf. = Salvia L. ●■
191254 Hematophyla Raf. = Columnea L. ●■☆
191255 Hemeeyclie Wight et Arn. = Drypetes Vahl ●
191256 Hemeeyclie Wight et Arn. = Hemicyclia Wight et Arn. ●
191257 Hemenaea Scop. = Hymenaea L. ●
191258 Hemeotria Merr. = Astrephia Dufr. ●■
191259 Hemeotria Merr. = Hemesotria Raf. ●■
191260 Hemerocallidaceae R. Br. (1810);萱草科(黄花菜科)■
191261 Hemerocallis L. (1753);萱草属(黄花菜属);Day Lily, Daylily, Day-lily, Spider Lily ■
191262 Hemerocallis altissima Stout = Hemerocallis citrina Baroni ■
191263 Hemerocallis aurantiaca Baker;金针菜(橙萱,金夏萱草,宜男花);Golden Summer Daylily ■
191264 Hemerocallis aurantiaca Baker = Hemerocallis fulva (L.) L. var. aurantiaca (Baker) M. Hotta ■
191265 Hemerocallis aurantiaca Baker = Hemerocallis fulva (L.) L. var. littorea (Makino) M. Hotta ■☆
191266 Hemerocallis citrina Baroni;黄花菜(黄花,黄花萱草,黄金萱,金针菜,金针草,金钟菜,柠檬萱草,萱草);Chinese Day-lily, Citron Daylily, Long Yellow Daylily ■
191267 Hemerocallis cordata Thunb. = Cordiocrinum cordatum (Thunb. ex Murray) Makino ■☆
191268 Hemerocallis coreana Nakai;朝鲜萱草;Korea Daylily ■
191269 Hemerocallis coreana Nakai = Hemerocallis citrina Baroni ■
191270 Hemerocallis disticha Donn = Hemerocallis fulva (L.) L. var. angustifolia Baker ■
191271 Hemerocallis disticha Donn ex Sweet = Hemerocallis fulva (L.) L. var. angustifolia Baker ■
191272 Hemerocallis dumortieri E. Morren;小萱草;Day-lily, Early Daylily, Narrow Dwarf Daylily ■
191273 Hemerocallis dumortieri E. Morren var. esculenta (Koidz.) Kitam. = Hemerocallis esculenta Koidz. ■
191274 Hemerocallis dumortieri E. Morren var. exaltata (Stout) Kitam. = Hemerocallis exaltata Stout ■☆
191275 Hemerocallis dumortieri E. Morren var. florepleno Hort.;重瓣小萱草■☆
191276 Hemerocallis dumortieri E. Morren var. middendorffii (Trautv. et C. A. Mey.) Kitam. = Hemerocallis middendorffii Trautv. et C. A. Mey. ■

191277 Hemerocallis dumortieri E. Morren var. middendorfii (Trautv. et C. A. Mey.) Kitam. = Hemerocallis dumortieri E. Morren ■

191278 Hemerocallis esculenta Koidz.;北萱草(食用小萱草);Daylily, Northern Daylily ■

191279 Hemerocallis exaltata Stout;高萱草■☆

191280 Hemerocallis flava (L.) L. ‘Kwanso’ = Hemerocallis fulva (L.) L. var. kwanso Regel ■

191281 Hemerocallis flava (L.) L. = Hemerocallis lilioasphodelus L. ■

191282 Hemerocallis flava (L.) L. var. minor (Mill.) M. Hotta = Hemerocallis minor Mill. ■

191283 Hemerocallis forrestii Diels;西南萱草;Forrest Daylily, SW. China Daylily ■

191284 Hemerocallis fulva (L.) L.;萱草(川草花,大萱草,地人参,黄花,黄花菜,黄花萱草,金针菜,金针花,金珍花,金镟菜,漏芦,漏芦果,芦葱,鹿葱,鹿葱蛤,绿葱茶,千叶萱草,绶草,土黄花,土金针,忘萱草,忘忧,忘忧草,宜男,宜男花,栽秧花,针菜,镇心丹);Common Orange Daylily, Day Lily, Daylily, Day-lily, Forrest's Day Lily, Forrest's Day-lily, Fulvous Day-lily, Fulvous Daylily, Lemon Day Lily, Orange Daylily, Orange Day-lily, Tawny Day Lily, Tawny Daylily, Tawny Day-lily, Yellow Day Lily, Yellow Day-lily ■

191285 Hemerocallis fulva (L.) L. f. kwanso (Regel) Kitam. = Hemerocallis fulva (L.) L. var. kwanso Regel ■

191286 Hemerocallis fulva (L.) L. var. angustifolia Baker;长管萱草;Longtube Daylily ■

191287 Hemerocallis fulva (L.) L. var. aurantiaca (Baker) M. Hotta;橙萱(常绿萱草)■

191288 Hemerocallis fulva (L.) L. var. coreana (Nakai) M. Hotta = Hemerocallis coreana Nakai ■

191289 Hemerocallis fulva (L.) L. var. disticha (Donn) Baker;直管萱草(长管萱草,萱草,野萱草)■

191290 Hemerocallis fulva (L.) L. var. disticha (Donn) Baker = Hemerocallis fulva (L.) L. var. angustifolia Baker ■

191291 Hemerocallis fulva (L.) L. var. kwanso Regel;重瓣萱草(长瓣萱草);Double Orange Daylily, Doubleflower Daylily ■

191292 Hemerocallis fulva (L.) L. var. littorea (Makino) M. Hotta;滨海萱草■☆

191293 Hemerocallis fulva (L.) L. var. longituba (Miq.) Maxim. = Hemerocallis fulva (L.) L. var. angustifolia Baker ■

191294 Hemerocallis fulva (L.) L. var. maculata Baroni = Hemerocallis fulva (L.) L. ■

191295 Hemerocallis fulva (L.) L. var. minor (Mill.) M. Hotta = Hemerocallis minor Mill. ■

191296 Hemerocallis fulva (L.) L. var. pauciflora M. Hotta et M. Matsuoka;少花萱草■☆

191297 Hemerocallis fulva (L.) L. var. rosea Stout = Hemerocallis fulva (L.) L. var. angustifolia Baker ■

191298 Hemerocallis fulva (L.) L. var. sempervirens (Araki) M. Hotta;常绿萱草■☆

191299 Hemerocallis fulva L. = Hemerocallis fulva (L.) L. ■

191300 Hemerocallis gansuensis T. J. Zhang et D. Y. Hong;甘肃萱草■

191301 Hemerocallis hakuunensis Nakai;南朝鲜萱草■☆

191302 Hemerocallis hybrida Bergmans;杂交萱草(杂种萱草);Day Lily, Daylily ■☆

191303 Hemerocallis japonica Thunb. = Hosta albomarginata (Hook.) Ohwi ■

191304 Hemerocallis lilioasphodelus L.;北黄花菜(黄花,黄花菜,黄花萱草,金针菜,鹿葱,野黄花菜);Common Orange Daylily, Day Lily, Granny's Nightcap, Lemon Daylily, Lemon Day-lily, Lemon Lily, Life-of-man, Yellow Daylily, Yellow Day-lily, Yellow Tuberose, Yellowflower Daylily ■

191305 Hemerocallis lilioasphodelus L. var. flava L. = Hemerocallis lilioasphodelus L. ■

191306 Hemerocallis lilioasphodelus L. var. fulva L. = Hemerocallis fulva (L.) L. ■

191307 Hemerocallis littorea Makino = Hemerocallis fulva (L.) L. var. littorea (Makino) M. Hotta ■☆

191308 Hemerocallis longituba Miq. = Hemerocallis fulva (L.) L. var. angustifolia Baker ■

191309 Hemerocallis middendorffii Trautv. et C. A. Mey.;大苞萱草(大花萱草,黄花,金萱);Middendorff Day Lily, Middendorff Daylily, Middendorff's Day-lily ■

191310 Hemerocallis middendorffii Trautv. et C. A. Mey. var. esculenta (Koidz.) Ohwi = Hemerocallis esculenta Koidz. ■

191311 Hemerocallis middendorfii Trautv. et C. A. Mey. var. longibracteata Z. T. Xiong;长苞萱草;Longbract Daylily ■

191312 Hemerocallis minor Mill.;小黄花菜(凤尾七,红萱,黄花,黄花菜,金盏花,金针,鹿葱,鹿葱花,蜜萱,忘忧草,细叶萱草,小萱草,萱,萱草,蘐);Dwarf Yellow Daylily, Grass-leaved Day Lily, Grass-leaved Daylily, Grass-leaved Day-lily, Narrow-leaved Day Lily, Small Daylily, Small Yellow Daylily ■

191313 Hemerocallis multiflora Stout;多花萱草;Manyflower Daylily ■

191314 Hemerocallis nana W. W. Sm. et Forrest;矮萱草;Dwarf Daylily ■

191315 Hemerocallis plantaginea Lam. = Hosta plantaginea (Lam.) Asch. ■

191316 Hemerocallis plicata Stapf;折叶萱草(凤尾一枝蒿,黄花菜,鸡脚参,鸡药葛根,金针菜,连珠炮,绿葱,苤菜跌打,山苤菜,条参,下奶药,小提药,萱草,野皮菜,摺叶萱草,褶叶萱草,真金花,镇心丹);Foldleaf Daylily ■

191317 Hemerocallis tenax J. Forst.;新西兰萱草■☆

191318 Hemerocallis thunbergii Baker;麝香萱草(董氏萱草,麝香草,童氏萱草,野金叶菜);Late Yellow Daylily, Thunberg Day Lily, Thunberg Daylily, Thunberg's Day-lily ■

191319 Hemerocallis yezoensis Hara;北海道萱草■☆

191320 Hemesotria Raf. = Astrephia Dufr. ●■

191321 Hemiachyris DC. = Gutierrezia Lag. ■●☆

191322 Hemiachyris glutinosa S. Schauer = Gutierrezia texana (DC.) Torr. et A. Gray var. glutinosa (S. Schauer) M. A. Lane ■☆

191323 Hemiachyris texana DC. = Gutierrezia texana (DC.) Torr. et A. Gray ■☆

191324 Hemiadelphis Nees = Hygrophila R. Br. ●■

191325 Hemiadelphis Nees (1832);小狮子草属;Hemiadelphis, Liongrass ■

191326 Hemiadelphis polysperma (Roxb.) Nees;小狮子草(多籽水蓑衣);East Indian Hygrophila, Green Hygro, Indian Swampweed, Manyseed Hemiadelphis, Manyseed Liongrass, Many-seeded Hygrophila ■

191327 Hemiadelphis polysperma (Roxb.) Nees = Hygrophila polysperma (Roxb.) T. Anderson ■

191328 Hemiagraphis T. Anderson = Hemigraphis Nees ■

191329 Hemiambrosia Delpino = Franseria Cav. (保留属名)●■☆

191330 Hemiandra R. Br. (1810);蛇灌属●☆

191331 Hemiandra Rich. ex Triana = Trembleya DC. ●☆

191332 Hemiandra pungens R. Br.;锐叶蛇灌;Snake Vine, Snakebush ●☆

191333 Hemiandrina Hook. f. = Agelaea Sol. ex Planch. ●
191334 Hemiangium A. C. Sm. (1940);半被木属●☆
191335 Hemiangium A. C. Sm. = Hippocratea L. ●☆
191336 Hemiangium A. C. Sm. = Semialarium N. Hallé ●☆
191337 Hemiangium excelsum (Kunth) A. C. Sm.;高半被木●☆
191338 Hemianthus Nutt. (1817);半花透骨草属■☆
191339 Hemianthus Nutt. = Micranthemum Michx. (保留属名)■☆
191340 Hemianthus micranthemoides Nutt.;半花透骨草■☆
191341 Hemiarrhena Benth. (1868);澳母草属■☆
191342 Hemiarrhena Benth. = Lindernia All. ■
191343 Hemiarthria Post et Kuntze = Hemarthria R. Br. ■
191344 Hemiarthron (Eichler) Tiegh. = Psittacanthus Mart. ●☆
191345 Hemiarthron Tiegh. = Psittacanthus Mart. ●☆
191346 Hemibaccharis S. F. Blake = Archibaccharis Heering ■●☆
191347 Hemiboea C. B. Clarke (1888);半蒴苣苔属(降龙草属);Hemiboea ●■★
191348 Hemiboea axillariflora C. Y. Wu = Hemiboeopsis longisepala (H. W. Li) W. T. Wang ●
191349 Hemiboea bicornuta (Hayata) Ohwi;台湾半蒴苣苔(角桐草,玲珑草);Bicornute Hemiboea ■
191350 Hemiboea cavaleriei H. Lév.;贵州半蒴苣苔(翠子菜,软黄花金魁,山金花菜,石上凤仙,水松萝,铁杆水草,野蓝);Cavalerie Hemiboea ■
191351 Hemiboea cavaleriei H. Lév. var. paucinervis W. T. Wang;疏脉半蒴苣苔(尿猴草,尿泡草,水泡菜,水泡叶,岩莴苣);Yellow Hemiboea ■
191352 Hemiboea esquirolii H. Lév. = Hemiboea follicularis C. B. Clarke ■
191353 Hemiboea fangii Chun ex Z. Y. Li;齿叶半蒴苣苔(红水草);Toothleaf Hemiboea ■
191354 Hemiboea flaccida Chun ex Z. Y. Li;毛果半蒴苣苔;Hairfruit Hemiboea ■
191355 Hemiboea flava C. Y. Wu ex H. W. Li = Hemiboea cavaleriei H. Lév. var. paucinervis W. T. Wang ■
191356 Hemiboea follicularis C. B. Clarke;华南半蒴苣苔(大降龙草,菁葵角桐草,山竭,水桐);S. China Hemiboea, South China Hemiboea ■
191357 Hemiboea gamosepala Z. Y. Li;合萼半蒴苣苔;Gamosepal Hemiboea ■
191358 Hemiboea glandulosa Z. Y. Li;腺萼半蒴苣苔;Glandcalyx Hemiboea ■
191359 Hemiboea gracilis Franch.;纤细半蒴苣苔(秤杆草,地罗草,小花降龙草);Thin Hemiboea ■
191360 Hemiboea gracilis Franch. var. pilobracteata Z. Y. Li;毛苞半蒴苣苔;Hairbract Thin Hemiboea ■
191361 Hemiboea henryi C. B. Clarke = Hemiboea subcapitata C. B. Clarke ■
191362 Hemiboea henryi C. B. Clarke var. guangdongensis Z. Y. Li = Hemiboea subacaulis Hand. -Mazz. var. guangdongensis (Z. Y. Li) Z. Y. Li ■
191363 Hemiboea henryi C. B. Clarke var. guangdongensis Z. Y. Li = Hemiboea subcapitata C. B. Clarke var. guangdongensis (Z. Y. Li) Z. Y. Li ■
191364 Hemiboea henryi C. B. Clarke var. major Diels = Hemiboea subcapitata C. B. Clarke ■
191365 Hemiboea himalayensis H. Lév. = Lysionotus himalayensis (H. Lév.) W. T. Wang et Z. Y. Li ●
191366 Hemiboea himalayensis H. Lév. = Lysionotus serratus D. Don ●
191367 Hemiboea integra C. Y. Wu ex H. W. Li;全叶半蒴苣苔;Entireleaf Hemiboea ■
191368 Hemiboea latisepala H. W. Li;宽萼半蒴苣苔;Broadsepal Hemiboea ■
191369 Hemiboea longgangensis Z. Y. Li;弄岗半蒴苣苔;Longgang Hemiboea ■
191370 Hemiboea longisepala Z. Y. Li;长萼半蒴苣苔;Longsepal Hemiboea ■
191371 Hemiboea lungzhouensis W. T. Wang ex H. W. Li;龙州半蒴苣苔;Longzhou Hemiboea ■
191372 Hemiboea magnibracteata Y. G. Wei et H. Q. Wen;大苞半蒴苣苔;Bigbract Hemiboea ■
191373 Hemiboea marmorata H. Lév. = Hemiboea subcapitata C. B. Clarke ■
191374 Hemiboea merrillii Yamam.;梅氏角桐草;Merrill Hemiboea ■
191375 Hemiboea merrillii Yamam. = Hemiboea bicornuta (Hayata) Ohwi ■
191376 Hemiboea mollifolia W. T. Wang;柔毛半蒴苣苔;Softhair Hemiboea ■
191377 Hemiboea omeiensis W. T. Wang;峨眉半蒴苣苔(金沸草);Emei Hemiboea ■
191378 Hemiboea parvibracteata W. T. Wang ex Z. Y. Li;小苞半蒴苣苔;Smallbract Hemiboea ■
191379 Hemiboea parviflora Z. Y. Li;小花半蒴苣苔;Smallflower Hemiboea ■
191380 Hemiboea pingbianensis Z. Y. Li;屏边半蒴苣苔;Pingbian Hemiboea ■
191381 Hemiboea rubribracteata Z. Y. Li et Yan Liu;红苞半蒴苣苔;Redbract Hemiboea ●■
191382 Hemiboea sordidopuberula Z. Y. Li ex H. W. Li = Hemiboea subcapitata C. B. Clarke ■
191383 Hemiboea strigosa Chun ex W. T. Wang et K. Y. Pan;腺毛半蒴苣苔(粗毛降龙草);Glandhair Hemiboea ■
191384 Hemiboea subacaulis Hand. -Mazz.;短茎半蒴苣苔(蟒蛇草,无茎苣苔);Shortstem Hemiboea ■
191385 Hemiboea subacaulis Hand. -Mazz. var. guangdongensis (Z. Y. Li) Z. Y. Li;广东半蒴苣苔;Guangdong Hemiboea, Kwangtung Hemiboea ■
191386 Hemiboea subacaulis Hand. -Mazz. var. jiangxiensis Z. Y. Li;江西半蒴苣苔;Jiangxi Hemiboea ■
191387 Hemiboea subcapitata C. B. Clarke;降龙草(白雌雄草,白观音扇,半蒴苣苔,秤杆蛇药,大蚂拐菜,亨氏降龙菜,虎山叶,降龙菜,降蛇草,冷水草,麻脚杆,马拐,蚂拐菜,尿桶草,牛耳朵,牛耳朵菜,牛舌头,牛蹄草,散血毒莲,山白菜,山兰,石杓麦,石花,石塔青,石苋菜,水泡菜,水泡菜叶,四台花,乌梗子,雪汀菜,岩茄子,岩莴苣,岩苋菜);Half-capitate Hemiboea, Henry Hemiboea ■
191388 Hemiboea subcapitata C. B. Clarke var. denticulata W. T. Wang ex Z. Y. Li;密齿降龙草(白四门);Densetooth Half-capitate Hemiboea ■
191389 Hemiboea subcapitata C. B. Clarke var. denticulata W. T. Wang ex Z. Y. Li = Hemiboea subcapitata C. B. Clarke ■
191390 Hemiboea subcapitata C. B. Clarke var. guangdongensis (Z. Y. Li) Z. Y. Li = Hemiboea subcapitata C. B. Clarke var. guangdongensis (Z. Y. Li) Z. Y. Li ■
191391 Hemiboea subcapitata C. B. Clarke var. intermedia Pamp. = Hemiboea subcapitata C. B. Clarke ■

191392 Hemiboea subcapitata C. B. Clarke var. pterocaulis Z. Y. Li;翅茎半蒴苣苔■

191393 Hemiboea subcapitata C. B. Clarke var. sordidopuberula Z. Y. Li;污毛降龙草■

191394 Hemiboea subcapitata C. B. Clarke var. sordidopuberula Z. Y. Li = Hemiboea subcapitata C. B. Clarke ■

191395 Hemiboea wangiana Z. Y. Li;王氏半蒴苣苔■

191396 Hemiboeopsis W. T. Wang(1984);密序苣苔属;Hemiboeopsis ●★

191397 Hemiboeopsis longisepala (H. W. Li) W. T. Wang;密序苣苔(长萼吊石苣苔);Hemiboeopsis, Longcalyx Lysionotus, Longsepal Lysionotus ●

191398 Hemibromus Steud. = Glyceria R. Br.(保留属名)■

191399 Hemibromus japonicus Steud. = Glyceria acutiflora Torr. ex Trin. subsp. japonica (Steud.) T. Koyama et Kawano ■

191400 Hemicarex Benth. = Kobresia Willd. + Schoenoxiphium Nees ■☆

191401 Hemicarex Benth. = Kobresia Willd. ■

191402 Hemicarex filicina C. B. Clarke = Kobresia filicina (C. B. Clarke) C. B. Clarke ex Hook. f. ■

191403 Hemicarex pygmaea C. B. Clarke = Kobresia pygmaea C. B. Clarke ex Hook. f. ■

191404 Hemicarex trinervis (Nees) C. B. Clarke = Kobresia esenbeckii (Kunth) F. T. Wang et Ts. Tang ex P. C. Li ■

191405 Hemicarex trinervis (Nees) C. B. Clarke = Kobresia esenbeckii (Kunth) Noltie ■

191406 Hemicarpha Nees = Lipocarpha R. Br.(保留属名)■

191407 Hemicarpha Nees et Arn. = Lipocarpha R. Br.(保留属名)■

191408 Hemicarpha aristulata (Coville) Smyth = Lipocarpha aristulata (Coville) G. C. Tucker ■☆

191409 Hemicarpha drummondii Nees = Lipocarpha drummondii (Nees) G. C. Tucker ■☆

191410 Hemicarpha intermedia Piper = Lipocarpha aristulata (Coville) G. C. Tucker ■☆

191411 Hemicarpha isolepis Nees = Lipocarpha hemisphaerica (Roth) Goetgh. ■☆

191412 Hemicarpha micrantha (Vahl) Britton = Lipocarpha maculata (Michx.) Torr. ■☆

191413 Hemicarpha micrantha (Vahl) Britton var. aristulata Coville = Lipocarpha aristulata (Coville) G. C. Tucker ■☆

191414 Hemicarpha micrantha (Vahl) Pax = Lipocarpha micrantha (Vahl) G. C. Tucker ■☆

191415 Hemicarpha micrantha (Vahl) Pax var. aristulata Coville = Lipocarpha aristulata (Coville) G. C. Tucker ■☆

191416 Hemicarpha micrantha (Vahl) Pax var. aristulata Coville sensu Gleason et Cronquist = Lipocarpha drummondii (Nees) G. C. Tucker ■☆

191417 Hemicarpha micrantha (Vahl) Pax var. drummondii (Nees) Friedl. = Lipocarpha drummondii (Nees) G. C. Tucker ■☆

191418 Hemicarpha micrantha (Vahl) Pax var. minor (Schrad.) Friedl. = Lipocarpha micrantha (Vahl) G. C. Tucker ■☆

191419 Hemicarpha occidentalis A. Gray = Lipocarpha occidentalis (A. Gray) G. C. Tucker ■☆

191420 Hemicarpha schraderi Kunth = Lipocarpha hemisphaerica (Roth) Goetgh. ■☆

191421 Hemicarpha subsquarrosa (Muhl.) Nees = Lipocarpha micrantha (Vahl) G. C. Tucker ■☆

191422 Hemicarpha subsquarrosa (Muhl.) Nees var. minor (Schrad.) Nees = Lipocarpha micrantha (Vahl) G. C. Tucker ■☆

191423 Hemicarpurus Nees = Pinellia Ten.(保留属名)■

191424 Hemicarpus F. Muell. = Trachymene Rudge ■☆

191425 Hemichaena Benth.(1841);微裂透骨草属(微裂玄参属)■●☆

191426 Hemichaena fruticosa Benth.;微裂透骨草●☆

191427 Hemicharis Salisb. ex DC. = Scaevola L.(保留属名)●■

191428 Hemichlaena Schrad.(废弃属名) = Ficinia Schrad.(保留属名)■☆

191429 Hemichlaena angustifolia Schrad. = Ficinia angustifolia (Schrad.) Levyns ■☆

191430 Hemichlaena angustifolia Schrad. var. fascicularis Nees = Ficinia polystachya Levyns ■☆

191431 Hemichlaena capillifolia Schrad. = Ficinia capillifolia (Schrad.) C. B. Clarke ■☆

191432 Hemichlaena fascicularis (Nees) Steud. = Ficinia polystachya Levyns ■☆

191433 Hemichlaena longifolia Nees = Ficinia angustifolia (Schrad.) Levyns ■☆

191434 Hemichoriste Nees = Justicia L. ●■

191435 Hemichroa R. Br.(1810);肉叶多节草属■●☆

191436 Hemichroa diandra R. Br.;双蕊肉叶多节草●☆

191437 Hemichroa pentandra R. Br.;五蕊肉叶多节草●☆

191438 Hemicicca Baill. = Phyllanthus L. ●■

191439 Hemicicca flexuosa (Siebold et Zucc.) Hurus. = Phyllanthus flexuosus (Siebold et Zucc.) Müll. Arg. ●

191440 Hemicicca japonica Baill. = Phyllanthus flexuosus (Siebold et Zucc.) Müll. Arg. ●

191441 Hemiclidia R. Br. = Dryandra R. Br.(保留属名)●☆

191442 Hemiclis Raf. = Lyonia Nutt.(保留属名)●

191443 Hemicrambe Webb(1851);半两节芥属■☆

191444 Hemicrambe fruticulosa Webb;半两节芥■☆

191445 Hemicrepidospermum Swart = Crepidospermum Hook. f. ●☆

191446 Hemicyclia Wight et Arn. = Drypetes Vahl ●

191447 Hemidemus Dumort. = Hemidesmus R. Br. ●☆

191448 Hemidesma Raf. = Hemidesmus R. Br. ●☆

191449 Hemidesma Raf. = Neptunia Lour. ■

191450 Hemidesmas Raf. = Neptunia Lour. ■

191451 Hemidesmus R. Br.(1810);印度菝葜属●☆

191452 Hemidesmus indicus (L.) R. Br.;印度菝葜●☆

191453 Hemidesmus indicus R. Br. = Hemidesmus indicus (L.) R. Br. ●☆

191454 Hemidia Raf. = Convolvulus L. ■●

191455 Hemidia Raf. = Ipomoea L.(保留属名)●■

191456 Hemidiodia K. Schum.(1888);半道茜属■☆

191457 Hemidiodia K. Schum. = Diodia L. ■

191458 Hemidiodia ocimifolia (Willd.) K. Schum.;半道茜●☆

191459 Hemidis Raf. = Hemiclis Raf. ●

191460 Hemidis Raf. = Lyonia Nutt.(保留属名)●

191461 Hemidistichophyllum Koidz. = Cladopus H. Möller ■

191462 Hemierium Raf. = Lloydia Salisb. ex Rchb.(保留属名)■

191463 Hemieva Raf.(废弃属名) = Suksdorfia A. Gray(保留属名)■☆

191464 Hemifuchsia Herrera(1936);秘鲁柳叶菜属■☆

191465 Hemifuchsia iodostoma Herrera;秘鲁柳叶菜■☆

191466 Hemigenia R. Br.(1810);半育花属●☆

191467 Hemigenia argentea Bartl.;银色半育花●☆
191468 Hemigenia brachyphylla F. Muell.;短叶半育花●☆
191469 Hemigenia canescens Benth.;灰半育花●☆
191470 Hemigenia ciliata G. R. Guerin;睫毛半育花●☆
191471 Hemigenia cuneifolia Benth.;楔叶半育花●☆
191472 Hemigenia leiantha (Benth.) F. Muell.;光花半育花●☆
191473 Hemigenia macrantha F. Muell.;大花半育花●☆
191474 Hemigenia microphylla Benth.;小叶半育花●☆
191475 Hemigenia obovata F. Muell.;倒卵半育花●☆
191476 Hemigenia obtusa Benth.;钝半育花●☆
191477 Hemigenia parviflora Bartl.;小花半育花●☆
191478 Hemigenia platyphylla Benth.;宽叶半育花●☆
191479 Hemigenia polystachya (Lindl.) Benth.;多穗半育花●☆
191480 Hemigenia purpurea R. Br.;紫半育花●☆
191481 Hemigenia rigida Benth.;硬半育花●☆
191482 Hemigenia tomentosa G. R. Guerin;毛半育花●☆
191483 Hemiglochidion (Müll. Arg.) K. Schum. = Glochidion J. R. Forst. et G. Forst.(保留属名)●
191484 Hemiglochidion (Müll. Arg.) K. Schum. = Phyllanthus L. ●■
191485 Hemiglochidion K. Schum. = Phyllanthus L. ●■
191486 Hemigraphis Nees (1847);半插花属(半柱花属);Chinese Hemigraphis, Halfstyleflower ■
191487 Hemigraphis abyssinica (Hochst. ex Nees) C. B. Clarke = Hygrophila abyssinica (Hochst. ex Nees) T. Anderson ●☆
191488 Hemigraphis alternata T. Anderson;互生半插花(红半柱花);Red Ivy, Redivy ■☆
191489 Hemigraphis chinensis (Nees) T. Anderson ex Hemsl. = Sericocalyx chinensis (Nees) Bremek. ●■
191490 Hemigraphis cumingiana (Nees) Fern. -Vill.;直立半插花■
191491 Hemigraphis drymophila Diels = Pararuellia delavayana (Baill.) E. Hossain ■
191492 Hemigraphis fluviatilis C. B. Clarke ex W. W. Sm. = Sericocalyx fluviatilis (C. B. Clarke ex W. W. Sm.) Bremek. ■
191493 Hemigraphis latebrosa (Roth) Nees;横卧半插花■☆
191494 Hemigraphis latebrosa (Roth) Nees var. rupestris C. B. Clarke;岩生半插花■☆
191495 Hemigraphis latebrosa (Roth) Nees var. rupestris C. B. Clarke = Aechmanthera gossypina (Nees) Nees ●
191496 Hemigraphis okamotoi Masam.;冈田半插花■☆
191497 Hemigraphis origanoides Lindau = Hygrophila origanoides (Lindau) Heine ■☆
191498 Hemigraphis primulifolia (Nees) Fern. -Vill.;恒春半插花(报春半插花)■
191499 Hemigraphis procumbens (Lour.) Merr. = Sericocalyx chinensis (Nees) Bremek. ●■
191500 Hemigraphis prunelloides S. Moore = Hygrophila prunelloides (S. Moore) Heine ■☆
191501 Hemigraphis reptans (G. Forst.) T. Anderson ex Hemsl.;匍匐半插花(齿叶半柱花,匍匐半柱花);Redflame ■
191502 Hemigraphis schweinfurthii (S. Moore) C. B. Clarke = Hygrophila abyssinica (Hochst. ex Nees) T. Anderson ●☆
191503 Hemigraphis szechuanica Batalin = Championella tetrasperma (Champ. ex Benth.) Bremek. ●
191504 Hemigraphis tawadanus ? = Hemigraphis okamotoi Masam. ■☆
191505 Hemigraphis tenera (Lindau) C. B. Clarke = Hygrophila tenera (Lindau) Heine ■☆
191506 Hemigymnia Griff. = Cordia L.(保留属名)●
191507 Hemigymnia Stapf = Ottochloa Dandy ■
191508 Hemigymnia arnottiana (Nees ex Steud.) Stapf = Ottochloa nodosa (Kunth) Dandy ■
191509 Hemigymnia arnottiana Stapf var. micrantha Balansa ex A. Camus = Ottochloa nodosa (Kunth) Dandy var. micrantha (Balansa ex A. Camus) S. L. Chen et S. M. Phillips ■
191510 Hemigymnia macleodii Griff. = Cordia macleodii (Griff.) Hook. f. et Thomson ●☆
191511 Hemigymnia multinodis (J. Presl) Stapf = Ottochloa nodosa (Kunth) Dandy ■
191512 Hemigyrosa Blume = Guioa Cav. ●☆
191513 Hemihabenaria Finet = Pecteilis Raf. ■
191514 Hemihabenaria radiata (Thunb.) Finet = Pecteilis radiata (Thunb.) Raf. ■
191515 Hemihabenaria radiata (Thunb.) Finet = Zeuxine strateumatica (L.) Schltr. ■
191516 Hemihabenaria stenantha (Hook. f.) Finet = Platanthera stenantha (Hook. f.) Soó ■
191517 Hemihabenaria stenantha (Hook. f.) Finet var. auriculata Finet = Platanthera finetiana Schltr. ■
191518 Hemihabenaria susannae (L.) Finet = Pecteilis susannae (L.) Raf. ■
191519 Hemihabenaria susannae (L.) Finet = Ponerorchis taiwanensis (Fukuy.) Ohwi ■
191520 Hemiheisteria Tiegh. = Heisteria Jacq.(保留属名)●☆
191521 Hemilepis Kuntze = Leontodon L.(保留属名)■☆
191522 Hemilepis Kuntze ex Schltdl. = Leontodon L.(保留属名)■☆
191523 Hemilepis Vilm. = Heliopsis Pers.(保留属名)■☆
191524 Hemilobium Welw. = Apodytes E. Mey. ex Arn. ●
191525 Hemilophia Franch. (1889);半脊荠属;Halfribpurse, Hemilophia ■★
191526 Hemilophia franchetii Al-Shehbaz;法氏半脊荠■
191527 Hemilophia pulchella Franch.;半脊荠;Showy Halfribpurse, Showy Hemilophia ■
191528 Hemilophia pulchella Franch. var. flavida Hand. -Mazz.;浅黄花半脊荠(浅黄色半脊荠);Paleyellow Halfribpurse, Yellowish Showy Hemilophia ■
191529 Hemilophia pulchella Franch. var. flavida Hand. -Mazz. = Hemilophia rockii O. E. Schulz ■
191530 Hemilophia pulchella Franch. var. pilosa O. E. Schulz;柔毛半脊荠(糙毛半脊荠);Pilose Halfribpurse, Pilose Showy Hemilophia ■
191531 Hemilophia pulchella Franch. var. pilosa O. E. Schulz = Hemilophia franchetii Al-Shehbaz ■
191532 Hemilophia pulchella Franch. var. rockii (O. E. Schulz) W. T. Wang = Hemilophia rockii O. E. Schulz ■
191533 Hemilophia rockii O. E. Schulz;小叶半脊荠;Rock Halfribpurse, Rock Hemilophia ■
191534 Hemilophia rockii O. E. Schulz var. flavida (Hand. -Mazz.) Hand. -Mazz. = Hemilophia rockii O. E. Schulz ■
191535 Hemilophia sessilifolia Al-Shehbaz et al.;无柄叶半脊荠■
191536 Hemimeridaceae Doweld = Plantaginaceae Juss.(保留科名)■
191537 Hemimeris L.(废弃属名) = Diascia Link et Otto ■☆
191538 Hemimeris L.(废弃属名) = Hemimeris L. f.(保留属名)■☆
191539 Hemimeris L. f. (1782)(保留属名);南非玄参属■☆
191540 Hemimeris Pers. = Alonsoa Ruiz et Pav. ■☆
191541 Hemimeris alsinoides Lam. = Hemimeris racemosa (Houtt.) Merr. ■☆

191542 Hemimeris bonae-spei L. = Diascia capensis (L.) Britten ■☆
191543 Hemimeris diffusa L. f. = Diascia diffusa Benth. ■☆
191544 Hemimeris elegans Hiern = Diascia capsularis Benth. ■☆
191545 Hemimeris gracilis Schltr.;纤细南非玄参■☆
191546 Hemimeris latipes Backh. ex Hiern = Hemimeris racemosa (Houtt.) Merr. ■☆
191547 Hemimeris macrophylla Thunb. = Diascia macrophylla (Thunb.) Spreng. ■☆
191548 Hemimeris montana L. f. = Hemimeris racemosa (Houtt.) Merr. ■☆
191549 Hemimeris montana L. f. var. latipes Benth. = Hemimeris racemosa (Houtt.) Merr. ■☆
191550 Hemimeris pachyceras Diels = Hemimeris racemosa (Houtt.) Merr. ■☆
191551 Hemimeris peduncularis Lam. = Diascia elongata Benth. ■☆
191552 Hemimeris racemosa (Houtt.) Merr.;多枝南非玄参■☆
191553 Hemimeris sabulosa L. f.;砂地南非玄参■☆
191554 Hemimeris sessilifolia Benth. = Hemimeris racemosa (Houtt.) Merr. ■☆
191555 Hemimeris sinuata Sm. = Alonsoa unilabiata (L. f.) Steud. ●☆
191556 Hemimeris unilabiata (L. f.) Thunb. = Alonsoa unilabiata (L. f.) Steud. ●☆
191557 Hemimunroa (Parodi) Parodi = Munroa Torr.(保留属名)■☆
191558 Hemimunroa Parodi = Munroa Torr.(保留属名)■☆
191559 Heminema Raf. = Tripogandra Raf. ■☆
191560 Hemiorchis Ehrenb. ex Schweinf. = Lindenbergia Lehm. ■
191561 Hemiorchis Kurz(1873);半兰姜属■☆
191562 Hemiorchis burmanica Kurz;半兰姜■☆
191563 Hemiorchis habessinica Ehrenb. ex Asch. = Lindenbergia indica (L.) Vatke ■☆
191564 Hemiouratea Tiegh. = Ouratea Aubl.(保留属名)●
191565 Hemipappus C. Koch. = Tanacetum L. ■●
191566 Hemipappus K. Koch = Tanacetum L. ■●
191567 Hemiperis Frapp. ex Cordem. = Cynorkis Thouars ■☆
191568 Hemiperis Frapp. ex Cordem. = Habenaria Willd. ■
191569 Hemiphora (F. Muell.) F. Muell. (1882);半梗灌属●☆
191570 Hemiphora F. Muell. = Hemiphora (F. Muell.) F. Muell. ●☆
191571 Hemiphora elderi (F. Muell.) F. Muell.;半梗灌●☆
191572 Hemiphora elderi F. Muell. = Hemiphora elderi (F. Muell.) F. Muell. ●☆
191573 Hemiphragma Wall. (1822);鞭打绣球属(羊膜草属,腰只花属);Hemiphragma ■
191574 Hemiphragma heterophyllum Wall.;鞭打绣球(底线果,地草果,地红参,地红豆,地胡椒,地线果,顶珠草,佛顶珠,红顶珠,红豆草,活血丹,金钩如意,金钱草,连钱草,区茹程丹,全线草,四季草,头顶一颗珠,小红豆,小伸筋草,小铜锤,羊膜草,腰只花,月月换叶);Diversifolious Hemiphragma ■
191575 Hemiphragma heterophyllum Wall. var. dentatum (Elmer) T. Yamaz.;齿状鞭打绣球(鞭打绣球,羊膜草,腰只花草);Toothed Diverse-leaved Hemiphragma ■
191576 Hemiphragma heterophyllum Wall. var. pedicellatum Hand.-Mazz.;有梗鞭打绣球(具梗鞭打绣球);Pedicellate Hemiphragma ■
191577 Hemiphragma heterophyllum Wall. var. pedicellatum Hand.-Mazz. = Hemiphragma heterophyllum Wall. ■
191578 Hemiphues Hook. f. = Actinotus Labill. ●■☆
191579 Hemiphylacaceae Doweld = Asparagaceae Juss.(保留科名)■●
191580 Hemiphylacus S. Watson(1883);半卫花属■☆
191581 Hemiphylacus latifolius S. Watson;半卫花■☆
191582 Hemipilia Lindl. (1835);舌喙兰属(独叶一枝花属,玉山一叶兰属);Hemipilia ■
191583 Hemipilia amesiana Schltr.;四川舌喙兰;Ames Hemipilia ■
191584 Hemipilia amesiana Schltr. = Hemipilia henryi Rolfe ■
191585 Hemipilia amethystina Rolfe ex Hook. f. = Hemipilia calophylla Parl. et Rchb. f. ■
191586 Hemipilia brevicalcarata Finet = Orchis brevicalcarata (Finet) Schltr. ■
191587 Hemipilia brevicalcarata Finet = Ponerorchis brevicalcarata (Finet) Soó ■
191588 Hemipilia bulleyi Rolfe = Hemipilia cordifolia Lindl. ■
191589 Hemipilia bulleyi Rolfe = Hemipilia cruciata Finet ■
191590 Hemipilia calophylla Parl. et Rchb. f.;美叶舌喙兰;Beautyleaf Hemipilia ■
191591 Hemipilia cordifolia Lindl.;心叶舌喙兰(玉山一叶兰);Heartleaf Hemipilia ■
191592 Hemipilia cordifolia Lindl. var. bifoliata Finet = Hemipilia limprichtii Schltr. ■
191593 Hemipilia cordifolia Lindl. var. cuneata Finet = Hemipilia henryi Rolfe ■
191594 Hemipilia cordifolia Lindl. var. subflabellata Finet = Hemipilia flabellata Bureau et Franch. ■
191595 Hemipilia cordifolia Lindl. var. yunnanensis Finet = Hemipilia cordifolia Lindl. ■
191596 Hemipilia cordifolia Lindl. var. yunnanensis Finet = Hemipilia cruciata Finet ■
191597 Hemipilia crassicalcarata S. S. Chien;粗距舌喙兰;Thickspur Hemipilia ■
191598 Hemipilia cruciata Finet;舌喙兰(单肾草,一面锣);Cruciform Hemipilia, Hemipilia ■
191599 Hemipilia cruciata Finet = Hemipilia cordifolia Lindl. ■
191600 Hemipilia cuneata (Finet) Schltr. = Hemipilia henryi Rolfe ■
191601 Hemipilia cuneata Schltr. = Hemipilia henryi Rolfe ■
191602 Hemipilia flabellata Bureau et Franch.;扇唇舌喙兰(独叶一枝花,肾子草,无柄一叶兰,一面锣,雨流星草);Fanlip Hemipilia, Flabellate Hemipilia ■
191603 Hemipilia flabellata Bureau et Franch. var. grandiflora Finet = Hemipilia flabellata Bureau et Franch. ■
191604 Hemipilia flabellata Bureau et Franch. var. leptoceras Soó = Hemipilia flabellata Bureau et Franch. ■
191605 Hemipilia formosana Hayata = Hemipilia cordifolia Lindl. ■
191606 Hemipilia formosana Hayata = Hemipilia cruciata Finet ■
191607 Hemipilia forrestii Rolfe;长距舌喙兰;Longspur Hemipilia ■
191608 Hemipilia forrestii Rolfe var. macrantha Hand.-Mazz. = Hemipilia forrestii Rolfe ■
191609 Hemipilia henryi Rolfe;裂唇舌喙兰;Henry Hemipilia, Splitlip Hemipilia ■
191610 Hemipilia kwangsiensis Ts. Tang et F. T. Wang ex K. Y. Lang;广西舌喙兰;Guangxi Hemipilia ■
191611 Hemipilia leptoceras Schltr. ex Soó = Hemipilia flabellata Bureau et Franch. ■
191612 Hemipilia limprichtii Schltr.;短距舌喙兰;Limpricht Hemipilia, Shortspur Hemipilia ■
191613 Hemipilia quinquangularis Ts. Tang et F. T. Wang = Hemipilia flabellata Bureau et Franch. ■
191614 Hemipilia sikangensis Ts. Tang et F. T. Wang = Hemipilia

flabellata Bureau et Franch. ■
191615 Hemipilia silvatica Kraenzl. = Amitostigma hemipilioides (Finet) Ts. Tang et F. T. Wang ■
191616 Hemipilia silvatica Kraenzl. = Hemipilia cordifolia Lindl. ■
191617 Hemipilia silvatica Kraenzl. = Hemipilia cruciata Finet ■
191618 Hemipilia silvestrii Pamp. = Hemipilia crassicalcarata S. S. Chien ■
191619 Hemipilia yunnanensis (Finet) Schltr. = Hemipilia cruciata Finet ■
191620 Hemipiliopsis Y. B. Luo et S. C. Chen(2003);紫斑兰属(唐古特火烧兰属)■
191621 Hemipiliopsis purpureopunctata (K. Y. Lang) Y. B. Luo et S. C. Chen;紫斑兰■
191622 Hemipogon Decne. (1844);半毛萝藦属●☆
191623 Hemipogon acerosa Decne.;半毛萝藦●☆
191624 Hemipogon laxifolius K. Schum.;疏叶半毛萝藦●☆
191625 Hemipogon luteus E. Fourn.;黄半毛萝藦●☆
191626 Hemiptelea Planch. (1872);刺榆属(枢属);Hemiptelea, Spine-elm ●
191627 Hemiptelea Planch. = Zelkova Spach(保留属名)●
191628 Hemiptelea davidiana Priem. = Hemiptelea davidii (Hance) Planch. ●
191629 Hemiptelea davidii (Hance) Planch.;刺榆(茎,刺榔,刺榆针子,钉枝榆,梗,梗榆,櫙,枢,小刺榆,柘榆);David Hemiptelea, Spine-elm ●
191630 Hemiptilium A. Gray = Stephanomeria Nutt. (保留属名)●■☆
191631 Hemisacris Steud. = Schismus P. Beauv. ■
191632 Hemisandra Scheidw. = Aphelandra R. Br. ●■☆
191633 Hemisantiria H. J. Lam = Dacryodes Vahl ●☆
191634 Hemiscleria Lindl. (1853);秘鲁兰属■☆
191635 Hemiscleria nutans Lindl.;秘鲁兰■☆
191636 Hemiscola Raf. = Cleome L. ●■
191637 Hemiscolopia Slooten(1925);异篱柊属●☆
191638 Hemiscolopia trimera Slooten;异篱柊●☆
191639 Hemisiphonia Urb. = Micranthemum Michx. (保留属名)■☆
191640 Hemisodon Raf. = Leonotis (Pers.) R. Br. ●■☆
191641 Hemisorghum C. E. Hubb. = Hemisorghum C. E. Hubb. ex Bor ■☆
191642 Hemisorghum C. E. Hubb. ex Bor(1960);半蜀黍属■☆
191643 Hemisorghum mekongense (A. Camus) C. E. Hubb.;半蜀黍■☆
191644 Hemispadon Endl. = Indigofera L. ●■
191645 Hemisphace (Benth.) Opiz = Salvia L. ●■
191646 Hemisphaera Kolak. = Campanula L. ■●
191647 Hemisphaerocarya Brand = Cryptantha Lehm. ex G. Don ■☆
191648 Hemisphaerocarya Brand = Oreocarya Greene ■☆
191649 Hemistegia Raf. = Jungia Heist. ex Fabr. (废弃属名)■●☆
191650 Hemistegia Raf. = Jungia L. f. (保留属名)■●☆
191651 Hemistegia Raf. = Salvia L. ●■
191652 Hemisteirus F. Muell. = Trichinium R. Br. ■●☆
191653 Hemistema DC. = Hemistemma DC. ●☆
191654 Hemistema Thouars = Hibbertia Andréws ●☆
191655 Hemistemma DC. = Hibbertia Andréws ●☆
191656 Hemistemma Juss. ex Thouars = Hibbertia Andréws ●☆
191657 Hemistemma Rchb. = Leucas Burm. ex R. Br. ●■
191658 Hemistemon F. Muell. = Chloanthes R. Br. ●☆
191659 Hemistephia Steud. = Hemistepta Bunge ■
191660 Hemistephia Steud. = Saussurea DC. (保留属名)●■
191661 Hemistephus J. Drumm. ex Harv. = Hibbertia Andréws ●☆
191662 Hemistepta (Bunge) Bunge = Hemistepta Bunge ■
191663 Hemistepta Bunge = Saussurea DC. (保留属名)●■
191664 Hemistepta Bunge ex Fisch. et C. A. Mey. = Hemistepta Bunge ■
191665 Hemistepta Bunge(1836);泥胡菜属;Hemistepta ■
191666 Hemistepta bella Lipsch.;甘肃泥胡菜(艾草,臭风子,花苦荬菜,剪刀草,苦蓝头菜,苦郎,苦郎头,苦马菜,苦荬菜,猫骨头,奶浆藤,泥胡菜,牛插鼻,糯米菜,绒球,石灰菜,小牛箍口,野苦麻,猪兜菜);Fog's Hemistepta, Lyrate Hemistepta ■
191667 Hemistepta bungei (DC.) Benth. et Hook. f. ex Franch. et Sav. = Hemistepta lyrata (Bunge) Bunge ■
191668 Hemistepta carthamoides (Buch. -Ham.) Kuntze = Cirsium × perplexissimum Kitam. ■☆
191669 Hemistepta carthamoides (Buch. -Ham.) Kuntze = Hemistepta lyrata (Bunge) Bunge ■
191670 Hemistepta carthamoides (Buch. -Ham.) Kuntze = Saussurea affinis Spreng. ■
191671 Hemistepta lyrata (Bunge) Bunge;泥胡菜■
191672 Hemistepta lyrata (Bunge) Bunge = Saussurea affinis Spreng. ■
191673 Hemistepta lyrata (Bunge) Bunge f. nivea Asai;雪白泥胡菜■☆
191674 Hemistepta pulchra (Lipsch.) Soják = Saussurea pulchra Lipsch. ■
191675 Hemisteptia Bunge ex Fisch. et C. A. Mey. = Hemistepta Bunge ■
191676 Hemisteptia Fisch. et C. A. Mey. = Hemistepta Bunge ■
191677 Hemistoma Ehrenb. ex Benth. = Leucas Burm. ex R. Br. ●■
191678 Hemistylis Walp. = Hemistylus Benth. ●☆
191679 Hemistylus Benth. (1843);半柱麻属●☆
191680 Hemistylus boehmerioides Benth.;半柱麻●☆
191681 Hemistylus brasiliensis Wedd. ex Warm.;巴西半柱麻●☆
191682 Hemistylus macrostachys Wedd.;大穗半柱麻●☆
191683 Hemithrinax Hook. f. = Thrinax L. f. ex Sw. ●☆
191684 Hemitome Nees = Stenandrium Nees(保留属名)■☆
191685 Hemitomes A. Gray(1858);合瓣晶兰属●☆
191686 Hemitomus L'Hér. ex Desf. = Alonsoa Ruiz et Pav. ■☆
191687 Hemitria Raf. = Phthirusa Mart. ●☆
191688 Hemiuratea Post et Kuntze = Hemiouratea Tiegh. ●
191689 Hemiuratea Post et Kuntze = Ouratea Aubl. (保留属名)●
191690 Hemixanthidium Delpino = Franseria Cav. (保留属名)●■☆
191691 Hemizonella (A. Gray) A. Gray = Anisocarpus Nutt. ■☆
191692 Hemizonella (A. Gray) A. Gray = Madia Molina ■☆
191693 Hemizonella (A. Gray) A. Gray (1874);星对菊属;Oppositeleaved Tarweed ■☆
191694 Hemizonella A. Gray = Anisocarpus Nutt. ■☆
191695 Hemizonella A. Gray = Madia Molina ■☆
191696 Hemizonella minima (A. Gray) A. Gray;星对菊■☆
191697 Hemizonia DC. (1836);半带菊属(星带菊属)■☆
191698 Hemizonia arida D. D. Keck = Deinandra arida (D. D. Keck) B. G. Baldwin ■☆
191699 Hemizonia australis (D. D. Keck) D. D. Keck = Centromadia parryi (Greene) Greene subsp. australis (D. D. Keck) B. G. Baldwin ■☆
191700 Hemizonia calyculata (Babc. et H. M. Hall) D. D. Keck = Hemizonia congesta DC. subsp. clevelandii (Greene) Babc. et H. M. Hall ■☆
191701 Hemizonia citrina Greene = Hemizonia congesta DC. subsp.

lutescens (Greene) Babc. et H. M. Hall ■☆

191702 Hemizonia clementina Brandegee = Deinandra clementina (Brandegee) B. G. Baldwin ■☆

191703 Hemizonia clevelandii Greene = Hemizonia congesta DC. subsp. clevelandii (Greene) Babc. et H. M. Hall ■☆

191704 Hemizonia congdonii B. L. Rob. et Greenm. = Centromadia parryi (Greene) Greene subsp. congdonii (B. L. Rob. et Greenm.) B. G. Baldwin ■☆

191705 Hemizonia congesta DC.;半带菊(星带菊)■☆

191706 Hemizonia congesta DC. subsp. calyculata (Greene) Babc. et H. M. Hall;副萼半带菊■☆

191707 Hemizonia congesta DC. subsp. clevelandii (Greene) Babc. et H. M. Hall;克利夫兰半带菊■☆

191708 Hemizonia congesta DC. subsp. leucocephala (Tanowitz) D. J. Keil = Hemizonia congesta DC. ■☆

191709 Hemizonia congesta DC. subsp. lutescens (Greene) Babc. et H. M. Hall;浅黄半带菊■☆

191710 Hemizonia congesta DC. subsp. luzulifolia (DC.) Babc. et H. M. Hall;秣地半带菊;Hayfield Tarweed ■☆

191711 Hemizonia congesta DC. subsp. tracyi Babc. et H. M. Hall;特拉西半带菊■☆

191712 Hemizonia congesta DC. subsp. vernalis (D. D. Keck) Tanowitz = Hemizonia congesta DC. subsp. lutescens (Greene) Babc. et H. M. Hall ■☆

191713 Hemizonia congesta DC. var. calyculata (Babc. et H. M. Hall) Jeps. = Hemizonia congesta DC. subsp. clevelandii (Greene) Babc. et H. M. Hall ■☆

191714 Hemizonia congesta DC. var. lutescens (Greene) Jeps. = Hemizonia congesta DC. subsp. lutescens (Greene) Babc. et H. M. Hall ■☆

191715 Hemizonia congesta DC. var. luzulifolia (DC.) Jeps. = Hemizonia congesta DC. subsp. luzulifolia (DC.) Babc. et H. M. Hall ■☆

191716 Hemizonia congesta DC. var. tracyi (Babc. et H. M. Hall) Jeps. = Hemizonia congesta DC. subsp. tracyi Babc. et H. M. Hall ■☆

191717 Hemizonia corymbosa (DC.) Torr. et A. Gray = Deinandra corymbosa (DC.) B. G. Baldwin ■☆

191718 Hemizonia corymbosa (DC.) Torr. et A. Gray subsp. macrocephala (Nutt.) D. D. Keck = Deinandra corymbosa (DC.) B. G. Baldwin ■☆

191719 Hemizonia fasciculataorr. et A. Gray;簇生半带菊;Tarweed ■☆

191720 Hemizonia filipes Hook. et Arn. = Holozonia filipes (Hook. et Arn.) Greene ■☆

191721 Hemizonia fitchii A. Gray = Centromadia fitchii (A. Gray) Greene ■☆

191722 Hemizonia floribunda A. Gray = Deinandra floribunda (A. Gray) Davidson et Moxley ■☆

191723 Hemizonia halliana D. D. Keck = Deinandra halliana (D. D. Keck) B. G. Baldwin ■☆

191724 Hemizonia heermannii Greene = Holocarpha heermannii (Greene) D. D. Keck ■☆

191725 Hemizonia increscens (H. M. Hall ex D. D. Keck) Tanowitz subsp. villosa Tanowitz = Deinandra increscens (H. M. Hall ex D. D. Keck) B. G. Baldwin subsp. villosa (Tanowitz) B. G. Baldwin ■☆

191726 Hemizonia kelloggii Greene = Deinandra kelloggii (Greene) Greene ■☆

191727 Hemizonia laevis (D. D. Keck) D. D. Keck = Centromadia pungens (Hook. et Arn.) Greene subsp. laevis (D. D. Keck) B. G. Baldwin ■☆

191728 Hemizonia leucocephala Tanowitz = Hemizonia congesta DC. ■☆

191729 Hemizonia lobbii Greene = Deinandra lobbii (Greene) Greene ■☆

191730 Hemizonia lutescens (Greene) D. D. Keck = Hemizonia congesta DC. subsp. lutescens (Greene) Babc. et H. M. Hall ■☆

191731 Hemizonia luzulifolia DC. = Hemizonia congesta DC. subsp. luzulifolia (DC.) Babc. et H. M. Hall ■☆

191732 Hemizonia luzulifolia DC. subsp. rudis (Benth.) D. D. Keck = Hemizonia congesta DC. subsp. luzulifolia (DC.) Babc. et H. M. Hall ■☆

191733 Hemizonia luzulifolia DC. var. citrina (Greene) Jeps. = Hemizonia congesta DC. subsp. lutescens (Greene) Babc. et H. M. Hall ■☆

191734 Hemizonia luzulifolia DC. var. lutescens Greene = Hemizonia congesta DC. subsp. lutescens (Greene) Babc. et H. M. Hall ■☆

191735 Hemizonia macradenia DC. = Holocarpha macradenia (DC.) Greene ■☆

191736 Hemizonia minima A. Gray = Hemizonella minima (A. Gray) A. Gray ■☆

191737 Hemizonia minthornii Jeps. = Deinandra minthornii (Jeps.) B. G. Baldwin ■☆

191738 Hemizonia mohavensis D. D. Keck = Deinandra mohavensis (D. D. Keck) B. G. Baldwin ■☆

191739 Hemizonia mollis (A. Gray) A. Gray = Calycadenia mollis A. Gray ■☆

191740 Hemizonia multicaulis Hook. et Arn. = Hemizonia congesta DC. subsp. lutescens (Greene) Babc. et H. M. Hall ■☆

191741 Hemizonia multicaulis Hook. et Arn. subsp. vernalis D. D. Keck = Hemizonia congesta DC. subsp. lutescens (Greene) Babc. et H. M. Hall ■☆

191742 Hemizonia obconica J. C. Clausen et D. D. Keck = Holocarpha obconica (J. C. Clausen et D. D. Keck) D. D. Keck ■☆

191743 Hemizonia oppositifolia Greene = Calycadenia oppositifolia (Greene) Greene ■☆

191744 Hemizonia pallida D. D. Keck = Deinandra pallida (D. D. Keck) B. G. Baldwin ■☆

191745 Hemizonia paniculata A. Gray = Deinandra paniculata (A. Gray) Davidson et Moxley ■☆

191746 Hemizonia paniculata subsp. foliosa Hoover = Deinandra paniculata (A. Gray) Davidson et Moxley ■☆

191747 Hemizonia parryi Greene = Centromadia parryi (Greene) Greene ■☆

191748 Hemizonia parryi Greene subsp. australis D. D. Keck = Centromadia parryi (Greene) Greene subsp. australis (D. D. Keck) B. G. Baldwin ■☆

191749 Hemizonia parryi Greene subsp. congdonii (B. L. Rob. et Greenm.) D. D. Keck = Centromadia parryi (Greene) Greene subsp. congdonii (B. L. Rob. et Greenm.) B. G. Baldwin ■☆

191750 Hemizonia parryi Greene subsp. rudis (Greene) D. D. Keck = Centromadia parryi (Greene) Greene subsp. rudis (Greene) B. G. Baldwin ■☆

191751 Hemizonia parryi Greene var. congdonii (B. L. Rob. et Greenm.) Hoover = Centromadia parryi (Greene) Greene subsp. congdonii (B. L. Rob. et Greenm.) B. G. Baldwin ■☆

191752 Hemizonia plumosa (Kellogg) A. Gray = Blepharizonia plumosa

(Kellogg) Greene ■☆
191753 Hemizonia plumosa (Kellogg) A. Gray var. subplumosa A. Gray = Blepharizonia laxa Greene ■☆
191754 Hemizonia pungens (Hook. et Arn.) Torr. et A. Gray = Centromadia pungens (Hook. et Arn.) Greene ■☆
191755 Hemizonia pungens (Hook. et Arn.) Torr. et A. Gray subsp. laevis D. D. Keck = Centromadia pungens (Hook. et Arn.) Greene subsp. laevis (D. D. Keck) B. G. Baldwin ■☆
191756 Hemizonia pungens (Hook. et Arn.) Torr. et A. Gray subsp. maritima (Greene) D. D. Keck = Centromadia pungens (Hook. et Arn.) Greene ■☆
191757 Hemizonia pungens (Hook. et Arn.) Torr. et A. Gray subsp. septentrionalis D. D. Keck = Centromadia pungens (Hook. et Arn.) Greene ■☆
191758 Hemizonia pungens (Hook. et Arn.) Torr. et A. Gray var. parryi (Greene) H. M. Hall = Centromadia parryi (Greene) Greene ■☆
191759 Hemizonia pungens (Hook. et Arn.) Torr. et A. Gray var. septentrionalis (D. D. Keck) Cronquist = Centromadia pungens (Hook. et Arn.) Greene ■☆
191760 Hemizonia ramosissima Benth. = Deinandra fasciculata (DC.) Greene ■☆
191761 Hemizonia spicata Greene = Calycadenia spicata (Greene) Greene ■☆
191762 Hemizonia tracyi (Babc. et H. M. Hall) D. D. Keck = Hemizonia congesta DC. subsp. tracyi Babc. et H. M. Hall ■☆
191763 Hemizonia vernalis D. D. Keck = Holocarpha obconica (J. C. Clausen et D. D. Keck) D. D. Keck ■☆
191764 Hemizonia virgata A. Gray = Holocarpha virgata (A. Gray) D. D. Keck ■☆
191765 Hemizygia (Benth.) Briq. (1897);半轭草属●■☆
191766 Hemizygia Briq. = Hemizygia (Benth.) Briq. ●■☆
191767 Hemizygia Briq. = Syncolostemon E. Mey. ●■☆
191768 Hemizygia albiflora (N. E. Br.) M. Ashby;白花半轭草●☆
191769 Hemizygia bolusii (N. E. Br.) Codd;博卢斯半轭草●☆
191770 Hemizygia bracteosa (Benth.) Briq.;多苞半轭草●☆
191771 Hemizygia canescens (Gürke) M. Ashby;灰白半轭草●☆
191772 Hemizygia chevalieri Briq.;舍瓦利耶半轭草●☆
191773 Hemizygia cinerea Codd;灰色半轭草●☆
191774 Hemizygia cooperi Briq. = Syncolostemon macranthus (Gürke) M. Ashby ●☆
191775 Hemizygia dinteri Briq. = Hemizygia petrensis (Hiern) M. Ashby ●☆
191776 Hemizygia elliottii (Baker) M. Ashby;埃利半轭草●☆
191777 Hemizygia fischeri (Gürke) Greenway = Ocimum fischeri Gürke ●☆
191778 Hemizygia flabellifolia S. Moore = Syncolostemon flabellifolius (S. Moore) A. J. Paton ●☆
191779 Hemizygia floccosa Launert;丛卷毛半轭草●☆
191780 Hemizygia foliosa S. Moore;多叶半轭草●☆
191781 Hemizygia galpiniana Briq. = Hemizygia teucriifolia (Hochst.) Briq. ●☆
191782 Hemizygia gerrardii (N. E. Br.) M. Ashby;杰勒德半轭草●☆
191783 Hemizygia hoepfneri Briq. = Hemizygia bracteosa (Benth.) Briq. ●☆
191784 Hemizygia humilis (N. E. Br.) M. Ashby = Hemizygia foliosa S. Moore ●☆
191785 Hemizygia incana Codd;灰毛半轭草●☆
191786 Hemizygia junodii Briq. = Hemizygia bracteosa (Benth.) Briq. ●☆
191787 Hemizygia junodii Briq. var. quintasii ? = Hemizygia bracteosa (Benth.) Briq. ●☆
191788 Hemizygia latidens (N. E. Br.) M. Ashby = Syncolostemon latidens (N. E. Br.) Codd ●☆
191789 Hemizygia laurentii (De Wild.) M. Ashby;洛朗半轭草●☆
191790 Hemizygia linearis (Benth.) Briq.;线形半轭草●☆
191791 Hemizygia macrophylla (Gürke) Codd;大叶半轭草●☆
191792 Hemizygia madagascariensis A. J. Paton et Hedge = Syncolostemon madagascariensis (A. J. Paton et Hedge) D. F. Otieno ●☆
191793 Hemizygia modesta Codd;适度轭草●☆
191794 Hemizygia mossiana (R. D. Good) M. Ashby = Hemizygia petrensis (Hiern) M. Ashby ●☆
191795 Hemizygia nigritiana S. Moore = Hemizygia bracteosa (Benth.) Briq. ●☆
191796 Hemizygia obermeyerae M. Ashby;奥伯迈尔半轭草●☆
191797 Hemizygia ocymoides (A. Chev.) Briq. = Hemizygia bracteosa (Benth.) Briq. ●☆
191798 Hemizygia oritrephes Wild;山地半轭草●☆
191799 Hemizygia ornata S. Moore = Hemizygia welwitschii (Rolfe) M. Ashby ●☆
191800 Hemizygia parvifolia Codd;小叶半轭草●☆
191801 Hemizygia persimilis (N. E. Br.) M. Ashby;相似半轭草●☆
191802 Hemizygia petiolata M. Ashby;柄叶半轭草●☆
191803 Hemizygia petrensis (Hiern) M. Ashby;岩生半轭草●☆
191804 Hemizygia pretoriae (Gürke) M. Ashby;比勒陀利亚半轭草●☆
191805 Hemizygia pretoriae (Gürke) M. Ashby subsp. heterotricha Codd;异毛半轭草●☆
191806 Hemizygia punctata Codd;斑点半轭草●☆
191807 Hemizygia ramosa Codd;分枝半轭草●☆
191808 Hemizygia rehmannii (Gürke) M. Ashby;拉赫曼半轭草●☆
191809 Hemizygia rugosifolia M. Ashby;皱叶半轭草●☆
191810 Hemizygia serrata Briq. = Hemizygia bracteosa (Benth.) Briq. ●☆
191811 Hemizygia stenophylla (Gürke) M. Ashby;窄叶半轭草●☆
191812 Hemizygia subvelutina (Gürke) M. Ashby;短绒毛半轭草●☆
191813 Hemizygia teucriifolia (Hochst.) Briq.;香科叶半轭草●☆
191814 Hemizygia thorncroftii (N. E. Br.) M. Ashby;托恩半轭草●☆
191815 Hemizygia transvaalensis (Schltr.) M. Ashby;德兰士瓦半轭草●☆
191816 Hemizygia tuberosa Hiern = Ocimum fimbriatum Briq. ■☆
191817 Hemizygia welwitschii (Rolfe) M. Ashby;韦尔半轭草●☆
191818 Hemma Raf. ex Pfitzer = Lemna L. ■
191819 Hemmantia Whiffin(2003);昆士兰香材树属●☆
191820 Hemolepis Hort. ex Vilm. = Heliopsis Pers. (保留属名) ■☆
191821 Hemonacanthus Nees = Ruellia L. ■●
191822 Hemonacanthus Nees = Stemonacanthus Nees ■●
191823 Hemprichia Ehrenb. = Commiphora Jacq. (保留属名) ●
191824 Hemprichia erythraea Ehrenb. = Commiphora kataf (Forssk.) Engl. ●☆
191825 Hemslea calcarata (Hemsl.) Kudo = Ceratanthus calcaratus (Hemsl.) G. Taylor ■
191826 Hemsleia Cogn. = Hemsleya Cogn. ex F. B. Forbes et Hemsl. ■
191827 Hemsleia Cogn. ex F. B. Forbes et Hemsl. = Hemsleya Cogn. ex

F. B. Forbes et Hemsl. ■

191828 Hemsleia Kudo = Ceratanthus F. Muell. ex G. Taylor ■

191829 Hemsleia amabilis Diels = Hemsleya amabilis Diels ■

191830 Hemsleia brevipetiolata Hand. -Mazz. = Hemsleya delavayi (Gagnep.) C. Jeffrey ex C. Y. Wu et Z. L. Chen ■

191831 Hemsleia brevipetiolata Hand. -Mazz. var. yalungensis Hand. -Mazz. = Hemsleya delavayi (Gagnep.) C. Jeffrey ex C. Y. Wu et Z. L. Chen var. yalungensis (Hand. -Mazz.) C. Y. Wu et Z. L. Chen ■

191832 Hemsleia calcarata (Hemsl.) Kudo = Ceratanthus calcaratus (Hemsl.) G. Taylor ■

191833 Hemsleia carnosifldra C. Y. Wu et Z. L. Chen = Hemsleya carnosiflora C. Y. Wu et Z. L. Chen ■

191834 Hemsleia changningensis C. Y. Wu et Z. L. Chen = Hemsleya changningensis C. Y. Wu et Z. L. Chen ■

191835 Hemsleia chinensis Cogn. ex Forbes et Hemsl. = Hemsleya chinensis Cogn. ■

191836 Hemsleia chinensis Cogn. ex Forbes et Hemsl. var. ningnanensis L. T. Shen et W. J. Chang = Hemsleya ningnanensis L. T. Shen et W. J. Chang ■

191837 Hemsleia chinensis Cogn. ex Forbes et Hemsl. var. polytricha Kuang et A. M. Lu = Hemsleya chinensis Cogn. var. polytricha Kuang et A. M. Lu ■

191838 Hemsleia chuandienensis L. T. Shen et W. D. Chang = Hemsleya chuandienensis L. T. Shen et W. D. Chang ■

191839 Hemsleia cissiformis C. Y. Wu = Hemsleya cissiformis C. Y. Wu ■

191840 Hemsleia clavata C. Y. Wu = Hemsleya clavata C. Y. Wu et Z. L. Chen ■

191841 Hemsleia delavayi (Gagnep.) C. Jeffrey ex C. Y. Wu et Z. L. Chen var. yalungensis (Hand. -Mazz.) C. Y. Wu et Z. L. Chen = Hemsleya delavayi (Gagnep.) C. Jeffrey ex C. Y. Wu et Z. L. Chen var. yalungensis (Hand. -Mazz.) C. Y. Wu et Z. L. Chen ■

191842 Hemsleia delavayi (Gagnep.) C. Jeffrey ex C. Y. Wu et Z. L. Chen = Hemsleya delavayi (Gagnep.) C. Jeffrey ex C. Y. Wu et Z. L. Chen ■

191843 Hemsleia dipteriga Kuang et A. M. Lu = Hemsleya dipterygia Kuang et A. M. Lu ■

191844 Hemsleia dolichocarpa W. J. Chang = Hemsleya dolichocarpa W. J. Chang ■

191845 Hemsleia dulongjiangensis C. Y. Wu ex C. Y. Wu et Z. L. Chen = Hemsleya dulongjiangensis C. Y. Wu ■

191846 Hemsleia ellipsoidea L. T. Shen et W. J. Chang = Hemsleya ellipsoidea L. T. Shen et W. J. Chang ■

191847 Hemsleia endecaphylla C. Y. Wu = Hemsleya endecaphylla C. Y. Wu ■

191848 Hemsleia endecaphylla C. Y. Wu ex C. Y. Wu et Z. L. Chen = Hemsleya endecaphylla C. Y. Wu ■

191849 Hemsleia gigantha W. J. Chang = Hemsleya gigantha W. J. Chang ■

191850 Hemsleia graciliflora (Harms) Cogn. = Hemsleya graciliflora (Harms) Cogn. ■

191851 Hemsleia graciliflora (Harms) Cogn. var. tianmuensis X. J. Xue et H. Yao = Hemsleya graciliflora (Harms) Cogn. var. tianmuensis X. J. Xue et H. Yao ■

191852 Hemsleia grandiflora C. Y. Wu = Hemsleya grandiflora C. Y. Wu ■

191853 Hemsleia grandiflora C. Y. Wu ex C. Y. Wu et Z. L. Chen = Hemsleya grandiflora C. Y. Wu ■

191854 Hemsleia gulinensis L. T. Shen et W. J. Chang = Hemsleya pengxianensis W. J. Chang var. gulinensis (L. T. Shen et W. J. Chang) L. T. Shen et W. J. Chang ■

191855 Hemsleia jinfushanensis L. T. Shen et W. J. Chang = Hemsleya pengxianensis W. J. Chang var. jinfushanensis L. T. Shen et W. J. Chang ■

191856 Hemsleia lijiangensis A. M. Lu ex C. Y. Wu et Z. L. Chen = Hemsleya lijiangensis A. M. Lu ex C. Y. Wu et Z. L. Chen ■

191857 Hemsleia longgangensis X. X. Chen et D. R. Liang = Hemsleya longgangensis X. X. Chen et D. R. Liang ■

191858 Hemsleia longicarpa W. J. Chang = Hemsleya dolichocarpa W. J. Chang ■

191859 Hemsleia longicarpa W. J. Chang = Hemsleya longicarpa W. J. Chang ■

191860 Hemsleia longivillosa C. Y. Wu et Z. L. Chen = Hemsleya longivillosa C. Y. Wu et Z. L. Chen ■

191861 Hemsleia macrocarpa (Cogn.) C. Y. Wu ex C. Jeffrey = Hemsleya macrocarpa (Cogn.) C. Y. Wu ex C. Jeffrey ■

191862 Hemsleia macrosperma C. Y. Wu = Hemsleya macrosperma C. Y. Wu ■

191863 Hemsleia macrosperma C. Y. Wu ex C. Y. Wu et Z. L. Chen = Hemsleya macrosperma C. Y. Wu ■

191864 Hemsleia macrosperma C. Y. Wu ex C. Y. Wu et Z. L. Chen var. oblongicarpa C. Y. Wu et Z. L. Chen = Hemsleya macrosperma C. Y. Wu var. oblongicarpa C. Y. Wu et Z. L. Chen ■

191865 Hemsleia macrosperma C. Y. Wu var. oblongicarpa C. Y. Wu et Z. L. Chen = Hemsleya macrosperma C. Y. Wu var. oblongicarpa C. Y. Wu et Z. L. Chen ■

191866 Hemsleia megathyrsa C. Y. Wu = Hemsleya megathyrsa C. Y. Wu ■

191867 Hemsleia megathyrsa C. Y. Wu ex C. Y. Wu et Z. L. Chen = Hemsleya megathyrsa C. Y. Wu ■

191868 Hemsleia megathyrsa C. Y. Wu ex C. Y. Wu et Z. L. Chen var. major C. Y. Wu et Z. L. Chen = Hemsleya megathyrsa C. Y. Wu var. major C. Y. Wu et Z. L. Chen ■

191869 Hemsleia megathyrsa C. Y. Wu var. major C. Y. Wu et Z. L. Chen = Hemsleya megathyrsa C. Y. Wu var. major C. Y. Wu et Z. L. Chen ■

191870 Hemsleia mitrata C. Y. Wu et Z. L. Chen = Hemsleya mitrata C. Y. Wu et Z. L. Chen ■

191871 Hemsleia multifructus L. T. Shen et W. J. Chang = Hemsleya multifructus L. T. Shen et W. J. Chang ■

191872 Hemsleia ningnanensis L. T. Shen et W. J. Chang = Hemsleya ningnanensis L. T. Shan et W. J. Chang ■

191873 Hemsleia obconica C. Y. Wu et Z. L. Chen = Hemsleya obconica C. Y. Wu et Z. L. Chen ■

191874 Hemsleia omeiensis L. T. Shen et W. J. Chang = Hemsleya omeiensis L. T. Shen et W. J. Chang ■

191875 Hemsleia panacis-scandens C. Y. Wu et Z. L. Chen = Hemsleya panacis-scandens C. Y. Wu et Z. L. Chen ■

191876 Hemsleia panacis-scandens C. Y. Wu et Z. L. Chen var. pingbianensis C. Y. Wu et Z. L. Chen = Hemsleya panacis-scandens var. pingbianensis C. Y. Wu et Z. L. Chen ■

191877 Hemsleia panlongqi A. M. Lu et W. J. Chang = Hemsleya panlongqi A. M. Lu et W. J. Chang ■

191878 Hemsleia pengxianensis W. J. Chang = Hemsleya pengxianensis W. J. Chang ■

191879 Hemsleia pengxianensis W. J. Chang var. gulinensis L. T. Shen et W. J. Chang = Hemsleya pengxianensis W. J. Chang var. gulinensis (L. T. Shen et W. J. Chang) L. T. Shen et W. J. Chang ■

191880 Hemsleia pengxianensis W. J. Chang var. jinfushanensis L. T. Shen et W. J. Chang = Hemsleya pengxianensis W. J. Chang var. jinfushanensis L. T. Shen et W. J. Chang ■

191881 Hemsleia pengxianensis W. J. Chang var. junlianensis L. T. Shen et W. J. Chang = Hemsleya pengxianensis W. J. Chang var. junlianensis (L. T. Shen et W. J. Chang) L. T. Shen et W. J. Chang ■

191882 Hemsleia pengxianensis W. J. Chang var. polycarpa L. T. Shen et W. J. Chang = Hemsleya pengxianensis W. J. Chang var. polycarpa L. T. Shen et W. J. Chang ■

191883 Hemsleia sphaerocarpa Kuang et A. M. Lu = Hemsleya sphaerocarpa Kuang et A. M. Lu ■

191884 Hemsleia szechuanensis Kuang et A. M. Lu = Hemsleya szechuanensis Kuang et A. M. Lu ■

191885 Hemsleia tonkinensis Cogn. = Thladiantha hookeri C. B. Clarke ■

191886 Hemsleia trifoliolata Cogn. = Thladiantha hookeri C. B. Clarke var. palmatifolia Chakrav. ■

191887 Hemsleia turbinata C. Y. Wu = Hemsleya turbinata C. Y. Wu ■

191888 Hemsleia turbinata C. Y. Wu ex C. Y. Wu et Z. L. Chen = Hemsleya turbinata C. Y. Wu ■

191889 Hemsleia villosipetala C. Y. Wu et Z. L. Chen = Hemsleya villosipetala C. Y. Wu et Z. L. Chen ■

191890 Hemsleia wenshanensis A. M. Lu ex C. Y. Wu et Z. L. Chen = Hemsleya wenshanensis A. M. Lu ex C. Y. Wu et Z. L. Chen ■

191891 Hemsleia xuedan L. T. Shen et W. J. Chang = Hemsleya xuedan L. T. Shen et W. J. Chang ■

191892 Hemsleia zhejiangense C. Z. Zheng = Hemsleya zhejiangensis C. Z. Zheng ■

191893 Hemsleiana Kuntze = Thryallis Mart.(保留属名)●

191894 Hemsleya Cogn. ex F. B. Forbes et Hemsl. (1888);雪胆属(韩斯草属,韩信草属,蛇莲属);Hemsleia, Snakelotus, Snowgall ■

191895 Hemsleya Cogn. ex F. B. Forbes et Hemsl. = Hemsleia Cogn. ex F. B. Forbes et Hemsl. ■

191896 Hemsleya amabilis Diels;曲莲(金龟莲,可爱雪胆,蛇莲,小蛇莲,雪胆,圆果雪胆);Lovely Hemsleia, Lovely Snowgall ■

191897 Hemsleya brevipetiolata Hand. -Mazz. = Hemsleya delavayi (Gagnep.) C. Jeffrey ex C. Y. Wu et Z. L. Chen ■

191898 Hemsleya brevipetiolata Hand. -Mazz. var. yalungensis Hand. -Mazz. = Hemsleya delavayi (Gagnep.) C. Jeffrey ex C. Y. Wu et Z. L. Chen var. yalungensis (Hand. -Mazz.) C. Y. Wu et Z. L. Chen ■

191899 Hemsleya carnosiflora C. Y. Wu et Z. L. Chen;肉花雪胆;Fleshflower Snowgall, Fleshy-flower Hemsleia ■

191900 Hemsleya changningensis C. Y. Wu et Z. L. Chen;赛金刚;Changning Hemsleia, Changning Snowgall ■

191901 Hemsleya changningensis C. Y. Wu et Z. L. Chen = Hemsleya macrocarpa (Cogn.) C. Y. Wu ex C. Jeffrey ■

191902 Hemsleya chengyihana D. Z. Li;征镒雪胆■

191903 Hemsleya chinensis Cogn.;雪胆(大五月五,地檵粑,罗锅底,中华雪胆);China Snowgall, Chinese Hemsleia, Xuedan Hemsleia, Xuedan Snowgall ■

191904 Hemsleya chinensis Cogn. var. longivillosa (C. Y. Wu et Z. L. Chen) D. Z. Li;长毛雪胆;Longhair Hemsleia, Longhair Snowgall ■

191905 Hemsleya chinensis Cogn. var. ningnanensis (L. T. Shen et W. J. Chang) L. T. Shen et W. J. Chang;宁南雪胆;Ningnan Hemsleia, Ningnan Snowgall ■

191906 Hemsleya chinensis Cogn. var. polytricha Kuang et A. M. Lu;毛雪胆;Hairy Hemsleia, Manyhair Snowgall ■

191907 Hemsleya chuandienensis L. T. Shen et W. D. Chang;川滇雪胆;Chuan-Dian Hemsleia, Chuan-Dian Snowgall ■

191908 Hemsleya chuandienensis L. T. Shen et W. D. Chang = Hemsleya macrosperma C. Y. Wu var. oblongicarpa C. Y. Wu et Z. L. Chen ■

191909 Hemsleya cissiformis C. Y. Wu;滇南雪胆;Cissusform Hemsleia, Cissusform Snowgall ■

191910 Hemsleya cissiformis C. Y. Wu = Hemsleya dipterygia Kuang et A. M. Lu ■

191911 Hemsleya clavata C. Y. Wu et Z. L. Chen = Hemsleya macrocarpa (Cogn.) C. Y. Wu ex C. Jeffrey var. clavata (C. Y. Wu et Z. L. Chen) D. Z. Li ■

191912 Hemsleya delavayi (Gagnep.) C. Jeffrey ex C. Y. Wu et Z. L. Chen var. yalungensis (Hand. -Mazz.) C. Y. Wu et Z. L. Chen;雅砻雪胆;Yalong Hemsleia, Yalong Snowgall, Yalung Hemsleia ■

191913 Hemsleya delavayi (Gagnep.) C. Jeffrey ex C. Y. Wu et Z. L. Chen;短柄雪胆;Delavay Snowgall, Shortstalk Hemsleia ■

191914 Hemsleya dipterygia Kuang et A. M. Lu;翼蛇莲(石黄连);Two-wing Hemsleia, Wing Snowgall ■

191915 Hemsleya dolichocarpa W. J. Chang = Hemsleya longicarpa W. J. Chang ■

191916 Hemsleya dulongjiangensis C. Y. Wu;独龙江雪胆;Dulongjiang Hemsleia, Dulongjiang Snowgall ■

191917 Hemsleya ellipsoidea L. T. Shen et W. J. Chang;椭圆果雪胆;Ellipticfruit Hemsleia, Ellipticfruit Snowgall ■

191918 Hemsleya elongata (Merr.) Cogn. = Neoalsomitra integrifoliola (Cogn.) Hutch. ●■

191919 Hemsleya elongata (Merr.) Cogn. = Zanonia indica L. ■

191920 Hemsleya emeiensis L. D. Shen et W. J. Chang = Hemsleya emeiensis L. T. Shen et W. J. Chang ■

191921 Hemsleya emeiensis L. T. Shen et W. J. Chang;峨眉雪胆;Emei Hemsleia, Emei Snowgall, Omei Hemsleia ■

191922 Hemsleya endecaphylla C. Y. Wu;十一叶雪胆;Elevenleaf Hemsleia, Elevenleaf Snowgall ■

191923 Hemsleya esquirolii H. Lév. = Bolbostemma biglandulosum (Hemsl.) Franquet ■

191924 Hemsleya esquirolii H. Lév. = Zanonia indica L. ■

191925 Hemsleya gigantha W. J. Chang;巨花雪胆;Giant Hemsleia, Giantflower Snowgall ■

191926 Hemsleya graciliflora (Harms) Cogn.;马铜铃(纤花金盘,纤花雪胆,响铃子);Slenderflower Hemsleia, Slenderflower Snowgall ■

191927 Hemsleya graciliflora (Harms) Cogn. var. tianmuensis X. J. Xue et H. Yao;天目雪胆;Tianmushan Hemsleia ■

191928 Hemsleya grandiflora C. Y. Wu = Hemsleya macrocarpa (Cogn.) C. Y. Wu ex C. Jeffrey var. grandiflora (C. Y. Wu) D. Z. Li ■

191929 Hemsleya gulinensis L. T. Shen et W. J. Chang = Hemsleya pengxianensis W. J. Chang var. gulinensis (L. T. Shen et W. J. Chang) L. T. Shen et W. J. Chang ■

191930 Hemsleya henryi Cogn. = Zanonia indica L. ■

191931 Hemsleya heterosperma (Wall.) C. Jeffrey;异子雪胆■

191932 Hemsleya jinfushanensis L. T. Shen et W. J. Chang = Hemsleya pengxianensis W. J. Chang ■

191933 Hemsleya junlianensis L. T. Shen et W. J. Chang = Hemsleya pengxianensis W. J. Chang var. jinfushanensis L. T. Shen et W. J. Chang ■

191934 Hemsleya lijiangensis A. M. Lu ex C. Y. Wu et Z. L. Chen;丽江雪胆;Lijiang Hemsleia, Lijiang Snowgall ■

191935 Hemsleya longgangensis X. X. Chen et D. R. Liang;弄岗雪胆;Nonggang Hemsleia ■

191936 Hemsleya longgangensis X. X. Chen et D. R. Liang = Hemsleya graciliflora (Harms) Cogn. ■

191937 Hemsleya longicarpa W. J. Chang; 长果雪胆; Longfruit Hemsleia, Longfruit Snowgall ■

191938 Hemsleya longivillosa C. Y. Wu et Z. L. Chen = Hemsleya chinensis Cogn. var. longivillosa (C. Y. Wu et Z. L. Chen) D. Z. Li ■

191939 Hemsleya macrocarpa (Cogn.) C. Y. Wu ex C. Jeffrey; 大果雪胆(圆锥果雪胆); Bigfruit Hemsleia, Bigfruit Snowgall ■

191940 Hemsleya macrocarpa (Cogn.) C. Y. Wu ex C. Jeffrey var. clavata (C. Y. Wu et Z. L. Chen) D. Z. Li; 棒果雪胆; Clubfruit Snowgall, Clubshaped Hemsleia ■

191941 Hemsleya macrocarpa (Cogn.) C. Y. Wu ex C. Jeffrey var. grandiflora (C. Y. Wu) D. Z. Li; 大花雪胆; Bigflower Hemsleia, Bigflower Snowgall ■

191942 Hemsleya macrocarpa C. Y. Wu = Hemsleya chengyihana D. Z. Li ■

191943 Hemsleya macrosperma C. Y. Wu; 罗锅底(白味莲,大籽雪胆,金龟莲,金盆,金腰莲,金银盆,可爱雪胆,苦金盆,曲莲,赛金刚,蛇莲,土马兜铃,雪胆,中华雪胆); Large-seed Hemsleia, Largeseed Snowgall ■

191944 Hemsleya macrosperma C. Y. Wu var. oblongicarpa C. Y. Wu et Z. L. Chen; 长果罗锅底(长果大籽雪胆); Oblongfruit Hemsleia, Oblongfruit Largeseed Snowgall ■

191945 Hemsleya megathyrsa C. Y. Wu = Hemsleya sphaerocarpa Kuang et A. M. Lu subsp. megathyrsa (C. Y. Wu) D. Z. Li ■

191946 Hemsleya megathyrsa C. Y. Wu var. major C. Y. Wu et Z. L. Chen; 大花大序雪胆; Bigflower Bigpanicle Snowgall, Major Hemsleia ■

191947 Hemsleya megathyrsa C. Y. Wu var. major C. Y. Wu et Z. L. Chen = Hemsleya sphaerocarpa Kuang et A. M. Lu subsp. megathyrsa (C. Y. Wu) D. Z. Li ■

191948 Hemsleya mitrata C. Y. Wu et Z. L. Chen; 帽果雪胆; Mitredfruit Hemsleia, Mitredfruit Snowgall ■

191949 Hemsleya multifructus L. T. Shen et W. J. Chang = Hemsleya pengxianensis W. J. Chang ■

191950 Hemsleya ningnanensis L. T. Shan et W. J. Chang = Hemsleya chinensis Cogn. var. ningnanensis (L. T. Shen et W. J. Chang) L. T. Shen et W. J. Chang ■

191951 Hemsleya obconica C. Y. Wu et Z. L. Chen; 圆锥果雪胆; Obconic-fruit Hemsleia, Obconicfruit Snowgall ■

191952 Hemsleya obconica C. Y. Wu et Z. L. Chen = Hemsleya macrocarpa (Cogn.) C. Y. Wu ex C. Jeffrey ■

191953 Hemsleya omeiensis L. T. Shen et W. J. Chang = Hemsleya emeiensis L. T. Shen et W. J. Chang ■

191954 Hemsleya panacis-scandens C. Y. Wu et Z. L. Chen; 藤三七雪胆; Panax-scandent Hemsleia, Panaxscandent Snowgall ■

191955 Hemsleya panacis-scandens C. Y. Wu et Z. L. Chen var. pingbianensis C. Y. Wu et Z. L. Chen; 屏边雪胆(屏边藤三七雪胆); Pingbian Hemsleia, Pingbian Snowgall ■

191956 Hemsleya panlongqi A. M. Lu et W. J. Chang; 盘龙七; Panlongqi Hemsleia, Panlongqi Snowgall ■

191957 Hemsleya pengxianensis W. J. Chang; 彭县雪胆(多果雪胆); Multifruit Hemsleia, Multifruit Snowgall, Pengxian Hemsleia, Pengxian Snowgall ■

191958 Hemsleya pengxianensis W. J. Chang var. gulinensis (L. T. Shen et W. J. Chang) L. T. Shen et W. J. Chang; 古蔺雪胆; Gulin Hemsleia, Gulin Snowgall ■

191959 Hemsleya pengxianensis W. J. Chang var. jinfushanensis L. T. Shen et W. J. Chang; 金佛山雪胆; Jinfoshan Hemsleia, Jinfoshan Snowgall ■

191960 Hemsleya pengxianensis W. J. Chang var. jinfushanensis L. T. Shen et W. J. Chang = Hemsleya pengxianensis W. J. Chang ■

191961 Hemsleya pengxianensis W. J. Chang var. junlianensis (L. T. Shen et W. J. Chang) L. T. Shen et W. J. Chang; 筠连雪胆; Junlian Hemsleia, Junlian Snowgall ■

191962 Hemsleya pengxianensis W. J. Chang var. polycarpa L. T. Shen et W. J. Chang; 多果雪胆; Manyfruit Hemsleia ■

191963 Hemsleya pengxianensis W. J. Chang var. polycarpa L. T. Shen et W. J. Chang = Hemsleya pengxianensis W. J. Chang ■

191964 Hemsleya sphaerocarpa Kuang et A. M. Lu; 蛇莲(圆果雪胆); Round-fruit Hemsleia, Snakelotus ■

191965 Hemsleya sphaerocarpa Kuang et A. M. Lu subsp. megathyrsa (C. Y. Wu) D. Z. Li; 大序蛇莲(大序雪胆); Bigpanicle Snowgall, Bigthyrse Hemsleia ■

191966 Hemsleya sphaerocarpa Kuang et A. M. Lu subsp. wenshanensis (C. Y. Wu et Z. L. Chen) D. Z. Li; 文山雪胆; Wenshan Hemsleia, Wenshan Snowgall ■

191967 Hemsleya szechuanensis Kuang et A. M. Lu; 华中雪胆(华中蛇莲); Sichuan Hemsleia, Szechwan Hemsleia ■

191968 Hemsleya szechuanensis Kuang et A. M. Lu = Hemsleya chinensis Cogn. ■

191969 Hemsleya tonkinensis Cogn. = Thladiantha hookeri C. B. Clarke ■

191970 Hemsleya trifoliolata Cogn. = Thladiantha hookeri C. B. Clarke ■

191971 Hemsleya turbinata C. Y. Wu; 陀罗果雪胆; Coneshaped Fruit Hemsleia, Turbinate Snowgall ■

191972 Hemsleya villosipetala C. Y. Wu et Z. L. Chen; 母猪雪胆; Villouspetal Hemsleia, Villouspetal Snowgall ■

191973 Hemsleya villosipetala C. Y. Wu et Z. L. Chen = Hemsleya chinensis Cogn. var. ningnanensis (L. T. Shen et W. J. Chang) L. T. Shen et W. J. Chang ■

191974 Hemsleya wenshanensis A. M. Lu ex C. Y. Wu et Z. L. Chen = Hemsleya sphaerocarpa Kuang et A. M. Lu subsp. wenshanensis (C. Y. Wu et Z. L. Chen) D. Z. Li ■

191975 Hemsleya xuedan L. T. Shen et W. J. Chang = Hemsleya chinensis Cogn. ■

191976 Hemsleya yunnanensis Cogn. = Thladiantha hookeri C. B. Clarke ■

191977 Hemsleya zhejiangensis C. Z. Zheng; 浙江雪胆; Zhejiang Hemsleia, Zhejiang Snowgall ■

191978 Hemsleyna Kuntze = Thryallis Mart. (保留属名) ●

191979 Hemslowia pubescens Wall. = Crypteronia paniculata Blume ●◇

191980 Hemyphyes Endl. = Actinotus Labill. ●■☆

191981 Hemyphyes Endl. = Hemiphues Hook. f. ●■☆

191982 Henanthus Less. = Pteronia L. (保留属名) ●☆

191983 Henckelia Spreng. (废弃属名) = Didymocarpus Wall. (保留属名) ●■

191984 Henckelia aromatica (Wall. ex D. Don) Spreng. = Didymocarpus aromaticus Wall. ex D. Don ■

191985 Henckelia grandifolia A. Dietr. = Chirita macrophylla Wall. ■

191986 Henckelia primulifolia (D. Don) Spreng. = Didymocarpus primulifolius D. Don ■

191987 Henckelia pumila (D. Don) A. Dietr. = Chirita pumila D. Don ■

191988 Henckelia urticifolia (Buch. -Ham. ex D. Don) A. Dietr. = Chirita urticifolia Buch. -Ham. ex D. Don ■

191989 Henckelia villosa (D. Don) Spreng. = Didymocarpus villosus D. Don ■

191990 Henckelia wallichiana A. Dietr. = Chirita urticifolia Buch. -Ham. ex D. Don ■
191991 Hendecandras Eschsch. = Croton L. ●
191992 Hendecandras texensis Klotzsch = Croton texense (Klotzsch) Müll. Arg. ●☆
191993 Henfreya Lindl. = Asystasia Blume ●■
191994 Henicosanthum Dalla Torre et Harms = Enicosanthum Becc. ●☆
191995 Henicostemma Endl. = Enicostema Blume. (保留属名)■☆
191996 Henisia Walp. = Heinsia DC. ●☆
191997 Henkelia Rchb. = Didymocarpus Wall. (保留属名)●■
191998 Henlea Griseb. = Henleophytum H. Karst. ●☆
191999 Henlea Griseb. = Thryallis Mart. (保留属名)●
192000 Henlea H. Karst. (1859);亨勒茜属●☆
192001 Henlea H. Karst. = Rustia Klotzsch ●☆
192002 Henlea rosea Klotzsch et H. Karst.;粉红亨勒茜●☆
192003 Henlea splendens H. Karst.;纤细亨勒茜●☆
192004 Henlea thibaudioides H. Karst.;亨勒茜●☆
192005 Henleophytum H. Karst. (1861);亨勒木属●☆
192006 Henleophytum echinatum Small;亨勒木●☆
192007 Henna Boehm. = Lawsonia L. ●
192008 Hennecartia J. Poiss. (1885);越柱花属●☆
192009 Hennecartia omphalandra Poiss.;越柱花●☆
192010 Henningia Kar. et Kir. = Eremurus M. Bieb. ■
192011 Henningia anisoptera Kar. et Kir. = Eremurus anisopteris (Kar. et Kir.) Regel ■
192012 Henningsocarpum Kuntze = Neopringlea S. Watson ●☆
192013 Henonia Coss. et Durieu = Henophyton Coss. et Durieu ■☆
192014 Henonia Moq. (1855);帚青葙属●☆
192015 Henonia Moq. = Henophyton Coss. et Durieu ■☆
192016 Henonia deserti Coss. et Durieu = Henophyton deserti (Coss. et Durieu) Coss. et Durieu ■☆
192017 Henonia scoparia Moq.;帚青葙●☆
192018 Henonix Raf. = Scilla L. ■
192019 Henooina Melch. = Henoonia Griseb. ●☆
192020 Henoonia Griseb. (1866);海努印茄树属●☆
192021 Henoonia myrtifolia Griseb.;海努印茄树●☆
192022 Henophyton Coss. et Durieu = Oudneya R. Br. ■☆
192023 Henophyton Coss. et Durieu(1856);埃诺芥属■☆
192024 Henophyton deserti (Coss. et Durieu) Coss. et Durieu;沙地埃诺芥■☆
192025 Henophyton zygarrhenum (Maire) Gómez-Campo;埃诺芥■☆
192026 Henosis Hook. f. = Bulbophyllum Thouars(保留属名)■
192027 Henrardia C. E. Hubb. (1946);波斯麦属■☆
192028 Henrardia glabriglumis (Nevski) C. E. Hubb.;光波斯麦■☆
192029 Henrardia persica (Boiss.) C. E. Hubb.;波斯麦■☆
192030 Henribaillonia Kuntze = Cometia Thouars ex Baill. ●
192031 Henribaillonia Kuntze = Thecacoris A. Juss. ●☆
192032 Henribaillonia thouarsii (Baill.) Kuntze = Drypetes thouarsii (Baill.) Léandri ●☆
192033 Henricea Lem. -Lis. = Swertia L. ■
192034 Henricia Cass. = Psiadia Jacq. ●☆
192035 Henricia L. Bolus = Neohenricia L. Bolus ■☆
192036 Henricia agathaeoides Cass. = Psiadia agathaeoides (Cass.) Drake ■☆
192037 Henricksonia B. L. Turner(1977);纹果菊属●☆
192038 Henricksonia mexicana B. L. Turner;纹果菊■☆
192039 Henrietia Rchb. = Henriettea DC. ●☆
192040 Henrietta Macfad. = Henriettea DC. ●☆
192041 Henriettea DC. (1828);亨里特野牡丹属●☆
192042 Henriettea ciliata (Urb. et Ekman) Alain;缘毛亨里特野牡丹●☆
192043 Henriettea cuabae (Urb.) Borhidi;古巴亨里特野牡丹●☆
192044 Henriettea densiflora (Standl.) L. O. Williams;密花亨里特野牡丹●☆
192045 Henriettea elliptica (Urb.) Alain;椭圆亨里特野牡丹●☆
192046 Henriettea grandifolia Macfad.;大叶亨里特野牡丹●☆
192047 Henriettea lasiostylis Pilg.;毛柱亨里特野牡丹●☆
192048 Henriettea lateriflora (M. Vahl) R. A. Howard;侧花亨里特野牡丹●☆
192049 Henriettea macrocalyx (Standl.) Gleason;大萼亨里特野牡丹●☆
192050 Henriettea mucronata (Gleason) S. S. Renner;钝尖亨里特野牡丹●☆
192051 Henriettea multiflora Naudin;多花亨里特野牡丹●☆
192052 Henriettea oblongifolia Naudin;矩圆叶亨里特野牡丹●☆
192053 Henriettea parviflora Griseb.;小花亨里特野牡丹●☆
192054 Henriettea punctata M. Gómez;斑点亨里特野牡丹●☆
192055 Henriettea triflora (Vahl) Alain;三花亨里特野牡丹●☆
192056 Henriettea trinervia Naudin;三脉亨里特野牡丹●☆
192057 Henriettella Naudin = Henriettea DC. ●☆
192058 Henrincquia Benth. et Hook. f. = Herincquia Decne. ■☆
192059 Henrincquia Benth. et Hook. f. = Pentarhaphia Lindl. ■☆
192060 Henriquezia Spruce ex Benth. (1854);巴西木属●☆
192061 Henriquezia longisepala Bremek.;长瓣巴西木●☆
192062 Henriquezia macrophylla Ducke;大叶巴西木●☆
192063 Henriquezia nitida Spruce ex Benth. et Steyerm.;光亮巴西木●☆
192064 Henriquezia oblonga Spruce ex Benth.;倒卵形巴西木●☆
192065 Henriquezia verticillata Benth.;轮生巴西木●☆
192066 Henriqueziaceae (Hook. f.) Bremek.;巴西木科■☆
192067 Henriqueziaceae (Hook. f.) Bremek. = Rubiaceae Juss. (保留科名)●■
192068 Henriqueziaceae Bremek. = Henriqueziaceae (Hook. f.) Bremek. ■☆
192069 Henriqueziaceae Bremek. = Rubiaceae Juss. (保留科名)●■
192070 Henrya Hemsl. = Neohenrya Hemsl. ●■
192071 Henrya Hemsl. = Tylophora R. Br. ●■
192072 Henrya Nees ex Benth. = Henrya Nees(废弃属名)●☆
192073 Henrya Nees ex Benth. = Tetramerium Nees(保留属名)●☆
192074 Henrya Nees(废弃属名) = Tetramerium Nees(保留属名)●☆
192075 Henrya augustiniana Hemsl. = Tylophora angustiniana (Hemsl.) Craib ●
192076 Henrya silvestrii Pamp. = Tylophora silvestrii (Pamp.) Tsiang et P. T. Li ■
192077 Henryastrum Happ = Henrya Hemsl. ●■
192078 Henryastrum Happ = Neohenrya Hemsl. ●■
192079 Henryastrum Happ = Tylophora R. Br. ●■
192080 Henryastrum augustinianum (Hemsl.) Happ = Tylophora angustiniana (Hemsl.) Craib ●
192081 Henryastrum silvestrii (Pamp.) Happ = Tylophora silvestrii (Pamp.) Tsiang et P. T. Li ■
192082 Henryettana Brand = Antiotrema Hand. -Mazz. ■★
192083 Henryettena mirabilis Brand = Antiotrema dunnianum (Diels) Hand. -Mazz. ■

192084 Henschelia C. Presl = Illigera Blume ●■

192085 Henschelia luzonensis C. Presl = Illigera luzonensis (C. Presl) Merr. ●■

192086 Henslera Endl. = Haenselera Lag. ■☆

192087 Henslera Endl. = Physospermum Cusson ex Juss. ■☆

192088 Henslera Rchb. = Haenselera Boiss. ■☆

192089 Henslevia Raf. = Henslovia A. Juss. ●

192090 Henslovia A. Juss. = Crypteronia Blume ●

192091 Henslovia A. Juss. = Henslowia Wall. ●

192092 Hensloviaceae Lindl. = Crypteroniaceae A. DC.(保留科名)●

192093 Hensloviaceae Lindl. = Henslowiaceae Lindl. ●

192094 Henslowia Blume = Dendrotrophe Miq. ●

192095 Henslowia Lowe ex DC. = Notelaea Vent. ●☆

192096 Henslowia Lowe ex DC. = Picconia A. DC. ●☆

192097 Henslowia Wall. = Crypteronia Blume ●

192098 Henslowia Wall. = Dendrotrophe Miq. ●

192099 Henslowia buxifolia Blume = Dendrotrophe buxifolia (Blume) Miq. ●

192100 Henslowia frutescens Champ. ex Benth. = Dendrotrophe frutescens (Champ. ex Benth.) Danser ●

192101 Henslowia frutescens Champ. ex Benth. = Dendrotrophe varians (Blume) Miq. ●

192102 Henslowia frutescens Champ. ex Benth. var. subquinquenervia P. C. Tam = Dendrotrophe varians (Blume) Miq. ●

192103 Henslowia frutescens Champ. ex Benth. var. subquinquenervia P. C. Tam = Dendrotrophe frutescens (Champ. ex Benth.) Danser var. subquinquenervia (P. C. Tam) P. C. Tam ●

192104 Henslowia glabra Wall. = Crypteronia paniculata Blume ●◇

192105 Henslowia granulata Hook. f. et Thomson ex A. DC. = Dendrotrophe granulata (Hook. f. et Thomson ex A. DC.) A. N. Henry et B. Roy ●

192106 Henslowia granulata Hook. f. et Thomson ex A. DC. var. sikkimensis A. DC. = Dendrotrophe granulata (Hook. f. et Thomson ex A. DC.) A. N. Henry et B. Roy ●

192107 Henslowia heteranta (Wall. ex DC.) Hook. f. et Thomson ex A. DC. = Dendrotrophe heteranta (Wall. ex DC.) A. N. Henry et B. Roy ●

192108 Henslowia polyneura Hu = Dendrotrophe polyneura (Hu) D. D. Tao ●

192109 Henslowia sessiliflora Hemsl. = Dendrotrophe frutescens (Champ. ex Benth.) Danser ●

192110 Henslowia sessiliflora Hemsl. = Dendrotrophe varians (Blume) Miq. ●

192111 Henslowia umbellata (Blume) Blume = Dendrotrophe umbellata (Blume) Miq. ●

192112 Henslowia umbellata Blume = Dendrotrophe umbellata (Blume) Miq. ●

192113 Henslowia umbellata Blume var. longifolia Lecomte = Dendrotrophe umbellata (Blume) Miq. var. longifolia (Lecomte) P. C. Tam ●

192114 Henslowia varians Blume = Dendrotrophe varians (Blume) Miq. ●

192115 Henslowiaceae Lindl. = Crypteroniaceae A. DC.(保留科名)●

192116 Hensmania W. Fitzg. (1903);汉斯曼草属■☆

192117 Hensmania turbinata (Endl.) W. Fitzg.;汉斯曼草■☆

192118 Heocarphus Phil. = Jungia L. f.(保留属名)■●☆

192119 Heocarphus Phil. = Pleocarphus D. Don ●☆

192120 Hepatica Mill. (1754);獐耳细辛属(肝叶草属);Hepatica, Liver Leaf, Liverleaf, Liverwort ■

192121 Hepatica Mill. = Anemone L.(保留属名)■

192122 Hepatica acuta (Pursh) Britton = Anemone acutiloba (DC.) G. Lawson, Procop. et Transeau ■☆

192123 Hepatica acutiloba (DC.) G. Lawson;心叶獐耳细辛;Heart Liverleaf, Heart Liver-leaf, Heart-leaf, Liver-leaf, Sharp-lobed Hepatica, Sharp-lobed Liverleaf ■☆

192124 Hepatica acutiloba DC. = Hepatica acutiloba (DC.) G. Lawson ■☆

192125 Hepatica americana (DC.) Ker Gawl. = Anemone americana (DC.) H. Hara ■☆

192126 Hepatica americana Ker Gawl.;美国獐耳细辛(三裂獐耳细辛,圆叶獐耳细辛);American Liverleaf, Hepatica, Kidney Liverleaf, Liverleaf, Liver-leaf, Liver-leaf Kidney, Liverwort, Round-lobed Hepatica ■☆

192127 Hepatica americana Ker Gawl. = Hepatica nobilis Schreb. var. obtusa (Pursh) Steyerm. ■☆

192128 Hepatica angulosa DC. = Hepatica transsilvanica Fuss ■☆

192129 Hepatica asiatica Nakai = Hepatica nobilis Garsault var. asiatica (Nakai) H. Hara ■

192130 Hepatica caeralea ?;蓝獐耳细辛;Golden Trefoil, Herb Trinity, Ivy Flower, Mount-trifoly, Noble Agrimony, Noble Liverwort, Patty-carey, Threc-leaved Liverwort ■☆

192131 Hepatica falconeri (Thomson) Juz.;法康勒细辛;Falconer Hepatica ■☆

192132 Hepatica henryi (Oliv.) Steward;川鄂獐耳细辛(峨眉獐耳细辛,三角海棠);Henry Hepatica ■

192133 Hepatica hepatica (L.) H. Karst. = Anemone americana (DC.) H. Hara ■☆

192134 Hepatica nobilis Garsault;名贵细辛(肝叶獐耳细辛,獐耳细辛);Common Hepatica, Common Threelobed Hepatica, Famous Hepatica, Hepatica, Liverleaf, Liver-leaf Hepatica, Liverwort, Noble Hepatica ■☆

192135 Hepatica nobilis Garsault f. obtusa (Pursh) Beck;圆裂獐耳细辛(圆裂银莲花);Common Hepauca, Hepatica, Roundlobe Hepatica, Round-lobed Hepatica ■☆

192136 Hepatica nobilis Garsault f. obtusa (Pursh) Beck = Anemone americana (DC.) H. Hara ■☆

192137 Hepatica nobilis Garsault var. acuta (Pursh) Steyerm.;狭裂名贵细辛;Sharplobe Hepatica, Sharp-lobed Hepatica ■☆

192138 Hepatica nobilis Garsault var. asiatica (Nakai) H. Hara;獐耳细辛(幼肺三七);Asia Hepatica, Asiatic Hepatica ■

192139 Hepatica nobilis Garsault var. japonica Nakai;日本獐耳细辛(小獐耳细辛)■☆

192140 Hepatica nobilis Garsault var. nipponica Nakai;本州獐耳细辛 ■☆

192141 Hepatica nobilis Mill. var. acuta (Pursh) Steyerm. = Anemone acutiloba (DC.) G. Lawson, Procop. et Transeau ■☆

192142 Hepatica nobilis Mill. var. obtusa (Pursh) Steyerm. = Anemone americana (DC.) H. Hara ■☆

192143 Hepatica nobilis Schreb. f. albiflora (R. Hoffm.) Steyerm. = Hepatica acutiloba (DC.) G. Lawson ■☆

192144 Hepatica nobilis Schreb. f. rosea (R. Hoffm.) Steyerm. = Hepatica acutiloba (DC.) G. Lawson ■☆

192145 Hepatica nobilis Schreb. var. acuta (Pursh) Steyerm. = Anemone acutiloba (DC.) G. Lawson, Procop. et Transeau ■☆

192146 Hepatica nobilis Schreb. var. obtusa (Pursh) Steyerm. =

Anemone americana (DC.) H. Hara ■☆
192147 Hepatica transsilvanica Fuss;罗马尼亚獐耳细辛■☆
192148 Hepatica triloba Chaix;三裂獐耳细辛;American Liverwort, Choisy, Coon Root, Heart-leaf, Kidneywort, Liver-leaf, Liver-leaf Hepatica ■☆
192149 Hepatica triloba Chaix = Hepatica nobilis Garsault var. nipponica Nakai ■☆
192150 Hepatica triloba Chaix = Hepatica nobilis Garsault ■☆
192151 Hepatica triloba Chaix var. acuta Pursh = Anemone acutiloba (DC.) G. Lawson, Procop. et Transeau ■☆
192152 Hepatica triloba Chaix var. acutiloba (DC.) R. Warner = Anemone acutiloba (DC.) G. Lawson, Procop. et Transeau ■☆
192153 Hepatica triloba Chaix var. americana DC. = Anemone americana (DC.) H. Hara ■☆
192154 Hepatica triloba Chaix var. obtusa Pursh = Anemone americana (DC.) H. Hara ■☆
192155 Hepatica yamatutae Nakai = Hepatica henryi (Oliv.) Steward ■
192156 Hepetis Sw.(废弃属名) = Pitcairnia L'Hér.(保留属名)■☆
192157 Hepetospermum Spach = Herpetospermum Wall. ex Hook. f. ■
192158 Hephestionia Naudin = Tibouchina Aubl. ●■☆
192159 Heppiella Regel(1853);赫普苣苔属■☆
192160 Heppiella cordata Klotzsch et Hanst.;心形赫普苣苔■☆
192161 Heppiella grandifolia Fritsch;大叶赫普苣苔■☆
192162 Heppiella pauciflora Hanst.;少花赫普苣苔■☆
192163 Heptaca Lour. = Oncoba Forssk. ●
192164 Heptaca latifolia Gardner et Champ. = Actinidia latifolia (Gardner et Champ.) Merr. ●
192165 Heptacarpus Conz. = Bejaria Mutis(保留属名)●☆
192166 Heptacodium Rehder (1916);七子花属;Heptacodium, Sevenseedflower, Seven-sons Plant ●★
192167 Heptacodium jasminoides Airy Shaw = Heptacodium miconioides Rehder ●◇
192168 Heptacodium miconioides Rehder;七子花(浙江七子花);Chinese Heptacodium, Common Sevenseedflower, Crape Myrtle of the North, Jasmine-like Heptacodium, Miconia-like Heptacodium, Seven Son Flower, Seven-sons Plant ●◇
192169 Heptacyclum Engl. = Penianthus Miers ●☆
192170 Heptacyclum zenkeri Engl. = Penianthus zenkeri (Engl.) Diels ●☆
192171 Heptallon Raf. = Croton L. ●
192172 Heptanis Raf. = Heptallon Raf. ●
192173 Heptanthus Griseb. (1866);七花菊属(七菊花属)■●☆
192174 Heptanthus brevipes Griseb.;短梗七花菊●☆
192175 Heptanthus cordifolius Britton;心叶七花菊●☆
192176 Heptantra O. F. Cook = Orbignya Mart. ex Endl.(保留属名)●☆
192177 Heptapleurum Gaertn. = Schefflera J. R. Forst. et G. Forst.(保留属名)●
192178 Heptapleurum abyssinicum (Hochst. ex A. Rich.) Vatke = Schefflera abyssinica (Hochst. ex A. Rich.) Harms ●☆
192179 Heptapleurum arboricola Hayata = Schefflera arboricola (Hayata) Merr. ●
192180 Heptapleurum baikiei (Seem.) Hiern = Schefflera barteri (Seem.) Harms ●☆
192181 Heptapleurum bodinieri H. Lév. = Schefflera bodinieri (H. Lév.) Rehder ●
192182 Heptapleurum cavaleriei H. Lév. = Schefflera venulosa (Wight et Arn.) Harms ●
192183 Heptapleurum dananense A. Chev. = Schefflera barteri (Seem.) Harms ●☆
192184 Heptapleurum delavayi Franch. = Schefflera delavayi (Franch.) Harms ●
192185 Heptapleurum dunnianum H. Lév. = Schefflera delavayi (Franch.) Harms ●
192186 Heptapleurum elatum (Buch.-Ham.) C. B. Clarke = Schefflera elata (C. B. Clarke) Harms ●
192187 Heptapleurum elatum (Hook. f.) Hiern = Schefflera abyssinica (Hochst. ex A. Rich.) Harms ●☆
192188 Heptapleurum elatum C. B. Clarke = Schefflera elata (C. B. Clarke) Harms ●
192189 Heptapleurum esquirolii H. Lév. = Macropanax rosthornii (Harms) C. Y. Wu ex G. Hoo ●
192190 Heptapleurum fargesii Franch. = Chengiopanax fargesii (Franch.) C. B. Shang et J. Y. Huang ●
192191 Heptapleurum glaucum (Seem.) C. B. Clarke = Schefflera rhododendrifolia (Griff.) Frodin ●
192192 Heptapleurum hoi Dunn = Schefflera hoi (Dunn) R. Vig. ●
192193 Heptapleurum hypoleucum Kurz = Schefflera hypoleuca (Kurz) Harms ●
192194 Heptapleurum impressum C. B. Clarke = Schefflera impressa (C. B. Clarke) Harms ●
192195 Heptapleurum impressum C. B. Clarke = Schefflera rhododendrifolia (Griff.) Frodin ●
192196 Heptapleurum khasianum C. B. Clarke = Schefflera khasiana (C. B. Clarke) R. Vig. ●
192197 Heptapleurum macrophyllum Dunn = Schefflera macrophylla (Lour.) Harms ●
192198 Heptapleurum mannii (Hook. f.) Hiern = Schefflera mannii (Hook. f.) Harms ●☆
192199 Heptapleurum octophyllum (Lour.) Benth. ex Hance = Schefflera heptaphylla (L.) Frodin ●
192200 Heptapleurum octophyllum Benth. et Hook. f. = Schefflera heptaphylla (L.) Frodin ●
192201 Heptapleurum octophyllum Benth. ex Hance = Schefflera octophylla (Lour.) Harms ●
192202 Heptapleurum productum Dunn = Brassaiopsis producta (Dunn) C. B. Shang ●
192203 Heptapleurum productum Dunn = Schefflera producta (Dunn) R. Vig. ●
192204 Heptapleurum racemosum Bedd. = Schefflera taiwaniana (Nakai) Kaneh. ●
192205 Heptapleurum sasakii Hayata = Schefflera arboricola (Hayata) Merr. ●
192206 Heptapleurum tripteris H. Lév. = Brassaiopsis tripteris (H. Lév.) Rehder ●
192207 Heptapleurum venulosum Seem. = Schefflera bengalensis Gamble ●☆
192208 Heptapleurum venulosum Seem. = Schefflera venulosa (Wight et Arn.) Harms ●
192209 Heptapleurum volkensii Harms = Schefflera volkensii (Harms) Harms ●☆
192210 Heptaptera Margot et Reut. (1839);七翅芹属■☆
192211 Heptaptera angustifolia (Bertol.) Tutin;窄叶七翅芹■☆
192212 Heptaptera cilicica (Boiss. et Balansa) Tutin;睫毛七翅芹■☆

192213 Heptaptera microcarpa (Boiss.) Tutin;小果七翅芹■☆
192214 Heptarina Raf. = Polygonum L.(保留属名)■●
192215 Heptarinia Raf. = Heptarina Raf. ■●
192216 Heptas Meisn. = Bacopa Aubl.(保留属名)■
192217 Heptas Meisn. = Septas Lour. ■
192218 Heptaseta Koidz. = Agrostis L.(保留属名)■
192219 Hepteireca Raf. = Cassia L.(保留属名)●■
192220 Hepteireca Raf. = Chamaecrista Moench ■●
192221 Heptoneurum Hassk. = Heptapleurum Gaertn. ●■
192222 Heptoneurum Hassk. = Schefflera J. R. Forst. et G. Forst.(保留属名)●
192223 Heptoseta Koidz. = Agrostis L.(保留属名)■
192224 Heptrilis Raf. = Leucas Burm. ex R. Br. ●■
192225 Heracantha Hoffmanns. et Link = Carthamus L. ■
192226 Heraclea Hill = Centaurea L.(保留属名)●■
192227 Heracleum L.(1753);独活属(白芷属);Cow Parsnip, Cowparsnip, Cow-parsnip, Hogweed ■
192228 Heracleum absinthifolium Vent. = Zosima absinthifolia (Vent.) Link ■☆
192229 Heracleum abyssinicum (Boiss.) C. Norman;阿比西尼亚独活■☆
192230 Heracleum acuminatum Franch.;渐尖叶独活(尖叶白芷);Acuminate Cowparsnip ■
192231 Heracleum acuminatum Franch. = Heracleum franchetii M. Hiroe ■
192232 Heracleum afghanicum Kitam. = Heracleum leucocarpum Aitch. et Hemsl. ■☆
192233 Heracleum akasimontanum Koidz. = Heracleum lanatum Michx. subsp. akasimontanum (Koidz.) Kitam. ■☆
192234 Heracleum albovii Manden.;阿氏独活■☆
192235 Heracleum algeriense Coss. = Heracleum sphondylium L. subsp. algeriense (Coss.) Dobignard ■☆
192236 Heracleum apaense (R. H. Shan et C. C. Yuan) R. H. Shan et T. S. Wang;法落海(阿坝当归,发落海,法罗海,红独活,骚独活,烧香杆);Faluohai Cowparsnip ■
192237 Heracleum apaense (R. H. Shan et C. Q. Yuan) R. H. Shan et T. S. Wang = Angelica apaensis R. H. Shan et C. Q. Yuan ■
192238 Heracleum asperum M. Bieb.;粗糙独活■☆
192239 Heracleum barbatum Ledeb.;老山芹(髯毛独活)■
192240 Heracleum barbatum Ledeb. = Heracleum sphondylium L. subsp. montanum (Schleich. ex Gaudin) Briq. ■
192241 Heracleum barbatum Ledeb. subsp. moellendorffii (Hance) H. Hara = Heracleum sphondylium L. var. nipponicum (Kitag.) H. Ohba ■☆
192242 Heracleum barbatum Ledeb. subsp. moellendorffii (Hance) M. Hiroe = Heracleum moellendorffii Hance ■
192243 Heracleum barmanicum Kurz;印度独活(香白芷);India Cowparsnip ■
192244 Heracleum betonicifolium H. Wolff;水苏叶白芷■☆
192245 Heracleum bivittatum H. Boissieu;二管独活(双油管白芷);Bicanal Cowparsnip ■
192246 Heracleum brunonis C. B. Clarke = Tordyliopsis brunonis (Wall.) DC. ■
192247 Heracleum cachemiricum C. B. Clarke;克什米尔独活■☆
192248 Heracleum calcareum Albov;石灰独活■☆
192249 Heracleum candicans Wall. ex DC.;白亮独活(白羌活,藏当归,滇独活,骚独活,香白芷);Whitened Cowparsnip ■
192250 Heracleum candicans Wall. ex DC. var. obtusifolium (Wall. ex DC.) F. T. Pu et M. F. Watson = Heracleum obtusifolium Wall. ex DC. ■
192251 Heracleum canescens Lindl.;灰白独活;Greyish Cowparsnip ■
192252 Heracleum clausii Ledeb.;克劳氏独活(克劳氏白芷);Claus Cowparsnip ■☆
192253 Heracleum colchicum Lipsky;秋水仙独活■☆
192254 Heracleum dissectifolium K. T. Fu;多裂独活;Manygap Cowparsnip ■
192255 Heracleum dissectum Ledeb.;兴安独活(多裂独活,老山芹);Xing'an Cowparsnip ■
192256 Heracleum dissectum Ledeb. subsp. moellendorffii (Hance) Vorosch. = Heracleum moellendorffii Hance ■
192257 Heracleum dulce Fisch. = Heracleum lanatum Michx. ■
192258 Heracleum dulce Fisch. = Heracleum sphondylium L. subsp. montanum (Schleich. ex Gaudin) Briq. ■
192259 Heracleum dulce Fisch. ex Fisch., Mey. et Avé-Lall.;甜独活■☆
192260 Heracleum dulce Fisch. var. akasimontanum (Koidz.) Kitag. = Heracleum lanatum Michx. subsp. akasimontanum (Koidz.) Kitam. ■☆
192261 Heracleum elgonense (H. Wolff) Bullock;埃尔贡独活■☆
192262 Heracleum fargesii Boiss.;城口独活;Chengkou Cowparsnip ■
192263 Heracleum flavescens Besser;窄叶白芷;Narrowleaf Cowparsnip ■☆
192264 Heracleum flavescens Besser = Heracleum sibiricum L. ■☆
192265 Heracleum forrestii H. Wolff;中甸独活(中甸白芷);Zhongdian Cowparsnip ■
192266 Heracleum franchetii M. Hiroe;尖叶独活(渐尖叶独活);Franch et Cowparsnip ■
192267 Heracleum granatense Boiss.;红独活■☆
192268 Heracleum grandiflorum Stev. ex M. Bieb.;大花独活■☆
192269 Heracleum grossheimii Manden.;格罗独活■☆
192270 Heracleum hemsleianum Diels;独活(白独活,大活,滇独活,假羌活,牛尾独活,骚独活);Hemsley Cowparsnip ■
192271 Heracleum henryi H. Wolff;思茅独活(荷花七,蒙自白芷,面瓜七);Simao Cowparsnip ■
192272 Heracleum hirsutum Edgew. = Heracleum canescens Lindl. ■
192273 Heracleum inexpectatum C. Norman = Heracleum elgonense (H. Wolff) Bullock ■☆
192274 Heracleum inperpastum Koidz. = Heracleum sphondylium L. var. nipponicum (Kitag.) H. Ohba ■☆
192275 Heracleum kansuense Diels;甘肃独活;Gansu Cowparsnip, Kansu Cowparsnip ■
192276 Heracleum kingdoni H. Wolff;贡山独活(贡山白芷);Gongshan Cowparsnip ■
192277 Heracleum laciniatum Hornem.;细裂白芷■☆
192278 Heracleum lanatum Michx.;软毛独活(东北牛防风,短毛白芷,短毛独活,花土当归,毛羌活,绵毛白芷,绵毛独活,牛尾独活,小法罗海,兴安牛防风);American Cow-parsnip, Beaver-root, Cow Parsnip, Cow-parsnip, Helltrot, Indian Cow Parsnip, Wild Parsnip ■
192279 Heracleum lanatum Michx. = Heracleum sphondylium L. subsp. montanum (Schleich. ex Gaudin) Briq. ■
192280 Heracleum lanatum Michx. = Heracleum sphondylium L. var. nipponicum (Kitag.) H. Ohba ■☆
192281 Heracleum lanatum Michx. = Heracleum sphondylium L. ■☆

192282 Heracleum lanatum Michx. f. dissectum (H. Ohba) T. Yamaz.;深裂软毛独活■☆

192283 Heracleum lanatum Michx. f. rubriflorum (H. Ohba) T. Yamaz.;红花软毛独活■☆

192284 Heracleum lanatum Michx. subsp. akasimontanum (Koidz.) Kitam.;日本独活■☆

192285 Heracleum lanatum Michx. subsp. asiaticum M. Hiroe = Heracleum lanatum Michx. ■

192286 Heracleum lanatum Michx. subsp. moellendorffii (Hance) H. Hara = Heracleum sphondylium L. var. nipponicum (Kitag.) H. Ohba ■☆

192287 Heracleum lanatum Michx. subsp. moellendorffii (Hance) H. Hara = Heracleum moellendorffii Hance ■

192288 Heracleum lanatum Michx. subsp. moellendorffii (Hance) H. Hara var. akasimontanum (Koidz.) H. Hara = Heracleum lanatum Michx. subsp. akasimontanum (Koidz.) Kitam. ■☆

192289 Heracleum lanatum Michx. subsp. moellendorffii (Hance) H. Hara var. nipponicum (Kitag.) H. Hara = Heracleum sphondylium L. var. nipponicum (Kitag.) H. Ohba ■☆

192290 Heracleum lanatum Michx. subsp. moellendorffii (Hance) H. Hara var. turugisanense (Honda) H. Hara = Heracleum sphondylium L. var. tsurugisanense (Honda) H. Ohba ■☆

192291 Heracleum lanatum Michx. var. asiaticum (M. Hiroe) H. Hara = Heracleum lanatum Michx. ■

192292 Heracleum lanatum Michx. var. asiaticum (M. Hiroe) H. Hara = Heracleum sphondylium L. subsp. montanum (Schleich. ex Gaudin) Briq. ■

192293 Heracleum lanatum Michx. var. nipponicum Kitag. = Heracleum sphondylium L. var. nipponicum (Kitag.) H. Ohba ■☆

192294 Heracleum lecoqii Gren. et Godr. var. aurasiacum Maire = Heracleum sphondylium L. subsp. aurasiacum Maire ■☆

192295 Heracleum lehmannianum Bunge;莱曼独活■☆

192296 Heracleum leskovii Grossh.;赖斯独活■☆

192297 Heracleum leucocarpum Aitch. et Hemsl.;白果独活■☆

192298 Heracleum ligusticifolium M. Bieb.;女贞叶白芷■☆

192299 Heracleum likiangense H. Wolff;丽江独活(丽江白芷);Lijiang Cowparsnip ■

192300 Heracleum longilobum (C. Norman) M. L. Sheh et T. S. Wang = Heracleum millefolium Diels var. longilobum Norman ■

192301 Heracleum longilobum (Norman) M. G. Sheh et T. S. Wang;锐尖叶独活;Sharpleaf Cowparsnip ■

192302 Heracleum mantegazzianum Sommier et H. Lév.;满氏独活(巨型独活);Cartwheel Flower, Giant Hogweed, Hog Weed Giant ■☆

192303 Heracleum maximum Bartram;大独活(白芷);Big Cowparsnip, Cow Parsnip, Cow-parsnip, Masterwort ■

192304 Heracleum maximum Bartram = Heracleum sphondylium L. ■☆

192305 Heracleum maximum W. Bartram = Heracleum lanatum Michx. ■

192306 Heracleum mentegazzianum Sommier et H. Lév.;大叶牛防风;Giant Hogweed ■☆

192307 Heracleum microcarpum Franch. = Heracleum moellendorffii Hance ■

192308 Heracleum microcarpum Franch. var. subbipinnatum Franch. = Heracleum moellendorffii Hance var. subbipinnatum (Franch.) Kitag. ■

192309 Heracleum millefolium Diels;裂叶独活(藏当归,多裂独活,多裂叶独活,千叶独活,细裂白芷);Capleaf Cowparsnip, Smith Cowparsnip ■

192310 Heracleum millefolium Diels var. longilobum Norman;长裂叶独活■

192311 Heracleum millefolium Diels var. longilobum Norman = Heracleum longilobum (Norman) M. G. Sheh et T. S. Wang ■

192312 Heracleum moellendorffii Hance;短毛独活(臭独活,大活,大叶芹,东北牛防风,独活,短毛白芷,河北白芷,河北独活,老山芹,毛羌,山毛羌,水独活,小法罗海);Cow Parsnip, Shorthair Cowparsnip ■

192313 Heracleum moellendorffii Hance = Heracleum sphondylium L. var. nipponicum (Kitag.) H. Ohba ■☆

192314 Heracleum moellendorffii Hance f. angustum (Kitag.) Kitag. = Heracleum moellendorffii Hance var. subbipinnatum (Franch.) Kitag. ■

192315 Heracleum moellendorffii Hance f. subbipinnatum (Franch.) Kitag. = Heracleum moellendorffii Hance var. subbipinnatum (Franch.) Kitag. ■

192316 Heracleum moellendorffii Hance var. akasimontanum (Koidz.) H. Hara ex T. Shimizu = Heracleum sphondylium L. var. akasimontanum (Koidz.) H. Ohba ■☆

192317 Heracleum moellendorffii Hance var. akasimontanum (Koidz.) H. Hara ex T. Shimizu = Heracleum lanatum Michx. subsp. akasimontanum (Koidz.) Kitam. ■☆

192318 Heracleum moellendorffii Hance var. paucivittatum R. H. Shan et T. S. Wang;少管短毛独活(走马芹);Fewtube Shorthair Cowparsnip ■

192319 Heracleum moellendorffii Hance var. sagenifolium K. T. Fu;深裂短毛独活■

192320 Heracleum moellendorffii Hance var. subbipinnatum (Franch.) Kitag.;狭叶短毛独活(多裂叶短毛独活,狭叶白芷,狭叶东北防风,狭叶东北牛防风)■

192321 Heracleum moellendorffii Hance var. tsurugisanense (Honda) Ohwi = Heracleum sphondylium L. var. tsurugisanense (Honda) H. Ohba ■☆

192322 Heracleum morifolium H. Wolff = Heracleum moellendorffii Hance ■

192323 Heracleum morifolium H. Wolff f. angustum Kitag. = Heracleum moellendorffii Hance var. subbipinnatum (Franch.) Kitag. ■

192324 Heracleum nepalense D. Don;尼泊尔独活(尼泊尔白芷);Nepal Cowparsnip ■

192325 Heracleum nepalense D. Don = Tetrataenium nepalense (D. Don) Manden. ■

192326 Heracleum nepalense D. Don var. bivittatum C. B. Clarke = Heracleum nepalense D. Don ■

192327 Heracleum nipponicum Kitag. = Heracleum sphondylium L. var. nipponicum (Kitag.) H. Ohba ■☆

192328 Heracleum nipponicum Kitag. var. akasimontanum (Koidz.) Kitag. = Heracleum lanatum Michx. subsp. akasimontanum (Koidz.) Kitam. ■☆

192329 Heracleum nubigenum C. B. Clarke = Tetrataenium olgae (DC.) Manden. ■

192330 Heracleum nyalamense R. H. Shan et T. S. Wang;聂拉木独活;Nielamu Cowparsnip ■

192331 Heracleum obtusifolium Wall. ex DC.;钝叶独活(钝叶白芷,肉独活,圆叶白亮独活);Obtuseleaf Cowparsnip ■

192332 Heracleum obtusifolium Wall. ex DC. = Heracleum candicans Wall. ex DC. var. obtusifolium (Wall. ex DC.) F. T. Pu et M. F. Watson ■

192333 Heracleum olgae Regel et Schmalh. = Heracleum olgae Regel et Schmalh. ex Regel ■

192334 Heracleum olgae Regel et Schmalh. ex Regel;大叶独活(奥氏独活)■

192335 Heracleum olgae Regel et Schmalh. ex Regel = Tetrataenium olgae (DC.) Manden. ■

192336 Heracleum oncosepalum (Hand. -Mazz.) Pimenov et Kljuykov = Angelica oncosepala Hand. -Mazz. ■

192337 Heracleum oreocharis H. Wolff;山地独活(山美白芷);Mountain Cowparsnip ■

192338 Heracleum ossethicum Manden.;骨质独活■☆

192339 Heracleum palmatum Baumg.;掌状独活■☆

192340 Heracleum pinnatum C. B. Clarke;羽状独活■☆

192341 Heracleum polyadenum Rech. f. et Riedl;多腺独活■☆

192342 Heracleum ponticum Schischk. ex Grossh.;本都独活■☆

192343 Heracleum pubescens M. Bieb.;绒毛白芷;Caucasian Cow Parsnip,Caucasian Cow-parsnip,Pubescent Cowparsnip ■☆

192344 Heracleum pyrenaicum Lam.;欧洲独活;Europe Cowparsnip ■☆

192345 Heracleum rapula Franch.;鹤庆独活(白云花,滇独活,独活,法罗海,毛爪参,香白芷,云南独活);Heqing Cowparsnip ■

192346 Heracleum rigens Wall.;硬独活;Rigid Cowparsnip ■☆

192347 Heracleum roseum Stev.;粉独活■☆

192348 Heracleum scabridum Franch.;糙独活(白芷,粗糙独活,粗独活,滇白芷,香白芷,野香芹,云南牛防风);Scabrous Cowparsnip ■

192349 Heracleum scabrum Albov;欧洲糙独活■☆

192350 Heracleum schansianum Fedde ex H. Wolff;山西独活;Shanxi Cowparsnip ■

192351 Heracleum schelkovnikowii Woronow;谢尔独活■☆

192352 Heracleum sibiricum L.;西伯利亚独活(西伯利亚白芷);Siberia Cowparsnip,Siberian Cow Parsnip,Siberian Cow-parsley ■☆

192353 Heracleum smithii Fedde = Heracleum millefolium Diels ■

192354 Heracleum smithii Fedde ex H. Wolff = Heracleum millefolium Diels ■

192355 Heracleum sommieri Manden.;索米独活■☆

192356 Heracleum sosnowskyi Manden.;索斯独活■☆

192357 Heracleum souliei H. Boissieu;康定独活(茂汶独活);Kangding Cowparsnip ■

192358 Heracleum sphondylium L.;欧白芷(权威独活,原独活);Alderdraught, Aldertot, Altrot, Arradan, Arrowroot, Bear Skeiters, Bear's Breech,Bee's Nest,Beggarweed,Bilders,Billers,Boy's Bacca, Broad Kelk, Broad-leaved Keck, Broadweed, Bullers, Bundweed, Bunewand,Bunnen,Bunnerts,Bunnle,Bunwand,Bunweed,Bunwort, Buttonweed,Caddell,Cadweed,Cakers,Cakeseed,Camlick,Catbuw Blow,Cathaw-blow,Caxlies,Clogweed,Cow Belly,Cow Bumble,Cow Cakes,Cow Clogweed,Cow Keeks,Cow Keeps,Cow Mumble,Cow Parsnip,Cowflop,Cow-parsnip,Cushia,Devil's Oatmeal,Devil's Tobacco,Dry Kesh,Dryland Scout,Elder-trot,Eltrot,Farrain, Geagles,Gicks,Gypsy's Lace,Ha-Ho,Hardhead,Heltrot,Hemlock, Hog Weed,Hogweed,Hogweed Cow Parsnip,Hogweed Cow-parsley, Holtrot,Horse Parsley,Humpy-scrumple,Keck,Keckers,Kedlock, Keggas,Keglus,Kesh,Kesk,Kewsies,Kex,Kiskies,Limpernscrimp, Limper-scrimp,Lisamoo,Lumper-scrump,Madnef,Masterwort, Meadow Parsnip,Morane,Odhran,Oldrot,Pig's Bubbles,Pig's Cole, Pig's Flop,Pig's Food,Pig's Parsnip,Pigweed,Piskies,Rabbit Meat, Rabbit-meat,Rabbit's Meat,Rough Kex,Rough Parsnip,Sauce-alone, Scabby Hands,Skeets,Skytes,Snake's Meat,Sweet Billers,Swine Weed,Umplescrump,Water Hemlock,Wippul-squip ■☆

192359 Heracleum sphondylium L. subsp. algeriense (Coss.) Dobignard;阿尔及利亚白芷■☆

192360 Heracleum sphondylium L. subsp. aurasiacum Maire;奥拉斯白芷■☆

192361 Heracleum sphondylium L. subsp. embergeri Maire;恩贝格尔白芷■☆

192362 Heracleum sphondylium L. subsp. lanatum (Michx.) A. Löve et D. Löve = Heracleum lanatum Michx. ■

192363 Heracleum sphondylium L. subsp. montanum (Schleich. ex Gaudin) Briq. = Heracleum lanatum Michx. ■

192364 Heracleum sphondylium L. subsp. montanum (Schleich. ex Gaudin) Briq. f. dissectum H. Ohba = Heracleum lanatum Michx. f. dissectum (H. Ohba) T. Yamaz. ■☆

192365 Heracleum sphondylium L. subsp. montanum (Schleich. ex Gaudin) Briq. f. rubriflorum H. Ohba = Heracleum lanatum Michx. f. rubriflorum (H. Ohba) T. Yamaz. ■☆

192366 Heracleum sphondylium L. subsp. rotundatum (Maire) Dobignard;圆形白芷■☆

192367 Heracleum sphondylium L. subsp. sibiricum ?;西伯利亚白芷;Eltrot ■☆

192368 Heracleum sphondylium L. subsp. suaveolens (Litard. et Maire) Dobignard;甜西伯利亚白芷■☆

192369 Heracleum sphondylium L. var. akasimontanum (Koidz.) H. Ohba = Heracleum lanatum Michx. subsp. akasimontanum (Koidz.) Kitam. ■☆

192370 Heracleum sphondylium L. var. antiatlanticum Maire = Heracleum sphondylium L. subsp. suaveolens (Litard. et Maire) Dobignard ■☆

192371 Heracleum sphondylium L. var. atlanticum Coss. = Heracleum sphondylium L. subsp. algeriense (Coss.) Dobignard ■☆

192372 Heracleum sphondylium L. var. aurasiacum (Maire) Quézel = Heracleum sphondylium L. subsp. algeriense (Coss.) Dobignard ■☆

192373 Heracleum sphondylium L. var. lanatum (Michx.) Dorn = Heracleum lanatum Michx. ■

192374 Heracleum sphondylium L. var. mesatlanticum Quézel = Heracleum sphondylium L. subsp. rotundatum (Maire) Dobignard ■☆

192375 Heracleum sphondylium L. var. nipponicum (Kitag.) H. Ohba;日本白芷■☆

192376 Heracleum sphondylium L. var. rotundatum Maire = Heracleum sphondylium L. ■☆

192377 Heracleum sphondylium L. var. suaveolens Litard. et Maire = Heracleum sphondylium L. ■☆

192378 Heracleum sphondylium L. var. triphyllum Emb. et Maire = Heracleum sphondylium L. subsp. embergeri Maire ■☆

192379 Heracleum sphondylium L. var. tsurugisanense (Honda) H. Ohba;剑山白芷■☆

192380 Heracleum stenopteroides Fedde ex H. Wolff;腾冲独活(假狭翅白芷);Tengchong Cowparsnip ■

192381 Heracleum stenopterum Diels;狭翅独活(独活,牛尾独活,狭翅白芷);Narrowwing Cowparsnip ■

192382 Heracleum stevenii Manden.;斯蒂文独活■☆

192383 Heracleum subtomentellum C. Y. Wu et M. L. Sheh;微绒毛独活;Subtomentose Cowparsnip ■

192384 Heracleum taylori C. Norman;泰勒独活■☆

192385 Heracleum thomsonii C. B. Clarke;托马森独活■☆

192386 Heracleum thomsonii C. B. Clarke = Platytaenia lasiocarpa (Boiss.) Rech. f. et Riedl subsp. thomsonii (Clarke) Rech. f. et Riedl ■☆

192387 Heracleum thomsonii C. B. Clarke var. glabrior C. B. Clarke = Platytaenia lasiocarpa (Boiss.) Rech. f. et Riedl subsp. thomsonii (Clarke) Rech. f. et Riedl var. glabrior (C. B. Clarke) Nasir ■☆

192388 Heracleum tiliifolium H. Wolff;椴叶独活(大活,独活,假羌活,牛尾独活,前胡);Lindenleaf Cowparsnip ■

192389 Heracleum trachycarpum Soják;糙果独活■☆

192390 Heracleum trachyloma Fisch. et C. A. Mey.;糙边独活■☆

192391 Heracleum transcaucasicum Manden.;外高加索边独活■☆

192392 Heracleum transiliense (Regel et Herder) O. Fedtsch. et B. Fedtsch. = Semenovia transiliensis Regel et Herder ■

192393 Heracleum vicinum H. Boissieu;平截独活(牛尾独活);Cut Cowparsnip ■

192394 Heracleum villosum Fisch.;毛白芷;Cartwheel-flower, Tree Parsnip ■☆

192395 Heracleum voloschilovii Gorovoj;伏氏独活;Voloschilov Cowparsnip ■☆

192396 Heracleum wallichii DC.;沃利克独活;Wallich Cowparsnip ■☆

192397 Heracleum wenchuanense F. T. Pu et X. J. He;汶川独活;Wenchuan Cowparsnip ■

192398 Heracleum wilhelmsii Fisch. et C. A. Mey.;维尔独活;Caucasian Cow Parsnip ■☆

192399 Heracleum wilhelmsii Fisch. et C. A. Mey. = Heracleum pubescens M. Bieb. ■☆

192400 Heracleum wolongense F. T. Pu et X. J. He;卧龙独活;Wolong Cowparsnip ■

192401 Heracleum xiaojinense F. T. Pu et X. J. He;小金独活;Xiaojin Cowparsnip ■

192402 Heracleum yungningense Hand.-Mazz.;永宁独活(永宁白芷);Yongning Cowparsnip ■

192403 Heracleum yunnanense Franch.;云南独活(大理白芷);Yunnan Cowparsnip ■

192404 Herbertia Sweet = Alophia Herb. ■☆

192405 Herbertia Sweet(1827);赫伯特鸢尾属(智利鸢尾属);Pleat-leaf Iris ■☆

192406 Herbertia caerulea (Herb.) Herb.;蓝花智利鸢尾■☆

192407 Herbertia caerulea (Herb.) Herb. = Herbertia lahue (Molina) Goldblatt ■☆

192408 Herbertia caerulea Herb. = Herbertia caerulea (Herb.) Herb. ■☆

192409 Herbertia drummondiana Herb. = Herbertia lahue (Molina) Goldblatt ■☆

192410 Herbertia drummondii (Graham) Small = Alophia drummondii (Graham) R. C. Foster ■☆

192411 Herbertia lahue (Molina) Goldblatt;拉胡智利鸢尾■☆

192412 Herbertia lahue (Molina) Goldblatt subsp. caerulea (Herb.) Goldblatt = Herbertia lahue (Molina) Goldblatt ■☆

192413 Herbertia lahue (Molina) Goldblatt subsp. caerulea (Herb.) Goldblatt = Herbertia caerulea (Herb.) Herb. ■☆

192414 Herbertia pulchella Sweet;智利鸢尾■☆

192415 Herbertia watsonii Baker = Herbertia lahue (Molina) Goldblatt ■☆

192416 Herbichia Zawadski = Senecio L. ■●

192417 Herbstia Sohmer(1977);聚花苋属■●☆

192418 Herbstia brasiliana (Moq.) Sohmer;聚花苋■●☆

192419 Herderia Cass.(1829);匍茎瘦片菊属■☆

192420 Herderia filifolia R. E. Fr. = Paurolepis filifolia (R. E. Fr.) Wild et G. V. Pope ■☆

192421 Herderia lancifolia O. Hoffm. = Dewildemania lancifolia (O. Hoffm.) Kalanda ■☆

192422 Herderia nyiroensis Buscal. et Muschl. = Gutenbergia somalensis (O. Hoffm.) M. G. Gilbert ■☆

192423 Herderia somalensis O. Hoffm. = Gutenbergia somalensis (O. Hoffm.) M. G. Gilbert ■☆

192424 Herderia stellulifera Benth. = Vernonia stellulifera (Benth.) C. Jeffrey ■☆

192425 Herderia truncata Cass.;匍茎瘦片菊■☆

192426 Herderia truncata Cass. var. chevalieri O. Hoffm. = Herderia truncata Cass. ■☆

192427 Hereroa (Schwantes) Dinter et Schwantes(1927);龙骨角属;Hereroa ●■☆

192428 Hereroa Dinter et Schwantes = Hereroa (Schwantes) Dinter et Schwantes ●■☆

192429 Hereroa acuminata L. Bolus;渐尖龙骨角●☆

192430 Hereroa aspera L. Bolus;粗糙龙骨角●☆

192431 Hereroa brevifolia L. Bolus;短叶龙骨角●☆

192432 Hereroa calycina L. Bolus;大萼龙骨角●☆

192433 Hereroa concava L. Bolus;凹龙骨角●☆

192434 Hereroa crassa L. Bolus;粗龙骨角●☆

192435 Hereroa dolabriformis (L.) L. Bolus = Rhombophyllum dolabriforme (L.) Schwantes ●☆

192436 Hereroa dyeri L. Bolus;修罗八荒■☆

192437 Hereroa dyeri L. Bolus = Rhombophyllum dyeri (L. Bolus) H. E. K. Hartmann ●☆

192438 Hereroa fimbriata L. Bolus;香龙■☆

192439 Hereroa glenensis (N. E. Br.) L. Bolus;唤龙■☆

192440 Hereroa gracilis L. Bolus;纤细龙骨角■☆

192441 Hereroa gracilis L. Bolus var. compressa ? = Hereroa gracilis L. Bolus ■☆

192442 Hereroa granulata (N. E. Br.) Dinter et Schwantes;龙骨角(奔龙,角叶草)■☆

192443 Hereroa herrei Schwantes;赫勒龙骨角■☆

192444 Hereroa hesperantha (Dinter et A. Berger) Dinter et Schwantes;金花龙骨角■☆

192445 Hereroa incurva L. Bolus;夕雾■☆

192446 Hereroa joubertii L. Bolus;朱伯特龙骨角■☆

192447 Hereroa latipetala L. Bolus;阔瓣龙骨角■☆

192448 Hereroa muirii L. Bolus;莫氏龙骨角(旋龙)■☆

192449 Hereroa nelii Schwantes;尼尔龙骨角■☆

192450 Hereroa odorata (L. Bolus) L. Bolus;尖齿龙骨角●☆

192451 Hereroa pallens L. Bolus;变苍白龙骨角●☆

192452 Hereroa puttkameriana (Dinter et A. Berger) Dinter et Schwantes;放龙■☆

192453 Hereroa puttkameriana Dinter et Schwantes = Hereroa puttkameriana (Dinter et A. Berger) Dinter et Schwantes ■☆

192454 Hereroa rehneltiana (A. Berger) Dinter et Schwantes;玲音■☆

192455 Hereroa rehneltiana Dinter et Schwantes = Hereroa rehneltiana (A. Berger) Dinter et Schwantes ■☆

192456 Hereroa stanfordiae L. Bolus;斯坦福龙骨角■☆

192457 Hereroa stanleyi (L. Bolus) L. Bolus = Chasmatophyllum stanleyi (L. Bolus) H. E. K. Hartmann ●☆

192458 Hereroa stenophylla L. Bolus;窄叶龙骨角■☆

192459 Hereroa tenuifolia L. Bolus;细叶龙骨角■☆
192460 Hereroa tugwelliae (L. Bolus) L. Bolus = Bijlia tugwelliae (L. Bolus) S. A. Hammer ■☆
192461 Hereroa uncipetala (N. E. Br.) L. Bolus = Hereroa wilmaniae L. Bolus ■☆
192462 Hereroa wilmaniae L. Bolus;威尔龙骨角■☆
192463 Hereroa wilmaniae L. Bolus var. langebergensis ? = Hereroa wilmaniae L. Bolus ■☆
192464 Heretiera G. Don = Heritiera Aiton ●
192465 Hericinia Fourr. = Ranunculus L. ■
192466 Herincquia Decne. = Pentarhaphia Lindl. ■☆
192467 Herincquia Decne. ex Jacques et Hérincq = Pentarhaphia Lindl. ■☆
192468 Herissantia Medik. (1788);泡果苘属■●
192469 Herissantia Medik. = Abutilon Mill. ●■
192470 Herissantia crispa (L.) Brizicky;泡果苘(三色果苘麻);Crispate Abutilon, Herissantia ■
192471 Heritera Stokes = Heritiera Aiton ●
192472 Heriteria Dumort. = Heritera Stokes ●
192473 Heriteria Dumort. = Heritiera J. F. Gmel. ■☆
192474 Heriteria Dumort. = Lachnanthes Elliott(保留属名)■☆
192475 Heriteria Schrank = Narthecium Gerard(废弃属名)■
192476 Heriteria Schrank = Tofieldia Huds. ■
192477 Heritiera Aiton(1789);银叶树属;Booyong, Coastal Heritiera, Heritiera, Mengkulang, Silvertree, Stonewood, Tulip Oak ●
192478 Heritiera Dryand. = Heritiera Aiton ●
192479 Heritiera J. F. Gmel. = Lachnanthes Elliott(保留属名)■☆
192480 Heritiera Retz. = Allagas Raf. ■
192481 Heritiera Retz. = Alpinia Roxb. (保留属名)■
192482 Heritiera actinophylla (F. M. Bailey) Kosterm.;掌叶银叶树●☆
192483 Heritiera allughas Retz. = Alpinia nigra (Gaertn.) B. L. Burtt ■
192484 Heritiera angustata Pierre;长柄银叶树(白符公,白楠,大叶银叶树);Longstalk Heritiera, Longstalk Silvertree, Long-stalked Heritiera ●◇
192485 Heritiera angustifolia L.;狭叶银叶树;Narrow-leaf Heritiera ●☆
192486 Heritiera chinensis Retz. = Alpinia intermedia Gagnep. ■
192487 Heritiera chinensis Retz. = Alpinia oblongifolia Hayata ■
192488 Heritiera cochinchinensis (Pierre) Kosterm.;东南亚银叶树●☆
192489 Heritiera densiflora (Pellegr.) Kosterm.;丛花银叶树●☆
192490 Heritiera densiflora (Pellegr.) Kosterm. = Tarrietia densiflora (Pellegr.) Aubrév. et Normand ●☆
192491 Heritiera fomes Wall.;佛摩斯银叶树(层孔银叶树);Fomes Heritiera ●☆
192492 Heritiera javanica (Blume) Kosterm.;爪哇银叶树;Java Stonewood ●☆
192493 Heritiera littoralis Aiton = Heritiera littoralis Dryand. ●
192494 Heritiera littoralis Dryand.;银叶树(大白叶仔,大白叶子);Coastal Heritiera, Coastal Silvertree, Looking Glass Tree, Looking-glass Tree ●
192495 Heritiera macrophylla Wall. ex Voigt = Heritiera angustata Pierre ●◇
192496 Heritiera papilio Bedd.;乳头银叶树;Nipple Heritiera ●☆
192497 Heritiera parvifolia Merr.;蝴蝶树(高根,加墨,小叶达里木,小叶银叶树,银叶树);Small-leaf Heritiera, Small-leaf Silvertree, Small-leaved Heritiera ●◇
192498 Heritiera simplicifolia (Mast.) Kosterm.;单叶银叶树●☆
192499 Heritiera tinctorum J. F. Gmel. = Lachnanthes caroliniana (Lam.) Dandy ■☆
192500 Heritiera trifoliolata (F. Muell.) Kosterm.;三小叶银叶树;Brown Tulip-oak ●☆
192501 Heritiera utilis (Sprague) Sprague;非洲银叶树;Niangon ●☆
192502 Heritiera utilis (Sprague) Sprague = Tarrietia utilis (Sprague) Sprague ●☆
192503 Heritiera utilis Sprague = Heritiera utilis (Sprague) Sprague ●☆
192504 Hermannia L. (1753);密钟木属●☆
192505 Hermannia abrotanoides Schrad.;优美密钟木●☆
192506 Hermannia abyssinica (Hochst. ex Harv.) K. Schum. = Hermannia quartiniana A. Rich. ●☆
192507 Hermannia adenotricha K. Schum. = Hermannia stellulata (Harv.) K. Schum. ●☆
192508 Hermannia affinis K. Schum.;近缘密钟木●☆
192509 Hermannia alnifolia L.;桤叶密钟木●☆
192510 Hermannia althiifolia L.;药葵叶密钟木●☆
192511 Hermannia althioides Link;药葵密钟木●☆
192512 Hermannia amabilis Marloth ex K. Schum.;秀丽密钟木●☆
192513 Hermannia angolensis K. Schum. = Hermannia eenii Baker f. ●☆
192514 Hermannia angularis Jacq.;棱角密钟木●☆
192515 Hermannia antonii I. Verd.;安东密钟木●☆
192516 Hermannia arabica Hochst. et Steud. ex Fisch. = Hermannia modesta (Ehrenb.) Planch. ●☆
192517 Hermannia argentea Sm. = Hermannia pulverata Andréws ●☆
192518 Hermannia argillicola Dinter ex Friedr.-Holzh.;白土密钟木●☆
192519 Hermannia argyrata C. Presl = Hermannia decumbens Willd. ex Spreng. ●☆
192520 Hermannia asbestina Schltr. = Hermannia spinosa E. Mey. ex Harv. ●☆
192521 Hermannia aspera J. C. Wendl.;粗糙密钟木●☆
192522 Hermannia aspericaulis Dinter et Engl. = Hermannia spinosa E. Mey. ex Harv. ●☆
192523 Hermannia auricoma (Szyszyl.) K. Schum.;金发密钟木●☆
192524 Hermannia ausana Dinter ex Range = Hermannia comosa Burch. ex DC. ●☆
192525 Hermannia betonicifolia Eckl. et Zeyh. = Hermannia geniculata Eckl. et Zeyh. ●☆
192526 Hermannia bicolor Dinter et Engl.;二色密钟木●☆
192527 Hermannia bolusii Szyszyl. = Hermannia pulverata Andréws ●☆
192528 Hermannia boranensis K. Schum.;博兰密钟木●☆
192529 Hermannia brachymalla K. Schum.;短毛密钟木●☆
192530 Hermannia brachypetala Harv. = Hermannia tomentosa (Turcz.) Schinz ex Engl. ●☆
192531 Hermannia brandtii Engl. ex Dinter = Hermannia eenii Baker f. ●☆
192532 Hermannia bryoniifolia Burch.;泻根叶密钟木●☆
192533 Hermannia burchellii (Sweet) I. Verd.;伯切尔密钟木●☆
192534 Hermannia burkei Burtt Davy;伯克密钟木●☆
192535 Hermannia cana K. Schum. = Hermannia pulverata Andréws ●☆
192536 Hermannia candicans Aiton = Hermannia incana Thunb. ●☆
192537 Hermannia candidissima A. Spreng. = Hermannia vestita Thunb. ●☆

192538 Hermannia cavanillesiana Eckl. et Zeyh. = Hermannia lavandulifolia L. ●☆
192539 Hermannia cernua Thunb.;俯垂密钟木●☆
192540 Hermannia chrysantha E. Mey. ex Turcz. = Hermannia geniculata Eckl. et Zeyh. ●☆
192541 Hermannia chrysanthemifolia E. Mey. ex Harv. = Hermannia paucifolia Turcz. ●☆
192542 Hermannia chrysophylla Eckl. et Zeyh. = Hermannia involucrata Cav. ●☆
192543 Hermannia collina Eckl. et Zeyh. = Hermannia decumbens Willd. ex Spreng. ●☆
192544 Hermannia collina Schltr. = Hermannia stipitata Pillans ●☆
192545 Hermannia comosa Burch. ex DC.;簇毛密钟木●☆
192546 Hermannia complicata Engl.;折叠密钟木●☆
192547 Hermannia concinnifolia I. Verd.;洁花密钟木●☆
192548 Hermannia confusa T. M. Salter;混乱密钟木●☆
192549 Hermannia conglomerata Eckl. et Zeyh.;聚集密钟木●☆
192550 Hermannia cordata (E. Mey. ex E. Phillips) De Winter;心形密钟木●☆
192551 Hermannia cordifolia Harv.;心叶密钟木●☆
192552 Hermannia cristata Bolus;冠状密钟木●☆
192553 Hermannia cuneifolia Jacq.;楔叶密钟木●☆
192554 Hermannia cuneifolia Jacq. var. glabrescens (Harv.) I. Verd.;渐光密钟木●☆
192555 Hermannia damarana Baker f.;达马尔密钟木●☆
192556 Hermannia decipiens E. Mey. ex Harv.;迷惑密钟木●☆
192557 Hermannia decumbens Willd. ex Spreng.;外倾密钟木●☆
192558 Hermannia decumbens Willd. ex Spreng. var. argyrata (C. Presl) Harv. = Hermannia decumbens Willd. ex Spreng. ●☆
192559 Hermannia decumbens Willd. ex Spreng. var. collina (Eckl. et Zeyh.) Harv. = Hermannia decumbens Willd. ex Spreng. ●☆
192560 Hermannia decumbens Willd. ex Spreng. var. hispida Harv. = Hermannia decumbens Willd. ex Spreng. ●☆
192561 Hermannia denudata L. f.;裸露密钟木●☆
192562 Hermannia denudata L. f. var. erecta (N. E. Br.) Burtt Davy et Greenway;直立裸露密钟木●☆
192563 Hermannia depressa N. E. Br.;凹陷密钟木●☆
192564 Hermannia desertorum Eckl. et Zeyh.;荒漠密钟木●☆
192565 Hermannia diffusa L. f.;松散密钟木●☆
192566 Hermannia dinteri Engl. = Hermannia engleri Schinz ●☆
192567 Hermannia disticha Schrad.;二列密钟木●☆
192568 Hermannia diversistipula C. Presl ex Harv.;异托叶密钟木●☆
192569 Hermannia diversistipula C. Presl ex Harv. var. graciliflora I. Verd.;细花密钟木●☆
192570 Hermannia diversistipula C. Presl ex Harv. var. nana Harv. = Hermannia diversistipula C. Presl ex Harv. ●☆
192571 Hermannia donaldsonii Baker = Hermannia exappendiculata (Mast.) K. Schum. ●☆
192572 Hermannia dryadiphylla (Eckl. et Zeyh.) Harv. = Hermannia muricata Eckl. et Zeyh. ●☆
192573 Hermannia eenii Baker f.;埃恩密钟木●☆
192574 Hermannia elliottiana (Harv.) K. Schum.;椭圆密钟木●☆
192575 Hermannia engleri Schinz;恩格勒密钟木●☆
192576 Hermannia erecta N. E. Br. = Hermannia denudata L. f. var. erecta (N. E. Br.) Burtt Davy et Greenway ●☆
192577 Hermannia erlangeriana K. Schum.;厄兰格密钟木●☆
192578 Hermannia erodioides (Burch. ex DC.) Kuntze;牻牛儿苗密钟木●☆
192579 Hermannia erythraeae Chiov. = Hermannia boranensis K. Schum. ●☆
192580 Hermannia exappendiculata (Mast.) K. Schum.;附属物密钟木●☆
192581 Hermannia exilis Burtt Davy = Hermannia stellulata (Harv.) K. Schum. ●☆
192582 Hermannia exstipulata E. Mey. ex Harv. = Hermannia gariepina Eckl. et Zeyh. ●☆
192583 Hermannia filifolia L. f.;丝叶密钟木●☆
192584 Hermannia filifolia L. f. var. grandicalyx I. Verd.;大萼线叶密钟木●☆
192585 Hermannia filifolia L. f. var. passerinaeformis (Eckl. et Zeyh.) Harv. = Hermannia filifolia L. f. ●☆
192586 Hermannia filifolia L. f. var. robusta I. Verd.;粗壮线叶密钟木●☆
192587 Hermannia filipes Harv. = Hermannia modesta (Ehrenb.) Planch. ●☆
192588 Hermannia fischeri K. Schum.;菲氏密钟木●☆
192589 Hermannia flammea Jacq.;焰色密钟木●☆
192590 Hermannia flammula Harv.;火红密钟木●☆
192591 Hermannia floribunda Harv.;繁花密钟木●☆
192592 Hermannia fruticulosa K. Schum.;灌木密钟木●☆
192593 Hermannia gariepina Eckl. et Zeyh.;加里普密钟木●☆
192594 Hermannia geminiflora Dinter et Engl. = Hermannia stellulata (Harv.) K. Schum. ●☆
192595 Hermannia geniculata Eckl. et Zeyh.;膝曲密钟木●☆
192596 Hermannia gerrardii Harv.;杰勒德密钟木●☆
192597 Hermannia gilfillanii N. E. Br. = Hermannia filifolia L. f. ●☆
192598 Hermannia glabrata L. f.;光滑密钟木●☆
192599 Hermannia glanduligera K. Schum.;腺点密钟木●☆
192600 Hermannia glandulosissima Engl.;多腺密钟木●☆
192601 Hermannia gracilis Eckl. et Zeyh.;纤细密钟木●☆
192602 Hermannia grandiflora Aiton;大花密钟木●☆
192603 Hermannia grandifolia N. E. Br.;大叶密钟木●☆
192604 Hermannia grandistipula (Buchinger ex Hochst.) K. Schum.;大托叶密钟木●☆
192605 Hermannia grisea Schinz;灰密钟木●☆
192606 Hermannia grossularifolia L.;醋栗叶密钟木●☆
192607 Hermannia guerkeana K. Schum.;盖尔克密钟木●☆
192608 Hermannia halicacaba DC. = Hermannia abrotanoides Schrad. ●☆
192609 Hermannia helianthemum K. Schum.;向日葵密钟木●☆
192610 Hermannia helicoidea I. Verd.;卷须密钟木●☆
192611 Hermannia heterophylla (Cav.) Thunb.;互叶密钟木●☆
192612 Hermannia hispidula Rchb.;细毛密钟木●☆
192613 Hermannia holosericea Jacq.;全毛密钟木●☆
192614 Hermannia holubii Burtt Davy = Hermannia modesta (Ehrenb.) Planch. ●☆
192615 Hermannia humifusa Hochr. = Hermannia heterophylla (Cav.) Thunb. ●☆
192616 Hermannia humilis Thunb. = Hermannia heterophylla (Cav.) Thunb. ●☆
192617 Hermannia hyssopifolia L.;神香草叶密钟木●☆
192618 Hermannia hyssopifolia L. var. integerrima Schinz = Hermannia salviifolia L. f. var. oblonga Harv. ●☆
192619 Hermannia incana Cav.;灰背叶密钟木;Sweet Yellow Bells ●☆

192620 Hermannia incana Thunb. = Hermannia incana Cav. ●☆
192621 Hermannia involucrata Cav.;总苞密钟木●☆
192622 Hermannia johnstonii Exell et Mendonça;约翰斯顿密钟木●☆
192623 Hermannia joubertiana Harv.;朱伯特密钟木●☆
192624 Hermannia juttae Dinter et Engl.;尤塔密钟木●☆
192625 Hermannia kirkii Mast. = Hermannia modesta (Ehrenb.) Planch. ●☆
192626 Hermannia lacera (E. Mey. ex Harv.) Fourc.;撕裂密钟木●☆
192627 Hermannia lancifolia Szyszyl.;披针叶密钟木●☆
192628 Hermannia latifolia Jacq. = Hermannia salviifolia L. f. ●☆
192629 Hermannia lavandulifolia L.;薰衣草叶密钟木●☆
192630 Hermannia leucantha Schltr.;白花密钟木●☆
192631 Hermannia leucophylla C. Presl = Hermannia comosa Burch. ex DC. ●☆
192632 Hermannia lindequistii Engl. = Hermannia damarana Baker f. ●☆
192633 Hermannia linearifolia Harv.;线叶密钟木●☆
192634 Hermannia linearis (Harv.) Hochr. = Hermannia glabrata L. f. ●☆
192635 Hermannia linifolia Burm. f.;麻叶密钟木●☆
192636 Hermannia linnaeoides (Burch. ex DC.) K. Schum.;北极花密钟木●☆
192637 Hermannia litoralis I. Verd.;滨海密钟木●☆
192638 Hermannia longiramosa Engl. = Hermannia tomentosa (Turcz.) Schinz ex Engl. ●☆
192639 Hermannia lugardii N. E. Br. = Hermannia modesta (Ehrenb.) Planch. ●☆
192640 Hermannia macowanii (Szyszyl.) Schinz = Hermannia gerrardii Harv. ●☆
192641 Hermannia macra Schltr.;大密钟木●☆
192642 Hermannia macrobotrys K. Schum.;大穗密钟木●☆
192643 Hermannia malvifolia N. E. Br.;锦葵叶密钟木●☆
192644 Hermannia marginata (Turcz.) Pillans;具边密钟木●☆
192645 Hermannia medleyi Engl. = Hermannia auricoma (Szyszyl.) K. Schum. ●☆
192646 Hermannia merxmuelleri Friedr. -Holzh.;梅尔密钟木●☆
192647 Hermannia micans Schrad. = Hermannia salviifolia L. f. ●☆
192648 Hermannia micropetala Harv.;小瓣密钟木●☆
192649 Hermannia mildbraedii Dinter et Engl. = Hermannia tigrensis Hochst. ex A. Rich. ●☆
192650 Hermannia minimifolia Friedr. -Holzh.;微小密钟木●☆
192651 Hermannia minutiflora Engl.;微花密钟木●☆
192652 Hermannia modesta (Ehrenb.) Planch.;阿拉伯密钟木●☆
192653 Hermannia montana N. E. Br.;山地密钟木●☆
192654 Hermannia mucronulata Turcz.;微凸密钟木●☆
192655 Hermannia muirii Pillans;缪里密钟木●☆
192656 Hermannia multifida DC. = Hermannia abrotanoides Schrad. ●☆
192657 Hermannia multiflora Jacq.;多花密钟木●☆
192658 Hermannia muricata Eckl. et Zeyh.;钝尖密钟木●☆
192659 Hermannia myrrhifolia Thunb. = Hermannia procumbens Cav. subsp. myrrhifolia (Thunb.) De Winter ●☆
192660 Hermannia natalensis (Szyszyl.) K. Schum. = Hermannia oblongifolia (Harv.) Hochr. ●☆
192661 Hermannia nivea Schinz = Hermannia gariepina Eckl. et Zeyh. ●☆
192662 Hermannia oblongifolia (Harv.) Hochr.;矩圆叶密钟木●☆
192663 Hermannia odorata Aiton;芳香密钟木●☆
192664 Hermannia oligantha T. M. Salter = Hermannia rigida Harv. ●☆
192665 Hermannia oligosperma K. Schum.;寡籽密钟木●☆
192666 Hermannia oliveri K. Schum.;奥里弗密钟木●☆
192667 Hermannia orophila Eckl. et Zeyh. = Hermannia flammea Jacq. ●☆
192668 Hermannia pallens Eckl. et Zeyh. = Hermannia cuneifolia Jacq. ●☆
192669 Hermannia pallens Eckl. et Zeyh. var. glabrescens Harv. = Hermannia cuneifolia Jacq. var. glabrescens (Harv.) I. Verd. ●☆
192670 Hermannia paniculata Franch.;圆锥密钟木●☆
192671 Hermannia parviflora (Eckl. et Zeyh.) K. Schum.;小花密钟木●☆
192672 Hermannia parvula Burtt Davy;较小密钟木●☆
192673 Hermannia passerinaeformis Eckl. et Zeyh. = Hermannia filifolia L. f. ●☆
192674 Hermannia patula Harv. = Hermannia scabra Cav. ●☆
192675 Hermannia paucifolia Turcz.;少叶密钟木●☆
192676 Hermannia pearsonii Exell et Mendonça;皮尔逊密钟木●☆
192677 Hermannia pedunculata E. Phillips = Hermannia scabra Cav. ●☆
192678 Hermannia pedunculata K. Schum.;梗花密钟木●☆
192679 Hermannia pillansii Compton;皮朗斯密钟木●☆
192680 Hermannia pinnata L.;羽状密钟木●☆
192681 Hermannia presliana Turcz. = Hermannia scabra Cav. ●☆
192682 Hermannia procumbens Cav.;平铺密钟木●☆
192683 Hermannia procumbens Cav. subsp. myrrhifolia (Thunb.) De Winter;没药叶密钟木●☆
192684 Hermannia pseudomildbraedii Dinter et Engl. = Hermannia tigrensis Hochst. ex A. Rich. ●☆
192685 Hermannia pulchella L. f.;美丽密钟木●☆
192686 Hermannia pulverata Andréws;多粉密钟木●☆
192687 Hermannia quartiniana A. Rich.;夸尔廷密钟木●☆
192688 Hermannia rautanenii Schinz ex K. Schum. = Hermannia quartiniana A. Rich. ●☆
192689 Hermannia resedifolia (Burch. ex DC.) R. A. Dyer = Hermannia erodioides (Burch. ex DC.) Kuntze ●☆
192690 Hermannia rigida Harv.;坚挺密钟木●☆
192691 Hermannia rogersii Burtt Davy = Hermannia montana N. E. Br. ●☆
192692 Hermannia rudis N. E. Br.;野生密钟木●☆
192693 Hermannia rugosa Adamson;皱褶密钟木●☆
192694 Hermannia saccifera (Turcz.) K. Schum.;囊状密钟木●☆
192695 Hermannia salviifolia L. f.;鼠尾草密钟木●☆
192696 Hermannia salviifolia L. f. var. grandistipula Harv.;大托叶鼠尾草密钟木●☆
192697 Hermannia salviifolia L. f. var. oblonga Harv.;矩圆密钟木●☆
192698 Hermannia salviifolia L. f. var. ovalis Harv. = Hermannia salviifolia L. f. ●☆
192699 Hermannia sandersonii Harv.;桑德森密钟木●☆
192700 Hermannia scabra Cav.;糙密钟木●☆
192701 Hermannia scabricaulis T. M. Salter;糙茎密钟木●☆
192702 Hermannia schinzii K. Schum. = Hermannia stellulata (Harv.) K. Schum. ●☆
192703 Hermannia scoparia (Eckl. et Zeyh.) Harv. = Hermannia linifolia Burm. f. ●☆
192704 Hermannia scordifolia Jacq.;蒜叶密钟木●☆
192705 Hermannia seineri Engl.;塞纳密钟木●☆
192706 Hermannia seineri Engl. var. latifolia ? = Hermannia eenii Baker f. ●☆
192707 Hermannia seitziana Engl. = Hermannia engleri Schinz ●☆
192708 Hermannia setosa Schinz;刚毛密钟木●☆
192709 Hermannia sinuata Burtt Davy = Hermannia stellulata (Harv.) K. Schum. ●☆
192710 Hermannia sisymbriifolia (Turcz.) Hochr.;大蒜芥叶密钟木●☆
192711 Hermannia solaniflora K. Schum.;茄花密钟木●☆

192712 Hermannia spinosa E. Mey. ex Harv.;具刺密钟木●☆
192713 Hermannia staurostemon K. Schum.;十字密钟木●☆
192714 Hermannia stellulata (Harv.) K. Schum.;星状密钟木●☆
192715 Hermannia stipitata Pillans;具柄密钟木●☆
192716 Hermannia stipulacea Lehm. ex Eckl. et Zeyh.;托叶状密钟木●☆
192717 Hermannia stricta (E. Mey. ex Turcz.) Harv.;刚直密钟木●☆
192718 Hermannia stuhlmannii K. Schum.;斯图尔曼密钟木●☆
192719 Hermannia suavis C. Presl ex Harv.;香密钟木●☆
192720 Hermannia sulcata Harv.;纵沟密钟木●☆
192721 Hermannia teitensis Engl.;泰特密钟木●☆
192722 Hermannia tenella Dinter et Schinz = Hermannia tigrensis Hochst. ex A. Rich. ●☆
192723 Hermannia tenuifolia Eckl. et Zeyh. = Hermannia confusa T. M. Salter ●☆
192724 Hermannia ternifolia C. Presl ex Harv.;三出叶密钟木●☆
192725 Hermannia testacea Vollesen;淡褐密钟木●☆
192726 Hermannia tigrensis Hochst. ex A. Rich.;蒂格雷密钟木●☆
192727 Hermannia tomentosa (Turcz.) Schinz ex Engl.;绒毛密钟木●☆
192728 Hermannia torrei Wild;托雷密钟木●☆
192729 Hermannia transvaalensis Schinz;德兰士瓦密钟木●☆
192730 Hermannia trifoliata L.;三小叶密钟木●☆
192731 Hermannia trifurca L.;三叉密钟木●☆
192732 Hermannia uhligii Engl.;乌里希密钟木●☆
192733 Hermannia umbratica I. Verd.;荫蔽密钟木●☆
192734 Hermannia velutina DC.;短绒毛密钟木●☆
192735 Hermannia vernicata (Burch.) K. Schum. = Hermannia pulchella L. f. ●☆
192736 Hermannia veronicifolia (Eckl. et Zeyh.) Hochr.;婆婆纳叶密钟木●☆
192737 Hermannia vesicaria Cav. = Hermannia grossularifolia L. ●☆
192738 Hermannia vestita Thunb.;包被密钟木●☆
192739 Hermannia violacea (Burch. ex DC.) K. Schum.;堇色密钟木●☆
192740 Hermannia violiifolia Engl. ex Dinter = Hermannia rautanenii Schinz ex K. Schum. ●☆
192741 Hermannia viscosa Hiern;黏密钟木●☆
192742 Hermannia volkensii K. Schum.;福尔密钟木●☆
192743 Hermannia vollesenii Cheek;福勒森密钟木●☆
192744 Hermannia waltherioides K. Schum.;蛇婆子密钟木●☆
192745 Hermannia woodii Schinz;伍得密钟木●☆
192746 Hermanniaceae Marquis = Malvaceae Juss.(保留科名)●■
192747 Hermanniaceae Marquis = Sterculiaceae Vent.(保留科名)●■
192748 Hermanniaceae Schultz Sch.;密钟木科●☆
192749 Hermanniaceae Schultz Sch. = Malvaceae Juss.(保留科名)●■
192750 Hermanniaceae Schultz Sch. = Sterculiaceae Vent.(保留科名)●■
192751 Hermanschwartzia Plowes = Pectinaria Haw.(保留属名)■☆
192752 Hermanschwartzia Plowes(2003);南非梳状萝藦属■☆
192753 Hermanschwartzia exasperata (Bruyns) Plowes = Stapeliopsis exasperata (Bruyns) Bruyns ■☆
192754 Hermas L.(1771);荷马芹属■☆
192755 Hermas capitata L. f.;头状荷马芹■☆
192756 Hermas capitata L. f. var. minima (Eckl. et Zeyh.) Sond. = Hermas capitata L. f. ■☆
192757 Hermas ciliata L. f.;缘毛荷马芹■☆
192758 Hermas depauperata L. = Hermas villosa (L.) Thunb. ■☆
192759 Hermas gigantea L. f.;巨大荷马芹■☆
192760 Hermas intermedia C. Norman;间型荷马芹■☆
192761 Hermas minima Eckl. et Zeyh. = Hermas capitata L. f. ■☆
192762 Hermas pillansii C. Norman;皮朗斯荷马芹■☆
192763 Hermas quercifolia Eckl. et Zeyh. = Hermas quinquedentata L. f. ■☆
192764 Hermas quinquedentata L. f.;五齿荷马芹■☆
192765 Hermas rudissima Rchb. ex Spreng. = Lichtensteinia lacera Cham. et Schltdl. ■☆
192766 Hermas uitenhagensis Eckl. et Zeyh. = Hermas ciliata L. f. ■☆
192767 Hermas villosa (L.) Thunb.;长柔毛荷马芹■☆
192768 Hermbstaedtia Rchb.(1829);南非青葙属;Guineaflower ■●☆
192769 Hermbstaedtia Rchb. = Berzelia Brongn. ●☆
192770 Hermbstaedtia angolensis C. B. Clarke;安哥拉南非青葙■☆
192771 Hermbstaedtia argenteiformis Schinz;银白南非青葙■☆
192772 Hermbstaedtia argenteiformis Schinz var. oblongifolia ? = Hermbstaedtia argenteiformis Schinz ■☆
192773 Hermbstaedtia caffra (Meisn.) Moq.;开非尔南非青葙■☆
192774 Hermbstaedtia capitata Schinz;头状南非青葙■☆
192775 Hermbstaedtia dammarensis C. B. Clarke = Hermbstaedtia odorata (Burch. ex Moq.) T. Cooke ■☆
192776 Hermbstaedtia elegans Moq. = Hermbstaedtia odorata (Burch. ex Moq.) T. Cooke ■☆
192777 Hermbstaedtia elegans Moq. var. aurantiaca Suess. = Hermbstaedtia odorata (Burch.) T. Cooke var. aurantiaca (Suess.) C. C. Towns. ■☆
192778 Hermbstaedtia exellii (Suess.) C. C. Towns.;埃克塞尔南非青葙■☆
192779 Hermbstaedtia fleckii (Schinz) Baker et C. B. Clarke;福来南非青葙■☆
192780 Hermbstaedtia glauca (J. C. Wendl.) Rchb. ex Steud.;灰绿南非青葙■☆
192781 Hermbstaedtia gregoryi C. B. Clarke;格雷戈尔南非青葙■☆
192782 Hermbstaedtia laxiflora Lopr. = Hermbstaedtia odorata (Burch. ex Moq.) T. Cooke ■☆
192783 Hermbstaedtia linearis Schinz;线状南非青葙■☆
192784 Hermbstaedtia longistyla C. B. Clarke = Hermbstaedtia argenteiformis Schinz ■☆
192785 Hermbstaedtia nigrescens Suess.;变黑南非青葙■☆
192786 Hermbstaedtia odorata (Burch. ex Moq.) T. Cooke;南非青葙;Guineaflower ■☆
192787 Hermbstaedtia odorata (Burch.) T. Cooke var. albi-rosea Suess.;粉白南非青葙■☆
192788 Hermbstaedtia odorata (Burch.) T. Cooke var. aurantiaca (Suess.) C. C. Towns.;黄南非青葙■☆
192789 Hermbstaedtia ovata Dinter = Hermbstaedtia scabra Schinz ■☆
192790 Hermbstaedtia quintasii Gand. = Hermbstaedtia odorata (Burch.) T. Cooke var. aurantiaca (Suess.) C. C. Towns. ■☆
192791 Hermbstaedtia recurva (Burch.) C. B. Clarke = Hermbstaedtia odorata (Burch. ex Moq.) T. Cooke ■☆
192792 Hermbstaedtia rogersii Burtt Davy = Hermbstaedtia fleckii (Schinz) Baker et C. B. Clarke ■☆
192793 Hermbstaedtia rubromarginata C. H. Wright = Hermbstaedtia odorata (Burch. ex Moq.) T. Cooke ■☆
192794 Hermbstaedtia scabra Schinz;粗糙南非青葙■☆
192795 Hermbstaedtia schinzii C. B. Clarke = Hermbstaedtia linearis Schinz ■☆
192796 Hermbstaedtia spathulifolia (Engl.) Baker;匙叶南非青葙■☆
192797 Hermbstaedtia tetrastigma Suess. = Hermbstaedtia odorata (Burch. ex Moq.) T. Cooke ■☆
192798 Hermbstaedtia welwitschii Baker = Hermbstaedtia argenteiformis Schinz ■☆

192799 Hermesia Humb. et Bonpl. = Alchornea Sw. ●

192800 Hermesia Humb. et Bonpl. ex Willd. = Alchornea Sw. ●

192801 Hermesias Loefl.（废弃属名）= Brownea Jacq.（保留属名）●☆

192802 Hermidium S. Watson = Mirabilis L. ■

192803 Hermidium alipes S. Watson = Mirabilis alipes（S. Watson）Pilz ■☆

192804 Hermidium alipes S. Watson var. pallidium Ch. Porter = Mirabilis alipes（S. Watson）Pilz ■☆

192805 Herminiera Guill. et Perr. = Aeschynomene L. ●■

192806 Herminiera elaphroxylon Guillaumin et Perr. = Aeschynomene elaphroxylon（Guillaumin et Perr.）Taub. ■☆

192807 Herminiorchis Foerster = Herminium L. ■

192808 Herminium Guett. = Herminium L. ■

192809 Herminium L.（1758）；角盘兰属（零余子草属）；Herminium, Musk Orchis ■

192810 Herminium alaschanicum Maxim.；裂瓣角盘兰（裂唇角盘兰）；Alashan Herminium ■

192811 Herminium alaschanicum Maxim. var. tanguticum Maxim. = Herminium monorchis（L.）R. Br. ■

192812 Herminium alpinum（L.）Lindl.；高山角盘兰；Alpine Herminium ■☆

192813 Herminium altigenum Schltr. = Herminium alaschanicum Maxim. ■

192814 Herminium altigenum Schltr. = Herminium lanceum（Thunb. ex Sw.）Vuijk ■

192815 Herminium altigenum Schltr. ex Limpr. = Herminium alaschanicum Maxim. ■

192816 Herminium angustifolium（Lindl.）Benth. ex C. B. Clarke = Herminium lanceum（Thunb. ex Sw.）Vuijk ■

192817 Herminium angustifolium（Lindl.）Benth. ex C. B. Clarke var. brevilabre Ts. Tang et F. T. Wang = Herminium lanceum（Thunb. ex Sw.）Vuijk ■

192818 Herminium angustifolium（Lindl.）Benth. ex C. B. Clarke var. longicruris（C. Wright ex A. Gray）Makino = Herminium lanceum（Thunb. ex Sw.）Vuijk ■

192819 Herminium angustifolium（Lindl.）Benth. ex C. B. Clarke var. nematolobum Hand.-Mazz. = Herminium lanceum（Thunb. ex Sw.）Vuijk ■

192820 Herminium angustifolium（Lindl.）Benth. ex Hook. f. = Herminium lanceum（Thunb. ex Sw.）Vuijk ■

192821 Herminium angustifolium（Lindl.）Benth. ex Hook. f. var. longicruris（C. Wright ex A. Gray）Makino = Herminium lanceum（Thunb. ex Sw.）Vuijk ■

192822 Herminium angustifolium（Lindl.）Benth. ex Hook. f. var. souliei Finet = Herminium souliei Schltr. ■

192823 Herminium angustifolium（Lindl.）Ridl. = Herminium lanceum（Thunb. ex Sw.）Vuijk ■

192824 Herminium angustifolium（Lindl.）Ridl. var. brevilabre Ts. Tang et F. T. Wang = Herminium lanceum（Thunb. ex Sw.）Vuijk ■

192825 Herminium angustifolium（Lindl.）Ridl. var. longicrure（C. Wright ex A. Gray）Makino = Herminium lanceum（Thunb. ex Sw.）Vuijk ■

192826 Herminium angustifolium（Lindl.）Ridl. var. nematolobum Hand.-Mazz. = Herminium lanceum（Thunb. ex Sw.）Vuijk ■

192827 Herminium angustifolium（Lindl.）Ridl. var. souliei Finet = Herminium souliei Schltr. ■

192828 Herminium angustilabre King et Pantl.；狭唇角盘兰；Narroelip Herminium ■

192829 Herminium biporosum Maxim. = Porolabium biporosum（Maxim.）Ts. Tang et F. T. Wang ■

192830 Herminium bulleyi（Rolfe）K. Y. Lang；竹兰草（奔猪觅，条叶角盘兰，小棕香）；Bulley Herminium ■

192831 Herminium bulleyi（Rolfe）Ts. Tang et F. T. Wang = Peristylus bulleyi（Rolfe）K. Y. Lang ■

192832 Herminium calceoliforme W. W. Sm. = Smithorchis calceoliformis（W. W. Sm.）Ts. Tang et F. T. Wang ■

192833 Herminium carnosilabre Ts. Tang et F. T. Wang；厚唇角盘兰；Thicklip Herminium ■

192834 Herminium chiwui Ts. Tang et F. T. Wang = Gymnadenia crassinervis Finet ■

192835 Herminium chloranthum Ts. Tang et F. T. Wang；矮角盘兰；Dwarf Herminium, Greenflower Herminium ■

192836 Herminium coeloceras（Finet）Schltr. = Peristylus coeloceras Finet ■

192837 Herminium coelocrans（Finet）Schltr.；凸孔角盘兰；Common Herminium ■☆

192838 Herminium coiloglossum Schltr.；条叶角盘兰；Beltleaf Herminium ■

192839 Herminium congestum Lindl. = Herminium macrophyllum（D. Don）Dandy ■

192840 Herminium constrictum Lindl. = Peristylus constrictus（Lindl.）Lindl. ■

192841 Herminium ecalcaratum（Finet）Schltr.；无距角盘兰；Spurless Herminium ■

192842 Herminium elisabethae（Duthie）Ts. Tang et F. T. Wang = Peristylus elisabethae（Duthie）R. K. Gupta ■

192843 Herminium fallax（Lindl.）Hook. f. = Peristylus fallax Lindl. ■

192844 Herminium fallax Lindl. = Peristylus fallax Lindl. ■

192845 Herminium forceps（Finet）Schltr. = Peristylus forceps Finet ■

192846 Herminium forrestii Schltr. = Herminium josephi Rchb. f. ■

192847 Herminium glossophyllum Ts. Tang et F. T. Wang；雅致角盘兰；Elegant Herminium ■

192848 Herminium goodyeroides（D. Don）Lindl. = Peristylus goodyeroides（D. Don）Lindl. ■

192849 Herminium gracile King et Pantl. = Androcorys ophioglossoides Schltr. ■

192850 Herminium josephi Rchb. f.；宽唇角盘兰（宽卵角盘兰）；Broadlip Herminium ■

192851 Herminium lanceum（Thunb. ex Sw.）Vuijk；叉唇角盘兰（独肾草，鹅掌参，鸡心贝母，角盘兰，脚跟兰，盘龙参，人头七，蛇含草，蛇尾草，双肾草，细叶零余子草，狭叶角盘兰，余粮子草）；Forklip Herminium, Lance Herminium ■

192852 Herminium lanceum（Thunb. ex Sw.）Vuijk var. longicrure（C. Wright ex A. Gray）H. Hara = Herminium lanceum（Thunb. ex Sw.）Vuijk ■

192853 Herminium latifolium Gagnep. = Herminium tangianum（S. Y. Hu）K. Y. Lang ■

192854 Herminium lefebreanum（A. Rich.）Rchb. f. = Habenaria lefebureana（A. Rich.）T. Durand et Schinz ■☆

192855 Herminium limprichtii Schltr. = Herminium souliei Schltr. ■

192856 Herminium linguliformis Ts. Tang et F. T. Wang = Platanthera minutiflora Schltr. ■

192857 Herminium longicrure（C. Wright ex A. Gray）Ts. Tang et F. T. Wang = Herminium lanceum（Thunb. ex Sw.）Vuijk ■

192858 Herminium macrophyllum（D. Don）Dandy；耳片角盘兰；Bigleaf Herminium ■

192859 Herminium mannii（Rchb. f.）Ts. Tang et F. T. Wang = Peristylus mannii（Rchb. f.）Mukerjee ■

192860 Herminium mannii (Rolfe) Ts. Tang et F. T. Wang = Peristylus mannii (Rchb. f.) Mukerjee ■

192861 Herminium minutiflorum Schltr. = Herminium lanceum (Thunb. ex Sw.) Vuijk ■

192862 Herminium monorchis (L.) R. Br.;角盘兰(开口箭,人参果,人头七,唐古特角盘兰);Common Herminium,Monoorchid Herminium,Musk Orchid,Musk Orchis,Sweet Orchid ■

192863 Herminium nankotaizanense Masam. = Coeloglossum viride (L.) Hartm. ■

192864 Herminium nankotaizanense Masam. = Dactylorhiza viridis (L.) R. M. Bateman,Pridgeon et M. W. Chase ■

192865 Herminium natalense Rchb. f. = Habenaria petitiana (A. Rich.) T. Durand et Schinz ■☆

192866 Herminium neotineoides Ames et Schltr. = Peristylus neotineoides (Ames et Schltr.) K. Y. Lang ■

192867 Herminium nivale Schltr. = Androcorys pugioniformis (Lindl. ex Hook. f.) K. Y. Lang ■

192868 Herminium ophioglossoides Schltr.;长瓣角盘兰(阔叶角盘兰);Broadleaf Herminium,Longpetal Herminium ■

192869 Herminium ophioglossoides Schltr. var. minus Hand. -Mazz. = Herminium glossophyllum Ts. Tang et F. T. Wang ■

192870 Herminium orbiculare Hook. f.;西藏角盘兰■

192871 Herminium pugioniformis Lindl. ex Hook. f. = Androcorys pugioniformis (Lindl. ex Hook. f.) K. Y. Lang ■

192872 Herminium pusillum Ohwi et Fukuy. = Androcorys pusillus (Ohwi et Fukuy.) Masam. ■

192873 Herminium quinquelobum King et Pantl.;秀丽角盘兰;Spiffy Herminium ■

192874 Herminium reniforme (D. Don) Lindl. = Habenaria reniformis (D. Don) Hook. f. ■

192875 Herminium singulum Ts. Tang et F. T. Wang;披针唇角盘兰;Lanceolate Herminium ■

192876 Herminium souliei Schltr.;宽萼角盘兰(川滇角盘兰);Broadcalyx Herminium,Soulie Herminium ■

192877 Herminium souliei Schltr. var. lichiangense W. W. Sm. = Herminium souliei Schltr. ■

192878 Herminium spirale (Thouars) Rchb. f. = Benthamia perularioides Schltr. ●☆

192879 Herminium spiranthiforme (Ames et Schltr.) Ts. Tang et F. T. Wang = Peristylus mannii (Rchb. f.) Mukerjee ■

192880 Herminium stenostachyum Ts. Tang et F. T. Wang = Herminium lanceum (Thunb. ex Sw.) Vuijk ■

192881 Herminium steudneri Rchb. f. = Habenaria petitiana (A. Rich.) T. Durand et Schinz ■☆

192882 Herminium suave Ts. Tang et F. T. Wang = Peristylus forrestii (Schltr.) K. Y. Lang ■

192883 Herminium tangianum (S. Y. Hu) K. Y. Lang;宽叶角盘兰;Broadleaf Herminium ■

192884 Herminium tanguticum (Maxim.) Rolfe = Herminium monorchis (L.) R. Br. ■

192885 Herminium tenianum Kraenzl. = Peristylus coeloceras Finet ■

192886 Herminium tsoongii Ts. Tang et F. T. Wang = Peristylus forceps Finet ■

192887 Herminium unicorne Kraenzl. = Peristylus coeloceras Finet ■

192888 Herminium yuanum Ts. Tang et F. T. Wang = Peristylus mannii (Rchb. f.) Mukerjee ■

192889 Herminium yunnanense Rolfe;云南角盘兰;Yunnan Herminium ■

192890 Hermione Salisb. = Narcissus L. ■

192891 Hermione elegans Haw. = Narcissus elegans (Haw.) Spach ■☆

192892 Hermione obsoleta Haw. = Narcissus obsoletus (Haw.) Steud. ■☆

192893 Hermione tazetta Haw. var. algerica Roem. = Narcissus tazetta L. var. algericus (Roem.) Maire et Weiller ■☆

192894 Hermodactylis Mill. = Hermodactylus (Adans.) Mill. ■☆

192895 Hermodactylon Parl. = Hermodactylus (Adans.) Mill. ■☆

192896 Hermodactylos Rchb. = Colchicum L. ■

192897 Hermodactylum Bartl. = Hermodactylus (Adans.) Mill. ■☆

192898 Hermodactylus (Adans.) Mill. (1754);蛇头鸢尾属(黑花鸢尾属);Snakes-head Iris,Snake's-head Iris ■☆

192899 Hermodactylus Mill. = Hermodactylus (Adans.) Mill. ■☆

192900 Hermodactylus Rchb. = Colchicum L. ■

192901 Hermodactylus longifolius Sweet;长叶蛇头鸢尾■☆

192902 Hermodactylus repens Sweet;匍匐蛇头鸢尾■☆

192903 Hermodactylus repens Sweet = Hermodactylus tuberosus (L.) Mill. ■☆

192904 Hermodactylus tuberosus (L.) Mill.;蛇头鸢尾(黑花鸢尾);Mourning Iris, Mourning Widow Iris, Onion Iris, Snake's Head, Snake's Head Iris, Snakeshcad Iris, Snake's-head, Snakes-head Iris, Velvet Flower-de-Luce, Widow Iris ■☆

192905 Hermodactylus tuberosus Mill. = Hermodactylus tuberosus (L.) Mill. ■☆

192906 Hermstaedtia Steud. = Hermbstaedtia Rchb. ■●☆

192907 Hermupoa Loefl. (废弃属名) = Steriphoma Spreng. (保留属名)●☆

192908 Hernandezia Hoffmanns. = Hernandia L. ●

192909 Hernandia L. (1753);莲叶桐属(腊树属);Hernandia,Jak-in-a-box,Lotusleaftung ●

192910 Hernandia cordigera Vieill.;澳洲莲叶桐●☆

192911 Hernandia guianensis Aubl.;圭亚那莲叶桐●☆

192912 Hernandia moerenhoutiana Guillaumin;太平洋莲叶桐●☆

192913 Hernandia nymphaeifolia (C. Presl) Kubitzki;莲叶桐(腊树,蜡树,美丽莲叶桐);Jack-in-the-box, Jak-in-a-box, Lotusleaftung, Sea Hearse ●

192914 Hernandia ovigera L. = Hernandia sonora L. ●

192915 Hernandia peltata Meisn. = Hernandia nymphaeifolia (C. Presl) Kubitzki ●

192916 Hernandia peltata Meisn. = Hernandia sonora L. ●

192917 Hernandia sonora Burm. = Hernandia nymphaeifolia (C. Presl) Kubitzki ●

192918 Hernandia sonora L. = Hernandia nymphaeifolia (C. Presl) Kubitzki ●

192919 Hernandia voyronii Jum. = Hazomalania voyronii (Jum.) Capuron ●☆

192920 Hernandiaceae Bercht. et J. Presl = Hernandiaceae Blume(保留科名)●■

192921 Hernandiaceae Blume(1826)(保留科名);莲叶桐科;Jak-in-a-box Family,Lotusleaftung Family,Hernandia Family ●■

192922 Hernandiopsis Meisn. (1864);类莲叶桐属●☆

192923 Hernandiopsis Meisn. = Hernandia L. ●

192924 Hernandiopsis vieillardii Meisn.;类莲叶桐●☆

192925 Hernandria L. = Hernandia L. ●

192926 Herniaria L. (1753);治疝草属(赫尼亚属,脱肠草属);Burstwort,Herniary,Rupturewort ■●

192927 Herniaria abyssinica Chaudhri;阿比西尼亚治疝草■☆

192928 Herniaria afghana F. Herm. = Herniaria cachemiriana J. Gay ■☆

192929 Herniaria americana Nutt. = Paronychia americana (Nutt.) Fenzl ex Walp. ■☆

192930 Herniaria annua Lag. = Herniaria cinerea DC. ■☆

192931 Herniaria annua Lag. var. virescens (DC.) Ball = Herniaria cinerea DC. ■☆

192932 Herniaria arenicola Adamson = Herniaria capensis Bartl. ■☆

192933 Herniaria besseri Fisch. = Herniaria hirsuta L. ■☆

192934 Herniaria bicolor M. G. Gilbert;二色治疝草■☆

192935 Herniaria boissieri J. Gay;布瓦西耶治疝草■☆

192936 Herniaria boissieri J. Gay subsp. maroccana (Font Quer) Chaudhri;摩洛哥治疝草■☆

192937 Herniaria cachemiriana J. Gay;南亚治疝草■☆

192938 Herniaria canariensis Chaudhri;加那利治疝草■☆

192939 Herniaria capensis Bartl.;好望角治疝草■☆

192940 Herniaria caucasica Rupr.;高加索治疝草;Caucasia Herniary ■

192941 Herniaria ciliata Bab.;睫毛治疝草;Breastwort, Burstwort, Herniary, Rupture-grass, Rupture-wort ■☆

192942 Herniaria cinerea DC. = Herniaria hirsuta L. var. cinerea (DC.) Loret et Barrandon ■☆

192943 Herniaria cinerea DC. = Herniaria hirsuta L. ■☆

192944 Herniaria cinerea DC. var. diandra (Bunge) Boiss. = Herniaria cinerea DC. ■☆

192945 Herniaria cinerea DC. var. virescens (DC.) Ball = Herniaria cinerea DC. ■☆

192946 Herniaria cyrenaica F. Herm.;昔兰尼治疝草■☆

192947 Herniaria cyrenaica F. Herm. var. subglabra Chaudhri = Herniaria cyrenaica F. Herm. ■☆

192948 Herniaria diandra Bunge = Herniaria cinerea DC. ■☆

192949 Herniaria empedocleana Lojac. = Herniaria fontanesii J. Gay ■☆

192950 Herniaria erckertii F. Herm. subsp. pulvinata Chaudhri;叶枕治疝草■☆

192951 Herniaria erckertii F. Herm. var. dinteri Chaudhri;丁特治疝草■☆

192952 Herniaria erecta Desf. = Paronychia suffruticosa (L.) DC. ●☆

192953 Herniaria ericifolia Towns. = Herniaria fontanesii J. Gay ■☆

192954 Herniaria eupatoria L.;泽兰治疝草■☆

192955 Herniaria fontanesii J. Gay;丰塔纳治疝草■☆

192956 Herniaria fontanesii J. Gay var. clastrieri Maire = Silene patula Desf. ■☆

192957 Herniaria fontanesii J. Gay var. gracilis Maire = Herniaria fontanesii J. Gay ■☆

192958 Herniaria fontonesii J. Gay subsp. almeriana Brummitt et Heywood;阿梅治疝草■☆

192959 Herniaria frigida Willk. = Herniaria boissieri J. Gay ■☆

192960 Herniaria frigida Willk. var. maroccana Font Quer = Herniaria boissieri J. Gay subsp. maroccana (Font Quer) Chaudhri ■☆

192961 Herniaria fruticosa L. subsp. erecta (Willk.) Batt. et Trab. = Herniaria fontanesii J. Gay ■☆

192962 Herniaria fruticosa L. subsp. fontanesii (J. Gay) Batt. = Herniaria fontanesii J. Gay ■☆

192963 Herniaria fruticosa L. var. erecta Willk. = Herniaria fontanesii J. Gay ■☆

192964 Herniaria glaberrima (Emb.) Maire;光滑治疝草■☆

192965 Herniaria glabra L.;治疝草(光治疝草,脱肠草);Burstwort, Common Burstwort, Green Carpet Plant, Green-carpet, Herniary, Rupturewort, Smooth Rupturewort, Smooth Rupture-wort ■

192966 Herniaria glabra L. subsp. cyrenaica (Pamp.) Brullo et Furnari = Herniaria cyrenaica F. Herm. ■☆

192967 Herniaria glabra L. var. atrovirens Strobl = Herniaria glaberrima (Emb.) Maire ■☆

192968 Herniaria glabra L. var. decipiens (Pomel) Batt. = Herniaria glabra L. ■

192969 Herniaria glabra L. var. scabrescens R. Roem. = Herniaria oranensis Chaudhri ■☆

192970 Herniaria glabra L. var. scabriflora Faure = Herniaria oranensis Chaudhri ■☆

192971 Herniaria glabra L. var. setulosa Beck = Herniaria glabra L. ■

192972 Herniaria grimmii F. Herm.;格里姆治疝草■☆

192973 Herniaria hemistemon J. Gay var. glabrescens Pamp. = Herniaria fontanesii J. Gay ■☆

192974 Herniaria hemistemon J. Gay var. parviflora Chaudhri = Herniaria hemistemon J. Gay ■☆

192975 Herniaria hirsuta L.;硬毛治疝草(毛治疝草);Fringed Rupturewort, Hairy Burstwort, Hairy Rupturewort, Hairy Rupture-wort ■☆

192976 Herniaria hirsuta L. subsp. cinerea (DC.) Arcang. = Herniaria cinerea DC. ■☆

192977 Herniaria hirsuta L. subsp. cinerea (DC.) Cout. = Herniaria cinerea DC. ■☆

192978 Herniaria hirsuta L. subsp. cinerea (DC.) Cout. = Herniaria hirsuta L. var. cinerea (DC.) Loret et Barrandon ■☆

192979 Herniaria hirsuta L. var. cinerea (DC.) Loret et Barrandon;灰治疝草;Fringed Rupturewort, Hairy Rupture-wort ■☆

192980 Herniaria hirsuta L. var. cinerea (DC.) Loret et Barrandon = Herniaria cinerea DC. ■☆

192981 Herniaria incana Lam.;灰毛治疝草;Gray Rupturewort ■☆

192982 Herniaria incana Lam. = Herniaria hirsuta L. ■☆

192983 Herniaria incana Lam. subsp. africana (Batt.) Maire = Herniaria incana Lam. ■☆

192984 Herniaria incana Lam. subsp. cyrenaica (F. Herm.) Maire et Weiller = Herniaria cyrenaica F. Herm. ■☆

192985 Herniaria incana Lam. subsp. pauciflora (Batt.) Maire;少花治疝草■☆

192986 Herniaria incana Lam. subsp. permixta (Guss.) Maire = Herniaria permixta Guss. ■☆

192987 Herniaria incana Lam. subsp. regnieri Braun-Blanq. et Maire = Herniaria regnieri Braun-Blanq. et Maire ■☆

192988 Herniaria incana Lam. subsp. rhiphaea (Font Quer) Maire = Herniaria rhiphaea Font Quer ■☆

192989 Herniaria incana Lam. var. africana Batt. = Herniaria incana Lam. ■☆

192990 Herniaria incana Lam. var. cinerea (DC.) Maire = Herniaria cinerea DC. ■☆

192991 Herniaria incana Lam. var. glabrescens Maire = Herniaria regnieri Braun-Blanq. et Maire ■☆

192992 Herniaria incana Lam. var. glabricaulis Maire = Herniaria regnieri Braun-Blanq. et Maire ■☆

192993 Herniaria incana Lam. var. villosa Maire et Weiller = Herniaria regnieri Braun-Blanq. et Maire ■☆

192994 Herniaria latifolia Lapeyr. var. regnieri (Braun-Blanq. et Maire) Pau et Font Quer = Herniaria regnieri Braun-Blanq. et Maire ■☆

192995 Herniaria lenticulata Forssk. = Paronychia arabica (L.) DC. ■☆

192996 Herniaria lenticulata L. = Herniaria cinerea DC. ■☆
192997 Herniaria lenticulata L. var. diandra (Bunge) Boiss. = Herniaria cinerea DC. ■☆
192998 Herniaria lenticulata L. var. fragilis (Lange) Maire = Herniaria cinerea DC. ■☆
192999 Herniaria lenticulata L. var. virescens (Salzm.) Maire = Herniaria cinerea DC. ■☆
193000 Herniaria lenticulata Thunb. = Herniaria capensis Bartl. ■☆
193001 Herniaria macrocarpa Sibth. = Herniaria hirsuta L. ■☆
193002 Herniaria maroccana (Font Quer) Romo = Herniaria boissieri J. Gay subsp. maroccana (Font Quer) Chaudhri ■☆
193003 Herniaria mauritanica Murb.;毛里塔尼亚治疝草■☆
193004 Herniaria oranensis Chaudhri;奥兰治疝草■☆
193005 Herniaria oranensis Chaudhri subsp. subglabrifolia (Chaudhri) Dobignard;光叶治疝草■☆
193006 Herniaria oranensis Chaudhri var. subglabrifolia Chaudhri = Herniaria oranensis Chaudhri ■☆
193007 Herniaria pearsonii Chaudhri;皮尔逊治疝草■☆
193008 Herniaria permixta Guss.;混乱治疝草■☆
193009 Herniaria polygama J. Gay;杂性治疝草(杂性脱肠草);Mixed Herniary ■
193010 Herniaria polygonoides Cav. = Paronychia suffruticosa (L.) DC. ●☆
193011 Herniaria pujosii Sauvage et Vindt;皮若斯治疝草■☆
193012 Herniaria regnieri Braun-Blanq. et Maire;雷尼尔治疝草■☆
193013 Herniaria regnieri Braun-Blanq. et Maire var. glaberrima Emb. = Herniaria regnieri Braun-Blanq. et Maire ■☆
193014 Herniaria rhiphaea Font Quer;山地治疝草■☆
193015 Herniaria schlechteri F. Herm.;施莱治疝草■☆
193016 Herniaria teknensis Sauvage = Herniaria fontanesii J. Gay ■☆
193017 Herniaria virescens Salzm. ex DC. = Herniaria cinerea DC. ■☆
193018 Herniariaceae Augier ex Martinov = Caryophyllaceae Juss.(保留科名)■●
193019 Herniariaceae Augier ex Martinov;治疝草科■
193020 Herniariaceae Martinov = Herniariaceae Augier ex Martinov ■
193021 Herodium Rchb. = Erodium L'Hér. ex Aiton ■●
193022 Herodotia Urb. et Ekman(1926);盘花藤菊属●☆
193023 Herodotia haitiensis Urb. et Ekman;盘花藤菊■☆
193024 Heroion Raf. = Asphodeline Rchb. ■☆
193025 Herorchis D. Tyteca et E. Klein(2008);羊毛兰属■☆
193026 Herotium Steud. = Filago L.(保留属名)■
193027 Herotium Steud. = Xerotium Bluff et Fingerh. ■
193028 Herpestes Kunth = Herpestis C. F. Gaertn. ■
193029 Herpestis C. F. Gaertn. = Bacopa Aubl.(保留属名)■
193030 Herpestis africana (Pers.) Steud. = Bacopa monnieri (L.) Pennell ■
193031 Herpestis calycina Benth. = Bacopa crenata (P. Beauv.) Hepper ■☆
193032 Herpestis chamaedryoides Kunth = Bacopa procumbens (Mill.) Greenm. ■☆
193033 Herpestis crenata P. Beauv. = Bacopa crenata (P. Beauv.) Hepper ■☆
193034 Herpestis decumbens Fernald = Bacopa decumbens (Fernald) F. N. Williams ■☆
193035 Herpestis floribunda R. Br. = Bacopa floribunda (R. Br.) Wettst. ■
193036 Herpestis hamiltoniana Benth. = Bacopa hamiltoniana (Benth.) Wettst. ■☆
193037 Herpestis javanica Blume = Adenosma javanica (Blume) Merr. ■
193038 Herpestis monnieria (L.) Kunth = Bacopa monnieri (L.) Pennell ■
193039 Herpestis ovata Benth. = Adenosma javanica (Blume) Merr. ■
193040 Herpestis rugosa Roth = Limnophila rugosa (Roth) Merr. ■
193041 Herpetacanthus Moric.(1847);虫刺爵床属■☆
193042 Herpetacanthus Nees = Herpetacanthus Moric. ■☆
193043 Herpetacanthus longiflorus Moric.;长花虫刺爵床■☆
193044 Herpetacanthus stenophyllus Gómez-Laur. et Grayum;狭叶虫刺爵床■☆
193045 Herpetacanthus tetrandrus (Nees et Mart.) Herter;四蕊虫刺爵床■☆
193046 Herpethophytum (Schltr.) Brieger = Dendrobium Sw.(保留属名)■
193047 Herpetica (DC.) Raf. = Senna Mill. ●■
193048 Herpetica Cook et Collins = Cassia L.(保留属名)●■
193049 Herpetica Raf. = Cassia L.(保留属名)●■
193050 Herpetica Raf. = Senna Mill. ●■
193051 Herpetina Post et Kuntze = Erpetina Naudin ●
193052 Herpetina Post et Kuntze = Medinilla Gaudich. ex DC. ●
193053 Herpetium Wittst. = Erpetion DC. ex Sweet ■●
193054 Herpetium Wittst. = Viola L. ■●
193055 Herpetophytum (Schltr.) Brieger = Dendrobium Sw.(保留属名)■
193056 Herpetospermum Wall. = Herpetospermum Wall. ex Hook. f. ■
193057 Herpetospermum Wall. ex Benth. Hook. f.(1867);波棱瓜属;Herpetospermum, Waveribgourd ■
193058 Herpetospermum Wall. ex Hook. f. = Herpetospermum Wall. ex Benth. Hook. f. ■
193059 Herpetospermum caudigerum Wall. = Herpetospermum pedunculosum (Ser.) C. B. Clarke ■
193060 Herpetospermum caudigerum Wall. ex Chakr. = Herpetospermum pedunculosum (Ser.) C. B. Clarke ■
193061 Herpetospermum grandiflorum Cogn. = Herpetospermum pedunculosum (Ser.) C. B. Clarke ■
193062 Herpetospermum pedunculosum (Ser.) C. B. Clarke;波棱瓜;Pedunculate Herpetospermum, Pedunculate Waveribgourd ■
193063 Herpetospermum grandiflorum Cogn. = Herpetospermum pedunculosum (Ser.) C. B. Clarke ■
193064 Herpolirion Hook. f.(1853);蔓兰属■
193065 Herpolirion capense Bolus = Caesia capensis (Bolus) Oberm. ■☆
193066 Herpollrion novae-zetandiae Hook. f.;蔓兰■☆
193067 Herpophyllum Zanardini = Barkania Ehrenb. ■
193068 Herpophyllum Zanardini = Halophila Thouars ■
193069 Herpothamnus Small = Vaccinium L. ●
193070 Herpysma Lindl.(1833);爬兰属(直唇兰属);Climborchis, Herpysma ■
193071 Herpysma bracteata (Blume) J. J. Sm. = Herpysma longicaulis Lindl. ■
193072 Herpysma longicaulis Lindl.;爬兰(直唇兰);Longstalked Herpysma, Longstem Climborchis ■
193073 Herpysma merrillii Ames;梅里尔爬兰(玛氏直唇兰);Merrill Herpysma ■☆
193074 Herpysma sumatrana Carr = Herpysma longicaulis Lindl. ■
193075 Herpyza C. Wright(1869);大花钩豆属●☆
193076 Herpyza Sauvalle = Herpyza C. Wright ●☆
193077 Herpyza Sauvalle = Teramnus P. Browne ●

193078 Herpyza grandiflora Sauvalle;大花钩豆■☆
193079 Herrania Goudot(1844);埃兰梧桐属●☆
193080 Herrania albiflora Goudot;埃兰梧桐●☆
193081 Herraria Ritgen = Herreria Ruiz et Pav. ■☆
193082 Herrea Schwantes = Conicosia N. E. Br. ■☆
193083 Herrea acocksii L. Bolus = Conicosia elongata (Haw.) N. E. Br. ■☆
193084 Herrea affinis (N. E. Br.) L. Bolus = Conicosia elongata (Haw.) N. E. Br. ■☆
193085 Herrea alba L. Bolus = Conicosia elongata (Haw.) N. E. Br. ■☆
193086 Herrea albolutea L. Bolus = Conicosia elongata (Haw.) N. E. Br. ■☆
193087 Herrea blanda L. Bolus = Conicosia elongata (Haw.) N. E. Br. ■☆
193088 Herrea brevisepala L. Bolus = Conicosia elongata (Haw.) N. E. Br. ■☆
193089 Herrea caledonica L. Bolus = Conicosia pugioniformis (L.) N. E. Br. ■☆
193090 Herrea conicosioides Schwantes = Conicosia pugioniformis (L.) N. E. Br. ■☆
193091 Herrea elongata (Haw.) L. Bolus = Conicosia elongata (Haw.) N. E. Br. ■☆
193092 Herrea elongata (Haw.) L. Bolus var. minor ? = Conicosia elongata (Haw.) N. E. Br. ■☆
193093 Herrea excavata L. Bolus = Conicosia elongata (Haw.) N. E. Br. ■☆
193094 Herrea fusiformis (Haw.) L. Bolus = Conicosia elongata (Haw.) N. E. Br. ■☆
193095 Herrea grandis L. Bolus = Conicosia elongata (Haw.) N. E. Br. ■☆
193096 Herrea gydouwensis L. Bolus = Conicosia elongata (Haw.) N. E. Br. ■☆
193097 Herrea inaequalis L. Bolus = Conicosia elongata (Haw.) N. E. Br. ■☆
193098 Herrea klaverensis L. Bolus = Conicosia elongata (Haw.) N. E. Br. ■☆
193099 Herrea laticalyx L. Bolus = Conicosia elongata (Haw.) N. E. Br. ■☆
193100 Herrea macrocalyx L. Bolus = Conicosia elongata (Haw.) N. E. Br. ■☆
193101 Herrea nelii Schwantes = Conicosia elongata (Haw.) N. E. Br. ■☆
193102 Herrea obtusa L. Bolus = Conicosia elongata (Haw.) N. E. Br. ■☆
193103 Herrea plana L. Bolus = Conicosia elongata (Haw.) N. E. Br. ■☆
193104 Herrea porcina L. Bolus = Conicosia elongata (Haw.) N. E. Br. ■☆
193105 Herrea robusta (N. E. Br.) L. Bolus = Conicosia elongata (Haw.) N. E. Br. ■☆
193106 Herrea ronaldii L. Bolus = Conicosia elongata (Haw.) N. E. Br. ■☆
193107 Herrea roodiae (N. E. Br.) L. Bolus = Conicosia elongata (Haw.) N. E. Br. ■☆
193108 Herrea stipitata L. Bolus = Conicosia elongata (Haw.) N. E. Br. ■☆
193109 Herreanthus Schwantes(1928);美翼玉属■☆
193110 Herreanthus meyeri Schwantes;美翼玉■☆
193111 Herreanthus meyeri Schwantes = Conophytum herreanthus S. A. Hammer ■☆
193112 Herrera Adans. = Erithalis P. Browne ●☆
193113 Herreraea Post et Kuntze = Herrera Adans. ●☆
193114 Herreraea Post et Kuntze = Herreria Ruiz et Pav. ■☆
193115 Herreranthus B. Nord. (2006);双苞连柱菊属●☆
193116 Herreranthus rivalis (Greenm.) B. Nord.;双苞连柱菊■☆
193117 Herreria Ruiz et Pav. (1794);肖薯蓣果属(赫雷草属,薯蓣果属)■☆
193118 Herreria stellata Ruiz et Pav.;肖薯蓣果(星芒赫雷草)■☆
193119 Herreriaceae Endl. (1841);肖薯蓣果科(赫雷草科,异菝葜科)■☆
193120 Herreriaceae Endl. = Agavaceae Dumort. (保留科名)●■
193121 Herreriaceae Endl. = Asparagaceae Juss. (保留科名)■●
193122 Herreriaceae Kunth = Herreriaceae Endl. ■☆
193123 Herreriopsis H. Perrier(1934);类肖薯蓣果属■☆
193124 Herreriopsis elegans H. Perrier;类肖薯蓣果●☆
193125 Herrickia Wooton et Standl. (1913);腺叶绿顶菊属;Aster ■☆
193126 Herrickia Wooton et Standl. = Aster L. ●■
193127 Herrickia glauca (Nutt.) Brouillet;格雷腺叶绿顶菊;Gray's Aster ■☆
193128 Herrickia glauca (Nutt.) Brouillet var. pulchra (S. F. Blake) Brouillet;美丽腺叶绿顶菊;Beautiful Aster ■☆
193129 Herrickia horrida Wooton et Standl.;多刺腺叶绿顶菊■☆
193130 Herrickia kingii (D. C. Eaton) Brouillet;金氏腺叶绿顶菊;King's Aster ■☆
193131 Herrickia kingii (D. C. Eaton) Brouillet, Urbatsch et R. P. Roberts var. barnebyana (S. L. Welsh et Goodrich) Brouillet;巴恩贝腺叶绿顶菊;Barneby's Aster ■☆
193132 Herrickia wasatchensis (M. E. Jones) Brouillet;瓦萨绿顶菊;Wasatch Aster ■☆
193133 Herrmannia Link et Otto = Hermannia L. ●☆
193134 Herschelia Lindl. (1838);蓝兰属;Blue Orchid ■☆
193135 Herschelia Lindl. = Disa P. J. Bergius ■☆
193136 Herschelia Lindl. = Forficaria Lindl. ■☆
193137 Herschelia Lindl. = Herschelianthe Rauschert ■☆
193138 Herschelia T. E. Bowdich = Physalis L. ■
193139 Herschelia T. E. Bowdich ex Rchb. = Physalis L. ■
193140 Herschelia atropurpurea (Sond.) Rolfe = Disa spathulata (L. f.) Sw. ■☆
193141 Herschelia bachmanniana Kraenzl. = Disa baurii Bolus ■☆
193142 Herschelia barbata (L. f.) Bolus = Disa barbata (L. f.) Sw. ■☆
193143 Herschelia baurii (Bolus) Kraenzl. = Disa baurii Bolus ■☆
193144 Herschelia charpenteriana (Rchb. f.) Kraenzl. = Disa multifida Lindl. ■☆
193145 Herschelia chimanimaniensis H. P. Linder;奇马尼马尼蓝兰■☆
193146 Herschelia coelestis Lindl. = Disa graminifolia Ker Gawl. ■☆
193147 Herschelia coelestis Lindl. = Herschelia graminifolia (Ker Gawl.) T. Durand et Schinz ■☆
193148 Herschelia edulis Bowdich;可食蓝兰■☆
193149 Herschelia excelsa (Thunb.) Kraenzl. = Disa tripetaloides (L. f.) N. E. Br. ■☆
193150 Herschelia forcipata (Schltr.) Kraenzl. = Disa forcipata Schltr. ■☆

193151 Herschelia forficaria (Bolus) H. P. Linder = Disa forficaria Bolus ■☆
193152 Herschelia goetzeana Kraenzl.;格兹蓝兰■☆
193153 Herschelia graminifolia (Ker Gawl. ex Spreng.) T. Durand et Schinz = Herschelia graminifolia (Ker Gawl.) T. Durand et Schinz ■☆
193154 Herschelia graminifolia (Ker Gawl.) T. Durand et Schinz;禾叶蓝兰;Blue Orchid, Grassleaf Blue Orchid ■☆
193155 Herschelia graminifolia (Ker Gawl.) T. Durand et Schinz = Disa graminifolia Ker Gawl. ■☆
193156 Herschelia hamatopetala (Rendle) Kraenzl. = Disa baurii Bolus ■☆
193157 Herschelia hians (L. f.) A. V. Hall = Disa hians (L. f.) Spreng. ■☆
193158 Herschelia lacera (Sw.) Fourc. = Disa hians (L. f.) Spreng. ■☆
193159 Herschelia longilabris (Schltr.) Rolfe;长唇蓝兰■☆
193160 Herschelia lugens (Bolus) Kraenzl. var. nigrescens H. P. Linder = Disa lugens Bolus var. nigrescens (H. P. Linder) H. P. Linder ■☆
193161 Herschelia multifida (Lindl.) Rolfe = Disa multifida Lindl. ■☆
193162 Herschelia newdigateae (L. Bolus) H. P. Linder = Disa newdigateae L. Bolus ■☆
193163 Herschelia praecox H. P. Linder = Herschelianthe praecox (H. P. Linder) Rauschert ■☆
193164 Herschelia purpurascens (Bolus) Kraenzl.;紫花蓝兰;Purpleflower Blue Orchid ■☆
193165 Herschelia purpurascens (Bolus) Kraenzl. = Disa purpurascens Bolus ■☆
193166 Herschelia schlechteriana (Bolus) H. P. Linder = Disa schlechteriana Bolus ■☆
193167 Herschelia spathulata (L. f.) Rolfe subsp. tripartita (Lindl.) H. P. Linder = Disa spathulata (L. f.) Sw. subsp. tripartita (Lindl.) H. P. Linder ■☆
193168 Herschelia tripartita (Lindl.) Rolfe = Disa spathulata (L. f.) Sw. subsp. tripartita (Lindl.) H. P. Linder ■☆
193169 Herschelia venusta (Bolus) Kraenzl. = Disa venusta Bolus ■☆
193170 Herschelianthe Rauschert = Forficaria Lindl. ■☆
193171 Herschelianthe atropurpurea (Sond.) Rauschert = Disa spathulata (L. f.) Sw. ■☆
193172 Herschelianthe bachmanniana (Kraenzl.) Rauschert = Disa baurii Bolus ■☆
193173 Herschelianthe barbata (L. f.) N. C. Anthony = Disa barbata (L. f.) Sw. ■☆
193174 Herschelianthe baurii (Bolus) Rauschert = Disa baurii Bolus ■☆
193175 Herschelianthe charpenteriana (Rchb. f.) Rauschert = Disa multifida Lindl. ■☆
193176 Herschelianthe chimanimaniensis (H. P. Linder) H. P. Linder = Herschelia chimanimaniensis H. P. Linder ■☆
193177 Herschelianthe forcipata (Schltr.) Rauschert = Disa forcipata Schltr. ■☆
193178 Herschelianthe forficaria (Bolus) N. C. Anthony = Disa forficaria Bolus ■☆
193179 Herschelianthe goetzeana (Kraenzl.) Rauschert = Herschelia goetzeana Kraenzl. ■☆
193180 Herschelianthe graminifolia (Ker Gawl.) Rauschert = Disa graminifolia Ker Gawl. ■☆
193181 Herschelianthe hians (L. f.) Rauschert = Disa hians (L. f.) Spreng. ■☆
193182 Herschelianthe lacera (Sw.) Rauschert = Disa hians (L. f.) Spreng. ■☆
193183 Herschelianthe longilabris (Schltr.) Rauschert = Herschelia longilabris (Schltr.) Rolfe ■☆
193184 Herschelianthe lugens (Bolus) Rauschert = Disa lugens Bolus ■☆
193185 Herschelianthe lugens (Bolus) Rauschert var. nigrescens (H. P. Linder) N. C. Anthony = Disa lugens Bolus var. nigrescens (H. P. Linder) H. P. Linder ■☆
193186 Herschelianthe multifida (Lindl.) Rauschert = Disa multifida Lindl. ■☆
193187 Herschelianthe newdigateae (L. Bolus) N. C. Anthony = Disa newdigateae L. Bolus ■☆
193188 Herschelianthe purpurascens (Bolus) Rauschert = Disa purpurascens Bolus ■☆
193189 Herschelianthe schlechteriana (Bolus) N. C. Anthony = Disa schlechteriana Bolus ■☆
193190 Herschelianthe spathulata (L. f.) Rauschert = Disa spathulata (L. f.) Sw. ■☆
193191 Herschelianthe spathulata (L. f.) Rauschert subsp. tripartita (Lindl.) N. C. Anthony = Disa spathulata (L. f.) Sw. subsp. tripartita (Lindl.) H. P. Linder ■☆
193192 Herschelianthe tripartita (Lindl.) Rauschert = Disa spathulata (L. f.) Sw. subsp. tripartita (Lindl.) H. P. Linder ■☆
193193 Herschelianthe venusta (Bolus) Rauschert = Disa venusta Bolus ■☆
193194 Herschellia Bartl. = Herschelia T. E. Bowdich ■
193195 Herschellia Bartl. = Physalis L. ■
193196 Hersilea Klotzsch = Aster L. ●■
193197 Hersilia Raf. = Phlomis L. ●■
193198 Hersilia biloba Raf. = Phlomis biloba Desf. ■☆
193199 Hertelia Neck. = Hernandia L. ●
193200 Hertelia Post et Kuntze = Ertela Adans. ●☆
193201 Hertelia Post et Kuntze = Moniera Loefl. ●☆
193202 Hertia Less. (1832);黄肉菊属■●☆
193203 Hertia Less. = Othonna L. ●■☆
193204 Hertia Neck. = Hertia Less. ■●☆
193205 Hertia alata (Thunb.) Kuntze;具翅黄肉菊■☆
193206 Hertia cheirifolia (L.) Kuntze;掌叶黄肉菊■☆
193207 Hertia ciliata (Harv.) Kuntze;黄肉菊■☆
193208 Hertia cluytiifolia (DC.) Kuntze;油芦子叶黄肉菊■☆
193209 Hertia cneorifolia (DC.) Kuntze = Lopholaena cneorifolia (DC.) S. Moore ■☆
193210 Hertia kraussii (Sch. Bip.) Fourc.;克劳斯黄肉菊■☆
193211 Hertia kuntzei O. Hoffm. ex Kuntze = Senecio lydenburgensis Hutch. et Burtt Davy ■☆
193212 Hertia maroccana (Batt.) Maire = Othonna maroccana (Batt.) Jeffrey ■☆
193213 Hertia natalensis O. Hoffm. ex Kuntze = Senecio affinis DC. ■☆
193214 Hertia pallens (DC.) Kuntze;苍白黄肉菊■☆
193215 Hertrichocereus Backeb. = Lemaireocereus Britton et Rose ●☆
193216 Hertrichocereus Backeb. = Stenocereus (A. Berger) Riccob. (保留属名)●☆
193217 Herularia glabra L.;王石竹■☆
193218 Herya Cordem. = Pleurostylia Wight et Arn. ●
193219 Herzogia K. Schum. = Evodia J. R. Forst. et G. Forst. ●
193220 Hesioda Vell. = Heisteria Jacq. (保留属名)●☆
193221 Hesiodia Moench = Sideritis L. ■●
193222 Hesperalbizia Barneby et J. W. Grimes = Albizia Durazz. ●
193223 Hesperalcea Greene = Sidalcea A. Gray ex Benth. ■☆
193224 Hesperaloe Engelm. (1871);草丝兰属(晚芦荟属)■☆

193225 Hesperaloe campanulata G. D. Starr;风铃草状草丝兰;Bell Flower Hesperaloe ■☆

193226 Hesperaloe davyi Baker f. = Hesperaloe funifera (K. Koch) Trel. ■☆

193227 Hesperaloe engelmannii Krauskopf = Hesperaloe parviflora (Torr.) J. M. Coult. ■☆

193228 Hesperaloe funifera (K. Koch) Trel.;大草丝兰;Giant Hesperaloe ■☆

193229 Hesperaloe parviflora (Torr.) J. M. Coult.;小花草丝兰;Red False Yucca, Red Hesperaloe, Red Yucca, Yellow False Yucca ■☆

193230 Hesperaloe parviflora (Torr.) J. M. Coult. var. engelmannii (Krauskopf) Trel. = Hesperaloe parviflora (Torr.) J. M. Coult. ■☆

193231 Hesperaloe yuccifolia (A. Gray) Engelm. = Hesperaloe parviflora (Torr.) J. M. Coult. ■☆

193232 Hesperantha Ker Gawl. (1804);长庚花属(夜鸢尾属);Hesperantha, Red Yucca ■☆

193233 Hesperantha acuta (Licht. ex Roem. et Schult.) Ker Gawl.;尖长庚花■☆

193234 Hesperantha alborosea Hilliard et B. L. Burtt;粉白长庚花■☆

193235 Hesperantha alpina (Hook. f.) Pax ex Engl. = Hesperantha petitiana (A. Rich.) Baker ■☆

193236 Hesperantha angusta Ker Gawl. = Hesperantha bachmannii Baker ■☆

193237 Hesperantha bachmannii Baker;巴克曼长庚花■☆

193238 Hesperantha ballii Wild;鲍尔长庚花■☆

193239 Hesperantha baurii Baker;包尔长庚花;Baur Hesperantha ■☆

193240 Hesperantha baurii Baker subsp. formosa Hilliard et B. L. Burtt;美丽包尔长庚花■☆

193241 Hesperantha bicolor (Baker) R. C. Foster;二色长庚花■☆

193242 Hesperantha bicolor (Baker) R. C. Foster = Hesperantha longituba (Klatt) Baker ■☆

193243 Hesperantha bifolia Baker;双叶长庚花■☆

193244 Hesperantha bolusii R. C. Foster = Hesperantha flexuosa Klatt ■☆

193245 Hesperantha bracteolata R. C. Foster = Hesperantha pilosa (L. f.) Ker Gawl. ■☆

193246 Hesperantha brevicaulis (Baker) G. J. Lewis;短茎长庚花■☆

193247 Hesperantha brevifolia Goldblatt;短叶长庚花■☆

193248 Hesperantha brevistyla Goldblatt;短柱长庚花■☆

193249 Hesperantha buhrii Baker = Hesperantha cucullata Klatt ■☆

193250 Hesperantha buhrii L. Bolus = Hesperantha cucullata Klatt ■☆

193251 Hesperantha bulbifera Baker;球根长庚花■☆

193252 Hesperantha candida Baker;纯白长庚花■☆

193253 Hesperantha candida Baker var. bicolor ? = Hesperantha longituba (Klatt) Baker ■☆

193254 Hesperantha caricina (Ker Gawl.) Klatt = Hesperantha radiata (Jacq.) Ker Gawl. ■☆

193255 Hesperantha cedarmontana Goldblatt;锡达蒙特长庚花■☆

193256 Hesperantha cinnamomea (L. f.) Ker Gawl.;肉桂长庚花■☆

193257 Hesperantha coccinea (Backh. et Harv.) Goldblatt et J. C. Manning = Schizostylis coccinea Backh. et Harv. ■☆

193258 Hesperantha cucullata Klatt;布尔长庚花(僧帽夜鸢尾)■☆

193259 Hesperantha curvula Hilliard et B. L. Burtt;内折长庚花■☆

193260 Hesperantha debilis Goldblatt;弱小长庚花■☆

193261 Hesperantha decipiens Goldblatt;迷惑长庚花■☆

193262 Hesperantha discolor N. E. Br. = Hesperantha acuta (Licht. ex Roem. et Schult.) Ker Gawl. ■☆

193263 Hesperantha elsiae Goldblatt;埃尔西亚长庚花■☆

193264 Hesperantha erecta (Baker) Benth. ex Baker;直立长庚花■☆

193265 Hesperantha exiliflora Goldblatt;瘦小长庚花■☆

193266 Hesperantha falcata (L. f.) Ker Gawl.;镰形长庚花■☆

193267 Hesperantha fibrosa Baker;纤维质长庚花■☆

193268 Hesperantha fistulosa Baker = Hesperantha spicata (Burm. f.) N. E. Br. subsp. fistulosa (Baker) Goldblatt ■☆

193269 Hesperantha flava G. J. Lewis;黄色长庚花■☆

193270 Hesperantha flexuosa Klatt;曲折长庚花■☆

193271 Hesperantha galpinii R. C. Foster = Hesperantha woodii Baker ■☆

193272 Hesperantha glabrescens Goldblatt;渐光长庚花■☆

193273 Hesperantha glareosa Hilliard et B. L. Burtt;石砾长庚花■☆

193274 Hesperantha gracilis Baker;纤细长庚花■☆

193275 Hesperantha graminifolia Sweet = Hesperantha spicata (Burm. f.) N. E. Br. subsp. graminifolia (Sweet) Goldblatt ■☆

193276 Hesperantha grandiflora G. J. Lewis;大花长庚花■☆

193277 Hesperantha hantamensis Schltr. ex R. C. Foster;汉塔姆长庚花■☆

193278 Hesperantha humilis Baker;低矮长庚花■☆

193279 Hesperantha huttonii (Baker) Hilliard et B. L. Burtt;赫顿长庚花■☆

193280 Hesperantha hygrophila Hilliard et B. L. Burtt;喜水长庚花■☆

193281 Hesperantha inconspicua (Baker) Goldblatt;显著长庚花■☆

193282 Hesperantha juncifolia Goldblatt;灯心草长庚花■☆

193283 Hesperantha karooica Goldblatt;卡鲁长庚花■☆

193284 Hesperantha kermesina Klatt = Geissorhiza inflexa (D. Delaroche) Ker Gawl. ■☆

193285 Hesperantha kilimanjarica Rendle = Hesperantha petitiana (A. Rich.) Baker ■☆

193286 Hesperantha lactea Baker;乳白长庚花■☆

193287 Hesperantha latifolia (Klatt) M. P. de Vos;宽叶长庚花■☆

193288 Hesperantha leucantha Baker;白花长庚花■☆

193289 Hesperantha linearis (Jacq.) Fourc. = Hesperantha falcata (L. f.) Ker Gawl. ■☆

193290 Hesperantha longicollis Baker;马托长庚花■☆

193291 Hesperantha longituba (Klatt) Baker;长管长庚花■☆

193292 Hesperantha longituba Baker = Hesperantha longituba (Klatt) Baker ■☆

193293 Hesperantha lutea Eckl. ex Baker = Hesperantha falcata (L. f.) Ker Gawl. ■☆

193294 Hesperantha malvina Goldblatt;锦葵长庚花■☆

193295 Hesperantha maritima Eckl. = Hesperantha falcata (L. f.) Ker Gawl. ■☆

193296 Hesperantha marlothii R. C. Foster;马洛斯长庚花■☆

193297 Hesperantha matopensis Gibbs = Hesperantha longicollis Baker ■☆

193298 Hesperantha metelerkampiae L. Bolus = Hesperantha vaginata (Sweet) Goldblatt ■☆

193299 Hesperantha minima (Baker) R. C. Foster;小长庚花■☆

193300 Hesperantha modesta Baker;适度长庚花■☆

193301 Hesperantha montana Klatt = Hesperantha cucullata Klatt ■☆

193302 Hesperantha montigena Goldblatt;山地长庚花■☆

193303 Hesperantha muirii (L. Bolus) G. J. Lewis;缪里长庚花■☆

193304 Hesperantha namaquana Goldblatt;纳马夸长庚花■☆

193305 Hesperantha namaquensis Baker = Hesperantha flexuosa Klatt ■☆

193306 Hesperantha oligantha (Diels) Goldblatt;寡花长庚花■☆

193307 Hesperantha pallescens Goldblatt;变苍白长庚花■☆

193308 Hesperantha pallida Eckl. = Hesperantha falcata (L. f.) Ker Gawl. ■☆

193309 Hesperantha pauciflora (Baker) G. J. Lewis;少花长庚花■☆

193310 Hesperantha pearsonii R. C. Foster = Hesperantha latifolia (Klatt) M. P. de Vos ■☆
193311 Hesperantha pentheri Baker = Hesperantha falcata (L. f.) Ker Gawl. ■☆
193312 Hesperantha petitiana (A. Rich.) Baker;佩蒂蒂长庚花■☆
193313 Hesperantha petitiana (A. Rich.) Baker var. uniflora Hochst. ex Baker = Hesperantha petitiana (A. Rich.) Baker ■☆
193314 Hesperantha petitiana (A. Rich.) Baker var. volkensii (Harms) Foster = Hesperantha petitiana (A. Rich.) Baker ■☆
193315 Hesperantha pilosa (L. f.) Ker Gawl.;疏毛长庚花■☆
193316 Hesperantha pilosa (L. f.) Ker Gawl. subsp. latifolia Goldblatt = Hesperantha pseudopilosa Goldblatt ■☆
193317 Hesperantha pseudopilosa Goldblatt;假疏毛长庚花■☆
193318 Hesperantha puberula R. C. Foster = Hesperantha pilosa (L. f.) Ker Gawl. ■☆
193319 Hesperantha pubinervia Hilliard et B. L. Burtt;毛脉长庚花■☆
193320 Hesperantha pulchra Baker;美丽长庚花■☆
193321 Hesperantha purpurea Goldblatt;紫长庚花■☆
193322 Hesperantha quadrangula Goldblatt;棱角长庚花■☆
193323 Hesperantha quinquangularis Eckl. = Geissorhiza inflexa (D. Delaroche) Ker Gawl. ■☆
193324 Hesperantha radiata (Jacq.) Ker Gawl.;辐射长庚花■☆
193325 Hesperantha radiata (Jacq.) Ker Gawl. var. caricina Ker Gawl. = Hesperantha radiata (Jacq.) Ker Gawl. ■☆
193326 Hesperantha recurvata Asch. et Graebn. = Hesperantha radiata (Jacq.) Ker Gawl. ■☆
193327 Hesperantha rivulicola Goldblatt;溪边长庚花■☆
193328 Hesperantha rosea Klatt = Geissorhiza heterostyla L. Bolus ■☆
193329 Hesperantha rubella Baker = Hesperantha baurii Baker ■☆
193330 Hesperantha rupestris N. E. Br. ex R. C. Foster;岩石长庚花■☆
193331 Hesperantha rupicola Goldblatt;岩生长庚花■☆
193332 Hesperantha sabiensis N. E. Br. ex R. C. Foster = Hesperantha longicollis Baker ■☆
193333 Hesperantha saldanhae Goldblatt;萨尔达尼亚长庚花■☆
193334 Hesperantha saxicola Goldblatt;岩地长庚花■☆
193335 Hesperantha schlechteri (Baker) R. C. Foster;施莱长庚花■☆
193336 Hesperantha scopulosa Hilliard et B. L. Burtt;岩栖长庚花■☆
193337 Hesperantha semipatula R. C. Foster = Hesperantha erecta (Baker) Benth. ex Baker ■☆
193338 Hesperantha setacea Eckl. = Hesperantha radiata (Jacq.) Ker Gawl. ■☆
193339 Hesperantha similis N. E. Br. ex R. C. Foster = Hesperantha schlechteri (Baker) R. C. Foster ■☆
193340 Hesperantha spicata (Burm. f.) N. E. Br.;长穗长庚花■☆
193341 Hesperantha spicata (Burm. f.) N. E. Br. subsp. fistulosa (Baker) Goldblatt;管状长穗长庚花■☆
193342 Hesperantha spicata (Burm. f.) N. E. Br. subsp. graminifolia (Sweet) Goldblatt;禾叶长庚花■☆
193343 Hesperantha stanfordiae L. Bolus;斯坦福长庚花;Stanford Hesperantha ■☆
193344 Hesperantha stanfordiae L. Bolus = Hesperantha vaginata (Sweet) Goldblatt ■☆
193345 Hesperantha stenosiphon Goldblatt;窄管长庚花■☆
193346 Hesperantha subexserta Baker = Hesperantha baurii Baker ■☆
193347 Hesperantha subulata Baker = Geissorhiza juncea (Link) A. Dietr. ■☆
193348 Hesperantha tenuifolia Salisb. = Hesperantha radiata (Jacq.) Ker Gawl. ■☆
193349 Hesperantha teretifolia Goldblatt;柱叶长庚花■☆
193350 Hesperantha trifolia R. C. Foster = Hesperantha falcata (L. f.) Ker Gawl. ■☆
193351 Hesperantha tugwellae R. C. Foster = Hesperantha acuta (Licht. ex Roem. et Schult.) Ker Gawl. ■☆
193352 Hesperantha tysonii Baker = Hesperantha radiata (Jacq.) Ker Gawl. ■☆
193353 Hesperantha umbricola Goldblatt;荫地长庚花■☆
193354 Hesperantha uniflora Hochst. = Hesperantha petitiana (A. Rich.) Baker ■☆
193355 Hesperantha vaginata (Sweet) Goldblatt;叶鞘长庚花■☆
193356 Hesperantha vernalis Hilliard et B. L. Burtt = Hesperantha candida Baker ■☆
193357 Hesperantha virginea Ker Gawl. = Hesperantha bachmannii Baker ■☆
193358 Hesperantha volkensii Harms = Hesperantha petitiana (A. Rich.) Baker ■☆
193359 Hesperantha widmeri P. Beauv. = Hesperantha longicollis Baker ■☆
193360 Hesperantha woodii Baker;伍得长庚花■☆
193361 Hesperanthemum (Endl.) Kuntze = Anthacanthus Nees ●☆
193362 Hesperanthemum Kuntze = Anthacanthus Nees ●☆
193363 Hesperanthes S. Watson = Anthericum L. ■☆
193364 Hesperanthes albomarginata M. E. Jones = Eremocrinum albomarginatum (M. E. Jones) M. E. Jones ■☆
193365 Hesperanthus Salisb. = Hesperantha Ker Gawl. ■☆
193366 Hesperaster Cockerell = Mentzelia L. ●■☆
193367 Hesperastragalus A. Heller = Astragalus L. ●■
193368 Hesperelaea A. Gray(1876);晚木犀属●☆
193369 Hesperelaea palmeri A. Gray;晚木犀●☆
193370 Hesperethusa M. Roem. = Limonia L. ●☆
193371 Hesperethusa crenulata (Roxb.) M. Roem. = Limonia crenulata Roxb. ●☆
193372 Hesperevax (A. Gray) A. Gray(1868);西瓦菊属■☆
193373 Hesperevax A. Gray = Evax Gaertn. ■☆
193374 Hesperevax A. Gray = Hesperevax (A. Gray) A. Gray ■☆
193375 Hesperevax acaulis (Kellogg) Greene;无茎西瓦菊;Dwarf Evax, Stemless Evax ■☆
193376 Hesperevax acaulis (Kellogg) Greene var. ambusticola Morefield;火焰无茎西瓦菊;Fire Evax ■☆
193377 Hesperevax acaulis (Kellogg) Greene var. robustior Morefield;粗壮无茎西瓦菊;Robust Evax ■☆
193378 Hesperevax caulescens (Benth.) A. Gray;总苞西瓦菊;Hogwallow Starfish, Involucrate Evax ■☆
193379 Hesperevax sparsiflora (A. Gray) Greene;直立西瓦菊;Erect Evax ■☆
193380 Hesperevax sparsiflora (A. Gray) Greene var. brevifolia (A. Gray) Morefield;短叶直立西瓦菊;Seaside Evax, Short-leaved Evax ■☆
193381 Hesperhodos Cockerell = Rosa L. ●
193382 Hesperidanthus (B. L. Rob.) Rydb. = Schoenocrambe Greene ■☆
193383 Hesperidanthus Rydb. = Schoenocrambe Greene ■☆
193384 Hesperidopsis (DC.) Kuntze = Dontostemon Andrz. ex C. A. Mey. (保留属名)■
193385 Hesperidopsis Kuntze = Dontostemon Andrz. ex C. A. Mey. (保留属名)■
193386 Hesperidopsis pinnatifidus (Willd.) Kuntze = Dontostemon pinnatifidus (Willd.) Al-Shehbaz et H. Ohba ■

193387 Hesperis L.(1753);香花芥属(香花草属,香芥属);Dame's Rocket,Dame's-violet,Rocket ■

193388 Hesperis acris Forssk. = Diplotaxis acris (Forssk.) Boiss. ■☆

193389 Hesperis africana L. = Malcolmia africana (L.) R. Br. ■

193390 Hesperis arabidiflora DC. = Parrya nudicaulis (L.) Regel ■

193391 Hesperis arenaria Desf. = Malcolmia arenaria (Desf.) DC. ■☆

193392 Hesperis armena Boiss.;亚美尼亚香花芥■☆

193393 Hesperis bicuspidata (Willd.) Poir.;双尖香花芥■☆

193394 Hesperis brevipes (Kar. et Kir.) Kuntze = Neotorularia brevipes (Kar. et Kir.) Hedge et J. Léonard ■

193395 Hesperis deltoidea (Hook. f. et Thomson) Kuntze = Eutrema deltoideum (Hook. f. et Thomson) O. E. Schulz ■

193396 Hesperis diffusa Decne. = Eremobium aegyptiacum (Spreng.) Hochr. ■☆

193397 Hesperis elata Hornem. = Hesperis sibirica L. ■

193398 Hesperis flava Georgi = Erysimum flavum (Georgi) Bobrov ■

193399 Hesperis glandulosa Pers. = Dontostemon integrifolius (L.) Ledeb. ■

193400 Hesperis halophila (C. A. Mey.) Kuntze = Thellungiella halophila (C. A. Mey.) O. E. Schulz ■

193401 Hesperis himalaica (Edgew.) Kuntze = Crucihimalaya himalaica (Edgew.) Al-Shehbaz, O'Kane et R. A. Price ■

193402 Hesperis hygrophila Kuntze = Neotorularia humilis (C. A. Mey.) Hedge et J. Léonard ■

193403 Hesperis karsiana N. Busch;卡尔斯香花芥■☆

193404 Hesperis laciniata All.;撕裂香花芥■☆

193405 Hesperis laciniata All. subsp. spectabilis (Jord.) Rouy et Foucaud;壮观香花芥■☆

193406 Hesperis laciniata All. var. mesatlantica Maire = Hesperis laciniata All. ■☆

193407 Hesperis laciniata All. var. rifana Emb. et Maire = Hesperis laciniata All. ■☆

193408 Hesperis lasiocarpa (Hook. f. et Thomson) Kuntze = Crucihimalaya lasiocarpa (Hook. f. et Thomson) Al-Shehbaz, O'Kane et R. A. Price ■

193409 Hesperis laxa Lam. = Malcolmia africana (L.) R. Br. ■

193410 Hesperis limosella (Bunge) Kuntze = Braya rosea (Turcz.) Bunge ■

193411 Hesperis limosella Bunge et Kuntze = Braya rosea (Turcz.) Bunge ■

193412 Hesperis limoselloides (Bunge ex Ledeb.) Kuntze = Braya rosea (Turcz.) Bunge ■

193413 Hesperis limprichtii O. E. Schulz = Clausia trichosepala (Turcz.) Dvorák ■

193414 Hesperis limprichtii O. E. Schulz var. violacea O. E. Schulz = Clausia trichosepala (Turcz.) Dvorák ■

193415 Hesperis lutea Maxim. = Sisymbrium luteum (Maxim.) O. E. Schulz ■

193416 Hesperis maritima (L.) Desf. = Malcolmia maritima (L.) R. Br. ■☆

193417 Hesperis matronalis L.;欧亚香花芥(海水星,花萝卜,紫花南芥);Damask Violet, Dame's Rocket, Dame's Gilliflower, Dames Rocket, Dames Violet, Dame's Violet, Dame's-violet, Eveweed, Garden Rocket, Mother-of-the-evening, Motherwort, Night-smelling Rocket, Queen's Gilliflower, Queen's Gillyflower, Queen's Rogues, Red Rocket, Rogue's Gilliflower, Roquette, Sciney, Siney, Summer Lilac, Sweet Rocket, Vesper Flower, White Rocket, Whitsun Gillies, Whitsun Gilliflower, Winter Gilliflower ■

193418 Hesperis matronalis L. 'Rogue';流浪汉欧亚香花芥;Rogue's Gilliflower ■☆

193419 Hesperis matronalis L. subsp. sibirica (L.) G. V. Krylov = Hesperis sibirica L. ■

193420 Hesperis matronalis L. var. elata (Hornem.) Schmalh. = Hesperis sibirica L. ■

193421 Hesperis matronalis L. var. sibirica (L.) DC. = Hesperis sibirica L. ■

193422 Hesperis matronalis L. var. sibirica DC. = Hesperis sibirica L. ■

193423 Hesperis meyeriana (Trautv.) N. Busch;迈氏香花芥■☆

193424 Hesperis mollissima (C. A. Mey.) Kuntze = Crucihimalaya mollissima (C. A. Mey.) Al-Shehbaz, O'Kane et R. A. Price ■

193425 Hesperis nitens Viv. = Moricandia nitens (Viv.) Durand et Barratte ■☆

193426 Hesperis oreophila Kitag.;雾灵香花芥(雾灵香花草);Wuling Rocket ■

193427 Hesperis oreophila Kitag. = Hesperis sibirica L. ■

193428 Hesperis pendula DC.;下垂香花芥■☆

193429 Hesperis persica Boiss.;波斯香花芥■☆

193430 Hesperis piasezkii (Maxim.) Kuntze = Neotorularia humilis (C. A. Mey.) Hedge et J. Léonard ■

193431 Hesperis pilosa Poir. = Dontostemon pinnatifidus (Willd.) Al-Shehbaz et H. Ohba ■

193432 Hesperis pinnata Pers. = Dimorphostemon pinnatus (Pers.) Kitag. ■

193433 Hesperis pinnata Pers. = Dontostemon pinnatifidus (Willd.) Al-Shehbaz et H. Ohba ■

193434 Hesperis pinnatifidus Michx. = Iodanthus pinnatifidus (Michx.) Steud. ■☆

193435 Hesperis pseudonivea Tzvelev;高香花芥■

193436 Hesperis pseudonivea Tzvelev = Hesperis sibirica L. ■

193437 Hesperis pumila (Stephan) Kuntze = Olimarabidopsis pumila (Stephan) Al-Shehbaz, O'Kane et R. A. Price ■

193438 Hesperis punctata Poir. = Dontostemon pinnatifidus (Willd.) Al-Shehbaz et H. Ohba ■

193439 Hesperis pygmaea DC. = Maresia pygmaea (DC.) O. E. Schulz ■☆

193440 Hesperis ramosissima Desf. = Malcolmia ramosissima (Desf.) Thell. ■☆

193441 Hesperis rosea (Turcz.) Kuntze = Braya rosea (Turcz.) Bunge ■

193442 Hesperis salsuginea (Pall.) Kuntze = Thellungiella salsuginea (Pall.) O. E. Schulz ■

193443 Hesperis scapigera (Adams.) DC. = Parrya nudicaulis (L.) Regel ■

193444 Hesperis sibirica L.;北香花芥;Siberia Rocket, Siberian Rocket ■

193445 Hesperis sibirica L. var. alba Georgi = Hesperis sibirica L. ■

193446 Hesperis silvestris Kuntze;林香花草■☆

193447 Hesperis spectabilis (Hook. f. et Thomson ex E. Fourn.) Kuntze = Eutrema himalaicum Hook. f. et Thomson ■

193448 Hesperis spectabilis Jord. = Hesperis laciniata All. subsp. spectabilis (Jord.) Rouy et Foucaud ■☆

193449 Hesperis steveniana DC.;司梯氏香花草;Steven Rocket ■☆

193450 Hesperis stricta (Cambess.) Kuntze = Crucihimalaya stricta (Cambess.) Al-Shehbaz, O'Kane et R. A. Price ■

193451 Hesperis trichosepala Turcz. = Clausia trichosepala (Turcz.) Dvorák ■

193452 Hesperis tristis L.;夜香花草;Melancholy Gentlemen ■☆

193453 Hesperis uniflora (Hook. f. et Thomson) Kuntze = Braya uniflora Hook. f. et Thomson ■

193454 Hesperis uniflora (Hook. f. et Thomson) Kuntze = Pycnoplinthus uniflorus (Hook. f. et Thomson) O. E. Schulz ■

193455 Hesperis verna L. = Arabis verna (L.) R. Br. ■☆

193456 Hesperis violacea Boiss.;紫堇香花草■☆

193457 Hesperis voronovii N. Busch;沃氏香花芥■☆
193458 Hesperis wallichii (Hook. f. et Thomson) Kuntze = Crucihimalaya wallichii (Hook. f. et Thomson) Al-Shehbaz, O'Kane et R. A. Price ■
193459 Hesperocallaceae Traub = Hesperocallidaceae Traub ■☆
193460 Hesperocallidaceae Traub = Agavaceae Dumort. (保留科名)●■
193461 Hesperocallidaceae Traub(1972);夕丽花科(西丽草科,夷百合科)■☆
193462 Hesperocallis A. Gray(1868);夕丽花属(沙漠百合属,西丽草属);Desert-lily ■☆
193463 Hesperocallis undulata A. Gray;夕丽花(沙漠百合,西丽草);Desert Lily ■☆
193464 Hesperochiron S. Watson(1871)(保留属名);夕麻属■☆
193465 Hesperochloa (Piper) Rydb. = Festuca L. ■
193466 Hesperochloa Rydb. = Festuca L. ■
193467 Hesperocles Salisb. = Allium L. ■
193468 Hesperocles Salisb. = Nothoscordum Kunth(保留属名)■☆
193469 Hesperocnide Torr. (1857);夜麻属■☆
193470 Hesperocnide tenella Torr.;夜麻;Western-nettle ■☆
193471 Hesperocyparis Bartel et R. A. Price = Cupressus L. ●
193472 Hesperocyparis Bartel et R. A. Price(2009);夕柏属●☆
193473 Hesperodoria Greene = Haplopappus Cass. (保留属名)■●☆
193474 Hesperodoria Greene(1906);无舌兔黄花属■●☆
193475 Hesperodoria hallii (A. Gray) Greene = Columbiadoria hallii (A. Gray) G. L. Nesom ■☆
193476 Hesperodoria hallii Greene;无舌兔黄花■☆
193477 Hesperodoria salicina (S. F. Blake) G. L. Nesom = Lorandersonia salicina (S. F. Blake) Urbatsch, R. P. Roberts et Neubig ●☆
193478 Hesperodoria scopulorum (M. E. Jones) Greene = Chrysothamnus scopulorum (M. E. Jones) Urbatsch, R. P. Roberts et Neubig ●☆
193479 Hesperogenia J. M. Coult. et Rose = Tauschia Schltdl. (保留属名)■☆
193480 Hesperogeton Koso-Pol. = Sanicula L. ■
193481 Hesperogreigia Skottsb. = Greigia Regel ■☆
193482 Hesperolaburnum Maire(1949);宽荚豆属■☆
193483 Hesperolaburnum platycarpum (Maire) Maire;宽荚豆■☆
193484 Hesperolinon (A. Gray) Small(1907);西方亚麻属■☆
193485 Hesperolinon adenophyllum Small;腺叶西方亚麻■☆
193486 Hesperolinon micranthum Small;小花西方亚麻■☆
193487 Hesperoltnon Small. = Hesperolinon (A. Gray) Small ■☆
193488 Hesperomannia A. Gray(1865);单殖菊属●☆
193489 Hesperomannia arborescens A. Gray;单殖菊●☆
193490 Hesperomecon Greene = Platystigma Benth. ■☆
193491 Hesperomecon Greene(1903);夜罂粟属(罂粟菊属)■☆
193492 Hesperomecon linearis (Benth.) Greene;夜罂粟■☆
193493 Hesperomeles Lindl. (1837);西果蔷薇属●☆
193494 Hesperomeles cordata Lindl.;心叶西果蔷薇●☆
193495 Hesperomeles ferruginea Lindl.;锈色西果蔷薇●☆
193496 Hesperomeles obovata (Pittier) Standl.;倒卵叶西果蔷薇●☆
193497 Hesperomeles obtusifolia Lindl.;钝叶西果蔷薇●☆
193498 Hesperonia Standl. (1909);夕茉莉属(西茉莉属)●☆
193499 Hesperonia Standl. = Mirabilis L. ■
193500 Hesperonia bigelovii (A. Gray) Standl. = Mirabilis laevis (Benth.) Curran var. villosa (Kellogg) Spellenb. ■☆
193501 Hesperonia bigelovii A. Gray var. retrorsa (A. Heller) Munz = Mirabilis laevis (Benth.) Curran var. retrorsa (A. Heller) Jeps. ■☆
193502 Hesperonia californica (A. Gray) Standl. = Mirabilis laevis (Benth.) Curran var. crassifolia (Choisy) Spellenb. ■☆
193503 Hesperonia californica A. Gray var. retrorsa (A. Heller) Jeps. = Mirabilis laevis (Benth.) Curran var. retrorsa (A. Heller) Jeps. ■☆
193504 Hesperonia cedrosensis Standl. = Mirabilis laevis (Benth.) Curran var. crassifolia (Choisy) Spellenb. ■☆
193505 Hesperonia heimerlii Standl. = Mirabilis laevis (Benth.) Curran var. crassifolia (Choisy) Spellenb. ■☆
193506 Hesperonia laevis (Benth.) Standl. = Mirabilis laevis (Benth.) Curran ■☆
193507 Hesperonia retrorsa (A. Heller) Standl. = Mirabilis laevis (Benth.) Curran var. retrorsa (A. Heller) Jeps. ■☆
193508 Hesperonix Rydb. = Astragalus L. ●■
193509 Hesperopeuce (Engelm.) Lemmon = Tsuga (Endl.) Carrière ●
193510 Hesperopeuce (Engelm.) Lemmon(1890);大果铁杉属●☆
193511 Hesperopeuce Lemmon = Tsuga (Endl.) Carrière ●
193512 Hesperopeuce longibracteata (W. C. Cheng) W. C. Cheng = Tsuga longibracteata W. C. Cheng ●
193513 Hesperopeuce mertensiana (Bong.) Rydb. = Tsuga mertensiana (Bong.) Carrière ●☆
193514 Hesperopeuce pattoniana (A. Murray bis) Lemmon = Tsuga mertensiana (Bong.) Carrière ●☆
193515 Hesperoschordum Willis = Hesperoscordum Lindl. ■☆
193516 Hesperoscordum Lindl. = Milla Cav. ■☆
193517 Hesperoscordum Lindl. = Triteleia Douglas ex Lindl. ■☆
193518 Hesperoscordum lacteum Lindl. = Triteleia hyacinthina (Lindl.) Greene ■☆
193519 Hesperoscordum lewisii Hook. = Triteleia hyacinthina (Lindl.) Greene ■☆
193520 Hesperoscordum lilacinum (Greene) A. Heller ex Abrams = Triteleia lilacina Greene ■☆
193521 Hesperoseris Skottsb. = Dendroseris D. Don ●☆
193522 Hesperostipa (M. K. Elias) Barkworth = Stipa L. ■
193523 Hesperostipa (M. K. Elias) Barkworth(1993);夕茅属(羽茅属)■☆
193524 Hesperostipa comata (Trin. et Rupr.) Barkworth = Stipa comata Trin. et Rupr. ■☆
193525 Hesperostipa neomexicana (Thurb.) Barkworth;新墨西哥夕茅;New Mexican Feather Grass ■☆
193526 Hesperostipa spartea (Trin.) Barkworth = Stipa spartea Trin. ■☆
193527 Hesperothamnus Brandegee = Millettia Wight et Arn. (保留属名)●■
193528 Hesperoxalis Small = Oxalis L. ■●
193529 Hesperoxiphion Baker = Cypella Herb. ■☆
193530 Hesperoxiphion Baker(1877);夕刀鸢尾属■☆
193531 Hesperoxiphion niveum (Ravenna) Ravenna;雪白夕刀鸢尾■☆
193532 Hesperoxiphion pusillum Baker;夕刀鸢尾■☆
193533 Hesperoyucca (Engelm.) Baker = Yucca L. ●■
193534 Hesperoyucca (Engelm.) Baker(1893);夜丝兰属;Our Lord's Candle, Quixote Plant ■☆
193535 Hesperoyucca (Engelm.) Trel. = Yucca L. ●■
193536 Hesperoyucca Baker = Yucca L. ●■
193537 Hesperoyucca newberryi (McKelvey) Clary;纽伯里夜丝兰■☆
193538 Hesperoyucca whipplei (Torr.) Trel.;圣烛花(惠氏丝兰);

Our Lord's Candle, Our Lord's Candles, Our-Lord's Candle, Whipple's Yucca ■☆

193539 Hesperoyucca whipplei (Torr.) Trel. var. graminifolia (A. W. Wood) Trel. = Hesperoyucca whipplei (Torr.) Trel. ■☆

193540 Hesperozygis Epling(1936);夜球花属●☆

193541 Hesperozygis bella Epling;夜球花●☆

193542 Hesperozygis nitida Epling;光亮夜球花●☆

193543 Hessea Herb. (1837)(保留属名);黑塞石蒜属■☆

193544 Hessea P. J. Bergius = Carpolyza Salisb. ■☆

193545 Hessea P. J. Bergius ex Schltdl. (废弃属名) = Carpolyza Salisb. ■☆

193546 Hessea P. J. Bergius ex Schltdl. (废弃属名) = Hessea Herb. (保留属名)■☆

193547 Hessea bachmanniana Schinz = Hessea breviflora Herb. ■☆

193548 Hessea brachyscypha Baker = Hessea breviflora Herb. ■☆

193549 Hessea breviflora Herb.;短花黑塞石蒜■☆

193550 Hessea bruce-bayeri (D. Müll. -Doblies et U. Müll. -Doblies) Snijman = Namaquanula bruce-bayeri D. Müll. -Doblies et U. Müll. -Doblies ■☆

193551 Hessea burchelliana (Herb.) Benth. et Hook. f. = Strumaria gemmata Ker Gawl. ■☆

193552 Hessea chaplinii W. F. Barker = Strumaria chaplinii (W. F. Barker) Snijman ■☆

193553 Hessea cinnabarina D. Müll. -Doblies et U. Müll. -Doblies = Hessea stellaris (Jacq.) Herb. ■☆

193554 Hessea cinnamomea (L'Hér.) T. Durand et Schinz;肉桂黑塞石蒜■☆

193555 Hessea crispa (Jacq.) Kunth = Hessea cinnamomea (L'Hér.) T. Durand et Schinz ■☆

193556 Hessea dregeana Kunth = Hessea breviflora Herb. ■☆

193557 Hessea filifolia (Jacq. ex Willd.) Benth. et Hook. = Strumaria tenella (L. f.) Snijman ■☆

193558 Hessea gemmata (Ker Gawl.) Benth. et Hook. = Strumaria gemmata Ker Gawl. ■☆

193559 Hessea incana Snijman;灰毛黑塞石蒜■☆

193560 Hessea karooica W. F. Barker = Strumaria karooica (W. F. Barker) Snijman ■☆

193561 Hessea leipoldtii L. Bolus = Strumaria leipoldtii (L. Bolus) Snijman ■☆

193562 Hessea longituba D. Müll. -Doblies et U. Müll. -Doblies = Hessea breviflora Herb. ■☆

193563 Hessea mathewsii W. F. Barker;马修斯黑塞石蒜■☆

193564 Hessea monticola Snijman;山地黑塞石蒜■☆

193565 Hessea pilosula D. Müll. -Doblies et U. Müll. -Doblies;疏毛黑塞石蒜■☆

193566 Hessea pulcherrima (D. Müll. -Doblies et U. Müll. -Doblies) Snijman;艳丽黑塞石蒜■☆

193567 Hessea pusilla Snijman;微小黑塞石蒜■☆

193568 Hessea rehmannii Baker = Nerine rehmannii (Baker) L. Bolus ■☆

193569 Hessea schlechteri Kuntze;施莱黑塞石蒜■☆

193570 Hessea speciosa Snijman;美丽黑塞石蒜■☆

193571 Hessea spiralis Baker = Strumaria pygmaea Snijman ■☆

193572 Hessea stellaris (Jacq.) Herb.;星状黑塞石蒜■☆

193573 Hessea stenosiphon (Snijman) D. Müll. -Doblies et U. Müll. -Doblies;细管黑塞石蒜■☆

193574 Hessea tenella (L. f.) Oberm. = Strumaria tenella (L. f.) Snijman ■☆

193575 Hessea tenuipedicellata Snijman;细花梗黑塞石蒜■☆

193576 Hessea unguiculata W. F. Barker = Strumaria unguiculata (W. F. Barker) Snijman ■☆

193577 Hessea weberlingiorum D. Müll. -Doblies et U. Müll. -Doblies = Hessea stellaris (Jacq.) Herb. ■☆

193578 Hessea zeyheri Baker = Hessea breviflora Herb. ■☆

193579 Hestia S. Y. Wong et P. C. Boyce = Schismatoglottis Zoll. et Moritzi ■

193580 Hestia S. Y. Wong et P. C. Boyce(2010);马来落檐属■☆

193581 Hetaeria Blume(1825)('Etaeria')(保留属名);翻唇兰属(伴兰属,赛斑叶兰属);Hetaeria ■

193582 Hetaeria Endl. = Philydrella Caruel ■☆

193583 Hetaeria abbreviata (Lindl.) J. J. Sm. = Rhomboda abbreviata (Lindl.) Ormerod ■

193584 Hetaeria abbreviata (Lindl.) Ts. Tang et F. T. Wang = Anoectochilus abbreviatus (Lindl.) Seidenf. ■

193585 Hetaeria abbreviata Lindl. = Rhomboda abbreviata (Lindl.) Ormerod ■

193586 Hetaeria affinis (Griff.) Seidenf. et Ormerod;滇南翻唇兰;S. Yunnan Hetaeria ■

193587 Hetaeria agyokuana (Fukuy.) Nackej.;阿玉山伴兰■

193588 Hetaeria agyokuana (Fukuy.) Nackej. = Zeuxine agyokuana Fukuy. ■

193589 Hetaeria anomala Lindl.;四腺翻唇兰(海南翻唇兰,圆唇伴兰,圆叶伴兰);Fourgland Hetaeria, Hainan Hetaeria ■

193590 Hetaeria biloba (Ridl.) Seidenf. et J. J. Wood = Hetaeria anomala Lindl. ■

193591 Hetaeria biloba (Ridl.) Seidenf. et J. J. Wood = Hetaeria oblongifolia Blume ■

193592 Hetaeria cristata Blume;白肋翻唇兰(白点伴兰,白肋角唇兰,伴兰,红花伴兰,台湾翻唇兰);Taiwan Hetaeria, Whitevein Hetaeria ■

193593 Hetaeria cristata Blume var. agyokuana (Fukuy.) Nackej. = Zeuxine agyokuana Fukuy. ■

193594 Hetaeria cristata Blume var. agyokuana (Fukuy.) S. S. Ying = Zeuxine agyokuana Fukuy. ■

193595 Hetaeria cristata Blume var. minor Rendle = Anoectochilus abbreviatus (Lindl.) Seidenf. ■

193596 Hetaeria cristata Blume var. minor Rendle = Rhomboda tokioi (Fukuy.) Ormerod ■

193597 Hetaeria cristata Blume var. tokioi (Fukuy.) S. S. Ying = Hetaeria cristata Blume ■

193598 Hetaeria cristata Blume var. tokioi (Fukuy.) S. S. Ying = Rhomboda tokioi (Fukuy.) Ormerod ■

193599 Hetaeria elongata (Lindl.) Hook. f. = Hetaeria finlaysoniana Seidenf. ■

193600 Hetaeria erimae (Schltr.) Schltr. = Hetaeria oblongifolia Blume ■

193601 Hetaeria exigua (Rolfe) Schltr. = Chamaegastrodia vaginata (Hook. f.) Seidenf. ■

193602 Hetaeria finlaysoniana Seidenf.;长序翻唇兰(观音竹);Elongate Hetaeria ■

193603 Hetaeria forcipata Rchb. f. = Hetaeria oblongifolia Blume ■

193604 Hetaeria fusca Lindl. = Goodyera fusca (Lindl.) Hook. f. ■

193605 Hetaeria grandiflora Ridl. = Hetaeria anomala Lindl. ■

193606 Hetaeria hainanensis Ts. Tang et F. T. Wang;海南翻唇兰■

193607 Hetaeria hainanensis Ts. Tang et F. T. Wang = Hetaeria anomala

Lindl. ■

193608 Hetaeria hainanensis Ts. Tang et F. T. Wang = Hetaeria biloba (Ridl.) Seidenf. et J. J. Wood ■

193609 Hetaeria helferi Hook. f. = Hetaeria oblongifolia Blume ■

193610 Hetaeria heterosepala (Rchb. f.) Summerh. = Zeuxine heterosepala (Rchb. f.) Geerinck ■☆

193611 Hetaeria integrilabella (C. S. Leou) S. S. Ying = Zeuxine integrilabella C. S. Leou ■

193612 Hetaeria inverta (W. W. Sm.) Schltr. = Chamaegastrodia inverta (W. W. Sm.) Seidenf. ■

193613 Hetaeria mannii (Rchb. f.) Benth. ex T. Durand et Schinz = Zeuxine mannii (Rchb. f.) Geerinck ■☆

193614 Hetaeria micrantha Blume = Hetaeria oblongifolia Blume ■

193615 Hetaeria moulmeinensis E. C. Parish et Rchb. f. = Rhomboda moulmeinensis (E. C. Parish et Rchb. f.) Ormerod ■

193616 Hetaeria obliqua Blume;斜瓣翻唇兰;Slanting Hetaeria ■

193617 Hetaeria oblongifolia Blume;矩叶翻唇兰;Oblongleaf Hetaeria ■

193618 Hetaeria oblongifolia Blume = Hetaeria biloba (Ridl.) Seidenf. et J. J. Wood ■

193619 Hetaeria occidentalis Summerh. = Zeuxine occidentalis (Summerh.) Geerinck ■☆

193620 Hetaeria occulta Lindl. = Polystachya anceps Ridl. ■☆

193621 Hetaeria parviflora Ridl. = Zeuxine parviflora (Ridl.) Seidenf. ■

193622 Hetaeria pauciseta J. J. Sm. = Hetaeria oblongifolia Blume ■

193623 Hetaeria poilanei (Gagnep.) Tang et F. T. Wang = Odontochilus poilanei (Gagnep.) Ormerod ■

193624 Hetaeria poilanei (Gagnep.) Ts. Tang et F. T. Wang = Chamaegastrodia poilanei (Gagnep.) Seidenf. et A. N. Rao ■

193625 Hetaeria raymundii Schltr. = Hetaeria oblongifolia Blume ■

193626 Hetaeria rotundiloba J. J. Sm. = Hetaeria anomala Lindl. ■

193627 Hetaeria rotundiloba J. J. Sm. = Hetaeria biloba (Ridl.) Seidenf. et J. J. Wood ■

193628 Hetaeria rubens (Lindl.) Benth. ex Hook. f. = Hetaeria affinis (Griff.) Seidenf. et Ormerod ■

193629 Hetaeria rubicunda Rchb. f. = Hetaeria oblongifolia Blume ■

193630 Hetaeria samoensis Rolfe = Hetaeria oblongifolia Blume ■

193631 Hetaeria shikokiana (Makino et F. Maek.) Tuyama = Chamaegastrodia shikokiana Makino et F. Maek. ■

193632 Hetaeria shikokiana (Makino) Tuyama = Chamaegastrodia shikokiana Makino et F. Maek. ■

193633 Hetaeria shiuyingiana L. Li et F. W. Xing = Hetaeria youngsayei Ormerod ■

193634 Hetaeria sikokiana (Makino et F. Maek.) Tuyama = Chamaegastrodia shikokiana Makino et F. Maek. ■

193635 Hetaeria similis Schltr. = Hetaeria oblongifolia Blume ■

193636 Hetaeria stammleri (Schltr.) Summerh. = Zeuxine stammleri Schltr. ■☆

193637 Hetaeria taiwaniana S. S. Ying = Habenaria longiracema Fukuy. ■

193638 Hetaeria taiwaniana S. S. Ying = Habenaria lucida Wall. ex Lindl. ■

193639 Hetaeria tenuis (Lindl.) Benth. = Hetaeria oblongifolia Blume ■

193640 Hetaeria tetraptera (Rchb. f.) Summerh. = Zeuxine tetraptera (Rchb. f.) T. Durand et Schinz ■☆

193641 Hetaeria tokioi Fukuy. = Hetaeria cristata Blume ■

193642 Hetaeria tokioi Fukuy. = Rhomboda tokioi (Fukuy.) Ormerod ■

193643 Hetaeria xenantha Ohwi et T. Koyama = Zeuxine agyokuana Fukuy. ■

193644 Hetaeria yakushimensis Masam. = Hetaeria cristata Blume ■

193645 Hetaeria yakusimensis (Masam.) Masam. = Hetaeria cristata Blume ■

193646 Hetaeria yakusimensis (Masam.) Masam. ex Ohwi = Hetaeria cristata Blume ■

193647 Hetaeria yakusimensis Masam. = Hetaeria cristata Blume ■

193648 Hetaeria youngsayei Ormerod;香港翻唇兰■

193649 Heteracantha Link = Carthamus L. ■

193650 Heteracea Steud. = Heteracia Fisch. et C. A. Mey. ■

193651 Heterachaena Fresen. = Launaea Cass. ■

193652 Heterachaena Zoll. et Moritzi = Pimpinella L. ■

193653 Heterachaena massauensis Fresen. = Launaea massavensis (Fresen.) Sch. Bip. ex Kuntze ■☆

193654 Heterachne Benth. (1877);异稃禾属(异草属)■☆

193655 Heterachne brownii Benth.;异稃禾■☆

193656 Heterachthia Kuntze = Tradescantia L. ■

193657 Heteracia Fisch. et C. A. Mey. (1835);异喙菊属(异果菊属);Heteraeia ■

193658 Heteracia epapposa (Regel et Smirn.) Popov = Heteracia szovitsii Fisch. et C. A. Mey. ■

193659 Heteracia szovitsii Fisch. et C. A. Mey.;异喙菊;Szovits Heteraeia ■

193660 Heteracia szovitsii Fisch. et C. A. Mey. var. epapposa Regel et Smirn. = Heteracia szovitsii Fisch. et C. A. Mey. ■

193661 Heteractis DC. = Gymnostephium Less. ●☆

193662 Heteractis falcata DC. = Gymnostephium ciliare (DC.) Harv. ■☆

193663 Heteradelphia Lindau(1893);异爵床属☆

193664 Heteradelphia paulojaegeria Heine;异爵床☆

193665 Heteradelphia paulowilhelmia Lindau = Paulowilhelmia nobilis C. B. Clarke ■☆

193666 Heterandra P. Beauv. (1799);异蕊雨久花属■☆

193667 Heterandra P. P. Beauv. = Heteranthera Ruiz et Pav. (保留属名)■☆

193668 Heterandra reniformis Ruiz et Pav. = Heteranthera reniformis Ruiz et Pav. ■☆

193669 Heteranthelium Hochst. ex Jaub. et Spach(1851);异花草属■☆

193670 Heteranthelium Jaub. et Spach = Heteranthelium Hochst. ex Jaub. et Spach ■☆

193671 Heteranthelium piliferum (Banks et Sol.) Hochst.;异花草■☆

193672 Heteranthelium piliferum Hochst. = Heteranthelium piliferum (Banks et Sol.) Hochst. ■☆

193673 Heteranthemia Schott = Chrysanthemum L. (保留属名)■●

193674 Heteranthemis Schott(1818);黏黄菊属■☆

193675 Heteranthemis viscidehirta Schott;黏黄菊;Sticky Oxeye ■☆

193676 Heteranthera Ruiz et Pav. (1794)(保留属名);水星草属(异蕊花属);Mud Plantain ■☆

193677 Heteranthera callifolia Rchb. ex Kunth;丽叶水星草■☆

193678 Heteranthera dubia (Jacq.) MacMill.;可疑水星草;Water Star-grass ■☆

193679 Heteranthera formosa Miq. = Eichhornia crassipes (Mart.) Solms ■

193680 Heteranthera graminea (Michx.) Vahl = Heteranthera dubia (Jacq.) MacMill. ■☆

193681 Heteranthera kotschyana Fenzl ex Solms = Heteranthera callifolia Rchb. ex Kunth ■☆

193682 Heteranthera liebmannii (Buchenau) Shinners = Heteranthera dubia (Jacq.) MacMill. ■☆
193683 Heteranthera limosa (Sw.) Willd.;水星草;Mud Plantain ■☆
193684 Heteranthera limosa (Sw.) Willd. var. rotundifolia Kunth = Heteranthera rotundifolia (Kunth) Griseb. ■☆
193685 Heteranthera mexicana S. Watson;毛细管水星草■☆
193686 Heteranthera multiflora (Griseb.) C. N. Horn;多花水星草;Mud Plantain ■☆
193687 Heteranthera peduncularis Benth. = Heteranthera multiflora (Griseb.) C. N. Horn ■☆
193688 Heteranthera potamogeton Solms = Heteranthera callifolia Rchb. ex Kunth ■☆
193689 Heteranthera reniformis Ruiz et Pav.;肾叶水星草;Mud Plantain ■☆
193690 Heteranthera reniformis Ruiz et Pav. var. multiflora Griseb. = Heteranthera multiflora (Griseb.) C. N. Horn ■☆
193691 Heteranthera rotundifolia (Kunth) Griseb.;圆叶水星草■☆
193692 Heterantheraceae J. Agardh = Pontederiaceae Kunth(保留科名)■
193693 Heterantheraceae J. Agardh;水星草科■
193694 Heteranthia Nees et Mart. (1823);巴西玄参属■☆
193695 Heteranthia decipiens Nees et Mart.;巴西玄参■☆
193696 Heteranthoecia Stapf(1911);异穗垫箬属■☆
193697 Heteranthoecia guineensis (Franch.) Robyns;几内亚异穗垫箬■☆
193698 Heteranthoecia isachnoides Stapf = Heteranthoecia guineensis (Franch.) Robyns ■☆
193699 Heteranthus Bonpl. = Perezia Lag. ■☆
193700 Heteranthus Bonpl. ex Cass. = Perezia Lag. ■☆
193701 Heteranthus Borkh. (废弃属名) = Ventenata Koeler(保留属名)■☆
193702 Heteranthus Dumort. = Ventenata Koeler(保留属名)■☆
193703 Heteranthus Dumort. ex Fourr. = Ventenata Koeler(保留属名)■☆
193704 Heterapithmos Turcz. = Heterarithmos Turcz. ●
193705 Heterarithmos Turcz. = Meliosma Blume ●
193706 Heteraspidia Rizzini = Justicia L. ●■
193707 Heterelytron Jungh. = Anthistiria L. f. ■
193708 Heterelytron Jungh. = Themeda Forssk. ■
193709 Heterelytron scabrum Jungh. = Themeda villosa (Poir.) A. Camus ■
193710 Heteresia Raf. = Saxifraga L. ■
193711 Heteresia Raf. = Steiranisia Raf. ■
193712 Heterisia B. D. Jacks. = Heteresia Raf. ■
193713 Heterixia Tiegh. = Korthalsella Tiegh. ●
193714 Heternsciadium Lange ex Willk. = Daucus L. ■
193715 Heteroaridarum M. Hotta(1976);类疆南星属■☆
193716 Heteroaridarum borneense M. Hotta;类疆南星■☆
193717 Heteroarisaema Nakai = Arisaema Mart. ●■
193718 Heteroarisaema Nakai(1950);异天南星属■☆
193719 Heteroarisaema heterophyllum (Blume) Nakai = Arisaema heterophyllum Blume ■
193720 Heterocalycium Rauschert = Cuspidaria DC. (保留属名)●☆
193721 Heterocalymnantha Domin = Sauropus Blume ●■
193722 Heterocalymnantha Domin = Synostemon F. Muell. ●■
193723 Heterocalyx Gagnep. (1950);异萼大戟属■☆
193724 Heterocalyx Gagnep. = Agrostistachys Dalzell ■☆
193725 Heterocalyx laoticus Gagnep.;异萼大戟■☆
193726 Heterocanscora (Griseb.) C. B. Clarke = Canscora Lam. ■
193727 Heterocanscora C. B. Clarke = Canscora Lam. ■
193728 Heterocarpaea Scheele = Galactia P. Browne ■
193729 Heterocarpha Stapf et C. E. Hubb. = Drake-Brockmania Stapf ■☆
193730 Heterocarpha haareri Stapf et C. E. Hubb. = Drake-brockmania haareri (Stapf et C. E. Hubb.) S. M. Phillips ■☆
193731 Heterocarpus Phil. = Cardamine L. ■
193732 Heterocarpus Post et Kuntze = Galactia P. Browne ■
193733 Heterocarpus Post et Kuntze = Heterocarpaea Scheele ■
193734 Heterocarpus Wight = Commelina L. ■
193735 Heterocarpus obliquus Hassk. = Commelina paludosa Blume ■
193736 Heterocaryum A. DC. (1846);异果鹤虱属(异果草属,异果刺草属);Heterocaryum ■
193737 Heterocaryum A. DC. = Lappula Moench ■
193738 Heterocaryum divaricatum Stocks ex Boiss. = Lappula sessiliflora (Boiss.) Gurke ■☆
193739 Heterocaryum echinophorum (Pall.) Brand;刺梗异果鹤虱■☆
193740 Heterocaryum echinophorum (Pall.) Brand var. minium (Lehm.) Brand = Heterocaryum rigidum A. DC. ■
193741 Heterocaryum laevigatum (Kar. et Kir.) DC.;平滑异果鹤虱■☆
193742 Heterocaryum macrocarpum Zakirov;大果异果鹤虱■☆
193743 Heterocaryum oligacanthum (Boiss.) Bornm.;寡刺异果鹤虱■☆
193744 Heterocaryum rigidum A. DC.;异果鹤虱(坚硬异果鹤虱,异果草);Rigid Heterocaryum ■
193745 Heterocaryum szovitsianum (Fisch. et C. A. Mey.) DC.;绍氏异果鹤虱■☆
193746 Heterocentron Hook. et Arn. (1838);墨西哥野牡丹属(四瓣果属)●■☆
193747 Heterocentron elegans Kuntze;雅致墨西哥野牡丹(蔓茎四瓣果);Crimson Creeper, Spanish Shawl ■☆
193748 Heterocentron macrostachyum Naudin;大穗墨西哥野牡丹■☆
193749 Heterocentron roseum A. Braun et C. D. Bouché;粉花墨西哥野牡丹●☆
193750 Heterocentron roseum A. Braun et C. D. Bouché = Heterocentron macrostachyum Naudin ■☆
193751 Heterocentron roseum A. Braun et C. D. Bouché var. alba Hook.;白花墨西哥野牡丹●☆
193752 Heterocentron subtriplinervium (Link et Otto) A. Braun et C. D. Bouché;珍珠墨西哥野牡丹;Pearl Flower, Pearlflower ■☆
193753 Heterochaenia A. DC. (1839);异口桔梗属●☆
193754 Heterochaenia ensifolia (Lam.) A. DC.;异口桔梗●☆
193755 Heterochaeta Besser = Ventenata Koeler(保留属名)■☆
193756 Heterochaeta Besser ex Room. et Schult. = Ventenata Koeler(保留属名)■☆
193757 Heterochaeta DC. = Aster L. ●■
193758 Heterochaeta Schult. = Ventenata Koeler(保留属名)■☆
193759 Heterochaeta asteroides DC. = Aster asteroides (DC.) Kuntze ■
193760 Heterochaeta diplostephioides DC. = Aster diplostephioides Benth. et Hook. f. ■
193761 Heterochiton Graebn. et Mattf. = Herniaria L. ■●
193762 Heterochiton fontanesii (J. Gay) Graebn. et Mattf. = Herniaria fontanesii J. Gay ■☆
193763 Heterochlaena Post et Kuntze = Eupatorium L. ■●
193764 Heterochlaena Post et Kuntze = Heterolaena C. A. Mey. ex

Fisch. Mey. et Avé-Lall. ●☆

193765 Heterochlaena Post et Kuntze = Heterolaena Sch. Bip. ex Benth. et Hook. f. ■●

193766 Heterochlaena Post et Kuntze = Pimelea Banks ex Gaertn.（保留属名）●☆

193767 Heterochlamys Turcz. = Julocroton Mart.（保留属名）●■☆

193768 Heterochloa Desv. = Andropogon L.（保留属名）■

193769 Heterochloa Endl. = Gypsophila L. ■●

193770 Heterochloa Endl. = Heterochroa Bunge ■●

193771 Heterochloa schoenoides（L.）Host = Crypsis schoenoides（L.）Lam. ■

193772 Heterochroa Bunge = Gypsophila L. ■●

193773 Heterochroa descrtorum Bunge = Gypsophila desertorum（Bunge）Fenzl ■

193774 Heterocladus Turcz. = Coriaria L. ●

193775 Heteroclita Raf. = Canscora Lam. ■

193776 Heterocodon Nutt.（1842）；异钟花属■☆

193777 Heterocodon Nutt. = Homocodon D. Y. Hong ■★

193778 Heterocodon brevipes（Hemsl.）Hand.-Mazz. et Nannf. = Homocodon brevipes（Hemsl.）D. Y. Hong ■

193779 Heterocodon rariflorus Nutt.；异钟花■☆

193780 Heterocoma DC.（1810）；刺瓣叉毛菊属■☆

193781 Heterocoma DC. = Serratula L. ■

193782 Heterocoma DC. et Toledo = Serratula L. ■

193783 Heterocoma albida（DC.）DC.；刺瓣叉毛菊■☆

193784 Heterocondylus R. M. King et H. Rob.（1972）；藤本尖泽兰属■●☆

193785 Heterocondylus leptolepis（Baker）R. M. King et H. Rob.；细鳞藤本尖泽兰■●☆

193786 Heterocondylus vitalbis（DC.）R. M. King et H. Rob.；藤本尖泽兰■●☆

193787 Heterocrambe Coss. et Durieu = Sinapis L. ■

193788 Heterocroton S. Moore = Croton L. ●

193789 Heterocypsela H. Rob.（1979）；异果斑鸠菊属■☆

193790 Heterocypsela andersonii H. Rob.；异果斑鸠菊■☆

193791 Heterodendron Spreng. = Alectryon Gaertn. ●☆

193792 Heterodendron Spreng. = Heterodendrum Desf. ●☆

193793 Heterodendrum Desf. = Alectryon Gaertn. ●☆

193794 Heteroderis（Bunge）Boiss.（1875）；异果苣属■☆

193795 Heteroderis Boiss. = Heteroderis（Bunge）Boiss. ■☆

193796 Heteroderis leucocephala（Bunge）Leonova；白头异果苣■☆

193797 Heteroderis pusilla（Boiss.）Boiss.；微小异果苣■☆

193798 Heteroderis pusilla（Boiss.）Boiss. var. leucocephala（Bunge）Rech. f. = Heteroderis pusilla（Boiss.）Boiss. ■☆

193799 Heteroderis pusilla Boiss. = Heteroderis pusilla（Boiss.）Boiss. ■☆

193800 Heterodon Meisn. = Berzelia Brongn. ●☆

193801 Heterodon Meisn. = Nebelia Neck. ex Sweet ●☆

193802 Heterodon fragarioides（Willd.）Meisn. = Nebelia fragarioides（Willd.）Kuntze ●☆

193803 Heterodonta Hort. ex Benth. et Hook. f. = Coreopsis L. ●■

193804 Heterodraba Greene（1885）；异葶苈属■☆

193805 Heterodraba unilateralis Greene；异葶苈■☆

193806 Heterogaura Rothr.（1866）；肖克拉花属■☆

193807 Heterogaura Rothr. = Clarkia Pursh ■

193808 Heterogaura californica Rothr.；肖克拉花■☆

193809 Heterolaena（Endl.）C. A. Mey. = Pimelea Banks ex Gaertn.（保留属名）●☆

193810 Heterolaena C. A. Mey. = Pimelea Banks ex Gaertn.（保留属名）●☆

193811 Heterolaena C. A. Mey. ex Fisch. Mey. et Avé-Lall. = Pimelea Banks ex Gaertn.（保留属名）●☆

193812 Heterolaena Sch. Bip. ex Benth. et Hook. f. = Chromolaena DC. ●■

193813 Heterolaena Sch. Bip. ex Benth. et Hook. f. = Eupatorium L. ■●

193814 Heterolamium C. Y. Wu = Orthosiphon Benth. ●■

193815 Heterolamium C. Y. Wu（1965）；异野芝麻属；Heterolamium ■★

193816 Heterolamium debile（Hemsl.）C. Y. Wu；异野芝麻；Slender Heterolamium ■

193817 Heterolamium debile（Hemsl.）C. Y. Wu var. cardiophyllum（Hemsl.）C. Y. Wu；细齿异野芝麻；Thintooth Slender Heterolamium ■

193818 Heterolamium debile（Hemsl.）C. Y. Wu var. tochauense（Kudo）C. Y. Wu；尖齿异野芝麻；Sharptooth Slender Heterolamium ■

193819 Heterolathus C. Presl = Aspalathus L. ●☆

193820 Heterolathus involucrata（E. Mey.）C. Presl = Aspalathus fasciculata（Thunb.）Druce ●☆

193821 Heterolathus suaveolens（Eckl. et Zeyh.）C. Presl = Aspalathus suaveolens Eckl. et Zeyh. ●☆

193822 Heterolepis Bertero ex Endl. = Senecio L. ■●

193823 Heterolepis Bhrenb. ex Boiss. = Chloris Sw. ●■

193824 Heterolepis Boiss. = Chloris Sw. ●■

193825 Heterolepis Cass.（1820）（保留属名）；异鳞菊属●☆

193826 Heterolepis aliena（L. f.）Druce；外来异鳞菊●☆

193827 Heterolepis decipiens Cass. = Heterolepis aliena（L. f.）Druce ●☆

193828 Heterolepis mitis（Burm.）DC.；柔软异鳞菊●☆

193829 Heterolepis peduncularis DC.；梗花异鳞菊●☆

193830 Heterolobium Peter = Gonatopus Hook. f. ex Engl. ■☆

193831 Heterolobium dilaceratum Peter = Gonatopus petiolulatus（Peter）Bogner ■☆

193832 Heterolobium petiolulatum Peter = Gonatopus petiolulatus（Peter）Bogner ■☆

193833 Heterolobivia Y. Ito = Echinopsis Zucc. ●

193834 Heteroloma Desv. ex Rchb. = Adesmia DC.（保留属名）■☆

193835 Heterolophus Cass. = Centaurea L.（保留属名）●■

193836 Heterolophus sibiricus（L.）Cass. = Centaurea sibirica L. ■

193837 Heterolytron Hack. = Anthistiria L. f. ■

193838 Heterolytron Hack. = Heterelytron Jungh. ■

193839 Heteromeles M. Roem.（1847）；柰石楠属（柳叶石楠属）；California Holly，Christmas Berry，Sea Holly，Tollon，Toyon ●☆

193840 Heteromeles M. Roem. = Photinia Lindl. ●

193841 Heteromeles arbutifolia（Lindl.）M. Roem.；柰石楠（柳叶石楠）；California Holly，California-holly，Christmas Berry，Christmasberry，Tollon，Toyon ●☆

193842 Heteromeles arbutifolia M. Roem. = Heteromeles arbutifolia（Lindl.）M. Roem. ●☆

193843 Heteromera Montrouz. = Leptostylis Benth. ●☆

193844 Heteromera Montrouz. ex Beauvis = Leptostylis Benth. ●☆

193845 Heteromera Pomel（1874）；异肋菊属■☆

193846 Heteromera fuscata（Desf.）Pomel；棕色异肋菊■☆

193847 Heteromera philaenorum Maire et Weiller；昔兰尼异肋菊■☆

193848 Heteromeris Spach = Crocanthemum Spach ●☆

193849 Heteromma Benth.(1873);柔冠田基黄属■☆
193850 Heteromma decurrens (DC.) O. Hoffm.;下延柔冠田基黄■☆
193851 Heteromma krookii (O. Hoffm. et Muschl.) Hilliard et B. L. Burtt;克鲁科柔冠田基黄■☆
193852 Heteromma simplicifolium J. M. Wood et M. S. Evans;单叶柔冠田基黄■☆
193853 Heteromorpha Cass.(废弃属名)= Heterolepis Cass.(保留属名)●☆
193854 Heteromorpha Cass.(废弃属名)= Heteromorpha Cham. et Schltdl. ●☆
193855 Heteromorpha Cham. et Schltdl.(1826);异形芹属●☆
193856 Heteromorpha Viv. ex Coss. = Hypochaeris L. ■
193857 Heteromorpha abyssinica Hochst. ex A. Rich.;阿比西尼亚异形芹●☆
193858 Heteromorpha abyssinica Hochst. ex A. Rich. = Heteromorpha arborescens (Spreng.) Cham. et Schltdl. var. abyssinica (Hochst. ex A. Rich.) H. Wolff ●☆
193859 Heteromorpha abyssinica Hochst. ex A. Rich. var. simplicifolia A. Rich. = Heteromorpha arborescens (Spreng.) Cham. et Schltdl. var. abyssinica (Hochst. ex A. Rich.) H. Wolff ●☆
193860 Heteromorpha andohahelensis Humbert = Cannaboides andohahelensis (Humbert) B. -E. van Wyk ■☆
193861 Heteromorpha andohahelensis Humbert var. denudata Humbert = Cannaboides andohahelensis (Humbert) B. -E. van Wyk ■☆
193862 Heteromorpha andringitrensis Humbert = Pseudocannaboides andringitrensis (Humbert) B. -E. van Wyk ■☆
193863 Heteromorpha angolensis (C. Norman) C. Norman = Heteromorpha gossweileri (C. Norman) C. Norman ●☆
193864 Heteromorpha arborescens (Spreng.) Cham. et Schltdl.;乔木异形芹●☆
193865 Heteromorpha arborescens (Spreng.) Cham. et Schltdl. f. anomala H. Wolff = Heteromorpha arborescens (Spreng.) Cham. et Schltdl. var. collina (Eckl. et Zeyh.) Sond. ●☆
193866 Heteromorpha arborescens (Spreng.) Cham. et Schltdl. var. abyssinica (Hochst. ex A. Rich.) H. Wolff;阿比西尼亚乔木异形芹●☆
193867 Heteromorpha arborescens (Spreng.) Cham. et Schltdl. var. collina (Eckl. et Zeyh.) Sond.;山丘异形芹●☆
193868 Heteromorpha arborescens (Spreng.) Cham. et Schltdl. var. frutescens P. Winter;灌木异形芹●☆
193869 Heteromorpha arborescens (Spreng.) Cham. et Schltdl. var. integrifolia Sond. = Heteromorpha arborescens (Spreng.) Cham. et Schltdl. ●☆
193870 Heteromorpha arborescens (Spreng.) Cham. et Schltdl. var. montana P. Winter;山地异形芹●☆
193871 Heteromorpha arborescens (Spreng.) Cham. et Schltdl. var. trifoliata (H. L. Wendl.) Sond. = Heteromorpha arborescens (Spreng.) Cham. et Schltdl. var. abyssinica (Hochst. ex A. Rich.) H. Wolff ●☆
193872 Heteromorpha betsileensis Humbert = Cannaboides betsileensis (Humbert) B. -E. van Wyk ■☆
193873 Heteromorpha collina Eckl. et Zeyh. = Heteromorpha arborescens (Spreng.) Cham. et Schltdl. var. collina (Eckl. et Zeyh.) Sond. ●☆
193874 Heteromorpha coursii Humbert = Andriana coursii (Humbert) B. -E. van Wyk ●☆
193875 Heteromorpha glauca H. Wolff = Heteromorpha involucrata Conrath ●☆
193876 Heteromorpha glauca Lem. = Heteromorpha involucrata Conrath ●☆
193877 Heteromorpha gossweileri (C. Norman) C. Norman;高斯异形芹●☆
193878 Heteromorpha involucrata Conrath;总苞异形芹●☆
193879 Heteromorpha kassneri H. Wolff = Heteromorpha involucrata Conrath ●☆
193880 Heteromorpha multifoliata M. B. Moss = Heteromorpha arborescens (Spreng.) Cham. et Schltdl. var. abyssinica (Hochst. ex A. Rich.) H. Wolff ●☆
193881 Heteromorpha occidentalis P. Winter;西方异形芹●☆
193882 Heteromorpha papillosa C. C. Towns.;乳头异形芹●☆
193883 Heteromorpha pubescens Burtt Davy;短柔毛异形芹●☆
193884 Heteromorpha scandens C. B. Clarke = Pseudocarum eminii (Engl.) H. Wolff ■☆
193885 Heteromorpha stenophylla Welw. ex Schinz;窄叶异形芹●☆
193886 Heteromorpha stenophylla Welw. ex Schinz var. transvaalensis (Schltr. et H. Wolff) P. Winter;德兰士瓦异形芹●☆
193887 Heteromorpha stolzii H. Wolff = Heteromorpha involucrata Conrath ●☆
193888 Heteromorpha transvaalensis Schltr. et H. Wolff = Heteromorpha stenophylla Welw. ex Schinz var. transvaalensis (Schltr. et H. Wolff) P. Winter ●☆
193889 Heteromorpha trifoliata (H. L. Wendl.) Eckl. et Zeyh. = Heteromorpha arborescens (Spreng.) Cham. et Schltdl. var. abyssinica (Hochst. ex A. Rich.) H. Wolff ●☆
193890 Heteromorpha tsaratananensis Humbert = Andriana tsaratananensis (Humbert) B. -E. van Wyk ●☆
193891 Heteromyrtus Blume = Blepharocalyx O. Berg ●☆
193892 Heteromyrtus Blume = Myrtus L. ●
193893 Heteronema Rchb. = Arthrostemma Pav. ex D. Don ■☆
193894 Heteronema Rchb. = Heteronoma DC. ■☆
193895 Heteroneuron Hook. f. = Loreya DC. ●☆
193896 Heteronoma DC. = Arthrostemma Pav. ex D. Don ■☆
193897 Heteropanax Seem.(1866);幌伞枫属(罗汉伞属,异参属);Heteropanax ●
193898 Heteropanax brevipedicellatus H. L. Li;短梗幌伞枫(短梗罗汉伞);Short-pedicel Heteropanax,Short-pediceled Heteropanax ●
193899 Heteropanax chinensis (Dunn) H. L. Li;华幌伞枫(罗汉伞);China Heteropanax,Chinese Heteropanax ●
193900 Heteropanax fragrans (Roxb. ex DC.) Seem.;幌伞枫(阿婆伞,大蛇药,火雷木,火蕾木,凉伞木,五加通);Fragrant Heteropanax ●
193901 Heteropanax fragrans (Roxb. ex DC.) Seem. var. attenuatus C. B. Clarke;狭叶幌伞枫;Attenuate Heteropanax ●
193902 Heteropanax fragrans (Roxb. ex DC.) Seem. var. attenuatus C. B. Clarke = Heteropanax fragrans (Roxb. ex DC.) Seem. ●
193903 Heteropanax fragrans (Roxb. ex DC.) Seem. var. chinensis Dunn = Heteropanax chinensis (Dunn) H. L. Li ●
193904 Heteropanax fragrans (Roxb. ex DC.) Seem. var. ferrugineus Y. F. Deng = Heteropanax fragrans (Roxb. ex DC.) Seem. ●
193905 Heteropanax fragrans (Roxb. ex DC.) Seem. var. subcordatus C. B. Clarke;心叶幌伞枫;Subcordateleaf Heteropanax ●
193906 Heteropanax fragrans (Roxb. ex DC.) Seem. var. subcordatus C. B. Clarke = Heteropanax fragrans (Roxb. ex DC.) Seem. ●
193907 Heteropanax fragrans (Roxb.) Seem. = Heteropanax fragrans

(Roxb. ex DC.) Seem. ●

193908 Heteropanax fragrans (Roxb.) Seem. var. attenuatus C. B. Clarke = Heteropanax fragrans (Roxb. ex DC.) Seem. ●

193909 Heteropanax fragrans (Roxb.) Seem. var. chinensis Dunn = Heteropanax chinensis (Dunn) H. L. Li ●

193910 Heteropanax fragrans (Roxb.) Seem. var. subcordatus C. B. Clarke = Heteropanax fragrans (Roxb. ex DC.) Seem. ●

193911 Heteropanax hainanensis C. B. Shang;海南幌伞枫●

193912 Heteropanax nitentifolius G. Hoo;亮叶幌伞枫;Brightleaf Heteropanax, Nitid Heteropanax, Shinyleaf Heteropanax ●

193913 Heteropanax yunnanensis G. Hoo;云南幌伞枫;Yunnan Heteropanax ●

193914 Heteropappus Less. (1832);狗娃花属(狗哇花属);Heteropappus, Jurinea ■

193915 Heteropappus Less. = Aster L. ●■

193916 Heteropappus albertii (Regel) Novopokr. et Tamamsch.;阿氏狗娃花■☆

193917 Heteropappus albertii (Regel) Novopokr. et Tamamsch. = Heteropappus altaicus (Willd.) Novopokr. var. canescens (Nees) Serg. ■

193918 Heteropappus altaicus (Willd.) Novopokr.;阿尔泰狗娃花(阿尔泰紫菀,台东铁杆蒿,燥原蒿,紫菀);Altai Heteropappus, Altai Jurinea ■

193919 Heteropappus altaicus (Willd.) Novopokr. var. canescens (Nees) Serg.;灰白阿尔泰狗娃花(灰白狗娃花);Canescent Altai Heteropappus ■

193920 Heteropappus altaicus (Willd.) Novopokr. var. hirsutus (Hand.-Mazz.) Y. Ling;粗毛阿尔泰狗娃花(粗毛狗娃花);Hirsute Altai Heteropappus, Hirsute Altai Jurinea ■

193921 Heteropappus altaicus (Willd.) Novopokr. var. millefolius (Vaniot) Hand.-Mazz.;千叶阿尔泰狗娃花(多叶阿尔泰狗娃花,多叶狗娃花,多枝阿尔泰狗娃花,多枝狗娃花,千叶阿尔泰狗哇花,千叶狗娃花);Manyleaf Altai Heteropappus, Manyleaf Altai Jurinea ■

193922 Heteropappus altaicus (Willd.) Novopokr. var. scaber (Avé-Lall.) Wang-Wei;糙毛阿尔泰狗娃花(糙毛狗娃花);Scaber Altai Heteropappus ■

193923 Heteropappus altaicus (Willd.) Novopokr. var. taitoensis (Kitam.) Y. Ling;台东狗娃花;Taidong Altai Heteropappus ■

193924 Heteropappus altaicus (Willd.) Novopokr. var. taitoensis (Kitam.) Y. Ling = Aster altaicus Willd. ■

193925 Heteropappus arenarius Kitam.;普陀狗娃花(滨狗娃花);Sandy Heteropappus, Sandy Jurinea ■

193926 Heteropappus arenarius Kitam. = Aster arenarius (Kitam.) Nemoto ■

193927 Heteropappus bowerii (Hemsl.) Grierson;青藏狗娃花;Bower Heteropappus, Bower Jurinea ■

193928 Heteropappus canescens (Nees) Novopokr. = Heteropappus altaicus (Willd.) Novopokr. var. canescens (Nees) Serg. ■

193929 Heteropappus canescens Novopokr. ex Nevski;灰色狗娃花■☆

193930 Heteropappus ciliosus (Turcz.) Y. Ling;华南狗娃花(华南铁杆蒿);Ciliate Heteropappus, S. China Jurinea ■

193931 Heteropappus ciliosus (Turcz.) Y. Ling = Aster asagrayi Makino ■

193932 Heteropappus crenatifolius (Hand.-Mazz.) Grierson;圆齿狗娃花(路旁菊,路穹,其米,田边菊,野菊花);Crenateleaf Heteropappus, Crenateleaf Jurinea ■

193933 Heteropappus crenatifolius (Hand.-Mazz.) Grierson var. ramosissimus Y. Ling;四川圆齿狗娃花■

193934 Heteropappus decipiens Maxim. = Heteropappus hispidus (Thunb.) Less. ■

193935 Heteropappus decipiens Y. Ling = Aster hispidus Thunb. ■

193936 Heteropappus distortus (Turcz.) Tamamsch.;旋扭狗娃花■☆

193937 Heteropappus eligulatus Y. Ling;无舌狗娃花;Discoid Heteropappus, Tongueless Jurinea ■

193938 Heteropappus gouldii (C. E. C. Fisch.) Grierson;拉萨狗娃花;Lasa Heteropappus, Lasa Jurinea ■

193939 Heteropappus hispidus (Thunb.) Less.;狗娃花(布荣黑,粗毛紫菀,三十六样风,铁杆蒿,斩龙戟);Hispid Heteropappus, Hispid Jurinea ■

193940 Heteropappus hispidus (Thunb.) Less. = Aster hispidus Thunb. ■

193941 Heteropappus hispidus (Thunb.) Less. f. albidiflorus Akasawa;白花狗娃花■☆

193942 Heteropappus hispidus (Thunb.) Less. subsp. arenarius Kitam.;滨狗娃花■

193943 Heteropappus hispidus (Thunb.) Less. subsp. arenarius Kitam. = Heteropappus arenarius Kitam. ■

193944 Heteropappus hispidus (Thunb.) Less. subsp. insularis (Makino) Kitam. = Aster hispidus Thunb. var. insularis (Makino) Okuyama ■☆

193945 Heteropappus hispidus (Thunb.) Less. subsp. koidzumianus (Kitam.) Kitam. = Aster hispidus Maxim. var. koidzumianus (Kitam.) Okuyama ■☆

193946 Heteropappus hispidus (Thunb.) Less. subsp. leptocladus (Makino) Kitam.;纤苞狗娃花■☆

193947 Heteropappus hispidus (Thunb.) Less. subsp. leptocladus (Makino) Kitam. = Aster hispidus Thunb. var. leptocladus (Makino) Okuyama ■☆

193948 Heteropappus hispidus (Thunb.) Less. subsp. oldhami (Forbes et Hemsl.) Kitam.;台湾狗娃花■

193949 Heteropappus hispidus (Thunb.) Less. subsp. oldhamii (Forbes et Hemsl.) Kitam. = Aster oldhamii Hemsl. ■

193950 Heteropappus hispidus (Thunb.) Less. subsp. oldhamii Kitam. = Heteropappus oldhamii (Hemsl.) Kitam. ■

193951 Heteropappus hispidus (Thunb.) Less. var. arenarius (Kitam.) Kitam. ex W. T. Lee = Aster arenarius (Kitam.) Nemoto ■

193952 Heteropappus hispidus (Thunb.) Less. var. decipiens (Maxim.) Kom. = Heteropappus hispidus (Thunb.) Less. ■

193953 Heteropappus hispidus (Thunb.) Less. var. elongatus Novopokr. = Heteropappus hispidus (Thunb.) Less. ■

193954 Heteropappus hispidus (Thunb.) Less. var. insularis (Makino) Kitam. ex Ohwi;海岛狗娃花■☆

193955 Heteropappus hispidus (Thunb.) Less. var. insularis (Makino) Kitam. ex Ohwi = Aster hispidus Thunb. var. insularis (Makino) Okuyama ■☆

193956 Heteropappus hispidus (Thunb.) Less. var. koidzumianus (Kitam.) Kitam. ex Ohwi = Aster hispidus Maxim. var. koidzumianus (Kitam.) Okuyama ■☆

193957 Heteropappus hispidus (Thunb.) Less. var. leptocladus (Makino) Kitam. ex Ohwi = Aster hispidus Thunb. var. leptocladus (Makino) Okuyama ■☆

193958 Heteropappus hispidus (Thunb.) Less. var. longiradiatus Kom. = Heteropappus meyendorffii (Regel et Maack) Kom. et Aliss. ■

193959 Heteropappus hispidus (Thunb.) Less. var. pinetorum (Kom.) A. I. Baranov et Skvortsov = Heteropappus hispidus (Thunb.) Less. ■

193960 Heteropappus hispidus (Thunb.) Less. var. sibiricus Kom. = Heteropappus tataricus (Lindl.) Tamamsch. ■

193961 Heteropappus hispidus Less. subsp. arenarius (Kitam.) Kitam. = Heteropappus arenarius Kitam. ■

193962 Heteropappus hispidus Less. var. decipiens (Maxim.) Kom. = Heteropappus hispidus (Thunb.) Less. ■

193963 Heteropappus incisus Siebold et Zucc. = Heteropappus hispidus (Thunb.) Less. ■

193964 Heteropappus insularis (Makino) Matsum. = Aster hispidus Thunb. var. insularis (Makino) Okuyama ■☆

193965 Heteropappus koidzumianus Kitam. = Aster hispidus Maxim. var. koidzumianus (Kitam.) Okuyama ■☆

193966 Heteropappus krylovianus Kom. = Aster spathulifolius Maxim. ■

193967 Heteropappus leptocladus (Makino) Matsum. = Aster hispidus Thunb. var. leptocladus (Makino) Okuyama ■☆

193968 Heteropappus magnicalathinus J. Q. Fu;大花狗娃花;Bigflower Heteropappus,Bigflower Jurinea ■

193969 Heteropappus magnicalathinus J. Q. Fu = Heteropappus meyendorffii (Regel et Maack) Kom. et Aliss. ■

193970 Heteropappus medius (Krylov) Tamamsch.;中间狗娃花■☆

193971 Heteropappus meyendorffii (Regel et Maack) Kom. = Aster meyendorffii (Regel et Maack) Voss ■

193972 Heteropappus meyendorffii (Regel et Maack) Kom. = Heteropappus meyendorffii (Regel et Maack) Kom. et Aliss. ■

193973 Heteropappus meyendorffii (Regel et Maack) Kom. et Aliss.;砂狗娃花(毛枝狗娃花);Far-eastern Heteropappus, Meyendorff Jurinea ■

193974 Heteropappus meyendorffii (Regel et Maack) Kom. et Aliss. var. hirsutus Y. Ling et W. Wang = Heteropappus meyendorffii (Regel et Maack) Kom. ■

193975 Heteropappus meyendorffii (Regel et Maack) Kom. et Aliss. var. tataricus Y. Ling et W. Wang = Heteropappus tataricus (Lindl.) Tamamsch. ■

193976 Heteropappus oharae (Nakai) Kitam. = Aster spathulifolius Maxim. ■

193977 Heteropappus oldhamii (Hemsl.) Kitam.;台北狗娃花(奥氏紫菀,台湾狗娃花);Taibei Heteropappus, Taibei Jurinea, Taipei Heteropappus,Taiwan Aster ■

193978 Heteropappus oldhamii (Hemsl.) Kitam. = Aster oldhamii Hemsl. ■

193979 Heteropappus oldhamii (Hemsl.) Kitam. f. dicoidus Kitam.;盘状台北狗娃花;Disc Heteropappus ■

193980 Heteropappus pinetorum Kom. = Heteropappus hispidus (Thunb.) Less. ■

193981 Heteropappus sampsonii Hance = Aster sampsonii (Hance) Hemsl. ■

193982 Heteropappus semiprostratus Grierson;半卧狗娃花;Semiprostrate Heteropappus,Semiprostrate Jurinea ■

193983 Heteropappus tataricus (Lindl. ex DC.) Tamamsch.;鞑靼狗娃花(细枝狗娃花);Tartar Heteropappus,Tartar Jurinea ■

193984 Heteropappus tataricus (Lindl. ex DC.) Tamamsch. var. hirsutus (Y. Ling et W. Wang) H. C. Fu;毛枝狗娃花;Hirsute Tartar Heteropappus,Hirsute Tartar Jurinea ■

193985 Heteropappus tataricus (Lindl.) Tamamsch. = Heteropappus tataricus (Lindl. ex DC.) Tamamsch. ■

193986 Heteropetalum Benth. (1860);异瓣花属●☆

193987 Heteropetalum brasiliense Benth.;异瓣花●☆

193988 Heteropholis C. E. Hubb. (1956);假蛇尾草属;Fakesnaketailgrass ■

193989 Heteropholis cochinchinensis (Lour.) Clayton;假蛇尾草(假蛇尾);Vietnam Fakesnaketailgrass ■

193990 Heteropholis cochinchinensis (Lour.) Clayton = Mnesithea laevis (Retz.) Kunth ■

193991 Heteropholis cochinchinensis (Lour.) Clayton var. chenii (C. C. Hsu) de Koning et Sosef = Mnesithea laevis (Retz.) Kunth var. chenii (C. C. Hsu) de Koning et Sosef ■

193992 Heteropholis cochinchinensis (Lour.) Clayton var. chenii (Y. C. Hsu) Sosef et de Koning;屏东假蛇尾草(孔颖假蛇尾草,其昌假蛇尾草);Chen Fakesnaketailgrass ■

193993 Heteropholis sulcata (Stapf) C. E. Hubb.;东非假蛇尾草■☆

193994 Heteropholis sulcata C. E. Hubb. = Heteropholis sulcata (Stapf) C. E. Hubb. ■☆

193995 Heterophragma DC. (1838);异膜楸属(异膜紫葳属)●

193996 Heterophragma adenophylla Seem. ex Benth. et Hook. f. = Fernandoa adenophylla (Wall. ex G. Don) Steenis ●☆

193997 Heterophragma ferdinandi (Welw.) Britten = Fernandoa ferdinandi (Welw.) K. Schum. ●☆

193998 Heterophragma longipes Baker = Fernandoa magnifica Seem. ●☆

193999 Heterophragma quadriloculare K. Schum. = Heterophragma roxburghii DC. ●☆

194000 Heterophragma roxburghii DC.;异膜楸(罗氏异膜紫葳)●☆

194001 Heterophragma suaveolens Dalzell et A. Gibson = Stereospermum suaveolens DC. ●

194002 Heterophyllaea Hook. f. (1873);互叶茜属●☆

194003 Heterophyllaea pustulata Hook. f.;互叶茜●☆

194004 Heterophylleia Turcz. = Coriaria L. ●

194005 Heterophylleia Turcz. = Heterocladus Turcz. ●

194006 Heterophyllum Bojer = Byttneria Loefl. (保留属名)●

194007 Heterophyllum Bojer ex Hook. = Byttneria Loefl. (保留属名)●

194008 Heteropleura Sch. Bip. = Hieracium L. ■

194009 Heteroplexis C. C. Chang(1937);异裂菊属;Heteroplexis ■★

194010 Heteroplexis impressinervia J. Y. Liang;凹脉异裂菊;Impressvein Heteroplexis ■

194011 Heteroplexis microcephala Y. L. Chen;小花异裂菊■

194012 Heteroplexis microcephala Y. L. Chen = Heteroplexis sericophylla Y. L. Chen ■

194013 Heteroplexis sericophylla Y. L. Chen;绢叶异裂菊(小花异裂菊);Sericeous Heteroplexis, Silk-leaf Heteroplexis, Small Head Heteroplexis,Smallflower Heteroplexis ■

194014 Heteroplexis vernonioides C. C. Chang;异裂菊;Heteroplexis ■

194015 Heteropogon Pers. (1807);黄茅属(扭黄茅属);Tanglehead, Yellowquitch ■

194016 Heteropogon acurninatus Trin. = Heteropogon melanocarpus (Elliott) Benth. ■

194017 Heteropogon allionii (DC.) Roem. et Schult. = Heteropogon contortus (L.) P. Beauv. ex Roem. et Schult. ■

194018 Heteropogon androphilus (Stapf) Roberty = Elymandra androphila (Stapf) Stapf ■☆

194019 Heteropogon buchneri (Hack.) Roberty = Diheteropogon grandiflorus (Hack.) Stapf ■☆

194020 Heteropogon contortus (L.) P. Beauv. ex Roem. et Schult.;黄茅(地筋,地筋,荒草,黄菅,黄菅茅,菅根,毛针子草,茅刺草,茅

针子,茅针子草,扭黄茅,土筋);Contorted Tanglehead,Contorted Yellowquitch,Tanglehead,Tanglehead Grass ■
194021 Heteropogon contortus (L.) Roem. et Schult. = Heteropogon contortus (L.) P. Beauv. ex Roem. et Schult. ■
194022 Heteropogon contortus (L.) Roem. et Schult. var. allionii (Roem. et Schult.) Cuénod = Heteropogon contortus (L.) P. Beauv. ex Roem. et Schult. ■
194023 Heteropogon contortus (L.) Roem. et Schult. var. glaber (Pers.) Rendle = Heteropogon contortus (L.) P. Beauv. ex Roem. et Schult. ■
194024 Heteropogon contortus (L.) Roem. et Schult. var. maroccanus Maire = Heteropogon contortus (L.) P. Beauv. ex Roem. et Schult. ■
194025 Heteropogon fertilis B. S. Sun et S. Wang = Heteropogon contortus (L.) P. Beauv. ex Roem. et Schult. ■
194026 Heteropogon filifolius Nees = Diheteropogon filifolius (Nees) Clayton ■☆
194027 Heteropogon glaber Pers. = Heteropogon contortus (L.) P. Beauv. ex Roem. et Schult. ■
194028 Heteropogon glaber Pilg. = Heteropogon contortus (L.) P. Beauv. ex Roem. et Schult. ■
194029 Heteropogon grandiflorus (Hack.) Roberty = Diheteropogon grandiflorus (Hack.) Stapf ■☆
194030 Heteropogon hagerupii (Hitchc.) Roberty = Diheteropogon hagerupii Hitchc. ■☆
194031 Heteropogon hirsutus P. Beauv. = Heteropogon contortus (L.) P. Beauv. ex Roem. et Schult. ■
194032 Heteropogon hirtus (L.) Andersson ex Schweinf. = Hyparrhenia hirta (L.) Stapf ■☆
194033 Heteropogon hirtus Pers. = Heteropogon contortus (L.) P. Beauv. ex Roem. et Schult. ■
194034 Heteropogon hispidissimus A. Rich. = Heteropogon contortus (L.) P. Beauv. ex Roem. et Schult. ■
194035 Heteropogon hispidissimus Hochst. ex A. Rich. = Heteropogon contortus (L.) P. Beauv. ex Roem. et Schult. ■
194036 Heteropogon insignis Thwaites = Heteropogon triticeus (R. Br.) Stapf et Craib ■
194037 Heteropogon ischyranthus (Steud.) Miq. = Heteropogon triticeus (R. Br.) Stapf ex Craib ■
194038 Heteropogon lianatherus (Steud.) Miq. = Heteropogon triticeus (R. Br.) Stapf ex Craib ■
194039 Heteropogon lucidulus Andersson;光亮黄茅■☆
194040 Heteropogon melanocarpus (Elliott) Benth.;黑果黄茅(青香茅,甜黄茅);Blackfruit Yellowquitch,Sweet Tanglehead ■
194041 Heteropogon polystictus (Steud.) Hochst. = Heteropogon melanocarpus (Elliott) Benth. ■
194042 Heteropogon polystictus Hochst. = Heteropogon melanocarpus (Elliott) Benth. ■
194043 Heteropogon roylei Nees ex Steud. = Heteropogon melanocarpus (Elliott) Benth. ■
194044 Heteropogon triticeus (R. Br.) Stapf ex Craib;麦黄茅;Wheat Yellowquitch ■
194045 Heteropolygonatum M. N. Tamura et Ogisu (1997);异黄精属 ■★
194046 Heteropolygonatum ginfushanicum (F. T. Wang et Ts. Tang) M. N. Tamura,S. Yun Liang et N. J. Turland;金佛山异黄精(金佛山鹿药);Ginfoshan Mountain False Solomonseal,Jinfoshan Deerdrug,Jinfoshan False Solomonseal ■
194047 Heteropolygonatum pendulum (Z. G. Liu et X. H. Hu) M. N. Tamura et Ogisu;垂茎异黄精(飘拂黄精)■
194048 Heteropolygonatum pendulum (Z. G. Liu et X. H. Hu) M. N. Tamura et Ogisu = Polygonatum pendulum Z. G. Liu et X. H. Hu ■
194049 Heteropolygonatum roseolum M. N. Tamura et Ogisu;异黄精■
194050 Heteropolygonatum xui W. K. Bao et M. N. Tamura;四川异黄精■
194051 Heteroporidium abyssinicum Tiegh. = Ochna inermis (Forssk.) Schweinf. ●☆
194052 Heteroportdlum Tiegh. = Ochna L. ●
194053 Heteropsis Kunth (1841);短梗南星属■☆
194054 Heteropsis spruceanum Schott;短梗南星■☆
194055 Heteroptera Steud. = Heptaptera Margot et Reut. ■☆
194056 Heteroptera Steud. = Prangos Lindl. ■☆
194057 Heteropteris Fee = Neurolaena R. Br. ■●☆
194058 Heteropteris Kunth = Heteropterys Kunth(保留属名)●☆
194059 Heteropteris smeathmannii DC. = Acridocarpus smeathmannii (DC.) Guillaumin et Perr. ●☆
194060 Heteropterys Kunth (1822)(保留属名);异翅藤属(异翅木属,异翼果属)●☆
194061 Heteropterys acutifolia A. Juss.;尖叶异翅藤●☆
194062 Heteropterys africana A. Juss. = Heteropterys leona (Cav.) Exell ●☆
194063 Heteropterys chrysophylla DC.;金叶异翅藤(金叶肖槭)●☆
194064 Heteropterys jussieui Hook. f. = Heteropterys leona (Cav.) Exell ●☆
194065 Heteropterys leona (Cav.) Exell;非洲异翅藤●☆
194066 Heteropterys multiflora (DC.) Hochr.;多花异翅藤(多花异翼果)●☆
194067 Heteropterys pauciflora A. Juss.;少花异翅藤(少花异翼果)●☆
194068 Heteropterys syringifolia Griseb.;丁香叶异翅藤(肖丁香)●☆
194069 Heteropteryx Dalla Torre et Harms = Heteropterys Kunth(保留属名)●☆
194070 Heteroptilis E. Mey. ex Meisn. = Dasispermum Raf. ■☆
194071 Heteroptilis arenaria E. Mey. ex Meisn. = Dasispermum suffruticosum (P. J. Bergius) B. L. Burtt ■☆
194072 Heteroptilis suffruticosa (P. J. Bergius) Leute = Dasispermum suffruticosum (P. J. Bergius) B. L. Burtt ■☆
194073 Heteropyxidaceae Engl. et Gilg (1920)(保留科名);异蒴果科(大柱头树科,异裂果科)●☆
194074 Heteropyxidaceae Engl. et Gilg(保留科名) = Myrtaceae Juss.(保留科名)●
194075 Heteropyxis Griff.(废弃属名) = Boschia Korth. ●☆
194076 Heteropyxis Griff.(废弃属名) = Durio Adans. ●
194077 Heteropyxis Griff.(废弃属名) = Heteropyxis Harv. ●☆
194078 Heteropyxis Harv. (1863);异蒴果属(异裂果属)●☆
194079 Heteropyxis canescens Oliv.;灰异蒴果●☆
194080 Heteropyxis natalensis Harv.;异蒴果(大柱头树)●☆
194081 Heterorachis Sch. Bip. = Heterorhachis Sch. Bip. ex Walp. ●☆
194082 Heterorhachis Sch. Bip. ex Walp. (1846);隐果联苞菊属●☆
194083 Heterorhachis aculeata (Burm. f.) Rössler;隐果联苞菊●☆
194084 Heterorhachis spinosissima Sch. Bip. ex Walp. = Heterorhachis aculeata (Burm. f.) Rössler ●☆
194085 Heterosamara Kuntze = Polygala L. ●■
194086 Heterosamara bennae (Jacq. -Fél.) Paiva = Polygala bennae Jacq. -Fél. ●☆
194087 Heterosamara cabrae (Chodat) Paiva = Polygala cabrae Chodat ●☆

194088 Heterosamara carrissoana (Exell et Mendonça) Paiva = Polygala carrissoana Exell et Mendonça ●☆
194089 Heterosamara engleri (Chodat) Paiva = Polygala engleri Chodat ●☆
194090 Heterosamara galpinii (Hook. f.) Paiva;盖尔隐果联苞菊●☆
194091 Heterosamara mannii (Oliv.) Paiva = Polygala mannii Oliv. ●☆
194092 Heterosavia (Urb.) Petra Hoffm. (2008);异萨维大戟属●☆
194093 Heterosavia (Urb.) Petra Hoffm. = Savia Willd. ●☆
194094 Heterosciadium DC. = Petagnia Guss. ■☆
194095 Heterosciadium Lange = Heterosciadium Lange ex Willk. ■☆
194096 Heterosciadium Lange ex Willk. (1893);西印度伞芹属■☆
194097 Heterosciadium androphilum Lange;西印度伞芹■☆
194098 Heterosicyos (S. Watson) Cockerell = Cremastopus Paul G. Wilson ■☆
194099 Heterosicyos Welw. = Trochomeria Hook. f. ■☆
194100 Heterosicyos Welw. ex Benth. et Hook. f. = Trochomeria Hook. f. ■☆
194101 Heterosicyos Welw. ex Hook. f. = Trochomeria Hook. f. ■☆
194102 Heterosicyos polymorpha Welw. = Trochomeria macrocarpa (Sond.) Hook. f. ■☆
194103 Heterosicyos stenoloba Welw. = Trochomeria macrocarpa (Sond.) Hook. f. ■☆
194104 Heterosicyus Post et Kuntze = Cremastopus Paul G. Wilson ■☆
194105 Heterosicyus Post et Kuntze = Trochomeria Hook. f. ■☆
194106 Heterosmilax Kunth (1850);肖菝葜属(假菝葜属,土茯苓属);Heterosmilax ●■
194107 Heterosmilax angusta F. T. Wang et Ts. Tang;狭叶土茯苓●■
194108 Heterosmilax arisanensis Hayata = Heterosmilax indica A. DC. ●
194109 Heterosmilax arisanensis Hayata = Heterosmilax japonica Kunth ●
194110 Heterosmilax chinensis F. T. Wang;华肖菝葜;China Heterosmilax, Chinese Heterosmilax ●
194111 Heterosmilax erecta F. T. Wang et Ts. Tang;直立肖菝葜●
194112 Heterosmilax erecta F. T. Wang et Ts. Tang = Smilax synandra Gagnep. ●
194113 Heterosmilax erythrantha Baill. ex Gagnep. = Heterosmilax gaudichaudiana (Kunth) Maxim. ●
194114 Heterosmilax gaudichaudiana (Kunth) Maxim.;合丝肖菝葜(香港伪土茯苓,肖菝葜);Gaudichaud Heterosmilax ●
194115 Heterosmilax gaudichaudiana (Kunth) Maxim. var. hongkongensis A. DC. = Heterosmilax gaudichaudiana (Kunth) Maxim. ●
194116 Heterosmilax gaudichaudiana (Kunth) Maxim. var. latifolia Bodinier ex H. Lév. = Heterosmilax gaudichaudiana (Kunth) Maxim. ●
194117 Heterosmilax gaudichaudiana Norton = Heterosmilax japonica Kunth ●
194118 Heterosmilax hogoensis (Hayata) T. Koyama = Heterosmilax seisuiensis (Hayata) F. T. Wang et Ts. Tang ●■
194119 Heterosmilax indica A. DC. = Heterosmilax japonica Kunth ●
194120 Heterosmilax japonica Kunth;肖菝葜(阿里山土茯苓,白萆薢,白土苓,九牛力,卵叶土茯苓,南蛮土茯苓,平柄菝葜,土萆薢,土茯苓);Japan Heterosmilax, Japanese Heterosmilax ●
194121 Heterosmilax japonica Kunth var. gaudichaudiana (Kunth) F. T. Wang et Ts. Tang = Heterosmilax gaudichaudiana (Kunth) Maxim. ●
194122 Heterosmilax longiflora K. Y. Guan et Noltie;长花肖菝葜;Long-flowered Heterosmilax ●
194123 Heterosmilax micrantha T. Koyama;小花肖菝葜;Small-flowered Heterosmilax ●
194124 Heterosmilax polyandra Gagnep.;多蕊肖菝葜;Manyandra Heterosmilax, Many-stamen Heterosmilax ●
194125 Heterosmilax pottingeri (Prain) F. T. Wang et Ts. Tang = Smilax pottingeri Prain ●
194126 Heterosmilax raishaensis Hayata = Heterosmilax japonica Kunth ●
194127 Heterosmilax seisuiensis (Hayata) F. T. Wang et Ts. Tang;台湾肖菝葜(假土茯苓,台中假土茯苓);Pseudosmilax, Taiwan Heterosmilax ●■
194128 Heterosmilax seisuiensis (Hayata) F. T. Wang et Ts. Tang = Pseudosmilax seisuiensis Hayata ●■
194129 Heterosmilax septemnervis F. T. Wang et Ts. Tang;短柱肖菝葜;Shortstyle Heterosmilax ●
194130 Heterosmilax suisuiensis (Hayata) F. T. Wang et Ts. Tang = Heterosmilax seisuiensis (Hayata) F. T. Wang et Ts. Tang ●■
194131 Heterosmilax tsaii F. T. Wang et Ts. Tang = Heterosmilax japonica Kunth ●
194132 Heterosmilax yunnanensis Gagnep.;云南肖菝葜(短柱肖菝葜);Yunnan Heterosmilax ●
194133 Heterosoma Guill. = Heterotoma Zucc. ■☆
194134 Heterospathe Scheff. (1876);异苞棕属(异苞椆属,异苞椰属,异苞椰子属);Sagisi Palm ●☆
194135 Heterospathe elata Scheff.;高异苞棕;Sagisi Palm ●☆
194136 Heterospathe salomonensis Becc.;所罗门异苞棕●☆
194137 Heterosperma Cav. (1796);异籽菊属(异子菊属)■●☆
194138 Heterosperma Tausch = Heteromorpha Cham. et Schltdl. ●☆
194139 Heterosperma dicranocarpum A. Gray = Dicranocarpus parviflorus A. Gray ■☆
194140 Heterosperma nanum (Nutt.) Sherff;矮异籽菊■☆
194141 Heterosperma ovatifolium Cav.;卵叶异籽菊■☆
194142 Heterosperma pinnatum Cav.;异籽菊■☆
194143 Heterospermum Willd. = Heterosperma Cav. ■●☆
194144 Heterostachys Ung. -Sternb. (1876);单花盐穗木属●☆
194145 Heterostalis (Schott) Schott = Typhonium Schott ■
194146 Heterostalis Schott = Typhonium Schott ■
194147 Heterostalis diversifolia Schott = Typhonium diversifolium Wall. ■
194148 Heterostalis flagelliformis Schott = Typhonium flagelliforme (Lodd.) Blume ■
194149 Heterostalis huegeliana Schott = Typhonium diversifolium Wall. ■
194150 Heterosteca Desv. = Bouteloua Lag. (保留属名)■
194151 Heterosteca Desv. = Heterostega Desv. ■
194152 Heterostega Desv. = Botelua Lag. ■
194153 Heterostega Kunth = Botelua Lag. ■
194154 Heterostegon Schwein. ex Hook. f. = Heterostega Desv. ■
194155 Heterostemma Wight et Arn. (1834);醉魂藤属(布朗藤属);Heterostemma, Sotvine ●
194156 Heterostemma alatum Wight et Arn.;醉魂藤(老鸦花,野豇豆);Winged Heterostemma, Winged Sotvine ●
194157 Heterostemma brownii Hayata;台湾醉魂藤(布朗藤);Brown Heterostemma, Brown Sotvine, Taiwan Heterostemma ●
194158 Heterostemma esquirolii (H. Lév.) Tsiang;贵州醉魂藤(桂州醉魂藤,老鸦花,黔贵百灵藤,黔贵醉魂藤,黔桂醉魂藤,野豇豆);Esquirol Heterostemma, Esquirol Sotvine ●
194159 Heterostemma gracile Kerr = Heterostemma esquirolii (H. Lév.) Tsiang ●
194160 Heterostemma grandiflorum Costantin;大花醉魂藤;Big-flowered Heterostemma, Largeflower Heterostemma, Largeflower Sotvine ●

194161 Heterostemma menghaiense (H. Zhu et H. Wang) M. G. Gilbert et P. T. Li;勐海醉魂藤;Menghai Heterostemma,Menghai Sotvine ●

194162 Heterostemma oblongifolium Costantin;催乳藤(长圆叶醉魂藤,奶汁藤);Oblongleaf Heterostemma,Oblongleaf Sotvine,Oblong-leaved Heterostemma ●

194163 Heterostemma renchangii Tsiang;广西醉魂藤●

194164 Heterostemma renchangii Tsiang = Heterostemma tsoongii Tsiang ●

194165 Heterostemma siamicum Craib;心叶醉魂藤;Heartleaf Heterostemma,Heartleaf Sotvine,Heart-leaved Heterostemma ●

194166 Heterostemma sinicum Tsiang;海南醉魂藤;China Sotvine,Chinese Heterostemma ●

194167 Heterostemma tsoongii Tsiang;灵山醉魂藤(广西百灵藤,广西醉魂藤);Guangxi Heterostemma,Guangxi Sotvine,Lingshan Heterostemma,Tsoong Heterostemma,Tsoong Sotvine ●

194168 Heterostemma tsoongii Tsiang = Heterostemma renchangii Tsiang ●

194169 Heterostemma villosum Costantin;长毛醉魂藤;Villous Heterostemma,Villous Sotvine ●

194170 Heterostemma villosum Costantin = Heterostemma esquirolii (H. Lév.) Tsiang ●

194171 Heterostemma villosum Costantin var. menghaiensis H. Zhu et H. Wang = Heterostemma menghaiensis (H. Zhu et H. Wang) M. G. Gilbert et P. T. Li ●

194172 Heterostemma wallichii Wight et Arn.;云南醉魂藤;Wallich Heterostemma,Wallich Sotvine ●

194173 Heterostemma yunnanense P. T. Li;云南烽云巢;Yunnan Sotvine ●

194174 Heterostemon Desf.(1818);异蕊豆属(红花异蕊豆属)■☆

194175 Heterostemon Nutt. ex Torr. et A. Gray = Oenothera L. ●■

194176 Heterostemon mimosoides Desf.;异蕊豆■☆

194177 Heterostigma Gaudich. = Pandanus Parkinson ex Du Roi ●■

194178 Heterostigma heudelotianum Gaudich. = Pandanus candelabrum P. Beauv. ●☆

194179 Heterostylaceae Hutch = Juncaginaceae Rich.(保留科名)■

194180 Heterostylaceae Hutch = Lilaeaceae Dumort.(保留科名)■☆

194181 Heterostylus Hook. = Lilaea Humb. et Bonpl. ■☆

194182 Heterotaenia Boiss. = Conopodium W. D. J. Koch(保留属名)■☆

194183 Heterotaxis Lindl. = Maxillaria Ruiz et Pav. ■☆

194184 Heterotaxis crassifolia Lindl. = Maxillaria crassifolia (Lindl.) Rchb. f. ■☆

194185 Heterothalamulopsis Deble, A. S. Oliveira et Marchiori = Heterothalamus Less. ●☆

194186 Heterothalamulopsis Deble,A. S. Oliveira et Marchiori(2004);巴西单性紫菀属●☆

194187 Heterothalamus Less.(1831);单性紫菀属●☆

194188 Heterothalamus spartioides Hook. et Arn. ex DC.;单性紫菀●☆

194189 Heterotheca Cass.(1817);异囊菊属(硬毛金菀属);Goldenaster ■☆

194190 Heterotheca adenolepis (Fernald) H. E. Ahles = Pityopsis aspera (A. Gray) Small var. adenolepis (Fernald) Semple et F. D. Bowers ■☆

194191 Heterotheca aspera (A. Gray) Shinners = Pityopsis aspera (A. Gray) Small ■☆

194192 Heterotheca bolanderi (A. Gray) V. L. Harms = Heterotheca sessiliflora (Nutt.) Shinners subsp. bolanderi (A. Gray) Semple ■☆

194193 Heterotheca breweri (A. Gray) Shinners = Eucephalus breweri (A. Gray) G. L. Nesom ●☆

194194 Heterotheca camphorata (Eastw.) Semple = Heterotheca sessiliflora (Nutt.) Shinners subsp. echioides (Benth.) Semple ■☆

194195 Heterotheca camporum (Greene) Shinners;樟脑异囊菊;Camphor Weed,Golden Aster,Lemon-yellow False Golden Aster,Prairie Golden Aster ■☆

194196 Heterotheca camporum (Greene) Shinners var. glandulissima Semple;腺樟脑异囊菊■☆

194197 Heterotheca canescens (DC.) Shinners;灰白异囊菊;Camphor Weed,Golden Aster,Hoary Goldenaster ■☆

194198 Heterotheca chrysopsidis DC. = Heterotheca subaxillaris (Lam.) Britton et Rusby ■☆

194199 Heterotheca correllii (Fernald) H. E. Ahles = Pityopsis graminifolia (Michx.) Nutt. var. latifolia (Fernald) Semple et F. D. Bowers ■☆

194200 Heterotheca depressa (Rydb.) Dorn = Heterotheca villosa (Pursh) Shinners var. depressa (Rydb.) Semple ■☆

194201 Heterotheca echioides (Benth.) Shinners = Heterotheca sessiliflora (Nutt.) Shinners subsp. echioides (Benth.) Semple ■☆

194202 Heterotheca fastigiata (Greene) V. L. Harms = Heterotheca sessiliflora (Nutt.) Shinners subsp. fastigiata (Greene) Semple ■☆

194203 Heterotheca flexuosa (Nash) V. L. Harms = Pityopsis flexuosa (Nash) Small ■☆

194204 Heterotheca floribunda Benth. = Heterotheca grandiflora Nutt. ■☆

194205 Heterotheca floridana (Small) R. W. Long = Chrysopsis floridana Small ●■☆

194206 Heterotheca foliosa (Nutt.) Shinners = Heterotheca villosa (Pursh) Shinners var. foliosa (Nutt.) V. L. Harms ■☆

194207 Heterotheca fulcrata (Greene) Shinners;支撑异囊菊■☆

194208 Heterotheca fulcrata (Greene) Shinners var. amplifolia (Rydb.) Semple;大叶支撑异囊菊■☆

194209 Heterotheca fulcrata (Greene) Shinners var. arizonica Semple;亚利桑那异囊菊■☆

194210 Heterotheca fulcrata (Greene) Shinners var. senilis (Wooton et Standl.) Semple;六叶异囊菊■☆

194211 Heterotheca gossypina (Michx.) Shinners = Chrysopsis gossypina (Michx.) Elliott ■☆

194212 Heterotheca graminifolia (Michx.) Shinners;禾叶异囊菊■☆

194213 Heterotheca graminifolia (Michx.) Shinners = Pityopsis graminifolia (Michx.) Nutt. ■☆

194214 Heterotheca graminifolia (Michx.) Shinners var. tracyi (Small) R. W. Long = Pityopsis graminifolia (Michx.) Nutt. var. tracyi (Small) Semple ■☆

194215 Heterotheca grandiflora Nutt.;大花异囊菊;Silk-grass Goldenaster,Telegraph-weed ■☆

194216 Heterotheca horrida (Rydb.) V. L. Harms = Heterotheca villosa (Pursh) Shinners var. nana (A. Gray) Semple ■☆

194217 Heterotheca horrida (Rydb.) V. L. Harms subsp. cinerascens (S. F. Blake) Semple = Heterotheca villosa (Pursh) Shinners var. scabra (Eastw.) Semple ■☆

194218 Heterotheca hyssopifolia (Nutt.) R. W. Long = Chrysopsis gossypina (Michx.) Elliott subsp. hyssopifolia (Nutt.) Semple ■☆

194219 Heterotheca hyssopifolia (Nutt.) R. W. Long var. subulata (Small) R. W. Long = Chrysopsis subulata Small ■☆

194220 Heterotheca inuloides Cass.;旋花异囊菊■☆

194221 Heterotheca jonesii (S. F. Blake) S. L. Welsh et N. D. Atwood;琼斯异囊菊;Jones' Goldenaster ■☆

194222 Heterotheca lamarckii Cass. = Heterotheca subaxillaris (Lam.) Britton et Rusby ■☆
194223 Heterotheca latifolia Buckley;宽叶异囊菊;Grass-leaved Golden Aster ■☆
194224 Heterotheca latifolia Buckley = Heterotheca subaxillaris (Lam.) Britton et Rusby ■☆
194225 Heterotheca latifolia Buckley = Heterotheca subaxillaris (Lam.) Britton et Rusby subsp. latifolia (Buckley) Semple ■☆
194226 Heterotheca latifolia Buckley var. arkansana B. Wagenkn. = Heterotheca subaxillaris (Lam.) Britton et Rusby ■☆
194227 Heterotheca latifolia Buckley var. arkansana B. Wagenkn. = Heterotheca subaxillaris (Lam.) Britton et Rusby subsp. latifolia (Buckley) Semple ■☆
194228 Heterotheca latisquamea (Pollard) V. L. Harms = Chrysopsis latisquamea Pollard ■☆
194229 Heterotheca mariana (L.) Shinners = Chrysopsis mariana (L.) Elliott ■☆
194230 Heterotheca mariana (L.) Shinners subsp. floridana (Small) V. L. Harms = Chrysopsis floridana Small ●■☆
194231 Heterotheca microcephala (Small) Shinners = Pityopsis graminifolia (Michx.) Nutt. var. tenuifolia (Torr.) Semple et F. D. Bowers ■☆
194232 Heterotheca nervosa (Willd.) Shinners = Pityopsis graminifolia (Michx.) Nutt. var. latifolia (Fernald) Semple et F. D. Bowers ■☆
194233 Heterotheca oligantha (Chapm. ex Torr. et A. Gray) V. L. Harms = Pityopsis oligantha (Chapm. ex Torr. et A. Gray) Small ■☆
194234 Heterotheca oregona (Nutt.) Shinners;俄勒冈异囊菊;Oregon Goldenaster ■☆
194235 Heterotheca oregona (Nutt.) Shinners var. compacta (D. D. Keck) Semple;密集俄勒冈异囊菊■☆
194236 Heterotheca oregona (Nutt.) Shinners var. rudis (Greene) Semple;不详异囊菊■☆
194237 Heterotheca oregona (Nutt.) Shinners var. scaberrima (A. Gray) Semple;粗糙俄勒冈异囊菊■☆
194238 Heterotheca pilosa (Nutt.) Shinners = Bradburia pilosa (Nutt.) Semple ■☆
194239 Heterotheca pinifolia (Elliott) H. E. Ahles = Pityopsis pinifolia (Elliott) Nutt. ■☆
194240 Heterotheca psammophila B. Wagenknecht = Heterotheca subaxillaris (Lam.) Britton et Rusby subsp. latifolia (Buckley) Semple ■☆
194241 Heterotheca pumila (Greene) Semple;高山异囊菊;Alpine Goldenaster ■☆
194242 Heterotheca ruthii (Small) V. L. Harms = Pityopsis ruthii (Small) Small ■☆
194243 Heterotheca rutteri (Rothr.) Shinners;拉特异囊菊;Huachuca or Rutter's Goldenaster ■☆
194244 Heterotheca scabra (Pursh) DC. = Heterotheca subaxillaris (Lam.) Britton et Rusby ■☆
194245 Heterotheca scabrella (Torr. et A. Gray) R. W. Long = Chrysopsis scabrella Torr. et A. Gray ■☆
194246 Heterotheca sessiliflora (Nutt.) Shinners;无梗花异囊菊;Beach Goldenaster, Sessileflower Goldenaster ■☆
194247 Heterotheca sessiliflora (Nutt.) Shinners subsp. bolanderi (A. Gray) Semple;鲍兰德异囊菊■☆
194248 Heterotheca sessiliflora (Nutt.) Shinners subsp. echioides (Benth.) Semple;加州异囊菊■☆
194249 Heterotheca sessiliflora (Nutt.) Shinners subsp. fastigiata (Greene) Semple;帚状异囊菊■☆
194250 Heterotheca sessiliflora (Nutt.) Shinners var. bolanderioides Semple = Heterotheca sessiliflora (Nutt.) Shinners subsp. echioides (Benth.) Semple ■☆
194251 Heterotheca sessiliflora (Nutt.) Shinners var. camphorata (Eastw.) Semple = Heterotheca sessiliflora (Nutt.) Shinners subsp. echioides (Benth.) Semple ■☆
194252 Heterotheca sessiliflora (Nutt.) Shinners var. sanjacintensis Semple = Heterotheca sessiliflora (Nutt.) Shinners subsp. fastigiata (Greene) Semple ■☆
194253 Heterotheca shevockii (Semple) Semple;舍氏异囊菊;Shevock's Goldenaster ■☆
194254 Heterotheca stenophylla (A. Gray) Shinners;硬叶异囊菊;Camphor Weed, Golden Aster, Stiffleaf Goldenaster ■☆
194255 Heterotheca stenophylla (A. Gray) Shinners var. angustifolia (Rydb.) Semple;窄硬叶异囊菊■☆
194256 Heterotheca subaxillaris (Lam.) Britton et Rusby;近腋生异囊菊;Camphor Weed, Camphorweed, Golden Aster ■☆
194257 Heterotheca subaxillaris (Lam.) Britton et Rusby subsp. latifolia (Buckley) Semple;宽叶近腋生异囊菊■☆
194258 Heterotheca subaxillaris (Lam.) Britton et Rusby var. latifolia (Buckley) Gandhi et R. D. Thomas = Heterotheca subaxillaris (Lam.) Britton et Rusby subsp. latifolia (Buckley) Semple ■☆
194259 Heterotheca subaxillaris (Lam.) Britton et Rusby var. petiolaris Benke = Heterotheca subaxillaris (Lam.) Britton et Rusby subsp. latifolia (Buckley) Semple ■☆
194260 Heterotheca trichophylla (Nutt.) Shinners = Chrysopsis gossypina (Michx.) Elliott ■☆
194261 Heterotheca villosa (Pursh) Shinners;毛异囊菊;Golden Aster, Hairy False Golden-aster, Hairy Goldenaster ■☆
194262 Heterotheca villosa (Pursh) Shinners var. angustifolia (Rydb.) V. L. Harms = Heterotheca stenophylla (A. Gray) Shinners ■☆
194263 Heterotheca villosa (Pursh) Shinners var. angustifolia (Rydb.) V. L. Harms = Heterotheca stenophylla (A. Gray) Shinners var. angustifolia (Rydb.) Semple ■☆
194264 Heterotheca villosa (Pursh) Shinners var. ballardii (Rydb.) Semple;巴拉德异囊菊;Golden Aster, Hairy False Golden-aster, Hairy Golden Aster, Telegraph-plant ■☆
194265 Heterotheca villosa (Pursh) Shinners var. camporum (Greene) Wunderlin = Heterotheca camporum (Greene) Shinners ■☆
194266 Heterotheca villosa (Pursh) Shinners var. depressa (Rydb.) Semple;凹陷毛异囊菊■☆
194267 Heterotheca villosa (Pursh) Shinners var. foliosa (Nutt.) V. L. Harms;多叶毛异囊菊■☆
194268 Heterotheca villosa (Pursh) Shinners var. hispida (Hook.) V. L. Harms = Heterotheca villosa (Pursh) Shinners var. minor (Hook.) Semple ■☆
194269 Heterotheca villosa (Pursh) Shinners var. horrida (Rydb.) Semple = Heterotheca villosa (Pursh) Shinners var. nana (A. Gray) Semple ■☆
194270 Heterotheca villosa (Pursh) Shinners var. minor (Hook.) Semple;小毛异囊菊;Hairy Golden Aster ■☆
194271 Heterotheca villosa (Pursh) Shinners var. nana (A. Gray) Semple;矮毛异囊菊■☆
194272 Heterotheca villosa (Pursh) Shinners var. pedunculata (Greene) V. L. Harms ex Semple;花梗毛异囊菊■☆

194273 Heterotheca villosa (Pursh) Shinners var. scabra (Eastw.) Semple;糙毛异囊菊■☆
194274 Heterotheca villosa (Pursh) Shinners var. shevockii Semple = Heterotheca shevockii (Semple) Semple ■☆
194275 Heterotheca villosa (Pursh) Shinners var. sierrablancensis Semple;白毛异囊菊;White Mountains Hairy Goldenaster ■☆
194276 Heterotheca viscida (A. Gray) V. L. Harms;悬崖异囊菊;Cliff Goldenaster ■☆
194277 Heterotheca wisconsinensis (Shinners) Shinners = Heterotheca villosa (Pursh) Shinners var. minor (Hook.) Semple ■☆
194278 Heterotheca zionensis Semple;锡安山异囊菊;Zion Goldenaster ■☆
194279 Heterothrix (B. L. Rob.) Rydb. = Pennellia Nieuwl. ■☆
194280 Heterothrix Müll. Arg. = Echites P. Browne ●☆
194281 Heterothrix Rydb. = Pennellia Nieuwl. ■☆
194282 Heterotis Benth. (1849);肖荣耀木属●☆
194283 Heterotis Benth. = Dissotis Benth. (保留属名)●☆
194284 Heterotis amplexicaulis (Jacq. -Fél.) Aké Assi;抱茎肖荣耀木●☆
194285 Heterotis angolensis (Cogn.) Jacq. -Fél.;安哥拉肖荣耀木●☆
194286 Heterotis antennina (Sm.) Benth.;安泰肖荣耀木●☆
194287 Heterotis arenaria Jacq. -Fél.;沙地肖荣耀木●☆
194288 Heterotis buettneriana (Cogn. ex Büttner) Jacq. -Fél.;比特纳肖荣耀木●☆
194289 Heterotis canescens (E. Mey. ex R. A. Graham) Jacq. -Fél.;灰肖荣耀木●☆
194290 Heterotis cinerascens (Hutch.) Jacq. -Fél.;灰色肖荣耀木●☆
194291 Heterotis cornifolia Benth. = Melastomastrum cornifolium (Benth.) Jacq. -Fél. ●☆
194292 Heterotis decumbens (P. Beauv.) Jacq. -Fél.;外倾肖荣耀木●☆
194293 Heterotis entii (J. B. Hall) Jacq. -Fél.;恩特肖荣耀木●☆
194294 Heterotis jacquesii (A. Chev.) Aké Assi;雅凯肖荣耀木●☆
194295 Heterotis laevis Benth. = Heterotis decumbens (P. Beauv.) Jacq. -Fél. ●☆
194296 Heterotis pobeguinii (Hutch. et Dalziel) Jacq. -Fél.;波别肖荣耀木●☆
194297 Heterotis prostrata (Thonn.) Benth.;平卧肖荣耀木●☆
194298 Heterotis pygmaea (A. Chev. et Jacq. -Fél.) Jacq. -Fél.;矮小肖荣耀木●☆
194299 Heterotis rotundifolia (Sm.) Jacq. -Fél.;圆叶肖荣耀木●☆
194300 Heterotis rupicola (Gilg ex Engl.) Jacq. -Fél.;岩地肖荣耀木●☆
194301 Heterotis segregata Benth. = Melastomastrum segregatum (Benth.) A. Fern. et R. Fern. ●☆
194302 Heterotis seretii (De Wild.) Jacq. -Fél.;赛雷肖荣耀木●☆
194303 Heterotis sylvestris (Jacq. -Fél.) Jacq. -Fél.;林地肖荣耀木●☆
194304 Heterotis theifolia (G. Don) Benth. = Melastomastrum theifolium (G. Don) A. Fern. et R. Fern. ●☆
194305 Heterotis triplinervia (Klotzsch) Klotzsch ex Triana = Heterotis prostrata (Thonn.) Benth. ●☆
194306 Heterotis vogelii Benth. = Melastomastrum capitatum (Vahl) A. Fern. et R. Fern. ●☆
194307 Heterotoma Zucc. (1832);异片桔梗属■☆
194308 Heterotoma lobelioides Zucc.;异片桔梗■☆
194309 Heterotomma T. Durand = Heteromma Benth. ■☆
194310 Heterotrichum DC. (1828);异毛野牡丹属●☆
194311 Heterotrichum M. Bieb. = Saussurea DC. (保留属名)●■
194312 Heterotrichum alpinum Link;高山异毛野牡丹●☆
194313 Heterotrichum dissectum M. Bieb. et Herder = Saussurea runcinata DC. ■
194314 Heterotrichum leptophyllum M. Bieb. ex DC. = Saussurea salicifolia (L.) DC. ■
194315 Heterotrichum pulchellum Fisch. = Saussurea pulchella (Fisch. ex Hornem.) Fisch. ■
194316 Heterotrichum salsum M. Bieb. = Saussurea salsa (Pall.) Spreng. ■
194317 Heterotristicha Tobler = Tristicha Thouars ■☆
194318 Heterotropa C. Morren et Decne. (1834);异细辛属■
194319 Heterotropa C. Morren et Decne. = Asarum L. ■
194320 Heterotropa albomaculata (Hayata) F. Maek.;白斑异细辛(大花细辛)■
194321 Heterotropa asaroides C. Morren et Decne. = Asarum asaroides (C. Morren et Decne.) Makino ■☆
194322 Heterotropa aspera (F. Maek.) F. Maek. = Asarum asperum F. Maek. ■☆
194323 Heterotropa blumei (Duch.) F. Maek. = Asarum blumei Duch. ■☆
194324 Heterotropa celsa (Hatus.) F. Maek. = Asarum celsum F. Maek. ex Hatus. et Yamahata ■☆
194325 Heterotropa constricta (F. Maek.) F. Maek.;缢缩异细辛■☆
194326 Heterotropa costata F. Maek. = Asarum costatum (F. Maek.) F. Maek. ■☆
194327 Heterotropa crassa (F. Maek.) F. Maek. = Asarum crassum F. Maek. ■☆
194328 Heterotropa curvistigma (F. Maek.) F. Maek. = Asarum curvistigma F. Maek. ■☆
194329 Heterotropa dilatata F. Maek. = Asarum takaoi F. Maek. var. dilatatum (F. Maek.) F. Maek. ■☆
194330 Heterotropa dissita F. Maek. = Asarum dissitum Hatus. ■☆
194331 Heterotropa fauriei (Franch.) F. Maek. ex Murai = Asarum fauriei Franch. ■☆
194332 Heterotropa fauriei (Franch.) F. Maek. var. nakaianum (F. Maek.) F. Maek. = Asarum fauriei Franch. var. nakaianum (F. Maek.) Ohwi ■☆
194333 Heterotropa fudsinoi (T. Ito) F. Maek. ex Nemoto = Asarum fudsinoi T. Ito ■☆
194334 Heterotropa geaster F. Maek. ex Akasawa;日本异细辛■☆
194335 Heterotropa gelasina F. Maek. = Asarum gelasinum Hatus. ■☆
194336 Heterotropa hatsushimae F. Maek. = Asarum hatsushimae F. Maek. ex Hatus. et Yamahata ■☆
194337 Heterotropa hayatana F. Maek. = Asarum hayatanum (Maek.) Masam. ■
194338 Heterotropa hayatana F. Maek. = Asarum hypogynum Hayata ■
194339 Heterotropa hexaloba (F. Maek.) F. Maek. = Asarum hexalobum (F. Maek.) F. Maek. ■☆
194340 Heterotropa hexaloba (F. Maek.) F. Maek. var. perfecta F. Maek. = Asarum perfectum (F. Maek.) F. Maek. ■☆
194341 Heterotropa hisauchii (F. Maek.) F. Maek. ex Nemoto = Asarum takaoi F. Maek. var. hisauchii (F. Maek.) F. Maek. ■☆
194342 Heterotropa ikegamii F. Maek. ex Y. Maek. = Asarum ikegamii (F. Maek. ex Y. Maek.) T. Sugaw. ■☆
194343 Heterotropa infrapurpurea (Hayata) Maek. ex Nemoto = Asarum

infrapurpureum Hayata ■
194344 Heterotropa infrapurpurea (Hayata) Maek. ex Nemoto = Asarum macranthum Hook. f. ■
194345 Heterotropa kinoshitae F. Maek. ex Kinosh.;木下氏异细辛■☆
194346 Heterotropa kiusiana (F. Maek.) F. Maek. = Asarum kiusianum F. Maek. ■☆
194347 Heterotropa kiusiana (F. Maek.) F. Maek. var. melanosiphon (F. Maek.) F. Maek. = Asarum kiusianum F. Maek. var. melanosiphon (F. Maek.) F. Maek. ■☆
194348 Heterotropa kiusiana (F. Maek.) F. Maek. var. tubulosa (F. Maek.) F. Maek. = Asarum kiusianum F. Maek. var. tubulosum (F. Maek.) F. Maek. ■☆
194349 Heterotropa kooyana (Makino) F. Maek. ex Nemoto var. kooyana = Asarum kooyanum Makino ■☆
194350 Heterotropa kumageana (Masam.) F. Maek. ex Yahara = Asarum kumageanum Masam. ■☆
194351 Heterotropa kumageana (Masam.) F. Maek. ex Yahara var. satakeana F. Maek. = Asarum kumageanum Masam. var. satakeanum (F. Maek.) Hatus. ■☆
194352 Heterotropa lutchuensis (T. Ito) Honda = Asarum lutchuense T. Ito ■☆
194353 Heterotropa macrantha (Hook. f.) F. Maek. ex Nemoto;大花异细辛■
194354 Heterotropa macrantha (Hook. f.) F. Maek. ex Nemoto = Asarum macranthum Hook. f. ■
194355 Heterotropa magnifica (Tsiang) Maek. = Asarum magnificum Tsiang ex C. Y. Cheng et C. S. Yang ■
194356 Heterotropa megacalyx F. Maek. = Asarum megacalyx (F. Maek.) T. Sugaw. ■☆
194357 Heterotropa melanosiphon (F. Maek.) F. Maek. = Asarum kiusianum F. Maek. var. melanosiphon (F. Maek.) F. Maek. ■☆
194358 Heterotropa mitanii F. Maek. ex Akasawa;米坦异细辛■☆
194359 Heterotropa muramatsui (Makino) F. Maek. = Asarum muramatsui Makino ■☆
194360 Heterotropa muramatsui (Makino) F. Maek. var. tamaensis (Makino) F. Maek. = Asarum tamaense Makino ■☆
194361 Heterotropa nankaiensis (F. Maek.) F. Maek. ex Nemoto = Asarum nankaiense F. Maek. ■☆
194362 Heterotropa nipponica (F. Maek.) F. Maek. var. brachypodion (F. Maek.) F. Maek. = Asarum kooyanum Makino var. brachypodion (F. Maek.) Kitam. ■☆
194363 Heterotropa nomadakensis (Hatus.) F. Maek. = Asarum nomadakense Hatus. ■☆
194364 Heterotropa oblonga F. Maek. = Asarum oblongum (F. Maek.) F. Maek. ■☆
194365 Heterotropa okinawensis (Hatus.) F. Maek. ex Y. Maek. = Asarum okinawense Hatus. ■☆
194366 Heterotropa parviflora Hook. = Asarum parviflorum (Hook.) Regel ■☆
194367 Heterotropa pseudosavatieri (F. Maek.) F. Maek. = Asarum pseudosavatieri F. Maek. ■☆
194368 Heterotropa rigescens (F. Maek.) F. Maek. ex Nemoto;硬直异细辛■☆
194369 Heterotropa rigescens (F. Maek.) F. Maek. ex Nemoto var. albescens F. Maek. ex Akasawa;变白硬直异细辛■☆
194370 Heterotropa sakawana (Makino) F. Maek. = Asarum sakawanum Makino ■☆
194371 Heterotropa sakawana (Makino) F. Maek. var. stellata F. Maek. ex Akasawa;星状异细辛■☆
194372 Heterotropa satsumensis (F. Maek.) F. Maek. = Asarum satsumense F. Maek. ■☆
194373 Heterotropa satsumensis F. Maek. = Asarum satsumense F. Maek. ■☆
194374 Heterotropa savatieri (Franch.) F. Maek. = Asarum savatieri Franch. ■☆
194375 Heterotropa savatieri (Franch.) F. Maek. subsp. pseudosavatieri (F. Maek.) T. Sugaw. = Asarum pseudosavatieri F. Maek. ■☆
194376 Heterotropa senkakuinsularis (Hatus.) F. Maek. ex Y. Maek. = Asarum senkakuinsulare Hatus. ■☆
194377 Heterotropa splendens Maek. = Asarum splendens (Maek.) C. Y. Cheng et C. S. Yang ■
194378 Heterotropa stolonifera (F. Maek.) F. Maek. ex Nemoto = Asarum stoloniferum F. Maek. ■☆
194379 Heterotropa sugimotoi Akasawa et Shimyo;杉本细辛■☆
194380 Heterotropa taitonensis (Hayata) F. Maek. ex Nemoto = Asarum macranthum Hook. f. ■
194381 Heterotropa taitonensis (Hayata) F. Maek. ex Nemoto = Asarum taitonense Hayata ■
194382 Heterotropa takaoi (F. Maek.) F. Maek. = Asarum takaoi F. Maek. ■
194383 Heterotropa takaoi (F. Maek.) F. Maek. var. austrokiiensis Kinosh.;南纪伊异细辛■☆
194384 Heterotropa takaoi (F. Maek.) F. Maek. var. dilatata (F. Maek.) F. Maek. = Asarum takaoi F. Maek. var. dilatatum (F. Maek.) F. Maek. ■☆
194385 Heterotropa takaoi (F. Maek.) F. Maek. var. hisauchii F. Maek. ex H. Ohba = Asarum takaoi F. Maek. var. hisauchii (F. Maek.) F. Maek. ■☆
194386 Heterotropa tamaensis (Makino) F. Maek. = Asarum tamaense Makino ■☆
194387 Heterotropa trigyna (Araki) F. Maek. = Asarum trigynum (F. Maek.) Araki ■☆
194388 Heterotropa tubulosa (F. Maek.) F. Maek. ex Nemoto = Asarum kiusianum F. Maek. var. tubulosum (F. Maek.) F. Maek. ■☆
194389 Heterotropa unzen F. Maek. = Asarum unzen (F. Maek.) Kitam. et Murata ■☆
194390 Heterotropa variegata (A. Braun et C. D. Bouché) F. Maek. ex Nemoto = Asarum variegatum A. Braun et C. D. Bouché ■☆
194391 Heterotropa viridiflora (Regel) F. Maek. = Asarum viridiflorum Regel ■☆
194392 Heterotropa yaeyamensis (Hatus.) F. Maek. ex Y. Maek. = Asarum yaeyamense Hatus. ■☆
194393 Heterotropa yakusimensis (Masam.) F. Maek. ex Nemoto = Asarum yakusimense Masam. ■☆
194394 Heterozeuxine T. Hashim. = Zeuxine Lindl. (保留属名) ■
194395 Heterozeuxine nervosa (Wall. ex Lindl.) T. Hashim. = Zeuxine nervosa (Wall. ex Lindl.) Benth. ex C. B. Clarke ■
194396 Heterozeuxine nervosa (Wall. ex Lindl.) T. Hashim. = Zeuxine nervosa (Wall. ex Lindl.) Trimen ■
194397 Heterozeuxine odorata (Fukuy.) T. Hashim. = Zeuxine odorata Fukuy. ■
194398 Heterozeuxine rotundiloba (J. J. Sm.) C. S. Leou = Hetaeria anomala Lindl. ■
194399 Heterozeuxine rotundiloba (J. J. Sm.) C. S. Leou = Hetaeria

biloba (Ridl.) Seidenf. et J. J. Wood ■
194400 Heterozostera (Setch.) Hartog = Zostera L. ■
194401 Heterozostera (Setch.) Hartog(1970);异形大叶藻属■☆
194402 Heterozostera tasmanica (Asch.) Hartog;异形大叶藻■☆
194403 Heterozygia Bunge = Kallstroemia Scop. ■☆
194404 Heterozygis Bunge = Kallstroemia Scop. ■☆
194405 Heterym Raf. = Phacelia Juss. ■☆
194406 Hethingeria Raf. = Hettlingeria Neck. ●
194407 Hethingeria Raf. = Rhamnus L. ●
194408 Hetiosperma (Rchb.) Rchb. = Silene L. (保留属名) ■
194409 Hetrepta Raf. = Leucas Burm. ex R. Br. ●■
194410 Hettlingeria Neck. = Rhamnus L. ●
194411 Heuchera L. (1753);矾根属(肾形草属,钟珊瑚属);Alum Root, Alumroot, Alum-root, Coral Bells, Coralbells, Heuchera ■☆
194412 Heuchera acerifolia Raf.;尖叶矾根;Alumroot ■☆
194413 Heuchera americana L.;美洲矾根;Alum Root, Alumroot, Alum-root, American Alumroot, American Sanicle ■☆
194414 Heuchera americana L. var. interior Rosend., Butters et Lakela = Heuchera americana L. ■☆
194415 Heuchera bracteata Ser.;具苞矾根;Bracteate Alumroot, Navajo Tea ■☆
194416 Heuchera chlorantha Piper;绿花矾根;Greenflower Alumroot ■☆
194417 Heuchera cylindrica Douglas;圆叶矾根(筒花肾形草);Poker Alumroot, Roundleaf Alumroot ■☆
194418 Heuchera cylindrica Douglas 'Greenfinch';绿雀筒花肾形草 ■☆
194419 Heuchera dichotoma Murray = Vahlia dichotoma (Murray) Kuntze ■☆
194420 Heuchera flabellifolia Rydb.;扇叶矾根;Flabellateleaf Alumroot ■☆
194421 Heuchera glabella Torr. et A. Gray;近光矾根;Glabrescent Alumroot ■☆
194422 Heuchera glabra Willd. ex Roem. et Schult.;光矾根;Glabous Alumroot ■☆
194423 Heuchera himalayensis Decne. et Jacq.;喜马拉雅矾根;Himalayan Alumroot ■☆
194424 Heuchera hirsuticaulis (Wheelock) Rydb. = Heuchera americana L. ■☆
194425 Heuchera hispida Pursh;硬毛矾根;Rough Alumroot ■☆
194426 Heuchera micrantha Douglas;小花矾根(小花肾形草,小花钟珊瑚);Littleflower Alumroot, Palace Purple ■☆
194427 Heuchera missouriensis Rosend. = Heuchera parviflora Bartl. ■☆
194428 Heuchera parviflora Bartl.;美洲小花矾根;Alum Root ■☆
194429 Heuchera parviflora Bartl. var. rugelii (Shuttlew. ex Kunze) Rosend., Butters et Lakela = Heuchera parviflora Bartl. ■☆
194430 Heuchera puberula Mack. et Bush = Heuchera parviflora Bartl. ■☆
194431 Heuchera puberula Mack. et Bush f. glabrata Steyerm. = Heuchera parviflora Bartl. ■☆
194432 Heuchera pubescens Pursh;柔毛矾根;Marblet Alumroot ■☆
194433 Heuchera richardsonii R. Br.;草原矾根;Alum Root, Prairie Alumroot, Richardson's Alumroot ■☆
194434 Heuchera richardsonii R. Br. var. affinis Rosend., Butters et Lakela = Heuchera richardsonii R. Br. ■☆
194435 Heuchera richardsonii R. Br. var. grayana Rosend., Butters et Lakela = Heuchera richardsonii R. Br. ■☆
194436 Heuchera richardsonii R. Br. var. hispidior Rosend., Butters et Lakela = Heuchera richardsonii R. Br. ■☆
194437 Heuchera sanguinea Engelm.;珊瑚钟(红肾形草);Alum Root, Coral Bells, Coral Flower, Coral-bells, Coralbells Alumroot, Crimson Bells ■☆
194438 Heuchera undulata Regel et Rach;浅波状矾根;Undulate Alumroot ■☆
194439 Heuchera villosa Michx.;长柔毛矾根;Alum Root, Hairy Alumroot, Villous Alumroot ■☆
194440 Heuchera villosa Michx. var. macrorhiza (Small) Rosend., Butters et Lakela = Heuchera villosa Michx. ■☆
194441 Heuchera williamsii D. C. Eaton;威氏矾根;Williams Alumroot ■☆
194442 Heudelotia A. Rich. = Commiphora Jacq. (保留属名) ●
194443 Heudelotia africana A. Rich. = Commiphora africana (A. Rich.) Engl. ●☆
194444 Heudusa E. Mey. = Lathriogyne Eckl. et Zeyh. ■☆
194445 Heuffelia Opiz = Carex L. ■
194446 Heuffelia Schur = Helictotrichon Besser ex Schult. et Schult. f. ■
194447 Heurckia Müll. Arg. = Rauwolfia L. ●
194448 Heurlinia Raf. = Rapanea Aubl. ●
194449 Heurnia Spreng. = Huernia R. Br. ■☆
194450 Heurniopsis K. Schum. = Huerniopsis N. E. Br. ■☆
194451 Hevea Aubl. (1775);橡胶树属(三叶胶属);Hevea, Rubber Tree, Rubbertree, Rubber-tree, Siphonia ●
194452 Hevea brasiliensis (A. Juss.) Müll. Arg. = Hevea brasiliensis (Willd. ex A. Juss.) Müll. Arg. ●
194453 Hevea brasiliensis (Willd. ex A. Juss.) Müll. Arg.;橡胶树(巴西橡胶树,巴西橡皮树,三叶橡胶树);Brazil Rubber Tree, Brazil Rubbertree, Caoutchouc, Caoutchouc Tree, Para Caoutchouc Tree, Para Rubber, Para Rubber Tree, Para Rubbertree, Para Rubber-tree, Rubber, Seringa ●
194454 Hevea brasiliensis Müll. Arg. = Hevea brasiliensis (Willd. ex A. Juss.) Müll. Arg. ●
194455 Hevea guianensis Aubl.;秘鲁橡胶树(圭亚那橡胶树) ●☆
194456 Hevea spruceana Müll. Arg.;亚马孙橡胶树 ●☆
194457 Hewardia Hook. = Isophysis T. Moore ■☆
194458 Hewardiaceae Nakai = Iridaceae Juss. (保留科名) ■●
194459 Hewittia Wight et Arn. (1837);猪菜藤属(吊钟藤属);Hewittia ■
194460 Hewittia Wight et Arn. = Shutereia Choisy(废弃属名) ■
194461 Hewittia asarifolia Klotzsch = Hewittia malabarica (L.) Suresh ■
194462 Hewittia barbeyana Chodat et Roulet = Hewittia malabarica (L.) Suresh ■
194463 Hewittia bicolor (Vahl) Wight = Hewittia malabarica (L.) Suresh ■
194464 Hewittia bicolor (Vahl) Wight et Arn. = Hewittia malabarica (L.) Suresh ■
194465 Hewittia bicolor (Vahl) Wight et Arn. f. minor De Wild. = Hewittia malabarica (L.) Suresh ■
194466 Hewittia hirta Klotzsch = Hewittia malabarica (L.) Suresh ■
194467 Hewittia malabarica (L.) Suresh;细样猪菜藤(吊钟藤,野薯藤,猪菜藤);Sublobate Hewittia, Sublobed Hewittia ■
194468 Hewittia puccioniana (Chiov.) Verdc. = Hewittia malabarica (L.) Suresh ■
194469 Hewittia scandens (J. König ex Milne) Mabb.;猪菜藤■

194470 Hewittia scandens (Milne) Mabb. = Hewittia malabarica (L.) Suresh ■
194471 Hewittia sublobata (L. f.) Kuntze = Hewittia malabarica (L.) Suresh ■
194472 Hexabolus Steud. = Hexalobus A. DC. ●☆
194473 Hexacadica Raf. = Hexadica Lour. ●
194474 Hexacadica Raf. = Ilex L. ●
194475 Hexacentris Nees = Thunbergia Retz. (保留属名) ●■
194476 Hexacentris coccinea (Wall. ex D. Don) Nees = Thunbergia coccinia Wall. ex D. Don ●
194477 Hexacentris coccinea (Wall.) Nees = Thunbergia coccinea Wall. ●
194478 Hexacestra Post et Kuntze = Andrachne L. ●☆
194479 Hexacestra Post et Kuntze = Hexakestra Hook. f. ●
194480 Hexachlamys O. Berg(1856);六被木属●☆
194481 Hexachlamys edulis (O. Berg) Kausel et D. Legrand;可食六被木(食用樱)●☆
194482 Hexactina Willd. ex Schltdl. = Amaioua Aubl. ●☆
194483 Hexacyrtis Dinter(1932);六节秋水仙属■☆
194484 Hexacyrtis dickiana Dinter;六节秋水仙■☆
194485 Hexadena Raf. = Phyllanthus L. ●■
194486 Hexadenia Klotzsch et Garcke = Pedilanthus Neck. ex Poit. (保留属名)●
194487 Hexadesmia Brongn. (1842);六带兰属■☆
194488 Hexadesmia Brongn. = Scaphyglottis Poepp. et Endl. (保留属名)■☆
194489 Hexadesmia bicornis Lindl.;双角六带兰■☆
194490 Hexadesmia boliviensis Rolfe;玻利维亚六带兰■☆
194491 Hexadesmia brachyphylla Rchb. f.;短叶六带兰■☆
194492 Hexadesmia micrantha Lindl.;小花六带兰■☆
194493 Hexadesmia monophylla Barb. Rodr.;单叶六带兰■☆
194494 Hexadesmia stenopetala Rchb. f.;窄瓣六带兰■☆
194495 Hexadica Lour. = Ilex L. ●
194496 Hexadica cochinchinensis Lour. = Ilex cochinchinensis (Lour.) Loes. ●
194497 Hexaetina Willd. ex Schltdl. = Amaioua Aubl. ●☆
194498 Hexaglochin Nieuwl. = Triglochin L. ■
194499 Hexaglottis Vent. (1808);六舌鸢尾属■☆
194500 Hexaglottis Vent. = Moraea Mill. (保留属名)■
194501 Hexaglottis brevituba Goldblatt = Moraea brevituba (Goldblatt) Goldblatt ■☆
194502 Hexaglottis flexuosa (L. f.) Sweet = Moraea lewisiae (Goldblatt) Goldblatt ■☆
194503 Hexaglottis lewisiae Goldblatt = Moraea lewisiae (Goldblatt) Goldblatt ■☆
194504 Hexaglottis lewisiae Goldblatt subsp. secunda Goldblatt = Moraea lewisiae (Goldblatt) Goldblatt ■☆
194505 Hexaglottis longifolia (Jacq.) Salisb. = Moraea longifolia (Jacq.) Pers. ■☆
194506 Hexaglottis longifolia (Jacq.) Vent. var. angustifolia G. J. Lewis = Moraea longifolia (Jacq.) Pers. ■☆
194507 Hexaglottis namaquana Goldblatt = Moraea namaquana (Goldblatt) Goldblatt ■☆
194508 Hexaglottis nana L. Bolus = Moraea nana (L. Bolus) Goldblatt et J. C. Manning ■☆
194509 Hexaglottis riparia Goldblatt = Moraea riparia (Goldblatt) Goldblatt ■☆
194510 Hexaglottis virgata (Jacq.) Sweet;六舌鸢尾■☆
194511 Hexaglottis virgata (Jacq.) Sweet subsp. karooica Goldblatt = Moraea virgata Jacq. ■☆
194512 Hexaglottis virgata (Jacq.) Sweet var. lata G. J. Lewis = Moraea virgata Jacq. ■☆
194513 Hexagonotheca Turcz. = Berrya Roxb. (保留属名)●
194514 Hexakestra Hook. f. = Andrachne L. ●☆
194515 Hexakestra Hook. f. = Leptopus Decne. ●
194516 Hexakistra Hook. f. = Andrachne L. ●☆
194517 Hexakistra Hook. f. = Hexakestra Hook. f. ●
194518 Hexakistra Hook. f. = Leptopus Decne. ●
194519 Hexalectris Raf. (1825);六脊兰属■☆
194520 Hexalectris aphylla (Nutt.) Raf. = Hexalectris spicata (Walter) Barnhart ■☆
194521 Hexalectris grandiflora (A. Rich. et Galeotti) L. O. Williams;大花六脊兰;Giant Coral-root, Greenman's Cock's-comb, Greenman's Hexalectris ■☆
194522 Hexalectris mexicana Greenm. = Hexalectris grandiflora (A. Rich. et Galeotti) L. O. Williams ■☆
194523 Hexalectris nitida L. O. Williams;光亮六脊兰;Glass Mountain Coral-root, Shining Cock's-comb ■☆
194524 Hexalectris spicata (Walter) Barnhart;六脊兰;Crested Coral Root, Crested Coral-root ■☆
194525 Hexalectris spicata (Walter) Barnhart var. arizonica (S. Watson) Catling et V. S. Engel;亚利桑那六脊兰;Arizona crested coral-root ■☆
194526 Hexalectris squamosa Raf. = Hexalectris spicata (Walter) Barnhart ■☆
194527 Hexalectris warnockii Ames et Correll;得州六脊兰;Texas Purple-spike ■☆
194528 Hexalepis Boeck. = Gahnia J. R. Forst. et G. Forst. ■
194529 Hexalepis R. Br. ex Boeck. = Gahnia J. R. Forst. et G. Forst. ■
194530 Hexalepis Raf. (废弃属名) = Vriesea Lindl. (保留属名)■☆
194531 Hexaletris Raf. = Hexalectris Raf. ■☆
194532 Hexalobus A. DC. (1832);六裂木属(非洲番荔枝属)●☆
194533 Hexalobus crispiflorus A. Rich.;六裂木(非洲番荔枝,六裂番荔枝)●☆
194534 Hexalobus glabrescens Hutch. et Dalziel = Hexalobus monopetalus (A. Rich.) Engl. et Diels ●☆
194535 Hexalobus grandiflorus Benth. = Hexalobus crispiflorus A. Rich. ●☆
194536 Hexalobus huillensis (Engl. et Diels) Engl. et Diels = Hexalobus monopetalus (A. Rich.) Engl. et Diels ●☆
194537 Hexalobus lujae De Wild. = Hexalobus crispiflorus A. Rich. ●☆
194538 Hexalobus mbula Exell = Hexalobus crispiflorus A. Rich. ●☆
194539 Hexalobus monopetalus (A. Rich.) Engl. et Diels;单瓣六裂木●☆
194540 Hexalobus monopetalus (A. Rich.) Engl. et Diels var. obovatus Brenan;卵单瓣六裂木●☆
194541 Hexalobus monopetalus (A. Rich.) Engl. et Diels var. parvifolius Baker f. = Hexalobus monopetalus (A. Rich.) Engl. et Diels ●☆
194542 Hexalobus mossambicensis N. Robson;非洲六裂木●☆
194543 Hexalobus salicifolius Engl.;柳叶六裂木●☆
194544 Hexalobus senegalensis A. DC. = Hexalobus monopetalus (A. Rich.) Engl. et Diels ●☆

194545 Hexalobus tomentosus A. Chev. = Hexalobus monopetalus (A. Rich.) Engl. et Diels ●☆
194546 Hexameria R. Br. = Podochilus Blume ■
194547 Hexameria Torr. et A. Gray = Echinocystis Torr. et A. Gray(保留属名)■☆
194548 Hexaneurocarpon Dop = Fernandoa Welw. ex Seem. ●
194549 Hexanthus Lour. = Litsea Lam. (保留属名)●
194550 Hexanthus umbellatus Lour. = Litsea umbellata (Lour.) Merr. ●
194551 Hexaphoma Raf. = Saxifraga L. ■
194552 Hexaphoma Raf. = Spatularia Haw. ■
194553 Hexaplectris Raf. = Aristolochia L. ■●
194554 Hexaplectris Raf. = Howardia Klotzsch ●☆
194555 Hexapora Hook. f. (1886);六孔樟属●☆
194556 Hexapora Hook. f. = Micropora Hook. f. ●☆
194557 Hexapora curtisii Hook. f.;六孔樟●☆
194558 Hexaptera Hook. = Menonvillea R. Br. ex DC. ■●☆
194559 Hexapterella Urb. (1903);六翅水玉簪属■☆
194560 Hexapterella gentianoides Urb.;六翅水玉簪■☆
194561 Hexarrhena C. Presl = Hilaria Kunth ■☆
194562 Hexarrhena J. Presl et C. Presl = Hilaria Kunth ■☆
194563 Hexasepalum Bartl. ex DC. = Diodia L. ■
194564 Hexaspermum Domin = Phyllanthus L. ●■
194565 Hexaspora C. T. White(1933);六子卫矛属●☆
194566 Hexaspora pubescens C. T. White;六子卫矛●☆
194567 Hexastemon Klotzsch = Eremia D. Don ●☆
194568 Hexastemon lanatus Klotzsch = Erica xeranthemifolia Salisb. ●☆
194569 Hexastylis Raf. (1825);六柱兜铃属;Heartleaf ■☆
194570 Hexastylis Raf. (1825) = Asarum L. ■
194571 Hexastylis Raf. (1836) = Caylusea A. St. -Hil. (保留属名)■☆
194572 Hexastylis Raf. (1837) = Stylexia Raf. ■☆
194573 Hexastylis arifolia (Michx.) Small = Asarum arifolium Michx. ■☆
194574 Hexastylis arifolia (Michx.) Small var. callifolia (Small) H. L. Blomq. = Asarum callifolium Small ■☆
194575 Hexastylis arifolia (Michx.) Small var. ruthii (Ashe) H. L. Blomq.;鲁斯六柱兜铃■☆
194576 Hexastylis arifolia (Michx.) Small var. ruthii (Ashe) H. L. Blomq. = Asarum ruthii Ashe ■☆
194577 Hexastylis callifolia (Small) Small = Hexastylis arifolia (Michx.) Small var. callifolia (Small) H. L. Blomq. ■☆
194578 Hexastylis contracta H. L. Blomq.;紧缩六柱兜铃■☆
194579 Hexastylis contracta H. L. Blomq. = Asarum contractum (H. L. Blomq.) Barringer ■☆
194580 Hexastylis lewisii (Fernald) H. L. Blomq. et Oosting;刘易斯六柱兜铃■☆
194581 Hexastylis memmingeri (Ashe) Small = Hexastylis virginica (L.) Small ■☆
194582 Hexastylis minor (Ashe) H. L. Blomq.;小六柱兜铃■☆
194583 Hexastylis pilosiflora H. L. Blomq. = Hexastylis lewisii (Fernald) H. L. Blomq. et Oosting ■☆
194584 Hexastylis ruthii (Ashe) Small = Hexastylis arifolia (Michx.) Small var. ruthii (Ashe) H. L. Blomq. ■☆
194585 Hexastylis shuttleworthii (Britten et Baker f.) Small;沙氏六柱兜铃;Largeflower Heartleaf ■☆
194586 Hexastylis shuttleworthii (Britten et Baker f.) Small = Asarum shuttleworthii Britten et Baker f. ■☆
194587 Hexastylis shuttleworthii (Britten et Baker f.) Small var. harperi Gaddy;哈珀六柱兜铃■☆
194588 Hexastylis shuttleworthii (Britten et Baker f.) Small var. harperi Gaddy = Asarum shuttleworthii Britten et Baker f. var. harperi (Gaddy) Barringer ■☆
194589 Hexastylis speciosa R. M. Harper;艳丽六柱兜铃■☆
194590 Hexastylis speciosa R. M. Harper = Asarum speciosum (R. M. Harper) Barringer ■☆
194591 Hexastylis virginica (L.) Small;弗吉尼亚六柱兜铃(维吉尼亚六柱兜铃)■☆
194592 Hexastylis virginica (L.) Small = Asarum virginicum L. ■☆
194593 Hexatheca C. B. Clarke(1883);六室苣苔属●■☆
194594 Hexatheca F. Muell. = Lepilaena J. L. Drumm. ex Harv. ■☆
194595 Hexatheca Sond. ex F. Muell. = Lepilaena J. L. Drumm. ex Harv. ■☆
194596 Hexatheca fulva C. B. Clarke;六室苣苔■☆
194597 Hexepta Raf. = Coffea L. ●
194598 Hexepta axillaris Raf. = Coffea zanguebariae Lour. ●☆
194599 Hexepta racemosa (Lour.) Raf. = Coffea racemosa Lour. ●☆
194600 Hexinia H. L. Yang(1834);河西菊属(河西苣属);Hexinia ■★
194601 Hexinia polydichotoma (Ostenf.) H. L. Yang;河西菊(河西苣);Hexinia ■
194602 Hexisea Lindl. (废弃属名) = Scaphyglottis Poepp. et Endl. (保留属名)■☆
194603 Hexodontocarpus Dulac = Sherardia L. ■☆
194604 Hexonix Raf. (废弃属名) = Heloniopsis A. Gray(保留属名)■
194605 Hexonychia Salisb. = Allium L. ■
194606 Hexopea Steud. = Hexadesmia Brongn. ■☆
194607 Hexopea Steud. = Hexopia Bateman ex Lindl. ■☆
194608 Hexopetion Burret = Astrocaryum G. Mey. (保留属名)●☆
194609 Hexopetion Burret(1934);六瓣棕属●☆
194610 Hexopetion mexicanum Burret;六瓣棕;Chocon Palm ●☆
194611 Hexopia Bateman ex Lindl. = Hexadesmia Brongn. ■☆
194612 Hexopia Bateman ex Lindl. = Scaphyglottis Poepp. et Endl. (保留属名)■☆
194613 Hexorima Raf. = Streptopus Michx. ■
194614 Hexorina Steud. = Hexorima Raf. ■
194615 Hexostemon Raf. (1825);六蕊千屈菜属■
194616 Hexostemon Raf. = Lythrum L. ●■
194617 Hexostemon Raf. = Mozula Raf. ●■
194618 Hexostemon virgatum Raf. = Lythrum virgatum L. ■
194619 Hexotria Raf. = Ilex L. ●
194620 Hexuris Miers = Peltophyllum Gardner ■☆
194621 Heyderia C. Koch = Calocedrus Kurz ●
194622 Heyderia K. Koch = Calocedrus Kurz ●
194623 Heyderia formosana (Florin) H. L. Li = Calocedrus macrolepis Kurz var. formosana (Florin) W. C. Cheng et L. K. Fu ●◇
194624 Heyderia macrolepis (Kurz) H. L. Li = Calocedrus macrolepis Kurz ●◇
194625 Heydia Dennst. = Scleropyrum Arn. (保留属名)●
194626 Heydia Dennst. ex Kostel. (废弃属名) = Scleropyrum Arn. (保留属名)●
194627 Heydria K. Koch = Calocedrus Kurz ●
194628 Heydusa Walp. = Lathriogyne Eckl. et Zeyh. ■☆
194629 Heyfeldera Sch. Bip. = Chrysopsis (Nutt.) Elliott(保留属名)■☆
194630 Heyfeldera sericea Sch. Bip. = Pityopsis graminifolia (Michx.)

Nutt. var. latifolia (Fernald) Semple et F. D. Bowers ■☆
194631 Heylandia DC. = Crotalaria L. ●■
194632 Heylandia DC. = Goniogyna DC. ●☆
194633 Heylandia hebecarpa DC. = Goniogyna hirta (Willd.) Ali ■☆
194634 Heylygia G. Don = Helygia Blume ●
194635 Heylygia G. Don = Parsonsia R. Br. (保留属名)●
194636 Heymassoli Aubl. = Ximenia L. ●
194637 Heymia Dennst. = Dentella J. R. Forst. et G. Forst. ■
194638 Heynea Roxb. (1815);老虎楝属(鹧鸪花属);Partridgeflower, Trichilia ●
194639 Heynea Roxb. = Trichilia P. Browne(保留属名)●
194640 Heynea Roxb. ex Sims = Trichilia P. Browne(保留属名)●
194641 Heynea cochinchinensis Baill. = Walsura cochinchinensis (Baill.) Harms ●
194642 Heynea connaroides Wight ex Voigt = Trichilia connaroides (Wight et Arn.) Bentv. ●
194643 Heynea trijuga Roxb. = Trichilia connaroides (Wight et Arn.) Bentv. ●
194644 Heynea trijuga Roxb. var. microcarpa Pierre = Heynea trijuga Roxb. ●
194645 Heynea trijuga Roxb. var. microcarpa Pierre = Trichilia connaroides (Wight et Arn.) Bentv. var. microcarpa (Pierre) Bentv. ●
194646 Heynea trijuga Roxb. var. pilosula C. DC. = Heynea trijuga Roxb. ●
194647 Heynea trijuga Roxb. var. pilosula C. DC. = Trichilia connaroides (Wight et Arn.) Bentv. ●
194648 Heynea velutina F. C. How et T. C. Chen;茸果鹧鸪花●
194649 Heynea velutina F. C. How et T. C. Chen = Trichilia sinensis Bentv. ●
194650 Heynella Backer(1950);爪哇萝藦属■☆
194651 Heynella lactea Backer;爪哇萝藦■☆
194652 Heynichia Kunth = Trichilia P. Browne(保留属名)●
194653 Heynickia C. DC. = Heynichia Kunth ●
194654 Heywoodia Sim(1907);海伍得大戟属●☆
194655 Heywoodia lucens Sim;海伍得大戟;Cape Ebony ●☆
194656 Heywoodiella Svent. et Bramwell = Hypochaeris L. ■
194657 Heywoodiella Svent. et Bramwell(1971);肖猫儿菊属■☆
194658 Heywoodiella oligocephala Svent. et Bramwell;寡头肖猫儿菊■☆
194659 Hibanobambusa I. Maruyama et H. Okamura = Semiarundinaria Makino ex Nakai ●
194660 Hibanthus D. Dietr. = Hybanthus Jacq. (保留属名)●■
194661 Hibbertia Andréws(1800);纽扣花属(钮扣花属,束蕊花属);Button Flower, Golden Guinea Flower, Guinea Flower, Guinea Gold Vine, Guinea-Flower ●☆
194662 Hibbertia angustifolia (DC.) Benth.;狭叶纽扣花●☆
194663 Hibbertia bracteata (DC.) Benth.;具苞纽扣花;Yellow Guinea Flower ●☆
194664 Hibbertia cuneiformis Sm.;楔形肯度里亚(楔形束蕊花);Cutleaf Guinea Flower, Wedge-leaf Candollea ●☆
194665 Hibbertia dentata R. Br.;有齿纽扣花;Tooth-leaf Button Flower, Trailing Guinea-flower, Twining Guinea Flower ●☆
194666 Hibbertia miniata C. A. Gardner;艳丽纽扣花●☆
194667 Hibbertia obtusifolia DC.;短毛纽扣花●☆
194668 Hibbertia scandens (Willd.) Dryand. ex Hoogland;攀缘纽扣花(束蕊花);Guinea Flower, Guinea Gold Vine, Snake Vine ●☆
194669 Hibbertia scandens (Willd.) Hoogland = Hibbertia scandens (Willd.) Dryand. ex Hoogland ●☆
194670 Hibbertia sericea (DC.) Benth.;丰花纽扣花;Silky Guinea-flower ●☆
194671 Hibbertia stellaris Endl.;黄星纽扣花;Orange Star ●☆
194672 Hibbertiaceae J. Agardh = Dilleniaceae Salisb. (保留科名)●■
194673 Hibbertiaceae J. Agardh;纽扣花科●■
194674 Hibiscaceae J. Agardh = Malvaceae Juss. (保留科名)●■
194675 Hibiscaceae J. Agardh;木槿科●■
194676 Hibiscadelphus Rock = Hibiscus L. (保留属名)●■
194677 Hibiscadelphus Rock(1911);肖木槿属●☆
194678 Hibiscadelphus giffordianus Rock;肖木槿●☆
194679 Hibiscadelphus wilderianus Rock;威尔肖木槿●☆
194680 Hibiscus L. (1753)(保留属名);木槿属;Bladder Ketmia, Giant Mallow, Hardy Hibiscus, Hibiscus, Mallow, Rose Mallow, Rosemallow, Rose-mallow ●■
194681 Hibiscus Mill. = Hibiscus L. + Ketmia Mill. + Malvaviscus Adans. ●
194682 Hibiscus Mill. = Malvaviscus Fabr. ●
194683 Hibiscus × hongjinma Y. T. Chang;红金麻;Hongjinma Hibiscus, Hongjinma Rosemallow ●
194684 Hibiscus abelmoschus L.;麝香木槿;Musk Mallow, Musk-mallow, Muskseed ●☆
194685 Hibiscus abelmoschus L. = Abelmoschus moschatus (L.) Medik. ■
194686 Hibiscus abyssinicus Steud. = Hibiscus lobatus (Murray) Kuntze ■
194687 Hibiscus acerifolius Salisb. ex Hook. = Hibiscus syriacus L. ●
194688 Hibiscus acetosella Welw. = Hibiscus acetosella Welw. ex Hiern ●☆
194689 Hibiscus acetosella Welw. ex Hiern;酸木槿(丽葵);African Rosemallow, Bronze Hibiscus ●☆
194690 Hibiscus aculeatus F. Dietr. = Hibiscus heterophyllus Vent. ●■☆
194691 Hibiscus aculeatus G. Don = Hibiscus cannabinus L. ■
194692 Hibiscus aculeatus G. Don = Hibiscus surattensis L. ■
194693 Hibiscus aculeatus Roxb. = Hibiscus furcatus Wall. ■
194694 Hibiscus aculeatus Roxb. = Hibiscus hispidissimus Griff. ●
194695 Hibiscus aculeatus Walter = Hibiscus surattensis L. ■
194696 Hibiscus adenosiphon Ulbr. = Kosteletzkya grantii (Mast.) Garcke ●☆
194697 Hibiscus adoensis Hochst. ex A. Rich. = Kosteletzkya adoensis (Hochst. ex A. Rich.) Mast. ●☆
194698 Hibiscus aethiopicus L.;东非木槿●☆
194699 Hibiscus aethiopicus L. var. angustifolius (Eckl. et Zeyh.) Exell;窄叶东非木槿●☆
194700 Hibiscus aethiopicus L. var. asperifolius (Eckl. et Zeyh.) Hochr. = Hibiscus aethiopicus L. var. ovatus Harv. ●☆
194701 Hibiscus aethiopicus L. var. diversifolius Harv. = Hibiscus aethiopicus L. var. angustifolius (Eckl. et Zeyh.) Exell ●☆
194702 Hibiscus aethiopicus L. var. genuinus Hochr. = Hibiscus aethiopicus L. ●☆
194703 Hibiscus aethiopicus L. var. helvolus Harv. = Hibiscus aethiopicus L. ●☆
194704 Hibiscus aethiopicus L. var. ovatus Harv.;卵叶东非木槿●☆
194705 Hibiscus africanus Mill. = Hibiscus trionum L. ■
194706 Hibiscus ahlensis Ulbr.;阿赫勒木槿●☆

194707 Hibiscus allenii Sprague et Hutch.;阿伦木槿●☆

194708 Hibiscus ambelacensis Schweinf. ex Ulbr. = Hibiscus aethiopicus L. ●☆

194709 Hibiscus amblycarpus Hochst. ex Webb = Hibiscus obtusilobus Garcke ●☆

194710 Hibiscus ambongoensis Baill. = Hibiscus sidiformis Baill. ●☆

194711 Hibiscus ambovombensis Hochr.;安布文贝木槿●☆

194712 Hibiscus andongensis Hiern;安东木槿●☆

194713 Hibiscus angolensis Exell;安哥拉木槿●☆

194714 Hibiscus anomalus (Wawra ex Wawra et Peyr.) Kuntze = Gossypium anomalum Wawra ex Wawra et Peyr. ●☆

194715 Hibiscus appendiculatus Stokes = Hibiscus surattensis L. ■

194716 Hibiscus argutus Baker;亮木槿●☆

194717 Hibiscus aridicola J. Anthony;旱地木槿;Aridicolous Hibiscus, Dryland Rosemallow ●

194718 Hibiscus aridicola J. Anthony var. glabratus K. M. Feng;光柱旱地木槿;Glabrous Aridicolous Hibiscus ●

194719 Hibiscus aridicola J. Anthony var. glabratus K. M. Feng = Hibiscus aridicola J. Anthony ●

194720 Hibiscus aridus R. A. Dyer;旱生木槿●☆

194721 Hibiscus aristivalvis Garcke = Hibiscus palmatus Forssk. ●☆

194722 Hibiscus arnottianus A. Gray;夏威夷木槿;Hawaiian White Hibiscus, Nuuanu White Hibiscus, Punaluu White Hibiscus, Tantalus White Hibiscus, Waianae White Hibiscus, White Hibiscus ●☆

194723 Hibiscus articulatus Hochst. ex A. Rich.;节木槿●☆

194724 Hibiscus articulatus Hochst. ex A. Rich. var. glabrescens Hochr.;渐光节木槿●☆

194725 Hibiscus articulatus Hochst. ex A. Rich. var. stenolobus Hochst. ex Mast. = Hibiscus articulatus Hochst. ex A. Rich. ●☆

194726 Hibiscus asper Hook. f. = Hibiscus cannabinus L. ■

194727 Hibiscus asperifolius Eckl. et Zeyh. = Hibiscus aethiopicus L. var. ovatus Harv. ●☆

194728 Hibiscus atromarginatus Eckl. et Zeyh. = Hibiscus pusillus Thunb. ■☆

194729 Hibiscus austroyunnanensis Y. C. Wu et K. M. Feng;滇南芙蓉;S. Yunnan Hibiscus, South Yunnan Hibiscus ●

194730 Hibiscus azbenicus Miré et Gillet = Melhania ovata (Cav.) Spreng. ●☆

194731 Hibiscus bacciferus G. Forst. = Thespesia populnea (L.) Sol. ex Corrêa ●

194732 Hibiscus baidoensis Chiov. = Hibiscus ovalifolius (Forssk.) Vahl ●☆

194733 Hibiscus baidoensis Chiov. var. parvifolius ? = Hibiscus ovalifolius (Forssk.) Vahl ●☆

194734 Hibiscus bantamensis Miq. = Hibiscus grewiifolius Hassk. ●

194735 Hibiscus barbosae Exell;巴尔博萨木槿●☆

194736 Hibiscus barnardii Exell;巴纳德木槿●☆

194737 Hibiscus baumannii Ulbr. = Hibiscus congestiflorus Hochr. ●☆

194738 Hibiscus baumii Gürke = Pavonia senegalensis (Cav.) Leistner ●☆

194739 Hibiscus begoniifolius Ulbr. = Kosteletzkya begoniifolia (Ulbr.) Ulbr. ●☆

194740 Hibiscus bellicosus H. Lév. = Abelmoschus sagittifolius (Kurz) Merr. ■

194741 Hibiscus benadirensis Mattei = Hibiscus erlangeri (Gürke) Thulin ●☆

194742 Hibiscus benguellensis Exell et Mendonça;本格拉木槿●☆

194743 Hibiscus bequaertii De Wild.;贝卡尔木槿●☆

194744 Hibiscus berberidifolius A. Rich.;小檗木槿●☆

194745 Hibiscus berberidifolius Cufod. = Hibiscus diversifolius Jacq. ●☆

194746 Hibiscus biflorus A. Spreng. = Hibiscus diversifolius Jacq. ●☆

194747 Hibiscus bifurcatus Cav.;二歧木槿●☆

194748 Hibiscus bodinieri H. Lév. = Abelmoschus crinitus Wall. ■

194749 Hibiscus bodinieri H. Lév. var. brevicalyculata H. Lév. = Abelmoschus sagittifolius (Kurz) Merr. ■

194750 Hibiscus bojeranus Baill.;博耶尔木槿●☆

194751 Hibiscus boninensis Nakai;小竺原黄槿●

194752 Hibiscus boninensis Nakai = Hibiscus tiliaceus L. ●

194753 Hibiscus boranensis Cufod.;博兰木槿●☆

194754 Hibiscus boryanus Hook. et Arn. = Hibiscus arnottianus A. Gray ●☆

194755 Hibiscus brackenridgei A. Gray;布氏木槿●☆

194756 Hibiscus brackenridgei A. Gray subsp. mokuleianus (M. Roe) D. M. Bates = Hibiscus brackenridgei A. Gray ●☆

194757 Hibiscus brackenridgei A. Gray subsp. molokaianus (Rock ex Caum) F. D. Wilson = Hibiscus brackenridgei A. Gray ●☆

194758 Hibiscus brackenridgei A. Gray var. mokuleianus Rock = Hibiscus brackenridgei A. Gray ●☆

194759 Hibiscus brackenridgei A. Gray var. molokaianus Rock ex Caum = Hibiscus brackenridgei A. Gray ●☆

194760 Hibiscus brevipes Garcke;短梗木槿●☆

194761 Hibiscus brevitubus Cufod. = Hibiscus eriospermus Hochst. ex Cufod. ●☆

194762 Hibiscus bricchettii Gürke ex Ulbr.;布里木槿●☆

194763 Hibiscus bukamensis De Wild. = Hibiscus articulatus Hochst. ex A. Rich. ●☆

194764 Hibiscus burtt-davyi Dunkley;伯特-戴维木槿●☆

194765 Hibiscus caesius Garcke;青灰木槿●☆

194766 Hibiscus caesius Garcke var. genuinus Hochr. = Hibiscus caesius Garcke ●☆

194767 Hibiscus caesius Garcke var. micropetala Gürke;小瓣青灰木槿●☆

194768 Hibiscus californicus Kellogg = Hibiscus lasiocarpus Cav. ■☆

194769 Hibiscus callosus Blume = Thespesia lampas (Cav.) Dalzell et A. Gibson ●

194770 Hibiscus calycinus Willd. = Hibiscus calyphyllus Cav. ●☆

194771 Hibiscus calycosus A. Rich. = Hibiscus ovalifolius (Forssk.) Vahl ●☆

194772 Hibiscus calyphyllus Cav.;栗色木槿;Lemonyellow Rosemallow ●☆

194773 Hibiscus calyphyllus Cav. var. grandiflorus De Wild. = Hibiscus calyphyllus Cav. ●☆

194774 Hibiscus cameronii Knowles et Westc.;卡梅伦木槿;Cameron Hibiscus ●☆

194775 Hibiscus campanulifolius Ulbr. = Hibiscus dongolensis Delile ●☆

194776 Hibiscus cancellatus Roxb. = Abelmoschus crinitus Wall. ■

194777 Hibiscus cannabinus Hiern = Hibiscus sabdariffa L. ●■

194778 Hibiscus cannabinus Hochr. = Hibiscus acetosella Welw. ex Hiern ●☆

194779 Hibiscus cannabinus L.;大麻槿(芙蓉麻,槿麻,洋麻,野麻,泽麻,钟麻);Abary Hemp, Ambari Hemp, Ambary Hemp, Brown Indianhemp, Deccan Hemp, Gambo Hemp, Hemp Hibiscus, Hemp-

leaved Hibiscus, Kenaf, Kenaf Hemp, Kenaf Hibiscus, Kenaph ■
194780 Hibiscus cannabinus L. = Hibiscus radiatus Cav. ●■
194781 Hibiscus cannabinus L. var. genuinus Hochr. = Hibiscus cannabinus L. ■
194782 Hibiscus cannabinus L. var. punctatus (A. Rich.) Hochr. = Hibiscus cannabinus L. ■
194783 Hibiscus cannabinus L. var. purpureus A. Howard et G. Howard = Hibiscus cannabinus L. ■
194784 Hibiscus cannabinus L. var. radiatus (Cav.) Chiov. = Hibiscus cannabinus L. ■
194785 Hibiscus cannabinus L. var. ruber A. Howard et G. Howard = Hibiscus cannabinus L. ■
194786 Hibiscus cannabinus L. var. simplex A. Howard et G. Howard = Hibiscus cannabinus L. ■
194787 Hibiscus cannabinus L. var. unidens Lindl. = Hibiscus radiatus Cav. ●■
194788 Hibiscus cannabinus L. var. viridis A. Howard et G. Howard = Hibiscus cannabinus L. ■
194789 Hibiscus cannabinus L. var. vulgaris A. Howard et G. Howard = Hibiscus cannabinus L. ■
194790 Hibiscus capillipes Mattei = Hibiscus micranthus L. f. ●☆
194791 Hibiscus carpotrichus Hochr. = Hibiscus squamosus Hochr. ●☆
194792 Hibiscus carsonii Baker = Hibiscus rhodanthus Gürke ●☆
194793 Hibiscus cavaleriei H. Lév. = Abelmoschus crinitus Wall. ■
194794 Hibiscus cavanillesii Kuntze = Cienfuegosia digitata Cav. ●☆
194795 Hibiscus ceratophorus Thulin;角梗木槿●☆
194796 Hibiscus cernuus A. Terracc. = Hibiscus somalensis Franch. ●☆
194797 Hibiscus chinensis DC. = Hibiscus syriacus L. ●
194798 Hibiscus chinensis Roxb. = Abelmoschus moschatus (L.) Medik. ■
194799 Hibiscus chiovendae Cufod. = Hibiscus crassinervius Hochst. ex A. Rich. ●☆
194800 Hibiscus chrysochaetus Ulbr.;金毛木槿●☆
194801 Hibiscus cinnamomifolius Chun et Tsiang = Hibiscus grewiifolius Hassk. ●
194802 Hibiscus cisplathus A. St. -Hil.;黄刺木槿●☆
194803 Hibiscus clandestinus Cav.;隐匿木槿●☆
194804 Hibiscus coccineus (Medik.) Walter;红秋葵(红蜀葵,槭葵);Hibiscus, Marsh Hibiscus, Red Hibiscus, Scarlet Hibiscus, Scarlet Rose Mallow, Scarlet Rose-mallow ●
194805 Hibiscus coccineus Walter = Hibiscus coccineus (Medik.) Walter ●
194806 Hibiscus coccineus Walter = Malvaviscus arboreus Cav. ●
194807 Hibiscus coddii Exell;科德木槿●☆
194808 Hibiscus comoensis A. Chev. ex Hutch. et Dalziel;科莫木槿●☆
194809 Hibiscus congestiflorus Hochr.;密花木槿●☆
194810 Hibiscus convolvuliflorus Baill. = Hibiscus stenophyllus Baker ●☆
194811 Hibiscus cordatus Hochst. ex Webb = Hibiscus rhabdotospermus Garcke ●☆
194812 Hibiscus cordofanus Turcz. = Hibiscus cannabinus L. ■
194813 Hibiscus cordofonus Turcz. = Hibiscus sabdariffa L. ●■
194814 Hibiscus cornetii De Wild. et T. Durand = Hibiscus rhodanthus Gürke ●☆
194815 Hibiscus corymbosus Hochst. ex A. Rich.;伞花木槿●☆
194816 Hibiscus corymbosus Hochst. ex A. Rich. var. integrifolia Chiov. = Hibiscus corymbosus Hochst. ex A. Rich. ●☆
194817 Hibiscus corymbosus Hochst. ex A. Rich. var. palmatilobata Chiov. = Hibiscus corymbosus Hochst. ex A. Rich. ●☆
194818 Hibiscus coulteri Harv. ex A. Gray;沙地木槿;Desert Rose Mallow, Desert Rosemallow, Desert Rose-mallow ●☆
194819 Hibiscus crassinervius Hochst. ex A. Rich.;粗脉木槿●☆
194820 Hibiscus crassinervius Hochst. ex A. Rich. f. flammeus Schweinf. ex Spreng. = Hibiscus crassinervius Hochst. ex A. Rich. ●☆
194821 Hibiscus crassinervius Hochst. ex A. Rich. var. flammeus (Schweinf. ex Spreng.) N. E. Br. = Hibiscus crassinervius Hochst. ex A. Rich. ●☆
194822 Hibiscus crassinervius Hochst. ex A. Rich. var. minor Sprague = Hibiscus crassinervius Hochst. ex A. Rich. ●☆
194823 Hibiscus crinitus (Wall.) G. Don = Abelmoschus crinitus Wall. ■
194824 Hibiscus cuanzensis Exell et Mendonça;宽扎木槿●☆
194825 Hibiscus cubensis A. Rich.;古巴木槿■☆
194826 Hibiscus cucurbitinus Burch. = Radyera urens (L. f.) Bullock ●☆
194827 Hibiscus cytisifolius Baker = Hibiscus oxaliflorus Bojer ex Baker ●☆
194828 Hibiscus decaisneanus Schimp. ex Hochr. = Hibiscus diversifolius Jacq. ●☆
194829 Hibiscus deflersii Schweinf. ex Cufod.;德弗莱尔木槿●☆
194830 Hibiscus denisonii Burb.;丹尼森木槿;Denison Hibiscus, Paleface ●☆
194831 Hibiscus denudatus Benth.;岩木槿;Pale Face, Paleface Rosemallow, Rock Rose Mallow, Sheet Paleface Rosemallow ●☆
194832 Hibiscus dictyocarpus Hochst. ex Webb;指果木槿●☆
194833 Hibiscus digitatus Cav. = Hibiscus sabdariffa L. ●■
194834 Hibiscus dinteri Hochr.;丁特木槿●☆
194835 Hibiscus discolorifolius Hochr.;异色叶木槿●☆
194836 Hibiscus dissectus Wall. = Hibiscus trionum L. ■
194837 Hibiscus diversifolius Jacq.;异叶木槿(长柄木槿,异形叶木槿);Native Hibiscus, Swamp Hibiscus ●☆
194838 Hibiscus diversifolius Jacq. subsp. genuinus Hochr. = Hibiscus diversifolius Jacq. ●☆
194839 Hibiscus diversifolius Jacq. var. rivularis (Bremek. et Oberm.) Exell;溪边异叶木槿●☆
194840 Hibiscus diversifolius Jacq. var. witteanus Cufod. = Hibiscus diversifolius Jacq. ●☆
194841 Hibiscus diversifolius Jacq. var. witteanus Hochr. = Hibiscus berberidifolius A. Rich. ●☆
194842 Hibiscus djabinianus Parsa = Hibiscus aristivalvis Garcke ●☆
194843 Hibiscus dongolensis Delile;栋古拉木槿●☆
194844 Hibiscus donianus D. Dietr.;唐木槿●☆
194845 Hibiscus ebracteatus Mast. = Hibiscus elliottiae Harv. ●☆
194846 Hibiscus ebracteatus Mast. var. pechuelii Kuntze = Hibiscus elliottiae Harv. ●☆
194847 Hibiscus eburneopetalus Baker f. = Hibiscus articulatus Hochst. ex A. Rich. ●☆
194848 Hibiscus eetveldeanus De Wild. et T. Durand = Hibiscus acetosella Welw. ex Hiern ●☆
194849 Hibiscus eetveldeanus De Wild. et T. Durand var. asperatus De Wild. = Hibiscus noldeae Baker f. ●☆
194850 Hibiscus elatus Sw.;高红槿(大叶槿,高槿);Blue Mahoe, Cuban Bast, Jamaica Linden Hibiscus, Jamaica Linden-hibiscus, Mahoe, Mountain Mahoe, Tall Hibiscus ●

194851 Hibiscus elliottiae Harv.;埃里奥特木槿●☆

194852 Hibiscus elliottiae Harv. var. ebracteatus (Mast.) Hochr. = Hibiscus elliottiae Harv. ●☆

194853 Hibiscus elliottiae Harv. var. pechuelii (Kuntze) Hochr. = Hibiscus elliottiae Harv. ●☆

194854 Hibiscus elliottiae Harv. var. subciliatus Hochr. = Hibiscus elliottiae Harv. ●☆

194855 Hibiscus ellipticus E. Mey. = Hibiscus aethiopicus L. ●☆

194856 Hibiscus ellisii Baker;埃里斯木槿●☆

194857 Hibiscus elongatifolius Hochr.;长叶木槿●☆

194858 Hibiscus engleri K. Schum.;恩格勒木槿●☆

194859 Hibiscus erianthus R. Br. = Hibiscus crassinervius Hochst. ex A. Rich. ●☆

194860 Hibiscus eriospermus Hochst. ex Cufod.;毛籽木槿●☆

194861 Hibiscus erlangeri (Gürke) Thulin;厄兰格木槿●☆

194862 Hibiscus esculentus L. = Abelmoschus esculentus (L.) Moench ■

194863 Hibiscus esquirolii H. Lév. = Abelmoschus sagittifolius (Kurz) Merr. ■

194864 Hibiscus exellii Baker f.;埃克塞尔木槿●☆

194865 Hibiscus exochandrus Hochr. = Hibiscus bojeranus Baill. ●☆

194866 Hibiscus fallacinus Chiov. = Hibiscus dongolensis Delile ●☆

194867 Hibiscus faulknerae Vollesen;福克纳木槿●☆

194868 Hibiscus festivalis Salisb. = Hibiscus rosa-sinensis L. ●

194869 Hibiscus ficulneus Cav. = Hibiscus diversifolius Jacq. ●☆

194870 Hibiscus ficulneus L.;无花果木槿●☆

194871 Hibiscus ficulneus L. = Abelmoschus ficulneus (L.) Wight et Arn. ex Wight ■☆

194872 Hibiscus fischeri Ulbr.;菲氏木槿●☆

194873 Hibiscus flavifolius Ulbr.;黄叶木槿●☆

194874 Hibiscus flavoferrugineus Forssk. = Pavonia flavoferruginea (Forssk.) Hepper et J. R. I. Wood ●☆

194875 Hibiscus flavo-roseus Baker f.;粉黄木槿●☆

194876 Hibiscus flavus Forssk. = Pavonia arabica Hochst. et Steud. ex Boiss. ●☆

194877 Hibiscus fleckii Gürke;弗莱克木槿●☆

194878 Hibiscus floridus Salisb. = Hibiscus syriacus L. ●

194879 Hibiscus forrestii Diels;紫红木槿(紫红黄蜀葵)●

194880 Hibiscus fragilis DC. = Hibiscus rosa-sinensis L. ●

194881 Hibiscus fragrans Roxb.;墨脱木槿(香芙蓉);Fragrant Hibiscus ●

194882 Hibiscus friesii Ulbr. = Hibiscus panduriformis Burm. f. ●☆

194883 Hibiscus fugosioides Hiern;美非棉木槿●☆

194884 Hibiscus furcatus Craib = Hibiscus surattensis L. ■

194885 Hibiscus furcatus Mullend. = Hibiscus noldeae Baker f. ●☆

194886 Hibiscus furcatus Roxb. ex DC. = Hibiscus hispidissimus Griff. ●

194887 Hibiscus furcatus Wall. = Hibiscus surattensis L. ■

194888 Hibiscus furcatus Willd. var. microcarpus Mattei = Hibiscus ceratophorus Thulin ●☆

194889 Hibiscus furcellatoides Hochr.;叉木槿●☆

194890 Hibiscus fuscus Garcke;棕木槿●☆

194891 Hibiscus gibsonii Stocks ex Harv. = Hibiscus caesius Garcke ●☆

194892 Hibiscus gilletii De Wild.;吉莱特木槿●☆

194893 Hibiscus gilletii De Wild. subsp. hiernianus (Exell et Mendonça) F. D. Wilson;希尔恩木槿●☆

194894 Hibiscus gilletii De Wild. subsp. lundaensis (Baker f.) F. D. Wilson;隆达木槿●☆

194895 Hibiscus glaber (Matsum. ex Hatt.) Matsum. ex Nakai;光叶木槿●☆

194896 Hibiscus goossensii (Hauman) F. D. Wilson;古森斯木槿●☆

194897 Hibiscus gossweileri Sprague;戈斯木槿●☆

194898 Hibiscus gossypifolius Mill. = Hibiscus digitatus Cav. ●■

194899 Hibiscus gossypinus Thunb. = Hibiscus micranthus L. f. ●☆

194900 Hibiscus gossypinus Thunb. = Hibiscus pusillus Thunb. ■☆

194901 Hibiscus grandiflorus Michx.;西方大花木槿;Great Rose Mellow, Swamp Rosemallow ●☆

194902 Hibiscus grandifolius Hochst. ex A. Rich. = Hibiscus calyphyllus Cav. ●☆

194903 Hibiscus grandifolius Torr. = Hibiscus lasiocarpus Cav. ■☆

194904 Hibiscus grantii Mast. = Kosteletzkya grantii (Mast.) Garcke ●☆

194905 Hibiscus greenwayi Baker f.;格林韦木槿●☆

194906 Hibiscus greenwayi Baker f. var. megensis J.-P. Lebrun = Hibiscus sparseaculeatus Baker f. ●☆

194907 Hibiscus grewiifolius Hassk.;樟叶槿(樟叶木槿);Cinnamonleaf Hibiscus, Grewialeaf Hibiscus, Grewia-leaved Hibiscus ●

194908 Hibiscus grewioides Baker f.;扁担杆木槿●☆

194909 Hibiscus guerkeanus Hochr.;盖尔克木槿●☆

194910 Hibiscus guineensis G. Don = Hibiscus donianus D. Dietr. ●☆

194911 Hibiscus hamabo Siebold et Zucc.;海滨木槿(日本黄槿);Hamabo Hibiscus ●

194912 Hibiscus hamabo Siebold et Zucc. f. albiflorus H. Nakan.;白花日本黄槿●☆

194913 Hibiscus hansalii Cufod. = Hibiscus deflersii Schweinf. ex Cufod. ●☆

194914 Hibiscus henriquesii Lima = Hibiscus cannabinus L. ■

194915 Hibiscus heptaphyllus Dalzell et Gibson = Hibiscus caesius Garcke ●☆

194916 Hibiscus hereroensis Hochr. = Hibiscus fleckii Gürke ●☆

194917 Hibiscus hermanniifolius Hochst. = Hibiscus micranthus L. f. ●☆

194918 Hibiscus heterochlamys Ulbr. = Hibiscus shirensis Sprague et Hutch. ●☆

194919 Hibiscus heterophyllus Vent.;澳洲木槿;Australian Native Rosella, Comfort Root, Hibiscus, Scrub Kurrajong ●■☆

194920 Hibiscus hiernianus Exell et Mendonça = Hibiscus gilletii De Wild. subsp. hiernianus (Exell et Mendonça) F. D. Wilson ●☆

194921 Hibiscus hildebrandtii Sprague et Hutch.;希尔德木槿●☆

194922 Hibiscus hirsutissimus A. Chev.;粗毛木槿●☆

194923 Hibiscus hispidissimus A. Chev. = Abelmoschus esculentus (L.) Moench ■

194924 Hibiscus hispidissimus Griff.;思茅芙蓉●

194925 Hibiscus hispidus Mill. = Hibiscus trionum L. ■

194926 Hibiscus hochstetteri Cufod.;霍赫木槿●☆

194927 Hibiscus hockii De Wild.;霍克木槿●☆

194928 Hibiscus homblei De Wild.;洪布勒木槿●☆

194929 Hibiscus hotorotrichus DC. = Fioria vitifolia (L.) Mattei subsp. vulgaris (Brenan et Exell) Abedin ●☆

194930 Hibiscus huillensis Hiern;威拉木槿●☆

194931 Hibiscus humblotii Baill. = Hibiscus oxaliflorus Bojer ex Baker ●☆

194932 Hibiscus hundtii Exell et Mendonça;洪特木槿●☆

194933 Hibiscus imerinensis Ulbr. = Hibiscus stenophyllus Baker ●☆

194934 Hibiscus incanus H. L. Wendl. = Hibiscus lasiocarpus Cav. ■☆

194935 Hibiscus incanus H. L. Wendl. = Hibiscus moscheutos L. ■
194936 Hibiscus indicus (Burm. f.) Hochr.;美丽芙蓉(大棣山芙蓉,芙蓉木槿,野芙蓉,野槿麻,野棉花,印度木槿);India Hibiscus, Indian Hibiscus ●
194937 Hibiscus indicus (Burm. f.) Hochr. var. integrilobus (S. Y. Hu) K. M. Feng;全缘叶美丽芙蓉(全叶美丽芙蓉);Entire Indian Hibiscus, Entirelobe Indian Hibiscus ●
194938 Hibiscus insularis Endl.;岛生扶桑;Phillip Island Hibiscus ●☆
194939 Hibiscus intermedius A. Chev.;间型木槿●☆
194940 Hibiscus intermedius A. Rich. = Hibiscus palmatus Forssk. ●☆
194941 Hibiscus intermedius A. Rich. var. aristivalvis (Garcke) Hochr. = Hibiscus palmatus Forssk. ●☆
194942 Hibiscus intermedius Hochst. = Hibiscus hochstetteri Cufod. ●☆
194943 Hibiscus involucratus Salisb. = Hibiscus surattensis L. ■
194944 Hibiscus irritans R. A. Dyer = Hibiscus engleri K. Schum. ●☆
194945 Hibiscus jacksonianus Exell;杰克逊木槿●☆
194946 Hibiscus japonicus Miq. = Abelmoschus manihot (L.) Medik. ■
194947 Hibiscus jatrophifolius A. Rich. = Hibiscus vitifolius L. ●☆
194948 Hibiscus javanicus Mill. = Hibiscus rosa-sinensis L. ●
194949 Hibiscus javanicus Weinm. = Hibiscus indicus (Burm. f.) Hochr. ●
194950 Hibiscus katangensis De Wild. = Kosteletzkya adoensis (Hochst. ex A. Rich.) Mast. ●☆
194951 Hibiscus keilii Ulbr.;凯尔木槿●☆
194952 Hibiscus kirkii Mast.;柯克木槿●☆
194953 Hibiscus kuntzei Ulbr.;孔策木槿●☆
194954 Hibiscus labordei H. Lév.;贵州芙蓉(湖榕树);Labord Hibiscus ●
194955 Hibiscus laevis All.;平滑木槿;Halberd-leaved Rose Mallow, Halberd-leaved Rose-mallow, Rose Mallow, Smooth Rose Mallow ■☆
194956 Hibiscus laguneoides Edgew. = Hibiscus obtusilobus Garcke ●☆
194957 Hibiscus lampas Cav. = Thespesia lampas (Cav.) Dalzell et A. Gibson ●
194958 Hibiscus lampas Cav. = Thespesia lampas (Cav.) Dalzell ex Dalzell et A. Gibson ●
194959 Hibiscus lancibracteatus De Wild. et T. Durand = Hibiscus mechowii Garcke ●☆
194960 Hibiscus lanzae Cufod. = Hibiscus ovalifolius (Forssk.) Vahl ●☆
194961 Hibiscus lasiocarpos Cav. var. californicus (Kellogg) L. H. Bailey = Hibiscus lasiocarpus Cav. ■☆
194962 Hibiscus lasiocarpos Cav. var. occidentalis A. Gray = Hibiscus lasiocarpus Cav. ■☆
194963 Hibiscus lasiocarpus Cav.;毛果木槿;Hairy Rose Mallow, Rose Mallow ■☆
194964 Hibiscus ledermannii Ulbr.;莱德木槿●☆
194965 Hibiscus leiospermus Harv. = Hibiscus aethiopicus L. var. ovatus Harv. ●☆
194966 Hibiscus leiospermus K. T. Fu et C. C. Fu = Hibiscus leviseminus M. G. Gilbert, Y. Tang et Dorr ●
194967 Hibiscus lepidospermus Mast. = Hibiscus squamosus Hochr. ●☆
194968 Hibiscus leptocalyx Sond. = Pavonia leptocalyx (Sond.) Ulbr. ●☆
194969 Hibiscus leviseminus M. G. Gilbert, Y. Tang et Dorr;光籽木槿(光籽槿,野木槿);Baldseed Hibiscus, Glabrousseed Hibiscus, Glabrous-seeded Hibiscus ●
194970 Hibiscus liebrechtsianus De Wild. et T. Durand = Kosteletzkya buettneri Gürke ●☆
194971 Hibiscus liliflorus Cav.;百合花木槿;Mauritinus Hibiscus ●☆
194972 Hibiscus loandensis Hiern;罗安达木槿●☆
194973 Hibiscus lobatus (Murray) Kuntze;草木槿;Herbal Hibiscus, Lobed Hibiscus ■
194974 Hibiscus lonchosepalus Hochr.;尖萼木槿●☆
194975 Hibiscus longifolius Roxb. = Abelmoschus esculentus (L.) Moench ■
194976 Hibiscus longifolius Roxb. var. tuberosus Span. = Abelmoschus sagittifolius (Kurz) Merr. ■
194977 Hibiscus longisepalus Hochr.;长萼木槿●☆
194978 Hibiscus ludwigii Eckl. et Zeyh.;路德维格木槿(鲁威槿)●☆
194979 Hibiscus lunarifolius Willd. var. dongolensis (Delile) Hochr. = Hibiscus dongolensis Delile ●☆
194980 Hibiscus lunariifolius Willd.;新月叶木槿●☆
194981 Hibiscus lundaensis Baker f. = Hibiscus gilletii De Wild. subsp. lundaensis (Baker f.) F. D. Wilson ●☆
194982 Hibiscus luteiflorus De Wild. = Hibiscus aethiopicus L. ●☆
194983 Hibiscus macranthus Hochst. ex A. Rich. = Hibiscus ludwigii Eckl. et Zeyh. ●☆
194984 Hibiscus macrogonus Baill.;大节木槿●☆
194985 Hibiscus macrophyllus Roxb. = Hibiscus macrophyllus Roxb. ex Hornem. ●
194986 Hibiscus macrophyllus Roxb. ex Hornem.;大叶木槿;Bigleaf Hibiscus, Largeleaf Hibiscus, Largeleaf Rosemallow, Macrophyllous Hibiscus ●
194987 Hibiscus macroslandra Hochr. = Hibiscus cameronii Knowles et Westc. ●☆
194988 Hibiscus macularis E. Mey. ex Harv. = Hibiscus diversifolius Jacq. ●☆
194989 Hibiscus makinoi Jotani et H. Ohba;牧野木槿●☆
194990 Hibiscus malacospermus (Turcz.) E. Mey. ex Harv.;软籽木槿●☆
194991 Hibiscus malangensis Baker f. = Hibiscus cannabinus L. ■
194992 Hibiscus malvaviscus L. = Malvaviscus arboreus Cav. ●
194993 Hibiscus mandrarensis Humbert ex Hochr.;曼德拉木槿●☆
194994 Hibiscus manihot L. = Abelmoschus manihot (L.) Medik. ■
194995 Hibiscus manihot L. var. caillei A. Chev. = Abelmoschus caillei (A. Chev.) Stevels ■☆
194996 Hibiscus manihot L. var. palmatus DC. = Abelmoschus manihot (L.) Medik. ■
194997 Hibiscus manihot L. var. pungens (Roxb.) Hochr. = Abelmoschus manihot (L.) Medik. var. pungens (Roxb.) Hochr. ■
194998 Hibiscus manihot L. var. typicus Hochr. = Abelmoschus manihot (L.) Medik. ■
194999 Hibiscus marlothianus K. Schum.;马洛斯木槿●☆
195000 Hibiscus martianus Zucc.;心叶木槿;Heartleaf Hibiscus, Tulipan Del Monte ●☆
195001 Hibiscus masuianus De Wild. et T. Durand = Hibiscus sabdariffa L. ●■
195002 Hibiscus mechowii Garcke;梅休木槿●☆
195003 Hibiscus meeusei Exell = Hibiscus nigricaulis Baker f. ●☆
195004 Hibiscus meidiensis Ulbr. = Hibiscus purpureus Forssk. ●☆
195005 Hibiscus mendoncae Exell = Hibiscus meyeri Harv. ●☆
195006 Hibiscus mendoncae Exell subsp. transvaalensis ? = Hibiscus meyeri Harv. subsp. transvaalensis (Exell) Exell ●☆
195007 Hibiscus merxmuelleri Rössler;梅尔木槿●☆

195008 Hibiscus meyeri Harv.;小叶木槿●☆
195009 Hibiscus meyeri Harv. subsp. transvaalensis (Exell) Exell;德兰士瓦木槿●☆
195010 Hibiscus meyeri-johannis Ulbr.;迈尔约翰木槿●☆
195011 Hibiscus micranthus L. f.;小花木槿●☆
195012 Hibiscus micranthus L. f. = Hibiscus rhodanthus Gürke ●☆
195013 Hibiscus micranthus L. f. var. alii Abedin;卵叶小花木槿●☆
195014 Hibiscus micranthus L. f. var. asper Cufod. = Hibiscus micranthus L. f. var. rigidus (L. f.) Cufod. ●☆
195015 Hibiscus micranthus L. f. var. genninus ? = Hibiscus micranthus L. f. ●☆
195016 Hibiscus micranthus L. f. var. grandifolius Fiori = Hibiscus micranthus L. f. ●☆
195017 Hibiscus micranthus L. f. var. hermanniifolius Hochst. ex Cufod. = Hibiscus micranthus L. f. ●☆
195018 Hibiscus micranthus L. f. var. lepineyi Sauvage = Hibiscus micranthus L. f. ●☆
195019 Hibiscus micranthus L. f. var. parvifolius (Hochst. ex Anders.) Cufod. = Hibiscus micranthus L. f. ●☆
195020 Hibiscus micranthus L. f. var. rigidus (L. f.) Cufod.;硬小花木槿●☆
195021 Hibiscus micranthus L. f. var. sanguineus (Franch.) Hochr. = Hibiscus ahlensis Ulbr. ●☆
195022 Hibiscus micranthus L. f. var. subclandestinus Maire = Hibiscus micranthus L. f. ●☆
195023 Hibiscus microcalycinus Ulbr. = Hibiscus engleri K. Schum. ●☆
195024 Hibiscus microcarpus Garcke;小果木槿●☆
195025 Hibiscus microphyllus E. Mey. = Hibiscus meyeri Harv. ●☆
195026 Hibiscus microphyllus Vahl = Pavonia arabica Hochst. et Steud. ex Boiss. ●☆
195027 Hibiscus migeodii Exell;米容德木槿●☆
195028 Hibiscus militaris Cav. = Hibiscus laevis All. ■☆
195029 Hibiscus minimifolius Chiov. = Hibiscus somalensis Franch. ●☆
195030 Hibiscus modaticus Hochst. ex A. Rich. = Hibiscus vitifolius L. ●☆
195031 Hibiscus mongallaensis Baker f.;孟加拉木槿●☆
195032 Hibiscus moscheutos L.;芙蓉葵(草芙蓉,美国芙蓉,麝香芙蓉,水芙蓉);Common Rose Mallow, Crimson-eyed Rose Mallow, Crimson-eyed Rosemallow, Hollyhock Hibiscus, Mallow-rose, Marsh Mallow, Musky Hibiscus, Rose Mallow, Swamp Hibiscus, Swamp Mallow, Swamp Rose, Swamps Rose Mallow, Wild Cotton ■
195033 Hibiscus moscheutos L. subsp. incanus (H. L. Wendl.) Ahles = Hibiscus moscheutos L. ■
195034 Hibiscus moscheutos L. subsp. palustris (L.) R. T. Clausen = Hibiscus moscheutos L. ■
195035 Hibiscus moscheutos L. var. purpurascens Sweet = Hibiscus moscheutos L. ■
195036 Hibiscus mossambicensis Gonc. = Hibiscus platycalyx Mast. ●☆
195037 Hibiscus mossamedensis (Hiern) Exell et Mendonça = Hibiscus rhabdotospermus Garcke ●☆
195038 Hibiscus moxicoensis Baker f.;莫希克木槿●☆
195039 Hibiscus multistipulatus Garcke = Hibiscus panduriformis Burm. f. ●☆
195040 Hibiscus mutabilis L.;木芙蓉(苕,地芙蓉,地芙蓉花,芙蓉,芙蓉花,菡苕,九头花,酒醉芙蓉,拒霜花,七星花,三变花,山芙蓉,霜降花,水芙蓉,铁箍散,转观花,醉酒芙蓉);Changeable Rose, Changing Rose, Condederate Rose, Confederate Rose, Cotton Rose, Cottonrose, Cottonrose Hibiscus, Cotton-rose Hibiscus, Dixie Rosemallow ●
195041 Hibiscus mutabilis L. 'Alba';白花木芙蓉●☆
195042 Hibiscus mutabilis L. 'Plena';重瓣木芙蓉;Doubleflower Cottonrese Hibiscus, Doubleflower Hibiscus ●
195043 Hibiscus mutabilis L. 'Raspberry Rose';玫瑰红木芙蓉●☆
195044 Hibiscus mutabilis L. 'Versicolor';彩叶木芙蓉●
195045 Hibiscus mutabilis L. f. plenus (Andréws) S. Y. Hu = Hibiscus mutabilis L. 'Plena' ●
195046 Hibiscus mutabilis L. f. plenus (Andréws) S. Y. Hu = Hibiscus mutabilis L. ●
195047 Hibiscus mutabilis L. f. plenus S. Y. Hu = Hibiscus mutabilis L. 'Plena' ●
195048 Hibiscus mutabilis L. f. plenus S. Y. Hu = Hibiscus mutabilis L. ●
195049 Hibiscus mutabilis L. f. spontanea ? = Hibiscus makinoi Jotani et H. Ohba ●☆
195050 Hibiscus mutabilis L. f. spontanea ? = Hibiscus mutabilis L. ●
195051 Hibiscus mutabilis L. var. flore-pleno Andréws = Hibiscus mutabilis L. 'Plena' ●
195052 Hibiscus mutabilis L. var. roseoplenus Makino;粉红重瓣木芙蓉●☆
195053 Hibiscus mutabilis L. var. versicolor Makino = Hibiscus mutabilis L. 'Versicolor' ●
195054 Hibiscus mutatus N. E. Br.;易变木槿●☆
195055 Hibiscus myriaster Scott-Elliot = Hibiscus bojeranus Baill. ●☆
195056 Hibiscus naegelei Ulbr.;内格勒木槿●☆
195057 Hibiscus natalitius Harv. = Hibiscus vitifolius L. ●☆
195058 Hibiscus neumannii Ulbr. = Hibiscus dongolensis Delile ●☆
195059 Hibiscus nigricaulis Baker f.;黑茎木槿●☆
195060 Hibiscus noldeae Baker f.;诺尔德木槿●☆
195061 Hibiscus oblatus Baker = Hibiscus bojeranus Baill. ●☆
195062 Hibiscus obscurus A. Rich. = Hibiscus vitifolius L. ●☆
195063 Hibiscus obtusilobus Garcke;钝裂木槿●☆
195064 Hibiscus ochroleucus Baker = Hibiscus lobatus (Murray) Kuntze ■
195065 Hibiscus oculiroseus Britton = Hibiscus moscheutos L. ■
195066 Hibiscus oculiroseus Britton ex L. H. Bailey = Hibiscus moscheutos L. ■
195067 Hibiscus oligosandrus Buch-Ham = Pavonia odorata Willd. ●☆
195068 Hibiscus opulifolius Greene = Hibiscus moscheutos L. ■
195069 Hibiscus ouarsanguelicus Cufod. = Hibiscus ahlensis Ulbr. ●☆
195070 Hibiscus ovalifolius (Forssk.) Vahl;椭圆叶木槿●☆
195071 Hibiscus ovatus Cav. = Hibiscus aethiopicus L. var. ovatus Harv. ●☆
195072 Hibiscus ovatus Cav. var. angustifolius Eckl. et Zeyh. = Hibiscus aethiopicus L. var. angustifolius (Eckl. et Zeyh.) Exell ●☆
195073 Hibiscus owariensis P. Beauv.;尾张木槿●☆
195074 Hibiscus oxalidiflorus Hook. et Jacq. = Hibiscus oxaliflorus Bojer ex Baker ●☆
195075 Hibiscus oxaliflorus Bojer ex Baker;酢浆草花木槿●☆
195076 Hibiscus pachycarpus Exell et Mendonça;粗果木槿●☆
195077 Hibiscus pacificus Nakai ex Jotani et H. Ohba;太平洋木槿●☆
195078 Hibiscus palmatifidus Baker;掌状半裂木槿●☆
195079 Hibiscus palmatilobus Baill. = Hibiscus sabdariffa L. ●■
195080 Hibiscus palmatus Cav. = Abelmoschus manihot (L.) Medik. ■
195081 Hibiscus palmatus Forssk.;掌裂木槿●☆
195082 Hibiscus paludosus Merr. = Hibiscus diversifolius Jacq. ●☆

195083 Hibiscus palustris L.；草芙蓉；Rose Mallow, Swamp Rose-mallow ■
195084 Hibiscus palustris L. = Hibiscus moscheutos L. ■
195085 Hibiscus palustris L. f. peckii House = Hibiscus moscheutos L. ■
195086 Hibiscus pamanzianus Baill. = Hibiscus sidiformis Baill. ●☆
195087 Hibiscus panduriformis Burm. f.；琴形木槿●☆
195088 Hibiscus paolii Mattei ex Chiov.；保尔木槿●☆
195089 Hibiscus paramutabilis L. H. Bailey；庐山芙蓉；Lushan Hibiscus ●
195090 Hibiscus paramutabilis L. H. Bailey var. longipedicellatus K. M. Feng；长梗庐山芙蓉；Long-pedicel Lushan Hibiscus ●
195091 Hibiscus paramutabilis L. H. Bailey var. roseo-plenus Nakai；重瓣芙蓉(醉芙蓉)●☆
195092 Hibiscus parkeri Baker = Hibiscus lobatus (Murray) Kuntze ■
195093 Hibiscus parvifolius Hochst. ex T. Anderson = Hibiscus micranthus L. f. ●☆
195094 Hibiscus parvifolius R. Br. = Hibiscus vitifolius L. ●☆
195095 Hibiscus parvilobus F. D. Wilson；小木槿●☆
195096 Hibiscus pavonioides Fiori = Hibiscus dictyocarpus Hochst. ex Webb ●☆
195097 Hibiscus pedunculatus L. f.；垂花木槿；Dwarf Pink Hibiscus ●■☆
195098 Hibiscus pentaphyllus F. Muell. = Hibiscus caesius Garcke ●☆
195099 Hibiscus perrottetii Steud. = Hibiscus sterculiifolius (Guillaumin et Perr.) Steud. ●☆
195100 Hibiscus petraeus Hiern = Hibiscus rhodanthus Gürke ●☆
195101 Hibiscus physaloides Guillaumin et Perr.；酸浆木槿●☆
195102 Hibiscus physaloides Guillaumin et Perr. f. schinzii (Gürke) Hochr. = Hibiscus schinzii Gürke ●☆
195103 Hibiscus physaloides Guillaumin et Perr. var. andongensis (Hiern) Hochr. = Hibiscus andongensis Hiern ●☆
195104 Hibiscus physaloides Guillaumin et Perr. var. genuinus Hochr. = Hibiscus physaloides Guillaumin et Perr. ●☆
195105 Hibiscus physaloides Guillaumin et Perr. var. loandensis (Hiern) Hochr. = Hibiscus loandensis Hiern ●☆
195106 Hibiscus pinetorum Greene = Hibiscus moscheutos L. ■
195107 Hibiscus platanaifolius Sweet；悬铃木叶木槿●☆
195108 Hibiscus platycalyx Mast.；宽萼木槿●☆
195109 Hibiscus platystegius Turcz. = Hibiscus indicus (Burm. f.) Hochr. ●
195110 Hibiscus poggei Gürke ex Engl. = Hibiscus gilletii De Wild. ●☆
195111 Hibiscus ponticus Rupr.；蓬特木槿●☆
195112 Hibiscus populneoides Roxb. = Thespesia populnea (L.) Sol. ex Corrêa ●
195113 Hibiscus populneoides Roxb. = Thespesia populneoides (Roxb.) Kostel. ●
195114 Hibiscus populneus L. = Thespesia populnea (L.) Sol. ex Corrêa ●
195115 Hibiscus pospischilii Cufod. = Hibiscus pycnostemon Hochr. ●☆
195116 Hibiscus praeclarus Gagnep. = Hibiscus grewiifolius Hassk. ●
195117 Hibiscus praecox Forssk. = Abelmoschus esculentus (L.) Moench var. praecox (Forssk.) A. Chev. ■☆
195118 Hibiscus praemorsus L. f. = Pavonia praemorsa (L. f.) Cav. ●☆
195119 Hibiscus procerus Roxb. ex Wall.；高木槿●☆
195120 Hibiscus propinquus E. Mey. = Hibiscus aethiopicus L. ●☆
195121 Hibiscus pseudohirtus Hochr.；假毛木槿●☆
195122 Hibiscus punaluuensis (Skottsb.) Degener et I. Deg. = Hibiscus arnottianus A. Gray ●☆
195123 Hibiscus punctatus Dalzell = Hibiscus obtusilobus Garcke ●☆
195124 Hibiscus pungens Roxb. = Abelmoschus manihot (L.) Medik. var. pungens (Roxb.) Hochr. ■
195125 Hibiscus pungens Roxb. = Abelmoschus pungens (Roxb.) Voigt ■
195126 Hibiscus purpureus Forssk.；紫木槿●☆
195127 Hibiscus purpureus Forssk. = Hibiscus micranthus L. f. ●☆
195128 Hibiscus purpureus Forssk. var. ovalifolius ? = Hibiscus micranthus L. f. var. alii Abedin ●☆
195129 Hibiscus pusillus Thunb.；微小木槿■☆
195130 Hibiscus pycnostemon Hochr.；密冠木槿●☆
195131 Hibiscus quinquelobus G. Don = Hibiscus sterculiifolius (Guillaumin et Perr.) Steud. ●☆
195132 Hibiscus radiatus Cav.；辐射刺芙蓉(金线吊芙蓉)；Monarch Rosemallow, Radiate Hibiscus ●■
195133 Hibiscus ramosus D. Dietr.；分枝木槿●☆
195134 Hibiscus rectiramosus Hochr. = Hibiscus macrogonus Baill. ●☆
195135 Hibiscus reekmansii F. D. Wilson；里克曼斯木槿●☆
195136 Hibiscus rhabdotospermus Garcke；棒籽木槿●☆
195137 Hibiscus rhabdotospermus Garcke var. mossamedensis Hiern = Hibiscus rhabdotospermus Garcke ●☆
195138 Hibiscus rhodanthus Gürke；粉红花木槿●☆
195139 Hibiscus rhodesicus Baker f. = Hibiscus articulatus Hochst. ex A. Rich. ●☆
195140 Hibiscus rhombifolius Cav. = Hibiscus syriacus L. ●
195141 Hibiscus ribesiifolius Guillaumin et Perr. = Hibiscus physaloides Guillaumin et Perr. ●☆
195142 Hibiscus richardii Riedl = Hibiscus palmatus Forssk. ●☆
195143 Hibiscus richardsiae Exell；理查兹木槿●☆
195144 Hibiscus ricinifolius E. Mey. ex Harv. = Hibiscus vitifolius L. ●☆
195145 Hibiscus ricinoides Garcke = Hibiscus vitifolius L. ●☆
195146 Hibiscus rigidus L. f. = Hibiscus micranthus L. f. var. rigidus (L. f.) Cufod. ●☆
195147 Hibiscus rivularis Bremek. et Oberm. = Hibiscus diversifolius Jacq. var. rivularis (Bremek. et Oberm.) Exell ●☆
195148 Hibiscus rogersii Burtt Davy = Hibiscus platycalyx Mast. ●☆
195149 Hibiscus rosa-sinensis L.；朱槿(赤槿，大红花，大红牡丹花，单瓣扶桑，吊钟花，葮，椴，佛桑，扶桑，扶桑花，福桑，公鸡花，红佛桑，红花，红槿，红木槿，花上花，木花，木槿花，日及，桑槿，舜英，土红花，小牡丹，月月红，照殿红，重瓣朱槿，状元红)；Blacking Plant, China Rose, Chinese Hibiscus, Chinese Rose, Double-flowered Chinese Hibiscus, Hawaiian Hibiscus, Hibiscus, Red Sorrel, Red Tea, Rose Mallow, Rose of China, Rosella, Roselle, Rose-mallow, Rose-of-China, Shoe Black, Shoe Flower, Shoeblackplant, Shoeflower, Shoe-flower, Sudanese Tea, Tropical Hibiscus ●
195150 Hibiscus rosa-sinensis L. 'Aalbus'；白扶桑●☆
195151 Hibiscus rosa-sinensis L. 'Agnes Galt'；艾格尼斯扶桑●☆
195152 Hibiscus rosa-sinensis L. 'Aurora'；奥罗拉加扶桑●☆
195153 Hibiscus rosa-sinensis L. 'Bridal Veil'；新娘的面纱扶桑●☆
195154 Hibiscus rosa-sinensis L. 'Bride'；新娘扶桑●☆
195155 Hibiscus rosa-sinensis L. 'Brilliant'；壮丽扶桑●☆
195156 Hibiscus rosa-sinensis L. 'Cooperi'；库珀扶桑(花叶扶桑)●☆
195157 Hibiscus rosa-sinensis L. 'Crown of Bohemia'；波希米亚王冠扶桑●☆

195158 Hibiscus rosa-sinensis L. 'D. J. O'Brien';德·奇·奥布雷扶桑●☆
195159 Hibiscus rosa-sinensis L. 'Eileen McMullen';艾琳·麦克穆伦扶桑●☆
195160 Hibiscus rosa-sinensis L. 'Gina Marie';吉娜·玛丽扶桑●☆
195161 Hibiscus rosa-sinensis L. 'Hula Girl';草原舞女扶桑●☆
195162 Hibiscus rosa-sinensis L. 'Kissed';轻拂扶桑●☆
195163 Hibiscus rosa-sinensis L. 'Lateritia Variegata';拉特里迪斑叶扶桑●☆
195164 Hibiscus rosa-sinensis L. 'Luteus';黄扶桑●☆
195165 Hibiscus rosa-sinensis L. 'Moon Beam';月光扶桑●☆
195166 Hibiscus rosa-sinensis L. 'Norma';诺尔玛扶桑●☆
195167 Hibiscus rosa-sinensis L. 'Percy Lancaster';珀西·兰开斯特扶桑●☆
195168 Hibiscus rosa-sinensis L. 'Rosalind';罗莎琳德扶桑●☆
195169 Hibiscus rosa-sinensis L. 'Ross Estey';罗斯·埃斯特扶桑●☆
195170 Hibiscus rosa-sinensis L. 'Ruby Brown';褐红宝石扶桑●☆
195171 Hibiscus rosa-sinensis L. 'Sunny Delight';欢乐扶桑●☆
195172 Hibiscus rosa-sinensis L. 'The President';总统扶桑(总统朱槿)●☆
195173 Hibiscus rosa-sinensis L. 'Van Houttei';范霍特扶桑●☆
195174 Hibiscus rosa-sinensis L. 'Variegata';花叶扶桑●☆
195175 Hibiscus rosa-sinensis L. 'White kalakaua';白卡拉库扶桑●☆
195176 Hibiscus rosa-sinensis L. var. carnea-plenus Sweet = Hibiscus rosa-sinensis L. var. rubro-plenus Sweet ●
195177 Hibiscus rosa-sinensis L. var. floreplena Seem. = Hibiscus rosa-sinensis L. var. rubro-plenus Sweet ●
195178 Hibiscus rosa-sinensis L. var. genuinus Hochr. = Hibiscus rosa-sinensis L. ●
195179 Hibiscus rosa-sinensis L. var. liliiflorus Hochr.;百合花扶桑■☆
195180 Hibiscus rosa-sinensis L. var. rubro-plenus Sweet;重瓣朱槿(大红花,酸醋花,月月开,朱槿牡丹);Doubleflower Chinese Hibiscus ●
195181 Hibiscus rosa-sinensis L. var. schizopetalus Dyer ex Mast. = Hibiscus schizopetalus (Mast.) Hook. f. ●
195182 Hibiscus rosa-sinensis L. var. schizopetalus Mast. = Hibiscus schizopetalus (Mast.) Hook. f. ●
195183 Hibiscus roseus L. = Hibiscus moscheutos L. ■
195184 Hibiscus roseus Loisel. = Hibiscus palustris L. ■
195185 Hibiscus rosiflorus Stokes = Hibiscus rosa-sinensis L. ●
195186 Hibiscus rosiflorus Stokes var. simplex Stokes = Hibiscus rosa-sinensis L. ●
195187 Hibiscus rossii Knowles et Wescott = Hibiscus cameronii Knowles et Westc. ●☆
195188 Hibiscus rostellatus Guillaumin et Perr.;喙状木槿●☆
195189 Hibiscus rostellatus Guillaumin et Perr. var. congolanus Hauman = Hibiscus sudanensis Hochr. ●☆
195190 Hibiscus rostellatus Guillaumin et Perr. var. goossensii Hauman = Hibiscus goossensii (Hauman) F. D. Wilson ●☆
195191 Hibiscus rostellatus Guillaumin et Perr. var. sudanensis (Hochr.) Hauman = Hibiscus sudanensis Hochr. ●☆
195192 Hibiscus rubriflorus Baker f.;红花木槿●☆
195193 Hibiscus rupestris Hochst. ex Cufod. = Hibiscus eriospermus Hochst. ex Cufod. ●☆
195194 Hibiscus rupicola Exell;岩生木槿●☆
195195 Hibiscus rutshuruensis De Wild. = Hibiscus ludwigii Eckl. et Zeyh. ●☆
195196 Hibiscus sabdariffa L.;玫瑰茄(红金梅,红梅果,洛济葵,洛神葵,山茄,山茄子);Guinea Sorrel, Jamaica Flower, Jamaica Sorrel, Jamaican Sorrel, Rama, Red Sorrel, Rosella, Roselle, Rozelle, Sorrel, Sorrell, Sour-sour, Sudanese Tea, Thorny Mallow ●■
195197 Hibiscus sabdariffa L. subsp. cannabinus (L.) Panigrahi et Murti = Hibiscus cannabinus L. ■
195198 Hibiscus sabdariffa L. var. albus A. Howard et G. Howard = Hibiscus sabdariffa L. ●■
195199 Hibiscus sabdariffa L. var. altissima Wester = Hibiscus sabdariffa L. ●■
195200 Hibiscus sabdariffa L. var. bhaghalpuriensis A. Howard et G. Howard = Hibiscus sabdariffa L. ●■
195201 Hibiscus sabdariffa L. var. intermedius A. Howard et G. Howard = Hibiscus sabdariffa L. ●■
195202 Hibiscus sabdariffa L. var. ruber A. Howard et G. Howard = Hibiscus sabdariffa L. ●■
195203 Hibiscus sabdariffa Mendonça et Torre = Hibiscus nigricaulis Baker f. ●☆
195204 Hibiscus sabiensis Exell;萨比木槿●☆
195205 Hibiscus sagittifolius Kurz = Abelmoschus sagittifolius (Kurz) Merr. ■
195206 Hibiscus sagittifolius Kurz var. septentrionalis Gagnep. = Abelmoschus sagittifolius (Kurz) Merr. ■
195207 Hibiscus sakamaliensis Hochr.;萨卡马利木槿●☆
195208 Hibiscus saltuarius Hand.-Mazz. = Hibiscus paramutabilis L. H. Bailey ●
195209 Hibiscus sanguineus Franch. = Hibiscus ahlensis Ulbr. ●☆
195210 Hibiscus saxatilis J. M. Wood et M. S. Evans;岩栖木槿●☆
195211 Hibiscus saxicola Ulbr.;岩地木槿●☆
195212 Hibiscus scaber Lam. = Hibiscus diversifolius Jacq. ●☆
195213 Hibiscus schinzii (Gürke) Hochr. = Hibiscus sidiformis Baill. ●☆
195214 Hibiscus schinzii Gürke;欣兹木槿●☆
195215 Hibiscus schizopetalus (Dyer) Hook. f. = Hibiscus schizopetalus (Mast.) Hook. f. ●
195216 Hibiscus schizopetalus (Mast.) Hook. f.;吊灯花(灯笼花,灯仔花,吊灯扶桑,吊灯芙蓉,吊灯芙桑,拱手花篮,假西藏红花,裂瓣朱槿);Coral Hibiscus, Cut-petaled Hibiscus, Fringed Hibiscus, Fringed Rosemallow, Japanese Hibiscus, Japanese Lantern, Japanese-lantern, Pendentlamp Hibiscus, Separating-patal Hibiscus, Separating-pataled Hibiscus ●
195217 Hibiscus schizopetalus (Mast.) Hook. f. 'Archerii';纯红拱手花篮●
195218 Hibiscus schizopetalus (Mast.) Hook. f. 'Carnation';深红拱手花篮●
195219 Hibiscus schizopetalus (Mast.) Hook. f. 'Pink Butterfly';粉红拱手花篮●
195220 Hibiscus schweinfurthii Gürke;施韦吊灯花●☆
195221 Hibiscus seineri Engl. = Hibiscus platycalyx Mast. ●☆
195222 Hibiscus seineri Ulbr.;塞纳吊灯花●☆
195223 Hibiscus senegalensis Cav. = Pavonia senegalensis (Cav.) Leistner ●☆
195224 Hibiscus serpyllifolius Ulbr.;百里香叶吊灯花●☆
195225 Hibiscus serratifolius Ulbr. = Hibiscus dinteri Hochr. ●☆
195226 Hibiscus setosus Roxb. = Hibiscus macrophyllus Roxb. ex Hornem. ●
195227 Hibiscus shirensis Sprague et Hutch.;希尔吊灯花●☆

195228 Hibiscus shirensis Sprague et Hutch. subsp. bocarangensis Baker f. = Hibiscus shirensis Sprague et Hutch. ●☆
195229 Hibiscus sidiformis Baill. ;黄花稔木槿●☆
195230 Hibiscus simplex D. Dietr. ;简单木槿■☆
195231 Hibiscus simplex L. = Firmiana simplex (L.) W. Wight ●
195232 Hibiscus sinensis Mill. = Hibiscus mutabilis L. ●
195233 Hibiscus sinosyriacus L. H. Bailey;华木槿(汉槿);China Hibiscus,Chinese Hibiscus,Chinese Shrubalthea ●
195234 Hibiscus sinosyriacus L. H. Bailey 'Lilac Queen';堇后汉槿 ●☆
195235 Hibiscus solandra L'Hér. = Hibiscus lobatus (Murray) Kuntze ■
195236 Hibiscus solandroketmia Hochr. = Hibiscus stenophyllus Baker ●☆
195237 Hibiscus somalensis Franch. ;索马里木槿●☆
195238 Hibiscus sparseaculeatus Baker f. ;稀疏木槿●☆
195239 Hibiscus spartioides Chiov. ;绳索木槿●☆
195240 Hibiscus speciosus Aiton = Hibiscus coccineus (Medik.) Walter ●
195241 Hibiscus splendens Fraser ex Graham;阔叶木槿●☆
195242 Hibiscus splendidus Ulbr. = Hibiscus splendens Fraser ex Graham ●☆
195243 Hibiscus squamosus Hochr. ;多鳞木槿●☆
195244 Hibiscus stenophyllus Baker;窄叶木槿●☆
195245 Hibiscus sterculiifolius (Guillaumin et Perr.) Steud. ;苹婆叶木槿●☆
195246 Hibiscus strictus Dinter = Hibiscus sulfuranthus Ulbr. ●☆
195247 Hibiscus submonospermus Hochr. = Hibiscus bequaertii De Wild. ●☆
195248 Hibiscus suborbiculatus Wall. = Hibiscus micranthus L. f. var. rigidus (L. f.) Cufod. ●☆
195249 Hibiscus subphysaloides Hochr. = Hibiscus engleri K. Schum. ●☆
195250 Hibiscus subreniformis Burtt Davy;亚肾形木槿●
195251 Hibiscus sudanensis Hochr. ;苏丹木槿●☆
195252 Hibiscus sudanensis Hochr. f. grandiflorus ? = Hibiscus sudanensis Hochr. ●☆
195253 Hibiscus sudanensis Hochr. f. minoriflorus ? = Hibiscus sudanensis Hochr. ●☆
195254 Hibiscus sudanensis Hochr. var. genuinus ? = Hibiscus sudanensis Hochr. ●☆
195255 Hibiscus sudanensis Hochr. var. glabrescens ? = Hibiscus sudanensis Hochr. ●☆
195256 Hibiscus sulfuranthus Ulbr. ;硫花木槿●☆
195257 Hibiscus surattensis L. ;刺芙蓉(刺槿,刺木槿,分叉木槿,高雄朱槿,万金葵,五爪藤,云南芙蓉);Surat Hibiscus ■
195258 Hibiscus surattensis L. f. concolor Backer = Hibiscus surattensis L. ■
195259 Hibiscus surattensis L. f. immaculata Kurz ex Rakshit et Kundu = Hibiscus surattensis L. ■
195260 Hibiscus surattensis L. var. eetveldeanus (De Wild. et T. Durand) Hochr. = Hibiscus acetosella Welw. ex Hiern ●☆
195261 Hibiscus surattensis L. var. furcatus (Willd.) Hochr. = Hibiscus furcatus Willd. ■
195262 Hibiscus surattensis L. var. furcatus Roxb. ex Hochr. = Hibiscus hispidissimus Griff. ●
195263 Hibiscus surattensis L. var. genuinus Hochr. = Hibiscus surattensis L. ■
195264 Hibiscus surattensis L. var. rostellatus (Guillaumin et Perr.) Hochr. = Hibiscus rostellatus Guillaumin et Perr. ●☆
195265 Hibiscus surattensis L. var. villosus Backer = Hibiscus surattensis L. ■
195266 Hibiscus surattensis L. var. villosus Hochr. = Hibiscus surattensis L. ■
195267 Hibiscus swynnertonii Baker f. = Hibiscus schinzii Gürke ●☆
195268 Hibiscus syriaca (L.) Scop. = Hibiscus syriacus L. ●
195269 Hibiscus syriacus L. ;木槿(白饭花,白面花,白水锦,白玉花,茶金条,朝开暮落花,朝天子,赤槿,锄花,川槿,打碗花,灯盏花,葮,椴,藩篱草,藩篱花,佛桑花,红木槿花,鸡肉花,槿漆,槿树,荆条,喇叭花,懒篱笆,篱障花,里梅花,木槿花,木槿树,木棉,疟子花,平条子,清明篱,杈木,水锦花,水棉花,舜,蕣,蕣英,枝槿,猪油花);Althaea,Blue Hibiscus,Hibiscus,Rose of Sharon,Rose-of-sharon,Shrub Althea,Shrubalthea,Shrubby Althaea,Shrubby Althea,Syrian Hibiscus,Syrian Katmia,Syrian-rose,Tree Hollyhock ●
195270 Hibiscus syriacus L. 'Alba Plena';白花重瓣木槿(白花木槿,纯白重瓣木槿);White Doubleflower Shrubalthea ●
195271 Hibiscus syriacus L. 'Aphrodite';阿芙罗狄蒂木槿;Rose-of-sharon,Shrub Althea ●
195272 Hibiscus syriacus L. 'Blue Bird' = Hibiscus syriacus L. 'Bluebird' ●☆
195273 Hibiscus syriacus L. 'Blue Bird' = Hibiscus syriacus L. 'Oiseu Blue' ●
195274 Hibiscus syriacus L. 'Blue Marlin';蓝马林木槿;Blue Marlin Hibiscus ●☆
195275 Hibiscus syriacus L. 'Blue Satin';蓝缎木槿;Blue Rose-of-sharon ●
195276 Hibiscus syriacus L. 'Bluebird';蓝鸟木槿;Althea,Blue Bird,Rose-of-sharon,Shrub Althea ●☆
195277 Hibiscus syriacus L. 'Boule de Feu';鲍尔木槿●
195278 Hibiscus syriacus L. 'Coelestis';天蓝木槿;Althea,Rose-of-sharon,Shrub Althea ●
195279 Hibiscus syriacus L. 'Diana';黛安娜木槿(月亮神木槿);Diana Hibiscus,Diana Rose-of-sharon ●
195280 Hibiscus syriacus L. 'Hamabo';哈玛布木槿●
195281 Hibiscus syriacus L. 'Helene';海琳木槿;Rose-of-sharon ●☆
195282 Hibiscus syriacus L. 'Hino Maru';西诺·玛如木槿●
195283 Hibiscus syriacus L. 'Lohengrin';罗英格林木槿●
195284 Hibiscus syriacus L. 'Lucy';露西木槿;Rose of Sharon,Shrub Althea ●☆
195285 Hibiscus syriacus L. 'Minerva';密涅瓦木槿●
195286 Hibiscus syriacus L. 'Oiseu Blue';奥苏蓝木槿(蓝鸟木槿);Blue Rose-of-sharon ●
195287 Hibiscus syriacus L. 'Purpureus Variegatus';紫斑木槿;Variegata Rose of Sharon ●
195288 Hibiscus syriacus L. 'Red Heart';红心木槿;Althea,Rose-of-sharon,Shrub Althea ●
195289 Hibiscus syriacus L. 'Rosalinda';罗莎琳德木槿●
195290 Hibiscus syriacus L. 'Totus Albus';陶图斯白木槿●
195291 Hibiscus syriacus L. 'White Supreme';极白木槿●
195292 Hibiscus syriacus L. 'Woodbridge';伍德布里奇木槿(木桥木槿)●
195293 Hibiscus syriacus L. f. albus-plenus London = Hibiscus syriacus L. 'Alba Plena' ●
195294 Hibiscus syriacus L. f. amplissimus Gagnep. ;粉紫重瓣木槿;Pulplish Doubleflower Shrubalthea ●

195295 Hibiscus syriacus L. f. elegantissimus Gagnep.;雅致木槿;Elegant Shrubalthea ●

195296 Hibiscus syriacus L. f. grandiflorus Rehder;大花木槿;Largeflower Shrubalthea ●

195297 Hibiscus syriacus L. f. paeoniflorus Gagnep.;牡丹木槿;Peony Shrubalthea ●

195298 Hibiscus syriacus L. f. totus-albus T. Moore;白花单瓣木槿;Whitesimpleflower Shrubalthea ●

195299 Hibiscus syriacus L. f. violaceus Gagnep.;紫花重瓣木槿;Purpledoubleflower Shrubalthea ●

195300 Hibiscus syriacus L. var. brevibracteatus S. Y. Hu;短苞木槿;Shortbract Hibiscus,Shortbract Shrubalthea ●

195301 Hibiscus syriacus L. var. chinensis Lindl. = Hibiscus syriacus L. ●

195302 Hibiscus syriacus L. var. longibracteatus S. Y. Hu;长苞木槿;Longibracted Shrubalthea ●

195303 Hibiscus syriacus L. var. sinensis Lem. = Hibiscus syriacus L. ●

195304 Hibiscus syrorum Moench, nom. illeg. superfl. = Hibiscus syriacus L. ●

195305 Hibiscus taiwanensis S. Y. Hu;台湾芙蓉(狗头芙蓉,山芙蓉,台湾木槿,台湾山芙蓉);Taiwan Hibiscus ●

195306 Hibiscus ternatus (Cav.) Mast. = Hibiscus sidiformis Baill. ●☆

195307 Hibiscus ternatus (Cav.) Mast. var. halophilus Hochr. = Hibiscus sidiformis Baill. ●☆

195308 Hibiscus ternatus (Cav.) Mast. var. madagascariensis Hochr. = Hibiscus stenophyllus Baker ●☆

195309 Hibiscus ternatus Cav. = Hibiscus trionum L. ■

195310 Hibiscus ternifoliolus F. W. Andréws = Hibiscus sidiformis Baill. ●☆

195311 Hibiscus tiliaceus L.;黄槿(弓背树,果叶,粿叶,海边木槿,海罗树,海麻,朴仔,桐花,万年青,椆花,盐水面头果,右纳);Coast Cottonwood, Cottonwood Tree, Linden Hibiscus, Mahoe, Mangrove Hibiscus, Mau, Purau, Sea Hibiscus, Tree Hibiscus ●

195312 Hibiscus tiliaceus L. subsp. elatus (Hochr.) Borss. Waalk. = Hibiscus elatus Sw. ●

195313 Hibiscus tiliaceus L. var. elatus (Sw.) Hochr. = Hibiscus elatus Sw. ●

195314 Hibiscus tiliaceus L. var. elatus Hochr. = Hibiscus tiliaceus L. subsp. elatus (Hochr.) Borss. Waalk. ●

195315 Hibiscus tiliaceus L. var. genuinus Hochr. = Hibiscus tiliaceus L. ●

195316 Hibiscus tiliaceus L. var. glaber ? = Hibiscus glaber (Matsum. ex Hatt.) Matsum. ex Nakai ●☆

195317 Hibiscus tiliaceus L. var. hamabo (Siebold et Zucc.) Maxim. = Hibiscus hamabo Siebold et Zucc. ●

195318 Hibiscus tiliaceus L. var. heterophyllus Nakai = Hibiscus tiliaceus L. ●

195319 Hibiscus tiliaceus L. var. hirsutus Hochr. = Hibiscus tiliaceus L. ●

195320 Hibiscus tiliaceus L. var. tortuosus (Roxb.) Mast. = Hibiscus tiliaceus L. ●

195321 Hibiscus tiliifolius Salisb.;椴叶木槿;Linden Hibiscus ●☆

195322 Hibiscus tiliifolius Salisb. = Hibiscus tiliaceus L. ●

195323 Hibiscus tisserantii Baker f.;蒂斯朗特木槿●☆

195324 Hibiscus torrei Baker f.;托雷木槿●☆

195325 Hibiscus tortuosus Roxb. = Hibiscus tiliaceus L. ●

195326 Hibiscus trionum L.;野西瓜苗(打瓜花,打瓜苗,灯笼花,富荣花,和尚头,黑芝麻,火炮草,毛球花,山西瓜秧,香铃草,响铃草,小秋葵,小球葵,野西瓜秧,野芝麻);Bladder Hibiscus, Bladder Ketmia, Flower of an Hour, Flower-of-an-hour, Flower-of-an-hour Hibiscus, Flower-of-the-hour, Good-night-at-noon, Three-coloured Hibiscus, Trailing Hollyhock, Trilobate Ketmia, Venice Mallow ■

195327 Hibiscus trionum L. var. ternatus DC. = Hibiscus trionum L. ■

195328 Hibiscus unidens Lindl. = Hibiscus cannabinus L. ■

195329 Hibiscus upingtoniae Gürke;阿平顿木槿●☆

195330 Hibiscus urens L. f. = Radyera urens (L. f.) Bullock ●☆

195331 Hibiscus vanderystii De Wild. = Hibiscus cannabinus L. ■

195332 Hibiscus variabilis Garcke = Hibiscus physaloides Guillaumin et Perr. ●☆

195333 Hibiscus venustus Blume = Hibiscus indicus (Burm. f.) Hochr. ●

195334 Hibiscus venustus Blume var. integrilobus S. Y. Hu = Hibiscus indicus (Burm. f.) Hochr. var. integrilobus (S. Y. Hu) K. M. Feng ●

195335 Hibiscus verrucosus Guillaumin et Perr. = Hibiscus cannabinus L. ■

195336 Hibiscus verrucosus Guillaumin et Perr. var. punctatus A. Rich. = Hibiscus cannabinus L. ■

195337 Hibiscus vesicarius Cav. = Hibiscus trionum L. ■

195338 Hibiscus vestitus Griff. = Hibiscus macrophyllus Roxb. ex Hornem. ●

195339 Hibiscus vestitus Wall. = Abelmoschus manihot (L.) Medik. var. pungens (Roxb.) Hochr. ■

195340 Hibiscus vilhenae Cavaco;维列纳木槿●☆

195341 Hibiscus vitifolius L.;葡萄叶木槿;Tropical Rose Mallow, Wild Okra ●☆

195342 Hibiscus vitifolius L. = Fioria vitifolia (L.) Mattei ●☆

195343 Hibiscus vitifolius L. f. zeylanica Hochr. = Hibiscus vitifolius L. ●☆

195344 Hibiscus vitifolius L. subsp. vulgaris Brenan et Exell = Fioria vitifolia (L.) Mattei subsp. vulgaris (Brenan et Exell) Abedin ●☆

195345 Hibiscus vitifolius L. subsp. vulgaris Brenan et Exell = Hibiscus vitifolius L. ●☆

195346 Hibiscus vitifolius L. var. adhaerens Ulbr. = Hibiscus vitifolius L. ●☆

195347 Hibiscus vitifolius L. var. genuinus Hochr. = Hibiscus vitifolius L. subsp. vulgaris Brenan et Exell ●☆

195348 Hibiscus vitifolius L. var. heterotrichus (DC.) Hochr. = Fioria vitifolia (L.) Mattei subsp. vulgaris (Brenan et Exell) Abedin ●☆

195349 Hibiscus vitifolius L. var. ricinifolius (E. Mey. ex Harv.) Hochr. = Hibiscus vitifolius L. ●☆

195350 Hibiscus volkensii Gürke;福尔木槿●☆

195351 Hibiscus waimeae A. Heller var. hookeri Hochr. = Hibiscus arnottianus A. Gray ●☆

195352 Hibiscus wangianus S. Y. Hu = Cenocentrum tonkinense Gagnep. ■

195353 Hibiscus waterbergensis Exell;沃特木槿●☆

195354 Hibiscus wellbyi Sprague = Hibiscus crassinervius Hochst. ex A. Rich. ●☆

195355 Hibiscus welshii T. Anderson = Cienfuegosia welshii (T. Anderson) Garcke ■●☆

195356 Hibiscus welwitschii Hiern = Hibiscus rhodanthus Gürke ●☆

195357 Hibiscus whytei Stapf;怀特木槿●☆

195358 Hibiscus wildii Suess. = Hibiscus ovalifolius (Forssk.) Vahl ●☆

195359 Hibiscus yunnanensis S. Y. Hu;云南芙蓉;Yunnan Hibiscus ■

195360 Hibiscus zanzibaricus Exell;桑给巴尔木槿●☆

195361 Hibiscus zenkeri Gürke;岑克尔木槿●☆
195362 Hibiscus zeyheri Hochr. = Hibiscus aethiopicus L. var. angustifolius (Eckl. et Zeyh.) Exell ●☆
195363 Hibiscus zeylonicus L. = Pavonia zeylanica (L.) Cav. ●☆
195364 Hicarya Raf. = Carya Nutt. (保留属名)●
195365 Hickelia A. Camus(1924);希克尔竹属(希客竹属)●☆
195366 Hickelia africana S. Dransf.;非洲希克尔竹(非洲希客竹)●☆
195367 Hickelia alaotrensis A. Camus;希克尔竹(希客竹)●☆
195368 Hickelia madagascariensis A. Camus;马岛希克尔竹(马岛希客竹)●☆
195369 Hickelia perrieri (A. Camus) S. Dransf.;佩里耶希克尔竹(佩里耶希客竹)●☆
195370 Hickenia Britton et Rose = Parodia Speg. (保留属名)●
195371 Hickenia Lillo = Oxypetalum R. Br. (保留属名)●■☆
195372 Hickoria C. Mohr = Carya Nutt. (保留属名)●
195373 Hickoria C. Mohr = Hicoria Raf. ●
195374 Hicksbeachia F. Muell. (1882);希氏山龙眼属(克斯贝契属)●☆
195375 Hicksbeachia pinnatifolia F. Muell.;羽叶希氏山龙眼(羽叶希克斯贝契);Red Bopple Nut, Red Bopplenut, Red Hoppel Nut, Rose Nut ●☆
195376 Hicoria Raf. = Carya Nutt. (保留属名)●
195377 Hicoria alba Britton = Carya ovata (Mill.) K. Koch ●
195378 Hicoria aquatica (F. Michx.) Britton = Carya aquatica (F. Michx.) Nutt. ex Elliott ●
195379 Hicoria austrina Small = Carya glabra (Mill.) Sweet ●☆
195380 Hicoria borealis Ashe = Carya ovata (Mill.) K. Koch ●
195381 Hicoria cathayensis (Sarg.) Chun = Carya cathayensis Sarg. ●
195382 Hicoria cordiformis (Wangenh.) Britton = Carya cordiformis (Wangenh.) K. Koch ●
195383 Hicoria floridana (Sarg.) Sudw. = Carya floridana Sarg. ●
195384 Hicoria laciniosa (F. Michx.) Sarg. = Carya laciniosa (F. Michx.) Loudon ●☆
195385 Hicoria microcarpa (Nutt.) Britton = Carya glabra (Mill.) Sweet ●☆
195386 Hicoria minima (Marshall) Britton = Carya cordiformis (Wangenh.) K. Koch ●
195387 Hicoria myristiciformis (F. Michx.) Britton = Carya myristicaeformis (F. Michx.) Nutt. ●
195388 Hicoria olivaeformis (F. Michx.) Nutt. = Carya illinoiensis (Wangenh.) K. Koch ●
195389 Hicoria ovata (Mill.) Britton = Carya ovata (Mill.) K. Koch ●
195390 Hicoria pallida Ashe, Gard et Forest = Carya pallida (Ashe) Engl. et Graebn. ●
195391 Hicoria pecan (Marshall) Britton = Carya illinoiensis (Wangenh.) K. Koch ●
195392 Hicorius Benth. et Hook. f. = Hicoria Raf. ●
195393 Hicorius Raf. (废弃属名) = Carya Nutt. (保留属名)●
195394 Hicorius Raf. (废弃属名) = Hicoria Raf. ●
195395 Hicorya Raf. = Hicoria Raf. ●
195396 Hidalgoa La Llave(1824);大丽藤属;Climbing Dahlia ■☆
195397 Hidalgoa wercklei Hook. f.;哥斯达黎加大丽藤●☆
195398 Hidrocotile Neck. = Hydrocotyle L. ■
195399 Hidrosia E. Mey. = Rhynchosia Lour. (保留属名)●■
195400 Hieraceum Hoppe = Hieracium L. ■
195401 Hierachium Hill = Hypochaeris L. ■
195402 Hieraciastrum Fabr. = Picris L. ■
195403 Hieraciastrum Heist. ex Fabr. = Helminthotheca Zinn ■☆
195404 Hieraciastrum Heist. ex Fabr. = Picris L. ■
195405 Hieraciodes Kuntze = Crepis L. ■
195406 Hieraciodes Kuntze = Hieracioides Fabr. ■
195407 Hieraciodes Möhring ex Kuntze = Hieracioides Fabr. ■
195408 Hieraciodes abyssinicum Kuntze = Crepis rueppellii Sch. Bip. ■☆
195409 Hieraciodes achyrophoroides (Vatke) Kuntze = Crepis achyrophoroides Vatke ■☆
195410 Hieraciodes carbonarium (Sch. Bip.) Kuntze = Crepis carbonaria Sch. Bip. ■☆
195411 Hieraciodes chrysanthum (Ledeb.) Kuntze = Crepis chrysantha (Ledeb.) Turcz. ■
195412 Hieraciodes croceum (Lam.) Kuntze = Crepis crocea (Lam.) Babc. ■
195413 Hieraciodes flexuosam (Ledeb.) Kuntze = Crepis flexuosa (Ledeb.) C. B. Clarke ■
195414 Hieraciodes integrum (Thunb.) Kuntze = Crepidiastrum lanceolatum (Houtt.) Nakai ■
195415 Hieraciodes oliverianum Kuntze = Crepis newii Oliv. et Hiern subsp. oliveriana (Kuntze) C. Jeffrey et Beentje ■☆
195416 Hieraciodes oreades (Schrenk) Kuntze = Crepis oreades Schrenk ■
195417 Hieraciodes racemiferum (Hook. f.) Kuntze = Youngia racemifera (Hook. f.) Babc. et Stebbins ■
195418 Hieraciodes ruprechtii (Boiss.) Kuntze = Crepis sibirica L. ■
195419 Hieraciodes schimperi (Sch. Bip. ex A. Rich.) Kuntze = Crepis foetida L. ■☆
195420 Hieraciodes schultzii (Hochst. ex A. Rich.) Kuntze = Crepis schultzii (Hochst. ex A. Richardson) Vatke ■☆
195421 Hieraciodes stenoma (Turcz.) Kuntze = Youngia stenoma (Turcz.) Ledeb. ■
195422 Hieraciodes tectorum (L.) Kuntze = Crepis tectorum L. ■
195423 Hieracioides Fabr. = Crepis L. ■
195424 Hieracioides Moench = Hieracium L. ■
195425 Hieracioides Rupr. = Crepis L. ■
195426 Hieracioides chrysanthum (Ledeb.) Kuntze = Crepis chrysantha (Ledeb.) Turcz. ■
195427 Hieracioides croceum (Lam.) Kuntze = Crepis crocea (Lam.) Babc. ■
195428 Hieracioides flexuosum (Ledeb.) Kuntze = Crepis flexuosa (Ledeb.) C. B. Clarke ■
195429 Hieracioides multicaule (Ledeb.) Kuntze = Crepis multicaulis Ledeb. ■
195430 Hieracioides nanum (Rich.) Kuntze = Crepis nana Richardson ■
195431 Hieracioides oreades (Schrenk) Kuntze = Crepis oreades Schrenk ■
195432 Hieracioides racemiferum (Hook. f.) Kuntze = Youngia racemifera (Hook. f.) Babc. et Stebbins ■
195433 Hieracioides ruprechtii (Boiss.) Kuntze = Crepis sibirica L. ■
195434 Hieracioides sibiricum (L.) Kuntze = Crepis sibirica L. ■
195435 Hieracioides stenoma (Turcz.) Kuntze = Youngia stenoma (Turcz.) Ledeb. ■
195436 Hieracioides tenuifolium Sch. Bip. = Youngia tenuifolia (Willd.) Babc. et Stebbins ■
195437 Hieracium L. (1753);山柳菊属;Golden Mouse-Ear, Hawk's Weed, Hawkweed ■

195438 Hieracium L. = Tolpis Adans. ●■☆
195439 Hieracium absonum J. F. Macbr. et Payson = Hieracium scouleri Hook. ■☆
195440 Hieracium acranthophorum Omang = Hieracium umbellatum L. ■
195441 Hieracium acrosciadiom Nägeli et Peter;尖伞山柳菊■☆
195442 Hieracium acrothyrsum Nägeli et Peter;尖序山柳菊■☆
195443 Hieracium acutangulum Koslovsky et Zahn;棱角山柳菊■☆
195444 Hieracium acutisquamum Nägeli et Peter;尖鳞山柳菊■☆
195445 Hieracium adenobrachion Litv. et Zahn;腺枝山柳菊■☆
195446 Hieracium aeruginasceus Norrl.;铜绿山柳菊■☆
195447 Hieracium akinfiewii Woronow et Zahn;阿肯山柳菊■☆
195448 Hieracium alatavicum Zahn;阿拉套山柳菊■☆
195449 Hieracium albertinum Farr = Hieracium scouleri Hook. ■☆
195450 Hieracium albidulum Stenstr.;白山柳菊■☆
195451 Hieracium albiflorum Hook.;白花山柳菊;White Hawkweed ■☆
195452 Hieracium albipes Dahlst.;白梗山柳菊■☆
195453 Hieracium albocinereum Rupr.;灰白山柳菊■☆
195454 Hieracium albocostatum Norrl.;白单脉山柳菊■☆
195455 Hieracium alpinum L.;高山闪;Alpine Hawkweed ■☆
195456 Hieracium alticaule Litv. et Zahn;高茎山柳菊■☆
195457 Hieracium amitsokense Dahlst. = Hieracium vulgatum (Fr.) Almq. ■☆
195458 Hieracium amphitephrodes Sosn. et Zahn;双灰山柳菊■☆
195459 Hieracium amplexicaule L.;抱茎山柳菊■☆
195460 Hieracium amplexicaule L. subsp. atlanticum (Fr.) Zahn;北非山柳菊■☆
195461 Hieracium amplexicaule L. subsp. petraeum (Bluff et Fingerh.) Zahn;岩生山柳菊■☆
195462 Hieracium amplexicaule L. var. glutinosum Arv.-Touv. = Hieracium amplexicaule L. ■☆
195463 Hieracium amplexicaule L. var. spisciense Zahn = Hieracium amplexicaule L. ■☆
195464 Hieracium angmagssalikense Omang = Hieracium alpinum L. ■☆
195465 Hieracium apiculatum Tausch;细尖山柳菊■☆
195466 Hieracium aquilonare (Nägeli et Peter) Zahn;紫红山柳菊■☆
195467 Hieracium arcuatidens Zahn;拱山柳菊■☆
195468 Hieracium argutum Nutt.;帕里什山柳菊■☆
195469 Hieracium argutum Nutt. var. parishii (A. Gray) Jeps. = Hieracium argutum Nutt. ■☆
195470 Hieracium argyraeum Small = Hieracium megacephalum Nash ■☆
195471 Hieracium armeniacum Nägeli et Peter;亚美尼亚山柳菊■☆
195472 Hieracium artvinense Woronow et Zahn;阿尔特温山柳菊■☆
195473 Hieracium arvense (L.) Scop. = Sonchus arvensis L. ■
195474 Hieracium arvense Nägeli et Peter;田野山柳菊■☆
195475 Hieracium arvense Scop. = Sonchus arvensis L. ■
195476 Hieracium asiaticum Nägeli et Peter;中亚山柳菊■
195477 Hieracium asperrimum Schur;粗糙山柳菊■☆
195478 Hieracium aurantiacum L.;橙花山柳菊;Devil's-paintbrush, Devil's Bit Paintbrush, Devil's Painkiller, Devil's Pain-killer, Devil's Paintbrush, Fox And Cubs, Fox-and-cubs, Golden Mouse Ear, Golden Mouse-ear, Grim the Collier, Grim-the-collier, King Devil, Orange Hawkweed, Red Daisy, Scarlet Hawkweed ■
195479 Hieracium aurantiacum L. = Pilosella aurantiaca (L.) F. W. Schultz et Sch. Bip. ■
195480 Hieracium auricula Lam. et DC. ex Nägeli et Peter;耳状山柳菊■☆
195481 Hieracium aurorinii Juxip;欧罗山柳菊■☆
195482 Hieracium baenitzii Nägeli et Peter;拜尼山柳菊■☆
195483 Hieracium balansae Boiss.;巴兰山柳菊■☆
195484 Hieracium barbulatulum Pohle et Zahn;髯毛山柳菊■☆
195485 Hieracium basifolium (Fr.) Almq.;基叶山柳菊■☆
195486 Hieracium basileucum Litv. et Zahn;白基山柳菊■☆
195487 Hieracium besserianum Spreng.;拜赛山柳菊■☆
195488 Hieracium biebersteinii Litv. et Zahn;毕伯氏山柳菊■☆
195489 Hieracium bobrovii Juxip;鲍勃山柳菊■☆
195490 Hieracium bolanderi A. Gray;鲍兰德山柳菊■☆
195491 Hieracium boreale E. Mey. ex Fr.;北方灌木山柳菊;Northern Hawkweed, Shrubby Hawkweed ●☆
195492 Hieracium borodinianum Juxip;保罗山柳菊■☆
195493 Hieracium brachycephelum Norrl.;短头山柳菊■☆
195494 Hieracium brandisianum Zahn;布朗山柳菊■☆
195495 Hieracium brevipilum Greene;短毛山柳菊■☆
195496 Hieracium brittatense Juxip;布里塔山柳菊■☆
195497 Hieracium buhsei Nägeli et Peter;布赛山柳菊■☆
195498 Hieracium bupleurifolioides Zahn;拟柴胡叶山柳菊■☆
195499 Hieracium bupleurifolium Tausch;柴胡叶山柳菊■☆
195500 Hieracium bupleuroides J. F. Gmel.;柴胡状山柳菊■☆
195501 Hieracium buschianum Juxip;布什山柳菊■☆
195502 Hieracium caesiiflorioides Juxip;拟开夏花山柳菊■☆
195503 Hieracium caesiiflorum Almq. ex Norrl.;开夏花山柳菊■☆
195504 Hieracium caesiogenum Wol. et Zahn;蓝灰山柳菊■☆
195505 Hieracium caesium Fr.;浅灰山柳菊■☆
195506 Hieracium caespitosum Dumort.;簇生山柳菊(草原山柳菊,簇生六柱兜铃);Field Hawkweed, King Devil, King-devil, Meadow Hawkweed, Yellow Hawkweed, Yellow King-devil ■☆
195507 Hieracium callimorphoides Zahn;拟雅丽山柳菊■☆
195508 Hieracium callimorphopsis Zahn;优雅山柳菊■☆
195509 Hieracium callimorphum Nägeli et Peter;雅丽山柳菊■☆
195510 Hieracium calolepidium Norrl.;美鳞山柳菊■☆
195511 Hieracium canadense Michx.;加拿大山柳菊;Canada Hawkweed, Yellow Hawkweed ■☆
195512 Hieracium canadense Michx. = Hieracium kalmii L. ■☆
195513 Hieracium canadense Michx. = Hieracium umbellatum L. ■
195514 Hieracium canadense Michx. var. divaricatum Lepage = Hieracium umbellatum L. ■
195515 Hieracium canadense Michx. var. fasciculatum (Pursh) Fernald = Hieracium umbellatum L. ■
195516 Hieracium canadense Michx. var. hirtirameum Fernald = Hieracium umbellatum L. ■
195517 Hieracium canadense Michx. var. subintegrum Lepage = Hieracium umbellatum L. ■
195518 Hieracium canum Nägeli et Peter;灰色山柳菊■☆
195519 Hieracium capense L. = Tolpis capensis (L.) Sch. Bip. ■☆
195520 Hieracium cardiobesis Zahn;心基山柳菊■☆
195521 Hieracium cardiophyllum Jord. ex Sudre;心叶山柳菊■☆
195522 Hieracium carneum Greene;肉红山柳菊■☆
195523 Hieracium casparyanum Nägeli et Peter;卡斯帕里山柳菊■☆
195524 Hieracium castellanum Boiss. et Reut.;卡地山柳菊■☆
195525 Hieracium castellanum Boiss. et Reut. var. glandulosum Scheele = Hieracium castellanum Boiss. et Reut. ■☆
195526 Hieracium caucasicum Nägeli et Peter;高加索山柳菊■☆

195527 Hieracium chaetothyrsoides Litv. et Zahn;拟毛伞山柳菊■☆
195528 Hieracium chaetothyrsum Litv. et Zahn;毛伞山柳菊■☆
195529 Hieracium chapacanum Zahn = Hieracium scouleri Hook. ■☆
195530 Hieracium chlorochromum Sosn. et Zahn;绿色山柳菊■☆
195531 Hieracium chloroleucolepium Koslovsky et Zahn;白绿鳞山柳菊■☆
195532 Hieracium chlorophilum (Koslovsky et Zahn) Üksip = Hieracium chlorophilum (Koslovsky et Zahn) Üksip ex Sennikov ■☆
195533 Hieracium chlorophilum (Koslovsky et Zahn) Üksip ex Sennikov;绿毛山柳菊■☆
195534 Hieracium chlorophilum Koslovsky et Zahn = Hieracium chlorophilum (Koslovsky et Zahn) Üksip ex Sennikov ■☆
195535 Hieracium chlorops Nägeli et Peter;绿头山柳菊■☆
195536 Hieracium chromolepium Zahn;色鳞山柳菊■☆
195537 Hieracium chrysanthum Ledeb. = Crepis chrysantha (Ledeb.) Turcz. ■
195538 Hieracium cincinnatum Fr.;卷毛山柳菊■☆
195539 Hieracium cinereostriatum Woronow et Zahn;灰喙山柳菊■☆
195540 Hieracium colliniforme Nägeli et Peter;丘状山柳菊■☆
195541 Hieracium coloratum Elfstr.;着色山柳菊■☆
195542 Hieracium columbianum Rydb. = Hieracium kalmii L. ■☆
195543 Hieracium columbianum Rydb. = Hieracium umbellatum L. ■
195544 Hieracium comosum Elfstr.;簇毛山柳菊■☆
195545 Hieracium concoloriforme Norrl.;同色山柳菊■☆
195546 Hieracium coniciforme Litv. et Zahn;锥形山柳菊■☆
195547 Hieracium connatum Norrl.;合生山柳菊■☆
195548 Hieracium coreanum Nakai;宽叶山柳菊■☆
195549 Hieracium crepidispermum Fr.;莱蒙山柳菊■☆
195550 Hieracium crispans Norrl.;褶皱山柳菊■☆
195551 Hieracium crispum Elfstr.;皱波山柳菊■☆
195552 Hieracium croceum Lam. = Crepis crocea (Lam.) Babc. ■
195553 Hieracium cruentiferum Norrl. et Lindb.;血红山柳菊■☆
195554 Hieracium curvescens Norrl.;内折山柳菊■☆
195555 Hieracium cymosiforme Nägeli et Peter;拟聚伞山柳菊■☆
195556 Hieracium cynoglossoides Arv.-Touv. = Hieracium scouleri Hook. ■☆
195557 Hieracium cynoglossoides Arv.-Touv. var. nudicaule A. Gray = Hieracium nudicaule (A. Gray) A. Heller ■☆
195558 Hieracium cyrtophyllum Norrl.;弯叶山柳菊■☆
195559 Hieracium dechyi Koslovsky et Zahn;戴奇山柳菊■☆
195560 Hieracium decurrens Norrl.;下延山柳菊■☆
195561 Hieracium dentatum Hoppe;具齿山柳菊■☆
195562 Hieracium denticuliferum Norrl.;细齿山柳菊■☆
195563 Hieracium devoldii Omang = Hieracium umbellatum L. ■
195564 Hieracium diaphanoidiceps (Woronow et Zahn) Üksip;细头山柳菊■☆
195565 Hieracium diaphanoidiceps Woronow et Zahn = Hieracium diaphanoidiceps (Woronow et Zahn) Üksip ■☆
195566 Hieracium discolor (Nägeli et Peter) Üksip;异色山柳菊■☆
195567 Hieracium discolor Nägeli et Peter = Hieracium discolor (Nägeli et Peter) Üksip ■☆
195568 Hieracium discoloratum Norrl.;欧洲异色山柳菊■☆
195569 Hieracium dissolutum Nägeli et Peter;消失山柳菊■☆
195570 Hieracium dolabratum Norrl.;斧形山柳菊■☆
195571 Hieracium dublizkii B. Ferhsch. et Nevaki;杜勃山柳菊■☆
195572 Hieracium durisetum Nägeli et Peter;硬毛山柳菊■☆
195573 Hieracium dutillyanum Lepage = Hieracium umbellatum L. ■
195574 Hieracium echinoides Lumn.;刚毛山柳菊■
195575 Hieracium echiocephalum Nägeli et Peter;刺头山柳菊■☆
195576 Hieracium echioides Lumn. ex Nägeli et Peter;紫草山柳菊■☆
195577 Hieracium eichvaldii Juxip;爱伊山柳菊■☆
195578 Hieracium erythrocarpoides Litv. et Zahn;拟红果山柳菊■☆
195579 Hieracium erythrocerpum Peter;红果山柳菊■☆
195580 Hieracium eugenii Omang = Hieracium umbellatum L. ■
195581 Hieracium eximiiforme Dahlst.;优异山柳菊■☆
195582 Hieracium exotericum Jord. ex Boreau = Hieracium murorum L. ■☆
195583 Hieracium faleidentatum Juxip;齿山柳菊■☆
195584 Hieracium fallax (Willd.) Nägeli et Peter;迷惑山柳菊■☆
195585 Hieracium faurelianum Maire;福雷尔山柳菊■☆
195586 Hieracium fendleri Sch. Bip.;芬德勒山柳菊■☆
195587 Hieracium fendleri Sch. Bip. var. mogollense A. Gray = Hieracium brevipilum Greene ■☆
195588 Hieracium filiferum Tausch;具丝山柳菊■☆
195589 Hieracium flagellare Willd. = Pilosella flagellaris (Willd.) P. D. Sell et C. West ■☆
195590 Hieracium flagellare Willd. subsp. amauracron Missbach et Zahn = Hieracium flagellare Willd. ■☆
195591 Hieracium flagellare Willd. var. amauracron (Missbach et Zahn) Lepage = Hieracium flagellare Willd. ■☆
195592 Hieracium flagellare Willd. var. cernuiforme (Nägeli et Peter) Lepage = Hieracium flagellare Willd. ■☆
195593 Hieracium flagellare Willd. var. pilosius Lepage = Hieracium flagellare Willd. ■☆
195594 Hieracium flagellariforme G. Schneid.;鞭状山柳菊■☆
195595 Hieracium flagellate (Willd.) Nägeli et Peter;小鞭山柳菊■☆
195596 Hieracium flexicaule Elfstr.;折茎山柳菊■☆
195597 Hieracium floccicomatum Woronow et Zahn;束毛山柳菊■☆
195598 Hieracium flocciparum Schelk. et Zahn;欧洲簇毛山柳菊■☆
195599 Hieracium floccipedunculum Nägeli et Peter;丛毛梗山柳菊■☆
195600 Hieracium florentinum All. = Hieracium piloselloides Vill. ■☆
195601 Hieracium floribundiforme Nägeli et Peter;拟繁花山柳菊■☆
195602 Hieracium floribundoides Zahn;假多花山柳菊■☆
195603 Hieracium floribundum Wimm. et Craib;繁花山柳菊;King-devil,Pale Hawkweed,Yellow-devil Hawkweed ■
195604 Hieracium floridum Nägeli et Peter;丰花山柳菊■☆
195605 Hieracium folioliferum Elfstr.;小叶山柳菊■☆
195606 Hieracium foliosiesimum Woronow et Zahn;密叶山柳菊■☆
195607 Hieracium fominianum Woronow et Zahn;佛敏山柳菊■☆
195608 Hieracium freynil Nägeli et Peter;弗雷山柳菊■☆
195609 Hieracium frickii Zahn;福里克山柳菊■☆
195610 Hieracium friesii Sch. Bip. = Hieracium schultzii Fr. ■☆
195611 Hieracium frigidellum Pohle et Zahn;耐寒山柳菊■☆
195612 Hieracium frigidum Stev. ex DC. = Crepis chrysantha (Ledeb.) Turcz. ■
195613 Hieracium fritzei Schultz;弗雷泽山柳菊■☆
195614 Hieracium frondosum Nägeli et Peter;多叶山柳菊■☆
195615 Hieracium fuliginosum Laest.;煤色山柳菊■☆
195616 Hieracium fulvescens Nägeli et Peter;浅黄山柳菊■☆
195617 Hieracium furfuraceoides Zahn;糠皮山柳菊■☆
195618 Hieracium ganeschinii Zahn;嘎奈山柳菊■☆
195619 Hieracium gentile Jord. ex Boreau;外来山柳菊■☆
195620 Hieracium georgicum Fr.;乔治山柳菊■☆
195621 Hieracium gigantellum Litv. et Zahn;巨大山柳菊■☆

195622 Hieracium giganticaule Zahn;巨茎山柳菊■☆
195623 Hieracium glabriligulatum Norrl.;光舌山柳菊■☆
195624 Hieracium glabrum Turcz. ex DC. = Taraxacum glabrum DC. ■
195625 Hieracium glaucescens Besser;灰绿山柳菊■☆
195626 Hieracium glaucinum Jord.;粉绿山柳菊■☆
195627 Hieracium glehnii Juxip;格莱恩山柳菊■☆
195628 Hieracium glomeratiforme Zahn;拟团集山柳菊■☆
195629 Hieracium glomeratum (Fr.) Nägeli et Peter;团集山柳菊;Queen-devil Hawkweed ■☆
195630 Hieracium gnaphalium Nägeli et Peter;鼠曲山柳菊■☆
195631 Hieracium gorodkowianum Juxip;高罗氏山柳菊■☆
195632 Hieracium gracile Hook. = Hieracium triste Willd. ex Spreng. ■☆
195633 Hieracium gracile Hook. var. alaskanum Zahn = Hieracium triste Willd. ex Spreng. ■☆
195634 Hieracium gracile Hook. var. densifloccosum (Zahn) Cronquist = Hieracium triste Willd. ex Spreng. ■☆
195635 Hieracium gracile Hook. var. detonsum (A. Gray) A. Gray = Hieracium triste Willd. ex Spreng. ■☆
195636 Hieracium gracile Hook. var. yukonense A. E. Porsild = Hieracium triste Willd. ex Spreng. ■☆
195637 Hieracium grandidens Dahlst.;大齿山柳菊■☆
195638 Hieracium grandifolium Sch. Bip.;大叶山柳菊■☆
195639 Hieracium greenei A. Gray;格林山柳菊■☆
195640 Hieracium greenii Porter et Britton = Hieracium traillii Greene ■☆
195641 Hieracium griseum Norrl.;灰山柳菊■☆
195642 Hieracium groenlandicum Arv. -Touv. = Hieracium vulgatum (Fr.) Almq. ■☆
195643 Hieracium gronovii L.;格勒山柳菊;Beaked Hawkweed, Hairy Hawkweed, Hawkweed, Queen-devil ■☆
195644 Hieracium gronovii L. var. foliosum Michx. = Hieracium gronovii L. ■☆
195645 Hieracium guentheri Norrl.;古恩山柳菊■☆
195646 Hieracium gustavianum Juxip;古斯山柳菊■☆
195647 Hieracium gymnogenum Zahn;裸山柳菊■☆
195648 Hieracium haematoglossum Koslovsky et Zahn;血舌山柳菊■☆
195649 Hieracium haraldii Norrl.;哈拉尔德山柳菊■☆
195650 Hieracium helleri Gand. = Hieracium albiflorum Hook. ■☆
195651 Hieracium heterodontoides Litv. et Zahn;异齿山柳菊■☆
195652 Hieracium hispidissimum Rehmann;粗硬毛山柳菊■☆
195653 Hieracium hispidum D. Don = Dubyaea hispida (D. Don) DC. ■
195654 Hieracium hohenackeri Nägeli et Peter;豪氏山柳菊■☆
195655 Hieracium hololeion Maxim.;全光菊■
195656 Hieracium hololeion Maxim. = Hololeion maximowiczii Kitam. ■
195657 Hieracium homostegium Norrl.;同盖山柳菊■☆
195658 Hieracium hoppeanum Nägeli et Peter;厚普山柳菊■☆
195659 Hieracium humile Jacq.;矮小山柳菊■☆
195660 Hieracium hyparcticum (Almq.) Elfstraud = Hieracium murorum L. ■☆
195661 Hieracium hypoglaucum Litv. et Zahn;里白山柳菊■☆
195662 Hieracium hypopitys Litv. et Zahn;松林山柳菊■☆
195663 Hieracium hypopogon Litv. et Zahn;缘毛山柳菊■☆
195664 Hieracium incaniforme Litv. et Zahn;灰毛山柳菊■☆
195665 Hieracium incanum (M. Bieb.) Nägeli et Peter;高加索灰山柳菊■☆
195666 Hieracium insolens Norrl.;异常山柳菊■☆
195667 Hieracium integrum (Thunb.) Kuntze = Crepidiastrum lanceolatum (Houtt.) Nakai ■
195668 Hieracium intercessum Juxip;中间山柳菊■☆
195669 Hieracium ischnoadenum Juxip;细长腺山柳菊■☆
195670 Hieracium iseranum Zahn;欧洲黑头山柳菊■☆
195671 Hieracium ivigtutense Omang = Hieracium vulgatum (Fr.) Almq. ■☆
195672 Hieracium japonicum Franch. et Sav.;日本山柳菊■☆
195673 Hieracium juranum Fr.;尤尔山柳菊■☆
195674 Hieracium kabanovii Juxip;卡巴诺夫山柳菊■☆
195675 Hieracium kaczurinii Juxip;卡氏山柳菊■☆
195676 Hieracium kaianense Malmgren;卡雅山柳菊■☆
195677 Hieracium kalmii L.;卡尔姆山柳菊;Canada Hawkweed, Kalm's Hawkweed ■☆
195678 Hieracium kalmii L. = Hieracium umbellatum L. ■
195679 Hieracium kalmii L. var. canadense (Michx.) Reveal = Hieracium umbellatum L. ■
195680 Hieracium kalmii L. var. fasciculatum (Pursh) Lepage = Hieracium kalmii L. ■☆
195681 Hieracium kalmii L. var. fasciculatum (Pursh) Lepage = Hieracium umbellatum L. ■
195682 Hieracium kalmii L. var. subintegrum (Lepage) Lepage = Hieracium kalmii L. ■☆
195683 Hieracium karjaginii Juxip;卡尔山柳菊■☆
195684 Hieracium karpinskyanum Nägeli et Peter;卡尔皮恩山柳菊■☆
195685 Hieracium kemulariae Juxip;凯穆拉利亚山柳菊■☆
195686 Hieracium kihlmanii Norrl.;契尔曼山柳菊■☆
195687 Hieracium kirghisomm Juxip;吉尔吉斯山柳菊■☆
195688 Hieracium knafii Celak.;克纳夫山柳菊■☆
195689 Hieracium koenigianum Zahn;柯尼希山柳菊■☆
195690 Hieracium koernickeanum (Nägeli et Peter) Zahn;阔氏山柳菊■☆
195691 Hieracium konshakovskianum Juxip;孔沙科山柳菊■☆
195692 Hieracium korshinskyi Zahn;新疆山柳菊(高山山柳菊);Xinjiang Hawkweed ■
195693 Hieracium kosvinskiense Juxip;科斯温斯基山柳菊■☆
195694 Hieracium kovdaense Juxip;科夫达山柳菊■☆
195695 Hieracium kozlowskyanum Zahn;考兹山柳菊■☆
195696 Hieracium krameri Franch. et Sav.;柳叶山柳菊(黄花母,九里明,克氏山柳菊,山柳菊);Willowleaf Hawkweed ■
195697 Hieracium krameri Franch. et Sav. = Hololeion krameri (Franch. et Sav.) Kitam. ■
195698 Hieracium krasani Wol.;克拉赛山柳菊■☆
195699 Hieracium kroczetoviczii Juxip;克罗氏山柳菊■☆
195700 Hieracium krylovii Nevski ex Krylov;克里罗夫山柳菊(大花山柳菊)■
195701 Hieracium kubanicum Litv. et Zahn;库班山柳菊■☆
195702 Hieracium kubinskense Juxip;库宾山柳菊■☆
195703 Hieracium kulkowianum Zahn;库尔山柳菊■☆
195704 Hieracium kumbellcum B. Fedtsch. et Nevski;库穆柏尔山柳菊■☆
195705 Hieracium kupfferi Dahlst.;库珀山柳菊■☆
195706 Hieracium kusneotzkiense Schischk. et Serg.;库斯涅山柳菊■☆
195707 Hieracium kuusamoense Wain. ex Omang;芬兰山柳菊■☆
195708 Hieracium lachenalii C. C. Gmel.;欧山柳菊;Common Hawkweed, European Hawkweed, Hawkweed ■☆

195709 Hieracium lackschewitzii Dahlst.;拉克赛山柳菊■☆
195710 Hieracium lactucella Wallr.;欧洲山柳菊;European Hawkweed ■☆
195711 Hieracium laevigans Zahn;渐光山柳菊■☆
195712 Hieracium laevigatum Willd.;光滑山柳菊■☆
195713 Hieracium lamprocomoides Woronow et Zahn;拟光亮山柳菊■☆
195714 Hieracium lamprocomum Nägeli et Peter;光亮山柳菊■☆
195715 Hieracium lanatum (L.) Vill.;绵毛山柳菊;Woolly Hawkweed ■☆
195716 Hieracium lanceolatum Vill.;披针叶山柳菊■☆
195717 Hieracium lancidens Zahn;针齿山柳菊■☆
195718 Hieracium lapponicum Fr.;拉普兰山柳菊■☆
195719 Hieracium laschii Zahn;拉氏山柳菊■☆
195720 Hieracium lasiophorum (Nägeli et Peter) Üksip;毛梗山柳菊■☆
195721 Hieracium lasiophorum Nägeli et Peter = Hieracium lasiophorum (Nägeli et Peter) Üksip ■☆
195722 Hieracium lasiothrix Nägeli et Peter;欧洲绵毛山柳菊■☆
195723 Hieracium latens Juxip;隐匿山柳菊■☆
195724 Hieracium laterale Norrl.;侧生山柳菊■☆
195725 Hieracium lateriflorum Norrl.;侧花山柳菊■☆
195726 Hieracium lawsonii Vill.;劳森山柳菊■☆
195727 Hieracium lawsonii Vill. subsp. flocciramosum Zahn;柔枝山柳菊■☆
195728 Hieracium lawsonii Vill. var. atlanticum Maire et Zahn = Hieracium lawsonii Vill. ■☆
195729 Hieracium lehbertii Zahn;莱伯山柳菊■☆
195730 Hieracium lemmonii A. Gray = Hieracium crepidispermum Fr. ■☆
195731 Hieracium lenkoranense Juxip;连科兰山柳菊■☆
195732 Hieracium lepiduliforme Dahlst.;鳞山柳菊■☆
195733 Hieracium lepistoides Johanss. ex Dahlst.;鳞状山柳菊■☆
195734 Hieracium leptadenium Dahlst.;细腺山柳菊■☆
195735 Hieracium leptocaulon Nägeli et Peter;细茎山柳菊■☆
195736 Hieracium leptoclados Nägeli et Peter;窄叶山柳菊;Narrowleaf Hawkweed ■☆
195737 Hieracium leptogrammoides Juxip;细纹山柳菊■☆
195738 Hieracium leptophyes Peter;细丝山柳菊■☆
195739 Hieracium leptophyllum Nägeli et Peter;细叶山柳菊■☆
195740 Hieracium lespinassei Koslovsky et Zahn;赖斯山柳菊■☆
195741 Hieracium lessertianum Wall. = Mulgedium lessertianum (Wall. ex C. B. Clarke) DC. ■
195742 Hieracium leucothyrsogenes Koslovsky et Zahn;白序山柳菊■☆
195743 Hieracium leucothyrsoides Koslovsky et Zahn;拟白序山柳菊■☆
195744 Hieracium leucothyrsum Litv. et Zahn;白伞山柳菊■☆
195745 Hieracium levicaule Jord.;光茎山柳菊■☆
195746 Hieracium levieri Peter;莱维尔山柳菊■☆
195747 Hieracium linifolium Saelan ex Lindb.;亚麻叶山柳菊■☆
195748 Hieracium lippmae Juxip;里普玛山柳菊■☆
195749 Hieracium lipskyanum Juxip;里普山柳菊■☆
195750 Hieracium lissolepis Zahn;光鳞山柳菊■☆
195751 Hieracium lithuanicum Nägeli et Peter;立陶宛山柳菊■☆
195752 Hieracium litoreum Norrl.;滨海山柳菊■☆
195753 Hieracium litwinowianum Zahn;利特氏山柳菊■☆
195754 Hieracium lividorubens (Almq.) Zahn = Hieracium murorum L. ■☆
195755 Hieracium lobarzewskii Rehmann;劳巴氏山柳菊■☆
195756 Hieracium lomnicense Wol.;洛姆尼察山柳菊■☆
195757 Hieracium longipes K. Koch = Hieracium longipes K. Koch ex Nägeli et Peter ■☆
195758 Hieracium longipes K. Koch ex Nägeli et Peter;长梗山柳菊■☆
195759 Hieracium longipilum Torr. = Hieracium longipilum Torr. ex Hook. ■☆
195760 Hieracium longipilum Torr. ex Hook.;长毛山柳菊;Hairy Hawkweed, Long-beard Hawkweed, Long-haired Hawkweed, Prairie Hawkweed Hawkweed ■☆
195761 Hieracium longipilum Torr. f. eglandulosum E. J. Palmer et Steyerm. = Hieracium longipilum Torr. ■☆
195762 Hieracium longiradiatum Zahn;长射线山柳菊■☆
195763 Hieracium longiscapum Boiss. et Kotschy;长茎山柳菊■☆
195764 Hieracium longisetum Nägeli et Peter;长刚毛山柳菊■☆
195765 Hieracium longum Nägeli et Peter;长山柳菊■☆
195766 Hieracium luteoglandulosum Saelan ex Norrl.;黄腺山柳菊■☆
195767 Hieracium lydiae Schischk. et Steinb.;里迪亚山柳菊■☆
195768 Hieracium lyratum Norrl.;大头羽裂山柳菊■☆
195769 Hieracium macranthelum Nägeli et Peter;大伞山柳菊■☆
195770 Hieracium macranthum Nutt.;大花山柳菊;Bigflower Hawkweed ■☆
195771 Hieracium macrochaetium Nägeli et Peter;大毛山柳菊■☆
195772 Hieracium macrocynum Nägeli et Peter;大萼山柳菊■☆
195773 Hieracium macrolepideum Norrl.;大膜鳞山柳菊■☆
195774 Hieracium macrolepidiforme Zahn;大鳞状山柳菊■☆
195775 Hieracium macrolepioides Zahn;拟大鳞山柳菊■☆
195776 Hieracium macrolepis Boiss. = Hieracium macrolepis Nägeli et Peter ■☆
195777 Hieracium macrolepis Nägeli et Peter;大鳞山柳菊■☆
195778 Hieracium macrophyllopodum Zahn;大叶柄山柳菊■☆
195779 Hieracium macroradium Zahn;大线山柳菊■☆
195780 Hieracium maculatum Sm.;斑叶山柳菊;Hawkweed, Spotted Hawkweed ■☆
195781 Hieracium maculosum Dahlst.;斑点山柳菊■☆
195782 Hieracium madagascariensis DC. ex Froel. = Tolpis capensis (L.) Sch. Bip. ■☆
195783 Hieracium magnauricula Nägeli et Peter;大耳山柳菊■☆
195784 Hieracium malmei Dahlst.;玛尔迈山柳菊■☆
195785 Hieracium marginale Nägeli et Peter;具边山柳菊■☆
195786 Hieracium megacephalum Nash;大头山柳菊■☆
195787 Hieracium meinshausenianum Juxip;梅恩山柳菊■☆
195788 Hieracium melanocephalum Tausch;黑头山柳菊■☆
195789 Hieracium membranulatum Litv. et Zahn;膜质山柳菊■☆
195790 Hieracium mendelii Nägeli et Peter;门德尔山柳菊■☆
195791 Hieracium micans Norrl.;弱光泽山柳菊■☆
195792 Hieracium micrastrum Zahn;小星山柳菊■☆
195793 Hieracium microplacerum Norrl.;小裂山柳菊■☆
195794 Hieracium microsphaericum Zahn;小球山柳菊■☆
195795 Hieracium mirum Nägeli et Peter;奇异山柳菊■☆
195796 Hieracium mollisetum (Nägeli et Peter) Dahlst.;软毛山柳菊■☆
195797 Hieracium morii Hayata;腺毛山柳菊(倒尖山柳菊,森氏山柳菊,楔苞山柳菊);Mori Hawkweed ■
195798 Hieracium morii Hayata var. tsugitakaensis Mori = Hieracium morii Hayata ■

195799 Hieracium multifrons Brenner;多花山柳菊■☆
195800 Hieracium multiglandulosum Juxip;多腺山柳菊■☆
195801 Hieracium multiisetum Nägeli et Peter;多毛山柳菊■☆
195802 Hieracium murmanicola Zahn;穆尔曼山柳菊■☆
195803 Hieracium murorum L.;墙山柳菊(少叶山柳菊);Few-leaved Hawkweed,French Lungwort,Golden Lungwort,Wall Hawkweed ■☆
195804 Hieracium musartutense Omang = Hieracium umbellatum L. ■
195805 Hieracium nalczikense Juxip;纳尔契克山柳菊■☆
195806 Hieracium naniceps Elfstr.;小头山柳菊■☆
195807 Hieracium narymense Schischk. et Serg.;纳雷姆山柳菊■☆
195808 Hieracium nenukovii Juxip;奈牛氏山柳菊■☆
195809 Hieracium nepiocratum Omang = Hieracium umbellatum L. ■
195810 Hieracium nigrescens Willd.;变黑山柳菊■☆
195811 Hieracium nigrisetum Nägeli et Peter;黑毛山柳菊■☆
195812 Hieracium niveolimbatum Juxip;白片山柳菊■☆
195813 Hieracium norrliniforme Pohle et Zahn;那氏型山柳菊■☆
195814 Hieracium norrlinii Nägeli et Peter;那氏山柳菊;Norrlin Hawkweed ■☆
195815 Hieracium norvegicum Fr.;挪威山柳菊■☆
195816 Hieracium nudicaule (A. Gray) A. Heller;裸茎山柳菊■☆
195817 Hieracium obscuribracteum Nägeli et Peter;隐苞山柳菊■☆
195818 Hieracium obscurum Rchb.;含糊山柳菊■☆
195819 Hieracium olympicum Boiss.;奥林匹克山柳菊■☆
195820 Hieracium omangii Elfstr.;奥玛山柳菊■☆
195821 Hieracium onegense Norrl. ex Nyman;林山柳菊■☆
195822 Hieracium onosmaceum Zahn;滇紫草山柳菊■☆
195823 Hieracium orbicans Almq. ex Stenstr.;圆山柳菊■☆
195824 Hieracium oregonicum Zahn = Hieracium greenei A. Gray ■☆
195825 Hieracium ornatum Dahlst.;装饰山柳菊■☆
195826 Hieracium orthopodum Dahlst.;直足山柳菊■☆
195827 Hieracium oswaldii Norrl.;奥氏山柳菊■☆
195828 Hieracium ovaliceps Norrl.;卵头山柳菊■☆
195829 Hieracium ovalifrons Woronow et Zahn;椭圆叶山柳菊■☆
195830 Hieracium ovatifrons Dahlst. ex Noto;卵形山柳菊■☆
195831 Hieracium pachylodes Nägeli et Peter;厚山柳菊■☆
195832 Hieracium pahnschii Juxip;帕恩山柳菊■☆
195833 Hieracium pallidum Biv. = Hieracium pallidum Biv. ex Guss. ■☆
195834 Hieracium pallidum Biv. ex Guss.;苍白山柳菊■☆
195835 Hieracium palustre E. H. L. Krause;沼泽山柳菊;Mouse-ear Hawkweed ■☆
195836 Hieracium paniculatum Gilib.;圆锥山柳菊;Panicled Hawkweed ■☆
195837 Hieracium panjutinii Juxip;帕牛山柳菊■☆
195838 Hieracium pannoniciforme Litv. et Zahn;毡状山柳菊■☆
195839 Hieracium pannonicum Jacq. = Crepis pannonica (Jacq.) K. Koch ■☆
195840 Hieracium pannosum Boiss.;毛毡山柳菊■☆
195841 Hieracium paragogum Nägeli et Peter;慰山柳菊■☆
195842 Hieracium pareyssianum Nägeli et Peter;帕雷山柳菊■☆
195843 Hieracium pellucidum Laest.;透明山柳菊■☆
195844 Hieracium pendulum Dahlst.;下垂山柳菊■☆
195845 Hieracium perasperum Zahn;微糙山柳菊■☆
195846 Hieracium perfoliatum Froel.;穿叶山柳菊■☆
195847 Hieracium pergrandidens Zahn;欧洲大齿山柳菊■☆
195848 Hieracium persicum Boiss. = Hieracium procerum (Fr.) Nägeli et Peter ■
195849 Hieracium petiolatum Elfstr.;柄叶山柳菊■☆
195850 Hieracium petrofundii Juxip;皮特山柳菊■☆
195851 Hieracium petunnikovii Peter;佩通尼科夫山柳菊■☆
195852 Hieracium peyerimhoffii Maire;派里姆霍夫山柳菊■☆
195853 Hieracium phlomoides Froel.;糙苏山柳菊■☆
195854 Hieracium pilipes Saelan;欧洲毛梗山柳菊■☆
195855 Hieracium pilisquamum Nägeli et Pater;毛鳞山柳菊■☆
195856 Hieracium piloselliflorum Nägeli et Peter;毛花山柳菊;Hairflower Hawkweed ■☆
195857 Hieracium piloselloides Vill.;类毛山柳菊;Glaucous King-devil,King Devil,Kingdevil,King-devil Hawkweed,Smooth Hawkweed,Tall Hawkweed ■☆
195858 Hieracium pilosellum L.;毛山柳菊(绿毛山柳菊,山柳菊);Blood of St. John,Devil's Bit,Fellon-herb,Meadow Hawkweed,Mouse Bloodwort,Mouse Ear,Mouse Ear Hawkweed,Mouse-ear,Mouseear Hawkweed,Mouse-ear Hawkweed,Yellow Mouse Ear ■☆
195859 Hieracium pilosellum L. var. niveum ?;白毛山柳菊;Mouseear Hawkweed ■☆
195860 Hieracium pinanense Kitam.;高山山柳菊(卑南山柳菊,线苞山柳菊)■
195861 Hieracium pinanense Kitam. = Hieracium morii Hayata ■
195862 Hieracium pineum Schischk. et Serg.;松叶山柳菊■☆
195863 Hieracium pleuroleucum (Dahlst.) Üksip;侧白山柳菊■☆
195864 Hieracium pleuroleucum Dahlst. = Hieracium pleuroleucum (Dahlst.) Üksip ■☆
195865 Hieracium plicatulum Zahn;折叠山柳菊■☆
195866 Hieracium pluricaule Schischk. et Serg.;多茎山柳菊■☆
195867 Hieracium plurifoliosum Schischk. et Steinb.;乌拉尔多叶山柳菊■☆
195868 Hieracium pohlei Zahn;包氏山柳菊■☆
195869 Hieracium poliophyton Zahn;灰毛叶山柳菊(灰色山柳菊)■☆
195870 Hieracium polymorphophyllum Elfstr.;多型叶山柳菊■☆
195871 Hieracium polyodon Fr. = Crepis hypochaeridea (DC.) Thell. ■☆
195872 Hieracium porrigens Almq. ex Elfstr.;伸展山柳菊■☆
195873 Hieracium praealatum Vill.;整齐山柳菊;King Devil,Kingdevil,Tall Mouse-ear Hawkweed ■☆
195874 Hieracium praealtum Vill. = Pilosella praealta F. W. Schultz et Sch. Bip. ■☆
195875 Hieracium praecox Sch. Bip. = Hieracium glaucinum Jord. ■☆
195876 Hieracium praecox Sch. Bip. var. ajmassianum Pau et Font Quer = Hieracium glaucinum Jord. ■☆
195877 Hieracium praetermissum Juxip;疏忽山柳菊■☆
195878 Hieracium pratense Tausch = Hieracium caespitosum Dumort. ■☆
195879 Hieracium praticola Sudre;草原山柳菊■☆
195880 Hieracium prenanthoides Vill.;福王草状山柳菊;Prenanth Hawkweed ■☆
195881 Hieracium proceriforme Nägeli et Peter;高大山柳菊■☆
195882 Hieracium procerum (Fr.) Nägeli et Peter;棕毛山柳菊(高山柳菊,展毛山柳菊)■
195883 Hieracium prolixum Norrl.;铺展山柳菊■☆
195884 Hieracium prolongatum Nägeli et Peter;延长山柳菊■☆
195885 Hieracium prostratum Ledeb. = Hieracium virosum Pall. ■
195886 Hieracium proximum Norrl.;鹿山柳菊■☆
195887 Hieracium pruiniferum Norrl.;白粉山柳菊■☆
195888 Hieracium prussicum Nägeli et Peter;普鲁士山柳菊;Pruss

Hawkweed ■☆
195889 Hieracium psammophilum Nägeli et Peter;喜沙山柳菊■☆
195890 Hieracium pseudauricula Nägeli et Peter;假耳山柳菊■☆
195891 Hieracium pseudauriculoides Nägeli et Peter;拟假耳山柳菊■☆
195892 Hieracium pseudobifidum Schur;假双裂山柳菊■☆
195893 Hieracium pseudobrachiatum Celak.;假双枝山柳菊■☆
195894 Hieracium pseudoconstrictum Zahn;假缩山柳菊■☆
195895 Hieracium pseudojuranum Arv.-Touv.;假尤尔山柳菊■☆
195896 Hieracium pseudopilosella (Ten.) Nägeli et Peter;假毛山柳菊■☆
195897 Hieracium pseudopilosella (Ten.) Nägeli et Peter subsp. atlantis Zahn;亚特兰大山柳菊■☆
195898 Hieracium pseudopilosella (Ten.) Nägeli et Peter subsp. reverchonii Zahn;勒韦雄山柳菊■☆
195899 Hieracium pseudopilosella (Ten.) Nägeli et Peter subsp. subtenuicaule Zahn;亚细茎假毛山柳菊■☆
195900 Hieracium pseudopilosella (Ten.) Nägeli et Peter subsp. tenuicaule Nägeli et Peter;瘦茎假毛山柳菊■☆
195901 Hieracium pseudopilosella (Ten.) Nägeli et Peter subsp. tenuicauliforme Jahand. et Zahn;细茎假毛山柳菊■☆
195902 Hieracium pseudopilosella (Ten.) Nägeli et Peter var. djurdjurae Maire et Zahn = Hieracium pseudopilosella (Ten.) Nägeli et Peter ■☆
195903 Hieracium pseudopilosella (Ten.) Nägeli et Peter var. litardierei Maire = Hieracium pseudopilosella (Ten.) Nägeli et Peter ■☆
195904 Hieracium pseudopilosella (Ten.) Nägeli et Peter var. minoriceps Zahn = Hieracium pseudopilosella (Ten.) Nägeli et Peter ■☆
195905 Hieracium pseudopilosella (Ten.) Nägeli et Peter var. transiens Zahn = Hieracium pseudopilosella (Ten.) Nägeli et Peter ■☆
195906 Hieracium pseuduliginosum Zahn;假沼泽山柳菊■☆
195907 Hieracium psilobrachion Woronow et Zahn;光枝山柳菊■☆
195908 Hieracium pubens Nägeli et Peter;柔毛山柳菊■☆
195909 Hieracium pulvinatum Norrl.;叶枕山柳菊■☆
195910 Hieracium purpureovittatum Zahn;紫线山柳菊■☆
195911 Hieracium pycnothyrsum Peter;密序山柳菊■☆
195912 Hieracium quinquemonticola Juxip;山五山柳菊■☆
195913 Hieracium raddeanum Zahn;拉德山柳菊■☆
195914 Hieracium ramosum Waldst. et Kit. ex Willd.;分枝山柳菊■☆
195915 Hieracium regelianum Zahn;卵叶山柳菊(柳叶山柳菊);Ovateleaf Hawkweed ■
195916 Hieracium rehmannii Nägeli et Peter;拉赫曼山柳菊■☆
195917 Hieracium rigidum Hartm.;硬山柳菊■☆
195918 Hieracium rigorosum (Laest. ex Almq.) Almq. ex Omang = Hieracium umbellatum L. ■
195919 Hieracium riofrioi Pau et Font Quer;利奥山柳菊■☆
195920 Hieracium robinsonii (Zahn) Fernald;鲁滨逊山柳菊■☆
195921 Hieracium robustum Fr.;大山柳菊(新疆山柳菊)■
195922 Hieracium rojowskii (Rehmann) Üksip;罗氏山柳菊■☆
195923 Hieracium rojowskii Rehmann = Hieracium rojowskii (Rehmann) Üksip ■☆
195924 Hieracium rothianum Zahn;罗斯山柳菊;Roth Hawkweed ■☆
195925 Hieracium runcinatifolium C. C. Chang = Youngia szechuanica (Soderb.) S. Y. Hu ■
195926 Hieracium runcinatum E. James = Crepis runcinata (E. James) Torr. et A. Gray ■☆
195927 Hieracium rupicola Fr. subsp. riofrioi (Pau et Font Quer) Maire = Hieracium riofrioi Pau et Font Quer ■☆
195928 Hieracium ruprechtii Boiss.;鲁普山柳菊■☆
195929 Hieracium rusanum Zahn;鲁斯山柳菊■☆
195930 Hieracium rusbyi Greene var. wrightii A. Gray = Hieracium schultzii Fr. ■☆
195931 Hieracium sabaudum L.;萨瓦山柳菊;New England Hawkweed, Savoy Hawkweed ■☆
195932 Hieracium sabiniforme Zahn;圆柏山柳菊■☆
195933 Hieracium sabinopsis Ganesh. et Zahn;拟圆柏山柳菊■☆
195934 Hieracium sabulosorum Dahlst.;砂地山柳菊■☆
195935 Hieracium sachokianum Kem.-Nath.;萨豪克山柳菊■☆
195936 Hieracium sagittatum Lindeb. ex Stenstr.;箭叶山柳菊■☆
195937 Hieracium salaudum Pall. = Hieracium virosum Pall. ■
195938 Hieracium samurense Zahn;萨姆尔山柳菊■☆
195939 Hieracium sarmentosum Froel.;蔓茎山柳菊■☆
195940 Hieracium saxifragum Fr.;虎耳草山柳菊■☆
195941 Hieracium scabiosum Sudre;法国山柳菊■☆
195942 Hieracium scabriusculum Schwein. = Hieracium umbellatum L. ■
195943 Hieracium scabriusculum Schwein. var. columbianum (Rydb.) Lepage = Hieracium umbellatum L. ■
195944 Hieracium scabriusculum Schwein. var. columbianum (Rydb.) Lepage = Hieracium kalmii L. ■☆
195945 Hieracium scabriusculum Schwein. var. perhirsutum Lepage = Hieracium umbellatum L. ■
195946 Hieracium scabriusculum Schwein. var. saximontanum Lepage = Hieracium umbellatum L. ■
195947 Hieracium scabriusculum Schwein. var. scabrum (Schwein.) Lepage = Hieracium umbellatum L. ■
195948 Hieracium scabrum Michx.;北美糙山柳菊;Hawkweed, Rough Hawkweed, Sticky Hawkweed ■☆
195949 Hieracium scabrum Michx. var. tonsum Fernald et H. St. John = Hieracium scabrum Michx. ■☆
195950 Hieracium scandinavicum Dahlst.;斯堪的那维亚山柳菊■☆
195951 Hieracium schelkownikowii Zahn;赛尔山柳菊■☆
195952 Hieracium schischkinii Juxip;希施山柳菊■☆
195953 Hieracium schliakovii Juxip;施里亚山柳菊■☆
195954 Hieracium scholanderi Omang = Hieracium vulgatum (Fr.) Almq. ■☆
195955 Hieracium schultesii (F. W. Schultz) Nägeli et Peter;苏氏山柳菊■☆
195956 Hieracium schultzii Fr.;舒尔茨山柳菊■☆
195957 Hieracium sciadophorum Nägeli et Peter;伞山柳菊■☆
195958 Hieracium scopulorum Juxip;峭壁山柳菊■☆
195959 Hieracium scouleri Hook.;斯考勒山柳菊■☆
195960 Hieracium scouleri Hook. var. albertinum (Farr) G. W. Douglas et G. A. Allen = Hieracium scouleri Hook. ■☆
195961 Hieracium scouleri Hook. var. griseum A. Nelson = Hieracium scouleri Hook. ■☆
195962 Hieracium scouleri Hook. var. nudicaule (A. Gray) Cronquist = Hieracium nudicaule (A. Gray) A. Heller ■☆
195963 Hieracium semipraecox Zahn;早熟山柳菊■☆
195964 Hieracium septentrionale Norrl.;北方山柳菊■☆
195965 Hieracium sericicaule Schelk. et Zahn;绢毛茎山柳菊■☆
195966 Hieracium serratifolium Jord. ex Boreau;齿叶山柳菊■☆
195967 Hieracium sibiricum (L.) Lam. = Crepis sibirica L. ■
195968 Hieracium silenii Norrl.;西伦山柳菊■☆

195969 Hieracium silvicola (Fr.) Zahn = Hieracium onegense Norrl. ex Nyman ■☆
195970 Hieracium silvicomum Juxip;林地山柳菊■☆
195971 Hieracium simplicicaule Sommier et H. Lév.;单茎山柳菊■☆
195972 Hieracium sinense Vaniot = Hieracium umbellatum L. ■
195973 Hieracium siskiyouense M. Peck = Hieracium bolanderi A. Gray ■☆
195974 Hieracium smolandicum Almq. ex Dahlst. subsp. robinsonii Zahn = Hieracium robinsonii (Zahn) Fernald ■☆
195975 Hieracium soczavae Juxip;索恰山柳菊■☆
195976 Hieracium solidagineum Fr.;坚实山柳菊■☆
195977 Hieracium solidagineum Fr. subsp. jahandiezii Zahn;贾汉山柳菊■☆
195978 Hieracium sonchoides Arv.-Touv.;苦苣菜山柳菊■☆
195979 Hieracium sonchoides Arv.-Touv. subsp. mairei Zahn;迈雷山柳菊■☆
195980 Hieracium sordidescens Norrl.;暗色山柳菊■☆
195981 Hieracium sosnowskyi Zahn;索斯诺夫斯基山柳菊■☆
195982 Hieracium sparsum Friv. subsp. hololeion Maxim. = Hieracium hololeion Maxim. ■
195983 Hieracium spathophyllum Nägeli et Peter;匙叶山柳菊■☆
195984 Hieracium squarrosulum Norrl.;粗鳞山柳菊■☆
195985 Hieracium stauropolitanum Juxip;十字山柳菊■☆
195986 Hieracium steinbergianum Juxip;施泰山柳菊■☆
195987 Hieracium stelechodes Omang = Hieracium murorum L. ■☆
195988 Hieracium stellatum Tausch;星状山柳菊■☆
195989 Hieracium stenolepis Lindeb.;狭鳞山柳菊■☆
195990 Hieracium stiptocaule Omang = Hieracium umbellatum L. ■
195991 Hieracium stoloniflorum Waldst. et Kit.;匍枝花山柳菊■☆
195992 Hieracium streptotrichum Zahn;旋毛山柳菊■☆
195993 Hieracium strictissimum Froel.;刚直山柳菊■☆
195994 Hieracium subambiguum Nägeli et Peter;疑似山柳菊■☆
195995 Hieracium subaquilonare Juxip;亚紫红山柳菊■☆
195996 Hieracium subartvinense Juxip;亚阿尔特温山柳菊■☆
195997 Hieracium subasperellum Zahn;亚粗糙山柳菊■☆
195998 Hieracium subauricula Nägeli et Peter;亚耳状山柳菊■☆
195999 Hieracium subcaesium Fr. ex Nyman;天蓝山柳菊■☆
196000 Hieracium subcrassifolium Zahn;亚厚叶山柳菊■☆
196001 Hieracium suberectum Schischk. et Steinb.;近直立山柳菊■☆
196002 Hieracium subfloribundum (Nägeli et Peter) Dahlst.;亚多花山柳菊■☆
196003 Hieracium subhastulatum Zahn;小戟山柳菊■☆
196004 Hieracium subhirsutissimum Juxip;亚粗毛山柳菊■☆
196005 Hieracium subimandrae Juxip;拟曼德拉■☆
196006 Hieracium sublasiophorum Litv. et Zahn;亚毛梗山柳菊■☆
196007 Hieracium sublividum Dahlst.;亚铅色山柳菊■☆
196008 Hieracium submaculosum Dahlst.;亚斑山柳菊■☆
196009 Hieracium submarginellum Zahn;亚边山柳菊■☆
196010 Hieracium subnigrescens Dahlst.;浅黑山柳菊■☆
196011 Hieracium subnigriceps Zahn;近黑头山柳菊■☆
196012 Hieracium subobscuriceps Zahn;亚隐头山柳菊■☆
196013 Hieracium subpellucidum Norrl.;半透明山柳菊■☆
196014 Hieracium subrubellum Schelk. et Zahn;微红山柳菊■☆
196015 Hieracium subsimplex Sommier et H. Lév.;简单山柳菊■☆
196016 Hieracium substoloniferum Nägeli et Peter;近匍匐山柳菊■☆
196017 Hieracium suecicum (Fr.) Nägeli et Peter;瑞典山柳菊■☆
196018 Hieracium sulphurelliforme Koslovsky et Zahn;类硫色山柳菊■☆
196019 Hieracium sulphurellum (Koslovsky et Zahn) Üksip;小硫色山柳菊■☆
196020 Hieracium sulphurellum Koslovsky et Zahn = Hieracium sulphurellum (Koslovsky et Zahn) Üksip ■☆
196021 Hieracium sulphureum Döll;硫色山柳菊■☆
196022 Hieracium sylowii Omang = Hieracium vulgatum (Fr.) Almq. ■☆
196023 Hieracium syreistschikovii Zahn;瑟雷希科夫山柳菊■☆
196024 Hieracium szovitsii Nägeli et Peter;瑟维茨山柳菊■☆
196025 Hieracium tanense Elfstr.;泰南山柳菊■☆
196026 Hieracium tardans Peter;迟花山柳菊■☆
196027 Hieracium tatewakii (Kudo) Tatew. et Kitam.;馆肋山柳菊■☆
196028 Hieracium tauschii Zahn;陶氏山柳菊;Tausch Hawkweed ■☆
196029 Hieracium teberdense Litv. et Zahn;捷别尔达山柳菊■☆
196030 Hieracium tephrantheloides Zahn;拟灰花山柳菊■☆
196031 Hieracium tephranthelum Zahn;灰花山柳菊■☆
196032 Hieracium tephrophilum Koslovsky et Zahn;灰叶山柳菊■☆
196033 Hieracium tephropodum Zahn;灰足山柳菊■☆
196034 Hieracium teplouchovii Juxip;太普山柳菊■☆
196035 Hieracium terekianum Litv. et Zahn;捷列克山柳菊■☆
196036 Hieracium tilingii Juxip;梯灵山柳菊■☆
196037 Hieracium torticeps Dahlst.;扭梗山柳菊■☆
196038 Hieracium traillii Greene;特雷尔山柳菊■☆
196039 Hieracium triangulate Almq.;三棱山柳菊■☆
196040 Hieracium trichobrachium Juxip;毛枝山柳菊■☆
196041 Hieracium tridentaticeps Zahn;三齿头山柳菊■☆
196042 Hieracium tridentatum Fr.;三齿山柳菊■☆
196043 Hieracium triste Willd. ex Spreng.;姬山柳菊■☆
196044 Hieracium triste Willd. ex Spreng. = Stenotheca tristis (Willd. ex Spreng.) Schljakov ■☆
196045 Hieracium triste Willd. ex Spreng. subsp. gracile (Hook.) Calder et R. L. Taylor = Hieracium triste Willd. ex Spreng. ■☆
196046 Hieracium triste Willd. ex Spreng. var. fulvum Hultén = Hieracium triste Willd. ex Spreng. ■☆
196047 Hieracium triste Willd. ex Spreng. var. gracile (Hook.) A. Gray = Hieracium triste Willd. ex Spreng. ■☆
196048 Hieracium triste Willd. ex Spreng. var. tristiforme Zahn = Hieracium triste Willd. ex Spreng. ■☆
196049 Hieracium tschkhubianischwilii Kem.-Nath.;契乎山柳菊■☆
196050 Hieracium tsiangii C. C. Chang = Faberia tsiangii (C. C. Chang) C. Shih ■
196051 Hieracium tubulascens Norrl.;管山柳菊■☆
196052 Hieracium turkestanicum Zahn;土耳其斯坦山柳菊■☆
196053 Hieracium tuscoatrum Nägeli et Peter;黄黑山柳菊■☆
196054 Hieracium ugandiense Juxip;乌干达山柳菊■☆
196055 Hieracium umbellaticeps Pohle et Zahn;伞头山柳菊■☆
196056 Hieracium umbellatum (L.) Zahn var. commune Fr. = Hieracium umbellatum L. ■
196057 Hieracium umbellatum L.;山柳菊(刺菜花,黄花母,九里明,柳菊蒲公英,伞花山柳菊);Bushy Hawkweed, Leafy Hawkweed, Narrow-leaved Hawkweed, Umbellate Hawkweed ■
196058 Hieracium umbellatum L. f. scabrum Kom. = Hieracium umbellatum L. ■
196059 Hieracium umbellatum L. subsp. canadense (Michx.) Guppy = Hieracium umbellatum L. ■
196060 Hieracium umbellatum L. var. canadense (Michx.) Breitung =

Hieracium kalmii L. ■☆
196061 Hieracium umbellatum L. var. commune Fr. = Hieracium umbellatum L. ■
196062 Hieracium umbellatum L. var. coronopifolium Bernh. ex Kom. = Hieracium umbellatum L. ■
196063 Hieracium umbellatum L. var. japonicum H. Hara = Hieracium umbellatum L. ■
196064 Hieracium umbellatum L. var. mongolicum Fr. = Hieracium umbellatum L. ■
196065 Hieracium umbellatum L. var. scabriusculum (Schwein.) Farw. = Hieracium umbellatum L. ■
196066 Hieracium umbellatum L. var. scabriusculum Farw. = Hieracium kalmii L. ■☆
196067 Hieracium umbellatum L. var. scabrum Kom. = Hieracium umbellatum L. ■
196068 Hieracium umbelliferum Nägeli et Peter;伞花山柳菊■☆
196069 Hieracium umbellosum Nägeli et Peter;多伞山柳菊■☆
196070 Hieracium umbrosum Jord.;耐荫山柳菊■☆
196071 Hieracium uralense Elfstr.;乌拉尔山柳菊■☆
196072 Hieracium ussense Pohle et Zahn;乌西山柳菊■☆
196073 Hieracium vaillantii Tausch;伟兰氏山柳菊;Vaillant Hawkweed ■☆
196074 Hieracium variegatisquamum Zahn;杂鳞山柳菊■☆
196075 Hieracium vasconicum Jord. ex Zahn;锥瓶山柳菊■☆
196076 Hieracium vatae Juxip;瓦嘎山柳菊■☆
196077 Hieracium venosum L.;多脉山柳菊(响尾蛇草);Poor Robin's Plantain, Rattlesnake Weed, Rattlesnake-weed ■☆
196078 Hieracium venosum L. var. nudicaule (Michx.) Farw. = Hieracium venosum L. ■☆
196079 Hieracium vernicosum Norrl.;漆山柳菊■☆
196080 Hieracium verruculatum Link;密疣山柳菊■☆
196081 Hieracium villosum Pall.;毒山柳菊(长毛山柳菊,粗毛山柳菊,毒山柳草);Shaggy Hawkweed, Villose Hawkweed ■
196082 Hieracium villosum Pall. var. latifolium Trautv.;宽叶毒山柳菊;Brosdleaf Villose Hawkweed ■
196083 Hieracium villosum Pall. var. oblongifolium Froel.;长圆叶毒山柳菊;Oblong Villose Hawkweed ■
196084 Hieracium violaceipes Zahn;堇色山柳菊■☆
196085 Hieracium virgultorum Jord.;条纹山柳菊■☆
196086 Hieracium virosum Pall.;粗毛山柳菊(粗毛毒山柳菊)■
196087 Hieracium viscidulum Tausch;微黏山柳菊■☆
196088 Hieracium viscosum Arv.-Touv.;黏山柳菊■☆
196089 Hieracium viscosum Arv.-Touv. subsp. africanum Zahn;非洲黏山柳菊■☆
196090 Hieracium vitellinum Norrl.;蛋黄色山柳菊■☆
196091 Hieracium volgense Litv. et Zahn;伏尔加山柳菊;Volga Hawkweed ■☆
196092 Hieracium vulgatiforme Dahlst.;肖普通山柳菊■☆
196093 Hieracium vulgatum (Fr.) Almq.;普通山柳菊;Common Hawkweed ■☆
196094 Hieracium vulgatum Fr. = Hieracium lachenalii C. C. Gmel. ■☆
196095 Hieracium wimmeri Uechtr.;维姆山柳菊■☆
196096 Hieracium wolczankense Juxip;沃尔恰恩克山柳菊■☆
196097 Hieracium wologdense Pohle et Zahn;沃劳山柳菊■☆
196098 Hieracium woronowianum Zahn;沃氏山柳菊■☆
196099 Hieracium wrightii (A. Gray) B. L. Rob. et Greenm. = Hieracium schultzii Fr. ■☆
196100 Hieracium xanthostigma Norrl.;黄头山柳菊■☆
196101 Hieracium zinserlingianum Juxip;吉恩山柳菊■☆
196102 Hieracium zizianum Tausch;蔡氏山柳菊■☆
196103 Hieranthemum (Endl.) Spach = Heliotropium L. ●■
196104 Hieranthemum Spach = Heliotropium L. ●■
196105 Hieranthes Raf. = Stereospermum Cham. ●
196106 Hierapicra Kuntze = Carbeni Adans. ■●
196107 Hierapicra Kuntze = Cnicus L.(保留属名)■●
196108 Hiericontis Adans. = Anastatica L. ■☆
196109 Hieris Steenis(1928);圣紫葳属●☆
196110 Hieris curtisii Steenis;圣紫葳●☆
196111 Hiernia S. Moore(1880);希尔列当属●☆
196112 Hiernia angolensis S. Moore;希尔列当●☆
196113 Hierobotana Briq.(1895);神圣草属■☆
196114 Hierobotana inflata Briq.;神圣草■☆
196115 Hierochloa P. Beauv. = Hierochloe R. Br.(保留属名)■
196116 Hierochloe R. Br.(1810)(保留属名);茅香属(香草属,香茅属);Holy-grass, Sweet Grass, Sweetgrass, Sweet-grass, Vanilla Grass ■
196117 Hierochloe R. Br.(保留属名) = Anthoxanthum L. ■
196118 Hierochloe S. G. Gmel. = Hierochloe R. Br.(保留属名)■
196119 Hierochloe alpina (Sw. ex Willd.) Roem. et Schult. = Anthoxanthum monticola (Bigelow) Veldkamp ■
196120 Hierochloe alpina (Sw.) Roem. et Schult. = Anthoxanthum monticola (Bigelow) Veldkamp ■
196121 Hierochloe alpina (Sw.) Roem. et Schult. f. monstruosa (Koidz.) Ohwi;奇形高山茅香■☆
196122 Hierochloe alpina (Sw.) Roem. et Schult. var. longiligulata Kawano;长舌茅香■☆
196123 Hierochloe antarctica (Labill.) R. Br.;南极茅香■☆
196124 Hierochloe australis Roem. et Schult.;南方香草■☆
196125 Hierochloe bungeana Trin. = Anthoxanthum monticola (Bigelow) Veldkamp ■
196126 Hierochloe bungeana Trin. = Anthoxanthum nitens (Weber) Y. Schouten et Veldkamp ■
196127 Hierochloe dregeana Nees ex Trin. = Anthoxanthum dregeanum (Nees ex Trin.) Stapf ■☆
196128 Hierochloe dregei Nees = Anthoxanthum dregeanum (Nees ex Trin.) Stapf ■☆
196129 Hierochloe ecklonii (Nees ex Trin.) Nees = Anthoxanthum ecklonii (Nees ex Trin.) Stapf ■☆
196130 Hierochloe elongata Hand.-Mazz. = Anthoxanthum hookeri (Griseb.) Rendle ■
196131 Hierochloe glabra Trin. = Anthoxanthum glabrum (Trin.) Veldkamp ■
196132 Hierochloe glabra Trin. subsp. bungeana (Trin.) Peschkova = Anthoxanthum monticola (Bigelow) Veldkamp ■
196133 Hierochloe glabra Trin. subsp. bungeana (Trin.) Peschkova = Anthoxanthum nitens (Weber) Y. Schouten et Veldkamp ■
196134 Hierochloe glabra Trin. subsp. sachalinensis (Printz) Tzvelev;库页光稃茅香■☆
196135 Hierochloe glabra Trin. subsp. sibirica (Tzvelev) Tzvelev;西伯利亚光稃茅香(西伯利亚光稃香草);Siberia Sweetgrass ■
196136 Hierochloe gracillima Hook. f. = Anthoxanthum sikkimense (Maxim.) Ohwi ■
196137 Hierochloe hirta Hayek;多毛茅香;Sweet Grass, Vanilla Grass ■☆
196138 Hierochloe hookeri (Griseb.) Maxim. = Anthoxanthum hookeri

(Griseb.) Rendle ■
196139 Hierochloe horsfieldii (Kunth ex Benn.) Maxim. = Anthoxanthum horsfieldii (Kunth ex Benn.) Mez ex Reeder ■
196140 Hierochloe intermedia (Hack.) Kawano = Hierochloe pluriflora Koidz. var. intermedia (Hack.) Ohwi ■☆
196141 Hierochloe japonica Maxim. = Anthoxanthum horsfieldii (Kunth ex Benn.) Mez var. japonicum (Maxim.) Veldkamp ■☆
196142 Hierochloe laxa R. Br. ex Hook. f.; 疏序茅香草; Loose Sweetgrass ■
196143 Hierochloe monticola (Bigelow) Á. Löve et D. Löve = Anthoxanthum monticola (Bigelow) Veldkamp ■
196144 Hierochloe odorata (L.) P. Beauv. = Anthoxanthum monticola (Bigelow) Veldkamp ■
196145 Hierochloe odorata (L.) P. Beauv. = Anthoxanthum nitens (Weber) Y. Schouten et Veldkamp ■
196146 Hierochloe odorata (L.) P. Beauv. f. pubescens Krylov = Anthoxanthum monticola (Bigelow) Veldkamp ■
196147 Hierochloe odorata (L.) P. Beauv. f. pubescens Krylov = Anthoxanthum nitens (Weber) Y. Schouten et Veldkamp ■
196148 Hierochloe odorata (L.) P. Beauv. subsp. glabra (Trin.) Tzvelev. = Anthoxanthum glabrum (Trin.) Veldkamp ■
196149 Hierochloe odorata (L.) P. Beauv. subsp. pubescens (Krylov) H. Hara ex T. Koyama = Hierochloe odorata (L.) P. Beauv. var. pubescens Krylov ■
196150 Hierochloe odorata (L.) P. Beauv. subsp. pubescens (Krylov) H. Hara ex T. Koyama = Anthoxanthum nitens (Weber) Y. Schouten et Veldkamp ■
196151 Hierochloe odorata (L.) P. Beauv. subsp. pubescens (Krylov) H. Hara ex T. Koyama = Anthoxanthum monticola (Bigelow) Veldkamp ■
196152 Hierochloe odorata (L.) P. Beauv. subsp. sachalinensis (Printz) Tzvelev = Hierochloe glabra Trin. subsp. sachalinensis (Printz) Tzvelev ■☆
196153 Hierochloe odorata (L.) P. Beauv. var. pubescens Krylov; 毛鞘茅香; Hairy Sweetgrass, Pubescent Vanillagrass ■
196154 Hierochloe odorata (L.) P. Beauv. var. pubescens Krylov = Anthoxanthum nitens (Weber) Y. Schouten et Veldkamp ■
196155 Hierochloe odorata (L.) Wahlenb.; 芬芳茅香; Holy Grass ■☆
196156 Hierochloe odorata (L.) Wahlenb. f. pubescens Krylov = Anthoxanthum nitens (Weber) Y. Schouten et Veldkamp ■
196157 Hierochloe odorata (L.) Wahlenb. subsp. pubescens (Krylov) H. Hara ex T. Koyama = Anthoxanthum nitens (Weber) Y. Schouten et Veldkamp ■
196158 Hierochloe pallida Hand.-Mazz. = Anthoxanthum pallidum (Hand.-Mazz.) Keng ■
196159 Hierochloe pauciflora R. Br.; 少花香草; Fewflower Hawkweed ■☆
196160 Hierochloe phleoides L. = Phleum phleoides (L.) H. Karst. ■
196161 Hierochloe pluriflora Koidz.; 多花香草■☆
196162 Hierochloe pluriflora Koidz. subsp. intermedia (Hack.) T. Koyama = Hierochloe pluriflora Koidz. var. intermedia (Hack.) Ohwi ■☆
196163 Hierochloe pluriflora Koidz. var. intermedia (Hack.) Ohwi; 全叶多花香草■☆
196164 Hierochloe potaninii Tzvelev = Anthoxanthum potaninii (Tzvelev) S. M. Phillips et Z. L. Wu ■
196165 Hierochloe potaninii Tzvelev = Hierochloe laxa R. Br. ex Hook. f. ■
196166 Hierochloe sachalinensis (Printz) Vorosch. = Hierochloe glabra Trin. subsp. sachalinensis (Printz) Tzvelev ■☆
196167 Hierochloe sikkimensis Maxim. = Anthoxanthum sikkimense (Maxim.) Ohwi ■
196168 Hierochloe tenuis (Trin.) T. Durand et Schinz = Anthoxanthum tongo (Nees ex Trin.) Stapf ■☆
196169 Hierochloe tibetica Bor = Anthoxanthum tibeticum (Bor) Veldkamp ■
196170 Hierochontis Medik. (废弃属名) = Euclidium W. T. Aiton (保留属名) ■
196171 Hierocontis Steud. = Anastatica L. ■☆
196172 Hierocontis Steud. = Hiericontis Adans. ■☆
196173 Hieronia Vell. = Davilla Vell. ex Vand. ●☆
196174 Hieronima Allemão = Hyeronima Allemão ●☆
196175 Hieronyma Baill. = Hyeronima Allemão ●☆
196176 Hieronymiella Pax (1889); 连丝石蒜属■☆
196177 Hieronymiella aurea Ravenna; 黄连丝石蒜■☆
196178 Hieronymiella clidanthoides Pax; 连丝石蒜■☆
196179 Hieronymiella latifolia (R. E. Fries) Di Fulvio et Hunz.; 宽叶连丝石蒜■☆
196180 Hieronymusia Engl. = Suksdorfia A. Gray (保留属名) ■☆
196181 Hierophyllus Raf. = Ilex L. ●
196182 Hiesingera Endl. = Hisingera Hellen. ●
196183 Higgensia Steud. = Higginsia Pers. ●■☆
196184 Higgensia Steud. = Hoffmannia Sw. ●■☆
196185 Higginsia Blume = Petunga DC. ●☆
196186 Higginsia Pers. = Hoffmannia Sw. ●■☆
196187 Higginsia Pers. = Ohigginsia Ruiz et Pav. ●■☆
196188 Higinbothamia Uline = Dioscorea L. (保留属名) ■
196189 Higinbothamia Uline (1899); 四籽薯蓣属 (四子薯蓣属) ■☆
196190 Higinbothamia synandra Uline; 四籽薯蓣 (四子薯蓣) ■☆
196191 Hilacium Steud. = Hylacium P. Beauv. ●
196192 Hilacium Steud. = Psychotria L. (保留属名) ●
196193 Hilairanthus Tiegh. = Avicennia L. ●
196194 Hilairella Tiegh. = Luxemburgia A. St.-Hil. ●☆
196195 Hilairia DC. = Onoseris Willd. ●■☆
196196 Hilaria Kunth (1816); 希拉里禾属 (海氏草属, 黑拉禾属) ■☆
196197 Hilaria belangeri (Steud.) Nash; 本氏希拉里禾; Curly Mesquite ■☆
196198 Hilaria cenchroides Kunth; 蒺藜希拉里禾 (蒺藜海氏草) ■☆
196199 Hilaria mutica (Buckley) Benth.; 北美希拉里禾 (北美海氏草); Tobosa, Tobosa Grass, Tobosa-grass ■☆
196200 Hilaria mutica Benth. = Hilaria mutica (Buckley) Benth. ■☆
196201 Hilariophyton Pichon = Paragonia Bureau ■☆
196202 Hilariophyton Pichon = Sanhilaria Baill. ■●☆
196203 Hildebrandtia Vatke = Dactylostigma D. F. Austin ■☆
196204 Hildebrandtia Vatke ex A. Braun = Hildebrandtia Vatke ●☆
196205 Hildebrandtia Vatke (1876); 希尔德木属●☆
196206 Hildebrandtia africana Vatke; 非洲希尔德木●☆
196207 Hildebrandtia aloysii (Chiov.) Sebsebe; 阿氏希尔德木●☆
196208 Hildebrandtia austinii Staples; 奥斯廷希尔德木●☆
196209 Hildebrandtia linearifolia Verdc.; 线叶希尔德木●☆
196210 Hildebrandtia lyciopsis Chiov. = Hildebrandtia somalensis Engl. ●☆
196211 Hildebrandtia macrophylla Dammer ex Chiov. = Hildebrandtia sepalosa Rendle ●☆

196212 Hildebrandtia obcordata S. Moore;倒心形希尔德木●☆
196213 Hildebrandtia obcordata S. Moore var. puberula Sebsebe;微毛希尔德木●☆
196214 Hildebrandtia promontorii Deroin;普罗蒙特里希尔德木●☆
196215 Hildebrandtia sepalosa Rendle;多萼希尔德木●☆
196216 Hildebrandtia sericea Hutch. et E. A. Bruce;绢毛希尔德木●☆
196217 Hildebrandtia somalensis Engl.;索马里希尔德木●☆
196218 Hildebrandtia undulata S. Moore = Hildebrandtia africana Vatke ●☆
196219 Hildebrandtia villosa Hutch. et E. A. Bruce = Hildebrandtia africana Vatke ●☆
196220 Hildegardia Schott et Endl.(1832);大梧属●
196221 Hildegardia ankaranensis (Arènes) Kosterm.;安卡兰大梧●☆
196222 Hildegardia barteri (Mast.) Kosterm.;巴特大梧●☆
196223 Hildegardia erythrosiphon (Baill.) Kosterm.;红管大梧●☆
196224 Hildegardia gillettii Dorr et L. C. Barnett;吉莱特大梧●☆
196225 Hildegardia major (Hand. -Mazz.) Kosterm.;大梧●
196226 Hildegardia major (Hand. -Mazz.) Kosterm. = Firmiana major (W. W. Sm.) Hand. -Mazz. ●◇
196227 Hildegardia migeodii (Exell) Kosterm.;米容德大梧●☆
196228 Hildegardia perrieri (Hochr.) Arènes;佩里耶大梧●
196229 Hildewintera F. Ritter = Cleistocactus Lem. ●☆
196230 Hildewintera F. Ritter ex G. D. Rowley = Cleistocactus Lem. ●☆
196231 Hildewintera F. Ritter(1966);黄金纽属■☆
196232 Hildewintera aureispina (F. Ritter) F. Ritter;黄金纽■☆
196233 Hildmannia Kreuz. et Buiding = Pyrrhocactus (A. Berger) Backeb. et F. M. Knuth ●■
196234 Hildmannia Kreuz. et Buining = Horridocactus Backeb. ■☆
196235 Hildmannia Kreuz. et Buining = Neoporteria Britton et Rose ●■
196236 Hilgeria H. Förther = Heliotropium L. ●■
196237 Hilgeria H. Förther(1998);希尔格紫草属●☆
196238 Hillebrandia Oliv.(1866);希勒兰属(海利布兰属)■☆
196239 Hillebrandia sandwicensis Oliv.;希勒兰■☆
196240 Hilleria Vell.(1829);合被商陆属■●☆
196241 Hilleria elastica Vell.;合被商陆●☆
196242 Hilleria elastica Vell. = Hilleria latifolia (Lam.) H. Walter ●☆
196243 Hilleria latifolia (Lam.) H. Walter;宽叶合被商陆●☆
196244 Hilleriaceae Nakai = Petiveriaceae C. Agardh ■☆
196245 Hilleriaceae Nakai = Phytolaccaceae R. Br.(保留科名)●■
196246 Hillia Boehm. = Halesia J. Ellis ex L.(保留属名)●
196247 Hillia Jacq.(1760);希尔茜属●☆
196248 Hillia allenii C. M. Taylor;阿伦希尔茜●☆
196249 Hillia boliviana Britton;玻利维亚希尔茜●☆
196250 Hillia longiflora Sw.;长花希尔茜●☆
196251 Hillia macrocarpa Standl. et Steyerm.;大果希尔茜●☆
196252 Hillia macrophylla Standl.;大叶希尔茜●☆
196253 Hillia microcarpa Steyerm.;小果希尔茜●☆
196254 Hillia parasitica Jacq.;希尔茜●☆
196255 Hillia triflora (Oersted) C. M. Taylor;三果希尔茜●☆
196256 Hilliardia B. Nord.(1987);藤芫荽属●☆
196257 Hilliardia zuurbergensis (Oliv.) B. Nord.;藤芫荽●☆
196258 Hilliardiella H. Rob.(1999);叉毛瘦片菊属■☆
196259 Hilliardiella aristata (DC.) H. Rob. = Vernonia natalensis Sch. Bip. ex Walp. ■☆
196260 Hilliardiella calyculata (S. Moore) H. Rob. = Vernonia calyculata S. Moore ■☆
196261 Hilliardiella oligocephala (DC.) H. Rob. = Vernonia oligocephala (DC.) Sch. Bip. ex Walp. ■☆
196262 Hilliardiella pinifolia (Lam.) H. Rob. = Vernonia capensis (Houtt.) Druce ■☆
196263 Hilliardiella smithiana (Less.) H. Rob. = Vernonia smithiana Less. ■☆
196264 Hilliardiella sutherlandii (Harv.) H. Rob.;萨瑟兰叉毛瘦片菊■☆
196265 Hilliella (O. E. Schulz) Y. H. Zhang et H. W. Li = Cochlearia L. ■
196266 Hilliella (O. E. Schulz) Y. H. Zhang et H. W. Li = Yinshania Ma et Y. Z. Zhao ■★
196267 Hilliella (O. E. Schulz) Y. H. Zhang et H. W. Li(1986);泡果荠属;Hilliella ■★
196268 Hilliella alatipes (Hand. -Mazz.) Y. H. Zhang et H. W. Li = Cardamine fragarifolia O. E. Schulz ■
196269 Hilliella alatipes (Hand. -Mazz.) Y. H. Zhang et H. W. Li = Cardamine trifoliolata Hook. f. et Thomson ■
196270 Hilliella alatipes (Hand. -Mazz.) Y. H. Zhang et H. W. Li = Hilliella rivulorum (Dunn) Y. H. Zhang et H. W. Li ■
196271 Hilliella alatipes (Hand. -Mazz.) Y. H. Zhang et H. W. Li var. macramtha Y. H. Zhang;大花翅柄泡果荠;Bigflower Wingstalk Hilliella ■
196272 Hilliella alatipes (Hand. -Mazz.) Y. H. Zhang et H. W. Li var. macramtha Y. H. Zhang = Cardamine cheotaiyienii Al-Shehbaz et G. Yang ■
196273 Hilliella alatipes (Hand. -Mazz.) Y. H. Zhang et H. W. Li var. micramtha Y. H. Zhang;小花翅柄泡果荠■
196274 Hilliella alatipes (Hand. -Mazz.) Y. H. Zhang et H. W. Li var. micrantha Y. H. Zhang = Yinshania rivulorum (Dunn) Al-Shehbaz et al. ■
196275 Hilliella changhuaensis Y. H. Zhang;昌化泡果荠;Changhua Hilliella ■
196276 Hilliella changhuaensis Y. H. Zhang = Yinshania lichuanensis (Y. H. Zhang) Al-Shehbaz, G. Yang, L. L. Lu et T. Y. Cheo ■
196277 Hilliella changhuaensis Y. H. Zhang var. guangdongensis (Y. H. Zhang) Y. H. Zhang;广东泡果荠;Guangdong Hilliella ■
196278 Hilliella changhuaensis Y. H. Zhang var. lichuanensis (Y. H. Zhang) Y. H. Zhang;黎川泡果荠;Lichuan Hilliella ■
196279 Hilliella changhuaensis Y. H. Zhang var. longistyla (Y. H. Zhang) Y. H. Zhang;长柱泡果荠;Longstyle Hilliella ■
196280 Hilliella formosana (Hayata) Y. H. Zhang et H. W. Li = Cochlearia formosana Hayata ■
196281 Hilliella formosana (Hayata) Y. H. Zhang et H. W. Li = Yinshania rivulorum (Dunn) Al-Shehbaz et al. ■
196282 Hilliella fumarioides (Dunn) Y. H. Zhang et H. W. Li;堇叶泡果荠(棒毛芥,棒毛泡果荠,紫堇叶岩荠,紫堇叶阴山荠);Fumarileaf Hilliella ■
196283 Hilliella fumarioides (Dunn) Y. H. Zhang et H. W. Li = Yinshania fumarioides (Dunn) Y. Z. Zhao ■
196284 Hilliella guangdongensis Y. H. Zhang = Hilliella changhuaensis Y. H. Zhang var. guangdongensis (Y. H. Zhang) Y. H. Zhang ■
196285 Hilliella guangdongensis Y. H. Zhang = Yinshania lichuanensis (Y. H. Zhang) Al-Shehbaz, G. Yang, L. L. Lu et T. Y. Cheo ■
196286 Hilliella hongistyla Y. H. Zhang = Yinshania lichuanensis (Y. H. Zhang) Al-Shehbaz, G. Yang, L. L. Lu et T. Y. Cheo ■
196287 Hilliella hui (O. E. Schulz) Y. H. Zhang = Hilliella hui (O. E. Schulz) Y. H. Zhang et H. W. Li ■

196288 Hilliella hui (O. E. Schulz) Y. H. Zhang = Yinshania hui (O. E. Schulz) Y. Z. Zhao ■

196289 Hilliella hui (O. E. Schulz) Y. H. Zhang et H. W. Li;武功山泡果荠(武功山阴山荠);Wugongshan Hilliella ■

196290 Hilliella hui (O. E. Schulz) Y. H. Zhang et H. W. Li = Yinshania hui (O. E. Schulz) Y. Z. Zhao ■

196291 Hilliella hunanensis Y. H. Zhang;湖南泡果荠(湖南阴山荠);Hunan Hilliella ■

196292 Hilliella hunanensis Y. H. Zhang = Yinshania hunanensis (Y. H. Zhang) Al-Shehbaz, G. Yang, L. L. Lu et T. Y. Cheo ■

196293 Hilliella lichuanensis Y. H. Zhang = Hilliella changhuaensis Y. H. Zhang var. lichuanensis (Y. H. Zhang) Y. H. Zhang ■

196294 Hilliella lichuanensis Y. H. Zhang = Yinshania lichuanensis (Y. H. Zhang) Al-Shehbaz, G. Yang, L. L. Lu et T. Y. Cheo ■

196295 Hilliella longistyla Y. H. Zhang = Hilliella changhuaensis Y. H. Zhang var. longistyla (Y. H. Zhang) Y. H. Zhang ■

196296 Hilliella longistyla Y. H. Zhang = Yinshania lichuanensis (Y. H. Zhang) Al-Shehbaz, G. Yang, L. L. Lu et T. Y. Cheo ■

196297 Hilliella paradoxa (Hance) Y. H. Zhang et H. W. Li;卵叶泡果荠(奇异泡果荠);Ovateleaf Hilliella ■

196298 Hilliella paradoxa (Hance) Y. H. Zhang et H. W. Li = Yinshania paradoxa (Hance) Y. Z. Zhao ■

196299 Hilliella rivulorum (Dunn) Y. H. Zhang et H. W. Li;河岸泡果荠(翅柄泡果荠,河岸岩荠,河岸阴山荠,台湾泡果荠,小花翅柄泡果荠);Rivershore Hilliella, Smallflower Wingstalk Hilliella, Taiwan Hilliella, Wingstalk Hilliella ■

196300 Hilliella rivulorum (Dunn) Y. H. Zhang et H. W. Li = Cochlearia formosana Hayata ■

196301 Hilliella rivulorum (Dunn) Y. H. Zhang et H. W. Li = Yinshania rivulorum (Dunn) Al-Shehbaz et al. ■

196302 Hilliella rupicola (D. C. Zhang et J. Z. Shao) Y. H. Zhang;石生泡果荠■

196303 Hilliella rupicola (D. C. Zhang et J. Z. Shao) Y. H. Zhang = Cochlearia rupicola D. C. Zhang et J. Z. Shao ■

196304 Hilliella rupicola (D. C. Zhang et J. Z. Shao) Y. H. Zhang = Yinshania rupicola (D. C. Zhang et J. Z. Shao) Al-Shehbaz, G. Yang, L. L. Lu et T. Y. Cheo ■

196305 Hilliella shuangpaiensis Z. Y. Li;双牌泡果荠;Shuangpai Hilliella ■

196306 Hilliella shuangpaiensis Z. Y. Li = Yinshania rupicola (D. C. Zhang et J. Z. Shao) Al-Shehbaz, G. Yang, L. L. Lu et T. Y. Cheo subsp. shuangpaiensis (Z. Y. Li) Al-Shehbaz, G. Yang, L. L. Lu et T. Y. Cheo ■

196307 Hilliella sinuata (K. C. Kuan) Y. H. Zhang et H. W. Li;弯缺泡果荠;Sinuate Hilliella ■

196308 Hilliella sinuata (K. C. Kuan) Y. H. Zhang et H. W. Li = Yinshania sinuata (K. C. Kuan) Al-Shehbaz, G. Yang, L. L. Lu et T. Y. Cheo ■

196309 Hilliella sinuata (K. C. Kuan) Y. H. Zhang et H. W. Li var. qianwuensis Y. H. Zhang = Yinshania sinuata (K. C. Kuan) Al-Shehbaz, G. Yang, L. L. Lu et T. Y. Cheo subsp. qianwuensis (Y. H. Zhang) Al-Shehbaz, G. Yang, L. L. Lu et T. Y. Cheo ■

196310 Hilliella sinuata (K. C. Kuan) Y. H. Zhang var. qianwuensis Y. H. Zhang;寻邬弯缺泡果荠■

196311 Hilliella sinuata (K. C. Kuan) Y. H. Zhang var. qianwuensis Y. H. Zhang = Yinshania sinuata (K. C. Kuan) Al-Shehbaz, G. Yang, L. L. Lu et T. Y. Cheo subsp. qianwuensis (Y. H. Zhang) Al-Shehbaz, G. Yang, L. L. Lu et T. Y. Cheo ■

196312 Hilliella warburgii (O. E. Schulz) Y. H. Zhang et H. W. Li;浙江泡果荠(白花浙江泡果荠);Whiteflower Zhejiang Hilliella, Zhejiang Hilliella ■

196313 Hilliella warburgii (O. E. Schulz) Y. H. Zhang et H. W. Li = Yinshania fumarioides (Dunn) Y. Z. Zhao ■

196314 Hilliella warburgii (O. E. Schulz) Y. H. Zhang et H. W. Li var. albiflora S. X. Qian = Hilliella warburgii (O. E. Schulz) Y. H. Zhang et H. W. Li ■

196315 Hilliella warburgii (O. E. Schulz) Y. H. Zhang et H. W. Li var. albiflora S. X. Qian = Yinshania fumarioides (Dunn) Y. Z. Zhao ■

196316 Hilliella xiangguiensis Y. H. Zhang = Hilliella shuangpaiensis Z. Y. Li ■

196317 Hilliella xiangguiensis Y. H. Zhang = Yinshania rupicola (D. C. Zhang et J. Z. Shao) Al-Shehbaz, G. Yang, L. L. Lu et T. Y. Cheo subsp. shuangpaiensis (Z. Y. Li) Al-Shehbaz, G. Yang, L. L. Lu et T. Y. Cheo ■

196318 Hilliella yixianensis Y. H. Zhang;黟县泡果荠;Yixian Hilliella ■

196319 Hilliella yixianensis Y. H. Zhang = Yinshania yixianensis (Y. H. Zhang) Al-Shehbaz, G. Yang, L. L. Lu et T. Y. Cheo ■

196320 Hilospermae Vent. = Sapotaceae Juss. (保留科名)●

196321 Hilsenbergia Bojer = Dombeya Cav. (保留属名)●☆

196322 Hilsenbergia Tausch ex Meisn. = Ehretia P. Browne ●

196323 Hilsenbergia Tausch ex Rchb. (1840);希尔梧桐属●☆

196324 Hilsenbergia Tausch ex Rchb. = Ehretia P. Browne ●

196325 Hilsenbergia angustifolia J. S. Mill.;窄叶希尔梧桐●☆

196326 Hilsenbergia apetala J. S. Mill.;无瓣希尔梧桐●☆

196327 Hilsenbergia bosseri J. S. Mill.;博塞尔希尔梧桐●☆

196328 Hilsenbergia cannabina Bojer = Dombeya cannabina (Bojer) Baill. ●☆

196329 Hilsenbergia capuronii J. S. Mill.;凯普伦希尔梧桐●☆

196330 Hilsenbergia ehretia Tausch ex Meissn.;希尔梧桐●☆

196331 Hilsenbergia labatii J. S. Mill.;拉巴希尔梧桐●☆

196332 Hilsenbergia leslieae J. S. Mill.;莱斯利希尔梧桐●☆

196333 Hilsenbergia lowryana J. S. Mill.;劳里希尔梧桐●☆

196334 Hilsenbergia lyciacea (Thulin) J. S. Mill.;狼希尔梧桐●☆

196335 Hilsenbergia moratiana J. S. Mill.;莫拉特希尔梧桐●☆

196336 Hilsenbergia nemoralis (Gürke) J. S. Mill.;森林希尔梧桐●☆

196337 Hilsenbergia orbicularis (Hutch. et E. A. Bruce) J. S. Mill.;圆形希尔梧桐●☆

196338 Hilsenbergia petiolaris (Lam.) J. S. Mill.;柄叶希尔梧桐●☆

196339 Hilsenbergia schatziana J. S. Mill.;沙茨希尔梧桐●☆

196340 Hilsenbergia teitensis (Gürke) J. S. Mill.;泰特希尔梧桐●☆

196341 Himalaiella Raab-Straube = Jurinea Cass. ●■

196342 Himalayacalamus P. C. Keng = Thamnocalamus Munro ●

196343 Himalayacalamus P. C. Keng(1983);喜马拉雅筱竹属●

196344 Himalayacalamus asper Stapleton;粗糙喜马拉雅筱竹;Tibetan Princess Bamboo ●☆

196345 Himalayacalamus collaris (T. P. Yi) Ohrnb.;颈鞘筱竹(劲鞘箭竹,劲鞘筱竹);Celeocollar Fargesia, Sticky Arrowbamboo ●

196346 Himalayacalamus falconeri (Hook. f. ex Munro) P. C. Keng;喜马拉雅筱竹(吉隆箭竹);Jilong Arrowbamboo, Jilong Fargesia, Jilong Umbrella Bamboo ●

196347 Himalayacalamus falconeri (Hook. f. ex Munro) P. C. Keng 'Damarapa';达玛筱竹;Candy Cane Bamboo, Candy-stripe Bamboo, Clump-forming Bamboo 'Damarapa', Clumping Bamboo 'Damarapa', Damarapa Bamboo, Green-striped Red-culmed

Bamboo, Himalayan Bamboo 'Damarapa', Striped Himalayan Bamboo ●☆

196348 Himalayacalamus falconeri (Munro) P. C. Keng = Himalayacalamus falconeri (Hook. f. ex Munro) P. C. Keng ●

196349 Himalayacalamus gyirongensis (T. P. Yi) Ohrnb. = Himalayacalamus falconeri (Munro) P. C. Keng ●

196350 Himalayacalamus hookerianus (Munro) Stapleton;印度镰序竹;Himalayan Blue Bamboo, India Striped Bamboo ●☆

196351 Himalrandia T. Yamaz. (1970);须弥茜树属;Himalrandia ●

196352 Himalrandia lichiangensis (W. W. Sm.) Tirveng.;须弥茜树(丽江山石榴);Lijiang Himalrandia, Lijiang Randia ●

196353 Himalrandia lichiangensis (W. W. Sm.) Tirveng. = Randia lichiangensis W. W. Sm. ●

196354 Himalrandia tetrasperma (Wall. ex Roxb.) T. Yamaz. = Randia tetrasperma (Roxb.) Benth. et Hook. f. ex Brandis ●☆

196355 Himantandra F. Muell. = Himantandra F. Muell. ex Diels ●☆

196356 Himantandra F. Muell. ex Diels = Galbulimima F. M. Bailey ●☆

196357 Himantandra F. Muell. ex Diels (1912);瓣蕊花属(单珠木兰属,芳香木属,锥形药属)●☆

196358 Himantandra baccata (F. M. Bailey) Diels;瓣蕊花(芳香木)●☆

196359 Himantandraceae Diels (1917)(保留科名);瓣蕊花科(单珠木兰科,芳香木科,舌蕊花科,锥形药科)●☆

196360 Himanthoglossum W. D. J. Koch = Himantoglossum Spreng. (保留属名)■☆

196361 Himanthophyllum D. Dietr. = Clivia Lindl. ■

196362 Himantina Post et Kuntze = Imantina Hook. f. ●■

196363 Himantochilus T. Anderson = Anisotes Nees (保留属名)●☆

196364 Himantochilus T. Anderson ex Benth. = Anisotes Nees (保留属名)●☆

196365 Himantochilus macrophyllus Lindau = Anisotes macrophyllus (Lindau) Heine ●☆

196366 Himantochilus marginatus Lindau = Metarungia pubinervia (T. Anderson) Baden ●☆

196367 Himantochilus pubinervius (T. Anderson) Lindau = Metarungia pubinervia (T. Anderson) Baden ●☆

196368 Himantochilus seretii De Wild. = Anisotes macrophyllus (Lindau) Heine ●☆

196369 Himantochilus sessiliflorus T. Anderson = Anisotes sessiliflorus (T. Anderson) C. B. Clarke ●☆

196370 Himantochilus zenkeri Lindau = Anisotes zenkeri (Lindau) C. B. Clarke ■☆

196371 Himantoglossum K. Koch = Himantoglossum Spreng. (保留属名)■☆

196372 Himantoglossum Spreng. (1826)(保留属名);带舌兰属(蜥蜴兰属);Lizard Orchis ■☆

196373 Himantoglossum cucullatum (L.) Rchb. f. = Neottianthe cucullata (L.) Schltr. ■

196374 Himantoglossum formosum (Stev.) K. Koch;美丽带舌兰■☆

196375 Himantoglossum formosum K. Koch = Himantoglossum formosum (Stev.) K. Koch ■☆

196376 Himantoglossum hircinum (L.) Spreng.;带舌兰;Goat's Cullions, Hare's Ballocks, Hate's Ballocks, Lizard Flower, Lizard Orchid ■☆

196377 Himantoglossum hircinum Spreng. = Himantoglossum hircinum (L.) Spreng. ■☆

196378 Himantoglossum longibracteatum (Biv.) Schltr. = Himantoglossum robertianum (Loisel.) P. Delforge ■☆

196379 Himantoglossum robertianum (Loisel.) P. Delforge;长裂带舌兰;Giant Orchid ■☆

196380 Himantophyllum Sprong. = Clivia Lindl. ■

196381 Himantophyllum Sprong. = Imatophyllum Hook. ■

196382 Himantostemma A. Gray (1885);带冠萝藦属☆

196383 Himantostemma pringlei A. Gray;带冠萝藦☆

196384 Himas Salisb. = Lachenalia J. Jacq. ex Murray ■☆

196385 Himatanthus Schult. (1819);斗花属●☆

196386 Himatanthus Willd. = Aspidosperma Mart. et Zucc. (保留属名)●☆

196387 Himatanthus Willd. = Coutinia Vell. (废弃属名)●☆

196388 Himatanthus Willd. ex Roem. et Schult. = Himatanthus Schult. ●☆

196389 Himatanthus Willd. ex Schult. = Himatanthus Schult. ●☆

196390 Himatanthus auriculatus (Vahl) Woodson;耳形斗花●☆

196391 Himatanthus bracteatus (A. DC.) Woodson;苞片斗花●☆

196392 Himatanthus lancifolius (Müll. Arg.) Woodson;披针叶斗花●☆

196393 Himatanthus sucuuba (Spruce ex Müll. Arg.) Woodson;苏库巴斗花●☆

196394 Himenanthus Steud. = Himeranthus Endl. ●☆

196395 Himeranthus Endl. = Jaborosa Juss. ●☆

196396 Hindsia Benth. = Hindsia Benth. ex Lindl. ●☆

196397 Hindsia Benth. ex Lindl. (1844);海因兹茜属●☆

196398 Hindsia breviflora K. Schum.;短花海因兹茜●☆

196399 Hindsia glabra K. Schum.;光海因兹茜●☆

196400 Hindsia longiflora (Cham.) Benth.;长花海因兹茜●☆

196401 Hindsia sessilifolia Di Maio;无梗海因兹茜●☆

196402 Hindsia violacea Benth.;堇色海因兹茜●☆

196403 Hingcha Roxb. = Enydra Lour. ■

196404 Hingcha Roxb. = Hingtsha Roxb. ■

196405 Hinghstonia Steud. = Hingstonia Raf. ●■☆

196406 Hingstonia Raf. = Verbesina L. (保留属名)●■☆

196407 Hingtsha Roxb. = Enydra Lour. ■

196408 Hinterhubera (Rchb. et Kittel) Rchb. ex Nyman = Hymenolobus Nutt. ■

196409 Hinterhubera Sch. Bip. = Hinterhubera Sch. Bip. ex Wedd. ●☆

196410 Hinterhubera Sch. Bip. ex Wedd. (1857);帚菀属●☆

196411 Hinterhubera Sch. Bip. ex Wedd. = Chrysanthellum Rich. ex Pers. ■☆

196412 Hinterhubera abyssinica (Sch. Bip.) Asch. = Bidens setigera (Sch. Bip. ex Walp.) Sherff ■☆

196413 Hinterhubera columbica Sch. Bip.;帚菀●☆

196414 Hinterhubera kotschyi Sch. Bip. ex Hochst. = Chrysanthellum indicum DC. var. afroamericanum B. L. Turner ■☆

196415 Hinterhubra Rchb. ex Nyman = Hymenolobus Nutt. ■

196416 Hintonella Ames (1938);欣氏兰属■☆

196417 Hintonella mexicana Ames;欣氏兰■☆

196418 Hintonia Bullock (1935);欣氏茜属(欣顿茜属)■☆

196419 Hintonia latiflora (Sessé et Moc. ex DC.) Bullock;宽花欣氏茜(宽花欣顿茜);Copalquia ■☆

196420 Hintonia latifolia (DC.) Bullock = Hintonia latiflora (Sessé et Moc. ex DC.) Bullock ■☆

196421 Hionanthera A. Fern. et Diniz (1955);开药花属(莫桑比克千屈菜属)■☆

196422 Hionanthera garciae A. Fern. et Diniz;加西亚开药花■☆

196423 Hionanthera graminea A. Fern. et Diniz = Hionanthera mossambicensis A. Fern. et Diniz ■☆
196424 Hionanthera mossambicensis A. Fern. et Diniz;莫桑比克开药花(莫桑比克千屈菜)■☆
196425 Hionanthera torrei A. Fern. et Diniz = Hionanthera mossambicensis A. Fern. et Diniz ■☆
196426 Hiorthia Neck. = Anacyclus L. ■☆
196427 Hiorthia Neck. ex Less. = Anacyclus L. ■☆
196428 Hiortia Juss. = Hiorthia Neck. ex Less. ■☆
196429 Hiosciamus Neck. = Hyoscyamus L. ■
196430 Hipecoum Vill. = Hypecoum L. ■
196431 Hipochaeris Nocca = Hypochaeris L. ■
196432 Hipochoeris Neck. = Hipochaeris Nocca ■
196433 Hipocrepis Neck. = Hippocrepis L. ■☆
196434 Hippagrostis Kuntze = Oplismenus P. Beauv. (保留属名)■
196435 Hippagrostis Rumph. = Oplismenus P. Beauv. (保留属名)■
196436 Hippagrostis Rumph. ex Kuntze = Oplismenus P. Beauv. (保留属名)■
196437 Hippaton Raf. = Hippomarathrum G. Gaertn., B. Mey. et Scherb. ■
196438 Hippaton Raf. = Seseli L. ■
196439 Hippeastrum Herb. (1821)(保留属名);朱顶红属(孤挺花属,朱莲属);Amaryllis, Barbados Lily, Barbados-lily, Hippeastrum, Knight Star Lily, Knight's Star, Knight's Star Lily, Knight's-star, Mexican Lily, Naked Lady, Red Spider-lily ■
196440 Hippeastrum aulicum (Ker Gawl.) Herb.;绿肋朱顶红■☆
196441 Hippeastrum aulicum Herb. = Hippeastrum aulicum (Ker Gawl.) Herb. ■☆
196442 Hippeastrum elegans (Spreng.) H. E. Moore;雅致朱顶红■☆
196443 Hippeastrum equestre (Aiton) Herb.;墨西哥朱顶红(孤挺花);Amaryllis, Barbados Lily, Belladonna Lily, Equestrian Star-flower ■☆
196444 Hippeastrum equestre (Aiton) Herb. = Hippeastrum puniceum (Lam.) Voss ■☆
196445 Hippeastrum gracile Hort.;小孤挺花■
196446 Hippeastrum hybridum Velen.;杂种朱顶红(大孤挺花)■
196447 Hippeastrum morelianum Lem. = Hippeastrum aulicum Herb. ■☆
196448 Hippeastrum pratense Baker;草原朱顶红■☆
196449 Hippeastrum procerum Lem.;高大朱顶红■☆
196450 Hippeastrum puniceum (Lam.) Kuntze;金山慈姑;Barbados Lily, Fire Lily ■☆
196451 Hippeastrum puniceum (Lam.) Voss = Hippeastrum puniceum (Lam.) Kuntze ■☆
196452 Hippeastrum reginae (L.) Herb.;短筒朱顶红(短筒孤顶花,华胄兰);Mexican Lily, Shorttube Hippeastrum, Shorttube Knight's Star ■☆
196453 Hippeastrum reginae Herb.;女王朱顶红(短筒朱顶红,华胄兰)■☆
196454 Hippeastrum reticulatum (L'Hér.) Herb.;网纹孤顶花■☆
196455 Hippeastrum reticulatum Herb. = Hippeastrum reticulatum (L'Hér.) Herb. ■☆
196456 Hippeastrum rutilum (Ker Gawl.) Herb.;朱顶红(红花莲,华胄兰,朱顶兰);Clowing-flower Hippeastrum, Common Knight's Star, Striped Barbados Lily ■
196457 Hippeastrum striatum (Lam.) H. E. Moore = Hippeastrum rutilum (Ker Gawl.) Herb. ■
196458 Hippeastrum vittatum (L'Hér.) Herb.;花朱顶红(百枝莲,孤挺花,朱顶红,朱顶兰);Barbados Lily, Longitudinally-striped Barbadoslily, Striatepetal Knight's Star ■
196459 Hippeophyllum Schltr. (1905);套叶兰属(骑士兰属);Hippeophyllum ■
196460 Hippeophyllum pumilum Fukuy. ex Masam. et T. P. Lin;宝岛套叶兰(小骑士兰);Dwarf Hippeophyllum ■
196461 Hippeophyllum pumilum Fukuy. ex S. C. Chen et K. Y. Lang = Oberonia pumila (Fukuy. ex S. C. Chen et K. Y. Lang) Ormerod ■
196462 Hippeophyllum purnilum Fukuy. ex Masam. et T. P. Lin = Hippeophyllum sinicum S. C. Chen et K. Y. Lang ■
196463 Hippeophyllum seidenfadenii H. J. Su;密花套叶兰(密花骑士兰,密花小骑士兰);Denseflower Hippeophyllum ■
196464 Hippeophyllum seidenfadenii H. J. Su = Oberonia seidenfadenii (H. J. Su) Ormerod ■
196465 Hippeophyllum sinicum S. C. Chen et K. Y. Lang = Oberonia sinica (S. C. Chen et K. Y. Lang) Ormerod ■
196466 Hippia Kunth = Plagiocheilus Arn. ex DC. ■☆
196467 Hippia L. (1771);平果菊属●☆
196468 Hippia bicolor (Roth) Sm. = Dichrocephala integrifolia (L. f.) Kuntze ■
196469 Hippia bolusae Hutch.;博卢斯平果菊●☆
196470 Hippia frutescens (L.) L.;灌木平果菊●☆
196471 Hippia gracilis Less. = Hippia pilosa (P. J. Bergius) Druce ●☆
196472 Hippia hirsuta DC.;多毛平果菊●☆
196473 Hippia hutchinsonii Merxm.;哈钦森平果菊●☆
196474 Hippia integrifolia L. f. = Dichrocephala integrifolia (L. f.) Kuntze ■
196475 Hippia integrifolia Less.;全叶平果菊●☆
196476 Hippia montana Compton;山地平果菊●☆
196477 Hippia pilosa (P. J. Bergius) Druce;疏毛平果菊●☆
196478 Hippia stolonifera Brot. = Soliva stolonifera (Brot.) Sweet ■☆
196479 Hippia trilobata Hutch.;三裂平果菊●☆
196480 Hippion F. W. Schmidt = Enicostema Blume. (保留属名)■☆
196481 Hippion F. W. Schmidt = Gentiana (Tourn.) L. + Enicostema Blume. (保留属名)■☆
196482 Hippion F. W. Schmidt = Gentiana L. ■
196483 Hippion F. W. Schmidt = Tretorhiza Adans. ■
196484 Hippion Spreng. = Enicostema Blume. (保留属名)■☆
196485 Hippion hyssopifolium (Willd.) Spreng. = Enicostema axillare (Lam.) A. Raynal ■☆
196486 Hippobroma G. Don = Laurentia Neck. ■☆
196487 Hippobroma G. Don (1834);马醉草属(同瓣草属,许氏草属);Hippobroma ■
196488 Hippobroma Lindl. = Hippobromus Eckl. et Zeyh. ●☆
196489 Hippobroma O. Don = Isotoma (R. Br.) Lindl. ■☆
196490 Hippobroma longiflora (L.) G. Don;马醉草(许氏草);Hippobroma ■
196491 Hippobromus Eckl. et Zeyh. (1836);希普无患子属●☆
196492 Hippobromus alata (Thunb.) Eckl. et Zeyh. = Hippobromus pauciflorus (L. f.) Radlk. ■☆
196493 Hippobromus pauciflorus (L. f.) Radlk.;希普无患子■☆
196494 Hippocastanaceae A. Rich. (1823)(保留科名);七叶树科;Horse Chestnut Family, Horsechestnut Family, Horse-Chestnut Family ●
196495 Hippocastanaceae A. Rich. (保留科名) = Sapindaceae Juss. (保留科名)●■
196496 Hippocastanaceae DC. = Hippocastanaceae A. Rich. (保留科

名)●

196497 Hippocastanum Mill. = Aesculus L. ●

196498 Hippocastanum californicum Greene;加州肖七叶树●☆

196499 Hippocentaurea Schult. = Centaurium Hill ■

196500 Hippocistis Mill. = Cytinus L. (保留属名)■☆

196501 Hippocratea L. (1753);肖翅子藤属(希藤属,真翅子藤属);Hippocratea ●☆

196502 Hippocratea adolphi-friderici Loes. ex Harms;阿道夫肖翅子藤●☆

196503 Hippocratea affinis De Wild. = Simirestis dewildemaniana N. Hallé ●☆

196504 Hippocratea africana (Willd.) Loes. = Loeseneriella africana (Willd.) N. Hallé ●☆

196505 Hippocratea africana (Willd.) Loes. var. richardiana (Cambess.) N. Robson = Loeseneriella africana (Willd.) N. Hallé var. richardiana (Cambess.) N. Hallé ●☆

196506 Hippocratea africana (Willd.) Loes. var. schimperiana (Hochst. et Steud. ex A. Rich.) Loes. = Loeseneriella africana (Willd.) N. Hallé var. richardiana (Cambess.) N. Hallé ●☆

196507 Hippocratea andongensis Welw. ex Oliv. = Pristimera andongensis (Welw. ex Oliv.) N. Hallé ●☆

196508 Hippocratea angustipetala H. Perrier var. ambongensis H. Perrier = Reissantia angustipetala (H. Perrier) N. Hallé ●☆

196509 Hippocratea antunesii Loes. ex Harms;安图内思肖翅子藤●☆

196510 Hippocratea apiculata Welw. ex Oliv. = Loeseneriella apiculata (Welw. ex Oliv.) N. Hallé ex R. Wilczek ●☆

196511 Hippocratea apocynoides Welw. ex Oliv. = Loeseneriella apocynoides (Welw. ex Oliv.) N. Hallé ex J. Raynal ●☆

196512 Hippocratea apocynoides Welw. ex Oliv. subsp. guineensis (Hutch. et M. B. Moss) N. Robson = Loeseneriella apocynoides (Welw. ex Oliv.) N. Hallé ex J. Raynal var. guineensis (Hutch. et M. B. Moss) N. Hallé ●☆

196513 Hippocratea aptera Loes. ex Harms = Elachyptera holtzii (Loes. ex Harms) R. Wilczek ex N. Hallé ●☆

196514 Hippocratea arborea Roxb. = Pristimera arborea (Roxb.) A. C. Sm. ●

196515 Hippocratea bequaertii De Wild. = Pristimera polyantha (Loes.) N. Hallé ●☆

196516 Hippocratea bipindensis Loes. = Elachyptera bipindensis (Loes.) N. Hallé ex R. Wilczek ●☆

196517 Hippocratea bojeri Tul. = Pristimera bojeri (Tul.) N. Hallé ●☆

196518 Hippocratea bojeri Tul. var. hildebrandtii Loes. = Pristimera bojeri (Tul.) N. Hallé ●☆

196519 Hippocratea bojeri Tul. var. malifolia (Baker) H. Perrier = Pristimera malifolia (Baker) N. Hallé ●☆

196520 Hippocratea bruneelii De Wild. = Loeseneriella apocynoides (Welw. ex Oliv.) N. Hallé ex J. Raynal ●☆

196521 Hippocratea buchananii Loes. = Reissantia buchananii (Loes.) N. Hallé ●☆

196522 Hippocratea buchholzii Loes. = Apodostigma pallens (Planch. ex Oliv.) R. Wilczek var. buchholzii (Loes.) N. Hallé ■☆

196523 Hippocratea busseana Loes. = Elachyptera parvifolia (Oliv.) N. Hallé ●☆

196524 Hippocratea cambodina Pierre = Pristimera cambodiana (Pierre) A. C. Sm. ●

196525 Hippocratea camerunica Loes. = Loeseneriella camerunica (Loes.) N. Hallé ●☆

196526 Hippocratea celastroides Kunth;肖翅子藤(希藤,真翅子藤)●☆

196527 Hippocratea chariensis A. Chev. = Apodostigma pallens (Planch. ex Oliv.) R. Wilczek ■☆

196528 Hippocratea chevalieri Hutch. et M. B. Moss = Campylostemon angolense Welw. ex Oliv. ●☆

196529 Hippocratea cinerascens Loes. = Pristimera andongensis (Welw. ex Oliv.) N. Hallé ●☆

196530 Hippocratea clematoides Loes. = Loeseneriella clematoides (Loes.) R. Wilczek ex N. Hallé ●☆

196531 Hippocratea crenata (Klotzsch) K. Schum. et Loes. = Loeseneriella crenata (Klotzsch) R. Wilczek ex N. Hallé ●☆

196532 Hippocratea cymosa De Wild. et T. Durand = Loeseneriella africana (Willd.) N. Hallé ●☆

196533 Hippocratea cymosa De Wild. et T. Durand var. schweinfuthiana (Loes.) Loes. = Loeseneriella africana (Willd.) N. Hallé ●☆

196534 Hippocratea cymosa De Wild. et T. Durand var. togoensis Loes. = Loeseneriella africana (Willd.) N. Hallé var. togoensis (Loes.) N. Hallé ●☆

196535 Hippocratea delagoensis Loes. = Prionostemma delagoensis (Loes.) N. Hallé ●☆

196536 Hippocratea euryphylla Loes. = Loeseneriella africana (Willd.) N. Hallé ●☆

196537 Hippocratea fimbriata Exell = Prionostemma fimbriata (Exell) N. Hallé ●☆

196538 Hippocratea goetzei Loes. = Simirestis goetzei (Loes.) N. Hallé ex R. Wilczek ●☆

196539 Hippocratea gossweileri Exell = Loeseneriella apocynoides (Welw. ex Oliv.) N. Hallé ex J. Raynal ●☆

196540 Hippocratea graciliflora Welw. ex Oliv. = Pristimera graciliflora (Welw. ex Oliv.) N. Hallé ●☆

196541 Hippocratea guineensis Hutch. et M. B. Moss = Loeseneriella apocynoides (Welw. ex Oliv.) N. Hallé ex J. Raynal var. guineensis (Hutch. et M. B. Moss) N. Hallé ●☆

196542 Hippocratea hierniana Exell et Mendonça = Elachyptera holtzii (Loes. ex Harms) R. Wilczek ex N. Hallé ●☆

196543 Hippocratea hirtiuscula Dunkley = Reissantia parviflora (N. E. Br.) N. Hallé ●☆

196544 Hippocratea holtzii Loes. ex Harms = Elachyptera holtzii (Loes. ex Harms) R. Wilczek ex N. Hallé ●☆

196545 Hippocratea indica Willd. = Pristimera indica (Willd.) A. C. Sm. ●

196546 Hippocratea indica Willd. var. parviflora (N. E. Br.) Blake = Reissantia parviflora (N. E. Br.) N. Hallé ●☆

196547 Hippocratea iotricha Loes. = Loeseneriella iotricha (Loes.) N. Hallé ●☆

196548 Hippocratea isangiensis De Wild. = Cuervea isangiensis (De Wild.) N. Hallé ●☆

196549 Hippocratea kageraensis Loes. = Elachyptera parvifolia (Oliv.) N. Hallé ●☆

196550 Hippocratea kairolecta Loes. ex Harms = Bequaertia mucronata (Exell) R. Wilczek ●☆

196551 Hippocratea kennedyi Hoyle = Campylostemon laurentii De Wild. ●☆

196552 Hippocratea kirkii Oliv. = Loeseneriella crenata (Klotzsch) R. Wilczek ex N. Hallé ●☆

196553 Hippocratea lasiandra Loes. ex Harms = Loeseneriella crenata

(Klotzsch) R. Wilczek ex N. Hallé var. loandensis (Exell) N. Hallé ●☆

196554 Hippocratea loandensis Exell = Loeseneriella crenata (Klotzsch) R. Wilczek ex N. Hallé var. loandensis (Exell) N. Hallé ●☆

196555 Hippocratea loeseneriana Hutch. et M. B. Moss = Reissantia indica (Willd.) N. Hallé var. loeseneriana (Hutch. et M. B. Moss) N. Hallé ●☆

196556 Hippocratea longipes Oliv. = Salacia longipes (Oliv.) N. Hallé ●☆

196557 Hippocratea longipetiolata Oliv. = Pristimera longipetiolata (Oliv.) N. Hallé ●☆

196558 Hippocratea luteoviridis Exell = Pristimera luteoviridis (Exell) N. Hallé ●☆

196559 Hippocratea macrophylla Vahl = Cuervea macrophylla (Vahl) R. Wilczek ex N. Hallé ●☆

196560 Hippocratea madagascariensis Lam. = Salacia madagascariensis (Lam.) DC. ●☆

196561 Hippocratea malifolia Baker = Pristimera malifolia (Baker) N. Hallé ●☆

196562 Hippocratea menyharthii Schinz = Reissantia buchananii (Loes.) N. Hallé ●☆

196563 Hippocratea micrantha Baker = Pristimera malifolia (Baker) N. Hallé ●☆

196564 Hippocratea minimiflora H. Perrier = Elachyptera minimiflora (H. Perrier) N. Hallé ●☆

196565 Hippocratea molunduina Loes. ex Harms = Cuervea isangiensis (De Wild.) N. Hallé ●☆

196566 Hippocratea mucronata Exell = Bequaertia mucronata (Exell) R. Wilczek ●☆

196567 Hippocratea myriantha Oliv.; 多花肖翅子藤●☆

196568 Hippocratea nitida Oberm. = Loeseneriella africana (Willd.) N. Hallé var. richardiana (Cambess.) N. Hallé ●☆

196569 Hippocratea obtusiflora sensu Merr. = Loeseneriella merrilliana A. C. Sm. ●

196570 Hippocratea obtusifolia Roxb. = Loeseneriella africana (Willd.) N. Hallé var. obtusifolia (Roxb.) N. Hallé ●☆

196571 Hippocratea obtusifolia Roxb. var. schimperiana (Hochst. et Steud. ex A. Rich.) Loes. = Loeseneriella africana (Willd.) N. Hallé var. richardiana (Cambess.) N. Hallé ●☆

196572 Hippocratea obtusifolia Roxb. var. schweinfuthiana Loes. = Loeseneriella africana (Willd.) N. Hallé ●☆

196573 Hippocratea obtusifolia sensu Benth. = Loeseneriella concinna A. C. Sm. ●

196574 Hippocratea odorata De Wild. = Loeseneriella africana (Willd.) N. Hallé ●☆

196575 Hippocratea oliveriana Hutch. et M. B. Moss = Apodostigma pallens (Planch. ex Oliv.) R. Wilczek ■☆

196576 Hippocratea pachnocarpa Loes. ex Fritsch = Hippocratea myriantha Oliv. ●☆

196577 Hippocratea pallens Planch. ex Oliv. = Apodostigma pallens (Planch. ex Oliv.) R. Wilczek ■☆

196578 Hippocratea paniculata Vahl = Pristimera paniculata (Vahl) N. Hallé ●☆

196579 Hippocratea parviflora N. E. Br. = Reissantia parviflora (N. E. Br.) N. Hallé ●☆

196580 Hippocratea parvifolia Oliv. = Elachyptera parvifolia (Oliv.) N. Hallé ●☆

196581 Hippocratea plumbea Blakelock et R. Wilczek = Pristimera plumbea (Blakelock et R. Wilczek) N. Hallé ●☆

196582 Hippocratea poggei Loes. = Simirestis poggei (Loes.) R. Wilczek ●☆

196583 Hippocratea polyantha Loes. = Pristimera polyantha (Loes.) N. Hallé ●☆

196584 Hippocratea preussii Loes. = Pristimera preussii (Loes.) N. Hallé ●☆

196585 Hippocratea pygmaeantha Loes. ex Harms = Elachyptera parvifolia (Oliv.) N. Hallé ●☆

196586 Hippocratea pynaertii De Wild. = Loeseneriella apiculata (Welw. ex Oliv.) N. Hallé ex R. Wilczek ●☆

196587 Hippocratea richardiana Cambess. = Loeseneriella africana (Willd.) N. Hallé var. richardiana (Cambess.) N. Hallé ●☆

196588 Hippocratea ritschardii (R. Wilczek) N. Robson = Prionostemma delagoensis (Loes.) N. Hallé var. ritschardii (R. Wilczek) N. Hallé ●☆

196589 Hippocratea rowlandii Loes. = Loeseneriella rowlandii (Loes.) N. Hallé ●☆

196590 Hippocratea rubiginosa H. Perrier = Loeseneriella crenata (Klotzsch) R. Wilczek ex N. Hallé var. rubiginosa (H. Perrier) N. Hallé ●☆

196591 Hippocratea rubiginosa H. Perrier = Loeseneriella rubiginosa (H. Perrier) N. Hallé ●☆

196592 Hippocratea rubrocostata H. Pierre = Elachyptera bipindensis (Loes.) N. Hallé ex R. Wilczek ●☆

196593 Hippocratea scheffleri Loes. = Simirestis scheffleri (Loes.) N. Hallé ●☆

196594 Hippocratea schimperiana Steud. et Hochst. ex A. Rich. = Loeseneriella africana (Willd.) N. Hallé var. richardiana (Cambess.) N. Hallé ●☆

196595 Hippocratea schlechteri Loes. = Pristimera longipetiolata (Oliv.) N. Hallé ●☆

196596 Hippocratea schlechteri Loes. var. peglerae ? = Pristimera bojeri (Tul.) N. Hallé ●☆

196597 Hippocratea seineri Seiner = Elaeodendron transvaalense (Burtt Davy) R. H. Archer ●☆

196598 Hippocratea semlikiensis Robyns et Tournay = Bequaertia mucronata (Exell) R. Wilczek ●☆

196599 Hippocratea senegalensis Lam.; 塞内加尔肖翅子藤; Beacon Bush ●☆

196600 Hippocratea senegalensis Lam. = Salacia senegalensis (Lam.) DC. ●☆

196601 Hippocratea staudtii Loes. = Pristimera graciliflora (Welw. ex Oliv.) N. Hallé ●☆

196602 Hippocratea tetramera H. Perrier = Pristimera tetramera (H. Perrier) N. Hallé ●☆

196603 Hippocratea thomasii Hutch. et M. B. Moss = Secamone afzelii (Schult.) K. Schum. ●☆

196604 Hippocratea unguiculata Loes. = Prionostemma unguiculata (Loes.) N. Hallé ●☆

196605 Hippocratea urceolus Tul. = Loeseneriella urceolus (Tul.) N. Hallé ●☆

196606 Hippocratea velutina Afzel. = Helictonema velutinum (Afzel.) Pierre ex N. Hallé ●☆

196607 Hippocratea venulosa Hutch. et M. B. Moss = Loeseneriella clematoides (Loes.) R. Wilczek ex N. Hallé ●☆

196608 Hippocratea verdickii De Wild. = Apodostigma pallens (Planch. ex Oliv.) R. Wilczek ■☆
196609 Hippocratea vignei Hoyle;维涅肖翅子藤●☆
196610 Hippocratea volkensii Loes. = Pristimera andongensis (Welw. ex Oliv.) N. Hallé var. volkensii (Loes.) N. Hallé ●☆
196611 Hippocratea volkii Suess. = Reissantia parviflora (N. E. Br.) N. Hallé ●☆
196612 Hippocratea welwitschii Oliv. = Simicratea welwitschii (Oliv.) N. Hallé ●☆
196613 Hippocratea yaundina Loes. = Loeseneriella yaundina (Loes.) N. Hallé ex R. Wilczek ●☆
196614 Hippocratea yunnanensis Hu = Loeseneriella yunnanensis (Hu) A. C. Sm. ●
196615 Hippocratea zenkeri Loes.;岑克尔肖翅子藤●☆
196616 Hippocrateaceae Juss. (1811)(保留科名);翅子藤科(希藤科);Hippocratea Family ●
196617 Hippocrateaceae Juss.(保留科名) = Celastraceae R. Br.(保留科名)●
196618 Hippocrateaceae Juss.(保留科名) = Hippuridaceae Vest(保留科名)■
196619 Hippocratia St. -Lag. = Hippocratea L. ●☆
196620 Hippocrepandra Müll. Arg. = Monotaxis Brongn. ■☆
196621 Hippocrepis L. (1753);马蹄豆属;Horseshoe Vetch ■☆
196622 Hippocrepis areolata Desv.;网状马蹄豆■☆
196623 Hippocrepis atlantica Ball;大西洋马蹄豆■☆
196624 Hippocrepis bicontorta Loisel. = Hippocrepis areolata Desv. ■☆
196625 Hippocrepis bicontorta Loisel. var. glabra Pamp. = Hippocrepis areolata Desv. ■☆
196626 Hippocrepis bicontorta Loisel. var. sinuosissima Pomel = Hippocrepis areolata Desv. ■☆
196627 Hippocrepis biflora Spreng.;双花马蹄豆■☆
196628 Hippocrepis brevipetala (Murb.) E. Domínguez;短瓣马蹄豆■☆
196629 Hippocrepis ciliata Willd.;缘毛马蹄豆■☆
196630 Hippocrepis comosa L.;马蹄豆;Fingers-and-thumbs, Horse Shoe Vetch, Horseshoe Vetch, Horseshoe-vetch, Kidney Vetch, Lady's Fingers, Lady's Slipper, Unshoe-the-horse ■☆
196631 Hippocrepis comosa L. 'E. R. James';詹姆斯马蹄豆■☆
196632 Hippocrepis confusa Pau = Hippocrepis multisiliquosa L. ■☆
196633 Hippocrepis confusa Pau var. austro-oranensis Maire = Hippocrepis multisiliquosa L. ■☆
196634 Hippocrepis confusa Pau var. banica Maire = Hippocrepis multisiliquosa L. ■☆
196635 Hippocrepis constricta Kunze;缢缩马蹄豆■☆
196636 Hippocrepis constricta Kunze = Hippolytia dolichophylla (Kitam.) Bremer et Humphries ●☆
196637 Hippocrepis cyclocarpa Murb.;圆果马蹄豆●☆
196638 Hippocrepis cyclocarpa Murb. var. leiocarpa Pamp. = Hippocrepis cyclocarpa Murb. ●☆
196639 Hippocrepis cyclocarpa Murb. var. pubescens Pamp. = Hippocrepis cyclocarpa Murb. ●☆
196640 Hippocrepis emerus (L.) Lassen = Coronilla emerus L. ●
196641 Hippocrepis liouvillei Maire;利乌维尔马蹄豆■☆
196642 Hippocrepis maura Braun-Blanq. et Maire;晚熟马蹄豆■☆
196643 Hippocrepis minor Munby;小马蹄豆■☆
196644 Hippocrepis minor Munby subsp. brevipetala (Murb.) Pott.-Alap. = Hippocrepis brevipetala (Murb.) E. Domínguez ■☆
196645 Hippocrepis minor Munby subsp. munbyana (Maire) Quézel et Santa = Hippocrepis minor Munby ■☆
196646 Hippocrepis minor Munby var. brevipetala Murb. = Hippocrepis neglecta Lassen ■☆
196647 Hippocrepis minor Munby var. curtidens Murb. = Hippocrepis minor Munby ■☆
196648 Hippocrepis minor Munby var. inversa Sauvage = Hippocrepis minor Munby ■☆
196649 Hippocrepis minor Munby var. leiocalycina Bornm. = Hippocrepis minor Munby ■☆
196650 Hippocrepis minor Munby var. major (Ball) Pau et Font Quer = Hippocrepis minor Munby ■☆
196651 Hippocrepis monticola Lassen;山地马蹄豆■☆
196652 Hippocrepis multicaulis Batt. et Trab. = Hippocrepis constricta Kunze ■☆
196653 Hippocrepis multisiliquosa L.;多果马蹄豆■☆
196654 Hippocrepis multisiliquosa L. subsp. ciliata (Willd.) Maire = Hippocrepis ciliata Willd. ■☆
196655 Hippocrepis multisiliquosa L. subsp. confusa Pau = Hippocrepis multisiliquosa L. ■☆
196656 Hippocrepis multisiliquosa L. subsp. eilatensis Zohary = Hippocrepis multisiliquosa L. var. constricta (Kuntze) Maire ■☆
196657 Hippocrepis multisiliquosa L. var. ambigua (Rouy) Maire = Hippocrepis ciliata Willd. ■☆
196658 Hippocrepis multisiliquosa L. var. austro-oranensis Maire = Hippocrepis multisiliquosa L. ■☆
196659 Hippocrepis multisiliquosa L. var. banica Maire = Hippocrepis multisiliquosa L. ■☆
196660 Hippocrepis multisiliquosa L. var. constricta (Kuntze) Maire = Hippocrepis constricta Kunze ■☆
196661 Hippocrepis multisiliquosa L. var. leiocarpa Maire;光果马蹄豆■☆
196662 Hippocrepis multisiliquosa L. var. subcyclocarpa Maire et Sennen = Hippocrepis multisiliquosa L. ■☆
196663 Hippocrepis multisiliquosa L. var. trichocarpa Bornm.;毛果马蹄豆■☆
196664 Hippocrepis neglecta Lassen;忽视马蹄豆■☆
196665 Hippocrepis salzmannii Boiss. et Reut.;萨尔马蹄豆■☆
196666 Hippocrepis salzmannii Boiss. et Reut. subsp. maura (Braun-Blanq. et Maire) Maire = Hippocrepis maura Braun-Blanq. et Maire ■☆
196667 Hippocrepis scabra DC. var. atlantica (Ball) Maire = Hippocrepis atlantica Ball ■☆
196668 Hippocrepis scabra DC. var. glauca Maire = Hippocrepis atlantica Ball ■☆
196669 Hippocrepis scabra DC. var. grandiflora Emb. et Maire = Hippocrepis atlantica Ball ■☆
196670 Hippocrepis scabra DC. var. maroccana Pau et Font Quer = Hippocrepis monticola Lassen ■☆
196671 Hippocrepis scabra DC. var. mauritii Sennen = Hippocrepis monticola Lassen ■☆
196672 Hippocrepis scabra DC. var. pallidula Emb. et Maire = Hippocrepis monticola Lassen ■☆
196673 Hippocrepis scabra DC. var. sublaevis Maire et Weiller = Hippocrepis monticola Lassen ■☆
196674 Hippocrepis scabra DC. var. trichocarpa Humbert = Hippocrepis

monticola Lassen ■☆
196675 Hippocrepis unisiliquosa L. ;单角果马蹄豆■☆
196676 Hippocrepis unisiliquosa L. subsp. biflora (Spreng.) O. Bolòs et Vigo = Hippocrepis biflora Spreng. ■☆
196677 Hippocrepis unisiliquosa L. subsp. bisiliqua (Forssk.) Bornm. ;双角果马蹄豆■☆
196678 Hippocrepistigma Deflers = Hildebrandtia Vatke ex A. Braun. ●☆
196679 Hippocrepistigma fruticosum Deflers = Cladostigma dioicum Radlk. ■☆
196680 Hippocris Raf. = Hippocrepistigma Deflers ●☆
196681 Hippodamia Decne. = Arctocalyx Fenzl ●☆
196682 Hippodamia Decne. = Solenophora Benth. ●☆
196683 Hippoglossum Breda = Bulbophyllum Thouars(保留属名)■
196684 Hippoglossum Breda = Cirrhopetalum Lindl. (保留属名)■
196685 Hippoglossum Hartm. = Mertensia Roth(保留属名)■
196686 Hippoglossum Hartm. = Steenhammera Rchb. ■
196687 Hippoglossum Hill = Ruscus L. ●
196688 Hippolytia Poljakov(1957);女蒿属;Hippolytia ●■
196689 Hippolytia achilloides (Turcz.) Poljakov ex Grubov = Ajania achilloides (Turcz.) Poljakov ex Grubov ■
196690 Hippolytia alashanensis (Y. Ling) C. Shih;阿拉善女蒿(贺兰女蒿,贺兰山女蒿);Alashan Hippolytia ●◇
196691 Hippolytia alashanensis (Y. Ling) C. Shih = Hippolytia kaschgarica (Krasch.) Poljakov ■
196692 Hippolytia darvasica (Winkl.) Poljakov;达尔瓦斯女蒿■☆
196693 Hippolytia delavayi (Franch. ex W. W. Sm.) C. Shih;川滇女蒿(孩儿参,菊花参,土参,西南艾菊,止咳菊,珠儿参);Delavay Hippolytia ●■
196694 Hippolytia desmantha C. Shih;束伞女蒿;Columnumbel Hippolytia,Fascicleflower Hippolytia ●
196695 Hippolytia dolichophylla (Kitam.) Bremer et Humphries;长叶女蒿●☆
196696 Hippolytia glomerata C. Shih;团伞女蒿;Clustered Hippolytia ■
196697 Hippolytia gossypina (C. B. Clarke) C. Shih;棉毛女蒿;Cotton Hippolytia,Lanate Hippolytia ■
196698 Hippolytia herderi (Regel et Schmalh.) Poljakov;新疆女蒿;Heder's Hippolytia,Xinjiang Hippolytia ■
196699 Hippolytia kaschgarica (Krasch.) Poljakov;喀什女蒿(贺兰山女蒿);Kaschgar Hippolytia ■
196700 Hippolytia kaschgarica (Schmalh.) Poljakov = Hippolytia kaschgarica (Krasch.) Poljakov ■
196701 Hippolytia kennedyi (Dunn) Y. Ling;垫状女蒿(藏女蒿);Cushionshape Hippolytia,Kennedy Hippolytia ■
196702 Hippolytia leucophylla (Regel) Poljakov = Hippolytia herderi (Regel et Schmalh.) Poljakov ■
196703 Hippolytia megacephala (Rupr.) Poljakov;大花女蒿;Bigflowered Hippolytia ■☆
196704 Hippolytia nana (C. B. Clarke) C. Shih;矮女蒿■☆
196705 Hippolytia scharnhorstii (Regel et Schmalh.) Poljakov = Ajania scharnhorstii (Regel et Schmalh.) Tzvelev ■
196706 Hippolytia schugnanica (Winkl.) Poljakov;舒格南女蒿■☆
196707 Hippolytia senecionis (Jacquem. ex Besser) DC. = Hippolytia senecionis (Jacquem. ex Besser) Poljakov ex Tzvelev ■
196708 Hippolytia senecionis (Jacquem. ex Besser) Poljakov ex Tzvelev;普兰女蒿;Groundsel Hippolytia ■
196709 Hippolytia syncalathiformis C. Shih;合头女蒿;Syncalathiumlike Hippolytia ■
196710 Hippolytia tomentosa (DC.) Tzvelev;灰叶女蒿;Greyleaf Hippolytia ■
196711 Hippolytia trifida (Turcz.) Poljakov;女蒿(三裂艾菊);Trifid Hippolytia ■
196712 Hippolytia yunnanensis (Jeffrey) C. Shih;大叶女蒿(云南女蒿);Yunnan Hippolytia ■
196713 Hippomanaceae J. Agardh = Euphorbiaceae Juss. (保留科名) ●■
196714 Hippomanaceae J. Agardh;马疯木科●
196715 Hippomane L. (1753);马疯木属(马疯大戟属);Manchineel Tree ●☆
196716 Hippomane mancinella L. ;马疯木(马疯大戟);Manchineel, Manchineel Tree,Manchineel-tree Mancenillier ●☆
196717 Hippomanica Molina = Phaca L. + Pernettya Gaudich. (保留属名)●☆
196718 Hippomarathrum G. Gaertn. ,B. Mey. et Scherb. = Seseli L. ■
196719 Hippomarathrum Haller = Seseli L. ■
196720 Hippomarathrum Hoffmanns. et Link = Cachrys L. ■
196721 Hippomarathrum Hoffmanns. et Link = Hippomarathrum Link ■☆
196722 Hippomarathrum Link = Cachrys L. ■
196723 Hippomarathrum Link(1821);马茴香属;Horse Fennel ■☆
196724 Hippomarathrum P. Gaertn. ,B. Mey. et Scherb. = Seseli L. ■
196725 Hippomarathrum bocconei Boiss. = Cachrys libanotis L. ■☆
196726 Hippomarathrum bocconei Boiss. var. denticulatum Andr. = Cachrys libanotis L. ■☆
196727 Hippomarathrum crispatum Pomel = Cachrys libanotis L. ■☆
196728 Hippomarathrum cristatum (Boiss.) Ball = Cachrys cristata DC. ■☆
196729 Hippomarathrum libanotis (L.) Koch = Cachrys libanotis L. ■☆
196730 Hippomarathrum libanotis (L.) Koch subsp. bocconei (Boiss.) Maire = Cachrys libanotis L. ■☆
196731 Hippomarathrum libanotis (L.) Koch subsp. pterochlaenum (DC.) Maire = Cachrys sicula L. ■☆
196732 Hippomarathrum libanotis (L.) Koch var. crispatum (Pomel) Maire = Cachrys libanotis L. ■☆
196733 Hippomarathrum libanotis (L.) Koch var. crispulum Maire = Cachrys libanotis L. ■☆
196734 Hippomarathrum libanotis (L.) Koch var. cristatum (Boiss.) Maire = Cachrys cristata DC. ■☆
196735 Hippomarathrum libanotis (L.) Koch var. faurei Maire = Cachrys libanotis L. ■☆
196736 Hippomarathrum libanotis (L.) Koch var. pungens (Guss.) Fiori = Cachrys libanotis L. ■☆
196737 Hippomarathrum libanotis (L.) Koch var. siculum (L.) Fiori = Cachrys libanotis L. ■☆
196738 Hippomarathrum longilobum (DC.) B. Fedtsch. ;长裂片马茴香■☆
196739 Hippomarathrum microcarpum (M. Bieb.) B. Fedtsch. ;小果马茴香■☆
196740 Hippomarathrum pterochlaemum DC. = Cachrys sicula L. ■☆
196741 Hippomarathrum pungens Boiss. = Cachrys sicula L. ■☆
196742 Hippomarathrum siculum (L.) Desf. = Cachrys sicula L. ■☆
196743 Hippophae L. (1753);沙棘属;Sandthorn, Sea Buckthorn, Seabuckthorn,Sea-buckthorn ●
196744 Hippophae angustifolia Lodd. = Hippophae rhamnoides L. ●

196745 Hippophae argentea Pursh = Shepherdia argentea (Pursh) Nutt. ●☆

196746 Hippophae canadensis L. = Shepherdia canadensis (L.) Nutt. ●☆

196747 Hippophae fasciculata Wall. ex Steud.;簇花沙棘;Fasciculate Sandthorn ●☆

196748 Hippophae gonicarpa Y. S. Lian, Xue L. Chen et S. Sun ex Swenson et Bartish;棱果沙棘●

196749 Hippophae gonicarpa Y. S. Lian, Xue L. Chen et S. Sun ex Swenson et Bartish subsp. litangensis Y. S. Lian et Xue L. Chen = Hippophae litangensis Y. S. Lian et Xue L. Chen ex Swenson et Bartish ●

196750 Hippophaë gyantsensis (Rousi) Y. S. Lian;江孜沙棘;Jiangzi Sandthorn, Jiangzi Seabuckthorn ●

196751 Hippophae gyantsensis (Rousi) Y. S. Lian = Hippophae rhamnoides L. subsp. gyantsensis Rousi ●

196752 Hippophae litangensis Y. S. Lian et Xue L. Chen ex Swenson et Bartish;理塘沙棘;Litang Sandthorn ●

196753 Hippophae litangensis Y. S. Lian et Xue L. Chen ex Swenson et Bartish = Hippophae gonicarpa Y. S. Lian, X. L. Chen et S. Sun ex Swenson et Bartish subsp. litangensis Y. S. Lian et Xue L. Chen ●

196754 Hippophae littoralis Salisb. = Hippophae rhamnoides L. ●

196755 Hippophae neurocarpa S. W. Liu et T. N. He;肋果沙棘(黑刺);Neurose-fruited Sea-buckthorn, Veinfruit Sandthorn, Veinfruit Seabuckthorn ●◇

196756 Hippophae neurocarpa S. W. Liu et T. N. He subsp. stellatopilosa Y. S. Lian et al. ex Swenson et Bartish;密毛肋果沙棘;Dense-haired Veinfruit Seabuckthorn ●

196757 Hippophae rhamnoides L.;沙棘(醋刺柳,醋柳,醋柳果,黑刺,黄酸刺,沙枣,鼠李沙棘,酸刺,酸刺柳,酸柳果,中国沙棘);Common Sea Buckthoru, Prick Willow, Sallow Thorn, Sandthorn, Sea Buckthorn, Seaberry, Sea-buckthorn, Willow Thorn, Willow-thorn ●

196758 Hippophae rhamnoides L. 'Sprite';矮小云南沙棘;Dwarf Sea-buckthorn ●

196759 Hippophae rhamnoides L. subsp. carpatica Rousi;喀尔巴千山沙棘●☆

196760 Hippophae rhamnoides L. subsp. caucasia Rousi;高加索沙棘;Caucasia Sandthorn ●☆

196761 Hippophae rhamnoides L. subsp. fluviatilis Rousi;溪生沙棘●☆

196762 Hippophae rhamnoides L. subsp. gyantsensis Rousi = Hippophae gyantsensis (Rousi) Y. S. Lian ●

196763 Hippophae rhamnoides L. subsp. mongolica Rousi;蒙古沙棘;Mongolian Sandthorn, Mongolian Seabuckthorn ●

196764 Hippophae rhamnoides L. subsp. neurocarpa (S. W. Liu et T. N. He) Hyvönen = Hippophae neurocarpa S. W. Liu et T. N. He ●◇

196765 Hippophae rhamnoides L. subsp. salicifolia (D. Don) Servett. = Hippophae salicifolia D. Don ●

196766 Hippophae rhamnoides L. subsp. sinensis Rousi;中国沙棘(醋柳,高大沙棘,高沙棘,黑刺,黄酸刺,酸刺,酸刺溜,酸刺柳,酸溜溜);China Sandthorn, Chinese Sea Buckthorn, Chinese Seabuckthorn, High Seabuckthorn ●

196767 Hippophae rhamnoides L. subsp. tibetana (Schltdl.) Servett. = Hippophae tibetana Schltdl. ●◇

196768 Hippophae rhamnoides L. subsp. turkestanica Rousi = Hippophae turkestanica (Rousi) Tzvelev ●

196769 Hippophaë rhamnoides L. subsp. wolongensis Y. S. Lian et al.;卧龙沙棘●

196770 Hippophae rhamnoides L. subsp. yunnanensis Rousi;云南沙棘;Yunnan Sandthorn, Yunnan Seabuckthorn ●

196771 Hippophae rhamnoides L. var. procera Rehder = Hippophae rhamnoides L. subsp. sinensis Rousi ●

196772 Hippophae rhamnoides St. -Lag. = Hippophae rhamnoides L. ●

196773 Hippophae salicifolia D. Don;柳叶沙棘;Willowleaf Sandthorn, Willowleaf Seabuckthorn, Willow-leaved Sea-buckthorn ●

196774 Hippophae salicifolia D. Don subsp. sinensis (Rousi) Hyvönen = Hippophae rhamnoides L. subsp. sinensis Rousi ●

196775 Hippophae salicifolia D. Don subsp. yunnanensis (Rousi) Hyvönen = Hippophae rhamnoides L. subsp. yunnanensis Rousi ●

196776 Hippophae sibirica Lodd. = Hippophae rhamnoides L. ●

196777 Hippophae sibirica Steud.;西伯利亚沙棘;Xiberian Seabuckthorn ●☆

196778 Hippophae sinensis (Rousi) Tzvelev = Hippophae rhamnoides L. subsp. sinensis Rousi ●

196779 Hippophae stourdziana Szabó = Hippophae rhamnoides L. ●

196780 Hippophae tibetana Schltdl.;西藏沙棘(藏黑刺);Tibet Seabuckthorn, Tibet Sea-buckthorn, Xizang Sandthorn, Xizang Seabuckthorn ●◇

196781 Hippophae tibetana Schltdl. = Hippophae rhamnoides L. subsp. turkestanica Rousi ●

196782 Hippophae tibetana Schltdl. = Hippophae turkestanica (Rousi) Tzvelev ●

196783 Hippophae turkestanica (Rousi) Tzvelev;中亚沙棘(土耳其斯坦沙棘,扎达沙棘);Turkestan Seabuckthorn ●

196784 Hippophaeaceae G. Mey. = Elaeagnaceae Juss.(保留科名)●

196785 Hippophaes Asch. = Hippophae L. ●

196786 Hippophaes St. -Lag. = Hippophae L. ●

196787 Hippophaestum Gray = Centaurea L.(保留属名)●■

196788 Hippopodium Harv. = Ceratandra Eckl. ex F. A. Bauer ■☆

196789 Hippopodium Harv. ex Lindl. = Ceratandra Eckl. ex F. A. Bauer ■☆

196790 Hipporchis Thouars = Hipporkis Thouars ■

196791 Hipporkis Thouars = Satyrium Sw.(保留属名)■

196792 Hipposelinum Brittonet Rose = Levisticum Hill(保留属名)■

196793 Hipposelinum levisticum (L.) Britton et Rose = Levisticum officinale W. D. J. Koch ■

196794 Hipposelinum levisticum Brittonet Rose = Levisticum officinale K. Koch ■

196795 Hipposeris Cass. = Onoseris Willd. ●■☆

196796 Hippothronia Benth. = Hypothronia Schrank ●■

196797 Hippothronia Benth. = Hyptis Jacq.(保留属名)●■

196798 Hippotis Ruiz et Pav.(1794);马耳茜属●☆

196799 Hippotis albiflora H. Karst.;白花马耳茜●☆

196800 Hippotis brevipes Spruce in Mart.;短梗马耳茜●☆

196801 Hippotis grandiflora Steyerm.;大花马耳茜●☆

196802 Hippotis mollis Standl.;柔软马耳茜●☆

196803 Hippotis triflora Ruiz et Pav.;三花马耳茜●☆

196804 Hippotis tubiflora Spruce ex K. Schum.;管花马耳茜●☆

196805 Hippoxylon Raf. = Oroxylum Vent. ●

196806 Hippuridaceae Link = Plantaginaceae Juss.(保留科名)■

196807 Hippuridaceae Link. = Hippuridaceae Vest(保留科名)■

196808 Hippuridaceae Link. = Plantaginaceae Juss.(保留科名)■

196809 Hippuridaceae Vest(1818)(保留科名);杉叶藻科;Marestail Family, Mare's-tail Family ■

196810 Hippuris L.(1753);杉叶藻属;Marestail, Mare's-tail ■

196811 Hippuris eschscholtzii Cham. ex Lam. = Hippuris vulgaris L. ■
196812 Hippuris fluitans Lilj. ex Hising. = Hippuris vulgaris L. ■
196813 Hippuris montana Lam. = Hippuris vulgaris L. ■
196814 Hippuris spiralis D. Yu;螺旋杉叶藻;Spiral Marestail ■
196815 Hippuris spiralis D. Yu = Hippuris vulgaris L. ■
196816 Hippuris tetraphylla L. f.;四叶杉叶藻■☆
196817 Hippuris tetraphylla L. f. = Hippuris vulgaris L. ■
196818 Hippuris vulgaris L.;杉叶藻(结骨草,碧,牛尾碧,松叶藻,蓝藻);Bottle Brush, Bottle-brush, Brush, Cat's Tail, Cat's Tails, Colt's Tail, Colt's Tails, Common Mare's-tail, Female Horsetail, Fox-tail, Jeetrym-jees, Joint-grass, Mare's Tail, Mare's Tails, Marestail, Mare's-tail, Marsh Barren Horsetail, Old Man's Beard, Paddock's Pipe, Paddock's Pipes, Paddy's Pipe, Shear-grass, Short Shavegrass, Witches' Milk, Witch's Milk ■
196819 Hippuris vulgaris L. var. ramificans D. Yu;分枝杉叶藻(多枝杉叶藻);Branchy Marestail ■
196820 Hippuris vulgaris L. var. ramificans D. Yu = Hippuris vulgaris L. ■
196821 Hiptage Gaertn. (1790)(保留属名);风筝果属(飞鸢果属,风车藤属,狗角藤属,猿尾藤属);Hiptage, Kitefruit ●
196822 Hiptage acuminata Wall. ex A. Juss.;尖叶风筝果;Acuminate Hiptage, Acuminate Kitefruit, Sharp-leaved Hiptage ●
196823 Hiptage arborea Kurz = Hiptage candicans Hook. f. ●
196824 Hiptage benghalensis (L.) Kurz;风筝果(风车藤,狗角藤,红龙,黄牛叶,猿尾藤);Benghal Hiptage, Benghal Kitefruit, Hiptage ●
196825 Hiptage benghalensis (L.) Kurz var. tonkinensis (Dop) S. K. Chen;越南风筝果;Tonkin Hiptage, Vietnam Kitefruit ●
196826 Hiptage candicans Hook. f.;白花风筝果;White Kitefruit, White-flower Hiptage, White-flowered Hiptage ●
196827 Hiptage candicans Hook. f. var. harmandiana (Pierre) Dop;越南白花风筝果;Viet Nam White-flower Hiptage, Vietnam White Kitefruit ●
196828 Hiptage candicans Hook. f. var. tonkinensis Dop = Hiptage candicans Hook. f. var. harmandiana (Pierre) Dop ●
196829 Hiptage cavaleriei H. Lév. = Eriobotrya cavaleriei (H. Lév.) Rehder ●
196830 Hiptage esquirolii H. Lév. = Photinia bodinieri H. Lév. ●
196831 Hiptage fraxinifolia F. N. Wei;白蜡叶风筝果(白蜡叶风车藤);Ashleaf Hiptage, Ashleaf Kitefruit ●
196832 Hiptage henryana Nied. = Hiptage minor Dunn ●
196833 Hiptage javanica Blume = Hiptage benghalensis (L.) Kurz ●
196834 Hiptage lanceolata Arènes;披针叶风筝果;Lanceleaf Kitefruit, Lanceolate Hiptage ●
196835 Hiptage leptophylla Hayata;薄叶风筝果;Thinleaf Hiptage, Thinleaf Kitefruit ●
196836 Hiptage leptophylla Hayata = Hiptage benghalensis (L.) Kurz ●
196837 Hiptage luodianensis S. K. Chen;罗甸风筝果;Luodian Hiptage, Luodian Kitefruit ●
196838 Hiptage madablota Gaertn. = Hiptage benghalensis (L.) Kurz ●
196839 Hiptage madablota Gaertn. var. cochinchinensis Pierre = Hiptage benghalensis (L.) Kurz ●
196840 Hiptage madablota Gaertn. var. macroptera Merr. = Hiptage benghalensis (L.) Kurz ●
196841 Hiptage madablota Gaertn. var. tonkinensis Dop = Hiptage benghalensis (L.) Kurz var. tonkinensis (Dop) S. K. Chen ●
196842 Hiptage minor Dunn;小花风筝果;Littleflower Hiptage, Miniflower Kitefruit, Small Hiptage ●
196843 Hiptage multiflora F. N. Wei;多花风筝果(多花风车藤);Flowery Kitefruit, Manyflower Hiptage ●
196844 Hiptage obtusifolia (Roxb.) DC.;钝叶风筝果;Obtuse-leaved Hiptage ●
196845 Hiptage obtusifolia (Roxb.) DC. = Hiptage benghalensis (L.) Kurz ●
196846 Hiptage parviflora Wight = Hiptage sericea (Wall.) Hook. f. ●
196847 Hiptage parvifolia Wight et Arn. = Hiptage benghalensis (L.) Kurz ●
196848 Hiptage sericea (Wall.) Hook. f.;绢毛风筝果;Sericeous Hiptage, Sericeous Kitefruit ●
196849 Hiptage tianyangensis F. N. Wei;田阳风筝果(田阳风车藤);Tianyang Hiptage, Tianyang Kitefruit ●
196850 Hiptage trialata Span. = Hiptage benghalensis (L.) Kurz ●
196851 Hiptage yunnanensis C. C. Huang ex S. K. Chen;云南风筝果;Yunnan Hiptage, Yunnan Kitefruit ●
196852 Hiraciodes nanum (Rich. f.) Kuntze = Crepis nana Richardson ■
196853 Hiraciodes tenuifolium (Willd.) Kuntze = Youngia tenuifolia (Willd.) Babc. et Stebbins ■
196854 Hiraea Jacq. (1760);藤翅果属●☆
196855 Hiraea concava Wall. = Aspidopterys concava (Wall.) A. Juss. ●
196856 Hiraea glabriuscula Wall. = Aspidopterys esquirolii H. Lév. et Arènes ●◇
196857 Hiraea glabriuscula Wall. = Aspidopterys glabriuscula (Wall.) A. Juss. ●
196858 Hiraea hypericoides DC. = Triaspis hypericoides (DC.) Burch. ●☆
196859 Hiraea lanuginosa Wall. = Aspidopterys nutans (Roxb. ex DC.) A. Juss. ●
196860 Hiraea nutans Roxb. = Aspidopterys nutans (Roxb. ex DC.) A. Juss. ●
196861 Hiraea odorata Willd. = Triaspis odorata (Willd.) A. Juss. ●☆
196862 Hiraea quapara (Aubl.) Morton;藤翅果●☆
196863 Hirania Thulin (2007);索马里无患子属●☆
196864 Hirania rosea Thulin;玫瑰藤翅果●☆
196865 Hirculus Haw. = Saxifraga L. ■
196866 Hirculus angustatus (Harry Sm.) Losinsk. = Saxifraga angustata Harry Sm. ■
196867 Hirculus aristulatus (Hook. f. et Thomson) Losinsk. = Saxifraga aristulata Hook. f. et Thomson ■
196868 Hirculus auriculatus (Engl. et Irmsch.) Losinsk. = Saxifraga auriculata Engl. et Irmsch. ■
196869 Hirculus balfourii (Engl. et Irmsch.) Losinsk. = Saxifraga balfourii Engl. et Irmsch. ■
196870 Hirculus bonatianus (Engl. et Irmsch.) Losinsk. = Saxifraga candelabrum Franch. ■
196871 Hirculus brachypodus (D. Don) Losinsk. = Saxifraga brachypoda D. Don ■
196872 Hirculus brunonianus Losinsk. = Saxifraga brunosnis Wall. ex Ser. ■
196873 Hirculus bulleyanus (Engl. et Irmsch.) Losinsk. = Saxifraga bulleyana Engl. et Irmsch. ■
196874 Hirculus cacuminum (Harry Sm.) Losinsk. = Saxifraga cacuminum Harry Sm. ■
196875 Hirculus candelabrum (Franch.) Losinsk. = Saxifraga candelabrum Franch. ■
196876 Hirculus chrysanthoides (Engl. et Irmsch.) Losinsk. = Saxifraga chrysanthoides Engl. et Irmsch. ■

196877 Hirculus confertifolius (Engl. et Irmsch.) Losinsk. = Saxifraga aurantiaca Franch. ■
196878 Hirculus congestiflorus (Engl. et Irmsch.) Losinsk. = Saxifraga congestiflora Engl. et Irmsch. ■
196879 Hirculus crassulifolius (Engl.) Losinsk. = Saxifraga atuntsinensis W. W. Sm. ■
196880 Hirculus densifoliatus (Engl. et Irmsch.) Losinsk. = Saxifraga densifoliata Engl. et Irmsch. ■
196881 Hirculus diapensia (Harry Sm.) Losinsk. = Saxifraga diapensia Harry Sm. ■
196882 Hirculus dielsianus (Engl. et Irmsch.) Losinsk. = Saxifraga dielsiana Engl. et Irmsch. ■
196883 Hirculus diversifolius (Wall. ex Ser.) Losinsk. = Saxifraga diversifolia Wall. ex Ser. ■
196884 Hirculus drabiformis (Franch.) Losinsk. = Saxifraga drabiformis Franch. ■
196885 Hirculus egregius (Engl.) Losinsk. = Saxifraga egregia Engl. ■
196886 Hirculus filicaulis (Wall. ex Ser.) Losinsk. = Saxifraga filicaulis Wall. ex Ser. ■
196887 Hirculus flagrans (Harry Sm.) Losinsk. = Saxifraga tangutica Engl. ■
196888 Hirculus forrestii (Engl. et Irmsch.) Losinsk. = Saxifraga forrestii Engl. et Irmsch. ■
196889 Hirculus gatogombensis (Engl.) Losinsk. = Saxifraga aurantiaca Franch. ■
196890 Hirculus gemmigerus (Engl.) Losinsk. = Saxifraga gemmigera Engl. ex Diels ■
196891 Hirculus gemmiparus (Franch.) Losinsk. = Saxifraga gemmipara Franch. ■
196892 Hirculus gemmuligerus (Engl.) Losinsk. = Saxifraga gemmigera Engl. ex Diels ■
196893 Hirculus giraldianus (Engl.) Losinsk. = Saxifraga giraldiana Engl. ex Diels ■
196894 Hirculus glacialis (Harry Sm.) Losinsk. = Saxifraga glacialis Harry Sm. ■
196895 Hirculus haplophylloides (Franch.) Losinsk. = Saxifraga haplophylloides Engl. et Irmsch. ■
196896 Hirculus heleonastes (Harry Sm.) Losinsk. = Saxifraga heleonastes Harry Sm. ■
196897 Hirculus hispidulus (D. Don) Losinsk. = Saxifraga hispidula D. Don ■
196898 Hirculus josephii (Engl.) Losinsk. = Saxifraga josephii Engl. ■☆
196899 Hirculus limprichtii (Engl. et Irmsch.) Losinsk. = Saxifraga unguiculata Engl. var. limprichtii (Engl. et Irmsch.) J. T. Pan ex S. Y. He ■
196900 Hirculus litangensis (Engl.) Losinsk. = Saxifraga litangensis Engl. ■
196901 Hirculus lychnitis (Hook. f. et Thomson) Losinsk. = Saxifraga lychnitis Hook. f. et Thomson ■
196902 Hirculus macrostigma (Franch.) Losinsk. = Saxifraga aristulata Hook. f. et Thomson ■
196903 Hirculus macrostigmatoides (Engl.) Losinsk. = Saxifraga macrostigmatoides Engl. ■
196904 Hirculus maximowiczii (Losinsk.) Losinsk. = Saxifraga nigroglandulosa Engl. et Irmsch. ■
196905 Hirculus microgynus (Engl. et Irmsch.) Losinsk. = Saxifraga microgyna Engl. et Irmsch. ■
196906 Hirculus montanus Losinsk. = Saxifraga sinomontana J. T. Pan et Gornall ■
196907 Hirculus moorcrofiianus (Ser.) Losinsk. = Saxifraga moorcroftiana Wall. ex Sternb. ■
196908 Hirculus nigroglandulosus (Engl. et Irmsch.) Losinsk. = Saxifraga nigroglandulosa Engl. et Irmsch. ■
196909 Hirculus nutans Losinsk. = Saxifraga nigroglandulifera N. P. Balakr. ■
196910 Hirculus oreophilus (Franch.) Losinsk. = Saxifraga oreophila Franch. ■
196911 Hirculus peplidifolius (Franch.) Losinsk. = Saxifraga peplidifolia Franch. ■
196912 Hirculus petrophilus (Franch.) Losinsk. = Saxifraga peplidifolia Franch. ■
196913 Hirculus pratensis (Engl. et Irmsch.) Losinsk. = Saxifraga pratensis Engl. et Irmsch. ■
196914 Hirculus prattii (Engl. et Irmsch.) Losinsk. = Saxifraga prattii Engl. et Irmsch. ■
196915 Hirculus propaguliferus (Harry Sm.) Losinsk. = Saxifraga consanguinea W. W. Sm. ■
196916 Hirculus przewalskii (Engl.) Losinsk. = Saxifraga przewalskii Engl. ■
196917 Hirculus pseudohirculus (Engl.) Losinsk. = Saxifraga pseudohirculus Engl. ■
196918 Hirculus saginoides (Hook. f. et Thomson) Losinsk. = Saxifraga saginoides Hook. f. et Thomson ■
196919 Hirculus sanguineus (Franch.) Losinsk. = Saxifraga sanguinea Franch. ■
196920 Hirculus sediformis (Engl. et Irmsch.) Losinsk. = Saxifraga sediformis Engl. et Irmsch. ■
196921 Hirculus signatus (Engl. et Irmsch.) Losinsk. = Saxifraga signata Engl. et Irmsch. ■
196922 Hirculus stellariifolius (Franch.) Losinsk. = Saxifraga stellariifolia Franch. ■
196923 Hirculus strigosus (Wall. ex Ser.) Losinsk. = Saxifraga strigosa Wall. ex Ser. ■
196924 Hirculus subamplexicaulis (Endl. et Irmsch.) Losinsk. = Saxifraga subamplexicaulis Engl. et Irmsch. ■
196925 Hirculus tanguticus (Engl.) Losinsk. = Saxifraga tangutica Engl. ■
196926 Hirculus tibeticus (Losinsk.) Losinsk. = Saxifraga tibetica Losinsk. ■
196927 Hirculus trinervius (Franch.) Losinsk. = Saxifraga hypericoides Franch. var. aurantiascens (Engl. et Irmsch.) J. T. Pan et Gornall ■
196928 Hirculus tsangchanensis (Franch.) Losinsk. = Saxifraga tsangchanensis Franch. ■
196929 Hirculus unguiculatus (Engl.) Losinsk. = Saxifraga unguiculata Engl. ■
196930 Hirculus vilmorinianus (Engl. et Irmsch.) Losinsk. = Saxifraga unguiculata Engl. ■
196931 Hirnellia Cass. = Myriocephalus Benth. ■☆
196932 Hirpicium Cass. (1820);联苞菊属■●☆
196933 Hirpicium alienatum (Thunb.) Druce;外来联苞菊■☆
196934 Hirpicium angustifolium (O. Hoffm.) Rössler;窄叶联苞菊■☆
196935 Hirpicium antunesii (O. Hoffm.) Rössler;安图内思联苞菊■☆
196936 Hirpicium armerioides (DC.) Rössler;海石竹联苞菊■☆

196937 Hirpicium armerioides (DC.) Rössler subsp. rudatisii Rössler = Hirpicium armerioides (DC.) Rössler ■☆
196938 Hirpicium bechuanense (S. Moore) Rössler;贝专联苞菊■☆
196939 Hirpicium beguinotii (Lanza) Cufod.;贝吉诺特联苞菊■☆
196940 Hirpicium diffusum (O. Hoffm.) Rössler;松散联苞菊■☆
196941 Hirpicium echinulatum Cass. = Hirpicium alienatum (Thunb.) Druce ■☆
196942 Hirpicium echinus Less.;具刺联苞菊■☆
196943 Hirpicium gazanioides (Harv.) Rössler;勋章花联苞菊■☆
196944 Hirpicium gorterioides (Oliv. et Hiern) Rössler = Hirpicium gazanioides (Oliv. et Harv.) Rössler ■☆
196945 Hirpicium gorterioides (Oliv. et Hiern.) Rössler subsp. schinzii (O. Hoffm.) Rössler;欣兹联苞菊■☆
196946 Hirpicium gracile (O. Hoffm.) Rössler;纤细联苞菊■☆
196947 Hirpicium integrifolium (Thunb.) Less.;全叶联苞菊■☆
196948 Hirpicium linearifolium (Bolus) Rössler;线叶联苞菊■☆
196949 Hirschfeldia Moench = Erucastrum (DC.) C. Presl ■☆
196950 Hirschfeldia Moench(1794);地中海芥属;Hoary Mustard ■☆
196951 Hirschfeldia adpressa Moench = Hirschfeldia incana (L.) Lagr.-Foss. ■☆
196952 Hirschfeldia incana (L.) Lagr.-Foss.;地中海芥;Hoary Mustard,Mustard,Shortpod Mustard ■☆
196953 Hirschfeldia incana (L.) Lagr.-Foss. subsp. adpressa (Moench) Maire = Hirschfeldia incana (L.) Lagr.-Foss. ■☆
196954 Hirschfeldia incana (L.) Lagr.-Foss. subsp. geniculata (Desf.) Maire;膝曲地中海芥■☆
196955 Hirschfeldia incana (L.) Lagr.-Foss. subsp. incrassata (Thell. ex Hegi) Gómez-Campo;粗地中海芥■☆
196956 Hirschfeldia incana (L.) Lagr.-Foss. var. hirta (Bab.) O. E. Schulz = Hirschfeldia incana (L.) Lagr.-Foss. ■☆
196957 Hirschfeldia littorea Pau et Font Quer = Erucastrum littoreum (Pau et Font Quer) Maire ■☆
196958 Hirschfeldia varia (Durieu) Pau = Erucastrum varium (Durieu) Durieu ■☆
196959 Hirschfeldia varians Pomel = Brassica fruticulosa Cirillo ■☆
196960 Hirschia Baker = Iphiona Cass.(保留属名)●■☆
196961 Hirschtia K. Schum. ex Schwartz = Pontederia L. ■☆
196962 Hirtella L.(1753);毛金壳果属●☆
196963 Hirtella americana L.;美洲毛金壳果●☆
196964 Hirtella bangweolensis (R. E. Fr.) Greenway var. glabriuscula Hauman = Magnistipula butayei De Wild. subsp. glabriuscula Champl. ●☆
196965 Hirtella butayei (De Wild.) Brenan = Magnistipula butayei De Wild. ●☆
196966 Hirtella carbonaria Little;煤色毛金壳果●☆
196967 Hirtella cerebriformis Capuron = Magnistipula cerebriformis (Capuron) F. White ●☆
196968 Hirtella conrauana (Engl.) A. Chev. = Magnistipula conrauana Engl. ●☆
196969 Hirtella eglandulosa Greenway = Magnistipula sapinii De Wild. ●☆
196970 Hirtella fleuryana A. Chev. = Magnistipula zenkeri Engl. ●☆
196971 Hirtella fructiculosa Hauman = Magnistipula sapinii De Wild. ●☆
196972 Hirtella megacarpa R. A. Graham = Hirtella zanzibarica Oliv. subsp. megacarpa (R. A. Graham) Prance ●☆
196973 Hirtella montana Hauman = Magnistipula butayei De Wild. subsp. montana (Hauman) F. White ●☆
196974 Hirtella oliviformis Poir. = Icacina oliviformis (Poir.) J. Raynal ●☆
196975 Hirtella sapinii (De Wild.) A. Chev. = Magnistipula sapinii De Wild. ●☆
196976 Hirtella sapinii (De Wild.) A. Chev. var. greenwayi Brenan = Magnistipula butayei De Wild. subsp. greenwayi (Brenan) F. White ●☆
196977 Hirtella tisserantii (Aubrév. et Pellegr.) Aubrév. et Pellegr. = Magnistipula butayei De Wild. subsp. tisserantii (Aubrév. et Pellegr.) F. White ●☆
196978 Hirtella zanzibarica Oliv.;桑给巴尔毛金壳果●☆
196979 Hirtella zanzibarica Oliv. subsp. megacarpa (R. A. Graham) Prance;大果毛金壳果●☆
196980 Hirtella zanzibarica Oliv. var. cryptadenia Brenan = Hirtella zanzibarica Oliv. ●☆
196981 Hirtellaceae Horan. = Chrysobalanaceae R. Br.(保留科名) + Rhizophoraceae + Vochysiaceae + Dichapetalaceae Baill.(保留科名)●☆
196982 Hirtellaceae Nakai = Chrysobalanaceae R. Br.(保留科名)●☆
196983 Hirtellina Cass. = Staehelina L. ●☆
196984 Hirtzia Dodson(1984);希施兰属■☆
196985 Hirtzia benzingii Dodson;希施兰■☆
196986 Hirundinaria J. B. Ehrh. = Vincetoxicum Wolf ●■
196987 Hisbanche Sparrm. ex Meisn. = Hyobanche L. ■☆
196988 Hisingera Hellen. = Xylosma G. Forst.(保留属名)●
196989 Hisingera japonica Siebold et Zucc. = Xylosma congesta (Lour.) Merr. ●
196990 Hisingera japonica Siebold et Zucc. = Xylosma japonica (Thunb.) A. Gray ●
196991 Hisingera japonica Siebold et Zucc. = Xylosma racemosa (Siebold et Zucc.) Miq. ●
196992 Hisingera racemosa Siebold et Zucc. = Xylosma congesta (Lour.) Merr. ●
196993 Hisingera racemosa Siebold et Zucc. = Xylosma japonica (Thunb.) A. Gray ●
196994 Hisingera racemosa Siebold et Zucc. = Xylosma racemosa (Siebold et Zucc.) Miq. ●
196995 Hispaniella Braem = Oncidium Sw.(保留属名)■☆
196996 Hispaniella Braem(1980);伊斯帕兰属■☆
196997 Hispaniella henekenii (Schomb. ex Ldl.) Braem;伊斯帕兰■☆
196998 Hispaniolanthus Cornejo et Iltis = Capparis L. ●
196999 Hispaniolanthus Cornejo et Iltis(2009);海地山柑属●☆
197000 Hispidella Barnadez ex Lam.(1789);无冠山柳菊属■☆
197001 Hispidella hispanica Barnad. ex Lam.;无冠山柳菊■☆
197002 Hissopus Nocca = Hyssopus L. ●■
197003 Hisutsua DC. = Boltonia L'Hér. ■☆
197004 Hisutsua DC. = Kalimeris (Cass.) Cass. ■
197005 Hisutsua cantonensis (Lour.) DC. = Kalimeris indica (L.) Sch. Bip. ■
197006 Hisutsua cantoniensis DC. = Aster indicus L. ■
197007 Hisutsua serrata Hook. et Arn. = Aster indicus L. ■
197008 Hisutsua serrata Hook. et Arn. = Kalimeris indica (L.) Sch. Bip. ■
197009 Hitchcockella A. Camus(1925);希氏竹属(赫支高竹属,希区科克竹属)●☆
197010 Hitchcockella baronii A. Camus;希氏竹(希区科克竹)●☆

197011 Hitchenia Wall. (1835);希钦姜属■☆
197012 Hitchenia glauca Wall.;希钦姜■☆
197013 Hitcheniopsis (Baker) Ridl. = Scaphochlamys Baker ■☆
197014 Hitcheniopsis Ridl. ex Valeton = Scaphochlamys Baker ■☆
197015 Hitchinia Horan. = Hitchenia Wall. ■☆
197016 Hitoa Nadeaud = Ixora L. ●
197017 Hitzera B. D. Jacks. = Hitzeria Klotzsch ●
197018 Hitzeria Klotzsch = Commiphora Jacq. (保留属名)●
197019 Hjaltalinia Á. Löve et D. Löve = Sedum L. ●■
197020 Hladnickia Meisn. = Carum L. ■
197021 Hladnickia Meisn. = Hladnikia Rchb. ■☆
197022 Hladnickia Steud. = Hladnikia W. D. J. Koch ■☆
197023 Hladnikia Rchb. = Carum L. ■
197024 Hladnikia Rchb. = Grafia Rchb. ■
197025 Hladnikia W. D. J. Koch = Grafia Rchb. ■
197026 Hoarea Sweet = Pelargonium L'Hér. ex Aiton ●■
197027 Hoarea bijuga Eckl. et Zeyh. = Pelargonium chelidonium (Houtt.) DC. ■☆
197028 Hoarea bipinnatifida Eckl. et Zeyh. = Pelargonium longifolium (Burm. f.) Jacq. ■☆
197029 Hoarea bubonifolia (Andréws) Sweet = Pelargonium bubonifolium (Andréws) Pers. ■☆
197030 Hoarea campestris Eckl. et Zeyh. = Pelargonium campestre (Eckl. et Zeyh.) Steud. ■☆
197031 Hoarea congesta Sweet = Pelargonium bubonifolium (Andréws) Pers. ■☆
197032 Hoarea corydaliflora Sweet = Pelargonium rapaceum (L.) L'Hér. ■☆
197033 Hoarea erythrophylla Eckl. et Zeyh. = Pelargonium dipetalum L'Hér. ■☆
197034 Hoarea eupatoriifolia Eckl. et Zeyh. = Pelargonium eupatoriifolium (Eckl. et Zeyh.) Steud. ■☆
197035 Hoarea gracilis Eckl. et Zeyh. = Pelargonium gracile (Eckl. et Zeyh.) Steud. ■☆
197036 Hoarea heterophylla (Thunb.) Eckl. et Zeyh. = Pelargonium violiflorum (Sweet) DC. ■☆
197037 Hoarea lancifolia Eckl. et Zeyh. = Pelargonium longifolium (Burm. f.) Jacq. ■☆
197038 Hoarea leeana Sweet = Pelargonium proliferum (Burm. f.) Steud. ■☆
197039 Hoarea lessertiifolia Eckl. et Zeyh. = Pelargonium pinnatum (L.) L'Hér. ■☆
197040 Hoarea nivea Sweet = Pelargonium violiflorum (Sweet) DC. ■☆
197041 Hoarea ornithopifolia Eckl. et Zeyh. = Pelargonium pinnatum (L.) L'Hér. ■☆
197042 Hoarea ovalifolia Sweet = Pelargonium auritum (L.) Willd. var. carneum (Harv.) E. M. Marais ■☆
197043 Hoarea pilosellifolia Eckl. et Zeyh. = Pelargonium pilosellifolium (Eckl. et Zeyh.) Steud. ■☆
197044 Hoarea reticulata Sweet = Pelargonium auritum (L.) Willd. var. carneum (Harv.) E. M. Marais ■☆
197045 Hoarea setosa Sweet = Pelargonium setosum (Sweet) DC. ■☆
197046 Hoarea strigosa Eckl. et Zeyh. = Pelargonium auritum (L.) Willd. var. carneum (Harv.) E. M. Marais ■☆
197047 Hoarea theiantha Eckl. et Zeyh. = Pelargonium theianthum (Eckl. et Zeyh.) Steud. ■☆
197048 Hoarea unduliflora Sweet = Pelargonium auritum (L.) Willd. ■☆
197049 Hoarea violiflora Sweet = Pelargonium violiflorum (Sweet) DC. ■☆
197050 Hochenwartia Crantz = Rhododendron L. ●
197051 Hochreutinera Krapov. (1970);霍赫锦葵属●☆
197052 Hochreutinera hasslerana (Hochr.) Krapov.;霍赫锦葵●☆
197053 Hochstettera Spach = Hochstetteria DC. ●☆
197054 Hochstetteria DC. = Dicoma Cass. ●☆
197055 Hockea Lindl. = Fockea Endl. ●☆
197056 Hockinia Gardner(1843);霍钦龙胆属■☆
197057 Hockinia montana Gardner;霍钦龙胆■☆
197058 Hocquartia Dumort. = Aristolochia L. ■●
197059 Hocquartia Dumort. = Isotrema Raf. ●☆
197060 Hocquartia fulvicoma (Merr. et Chun) Migo = Aristolochia fulvicoma Merr. et Chun ●
197061 Hocquartia hainanensis (Merr.) Migo = Aristolochia hainanensis Merr. ●◇
197062 Hocquartia howii (Merr. et Chun) Migo = Aristolochia howii Merr. et Chun ●
197063 Hocquartia kankauensis (Sasaki) Nakai ex Masam. = Aristolochia zollingeriana Miq. ■●
197064 Hocquartia kwangsiensis Chun et F. C. How ex C. F. Liang = Aristolochia kwangsiensis Chun et F. C. How ex C. F. Liang ●
197065 Hocquartia manshuriensis (Kom.) Nakai = Aristolochia manshuriensis Kom. ●◇
197066 Hodgkinsonia F. Muell. (1861);霍奇茜属☆
197067 Hodgkinsonia ovatiflora F. Muell.;霍奇茜☆
197068 Hodgsonia F. Muell. = Hodgsoniola F. Muell. ■☆
197069 Hodgsonia Hook. f. et Thomson(1854);油渣果属(油瓜属);Hodgsonia, Oilresiduefruit ■
197070 Hodgsonia capniocarpa Ridl. = Hodgsonia macrocarpa (Blume) Cogn. var. capniocarpa (Ridl.) H. T. Tsai ex A. M. Lu et Zhi Y. Zhang ■
197071 Hodgsonia heteroelita (Roxb.) Hook. f. et Thomson = Hodgsonia macrocarpa (Blume) Cogn. ■
197072 Hodgsonia macrocarpa (Blume) Cogn.;油渣果(猴子面瓜果,牛蹄果,油瓜,油果,有棱油瓜,猪油果);Big-fruited Hodgsonia, Large Fruit Hodgsonia, Largefruit Oilresiduefruit ■
197073 Hodgsonia macrocarpa (Blume) Cogn. var. capniocarpa (Ridl.) H. T. Tsai ex A. M. Lu et Zhi Y. Zhang;腺点油瓜(番胡桃,无棱油瓜,油瓜);Glandularfruit Hodgsonia, Glandularfruit Oilresiduefruit ■
197074 Hodgsonia macrocarpa (Blume) Cogn. var. capniocarpa (Ridl.) H. T. Tsai = Hodgsonia macrocarpa (Blume) Cogn. var. capniocarpa (Ridl.) H. T. Tsai ex A. M. Lu et Zhi Y. Zhang ■
197075 Hodgsoniola F. Muell. (1861);霍奇兰属■☆
197076 Hodgsoniola junciformis (F. Muell.) F. Muell.;霍奇兰■☆
197077 Hoeckia Engl. et Graebn. = Triplostegia Wall. ex DC. ■
197078 Hoeckia Engl. et Graebn. ex Diels = Triplostegia Wall. ex DC. ■
197079 Hoeckia aschersoniana Engl. et Graebn. = Triplostegia glandulifera Wall. ex DC. ■
197080 Hoeffnagelia Nack. = Trigonia Aubl. ●☆
197081 Hoehnea Epling(1939);赫内草属■☆
197082 Hoehnea epilobioides (Epling) Epling;赫内草■☆
197083 Hoehnea minima (J. A. Schmidt) Epling;小赫内草■☆
197084 Hoehneella Ruschi(1945);赫内兰属■●☆
197085 Hoehneella gehrtiana Ruschi;赫内兰■☆
197086 Hoehnelia Schweinf. = Ethulia L. f. ■

197087 Hoehnelia Schweinf. ex Engl. = Ethulia L. f. ■
197088 Hoehnelia vernonioides Schweinf. = Ethulia vernonioides (Schweinf.) M. G. Gilbert ■☆
197089 Hoehnephytum Cabrera(1950);全叶蟹甲草属■☆
197090 Hoehnephytum imbricatum (Gardn.) Cabrera;全叶蟹甲草■☆
197091 Hoelselia Juss. = Hoelzelia Neck. ●☆
197092 Hoelselia Neck. ex Jussi. = Possira Aubl.(废弃属名)●☆
197093 Hoelzelia Neck. = Swartzia Schreb.(保留属名)●☆
197094 Hoepfneria Vatke = Abrus Adans. ●■
197095 Hoepfneria africana Vatke = Abrus schimperi Hochst. ex Baker subsp. africanus (Vatke) Verdc. ■☆
197096 Hoferia Scop. = Mokof Adans.(废弃属名)●
197097 Hoferia Scop. = Ternstroemia Mutis ex L. f.(保留属名)●
197098 Hoferia japonica Franch. = Ternstroemia gymnanthera (Wight et Arn.) Bedd. ●
197099 Hoffmannella Klotzsch ex A. DC. = Begonia L. ●■
197100 Hoffmannia Loefl. = Duranta L. ●
197101 Hoffmannia Sw. (1788);锦袍木属(霍曼茜属)●■☆
197102 Hoffmannia ghiesbreghtii (Lem.) Hemsl.;四棱锦袍木●☆
197103 Hoffmannia refulgens Hemsl.;锦袍木(皱绒草);Taffeta Plant ●☆
197104 Hoffmannia woodsonii Standl.;伍氏锦袍木(霍曼茜)●☆
197105 Hoffmanniella Schltr. = Hoffmanniella Schltr. ex Lawalrée ■☆
197106 Hoffmanniella Schltr. ex Lawalrée(1943);小锦袍木属(黄林菊属)■☆
197107 Hoffmanniella silvatica Schltr. ex Lawalrée;小锦袍木(黄林菊)●☆
197108 Hoffmannseggella H. G. Jones = Laelia Lindl. ■☆
197109 Hoffmannseggia Cav. (1798)('Hoffmanseggia')(保留属名);灯芯草豆属■☆
197110 Hoffmannseggia Willd. = Hoffmannseggia Cav.(保留属名)■☆
197111 Hoffmannseggia burchellii (DC.) Benth. ex Oliv.;伯切尔灯芯草豆■☆
197112 Hoffmannseggia burchellii (DC.) Benth. ex Oliv. subsp. rubro-violacea (Baker f.) Brummitt et J. H. Ross;红紫伯切尔灯芯草豆■☆
197113 Hoffmannseggia densa ?;密集灯芯草豆;Indian Hog Potato ■☆
197114 Hoffmannseggia glauca (Ortega) Eifert;灰绿灯芯草豆;Pig Nut ■☆
197115 Hoffmannseggia insolita Harms = Stuhlmannia moavi Taub. ●☆
197116 Hoffmannseggia jamesii Torr. et A. Gray = Caesalpinia jamesii (Torr. et A. Gray) Fisher ●☆
197117 Hoffmannseggia lactea (Schinz) Schinz;乳白灯芯草豆■☆
197118 Hoffmannseggia pearsonii E. Phillips = Hoffmannseggia lactea (Schinz) Schinz ■☆
197119 Hoffmannseggia rubra Engl. = Caesalpinia rubra (Engl.) Brenan ●☆
197120 Hoffmannseggia rubro-violacea Baker f. = Hoffmannseggia burchellii (DC.) Benth. ex Oliv. subsp. rubro-violacea (Baker f.) Brummitt et J. H. Ross ■☆
197121 Hoffmannseggia sandersonii (Harv.) Engl.;桑德森灯芯草豆■☆
197122 Hoffmannseggia sandersonii (Harv.) Engl. var. lactea Schinz = Hoffmannseggia lactea (Schinz) Schinz ■☆
197123 Hoffmannsegia Bronn = Hoffmannseggia Cav.(保留属名)■☆
197124 Hoffmanseggia Cav. = Hoffmannseggia Cav.(保留属名)■☆
197125 Hofmannia Fabr. = Amaracus Gled.(保留属名)●■☆
197126 Hofmannia Heist. ex Fabr.(废弃属名)= Amaracus Gled.(保留属名)●■☆
197127 Hofmannia Spreng. = Hoffmannia Sw. ●■☆
197128 Hofmeistera Rchb. f. = Hofmeisterella Rchb. f. ■☆
197129 Hofmeisterella Rchb. f. (1852);霍夫兰属■☆
197130 Hofmeisterella eumicroscopica Rchb. f.;霍夫兰■☆
197131 Hofmeisteria Walp. (1846);孤泽兰属■●☆
197132 Hofmeisteria crassifolia S. Watson;厚叶孤泽兰■☆
197133 Hofmeisteria filifolia I. M. Johnst.;线叶孤泽兰■☆
197134 Hofmeisteria pluriseta A. Gray = Pleurocoronis pluriseta (A. Gray) R. M. King et H. Rob. ●☆
197135 Hofmeisteria pubescens S. Watson;毛孤泽兰■☆
197136 Hofmeisteria tenuis I. M. Johnst.;细孤泽兰■☆
197137 Hohenackeria Fisch. et C. A. Mey. (1836);霍赫草属■☆
197138 Hohenackeria bupleurifolia Fisch. et C. A. Mey. = Hohenackeria exscapa (Steven) Koso-Pol. ■☆
197139 Hohenackeria exscapa (Steven) Koso-Pol.;无葶霍赫草■☆
197140 Hohenackeria polyodon Coss. et Durieu;多齿霍赫草■☆
197141 Hohenbergia Baker = Aechmea Ruiz et Pav.(保留属名)■☆
197142 Hohenbergia Schult. et Schult. f. = Hohenbergia Schult. f. ■☆
197143 Hohenbergia Schult. f. (1830);星花凤梨属(何亨堡属,球花凤梨属,星花属)■☆
197144 Hohenbergia ridleyi Mez;理氏星花凤梨■☆
197145 Hohenbergia stellata Schult. f.;星花凤梨■☆
197146 Hohenbergiopsis L. B. Sm. et Read(1976);拟星花凤梨属■☆
197147 Hohenbergiopsis guatemalensis (L. B. Sm.) L. B. Sm. et Read;拟星花凤梨■☆
197148 Hohenwartha Vest = Carthamus L. ■
197149 Hohenwarthia Pacher ex A. Braun = Saponaria L. ■
197150 Hoheria A. Cunn. (1839);蒿荷木属(授带木属)●☆
197151 Hoheria angustifolia Raoul;狭叶蒿荷木(狭叶授带木)●☆
197152 Hoheria glabrata Sprague et Summerh.;亮蒿荷木;Mountain Ribbonwood ●☆
197153 Hoheria lyallii Hook. f.;矮蒿荷木(利氏授带木);Mountain Ribbonwood, New Zealand Lacebark ●☆
197154 Hoheria populnea A. Cunn.;速生蒿荷木(授带木);Houhere, Lacebark, Lace-bark, Lace-bark Tree, New Zealand Lacebark, Ribbonwood ●☆
197155 Hoheria populnea A. Cunn. 'Alba Variegata';白边速生蒿荷木●☆
197156 Hoheria populnea A. Cunn. 'Purple Wave' = Hoheria populnea A. Cunn. 'Purpurea' ●☆
197157 Hoheria populnea A. Cunn. 'Purpurea';紫叶速生蒿荷木●☆
197158 Hoheria sexstylosa Colenso;垂枝蒿荷木(六柱授带木);Ribbonwood ●☆
197159 Hoiriri Adans.(废弃属名)= Aechmea Ruiz et Pav.(保留属名)■☆
197160 Hoita Rydb. (1919);加州豆属■☆
197161 Hoita Rydb. = Orbexilum Raf. ■☆
197162 Hoita Rydb. = Psoralea L. ●■
197163 Hoita douglasii (Greene) Rydb.;加州豆■☆
197164 Hoitzia Juss. = Loeselia L. ■●☆
197165 Holacantha A. Gray = Castela Turpin(保留属名)●
197166 Holaeanthaceae Jadin = Simaroubaceae DC.(保留科名)●
197167 Holalafia Stapf = Alafia Thouars ●☆
197168 Holalafia densiflora Stapf ex Pichon = Alafia multiflora (Stapf) Stapf ●☆

197169 Holalafia jasminiflora Hutch. et Dalziel = Farquharia elliptica Stapf ●☆
197170 Holalafia multiflora Stapf = Alafia multiflora (Stapf) Stapf ●☆
197171 Holalafia schumannii (Stapf) Woodson = Alafia schumannii Stapf ●☆
197172 Holandrea Reduron, Charpin et Pimenov = Peucedanum L. ■
197173 Holarges Ehrh. = Draba L. ■
197174 Holargidium Turcz. = Draba L. ■
197175 Holarrhena R. Br. (1810); 止泻木属; Antidiarrhealtree, Holarrhena ●
197176 Holarrhena affinis Hook. et Arn. = Anodendron affine (Hook. et Arn.) Druce ●
197177 Holarrhena africana A. DC.; 非洲止泻木●☆
197178 Holarrhena africana A. DC. = Holarrhena floribunda (G. Don) T. Durand et Schinz ●☆
197179 Holarrhena antidysenterica (L.) Wall. ex DC. = Holarrhena pubescens (Buch. -Ham.) Wall. ex G. Don ●
197180 Holarrhena antidysenterica Roth = Holarrhena pubescens (Buch. -Ham.) Wall. ex G. Don ●
197181 Holarrhena antidysenterica Wall. ex A. DC. = Holarrhena pubescens (Buch. -Ham.) Wall. ex G. Don ●
197182 Holarrhena codaga G. Don = Holarrhena pubescens (Buch. -Ham.) Wall. ex G. Don ●
197183 Holarrhena congolensis Stapf; 刚果止泻木●☆
197184 Holarrhena febrifuga Klotzsch; 退热止泻木; Jasmine Tree ●☆
197185 Holarrhena febrifuga Klotzsch = Holarrhena pubescens (Buch. -Ham.) Wall. ex G. Don ●
197186 Holarrhena fischeri K. Schum. = Holarrhena pubescens (Buch. -Ham.) Wall. ex G. Don ●
197187 Holarrhena floribunda (G. Don) T. Durand et Schinz; 多花止泻木●☆
197188 Holarrhena floribunda (G. Don) T. Durand et Schinz var. tomentella H. Huber; 毛多花止泻木●☆
197189 Holarrhena floribunda T. Durand et Schinz = Holarrhena floribunda (G. Don) T. Durand et Schinz ●☆
197190 Holarrhena glaberrima Markgr. = Holarrhena pubescens (Buch. -Ham.) Wall. ex G. Don ●
197191 Holarrhena glabra Klotzsch; 光止泻木●☆
197192 Holarrhena glabra Klotzsch = Holarrhena pubescens (Buch. -Ham.) Wall. ex G. Don ●
197193 Holarrhena landolphioides A. DC. = Alafia scandens (Thonn.) De Wild. ●☆
197194 Holarrhena latifolia Ridl.; 宽叶止泻木●☆
197195 Holarrhena madagascariensis Baker = Mascarenhasia arborescens A. DC. ●☆
197196 Holarrhena malaccensis Wight = Holarrhena pubescens (Buch. -Ham.) Wall. ex G. Don ●
197197 Holarrhena mitis (Vahl) R. Br.; 温柔止泻木●
197198 Holarrhena ovata A. DC. = Holarrhena floribunda (G. Don) T. Durand et Schinz var. tomentella H. Huber ●☆
197199 Holarrhena pubescens (Buch. -Ham.) Wall. ex G. Don; 止泻木(短毛止泻木, 抗痢木); Common Holarrhena, Droughtdysentery Antidiarrhealtree, Droughtdysentery Holarrhena, Henry Holarrhena Conessi, Kumbanzo, Kurchi Bark, Medicinal Holarrhena, Tellichery Bark ●
197200 Holarrhena pubescens Wall. ex G. Don = Holarrhena pubescens (Buch. -Ham.) Wall. ex G. Don ●
197201 Holarrhena tettensis Klotzsch = Holarrhena pubescens (Buch. -Ham.) Wall. ex G. Don ●
197202 Holarrhena villosa Aiton ex Loudon = Holarrhena pubescens (Buch. -Ham.) Wall. ex G. Don ●
197203 Holarrhena wulfsbergii Stapf; 沃氏止泻木(止泻夹竹桃); Wulfsberg's Holarrhena ●☆
197204 Holarrhena wulfsbergii Stapf = Holarrhena floribunda (G. Don) T. Durand et Schinz ●☆
197205 Holboellia Hook. = Lopholepis Decne. ■☆
197206 Holboellia Wall. (1824); 八月瓜属(八月楂属, 牛姆瓜属, 牛木瓜属, 鹰爪枫属); Holboellia, Sausage Vine ●
197207 Holboellia Wall. (1831) = Lopholepis Decne. ■☆
197208 Holboellia acuminata Lindl. = Holboellia angustifolia Wall. ●
197209 Holboellia angustifolia Diels = Holboellia angustifolia Wall. ●
197210 Holboellia angustifolia Diels var. angustissima Diels = Holboellia angustifolia Wall. ●
197211 Holboellia angustifolia Diels var. minima Réaub. = Holboellia angustifolia Wall. ●
197212 Holboellia angustifolia Hand. -Mazz. = Holboellia angustifolia Wall. ●
197213 Holboellia angustifolia Wall.; 五叶瓜藤(八月瓜, 八月果, 八月札, 白果藤, 橙藤, 豆子, 黄蜡白果藤, 黄蜡藤, 腊藤, 腊支, 蜡支, 木通, 五风藤, 五枫藤, 五加藤, 五月瓜藤, 五月腊, 五月藤, 狭叶八月瓜, 野梅, 野人瓜, 预知子, 紫花牛姆瓜); Farges Holboellia, Narrowleaf Holboellia ●
197214 Holboellia angustifolia Wall. subsp. linearifolia T. Chen et H. N. Qin = Holboellia linearifolia (T. Chen et H. N. Qin) T. Chen ●
197215 Holboellia angustifolia Wall. subsp. obtusa (Gagnep.) H. N. Qin; 钝叶五风藤●
197216 Holboellia angustifolia Wall. subsp. trifoliata H. N. Qin; 三叶五风藤●
197217 Holboellia apelata Q. Xia, J. Z. Suen et Z. X. Peng = Archakebia apelata (Q. Xia, J. Z. Suen et Z. X. Peng) C. Y. Wu, T. Chen et H. N. Qin ●
197218 Holboellia bambusifolia T. Chen = Holboellia linearifolia (T. Chen et H. N. Qin) T. Chen ●
197219 Holboellia brachyandra H. N. Qin; 短蕊八月瓜; Shortstemen Holboellia ●
197220 Holboellia brevipes (Hemsl.) P. C. Kuo = Holboellia coriacea Diels ●
197221 Holboellia chapaensis Gagnep.; 沙坝八月瓜(羊腰子); Shaba Holboellia ●
197222 Holboellia chinensis (Franch.) Diels = Sinofranchetia chinensis (Franch.) Hemsl. ●
197223 Holboellia coriacea Diels; 鹰爪枫(八月瓜, 八月栌, 八月札, 革质八月瓜, 牛千斤, 破骨风, 牵藤, 三月藤); Leathery Holboellia, Sausage Vine ●
197224 Holboellia coriacea Diels var. angustifolia Pamp. = Holboellia coriacea Diels ●
197225 Holboellia coriacea Diels var. brevipes (Hemsl.) Chun; 短柄鹰爪枫; Shortstalk Leathery Holboellia ●
197226 Holboellia coriacea Diels var. brevipes (Hemsl.) Chun = Holboellia coriacea Diels ●
197227 Holboellia cuneata Oliv. = Sargentodoxa cuneata (Oliv.) Rehder et E. H. Wilson ●
197228 Holboellia fargesii Reaub. = Holboellia angustifolia Wall. ●
197229 Holboellia grandiflora Reaub.; 牛姆瓜(大花牛姆瓜); Big-

flowered Holboellia, Largeflower Holboellia ●
197230 Holboellia latifolia Franch. = Holboellia angustifolia Wall. ●
197231 Holboellia latifolia Franch. var. obtusa Gagnep. = Holboellia angustifolia Wall. subsp. obtusa (Gagnep.) H. N. Qin ●
197232 Holboellia latifolia Wall.;八月瓜(八月栌,八月札,刺藤果,大木通,阔叶八月瓜,兰木香,牛懒袋果,牛腰子果,三叶莲,五风藤,五枫藤,五月藤);Broadleaf Holboellia, Broad-leaved Holboellia ●
197233 Holboellia latifolia Wall. subsp. chartacea C. Y. Wu et S. H. Huang;纸叶八月瓜●
197234 Holboellia latifolia Wall. var. acuminata Gagnep. = Holboellia angustifolia Wall. ●
197235 Holboellia latifolia Wall. var. angustifolia (Wall.) Hook. f. et Thomson = Holboellia angustifolia Wall. ●
197236 Holboellia latifolia Wall. var. angustifolia Hook. f. et Thomson = Holboellia angustifolia Wall. ●
197237 Holboellia latifolia Wall. var. bracteata Gagnep. = Holboellia angustifolia Wall. ●
197238 Holboellia latifolia Wall. var. obtusa Gagnep. = Holboellia angustifolia Wall. subsp. obtusa (Gagnep.) H. N. Qin ●
197239 Holboellia latistaminea T. Chen;扁丝八月瓜;Platy-stamened Holboellia ●
197240 Holboellia latistaminea T. Chen = Holboellia parviflora (Hemsl.) Gagnep. ●
197241 Holboellia linearifolia (T. Chen et H. N. Qin) T. Chen;线叶八月瓜;Bamboo-leaved Holboellia, Linear-leaf Holboellia, Linear-leaved Holboellia ●
197242 Holboellia marmorata Hand.-Mazz. = Holboellia angustifolia Wall. ●
197243 Holboellia medogensis H. N. Qin;墨脱八月瓜;Motuo Holboellia ●
197244 Holboellia obovata (Hemsl.) Chun = Stauntonia obovata Hemsl. ●
197245 Holboellia ovatifoliolata C. Y. Wu et T. Chen;昆明鹰爪枫(细白沙藤,一把青藤);Kunming Holboellia, Ovate-leaved Holboellia ●
197246 Holboellia ovatifoliolata C. Y. Wu et T. Chen ex S. H. Haung = Holboellia latifolia Wall. ●
197247 Holboellia parviflora (Hemsl.) Gagnep.;小花鹰爪枫(八月瓜,小花八月瓜);Little-flower Holboellia, Small-flowered Holboellia ●
197248 Holboellia pterocaulis T. Chen et Q. H. Chen;棱茎八月瓜;Angular-stem Holboellia, Wing-stem Holboellia ●
197249 Holboellia reticulata C. Y. Wu;羊腰子(八月瓜);Netted Holboellia, Reticulate Holboellia ●
197250 Holboellia reticulata C. Y. Wu = Holboellia chapaensis Gagnep. ●
197251 Holcaceae Link = Gramineae Juss.(保留科名)■●
197252 Holcaceae Link = Poaceae Barnhart(保留科名)■●
197253 Holcoglossum Schltr. (1919);槽舌兰属(撬唇兰属,松叶兰属);Holcoglossum ■
197254 Holcoglossum amesianum (Rchb. f.) Christenson;大根槽舌兰(阿米斯万带兰,吊兰,接骨草,九爪龙,千台楼,万代兰,万带兰,心不死);Ames Vanda, Holcoglossum ■
197255 Holcoglossum auriculatum Z. J. Liu, S. C. Chen et X. H. Jin = Vanda watsonii Rolfe ■☆
197256 Holcoglossum falcatum (Thunb. ex A. Murray) Garay et Sweet = Neofinetia falcata (Thunb. ex A. Murray) Hu ■
197257 Holcoglossum falcatum (Thunb.) Garay et H. R. Sweet = Neofinetia falcata (Thunb.) Hu ■
197258 Holcoglossum flavescens (Schltr.) Z. H. Tsi;短距槽舌兰;Shortspur Holcoglossum ■
197259 Holcoglossum junceum Z. H. Tsi = Ascocentrum himalaicum (Deb, Sengupta et Malick) Christensen ■
197260 Holcoglossum kimballianum (Rchb. f.) Garay;管叶槽舌兰(肯巴里万代兰,肯巴里万带兰);Kimball Holcoglossum, Kimball Vanda ■
197261 Holcoglossum kimballianum (Rchb. f.) Garay var. lingulatum Aver. = Holcoglossum lingulatum (Aver.) Aver. ■
197262 Holcoglossum lingulatum (Aver.) Aver.;舌唇槽舌兰;Lingulate Holcoglossum ■
197263 Holcoglossum nujiangense X. H. Jin et H. Li;怒江槽舌兰■
197264 Holcoglossum omeiense X. H. Jin et S. C. Chen;峨眉槽舌兰■
197265 Holcoglossum quasipinifolium (Hayata) Schltr.;槽舌兰(多序槽舌兰,撬唇兰,松叶兰,台湾槽舌兰,叶绿冬青);Holcoglossum, Taiwan Holcoglossum ■
197266 Holcoglossum rupestre (Hand.-Mazz.) Garay;滇西槽舌兰;W. Yunnan Holcoglossum ■
197267 Holcoglossum saprophyticum (Gagnep.) Christenson = Holcoglossum kimballianum (Rchb. f.) Garay ■
197268 Holcoglossum sinicum Christenson;中华槽舌兰;China Holcoglossum ■
197269 Holcoglossum subulifolium (Rchb. f.) Christenson;凹唇槽舌兰(白唇槽舌兰);White Holcoglossum ■
197270 Holcoglossum tangii Christenson = Holcoglossum lingulatum (Aver.) Aver. ■
197271 Holcoglossum tsii T. Yukawa = Holcoglossum rupestre (Hand.-Mazz.) Garay ■
197272 Holcoglossum wangii Chr.;筒距槽舌兰■
197273 Holcoglossum weixiense X. H. Jin et S. C. Chen;维西槽舌兰■
197274 Holcolemma Stapf et C. E. Hubb. (1929);鞘狗尾草属■☆
197275 Holcolemma inaequale Clayton;不等鞘狗尾草■☆
197276 Holcolemma transiens (K. Schum.) Stapf et C. E. Hubb.;鞘狗尾草■☆
197277 Holcophacos Rydb. = Astragalus L. ●■
197278 Holcus L. (1753)(保留属名);绒毛草属;Holcus, Soft-grass, Velvet Grass, Velvetgrass, Velvet-grass ■
197279 Holcus Nash = Sorghum Moench(保留属名)■
197280 Holcus alpinus Sw. = Anthoxanthum monticola (Bigelow) Veldkamp ■
197281 Holcus alpinus Sw. = Hierochloe alpina (Sw.) Roem. et Schult. ■
197282 Holcus alpinus Sw. ex Willd. = Anthoxanthum monticola (Bigelow) Veldkamp ■
197283 Holcus annuus C. A. Mey.;一年绒毛草■☆
197284 Holcus argenteus Chabert = Holcus lanatus L. ■
197285 Holcus asper Thunb. = Pentaschistis aspera (Thunb.) Stapf ■☆
197286 Holcus avenaceus Scop. = Arrhenatherum elatium (L.) P. Beauv. ex J. Presl et C. Presl ■
197287 Holcus avenaceus Scop. var. bulbosus (Willd.) Gaudin = Arrhenatherum elatium (L.) P. Beauv. ex J. Presl et C. Presl var. bulbosum (Willd.) Spenn. ■
197288 Holcus bicolor L. = Sorghum bicolor (L.) Moench ■
197289 Holcus bulbosus (Willd.) Schrad. = Arrhenatherum elatium (L.) P. Beauv. ex J. Presl et C. Presl var. bulbosum (Willd.) Spenn. ■
197290 Holcus caffrorum Thunb. = Sorghum caffrorum (Thunb.) P.

Beauv. ■
197291 Holcus capillaris Thunb. = Pentaschistis capillaris (Thunb.) McClean ■☆
197292 Holcus cernuus Ard. = Sorghum bicolor (L.) Moench ■
197293 Holcus cernuus Ard. = Sorghum cernuum (Ard.) Host ■
197294 Holcus dochna Forssk. = Sorghum bicolor (L.) Moench ■
197295 Holcus dochna Forssk. = Sorghum dochna (Forssk.) Snowden ■
197296 Holcus durra Forssk. = Sorghum bicolor (L.) Moench ■
197297 Holcus durra Forssk. = Sorghum durra (Forssk.) Stapf ■
197298 Holcus fulvus R. Br. = Sorghum nitidum (Vahl) Pers. ■
197299 Holcus fulvus R. Br. var. nitidus (Vahl) Honda = Sorghum nitidum (Vahl) Pers. ■
197300 Holcus halepensis L. = Sorghum halepense (L.) Pers. ■
197301 Holcus lanatus L.;绒毛草;Common Velvet Grass, Common Velvetgrass, Common Velvet-grass, Creeping Soft-grass, Meadow Soft-grass, Velvet Grass, Velvetgrass, Velvet-grass, Yorkshire Fog ■
197302 Holcus lanatus L. var. albovirens Rchb. = Holcus lanatus L. ■
197303 Holcus lanatus L. var. altissimus Coss. et Durieu = Holcus lanatus L. ■
197304 Holcus lanatus L. var. tuberosus (Salzm.) Coss. et Durieu = Holcus lanatus L. ■
197305 Holcus latifolius Osbeck = Centotheca lappacea (L.) Desv. ■
197306 Holcus mollis L.;根茎绒毛草(德国绒毛草);Creeping Softgrass, Creeping Soft-grass, Creeping Velvet Grass, Creeping Velvetgrass, German Velvet Grass, German Velvetgrass, German Velvet-grass ■☆
197307 Holcus mollis L. 'Albovariegatus';白条根茎绒毛草■☆
197308 Holcus mollis L. 'Variegatus';斑叶根茎绒毛草;Variegated Creeping Soft-grass ■☆
197309 Holcus mollis L. subsp. triflorus (Trab.) Trab.;三花根茎绒毛草■☆
197310 Holcus mollis L. var. triflorus Trab. = Holcus mollis L. subsp. triflorus (Trab.) Trab. ■☆
197311 Holcus monticola Bigelow = Anthoxanthum monticola (Bigelow) Veldkamp ■
197312 Holcus nitidus Vahl = Sorghum nitidum (Vahl) Pers. ■
197313 Holcus odoratus L. = Anthoxanthum monticola (Bigelow) Veldkamp ■
197314 Holcus odoratus L. = Anthoxanthum nitens (Weber) Y. Schouten et Veldkamp ■
197315 Holcus odoratus L. = Hierochloe odorata (L.) P. Beauv. ■
197316 Holcus parviflorus R. Br. = Capillipedium parviflorum (R. Br.) Stapf ■
197317 Holcus pertusus L. = Bothriochloa pertusa (L.) A. Camus ■
197318 Holcus saccharatus L. = Sorghum dochna (Forssk.) Snowden ■
197319 Holcus serratus Thunb. = Brachiaria serrata (Thunb.) Stapf ■☆
197320 Holcus setifolius Thunb. = Pentaschistis setifolia (Thunb.) McClean ■☆
197321 Holcus setiger Nees;刚毛绒毛草■☆
197322 Holcus setiglumis Boiss. et Reut. = Holcus annuus C. A. Mey. ■☆
197323 Holcus setosus Trin.;硬绒毛草■☆
197324 Holcus setosus Trin. = Holcus annuus C. A. Mey. ■☆
197325 Holcus sorghum L. = Sorghum bicolor (L.) Moench ■
197326 Holcus sorghum L. = Sorghum cernuum (Ard.) Host ■
197327 Holcus sorghum L. var. sudanensis Hitchc. = Holcus sudanensis L. H. Bailey ■☆
197328 Holcus spicatus L. = Pennisetum americanum (L.) Leeke ■
197329 Holcus spicatus L. = Pennisetum glaucum (L.) R. Br. ■
197330 Holcus sudanensis (Piper) Bailey = Sorghum sudanense (Piper) Stapf ■
197331 Holcus sudanensis L. H. Bailey;苏丹绒毛草■☆
197332 Holcus triflorus (Trab.) Trab. = Holcus mollis L. subsp. triflorus (Trab.) Trab. ■☆
197333 Holderlinia Neck. = Serruria Burm. ex Salisb. ●☆
197334 Holigarna Buch. -Ham. = Holigarna Buch. -Ham. ex Roxb. (保留属名)●☆
197335 Holigarna Buch. -Ham. ex Roxb. (1820)(保留属名);印度辛果漆属(辛果漆属)●☆
197336 Holigarna longifolia Buch. -Ham. ex Roxb.;长叶印度辛果漆(长叶辛果漆)●☆
197337 Holigarna racemosa Roxb. = Drimycarpus racemosus (Roxb.) Hook. f. ex Marchand ●
197338 Hollandaea F. Muell. (1887);奥兰达山龙眼属●☆
197339 Hollandaea lamingtoniana F. M. Bailey;奥兰达山龙眼●☆
197340 Hollboellia Meisn. = Holboellia Wall. (1831)■☆
197341 Hollboellia Meisn. = Lopholepis Decne. ■☆
197342 Hollboellia Spreng. = Holboellia Wall. (1824)■☆
197343 Hollermayera O. E. Schulz(1928);森林芥属■☆
197344 Hollermayera silvatica O. E. Schulz;森林芥■☆
197345 Hollia Heynh. (1840) = Noltea Rchb. ●☆
197346 Hollia Heynh. (1846) = Chlorophytum Ker Gawl. ■
197347 Hollisteria S. Watson(1879);互苞刺花蓼属;False spikeflower ■☆
197348 Hollisteria lanata S. Watson;互苞刺花蓼■☆
197349 Hollrungia K. Schum. (1887);耳莲属■☆
197350 Hollrungia aurantioides K. Schum.;耳莲■☆
197351 Holmbergia Hicken(1909);浆果藜属●☆
197352 Holmbergia exocarpa Hicken;浆果藜●☆
197353 Holmesia P. J. Cribb = Angraecopsis Kraenzl. ■☆
197354 Holmesia P. J. Cribb = Microholmesia P. J. Cribb ■☆
197355 Holmesia parva P. J. Cribb = Angraecopsis parva (P. J. Cribb) P. J. Cribb ■☆
197356 Holmgrenanthe Elisens(1985);霍姆婆婆纳属(霍姆玄参属)■☆
197357 Holmgrenanthe petrophila (Coville et C. V. Morton) Elisens;霍姆婆婆纳■☆
197358 Holmgrenia W. L. Wagner et Hoch = Neoholmgrenia W. L. Wagner et Hoch ■☆
197359 Holmgrenia W. L. Wagner et Hoch = Oenothera L. ●■
197360 Holmia Börner = Kobresia Willd. ■
197361 Holmskioldia Retz. (1791);冬红属(冬红花属);Chinese-hat-plant ●
197362 Holmskioldia Retz. = Karomia Dop ●☆
197363 Holmskioldia angustifolia Moldenke = Capitanopsis angustifolia (Moldenke) Capuron ●☆
197364 Holmskioldia gigas Faden = Karomia gigas (Faden) Verdc. ●☆
197365 Holmskioldia microcalyx (Baker) W. Piep.;小萼冬红●☆
197366 Holmskioldia mucronata (Klotzsch) Vatke = Karomia tettensis (Klotzsch) R. Fern. ●☆
197367 Holmskioldia rubra Pers. = Holmskioldia sanguinea Retz. ●
197368 Holmskioldia sanguinea Retz.;冬红(冬红花);China Hat Plant, Chinese Hat Plant, Chinese-hat Plant, Chinese-hat-plant, Cup

and Saucer Plant, Cup-and-saucer Plant, Mandarin's Hat Plant, Parasol Flower ●
197369 Holmskioldia speciosa Hutch. et Corbishley = Karomia speciosa (Hutch. et Corbishley) R. Fern. ●☆
197370 Holmskioldia spinescens (Klotzsch) Vatke = Karomia tettensis (Klotzsch) R. Fern. ●☆
197371 Holmskioldia subintegra Moldenke = Karomia tettensis (Klotzsch) R. Fern. ●☆
197372 Holmskioldia tettensis (Klotzsch) Vatke = Karomia tettensis (Klotzsch) R. Fern. ●☆
197373 Holmskioldia tettensis (Klotzsch) Vatke f. alba Moldenke = Karomia speciosa (Hutch. et Corbishley) R. Fern. f. alba (Moldenke) R. Fern. ●☆
197374 Holocalyx Micheli(1883);全萼豆属■☆
197375 Holocalyx balansae Micheli;全萼豆■☆
197376 Holocarpa Baker = Pentanisia Harv. ■☆
197377 Holocarpa veronicoides Baker = Pentanisia veronicoides (Baker) K. Schum. ■☆
197378 Holocarpha Greene(1897);星全菊属■☆
197379 Holocarpha heermannii (Greene) D. D. Keck;黑尔曼星全菊■☆
197380 Holocarpha macradenia (DC.) Greene;大腺星全菊■☆
197381 Holocarpha obconica (J. C. Clausen et D. D. Keck) D. D. Keck;倒锥星全菊■☆
197382 Holocarpha obconica (J. C. Clausen et D. D. Keck) D. D. Keck subsp. autumnalis D. D. Keck = Holocarpha obconica (J. C. Clausen et D. D. Keck) D. D. Keck ■☆
197383 Holocarpha virgata (A. Gray) D. D. Keck;细条星全菊■☆
197384 Holocarya T. Durand = Holocarpa Baker ■☆
197385 Holocarya T. Durand = Pentanisia Harv. ■☆
197386 Holocheila (Kudo) S. Chow (1962);全唇花属;Holocheila, Wholelipflower ■★
197387 Holocheila longipedunculata S. Chow;全唇花;Longpeduncle Holocheila, Longpeduncle Wholelipflower ■
197388 Holocheilus Cass. (1818);双冠钝柱菊属■☆
197389 Holocheilus Cass. = Trixis P. Browne ■●☆
197390 Holocheilus brasiliensis (L.) Cabrera;巴西双冠钝柱菊■☆
197391 Holocheilus monocephalus Mondin;单头双冠钝柱菊■☆
197392 Holochiloma Hochst. = Premna L. (保留属名)●■
197393 Holochiloma resinosum Hochst. = Premna resinosa (Hochst.) Schauer ●☆
197394 Holochilus Dalzell = Diospyros L. ●
197395 Holochilus Post et Kuntze = Holocheilus Cass. ■☆
197396 Holochilus Post et Kuntze = Trixis P. Browne ■●☆
197397 Holochlamys Engl. (1883);全被南星属■☆
197398 Holochlamys beccarii Engl.;全被南星■☆
197399 Holochloa Nutt. = Heuchera L. ■☆
197400 Holochloa Nutt. ex Torr. et A. Gray = Heuchera L. ■☆
197401 Holodiscus (C. Koch) Maxim. (1879)(保留属名);奶油木属(全盘花属);Oceanspray, Ocean-spray ●☆
197402 Holodiscus (K. Koch) Maxim. = Holodiscus (C. Koch) Maxim. (保留属名)●☆
197403 Holodiscus Maxim. = Holodiscus (C. Koch) Maxim. (保留属名)●☆
197404 Holodiscus discolor (Pursh) Maxim.;奶油木(全盘花);Cream Bush, Creambush, Mountain Spray, Ocean Spray, Oceanspray, Ocean-spray ●☆
197405 Hologamium Nees = Ischaemum L. ■
197406 Hologamium Nees = Sehima Forssk. ■
197407 Holographis Nees(1847);全饰爵床属■☆
197408 Holographis argyrea (Léonard) T. F. Daniel;银色全饰爵床■☆
197409 Holographis ehrenbergiana Nees;全饰爵床■☆
197410 Holographis pallida Léonard et Gentry;苍白全饰爵床■☆
197411 Hologymne Bartl. = Lasthenia Cass. ■☆
197412 Hologymne Bartl. ex L. = Lasthenia Cass. ■☆
197413 Hologyne Pfitzer = Coelogyne Lindl. ■
197414 Hololachna Ehrenb. = Reaumuria L. ●
197415 Hololachna songarica Ehrenb. = Reaumuria soongarica (Pall.) Maxim. ●
197416 Hololachna soongarica (Pall.) Ehrenb. = Reaumuria soongarica (Pall.) Maxim. ●
197417 Hololachne Rchb. = Hololachna Ehrenb. ●
197418 Hololachne schawiana Hook. f. = Reaumuria soongarica (Pall.) Maxim. ●
197419 Hololachne soongarica (Pall.) Ehrenb. = Reaumuria soongarica (Pall.) Maxim. ●
197420 Hololafia K. Schum. = Holalafia Stapf ●☆
197421 Hololeion Kitam. (1941);北山菊属(全光菊属)■
197422 Hololeion Kitam. = Hieracium L. ■
197423 Hololeion fauriei (H. Lév. et Vaniot) Kitam.;北山菊■
197424 Hololeion krameri (Franch. et Sav.) Kitam. = Hieracium krameri Franch. et Sav. ■
197425 Hololeion maximowiczii Kitam. = Hieracium hololeion Maxim. ■
197426 Hololepis DC. (1810);全鳞菊属●☆
197427 Hololepis DC. = Vernonia Schreb. (保留属名)●■
197428 Holopeira Miers = Cocculus DC. (保留属名)●
197429 Holopeira torrida Miers = Cocculus hirsutus (L.) Diels ●☆
197430 Holopetala Wight = Holoptelea Planch. ●☆
197431 Holopetalon Rchb. = Heteropterys Kunth(保留属名)●☆
197432 Holopetalum Turcz. = Oligomeris Cambess. (保留属名)■●
197433 Holopetalum burchellii Müll. Arg. = Oligomeris dipetala (Aiton) Turcz. ■☆
197434 Holopetalum pumilum Turcz. = Oligomeris dipetala (Aiton) Turcz. ■☆
197435 Holopetalum spathulatum E. Mey. ex Turcz. = Oligomeris dipetala (Aiton) Turcz. var. spathulata (E. Mey. ex Turcz.) Abdallah ■☆
197436 Holophyllum Less. = Athanasia L. ●☆
197437 Holophyllum Meisn. = Hoplophyllum DC. ●☆
197438 Holophyllum capitatum (L.) Less. = Athanasia capitata (L.) L. ●☆
197439 Holophyllum capitatum (L.) Less. var. glabratum DC. = Athanasia capitata (L.) L. ●☆
197440 Holophyllum lanuginosum (Cav.) DC. = Athanasia capitata (L.) L. ●☆
197441 Holophyllum scabrum DC. = Athanasia capitata (L.) L. ●☆
197442 Holophytum Post et Kuntze = Capparis L. ●
197443 Holophytum Post et Kuntze = Olofuton Raf. ●
197444 Holopleura Regal et Schmalh. = Hyalolaena Bunge ■
197445 Holopogon Kom. et Nevski = Neottia Guett. (保留属名)■
197446 Holopogon Kom. et Nevski(1935);无喙兰属(小鸟巢兰属);Nobillorchis ■
197447 Holopogon gaudissartii (Hand.-Mazz.) S. C. Chen;无喙兰;Common Nobillorchis ■

197448 Holopogon smithianus (Schltr.) S. C. Chen;叉唇无喙兰(无喙鸟巢兰);Forklip Nobillorchis ■
197449 Holopogon ussuriensis Kom. et Nevski;乌苏里无喙兰■☆
197450 Holoptelaea Planch. = Holoptelea Planch. ●☆
197451 Holoptelea Planch. (1848);印缅榆属(古榆属,全叶榆属);Vellayim ●☆
197452 Holoptelea grandis (Hutch.) Mildbr.;大古榆●☆
197453 Holoptelea grandis Mildbr. = Holoptelea grandis (Hutch.) Mildbr. ●☆
197454 Holoptelea integrifolia Planch.;印缅榆(全缘叶古榆,绳树);Vellayim ●☆
197455 Holoptolaea B. D. Jacks. = Holoptelea Planch. ●☆
197456 Holoptolaea Planch. = Holoptelea Planch. ●☆
197457 Holopyxidium Ducke = Lecythis Loefl. ●☆
197458 Holopyxidium Ducke(1925);全盖果属●☆
197459 Holopyxidium jarana Ducke;全盖果(全盖果玉蕊)●☆
197460 Holopyxidium latifolium (A. C. Sm.) R. Knuth;疏叶全盖果●☆
197461 Holoregmia Nees = Martynia L. ■
197462 Holoregmia Nees(1821);灌木角胡麻属●☆
197463 Holoregmia viscida Nees;灌木角胡麻●☆
197464 Holoschkuhria H. Rob. (2002);棕药菊属■●☆
197465 Holoschkuhria tetramera H. Rob.;棕药菊■☆
197466 Holoschoenus Link = Scirpoides Ség. ■☆
197467 Holoschoenus Link = Scirpus L. (保留属名)■
197468 Holoschoenus Link(1827);全箭莎属■☆
197469 Holoschoenus romanus (L.) Fritsch;全箭莎■☆
197470 Holoschoenus vulgaris Link = Scirpoides holoschoenus (L.) Soják ■☆
197471 Holosepalum Fourr. = Hypericum L. ■●
197472 Holosetum Steud. = Alloteropsis J. Presl ex C. Presl ■
197473 Holosetum Steud. = Panicum L. ■
197474 Holostachys Greene = Halostachys C. A. Mey. ex Schrenk ●
197475 Holostemma R. Br. (1810);铰剪藤属;Holostemma, Scissorsvine ●■
197476 Holostemma ada-kodien Schult.;铰剪藤(较剪藤);Annular Holostemma, Annular Scissorsvine ●■
197477 Holostemma annulare (Roxb.) K. Schum. = Holostemma ada-kodien Schult. ●■
197478 Holostemma annularium (Roxb.) K. Schum. = Holostemma ada-kodien Schult. ●■
197479 Holostemma brunoniana Royle = Holostemma ada-kodien Schult. ●■
197480 Holostemma pictum Champ. = Graphistemma pictum Champ. ex Benth. et Hook. f. ●
197481 Holostemma pictum Champ. ex Benth. = Graphistemma pictum (Champ. ex Benth.) Benth. et Hook. f. ex Maxim. ●
197482 Holostemma rheedei Wall. = Holostemma ada-kodien Schult. ●■
197483 Holostemma rheedianum Spreng. = Holostemma ada-kodien Schult. ●■
197484 Holostemma sinense Hemsl. = Metaplexis hemsleyana Oliv. ●■
197485 Holosteum Dill. ex L. = Holosteum L. ■
197486 Holosteum L. (1753);硬骨草属(鹤立属);Boneweed, Jagged Chickweed, Mouse Ear, Mouse-ear ■
197487 Holosteum cordatum L. = Drymaria cordata (L.) Willd. ex Schult. ■☆
197488 Holosteum glotinosum Fisch. = Holosteum umbellatum L. ■
197489 Holosteum glutinosum (M. Bieb.) Fisch. et C. A. Mey. = Holosteum umbellatum L. ■
197490 Holosteum martinatum C. A. Mey.;沼地硬骨草■☆
197491 Holosteum umbellatum L.;硬骨草(伞形鹤立,伞形硬骨草,黏鹤立);Boneweed, Jagged Chickweed, Umbellate Chickweed ■
197492 Holostigma G. Don = Lobelia L. ●■
197493 Holostigma Spach = Agassizia Spach ■☆
197494 Holostigma Spach = Camissonia Link ■☆
197495 Holostigma Spach = Oenothera L. ●■
197496 Holostigmateia Rchb. = Holostigma G. Don ●■
197497 Holostyla DC. = Coelospermum Blume ●
197498 Holostyla Endl. = Coelospermum Blume ●
197499 Holostylis Duch. (1854);全柱马兜铃属■☆
197500 Holostylis Rchb. = Holostyla DC. ●
197501 Holostylis reniformis Duch.;全柱马兜铃■☆
197502 Holostylon Robyns et Lebrun = Plectranthus L'Hér. (保留属名)●■
197503 Holostylon Robyns et Lebrun(1929);全柱草属■☆
197504 Holostylon baumii (Gürke) G. Taylor;鲍姆全柱草■☆
197505 Holostylon gracilipedicellatum Robyns et Lebrun;细梗全柱草■☆
197506 Holostylon katangense (De Wild.) Robyns et Lebrun;加丹加全柱草■☆
197507 Holostylon robustum (Hiern) G. Taylor;粗壮全柱草■☆
197508 Holostylon strictipes G. Taylor;刚直全柱草■☆
197509 Holothamnus Post et Kuntze = Halothamnus F. Muell. ●☆
197510 Holothamnus Post et Kuntze = Plagianthus J. R. Forst. et G. Forst. ●☆
197511 Holothrix Rich. = Holothrix Rich. ex Lindl. (保留属名)■☆
197512 Holothrix Rich. ex Lindl. (1835)(保留属名);全毛兰属■☆
197513 Holothrix aphylla (Forssk.) Rchb. f.;无叶全毛兰■☆
197514 Holothrix arachnoidea (A. Rich.) Rchb. f.;蛛网全毛兰■☆
197515 Holothrix aspera (Lindl.) Rchb. f.;粗糙全毛兰■☆
197516 Holothrix brachycheira Summerh. = Holothrix papillosa Summerh. ■☆
197517 Holothrix brachylabris Sond. = Holothrix exilis Lindl. ■☆
197518 Holothrix brevipetala Immelman et Schelpe;短瓣全毛兰■☆
197519 Holothrix buchananii Schltr.;布坎南全毛兰■☆
197520 Holothrix burchellii (Lindl.) Rchb. f.;伯切尔全毛兰■☆
197521 Holothrix calva Kraenzl. = Holothrix aphylla (Forssk.) Rchb. f. ■☆
197522 Holothrix cernua (Burm. f.) Schelpe;俯垂全毛兰■☆
197523 Holothrix condensata Sond. = Holothrix villosa Lindl. var. condensata (Sond.) Immelman ■☆
197524 Holothrix confusa Rolfe = Holothrix aspera (Lindl.) Rchb. f. ■☆
197525 Holothrix culveri Bolus;卡尔全毛兰■☆
197526 Holothrix elgonensis Summerh.;埃尔贡全毛兰■☆
197527 Holothrix exilis Lindl.;瘦小全毛兰■☆
197528 Holothrix exilis Lindl. var. brachylabris (Sond.) Bolus = Holothrix exilis Lindl. ■☆
197529 Holothrix filicornis Immelman et Schelpe;丝角全毛兰■☆
197530 Holothrix glaberrima Ridl. = Benthamia glaberrima (Ridl.) H. Perrier ●☆
197531 Holothrix gracilis Lindl. = Holothrix cernua (Burm. f.) Schelpe ■☆
197532 Holothrix grandiflora (Sond.) Rchb. f.;大花全毛兰■☆

197533 Holothrix harveyana Lindl. = Holothrix cernua (Burm. f.) Schelpe ■☆
197534 Holothrix hispidula (L. f.) T. Durand et Schinz = Holothrix cernua (Burm. f.) Schelpe ■☆
197535 Holothrix hydra P. J. Cribb;杂种全毛兰■☆
197536 Holothrix incurva Lindl.;内折全毛兰■☆
197537 Holothrix johnstonii Rolfe;约翰斯顿全毛兰■☆
197538 Holothrix lastii Rolfe = Holothrix longiflora Rolfe ■☆
197539 Holothrix ledermannii Kraenzl. = Holothrix aphylla (Forssk.) Rchb. f. ■☆
197540 Holothrix lindleyana Rchb. f. = Holothrix parviflora (Lindl.) Rchb. f. ■☆
197541 Holothrix lindleyana Rchb. f. var. parviflora (Lindl.) Rolfe = Holothrix parviflora (Lindl.) Rchb. f. ■☆
197542 Holothrix lithophila Schltr. = Holothrix villosa Lindl. var. condensata (Sond.) Immelman ■☆
197543 Holothrix longicornu G. J. Lewis;长角全毛兰■☆
197544 Holothrix longiflora Rolfe;长花全毛兰■☆
197545 Holothrix macowaniana Rchb. f.;麦克欧文全毛兰■☆
197546 Holothrix madagascariensis Rolfe = Benthamia madagascariensis (Rolfe) Schltr. ●☆
197547 Holothrix monotris (Lindl.) Rchb. f. = Holothrix cernua (Burm. f.) Schelpe ■☆
197548 Holothrix montigena Ridl.;山生全毛兰■☆
197549 Holothrix multisecta Bolus = Holothrix scopularia Rchb. f. ■☆
197550 Holothrix mundii Sond.;蒙德全毛兰■☆
197551 Holothrix nyasae Rolfe;尼亚萨全毛兰■☆
197552 Holothrix nyasae Rolfe var. blepharodactyla Schltr. = Holothrix nyasae Rolfe ■☆
197553 Holothrix orthoceras (Harv.) Rchb. f.;直角全毛兰■☆
197554 Holothrix papillosa Summerh.;乳头全毛兰■☆
197555 Holothrix parviflora (Lindl.) Rchb. f.;小花全毛兰■☆
197556 Holothrix parvifolia Lindl. = Holothrix brevipetala Immelman et Schelpe ■☆
197557 Holothrix pentadactyla (Summerh.) Summerh.;五指全毛兰■☆
197558 Holothrix pilosa (Lindl.) Rchb. f.;疏毛全毛兰■☆
197559 Holothrix platydactyla Kraenzl. = Holothrix tridentata (Hook. f.) Rchb. f. ■☆
197560 Holothrix pleistodactyla Kraenzl.;多指全毛兰■☆
197561 Holothrix praecox Rchb. f.;早熟全毛兰■☆
197562 Holothrix puberula Rendle;微毛全毛兰■☆
197563 Holothrix randii Rendle;兰德全毛兰■☆
197564 Holothrix reckii Bolus = Holothrix randii Rendle ■☆
197565 Holothrix richardii Rolfe = Holothrix arachnoidea (A. Rich.) Rchb. f. ■☆
197566 Holothrix rorida G. Will. = Holothrix pleistodactyla Kraenzl. ■☆
197567 Holothrix rupicola Schltr. = Holothrix incurva Lindl. ■☆
197568 Holothrix schimperi Rchb. f.;欣珀全毛兰■☆
197569 Holothrix schlechteriana Schltr. ex Kraenzl.;施莱全毛兰■☆
197570 Holothrix scopularia Rchb. f.;岩栖全毛兰■☆
197571 Holothrix secunda (Thunb.) Rchb. f.;单侧全毛兰■☆
197572 Holothrix squamata (Hochst. ex A. Rich.) Rchb. f.;鳞片全毛兰■☆
197573 Holothrix squamulosa Lindl. = Holothrix cernua (Burm. f.) Schelpe ■☆
197574 Holothrix squamulosa Lindl. var. glabrata Bolus = Holothrix cernua (Burm. f.) Schelpe ■☆
197575 Holothrix squamulosa Lindl. var. hirsuta Bolus = Holothrix cernua (Burm. f.) Schelpe ■☆
197576 Holothrix squamulosa Lindl. var. scabra Bolus = Holothrix cernua (Burm. f.) Schelpe ■☆
197577 Holothrix squamulosa Lindl. var. typica Schltr. = Holothrix cernua (Burm. f.) Schelpe ■☆
197578 Holothrix thodei Rolfe;索德全毛兰■☆
197579 Holothrix tridactylites Summerh.;三指全毛兰■☆
197580 Holothrix tridentata (Hook. f.) Rchb. f.;三齿全毛兰■☆
197581 Holothrix triloba (Rolfe) Kraenzl.;三裂全毛兰■☆
197582 Holothrix unifolia (Rchb. f.) Rchb. f.;单叶全毛兰■☆
197583 Holothrix usambarae Kraenzl. = Cynorkis usambarae Rolfe ■☆
197584 Holothrix vatkeana Rchb. f. = Holothrix arachnoidea (A. Rich.) Rchb. f. ■☆
197585 Holothrix villosa Lindl.;长柔毛全毛兰■☆
197586 Holothrix villosa Lindl. subsp. chimanimaniensis G. Will. = Holothrix villosa Lindl. ■☆
197587 Holothrix villosa Lindl. var. condensata (Sond.) Immelman;密集长柔毛全毛兰■☆
197588 Holotome (Benth.) Endl. = Actinotus Labill. ●■☆
197589 Holotome Endl. = Actinotus Labill. ●■☆
197590 Holozonia Greene = Lagophylla Nutt. ■☆
197591 Holozonia Greene(1882);全带菊属(星白菊属)■☆
197592 Holozonia filipes (Hook. et Arn.) Greene;全带菊(星白菊)■☆
197593 Holstia Pax = Neoholstia Rauschert ■☆
197594 Holstia sessiliflora Pax = Tannodia tenuifolia (Pax) Prain var. glabrata Prain ■☆
197595 Holstia tenuifolia Pax = Tannodia tenuifolia (Pax) Prain ■☆
197596 Holstia tenuifolia Pax var. glabrata (Prain) Pax = Tannodia tenuifolia (Pax) Prain var. glabrata Prain ■☆
197597 Holstianthus Steyerm. (1986);霍尔茜属☆
197598 Holstianthus barbigularis Steyerm.;霍尔茜☆
197599 Holtonia Standl. = Elaeagia Wedd. ●☆
197600 Holtonia Standl. = Simira Aubl. ■☆
197601 Holttumochloa K. M. Wong(1993);马来竹属●☆
197602 Holttumochloa magica (Ridl.) K. M. Wong;马来竹;Malaysian Mountain Bamboo ●☆
197603 Holtzea Schindl. = Desmodium Desv. (保留属名)●■
197604 Holtzendorffia Klotzsch et H. Karst. ex Nees = Ruellia L. ■●
197605 Holubia A. Löve et D. Löve = Gentiana L. ■
197606 Holubia A. Löve et D. Löve = Holubogentia Á. Löve et D. Löve ■
197607 Holubia Oliv. (1884);澳非胡麻属■☆
197608 Holubia saccata Oliv.;澳非胡麻■☆
197609 Holubogentia Á. Löve et D. Löve = Gentiana L. ■
197610 Holzneria Speta(1982);霍尔婆婆纳属(霍尔玄参属)■☆
197611 Holzneria microcentron (Bornm.) Speta;霍尔婆婆纳■☆
197612 Holzneria spicata (Korovin) Speta;穗霍尔婆婆纳■☆
197613 Homaid Adans. (废弃属名) = Biarum Schott(保留属名)■☆
197614 Homaida Kuntze = Biarum Schott(保留属名)■☆
197615 Homaida Raf. = Arisarum Mill. ■☆
197616 Homalachna Kuntze = Holcus L. (保留属名)■
197617 Homalachne (Benth.) Kuntze = Holcus L. (保留属名)■
197618 Homaladenia Miers = Dipladenia A. DC. ●
197619 Homalanthus A. Juss. (1824)('Omalanthus')(保留属名);澳杨属(奥杨属,同花属,圆叶血桐属);Aussiepoplar,Homalanthus ●

197620 Homalanthus Wittst. = Omalanthus Less. ●☆

197621 Homalanthus Wittst. = Tanacetum L. ■●

197622 Homalanthus acuminatus (Müll. Arg.) Pax;渐尖澳杨(澳杨)●☆

197623 Homalanthus alpinus Elmer;高山澳杨(高山奥杨);Alpine Aussiepoplar,Alpine Homalanthus ●

197624 Homalanthus fastuosus (Lindau) Fern. -Vill.;圆叶澳杨(圆叶奥杨,圆叶血桐);Homalanthus ●

197625 Homalanthus populifolius Graham;澳杨(奥杨,脂心树);Bleeding Heart Tree,Bleeding-heart Tree,Native Poplar,Queensland Aussiepoplar ●☆

197626 Homalanthus populifolius Graham = Omalanthus populifolius Graham ●☆

197627 Homalanthus populneus (Geiseler) Pax. et Prantl;杨叶澳杨●☆

197628 Homalanthus rotundifolius Merr. = Homalanthus fastuosus (Lindau) Fern. -Vill. ●

197629 Homaliaceae R. Br. = Flacourtiaceae Rich. ex DC.(保留科名)●

197630 Homaliopsis S. Moore = Tristania R. Br. ●

197631 Homaliopsis S. Moore(1928);类天料木属●☆

197632 Homaliopsis forbesii S. Moore;类天料木●☆

197633 Homalium Jacq.(1760);天料木属;Homalium ●

197634 Homalium abdessammadii Asch. et Schweinf.;阿勃天料木●☆

197635 Homalium abdessammadii De Wild. subsp. wildemanianum (Gilg) Wild = Homalium abdessammadii Asch. et Schweinf. ●☆

197636 Homalium adenostephanum Mildbr. = Homalium stipulaceum Welw. ex Mast. ●☆

197637 Homalium africanum (Hook. f.) Benth.;非洲天料木●☆

197638 Homalium alnifolium Hutch. et Dalziel = Homalium smythei Hutch. et Dalziel ●☆

197639 Homalium angustifolium Sm.;窄叶天料木●☆

197640 Homalium angustistipulatum Keay = Homalium dewevrei De Wild. et T. Durand ●☆

197641 Homalium aubrevillei Keay = Homalium smythei Hutch. et Dalziel ●☆

197642 Homalium aylmeri Hutch. et Dalziel = Homalium longistylum Mast. ●☆

197643 Homalium balansae Gagnep. = Homalium ceylanicum (Gardner) Bedd. ●

197644 Homalium bhamoense Cubitt et W. W. Sm. = Homalium ceylanicum (Gardner) Bedd. ●

197645 Homalium boehmii Gilg = Homalium abdessammadii Asch. et Schweinf. ●☆

197646 Homalium breviracemosum F. C. How et W. C. Ko;短穗天料木;Shortraceme Homalium,Short-spiked Homalium ●

197647 Homalium brevisepalum F. C. How et W. C. Ko;短萼天料木;Short-sepal Homalium ●

197648 Homalium brevisepalum F. C. How et W. C. Ko = Homalium kainantense Masam. ●

197649 Homalium buchholzii Warb. = Homalium africanum (Hook. f.) Benth. ●☆

197650 Homalium bullatum Gilg = Homalium stipulaceum Welw. ex Mast. ●☆

197651 Homalium calodendron Gilg = Homalium longistylum Mast. ●☆

197652 Homalium ceylanicum (Gardner) Bedd.;斯里兰卡天料木;Ceylon Homalium ●

197653 Homalium ceylanicum (Gardner) Bedd. var. laoticum (Gagnep.) G. S. Fan;老挝天料木;Laos Homalium ●

197654 Homalium ceylanicum (Gardner) Benth. = Homalium ceylanicum (Gardner) Bedd. ●

197655 Homalium ceylanicum (Gardner) Benth. var. laoticum (Gagnep.) G. S. Fan = Homalium ceylanicum (Gardner) Bedd. var. laoticum (Gagnep.) G. S. Fan ●

197656 Homalium ceylanicum Benth. = Homalium hainanense Gagnep. ●

197657 Homalium ceylanicum Benth. var. laoticum (Gagnep.) G. S. Fan = Homalium ceylanicum (Gardner) Bedd. ●

197658 Homalium chasei Wild;蔡斯天料木●☆

197659 Homalium cochinchinense (Lour.) Druce;天料木(台湾天料木);Cochinchina Homalium, Cochin-China Homalium, Taiwan Homalium ●

197660 Homalium cochinchinense (Lour.) Druce var. pseudopaniculatum (Yamam.) H. L. Li = Homalium cochinchinense (Lour.) Druce ●

197661 Homalium crassipetalum Exell = Homalium africanum (Hook. f.) Benth. ●☆

197662 Homalium dalzielii Hutch.;达尔齐尔天料木●☆

197663 Homalium dananense Aubrév. et Pellegr. = Homalium stipulaceum Welw. ex Mast. ●☆

197664 Homalium dentatum (Harv.) Warb.;具齿天料木●☆

197665 Homalium dewevrei De Wild. et T. Durand;德韦天料木●☆

197666 Homalium digynum Gagnep. = Homalium cochinchinense (Lour.) Druce ●

197667 Homalium djalonis A. Chev. = Homalium smythei Hutch. et Dalziel ●☆

197668 Homalium dolichophyllum Gilg = Homalium letestui Pellegr. ●☆

197669 Homalium ealensis De Wild. = Homalium africanum (Hook. f.) Benth. ●☆

197670 Homalium ealensis De Wild. var. nzambi Pellegr. = Homalium africanum (Hook. f.) Benth. ●☆

197671 Homalium eburneum Gilg = Homalium abdessammadii Asch. et Schweinf. ●☆

197672 Homalium elegantulum Sleumer;雅致天料木●☆

197673 Homalium fagifolium (Lindl.) Benth. = Homalium cochinchinense (Lour.) Druce ●

197674 Homalium fagifolium (Lindl.) Benth. var. pseudopaniculatum Yamam. = Homalium cochinchinense (Lour.) Druce ●

197675 Homalium fagifolium Benth. = Homalium cochinchinense (Lour.) Druce ●

197676 Homalium fagifolium Benth. var. pseudopaniculatum Yamam. = Homalium cochinchinense (Lour.) Druce ●

197677 Homalium foetidum Benth.;烈味天料木●☆

197678 Homalium fulviflorum Sleumer;黄褐花天料木●☆

197679 Homalium gentilii De Wild. = Homalium africanum (Hook. f.) Benth. ●☆

197680 Homalium gilletii De Wild. = Homalium africanum (Hook. f.) Benth. ●☆

197681 Homalium gossweileri Gilg = Homalium stipulaceum Welw. ex Mast. ●☆

197682 Homalium gracilipes Sleumer;细梗天料木●☆

197683 Homalium guianense Warb.;圭亚那天料木●☆

197684 Homalium guyenziense Pellegr. = Homalium dewevrei De Wild. et T. Durand ●☆

197685 Homalium hainanense Gagnep.;红花天料木(高根,海南天料木,红花母生,龙角,母生,山红罗,天料);Hainan Homalium ●

197686 Homalium hainanense Gagnep. = Homalium ceylanicum (Gardner) Bedd. ●
197687 Homalium henriquesii Gilg ex Engl.;亨利克斯天料木●☆
197688 Homalium hypolasium Mildbr.;里毛天料木●☆
197689 Homalium kainantense Masam.;阔瓣天料木;Broad-petal Homalium,Broad-petaled Homalium ●
197690 Homalium kwangsiense F. C. How et W. C. Ko;广西天料木;Guangxi Homalium ●
197691 Homalium laoticum Gagnep. = Homalium ceylanicum (Gardner) Bedd. var. laoticum (Gagnep.) G. S. Fan ●
197692 Homalium laoticum Gagnep. = Homalium ceylanicum (Gardner) Bedd. ●
197693 Homalium laoticum Gagnep. var. glabratum C. Y. Wu;光叶天料木(老挝天料木);Glabrous Homalium ●◇
197694 Homalium laoticum Gagnep. var. glabratum C. Y. Wu = Homalium ceylanicum (Gardner) Bedd. ●
197695 Homalium laurentii De Wild. = Homalium longistylum Mast. ●☆
197696 Homalium letestui Pellegr.;长叶天料木●☆
197697 Homalium longistylum Mast.;长柱天料木●☆
197698 Homalium lundense Cavaco = Homalium africanum (Hook. f.) Benth. ●☆
197699 Homalium macranthum Gilg = Homalium abdessammadii Asch. et Schweinf. ●☆
197700 Homalium macropterum Gilg = Homalium longistylum Mast. ●☆
197701 Homalium molle Stapf = Homalium africanum (Hook. f.) Benth. ●☆
197702 Homalium molle Stapf var. rhodesicum R. E. Fr. = Homalium africanum (Hook. f.) Benth. ●☆
197703 Homalium mollissimum Merr.;毛天料木;Hairy Homalium ●
197704 Homalium mossambicense Paiva = Homalium longistylum Mast. ●☆
197705 Homalium myrianthum Gilg = Homalium dewevrei De Wild. et T. Durand ●☆
197706 Homalium neurophyllum Hoyle = Homalium stipulaceum Welw. ex Mast. ●☆
197707 Homalium ogoouense Pellegr.;奥果韦天料木●☆
197708 Homalium oubanguiense Tisser.;乌班吉天料木●☆
197709 Homalium paniculiflorum F. C. How et W. C. Ko;广南天料木(红皮);Guangnan Homalium ●
197710 Homalium phanerophlebium F. C. How et W. C. Ko;显脉天料木;Distinctvein Homalium,Distinct-veined Homalium ●
197711 Homalium phanerophlebium F. C. How et W. C. Ko var. obovatifolium S. S. Lai;卵叶天料木;Ovateleaf Homalium ●
197712 Homalium phanerophlebium F. C. How et W. C. Ko var. obovatifolium S. S. Lai = Homalium phanerophlebium F. C. How et W. C. Ko ●
197713 Homalium platypleurum Mildbr. = Homalium africanum (Hook. f.) Benth. ●☆
197714 Homalium rhodesicum Dunkley = Homalium abdessammadii Asch. et Schweinf. ●☆
197715 Homalium riparium Gilg = Homalium africanum (Hook. f.) Benth. ●☆
197716 Homalium rufescens Benth.;浅红天料木●☆
197717 Homalium sabiifolium F. C. How et W. C. Ko;柳叶天料木;Willowleaf Homalium,Willow-leaved Homalium ●
197718 Homalium sarcopetalum Pierre = Homalium africanum (Hook. f.) Benth. ●☆
197719 Homalium serrifolium Mildbr. = Homalium stipulaceum Welw. ex Mast. ●☆
197720 Homalium setulosum Gilg = Homalium abdessammadii Asch. et Schweinf. ●☆
197721 Homalium skirlii Gilg ex Engl. = Homalium letestui Pellegr. ●☆
197722 Homalium smythei Hutch. et Dalziel;史密斯天料木●☆
197723 Homalium stenophyllum Merr. et Chun;海南天料木(母生,狭叶天料木);Narrowleaf Homalium,Narrow-leaved Homalium ●
197724 Homalium stipulaceum Welw. ex Mast.;托叶天料木●☆
197725 Homalium stuhlmannii Warb. = Homalium abdessammadii Asch. et Schweinf. ●☆
197726 Homalium subsuperum Sprague = Homalium dentatum (Harv.) Warb. ●☆
197727 Homalium tibiatense Gilg = Homalium africanum (Hook. f.) Benth. ●☆
197728 Homalium tomentosum Benth.;绒毛天料木;Burma Lancewood,Moulmein Lancewood ●☆
197729 Homalium viridiflorum Exell;绿花天料木●☆
197730 Homalium warburgianum Gilg = Homalium abdessammadii Asch. et Schweinf. ●☆
197731 Homalium wildemanianum Gilg = Homalium abdessammadii Asch. et Schweinf. ●☆
197732 Homalobus Nutt. = Astragalus L. ●■
197733 Homalobus Nutt. ex Torr. et A. Gray = Astragalus L. ●■
197734 Homalocalyx F. Muell. (1857);平萼桃金娘属●☆
197735 Homalocalyx aureus (C. A. Gardner) Craven;黄平萼桃金娘●☆
197736 Homalocalyx grandiflorus (C. A. Gardner) Craven;大花平萼桃金娘●☆
197737 Homalocalyx polyandrus F. Muell. ex Benth.;多蕊平萼桃金娘●☆
197738 Homalocarpus Hook. et Arn. (1833);平果芹属■☆
197739 Homalocarpus Post et Kuntze = Nyctanthes L. ●
197740 Homalocarpus Post et Kuntze = Omolocarpus Neck. ●
197741 Homalocarpus Schur = Anemonastrum Holub ■
197742 Homalocarpus Schur = Anemone L. (保留属名)■
197743 Homalocarpus bowlesioides Hook. et Arn.;平果芹■☆
197744 Homalocarpus integerrimus (Turcz.) Mathias et Constance;全缘平果芹■☆
197745 Homalocarpus nigripetalus (Clos) Mathias et Constance;黑瓣平果芹■☆
197746 Homalocenchrus Mieg ex Haller = Leersia Sw. (保留属名)■
197747 Homalocenchrus Mieg(废弃属名) = Leersia Sw. (保留属名)■
197748 Homalocenchrus Mieg. ex Kuntze = Leersia Sw. (保留属名)■
197749 Homalocenchrus angustifolius Kuntze = Leersia hexandra Sw. ■
197750 Homalocenchrus japonicus (Makino) Honda = Leersia japonica (Makino) Honda ■
197751 Homalocenchrus japonicus Makino ex Honda = Leersia japonica (Makino ex Honda) Honda ■
197752 Homalocenchrus lenticularis (Michx.) Kuntze = Leersia lenticularis Michx. ■☆
197753 Homalocenchrus oryzoides (L.) Haller = Leersia oryzoides (L.) Sw. ■
197754 Homalocenchrus oryzoides (L.) Haller var. japonicus (Hack.) Honda = Leersia sayanuka Ohwi ■
197755 Homalocenchrus oryzoides (L.) Mieg ex Hall. = Leersia oryzoides (L.) Sw. ■

197756 Homalocenchrus oryzoides (L.) Pollich = Leersia oryzoides (L.) Sw. ■
197757 Homalocenchrus oryzoides (L.) Pollich var. japonicus (Hack.) Honda = Leersia sayanuka Ohwi ■
197758 Homalocenchrus virginicus (Willd.) Britton = Leersia virginica Willd. ■☆
197759 Homalocephala Britton et Rose = Echinocactus Link et Otto ●
197760 Homalocephala Britton et Rose = Melocactus Link et Otto(保留属名)●
197761 Homalocephala Britton et Rose(1922);绫波属■☆
197762 Homalocephala texensis (Hopffer) Britton et Rose;绫波(扁圆头仙人球);Candy Cactus, Devil's-head, Horse Crippler, Horse-crippler ■☆
197763 Homalocephala texensis (Hopffer) Britton et Rose = Echinocactus texensis Hopffer ●☆
197764 Homalocheilos J. K. Morton = Isodon (Schrad. ex Benth.) Spach ●■
197765 Homalocheilos J. K. Morton = Rabdosia (Blume) Hassk. ●■
197766 Homalocheilos paniculatum (Baker) J. K. Morton = Isodon ramosissimus (Hook. f.) Codd ●☆
197767 Homalocheilos ramosissimus (Hook. f.) J. K. Morton = Isodon ramosissimus (Hook. f.) Codd ●☆
197768 Homalocladium (F. Muell.) L. H. Bailey = Muehlenbeckia Meisn.(保留属名)●☆
197769 Homalocladium (F. Muell.) L. H. Bailey(1929);竹节蓼属;Centipedaplant, Ribbon Bush, Ribbonbush ●■
197770 Homalocladium L. H. Bailey = Homalocladium (F. Muell.) L. H. Bailey ●■
197771 Homalocladium L. H. Bailey = Muehlenbeckia Meisn.(保留属名)●☆
197772 Homalocladium platycladum (F. Muell. ex Hook.) L. H. Bailey;竹节蓼(百足草,扁竹花,飞天蜈蚣,观音竹,鸡爪蜈蚣,上石百足,铁扭边,蜈蚣竹,斩龙剑,斩蛇剑);Centipedaplant, Centipede Plant, Ribbon Bush, Ribbonbush, Tapeworm Plant ●■
197773 Homalocladium platycladum (F. Muell.) L. H. Bailey = Homalocladium platycladum (F. Muell. ex Hook.) L. H. Bailey ●■
197774 Homaloclados Hook. f. = Faramea Aubl. ●☆
197775 Homaloclina Post et Kuntze = Homalocline Rchb. ■
197776 Homalocline Rchb. = Crepis L. ■
197777 Homalocline Rchb. = Omalocline Cass. ■
197778 Homalocline schimperi (Sch. Bip. ex A. Rich.) Sch. Bip. ex Schweinf. = Dianthoseris schimperi Sch. Bip. ex A. Rich. ■☆
197779 Homalodiscus Bunge ex Boiss. (1867);扁盘木犀草属●☆
197780 Homalodiscus Bunge ex Boiss. = Ochradenus Delile ●☆
197781 Homalodiscus aucheri (Boiss.) Boiss. = Ochradenus aucheri Boiss. ●☆
197782 Homalodiscus major Bunge ex Boiss.;大扁盘木犀草●☆
197783 Homalodiscus minor Bunge ex Boiss.;小扁盘木犀草●☆
197784 Homalolepis Turcz. = Quassia L. ●☆
197785 Homalomena Schott (1832);千年健属(扁叶芋属);Homalomena ■
197786 Homalomena aromatica Schott;香千年健■☆
197787 Homalomena aromatica Schott = Homalomena occulta (Lour.) Schott ■
197788 Homalomena calyptratum Kunth = Schismatoglottis calyptrata (Roxb.) Zoll. et Moritzi ■
197789 Homalomena cochinchinensis Engl. = Homalomena occulta (Lour.) Schott ■
197790 Homalomena cordata Schott;心形千年健■☆
197791 Homalomena gigantea Engl.;大千年健(大黑麻芋,大平丝芋);Giant Homalomena ■
197792 Homalomena hainanensis H. Li;海南千年健;Hainan Homalomena ■
197793 Homalomena kelungensis Hayata;台湾千年健(基隆扁叶芋);Jilong Homalomena ■
197794 Homalomena occulta (Lour.) Schott;千年健(假芳芋,绫丝线,年见,年健,千颗针,千年见,丝棱线,团芋,香芋,眼状马蹄莲,一包针);Eye-form Callalily, Hidden Homalomena, Homalomena ■
197795 Homalomena philippinensis Engl. ex Engl. et Krause;菲律宾扁叶芋;Philippin Homalomena ■
197796 Homalomena rubescens (Roxb.) Kunth;红千年健(心叶春雪芋);Red Homalomena ■
197797 Homalomena sagittifolia Jungh.;箭叶千年健■☆
197798 Homalomena tonkinensis Engl. = Homalomena occulta (Lour.) Schott ■
197799 Homalomena wallisii Regel;迷彩叶(春雪芋);Silver Shield ■☆
197800 Homalonema Kunth = Homalomena Schott ■
197801 Homalopetalum Rolfe(1896);平瓣兰属■☆
197802 Homalopetalum alticola (Garay et Dunst.) Soto Arenas;高原平瓣兰■☆
197803 Homalopetalum jamaicense Rolfe;平瓣兰■☆
197804 Homalosciadium Domin(1908);平伞芹属■☆
197805 Homalosciadium homalocarpum (F. Muell.) H. Eichler;平伞芹■☆
197806 Homalospermum Schauer = Leptospermum J. R. Forst. et G. Forst.(保留属名)●☆
197807 Homalospermum Schauer(1843);扁果金娘属●☆
197808 Homalospermum firmum Schauer;扁果金娘●☆
197809 Homalostachys Boeck. = Carex L. ■
197810 Homalostoma Stschegl. = Andersonia Buch. -Ham. ex Wall. ●☆
197811 Homalostylis Post et Kuntze = Homolostyles Wall. ex Wight ●■
197812 Homalostylis Post et Kuntze = Tylophora R. Br. ●■
197813 Homalotes Endl. = Omalotes DC. ■●
197814 Homalotes Endl. = Tanacetum L. ■●
197815 Homalotheca Rchb. = Gnaphalium L. ■
197816 Homalotheca Rchb. = Omalotheca Cass. ■
197817 Homalotrichon Banfi, Galasso et Bracchi = Avenula (Dumort.) Dumort. ■
197818 Homanthis Kunth = Perezia Lag. ■☆
197819 Hombak Adans. = Capparis L. ●
197820 Hombronia Gaudich. = Pandanus Parkinson ex Du Roi ●■
197821 Homeoplitis Endl. = Homoplitis Trin. ■
197822 Homeoplitis Endl. = Pogonatherum P. Beauv. ■
197823 Homeria Vent. (1808);合丝鸢尾属(合满花属);Cape Tulip ■☆
197824 Homeria Vent. = Moraea Mill.(保留属名)■
197825 Homeria albida L. Bolus = Moraea miniata Andréws ■☆
197826 Homeria autumnalis Goldblatt = Moraea autumnalis (Goldblatt) Goldblatt ■☆
197827 Homeria bicolor (Baker) Klatt = Moraea flaccida (Sweet) Steud. ■☆
197828 Homeria bifida L. Bolus = Moraea bifida (L. Bolus) Goldblatt ■☆

197829 Homeria brachygyne Schltr. = Moraea brachygyne (Schltr.) Goldblatt ■☆
197830 Homeria breyniana (L.) G. J. Lewis; 布氏合丝鸢尾; Cape Tulip ■☆
197831 Homeria britteniae L. Bolus = Moraea britteniae (L. Bolus) Goldblatt ■☆
197832 Homeria bulbillifera G. J. Lewis = Moraea bulbillifera (G. J. Lewis) Goldblatt ■☆
197833 Homeria bulbillifera G. J. Lewis subsp. anomala Goldblatt = Moraea bulbillifera (G. J. Lewis) Goldblatt ■☆
197834 Homeria cedarmontana Goldblatt = Moraea cedarmonticola Goldblatt ■☆
197835 Homeria collina (Thunb.) Salisb. = Moraea collina Thunb. ■☆
197836 Homeria collina Vent.; 丘陵合丝鸢尾; Cape Tulip ■☆
197837 Homeria collina Vent. var. bicolor Baker = Moraea flaccida (Sweet) Steud. ■☆
197838 Homeria comptonii L. Bolus = Moraea comptonii (L. Bolus) Goldblatt ■☆
197839 Homeria cookii L. Bolus = Moraea cookii (L. Bolus) Goldblatt ■☆
197840 Homeria elegans (Jacq.) Sweet; 雅致合丝鸢尾■☆
197841 Homeria elegans (Jacq.) Sweet = Moraea elegans Jacq. ■☆
197842 Homeria elegans Sweet = Homeria elegans (Jacq.) Sweet ■☆
197843 Homeria fenestrata Goldblatt = Moraea fenestrata (Goldblatt) Goldblatt ■☆
197844 Homeria flaccida Sweet = Moraea flaccida (Sweet) Steud. ■☆
197845 Homeria flavescens Goldblatt = Moraea flavescens (Goldblatt) Goldblatt ■☆
197846 Homeria framesii L. Bolus = Moraea minor Eckl. ■☆
197847 Homeria fuscomontana Goldblatt = Moraea fuscomontana (Goldblatt) Goldblatt ■☆
197848 Homeria glauca J. M. Wood et M. S. Evans = Moraea pallida (Baker) Goldblatt ■☆
197849 Homeria hantamensis Goldblatt et J. C. Manning = Moraea reflexa Goldblatt ■☆
197850 Homeria humilis N. E. Br. = Moraea pallida (Baker) Goldblatt ■☆
197851 Homeria lilacina L. Bolus = Moraea polyanthos L. f. ■☆
197852 Homeria lineata Sweet; 线叶合丝鸢尾■☆
197853 Homeria lineata Sweet = Moraea miniata Andréws ■☆
197854 Homeria longistyla Goldblatt = Moraea longistyla (Goldblatt) Goldblatt ■☆
197855 Homeria lucasii L. Bolus = Moraea ochroleuca (Salisb.) Drapiez ■☆
197856 Homeria marlothii L. Bolus = Moraea marlothii (L. Bolus) Goldblatt ■☆
197857 Homeria maximiliani Schltr. = Moraea maximiliani (Schltr.) Goldblatt et J. C. Manning ■☆
197858 Homeria metelerkampiae L. Bolus = Moraea elegans Jacq. ■☆
197859 Homeria miniata (Andréws) Sweet = Moraea miniata Andréws ■☆
197860 Homeria minor (Eckl.) Goldblatt = Moraea minor Eckl. ■☆
197861 Homeria mossii N. E. Br. = Moraea pallida (Baker) Goldblatt ■☆
197862 Homeria ochroleuca K. D. König et Sims; 淡黄合满花■☆
197863 Homeria ochroleuca Salisb. = Moraea ochroleuca (Salisb.) Drapiez ■☆
197864 Homeria odorata L. Bolus = Moraea fragrans Goldblatt ■☆
197865 Homeria pallida Baker = Moraea pallida (Baker) Goldblatt ■☆
197866 Homeria papillosa L. Bolus = Moraea brachygyne (Schltr.) Goldblatt ■●☆
197867 Homeria patens Goldblatt = Moraea patens (Goldblatt) Goldblatt ■☆
197868 Homeria pendula Goldblatt = Moraea pendula (Goldblatt) Goldblatt ■☆
197869 Homeria pillansii L. Bolus = Moraea cookii (L. Bolus) Goldblatt ■☆
197870 Homeria pura N. E. Br. = Moraea pallida (Baker) Goldblatt ■☆
197871 Homeria radians (Goldblatt) Goldblatt = Moraea radians (Goldblatt) Goldblatt ■☆
197872 Homeria rhopalocarpa Schltr. = Moraea minor Eckl. ■☆
197873 Homeria rogersii L. Bolus = Moraea crispa Thunb. ■☆
197874 Homeria salmonea L. Bolus = Moraea bifida (L. Bolus) Goldblatt ■☆
197875 Homeria schlechteri L. Bolus = Moraea schlechteri (L. Bolus) Goldblatt ■☆
197876 Homeria serratostyla Goldblatt = Moraea serratostyla (Goldblatt) Goldblatt ■☆
197877 Homeria speciosa L. Bolus = Moraea speciosa (L. Bolus) Goldblatt ■☆
197878 Homeria spiralis L. Bolus = Moraea aspera Goldblatt ■☆
197879 Homeria tenuis Schltr. = Moraea demissa Goldblatt ■☆
197880 Homeria townsendiae N. E. Br. = Moraea pallida (Baker) Goldblatt ■☆
197881 Homeria umbellata (Thunb.) G. J. Lewis = Moraea umbellata Thunb. ■☆
197882 Homeria vallisbelli Goldblatt = Moraea vallisbelli (Goldblatt) Goldblatt ■☆
197883 Homilacanthus S. Moore = Isoglossa Oerst. (保留属名) ■★
197884 Homilacanthus gregorii S. Moore = Isoglossa gregorii (S. Moore) Lindau ■☆
197885 Homocentria Naudin = Oxyspora DC. ●
197886 Homocentria vagans (Roxb.) Naudin = Oxyspora vagans (Roxb.) Wall. ●
197887 Homochaete Benth. = Macowania Oliv. ●☆
197888 Homochaete conferta Benth. = Macowania conferta (Benth.) E. Phillips ●☆
197889 Homochaete dinteriana Muschl. ex Dinter = Antiphiona pinnatisecta (S. Moore) Merxm. ■☆
197890 Homochroma DC. = Mairia Nees ■☆
197891 Homochroma ecklonis DC. = Zyrphelis ecklonis (DC.) Kuntze ●☆
197892 Homocnemia Miers = Stephania Lour. ●■
197893 Homocodon D. Y. Hong = Heterocodon Nutt. ■☆
197894 Homocodon D. Y. Hong (1980); 同钟花属(异钟花属); Homocodon ■★
197895 Homocodon brevipes (Hemsl.) D. Y. Hong; 同钟花(白异钟花,扭子菜,纽子菜,小三棱草,异钟花); Homocodon, Shortpedicel Homocodon ■
197896 Homocodon pedicellatus D. Y. Hong et L. M. Ma; 长梗同钟花; Longpedicel Homocodon ■
197897 Homocolleticon (Summerh.) Szlach. et Olszewski = Cyrtorchis Schltr. ■☆

197898 Homocolleticon (Summerh.) Szlach. et Olszewski(2001);非洲弯萼兰属■☆
197899 Homocolleticon brownii (Rolfe) Szlach. et Olszewski;布朗非洲弯萼兰■☆
197900 Homocolleticon crassifolia (Schltr.) Szlach. et Olszewski;厚叶非洲弯萼兰■☆
197901 Homocolleticon injoloensis (De Wild.) Szlach. et Olszewski;因约罗非洲弯萼兰■☆
197902 Homocolleticon monteriroae (Rchb. f.) Szlach. et Olszewski;蒙泰非洲弯萼兰■☆
197903 Homocolleticon praetermissa (Summerh.) Szlach. et Olszewski;疏忽非洲弯萼兰■☆
197904 Homocolleticon praetermissa (Summerh.) Szlach. et Olszewski var. zuluensis (E. R. Harrison) Szlach. et Olszewski;祖卢非洲弯萼兰■☆
197905 Homocolleticon ringens (Rchb. f.) Szlach. et Olszewski;张开非洲弯萼兰■☆
197906 Homoeantherum Steud. = Andropogon L.(保留属名)■
197907 Homoeantherum Steud. = Homoeatherum Nees ■
197908 Homoeanthus Spreng. = Homoianthus Bonpl. ex DC. ■☆
197909 Homoeanthus Spreng. = Perezia Lag. ■☆
197910 Homoeatherum Nees = Andropogon L.(保留属名)■
197911 Homoeatherum chinense Nees = Andropogon chinensis (Nees) Merr. ■
197912 Homoglossum Salisb. = Gladiolus L. ■
197913 Homoglossum abbreviatum (Andréws) Goldblatt = Gladiolus abbreviatus Andréws ■☆
197914 Homoglossum acuminatum (N. E. Br.) N. E. Br. = Gladiolus watsonius Thunb. ■☆
197915 Homoglossum aureum (Baker) Oberm. = Gladiolus aureus Baker ■☆
197916 Homoglossum caryphyllaceum (Burm. f.) N. E. Br. = Gladiolus caryophyllaceus (Burm. f.) Poir. ■☆
197917 Homoglossum flexicaule N. E. Br. = Gladiolus watsonius Thunb. ■☆
197918 Homoglossum fourcadei (L. Bolus) N. E. Br. = Gladiolus fourcadei (L. Bolus) Goldblatt et M. P. de Vos ■☆
197919 Homoglossum gawleri (Baker) N. E. Br. = Gladiolus watsonius Thunb. ■☆
197920 Homoglossum gracilis (Pax) N. E. Br. = Gladiolus watsonioides Baker ■☆
197921 Homoglossum guthriei (L. Bolus) L. Bolus = Gladiolus overbergensis Goldblatt et M. P. de Vos ■☆
197922 Homoglossum hollandii L. Bolus = Gladiolus hollandii L. Bolus ■☆
197923 Homoglossum hollandii L. Bolus = Gladiolus huttonii (N. E. Br.) Goldblatt et M. P. de Vos ■☆
197924 Homoglossum hollandii L. Bolus var. zitzikammense ? = Gladiolus huttonii (N. E. Br.) Goldblatt et M. P. de Vos ■☆
197925 Homoglossum huttonii N. E. Br. = Gladiolus huttonii (N. E. Br.) Goldblatt et M. P. de Vos ■☆
197926 Homoglossum lucidor (L. f.) Baker = Tritoniopsis triticea (Burm. f.) Goldblatt ■☆
197927 Homoglossum merianellum (L.) Baker = Gladiolus bonaspei Goldblatt et M. P. de Vos ■☆
197928 Homoglossum merianellum (L.) Baker var. aureum G. J. Lewis = Gladiolus bonaspei Goldblatt et M. P. de Vos ■☆
197929 Homoglossum muirii (L. Bolus) N. E. Br. = Gladiolus teretifolius Goldblatt et M. P. de Vos ■☆
197930 Homoglossum praecox (Andréws) Salisb. = Gladiolus watsonius Thunb. ■☆
197931 Homoglossum priorii (N. E. Br.) N. E. Br. = Gladiolus priorii (N. E. Br.) Goldblatt et M. P. de Vos ■☆
197932 Homoglossum quadrangulare (Burm. f.) N. E. Br. = Gladiolus quadrangularis (Burm. f.) Ker Gawl. ■☆
197933 Homoglossum schweinfurthii (Baker) Cufod. = Gladiolus schweinfurthii (Baker) Goldblatt et M. P. de Vos ■☆
197934 Homoglossum vandermerwei (L. Bolus) L. Bolus = Gladiolus vandermerwei (L. Bolus) Goldblatt et M. P. de Vos ■☆
197935 Homoglossum watsonioides (Baker) N. E. Br. = Gladiolus watsonioides Baker ■☆
197936 Homoglossum watsonium (Thunb.) N. E. Br. = Gladiolus watsonius Thunb. ■☆
197937 Homognaphalium Kirp. (1950);肖鼠麹草属■☆
197938 Homognaphalium Kirp. = Gnaphalium L. ■
197939 Homognaphalium crispatulum (Delile) Kirp. = Gnaphalium crispatulum Delile ■☆
197940 Homognaphalium pulvinatum (Delile) Fayed = Gnomophalium pulvinatum (Delile) Greuter ■☆
197941 Homognaphalium pulvinatum (Delile) Fayed et Zareh;叶枕肖鼠麹草■☆
197942 Homognaphalium pulvinatum (Delile) Fayed et Zareh = Gnaphalium pulvinatum Delile ■
197943 Homogyne Cass. (1816);山雏菊属(异色菊属);Homogyne, Purple Colt's-foot ■☆
197944 Homogyne alpina (L.) Cass.;山雏菊(高山异色菊);Alpine Coltsfoot, Alpine Colt's-foot, Purple Colt's-foot ■☆
197945 Homogyne discolor (Jacq.) Carrière;异色山雏菊(异色菊);Discolour Homogyne ■☆
197946 Homoiachne Pilg. = Deschampsia P. Beauv. ■
197947 Homoiachne Pilg. = Homalachne (Benth.) Kuntze ■
197948 Homoianthus Bonpl. ex DC. = Perezia Lag. ■☆
197949 Homoioceltis Blume = Aphananthe Planch.(保留属名)●
197950 Homoioceltis aspera (Thunb.) Blume. = Aphananthe aspera (Thunb. ex A. Murray) Planch. ●
197951 Homolepis Chase(1911);光节黍属■☆
197952 Homolepis aturensis Chase.;光节黍■☆
197953 Homolepis longiflora (Trin.) Pilg.;长花光节黍■☆
197954 Homollea Arènes(1960);奥莫勒茜属☆
197955 Homollea leandrii Arenes.;奥莫勒茜☆
197956 Homollea longiflora Arènes;长花奥莫勒茜☆
197957 Homolliella Arènes(1960);小奥莫勒茜属☆
197958 Homolliella sericea Arènes;小奥莫勒茜☆
197959 Homolostyles Wall. ex Wight = Tylophora R. Br. ●■
197960 Homonoia Lour. (1790);水柳仔属(水柳属,水杨梅属);Homonoia, Waterwillow ●
197961 Homonoia comberi (Haines) Merr. = Lasiococca comberi Haines ●
197962 Homonoia pseudoverticillata (Merr.) Merr. = Lasiococca comberi Haines var. pseudoverticillata (Merr.) H. S. Kiu ●
197963 Homonoia riparia Lour.;水柳仔(水柳,水麻,水杨柳,水杨梅,水椎木,细杨柳,虾公叉树,虾公岔树);Riparian Homonoia, Riverside Homonoia, Waterwillow ●
197964 Homonoia symphylliifolia Kurz. = Epiprinus siletianus (Bailey)

Croizat ●
197965 Homonoma Bello = Nepsera Naudin ●☆
197966 Homopappus Nutt. = Haplopappus Cass.（保留属名）■●☆
197967 Homopappus paniculatus Nutt. = Pyrrocoma racemosa（Nutt.）Torr. et A. Gray var. paniculata（Nutt.）Kartesz et Gandhi ■☆
197968 Homopappus racemosus Nutt. = Pyrrocoma racemosa（Nutt.）Torr. et A. Gray ■☆
197969 Homopholis C. E. Hubb.（1934）；匍匐光节草属■☆
197970 Homopholis belsonii C. E. Hubb.；匍匐光节草■☆
197971 Homoplitis Trin. = Pogonatherum P. Beauv. ■
197972 Homoplitis crinita（Thunb.）Trin. = Pogonatherum crinitum（Thunb.）Kunth ■
197973 Homopogon Stapf = Trachypogon Nees ■
197974 Homopogon chevalieri Stapf = Trachypogon chevalieri（Stapf）Jacq. -Fél. ■☆
197975 Homopteryx Kitag. = Angelica L. ■
197976 Homopteryx Kitag. = Coelopleurum Ledeb. ■
197977 Homopteryx nakaiana Kitag. = Coelopleurum nakaianum（Kitag.）Kitag. ■
197978 Homoranthus A. Cunn. = Homoranthus A. Cunn. ex Schauer ●☆
197979 Homoranthus A. Cunn. ex Schauer（1836）；同花桃金娘属●☆
197980 Homoranthus biflorus Craven et S. R. Jones；双花同花桃金娘 ●☆
197981 Homoranthus flavescens A. Cunn. ex Schauer；浅黄同花桃金娘 ●☆
197982 Homoscleria Post et Kuntze = Omoscleria Nees ■
197983 Homoscleria Post et Kuntze = Scleria P. J. Bergius ■
197984 Homostyles Wall. ex Hook. f. = Homolostyles Wall. ex Wight ●■
197985 Homostyles Wall. ex Hook. f. = Tylophora R. Br. ●■
197986 Homostylium Nees = Microglossa DC. ●
197987 Homostylium cabulicum Nees = Aster albescens（DC.）Wall. ex Hand. -Mazz. ●
197988 Homotropa Shuttlew. ex Small = Asarum L. ■
197989 Homotropium Nees = Ruellia L. ■●
197990 Homozeugos Stapf（1915）；霍草属■☆
197991 Homozeugos eylesii C. E. Hubb.；艾尔斯霍草■☆
197992 Homozeugos fragile Stapf；脆霍草■☆
197993 Homozeugos gossweileri Stapf；戈斯霍草■☆
197994 Homozeugos huillense（Rendle）Stapf；威拉霍草■☆
197995 Honckeneja Maxim. = Honkenya Ehrh. ■☆
197996 Honckeneya Steud. = Clappertonia Meisn. ●☆
197997 Honckeneya Steud. = Honckenya Ehrh. ■☆
197998 Honckeneya Steud. = Honkenya Ehrh. ■☆
197999 Honckenia Pers. = Clappertonia Meisn. ●☆
198000 Honckenia Pers. = Honckenya Ehrh. ■☆
198001 Honckenia Raf. = Honkenya Ehrh. ■☆
198002 Honckenya Bartl. = Honckenia Raf. ■☆
198003 Honckenya Ehrh.（1783）；海缀属（沙繁缕属）；Sea Purslane，Sea-sandwort，Seaside Sandwort ■☆
198004 Honckenya Willd. = Clappertonia Meisn. ●☆
198005 Honckenya diffusa（Hornem.）Á. Löve et D. Löve = Honckenya peploides（L.）Ehrh. subsp. diffusa（Hornem.）Hultén ex V. V. Petrovsky ■☆
198006 Honckenya ficifolia Willd. = Clappertonia ficifolia（Willd.）Decne. ●☆
198007 Honckenya minor Baill. = Clappertonia minor（Baill.）Bech. ●☆
198008 Honckenya oblongifolia Torr. et A. Gray；矩圆叶霍草■☆
198009 Honckenya parva K. Schum. = Clappertonia minor（Baill.）Bech. ●☆
198010 Honckenya peploides（L.）Ehrh.；海缀；Ovate Sandwort，Sea Chickweed，Sea Purslane，Sea Sandwort，Sea-purslane，Sea-sandwort，Seaside Pimpernel ■☆
198011 Honckenya peploides（L.）Ehrh. subsp. diffusa（Hornem.）Hultén ex V. V. Petrovsky；铺散海缀■☆
198012 Honckenya peploides（L.）Ehrh. subsp. major（Hook.）Hultén；大海缀■☆
198013 Honckenya peploides（L.）Ehrh. subsp. robusta（Fernald）Hultén；粗壮海缀■☆
198014 Honckenya peploides（L.）Ehrh. var. diffusa（Hornem.）Ostenf. = Honckenya peploides（L.）Ehrh. subsp. diffusa（Hornem.）Hultén ex V. V. Petrovsky ■☆
198015 Honckenya peploides（L.）Ehrh. var. major Hook. = Honckenya peploides（L.）Ehrh. subsp. major（Hook.）Hultén ■☆
198016 Honckenya peploides（L.）Ehrh. var. robusta（Fernald）House = Honckenya peploides（L.）Ehrh. subsp. robusta（Fernald）Hultén ■☆
198017 Honckneya Spach = Honckenya Ehrh. ■☆
198018 Hondbesseion Kuntze = Paederia L.（保留属名）●■
198019 Hondbesseion lanuginossum（Wall.）Kuntze = Paederia lanuginosa Wall. ●■
198020 Hondbessen Adans.（废弃属名）= Paederia L.（保留属名）●■
198021 Honkeneja Endl. = Honkenya Ehrh. ■☆
198022 Honkenya Cothen. = Clappertonia Meisn. ●☆
198023 Honkenya Ehrh. = Honckenya Ehrh. ■☆
198024 Honkenya Willd. ex Cothen. = Clappertonia Meisn. ●☆
198025 Honkenya oblongifolia Torr. et A. Gray = Honckenya peploides（L.）Ehrh. subsp. major（Hook.）Hultén ■☆
198026 Honkenya peploides（L.）Ehrh. = Honckenya peploides（L.）Ehrh. ■☆
198027 Honkenya peploides（L.）Ehrh. subsp. major（Hook.）Hultén = Honckenya peploides（L.）Ehrh. subsp. major（Hook.）Hultén ■☆
198028 Honkenya peploides（L.）Ehrh. var. major Hook. = Honckenya peploides（L.）Ehrh. subsp. major（Hook.）Hultén ■☆
198029 Honomoya Scheff. = Homonoia Lour. ●
198030 Honorius Gray = Ornithogalum L. ■
198031 Honorius Gray（1821）；大果风信子属■☆
198032 Honorius nutans Gray；大果风信子■☆
198033 Honottia Rchb. = Limnophila R. Br.（保留属名）■
198034 Hoodia Sweet = Hoodia Sweet ex Decne. ■☆
198035 Hoodia Sweet ex Decne.（1844）；丽杯花属（火地亚属，丽杯角属）；Hoodia ■☆
198036 Hoodia albispina N. E. Br. = Hoodia gordonii（Masson）Sweet ex Decne. ■☆
198037 Hoodia alstonii（N. E. Br.）Plowes；奥尔斯顿丽杯花■☆
198038 Hoodia annulata（N. E. Br.）Plowes = Hoodia pilifera（L. f.）Plowes subsp. annulata（N. E. Br.）Bruyns ■☆
198039 Hoodia bainii R. A. Dyer = Hoodia gordonii（Masson）Sweet ex Decne. ■☆
198040 Hoodia bainii R. A. Dyer.；锦杯角（珍珠丽杯花）；Bain Hoodia ■☆
198041 Hoodia barklyi R. A. Dyer = Hoodia gordonii（Masson）Sweet ex Decne. ■☆

198042 Hoodia burkei N. E. Br. = Hoodia gordonii (Masson) Sweet ex Decne. ■☆
198043 Hoodia coleorum Plowes;大丽杯角■☆
198044 Hoodia currorii (Hook.) Decne.;魔杯角;Largeflower Hoodia ■☆
198045 Hoodia currorii (Hook.) Decne. subsp. lugardii (N. E. Br.) Bruyns;卢格德丽杯角■☆
198046 Hoodia currorii (Hook.) Decne. var. minor R. A. Dyer = Hoodia currorii (Hook.) Decne. ■☆
198047 Hoodia delaetiana (Dinter) Plowes = Hoodia officinalis (N. E. Br.) Plowes subsp. delaetiana (Dinter) Bruyns ■☆
198048 Hoodia dinteri Schltr. = Hoodia gordonii (Masson) Sweet ex Decne. ■☆
198049 Hoodia dregei N. E. Br.;德雷丽杯花■☆
198050 Hoodia flava (N. E. Br.) Plowes;黄丽杯角■☆
198051 Hoodia foetida Plowes = Hoodia triebneri (Nel) Bruyns ■☆
198052 Hoodia gibbosa Nel = Hoodia currorii (Hook.) Decne. ■☆
198053 Hoodia gordonii (Masson) Sweet ex Decne.;丽杯角(丽杯花);Godon Hoodia ■☆
198054 Hoodia gordonii Sweet = Hoodia gordonii (Masson) Sweet ex Decne. ■☆
198055 Hoodia grandis (N. E. Br.) Plowes = Hoodia coleorum Plowes ■☆
198056 Hoodia husabensis Nel = Hoodia gordonii (Masson) Sweet ex Decne. ■☆
198057 Hoodia juttae Dinter;尤塔丽杯花■☆
198058 Hoodia langii Oberm. et Letty = Hoodia gordonii (Masson) Sweet ex Decne. ■☆
198059 Hoodia longispina Plowes = Hoodia gordonii (Masson) Sweet ex Decne. ■☆
198060 Hoodia lugardii N. E. Br. = Hoodia currorii (Hook.) Decne. subsp. lugardii (N. E. Br.) Bruyns ■☆
198061 Hoodia macrantha Dinter = Hoodia currorii (Hook.) Decne. ■☆
198062 Hoodia montana Nel = Hoodia currorii (Hook.) Decne. ■☆
198063 Hoodia mossamedensis (L. C. Leach) Plowes;莫萨丽杯花■☆
198064 Hoodia officinalis (N. E. Br.) Plowes;药用丽杯花■☆
198065 Hoodia officinalis (N. E. Br.) Plowes subsp. delaetiana (Dinter) Bruyns;德拉丽杯花■☆
198066 Hoodia parviflora N. E. Br.;小花丽杯角■☆
198067 Hoodia pedicellata (Schinz) Plowes;梗花丽杯角■☆
198068 Hoodia pilifera (L. f.) Plowes;纤毛丽杯角■☆
198069 Hoodia pilifera (L. f.) Plowes subsp. annulata (N. E. Br.) Bruyns;环状纤毛丽杯角■☆
198070 Hoodia pilifera (L. f.) Plowes subsp. pillansii (N. E. Br.) Bruyns;皮朗斯丽杯角■☆
198071 Hoodia pillansii N. E. Br. = Hoodia gordonii (Masson) Sweet ex Decne. ■☆
198072 Hoodia rosea Oberm. et Letty = Hoodia gordonii (Masson) Sweet ex Decne. ■☆
198073 Hoodia ruschii Dinter;鲁施丽杯角;Queen of the Namib ■☆
198074 Hoodia rustica (N. E. Br.) Plowes = Hoodia officinalis (N. E. Br.) Plowes ■☆
198075 Hoodia similis Dinter;相似丽杯花■☆
198076 Hoodia triebneri (Nel) Bruyns;特里布内丽杯角■☆
198077 Hoodia triebneri Schuldt = Hoodia triebneri (Nel) Bruyns ■☆
198078 Hoodia whitesloaneana Dinter ex A. C. White et B. Sloane = Hoodia gordonii (Masson) Sweet ex Decne. ■☆
198079 Hoodiopsis C. A. Lückh. (1933);魔星阁属(拟火地亚属,拟丽杯花属);Hoodia ■☆
198080 Hoodiopsis triebneri C. A. Lückh.;魔星阁(拟火地亚,拟丽杯花)■☆
198081 Hoogenia Balls = Hulthemia Dumort. ●☆
198082 Hooglandia McPherson et Lowry(2004);霍格木属●☆
198083 Hooglandia ignambiensis McPherson et Lowry;霍格木●☆
198084 Hooibrenckia Hort. = Staphylea L. ●
198085 Hookera Salisb. = Brodiaea Sm. (保留属名)■☆
198086 Hookera bicolor (Suksd.) Piper = Triteleia grandiflora Lindl. ■☆
198087 Hookera bridgesii (S. Watson) Kuntze = Triteleia bridgesii (S. Watson) Greene ■☆
198088 Hookera californica (Lindl.) Greene = Brodiaea californica Lindl. ■☆
198089 Hookera capitata (Benth.) Kuntze = Dichelostemma capitatum (Benth.) A. W. Wood ■☆
198090 Hookera congesta (Sm.) Jeps. = Dichelostemma congestum Kunth ■☆
198091 Hookera coronaria Salisb. = Brodiaea coronaria (Salisb.) Engl. ■☆
198092 Hookera crocea (A. W. Wood) Kuntze = Triteleia crocea (A. W. Wood) Greene ■☆
198093 Hookera douglasii (S. Watson) Piper = Triteleia grandiflora Lindl. ■☆
198094 Hookera filifolia (S. Watson) Greene = Brodiaea filifolia S. Watson ■☆
198095 Hookera gracilis (S. Watson) Kuntze = Triteleia montana Hoover ■☆
198096 Hookera grandiflora (Lindl.) Kuntze = Triteleia grandiflora Lindl. ■☆
198097 Hookera howellii (S. Watson) Piper = Triteleia grandiflora Lindl. ■☆
198098 Hookera hyacinthina (Lindl.) Kuntze = Triteleia hyacinthina (Lindl.) Greene ■☆
198099 Hookera hyacinthina (Lindl.) Kuntze var. lactea (Lindl.) Jeps. = Triteleia hyacinthina (Lindl.) Greene ■☆
198100 Hookera ixioides (W. T. Aiton) Kuntze = Triteleia ixioides (W. T. Aiton) Greene ■☆
198101 Hookera ixioides (W. T. Aiton) Kuntze var. lugens (Greene) Jeps. = Triteleia lugens Greene ■☆
198102 Hookera laxa (Benth.) Kuntze = Triteleia laxa Benth. ■☆
198103 Hookera macropoda (Torr.) Kuntze = Brodiaea terrestris Kellogg ■☆
198104 Hookera minor (Benth.) Britten ex Greene = Brodiaea minor (Benth.) S. Watson ■☆
198105 Hookera multiflora (Benth.) Britten = Dichelostemma multiflorum (Benth.) A. Heller ■☆
198106 Hookera multipedunculata Abrams = Brodiaea orcuttii (Greene) Baker ■☆
198107 Hookera orcuttii Greene = Brodiaea orcuttii (Greene) Baker ■☆
198108 Hookera parviflora (Torr. et A. Gray) Kuntze = Dichelostemma multiflorum (Benth.) A. Heller ■☆
198109 Hookera pauciflora (Torr.) Tidestr. = Dichelostemma capitatum (Benth.) A. W. Wood subsp. pauciflorum (Torr.) Keator ■☆
198110 Hookera peduncularis (Lindl.) Kuntze = Triteleia peduncularis Lindl. ■☆

198111 Hookera purdyi (Eastw.) A. Heller = Brodiaea purdyi Eastw. ■☆
198112 Hookera stellaris (S. Watson) Greene = Brodiaea stellaris S. Watson ■☆
198113 Hookera terrestris (Kellogg) Britten ex Greene = Brodiaea terrestris Kellogg ■☆
198114 Hookera volubilis (Kellogg) Jeps. = Dichelostemma volubile (Kellogg) A. Heller ■☆
198115 Hookerella Tiegh. = Muellerina Tiegh. ●☆
198116 Hookerella Tiegh. = Phrygilanthus Eichler ●☆
198117 Hookerina Kuntze = Hydrothrix Hook. f. ■☆
198118 Hookerochloa E. B. Alexeev = Austrofestuca (Tzvelev) E. B. Alexeev ■☆
198119 Hookia Neck. = Centaurea L.(保留属名)●■
198120 Hoopesia Buckley = Acacia Mill.(保留属名)+ Cercidium Tul. ●☆
198121 Hoorebekia Cornel. = Grindelia Willd. ●■☆
198122 Hoorebekia Cornel. ex DC. = Grindelia Willd. ●■☆
198123 Hopea Garden ex L.(废弃属名)= Hopea Roxb.(保留属名)●
198124 Hopea Garden ex L.(废弃属名)= Symplocos Jacq. ●
198125 Hopea L.(废弃属名)= Hopea Roxb.(保留属名)●
198126 Hopea Roxb.(1811)(保留属名);坡垒属;Giam, Hopea, Merawan ●
198127 Hopea Roxb. = Shorea Roxb. ex C. F. Gaertn. ●
198128 Hopea Vahl = Hoppea Willd. ■☆
198129 Hopea acuminata Merr.;渐尖坡垒●☆
198130 Hopea apiculata Symington;细尖坡垒●☆
198131 Hopea austroyunnanica Y. K. Yang et J. K. Wu;滇南坡垒;S. Yunnan Hopea ●
198132 Hopea austroyunnanica Y. K. Yang et J. K. Wu = Hopea chinensis (Merr.) Hand. -Mazz. ●◇
198133 Hopea basilanica Foxw.;巴西兰坡垒●☆
198134 Hopea beccariana Burck;贝氏坡垒●☆
198135 Hopea boreovietnamica Y. K. Yang et J. K. Wu;越北坡垒;Vietnam Hopea ●
198136 Hopea boreovietnamica Y. K. Yang et J. K. Wu = Hopea chinensis (Merr.) Hand. -Mazz. ●◇
198137 Hopea bracteata Burck;苞片坡垒●☆
198138 Hopea cagayanensis (Foxw.) Slooten;吕宋坡垒●☆
198139 Hopea cernua Teijsm. et Binn.;垂头坡垒●☆
198140 Hopea chinensis (Merr.) Hand. -Mazz.;狭叶坡垒(多毛坡垒,红英,华南坡垒,坡垒,万年木);China Hopea, Chinese Hopea ●◇
198141 Hopea coriacea Burck;革质坡垒●☆
198142 Hopea dasyrrhachis Slooten;粗轴坡垒●☆
198143 Hopea daweishanica Y. K. Yang et J. K. Wu;大围山坡垒;Daweishan Hopea ●
198144 Hopea daweishanica Y. K. Yang et J. K. Wu = Hopea chinensis (Merr.) Hand. -Mazz. ●◇
198145 Hopea dealbata Hance;白粉坡垒;Sao ●☆
198146 Hopea dryobalanoides Miq.;似冰片香坡垒●☆
198147 Hopea dyeri Heim;戴氏坡垒●☆
198148 Hopea exalata W. T. Lin, Y. Y. Yang et Q. S. Hsue = Hopea reticulata Tardieu ●◇
198149 Hopea ferrea Heim;铁坡垒●☆
198150 Hopea ferruginea Parijs;锈色坡垒●☆
198151 Hopea foxworthyi Elmer;福氏坡垒●☆
198152 Hopea glabra Wight et Arn.;无毛坡垒●☆
198153 Hopea glaucescens Symington;白变坡垒●☆
198154 Hopea griffithii Kurz;格氏坡垒●☆
198155 Hopea guangxiensis Y. K. Yang et J. K. Wu;万铃树;Guangxi Hopea ●
198156 Hopea guangxiensis Y. K. Yang et J. K. Wu = Hopea chinensis (Merr.) Hand. -Mazz. ●◇
198157 Hopea hainanensis Merr. et Chun;海南坡垒(海梅,坡垒,坡垒木,石梓公);Hainan Hopea ●◇
198158 Hopea helferi Brandis et C. E. C. Fisch.;赫尔坡垒●☆
198159 Hopea hongayensis Tardieu;河内坡垒;Hongay Hopea ●◇
198160 Hopea hongayensis Tardieu = Hopea chinensis (Merr.) Hand. -Mazz. ●◇
198161 Hopea jianshu Y. K. Yang, S. Z. Yang et D. M. Wang = Hopea chinensis (Merr.) Hand. -Mazz. ●◇
198162 Hopea jianshu Y. K. Yang, S. Z. Yang et D. M. Wang = Hopea nikkussuna C. Y. Wu ●◇
198163 Hopea johorensis Symington;柔佛坡垒●☆
198164 Hopea latifolia Symington;阔叶坡垒●☆
198165 Hopea lucida Thunb. = Symplocos lucida (Thunb.) Siebold et Zucc. ●
198166 Hopea malibato Foxw.;马里巴托坡垒(菲律宾坡垒)●☆
198167 Hopea mengarawan Miq.;门格坡垒;Merawan ●☆
198168 Hopea micrantha Hook. f.;小花软坡垒(小花坡垒)●☆
198169 Hopea mindanensis Foxw.;棉兰老坡垒●☆
198170 Hopea mollissima C. Y. Wu = Hopea chinensis (Merr.) Hand. -Mazz. ●◇
198171 Hopea montana Symington;山地坡垒●☆
198172 Hopea myrtifolia Miq.;香桃叶坡垒●☆
198173 Hopea nervosa King;显脉坡垒●☆
198174 Hopea nikkussuna C. Y. Wu;多毛坡垒(毽树,毛叶坡垒,小鸡毛毽树);Hairy Hopea, Jianshu Hopea ●◇
198175 Hopea oblongifolia Dyer;椭圆叶坡垒●☆
198176 Hopea odorata Roxb.;坡垒(芳香坡垒,香坡垒);Fragrant Hopea, Merawan, Takhian, Thingan, Thingan Merawan ●
198177 Hopea pachycarpa (Heim) Symington;厚果皮坡垒●☆
198178 Hopea parviflora Bedd.;小花坡垒(小花硬坡垒);Kongu ●☆
198179 Hopea pedicellata (Brandis) Symington;花柄坡垒●☆
198180 Hopea pentanervia Symington ex G. H. S. Wood;五脉坡垒●☆
198181 Hopea philippinensis Dyer;菲律宾坡垒●☆
198182 Hopea pierrei Hance;芒药坡垒(皮氏坡垒);Pierre Hopea ●☆
198183 Hopea pingbianica Y. K. Yang et J. K. Wu;屏边坡垒;Pingbian Hopea ●
198184 Hopea pingbianica Y. K. Yang et J. K. Wu = Hopea chinensis (Merr.) Hand. -Mazz. ●◇
198185 Hopea plagata Vidal;创伤坡垒●☆
198186 Hopea polyalthioides Symington;类暗罗坡垒●☆
198187 Hopea pubescens Ridl.;柔毛坡垒木●☆
198188 Hopea recopei Pierre ex Laness.;雷科坡垒●☆
198189 Hopea reticulata Tardieu;铁凌(铁垒,网坡垒,无翅坡垒,无翼坡垒);Exalate Hopea, Iron Hopea, Lofty Hopea Big-flower Hopea ●◇
198190 Hopea reticulata Tardieu subsp. exalata (W. T. Lin et al.) Y. K. Yang et J. K. Wu = Hopea reticulata Tardieu ●◇
198191 Hopea sangal Korth.;桑嘎尔坡垒●☆
198192 Hopea semicuneata Symington;半楔形坡垒●☆
198193 Hopea shingkeng (Dunn) Bor;西藏坡垒(星肯坡垒)●

198194 Hopea subalata Symington;微翘坡垒●☆
198195 Hopea sublanceolata Symington;亚披针形坡垒●☆
198196 Hopea sulcata Symington;沟状坡垒●☆
198197 Hopea utilis (Bedd.) Bole;良木坡垒●☆
198198 Hopea vesquei Heim;韦氏坡垒●☆
198199 Hopea wyattsmithii G. H. S. Wood ex P. S. Ashton;怀氏坡垒●☆
198200 Hopea yunnanensis Y. K. Yang et J. K. Wu;云南坡垒;Yunnan Hopea ●
198201 Hopea yunnanensis Y. K. Yang et J. K. Wu = Hopea chinensis (Merr.) Hand. -Mazz. ●◇
198202 Hopeoides Cretz. (1941);拟坡垒属●☆
198203 Hopeoides Cretz. = Anisoptera Korth. ●☆
198204 Hopeoides Cretz. = Scaphula R. Parker ●☆
198205 Hopeoides scaphula (Roxb.) Cretz.;拟坡垒●☆
198206 Hopia Zuloaga et Morrone = Panicum L. ■
198207 Hopia Zuloaga et Morrone(2007);墨西哥黍属■☆
198208 Hopkinsia W. Fitzg. (1904);澳帚草属■☆
198209 Hopkinsia scabrida W. Fitzg.;澳帚草■☆
198210 Hopkinsiaceae B. G. Briggs et L. A. S. Johnson = Anarthriaceae D. F. Cutler et Airy Shaw ●☆
198211 Hopkinsiaceae B. G. Briggs et L. A. S. Johnson;澳帚草科■☆
198212 Hopkirkia DC. = Schkuhria Roth(保留属名)■☆
198213 Hopkirkia Spreng. = Salmea DC. (保留属名)■☆
198214 Hoplestigma Pierre(1899);单柱花属(干戈柱属,马蹄柱头树属,蹄铁柱头属)●☆
198215 Hoplestigma klaineanum Pierre;单柱花(干戈柱)●☆
198216 Hoplestigma pierreanum Gilg;皮氏单柱花(皮氏干戈柱)●☆
198217 Hoplestigmataceae Gilg(1924)(保留科名);单柱花科(干戈柱科,马蹄柱头树科,蹄铁柱头科)●☆
198218 Hoplismenus Hassk. = Oplismenus P. Beauv. (保留属名)■
198219 Hoplonia Post et Kuntze = Anthacanthus Nees ●☆
198220 Hoplonia Post et Kuntze = Oplonia Raf. ●☆
198221 Hoplopanax Post et Kuntze = Oplopanax (Torr. et A. Gray) Miq. ●
198222 Hoplophyllum DC. (1836);单叶菊属(五叶菊属,武叶菊属)●☆
198223 Hoplophyllum ferox Sond.;非洲单叶菊●☆
198224 Hoplophyllum spinosum DC.;单叶菊■☆
198225 Hoplophytum Beer = Aechmea Ruiz et Pav. (保留属名)■☆
198226 Hoplotheca Spreng. = Froelichia Moench ■☆
198227 Hoplotheca Spreng. = Oplotheca Nutt. ■☆
198228 Hoppea Endl. (1839) = Symplocos Jacq. ●
198229 Hoppea Endl. (1940) = Hopea Roxb. (保留属名)●
198230 Hoppea Rchb. = Ligularia Cass. (保留属名)■
198231 Hoppea Willd. (1801);霍珀龙胆属■☆
198232 Hoppea dichotoma Hayne ex Willd.;霍珀龙胆■☆
198233 Hoppea spciosa Rchb. = Ligularia fischeri (Ledeb.) Turcz. ■
198234 Hoppea speciosa (Schrad. ex Link) Rchb. = Ligularia fischeri (Ledeb.) Turcz. ■
198235 Hoppia Nees = Bisboeckelera Kuntze ■☆
198236 Hoppia Spreng. = Hoppea Willd. ■☆
198237 Horaninovia Fisch. et C. A. Mey. (1841);对节刺属;Horaninowia ■
198238 Horaninovia ulicina Fisch. et C. A. Mey.;对节刺;Common Horaninowia ■
198239 Horaninowia Fisch. et C. A. Mey. = Horaninovia Fisch. et C. A. Mey. ■
198240 Horaninowia anomala (C. A. Mey.) Moq.;雅致对节刺■☆
198241 Horaninowia excellens Iljin;优秀对节刺■☆
198242 Horaninowia minor Fisch. et C. A. Mey. = Horaninowia minor Schrenk ■
198243 Horaninowia minor Schrenk;弓叶对节刺(弯苞对节刺,小对节刺);Small Horaninowia ■
198244 Horaninowia ulicina Fisch. et C. A. Mey. = Horaninovia ulicina Fisch. et C. A. Mey. ■
198245 Horanthes Raf. = Crocanthemum Spach ●☆
198246 Horanthus B. D. Jacks. = Crocanthemum Spach ●☆
198247 Horanthus B. D. Jacks. = Horanthes Raf. ●☆
198248 Horanthus Raf. = Crocanthemum Spach ●☆
198249 Horau Adans. = Avicennia L. ●
198250 Horbleria Pav. ex Moldenke = Rhaphithamnus Miers ●☆
198251 Hordeaceae Bercht. et J. Presl = Gramineae Juss. (保留科名)■●
198252 Hordeaceae Bercht. et J. Presl = Poaceae Barnhart(保留科名)■●
198253 Hordeaceae Burnett = Gramineae Juss. (保留科名)■●
198254 Hordeaceae Burnett = Poaceae Barnhart(保留科名)■●
198255 Hordeanthos Szlach. (2007);缅甸兰属■☆
198256 Hordelymus (Jess.) Harz. = Cuviera Koeler(废弃属名)■☆
198257 Hordelymus (Jess.) Harz. = Hordelymus (Jess.) Jess. ex Harz ■☆
198258 Hordelymus (Jess.) Jess. ex Harz(1885);三柄麦属(大麦披硷草属);Wood Barley ■☆
198259 Hordelymus europaeus (L.) Harz;三柄麦(欧洲大麦披硷草);Wood Barley ■☆
198260 Hordeum L. (1753);大麦属;Barley ■
198261 Hordeum aegiceras Nees ex Royle = Hordeum vulgare L. var. trifurcatum (Schltdl.) Alef. ■
198262 Hordeum agriocrithon A. E. Aberg;六棱大麦(野生六棱大麦);Wild Sixrow Barley ■
198263 Hordeum asperum Degen = Taeniatherum asperum (Simonk.) Nevski ■☆
198264 Hordeum bogdanii Wilensky;布顿大麦草;Bogdan Barley ■
198265 Hordeum boreale Scribn.;北方大麦■☆
198266 Hordeum brachyantherum Nevski;短药大麦■☆
198267 Hordeum brevisubulatum (Trin.) Link;短芒大麦(短芒大麦草,黑麦草,野大麦,野黑麦);Shortsubulate Barley ■
198268 Hordeum brevisubulatum (Trin.) Link subsp. nevskianum (Bowden) Tzvelev = Hordeum brevisubulatum (Trin.) Link var. nevskianum (Bowden) Tzvelev ■
198269 Hordeum brevisubulatum (Trin.) Link subsp. turkestanicum (Nevski) Tzvelev = Hordeum turkestanicum Nevski ■
198270 Hordeum brevisubulatum (Trin.) Link subsp. turkestanicum Tzvelev;糙稃大麦草■
198271 Hordeum brevisubulatum (Trin.) Link subsp. violaceum (Boiss. et Huet.) Tzvelev = Hordeum violaceum Boiss. et Hohen. ■
198272 Hordeum brevisubulatum (Trin.) Link var. hireellum C. C. Chang et Skvortsov ex Z. S. Qin et S. D. Zhao;刺稃野大麦(刺稃大麦草);Hispid Willd Barley ■
198273 Hordeum brevisubulatum (Trin.) Link var. nevskianum (Bowden) Tzvelev;拟短芒大麦草(聂威大麦草)■
198274 Hordeum brevisubulatum (Trin.) Link var. turkestanicum P. C. Kuo = Hordeum brevisubulatum (Trin.) Link subsp. turkestanicum Tzvelev ■
198275 Hordeum bulbosum L.;球茎大麦(鳞茎大麦);Bulbous Barley ■

198276 Hordeum bulbosum L. subsp. nodosum (L.) B. R. Baum;多节大麦■☆
198277 Hordeum bulbosum L. var. lycium Boiss. = Hordeum bulbosum L. ■
198278 Hordeum caespitosum Scribn.;短尾大麦;Bobtail Barley ■☆
198279 Hordeum caespitosum Scribn. ex Pammel = Hordeum jubatum L. ■
198280 Hordeum capense Thunb.;好望角大麦■☆
198281 Hordeum caput-medusae (L.) Coss. et Durieu = Taeniatherum caput-medusae (L.) Nevski ■☆
198282 Hordeum coeleste (L.) P. Beauv. = Hordeum vulgare L. var. coeleste L. ■
198283 Hordeum coeleste (L.) P. Beauv. var. trifurcatum Schltdl. = Hordeum vulgare L. var. aegiceras (Nees ex Royle) Aitch. ex Hook. f. ■
198284 Hordeum coeleste (L.) P. Beauv. var. trifurcatum Schltdl. = Hordeum vulgare L. var. trifurcatum (Schltdl.) Alef. ■
198285 Hordeum compressum Griseb. = Hordeum stenostachys Godr. ■☆
198286 Hordeum crinitum (Schreb.) Desf. = Taeniatherum caput-medusae (L.) Nevski ■☆
198287 Hordeum deficiens Steud. ex A. Braun = Hordeum vulgare L. ■
198288 Hordeum distichon L.;二列大麦(二棱大麦,栽培二棱大麦);Tworow Barley,Two-rowed Barley ■
198289 Hordeum distichon L. = Hordeum vulgare L. var. distichon (L.) Alef. ■
198290 Hordeum distichon L. = Hordeum vulgare L. ■
198291 Hordeum distichon L. convar. nudum (L.) Tzvelev = Hordeum distichon L. var. nudum L. ■
198292 Hordeum distichon L. subsp. nudum (L.) Rothm. = Hordeum distichon L. var. nudum L. ■
198293 Hordeum distichon L. var. nudum L.;裸麦(黄稞,稞麦,裸燕麦,青稞,青稞麦,油麦,莜麦,元麦);Highland Barley, Nake Barley,Naked Oat ■
198294 Hordeum distichum L. = Hordeum distichon L. ■
198295 Hordeum distichum L. var. spontaneum (K. Koch) Asch. et Graebn. = Hordeum spontaneum K. Koch ■
198296 Hordeum europaeum (L.) All. = Hordelymus europaeus (L.) Harz ■☆
198297 Hordeum geniculatum All.;逆棘大麦;Mediterranean Barley ■☆
198298 Hordeum glaucum Steud.;灰大麦■☆
198299 Hordeum gussoneanum Parl. = Hordeum geniculatum All. ■☆
198300 Hordeum hexastichon L. = Hordeum vulgare L. ■
198301 Hordeum hexastichum L. = Hordeum vulgare L. ■
198302 Hordeum hirsutum Bertol. = Eremopyrum bonaepartis (Spreng.) Nevski ■
198303 Hordeum hystrix Roth = Hordeum geniculatum All. ■☆
198304 Hordeum hystrix Roth = Hordeum marinum Huds. subsp. gussoneanum (Parl.) Thell. ■☆
198305 Hordeum innermongolicum P. C. Kuo et L. B. Cai;内蒙古大麦(内蒙古大麦草);Inner-mongolia Barley ■
198306 Hordeum irregulare Aberg et Wiebe = Hordeum vulgare L. ■
198307 Hordeum ischnatherum (Coss.) Körn.;细花大麦;Tenuous-flower Barley ■☆
198308 Hordeum ischnatherum (Coss.) Schweinf. = Hordeum spontaneum K. Koch var. ischnatherum (Coss.) Thell. ■
198309 Hordeum ithaburense Boiss. = Hordeum spontaneum K. Koch ■
198310 Hordeum ithaburense Boiss. var. ischatherum Coss. = Hordeum spontaneum K. Koch var. ischnatherum (Coss.) Thell. ■
198311 Hordeum jubatum L.;芒颖大麦(狐尾大麦,芒麦草,芒颖大麦草,野麦草);Foxtail Barley, Maned Cristesion, Squirreltail, Squirrel-tail Grass,Squirreltail-grass ■
198312 Hordeum jubatum L. var. caespitosum (Scribn. ex Pammel) Hitchc. = Hordeum jubatum L. ■
198313 Hordeum kronenburgii Hack. = Psathyrostachys kronenburgii (Hack.) Nevski ■
198314 Hordeum lagunculiforme Bakhtin;瓶大麦(瓶状大麦,野生瓶形大麦);Wild Flaskform Barley ■
198315 Hordeum lanuginosum (Trin.) Schenck = Psathyrostachys lanuginosa (Trin.) Nevski ■
198316 Hordeum leporinum Link;兔耳大麦;Pleasant Barley ■☆
198317 Hordeum macilentum Steud. = Hordeum brevisubulatum (Trin.) Link ■
198318 Hordeum macrolepis Steud. ex A. Braun = Hordeum vulgare L. ■
198319 Hordeum marinum Huds.;海滨大麦;Sea Barley, Seaside Barley,Squirrel-tail Grass ■☆
198320 Hordeum marinum Huds. subsp. gussoneanum (Parl.) Anghel et Velican = Hordeum geniculatum All. ■☆
198321 Hordeum marinum Huds. subsp. gussoneanum (Parl.) Thell. = Hordeum geniculatum All. ■☆
198322 Hordeum maritimum With. = Hordeum marinum Huds. ■☆
198323 Hordeum maritimum With. subsp. gussoneanum (Parl.) Asch. et Graebn. = Hordeum geniculatum All. ■☆
198324 Hordeum maritimum With. var. annuum (Lange) Maire et Weiller = Hordeum marinum Huds. ■☆
198325 Hordeum maritimum With. var. gussoneanum (Parl.) Richt. = Hordeum marinum Huds. ■☆
198326 Hordeum maritimum With. var. incertum Maire = Hordeum marinum Huds. ■☆
198327 Hordeum murinum L.;鼠大麦;Mouse Barley, Wall Barley, Waybent ■☆
198328 Hordeum murinum L. subsp. glaucum (Steud.) Tzvelev;灰鼠大麦;Blue-gray Barley,Smooth Barley ■☆
198329 Hordeum murinum L. subsp. leporinum (Link) Arcang. = Hordeum leporinum Link ■☆
198330 Hordeum murinum L. subsp. leporinum (Link) Asch. et Graebn. = Hordeum leporinum Link ■☆
198331 Hordeum murinum L. var. chilense Brongn. = Hordeum leporinum Link ■☆
198332 Hordeum murinum L. var. leporinum (Link) Richt. = Hordeum leporinum Link ■☆
198333 Hordeum murinum L. var. leptostachys Trab. = Hordeum glaucum Steud. ■☆
198334 Hordeum murinum L. var. major Gren. et Godr. = Hordeum murinum L. ■☆
198335 Hordeum murinum L. var. pedicellatum Pau et Font Quer = Hordeum murinum L. ■☆
198336 Hordeum nevskianum Bowden = Hordeum brevisubulatum (Trin.) Link var. nevskianum (Bowden) Tzvelev ■
198337 Hordeum nodosum L.;草地大麦;Meadow Barley ■☆
198338 Hordeum nodosum L. = Hordeum bogdanii Wilensky ■
198339 Hordeum nodosum L. var. maroccanum Maire = Hordeum secalinum Schreb. ■☆
198340 Hordeum nodosum L. var. secalinum (Schreb.) Maire =

Hordeum secalinum Schreb. ■☆
198341 Hordeum nudum (L.) Ard. = Hordeum distichon L. var. nudum L. ■
198342 Hordeum proskowetzii Nabelek = Hordeum spontaneum K. Koch var. proskowetzii Nabelek ■
198343 Hordeum pubiflorum Hook. f.;南极大麦;Antarctic Barley ■☆
198344 Hordeum pusillum Nutt.;微小大麦;Little Barley ■☆
198345 Hordeum riehlii Steud. = Hordeum pusillum Nutt. ■☆
198346 Hordeum roshevitzii Bowden;紫大麦草(诺谢维奇大麦草,小药大麦草,紫野麦草)■
198347 Hordeum sativum Jess. = Hordeum vulgare L. ■
198348 Hordeum sativum Jess. var. nudum (L.) Vilm. = Hordeum distichon L. var. nudum L. ■
198349 Hordeum sativum Jess. var. vulgare (L.) K. Richt. = Hordeum vulgare L. ■
198350 Hordeum sativum L. var. coeleste (L.) Vilm. = Hordeum vulgare L. var. coeleste L. ■
198351 Hordeum sativum L. var. trifurcatum Schltdl. ex Orlov et A. E. = Hordeum vulgare L. var. trifurcatum (Schltdl.) Alef. ■
198352 Hordeum sativum L. var. vulgare (L.) K. Richt. = Hordeum vulgare L. ■
198353 Hordeum sativum Pers. = Hordeum vulgare L. ■
198354 Hordeum secalinum Schreb.;拟燕大麦;Meadow Barley ■☆
198355 Hordeum secalinum Schreb. = Hordeum bogdanii Wilensky ■
198356 Hordeum secalinum Schreb. = Hordeum brevisubulatum (Trin.) Link ■
198357 Hordeum secalinum Schreb. subsp. brevisubulatum (Trin.) Krylov = Hordeum brevisubulatum (Trin.) Link ■
198358 Hordeum secalinum Schreb. var. brevisubulatum Trin. = Hordeum brevisubulatum (Trin.) Link ■
198359 Hordeum sibiricum (L.) Schenck = Elymus sibiricus L. ■
198360 Hordeum sibiricum Roshev.;西伯利亚大麦(西伯利亚野大麦);Siberian Barley ■☆
198361 Hordeum sibiricum Roshev. = Hordeum roshevitzii Bowden ■
198362 Hordeum spontaneum C. Koch = Hordeum spontaneum K. Koch ■
198363 Hordeum spontaneum C. Koch var. ischnatherum (Coss.) Thell. = Hordeum spontaneum K. Koch var. ischnatherum (Coss.) Thell. ■
198364 Hordeum spontaneum C. Koch var. proskowetzii Nabelek = Hordeum spontaneum K. Koch var. proskowetzii Nabelek ■
198365 Hordeum spontaneum K. Koch;钝稃野大麦(芒麦草,野生二行大麦);Ancestral Tworow Barley, Tabor Barley, Wild Barley ■
198366 Hordeum spontaneum K. Koch var. ischnatherum (Coss.) Thell.;尖稃野大麦;Sharplemma Barley ■
198367 Hordeum spontaneum K. Koch var. lagunculiforme (Bachteev) Bachteev = Hordeum lagunculiforme Bakhtin ■
198368 Hordeum spontaneum K. Koch var. proskowetzii Nabelek;芒稃野大麦(野生二棱野大麦);Proskowetz Barley ■
198369 Hordeum stenostachys Godr.;狭穗大麦;Narrowspike Barley ■☆
198370 Hordeum strictum Desf. = Hordeum bulbosum L. ■
198371 Hordeum tertrastichum Körn. = Hordeum vulgare L. ■
198372 Hordeum trifurcatum (Schltdl.) Wender. = Hordeum vulgare L. var. trifurcatum (Schltdl.) Alef. ■
198373 Hordeum turkestanicum Nevski;土耳其斯坦大麦草(糙稃大麦草,高山大麦草);Turkestan Barley ■
198374 Hordeum turkestanicum Nevski = Hordeum brevisubulatum (Trin.) Link subsp. turkestanicum Tzvelev ■
198375 Hordeum violaceum Boiss. et Hohen.;堇大麦草(紫大麦草,紫野麦草);Violet Barley ■
198376 Hordeum vulgare L.;大麦(保麦,赤膊麦,饭麦,稞麦,穬麦,牟,牟麦,辫,辫麦);Avels, Awms, Awntlings, Barley, Beardless Barley, Bere Bear, Bigg, Common Barley, Drink Corn, Dutch Barley, Havels, Horns, Iles, Nepal Barley, Oils, Pearl Barley, Piles, Pillerds, Sixrow Barley, Six-rowed Barley, Sprit, Wheat Barley, Whiskey, Whisky ■
198377 Hordeum vulgare L. convar. distichon (L.) Alef. = Hordeum distichon L. ■
198378 Hordeum vulgare L. convar. distichon (L.) Körn. = Hordeum distichon L. ■
198379 Hordeum vulgare L. subsp. aegiceras (Nees ex Royle) Á. Löve = Hordeum vulgare L. var. trifurcatum (Schltdl.) Alef. ■
198380 Hordeum vulgare L. subsp. agriocrithon (A. E. Aberg) Á. Löve = Hordeum agriocrithon A. E. Aberg ■
198381 Hordeum vulgare L. subsp. distichon (L.) Körn. = Hordeum distichon L. ■
198382 Hordeum vulgare L. subsp. hexastichum (L.) Husn. = Hordeum vulgare L. ■
198383 Hordeum vulgare L. subsp. spontaneum (K. Koch) Asch. et Graebn. = Hordeum spontaneum K. Koch ■
198384 Hordeum vulgare L. subsp. spontaneum (K. Koch) Körn. = Hordeum spontaneum K. Koch ■
198385 Hordeum vulgare L. var. aegiceras (Nees ex Royle) Aitch. = Hordeum vulgare L. var. trifurcatum (Schltdl.) Alef. ■
198386 Hordeum vulgare L. var. aegiceras (Nees ex Royle) Aitch. ex Hook. f. = Hordeum vulgare L. var. trifurcatum (Schltdl.) Alef. ■
198387 Hordeum vulgare L. var. coeleste L.;青稞■
198388 Hordeum vulgare L. var. coeleste L. = Hordeum vulgare L. ■
198389 Hordeum vulgare L. var. distichon (L.) Alef. = Hordeum distichon L. ■
198390 Hordeum vulgare L. var. distichon (L.) Hook. f. = Hordeum distichon L. ■
198391 Hordeum vulgare L. var. hexastichon (L.) Asch.;六列大麦■
198392 Hordeum vulgare L. var. hexastichon (L.) Asch. = Hordeum vulgare L. ■
198393 Hordeum vulgare L. var. hexastichon Asch. = Hordeum vulgare L. var. hexastichon (L.) Asch. ■
198394 Hordeum vulgare L. var. nudum (L.) Hook. f. = Hordeum distichon L. var. nudum L. ■
198395 Hordeum vulgare L. var. nudum Hook. f. = Hordeum distichon L. var. nudum L. ■
198396 Hordeum vulgare L. var. trifurcatum (Schltdl.) Alef.;藏青稞(三叉大麦,洋辣子麦);Beardless Barley, Trifurcate Barley ■
198397 Hordeum vulgare L. var. trifurcatum (Schltdl.) Alef. = Hordeum vulgare L. var. aegiceras (Nees ex Royle) Aitch. ex Hook. f. ■
198398 Hordeum vulgare L. var. trifurcatum (Schltdl.) Alef. = Hordeum vulgare L. ■
198399 Horichia Jenny(1981);霍里兰属■☆
198400 Horichia dressleri Jenny;霍里兰■☆
198401 Horkelia Cham. et Schltdl. (1827);霍尔蔷薇属●☆
198402 Horkelia Cham. et Schltdl. = Potentilla L. ■●
198403 Horkelia Rchb. ex Bartl. = Wolffia Horkel ex Schleid. (保留属名)■

198404 Horkelia laxiflora Rydb.;疏花霍尔蔷薇●☆
198405 Horkelia parviflora Nutt. ex Hook. et Arn.;小花霍尔蔷薇●☆
198406 Horkeliella (Rydb.) Rydb. (1908);小霍尔蔷薇属●☆
198407 Horkeliella (Rydb.) Rydb. = Potentilla L. ■●
198408 Horkeliella Rydb. = Potentilla L. ■●
198409 Horkeliella purpurascens (S. Watson) Rydb.;小霍尔蔷薇●☆
198410 Hormathophylla Cullen et T. R. Dudley = Alyssum L. ■●
198411 Hormathophylla Cullen et T. R. Dudley (1965);香雪庭荠属■☆
198412 Hormathophylla cochleata (Coss. et Durieu) P. Küpfer;螺状香雪庭荠■☆
198413 Hormathophylla spathulata (Stephan ex Willd.) Cullen et T. R. Dudley = Galitzkya spathulata (Steph. ex Willd.) V. V. Botschantz. ■
198414 Hormathophylla spinosa (L.) P. Küpfer;具刺香雪庭荠■☆
198415 Hormatophylla cochleata (Coss. et Durieu) P. Küpfer = Hormathophylla cochleata (Coss. et Durieu) P. Küpfer ■☆
198416 Hormatophylla spinosa (L.) P. Küpfer = Hormathophylla spinosa (L.) P. Küpfer ■☆
198417 Hormiastis Post et Kuntze = Ormiastis Raf. ●■
198418 Hormiastis Post et Kuntze = Salvia L. ●■
198419 Hormidium (Lindl.) Heynh. = Encyclia Hook. ■☆
198420 Hormidium Lindl. ex Heynh. = Prosthechea Knowles et Westc. ■☆
198421 Hormidium pygmaeum (Hook.) Benth. et Hook. f. ex Hemsl. = Prosthechea pygmaea (Hook.) W. E. Higgins ■☆
198422 Hormilis Post et Kuntze = Ormilis Raf. ●■
198423 Hormilis Post et Kuntze = Salvia L. ●■
198424 Horminum L. (1753);龙口花属(荷茗草属);Dragon's Mouth, Dragonmouth ■☆
198425 Horminum Mill. = Salvia L. ●■
198426 Horminum pyrenaicum L.;龙口花(荷茗草);Dragon's Mouth, Dragonmouth, Dragon's-mouth ■☆
198427 Hormocalyx Gleason = Myrmidone Mart. ex Meisn. ●☆
198428 Hormocarpus Post et Kuntze = Ormycarpus Neck. ■
198429 Hormocarpus Post et Kuntze = Raphanus L. ■
198430 Hormocarpus Spreng. = Ormocarpum P. Beauv. (保留属名)●
198431 Hormogyne A. DC. (废弃属名) = Planchonella Pierre (保留属名)●
198432 Hormogyne A. DC. (废弃属名) = Pouteria Aubl. ●
198433 Hormogyne Pierre = Aningeria Aubrév. et Pellegr. ●
198434 Hormogyne altissima A. Chev. = Pouteria altissima (A. Chev.) Baehni ●☆
198435 Hormogyne gabonensis A. Chev. = Pouteria altissima (A. Chev.) Baehni ●☆
198436 Hormogyne pierrei A. Chev. = Pouteria pierrei (A. Chev.) Baehni ●☆
198437 Hormolotus Oliv. = Ornithopus L. ■☆
198438 Hormopetalum Lauterb. = Sericolea Schltr. ●☆
198439 Hormosciadium Endl. = Ormosciadium Boiss. ■☆
198440 Hormosia Rchb. = Ormosia Jacks. (保留属名)●
198441 Hormosolevia Post et Kuntze = Ormosolenia Tausch ■☆
198442 Hormuzakia Gusul. = Anchusa L. ■
198443 Hornea Baker (1877);霍恩无患子属●☆
198444 Hornea Durand et Jacks. = Hounea Baill. ●☆
198445 Hornea Durand et Jacks. = Paropsia Noronha ex Thouars ●☆
198446 Hornea mauritiana Baker;霍恩无患子●☆
198447 Hornemannia Benth. = Ellisiophyllum Maxim. ■
198448 Hornemannia Benth. = Moseleya Hemsl. ■
198449 Hornemannia Link. et Otto = Lindernia All. ■
198450 Hornemannia Vahl = Symphysia C. Presl ●☆
198451 Hornemannia Willd. = Lindernia All. + Mazus Lour. ■
198452 Hornemannia Willd. = Mazus Lour. ■
198453 Hornemannia Willd. emend. Rchb. = Mazus Lour. ■
198454 Hornemannia bicolor Willd. = Mazus pumilus (Burm. f.) Steenis ■
198455 Hornemannia pinnata (Wall. ex Benth.) Benth. = Ellisiophyllum pinnatum (Wall. ex Benth.) Makino ■
198456 Hornemannia pinnata Benth. = Ellisiophyllum pinnatum (Wall.) Makino ■
198457 Hornemannia viscosa (Hornem.) Willd. = Lindernia viscosa (Hornem.) Merr. ■
198458 Hornera Miq. = Neolitsea (Benth.) Merr. + Litsea Lam. (保留属名)●
198459 Hornera Neck. = Mucuna Adans. (保留属名)●■
198460 Hornschuchia Blume = Cratoxylum Blume ●
198461 Hornschuchia Nees (1821);霍尔木属●☆
198462 Hornschuchia Spreng. = ? Mimusops L. ●☆
198463 Hornschuchia alba (A. St. -Hil.) R. E. Fr.;白霍尔木●☆
198464 Hornschuchia alba R. E. Fr. = Hornschuchia alba (A. St. -Hil.) R. E. Fr. ●☆
198465 Hornschuchia caudata R. E. Fr.;霍尔木●☆
198466 Hornschuchia hypericina Blume = Cratoxylum sumatranum (Jack) Blume ●☆
198467 Hornschuchia leptandra D. M. Johnson;细蕊霍尔木●☆
198468 Hornschuchia polyantha Maas;多花霍尔木●☆
198469 Hornschuchiaceae J. Agardh = Annonaceae Juss. (保留科名)●
198470 Hornstedtia Retz. (1791);大豆蔻属;Hornstedtia ■
198471 Hornstedtia hainanensis T. L. Wu et S. J. Chen;大豆蔻(烂包头);Hainan Hornstedtia ■
198472 Hornstedtia megalocheilus (Griff.) Ridl. = Etlingera littoralis Gieseke ■
198473 Hornstedtia mollis Valeton;柔软大豆蔻■☆
198474 Hornstedtia rumphii (Sm.) Valeton;朗夫大豆蔻■☆
198475 Hornstedtia scyphifera (König) Steud.;马来西亚大豆蔻■☆
198476 Hornstedtia tibetica T. L. Wu et S. J. Chen;西藏大豆蔻;Tibet Hornstedtia, Xizang Hornstedtia ■
198477 Hornungia Bernh. = Gagea Salisb. ■
198478 Hornungia Bernh. = Hornungia Rchb. ■
198479 Hornungia Rchb. (1837-1838);薄果荠属(异果荠属,一年芥属);Hutchinsia ■
198480 Hornungia alpina (L.) Appel;高山薄果荠;Alpencress, Chamois-cress ■☆
198481 Hornungia alpina (L.) Appel subsp. fontqueri (Sauvage) Appel;冯氏高山薄果荠■☆
198482 Hornungia circinata (L.) Bernh.;旋扭薄果荠■☆
198483 Hornungia petraea (L.) Rchb.;羚羊薄果荠;Chamois Cress, Hutchinsia ■☆
198484 Hornungia petraea (L.) Rchb. = Hutchinsia petraea (L.) R. Br. ■☆
198485 Hornungia procumbens (L.) Hayek;薄果荠(薄果芥,心草);Decumbens Hymenolobus ■
198486 Hornungia procumbens (L.) Hayek = Hymenolobus procumbens (L.) Nutt. ■
198487 Hornungia procumbens (L.) Hayek subsp. pauciflorus (Koch)

Schinz et Thell.;少花薄果荠■☆
198488 Horovitzia V. M. Badillo(1993);寡脉番木瓜属■☆
198489 Horovitzia cnidoscoloides (Lorence et R. Torres) V. M. Badillo;寡脉番木瓜■☆
198490 Horreola Noronha = Procris Comm. ex Juss. ●
198491 Horridocactus Backeb. (1938);奇异球属■☆
198492 Horridocactus Backeb. = Neoporteria Britton et Rose ●■
198493 Horridocactus aconcaguensis (F. Ritter) Backeb.;阿含玉■☆
198494 Horridocactus choapensis (F. Ritter) Backeb.;爽壮玉■☆
198495 Horridocactus curvispinus (Bertero) Backeb.;登阳球(登阳丸)■☆
198496 Horridocactus kesselringianus Dölz;黑雷玉■☆
198497 Horridocactus marksianus (F. Ritter) Backeb.;鬼啸玉■☆
198498 Horridocactus nigricans (A. Dietr. ex K. Schum.) Backeb. ex Dölz;黑貂玉■☆
198499 Horridocactus robustus (F. Ritter) Y. Ito;吕智深;Robust Neoporteria ■☆
198500 Horridocactus tuberisulcatus (Jacobi) Y. Ito;魁壮玉■☆
198501 Horridocactus vallenarensis (F. Ritter) Backeb.;蕃铃玉■☆
198502 Horsfielda Pers. = Horsfieldia Willd. ●
198503 Horsfieldia Blume = Harmsiopanax Warb. ●☆
198504 Horsfieldia Blume ex DC. = Harmsiopanax Warb. ●☆
198505 Horsfieldia Chifflot = Chirita Buch. -Ham. ex D. Don ●■
198506 Horsfieldia Chifflot = Monophyllaea R. Br. ■☆
198507 Horsfieldia Willd. (1806);风吹楠属(荷斯菲木属,假玉果属,争光树属);Horsfieldia ●
198508 Horsfieldia amygdalina (Wall.) Warb.;风吹楠(扁桃风吹楠,光叶血树,荷斯菲木,霍尔飞);Amygdaline Horsfieldia, Glabrous Horsfieldia ●
198509 Horsfieldia amygdalina (Wall.) Warb. = Horsfieldia glabra (Blume) Warb. ●
198510 Horsfieldia glabra (Blume) Warb.;光风吹楠●
198511 Horsfieldia grandiflora W. W. Sm. et Jeffrey;大花风吹楠(野广子);Bigflower Horsfieldia ●
198512 Horsfieldia hainanensis Merr.;海南风吹楠(海南荷斯菲木,海南霍尔飞,假玉果,米安,水枇杷);Hainan Horsfieldia ●◇
198513 Horsfieldia hainanensis Merr. = Horsfieldia kingii (Hook. f.) Warb. ●◇
198514 Horsfieldia kingii (Hook. f.) Warb.;大叶风吹楠(滇南风吹楠);King Horsfieldia ●◇
198515 Horsfieldia longipedunculata Hu = Horsfieldia pandurifolia Hu ●◇
198516 Horsfieldia longipedunculata Hu = Horsfieldia prainii (King) Warb. ●
198517 Horsfieldia odorata Willd.;芳香风吹楠●☆
198518 Horsfieldia pandurifolia Hu;琴叶风吹楠(播穴,长序梗贺得木,埋张补,提琴叶贺得木);Fiddle-leaf Horsfieldia ●◇
198519 Horsfieldia pandurifolia Hu = Horsfieldia prainii (King) Warb. ●
198520 Horsfieldia prainii (King) Warb.;云南风吹楠●
198521 Horsfieldia prunoides C. Y. Wu = Horsfieldia amygdalina (Wall.) Warb. ●
198522 Horsfieldia prunoides C. Y. Wu = Horsfieldia glabra (Blume) Warb. ●
198523 Horsfieldia tetratepala C. Y. Wu et W. T. Wang;滇南风吹楠(播穴黑,多簕帕莫,埋扎伞);S. Yunnan Horsfieldia, South-Yunnan Horsfieldia ●◇
198524 Horsfieldia tetratepala C. Y. Wu et W. T. Wang = Horsfieldia kingii (Hook. f.) Warb. ●◇
198525 Horsfieldia tonkinensis Lecomte = Horsfieldia amygdalina (Wall.) Warb. ●
198526 Horsfordia A. Gray(1887);霍斯锦葵属■●☆
198527 Horsfordia alata A. Gray;霍斯锦葵●☆
198528 Horsfordia rotundifolia S. Watson;圆叶霍斯锦葵●☆
198529 Horstia Fabr. = Salvia L. ●■
198530 Horstrissea Greuter, Gerstb. et Egli(1990);克里特草属☆
198531 Horstrissea dolinicola Greuter, Gerstb. et Egli.;克里特草☆
198532 Horta Thunb. ex Steud. = Hosta Tratt. (保留属名)■
198533 Horta Vell. = Clavija Ruiz et Pav. ●☆
198534 Hortegia L. = Ortegia L. ■☆
198535 Hortensia Comm. = Hydrangea L. ●
198536 Hortensia Comm. ex Juss. = Hydrangea L. ●
198537 Hortensia opuloides Lam. = Hydrangea macrophylla (Thunb.) Ser. ●
198538 Hortensiaceae Bercht. et J. Presl = Hydrangeaceae Dumort. (保留科名)●■
198539 Hortensiaceae Martinov = Hydrangeaceae Dumort. (保留科名)●■
198540 Hortia Vand. (1788);霍特芸香属●☆
198541 Hortia brasiliana Vand. ex DC.;巴西霍特芸香●☆
198542 Hortia megaphylla Taub. ex Glaz.;大叶霍特芸香●☆
198543 Hortonia Wight ex Arn. = Hortonia Wight ●☆
198544 Hortonia Wight(1838);斯里兰卡桂属●☆
198545 Hortonia augustifolia Trim.;窄叶锡兰桂●☆
198546 Hortonia floribunda Wight ex Arn.;繁花锡兰桂●☆
198547 Hortoniaceae (J. Perkins et Gilg) A. C. Sm. = Monimiaceae Juss. (保留科名)●■☆
198548 Hortoniaceae A. C. Sm.;斯里兰卡桂科(斯里兰卡香材树科)●☆
198549 Hortoniaceae A. C. Sm. = Monimiaceae Juss. (保留科名)●■☆
198550 Hortsmania Miq. = Condylocarpon Desf. ●☆
198551 Hortsmannia Pfeiff. = Hortsmania Miq. ●☆
198552 Horvatia Garay(1977);霍尔瓦特兰属■☆
198553 Horvatia andicola Garay;霍尔瓦特兰■☆
198554 Horwoodia Turrill(1939);霍氏芥属(霍伍德芥属)■☆
198555 Horwoodia dicksoniae Turrill;霍氏芥■☆
198556 Hosackia Benth. ex Lindl. = Hosackia Douglas ex Lindl. ■☆
198557 Hosackia Benth. ex Lindl. = Lotus L. ■
198558 Hosackia Douglas = Hosackia Douglas ex Benth. ■☆
198559 Hosackia Douglas = Hosackia Douglas ex Lindl. ■☆
198560 Hosackia Douglas ex Benth. = Hosackia Benth. ex Lindl. ■☆
198561 Hosackia Douglas ex Benth. = Hosackia Douglas ex Lindl. ■☆
198562 Hosackia Douglas ex Benth. = Lotus L. ■
198563 Hosackia Douglas ex Lindl. (1829);北美百脉根属■☆
198564 Hosackia americana (Nutt.) Piper = Lotus purshianus (Benth.) Clem. et E. G. Clem. ■☆
198565 Hosackia americana (Nutt.) Piper = Lotus unifoliolata (Hook.) Benth. ■☆
198566 Hosackia unifoliolata Hook. = Lotus unifoliolata (Hook.) Benth. ■☆
198567 Hosangia Neck. = Maieta Aubl. ●☆
198568 Hosea Dennst. = Symplocos Jacq. ●
198569 Hosea Ridl. (1908);霍斯藤属●☆
198570 Hosea Ridl. = Hoseanthus Merr. ●☆
198571 Hosea lobbiana Ridl.;霍斯藤●☆

198572 Hoseanthus Merr. = Hosea Ridl. ●☆
198573 Hoshiarpuria Hajra, P. Daniel et Philcox = Rotala L. ■
198574 Hosiea Hemsl. et E. H. Wilson(1906);东方无须藤属(荷莳属);Hosiea ●
198575 Hosiea japonica (Makino) Makino;日本无须藤;Japan Hosiea ●☆
198576 Hosiea sinensis (Oliv.) Hemsl. et E. H. Wilson;中国无须藤(无须藤);China Hosiea, Chinese Hosiea ●
198577 Hoslunda Roem. et Schult. = Hoslundia Vahl ●☆
198578 Hoslundia Vahl(1804);橙萼花属(豪斯木属,何龙木属)●☆
198579 Hoslundia decumbens Benth. = Hoslundia opposita Vahl ●☆
198580 Hoslundia opposita Vahl;橙萼花(何龙木)●☆
198581 Hoslundia opposita Vahl var. decumbens (Benth.) Baker = Hoslundia opposita Vahl ●☆
198582 Hoslundia opposita Vahl var. verticillata (Vahl) Baker = Hoslundia opposita Vahl ●☆
198583 Hoslundia oppositifolia P. Beauv. = Hoslundia opposita Vahl ●☆
198584 Hoslundia verticillata Vahl = Hoslundia opposita Vahl ●☆
198585 Hosta Jacq.(废弃属名) = Cornutia L. ■☆
198586 Hosta Jacq.(废弃属名) = Hosta Tratt.(保留属名)■
198587 Hosta Pfalff. = Clavija Ruiz et Pav. ●☆
198588 Hosta Pfalff. = Horta Vell. ●☆
198589 Hosta Tratt.(1812)(保留属名);玉簪属;Funkia, Hosta, Plantain Lily, Plantainlily, Plantain-lily ■
198590 Hosta aequinoctiiantha Koidz. ex Araki;昼夜玉簪(彼岸花)■☆
198591 Hosta albofarinosa D. Q. Wang;白粉玉簪;Powdery Plantainlily ■
198592 Hosta albomarginata (Hook.) Ohwi;紫玉簪(白边叶紫萼);Purple Plantainlily, Whitemargin Plantainlily ■
198593 Hosta capitata Nakai;头状玉簪;Capitate Plantain Lily ■☆
198594 Hosta cathayana Nakai;契丹玉簪■
198595 Hosta clausa F. Maek. var. normalis F. Maek. = Hosta ensata F. Maek. ■
198596 Hosta clausa Nakai var. ensata (F. Maek.) W. G. G. Schmid = Hosta ensata F. Maek. ■
198597 Hosta coerulea Tratt. = Hosta ventricosa (Salisb.) Stearn ■
198598 Hosta crispula F. Maek.;皱叶玉簪(花叶高丛玉簪);Crispate Plantainlily, Ripple-margined Plantain Lily, White-margined Cluster Plantainlily ■☆
198599 Hosta decorata L. H. Bailey;钝叶玉簪(饰叶玉簪);Blunt Plantain Lily, Blunt Plantainlily ■☆
198600 Hosta ensata F. Maek.;东北玉簪(剑叶玉簪,卵叶玉簪);Sword Plantainlily, Sword-like Plantainlily ■
198601 Hosta ensata F. Maek. var. foliata P. Y. Fu et Q. S. Sun;安图玉簪;Antu Plantainlily ■
198602 Hosta ensata F. Maek. var. foliata P. Y. Fu et Q. S. Sun = Hosta ensata F. Maek. ■
198603 Hosta ensata F. Maek. var. normalis (F. Maek.) Q. S. Sun = Hosta ensata F. Maek. ■
198604 Hosta erromena Stearn;秋紫萼;Midsummer Plantainlily ■☆
198605 Hosta fluctuans F. Maek.;皱边玉簪■☆
198606 Hosta fluctuans F. Maek. 'Sagae';神圣皱边玉簪■☆
198607 Hosta fluctuans F. Maek. 'Variegated' = Hosta fluctuans F. Maek. 'Sagae' ■☆
198608 Hosta fortunei (Baker) L. H. Bailey;高丛玉簪(狭叶玉簪);Fortune Plantainlily, Tall-cluster Plantainlily ■☆
198609 Hosta fortunei (Baker) L. H. Bailey 'Albopicta';斑心高丛玉簪(白云玉簪)■☆
198610 Hosta fortunei (Baker) L. H. Bailey 'Aureomarginata';金边高丛玉簪;Yellow Edge ■☆
198611 Hosta fortunei (Baker) L. H. Bailey = Hosta fortunei (Baker) L. H. Bailey 'Aureomarginata' ■☆
198612 Hosta fortunei (Baker) L. H. Bailey var. gigantea L. H. Bailey;大高丛玉簪(山地玉簪);Large-cluster Plantainlily, Tall Cluster Plantain Lily ■☆
198613 Hosta fortunei (Baker) L. H. Bailey var. marginata-alba L. H. Bailey = Hosta crispula F. Maek. ■☆
198614 Hosta glauca Siebold = Hosta sieboldiana Engl. ■
198615 Hosta gracillima F. Maek.;菊池氏玉簪■☆
198616 Hosta hybrida Hort.;杂种玉簪;Plantain Lily ■☆
198617 Hosta hypoleuca Murata;白背叶玉簪;White Backed Hosta ■☆
198618 Hosta japonica Asch.;日本玉簪;Japan Plantainlily, Japanese Plantain Lily ■☆
198619 Hosta kikutii F. Maek.;纤细玉簪(菊池玉簪);Crane-beaked Plantain Lily ■☆
198620 Hosta kikutii F. Maek. var. densa F. Maek.;密集纤细玉簪■☆
198621 Hosta kikutii F. Maek. var. tosana F. Maek.;土佐纤细玉簪■☆
198622 Hosta kikutii F. Maek. var. yakusiensis F. Maek.;屋久岛纤细玉簪■☆
198623 Hosta kiyosumiensis F. Maek.;清澄山玉簪■☆
198624 Hosta lancifolia (Thunb.) Engl.;狭叶玉簪(剑叶玉簪,剑叶紫玉簪,披针叶玉簪,日本玉簪,紫萼);Japanese Plantain Lily, Japanese Plantainlily, Narrow Leafed Plantain Lily, Narrowleaf Plantain Lily, Narrowleaf Plantain-lily ■
198625 Hosta lancifolia (Thunb.) Engl. = Hosta albomarginata (Hook.) Ohwi ■
198626 Hosta lancifolia (Thunb.) Engl. var. albomarginata (Hook.) Stearn = Hosta albomarginata (Hook.) Ohwi ■
198627 Hosta lancifolia (Thunb.) Engl. var. tardiflora Bailey;迟花狭叶玉簪;Late-bloom Plantainlily ■☆
198628 Hosta lancifolia (Thunb.) Engl. var. thunbergiiana Stearn;通贝里玉簪■☆
198629 Hosta lancifolia Engl. = Hosta lancifolia (Thunb.) Engl. ■
198630 Hosta lancifolia Spreng. = Hosta ensata F. Maek. ■
198631 Hosta lancifolia Thunb. = Hosta albomarginata (Hook.) Ohwi ■
198632 Hosta latifolia (Miq.) Matsum. et Wehrh.;宽叶玉簪■☆
198633 Hosta longipes Matsum.;长梗玉簪;Purple-bracted Plantain Lily ■☆
198634 Hosta longissima Honda;极长玉簪■☆
198635 Hosta minor Nakai;小玉簪■☆
198636 Hosta montana F. Maek. = Hosta fortunei (Baker) L. H. Bailey var. gigantea L. H. Bailey ■☆
198637 Hosta nigrescens F. Maek.;暗绿玉簪(变黑玉簪);Darkgreen Plantain Lily ■☆
198638 Hosta opipara F. Maek.;美丽玉簪■☆
198639 Hosta plantaginea (Lam.) Asch.;玉簪(白萼,白鹤草,白鹤花,白鹤仙,白玉簪,白玉簪花,棒玉簪,化骨莲,吉祥草,金销草,内消花,小芭蕉,银净花,鱼鳔花,玉泡花,玉香棒,玉簪花,竹节草);August Lily, August-lily, Fragrant Hosta, Fragrant Plantain Lily, Fragrant Plantainlily, Fragrant Plantain-lily, Large Plantain Lily, Large White Plantain Lily, White Plantain-lily ■
198640 Hosta plantaginea (Lam.) Asch. 'Grandiflora';大花玉簪■☆
198641 Hosta plantaginea (Lam.) Asch. f. stenantha F. Maek. = Hosta plantaginea (Lam.) Asch. ■

198642 Hosta plantaginea (Lam.) Asch. var. plena Hort.;重瓣玉簪;Doubleflower Fragrant Plantainlily ■

198643 Hosta rectifolia Nakai;立叶玉簪;Erect-leaved Plantain Lily ■☆

198644 Hosta rhodeifolia F. Maek.;蔷薇玉簪■☆

198645 Hosta rupifraga Nakai;岩地玉簪■☆

198646 Hosta sieboldiana Engl.;粉叶玉簪(大鱼鳔花,大玉簪,玉簪,圆叶玉簪,紫玉簪);Plantain Lily, Powderleaf Plantainlily, Short Cluster Plantain Lily, Shortclustered Plantainlily, Siebold's Plantainlily ■

198647 Hosta sieboldiana Engl. var. variegata Hort.;花圆叶玉簪;Variegated Plantainlily ■☆

198648 Hosta tardiflora F. Maek.;迟花玉簪(晚花玉簪)■☆

198649 Hosta tibai F. Maek.;千叶氏玉簪■☆

198650 Hosta tokudama Maek.;圆叶玉簪;Tokudama Plantain Lily ■☆

198651 Hosta undulata (Otto et F. Dietr.) L. H. Bailey;波叶玉簪(间道玉簪);Wavyleaf Plantainlily, Wavy-leaved Plantain Lily ■☆

198652 Hosta ventricosa (Salisb.) Stearn;紫萼(白鹤仙,大鱼鳔花,耳叶七,红鳔花,红玉簪,化骨莲,鸡骨丹,棱子草,卵叶紫玉簪,山玉簪,石玉簪,紫萼玉簪,紫鹤,紫玉簪);Blue Plantain Lily, Blue Plantainlily, Blue Plantain-lily ■

198653 Hosta ventricosa (Salisb.) Stearn 'Variegata';花叶紫萼玉簪 ■☆

198654 Hosta ventricosa Stearn = Hosta ventricosa (Salisb.) Stearn ■

198655 Hosta venusta F. Maek.;可爱玉簪(文鸟香,雅致玉簪);Dwarf Plantain Lily ■☆

198656 Hostaceae B. Mathew = Agavaceae Dumort.(保留科名)●■

198657 Hostaceae B. Mathew = Huaceae A. Chev. ●☆

198658 Hostaceae B. Mathew(1988);玉簪科■

198659 Hostana Pers. = Cornutia L. ■☆

198660 Hostana Pers. = Hosta Tratt.(保留属名)■

198661 Hostea Willd. = Matelea Aubl. ●☆

198662 Hostia Moench = Crepis L. ■

198663 Hostia Post et Kuntze = Hostea Willd. ●☆

198664 Hostia Post et Kuntze = Matelea Aubl. ●☆

198665 Hostmannia Planch. = Elvasia DC. ●☆

198666 Hostmannia Steud. ex Nan et = Comolia DC. ●☆

198667 Hoteia C. Morren et Decne. = Astilbe Buch. -Ham. ex D. Don ■

198668 Hoteia chinensis Maxim. = Astilbe chinensis (Maxim.) Maxim. ex Franch. et Sav. ■

198669 Hotnima A. Chev. = Manihot Mill. ●■

198670 Hotnima teissonnieri (A. Chev.) A. Chev. = Manihot teissonnieri A. Chev. ●☆

198671 Hottarum Bogner et Nicolson(1979);雨林南星属■☆

198672 Hottarum truncatum (M. Hotta) Bogner et Nicolson;雨林南星 ■☆

198673 Hottea Urb.(1929);霍特木属●☆

198674 Hottea crispula Urb.;霍特木●☆

198675 Hottonia Boerh. ex L. = Hottonia L. ■☆

198676 Hottonia L.(1753);水堇属(赫顿草属,雨伞草属);Featherfoil, Water-violet ■☆

198677 Hottonia Vahl = ? Myriophyllum L. ■

198678 Hottonia indica L. = Limnophila indica (L.) Druce ■

198679 Hottonia inflata Elliott;北美水堇;Featherfoil, Water Violet ■☆

198680 Hottonia palustris L.;水堇(雨伞草);Bog Featherfoil, Bullock's Eyes, Cat's Eyes, European Featherfoil, Featherfoil, Marsh Featherfoil, Wate Violet, Water Featherfoil, Water Feathers, Water Gilliflower, Water Milfoil, Water Yarrow, Water-violet ■☆

198681 Hottonia sessiliflora Vahl = Limnophila sessiliflora (Vahl) Blume ■

198682 Hottoniaceae Döll = Primulaceae Batsch ex Borkh.(保留科名)●■

198683 Hottuynia Cram. = Houttuynia Thunb. ■

198684 Houlletia Brongn.(1841);霍丽兰属;Houlletia ■☆

198685 Houlletia brocklehurstiana Lindl.;霍丽兰;Common Houlletia ■☆

198686 Houlletia chrysantha Linden et André;黄花霍丽兰;Yellowflower Houlletia ■☆

198687 Houlletia landsbergii Linden et Rchb. f.;兰斯伯氏霍丽兰;Landsberg Houlletia ■☆

198688 Houlletia odoratissima Linden ex Lindl. et Paxton;香霍丽兰;Aromatic Houlletia ■☆

198689 Houmiri Aubl. = Humiria Aubl.(保留属名)●☆

198690 Houmiri gabonensis (Baill.) Baill. = Sacoglottis gabonensis (Baill.) Urb. ●☆

198691 Houmiria Juss. = Houmiri Aubl. ●☆

198692 Houmiria Juss. = Humiria Aubl.(保留属名)●☆

198693 Houmiriaceae Juss. = Humiriaceae Juss.(保留科名)●☆

198694 Houmiry Duplessy = Houmiri Aubl. ●☆

198695 Hounea Baill. = Paropsia Noronha ex Thouars ●☆

198696 Hounea guineensis (Oliv.) Warb. = Paropsia guineensis Oliv. ●☆

198697 Houpoea N. H. Xia et C. Y. Wu(2008);厚朴属●

198698 Houpoea obovata (Thunb.) N. H. Xia et C. Y. Wu;日本厚朴(板朴,柴朴,赤皮,川朴,淡白浮,杜兰,房木,浮烂罗勒,和厚朴,厚皮,林兰,木笔,木兰,木莲,脑朴,商州厚朴,辛夷,榛,重皮,逐折);Japanese Big-leaf Magnolia, Japanese Big-leaved Magnolia, Japanese Cucumber Tree, Japanese Magnolia, Somewhat-white Magnolia, Whiteback Magnolia, Whiteleaf Japanese Magnolia, White-leaf Japanese Magnolia, Whiteleaf Magnolia ●

198699 Houpoea officinalis (Rehder et E. H. Wilson) N. H. Xia et C. Y. Wu;厚朴(凹叶厚朴,百合,赤朴,川朴,调羹花,厚皮,厚朴花,厚朴实,厚朴树,厚朴子,厚实,烈朴,土厚朴,重皮,紫油厚朴);Chinese Magnolia, Houpu, Medicinal Magnolia, Official Magnolia ●

198700 Houpoea rostrata (W. W. Sm.) N. H. Xia et C. Y. Wu;长喙厚朴(长喙木兰,大叶厚朴,大叶木兰,滇缅厚朴,贡山厚朴,贡山木兰,腾冲厚朴,云朴);Bigleaf Magnolia, Big-leaved Magnolia, Longbeak Magnolia Houpu ●◇

198701 Houssayanthus Hunz.(1978);奥赛花属●☆

198702 Houssayanthus fiebrigii (F. A. Barkley) Hunz.;奥赛花●☆

198703 Houstonia L.(1753);休氏茜草属;Bluets, Houstonia, Houstonia Bluets ■☆

198704 Houstonia L. = Hedyotis L.(保留属名)●■

198705 Houstonia caerulea L. = Hedyotis caerulea (L.) Hook. ■☆

198706 Houstonia caerulea L. var. faxonorum Pease et A. H. Moore = Hedyotis caerulea (L.) Hook. ■☆

198707 Houstonia canadensis Willd. ex Roem. et Schult.;加拿大休氏茜草;Fringed Houstonia ■☆

198708 Houstonia coerulea L.;蓝色休氏茜草;Azure Bluets, Blue Innocence, Blue Venus' Pride, Blue-eyed Babies, Bluet, Bluets, Common Bluets, Eyebright, Innocence, Quaker Ladies, Quaker Lady, Quaker-Ladies, Venus Pride Angel-eyes ■☆

198709 Houstonia longifolia Gaertn.;长叶休氏茜草;Long-leaved Bluets, Long-leaved Houstounia ■☆

198710 Houstonia longifolia Gaertn. = Hedyotis longifolia (Gaertn.)

Hook. ■☆

198711 Houstonia longifolia Gaertn. var. compacta Terrell = Houstonia longifolia Gaertn. ■☆

198712 Houstonia longifolia Gaertn. var. glabra Terrell = Houstonia longifolia Gaertn. ■☆

198713 Houstonia longifolia Gaertn. var. tenuifolia (Nutt.) A. W. Wood = Hedyotis longifolia (Gaertn.) Hook. ■☆

198714 Houstonia minima Beck;小休氏茜草;Star Violet ■☆

198715 Houstonia minima L. C. Beck = Hedyotis crassifolia Raf. ■☆

198716 Houstonia nigricans (Lam.) Fernald = Hedyotis nigricans (Lam.) Fosberg ■☆

198717 Houstonia purpurea L.;林地休氏茜草;Large Houstonia, Woodland Bluets ■☆

198718 Houstonia purpurea L. = Hedyotis purpurea (L.) Torr. et A. Gray ■☆

198719 Houstonia purpurea L. var. calycosa A. Gray = Hedyotis purpurea (L.) Torr. et A. Gray ■☆

198720 Houstonia purpurea L. var. longifolia (Gaertn.) A. Gray = Houstonia longifolia Gaertn. ■☆

198721 Houstonia pusilla Schoepf = Hedyotis crassifolia Raf. ■☆

198722 Houstonia pusilla Schoepf f. albiflora Standl. = Hedyotis crassifolia Raf. ■☆

198723 Houstonia pusilla Schoepf f. rosea Steyerm. = Hedyotis crassifolia Raf. ■☆

198724 Houstonia rosea (Raf.) Terrell = Hedyotis rosea Raf. ■☆

198725 Houstonia serpyllifolia Michx. = Hedyotis michauxii Fosberg ■☆

198726 Houstonia trichotoma (Schinz) Bar = Amphiasma divaricatum (Engl.) Bremek. ■☆

198727 Houstoniaceae Raf.;休氏茜草科■

198728 Houstoniaceae Raf. = Rubiaceae Juss.(保留科名)●■

198729 Houtouynia Pers. = Houttuynia Thunb. ■

198730 Houttea Decne. = Vanhouttea Lem. ●☆

198731 Houttea Heynh. = Achimenes Pers.(保留属名)■☆

198732 Houttinia Neck. = Hovttinia Neck. ■

198733 Houttinia Steud. = Hovttinia Neck. ■

198734 Houttinia Steud. = Zantedeschia Spreng.(保留属名)■

198735 Houttosnaia Gmel. = Houttuynia Thunb. ■

198736 Houttouynia Batsch = Houttosnaia Gmel. ■

198737 Houttouynia Batsch = Houttoynia Gmel. ■

198738 Houttoynia Gmel. = Houttuynia Thunb. ■

198739 Houttuynia Houtt.(废弃属名) = Acidanthera Hochst. ■

198740 Houttuynia Houtt.(废弃属名) = Houttuynia Thunb. ■

198741 Houttuynia Post et Kuntze = Hovttinia Neck. ■

198742 Houttuynia Post et Kuntze = Zantedeschia Spreng.(保留属名)■

198743 Houttuynia Thunb.(1783)('Houtuynia');蕺菜属(蕺草属);Chameleon Plant, Houttuynia ■

198744 Houttuynia capensis Houtt. = Ixia paniculata D. Delaroche ■☆

198745 Houttuynia cordata Thunb.;蕺菜(阿玉,笔管菜,壁虱菜,菜伪,草摄,侧耳根,岑菜,岑草,茶喂,臭鼻孔,臭菜,臭草,臭积草,臭蕺,臭灵丹,臭牡丹,臭荞麦,臭腥草,臭质草,臭株巢,臭猪巢,肺形草,佛耳草,狗绳子草,狗贴耳,狗腥草,狗子耳,红橘朝,黄蓀,鸡屎草,蕺,蕺儿根,蕺耳根,蕺子,蕺足根,九节莲,辣子草,龙须菜,马哇,孟娘菜,奶头草,秋打尾,热草,十药,窝丢,野花麦,鱼鳞草,鱼鳞珍珠草,鱼新草,鱼星草,鱼腥菜,鱼腥草,则车,折耳根,重药,猪鼻孔,猪鼬耳,紫背鱼腥草,紫蕺,葅菜,葅子,葅菜);Chameleon, Chameleon Plant, Heartleaf Houttuynia, Houttuynia, Pig Thigh, Rainbow Plant ■

198746 Houttuynia cordata Thunb. 'Chameleon';花叶蕺菜■☆

198747 Houttuynia cordata Thunb. 'Flore Pleno';重瓣蕺菜■☆

198748 Houttuynia cordata Thunb. 'Plena' = Houttuynia cordata Thunb. 'Flore Pleno' ■☆

198749 Houttuynia cordata Thunb. 'Variegata' = Houttuynia cordata Thunb. 'Chameleon' ■☆

198750 Houttuynia cordata Thunb. f. plena (Makino) Okuyama = Houttuynia cordata Thunb. 'Flore Pleno' ■☆

198751 Houttuynia cordata Thunb. f. polypetaloidea T. Yamaz. = Houttuynia cordata Thunb. 'Flore Pleno' ■☆

198752 Houttuynia cordata Thunb. f. variegata (Makino) Sugim. = Houttuynia cordata Thunb. 'Chameleon' ■☆

198753 Houttuynia cordata Thunb. f. viridis J. Ohara;绿蕺菜■☆

198754 Houtuynia Thunb. = Acidanthera Hochst. ■

198755 Houtuynia Thunb. = Houttuynia Thunb. ■

198756 Houzeaubambus Mattei = Oxytenanthera Munro ●☆

198757 Hovanella A. Weber et B. L. Burtt = Hovanella A. Weber ■☆

198758 Hovanella A. Weber(1854);马岛苣苔属■☆

198759 Hovanella madagascarica (C. B. Clarke) A. Weber et B. L. Burtt;马岛苣苔■☆

198760 Hovanella vestita (Baker) A. Weber et B. L. Burtt;包被马岛苣苔■☆

198761 Hovea R. Br. = Hovea R. Br. ex W. T. Aiton ●■☆

198762 Hovea R. Br. ex W. T. Aiton(1812);霍夫豆属(浩氏豆属,浩维亚豆属);Blue Pea, Purple Pea ●■☆

198763 Hovea linearis (Sm.) R. Br.;紫霍夫豆(紫浩氏豆,紫浩维亚豆);Purple Pea ■☆

198764 Hovea longifolia (R. Br.) Aiton;长叶霍夫豆(长叶浩氏豆,长叶荷贝亚树)●☆

198765 Hovea longipes Benth.;长梗霍夫豆(长梗浩氏豆,浩维亚豆) ■☆

198766 Hovenia Thunb. (1781);枳椇属(拐枣属);Raisin Tree, Raisin-tree, Turnjujube ●

198767 Hovenia acerba Lindl.;枳椇(白石枣,曹公爪,拐枣,还阳藤,鸡橘子,鸡爪树,鸡爪子,棘枸,结留子,金果梨,木蜜,木珊瑚,木锡,南枳椇,树蜜,天藤,万字果,枳枣,转钮子);Raisin Tree, Raisin-tree, Turnjujube ●

198768 Hovenia acerba Lindl. var. kiukiangensis (Hu et W. C. Cheng) C. R. Wu ex Y. L. Chen;俅江枳椇(拐枣);Qiujiang Raisin Tree, Qiujiang Turnjujube ●

198769 Hovenia dulcis Thunb.;北枳椇(白宝,白石,白石梨,白石木,白石枣,北拐枣,背洪子,碧久子,曹公爪,椇子,枸,枸骨,枸骨子,枸子,拐枣,拐枣树,还阳藤,鸡枸子,鸡脚爪,鸡橘子,鸡距子,鸡爪果,鸡爪梨,鸡爪树,鸡爪子,枅栱,棘狗,交加枝子,皆棋子,结留子,金钓梨,金钓子,金钩钩,金钩梨,金钩李,金钩木,金果树,金鸡爪,九扭,桔枸树,橘扭子,椇,椇子,癞汉指头,烂枸,烂瓜,梨枣树,龙爪,蜜屈立,蜜屈律,木蜜,木屈律,木珊瑚,木饧,曲枝果,石李,树蜜,酸枣,天藤,甜半夜,万守果,万寿果,万字果,枝矩子,枳枸子,枳椇,枳椇子,枳棋果,枳枣,转扭子);Chinese Raisin, Chinese Raisin Tree, Chinese Raisin-tree, Japan Turnjujube, Japanese Raisin, Japanese Raisin Tree, Japanese Raisintree, Japanese Raisin-tree, Raisin Tree, Raisin-tree ●

198770 Hovenia dulcis Thunb. f. deviata Honda;奇异北枳椇●

198771 Hovenia dulcis Thunb. f. deviata Honda = Hovenia dulcis Thunb. ●

198772 Hovenia dulcis Thunb. var. acerba (Lindl.) Sengupta et Safui = Hovenia acerba Lindl. ●

198773 Hovenia dulcis Thunb. var. glabra Makino = Hovenia dulcis Thunb. ●

198774 Hovenia dulcis Thunb. var. latifolia Nakai ex Y. Kimura = Hovenia dulcis Thunb. ●

198775 Hovenia dulcis Thunb. var. tomentella Makino = Hovenia tomentella (Makino) Nakai ex Y. Kimura ●☆

198776 Hovenia fulvotomentosa Hu et F. H. Chen = Hovenia trichocarpa Chun et Tsiang ●

198777 Hovenia inaequalis DC. = Hovenia acerba Lindl. ●

198778 Hovenia kiukiangensis Hu et W. C. Cheng = Hovenia acerba Lindl. var. kiukiangensis (Hu et W. C. Cheng) C. R. Wu ex Y. L. Chen ●

198779 Hovenia kiukiangensis Hu et W. C. Cheng = Hovenia acerba Lindl. ●

198780 Hovenia merrilliana W. C. Cheng = Hovenia trichocarpa Chun et Tsiang ●

198781 Hovenia parviflora Nakai et Y. Kimura = Hovenia acerba Lindl. ●

198782 Hovenia robusta Nakai et Y. Kimura = Hovenia trichocarpa Chun et Tsiang var. robusta (Nakai et Y. Kimura) Y. L. Chen et P. K. Chou ●

198783 Hovenia robusta Nakai et Y. Kimura = Hovenia trichocarpa Chun et Tsiang ●

198784 Hovenia tomentella (Makino) Nakai ex Y. Kimura;褐毛枳椇(小毛北枳椇)●☆

198785 Hovenia tomentosa W. C. Cheng = Hovenia trichocarpa Chun et Tsiang ●

198786 Hovenia trichocarpa Chun et Tsiang;毛果枳椇(黄毛枳椇,毛枳椇,枳椇);Hairyfruit Raisin Tree,Hairyfruit Turnjujube,Hairy-fruited Raisin-tree ●

198787 Hovenia trichocarpa Chun et Tsiang = Hovenia tomentella (Makino) Nakai ex Y. Kimura ●☆

198788 Hovenia trichocarpa Chun et Tsiang var. fulvotomentosa (Hu et F. H. Chen) Y. L. Chen et P. K. Chou = Hovenia trichocarpa Chun et Tsiang ●

198789 Hovenia trichocarpa Chun et Tsiang var. robusta (Nakai et Y. Kimura) Y. L. Chen et P. K. Chou;光叶毛果枳椇;Smoothleaf Raisin Tree,Smoothleaf Turnjujube ●

198790 Hovenia trichocarpa Chun et Tsiang var. robusta (Nakai et Y. Kimura) Y. L. Chen et P. K. Chou = Hovenia tomentella (Makino) Nakai ex Y. Kimura ●☆

198791 Hovenia trichocarpa Chun et Tsiang var. robusta (Nakai et Y. Kimura) Y. L. Chen et P. K. Chou = Hovenia trichocarpa Chun et Tsiang ●

198792 Hoverdenia Nees(1847);墨西哥爵床属☆

198793 Hoverdenia speciosa Nees;墨西哥爵床☆

198794 Hovttinia Neck. = Zantedeschia Spreng. (保留属名)■

198795 Howardia Klotzsch = Aristolochia L. ■●

198796 Howardia Klotzsch(1859);孔雀花属(麻雀花属)●☆

198797 Howardia Wedd. = Pogonopus Klotzsch ■☆

198798 Howardia fimbriara (Cham.) Klotzsch;乌拉圭孔雀花●☆

198799 Howardia forsteriana (C. Moore et F. Muell.) Becc.;福斯特孔雀花●☆

198800 Howardia glaucescens (Kunth) Klotzsch;南美孔雀花;Yellow Pareirs Root,Yellow Pereira ●☆

198801 Howardia grandiflora (Sw.) Klotzsch = Aristolochia grandiflora Sw. ●☆

198802 Howardia ringens (Vahl) Klotzsch;孔雀花(麻雀花);Gaping Dutchman's Pipe ●

198803 Howardia ringens (Vahl) Klotzsch = Aristolochia ringens Vahl ●

198804 Howea Becc. (1877);豪爵棕属(澳棕属,豪威椰属,豪威椰子属,荷威氏椰子属,荷威椰属,荷威椰子属,荷威棕属,守卫棕属);Kentia,Kentia Palm Howeia,Sentry Palm ●

198805 Howea Benth. et Hook. f. = Howeia Becc. ●

198806 Howea belmoreana (C. Moore et F. Muell.) Becc.;荷威椰子(白摩尔荷威棕);Belmore Palm,Belmore Sentry Palm,Belmores Howeia,Curly Palm,Curly Sentry Palm,Curlypalm,Sentry Palm ●

198807 Howea belmoreana Becc. = Howea belmoreana (C. Moore et F. Muell.) Becc. ●

198808 Howea forsteriana Becc.;豪爵棕(宝贵椰子,盖屋椰子,荷威椰子,荷威棕,金帝葵,平叶棕,守卫棕);Flat-leaf Palm,Flat-leaved Palm,Foster Palm,Foster Sentry Palm,Kentia Palm,Paradise Palm,Sentry Palm,Thatch Leaf Palm,Thatch Palm,Thatch-leaf Palm ●

198809 Howeia Becc. = Howea Becc. ●

198810 Howeia belmoreana Becc. = Howea belmoreana (C. Moore et F. Muell.) Becc. ●

198811 Howeia fosteriana Becc. = Howea forsteriana Becc. ●

198812 Howellia A. Gray(1879);豪厄尔桔梗属■☆

198813 Howellia aquarius A. Gray;豪厄尔桔梗■☆

198814 Howelliella Rothm. (1954);豪厄尔婆婆纳属(豪厄尔玄参属)■☆

198815 Howelliella ovata (Eastw.) Rothm.;豪厄尔婆婆纳■☆

198816 Howethoa Rauschert = Lepisanthes Blume ●

198817 Howethoa oligophylla (Merr. et Chun) Rauschert = Lepisanthes oligophylla (Merr. et Chun) N. H. Xia et Gadek ●

198818 Howiea B. D. Jacks. = Howeia Becc. ●

198819 Howittia F. Muell. (1855);豪伊特锦葵属●☆

198820 Howittia trilecularis F. Muell.;豪伊特锦葵●☆

198821 Hoya R. Br. (1810);球兰属(蜂出巢属);Centrostemma,Honey Plant,Hoya,Wax Flower,Wax Plant,Waxplant ●

198822 Hoya africana Decne. = Dregea abyssinica (Hochst.) K. Schum. ●☆

198823 Hoya angustifolia Traill = Hoya longifolia Wall. ex Wight ●

198824 Hoya angustifolia Traill = Hoya pottsii Traill et Tsiang ●

198825 Hoya australis R. Br.;澳洲球兰(澳大利亚球兰)●☆

198826 Hoya bella Hook.;矮球兰;Miniature Wax Plant ●☆

198827 Hoya carnosa (L. f.) R. Br.;球兰(壁梅,草鞋板,大石仙桃,大叶石仙桃,肺炎草,狗舌藤,金丝叶,金雪球,蜡兰,马骝解,牛舌黄,牛舌癀,爬岩板,石壁梅,石梅,石南藤,铁加杯,铁脚板,绣球花,绣球花藤,绣球叶,雪梅,雪球花,樱花葛,樱兰,玉叠梅,玉蝶梅,玉绣球);Common Wax Plant,Common Waxplant,Common Wax-plant,Honey Plant,Porcelain Flower,Wax Plant,Waxflower,Waxplant ●

198828 Hoya carnosa (L. f.) R. Br. f. variegata (de Vriese) H. Hara = Hoya carnosa (L. f.) R. Br. var. variegata de Vriese ●

198829 Hoya carnosa (L. f.) R. Br. var. gushanica W. Xu;彩叶球兰;Gushan Waxplant ●

198830 Hoya carnosa (L. f.) R. Br. var. marmorata Hort.;花叶球兰(斑叶球兰)●

198831 Hoya carnosa (L. f.) R. Br. var. variegata de Vriese;斑叶球兰●

198832 Hoya chinensis (Lour.) Traill = Hoya carnosa (L. f.) R. Br. ●

198833 Hoya chinensis Traill = Hoya carnosa (L. f.) R. Br. ●

198834 Hoya chinghuangensis (Tsiang et P. T. Li) M. G. Gilbert,P. T. Li et W. D. Stevens;景洪球兰;Jinghong Waxplant ●

198835 Hoya commutata M. G. Gilbert et P. T. Li;广西球兰(心叶球

兰);Heart-leaf Waxplant ●

198836 Hoya cordata P. T. Li et S. Z. Huang;心叶球兰;Heartleaf Waxplant ●

198837 Hoya coronaria Blume;爪哇球兰●☆

198838 Hoya dasyantha Tsiang;厚花球兰;Thickflower Waxplant ●

198839 Hoya diversifolia Blume;异叶球兰●☆

198840 Hoya esquirolii H. Lév. = Dischidia tonkinensis Costantin ■

198841 Hoya flexuosa (R. Br.) Spreng. = Tylophora flexuosa R. Br. ■

198842 Hoya formosana T. Yamaz. = Dregea volubilis (L. f.) Benth. ex Hook. f. ●

198843 Hoya fungii Merr.;护耳草(打不死,大奶汁藤);Fung Waxplant ●

198844 Hoya fusca Wall.;黄花球兰;Yellowflower Waxplant ●

198845 Hoya gongshanica P. T. Li = Hoya lii C. M. Burton ●

198846 Hoya gracilis Schltr.;细长球兰●☆

198847 Hoya griffithii Hook. f.;荷秋藤(长叶球兰,大叶石仙桃,荷球藤,剑叶球兰,石龙藤,土中王,狭叶荷秋藤);Griffith's Waxplant, Guangxi Waxplant, Kwangsi Waxplant, Lanceleaf Waxplant, Narrowleaf Waxplant ●

198848 Hoya hainanensis Merr. = Hoya ovalifolia Wight et Arn. ●

198849 Hoya imperialis Lindl.;帝王球兰●☆

198850 Hoya kerrii Craib;凹叶球兰(凹脉球兰,泰球兰);Kerr Obovate Waxplant, Obovate Waxplant, Variegated Sweetheart Hoya ●

198851 Hoya kwangsiensis Tsiang et P. T. Li = Hoya griffithii Hook. f. ●

198852 Hoya lacunosa Blume;裂瓣球兰;Grooved Waxplant ●

198853 Hoya lanceolata Wall. ex D. Don;剑叶球兰●☆

198854 Hoya lanceolata Wall. ex D. Don subsp. bella (Hook.) D. H. Kent = Hoya bella Hook. ●☆

198855 Hoya lancilimba Merr. = Hoya griffithii Hook. f. ●

198856 Hoya lancilimba Merr. f. tsoi (Merr.) Tsiang;狭叶荷秋藤●

198857 Hoya lancilimba Merr. f. tsoi (Merr.) Tsiang = Hoya griffithii Hook. f. ●

198858 Hoya lancilimba Merr. f. tsoi Tsiang = Hoya griffithii Hook. f. ●

198859 Hoya lancilimba Merr. f. tsoi Tsiang = Hoya lancilimba Merr. f. tsoi (Merr.) Tsiang ●

198860 Hoya lantsangensis Tsiang et P. T. Li;澜沧球兰●

198861 Hoya lantsangensis Tsiang et P. T. Li = Micholitzia obcrodata N. E. Br. ●

198862 Hoya lasiogynostegia P. T. Li;橙花球兰(西藏球兰);Xizang Waxplant ●

198863 Hoya liangii Tsiang;崖县球兰;Liang Waxplant ●

198864 Hoya lii C. M. Burton;贡山球兰;Li's Waxplant ●

198865 Hoya linearis Wall. ex D. Don;线叶球兰;Linear Waxplant ●

198866 Hoya linearis Wall. ex D. Don var. nepalensis ? = Hoya linearis Wall. ex D. Don ●

198867 Hoya lipoensis P. T. Li et Z. R. Xu;荔波球兰;Libo Waxplant ●

198868 Hoya longifolia Wall. ex Wight;长叶球兰;Long-leaf Waxplant ●

198869 Hoya lyi H. Lév.;香花球兰(石草鞋,铁草鞋,铁足板);Fragrant Waxplant ●

198870 Hoya macgillivrayi F. M. Bailey;凹瓣球兰●☆

198871 Hoya macrophylla Blume;大叶球兰●☆

198872 Hoya manipurensis Debeaux = Micholitzia obcrodata N. E. Br. ●

198873 Hoya maxima Teijsm. et Binn.;大球兰●☆

198874 Hoya mekongensis M. G. Gilbert et P. T. Li;尾叶球兰;Caudate-leaf Waxplant ●

198875 Hoya mengtzeensis Tsiang et P. T. Li;薄叶球兰(蒙自球兰);Mengtze Waxplant ●

198876 Hoya multiflora Blume = Centrostemma multiflorum (Blume) Decne. ●

198877 Hoya nervosa Tsiang et P. T. Li;凸脉球兰(凹叶球兰);Kerr Obovate Waxplant, Nerved Waxplant ●

198878 Hoya obovata Decne. = Hoya kerrii Craib ●

198879 Hoya obovata Decne. var. kerrii (Craib) Costantin = Hoya kerrii Craib ●

198880 Hoya obscurinervia Merr. = Hoya pottsii Traill ●

198881 Hoya ovalifolia Wight et Arn.;卵叶球兰(海南球兰);Hainan Waxplant ●

198882 Hoya pandurata Tsiang;琴叶球兰(公鱼藤,铁草鞋);Fiddle-shaped-leaf Waxplant ●

198883 Hoya pandurata Tsiang var. longipandurata W. T. Wang;长琴叶球兰●

198884 Hoya polyneura Hook. f.;多脉球兰;Many-veins Waxplant ●

198885 Hoya pottsii Traill;铁草鞋(豆瓣绿,公鱼藤,三脉球兰,狭叶铁草鞋);Iron Straw-sandal, Narrowleaf Potts Waxplant, Potts Waxplant ●

198886 Hoya pottsii Traill et Tsiang = Hoya pottsii Traill ●

198887 Hoya pottsii Traill et Tsiang var. angustifolia (Traill) Tsiang et P. T. Li = Hoya pottsii Traill ●

198888 Hoya pottsii Traill var. angustifolia (Traill) Tsiang et P. T. Li;狭叶铁草鞋●

198889 Hoya pottsii Traill var. angustifolia (Traill) Tsiang et P. T. Li = Hoya pottsii Traill et Tsiang ●

198890 Hoya purpureofusca Hook.;紫褐球兰●☆

198891 Hoya radicalis Tsiang et P. T. Li;匙叶球兰;Spoonleaf Waxplant, Spoon-leaved Waxplant ●

198892 Hoya revolubilis Tsiang et P. T. Li;卷边球兰;Revolute Waxplant ●

198893 Hoya salweenica Tsiang et P. T. Li;怒江球兰;Nujiang Waxplant, Salween Waxplant ●

198894 Hoya shepherdi Short ex Hook. = Hoya longifolia Wall. ex Wight ●

198895 Hoya siamica Craib;菖蒲球兰(广西球兰);Guangxi Waxplant ●

198896 Hoya silvatica Tsiang et P. T. Li;山球兰;Montane Waxplant, Sylvan Waxplant, Wild Waxplant ●

198897 Hoya thomsonii Hook. f.;西藏球兰(菖蒲球兰);Thomson's Waxplant ●

198898 Hoya tsoi Merr. = Hoya griffithii Hook. f. ●

198899 Hoya tsoi Merr. = Hoya lancilimba Merr. f. tsoi (Merr.) Tsiang ●

198900 Hoya villosa Costantin;毛球兰;Villous Waxplant ●

198901 Hoya yuennanensis Hand.-Mazz. = Hoya lyi H. Lév. ●

198902 Hoyella Ridl. (1917);小球兰属●☆

198903 Hoyella rosea Ridl.;小球兰●☆

198904 Hoyopsis H. Lév. = Tylophora R. Br. ●■

198905 Hoyopsis dielsii H. Lév. = Tylophora flexuosa R. Br. ■

198906 Hua Pierre ex De Wild. (1906);蒜树属(葱味木属)●☆

198907 Hua gabonii Pierre ex De Wild.;蒜树(葱味木)●☆

198908 Hua parvifolia Engl. et K. Krause;小叶蒜树●☆

198909 Huaceae A. Chev. (1947);蒜树科●☆

198910 Hualania Phil. (1862);肖布雷木属●☆

198911 Hualania Phil. = Bredemeyera Willd. ●☆

198912 Hualania colletioides Phil.;肖布雷木●☆

198913 Huanaca Cav. (1800);华娜芹属■☆

198914 Huanaca Raf. = Dunalia Kunth ●☆

198915 Huanaca acaulis Cav.;华娜芹■☆

198916 Huanaca cordifolia (Hook.) F. Muell.;心叶华娜芹■☆

198917 Huanuca Raf. = Acnistus Schott ●☆
198918 Huarpea Cabrera(1951);钝菊木属●☆
198919 Huarpea andina Cabrera;钝菊木●☆
198920 Hubbardia Bor(1951);伊乐藻状禾属■☆
198921 Hubbardia heptaneuron Bor;伊乐藻状禾■☆
198922 Hubbardochloa Auquier(1980);细乱子草属■☆
198923 Hubbardochloa gracilis Auquier;细乱子草■☆
198924 Huberia DC. (1828);休伯野牡丹属●☆
198925 Huberia annulata DC.;休伯野牡丹●☆
198926 Huberia glabrata Cogn.;光休伯野牡丹●☆
198927 Huberia minor Cogn.;小休伯野牡丹●☆
198928 Huberia parvifolia Cogn.;小叶休伯野牡丹●☆
198929 Huberodaphne Ducke = Endlicheria Nees(保留属名)●☆
198930 Huberodendron Ducke(1935);休伯木棉属●☆
198931 Huberodendron ingens Ducke;休伯木棉●☆
198932 Huberopappus Pruski(1992);领冠落苞菊属●☆
198933 Huberopappus maigualidae Pruski;领冠落苞菊■☆
198934 Hubertia Bory = Senecio L. ■●
198935 Hubertia Bory(1804);细毛留菊属●■☆
198936 Hubertia adenodonta (DC.) C. Jeffrey;腺齿细毛留菊●☆
198937 Hubertia alleizettei (Humbert) C. Jeffrey;阿雷细毛留菊●☆
198938 Hubertia andringitrensis (Humbert) C. Jeffrey;安德林吉特拉山细毛留菊●☆
198939 Hubertia faujasioides (Baker) C. Jeffrey;留菊细毛留菊●☆
198940 Hubertia hypargyrea (DC.) C. Jeffrey;下银细毛留菊●☆
198941 Hubertia ivohibeensis (Humbert) C. Jeffrey;伊武希贝细毛留菊●☆
198942 Hubertia lampsanifolia (Baker) C. Jeffrey;萝卜叶细毛留菊●☆
198943 Hubertia leucanthothamnus (Humbert) C. Jeffrey;白刺细毛留菊●☆
198944 Hubertia myricifolia (Bojer ex DC.) C. Jeffrey;杨梅叶细毛留菊●☆
198945 Hubertia myrtifolia (Klatt) C. Jeffrey;香桃木叶细毛留菊●☆
198946 Hubertia olivacea (Klatt) C. Jeffrey;橄榄绿细毛留菊●☆
198947 Hubertia pleiantha (Humbert) C. Jeffrey;多花细毛留菊●☆
198948 Hubertia riparia (DC.) C. Jeffrey;河岸细毛留菊●☆
198949 Hubertia rosellata (Bojer ex DC.) C. Jeffrey;粉红细毛留菊●☆
198950 Hudsonia A. Rob. ex Lunan = Terminalia L. (保留属名)●
198951 Hudsonia L. (1767);金蔷薇属●☆
198952 Hudsonia Robins. ex Lunan = Terminalia L. (保留属名)●
198953 Hudsonia ericoides L.;金蔷薇;Beach Heath, Beach Heather, Golden Heather ■☆
198954 Hudsonia ericoides L. subsp. tomentosa (Nutt.) N. H. Nick. et J. E. Skog = Hudsonia tomentosa Nutt. ■☆
198955 Hudsonia tomentosa Nutt.;毛金蔷薇;Beach Heather, False Heather, Poverty-grass, Woolly Beach-heather ■☆
198956 Hueblia Speta = Chaenorhinum (DC.) Rchb. ■☆
198957 Huebneria Rchb. = Hypericum L. ■●
198958 Huebneria Rchb. = Webbia Spach ■●
198959 Huebneria Schltr. = Orleanesia Barb. Rodr. ■☆
198960 Huebneria Schltr. = Pseudorleanesia Rauschert ■☆
198961 Huegelia Post et Kuntze = Eriastrum Wooton et Standl. ■●☆
198962 Huegelia Post et Kuntze = Hugelia Benth. ■●☆
198963 Huegelia Rchb. = Didiscus DC. ex Hook. ■☆
198964 Huegelia Rchb. = Trachymene Rudge ■☆
198965 Huegelroea Post et Kuntze = Hugelroea Steud. ■☆
198966 Huegelroea Post et Kuntze = Sphaerolobium Sm. ■☆
198967 Hueguenina Rchb. = Hugueninia Rchb. (废弃属名)■
198968 Huenefeldia Walp. = Calotis R. Br. ■
198969 Huernia R. Br. (1810);龙王角属(剑龙角属,星钟花属);Huernia ■☆
198970 Huernia appendiculata A. Berger = Huernia hystrix (Hook. f.) N. E. Br. ■☆
198971 Huernia archeri L. C. Leach;阿谢尔龙王角■☆
198972 Huernia aspera N. E. Br.;粗刺龙王角■☆
198973 Huernia barbata (Masson) Haw.;髯毛龙王角■☆
198974 Huernia barbata (Masson) Haw. var. griquensis N. E. Br. = Huernia barbata (Masson) Haw. ■☆
198975 Huernia barbata (Masson) Haw. var. tubata (Jacq.) N. E. Br. = Huernia barbata (Masson) Haw. ■☆
198976 Huernia bayeri L. C. Leach;巴耶尔龙王角■☆
198977 Huernia bicampanulata I. Verd. = Huernia kirkii N. E. Br. ■☆
198978 Huernia blackbeardiae R. A. Dyer ex Jacobsen = Huernia zebrina N. E. Br. ■☆
198979 Huernia brevirostris N. E. Br. = Huernia thuretii F. Cels ■☆
198980 Huernia brevirostris N. E. Br. subsp. baviaana L. C. Leach = Huernia thuretii F. Cels ■☆
198981 Huernia brevirostris N. E. Br. subsp. intermedia (N. E. Br.) L. C. Leach = Huernia thuretii F. Cels ■☆
198982 Huernia brevirostris N. E. Br. var. ecornuta (N. E. Br.) A. C. White et B. Sloane = Huernia thuretii F. Cels ■☆
198983 Huernia brevirostris N. E. Br. var. histrionica A. C. White et B. Sloane = Huernia thuretii F. Cels ■☆
198984 Huernia brevirostris N. E. Br. var. immaculata (N. E. Br.) A. C. White et B. Sloane = Huernia thuretii F. Cels ■☆
198985 Huernia brevirostris N. E. Br. var. intermedia ? = Huernia thuretii F. Cels ■☆
198986 Huernia brevirostris N. E. Br. var. longula (N. E. Br.) A. C. White et B. Sloane = Huernia thuretii F. Cels ■☆
198987 Huernia brevirostris N. E. Br. var. pallida (N. E. Br.) A. C. White et B. Sloane = Huernia thuretii F. Cels ■☆
198988 Huernia brevirostris N. E. Br. var. parvipuncta A. C. White et B. Sloane = Huernia thuretii F. Cels ■☆
198989 Huernia brevirostris N. E. Br. var. scabra (N. E. Br.) A. C. White et B. Sloane = Huernia thuretii F. Cels ■☆
198990 Huernia campanulata (Masson) Haw. = Huernia barbata (Masson) Haw. ■☆
198991 Huernia campanulata (Masson) Haw. var. denticoronata N. E. Br. = Huernia barbata (Masson) Haw. ■☆
198992 Huernia clavigera (Jacq.) Haw. = Huernia barbata (Masson) Haw. ■☆
198993 Huernia clavigera (Jacq.) Haw. var. maritima N. E. Br. = Huernia barbata (Masson) Haw. ■☆
198994 Huernia concinna N. E. Br.;整洁龙王角■☆
198995 Huernia confusa E. Phillips = Huernia zebrina N. E. Br. subsp. insigniflora (C. A. Maass) Bruyns ■☆
198996 Huernia crispa Haw. = Huernia barbata (Masson) Haw. ■☆
198997 Huernia decemdentata N. E. Br. = Huernia barbata (Masson) Haw. ■☆
198998 Huernia duodecimfida (Jacq.) Sweet = Huernia barbata (Masson) Haw. ■☆
198999 Huernia echidnopsioides (L. C. Leach) L. C. Leach;蛇状龙王

角■☆

199000 Huernia engleri A. Terracc.;恩格勒龙王角■☆

199001 Huernia erectiloba L. C. Leach et Lavranos;直裂片龙王角■☆

199002 Huernia erinacea P. R. O. Bally;刺龙王角■☆

199003 Huernia formosa L. C. Leach;美丽龙王角■☆

199004 Huernia guttata (Masson) Haw.;斑点龙王角■☆

199005 Huernia guttata (Masson) Haw. subsp. calitzdorpensis L. C. Leach = Huernia guttata (Masson) Haw. ■☆

199006 Huernia guttata (Masson) Haw. subsp. reticulata (Masson) Bruyns;网状龙王角■☆

199007 Huernia hallii E. Lamb et B. M. Lamb;霍尔龙王角■☆

199008 Huernia herrei A. C. White et B. Sloane = Huernia namaquensis Pillans ■☆

199009 Huernia herrei A. C. White et B. Sloane var. immaculata ? = Huernia namaquensis Pillans ■☆

199010 Huernia hislopii Turrill;希斯洛普龙王角■☆

199011 Huernia hislopii Turrill subsp. robusta L. C. Leach et Plowes;粗壮龙王角■☆

199012 Huernia humilis (Masson) Haw.;低矮龙王角■☆

199013 Huernia hystrix (Hook. f.) N. E. Br.;豪猪龙王角(毛刺龙王角)■☆

199014 Huernia hystrix (Hook. f.) N. E. Br. subsp. parvula (L. C. Leach) Bruyns;较小豪猪龙王角■☆

199015 Huernia hystrix (Hook. f.) N. E. Br. var. appendiculata (A. Berger) A. C. White et B. Sloane = Huernia hystrix (Hook. f.) N. E. Br. ■☆

199016 Huernia hystrix (Hook. f.) N. E. Br. var. parvula L. C. Leach = Huernia hystrix (Hook. f.) N. E. Br. subsp. parvula (L. C. Leach) Bruyns ■☆

199017 Huernia hystrix N. E. Br. = Huernia hystrix (Hook. f.) N. E. Br. ■☆

199018 Huernia inornata Oberm. = Huernia thuretii F. Cels ■☆

199019 Huernia insigniflora C. A. Maass = Huernia zebrina N. E. Br. subsp. insigniflora (C. A. Maass) Bruyns ■☆

199020 Huernia keniensis R. E. Fr.;龙钟角■☆

199021 Huernia keniensis R. E. Fr. var. grandiflora P. R. O. Bally;大花龙钟角■☆

199022 Huernia keniensis R. E. Fr. var. nairobiensis A. C. White et B. Sloane;内罗比龙王角■☆

199023 Huernia kirkii N. E. Br.;吉氏龙王角■☆

199024 Huernia lavranii L. C. Leach;拉夫连龙王角■☆

199025 Huernia leachii Lavranos;利奇龙王角■☆

199026 Huernia lenewtonii Plowes;莱牛顿龙王角■☆

199027 Huernia lentiginosa (Sims) Haw. = Huernia guttata (Masson) Haw. ■☆

199028 Huernia loeseneriana Schltr.;勒泽纳龙王角■☆

199029 Huernia longii Pillans;朗氏龙王角■☆

199030 Huernia longii Pillans subsp. echidnopsioides (L. C. Leach) Bruyns = Huernia echidnopsioides (L. C. Leach) L. C. Leach ■☆

199031 Huernia longituba N. E. Br.;泥龙;Long-tubed Huernia ■☆

199032 Huernia lopanthera Bruyns;冠药龙王角■☆

199033 Huernia macrocarpa (A. Rich.) Spreng.;鹿头(大果星钟花);Penzig Ahernia ■☆

199034 Huernia macrocarpa (A. Rich.) Spreng. f. schimperi (A. Berger) Brodie;欣珀鹿头■☆

199035 Huernia macrocarpa (A. Rich.) Spreng. var. cerasina A. C. White et B. Sloane = Huernia macrocarpa (A. Rich.) Spreng. ■☆

199036 Huernia macrocarpa (A. Rich.) Spreng. var. flavicoronata A. C. White et B. Sloane = Huernia macrocarpa (A. Rich.) Spreng. ■☆

199037 Huernia macrocarpa (A. Rich.) Spreng. var. penzigii (N. E. Br.) A. C. White et B. Sloane = Huernia macrocarpa (A. Rich.) Spreng. ■☆

199038 Huernia macrocarpa (A. Rich.) Spreng. var. schweinfurthii (A. Berger) A. C. White et B. Sloane = Huernia macrocarpa (A. Rich.) Spreng. ■☆

199039 Huernia namaquensis Pillans;纳马夸龙王角■☆

199040 Huernia namaquensis Pillans subsp. hallii (E. Lamb et B. M. Lamb) Bruyns = Huernia hallii E. Lamb et B. M. Lamb ■☆

199041 Huernia nigeriana Lavranos;尼日利亚龙王角■☆

199042 Huernia ocellata (Jacq.) Schult. = Huernia guttata (Masson) Haw. ■☆

199043 Huernia oculata Hook. f.;剑龙角;Swort Beak Huernia ■☆

199044 Huernia owamboensis R. A. Dyer = Huernia namaquensis Pillans ■☆

199045 Huernia pendula E. A. Bruce;下垂龙王角■☆

199046 Huernia penzigii N. E. Br. = Huernia macrocarpa (A. Rich.) Spreng. ■☆

199047 Huernia penzigii N. E. Br. var. schimperi A. Berger = Huernia macrocarpa (A. Rich.) Spreng. f. schimperi (A. Berger) Brodie ■☆

199048 Huernia penzigii N. E. Br. var. schweinfurthii A. Berger = Huernia macrocarpa (A. Rich.) Spreng. ■☆

199049 Huernia pillansii N. E. Br.;阿修罗;Pillans Huernia ■☆

199050 Huernia pillansii N. E. Br. subsp. echidnopsioides L. C. Leach = Huernia echidnopsioides (L. C. Leach) L. C. Leach ■☆

199051 Huernia plowesii L. C. Leach;普洛龙王角■☆

199052 Huernia praestans N. E. Br.;优秀龙王角■☆

199053 Huernia primulina N. E. Br.;龙王角(龙角星钟花);Yellowerflower Huernia ■☆

199054 Huernia primulina N. E. Br. = Huernia thuretii F. Cels ■☆

199055 Huernia primulina N. E. Br. var. rugosa ? = Huernia thuretii F. Cels ■☆

199056 Huernia procumbens (R. A. Dyer) L. C. Leach;平铺龙王角■☆

199057 Huernia quinta (Phillips) A. White et Sloane;蛮妃角■☆

199058 Huernia recondita M. G. Gilbert;隐蔽龙王角■☆

199059 Huernia repens Lavranos = Huernia volkartii Peitscher ex Werderm. et Peitscher var. repens (Lavranos) Lavranos ■☆

199060 Huernia reticulata (Masson) Haw. = Huernia guttata (Masson) Haw. subsp. reticulata (Masson) Bruyns ■☆

199061 Huernia rogersii R. A. Dyer = Huernia oculata Hook. f. ■☆

199062 Huernia scabra N. E. Br. = Huernia thuretii F. Cels ■☆

199063 Huernia scabra N. E. Br. var. ecornuta ? = Huernia thuretii F. Cels ■☆

199064 Huernia scabra N. E. Br. var. immaculata ? = Huernia thuretii F. Cels ■☆

199065 Huernia scabra N. E. Br. var. longula ? = Huernia thuretii F. Cels ■☆

199066 Huernia scabra N. E. Br. var. pallida ? = Huernia thuretii F. Cels ■☆

199067 Huernia similis N. E. Br.;相似龙王角■☆

199068 Huernia simplex N. E. Br. = Huernia humilis (Masson) Haw. ■☆

199069 Huernia somalica N. E. Br.;索马里龙王角■☆

199070 Huernia sprengeri Schweinf. = Orbea sprengeri (Schweinf.)

Bruyns ■☆
199071 Huernia stapelioides Schltr.;豹皮花龙王角■☆
199072 Huernia striata Oberm. = Huernia thuretii F. Cels ■☆
199073 Huernia tanganyikensis (E. A. Bruce et P. R. O. Bally) L. C. Leach;坦噶尼卡龙王角■☆
199074 Huernia tavaresii Welw. = Tavaresia angolensis Welw. ■☆
199075 Huernia thudichumii L. C. Leach = Huernia humilis (Masson) Haw. ■☆
199076 Huernia thuretii F. Cels;峨角;Short Beak Huernia ■☆
199077 Huernia thuretii F. Cels var. primulina (N. E. Br.) L. C. Leach = Huernia thuretii F. Cels ■☆
199078 Huernia thuretii F. Cels var. primulina (N. E. Br.) L. C. Leach = Huernia pillansii N. E. Br. ■☆
199079 Huernia transvaalensis Stent;德兰士瓦龙王角■☆
199080 Huernia tubata Haw. = Huernia barbata (Masson) Haw. ■☆
199081 Huernia urceolata L. C. Leach;坛状龙王角■☆
199082 Huernia venusta (Masson) Haw. = Huernia guttata (Masson) Haw. ■☆
199083 Huernia verekeri Stent subsp. angolensis (L. C. Leach) Bruyns;安哥拉龙王角■☆
199084 Huernia verekeri Stent subsp. pauciflora (L. C. Leach) Bruyns;少花龙王角■☆
199085 Huernia verekeri Stent var. angolensis L. C. Leach = Huernia verekeri Stent subsp. angolensis (L. C. Leach) Bruyns ■☆
199086 Huernia verekeri Stent var. pauciflora L. C. Leach = Huernia verekeri Stent subsp. pauciflora (L. C. Leach) Bruyns ■☆
199087 Huernia vogtsii E. Phillips = Huernia stapelioides Schltr. ■☆
199088 Huernia volkartii Gossw. var. nigeriana (Lavranos) Lavranos = Huernia nigeriana Lavranos ■☆
199089 Huernia volkartii Peitscher ex Werderm. et Peitscher;福尔卡特龙王角■☆
199090 Huernia volkartii Peitscher ex Werderm. et Peitscher var. repens (Lavranos) Lavranos;匍匐星钟花■☆
199091 Huernia zebrina N. E. Br.;条斑龙王角(斑纹星钟花,缟马,黄斑马);Owl-eyes ■☆
199092 Huernia zebrina N. E. Br. subsp. insigniflora (C. A. Maass) Bruyns;殊花条斑龙王角■☆
199093 Huernia zebrina N. E. Br. subsp. magniflora (E. Phillips) L. C. Leach = Huernia zebrina N. E. Br. ■☆
199094 Huernia zebrina N. E. Br. var. magniflora E. Phillips = Huernia zebrina N. E. Br. ■☆
199095 Huerniopsis N. E. Br. (1878);类龙王角属■☆
199096 Huerniopsis atrosanguinea (N. E. Br.) A. C. White et B. Sloane = Piaranthus atrosanguineus (N. E. Br.) Bruyns ■☆
199097 Huerniopsis decipiens N. E. Br.;类龙王角■☆
199098 Huerniopsis decipiens N. E. Br. = Piaranthus decipiens (N. E. Br.) Bruyns ■☆
199099 Huerniopsis gibbosa Nel = Piaranthus atrosanguineus (N. E. Br.) Bruyns ■☆
199100 Huerniopsis papillata Nel = Piaranthus atrosanguineus (N. E. Br.) Bruyns ■☆
199101 Huerta J. St. -Hil. = Huertea Rulz et Pav. ●☆
199102 Huertea Ruiz et Pav. (1794);腺椒树属(多叶瘿椒树属)●☆
199103 Huertea cubensis Griseb.;古巴腺椒树(古巴多叶瘿椒树)●☆
199104 Huertea glandulosa Ruiz et Pav.;腺椒树(多叶瘿椒树)●☆
199105 Huerteaceae Doweld = Staphyleaceae Martinov(保留科名)●
199106 Huerteaceae Doweld = Tapisciaceae Takht. ●
199107 Huertia G. Don = Huertea Rulz et Pav. ●☆
199108 Huertia Mutis = Swartzia Schreb. (保留属名)●☆
199109 Huetia Boiss. = Carum L. ■
199110 Huetia Boiss. = Geocaryum Coss. ■
199111 Hufelandia Nees = Beilschmiedia Nees ●
199112 Hugelia Benth. = Eriastrum Wooton et Standl. ■●☆
199113 Hugelia Benth. = Welwitschia Rchb. (废弃属名)■☆
199114 Hugelia DC. = Huegelia Rchb. ■☆
199115 Hugelia DC. = Trachymene Rudge ■☆
199116 Hugelroea Steud. = Roea Hueg. ex Benth. ■☆
199117 Hugelroea Steud. = Sphaerolobium Sm. ■☆
199118 Hugeria Small = Vaccinium L. ●
199119 Hugeria Small(1903);扁枝越橘属(扁桔属,山小檗属)●
199120 Hugeria erytheocarpum Small = Vaccinium erytheocarpum Michx. ●☆
199121 Hugeria incisum F. Maek. = Vaccinium japonicum Miq. f. incisum (F. Maek.) T. Yamaz. ●☆
199122 Hugeria japonica (Miq.) Nakai = Vaccinium japonicum Miq. ●
199123 Hugeria japonica (Miq.) Nakai = Vaccinium erythrocarpum Michx. subsp. japonicum (Miq.) Van der Kloet ●
199124 Hugeria japonica (Miq.) Nakai f. incisa (F. Maek.) H. Hara = Vaccinium japonicum Miq. f. incisum (F. Maek.) T. Yamaz. ●☆
199125 Hugeria japonica (Miq.) Nakai var. ciliaris (Matsum. ex Komatsu) Nakai = Vaccinium japonicum Miq. var. ciliare Matsum. ex Komatsu ●☆
199126 Hugeria japonica (Miq.) Nakai var. lasiostemon (Hayata) Sasaki = Vaccinium japonicum Miq. var. lasiostemon Hayata ●
199127 Hugeria japonica (Miq.) Nakai var. sinica (Nakai) Hand. -Mazz. = Vaccinium japonicum Miq. var. sinicum (Nakai) Rehder ●
199128 Hugeria lasiostemon (Hayata) F. Maek. = Vaccinium japonicum Miq. var. lasiostemon Hayata ●
199129 Hugeria randaiensis Masam. = Vaccinium japonicum Miq. var. lasiostemon Hayata ●
199130 Hugeria sinica (Nakai) F. Maek. = Vaccinium japonicum Miq. var. sinicum (Nakai) Rehder ●
199131 Hugeria vaccinioidea (H. Lév.) H. Hara = Agapetes vaccinioidea H. Lév. ●
199132 Hugeria vaccinioidea (H. Lév.) H. Hara = Vaccinium japonicum Miq. var. sinicum (Nakai) Rehder ●
199133 Hugeria vaccinioideaa (H. Lév.) H. Hara var. lasiostemon (Hayata) H. Hara = Vaccinium japonicum Miq. var. lasiostemon Hayata ●
199134 Hughesia R. M. King et H. Rob. (1980);落苞亮泽兰属●☆
199135 Hughesia R. M. King et H. Rob. = Eupatorium L. ■●
199136 Hughesia reginae R. M. King et H. Rob.;落苞亮泽兰■☆
199137 Hugonia L. (1753);亚麻藤属;Hugonia ●☆
199138 Hugonia acuminata Engl. = Hugonia planchonii Hook. f. ●☆
199139 Hugonia afzelii R. Br. ex Planch.;阿芙泽尔亚麻藤●☆
199140 Hugonia afzelii R. Br. ex Planch. var. melanocalyx Oliv. = Hugonia macrocarpa Welw. ●☆
199141 Hugonia angolensis Welw. ex Oliv. = Hugonia macrocarpa Welw. ●☆
199142 Hugonia arborescens Mildbr. = Hugonia busseana Engl. ●☆
199143 Hugonia batesii De Wild.;贝茨亚麻藤●☆
199144 Hugonia baumannii Engl. = Hugonia platysepala Welw. ex Oliv. ●☆
199145 Hugonia brewerioides Baker;伯纳旋花亚麻藤●☆
199146 Hugonia buchananii De Wild. = Hugonia busseana Engl. ●☆
199147 Hugonia busseana Engl.;布斯亚麻藤●☆

199148 Hugonia castanea Baill.;栗色亚麻藤●☆
199149 Hugonia castaneifolia Engl.;栗叶亚麻藤●☆
199150 Hugonia chevalieri Hutch. et Dalziel = Hugonia afzelii R. Br. ex Planch. ●☆
199151 Hugonia congensis A. Chev.;康格亚麻藤●☆
199152 Hugonia coursiana H. Perrier;库尔斯亚麻藤●☆
199153 Hugonia dinklagei Engl. ex Mildbr.;丁克亚麻藤●☆
199154 Hugonia elliptica N. Robson;椭圆亚麻藤●☆
199155 Hugonia faulknerae Meikle = Hugonia busseana Engl. ●☆
199156 Hugonia foliosa Oliv. = Hugonia afzelii R. Br. ex Planch. ●☆
199157 Hugonia gabunensis Engl.;加蓬亚麻藤●☆
199158 Hugonia gilletii De Wild.;吉勒特亚麻藤●☆
199159 Hugonia gossweileri Baker f.;戈斯亚麻藤●☆
199160 Hugonia grandiflora N. Robson;大花亚麻藤●☆
199161 Hugonia holtzii Engl. = Hugonia castaneifolia Engl. ●☆
199162 Hugonia hypargyrea Mildbr.;背银亚麻藤●☆
199163 Hugonia longipes H. Perrier;长梗亚麻藤●☆
199164 Hugonia macrocarpa Welw.;大果亚麻藤●☆
199165 Hugonia macrophylla Oliv.;大叶亚麻藤●☆
199166 Hugonia mayumbensis Exell ex De Wild.;马永巴亚麻藤●☆
199167 Hugonia micans Engl.;弱光泽亚麻藤●☆
199168 Hugonia mystax L.;亚麻藤●☆
199169 Hugonia obtusifolia C. H. Wright;钝叶亚麻藤●☆
199170 Hugonia orientalis Engl.;东方亚麻藤●☆
199171 Hugonia planchonii Hook. f.;普氏亚麻藤●☆
199172 Hugonia planchonii Hook. f. var. congolensis Wilczek;刚果亚麻藤●☆
199173 Hugonia platysepala Welw. ex Oliv.;宽萼亚麻藤●☆
199174 Hugonia reticulata Engl.;网脉亚麻藤●☆
199175 Hugonia reticulata Engl. f. longifolia ?;长叶亚麻藤●☆
199176 Hugonia reygaertii De Wild. = Hugonia rufipilis A. Chev. ex Hutch. et Dalziel ●☆
199177 Hugonia rufipilis A. Chev. ex Hutch. et Dalziel;红毛亚麻藤●☆
199178 Hugonia rufopilis A. Chev. = Hugonia rufipilis A. Chev. ex Hutch. et Dalziel ●☆
199179 Hugonia sapinii De Wild.;萨潘亚麻藤●☆
199180 Hugonia sphaerocarpa Baill.;球果亚麻藤●☆
199181 Hugonia spicata Oliv.;长穗亚麻藤●☆
199182 Hugonia spicata Oliv. var. glabrescens Keay;渐光长穗亚麻藤●☆
199183 Hugonia spicata Oliv. var. grandifolia Wilczek;大叶长穗渐麻藤●☆
199184 Hugonia swynnertonii De Wild. = Hugonia orientalis Engl. ●☆
199185 Hugonia talbotii De Wild.;塔尔博特长穗渐麻藤●☆
199186 Hugonia trigyna Summerh. = Hugonia orientalis Engl. ●☆
199187 Hugonia villosa Engl.;长柔毛亚麻藤●☆
199188 Hugoniaceae Arn. (1834);亚麻藤科(弧钩树科)●■
199189 Hugoniaceae Arn. = Linaceae DC. ex Perleb(保留科名)■●
199190 Hugueninia Rchb. (废弃属名) = Descurainia Webb et Berthel. (保留属名)■
199191 Hugueninia tanacetifolia (L.) Rchb.;菊蒿芥■☆
199192 Huidobria Gay = Loasa Adans. ■●☆
199193 Huidobria Gay(1847);智利刺莲花属●■☆
199194 Huidobria chilensis Gay;智利刺莲花■☆
199195 Huidobria fruticosa Phil.;灌木智利刺莲花●☆
199196 Huilaea Wurdack(1957);哥伦比亚野牡丹属☆
199197 Huilaea ecuadorensis Wurdack;哥伦比亚野牡丹☆
199198 Huilaea macrocarpa L. Uribe;大果哥伦比亚野牡丹☆
199199 Huilaea minor (L. Uribe) Lozano et N. Ruiz-R.;小哥伦比亚野牡丹☆
199200 Huilaea occidentalis Lozano et N. Ruiz-R.;西方哥伦比亚野牡丹☆
199201 Hulemacanthus S. Moore(1920);南爵床属●☆
199202 Hulemacanthus whitei S. Moore;南爵床●☆
199203 Hulletia Willis = Hullettia King ex Hook. f. ●☆
199204 Hullettia King = Hullettia King ex Hook. f. ●☆
199205 Hullettia King ex Hook. f. (1888);南洋桑属●☆
199206 Hullettia dumosa King;南洋桑●☆
199207 Hullettia griffithiana King;格氏南洋桑●☆
199208 Hullsia P. S. Short(2004);黏生菀属■☆
199209 Hullsia argillicola P. S. Short;黏生菀■☆
199210 Hulsea Torr. et A. Gray(1858);寒金菊属;Alpinegold ■☆
199211 Hulsea algida A. Gray;寒金菊;Alpine Alpinegold, Pacific Alpinegold ■☆
199212 Hulsea brevifolia A. Gray;短叶寒金菊;Shortleaf Alpinegold ■☆
199213 Hulsea caespitosa A. Nelson et P. B. Kennedy = Hulsea algida A. Gray ■☆
199214 Hulsea californica Torr. et A. Gray;加州寒金菊■☆
199215 Hulsea californica Torr. et A. Gray var. inyoensis D. D. Keck = Hulsea vestita A. Gray subsp. inyoensis (D. D. Keck) Wilken ■☆
199216 Hulsea callicarpha (H. M. Hall) S. Watson ex Rydb. = Hulsea vestita A. Gray subsp. callicarpha (H. M. Hall) Wilken ■☆
199217 Hulsea carnosa Rydb. = Hulsea algida A. Gray ■☆
199218 Hulsea heterochroma A. Gray;红线寒金菊;Redray Alpinegold ■☆
199219 Hulsea inyoensis (D. D. Keck) Munz = Hulsea vestita A. Gray subsp. inyoensis (D. D. Keck) Wilken ■☆
199220 Hulsea mexicana Rydb.;墨西哥寒金菊;Mexican Aalpinegold ■☆
199221 Hulsea nana A. Gray;矮小寒金菊;Dwarf Alpinegold ■☆
199222 Hulsea nana A. Gray var. larsenii A. Gray = Hulsea nana A. Gray ■☆
199223 Hulsea nevadensis Gand. = Hulsea algida A. Gray ■☆
199224 Hulsea parryi A. Gray = Hulsea vestita A. Gray subsp. parryi (A. Gray) Wilken ■☆
199225 Hulsea vestita A. Gray;覆被寒金菊;Pumice Alpinegold ■☆
199226 Hulsea vestita A. Gray subsp. callicarpha (H. M. Hall) Wilken;美丽寒金菊;Beautiful Hulsea ■☆
199227 Hulsea vestita A. Gray subsp. inyoensis (D. D. Keck) Wilken;因约寒金菊■☆
199228 Hulsea vestita A. Gray subsp. parryi (A. Gray) Wilken;帕里寒金菊;Parry's Alpinegold ■☆
199229 Hulsea vestita A. Gray subsp. pygmaea (A. Gray) Wilken;小寒金菊;Pygmy Alpinegold ■☆
199230 Hulsea vestita A. Gray var. callicarpha H. M. Hall = Hulsea vestita A. Gray subsp. callicarpha (H. M. Hall) Wilken ■☆
199231 Hulsea vestita A. Gray var. pygmaea A. Gray = Hulsea vestita A. Gray subsp. pygmaea (A. Gray) Wilken ■☆
199232 Hulsea vulcanica Gand. = Hulsea nana A. Gray ■☆
199233 Hultemia Rchb. = Hultenia Rchb. ●☆
199234 Hultemia Rchb. = Hulthemia Dumort. ●☆
199235 Hultenia Rchb. = Hulthemia Dumort. ●☆
199236 Hulteniella Tzvelev = Dendranthema (DC.) Des Moul. ■

199237 Hulteniella Tzvelev(1987);全叶菊属;Entire-leaved Daisy ■☆
199238 Hulteniella integrifolia (Richardson) Tzvelev;全叶菊;Entire-leaved Daisy ■☆
199239 Hulthemia Blume ex Miq. = Abrus Adans. ●■
199240 Hulthemia Dumort. (1824);胡尔蔷薇属●☆
199241 Hulthemia Dumort. = Rosa L. ●
199242 Hulthemia berberifolia (Pall.) Dumort. = Rosa berberifolia Pall. ●
199243 Hulthemia persica (Michx.) Bornm.;波斯胡尔蔷薇●☆
199244 Hulthemosa Juz. = Rosa L. ●
199245 Humbertacalia C. Jeffrey(1992);耳藤菊属●☆
199246 Humbertacalia amplexifolia (Humbert) C. Jeffrey;褶叶耳藤菊●☆
199247 Humbertacalia coursii (Humbert) C. Jeffrey;库尔斯耳藤菊●☆
199248 Humbertacalia leucopappa (DC.) C. Jeffrey;白冠毛耳藤菊●☆
199249 Humbertacalia pyrifolia (DC.) C. Jeffrey;梨叶耳藤菊●☆
199250 Humbertacalia racemosa (DC.) C. Jeffrey;多枝耳藤菊●☆
199251 Humbertacalia voluta (Baker) C. Jeffrey;旋卷耳藤菊●☆
199252 Humbertia Comm. ex Lam. (1786);马岛旋花属●☆
199253 Humbertia Lam. = Humbertia Comm. ex Lam. ●☆
199254 Humbertia aeviternia Comm. ex Lam. = Humbertia madagascariensis Lam. ●☆
199255 Humbertia madagascariensis Lam.;马岛旋花●☆
199256 Humbertiaceae Pichon(1947)(保留科名);马岛旋花科●
199257 Humbertiaceae Pichon(保留科名) = Convolvulaceae Juss.(保留科名)●■
199258 Humbertianthus Hochr. (1948);亨伯特锦葵属●☆
199259 Humbertianthus cardiostegius Hochr.;亨伯特锦葵●☆
199260 Humbertiella Hochr. (1926);小亨伯特锦葵属●☆
199261 Humbertiella foliosa (Hochr. et Humbert) Dorr;密叶小亨伯特锦葵●☆
199262 Humbertiella henrici Hochr.;小亨伯特锦葵●☆
199263 Humbertina Buchet = Arophyton Jum. ■☆
199264 Humbertina S. Buchet = Arophyton Jum. ■☆
199265 Humbertina crassifolia Buchet = Arophyton crassifolium (Buchet) Bogner ■☆
199266 Humbertiodendron Léandri(1949);亨伯特木属●☆
199267 Humbertiodendron saboureaui Léandri;亨伯特木●☆
199268 Humbertioturraea J. -F. Leroy(1969);亨伯特楝属●☆
199269 Humbertioturraea maculata (Sm.) Cheek;斑点亨伯特楝●☆
199270 Humbertioturraea rhamnifolia (Baker) J. -F. Leroy;亨伯特楝●☆
199271 Humbertioturraea ripicola (C. DC.) Cheek;岩地亨伯特楝●☆
199272 Humbertochloa A. Camus et Stapf(1934);亨伯特竹属●☆
199273 Humbertochloa greenwayi C. E. Hubb.;亨伯特竹●☆
199274 Humbertodendron Léandri = Humbertiodendron Léandri ●☆
199275 Humblotia Baill. = Drypetes Vahl ●
199276 Humblotidendron Engl. et St. John = Humblotiodendron Engl. ●☆
199277 Humblotidendron St. John = Humblotiodendron Engl. ●☆
199278 Humblotiodendron Engl. = Vepris Comm. ex A. Juss. ●☆
199279 Humblotiodendron madagascaricum (Baill.) St. John = Vepris madagascarica (Baill.) H. Perrier ●☆
199280 Humboldia Rchb. = Humboldtia Vahl(保留属名)■☆
199281 Humboldtia Neck. = Humboldtia Vahl(保留属名)■☆
199282 Humboldtia Neck. = Voyria Aubl. ■☆
199283 Humboldtia Vahl(1794)(保留属名);洪堡豆属■☆
199284 Humboldtia africana Baill. = Leonardoxa africana (Baill.) Aubrév. ■●☆
199285 Humboldtia laurifolia Vahl;洪堡豆■☆
199286 Humboldtiella Harms = Coursetia DC. ●☆
199287 Humboltia Ruiz. et Pav. (废弃属名) = Humboldtia Vahl(保留属名)■☆
199288 Humea Roxb. = Brownlowia Roxb. (保留属名)●☆
199289 Humea Sm. = Calomeria Vent. ■●☆
199290 Humea Sm. = Humeocline Anderb. ●☆
199291 Humea africana S. Moore = Calomeria africana (S. Moore) Heine ●☆
199292 Humea elegans = Calomeria amaranthoides Vent. ●☆
199293 Humea madagascariensis Humbert = Humeocline madagascariensis (Humbert) Anderb. ●☆
199294 Humencline Anderb. = Calomeria Vent. ■●☆
199295 Humeocline Anderb. (1991);锥序鼠麴木属;Humea ●☆
199296 Humeocline madagascariensis (Humbert) Anderb.;锥序鼠麴木●☆
199297 Humiria Aubl. (1775)(保留属名)('Houmiri');核果树属(胡香脂属,假弹树属);Umiry Balsam ●☆
199298 Humiria J. St. -Hil. = Houmiri Aubl. ●☆
199299 Humiria balsamifera Aubl.;香膏核果树(胡香脂,香膏假弹树)●☆
199300 Humiria floribunda Mart.;多花核果树(多花假弹树)●☆
199301 Humiriaceae A. Juss. (1829)(保留科名);核果树科(胡香脂科,树脂核科,无距花科,香膏科,香膏木科)●☆
199302 Humirianthera Huber = Casimirella Hassl. ●☆
199303 Humiriastrum (Urb.) Cuatrec. (1961);小核果树属●☆
199304 Humiriastrum colombianum (Cuatrec.) Cuatrec.;哥伦比亚小核果树●☆
199305 Humiriastrum mapiriense Cuatrec.;小核果树●☆
199306 Humiriastrum melanocarpum (Cuatrec.) Cuatrec.;黑果小核果树●☆
199307 Humiriastrum obovatum (Benth.) Cuatrec.;倒卵小核果树●☆
199308 Humirium Rich. ex Mart. = Houmiri Aubl. ●☆
199309 Humulaceae Bercht. et J. Presl = Fabaceae Lindl. (保留科名)●■
199310 Humulaceae Bercht. et J. Presl = Leguminosae Juss. (保留科名)●■
199311 Humularia P. A. Duvign. (1954);大地豆属■☆
199312 Humularia affinis (De Wild.) P. A. Duvign.;近缘大地豆■☆
199313 Humularia anceps P. A. Duvign.;二棱大地豆■☆
199314 Humularia apiculata (De Wild.) P. A. Duvign.;细尖大地豆■☆
199315 Humularia bakeriana (De Wild.) P. A. Duvign. = Humularia apiculata (De Wild.) P. A. Duvign. ■☆
199316 Humularia bequaertii (De Wild.) P. A. Duvign.;贝卡尔大地豆■☆
199317 Humularia bequaertii (De Wild.) P. A. Duvign. var. purpureocoerulea (P. A. Duvign.) Verdc.;紫蓝大地豆■☆
199318 Humularia bianoensis P. A. Duvign. = Aeschynomene pararubrofarinacea J. Léonard ■☆
199319 Humularia bifoliolata (Micheli) P. A. Duvign.;双叶大地豆■☆
199320 Humularia callensii P. A. Duvign.;卡伦斯大地豆■☆
199321 Humularia chevalieri (De Wild.) P. A. Duvign.;舍瓦利耶大

地豆■☆

199322 Humularia ciliato-denticulata (De Wild.) P. A. Duvign.;缘毛密齿大地豆■☆

199323 Humularia corbisieri (De Wild.) P. A. Duvign.;科比西尔大地豆■☆

199324 Humularia descampsii (De Wild. et T. Durand) P. A. Duvign.;德康大地豆■☆

199325 Humularia descampsii (De Wild. et T. Durand) P. A. Duvign. f. pilosa P. A. Duvign.;疏毛德康大地豆■☆

199326 Humularia descampsii (De Wild. et T. Durand) P. A. Duvign. var. abercornensis P. A. Duvign.;阿伯康大地豆■☆

199327 Humularia descampsii (De Wild. et T. Durand) P. A. Duvign. var. acuta P. A. Duvign.;尖德康大地豆■☆

199328 Humularia descampsii (De Wild. et T. Durand) P. A. Duvign. var. kundelunguensis P. A. Duvign.;昆德龙古大地豆■☆

199329 Humularia descampsii (De Wild. et T. Durand) P. A. Duvign. var. nyassica P. A. Duvign. = Humularia descampsii (De Wild. et T. Durand) P. A. Duvign. var. abercornensis P. A. Duvign. ■☆

199330 Humularia drepanocephala (Baker) P. A. Duvign.;镰头大地豆■☆

199331 Humularia drepanocephala (Baker) P. A. Duvign. f. denticulata P. A. Duvign.;细齿镰头大地豆■☆

199332 Humularia drepanocephala (Baker) P. A. Duvign. f. homblei ?;洪布勒大地豆■☆

199333 Humularia drepanocephala (Baker) P. A. Duvign. var. emarginata (Harms) Verdc.;微缺大地豆■☆

199334 Humularia drepanocephala (Baker) P. A. Duvign. var. forcipiformis P. A. Duvign.;钳大地豆■☆

199335 Humularia duvigneaudii Symoens;迪维尼奥大地豆■☆

199336 Humularia elegantula P. A. Duvign.;雅致大地豆■☆

199337 Humularia flabelliformis P. A. Duvign. = Humularia minima (Hutch.) P. A. Duvign. subsp. flabelliformis (P. A. Duvign.) Verdc. ■☆

199338 Humularia kapiriensis (De Wild.) P. A. Duvign.;卡皮里大地豆■☆

199339 Humularia kapiriensis (De Wild.) P. A. Duvign. var. nummularia P. A. Duvign.;铜钱大地豆■☆

199340 Humularia kapiriensis (De Wild.) P. A. Duvign. var. repens Verdc.;匍匐大地豆■☆

199341 Humularia kassneri (De Wild.) P. A. Duvign.;卡斯纳大地豆■☆

199342 Humularia kassneri (De Wild.) P. A. Duvign. var. kibaraensis P. A. Duvign.;基巴拉大地豆■☆

199343 Humularia kassneri (De Wild.) P. A. Duvign. var. perpilosa P. A. Duvign.;疏毛卡斯纳大地豆■☆

199344 Humularia kassneri (De Wild.) P. A. Duvign. var. vanderystii?;范德大地豆■☆

199345 Humularia katangensis (De Wild.) P. A. Duvign.;加丹加大地豆■☆

199346 Humularia katangensis (De Wild.) P. A. Duvign. var. glabrescens P. A. Duvign. = Humularia apiculata (De Wild.) P. A. Duvign. ■☆

199347 Humularia ledermannii (De Wild.) P. A. Duvign.;莱德大地豆■☆

199348 Humularia luentensis (De Wild.) P. A. Duvign. = Humularia apiculata (De Wild.) P. A. Duvign. ■☆

199349 Humularia lundaensis P. A. Duvign. = Humularia welwitschii (Taub.) P. A. Duvign. var. lundaensis (P. A. Duvign.) Verdc. ■☆

199350 Humularia maclouniei (De Wild.) P. A. Duvign. = Aeschynomene rubrofarinacea (Taub.) F. White ●☆

199351 Humularia magnistipulata Torre;大托叶大地豆■☆

199352 Humularia megalophylla (Harms) P. A. Duvign. = Humularia welwitschii (Taub.) P. A. Duvign. var. lundaensis (P. A. Duvign.) Verdc. ■☆

199353 Humularia mendoncae (Baker f.) P. A. Duvign.;门东萨大地豆■☆

199354 Humularia mendoncae (Baker f.) P. A. Duvign. var. integribracteata P. A. Duvign.;间苞大地豆■☆

199355 Humularia meyeri-johannis (Harms et De Wild.) P. A. Duvign.;迈尔约翰大地豆■☆

199356 Humularia minima (Hutch.) P. A. Duvign.;微小大地豆■☆

199357 Humularia minima (Hutch.) P. A. Duvign. subsp. flabelliformis (P. A. Duvign.) Verdc.;扇状大地豆■☆

199358 Humularia multifoliolata Verdc.;多小叶大地豆■☆

199359 Humularia pseudaeschynomene Verdc.;假田皂角大地豆■☆

199360 Humularia purpureocoerulea P. A. Duvign. = Humularia bequaertii (De Wild.) P. A. Duvign. var. purpureocoerulea (P. A. Duvign.) Verdc. ■☆

199361 Humularia purpureocoerulea P. A. Duvign. var. gigantea ? = Humularia bequaertii (De Wild.) P. A. Duvign. var. purpureocoerulea (P. A. Duvign.) Verdc. ■☆

199362 Humularia renieri (De Wild.) P. A. Duvign.;雷尼尔大地豆■☆

199363 Humularia reptans Verdc. = Humularia rosea (De Wild.) P. A. Duvign. var. reptans (Verdc.) Verdc. ■☆

199364 Humularia rosea (De Wild.) P. A. Duvign.;玫瑰大地豆■☆

199365 Humularia rosea (De Wild.) P. A. Duvign. var. denticulata P. A. Duvign. = Humularia rosea (De Wild.) P. A. Duvign. ■☆

199366 Humularia rosea (De Wild.) P. A. Duvign. var. reptans (Verdc.) Verdc.;匍匐玫瑰大地豆■☆

199367 Humularia rubrofarinacea (Taub.) P. A. Duvign. = Aeschynomene rubrofarinacea (Taub.) F. White ●☆

199368 Humularia submarginalis Verdc.;边生大地豆■☆

199369 Humularia sudanica P. A. Duvign.;苏丹大地豆■☆

199370 Humularia tenuis P. A. Duvign.;细大地豆■☆

199371 Humularia upembae P. A. Duvign.;乌彭贝大地豆■☆

199372 Humularia welwitschii (Taub.) P. A. Duvign.;韦尔大地豆■☆

199373 Humularia welwitschii (Taub.) P. A. Duvign. var. gossweileri (Baker f.) P. A. Duvign.;戈斯大地豆■☆

199374 Humularia welwitschii (Taub.) P. A. Duvign. var. lundaensis (P. A. Duvign.) Verdc.;隆达大地豆■☆

199375 Humularia wittei P. A. Duvign.;维特大地豆■☆

199376 Humulopsis Grudz. (1988);葎草属;Hop ■

199377 Humulopsis Grudz. = Humulus L. ■

199378 Humulopsis scandens (Lour.) Grudz. = Humulus scandens (Lour.) Merr. ■

199379 Humulus L. (1753);啤酒花属(葎草属);Hop,Hops ■

199380 Humulus americanus Nutt. = Humulus lupulus L. var. lupuloides E. Small ■

199381 Humulus cordifolius Miq. = Humulus lupulus L. var. cordifolius (Miq.) Maxim. ex Franch. et Sav. ■

199382 Humulus japonicus Siebold et Zucc.;日本葎草(葛勒蔓,葛勒子秧,葛葎蔓,兰毛藤花,槐藤,勒草,葎,葎草,涩萝蔓,乌仔蔓,涎麻子);Annual Hop,Hops,Japanese Hop,Japanese Hops ■

199383 Humulus japonicus Siebold et Zucc. = Humulus scandens (Lour.) Merr. ■

199384 Humulus lupulus L.;啤酒花(狗爪藤,忽布,华忽布花,酒花,蛇麻草,香蛇麻,野酒花);Bine,Brewer's Hop,Bur,Common Hop,Common Hops,Cultivated Hop,Europe Hop,European Hop,Hop,Hops,Poor Man's Beer,Seeder,Wild Hop ■

199385 Humulus lupulus L. 'Aureus';黄叶啤酒花■☆

199386 Humulus lupulus L. var. cordifolius (Miq.) Maxim. ex Franch. et Sav.;华忽布(华忽布花,酒花,蛇麻,香蛇麻,野酒花)■

199387 Humulus lupulus L. var. lupuloides E. Small;美洲啤酒花;American Hop,Common Hop,Hop ■☆

199388 Humulus lupulus L. var. lupuloides E. Small = Humulus lupulus L. ■

199389 Humulus lupulus L. var. neomexicanus A. Nelson et Cockerell;新墨西哥啤酒花;Common Hop ■☆

199390 Humulus lupulus L. var. pubescens E. Small;毛啤酒花;Common Hop ■☆

199391 Humulus neomexicanus (A. Nelson et Cockerell) Rydb. = Humulus lupulus L. var. neomexicanus A. Nelson et Cockerell ■☆

199392 Humulus scandens (Lour.) Merr.;葎草(穿肠草,大涩拉秧,大叶五爪龙,割人藤,葛勒蔓,葛勒子,葛勒子秧,葛葎草,葛葎蔓,葛人藤,过沟龙,黑草,假苦瓜,搅谷恋,锯锯藤,苦瓜藤,拉狗蛋,拉拉蔓,拉拉藤,拉拉秧,拉马花子,来莓草,老虎藤,勒草,簕草,牛跤迹,牛脚迹,涩疙劳秧,涩拉秧,涩萝蔓,五叶杂藤,五爪龙);Japan Hop,Japanese Hop ■

199393 Humulus scandens (Lour.) Merr. = Humulopsis scandens (Lour.) Grudz. ■

199394 Humulus yunnanensis Hu;滇葎草;Yunnan Hop ■

199395 Hunaniopanax C. J. Qi et T. R. Cao = Pentapanax Seem. ●

199396 Hunaniopanax C. J. Qi et T. R. Cao (1988);湖南参属;Hunaniopanax ●★

199397 Hunaniopanax hypoglaucus C. J. Qi et T. R. Cao;湖南参;Hunaniopanax ●

199398 Hunaniopanax hypoglaucus C. J. Qi et T. R. Cao = Pentapanax hypoglaucus (C. J. Qi et T. R. Cao) C. B. Shang et X. P. Li ●

199399 Hunefeldia Lindl. = Calotis R. Br. ■

199400 Hunefeldia Lindl. = Huenefeldia Walp. ■

199401 Hunemannia A. Juss. = Hunnemannia Sweet ■☆

199402 Hunga Pancher ex Prance(1979);兴果属●☆

199403 Hunga Prance = Hunga Pancher ex Prance ●☆

199404 Hunga cordata Prance;心兴果●☆

199405 Hunga longifolia Prance;长叶兴果●☆

199406 Hunguana Maury = Hanguana Blume ■☆

199407 Hunnemannia Sweet(1828);金杯罂粟属(海杯草属,红乃马草属,金杯花属);Golden Cup,Mexican Tulip Poppy,Mexican Tulip-poppy,Santa Barbara Poppy ■☆

199408 Hunnemannia fumariifolia Sweet;金杯罂粟(金杯花,蓝堇叶红乃马草);Golden Cup,Mexican Tulip Poppy,Mexican Tulip-poppy,Santa Barbara Poppy ■☆

199409 Hunnemannia fumariifolia Sweet 'Sunlite';逊尼金杯花(金杯花);Mexican Tulip Poppy ■☆

199410 Hunsteinia Lauterb. = Rapanea Aubl. ●

199411 Hunteria DC. = Porophyllum Guett. ■●☆

199412 Hunteria Roxb. (1824);仔榄树属(洪达木属);Hunteria ●

199413 Hunteria africana K. Schum. = Hunteria zeylanica (Retz.) Gardner ex Thwaites ●

199414 Hunteria ambiens K. Schum. = Pleiocarpa bicarpellata Stapf ●☆

199415 Hunteria ballayi Hua;巴雷仔榄树●☆

199416 Hunteria breviloba Hallier f. ex Schltr. = Pleiocarpa pycnantha (K. Schum.) Stapf ●☆

199417 Hunteria camerunensis K. Schum. ex Hallier f.;喀麦隆仔榄树●☆

199418 Hunteria congolana Pichon ex Pichon;刚果仔榄树●☆

199419 Hunteria corymbosa Roxb. = Hunteria zeylanica (Retz.) Garden et Thwaites ●

199420 Hunteria corymbosa Roxb. var. genuina Hallier f. = Hunteria zeylanica (Retz.) Gardner ex Thwaites ●

199421 Hunteria corymbosa Roxb. var. roxburghiana (Wight) Trimen ex Gamble = Hunteria zeylanica (Retz.) Gardner ex Thwaites ●

199422 Hunteria corymbosa Roxb. var. zeylanica (Retz.) Hallier f. = Hunteria zeylanica (Retz.) Gardner ex Thwaites ●

199423 Hunteria densiflora Pichon;密花仔榄树●☆

199424 Hunteria eburnea Pichon = Hunteria umbellata (K. Schum.) Hallier f. ●☆

199425 Hunteria elliotii (Stapf) Pichon = Hunteria umbellata (K. Schum.) Hallier f. ●☆

199426 Hunteria hexaloba (Pichon) Omino;六裂仔榄树●☆

199427 Hunteria macrosiphon Omino;大管仔榄树●☆

199428 Hunteria mayumbensis Pichon = Hunteria umbellata (K. Schum.) Hallier f. ●☆

199429 Hunteria myriantha Omino;多花仔榄树●☆

199430 Hunteria oxyantha Omino;尖花仔榄树●☆

199431 Hunteria pleiocarpa Hallier f. = Pleiocarpa mutica Benth. ●☆

199432 Hunteria pycmaniha Hallier f. ex T. Durand et H. Durand = Pleiocarpa pycnantha (K. Schum.) Stapf ●☆

199433 Hunteria pycnantha K. Schum. = Pleiocarpa pycnantha (K. Schum.) Stapf ●☆

199434 Hunteria rostrata (Benth.) Hallier f. = Pleiocarpa rostrata Benth. ●☆

199435 Hunteria roxburghiana Wight = Hunteria zeylanica (Retz.) Gardner ex Thwaites ●

199436 Hunteria simii (Stapf) H. Huber;西姆仔榄树●☆

199437 Hunteria umbellata (K. Schum.) Hallier f.;伞花仔榄树●☆

199438 Hunteria umbellata (K. Schum.) Stapf = Hunteria umbellata (K. Schum.) Hallier f. ●☆

199439 Hunteria zeylanica (Retz.) Garden et Thwaites = Hunteria zeylanica (Retz.) Garden ex Thwaites ●

199440 Hunteria zeylanica (Retz.) Garden ex Thwaites;仔榄树(洪达木,黄羊);Ceylon Hunteria,Srilanka Hunteria ●

199441 Hunteria zeylanica (Retz.) Gardner ex Thwaites var. africana (K. Schum.) Pichon = Hunteria zeylanica (Retz.) Gardner ex Thwaites ●

199442 Hunteria zeylanica (Retz.) Gardner ex Thwaites var. salicifolia (Wall.) Pichon = Hunteria zeylanica (Retz.) Gardner ex Thwaites ●

199443 Huntleya Bateman ex Lindl. (1837);洪特兰属;Huntleya ■☆

199444 Huntleya meleagris Lindl.;洪特兰;Common Huntleya ■☆

199445 Hunzikeria D'Arcy(1976);亨奇茄属■☆

199446 Hunzikeria coulteri (A. Gray) D'Arcy;亨奇茄■☆

199447 Hunzikeria texana (Torr.) D'Arcy;得克萨斯亨奇茄■☆

199448 Huodendron Rehder (1935);山茉莉属;Huodendron,Fieldjasmine ●

199449 Huodendron biaristatum (W. W. Sm.) Rehder;双齿山茉莉(火炭公,螺丝木,山龙眼,双齿胡氏木,小红果,云贵山茉莉);Biaristate Huodendron ●

199450 Huodendron biaristatum (W. W. Sm.) Rehder subsp. parviflorum (Merr.) Y. C. Tang = Huodendron biaristatum (W. W. Sm.) Rehder var. parviflorum (Merr.) Rehder ●

199451 Huodendron biaristatum (W. W. Sm.) Rehder var. parviflorum (Merr.) Rehder;岭南山茉莉(红檀,小花山茉莉);Smallflower Fieldjasmine,Smallflower Huodendron ●

199452 Huodendron chunianum Hu = Huodendron biaristatum (W. W. Sm.) Rehder ●

199453 Huodendron decorticatum C. Y. Wu;脱皮山茉莉(脱皮树);Stripped Fieldjasmine ●

199454 Huodendron tibeticum (Anthony) Rehder var. denticulatum C. Y. Wu;细齿小茉莉;Thin-tooth Xizang Fieldjasmine,Thin-tooth Xizang Huodendron ●

199455 Huodendron tibeticum (J. Anthony) Rehder;西藏山茉莉(马铃花,山茉莉,脱皮树,西康胡氏木,熊巴树);Xizang Fieldjasmine,Xizang Huodendron ●

199456 Huodendron tomentosum C. Y. Tang ex S. M. Hwang;绒毛山茉莉;Hairy Huodendron, Tomentose Fieldjasmine, Tomentose Huodendron ●◇

199457 Huodendron tomentosum C. Y. Tang ex S. M. Hwang var. kwangsiensis S. M. Hwang et C. F. Liang;广西山茉莉;Guangxi Fieldjasmine,Guangxi Huodendron ●

199458 Huolirion F. T. Wang et Ts. Tang = Lloydia Salisb. ex Rchb.(保留属名)■

199459 Huolirion montana (Dammer) F. T. Wang et Ts. Tang ex P. C. Kuo = Lloydia tibetica Baker ex Oliv. ■

199460 Huonia Montrouz. = Acronychia J. R. Forst. et G. Forst.(保留属名)●

199461 Hura J. König = Globba L. ■

199462 Hura J. König = Manitia Giseke ■

199463 Hura J. König ex Retz. = Globba L. ■

199464 Hura L. (1753);响盒子属(沙箱大戟属,沙箱树属,砂箱树属)●

199465 Hura crepitans L.;响盒子(沙盒树,沙箱大戟,砂箱树,洋红);Assacu, Huru, Monkey, Monkey Dinner-bell, Pistol, Sandbox Tree,Sandbox-tree ●

199466 Hura siamensis König;锡金响盒子●

199467 Husangia Juss. = Hosangia Neck. ●☆

199468 Husangia Juss. = Maieta Aubl. ●☆

199469 Husemannia F. Muell. = Carronia F. Muell. ●☆

199470 Husnotia E. Fourn. = Ditassa R. Br. ●☆

199471 Hussonia Boiss. = Erucaria Gaertn. ■☆

199472 Hussonia aegiceras Coss. et Durieu = Erucaria pinnata (Viv.) Täckh. et Boulos subsp. uncata (Boiss.) Greuter et Burdet ■☆

199473 Hussonia pinnata (Viv.) Jafri = Erucaria pinnata (Viv.) Täckh. et Boulos ■☆

199474 Hussonia uncata Boiss. = Erucaria pinnata (Viv.) Täckh. et Boulos subsp. uncata (Boiss.) Greuter et Burdet ■☆

199475 Huszla Klotzsch = Begonia L. ●■

199476 Hutchinia Wight et Arn. = Caralluma R. Br. ■

199477 Hutchinsia R. Br. = Hornungia Rchb. ■

199478 Hutchinsia R. Br. = Pritzelago Kuntze ■☆

199479 Hutchinsia R. Br. = Thlaspi L. ■

199480 Hutchinsia W. T. Aiton (1812);欧洲隐柱芥属(哈钦斯芥属);Hutchinsia ■☆

199481 Hutchinsia alba (Pall.) Bunge = Smelowskia alba (Pall.) Regel ■

199482 Hutchinsia alpina (L.) Aiton = Hornungia alpina (L.) Appel ■☆

199483 Hutchinsia alpina L. subsp. fontqueri (Sauvage) Sauvage = Hornungia alpina (L.) Appel subsp. fontqueri (Sauvage) Appel ■☆

199484 Hutchinsia annua (Rupr.) Krasn. = Sophiopsis annua (Rupr.) O. E. Schulz ■

199485 Hutchinsia annua Krasn. = Descurainia sophioides (Fisch. ex Hook.) O. E. Schulz ■

199486 Hutchinsia annua Krasn. = Sophiopsis annua (Rupr.) O. E. Schulz ■

199487 Hutchinsia anuua (Rupr.) Krasn. = Sophiopsis annua (Rupr.) O. E. Schulz ■

199488 Hutchinsia auerswaldii Willk.;奥尔欧洲隐柱芥■☆

199489 Hutchinsia bifurcata Ledeb. = Smelowskia bifurcata (Ledeb.) Botsch. ■

199490 Hutchinsia calycina (Stephan ex Willd.) Desv. = Smelowskia calycina (Stephan ex Willd.) C. A. Mey. ■

199491 Hutchinsia calycina (Stephan ex Willd.) Desv. var. pectinata (Bunge) Regel et Herder = Smelowskia calycina (Stephan ex Willd.) C. A. Mey. ■

199492 Hutchinsia calycina (Stephan) Desv. = Smelowskia calycina (Stephan ex Willd.) C. A. Mey. ■

199493 Hutchinsia diffusa Jord. = Hornungia procumbens (L.) Hayek ■

199494 Hutchinsia flavissima (Kar. et Kir.) Ledeb. = Sophiopsis flavissima (Kar. et Kir.) O. E. Schulz ■☆

199495 Hutchinsia fontqueri Sauvage = Hornungia alpina (L.) Appel subsp. fontqueri (Sauvage) Appel ■☆

199496 Hutchinsia maritima Jord. = Hornungia procumbens (L.) Hayek ■

199497 Hutchinsia pectinata Bunge = Smelowskia calycina (Stephan ex Willd.) C. A. Mey. ■

199498 Hutchinsia perpusilla Hemsl. = Hymenolobus procumbens (L.) Nutt. ■

199499 Hutchinsia petraea (L.) R. Br. = Hornungia petraea (L.) Rchb. ■☆

199500 Hutchinsia procumbens (L.) Desv. = Hymenolobus procumbens (L.) Nutt. ■

199501 Hutchinsia sisymbrioides Regel et Herder = Sophiopsis sisymbrioides (Regel et Herder) O. E. Schulz ■

199502 Hutchinsia tibetica Thomson = Hedinia tibetica (Thomson) Ostenf. ■

199503 Hutchinsiella O. E. Schulz = Hornungia Rchb. ■

199504 Hutchinsiella O. E. Schulz = Hymenolobus Nutt. ■

199505 Hutchinsiella O. E. Schulz(1933);小哈芥属(葳芥属)■

199506 Hutchinsiella perpusilla (Hemsl.) O. E. Schulz = Hymenolobus procumbens (L.) Nutt. ■

199507 Hutchinsonia M. E. Jones = Hymenothrix A. Gray ■☆

199508 Hutchinsonia Robyns = Rytigynia Blume ■☆

199509 Hutchinsonia Robyns(1928);哈钦森茜属●☆

199510 Hutchinsonia barbata Robyns;髯毛哈钦森茜●☆

199511 Hutchinsonia bugoyensis (K. Krause) Bullock = Rytigynia bugoyensis (K. Krause) Verdc. ■☆

199512 Hutchinsonia glabrescens Robyns;光哈钦森茜●☆

199513 Hutchinsonia xanthotricha (K. Schum.) Bullock = Rytigynia xanthotricha (K. Schum.) Verdc. ●☆

199514 Hutera Porta = Coincya Rouy ■☆

199515 Huthamnus Tsiang = Jasminanthes Blume ●

199516 Huthamnus Tsiang = Stephanotis Thouars(废弃属名)●
199517 Huthamnus sinicus Tsiang = Jasminanthes pilosa (Kerr) W. D. Stevens et P. T. Li ●
199518 Huthia Brand = Cantua Juss. ex Lam. ●☆
199519 Huthia Brand(1908);休斯花荵属●☆
199520 Huthia coerulea Brand;休斯花荵●☆
199521 Hutschinia D. Dietr. = Caralluma R. Br. ■
199522 Hutschinia D. Dietr. = Hutchinia Wight et Arn. ■
199523 Huttia J. Drumm. ex Harv. = Hibbertia Andréws ●☆
199524 Huttia Preiss ex Hook. = Calectasia R. Br. ●☆
199525 Huttonaea Harv. (1863);赫顿兰属■☆
199526 Huttonaea fimbriata (Harv.) Rchb. f.;赫顿兰■☆
199527 Huttonaea grandiflora (Schltr.) Rolfe;大花赫顿兰■☆
199528 Huttonaea oreophila Schltr.;山地赫顿兰■☆
199529 Huttonaea oreophila Schltr. var. grandiflora ? = Huttonaea grandiflora (Schltr.) Rolfe ■☆
199530 Huttonaea pulchra Harv.;美丽赫顿兰■☆
199531 Huttonaea woodii Schltr.;伍得赫顿兰■☆
199532 Huttonella Kirk = Carmichaelia R. Br. ●☆
199533 Huttum Adans. (废弃属名) = Barringtonia J. R. Forst. et G. Forst. (保留属名)●
199534 Huxhamia Garden = Huxhamia Garden ex Sm. ■●
199535 Huxhamia Garden ex Sm. = Berchemia Neck. ex DC. (保留属名)●
199536 Huxhamia Garden ex Sm. = Gordonia J. Ellis(保留属名)●
199537 Huxhamia Garden ex Sm. = Trillium L. ■
199538 Huxleya Ewart(1912);线叶马鞭草属●☆
199539 Huxleya linifolia Ewart et B. Rees;线叶马鞭草■☆
199540 Huynhia Greuter = Arnebia Forssk. ●■
199541 Hyacinthaceae Batsch ex Borkh. (1802);风信子科■
199542 Hyacinthaceae Batsch ex Borkh. = Liliaceae Juss. (保留科名)■●
199543 Hyacinthaceae J. Agardh = Hyacinthaceae Batsch ex Borkh. ■
199544 Hyacinthaceae J. Agardh = Liliaceae Juss. (保留科名)■●
199545 Hyacinthella Schur(1856);假风信子属■☆
199546 Hyacinthella leucophaea Schur;粉绿假风信子■☆
199547 Hyacinthella pallasiana (Stev.) Losinsk.;帕拉斯假风信子■☆
199548 Hyacinthoides Fabr. = Endymion Dumort. ■☆
199549 Hyacinthoides Heist. ex Fabr. = Hyacinthoides Medik. ■☆
199550 Hyacinthoides Medik. (1791);双苞风信子属(蓝铃花属);Bluebell ■☆
199551 Hyacinthoides aristidis (Coss.) Rothm.;三芒双苞风信子■☆
199552 Hyacinthoides cedretorum (Pomel) Dobignard;阿尔及利亚双苞风信子■☆
199553 Hyacinthoides hispanica (Mill.) Rothm.;西班牙双苞风信子(聚铃花,聚铃花绵枣儿,蓝钟花,西班牙蓝铃花,西班牙蓝钟花); Bell-flowered Squill, Hispanic Hyacinthoides, Scilla Campanulata, Spanish Blue Bell, Spanish Bluebell, Spanish Bluebells, Spanish Hyacinth, Wood Hyacinths ■☆
199554 Hyacinthoides hispanica (Mill.) Rothm. subsp. algeriensis (Batt.) Förther et Podlech = Hyacinthoides cedretorum (Pomel) Dobignard ■☆
199555 Hyacinthoides italica (L.) Rothm.;意大利双苞风信子(意大利绵枣儿);Italian Bluebell, Italian Squill, Italy Squill ■☆
199556 Hyacinthoides kabylica (Chabert) Rothm. = Hyacinthoides cedretorum (Pomel) Dobignard ■☆
199557 Hyacinthoides lingulata (Poir.) Rothm.;舌状双苞风信子■☆
199558 Hyacinthoides mauritanica (Schousb.) Speta;马氏双苞风信子■☆
199559 Hyacinthoides non-scripta (L.) Chouard = Hyacinthoides non-scripta (L.) Chouard ex Rothm. ■☆
199560 Hyacinthoides non-scripta (L.) Chouard ex Rothm.;卷瓣双苞风信子(蓝铃花,蓝绵枣儿,英国蓝钟花,英国绵枣儿);Blue Bell, Bluebell, Common Blue Squill, English Bluebell, Harebell ■☆
199561 Hyacinthoides non-scripta (L.) Chouard subsp. hispanica (Mill.) Kerguélen = Hyacinthoides hispanica (Mill.) Rothm. ■☆
199562 Hyacinthorchis Blume = Cremastra Lindl. ■
199563 Hyacinthorchis variabilis Blume = Cremastra appendiculata (D. Don) Makino var. variabilis (Blume) I. D. Lund ■
199564 Hyacinthorchis variabilis Blume = Cremastra appendiculata (D. Don) Makino ■
199565 Hyacinthus L. (1753);风信子属;Hyacinth, Hyacinthus ■☆
199566 Hyacinthus amethystinus L. = Brimeura amethystina (L.) Chouard ■☆
199567 Hyacinthus angustifolius Medik. = Hyacinthus amethystinus L. ■☆
199568 Hyacinthus azureus Baker = Muscari azureum Fenzl ■☆
199569 Hyacinthus bifolius Boutelou = Polyxena ensifolia (Thunb.) Schönland ■☆
199570 Hyacinthus botryoides L. = Muscari botryoides (L.) Mill. ■☆
199571 Hyacinthus candicans Baker = Galtonia candicans (Baker) Decne. ■☆
199572 Hyacinthus comosus L. = Muscari comosum (L.) Mill. ■☆
199573 Hyacinthus convallarioides L. f. = Drimia convallarioides (L. f.) J. C. Manning et Goldblatt ■☆
199574 Hyacinthus corymbosus L. = Lachenalia corymbosa (L.) J. C. Manning et Goldblatt ■☆
199575 Hyacinthus flexuosus Thunb. = Ornithogalum flexuosum (Thunb.) U. Müll. -Doblies et D. Müll. -Doblies ■☆
199576 Hyacinthus fulvus Cav. = Dipcadi fulvum (Cav.) Webb et Berthel. ■☆
199577 Hyacinthus kopetdaghi Czerniak.;科佩特风信子■☆
199578 Hyacinthus lanatus L. = Lanaria lanata (L.) T. Durand et Schinz ■☆
199579 Hyacinthus ledebourioides Baker;红点草风信子■☆
199580 Hyacinthus litwinowii Czerniak.;利特氏风信子■☆
199581 Hyacinthus lividus Pers. = Dipcadi serotinum (L.) Medik. subsp. lividum (Pers.) Maire et Weiller ■☆
199582 Hyacinthus non-scriptus L. = Hyacinthoides non-scripta (L.) Chouard ex Rothm. ■☆
199583 Hyacinthus orientalis L.;风信子(洋水仙);Common Hyacinth, Common Hyacinthus, Dutch Hyacinth, Dutch Hyacinths, Garden Hyacinth, Hyacinth, Pink Hyacinth ■☆
199584 Hyacinthus orientalis L. 'Amsterdam';阿姆斯特丹风信子■☆
199585 Hyacinthus orientalis L. 'Blue Jacket';蓝装风信子■☆
199586 Hyacinthus orientalis L. 'City of Haarlem';哈勒姆城风信子■☆
199587 Hyacinthus orientalis L. 'Delft Blue';陶蓝风信子■☆
199588 Hyacinthus orientalis L. 'Distinction';勋章风信子■☆
199589 Hyacinthus orientalis L. 'Jan Bos';简鲍斯风信子■☆
199590 Hyacinthus orientalis L. 'L'Innocence';纯洁风信子■☆
199591 Hyacinthus orientalis L. 'Lady Derby';迪尔拜女士风信子■☆
199592 Hyacinthus orientalis L. 'Ostara';黑肋风信子■☆
199593 Hyacinthus orientalis L. 'Pink Prarl';粉珍珠风信子■☆

199594 Hyacinthus orientalis L. 'Princess Maria Christina';玛利亚·克里斯蒂娜公主风信子■☆
199595 Hyacinthus orientalis L. 'Queen of the Pinks';粉后风信子■☆
199596 Hyacinthus orientalis L. 'Violet Pearl';堇色珍珠风信子■☆
199597 Hyacinthus orientalis L. 'White Pearl';白珍珠风信子■☆
199598 Hyacinthus orientalis L. var. albulus Jord.;白花风信子;Roman Hyacinth ■☆
199599 Hyacinthus orientalis L. var. praecox Jord.;早花风信子■☆
199600 Hyacinthus orientalis L. var. provincialis Jord.;普罗旺斯风信子■☆
199601 Hyacinthus paucifolius W. F. Barker = Polyxena paucifolia (W. F. Barker) A. M. Van der Merwe et J. C. Manning ■☆
199602 Hyacinthus pechuelii Kuntze = Pseudogaltonia clavata (Mast.) E. Phillips ■☆
199603 Hyacinthus racemosus L. = Muscari neglectum Guss. ex Ten. ■☆
199604 Hyacinthus revolutus L. f. = Ledebouria revoluta (L. f.) Jessop ■☆
199605 Hyacinthus romanus L.;地中海风信子■☆
199606 Hyacinthus serotinus L. = Dipcadi serotinum (L.) Medik. ■☆
199607 Hyacinthus viridis L. = Ornithogalum viride (L.) J. C. Manning et Goldblatt ■☆
199608 Hyaenachne Benth. et Hook. f. = Hyaenanche Lamb. ●☆
199609 Hyaenacne Benth. et Hook. f. = Hyaenanche Lamb. ●☆
199610 Hyaenanche Lamb. (1797);毒漆属●☆
199611 Hyaenanche Lamb. et Vahl = Hyaenanche Lamb. ●☆
199612 Hyaenanche globosa (Gaertn.) Lamb. et Vahl;毒漆●☆
199613 Hyala L'Hér. ex DC. = Polycarpaea Lam. (保留属名)■●
199614 Hyalaea Benth. et Hook. f. = Centaurea L. (保留属名)●■
199615 Hyalaea Benth. et Hook. f. = Hyalea Jaub. et Spach ●■
199616 Hyalaea Jaub. et Spach = Centaurea L. (保留属名)●■
199617 Hyalaena C. Muell. = Hyalolaena Bunge ■
199618 Hyalaena C. Muell. = Selinum L. (保留属名)■
199619 Hyalea (DC.) Jaub. et Spach = Centaurea L. (保留属名)●■
199620 Hyalea (DC.) Jaub. et Spach(1847);琉苞菊属;Hyalea ■
199621 Hyalea Jaub. et Spach = Centaurea L. (保留属名)●■
199622 Hyalea Jaub. et Spach = Hyalea (DC.) Jaub. et Spach ■
199623 Hyalea pulchella (Ledeb.) C. Koch = Hyalea pulchella (Ledeb.) K. Koch ■
199624 Hyalea pulchella (Ledeb.) K. Koch;琉苞菊;Fieldwort,Lesser Centaury,Pretty Hyalea ■
199625 Hyalea pulchella K. Koch = Hyalea pulchella (Ledeb.) K. Koch ■
199626 Hyalea tadshicorum (Tzvelev) Soják;塔什克琉苞菊(亚洲琉苞菊)■☆
199627 Hyalis Champ. = Sciaphila Blume ■
199628 Hyalis D. Don ex Hook. et Arn. (1835);粉菊木属●☆
199629 Hyalis D. Don ex Hook. et Arn. = Plazia Ruiz et Pav. ●☆
199630 Hyalis Salisb. = Ixia L. (保留属名)■☆
199631 Hyalis argentea D. Don ex Hook. et Arn.;粉菊木●☆
199632 Hyalis lancifolia Baker;披针叶粉菊木●☆
199633 Hyalis marginifolia Salisb. = Ixia marginifolia (Salisb.) G. J. Lewis ■☆
199634 Hyalisma Champ. = Sciaphila Blume ■
199635 Hyalocalyx Rolfe(1884);马岛时钟花属■
199636 Hyalocalyx setifer Rolfe;马岛时钟花■☆
199637 Hyalochaete Dittrich et Rech. f. (1979);透明菊属■☆
199638 Hyalochaete Dittrich et Rech. f. = Jurinea Cass. ●■
199639 Hyalochaete modesta (Boiss.) Dittrich et Rech. f.;透明菊■☆
199640 Hyalochlamys A. Gray = Angianthus J. C. Wendl. (保留属名)■●☆
199641 Hyalochlamys A. Gray(1851);卵果鼠麹草属■☆
199642 Hyalochlamys globifera A. Gray;卵果鼠麹草■☆
199643 Hyalocystis Hallier f. (1898);明囊旋花属☆
199644 Hyalocystis popovii Verdc.;波氏明囊旋花☆
199645 Hyalocystis viscosa Hallier f.;明囊旋花☆
199646 Hyalolaena Bunge(1852);玻璃芹属(斑膜芹属)■
199647 Hyalolaena bupleuroides (Schrenk ex Fisch. et C. A. Mey.) Pimenov et Kljuykov;柴胡状玻璃芹(柴胡状斑膜芹);Thorowax-like Hymenolyma ■
199648 Hyalolaena depauperata Korovin;萎缩斑膜芹■☆
199649 Hyalolaena jaxartica Bunge;锡尔斑膜芹■☆
199650 Hyalolaena paniculata Korovin;圆锥斑膜芹■☆
199651 Hyalolaena trichophylla (Schrenk) Pimenov et Kljuykov = Hymenolyma trichophyllum (Schrenk) Korovin ■
199652 Hyalolepis A. Cunn. ex DC. = Myriocephalus Benth. ■☆
199653 Hyalolepis DC. = Myriocephalus Benth. ■☆
199654 Hyalopoa (Tzvelev) Tzvelev = Colpodium Trin. ■
199655 Hyalopoa nutans (Stapf) Alexeev = Catabrosa nutans Stapf ■☆
199656 Hyalosema (Schltr.) Rolfe = Bulbophyllum Thouars(保留属名)■
199657 Hyalosema Rolfe = Bulbophyllum Thouars(保留属名)■
199658 Hyalosepalum Troupin = Tinospora Miers(保留属名)●■
199659 Hyalosepalum caffrum (Miers) Troupin = Tinospora caffra (Miers) Troupin ●☆
199660 Hyalosepalum gossweileri (Exell) Exell et Mendonça = Tinospora caffra (Miers) Troupin ●☆
199661 Hyalosepalum pallido-aurantiacum (Engl. et Gilg) Troupin = Tinospora caffra (Miers) Troupin ●☆
199662 Hyalosepalum penninervifolium Troupin = Tinospora penninervifolia (Troupin) Troupin ●☆
199663 Hyalosepalum tenerum (Miers) Troupin = Tinospora tenera Miers ●☆
199664 Hyaloseris Griseb. (1879);玻璃菊属●☆
199665 Hyaloseris boliviensis J. Kost.;玻利维亚玻璃菊●☆
199666 Hyaloseris longicephala B. L. Turner;长头玻璃菊●☆
199667 Hyaloseris quadriflora J. Kost.;四花玻璃菊●☆
199668 Hyaloseris rubicunda Griseb.;玻璃菊●☆
199669 Hyalosperma Steetz = Helipterum DC. ex Lindl. ■☆
199670 Hyalosperma Steetz(1845);丝叶蜡菊属■☆
199671 Hyalosperma glutinosum Steetz;丝叶蜡菊■☆
199672 Hyalostemma Wall. = Miliusa Lesch. ex A. DC. ●
199673 Hyalostemma Wall. ex Meisn. = Miliusa Lesch. ex A. DC. ●
199674 Hybanthera Endl. = Tylophora R. Br. ●■
199675 Hybanthera cordifolia Link = Belostemma cordifolium (Link, Klotzsch et Otto) M. G. Gilbert et P. T. Li ●
199676 Hybanthopsis Paula-Souza(2003);拟鼠鞭草属●■☆
199677 Hybanthopsis bahiensis Paula-Souza;拟鼠鞭堇●■☆
199678 Hybanthus Jacq. (1760)(保留属名);鼠鞭草属;Green Violet ●■
199679 Hybanthus caffer (Sond.) Engl. = Hybanthus enneaspermus (L.) F. Muell. var. caffer (Sond.) N. Robson ●☆
199680 Hybanthus capensis (Thunb.) Engl.;好望角鼠鞭草●■☆
199681 Hybanthus concolor (T. F. Forst.) Spreng.;东部鼠鞭草;Eastern Green-violet,Green Violet,Green-violet ●☆

199682 Hybanthus concolor (T. F. Forst.) Spreng. f. subglaber (Eames) Zenkert = Hybanthus concolor (T. F. Forst.) Spreng. ●☆
199683 Hybanthus conneaspermus (L.) F. Muell. = Hybanthus suffruticosus (Roxb.) Baill. ex Laness. ●■
199684 Hybanthus densifolius Engl.;澳非密叶鼠鞭草■☆
199685 Hybanthus durus (Baker) O. Schwartz;硬鼠鞭草●☆
199686 Hybanthus enneaspermus (L.) F. Muell.;鼠鞭草;Nineseed Green Violet ●
199687 Hybanthus enneaspermus (L.) F. Muell. var. caffer (Sond.) N. Robson;卡菲尔鼠鞭草●☆
199688 Hybanthus enneaspermus (L.) F. Muell. var. densifolius Grey-Wilson;密叶鼠鞭草●☆
199689 Hybanthus enneaspermus (L.) F. Muell. var. diversifolius Grey-Wilson;异叶鼠鞭草●☆
199690 Hybanthus enneaspermus (L.) F. Muell. var. latifolius (De Wild.) Engl.;宽叶鼠鞭草●☆
199691 Hybanthus enneaspermus (L.) F. Muell. var. nyassensis (Engl.) N. Robson;尼亚萨鼠鞭草●☆
199692 Hybanthus enneaspermus (L.) F. Muell. var. pseudocaffer Grey-Wilson;假卡菲尔鼠鞭草●☆
199693 Hybanthus enneaspermus (L.) F. Muell. var. serratus Engl.;具齿鼠鞭草●☆
199694 Hybanthus fasciculatus Grey-Wilson;簇生鼠鞭草●☆
199695 Hybanthus filiformis (DC.) F. Muell.;线鼠鞭草;Thread Green Violet ●■☆
199696 Hybanthus floribundus (Lindl.) F. Muell.;多花鼠鞭草■☆
199697 Hybanthus hirtus (Klotzsch) Engl. var. glabrescens Engl. = Hybanthus enneaspermus (L.) F. Muell. ●
199698 Hybanthus ipecacuanha Baill. ex Laness.;吐根鼠鞭草■☆
199699 Hybanthus monopetalus Domin;单瓣鼠鞭草;Ladies Slipper ■☆
199700 Hybanthus mossamedensis Mendes;莫萨梅迪鼠鞭草■☆
199701 Hybanthus natalensis (Harv.) Burtt Davy = Hybanthus capensis (Thunb.) Engl. ●■☆
199702 Hybanthus parviflorus (L. f.) Baill.;小花鼠鞭草;Cuichunchulli ■☆
199703 Hybanthus prunifolius (Roem. et Schult.) G. Schulze;李叶鼠鞭草■☆
199704 Hybanthus puberulus M. G. Gilbert;微毛鼠鞭草■☆
199705 Hybanthus suffruticosus (Roxb.) Baill. ex Laness.;木质鼠鞭草;Woody Green Violet ●■
199706 Hybanthus suffruticosus (Roxb.) Baill. ex Laness. = Hybanthus conneaspermus (L.) F. Muell. ●■
199707 Hybanthus thesiifolius (Juss. ex Poir.) Hutch. et Dalziel = Hybanthus enneaspermus (L.) F. Muell. ●
199708 Hybanthus thiemei (Donn. Sm.) C. V. Morton;蒂氏鼠鞭草(蒂鼠鞭草)■☆
199709 Hybanthus vernonii F. Muell.;春鼠鞭草;Spring Green Violet ●■☆
199710 Hybericum Schrank = Hypericum L. ■●
199711 Hybidium Fourr. = Centranthus Lam. et DC. ■
199712 Hybiscus Dumort. = Hibiscus L.(保留属名)●■
199713 Hybochilus Schltr. (1920);驼背兰属■☆
199714 Hybochilus inconspicuus (Kraenzl.) Schltr.;驼背兰■☆
199715 Hybophrynium K. Schum. = Trachyphrynium Benth. ■☆
199716 Hybophrynium braunianum K. Schum. = Trachyphrynium braunianum (K. Schum.) Baker ■☆
199717 Hybophrynium congensis A. Chev. = Hypselodelphys poggeana (K. Schum.) Milne-Redh. ■☆
199718 Hybosema Harms = Gliricidia Kunth ●☆
199719 Hybosperma Urb. = Colubrina Rich. ex Brongn.(保留属名)●
199720 Hybotropis E. Mey. ex Steud. = Rafnia Thunb. ■☆
199721 Hybridella Cass. (1817);黄菊蒿属■☆
199722 Hybridella globosa Cass.;黄菊蒿■☆
199723 Hybrtdella Cass. = Zaluzania Pers. ■☆
199724 Hydastylus Dryand. ex Salisb. = Sisyrinchium L. ■
199725 Hydastylus Salisb. ex E. P. Bicknell = Sisyrinchium L. ■
199726 Hydastylus Steud. = Hydastylus Dryand. ex Salisb. ■
199727 Hydastylus borealis E. P. Bicknell = Sisyrinchium californicum Dryand. ■☆
199728 Hydastylus brachypus E. P. Bicknell = Sisyrinchium californicum Dryand. ■☆
199729 Hydastylus californicus (Ker Gawl.) Salisb. = Sisyrinchium californicum Dryand. ■☆
199730 Hydastylus cernuus E. P. Bicknell = Sisyrinchium cernuum (E. P. Bicknell) Kearney ■☆
199731 Hydastylus elmeri (Greene) E. P. Bicknell = Sisyrinchium elmeri Greene ■☆
199732 Hydastylus longipes E. P. Bicknell = Sisyrinchium longipes (E. P. Bicknell) Kearney et Peebles ■☆
199733 Hydastylus rivularis E. P. Bicknell = Sisyrinchium elmeri Greene ■☆
199734 Hydatella Diels(1904);独蕊草属■☆
199735 Hydatella Diels. ex Diels et E. Pritz. = Hydatella Diels ■☆
199736 Hydatella australis Diels;独蕊草■☆
199737 Hydatellaceae U. Hamann(1976);独蕊草科(排水草科)■☆
199738 Hydatica Neck. = Saxifraga L. ■
199739 Hydatica Neck. ex Gray = Saxifraga L. ■
199740 Hydnocarpus Gaertn. (1788);大风子属(海南大风子属);Chaulmoogra Tree, Chaulmoogratree, Chaulmoogra-tree, Sponge-Berry Tree ●
199741 Hydnocarpus alcalae C. DC.;阿尔卡雷大风子●☆
199742 Hydnocarpus alpinus Wight;高山大风子(印度大风子);Alpine Chaulmoogratree ●
199743 Hydnocarpus annamensis (Gagnep.) Lescot et Sleumer;大叶龙角(广西大风子,麻波萝,马波罗,马蛋果,梅氏大风子);Annam Chaulmoogratree, Vietnam Chaulmoogra-tree ●◇
199744 Hydnocarpus anthelminthicus Pierre ex Gagnep.;泰国大风子(大风子,大枫子,麻风子,驱虫大风子);Chaulmoogratree, Chaulmoogra-tree, Common Chaulmoogra Tree, Common Chaulmoogra-tree, Krabao ●
199745 Hydnocarpus castaneus Hook. f. = Hydnocarpus castaneus Hook. f. et Thomson ●☆
199746 Hydnocarpus castaneus Hook. f. et Thomson;栗状大风子;Kalaw ●☆
199747 Hydnocarpus granatus L.;多籽大风子●☆
199748 Hydnocarpus hainanensis (Merr.) Sleumer;海南大风子(高根,海南麻风树,库氏大风子,龙角,米糖加,青蓝木,乌壳子);Hainan Chaulmoogra Tree, Hainan Chaulmoogratree, Hainan Chaulmoogra-tree, Kurz Chaulmoogra-tree ●◇
199749 Hydnocarpus heterophyllus Blume = Hydnocarpus kurzii (King) Warb. ●
199750 Hydnocarpus kuryii Warb.;毯利大风子●☆
199751 Hydnocarpus kurzii (King) Warb.;印度大风子(库氏大风子,

缅甸大风子,云南大风子);Kurz Chaulmoogratree ●

199752 Hydnocarpus laurifolius (Dennst.) Sleumer = Hydnocarpus wightianus Blume ●

199753 Hydnocarpus merrillianus H. L. Li = Hydnocarpus annamensis (Gagnep.) Lescot et Sleumer ●◇

199754 Hydnocarpus merrillianus Sleumer;广西大风子(梅氏大风子);Merrill Chaulmoogratree ●

199755 Hydnocarpus obtusus C. Presl = Dovyalis abyssinica (A. Rich.) Warb. ●☆

199756 Hydnocarpus pentandra (Buch.-Ham.) Oken = Hydnocarpus wightianus Blume ●

199757 Hydnocarpus venenata Gaertn.;毒大风子●☆

199758 Hydnocarpus wightianus Blume;韦氏大风子(韦氏大枫子,卫氏大风子,魏氏大风子,印度大风子,月桂叶大风子);Wight Chaulmoogratree ●

199759 Hydnophytum Jack(1823);齿叶茜属;Hydnophytum ■☆

199760 Hydnophytum formicarum Jack.;泰国齿叶茜■☆

199761 Hydnora Thunb.(1775);腐臭草属■☆

199762 Hydnora abyssinica A. Braun;阿比西尼亚腐臭草■☆

199763 Hydnora abyssinica A. Braun var. quinquefida Engl. = Hydnora abyssinica A. Braun ■☆

199764 Hydnora aethiopica Decne. = Hydnora abyssinica A. Braun ■☆

199765 Hydnora africana Thunb.;非洲腐臭草■☆

199766 Hydnora africana Thunb. var. longicollis Welw. = Hydnora africana Thunb. ■☆

199767 Hydnora angolensis Desc.;安哥拉腐臭草■☆

199768 Hydnora bogosensis Becc. = Hydnora abyssinica A. Braun ■☆

199769 Hydnora cornii Vacc. = Hydnora abyssinica A. Braun ■☆

199770 Hydnora gigantea Chiov. = Hydnora abyssinica A. Braun ■☆

199771 Hydnora hanningtonii Rendle = Hydnora abyssinica A. Braun ■☆

199772 Hydnora johannis Becc. = Hydnora abyssinica A. Braun ■☆

199773 Hydnora johannis Becc. f. gigantea ? = Hydnora abyssinica A. Braun ■☆

199774 Hydnora johannis Becc. f. trimera Vacc. = Hydnora abyssinica A. Braun ■☆

199775 Hydnora johannis Becc. var. quinquefida (Engl.) Solms = Hydnora abyssinica A. Braun ■☆

199776 Hydnora michaelis Peter = Hydnora abyssinica A. Braun ■☆

199777 Hydnora ruspolii Chiov. = Hydnora abyssinica A. Braun ■☆

199778 Hydnora solmsiana Dinter = Hydnora abyssinica A. Braun ■☆

199779 Hydnora triceps Drège et E. Mey.;三头腐臭草■☆

199780 Hydnoraceae C. Agardh(1821)(保留科名);腐臭草科(根寄生科,菌花科,菌口草科)■☆

199781 Hydnostachyon Liebm. = Spathiphyllum Schott ■☆

199782 Hydora Besser = Elodea Michx. ■☆

199783 Hydora Besser = Udora Nutt. ■☆

199784 Hydragonum Kuntze = Cassandra D. Don ●

199785 Hydragonum Sieg. = Cassandra D. Don ●

199786 Hydragonum Sieg. ex Kuntze = Cassandra D. Don ●

199787 Hydrangea L.(1753);绣球属(八仙花属,土常山属);Hydrangea ●

199788 Hydrangea × amagiana Makino;天城绣球●☆

199789 Hydrangea × mizushimarum H. Ohba;水岛绣球●☆

199790 Hydrangea altissima Wall. = Hydrangea anomala D. Don ●

199791 Hydrangea angustifolia Hayata = Hydrangea chinensis Maxim. ●

199792 Hydrangea angustipetala Hayata;窄瓣绣球(甘茶,蜜香草,伞花八仙,伞形绣球,甜茶,土常山,狭瓣八仙花);Narrow-petal Hydrangea,Narrow-petaled Hydrangea ●

199793 Hydrangea angustipetala Hayata = Hydrangea chinensis Maxim. ●

199794 Hydrangea angustipetala Hayata var. major W. T. Wang et M. X. Nie;大叶窄瓣绣球(大叶伞形绣球);Bigleaf Narrow-petal Hydrangea ●

199795 Hydrangea angustipetala Hayata var. major W. T. Wang et M. X. Nie = Hydrangea chinensis Maxim. ●

199796 Hydrangea angustipetala Hayata var. subumbellata W. T. Wang = Hydrangea linkweiensis Chun var. subumbellata (W. T. Wang) C. F. Wei ●

199797 Hydrangea angustipetala Hayata var. subumbellata W. T. Wang = Hydrangea linkweiensis Chun ●

199798 Hydrangea angustisepala Hayata = Hydrangea chinensis Maxim. ●

199799 Hydrangea angustisepala Hayata var. grosseserrata (Engl.) Sugim. = Hydrangea kawagoeana Koidz. var. grosseserrata (Engl.) Hatus. ●☆

199800 Hydrangea anomala D. Don;冠盖绣球(白马桑,对叶花,蜡莲,癞痢花,蔓性八仙花,木枝挂苦藤,奇形绣球花,台湾绣球,藤八仙,藤常山,藤绣球,绣球花,崖马桑);Climbing Hydrangea,Climbing Tibetan Hydrangea,Tibetan Hydrangea ●

199801 Hydrangea anomala D. Don subsp. petiolaris (Siebold et Zucc.) E. M. McClint. = Hydrangea petiolaris Siebold et Zucc. ●☆

199802 Hydrangea anomala D. Don var. petiolaris ? = Hydrangea petiolaris Siebold et Zucc. ●☆

199803 Hydrangea anomala D. Don var. sericea C. C. Yang;绢毛藤八仙;Sericeous Tibetan Hydrangea ●

199804 Hydrangea anomala D. Don var. sericea C. C. Yang = Hydrangea anomala D. Don ●

199805 Hydrangea anomala D. Don var. sericea C. C. Yang = Hydrangea glaucophylla C. C. Yang var. sericea (C. C. Yang) C. F. Wei ●

199806 Hydrangea arborescens L.;乔木绣球(耐寒绣球,树状八仙花,亚木绣球);Sevenbark, Seven-bark, Smooth Hydrangea, Tree Hydrangea,Wild Hydrangea ●

199807 Hydrangea arborescens L. 'Annabelle';美女安娜乔木绣球(美女安娜);Annabelle, Hills-of-snow Hydrangea, Hydrangea, Smooth Hydrangea ●

199808 Hydrangea arborescens L. 'Grandiflora';大花乔木绣球;Hills of Snow ●☆

199809 Hydrangea arborescens L. = Hydrangea davidii Franch. ●

199810 Hydrangea arborescens L. f. acarpa (Torr. et A. Gray) H. St. John = Hydrangea arborescens L. ●

199811 Hydrangea arborescens L. f. grandiflora Rehder = Hydrangea arborescens L. ●

199812 Hydrangea arborescens L. f. sterilis (Torr. et A. Gray) H. St. John = Hydrangea arborescens L. ●

199813 Hydrangea arborescens L. var. deamii H. St. John = Hydrangea arborescens L. ●

199814 Hydrangea arborescens L. var. grandiflora Rehder = Hydrangea arborescens L. 'Grandiflora' ●☆

199815 Hydrangea arborescens L. var. oblonga Torr. et A. Gray = Hydrangea arborescens L. ●

199816 Hydrangea arbostiana H. Lév. = Hydrangea davidii Franch. ●

199817 Hydrangea aspera Buch.-Ham. ex D. Don;马桑绣球(白马桑,蝶萼绣球,对月花,高山藤绣球,红枝挂苦树,蜡连,癞皮树,凉皮树,了皮,牛舌条,踏皮树,甜茶,土常山);Kawakami Hydrangea,Rough Hydrangea,Scabrous Hydrangea ●

199818 Hydrangea aspera Buch. -Ham. ex D. Don f. emasculata Chun; 八仙马桑绣球;Emasculate Scabrous Hydrangea ●

199819 Hydrangea aspera Buch. -Ham. ex D. Don f. emasculata Chun = Hydrangea aspera Buch. -Ham. ex D. Don ●

199820 Hydrangea aspera Buch. -Ham. ex D. Don f. typica Dietr. = Hydrangea strigosa Rehder ●

199821 Hydrangea aspera Buch. -Ham. ex D. Don subsp. robusta (Hook. f. et Thomson) E. M. McClint. = Hydrangea robusta Hook. f. et Thomson ●

199822 Hydrangea aspera Buch. -Ham. ex D. Don subsp. sargentiana (Rehder) E. M. McClint. = Hydrangea sargentiana Rehder ●

199823 Hydrangea aspera Buch. -Ham. ex D. Don subsp. strigosa (Rehder) E. M. McClint. = Hydrangea strigosa Rehder ●

199824 Hydrangea aspera Buch. -Ham. ex D. Don var. angustifolia Diels = Hydrangea strigosa Rehder ●

199825 Hydrangea aspera Buch. -Ham. ex D. Don var. emasculata Chun = Hydrangea aspera Buch. -Ham. ex D. Don ●

199826 Hydrangea aspera Buch. -Ham. ex D. Don var. longipes (Franch.) Diels = Hydrangea longipes Franch. ●

199827 Hydrangea aspera Buch. -Ham. ex D. Don var. macrophylla Hemsl. = Hydrangea strigosa Rehder ●

199828 Hydrangea aspera Buch. -Ham. ex D. Don var. sinica Diels = Hydrangea strigosa Rehder ●

199829 Hydrangea aspera Buch. -Ham. ex D. Don var. strigosior Diels = Hydrangea aspera Buch. -Ham. ex D. Don ●

199830 Hydrangea aspera Buch. -Ham. ex D. Don var. velutina Rehder = Hydrangea aspera Buch. -Ham. ex D. Don ●

199831 Hydrangea aspera D. Don = Hydrangea aspera Buch. -Ham. ex D. Don ●

199832 Hydrangea aspera D. Don = Hydrangea kawakamii Hayata ●

199833 Hydrangea aspera D. Don f. emasculata Chun = Hydrangea aspera Buch. -Ham. ex D. Don ●

199834 Hydrangea aspera D. Don subsp. robusta (Hook. f. et Thomson) E. M. McClint. = Hydrangea robusta Hook. f. et Thomson ●

199835 Hydrangea aspera D. Don subsp. sargentiana (Rehder) E. M. McClint. = Hydrangea sargentiana Rehder ●

199836 Hydrangea aspera D. Don subsp. strigosa (Rehder) E. M. McClint. = Hydrangea strigosa Rehder ●

199837 Hydrangea aspera D. Don var. angustifolia Hemsl. = Hydrangea strigosa Rehder ●

199838 Hydrangea aspera D. Don var. longipes (Franch.) Diels = Hydrangea longipes Franch. ●

199839 Hydrangea aspera D. Don var. macrophylla Hemsl. = Hydrangea strigosa Rehder ●

199840 Hydrangea aspera D. Don var. sinica Diels = Hydrangea strigosa Rehder ●

199841 Hydrangea aspera D. Don var. strigosior Diels = Hydrangea aspera Buch. -Ham. ex D. Don ●

199842 Hydrangea aspera D. Don var. velutina Rehder = Hydrangea aspera Buch. -Ham. ex D. Don ●

199843 Hydrangea azisai Siebold = Hydrangea macrophylla (Thunb. ex Murray) Ser. f. normalis (E. H. Wilson) H. Hara ●

199844 Hydrangea belzonii Siebold et Zucc. = Hydrangea macrophylla (Thunb. ex Murray) Ser. f. normalis (E. H. Wilson) H. Hara ●

199845 Hydrangea bracteata Siebold et Zucc. = Hydrangea petiolaris Siebold et Zucc. ●☆

199846 Hydrangea bretschneideri Dippel;东陵绣球(柏氏八仙花,东陵八仙花,光叶东陵绣球,铁杆花儿结子);Shaggy Hydrangea ●

199847 Hydrangea bretschneideri Dippel var. giraldii (Diels) Rehder = Hydrangea hypoglauca Rehder ●

199848 Hydrangea bretschneideri Dippel var. glabrescens Rehder = Hydrangea bretschneideri Dippel ●

199849 Hydrangea bretschneideri Dippel var. setehuenensis Rehder = Hydrangea xanthoneura Diels ●

199850 Hydrangea brevipes Chun = Hydrangea kwangsiensis Hu et Chun ●

199851 Hydrangea candida Chun;珠光绣球;Virgineous Hydrangea ●

199852 Hydrangea caudatifolia W. T. Wang et M. X. Nie;尾叶绣球; Caudate-leaf Hydrangea, Caudate-leaved Hydrangea ●

199853 Hydrangea chinensis Maxim.;中国绣球(常山树,粉团花,华八仙,华八仙花,脱皮龙);China Hydrangea, Chinese Hydrangea ●

199854 Hydrangea chinensis Maxim. f. yayeyamensis Masam. = Hydrangea chinensis Maxim. var. koidzumiana H. Ohba et Akiyama ●☆

199855 Hydrangea chinensis Maxim. var. grosseserrata (Engl.) Kitam. = Hydrangea kawagoeana Koidz. var. grosseserrata (Engl.) Hatus. ●☆

199856 Hydrangea chinensis Maxim. var. koidzumiana H. Ohba et Akiyama;小泉绣球●☆

199857 Hydrangea chinensis Maxim. var. lobbii (Maxim.) Kitam. = Hydrangea chinensis Maxim. ●

199858 Hydrangea chinensis Maxim. var. yayeyamensis T. Yamaz. = Hydrangea chinensis Maxim. var. koidzumiana H. Ohba et Akiyama ●☆

199859 Hydrangea chloroleuca Diels = Hydrangea chinensis Maxim. ●

199860 Hydrangea chungii Rehder;福建绣球;Chung Hydrangea ●

199861 Hydrangea coacta C. F. Wei;毡毛绣球;Felted Hydrangea ●

199862 Hydrangea coenobialis Chun;酥醪绣球(锐齿酥醪绣球,紫枝柳叶绣球);Colony Hydrangea ●

199863 Hydrangea coenobialis Chun var. acutidens Chun = Hydrangea coenobialis Chun ●

199864 Hydrangea cuspidata (Thunb.) Miq. var. japonica (Siebold) Koidz.;圆八仙花●

199865 Hydrangea davidii Franch.;西南绣球(大卫绣球,滇绣球花,马边绣球,云南绣球);David Hydrangea ●

199866 Hydrangea davidii Franch. var. arbostiana H. Lév. = Hydrangea davidii Franch. ●

199867 Hydrangea discocarpa C. F. Wei; 盘果绣球; Discus-fruit Hydrangea ●

199868 Hydrangea discocarpa C. F. Wei = Hydrangea longipes Franch. ●

199869 Hydrangea dulcis ?;甜绣球●☆

199870 Hydrangea dumicola W. W. Sm.;银针绣球(木绣球); Tree Hydrangea ●

199871 Hydrangea formosana Koidz. = Hydrangea chinensis Maxim. ●

199872 Hydrangea fulvescens Rehder = Hydrangea longipes Franch. var. fulvescens (Rehder) W. T. Wang ●

199873 Hydrangea fulvescens Rehder var. rehderiana (C. K. Schneid.) Chun = Hydrangea longipes Franch. var. fulvescens (Rehder) W. T. Wang ●

199874 Hydrangea giraldii Diels = Hydrangea hypoglauca Rehder var. giraldii (Diels) C. F. Wei ●

199875 Hydrangea giraldii Diels = Hydrangea hypoglauca Rehder ●

199876 Hydrangea glabra Hayata = Hydrangea anomala D. Don ●

199877 Hydrangea glabrifolia Hayata; 小叶八仙花; Smooth-leaf Hydrangea ●

199878 Hydrangea glabrifolia Hayata = Hydrangea chinensis Maxim. ●

199879 Hydrangea glabripes Rehder; 光柄绣球; Smooth-stalk Hydrangea ●

199880 Hydrangea glabripes Rehder = Hydrangea aspera Buch. -Ham. ex D. Don ●

199881 Hydrangea glaucophylla C. C. Yang; 粉背绣球; Glaucousleaf Hydrangea, Hypoglaucous Hydrangea ●

199882 Hydrangea glaucophylla C. C. Yang = Hydrangea anomala D. Don ●

199883 Hydrangea glaucophylla C. C. Yang var. sericea (C. C. Yang) C. F. Wei; 绢毛绣球(绢毛藤八仙); Sericeous Hydrangea ●

199884 Hydrangea glaucophylla C. C. Yang var. sericea (C. C. Yang) C. F. Wei = Hydrangea anomala D. Don ●

199885 Hydrangea gracilis W. T. Wang et M. X. Nie; 细枝绣球; Slender-branch Hydrangea, Thin Hydrangea ●

199886 Hydrangea grosseserrata Engl. = Hydrangea kawagoeana Koidz. var. grosseserrata (Engl.) Hatus. ●☆

199887 Hydrangea hedyotidea Chun = Hydrangea kwangsiensis Hu var. hedyotidea (Chun) C. M. Hu ●

199888 Hydrangea hedyotidea Chun = Hydrangea kwangtungensis Merr. ●

199889 Hydrangea hemsleiana Diels = Hydrangea longipes Franch. ●

199890 Hydrangea hemsleiana Diels var. pavonliniana Pamp. = Hydrangea longipes Franch. ●

199891 Hydrangea heteromalla D. Don; 微绒绣球(白绒绣球,密毛绣球,印度白绒绣球); Himalayan Hydrangea, Himalayas Hydrangea ●

199892 Hydrangea heteromalla D. Don 'Bretschneideri' = Hydrangea bretschneideri Dippel ●

199893 Hydrangea heteromalla D. Don var. mollis Rehder = Hydrangea macrocarpa Hand. -Mazz. ●

199894 Hydrangea heteromalla D. Don var. mollis Rehder = Hydrangea mollis (Rehder) W. T. Wang ●

199895 Hydrangea heteromalla D. Don var. parviflora C. Marquand et Airy Shaw = Hydrangea heteromalla D. Don ●

199896 Hydrangea hirta (Thunb. ex Murray) Siebold = Hydrangea hirta (Thunb. ex Murray) Siebold et Zucc. ●☆

199897 Hydrangea hirta (Thunb. ex Murray) Siebold et Zucc.; 毛绣球 ●☆

199898 Hydrangea hirta (Thunb. ex Murray) Siebold et Zucc. f. albiflora (Honda) Okuyama; 白花毛绣球●☆

199899 Hydrangea hirta (Thunb. ex Murray) Siebold et Zucc. f. laminalis Seriz.; 薄片毛绣球●☆

199900 Hydrangea hortensia Siebold; 庭园绣球●☆

199901 Hydrangea hortensia Siebold = Hydrangea macrophylla (Thunb.) Ser. ●

199902 Hydrangea hortensia Siebold var. otaksa A. Gray = Hydrangea macrophylla (Thunb.) Ser. ●

199903 Hydrangea hortensis Sm. = Hydrangea macrophylla (Thunb.) Ser. ●

199904 Hydrangea hypoglauca Rehder; 白背绣球(光皮树); Hypoglaucous Hydrangea, White-baked Hydrangea ●

199905 Hydrangea hypoglauca Rehder var. giraldii (Diels) C. F. Wei; 陕西绣球(陕西东陵绣球); Shaanxi Hydrangea ●

199906 Hydrangea hypoglauca Rehder var. giraldii (Diels) C. F. Wei = Hydrangea hypoglauca Rehder ●

199907 Hydrangea hypoglauca Rehder var. obovata Chun; 倒卵白背绣球; Obovate Hydrangea ●

199908 Hydrangea hypoglauca Rehder var. obovata Chun = Hydrangea hypoglauca Rehder ●

199909 Hydrangea integra Hayata = Hydrangea integrifolia Hayata ex Matsum. et Hayata ●

199910 Hydrangea integrifolia Hayata ex Matsum. et Hayata; 全缘叶绣球(大枝挂绣球,全缘绣球,全缘叶八仙花); Entire-leaf Hydrangea, Integrifolious Hydrangea ●

199911 Hydrangea involucrata Siebold; 总苞绣球(显苞绣球); Involucrate Hydrangea ●☆

199912 Hydrangea involucrata Siebold 'Hortensis'; 重瓣绣球(花园显苞绣球); Double Hydrangea ●☆

199913 Hydrangea involucrata Siebold f. hortensis (Maxim.) Ohwi = Hydrangea involucrata Siebold 'Hortensis' ●☆

199914 Hydrangea involucrata Siebold f. leucantha Sugim.; 白花总苞绣球●☆

199915 Hydrangea involucrata Siebold f. multiplex (Nakai) Okuyama; 多折总苞绣球●☆

199916 Hydrangea involucrata Siebold f. plenissima Tuyama; 重瓣总苞绣球●☆

199917 Hydrangea involucrata Siebold f. sterilis Hayashi; 不育总苞绣球 ●☆

199918 Hydrangea involucrata Siebold var. hortensis Maxim. = Hydrangea involucrata Siebold 'Hortensis' ●☆

199919 Hydrangea involucrata Siebold var. idzuensis Hayashi; 五日绣球 ●☆

199920 Hydrangea involucrata Siebold var. longifolia (Hayata) Y. C. Liu = Hydrangea longifolia Hayata ●

199921 Hydrangea involucrata Siebold var. tokarensis M. Hotta et T. Shiuchi; 陶卡尔绣球●☆

199922 Hydrangea japonica Siebold = Hydrangea serrata (Thunb. ex Murray) Ser. f. rosalba (Van Houtte) E. H. Wilson ●☆

199923 Hydrangea jiangxiensis W. T. Wang et M. X. Nie = Hydrangea chinensis Maxim. ●

199924 Hydrangea jozan ?; 乔赞绣球●☆

199925 Hydrangea kamienskii H. Lév. = Hydrangea paniculata Siebold ●

199926 Hydrangea kawagoeana Koidz.; 川越绣球●☆

199927 Hydrangea kawagoeana Koidz. var. grosseserrata (Engl.) Hatus.; 粗齿川越绣球●☆

199928 Hydrangea kawakamii Hayata; 蝶萼绣球●

199929 Hydrangea kawakamii Hayata = Hydrangea aspera Buch. -Ham. ex D. Don ●

199930 Hydrangea khasiana Hook. f. et Thomson = Hydrangea heteromalla D. Don ●

199931 Hydrangea kwangsiensis Hu et Chun; 粤西绣球(福建绣球,广西绣球,心煊绣球,钟氏绣球); Chung Hydrangea, Guangxi Hydrangea ●

199932 Hydrangea kwangsiensis Hu et Chun var. hedyotidea (Chun) C. M. Hu; 白皮绣球(短柄绣球); White-barked Hydrangea ●

199933 Hydrangea kwangsiensis Hu et Chun var. hedyotidea (Chun) C. M. Hu = Hydrangea kwangsiensis Hu et Chun ●

199934 Hydrangea kwangsiensis Hu var. hedyotidea (Chun) C. M. Hu = Hydrangea kwangtungensis Merr. ●

199935 Hydrangea kwangsiensis Hu var. hedyotidea (Chun) C. M. Hu ex C. F. Wei = Hydrangea kwangtungensis Merr. ●

199936 Hydrangea kwangtungensis Merr.; 广东绣球(椭圆广东绣球); Guangdong Hydrangea, Kwangtung Hydrangea ●

199937 Hydrangea kwangtungensis Merr. var. elliptica Chun = Hydrangea kwangtungensis Merr. ●

199938 Hydrangea lingii G. Hoo;狭叶绣球(林氏八仙花,林氏绣球);Ling's Hydrangea ●

199939 Hydrangea linkweiensis Chun;临桂绣球(利川绣球,枝序伞形绣球,枝序窄瓣绣球);Lichuan Hydrangea, Lingui Hydrangea, Subumbellate Narrow-petal Hydrangea ●

199940 Hydrangea linkweiensis Chun var. subumbellata (W. T. Wang) C. F. Wei = Hydrangea linkweiensis Chun ●

199941 Hydrangea linkweiensis var. subumbellata (W. T. Wang) C. F. Wei = Hydrangea linkweiensis Chun ●

199942 Hydrangea liukiuensis Nakai;琉球绣球●☆

199943 Hydrangea longialata C. F. Wei;长翅绣球;Long-wing Hydrangea ●

199944 Hydrangea longialata C. F. Wei = Hydrangea robusta Hook. f. et Thomson ●

199945 Hydrangea longifolia Hayata;长叶绣球(长叶八仙花,长叶蜡莲绣球);Longleaf Hydrangea ●

199946 Hydrangea longipes Franch.;莼兰绣球(长柄绣球,长柄绣球花,莼兰);Longpetiole Hydrangea, Long-petioled Hydrangea ●

199947 Hydrangea longipes Franch. var. fulvescens (Rehder) W. T. Wang;锈毛绣球(雷氏锈毛绣球);Rehder's Taiwan Hydrangea, Rusthair Hydrangea, Rusty-haired Longpetiole Hydrangea, Taiwan Hydrangea, Tawnish Hydrangea ●

199948 Hydrangea longipes Franch. var. lanceolata Hemsl.;披针绣球(窄叶莼兰绣球);Lanceolate Longpetiole Hydrangea ●

199949 Hydrangea longipes Franch. var. rosthornii (Diels) W. T. Wang = Hydrangea rosthornii Diels ●

199950 Hydrangea luteovenosa Koidz.;黄脉绣球●☆

199951 Hydrangea luteovenosa Koidz. f. yakusimensis (Masam.) Honda = Hydrangea luteovenosa Koidz. var. yakusimensis (Masam.) Sugim. ●☆

199952 Hydrangea luteovenosa Koidz. var. yakusimensis (Masam.) Sugim.;屋久岛绣球●☆

199953 Hydrangea macrocarpa Hand. -Mazz.;大果绣球;Bigfruit Hydrangea, Big-leaved Hydrangea ●

199954 Hydrangea macrophylla (Thunb. ex Murray) Ser. = Hydrangea macrophylla (Thunb.) Ser. ●

199955 Hydrangea macrophylla (Thunb. ex Murray) Ser. f. normalis (E. H. Wilson) H. Hara = Hydrangea macrophylla (Thunb.) Ser. var. normalis E. H. Wilson ●

199956 Hydrangea macrophylla (Thunb.) Ser.;绣球(矮绣球,八仙花,大叶绣球,粉团花,绣球花,紫绣球,紫阳花);Bigleaf Hydrangea, Big-leaf Hydrangea, Botany Bay, Changeables, Common Hydrangea, Florist's Hydrangea, French Hydrangea, Garden Hydrangea, Hoptensia, Hortensia, Hydrangea, Largeleaf Hydrangea, Macrophyllous Hydrangea ●

199957 Hydrangea macrophylla (Thunb.) Ser. 'Alpengluhen';阿尔朋鲁亨八仙花;French Hydrangea ●☆

199958 Hydrangea macrophylla (Thunb.) Ser. 'Altona';阿尔托娜八仙花(阿尔托娜绣球);French Hydrangea ●☆

199959 Hydrangea macrophylla (Thunb.) Ser. 'Ami Pasquier';艾米·帕斯克威尔八仙花(密发绣球);French Hydrangea ●☆

199960 Hydrangea macrophylla (Thunb.) Ser. 'Blue Bonnet';蓝帽绣球●☆

199961 Hydrangea macrophylla (Thunb.) Ser. 'Blue Wave';蓝波八仙花(蓝波绣球);French Hydrangea ●☆

199962 Hydrangea macrophylla (Thunb.) Ser. 'Enziandom';伍斯安登八仙花●☆

199963 Hydrangea macrophylla (Thunb.) Ser. 'Generale Vicomtesse de Vibraye';加纳瑞尔子爵八仙花(子爵夫人绣球)●☆

199964 Hydrangea macrophylla (Thunb.) Ser. 'Gentian Dome' = Hydrangea macrophylla (Thunb.) Ser. 'Enziandom' ●☆

199965 Hydrangea macrophylla (Thunb.) Ser. 'Geoffrey Chadbund';杰弗里·查德布德八仙花●☆

199966 Hydrangea macrophylla (Thunb.) Ser. 'Hamburg';汉堡八仙花(汉堡绣球);French Hydrangea ●☆

199967 Hydrangea macrophylla (Thunb.) Ser. 'Immaculata';无斑八仙花●☆

199968 Hydrangea macrophylla (Thunb.) Ser. 'Joseph Banks';约瑟夫·班克斯八仙花●☆

199969 Hydrangea macrophylla (Thunb.) Ser. 'Lanarth White';拉纳尔斯白八仙花(拉纳尔斯白绣球)●☆

199970 Hydrangea macrophylla (Thunb.) Ser. 'Libelle';利贝勒八仙花●☆

199971 Hydrangea macrophylla (Thunb.) Ser. 'Lilacina';丁香紫绣球●☆

199972 Hydrangea macrophylla (Thunb.) Ser. 'Madame Emile Mouillere';埃米尔夫人八仙花(穆勒夫人绣球)●☆

199973 Hydrangea macrophylla (Thunb.) Ser. 'Mariesii Perfecta' = Hydrangea macrophylla (Thunb.) Ser. 'Blue Wave' ●☆

199974 Hydrangea macrophylla (Thunb.) Ser. 'Mariesii';马力斯八仙花(马力斯绣球);Marios Largeleaf Hydrangea ●☆

199975 Hydrangea macrophylla (Thunb.) Ser. 'Masja';马斯加八仙花●☆

199976 Hydrangea macrophylla (Thunb.) Ser. 'Miss Belgium';比利时小姐八仙花;French Hydrangea ●☆

199977 Hydrangea macrophylla (Thunb.) Ser. 'Nigra';黑人八仙花;Blackstemmed Hydrangea, French Hydrangea ●☆

199978 Hydrangea macrophylla (Thunb.) Ser. 'Nikko Blue';尼克蓝八仙花●☆

199979 Hydrangea macrophylla (Thunb.) Ser. 'Parzifal';帕尔斯菲尔八仙花●☆

199980 Hydrangea macrophylla (Thunb.) Ser. 'Pia';皮亚八仙花;Dwarf Hydrangea ●☆

199981 Hydrangea macrophylla (Thunb.) Ser. 'Sea Foam';海泡石八仙花●☆

199982 Hydrangea macrophylla (Thunb.) Ser. 'Soeur Therese';苏尔·瑟雷斯八仙花●☆

199983 Hydrangea macrophylla (Thunb.) Ser. 'Veitchii';维茨绣球(玫瑰红绣球);French Hydrangea, Rosy Largeleaf Hydrangea ●

199984 Hydrangea macrophylla (Thunb.) Ser. f. hortensia (Lam.) Rehder = Hydrangea macrophylla (Thunb.) Ser. f. hortensia E. H. Wilson ●

199985 Hydrangea macrophylla (Thunb.) Ser. f. hortensia (Maxim.) Rehder = Hydrangea macrophylla (Thunb.) Ser. ●

199986 Hydrangea macrophylla (Thunb.) Ser. f. hortensia E. H. Wilson;大八仙花(八仙绣球,甘茶,七变球,绣球花,雪球花)●

199987 Hydrangea macrophylla (Thunb.) Ser. f. hortensia E. H. Wilson = Hydrangea macrophylla (Thunb.) Ser. ●

199988 Hydrangea macrophylla (Thunb.) Ser. f. mariosii (Bean) E. H. Wilson = Hydrangea macrophylla (Thunb.) Ser. 'Mariesii' ●☆

199989 Hydrangea macrophylla (Thunb.) Ser. f. normalis (E. H. Wilson) H. Hara = Hydrangea macrophylla (Thunb.) Ser. var. normalis E. H. Wilson ●

199990 Hydrangea macrophylla (Thunb.) Ser. f. nuda Konta et S.

Matsumoto;裸绣球●☆

199991 Hydrangea macrophylla (Thunb.) Ser. f. otaksa (Siebold et Zucc.) E. H. Wilson;矮绣球;Dwarf Largeleaf Hydrangea ●

199992 Hydrangea macrophylla (Thunb.) Ser. f. otaksa (Siebold et Zucc.) E. H. Wilson = Hydrangea macrophylla (Thunb.) Ser. ●

199993 Hydrangea macrophylla (Thunb.) Ser. f. rosalba (Van Houtte) Ohwi = Hydrangea serrata (Thunb. ex Murray) Ser. f. rosalba (Van Houtte) E. H. Wilson ●☆

199994 Hydrangea macrophylla (Thunb.) Ser. f. rosea (Siebold et Zucc.) E. H. Wilson;粉红绣球;Pink Largeleaf Hydrangea ●

199995 Hydrangea macrophylla (Thunb.) Ser. f. veitchii E. H. Wilson = Hydrangea macrophylla (Thunb.) Ser. 'Veitchii' ●

199996 Hydrangea macrophylla (Thunb.) Ser. subsp. angustata (Franch. et Sav.) Kitam. = Hydrangea serrata (Thunb. ex Murray) Ser. var. angustata (Franch. et Sav.) H. Ohba ●☆

199997 Hydrangea macrophylla (Thunb.) Ser. subsp. chungii (Rehder) E. M. McClint. = Hydrangea chungii Rehder ●

199998 Hydrangea macrophylla (Thunb.) Ser. subsp. serrata (Thunb.) Makino f. belladonna (Kitam.) H. Hara = Hydrangea serrata (Thunb. ex Murray) Ser. f. belladonna Kitam. ●☆

199999 Hydrangea macrophylla (Thunb.) Ser. subsp. serrata (Thunb.) Makino = Hydrangea serrata (Thunb. ex Murray) Ser. ●☆

200000 Hydrangea macrophylla (Thunb.) Ser. subsp. stylosa (Hook. f. et Thomson) E. M. McClint. = Hydrangea stylosa Hook. f. et Thomson ●

200001 Hydrangea macrophylla (Thunb.) Ser. subsp. yesoensis (Koidz.) Kitam. 'Prolifera' = Hydrangea serrata (Thunb. ex Murray) Ser. f. prolifera (Regel) Rehder ●☆

200002 Hydrangea macrophylla (Thunb.) Ser. subsp. yesoensis (Koidz.) Kitam. = Hydrangea serrata (Thunb. ex Murray) Ser. var. yesoensis (Koidz.) H. Ohba ●☆

200003 Hydrangea macrophylla (Thunb.) Ser. subsp. yesoensis (Koidz.) Kitam. f. prolifera (Regel) Ohwi = Hydrangea serrata (Thunb. ex Murray) Ser. f. prolifera (Regel) Rehder ●☆

200004 Hydrangea macrophylla (Thunb.) Ser. var. acuminata (Siebold et Zucc.) Makino f. yesoensis (Koidz.) Ohwi = Hydrangea serrata (Thunb. ex Murray) Ser. var. yesoensis (Koidz.) H. Ohba ●☆

200005 Hydrangea macrophylla (Thunb.) Ser. var. acuminata (Siebold et Zucc.) Makino = Hydrangea serrata (Thunb. ex Murray) Ser. ●☆

200006 Hydrangea macrophylla (Thunb.) Ser. var. angustata (Franch. et Sav.) H. Hara = Hydrangea serrata (Thunb. ex Murray) Ser. var. angustata (Franch. et Sav.) H. Ohba ●☆

200007 Hydrangea macrophylla (Thunb.) Ser. var. coerulea E. H. Wilson;蓝边八仙花;Blue Largeleaf Hydrangea ●

200008 Hydrangea macrophylla (Thunb.) Ser. var. hattoriana Kitam. = Hydrangea macrophylla (Thunb.) Ser. f. normalis (E. H. Wilson) H. Hara ●

200009 Hydrangea macrophylla (Thunb.) Ser. var. macrosepala E. H. Wilson;齿瓣八仙花;Macrosepal Largeleaf Hydrangea ●

200010 Hydrangea macrophylla (Thunb.) Ser. var. maculata E. H. Wilson;银边八仙花;Silver Largeleaf Hydrangea ●

200011 Hydrangea macrophylla (Thunb.) Ser. var. mandshurica E. H. Wilson;紫茎八仙花;Manchurian Largeleaf Hydrangea ●

200012 Hydrangea macrophylla (Thunb.) Ser. var. megacarpa Ohwi = Hydrangea serrata (Thunb. ex Murray) Ser. var. yesoensis (Koidz.) H. Ohba ●☆

200013 Hydrangea macrophylla (Thunb.) Ser. var. megacarpa Ohwi f. cuspidata (Thunb.) H. Hara = Hydrangea serrata (Thunb. ex Murray) Ser. var. yesoensis (Koidz.) H. Ohba f. cuspidata (Thunb.) Nakai ●☆

200014 Hydrangea macrophylla (Thunb.) Ser. var. normalis E. H. Wilson;山绣球(伞房绣球);Corymbose Largeleaf Hydrangea ●

200015 Hydrangea macrophylla (Thunb.) Ser. var. otaksa Bailey = Hydrangea macrophylla (Thunb.) Ser. ●

200016 Hydrangea macrophylla (Thunb.) Ser. var. otaksa Makino = Hydrangea macrophylla (Thunb.) Ser. f. otaksa (Siebold et Zucc.) E. H. Wilson ●

200017 Hydrangea macrophylla (Thunb.) Ser. var. thunbergii (Siebold) Makino;甘茶(大八仙花,土常山)●☆

200018 Hydrangea macrophylla (Thunb.) Ser. var. thunbergii (Siebold) Makino = Hydrangea serrata (Thunb. ex Murray) Ser. var. thunbergii (Siebold) H. Ohba ●☆

200019 Hydrangea macrosepala Hayata;大瓣绣球(大萼八仙花);Big-sepal Hydrangea ●

200020 Hydrangea macrosepala Hayata = Hydrangea chinensis Maxim. ●

200021 Hydrangea mandarinorum Diels;灰绒绣球●

200022 Hydrangea mandarinorum Diels = Hydrangea heteromalla D. Don ●

200023 Hydrangea mangshanensis C. F. Wei;莽山绣球;Mangshan Hydrangea ●

200024 Hydrangea mangshanensis C. F. Wei = Hydrangea heteromalla D. Don ●

200025 Hydrangea maximowiczii H. Lév. = Hydrangea robusta Hook. f. et Thomson ●

200026 Hydrangea minnanica W. D. Han;闽南绣球;S. Fujian Hydrangea ●

200027 Hydrangea minnanica W. D. Han = Hydrangea lingii G. Hoo ●

200028 Hydrangea moellendorffii Hance = Cardiandra moellendorffii (Hance) Migo ●

200029 Hydrangea mollis (Rehder) W. T. Wang;白绒绣球;Soft Hydrangea, White-hair Hydrangea ●

200030 Hydrangea mollis (Rehder) W. T. Wang = Hydrangea macrocarpa Hand. -Mazz. ●

200031 Hydrangea obovatifolia Hayata;倒卵叶绣球(倒卵叶紫阳花);Obovate-leaf Hydrangea ●

200032 Hydrangea obovatifolia Hayata = Hydrangea chinensis Maxim. ●

200033 Hydrangea opuloides Steud.;土常山●

200034 Hydrangea opuloides Steud. = Hydrangea macrocarpa Hand. -Mazz. ●

200035 Hydrangea opuloides Steud. var. hortensia Dippel = Hydrangea macrophylla (Thunb.) Ser. ●

200036 Hydrangea opuloides Steud. var. plena Rehder = Hydrangea macrophylla (Thunb.) Ser. ●

200037 Hydrangea otaksa Siebold et Zucc. = Hydrangea macrophylla (Thunb. ex Murray) Ser. ●

200038 Hydrangea paniculata Siebold;圆锥绣球(白花丹,粉团花,糊八仙花,糊溲疏,轮叶绣球,水亚木,土常山,绣球,玉粉团,圆锥八仙花);Panicle Hydrangea, Panicled Hydrangea, Peegee Hydrangea ●

200039 Hydrangea paniculata Siebold 'Brussels Lace';布鲁塞尔花边圆锥绣球●☆

200040 Hydrangea paniculata Siebold 'Floribunda';多花圆锥绣球●☆

200041 Hydrangea paniculata Siebold 'Grandiflora' = Hydrangea paniculata Siebold var. grandiflora Siebold ●

200042 Hydrangea paniculata Siebold 'Interhydia' = Hydrangea paniculata Siebold 'Pink Diamond' ●☆

200043 Hydrangea paniculata Siebold 'Kyushu';九州圆锥绣球;Panicle Hydrangea, Pee Gee Hydrangea ●☆
200044 Hydrangea paniculata Siebold 'Limelight';耀眼圆锥绣球;Panicle Hydrangea ●☆
200045 Hydrangea paniculata Siebold 'Peewee';侏儒圆锥绣球;Dwarf Panicle Hydrangea ●☆
200046 Hydrangea paniculata Siebold 'Pink Diamond';粉红钻石圆锥绣球;Panicle Hydrangea ●☆
200047 Hydrangea paniculata Siebold 'Praecox';早花圆锥绣球;Panicle Hydrangea ●☆
200048 Hydrangea paniculata Siebold 'Tardiva';塔尔迪瓦圆锥绣球(晚花圆锥绣球);Compact Pee Gee Hydrangea ●☆
200049 Hydrangea paniculata Siebold 'Unique';惟我独尊圆锥绣球(无敌圆锥绣球);Panicle Hydrangea, Pee Gee Hydrangea ●☆
200050 Hydrangea paniculata Siebold 'White Moth';白蛾圆锥绣球;Panicle Hydrangea ●☆
200051 Hydrangea paniculata Siebold f. debilis (Nakai) Sugim.;柔软圆锥绣球●☆
200052 Hydrangea paniculata Siebold f. grandiflora (Siebold ex Van Houtte) Ohwi = Hydrangea paniculata Siebold var. grandiflora Siebold ex Van Houtte ●
200053 Hydrangea paniculata Siebold f. velutina (Nakai) Kitam.;短绒毛圆锥绣球●☆
200054 Hydrangea paniculata Siebold var. grandiflora Siebold = Hydrangea paniculata Siebold var. grandiflora Siebold ex Van Houtte ●
200055 Hydrangea paniculata Siebold var. grandiflora Siebold ex Van Houtte;大花圆锥绣球(大花圆锥八仙花,仙花圆锥绣球);Largeflower Panicled Hydrangea, Pee Gee Hydrangea, Peegee Hydrangea ●
200056 Hydrangea paniculata Siebold var. praecox Rehder;早花水亚木;Early-flowered Hydrangea ●☆
200057 Hydrangea paniculata Siebold var. velutina Nakai = Hydrangea paniculata Siebold f. velutina (Nakai) Kitam. ●☆
200058 Hydrangea peckinensis Hort. = Hydrangea bretschneideri Dippel ●
200059 Hydrangea petiolaris Siebold et Zucc.;藤绣球(多蕊冠盖绣球);Climbing Hydrangea ●☆
200060 Hydrangea petiolaris Siebold et Zucc. = Hydrangea anomala D. Don subsp. petiolaris (Siebold et Zucc.) E. M. McClint. ●☆
200061 Hydrangea petiolaris Siebold et Zucc. = Hydrangea anomala D. Don ●
200062 Hydrangea pubinervis Rehder = Hydrangea xanthoneura Diels ●
200063 Hydrangea quercifolia Bartram;栎叶绣球(浅裂叶绣球,绣球花);Oakleaf Hydrangea, Oak-leaf Hydrangea, Oak-leafed Hydrangea, Oak-leaved Hydrangea, Seven-bark ●☆
200064 Hydrangea quercifolia Bartram 'Alice';阿丽丝栎叶绣球;Oakleaf Hydrangea, Oak-leaf Hydrangea ●☆
200065 Hydrangea quercifolia Bartram 'Alison';阿里森栎叶绣球;Oakleaf Hydrangea ●☆
200066 Hydrangea quercifolia Bartram 'Snow Flake';雪片栎叶绣球 ●☆
200067 Hydrangea quercifolia Bartram 'Snow Queen';雪女王栎叶绣球;Oak-leaf Hydrangea ●☆
200068 Hydrangea radiata Walter;厚叶绣球;Silverleaf Hydrangea, Thickleaf Hydrangea ●☆
200069 Hydrangea rehderiana C. K. Schneid. = Hydrangea longipes Franch. var. fulvescens (Rehder) W. T. Wang ●
200070 Hydrangea robusta Hook. f. et Thomson;粗枝绣球(粗壮绣球,大枝绣球,乐恩绣球,南川绣球);Robust Hydrangea ●
200071 Hydrangea rosthornii Diels;大枝绣球(粗壮绣球,大枝挂苦树,合骨韦,鸡骨头,乐思绣球,洛氏绣球花,南川绣球,土常山,脱皮常山,线苞八仙花);Rosthorn Hydrangea ●
200072 Hydrangea rosthornii Diels = Hydrangea robusta Hook. f. et Thomson ●
200073 Hydrangea rotundifolia C. F. Wei;圆叶绣球;Rotundleaf Hydrangea ●
200074 Hydrangea rotundifolia C. F. Wei = Hydrangea robusta Hook. f. et Thomson ●
200075 Hydrangea sachalinensis H. Lév. = Hydrangea paniculata Siebold ●
200076 Hydrangea sargentiana Rehder;紫彩绣球(粗毛绣球,佘坚绣球);Sargent Hydrangea ●
200077 Hydrangea scandens (L. f.) Ser.;攀缘绣球(小叶八仙花);Climbing Hydrangea ●☆
200078 Hydrangea scandens (L. f.) Ser. = Hydrangea petiolaris Siebold et Zucc. ●☆
200079 Hydrangea scandens (L. f.) Ser. f. rosea Hiyama;粉攀缘绣球 ●☆
200080 Hydrangea scandens (L. f.) Ser. subsp. chinensis (Maxim.) E. M. McClint. = Hydrangea chinensis Maxim. ●
200081 Hydrangea scandens (L. f.) Ser. subsp. kwangtungensis (Merr.) E. M. McClint. = Hydrangea kwangtungensis Merr. ●
200082 Hydrangea scandens (L. f.) Ser. subsp. liukiuensis (Nakai) E. M. McClint. = Hydrangea liukiuensis Nakai ●☆
200083 Hydrangea scandens (L. f.) Ser. var. grosserrata (Engl.) Hatus. = Hydrangea grosserrata Engl. ●☆
200084 Hydrangea Schindleri Engl. = Hydrangea paniculata Siebold ●
200085 Hydrangea serrata (Thunb. ex Murray) Ser.;粗齿绣球;Blood on the Snow, Serrate Hydrangea, Tea of Heaven ●☆
200086 Hydrangea serrata (Thunb. ex Murray) Ser. 'Bluebird';蓝鸟粗齿绣球;Lacecap Hydrangea ●☆
200087 Hydrangea serrata (Thunb. ex Murray) Ser. 'Graywood';格雷斯伍德粗齿绣球;Japanese Hydrangea ●☆
200088 Hydrangea serrata (Thunb. ex Murray) Ser. 'Preziosa';普勒西奥萨粗齿绣球;Japanese Hydrangea ●☆
200089 Hydrangea serrata (Thunb. ex Murray) Ser. f. acuminata (Siebold et Zucc.) E. H. Wilson;泽八绣球;Acuminate Serrate Hydrangea ●
200090 Hydrangea serrata (Thunb. ex Murray) Ser. f. belladonna Kitam.;北村绣球●☆
200091 Hydrangea serrata (Thunb. ex Murray) Ser. f. prolifera (Regel) Rehder;参萼粗齿绣球●☆
200092 Hydrangea serrata (Thunb. ex Murray) Ser. f. pubescens (Franch. et Sav.) E. H. Wilson;毛粗齿绣球;Hairy Serrate Hydrangea ●☆
200093 Hydrangea serrata (Thunb. ex Murray) Ser. f. rosalba (Van Houtte) E. H. Wilson;二色粗齿绣球;Bicolor Serrate Hydrangea ●☆
200094 Hydrangea serrata (Thunb. ex Murray) Ser. subsp. angustata (Franch. et Sav.) Kitam. = Hydrangea serrata (Thunb. ex Murray) Ser. var. angustata (Franch. et Sav.) H. Ohba ●☆
200095 Hydrangea serrata (Thunb. ex Murray) Ser. subsp. yesoensis (Koidz.) Kitam. = Hydrangea serrata (Thunb. ex Murray) Ser. var. yesoensis (Koidz.) H. Ohba ●☆
200096 Hydrangea serrata (Thunb. ex Murray) Ser. var. angustata

(Franch. et Sav.) H. Ohba;狭叶粗齿绣球●☆

200097 Hydrangea serrata (Thunb. ex Murray) Ser. var. australis T. Yamaz.;南方粗齿绣球●☆

200098 Hydrangea serrata (Thunb. ex Murray) Ser. var. megacarpa (Ohwi) H. Ohba = Hydrangea serrata (Thunb. ex Murray) Ser. var. yesoensis (Koidz.) H. Ohba ●☆

200099 Hydrangea serrata (Thunb. ex Murray) Ser. var. minamitanii H. Ohba;南谷粗齿绣球●☆

200100 Hydrangea serrata (Thunb. ex Murray) Ser. var. thunbergii (Siebold) H. Ohba;通贝里粗齿绣球●☆

200101 Hydrangea serrata (Thunb. ex Murray) Ser. var. yesoensis (Koidz.) H. Ohba f. cuspidata (Thunb.) Nakai;骤尖粗齿绣球●☆

200102 Hydrangea serrata (Thunb. ex Murray) Ser. var. yesoensis (Koidz.) H. Ohba;北海道粗齿绣球●☆

200103 Hydrangea shaochingii Chun;上思绣球(少卿绣球);Shangsi Hydrangea ●

200104 Hydrangea shaochingii Chun = Hydrangea kwangtungensis Merr. ●

200105 Hydrangea sikokiana Maxim.;四国绣球●☆

200106 Hydrangea stenophylla Merr. et Chun;柳叶绣球(狭叶绣球,窄叶绣球);Narrow-leaf Hydrangea, Narrow-leaved Hydrangea ●

200107 Hydrangea stenophylla Merr. et Chun var. decorticata Chun = Hydrangea coenobialis Chun ●

200108 Hydrangea strigosa Rehder;蜡莲绣球(八仙蜡莲绣球,长叶蜡莲绣球,大叶老鼠竹,大叶土常山,倒卵蜡莲绣球,甘茶,狗骨常山,鸡跨裤,蜡莲,蜡莲八仙花,癞疠,马桑绣球,蜜香草,伞花八仙,伞形绣球,甜茶,土常山,羊耳朵树,硬毛绣球);Strigose Hydrangea ●

200109 Hydrangea strigosa Rehder f. sterilis Rehder = Hydrangea strigosa Rehder ●

200110 Hydrangea strigosa Rehder var. angustifolia (Hemsl.) Rehder;狭叶蜡莲绣球(狭叶蜡莲八仙花);Narrow-leaf Strigose Hydrangea ●

200111 Hydrangea strigosa Rehder var. angustifolia (Hemsl.) Rehder = Hydrangea strigosa Rehder ●

200112 Hydrangea strigosa Rehder var. longifolia (Hayata) Chun = Hydrangea longifolia Hayata ●

200113 Hydrangea strigosa Rehder var. longifolia Chun = Hydrangea strigosa Rehder ●

200114 Hydrangea strigosa Rehder var. macrophylla (Hemsl.) Rehder;阔叶蜡莲绣球(大叶蜡莲绣球);Bigleaf Strigose Hydrangea ●

200115 Hydrangea strigosa Rehder var. macrophylla (Hemsl.) Rehder = Hydrangea strigosa Rehder ●

200116 Hydrangea strigosa Rehder var. purpurea C. C. Yang;紫背绣球;Purple-back Strigose Hydrangea ●

200117 Hydrangea strigosa Rehder var. purpurea C. C. Yang = Hydrangea strigosa Rehder ●

200118 Hydrangea strigosa Rehder var. sinica (Diels) Rehder = Hydrangea strigosa Rehder ●

200119 Hydrangea stylosa Hook. f. et Thomson;长柱绣球●

200120 Hydrangea sungpanensis Hand. -Mazz.;松潘绣球;Songpan Hydrangea ●

200121 Hydrangea taiwaniana Y. C. Liu et F. Y. Lu;台湾大枝挂绣球●

200122 Hydrangea taronensis Hand. -Mazz.;独龙绣球(大朗绣球);Dulong Hydrangea ●

200123 Hydrangea taronensis Hand. -Mazz. = Hydrangea stylosa Hook. f. et Thomson ●

200124 Hydrangea tetracarpa Hayata;台湾土常山●

200125 Hydrangea thunbergii Siebold;通贝里绣球(通氏绣球,童氏绣球,土常山);Thunberg Hydrangea ●☆

200126 Hydrangea umbellata Rehder;伞形绣球(甘茶,蜜香草,伞花绣球,土常山,绣球八仙);Umbellate Hydrangea ●

200127 Hydrangea umbellata Rehder = Hydrangea chinensis Maxim. ●

200128 Hydrangea umbellata Rehder f. sterilis C. C. Yang;八仙伞形绣球;Steriled Umbellate Hydrangea ●

200129 Hydrangea verticillata W. H. Gao = Hydrangea paniculata Siebold ●

200130 Hydrangea vestita Hort. = Hydrangea bretschneideri Dippel ●

200131 Hydrangea vestita Wall. = Hydrangea heteromalla D. Don ●

200132 Hydrangea vestita Wall. var. fimbriata Wall. = Hydrangea aspera Buch. -Ham. ex D. Don ●

200133 Hydrangea vestita Wall. var. pubescens Maxim. = Hydrangea bretschneideri Dippel ●

200134 Hydrangea villosa Rehder;柔毛绣球(八仙柔毛绣球,粟黄马桑绣球,卵叶柔毛绣球,踏地消,土常山);Villous Hydrangea ●

200135 Hydrangea villosa Rehder = Hydrangea aspera Buch. -Ham. ex D. Don ●

200136 Hydrangea villosa Rehder f. sterilis Rehder = Hydrangea aspera Buch. -Ham. ex D. Don ●

200137 Hydrangea villosa Rehder f. sterilis Rehder = Hydrangea villosa Rehder ●

200138 Hydrangea villosa Rehder var. delicatula Chun;天全柔毛绣球;Tianquan Villous Hydrangea ●

200139 Hydrangea villosa Rehder var. delicatula Chun = Hydrangea aspera Buch. -Ham. ex D. Don ●

200140 Hydrangea villosa Rehder var. delicatula Chun = Hydrangea villosa Rehder ●

200141 Hydrangea villosa Rehder var. strigosior (Diels) Rehder = Hydrangea aspera Buch. -Ham. ex D. Don ●

200142 Hydrangea villosa Rehder var. strigosior (Diels) Rehder = Hydrangea villosa Rehder ●

200143 Hydrangea villosa Rehder var. velutina (Rehder) Chun = Hydrangea aspera Buch. -Ham. ex D. Don ●

200144 Hydrangea villosa Rehder var. velutina (Rehder) Chun = Hydrangea villosa Rehder ●

200145 Hydrangea vinicolor Chun;紫叶绣球(三柱常山,紫背绣球);Purple-leaf, Tristylous Dichroa, Viny-coloured Hydrangea ●

200146 Hydrangea vinicolor Chun = Hydrangea lingii G. Hoo ●

200147 Hydrangea virens (Thunb.) Siebold = Hydrangea scandens (L. f.) Ser. ●☆

200148 Hydrangea xanthoneura Diels;挂苦绣球(挂苦树,光叶黄枝挂苦子树,黄脉八仙花,黄脉绣球,黄枝挂苦子树,六蛾戏珠,排毛绣球,西南挂苦绣球);E. H. Wilson Hydrangea, Yellowvein Hydrangea, Yellow-veined Hydrangea ●

200149 Hydrangea xanthoneura Diels var. glabrescens (Rehder) Rehder = Hydrangea bretschneideri Dippel ●

200150 Hydrangea xanthoneura Diels var. glagbrescens Rehder = Hydrangea bretschneideri Dippel ●

200151 Hydrangea xanthoneura Diels var. lancifolia Rehder = Hydrangea xanthoneura Diels ●

200152 Hydrangea xanthoneura Diels var. setchuenensis Rehder;四川挂苦绣球(西康挂苦绣球);Sichuan Hydrangea ●

200153 Hydrangea xanthoneura Diels var. setchuenensis Rehder = Hydrangea xanthoneura Diels ●

200154 Hydrangea xanthoneura Diels var. sikangensis Chun = Hydrangea xanthoneura Diels ●

200155 Hydrangea xanthoneura Diels var. wilsonii Rehder = Hydrangea xanthoneura Diels ●
200156 Hydrangea yayeyamensis Koidz. = Hydrangea chinensis Maxim. ●
200157 Hydrangea yunnanensis Rehder;云南绣球(常山,滇绣球,通花常山);Yunnan Hydrangea ●
200158 Hydrangea yunnanensis Rehder = Hydrangea davidii Franch. ●
200159 Hydrangea zhewanensis P. S. Hsu et X. P. Zhang;浙皖绣球;Zhewan Hydrangea ●
200160 Hydrangeaceae Dumort. (1829)(保留科名);绣球花科(八仙花科,绣球科);Hydrangea Family,Mock-orange Family ●■
200161 Hydranthelium Kunth = Bacopa Aubl. (保留属名)■
200162 Hydranthelium Kunth = Herpestis C. F. Gaertn. ■
200163 Hydranthelium egense Poepp. et Endl. = Bacopa egensis (Poepp. et Endl.) Pennell ■☆
200164 Hydranthelium rotundifolium (Michx.) Pennell = Bacopa rotundifolia (Michx.) Wettst. ■☆
200165 Hydranthus Kuhl et Hasselt = Dipodium R. Br. ■☆
200166 Hydranthus Kuhl et Hasselt ex Rchb. f. = Dipodium R. Br. ■☆
200167 Hydrastidaceae Augier ex Martinov = Ranunculaceae Juss. (保留科名)●■
200168 Hydrastidaceae Lemesle = Ranunculaceae Juss. (保留科名)●■
200169 Hydrastidaceae Martinov = Hydrastidaceae Lemesle ■☆
200170 Hydrastidaceae Martinov = Ranunculaceae Juss. (保留科名)●■
200171 Hydrastidaceae Martinov(1820);黄根葵科(白毛茛科,黄毛茛科)■☆
200172 Hydrastis Ellis = Hydrastis Ellis ex L. ■☆
200173 Hydrastis Ellis ex L. (1759);黄根葵属(白毛茛属,北美黄连属,黄金印属,黄毛茛属);Golden Seal,Goldenseal,Golden-seal,Orange Root,Orangeroot,Yellow-puccoon ■☆
200174 Hydrastis L. = Hydrastis Ellis ex L. ■☆
200175 Hydrastis canadensis L.;黄根葵(白毛茛,北美黄连);Golden Seal,Goldenseal,Golden-seal,Orange Root,Orangeroot,Puccoon,Turmeric Root,Yellow Root,Yellow-puccoon ■☆
200176 Hydrastis caroliniensis Walter = Trautvetteria caroliniensis (Walter) Vail ■☆
200177 Hydrastylis Steud. = Hydastylus Dryand. ex Salisb. ■
200178 Hydrastylis Steud. = Sisyrinchium L. ■
200179 Hydrcaryaceae Raf. = Trapaceae Dumort. (保留科名)■
200180 Hydriastele H. Wendl. et Drude(1875);水柱椰子属(丛生槟榔属,莲实椰子属,水柱榈属,水柱椰属)●
200181 Hydriastele beccariana Burret;水柱榈●☆
200182 Hydriastele rostrata Burret;喙状水柱椰子●☆
200183 Hydriastele wendlandiana H. Wendl. et Drude;水柱椰子●
200184 Hydrilla Rich. (1814);黑藻属(水王孙属);Blackalga,Esthwaite Waterweed,Hydrilla ■
200185 Hydrilla dentata Casp. = Hydrilla verticillata (L. f.) Royle ■
200186 Hydrilla dregeana C. Presl = Lagarosiphon muscoides Harv. ■☆
200187 Hydrilla japonica Miq. = Blyxa japonica (Miq.) Maxim. ex Asch. et Gurke ■
200188 Hydrilla ovalifolia Rich. = Hydrilla verticillata (L. f.) Royle ■
200189 Hydrilla polysperma Blatt. = Hydrilla verticillata (L. f.) Royle ■
200190 Hydrilla verticillata (L. f.) Royle;黑藻(车轴草,轮叶黑藻,轮叶水草,水草,水王孙,小埃梅木);Blackalga,Esthwaite Waterweed,Free-flowered Waterweed,Hydrilla,Nutall's Waterwced,Slender Waterweed,Verticillate Hydrilla,Waterthyme ■
200191 Hydrilla verticillata (L. f.) Royle = Hydrangea hortensia Siebold ●☆
200192 Hydrilla verticillata (L. f.) Royle var. roxburghii Casp.;罗氏轮叶黑藻;Roxburgh Blackalga ■
200193 Hydrilla verticillata Royle = Hydrilla verticillata (L. f.) Royle ■
200194 Hydrillaceae Prantl = Hydrocharitaceae Juss. (保留科名)■
200195 Hydroanzia Koidz. = Hydrobryum Endl. ■
200196 Hydroanzia floribunda (Koidz.) Koidz. = Hydrobryum floribundum Koidz. ■☆
200197 Hydroanzia japonica (Imamura) Koidz. = Hydrobryum japonicum Imamura ■☆
200198 Hydroanzia puncticulata (Koidz.) Koidz. = Hydrobryum puncticulatum Koidz. ■☆
200199 Hydrobryopsis Engl. = Hydrobryum Endl. ■
200200 Hydrobryopsis sessilis Engl. = Hydrobryum sessile Willis ■☆
200201 Hydrobryum Endl. (1841);水石衣属;Hydrobryum,Watermoss ■
200202 Hydrobryum floribundum Koidz.;繁花水石衣■☆
200203 Hydrobryum griffithii (Wall. ex Griff.) Tul.;水石衣;Griffith Hydrobryum,Griffith Watermoss ■
200204 Hydrobryum japonicum Imamura;日本水石衣■☆
200205 Hydrobryum koribanum Imamura ex Nakayama et Minamitani;郡场水石衣■☆
200206 Hydrobryum puncticulatum Koidz.;斑点水石衣■☆
200207 Hydrobryum sessile Willis;无梗水石衣■☆
200208 Hydrocalyx Triana = Juanulloa Ruiz et Pav. ●☆
200209 Hydrocarpus D. Dietr. = Hydnocarpus Gaertn. ●
200210 Hydrocaryaceae Raf. = Trapaceae Dumort. (保留科名)■
200211 Hydrocaryes Link = Hydrocaryaceae Raf. ■
200212 Hydrocera Blume = Hydrocera Blume ex Wight et Arn. (保留属名)■
200213 Hydrocera Blume ex Wight et Arn. (1834)(保留属名);水角属;Hydrocera ■
200214 Hydrocera Blume ex Wight et Arn. = Tytonia G. Don ■
200215 Hydrocera angustifolia (Blume) Blume = Hydrocera triflora (L.) Wight et Arn. ■
200216 Hydrocera angustifolia Blume = Hydrocera triflora (L.) Wight et Arn. ■
200217 Hydrocera triflora (L.) Wight et Arn.;水角;Triflorous Hydrocera,Triflower Hydrocera ■
200218 Hydroceraceae Blume = Balsaminaceae A. Rich. (保留科名)■
200219 Hydroceraceae Blume;水角科■
200220 Hydroceraceae Wilbr. = Balsaminaceae A. Rich. (保留科名)■
200221 Hydroceras Hook. f. et Thomson = Hydrocera Blume ex Wight et Arn. (保留属名)■
200222 Hydroceratophyllon Ség. = Ceratophyllum L. ■
200223 Hydrochaeris P. Gaertn., B. Mey. et Scherb. = Hydrocharis L. ■
200224 Hydrocharella Spruce ex Rohrb. = Limnobium Rich. ■☆
200225 Hydrocharis L. (1753);水鳖属;Frog Bit,Frogbit,Frog-bit ■
200226 Hydrocharis asiatica Miq. = Hydrocharis dubia (Blume) Backer ■
200227 Hydrocharis chevalieri (De Wild.) Dandy;舍瓦利耶水鳖■☆
200228 Hydrocharis dubia (Blume) Backer;水鳖(白苹,白萍,芣菜,马尿花,苤菜,水膏药,水旋复,天泡草,亚洲水鳖,油灼灼);Frog Bit,Frogbit ■
200229 Hydrocharis morsus-ranae Benth. = Hydrocharis dubia (Blume) Backer ■
200230 Hydrocharis morsus-ranae L.;蛙食草(蟾蜍水鳖,地中海水鳖,马尿花,水鳖,蛙食水鳖);Common Frogbit,European Frog-bit,European Frogs-bit,Frog Bites,Frogbit,Frog-bit ■
200231 Hydrocharis morsus-ranae L. = Hydrocharis dubia (Blume)

Backer ■
200232 Hydrocharis morsus-ranae L. var. asiatica (Miq.) Makino = Hydrocharis dubia (Blume) Backer ■
200233 Hydrocharis salifera Pellegr. = Hydrocharis chevalieri (De Wild.) Dandy ■☆
200234 Hydrocharis spongia Bosc = Limnobium spongium (Bosc) Rich. ex Steud. ■☆
200235 Hydrocharitaceae Juss. (1789)(保留科名);水鳖科;Frogbit Family, Frogs-bit Family, Tape-grass Family ■
200236 Hydrochloa Hartm. = Glyceria R. Br. (保留属名) + Puccinellia Parl. + Molinia Schrank ■
200237 Hydrochloa Hartm. = Glyceria R. Br. (保留属名) ■
200238 Hydrochloa P. Beauv. = Luziola Juss. ■☆
200239 Hydrocleis Rchb. = Hydrocleys Rich. ■☆
200240 Hydrocleis nymphoides (Willd.) Buchenau = Hydrocleys nymphoides (Willd.) Buchenau ■☆
200241 Hydrocleys Rich. (1815);水罂粟属(水金英属,水钥莲属);Water Poppy, Waterpoppy, Water-poppy ■☆
200242 Hydrocleys commersonii Rich. = Hydrocleys nymphoides (Willd.) Buchenau ■☆
200243 Hydrocleys humboldtii Endl. = Hydrocleys nymphoides (Willd.) Buchenau ■☆
200244 Hydrocleys nymphoides (Willd.) Buchenau;水罂粟(水金英);Water Poppy, Water-poppy ■☆
200245 Hydrocleys nymphoides Buchenau = Hydrocleys nymphoides (Willd.) Buchenau ■☆
200246 Hydroclis Post et Kuntze = Hydrocleys Rich. ■☆
200247 Hydrocotile Crantz = Hydrocotyle L. ■
200248 Hydrocotylaceae Bercht. et J. Presl(1820)(保留科名);天胡荽科■●
200249 Hydrocotylaceae Hyl. = Apiaceae Lindl. (保留科名)●■
200250 Hydrocotylaceae Hyl. = Araliaceae Juss. (保留科名)●■
200251 Hydrocotylaceae Hyl. = Hydrocotylaceae Bercht. et J. Presl(保留科名)■●
200252 Hydrocotylaceae Hyl. = Umbelliferae Juss. (保留科名)■●
200253 Hydrocotyle L. (1753);天胡荽属(破铜钱属,石胡荽属);Navelwort, Pennywort, Water Pennywort ■
200254 Hydrocotyle adoensis Hochst. = Hydrocotyle ranunculoides L. f. ■
200255 Hydrocotyle affinis Eckl. et Zeyh. = Centella affinis (Eckl. et Zeyh.) Adamson ■☆
200256 Hydrocotyle alpina Eckl. et Zeyh. = Centella macrocarpa (Rich.) Adamson ■☆
200257 Hydrocotyle americana L.;美洲天胡荽;American Marsh Pennywort, Marsh Pennywort, Water Pennywort ■☆
200258 Hydrocotyle arbuscula Schltr. = Centella rupestris (Eckl. et Zeyh.) Adamson ■☆
200259 Hydrocotyle asiatica L.;亚洲天胡荽;Asiatic Pennywort, Indian Pennywort, Indian Water Navelwort ■☆
200260 Hydrocotyle asiatica L. = Centella asiatica (L.) Urb. ■
200261 Hydrocotyle batrachium Hance;白毛天胡荽(变地锦,鹅不食草,江西金钱草,金钱草,满天星,梅花藻叶天胡荽,南昌金钱草,破铜钱,台湾天胡荽,天胡荽,天星草,铜钱草,小金钱,小金钱草,小叶铜钱草,野芹菜);Batrachium-like Pennywort, Broken Pennywort ■
200262 Hydrocotyle batrachium Hance = Hydrocotyle sibthorpioides Lam. var. batrachium (Hance) Hand. -Mazz. ex R. H. Shan ■
200263 Hydrocotyle benguetensis Elmer;吕宋天胡荽(菲岛天胡荽,槭叶止血草);Luzon Pennywort, Maple-leaved Pennywort, Philippine Pennywort ■
200264 Hydrocotyle bonariensis Lam.;布那天胡荽■☆
200265 Hydrocotyle bowlesioides Mathias et Constance;大叶天胡荽;Largeleaf Marsh Pennywort, Largeleaf Marshpennywort ■☆
200266 Hydrocotyle bupleurifolia A. Rich. = Centella glabrata L. ■☆
200267 Hydrocotyle burmanica Kurz;缅甸天胡荽;Burma Pennywort ■
200268 Hydrocotyle burmanica Kurz subsp. craibii (H. Eichler) C. Y. Wu et F. T. Pu = Hydrocotyle chinensis (Dunn) Craib ■
200269 Hydrocotyle burmanica Kurz subsp. handelii (H. Wolff) C. Y. Wu et F. T. Pu = Hydrocotyle hookeri (C. B. Clarke) Craib subsp. handelii (H. Wolff) M. F. Watson et M. L. Sheh ■
200270 Hydrocotyle caffra Meisn. = Hydrocotyle bonariensis Lam. ■☆
200271 Hydrocotyle calcicola Y. H. Li;石山天胡荽;Rocky Pennywort ■
200272 Hydrocotyle capensis (L.) Kuntze = Centella capensis (L.) Domin ■☆
200273 Hydrocotyle centella Cham. et Schltdl. = Centella glabrata L. ■☆
200274 Hydrocotyle chinensis (Dunn) Craib;中华天胡荽(长梗天胡荽,大铜钱菜,地弹花,铜钱草);China Pennywort, Chinese Pennywort ■
200275 Hydrocotyle conferta Wight;密天胡荽;Dense Pennywort ■
200276 Hydrocotyle confusa H. Wolff = Hydrocotyle sibthorpioides Lam. ■
200277 Hydrocotyle craibii H. Eichler = Hydrocotyle chinensis (Dunn) Craib ■
200278 Hydrocotyle cuspidata Willd. ex Spreng. = Centella eriantha (Rich.) Drude ■☆
200279 Hydrocotyle debilis Eckl. et Zeyh. = Centella debilis (Eckl. et Zeyh.) Drude ■☆
200280 Hydrocotyle delicata Elmer = Hydrocotyle dichondroides Makino ■
200281 Hydrocotyle dichondroides Makino;毛柄天胡荽(毛天胡荽);Hairypetiole Pennywort ■
200282 Hydrocotyle dielsiana H. Wolff;裂叶天胡荽;Diels Pennywort, Lobeleaf Pennywort ■
200283 Hydrocotyle difformis Eckl. et Zeyh. = Centella difformis (Eckl. et Zeyh.) Adamson ■☆
200284 Hydrocotyle difformis Eckl. et Zeyh. var. approximata ? = Centella difformis (Eckl. et Zeyh.) Adamson ■☆
200285 Hydrocotyle difformis Eckl. et Zeyh. var. divaricata ? = Centella difformis (Eckl. et Zeyh.) Adamson ■☆
200286 Hydrocotyle difformis Eckl. et Zeyh. var. intermedia ? = Centella difformis (Eckl. et Zeyh.) Adamson ■☆
200287 Hydrocotyle dregeana Sond. = Centella tridentata (L. f.) Drude ex Domin var. dregeana (Sond.) M. T. R. Schub. et B. -E. van Wyk ■☆
200288 Hydrocotyle eriantha Rich. = Centella eriantha (Rich.) Drude ■☆
200289 Hydrocotyle eriantha Rich. var. glabrata Sond. = Centella laevis Adamson ■☆
200290 Hydrocotyle falcata Eckl. et Zeyh. = Centella glabrata L. ■☆
200291 Hydrocotyle filicaulis Baker = Centella tussilaginifolia (Baker) Domin ■☆
200292 Hydrocotyle filicaulis Eckl. et Zeyh. = Centella virgata (L. f.) Drude ■☆
200293 Hydrocotyle flexuosa Eckl. et Zeyh. = Centella flexuosa (Eckl. et Zeyh.) Drude ■☆
200294 Hydrocotyle formosana Masam. = Hydrocotyle batrachium Hance ■

200295 Hydrocotyle formosana Masam. = Hydrocotyle sibthorpioides Lam. ■
200296 Hydrocotyle formosana Masam. var. maritima (Honda) Hatus. = Hydrocotyle maritima Honda ■
200297 Hydrocotyle forrestii H. Wolff. = Hydrocotyle hookeri (C. B. Clarke) Craib ■
200298 Hydrocotyle fusca Eckl. et Zeyh. = Centella fusca (Eckl. et Zeyh.) Adamson ■☆
200299 Hydrocotyle glabra Thunb. = Centella glabrata L. ■☆
200300 Hydrocotyle glabrata (L.) L. f. = Centella glabrata L. ■☆
200301 Hydrocotyle handelii H. Wolff;普渡天胡荽(大叶五瓣草,地星,普渡河天胡荽,五叶藤,小红袍);Handel Pennywort ■
200302 Hydrocotyle handelii H. Wolff = Hydrocotyle hookeri (C. B. Clarke) Craib subsp. handelii (H. Wolff) M. F. Watson et M. L. Sheh ■
200303 Hydrocotyle hederifolia Burch. = Centella macrodus (Spreng.) B. L. Burtt ■☆
200304 Hydrocotyle hermanniifolia Eckl. et Zeyh. = Centella tridentata (L. f.) Drude ex Domin var. hermanniifolia (Eckl. et Zeyh.) M. T. R. Schub. et B. -E. van Wyk ■☆
200305 Hydrocotyle hermanniifolia Eckl. et Zeyh. var. littoralis (Eckl. et Zeyh.) Sond. = Centella tridentata (L. f.) Drude ex Domin var. litoralis (Eckl. et Zeyh.) M. T. R. Schub. et B. -E. van Wyk ■☆
200306 Hydrocotyle heterophylla Schinz = Centella glabrata L. ■☆
200307 Hydrocotyle himalaica P. K. Mukh.;喜马拉雅天胡荽■
200308 Hydrocotyle hookeri (C. B. Clarke) Craib;中缅天胡荽(阿萨姆天胡荽,红腺天胡荽,缅甸天胡荽,中甸天胡荽);Assam Pennywort, Forrest Pennywort, Hooker Pennywort ■
200309 Hydrocotyle hookeri (C. B. Clarke) Craib subsp. handelii (H. Wolff) M. F. Watson et M. L. Sheh = Hydrocotyle handelii H. Wolff ■
200310 Hydrocotyle hookeri (C. B. Clarke) Craib var. chinensis (Dunn ex R. H. Shan et S. L. Lio) M. F. Watson et M. L. Sheh = Hydrocotyle chinensis (Dunn) Craib ■
200311 Hydrocotyle japonica Makino = Hydrocotyle yabei Makino var. japonica (Makino) M. Hiroe ■☆
200312 Hydrocotyle javanica Thunb.;红马蹄草(大驳骨草,大马蹄草,大铜钱菜,大样驳骨草,红石胡荽,红天胡荽,接骨草,接骨丹,金钱薄荷,马蹄肺筋草,闹鱼草,乞食碗,山石胡荽,铜钱草,一串钱,中华天胡荽,爪哇天胡荽);Java Pennywort, Nepal Pennywort ■
200313 Hydrocotyle javanica Thunb. var. chinensis Dunn ex R. H. Shan et S. L. Liou = Hydrocotyle chinensis (Dunn) Craib ■
200314 Hydrocotyle javanica Thunb. var. hookeri C. B. Clarke = Hydrocotyle hookeri (C. B. Clarke) Craib ■
200315 Hydrocotyle javanica Thunb. var. podantha (Molk.) C. B. Clarke = Hydrocotyle podantha Molk. ■
200316 Hydrocotyle javanica Thunb. var. podantha C. B. Clarke = Hydrocotyle himalaica P. K. Mukh. ■
200317 Hydrocotyle keelungensis Tang S. Liu, C. Y. Chao et T. I. Chuang;基隆天胡荽;Jilong Pennywort ■
200318 Hydrocotyle keelungensis Tang S. Liu, C. Y. Chao et T. I. Chuang = Hydrocotyle sibthorpioides Lam. ■
200319 Hydrocotyle lanuginosa Eckl. et Zeyh. = Centella virgata (L. f.) Drude ■☆
200320 Hydrocotyle laxiflora Masam. = Hydrocotyle setulosa Hayata ■
200321 Hydrocotyle leucocephala Cham. et Schltdl.;白头天胡荽■☆
200322 Hydrocotyle linifolia L. f. = Centella linifolia (L. f.) Drude ■☆
200323 Hydrocotyle littoralis Eckl. et Zeyh. = Centella tridentata (L. f.) Drude ex Domin var. litoralis (Eckl. et Zeyh.) M. T. R. Schub. et B. -E. van Wyk ■☆
200324 Hydrocotyle lurida Hance = Centella asiatica (L.) Urb. ■
200325 Hydrocotyle macrocarpa Rich. = Centella macrocarpa (Rich.) Adamson ■☆
200326 Hydrocotyle macrodus Spreng. = Centella macrodus (Spreng.) B. L. Burtt ■☆
200327 Hydrocotyle mannii Hook. f.;曼氏天胡荽■☆
200328 Hydrocotyle mannii Hook. f. var. acutiloba C. C. Towns.;尖裂曼氏天胡荽■☆
200329 Hydrocotyle maritima Honda;毛叶天胡荽(过路蜈蚣,花边灯盏,尖叶天胡荽,盆上芫荽,小叶铜钱草,野石胡荽);Hairleaf Pennywort ■
200330 Hydrocotyle maritima Honda = Hydrocotyle ramiflora Maxim. ■
200331 Hydrocotyle masamunei M. Hiroe = Hydrocotyle setulosa Hayata ■
200332 Hydrocotyle mexicana Schltdl. et Cham.;墨西哥天胡荽■☆
200333 Hydrocotyle microphylla A. Cunn.;小叶天胡荽■☆
200334 Hydrocotyle montana Cham. et Schltdl. = Centella montana (Cham. et Schltdl.) Domin ■☆
200335 Hydrocotyle monticola Hook. f. = Hydrocotyle sibthorpioides Lam. ■
200336 Hydrocotyle moschata G. Forst.;麝香天胡荽;Hairy Pennywort, Musky Marshpennywort ■☆
200337 Hydrocotyle moschata G. Forst. = Hydrocotyle mannii Hook. f. ■☆
200338 Hydrocotyle natans Cirillo = Hydrocotyle ranunculoides L. f. ■
200339 Hydrocotyle nepalensis Hook. = Hydrocotyle javanica Thunb. ■
200340 Hydrocotyle nitidula A. Rich. = Hydrocotyle sibthorpioides Lam. ■
200341 Hydrocotyle novae-zeelandiae DC.;新西兰天胡荽;New Zealand Pennywort ■☆
200342 Hydrocotyle pallida DC. = Centella asiatica (L.) Urb. ■
200343 Hydrocotyle pallida DC. var. conferta Eckl. et Zeyh. = Centella eriantha (Rich.) Drude ■☆
200344 Hydrocotyle pallida DC. var. subintegra ? = Centella asiatica (L.) Urb. ■
200345 Hydrocotyle plantaginea Spreng. = Centella glabrata L. ■☆
200346 Hydrocotyle podantha Molk.;柄花天胡荽;Pediceld Flower Pennywort, Stipedflower Pennywort ■
200347 Hydrocotyle polycephala Wight et Arn. = Hydrocotyle javanica Thunb. ■
200348 Hydrocotyle polycephala Wight et Arn. = Hydrocotyle nepalensis Hook. ■
200349 Hydrocotyle pseudoconferta Masam.;密伞天胡荽(假密伞花天胡荽,亮叶草);Denseumbel Pennywort ■
200350 Hydrocotyle ramiflora Maxim.;长梗天胡荽;Longpedicel Pennywort ■
200351 Hydrocotyle ramiflora Maxim. var. maritima (Honda) M. Hiroe = Hydrocotyle ramiflora Maxim. ■
200352 Hydrocotyle ranunculifolia Ohwi = Hydrocotyle batrachium Hance ■
200353 Hydrocotyle ranunculifolia Ohwi = Hydrocotyle benguetensis Elmer ■
200354 Hydrocotyle ranunculoides L. f.;毛茛状天胡荽;Buttercup Pennywort, Floating Pennywort ■
200355 Hydrocotyle rotundifolia Roxb. = Hydrocotyle sibthorpioides Lam. ■

200356 Hydrocotyle rotundifolia Roxb. var. batrachium (Hance) Cherm. = Hydrocotyle batrachium Hance ■
200357 Hydrocotyle rotundifolia Roxb. var. batrachium (Hance) Cherm. = Hydrocotyle sibthorpioides Lam. var. batrachium (Hance) Hand. -Mazz. ex R. H. Shan ■
200358 Hydrocotyle rubescens Franch. = Pimpinella rubescens (Franch.) H. Wolff ex Hand. -Mazz. ■
200359 Hydrocotyle rupestris Eckl. et Zeyh. = Centella rupestris (Eckl. et Zeyh.) Adamson ■☆
200360 Hydrocotyle salwinica R. H. Shan et S. L. Liou;怒江天胡荽;Nujiang Pennywort,Salwin Pennywort ■
200361 Hydrocotyle salwinica R. H. Shan et S. L. Liou var. obtusiloba S. L. Liou;钝裂天胡荽;Obtuselobed Nujiang Pennywort ■
200362 Hydrocotyle salwinica R. H. Shan et S. L. Liou var. obtusiloba S. L. Liou = Hydrocotyle salwinica R. H. Shan et S. L. Liou ■
200363 Hydrocotyle schlechteri H. Wolff;施莱天胡荽■☆
200364 Hydrocotyle setulosa Hayata;刺毛天胡荽(阿里山天胡荽);Setulose Pennywort,Spinyhair Pennywort ■
200365 Hydrocotyle shanii Boufford = Hydrocotyle chinensis (Dunn) Craib ■
200366 Hydrocotyle sibthorpioides Lam.;天胡荽(阿里山天胡荽,遍地锦,遍地青,蔡达草,滴滴金,地钱草,地星宿,鹅不食草,肺风草,过路蜈蚣,过路蜈蚣草,花边灯盏,鸡肠菜,假芫荽,金钱草,镜面草,克麻藤,龙灯碗,落地金钱,满天星,猫爪草,明镜草,盘上芫茜,盆上芫茜,盆上芫荽,盆荽,破铜钱,铺地锦,伤寒草,石胡荽,鼠迹草,水芫荽,四片孔,台湾天胡荽,天星草,田芫荽,铜钱草,细叶钱凿口,小叶金钱草,小叶破铜钱,小叶钱凿草,小叶铜钱草,星香草,星秀草,野芹菜,野芫荽,翳草,翳子草,鱼察子草,鱼鳞草,圆地炮,圆叶天胡荽);Lawn Marshpennywort,Lawn Pennywort ■
200367 Hydrocotyle sibthorpioides Lam. var. batrachium (Hance) Hand. -Mazz. ex R. H. Shan = Hydrocotyle batrachium Hance ■
200368 Hydrocotyle sibthorpioides Lam. var. dichondroides (Makino) M. Hiroe = Hydrocotyle dichondroides Makino ■
200369 Hydrocotyle sibthorpioides Lam. var. pauciflora (Y. Yabe) T. Yamaz. = Hydrocotyle yabei Makino ■☆
200370 Hydrocotyle sibthorpioides Lam. var. tuberifera (Ohwi) T. Yamaz.;块茎天胡荽■☆
200371 Hydrocotyle solandra L. f. = Centella capensis (L.) Domin ■☆
200372 Hydrocotyle superposita Baker = Hydrocotyle verticillata Thunb. ■☆
200373 Hydrocotyle tabularis Steud. = Centella macrocarpa (Rich.) Adamson ■☆
200374 Hydrocotyle tenella Buch. -Ham. ex D. Don = Hydrocotyle sibthorpioides Lam. ■
200375 Hydrocotyle thunbergiana Spreng. = Centella asiatica (L.) Urb. ■
200376 Hydrocotyle tomentosa Thunb. = Centella capensis (L.) Domin ■☆
200377 Hydrocotyle trichophylla Eckl. et Zeyh. = Centella virgata (L. f.) Drude ■☆
200378 Hydrocotyle tridentata L. f. = Centella tridentata (L. f.) Drude ex Domin ■☆
200379 Hydrocotyle triloba Thunb. = Centella triloba (Thunb.) Drude ■☆
200380 Hydrocotyle tuberifera Ohwi = Hydrocotyle sibthorpioides Lam. var. tuberifera (Ohwi) T. Yamaz. ■☆
200381 Hydrocotyle tussilaginifolia Baker = Centella tussilaginifolia (Baker) Domin ■☆
200382 Hydrocotyle ulugurensis Engl. = Centella ulugurensis (Engl.) Domin ■☆
200383 Hydrocotyle umbellata L.;伞花天胡荽;Marsh Pennywort,Umbellate Water Pennywort ■☆
200384 Hydrocotyle uncinata Turcz. = Centella villosa L. ■☆
200385 Hydrocotyle verticillata Thunb.;水天胡荽;Water Pennywort ■☆
200386 Hydrocotyle verticillata Thunb. var. triradiata (A. Rich.) Fernald;三射线天胡荽■☆
200387 Hydrocotyle virgata L. f. = Centella virgata (L. f.) Drude ■☆
200388 Hydrocotyle vulgaris L.;欧洲天胡荽(欧破铜钱,普通破铜钱);Common Pennywort,Europe Pennywort,Fairy Table,Fairy Tables,Farthing Rot,Marsh Penny,Marsh Pennywort,Ouw,Penny Rot,Pennygrass,Pennywort,Red Rot,Rot-grass,Sheep Rot,Sheepbane,Sheep-killing Penny-grass,Sheep-rot,Shilling-grass,Shilling-rot,Water Cup,Water Pennywort,Water Rot,Watercup,White Rot ■☆
200389 Hydrocotyle vulgaris L. var. verticillata (Thunb.) Pers. = Hydrocotyle verticillata Thunb. ■☆
200390 Hydrocotyle wilfordi Maxim.;肾叶天胡荽(冰大海,大样雷公根,毛叶天胡荽,山灯盏,水雷公根,透骨草,鱼藤草);Kidneyleaf Pennywort ■
200391 Hydrocotyle wilfordii Maxim. = Hydrocotyle ramiflora Maxim. ■
200392 Hydrocotyle wilsonii Diels ex H. Wolff;鄂西天胡荽;W. Hubei Pennywort ■
200393 Hydrocotyle yabei Makino;矢部天胡荽■☆
200394 Hydrocotyle yabei Makino var. japonica (Makino) M. Hiroe;日本矢部天胡荽■☆
200395 Hydrodea N. E. Br. = Mesembryanthemum L.(保留属名)■●
200396 Hydrodea bossiana Dinter = Mesembryanthemum cryptanthum Hook. f. ■☆
200397 Hydrodea cryptantha (Hook. f.) N. E. Br. = Mesembryanthemum cryptanthum Hook. f. ■☆
200398 Hydrodea hampdenii N. E. Br. = Mesembryanthemum cryptanthum Hook. f. ■☆
200399 Hydrodea sarcocalycantha (Dinter et A. Berger) Dinter = Mesembryanthemum cryptanthum Hook. f. ■☆
200400 Hydrodyssodia B. L. Turner(1988);墨西哥水菊属■☆
200401 Hydrodyssodia stevensii (McVaugh) B. L. Turner.;墨西哥水菊■☆
200402 Hydrogaster Kuhlm.(1935);胃液椴属●☆
200403 Hydrogaster trinervis Kuhlm.;胃液椴●☆
200404 Hydrogeton Lour. = Potamogeton L. ■
200405 Hydrogeton Pers. = Aponogeton L. f.(保留属名)■
200406 Hydrogetonaceae Link = Potamogetonaceae Bercht. et J. Presl(保留科名)■
200407 Hydroidea P. O. Karis(1990);糙冠帚鼠麹属●☆
200408 Hydroidea elsiae (Hilliard) P. O. Karis;糙冠帚鼠麹■☆
200409 Hydrola Raf. = Hydrolea L.(保留属名)■
200410 Hydrolaea Dumort. = Hydrolea L.(保留属名)■
200411 Hydrolea L.(1762)(保留属名);田基麻属(探芹草属);Hydrolea ■
200412 Hydrolea arayatensis Blanco = Hydrolea zeylanica (L.) J. Vahl ■
200413 Hydrolea brevistyla Verdc.;短柱田基麻■☆
200414 Hydrolea corymbosa J. Macbr. ex Elliott;伞花田基麻;

Bladderpod ■☆

200415 Hydrolea djalonensis A. Chev. = Hydrolea macrosepala A. W. Benn. ■☆

200416 Hydrolea floribunda Kotschy et Peyr. ;多花田基麻■☆

200417 Hydrolea glabra Schumach. et Thonn. = Hydrolea palustris (Aubl.) Raeusch. ■☆

200418 Hydrolea graminifolia A. W. Benn. = Hydrolea floribunda Kotschy et Peyr. ■☆

200419 Hydrolea guineensis Choisy = Hydrolea glabra Schumach. et Thonn. ■☆

200420 Hydrolea inermis Lour. = Hydrolea zeylanica (L.) J. Vahl ■

200421 Hydrolea javanica Blume = Hydrolea zeylanica (L.) J. Vahl ■

200422 Hydrolea macrosepala A. W. Benn. ;大瓣田基麻■☆

200423 Hydrolea madagascariensis Choisy = Hydrolea palustris (Aubl.) Raeusch. ■☆

200424 Hydrolea ovata Nutt. ;卵形田基麻;Hydrolea ■☆

200425 Hydrolea palustris (Aubl.) Raeusch. ;沼泽田基麻■☆

200426 Hydrolea prostrata Exell = Hydrolea zeylanica (L.) J. Vahl ■

200427 Hydrolea quadrivalvis Walter;四瓣田基麻;Water Pod ■☆

200428 Hydrolea sansibarica Gilg = Hydrolea zeylanica (L.) J. Vahl ■

200429 Hydrolea uniflora Raf. ;单花田基麻;Hydrolea ■☆

200430 Hydrolea zeylanica (L.) J. Vahl;田基麻(假芹菜,探芹草);Srilanka Hydrolea ■

200431 Hydrolea zeylanica (L.) J. Vahl var. ciliata Choisy = Hydrolea zeylanica (L.) J. Vahl ■

200432 Hydroleaceae Bercht. et J. Presl = Hydrophyllaceae R. Br. (保留科名)●■

200433 Hydroleaceae R. Br. = Hydrophyllaceae R. Br. (保留科名)●■

200434 Hydroleaceae R. Br. ex Edwards = Hydrophyllaceae R. Br. (保留科名)●■

200435 Hydroleaceae R. Br. ex Edwards(1821);田基麻科(叶藏刺科)■

200436 Hydrolia Thouars = Hydrolea L. (保留属名)■

200437 Hydrolirion H. Lév. = Sagittaria L. ■

200438 Hydrolythrum Hook. f. (1867);水千屈菜属■

200439 Hydrolythrum Hook. f. = Rotala L. ■

200440 Hydrolythrum wallichii Hook. f. = Rotala wallichii (Hook. f.) Koehne ■

200441 Hydromestes Benth. et Hook. f. = Hydromestus Scheidw. ●■☆

200442 Hydromestus Scheidw. = Aphelandra R. Br. ●■☆

200443 Hydromistria Barti. = Hydromystria G. Mey. ■☆

200444 Hydromystria G. Mey. (1818);水匙草属(水汤匙草属)■☆

200445 Hydromystria G. Mey. = Limnobium Rich. ■☆

200446 Hydromystria laevigata (Willd.) Hunz. ;平滑水匙草■☆

200447 Hydromystria stolonifera G. Mey. ;水匙草■☆

200448 Hydropectis Rydb. (1914);水梳齿菊属;Water-shield ●☆

200449 Hydropectis aquatics (S. Watson) Rydb. ;水梳齿菊■☆

200450 Hydropeltidaceae Dumort. ;盾叶莲科(莼菜科)■

200451 Hydropeltidaceae Dumort. = Cabombaceae Rich. ex A. Rich. (保留科名)■

200452 Hydropeltidaceae Dumort. = Nymphaeaceae Salisb. (保留科名)■

200453 Hydropeltis Michx. (1803);盾叶莲属;Water-shield ■☆

200454 Hydropeltis Michx. = Brasenia Schreb. ■

200455 Hydropeltis purpurea Michx. ;盾叶莲■☆

200456 Hydropeltis purpurea Michx. = Brasenia schreberi J. F. Gmel. ■

200457 Hydrophaca Steud. = Hydrophace Haller ■

200458 Hydrophace Haller = Lemna L. ■

200459 Hydrophila Ehrh. = Crassula L. ●■☆

200460 Hydrophila Ehrh. = Tillaea L. ■

200461 Hydrophila Ehrh. ex House = Bulliarda DC. ●■☆

200462 Hydrophila Ehrh. ex House = Crassula L. ●■☆

200463 Hydrophila Ehrh. ex House = Tillaea L. ■

200464 Hydrophila Ehrh. ex House = Tillaeastrum Britton ●■☆

200465 Hydrophila House = Bulliarda DC. ●■☆

200466 Hydrophila House = Crassula L. ●■☆

200467 Hydrophila House = Tillaea L. ■

200468 Hydrophila House = Tillaeastrum Britton ●■☆

200469 Hydrophilus H. P. Linder(1984);水帚灯草属■☆

200470 Hydrophilus rattrayi (Pillans) H. P. Linder;水帚灯草■☆

200471 Hydrophylacaceae Martinov = Rubiaceae Juss. (保留科名)●■

200472 Hydrophylax L. f. (1782);水茜属■☆

200473 Hydrophylax carnosa (Hochst.) Sond. = Phylohydrax carnosa (Hochst.) Puff ■☆

200474 Hydrophylax madagascariensis Willd. ex Roem. et Schult. = Phylohydrax madagascariensis (Willd. ex Roem. et Schult.) Puff ■☆

200475 Hydrophylax maritima L. f. ;水茜■☆

200476 Hydrophyllaceae R. Br. (1817)(保留科名);田梗草科(田基麻科,田亚麻科);Hydrolea Family, Phacelia Family, Waterleaf Family ●■

200477 Hydrophyllaceae R. Br. (保留科名) = Boraginaceae Juss. (保留科名)■●

200478 Hydrophyllaceae R. Br. (保留科名) = Hydroleaceae R. Br. ■

200479 Hydrophyllaceae R. Br. (保留科名) = Rubiaceae Juss. (保留科名)●■

200480 Hydrophyllaceae R. Br. ex Edwards = Hydrophyllaceae R. Br. (保留科名)●■

200481 Hydrophyllax Raf. = Hydrophylax L. f. ■☆

200482 Hydrophyllum L. (1753);田梗草属;Waterleaf ■☆

200483 Hydrophyllum appendiculatum Michx. ;大田梗草;Great Waterleaf, Notchbract Waterleaf, Woollen Breeches ■☆

200484 Hydrophyllum canadense L. ;加拿大田梗草;Broadleaf Waterleaf, Broad-leaved Waterleaf ■☆

200485 Hydrophyllum fendleri (A. Gray) A. Heller;范氏田梗草;Fendler's Waterleaf ■☆

200486 Hydrophyllum latifolia Griseb. = Zizania latifolia (Griseb.) Turcz. ex Stapf ■

200487 Hydrophyllum occidentale A. Gray;西方田梗草;Western Squaw Lettuce ■☆

200488 Hydrophyllum virginianum L. ;弗州田梗草;John's Cabbage, John's-cabbage, Shawnee-salad, Virginia Water-leaf, Virginian Waterleaf, Waterleaf ■☆

200489 Hydrophyllum virginianum L. var. atranthum (Alexander) Constance = Hydrophyllum virginianum L. ■☆

200490 Hydrophylum Raf. = Hydrophyllum L. ■☆

200491 Hydropiper Buxb. ex Fourr. = Elatine L. ■

200492 Hydropiper Fourr. = Elatine L. ■

200493 Hydropiper (Endl.) Fourr. = Elatine L. ■

200494 Hydropityon C. F. Gaertn. (废弃属名) = Limnophila R. Br. (保留属名)■

200495 Hydropityon zeylanicum C. F. Gaertn. = Limnophila indica (L.) Druce ■

200496 Hydropityum Steud. = Hydropityon C. F. Gaertn. (废弃属名)■

200497 Hydropityum Steud. = Limnophila R. Br. (保留属名)■

200498 Hydropoa (Dumort.) Dumort. = Exydra Endl. ■
200499 Hydropoa (Dumort.) Dumort. = Glyceria R. Br. (保留属名) ■
200500 Hydropyrum Link = Zizania L. ■
200501 Hydropyrum latifolium Griseb. = Zizania latifolia (Griseb.) Turcz. ex Stapf ■
200502 Hydropyxis Raf. = ? Bacopa Aubl. (保留属名) + Centunculus L. ■
200503 Hydroryza Prat = Hygroryza Nees ■
200504 Hydroschoenus Zoll. et Moritzi = Cyperus L. ■
200505 Hydroschoenus Zoll. et Moritzi(1846);水莎属■☆
200506 Hydroschoenus kyllingioides Zoll. et Moritzi;水莎■☆
200507 Hydrosia A. Juss. = Hidrosia E. Mey. ●■
200508 Hydrosia A. Juss. = Rhynchosia Lour. (保留属名) ●■
200509 Hydrosme Schott = Amorphophallus Blume ex Decne. (保留属名) ■●
200510 Hydrosme angolensis Welw. ex Schott = Amorphophallus angolensis (Welw. ex Schott) N. E. Br. ■☆
200511 Hydrosme baumannii Engl. = Amorphophallus baumannii (Engl.) N. E. Br. ■☆
200512 Hydrosme chevalieri Engl. = Amorphophallus abyssinicus (A. Rich.) N. E. Br. ■☆
200513 Hydrosme dracontioides Engl. = Amorphophallus dracontioides (Engl.) N. E. Br. ■☆
200514 Hydrosme eichleri Engl. = Amorphophallus eichleri (Engl.) Hook. f. ■☆
200515 Hydrosme fischeri Engl. = Amorphophallus maximus (Engl.) N. E. Br. subsp. fischeri (Engl.) Ittenb. ■☆
200516 Hydrosme foetida Engl. = Amorphophallus abyssinicus (A. Rich.) N. E. Br. ■☆
200517 Hydrosme gallaensis Engl. = Amorphophallus gallaensis (Engl.) N. E. Br. ■☆
200518 Hydrosme gigantiflorus (Hayata) S. S. Ying = Amorphophallus paeoniifolius (Dennst.) Nicholson ■
200519 Hydrosme goetzei Engl. = Amorphophallus goetzei (Engl.) N. E. Br. ■☆
200520 Hydrosme grata (Schott) Engl. = Amorphophallus abyssinicus (A. Rich.) N. E. Br. ■☆
200521 Hydrosme hildebrandtii Engl. = Amorphophallus hildebrandtii (Engl.) Engl. et Gehrm. ■☆
200522 Hydrosme leopoldiana Mast. = Amorphophallus angolensis (Welw. ex Schott) N. E. Br. ■☆
200523 Hydrosme maxima Engl. = Amorphophallus maximus (Engl.) N. E. Br. ■☆
200524 Hydrosme mossambicensis Schott ex Garcke = Amorphophallus mossambicensis (Schott ex Garcke) N. E. Br. ■☆
200525 Hydrosme nimurai (Yamam.) S. S. Ying = Amorphophallus henryi N. E. Br. ■
200526 Hydrosme preussii Engl. = Amorphophallus preussii (Engl.) N. E. Br. ■☆
200527 Hydrosme purpurea Engl. = Amorphophallus johnsonii N. E. Br. ■☆
200528 Hydrosme rivieri Engl. = Amorphophallus konjac C. Koch ■
200529 Hydrosme rivieri Engl. = Amorphophallus rivieri Durieu ex Carrière ■
200530 Hydrosme schweinfurthii Engl. = Amorphophallus abyssinicus (A. Rich.) N. E. Br. ■☆
200531 Hydrosme seretii De Wild. = Amorphophallus abyssinicus (A. Rich.) N. E. Br. ■☆
200532 Hydrosme sparsiflora Engl. = Amorphophallus gallaensis (Engl.) N. E. Br. ■☆
200533 Hydrosme staudtii Engl. = Amorphophallus staudtii (Engl.) N. E. Br. ■☆
200534 Hydrosme stuhlmannii Engl. = Amorphophallus stuhlmannii (Engl.) Engl. et Gehrm. ■☆
200535 Hydrosme teuszii Engl. = Amorphophallus teuszii (Engl.) N. E. Br. ■☆
200536 Hydrosme vivieri Engl. = Amorphophallus rivieri Durieu ex Carrière ■
200537 Hydrosme warneckei Engl. = Amorphophallus abyssinicus (A. Rich.) N. E. Br. ■☆
200538 Hydrosme zenkeri Engl. = Amorphophallus zenkeri (Engl.) N. E. Br. ■☆
200539 Hydrospondylus Hassk. = Hydrilla Rich. ■
200540 Hydrostachyaceae Engl. (1894)(保留科名);水穗草科(水穗科)■☆
200541 Hydrostachydaceae Engl. = Hydrostachyaceae Engl. (保留科名)■☆
200542 Hydrostachys Thouars(1806);水穗草属(水穗属)■☆
200543 Hydrostachys angustisecta Engl.;窄裂水穗草■☆
200544 Hydrostachys inaequalis Reimers = Hydrostachys angustisecta Engl. ■☆
200545 Hydrostachys insignis Mildbr. et Reimers;显著水穗草■☆
200546 Hydrostachys insignis Mildbr. et Reimers var. congolana Hauman = Hydrostachys insignis Mildbr. et Reimers ■☆
200547 Hydrostachys lukungensis (Hauman) C. Cusset;卢空水穗草■☆
200548 Hydrostachys myriophylla Hauman;多叶水穗草■☆
200549 Hydrostachys natalensis Wedd. = Hydrostachys polymorpha Klotzsch ex A. Br. ■☆
200550 Hydrostachys polymorpha Klotzsch ex A. Br.;纳塔尔水穗草■☆
200551 Hydrostachys triaxialis Engl. et Gilg;三轴水穗草■☆
200552 Hydrostemma Wall. (废弃属名) = Barclaya Wall. (保留属名)■☆
200553 Hydrostis Rchb. = Hydrastis Ellis ex L. ■☆
200554 Hydrotaenia Lindl. = Tigridia Juss. ■
200555 Hydrothauma C. E. Hubb. (1947);水奇草属■☆
200556 Hydrothauma manicatum C. E. Hubb.;水奇草■☆
200557 Hydrothrix Hook. f. (1887);水毛雨久花属■☆
200558 Hydrothrix verticillaris Hook. f.;水毛雨久花■☆
200559 Hydrotiche A. Juss. = Hydrotriche Zucc. ■☆
200560 Hydrotriche Zucc. (1832);水毛玄参属■☆
200561 Hydrotriche hottoniaeflora Zucc.;水毛玄参■☆
200562 Hydrotrida Small = Bacopa Aubl. (保留属名)■
200563 Hydrotrida Small = Macuillamia Raf. ■
200564 Hydrotrida Willd. ex Schltdl. et Cham. = Bacopa Aubl. (保留属名)■
200565 Hydrotrida Willd. ex Schltdl. et Cham. = Hydranthelium Kunth ■
200566 Hydrotrophus C. B. Clarke = Blyxa Noronha ex Thouars ■
200567 Hydrotrophus echinospermus C. B. Clarke = Blyxa echinosperma (C. B. Clarke) Hook. f. ■
200568 Hyerochilus Pfitzer = Vandopsis Pfitzer ■
200569 Hyeronima Allemão = Hieronima Allemão ●☆
200570 Hygea Hanst. (1854);健神苣苔属☆

200571 Hygea barbigera Hanst. ;健神苣苔☆
200572 Hygrobiaceae Dulac = Haloragaceae R. Br. (保留科名)●■
200573 Hygrobiaceae Dulac = Haloragidaceae R. Br. ●■
200574 Hygrobiaceae Rich. = Haloragaceae R. Br. (保留科名)●■
200575 Hygrobiaceae Rich. = Haloragidaceae R. Br. ●■
200576 Hygrocharis Hochst. = Nephrophyllum A. Rich. ■
200577 Hygrocharis Hochst. ex A. Rich. = Nephrophyllum A. Rich. ■
200578 Hygrocharis Nees = Rhynchospora Vahl(保留属名)■
200579 Hygrocharis abyssinica (A. Rich.) Hochst. ex A. Rich. = Nephrophyllum abyssinicum A. Rich. ■☆
200580 Hygrochilus Pfitzer = Vanda Jones ex R. Br. ■
200581 Hygrochilus Pfitzer(1897);湿唇兰属(蛾脊兰属);Hygrochilus ■
200582 Hygrochilus parishii (Rchb. f.) Pfitzer = Hygrochilus parishii (Veitch et Rchb. f.) Pfitzer ■
200583 Hygrochilus parishii (Rchb. f.) Pfitzer = Vandopsis parishii (Rchb. f.) Schltr. ■
200584 Hygrochilus parishii (Veitch et Rchb. f.) Pfitzer;湿唇兰(帕里什假万带兰,疏花万朵兰);Hygrochilus,Parish Vandopsis ■
200585 Hygrochilus parishii (Veitch et Rchb. f.) Pfitzer = Vandopsis parishii (Rchb. f.) Schltr. ■
200586 Hygrochilus subparishii Z. H. Tsi = Sedirea subparishii (Z. H. Tsi) K. I. Chr. ■
200587 Hygrochloa Lazarides(1979);北澳水禾属■☆
200588 Hygrochloa aquatica Lazarides;北澳水禾■☆
200589 Hygrophila R. Br. (1810);水蓑衣属;Hygrophila,Starthorn,Star-thorn,Water Strawcoat ●■
200590 Hygrophila abyssinica (Hochst. ex Nees) T. Anderson;阿比西尼亚水蓑衣●☆
200591 Hygrophila acinos (S. Moore) Heine;葡萄水蓑衣■☆
200592 Hygrophila acutisepala Burkill;尖萼水蓑衣■☆
200593 Hygrophila affinis Lindau = Duosperma quadrangulare (Klotzsch) Brummitt ■☆
200594 Hygrophila africana (T. Anderson) Heine;非洲水蓑衣■☆
200595 Hygrophila angolensis (S. Moore) Heine;安哥拉水蓑衣■☆
200596 Hygrophila asteracanthoides Lindau;星花水蓑衣■☆
200597 Hygrophila auriculata (K. Schum.) Heine;耳状水蓑衣;Auriculate Hygrophila ■☆
200598 Hygrophila auriculata (Schumach.) Heine;耳形水蓑衣●☆
200599 Hygrophila barbata (Nees) T. Anderson;髯毛水蓑衣●☆
200600 Hygrophila bequaertii De Wild. ;贝卡尔水蓑衣●☆
200601 Hygrophila borellii (Lindau) Heine;博雷尔水蓑衣■☆
200602 Hygrophila brevituba (Burkill) Heine;短管水蓑衣■☆
200603 Hygrophila caerulea (Hochst.) T. Anderson;天蓝水蓑衣■☆
200604 Hygrophila chariensis Lindau = Dyschoriste heudelotiana (Nees) Kuntze ■☆
200605 Hygrophila chevalieri Benoist;舍瓦利耶水蓑衣■☆
200606 Hygrophila ciliata (T. Anderson) Burkill;缘毛水蓑衣■☆
200607 Hygrophila costata Sinning;湖水蓑衣;Lake Hygrophila ■☆
200608 Hygrophila crenata Lindau = Duosperma crenatum (Lindau) P. G. Mey. ■☆
200609 Hygrophila difformis (L. f.) Blume;不齐水蓑衣;Water Wisteria ■☆
200610 Hygrophila diffusa J. K. Morton;松散水蓑衣■☆
200611 Hygrophila erecta (Burm. f.) Hochr. ;小叶水蓑衣■
200612 Hygrophila gilletii De Wild. ;吉勒特水蓑衣■
200613 Hygrophila glutinifolia Lindau = Strobilanthopsis linifolia (T. Anderson ex C. B. Clarke) Milne-Redh. ●☆
200614 Hygrophila gossweileri (S. Moore) Heine;戈斯水蓑衣■☆
200615 Hygrophila gracillima (Schinz) Burkill;细长水蓑衣■☆
200616 Hygrophila hippuroides Lindau;杉叶藻水蓑衣■☆
200617 Hygrophila homblei De Wild. ;洪布勒水蓑衣■☆
200618 Hygrophila hygrophiloides (Lindau) Heine;喜水水蓑衣■☆
200619 Hygrophila katangensis De Wild. ;加丹加水蓑衣■☆
200620 Hygrophila kyimbalensis Lindau = Dyschoriste kyimbalensis (Lindau) S. Moore ■☆
200621 Hygrophila laevis (Nees) Lindau;平滑水蓑衣■
200622 Hygrophila lancea (Thunb.) Miq. = Hygrophila salicifolia (Vahl) Nees ■
200623 Hygrophila limnophiloides (S. Moore) Heine;石龙尾水蓑衣■☆
200624 Hygrophila lindaviana (De Wild. et T. Durand) Burkill;林达维水蓑衣■☆
200625 Hygrophila linearis Burkill;线状水蓑衣■
200626 Hygrophila longifolia (L.) Kurz = Hygrophila auriculata (Schumach.) Heine ●☆
200627 Hygrophila lutea T. Anderson = Monechma ciliatum (Jacq.) Milne-Redh. ●☆
200628 Hygrophila megalantha Merr. ;六角英(大花水蓑衣);Largeflower Hygrophila ■
200629 Hygrophila micrantha (Nees) T. Anderson;大花水蓑衣■☆
200630 Hygrophila nyassica Gilli;尼亚萨水蓑衣■☆
200631 Hygrophila obovata Wight = Hygrophila quadrivalvis (Buch. -Ham.) Nees ■☆
200632 Hygrophila odora (Nees) T. Anderson;芳香水蓑衣■☆
200633 Hygrophila okavangensis P. G. Mey. ;奥卡万戈水蓑衣■☆
200634 Hygrophila origanoides (Lindau) Heine;牛至水蓑衣■☆
200635 Hygrophila palmensis Pires de Lima;帕尔马水蓑衣■☆
200636 Hygrophila parviflora Lindau = Duosperma crenatum (Lindau) P. G. Mey. ■☆
200637 Hygrophila phlomoides Nees;毛水蓑衣;Hairy Hygrophila ■
200638 Hygrophila phlomoides Nees var. roxburghii C. B. Clarke = Hygrophila erecta (Burm. f.) Hochr. ■
200639 Hygrophila pilosa Burkill;疏毛水蓑衣■☆
200640 Hygrophila pobeguinii Benoist;波别水蓑衣■☆
200641 Hygrophila pogonocalyx Hayata;大安水蓑衣■
200642 Hygrophila polysperma (Roxb.) Nees = Hygrophila polysperma (Roxb.) T. Anderson ■
200643 Hygrophila polysperma (Roxb.) T. Anderson;多籽水蓑衣■
200644 Hygrophila polysperma T. Anderson = Hygrophila polysperma (Roxb.) T. Anderson ■
200645 Hygrophila prunelloides (S. Moore) Heine;夏枯草状水蓑衣■☆
200646 Hygrophila pubescens (T. Anderson ex Oliv.) Benoist = Brillantaisia pubescens T. Anderson ex Oliv. ■☆
200647 Hygrophila quadrangularis De Wild. ;棱角水蓑衣■☆
200648 Hygrophila quadrivalvis (Buch. -Ham.) Nees;四果片水蓑衣■☆
200649 Hygrophila rehmannii Schinz = Duosperma rehmannii (Schinz) Vollesen ■☆
200650 Hygrophila rhodesiana S. Moore;罗得西亚水蓑衣■☆
200651 Hygrophila ringoetii De Wild. ;林戈水蓑衣■☆
200652 Hygrophila salicifolia (Vahl) Nees;水蓑衣(窜心蛇,大青草,杜根藤,广天仙子,毫卡菜,化痰青,化痰清,剑叶水蓑衣,九节花,柳叶水蓑衣,墨菜,南天仙子,枪叶水蓑衣,青泽兰,铁钉菜,细样墨菜，鱼骨草）；Lanceleaf Hygrophila，Water Strawcoat，Willowleaf Hygrophila ■

200653 Hygrophila salicifolia (Vahl) Nees var. longihirsuta H. S. Lo et D. Fang；贵港水蓑衣；Long-haired Willowleaf Hygrophila ■

200654 Hygrophila salicifolia (Vahl) Nees var. megalantha (Merr.) H. S. Lo = Hygrophila megalantha Merr. ■

200655 Hygrophila saxatilis Ridl.；岩水蓑衣；Rock Hygrophila ■

200656 Hygrophila schulli (Buch. -Ham.) M. R. Almeida et S. M. Almeida；舒尔水蓑衣■☆

200657 Hygrophila senegalensis (Nees) T. Anderson；塞内加尔水蓑衣■☆

200658 Hygrophila sereti De Wild. = Hygrophila uliginosa S. Moore ■☆

200659 Hygrophila sessilifolia Lindau = Duosperma sessilifolium (Lindau) Brummitt ■☆

200660 Hygrophila spiciformis Lindau；穗状水蓑衣■☆

200661 Hygrophila spinosa T. Anderson；刺水蓑衣■☆

200662 Hygrophila spinosa T. Anderson = Hygrophila auriculata (Schumach.) Heine ●☆

200663 Hygrophila stagnalis Benoist；沼泽水蓑衣■☆

200664 Hygrophila steudneri Penz. = Hygrophila asteracanthoides Lindau ■☆

200665 Hygrophila subquadrangularis Lindau = Dyschoriste subquadrangularis (Lindau) C. B. Clarke ●☆

200666 Hygrophila tenera (Lindau) Heine；极细水蓑衣■☆

200667 Hygrophila teuczii Lindau = Hygrophila uliginosa S. Moore ■☆

200668 Hygrophila thonneri De Wild.；托内水蓑衣■☆

200669 Hygrophila tumbuctuensis A. Chev. = Hygrophila micrantha (Nees) T. Anderson ■☆

200670 Hygrophila uliginosa S. Moore；沼生水蓑衣■☆

200671 Hygrophila vanderystii S. Moore = Hygrophila pobeguinii Benoist ■☆

200672 Hygrophila vogeliana Benth.；沃格尔水蓑衣■☆

200673 Hygrophila volkensii Lindau = Dyschoriste volkensii (Lindau) C. B. Clarke ■☆

200674 Hygrorhiza Benth. = Hygroryza Nees ■

200675 Hygroryza Nees(1833)；水禾属；Wild Floating Rice ■

200676 Hygroryza aristata (Retz.) Nees = Hygroryza aristata (Retz.) Nees ex Wight et Arn. ■

200677 Hygroryza aristata (Retz.) Nees ex Wight et Arn.；水禾；Wild Floating Rice ■

200678 Hylacium P. Beauv. = Psychotria L. (保留属名)●

200679 Hylacium P. Beauv. = Rauvolfia L. ●

200680 Hylacium owariense P. Beauv. = Psychotria owariensis (P. Beauv.) Hiern ●☆

200681 Hylaea J. F. Morales = Prestonia R. Br. (保留属名)●☆

200682 Hylaeanthe A. M. E. Jonker et Jonker(1955)；狗花竹竽属■☆

200683 Hylaeanthe Jonker = Hylaeanthe A. M. E. Jonker et Jonker ■☆

200684 Hylaeanthe hexantha (Poepp. et Endl.) A. M. E. Jonker et Jonker；狗花竹竽■☆

200685 Hylaeanthe hoffmannii (K. Schum.) A. M. E. Jonker et Jonker；豪氏狗花竹竽■☆

200686 Hylaeanthe panamaensis (Standl.) H. A. Kennedy；巴拿马狗花竹竽■☆

200687 Hylaeanthe polystachya (Pulle) A. M. E. Jonker et Jonker；多穗狗花竹竽■☆

200688 Hylaeorchis Carnevali et G. A. Romero = Maxillaria Ruiz et Pav. ■☆

200689 Hylandia Airy Shaw(1974)；海氏大戟属●■☆

200690 Hylandia dockrillii Airy Shaw；海氏大戟；Blush Wood☆

200691 Hylandra Á. Löve = Arabidopsis Heynh. (保留属名)■

200692 Hylandra Á. Löve = Arabis L. ●■

200693 Hylas Bigel. = Myriophyllum L. ■

200694 Hylas Bigel. ex DC. = Myriophyllum L. ■

200695 Hylebates Chippind. (1945)；林倾草属■☆

200696 Hylebates chlorochloe (K. Schum.) Napper；林倾草■☆

200697 Hylebates cordatus Chippind.；心形林倾草■☆

200698 Hylebiu Fours. = Stellaria L. ■

200699 Hylenaea Miers(1872)；翅籽卫矛属●☆

200700 Hylenaea multiflora Miers；多花翅籽卫矛●☆

200701 Hylethale Link = Prenanthes L. ■

200702 Hyline Herb. (1840)；林石蒜属■☆

200703 Hyline Herb. = Griffinia Ker Gawl. ■☆

200704 Hyline gardneriana Herb.；林石蒜■☆

200705 Hylocarpa Cuatrec. (1961)；木果树属●☆

200706 Hylocarpa heterocarpa (Ducke) Cuatrec.；木果树●☆

200707 Hylocereus (A. Berger) Britton et Rose(1909)；量天尺属；Night-blooming Cereus, Nightblooming-cereus, Pitaya, Sky Scale ●

200708 Hylocereus Britton et Rose = Hylocereus (A. Berger) Britton et Rose ●

200709 Hylocereus guatemalensis (Eichlam) Britton et Rose；三角柱■☆

200710 Hylocereus guatemalensis Britton et Rose = Hylocereus guatemalensis (Eichlam) Britton et Rose ■☆

200711 Hylocereus polyrhizus (F. A. C. Weber) Britton et Rose；多根量天尺；Pitajaya ●☆

200712 Hylocereus triangularis (L.) Britton et Rose；多刺量天尺(三角量天尺)●

200713 Hylocereus undatus (Haw.) Britton et Rose；量天尺(霸王鞭，霸王花，火龙果，剑花，龙骨花，七星剑，七星剑花，三角火旺，三角柱，三棱箭，三棱婆，昙花，韦驮花)；Common Night-blooming Cereus, Common Nightblooming-cereus, Honolulu-queen, Night-blooming Cereus, Night-flowering Cereus, Queen-of the-night, Sky Scale ●

200714 Hylocharis Miq. = Oxyspora DC. ●

200715 Hylocharis Tiling ex Regel et Tiling = Clintonia Raf. ■

200716 Hylococcus R. Br. ex Benth. = Petalostigma F. Muell. ●☆

200717 Hylococcus R. Br. ex Benth. = Xylococcus R. Br. ex Britten et S. Moore ●☆

200718 Hylococcus R. Br. ex T. L. Mitch. = Petalostigma F. Muell. ●☆

200719 Hylococcus R. Br. ex T. L. Mitch. = Xylococcus R. Br. ex Britten et S. Moore ●☆

200720 Hylococcus T. L. Mitch. = Petalostigma F. Muell. ●☆

200721 Hylococcus T. L. Mitch. = Xylococcus R. Br. ex Britten et S. Moore ●☆

200722 Hylodendron Taub. (1894)；丛枝苏木属●☆

200723 Hylodendron gabunense Taub.；丛枝苏木●☆

200724 Hylodesmum H. Ohashi et R. R. Mill(2000)；长柄山蚂蝗属(山绿豆属，水姑里属)；Hylodesmum, Podocarpium ●■

200725 Hylodesmum densum (C. Chen et X. J. Cui) H. Ohashi et R. R. Mill；密毛长柄山蚂蝗(菱叶山蚂蝗，密花葛)；Dense-hairy Podocarpium ■

200726 Hylodesmum lancangense (Y. Y. Qian) X. Y. Zhu et H. Ohashi.；澜沧长柄山蚂蝗；Lancang Podocarpium ●

200727 Hylodesmum laterale (C. K. Schindl.) H. Ohashi et R. R. Mill；

侧序长柄山蚂蝗(侧序山蚂蝗,短柄山绿豆,海南山绿豆,琉球山蚂蝗);Lateral Podocarpium ■

200728 Hylodesmum laxum (DC.) H. Ohashi et R. R. Mill;疏花长柄山蚂蝗(白刺槐);Laxflower Podocarpium,Loose-flower Podocarpium ■

200729 Hylodesmum laxum (DC.) H. Ohashi et R. R. Mill = Desmodium laxum DC. ■

200730 Hylodesmum laxum (DC.) H. Ohashi et R. R. Mill subsp. falfolium (H. Ohashi) H. Ohashi et R. R. Mill;湘西长柄山蚂蝗(滇南山蚂蝗)■

200731 Hylodesmum laxum (DC.) H. Ohashi et R. R. Mill subsp. lateraxum (H. Ohashi) H. Ohashi et R. R. Mill;黔长柄山蚂蝗■

200732 Hylodesmum leptopus (A. Gray ex Benth.) H. Ohashi et R. R. Mill;长果柄山蚂蝗(绒毛叶杭子梢,细长柄山蚂蝗,细梗山蚂蝗);Longstalk Tickclover,Slender Podocarpium,Veluty Clovershrub ●

200733 Hylodesmum leptopus (A. Gray ex Benth.) H. Ohashi et R. R. Mill = Desmodium leptopus A. Gray ex Benth. ●■

200734 Hylodesmum longipes (Franch.) H. Ohashi et R. R. Mill;云南长柄山蚂蝗(鹤庆山蚂蝗,红野豆,水菇里,云南高山豆);Ducloux Podocarpium,Yunnan Podocarpium ■

200735 Hylodesmum menglaense (H. Ohashi) H. Ohashi et R. R. Mill;勐蜡长柄山蚂蝗;Mengla Podocarpium ■

200736 Hylodesmum oldhamii (Oliv.) H. Ohashi et R. R. Mill;羽叶长柄山蚂蝗(,奥氏山蚂蝗,藤甘豆,羽叶山绿豆,羽叶山蚂蝗);Oldham Podocarpium,Pinnate Podocarpium ●■

200737 Hylodesmum oldhamii (Oliv.) H. Ohashi et R. R. Mill = Desmodium oldhamii Oliv. ●■

200738 Hylodesmum oldhamii (Oliv.) H. Ohashi et R. R. Mill = Podocarpium oldhamii (Oliv.) Yen C. Yang et P. H. Huang ●■

200739 Hylodesmum podocarpum (DC.) H. Ohashi et R. R. Mill;长柄山蚂蝗(宽卵叶山蚂蝗,宽叶长柄山蚂蝗,菱叶山蚂蝗,山菜豆,山豆子,小黏子草,圆菱叶山蚂蝗);Common Podocarpium,Podocarpium ■

200740 Hylodesmum podocarpum (DC.) H. Ohashi et R. R. Mill subsp. fallax (C. K. Schindl.) H. Ohashi et R. R. Mill;宽卵叶长柄山蚂蝗(东北山蚂蝗,假山绿豆,宽卵叶山蚂蝗,宽叶长柄山蚂蝗,野苦参);Broadleaf Podocarpium,Fallacious Tickclover ■

200741 Hylodesmum podocarpum (DC.) H. Ohashi et R. R. Mill subsp. fallax (C. K. Schindl.) H. Ohashi et R. R. Mill = Desmodium podocarpum DC. subsp. fallax (Schindl.) H. Ohashi ●■

200742 Hylodesmum podocarpum (DC.) H. Ohashi et R. R. Mill subsp. oxyphyllum (DC.) H. Ohashi et R. R. Mill;尖叶长柄山蚂蝗(尖叶山蚂蝗,尖叶小山蚂蝗,山蚂蝗,小山蚂蝗,小粘子草,圆菱叶山蚂蝗);Acutifoliate Podocarpium,Japanese Podocarpium ■

200743 Hylodesmum podocarpum (DC.) H. Ohashi et R. R. Mill subsp. oxyphyllum (DC.) H. Ohashi et R. R. Mill = Desmodium podocarpum DC. subsp. oxyphyllum (DC.) H. Ohashi ■

200744 Hylodesmum podocarpum (DC.) H. Ohashi et R. R. Mill subsp. oxyphyllum (DC.) H. Ohashi et R. R. Mill var. mandshuricum (Maxim.) H. Ohashi et R. R. Mill = Desmodium podocarpum DC. subsp. oxyphyllum (DC.) H. Ohashi var. mandshuricum Maxim. ■

200745 Hylodesmum podocarpum (DC.) H. Ohashi et R. R. Mill subsp. szechuenense (Craib) H. Ohashi et R. R. Mill;四川长柄山蚂蝗(比子草,过路青,过路清,红青酒缸,红土子,红土子草,路边青,四川山蚂蝗);Sichuan Podocarpium ■

200746 Hylodesmum podocarpum (DC.) H. Ohashi et R. R. Mill var. oxyphyllum (DC.) H. Ohashi et R. R. Mill = Hylodesmum podocarpum (DC.) H. Ohashi et R. R. Mill subsp. oxyphyllum (DC.) H. Ohashi et R. R. Mill ■

200747 Hylodesmum repandum (Vahl) H. Ohashi et R. R. Mill;浅波叶长柄山蚂蝗(波状山蚂蝗);Lightwave Podocarpium,Repandus Podocarpium ●

200748 Hylodesmum williamsii (H. Ohashi) H. Ohashi et R. R. Mill;大苞长柄山蚂蝗(大金刚藤);Williams Podocarpium ■

200749 Hyloguton Salisb. = Allium L. ■

200750 Hylogyne Knight = Telopea R. Br. (保留属名)●☆

200751 Hylogyne Salisb. = Telopea R. Br. (保留属名)●☆

200752 Hylogyne Salisb. ex Knight. (废弃属名) = Telopea R. Br. (保留属名)●☆

200753 Hylomecon Maxim. (1859);荷青花属;Hylomecon ■

200754 Hylomecon japonica (Thunb.) Prantl et Kündig;荷青花(补血草,大叶老鼠七,刀豆三七,拐枣七,拐子七,鸡蛋黄花,水菖三七,水葛三七,乌筋七,小菜子七);Japan Hylomecon,Japanese Hylomecon ■

200755 Hylomecon japonica (Thunb.) Prantl et Kündig f. dissecta (Franch. et Sav.) Okuyama = Hylomecon japonica (Thunb.) Prantl et Kündig var. dissecta (Franch. et Sav.) Fedde ■

200756 Hylomecon japonica (Thunb.) Prantl et Kündig f. palliflavens Honda;浅黄荷青花■☆

200757 Hylomecon japonica (Thunb.) Prantl et Kündig f. subintegra (Fedde) Okuyama = Hylomecon japonica (Thunb.) Prantl et Kündig var. subincisa Fedde ■

200758 Hylomecon japonica (Thunb.) Prantl et Kündig var. dissecta (Franch. et Sav.) Fedde;多裂荷青花(菜子七,一枝花);Multifid Hylomecon ■

200759 Hylomecon japonica (Thunb.) Prantl et Kündig var. lanceolatum Makino;披针叶荷青花■☆

200760 Hylomecon japonica (Thunb.) Prantl et Kündig var. subincisa Fedde;锐裂荷青花(菜子七,一口血)■

200761 Hylomecon lasiocarpa (Oliv.) Diels = Stylophorum lasiocarpum (Oliv.) Fedde ■

200762 Hylomecon lasiocarpum (Oliv.) Diels = Stylophorum lasiocarpum (Oliv.) Fedde ■

200763 Hylomecon sutchuenensis (Franch.) Diels = Stylophorum sutchuense (Franch.) Fedde ■

200764 Hylomecon sutchuense (Franch.) Diels = Stylophorum sutchuense (Franch.) Fedde ■

200765 Hylomecon vernalis Maxim. = Hylomecon japonica (Thunb.) Prantl et Kündig ■

200766 Hylomenes Salisb. = Endymion Dumort. ■☆

200767 Hylomyza Danser = Dendrotrophe Miq. ●

200768 Hylomyza Danser = Dufrenoya Chatin ●

200769 Hylonome Webb et Benth. = Behnia Didr. ●☆

200770 Hylophila Lindl. (1833);袋唇兰属;Woodorchis ■

200771 Hylophila nipponica (Fukuy.) S. S. Ying;袋唇兰(兰屿袋唇兰,兰屿光唇兰,台湾小唇兰);Japan Woodorchis ■

200772 Hylophila nipponica (Fukuy.) T. P. Lin = Hylophila nipponica (Fukuy.) S. S. Ying ■

200773 Hylophila nipponica (Fukuy.) Tang S. Liu et H. J. Su = Hylophila nipponica (Fukuy.) S. S. Ying ■

200774 Hylorhipsalis Doweld = Rhipsalis Gaertn. (保留属名)●

200775 Hylotelephium H. Ohba (1977);八宝属(景天属);Eight Treasure,Hylotelephium,Stonecrop ■

200776 Hylotelephium H. Ohba. = Sedum L. ●■

200777 Hylotelephium × furusei H. Ohba;古施八宝■☆
200778 Hylotelephium almae (Fröd.) K. T. Fu et G. Y. Rao;兴隆八宝(库布齐八宝,亚马景天);Alma Stonecrop,Xinglong Stonecrop ■
200779 Hylotelephium almae (Fröd.) K. T. Fu et G. Y. Rao = Hylotelephium tatarinowii (Maxim.) H. Ohba var. integrifolium (Palib.) S. H. Fu ■
200780 Hylotelephium angustum (Maxim.) H. Ohba;狭穗八宝(狮儿草,狭穗景天);Narrowspike Eight Trasure,Narrowspike Stonecrop ■
200781 Hylotelephium angustum (Maxim.) H. Ohba var. longipedunculum J. M. Zhang et K. T. Fu;长穗八宝■
200782 Hylotelephium bonnafousii (Raym.-Hamet) H. Ohba;川鄂八宝(川鄂景天);Bonnafous Eight Trasure,Bonnafous Stonecrop ■
200783 Hylotelephium cauticola (Praeger) H. Ohba;跡地八宝■☆
200784 Hylotelephium erythrostictum (Miq.) H. Ohba;八宝(八宝草,拔火,白花蝎子草,辟火,大打不死,淡红佛甲草,豆瓣还阳,对叶景天,佛指甲,挂臂青,胡豆七,护花草,护火,活血三七,火炊灯,火丹草,火母,火焰草,胶稔草,跤蹬草,脚趾草,戒火,谨火,景天,景天草,救火,据火,龙鳞草,美人草,慎火,慎火草,土三七,瓦花,绣球花);Common Eight Trasure,Common Stonecrop,Garden Orpine,Garden Stonecrop,Live-forever ■
200785 Hylotelephium erythrostictum (Miq.) H. Ohba = Sedum erythrostictum Miq. ■
200786 Hylotelephium ettyuense (Tomida) H. Ohba = Hylotelephium sieboldii (Sweet ex Hook.) H. Ohba var. ettyuense (Tomida) H. Ohba ■☆
200787 Hylotelephium eupatorioides (Kom.) H. Ohba = Hylotelephium pallescens (Freyn) H. Ohba ■
200788 Hylotelephium ewersii (Ledeb.) H. Ohba;圆叶八宝(对叶景天,圆叶景天);Ewers Stonecrop,Rotundleaf Eight Trasure ■
200789 Hylotelephium maximum (L.) Holub;大八宝;Stonecrop ■☆
200790 Hylotelephium mingjinianum (S. H. Fu) H. Ohba;紫花八宝(打不死,大青五里香,丁拔,丁字草,红叶脚趾草,活血丹,尖叶脚疔草,脚趾叶,猫舌草,名金景天,石蝴蝶,岩脚趾,岩竹,蟑螂头,紫花景天);Purpleflower Eight Trasure,Purpleflower Stonecrop ■
200791 Hylotelephium mongolicum (Franch.) S. H. Fu;承德八宝;Mongol Eight Trasure,Mongolian Stonecrop ■
200792 Hylotelephium pakistanicum (G. R. Sarwar) G. R. Sarwar;巴基斯坦八宝■☆
200793 Hylotelephium pallescens (Freyn) H. Ohba;白八宝(白花景天,白景天,长茎景天);Pallescent Stonecrop,White Eight Trasure ■
200794 Hylotelephium pluricaule (Kudo) H. Ohba;多茎八宝■☆
200795 Hylotelephium populifolium (Pall.) H. Ohba;杨叶八宝■☆
200796 Hylotelephium pseudospectabile (Praeger) S. H. Fu;心叶八宝(心叶景天);Cordateleaf Eight Trasure,Cordateleaf Stonecrop ■
200797 Hylotelephium purpureum (L.) Holub = Hylotelephium triphyllum (Haw.) Holub ■
200798 Hylotelephium sieboldii (Sweet ex Hook.) H. Ohba;圆扇八宝(金钱掌,马齿苋叶景天,仙人宝,圆扇景天);Japanese Stonecrop,October Daphne, October Plant, Roundfan Eight Trasure, Siebold Stonecrop ■
200799 Hylotelephium sieboldii (Sweet ex Hook.) H. Ohba var. ettyuense (Tomida) H. Ohba;越中八宝■☆
200800 Hylotelephium sordidum (Maxim.) H. Ohba;污浊八宝■☆
200801 Hylotelephium sordidum (Maxim.) H. Ohba var. oishii (Ohwi) H. Ohba et M. Amano;小石八宝■☆
200802 Hylotelephium spectabile (Boreau) H. Ohba;长药八宝(八宝,长药景天,石头菜,蝎子草,蝎子掌);Butterfly Plant, Butterfly Stonecrop, Ice-plant, Live Forever, Longanther Eight Trasure, Longanther Stonecrop,Orphine,Showy Stonecrop,Stonecrop ■
200803 Hylotelephium spectabile (Boreau) H. Ohba = Sedum spectabile Boreau ■
200804 Hylotelephium spectabile (Boreau) H. Ohba var. angustifolium (Kitag.) S. H. Fu;狭叶长药八宝;Narrowleaf Longanther Eight Trasure,Stonecrop ■
200805 Hylotelephium subcapitatum (Hayata) H. Ohba;头状八宝(穗花八宝,穗花佛甲草,头状景天);Capitate Eight Trasure,Capitate Stonecrop ■
200806 Hylotelephium tangchiense R. X. Meng;汤池八宝;Tangchi Eight Trasure,Tangchi Stonecrop ■
200807 Hylotelephium tatarinowii (Maxim.) H. Ohba;华北八宝(长药八宝,的确景天,华北景天);Definite Stonecrop,N. China Eight Trasure,Tatarinow Stonecrop ■
200808 Hylotelephium tatarinowii (Maxim.) H. Ohba var. integrifolium (Palib.) S. H. Fu;全缘华北八宝;Entireleaf N. China Eight Trasure,Entireleaf Tatarinow Stonecrop ■
200809 Hylotelephium telephioides (Michx.) H. Ohba;类欧紫八宝;Allegheny Stonecrop ■☆
200810 Hylotelephium telephium (L.) H. Ohba = Hylotelephium triphyllum (Haw.) Holub ■
200811 Hylotelephium telephium (L.) H. Ohba = Sedum telephium L. ■☆
200812 Hylotelephium triphyllum (Haw.) Holub;紫八宝(欧紫八宝,紫瓣景天,紫景天,紫色兔白菜);Europe Eight Trasure, Live-forever,Purple Eight Trasure,Purple Stonecrop,Witch's Moneybags ■
200813 Hylotelephium tsugaruense (H. Hara) H. Ohba = Hylotelephium ussuriense (Kom.) H. Ohba var. tsugaruense (H. Hara) H. Ohba ■☆
200814 Hylotelephium ussuriense (Kom.) H. Ohba;乌苏里八宝■
200815 Hylotelephium ussuriense (Kom.) H. Ohba var. tsugaruense (H. Hara) H. Ohba;津轻八宝■☆
200816 Hylotelephium verticillatum (L.) H. Ohba;轮叶八宝(打不死,胡豆七,还魂草,楼台还阳,轮叶景天,岩三七,一代宗);Whorlleaf Eight Trasure,Whorlleaf Stonecrop ■
200817 Hylotelephium verticillatum (L.) H. Ohba f. bulbiferum (N. Yonez.) Yonek.;球根轮叶八宝■☆
200818 Hylotelephium verticillatum (L.) H. Ohba var. lithophilos H. Ohba;喜石八宝■☆
200819 Hylotelephium viride (Makino) H. Ohba;绿八宝■☆
200820 Hylotelephium viviparum (Maxim.) H. Ohba;珠芽八宝(零余子景天,珠萌景天);Viviparous Eight Trasure,Viviparous Stonecrop ■
200821 Hymanthoglossum Tod. = Himantoglossum K. Koch ■☆
200822 Hymenachne P. Beauv. (1812);膜稃草属(膜孚草属);Hymenacue,Water Hymenacue ■
200823 Hymenachne acutigluma (Steud.) Gillies = Hymenachne acutigluma (Steud.) Gilliland ■
200824 Hymenachne acutigluma (Steud.) Gilliland;尖颖膜稃草(膜稃草);Sharpglume Hymenacue,Sharpglume Water Hymenacue ■
200825 Hymenachne acutigluma (Steud.) Gilliland = Hymenachne amplexicaulis (Rudge) Nees ■
200826 Hymenachne acutigluma Gilliland = Hymenachne acutigluma (Steud.) Gilliland ■
200827 Hymenachne amplexicaulis (Rudge) Nees;抱茎膜稃草(灯芯草,膜稃草);Amplexicaule Water Hymenacue,West Indian Marsh Grass ■

200828 Hymenachne amplexicaulis (Rudge) Nees = Hymenachne pseudointerrupta C. H. Müll. ■
200829 Hymenachne assamicum (Hook.) Hitchc.; 弊草; Assam Hymenacue, Assam Water Hymenacue ■
200830 Hymenachne aurita (J. Presl ex Nees) Balansa = Panicum auritum J. Presl ex Nees ■
200831 Hymenachne indica (L.) Büse = Sacciolepis indica (L.) Chase ■
200832 Hymenachne indica (L.) Büse f. oryzetorum (Makino) T. Koyama = Sacciolepis indica (L.) Chase ■
200833 Hymenachne indica Büse = Sacciolepis indica (L.) Chase ■
200834 Hymenachne insulicola (Steud.) L. Liou; 长耳膜稃草; Longear Hymenacue, Longear Water Hymenacue ■
200835 Hymenachne insulicola (Steud.) L. Liou = Panicum auritum J. Presl ex Nees ■
200836 Hymenachne interrupta (Willd.) Büse = Sacciolepis interrupta (Willd.) Stapf ■
200837 Hymenachne interrupta Büse = Sacciolepis interrupta (Willd.) Stapf ■
200838 Hymenachne myosuroides (R. Br.) Balansa = Sacciolepis myosuroides (R. Br.) Chase ex E. G. Camus et A. Camus ■
200839 Hymenachne patens L. Liou; 展穗膜稃草; Spreadspike Hymenacue, Spreadspike Water Hymenacue ■
200840 Hymenachne pseudointerrupta C. H. Müll.; 膜稃草(灯芯草); Water Hymenacue ■
200841 Hymenachne pseudointerrupta C. H. Müll. = Hymenachne acutigluma (Steud.) Gilliland ■
200842 Hymenachne pseudointerrupta C. H. Müll. = Hymenachne amplexicaulis (Rudge) Nees ■
200843 Hymenaea L. (1753); 孪叶豆属(孪叶苏木属); India Locust, Indian Locust, Locust, Locust Bean ●
200844 Hymenaea courbaril L.; 孪叶豆(孪叶苏木, 南美叉叶树, 西印度孪叶豆); Algarroba, Amanis Gum, Anami Gum, Brazil Copai, Brazilian Copal, Coubaril, India Locust, West Indian Locust, West Indian Locust-tree, WI Locust ●
200845 Hymenaea davisii Sandwith; 戴氏孪叶苏木●☆
200846 Hymenaea martiana ?; 马丁孪叶豆●☆
200847 Hymenaea oblongifolia Huber; 长叶孪叶苏木●☆
200848 Hymenaea verrucosa Gaertn.; 疣果孪叶豆(叉叶树, 非洲叉叶树); Anime, Hymenodictyon, Madagascar Copal, Verrucose India Locust, Zanzibar Copal ●
200849 Hymenandra (A. DC.) A. DC. ex Spach = Hymenandra (A. DC.) Spach ●☆
200850 Hymenandra (A. DC.) Spach (1840); 膜蕊紫金牛属●☆
200851 Hymenandra A. DC. ex Spach = Hymenandra (A. DC.) Spach ●☆
200852 Hymenandra rosea B. C. Stone; 粉红膜蕊紫金牛●☆
200853 Hymenanthera R. Br. = Melicytus J. R. Forst. et G. Forst. ●☆
200854 Hymenantherum Cass. = Dyssodia Cav. ■☆
200855 Hymenanthes Blume = Rhododendron L. ●
200856 Hymenanthus D. Dietr. = Hymenanthes Blume ●
200857 Hymenanthus D. Dietr. = Rhododendron L. ●
200858 Hymenatherum Cass. = Dysodiopsis (A. Gray) Rydb. ■☆
200859 Hymenatherum Cass. = Dyssodia Cav. ■☆
200860 Hymenatherum Cass. = Thymophylla Lag. ●■☆
200861 Hymenatherum concinnum A. Gray = Thymophylla concinna (A. Gray) Strother ■☆
200862 Hymenatherum hartwegii A. Gray = Thymophylla pentachaeta (DC.) Small var. hartwegii (A. Gray) Strother ■☆
200863 Hymenatherum pentachaetum DC. = Thymophylla pentachaeta (DC.) Small ●■☆
200864 Hymenatherum polychaetum A. Gray = Thymophylla aurea (A. Gray) Greene var. polychaeta (A. Gray) Strother ■☆
200865 Hymenatherum tenuilobum DC. = Thymophylla tenuiloba (DC.) Small ■☆
200866 Hymenatherum treculii A. Gray = Thymophylla tenuiloba (DC.) Small var. treculii (A. Gray) Strother ■☆
200867 Hymendocarpum Pierre ex Pit. = Nostolachma T. Durand ●
200868 Hymenella (Moc. et Sessé ex) DC. = Minuartia L. ■
200869 Hymenella Moc. et Sessé = Minuartia L. ■
200870 Hymeneria (Lindl.) M. A. Clem. et D. L. Jones = Pinalia Lindl. ■
200871 Hymenesthes Miers = Bourreria P. Browne(保留属名)●☆
200872 Hymenetron Salisb. = Strumaria Jacq. ■☆
200873 Hymenia Griff. = Hymenaea L. ●
200874 Hymenidium DC. = Pleurospermum Hoffm. ■
200875 Hymenidium Lindl. (1835); 小膜草属■☆
200876 Hymenidium Lindl. = Pleurospermum Hoffm. ■
200877 Hymenidium album (C. B. Clarke ex H. Wolff) Pimenov et Kljuykov = Pleurospermum album C. B. Clarke ex H. Wolff ■☆
200878 Hymenidium amabile (Craib et W. W. Sm.) Pimenov et Kljuykov = Pleurospermum amabile Craib ex W. W. Sm. ■
200879 Hymenidium apiolens (C. B. Clarke) Pimenov et Kljuykov = Pleurospermum apiolens C. B. Clarke ■
200880 Hymenidium apiolens (C. B. Clarke) Pimenov et Kljuykov var. nipaulense Farille et S. B. Malla = Pleurospermum apiolens C. B. Clarke ■
200881 Hymenidium astrantioideum (H. Boissieu) Pimenov et Kljuykov = Pleurospermum astrantioideum (H. Boissieu) K. T. Fu et Y. C. Ho ■
200882 Hymenidium benthamii (Wall. ex DC.) Pimenov et Kljuykov = Pleurospermum benthamii (Wall. ex DC.) C. B. Clarke ■
200883 Hymenidium bicolor (Franch.) Pimenov et Kljuykov = Pleurospermum bicolor (Franch.) C. Norman ex Z. H. Pan et M. F. Watson ■
200884 Hymenidium chloroleucum (Diels) Pimenov et Kljuykov = Pleurospermum hookeri C. B. Clarke var. thomsonii C. B. Clarke ■
200885 Hymenidium cristatum (H. Boissieu) Pimenov et Kljuykov = Pleurospermum cristatum H. Boissieu ■
200886 Hymenidium davidii (Franch.) Pimenov et Kljuykov = Pleurospermum benthamii (Wall. ex DC.) C. B. Clarke ■
200887 Hymenidium decurrens (Franch.) Pimenov et Kljuykov = Pleurospermum decurrens Franch. ■
200888 Hymenidium delavayi (Franch.) Pimenov et Kljuykov = Ligusticum delavayi Franch. ■
200889 Hymenidium foetens (Franch.) Pimenov et Kljuykov = Pleurospermum foetens Franch. ■
200890 Hymenidium giraldii (Diels) Pimenov et Kljuykov = Pleurospermum giraldii Diels ■
200891 Hymenidium hedinii (Diels) Pimenov et Kljuykov = Pleurospermum hedinii Diels ■
200892 Hymenidium heracleifolium (Franch. ex H. Boissieu) Pimenov et Kljuykov = Pleurospermum heracleifolium Franch. ex H. Boissieu ■
200893 Hymenidium heterosciadium (H. Wolff) Pimenov et Kljuykov = Pleurospermum heterosciadium H. Wolff ■
200894 Hymenidium hookeri (C. B. Clarke) Pimenov et Kljuykov =

Pleurospermum hookeri C. B. Clarke ■
200895 Hymenidium linearilobum (W. W. Sm.) Pimenov et Kljuykov = Pleurospermum linearilobum W. W. Sm. ■
200896 Hymenidium macrochlaenum (K. T. Fu et Y. C. Ho) Pimenov et Kljuykov = Pleurospermum macrochlaenum K. T. Fu et Y. C. Ho ■
200897 Hymenidium nanum (Rupr.) Pimenov et Kljuykov = Pleurospermum lindleyanum (Lipsky) F. Fedtsch. ■
200898 Hymenidium nubigenum (H. Wolff) Pimenov et Kljuykov = Pleurospermum nubigenum H. Wolff ■
200899 Hymenidium pilosum (C. B. Clarke ex H. Wolff) Pimenov et Kljuykov = Pleurospermum pilosum C. B. Clarke ex H. Wolff ■
200900 Hymenidium pulszkyi (Kanitz) Pimenov et Kljuykov = Pleurospermum pulszkyi Kanitz ■
200901 Hymenidium szechenyii (Kanitz) Pimenov et Kljuykov = Pleurospermum szechenyii Kanitz ■
200902 Hymenidium tsekuense (R. H. Shan) Pimenov et Kljuykov = Pleurospermum tsekuense R. H. Shan ■
200903 Hymenidium wilsonii (H. Boissieu) Pimenov et Kljuykov = Pleurospermum wilsonii H. Boissieu ■
200904 Hymenidium wrightianum (H. Boissieu) Pimenov et Kljuykov = Pleurospermum wrightianum H. Boissieu ■
200905 Hymenidium yunnanense (Franch.) Pimenov et Kljuykov = Pleurospermum yunnanense Franch. ■
200906 Hymenocallis Salisb. (1812);水鬼蕉属(蜘蛛兰属);Hymenocallis, Ismene, Peru Daffodil, Peruvian Daffodil, Sea Daffodil, Sea-daffodil, Spider Lily, Spiderlily, Spider-lily, Waterghostbanana ■
200907 Hymenocallis × festalis Schmarse;祭祀水鬼蕉■☆
200908 Hymenocallis amancaes Nichols.;阿地水鬼蕉■☆
200909 Hymenocallis americana (Mill.) Roem. = Hymenocallis littoralis (Jacq.) Salisb. ■
200910 Hymenocallis americana M. Roem. = Hymenocallis littoralis (Jacq.) Salisb. ■
200911 Hymenocallis amoena Herb. = Hymenocallis ovata M. Roem. ■☆
200912 Hymenocallis bidentata Small = Hymenocallis occidentalis (J. Le Conte) Kunth ■☆
200913 Hymenocallis calathina G. Nicholson;蓝花水鬼蕉;Basket-flower, Basketshape Hymenocallis ■
200914 Hymenocallis calathina G. Nicholson = Hymenocallis narcissiflora J. F. Macbr. ■☆
200915 Hymenocallis calathina G. Nicholson var. grandiflora Hort.;巨花莠竹百合■☆
200916 Hymenocallis caribaea Herb.;加勒比水鬼蕉■☆
200917 Hymenocallis caroliniana Herb.;卡罗来纳水鬼蕉;Spider Lily ■☆
200918 Hymenocallis caymanensis Herb. = Hymenocallis latifolia (Mill.) M. Roem. ■☆
200919 Hymenocallis choctawensis Traub;佛罗里达水鬼蕉;Florida Panhandle Spider-lily ■☆
200920 Hymenocallis collieri Small = Hymenocallis latifolia (Mill.) M. Roem. ■☆
200921 Hymenocallis coronaria (J. Le Conte) Kunth;浅滩水鬼蕉;Cahaba-lily, Shoals Spider-lily ■☆
200922 Hymenocallis crassifolia Herb.;厚叶水鬼蕉;Coastal Carolina Spider-lily, Spider Lily ■☆
200923 Hymenocallis duvalensis Traub;白水鬼蕉;Dixie Spider-lily, White Sands Spider-lily ■☆
200924 Hymenocallis expansa Herb.;扩散水鬼蕉■☆
200925 Hymenocallis floridana (Raf.) C. V. Morton = Hymenocallis rotata (Ker Gawl.) Herb. ■☆
200926 Hymenocallis floridana (Raf.) C. V. Morton subsp. amplifolia Traub = Hymenocallis rotata (Ker Gawl.) Herb. ■☆
200927 Hymenocallis franklinensis G. Lom. Sm. = Hymenocallis franklinensis G. Lom. Sm., L. C. Anderson et Flory ■☆
200928 Hymenocallis franklinensis G. Lom. Sm., L. C. Anderson et Flory;富兰克林水鬼蕉;Cow Creek Spider-lily ■☆
200929 Hymenocallis galvestonensis (Herb.) Baker = Hymenocallis liriosme (Raf.) Shinners ■☆
200930 Hymenocallis galvestonensis (Herb.) Baker subsp. angustifolia Traub = Hymenocallis liriosme (Raf.) Shinners ■☆
200931 Hymenocallis godfreyi G. Lom. Sm. et Darst;戈弗雷水鬼蕉;Godfrey's Spider-lily, St. Mark's Marsh Spider-lily ■☆
200932 Hymenocallis henryae Traub;亨利水鬼蕉;Green Spider-lily, Henry's Spider-lily ■☆
200933 Hymenocallis humilis S. Watson = Hymenocallis palmeri S. Watson ■☆
200934 Hymenocallis keyensis Small = Hymenocallis latifolia (Mill.) M. Roem. ■☆
200935 Hymenocallis kimballiae Small = Hymenocallis latifolia (Mill.) M. Roem. ■☆
200936 Hymenocallis lacera Salisb. = Hymenocallis rotata (Ker Gawl.) Herb. ■☆
200937 Hymenocallis laciniata Small = Hymenocallis rotata (Ker Gawl.) Herb. ■☆
200938 Hymenocallis latifolia (Mill.) M. Roem.;阔叶水鬼蕉;Broad-leaf Spider-lily, Mangrove Spider-lily ■☆
200939 Hymenocallis latifolia M. Roem. = Hymenocallis latifolia (Mill.) M. Roem. ■☆
200940 Hymenocallis liriosme (Raf.) Shinners;西部沼地水鬼蕉;Louisiana Marsh Spider-lily, Spider-lily, Western Marsh Spider-lily ■☆
200941 Hymenocallis littoralis (Jacq.) Salisb.;水鬼蕉(美洲水鬼蕉,水鬼蕉叶,引水蕉,郁蕉,蜘蛛兰,蛛水鬼蕉);American Hymenocallis, Beach Spiderlily, Common Spiderlily, Waterghostbanana ■
200942 Hymenocallis longipetala (Lindl.) J. F. Macbr.;长瓣水鬼蕉;Spider Lily ■☆
200943 Hymenocallis macrostephana Baker;大副冠水鬼蕉■☆
200944 Hymenocallis moldenkiana Traub = Hymenocallis occidentalis (J. Le Conte) Kunth ■☆
200945 Hymenocallis narcissiflora J. F. Macbr.;水仙状水鬼蕉(秘鲁蜘蛛兰);Basket Flower, Basket-flower, Peruvian Daffodil, Sea Daffodil ■☆
200946 Hymenocallis occidentalis (J. Le Conte) Kunth;西方水鬼蕉;Hhammock Spider-lily, Northern Spider-lily, Spider Lily, Woodland ■☆
200947 Hymenocallis ovata M. Roem.;卵状水鬼蕉■☆
200948 Hymenocallis palmeri S. Watson;帕默水鬼蕉;Alligator-lily ■☆
200949 Hymenocallis palusvirensis Traub = Hymenocallis crassifolia Herb. ■☆
200950 Hymenocallis puntagordensis Traub;小杯水鬼蕉;Small Cup Spider-lily ■☆
200951 Hymenocallis pygmaea Traub;矮水鬼蕉;Dwarf Spider-lily ■☆
200952 Hymenocallis rotata (Ker Gawl.) Herb.;辐状水鬼蕉;Spring-run Spider-lily ■☆

200953 Hymenocallis rotata Herb. = Hymenocallis rotata (Ker Gawl.) Herb. ■☆
200954 Hymenocallis senegambica Kunth et Bouché = Hymenocallis littoralis (Jacq.) Salisb. ■
200955 Hymenocallis speciosa (L. f. ex Salisb.) Salisb.;美丽水鬼蕉(美丽蜘蛛兰,螯蟹花);Sea-daffodil,Spider-lily ■☆
200956 Hymenocallis traubii Moldenke = Hymenocallis tridentata Small ■☆
200957 Hymenocallis tridentata Small;三齿水鬼蕉;Florida Spider-lily ■☆
200958 Hymenocalyx Zenker = Hibiscus L.(保留属名)●■
200959 Hymenocalyx Zenker(1835);膜萼锦葵属●☆
200960 Hymenocapsa J. M. Black = Gilesia F. Muell. ●☆
200961 Hymenocapsa J. M. Black = Hermannia L. ●☆
200962 Hymenocardia Wall. = Hymenocardia Wall. ex Lindl. ●☆
200963 Hymenocardia Wall. ex Lindl. (1836);酸海棠属●☆
200964 Hymenocardia acida Tul.;酸海棠●☆
200965 Hymenocardia acida Tul. var. mollis (Pax) Radcl. -Sm.;柔软酸海棠●☆
200966 Hymenocardia beillei A. Chev. ex Hutch. et Dalziel = Hymenocardia lyrata Tul. ●☆
200967 Hymenocardia capensis (Pax) Hutch. = Hymenocardia ulmoides Oliv. ●☆
200968 Hymenocardia chevalieri Beille = Hymenocardia heudelotii Müll. Arg. var. chevalieri (Beille) J. Léonard ●☆
200969 Hymenocardia grandis Hutch. = Holoptelea grandis (Hutch.) Mildbr. ●☆
200970 Hymenocardia granulata Beille = Hymenocardia acida Tul. ●☆
200971 Hymenocardia guineensis Beille = Hymenocardia heudelotii Müll. Arg. ●☆
200972 Hymenocardia heudelotii Müll. Arg.;厄德酸海棠●☆
200973 Hymenocardia heudelotii Müll. Arg. var. chevalieri (Beille) J. Léonard;舍瓦利耶酸海棠●☆
200974 Hymenocardia intermedia Dinkl. ex Mildbr.;间型酸海棠●☆
200975 Hymenocardia lanceolata Beille;剑叶酸海棠●☆
200976 Hymenocardia lanceolata Beille = Hymenocardia acida Tul. ●☆
200977 Hymenocardia lasiophylla Pax = Hymenocardia acida Tul. var. mollis (Pax) Radcl. -Sm. ●☆
200978 Hymenocardia lyrata Tul.;大头羽裂酸海棠●☆
200979 Hymenocardia mollis Pax = Hymenocardia acida Tul. var. mollis (Pax) Radcl. -Sm. ●☆
200980 Hymenocardia obovata A. Chev. et Beille ex Beille = Hymenocardia acida Tul. ●☆
200981 Hymenocardia poggei Pax = Hymenocardia ulmoides Oliv. ●☆
200982 Hymenocardia ripicola J. Léonard;岩地酸海棠●☆
200983 Hymenocardia similis Pax et K. Hoffm.;相似酸海棠●☆
200984 Hymenocardia ulmoides Oliv.;榆叶酸海棠●☆
200985 Hymenocardia ulmoides Oliv. var. capensis Pax = Hymenocardia ulmoides Oliv. ●☆
200986 Hymenocardia wallichii Tul.;沃利克酸海棠●☆
200987 Hymenocardiaceae Airy Shaw = Euphorbiaceae Juss.(保留科名)●■
200988 Hymenocardiaceae Airy Shaw = Phyllanthaceae J. Agardh ●■
200989 Hymenocardiaceae Airy Shaw;酸海棠科●
200990 Hymenocarpos Savi(1798)(保留属名);膜果豆属(膜心豆属)■☆
200991 Hymenocarpos circinnatus (L.) Savi;膜果豆■☆
200992 Hymenocarpos cornicinus (L.) Vis.;喇叭膜果豆■☆
200993 Hymenocarpos hamosus (Desf.) Vis.;钩状膜果豆■☆
200994 Hymenocarpos hispanicus Lassen = Hymenocarpos lotoides (L.) Vis. ■☆
200995 Hymenocarpos lotoides (L.) Vis.;君迁子膜果豆■☆
200996 Hymenocarpos nummularius (DC.) Boiss. = Hymenocarpos circinnatus (L.) Savi ■☆
200997 Hymenocentroa Cass. = Centaurea L.(保留属名)●■
200998 Hymenocephalus Jaub. et Spach = Psephellus Cass. ●■☆
200999 Hymenocephalus Jaub. et Spach(1847);膜头菊属■●☆
201000 Hymenochaeta P. Beauv. = Actinoscirpus (Ohwi) R. W. Haines et Lye ■
201001 Hymenochaeta P. Beauv. = Scirpus L.(保留属名)■
201002 Hymenochaeta P. Beauv. ex T. Lestib. = Actinoscirpus (Ohwi) R. W. Haines et Lye ■
201003 Hymenochaeta P. Beauv. ex T. Lestib. = Scirpus L.(保留属名)■
201004 Hymenocharis Salisb. = Ischnosiphon Körn. ■☆
201005 Hymenocharis Salisb. ex Kuntze = Ischnosiphon Körn. ■☆
201006 Hymenochlaena Bremek = Strobilanthes Blume ●■
201007 Hymenochlaena Bremek. (1944);延苞蓝属■
201008 Hymenochlaena Post et Kuntze = Hymenolaena DC. ■
201009 Hymenochlaena Post et Kuntze = Pleurospermum Hoffm. ■
201010 Hymenochlaena pteroclada (Benoist) C. Y. Wu et C. C. Hu;延苞蓝(延苞马蓝)■
201011 Hymenoclea Torr. et A. Gray = Ambrosia L. ●■
201012 Hymenoclea Torr. et A. Gray (1848);小膜菊属;Cheeseweed ■☆
201013 Hymenoclea monogyra Torr. et A. Gray;单环小膜菊;Burro Bush ■☆
201014 Hymenoclea monogyra Torr. et A. Gray = Ambrosia monogyra (Torr. et A. Gray) Strother et B. G. Baldwin ■☆
201015 Hymenoclea salsola Torr. et A. Gray;小膜菊(美国海墨菊);Burro Bush,Cheesсweed ■☆
201016 Hymenoclea salsola Torr. et A. Gray = Ambrosia salsola (Torr. et A. Gray) Strother et B. G. Baldwin ■☆
201017 Hymenoclea salsola Torr. et A. Gray ex A. Gray = Hymenoclea salsola Torr. et A. Grey ■☆
201018 Hymenocnemis Hook. f. (1873);节膜茜属●☆
201019 Hymenocnemis Hook. f. = Gaertnera Lam. ●
201020 Hymenocnemis madagascariensis Hook. f. = Gaertnera madagascariensis (Hook. f.) Malcomber et A. P. Davis ●☆
201021 Hymenocoleus Robbr. (1975);膜鞘茜属■☆
201022 Hymenocoleus axillaris Robbr.;腋花膜鞘茜■☆
201023 Hymenocoleus barbatus Robbr.;髯毛膜鞘茜■☆
201024 Hymenocoleus glaber Robbr.;光膜鞘茜■☆
201025 Hymenocoleus globulifer Robbr.;球膜鞘茜■☆
201026 Hymenocoleus hirsutus (Benth.) Robbr.;粗毛光膜鞘茜■☆
201027 Hymenocoleus libericus (A. Chev. ex Hutch. et Dalziel) Robbr.;利比里亚膜鞘茜■☆
201028 Hymenocoleus multinervis Robbr.;多脉光膜鞘茜■☆
201029 Hymenocoleus nervopilosus Robbr.;毛脉光膜鞘茜■☆
201030 Hymenocoleus nervopilosus Robbr. var. orientalis (Verdc.) Robbr.;东方毛脉光膜鞘茜■☆
201031 Hymenocoleus neurodictyon (K. Schum.) Robbr.;脉指光膜鞘茜■☆
201032 Hymenocoleus neurodictyon (K. Schum.) Robbr. var. orientalis (Verdc.) Robbr.;东方脉指光膜鞘茜■☆

201033 Hymenocoleus neurodictyon (K. Schum.) Robbr. var. rhombicifolius Robbr. = Hymenocoleus neurodictyon (K. Schum.) Robbr. var. orientalis (Verdc.) Robbr. ■☆

201034 Hymenocoleus rotundifolius (A. Chev. ex Hepper) Robbr.;圆叶光膜鞘茜■☆

201035 Hymenocoleus scaphus (K. Schum.) Robbr.;舟形光膜鞘茜■☆

201036 Hymenocoleus subipecacuanha (K. Schum.) Robbr.;热非光膜鞘茜■☆

201037 Hymenocoleus thollonii (De Wild.) Robbr. = Hymenocoleus scaphus (K. Schum.) Robbr. ■☆

201038 Hymenocrater Fisch. et C. A. Mey. (1836);膜杯草属;Hymenocrater ●■☆

201039 Hymenocrater bituminosus Fisch. et C. A. Mey.;肿胀膜杯草;Inflatted Hymenocrater ■☆

201040 Hymenocrater elegans Bunge;雅致膜杯草;Elegant Hymenocrater ■☆

201041 Hymenocrater macrophyllus Bunge;大叶膜杯草■☆

201042 Hymenocrater oxyodontus Rech. f.;尖齿膜杯草■☆

201043 Hymenocyclus Dinter et Schwantes = Malephora N. E. Br. ■☆

201044 Hymenocyclus crassus L. Bolus = Malephora crassa (L. Bolus) Jacobsen et Schwantes ■☆

201045 Hymenocyclus croceus (Jacq.) Schwantes = Malephora crocea (Jacq.) Schwantes ■☆

201046 Hymenocyclus englerianus (Dinter et A. Berger) Dinter et Schwantes = Malephora engleriana (Dinter et A. Berger) Schwantes ■☆

201047 Hymenocyclus framesii L. Bolus = Malephora framesii (L. Bolus) Jacobsen et Schwantes ■☆

201048 Hymenocyclus herrei Schwantes = Malephora herrei (Schwantes) Schwantes ■☆

201049 Hymenocyclus instititum Willd. = Malephora crocea (Jacq.) Schwantes ■☆

201050 Hymenocyclus latipetalus L. Bolus = Malephora latipetala (L. Bolus) Jacobsen et Schwantes ■☆

201051 Hymenocyclus luteolus (Haw.) Schwantes = Malephora luteola (Haw.) Schwantes ■☆

201052 Hymenocyclus luteus (Haw.) Schwantes = Malephora lutea (Haw.) Schwantes ■☆

201053 Hymenocyclus purpureo-croceus (Haw.) L. Bolus = Malephora purpureo-crocea (Haw.) Schwantes ■☆

201054 Hymenocyclus smithii L. Bolus = Malephora smithii (L. Bolus) H. E. K. Hartmann ■☆

201055 Hymenocyclus thunbergii (Haw.) L. Bolus = Malephora thunbergii (Haw.) Schwantes ■☆

201056 Hymenocyclus uitenhagensis L. Bolus = Malephora uitenhagensis (L. Bolus) Jacobsen et Schwantes ■☆

201057 Hymenodictyon Wall. (1824)(保留属名);土连翘属(网膜木属);Hymenodictyon ●

201058 Hymenodictyon berivotrense Cavaco;贝里土连翘●☆

201059 Hymenodictyon biafranum Hiern;热非土连翘●☆

201060 Hymenodictyon bracteatum K. Schum. = Hymenodictyon biafranum Hiern ●☆

201061 Hymenodictyon decaryi Homolle;德卡里土连翘●☆

201062 Hymenodictyon embergeri Cavaco;恩贝格尔土连翘●☆

201063 Hymenodictyon epidendron Mildbr. ex Hutch. et Dalziel = Hymenodictyon biafranum Hiern ●☆

201064 Hymenodictyon excelsum (Roxb.) Wall. = Hymenodictyon orixense (Roxb.) Mabb. ●

201065 Hymenodictyon fimbriolatum De Wild. = Hymenodictyon parvifolium Oliv. var. fimbriolatum (De Wild.) Verdc. ●☆

201066 Hymenodictyon flaccidum Wall.;土连翘(红丁木,网膜木,网膜籽);Flaccid Hymenodictyon,Hymenodictyon ●

201067 Hymenodictyon floribundum (Hochst. et Steud.) Robbr.;繁花土连翘●☆

201068 Hymenodictyon glabrum (Cavaco) Razafim. et B. Bremer;光滑土连翘●☆

201069 Hymenodictyon gobiense Aubrév. et Pellegr. = Hymenodictyon pachyantha K. Krause ●☆

201070 Hymenodictyon kurria Hochst. = Hymenodictyon floribundum (Hochst. et Steud.) Robbr. ●☆

201071 Hymenodictyon kurria Hochst. var. bequaertii De Wild. = Hymenodictyon floribundum (Hochst. et Steud.) Robbr. ●☆

201072 Hymenodictyon kurria Hochst. var. claessensii De Wild. = Hymenodictyon floribundum (Hochst. et Steud.) Robbr. ●☆

201073 Hymenodictyon kurria Hochst. var. tomentellum Hiern = Hymenodictyon floribundum (Hochst. et Steud.) Robbr. ●☆

201074 Hymenodictyon leandrii Cavaco;利安土连翘●☆

201075 Hymenodictyon louhavate Homolle var. longicalyx Cavaco = Hymenodictyon berivotrense Cavaco ●☆

201076 Hymenodictyon madagascaricum Baill. ex Razafim. et B. Bremer;马岛土连翘●☆

201077 Hymenodictyon maevatananense Cavaco = Hymenodictyon berivotrense Cavaco ●☆

201078 Hymenodictyon occidentale Homolle var. glabrum Cavaco = Hymenodictyon glabrum (Cavaco) Razafim. et B. Bremer ●☆

201079 Hymenodictyon oreophyton Hoyle = Hymenodictyon biafranum Hiern ●☆

201080 Hymenodictyon orixense (Roxb.) Mabb.;毛土连翘(大土连翘,高土连翘,高网膜木,高网膜籽,假黄木,土连翘,猪肚树);Hair Hymenodictyon,Tall Hymenodictyon ●

201081 Hymenodictyon pachyantha K. Krause;粗花土连翘●☆

201082 Hymenodictyon parviflorum ?;小花土连翘●☆

201083 Hymenodictyon parvifolium Oliv.;小叶土连翘●☆

201084 Hymenodictyon parvifolium Oliv. subsp. scabrum (Stapf) Verdc.;粗糙土连翘●☆

201085 Hymenodictyon parvifolium Oliv. var. fimbriolatum (De Wild.) Verdc.;线小叶土连翘●☆

201086 Hymenodictyon parvifolium Oliv. var. scabrum (Stapf) Verdc. = Hymenodictyon parvifolium Oliv. subsp. scabrum (Stapf) Verdc. ●☆

201087 Hymenodictyon perrieri Drake;佩里耶土连翘●☆

201088 Hymenodictyon reflexum Hoyle = Hymenodictyon biafranum Hiern ●☆

201089 Hymenodictyon scabrum Stapf = Hymenodictyon parvifolium Oliv. var. scabrum (Stapf) Verdc. ●☆

201090 Hymenodictyon septentrionale Cavaco;北方土连翘●☆

201091 Hymenodictyon seyrigii Cavaco;塞里格土连翘●☆

201092 Hymenogonium Rich. ex Lebel = Spergularia (Pers.) J. Presl et C. Presl(保留属名)■

201093 Hymenogyne Haw. (1821);风子玉属■☆

201094 Hymenogyne conica L. Bolus;圆锥风子玉■☆

201095 Hymenogyne glabra (Aiton) Haw.;风子玉■☆

201096 Hymenolaena DC. (1830);膜苞芹属■

201097 Hymenolaena DC. = Pleurospermum Hoffm. ■
201098 Hymenolaena alpina Schischk.;高山膜苞芹■☆
201099 Hymenolaena angelicoides DC. = Pleurospermum angelicoides (Wall.) Benth. ex C. B. Clarke ■
201100 Hymenolaena angelicoides Wall. ex DC. = Pleurospermum angelicoides (Wall. ex DC.) Benth. ex C. B. Clarke ■
201101 Hymenolaena benthamii Wall. ex DC = Pleurospermum benthamii (Wall. ex DC.) C. B. Clarke ■
201102 Hymenolaena candollei DC. = Pleurospermum candollei (DC.) C. B. Clarke ■☆
201103 Hymenolaena govaniana DC. = Pleurospermum govanianum (DC.) C. B. Clarke ■
201104 Hymenolaena govaniana DC. = Pleurospermum stellatum (D. Don) C. B. Clarke ■
201105 Hymenolaena lindleyana Klotzsch = Pleurospermum lindleyanum (Lipsky) F. Fedtsch. ■
201106 Hymenolaena lindleyana Klotzsch = Pleurospermum stellatum (D. Don) C. B. Clarke var. lindleyanum (Klotzsch) C. B. Clarke ■
201107 Hymenolaena nana Ost. -Sack. et Rupr. = Pleurospermum nanum Franch. ■
201108 Hymenolaena nana Rupr. = Pleurospermum lindleyanum (Lipsky) F. Fedtsch. ■
201109 Hymenolaena obtusiuscula DC. = Physospermopsis obtusiuscula (C. B. Clarke) C. Norman ■
201110 Hymenolaena obtusiuscula Wall. ex DC. = Physospermopsis obtusiuscula (C. B. Clarke) C. Norman ■
201111 Hymenolaena pimpinellifolia Rupr.;茴芹状膜苞芹■☆
201112 Hymenolaena pimpinellifolia Rupr. = Pleurospermum stellatum (D. Don) C. B. Clarke var. lindleyanum (Klotzsch) C. B. Clarke ■
201113 Hymenolaena rotundata DC. = Pleurospermum rotundatum (DC.) C. B. Clarke ■
201114 Hymenolaena stellata (D. Don) Lindl. = Pleurospermum stellatum (D. Don) C. B. Clarke ■
201115 Hymenolepis Cass. (1817);膜鳞菊属●☆
201116 Hymenolepis Cass. = Athanasia L. ●☆
201117 Hymenolepis Cass. = Metagnanthus Endl. ●☆
201118 Hymenolepis canariensis Sch. Bip. = Gonospermum canariense Less. ■☆
201119 Hymenolepis dentata (DC.) Källersjö;具齿膜鳞菊●☆
201120 Hymenolepis dregeana DC. = Inulanthera dregeana (DC.) Källersjö ■☆
201121 Hymenolepis gnidioides (S. Moore) Källersjö;格尼瑞香膜鳞菊●☆
201122 Hymenolepis incisa DC.;锐裂膜鳞菊■☆
201123 Hymenolepis indivisa (Harv.) Källersjö;全裂膜鳞菊●☆
201124 Hymenolepis leptocephala Cass. = Hymenolepis parviflora (L.) DC. ■☆
201125 Hymenolepis leucoclada DC. = Inulanthera leucoclada (DC.) Källersjö ●☆
201126 Hymenolepis parviflora (L.) DC.;小花膜鳞菊■☆
201127 Hymenolepis punctata DC. = Inulanthera dregeana (DC.) Källersjö ■☆
201128 Hymenolepis speciosa (Hutch.) Källersjö;美丽膜鳞菊■☆
201129 Hymenolobium Benth. (1860);膜瓣豆属●☆
201130 Hymenolobium Benth. ex Mart. = Platymiscium Vogel ●☆
201131 Hymenolobium excelsum Ducke;大膜瓣豆●☆
201132 Hymenolobium flavum Kleinhoonte;黄膜瓣豆●☆
201133 Hymenolobium nitidum Benth.;光亮膜瓣豆●☆
201134 Hymenolobium petraeum Ducke;石生膜瓣豆●☆
201135 Hymenolobus Nutt. (1838);膜果荠属(薄果芥属,薄果荠属);Hymenolobus ■
201136 Hymenolobus Nutt. = Hornungia Rchb. ■
201137 Hymenolobus Nutt. ex Torr. et A. Gray = Hornungia Rchb. ■
201138 Hymenolobus Nutt. ex Torr. et A. Gray = Hymenolobus Nutt. ■
201139 Hymenolobus pauciflorus (Koch) Schinz et Thell. = Hornungia procumbens (L.) Hayek subsp. pauciflorus (Koch) Schinz et Thell. ■☆
201140 Hymenolobus perpusillus (Hemsl.) Jafri = Hymenolobus procumbens (L.) Nutt. ■
201141 Hymenolobus procumbens (L.) Hedge et Lamond = Hymenolobus procumbens (L.) Nutt. ■
201142 Hymenolobus procumbens (L.) Nutt. = Hornungia procumbens (L.) Hayek ■
201143 Hymenolobus procumbens (L.) Nutt. ex Torr. et A. Gray = Hornungia procumbens (L.) Hayek ■
201144 Hymenolobus procumbens (L.) Nutt. subsp. pauciflorus (Koch) Schinz et Thell. = Hornungia procumbens (L.) Hayek ■
201145 Hymenolobus procumbens (L.) Nutt. subsp. procumbens = Hornungia procumbens (L.) Hayek ■
201146 Hymenolobus procumbens (L.) Nutt. var. diffusus (Jord.) Maire et Weiller = Hornungia procumbens (L.) Hayek ■
201147 Hymenolobus procumbens (L.) Nutt. var. integrifolius (DC.) Maire et Weiller = Hornungia procumbens (L.) Hayek ■
201148 Hymenolobus procumbens (L.) Nutt. var. integrifolius DC. = Hornungia procumbens (L.) Hayek ■
201149 Hymenolobus procumbens (L.) Nutt. var. maritimus (Jord.) Maire et Weiller = Hornungia procumbens (L.) Hayek ■
201150 Hymenolobus procumbens Nutt. ex Torre. et Gray = Hornungia procumbens (L.) Hayek ■
201151 Hymenolobus puberulus (Rupr.) N. Busch;短柔毛薄果荠■☆
201152 Hymenolophus Boerl. (1900);膜冠夹竹桃属●☆
201153 Hymenolophus romburghii Boerl.;膜冠夹竹桃●☆
201154 Hymenolyma Korovin = Hyalolaena Bunge ■
201155 Hymenolyma Korovin(1948);斑膜芹属;Hymenolyma ■
201156 Hymenolyma bupleuroides (Schrenk ex Fisch. et C. A. Mey.) Korovin. = Hyalolaena bupleuroides (Schrenk ex Fisch. et C. A. Mey.) Pimenov et Kljuykov ■
201157 Hymenolyma trichophyllum (Schrenk) Korovin; 斑 膜 芹; Hairyleaf Hymenolyma ■
201158 Hymenolyma trichophyllum (Schrenk) Korovin. = Hyalolaena trichophylla (Schrenk) Pimenov et Kljuykov ■
201159 Hymenolytrum Schrad. = Scleria P. J. Bergius ■
201160 Hymenolytrum Schrad. ex Nees = Scleria P. J. Bergius ■
201161 Hymenomena Less. = Hymenonema Cass. ■☆
201162 Hymenonema Cass. (1817);缘膜苣属■☆
201163 Hymenonema laciniatum Hook. = Microseris laciniata (Hook.) Sch. Bip. ■☆
201164 Hymenonema tournefortii Cass.;缘膜苣■☆
201165 Hymenopappus L'Hér. (1788);膜冠菊属■☆
201166 Hymenopappus biennis B. L. Turner;二年生膜冠菊■☆
201167 Hymenopappus cinereus Rydb. = Hymenopappus filifolius Hook. var. cinereus (Rydb.) I. M. Johnst. ■☆
201168 Hymenopappus corymbosus Torr. et A. Gray = Hymenopappus scabiosaeus L'Hér. var. corymbosus (Torr. et A. Gray) B. L. Turner ■☆

201169 Hymenopappus douglasii Hook. = Chaenactis douglasii (Hook.) Hook. et Arn. ■☆
201170 Hymenopappus eriopodus A. Nelson = Hymenopappus filifolius Hook. var. eriopodus (A. Nelson) B. L. Turner ■☆
201171 Hymenopappus filifolius Hook.;线叶膜冠菊■☆
201172 Hymenopappus filifolius Hook. var. cinereus (Rydb.) I. M. Johnst.;灰膜冠菊■☆
201173 Hymenopappus filifolius Hook. var. eriopodus (A. Nelson) B. L. Turner;毛梗膜冠菊■☆
201174 Hymenopappus filifolius Hook. var. idahoensis B. L. Turner;爱达荷线叶膜冠菊■☆
201175 Hymenopappus filifolius Hook. var. luteus (Nutt.) B. L. Turner;黄线叶膜冠菊■☆
201176 Hymenopappus filifolius Hook. var. megacephalus B. L. Turner;大头线叶膜冠菊■☆
201177 Hymenopappus filifolius Hook. var. nanus (Rydb.) B. L. Turner;小线叶膜冠菊■☆
201178 Hymenopappus filifolius Hook. var. nudipes (Maguire) B. L. Turner;光梗线叶膜冠菊■☆
201179 Hymenopappus filifolius Hook. var. parvulus (Greene) B. L. Turner;较小线叶膜冠菊■☆
201180 Hymenopappus filifolius Hook. var. pauciflorus (I. M. Johnst.) B. L. Turner;少花线叶膜冠菊■☆
201181 Hymenopappus filifolius Hook. var. polycephalus (Osterh.) B. L. Turner;多头线叶膜冠菊■☆
201182 Hymenopappus filifolius Hook. var. tomentosus (Rydb.) B. L. Turner;毛线叶膜冠菊■☆
201183 Hymenopappus flavescens A. Gray;浅黄膜冠菊■☆
201184 Hymenopappus luteus Nutt. = Hymenopappus filifolius Hook. var. luteus (Nutt.) B. L. Turner ■☆
201185 Hymenopappus mexicanus A. Gray;墨西哥膜冠菊■☆
201186 Hymenopappus nanus Rydb. = Hymenopappus filifolius Hook. var. nanus (Rydb.) B. L. Turner ■☆
201187 Hymenopappus nevadensis Kellogg = Chaenactis nevadensis (Kellogg) A. Gray ■☆
201188 Hymenopappus newberryi (A. Gray ex Porter et J. M. Coult.) I. M. Johnst.;纽伯里膜冠菊■☆
201189 Hymenopappus nudipes Maguire = Hymenopappus filifolius Hook. var. nudipes (Maguire) B. L. Turner ■☆
201190 Hymenopappus parvulus Greene = Hymenopappus filifolius Hook. var. parvulus (Greene) B. L. Turner ■☆
201191 Hymenopappus pauciflorus I. M. Johnst. = Hymenopappus filifolius Hook. var. pauciflorus (I. M. Johnst.) B. L. Turner ■☆
201192 Hymenopappus polycephalus Osterh. = Hymenopappus filifolius Hook. var. polycephalus (Osterh.) B. L. Turner ■☆
201193 Hymenopappus radiatus Rose;辐射膜冠菊■☆
201194 Hymenopappus scabiosaeus L'Hér. var. corymbosus (Torr. et A. Gray) B. L. Turner;伞序膜冠菊■☆
201195 Hymenopappus scabiosaeus L'Hér.;粗糙膜冠菊;Old Plainsman ■☆
201196 Hymenopappus tenuifolius Pursh;薄叶膜冠菊■☆
201197 Hymenopappus tomentosus Rydb. = Hymenopappus filifolius Hook. var. tomentosus (Rydb.) B. L. Turner ■☆
201198 Hymenopholis Gardner = Oligandra Less. ■☆
201199 Hymenophora Viv. ex Coss. = Pituranthos Viv. ■☆
201200 Hymenophysa C. A. Mey. = Cardaria Desv. ■
201201 Hymenophysa C. A. Mey. = Hymenophysa C. A. Mey. ex Ledeb. ■☆
201202 Hymenophysa C. A. Mey. = Lepidium L. ■
201203 Hymenophysa C. A. Mey. ex Ledeb. (1830);膜枣草属;Whitetop ■☆
201204 Hymenophysa C. A. Mey. ex Ledeb. = Cardaria Desv. ■
201205 Hymenophysa C. A. Mey. ex Ledeb. = Lepidium L. ■
201206 Hymenophysa fenestrata Boiss = Cardaria chalepensis (L.) Hand. -Mazz. ■
201207 Hymenophysa fenestrata Boiss. = Cardaria draba (L.) Desv. subsp. chalepensis (L.) O. E. Schulz ■
201208 Hymenophysa macrocarpa Franch.;大果膜枣草■☆
201209 Hymenophysa macrocarpa Franch. = Cardaria draba (L.) Desv. subsp. chalepensis (L.) O. E. Schulz ■
201210 Hymenophysa persica Gilli = Cardaria chalepensis (L.) Hand. -Mazz. ■
201211 Hymenophysa persica Gilli = Cardaria draba (L.) Desv. subsp. chalepensis (L.) O. E. Schulz ■
201212 Hymenophysa pubescens C. A. Mey.;短柔毛膜枣草■☆
201213 Hymenophysa pubescens C. A. Mey. = Cardaria pubescens (C. A. Mey.) Jarm. ■
201214 Hymenopogon Wall. = Neohymenopogon Bennet ●
201215 Hymenopogon oligocarpus H. L. Li = Neohymenopogon oligocarpus (H. L. Li) Bennet ●
201216 Hymenopogon parasiticus Wall. = Neohymenopogon parasiticus (Wall.) Bennet ●
201217 Hymenopogon parasiticus Wall. var. longiflorus F. C. How ex W. C. Chen = Neohymenopogon parasiticus (Wall.) Bennet ●
201218 Hymenopyramis Wall. = Hymenopyramis Wall. ex Griff. ●
201219 Hymenopyramis Wall. ex Griff. (1842);膜萼藤属(膜藻藤属)●
201220 Hymenopyramis cana Craib;膜萼藤(膜藻藤)●
201221 Hymenorchis Schltr. (1913);膜兰属■☆
201222 Hymenorchis caulina Schltr.;膜兰■☆
201223 Hymenorchis foliosa Schltr.;多叶膜兰■☆
201224 Hymenorchis javanica Schltr.;爪哇膜兰■☆
201225 Hymenorebulobivia Frič = Echinopsis Zucc. ●
201226 Hymenorebulobivia Frič = Lobivia Britton et Rose ■
201227 Hymenorebutia Frič = Hymenorebutia Frič ex Buining ●■
201228 Hymenorebutia Frič ex Buining = Echinopsis Zucc. ●
201229 Hymenorebutia Frič ex Buining = Hymenorebulobivia Frič ■
201230 Hymenosicyos Chiov. = Oreosyce Hook. f. ■☆
201231 Hymenosicyos bryoniifolius Merxm. = Cucumis bryoniifolia (Merxm.) Ghebret. et Thulin ■☆
201232 Hymenosicyos subsericeus (Hook. f.) Harms = Oreosyce africana Hook. f. ■☆
201233 Hymenospermum Benth. = Alectra Thunb. ■
201234 Hymenospermum Benth. = Melasma P. J. Bergius ■
201235 Hymenospermum dentatum Benth. = Melasma arvense (Benth.) Hand. -Mazz. ■
201236 Hymenospermum dentatum Benth. = Melasma dentatum (Benth.) K. Schum. ■☆
201237 Hymenosporum F. Muell. = Hymenosporum R. Br. ex F. Muell. ●☆
201238 Hymenosporum R. Br. ex F. Muell. (1860);香荫树属;Sweet Shade ●☆
201239 Hymenosporum flavum (Hook.) F. Muell. = Hymenosporum flavum (Hook.) R. Br. ex F. Muell. ●☆
201240 Hymenosporum flavum (Hook.) R. Br. ex F. Muell.;香荫树;Australian Frangipani, Native Australian Frangipani, Native

Frangipani, Sweet Shade ●☆
201241 Hymenospron Spreng. = Dioclea Kunth ■☆
201242 Hymenostegia (Benth.) Harms(1897);膜苞豆属■☆
201243 Hymenostegia Harms = Hymenostegia (Benth.) Harms ■☆
201244 Hymenostegia afzelii (Oliv.) Harms;阿芙泽尔膜苞豆■☆
201245 Hymenostegia aubrevillei Pellegr.;奥布膜苞豆■☆
201246 Hymenostegia bakeriana Hutch. et Dalziel;贝克膜苞豆■☆
201247 Hymenostegia brachyura (Harms) J. Léonard;短尾膜苞豆■☆
201248 Hymenostegia breteleri Aubrév.;布勒泰尔膜苞豆■☆
201249 Hymenostegia dinklagei Harms = Hymenostegia afzelii (Oliv.) Harms ■☆
201250 Hymenostegia discifer (Harms) Pellegr. = Plagiosiphon discifer Harms ■☆
201251 Hymenostegia emarginata (Hutch. et Dalziel) Milne-Redh. ex Hutch. = Plagiosiphon emarginatus (Hutch. et Dalziel) J. Léonard ■☆
201252 Hymenostegia felicis (A. Chev.) J. Léonard;多育膜苞豆■☆
201253 Hymenostegia floribunda (Benth.) Harms;繁花膜苞豆■☆
201254 Hymenostegia gabonensis (A. Chev.) Pellegr. = Plagiosiphon gabonensis (A. Chev.) J. Léonard ■☆
201255 Hymenostegia gilletii De Wild. = Hymenostegia laxiflora (Benth.) Harms ■☆
201256 Hymenostegia gracilipes Hutch. et Dalziel;细梗膜苞豆■☆
201257 Hymenostegia klainei Pierre ex Pellegr.;克莱恩膜苞豆■☆
201258 Hymenostegia laxiflora (Benth.) Harms;疏花膜苞豆■☆
201259 Hymenostegia letestui Pellegr. = Cynometra letestui (Pellegr.) J. Léonard ●☆
201260 Hymenostegia longituba (Harms) Baker f. = Plagiosiphon longitubus (Harms) J. Léonard ■☆
201261 Hymenostegia minutifolia A. Chev. = Cryptosepalum minutifolium (A. Chev.) Hutch. et Dalziel ●☆
201262 Hymenostegia neoaubrevillei J. Léonard;新奥布膜苞豆■☆
201263 Hymenostegia ngounyensis Pellegr.;恩戈尼亚膜苞豆■☆
201264 Hymenostegia normandii Pellegr.;诺曼德膜苞豆■☆
201265 Hymenostegia pellegrinii (A. Chev.) J. Léonard;佩尔格兰膜苞豆■☆
201266 Hymenostegia stephanii (A. Chev.) Baker f. = Neochevalierodendron stephanii (A. Chev.) J. Léonard ■☆
201267 Hymenostegia talbotii Baker f.;塔尔博特膜苞豆■☆
201268 Hymenostemma Kuntze ex Willk. (1864);膜顶菊属■☆
201269 Hymenostemma Kuntze ex Willk. = Chrysanthemum L. (保留属名)■●
201270 Hymenostemma Willk. = Hymenostemma Kuntze ex Willk. ■☆
201271 Hymenostemma paludosa (Poir.) Pomel = Mauranthemum paludosum (Poir.) Vogt et Oberpr. ■☆
201272 Hymenostemma pseudanthemis (Kuntze) Willk.;膜顶菊■☆
201273 Hymenostephium Benth. (1873);冠膜菊属■●☆
201274 Hymenostephium Benth. = Viguiera Kunth ●■☆
201275 Hymenostephium angustifolium Benth.;冠膜菊●☆
201276 Hymenostephium cordatum (Hook. et Arn.) S. F. Blake;心形冠膜菊●☆
201277 Hymenostephium mexicanum Benth.;墨西哥冠膜菊●☆
201278 Hymenostephium microcephalum S. F. Blake;小头冠膜菊●☆
201279 Hymenostephium rivularis (Poepp.) E. E. Schill. et Panero = Garcilassa rivularis Poepp. ■☆
201280 Hymenostephium tenuis (A. Gray) E. E. Schill. et Panero;细冠膜菊●☆
201281 Hymenostigma Hochst. (1844);膜柱头鸢尾属■☆
201282 Hymenostigma Hochst. = Moraea Mill. (保留属名)■
201283 Hymenostigma schimperi Hochst. = Moraea schimperi (Hochst.) Pic. Serm. ■☆
201284 Hymenostigma tridentatum Hochst.;膜柱头鸢尾■☆
201285 Hymenotheca (F. Muell.) F. Muell. = Codonocarpus A. Cunn. ex Endl. ●☆
201286 Hymenotheca F. Muell. = Codonocarpus A. Cunn. ex Endl. ●☆
201287 Hymenotheca Salisb. = Ottelia Pers. ■
201288 Hymenothecium Lag. = Aegopogon Humb. et Bonpl. ex Willd. ■☆
201289 Hymenothrix A. Gray(1849);环头菊属■☆
201290 Hymenothrix loomisii S. F. Blake;卢米斯环头菊■☆
201291 Hymenothrix wrightii A. Gray;赖氏环头菊■☆
201292 Hymenoxis Endl. = Hymenoxys Cass. ■☆
201293 Hymenoxys Cass. (1828);尖膜菊属(苦草属,膜质菊属);Bitterweed, Rubberweed ■☆
201294 Hymenoxys acaulis (Pursh) Greene var. nana (S. L. Welsh) Kartesz et Gandhi = Tetraneuris acaulis (Pursh) Greene var. arizonica (Greene) K. L. Parker ■☆
201295 Hymenoxys acaulis (Pursh) Greene var. nana S. L. Welsh = Tetraneuris acaulis (Pursh) Greene var. arizonica (Greene) K. L. Parker ■☆
201296 Hymenoxys acaulis (Pursh) K. L. Parker;无茎尖膜菊(无茎膜质菊);Angelita Daisy ■☆
201297 Hymenoxys acaulis (Pursh) K. L. Parker = Tetraneuris acaulis (Pursh) Greene ■☆
201298 Hymenoxys acaulis (Pursh) K. L. Parker var. arizonica (Greene) K. L. Parker = Tetraneuris acaulis (Pursh) Greene var. arizonica (Greene) K. L. Parker ■☆
201299 Hymenoxys acaulis (Pursh) K. L. Parker var. caespitosa (A. Nelson) K. L. Parker;丛生无茎尖膜菊■☆
201300 Hymenoxys acaulis (Pursh) K. L. Parker var. ivesiana (Greene) K. L. Parker = Tetraneuris ivesiana Greene ■☆
201301 Hymenoxys ambigens (S. F. Blake) Bierner;漫生尖膜菊(漫生膜质菊);Pinaleno Mountains Rubberweed ■☆
201302 Hymenoxys ambigens (S. F. Blake) Bierner var. floribunda (A. Gray) W. L. Wagner;佛罗里达尖膜菊(佛罗里达膜质菊)■☆
201303 Hymenoxys ambigens (S. F. Blake) Bierner var. neomexicana W. L. Wagner;新墨西哥尖膜菊(新墨西哥膜质菊)■☆
201304 Hymenoxys anthemoides (Juss.) Cass. ex DC.;南美尖膜菊(南美膜质菊);South American Rubberweed ■☆
201305 Hymenoxys argentea (A. Gray) K. L. Parker = Tetraneuris argentea (A. Gray) Greene ■☆
201306 Hymenoxys argentea (A. Gray) K. L. Parker var. ivesiana (Greene) Cronquist = Tetraneuris ivesiana Greene ■☆
201307 Hymenoxys bigelowii (A. Gray) K. L. Parker;毕氏尖膜菊(毕氏膜质菊);Bigelow's Rubberweed ■☆
201308 Hymenoxys brachyactis Wooton et Standl.;高尖膜菊(高膜质菊);East View Rubberweed, Tall Bitterweed ■☆
201309 Hymenoxys brandegeei (Porter ex A. Gray) K. L. Parker;布兰尖膜菊(布兰膜质菊);Brandegee's Rubberweed, Western Bitterweed ■☆
201310 Hymenoxys cooperi (A. Gray) Cockerell;库珀尖膜菊(库珀膜质菊);Cooper's Bitterweed, Cooper's Rubberweed ■☆
201311 Hymenoxys cooperi (A. Gray) Cockerell var. canescens (D. C. Eaton) K. L. Parker = Hymenoxys cooperi (A. Gray) Cockerell ■☆

201312 Hymenoxys depressa (Torr. et A. Gray) S. L. Welsh et Reveal = Tetraneuris torreyana (Nutt.) Greene ■☆

201313 Hymenoxys glabra (Nutt.) Shinners = Tetraneuris scaposa (DC.) Greene ■☆

201314 Hymenoxys grandiflora (Torr. et A. Gray) K. L. Parker;大花尖膜菊(大花膜质菊);Four-nerved Daisy,Graylocks Rubberweed ■☆

201315 Hymenoxys helenioides (Rydb.) Cockerell;拟膜质菊;Intermountain Bitterweed,Intermountain Rubberweed ■☆

201316 Hymenoxys hoopesii (A. Gray) Bierner;尖膜菊(膜质菊);Orange-sneezeweed,Owl's-claws ■☆

201317 Hymenoxys ivesiana (Greene) K. L. Parker = Tetraneuris ivesiana Greene ■☆

201318 Hymenoxys jamesii Bierner;詹姆斯尖膜菊(詹姆斯膜质菊);James' Rubberweed ■☆

201319 Hymenoxys lapidicola S. L. Welsh et Neese = Tetraneuris torreyana (Nutt.) Greene ■☆

201320 Hymenoxys lemmonii (Greene) Cockerell;莱蒙尖膜菊(莱蒙膜质菊);Lemmon's Bitterweed,Lemmon's Rubberweed ■☆

201321 Hymenoxys linearifolia Hook. = Tetraneuris linearifolia (Hook.) Greene ■☆

201322 Hymenoxys microcephala Bierner = Hymenoxys ambigens (S. F. Blake) Bierner var. floribunda (A. Gray) W. L. Wagner ■☆

201323 Hymenoxys odorata DC.;苦尖膜菊(苦膜质菊);Bitter Rubberweed, Bitterweed, Fragrant Bffyerweed, Western Bitterweed ■☆

201324 Hymenoxys quinquesquamata Rydb.;五鳞尖膜菊(五鳞膜质菊);Rincon Bitterweed,Rincon Rubberweed ■☆

201325 Hymenoxys richardsonii (Hook.) Cockerell;科罗拉多尖膜菊(科罗拉多膜质菊,理查森尖膜菊);Colorado Rubberweed, Pingue,Pingue Rubberweed,Pingwing,Richardson's Bitterweed ■☆

201326 Hymenoxys richardsonii (Hook.) Cockerell var. floribunda (A. Gray) K. L. Parker;多花理查森尖膜菊(多花理查森膜质菊);Colorado Rubberweed,Oolivaceous Bitterweed ■☆

201327 Hymenoxys rusbyi (A. Gray) Cockerell;鲁斯比尖膜菊(鲁斯比膜质菊);Rusby's Bitterweed,Rusby's Rubberweed ■☆

201328 Hymenoxys scaposa (DC.) K. L. Parker = Tetraneuris scaposa (DC.) Greene ■☆

201329 Hymenoxys scaposa (DC.) K. L. Parker var. argyrocaulon K. L. Parker = Tetraneuris scaposa (DC.) Greene var. argyrocaulon (K. L. Parker) K. L. Parker ■☆

201330 Hymenoxys scaposa (DC.) K. L. Parker var. linearis (Nutt.) K. L. Parker = Tetraneuris scaposa (DC.) Greene ■☆

201331 Hymenoxys scaposa (DC.) K. L. Parker var. villosa Shinners = Tetraneuris scaposa (DC.) Greene ■☆

201332 Hymenoxys subintegra Cockerell;亚利桑那尖膜菊(亚利桑那膜质菊);Arizona Rubberweed ■☆

201333 Hymenoxys texana (J. M. Coult. et Rose) Cockerell;得州尖膜菊(得州膜质菊);Prairiedawn ■☆

201334 Hymenoxys torreyana (Nutt.) K. L. Parker = Tetraneuris torreyana (Nutt.) Greene ■☆

201335 Hymenoxys turneri K. L. Parker = Tetraneuris turneri (K. L. Parker) K. L. Parker ■☆

201336 Hymenoxys vaseyi (A. Gray) Cockerell;瓦齐尖膜菊(瓦齐膜质菊);Vasey's Bitterweed,Vasey's Rubberweed ■☆

201337 Hymnnocephalus Jaub. et Spach = Centaurea L.(保留属名)●■

201338 Hymnnochaeta P. Beauv. = Scirpus L.(保留属名)■

201339 Hymnostemon Post et Kuntze = Lobelia L. ●■

201340 Hymnostemon Post et Kuntze = Ymnostema Neck. ●■

201341 Hyobanche L. (1771);猪果列当属■☆

201342 Hyobanche atropurpurea Bolus;暗紫猪果列当■☆

201343 Hyobanche barklyi N. E. Br.;巴克利猪果列当■☆

201344 Hyobanche calvescens Gand.;光秃猪果列当■☆

201345 Hyobanche coccinea L. ex Steud. = Hyobanche sanguinea L. ■☆

201346 Hyobanche fulleri E. Phillips;富勒列当■☆

201347 Hyobanche glabrata Hiern;光滑猪果列当■☆

201348 Hyobanche robusta Schönland;粗壮猪果列当■☆

201349 Hyobanche rubra N. E. Br.;红猪果列当■☆

201350 Hyobanche sanguinea L.;血色猪果列当■☆

201351 Hyobanche sanguinea L. var. glabra Benth. = Hyobanche glabrata Hiern ■☆

201352 Hyobanche sanguinea L. var. glabrescens Drège = Hyobanche glabrata Hiern ■☆

201353 Hyocyamus G. Don = Hyoscyamus L. ■

201354 Hyogeton Steud. = Ilyogeton Endl. ■

201355 Hyogeton Steud. = Vandellia L. ■

201356 Hyophorbe Gaertn. (1791);酒瓶椰子属(棒棍椰子属,高瓶椰子属,海夫比椰子属,亥佛棕属,酒瓶椰属);Bottle Palm, Pignut Palm ●

201357 Hyophorbe amaricaulis Mart. = Hyophorbe indica Gaertn. ●☆

201358 Hyophorbe commersoniana Mart. = Hyophorbe indica Gaertn. ●☆

201359 Hyophorbe indica Gaertn.;东印度酒瓶椰子(酒瓶椰子,印度瓶棕);Bottle Palm,Bourbon Palm,Plum Nut Palm ●☆

201360 Hyophorbe lagenicaulis (L. H. Bailey) H. E. Moore;酒瓶椰子(匏茎亥佛棕);Bottle Palm ●

201361 Hyophorbe lagenicaulis (L. H. Bailey) H. E. Moore = Mascarena lagenicaulis (Mart.) L. H. Bailey ●

201362 Hyophorbe lutescens Jum. = Chrysalidocarpus lutescens H. Wendl. ●

201363 Hyophorbe vaughanii L. H. Bailey;沃恩酒瓶椰子●☆

201364 Hyophorbe verschaffeltii H. Wendl. = Mascarena verschaffeltii (H. Wendl.) L. H. Bailey ●☆

201365 Hyoscarpus Dulac = Hyoscyamus L. ■

201366 Hyoschyamus Zumagl. = Hyoscyamus L. ■

201367 Hyosciamus Neck. = Hyoscyamus L. ■

201368 Hyoscyamaceae Vest = Solanaceae Juss.(保留科名)●■

201369 Hyoscyamaceae Vest;天仙子科■

201370 Hyoscyamus L. (1753);天仙子属(莨菪属);Henbane, Hog Bean, Hog-bean ■

201371 Hyoscyamus agrestis Kit. ex Schult. = Hyoscyamus niger L. ■

201372 Hyoscyamus albus L.;白莨菪(白天仙子);Round-leaved Henbane,Russian Henbane,White Henbane ■

201373 Hyoscyamus albus L. var. exserens Maire = Hyoscyamus albus L. ■

201374 Hyoscyamus albus L. var. major (Mill.) Lowe = Hyoscyamus albus L. ■

201375 Hyoscyamus angulatus Griff. = Hyoscyamus insanus Stocks ■☆

201376 Hyoscyamus aureus Pall. = Hyoscyamus pusillus L. ■

201377 Hyoscyamus bohemicus F. W. Schmidt;小天仙子(北莨菪,天仙子,小莨菪);Bohemia Henbane ■

201378 Hyoscyamus bohemicus F. W. Schmidt = Hyoscyamus niger L. ■

201379 Hyoscyamus boveanus (Dunal) Asch. et Schweinf.;博韦天仙子■☆

201380 Hyoscyamus datora Forssk. = Hyoscyamus muticus L. ■

201381 Hyoscyamus desertorum (Boiss.) Täckh.;荒漠天仙子■☆

201382 Hyoscyamus grandiflorus Franch.;大花天仙子■☆
201383 Hyoscyamus insanus Stocks;错乱天仙子■☆
201384 Hyoscyamus kopetdaghi Pojark.;科佩特天仙子■☆
201385 Hyoscyamus luteus;埃及天仙子;Egyptian Henbane,Yellow Henbane ■☆
201386 Hyoscyamus micranthus G. Don = Hyoscyamus pusillus L. ■
201387 Hyoscyamus micranthus Ledeb. ex G. Don = Hyoscyamus pusillus L. ■
201388 Hyoscyamus muticus L.;钝天仙子(埃及莨菪);Muticous Henbane ■
201389 Hyoscyamus niger L.;天仙子(黑莨菪,莨菪,莨菪叶,莨菪子,莨蔄子,老牛醋,铃铛草,麻性草,米罐子,青草叶,山烟,山烟子,小颠茄子,薰牙子,牙痛草,牙痛子,野大烟);Belene,Black Henbane,Black Jurinea,Brosewort,Chenile,Common Henbane,Devil's Eye,Devil's Eyes,Hen Bell,Hen Bells,Henbane,Hen-bell,Henkam,Henpen,Henpenny,Hogbean,Hog's Beans,Insane-root,Jupiter's Bean,Loaves-of-bread,Stinking Nightshade,Stinking Roger ■
201390 Hyoscyamus niger L. var. annuus Sims = Hyoscyamus niger L. ■
201391 Hyoscyamus niger L. var. biennis Carr = Hyoscyamus niger L. ■
201392 Hyoscyamus niger L. var. chinensis Makino;中莨菪(莨菪);China Henbane ■
201393 Hyoscyamus niger L. var. chinensis Makino = Hyoscyamus niger L. ■
201394 Hyoscyamus orientalis M. Bieb.;东方天仙子;Oriental Henbane ■
201395 Hyoscyamus persitus Boiss. et Buhse = Hyoscyamus niger L. ■
201396 Hyoscyamus physaloides L. = Physochlaina physaloides (L.) G. Don ■
201397 Hyoscyamus pictus Roth = Hyoscyamus niger L. ■
201398 Hyoscyamus praealtus (Decne.) Walp. = Physochlaina praealta (Decne.) Miers ■
201399 Hyoscyamus praealtus Walp. = Physochlaina praealta (Decne.) Miers ■
201400 Hyoscyamus pungens Griseb. = Hyoscyamus pusillus L. ■
201401 Hyoscyamus pusillus L.;中亚天仙子(矮莨菪,矮天仙子,姬天仙子,小天仙子);Centrol Asia Henbane,Golden Henbane,Tiny Henbane ■
201402 Hyoscyamus reticulatus L.;网状天仙子■
201403 Hyoscyamus squarrosus Griff.;粗鳞天仙子■☆
201404 Hyoscyamus tibesticus Maire;提贝斯提天仙子■☆
201405 Hyoscyamus turcomanicus Pojark.;土库曼天仙子■
201406 Hyoseris L.(1753);翼果苣属■☆
201407 Hyoseris amplexicaulis Michx. = Krigia biflora (Walter) S. F. Blake ■☆
201408 Hyoseris arenaria Schousb. = Hedypnois arenaria (Schousb.) DC. ■☆
201409 Hyoseris biflora Walter = Krigia biflora (Walter) S. F. Blake ■☆
201410 Hyoseris blechnoides Pomel = Hyoseris radiata L. ■☆
201411 Hyoseris calyculata Poir. = Hyoseris blechnoides Pomel ■☆
201412 Hyoseris cretica L. = Hedypnois cretica (L.) Dum. Cours. ■☆
201413 Hyoseris cretica L. = Hedypnois rhagadioloides (L.) F. W. Schmidt ■☆
201414 Hyoseris hedypnois L. = Hedypnois annua Mill. ex Ferris ■☆
201415 Hyoseris minima L. = Arnoglossum reniforme (Hook.) H. Rob. ■☆
201416 Hyoseris minima L. = Arnoseris minima (L.) Schweigg. et Korte ■☆
201417 Hyoseris montana Michx. = Krigia montana (Michx.) Nutt. ■☆
201418 Hyoseris radiata L.;翼果苣■☆
201419 Hyoseris radiata L. subsp. graeca Halácsy;希腊翼果苣■☆
201420 Hyoseris radiata L. var. ajmasiana Pau et Font Quer = Hyoseris radiata L. ■☆
201421 Hyoseris radiata L. var. baetica (Sch. Bip.) Fiori = Hyoseris radiata L. ■☆
201422 Hyoseris radiata L. var. baetica Pau et Font Quer = Hyoseris radiata L. ■☆
201423 Hyoseris radiata L. var. blechnoides (Pomel) Batt. = Hyoseris radiata L. ■☆
201424 Hyoseris radiata L. var. elongata A. Huet = Hyoseris radiata L. ■☆
201425 Hyoseris radiata L. var. hispidula Pomel = Hyoseris radiata L. ■☆
201426 Hyoseris radiata L. var. lucida (L.) Durand et Barratte = Hyoseris radiata L. subsp. graeca Halácsy ■☆
201427 Hyoseris radiata L. var. puberula Pamp. = Hyoseris radiata L. ■☆
201428 Hyoseris radiata L. var. vestita Pomel = Hyoseris radiata L. ■☆
201429 Hyoseris scabra L.;粗糙翼果苣■☆
201430 Hyoseris tenella Thunb. = Hypochaeris glabra L. ■☆
201431 Hyoseris virginica L. = Krigia virginica (L.) Willd. ■☆
201432 Hyosicamus Hill = Hyoscyamus L. ■
201433 Hyospathe Mart.(1823);薄鞘椰属(薄鞘榈属,亥俄棕属,红轴椰属,姬珍椰子属);Hyospathe ●☆
201434 Hyospathe amaricaulis Hook. f.;薄鞘椰(亥俄棕)●☆
201435 Hyospathe elegans Mart.;雅致薄鞘椰(雅致亥俄棕);Ubim Palm ●☆
201436 Hypacanthium Juz.(1937);灰背虎头蓟属■☆
201437 Hypacanthium echinopifolium (Bornm.) Juz.;灰背虎头蓟■☆
201438 Hypaelyptum Vahl(废弃属名) = Hypolytrum Rich. ex Pers. ■
201439 Hypaelyptum Vahl(废弃属名) = Lipocarpha R. Br.(保留属名)■
201440 Hypaelyptum argenteum Vahl = Lipocarpha chinensis (Osbeck) J. Kern. ■
201441 Hypaelyptum argenteum Vahl = Lipocarpha senegalensis (Lam.) Dandy ■
201442 Hypaelyptum filiforme Vahl = Lipocarpha filiformis (Vahl) Kunth ■☆
201443 Hypaelyptum microcephalum R. Br. = Lipocarpha chinensis (Osbeck) J. Kern. ■
201444 Hypaelyptum microcephalum R. Br. = Lipocarpha microcephala (R. Br.) Kunth ■
201445 Hypaelytrum Poir. = Hypaelyptum Vahl(废弃属名)■
201446 Hypagophytum A. Berger(1930);垂景天属■☆
201447 Hypagophytum abyssinicum (Hochst. ex A. Rich.) A. Berger;垂景天■☆
201448 Hypanthera Silva Manso = Fevillea L. ■☆
201449 Hypaphorus Hassk. = Erythrina L. ●■
201450 Hypaphorus subumbrans Hassk. = Erythrina subumbrans (Hassk.) Merr. ●
201451 Hyparete Raf. = Hermbstaedtia Rchb. ■●☆
201452 Hypargyrium Fourr. = Potentilla L. ■●
201453 Hyparrhenia Andersson = Hyparrhenia Andersson ex E. Fourn. ■
201454 Hyparrhenia Andersson ex E. Fourn.(1886);苞茅属;Bractquitch,Hyparrhenia ■

201455 Hyparrhenia E. Fourn. = Hyparrhenia Andersson ex E. Fourn. ■

201456 Hyparrhenia absimilis Pilg. = Hyparrhenia mobukensis (Chiov.) Chiov. ■☆

201457 Hyparrhenia abyssinica (Hochst. ex A. Rich.) Roberty = Exotheca abyssinica (Hochst. ex A. Rich.) Andersson ■☆

201458 Hyparrhenia acutispathacea (De Wild.) Robyns = Hyparrhenia variabilis Stapf ■☆

201459 Hyparrhenia acutispathacea (De Wild.) Robyns var. pilosa Bamps = Hyparrhenia rudis Stapf ■☆

201460 Hyparrhenia altissima Stapf = Hyparrhenia rufa (Nees) Stapf ■☆

201461 Hyparrhenia amoena Jacq. -Fél. = Hyparrhenia glabriuscula (Hochst. ex A. Rich.) Stapf ■☆

201462 Hyparrhenia andongensis (Rendle) Stapf;安东苞茅■☆

201463 Hyparrhenia anthistirioides (Hochst. ex A. Rich.) Andersson ex Stapf;菅苞茅■☆

201464 Hyparrhenia aucta (Stapf) Stapf ex Stent = Hyparrhenia dregeana (Nees) Stapf ex Stent ■☆

201465 Hyparrhenia barteri (Hack.) Stapf;巴氏苞茅■☆

201466 Hyparrhenia barteri (Hack.) Stapf var. calvescens ? = Hyparrhenia figariana (Chiov.) Clayton ■☆

201467 Hyparrhenia bequaertii (De Wild.) Robyns = Hyparrhenia gossweileri Stapf ■☆

201468 Hyparrhenia bisulcata Chiov. = Hyparrhenia newtonii (Hack.) Stapf ■

201469 Hyparrhenia brachychaete Peter = Hyparrhenia dregeana (Nees) Stapf ex Stent ■☆

201470 Hyparrhenia bracteata (Humb. et Bonpl. ex Willd.) Stapf;苞茅;Bract Hyparrhenia,Bractquitch ■

201471 Hyparrhenia buchananii (Stapf) Stapf ex Stent = Hyparrhenia poecilotricha (Hack.) Stapf ■☆

201472 Hyparrhenia chrysargyrea (Stapf) Stapf = Hyparrhenia nyassae (Rendle) Stapf ■☆

201473 Hyparrhenia cirrosula Stapf = Hyparrhenia newtonii (Hack.) Stapf ■

201474 Hyparrhenia claessensii Robyns = Hyparrhenia pilgerana C. E. Hubb. ■☆

201475 Hyparrhenia claytonii S. M. Phillips;克莱顿苞茅■☆

201476 Hyparrhenia coleotricha (Steud.) Andersson ex Clayton;毛鞘苞茅■☆

201477 Hyparrhenia collina (Pilg.) Stapf;山丘苞茅■☆

201478 Hyparrhenia comosa (Kuntze) Andersson ex Stapf = Hyparrhenia coleotricha (Steud.) Andersson ex Clayton ■☆

201479 Hyparrhenia confinis (Hochst. ex A. Rich.) Andersson ex Stapf;邻近苞茅■☆

201480 Hyparrhenia confinis (Hochst. ex A. Rich.) Andersson ex Stapf var. nudiglumis (Hack.) Clayton;裸颖苞茅■☆

201481 Hyparrhenia confinis (Hochst. ex A. Rich.) Andersson ex Stapf var. pellita (Hack.) Stapf;遮皮邻近苞茅■☆

201482 Hyparrhenia contracta Robyns = Hyparrhenia bracteata (Humb. et Bonpl. ex Willd.) Stapf ■

201483 Hyparrhenia coriacea Mazade;革质苞茅■☆

201484 Hyparrhenia coriacea Mazade var. sericea Mazade;绢毛革质苞茅■☆

201485 Hyparrhenia cornucopiae (Hack.) Stapf = Hyperthelia cornucopiae (Hack.) Clayton ■☆

201486 Hyparrhenia cyanescens (Stapf) Stapf;蓝色苞茅■☆

201487 Hyparrhenia cymbaria (L.) Stapf;船状苞茅■☆

201488 Hyparrhenia dichroa (Steud.) Stapf;二色苞茅■☆

201489 Hyparrhenia diplandra (Hack.) Stapf;短梗苞茅;Eberhardt Hyparrhenia,Shortstalk Bractquitch,Shortstalk Hyparrhenia ■

201490 Hyparrhenia diplandra (Hack.) Stapf var. mutica (Clayton) Cope;无尖苞茅■☆

201491 Hyparrhenia dissoluta (Nees ex Steud.) C. E. Hubb. = Hyperthelia dissoluta (Nees ex Steud.) Clayton ■☆

201492 Hyparrhenia djalonica Jacq. -Fél. = Parahyparrhenia annua (Hack.) Clayton ■☆

201493 Hyparrhenia dregeana (Nees) Stapf ex Stent;短毛苞茅;Silky Thatching Grass ■☆

201494 Hyparrhenia dybowskii (Franch.) Roberty;迪布苞茅■☆

201495 Hyparrhenia eberhardtii (A. Camus) Hitchc. = Hyparrhenia diplandra (Hack.) Stapf ■

201496 Hyparrhenia edulis C. E. Hubb. = Hyperthelia edulis (C. E. Hubb.) Clayton ■☆

201497 Hyparrhenia elongata Stapf = Hyparrhenia dregeana (Nees) Stapf ex Stent ■☆

201498 Hyparrhenia eylesii C. E. Hubb. = Elymandra grallata (Stapf) Clayton ■☆

201499 Hyparrhenia familiaris (Steud.) Stapf;家苞茅■☆

201500 Hyparrhenia familiaris (Steud.) Stapf var. pilosa Robyns = Hyparrhenia poecilotricha (Hack.) Stapf ■☆

201501 Hyparrhenia fastigiata Robyns = Hyparrhenia dichroa (Steud.) Stapf ■☆

201502 Hyparrhenia figariana (Chiov.) Clayton;菲加里苞茅■☆

201503 Hyparrhenia filipendula (Hochst.) Stapf = Hyparrhenia finitima (Hochst. ex A. Rich.) Stapf ■

201504 Hyparrhenia filipendula (Hochst.) Stapf var. pilosa (Hochst.) Stapf;毛穗苞茅■

201505 Hyparrhenia finitima (Hochst. ex A. Rich.) Stapf;纤细苞茅;Thin Bractquitch,Thin Hyparrhenia ■

201506 Hyparrhenia foliosa (Humb. et Bonpl. ex Willd.) E. Fourn. = Hyparrhenia bracteata (Humb. et Bonpl. ex Willd.) Stapf ■

201507 Hyparrhenia formosa Stapf;美丽苞茅■☆

201508 Hyparrhenia gazensis (Rendle) Stapf;加兹苞茅■☆

201509 Hyparrhenia glabriuscula (Hochst. ex A. Rich.) Stapf;光秃苞茅■☆

201510 Hyparrhenia gossweileri Stapf;戈斯苞茅■☆

201511 Hyparrhenia gracilescens Stapf = Hyparrhenia welwitschii (Rendle) Stapf ■☆

201512 Hyparrhenia grallata Stapf = Elymandra grallata (Stapf) Clayton ■☆

201513 Hyparrhenia griffithii Bor;大穗苞茅■

201514 Hyparrhenia hirta (L.) Stapf;毛苞茅;Thatching Grass ■☆

201515 Hyparrhenia hirta (L.) Stapf f. podotricha (Steud.) Stapf = Hyparrhenia sinaica (Delile) G. López ■☆

201516 Hyparrhenia hirta (L.) Stapf f. pubescens (Vis.) Maire et Weiller = Hyparrhenia hirta (L.) Stapf ■☆

201517 Hyparrhenia hirta (L.) Stapf subsp. villosa Pignatti = Hyparrhenia sinaica (Delile) G. López ■☆

201518 Hyparrhenia hirta (L.) Stapf var. garambensis Troupin = Hyparrhenia finitima (Hochst. ex A. Rich.) Stapf ■

201519 Hyparrhenia hirta (L.) Stapf var. podotricha (Hochst.) Pic. Serm. = Hyparrhenia hirta (L.) Stapf ■☆

201520 Hyparrhenia involucrata Stapf;总苞茅■☆

201521 Hyparrhenia involucrata Stapf var. breviseta Clayton;短毛总苞菅茅■☆
201522 Hyparrhenia iringensis Pilg. = Hyparrhenia variabilis Stapf ■☆
201523 Hyparrhenia jaegeriana (A. Camus) Roberty = Parahyparrhenia annua (Hack.) Clayton ■☆
201524 Hyparrhenia lecomtei (Franch.) Stapf = Hyparrhenia newtonii (Hack.) Stapf ■
201525 Hyparrhenia lecomtei (Franch.) Stapf var. bisulcata (Chiov.) Robyns = Hyparrhenia newtonii (Hack.) Stapf ■
201526 Hyparrhenia lintonii Stapf = Hyparrhenia papillipes (Hochst. ex A. Rich.) Andersson ex Stapf ■☆
201527 Hyparrhenia lithophila (Trin.) Pilg. = Elymandra lithophila (Trin.) Clayton ■☆
201528 Hyparrhenia luembensis (De Wild.) Robyns = Hyparrhenia dichroa (Steud.) Stapf ■☆
201529 Hyparrhenia macrarrhena (Hack.) Stapf = Hyparrhenia niariensis (Franch.) Clayton var. macrarrhena (Hack.) Clayton ■☆
201530 Hyparrhenia macrolepis (Hack.) Stapf = Hyperthelia macrolepis (Hack.) Clayton ■☆
201531 Hyparrhenia micrathera (Pilg.) Pilg. ex Peter = Hyparrhenia dregeana (Nees) Stapf ex Stent ■☆
201532 Hyparrhenia mobukensis (Chiov.) Chiov.;蒙博开菅茅■☆
201533 Hyparrhenia modica (De Wild.) Robyns = Hyparrhenia hirta (L.) Stapf ■☆
201534 Hyparrhenia multiplex (Hochst. ex A. Rich.) Andersson ex Stapf;多倍菅茅■☆
201535 Hyparrhenia multiplex (Hochst. ex A. Rich.) Andersson ex Stapf var. leiopoda Stapf = Hyparrhenia multiplex (Hochst. ex A. Rich.) Andersson ex Stapf ■☆
201536 Hyparrhenia mutica Clayton = Hyparrhenia diplandra (Hack.) Stapf var. mutica (Clayton) Cope ■☆
201537 Hyparrhenia neglecta S. M. Phillips;忽视菅茅■☆
201538 Hyparrhenia newtonii (Hack.) Stapf;纽敦菅茅■
201539 Hyparrhenia newtonii (Hack.) Stapf var. macra Stapf;大牛顿菅茅■☆
201540 Hyparrhenia niariensis (Franch.) Clayton;尼阿里菅茅■☆
201541 Hyparrhenia niariensis (Franch.) Clayton var. macrarrhena (Hack.) Clayton;大雄尼阿里菅茅■☆
201542 Hyparrhenia notolasia Stapf = Hyparrhenia involucrata Stapf ■☆
201543 Hyparrhenia nyassae (Rendle) Stapf;尼亚萨菅茅■☆
201544 Hyparrhenia pachystachya Stapf = Hyparrhenia diplandra (Hack.) Stapf ■
201545 Hyparrhenia papillipes (Hochst. ex A. Rich.) Andersson ex Stapf;乳突梗菅茅■☆
201546 Hyparrhenia parvispiculata Bamps = Hyparrhenia rufa (Nees) Stapf ■☆
201547 Hyparrhenia pendula Peter;悬垂菅茅■☆
201548 Hyparrhenia petiolata Stapf = Hyparrhenia confinis (Hochst. ex A. Rich.) Andersson ex Stapf var. nudiglumis (Hack.) Clayton ■☆
201549 Hyparrhenia phyllopoda Stapf = Hyparrhenia dregeana (Nees) Stapf ex Stent ■☆
201550 Hyparrhenia pilgerana C. E. Hubb.;皮尔格菅茅■☆
201551 Hyparrhenia pilosa Mazade;疏毛菅茅■
201552 Hyparrhenia pilosissima (Hack.) J. G. Anderson = Hyparrhenia dregeana (Nees) Stapf ex Stent ■☆
201553 Hyparrhenia piovanoi Chiov. = Hyparrhenia filipendula (Hochst.) Stapf var. pilosa (Hochst.) Stapf ■
201554 Hyparrhenia podotricha (Steud.) Andersson = Hyparrhenia sinaica (Delile) G. López ■☆
201555 Hyparrhenia poecilotricha (Hack.) Stapf;杂毛菅茅■☆
201556 Hyparrhenia pseudocymbaria (Steud.) Stapf;假舟状菅茅;False boatshaped Hyparrhenia ■
201557 Hyparrhenia pseudocymbaria (Steud.) Stapf = Hyparrhenia anthistirioides (Hochst. ex A. Rich.) Andersson ex Stapf ■☆
201558 Hyparrhenia pubescens (Vis.) Chiov. = Hyparrhenia hirta (L.) Stapf ■☆
201559 Hyparrhenia pusilla (Hook. f.) Stapf = Andropogon pusillus Hook. f. ■☆
201560 Hyparrhenia quarrei Robyns;卡雷菅茅■☆
201561 Hyparrhenia rhodesica Stent et J. M. Rattray = Hyparrhenia finitima (Hochst. ex A. Rich.) Stapf ■
201562 Hyparrhenia rudis Stapf;粗糙菅茅■☆
201563 Hyparrhenia rufa (Nees) Stapf;红菅茅;Jaragua Grass, Jaraguagrass, Red Bractquitch, Red Hyparrhenia ■☆
201564 Hyparrhenia rufa (Nees) Stapf var. fluvicoma (Hochst. ex A. Rich.) Chiov. = Hyparrhenia rufa (Nees) Stapf ■☆
201565 Hyparrhenia rufa (Nees) Stapf var. major (Rendle) Stapf = Hyparrhenia rufa (Nees) Stapf ■☆
201566 Hyparrhenia rufa (Nees) Stapf var. siamensis Clayton = Hyparrhenia yunnanensis B. S. Sun ■
201567 Hyparrhenia ruprechtii (Hack.) E. Fourn. = Hyperthelia dissoluta (Nees ex Steud.) Clayton ■☆
201568 Hyparrhenia scabrimarginata (De Wild.) Robyns = Hyparrhenia collina (Pilg.) Stapf ■☆
201569 Hyparrhenia schimperi (Hochst. ex A. Rich.) Andersson ex Stapf;欣珀菅茅■☆
201570 Hyparrhenia sinaica (Delile) G. López;西奈菅茅■☆
201571 Hyparrhenia smithiana (Hook. f.) Stapf;史密斯菅茅■☆
201572 Hyparrhenia smithiana (Hook. f.) Stapf var. major Clayton;大型史密斯菅茅■☆
201573 Hyparrhenia snowdenii C. E. Hubb. = Hyparrhenia gazensis (Rendle) Stapf ■☆
201574 Hyparrhenia soluta (Stapf) Stapf var. violascens Stapf = Hyparrhenia violascens (Stapf) Clayton ■☆
201575 Hyparrhenia squarrosula Peter = Hyparrhenia newtonii (Hack.) Stapf ■
201576 Hyparrhenia stolzii Stapf = Hyparrhenia newtonii (Hack.) Stapf ■
201577 Hyparrhenia subaristata Peter = Hyparrhenia dregeana (Nees) Stapf ex Stent ■☆
201578 Hyparrhenia sulcata Jacq. -Fél. = Parahyparrhenia annua (Hack.) Clayton ■☆
201579 Hyparrhenia takaensis Vanderyst = Hyparrhenia diplandra (Hack.) Stapf ■
201580 Hyparrhenia umbrosa (Hochst.) Andersson ex Clayton;伞菅茅■☆
201581 Hyparrhenia vanderystii (De Wild.) Vanderyst = Hyparrhenia nyassae (Rendle) Stapf ■☆
201582 Hyparrhenia variabilis Stapf;易变菅茅■☆
201583 Hyparrhenia violascens (Stapf) Clayton;堇色菅茅■☆
201584 Hyparrhenia viridescens Robyns = Hyparrhenia schimperi (Hochst. ex A. Rich.) Andersson ex Stapf ■☆
201585 Hyparrhenia vulpina Stapf = Hyparrhenia nyassae (Rendle) Stapf ■☆

201586 Hyparrhenia welwitschii (Rendle) Stapf;韦尔苞茅■☆
201587 Hyparrhenia wombaliensis (Vanderyst ex Robyns) Clayton;旺巴利苞茅■☆
201588 Hyparrhenia yunnanensis B. S. Sun;泰国苞茅;Siam Bractquitch,Siam Hyparrhenia ■
201589 Hypechusa Alef. = Vicia L. ■
201590 Hypecoaceae (Dumort.) Willk. et Lange = Fumariaceae Marquis(保留科名)■☆
201591 Hypecoaceae Barkley = Fumariaceae Marquis(保留科名)■☆
201592 Hypecoaceae Barkley = Hypecoaceae Nakai ex Reveal et Hoogland ■
201593 Hypecoaceae Barkley = Papaveraceae Juss.(保留科名)●■
201594 Hypecoaceae Nakai ex Reveal et Hoogland(1991);角茴香科■
201595 Hypecoaceae Willk. et Lange = Fumariaceae Marquis(保留科名)■☆
201596 Hypecoaceae Willk. et Lange = Papaveraceae Juss.(保留科名)●■
201597 Hypecoum L.(1753);角茴香属(海瑟属);Hornfennel, Hypecoum ■
201598 Hypecoum aegyptiacum (Forssk.) Asch. et Schweinf.;埃及角茴香■☆
201599 Hypecoum aequilobum Viv.;等裂角茴香■☆
201600 Hypecoum alpinum C. H. An;高山角茴香;Alpine Hypecoum ■
201601 Hypecoum caucasicum Koch ex Ledeb. = Hypecoum pendulum L. ■☆
201602 Hypecoum chinensis Franch. = Hypecoum leptocarpum Hook. f. et Thomson ■
201603 Hypecoum deuteroparviflorum Fedde = Hypecoum littorale Wulfen ■☆
201604 Hypecoum duriaei Pomel;杜里奥角茴香■☆
201605 Hypecoum erectum L.;角茴香(黄花草,亮帽英,麦黄草,山黄连,土茵陈,细叶角茴香,雪里青,咽喉草,野茴香,直立角茴香);Erect Hypecoum,Hornfennel ■
201606 Hypecoum erectum L. var. lactiflorum (Kar. et Kir.) Maxim.;宽花角茴香■☆
201607 Hypecoum ferrugineomaculatum C. H. An;锈斑角茴香;Rust-spoted Hypecoum ■
201608 Hypecoum geslinii Coss. et Kralik = Hypecoum littorale Wulfen ■☆
201609 Hypecoum grandiflorum Benth.;大花角茴香■☆
201610 Hypecoum grandiflorum Benth. = Hypecoum imberbe Sm. ■☆
201611 Hypecoum imberbe Sm.;无须角茴香;Sicklefruit Hypecoum ■☆
201612 Hypecoum leptocarpum Hook. f. et Thomson;细果角茴香(黄花草,角茴香,节裂角茴香,山黄连,雪里青,咽喉草,中国角茴香);China Hornfennel, China Hypecoum, Thin Hornfennel, Thinfruit Hypecoum ■
201613 Hypecoum littorale Wulfen;滨海茴香■☆
201614 Hypecoum millefolium H. Lév. et Vaniot = Hypecoum erectum L. ■
201615 Hypecoum millefolium H. Lév. et Vaniot = Hypecoum leptocarpum Hook. f. et Thomson ■
201616 Hypecoum parviflorum Kar. et Kir.;小花角茴香(角茴香);Smallflower Hornfennel ■
201617 Hypecoum parviflorum Kar. et Kir. = Hypecoum pendulum L. var. parviflorum (Kar. et Kir) Cullen ■
201618 Hypecoum pendulum L.;悬垂角茴香(悬果海瑟);Nodding Hypecoum,Pendulous Hypecoum ■☆
201619 Hypecoum pendulum L. = Hypecoum parviflorum Kar. et Kir. ■
201620 Hypecoum pendulum L. var. parviflorum (Kar. et Kir.) Cullen = Hypecoum parviflorum Kar. et Kir. ■
201621 Hypecoum pendulum L. var. parviflorum (Kar. et Kir.) Krylov = Hypecoum parviflorum Kar. et Kir. ■
201622 Hypecoum procumbens Kar. et Kir.;平展角茴香■☆
201623 Hypecoum procumbens L. = Hypecoum pendulum L. ■☆
201624 Hypecoum procumbens L. subsp. duriaei (Pomel) Batt. et Trab. = Hypecoum duriaei Pomel ■☆
201625 Hypecoum procumbens L. subsp. grandiflorum (Benth.) Pau = Hypecoum imberbe Sm. ■☆
201626 Hypecoum procumbens L. var. albescens (Durieu) Coss. = Hypecoum procumbens L. ■☆
201627 Hypecoum procumbens L. var. glaucescens (Guss.) Moris = Hypecoum procumbens L. ■☆
201628 Hypecoum procumbens L. var. grandiflorum (Benth.) Coss. = Hypecoum imberbe Sm. ■☆
201629 Hypecoum procumbens L. var. micranthum Maire = Hypecoum procumbens L. ■☆
201630 Hypecoum torulosum A. E. Dahl;结节角茴香■☆
201631 Hypecoum trilobum Trautv.;三裂角茴香■☆
201632 Hypecoum zhukanum Lidén;芒康角茴香■
201633 Hypelate P. Browne(1756);松下木属●☆
201634 Hypelate trifoliata Griseb.;松下木●☆
201635 Hypelichrysum Kirp. = Pseudognaphalium Kirp. ■☆
201636 Hypelythrum D. Dietr. = Hypelytrum Poir. ■
201637 Hypelytrum Poir. = Hypolytrum Rich. ex Pers. ■
201638 Hypenanthe (Blume) Blume = Medinilla Gaudich. ex DC. ●
201639 Hypenanthe Blume = Medinilla Gaudich. ex DC. ●
201640 Hypenia (Benth.) Harley = Hypenia (Mart. ex Benth.) Harley ●☆
201641 Hypenia (Mart. ex Benth.) Harley = Hyptis Jacq.(保留属名)●■
201642 Hypenia (Mart. ex Benth.) Harley(1988);唇毛草属●☆
201643 Hypenia Mart. ex Benth. = Hypenia (Mart. ex Benth.) Harley ●☆
201644 Hypenia reticulata (Mart. ex Benth.) Harley;唇毛草●☆
201645 Hypenla Mast. ex Benth. = Hyptis Jacq.(保留属名)●■
201646 Hyperacanthus E. Mey. = Gardenia Ellis(保留属名)●
201647 Hyperacanthus E. Mey. ex Bridson(1985);类格尼木属(格尼帕属,格尼茜草属);Genip, Genip Tree, Genipa, Genipap, Genip-tree ●☆
201648 Hyperacanthus ambovombensis Rakotonas. et A. P. Davis;安布文贝格尼木●☆
201649 Hyperacanthus amoenus (Sims) Bridson;秀丽格尼木●☆
201650 Hyperacanthus floridus E. Mey. = Hyperacanthus amoenus (Sims) Bridson ●☆
201651 Hyperacanthus grevei Rakotonas. et A. P. Davis;格雷弗格尼木●☆
201652 Hyperacanthus madagascariensis (Lam.) Rakotonas. et A. P. Davis;马岛格尼木●☆
201653 Hyperacanthus mandenensis Rakotonas. et A. P. Davis;曼德拉格尼木●☆
201654 Hyperacanthus microphyllus (K. Schum.) Bridson;小叶格尼木●☆
201655 Hyperacanthus perrieri (Drake) Rakotonas. et A. P. Davis;佩里

耶格尼木●☆
201656 Hyperacanthus pervillei (Drake) Rakotonas. et A. P. Davis;佩尔格尼木●☆
201657 Hyperacanthus poivrei (Drake) Rakotonas. et A. P. Davis;普瓦夫尔格尼木●☆
201658 Hyperacanthus ravinensis (Drake) Rakotonas. et A. P. Davis;拉温格尼木●☆
201659 Hyperanthera Forssk. = Moringa Rheede ex Adans. ●
201660 Hyperanthera moringa Roxb. = Moringa oleifera Lam. ●
201661 Hyperanthera peregrina Forssk. = Moringa peregrina (Forssk.) Fiori ●☆
201662 Hyperantheraceae Link = Moringaceae Martinov(保留科名)●
201663 Hyperanthus Harv. et Sond. = Gardenia Ellis(保留属名)●
201664 Hyperanthus Harv. et Sond. = Hyperacanthus E. Mey. ex Bridson ●☆
201665 Hyperaspis Briq. = Ocimum L. ●■
201666 Hyperaspis kelleri Briq. = Ocimum cufodontii (Lanza) A. J. Paton ■☆
201667 Hyperaspis nummularia S. Moore = Ocimum nummularia (S. Moore) A. J. Paton ■☆
201668 Hyperbaena Miers = Hyperbaena Miers ex Benth. (保留属名) ●☆
201669 Hyperbaena Miers ex Benth. (1861)(保留属名);越被藤属 ●☆
201670 Hyperbaena acutifolia Britton;尖叶越被藤●☆
201671 Hyperbaena angustifolia (A. Gray ex Griseb.) Urb.;窄叶越被藤●☆
201672 Hyperbaena axilliflora Urb.;腋花越被藤●☆
201673 Hyperbaena brevipes Urb. et Ekman;短梗越被藤●☆
201674 Hyperbaena cuneifolia Miers;楔叶越被藤●☆
201675 Hyperbaena paucinervis Urb.;寡脉越被藤●☆
201676 Hyperbaena reticulata Benth.;网脉越被藤●☆
201677 Hyperbaena salicifolia Urb. et Ekman;柳叶越被藤●☆
201678 Hyperbaena trinervis Rusby;三脉越被藤●☆
201679 Hypergyna Post et Kuntze = Hyperogyne Salisb. ■☆
201680 Hypergyna Post et Kuntze = Paradisea Mazzuc. (保留属名)■☆
201681 Hypericaceae Juss. (1789)(保留科名);金丝桃科;St. -John's-Wort Family ●■
201682 Hypericaceae Juss. (保留科名) = Clusiaceae Lindl. (保留科名)●■
201683 Hypericaceae Juss. (保留科名) = Guttiferae Juss. (保留科名) ●■
201684 Hypericoides Adans. = Ascyrum L. ●☆
201685 Hypericoides Cambess. ex Vesque = Garcinia L. ●
201686 Hypericoides Plum. ex Adans. = Ascyrum L. ●☆
201687 Hypericon J. F. Gmel. = Hypericum L. ■●
201688 Hypericophyllum Steetz(1864);钩毛菊属■☆
201689 Hypericophyllum altissimum (Klatt) J. -P. Lebrun et Stork;高大钩毛菊■☆
201690 Hypericophyllum angolense (O. Hoffm.) N. E. Br.;安哥拉钩毛菊■☆
201691 Hypericophyllum brevipapposum Gilli;短冠毛钩毛菊■☆
201692 Hypericophyllum compositarum Steetz;复合钩毛菊■☆
201693 Hypericophyllum congoense (O. Hoffm.) N. E. Br.;刚果钩毛菊■☆
201694 Hypericophyllum elatum (O. Hoffm.) N. E. Br.;高钩毛菊■☆
201695 Hypericophyllum gossweileri S. Moore;戈斯钩毛菊■☆
201696 Hypericophyllum hessii (Merxm.) G. V. Pope;黑斯钩毛菊■☆
201697 Hypericophyllum multicaule Hutch.;多茎钩毛菊■☆
201698 Hypericophyllum nyassicum Gilli;尼亚萨钩毛菊■☆
201699 Hypericophyllum scabridum N. E. Br. = Hypericophyllum angolense (O. Hoffm.) N. E. Br. ■☆
201700 Hypericophyllum speciosum (Lawalrée) Lawalrée = Hypericophyllum elatum (O. Hoffm.) N. E. Br. ■☆
201701 Hypericophyllum tessmannii (Mattf.) G. V. Pope;泰斯曼钩毛菊■☆
201702 Hypericopsis Boiss. (1846);类金丝桃属■●☆
201703 Hypericopsis Opiz = Hypericum L. ■●
201704 Hypericopsis persica Boiss.;类金丝桃●☆
201705 Hypericum L. (1753);金丝桃属;Hypericum, John's-wort, Saint John's Wort, St. John's Wort, St. Johns Wort, St. John's-wort ■●
201706 Hypericum 'Tricolor';三色金丝桃;Tricolor Hypericum ●☆
201707 Hypericum × cyathiflorum N. Robson 'Gold Cup';金杯金丝桃●☆
201708 Hypericum × hyugamontanum Y. Kimura;日向山金丝桃●☆
201709 Hypericum × moseranum André;莫氏金丝桃;Gold Flower ●☆
201710 Hypericum acmosepalum N. Robson;尖萼金丝桃(黄花香,黄木,狭叶金丝桃,香针树);Acutesepal St. John's Wort, Narrowleaf St. John's Wort, Narrow-leaved St. John's-wort, Sharpcalyx St. John's Wort ●
201711 Hypericum acutisepalum Hayata;合柱金丝桃;Aucutesepal St. John's Wort ●
201712 Hypericum acutisepalum Hayata = Hypericum geminiflorum Hemsl. ●
201713 Hypericum acutum Moench;尖金丝桃;Square-stemmed St. - John's-wort ●☆
201714 Hypericum acutum Moench = Hypericum tetrapterum Fr. ●
201715 Hypericum acutum Moench subsp. tetrapterum (Fr.) Maire = Hypericum tetrapterum Fr. ●
201716 Hypericum acutum Moench subsp. undulatum (Willd.) Rouy et Foucaud = Hypericum undulatum Willd. ●☆
201717 Hypericum addingtonii N. Robson;碟花金丝桃(蝶花金丝桃);Addington's St. John's Wort, Dishflower St. John's Wort ●
201718 Hypericum adpressum W. P. C. Barton;平卧金丝桃;St. John's Wort ●☆
201719 Hypericum aegyptiacum L.;埃及金丝桃●☆
201720 Hypericum aegyptiacum L. subsp. maroccanum (Pau) N. Robson;摩洛哥金丝桃●☆
201721 Hypericum aegypticum L.;密叶金丝桃●☆
201722 Hypericum aethiopicum Thunb.;埃塞俄比亚金丝桃●☆
201723 Hypericum aethiopicum Thunb. subsp. sonderi (Bredell) N. Robson;森诺金丝桃●☆
201724 Hypericum affine Steud. ex Oliv. = Hypericum quartinianum A. Rich. ●☆
201725 Hypericum afromontanum Bullock = Hypericum annulatum Moris subsp. afromontanum (Bullock) N. Robson ●☆
201726 Hypericum afropalustre Lebrun et Taton = Hypericum scioanum Chiov. ●☆
201727 Hypericum afrum Lam.;非洲金丝桃●☆
201728 Hypericum aitchisonii J. B. Drumm. ex R. Keller = Hypericum oblongifolium Choisy ●☆
201729 Hypericum alpestre Steven ex Ledeb.;高山金丝桃●☆
201730 Hypericum alpigenum Kit.;山地金丝桃●☆
201731 Hypericum alternifolium Labill. = Reaumuria alternifolia

(Labill.) Britton ●

201732 Hypericum androsaemum L.;欧金丝桃(点地梅状金丝桃,土三金丝桃);Bible Flower, Bible Leaf, Book Leaf, Devil's Berries, Mber, Park Leaves, Rose of Sharon, Sharewort, Stitson, Sweet Leaf, Sweet-amber, Tetsan, Tipsen, Tipsy-leaves, Titsum, Titsy-leaf, Titzen, Totsan, Touch-and-heal, Touched-leaf, Touchen-leaf, Touch-leaf, Treacle-leaf, Tutsan, Woman's Tongue ●☆

201733 Hypericum androsaemum L. 'Albury Purple';圣约翰金丝桃;Aubrey Purple, St. John's Wort, Tutsan ●☆

201734 Hypericum angustifolium Lam. = Hypericum revolutum Vahl ●☆

201735 Hypericum annulatum Moris;环状金丝桃●☆

201736 Hypericum annulatum Moris subsp. afromontanum (Bullock) N. Robson;非洲山地金丝桃●☆

201737 Hypericum annulatum Moris subsp. intermedium (Steud. ex A. Rich.) N. Robson;间型环状金丝桃●☆

201738 Hypericum ardasenovi Keller et Albov;阿氏金丝桃●☆

201739 Hypericum argyi H. Lév. et Vaniot = Hypericum patulum Thunb. ●

201740 Hypericum armenum Jaub. et Spach;亚美尼亚金丝桃●☆

201741 Hypericum asahinae Makino;朝日金丝桃●☆

201742 Hypericum asahinae Makino var. siroumense Y. Kimura;冻原金丝桃●☆

201743 Hypericum ascyron L.;黄海棠(八宝茶,长柱金丝桃,大茶叶,大汗淋草,大黄心草,大金雀,大精血,大精元,大叶金丝桃,大叶牛心菜,大叶牛心茶,短柱金丝桃,对经草,对月草,房心草,红旱莲,红旱莲草,湖南连翘,黄花刘寄奴,鸡蛋花,鸡心茶,假连翘,箭花茶,降龙草,金丝海棠花,金丝蝴蝶,金丝桃,禁宫花,连翘,刘寄奴,六安茶,牛心菜,牛心茶,伞旦花,山辣椒,水黄花,四方草,一枝箭,元宝草);Giant St. John's Wort, Giant St. John's-wort, Great St. John's Wort, Great St. John's-wort, Shortstyle St. John's Wort, St. Peter's Wort, Tutsan ●■

201744 Hypericum ascyron L. = Hypericum pyramidatum Aiton ●■

201745 Hypericum ascyron L. subsp. gebleri (Ledeb.) N. Robson;短柱黄海棠■

201746 Hypericum ascyron L. subsp. gebleri (Ledeb.) N. Robson = Hypericum ascyron L. ●■

201747 Hypericum ascyron L. var. brevistylum Maxim. = Hypericum ascyron L. ●■

201748 Hypericum ascyron L. var. brevistylum Maxim. = Hypericum ascyron L. subsp. gebleri (Ledeb.) N. Robson ■

201749 Hypericum ascyron L. var. giraldii R. Keller = Hypericum ascyron L. ●■

201750 Hypericum ascyron L. var. hupehense Pamp. = Hypericum ascyron L. ●■

201751 Hypericum ascyron L. var. longistylum Maxim.;长柱黄海棠■☆

201752 Hypericum ascyron L. var. longistylum Maxim. = Hypericum ascyron L. ●■

201753 Hypericum ascyron L. var. macrosepalum Ledeb. = Hypericum ascyron L. subsp. gebleri (Ledeb.) N. Robson ■

201754 Hypericum ascyron L. var. micropetalum R. Keller = Hypericum ascyron L. ●■

201755 Hypericum ascyron L. var. punctatostriatum R. Keller = Hypericum ascyron L. ●■

201756 Hypericum ascyron L. var. punctatostriatum R. Keller = Hypericum elatoides R. Keller ●

201757 Hypericum ascyron L. var. umbellatum R. Keller = Hypericum ascyron L. ●■

201758 Hypericum asiaticum (Maxim.) Nakai = Triadenum japonicum (Blume) Makino ■

201759 Hypericum asperuloides Czern. et Turcz.;车叶草金丝桃●☆

201760 Hypericum asperum Ledeb. = Hypericum scabrum L. ●■

201761 Hypericum attenuatum Choisy;赶山鞭(打字草,地耳草,二十四节草,接骨仙桃,女儿茶,乌腺金丝桃,香龙草,小便草,小茶叶,小对叶草,小旱莲,小金雀,小金丝桃,小金钟,小连翘,小叶茶,小叶连翘,小叶牛心菜,胭脂草,野金丝桃,紫草);Attenuate St. John's Wort ■

201762 Hypericum attenuatum Choisy = Hypericum nagasawai Hayata ■

201763 Hypericum attenuatum Choisy var. fruticulosa F. Schmidt = Hypericum yezoense Maxim. ●☆

201764 Hypericum aucheri Jaub. et Spach;安氏金丝桃●☆

201765 Hypericum augustinii N. Robson;无柄金丝桃(黄香棵,南芒种花);Augustin St. John's Wort, Augustine St. John's-wort ●

201766 Hypericum aureum Lour. = Hypericum monogynum L. ●

201767 Hypericum australe Ten.;澳大利亚金丝桃●☆

201768 Hypericum austroyunnanicum L. H. Wu et D. P. Yang;滇南金丝桃;S. Yunnan St. John's Wort ■

201769 Hypericum axillare Lam. = Hypericum galioides Lam. ●☆

201770 Hypericum bachii H. Lév. = Hypericum monanthemum Hook. f. et Thomson ex Dyer ●■

201771 Hypericum balearicum L.;巴利阿里金丝桃●☆

201772 Hypericum baumii Engl. et Gilg = Hypericum lalandii Choisy ■☆

201773 Hypericum beanii N. Robson;栽秧花(打烂碗花,大花金丝桃,黄花香,黄香棵,金丝梅,小黄花);Bean St. John's Wort, Bean St. John's-wort ●

201774 Hypericum beanii N. Robson 'Gold Cup' = Hypericum × cyathiflorum N. Robson 'Gold Cup' ●☆

201775 Hypericum bellum H. L. Li;美丽金丝桃(杯花金丝桃,美丽金丝梅,土连翘,栽秧花);Beautiful St. John's Wort, Beautiful St. John's-wort, Pretty St. John's Wort ●

201776 Hypericum bellum H. L. Li subsp. latisepalum N. Robson = Hypericum latisepalum (N. Robson) N. Robson ●

201777 Hypericum bequaertii De Wild.;贝卡尔金丝桃●☆

201778 Hypericum biflorum Choisy = Cratoxylum formosum (Jack) Benth. et Hook. f. ex Dyer ●

201779 Hypericum biflorum Lam. = Cratoxylum cochinchinense (Lour.) Blume ●

201780 Hypericum bodinieri H. Lév. et Vaniot = Hypericum wightianum Wall. ex Wight et Arn. ●■

201781 Hypericum boreale (Britton) E. P. Bicknell;北方金丝桃;Northern St. John's-wort ●☆

201782 Hypericum boreale (Britton) E. P. Bicknell f. callitrichoides Fassett = Hypericum boreale (Britton) E. P. Bicknell ●☆

201783 Hypericum brasiliense Choisy;巴西金丝桃■☆

201784 Hypericum breviflorum Wall. ex Dyer = Triadenum breviflorum (Wall. ex Dyer) Y. Kimura ■●

201785 Hypericum bupleuroides Griseb.;柴胡金丝桃●☆

201786 Hypericum buschianum Woronow;布氏金丝桃●☆

201787 Hypericum calycinum L.;萼状金丝桃(大萼金丝桃,萼状加拿大金丝桃,宿萼金丝桃);Aaron's Beard, Aaron's-beard, Aaronsbeard St. John's Wort, Creeping St. Johnswort, Gold Watch, Gold Watches, Jerusalem Star, Large-flowered St. John's Wort, Old Man's Beard, Queen of Hearts, Rose of Sharon, Rose-of-sharon, Rosin Rose, Sharewort, Solomon's Seal, St. John's Wort, St. John's-wort, Star of Bethlehem, Sweep ●☆

201788 Hypericum canadense L.;加拿大金丝桃;Canadian St. John's-wort, Irish St. John's Wort, Irish St. John's-wort, Lesser Canadian St. John's-wort ●☆

201789 Hypericum canadense L. var. galiiforme Fernald = Hypericum canadense L. ●☆

201790 Hypericum canadense L. var. magninsulare Weath. = Hypericum canadense L. ●☆

201791 Hypericum canadense L. var. majus A. Gray = Hypericum majus (A. Gray) Rusby ●☆

201792 Hypericum canariense L.;加那利金丝桃;Canary Island St. Johnswort ●☆

201793 Hypericum canariense L. var. floribundum (Aiton) Bornm. = Hypericum canariense L. ●☆

201794 Hypericum canariense L. var. platysepalum (Webb et Berthel.) Ceballos = Hypericum canariense L. ●☆

201795 Hypericum caprifolium Boiss. subsp. naudinianum (Coss.) Maire = Hypericum tomentosum L. ●☆

201796 Hypericum carbonelli Sennen et Mauricio = Hypericum tomentosum L. ●☆

201797 Hypericum caucasicum (Woronow) Gorschk.;高加索金丝桃 ●☆

201798 Hypericum cavaleriei H. Lév. = Hypericum japonicum Thunb. ■

201799 Hypericum centiflorum H. Lév. = Hypericum petiolulatum Hook. f. et Thomson ex Dyer subsp. yunnanense (Franch.) N. Robson ■

201800 Hypericum cerastoides (Spach) N. Robson;蔷薇金丝桃●☆

201801 Hypericum cernuum Roxb. ex D. Don = Hypericum oblongifolium Choisy ●☆

201802 Hypericum chinense L. = Hypericum monogynum L. ●

201803 Hypericum chinense L. subsp. latifolium Kuntze = Hypericum monogynum L. ●

201804 Hypericum chinense L. subsp. obtusifolium Kuntze = Hypericum monogynum L. ●

201805 Hypericum chinense L. subsp. salicifolium (Siebold et Zucc.) Kuntze = Hypericum monogynum L. ●

201806 Hypericum chinense L. var. minutum R. Keller = Hypericum przewalskii Maxim. ■

201807 Hypericum chinense L. var. salicifolium (Siebold et Zucc.) Choisy = Hypericum monogynum L. ●

201808 Hypericum chinense Osbeck = Hypericum japonicum Thunb. ■

201809 Hypericum chinense Retz. = Cratoxylum cochinchinense (Lour.) Blume ●

201810 Hypericum choisianum Wall. = Hypericum choisianum Wall. ex N. Robson ●

201811 Hypericum choisianum Wall. ex N. Robson;多蕊金丝桃;Choisy St. John's Wort, Choisy's St. John's-wort, Manystamen St. John's Wort ●

201812 Hypericum chrysothyrsum Woronow;黄穗金丝桃●☆

201813 Hypericum ciliatum Lam. = Hypericum perforatum L. ■

201814 Hypericum cistifolium Lam.;圆柄金丝桃;Roundpod St. John's-wort ●☆

201815 Hypericum coadunatum C. Sm. = Hypericum coadunatum C. Sm. ex Link ●☆

201816 Hypericum coadunatum C. Sm. ex Link;地中海金丝桃●☆

201817 Hypericum cochinchinense Lour. = Cratoxylum cochinchinense (Lour.) Blume ●

201818 Hypericum cohaerens N. Robson;连柱金丝桃;Cohesive-styled St. John's-wort, Costyle St. John's Wort, United-style St. John's Wort ●

201819 Hypericum concinnum Benth.;金丽金丝桃;Gold Wire ●☆

201820 Hypericum conjungens N. Robson;康朱加金丝桃●☆

201821 Hypericum conrauanum Engl. = Hypericum roeperianum G. W. Schimp. ex A. Rich. ●☆

201822 Hypericum cordifolium Choisy;心叶金丝桃●☆

201823 Hypericum coriaceum Royle = Hypericum dyeri Rehder ●☆

201824 Hypericum coris L.;科利斯金丝桃(革叶金丝桃);Yellow Coris ●☆

201825 Hypericum crispum L.;皱波金丝桃●☆

201826 Hypericum curvisepalum N. Robson;弯萼金丝桃;Curvedsepal St. John's Wort, Curve-dsepaled St. John's-wort, Dropingcalyx St. John's Wort ●

201827 Hypericum daliense N. Robson;大理金丝桃■

201828 Hypericum decaisneanum Coss. et Daveau;德凯纳金丝桃●☆

201829 Hypericum delavayi R. Keller;滇金丝桃;Delavay St. John's Wort, Yunnan St. John's Wort ●

201830 Hypericum delavayi R. Keller = Hypericum wightianum Wall. ex Wight et Arn. ●■

201831 Hypericum densiflorum Pursh;密花金丝桃;Dense Shrubby St. Johnswort ●☆

201832 Hypericum densiflorum Pursh var. lobocarpum (Gatt. ex J. M. Coult.) Svenson = Hypericum lobocarpum Gatt. ex J. M. Coult. ●☆

201833 Hypericum denticulatum Kunth;细齿金丝桃;Coppery St. John's-wort ●☆

201834 Hypericum dissimulatum E. P. Bicknell;掩饰金丝桃;Disguised St. John's-wort ●☆

201835 Hypericum drummondii (Grev. et Hook.) Torr. et A. Gray;德拉蒙德金丝桃;Nits and Lice ●☆

201836 Hypericum dyeri Rehder;戴尔金丝桃●☆

201837 Hypericum elatoides R. Keller;岐山金丝桃;Qi Shan St. John's Wort, Qishan St. John's Wort ●

201838 Hypericum elatum Aiton = Hypericum inodorum Mill. ●☆

201839 Hypericum electrocarpum Maxim. = Hypericum sampsonii Hance ■

201840 Hypericum elegans Stephan ex Willd.;雅致金丝桃;Siberian St-John's-wort ●☆

201841 Hypericum ellipticifolium H. L. Li = Lianthus ellipticifolius (H. L. Li) N. Robson ●☆

201842 Hypericum ellipticum Hook.;苍白金丝桃;Creeping St. John's-wort, Pale St. John's Wort, Pale St. John's-wort ●☆

201843 Hypericum ellipticum Hook. f. submersum Fassett = Hypericum ellipticum Hook. ●☆

201844 Hypericum elliptifolium H. L. Li;椭圆叶金丝桃(椭圆金丝桃);Elliptic-leaf St. John's Wort, Elliptic-leaved St. John's-wort ●

201845 Hypericum elodeoides Choisy;挺茎金丝桃(遍地金,地耳草,对对草,锅巴草,蚂蚁草,雀舌草,挺金丝桃,挺茎遍地金,小疳药,小过路黄);Elodea-like St. John's Wort, Nepal St. John's-wort ●■

201846 Hypericum elodeoides Choisy = Hypericum wightianum Wall. ex Wight et Arn. ●■

201847 Hypericum elodes L.;假挺茎金丝桃;Marsh St. John's Wort, Marsh St. John's-wort, St. Peter's Wort ●☆

201848 Hypericum elongatum C. A. Mey.;延伸金丝桃(长金丝桃,尖叶金丝桃)●

201849 Hypericum elongatum Ledeb. = Hypericum elongatum C. A. Mey. ●

201850 Hypericum elongatum Ledeb. subsp. callithyrsum (Coss.)

Ramos;美伞金丝桃●☆
201851 Hypericum empetrifolium Willd.;岩高兰叶金丝桃●☆
201852 Hypericum enshiense L. H. Wu et F. S. Wang;恩施金丝桃(恩施小连翘);Enshi St. John's Wort ■
201853 Hypericum erectum Thunb.;小连翘(草黄,大田基,对月草,旱莓草,奶浆草,排草,排香草,七层兰,七层塔,千层塔,千金子,瑞香草,麝香草,小对叶草,小对月草,小金雀,小瞿麦,小翘,小元宝草);Erect St. John's Wort ■
201854 Hypericum erectum Thunb. ex Murray = Hypericum erectum Thunb. ■
201855 Hypericum erectum Thunb. f. angustifolium (Y. Kimura) Y. Kimura = Hypericum erectum Thunb. ex Murray ■
201856 Hypericum erectum Thunb. f. debile R. Keller = Hypericum erectum Thunb. ex Murray ■
201857 Hypericum erectum Thunb. f. lutchuense (Koidz.) Y. Kimura = Hypericum erectum Thunb. ex Murray ■
201858 Hypericum erectum Thunb. f. papillosum (Y. Kimura) Y. Kimura = Hypericum erectum Thunb. ex Murray ■
201859 Hypericum erectum Thunb. f. perforatum Y. Kimura;穿孔小连翘■☆
201860 Hypericum erectum Thunb. f. takeutianum (Koidz.) Y. Kimura = Hypericum erectum Thunb. ex Murray ■
201861 Hypericum erectum Thunb. f. vaniotii (H. Lév.) Y. Kimura = Hypericum erectum Thunb. ex Murray ■
201862 Hypericum erectum Thunb. subsp. longisepalum L. H. Wu et D. P. Yang;长萼小连翘■
201863 Hypericum erectum Thunb. subsp. longisepalum L. H. Wu et D. P. Yang = Hypericum erectum Thunb. ex Murray ■
201864 Hypericum erectum Thunb. var. angustifolium Y. Kimura = Hypericum erectum Thunb. ex Murray ■
201865 Hypericum erectum Thunb. var. caespitosum Makino;富士山金丝桃;Fujisan St. John's-wort ●☆
201866 Hypericum erectum Thunb. var. longistylum (Y. Kimura) Y. Kimura = Hypericum gracillimum Koidz. ■☆
201867 Hypericum erectum Thunb. var. parviflorum (Y. Kimura) Y. Kimura = Hypericum kurodakeanum N. Robson ■☆
201868 Hypericum erectum Thunb. var. subalpinum (Y. Kimura) Y. Kimura = Hypericum gracillimum Koidz. ■☆
201869 Hypericum ericoides L.;石南金丝桃●☆
201870 Hypericum ericoides L. subsp. maroccanum Maire et Wilczek;摩洛哥石南金丝桃●☆
201871 Hypericum ericoides L. subsp. robertii (Batt.) Maire et Wilczek;罗伯特金丝桃●☆
201872 Hypericum esquirolii H. Lév. = Hypericum sampsonii Hance ■
201873 Hypericum eudistichum Stapf;黄花香金丝桃(细叶黄花香)●
201874 Hypericum faberi R. Keller;扬子小连翘(肝红,过路黄);Faber St. John's Wort ■
201875 Hypericum fasciculatum Lam.;簇生金丝桃;Peelbark St. John's-wort ●☆
201876 Hypericum fauriei R. Keller = Triadenum japonicum (Blume) Makino ■
201877 Hypericum filicaule (Dyer) N. Robson;纤茎金丝桃(四数金丝桃);Slender Stem St. John's Wort, Thinstem St. John's Wort ■
201878 Hypericum filicaule (Dyer) N. Robson = Hypericum monanthemum Hook. f. et Thomson ex Dyer subsp. filicaule (Dyer) N. Robson ■
201879 Hypericum filicaule Hook. f. et Thomson ex Dyer = Hypericum filicaule (Dyer) N. Robson ■
201880 Hypericum formosanum Maxim.;台湾金丝桃;Taiwan St. John's Wort, Taiwan St. John's-wort ●
201881 Hypericum formosanum Maxim. = Hypericum subalatum Hayata ●
201882 Hypericum formosissimum Takht.;雅丽金丝桃●☆
201883 Hypericum forrestii (Chitt.) N. Robson;川滇金丝桃;Forrest St. John's Wort, Forrest St. John's-wort ●
201884 Hypericum fosteri N. Robson;楚雄金丝桃●
201885 Hypericum fragile Heldr. et Sart. ex Boiss.;脆金丝桃●☆
201886 Hypericum frondosum Michx.;黄蕊金丝桃;Blueleaf St. John's Wort, Cedarglade St. Johnswort, Shrubby Hypericum, Shrubby St. Johnswort, St. Johnswort ●☆
201887 Hypericum fujisanense Makino = Hypericum erectum Thunb. var. caespitosum Makino ●☆
201888 Hypericum galioides Lam.;拉拉藤状金丝桃;Bedstraw St. John's-wort ●☆
201889 Hypericum garrettii Ledeb. var. ovatum Craib = Hypericum henryi H. Lév. et Vaniot subsp. hancockii N. Robson ●
201890 Hypericum gebleri Ledeb. = Hypericum ascyron L. subsp. gebleri (Ledeb.) N. Robson ■
201891 Hypericum gebleri Ledeb. = Hypericum ascyron L. ●■
201892 Hypericum geminiflorum Hemsl.;双花金丝桃(翻魂草,小双花金丝桃);Biflorous St. John's-wort, Dualflower St. John's Wort, Paired Flower St. John's Wort ●
201893 Hypericum geminiflorum Hemsl. subsp. simplicistylum (Hayata) N. Robson = Hypericum geminiflorum Hemsl. var. simplicistylum (Hayata) N. Robson ●
201894 Hypericum geminiflorum Hemsl. var. simplicistylum (Hayata) N. Robson;小双花金丝桃;Simple Style St. John's Wort ●
201895 Hypericum gentianoides (L.) Britton, Sterns et Poggenb.;松林金丝桃;Orange-grass, Pineweed, Pine-weed ■☆
201896 Hypericum giraldii R. Keller = Hypericum longistylum Oliv. subsp. giraldii (R. Keller) N. Robson ●
201897 Hypericum glandulosum Aiton;具腺金丝桃●☆
201898 Hypericum globuliferum Keller;小球金丝桃●☆
201899 Hypericum glomeratum Small;团集金丝桃●☆
201900 Hypericum gnidiifolium A. Rich.;瑞香金丝桃●☆
201901 Hypericum govanianum Wall. = Hypericum dyeri Rehder ●☆
201902 Hypericum gracillimum Koidz.;纤细金丝桃■☆
201903 Hypericum gramineum G. Forst.;细叶金丝桃;Grassleaf St. John's Wort, Grassy St. Johnswort ■
201904 Hypericum griffithii Hook. f. et Thomson ex Dyer;藏东南金丝桃●
201905 Hypericum guineense L. = Vismia guineensis (L.) Choisy ●☆
201906 Hypericum gymnanthum Engelm. et A. Gray;裸花金丝桃;Clasping-leaved St. John's-wort, Small St. John's-wort ■☆
201907 Hypericum hachijyoense Nakai;八丈金丝桃●☆
201908 Hypericum hakonense Franch. et Sav.;水对叶莲●
201909 Hypericum hakonense Franch. et Sav. f. imperforatum Y. Kimura;无孔金丝桃●☆
201910 Hypericum hakonense Franch. et Sav. var. hachijyoense (Nakai) Ohwi et Okuyama = Hypericum hachijyoense Nakai ●☆
201911 Hypericum hakonense Franch. et Sav. var. nikkoense (Makino) Y. Kimura;日光水对叶莲●☆
201912 Hypericum hakonense Franch. et Sav. var. rubropunctatum (Makino) Y. Kimura;红斑金丝桃●☆
201913 Hypericum hayatae Y. Kimura = Hypericum nagasawai Hayata ■

201914 Hypericum helianthemoides Boiss. ;向日葵金丝桃●☆

201915 Hypericum hemsleianum H. Lév. = Hypericum ascyron L. ●■

201916 Hypericum hengshanense W. T. Wang;衡山金丝桃;Hengshan St. John's Wort ■

201917 Hypericum hengshanense W. T. Wang var. xinlinense Z. Y. Li = Hypericum hengshanense W. T. Wang ■

201918 Hypericum hengshanense W. T. Wang var. xinningense Z. Y. Li;新宁金丝桃;Xinning St. John's Wort ■

201919 Hypericum henryi H. Lév. et Vaniot;西南金丝桃(芒种花,西南金丝梅,云南连翘);Henry St. John's Wort, Henry St. John's-wort,Southwest China St. John's Wort ●

201920 Hypericum henryi H. Lév. et Vaniot subsp. hancockii N. Robson;蒙自金丝桃(蒙自金丝梅);Hancock's St. John's Wort, Mengzi St. John's Wort ●

201921 Hypericum henryi H. Lév. et Vaniot subsp. uraloides (Rehder) N. Robson;岷江金丝梅(地马桑,黄香棵,黄香面);Minjiang St. John's Wort ●

201922 Hypericum himalaicum N. Robson;西藏金丝桃;Himalayas St. John's Wort,Tibet St. John's Wort ■

201923 Hypericum hircinum L. ;山羊金丝桃●☆

201924 Hypericum hirsutum L. ;毛金丝桃(硬毛金丝桃);Devil's Bane,Goat-scented Tutsan,Hairy St. John's Wort,Hairy St. John's-wort, Hirsute St. John's Wort, Stinking St. John's Wort, Stinking Tutsan,Thousand Holes,Thousand-holes ■

201925 Hypericum hookerianum Wight et Arn. ;短柱金丝桃(多蕊金丝桃,过路黄,金丝海棠,金丝桃,苦连翘);Hooker's St. John's Wort,Hooker's St. Johnswort,Hooker's St. John's-wort ●

201926 Hypericum hookerianum Wight et Arn. = Hypericum lagarocladum N. Robson ●

201927 Hypericum hookerianum Wight et Arn. var. leschenaultii sensu Dyer = Hypericum choisianum Wall. ex N. Robson ●

201928 Hypericum hubeiense L. H. Wu et D. P. Yang;湖北金丝桃(湖北小连翘);Hubei St. John's Wort ■

201929 Hypericum humbertii Staner;亨伯特金丝桃●☆

201930 Hypericum humifusum L. ;匍匐金丝桃;Creeping St. -John's-wort, Spreading St. John'-wort, Trailing St. John's Wort, Trailing St. Johnswort,Trailing St. John's-wort,Trailing St. -John's-wort ●☆

201931 Hypericum humifusum L. = Hypericum himalaicum N. Robson ■

201932 Hypericum humifusum L. subsp. australe (Ten.) Rouy = Hypericum australe Ten. ●☆

201933 Hypericum hypericoides (L.) Crantz; 普通金丝桃; St. Andrew's Cross ●☆

201934 Hypericum hyssopifolium Vill. subsp. elongatum (Ledeb. ex Rchb.) Woronow = Hypericum elongatum C. A. Mey. ●

201935 Hypericum hyssopifolium Vill. var. callithyrsum (Coss.) Font Quer et Pau = Hypericum elongatum Ledeb. subsp. callithyrsum (Coss.) Ramos ●☆

201936 Hypericum hyssopifolium Vill. var. elongatum (Ledeb. ex Rchb.) Ledeb. = Hypericum elongatum C. A. Mey. ●

201937 Hypericum inodorum Mill. ;无味金丝桃(高金丝桃);Tall St. John's Wort,Tall Tutsan ●☆

201938 Hypericum inodorum Mill. 'Elstead';埃斯塔德无味金丝桃●☆

201939 Hypericum intermedium Steud. ex A. Rich. = Hypericum annulatum Moris subsp. intermedium (Steud. ex A. Rich.) N. Robson ●☆

201940 Hypericum intermedium Steud. ex A. Rich. f. obtusifolium R. Keller ex Moggi et Pisacchi = Hypericum annulatum Moris subsp. intermedium (Steud. ex A. Rich.) N. Robson ●☆

201941 Hypericum iwatelittorale H. Koidz. ;岩手山金丝桃●☆

201942 Hypericum japonicum Thunb. ;地耳草(八金刚草,斑鸠窝,寸金草,地鼻椒,跌水草,对叶草,耳挖草,枫草儿,观音莲,光明草,禾霞气,合掌草,和虾草,红孩儿,黄花草,黄花仔,降龙草,金锁匙,雷公箭,犁头草,刘寄奴,七层塔,七寸金,千下槌,千重楼,荞壳草,雀舌草,痧子草,上天梯,蛇细草,蛇喳口,水榴子,四方草,田边菊,田基黄,田基王,田基苋,土防风,细叶草,细叶黄,香草,小地耳草,小对叶草,小付心草,小号一枝香,小还魂,小连翘,小田基黄,小田基王,小王不留行,小蚁药,小元宝草,一条香);Japan St. John's Wort, Japanese St. John's Wort, Lesser St. John's Wort ■

201943 Hypericum japonicum Thunb. ex Murray = Hypericum japonicum Thunb. ■

201944 Hypericum japonicum Thunb. f. tenuius Miq. = Hypericum japonicum Thunb. ■

201945 Hypericum japonicum Thunb. var. calyculatum R. Keller = Hypericum japonicum Thunb. ■

201946 Hypericum japonicum Thunb. var. cavaleriei (H. Lév.) Koidz. = Hypericum japonicum Thunb. ■

201947 Hypericum japonicum Thunb. var. kainantense Masam. = Hypericum gramineum G. Forst. ■

201948 Hypericum japonicum Thunb. var. kainantense Masam. = Hypericum japonicum Thunb. ■

201949 Hypericum japonicum Thunb. var. lanceolatum Y. Kimura = Hypericum gramineum G. Forst. ■

201950 Hypericum japonicum Thunb. var. maximowiczii R. Keller = Hypericum japonicum Thunb. ■

201951 Hypericum japonicum Thunb. var. thunbergii (Franch. et Sav.) R. Keller = Hypericum japonicum Thunb. ■

201952 Hypericum japonicum Thunb. var. thunbergii R. Keller = Hypericum japonicum Thunb. ■

201953 Hypericum kalmianum L. ;卡尔姆金丝桃(卡尔米金丝桃);Kalm's St. John's-wort ●☆

201954 Hypericum kamtschaticum Ledeb. ;勘察加金丝桃●☆

201955 Hypericum kamtschaticum Ledeb. f. pipairense (Miyabe et Y. Kimura) Y. Kimura = Hypericum pipairense (Miyabe et Y. Kimura) N. Robson ●☆

201956 Hypericum kamtschaticum Ledeb. var. decorum Y. Kimura;华美勘察加金丝桃●☆

201957 Hypericum kamtschaticum Ledeb. var. paramushirense (Kudo) Y. Kimura;幌筵岛金丝桃■☆

201958 Hypericum kamtschaticum Ledeb. var. pipairense Miyabe et Y. Kimura = Hypericum pipairense (Miyabe et Y. Kimura) N. Robson ●☆

201959 Hypericum kamtschaticum Ledeb. var. senanense (Maxim.) Y. Kimura;信浓金丝桃●☆

201960 Hypericum karsianum Woronow;卡尔斯金丝桃●☆

201961 Hypericum kawaranum N. Robson;卡瓦金丝桃●☆

201962 Hypericum keniense Schweinf. = Hypericum revolutum Vahl subsp. keniense (Schweinf.) N. Robson ●☆

201963 Hypericum kiboense Oliv. ;基博金丝桃●☆

201964 Hypericum kinashianum Koidz. ;木梨氏金丝桃■☆

201965 Hypericum kinashianum Koidz. var. longistylum (Y. Kimura) Y. Kimura = Hypericum kinashianum Koidz. var. yuhudakense Y. Kimura ■☆

201966 Hypericum kinashianum Koidz. var. longistylum (Y. Kimura) Y. Kimura = Hypericum gracillimum Koidz. ■☆
201967 Hypericum kinashianum Koidz. var. umbrosum (Y. Kimura) Y. Kimura;耐荫木梨氏金丝桃■☆
201968 Hypericum kinashianum Koidz. var. yuhudakense Y. Kimura;由布岳金丝桃■☆
201969 Hypericum kingdonii N. Robson;察隅遍地金;Chayu St. John's Wort ■
201970 Hypericum kitamense (Y. Kimura) N. Robson;北见金丝桃●☆
201971 Hypericum kiusianum Koidz.;本州金丝桃●☆
201972 Hypericum kiusianum Koidz. var. yakusimense (Koidz.) T. Kato;屋久岛金丝桃●☆
201973 Hypericum komarovii Gorschk.;科马罗夫金丝桃●☆
201974 Hypericum kouytchense H. Lév.;贵州金丝桃(过路黄,刘寄奴,上天梯,水香柴);Guizhou St. John's Wort, Guizhou St. John's-wort ●
201975 Hypericum kouytchense H. Lév. = Hypericum wilsonii N. Robson ●
201976 Hypericum kurodakeanum N. Robson;黑岳金丝桃■☆
201977 Hypericum kushakuense R. Keller = Hypericum subalatum Hayata ●
201978 Hypericum lagarocladum N. Robson;纤枝金丝桃;Slender Branch St. John's Wort, Slender-branched St. John's-wort, Thinbranch St. John's Wort ●
201979 Hypericum lagarocladum N. Robson subsp. angustifolium N. Robson;狭叶纤枝金丝桃(狭叶金丝桃)●
201980 Hypericum lalandii Choisy;莱兰金丝桃■☆
201981 Hypericum lancasteri N. Robson;展萼金丝桃;Lancaster St. John's Wort, Splaycalyx St. John's Wort ●
201982 Hypericum lanceolatum Lam.;巨金丝桃;Giant St. John's Wort ●☆
201983 Hypericum lanceolatum Lam. = Hypericum revolutum Vahl ●☆
201984 Hypericum lanuriense De Wild. = Hypericum revolutum Vahl ●☆
201985 Hypericum lateriflorum H. Lév. = Hypericum seniavinii Maxim. ■
201986 Hypericum latisepalum (N. Robson) N. Robson;宽萼金丝桃;Broad-sepal Brautiful St. John's Wort ●
201987 Hypericum laxum (Blume) Koidz. = Hypericum japonicum Thunb. ■
201988 Hypericum leschenaultii Choisy;深色金丝桃●☆
201989 Hypericum leucoptychodes Steud. ex A. Rich. = Hypericum revolutum Vahl ●☆
201990 Hypericum lianzhouense L. H. Wu et D. P. Yang = Hypericum seniavinii Maxim. ■
201991 Hypericum lianzhouense L. H. Wu et D. P. Yang subsp. guangdongense L. H. Wu et D. P. Yang = Hypericum seniavinii Maxim. ■
201992 Hypericum linariifolium Vahl;柳穿鱼叶金丝桃;Flax-leaved St. John's Wort, Toadflax-leaved St. John's-wort ●☆
201993 Hypericum lobocarpum Gatt. ex J. M. Coult.;裂果金丝桃;St. John's-wort ●☆
201994 Hypericum longifolium H. Lév. = Hypericum ascyron L. ●■
201995 Hypericum longistylum Oliv.;长柱金丝桃(王不留行,小连翘);Longstyle St. John's Wort, Long-styled St. John's-wort ●
201996 Hypericum longistylum Oliv. subsp. giraldii (R. Keller) N. Robson;圆果金丝桃;Girald St. John's Wort ●
201997 Hypericum longistylum Oliv. var. giraldii (R. Keller) Pamp. = Hypericum longistylum Oliv. subsp. giraldii (R. Keller) N. Robson ●
201998 Hypericum longistylum Oliv. var. silvestri Pamp. = Hypericum longistylum Oliv. ●
201999 Hypericum ludlowii N. Robson;滇藏遍地金■
202000 Hypericum lydium Boiss.;里迪金丝桃●☆
202001 Hypericum lysimachioides Wall. = Hypericum dyeri Rehder ●☆
202002 Hypericum lysimachioides Wall. ex Dyer = Hypericum dyeri Rehder ●☆
202003 Hypericum maclarenii N. Robson;康定金丝桃;Kangding St. John's Wort, Maclaren St. John's-wort ●
202004 Hypericum macrosepalum Rehder;大萼金丝桃;Bigcalyx St. John's Wort, Largesepal St. John's Wort ■
202005 Hypericum macrosepalum Rehder = Hypericum przewalskii Maxim. ■
202006 Hypericum maculatum Crantz;斑叶金丝桃(斑金丝桃);Golden Rod, Imperforate St. John's-wort, Imperforete St. John's Wort ●☆
202007 Hypericum mairei H. Lév. = Hypericum monanthemum Hook. f. et Thomson ex Dyer ●■
202008 Hypericum mairei H. Lév. = Hypericum petiolulatum Hook. f. et Thomson ex Dyer subsp. yunnanense (Franch.) N. Robson ■
202009 Hypericum majus (A. Gray) Britton = Hypericum majus (A. Gray) Rusby ●☆
202010 Hypericum majus (A. Gray) Rusby;大金丝桃;Greater St. John's-wort, Larger Canada St. John's-wort, Larger Canadian St. John's-wort ●☆
202011 Hypericum marginatum Woronow;具边金丝桃●☆
202012 Hypericum milne-redheadii Gilli = Hypericum conjungens N. Robson ●☆
202013 Hypericum miyabei Y. Kimura;宫部金丝桃●☆
202014 Hypericum momoseanum Makino;牧野金丝桃●☆
202015 Hypericum momoseanum Makino var. atumense Y. Kimura = Hypericum momoseanum Makino ●☆
202016 Hypericum monantemum Hook. f. et Thomson ex Dyer var. brachypetalum Franch. = Hypericum monanthemum Hook. f. et Thomson ex Dyer ●■
202017 Hypericum monanthemum Hook. f. et Thomson ex Dyer = Hypericum wightianum Wall. ex Wight et Arn. ●■
202018 Hypericum monanthemum Hook. f. et Thomson ex Dyer subsp. filicaule (Dyer) N. Robson;纤茎遍地金■
202019 Hypericum monanthemum Hook. f. et Thomson ex Dyer var. brachypetalum Franch. = Hypericum himalaicum N. Robson ■
202020 Hypericum monanthemum Hook. f. et Thomson ex Dyer var. nigropunctatum Franch. = Hypericum monanthemum Hook. f. et Thomson ex Dyer ●■
202021 Hypericum monogynum L.;金丝桃(狗胡花,贵童花,过路黄,金丝海棠,金丝莲,金线草,金线海棠,金线蝴蝶,木本黄开口,水面油,坦上黄,土连翘,五心花,小狗木,夜来花树,照月莲,中华金丝桃);China St. John's Wort, Chinese St. John's Wort, Chinese St. John's-wort, Monostyle St. John's Wort, Mountain St. John 's-wort, Pale St. John's-wort ●
202022 Hypericum monogynum L. var. franchetii Baroni = Hypericum elatoides R. Keller ●
202023 Hypericum monogynum L. var. salicifolium (Siebold et Zucc.) André = Hypericum monogynum L. ●
202024 Hypericum monogynum Mill. = Hypericum monogynum L. ●
202025 Hypericum monogynum Willd. = Hypericum chinense L. ●

202026 Hypericum montanum L.；山生金丝桃；Mountain St. John's Wort，Pale St. John's Wort ●☆
202027 Hypericum montanum L. var. punctatum Andr. = Hypericum perforatum L. ■
202028 Hypericum montanum L. var. scabrum Koch = Hypericum montanum L. ●☆
202029 Hypericum mutilum L.；小花金丝桃（矮小金丝桃）；Dwarf St. John's-wort，Small-flowered St. John's-wort，Weak St. John's-wort ●☆
202030 Hypericum mutilum L. var. latisepalum Fernald = Hypericum mutilum L. ●☆
202031 Hypericum mutilum L. var. longifolium R. Keller = Hypericum mutilum L. ●☆
202032 Hypericum mutilum L. var. parviflorum (Willd.) Fernald = Hypericum mutilum L. ●☆
202033 Hypericum mysurense F. Heyne ex Wight et Arn.；迈索尔金丝桃●☆
202034 Hypericum nacamurai (Masam.) N. Robson. = Hypericum nakamurai (Masam.) N. Robson ●
202035 Hypericum nagasawai Hayata；玉山金丝桃；Nagasawa St. John's Wort，Narea St. John's Wort ■
202036 Hypericum nagasawai Hayata var. nigrum Y. Kimura = Hypericum nagasawai Hayata ■
202037 Hypericum nakamurai (Masam.) N. Robson；清水金丝桃；Nakamura St. John's Wort，Qingshui St. John's-wort ●
202038 Hypericum napaulense Choisy = Hypericum elodeoides Choisy ●■
202039 Hypericum napaulense sensu Dyer = Hypericum elodeoides Choisy ●■
202040 Hypericum natalense J. M. Wood et M. S. Evans；纳塔尔金丝桃■☆
202041 Hypericum naudinianum Coss. et Durieu = Hypericum coadunatum C. Sm. ex Link ●☆
202042 Hypericum nepalense Hort. ex K. Koch = Hypericum uralum Buch. -Ham. ex D. Don ●
202043 Hypericum nepalense K. Koch = Hypericum uralum Buch. -Ham. ex D. Don ●
202044 Hypericum nervatum Hance = Hypericum japonicum Thunb. ■
202045 Hypericum nervosum D. Don = Hypericum elodeoides Choisy ●■
202046 Hypericum nigropunctatum Norl. = Hypericum wilmsii R. Keller ■☆
202047 Hypericum nikkoense Makino；日光金丝桃；Nikko St. John's-wort ■☆
202048 Hypericum nokoense Ohwi；能高金丝桃；Noko St. John's Wort，Noko-mt St. John's Wort ■
202049 Hypericum nordmannii Boiss.；诺氏金丝桃●☆
202050 Hypericum nummularioides Trautv.；拟圆叶金丝桃●☆
202051 Hypericum nummularium L.；圆叶金丝桃；Round-leaved St. John's-wort ●☆
202052 Hypericum oblongifolium Choisy；长叶金丝桃（密网脉金丝桃）●☆
202053 Hypericum oblongifolium Hook. = Hypericum hookerianum Wight et Arn. ●
202054 Hypericum oblongifolium Hook. = Hypericum oblongifolium Choisy ●☆
202055 Hypericum oblongifolium sensu Wall. = Hypericum choisianum Wall. ex N. Robson ●
202056 Hypericum oblongifolum Choisy；矩圆叶金丝桃（密网脉金丝桃）●☆
202057 Hypericum obtusifolium R. Keller = Hypericum przewalskii Maxim. ■
202058 Hypericum oligandrum Milne-Redh.；少雄蕊金丝桃●☆
202059 Hypericum oliganthum Franch. et Sav.；寡花金丝桃●☆
202060 Hypericum olympicum Sm.；奥林匹亚金丝桃●☆
202061 Hypericum origanifolium Willd.；牛至叶金丝桃●☆
202062 Hypericum ovalifolium Koidz.；卵叶金丝桃●☆
202063 Hypericum ovalifolium Koidz. var. hisauchii Y. Kimura；久内金丝桃●☆
202064 Hypericum pallens D. Don = Hypericum himalaicum N. Robson ■
202065 Hypericum paramushirense Kudo = Hypericum kamtschaticum Ledeb. var. paramushirense (Kudo) Y. Kimura ■☆
202066 Hypericum parviflorum Willd. = Hypericum mutilum L. ●☆
202067 Hypericum parvulum Greene；马德雷山金丝桃；Sierra Madre St. Johnswort ●☆
202068 Hypericum patulum L. var. forrestii Chitt. = Hypericum forrestii (Chitt.) N. Robson ●
202069 Hypericum patulum sensu Wall. = Hypericum uralum Buch. -Ham. ex D. Don ●
202070 Hypericum patulum Thunb.；金丝梅（大过路黄，大田边黄，大叶黄，洱海连翘，蜂子王，过路黄，黄花果，黄花香，黄木，剪耳花，金丝桃，芒种花，山黄花，山栀子，土连翘，细连翘，小黄花，洋雀草，垣上黄，云南连翘，栽秧花，猪犸柳）；Golden-cup St. John's-wort，Splaying St. John's Wort，Spreading St. John's Wort，Spreading St. John's-wort，St. John's Wort ●
202071 Hypericum patulum Thunb. = Hypericum beanii N. Robson ●
202072 Hypericum patulum Thunb. ex Murray = Hypericum patulum Thunb. ●
202073 Hypericum patulum Thunb. f. forrestii (Chitt.) Rehder = Hypericum forrestii (Chitt.) N. Robson ●
202074 Hypericum patulum Thunb. var. attenuatum Choisy = Hypericum uralum Buch. -Ham. ex D. Don ●
202075 Hypericum patulum Thunb. var. forrestii Chitt. = Hypericum forrestii (Chitt.) N. Robson ●
202076 Hypericum patulum Thunb. var. henryi Veitch. ex Bean = Hypericum beanii N. Robson ●
202077 Hypericum patulum Thunb. var. hookerianum (Wight et Arn.) Kuntze = Hypericum hookerianum Wight et Arn. ●
202078 Hypericum patulum Thunb. var. oblongifolium ? = Hypericum oblongifolium Choisy ●☆
202079 Hypericum patulum Thunb. var. uralum (Buch. -Ham. ex D. Don) Koehne = Hypericum uralum Buch. -Ham. ex D. Don ●
202080 Hypericum pauciflorum Kunth；少花金丝桃●☆
202081 Hypericum pauciflorum Kunth subsp. involutum (Labill.) Rodr. = Hypericum lalandii Choisy ■☆
202082 Hypericum pedunculatum R. Keller；具梗金丝桃；Pedunculate St. John's Wort，Stiped St. John's Wort ●
202083 Hypericum pedunculatum R. Keller = Hypericum przewalskii Maxim. ■
202084 Hypericum penthorodes Koidz. = Hypericum erectum Thunb. ex Murray ■
202085 Hypericum peplidifolium A. Rich.；葶艾叶金丝桃●☆
202086 Hypericum perforatum L.；贯叶金丝桃（赶山鞭，贯叶连翘，黑点叶金丝桃，女儿茶，千层楼，上天梯，铁帚把，小对叶草，小对月草，小过路黄，小汗淋草，小旱莲草，小金丝桃，小刘寄奴，小叶金丝桃，小种黄，小种癀药，夜关门，元宝草）；Androsaemme，Balm of

the Warrior's Wound, Balm-of-warrior, Bull's Eyes, Cammick, Christ's Ladder, Columba's Herb, Common St. John's Wort, Common St. Johnswort, Common St. John's-wort, Devil's Flight, Goat's Beard, Goatweed, Grace of God, Hardhay, Hundred Holes, Johan, John's Wort, Klamath Weed, Klamath-weed, Ladder of Christ, Mber, Perforate St. John's Wort, Perforate St. John's-wort, Rosin Rose, School of Christ, St. John's Wort, St. John's Grass, St. Johnswort, St. John's-wort, Tipton-weed, Touch-and-heal, Tutsan ■

202087 Hypericum perforatum L. subsp. chinense N. Robson;中国金丝桃(中国贯叶金丝桃)■

202088 Hypericum perforatum L. subsp. songaricum (Ledeb. ex Rchb.) N. Robson;准噶尔金丝桃■

202089 Hypericum perforatum L. var. confertiflorum Debeaux = Hypericum perforatum L. ■

202090 Hypericum perforatum L. var. microphyllum H. Lév. = Hypericum perforatum L. ■

202091 Hypericum perforatum L. var. songaricum (Ledeb. ex Rchb.) K. Koch = Hypericum perforatum L. subsp. songaricum (Ledeb. ex Rchb.) N. Robson ■

202092 Hypericum perrieri N. Robson = Hypericum globuliferum Keller ●☆

202093 Hypericum petiolulatum Hook. f. et Thomson ex Dyer;短柄小连翘(有柄小连翘);Petiolate St. John's Wort, Petiolea St. John's Wort ■

202094 Hypericum petiolulatum Hook. f. et Thomson ex Dyer subsp. yunnanense (Franch.) N. Robson;云南小连翘(云南金丝桃);Yunnan St. John's Wort ■

202095 Hypericum petiolulatum Hook. f. et Thomson ex Dyer var. orbiculatum Franch. = Hypericum petiolulatum Hook. f. et Thomson ex Dyer ■

202096 Hypericum petiolulatum var. subcordatum (R. Keller) H. Lév. = Hypericum subcordatum (R. Keller) N. Robson ■

202097 Hypericum pipairense (Miyabe et Y. Kimura) N. Robson;皮佩金丝桃●☆

202098 Hypericum polygonifolium Rupr.;蓼叶金丝桃●☆

202099 Hypericum polyphyllum Boiss. et Balansa;多叶金丝桃■

202100 Hypericum ponticum Lipsky;黑海金丝桃●☆

202101 Hypericum porphyrandrum H. Lév. et Vaniot;紫蕊金丝桃●☆

202102 Hypericum prattii Hemsl.;大叶金丝桃(三黄筋,瘦黄狗);Bigleaf St. John's Wort, Pratt St. John's-wort ●

202103 Hypericum prolificum L.;疏枝金丝桃;Shrubby St. Johnswort, Shrubby St. John's-wort, St. John's Wort ●☆

202104 Hypericum przewalskii Maxim.;突脉金丝桃(大对经草,大花金丝桃,大叶刘寄奴,老君茶,王不留行);Przewalsk St. John's Wort ■

202105 Hypericum psedomaculatum Bush f. flavidum Steyerm. = Hypericum pseudopetiolatum R. Keller ■

202106 Hypericum pseudohenryi N. Robson;北栽秧花(山栀子);False Henry St. John's Wort, Irish Tutsan, Sichuan-Yunnan St. John's Wort, Sichuan-Yunnan St. John's-wort ●

202107 Hypericum pseudopetiolatum R. Keller;短柄金丝桃;Short Petiole St. John's Wort, Shortstipe St. John's Wort, Spotted St. John's-wort ■

202108 Hypericum pseudopetiolatum R. Keller var. grandiflorum Pamp. = Hypericum petiolulatum Hook. f. et Thomson ex Dyer subsp. yunnanense (Franch.) N. Robson ■

202109 Hypericum pseudopetiolatum R. Keller var. kiusianum (Y. Kimura) Y. Kimura = Hypericum kiusianum Koidz. ●☆

202110 Hypericum pseudopetiolatum R. Keller var. muraianum (Makino) Y. Kimura = Hypericum gracillimum Koidz. ■☆

202111 Hypericum pseudopetiolatum R. Keller var. taihezanense (Sasaki ex S. Suzuki) Y. Kimura = Hypericum pseudopetiolatum R. Keller ■

202112 Hypericum pseudopetiolatum R. Keller var. taihezanense (Sasaki ex S. Suzuki) Y. Kimura = Hypericum taihezanense Sasaki ex S. Suzuki ■

202113 Hypericum pseudopetiolatum R. Keller var. yakusimense (Koidz.) Y. Kimura = Hypericum kiusianum Koidz. var. yakusimense (Koidz.) T. Kato ●☆

202114 Hypericum pseudopetiolatum R. Keller var. yakusimense (Koidz.) Y. Kimura f. lucidum Y. Kimura = Hypericum kiusianum Koidz. var. yakusimense (Koidz.) T. Kato ●☆

202115 Hypericum psilophytum (Diels) Maire;平滑金丝桃●☆

202116 Hypericum pubescens Boiss.;短柔毛金丝桃●☆

202117 Hypericum pulchrum L.;小金丝桃;Luck-herb, Slender St. John's Wort, Slender St. John's-wort, Upright St. John's Wort ■

202118 Hypericum punctatum Lam.;斑点金丝桃;Spotted St. John's-wort ■☆

202119 Hypericum punctatum Lam. f. subpetiolatum (E. P. Bicknell ex Small) Fernald = Hypericum punctatum Lam. ■☆

202120 Hypericum punctatum Lam. var. pseudomaculatum (Bush) Fernald = Hypericum pseudopetiolatum R. Keller ■

202121 Hypericum pyramidatum Aiton = Hypericum ascyron L. ●■

202122 Hypericum pyramidatum L. = Hypericum ascyron L. ●■

202123 Hypericum qinlingense X. C. Du et Y. Ren = Hypericum petiolulatum Hook. f. et Thomson ex Dyer subsp. yunnanense (Franch.) N. Robson ■

202124 Hypericum quadrangulum L. = Hypericum tetrapterum Fr. ●

202125 Hypericum quartinianum A. Rich.;夸尔廷金丝桃●☆

202126 Hypericum ramosissimum Hort. ex K. Koch = Hypericum uralum Buch.-Ham. ex D. Don ●

202127 Hypericum ramosissimum K. Koch = Hypericum uralum Buch.-Ham. ex D. Don ●

202128 Hypericum randaiense Hayata = Hypericum nagasawai Hayata ■

202129 Hypericum reflexum L. f.;反折金丝桃●☆

202130 Hypericum reflexum L. f. var. leiocladum Bornm. = Hypericum reflexum L. f. ●☆

202131 Hypericum reflexum L. f. var. myrtifolium Bornm. = Hypericum reflexum L. f. ●☆

202132 Hypericum repens L.;欧洲匍枝金丝桃●☆

202133 Hypericum reptans Hook. f. et Thomson ex Dyer;匍枝金丝桃;Creeping St. John's Wort, Creeping St. John's-wort, Creepingbranch St. John's wort ●

202134 Hypericum revolutum R. Keller;黑腺金丝桃(反卷金丝桃);Curry Bush, Tree St. John's-wort ●☆

202135 Hypericum revolutum Vahl = Hypericum revolutum R. Keller ●☆

202136 Hypericum revolutum Vahl subsp. keniense (Schweinf.) N. Robson;肯尼亚金丝桃●☆

202137 Hypericum riparium A. Chev. = Hypericum roeperianum G. W. Schimp. ex A. Rich. ●☆

202138 Hypericum robertii Batt. = Hypericum ericoides L. subsp. robertii (Batt.) Maire et Wilczek ●☆

202139 Hypericum roeperianum G. W. Schimp. ex A. Rich.;勒珀金丝桃●☆

202140 Hypericum roeperianum G. W. Schimp. ex A. Rich. var.

schimperi (Hochst. ex A. Rich.) Moggi et Pisacchi = Hypericum roeperianum G. W. Schimp. ex A. Rich. ●☆

202141 Hypericum ruwenzoriense De Wild. = Hypericum revolutum Vahl subsp. keniense (Schweinf.) N. Robson ●☆

202142 Hypericum sachalinense H. Lév.;库页金丝桃●☆

202143 Hypericum salicifolium Siebold et Zucc.;柳叶金丝桃(未央柳)●

202144 Hypericum salicifolium Siebold et Zucc. = Hypericum monogynum L. ●

202145 Hypericum samaniense Miyabe et Y. Kimura;样似金丝桃●☆

202146 Hypericum sampsonii Hance;元宝草(宝塔草,宝心草,穿心草,穿心箭,串骨莲,大对叶草,大还魂,大叶对口莲,大叶野烟子,当归草,灯台,对对草,对经草,对经坐,对莲,对叶草,对月草,对月莲,对坐草,帆船草,佛心草,合掌草,红旱莲,黄叶连翘,叫叫草,叫珠草,叫子草,蜡烛灯台,烂肠草,离根香,茅草香子,排草,荞子草,蜻蜓草,散血丹,上天梯,哨子草,蛇开口,蛇喳口,双合合,瓦心草,小黄心草,小连翘,野旱烟,叶抱枝,翳子草);Sampson St. John's Wort,South China St. John's Wort ■

202147 Hypericum scabrum L.;糙枝金丝桃(粗枝金丝桃);Reggedbranch St. John's Wort,Scabrous Stem St. John's Wort ●■

202148 Hypericum scallanii R. Keller = Hypericum ascyron L. ●■

202149 Hypericum scioanum Chiov.;赛欧金丝桃●☆

202150 Hypericum senanense Maxim. subsp. mutiloides (R. Keller) N. Robson;日本赛欧金丝桃●☆

202151 Hypericum seniavinii Maxim.;密腺小连翘(大叶防风,对月草,荷包草,类小连翘,仙叶因宝草,小对月草,小叶连翘,元宝草);Seniawin St. John's Wort ■

202152 Hypericum senkakuinsulare Hatus.;尖阁金丝桃●☆

202153 Hypericum sikokumonanum Makino var. hyugamontanum (Y. Kimura) Ohwi = Hypericum × hyugamontanum Y. Kimura ●☆

202154 Hypericum sikokumontanum Makino;四国金丝桃■☆

202155 Hypericum simplicistylum Hayata = Hypericum geminiflorum Hemsl. var. simplicistylum (Hayata) N. Robson ●

202156 Hypericum somaliense N. Robson;索马里金丝桃●☆

202157 Hypericum sonderi Bredell = Hypericum aethiopicum Thunb. subsp. sonderi (Bredell) N. Robson ●☆

202158 Hypericum songaricum Ledeb. ex Rchb. = Hypericum perforatum L. subsp. songaricum (Ledeb. ex Rchb.) N. Robson ■

202159 Hypericum spathulatum (Spach) Steud. = Hypericum prolificum L. ●☆

202160 Hypericum spathulatum R. Keller;灌木金丝桃;Shrubby St. John's-wort ●☆

202161 Hypericum sphaerocarpum Michx.;球果金丝桃;Round-fruited St. John's-wort,Round-seeded St. John's-wort ●☆

202162 Hypericum sphaerocarpum Michx. var. turgidum (Small) Svenson = Hypericum sphaerocarpum Michx. ●☆

202163 Hypericum stans (Michx.) Adams et Robson;直立金丝桃●☆

202164 Hypericum stellatum N. Robson;星萼金丝桃(鸡蛋黄);Stellar-calyxed St. John's-wort,Stellate-calyx St. John's Wort ●

202165 Hypericum stolzii Briq. = Hypericum scioanum Chiov. ●☆

202166 Hypericum stragulum W. P. Adams et N. Robson = Hypericum hypericoides (L.) Crantz ●☆

202167 Hypericum strictum Malleev;刚直金丝桃●☆

202168 Hypericum subalatum Hayata;方茎金丝桃;Four-angled Stem St. John's Wort, Squarengle St. John's-wort, Squarestem St. John's Wort ●

202169 Hypericum subcordatum (R. Keller) N. Robson;川陕遍地金■

202170 Hypericum subpetiolatum E. P. Bicknell ex Small = Hypericum punctatum Lam. ■☆

202171 Hypericum subsessile N. Robson;近无柄金丝桃;Stipeless St. John's Wort,Subsessile St. John's Wort,Subsessile St. John's-wort ●

202172 Hypericum suzukianum Y. Kimura = Hypericum nagasawai Hayata ■

202173 Hypericum taihezanense Sasaki ex S. Suzuki;台粤小连翘(短柄金丝桃);Short-stalked St. John's-wort ■

202174 Hypericum taihezanense Sasaki ex S. Suzuki = Hypericum pseudopetiolatum R. Keller ■

202175 Hypericum taisanense Hayata = Hypericum erectum Thunb. ex Murray ■

202176 Hypericum taiwanianum Y. Kimura = Hypericum nagasawai Hayata ■

202177 Hypericum taiwanianum Y. Kimura var. ohwi Y. Kimura = Hypericum nagasawai Hayata ■

202178 Hypericum tatewakii S. Watan.;馆肋金丝桃●☆

202179 Hypericum tetrapterum Fr.;四翼金丝桃(四棱金丝桃);Ascyrion, Fourangular St. John's-wort, Fourpetal St. John's-wort, Golden Rod,Great St. John's Grass,Great St. John's Wort,Hard Hay, Hardhay,Hardway,Square St. John's Grass,Square St. John's Wort, Square-stalked St. John's-wort,St. Peter's Wort ●

202180 Hypericum theodori Woronow;蔡氏金丝桃●☆

202181 Hypericum thomsonii R. Keller = Hypericum petiolulatum Hook. f. et Thomson ex Dyer ■

202182 Hypericum thomsonii R. Keller var. subcordatum R. Keller = Hypericum subcordatum (R. Keller) N. Robson ■

202183 Hypericum thoralfii T. C. E. Fr. = Hypericum scioanum Chiov. ●☆

202184 Hypericum thunbergii Franch. et Sav. = Hypericum japonicum Thunb. ■

202185 Hypericum tomentosum L.;绒毛金丝桃●☆

202186 Hypericum tomentosum L. subsp. psilophytum (Diels) Maire = Hypericum psilophytum (Diels) Maire ●☆

202187 Hypericum tomentosum L. subsp. pubescens (Boiss.) Batt. = Hypericum pubescens Boiss. ●☆

202188 Hypericum tomentosum L. subsp. wallianum Maire;瓦尔毛金丝桃●☆

202189 Hypericum tomentosum L. var. carbonelli (Sennen et Mauricio) Maire = Hypericum tomentosum L. ●☆

202190 Hypericum tomentosum L. var. demnatorum Maire = Hypericum tomentosum L. ●☆

202191 Hypericum tomentosum L. var. viridulum Pau = Hypericum tomentosum L. ●☆

202192 Hypericum tosaense Makino;土佐金丝桃●☆

202193 Hypericum tosaense Makino f. insulare Y. Kimura = Hypericum tosaense Makino ●☆

202194 Hypericum trigonum Hand. -Mazz.;三棱遍地金●

202195 Hypericum trigonum Hand. -Mazz. = Hypericum monanthemum Hook. f. et Thomson ex Dyer ●■

202196 Hypericum trinervium Hemsl. = Hypericum geminiflorum Hemsl. ●

202197 Hypericum tubulosum Walter = Triadenum tubulosum (Walter) Gleason ■☆

202198 Hypericum turgidum Small = Hypericum sphaerocarpum Michx. ●☆

202199 Hypericum uliginosum Kunth;湿生金丝桃;Marshy St. John's

Wort ●

202200 Hypericum ulugurense Engl. = Hypericum quartinianum A. Rich. ●☆

202201 Hypericum undulatum Schousb. = Hypericum undulatum Willd. ●☆

202202 Hypericum undulatum Willd.；波状金丝桃；Wavy St. John's Wort, Wavy St. John's-wort ●☆

202203 Hypericum uraloides Rehder = Hypericum henryi H. Lév. et Vaniot subsp. uraloides (Rehder) N. Robson ●

202204 Hypericum uralum Buch.-Ham. ex D. Don；匙萼金丝桃(大叶黄，萼齿金丝桃，洱海连翘，蜂子王，黄花香，金丝梅，金丝桃，苦连翘，山黄花，山栀子，细连翘，小黄花，云南连翘，猪栒柳)；Spathulate-sepal St. John's Wort, Spathulate-sepaled St. John's-wort, Spooncalyx St. John's Wort ●

202205 Hypericum venustum Fenzl；艳丽金丝桃■☆

202206 Hypericum verticillatum Thunb. = Linum quadrifolium L. ■☆

202207 Hypericum virginicum L.；北美金丝桃；Marsh St. John's-wort, Virginia St. John's-wort ●☆

202208 Hypericum virginicum L. = Triadenum virginicum (L.) Raf. ■☆

202209 Hypericum virginicum L. var. asiatica (Maxim.) Maxim. ex Yabe = Triadenum japonicum (Blume) Makino ■

202210 Hypericum virginicum L. var. asiaticum (Maxim.) Yatabe = Triadenum japonicum (Blume) Makino ■

202211 Hypericum virginicum L. var. fraseri (Spach) Fernald = Triadenum fraseri (Spach) Gleason ■☆

202212 Hypericum virginicum L. var. japonicum (Blume) Matsum. = Triadenum japonicum (Blume) Makino ■

202213 Hypericum vulcanicum Koidz.；火山金丝桃●☆

202214 Hypericum walteri J. F. Gmel. = Triadenum walteri (J. F. Gmel.) Gleason ■☆

202215 Hypericum wardianum N. Robson；漾濞金丝桃●

202216 Hypericum watanabei N. Robson；渡边金丝桃●☆

202217 Hypericum wightianum Wall. ex Wight et Arn.；对叶金丝桃(遍地金，苍蝇草，长瓣金丝桃，单花遍地金，单花金丝桃，对对草，对叶草，观音草，花生草，刘寄奴，蚂蚁草，少花金丝桃，蛇毒草，双筋草，小疳药，小化血，蚁药)；Everywhere St. John's Wort, Fewflower St. John's Wort, Singleflower St. John's Wort, Wight's St. John's Wort ●■

202218 Hypericum wightianum Wall. ex Wight et Arn. subsp. axillare N. Robson = Hypericum kingdonii N. Robson ■

202219 Hypericum wilmsii R. Keller；维尔姆斯金丝桃■☆

202220 Hypericum wilsonii N. Robson；川鄂金丝桃(地马桑)；E. H. Wilson St. John's Wort, Wilson St. John's-wort ●

202221 Hypericum woodii R. Keller = Hypericum natalense J. M. Wood et M. S. Evans ■☆

202222 Hypericum yabei H. Lév. et Vaniot = Hypericum japonicum Thunb. ■

202223 Hypericum yakusimense Koidz. = Hypericum kiusianum Koidz. var. yakusimense (Koidz.) T. Kato ●☆

202224 Hypericum yamamotoi Miyabe et Y. Kimura；山本金丝桃●☆

202225 Hypericum yamamotoi Miyabe et Y. Kimura var. kitamense Y. Kimura = Hypericum kitamense (Y. Kimura) N. Robson ●☆

202226 Hypericum yamamotoi Miyabe et Y. Kimura var. matsumurae (Y. Kimura) Y. Kimura；松村氏金丝桃■☆

202227 Hypericum yamamotoi Miyabe et Y. Kimura var. montanum Y. Kimura；山地山本金丝桃●☆

202228 Hypericum yamamotoi Miyabe et Y. Kimura var. osimense Y. Kimura；大岛金丝桃●☆

202229 Hypericum yamamotoi Miyabe et Y. Kimura var. riparium Y. Kimura = Hypericum kawaranum N. Robson ●☆

202230 Hypericum yezoense Maxim.；北海道金丝桃●☆

202231 Hypericum yojiroanum Tatew. et Koji Ito；与二郎金丝桃●☆

202232 Hypericum yunnanense Franch. = Hypericum petiolulatum Hook. f. et Thomson ex Dyer subsp. yunnanense (Franch.) N. Robson ■

202233 Hyperixanthes Blume ex Penzig = Epirixanthes Blume ■

202234 Hyperixanthes Blume ex Penzig = Salomonia Lour. (保留属名) ■

202235 Hyperocarpa (Uline) G. M. Barroso, E. F. Guim. et Sucre = Dioscorea L. (保留属名) ■

202236 Hyperogyne Salisb. = Paradisea Mazzuc. (保留属名) ■☆

202237 Hypertelis E. Mey. ex Fenzl(1840)；伞花粟草属■●☆

202238 Hypertelis arenicola Sond.；沙生伞花粟草■☆

202239 Hypertelis bowkeriana Sond.；鲍克伞花粟草■☆

202240 Hypertelis caespitosa Friedrich；丛生伞花粟草■☆

202241 Hypertelis salsoloides (Burch.) Adamson；猪毛菜伞花粟草■☆

202242 Hypertelis salsoloides (Burch.) Adamson var. mossamedensis (Welw. ex Hiern) Gonc.；莫萨梅迪伞花粟草■☆

202243 Hypertelis trachysperma Adamson；糙籽伞花粟草■☆

202244 Hyperthelia Clayton(1967)；三生草属■☆

202245 Hyperthelia cornucopiae (Hack.) Clayton；多角三生草■☆

202246 Hyperthelia dissoluta (Nees ex Steud.) Clayton；离生三生草■☆

202247 Hyperthelia dissoluta (Steud.) Clayton = Hyperthelia dissoluta (Nees ex Steud.) Clayton ■☆

202248 Hyperthelia edulis (C. E. Hubb.) Clayton；可食三生草■☆

202249 Hyperthelia kottoensis Desc. et Mazade；科托三生草■☆

202250 Hyperthelia macrolepis (Hack.) Clayton；大鳞三生草■☆

202251 Hyperthelia polychaeta Clayton；多毛三生草■☆

202252 Hyperum C. Presl = Wendtia Meyen(保留属名) ■☆

202253 Hyperum V. Presl = Wendtia Meyen(保留属名) ■☆

202254 Hypestes Kuntze = Hypoestes Sol. ex R. Br. ●■

202255 Hypestes Post et Kuntze = Hypoestes Sol. ex R. Br. ●■

202256 Hyphaene Gaertn. (1788)；姜饼棕属(编织棕属，叉干棕属，叉杆榈属，叉茎棕属、非洲扇棕榈属、非洲棕榈属，分枝榈属，姜果棕属)；Doum Palm, Gingerbread Palm ●☆

202257 Hyphaene argun Mart. = Medemia argun (Mart.) Württemb. ex H. Wendl. ●☆

202258 Hyphaene aurantiaca Dammer = Hyphaene petersiana Klotzsch ex Mart. ●☆

202259 Hyphaene baikieana Furtado = Hyphaene thebaica (L.) Mart. ●☆

202260 Hyphaene baronii Becc. = Hyphaene coriacea Gaertn. ●☆

202261 Hyphaene benadirensis Becc. = Hyphaene compressa H. Wendl. ●☆

202262 Hyphaene benguellensis Welw. = Hyphaene petersiana Klotzsch ex Mart. ●☆

202263 Hyphaene benguellensis Welw. var. plagiocarpa (Dammer) Furtado = Hyphaene petersiana Klotzsch ex Mart. ●☆

202264 Hyphaene benguellensis Welw. var. ventricosa (J. Kirk) Furtado = Hyphaene petersiana Klotzsch ex Mart. ●☆

202265 Hyphaene bussei Dammer = Hyphaene petersiana Klotzsch ex Mart. ●☆

202266 Hyphaene carinensis Chiov. = Livistona carinensis (Chiov.) J. Dransf. et N. W. Uhl ●☆

202267 Hyphaene compressa H. Wendl.;扁姜饼棕●☆

202268 Hyphaene coriacea Gaertn.;皮果榈(非洲榈,皮果棕);East African Doum Palm,Itala Palm ●☆

202269 Hyphaene coriacea Gaertn. var. minor Drude = Hyphaene coriacea Gaertn. ●☆

202270 Hyphaene crinita Gaertn.;南非分枝榈(姜果棕)●☆

202271 Hyphaene crinita Gaertn. = Hyphaene thebaica (L.) Mart. ●☆

202272 Hyphaene dahomeensis Becc. = Hyphaene macrosperma H. Wendl. ●☆

202273 Hyphaene dankaliensis Becc. = Hyphaene thebaica (L.) Mart. ●☆

202274 Hyphaene depressa Becc.;凹陷姜饼棕●☆

202275 Hyphaene dichotoma (White) Furtado;二岐姜饼棕;Dichotomous Gingerbread Palm ●☆

202276 Hyphaene doreyi Furtado;多雷姜饼棕●☆

202277 Hyphaene goetzei Dammer = Hyphaene petersiana Klotzsch ex Mart. ●☆

202278 Hyphaene gossweileri Furtado;戈斯姜饼棕●☆

202279 Hyphaene guineensis Schumach. et Thonn.;几内亚姜饼棕●☆

202280 Hyphaene hildebrandtii Becc. = Hyphaene coriacea Gaertn. ●☆

202281 Hyphaene incoje Furtado = Hyphaene compressa H. Wendl. ●☆

202282 Hyphaene kilvaensis (Becc.) Furtado = Hyphaene compressa H. Wendl. ●☆

202283 Hyphaene luandensis Gossw. = Hyphaene gossweileri Furtado ●☆

202284 Hyphaene macrosperma H. Wendl.;大籽姜饼棕●☆

202285 Hyphaene mangoides Becc. = Hyphaene compressa H. Wendl. ●☆

202286 Hyphaene megacarpa Furtado = Hyphaene compressa H. Wendl. ●☆

202287 Hyphaene migiurtina Chiov. = Hyphaene reptans Becc. ●☆

202288 Hyphaene multiformis Becc. = Hyphaene compressa H. Wendl. ●☆

202289 Hyphaene multiformis Becc. subsp. gibbosa ? = Hyphaene compressa H. Wendl. ●☆

202290 Hyphaene multiformis Becc. subsp. kilvaensis ? = Hyphaene compressa H. Wendl. ●☆

202291 Hyphaene multiformis Becc. subsp. semiplaena ? = Hyphaene compressa H. Wendl. ●☆

202292 Hyphaene multiformis Becc. subsp. stenosperma ? = Hyphaene compressa H. Wendl. ●☆

202293 Hyphaene natalensis Kunze = Hyphaene coriacea Gaertn. ●☆

202294 Hyphaene nephrocarpa Becc.;肾果姜饼棕●☆

202295 Hyphaene nodularia Becc. = Hyphaene thebaica (L.) Mart. ●☆

202296 Hyphaene oblonga Becc. = Hyphaene coriacea Gaertn. ●☆

202297 Hyphaene obovata Furtado = Hyphaene petersiana Klotzsch ex Mart. ●☆

202298 Hyphaene ovata Furtado = Hyphaene petersiana Klotzsch ex Mart. ●☆

202299 Hyphaene parvula Becc. = Hyphaene coriacea Gaertn. ●☆

202300 Hyphaene petersiana Klotzsch ex Mart.;膨大姜饼棕;Vegtable Ivory Palm ●☆

202301 Hyphaene pileata Becc. = Hyphaene coriacea Gaertn. ●☆

202302 Hyphaene pileata Becc. subsp. minor Becc. = Hyphaene coriacea Gaertn. ●☆

202303 Hyphaene pileata Becc. subvar. major ? = Hyphaene coriacea Gaertn. ●☆

202304 Hyphaene pileata Becc. var. oncophora Becc. = Hyphaene coriacea Gaertn. ●☆

202305 Hyphaene plagiocarpa Dammer = Hyphaene petersiana Klotzsch ex Mart. ●☆

202306 Hyphaene pleuropoda Becc. = Hyphaene coriacea Gaertn. ●☆

202307 Hyphaene pyrifera Becc. = Hyphaene coriacea Gaertn. ●☆

202308 Hyphaene pyrifera Becc. var. arenicola Becc. = Hyphaene coriacea Gaertn. ●☆

202309 Hyphaene pyrifera Becc. var. gosciaensis (Becc.) Becc. = Hyphaene coriacea Gaertn. ●☆

202310 Hyphaene pyrifera Becc. var. margaritensis Becc. = Hyphaene coriacea Gaertn. ●☆

202311 Hyphaene reptans Becc.;匍匐姜饼棕●☆

202312 Hyphaene santoana Furtado = Hyphaene thebaica (L.) Mart. ●☆

202313 Hyphaene schatan Dammer = Hyphaene coriacea Gaertn. ●☆

202314 Hyphaene semiplaena (Becc.) Furtado = Hyphaene compressa H. Wendl. ●☆

202315 Hyphaene semiplaena (Becc.) Furtado var. gibbosa ? = Hyphaene compressa H. Wendl. ●☆

202316 Hyphaene semiplaena (Becc.) Furtado var. stenosperma ? = Hyphaene compressa H. Wendl. ●☆

202317 Hyphaene shatan Bojer = Hyphaene coriacea Gaertn. ●☆

202318 Hyphaene sphaerulifera Becc. = Hyphaene coriacea Gaertn. ●☆

202319 Hyphaene sphaerulifera Becc. var. gosciaensis Becc. = Hyphaene coriacea Gaertn. ●☆

202320 Hyphaene tetragonoides Furtado = Hyphaene coriacea Gaertn. ●☆

202321 Hyphaene thebaica (L.) Mart.;埃及姜饼棕(埃及姜果棕);Branching Palm, Doum Dom Palm, Doum Palm, Egyptian Doum Palm, Ginger Bread Palm, Gingerbread Palm, Vegetable Ivory Substitute ●☆

202322 Hyphaene thebaica Mart. = Hyphaene thebaica (L.) Mart. ●☆

202323 Hyphaene togoensis Becc. = Hyphaene crinita Gaertn. ●☆

202324 Hyphaene turbinata H. Wendl. = Hyphaene coriacea Gaertn. ●☆

202325 Hyphaene turbinata H. Wendl. var. ansata Becc. = Hyphaene coriacea Gaertn. ●☆

202326 Hyphaene turbinata H. Wendl. var. spuria Becc. = Hyphaene coriacea Gaertn. ●☆

202327 Hyphaene ventricosa J. Kirk = Hyphaene petersiana Klotzsch ex Mart. ●☆

202328 Hyphaene ventricosa J. Kirk subsp. ambolandensis Becc. = Hyphaene petersiana Klotzsch ex Mart. ●☆

202329 Hyphaene ventricosa J. Kirk subsp. anisopleura Becc. = Hyphaene petersiana Klotzsch ex Mart. ●☆

202330 Hyphaene ventricosa J. Kirk subsp. aurantiaca (Dammer) Becc. = Hyphaene petersiana Klotzsch ex Mart. ●☆

202331 Hyphaene ventricosa J. Kirk subsp. benguellensis (Welw.) Becc. = Hyphaene petersiana Klotzsch ex Mart. ●☆

202332 Hyphaene ventricosa J. Kirk subsp. bussei (Dammer) Becc. = Hyphaene petersiana Klotzsch ex Mart. ●☆

202333 Hyphaene ventricosa J. Kirk subsp. goetzei (Dammer) Becc. = Hyphaene petersiana Klotzsch ex Mart. ●☆

202334 Hyphaene ventricosa J. Kirk subsp. petersiana (Klotzsch ex Mart.) Becc. = Hyphaene petersiana Klotzsch ex Mart. ●☆

202335 Hyphaene ventricosa J. Kirk subsp. plagiocarpa Becc. = Hyphaene petersiana Klotzsch ex Mart. ●☆
202336 Hyphaene ventricosa J. Kirk subsp. russisiensis Becc. = Hyphaene petersiana Klotzsch ex Mart. ●☆
202337 Hyphaene ventricosa J. Kirk subsp. useguhensis Becc. = Hyphaene petersiana Klotzsch ex Mart. ●☆
202338 Hyphaene wendlandii Dammer = Hyphaene coriacea Gaertn. ●☆
202339 Hyphear Danser = Loranthus Jacq. (保留属名) ●
202340 Hyphear Danser = Psittacanthus Mart. ●☆
202341 Hyphear Danser(1929);桤寄生属●☆
202342 Hyphear delavayi (Tiegh.) Danser = Loranthus delavayi (Tiegh.) Engl. ●
202343 Hyphear delavayi (Tiegh.) Danser = Taxillus delavayi (Tiegh.) Danser ●
202344 Hyphear europaeus (Jacq.) Danser = Loranthus tanakae Franch. et Sav. ●
202345 Hyphear hemsleianum Danser = Loranthus delavayi Tiegh. ●
202346 Hyphear kaoi J. M. Chao = Loranthus kaoi (J. M. Chao) H. S. Kiu ●
202347 Hyphear koumensis (Sasaki) Hosok. = Loranthus delavayi Tiegh. ●
202348 Hyphear lambertianum (Schult. f.) Danser = Loranthus lambertianus Schult. ●
202349 Hyphear lambertianum (Schult.) Danser = Loranthus lambertianus Schult. ●
202350 Hyphear owatarii (Hayata) Danser = Loranthus delavayi Tiegh. ●
202351 Hyphear owatarii (Hayata) Danser = Loranthus owatarii Matsum. et Hayata ●
202352 Hyphear pseudo-odoratum (Lingelsh.) Danser = Loranthus pseudo-odoratus Lingelsh. ●
202353 Hyphear tanakae (Franch. et Sav.) Hosok. = Loranthus tanakae Franch. et Sav. ●
202354 Hyphipus Raf. = Psittacanthus Mart. ●☆
202355 Hyphydra Schreb. = Tonina Aubl. ■☆
202356 Hypnoticon Rchb. = Hypnoticum Barb. Rodr. ●■
202357 Hypnoticon Rchb. = Withania Pauquy(保留属名)●■
202358 Hypnoticum Barb. Rodr. = Withania Pauquy(保留属名)●■
202359 Hypnoticum Barb. Rodr. ex Meisn. = Withania Pauquy(保留属名)●■
202360 Hypobathrum Blume(1827);下座茜属●☆
202361 Hypobathrum albicaule Baill. = Tricalysia ovalifolia Hiern ●☆
202362 Hypobathrum boivinianum Baill. = Tricalysia boiviniana (Baill.) Ranariv. et De Block ●☆
202363 Hypobathrum bracteatum (Hiern) Baill. = Tricalysia bracteata Hiern ●☆
202364 Hypobathrum comorense Baill. = Tricalysia ovalifolia Hiern ●☆
202365 Hypobathrum frutescens Blume;下座茜●☆
202366 Hypobathrum graveolens (Hiern) Baill. = Coptosperma zygoon (Bridson) Degreef ●☆
202367 Hypobathrum kirkii (Hook. f.) Baill. = Tricalysia allenii (Stapf) Brenan ●☆
202368 Hypobathrum lagoense Baill. = Tricalysia sonderiana Hiern ●☆
202369 Hypobrichia M. A. Curtis ex Torr. et A. Gray = Didiplis Raf. ●■
202370 Hypobrichia M. A. Curtis ex Torr. et A. Gray = Lythrum L. ●■
202371 Hypobrichia spruceana Benth. = Rotala mexicana Cham. et Schltdl. ■
202372 Hypobrychia Wittst. = Hypobrichia M. A. Curtis ex Torr. et A. Gray ●■
202373 Hypocalymma (Endl.) Endl. (1840);下被桃金娘属(希帕卡利玛属)●☆
202374 Hypocalymma Endl. = Hypocalymma (Endl.) Endl. ●☆
202375 Hypocalymma angustifolium (Endl.) Schauer;狭叶下被桃金娘(狭叶希帕卡利玛);White Myrtle ●☆
202376 Hypocalymma cordifolium Schauer;心叶下被桃金娘(心叶希帕卡利玛);Variegated Dwarf Myrtle ●☆
202377 Hypocalymma robustum (Endl.) Lindl.;健壮下被桃金娘(健壮希帕卡利玛);Swan River Myrtle ●☆
202378 Hypocalyptus Thunb. (1800);酢浆豆属■☆
202379 Hypocalyptus canescens Thunb. = Xiphotheca canescens (Thunb.) A. L. Schutte et B. -E. van Wyk ■☆
202380 Hypocalyptus capensis (L.) Thunb. = Virgilia oroboides (P. J. Bergius) T. M. Salter ●☆
202381 Hypocalyptus coluteoides (Lam.) R. Dahlgren;膀胱酢浆豆●☆
202382 Hypocalyptus glaucus Thunb. = Podalyria glauca (Thunb.) DC. ●☆
202383 Hypocalyptus obcordatus Thunb. = Hypocalyptus sophoroides (P. J. Bergius) Baill. ●☆
202384 Hypocalyptus oxalidifolius (Sims) Baill.;酢浆豆●☆
202385 Hypocalyptus sophoroides (P. J. Bergius) Baill.;槐酢浆豆●☆
202386 Hypocarpus A. DC. = Liriosma Poepp. et Endl. ■☆
202387 Hypochaeris L. (1753);猫儿菊属(黄金菊属,槺菊属,猫耳草属,仙女菊属);Achyrophorus, Catdaisy, Cat's Ear, Cat's-ear, Cat's-ears, Swine's Succory ■
202388 Hypochaeris achyrophora L.;秕梗猫儿菊■☆
202389 Hypochaeris aethnensis L. = Hypochaeris achyrophora L. ■☆
202390 Hypochaeris alliatae (Biv.) Galán-Mera et al.;阿利猫儿菊■☆
202391 Hypochaeris angustifolia (Litard. et Maire) Maire;窄叶猫儿菊■☆
202392 Hypochaeris arachnoidea Poir.;蛛毛猫儿菊■☆
202393 Hypochaeris atlantica Sennen et Mauricio = Hypochaeris radicata L. ■
202394 Hypochaeris brasiliensis (Less.) Benth. et Hook. f. ex Griseb.;巴西猫儿菊;Brazilian Catsear, Tweedy's Catsear ■☆
202395 Hypochaeris brasiliensis (Less.) Benth. et Hook. f. ex Griseb. = Hypochaeris chillensis (Kunth) Britton ■☆
202396 Hypochaeris brasiliensis (Less.) Griseb. = Hypochaeris brasiliensis (Less.) Benth. et Hook. f. ex Griseb. ■☆
202397 Hypochaeris brasiliensis (Less.) Griseb. var. albiflora Kuntze = Hypochaeris microcephala (Sch. Bip.) Cabrera var. albiflora (Kuntze) Cabrera ■☆
202398 Hypochaeris capensis Less. = Hypochaeris glabra L. ■☆
202399 Hypochaeris chillensis (Kunth) Britton;智利猫儿菊■☆
202400 Hypochaeris ciliata (Thunb.) Makino;猫儿菊(大黄菊,高粱菊,黄金菊,猫儿黄金菊,小蒲公英);Ciliate Cat's Ear, Common Achyrophorus, Common Catdaisy ■
202401 Hypochaeris ciliata (Thunb.) Makino = Achyrophorus ciliatus (Thunb.) Schultz ■
202402 Hypochaeris claryi Batt.;克莱里猫儿菊■☆
202403 Hypochaeris crepidioides (Miyabe et Kudo) Tatew. et Kitam.;沼兰猫儿菊■☆
202404 Hypochaeris glabra L.;光猫儿菊(无毛猫儿菊);Small-flowered Hawkweed, Smooth Cat's Ear, Smooth Catsear, Smooth Cat's-

ear ■☆

202405 Hypochaeris glabra L. subsp. salzmanniana (DC.) Maire = Hypochaeris salzmanniana DC. ■☆

202406 Hypochaeris glabra L. var. arrhyncha Maire = Hypochaeris salzmanniana DC. ■☆

202407 Hypochaeris glabra L. var. dimorpha (Salzm.) Maire = Hypochaeris salzmanniana DC. ■☆

202408 Hypochaeris glabra L. var. erostris Coss. et Germ. = Hypochaeris glabra L. ■☆

202409 Hypochaeris glabra L. var. hispidula Peterm. = Hypochaeris glabra L. ■☆

202410 Hypochaeris glabra L. var. loiseleuriana Godr. = Hypochaeris glabra L. ■☆

202411 Hypochaeris glabra L. var. salzmanniana (DC.) Coss. = Hypochaeris salzmanniana DC. ■☆

202412 Hypochaeris grandiflora Ledeb. = Hypochaeris ciliata (Thunb.) Makino ■

202413 Hypochaeris grandiflora Sennen et Mauricio = Hypochaeris arachnoidea Poir. ■☆

202414 Hypochaeris grandiflorus Ledeb. = Hypochaeris ciliata (Thunb.) Makino ■

202415 Hypochaeris laevigata (L.) Ces. et al. subsp. angustifolia Litard. et Maire = Hypochaeris angustifolia (Litard. et Maire) Maire ■☆

202416 Hypochaeris laevigata (L.) Ces. et al. subsp. leontodontoides (Ball) Litard. et Maire = Hypochaeris leontodontoides Ball ■☆

202417 Hypochaeris laevigata (L.) Ces. et al. var. hipponensis Maire = Hypochaeris alliatae (Biv.) Galán-Mera et al. ■☆

202418 Hypochaeris laevigata (L.) Ces. et al. var. pinnatifida Doum. = Hypochaeris alliatae (Biv.) Galán-Mera et al. ■☆

202419 Hypochaeris laevigata (L.) Ces. et al. var. platyphylla Maire = Hypochaeris angustifolia (Litard. et Maire) Maire ■☆

202420 Hypochaeris leontodontoides Ball;狮齿猫儿菊■☆

202421 Hypochaeris leontodontoides Ball var. atlantica Galán-Mera et al. = Hypochaeris leontodontoides Ball ■☆

202422 Hypochaeris leontodontoides Ball var. glauca Favarger et N. Galland = Hypochaeris alliatae (Biv.) Galán-Mera et al. ■☆

202423 Hypochaeris leontodontoides Ball var. villosa Maire = Hypochaeris leontodontoides Ball ■☆

202424 Hypochaeris maculata L.;新疆猫儿菊(斑糠菊,斑叶猫儿菊);Maculate Achyrophorus,Spotted Cat's Ear,Spotted Cat's-ear ■

202425 Hypochaeris mairei H. Lév. = Picris divaricata Vaniot ■

202426 Hypochaeris microcephala (Sch. Bip.) Cabrera;小头猫儿菊;Smallhead Catsear ■☆

202427 Hypochaeris microcephala (Sch. Bip.) Cabrera var. albiflora (Kuntze) Cabrera;白花小头猫儿菊;Smallhead Catsear ■☆

202428 Hypochaeris microcephala Cabrera = Hypochaeris microcephala (Sch. Bip.) Cabrera ■☆

202429 Hypochaeris microcephala Cabrera var. albiflora (Kuntze) Cabrera = Hypochaeris microcephala (Sch. Bip.) Cabrera var. albiflora (Kuntze) Cabrera ■☆

202430 Hypochaeris multicaulis Sennen et Mauricio = Hypochaeris arachnoidea Poir. ■☆

202431 Hypochaeris oligocephala (Svent. et Bramwell) Lack;寡头猫儿菊■☆

202432 Hypochaeris radicata L.;欧洲猫儿菊(猫儿菊,普通猫儿菊);Cat's Ear, Cat's-ear, Common Cat's Ear, Common Cat's-ear, False Dandelion, Flatweed, Hairy Cat's Ear, Hairy Catsear, Hairy Cat's-ear, Long-rooted Cat's Ear, Long-rooted Hawkweed, Spotted Cat's Ear, Spotted Cat's-ear ■

202433 Hypochaeris radicata L. subsp. heterocarpa (Moris) Maire;异果欧洲猫儿菊■☆

202434 Hypochaeris radicata L. subsp. platylepis (Boiss.) Maire;宽鳞欧洲猫儿菊■☆

202435 Hypochaeris radicata L. var. erostris Emb. et Maire = Hypochaeris radicata L. ■

202436 Hypochaeris radicata L. var. heterocarpa (Moris) Pamp. = Hypochaeris radicata L. subsp. heterocarpa (Moris) Maire ■☆

202437 Hypochaeris radicata L. var. neapolitana DC. = Hypochaeris radicata L. subsp. heterocarpa (Moris) Maire ■☆

202438 Hypochaeris radicata L. var. rostrata Moris = Hypochaeris radicata L. ■

202439 Hypochaeris radicata L. var. setulosa Maire et Sennen = Hypochaeris arachnoidea Poir. ■☆

202440 Hypochaeris robertia Fiori;罗伯特猫儿菊■☆

202441 Hypochaeris saldensis Batt.;萨尔达猫儿菊■☆

202442 Hypochaeris salzmanniana DC.;萨尔猫儿菊■☆

202443 Hypochaeris salzmanniana DC. subsp. maroccana Förther et Podlech;摩洛哥猫儿菊■☆

202444 Hypochaeris uniflora Vill.;单花猫儿菊■☆

202445 Hypochlaena Post et Kuntze = Hypolaena R. Br.(保留属名)■☆

202446 Hypochoeris L. = Hypochaeris L. ■

202447 Hypocistis Mill.(废弃属名) = Cytinus L.(保留属名)■☆

202448 Hypocoton Urb. = Bonania A. Rich. ☆

202449 Hypocylix Wol. = Salsola L. ●■

202450 Hypocyrta Mart.(1829);鱼篮苣苔属;Hypocyrta ●■☆

202451 Hypocyrta Mart. = Nematanthus Schrad.(保留属名)●■☆

202452 Hypocyrta glabra Hook.;无毛鱼篮苣苔;Clog Plant ●☆

202453 Hypocyrta hirsuta Mart.;鱼篮苣苔●☆

202454 Hypodaeurus Hochst. = Anthephora Schreb. ■☆

202455 Hypodaphnis Stapf(1909);非洲厚壳桂属●☆

202456 Hypodaphnis zenkeri (Engl.) Stapf;非洲厚壳桂●☆

202457 Hypodema Rchb. = Cypripedium L. ■

202458 Hypodematium A. Rich.(1848) = Arbulocarpus Tennant ●■

202459 Hypodematium A. Rich.(1848) = Spermacoce L. ●■

202460 Hypodematium A. Rich.(1850) = Eulophia R. Br.(保留属名)■

202461 Hypodiscus Nees(1836)(保留属名);下盘帚灯草属■☆

202462 Hypodiscus alboaristatus (Nees) Mast.;白芒下盘帚灯草■☆

202463 Hypodiscus alboaristatus (Nees) Mast. var. oliverianus (Mast.) Pillans = Hypodiscus alboaristatus (Nees) Mast. ■☆

202464 Hypodiscus alternans Pillans;互生下盘帚灯草■☆

202465 Hypodiscus argenteus (Thunb.) Mast.;银白下盘帚灯草■☆

202466 Hypodiscus aristatus (Thunb.) C. Krauss;具芒下盘帚灯草■☆

202467 Hypodiscus aristatus (Thunb.) C. Krauss var. bicolor Mast. = Hypodiscus aristatus (Thunb.) C. Krauss ■☆

202468 Hypodiscus aristatus (Thunb.) C. Krauss var. protractus (Mast.) Pillans = Hypodiscus aristatus (Thunb.) C. Krauss ■☆

202469 Hypodiscus binatus (Steud.) Mast. = Hypodiscus laevigatus (Kunth) H. P. Linder ■☆

202470 Hypodiscus capitatus Mast. = Hypodiscus alboaristatus (Nees) Mast. ■☆

202471 Hypodiscus dodii Mast. = Willdenowia humilis Mast. ■☆

202472 Hypodiscus duplicatus Hochst. = Hypodiscus alboaristatus (Nees) Mast. ■☆
202473 Hypodiscus eximius Mast. = Hypodiscus neesii Mast. ■☆
202474 Hypodiscus gracilis Mast. = Hypodiscus striatus (Kunth) Mast. ■☆
202475 Hypodiscus laevigatus (Kunth) H. P. Linder;光滑下盘帚灯草■☆
202476 Hypodiscus montanus Esterh.;山地下盘帚灯草■☆
202477 Hypodiscus neesii Mast.;尼斯下盘帚灯草■☆
202478 Hypodiscus nitidus Mast. = Cannomois nitida (Mast.) Pillans ■☆
202479 Hypodiscus oliverianus Mast. = Hypodiscus alboaristatus (Nees) Mast. ■☆
202480 Hypodiscus paludosus Pillans = Hypodiscus rugosus Mast. ■☆
202481 Hypodiscus parkeri Pillans = Hypodiscus rugosus Mast. ■☆
202482 Hypodiscus procurrens Esterh.;伸展下盘帚灯草■☆
202483 Hypodiscus protractus Mast. = Hypodiscus aristatus (Thunb.) C. Krauss ■☆
202484 Hypodiscus rigidus Mast.;硬下盘帚灯草■☆
202485 Hypodiscus rugosus Mast.;皱褶下盘帚灯草■☆
202486 Hypodiscus squamosus Esterh.;多鳞下盘帚灯草■☆
202487 Hypodiscus striatus (Kunth) Mast.;条纹下盘帚灯草■☆
202488 Hypodiscus sulcatus Pillans;纵沟下盘帚灯草■☆
202489 Hypodiscus synchroolepis (Steud.) Mast.;杂鳞下盘帚灯草■☆
202490 Hypodiscus tristachyus Mast. = Hypodiscus rugosus Mast. ■☆
202491 Hypodiscus willdenowia (Nees) Mast.;威尔下盘帚灯草■☆
202492 Hypodiscus zeyheri Mast. = Hypodiscus rugosus Mast. ■☆
202493 Hypoelytrum Kunth = Hypolytrum Rich. ex Pers. ■
202494 Hypoestes Sol. = Hypoestes Sol. ex R. Br. ●■
202495 Hypoestes Sol. ex R. Br. (1810);枪刀药属(枪刀菜属);Hypoestes, Polka-dot Plant ●■
202496 Hypoestes acuminata Baker;渐尖枪刀药●■
202497 Hypoestes acuminata Hochst. ex Chiov. = Hypoestes triflora (Forssk.) Roem. et Schult. ●■
202498 Hypoestes adoensis Hochst. ex A. Rich. = Hypoestes triflora (Forssk.) Roem. et Schult. ●■
202499 Hypoestes adoensis Hochst. ex A. Rich. var. andersonii Engl. = Hypoestes triflora (Forssk.) Roem. et Schult. ●■
202500 Hypoestes adscendens Nees = Hypoestes serpens (Vahl) R. Br. ●☆
202501 Hypoestes angustilabiata Benoist;窄唇枪刀药●☆
202502 Hypoestes anisophylla Nees;异叶枪刀药●☆
202503 Hypoestes antennifera S. Moore = Hypoestes aristata (Vahl) Sol. ex Roem. et Schult. ●☆
202504 Hypoestes arachnopus Benoist;蛛毛枪刀药●☆
202505 Hypoestes aristata (Vahl) Roem. et Schult. = Hypoestes aristata (Vahl) Sol. ex Roem. et Schult. ●☆
202506 Hypoestes aristata (Vahl) Sol. ex Roem. et Schult.;毛枪刀药(毛尖枪刀药);Ribbon Bush ●☆
202507 Hypoestes aristata (Vahl) Sol. ex Roem. et Schult. var. alba K. Balkwill;白毛枪刀药●☆
202508 Hypoestes aristata (Vahl) Sol. ex Roem. et Schult. var. barteri (T. Anderson) Benoist = Hypoestes aristata (Vahl) Sol. ex Roem. et Schult. ●☆
202509 Hypoestes aristata (Vahl) Sol. ex Roem. et Schult. var. macrophylla Nees = Hypoestes aristata (Vahl) Sol. ex Roem. et Schult. ●☆
202510 Hypoestes axillaris Benoist;腋花枪刀药●☆
202511 Hypoestes bakeri Vatke;贝克枪刀药●☆
202512 Hypoestes barteri T. Anderson = Hypoestes aristata (Vahl) Sol. ex Roem. et Schult. ●☆
202513 Hypoestes betsiliensis S. Moore;贝齐尔枪刀药●☆
202514 Hypoestes bodinieri H. Lév. = Peristrophe baphica (Spreng.) Bremek. ■
202515 Hypoestes bojeriana Nees;博耶尔枪刀药●☆
202516 Hypoestes bosseri Benoist;博塞尔枪刀药●☆
202517 Hypoestes brachiata Baker;短枪刀药●☆
202518 Hypoestes calaminthoides Baker = Hypoestes serpens (Vahl) R. Br. ●☆
202519 Hypoestes caloi Chiov. = Hypoestes triflora (Forssk.) Roem. et Schult. ●■
202520 Hypoestes calycina Benoist;萼状枪刀药●☆
202521 Hypoestes cancellata Nees;格纹枪刀药●☆
202522 Hypoestes capitata Benoist;头状枪刀药●☆
202523 Hypoestes carnosula Chiov.;肉质枪刀药●☆
202524 Hypoestes catatii Benoist;卡他枪刀药●☆
202525 Hypoestes caudata Benoist;尾状枪刀药●☆
202526 Hypoestes cernua Nees;俯垂枪刀药●☆
202527 Hypoestes chloroclada Baker;绿枝枪刀药●☆
202528 Hypoestes chlorotricha (Bojer ex Nees) Benoist;绿毛枪刀药●☆
202529 Hypoestes ciliata Lindau = Hypoestes triflora (Forssk.) Roem. et Schult. ●■
202530 Hypoestes cinerascens Benoist;浅灰枪刀药●☆
202531 Hypoestes cinerea Hedrén;灰色枪刀药●☆
202532 Hypoestes cochlearia Benoist;螺状枪刀药●☆
202533 Hypoestes comosa Benoist;簇毛枪刀药●☆
202534 Hypoestes complanata Benoist;扁平枪刀药●☆
202535 Hypoestes congestiflora Baker;密花枪刀药●☆
202536 Hypoestes consanguinea Lindau;亲缘枪刀药●☆
202537 Hypoestes corymbosa Baker;伞序枪刀药●☆
202538 Hypoestes cumingiana (Nees) Benth. et Hook. f.;枪刀菜(灌状观音草,野山蓝)■
202539 Hypoestes cumingiana Benth. et Hook. f. = Hypoestes cumingiana (Nees) Benth. et Hook. f. ■
202540 Hypoestes decaryana Benoist;德卡里枪刀药●☆
202541 Hypoestes depauperata Lindau = Hypoestes forskaolii (Vahl) R. Br. ●☆
202542 Hypoestes diclipteroides Nees;狗肝菜枪刀药●☆
202543 Hypoestes elegans Nees;雅致枪刀药●☆
202544 Hypoestes elliotii S. Moore;埃利枪刀药●☆
202545 Hypoestes erythrostachya Benoist;红穗枪刀药●☆
202546 Hypoestes fascicularis Nees;扁枪刀药●☆
202547 Hypoestes flavescens Benoist;浅黄枪刀药●☆
202548 Hypoestes flavovirens Benoist;黄绿枪刀药●☆
202549 Hypoestes flexibilis Nees;弯曲枪刀药●☆
202550 Hypoestes forskaolii (Vahl) R. Br.;福尔枪刀药●☆
202551 Hypoestes forskaolii (Vahl) Sol. ex Roem. et Schult. = Hypoestes forskaolii (Vahl) R. Br. ●☆
202552 Hypoestes forskaolii (Vahl) Sol. ex Roem. et Schult. var. canescens Franch. = Hypoestes forskaolii (Vahl) R. Br. ●☆
202553 Hypoestes forskaolii (Vahl) Sol. ex Roem. et Schult. var. grandifolia Gilli = Hypoestes forskaolii (Vahl) R. Br. ●☆

202554 Hypoestes glandulifera Scott-Elliot;腺体枪刀药●☆
202555 Hypoestes glandulosa (Nees) Hochst. = Monothecium glandulosum (Nees) Hochst. ■☆
202556 Hypoestes glandulosa (S. Moore) Benoist;具腺枪刀药●☆
202557 Hypoestes gracilis Nees;纤细枪刀药●☆
202558 Hypoestes grandifolia Lindau;大叶枪刀药●☆
202559 Hypoestes hastata Benoist;戟形枪刀药●☆
202560 Hypoestes hildebrandtii Lindau = Hypoestes forskaolii (Vahl) R. Br. ●☆
202561 Hypoestes hirsuta Nees;粗毛枪刀药●☆
202562 Hypoestes humbertii Benoist;亨伯特枪刀药●☆
202563 Hypoestes humifusa Benoist;平伏枪刀药●☆
202564 Hypoestes inaequalis Lindau = Hypoestes triflora (Forssk.) Roem. et Schult. ●■
202565 Hypoestes incompta Scott-Elliot;装饰枪刀药●☆
202566 Hypoestes insularis T. Anderson = Hypoestes aristata (Vahl) Sol. ex Roem. et Schult. ●☆
202567 Hypoestes isalensis Benoist;伊萨卢枪刀药●☆
202568 Hypoestes jasminoides Baker;茉莉枪刀药●☆
202569 Hypoestes kilimandscharica Lindau = Hypoestes triflora (Forssk.) Roem. et Schult. ●■
202570 Hypoestes laeta Benoist;愉悦枪刀药●☆
202571 Hypoestes lasiostegia Nees;毛盖枪刀药●☆
202572 Hypoestes latifolia Hochst. ex Nees = Hypoestes forskaolii (Vahl) R. Br. ●☆
202573 Hypoestes leptostegia S. Moore;细盖枪刀药●☆
202574 Hypoestes longilabiata Scott-Elliot;长唇枪刀药●☆
202575 Hypoestes longispica Benoist;长穗枪刀药●☆
202576 Hypoestes longituba Benoist;长管枪刀药●☆
202577 Hypoestes loniceroides Baker;忍冬枪刀药●☆
202578 Hypoestes macilenta Benoist;贫弱枪刀药●☆
202579 Hypoestes maculosa Nees;斑点枪刀药●☆
202580 Hypoestes mangokiensis Benoist;曼戈基枪刀药●☆
202581 Hypoestes microphylla Baker = Hypoestes teucrioides Nees ●☆
202582 Hypoestes microphylla Nees;小叶枪刀药●☆
202583 Hypoestes mlanjensis C. B. Clarke;姆兰杰枪刀药●☆
202584 Hypoestes mollis T. Anderson = Hypoestes forskaolii (Vahl) R. Br. ●☆
202585 Hypoestes mollissima (Vahl) Nees;柔软枪刀药●☆
202586 Hypoestes multispicata Benoist;多穗枪刀药●☆
202587 Hypoestes neesiana Kuntze;尼斯枪刀药●☆
202588 Hypoestes nummularifolia Baker;铜钱枪刀药●☆
202589 Hypoestes obtusifolia Baker;钝叶枪刀药●☆
202590 Hypoestes oxystegia Nees;尖盖枪刀药●☆
202591 Hypoestes paniculata (Forssk.) Schweinf. = Hypoestes forskaolii (Vahl) R. Br. ●☆
202592 Hypoestes parvula Benoist;较小枪刀药●☆
202593 Hypoestes perrieri Benoist;佩里耶枪刀药●☆
202594 Hypoestes phaylopsoides S. Moore = Hypoestes triflora (Forssk.) Roem. et Schult. ●■
202595 Hypoestes phyllostachya Baker;粉斑枪刀药(粉点木,舞点枪刀药,叶穗枪刀药);Freckle Face, Freckle-face, Pink Polka-dot Plant, Pink-dot, Pink-dot Plant, Polka Dot Plant, Polka-dot Plant, Polkadot-plant ■☆
202596 Hypoestes phyllostachya Baker 'Splash';大粉斑枪刀药(溅红草)●☆
202597 Hypoestes poilanei Benoist;枪花药(野辣子);Poilane Hypoestes ■☆
202598 Hypoestes poissonii Benoist;普瓦松枪刀药●☆
202599 Hypoestes potamophila Heine;河生枪刀药●☆
202600 Hypoestes preussii Lindau = Hypoestes forskaolii (Vahl) R. Br. ●☆
202601 Hypoestes pubiflora T. Anderson;短毛花枪刀药●☆
202602 Hypoestes pulchra Nees;美丽枪刀药●☆
202603 Hypoestes purpurea (L.) Hochr. = Hypoestes purpurea (L.) R. Br. ●■
202604 Hypoestes purpurea (L.) R. Br.;紫色枪刀药(红丝线,六角英,枪刀草,枪刀药,青丝线);Purple Hypoestes ●■
202605 Hypoestes richardii Nees;理查德枪刀药●☆
202606 Hypoestes rosea P. Beauv.;蔷薇枪刀药●☆
202607 Hypoestes saboureaui Benoist;萨布罗枪刀药●☆
202608 Hypoestes sanguinolenta Hook.;血红枪刀药;Freckle Face ■☆
202609 Hypoestes sanguinolenta Hook. = Hypoestes phyllostachya Baker ■☆
202610 Hypoestes saxicola Nees;岩生枪刀药●☆
202611 Hypoestes scoparia Benoist;帚状枪刀药●☆
202612 Hypoestes secundiflora Baker;侧花枪刀药●☆
202613 Hypoestes sennii Chiov.;森恩枪刀药●☆
202614 Hypoestes serpens (Vahl) R. Br.;蛇形枪刀药●☆
202615 Hypoestes setigera Benoist;刚毛枪刀药●☆
202616 Hypoestes simensis Hochst. ex Solms = Hypoestes triflora (Forssk.) Roem. et Schult. ●■
202617 Hypoestes sinica Miq. = Hypoestes purpurea (L.) R. Br. ●■
202618 Hypoestes spicata Nees;穗状枪刀药●☆
202619 Hypoestes stachyoides Baker;拟穗状枪刀药●☆
202620 Hypoestes staudtii Lindau = Hypoestes aristata (Vahl) Sol. ex Roem. et Schult. ●☆
202621 Hypoestes stenoptera Benoist;窄翅枪刀药●☆
202622 Hypoestes strobilifera S. Moore;球果枪刀药●☆
202623 Hypoestes strobilifera S. Moore var. tisserantii Benoist;蒂斯朗特枪刀药●☆
202624 Hypoestes taeniata Benoist;带状枪刀药●☆
202625 Hypoestes talbotii S. Moore = Hypoestes rosea P. Beauv. ●☆
202626 Hypoestes tanganyikensis C. B. Clarke;坦噶尼卡枪刀药●☆
202627 Hypoestes tetraptera Benoist;四翅枪刀药●☆
202628 Hypoestes teucrioides Nees;香科枪刀药●☆
202629 Hypoestes thomsoniana Nees;托马森枪刀药●☆
202630 Hypoestes toroensis S. Moore;托罗枪刀药●☆
202631 Hypoestes trichochlamys Baker;毛被枪刀药●☆
202632 Hypoestes triflora (Forssk.) Roem. et Schult.;三花枪刀药(土巴戟);Threeflower Hypoestes, Triflower St. John's Wort ●■
202633 Hypoestes triflora (Forssk.) Roem. et Schult. var. adoensis (Hochst. ex A. Rich.) Fiori = Hypoestes triflora (Forssk.) Roem. et Schult. ●■
202634 Hypoestes triflora (Forssk.) Roem. et Schult. var. hirsuta A. Rich. = Hypoestes triflora (Forssk.) Roem. et Schult. ●■
202635 Hypoestes triflora Roem. et Schult. = Hypoestes triflora (Forssk.) Roem. et Schult. ●■
202636 Hypoestes triticea Lindau = Hypoestes rosea P. Beauv. ●☆
202637 Hypoestes tubiflora Benoist;管花枪刀药●☆
202638 Hypoestes uniflora Hochst. = Hypoestes microphylla Nees ●☆
202639 Hypoestes unilateralis Baker;单侧生枪刀药●☆
202640 Hypoestes urophora Benoist;尾叶枪刀药●☆
202641 Hypoestes verticillaris (L. f.) Roem. et Schult.;轮生枪刀药●☆

202642 Hypoestes verticillaris (L. f.) Sol. ex Roem. et Schult. = Hypoestes aristata (Vahl) Sol. ex Roem. et Schult. ●☆
202643 Hypoestes viguieri Benoist;维基耶枪刀药●☆
202644 Hypoestes violaceotincta Lindau = Hypoestes forskaolii (Vahl) R. Br. ●☆
202645 Hypoestes volkensii Lindau = Monothecium glandulosum (Nees) Hochst. ■☆
202646 Hypoestes wallichii Nees = Hypoestes triflora (Forssk.) Roem. et Schult. ●■
202647 Hypoestes warpurioides Benoist;孩儿草枪刀药●☆
202648 Hypoglottis Fourr. = Astragalus L. ●■
202649 Hypogomphia Bunge(1872);拟金莲草属;Hypogomphia ■☆
202650 Hypogomphia elatior (Regel) A. N. Vassilcz.;高拟金莲草;Tall Hypogomphia ■☆
202651 Hypogomphia turkestana Bunge;土耳其斯坦拟金莲草■☆
202652 Hypogon Raf. = Collinsonia L. ■☆
202653 Hypogynium Nees = Andropogon L.(保留属名)■
202654 Hypogynium absimile (Pilg.) Roberty = Hyparrhenia mobukensis (Chiov.) Chiov. ■☆
202655 Hypogynium arrectum (Stapf) Roberty = Anadelphia afzeliana (Rendle) Stapf ■☆
202656 Hypogynium ceresiiforme (Nees) Roberty = Monocymbium ceresiiforme (Nees) Stapf ■☆
202657 Hypogynium hamatum (Stapf) Roberty = Anadelphia hamata Stapf ■☆
202658 Hypogynium heter-oclitum (Roxb.) Roberty = Pseudanthistria heteroclita (Roxb.) Hook. f. ■
202659 Hypogynium leptocomum (Trin.) Roberty = Anadelphia leptocoma (Trin.) Pilg. ■☆
202660 Hypogynium macrochaetum (Stapf) Roberty = Anadelphia macrochaeta (Stapf) Clayton ■☆
202661 Hypogynium pumilum (Jacq. -Fél.) Roberty = Anadelphia pumila Jacq. -Fél. ■☆
202662 Hypogynium schlechteri (Hack.) Pilg. = Andropogon festuciformis Rendle ■☆
202663 Hypogynium trepidarium (Stapf) Roberty = Anadelphia trepidaria (Stapf) Stapf ■☆
202664 Hypogynium trichaetum (Reznik) Roberty = Anadelphia trichaeta (Reznik) Clayton ■☆
202665 Hypogynium trispiculatum (Stapf) Roberty = Anadelphia trispiculata Stapf ■☆
202666 Hypolaena R. Br. (1810)(保留属名);下被帚灯草属■☆
202667 Hypolaena anceps Mast. = Platycaulos anceps (Mast.) H. P. Linder ■☆
202668 Hypolaena aspera Mast. = Calopsis aspera (Mast.) H. P. Linder ■☆
202669 Hypolaena bachmannii Mast. = Restio triticeus Rottb. ■☆
202670 Hypolaena browniana Mast. = Restio debilis Nees ■☆
202671 Hypolaena burchellii Mast. = Calopsis membranacea (Pillans) H. P. Linder ■☆
202672 Hypolaena conspicua Mast. = Restio dispar Mast. ■☆
202673 Hypolaena crinalis (Mast.) Pillans = Anthochortus crinalis (Mast.) H. P. Linder ■☆
202674 Hypolaena decipiens N. E. Br. = Restio decipiens (N. E. Br.) H. P. Linder ■☆
202675 Hypolaena diffusa Mast. = Restio versatilis H. P. Linder ■☆
202676 Hypolaena digitata (Thunb.) Pillans = Mastersiella digitata (Thunb.) Gilg-Ben. ●☆
202677 Hypolaena eckloniana Mast. = Mastersiella digitata (Thunb.) Gilg-Ben. ●☆
202678 Hypolaena filiformis Mast. = Calopsis filiformis (Mast.) H. P. Linder ■☆
202679 Hypolaena foliosa Mast. = Anthochortus graminifolius (Kunth) H. P. Linder ■☆
202680 Hypolaena gracilis Mast. = Calopsis gracilis (Mast.) H. P. Linder ■☆
202681 Hypolaena graminifolia (Kunth) Pillans = Anthochortus graminifolius (Kunth) H. P. Linder ■☆
202682 Hypolaena hyalina Mast. = Calopsis hyalina (Mast.) H. P. Linder ■☆
202683 Hypolaena impolita (Kunth) Mast. = Calopsis impolita (Kunth) H. P. Linder ■☆
202684 Hypolaena incerta Mast. = Mastersiella digitata (Thunb.) Gilg-Ben. ●☆
202685 Hypolaena laxiflora Nees = Anthochortus laxiflorus (Nees) H. P. Linder ■☆
202686 Hypolaena mahonii N. E. Br. = Restio mahonii (N. E. Br.) Pillans ■☆
202687 Hypolaena membranacea Mast. = Restio dodii Pillans ■☆
202688 Hypolaena purpurea Pillans = Mastersiella purpurea (Pillans) H. P. Linder ●☆
202689 Hypolaena schlechteri Mast. = Restio occultus (Mast.) Pillans ■☆
202690 Hypolaena spathulata Pillans = Mastersiella spathulata (Pillans) H. P. Linder ●☆
202691 Hypolaena stokoei Pillans = Anthochortus laxiflorus (Nees) H. P. Linder ■☆
202692 Hypolaena subtilis Mast. = Restio debilis Nees ■☆
202693 Hypolaena tabularis Pillans = Anthochortus crinalis (Mast.) H. P. Linder ■☆
202694 Hypolaena tenuis Mast. = Anthochortus ecklonii Nees ■☆
202695 Hypolaena tenuissima Pillans = Ischyrolepis tenuissima (Kunth) H. P. Linder ■☆
202696 Hypolaena virgata Mast. = Restio debilis Nees ■☆
202697 Hypolepis P. Beauv. ex T. Lestib. = Ficinia Schrad.(保留属名)■☆
202698 Hypolepis Pers. = Cytinus L.(保留属名)■☆
202699 Hypolepis Pers. = Haematolepis C. Presl ■☆
202700 Hypolobus E. Fourn. (1885);下裂萝藦属☆
202701 Hypolobus infractus E. Fourn.;下裂萝藦☆
202702 Hypolytrum Pers. (1805);割鸡芒属(林茅属);Hypolytrum ■
202703 Hypolytrum Rich. = Hypolytrum Pers. ■
202704 Hypolytrum Rich. ex Pers. = Hypolytrum Pers. ■
202705 Hypolytrum africanum Nees ex Steud. = Hypolytrum heteromorphum Nelmes ■☆
202706 Hypolytrum angolense Nelmes;安哥拉割鸡芒■☆
202707 Hypolytrum buchholzianum Boeck. = Hypolytrum heterophyllum Boeck. ■☆
202708 Hypolytrum chevalieri Nelmes;舍瓦利耶割鸡芒■☆
202709 Hypolytrum congense C. B. Clarke ex De Wild. et T. Durand = Hypolytrum heterophyllum Boeck. ■☆
202710 Hypolytrum costatum Nelmes;单脉割鸡芒■
202711 Hypolytrum elatum (Cherm.) Nelmes = Hypolytrum scaberrimum Boeck. ■☆
202712 Hypolytrum formosanum Ohwi;台湾割鸡芒■
202713 Hypolytrum formosanum Ohwi = Hypolytrum nemorum (Vahl) Spreng. ■

202714 Hypolytrum gabonicum Cherm. = Hypolytrum pynaertii (De Wild.) Nelmes ■☆
202715 Hypolytrum gabonicum Cherm. var. plicatum ? = Hypolytrum pynaertii (De Wild.) Nelmes ■☆
202716 Hypolytrum grande (Uittien) Koyama;大割鸡芒■
202717 Hypolytrum hainanense (Merr.) Ts. Tang et F. T. Wang;海南割鸡芒;Hainan Hypolytrum ■
202718 Hypolytrum heteromorphum Nelmes;异形割鸡芒■☆
202719 Hypolytrum heterophyllum Boeck.;异叶割鸡芒■☆
202720 Hypolytrum lancifolium C. B. Clarke;剑叶割鸡芒■☆
202721 Hypolytrum latifolium Amatzum. ? = Hypolytrum formosanum Ohwi ■
202722 Hypolytrum latifolium Chun et F. C. How = Hypolytrum hainanense (Merr.) Ts. Tang et F. T. Wang ■
202723 Hypolytrum latifolium Rich. = Hypolytrum nemorum (Vahl) Spreng. ■
202724 Hypolytrum latifolium Rich. ex Pers.;宽叶割鸡芒;Broadleaf Hypolytrum ■
202725 Hypolytrum longiscaposum C. B. Clarke = Hypolytrum heteromorphum Nelmes ■☆
202726 Hypolytrum macranthum Boeck. = Mapania macrantha (Boeck.) H. Pfeiff. ■☆
202727 Hypolytrum nemorum (Vahl) Spreng.;割鸡芒(台湾割鸡芒);Taiwan Hypolytrum, Woods Hypolytrum ■
202728 Hypolytrum nemorum Spreng. var. minus Cherm. = Hypolytrum heterophyllum Boeck. ■☆
202729 Hypolytrum ohwianum T. Koyama = Hypolytrum latifolium Rich. ex Pers. ■
202730 Hypolytrum pandanophyllum F. Muell. = Thoracostachyum pandanophyllum (F. Muell.) Domin ■
202731 Hypolytrum paucitrobiliferum Ts. Tang et F. T. Wang;少穗割鸡芒;Fewspike Hypolytrum, Fewstrobile Hypolytrum ■
202732 Hypolytrum poecilolepis Nelmes;斑鳞割鸡芒■☆
202733 Hypolytrum polystachyum Cherm.;多穗割鸡芒■☆
202734 Hypolytrum polystachyum Cherm. var. depauperatum ? = Hypolytrum polystachyum Cherm. ■☆
202735 Hypolytrum pseudomapanioides D. A. Simpson et Lye;假擂鼓芳割鸡芒■☆
202736 Hypolytrum purpurascens Cherm.;紫割鸡芒■☆
202737 Hypolytrum pynaertii (De Wild.) Nelmes;皮那割鸡芒■☆
202738 Hypolytrum pynaertii (De Wild.) Nelmes var. plicatum (Cherm.) Nelmes = Hypolytrum pynaertii (De Wild.) Nelmes ■☆
202739 Hypolytrum rhizomatanthum Cherm. var. elatum ? = Hypolytrum scaberrimum Boeck. ■☆
202740 Hypolytrum scaberrimum Boeck.;粗糙割鸡芒■☆
202741 Hypolytrum schnellianum Lorougnon;施内尔割鸡芒■☆
202742 Hypolytrum senegalense A. Rich.;塞内加尔割鸡芒■☆
202743 Hypolytrum soyauxii Boeck. = Mapania soyauxii (Boeck.) H. Pfeiff. ■☆
202744 Hypolytrum testui Cherm.;泰斯蒂割鸡芒■☆
202745 Hypolytrum unispicatum Sosef et D. A. Simpson;单穗割鸡芒■☆
202746 Hypoma Raf. = Noltea Rchb. ●☆
202747 Hyponema Raf. = Cleomella DC. ■☆
202748 Hypophae Medik. = Hippophae L. ●
202749 Hypophialium Nees = Ficinia Schrad. (保留属名)■☆
202750 Hypophyllanthus Regel = Helicteres L. ●
202751 Hypopithis Raf. = Hypopitys Hill ■
202752 Hypopithis Raf. = Monotropa L. ■
202753 Hypopithydes Link = Monotropaceae Nutt. (保留科名)■
202754 Hypopithys Adans. = Hypopitys Hill ■
202755 Hypopithys Scop. = Hypopitys Hill ■
202756 Hypopithys lanuginosa Nutt. = Monotropa hypopithys L. ■
202757 Hypopityaceae Klotzsch = Ericaceae Juss. (保留科名)●
202758 Hypopityaceae Link = Ericaceae Juss. (保留科名)●
202759 Hypopitys Ehrh. = Monotropa L. ■
202760 Hypopitys Hill = Monotropa L. ■
202761 Hypopitys Hill(1756);松下兰属(锡杖花属);Hypopitys ■
202762 Hypopitys americana (DC.) Small = Monotropa hypopithys L. ■
202763 Hypopitys fimbriata (A. Gray) Howell = Monotropa hypopithys L. ■
202764 Hypopitys insignata E. P. Bicknell = Monotropa hypopithys L. ■
202765 Hypopitys lanuginosa (Michx.) Nutt. = Monotropa hypopithys L. ■
202766 Hypopitys latisquama Rydb. = Monotropa hypopithys L. ■
202767 Hypopitys monotropa Crantz;松下兰(补药,地花,黄水晶兰,毛花松下兰,破血金丹,土花,锡杖花);Bird's-nest, Dutchman's-pipe, False Beech Drops, False Beechdrops, False Beech-drops, Fir-rape, Goose Nest, Hairflower Indianpine, Indianpipe Hypopitys, Pinesap, Pine-sap, Underpine Indianpine, Yellow Bird's Nest, Yellow Bird's-nest ■
202768 Hypopitys monotropa Crantz = Monotropa hypopithys L. ■
202769 Hypopitys monotropa Crantz var. hirsuta Roth;毛花松下兰■
202770 Hypopitys monotropa Crantz var. hirsuta Roth = Hypopitys monotropa Crantz ■
202771 Hypopitys monotropa Crantz var. hirsuta Roth = Monotropa hypopithys L. ■
202772 Hypopitys multiflora Scop. = Monotropa hypopithys L. ■
202773 Hypopitys multiflora Scop. var. americana DC. = Monotropa hypopithys L. ■
202774 Hypopitys multiflora Scop. var. glabra Ledeb. = Monotropa hypopithys L. ■
202775 Hypopogon Turcz. = Symplocos Jacq. ●
202776 Hypoporum Nees = Scleria P. J. Bergius ■
202777 Hypoporum baldwinii Torr. = Scleria baldwinii (Torr.) Steud. ■☆
202778 Hypoporum pergracile Nees = Scleria pergracilis (Nees) Kunth ■
202779 Hypopteron Hassk. = Chirita Buch. -Ham. ex D. Don ●■
202780 Hypopterygium Schltdl. = Amphipterygium Schiede ex Standl. ●☆
202781 Hypopythis Raf. = Hypopitys Hill ■
202782 Hypopythis Raf. = Monotropa L. ■
202783 Hypostate Hoffmanns. = Rhexia L. ●■☆
202784 Hypothronia Schrank = Hyptis Jacq. (保留属名)●■
202785 Hypoxanthus Rich. ex DC. = Miconia Ruiz et Pav. (保留属名)●☆
202786 Hypoxidaceae R. Br. (1814)(保留科名);长喙科(仙茅科);Stargrass Family ■
202787 Hypoxidia F. Friedmann(1985);长喙属■☆
202788 Hypoxidia maheensis F. Friedmann;长喙■☆
202789 Hypoxidia rhizophylla (Baker) F. Friedmann;根叶长喙■☆
202790 Hypoxidopsis Steud. ex Baker = Iphigenia Kunth(保留属名)■
202791 Hypoxidopsis Steud. ex Baker(1880);拟长喙属■☆
202792 Hypoxidopsis pumila Steud. ex Baker;拟长喙■☆
202793 Hypoxis Adans. = Hypoxis L. ■
202794 Hypoxis Adans. = Upoda Adans. ■
202795 Hypoxis Forssk. = ? Scilla L. ■
202796 Hypoxis L. (1759);小金梅草属(小金梅属,小仙茅属);Star Grass, Stargrass, Star-grass ■
202797 Hypoxis aculeata Nel;皮刺小金梅草■☆

202798 Hypoxis acuminata Baker;渐尖小金梅草■☆
202799 Hypoxis alba (Thunb.) L. f. = Spiloxene alba (Thunb.) Fourc. ■☆
202800 Hypoxis alpina R. E. Fr. = Hypoxis kilimanjarica Baker ■☆
202801 Hypoxis angolensis Baker = Hypoxis obtusa Ker Gawl. ■☆
202802 Hypoxis angustifolia Lam.;狭叶小金梅草■☆
202803 Hypoxis angustifolia Lam. var. buchananii Baker;布坎南小金梅草■☆
202804 Hypoxis angustifolia Lam. var. luzuloides (Robyns et Tournay) Wiland;地杨梅小金梅草■☆
202805 Hypoxis apiculata Nel = Hypoxis urceolata Nel ■☆
202806 Hypoxis aquatica L. f. = Spiloxene aquatica (L. f.) Fourc. ■☆
202807 Hypoxis araneosa Nel = Hypoxis gregoriana Rendle ■☆
202808 Hypoxis arenosa Nel = Hypoxis urceolata Nel ■☆
202809 Hypoxis argentea Harv. ex Baker;银白小金梅草■☆
202810 Hypoxis argentea Harv. ex Baker var. sericea (Baker) Baker;绢毛小金梅草■☆
202811 Hypoxis arnottii Baker;阿诺特小金梅草■☆
202812 Hypoxis aurea Lour.;小金梅草(草半夏,独脚仙茅,龙肾子,山韭菜,小金梅,小金梅叶,小金锁梅,小仙茅,野鸡草);Gold Stargrass ■
202813 Hypoxis baguirmiensis A. Chev. = Hypoxis angustifolia Lam. var. luzuloides (Robyns et Tournay) Wiland ■☆
202814 Hypoxis bampsiana Wiland;邦氏小金梅草■☆
202815 Hypoxis baurii Baker = Rhodohypoxis baurii (Baker) Nel ■☆
202816 Hypoxis bequaertii De Wild. = Hypoxis urceolata Nel ■☆
202817 Hypoxis biflora Baker = Hypoxis angustifolia Lam. ■☆
202818 Hypoxis biflora De Wild.;双花小金梅草■☆
202819 Hypoxis boranensis Cufod.;博兰小金梅草■☆
202820 Hypoxis brevifolia Baker = Hypoxis parvula Baker ■☆
202821 Hypoxis caespitosa Baker;丛生小金梅草■☆
202822 Hypoxis camerooniana Baker;喀麦隆小金梅草■☆
202823 Hypoxis campanulata Nel = Hypoxis nyasica Baker ■☆
202824 Hypoxis canaliculata Baker;具沟小金梅草■☆
202825 Hypoxis capensis Vines et Druce;南非小金梅草;Midday Star ■
202826 Hypoxis carolinensis Michx. = Hypoxis hirsuta (L.) Coville ■☆
202827 Hypoxis colchicifolia Baker;秋水仙叶小金梅草■☆
202828 Hypoxis cordata Nel = Hypoxis rigidula Baker ■☆
202829 Hypoxis costata Baker;单脉小金梅草■☆
202830 Hypoxis crispa Nel = Hypoxis urceolata Nel ■☆
202831 Hypoxis cryptophylla Nel = Hypoxis urceolata Nel ■☆
202832 Hypoxis cuanzensis Welw. ex Baker;宽扎小金梅草■☆
202833 Hypoxis curculigoides Bolus = Spiloxene curculigoides (Bolus) Garside ■☆
202834 Hypoxis curtissii Rose;柯蒂斯小金梅草■☆
202835 Hypoxis decumbens L.;外倾小金梅草■☆
202836 Hypoxis decumbens L. = Hypoxis hirsuta (L.) Coville ■☆
202837 Hypoxis demissa Nel = Hypoxis obtusa Ker Gawl. ■☆
202838 Hypoxis dinteri Nel;丁特小金梅草■☆
202839 Hypoxis distachya Nel = Hypoxis colchicifolia Baker ■☆
202840 Hypoxis djalonensis Hutch. = Hypoxis angustifolia Lam. ■☆
202841 Hypoxis dregei (Baker) Nel = Hypoxis filiformis Baker ■☆
202842 Hypoxis dregei (Baker) Nel var. biflora (De Wild.) Nel = Hypoxis filiformis Baker ■☆
202843 Hypoxis eckloniana Schult. f.;埃氏小金梅草■☆
202844 Hypoxis ecklonii Baker = Hypoxis floccosa Baker ■☆
202845 Hypoxis elliptica Nel = Hypoxis rigidula Baker ■☆
202846 Hypoxis engleriana Nel = Hypoxis nyasica Baker ■☆
202847 Hypoxis engleriana Nel var. scottii ? = Hypoxis nyasica Baker ■☆
202848 Hypoxis erecta L. = Hypoxis hirsuta (L.) Coville ■☆
202849 Hypoxis erecta L. var. leptocarpa Engelm. et A. Gray = Hypoxis curtissii Rose ■☆
202850 Hypoxis esculenta De Wild. = Hypoxis goetzei Harms ■☆
202851 Hypoxis exaltata Nel;极高小金梅草■☆
202852 Hypoxis filifolia Elliott = Hypoxis juncea Sm. ■☆
202853 Hypoxis filiformis Baker;线形小金梅草■☆
202854 Hypoxis fischeri Pax;菲氏小金梅草■☆
202855 Hypoxis fischeri Pax var. hockii (De Wild.) Wiland et Nordal;霍克小金梅草■☆
202856 Hypoxis fischeri Pax var. katangensis (De Wild.) Wiland et Nordal;加丹加小金梅草■☆
202857 Hypoxis fischeri Pax var. zernyi (G. M. Schulze) Wiland et Nordal;策尼小金梅草■☆
202858 Hypoxis flanaganii Baker;弗拉纳根小金梅草■☆
202859 Hypoxis floccosa Baker;丛卷毛小金梅草■☆
202860 Hypoxis galpinii Baker;盖尔小金梅草■☆
202861 Hypoxis geniculata Eckl. = Spiloxene capensis (L.) Garside ■☆
202862 Hypoxis gerrardii Baker;杰勒德小金梅草■☆
202863 Hypoxis gilgiana Nel = Hypoxis colchicifolia Baker ■☆
202864 Hypoxis goetzei Harms;格兹小金梅草■☆
202865 Hypoxis gracilipes Schltr. = Spiloxene ovata (L. f.) Garside ■☆
202866 Hypoxis graminea Pursh = Hypoxis hirsuta (L.) Coville ■☆
202867 Hypoxis grandis Pollard = Hypoxis hirsuta (L.) Coville ■☆
202868 Hypoxis gregoriana Rendle;格雷戈尔小金梅草■☆
202869 Hypoxis hemerocallidea Fisch., C. A. Mey. et Avé-Lall.;萱小金梅草■☆
202870 Hypoxis hirsuta (L.) Coville;毛小金梅草;Common Gold-star, Common Star-grass, Yellow Star Grass, Yellow Star-grass ■☆
202871 Hypoxis hirsuta (L.) Coville f. villosissima Fernald = Hypoxis hirsuta (L.) Coville ■☆
202872 Hypoxis hirsuta (L.) Coville var. leptocarpa (Engelm. et A. Gray) Brackett = Hypoxis curtissii Rose ■☆
202873 Hypoxis hockii De Wild. = Hypoxis fischeri Pax var. hockii (De Wild.) Wiland et Nordal ■☆
202874 Hypoxis hockii De Wild. var. katangensis (Nel ex De Wild.) Wiland = Hypoxis fischeri Pax var. katangensis (De Wild.) Wiland et Nordal ■☆
202875 Hypoxis incisa Nel = Hypoxis kilimanjarica Baker ■☆
202876 Hypoxis infausta Nel = Hypoxis galpinii Baker ■☆
202877 Hypoxis ingrata Nel = Hypoxis nyasica Baker ■☆
202878 Hypoxis interjecta Nel;间型小金梅草■☆
202879 Hypoxis iridifolia Baker;鸢尾叶小金梅草■☆
202880 Hypoxis juncea Sm.;线叶小金梅草■☆
202881 Hypoxis juncea Sm. var. wrightii Baker = Hypoxis wrightii (Baker) Brackett ■☆
202882 Hypoxis junodii Baker = Hypoxis gerrardii Baker ■☆
202883 Hypoxis katangensis Nel ex De Wild. = Hypoxis fischeri Pax var. katangensis (De Wild.) Wiland et Nordal ■☆
202884 Hypoxis kilimanjarica Baker;基利曼小金梅草■☆
202885 Hypoxis kilimanjarica Baker subsp. prostrata E. M. Holt et

Staubo;平卧小金梅草■☆
202886 Hypoxis kraussiana Buchinger;克劳斯小金梅草■☆
202887 Hypoxis krebsii Fisch. et C. A. Mey. = Hypoxis villosa L. f. ■☆
202888 Hypoxis laikipiensis Rendle = Hypoxis rigidula Baker ■☆
202889 Hypoxis lanceolata Nel = Hypoxis camerooniana Baker ■☆
202890 Hypoxis latifolia Hook. = Hypoxis colchicifolia Baker ■☆
202891 Hypoxis laxa Eckl. = Spiloxene capensis (L.) Garside ■☆
202892 Hypoxis ledermannii Nel = Hypoxis camerooniana Baker ■☆
202893 Hypoxis lejolyana Wiland;勒若利小金梅草■☆
202894 Hypoxis leptocarpa (Engelm. et A. Gray) Small = Hypoxis curtissii Rose ■☆
202895 Hypoxis leucotricha Fritsch;白毛小金梅草■☆
202896 Hypoxis linearis Andréws = Spiloxene serrata (Thunb.) Garside ■☆
202897 Hypoxis longifolia Baker;长叶小金梅草■☆
202898 Hypoxis longipes Baker;长梗小金梅草■☆
202899 Hypoxis ludwigii Baker;路德维格小金梅草■☆
202900 Hypoxis luzuloides Robyns et Tournay = Hypoxis angustifolia Lam. var. luzuloides (Robyns et Tournay) Wiland ■☆
202901 Hypoxis macrocarpa E. M. Holt et Staubo = Hypoxis schimperi Baker ■☆
202902 Hypoxis malaissei Wiland;马莱泽小金梅草■☆
202903 Hypoxis malosana Baker = Hypoxis filiformis Baker ■☆
202904 Hypoxis matangensis G. M. Schulze = Hypoxis fischeri Pax var. zernyi (G. M. Schulze) Wiland et Nordal ■☆
202905 Hypoxis maximilianii Schltr. = Spiloxene umbraticola (Schltr.) Garside ■☆
202906 Hypoxis membranacea Baker;膜质小金梅草■☆
202907 Hypoxis micrantha Pollard = Hypoxis hirsuta (L.) Coville ■☆
202908 Hypoxis microsperma Avé-Lall. = Hypoxis villosa L. f. ■☆
202909 Hypoxis milloides Baker = Rhodohypoxis milloides (Baker) Hilliard et B. L. Burtt ■☆
202910 Hypoxis minor Eckl. = Hypoxis aurea Lour. ■
202911 Hypoxis minor Eckl. = Spiloxene alba (Thunb.) Fourc. ■☆
202912 Hypoxis minuta (L.) L. f. = Spiloxene minuta (L.) Fourc. ■☆
202913 Hypoxis mollis Baker;柔软小金梅草■☆
202914 Hypoxis monanthos Baker;单花小金梅草■☆
202915 Hypoxis monophylla Schltr. ex Baker = Spiloxene monophylla (Schltr. ex Baker) Garside ■☆
202916 Hypoxis muenznerii Nel = Hypoxis filiformis Baker ■☆
202917 Hypoxis multiceps Buchinger ex Baker;多头小金梅草■☆
202918 Hypoxis multiflora Nel = Hypoxis fischeri Pax ■☆
202919 Hypoxis natalensis Klotzsch;纳塔尔小金梅草■☆
202920 Hypoxis neghellensis Cufod.;内盖尔小金梅草■☆
202921 Hypoxis neghellensis Cufod. = Hypoxis villosa L. f. ■☆
202922 Hypoxis neliana Schinz;尼尔小金梅草■☆
202923 Hypoxis nigricans Conrath;黑小金梅草■☆
202924 Hypoxis nitida I. Verd. = Hypoxis iridifolia Baker ■☆
202925 Hypoxis nyasica Baker;尼亚斯小金梅草■☆
202926 Hypoxis obconica Nel;倒圆锥小金梅草■☆
202927 Hypoxis oblonga Nel;矩圆小金梅草■☆
202928 Hypoxis obtusa Burch. = Hypoxis iridifolia Baker ■☆
202929 Hypoxis obtusa Burch. ex Edwards = Hypoxis obtusa Ker Gawl. ■☆
202930 Hypoxis obtusa Ker Gawl.;钝形小金梅草■☆
202931 Hypoxis oligotricha Baker = Hypoxis colchicifolia Baker ■☆
202932 Hypoxis olivacea Engl.;橄榄绿小金梅草■☆
202933 Hypoxis orbiculata Nel = Hypoxis polystachya Welw. ex Baker ■☆
202934 Hypoxis orchioides Kurz = Curculigo orchioides Gaertn. ■
202935 Hypoxis ovata L. f. = Spiloxene ovata (L. f.) Garside ■☆
202936 Hypoxis pallida Salisb. = Hypoxis hirsuta (L.) Coville ■☆
202937 Hypoxis parvifolia Baker;小叶小金梅草■☆
202938 Hypoxis parvula Baker;弱小金梅草■☆
202939 Hypoxis parvula Baker var. albiflora B. L. Burtt;白花弱小金梅草■☆
202940 Hypoxis patula Nel;张开小金梅草■☆
202941 Hypoxis pedicellata Nel ex De Wild. = Hypoxis fischeri Pax var. hockii (De Wild.) Wiland et Nordal ■☆
202942 Hypoxis petrosa Nel;岩生小金梅草■☆
202943 Hypoxis platypetala Baker = Rhodohypoxis baurii (Baker) Nel var. platypetala ? ■☆
202944 Hypoxis polystachya Welw. ex Baker;多穗小金梅草■☆
202945 Hypoxis probata Nel = Hypoxis nyasica Baker ■☆
202946 Hypoxis protrusa Nel = Hypoxis obtusa Ker Gawl. ■☆
202947 Hypoxis pungwensis Norl.;蓬圭小金梅草■☆
202948 Hypoxis pusilla C. Presl;微小小金梅草■☆
202949 Hypoxis recurva Nel = Hypoxis camerooniana Baker ■☆
202950 Hypoxis retracta Nel = Hypoxis nyasica Baker ■☆
202951 Hypoxis rigida Chapm.;硬小金梅草■☆
202952 Hypoxis rigidula Baker;稍硬小金梅草■☆
202953 Hypoxis robusta Nel ex De Wild.;粗壮小金梅草■☆
202954 Hypoxis rubella Baker = Rhodohypoxis rubella (Baker) Nel ■☆
202955 Hypoxis rubiginosa Nel = Hypoxis goetzei Harms ■☆
202956 Hypoxis sagittata Nel;箭头小金梅草■☆
202957 Hypoxis scabra Lodd. = Hypoxis villosa L. f. ■☆
202958 Hypoxis schimperi Baker;欣珀小金梅草■☆
202959 Hypoxis schlechteri Bolus = Spiloxene schlechteri (Bolus) Garside ■☆
202960 Hypoxis schweinfurthiana Nel = Hypoxis villosa L. f. ■☆
202961 Hypoxis scullyi Baker = Spiloxene scullyi (Baker) Garside ■☆
202962 Hypoxis sericea Baker = Hypoxis argentea Harv. ex Baker var. sericea (Baker) Baker ■☆
202963 Hypoxis sericea Baker var. dregei = Hypoxis filiformis Baker ■☆
202964 Hypoxis sericea Baker var. flaccida ? = Hypoxis argentea Harv. ex Baker var. sericea (Baker) Baker ■☆
202965 Hypoxis serrata (Thunb.) L. f. = Spiloxene serrata (Thunb.) Garside ■☆
202966 Hypoxis sessilis L.;无梗小金梅草■☆
202967 Hypoxis setosa Baker;刚毛小金梅草■☆
202968 Hypoxis spicata Thunb. = Aletris spicata (Thunb.) Franch. ■
202969 Hypoxis stellata L. f. = Hypoxis capensis Vines et Druce ■
202970 Hypoxis stellata L. f. = Spiloxene capensis (L.) Garside ■☆
202971 Hypoxis stellata L. f. var. albiflora Baker = Spiloxene capensis (L.) Garside ■☆
202972 Hypoxis stellipilis Ker Gawl.;星毛小金梅草■☆
202973 Hypoxis stricta Nel = Hypoxis galpinii Baker ■☆
202974 Hypoxis subspicata Pax = Hypoxis polystachya Welw. ex Baker ■☆
202975 Hypoxis suffruticosa Nel;亚灌木小金梅草●☆
202976 Hypoxis symoensiana Wiland;西莫小金梅草■☆
202977 Hypoxis tetramera Hilliard et B. L. Burtt;四数小金梅草■☆
202978 Hypoxis textilis Nel = Hypoxis urceolata Nel ■☆

202979 Hypoxis thorbeckei Nel = Hypoxis camerooniana Baker ■☆
202980 Hypoxis tristycha Cufod.;三穗小金梅草■☆
202981 Hypoxis turbinata Nel;陀螺形小金梅草■☆
202982 Hypoxis umbraticola Schltr. = Spiloxene umbraticola (Schltr.) Garside ■☆
202983 Hypoxis uniflorata Markötter;独花小金梅草■☆
202984 Hypoxis urceolata Nel;坛状小金梅草(壶状小金梅草)■☆
202985 Hypoxis vellosioides Harv. = Xerophyta retinervis Baker ■☆
202986 Hypoxis veratrifolia Willd. = Empodium veratrifolium (Willd.) M. F. Thomps. ■☆
202987 Hypoxis villosa L. f.;长柔毛小金梅草;Villous Stargrass ■☆
202988 Hypoxis villosa Raf. = Hypoxis hirsuta (L.) Coville ■☆
202989 Hypoxis volkmanniae Dinter;福尔克曼小金梅草■☆
202990 Hypoxis woodii Baker;伍得小金梅草■☆
202991 Hypoxis wrightii (Baker) Brackett;赖特小金梅草■☆
202992 Hypoxis zernyi G. M. Schulze = Hypoxis fischeri Pax var. zernyi (G. M. Schulze) Wiland et Nordal ■☆
202993 Hypoxis zeyheri Baker;泽耶尔小金梅草■☆
202994 Hyppochaeris Biv. = Hypochaeris L. ■
202995 Hyppomarathrum Raf. = Hippomarathrum Haller ■
202996 Hyppomarathrum Raf. = Seseli L. ■
202997 Hypsagyne Jack ex Burkill = Salacia L.(保留属名)●
202998 Hypsela C. Presl = Lobelia L. ●■
202999 Hypsela C. Presl(1836);覆石花属■☆
203000 Hypsela longiflora Benth. et Hook. f. = Hypsela reniformis C. Presl ■☆
203001 Hypsela reniformis C. Presl;覆石花■☆
203002 Hypselandra Pax et K. Hoffm. = Boscia Lam. ex J. St. -Hil.(保留属名)●☆
203003 Hypselodelphys (K. Schum.) Milne-Redh. (1950);三室竹芋属■☆
203004 Hypselodelphys hirsuta (Loes.) Koechlin;粗毛三室竹芋■☆
203005 Hypselodelphys poggeana (K. Schum.) Milne-Redh.;波格三室竹芋■☆
203006 Hypselodelphys scandens Louis et Mullend.;攀缘三室竹芋■☆
203007 Hypselodelphys violacea (Ridl.) Milne-Redh.;堇色三室竹芋■☆
203008 Hypselodelphys zenkeriana (K. Schum.) Milne-Redh.;岑克尔三室竹芋■☆
203009 Hypseloderma Radlk. = Camptolepis Radlk. ●☆
203010 Hypseocharis J. Rémy(1847);安山草属■☆
203011 Hypseocharis pimpinellifolia J. Rémy;安山草■☆
203012 Hypseocharitaceae Wedd. (1861);安山草科(高柱花科)■☆
203013 Hypseocharitaceae Wedd. = Geraniaceae Juss.(保留科名)■●
203014 Hypseocharitaceae Wedd. = Oxalidaceae R. Br.(保留科名)●■
203015 Hypseochloa C. E. Hubb. (1936);高地草属■☆
203016 Hypseochloa cameroonensis C. E. Hubb.;喀麦隆高地草■☆
203017 Hypseochloa matengoensis C. E. Hubb.;高地草■☆
203018 Hypserpa Miers(1851);夜花藤属;Hypserpa ●
203019 Hypserpa cuspidata (Hook. f. et Thomson) Miers = Hypserpa nitida Miers ex Benth. ●
203020 Hypserpa funifera Miers = Tiliacora funifera (Miers) Oliv. ●☆
203021 Hypserpa laevifolia Diels = Hypserpa nitida Miers ex Benth. ●
203022 Hypserpa nitida Miers = Hypserpa nitida Miers ex Benth. ●
203023 Hypserpa nitida Miers ex Benth.;夜花藤(亮叶夜花藤,细红藤);Hypserpa,Shining Hypserpa ●
203024 Hypsipodes Miq. = Tinospora Miers(保留属名)●■
203025 Hypsophila F. Muell. (1887);高地卫矛属●☆
203026 Hypsophila halleyana F. Muell.;高地卫矛●☆
203027 Hyptiandra Hook. f. = Quassia L. ●☆
203028 Hyptianthera Wight et Arn. (1834);藏药木属;Hyptianthera ●
203029 Hyptianthera bracteata Craib;具苞藏药木;Bracteate Hyptianthera ●
203030 Hyptianthera bracteata Craib = Hyptianthera stricta Wight et Arn. ●
203031 Hyptianthera stricta (Roxb.) Wight et Arn.;藏药木;Upright Hyptianthera ●
203032 Hyptianthera stricta Wight et Arn. = Hyptianthera stricta (Roxb.) Wight et Arn. ●
203033 Hyptidendron Harley(1988);疏伞柱基木属●☆
203034 Hyptidendron arboreum (Benth.) Harley;树状疏伞柱基木●☆
203035 Hyptiodaphne Urb. = Daphnopsis Mart. ●☆
203036 Hyptis Jacq. (1787)(保留属名);山香属(四方骨属,香苦草属);Bushmint ●■
203037 Hyptis alata (Raf.) Shinners;麝香山香;Musky Mint ■☆
203038 Hyptis albida Kunth;白山香■☆
203039 Hyptis atrorubens Poit.;深红山香(深红吊球草)■☆
203040 Hyptis atrorubens Poit. var. africana Epling = Hyptis atrorubens Poit. ■☆
203041 Hyptis baumii Gürke;鲍姆吊球草■
203042 Hyptis brevipes Poit.;短柄吊球草(短柄香苦草);Shortstalk Bushmint ■
203043 Hyptis burmannii Benth.;布尔曼山香;Burmann Bushmint ■☆
203044 Hyptis capitata Jacq.;头状山香(白冇骨消,头花四方骨);Capitate Bushmint ■
203045 Hyptis capitata Jacq. = Hyptis rhomboides M. Martens et Galeotti ■
203046 Hyptis celebica Zipp. ex Koord. = Hyptis rhomboides M. Martens et Galeotti ■
203047 Hyptis crenata Pohl ex Benth.;圆齿山香■☆
203048 Hyptis decurrens (Blanco) Epling;假走马风■☆
203049 Hyptis decurrens (Blanco) Epling = Hyptis rhomboides M. Martens et Galeotti ■
203050 Hyptis emoryi Torr.;沙地山香;Desert Lavender ■☆
203051 Hyptis fasciculata Benth.;簇生山香■☆
203052 Hyptis gibsonii Graham;吉布森山香;Gibson Bushmint ■☆
203053 Hyptis lanceifolia Thonn. = Hyptis lanceolata Poir. ■☆
203054 Hyptis lanceolata Poir.;剑叶山香■☆
203055 Hyptis multiflora Pohl ex Benth.;多花山香■☆
203056 Hyptis mutabilis (A. Rich.) Briq.;热带山香;Tropical Bushmint ■☆
203057 Hyptis mutabilis (A. Rich.) Briq. var. spicata (Poit.) Briq. = Hyptis mutabilis (A. Rich.) Briq. ■☆
203058 Hyptis mutabilis Briq. = Hyptis mutabilis (A. Rich.) Briq. ■☆
203059 Hyptis pectinata (L.) Poit.;梳齿山香■☆
203060 Hyptis pectinata Poit. = Hyptis pectinata (L.) Poit. ■☆
203061 Hyptis quadrialata A. Chev. = Neohyptis paniculata (Baker) J. K. Morton ●☆
203062 Hyptis rhomboides M. Martens et Galeotti;吊球草(白冇骨消,白有骨消,假走马风,假走马胎,石柳,四方骨,四俭草,头花香苦草);Rhomboid Bushmint ■
203063 Hyptis spicata Poit. = Hyptis mutabilis (A. Rich.) Briq. ■☆
203064 Hyptis spicigera Lam.;穗序山香(穗花香苦草);Black Bent

Seed, Black Sesame, Black Sesamum, Boni Seed, Spike Bushmint ■

203065 Hyptis stachyodes Link = Elsholtzia stachyodes (Link) C. Y. Wu ■

203066 Hyptis suaveolens (L.) Poit.;山香(逼死蛇,狛骨消,臭草,大还魂,狗母苏,黄黄草,假藿香,假走马风,假走马胎,毛老虎,毛麝香,山薄荷,蛇百子,香苦草,药黄草);Bushmint, Wild Spikenard ●■

203067 Hyptis suaveolens Poit. = Hyptis suaveolens (L.) Poit. ●■

203068 Hyptis tomentosa Poit.;茸毛山香;Tomentose Bushmint ■☆

203069 Hyptis verticillata Jacq.;轮生山香■☆

203070 Hyptis winkleri Gand.;温克勒山香■☆

203071 Hyptissa Salisb. = Gladiolus L. ■

203072 Hypudaerus A. Braun = Anthephora Schreb. ■☆

203073 Hypudaeurus Rchb. = Anthephora Schreb. ■☆

203074 Hypudaeurus Rchb. = Hypodaeurus Hochst. ■☆

203075 Hyrtanandra Miq. = Gonostegia Turcz. ●■

203076 Hyrtanandra pentandra (Roxb.) Miq. = Pouzolzia pentandra (Roxb.) Benn. ●☆

203077 Hyssaria Kolak. = Campanula L. ■●

203078 Hyssopifolia Fabr. = Lythrum L. ●■

203079 Hyssopus L. (1753);神香草属(喜苏属);Hyssop ●■

203080 Hyssopus altaicus Klokov et Desj. -Shost.;阿尔泰百里香(地椒,地腊香);Altai Thyme ■

203081 Hyssopus ambiguus (Trautv.) Iljin.;迷神香草■☆

203082 Hyssopus angustifolius M. Bieb.;狭叶神香草■☆

203083 Hyssopus cretaceus Dubj.;白垩神香草■☆

203084 Hyssopus cuspidatus Boriss.;硬尖神香草(白花硬尖神香草,神香草);Cuspidate Hyssop ●

203085 Hyssopus cuspidatus Boriss. var. albiflora C. Y. Wu et S. J. Hsuan ex H. W. Li;白花硬尖神香草;Whit-flower Cuspidata Hyssop ●

203086 Hyssopus cuspidatus Boriss. var. albiflora C. Y. Wu et S. J. Hsuan ex H. W. Li = Hyssopus cuspidatus Boriss. ●

203087 Hyssopus ferganensis Boriss.;费尔干神香草■☆

203088 Hyssopus latilabiatus C. Y. Wu et H. W. Li;宽唇神香草;Broadlip Hyssop ●

203089 Hyssopus lophanthoides Buch. -Ham. ex D. Don = Isodon longitubus (Miq.) Kudo ■

203090 Hyssopus lophanthoides Buch. -Ham. ex D. Don = Isodon lophanthoides (Buch. -Ham. ex D. Don) H. Hara ■

203091 Hyssopus lophanthoides Buch. -Ham. ex D. Don = Rabdosia longituba (Miq.) H. Hara ■

203092 Hyssopus macranthus Boriss.;大花神香草;Bigflower Hyssop ■☆

203093 Hyssopus nepetoides L. = Agastache nepetoides (L.) Kuntze ■☆

203094 Hyssopus ocymifolius Lam. = Elsholtzia ciliata (Thunb. ex Murray) Hyl. ■

203095 Hyssopus officinalis L.;神香草(海索草,喜苏,药用神香草);Common Hyssop, Holy Herb, Hyssop, Medicinal Hyssop, Pettigrew ●■

203096 Hyssopus officinalis L. subsp. aristatus (Godr.) Nyman;具芒神香草■☆

203097 Hyssopus officinalis L. subsp. austro-oranensis Maire;东南神香草■☆

203098 Hyssopus officinalis L. subsp. pilifer (Pant.) Murb. = Hyssopus officinalis L. subsp. aristatus (Godr.) Nyman ■☆

203099 Hyssopus officinalis L. var. alba Alef.;白花神香草;White Hyssop ■☆

203100 Hyssopus officinalis L. var. grandiflora Hort.;大花药用神香草■☆

203101 Hyssopus officinalis L. var. maroccanus Litard. et Maire = Hyssopus officinalis L. ●■

203102 Hyssopus officinalis L. var. rubra Mill.;红花神香草;Grace of God, Hedge Hyssop, Pink Hyssop, Water Hyssop ■☆

203103 Hyssopus scrophulariifolius Willd. = Agastache scrophulariifolia (Willd.) Kuntze ■☆

203104 Hyssopus seravschanicus (Dubj.) Pazij.;塞拉夫神香草■☆

203105 Hyssopus tianschanicus Boriss.;天山神香草;Tianshan Hyssop ■☆

203106 Hysteria Reinw. = Corymborkis Thouars ■

203107 Hysteria Reinw. ex Blume = Corymborkis Thouars ■

203108 Hysteria veratrifolia Reinw. = Corymborkis veratrifolia (Reinw.) Blume ■

203109 Hystericina Steud. = Echinopogon P. Beauv. ■☆

203110 Hysterionica Willd. (1807);黄酒草属■☆

203111 Hysterionica filiformis (spreng.) Cabrera;线形黄酒草■☆

203112 Hysterionica glaucifolia (Kuntze) Solbrig;灰叶黄酒草■☆

203113 Hysterionica gracilis Benth. et Hook. f.;细黄酒草■☆

203114 Hysterionica pinifolia Benth. et Hook. f.;松叶黄酒草■☆

203115 Hysterionica pinnatiloba Matzenb. et Sobral;羽裂黄酒草■☆

203116 Hysterionica pulchella Cabrera;美丽黄酒草■☆

203117 Hysterionica setuligera Gand.;刚毛黄酒草■☆

203118 Hysteronica Endl. = Hysterionica Willd. ■☆

203119 Hysterophorus Adans. = Parthenium L. ■●

203120 Hystrichophora Mattf. (1936);莲座瘦片菊属■☆

203121 Hystrichophora macrophylla Mattf.;莲座瘦片菊■☆

203122 Hystringium Steud. = Tribolium Desv. ■☆

203123 Hystringium Trin. ex Steud. = Lasiochloa Kunth ■☆

203124 Hystrix Moench (1794);猬草属(蝟草属);Bottlebrush Grass, Bottle-brush Grass, Bottlebrush-grass, Hedgehogweed ■

203125 Hystrix Rumph. = Barleria L. ●■

203126 Hystrix coreana (Honda) Ohwi;朝鲜猥草(高丽猬草)■

203127 Hystrix duthiei (Stapf ex Hook. f.) Bor;猥草;Hedgehogweed ■

203128 Hystrix duthiei (Stapf ex Hook. f.) Bor subsp. japonica (Hack.) Baden, Fred. et Seberg;日本猥草■☆

203129 Hystrix duthiei (Stapf ex Hook. f.) Bor subsp. longearistata (Hack.) Baden, Fred. et Seberg;长芒猥草■☆

203130 Hystrix duthiei (Stapf) Bor = Hystrix duthiei (Stapf ex Hook. f.) Bor ■

203131 Hystrix duthiei (Stapf) Bor subsp. japonica (Hack.) Baden, Fred. et Seberg = Hystrix duthiei (Stapf ex Hook. f.) Bor subsp. japonica (Hack.) Baden, Fred. et Seberg ■☆

203132 Hystrix duthiei (Stapf) Bor subsp. longearistata (Hack.) Baden, Fred. et Seberg = Hystrix duthiei (Stapf ex Hook. f.) Bor subsp. longearistata (Hack.) Baden, Fred. et Seberg ■☆

203133 Hystrix hackelii Honda = Hystrix duthiei (Stapf ex Hook. f.) Bor subsp. japonica (Hack.) Baden, Fred. et Seberg ■☆

203134 Hystrix hystrix (L.) Millsp. = Elymus hystrix L. ■☆

203135 Hystrix japonica (Hack.) Ohwi = Hystrix duthiei (Stapf ex Hook. f.) Bor subsp. japonica (Hack.) Baden, Fred. et Seberg ■☆

203136 Hystrix komarovii (Roshev.) Ohwi;东北猬草;Komarov Hedgehogweed ■

203137 Hystrix kunlunensis K. S. Hao;昆仑猬草■

203138 Hystrix longearistata (Hack.) Honda = Hystrix duthiei (Stapf) Bor subsp. longearistata (Hack.) Baden, Fred. et Seberg ■☆

203139 Hystrix patula Moench;伸展猬草;Porcupine-grass ■☆
203140 Hystrix patula Moench = Elymus hystrix L. ■☆
203141 Hystrix patula Moench f. bigeloviana (Fernald) Gleason = Elymus hystrix L. var. bigeloviana (Fernald) Bowden ■☆
203142 Hystrix sibirica (Trautv.) Kuntze;西伯利亚猬草■☆
203143 Hytophrynium K. Schum. = Trachyphrynium Benth. ■☆
203144 Iacranda Pers. = Jacaranda Juss. ●
203145 Iaera H. F. Copel. = Costera J. J. Sm. ●☆
203146 Ialapa Crantz = Jalapa Mill. ■
203147 Ialapa Crantz = Mirabilis L. ■
203148 Ialappa Ludw. = Ialapa Crantz ■
203149 Ianhedgea Al-Shehbaz et O'Kane(1999);葶芥属(小蒜芥属)■
203150 Ianhedgea minutiflora (Hook. f. et Thomson) Al-Shehbaz et O'Kane;葶芥(小花小蒜芥);Minuteflower Microsisymbrium, Minuteflower Smallgarliccress ■
203151 Ianhedgea minutiflora (Hook. f. et Thomson) Al-Shehbaz et O'Kane = Microsisymbrium minutiflorum (Hook. f. et Thomson) O. E. Schulz ■
203152 Iantha Hook. = Ionopsis Kunth ■☆
203153 Ianthe Pfeiff. = Celsia L. ■☆
203154 Ianthe Pfeiff. = Janthe Griseb. ■●
203155 Ianthe Salisb. = Hypoxis L. ■
203156 Ianthe Salisb. = Spiloxene Salisb. ■☆
203157 Ianthopappus Roque et D. J. N. Hind(2001);紫冠菊属■☆
203158 Ianthopappus corymbosus (Less.) N. Roque et D. J. N. Hind;紫冠菊■☆
203159 Iaravaea Scop. = Acisanthera P. Browne ●■☆
203160 Iaravaea Scop. = Desmoscelis Naudin ●☆
203161 Iaravaea Scop. = Microlicia D. Don ●☆
203162 Iaravaea Scop. = Nepsera Naudin ●☆
203163 Iasione Moench = Jasione L. ■☆
203164 Iasminaceae Link = Jasminaceae Juss. ●■
203165 Iatropha Stokes = Jatropha L. (保留属名)●■
203166 Ibadja A. Chev. = Loesenera Harms ■☆
203167 Ibadja walkeri A. Chev. = Loesenera walkeri (A. Chev.) J. Léonard ■☆
203168 Ibarraea Lundell = Ardisia Sw. (保留属名)●■
203169 Ibatia Decne. (1844);伊巴特萝藦属●☆
203170 Ibatia albiflora H. Karst.;白花伊巴特萝藦●☆
203171 Ibatia ciliata E. Fourn.;睫毛伊巴特萝藦●☆
203172 Ibbertsonia Steud. = Ibbetsonia Sims ●☆
203173 Ibbetsonia Sims = Cyclopia Vent. ●☆
203174 Ibbetsonia genistoides (L.) Sims = Cyclopia genistoides (L.) R. Br. ●☆
203175 Iberidella Boiss. (1841);小蜂室花属■☆
203176 Iberidella Boiss. = Aethionema R. Br. ■☆
203177 Iberidella andersonii Hook. f. et Thomson = Thlaspi andersonii (Hook. f. et Thomson) O. E. Schulz ■
203178 Iberidella tibetica C. Marquand et Shaw = Thlaspi andersonii (Hook. f. et Thomson) O. E. Schulz ■
203179 Iberidella trinervia Boiss.;小蜂室花■☆
203180 Iberis Hill = Lepidium L. ■
203181 Iberis L. (1753);屈曲花属(蜂室花属);Candy Tuft, Candytuft, Iberis ●■
203182 Iberis acutiloba Bertol. = Iberis odorata L. ■☆
203183 Iberis affinis Hort.;亲缘屈曲花■☆
203184 Iberis amara L.;屈曲花(蜂室花,苦屈曲花,珍珠球);Annual Candytuft, Bitter Candytuft, Candy Mustard, Candytuft, Clown's Mustard, Clown's-mustard, Common Annual Candytuft, Rocket Candytuft, Wild Candytuft ■
203185 Iberis atlantica (Litard. et Maire) Greuter et Burdet;大西洋屈曲花■☆
203186 Iberis balansae Jord.;巴兰萨屈曲花■☆
203187 Iberis balansae Jord. var. brevicaulis Murb. = Iberis balansae Jord. ■☆
203188 Iberis balansae Jord. var. vestita H. Lindb. = Iberis atlantica (Litard. et Maire) Greuter et Burdet ■☆
203189 Iberis carnosa Willd.;肉质屈曲花;Pruit's Candytuft ■☆
203190 Iberis carnosa Willd. subsp. granatensis (Boiss. et Reut.) Moreno;格拉肉质屈曲花■☆
203191 Iberis carnosa Willd. subsp. grosmiquelii (Pau et Font Quer) Dobignard;格罗屈曲花■☆
203192 Iberis carnosa Willd. subsp. rhomarensis (J. M. Monts.) Dobignard;罗马尔屈曲花■☆
203193 Iberis carnosa Willd. subsp. senneniana (Pau) Dobignard;塞奈尼屈曲花■☆
203194 Iberis ciliata All. subsp. atlantica Litard. et Maire = Iberis atlantica (Litard. et Maire) Greuter et Burdet ■☆
203195 Iberis ciliata All. subsp. balansae (Jord.) Batt. = Iberis balansae Jord. ■☆
203196 Iberis ciliata All. subsp. grosmiquelii (Pau et Font Quer) Maire = Iberis carnosa Willd. subsp. grosmiquelii (Pau et Font Quer) Dobignard ■☆
203197 Iberis ciliata All. subsp. linifolia (L.) Maire = Iberis contracta Pers. ■☆
203198 Iberis ciliata All. subsp. pseudotaurica Maire = Iberis atlantica (Litard. et Maire) Greuter et Burdet ■☆
203199 Iberis ciliata All. var. balansae (Jord.) Coss. = Iberis balansae Jord. ■☆
203200 Iberis ciliata All. var. contracta (Pers.) Coss. = Iberis contracta Pers. ■☆
203201 Iberis ciliata All. var. rifana Emb. et Maire = Iberis contracta Pers. subsp. rifana (Emb. et Maire) Valdés ■☆
203202 Iberis ciliata All. var. senneniana (Pau) Emb. et Maire = Iberis carnosa Willd. subsp. senneniana (Pau) Dobignard ■☆
203203 Iberis ciliata All. var. taurica Coss. = Iberis atlantica (Litard. et Maire) Greuter et Burdet ■☆
203204 Iberis ciliata All. var. vestita (H. Lindb.) Maire = Iberis atlantica (Litard. et Maire) Greuter et Burdet ■☆
203205 Iberis contracta Pers.;紧缩屈曲花■☆
203206 Iberis contracta Pers. subsp. rifana (Emb. et Maire) Valdés;里夫屈曲花■☆
203207 Iberis corifolia Sweet;麝香草叶屈曲花■☆
203208 Iberis coronaria D. Don;冠状屈曲花;Rocket Candytuft ■☆
203209 Iberis gibraltarica L.;吉地屈曲花;Gibraltar Candytuft ■☆
203210 Iberis gibraltarica L. var. glabrata Maire = Iberis gibraltarica L. ■☆
203211 Iberis gibraltarica L. var. pubescens Maire = Iberis gibraltarica L. ■☆
203212 Iberis granatensis Boiss. et Reut. = Iberis carnosa Willd. subsp. granatensis (Boiss. et Reut.) Moreno ■☆
203213 Iberis grosmiquelii Pau et Font Quer = Iberis carnosa Willd. subsp. grosmiquelii (Pau et Font Quer) Dobignard ■☆
203214 Iberis grosmiquelii Pau et Font Quer subsp. senneniana (Pau)

Dobignard = Iberis carnosa Willd. subsp. senneniana (Pau) Dobignard ■☆
203215 Iberis grosmiquelii Pau et Font Quer var. senneniana Pau = Iberis carnosa Willd. subsp. senneniana (Pau) Dobignard ■☆
203216 Iberis intermedia Guers.;披针叶屈曲花;Lanceleaf Candytuft ■
203217 Iberis lagascana DC.;拉氏屈曲花■☆
203218 Iberis lagascana DC. = Iberis pruitii Tineo ■☆
203219 Iberis lagascana DC. subsp. rhomarensis J. M. Monts. = Iberis carnosa Willd. subsp. rhomarensis (J. M. Monts.) Dobignard ■☆
203220 Iberis linifolia L. = Iberis contracta Pers. ■☆
203221 Iberis linifolia L. subsp. atlantica (Litard. et Maire) Maire = Iberis atlantica (Litard. et Maire) Greuter et Burdet ■☆
203222 Iberis linifolia L. subsp. balansae (Jord.) Maire et Weiller = Iberis balansae Jord. ■☆
203223 Iberis linifolia L. subsp. grosmiquelii (Pau et Font Quer) Maire = Iberis carnosa Willd. subsp. grosmiquelii (Pau et Font Quer) Dobignard ■☆
203224 Iberis linifolia L. subsp. pruitii (Tineo) Maire et Weiller = Iberis pruitii Tineo ■☆
203225 Iberis linifolia L. subsp. rifana (Emb. et Maire) Maire et Weiller = Iberis contracta Pers. subsp. rifana (Emb. et Maire) Valdés ■☆
203226 Iberis linifolia L. var. maroccana Pau = Iberis contracta Pers. subsp. rifana (Emb. et Maire) Valdés ■☆
203227 Iberis nazarita Moreno subsp. maroccana (Pau) J. M. Monts. = Iberis contracta Pers. subsp. rifana (Emb. et Maire) Valdés ■☆
203228 Iberis nudicaulis L. = Teesdalia nudicaulis (L.) R. Br. ■☆
203229 Iberis odorata L.;芳香屈曲花;Fragrant Candytuft, Sweetscented Candytuft ■☆
203230 Iberis parviflora Munby = Iberis odorata L. ■☆
203231 Iberis pectiliata L.;蜂室花(蜂蜜花)■☆
203232 Iberis pectinata Boiss. et Reut. = Iberis affinis Hort. ■☆
203233 Iberis peyerimhoffii Maire;派里姆霍夫屈曲花■☆
203234 Iberis pinnata L.;羽叶屈曲花;Pinnate Candytuft ■☆
203235 Iberis pruitii Tineo;普氏屈曲花■☆
203236 Iberis saxatilis L.;石生屈曲花(岩生蜂室花);Perennial Candytuft, Rock Candytuft, Rocky Candytuft ●☆
203237 Iberis saxatilis L. subsp. pseudosaxatilis (Emb.) Moreno et A. Velasco;假石生屈曲花●☆
203238 Iberis saxatilis L. var. corifolia Sims = Iberis corifolia Sweet ■☆
203239 Iberis sempervirens L.;常青屈曲花(白蜀葵,常绿蜂室花,常绿屈曲花);Candy Tuft, Candytuft, Edging Candytuft, Evergreen Candytuft, Perennial Candytuft, Rocket Candytuft ●☆
203240 Iberis sempervirens L.'Schneeflocke';雪花常绿屈曲花●☆
203241 Iberis sempervirens L.'Snowflake' = Iberis sempervirens L.'Schneeflocke' ●☆
203242 Iberis sempervirens L. subsp. pseudosaxatilis Emb. = Iberis saxatilis L. subsp. pseudosaxatilis (Emb.) Moreno et A. Velasco ●☆
203243 Iberis sempervirens L. var. macropetala Doum. = Iberis sempervirens L. ●☆
203244 Iberis sempervirens L. var. micropetala Doum. = Iberis sempervirens L. ●☆
203245 Iberis sempervirens L. var. pseudosaxatilis (Emb.) Maire = Iberis saxatilis L. subsp. pseudosaxatilis (Emb.) Moreno et A. Velasco ●☆
203246 Iberis spathulata Lag. = Iberis lagascana DC. ■☆
203247 Iberis spathulata Lag. ex Willk. et Lange = Iberis lagascana DC. ■☆
203248 Iberis taurica DC.;克里木屈曲花;Crimean Candytuft, Taur Candytuft, Taurus Candytuft ■
203249 Iberis umbellata L.;伞形屈曲花(伞形蜂室花);Annual Candytuft, Candytuft, Florist's Candytuft, Garden Candytuft, Globe Candytuft, Umbellate Candytuft, Winter Candytuft ■☆
203250 Ibervillea Greene = Maximowiczia Cogn. ■☆
203251 Ibervillea Greene(1895);笑布袋属;Slimlobe Globeberry ■☆
203252 Ibervillea maxima R. Lira S. et Kearns = Dieterlea maxima (R. Lira et Kearns) McVaugh ■☆
203253 Ibervillea sonorae (S. Watson) Greene;肿茎笑布袋■☆
203254 Ibervillea tenuisecta (A. Gray) Small;笑布袋;Slimlobe Globeberry ■☆
203255 Ibervillea tenuisecta (A. Gray) Small = Sicydium lindheimeri A. Gray var. tenuisectum A. Gray ■☆
203256 Ibetralia Bremek. = Alibertia A. Rich. ex DC. ●☆
203257 Ibettsonia Steud. = Cyclopia Vent. ●☆
203258 Ibettsonia Steud. = Ibbetsonia Sims ●☆
203259 Ibicella Eselt.(1929);单角胡麻属■☆
203260 Ibicella lutea (Lindl.) Van Eselt.;黄单角胡麻;Yellow Unicorn Plant, Yellow Unicorn-plant ■☆
203261 Ibidium Salisb. = Spiranthes Rich.(保留属名)■
203262 Ibidium Salisb. ex Small = Spiranthes Rich.(保留属名)■
203263 Ibidium beckii (Lindl.) House = Spiranthes lacera (Raf.) Raf. ■☆
203264 Ibidium cernuum (L.) House = Spiranthes cernua (L.) Rich. ■☆
203265 Ibidium floridanum Wherry = Spiranthes floridana (Wherry) Cory ■☆
203266 Ibidium gracile (Bigelow) House = Spiranthes lacera (Raf.) Raf. ■☆
203267 Ibidium lucayanum Britton = Mesadenus lucayanus (Britton) Schltr. ■☆
203268 Ibidium ovale (Lindl.) House = Spiranthes ovalis Lindl. ■☆
203269 Ibidium plantagineum (Raf.) House = Spiranthes lucida (H. H. Eaton) Ames ■☆
203270 Ibidium praecox (Walter) House = Spiranthes praecox (Walter) S. Watson ■☆
203271 Ibidium romanzoffianum (Cham.) House = Spiranthes romanzoffiana Cham. ■☆
203272 Ibidium strictum (Rydb.) House = Spiranthes romanzoffiana Cham. ■☆
203273 Ibidium tortile (Sw.) House = Spiranthes torta (Thunb.) Garay et H. R. Sweet ■☆
203274 Ibidium vernalis (Engelm. et A. Gray) House = Spiranthes vernalis Engelm. et Gray ■☆
203275 Ibina Noronha = Sauropus Blume ●■
203276 Ibina Noronha = Thunbergia Retz.(保留属名)●■
203277 Iboga J. Braun et K. Schum. = Tabernanthe Baill. ●☆
203278 Iboga vateriana J. Braun et K. Schum. = Tabernanthe iboga Baill. ●☆
203279 Iboza N. E. Br. = Tetradenia Benth. ●☆
203280 Iboza bainesii N. E. Br. = Tetradenia riparia (Hochst.) Codd ●☆
203281 Iboza barberae N. E. Br. = Tetradenia barberae (N. E. Br.) Codd ●☆
203282 Iboza brevispicata N. E. Br. = Tetradenia brevispicata (N. E. Br.) Codd ●☆

203283 Iboza galpinii N. E. Br. = Tetradenia riparia (Hochst.) Codd ●☆
203284 Iboza multiflora (Benth.) Bruce = Tetradenia riparia (Hochst.) Codd ●☆
203285 Iboza riparia (Hochst.) N. E. Br. = Tetradenia riparia (Hochst.) Codd ●☆
203286 Iboza urticifolium (Baker) Bruce = Tetradenia riparia (Hochst.) Codd ●☆
203287 Icacina A. Juss. (1823);茶茱萸属●☆
203288 Icacina claessensii De Wild.;克莱森斯茶茱萸●☆
203289 Icacina grandifolia Miers = Apodytes grandifolia Benth. et Hook. f. ex B. D. Jacks. ●☆
203290 Icacina ledermannii Engl. = Leptaulus daphnoides Benth. ●☆
203291 Icacina macrocarpa Oliv. = Lavigeria macrocarpa (Oliv.) Pierre ●☆
203292 Icacina mannii Oliv.;曼氏茶茱萸●☆
203293 Icacina mannii Oliv. var. lebrunii Boutique;勒布伦茶茱萸●☆
203294 Icacina mauritiana Miers = Apodytes dimidiata E. Mey. ex Arn. ●
203295 Icacina oliviformis (Poir.) J. Raynal;橄榄茶茱萸●☆
203296 Icacina oliviformis (Poir.) J. Raynal var. pubescens (Boutique) J. M. Fay;毛橄榄茶茱萸●☆
203297 Icacina oliviformis (Poir.) J. Raynal var. senegalensis ? = Icacina oliviformis (Poir.) J. Raynal ●☆
203298 Icacina sarmentosa A. Chev. = Rhaphiostylis ferruginea Engl. ●☆
203299 Icacina senegalensis A. Juss.;茶茱萸●☆
203300 Icacina senegalensis Juss. = Icacina oliviformis (Poir.) J. Raynal ●☆
203301 Icacina senegalensis Juss. var. pubescens Boutique = Icacina oliviformis (Poir.) J. Raynal var. pubescens (Boutique) J. M. Fay ●☆
203302 Icacina trichantha Oliv.;毛茶茱萸●☆
203303 Icacinaceae (Benth.) Miers (1851)(保留科名);茶茱萸科;Icacina Family ●■
203304 Icacinaceae Miers = Icacinaceae (Benth.) Miers ●■
203305 Icacinopsis Roberty = Dichapetalum Thouars ●
203306 Icacinopsis annonoides Roberty = Dichapetalum barteri Engl. ●☆
203307 Icaco Adans. = Chrysobalanus L. ●☆
203308 Icacorea Adans. = Ardisia Sw. (保留属名)●■
203309 Icacorea Aubl. (废弃属名) = Ardisia Sw. (保留属名)●■
203310 Icaranda Pers. = Jacaranda Juss. ●
203311 Icaria J. F. Macbr. = Miconia Ruiz et Pav. (保留属名)●☆
203312 Ichnanthus P. Beauv. (1812);距花黍属;Scargrass ■
203313 Ichnanthus dewildemanii Vanderyst = Chevalierella dewildemanii (Vanderyst) Van der Veken ex Compère ■☆
203314 Ichnanthus glaber Link ex Steud. = Panicum virgatum L. ■
203315 Ichnanthus pallens (Sm.) Benth. = Ichnanthus pallens (Sm.) Munro ex Benth. ■☆
203316 Ichnanthus pallens (Sm.) Benth. var. major (Nees) Stieber = Ichnanthus pallens (Sm.) Munro ex Benth. var. major (Nees) Stieber ■
203317 Ichnanthus pallens (Sm.) Munro ex Benth. var. major (Nees) Stieber;大距花黍;Scargrass ■
203318 Ichnanthus pallens (Sw.) Munro ex Benth.;西印度距花黍;Pallid Scargrass ■☆
203319 Ichnanthus panicoides P. Beauv.;黍状距花黍;Millet-like Scargrass ■☆
203320 Ichnanthus vicinus (F. M. Bailey) Merr. = Ichnanthus pallens (Sm.) Munro ex Benth. var. major (Nees) Stieber ■
203321 Ichnocarpus R. Br. (1810)(保留属名);腰骨藤属(小花藤属);Ichnocarpus, Micrechites, Waistbone Vine ●■
203322 Ichnocarpus afzelii Schult. = Secamone afzelii (Schult.) K. Schum. ●☆
203323 Ichnocarpus baillonii (Pierre) Lý = Ichnocarpus polyanthus (Blume) P. I. Forst. ●
203324 Ichnocarpus frutescens (L.) R. Br. = Ichnocarpus frutescens (L.) W. T. Aiton ●
203325 Ichnocarpus frutescens (L.) W. T. Aiton;腰骨藤(勾临链,犁田公藤,羊角藤);Shrubby Ichnocarpus, Waistbone Vine ●
203326 Ichnocarpus frutescens (L.) W. T. Aiton f. pubescens Markgr.;毛叶腰骨藤;Hairyleaf Ichnocarpus ●
203327 Ichnocarpus fulvus Kerr = Ichnocarpus jacquetii (Pierre ex Spire) D. J. Middleton ●
203328 Ichnocarpus fulvus Kerr = Ichnocarpus oliganthus Tsiang ●
203329 Ichnocarpus himalaicus T. Yamaz. = Ichnocarpus polyanthus (Blume) P. I. Forst. ●
203330 Ichnocarpus jacquetii (Pierre ex Spire) D. J. Middleton;少花腰骨藤(红杜仲,小花腰骨藤);Few-flower Ichnocarpus, Fewflower Waistbone Vine, Oligofloculous Ichnocarpus ●
203331 Ichnocarpus malipoensis (Tsiang et P. T. Li) D. J. Middleton;麻栗坡小花藤(麻栗坡少花藤);Malipo Ichnocarpus, Malipo Micrechites ●
203332 Ichnocarpus malipoensis (Tsiang et P. T. Li) D. J. Middleton = Micrechites malipoensis Tsiang et P. T. Li ●
203333 Ichnocarpus oliganthus Tsiang;贫花腰骨藤●
203334 Ichnocarpus oliganthus Tsiang = Ichnocarpus jacquetii (Pierre ex Spire) D. J. Middleton ●
203335 Ichnocarpus ovatifolius A. DC. = Ichnocarpus frutescens (L.) W. T. Aiton ●
203336 Ichnocarpus polyanthus (Blume) P. I. Forst.;小花藤(毛果小花藤,上思小花藤,云南小花藤);Common Ichnocarpus, Common Micrechites, Hairyfruit Micrechites, Rehder Micrechites, Yunnan Micrechites ●
203337 Ichnocarpus polyanthus (Blume) P. I. Forst. = Micrechites polyantha (Blume) Miq. ●
203338 Ichnocarpus pubiflorus Hook. f. = Ichnocarpus polyanthus (Blume) P. I. Forst. ●
203339 Ichnocarpus volubilis (Lour.) Merr. = Ichnocarpus frutescens (L.) W. T. Aiton ●
203340 Ichthyomethia P. Browne (废弃属名) = Piscidia L. (保留属名)■☆
203341 Ichthyophora Baehni = Neoxythece Aubrév. et Pellegr. ●
203342 Ichthyophora Baehni = Pouteria Aubl. ●
203343 Ichthyosma Schltdl. = Sarcophyte Sparrm. ■☆
203344 Ichthyosma wehdemannii Schltr. = Sarcophyte sanguinea Sparrm. ■☆
203345 Ichthyostoma Hedrén et Vollesen (1997);鱼嘴爵床属■☆
203346 Ichthyostoma thulinii Hedrén et Vollesen;鱼嘴爵床■☆
203347 Ichthyostomum D. L. Jones, M. A. Clem. et Molloy = Dendrobium Sw. (保留属名)■
203348 Ichthyostomum D. L. Jones, M. A. Clem. et Molloy (2002);侏儒石斛属(石斛兰属)■☆
203349 Ichthyothere Mart. (1830);白苞菊属■●☆

203350 Ichthyothere angustifolia Glaz.;窄叶白苞菊●☆
203351 Ichthyothere cordata Malme;心形白苞菊■☆
203352 Ichthyothere grandifolia S. F. Blake;大叶白苞菊■☆
203353 Ichthyothere mollis Baker;柔软白苞菊■☆
203354 Ichthyothere ovata S. Moore;卵形白苞菊■☆
203355 Ichtyomethia Kunth = Piscidia L.(保留属名)■☆
203356 Ichtyoselmis Lidén et Fukuhara(1997);黄药属■
203357 Ichtyoselmis macrantha (Oliv.) Lidén;黄药(大花荷包牡丹,大牡丹,丁三七,黄三七,烂肠草);Big-flower Bleeding-heart, Bigflower Colicweed, Largeflower Bleedingheart ■
203358 Ichtyosma Steud. = Ichthyosma Schltdl. ■☆
203359 Ichtyosma Steud. = Sarcophyte Sparrm. ■☆
203360 Ichtyothere DC. = Ichthyothere Mart. ■●☆
203361 Icianthus Greene = Euklisia Rydb. ex Small ■☆
203362 Icianthus Greene = Streptanthus Nutt. ■☆
203363 Icianthus Greene(1906);美花芥属■☆
203364 Icianthus glabrifolius Greene;光叶美花芥■☆
203365 Icianthus hyacinthoides (Hook.) Greene;美花芥■☆
203366 Icica Aubl. = Protium Burm. f.(保留属名)●
203367 Icicariba M. Gómez = Bursera Jacq. ex L.(保留属名)●☆
203368 Icicaster Ridl. = Santiria Blume ●
203369 Icicopsis Engl. = Protium Burm. f.(保留属名)●
203370 Icma Phil. = Baccharis L.(保留属名)●■☆
203371 Icmaae Raf. = Hakea Schrad. ●☆
203372 Icomum Hua = Aeollanthus Mart. ex Spreng. ■☆
203373 Icomum albocandelabrum P. A. Duvign. et Denaeyer = Aeollanthus homblei De Wild. ■☆
203374 Icomum biformifolium De Wild. = Aeollanthus subacaulis (Baker) Hua et Briq. var. linearis (Burkill) Ryding ■☆
203375 Icomum elongatum De Wild. = Aeollanthus subacaulis (Baker) Hua et Briq. var. linearis (Burkill) Ryding ■☆
203376 Icomum ericoides De Wild. = Aeollanthus subacaulis (Baker) Hua et Briq. var. ericoides (De Wild.) Ryding ■☆
203377 Icomum fouta-djalonensis De Wild. = Aeollanthus paradoxus (Hua) Hua et Briq. ■☆
203378 Icomum gambicola A. Chev. ex Hutch. et Dalziel = Aeollanthus paradoxus (Hua) Hua et Briq. ■☆
203379 Icomum grandifolium Gilli = Aeollanthus subacaulis (Baker) Hua et Briq. ■☆
203380 Icomum lineare Burkill = Aeollanthus subacaulis (Baker) Hua et Briq. var. linearis (Burkill) Ryding ■☆
203381 Icomum paradoxum Hua = Aeollanthus paradoxus (Hua) Hua et Briq. ■☆
203382 Icomum salicifolium (Baker) Burkill = Aeollanthus subacaulis (Baker) Hua et Briq. ■☆
203383 Icomum subacaule (Baker) Burkill = Aeollanthus subacaulis (Baker) Hua et Briq. ■☆
203384 Icomum tuberculatum De Wild. = Aeollanthus subacaulis (Baker) Hua et Briq. var. ericoides (De Wild.) Ryding ■☆
203385 Icosandra Phil. = Cryptocarya R. Br.(保留属名)●
203386 Icosinla Raf. = Sterculia L. ●
203387 Icostegia Raf. = Clusia L. ●☆
203388 Icotorus Raf. = Physocarpus (Cambess.) Raf.(保留属名)●
203389 Icthyoctonum Boiv. ex Baill. = Lonchocarpus Kunth(保留属名)●■☆
203390 Icthyothere Baker = Ichthyothere Mart. ■●☆
203391 Ictinus Cass. = Gorteria L. ■☆
203392 Ictodes Bigelow = Symplocarpus Salisb. ex W. P. C. Barton(保留属名)■
203393 Icuria Wieringa(1999);莫桑比克砂丘豆属■☆
203394 Icuria dunensis Wieringa;莫桑比克砂丘豆■☆
203395 Ida A. Ryan et Oakeley = Lycaste Lindl. ■☆
203396 Ida A. Ryan et Oakeley(2003);爱达兰属■☆
203397 Idahoa A. Nelson et J. F. Macbr.(1913);爱达荷荠属■☆
203398 Idahoa scapigera A. Nelson et J. F. Macbr.;爱达荷荠;Flatpod ■☆
203399 Idalia Raf. = Convolvulus L. ■●
203400 Idaneum Kuntze et Post = Adenium Roem. et Schult. ●■☆
203401 Idaneum Post et Kuntze = Adenium Roem. et Schult. ●■☆
203402 Idanthisa Raf. = Anisacanthus Nees ■☆
203403 Idca Aubl. = Protium Burm. f.(保留属名)●
203404 Idcaster Ridl. = Santiria Blume ●
203405 Ideleria Kunth = Tetraria P. Beauv. + Macrochaetium Steud. ■☆
203406 Ideleria Kunth = Tetraria P. Beauv. ■☆
203407 Ideleria capensis Kunth = Tetraria compar (L.) T. Lestib. ■☆
203408 Ideleria neesii Kunth = Cyathocoma hexandra (Nees) Browning ■☆
203409 Idenburgia Gibbs = Sphenostemon Baill. ●☆
203410 Idenburgia L. S. Gibbs = Sphenostemon Baill. ●☆
203411 Idenqa Farron = Ouratea Aubl.(保留属名)●
203412 Idertia Farron = Gomphia Schreb. ●
203413 Idertia Farron(1963);腋花金莲木属●☆
203414 Idertia axillaris (Oliv.) Farron;腋花金莲木●☆
203415 Idertia mildbraedii (Gilg) Farron;米尔德腋花金莲木●☆
203416 Idertia morsonii (Hutch. et Dalziel) Farron;莫森腋花金莲木●☆
203417 Idesia Maxim.(1866)(保留属名);山桐子属;Idesia, Wonder Tree ●
203418 Idesia Scop.(废弃属名) = Diospyros L. ●
203419 Idesia Scop.(废弃属名) = Idesia Maxim.(保留属名)●
203420 Idesia Scop.(废弃属名) = Ropourea Aubl. ●
203421 Idesia fujianensis G. S. Fan = Idesia polycarpa Maxim. var. fujianensis (G. S. Fan) S. S. Lai ●
203422 Idesia polycarpa Maxim.;山桐子(斗霜红,饭桐,逢霜红,山梧桐,水冬瓜,水冬瓜子,水冬桐,椅,椅树,椅桐);Iigiri Tree, Manyfruit Idesia, Many-seed Idesia, Polycarpos Idesia, Wonder Tree, Wonder-tree ●
203423 Idesia polycarpa Maxim. f. albobaccata (Ito) H. Hara;白果山桐子●☆
203424 Idesia polycarpa Maxim. var. fujianensis (G. S. Fan) S. S. Lai;福建山桐子;Fujian Manyfruit Idesia ●
203425 Idesia polycarpa Maxim. var. intermedia Pamp. = Idesia polycarpa Maxim. ●
203426 Idesia polycarpa Maxim. var. latifolia Diels = Idesia polycarpa Maxim. ●
203427 Idesia polycarpa Maxim. var. longicarpa S. S. Lai;长果山桐子;Long-fruit Manyfruit Idesia ●
203428 Idesia polycarpa Maxim. var. vestita Diels;毛叶山桐子(毛山桐子,水冬);Hairy-leaf Manyfruit Idesia ●
203429 Idianthes Desv. = Crepis L. ■
203430 Idianthes Desv. = Phaecasium Cass. ■
203431 Idicium Neck. = Gerbera L.(保留属名)■
203432 Idiopappus H. Rob. et Panero(1994);奇冠菊属●☆

203433 Idiopappus quitensis H. Rob. et Panero;奇冠菊■☆
203434 Idiopsis (Moq.) Kuntze = Nitrophila S. Watson ■☆
203435 Idiospermaceae S. T. Blake = Calycanthaceae Lindl.(保留科名)●
203436 Idiospermaceae S. T. Blake = Illecebraceae R. Br.(保留科名)●■
203437 Idiospermaceae S. T. Blake(1972);奇子树科(澳樟科,澳洲异种科)●☆
203438 Idiospermum S. T. Blake(1972);奇子树属(澳樟属,澳洲异种属)●☆
203439 Idiospermum australiense (Diels) S. T. Blake;奇子树(澳洲异种)●☆
203440 Idiothamnus R. M. King et H. Rob. (1975);奇菊木属●☆
203441 Idothea Kunth = Drimia Jacq. ex Willd. ■☆
203442 Idothearia C. Presl = Idothea Kunth ■☆
203443 Idria Kellogg = Fouquieria Kunth ●☆
203444 Idria Kellogg(1863);观音玉属(圆柱木属)●☆
203445 Idria columnaris Kellogg;观音玉(观峰玉,圆柱木);Boojum Tree,Cirio ●☆
203446 Idriaceae Barkley = Fouquieriaceae DC.(保留科名)●☆
203447 Iebine Raf. = Leptorkis Thouars(废弃属名)■
203448 Iebine Raf. = Liparis Rich.(保留属名)■
203449 Iericontis Adans. = Anastatica L. ■☆
203450 Iericontis Adans. = Hiericontis Adans. ■☆
203451 Ifdregea Steud. = Dregea Eckl. et Zeyh.(废弃属名)■
203452 Ifdregea Steud. = Peucedanum L. ■
203453 Ifdregea capensis (Thunb.) Steud. = Peucedanum capense (Thunb.) Sond. ●■☆
203454 Ifdregea collina (Eckl. et Zeyh.) Steud. = Peucedanum striatum (Thunb.) Sond. ■☆
203455 Ifdregea montana (Eckl. et Zeyh.) Steud. = Peucedanum dregeanum D. Dietr. ■☆
203456 Ifdregea virgata (Cham. et Schltdl.) Steud. = Peucedanum capense (Thunb.) Sond. var. lanceolatum Sond. ●■☆
203457 Ifloga Cass. (1819);散绒菊属■☆
203458 Ifloga ambigua (L.) Druce = Trichogyne ambigua (L.) Druce ■☆
203459 Ifloga ambigua Thell. = Ifloga thellungiana Hilliard et B. L. Burtt ■☆
203460 Ifloga anomala Hilliard;异常散绒菊■☆
203461 Ifloga aristulata Thell. = Ifloga glomerata (Harv.) Schltr. ■☆
203462 Ifloga candida Hilliard = Trichogyne candida (Hilliard) Anderb. ■☆
203463 Ifloga decumbens (Thunb.) Schltr. = Trichogyne decumbens (Thunb.) Less. ■☆
203464 Ifloga disticha (L. f.) Druce = Trichogyne ambigua (L.) Druce ■☆
203465 Ifloga fontanesii Cass. = Ifloga spicata (Forssk.) Sch. Bip. ■☆
203466 Ifloga glomerata (Harv.) Schltr.;团集散绒菊■☆
203467 Ifloga labillardieri (Pamp.) Fayed et Zareh;拉比散绒菊■☆
203468 Ifloga laricifolia (Lam.) Schltr. = Trichogyne ambigua (L.) Druce ■☆
203469 Ifloga molluginoides (DC.) Hilliard;粟米草散绒菊■☆
203470 Ifloga paronychioides (DC.) Fenzl = Trichogyne paronychioides DC. ■☆
203471 Ifloga pilulifera Schltr. = Trichogyne pilulifera (Schltr.) Anderb. ■☆
203472 Ifloga polycnemoides Fenzl = Trichogyne polycnemoides (Fenzl) Anderb. ■☆
203473 Ifloga reflexa (L. f.) Schltr. = Trichogyne repens (L.) Anderb. ■☆
203474 Ifloga repens (L.) Hilliard et B. L. Burtt = Trichogyne repens (L.) Anderb. ■☆
203475 Ifloga rueppellii (Fresen.) Danin = Ifloga spicata (Forssk.) Sch. Bip. subsp. albescens Chrtek ■☆
203476 Ifloga seriphioides Schltr. = Trichogyne ambigua (L.) Druce ■☆
203477 Ifloga spicata (Forssk.) Sch. Bip.;长穗散绒菊■☆
203478 Ifloga spicata (Forssk.) Sch. Bip. subsp. albescens Chrtek;渐白长穗散绒菊■☆
203479 Ifloga spicata (Forssk.) Sch. Bip. subsp. hadidii (Fayed et Zareh) Greuter = Ifloga labillardieri (Pamp.) Fayed et Zareh ■☆
203480 Ifloga spicata (Forssk.) Sch. Bip. subsp. labillardierei (Pamp.) Chrtek = Ifloga labillardieri (Pamp.) Fayed et Zareh ■☆
203481 Ifloga spicata (Forssk.) Sch. Bip. subsp. obovata (Bolle) G. Kunkel;倒卵长穗散绒菊■☆
203482 Ifloga spicata (Forssk.) Sch. Bip. var. condensata Boiss. = Ifloga spicata (Forssk.) Sch. Bip. subsp. albescens Chrtek ■☆
203483 Ifloga spicata (Forssk.) Sch. Bip. var. labillardieri Pamp. = Ifloga labillardieri (Pamp.) Fayed et Zareh ■☆
203484 Ifloga thellungiana Hilliard et B. L. Burtt;泰龙散绒菊■☆
203485 Ifloga verticillata (L. f.) Fenzl = Trichogyne verticillata (L. f.) Less. ■☆
203486 Ifloga woodii (N. E. Br.) B. L. Burtt = Trichogyne decumbens (Thunb.) Less. ■☆
203487 Ifuon Raf. = Asphodeline Rchb. ■☆
203488 Ighermia Wiklund(1983);针叶菊属●☆
203489 Ighermia pinifolia (Maire et Wilczek) Wiklund;针叶菊■☆
203490 Igidia Speta = Urginea Steinh. ■☆
203491 Igidia Speta(1998);弯轴风信子属■☆
203492 Igidia volubilis (H. Perrier) Speta;弯轴风信子■☆
203493 Ignatia L. f. = Strychnos L. ●
203494 Ignatia amara L. f. = Strychnos ignatii Berger ●
203495 Ignatiana Lour. = Ignatia L. f. ●
203496 Ignatiana Lour. = Strychnos L. ●
203497 Ignatiana philippinica Lour. = Strychnos ignatii Berger ●
203498 Ignurbia B. Nord. (2006);橙花连柱菊属■☆
203499 Ignurbia constanzae (Urb.) B. Nord.;橙花连柱菊■☆
203500 Iguanara Rchb. = Iguanura Blume ●☆
203501 Iguanura Blume(1838);彩果棕属(彩果椰属,齿叶椰属,鬣蜥棕属,马来姬椰子属,亿冠椥属);Iguanura ●☆
203502 Iguanura arakudensis Furtado;阿拉库得彩果棕(阿拉库得鬣蜥棕);Arakud Iguanura ●☆
203503 Iguanura bicornis Becc.;二角彩果棕(二角鬣蜥棕);Twohorned Iguanura ●☆
203504 Iguanura brevipes Hook. f.;短柄彩果棕(短柄鬣蜥棕);Shortstalk Iguanura ●☆
203505 Iguanura corniculata Becc.;小角彩果棕(小角鬣蜥棕);Smallhorn Iguanura ●☆
203506 Iguanura diffusa Becc.;披散彩果棕(披散鬣蜥棕);Diffuse Iguanura ●☆
203507 Iguanura ferruginea Ridl.;锈色彩果棕(锈色鬣蜥棕);Rusty Iguanura ●☆
203508 Iguanura geonomaeformis Mart.;低地椥状彩果棕(低地椥状

鬣蜥棕);Geonomaform Iguanura ●☆
203509 Iguanura malaccensis Becc.;马拉克彩果棕(马拉克鬣蜥棕);Malacca Iguanura ●☆
203510 Iguanura parvula Becc.;稍小彩果棕(稍小鬣蜥棕);Slightly Small Iguanura ●☆
203511 Iguanura polymorpha Becc.;多型彩果棕(多型鬣蜥棕);Polymorphous Iguanura ●☆
203512 Iguanura spectabilis Ridl.;美丽彩果棕(美丽鬣蜥棕);Beautiful Iguanura ●☆
203513 Iguanura wallichiana Hook. f.;沃利克彩果棕(瓦氏鬣蜥棕)●☆
203514 Ihlenfeldtia H. E. K. Hartmann = Cheiridopsis N. E. Br. ■☆
203515 Ihlenfeldtia H. E. K. Hartmann(1992);瘤指玉属■☆
203516 Ihlenfeldtia excavata (L. Bolus) H. E. K. Hartmann;瘤指玉■☆
203517 Ihlenfeldtia vanzylii (L. Bolus) H. E. K. Hartmann;温氏瘤指玉■☆
203518 Ikonnikovia Lincz. (1952);伊犁花属;Ikonnikovia ●
203519 Ikonnikovia kaufmanniana (Regel) Lincz.;伊犁花;Kaufmann Ikonnikovia ●◇
203520 Ildefonsia Gardner = Bacopa Aubl.(保留属名)■
203521 Ildefonsia Mart. ex Steud. = Urtica L. ■
203522 Ilemanthus Post et Kuntze = Eilemanthus Hochst. ●■
203523 Ilemanthus Post et Kuntze = Indigofera L. ●■
203524 Ileocarpus Miers = Stephania Lour. ●■
203525 Ileostylus Tiegh. (1894);回柱木属●☆
203526 Ileostylus micranthus (Hook. f.) Tiegh.;小花回柱木●☆
203527 Ilex L. (1753);冬青属;Catuaba Herbal,Holly,Ilex ●
203528 Ilex Mill. = Quercus L. ●
203529 Ilex × attenuata Ashe;狭冠冬青;Topal Holly ●☆
203530 Ilex × makinoi H. Hara;牧野氏冬青●☆
203531 Ilex × makinoi H. Hara f. ovata (Tatew.) H. Hara = Ilex × makinoi H. Hara ●☆
203532 Ilex × makinoi H. Hara var. laevis (Tatew.) H. Hara = Ilex × makinoi H. Hara ●☆
203533 Ilex × meserveae S. Y. Hu;蓝冬青;Blue Girl Golly,Blue Holly,Meserve Hybrid Holly ●☆
203534 Ilex × meserveae S. Y. Hu 'Blue Angel';蓝天使蓝冬青●☆
203535 Ilex × meserveae S. Y. Hu 'Blue Boy';蓝色男孩蓝冬青●☆
203536 Ilex × meserveae S. Y. Hu 'Blue Gir';蓝色少女蓝冬青●☆
203537 Ilex × meserveae S. Y. Hu 'Blue Maid';蓝色王子蓝冬青(蓝色公主蓝冬青)●☆
203538 Ilex × owariensis Hatus. et M. Kobay.;尾张冬青●☆
203539 Ilex × wandoensis C. F. Mill. et M. Kim;朝鲜冬青●☆
203540 Ilex aculeolata Nakai;满树星(白杆根,百介树,秤星木,满天星,青心木,山秤根,鼠李冬青,天星根,天星木,吐甘草);Smallprickle Holly,Small-prickled Holly ●
203541 Ilex aculeolata Nakai var. kiangsiensis S. Y. Hu = Ilex kiangsiensis (S. Y. Hu) C. J. Tseng et B. W. Liu ●
203542 Ilex ambigua (Michx.) Torr.;卡罗里纳冬青;Carolina Holly ●☆
203543 Ilex angulata Merr. et Chun;棱枝冬青(山绿茶);Angular Holly,Angular-branch Holly ●
203544 Ilex angulata Merr. et Chun var. longipedunculata S. Y. Hu = Ilex huiana C. J. Tseng ex S. K. Cheng et Y. X. Feng ●
203545 Ilex aquifolium L.;枸骨叶冬青(地中海冬青,多刺冬青,猫儿屎,圣诞树,英国冬青);Aunt Mary's Tree,Berry Holly,Berry Holm,Christmas Berry,Christmas Tree,Christ's Thorn,Common Holly,Crocodile,English Holly,European Holly,Free Holly,God's Tree,He Holly,He-holly,Helver,Holene,Holiday Tree,Hollen,Hollin,Hollond,Holly,Holly Tree,Holyn,Home,Hortensia,Hullin Hull,Hulst,Hulver,Hulver Archaic,Prick Hollin,Prick Holly,Prick-bush,Prick-hollin,Queen Ofthe Wood,She Holly,She-holly ●
203546 Ilex aquifolium L. 'Amber';琥珀枸骨叶冬青●☆
203547 Ilex aquifolium L. 'Angustifolia';狭叶枸骨叶冬青●☆
203548 Ilex aquifolium L. 'Argentea Margenata Pendula';银边垂枸骨叶冬青;Perry's Silver Weeping Holly,Variegated English Ivy ●☆
203549 Ilex aquifolium L. 'Argentea Marginata';银边枸骨叶冬青;Broadleaved Silver Holly,Saver-margined Holly ●☆
203550 Ilex aquifolium L. 'Argentea Pendula' = Ilex aquifolium L. 'Argentea Margenata Pendula' ●☆
203551 Ilex aquifolium L. 'Ferox Argentea';猛鲑银枸骨叶冬青;Silver Hedgehog Holly ●☆
203552 Ilex aquifolium L. 'Ferox Aurea';猛鲑黄枸骨叶冬青;Gold Hedgehog Holly ●☆
203553 Ilex aquifolium L. 'Ferox';猛鲑枸骨叶冬青;Hedgehog Holly ●☆
203554 Ilex aquifolium L. 'Flavescens';黄枸骨叶冬青;Moonlight Holly ●☆
203555 Ilex aquifolium L. 'Golden Queen';金色女王枸骨叶冬青●☆
203556 Ilex aquifolium L. 'Handsworth New Silver';汉德沃斯银枸骨叶冬青●☆
203557 Ilex aquifolium L. 'J. C. van Tol';杰・西・范图尔骨叶冬青●☆
203558 Ilex aquifolium L. 'Madame Briot';布利奥特夫人枸骨叶冬青●☆
203559 Ilex aquifolium L. 'Pyramidalis Fructu Luteo';黄果塔形枸骨叶冬青●☆
203560 Ilex aquifolium L. 'San Gabriel';圣・加布里埃尔枸骨叶冬青●☆
203561 Ilex aquifolium L. 'Silver Milkboy';银乳男孩枸骨叶冬青●☆
203562 Ilex aquifolium L. 'Silver Milkmaid';银乳少女枸骨叶冬青;English Holly ●☆
203563 Ilex aquifolium L. 'Sparkler';钻石枸骨叶冬青●☆
203564 Ilex aquifolium L. 'Watereriana';瓦氏枸骨叶冬青;Waterer's Gold Holly ●☆
203565 Ilex aquifolium L. var. albomarginata Lodd.;白边枸骨叶冬青●☆
203566 Ilex aquifolium L. var. altaclarensis Lodd.;阿地枸骨叶冬青;Highclere Holly,Holly ●☆
203567 Ilex aquifolium L. var. aurea Lodd.;黄边枸骨叶冬青●☆
203568 Ilex aquifolium L. var. barcinonae Pau = Ilex aquifolium L. ●
203569 Ilex aquifolium L. var. chinensis Loes. = Ilex centrochinensis S. Y. Hu ●
203570 Ilex aquifolium L. var. ferox Aiton = Ilex aquifolium L. 'Ferox' ●☆
203571 Ilex ardisioides Loes.;朱砂根状冬青;Ardisia-like Holly ●
203572 Ilex ardisioides Loes. = Ilex cochinchinensis (Lour.) Loes. ●
203573 Ilex argutidens Miq. = Ilex serrata Thunb. ●
203574 Ilex argutidens Miq. var. nipponica ? = Ilex nipponica Makino ●☆
203575 Ilex arisanensis Yamam.;阿里山冬青;Alishan Holly ●
203576 Ilex asiatica L. = Ilex integra Thunb. ●◇
203577 Ilex asiatica Spreng. = Ilex integra Thunb. ●◇
203578 Ilex asprella (Hook. et Arn.) Champ. ex Benth.;梅叶冬青(白

点秤,百解,百解茶,槽楼星,秤杆根,秤星木,秤星树,灯称花,灯秤花,灯秤仔,灯花树,点秤根,点秤星,岗梅,假秤星,假甘草,假青梅,将军草,金包银,苦梅根,了哥饭,落霜红,满天星,木秤星,七星蓢,山梅,天星木,土甘草,万点金,乌鸡骨,相星根);Roughhaired Holly,Rough-haired Holly,Roug-leaved Holly ●

203579 Ilex asprella (Hook. et Arn.) Champ. var. gracilipes (Merr.) Loes. = Ilex asprella (Hook. et Arn.) Champ. ex Benth. ●

203580 Ilex asprella (Hook. et Arn.) Champ. var. tapuensis S. Y. Hu;大埔秤星树;Dapu Roughhaired Holly ●

203581 Ilex atrata W. W. Sm.;黑果冬青(黑冬青);Black Holly, Black-fruited Holly ●

203582 Ilex atrata W. W. Sm. var. glabra C. Y. Wu ex Y. R. Li;无毛黑果冬青;Glabrous Black Holly ●

203583 Ilex atrata W. W. Sm. var. glabra C. Y. Wu ex Y. R. Li = Ilex atrata W. W. Sm. ●

203584 Ilex atrata W. W. Sm. var. wangii S. Y. Hu;长梗黑果冬青;Wang Black Holly ●

203585 Ilex austrosinensis C. J. Tseng;两广冬青;South China Holly, South-China Holly ●

203586 Ilex azevinho Sol. = Ilex canariensis Poir. var. azevinho (Sol. ex Lowe) Loes. ●☆

203587 Ilex beecheyi (Loes.) Makino = Ilex mertensii Maxim. var. beecheyi (Loes.) T. Yamaz. ●☆

203588 Ilex beecheyi (Loes.) Makino = Ilex mertensii Maxim. ●☆

203589 Ilex bidens C. Y. Wu ex Y. R. Li;双齿冬青;Bidentate Holly, Bitooth Holly ●

203590 Ilex bioritsensis Hayata;刺叶冬青(耗子刺,苗栗冬青,双子冬青,台湾冬青,壮刺冬青);Bioritsu Holly, Spiny-leaved Holly, Spinymargine Holly ●

203591 Ilex bioritsensis Hayata var. ciliospinosa (Loes.) H. F. Comber = Ilex ciliospinosa Loes. ●

203592 Ilex bioritsensis Hayata var. integra H. F. Comber = Ilex dipyrena Wall. ●

203593 Ilex bioritsensis Hayata var. ovatifolia H. L. Li = Ilex bioritsensis Hayata ●

203594 Ilex bonincola Makino = Ilex matanoana Makino ●☆

203595 Ilex brachyphylla (Hand.-Mazz.) S. Y. Hu;短叶冬青;Shortleaf Holly ●

203596 Ilex brachypoda S. Y. Hu = Ilex integra Thunb. ●◇

203597 Ilex brachypoda S. Y. Hu = Ilex mertensii Maxim. var. beecheyi (Loes.) T. Yamaz. ●☆

203598 Ilex bronxensis Britton = Ilex verticillata (L.) A. Gray ●☆

203599 Ilex buergeri f. subpuberula (Miq.) Loes. = Ilex buergeri Miq. ●

203600 Ilex buergeri Miq.;短梗冬青(华东冬青,毛枝冬青);Buerger Holly ●

203601 Ilex buergeri Miq. f. glabra Loes. = Ilex ficoidea Hemsl. ex Forbes et Hemsl. ●

203602 Ilex buergeri Miq. var. subpuberula ? = Ilex buergeri Miq. ●

203603 Ilex burfordii S. R. Howell = Ilex cornuta Lindl. et Paxton ●

203604 Ilex burmanica Merr. = Ilex fragilis Hook. f. ●

203605 Ilex buxifolia Hance = Ilex hanceana Maxim. ●

203606 Ilex buxoides S. Y. Hu;黄杨冬青;Box-like Holly ●

203607 Ilex canariensis Poir.;加那利黄杨冬青●☆

203608 Ilex canariensis Poir. var. azevinho (Sol. ex Lowe) Loes. = Ilex canariensis Poir. ●☆

203609 Ilex capensis Sond. = Ilex mitis (L.) Radlk. ●☆

203610 Ilex capitellata Pierre = Ilex godajam Colebr. ex Wall. ●

203611 Ilex cassine L.;达宏冬青;Christmas Berry, Dahoon, Dahoon Holly, Myrtle Leaved Holly ●☆

203612 Ilex cassine Walter = Ilex cassine L. ●☆

203613 Ilex cauliflora H. W. Li ex Y. R. Li;茎花冬青;Cauliflory Holly ●

203614 Ilex centrochinensis S. Y. Hu;华中冬青(齿缺冬青,华中刺叶冬青,华中枸骨,蜀鄂冬青,针齿冬青);Central China Holly ●

203615 Ilex chamaebuxus C. Y. Wu ex Y. R. Li;短杨梅冬青;Dwarf Holly ●

203616 Ilex championii Loes.;凹叶冬青(凹叶枸骨);Champion Holly, Emarginate Holly ●

203617 Ilex chapaensis Merr.;沙坝冬青;Shaba Holly ●

203618 Ilex chartacifolia C. Y. Wu ex Y. R. Li;纸叶冬青;Paper-leaf Holly, Paper-leaved Holly ●

203619 Ilex chartacifolia C. Y. Wu ex Y. R. Li var. glabra C. Y. Wu ex Y. R. Li;无毛纸叶冬青;Glabrous Paper-leaf Holly ●

203620 Ilex chengbuensis C. J. Qi et Q. Z. Lin;城步冬青;Chengbu Holly ●

203621 Ilex chengkouensis C. J. Tseng;城口冬青;Chengkou Holly ●

203622 Ilex cheniana T. R. Dudley;龙陵冬青(密花冬青);Longling Holly ●

203623 Ilex chepaensis Merr. = Ilex chapaensis Merr. ●

203624 Ilex chieniana S. Y. Hu = Ilex dunniana H. Lév. ●

203625 Ilex chinensis Sims;冬青(冬青木,冻青树,过冬青,红冬青,四季青,铁炉散,万年枝,油叶树);Chinese Holly, Holly, Kashi Holly, Purple-flowered Holly ●

203626 Ilex chinensis Sims f. angustifolia Sugim.;狭叶冬青●☆

203627 Ilex chingiana Hu et Ts. Tang;苗山冬青(苗山毛冬青);Miaoshan Holly ●

203628 Ilex chingiana Hu et Ts. Tang var. megacarpa (H. G. Ye et H. S. Chen) L. G. Lei;巨果冬青●

203629 Ilex chingiana Hu et Ts. Tang var. puberula S. Y. Hu = Ilex chingiana Hu et Ts. Tang ●

203630 Ilex chingyuanensis C. Z. Cheng = Ilex qingyuanensis C. Z. Cheng ●

203631 Ilex chowii S. Y. Hu = Ilex editicostata Hu et Ts. Tang ●

203632 Ilex chuniana S. Y. Hu;铁仔冬青;Chun Holly ●

203633 Ilex ciliospinosa Loes.;纤齿冬青(睫刺冬青,芒刺冬青,毛刺冬青,纤齿枸骨,纤刺冬青,纤细枸骨);Ciliospiny Holly, Slender-toothed Holly ●

203634 Ilex cinerea Champ. = Ilex ficoidea Hemsl. ex Forbes et Hemsl. ●

203635 Ilex cinerea Champ. = Ilex subficoidea S. Y. Hu ●

203636 Ilex cinerea Champ. ex Benth.;灰枝冬青(灰冬青);Ash-coloured Holly, Grey-branch Holly ●

203637 Ilex cinerea Champ. ex Benth. = Ilex warburgii Loes. ●

203638 Ilex cinerea Champ. ex Benth. var. faberi Loes. = Ilex cinerea Champ. ex Benth. ●

203639 Ilex cinerea Champ. var. faberi Loes. = Ilex cinerea Champ. ex Benth. ●

203640 Ilex cissoides Loes.;白粉藤冬青●☆

203641 Ilex cleyeroides Hayata = Ilex cochinchinensis (Lour.) Loes. ●

203642 Ilex cochinchinensis (Lour.) Loes.;越南冬青(革叶冬青);Cochinchina Holly, Cochin-China Holly, Leather-lef Holly, Vietnam Holly ●

203643 Ilex colchica Pojark.;科尔切卡冬青●☆

203644 Ilex confertiflora Merr.;密花冬青;Denseflower Holly, Densiflowered Holly ●

203645 Ilex confertiflora Merr. var. kwangsiensis S. Y. Hu;广西密花冬

青;Guangxi Denseflower Holly ●
203646 Ilex congesta H. W. Li ex Y. R. Li = Ilex cheniana T. R. Dudley ●
203647 Ilex congesta H. W. Li ex Y. R. Li = Ilex chingiana Hu et Ts. Tang ●
203648 Ilex corallina Franch. ;珊瑚冬青(白蜡叶,蕃茶树,红果冬青,红珊瑚冬青,野白蜡叶,野枇杷);Coral Holly ●
203649 Ilex corallina Franch. = Ilex dunniana H. Lév. ●
203650 Ilex corallina Franch. var. aberrans Hand. -Mazz. = Ilex corallina Franch. var. loeseneri H. Lév. ex Rehder ●
203651 Ilex corallina Franch. var. burfordii De France;枸骨猫儿刺;Burford Coral Holly ●
203652 Ilex corallina Franch. var. loeseneri H. Lév. = Ilex corallina Franch. ●
203653 Ilex corallina Franch. var. loeseneri H. Lév. ex Rehder;刺叶珊瑚冬青;Aberrant Coral Holly ●
203654 Ilex corallina Franch. var. macrocarpa S. Y. Hu;大果珊瑚冬青(卵果冬青);Largefruit Coral Holly ●
203655 Ilex corallina Franch. var. macrocarpa S. Y. Hu = Ilex corallina Franch. ●
203656 Ilex corallina Franch. var. pubescens S. Y. Hu;毛枝珊瑚冬青(毛珊瑚冬青,毛枝冬青);Pubescent Coral Holly ●
203657 Ilex corallina Franch. var. pubescens S. Y. Hu = Ilex corallina Franch. ●
203658 Ilex corallina Franch. var. wangiana (S. Y. Hu) Y. R. Li = Ilex wangiana S. Y. Hu ●
203659 Ilex cornuta Lindl. = Ilex cornuta Lindl. et Paxton ●
203660 Ilex cornuta Lindl. et Paxton;枸骨(八角茶,八角刺,茶,大叶茶,大叶冬青,鹅掌簕,功劳叶,狗青簕,枸骨刺,枸骨冬青,苦灯茶,苦丁茶,老虎刺,老鼠刺,老鼠树,六角茶,六角刺,猫儿刺,猫儿屎,猫儿香,猫耳刺,乌不宿,犬黄杨,散血丹,圣诞树,羊角刺);Chhnese Horned Holly,Chinese Holly,Holly,Horned Holly,Horny Holly,Sweet Gallberry ●
203661 Ilex cornuta Lindl. et Paxton 'Rotunda';圆枸骨;Dwarf Horned Holly ●☆
203662 Ilex cornuta Lindl. et Paxton f. burfordii (De France) Rehder = Ilex cornuta Lindl. et Paxton ●
203663 Ilex cornuta Lindl. et Paxton f. fortunei (Lindl.) S. Y. Hu = Ilex cornuta Lindl. et Paxton ●
203664 Ilex cornuta Lindl. et Paxton f. gaetana Loes. = Ilex cornuta Lindl. et Paxton ●
203665 Ilex cornuta Lindl. et Paxton f. typica Loes. = Ilex cornuta Lindl. et Paxton ●
203666 Ilex cornuta Lindl. et Paxton var. burfordii De France = Ilex cornuta Lindl. et Paxton ●
203667 Ilex cornuta Lindl. et Paxton var. fortunei (Lindl.) S. Y. Hu = Ilex cornuta Lindl. et Paxton ●
203668 Ilex cornuta Lindl. et Paxton var. integra Uyeki;全缘叶枸骨●☆
203669 Ilex costata Blume ex Maxim. = Ilex macropoda Miq. ●
203670 Ilex crenata Thunb. ;齿叶冬青(波缘冬青,钝齿冬青,钝叶冬青,假黄杨,圆齿冬青);Box-leaved Holly,Japan Holly,Japanese Holly ●
203671 Ilex crenata Thunb. 'Bullata' = Ilex crenata Thunb. 'Convexa' ●☆
203672 Ilex crenata Thunb. 'Convexa';龟甲钝齿冬青;Convexa Japanese Holly ●☆
203673 Ilex crenata Thunb. 'Fukurin' = Ilex crenata Thunb. 'Shiro Fukurin' ●☆
203674 Ilex crenata Thunb. 'Golden Gem';金宝石钝齿冬青●☆
203675 Ilex crenata Thunb. 'Helleri';剑尾鱼钝齿冬青;Helleri's Japanese Holly ●☆
203676 Ilex crenata Thunb. 'Ivory Tower';象牙塔钝齿冬青●☆
203677 Ilex crenata Thunb. 'Mariesii';玛丽斯钝齿冬青●☆
203678 Ilex crenata Thunb. 'Shiro Fukurin';希罗·福库林钝齿冬青●☆
203679 Ilex crenata Thunb. 'Sky Pencil';擎天柱钝齿冬青●☆
203680 Ilex crenata Thunb. 'Snow Flake' = Ilex crenata Thunb. 'Shiro Fukurin' ●☆
203681 Ilex crenata Thunb. = Ilex maximowicziana Loes. ●
203682 Ilex crenata Thunb. f. bullata Rehder = Ilex crenata Thunb. 'Convexa' ●☆
203683 Ilex crenata Thunb. f. bullata Rehder = Ilex crenata Thunb. ●
203684 Ilex crenata Thunb. f. convexa Makino = Ilex crenata Thunb. ●
203685 Ilex crenata Thunb. f. fastigiata (Makino) H. Hara = Ilex crenata Thunb. ●
203686 Ilex crenata Thunb. f. helleri (Craig) Rehder = Ilex crenata Thunb. ●
203687 Ilex crenata Thunb. f. kusnetzoffii Loes. = Ilex crenata Thunb. ●
203688 Ilex crenata Thunb. f. latifolia (Goldring) Rehder = Ilex crenata Thunb. ●
203689 Ilex crenata Thunb. f. latifolia (Goldring) Rehder = Ilex crenata Thunb. var. latifolia Goldring ●☆
203690 Ilex crenata Thunb. f. longifolia (Goldring) Rehder;长齿叶冬青●☆
203691 Ilex crenata Thunb. f. longifolia (Goldring) Rehder = Ilex crenata Thunb. ●
203692 Ilex crenata Thunb. f. longipedunculata S. Y. Hu;长梗齿叶冬青;Longipedunculate Holly ●
203693 Ilex crenata Thunb. f. longipedunculata S. Y. Hu = Ilex crenata Thunb. ●
203694 Ilex crenata Thunb. f. luteovariegata (Regel) Rehder;黄斑齿叶冬青●☆
203695 Ilex crenata Thunb. f. luteovariegate (Regel) Rehder = Ilex crenata Thunb. ●
203696 Ilex crenata Thunb. f. microphylla Rehder;小齿叶冬青●☆
203697 Ilex crenata Thunb. f. microphylla Rehder = Ilex crenata Thunb. ●
203698 Ilex crenata Thunb. f. multicrenata (C. J. Tseng) S. K. Chen;多钝齿冬青(多齿钝齿冬青);Many-crenate Chinese Holly ●
203699 Ilex crenata Thunb. f. multicrenata (C. J. Tseng) S. K. Chen = Ilex crenata Thunb. ●
203700 Ilex crenata Thunb. f. nummularia (Franch. et Sav.) H. Hara = Ilex crenata Thunb. ●
203701 Ilex crenata Thunb. f. nummularia (Yatabe) H. Hara = Ilex crenata Thunb. ●
203702 Ilex crenata Thunb. f. pendula (Koidz.) H. Hara = Ilex crenata Thunb. ●
203703 Ilex crenata Thunb. f. tricocca (Makino) H. Hara = Ilex crenata Thunb. ●
203704 Ilex crenata Thunb. f. watanabeana Makino;渡边齿叶冬青(瓦氏齿叶冬青)●☆
203705 Ilex crenata Thunb. subsp. fukasawana (Makino) Murata = Ilex crenata Thunb. ●
203706 Ilex crenata Thunb. subsp. fukasawana (Makino) Murata = Ilex crenata Thunb. var. fukasawana Makino ●☆
203707 Ilex crenata Thunb. subsp. radicans (Nakai) Tatew. = Ilex

crenata Thunb. var. radicans (Nakai ex H. Hara) Murai ●☆
203708 Ilex crenata Thunb. subsp. radicans (Nakai) Tatew. f. microphylla ? = Ilex crenata Thunb. var. radicans (Nakai ex H. Hara) Murai ●☆
203709 Ilex crenata Thunb. var. aureovariegata Goldring = Ilex crenata Thunb. f. luteovariegata (Regel) Rehder ●☆
203710 Ilex crenata Thunb. var. aureovariegata Goldring = Ilex crenata Thunb. ●
203711 Ilex crenata Thunb. var. caespitosa Nakai = Ilex crenata Thunb. var. radicans (Nakai ex H. Hara) Murai ●☆
203712 Ilex crenata Thunb. var. convexa ? = Ilex crenata Thunb. ●
203713 Ilex crenata Thunb. var. fastigiata ? = Ilex crenata Thunb. ●
203714 Ilex crenata Thunb. var. fukasawana Makino = Ilex crenata Thunb. ●
203715 Ilex crenata Thunb. var. hachijoensis Nakai;八丈岛冬青●☆
203716 Ilex crenata Thunb. var. hachijoensis Nakai = Ilex crenata Thunb. ●
203717 Ilex crenata Thunb. var. helleri (Craig) L. H. Bailey = Ilex crenata Thunb. ●
203718 Ilex crenata Thunb. var. kanehirae Yamam. = Ilex maximowicziana Loes. ●
203719 Ilex crenata Thunb. var. kanehirae Yamam. = Ilex maximowicziana Loes. var. kanehirae (Yamam.) T. Yamaz. ●
203720 Ilex crenata Thunb. var. kanehirae Yamam. = Ilex triflora Blume var. kanehirae (Yamam.) S. Y. Hu ●
203721 Ilex crenata Thunb. var. latifolia Goldring;宽齿叶冬青●☆
203722 Ilex crenata Thunb. var. latifolia Goldring = Ilex crenata Thunb. ●
203723 Ilex crenata Thunb. var. longifolia Goldring = Ilex crenata Thunb. ●
203724 Ilex crenata Thunb. var. luteovariegata Regel = Ilex crenata Thunb. ●
203725 Ilex crenata Thunb. var. major G. Nicholson ex Dallimore = Ilex crenata Thunb. ●
203726 Ilex crenata Thunb. var. microphylla ? = Ilex crenata Thunb. ●
203727 Ilex crenata Thunb. var. multicrenata C. J. Tseng = Ilex crenata Thunb. ●
203728 Ilex crenata Thunb. var. multicrenata C. J. Tseng = Ilex crenata Thunb. f. multicrenata (C. J. Tseng) S. K. Chen ●
203729 Ilex crenata Thunb. var. mutchagara (Makino) Ohwi = Ilex maximowicziana Loes. var. kanehirae (Yamam.) T. Yamaz. ●
203730 Ilex crenata Thunb. var. mutchagara (Makino) Ohwi = Ilex maximowicziana Loes. ●
203731 Ilex crenata Thunb. var. nummularia Yatabe = Ilex crenata Thunb. ●
203732 Ilex crenata Thunb. var. paludosa (Nakai) H. Hara = Ilex crenata Thunb. var. radicans (Nakai ex H. Hara) Murai ●☆
203733 Ilex crenata Thunb. var. pendula (Nakai) H. Hara = Ilex crenata Thunb. ●
203734 Ilex crenata Thunb. var. radicans (Nakai ex H. Hara) Murai;匍匐齿叶冬青●☆
203735 Ilex crenata Thunb. var. rotundifolia ? = Ilex crenata Thunb. ●
203736 Ilex crenata Thunb. var. scoriatum W. W. Sm. = Ilex szechwanensis Loes. ●
203737 Ilex crenata Thunb. var. scoriatum Yamam. = Ilex maximowicziana Loes. ●
203738 Ilex crenata Thunb. var. tokarensis Hatus. = Ilex crenata Thunb. ●
203739 Ilex crenata Thunb. var. tricocca ? = Ilex crenata Thunb. ●
203740 Ilex crenata Thunb. var. typica f. genuina Loes. = Ilex crenata Thunb. ●
203741 Ilex crenata Thunb. var. typica f. kusnetzoffii Loes. = Ilex crenata Thunb. ●
203742 Ilex crocea Thunb. = Elaeodendron croceum (Thunb.) DC. ●☆
203743 Ilex cupreonitens C. Y. Wu ex Y. R. Li;铜光冬青;Cupepreous Holly, Cupi-coloured Holly ●
203744 Ilex cyrtura Merr.;弯叶冬青(尖叶冬青,镰尾冬青,弯尾冬青);Crooked Holly, Curved-leaf Holly ●
203745 Ilex dabieshanensis K. Yao et M. B. Deng;大别山冬青(小苦丁茶);Dabieshan Holly ●
203746 Ilex daphniphylloides Kurz = Nyssa javanica (Blume) Wangerin ●
203747 Ilex dasyclata C. Y. Wu ex Y. R. Li;毛枝冬青;Haiey-branch Holly, Haiey-twig Holly ●
203748 Ilex dasyphylla Merr.;金毛冬青(黄毛冬青,苦莲奴,毛叶冬青);Denseleaf Holly, Dense-leaved Holly ●
203749 Ilex dasyphylla Merr. var. lichuanensis S. Y. Hu = Ilex hirsuta C. J. Tseng ex S. K. Cheng et Y. X. Feng ●
203750 Ilex debaoensis C. J. Tseng;德保冬青;Debao Holly ●
203751 Ilex debaoensis C. J. Tseng = Ilex suaveolens (H. Lév.) Loes. ●
203752 Ilex decidua Walter;圆齿冬青;Deciduous Holly, Possum Haw, Possumhaw, Winterberry ●☆
203753 Ilex dehongensis S. K. Chen et Y. X. Feng;德宏冬青;Dehong Holly ●
203754 Ilex delavayi Franch.;陷脉冬青(代拉氏冬青,瘤枝冬青);Delavay Holly ●
203755 Ilex delavayi Franch. var. comberiana S. Y. Hu;丽江陷脉冬青;Lijiang Holly ●
203756 Ilex delavayi Franch. var. exalta Comber;高山陷脉冬青;Alpine Delavay Holly ●
203757 Ilex delavayi Franch. var. linearifolia S. Y. Hu;线叶陷脉冬青;Linearleaf Delavay Holly ●
203758 Ilex delavayi Franch. var. muliensis W. P. Fang et Z. M. Tan;木里陷脉冬青(木里瘤树冬青);Muli Delavay Holly ●
203759 Ilex denticulata Wall.;细齿冬青;Denticulate Holly ●
203760 Ilex dentonii Loudon = Ilex dipyrena Wall. ●
203761 Ilex dianguiensis C. J. Tseng;滇贵冬青;Diangui Holly, Yunnan-Guizhou Holly ●
203762 Ilex dicarpa Y. R. Li;双果冬青;Bifruit Holly, Twin-fruited Holly ●
203763 Ilex dimorphophylla Koidz.;二型叶冬青;Two-form Holly ●☆
203764 Ilex diplosperma S. Y. Hu = Ilex bioritsensis Hayata ●
203765 Ilex dipyrena Wall.;双核冬青(刺叶冬青,二核冬青,双核枸骨);Himalayan Holly ●
203766 Ilex dipyrena Wall. f. leptacantha (Lindl. et Paxton) Loes. = Ilex centrochinensis S. Y. Hu ●
203767 Ilex dipyrena Wall. var. connexiva W. W. Sm. = Ilex dipyrena Wall. ●
203768 Ilex dipyrena Wall. var. leptacantha Loes. = Ilex centrochinensis S. Y. Hu ●
203769 Ilex dipyrena Wall. var. paucispinosa Loes. = Ilex dipyrena Wall. ●
203770 Ilex dolichopoda Merr. et Chun;长柄冬青(长梗冬青);Long-stalk Holly, Long-stalked Holly ●
203771 Ilex doniana DC. = Ilex excelsa (Wall.) Hook. f. ●
203772 Ilex dubia Britton, Stern et Poggenb. var. hupehensis Loes. = Ilex aculeolata Nakai ●
203773 Ilex dubia Britton, Stern et Poggenb. var. hupehensis Loes. = Ilex macrocarpa Oliv. ●

203774 Ilex dubia Britton, Stern et Poggenb. var. macropoda (Miq.) Loes. = Ilex macropoda Miq. ●
203775 Ilex dubia Britton, Stern et Poggenb. var. pseudomacropoda Loes.;假大柄冬青;Fake-macro-petiole ●☆
203776 Ilex dubia Britton, Stern et Poggenb. var. pseudomacropoda Loes. = Ilex macropoda Miq. ●
203777 Ilex dunniana H. Lév.;龙里冬青(长叶冬青,方氏冬青,厚叶冬青,狭沟冬青);Dunn Holly ●
203778 Ilex dunoniona DC. = Ilex excelsa (Wall.) Hook. f. ●
203779 Ilex editicostata Hu et Ts. Tang;显脉冬青(凸脉冬青);Convexvein Holly, Convex-veined Holly ●
203780 Ilex editicostata Hu et Ts. Tang var. chowii (S. Y. Hu) S. Y. Hu = Ilex editicostata Hu et Ts. Tang ●
203781 Ilex editicostata Hu et Ts. Tang var. litseifolia (Hu et Ts. Tang) S. Y. Hu = Ilex litseifolia Hu et Ts. Tang ●
203782 Ilex ellipsoidea Okamoto = Ilex integra Thunb. ●◇
203783 Ilex elliptica D. Don = Ilex excelsa (Wall.) Hook. f. ●
203784 Ilex elliptica Kunth = Ilex crenata Thunb. ●
203785 Ilex elliptica Siebold ex Miq. = Ilex crenata Thunb. ●
203786 Ilex elmerrilliana S. Y. Hu;厚叶冬青;Thickleaf Holly, Thick-leaved Holly ●
203787 Ilex emerginata Thunb. = Eurya emarginata (Thunb.) Makino ●
203788 Ilex estriana C. J. Tseng;平核冬青;Astriate Holly, Smooth-stone Holly, Unstriped Holly ●
203789 Ilex europaea ?;欧洲冬青;Cockle, Common Gorse ●☆
203790 Ilex euryifolia K. Mori et Yamam. = Ilex crenata Thunb. ●
203791 Ilex euryoides C. J. Tseng;柃叶冬青;Euryaleaf Holly, Euryal-leaved Holly, Swigoid-leaved Holly ●
203792 Ilex excelsa (Wall.) Hook. f.;高冬青(无槽冬青);High Holly, Tall Holly ●
203793 Ilex excelsa (Wall.) Hook. f. var. hypotricha (Loes.) S. Y. Hu;毛背高冬青;Hairy-back High Holly ●
203794 Ilex exsulca Brandis = Ilex excelsa (Wall.) Hook. f. ●
203795 Ilex exsulca Wall. = Ilex excelsa (Wall.) Hook. f. ●
203796 Ilex fabrilis Loes. = Ilex godajam Colebr. ex Wall. ●
203797 Ilex fangii (Rehder) S. Y. Hu = Ilex dunniana H. Lév. ●
203798 Ilex fargesii Franch.;法氏冬青(城口冬青,狭叶冬青);Farges Holly ●
203799 Ilex fargesii Franch. f. megalophylla Loes. = Ilex fargesii Franch. ●
203800 Ilex fargesii Franch. subsp. melanotricha (Merr.) S. Andréws = Ilex melanotricha Merr. ●
203801 Ilex fargesii Franch. var. angustifolia C. Yu Chang;线叶冬青;Angustifoliate Holly, Narrow-leaf Holly ●
203802 Ilex fargesii Franch. var. bodinieri Loes. = Ilex metabaptista Loes. var. myrsinoides (H. Lév.) Rehder ●
203803 Ilex fargesii Franch. var. megalophylla Loes. = Ilex fargesii Franch. ●
203804 Ilex fargesii Franch. var. parvifolia (S. Y. Hu) S. Andréws = Ilex franchetiana Loes. var. parvifolia S. Y. Hu ●
203805 Ilex fastigiata E. P. Bicknell = Ilex verticillata (L.) A. Gray ●☆
203806 Ilex fauriei Gand. var. rugosa ? = Ilex makinoi Hara ●☆
203807 Ilex fengqingensis C. Y. Wu ex Y. R. Li;凤庆冬青;Fengqing Holly ●
203808 Ilex ferruginea Hand. -Mazz.;锈毛冬青;Rustyhair Holly, Rusty-haired Holly ●
203809 Ilex ficifolia C. J. Tseng = Ilex ficifolia C. J. Tseng ex S. K. Chen et Y. X. Feng ●
203810 Ilex ficifolia C. J. Tseng ex S. K. Chen et Y. X. Feng;硬叶冬青(短柄香冬青);Hard-leaf Holly ●
203811 Ilex ficifolia C. J. Tseng ex S. K. Chen et Y. X. Feng f. daiyunshanensis C. J. Tseng;毛硬叶冬青(戴云山冬青);Daiyunshan Hard-leaf Holly ●
203812 Ilex ficifolia C. J. Tseng ex S. K. Chen et Y. X. Feng f. daiyunshanensis C. J. Tseng = Ilex ficifolia C. J. Tseng ex S. K. Chen et Y. X. Feng ●
203813 Ilex ficoidea Hemsl. = Ilex buergeri Miq. ●
203814 Ilex ficoidea Hemsl. ex Forbes et Hemsl.;榕叶冬青(仿腊树,上山虎,台湾糊樗,武威山冬青);Figleaf Holly, Fig-leaved Holly, Fig-like Holly ●
203815 Ilex ficoidea Hemsl. ex Forbes et Hemsl. = Ilex warburgii Loes. ●
203816 Ilex ficoidea Hemsl. ex Forbes et Hemsl. var. brachyphylla Hand. -Mazz. = Ilex brachyphylla (Hand. -Mazz.) S. Y. Hu ●
203817 Ilex ficoidea Hemsl. var. brachyphylla Hand. -Mazz. = Ilex brachyphylla (Hand. -Mazz.) S. Y. Hu ●
203818 Ilex flaveomollissima F. P. Metcalf = Ilex dasyphylla Merr. ●
203819 Ilex fleuryana Tardieu = Ilex triflora Blume ●
203820 Ilex formosae (Loes.) H. L. Li = Ilex uraiensis Mori et Yamam. ●◇
203821 Ilex formosana Maxim.;台湾冬青(糊樗,毛果台湾冬青);Formosan Holly, Taiwan Holly ●
203822 Ilex formosana Maxim. var. macropyrena S. Y. Hu;大核台湾冬青;Big-pyrene Holly Taiwan Holly ●
203823 Ilex formosana Maxim. var. ruijinensis C. J. Tseng = Ilex formosana Maxim. ●
203824 Ilex forrestii Comber;滇西冬青(福氏冬青,怒江冬青);Forrest Holly, West Yunnan Holly ●
203825 Ilex forrestii Comber var. glabra S. Y. Hu;无毛滇西冬青(无毛怒江冬青);Glabrous Forrest Holly ●
203826 Ilex fortunei Lindl. = Ilex cornuta Lindl. et Paxton ●
203827 Ilex fortunei Lindl. = Ilex crenata Thunb. ●
203828 Ilex fosbergiana S. Y. Hu = Ilex maximowicziana Loes. ●
203829 Ilex fragilis Hook. f.;高山冬青(扁果冬青,薄叶冬青,厚叶高山冬青,绿皮子);Alpine Holly, Thick-leaf Alpine Holly ●
203830 Ilex fragilis Hook. f. f. kingii Loes.;毛高山冬青(毛薄叶冬青);King's Alpine Holly ●
203831 Ilex fragilis Hook. f. f. kingii Loes. = Ilex fragilis Hook. f. ●
203832 Ilex fragilis Hook. f. f. subcoriacea C. J. Tseng = Ilex fragilis Hook. f. ●
203833 Ilex franchetiana Loes.;康定冬青(川鄂冬青,范氏冬青,黑皮紫条,山枇杷,野枇杷);Franchet Holly, Kangding Holly ●
203834 Ilex franchetiana Loes. var. parvifolia S. Y. Hu;小叶康定冬青(小叶范氏冬青);Little-leaf Franchet Holly ●
203835 Ilex fukienensis S. Y. Hu;福建冬青;Fujian Holly ●
203836 Ilex fukienensis S. Y. Hu var. puberula C. J. Tseng;毛枝福建冬青;Hairy-branch Fujian Holly ●
203837 Ilex furcata Lindl. = Ilex cornuta Lindl. et Paxton ●
203838 Ilex furcata Lindl. ex Göpp. = Ilex cornuta Lindl. et Paxton ●
203839 Ilex furmosae (Loes.) H. L. Li = Ilex uraiensis Mori et Yamam. ●◇
203840 Ilex geniculata Maxim.;膝曲冬青;Droophead Holly, Furin Holly, Geniculate Holly ●
203841 Ilex geniculata Maxim. var. glabra Okuyama;光叶膝曲冬青;

Smooth Geniculate Holly ●
203842 Ilex geniculata Maxim. var. glabra Okuyama = Ilex geniculata Maxim. ●
203843 Ilex gentilis Franch. ex Loes. = Ilex yunnanensis Franch. var. gentilis Loes. ●
203844 Ilex georgei Comber;长叶枸骨(保山冬青,长叶冬青,单核冬青,乔氏冬青,乔治冬青,阎王刺);George's Holly ●
203845 Ilex georgyi Comber var. rugosa Comb. = Ilex perryana S. Y. Hu ●
203846 Ilex gingtungensis H. W. Li ex Y. R. Li;景东冬青;Jingdong Holly ●
203847 Ilex glabra (L.) A. Gray;无毛冬青(光滑冬青);Appalachian Tea,Evergreen Winterberry,Gallberry,Inkberry ●☆
203848 Ilex glabra (L.) A. Gray 'Nigra';黑色光滑冬青(矮生光滑冬青)●☆
203849 Ilex glabra (L.) A. Gray f. leucocarpa F. W. Woods;白果光滑冬青●☆
203850 Ilex glabra (L.) A. Gray f. leucocarpa F. W. Woods 'Ivory Queen';象牙女王白果光滑冬青●☆
203851 Ilex glomerata King;团花冬青;Club-shaped Holly,Glomerate Holly,Roundiflowered Holly ●
203852 Ilex glomeratiflora Hayata = Ilex ficoidea Hemsl. ex Forbes et Hemsl. ●
203853 Ilex glomeratiflora Hayata = Ilex uraiensis Mori et Yamam. ●◇
203854 Ilex godajam (Colebr.) Hook. f. var. sulcata (Wall. ex Hook. f.) Kurz = Ilex umbellulata (Wall.) Loes. ●
203855 Ilex godajam Colebr. ex Wall.;伞花冬青(救必应,米碎木);Broken Rice Holly,Holly ●
203856 Ilex godajam Colebr. ex Wall. var. capitella (Pierre) H. Lév. = Ilex godajam Colebr. ex Wall. ●
203857 Ilex godajam Colebr. ex Wall. var. genuina Kurz = Ilex godajam Colebr. ex Wall. ●
203858 Ilex godajam Colebr. ex Wall. var. sulcata (Wall.) Kurz = Ilex umbellulata (Wall.) Loes. ●
203859 Ilex godajam Colebr. f. capitellata (Pierre) Loes. = Ilex godajam Colebr. ex Wall. ●
203860 Ilex goshiensis Hayata;海岛冬青(五指山冬青,圆叶冬青);Insular Holly,Island Holly,Roung-leaved Holly ●
203861 Ilex graciliflora Champ.;细花冬青(纤花冬青);Slender-flowered Holly,Thinflower Holly ●
203862 Ilex gracilipes Merr. = Ilex asprella (Hook. et Arn.) Champ. ex Benth. ●
203863 Ilex gracilis C. J. Tseng;纤枝冬青;Slender-brabch Holly,Thin-twig Holly ●
203864 Ilex griffithii Hook. f.;滇南冬青;Griffith Holly ●
203865 Ilex griffithii Hook. f. = Ilex triflora Blume ●
203866 Ilex guangnanensis C. J. Tseng ex Y. R. Li;广南冬青;Guangnan Holly ●
203867 Ilex guianensis Kuntze;圭亚那冬青●☆
203868 Ilex guizhouensis C. J. Tseng;贵州冬青;Guizhou Holly ●
203869 Ilex hainanensis Merr.;海南冬青(山绿茶,山绿豆);Hainan Holly ●
203870 Ilex hakkuensis Yamam. = Ilex lonicerifolia Hayata ●
203871 Ilex hanceana Maxim.;青茶冬青(青茶香);Hance Holly ●
203872 Ilex hanceana Maxim. = Ilex goshiensis Hayata ●
203873 Ilex hanceana Maxim. = Ilex hayataiana Loes. ●
203874 Ilex hanceana Maxim. = Ilex liangii S. Y. Hu ●
203875 Ilex hanceana Maxim. f. goshiensis Yamam. = Ilex goshiensis Hayata ●
203876 Ilex hanceana Maxim. f. rotundata Makino = Ilex goshiensis Hayata ●
203877 Ilex hanceana Maxim. f. rotundata Makino ex Yamam. = Ilex goshiensis Hayata ●
203878 Ilex hanceana Maxim. var. anhweiensis Loes. = Ilex lohfauensis Merr. ●
203879 Ilex hanceana Maxim. var. anhweiensis Loes. ex Rehder = Ilex lohfauensis Merr. ●
203880 Ilex hanceana Maxim. var. lohfauensis (Merr.) Chun = Ilex lohfauensis Merr. ●
203881 Ilex hanceana Maxim. var. rotundata Makino ex Yamam. = Ilex goshiensis Hayata ●
203882 Ilex hanceana var. lohfauensis (Merr.) Chun = Ilex lohfauensis Merr. ●
203883 Ilex hayataiana Loes.;南投冬青(琉球冬青,早田氏冬青);Hayata Holly,Nantou Holly ●
203884 Ilex hayataiana Loes. = Ilex goshiensis Hayata ●
203885 Ilex helleri Craig = Ilex crenata Thunb. ●
203886 Ilex henryi Loes. = Ilex macrocarpa Oliv. ●
203887 Ilex heterophylla G. Don = Osmanthus heterophyllus (G. Don) P. S. Green ●
203888 Ilex hirsuta C. J. Tseng = Ilex hirsuta C. J. Tseng ex S. K. Cheng et Y. X. Feng ●
203889 Ilex hirsuta C. J. Tseng ex S. K. Cheng et Y. X. Feng;硬毛冬青;Hirsute Holly,Hispid Holly ●
203890 Ilex hirsuticarpa Tardieu = Ilex pubilimba Merr. et Chun ●
203891 Ilex hookeri King;贡山冬青;Gongshan Holly,Hooker Holly ●
203892 Ilex horsfleldii Miq. = Ilex triflora Blume ●
203893 Ilex howii Merr. et Chun = Ilex chapaensis Merr. ●
203894 Ilex howii Merr. et Chun ex Tanaka et Odash. = Ilex chapaensis Merr. ●
203895 Ilex huiana C. J. Tseng = Ilex huiana C. J. Tseng ex S. K. Cheng et Y. X. Feng ●
203896 Ilex huiana C. J. Tseng ex S. K. Cheng et Y. X. Feng;秀英冬青;Hu's Holly ●
203897 Ilex hunanensis C. J. Qi et Q. Z. Lin;湖南冬青;Hunan Holly ●
203898 Ilex hunanensis C. J. Qi et Q. Z. Lin = Ilex hainanensis Merr. ●
203899 Ilex huoshanensis Y. H. He;霍山冬青;Huoshan Holly ●
203900 Ilex huoshanensis Y. H. He = Ilex centrochinensis S. Y. Hu ●
203901 Ilex hylonoma Hu et Ts. Tang;细刺枸骨(川黔冬青,刺叶冬青,跌打王,细刺冬青);Slenderprickle Holly,Slender-prickled Holly ●
203902 Ilex hylonoma Hu et Ts. Tang var. glabra S. Y. Hu;光叶细刺枸骨(刺叶冬青,无毛短梗冬青);Glabrous Slenderprickle Holly ●
203903 Ilex hypotricha Loes. = Ilex excelsa (Wall.) Hook. f. var. hypotricha (Loes.) S. Y. Hu ●
203904 Ilex hyrcana Pojark.;希尔康冬青●☆
203905 Ilex impressivena Yamam. = Ilex pedunculosa Miq. ●
203906 Ilex insignis Hook. f.;显著冬青;Remarkable Holly ●
203907 Ilex insignis Hook. f. = Ilex kingiana Cockerell ●☆
203908 Ilex integra Thunb.;全缘冬青(全缘叶冬青,细叶冬青);Integral Holly,Nepal Holly ●◇
203909 Ilex integra Thunb. f. ellipsoidea (Y. Okamoto) Ohwi;椭圆全缘冬青●☆
203910 Ilex integra Thunb. f. ellipsoidea (Y. Okamoto) Ohwi = Ilex integra Thunb. ●◇

203911 Ilex integra Thunb. f. lutea H. Ohba et Akiyama;黄全缘冬青●☆

203912 Ilex integra Thunb. f. xanthocarpa Ohwi;黄果冬青;Yellowfruit Integral Holly ●☆

203913 Ilex integra Thunb. var. beecheyi ? = Ilex mertensii Maxim. ●☆

203914 Ilex integra Thunb. var. brachypoda (S. Y. Hu) Hatus. ex Shimabuku;短柄全缘冬青●☆

203915 Ilex integra Thunb. var. brachypoda (S. Y. Hu) Hatus. ex Shimabuku = Ilex integra Thunb. ●◇

203916 Ilex integra Thunb. var. ellipsoidea Sugim.;卵果全缘冬青;Ovatefruit Integral Holly ●☆

203917 Ilex integra Thunb. var. ellipsoidea Sugim. = Ilex integra Thunb. ●◇

203918 Ilex integra Thunb. var. xanthocarpa ? = Ilex integra Thunb. f. lutea H. Ohba et Akiyama ●☆

203919 Ilex intermedia Loes.;中型冬青;Intermediate Holly ●

203920 Ilex intermedia Loes. = Ilex hylonoma Hu et Ts. Tang ●

203921 Ilex intermedia Loes. var. fangii (Rehder) S. Y. Hu;厚叶中型冬青(厚叶冬青);Fang Intermediate Holly ●

203922 Ilex intermedia Loes. var. fangii (Rehder) S. Y. Hu = Ilex dunniana H. Lév. ●

203923 Ilex intricata Hook. f.;错枝冬青;Entangled Holly, Intricate Holly ●

203924 Ilex intricata Hook. f. f. macrophylla H. F. Comber = Ilex intricata Hook. f. ●

203925 Ilex intricata Hook. f. var. oblata W. E. Evans = Ilex nothofagaciifolia Kingdon-Ward ●

203926 Ilex japonica Thunb. = Ilex integra Thunb. ●◇

203927 Ilex japonica Thunb. = Mahonia japonica (Thunb.) DC. ●

203928 Ilex jiaolingensis C. J. Tseng et H. H. Liu;蕉岭冬青;Jiaoling Holly ●

203929 Ilex jinggangshanensis C. J. Tseng;井冈山冬青;Jinggangshan Holly ●

203930 Ilex jinggangshanensis C. J. Tseng = Ilex chinensis Sims ●

203931 Ilex jinyangensis C. Yu Chang;金阳冬青;Jinyang Holly ●

203932 Ilex jinyunensis Z. M. Tan;缙云冬青;Jinyun Holly ●

203933 Ilex jiuwanshanensis C. J. Tseng;九万山冬青;Jiuwanshan Holly ●

203934 Ilex kanehirae (Yamam.) Koidz. = Ilex maximowicziana Loes. var. kanehirae (Yamam.) T. Yamaz. ●

203935 Ilex kanehirae (Yamam.) Koidz. = Ilex triflora Blume var. kanehirae (Yamam.) S. Y. Hu ●

203936 Ilex kanehirae (Yamam.) Koidz. var. glabra Kaneh. = Ilex triflora Blume var. kanehirae (Yamam.) S. Y. Hu ●

203937 Ilex kanehirae Koidz. = Ilex maximowicziana Loes. ●

203938 Ilex kaushue S. Y. Hu;苦丁茶(见火青,扣树,苦丁茶冬青);Kaushue Holly, Kudingcha, Kudingcha Holly ●◇

203939 Ilex kelungensis Loes. = Ilex formosana Maxim. ●

203940 Ilex kengii S. Y. Hu;盘柱冬青(皱柄冬青);Keng Holly ●

203941 Ilex kengii S. Y. Hu f. tiantangshanensis C. J. Tseng et H. H. Liu;天堂山冬青;Tiantangshan Holly ●

203942 Ilex kengii S. Y. Hu f. tiantangshanensis C. J. Tseng et H. H. Liu = Ilex kengii S. Y. Hu ●

203943 Ilex kiangsiensis (S. Y. Hu) C. J. Tseng et B. W. Liu;江西满树星;Jiangxi Holly ●

203944 Ilex kingiana Cockerell;金氏冬青(灰枝冬青)●☆

203945 Ilex kirinsanensis Nakai ex H. Hara = Ilex crenata Thunb. var. radicans (Nakai ex H. Hara) Murai ●☆

203946 Ilex kiusiana Hatus.;九州冬青●☆

203947 Ilex kobuskiana S. Y. Hu;凸脉冬青;Covexvein Holly ●

203948 Ilex koshunensis Yamam. = Ilex rotunda Thunb. ●

203949 Ilex kudingcha C. J. Tseng = Ilex kaushue S. Y. Hu ●◇

203950 Ilex kunmingensis H. W. Li ex Y. R. Li;昆明冬青;Kunming Holly ●

203951 Ilex kunmingensis H. W. Li ex Y. R. Li var. capitata Y. R. Li;头状昆明冬青;Head-form Kunming Holly ●

203952 Ilex kusanoi Hayata;兰屿冬青(草野氏冬青);Kusano Holly, Lanyu Holly ●

203953 Ilex kwangtungensis Merr.;广东冬青;Guangdong Holly, Kwangtung Holly ●

203954 Ilex kwangtungensis Merr. var. pilosior Hand.-Mazz. = Ilex kwangtungensis Merr. ●

203955 Ilex kwangtungensis Merr. var. pilosissima Hand.-Mazz. = Ilex latifrons Chun ●

203956 Ilex laevigata A. Gray;光冬青;Smooth Winterberry ●☆

203957 Ilex laevigata A. Gray = Ilex rotunda Thunb. ●

203958 Ilex laevigata Blume ex Miq. = Ilex rotunda Thunb. ●

203959 Ilex lanceolata Tsiang = Ilex formosana Maxim. ●

203960 Ilex lancilimba Merr.;剑叶冬青;Swordleaf Holly, Sword-leaved Holly ●

203961 Ilex latifolia Thunb.;大叶冬青(波罗树,大苦酊,大叶茶,枸骨叶,广叶冬青,黄波萝,黄浆果,将军柴,角刺茶,苦灯茶,苦登茶,苦丁茶,宽叶冬青,毛叶黄牛木,土茶);Broadleaf Holly, Broad-leaved Holly, Large-leaved Holly, Lusterleaf Holly, Luster-leaf Holly, Tarajo, Tarajo Holly ●

203962 Ilex latifolia Thunb. f. puberula W. P. Fang et Z. M. Tan;微毛大叶冬青;Hairy Broadleaf Holly ●

203963 Ilex latifolia Thunb. f. puberula W. P. Fang et Z. M. Tan = Ilex kaushue S. Y. Hu ●◇

203964 Ilex latifolia Thunb. f. variegata Makino ex H. Hara;斑点大叶冬青●☆

203965 Ilex latifolia Thunb. f. variegata Makino ex H. Hara = Ilex latifolia Thunb. ●

203966 Ilex latifolia Thunb. var. fangii Rehder = Ilex dunniana H. Lév. ●

203967 Ilex latifolia Thunb. var. subrugosa (Loes.) Hu et Ts. Tang = Ilex subrugosa Loes. ●

203968 Ilex latifolia Thunb. var. tarajo (Göpp.) Lavallée = Ilex latifolia Thunb. ●

203969 Ilex latifrons Chun;阔叶冬青(长叶冬青);Bigleaf Holly ●

203970 Ilex latifrons Chun var. pilosissima (Hand.-Mazz.) Chun = Ilex latifrons Chun ●

203971 Ilex leiboensis Z. M. Tan;雷波冬青;Leibo Holly ●

203972 Ilex lepta Spreng. = Evodia lepta (Spreng.) Merr. ●

203973 Ilex lepta Spreng. = Melicope pteleifolia (Champ. ex Benth.) T. G. Hartley ●

203974 Ilex leptacantha Lindl. et Paxton = Ilex centrochinensis S. Y. Hu ●

203975 Ilex leptophylla W. P. Fang et Z. M. Tan;薄叶冬青;Thin-leaf Holly ●

203976 Ilex leptophylla W. P. Fang et Z. M. Tan = Ilex triflora Blume ●

203977 Ilex leucoclada (Maxim.) Makino;白枝冬青●☆

203978 Ilex leucoclada (Maxim.) Makino f. angustifolia ? = Ilex leucoclada (Maxim.) Makino ●☆

203979 Ilex liana S. Y. Hu;毛核冬青;Hairy-pyrene Holly, Hairy-stone Holly ●

203980 Ilex liangii S. Y. Hu;保亭冬青(向日冬青);Baoting Holly,

Liang Holly ●
203981 Ilex lihuaiensis T. R. Dudley;溪畔冬青;River-side Holly ●
203982 Ilex lilongshanensis Tsiang = Ilex maximowicziana Loes. ●
203983 Ilex limii C. J. Tseng;汝昌冬青;Ruchang Holly ●
203984 Ilex litseifolia Hu et Ts. Tang;木姜叶冬青(木姜冬青);Litsealeaf Holly,Litsea-leaved Holly ●
203985 Ilex liukiuensis Loes. = Ilex uraiensis Mori et Yamam. ●◇
203986 Ilex lobbiana Rolfe = Ilex triflora Blume ●
203987 Ilex lohfauensis Merr.;矮冬青(罗浮冬青);Lohfau Holly ●
203988 Ilex longecaudata Comber;长尾冬青;Long-caudate Holly,Longtail Holly ●
203989 Ilex longecaudata Comber var. glabra S. Y. Hu;无毛长尾冬青;Glabrous Longtail Holly ●
203990 Ilex longepedunculata Koidz. = Ilex sugerokii Maxim. ●
203991 Ilex longzhouensis C. J. Tseng;龙州冬青;Longzhou Holly ●
203992 Ilex lonicerifolia Hayata;忍冬叶冬青;Honeysuckle-leaf Holly,Honey-suckle-leaved Holly ●
203993 Ilex lonicerifolia Hayata var. hakkuensis (Yamam.) S. Y. Hu;白狗山冬青(白狗冬青)●
203994 Ilex lonicerifolia Hayata var. hakkuensis (Yamam.) S. Y. Hu = Ilex lonicerifolia Hayata ●
203995 Ilex lonicerifolia Hayata var. matsudai Yamam.;松田氏冬青(无毛忍冬叶冬青);Matsuda Holly ●
203996 Ilex lucida Blume ex Miq. = Ilex chinensis Sims ●
203997 Ilex ludianensis S. C. Huang ex Y. R. Li;鲁甸冬青;Ludian Holly ●
203998 Ilex lupingsanensis Tsiang = Ilex suzukii S. Y. Hu ●
203999 Ilex machilifolia H. W. Li ex Y. R. Li;楠叶冬青;Machilus-leaved Holly ●
204000 Ilex maclurei Merr.;长圆叶冬青;Oblong-leaf Holly ●
204001 Ilex macrocarpa Oliv.;大果冬青(白银杏,臭樟树,狗粟子,狗沾子,鬼兜青,黑果果树,见水蓝,绿冬青,绿豆青,青刺香,青皮槭);Bigfruit Holly,Big-fruited Holly,Largefruit Holly ●
204002 Ilex macrocarpa Oliv. var. brevipedunculata S. Y. Hu = Ilex macrocarpa Oliv. ●
204003 Ilex macrocarpa Oliv. var. genuina Loes. = Ilex macrocarpa Oliv. ●
204004 Ilex macrocarpa Oliv. var. longipedunculata S. Y. Hu;长梗冬青(长梗大果冬青);Longpeduncle Holly ●
204005 Ilex macrocarpa Oliv. var. reevesae (S. Y. Hu) S. Y. Hu;柔毛大果冬青(黎氏冬青,柔毛冬青);Hairy Largefruit Holly,Villose Holly ●
204006 Ilex macrocarpa Oliv. var. trichophylla Loes. = Ilex macrocarpa Oliv. ●
204007 Ilex macrophylla Blume = Ilex latifolia Thunb. ●
204008 Ilex macropoda Miq.;大柄冬青;Largepediole Holly,Largipedioled Holly ●
204009 Ilex macropoda Miq. f. pseudomacropoda (Loes.) H. Hara = Ilex macropoda Miq. ●
204010 Ilex macropoda Miq. f. stenophylla (Koidz.) Sugim.;狭叶大柄冬青●☆
204011 Ilex macropoda Miq. f. stenophylla (Koidz.) Sugim. = Ilex macropoda Miq. ●
204012 Ilex macropoda Miq. var. pseudomacropoda (Loes.) Nakai = Ilex macropoda Miq. ●
204013 Ilex macrostigma C. Y. Wu ex Y. R. Li;大柱头冬青(柱头冬青);Big-stigma Holly ●
204014 Ilex madagascariensis Lam. = Drypetes madagascariensis (Lam.) Humbert et Léandri ●☆
204015 Ilex makinoi Hara;牧野冬青●☆
204016 Ilex malabarica Bedd. var. sinica Loes. = Ilex sinica (Loes.) S. Y. Hu ●
204017 Ilex mamillata C. Y. Wu ex C. J. Tseng;乳头冬青;Mammillary Holly,Papillary Holly ●
204018 Ilex mamillata C. Y. Wu ex Y. R. Li = Ilex wuana T. R. Dudley ●
204019 Ilex manneiensis S. Y. Hu;红河冬青;Honghe Holly ●
204020 Ilex manneiensis S. Y. Hu var. glabra C. Y. Wu et Y. R. Li;光叶红河冬青;Glabrous Honghe Holly ●
204021 Ilex manneiensis S. Y. Hu var. glabra C. Y. Wu et Y. R. Li = Ilex manneiensis S. Y. Hu ●
204022 Ilex marlipoensis H. W. Li ex Y. R. Li;麻栗坡冬青;Malipo Holly ●
204023 Ilex matanoana Makino;又野冬青●☆
204024 Ilex matsudai Yamam. = Ilex lonicerifolia Hayata var. matsudai Yamam. ●
204025 Ilex maximowicziana Loes.;倒卵叶冬青(长叶冬青,恒春冬青,金平氏冬青);Hengchun Holly,Obovateleaf Holly ●
204026 Ilex maximowicziana Loes. var. kanehirae (Yamam.) T. Yamaz. = Ilex maximowicziana Loes. ●
204027 Ilex maximowicziana Loes. var. kanehirae (Yamam.) T. Yamaz. = Ilex triflora Blume var. kanehirae (Yamam.) S. Y. Hu ●
204028 Ilex maximowicziana Loes. var. mutchagara (Makino) Hatus. = Ilex maximowicziana Loes. var. kanehirae (Yamam.) T. Yamaz. ●
204029 Ilex maximowicziana Loes. var. mutchagara (Makino) Hatus. = Ilex maximowicziana Loes. ●
204030 Ilex medogensis Y. R. Li;墨脱冬青;Medog Holly,Motuo Holly ●
204031 Ilex megacarpa H. G. Ye et H. S. Chen = Ilex chingiana Hu et Ts. Tang var. megacarpa (H. G. Ye et H. S. Chen) L. G. Lei ●
204032 Ilex megistocarpa Merr. = Ilex chapaensis Merr. ●
204033 Ilex melanophylla Hung T. Chang;黑叶冬青;Blackleaf Holly ●
204034 Ilex melanotricha Merr.;黑毛冬青(多花冬青);Blackhair Holly,Black-haired Holly ●
204035 Ilex memecylifolia Champ. ex Benth.;谷木叶冬青;Memecylonleaved Holly,Memecylon-leaved Holly ●
204036 Ilex memecylifolia Champ. ex Benth. var. nummularia Champ. ex Benth. = Ilex championii Loes. ●
204037 Ilex memecylifolia Champ. ex Benth. var. nummularifolia Champ. ex Benth. = Ilex championii Loes. ●
204038 Ilex memecylifolia Champ. ex Benth. var. oblongifolia Champ. = Ilex memecylifolia Champ. ex Benth. ●
204039 Ilex memecylifolia Champ. ex Benth. var. oblongifolia Champ. ex Benth. = Ilex memecylifolia Champ. ex Benth. ●
204040 Ilex memecylifolia Champ. ex Benth. var. plana Loes. = Ilex wilsonii Loes. ●
204041 Ilex merrillii Briq. = Ilex asprella (Hook. et Arn.) Champ. ex Benth. ●
204042 Ilex mertensii Maxim.;梅尔滕斯冬青●☆
204043 Ilex mertensii Maxim. = Ilex liukiuensis Loes. ●◇
204044 Ilex mertensii Maxim. var. beecheyi (Loes.) T. Yamaz.;毕氏冬青●☆
204045 Ilex mertensii Maxim. var. beecheyi (Loes.) T. Yamaz. = Ilex mertensii Maxim. ●☆
204046 Ilex mertensii Maxim. var. formosae Loes. = Ilex uraiensis Mori et Yamam. ●◇
204047 Ilex metabaptista Loes.;河滩冬青(鄂黔矛叶冬青,水青干);

Riverside Holly ●
204048 Ilex metabaptista Loes. var. myrsinoides (H. Lév.) Rehder;紫金牛叶冬青(拟铁子冬青);Myrsine-leaf Holly ●
204049 Ilex microcarpa Lindl. ex Paxton = Ilex rotunda Thunb. ●
204050 Ilex micrococca Maxim.;小果冬青(长叶冬青,红珠水木,球果冬青,细果冬青,朱红水木);Smallfruit Holly,Small-fruited Holly ●
204051 Ilex micrococca Maxim. f. luteocarpa H. Ohba et Akiyama;黄小果冬青●☆
204052 Ilex micrococca Maxim. f. luteocarpa H. Ohba et Akiyama = Ilex micrococca Maxim. ●
204053 Ilex micrococca Maxim. f. pilosa S. Y. Hu;毛梗小果冬青(臭化杆,绿姑妮树,绿樱桃,毛梗冬青,毛梗细果冬青,小红果,猪肚树);Hairypedicel Smallfruit Holly ●
204054 Ilex micrococca Maxim. f. pilosa S. Y. Hu = Ilex micrococca Maxim. ●
204055 Ilex micrococca Maxim. f. tsangii T. R. Dudley = Ilex micrococca Maxim. ●
204056 Ilex micrococca Maxim. var. longifolia Hayata = Ilex micrococca Maxim. ●
204057 Ilex micrococca Maxim. var. polyneura Hand. -Mazz. = Ilex polyneura (Hand. -Mazz.) S. Y. Hu ●
204058 Ilex micropyrena C. Y. Wu ex Y. R. Li;小核冬青;Small-pyrene Holly,Small-stone Holly ●
204059 Ilex miguensis S. Y. Hu;米谷冬青;Migu Holly ●
204060 Ilex mitis (L.) Radlk.;柔冬青(红叶冬青,柔软冬青);Cape Holly,Water Pear,Water Tree,Waterwood,Whitewood ●☆
204061 Ilex mitis (L.) Radlk. var. schliebenii Loes.;希里柔冬青●☆
204062 Ilex mitis Radlk. = Ilex mitis (L.) Radlk. ●☆
204063 Ilex monopyrena G. Watt. ex Loes. = Ilex dipyrena Wall. ●
204064 Ilex montana Torr. et A. Gray;山冬青;Large-leaved Holly,Mountain Holly,Mountain Winterberry ●☆
204065 Ilex montana Torr. et A. Gray var. hupehensis (Loes.) Fernald = Ilex macrocarpa Oliv. ●
204066 Ilex montana Torr. et A. Gray var. hupehensis Fernald = Ilex macrocarpa Oliv. ●
204067 Ilex montana Torr. et A. Gray var. macropoda (Miq.) Fernald = Ilex macropoda Miq. ●
204068 Ilex monticola A. Gray var. macropoda (Miq.) Rehder = Ilex macropoda Miq. ●
204069 Ilex morii Yamam. = Ilex pedunculosa Miq. ●
204070 Ilex mucronata (L.) M. Powell, Savol. et S. Andréws = Nemopanthus mucronata (L.) Trel. ●☆
204071 Ilex mutchagara Makino;冲绳冬青●☆
204072 Ilex mutchagara Makino = Ilex formosana Maxim. ●
204073 Ilex mutchagara Makino = Ilex maximowicziana Loes. var. kanehirae (Yamam.) T. Yamaz. ●
204074 Ilex mutchagara Makino = Ilex maximowicziana Loes. ●
204075 Ilex mutchagara Makino var. kanehirae (Yamam.) Masam. = Ilex maximowicziana Loes. ●
204076 Ilex mutchagara Makino var. kanehirae (Yamam.) Masam. = Ilex triflora Blume var. kanehirae (Yamam.) S. Y. Hu ●
204077 Ilex myriadenia Hance = Ilex chinensis Sims ●
204078 Ilex myrtifolia Walter;番桃叶冬青(香桃木叶冬青);Myrtle Dahoon, Myrtle Holly, Myrtleleaf Holly, Myrtle-leaf Holly, Yaupon ●☆
204079 Ilex nanchuanensis Z. M. Tan;南川冬青;Nanchuan Holly ●
204080 Ilex nanningensis Hand. -Mazz.;南宁冬青;Nanning Holly ●
204081 Ilex nemotoi Makino;福岛冬青;Nemoto Holly ●☆
204082 Ilex nemotoi Makino = Ilex nipponica Makino ●☆
204083 Ilex nemotoi Makino = Ilex serrata Thunb. ●
204084 Ilex nepalensis Spreng. = Ilex excelsa (Wall.) Hook. f. ●
204085 Ilex nilagirica Miq. ex Hook. f. = Ilex denticulata Wall. ●
204086 Ilex ningdeensis C. J. Tseng;宁德冬青;Ningde Holly ●
204087 Ilex nipponica Makino;日本冬青●☆
204088 Ilex nitidissima C. J. Tseng;亮叶冬青(尾叶冬青);Shinyleaf Holly,Shiny-leaved Holly ●
204089 Ilex nokoensis Hayata = Symplocos nokoensis (Hayata) Kaneh. ●
204090 Ilex nothofagaciifolia Kingdon-Ward;小圆叶冬青;Small-round-leaved Holly ●
204091 Ilex nubicola C. Y. Wu ex Y. R. Li;云中冬青;Cloudland Holly,Nubicolous Holly ●
204092 Ilex nuculicava S. Y. Hu;洼皮冬青(洞果冬青);Cavernous-stone Holly,Nutlikeseed Holly ●
204093 Ilex nuculicava S. Y. Hu f. brevipedicellata (S. Y. Hu) T. R. Dudley = Ilex nuculicava S. Y. Hu ●
204094 Ilex nuculicava S. Y. Hu f. glabra (S. Y. Hu) C. J. Tseng = Ilex nuculicava S. Y. Hu var. glabra S. Y. Hu ●
204095 Ilex nuculicava S. Y. Hu var. autumnalis S. Y. Hu;秋花洼皮冬青;Autumn-flower Nutlikeseed Holly ●
204096 Ilex nuculicava S. Y. Hu var. brevipedicellata S. Y. Hu = Ilex nuculicava S. Y. Hu var. glabra S. Y. Hu ●
204097 Ilex nuculicava S. Y. Hu var. brevipedicellata S. Y. Hu = Ilex nuculicava S. Y. Hu ●
204098 Ilex nuculicava S. Y. Hu var. glabra S. Y. Hu;光枝洼皮冬青;Glabrous-branches Holly ●
204099 Ilex nuculicava var. brevipedicellata S. Y. Hu = Ilex nuculicava S. Y. Hu ●
204100 Ilex nummularia Franch. et Sav. = Ilex crenata Thunb. ●
204101 Ilex oblata (W. E. Evans) H. F. Comber = Ilex nothofagaciifolia Kingdon-Ward ●
204102 Ilex oblata Comber = Ilex subcrenata S. Y. Hu ●
204103 Ilex oblonga C. J. Tseng;长圆果冬青;Oblong-fruit Holly,Oblong-fruited Holly ●
204104 Ilex occulta C. J. Tseng;粤桂冬青(隐脉冬青);Guangdong-Guangxi Holly,Occult-nerved Holly ●
204105 Ilex odorata Buch. -Ham. = Ilex forrestii Comber ●
204106 Ilex odorata Buch. -Ham. ex D. Don var. tephrophylla Loes. = Ilex tetramera (Rehder) C. J. Tseng ●
204107 Ilex odorata Buch. -Ham. var. tephrophylla Loes. = Ilex forrestii Comber ●
204108 Ilex odorata Buch. -Ham. var. tephrophylla Loes. = Ilex tetramera (Rehder) C. J. Tseng ●
204109 Ilex oldhamii Miq. = Ilex chinensis Sims ●
204110 Ilex oligadenia Merr. et Chun = Ilex cochinchinensis (Lour.) Loes. ●
204111 Ilex oligodonta Merr. et Chun;少齿冬青(疏齿冬青);Oligodontous Holly ●
204112 Ilex omeiensis Hu et Ts. Tang;峨眉冬青;Emei Holly,Omei Holly ●
204113 Ilex omeiensis S. Y. Hu = Ilex omeiensis Hu et Ts. Tang ●
204114 Ilex opaca Aiton;美国冬青(矮冬青,白冬青,常青冬青,齿叶冬青,多刺冬青,美洲冬青,沙冬青,圣诞冬青);American Holl,Armenian Holly y,Pecan Hickory,White Holly ●
204115 Ilex opaca Aiton 'Arden';阿尔丁美国冬青●☆

204116 Ilex opaca Aiton 'Christmas Spray';圣诞树美国冬青●☆
204117 Ilex opaca Aiton 'Cobalt';麻烦美国冬青●☆
204118 Ilex opaca Aiton 'Hedgeholly';绿篱美国冬青●☆
204119 Ilex opaca Aiton 'Johnson';约翰逊美国冬青●☆
204120 Ilex opaca Aiton 'Marion';马里恩美国冬青●☆
204121 Ilex opaca Aiton 'Maryland Dwarf';马里兰德矮美国冬青;Maryland Dwarf American Holly ●☆
204122 Ilex opaca Aiton 'Morgan Gold';摩根金美国冬青●☆
204123 Ilex opaca Aiton 'Old Faithful';老实泉美国冬青●☆
204124 Ilex opaca Aiton 'Silika King';硅土之王美国冬青●☆
204125 Ilex opaca Aiton f. xanthocarpa Rehder = Ilex opaca Aiton var. xanthocarpa Rehder ●☆
204126 Ilex opaca Aiton var. xanthocarpa Rehder;黄果美国冬青●☆
204127 Ilex opaca Sol. = Ilex opaca Aiton ●
204128 Ilex opienensis S. Y. Hu = Ilex fragilis Hook. f. f. kingii Loes. ●
204129 Ilex opienensis S. Y. Hu = Ilex fragilis Hook. f. ●
204130 Ilex orixa Spreng. = Orixa japonica Thunb. ●
204131 Ilex othera Spreng. = Ilex integra Thunb. ●◇
204132 Ilex oxyphylla Miq. = Ilex asprella (Hook. et Arn.) Champ. ex Benth. ●
204133 Ilex pachyphylla Merr.;菲律宾厚叶冬青;Pachyleaf Holly ●☆
204134 Ilex paludosa ? = Ilex crenata Thunb. var. radicans (Nakai ex H. Hara) Murai ●☆
204135 Ilex paraguariensis A. St. -Hil.;巴拉圭冬青(巴拉圭茶);Brazil Tea, Jesuit Tea, Jesuit's Brazil Tea, Paraguay Holly, Paraguay Tea, Yerba ●☆
204136 Ilex paraguariensis Don = Ilex paraguariensis A. St. -Hil. ●☆
204137 Ilex parvifolia Hayata = Ilex yunnanensis Franch. var. parvifolia (Hayata) S. Y. Hu ●
204138 Ilex pedunculosa Miq.;具柄冬青(长梗冬青,长轴冬青,冬青,刻脉冬青,落霜红,一口红,一口血);Longipediceled Holly, Long-pedicel Holly, Longstalk Holly, Long-stalk Holly, Long-stalked Holly ●
204139 Ilex pedunculosa Miq. = Ilex stenophylla Merr. et Chun ●
204140 Ilex pedunculosa Miq. f. aurantiaca (Koidz.) Ohwi;黄果具柄冬青●☆
204141 Ilex pedunculosa Miq. f. continentalis Loes. ex Diels = Ilex pedunculosa Miq. ●
204142 Ilex pedunculosa Miq. f. genuina Loes. = Ilex pedunculosa Miq. ●
204143 Ilex pedunculosa Miq. f. longipedunculata S. Watan. = Ilex pedunculosa Miq. ●
204144 Ilex pedunculosa Miq. f. variegata (Nakai) Ohwi;黄斑具柄冬青●☆
204145 Ilex pedunculosa Miq. var. aurantiaca Koidz. = Ilex pedunculosa Miq. ●
204146 Ilex pedunculosa Miq. var. aurantiaca Koidz. = Ilex pedunculosa Miq. f. aurantiaca (Koidz.) Ohwi ●☆
204147 Ilex pedunculosa Miq. var. continentalis Loes.;长轴冬青;Continental Longpedicel Holly ●
204148 Ilex pedunculosa Miq. var. senjoensis (Hayashi) H. Hara = Ilex pedunculosa Miq. ●
204149 Ilex pedunculosa Miq. var. taiwanensis (S. Y. Hu) H. L. Li = Ilex sugerokii Maxim. var. brevipedunculata (Maxim.) S. Y. Hu ●
204150 Ilex pedunculosa Miq. var. taiwanensis S. Y. Hu = Ilex sugerokii Maxim. var. brevipedunculata (Maxim.) S. Y. Hu ●
204151 Ilex pedunculosa Miq. var. taiwanensis S. Y. Hu = Ilex sugerokii Maxim. ●
204152 Ilex pedunculosa Miq. var. variegata Nakai = Ilex pedunculosa Miq. ●
204153 Ilex pedunculosa Miq. var. variegata Nakai = Ilex pedunculosa Miq. f. variegata (Nakai) Ohwi ●☆
204154 Ilex peiradena S. Y. Hu;上思冬青;Shangsi Holly ●
204155 Ilex pentagona S. K. Chen, Y. X. Feng et C. F. Liang;五棱苦丁茶;Five-angular Holly ●
204156 Ilex perado Link = Ilex perado Webb et Berthel. ●☆
204157 Ilex perado Webb et Berthel.;加那利冬青;Canary Holly, Madeira Holly ●☆
204158 Ilex perado Webb et Berthel. subsp. platyphylla (Webb et Berthel.) Tutin;宽叶加那利冬青●☆
204159 Ilex percoriacea Tuyama;革质冬青●☆
204160 Ilex percoriacea Tuyama = Ilex mertensii Maxim. ●☆
204161 Ilex perlata C. Chen et S. C. Huang ex Y. R. Li;巨叶冬青;Giant-leaf Holly ●
204162 Ilex pernyi Franch.;猫儿刺(八角刺,狗骨头,老鼠刺,猫儿屎,裴氏冬青,雀不站);Perny Holly, Perny's Holly ●
204163 Ilex pernyi Franch. 'Jermyns Dwarfr';矮生猫儿刺●☆
204164 Ilex pernyi Franch. = Ilex perryana S. Y. Hu ●
204165 Ilex pernyi Franch. f. veitchii (Rehder) Rehder = Ilex bioritsensis Hayata ●
204166 Ilex pernyi Franch. var. manipurensis Loes. = Ilex georgei Comber ●
204167 Ilex pernyi Franch. var. veitchii Bean;维奇冬青;Veitch Holly ●
204168 Ilex pernyi Franch. var. veitchii Bean = Ilex bioritsensis Hayata ●
204169 Ilex pernyi Franch. var. veitchii Rehder = Ilex bioritsensis Hayata ●
204170 Ilex perryana S. Y. Hu;皱叶冬青(岩生匍匐冬青,皱叶枸骨);Rockcolous Holly ●
204171 Ilex phanerophlebia Merr. = Ilex kwangtungensis Merr. ●
204172 Ilex phyllobolus Maxim.;楔叶冬青●☆
204173 Ilex pingheensis C. J. Tseng;平和冬青;Pinghe Holly ●
204174 Ilex pingnanensis S. Y. Hu;平南冬青;Pingnan Holly ●
204175 Ilex platyphylla Webb et Berthel. = Ilex perado Webb et Berthel. subsp. platyphylla (Webb et Berthel.) Tutin ●☆
204176 Ilex pleiobrachiata Loes.;多枝冬青●☆
204177 Ilex polyneura (Hand. -Mazz.) S. Y. Hu;多脉冬青(青皮树);Many-nerne Holly, Multi-nerved Holly ●
204178 Ilex polyneura (Hand. -Mazz.) S. Y. Hu var. glabra S. Y. Hu = Ilex polypyrena C. J. Tseng et B. W. Liu ●
204179 Ilex polypyrena C. J. Tseng et B. W. Liu;多核冬青;Many-pyrene Holly, Polystone Holly ●
204180 Ilex poneantha Koidz. = Ilex kusanoi Hayata ●
204181 Ilex poneantha Koidz. = Ilex macrocarpa Oliv. ●
204182 Ilex pseudogodajam Franch. = Ilex micrococca Maxim. ●
204183 Ilex pseudomachilifolia C. Y. Wu ex Y. R. Li;假楠叶冬青;False Machilus-leaved Holly, Machiloid Holly ●
204184 Ilex pubescens Hook. et Arn.;毛冬青(茶叶冬青,喉毒药,火烫药,苦田螺,老鼠啃,六月霜,毛披树,密毛冬青,密毛假黄杨,山冬青,山桐油,山熊胆,水火药,酸味木,乌尾丁,细冬青,细叶冬青,细叶青,痈树);Downy Holly, Pubescent Holly ●
204185 Ilex pubescens Hook. et Arn. var. glaber C. C. Chang;秃毛冬青;Glabrous Pubescent Holly ●
204186 Ilex pubescens Hook. et Arn. var. glabra H. T. Chang = Ilex pubescens Hook. et Arn. ●
204187 Ilex pubescens Hook. et Arn. var. kwangsiensis Hand. -Mazz.;广西毛冬青;Guangxi Pubescent Holly ●

204188 Ilex pubigera (C. Y. Wu ex Y. R. Li) S. K. Chen et Y. X. Feng; 有毛冬青;Pubescent Holly ●

204189 Ilex pubilimba Merr. et Chun; 毛叶冬青(毛枝冬青); Pubescentleaf Holly ●

204190 Ilex punctatilimba C. Y. Wu ex Y. R. Li;点叶冬青;Punctate Holly,Punctatelimb Holly ●

204191 Ilex purpurea Hassk. = Ilex chinensis Sims ●

204192 Ilex purpurea Hassk. f. oldhamii (Miq.) Loes. = Ilex chinensis Sims ●

204193 Ilex purpurea Hassk. var. leveilleana Loes. = Ilex pedunculosa Miq. ●

204194 Ilex purpurea Hassk. var. myriadenia (Hance) Loes. = Ilex chinensis Sims ●

204195 Ilex purpurea Hassk. var. oldhami (Miq.) Loes. ex Diles = Ilex chinensis Sims ●

204196 Ilex purpurea Hassk. var. pubigera C. Y. Wu ex Y. R. Li = Ilex pubigera (C. Y. Wu ex Y. R. Li) S. K. Chen et Y. X. Feng ●

204197 Ilex purpurea Hassk. var. umbratica Loes.;耐荫冬青●☆

204198 Ilex pyrifolia C. J. Tseng;梨叶冬青;Pear-leaf Holly,Pear-leaved Holly ●

204199 Ilex qinglingshanensis C. Z. Zheng;黔灵山冬青;Qianlingshan Holly ●

204200 Ilex qingyuanensis C. Z. Zheng;庆元冬青;Qingyuan Holly ●

204201 Ilex racemosa Oliv. = Perrottetia racemosa (Oliv.) Loes. ●

204202 Ilex radicans Nakai = Ilex crenata Thunb. var. radicans (Nakai ex H. Hara) Murai ●☆

204203 Ilex radicans Nakai var. paludosa ? = Ilex crenata Thunb. var. radicans (Nakai ex H. Hara) Murai ●☆

204204 Ilex rarasanensis Sasaki;拉拉山冬青;Lalashan Holly ●

204205 Ilex reevesae S. Y. Hu = Ilex macrocarpa Oliv. var. reevesae (S. Y. Hu) S. Y. Hu ●

204206 Ilex reevesiana Fortune = Ilex cornuta Lindl. et Paxton ●

204207 Ilex reticulata C. J. Tseng;网脉冬青;Net-veined Holly ●

204208 Ilex retusifolia S. Y. Hu;微凹冬青;Retuse-leaf Holly ●

204209 Ilex revoluta P. C. Tam = Ilex tamii T. R. Dudley ●

204210 Ilex rhamnifolia Merr.;鼠李叶冬青;Rhamnusleaf Holly ●

204211 Ilex rhamnifolia Merr. = Ilex aculeolata Nakai ●

204212 Ilex rivularis Y. K. Li = Ilex lihuaiensis T. R. Dudley ●

204213 Ilex robusta C. J. Tseng; 粗枝冬青; Robust Holly, Robustus Holly ●

204214 Ilex robustinervosa C. J. Tseng = Ilex robustinervosa C. J. Tseng ex S. K. Chen et Y. X. Feng ●

204215 Ilex robustinervosa C. J. Tseng ex S. K. Chen et Y. X. Feng;粗脉冬青;Robuste-vein Holly,Thick-nerved Holly ●

204216 Ilex rockii S. Y. Hu;滇藏冬青(高山冬青,洛氏冬青);Rock Holly ●

204217 Ilex rotunda Thunb.;铁冬青(白沉香,白凡木,白兰香,白木香,白皮冬青,白银,白银木,白银树,白银香,大叶冬青,冬青柴,冬青仔,狗屎木,过山风,红熊胆,九层皮,救必应,龙胆仔,毛铁冬青,山冬青,山熊胆,碎骨木,微果冬青,细果铁冬青,消癀药,小风藤,小果铁冬青,熊胆木,羊不食);Chinese Holly,Iron Holly,Kurogane Holly, Ovateleaf Holly, Ovate-leaved Holly, Smallfruit Holly,Small-fruited Chinese Holly ●

204218 Ilex rotunda Thunb. = Ilex excelsa (Wall.) Hook. f. ●

204219 Ilex rotunda Thunb. = Ilex godajam Colebr. ex Wall. ●

204220 Ilex rotunda Thunb. f. xanthocarpa Uyeki et Tokui;黄果铁冬青●☆

204221 Ilex rotunda Thunb. f. xanthocarpa Uyeki et Tokui = Ilex rotunda Thunb. ●

204222 Ilex rotunda Thunb. var. hainanina Loes. = Ilex hainanensis Merr. ●

204223 Ilex rotunda Thunb. var. microcarpa (Lindl. ex Paxton) S. Y. Hu = Ilex rotunda Thunb. ●

204224 Ilex rotunda Thunb. var. piligera Loes. = Ilex godajam Colebr. ex Wall. ●

204225 Ilex rotunda Thunb. var. piligera Loes. = Ilex rotunda Thunb. ●

204226 Ilex rugosa F. Schmidt;褶皱冬青●☆

204227 Ilex rugosa F. Schmidt f. vegeta Hara = Ilex rugosa F. Schmidt ●☆

204228 Ilex rugosa F. Schmidt var. fauriei ? = Ilex makinoi Hara ●☆

204229 Ilex rugosa F. Schmidt var. hondoensis T. Yamaz. = Ilex rugosa F. Schmidt ●☆

204230 Ilex rugosa F. Schmidt var. stenophylla (Koidz.) Sugim.;窄叶褶皱冬青●☆

204231 Ilex rugosa F. Schmidt var. stenophylla (Koidz.) Sugim. = Ilex rugosa F. Schmidt ●☆

204232 Ilex rugosa F. Schmidt var. stenophylla Sugim. = Ilex rugosa F. Schmidt var. stenophylla (Koidz.) Sugim. ●☆

204233 Ilex rugosa F. Schmidt var. vegeta Hara = Ilex rugosa F. Schmidt ●☆

204234 Ilex salicina Hand.-Mazz.;柳叶冬青(水黄柞);Willowleaf Holly,Willow-leaved Holly ●

204235 Ilex sasakii Yamam. = Ilex rotunda Thunb. ●

204236 Ilex saxicola C. J. Tseng et H. H. Li;石生冬青;Rock Holly,Saxatile Holly ●

204237 Ilex scoriatula Koidz. = Ilex maximowicziana Loes. ●

204238 Ilex senjoensis Hayashi = Ilex pedunculosa Miq. ●

204239 Ilex serrata Thunb.;落霜红(齿叶冬青,疮草,锯齿冬青,猫秋子草,毛仔树,细毛冬青,细毛全冬,细叶冬青,小叶冬青,硬毛冬青);Finetooth Holly,Japanese Winter Berry,Japanese Winter-berry,Serrate Holly ●

204240 Ilex serrata Thunb. f. alba Hiyama;白落霜红●

204241 Ilex serrata Thunb. f. alba Hiyama = Ilex serrata Thunb. ●

204242 Ilex serrata Thunb. f. argutidens (Miq.) Sa. Kurata;锐尖落霜红●☆

204243 Ilex serrata Thunb. f. argutidens (Miq.) Sa. Kurata = Ilex serrata Thunb. f. xanthocarpa (Rehder) Rehder ●☆

204244 Ilex serrata Thunb. f. argutidens (Miq.) Sa. Kurata = Ilex serrata Thunb. ●

204245 Ilex serrata Thunb. f. glabrifolia Sa. Kurata;光叶落霜红●☆

204246 Ilex serrata Thunb. f. koshobai H. Hara = Daphne kiusiana Miq. ●

204247 Ilex serrata Thunb. f. koshobai H. Hara = Ilex serrata Thunb. ●

204248 Ilex serrata Thunb. f. leucocarpa Beissn.;白果落霜红●☆

204249 Ilex serrata Thunb. f. subtilis (Miq.) Ohwi = Ilex serrata Thunb. ●

204250 Ilex serrata Thunb. f. subtilis Ohwi = Ilex serrata Thunb. f. subtilis (Miq.) Ohwi ●

204251 Ilex serrata Thunb. f. xanthocarpa (Rehder) Rehder;黄果落霜红●☆

204252 Ilex serrata Thunb. var. argutidens (Miq.) Rehder = Ilex serrata Thunb. f. argutidens (Miq.) Sa. Kurata ●☆

204253 Ilex serrata Thunb. var. argutidens (Miq.) Rehder = Ilex serrata Thunb. ●

204254 Ilex serrata Thunb. var. nipponica (Makino) Ohwi = Ilex nipponica Makino ●☆

204255 Ilex serrata Thunb. var. sieboldii (Miq.) Rehder;硬毛落霜红(硬毛锯齿冬青);Siebold Serrate Holly ●

204256 Ilex serrata Thunb. var. sieboldii (Miq.) Rehder = Ilex serrata Thunb. ●

204257 Ilex serrata Thunb. var. sieboldii (Miq.) Rehder f. leucocarpa ? = Ilex serrata Thunb. ●

204258 Ilex serrata Thunb. var. subtilis (Miq.) Loes. = Ilex serrata Thunb. ●

204259 Ilex serrata Thunb. var. subtilis (Miq.) Yatabe = Ilex serrata Thunb. ●

204260 Ilex serrata Thunb. var. xanthocarpa Rehder = Ilex serrata Thunb. f. xanthocarpa (Rehder) Rehder ●☆

204261 Ilex serrata Thunb. var. xanthocarpa Rehder = Ilex serrata Thunb. ●

204262 Ilex shennongjiaensis T. R. Dudley et S. C. Sun;神农架冬青;Shengnongjia Holly ●

204263 Ilex shimeica P. C. Tam;石枚冬青;Shimei Holly ●

204264 Ilex shweliensis Comber;瑞丽冬青;Ruili Holly ●

204265 Ilex shweliensis Comber = Ilex kwangtungensis Merr. ●

204266 Ilex shweliensis H. F. Comber = Ilex kwangtungensis Merr. ●

204267 Ilex sieboldii Miq. = Ilex serrata Thunb. ●

204268 Ilex sieboldii Miq. var. subtilis (Miq.) Yatabe = Ilex serrata Thunb. ●

204269 Ilex sikkimensis King = Ilex sikkimensis Kurz ●

204270 Ilex sikkimensis Kurz;锡金冬青(锡金红果冬青);Sikkim Holly ●

204271 Ilex sikkimensis Kurz var. coccinea H. F. Comber = Ilex sikkimensis Kurz ●

204272 Ilex sinica (Loes.) S. Y. Hu;中华冬青(华冬青);China Holly, Chinese Holly ●

204273 Ilex skimmia Spreng. = Skimmia japonica Thunb. ●

204274 Ilex spathulata Steyerm. = Ilex nipponica Makino ●☆

204275 Ilex stenocarpa Pojark.;狭果冬青●☆

204276 Ilex stenophylla Merr. et Chun;华南冬青;S. China Holly, South China Holly ●

204277 Ilex stenophylla Merr. et Chun = Ilex rugosa F. Schmidt ●☆

204278 Ilex stewardii S. Y. Hu;黔越冬青(黔桂冬青);Steward Holly ●

204279 Ilex strigillosa T. R. Dudley;粗毛冬青;Strigilose Holly ●

204280 Ilex suaveolens (H. Lév.) Loes.;香冬青;Fragrant Holly ●

204281 Ilex suaveolens (H. Lév.) Loes. var. brevipetiola W. S. Wu et Y. X. Luo = Ilex ficifolia C. T. Tseng ex S. K. Chen et Y. X. Feng ●

204282 Ilex suaveolens (H. Lév.) Loes. var. sterrophylla (Merr. et Chun) Hung T. Chang = Ilex stenophylla Merr. et Chun ●

204283 Ilex subcoriacea Z. M. Tan;薄革叶冬青;Subcoriaceous Holly ●

204284 Ilex subcrenata S. Y. Hu;拟钝齿冬青;Subcrenate Holly ●

204285 Ilex subficoidea S. Y. Hu;拟榕叶冬青;False Figleaf Holly ●

204286 Ilex sublongecaudata C. J. Tseng et S. Liu ex Y. R. Li;拟长尾冬青;Sublongicaudate Holly, Sublongtail Holly ●

204287 Ilex subodorata S. Y. Hu;微香冬青;Slight-fragrant Holly, Subfragrant Holly ●

204288 Ilex subpuberula Miq. = Ilex buergeri Miq. ●

204289 Ilex subrotundifolia C. J. Qi et Q. Z. Lin = Ilex elmerrilliana S. Y. Hu ●

204290 Ilex subrugosa Loes.;异齿冬青(次糙冬青,突脉冬青,皱冬青);Subrugged Holly ●

204291 Ilex subtilis Miq. = Ilex serrata Thunb. ●

204292 Ilex sugerokii Maxim.;太平山冬青(富士冬青,苏格罗克冬青);Sugerok Holly ●

204293 Ilex sugerokii Maxim. f. brevipedunculata (Maxim.) Hu = Ilex yunnanensis Franch. ●

204294 Ilex sugerokii Maxim. f. brevipedunculata Maxim. = Ilex sugerokii Maxim. var. brevipedunculata (Maxim.) S. Y. Hu ●

204295 Ilex sugerokii Maxim. f. longipedunculata Maxim. = Ilex sugerokii Maxim. ●

204296 Ilex sugerokii Maxim. subsp. brevipedunculata (Maxim.) Makino = Ilex sugerokii Maxim. ●

204297 Ilex sugerokii Maxim. subsp. brevipedunculata (Maxim.) Makino = Ilex sugerokii Maxim. var. brevipedunculata (Maxim.) S. Y. Hu ●

204298 Ilex sugerokii Maxim. subsp. longipedunculata (Maxim.) Makino = Ilex sugerokii Maxim. ●

204299 Ilex sugerokii Maxim. var. brevipedunculata (Maxim.) S. Y. Hu;短柄太平山冬青(短柄富士冬青,短梗太平山冬青,鹿场山冬青,台湾冬青,太平冬青,太平山冬青);Shortstalk Sugerok Holly, Sugerok Holly, Taiwan Holly ●

204300 Ilex sugerokii Maxim. var. brevipedunculata (Maxim.) S. Y. Hu = Ilex sugerokii Maxim. ●

204301 Ilex sugerokii Maxim. var. longipedunculata (Maxim.) Makino;长柄太平山冬青;Long-stalk Sugerok Holly ●☆

204302 Ilex sugerokii Maxim. var. longipedunculata (Maxim.) Makino = Ilex sugerokii Maxim. ●

204303 Ilex suichangensis C. Z. Zheng;遂昌冬青;Suichang Holly ●

204304 Ilex sulcata Wall. = Ilex umbellulata (Wall.) Loes. ●

204305 Ilex sulcata Wall. ex Hook. f. = Ilex umbellulata (Wall.) Loes. ●

204306 Ilex suzukii S. Y. Hu;铃木氏冬青(大贺山冬青,铃木冬青);Daheshan Holly, Suzuk Holly ●

204307 Ilex symplocina Chun;山矾叶冬青(山矾冬青);Symplocosleaf Holly ●☆

204308 Ilex synpyrena C. J. Tseng;合核冬青;Synpyrene Holly, Synstone Holly ●

204309 Ilex syzygiophylla C. J. Tseng = Ilex syzygiophylla C. J. Tseng ex S. K. Chen et Y. X. Feng ●

204310 Ilex syzygiophylla C. J. Tseng ex S. K. Chen et Y. X. Feng;蒲桃叶冬青;Syzygium-leaf Holly, Syzygium-leaved Holly ●

204311 Ilex szechwanensis Loes.;四川冬青;Sichuan Holly, Szechuan Holly ●

204312 Ilex szechwanensis Loes. f. angustata Loes. = Ilex szechwanensis Loes. ●

204313 Ilex szechwanensis Loes. f. calva Loes. ex Diels = Ilex szechwanensis Loes. ●

204314 Ilex szechwanensis Loes. f. puberula Loes. = Ilex szechwanensis Loes. ●

204315 Ilex szechwanensis Loes. f. villosa W. P. Fang et Z. M. Tan;长毛四川冬青;Villose Sichuan Holly ●

204316 Ilex szechwanensis Loes. f. villosa W. P. Fang et Z. M. Tan = Ilex triflora Blume ●

204317 Ilex szechwanensis Loes. var. heterophylla C. Y. Wu ex Y. R. Li;异叶四川冬青;Hetero-leaf Sichuan Holly ●

204318 Ilex szechwanensis Loes. var. heterophylla C. Y. Wu ex Y. R. Li = Ilex szechwanensis Loes. ●

204319 Ilex szechwanensis Loes. var. huiana T. R. Dudley;胡氏冬青(桂南四川冬青);Hu's Sichuan Holly ●

204320 Ilex szechwanensis Loes. var. mollissima C. Y. Wu ex Y. R. Li;

毛叶四川冬青(毛叶川冬青);Hairy-leaf Sichuan Holly ●

204321 Ilex szechwanensis Loes. var. scoriarum (W. W. Sm.) C. Y. Wu = Ilex szechwanensis Loes. ●

204322 Ilex szechwanensis S. Y. Hu = Ilex szechwanensis Loes. var. mollissima C. Y. Wu ex Y. R. Li ●

204323 Ilex taisanensis Hayata = Ilex sugerokii Maxim. var. brevipedunculata (Maxim.) S. Y. Hu ●

204324 Ilex taisanensis Hayata = Ilex sugerokii Maxim. ●

204325 Ilex taiwanensis (S. Y. Hu) H. L. Li = Ilex sugerokii Maxim. var. brevipedunculata (Maxim.) S. Y. Hu ●

204326 Ilex taiwanensis (S. Y. Hu) H. L. Li = Ilex sugerokii Maxim. ●

204327 Ilex taiwaniana Hayata = Ilex kusanoi Hayata ●

204328 Ilex taiwaniana Hayata = Ilex sugerokii Maxim. var. brevipedunculata (Maxim.) S. Y. Hu ●

204329 Ilex tamii T. R. Dudley;卷边冬青;Revolute Holly ●

204330 Ilex tarajo Goepp. = Ilex latifolia Thunb. ●

204331 Ilex tenuis C. J. Tseng;薄核冬青;Thin Holly, Thin-pyrene Holly ●

204332 Ilex tephrophylla (Loes.) S. Y. Hu = Ilex tetramera (Rehder) C. J. Tseng ●

204333 Ilex tephrophylla (Loes.) S. Y. Hu var. glabra C. Y. Wu ex Y. R. Li = Ilex tetramera (Rehder) C. J. Tseng var. glabra (C. Y. Wu ex Y. R. Li) T. R. Dudley ●

204334 Ilex terago Anon. = Ilex latifolia Thunb. ●

204335 Ilex tetramera (Rehder) C. J. Tseng var. glabra (C. Y. Wu ex Y. R. Li) T. R. Dudley;无毛灰叶冬青;Glabrous Greyleaf Holly ●

204336 Ilex tetramera (Rehder) H. Y. Zou = Ilex tetramera (Rehder) C. J. Tseng ●

204337 Ilex theicarpa Hand. -Mazz. = Ilex triflora Blume ●

204338 Ilex transarisanensis Hayata ex Kaneh. = Ilex yunnanensis Franch. var. parvifolia (Hayata) S. Y. Hu ●

204339 Ilex trichocarpa H. W. Li ex Y. R. Li;毛果冬青;Hairyfruit Holly ●

204340 Ilex trichoclada Hayata = Ilex pubescens Hook. et Arn. ●

204341 Ilex triflora Blume;三花冬青(茶冬青,茶果冬青,小冬青);Theafruit Holly, Thea-fruited Holly, Triflower Holly, Triflowered Holly ●

204342 Ilex triflora Blume var. horsfleldii (Miq.) Loes. = Ilex triflora Blume ●

204343 Ilex triflora Blume var. javensis Loes. = Ilex triflora Blume ●

204344 Ilex triflora Blume var. kanehirae (Yamam.) S. Y. Hu;钝头冬青(金平氏冬青);Kanehira Holly, Robust Triflower Holly ●

204345 Ilex triflora Blume var. kanehirae (Yamam.) S. Y. Hu = Ilex maximowicziana Loes. var. kanehirae (Yamam.) T. Yamaz. ●

204346 Ilex triflora Blume var. kanehirae (Yamam.) S. Y. Hu = Ilex maximowicziana Loes. ●

204347 Ilex triflora Blume var. kurziana Loes. = Ilex triflora Blume ●

204348 Ilex triflora Blume var. lobbiana (Rolfe) Loes. = Ilex triflora Blume ●

204349 Ilex triflora Blume var. sampsoniana Loes. = Ilex triflora Blume ●

204350 Ilex triflora Blume var. viridis (Champ. ex Benth.) Loes. = Ilex viridis Champ. ex Benth. ●

204351 Ilex tsangii S. Y. Hu;细枝冬青;Slender-branch Holly, Slender-twig Holly, Tsang Holly ●

204352 Ilex tsangii S. Y. Hu var. guangxiensis T. R. Dudley;瑶山细枝冬青(广西冬青);Yaoshan Holly ●

204353 Ilex tsiangiana C. J. Tseng;蒋英冬青;Tsiang Holly ●

204354 Ilex tsoii Merr. et Chun;紫果冬青;Purplefruit Holly, Purple-fruited Holly, Tso Holly ●

204355 Ilex tsoii Merr. et Chun var. guangxiensis T. R. Dudley;广西紫果冬青;Guangxi Holly ●

204356 Ilex tugitakayamensis Sasaki;能高山冬青(次高山冬青,雪山冬青);Nenggaoshan Holly, Tsukaoshan Holly ●

204357 Ilex tutcheri Merr.;南岭冬青(罗浮冬青);Tutcher Holly ●

204358 Ilex umbellulata (Wall.) Loes.;伞序冬青(多核冬青,伞花冬青);Umbellulate Holly ●

204359 Ilex umbellulata (Wall.) Loes. var. megalophylla Loes. = Ilex umbellulata (Wall.) Loes. ●

204360 Ilex umbellulata Loes. = Ilex godajam Colebr. ex Wall. ●

204361 Ilex umbellulata Loes. var. megalophylla Loes. = Ilex umbellulata (Wall.) Loes. ●

204362 Ilex unicanalicula C. J. Tseng = Ilex rotunda Thunb. ●

204363 Ilex unicanaliculata C. J. Tseng;具沟冬青;Single-grooved Holly, Unicanaliculat Holly ●

204364 Ilex unicanaliculata C. J. Tseng = Ilex rotunda Thunb. ●

204365 Ilex uraiensis Mori et Yamam.;乌来冬青(琉球冬青,南台冬青);Southern Taiwan Holly, Urai Holly, Wulai Holly ●◇

204366 Ilex uraiensis Mori et Yamam. var. formosae (Loes.) S. Y. Hu = Ilex uraiensis Mori et Yamam. ●◇

204367 Ilex uraiensis Mori et Yamam. var. macrophylla S. Y. Hu = Ilex uraiensis Mori et Yamam. ●◇

204368 Ilex uraiensis Yamam. = Ilex liukiuensis Loes. ●◇

204369 Ilex veitchii Veitch = Ilex bioritsensis Hayata ●

204370 Ilex venosa C. Y. Wu ex Y. R. Li;细脉冬青;Thin-veine Holly, Veined Holly ●

204371 Ilex venulosa Hook. f.;微脉冬青;Minute-veined Holly, Venulose Holly ●

204372 Ilex venulosa Hook. f. var. simplifrons S. Y. Hu;短梗微脉冬青;Short-stalk Venulose Holly ●

204373 Ilex verisimilis C. J. Tseng = Ilex verisimilis Chun et C. J. Tseng ex S. K. Chen et Y. X. Feng ●

204374 Ilex verisimilis Chun et C. J. Tseng ex S. K. Chen et Y. X. Feng;湿生冬青;Wetland Holly ●

204375 Ilex verisimilis Chun ex C. J. Tseng = Ilex verisimilis Chun et C. J. Tseng ex S. K. Chen et Y. X. Feng ●

204376 Ilex verticillata (L.) A. Gray;轮生冬青(美国冬青);Apalanche, Black Alder, Common Winterberry, Virginian Winterberry, Winterberry ●☆

204377 Ilex verticillata (L.) A. Gray 'Nana';矮轮生冬青●☆

204378 Ilex verticillata (L.) A. Gray 'Red Sprite';红精灵轮生冬青;Winterberry Holly ●☆

204379 Ilex verticillata (L.) A. Gray 'Winter Gold';冬黄轮生冬青;Coral Winterberry, Gold Winterberry ●☆

204380 Ilex verticillata (L.) A. Gray 'Winter Red';冬红轮生冬青;Winter Red Winterberry ●☆

204381 Ilex verticillata (L.) A. Gray f. aurantiaca (Moldenke) Rehder;橙黄轮生冬青●☆

204382 Ilex verticillata (L.) A. Gray subsp. tenuifolia (Torr.) E. Murray = Ilex verticillata (L.) A. Gray ●☆

204383 Ilex verticillata (L.) A. Gray var. cyclophylla B. L. Rob. = Ilex verticillata (L.) A. Gray ●☆

204384 Ilex verticillata (L.) A. Gray var. fastigiata (E. P. Bicknell) Fernald = Ilex verticillata (L.) A. Gray ●☆

204385 Ilex verticillata (L.) A. Gray var. padifolia (Willd.) Torr. et A. Gray ex S. Watson = Ilex verticillata (L.) A. Gray ●☆

204386 Ilex verticillata (L.) A. Gray var. tenuifolia (Torr.) S. Watson = Ilex verticillata (L.) A. Gray ●☆

204387 Ilex verticillata A. Gray = Ilex verticillata (L.) A. Gray ●☆

204388 Ilex viridis Champ. ex Benth.;绿冬青(大叶帽子,鸡子樵,亮叶冬青,青皮子樵,细叶冬青,细叶三花冬青);Green Holly ●

204389 Ilex viridis Champ. ex Benth. var. brevipedicellata Z. M. Tan;短梗亮叶冬青;Short-pedicel Green Holly ●

204390 Ilex viridis Champ. ex Benth. var. brevipedicellata Z. M. Tan = Ilex triflora Blume ●

204391 Ilex vomitoria Aiton;代茶冬青(催吐冬青);Appalachian Tea, Carolina Tea, Cassena, Dahoon, Dwarf Yaupon, Yaupon, Yaupon Holly, Yaupon Tea ●☆

204392 Ilex vomitoria Aiton 'Nana';矮生代茶冬青;Dwarf Yaupon Holly ●☆

204393 Ilex vomitoria Aiton 'Pendula';垂枝代茶冬青;Weeping Yaupon Holly ●☆

204394 Ilex vomitoria Aiton 'Will Fleming';威尔弗莱明代茶冬青;Holly, Will Fleming Yaupon ●☆

204395 Ilex wangiana S. Y. Hu;假枝冬青(假枝珊瑚冬青,维西冬青);Wang Holly ●

204396 Ilex warburgii Loes.;沃氏冬青(华氏冬青,台湾糊樗);Warburg Holly ●

204397 Ilex warburgii Loes. = Ilex ficoidea Hemsl. ex Forbes et Hemsl. ●

204398 Ilex wardii Merr.;滇缅冬青(柃叶冬青,思茅冬青,碎束花,瓦氏冬青);Ward Holly ●

204399 Ilex wattii Loes.;假香冬青;Watt's Holly ●

204400 Ilex wenchowensis S. Y. Hu;温州冬青;Wenzhou Holly ●

204401 Ilex wilsonii Loes.;尾叶冬青(江南冬青,威氏冬青);E. H. Wilson Holly, Wilson Holly ●

204402 Ilex wilsonii Loes. var. handel-mazzettii T. R. Dudley;云山冬青(武冈尾叶冬青);Yunshan E. H. Wilson Holly ●

204403 Ilex wuana T. R. Dudley;征镒冬青;Wu Holly ●

204404 Ilex wugongshanensis C. J. Tseng ex S. K. Chen et Y. X. Feng;武功山冬青;Wugongshan Holly ●

204405 Ilex wugonshanensis C. J. Tseng = Ilex wugongshanensis C. J. Tseng ex S. K. Chen et Y. X. Feng ●

204406 Ilex xiaojinensis Y. Q. Wang et P. Y. Chen;小金冬青;Xiaojin Holly ●

204407 Ilex xizangensis Y. R. Li;西藏冬青;Xizang Holly ●

204408 Ilex xylosmifolia C. Y. Wu ex Y. R. Li;柞叶冬青;Xylosmae-leaved Holly, Xylosma-leaf Holly ●

204409 Ilex xylosmifolia C. Y. Wu ex Y. R. Li = Ilex longzhouensis C. J. Tseng ●

204410 Ilex yangchunensis C. J. Tseng;阳春冬青;Yangchun Holly ●

204411 Ilex yanlingensis C. J. Qi et Q. Z. Lin;炎陵冬青;Yanling Holly ●

204412 Ilex yuiana S. Y. Hu;独龙冬青;Yu Holly ●

204413 Ilex yunnanensis Franch.;云南冬青(滇冬青,椒子树,青檀树,万年青);Yunnan Holly ●

204414 Ilex yunnanensis Franch. f. gentilis Loes. = Ilex yunnanensis Franch. var. gentilis Loes. ●

204415 Ilex yunnanensis Franch. var. brevipedunculata S. Y. Hu = Ilex yunnanensis Franch. ●

204416 Ilex yunnanensis Franch. var. eciliata S. Y. Hu = Ilex yunnanensis Franch. ●

204417 Ilex yunnanensis Franch. var. gentilis Loes.;光叶云南冬青(高贵云南冬青,光叶万年青);Glabrous Yunnan Holly, Smoothleaf Yunnan Holly ●

204418 Ilex yunnanensis Franch. var. parvifolia (Hayata) S. Y. Hu;小叶云南冬青(小叶冬青,云南冬青);Littleleaf Holly, Littleleaf Yunnan Holly, Smallleaf Holly, Small-leaved Yunnan Holly ●

204419 Ilex yunnanensis Franch. var. paucidentata S. Y. Hu;硬叶云南冬青;Hard-leaf Yunnan Holly ●

204420 Ilex zhejiangensis C. J. Tseng = Ilex zhejiangensis C. J. Tseng ex S. K. Chen et Y. X. Feng ●

204421 Ilex zhejiangensis C. J. Tseng ex S. K. Chen et Y. X. Feng;浙江冬青(浙江枸骨);Zhejiang Holly ●

204422 Iliamna Greene(1906);美洲草锦葵属■☆

204423 Iliamna rivularis Greene;溪畔美洲草锦葵;Mountain Globemallow ■☆

204424 Ilicaceae Bercht. et J. Presl = Aquifoliaceae Bercht. et J. Presl(保留科名)●

204425 Ilicaceae Brongn. = Aquifoliaceae Bercht. et J. Presl(保留科名)●

204426 Ilicaceae Dumort. = Aquifoliaceae Bercht. et J. Presl(保留科名)●

204427 Iliciodes Kuntze = Nemopanthus Raf.(保留属名)●☆

204428 Ilicioides Dum. Cours.(废弃属名) = Nemopanthus Raf.(保留属名)●☆

204429 Iliinia Korovin = Haloxylon Bunge ●

204430 Iliogeton Benth. = Ilyogeton Endl. ■

204431 Iliogeton Benth. = Vandellia L. ■

204432 Iljinia Korovin = Iljinia Korovin ex Kom. ●★

204433 Iljinia Korovin ex Kom. = Iljinia Korovin ex M. M. Iljin ●★

204434 Iljinia Korovin ex M. M. Iljin(1936);戈壁藜属(盐生木属);Iljinia ●★

204435 Iljinia regelii (Bunge) Korovin;戈壁藜(盐生木,盐生木藜,伊氏戈壁藜);Regel Iljinia ●

204436 Illa Adans. = Callicarpa L. ●

204437 Illa Adans. = Tomex L. ●

204438 Illairea Lenné et K. Koch = Caiophora C. Presl ■☆

204439 Illairea Lenné et K. Koch = Loasa Adans. ■●☆

204440 Illecebraceae R. Br. (1810)(保留科名);醉人花科(裸果木科)●■

204441 Illecebraceae R. Br.(保留科名) = Caryophyllaceae Juss.(保留科名)■●

204442 Illecebrella Kuntze = Illecebrum L. ■☆

204443 Illecebrum L. (1753);醉人花属;Coral-necklace, Iliecebrum ■☆

204444 Illecebrum Rupp. ex L. = Illecebrum L. ■☆

204445 Illecebrum Spreng. = Alternanthera Forssk. ■

204446 Illecebrum achyrantha L. = Alternanthera pungens Kunth ■

204447 Illecebrum arabicum L. = Paronychia arabica (L.) DC. ■☆

204448 Illecebrum brachiatum (L.) L. = Nothosaerva brachiata (L.) Wight ■☆

204449 Illecebrum capitatum L. = Paronychia capitata (L.) Lam. ■☆

204450 Illecebrum densum Humb. et Bonpl. ex Schult. = Guilleminea densa (Humb. et Bonpl. ex Schult.) Moq. ■☆

204451 Illecebrum densum Willd. = Guilleminea densa (Willd.) Moq. ■☆

204452 Illecebrum echinatum Poir. = Paronychia echinulata Chater ■☆

204453 Illecebrum ficoideum Jacq. = Alternanthera paronychioides A. St.-Hil. ■

204454 Illecebrum gnaphaloides Schousb. = Polycarpaea nivea (Aiton) Webb ■☆

204455 Illecebrum javanicum (Burm. f.) Murray = Aerva javanica (Burm. f.) Juss. ex Schult. ■☆

204456 Illecebrum lanatum (L.) L. = Aerva lanata (L.) Juss. ex Schult. ■☆

204457 Illecebrum lanatum (L.) Murray = Aerva lanata (L.) Juss. ex Schult. ■☆

204458 Illecebrum lanatum L. = Aerva lanata (L.) Juss. ex Schult. ■☆

204459 Illecebrum linearifolium (DC.) Pers. = Polycarpaea linearifolia (DC.) DC. ■☆

204460 Illecebrum longisetum Bertol. = Paronychia arabica (L.) DC. ■☆

204461 Illecebrum monsoniae L. f. = Trichuriella monsoniae (L. f.) Bennet ■

204462 Illecebrum monsoniae L. f. = Trichurus monsoniae (L. f.) C. C. Towns. ■

204463 Illecebrum obliquum Schumach. = Alternanthera pungens Kunth ■

204464 Illecebrum paronychia L. = Paronychia argentea Lam. ■☆

204465 Illecebrum peploides Humb. et Bonpl. = Alternanthera caracasana Kunth ■☆

204466 Illecebrum sessile (L.) L. = Alternanthera sessilis (L.) R. Br. ex DC. ■

204467 Illecebrum sessile L. = Alternanthera sessilis (L.) R. Br. ex DC. ■

204468 Illecebrum verticillatum Burm. f. = Portulaca quadrifida L. ■

204469 Illecebrum verticillatum L.;醉人花;Coral Necklace, Coral-necklace, Whidow-wort, Whiflowwort, Whorled Knotweed ■☆

204470 Illiciaceae (DC.) A. C. Sm. = Illiciaceae A. C. Sm. (保留科名)●

204471 Illiciaceae A. C. Sm. (1947)(保留科名);八角科;Illicium Family, Star-anise Family ●

204472 Illiciaceae Bercht. et J. Presl = Illiciaceae A. C. Sm. (保留科名)●

204473 Illiciaceae Tiegh. = Illiciaceae A. C. Sm. (保留科名)●

204474 Illicium L. (1759);八角属(八角茴香属);Anise Shrub, Anise Tree, Aniseed, Aniseed-tree, Anisetree, Anise-tree, Eightangle, Star-anise ●

204475 Illicium angustisepalum A. C. Sm.;大屿八角(假地枫皮);Angusti-sepal Anisetree ●

204476 Illicium anisatum L. = Illicium philippinense Merr. ●

204477 Illicium anisatum L. = Illicium religiosum Siebold et Zucc. ●

204478 Illicium anisatum L. = Illicium tashiroi Maxim. ●

204479 Illicium anisatum L. f. roseum (Makino) Okuyama;粉花八角 ●☆

204480 Illicium anisatum L. var. leucanthum Hayata = Illicium anisatum L. ●

204481 Illicium anisatum L. var. leucanthum Hayata = Illicium philippinense Merr. ●

204482 Illicium anisatum L. var. masa-ogatae (Makino) Honda;绪方八角●☆

204483 Illicium anisatum L. var. tashiroi (Maxim.) E. Walker = Illicium tashiroi Maxim. ●

204484 Illicium arborescens Hayata;台湾八角(八角仔,红八角,红花八角);Rose Anise, Rose Anise-tree, Taiwan Anisetree, Taiwan Anise-tree, Taiwan Eightangle, Taiwan Illicium ●

204485 Illicium arborescens Hayata var. oblongum Hayata = Illicium anisatum L. ●

204486 Illicium arborescens Hayata var. oblongum Hayata = Illicium arborescens Hayata ●

204487 Illicium arborescens Hayata var. oblongum Hayata = Illicium philippinense Merr. ●

204488 Illicium brevistylum A. C. Sm.;短柱八角(山八角);Shortstyle Eightangle, Short-style Holly, Short-styled Holly ●

204489 Illicium brevistylum A. C. Sm. = Illicium spathulatum Y. C. Wu ●

204490 Illicium burmanicum E. H. Wilson;中缅八角(缅八角,中国八角);Burma Anise-tree, Burma Holly, Sino-Burma Eightangle ●

204491 Illicium cambodianum Hance;柬埔寨八角;Cambodia Eightangle, Cambodia Whitlowwort, Cambodia Whitlow-wort ●☆

204492 Illicium cambodianum Hance = Illicium merrillianum A. C. Sm. ●

204493 Illicium cambodianum Hance = Illicium oligandrum Merr. et Chun ●

204494 Illicium cauliflorum Merr.;茎生八角;Stem-flower Eightangle, Stem-flower Illicium ●☆

204495 Illicium cavaleriei H. Lév. = Illicium majus Hook. f. et Thomson ●

204496 Illicium cubense A. C. Sm.;古巴八角;Cuba Eightangle ●

204497 Illicium cubense A. C. Sm. subsp. bissei Imkhan. = Illicium cubense A. C. Sm. ●

204498 Illicium cubense A. C. Sm. subsp. guajaibonense Imkhan. = Illicium cubense A. C. Sm. ●

204499 Illicium cubense A. C. Sm. subsp. guantanamense Imkhan. = Illicium cubense A. C. Sm. ●

204500 Illicium cubense A. C. Sm. subsp. rangelense Imkhan. = Illicium cubense A. C. Sm. ●

204501 Illicium daibuense Yamam.;大武八角;Daibu Anisetree, Daibu Eightangle ●

204502 Illicium daibuense Yamam. = Illicium anisatum L. ●

204503 Illicium daibuense Yamam. = Illicium philippinense Merr. ●

204504 Illicium difengpi B. N. Chang;地枫皮(矮顶香,地枫,枫榔,南宁地枫皮,野八角,追地枫,钻地枫);Difengpi Anise-tree, Difengpi Eightangle ●◇

204505 Illicium difengpi B. N. Chang et al. = Illicium difengpi B. N. Chang ●◇

204506 Illicium difengpi K. I. B. et K. I. M. = Illicium difengpi B. N. Chang et al. ●◇

204507 Illicium dunnianum Tutcher;红花八角(山八角,石莽草,野八角,樟木钻);Dunn Anisetree, Dunn Anise-tree, Red Eightangle ●

204508 Illicium dunnianum Tutcher var. latifolium Q. Lin;宽叶八角;Broad-leaf Eightangle, Broad-leaf Illicium ●

204509 Illicium dunnianum Tutcher var. latifolium Q. Lin = Illicium dunnianum Tutcher ●

204510 Illicium ekmanii A. C. Sm. = Illicium parviflorum Michx. ex Vent. ●☆

204511 Illicium ekmanii A. C. Sm. subsp. domingense Imkhan. = Illicium parviflorum Michx. ex Vent. ●☆

204512 Illicium ekmanii A. C. Sm. subsp. selleanum Imkhan. = Illicium parviflorum Michx. ex Vent. ●☆

204513 Illicium fargesii Finet et Gagnep.;华中八角(川八角);Farges's Eightangle, Farges' Illicium ●

204514 Illicium fargesii Finet et Gagnep. = Illicium simonsii Maxim. ●

204515 Illicium fargesii Finet et Gagnep. subsp. szechuanensis (C. Y. Cheng) Q. Lin;川茴香(川西八角);Sichuan Eightangle, Sichuan Illicium ●

204516 Illicium fargesii Finet et Gagnep. var. szechuanensis (C. Y. Cheng) Q. Lin = Illicium fargesii Finet et Gagnep. subsp. szechuanensis (W. C. Cheng) Q. Lin ●

204517 Illicium floridanum J. Ellis;佛罗里达八角(佛州八角,鸡貂树,紫八角);Florida Anise Tree, Florida Anisetree, Florida Anise-tree, Florida Eightangle, Florida-anise, Poison Bay, Polecat Tree, Polecat-tree, Purple Anise, Purpleanise, Red Anise, Star Anise, Starbush, Stinkbush, Tree Anise ●☆

204518 Illicium floridanum J. Ellis f. album F. G. Mey. et Mazzeo = Illicium floridanum J. Ellis ●☆

204519 Illicium griffithii Hook. f. et Thomson = Illicium griffithii Hook. f. et Thomson ex Walp. ●

204520 Illicium griffithii Hook. f. et Thomson = Illicium lanceolatum A. C. Sm. ●

204521 Illicium griffithii Hook. f. et Thomson = Illicium leiophyllum A. C. Sm. ●

204522 Illicium griffithii Hook. f. et Thomson = Illicium majus Hook. f. et Thomson ●

204523 Illicium griffithii Hook. f. et Thomson = Illicium ternstroemioides A. C. Sm. ●

204524 Illicium griffithii Hook. f. et Thomson ex Walp.;西藏八角(藏八角,藏印八角,喜马八角,喜马拉雅八角);Himalayan Anisetree, Himalayan Illicium, Xizang Eightangle ●

204525 Illicium griffithii Hook. f. et Thomson var. yunnanense Franch. = Illicium simonsii Maxim. ●

204526 Illicium henryi Diels;红茴香(八角,桂花钻,红毒茴,土八角,土大香,野八角,云南茴香);Chinese Anise Shrub, Henry Anisetree, Henry Anise-tree, Henry Eightangle, Henry Illicium ●

204527 Illicium henryi Diels = Illicium lanceolatum A. C. Sm. ●

204528 Illicium henryi Diels = Illicium tsangii A. C. Sm. ●

204529 Illicium henryi Diels var. multistamineum A. C. Sm.;多蕊红茴香;Many-stanen Henry Eightangle, Many-stanen Henry Illicium ●

204530 Illicium henryi Diels var. multistamineum A. C. Sm. = Illicium henryi Diels ●

204531 Illicium henryi Diels var. typicum A. C. Sm. = Illicium henryi Diels ●

204532 Illicium henryi Diels var. yunnanensis A. C. Sm.;白五味子●

204533 Illicium japonicum Siebold;日本莽草(八角,东毒茴);Japanese Anisetree, Japanese Eightangle, Japanese Illicium ●

204534 Illicium jiadifengpi B. N. Chang;假地枫皮;Jiadifengpi Anisetree, Jiadifengpi Anise-tree, Jiadifengpi Eightangle ●

204535 Illicium jiadifengpi B. N. Chang = Illicium angustisepalum A. C. Sm. ●

204536 Illicium jiadifengpi B. N. Chang = Illicium minwanense B. N. Chang et S. D. Zhang ●

204537 Illicium jiadifengpi B. N. Chang f. minwanense (B. N. Chang et S. D. Zhang) Q. Lin = Illicium angustisepalum A. C. Sm. ●

204538 Illicium jiadifengpi B. N. Chang var. baishanense B. N. Chang et S. H. Ou;百山祖六角;Baishan Eightangle, Baishan Illicium ●

204539 Illicium jiadifengpi B. N. Chang var. baishanense B. N. Chang et S. H. Ou = Illicium angustisepalum A. C. Sm. ●

204540 Illicium jiadifengpi B. N. Chang var. baishanense B. N. Chang et S. H. Ou = Illicium jiadifengpi B. N. Chang ●

204541 Illicium jiadifengpi B. N. Chang var. szechuanensis (C. Y. Cheng) Y. W. Law et B. N. Chang = Illicium fargesii Finet et Gagnep. subsp. szechuanensis (W. C. Cheng) Q. Lin ●

204542 Illicium jinyunense Chu Ho = Illicium micranthum Dunn ●

204543 Illicium kinabaluense A. C. Sm.;基纳巴卢八角●☆

204544 Illicium lanceolatum A. C. Sm.;披针叶八角(八角茴,春草,大茴,大香树,红毒茴,红桂,红茴香,黄楠,老根,老根山木蟹,芒草,莽草,闷痛香,蒙董香,葞,木蟹,木蟹柴,木蟹树,披针叶茴香,山八角,山大茴,山桂花,山木蟹,石桂,鼠莽,铁苦散,土大茴,茴草,狭叶茴香,香蟹,野八角,野茴香);Lanceleaf Eightangle, Lanceleaf Illicium, Lance-leaved Anise-tree ●

204545 Illicium leiophyllum A. C. Sm.;平滑八角(花叶八角,平滑叶八角,野八角);Smoth-leaf Anisetree, Smothleaf Eightangle ●

204546 Illicium leiophyllum A. C. Sm. = Illicium spathulatum Y. C. Wu ●

204547 Illicium leucanthum (Hayata) Hayata = Illicium philippinense Merr. ●

204548 Illicium leucanthum Hayata = Illicium anisatum L. ●

204549 Illicium leucanthum Hayata = Illicium philippinense Merr. ●

204550 Illicium macranthum A. C. Sm.;大花八角;Big-flower Anisetree, Bigflower Eightangle, Big-flowered Anise-tree ●

204551 Illicium macranthum A. C. Sm. = Illicium burmanicum E. H. Wilson ●

204552 Illicium macranthum A. C. Sm. = Illicium jiadifengpi B. N. Chang ●

204553 Illicium majus Hook. f. et Thomson;大八角(野八角);Giant Anisetree, Giant Eightangle, Large Anise-tree ●

204554 Illicium manipurense Watt ex King = Illicium simonsii Maxim. ●

204555 Illicium masa-ogatai (Makino) A. C. Sm. = Illicium anisatum L. ●

204556 Illicium merrillianum A. C. Sm.;滇西八角(滇缅八角);Merrill's Holly, W. Yunnan Eightangle, West Yunnan Anise-tree ●

204557 Illicium mexicanum A. C. Sm. = Illicium floridanum J. Ellis ●☆

204558 Illicium micranthum Dunn;小花八角(滇南八角,假八角,山八角,树救主,土八角,小八角,野八角);Little-flower Holly, Smallflower Eightangle, Small-flowered Anise-tree ●

204559 Illicium micranthum Dunn = Illicium dunnianum Tutcher ●

204560 Illicium micranthum Dunn = Illicium petelotii A. C. Sm. ●

204561 Illicium micranthum Dunn subsp. tsangii (A. C. Sm.) O. Lin = Illicium tsangii A. C. Sm. ●

204562 Illicium minwanense B. N. Chang et S. D. Zhang;闽皖八角;Minwan Anise-tree, Minwan Eightangle, Minwan Illicium ●

204563 Illicium minwanense B. N. Chang et S. D. Zhang = Illicium angustisepalum A. C. Sm. ●

204564 Illicium modestum A. C. Sm.;滇南八角;S. Yunnan Eightangle, South Yunnan Anise-tree ●

204565 Illicium modestum A. C. Sm. = Illicium micranthum Dunn ●

204566 Illicium montatum Merr. = Illicium anisatum L. ●

204567 Illicium oligandrum Merr. et Chun;少药八角(少花八角);Fewanther Eightangle, Few-male Holly, Oligandrous Anise-tree ●

204568 Illicium oliganthum Merr. et Chun ex Merr. = Illicium oligandrum Merr. et Chun ●

204569 Illicium pachyphyllum A. C. Sm.;厚叶八角(毒八角,短梗八角,樟木钻);Thickleaf Eightangle, Thick-leaf Illicium, Thick-leaved Anise-tree ●

204570 Illicium parviflorum Michx. ex Vent.;北美小花八角(黄八角);Small Anise Tree, Small Anisetree, Small-flower Anise Tree, Star Anise, Swamp Star-anise, Yellow Anise Tree, Yellow Whitlowwort, Yellow Whitlow-wort, Yellow-anise ●☆

204571 Illicium parvifolium Merr.;小叶八角;Eightangle, Little-leaf Holly ●☆

204572 Illicium parvifolium Merr. subsp. oligandrum (Merr. et Chun) Q. Lin = Illicium oligandrum Merr. et Chun ●

204573 Illicium peninsulare A. C. Sm. = Illicium stapfii Merr. ●☆

204574 Illicium petelotii A. C. Sm.;皮氏八角(少果八角);Few-fruit

Illicium, Petelot Anise-tree, Petelot Eightangle ●
204575 Illicium philippinense Merr.;白花八角(东毒茴,毒八角,莽草,日本莽草);Chinese Anisatum, Chinese Anise, Japanese Anise Tree, Japanese Anisetree, Japanese Anise-tree, Japanese Star Anise, Philippine Holly, Star Anise, White Eightangle, White-flowered Anise-tree ●
204576 Illicium philippinense Merr. = Illicium anisatum L. ●
204577 Illicium philippinense Merr. var. daibuense (Yamam.) S. S. Ying = Illicium philippinense Merr. ●
204578 Illicium philippinense Merr. var. daibuense (Yamam.) S. S. Ying = Illicium anisatum L. ●
204579 Illicium pseudosimonsii Q. Lin;假八角;Simons-like Illicium ●
204580 Illicium pseudosimonsii Q. Lin = Illicium henryi Diels ●
204581 Illicium randaiense Hayata = Illicium anisatum L. ●
204582 Illicium randaiense Hayata = Illicium tashiroi Maxim. ●
204583 Illicium religiosum Siebold et Zucc.;少果八角(大武八角,东毒茴,断肠草,梻,芒草,莽草,樒);Dawu Anise-tree ●
204584 Illicium religiosum Siebold et Zucc. = Illicium anisatum L. ●
204585 Illicium religiosum Siebold et Zucc. = Illicium verum Hook. f. ●
204586 Illicium religiosum Siebold et Zucc. f. roseum Okuyama;绯红少果八角●☆
204587 Illicium religiosum Siebold et Zucc. var. masa-ogatai Makino = Illicium anisatum L. ●
204588 Illicium sanki Perr. = Illicium verum Hook. f. ●
204589 Illicium silvestrii Pavol. = Illicium henryi Diels ●
204590 Illicium simonsii Maxim.;野八角(川茴香,断肠草,山八角,土八角,土大香,云南八角,云南茴香);Simons Anise-tree, Simons Illicium, Wild Eightangle ●
204591 Illicium spathulatum Y. C. Wu;匙叶八角;Spathulate Eightangle, Spathulate Illicium ●
204592 Illicium spathulatum Y. C. Wu = Illicium majus Hook. f. et Thomson ●
204593 Illicium stapfii Merr.;马来亚八角;Stapf Illicium ●☆
204594 Illicium stellatum Makino = Illicium verum Hook. f. ●
204595 Illicium sumatranum A. C. Sm.;苏门答腊八角;Sumatran Eightangle, Sumatran Illicium ●☆
204596 Illicium szechuanensis W. C. Cheng = Illicium fargesii Finet et Gagnep. subsp. szechuanensis (W. C. Cheng) Q. Lin ●
204597 Illicium szechuanensis W. C. Cheng = Illicium simonsii Maxim. ●
204598 Illicium tashiroi Maxim.;峦大八角(白花八角,大武八角,东亚八角,菲律宾八角,高山八角,琉球八角,田代氏八角);East Asian Anise-tree, Randa Illicium, Tashiro Eightangle, White Flower Anise ●
204599 Illicium tenuifolium (Ridl.) A. C. Sm.;薄叶八角;Thin-leaf Eightangle, Thin-leaf Illicium ●☆
204600 Illicium ternstroemioides A. C. Sm.;厚皮香八角(黔八角);Ternstroemia-like Anise Tree, Ternstroemia-like Anise-tree, Ternstroemialike Eightangle, Ternstroemia-like Illicium ●
204601 Illicium tsaii A. C. Sm.;文山八角;H. T. Tsai Eightangle, H. T. Tsai Illicium, Tsai Anise-tree ●
204602 Illicium tsangii A. C. Sm.;粤中八角(岭南八角);Tsang Eightangle, Tsang Illicium, Tsang Smallflower Eightangle ●
204603 Illicium verum Hook. f.;八角(八角大茴,八角茴,八角茴香,八角香,八角珠,舶茴香,舶上茴香,大八角,大茴,大茴香,大料,广茴香,茴香八角珠,五香八角,原油茴);Anise Tree, Aniseed Star, Aniseed-tree, Badiane, China Anise, Chinese Anise, Chinese Star-anise, Eightangle, Star Anise, Star Anise Tree, Staranise, Star-anise, True Anise, True Star-anise Tree, True-star Anise Tree, Truestar Anisetree, True-star Anise-tree, Truestar Illicium ●
204604 Illicium wangii Hu = Illicium micranthum Dunn ●
204605 Illicium wardii A. C. Sm.;贡山八角(喜马拉雅八角);Ward Anise-tree, Ward Eightangle, Ward Illicium ●
204606 Illicium wuyishanum Q. Lin;武夷山八角;Wuyishan Illicium ●
204607 Illicium wuyishanum Q. Lin = Illicium angustisepalum A. C. Sm. ●
204608 Illicium yunnanense Franch. ex Finet et Gagnep. = Illicium simonsii Maxim. ●
204609 Illigera Blume(1827);青藤属(吕宋青藤属,伊里藤属);Greenvine, Illigera ●■
204610 Illigera appendiculata Blume = Illigera luzonensis (C. Presl) Merr. ●■
204611 Illigera appendiculata Blume = Illigera trifoliata (Griff.) Dunn ●■
204612 Illigera aromatica S. Z. Huang et S. L. Mo;香青藤(青春藤);Aromatic Illigera ●■
204613 Illigera brevistaminata Y. R. Li;短蕊青藤;Shortstamen Greenvine, Short-stamened Illigera ■
204614 Illigera celebica Miq.;宽药青藤(大青藤);Broadanther Illigera, Broad-anthered Illigera ●■
204615 Illigera cordata Dunn;心叶青藤(大风藤,黄鳝藤,毛叶血藤,牛尾参,翼果藤);Cordateleaf Greenvine, Cordateleaf Illigera, Cordate-leaved Illigera ●■
204616 Illigera cordata Dunn var. mollissima (W. W. Sm.) Kubitzki;多毛青藤(葛根,软心叶青藤)●■
204617 Illigera corysadenia Meisn. = Illigera trifoliata (Griff.) Dunn ●■
204618 Illigera cucullata Merr. = Illigera trifoliata (Griff.) Dunn var. cucullata (Merr.) Kubitzki ●■
204619 Illigera dubia Span. = Illigera luzonensis (C. Presl) Merr. ●■
204620 Illigera dunniana H. Lév. = Illigera rhodantha Hance var. dunniana (H. Lév.) Kubitzki ●■
204621 Illigera dunniana H. Lév. et Rehder = Illigera rhodantha Hance var. dunniana (H. Lév.) Kubitzki ●■
204622 Illigera fordii Gagnep. = Illigera rhodantha Hance var. dunniana (H. Lév.) Kubitzki ●■
204623 Illigera glabra Y. R. Li;无毛青藤;Glabrous Illigera, Hairless Greenvine ●■
204624 Illigera glandulosa Gagnep. = Illigera rhodantha Hance var. dunniana (H. Lév.) Kubitzki ●■
204625 Illigera grandiflora W. W. Sm. et Jeffrey;大花青藤(风车藤,红豆七,青藤,通气跌打);Bigflower Greenvine, Bigflower Illigera, Big-flowered Illigera ●■
204626 Illigera grandiflora W. W. Sm. et Jeffrey var. microcarpa C. Y. Wu;小果大花青藤(小果青藤);Bigflower Greenvine, Smallfruit Greenvine ●■
204627 Illigera grandiflora W. W. Sm. et Jeffrey var. microcarpa C. Y. Wu = Illigera grandiflora W. W. Sm. et Jeffrey ●■
204628 Illigera grandiflora W. W. Sm. et Jeffrey var. pubescens Y. R. Li;柔毛青藤;Pubescent Bigflower Greenvine ●■
204629 Illigera grandiflora W. W. Sm. et Jeffrey var. pubescens Y. R. Li = Illigera grandiflora W. W. Sm. et Jeffrey ●■
204630 Illigera henryi W. W. Sm.;蒙自青藤;Henry Illigera, Mengzi Greenvine, Mengzi Illigera ●■
204631 Illigera khasiana C. B. Clarke;披针叶青藤;Khasian Illigera, Lanceleaf Illigera, Lanceolate Greenvine ●■
204632 Illigera kurzii C. B. Clarke = Illigera trifoliata (Griff.) Dunn ●■

204633 Illigera lucida Teijsm. et Binn. = Illigera parviflora Dunn ●■

204634 Illigera luzonensis (C. Presl) Merr.;台湾青藤(吕宋青藤);Luzon Illigera,Taiwan Greenvine ●■

204635 Illigera madagascariensis H. Perrier;马岛青藤●☆

204636 Illigera meyeniana Kunth ex Walp. = Illigera luzonensis (C. Presl) Merr. ●■

204637 Illigera mollissima W. W. Sm. = Illigera cordata Dunn var. mollissima (W. W. Sm.) Kubitzki ●■

204638 Illigera nervosa Merr.;显脉青藤;Distinctvein Illigera,Nervose Greenvine,Veined Illigera ●■

204639 Illigera nervosa Merr. f. microcarpa C. Y. Wu ex Y. R. Li;小果显脉青藤(小果青藤);Littlefruit Illigera ●

204640 Illigera orbiculata C. Y. Wu ex Y. R. Li;圆叶青藤;Orbicular Illigera,Orbiculate Greenvine,Round-leaved Illigera ●■

204641 Illigera ovatifolia Quisumb. et Merr. = Illigera celebica Miq. ●■

204642 Illigera parviflora Dunn;小花青藤(翅果藤,黑九牛,细叶青);Smallflower Greenvine,Smallflower Illigera,Small-flowered Illigera ●■

204643 Illigera pentaphylla Welw.;五叶青藤●☆

204644 Illigera petalotti Merr. = Illigera rhodantha Hance ●■

204645 Illigera platyandra Dunn = Illigera celebica Miq. ●■

204646 Illigera pseudoparviflora Y. R. Li;尾叶青藤;Caudate Greenvine,False Small-flowered Illigera ●■

204647 Illigera pubescens Merr. = Illigera luzonensis (C. Presl) Merr. ●■

204648 Illigera rhodantha Hance;红花青藤(毛青藤,三姐藤);Redflower Greenvine,Redflower Illigera,Red-flowered Illigera ●■

204649 Illigera rhodantha Hance var. angustifoliolata Y. R. Li;狭叶青藤;Narrowleaf Redflower Greenvine ●■

204650 Illigera rhodantha Hance var. angustifoliolata Y. R. Li = Illigera rhodantha Hance ●■

204651 Illigera rhodantha Hance var. dunniana (H. Lév.) Kubitzki;锈毛青藤(三叶稠藤);Dunn's Redflower Greenvine,Dunn's Redflower Illigera ●■

204652 Illigera rhodantha Hance var. orbiculata Y. R. Li;圆翅青藤(蝴蝶藤);Orbiculate Dunn's Redflower Greenvine ●■

204653 Illigera rhodantha Hance var. orbiculata Y. R. Li = Illigera rhodantha Hance ●■

204654 Illigera ternata (Blanco) Dunn = Illigera luzonensis (C. Presl) Merr. ●■

204655 Illigera trifoliata (C. B. Clarke) Dunn = Illigera trifoliata (Griff.) Dunn ●■

204656 Illigera trifoliata (Griff.) Dunn;三叶青藤;Threeleaf Illigera,Trifoliate Greenvine,Trifoliate Illigera ●■

204657 Illigera trifoliata (Griff.) Dunn var. cucullata (Merr.) Kubitzki;兜状青藤;Cucullate Greenvine ●■

204658 Illigera vespertilio (Benth.) Baker f.;夕青藤●☆

204659 Illigera villosa f. subglabra Kubitzki = Illigera grandiflora W. W. Sm. et Jeffrey ●■

204660 Illigera yaoshanensis K. S. Hao = Illigera celebica Miq. ●■

204661 Illigeraceae Blume = Hernandiaceae Blume(保留科名)●■

204662 Illigeraceae Blume;青藤科●■

204663 Illigerastrum (Prain et Burkill) A. W. Hill = Dioscorea L.(保留属名)■

204664 Illigerastrum Prain et Burkill = Dioscorea L.(保留属名)■

204665 Illipe Gras = Madhuca Buch.-Ham. ex J. F. Gmel. ●

204666 Illipe J. König ex Gras = Madhuca Buch.-Ham. ex J. F. Gmel. ●

204667 Illipe butyracea (Roxb.) Engl. = Diploknema butyraceum (Roxb.) H. J. Lam. ●

204668 Illipe tonkinensis Pierre ex Lecomte = Madhuca pasquieri (Dubard) H. J. Lam. ●◇

204669 Illus Haw. = Narcissus L. ■

204670 Ilmu Adans.(废弃属名) = Romulea Maratti(保留属名)■☆

204671 Ilocania Merr. = Diplocyclos (Endl.) Post et Kuntze ■

204672 Ilocania pedata Merr. = Diplocyclos palmatus (L.) C. Jeffrey ■

204673 Ilogeton A. Juss. = Ilyogeton Endl. ■

204674 Ilogeton A. Juss. = Lindernia All. ■

204675 Iltisia S. F. Blake = Microspermum Lag. ■☆

204676 Iltisia S. F. Blake(1958);矮匍菊属■☆

204677 Iltisia repens S. F. Blake;矮匍菊■☆

204678 Ilyogethos Hassk. = Ilyogeton Endl. ■

204679 Ilyogeton Endl. = Lindernia All. ■

204680 Ilyphilos Lunell = Elatine L. ■

204681 Ilysanthes Raf. = Lindernia All. ■

204682 Ilysanthes andongensis Hiern = Lindernia andongensis (Hiern) Eb. Fisch. ■☆

204683 Ilysanthes antipoda (L.) Merr. = Lindernia antipoda (L.) Alston ■

204684 Ilysanthes attenuata (Spreng.) Small = Lindernia dubia (L.) Pennell ■

204685 Ilysanthes bolusii Hiern = Lindernia bolusii (Hiern) Eb. Fisch. ■☆

204686 Ilysanthes capensis (Thunb.) Benth. = Lindernia parviflora (Roxb.) Haines ■☆

204687 Ilysanthes ciliata (Colsm.) Kuntze = Lindernia ruellioides (Colsm.) Pennell ■

204688 Ilysanthes conferta Hiern = Lindernia conferta (Hiern) Philcox ■☆

204689 Ilysanthes congesta A. Raynal = Lindernia congesta (A. Raynal) Eb. Fisch. ■☆

204690 Ilysanthes dubia (L.) Barnhart = Lindernia dubia (L.) Pennell ■

204691 Ilysanthes gossweileri S. Moore = Lindernia scapoidea Eb. Fisch. ■☆

204692 Ilysanthes gracilis V. Naray. = Lindernia exilis Philcox ■☆

204693 Ilysanthes hypericifolia Bonati = Lindernia rotundifolia (L.) Alston ■☆

204694 Ilysanthes hyssopioides (L.) Benth. = Lindernia hyssopioides (L.) Haines ■

204695 Ilysanthes inequalis (Walter) Pennell = Lindernia anagallidea (Michx.) Pennell ■

204696 Ilysanthes madagascariensis Bonati = Lindernia rotundifolia (L.) Alston ■☆

204697 Ilysanthes micrantha S. Moore = Lindernia oliverana Dandy ■☆

204698 Ilysanthes muddii Hiern = Lindernia wilmsii (Engl. et Diels) Philcox ■☆

204699 Ilysanthes nana Engl. = Lindernia nana (Engl.) Rössler ■☆

204700 Ilysanthes oblongifolia Baker = Lindernia rotundifolia (L.) Alston ■☆

204701 Ilysanthes parviflora (Roxb.) Benth. = Lindernia parviflora (Roxb.) Haines ■☆

204702 Ilysanthes plantaginella S. Moore = Lindernia conferta (Hiern) Philcox ■☆

204703 Ilysanthes pulchella V. Naray. = Lindernia pulchella (V. Naray.) Philcox ■☆

204704 Ilysanthes pulchella V. Naray. subsp. rhodesiana Norl. =

Lindernia pulchella (V. Naray.) Philcox ■☆
204705 Ilysanthes purpurascens Hutch. = Lindernia pulchella (V. Naray.) Philcox ■☆
204706 Ilysanthes radicans Pilg. = Lindernia parviflora (Roxb.) Haines ■☆
204707 Ilysanthes riparia Raf. = Lindernia dubia (L.) Pennell ■
204708 Ilysanthes rotundata Pilg. = Lindernia rotundata (Pilg.) Eb. Fisch. ■☆
204709 Ilysanthes rotundifolia (L.) Benth. = Lindernia rotundifolia (L.) Alston ■☆
204710 Ilysanthes ruellioides (Colsm.) Kuntze = Lindernia ruellioides (Colsm.) Pennell ■
204711 Ilysanthes saxatilis Norl. = Lindernia pulchella (V. Naray.) Philcox ■☆
204712 Ilysanthes schlechteri Hiern = Lindernia nana (Engl.) Rössler ■☆
204713 Ilysanthes schweinfurthii Engl. = Lindernia schweinfurthii (Engl.) Dandy ■☆
204714 Ilysanthes serrata (Roxb.) Urb. = Lindernia ciliata (Colsm.) Pennell ■
204715 Ilysanthes stictantha Hiern = Lindernia stictantha (Hiern) V. Naray. ■☆
204716 Ilysanthes tenuifolia (Colsm.) Urb. = Lindernia tenuifolia (Vahl) Alston ■
204717 Ilysanthes trichotoma (Oliv.) Urb. = Lindernia madiensis Dandy ■☆
204718 Ilysanthes vitacea Kerr ex Barnett = Lindernia vitacea (Kerr ex Barnett) Philcox ■
204719 Ilysanthes welwitschii Engl. = Lindernia welwitschii (Engl.) Eb. Fisch. ■☆
204720 Ilysanthes wilmsii Engl. et Diels = Lindernia wilmsii (Engl. et Diels) Philcox ■☆
204721 Ilysanthes yaundensis S. Moore = Lindernia yaundensis (S. Moore) Eb. Fisch. ■☆
204722 Ilysanthos St. -Lag. = Ilysanthes Raf. ■
204723 Ilythuria Raf. = Donax Lour. ■
204724 Imantina Hook. f. = Morinda L. ●■
204725 Imantophyllum Hook. (1854) = Clivia Lindl. ■
204726 Imatophyllum Hook. (1828) = Clivia Lindl. ■
204727 Imbralyx Geesink = Fordia Hemsl. ●
204728 Imbralyx R. Geesink = Fordia Hemsl. ●
204729 Imbralyx R. Geesink(1984);白花豆属●
204730 Imbralyx albiflorus (Prain) R. Geesink;白花豆●
204731 Imbralyx albiflorus (Prain) R. Geesink = Millettia albiflora Prain ●
204732 Imbricaria Comm. ex Juss. = Mimusops L. ●☆
204733 Imbricaria Sm. = Baeckea L. ●
204734 Imbricaria Sm. = Mollia J. F. Gmel. (废弃属名)●☆
204735 Imbricaria boivinii Hartog ex Pierre = Labramia boivinii (Pierre) Aubrév. ●☆
204736 Imbricaria fragrans Baker = Mimusops kummel Bruce ex A. DC. ●☆
204737 Imbricaria obovata Nees = Mimusops obovata Nees ex Sond. ●☆
204738 Imbutis Raf. = Ribes L. ●
204739 Imeria R. M. King et H. Rob. (1975);宽柱亮泽兰属■☆
204740 Imeria memorabilis (Maguire et Wurdack) R. M. King et H. Rob.;宽柱亮泽兰■☆
204741 Imerinaea Schltr. (1925);马岛爱兰属■☆
204742 Imerinaea madagascarica Schltr.;马岛爱兰■☆
204743 Imerinorchis Szlach. (1965);伊迈兰属■☆
204744 Imerinorchis Szlach. = Cynorkis Thouars ■☆
204745 Imhofia Heist. (废弃属名) = Nerine Herb. (保留属名)■☆
204746 Imhofia Herb. (1821) = ? Nerine Herb. (保留属名)■☆
204747 Imhofia Herb. (1837) = Hessea Herb. (保留属名)■☆
204748 Imhofia Herb. (1837) = Periphanes Salisb. ■☆
204749 Imhofia Zoll. ex Taub. = Rinorea Aubl. (保留属名)●
204750 Imhofia burchelliana Herb. = Strumaria gemmata Ker Gawl. ■☆
204751 Imhofia duparquetiana Baill. = Nerine laticoma (Ker Gawl.) T. Durand et Schinz ■☆
204752 Imitaria N. E. Br. (1927);粉玲玉属■☆
204753 Imitaria muirii N. E. Br.;粉玲玉■☆
204754 Imitaria muirii N. E. Br. = Gibbaeum nebrownii Tischer ■☆
204755 Imopoa tomentosa Yamam. = Argyreia formosana Ishig. ex T. Yamaz. ●
204756 Impatiens L. (1753);凤仙花属;Balsam, Busy Lizzie, Impatiens, Jewel Weed, Jewelweed, Jumping Jack, Spapweed, Touch-me-not ■
204757 Impatiens Riv. ex L. = Impatiens L. ■
204758 Impatiens abbatis Hook. f.;神父凤仙花(神父凤仙)■
204759 Impatiens abyssinica Hook. f.;阿比西尼亚凤仙花■☆
204760 Impatiens acaulis Arn.;无茎凤仙花;Stemless Spapweed, Stemless Touch-me-not ■
204761 Impatiens acaulis Humbert = Impatiens mandrarensis Eb. Fisch. et Raheliv. ■☆
204762 Impatiens acuminata Benth.;渐尖凤仙花;Acuminate Spapweed, Acuminate Touch-me-not ■
204763 Impatiens adenopus Gilg = Impatiens mannii Hook. f. ■☆
204764 Impatiens affinis Warb. = Impatiens mannii Hook. f. ■☆
204765 Impatiens albopurpurea Eb. Fisch. et Raheliv.;白紫凤仙花■☆
204766 Impatiens alpicola Y. L. Chen et Y. Q. Lu;太子凤仙花;Alpine Spapweed, Alpine Touch-me-not ■
204767 Impatiens amabilis Hook. f.;迷人凤仙花■
204768 Impatiens amphorata Edgew.;酒瓶凤仙花;Winejar Spapweed, Winejar Touch-me-not ■
204769 Impatiens amphorata Edgew. var. umbrosa ? = Impatiens bicolor Hook. f. ■☆
204770 Impatiens amplexicaulis Edgew.;抱茎凤仙花;Amplexicaul Spapweed, Amplexicaul Touch-me-not ■
204771 Impatiens andohahelae Eb. Fisch. et Raheliv.;安杜哈赫尔凤仙花■☆
204772 Impatiens angusti-calcarata De Wild. = Impatiens burtonii Hook. f. var. angusti-calcarata (De Wild.) R. Wilczek et G. M. Schulze ■☆
204773 Impatiens angustiflora Hook. f.;狭花凤仙花(狭花凤仙,窄花凤仙花);Narrowflower Touch-me-not, Narrowflower Spapweed ■
204774 Impatiens angustifolia Blume = Hydrocera triflora (L.) Wight et Arn. ■
204775 Impatiens anhuiensis Y. L. Chen;安徽凤仙花;Anhui Touch-me-not, Narrowflower Spapweed ■
204776 Impatiens apalophylla Hook. f.;山泽兰(大叶凤仙花);Largeflower Touch-me-not ■
204777 Impatiens apiculata De Wild.;细尖凤仙花■☆
204778 Impatiens appendiculata Arn.;有附属体凤仙花;Appendiculate Spapweed, Appendiculate Touch-me-not ■

204779 Impatiens apsotis Hook. f. ;川西凤仙花;W. Sichuan Touch-me-not, Western Szechwan Spapweed ■

204780 Impatiens aquatilis Hook. f. ;水凤仙花;Water Spapweed, Water Touch-me-not ■

204781 Impatiens arctosepala Hook. f. ;紧萼凤仙花(紧萼凤仙);Arctosepal Spapweed ■

204782 Impatiens arguta Hook. f. et Thomson;锐齿凤仙花(尖锐凤仙花,接骨木,山金凤);Sharp Spapweed, Sharptooth Touch-me-not ■

204783 Impatiens arguta Hook. f. et Thomson var. bulleyana Hook. f. = Impatiens arguta Hook. f. et Thomson ■

204784 Impatiens armeniaca S. H. Huang;杏黄凤仙花■

204785 Impatiens arnottii Thwaites; 阿氏凤仙花; Arnott Spapweed, Arnott Touch-me-not ■

204786 Impatiens assurgens Baker;上升凤仙花■☆

204787 Impatiens atherosepala Hook. f. ;芒萼凤仙花■

204788 Impatiens aureliana Hook. f. ;缅甸凤仙花■

204789 Impatiens aureo-kermesina Gilg = Impatiens hians Hook. f. ■☆

204790 Impatiens auriculata Wight;耳状凤仙花;Auriculate Spapweed, Auriculate Touch-me-not ■

204791 Impatiens austrotanzanica Grey-Wilson;南坦桑尼亚凤仙花■☆

204792 Impatiens austroyunnanensis S. H. Huang;南云南凤仙花(滇南凤仙花);S. Yunnan Spapweed ■

204793 Impatiens bachii H. Lév. ;马红凤仙花(马红凤仙);Mahong Spapweed ■

204794 Impatiens bagshawei Baker f. = Impatiens briartii De Wild. et T. Durand ■☆

204795 Impatiens bahanensis Hand. -Mazz. ;白汉洛凤仙花(白汉洛凤仙);Bahan Spapweed, Bahan Touch-me-not ■

204796 Impatiens balansae Hook. f. ; 大苞凤仙花; Largebract Spapweed, Largebract Touch-me-not ■

204797 Impatiens balfourii Hook. f. ;包氏凤仙花;Balfour's Touch-me-not ■☆

204798 Impatiens ballardii Bedd. ;巴代凤仙花(巴拉德凤仙花);Ballard Spapweed, Ballard Touch-me-not ■

204799 Impatiens balsamina L. ;凤仙花(此椆草,灯盏花,凤仙,凤仙草,凤仙透骨草,海莲花,海蒳,旱珍珠,好女儿花,机机草花,急性子,夹竹桃,金凤花,金童花,满堂红,媚客,染指甲草,水指甲,透骨白,透骨草,透骨红,小粉团,小桃红,指甲草,指甲花,指甲桃花,竹盏花);Balsam, Garden Balsam, Garden Spapweed, Garden Touch-me-not, Spotted Snapweed, Spotted Snap-weed, Touch-me-not ■

204800 Impatiens balsamina L. 'Blackberry Ice';黑莓冰凤仙花■☆

204801 Impatiens bannaensis S. H. Huang; 版纳凤仙花; Banna Spapweed ■

204802 Impatiens barbata Comber;髯毛凤仙花(髯毛凤仙);Barbate Spapweed ■

204803 Impatiens barbulata G. M. Schulze;缘毛凤仙花■☆

204804 Impatiens bathiei Eb. Fisch. et Raheliv. ;巴西凤仙花■☆

204805 Impatiens baumannii Warb. = Impatiens filicornu Hook. f. ■☆

204806 Impatiens beddomei Hook. f. ; 白氏凤仙花; Beddeome Spapweed, Beddeome Touch-me-not ■

204807 Impatiens begonifolia Akiyama et H. Ohba;秋海棠叶凤仙花;Begonifoliate Spapweed ■

204808 Impatiens begonioides Eb. Fisch. et Raheliv. ;秋海棠凤仙花■☆

204809 Impatiens bellula Hook. f. et Thomson;美丽凤仙花;Pretty Spapweed, Pretty Touch-me-not ■

204810 Impatiens bemarahensis Eb. Fisch. et Raheliv. ;贝马拉哈凤仙花■☆

204811 Impatiens bennae Jacq. -Fél. = Impatiens nzoana A. Chev. subsp. bennae (Jacq. -Fél.) Grey-Wilson ■☆

204812 Impatiens bequaertii De Wild. ;贝卡尔凤仙花■☆

204813 Impatiens bicolor Hook. f. ;双色凤仙花■☆

204814 Impatiens bicolor Hook. f. = Impatiens niamniamensis Gilg ■☆

204815 Impatiens bicolor Hook. f. subsp. pseudobicolor (Grey-Wilson) Y. J. Nasir;假双色凤仙花■☆

204816 Impatiens bicornuta Wall. ; 二角凤仙花(双角凤仙花); Biangular Spapweed, Twohorny Touch-me-not ■

204817 Impatiens biflora Walter;二花凤仙花;Two-flowered Touch-me-not ■☆

204818 Impatiens biflora Walter = Impatiens capensis Meerb. ■☆

204819 Impatiens bipindensis Gilg = Impatiens hians Hook. f. var. bipindensis (Gilg) Grey-Wilson ■☆

204820 Impatiens blepharosepala E. Pritz. ex Diels;睫毛萼凤仙花(睫萼凤仙花,透明麻);Biglandular Spapweed, Biglandular Touch-me-not ■

204821 Impatiens blepharosepala E. Pritz. ex Diels = Impatiens neglecta Y. L. Xu et Y. L. Chen ■

204822 Impatiens blinii H. Lév. ;东川凤仙花(东川凤仙);Dongchuan Spapweed ■

204823 Impatiens bodinieri Hook. f. ;包迪凤仙花;Bodinier Spapweed ■

204824 Impatiens brachycentra G. M. Schulze et Launert = Impatiens polyantha Gilg ■☆

204825 Impatiens brachycentra Kar. et Kir. ;短距凤仙花(肉爬草,肉爬皂,水指甲);Shortspur Spapweed, Shortspur Touch-me-not ■

204826 Impatiens bracteata Coleb ex Roxb. ; 睫苞凤仙花; Fimbriatebract Touch-me-not ■

204827 Impatiens brevicalcarata De Wild. = Impatiens burtonii Hook. f. ■☆

204828 Impatiens brevipes Hook. f. ; 短柄凤仙花; Short-stalked Spapweed ■

204829 Impatiens briartii De Wild. et T. Durand;布里亚特凤仙花■☆

204830 Impatiens burtonii Hook. f. ;伯顿凤仙花■☆

204831 Impatiens burtonii Hook. f. var. angusti-calcarata (De Wild.) R. Wilczek et G. M. Schulze;细距凤仙花■☆

204832 Impatiens burtonii Hook. f. var. wittei (G. M. Schulze) Grey-Wilson;维特凤仙花■☆

204833 Impatiens bussei Gilg = Impatiens assurgens Baker ■☆

204834 Impatiens butaguensis De Wild. = Impatiens runssorensis Warb. ■☆

204835 Impatiens calycina Wall. = Impatiens scabrida DC. ■

204836 Impatiens camelliiflora ?; 山茶凤仙花; Camellia-flowered Balsam ■☆

204837 Impatiens campanulata Wight; 钟形凤仙花; Bellshaped Spapweed, Bellshaped Touch-me-not ■

204838 Impatiens capensis Meerb. ;好望角凤仙花;Jewelweed, Orange Balsam, Orange Jewelweed, Orange Touch-me-not, Spotted Touch-me-not ■☆

204839 Impatiens capensis Meerb. f. immaculata (Weath.) Fernald et B. G. Schub. = Impatiens capensis Meerb. ■☆

204840 Impatiens capensis Thunb. = Impatiens hochstetteri Warb. ■☆

204841 Impatiens capillipes Hook. f. et Thomson; 柄毛凤仙花; Balsamweed, Celandine, Hairystalk Spapweed, Hairystalk Touch-me-not, Jewel Weed, Jewel-weed, Kicking Colt, Orange Balsam, Orange Jewelweed, Orange Touch-me-not, Silver Cap, Slipperweed,

Snapweed, Speckled Jewels, Spotted Touch-me-not, Touch-me-not, Wild Balsam, Wild Celandine, Wild Lady's Slipper ■

204842 Impatiens cathcarti Hook. f.; 卡斯卡特凤仙花; Cathcart Spapweed, Cathcart Touch-me-not ■

204843 Impatiens cecilii N. E. Br. subsp. grandiflora Launert = Impatiens psychadelphoides Launert ■☆

204844 Impatiens centiflora H. Lév. = Impatiens radiata Hook. f. ■

204845 Impatiens ceratophora Comber; 具角凤仙(具角凤仙花); Ceratophore Spapweed ■

204846 Impatiens chekiangensis Y. L. Chen; 浙江凤仙花; Zhejiang Spapweed, Zhejiang Touch-me-not ■

204847 Impatiens chimiliensis Comber; 高黎贡山凤仙花; Gaoligong Spapweed, Gaoligong Touch-me-not ■

204848 Impatiens chinensis L.; 华凤仙(华凤仙花, 入冬雪, 水边指甲花, 水凤仙, 水指甲, 水指甲花, 象鼻花); China Touch-me-not, Chinese Spapweed ■

204849 Impatiens chishuiensis Y. X. Xiong; 赤水凤仙花; Chishui Spapweed, Chishui Touch-me-not ■

204850 Impatiens chiulungensis Y. L. Chen; 九龙凤仙花; Jiulong Spapweed, Jiulong Touch-me-not ■

204851 Impatiens chlorosepala Hand. -Mazz.; 绿萼凤仙花(金耳环); Greensepal Spapweed, Greensepal Touch-me-not ■

204852 Impatiens chloroxantha Y. L. Chen; 淡黄绿凤仙花(淡黄凤仙花); Yellowishgreen Spapweed, Yellowishgreen Touch-me-not ■

204853 Impatiens chrysantha Hook. f. = Impatiens edgeworthii Hook. f. ■

204854 Impatiens chungtienensis Y. L. Chen; 中甸凤仙花; Zhongdian Spapweed, Zhongdian Touch-me-not ■

204855 Impatiens clavicalcar E. Fisch.; 棒距凤仙花■☆

204856 Impatiens clavicuspis Hook. f. ex W. W. Sm.; 棒尾凤仙(棒尾凤仙花); Clavatetail Spapweed ■

204857 Impatiens clavicuspis Hook. f. ex W. W. Sm. var. brevicuspis Hand. -Mazz.; 短尖棒尾凤仙(短尖棒尾凤仙花)■

204858 Impatiens claviger Hook. f.; 棒凤仙花(棒凤仙); Smallbract Spapweed, Stick Touch-me-not ■

204859 Impatiens claviger Hook. f. var. auriculata S. H. Huang; 耳叶棒凤仙花; Auriculate Stick Touch-me-not ■

204860 Impatiens claviger Hook. f. var. auriculata S. H. Huang = Impatiens apalophylla Hook. f. ■

204861 Impatiens clavigeroides Akiyama et al.; 拟棒凤仙花■

204862 Impatiens columbaria Bos = Impatiens columbaria Hook. f. ■

204863 Impatiens columbaria Hook. f.; 柱花凤仙花; Column Spapweed, Column Touch-me-not ■

204864 Impatiens commelinoides Hand. -Mazz.; 鸭趾草状凤仙花(类鸭趾草凤仙花, 趾草凤仙花); Dayflowerlike Spapweed, Dayflowerlike Touch-me-not ■

204865 Impatiens compta Hook. f.; 顶喙凤仙花; Compte Spapweed ■

204866 Impatiens conchibracteata Y. L. Chen et Y. Q. Lu; 具苞凤仙花; Bracted Spapweed, Bracted Touch-me-not ■

204867 Impatiens confusa Grey-Wilson; 混乱凤仙花■☆

204868 Impatiens confusa Grey-Wilson subsp. longicornu Grey-Wilson; 长角混乱凤仙花■☆

204869 Impatiens congolensis G. M. Schulze et R. Wilczek; 刚果凤仙花■☆

204870 Impatiens congolensis G. M. Schulze et R. Wilczek var. densifolia? = Impatiens densifolia (G. M. Schulze et R. Wilczek) Grey-Wilson ■☆

204871 Impatiens corchorifolia Franch.; 黄麻叶凤仙花(麻叶凤仙花); Juteleaf Spapweed, Juteleaf Touch-me-not ■

204872 Impatiens cordata Wight; 心形凤仙花; Cordate Spapweed, Cordate Touch-me-not ■

204873 Impatiens cornigera Arn.; 有角凤仙花; Angular Spapweed, Angular Touch-me-not ■

204874 Impatiens cornucopia Franch.; 叶底花凤仙花(叶底凤仙花); Leaftraceflower Spapweed, Leaftraceflower Touch-me-not ■

204875 Impatiens cosmia Hook. f. = Impatiens chinensis L. ■

204876 Impatiens crassicaudex Hook. f.; 粗茎凤仙花; Thickstem Spapweed, Thickstem Touch-me-not ■

204877 Impatiens crassicornu Hook. f. = Impatiens chinensis L. ■

204878 Impatiens crassiloba Hook. f.; 厚裂凤仙花; Crassilobed Spapweed ■

204879 Impatiens crenata Bedd.; 圆齿凤仙花; Crenate Spapweed, Crenate Touch-me-not ■

204880 Impatiens crenulata Hook. f.; 细圆齿凤仙花; Crenulate Spapweed ■

204881 Impatiens cristata Wall.; 西藏凤仙花; Xizang Spapweed, Xizang Touch-me-not ■

204882 Impatiens cruciata T. C. E. Fr. = Impatiens meruensis Gilg subsp. cruciata (T. C. E. Fr.) Grey-Wilson ■☆

204883 Impatiens cuonaensis Y. L. Chen; 错那凤仙花; Cuona Spapweed, Cuona Touch-me-not ■

204884 Impatiens cyanantha Hook. f.; 蓝花凤仙花; Blue Touch-me-not, Blueflower Spapweed ■

204885 Impatiens cyathiflora Hook. f.; 金凤仙(金凤花); Golden Spapweed, Golden Touch-me-not ■

204886 Impatiens cyclosepala Hook. f. ex W. W. Sm.; 环萼凤仙花(环萼凤仙); Cyclecalyx Spapweed ■

204887 Impatiens cymbifera Hook. f.; 舟形凤仙花(舟状凤仙花); Boadshape Spapweed, Boadshape Touch-me-not ■

204888 Impatiens daguanensis S. H. Huang; 大关凤仙花; Daguan Spapweed ■

204889 Impatiens dalxellii Hook. f. et Thomson; 戴氏凤仙花; Dalxell Spapweed, Dalxell Touch-me-not ■

204890 Impatiens dasysperma Wight; 厚籽凤仙花; Thickseed Spapweed, Thickseed Touch-me-not ■

204891 Impatiens davidii Franch.; 牯岭凤仙花(黄凤仙花, 岩指甲花, 野凤仙); David David ■

204892 Impatiens declercqii De Wild. = Impatiens stuhlmannii Warb. ■☆

204893 Impatiens deistelii Gilg = Impatiens mannii Hook. f. ■☆

204894 Impatiens delavayi Franch.; 耳叶凤仙花; Delavay Spapweed, Delavay Touch-me-not ■

204895 Impatiens delavayi Franch. var. subecalcarata Hand. -Mazz. = Impatiens subecalcarata (Hand. -Mazz.) Y. L. Chen ■

204896 Impatiens denisonii Bedd.; 丹尼森凤仙花; Denison Spapweed, Denison Touch-me-not ■

204897 Impatiens densifolia (G. M. Schulze et R. Wilczek) Grey-Wilson; 密叶凤仙花■☆

204898 Impatiens depauperata Hook. f.; 贫乏凤仙花; Depauperate Spapweed, Depauperate Touch-me-not ■

204899 Impatiens deqinensis S. H. Huang; 德钦凤仙花; Deqin Spapweed ■

204900 Impatiens desmantha Hook. f.; 束花凤仙花(束花凤仙)■

204901 Impatiens devolii T. C. Huang; 棣慕华凤仙花■

204902 Impatiens diaphana Hook. f.; 透明凤仙花■

204903 Impatiens dicentra Franch. ex Hook. f.;齿萼凤仙花;Toothsepal Spapweed,Toothsepal Touch-me-not ■

204904 Impatiens dichroa Hook. f.;二色凤仙花(二色凤仙);Bicolor Spapweed ■

204905 Impatiens dichroocarpa H. Lév.;色果凤仙;Coloredfruit Spapweed ■

204906 Impatiens digitata Warb.;指裂凤仙花■☆

204907 Impatiens digitata Warb. subsp. jaegeri (Gilg) Grey-Wilson;耶格凤仙花■☆

204908 Impatiens dimorphophylla Franch.;二型叶凤仙花(异型叶凤仙花);Dimorphleaf Spapweed ■

204909 Impatiens discolor Wall.;异色凤仙花;Discolor Spapweed, Discolor Touch-me-not ■

204910 Impatiens distracta Hook. f.;散生凤仙花■

204911 Impatiens divaricata Franch.;叉开凤仙花(叉开凤仙);Divaricate Spapweed ■

204912 Impatiens diversifolia Wall.;异叶凤仙花;Diverseleaf Spapweed, Diverseleaf Touch-me-not ■

204913 Impatiens dolichoceras E. Pritz. ex Diels;长距凤仙花(长角凤仙花)■

204914 Impatiens drepanophora Hook. f.;镰萼凤仙花(具镰凤仙);Drepanophore Spapweed, Sicklecalyx Spapweed, Sicklecalyx Touch-me-not ■

204915 Impatiens duclouxii Hook. f.;滇南凤仙花;Ducloux Spapweed, S. Yunnan Touch-me-not ■

204916 Impatiens duthieae L. Bolus = Impatiens hochstetteri Warb. ■☆

204917 Impatiens duthiei Hook. f.;杜氏凤仙花;Duthie Spapweed, Duthie Touch-me-not ■☆

204918 Impatiens edgeworthii Hook. f.;埃奇沃斯凤仙花;Edgeworth Spapweed,Edgeworth Touch-me-not ■

204919 Impatiens edgeworthii Hook. f. var. toppinii ? = Impatiens bicolor Hook. f. subsp. pseudobicolor (Grey-Wilson) Y. J. Nasir ■☆

204920 Impatiens edulis G. M. Schulze = Impatiens gomphophylla Baker ■☆

204921 Impatiens ehlersii Engl. = Impatiens kilimanjari Oliv. ■☆

204922 Impatiens elachistocentra G. M. Schulze ex Schlieb.;微刺凤仙花■☆

204923 Impatiens elegans Bedd.;优雅凤仙花;Elegant Spapweed, Elegant Touch-me-not ■

204924 Impatiens elegantissima Gilg = Impatiens tinctoria A. Rich. subsp. elegantissima (Gilg) Grey-Wilson ■☆

204925 Impatiens elgonensis T. C. E. Fr. = Impatiens sodenii Engl. et Warb. ex Engl. ■☆

204926 Impatiens elongata Arn.;伸长凤仙花;Elongated Spapweed, Elongated Touch-me-not ■

204927 Impatiens eminii Warb. = Impatiens burtonii Hook. f. ■☆

204928 Impatiens engleri Gilg;恩氏凤仙花■☆

204929 Impatiens engleri Gilg subsp. pubescens Grey-Wilson;短毛恩氏凤仙花■☆

204930 Impatiens epilobioides Y. L. Chen;柳叶菜状凤仙花;Willowweedlike Spapweed,Willowweedlike Touch-me-not ■

204931 Impatiens epiphytica G. M. Schulze = Impatiens keilii Gilg ■☆

204932 Impatiens eramosa Tutcher ex Chun;英德凤仙花;Yingde Spapweed ■

204933 Impatiens eramosa Tutcher ex Chun = Impatiens obesa Hook. f. ■

204934 Impatiens eriocarpa Launert = Impatiens balsamina L. ■

204935 Impatiens ernstii Hook. f.;滇川凤仙(川滇凤仙花);Ernst Spapweed ■

204936 Impatiens eryaleia Launert subsp. gigantea Grey-Wilson;巨大凤仙花■☆

204937 Impatiens eryaleia Launert subsp. mbeyaensis Grey-Wilson;姆贝亚凤仙花■☆

204938 Impatiens exellii G. M. Schulze = Impatiens briartii De Wild. et T. Durand ■☆

204939 Impatiens exiguiflora Hook. f.;鄂西凤仙花;W. Hubei Spapweed ■

204940 Impatiens exilipes Hook. f. ex Ridl.;红花凤仙花;Redflower Spapweed,Redflower Touch-me-not ■

204941 Impatiens extensifolia Hook. f.;展叶凤仙花(展叶凤仙);Spreadleaf Spapweed ■

204942 Impatiens faberi Hook. f.;华丽凤仙花;Faber Spapweed ■

204943 Impatiens falcifer Hook. f.;镰瓣凤仙花;Falcate Spapweed ■

204944 Impatiens fanjingshanica Y. L. Chen;梵净山凤仙花;Fanjingshan,Fanjingshan Touch-me-not ■

204945 Impatiens fargesii Hook. f.;川鄂凤仙花;Farges Spapweed ■

204946 Impatiens fenghwaiana Y. L. Chen;封怀凤仙花;Fenghuai Spapweed,Fenghuai Touch-me-not ■

204947 Impatiens filicetorum T. C. E. Fr. = Impatiens pseudoviola Gilg ■☆

204948 Impatiens filicornu Hook. f.;线角凤仙花■☆

204949 Impatiens fimbriata Hook.;流苏状凤仙花;Fimbriate Spapweed,Fimbriate Touch-me-not ■

204950 Impatiens fimbriata Hook. = Impatiens bracteata Coleb ex Roxb. ■

204951 Impatiens fischeri Warb.;菲氏凤仙花■☆

204952 Impatiens fissibracteata (Peter) G. M. Schulze = Impatiens briartii De Wild. et T. Durand ■☆

204953 Impatiens fissicornis Maxim.;裂距凤仙花■

204954 Impatiens flaccida Hook. f. et Thomson;萎软凤仙花;Flaccid Spapweed,Flaccid Touch-me-not ■

204955 Impatiens flagellifera Hochst. ex Delile = Impatiens tinctoria A. Rich. ■☆

204956 Impatiens flammea Gilg;火红凤仙花■☆

204957 Impatiens flanaganiae Hemsl.;弗拉纳根凤仙花■☆

204958 Impatiens flavida Hook. f. et Thomson;黄凤仙花;Yellow Spapweed,Yellow Touch-me-not ■

204959 Impatiens flemingii Hook. f.;弗莱明凤仙花■☆

204960 Impatiens flemingii Hook. f. = Impatiens leptoceras DC. ■

204961 Impatiens flemingii Hook. f. var. cristata ? = Impatiens edgeworthii Hook. f. ■

204962 Impatiens floretii N. Hallé et Louis;弗洛雷凤仙花■☆

204963 Impatiens forrestii Hook. f. et W. W. Sm.;滇西凤仙花;W. Yunnan Spapweed,W. Yunnan Touch-me-not ■

204964 Impatiens fragicolor C. Marquand et Airy Shaw;草莓凤仙花;Strawberry Spapweed,Strawberry Touch-me-not ■

204965 Impatiens frithii Cheek;弗里思凤仙花■☆

204966 Impatiens fruticosa Lesch. ex DC.;灌木状凤仙花;Shrubby Spapweed,Shrubby Touch-me-not ■

204967 Impatiens fulva Nutt. = Impatiens capensis Meerb. ■☆

204968 Impatiens furcillata Hemsl. = Impatiens textorii Miq. f. pallescens (Honda) H. Hara ■

204969 Impatiens furcillata Hemsl. ex Forbes et Hemsl.;东北凤仙花(小指甲花);Furcillate Spapweed,Furcillate Touch-me-not ■

204970 Impatiens furcillata Hemsl. ex Forbes et Hemsl. = Impatiens textorii Miq. ■

204971 Impatiens gagei Hook. f. = Impatiens arguta Hook. f. et Thomson ■

204972 Impatiens gagnepainii Hook. f. ex H. Lév. = Impatiens aquatilis Hook. f. ■
204973 Impatiens ganpiuana Hook. f. ;平坝凤仙花;Pingba Spapweed ■
204974 Impatiens gardneriana Wight ex Hook. f. ;贾氏凤仙花;Gardner Spapweed,Gardner Touch-me-not ■
204975 Impatiens gasterocheila Hook. f. ;腹唇凤仙花■
204976 Impatiens gautieri Eb. Fisch. et Raheliv. ;戈捷凤仙花■☆
204977 Impatiens gesneroidea Gilg var. superglabra Grey-Wilson;光滑凤仙花■☆
204978 Impatiens gibbosa H. Perrier = Impatiens lemuriana Eb. Fisch. et Raheliv. ■☆
204979 Impatiens gigantea Edgew. = Impatiens sulcata Wall. ■
204980 Impatiens gilgii T. C. E. Fr. = Impatiens hochstetteri Warb. ■☆
204981 Impatiens giorgii De Wild. = Impatiens balsamina L. ■
204982 Impatiens glandulifera Arn. ;有腺凤仙花(紫凤仙);Glandular Spapweed,Glandular Touch-me-not,Glanduliferous Balsam,Himalayan Balsam, Himalayan Touch-me-not, Indian Balsam, Ornamental Jewelweed, Policeman's Helmet, Poliman's Helmet, Royle's Balsam, Royle's Snapweed,Water Balsam,Wild Balsam ■
204983 Impatiens glandulifera Royle = Impatiens glandulifera Arn. ■
204984 Impatiens glandulisepala Grey-Wilson;腺萼凤仙花■☆
204985 Impatiens glauca Hook. f. et Thomson; 粉绿凤仙花; Glaucous Spapweed,Glaucous Touch-me-not ■
204986 Impatiens gomphophylla Baker;棍叶凤仙花■☆
204987 Impatiens gongshanensis Y. L. Chen; 贡山凤仙花; Gongshan Spapweed,Gongshan Touch-me-not ■
204988 Impatiens gossweileri G. M. Schulze;戈斯凤仙花■☆
204989 Impatiens gossweileri G. M. Schulze subsp. kasaiensis (R. Wilczek et G. M. Schulze) Grey-Wilson;开赛凤仙花■☆
204990 Impatiens goughii Wight;古氏凤仙花;Gough Spapweed,Gough Touch-me-not ■
204991 Impatiens gracilipes Hook. f. ;细柄凤仙(细梗凤仙花);Thin-stalk Spapweed ■
204992 Impatiens grandis K. Heyne;大凤仙花;Big Spapweed,Big Touch-me-not ■
204993 Impatiens grandisepala Grey-Wilson;大萼凤仙花■☆
204994 Impatiens gratioloides Gilg = Impatiens assurgens Baker ■☆
204995 Impatiens griffithii Hook. f. et Thomson; 格氏凤仙花; Griffith Spapweed,Griffith Touch-me-not ■
204996 Impatiens guineensis A. Chev. = Impatiens irvingii Hook. f. ■☆
204997 Impatiens guizhouensis Y. L. Chen; 贵州凤仙花; Guizhou Spapweed,Guizhou Touch-me-not ■
204998 Impatiens hainanensis Y. L. Chen; 海南凤仙花; Hainan Spapweed,Hainan Touch-me-not ■
204999 Impatiens hamata Warb. ;顶钩凤仙花■☆
205000 Impatiens hancockii C. H. Wright;滇东南凤仙(滇东南凤仙花);Hancock Spapweed ■
205001 Impatiens hawkeri W. Bull;何氏凤仙;New Guinea Impatiens ■☆
205002 Impatiens hemrichii G. M. Schulze = Impatiens pseudoviola Gilg ■☆
205003 Impatiens henanensis Y. L. Chen;中州凤仙花;Henan Spapweed, Henan Touch-me-not ■
205004 Impatiens hengduanensis Y. L. Chen; 横断山凤仙花; Hengduanshan Spapweed,Hengduanshan Touch-me-not ■
205005 Impatiens henryi E. Pritz. ex Diels;神农架凤仙花(心萼凤仙花);Henry Spapweed,Henry Touch-me-not ■
205006 Impatiens heterosepala S. Y. Wang; 异萼凤仙花; Heterosepal Spapweed ■
205007 Impatiens heterosepala S. Y. Wang = Impatiens lushiensis Y. L. Chen ■
205008 Impatiens hians Hook. f. ;开裂凤仙花■☆
205009 Impatiens hians Hook. f. var. bipindensis (Gilg) Grey-Wilson;比平迪凤仙花■☆
205010 Impatiens hochstetteri Warb. ;霍赫凤仙花■☆
205011 Impatiens hochstetteri Warb. subsp. angolensis Grey-Wilson;安哥拉凤仙花■☆
205012 Impatiens hochstetteri Warb. subsp. fanshawei Grey-Wilson;范肖凤仙花■☆
205013 Impatiens hochstetteri Warb. subsp. jacquesii (Keay) Grey-Wilson;雅凯凤仙花■☆
205014 Impatiens hoehnelii T. C. E. Fr. ;赫内尔凤仙花■☆
205015 Impatiens holocentra Hand. -Mazz. ;同距凤仙花(同心凤仙花);Concentric Spapweed,Concentric Touch-me-not ■
205016 Impatiens holstii Engl. = Impatiens walleriana Hook. f. ■
205017 Impatiens holstii Engl. et Warb. = Impatiens walleriana Hook. f. ■
205018 Impatiens homblei De Wild. = Impatiens gomphophylla Baker ■☆
205019 Impatiens hongkongensis Grey-Wilson;香港凤仙花(海港凤仙花);Hongkong Spapweed,Hongkong Touch-me-not ■
205020 Impatiens hookeriana Arn. ; 胡克凤仙花; Hooker Spapweed, Hooker Touch-me-not ■
205021 Impatiens hookeriana H. Lév. = Impatiens lemeei H. Lév. ■
205022 Impatiens huangyanensis X. F. Jin et B. Y. Ding;黄岩凤仙花;Huangyan Spapweed ■
205023 Impatiens humifusa G. M. Schulze;平伏凤仙花■☆
205024 Impatiens hunanensis Y. L. Chen; 湖南凤仙花; Hunan Spapweed,Hunan Touch-me-not ■
205025 Impatiens hypophylla Makino;里白凤仙花■☆
205026 Impatiens hypophylla Makino f. glabra ? = Impatiens hypophylla Makino ■☆
205027 Impatiens hypophylla Makino var. microhypophylla (Nakai) H. Hara;小里白凤仙花■☆
205028 Impatiens imbecilla Hook. f. ;纤袅凤仙花■
205029 Impatiens inconspicua Benth. ;不显著凤仙花; Inconspicuous Spapweed,Inconspicuous Touch-me-not ■
205030 Impatiens infirma Hook. f. ;脆弱凤仙花■
205031 Impatiens insignis DC. ;明显凤仙花;Distinguished Spapweed, Distinguished Touch-me-not ■
205032 Impatiens intermedia De Wild. = Impatiens stuhlmannii Warb. ■☆
205033 Impatiens ioides G. M. Schulze;毒箭凤仙花■☆
205034 Impatiens irvingii Hook. f. ;欧文凤仙花■☆
205035 Impatiens jacquesii Keay = Impatiens hochstetteri Warb. subsp. jacquesii (Keay) Grey-Wilson ■☆
205036 Impatiens jaegeri Gilg = Impatiens digitata Warb. subsp. jaegeri (Gilg) Grey-Wilson ■☆
205037 Impatiens japonica Franch. et Sav. = Impatiens textorii Miq. ■
205038 Impatiens jerdoniae Wight; 弱氏凤仙花; Jerdon Spapweed, Jerdon Touch-me-not ■
205039 Impatiens jinggangensis Y. L. Chen;井冈山凤仙花(井冈凤仙花);Jinggang Spapweed,Jinggang Touch-me-not ■
205040 Impatiens jiulongshanica Y. L. Xu et Y. L. Chen;九龙山凤仙花;Jiulongshan Spapweed,Jiulongshan Touch-me-not ■
205041 Impatiens jodotricha Gilg = Impatiens assurgens Baker ■☆

205042 Impatiens jurpioides Shimizu = Impatiens duclouxii Hook. f. ■
205043 Impatiens kamerunensis Warb.;喀麦隆凤仙花■☆
205044 Impatiens kamerunensis Warb. var. obanensis (Keay) Grey-Wilson;奥班凤仙花■☆
205045 Impatiens kamerunensis Warb. var. parvifolia Grey-Wilson;小叶喀麦隆凤仙花■☆
205046 Impatiens kamtilongensis Toppin;甘堤龙凤仙花■
205047 Impatiens kasaiensis Wilczek et G. M. Schulze = Impatiens gossweileri G. M. Schulze subsp. kasaiensis (R. Wilczek et G. M. Schulze) Grey-Wilson ■☆
205048 Impatiens katangensioides De Wild. = Impatiens assurgens Baker ■☆
205049 Impatiens katangensis De Wild. = Impatiens assurgens Baker ■☆
205050 Impatiens keilii Gilg;凯尔凤仙花■☆
205051 Impatiens keilii Gilg subsp. pubescens Grey-Wilson;短柔毛凤仙花■☆
205052 Impatiens kentrodonta Gilg;刺齿凤仙花■☆
205053 Impatiens kerckhoveana De Wild. = Impatiens burtonii Hook. f. ■☆
205054 Impatiens kilimanjari Oliv.;基利曼凤仙花■☆
205055 Impatiens kinoleensis G. M. Schulze = Impatiens engleri Gilg ■☆
205056 Impatiens kirkii Hook. f. = Impatiens irvingii Hook. f. ■☆
205057 Impatiens kleinii Wight et Arn.;克林凤仙花;Klein Spapweed, Klein Touch-me-not ■
205058 Impatiens komarovii Pobed.;科马罗夫凤仙花■
205059 Impatiens koreana Nakai = Impatiens textorii Miq. ■
205060 Impatiens kuepferi Eb. Fisch. et Raheliv.;屈氏凤仙花■☆
205061 Impatiens kwaiensis Gilg = Impatiens pseudoviola Gilg ■☆
205062 Impatiens kwengeensis R. Wilczek et G. M. Schulze;昆盖凤仙花■☆
205063 Impatiens labordei Hook. f.;高坡凤仙花(高坡凤仙);Laborde Spapweed ■
205064 Impatiens lacinulifera Y. L. Chen;撕裂萼凤仙花;Splitcalyx Spapweed, Splitcalyx Touch-me-not ■
205065 Impatiens lancisepala S. H. Huang;狭萼凤仙花;Lancisepal Spapweed ■
205066 Impatiens laojunshanensis S. H. Huang;老君山凤仙花;Laojunshan Spapweed ■
205067 Impatiens lasiophyton Hook. f.;毛凤仙花;Brownpubescent Spapweed, Hairy Touch-me-not ■
205068 Impatiens latebracteata Hook. f.;阔苞凤仙花;Broadbract Touch-me-not ■
205069 Impatiens lateristachys Y. L. Chen et Y. Q. Lu;侧穗凤仙花;Lateralspiked Spapweed, Lateralspiked Touch-me-not ■
205070 Impatiens latiflora Hook. f. et Thomson;宽花凤仙花;Broadflower Spapweed, Broadflower Touch-me-not ■
205071 Impatiens latifolia L.;宽叶凤仙花;Broadleaf Touch-me-not, Spapweed ■
205072 Impatiens latipetala S. H. Huang;宽瓣凤仙花;Broadpetal Spapweed ■
205073 Impatiens lawii Hook. f. et Thomson;劳氏凤仙花;Law Spapweed, Law Touch-me-not ■
205074 Impatiens laxiflora Edgew.;疏花凤仙花;Laxflower Spapweed, Sparseflower Touch-me-not ■
205075 Impatiens laxiflora Edgew. = Impatiens racemosa DC. ■
205076 Impatiens lecomtei Franch.;滇西北凤仙花(贡山凤仙花);Gongshan Spapweed, Gongshan Touch-me-not ■
205077 Impatiens leedalii Grey-Wilson;利达尔凤仙花■☆
205078 Impatiens lemeei H. Lév.;荞麦地凤仙(荞麦地凤仙花);Lemee Spapweed ■
205079 Impatiens lemuriana Eb. Fisch. et Raheliv.;莱穆尔凤仙花■☆
205080 Impatiens lepida Hook. f.;具鳞凤仙花■
205081 Impatiens leptocaulon Hook. f.;细柄凤仙花(红冷草,劳伤药,痨伤药,冷水七,细柄凤仙);Slenderpeduncle Spapweed, Slenderpeduncle Touch-me-not, Thinpetiole Spapweed ■
205082 Impatiens leptoceras DC.;细角凤仙花;Thinhorn Spapweed, Thinhorn Touch-me-not ■
205083 Impatiens leptopoda Arn.;细脚凤仙花;Delicatefoot Spapweed, Delicatefoot Touch-me-not ■
205084 Impatiens leschenaultii Wall.;莱氏凤仙花;Leschenault Spapweed, Leschenault Touch-me-not ■
205085 Impatiens letestuana N. Hallé;莱泰斯图凤仙花■
205086 Impatiens letouzeyi Grey-Wilson;勒图凤仙花■
205087 Impatiens leucantha Thwaites;白花凤仙花;Whiteflower Touch-me-not ■
205088 Impatiens leveilei Hook. f.;羊坪凤仙花;Yangping Spapweed ■
205089 Impatiens liguilata Bedd.;有舌凤仙花;Liguelate Spapweed, Liguelate Touch-me-not ■
205090 Impatiens lilacina Hook. f.;丁香色凤仙花(丁香色凤仙);Lilac Spapweed ■
205091 Impatiens limnophila Launert;喜沼凤仙花■☆
205092 Impatiens linearis Arn.;线形凤仙花;Linear Spapweed, Linear Touch-me-not ■
205093 Impatiens linearisepala Akiyama et al.;线萼凤仙花■
205094 Impatiens linghziensis Y. L. Chen;林芝凤仙花;Linzhi Spapweed, Linzhi Touch-me-not ■
205095 Impatiens linocentra Hand.-Mazz.;秦岭凤仙花;Qinling Spapweed, Qinling Touch-me-not, Tsinling Spapweed ■
205096 Impatiens longialata Pritz. ex Diels;长翼凤仙花(青指甲花朵);Longwing Spapweed, Longwing Touch-me-not ■
205097 Impatiens longicornuta Y. L. Chen;长角凤仙花;Longhorn Spapweed, Longhorn Touch-me-not ■
205098 Impatiens longipes Hook. f. et Thomson;长柄凤仙花(长梗凤仙花);Longstalk Spapweed, Longstalk Touch-me-not ■
205099 Impatiens longirostris S. H. Huang;长喙凤仙花■
205100 Impatiens loulanensis Hook. f.;路南凤仙花;Glandular-apiculate Spapweed, Lunan Touch-me-not ■
205101 Impatiens luchunensis Akiyama et al.;绿春凤仙花■
205102 Impatiens lucida K. Heyne;光泽凤仙花;Shining Spapweed, Shining Touch-me-not ■
205103 Impatiens lucorum Hook. f.;林生凤仙花■
205104 Impatiens lujai De Wild. = Impatiens walleriana Hook. f. ■
205105 Impatiens lukwangulensis Grey-Wilson;卢夸古尔凤仙花■☆
205106 Impatiens lushiensis Y. L. Chen;卢氏凤仙花■
205107 Impatiens maackii Hook.;马克凤仙花■☆
205108 Impatiens mackeyana Hook. f. subsp. zenkeri (Warb.) Grey-Wilson;岑克尔凤仙花■☆
205109 Impatiens macrophylla Gardner ex Hook.;大叶凤仙花;Bigleaf Spapweed, Bigleaf Touch-me-not ■
205110 Impatiens macroptera Hook. f.;大翅凤仙花■☆
205111 Impatiens macrovexilla Y. L. Chen;大旗瓣凤仙花■
205112 Impatiens maculata Wight;斑点凤仙花;Spotted Spapweed,

Spotted Touch-me-not ■
205113 Impatiens magnifica G. M. Schulze = Impatiens sodenii Engl. et Warb. ex Engl. ■☆
205114 Impatiens maguanensis Akiyama et al. ;马关凤仙花■
205115 Impatiens mairei H. Lév. ;岔河凤仙;Maire Spapweed ■
205116 Impatiens malipoensis S. H. Huang;麻栗坡凤仙花;Malipo Spapweed ■
205117 Impatiens mandrakae Eb. Fisch. et Raheliv. ;曼德拉卡凤仙花■☆
205118 Impatiens mandrarensis Eb. Fisch. et Raheliv. ;曼德拉凤仙花■☆
205119 Impatiens mannii Hook. f. ;曼氏凤仙花■☆
205120 Impatiens manongarivensis H. Perrier var. miniata H. Perrier = Impatiens bathiei Eb. Fisch. et Raheliv. ■☆
205121 Impatiens margaritifera Hook. f. ;无距凤仙花;Spurless Spapweed,Spurless Touch-me-not ■
205122 Impatiens margaritifera Hook. f. var. humulis Y. L. Chen;矮小无距凤仙花;Dwarf Spapweed,Dwarf Spurless Touch-me-not ■
205123 Impatiens margaritifera Hook. f. var. purpurascens Y. L. Chen;紫花无距凤仙花(紫花凤仙花);Purple Spurless Spapweed,Purple Spurless Touch-me-not ■
205124 Impatiens marlothiana G. M. Schulze = Impatiens hochstetteri Warb. ■☆
205125 Impatiens martinii Hook. f. ;齿苞凤仙花■
205126 Impatiens masisiensis De Wild. ;马西西凤仙花■☆
205127 Impatiens maxima Gilg = Impatiens volkensii Warb. ■☆
205128 Impatiens mayombensis De Wild. = Impatiens filicornu Hook. f. ■☆
205129 Impatiens medogensis Y. L. Chen;墨脱凤仙花;Motuo Spapweed,Motuo Touch-me-not ■
205130 Impatiens membranifolia Franch. ex Hook. f. ;膜叶凤仙花■
205131 Impatiens mendoncae G. M. Schulze;门东萨凤仙花■☆
205132 Impatiens mengtszeana Hook. f. ;蒙自凤仙花;Mengzi Spapweed,Mengzi Touch-me-not ■
205133 Impatiens menslowiana Arn. ;门氏凤仙花;Menslow Spapweed,Menslow Touch-me-not ■
205134 Impatiens meruensis Gilg;梅鲁凤仙花■☆
205135 Impatiens meruensis Gilg subsp. cruciata (T. C. E. Fr.) Grey-Wilson;十字形凤仙花■☆
205136 Impatiens meruensis Gilg subsp. septentrionalis Grey-Wilson;北方梅鲁凤仙花■☆
205137 Impatiens messumbaensis G. M. Schulze subsp. fimbrisepala Grey-Wilson;线萼梅鲁凤仙花■☆
205138 Impatiens meyana Hook. f. ;梅氏凤仙花(梅凤仙);Meyen Spapweed ■
205139 Impatiens meyeri-johannis Gilg = Impatiens burtonii Hook. f. ■☆
205140 Impatiens micrantha Hochst. = Impatiens hochstetteri Warb. ■☆
205141 Impatiens micranthemum Edgew. ;小花凤仙花;Littleflower Spapweed,Littleflower Touch-me-not ■
205142 Impatiens micranthemum Edgew. = Impatiens laxiflora Edgew. ■
205143 Impatiens microcentra Hand. -Mazz. ;小距凤仙花(短距凤仙花,水指甲);Littlespur Spapweed,Littlespur Touch-me-not ■
205144 Impatiens microsciadia Hook. f. = Impatiens racemosa DC. ■
205145 Impatiens microstachys Hook. f. ;小穗凤仙花;Small-spiked Spapweed ■
205146 Impatiens mildbraedii Gilg;米尔德凤仙花■☆
205147 Impatiens mildbraedii Gilg subsp. telekii (T. C. E. Fr.) Grey-Wilson;泰莱吉凤仙花■☆
205148 Impatiens miniata Grey-Wilson;朱红凤仙花■☆
205149 Impatiens minimisepala Hook. f. ;微萼凤仙花(微萼凤仙);Minisepal Spapweed ■
205150 Impatiens mkambakuensis G. M. Schulze = Impatiens ulugurensis Warb. ■☆
205151 Impatiens modesta Wight;适度凤仙花;Modest Spapweed,Modest Touch-me-not ■
205152 Impatiens mollis Wall. = Impatiens puberula DC. ■
205153 Impatiens monticola Hook. f. ;山地凤仙花;Mountain Spapweed ■
205154 Impatiens morsei Hook. f. ;龙州凤仙花;Morse Spapweed,Morse Touch-me-not ■
205155 Impatiens muliensis Y. L. Chen;木里凤仙花;Muli Spapweed ■
205156 Impatiens multiflora Wall. = Impatiens tripetala Roxb. ■
205157 Impatiens multiramea S. H. Huang;多枝凤仙花■
205158 Impatiens munronii Wight;蒙氏凤仙花;Munron Spapweed,Munron Touch-me-not ■
205159 Impatiens mussotii Hook. f. ;慕索凤仙花■
205160 Impatiens musyana Hook. f. ;越南凤仙花■
205161 Impatiens myriantha Gilg = Impatiens niamniamensis Gilg ■☆
205162 Impatiens mysorensis Roth;卖索尔凤仙花;Mysor Spapweed,Mysor Touch-me-not ■
205163 Impatiens namchabarwensis R. Morgan et al. = Impatiens arguta Hook. f. et Thomson ■
205164 Impatiens nana Engl. et Warb. ;矮小凤仙花■☆
205165 Impatiens napoensis Y. L. Chen;那坡凤仙花;Napo Spapweed,Napo Touch-me-not ■
205166 Impatiens nasuta Hook. f. ;大鼻凤仙花■
205167 Impatiens natans Willd. = Hydrocera triflora (L.) Wight et Arn. ■
205168 Impatiens neglecta Y. L. Xu et Y. L. Chen;浙皖凤仙花;Neglected Spapweed,Neglected Touch-me-not ■
205169 Impatiens nevskii Pobed. ;涅夫斯基凤仙花■☆
205170 Impatiens nguruensis Pócs;恩古鲁凤仙花■☆
205171 Impatiens niamniamensis Gilg;东非凤仙■☆
205172 Impatiens niamniamensis Gilg 'Congo Cockatoo';刚果美冠鹦鹉东非凤仙■☆
205173 Impatiens nigeriensis Grey-Wilson;尼日利亚凤仙花■☆
205174 Impatiens nobilis Hook. f. ;高贵凤仙花(高贵凤仙)■
205175 Impatiens noli-tangere L. ;水金凤(辉菜花,睫毛萼凤仙花,水凤仙);Balsamine Balsam,Biggoty Lady,European Touch-me-not,Jacob's Ladder,Jumping Betty,Lightyellow Spapweed,Lightyellow Touch-me-not,Money Bags,Noli-me-tangere,Old Woman's Purse,Quick-in-the-hand,Touch-me-not,Touch-me-not Balsam,Wild Balsam ■
205176 Impatiens noli-tangere L. f. albiflora A. F. Sw. ex Beger et Em. Schmid;白花水金凤■☆
205177 Impatiens noli-tangere L. f. hemileuca Koji Ito et Hinoma;朦胧水金凤■☆
205178 Impatiens noli-tangere L. f. pallida Herm. ex Beger et Em. Schmid;乳突水金凤■☆
205179 Impatiens noli-tangere L. subsp. biflora (Walter) Hultén;双花水金凤■☆
205180 Impatiens noli-tangere L. subsp. biflora (Walter) Hultén = Impatiens capensis Meerb. ■☆
205181 Impatiens noli-tangere L. var. parviflora Kitag. ;小花水金凤■☆
205182 Impatiens nortonii Rydb. = Impatiens capensis Meerb. ■☆

205183 Impatiens notolopha Maxim.;西固凤仙花■
205184 Impatiens nubigena W. W. Sm.;高山凤仙花;Alpine Spapweed,Alpine Touch-me-not ■
205185 Impatiens nyimana C. Marquand et Airy Shaw;米林凤仙花;Milin Spapweed,Milin Touch-me-not ■
205186 Impatiens nyungwensis Eb. Fisch. et Dhetchuvi et Ntaganda;尼永贵水金凤■☆
205187 Impatiens nzoana A. Chev. subsp. bennae (Jacq. -Fél.) Grey-Wilson;本纳凤仙花■☆
205188 Impatiens obesa Hook. f.;丰满凤仙花(黄花凤仙花,山泽兰);Fat Touch-me-not,Yellowflower Spapweed ■
205189 Impatiens odontopetala Maxim.;齿瓣凤仙花;Tooth-petaled Spapweed ■
205190 Impatiens odontophylla Hook. f.;齿叶凤仙花;Tooth-leaved Spapweed ■
205191 Impatiens odorata D. Don = Impatiens leptoceras DC. ■
205192 Impatiens oligoneura Hook. f.;少脉凤仙花;Fewnerve Spapweed,Fewnerve Touch-me-not ■
205193 Impatiens oliveri C. H. Wright ex W. Watson = Impatiens sodenii Engl. et Warb. ex Engl. ■☆
205194 Impatiens oliveri Wright = Impatiens sodenii Engl. et Warb. ex Engl. ■☆
205195 Impatiens olivieri W. Watson;奥里维尔凤仙花■☆
205196 Impatiens ombrophila Gilg = Impatiens raphidothrix Warb. ■☆
205197 Impatiens omeiena Hook. f.;峨眉凤仙花(峨山凤仙花);Emei Spapweed,Emei Touch-me-not,Omei Spapweed ■
205198 Impatiens oniveensis Eb. Fisch. et Raheliv.;乌尼韦凤仙花■☆
205199 Impatiens oppositifolia L.;对叶凤仙花;Oppositeleaf Spapweed,Pairleaf Touch-me-not ■
205200 Impatiens orchioides Bedd.;兰状凤仙花;Orchislike Spapweed ■
205201 Impatiens oreocallis Launert;澳非凤仙花■☆
205202 Impatiens oxyanthera Hook. f.;红雉凤仙花■
205203 Impatiens pallens Edgew. = Impatiens bicolor Hook. f. ■☆
205204 Impatiens pallida Nutt.;苍白凤仙花;Jewelweed,Jewel-weed,Pale Touch-me-not,Yellow Jewelweed,Yellow Touch-me-not ■☆
205205 Impatiens pallide-rosea Gilg;白红凤仙花■☆
205206 Impatiens palpebrata Hook. f.;朝天凤仙花■☆
205207 Impatiens paludicola Grey-Wilson;沼生凤仙花■☆
205208 Impatiens paludosa Hook. f.;沼泽凤仙花;Marshy Spapweed ■
205209 Impatiens papilionacea Warb. = Impatiens nana Engl. et Warb. ■☆
205210 Impatiens paradoxa C. S. Zhu et H. W. Yang;奇异凤仙花(畸形凤仙花,奇形凤仙花);Wonderful Spapweed,Wonderful Touch-me-not ■
205211 Impatiens parishii Hook. f.;帕里什凤仙花;Parish Spapweed,Parish Touch-me-not ■
205212 Impatiens parviflora DC.;土耳其斯坦凤仙花;Small Balsam,Smallflower Touch-me-not, Smallflowered Balsam, Small-flowered Balsam,Small-flowered Snapweed,Spapweed ■☆
205213 Impatiens parviflora DC. f. albiflora Priszter;白小花凤仙花■☆
205214 Impatiens parviflora DC. var. brachycentra ? = Impatiens brachycentra Kar. et Kir. ■
205215 Impatiens parviflora DC. var. typica Trautv. = Impatiens parviflora DC. ■☆
205216 Impatiens parvifolia Bedd.;小叶凤仙花(小花凤仙花);Smallflower Spapweed, Smallflower Touch-me-not, Smallleaf Spapweed,Smallleaf Touch-me-not ■
205217 Impatiens paucidentata De Wild.;少齿凤仙花■☆
205218 Impatiens pellegrinii N. Hallé = Impatiens gossweileri G. M. Schulze ■☆
205219 Impatiens pendula K. Heyne;悬垂凤仙花;Pendulous Spapweed,Pendulous Touch-me-not ■
205220 Impatiens percordata Grey-Wilson subsp. newbouldiana Grey-Wilson;纽博尔德凤仙花■☆
205221 Impatiens phoenicea Bedd.;紫红凤仙花;Purplered Spapweed,Purplered Touch-me-not ■
205222 Impatiens pianmaensis S. H. Huang;片马凤仙花;Pianma Spapweed ■
205223 Impatiens piemeiselii Exell = Impatiens apiculata De Wild. ■☆
205224 Impatiens pierlotii Wilczek;皮氏凤仙花■☆
205225 Impatiens pilosissima Eb. Fisch. et Raheliv.;多毛凤仙花■☆
205226 Impatiens pinetorum Hook. f. ex W. W. Sm.;松林凤仙(松林凤仙花);Pineland Spapweed ■
205227 Impatiens pinfanensis Hook. f.;块节凤仙花(串铃,松林凤仙花,小洋芋);Tubernode Spapweed,Tubernode Touch-me-not ■
205228 Impatiens platyceras Maxim.;宽距凤仙花;Broadspur Spapweed,Broadspur Touch-me-not ■
205229 Impatiens platychlaena Hook. f.;紫萼凤仙花;Purple-sepal Touch-me-not ■
205230 Impatiens platypetala Lindl.;阔瓣凤仙花■☆
205231 Impatiens platysepala Y. L. Chen;阔萼凤仙花;Broadsepal Spapweed,Broadsepal Touch-me-not ■
205232 Impatiens platysepala Y. L. Chen var. kuocangshanica X. F. Jin et F. G. Zhang;括苍山凤仙花;Kuocangshan Broadsepal Spapweed ■
205233 Impatiens platysepala Y. L. Chen var. kuocangshanica X. F. Jin et F. G. Zhang = Impatiens platysepala Y. L. Chen ■
205234 Impatiens plebeja Hemsl. = Impatiens tubulosa Hemsl. ex Forbes et Hemsl. ■
205235 Impatiens pleistantha Gilg = Impatiens kamerunensis Warb. ■☆
205236 Impatiens poculifer Hook. f.;罗平凤仙花■
205237 Impatiens polhillii Grey-Wilson;普尔凤仙花■☆
205238 Impatiens polyantha Gilg;多花凤仙花■☆
205239 Impatiens polyceras Hook. f. ex W. W. Sm.;多角凤仙花(多角凤仙);Manyhorn Spapweed ■
205240 Impatiens polyneura K. M. Liu;多脉凤仙花;Manynerve Spapweed,Manynerve Touch-me-not ■
205241 Impatiens porphyrea Toppin;紫色凤仙花■
205242 Impatiens porrecta Wall.;外伸凤仙花;Porrect Spapweed,Porrect Touch-me-not ■
205243 Impatiens potaninii Maxim.;陇南凤仙花;Potanin Spapweed ■
205244 Impatiens pouculifer Hook. f.;罗平山凤仙花(罗平山凤仙);Luopingshan Spapweed ■
205245 Impatiens praetermissa Hook. f. = Impatiens scabrida DC. ■
205246 Impatiens prainiana Gilg = Impatiens tinctoria A. Rich. ■☆
205247 Impatiens preussii Warb. = Impatiens palpebrata Hook. f. ■☆
205248 Impatiens principis Hook. f.;澜沧凤仙花(澜沧凤仙);Lancangjiang Spapweed ■
205249 Impatiens pritzelii Hook. f.;湖北凤仙花(霸王七,红苋,冷水七,一口血,止痛丹);Hubei Spapweed,Hubei Touch-me-not ■
205250 Impatiens pritzelii Hook. f. var. hupehensis Hook. f. = Impatiens pritzelii Hook. f. ■
205251 Impatiens procridoides Warb. = Impatiens assurgens Baker ■☆
205252 Impatiens procumbens Franch.;仰卧凤仙花(平卧凤仙花);Procumbent Spapweed ■

205253 Impatiens pseudobicolor Grey-Wilson = Impatiens bicolor Hook. f. subsp. pseudobicolor (Grey-Wilson) Y. J. Nasir ■☆

205254 Impatiens pseudohamata Grey-Wilson;假顶钩凤仙花■☆

205255 Impatiens pseudokingii Hand. -Mazz.;直距凤仙花;Straight Spapweed,Straight Touch-me-not ■

205256 Impatiens pseudomacroptera Grey-Wilson;假大翅凤仙花■☆

205257 Impatiens pseudoviola Gilg;假堇色凤仙花■☆

205258 Impatiens psychadelphoides Launert;蝶蕊凤仙花■☆

205259 Impatiens pterosepala Pritz. ex Diels;翼萼凤仙花(蹦蹦子,金牛膝,冷水丹,冷子草,水牛膝);Slenderspur Spapweed, Slenderspur Touch-me-not, Wingsepal Spapweed, Wingsepal Touch-me-not ■

205260 Impatiens puberula DC.;柔毛凤仙花(短柔毛凤仙花);Pubescent Spapweed,Velvet Touch-me-not ■

205261 Impatiens pudica Hook. f.;羞怯凤仙花■

205262 Impatiens pulchera Hook. f. et Thomson;好看凤仙花;Showy Spapweed,Showy Touch-me-not ■

205263 Impatiens pulcherima Dalzell;美艳凤仙花;Beautiful Spapweed,Beautiful Touch-me-not ■

205264 Impatiens punctata Franch. ex Hook. f. = Impatiens stenosepala E. Pritz. ex Diels ■

205265 Impatiens purpurea DC.;紫花凤仙花;Purple Spapweed,Purple Touch-me-not ■

205266 Impatiens purpureolucida Eb. Fisch., Wohlhauser et Raheliv.;紫光凤仙花■☆

205267 Impatiens purpureo-violacea Gilg;紫堇凤仙花■☆

205268 Impatiens quadrisepala R. Wilczek et G. M. Schulze;四萼凤仙花■☆

205269 Impatiens racemosa DC.;总状凤仙花(总序凤仙花);Raceme Touch-me-not,Racemose Spapweed ■

205270 Impatiens racemosa DC. var. ecalcarata Hook. f.;无距总状凤仙花■

205271 Impatiens racemosa Wall. = Impatiens radiata Hook. f. ■

205272 Impatiens racemulosa Wall.;小总序凤仙花;Tecamulose Spapweed,Tecamulose Touch-me-not ■

205273 Impatiens radiata Hook. f.;辐射凤仙花;Radiate Spapweed, Verticillate-flowered Touch-me-not ■

205274 Impatiens radicans Benth. ex Hook. f. et Thomson;生根凤仙花;Rodicled Spapweed,Rodicled Touch-me-not ■

205275 Impatiens ranomafanae Eb. Fisch. et Raheliv.;拉努马法纳凤仙花■☆

205276 Impatiens raphidothrix Warb.;针毛凤仙花■☆

205277 Impatiens rectangula Hand. -Mazz.;直角凤仙花;Rightangule Spapweed,Rightangule Touch-me-not ■

205278 Impatiens rectirostrata Y. L. Chen et Y. Q. Lu;直喙凤仙花;Rightbeak Spapweed,Rightbeak Touch-me-not ■

205279 Impatiens recurvicornis Maxim.;弯距凤仙花(水甲花,天芝麻);Recurvebeak Spapweed,Recurvebeak Touch-me-not ■

205280 Impatiens refracta De Wild. = Impatiens assurgens Baker ■☆

205281 Impatiens repens Moon;匍匐凤仙花(匍匐凤仙);Repent Spapweed,Repent Touch-me-not ■

205282 Impatiens reticulata Wall.;网脉凤仙花;Reticulate Spapweed, Reticulate Touch-me-not ■

205283 Impatiens rhombifolia Y. Q. Lu et Y. L. Chen;菱叶凤仙花;Rhombicleaf Spapweed,Rhombicleaf Touch-me-not ■

205284 Impatiens richardsiae Launert = Impatiens polyantha Gilg ■☆

205285 Impatiens rivalis Wight;溪岸凤仙花;Riverbank Spapweed, Riverbank Touch-me-not ■

205286 Impatiens rivularis Eb. Fisch., Wohlhauser et Raheliv.;溪边凤仙花■☆

205287 Impatiens robusta Hook. f.;粗壮凤仙花;Robust Spapweed ■

205288 Impatiens rostellata Franch.;短喙凤仙花;Short-beaked Touch-me-not ■

205289 Impatiens rosulata Grey-Wilson;莲座凤仙花■☆

205290 Impatiens rothii Hook. f.;罗特凤仙花■☆

205291 Impatiens roylei Walp.;罗氏凤仙花;Royle Spapweed, Royle Touch-me-not,Royle's Balsam,Royle's Snapweed ■

205292 Impatiens roylei Walp. = Impatiens glandulifera Arn. ■

205293 Impatiens rubrolineata H. Perrier = Impatiens oniveensis Eb. Fisch. et Raheliv. ■☆

205294 Impatiens rubromaculata Warb.;红斑凤仙花■☆

205295 Impatiens rubromaculata Warb. subsp. grandiflora Grey-Wilson;大花红斑凤仙花■☆

205296 Impatiens rubrostriata Hook. f.;红纹凤仙花;Redstriate Spapweed,Redstriate Touch-me-not ■

205297 Impatiens ruiliensis Akiyama et H. Ohba;瑞丽凤仙花;Ruili Spapweed ■

205298 Impatiens runssorensis Warb.;伦索罗凤仙花■☆

205299 Impatiens sakerana Hook. f.;萨克尔凤仙花■☆

205300 Impatiens salicifolia Hook. f. et Thomson;柳叶凤仙花;Willowleaf Spapweed,Willowleaf Touch-me-not ■

205301 Impatiens saliensis G. M. Schulze;萨利凤仙花■☆

205302 Impatiens salwiensis S. H. Huang;怒江凤仙花;Nujiang Spapweed ■

205303 Impatiens scabrida DC.;糙毛凤仙花(略粗糙凤仙花);Rugged Touch-me-not,Scabridous Spapweed ■

205304 Impatiens scabriuscula K. Heyne;粗糙凤仙花;Scabrous Spapweed,Scabrous Touch-me-not ■

205305 Impatiens scapiflora K. Heyne;葶花凤仙花;Scapeflower Spapweed,Scapeflower Touch-me-not ■

205306 Impatiens schliebenii G. M. Schulze = Impatiens ulugurensis Warb. ■☆

205307 Impatiens scutisepala Hook. f.;盾萼凤仙花■

205308 Impatiens scutisepale Hook. f.;尖萼凤仙花(尖萼凤仙);Sharpsepal Spapweed ■

205309 Impatiens semlikiensis De Wild. = Impatiens stuhlmannii Warb. ■☆

205310 Impatiens seretii De Wild. = Impatiens stuhlmannii Warb. ■☆

205311 Impatiens seretii De Wild. f. tentaculifera ? = Impatiens stuhlmannii Warb. var. rubriflora Grey-Wilson ■☆

205312 Impatiens serpens Grey-Wilson;蛇形凤仙花■☆

205313 Impatiens serrata Benth. ex Hook. f.;锯齿凤仙花(藏南凤仙花);S. Xizang Touch-me-not,Serrate Spapweed ■

205314 Impatiens serrulata Hook. f. = Impatiens serrata Benth. ex Hook. f. ■

205315 Impatiens setosa Hook. f. et Thomson;刚毛凤仙花;Setose Spapweed,Setose Touch-me-not ■

205316 Impatiens shirensis Baker f.;希尔凤仙花■☆

205317 Impatiens siculifer Hook. f.;黄金凤(短刀凤仙花,黄金凤凤仙花,纽子七,水指甲,岩胡椒,野牛膝);Incurvedfpur Spapweed, Yellow Touch-me-not ■

205318 Impatiens siculifer Hook. f. et Thomson var. mitis Lingelsh. et Borza;雅致黄金凤■

205319 Impatiens siculifer Hook. f. et Thomson var. porphyrea Hook. f.;

紫花黄金凤(大叶水指甲,紫色黄金凤);Bigleaf Spapweed,Bigleaf Touch-me-not ■
205320 Impatiens sidiformis Eb. Fisch. et Raheliv.;黄花稔凤仙花■☆
205321 Impatiens sigmoidea Hook. f.;斯格玛凤仙花■
205322 Impatiens silvestrii Pamp.;建始凤仙花;Jianshi Spapweed ■
205323 Impatiens silvestrii Pamp. = Impatiens blepharosepala E. Pritz. ex Diels ■
205324 Impatiens silviana Eb. Fisch. et Raheliv.;森林凤仙花■☆
205325 Impatiens sodenii Engl. et Warb. = Impatiens sodenii Engl. et Warb. ex Engl. ■☆
205326 Impatiens sodenii Engl. et Warb. ex Engl.;索氏凤仙(奥氏凤仙花);Oliver's Touch Me Not, Oliver's Touch-me-not, Water Balsam, Water Fucksia ■☆
205327 Impatiens soulieana Hook. f.;康定凤仙花;Kangding Spapweed,Kangding Touch-me-not ■
205328 Impatiens spathulata Y. X. Xiong;匙叶凤仙花(勺叶凤仙花);Spoonleaf Spapweed,Spoonleaf Touch-me-not ■
205329 Impatiens spirifer Hook. f. et Thomson;螺旋凤仙花;Spiral Spapweed,Spiral Touch-me-not ■
205330 Impatiens stairsii Warb. = Impatiens runssorensis Warb. ■☆
205331 Impatiens stapfiana Gilg = Impatiens balsamina L. ■
205332 Impatiens stefaniae Eb. Fisch. et Raheliv.;斯特凤仙花■☆
205333 Impatiens stenantha Hook. f.;窄花凤仙花(细花凤仙,狭花凤仙花);Narrowflower Spapweed,Narrowflower Touch-me-not ■
205334 Impatiens stenosepala E. Pritz. ex Diels;窄萼凤仙花;Narrowsepal Spapweed,Narrowsepal Touch-me-not ■
205335 Impatiens stenosepala E. Pritz. ex Diels var. parviflora E. Pritz. ex Diels;小花窄萼凤仙花■
205336 Impatiens stocksii Hook. f. et Thomson;斯拖克凤仙花;Stoks Spapweed,Stoks Touch-me-not ■
205337 Impatiens stuhlmannii Warb.;斯图尔曼凤仙花■☆
205338 Impatiens stuhlmannii Warb. var. rubriflora Grey-Wilson;红花斯图尔曼凤仙花■☆
205339 Impatiens subaquatica De Wild. = Impatiens mildbraedii Gilg ■☆
205340 Impatiens subcordata Arn.;亚心形凤仙花;Subcordate Spapweed,Subcordate Touch-me-not ■
205341 Impatiens subecalcarata (Hand. -Mazz.) Y. L. Chen;近无距凤仙花;Subspurless Spapweed,Subspurless Touch-me-not ■
205342 Impatiens suichangensis Y. L. Xu et Y. L. Chen;遂昌凤仙花;Suichang Spapweed,Suichang Touch-me-not ■
205343 Impatiens suijiangensis S. H. Huang;绥江凤仙花;Suijiang Spapweed ■
205344 Impatiens sulcata Wall.;槽茎凤仙花(有槽凤仙花);Sulcate Spapweed,Sulcate Touch-me-not ■
205345 Impatiens sulcata Wall. var. minor = Impatiens sulcata Wall. ■
205346 Impatiens sultanii Hook. f.;玻璃翠(苏丹凤仙);Gree Jewel Touch-me-not,Sultan Spapweed ■
205347 Impatiens sultanii Hook. f. = Impatiens walleriana Hook. f. ■
205348 Impatiens sunii S. H. Huang;孙氏凤仙花;Sun's Spapweed ■
205349 Impatiens sutchuanensis Franch. ex Hook. f.;四川凤仙花■
205350 Impatiens swertioides Warb. = Impatiens assurgens Baker ■☆
205351 Impatiens sylvicola Burtt Davy et Greenway;林地凤仙花■☆
205352 Impatiens tagenonii Hayata;台湾凤仙花;Taiwan Spapweed,Taiwan Touch-me-not ■
205353 Impatiens taishunensis Y. L. Chen et Y. L. Xu;泰顺凤仙花■
205354 Impatiens talbotii Baker f. = Impatiens kamerunensis Warb. var. obanensis (Keay) Grey-Wilson ■☆
205355 Impatiens taliensis Lingelsh. et Borza;大理凤仙(大理凤仙花);Dali Spapweed ■
205356 Impatiens taliensis Lingelsh. et Borza = Impatiens arguta Hook. f. et Thomson ■
205357 Impatiens tamsiana Exell = Impatiens balsamina L. ■
205358 Impatiens tangachee Bedd.;唐加祺凤仙花;Tangjiaqi Spapweed,Tangjiaqi Touch-me-not ■
205359 Impatiens taronensis Hand. -Mazz.;独龙凤仙花;Dulong Spapweed,Dulong Touch-me-not ■
205360 Impatiens tawetensis Warb. = Impatiens nana Engl. et Warb. ■☆
205361 Impatiens tayemonii Hayata;关雾凤仙花(黄花凤仙花)■
205362 Impatiens teitensis Grey-Wilson;泰特凤仙花■☆
205363 Impatiens teitensis Grey-Wilson subsp. oblanceolata ?;倒披针形凤仙花■☆
205364 Impatiens telekii T. C. E. Fr. = Impatiens mildbraedii Gilg subsp. telekii (T. C. E. Fr.) Grey-Wilson ■☆
205365 Impatiens tenella K. Heyne;柔弱凤仙花;Weak Spapweed,Weak Touch-me-not ■
205366 Impatiens tenella R. Br. = Impatiens hochstetteri Warb. ■☆
205367 Impatiens tenerrima Y. L. Chen;柔茎凤仙花;Softstem Spapweed,Softstem Touch-me-not ■
205368 Impatiens tenuibracteata Y. L. Chen;膜苞凤仙花;Thinbract Spapweed,Thinbract Touch-me-not ■
205369 Impatiens textorii Miq.;野凤仙花(霸王七,假凤仙花,假指甲花)■
205370 Impatiens textorii Miq. f. atrosanguinea (Nakai) Okuyama;暗红野凤仙花■☆
205371 Impatiens textorii Miq. f. minuscula ? = Impatiens textorii Miq. ■
205372 Impatiens textorii Miq. f. nudipedicellata Ohtani et Shig. Suzuki;裸梗野凤仙花■☆
205373 Impatiens textorii Miq. f. pallescens (Honda) H. Hara = Impatiens textorii Miq. ■
205374 Impatiens textorii Miq. var. koreana ? = Impatiens textorii Miq. ■
205375 Impatiens textorii Miq. var. pallescens (Honda) H. Hara = Impatiens textorii Miq. ■
205376 Impatiens thiochroa Hand. -Mazz.;硫色凤仙花;Sulphucoloured Spapweed,Sulphucoloured Touch-me-not ■
205377 Impatiens thomensis Exell;汤姆凤仙花■☆
205378 Impatiens thomsoni Oliv. = Impatiens sodenii Engl. et Warb. ex Engl. ■☆
205379 Impatiens thomsonii Hook. f.;托马森凤仙花(藏西凤仙花,汤森凤仙花);Thonmson Spapweed,W. Xizang Touch-me-not ■
205380 Impatiens thonneri De Wild. et T. Durand = Impatiens irvingii Hook. f. ■☆
205381 Impatiens tienchuanensis Y. L. Chen;天全凤仙花;Tianquan Spapweed,Tianquan Touch-me-not ■
205382 Impatiens tienmushanica Y. L. Chen;天目山凤仙花;Tianmushan Spapweed,Tianmushan Touch-me-not ■
205383 Impatiens tienmushanica Y. L. Chen var. longicarcarata Y. L. Xu et Y. L. Chen;长距天目山凤仙花;Longspur Tianmushan Spapweed,Longspur Tianmushan Touch-me-not ■
205384 Impatiens tinctoria A. Rich.;染料凤仙花■☆
205385 Impatiens tinctoria A. Rich. subsp. abyssinica (Hook. f.) Grey-Wilson;阿比西尼亚染色凤仙花■☆
205386 Impatiens tinctoria A. Rich. subsp. elegantissima (Gilg) Grey-

Wilson;雅致染色凤仙花■☆
205387 Impatiens tinctoria A. Rich. subsp. latifolia Grey-Wilson;宽花染色凤仙花■☆
205388 Impatiens tomentella Hook. f.;微茸毛凤仙花(微绒毛凤仙花);Rathertomentose Spapweed,Rathertomentose Touch-me-not ■
205389 Impatiens tomentosa K. Heyne;茸毛凤仙花;Tomentose Spapweed,Tomentose Touch-me-not ■
205390 Impatiens tongbiguanensis Akiyama et H. Ohba;铜壁关凤仙花;Tongbiguan Spapweed ■
205391 Impatiens tongchouenensis H. Lév. = Impatiens aquatilis Hook. f. ■
205392 Impatiens tortisepala Hook. f.;扭萼凤仙花;Torsionsepal Spapweed,Torsionsepal Touch-me-not ■
205393 Impatiens torulosa Hook. f.;念珠凤仙花■
205394 Impatiens toxophora Hook. f.;东俄洛凤仙花■
205395 Impatiens translucida Eb. Fisch. et Raheliv.;半透明凤仙花■☆
205396 Impatiens tricaudata G. M. Schulze;三尾凤仙花■
205397 Impatiens trichantha Gilg = Impatiens nana Engl. et Warb. ■☆
205398 Impatiens trichochila Warb. = Impatiens nana Engl. et Warb. ■☆
205399 Impatiens trichopoda Hook. f.;毛柄凤仙花■
205400 Impatiens trichosepala Y. L. Chen;毛萼凤仙花;Haircalyx Spapweed,Haircalyx Touch-me-not ■
205401 Impatiens tricornis Lindl. = Impatiens cristata Wall. ■
205402 Impatiens triflora L. = Hydrocera triflora (L.) Wight et Arn. ■
205403 Impatiens trigonosepala Hook. f.;三角萼凤仙花;Trisepaled Touch-me-not ■
205404 Impatiens trilobata Colebr.;三裂凤仙花;Trilobed Spapweed,Trilobed Touch-me-not ■
205405 Impatiens tripetala Roxb.;三瓣凤仙花;Threepetal Spapweed,Touch-me-not ■
205406 Impatiens tropaeolifolia Griff.;旱金莲叶凤仙花;Nasturtiumleaf Spapweed,Nasturtiumleaf Touch-me-not ■
205407 Impatiens truncata Thwaites;截形凤仙花;Truncate Spapweed,Truncate Touch-me-not ■
205408 Impatiens tsangshanensis Y. L. Chen;苍山凤仙花;Cangshan Spapweed,Cangshan Touch-me-not ■
205409 Impatiens tuberculata Hook. f. et Thomson;瘤果凤仙花(有瘤凤仙花);Tuberculate Spapweed,Tuberculate Touch-me-not ■
205410 Impatiens tubulosa Hemsl. ex Forbes et Hemsl.;管茎凤仙花;Tubestem Spapweed,Tubestem Touch-me-not ■
205411 Impatiens tubulosa Hemsl. f. omeiena Pritz. ex Diels = Impatiens omeiena Hook. f. ■
205412 Impatiens tubulosa Hemsl. f. omeiensis E. Pritz. = Impatiens omeiena Hook. f. ■
205413 Impatiens tweediae E. A. Bruce;特威迪凤仙花■☆
205414 Impatiens uguenensis Warb. = Impatiens sodenii Engl. et Warb. ex Engl. ■☆
205415 Impatiens ukagurensis Grey-Wilson;乌卡古鲁凤仙花■☆
205416 Impatiens uliginosa Franch.;滇水金凤(昆明水金凤);Water Spapweed,Water Touch-me-not ■
205417 Impatiens ulugurensis Warb.;乌卢古尔凤仙花■☆
205418 Impatiens umbellata K. Heyne ex Roxb.;伞形凤仙花;Umbellate Spapweed,Umbellate Touch-me-not ■
205419 Impatiens umbrosa Edgew. = Impatiens bicolor Hook. f. ■☆
205420 Impatiens uncinata Wight;有钩凤仙花;Uncinate Spapweed,Uncinate Touch-me-not ■
205421 Impatiens undulata Y. L. Chen et Y. Q. Lu;波缘凤仙花;Undulate Spapweed,Undulate Touch-me-not ■
205422 Impatiens uniflora Hayata;单花凤仙花(紫花凤仙花);Singleflower Spapweed,Singleflower Touch-me-not,Uniflorous Touch-me-not ■
205423 Impatiens urticifolia Wall.;荨麻叶凤仙花;Nettleleaf Spapweed,Nettleleaf Touch-me-not ■
205424 Impatiens urundiensis Gilg = Impatiens purpureo-violacea Gilg ■☆
205425 Impatiens usambarensis Grey-Wilson;乌桑巴拉凤仙花■☆
205426 Impatiens uzungwaensis Grey-Wilson et Frim. -Moll.;乌尊季沃凤仙花■☆
205427 Impatiens valbrayana H. Lév. = Impatiens desmantha Hook. f. ■
205428 Impatiens vaniotiana H. Lév.;巧家凤仙;Qiaojia Spapweed ■
205429 Impatiens vellela Eb. Fisch. et Raheliv.;羊毛凤仙花■☆
205430 Impatiens verdickii De Wild. = Impatiens gomphophylla Baker ■☆
205431 Impatiens verticillata Wight;轮生凤仙花;Verticillate Spapweed,Verticillate Touch-me-not ■
205432 Impatiens villoso-calcarata Warb. et Gilg = Impatiens irvingii Hook. f. ■☆
205433 Impatiens violaceo-pilosula De Wild. = Impatiens niamniamensis Gilg ■☆
205434 Impatiens violaeflora Hook. f.;堇菜凤仙花;Violetflower Spapweed,Violetflower Touch-me-not ■
205435 Impatiens violaeflora Hook. f. = Impatiens aureliana Hook. f. ■
205436 Impatiens viridiflora Wight;绿花凤仙花;Greenflower Spapweed,Greenflower Touch-me-not ■
205437 Impatiens viscida Wight;黏质凤仙花;Glutinous Spapweed,Glutinous Touch-me-not ■
205438 Impatiens viscosa Bedd.;黏凤仙花;Glutinous Spapweed,Glutinous Touch-me-not ■
205439 Impatiens vittata Franch.;条纹凤仙花;Vittate Spapweed,Vittate Touch-me-not ■
205440 Impatiens volkensii Warb.;沃尔克凤仙花■☆
205441 Impatiens volkensii Warb. subsp. macrosepala Grey-Wilson et Frim. -Møll.;大萼沃尔克凤仙花■☆
205442 Impatiens waldheimiana Hook. f.;瓦氏凤仙花;Waldheim Spapweed ■
205443 Impatiens walkeri Hook.;沃克凤仙花;Walker Spapweed,Walker Touch-me-not ■
205444 Impatiens walleriana Hook. f.;苏丹凤仙花(玻璃翠,非洲凤仙花,苏丹凤仙,瓦莱尔克凤仙花,瓦氏凤仙,瓦氏凤仙花,新几内亚凤仙);Busy Lizzie,Buzzy Lizzy,Double Impatiens,Impatiens,Patience,Patience Plant,Patient Lucy,Snapweed,Sultan Spapweed,Sultan Touch-me-not,Waller Spapweed,Waller Touch-me-not ■
205445 Impatiens warburgiana R. Wilczek et G. M. Schulze;沃伯格凤仙花■☆
205446 Impatiens weihsiensis Y. L. Chen;维西凤仙花;Weixi Spapweed,Weixi Touch-me-not ■
205447 Impatiens wenshanensis S. H. Huang;文山凤仙花;Wenshan Spapweed ■
205448 Impatiens wightiana Bedd.;威特凤仙花;Wight Spapweed,Wight Touch-me-not ■
205449 Impatiens wilsonii Hook. f.;威氏凤仙花(白花凤仙花);Whiteflower Spapweed,Whiteflower Touch-me-not ■
205450 Impatiens wittei G. M. Schulze = Impatiens burtonii Hook. f. var.

wittei (G. M. Schulze) Grey-Wilson ■☆
205451 Impatiens wohlhauseri Eb. Fisch. et Raheliv. ;沃尔凤仙花■☆
205452 Impatiens wuchengyihii Akiyama et al. ;吴氏凤仙花■
205453 Impatiens wuyuanensis Y. L. Chen;婺源凤仙花;Wuyuan Spapweed,Wuyuan Touch-me-not ■
205454 Impatiens xanthina Comber;金黄凤仙花;Yellow Spapweed,Yellow Touch-me-not ■
205455 Impatiens xanthina Comber var. pusilla Y. L. Chen;细小金黄凤仙花;Thin Yellow Spapweed,Thin Yellow Touch-me-not ■
205456 Impatiens xanthocephala W. W. Sm. ;黄头凤仙花;Yellowhead Spapweed,Yellowhead Touch-me-not ■
205457 Impatiens yingjiangensis Akiyama et H. Ohba;盈江凤仙花;Yingjiang Touch-me-not ■
205458 Impatiens yongshanensis S. H. Huang;永善凤仙花;Yongshan Spapweed ■
205459 Impatiens yui S. H. Huang;德浚凤仙花;Yu's Spapweed ■
205460 Impatiens yunnanensis Franch. ;云南凤仙(云南凤仙花);Yunnan Spapweed ■
205461 Impatiens zenkeri Warb. = Impatiens mackeyana Hook. f. subsp. zenkeri (Warb.) Grey-Wilson ■☆
205462 Impatiens zimmermanniana Engl. et Gilg = Impatiens raphidothrix Warb. ■☆
205463 Impatiens zixiensis S. H. Huang;紫溪凤仙花;Zixi Spapweed ■
205464 Impatiens zombensis Baker;宗巴凤仙花■☆
205465 Impatiens zombensis Baker var. micrantha Brenan = Impatiens oreocallis Launert ■☆
205466 Impatientaceae Barnhart = Balsaminaceae A. Rich.(保留科名)■
205467 Impatientaceae Lem. = Balsaminaceae A. Rich.(保留科名)■
205468 Impatientaceae Tiegh. = Balsaminaceae A. Rich.(保留科名)■
205469 Impatientella H. Perrier = Impatiens L. ■
205470 Imperata Cyrillo(1792);白茅属;Cogongrass,Japanese Blood Grass,Kunai,Satin Tail,Satintail,Satin-tail ■
205471 Imperata allang Jungh. = Imperata cylindrica (L.) P. Beauv. ■
205472 Imperata angolensis Fritsch = Imperata cylindrica (L.) P. Beauv. ■
205473 Imperata arundinacea Cirillo;芦苇白茅(白茅,白茅管,地管,地筋,黄狗毛,兰根,茅,茅草,茅根,茅芽根,茅针,丝茅草)■
205474 Imperata arundinacea Cirillo = Imperata cylindrica (L.) P. Beauv. ■
205475 Imperata arundinacea Cirillo var. africana Andersson = Imperata cylindrica (L.) P. Beauv. ■
205476 Imperata arundinacea Cirillo var. americana Andersson = Imperata brasiliensis Trin. ■☆
205477 Imperata arundinacea Cirillo var. europaea Andersson = Imperata cylindrica (L.) P. Beauv. ■
205478 Imperata arundinacea Cirillo var. genuina subvar. europaea (Andersson) Hack. = Imperata cylindrica (L.) P. Beauv. ■
205479 Imperata arundinacea Cirillo var. koenigii Benth. = Imperata koenigii (Retz.) P. Beauv. ■
205480 Imperata arundinacea Cirillo var. latifolia Hook. f. = Imperata latifolia (Hook. f.) L. Liou ■
205481 Imperata arundinacea Cirillo var. thunbergii (Retz.) Stapf = Imperata cylindrica (L.) P. Beauv. ■
205482 Imperata brasiliensis Trin. ;巴西白茅;Brazilian Satintail ■☆
205483 Imperata cylindrica (L.) P. Beauv. = Imperata cylindrica (L.) Raeusch. ■
205484 Imperata cylindrica (L.) P. Beauv. subsp. koenigii (Retz.) Tzvelev = Imperata cylindrica (L.) P. Beauv. var. major (Nees) C. E. Hubb. et Vaughan ■
205485 Imperata cylindrica (L.) P. Beauv. subsp. koenigii (Retz.) Tzvelev = Imperata koenigii (Retz.) P. Beauv. ■
205486 Imperata cylindrica (L.) P. Beauv. var. europaea (Andersson) Asch. et Graebn. = Imperata cylindrica (L.) P. Beauv. ■
205487 Imperata cylindrica (L.) P. Beauv. var. europaea (Pers.) Andersson = Imperata cylindrica (L.) P. Beauv. ■
205488 Imperata cylindrica (L.) P. Beauv. var. genuina (Hack.) A. Camus = Imperata cylindrica (L.) P. Beauv. ■
205489 Imperata cylindrica (L.) P. Beauv. var. koenigii (Retz.) Durand et Schinz = Imperata koenigii (Retz.) P. Beauv. ■
205490 Imperata cylindrica (L.) P. Beauv. var. koenigii (Retz.) Pilg. = Imperata koenigii (Retz.) P. Beauv. ■
205491 Imperata cylindrica (L.) P. Beauv. var. koenigii (Retz.) Pilg. = Imperata cylindrica (L.) P. Beauv. var. major (Nees) C. E. Hubb. et Vaughan ■
205492 Imperata cylindrica (L.) P. Beauv. var. latifolia (Hook. f.) C. E. Hubb. = Imperata latifolia (Hook. f.) L. Liou ■
205493 Imperata cylindrica (L.) P. Beauv. var. major (Nees) C. E. Hubb. = Imperata cylindrica (L.) P. Beauv. var. major (Nees) C. E. Hubb. et Vaughan ■
205494 Imperata cylindrica (L.) P. Beauv. var. major (Nees) C. E. Hubb. et Vaughan = Imperata koenigii (Retz.) P. Beauv. ■
205495 Imperata cylindrica (L.) P. Beauv. var. major (Nees) C. E. Hubb. et Vaughan = Imperata cylindrica (L.) Raeusch. var. major (Nees) C. E. Hubb. et Vaughan ■
205496 Imperata cylindrica (L.) P. Beauv. var. mexicana (Rupr.) D. B. Ward = Imperata cylindrica (L.) Raeusch. var. mexicana (Rupr.) D. B. Ward ■☆
205497 Imperata cylindrica (L.) Raeusch. ;白茅(白茅草,白茅根,茅草,茅针,丝茅草,印度白茅);Alang-alang,Cogon Grass,Cogon Satin Tail,Cogon Satintail,Cogon Satin-tail,Cogongrass,Cogon-grass,Cotton Grass,Cotton Wool Grass,Japanese Blood Grass,Kunai,Lalang,Lalang Grass,Red Baron Blood,Red Cogon,Spear-grass,White Cogongrass ■
205498 Imperata cylindrica (L.) Raeusch. = Imperata cylindrica (L.) P. Beauv. ■
205499 Imperata cylindrica (L.) Raeusch. subsp. koenigii (Retz.) Masam. et Yanagih. = Imperata cylindrica (L.) P. Beauv. var. koenigii (Retz.) Pilg. ■
205500 Imperata cylindrica (L.) Raeusch. var. africana (Andersson) C. E. Hubb. = Imperata cylindrica (L.) P. Beauv. ■
205501 Imperata cylindrica (L.) Raeusch. var. europaea (Andersson) Asch. et Graeb. = Imperata cylindrica (L.) P. Beauv. ■
205502 Imperata cylindrica (L.) Raeusch. var. koenigii (Retz.) Benth. ex Pilg. = Imperata cylindrica (L.) P. Beauv. ■
205503 Imperata cylindrica (L.) Raeusch. var. koenigii (Retz.) Pilg. = Imperata cylindrica (L.) P. Beauv. ■
205504 Imperata cylindrica (L.) Raeusch. var. koenigii (Retz.) Pilg. f. pallida Honda = Imperata cylindrica (L.) P. Beauv. ■
205505 Imperata cylindrica (L.) Raeusch. var. major (Nees) C. E. Hubb. = Imperata cylindrica (L.) P. Beauv. ■
205506 Imperata cylindrica (L.) Raeusch. var. major (Nees) C. E. Hubb. et Vaughan;大白茅(白茅,白茅针,地菅,地节根,地筋,寒草根,坚草根,龙狗尾,茅草根,茅根,茅针,茹根,丝茅,丝茅草根,甜草根);Lalang Grass ■

205507 Imperata cylindrica (L.) Raeusch. var. mexicana (Rupr.) D. B. Ward;墨西哥白茅■☆
205508 Imperata cylindrica (L.) Raeusch. var. parviflora Maire = Imperata cylindrica (L.) P. Beauv. ■
205509 Imperata cylindrica (L.) Raeusch. var. rubra ?;日本白茅;Japanese Blood Grass ■☆
205510 Imperata cylindrica (L.) Raeusch. var. thunbergii (Retz.) Dur. et Schinz = Imperata cylindrica (L.) P. Beauv. ■
205511 Imperata cylindrica (L.) Raeusch. var. thunbergii (Retz.) T. Durand et Schinz = Imperata cylindrica (L.) P. Beauv. ■
205512 Imperata cylindrica P. Beauv. subsp. koenigii (Retz.) Tzvelev = Imperata cylindrica (L.) P. Beauv. var. koenigii (Retz.) Pilg. ■
205513 Imperata dinteri Pilg. = Imperata cylindrica (L.) P. Beauv. ■
205514 Imperata exaltata Brongn.;高升白茅;Tall Satintail ■
205515 Imperata filifolia Nees ex Steud. = Imperata cylindrica (L.) P. Beauv. ■
205516 Imperata flavida Keng ex L. Liou;黄穗白茅(黄茅,黄穗茅);Yellow Satintail,Yellowspike Cogongrass ■
205517 Imperata koenigii (Retz.) P. Beauv.;毛节白茅(白茅,白茅根,茅草根,茅根,茅针,丝茅,丝茅草根);Japanese Blood Grass,Silk Cogongrass,Silk Satintail ■
205518 Imperata koenigii (Retz.) P. Beauv. = Imperata cylindrica (L.) P. Beauv. var. major (Nees) C. E. Hubb. et Vaughan ■
205519 Imperata koenigii (Retz.) P. Beauv. = Imperata cylindrica (L.) P. Beauv. var. koenigii (Retz.) Pilg. ■
205520 Imperata koenigii (Retz.) P. Beauv. var. major Nees = Imperata cylindrica (L.) P. Beauv. ■
205521 Imperata koenigii (Retz.) P. Beauv. var. major Nees = Imperata cylindrica (L.) P. Beauv. var. major (Nees) C. E. Hubb. et Vaughan ■
205522 Imperata koenigii (Retz.) P. Beauv. var. major Nees = Imperata koenigii (Retz.) P. Beauv. ■
205523 Imperata koinigii P. Beauv. = Imperata koenigii (Retz.) P. Beauv. ■
205524 Imperata latifolia (Hook. f.) L. Liou;宽叶白茅;Broadleaf Cogongrass,Broadleaf Satintail ■
205525 Imperata robustior A. Chev. = Imperata cylindrica (L.) P. Beauv. ■
205526 Imperata sacchariflora Maxim. = Miscanthus sacchariflorus (Maxim.) Benth. ■
205527 Imperata sacchariflora Maxim. = Triarrhena sacchariflora (Maxim.) Nakai ■
205528 Imperata spontanea (L.) P. Beauv. = Saccharum spontaneum L. ■
205529 Imperata spontanea P. Beauv. = Saccharum spontaneum L. ■
205530 Imperatia Moench = Petrorhagia (Ser. ex DC.) Link ■
205531 Imperatoria L.(1753);欧前胡属■☆
205532 Imperatoria L. = Peucedanum L. ■
205533 Imperatoria hispanica Boiss.;西班牙欧前胡■☆
205534 Imperatoria lowei Coss.;洛弗欧前胡■☆
205535 Imperatoria ostruthium L.;欧前胡;Bastard Pellitory-of-Spain,False Pellitory-of-Spain,Fellon-grass,Fellon-wood,Fellon-wort,Masterwort,Masterwort Hog's-fennel ■☆
205536 Imperatoria ostruthium L. = Peucedanum ostruthium (L.) C. Koch ■☆
205537 Imperatoriaceae Martinov = Apiaceae Lindl.(保留科名)●■
205538 Imperatoriaceae Martinov = Umbelliferae Juss.(保留科名)■●
205539 Imperialis Adans. = Fritillaria L. ■
205540 Imperialis Adans. = Petilium Ludw. ■
205541 Impia Bluff et Fingerh. = Filago L.(保留属名)■
205542 Impia Bluff et Fingerh. = Gifola Cass. ■
205543 Incaea Luer = Pleurothallis R. Br. ■☆
205544 Incaea Luer(1789);印加兰属■☆
205545 Incarum E. G. Gonç. = Asterostigma Fisch. et C. A. Mey. ■☆
205546 Incarvillea Juss.(1789);角蒿属(波罗花属);Boloflower,Hardy Gloxinia,Hornsage,Incarvillea ■
205547 Incarvillea altissima Forrest;高波罗花;Tall Boloflower,Tall Incarvillea ■
205548 Incarvillea arguta (Royle) Royle;两头毛(金鸡豇豆,莲,麻叶子,马桶花,马尾莲,毛子草,蜜糖花,炮仗花,炮胀花,炮胀筒,千把刀,唢呐花,岩喇叭花,燕山红,羊胡子草,羊奶子,羊尾草);Hardy Gloxinia,Sharptooth Hornsage,Sharptooth Incarvillea ■
205549 Incarvillea arguta (Royle) Royle var. daochengensis Q. S. Zhao;稻城毛子草;Daocheng Incarvillea,Daocheng Sharptooth Hornsage ■
205550 Incarvillea arguta (Royle) Royle var. daochengensis Q. S. Zhao = Incarvillea arguta (Royle) Royle ■
205551 Incarvillea arguta (Royle) Royle var. longipedicellata Q. S. Zhao;长梗两头毛(长梗毛子草);Longpedicel Incarvillea,Longpedicel Sharptooth Hornsage ■
205552 Incarvillea beresowskii Batalin;四川波罗花;Sichuan Boloflower,Sichuan Incarvillea ■
205553 Incarvillea bonvaloti Bureau et Franch. = Incarvillea compacta Maxim. ■
205554 Incarvillea compacta Maxim.;密生波罗花(红花角蒿,密花角蒿,密生角蒿,全缘,全缘角蒿,乌却,野萝卜);Compact Hornsage,Compact Incarvillea ■
205555 Incarvillea compacta Maxim. var. brevipes (Sprague) Wehrh. = Incarvillea mairei (H. Lév.) Grierson ■
205556 Incarvillea compacta Maxim. var. grandiflora Wehrh. = Incarvillea mairei (H. Lév.) Grierson var. grandiflora (H. R. Wehrh.) Grierson ■
205557 Incarvillea delavayi Bureau et Franch.;红波罗花(波罗花,红花角蒿,红罗卜花,鸡肉参,角蒿,土地黄);Hardy Gloxinia,Red Boloflower,Red Incarvillea,Trumpet Flower ■
205558 Incarvillea diffusa Royle = Incarvillea arguta (Royle) Royle ■
205559 Incarvillea dissectifolia Q. S. Zhao;裂叶波罗花;Lobeleaf Incarvillea ■
205560 Incarvillea emodi (Royle ex Lindl.) Chatterjee;喜马拉雅波罗花■☆
205561 Incarvillea forrestii H. R. Fletcher;单叶波罗花;Forrest Incarvillea ■
205562 Incarvillea grandiflora Bureau et Franch. = Incarvillea mairei (H. Lév.) Grierson var. grandiflora (H. R. Wehrh.) Grierson ■
205563 Incarvillea grandiflora Bureau et Franch. var. brevipes Sprague = Incarvillea mairei (H. Lév.) Grierson ■
205564 Incarvillea koopmanni Germ. = Incarvillea olgae Regel ■☆
205565 Incarvillea longiracemosa Sprague = Incarvillea beresowskii Batalin ■
205566 Incarvillea lutea Bureau et Franch.;黄波罗花(黄花角蒿,土生地,圆麻参);Yellowflower Hornsage,Yellowflower Incarvillea ■
205567 Incarvillea lutea Bureau et Franch. subsp. longiracemosa (Sprague) Grierson = Incarvillea beresowskii Batalin ■
205568 Incarvillea mairei (H. Lév.) Grierson;鸡肉参(波罗花,大花角蒿,滇川角蒿,短柄波罗花,多花角蒿,红花角蒿,鸡蛋参,山羊

参,土地黄,土生地);Maire Hornsage,Maire Incarvillea ■
205569 Incarvillea mairei (H. Lév.) Grierson 'Frank Ludlow';弗朗克·路德洛鸡肉参■☆
205570 Incarvillea mairei (H. Lév.) Grierson f. multifoliolata C. Y. Wu et W. C. Yin = Incarvillea mairei (H. Lév.) Grierson var. multifoliolata (C. Y. Wu et W. C. Yin) C. Y. Wu et W. C. Yin ■
205571 Incarvillea mairei (H. Lév.) Grierson var. grandiflora (H. R. Wehrh.) Grierson;大花鸡肉参(菠萝花,大花滇川角蒿,滇川角蒿,鸡肉参,山羊参,土生地);Largeflower Incarvillea, Trumpet Flower ■
205572 Incarvillea mairei (H. Lév.) Grierson var. multifoliolata (C. Y. Wu et W. C. Yin) C. Y. Wu et W. C. Yin;多小叶鸡肉参;Multifoliolate Incarvillea ■
205573 Incarvillea oblongifolia Roxb. = Chirita oblongifolia (Roxb.) J. Sinclair ■
205574 Incarvillea olgae Regel;奥氏角蒿■☆
205575 Incarvillea potaninii Batalin;聚叶角蒿(矮角蒿);Gregariousleaf Hornsage,Gregariousleaf Incarvillea ■
205576 Incarvillea principis Bureau et Franch. = Incarvillea lutea Bureau et Franch. ■
205577 Incarvillea przewalskii (Batalin) Iljin = Incarvillea sinensis Lam. var. przewalskii (Batalin) C. Y. Wu et W. Q. Yin ■
205578 Incarvillea racemosa Q. S. Zhao;麒麟参;Racemose Incarvillea ■
205579 Incarvillea racemosa Q. S. Zhao = Incarvillea mairei (H. Lév.) Grierson ■
205580 Incarvillea sinensis Lam.;角蒿(憋肚草,大力草,大一枝蒿,独角虎,莪,莪蒿,蒿,烂石草,老鹳咀探,练石草,莪,廪蒿,萝,萝蒿,马先蒿,马新蒿,牡蒿,透骨草,蔚,羊羝角棵,羊角草,羊角草蒿,羊角蒿,羊角透骨草,羊特角,野芝麻,猪牙菜);China Hornsage,Chinese Incarvillea ■
205581 Incarvillea sinensis Lam. subsp. variabilis (Batalin) Grierson = Incarvillea sinensis Lam. ■
205582 Incarvillea sinensis Lam. subsp. variabilis (Batalin) Grierson f. przewalskii (Batalin) Grierson = Incarvillea sinensis Lam. var. przewalskii (Batalin) C. Y. Wu et W. Q. Yin ■
205583 Incarvillea sinensis Lam. subsp. variabilis (Batalin) Grierson f. variabilis Grierson = Incarvillea sinensis Lam. ■
205584 Incarvillea sinensis Lam. var. przewalskii (Batalin) C. Y. Wu et W. Q. Yin;黄花角蒿;Przewalsk Incarvillea ■
205585 Incarvillea sinensis Lam. var. variabilis (Batalin) Grierson;丛枝角蒿(角蒿,马先蒿,猪牙菜);Clumpybranch Hornsage, Clumpybranch Incarvillea ■
205586 Incarvillea tomentosa (Thunb.) Spreng. = Paulownia tomentosa (Thunb.) Steud. ●
205587 Incarvillea variabilis Batalin = Incarvillea sinensis Lam. var. variabilis (Batalin) Grierson ■
205588 Incarvillea variabilis Batalin = Incarvillea sinensis Lam. ■
205589 Incarvillea variabilis Batalin var. przewalskii Batalin = Incarvillea sinensis Lam. var. przewalskii (Batalin) C. Y. Wu et W. Q. Yin ■
205590 Incarvillea wilsonii Sprague = Incarvillea beresowskii Batalin ■
205591 Incarvillea younghusbandii Sprague;藏波罗花(藏波角蒿,藏角蒿,角蒿,西藏角蒿);Xizang Boloflower,Xizang Incarvillea ■
205592 Indagator Halford(2002);昆椴属●☆
205593 India A. N. Rao(1999);阿萨姆兰属■☆
205594 Indianthus Suksathan et Borchs. = Phrynium Willd.(保留属名)■
205595 Indigastrum Jaub. et Spach = Indigofera L. ●■
205596 Indigastrum Jaub. et Spach(1857);小蓝豆属■☆
205597 Indigastrum argyraeum (Eckl. et Zeyh.) Schrire;银白小蓝豆■☆
205598 Indigastrum argyroides (E. Mey.) Schrire;拟银白小蓝豆■☆
205599 Indigastrum burkeanum (Benth. ex Harv.) Schrire;伯克小蓝豆■☆
205600 Indigastrum candidissimum (Dinter) Schrire;极白小蓝豆■☆
205601 Indigastrum costatum (Guillaumin et Perr.) Schrire;中脉角蒿■☆
205602 Indigastrum costatum (Guillaumin et Perr.) Schrire subsp. goniodes (Hochst. ex Baker) Schrire;热非中脉角蒿■☆
205603 Indigastrum costatum (Guillaumin et Perr.) Schrire subsp. macrum (E. Mey.) Schrire;大花中脉小蓝豆■☆
205604 Indigastrum costatum (Guillaumin et Perr.) Schrire subsp. theuschii (O. Hoffm.) Schrire;托施小蓝豆■☆
205605 Indigastrum defelxum (Hochst. ex A. Rich.) Jaub. et Spach = Indigastrum parviflorum (B. Heyne ex Wight et Arn.) Schrire ●☆
205606 Indigastrum fastigiatum (E. Mey.) Schrire;帚状角蒿■☆
205607 Indigastrum parviflorum (B. Heyne ex Wight et Arn.) Schrire;小花角蒿●☆
205608 Indigastrum parviflorum (B. Heyne ex Wight et Arn.) Schrire subsp. occidentalis (J. B. Gillett) Schrire;西方小花角蒿●☆
205609 Indigastrum parviflorum (B. Heyne ex Wight et Arn.) Schrire var. crispidulum (J. B. Gillett) Schrire;皱波小花角蒿●☆
205610 Indigo Adans. = Indigofera L. ●■
205611 Indigofera L.(1753);木蓝属(槐蓝属);False Indigo, Indigo ●■
205612 Indigofera abyssinica Hochst. ex Baker = Indigofera amorphoides Jaub. et Spach ●☆
205613 Indigofera acanthoclada Dinter;刺枝木蓝●☆
205614 Indigofera acanthorhachis Dinter = Lessertia acanthorhachis (Dinter) Dinter ●☆
205615 Indigofera accepta N. E. Br. = Indigofera setiflora Baker ●☆
205616 Indigofera achyranthoides Taub.;牛膝木蓝●☆
205617 Indigofera acutiflora N. E. Br.;尖花木蓝●☆
205618 Indigofera acutifolia Schinz = Microcharis disjuncta (J. B. Gillett) Schrire ●☆
205619 Indigofera acutipetala Y. Y. Fang et C. Z. Zheng;尖瓣木蓝;Acutepetal Indigo, Acutipetal Indigo, Sharppetal Indigo ●
205620 Indigofera acutisepala Conrath ex Baker f. = Indigofera zeyheri Spreng. ex Eckl. et Zeyh. ●☆
205621 Indigofera adami Berhaut = Indigofera congolensis De Wild. et T. Durand ●☆
205622 Indigofera adenocarpa E. Mey.;腺果木蓝●☆
205623 Indigofera adenoides Baker f.;沙漠蔷薇木蓝●☆
205624 Indigofera adonensis E. Mey. = Indigofera poliotes Eckl. et Zeyh. ●☆
205625 Indigofera adscendens Eckl. et Zeyh. = Indigofera heterophylla Thunb. ●☆
205626 Indigofera aeruginis Schweinf. = Indigofera trigonelloides Jaub. et Spach ●☆
205627 Indigofera affinis Harv. = Indigastrum costatum (Guillaumin et Perr.) Schrire subsp. theuschii (O. Hoffm.) Schrire ■☆
205628 Indigofera alba Gouault = Indigofera fortunei Craib ●
205629 Indigofera alboglandulosa Engl. = Indigofera atriceps Hook. f. ●☆
205630 Indigofera alopecuroides (Burm. f.) DC.;看麦娘木蓝●☆

205631 Indigofera alopecuroides (Burm. f.) DC. var. minor E. Mey.;小看麦娘木蓝●☆
205632 Indigofera alopecuroides (Burm. f.) DC. var. minor Eckl. et Zeyh. = Indigofera alopecuroides (Burm. f.) DC. var. minor E. Mey. ●☆
205633 Indigofera alopecuroides E. Mey. = Indigofera candolleana Meisn. ●☆
205634 Indigofera alopecurus Schltr. = Indigofera foliosa E. Mey. ●☆
205635 Indigofera alpina Eckl. et Zeyh.;高山木蓝●☆
205636 Indigofera alta Schweinf. = Indigofera amorphoides Jaub. et Spach ●☆
205637 Indigofera alternans DC.;互生木蓝●☆
205638 Indigofera alternans DC. var. macra Baker;大互生木蓝●☆
205639 Indigofera amblyantha Craib;多花木蓝(多花槐蓝,景栗子,马黄消,山豆根,野蓝枝);Indigofera,Pinkflower Indigo,Pink-flowered Indigo ●
205640 Indigofera amblyantha Craib var. purdomii Rehder = Indigofera amblyantha Craib ●
205641 Indigofera ammophila Thulin = Microcharis ammophila (Thulin) Schrire ●☆
205642 Indigofera amoena Aiton;秀丽木蓝●☆
205643 Indigofera amorphoides Jaub. et Spach;不定木蓝●☆
205644 Indigofera anabaptista Steud. ex Baker = Indigofera hochstetteri Baker ●☆
205645 Indigofera andringitrensis R. Vig.;安德林吉特拉山木蓝●☆
205646 Indigofera angolensis D. Dietr. = Indigofera hofmanniana Schinz ●☆
205647 Indigofera angustata E. Mey.;狭木蓝●☆
205648 Indigofera angustifolia Curtis = Indigofera verrucosa Eckl. et Zeyh. ●☆
205649 Indigofera angustifolia L.;窄叶木蓝●☆
205650 Indigofera angustifolia L. var. brachystachya DC. = Indigofera brachystachya (DC.) E. Mey. ●☆
205651 Indigofera angustifolia L. var. tenuifolia (Lam.) Harv.;细叶木蓝●☆
205652 Indigofera angustifolia Thunb. = Indigofera brachystachya (DC.) E. Mey. ●☆
205653 Indigofera angustiloba Baker f. = Indigofera torulosa E. Mey. var. angustiloba (Baker f.) J. B. Gillett ●☆
205654 Indigofera anil L. = Indigofera sensitiva Franch. ●
205655 Indigofera anil L. = Indigofera suffruticosa Mill. ●
205656 Indigofera anil L. var. canescens J. A. Schmidt = Indigofera suffruticosa Mill. ●
205657 Indigofera anil L. var. orthocarpa DC. = Indigofera tinctoria L. ●
205658 Indigofera ankaratrensis R. Vig.;安卡拉特拉木蓝●☆
205659 Indigofera annua Milne-Redh.;一年木蓝■☆
205660 Indigofera antennulifera L. Bolus = Indigofera arenophila Schinz ●☆
205661 Indigofera antunesiana Harms;安图内思木蓝●☆
205662 Indigofera aphylla Breiter ex Link = Indigofera filifolia Thunb. ●☆
205663 Indigofera aquae-nitentis Bremek.;水生木蓝●☆
205664 Indigofera arabica Jaub. et Spach;阿拉伯木蓝●☆
205665 Indigofera arborea Gagnep. = Indigofera esquirolii H. Lév. ●
205666 Indigofera arborea Roxb. = Indigofera cassioides Rottler ex DC. ●
205667 Indigofera arborea Roxb. = Indigofera pulchella Roxb. ●
205668 Indigofera arenaria A. Rich. = Indigofera hochstetteri Baker ●☆
205669 Indigofera arenaria E. Mey. = Indigofera exigua Eckl. et Zeyh. ●☆
205670 Indigofera arenicola R. Vig. = Vaughania dionaeifolia S. Moore ●☆
205671 Indigofera arenophila Schinz;喜沙木蓝●☆
205672 Indigofera argentea Burm. f.;银白木蓝■☆
205673 Indigofera argutidens Craib;尖齿木蓝;Sharptooth Indigo, Sharp-toothed Indigo ●
205674 Indigofera argyraea Eckl. et Zeyh. = Indigastrum argyraeum (Eckl. et Zeyh.) Schrire ■☆
205675 Indigofera argyroides E. Mey. = Indigastrum argyroides (E. Mey.) Schrire ■☆
205676 Indigofera aristata Spreng.;具芒木蓝●☆
205677 Indigofera arrecta Benth. ex Harv. = Indigofera confusa Prain et Baker f. ●☆
205678 Indigofera arrecta Benth. ex Harv. et Sond.;直立木蓝(直立靛蓝);Java Indigo,Natal Indigo ●☆
205679 Indigofera arrecta Hochst. ex A. Rich. = Indigofera arrecta Benth. ex Harv. et Sond. ●☆
205680 Indigofera arthrophylla Eckl. et Zeyh. = Indigofera denudata L. f. ●☆
205681 Indigofera articulata Gouan;关节木蓝●☆
205682 Indigofera asparagoides Taub.;天门冬木蓝●☆
205683 Indigofera asparagoides Taub. subsp. ephemera J. B. Gillett = Microcharis ephemera (J. B. Gillett) Schrire ●☆
205684 Indigofera asparagoides Taub. var. tisserantii Pellegr. = Microcharis tisserantii (Pellegr.) Schrire ●☆
205685 Indigofera aspera Perr. ex DC.;粗糙木蓝●☆
205686 Indigofera asterocalycina Gilli;星萼木蓝●☆
205687 Indigofera astragalina DC.;小黄耆木蓝●☆
205688 Indigofera astragaloides Welw. ex Romariz;黄耆状木蓝●☆
205689 Indigofera atrata N. E. Br.;黑木蓝●☆
205690 Indigofera atriceps Hook. f.;黑头木蓝●☆
205691 Indigofera atriceps Hook. f. subsp. alboglandulosa (Engl.) J. B. Gillett = Indigofera atriceps Hook. f. ●☆
205692 Indigofera atriceps Hook. f. subsp. glandulosissima (R. E. Fr.) J. B. Gillett;多腺木蓝●☆
205693 Indigofera atriceps Hook. f. subsp. kaessneri (Baker f.) J. B. Gillett;卡斯纳木蓝●☆
205694 Indigofera atriceps Hook. f. subsp. ramosa (Cronquist) J. B. Gillett;分枝木蓝●☆
205695 Indigofera atriceps Hook. f. subsp. rhodesica J. B. Gillett;罗得西亚黑头木蓝●☆
205696 Indigofera atriceps Hook. f. subsp. setosissima (Harms) J. B. Gillett;多刚毛木蓝●☆
205697 Indigofera atrinota N. E. Br. = Indigofera reducta N. E. Br. ●☆
205698 Indigofera atropurpurea Buch. -Ham. ex Hornem.;深紫木蓝(流产草,深紫槐蓝,线苞木蓝);Dark-purple-flowered Indigo, Deep-purpleflower Indigo ●
205699 Indigofera atropurpurea Buch. -Ham. ex Hornem. var. nigrescens Pottinger et Prain = Indigofera nigrescens Kurz ex King et Prain ●
205700 Indigofera atropurpurea Buch. -Ham. ex Roxb. = Indigofera atropurpurea Buch. -Ham. ex Hornem. ●
205701 Indigofera auricoma E. Mey.;金发木蓝●☆
205702 Indigofera auricoma E. Mey. var. cuneata Baker f. = Indigofera auricoma E. Mey. ●☆
205703 Indigofera auricoma E. Mey. var. hololeuca (Benth. ex Harv.)

J. B. Gillett = Indigofera hololeuca Benth. ex Harv. ●☆
205704 Indigofera australis Willd. ;澳洲木蓝;Austral Indigo, Australian Indigo ●☆
205705 Indigofera axillaris E. Mey. = Amphithalea virgata Eckl. et Zeyh. ■☆
205706 Indigofera bagshawei Baker f. = Indigofera microcalyx Baker ●☆
205707 Indigofera bainesii Baker;贝恩斯木蓝●☆
205708 Indigofera bakeriana R. Vig. = Indigofera demissa Taub. ●☆
205709 Indigofera balfouriana Craib;丽江木蓝(包氏木蓝,大理木蓝);Balfour Indigo, Diels Indigo, Lijiang Indigo ●
205710 Indigofera bangweolensis R. E. Fr. ;邦韦尔木蓝●☆
205711 Indigofera baoulensis A. Chev. = Indigofera polysphaera Baker ●☆
205712 Indigofera barcensis Chiov. = Indigastrum parviflorum (B. Heyne ex Wight et Arn.) Schrire ●☆
205713 Indigofera barteri Hutch. et Dalziel;巴特木蓝●☆
205714 Indigofera basiflora J. B. Gillett;基花木蓝●☆
205715 Indigofera baumiana Harms;鲍姆木蓝●☆
205716 Indigofera baumiana Harms var. paucijuga R. E. Fr. = Indigofera sutherlandioides Welw. ex Baker ●☆
205717 Indigofera bayensis Thulin;巴亚木蓝●☆
205718 Indigofera bemarahaensis Du Puy et Labat;贝马拉哈木蓝●☆
205719 Indigofera benguellensis Baker;本格拉木蓝●☆
205720 Indigofera benthamiana Hance = Indigofera zollingeriana Miq. ●
205721 Indigofera bequaertii De Wild. = Indigofera secundiflora Poir. var. rubripilosa De Wild. ●☆
205722 Indigofera bergii Vatke ex Engl. = Indigofera tinctoria L. ●
205723 Indigofera bernieri Baill. = Indigofera leucoclada Baker ●☆
205724 Indigofera bifrons E. Mey. = Indigofera burchellii DC. ●☆
205725 Indigofera bifrons E. Mey. var. digitata ? = Indigofera burchellii DC. ●☆
205726 Indigofera bifrons E. Mey. var. trifoliata ? = Indigofera meyeriana Eckl. et Zeyh. ●☆
205727 Indigofera biglandulosa J. B. Gillett;双腺木蓝●☆
205728 Indigofera bodinieri H. Lév. = Indigofera stachyodes Lindl. ●
205729 Indigofera boinensis R. Vig. ;博伊纳木蓝●☆
205730 Indigofera boiviniana Baill. = Indigofera microcarpa Desv. ●☆
205731 Indigofera bojeri Vatke = Indigofera pedunculata Hilsenberg et Bojer ex Baker ●☆
205732 Indigofera bolusii N. E. Br. = Indigofera spicata Forssk. ■☆
205733 Indigofera bongensis Kotschy et Peyr. ;邦戈木蓝●☆
205734 Indigofera boranensis Chiov. = Indigofera volkensii Taub. ●☆
205735 Indigofera boranica Thulin;博兰木蓝●☆
205736 Indigofera bosseri Du Puy et Labat;博塞尔木蓝●☆
205737 Indigofera brachynema J. B. Gillett;短丝木蓝●☆
205738 Indigofera brachystachya (DC.) E. Mey. ;短穗木蓝●☆
205739 Indigofera bracteata Graham ex Baker;苞叶木蓝(大苞木蓝);Bracted Indigo, Large-bract Indigo ●
205740 Indigofera bracteolata DC. ;小苞木蓝●☆
205741 Indigofera brassii Baker;布拉斯木蓝●☆
205742 Indigofera brevicalyx Baker f. ;短萼木蓝●☆
205743 Indigofera brevidens Benth. ;短齿木蓝●☆
205744 Indigofera brevifilamenta J. B. Gillett;短线木蓝●☆
205745 Indigofera brevifolia N. E. Br. = Indigofera inyangana N. E. Br. ●☆
205746 Indigofera brevipetiolata Cronquist = Indigofera mimosoides Baker ●☆
205747 Indigofera breviracemosa Torre;短枝木蓝●☆
205748 Indigofera brevistaminea J. B. Gillett = Microcharis brevistaminea (J. B. Gillett) Schrire ●☆
205749 Indigofera breviviscosa J. B. Gillett;稍黏木蓝●☆
205750 Indigofera buchananii Burtt Davy;布坎南木蓝●☆
205751 Indigofera buchneri Taub. = Microcharis buchneri (Taub.) Schrire ●☆
205752 Indigofera bungeana Walp. ;河北木蓝(本氏木蓝,鸡骨柴,金银花,木蓝乔,女儿红,山红蓝靛,铁扫帚,铁扫竹,野兰枝子,野蓝枝子,野绿豆);Bunge Indigo ●
205753 Indigofera bungeana Walp. f. spinescens Kobuski = Indigofera silvestri Pamp. ●
205754 Indigofera bungeana Walp. var. nana L. C. Wang et X. G. Sun;矮铁扫帚;Dwarf Bunge Indigo ●
205755 Indigofera bungeana Walp. var. nana L. C. Wang et X. G. Sun = Indigofera bungeana Walp. ●
205756 Indigofera burchellii DC. ;伯切尔木蓝●☆
205757 Indigofera burchellii E. Mey. var. multifolia ? = Indigastrum argyraeum (Eckl. et Zeyh.) Schrire ■☆
205758 Indigofera burchellii E. Mey. var. paucifolia ? = Indigastrum argyraeum (Eckl. et Zeyh.) Schrire ■☆
205759 Indigofera burkeana Benth. ex Harv. = Indigastrum burkeanum (Benth. ex Harv.) Schrire ■☆
205760 Indigofera burmanni Boiss. = Indigofera argentea Burm. f. ■☆
205761 Indigofera burttii Baker f. ;伯特木蓝●☆
205762 Indigofera bussei J. B. Gillett;布瑟木蓝●☆
205763 Indigofera butayei De Wild. = Microcharis butayei (De Wild.) Schrire ●☆
205764 Indigofera byobiensis Hosodawa;屏东木蓝(猫鼻头木蓝);Pingdong Indigo ●
205765 Indigofera calcicola Craib;灰岩木蓝;Calcareous Indigo, Limestone Indigo ●
205766 Indigofera caloneura Kurz;美脉木蓝●
205767 Indigofera calva E. Mey. = Indigofera humifusa Eckl. et Zeyh. ●☆
205768 Indigofera cameronii Baker = Indigofera emarginella Steud. ex A. Rich. ●☆
205769 Indigofera cana Thulin = Microcharis cana (Thulin) Schrire ●☆
205770 Indigofera candicans Aiton;纯白木蓝●☆
205771 Indigofera candicans E. Mey. = Indigofera heterophylla Thunb. ●☆
205772 Indigofera candicans Sieber = Indigofera filiformis L. f. ■☆
205773 Indigofera candidissima Dinter = Indigastrum candidissimum (Dinter) Schrire ■☆
205774 Indigofera candolleana Meisn. ;康多勒木蓝●☆
205775 Indigofera canocalyx Gagnep. ;毛萼木蓝;Hairycalyx Indigo, Hairy-calyxed Indigo ●
205776 Indigofera canocalyx Gagnep. = Indigofera argutidens Craib ●
205777 Indigofera capillaris Thunb. ;发状木蓝●☆
205778 Indigofera capitata Graham = Crotalaria medicaginea Lam. ■●
205779 Indigofera capitata Kotschy;头状木蓝●☆
205780 Indigofera cardiophylla Harv. = Indigofera meyeriana Eckl. et Zeyh. ●☆
205781 Indigofera carinata De Wild. = Indigofera trita L. f. subsp. subulata (Vahl ex Poir.) Ali ●☆
205782 Indigofera carlesii Craib;苏木蓝(木蓝叉,山豆根,苏槐蓝);Carles Indigo, Greyhair Indigo ●

205783 Indigofera cassioides Rottler ex DC. ;椭圆叶木蓝;Ellipticleaf Indigo,Elliptic-leaved Indigo ●

205784 Indigofera caudata Dunn;尾叶木蓝(野饭豆);Tailed-leaf Indigo,Tailleaf Indigo,Tail-leaved Indigo ●

205785 Indigofera cavaleriei H. Lév. = Indigofera atropurpurea Buch. -Ham. ex Horem. ●

205786 Indigofera cavallii Chiov. ;卡瓦利木蓝●☆

205787 Indigofera centrota Eckl. et Zeyh. = Indigofera denudata L. f. ●☆

205788 Indigofera chaetodonta Franch. ;刺齿木蓝;Spinetooth Indigo ●

205789 Indigofera chalara Craib = Indigofera decora Lindl. var. chalara (Craib) Y. Y. Fang et C. Z. Zheng ●

205790 Indigofera changensis Craib = Indigofera squalida Prain ■

205791 Indigofera charlieriana Schinz var. scaberrima (Schinz) J. B. Gillett;糙木蓝●☆

205792 Indigofera charlieriana Schinz var. sessilis (Chiov.) J. B. Gillett = Indigofera charlieriana Schinz var. scaberrima (Schinz) J. B. Gillett ●☆

205793 Indigofera chenii S. S. Chien;南京木蓝(长年木蓝);Chen Indigo,Nanjing Indigo ●

205794 Indigofera chevalieri Tisser. ;舍瓦利耶木蓝●☆

205795 Indigofera chirensis Cufod. ex J. B. Gillett;希雷木蓝●☆

205796 Indigofera chuniana F. P. Metcalf = Indigofera colutea (Burm. f.) Merr. ●■

205797 Indigofera cinerascens Eckl. et Zeyh. = Indigofera zeyheri Spreng. ex Eckl. et Zeyh. ●☆

205798 Indigofera cinerascens Franch. ;灰色木蓝(灰毛木蓝);Greyhair Indigo,Grey-haired Indigo ●

205799 Indigofera cliffordiana J. B. Gillett;克利福德木蓝●☆

205800 Indigofera clitorioides G. Don;蝶豆木蓝●☆

205801 Indigofera cloiselii Drake = Vaughania cloiselii (Drake) Du Puy,Labat et Schrire ●☆

205802 Indigofera coerulea Roxb. ;天蓝木蓝●☆

205803 Indigofera coerulea Roxb. var. occidentalis J. B. Gillett et Ali;西方天蓝木蓝●☆

205804 Indigofera cognata N. E. Br. = Indigofera vicioides Jaub. et Spach var. rogersii (R. E. Fr.) J. B. Gillett ●☆

205805 Indigofera collina Eckl. et Zeyh. = Indigastrum argyraeum (Eckl. et Zeyh.) Schrire ■☆

205806 Indigofera colutea (Burm. f.) Merr. ;疏花木蓝(锈色木蓝);Chun Indigo,Rusty Indigo ●■

205807 Indigofera colutea (Burm. f.) Merr. var. grandiflora J. B. Gillett = Indigofera masaiensis J. B. Gillett ●☆

205808 Indigofera colutea (Burm. f.) Merr. var. linearis J. B. Gillett = Indigofera brachynema J. B. Gillett ●☆

205809 Indigofera colutea (Burm. f.) Merr. var. somalensis (Baker f.) J. B. Gillett;索马里木蓝●☆

205810 Indigofera coluteifolia Jaub. et Spach = Indigofera emarginella Steud. ex A. Rich. ●☆

205811 Indigofera commiphoroides Chiov. = Indigofera lupatana Baker f. ●☆

205812 Indigofera commixta N. E. Br. ;混合木蓝●☆

205813 Indigofera comosa N. E. Br. ;簇毛木蓝●☆

205814 Indigofera compacta N. E. Br. = Indigofera hilaris Eckl. et Zeyh. ●☆

205815 Indigofera complanata Spreng. = Indigofera psoraloides (L.) L. ■☆

205816 Indigofera complicata Eckl. et Zeyh. ;折叠木蓝●☆

205817 Indigofera compressa Lam. ;扁木蓝●☆

205818 Indigofera concinna Baker;莫桑比克木蓝●☆

205819 Indigofera condensata De Wild. = Indigofera microcalyx Baker ●☆

205820 Indigofera conferta J. B. Gillett;密生木蓝●☆

205821 Indigofera confusa Prain et Baker f. ;混乱木蓝●☆

205822 Indigofera congesta Welw. ex Baker;密团木蓝●☆

205823 Indigofera congesta Welw. ex Baker var. flamans Baker f. = Indigofera congesta Welw. ex Baker ●☆

205824 Indigofera congolensis De Wild. et T. Durand;刚果木蓝●☆

205825 Indigofera congolensis De Wild. et T. Durand var. bongensis (Baker f.) J. B. Gillett;邦戈密团木蓝●☆

205826 Indigofera conjugata Baker;成对木蓝●☆

205827 Indigofera conjugata Baker var. occidentalis J. B. Gillett;西方刚果木蓝●☆

205828 Indigofera conjugata Baker var. schweinfurthii (Taub.) J. B. Gillett;施韦木蓝●☆

205829 Indigofera conjugata Baker var. trimorphophylla (Taub.) J. B. Gillett;三形叶木蓝●☆

205830 Indigofera consanguinea Klotzsch = Indigofera colutea (Burm. f.) Merr. ●■

205831 Indigofera cooperi Craib = Indigofera decora Lindl. var. cooperi (Craib) Y. Y. Fang et C. Z. Zheng ●

205832 Indigofera corallinosperma Torre;珊瑚籽木蓝●☆

205833 Indigofera cordifolia B. Heyne ex Roth;心叶木蓝■

205834 Indigofera coriacea Aiton = Indigofera mauritanica (L.) Thunb. ●☆

205835 Indigofera coriacea Aiton var. alopecuroides (Burm. f.) Harv. = Indigofera alopecuroides (Burm. f.) DC. ●☆

205836 Indigofera coriacea Aiton var. cana Harv. = Indigofera mauritanica (L.) Thunb. ●☆

205837 Indigofera coriacea Aiton var. hirta Harv. = Indigofera candolleana Meisn. ●☆

205838 Indigofera coriacea Aiton var. major E. Mey. = Indigofera mauritanica (L.) Thunb. ●☆

205839 Indigofera coriacea Aiton var. minor (E. Mey.) Harv. = Indigofera alopecuroides (Burm. f.) DC. var. minor E. Mey. ●☆

205840 Indigofera corniculata E. Mey. = Indigofera tristis E. Mey. ●☆

205841 Indigofera coronilloides Jaub. et Spach = Indigofera trita L. f. subsp. scabra (Roth) de Kort et G. Thijsse ●☆

205842 Indigofera costata Guillaumin et Perr. ;单脉木蓝●☆

205843 Indigofera costata Guillaumin et Perr. subsp. gonioides (Hochst. ex Baker) J. B. Gillett = Indigastrum costatum (Guillaumin et Perr.) Schrire subsp. goniodes (Hochst. ex Baker) Schrire ■☆

205844 Indigofera costata Guillaumin et Perr. subsp. macra (E. Mey.) J. B. Gillett = Indigastrum costatum (Guillaumin et Perr.) Schrire subsp. macrum (E. Mey.) Schrire ■☆

205845 Indigofera costata Guillaumin et Perr. subsp. theuschii (O. Hoffm.) J. B. Gillett = Indigastrum costatum (Guillaumin et Perr.) Schrire subsp. theuschii (O. Hoffm.) Schrire ■☆

205846 Indigofera craibiana H. Lév. = Indigofera reticulata Franch. ●

205847 Indigofera crebra N. E. Br. ;密木蓝●☆

205848 Indigofera crotalarioides (Klotzsch) Baker;猪屎豆木蓝●☆

205849 Indigofera cryptantha Benth. ex Harv. ;隐花木蓝●☆

205850 Indigofera cryptantha Benth. ex Harv. var. occidentalis Baker f. ;西方隐花木蓝●☆

205851 Indigofera cufodontii Chiov. = Microcharis cufodontii (Chiov.) Schrire ●☆
205852 Indigofera cuneata Baker;楔形木蓝●☆
205853 Indigofera cuneifolia Eckl. et Zeyh.;楔叶木蓝●☆
205854 Indigofera cuneifolia Eckl. et Zeyh. var. angustifolia Harv.;窄楔叶木蓝●☆
205855 Indigofera cunenensis Torre;库内内木蓝●☆
205856 Indigofera curvata J. B. Gillett;内折木蓝●☆
205857 Indigofera curvirostrata Thulin;弯喙木蓝●☆
205858 Indigofera cylindracea Graham ex Baker;筒果木蓝●
205859 Indigofera cylindrica DC.;树木蓝;Tree Indigo ●☆
205860 Indigofera cylindrica DC. = Indigofera frutescens L. f. ●☆
205861 Indigofera cytisoides (L.) L.;金雀花木蓝●☆
205862 Indigofera dalabaca A. Chev. = Indigofera dendroides Jacq. ●☆
205863 Indigofera daleoides Benth. ex Harv.;戴尔豆木蓝●☆
205864 Indigofera daleoides Benth. ex Harv. var. gossweileri Baker f.;戈斯木蓝●☆
205865 Indigofera dalzielii Hutch. = Indigofera conjugata Baker var. occidentalis J. B. Gillett ●☆
205866 Indigofera damarana Merxm. et A. Schreib.;达马尔木蓝●☆
205867 Indigofera daochengensis Y. Y. Fang et C. Z. Cheng = Indigofera delavayi Franch. ●
205868 Indigofera daochengensis Y. Y. Fang et C. Z. Zheng;稻城木蓝;Daocheng Indigo ●
205869 Indigofera dasyantha Baker f.;毛花木蓝●☆
205870 Indigofera dasyantha Baker f. var. brevior J. B. Gillett = Indigofera nyassica Gilli var. brevior (J. B. Gillett) J. B. Gillett ●☆
205871 Indigofera dasyantha Baker f. var. viscidior J. B. Gillett = Indigofera nyassica Gilli var. viscidior (J. B. Gillett) J. B. Gillett ●☆
205872 Indigofera dasycephala Baker f.;毛头木蓝●☆
205873 Indigofera dauensis J. B. Gillett;达瓦木蓝●☆
205874 Indigofera dealbata Harv. = Indigofera nigromontana Eckl. et Zeyh. ●☆
205875 Indigofera declinata E. Mey.;外折木蓝●☆
205876 Indigofera decora Lindl.;庭藤(高雄木蓝,胡豆,泡颈亮,亭藤,铜罗伞,桶罗伞,崖藤,岩藤,杨桃叶罗伞);Chinese Indigo, Fair Indigo, Indigo Bush ●
205877 Indigofera decora Lindl. f. alba (Sarg.) Honda;白庭藤●☆
205878 Indigofera decora Lindl. subsp. carlesii (Craib) P. S. Hsu et Y. Y. Fang = Indigofera carlesii Craib ●
205879 Indigofera decora Lindl. var. chalara (Craib) Y. Y. Fang et C. Z. Zheng;兴山木蓝;Xingshan Indigo ●
205880 Indigofera decora Lindl. var. cooperi (Craib) Y. Y. Fang et C. Z. Zheng;宁波木蓝(地料梢,宁波槐蓝,铜罗伞,夜藤);Ningbo Indigo ●
205881 Indigofera decora Lindl. var. ichanggensis (Craib) Y. Y. Fang et C. Z. Zheng;宜昌木蓝(宜昌庭藤);Yichang Indigo ●
205882 Indigofera deflersii Baker f.;德弗莱尔木蓝●☆
205883 Indigofera deflexa Hochst. ex A. Rich. = Indigastrum parviflorum (B. Heyne ex Wight et Arn.) Schrire ●☆
205884 Indigofera deginensis Sanjappa = Indigofera howellii Craib et W. W. Sm. ●
205885 Indigofera dehniae Merxm. = Indigofera hewittii Baker f. ●☆
205886 Indigofera deightonii J. B. Gillett;戴顿木蓝●☆
205887 Indigofera delagoensis Baker f. ex J. B. Gillett;迪拉果木蓝●☆
205888 Indigofera delavayi Franch.;滇木蓝(宾川木蓝);Delavay Indigo ●
205889 Indigofera demissa Taub.;垂木蓝●☆
205890 Indigofera dendroides Jacq.;树状木蓝●☆
205891 Indigofera densa N. E. Br.;密集木蓝●☆
205892 Indigofera densifructa Y. Y. Fang et C. Z. Zheng;密果木蓝;Dense-fruit Indigo, Dense-fruited Indigo, Densepod Indigo ●
205893 Indigofera dentata N. E. Br. = Cyamopsis dentata (N. E. Br.) Torre ■☆
205894 Indigofera denudata L. f.;裸木蓝●☆
205895 Indigofera denudata L. f. var. dumosa (E. Mey.) Harv. = Indigofera denudata L. f. ●☆
205896 Indigofera denudata L. f. var. luxurians Harv. = Indigofera denudata L. f. ●☆
205897 Indigofera denudata L. f. var. simplicifolia Harv. = Indigofera denudata L. f. ●☆
205898 Indigofera depauperata Drake = Vaughania depauperata (Drake) Du Puy, Labat et Schrire ●☆
205899 Indigofera depressa Harv.;凹陷木蓝●☆
205900 Indigofera desertorum Torre;荒漠木蓝●☆
205901 Indigofera dewevrei Micheli = Indigofera polysphaera Baker ●☆
205902 Indigofera dichoroa Craib;川西木蓝;Two-coloured Indigo, W. Sichuan Indigo ●
205903 Indigofera dielsiana Craib = Indigofera balfouriana Craib ●
205904 Indigofera digitata Thunb.;指裂木蓝●☆
205905 Indigofera dillwynioides Benth. ex Harv.;鹦鹉豆木蓝●☆
205906 Indigofera dimidiata Vogel ex Walp.;半片木蓝●☆
205907 Indigofera dimorphophylla Schinz = Indigofera trita L. f. subsp. subulata (Vahl ex Poir.) Ali ●☆
205908 Indigofera diphylla Vent.;二叶木蓝●☆
205909 Indigofera discolor E. Mey. = Indigofera procumbens L. ●☆
205910 Indigofera disjuncta J. B. Gillett = Microcharis disjuncta (J. B. Gillett) Schrire ●☆
205911 Indigofera dissimilis N. E. Br. = Indigofera vicioides Jaub. et Spach var. rogersii (R. E. Fr.) J. B. Gillett ●☆
205912 Indigofera dissitiflora Baker;稀花木蓝●☆
205913 Indigofera disticha Eckl. et Zeyh.;二列木蓝●☆
205914 Indigofera divaricata De Wild. = Indigofera vicioides Jaub. et Spach ●☆
205915 Indigofera diversifolia DC.;异叶木蓝●☆
205916 Indigofera djalonica A. Chev. ex Baker f. = Indigofera atriceps Hook. f. ●☆
205917 Indigofera dodecaphylla Ficalho et Hiern = Indigofera daleoides Benth. ex Harv. ●☆
205918 Indigofera dolichochaeta Craib;长齿木蓝;Long-toothed Indigo ●
205919 Indigofera dolichothyrsa Baker f.;南安哥拉木蓝●☆
205920 Indigofera dominii Eichler = Indigofera linnaei Ali ■
205921 Indigofera dosua Buch.-Ham. ex D. Don;滇西木蓝(木蓝,云南木蓝)●
205922 Indigofera dosua Buch.-Ham. ex D. Don var. stachyodes (Lindl.) H. Lév. = Indigofera stachyodes Lindl. ●
205923 Indigofera dosua Buch.-Ham. ex D. Don var. tomentosa (Graham) Baker = Indigofera stachyodes Lindl. ●
205924 Indigofera dregeana E. Mey.;德雷木蓝●☆
205925 Indigofera drepanocarpa Taub.;镰果木蓝●☆
205926 Indigofera duclouxii Craib = Indigofera pampaniniana Craib ●
205927 Indigofera dumetorum Craib;黄花木蓝(黄叶木蓝);Yellow Indigo, Yellow-flower Indigo, Yellow-flowered Indigo ●
205928 Indigofera dumosa E. Mey. = Indigofera denudata L. f. ●☆

205929 Indigofera dupuisii Micheli = Indigofera pulchra Willd. ■☆
205930 Indigofera dyeri Britten;戴尔木蓝●☆
205931 Indigofera dyeri Britten var. congesta J. B. Gillett;密集戴尔木蓝●☆
205932 Indigofera dyeri Britten var. major J. B. Gillett;大戴尔木蓝●☆
205933 Indigofera dyeri Britten var. parviflora J. B. Gillett;小花戴尔木蓝●☆
205934 Indigofera echinata Willd. = Indigofera nummularifolia (L.) Livera ex Alston ■
205935 Indigofera effusa E. Mey. = Indigofera alternans DC. ●☆
205936 Indigofera elegans Schumach. et Thonn. = Indigofera nigricans Vahl ex Pers. ●☆
205937 Indigofera ellenbeckii Baker f.;韦伦木蓝●☆
205938 Indigofera elliotii (Baker f.) J. B. Gillett;埃利木蓝●☆
205939 Indigofera elliptica DC. = Indigofera cassioides Rottler ex DC. ●
205940 Indigofera elliptica E. Mey. = Indigofera pauciflora Eckl. et Zeyh. ●☆
205941 Indigofera elliptica Roxb. = Indigofera cassoides Rottler ex DC. ●
205942 Indigofera elongata G. Don;伸长木蓝●☆
205943 Indigofera elskensii Baker f. = Indigofera atriceps Hook. f. subsp. setosissima (Harms) J. B. Gillett ●☆
205944 Indigofera emarginata G. Don;微缺木蓝●☆
205945 Indigofera emarginata Y. Y. Fang et C. Z. Zheng;凹叶木蓝;Emarginate-leaf Indigo,Emarginate-leaved Indigo,Entireleaf Indigo ●
205946 Indigofera emarginata Y. Y. Fang et C. Z. Zheng = Indigofera howellii Craib et W. W. Sm. ●
205947 Indigofera emarginella Steud. ex A. Rich.;小凹叶木蓝●☆
205948 Indigofera emarginella Steud. ex A. Rich. var. longifoliolata J. B. Gillett;长叶木蓝●☆
205949 Indigofera emarginelloides J. B. Gillett;拟微缺木蓝●☆
205950 Indigofera endecaphylla Jacq.;十一叶木蓝;Creeping Indigo ●☆
205951 Indigofera engleri Baker f. = Indigastrum argyroides (E. Mey.) Schrire ■☆
205952 Indigofera enneaphylla Eckl. et Zeyh. = Indigofera alternans DC. ●☆
205953 Indigofera enneaphylla L. = Indigofera linnaei Ali ■
205954 Indigofera enonensis E. Mey. = Indigofera disticha Eckl. et Zeyh. ●☆
205955 Indigofera erecta Eckl. et Zeyh. = Indigofera gracilis Spreng. ●☆
205956 Indigofera eremophila Thulin;沙漠木蓝●☆
205957 Indigofera eriocarpa E. Mey.;毛果木蓝●☆
205958 Indigofera eriocarpa E. Mey. var. williamsonii Harv. = Indigofera williamsonii (Harv.) N. E. Br. ●☆
205959 Indigofera ervoides A. Rich. = Indigofera chirensis Cufod. ex J. B. Gillett ●☆
205960 Indigofera erythrogramma Welw. ex Baker;红纹木蓝. ●☆
205961 Indigofera erythrogrammoides De Wild.;拟红纹木蓝●☆
205962 Indigofera esquirolii H. Lév.;黔南木蓝(白口莲,黔滇木蓝,树木蓝);Esquirol Indigo,S. Guizhou Indigo,Tree Indigo ●
205963 Indigofera evansiana Burtt Davy;埃文斯木蓝●☆
205964 Indigofera evansii Schltr.;埃氏木蓝●☆
205965 Indigofera exellii Torre;埃克塞尔木蓝●☆
205966 Indigofera exigua Eckl. et Zeyh.;小木蓝●☆
205967 Indigofera eylesiana J. B. Gillett;艾尔斯木蓝●☆
205968 Indigofera faberi Craib = Indigofera decora Lindl. var. ichanggensis (Craib) Y. Y. Fang et C. Z. Zheng ●
205969 Indigofera fairchildii Baker f. = Indigofera heudelotii Benth. ex Baker var. fairchildii (Baker f.) J. B. Gillett ●☆
205970 Indigofera falcata E. Mey. = Indigofera sessilifolia DC. ●☆
205971 Indigofera falcata E. Mey. var. glaberrima ? = Indigofera sessilifolia DC. ●☆
205972 Indigofera falcata E. Mey. var. pubescens ? = Indigofera sessilifolia DC. ●☆
205973 Indigofera fanshawei J. B. Gillett;范肖木蓝●☆
205974 Indigofera fastigiata E. Mey. = Indigastrum fastigiatum (E. Mey.) Schrire ■☆
205975 Indigofera fastigiata E. Mey. var. angustata Harv. = Indigastrum fastigiatum (E. Mey.) Schrire ■☆
205976 Indigofera faulknerae J. B. Gillett;福克纳木蓝●☆
205977 Indigofera ferruginea Schumach. et Thonn. = Indigofera hirsuta L. ●
205978 Indigofera filicaulis Eckl. et Zeyh.;线茎木蓝■☆
205979 Indigofera filifolia Ker Gawl. = Indigofera filifolia Thunb. ●☆
205980 Indigofera filifolia Thunb.;线叶木蓝●☆
205981 Indigofera filiformis L. f.;线形木蓝■☆
205982 Indigofera filiformis L. f. var. adscendens Eckl. et Zeyh. = Indigofera filiformis L. f. ■☆
205983 Indigofera filiformis L. f. var. planifolia E. Mey. = Indigofera filiformis L. f. ■☆
205984 Indigofera filipes Benth. ex Harv.;线梗木蓝■☆
205985 Indigofera finlaysoniana Graham ex Ridl. = Indigofera galegoides DC. ●
205986 Indigofera flabellata Harv.;扇状木蓝●☆
205987 Indigofera flavicans Baker;黄木蓝●☆
205988 Indigofera flavovirens R. E. Fr. = Indigofera rhynchocarpa Welw. ex Baker ●☆
205989 Indigofera fleckii Baker f. = Indigofera pechuelii Kuntze ●☆
205990 Indigofera flexuosa Eckl. et Zeyh. = Indigofera denudata L. f. ●☆
205991 Indigofera floribunda N. E. Br.;繁花木蓝●☆
205992 Indigofera florida E. Mey. = Indigofera cuneifolia Eckl. et Zeyh. ●☆
205993 Indigofera foliosa E. Mey.;繁叶木蓝●☆
205994 Indigofera forrestii Craib = Indigofera hancockii Craib ●
205995 Indigofera fortunei Craib;华东木蓝(福氏木蓝,和琼木蓝,华东槐蓝,山豆根,野蚕豆);E. China Indigo,Fortune Indigo ●
205996 Indigofera frondosa N. E. Br.;阔叶木蓝●☆
205997 Indigofera frutescens L. f.;灌木木蓝●☆
205998 Indigofera fulgens Baker;光亮木蓝●☆
205999 Indigofera fulvopilosa Brenan;褐绒毛木蓝●☆
206000 Indigofera fusca G. Don = Indigofera hirsuta L. ●
206001 Indigofera fuscosetosa Baker;褐刚毛木蓝●☆
206002 Indigofera galegoides DC.;假大青蓝;Longfruit Indigo,Longfruited Indigo ●
206003 Indigofera galpinii N. E. Br.;盖尔木蓝●☆
206004 Indigofera geminata Baker;双木蓝●☆
206005 Indigofera gerardiana Graham ex Baker;杰氏青蓝(白蒺藜药,基拉木蓝);Himalayan Indigo ●☆
206006 Indigofera gerardiana Graham ex Baker var. heterantha (Wall. ex Brand.) Baker = Indigofera heterantha Wall. ex Brand ●
206007 Indigofera gerardiana Wall. = Indigofera gerardiana Graham ex Baker ●☆
206008 Indigofera gerardiana Wall. ex Baker = Indigofera heterantha

Wall. ex Brandis ●
206009 Indigofera gerardiana Wall. ex Baker var. heterantha (Brandis) Baker = Indigofera heterantha Wall. ex Brandis ●
206010 Indigofera gerrardiana Harv. = Indigofera dregeana E. Mey. ●☆
206011 Indigofera giessii A. Schreib.;吉斯木蓝●☆
206012 Indigofera giftbergensis C. H. Stirt. et Jarvie;吉福特木蓝●☆
206013 Indigofera glabella Fourc. = Indigofera verrucosa Eckl. et Zeyh. ●☆
206014 Indigofera glabra Ali = Indigofera neoglabra Hu ●
206015 Indigofera glabra S. S. Chien = Indigofera neoglabra Hu ●
206016 Indigofera glabra S. S. Chien = Indigofera venulosa Champ. ex Benth. ●
206017 Indigofera glandulifera Hayata = Indigofera trifoliata L. ■
206018 Indigofera glandulifera Steud.;腺叶青蓝(腺体木蓝)●
206019 Indigofera glauca Lam. = Indigofera articulata Gouan ●☆
206020 Indigofera glaucescens Eckl. et Zeyh.;灰绿木蓝●☆
206021 Indigofera glaucifolia Cronquist;粉绿叶木蓝●☆
206022 Indigofera glomerata E. Mey.;团集木蓝●☆
206023 Indigofera gloriosa Cronquist;华丽木蓝●☆
206024 Indigofera goetzei Harms = Indigofera hedyantha Eckl. et Zeyh. ●☆
206025 Indigofera goniodes Hochst. ex Baker = Indigastrum costatum (Guillaumin et Perr.) Schrire subsp. goniodes (Hochst. ex Baker) Schrire ■☆
206026 Indigofera gonioides Hochst. ex Baker var. damarensis Baker f. = Indigastrum costatum (Guillaumin et Perr.) Schrire subsp. theuschii (O. Hoffm.) Schrire ■☆
206027 Indigofera gracilima H. T. Tsai et Te T. Yu = Indigofera chaetodonta Franch. ●
206028 Indigofera gracilis Spreng.;纤细木蓝●☆
206029 Indigofera gracillima Tsai et T. T. Yu = Indigofera chaetodonta Franch. ●
206030 Indigofera graminea Schltr. = Microcharis galpinii N. E. Br. ●☆
206031 Indigofera grandidieri Baill. = Indigofera praticola Baker f. ●☆
206032 Indigofera graniticola J. B. Gillett;花岗岩木蓝●☆
206033 Indigofera grata E. Mey.;可爱木蓝●☆
206034 Indigofera griquana Schltr. ex Zahlbr. = Indigofera longibarbata Engl. ●☆
206035 Indigofera grisea Baker = Indigofera bracteolata DC. ●☆
206036 Indigofera griseoides Harms;灰木蓝●☆
206037 Indigofera grisophylla Fourc.;灰白叶木蓝●☆
206038 Indigofera guthriei Bolus;格斯里木蓝●☆
206039 Indigofera gyrata Thulin = Microcharis gyrata (Thulin) Schrire ●☆
206040 Indigofera gyrocarpa Baker f. = Indigofera rhynchocarpa Welw. ex Baker ●☆
206041 Indigofera hainanensis Tsai et Te T. Yu = Indigofera wightii Graham ex Wight et Arn. ●
206042 Indigofera hamiltonii Graham ex Duthie et Prain = Indigofera atropurpurea Buch. -Ham. ex Hornem. ●
206043 Indigofera hamulosa Schltr.;钩木蓝●☆
206044 Indigofera hancockii Craib;苍山木蓝(苍蝇草,草山木蓝,韩氏草,韩氏木蓝,和氏木蓝,绢毛木蓝,马鞭草);Cangshan Indigo, Forest Indigo, Hancock Indigo ●
206045 Indigofera hantamensis Diels;汉塔姆木蓝●☆
206046 Indigofera hebepetala Benth. ex Baker;毛瓣木蓝(光叶毛瓣木蓝);Hairy-petaled Indigo, Veivetypetal Indigo ●☆
206047 Indigofera hebepetala Benth. ex Baker f. glabra (Ali) H. Ohashi = Indigofera hebepetala Benth. ex Baker var. glabra Ali ●
206048 Indigofera hebepetala Benth. ex Baker var. glabra Ali;光叶毛瓣木蓝●
206049 Indigofera hedranophylla Eckl. et Zeyh. = Indigofera sessilifolia DC. ●☆
206050 Indigofera hedyantha Eckl. et Zeyh.;良花木蓝●☆
206051 Indigofera hendecaphylla Jacq. = Indigofera spicata Forssk. ■☆
206052 Indigofera hendecaphylla Jacq. var. acutifolia Chiov. = Indigofera spicata Forssk. ■☆
206053 Indigofera hendecaphylla Jacq. var. angustata Harv. = Indigofera spicata Forssk. ■☆
206054 Indigofera hendecaphylla Jacq. var. angustifolia A. Rich. = Indigofera spicata Forssk. ■☆
206055 Indigofera hendecaphylla Jacq. var. major Baker f. = Indigofera spicata Forssk. ■☆
206056 Indigofera hendecaphylla Jacq. var. radicans Welw. ex Baker = Indigofera oxalidea Welw. ex Baker ●☆
206057 Indigofera henryi Craib;亨利木蓝(侧花木蓝,长梗木蓝);Excentricflower Indigo, Henry Indigo, Lateral-flowered Indigo ●
206058 Indigofera henryi Craib var. silvarum Craib = Indigofera henryi Craib ●
206059 Indigofera heptaphylla Hiern = Indigastrum costatum (Guillaumin et Perr.) Schrire subsp. theuschii (O. Hoffm.) Schrire ■☆
206060 Indigofera hermannioides J. B. Gillett;密钟木状木蓝●☆
206061 Indigofera heterantha Wall. ex Brand;异花木蓝;Differentflower Indigo, Different-flowered Indigo, Diversiflorous Indigo, False Indigo, Himalayan Indigo, Indigo Bush ●
206062 Indigofera heterantha Wall. ex Brand var. gerardiana (Wall. ex Baker) S. J. Ali;杰勒德木蓝●
206063 Indigofera heterantha Wall. ex Brand var. gerardiana (Wall. ex Baker) S. J. Ali = Indigofera heterantha Wall. ex Brand. ●
206064 Indigofera heterantha Wall. ex Brand. var. longipedicellata Thoth. = Indigofera cylindracea Graham ex Baker ●
206065 Indigofera heterocarpa Welw. ex Baker;异萼木蓝●☆
206066 Indigofera heterophylla Thunb.;互叶木蓝●☆
206067 Indigofera heterophylla Thunb. var. montana Eckl. et Zeyh. = Indigofera nigromontana Eckl. et Zeyh. ●☆
206068 Indigofera heterophylla Thunb. var. tulbaghensis Baker f. = Indigofera heterophylla Thunb. ●☆
206069 Indigofera heterotricha DC.;异毛木蓝●☆
206070 Indigofera heterotricha DC. var. ecklonii Harv. = Indigofera poliotes Eckl. et Zeyh. ●☆
206071 Indigofera heterotricha Eckl. et Zeyh. = Indigofera poliotes Eckl. et Zeyh. ●☆
206072 Indigofera heudelotii Benth. ex Baker;厄德木蓝●☆
206073 Indigofera heudelotii Benth. ex Baker var. elliotii Baker f. = Indigofera elliotii (Baker f.) J. B. Gillett ●☆
206074 Indigofera heudelotii Benth. ex Baker var. fairchildii (Baker f.) J. B. Gillett;费尔柴尔德木蓝●☆
206075 Indigofera hewittii Baker f.;休伊特木蓝●☆
206076 Indigofera hilaris Eckl. et Zeyh.;愉悦木蓝●☆
206077 Indigofera hilaris Eckl. et Zeyh. var. drakensbergensis Baker f. = Indigofera hilaris Eckl. et Zeyh. ●☆
206078 Indigofera hilaris Eckl. et Zeyh. var. microscypha (Baker) J. B. Gillett;小杯木蓝●☆

206079 Indigofera himalayensis Ali;喜马拉雅木蓝●☆

206080 Indigofera hiranensis Thulin;希兰木蓝●☆

206081 Indigofera hirsuta L.;硬毛木蓝(刚毛木蓝,毛马棘,毛木蓝);Hirsute Indigo,Roughhairy Indigo ●

206082 Indigofera hirsuta L. var. polystachya Welw. ex Baker = Indigofera longibarbata Engl. ●☆

206083 Indigofera hirsuta L. var. pumila Welw. ex Baker = Indigofera hirsuta L. ●

206084 Indigofera hirta Bojer = Indigofera hirsuta L. ●

206085 Indigofera hirta E. Mey. = Indigofera hilaris Eckl. et Zeyh. ●☆

206086 Indigofera hislopii Baker f.;希斯洛普木蓝●☆

206087 Indigofera hispida Eckl. et Zeyh.;粗毛木蓝●☆

206088 Indigofera hochstetteri Baker;霍赫木蓝●☆

206089 Indigofera hochstetteri Baker subsp. streyana (Merxm.) A. Schreib.;施特赖木蓝●☆

206090 Indigofera hockii De Wild. et Baker f. = Indigofera hilaris Eckl. et Zeyh. ●☆

206091 Indigofera hofmanniana Schinz;豪夫曼木蓝●☆

206092 Indigofera hololeuca Benth. ex Harv.;全白木蓝●☆

206093 Indigofera hololeuca Benth. ex Harv. var. angolensis Baker f. = Indigofera daleoides Benth. ex Harv. var. gossweileri Baker f. ●☆

206094 Indigofera holstii Taub. ex Engl. = Indigofera atriceps Hook. f. subsp. kaessneri (Baker f.) J. B. Gillett ●☆

206095 Indigofera holubii N. E. Br.;霍勒布木蓝●☆

206096 Indigofera homblei Baker f. et W. Martin;洪布勒木蓝●☆

206097 Indigofera homblei Baker f. et W. Martin subsp. longiflora J. B. Gillett = Indigofera longistaminata Schrire ●☆

206098 Indigofera hookeriana Meisn.;胡克木蓝●☆

206099 Indigofera hosiei Craib;陕甘木蓝;Hosie Indigo ●

206100 Indigofera hosiei Craib = Indigofera bungeana Walp. ●

206101 Indigofera howellii Craib et W. W. Sm.;腾冲木蓝(长序木蓝);Howell Indigo, Long-flower Indigo, Longraceme Indigo, Tengchong Indigo ●

206102 Indigofera huillensis Baker f.;威拉木蓝●☆

206103 Indigofera humbertiana M. Pelt. = Vaughania humbertiana (M. Pelt.) Du Puy,Labat et Schrire ●☆

206104 Indigofera humifusa Eckl. et Zeyh.;平伏木蓝●☆

206105 Indigofera hundtii Rossberg;洪特木蓝●☆

206106 Indigofera hutchinsoniana J. B. Gillett = Microcharis tenella Benth. ●☆

206107 Indigofera hybrida N. E. Br.;杂种木蓝●☆

206108 Indigofera ichangensis Craib = Indigofera decora Lindl. var. ichanggensis (Craib) Y. Y. Fang et C. Z. Zheng ●

206109 Indigofera ichangensis Craib f. calvescens Craib = Indigofera decora Lindl. var. ichangensis (Craib) Y. Y. Fang et C. Z. Zheng ●

206110 Indigofera ichangensis Craib f. leptantha Craib = Indigofera decora Lindl. ●

206111 Indigofera ichangensis Craib f. rigida Craib = Indigofera decora Lindl. ●

206112 Indigofera imerinensis Du Puy et Labat;伊梅里纳木蓝●☆

206113 Indigofera inamoena Thwaites = Indigofera wightii Graham ex Wight et Arn. ●

206114 Indigofera incana Thunb.;灰毛木蓝●☆

206115 Indigofera incana Thunb. var. angustistipulata Baker f. = Indigofera tomentosa Eckl. et Zeyh. ●☆

206116 Indigofera incarnata (Willd.) Nakai = Indigofera decora Lindl. ●

206117 Indigofera indica Lam. = Indigofera tinctoria L. ●

206118 Indigofera inhambanensis Klotzsch;伊尼扬巴内木蓝●☆

206119 Indigofera insularis Chiov. = Indigofera volkensii Taub. ●☆

206120 Indigofera intermedia Harv.;间型木蓝●☆

206121 Indigofera intricata Boiss.;缠结木蓝●☆

206122 Indigofera inyangana N. E. Br.;伊尼扬加木蓝●☆

206123 Indigofera irodoensis Du Puy et Labat;伊鲁杜木蓝●☆

206124 Indigofera ischnoclada Harms;细长枝木蓝●☆

206125 Indigofera itremoensis Du Puy et Labat;伊特雷穆木蓝●☆

206126 Indigofera jikongensis Y. Y. Fang et C. Z. Zheng;鸡公木蓝;Jigong Indigo ●

206127 Indigofera jindongensis Y. Y. Fang et C. Z. Zheng;景东木蓝;Jingdong Indigo ●

206128 Indigofera johnstonii Baker f. = Indigofera trachyphylla Benth. ex Oliv. ●☆

206129 Indigofera juncea DC. = Indigofera filifolia Thunb. ●☆

206130 Indigofera junodii N. E. Br. = Indigofera colutea (Burm. f.) Merr. ●■

206131 Indigofera kaessneri Baker f. = Indigofera atriceps Hook. f. subsp. kaessneri (Baker f.) J. B. Gillett ●☆

206132 Indigofera kandoensis Baker f. = Indigofera subargentea De Wild. ●☆

206133 Indigofera karinensis Thulin = Microcharis karinensis (Thulin) Schrire ●☆

206134 Indigofera karkarensis Thulin;卡尔卡尔木蓝●☆

206135 Indigofera karongensis Baker = Indigofera microcalyx Baker ●☆

206136 Indigofera kelleri Baker f.;凯勒木蓝●☆

206137 Indigofera kengeleensis De Wild. = Indigofera dendroides Jacq. ●☆

206138 Indigofera kerensis Chiov. = Indigofera suaveolens Jaub. et Spach ●☆

206139 Indigofera kerstingii Harms;克斯廷木蓝●☆

206140 Indigofera kirilowii Maxim. ex Palib.;花木蓝(朝鲜庭藤,豆根木蓝,樊梨花,胡豆,花槐蓝,吉氏木蓝,苦扫根,扫帚花,山豆根,山花子,山蓝,山扫帚,土豆根);Chinese Indigo Bush, False Indigo,Kirilow Indigo,Kirilow's Indigo ●

206141 Indigofera kirilowii Maxim. ex Palib. var. alba Q. Z. Han = Indigofera kirilowii Maxim. ex Palib. ●

206142 Indigofera kirkii Oliv.;柯克木蓝●☆

206143 Indigofera kisantuensis De Wild. et T. Durand = Indigofera arrecta Hochst. ex A. Rich. ●☆

206144 Indigofera komiensis Tisser. = Indigofera prieureana Guillaumin et Perr. ●☆

206145 Indigofera kongwaensis J. B. Gillett;孔瓜木蓝●☆

206146 Indigofera kotoensis Hayata = Indigofera zollingeriana Miq. ●

206147 Indigofera kraussiana Meisn. = Indigofera denudata L. f. ●☆

206148 Indigofera krookii Schltr. ex Zahlbr.;克鲁科木蓝●☆

206149 Indigofera kucharii Thulin = Microcharis kucharii (Thulin) Schrire ●☆

206150 Indigofera kuntzei Harms;孔策木蓝●☆

206151 Indigofera lacei Craib;思茅木蓝;Simao Indigo ●

206152 Indigofera lamellata Thulin;片状木蓝●☆

206153 Indigofera langebergensis L. Bolus;朗厄山木蓝●☆

206154 Indigofera lanuginosa Taub. ex Baker f. = Indigofera strobilifera (Hochst.) Hochst. ex Baker subsp. lanuginosa (Taub. ex Baker f.) J. B. Gillett ●☆

206155 Indigofera laotica Gagnep. = Indigofera chuniana F. P. Metcalf ●■

206156 Indigofera lasiantha Desv.;澳非毛花木蓝●☆
206157 Indigofera laterita A. Chev. = Microcharis longicalyx (J. B. Gillett) Schrire ●☆
206158 Indigofera lateritia Bertol. = Indigofera stricta L. f. ●☆
206159 Indigofera latibracteata Harms;宽苞木蓝●☆
206160 Indigofera latipinna I. M. Johnst. = Indigofera nambalensis Harms ●☆
206161 Indigofera latisepala J. B. Gillett;宽萼木蓝●☆
206162 Indigofera laxeracemosa Baker f.;疏总花木蓝●☆
206163 Indigofera leendertziae N. E. Br.;伦德茨木蓝●☆
206164 Indigofera leipzigiae Bremek. = Indigofera hilaris Eckl. et Zeyh. ●☆
206165 Indigofera lenticellata Craib;岷谷木蓝;Lenticellate Indigo ●
206166 Indigofera lepida N. E. Br.;小鳞木蓝●☆
206167 Indigofera leprieurii Baker f.;莱普里厄木蓝●☆
206168 Indigofera leptocarpa Eckl. et Zeyh.;细果木蓝●☆
206169 Indigofera leptocaulis Eckl. et Zeyh. = Indigofera angustifolia L. var. tenuifolia (Lam.) Harv. ●☆
206170 Indigofera leptoclada Harms;细枝木蓝●☆
206171 Indigofera leptophylla E. Mey. = Indigofera verrucosa Eckl. et Zeyh. ●☆
206172 Indigofera leptosepala Diels = Indigofera argutidens Craib ●
206173 Indigofera leptostachya DC. = Indigofera atropurpurea Buch.-Ham. ex Hornem. ●
206174 Indigofera leptostachya DC. = Indigofera cassoides Rottler ex DC. ●
206175 Indigofera lespedezioides Kunth;胡枝子木蓝●☆
206176 Indigofera letestui Tisser.;莱泰斯图木蓝●☆
206177 Indigofera leucoclada Baker;白枝木蓝●☆
206178 Indigofera lignosa De Wild. = Indigofera rhynchocarpa Welw. ex Baker ●☆
206179 Indigofera limosa L. Bolus;湿地木蓝●☆
206180 Indigofera linearis DC. var. sessilis Chiov. = Indigofera charlieriana Schinz var. scaberrima (Schinz) J. B. Gillett ●☆
206181 Indigofera linifolia (L. f.) Retz.;独叶木蓝(单叶木蓝,细叶木蓝,线叶马棘);Linearleaf Indigo ●
206182 Indigofera linnaei Ali;九叶木蓝(忍冬木蓝,山豆根,宜昌木蓝);Ninefoliolate Indigo,Nineleaflets Indigo ■
206183 Indigofera litoralis Chun et T. Chen;滨海木蓝(滨木蓝);Seashore Indigo ●■
206184 Indigofera liukiuensis Makino = Indigofera pedicellata Wight et Arn. ●
206185 Indigofera livingstoniana J. B. Gillett;利文斯顿木蓝●☆
206186 Indigofera lobata J. B. Gillett = Microcharis latifolia Benth. ●☆
206187 Indigofera lonchocarpifolia Baker = Indigofera rhynchocarpa Welw. ex Baker ●☆
206188 Indigofera longebarbata Engl. = Indigofera longibarbata Engl. ●☆
206189 Indigofera longibarbata Engl.;长须木蓝●☆
206190 Indigofera longicalyx J. B. Gillett = Microcharis longicalyx (J. B. Gillett) Schrire ●☆
206191 Indigofera longiflora Taub. = Indigofera fulgens Baker ●☆
206192 Indigofera longimucronata Baker f.;长尖木蓝●☆
206193 Indigofera longipedicellata J. B. Gillett;长花梗木蓝●☆
206194 Indigofera longipedunculata Y. Y. Fang et C. Z. Zheng;长总梗木蓝;Longpeduncled Indigo,Longpedunculate Indigo ●
206195 Indigofera longipes N. E. Br. = Indigofera tenuissima E. Mey. ■☆
206196 Indigofera longiracemosa Boivin ex Baill.;长序木蓝●☆
206197 Indigofera longispica Gagnep. = Indigofera bungeana Walp. ●
206198 Indigofera longispina Baker f. ex J. B. Gillett = Indigofera acanthoclada Dinter ●☆
206199 Indigofera longistaminata Schrire;长雄蕊木蓝●☆
206200 Indigofera lotoides E. Mey. = Indigofera hispida Eckl. et Zeyh. ●☆
206201 Indigofera lotononoides Baker f.;罗顿豆木蓝●☆
206202 Indigofera lupatana Baker f.;非洲木蓝●☆
206203 Indigofera lupulina Baker = Indigofera strobilifera (Hochst.) Hochst. ex Baker ●☆
206204 Indigofera lyallii Baker;莱尔木蓝●☆
206205 Indigofera lydenburgensis N. E. Br.;莱登堡木蓝●☆
206206 Indigofera macra E. Mey. = Indigastrum costatum (Guillaumin et Perr.) Schrire subsp. macrum (E. Mey.) Schrire ■☆
206207 Indigofera macrantha Harms;大花木蓝●☆
206208 Indigofera macrocalyx Guillaumin et Perr.;大萼木蓝●☆
206209 Indigofera macrocarpa Lepr. ex Baker = Indigofera leprieurii Baker f. ●☆
206210 Indigofera macrostachya Bunge = Indigofera kirilowii Maxim. ex Palib. ●
206211 Indigofera madagascariensis Schrank ex Colla = Indigofera arrecta Hochst. ex A. Rich. ●☆
206212 Indigofera maffei Chiov. = Indigofera trita L. f. subsp. subulata (Vahl ex Poir.) Ali ●☆
206213 Indigofera mairei H. Lév. = Sophora velutina Lindl. ●
206214 Indigofera mairei Pamp. = Indigofera monbeigii Craib ●
206215 Indigofera mairei Pamp. var. intermedia Pamp. = Indigofera mairei Pamp. ●
206216 Indigofera mairei Pamp. var. micrantha Pamp. = Indigofera mengtzeana Craib ●
206217 Indigofera mairei Pamp. var. proterantha Pamp. = Indigofera pampaniniana Craib ●
206218 Indigofera malacostachys Benth. ex Harv. = Indigofera melanadenia Benth. ex Harv. ●☆
206219 Indigofera malacostachys Benth. ex Harv. var. macrura Conrath ex Baker f. = Indigofera melanadenia Benth. ex Harv. ●☆
206220 Indigofera malacostachys Benth. ex Harv. var. seminuda N. E. Br. = Indigofera comosa N. E. Br. ●☆
206221 Indigofera malindiensis J. B. Gillett;马林迪木蓝●☆
206222 Indigofera mangokyensis R. Vig.;曼戈基木蓝●☆
206223 Indigofera mansuensis Hayata = Indigofera galegoides DC. ●
206224 Indigofera maritima Baker;海岸木蓝●☆
206225 Indigofera masaiensis J. B. Gillett;吗西木蓝●☆
206226 Indigofera masonae N. E. Br.;梅森木蓝●☆
206227 Indigofera masukuensis Baker = Indigofera atriceps Hook. f. ●☆
206228 Indigofera mauritanica (L.) Thunb.;毛里塔尼亚木蓝●☆
206229 Indigofera mauritanica (L.) Thunb. var. erecta Eckl. et Zeyh. = Indigofera candolleana Meisn. ●☆
206230 Indigofera mauritanica (L.) Thunb. var. minor E. Mey. = Indigofera alopecuroides (Burm. f.) DC. var. minor E. Mey. ●☆
206231 Indigofera mearnsii Standl. = Indigofera swaziensis Bolus ●☆
206232 Indigofera megacephala J. B. Gillett;大头木蓝●☆
206233 Indigofera megaphylla X. F. Gao;大叶木蓝●
206234 Indigofera mekongensis Jesson;湄公木蓝;Mekong Indigo ●
206235 Indigofera mekongensis Jesson = Indigofera nigrescens Kurz ex King et Prain ●

206236 Indigofera melanadenia Benth. ex Harv. ;黑腺木蓝●☆
206237 Indigofera melilotoides Hance = Astragalus melilotoides Pall. ■
206238 Indigofera mendesii Torre;门代斯木蓝●☆
206239 Indigofera mendoncae J. B. Gillett;门东萨木蓝●☆
206240 Indigofera mengtzeana Craib;蒙自木蓝(白豆,大铁扫把,多花木蓝,铁马豆);Mengzi Indigo ●
206241 Indigofera merxmuelleri A. Schreib. ;梅尔木蓝●☆
206242 Indigofera meyeriana Eckl. et Zeyh. ;迈尔木蓝●☆
206243 Indigofera micrantha Bunge = Indigofera bungeana Walp. ●
206244 Indigofera micrantha E. Mey. ;小花木蓝●☆
206245 Indigofera microcalyx Baker;小萼木蓝●☆
206246 Indigofera microcarpa Desv. ;小果木蓝●☆
206247 Indigofera microcephala Baker f. = Indigofera subargentea De Wild. var. shinyangensis (Milne-Redh.) J. B. Gillett ■☆
206248 Indigofera microcharoides Taub. = Microcharis microcharoides (Taub.) Schrire ●☆
206249 Indigofera microcharoides Taub. var. latistipulata J. B. Gillett = Microcharis microcharoides (Taub.) Schrire var. latestipulata (J. B. Gillett) Schrire ●☆
206250 Indigofera micropetala Baker f. ;小瓣木蓝●☆
206251 Indigofera microphylla Lam. = Indigofera alopecuroides (Burm. f.) DC. var. minor E. Mey. ●☆
206252 Indigofera micropus Baill. = Indigofera leucoclada Baker ●☆
206253 Indigofera microscypha Baker = Indigofera hilaris Eckl. et Zeyh. var. microscypha (Baker) J. B. Gillett ●☆
206254 Indigofera mildbraediana J. B. Gillett;米尔德木蓝●☆
206255 Indigofera milne-redheadii J. B. Gillett;米雷木蓝●☆
206256 Indigofera mimosella Baill. = Indigofera stenosepala Baker ●☆
206257 Indigofera mimosoides Baker;含羞草木蓝●☆
206258 Indigofera mimosoides Baker var. brachycarpa J. B. Gillett;短果含羞草木蓝●☆
206259 Indigofera mimosoides Baker var. viscidior J. B. Gillett = Indigofera patula Baker ●☆
206260 Indigofera minimifolia Chiov. = Indigofera vohemarensis Baill. ●☆
206261 Indigofera minutiflora Walp. ;微花木蓝●☆
206262 Indigofera mittuensis Baker f. = Indigofera letestui Tisser. ●☆
206263 Indigofera moeroensis De Wild. = Indigofera hilaris Eckl. et Zeyh. ●☆
206264 Indigofera mollicoma N. E. Br. ;柔毛木蓝●☆
206265 Indigofera mollis E. Mey. = Indigofera mollis Eckl. et Zeyh. ●☆
206266 Indigofera mollis Eckl. et Zeyh. ;柔软木蓝●☆
206267 Indigofera mollis Franch. = Indigofera dolichochaeta Craib ●
206268 Indigofera monantha Baker f. ;单花木蓝●☆
206269 Indigofera monanthoides J. B. Gillett;拟单花木蓝●☆
206270 Indigofera monbeigii Craib;西南木蓝;Monbeig Indigo, SW. China Indigo ●
206271 Indigofera monbeigii Craib = Indigofera mairei Pamp. ●
206272 Indigofera moniliformis Baker f. = Indigofera ormocarpoides Baker ●☆
206273 Indigofera monostachya Eckl. et Zeyh. ;单穗木蓝●☆
206274 Indigofera mooneyi Thulin;穆尼木蓝●☆
206275 Indigofera mossambicensis Baker f. = Indigofera concinna Baker ●☆
206276 Indigofera mounyinensis Tisser. = Indigofera subulifera Welw. ex Baker var. polysperma J. B. Gillett ●☆
206277 Indigofera mucronata Lam. = Indigofera cytisoides (L.) L. ●☆
206278 Indigofera muliensis Y. Y. Fang et C. Z. Zheng;木里木蓝;Muli Indigo ●
206279 Indigofera multifoliolata De Wild. = Indigofera zenkeri Harms ex Baker f. ●☆
206280 Indigofera multijuga Baker;多对木蓝●☆
206281 Indigofera mundiana Eckl. et Zeyh. ;蒙德木蓝●☆
206282 Indigofera mupensis Torre subsp. abercornensis J. B. Gillett;阿伯康木蓝●☆
206283 Indigofera myosurus Craib;华西木蓝;Mousetail Indigo, West China Indigo ●
206284 Indigofera nairobiensis Baker f. ;内罗比木蓝●☆
206285 Indigofera nairobiensis Baker f. subsp. viscida J. B. Gillett;黏木蓝●☆
206286 Indigofera nairobiensis Baker f. var. angusta ? = Indigofera nairobiensis Baker f. ●☆
206287 Indigofera nambalensis Harms;楠巴莱木蓝●☆
206288 Indigofera nana Eckl. et Zeyh. = Indigofera zeyheri Spreng. ex Eckl. et Zeyh. ●☆
206289 Indigofera natalensis Bolus;纳塔尔木蓝●☆
206290 Indigofera nebrowniana J. B. Gillett;涅布朗木蓝●☆
206291 Indigofera neglecta N. E. Br. ;忽视木蓝●☆
206292 Indigofera nelsonii N. E. Br. = Indigofera mollicoma N. E. Br. ●☆
206293 Indigofera nematopoda Baker f. = Indigofera dyeri Britten var. major J. B. Gillett ●☆
206294 Indigofera neoarborea Hu ex F. T. Wang et Ts. Tang = Indigofera esquirolii H. Lév. ●
206295 Indigofera neoglabra Hu;光叶木蓝;Glabrous Indigo, Smoothleaf Indigo, Smooth-leaved Indigo ●
206296 Indigofera neoglabra Hu ex F. T. Wang et Ts. Tang = Indigofera venulosa Champ. ex Benth. ●
206297 Indigofera neosericopetala P. C. Li;绢毛木蓝;Silky Indigo ●
206298 Indigofera nephrocarpa Balf. f. ;肾果木蓝●☆
206299 Indigofera nigrescens Kurz ex King et Prain;黑叶木蓝(黑木蓝);Black-leaf Indigo, Black-leaved Indigo ●
206300 Indigofera nigricans Vahl ex Pers. ;变黑木蓝●☆
206301 Indigofera nigritana Hook. f. ;尼格里塔木蓝●☆
206302 Indigofera nigromontana Eckl. et Zeyh. ;山地黑木蓝●☆
206303 Indigofera nitida T. M. Salter = Indigofera psoraloides (L.) L. ■☆
206304 Indigofera nivea R. Vig. ;雪白木蓝●☆
206305 Indigofera nivea Willd. ex Spreng. = Indigastrum argyraeum (Eckl. et Zeyh.) Schrire ■☆
206306 Indigofera noldeae Rossberg = Indigofera sutherlandioides Welw. ex Baker ●☆
206307 Indigofera notata N. E. Br. = Indigofera stricta L. f. ●☆
206308 Indigofera nuda (Sims) G. Don = Indigofera filifolia Thunb. ●☆
206309 Indigofera nudicaulis E. Mey. ;裸茎木蓝●☆
206310 Indigofera nummularia Welw. ex Baker;铜钱木蓝●☆
206311 Indigofera nummulariifolia (L.) Livera ex Alston;刺荚木蓝;Echinate Indigo ■
206312 Indigofera nyassica Gilli;尼亚萨木蓝●☆
206313 Indigofera nyassica Gilli var. brevior (J. B. Gillett) J. B. Gillett;短尼亚萨木蓝●☆
206314 Indigofera nyassica Gilli var. viscidior (J. B. Gillett) J. B. Gillett;黏尼亚萨木蓝●☆
206315 Indigofera nyikensis Baker = Indigofera hilaris Eckl. et Zeyh.

var. microscypha (Baker) J. B. Gillett ●☆
206316 Indigofera obcordata Eckl. et Zeyh. ;倒心形木蓝●☆
206317 Indigofera obermeijerae Bremek. = Indigofera lyallii Baker ●☆
206318 Indigofera oblonga Craib = Indigofera caloneura Kurz ●
206319 Indigofera oblongifolia Forssk. ;矩圆叶木蓝●☆
206320 Indigofera obscura N. E. Br. ;隐匿木蓝●☆
206321 Indigofera oenotheroides (H. Lév.) Lauener = Indigofera squalida Prain ■
206322 Indigofera ogadensis J. B. Gillett;欧加登木蓝●☆
206323 Indigofera oligantha Harms ex Baker f. ;寡花木蓝●☆
206324 Indigofera oligophylla Klotzsch;寡叶木蓝●☆
206325 Indigofera oliveri Schweinf. ex Engl. = Indigofera swaziensis Bolus ●☆
206326 Indigofera oliveri Schweinf. ex Harms = Indigofera swaziensis Bolus ●☆
206327 Indigofera omariana J. B. Gillett;奥马里木蓝●☆
206328 Indigofera omissa J. B. Gillett;奥米萨木蓝●☆
206329 Indigofera omissa J. B. Gillett var. trifoliolata ?;三小叶木蓝●☆
206330 Indigofera onobrychioides Boivin ex Baill. = Indigofera hendecaphylla Jacq. ●☆
206331 Indigofera ormocarpoides Baker;链荚木木蓝●☆
206332 Indigofera ornithopoides Hochst. ex Jaub. et Spach = Indigofera hochstetteri Baker ●☆
206333 Indigofera oroboides E. Mey. = Indigofera monostachya Eckl. et Zeyh. ●☆
206334 Indigofera orthocarpa (DC.) O. Berg = Indigofera tinctoria L. ●
206335 Indigofera oubanguiensis Tisser. ;乌班吉木蓝●☆
206336 Indigofera ovata L. f. ;卵形木蓝●☆
206337 Indigofera ovina Harv. ;羊木蓝●☆
206338 Indigofera oxalidea Welw. ex Baker;酢浆草木蓝●☆
206339 Indigofera oxytropis Benth. ex Harv. ;尖木蓝●☆
206340 Indigofera pallida Craib = Indigofera wightii Graham ex Wight et Arn. ●
206341 Indigofera palustris Vatke = Indigofera dendroides Jacq. ●☆
206342 Indigofera pampaniniana Craib;昆明木蓝(斑斑木蓝,毛叶木蓝);Kunming Indigo,Pampanin Indigo ●
206343 Indigofera paniculata Vahl ex Pers. ;圆锥木蓝●☆
206344 Indigofera paniculata Vahl ex Pers. subsp. gazensis (Baker f.) J. B. Gillett;加兹木蓝●☆
206345 Indigofera pappei Fourc. ;帕珀木蓝●☆
206346 Indigofera paracapitata J. B. Gillett;近头状木蓝●☆
206347 Indigofera paraglaucifolia Torre;肖粉绿木蓝●☆
206348 Indigofera paraoxalidea Torre;拟酢浆草木蓝●☆
206349 Indigofera parkeri Baker = Indigofera spicata Forssk. ■☆
206350 Indigofera parkesii Craib;浙江木蓝(巴克木蓝,浙江槐蓝);Zhejiang Indigo ●
206351 Indigofera parkesii Craib var. longipedunculata (Y. Y. Fang et C. Z. Zheng) X. F. Gao et B. Schrire;长梗浙江木蓝(长总梗木蓝)●
206352 Indigofera parkesii Craib var. polyphylla Y. Y. Fang et C. Z. Zheng;多叶浙江木蓝;Many Leaflets Indigo ●
206353 Indigofera parviflora B. Heyne ex Wight et Arn. = Indigastrum parviflorum (B. Heyne ex Wight et Arn.) Schrire ●☆
206354 Indigofera parviflora B. Heyne ex Wight et Arn. var. crispidula J. B. Gillett = Indigastrum parviflorum (B. Heyne ex Wight et Arn.) Schrire var. crispidulum (J. B. Gillett) Schrire ●☆
206355 Indigofera parviflora B. Heyne ex Wight et Arn. var. occidentalis J. B. Gillett = Indigastrum parviflorum (B. Heyne ex Wight et Arn.) Schrire subsp. occidentalis (J. B. Gillett) Schrire ●☆
206356 Indigofera parvula Delile = Indigofera spicata Forssk. ■☆
206357 Indigofera patens Eckl. et Zeyh. = Indigofera sessilifolia DC. ●☆
206358 Indigofera patula Baker;张口木蓝●☆
206359 Indigofera patula Baker = Indigofera hilaris Eckl. et Zeyh. ●☆
206360 Indigofera pauciflora E. Mey. = Indigofera stricta L. f. ●☆
206361 Indigofera pauciflora Eckl. et Zeyh. ;少花木蓝●☆
206362 Indigofera paucifolia Delile = Indigofera oblongifolia Forssk. ●☆
206363 Indigofera paucistrigosa J. B. Gillett;少毛木蓝●☆
206364 Indigofera pauxilla N. E. Br. = Indigofera evansiana Burtt Davy ●☆
206365 Indigofera pearsonii Baker f. ;皮尔逊木蓝●☆
206366 Indigofera pechuelii Kuntze;佩休木蓝●☆
206367 Indigofera pectinata Baker = Indigofera hendecaphylla Jacq. ●☆
206368 Indigofera pedicellata Wight et Arn. ;长梗木蓝;Long-stalked Indigo ●
206369 Indigofera pedunculata Hilsenberg et Bojer ex Baker;梗花木蓝●☆
206370 Indigofera pellucida J. B. Gillett et Thulin;透明木蓝●☆
206371 Indigofera peltata J. B. Gillett;盾状木蓝●☆
206372 Indigofera peltieri Du Puy et Labat;佩尔迪埃木蓝●☆
206373 Indigofera pendula Franch. ;垂序木蓝;Nutant Raceme Indigo, Pendent Inflorescence Indigo,Penduliracemed Indigo ●
206374 Indigofera pendula Franch. f. umbrosa Craib = Indigofera pendula Franch. ●
206375 Indigofera pendula Franch. f. umbrosa Craib = Indigofera pendula Franch. var. umbrosa (Craib) Y. Y. Fang et C. Z. Zheng ●
206376 Indigofera pendula Franch. var. angustifolia Y. Y. Fang et C. Z. Zheng;狭叶垂序木蓝;Narrowleaf Penduliracemed Indigo ●
206377 Indigofera pendula Franch. var. angustifolia Y. Y. Fang et C. Z. Zheng = Indigofera pendula Franch. var. umbrosa (Craib) Y. Y. Fang et C. Z. Zheng ●
206378 Indigofera pendula Franch. var. angustifolia Y. Y. Fang et C. Z. Zheng = Indigofera pendula Franch. ●
206379 Indigofera pendula Franch. var. macrophylla Y. Y. Fang et C. Z. Zheng;大叶垂序木蓝;Largeleaf Pendent Inflorescence Indigo ●
206380 Indigofera pendula Franch. var. macrophylla Y. Y. Fang et C. Z. Zheng = Indigofera pendula Franch. ●
206381 Indigofera pendula Franch. var. poliphylla Y. Y. Fang et C. Z. Zheng;多叶垂序木蓝;Many-leaf Pendent Inflorescence Indigo ●
206382 Indigofera pendula Franch. var. pubescens Y. Y. Fang et C. Z. Zheng;毛垂序木蓝(柔毛垂序木蓝);Pubescent Pendent Inflorescence Indigo ●
206383 Indigofera pendula Franch. var. pubescens Y. Y. Fang et C. Z. Zheng = Indigofera pendula Franch. ●
206384 Indigofera pendula Franch. var. umbrosa (Craib) Y. Y. Fang et C. Z. Zheng;伞形垂序木蓝;Naroow-leaf Pendent Inflorescence Indigo ●
206385 Indigofera pendula Franch. var. umbrosa (Craib) Y. Y. Fang et C. Z. Zheng = Indigofera pendula Franch. ●
206386 Indigofera penduloides Y. Y. Fang et C. Z. Zheng;拟垂序木蓝;Nutant Racemelike Indigo,Penduliracemeoid Indigo ●
206387 Indigofera pentaphylla Burch. ex Harv. ;五叶木蓝●☆
206388 Indigofera perplexa N. E. Br. = Indigofera swaziensis Bolus var. perplexa (N. E. Br.) J. B. Gillett ●☆
206389 Indigofera perrieri R. Vig. = Vaughania perrieri (R. Vig.) Du Puy,Labat et Schrire ●☆

206390 Indigofera perrottetii DC. = Indigofera microcarpa Desv. ●☆
206391 Indigofera petiolata Cronquist;柄叶木蓝●☆
206392 Indigofera phillipsiae Baker f. = Indigofera volkensii Taub. ●☆
206393 Indigofera phillipsiae Baker f. var. erecta Chiov. = Indigofera volkensii Taub. ●☆
206394 Indigofera phillipsiae Baker f. var. prostrata Chiov. = Indigofera volkensii Taub. ●☆
206395 Indigofera phyllanthoides Baker;叶下珠木蓝●☆
206396 Indigofera phyllogramme R. Vig. = Microcharis phyllogramme (R. Vig.) Schrire,Du Puy et Labat ●☆
206397 Indigofera phyllogramme R. Vig. var. aphylla R. Vig. = Microcharis aphylla (R. Vig.) Schrire,Du Puy et Labat ●☆
206398 Indigofera phymatodea Thulin;肿胀木蓝●☆
206399 Indigofera pilosa Poir.;软毛木蓝;Softhairy Indigo ●☆
206400 Indigofera pilosa Poir. var. angolensis Baker f.;安哥拉木蓝●☆
206401 Indigofera pilosa Poir. var. multiflora Baker f. = Indigofera fulvopilosa Brenan ●☆
206402 Indigofera pinifolia Baker;松叶木蓝●☆
206403 Indigofera pinifolia Baker var. betsileensis R. Vig. = Indigofera pinifolia Baker ●☆
206404 Indigofera pinifolia Baker var. typica R. Vig. = Indigofera pinifolia Baker ●☆
206405 Indigofera placida N. E. Br.;温柔木蓝●☆
206406 Indigofera platypoda E. Mey.;阔足木蓝●☆
206407 Indigofera platyspira J. B. Gillett ex Thulin et M. G. Gilbert;阔环木蓝●☆
206408 Indigofera pobeguinii J. B. Gillett;波别木蓝●☆
206409 Indigofera podocarpa Baker f. et W. Martin;柄果木蓝●☆
206410 Indigofera podophylla Benth. ex Harv.;足叶木蓝●☆
206411 Indigofera poggei Taub. = Rhynchotropis poggei (Taub.) Harms ■☆
206412 Indigofera poliotes Eckl. et Zeyh.;澳非灰毛木蓝●☆
206413 Indigofera polycarpa Benth. ex Harv. = Indigofera inhambanensis Klotzsch ●☆
206414 Indigofera polygaloides Gagnep. = Indigofera squalida Prain ■
206415 Indigofera polygaloides M. B. Scott;块根木蓝(远志木蓝)●☆
206416 Indigofera polyphylla Lindl. = Indigofera dosua Buch. -Ham. ex D. Don ●
206417 Indigofera polysperma De Wild. et T. Durand = Indigofera simplicifolia Lam. ●
206418 Indigofera polysphaera Baker;多球木蓝●☆
206419 Indigofera porrecta Eckl. et Zeyh.;外伸木蓝●☆
206420 Indigofera porrecta Eckl. et Zeyh. var. bicolor Harv.;二色外伸木蓝●☆
206421 Indigofera potaninii Craib;甘肃木蓝(波氏木蓝,山豆根,陕甘木蓝,陕西木蓝);Gansu Indigo,Potanin Indigo ●
206422 Indigofera potaninii Craib = Indigofera szechuensis Craib ●
206423 Indigofera praetermissa Baker f. = Microcharis praetermissa (Baker f.) Schrire ●☆
206424 Indigofera praticola Baker f.;草原木蓝●☆
206425 Indigofera preladoi Harms;普拉多木蓝●☆
206426 Indigofera pretoriana Harms = Indigofera confusa Prain et Baker f. ●☆
206427 Indigofera prieureana Guillaumin et Perr.;高木蓝●☆
206428 Indigofera procera Schumach. et Thonn. var. gazensis Baker f. = Indigofera paniculata Vahl ex Pers. subsp. gazensis (Baker f.) J. B. Gillett ●☆
206429 Indigofera procumbens E. Mey. = Indigofera procumbens L. ●☆
206430 Indigofera procumbens L.;平铺木蓝●☆
206431 Indigofera procumbens L. var. concolor Harv. = Indigofera procumbens L. ●☆
206432 Indigofera procumbens L. var. discolor (E. Mey.) Harv. = Indigofera procumbens L. ●☆
206433 Indigofera procumbens Torre = Indigofera procumbens L. ●☆
206434 Indigofera prostrata (L.) Domin = Indigofera linnaei Ali ■
206435 Indigofera proterantha (Pamp.) Gagnep. = Indigofera pampaniniana Craib ●
206436 Indigofera pruinosa Welw. ex Baker;白粉木蓝●☆
206437 Indigofera psammotropha Bolus = Cyamopsis serrata Schinz ■☆
206438 Indigofera pseudoevansii Hilliard et B. L. Burtt;假埃文斯木蓝●☆
206439 Indigofera pseudoheterantha X. F. Gao et Schrire;近多花木蓝●
206440 Indigofera pseudoindigofera (Merxm.) J. B. Gillett = Microcharis galpinii N. E. Br. ●☆
206441 Indigofera pseudointricata J. B. Gillett;假缠结木蓝●☆
206442 Indigofera pseudomoniliformis Schrire;串珠状木蓝●☆
206443 Indigofera pseudoparvula R. Vig.;假小木蓝●☆
206444 Indigofera pseudosubulata Baker f.;假钻形木蓝●☆
206445 Indigofera pseudotinctoria Matsum.;马棘(必火丹,长穗槐蓝,长穗木蓝,金雀花,狼牙草,马料梢,山绿豆,山皂角,铁扫把,铁皂角,小豆柴,岩豆柴,野槐树,野蓝枝子,野绿豆,野山绿豆,一味药,浙江木蓝,紫花地料梢);False Indigo,Indigo Bush ●
206446 Indigofera pseudotinctoria Matsum. = Indigofera bungeana Walp. ●
206447 Indigofera pseudotinctoria Matsum. f. albiflora (Honda) Okuyama;白花马棘●☆
206448 Indigofera psilocarpa Schltr. = Indigofera sarmentosa L. f. ●☆
206449 Indigofera psilostachya Welw. ex Baker = Indigofera lasiantha Desv. ●☆
206450 Indigofera psoraloides (L.) L.;补骨脂木蓝■☆
206451 Indigofera pulchella Roxb. = Indigofera cassioides Rottler ex DC. ●
206452 Indigofera pulchra Willd.;美丽木蓝■☆
206453 Indigofera punctata Boivin = Indigofera microcarpa Desv. ●☆
206454 Indigofera punctata Eckl. et Zeyh. = Indigofera poliotes Eckl. et Zeyh. ●☆
206455 Indigofera punctata Thunb. = Indigofera verrucosa Eckl. et Zeyh. ●☆
206456 Indigofera pungens E. Mey.;刺木蓝●☆
206457 Indigofera purpurascens Roxb. = Indigofera pulchella Roxb. ●
206458 Indigofera purpurea Steud.;刺紫木蓝●☆
206459 Indigofera quarrei Cronquist;卡雷木蓝●☆
206460 Indigofera quartiniana A. Rich. = Indigofera trita L. f. subsp. scabra (Roth) de Kort et G. Thijsse ●☆
206461 Indigofera quinquefolia E. Mey.;澳非五叶木蓝●☆
206462 Indigofera racemosa L.;总花木蓝●☆
206463 Indigofera radicifera Cronquist;具根木蓝●☆
206464 Indigofera ramosa Cronquist = Indigofera atriceps Hook. f. subsp. ramosa (Cronquist) J. B. Gillett ●☆
206465 Indigofera ramosissima J. B. Gillett;多枝木蓝●☆
206466 Indigofera ramulosissima Hosok.;太鲁阁木蓝(多枝木蓝);Manybranch Indigo,Ramlose Indigo ●
206467 Indigofera rautanenii Baker f.;劳塔宁木蓝●☆
206468 Indigofera rechodes Eckl. et Zeyh. = Indigofera denudata L. f. ●☆

206469 Indigofera reducta N. E. Br. ;退缩木蓝●☆
206470 Indigofera reflexa E. Mey. = Indigofera glaucescens Eckl. et Zeyh. ●☆
206471 Indigofera rehmannii Baker f. ;拉赫曼木蓝●☆
206472 Indigofera relaxata N. E. Br. = Indigofera charlieriana Schinz var. scaberrima (Schinz) J. B. Gillett ●☆
206473 Indigofera remotiflora Taub. ex Baker f. = Microcharis remotiflora (Taub. ex Baker f.) Schrire ●☆
206474 Indigofera remotiflora Taub. ex Baker f. var. angolensis Baker f. = Microcharis remotiflora (Taub. ex Baker f.) Schrire ●☆
206475 Indigofera repens Cronquist;匍匐木蓝●☆
206476 Indigofera reticulata Franch. ;网叶木蓝;Reticulate Indigo ●
206477 Indigofera retroflexa Baill. = Indigofera trita L. f. subsp. scabra (Roth) de Kort et G. Thijsse ●☆
206478 Indigofera rhodantha Fourc. ;粉红花木蓝●☆
206479 Indigofera rhynchocarpa Welw. ex Baker;喙果木蓝●☆
206480 Indigofera rhynchocarpa Welw. ex Baker var. latipinna (I. M. Johnst.) J. B. Gillett = Indigofera nambalensis Harms ●☆
206481 Indigofera rhynchocarpa Welw. ex Baker var. uluguruensis J. B. Gillett;乌卢古尔木蓝●☆
206482 Indigofera rhytidocarpa Benth. ex Harv. ;皱果木蓝●☆
206483 Indigofera rhytidocarpa Benth. ex Harv. subsp. angolensis J. B. Gillett;安哥拉皱果木蓝●☆
206484 Indigofera richardiana Baill. = Indigofera microcarpa Desv. ●☆
206485 Indigofera richardsiae J. B. Gillett = Microcharis angolensis Baker ●☆
206486 Indigofera rigescens E. Mey. var. inermis ? = Indigofera denudata L. f. ●☆
206487 Indigofera rigescens E. Mey. var. spinosa ? = Indigofera denudata L. f. ●☆
206488 Indigofera rigioclada Craib;硬叶木蓝;Rigidleaf Indigo, Rigid-leaved Indigo ●
206489 Indigofera ripae N. E. Br. ;里巴木蓝●☆
206490 Indigofera rogersii R. E. Fr. = Indigofera vicioides Jaub. et Spach var. rogersii (R. E. Fr.) J. B. Gillett ●☆
206491 Indigofera roseo-caerulea Baker f. ;粉蓝木蓝●☆
206492 Indigofera rostrata Bolus;喙状木蓝●☆
206493 Indigofera rostrata Conrath = Indigastrum fastigiatum (E. Mey.) Schrire ■☆
206494 Indigofera rothii Baker;罗特木蓝●☆
206495 Indigofera rotundifolia Lour. = Dunbaria rotundifolia (Lour.) Merr. ■
206496 Indigofera rubroglandulosa Germish. ;红腺木蓝●☆
206497 Indigofera rudis N. E. Br. = Indigofera heterotricha DC. ●☆
206498 Indigofera rupestris Eckl. et Zeyh. = Indigofera poliotes Eckl. et Zeyh. ●☆
206499 Indigofera ruspolii Baker f. ;鲁斯波利木蓝●☆
206500 Indigofera rutshuruensis De Wild. = Indigofera trita L. f. subsp. scabra (Roth) de Kort et G. Thijsse ●☆
206501 Indigofera sabulosa Thulin;砂地木蓝●☆
206502 Indigofera saltiana Steud. = Indigofera semitrijuga Forssk. ●☆
206503 Indigofera sanguinea N. E. Br. ;血红木蓝●☆
206504 Indigofera sarmentosa L. f. ;蔓茎木蓝●☆
206505 Indigofera sarmentosa L. f. var. latifolia Eckl. et Zeyh. = Indigofera ovata L. f. ●☆
206506 Indigofera sarmentosa L. f. var. trifoliata E. Mey. = Indigofera sarmentosa L. f. ●☆
206507 Indigofera saxicola Engl. = Indigastrum argyroides (E. Mey.) Schrire ■☆
206508 Indigofera scaberrima Schinz = Indigofera charlieriana Schinz var. scaberrima (Schinz) J. B. Gillett ●☆
206509 Indigofera scabra Roth = Indigofera trita L. f. subsp. scabra (Roth) de Kort et G. Thijsse ●☆
206510 Indigofera scabrida Dunn; 腺毛木蓝; Glandularhair Indigo, Scabrous Indigo ●
206511 Indigofera scabrida Dunn f. alba H. F. Comber = Indigofera scabrida Dunn ●
206512 Indigofera schimperi Jaub. et Spach;欣珀木蓝●☆
206513 Indigofera schimperi Jaub. et Spach var. crispidula J. B. Gillett;皱波木蓝●☆
206514 Indigofera schimperi Jaub. et Spach var. parvifoliolata J. B. Gillett;小叶欣珀木蓝●☆
206515 Indigofera schimperiana Hochst. = Indigofera spicata Forssk. ■☆
206516 Indigofera schinzii N. E. Br. ;欣兹木蓝●☆
206517 Indigofera schlechteri Baker f. = Indigofera longibarbata Engl. ●☆
206518 Indigofera schliebenii Harms;施利本木蓝●☆
206519 Indigofera schweinfurthii Taub. = Indigofera conjugata Baker var. schweinfurthii (Taub.) J. B. Gillett ●☆
206520 Indigofera scopa De Wild. et T. Durand = Indigofera arrecta Hochst. ex A. Rich. ●☆
206521 Indigofera secunda E. Mey. = Indigofera hedyantha Eckl. et Zeyh. ●☆
206522 Indigofera secundiflora Poir. ;侧花木蓝●☆
206523 Indigofera secundiflora Poir. var. glandulosissima R. E. Fr = Indigofera atriceps Hook. f. subsp. glandulosissima (R. E. Fr.) J. B. Gillett ●☆
206524 Indigofera secundiflora Poir. var. oubanguiensis Tisser. = Indigofera brevifilamenta J. B. Gillett ●☆
206525 Indigofera secundiflora Poir. var. rubripilosa De Wild. ;红毛侧花木蓝●☆
206526 Indigofera secundiflora Poir. var. rubripilosa J. B. Gillett = Indigofera brevifilamenta J. B. Gillett ●☆
206527 Indigofera secundiflora Poir. var. schimperi Tisser. ;欣珀侧花木蓝●☆
206528 Indigofera semhaensis Vierh. = Microcharis disjuncta (J. B. Gillett) Schrire ●☆
206529 Indigofera semitrijuga Forssk. var. macrocarpa Vatke = Indigofera argentea Burm. f. ■☆
206530 Indigofera semitrijuga Forssk. var. tetrasperma DC. = Indigofera argentea Burm. f. ■☆
206531 Indigofera semlikiensis Robyns et Boutique = Indigofera vicioides Jaub. et Spach ●☆
206532 Indigofera senegalensis Lam. ;塞内加尔木蓝●☆
206533 Indigofera sensitiva Craib = Indigofera sensitiva Franch. ●
206534 Indigofera sensitiva Franch. ;敏感木蓝(小苦参);Devil's Dye, Sensitive Indigo ●
206535 Indigofera sericophylla Franch. ;丝毛木蓝●
206536 Indigofera sesbaniifolia A. Chev. = Indigofera dendroides Jacq. ●☆
206537 Indigofera sesquijuga Chiov. = Indigofera volkensii Taub. ●☆
206538 Indigofera sesquijuga Chiov. var. obbiadensis Chiov. = Microcharis tritoides (Baker) Schrire subsp. obbiadensis (Chiov.) Schrire ●☆

206539 Indigofera sessiliflora DC. ;无花梗木蓝●☆
206540 Indigofera sessilis Thulin = Microcharis sessilis (Thulin) Schrire ●☆
206541 Indigofera setacea E. Mey. = Indigofera gracilis Spreng. ●☆
206542 Indigofera seticulosa Harv. = Indigofera colutea (Burm. f.) Merr. ●■
206543 Indigofera seticulosa Harv. var. luxurians Bolus = Indigofera setosa N. E. Br. ●☆
206544 Indigofera setiflora Baker;刚毛花木蓝●☆
206545 Indigofera setosa N. E. Br. ;刚毛木蓝●☆
206546 Indigofera setosissima Harms = Indigofera atriceps Hook. f. subsp. setosissima (Harms) J. B. Gillett ●☆
206547 Indigofera setosissima Harms var. major Cronquist = Indigofera atriceps Hook. f. ●☆
206548 Indigofera setulosa Bertol. = Indigofera verrucosa Eckl. et Zeyh. ●☆
206549 Indigofera shinyangensis Milne-Redh. = Indigofera subargentea De Wild. var. shinyangensis (Milne-Redh.) J. B. Gillett ■☆
206550 Indigofera shipingensis X. F. Gao;石屏木蓝●
206551 Indigofera shirensis Taub. ex Baker f. = Indigofera mimosoides Baker ●☆
206552 Indigofera sieberiana Scheele;西伯尔木蓝●☆
206553 Indigofera silvestri Pamp. = Indigofera sylvestri Pamp. ●
206554 Indigofera simaoensis Y. Y. Fang et C. Z. Zheng = Indigofera lacei Craib ●
206555 Indigofera similis N. E. Br. = Indigofera hilaris Eckl. et Zeyh. ●☆
206556 Indigofera simplicifolia Lam. ;单叶木蓝;Simple-leaf Indigo ●
206557 Indigofera smithiana E. Peter = Indigofera scabrida Dunn ●
206558 Indigofera smithiana Stibal = Indigofera scabrida Dunn ●
206559 Indigofera smithioides R. Vig. = Indigofera kirkii Oliv. ●☆
206560 Indigofera sofa Scott-Elliot = Indigofera heudelotii Benth. ex Baker ●☆
206561 Indigofera somalensis Forssk. = Indigofera semitrijuga Forssk. ●☆
206562 Indigofera sootepensis Craib;福建木蓝●
206563 Indigofera sordida Benth. ex Harv. ;暗色木蓝●☆
206564 Indigofera souliei Craib;康定木蓝(苏理木蓝);Kangding Indigo,Soulie Indigo ●
206565 Indigofera souliei Craib = Indigofera henryi Craib ●
206566 Indigofera sousae M. A. Exell = Indigofera atriceps Hook. f. subsp. glandulosissima (R. E. Fr.) J. B. Gillett ●☆
206567 Indigofera spachii Baker = Indigofera trita L. f. subsp. scabra (Roth) de Kort et G. Thijsse ●☆
206568 Indigofera spachii Baker var. trifoliata Schweinf. = Indigofera trita L. f. subsp. subulata (Vahl ex Poir.) Ali ●☆
206569 Indigofera sparsa Baker;稀疏木蓝●☆
206570 Indigofera sparsa Baker var. bongensis Baker f. = Indigofera congolensis De Wild. et T. Durand var. bongensis (Baker f.) J. B. Gillett ●☆
206571 Indigofera sparteola Chiov. ;鹰爪豆木蓝●☆
206572 Indigofera spathulata J. B. Gillett = Microcharis spathulata (J. B. Gillett) Schrire ●☆
206573 Indigofera spicata Forssk. ;穗序木蓝(十一叶木蓝,穗花木蓝,铁箭岩陀);Spike Indigo,Trailing Indigo ■☆
206574 Indigofera spicata Forssk. var. brevicarpa J. B. Gillett;短果穗序木蓝■☆
206575 Indigofera spinescens E. Mey. = Indigofera nigromontana Eckl. et Zeyh. ●☆
206576 Indigofera spiniflora Hochst. et Steud. ex Boiss. ;刺花木蓝●☆
206577 Indigofera spinosa Forssk. ;多刺木蓝●☆
206578 Indigofera spinosa Forssk. f. densissima Chiov. = Indigofera spiniflora Hochst. et Steud. ex Boiss. ●☆
206579 Indigofera spinosa Forssk. var. microphylla A. Rich. = Indigofera spinosa Forssk. ●☆
206580 Indigofera spinosa Forssk. var. spiniflora ? = Indigofera spiniflora Hochst. et Steud. ex Boiss. ●☆
206581 Indigofera splendens Ficalho et Hiern;亮木蓝●☆
206582 Indigofera squalida Prain;远志木蓝(虫豆草,虫豆柴,块根木蓝);Polygala-like Indigo ■
206583 Indigofera stachyoides Lindl. ;茸毛木蓝(红苦刺,茸毛槐蓝,山红花,铁刷子,雪人参,血人参);Velutinous Indigo ●
206584 Indigofera stenophylla Eckl. et Zeyh. = Indigofera angustata E. Mey. ●☆
206585 Indigofera stenophylla Guillaumin et Perr. ;狭叶木蓝●☆
206586 Indigofera stenophylla Guillaumin et Perr. var. ampla Sprague;膨大狭叶木蓝●☆
206587 Indigofera stenophylla Guillaumin et Perr. var. brachypoda Steud. ex Baker = Indigofera prieureana Guillaumin et Perr. ●☆
206588 Indigofera stenophylla Guillaumin et Perr. var. latifolia A. Rich. = Indigofera prieureana Guillaumin et Perr. ●☆
206589 Indigofera stenosepala Baker;窄萼木蓝●☆
206590 Indigofera sticta Craib;矮木蓝;Dwarf Indigo ●
206591 Indigofera stipularis Link = Indigofera alpina Eckl. et Zeyh. ●☆
206592 Indigofera stipulosa Chiov. = Microcharis stipulosa (Chiov.) Schrire ●☆
206593 Indigofera streyana Merxm. = Indigofera hochstetteri Baker subsp. streyana (Merxm.) A. Schreib. ●☆
206594 Indigofera stricta L. f. ;刚直木蓝●☆
206595 Indigofera stricta L. f. var. acuta Harv. = Indigofera obscura N. E. Br. ●☆
206596 Indigofera stricta L. f. var. pedunculata Eckl. et Zeyh. = Indigofera zeyheri Spreng. ex Eckl. et Zeyh. ●☆
206597 Indigofera strigosa Spreng. = Indigofera angustifolia L. var. tenuifolia (Lam.) Harv. ●☆
206598 Indigofera strigulosa Baker f. = Indigofera trita L. f. subsp. subulata (Vahl ex Poir.) Ali ●☆
206599 Indigofera strobilifera (Hochst.) Hochst. ex Baker;球果木蓝●☆
206600 Indigofera strobilifera (Hochst.) Hochst. ex Baker subsp. lanuginosa (Taub. ex Baker f.) J. B. Gillett;多绵毛球果木蓝●☆
206601 Indigofera suarezensis Du Puy et Labat;苏亚雷斯木蓝●☆
206602 Indigofera suaveolens Jaub. et Spach;芳香木蓝●☆
206603 Indigofera suaveolens Jaub. et Spach var. subcongolensis Chiov. = Indigofera vohemarensis Baill. ●☆
206604 Indigofera suaveolens Jaub. et Spach var. subquadriflora Chiov. = Indigofera vohemarensis Baill. ●☆
206605 Indigofera subargentea De Wild. ;亚银白木蓝●☆
206606 Indigofera subargentea De Wild. var. shinyangensis (Milne-Redh.) J. B. Gillett;希尼安加木蓝■☆
206607 Indigofera subcorymbosa Baker;亚伞序木蓝●☆
206608 Indigofera subcorymbosa Baker var. eylesii Baker f. = Indigofera subcorymbosa Baker ●☆
206609 Indigofera subcorymbosa Baker var. grandis Schrire;大亚伞序木

蓝●☆

206610 Indigofera subhirtella Chiov. = Indigofera volkensii Taub. ●☆

206611 Indigofera subincana N. E. Br. = Indigofera trita L. f. subsp. subulata (Vahl ex Poir.) Ali ●☆

206612 Indigofera subnuda Craib;裸叶木蓝;Glabrous Indigo ●

206613 Indigofera subnuda Craib = Indigofera fortunei Craib ●

206614 Indigofera subquadriflora Hochst. ex Chiov. = Indigofera suaveolens Jaub. et Spach ●☆

206615 Indigofera subsecunda Gagnep. = Indigofera henryi Craib ●

206616 Indigofera subtilis E. Mey. = Indigofera filicaulis Eckl. et Zeyh. ■☆

206617 Indigofera subulata Vahl ex Poir. = Indigofera trita L. f. subsp. subulata (Vahl ex Poir.) Ali ●☆

206618 Indigofera subulata Vahl ex Poir. var. maffei (Chiov.) J. B. Gillett = Indigofera trita L. f. subsp. subulata (Vahl ex Poir.) Ali ●☆

206619 Indigofera subulata Vahl ex Poir. var. microphylla Chiov. = Indigofera trita L. f. subsp. subulata (Vahl ex Poir.) Ali ●☆

206620 Indigofera subulata Vahl ex Poir. var. nubica J. B. Gillett = Indigofera trita L. f. subsp. subulata (Vahl ex Poir.) Ali ●☆

206621 Indigofera subulata Vahl ex Poir. var. scabra (Roth) Meikle = Indigofera trita L. f. subsp. scabra (Roth) de Kort et G. Thijsse ●☆

206622 Indigofera subulifera Welw. ex Baker;钻木蓝●☆

206623 Indigofera subulifera Welw. ex Baker var. polysperma J. B. Gillett;多籽木蓝●☆

206624 Indigofera subverticillata Gagnep.;轮花木蓝;Verticillate-flowered Indigo ●

206625 Indigofera subverticillata Gagnep. = Indigofera howellii Craib et W. W. Sm. ●

206626 Indigofera suffruticosa Mill.;野青树(大菁,大青,靛,蕃菁,假蓝靛,菁子,木蓝,青根,小蓝青,小青根,野木蓝);Anil-de-pasto, Indigo, Subshrub Indigo, West Indian Indigo ●

206627 Indigofera suffruticosa Mill. var. uncinata Berhaut = Indigofera suffruticosa Mill. ●

206628 Indigofera sulcata DC.;纵沟木蓝●☆

206629 Indigofera sumatrana Gaertn.;苏门答腊木蓝●☆

206630 Indigofera sumatrana Gaertn. = Indigofera tinctoria L. ●

206631 Indigofera superba C. H. Stirt.;华美木蓝●☆

206632 Indigofera supralevis N. E. Br. = Indigofera oxalidea Welw. ex Baker ●☆

206633 Indigofera sutherlandioides Welw. ex Baker;拟萨瑟兰木蓝●☆

206634 Indigofera swaziensis Bolus;斯威士木蓝●☆

206635 Indigofera swaziensis Bolus var. perplexa (N. E. Br.) J. B. Gillett;紊乱木蓝●☆

206636 Indigofera sylvestri Pamp.;刺序木蓝(席氏木蓝);Sivestre Indigo ●

206637 Indigofera szechuensis Craib;四川木蓝(金雀花,山皮条);Sichuan Indigo, Szechwan Indigo ●

206638 Indigofera taborensis J. B. Gillett;泰伯木蓝●☆

206639 Indigofera taiwaniana T. C. Huang et M. J. Wu;台湾木蓝;Taiwan Indigo ●

206640 Indigofera tanaensis J. B. Gillett;塔纳木蓝●☆

206641 Indigofera tanganyikensis Baker f.;坦噶尼卡木蓝●☆

206642 Indigofera tanganyikensis Baker f. var. paucijuga J. B. Gillett;少轭木蓝●☆

206643 Indigofera tanganyikensis Baker f. var. strigulosior J. B. Gillett;糙伏毛木蓝●☆

206644 Indigofera taylori J. B. Gillett;泰勒木蓝●☆

206645 Indigofera teixeirae Torre;特谢拉木蓝●☆

206646 Indigofera tengyuehensis H. T. Tsai et Te T. Yu = Indigofera hamiltonii Graham ex Duthie et Prain ●

206647 Indigofera tenuicaulis Klotzsch = Indigofera vicioides Jaub. et Spach ●☆

206648 Indigofera tenuifolia Lam. = Indigofera angustifolia L. var. tenuifolia (Lam.) Harv. ●☆

206649 Indigofera tenuipes Polhill;细梗木蓝●☆

206650 Indigofera tenuirostris Thulin = Microcharis tenuirostris (Thulin) Schrire ●☆

206651 Indigofera tenuis Milne-Redh.;细木蓝●☆

206652 Indigofera tenuis Milne-Redh. subsp. major J. B. Gillett;小细木蓝●☆

206653 Indigofera tenuisiliqua Schweinf. = Microcharis tritoides (Baker) Schrire ●☆

206654 Indigofera tenuissima E. Mey.;极细木蓝■☆

206655 Indigofera terminalis Baker;顶生木蓝●☆

206656 Indigofera terminalis Baker var. chevalieri Baker f. = Indigofera terminalis Baker ●☆

206657 Indigofera tetragonoloba E. Mey. = Indigofera trita L. f. subsp. subulata (Vahl ex Poir.) Ali ●☆

206658 Indigofera tetraptera Taub.;四翅木蓝●☆

206659 Indigofera tetrasperma Vahl ex Pers.;四籽木蓝●☆

206660 Indigofera tettensis Klotzsch = Indigofera schimperi Jaub. et Spach ●☆

206661 Indigofera teysmanii Miq.;密花木蓝(大叶狼豆柴,梯氏木蓝);Denseflower Indigo ●

206662 Indigofera teysmanii Miq. = Indigofera zollingeriana Miq. ●

206663 Indigofera thesioides Jarvie et C. H. Stirt.;百蕊草木蓝●☆

206664 Indigofera theuschii O. Hoffm. = Indigastrum costatum (Guillaumin et Perr.) Schrire subsp. theuschii (O. Hoffm.) Schrire ■☆

206665 Indigofera thikaensis J. B. Gillett;锡卡木蓝●☆

206666 Indigofera thomsonii Baker f.;托马森木蓝●☆

206667 Indigofera thonningii Schumach. et Thonn. = Indigofera trita L. f. subsp. subulata (Vahl ex Poir.) Ali ●☆

206668 Indigofera thymoides Baker;百里香木蓝●☆

206669 Indigofera tinctoria L.;木蓝(大蓝,大蓝青,靛,黑槐树,槐蓝,火蓝,江西木蓝,蓝草,蓝靛,马棘,马蓝,青仔草,水蓝,小青,小青蓝,野槐树,野蓝枝子,野青靛,印度蓝);Black Henna, Indigo Plant, Java Indigo, True Indigo ●

206670 Indigofera tinctoria L. var. arcuata J. B. Gillett;拱木蓝●☆

206671 Indigofera tinctoria L. var. microcarpa A. Chev. = Indigofera tinctoria L. ●

206672 Indigofera tisserantii (Pellegr.) Pellegr. = Microcharis tisserantii (Pellegr.) Schrire ●☆

206673 Indigofera tomentosa Eckl. et Zeyh.;澳非木蓝●☆

206674 Indigofera tomentosa Graham = Indigofera stachyodes Lindl. ●

206675 Indigofera torrei J. B. Gillett;托雷木蓝●☆

206676 Indigofera torulosa Baker = Indigofera ormocarpoides Baker ●☆

206677 Indigofera torulosa E. Mey.;结节木蓝●☆

206678 Indigofera torulosa E. Mey. var. angustiloba (Baker f.) J. B. Gillett;窄裂片结节木蓝●☆

206679 Indigofera trachyphylla Benth. ex Oliv.;糙叶木蓝●☆

206680 Indigofera transvaalensis Baker f. = Indigofera vicioides Jaub. et Spach ●☆

206681 Indigofera trialata A. Chev. ;三翅木蓝●☆
206682 Indigofera trichopoda Lepr. ex Guillaumin et Perr. ;毛梗木蓝●☆
206683 Indigofera trichopoda Lepr. ex Guillaumin et Perr. var. oubanguiensis Tisser. ;乌班吉毛梗木蓝●☆
206684 Indigofera trifoliata L. ;三叶木蓝(地蓝根);Threeleaf Indigo, Trifoliolate Indigo ■
206685 Indigofera trifoliata L. = Indigofera racemosa L. ●☆
206686 Indigofera trifoliata L. var. zhengkangensis H. Sun;镇康三叶木蓝■
206687 Indigofera trifolioides Baker f. ;车轴草木蓝●☆
206688 Indigofera trigonelloides Jaub. et Spach;胡卢巴木蓝●☆
206689 Indigofera trimorphophylla Taub. = Indigofera conjugata Baker var. trimorphophylla (Taub.) J. B. Gillett ●☆
206690 Indigofera triquetra E. Mey. ;三角木蓝●☆
206691 Indigofera tristis E. Mey. ;暗淡木蓝●☆
206692 Indigofera tristoides N. E. Br. ;拟暗淡木蓝(细果木蓝)●☆
206693 Indigofera trita L. f. ;伤痕木蓝●☆
206694 Indigofera trita L. f. subsp. scabra (Roth) de Kort et G. Thijsse;粗糙伤痕木蓝●☆
206695 Indigofera trita L. f. subsp. subulata (Vahl ex Poir.) Ali;钻形伤痕木蓝●☆
206696 Indigofera trita L. f. var. maffei (Chiov.) Ali = Indigofera trita L. f. subsp. subulata (Vahl ex Poir.) Ali ●☆
206697 Indigofera trita L. f. var. nubica (Gillett) Boulos et Schrire = Indigofera trita L. f. subsp. subulata (Vahl ex Poir.) Ali ●☆
206698 Indigofera trita L. f. var. scabra (Roth) Ali = Indigofera trita L. f. subsp. scabra (Roth) de Kort et G. Thijsse ●☆
206699 Indigofera trita L. f. var. subulata (Vahl ex Poir.) Ali = Indigofera trita L. f. subsp. subulata (Vahl ex Poir.) Ali ●☆
206700 Indigofera tritoides Baker var. obbiadensis (Chiov.) J. B. Gillett = Microcharis tritoides (Baker) Schrire subsp. obbiadensis (Chiov.) Schrire ●☆
206701 Indigofera tsiangiana F. P. Metcalf = Indigofera linnaei Ali ■
206702 Indigofera ugandensis Baker f. ;乌干达木蓝●☆
206703 Indigofera uhehensis Harms = Indigofera vohemarensis Baill. ●☆
206704 Indigofera umbonata Welw. ex Baker = Indigofera arrecta Hochst. ex A. Rich. ●☆
206705 Indigofera umbraticola Vatke = Indigofera trita L. f. subsp. scabra (Roth) de Kort et G. Thijsse ●☆
206706 Indigofera uncinata Roxb. = Indigofera galegoides DC. ●
206707 Indigofera vanderystii J. B. Gillett;范德木蓝●☆
206708 Indigofera vaniotii H. Lév. = Indigofera mengtzeana Craib ●
206709 Indigofera varia E. Mey. = Indigofera vicioides Jaub. et Spach var. rogersii (R. E. Fr.) J. B. Gillett ●☆
206710 Indigofera variabilis De Wild. = Microcharis welwitschii (Baker) Schrire ●☆
206711 Indigofera variabilis N. E. Br. = Indigofera bainesii Baker ●☆
206712 Indigofera vatkeana Drake = Indigofera pedunculata Hilsenberg et Bojer ex Baker ●☆
206713 Indigofera velutina E. Mey. ;短绒毛木蓝●☆
206714 Indigofera venulosa Champ. ex Benth. ;脉叶木蓝(脉叶兰,脉叶木兰);Veined Indigo, Vein-leaved Indigo ●
206715 Indigofera venulosa Champ. ex Benth. var. glauca Hayata = Indigofera venulosa Champ. ex Benth. ●
206716 Indigofera venusta Eckl. et Zeyh. ;雅致木蓝●☆
206717 Indigofera verrucosa Eckl. et Zeyh. ;多疣木蓝●☆
206718 Indigofera vestita Harv. = Indigofera foliosa E. Mey. ●☆
206719 Indigofera vicioides Jaub. et Spach;蚕豆木蓝●☆
206720 Indigofera vicioides Jaub. et Spach var. occidentalis Tisser. ;西方蚕豆木蓝●☆
206721 Indigofera vicioides Jaub. et Spach var. rogersii (R. E. Fr.) J. B. Gillett;洛氏蚕豆木蓝●☆
206722 Indigofera viminea E. Mey. = Indigofera zeyheri Spreng. ex Eckl. et Zeyh. ●☆
206723 Indigofera violacea Roxb. = Indigofera atropurpurea Buch.-Ham. ex Hornem. ●
206724 Indigofera violacea Roxb. = Indigofera cassoides Rottler ex DC. ●
206725 Indigofera virgata Roxb. = Indigofera dosua Buch.-Ham. ex D. Don ●
206726 Indigofera viridiflora Chiov. = Indigofera volkensii Taub. ●☆
206727 Indigofera viscidissima Baker;极黏木蓝●☆
206728 Indigofera viscidissima Baker subsp. orientalis J. B. Gillett;东方极黏木蓝●☆
206729 Indigofera viscosa Lam. = Indigofera colutea (Burm. f.) Merr. ●■
206730 Indigofera viscosa Lam. var. somalensis Baker f. = Indigofera colutea (Burm. f.) Merr. var. somalensis (Baker f.) J. B. Gillett ●☆
206731 Indigofera viscosa Lam. var. subglabra A. Rich. = Indigofera vohemarensis Baill. ●☆
206732 Indigofera vohemarensis Baill. ;马岛木蓝●☆
206733 Indigofera volkensii Taub. ;福尔木蓝●☆
206734 Indigofera wajirensis J. B. Gillett = Microcharis wajirensis (J. B. Gillett) Schrire ●☆
206735 Indigofera waruensis Schweinf. ex Cronquist = Indigofera achyranthoides Taub. ●☆
206736 Indigofera welwitschii Baker;韦尔木蓝●☆
206737 Indigofera welwitschii Baker = Microcharis welwitschii (Baker) Schrire ●☆
206738 Indigofera welwitschii Baker var. remotiflora (Taub. ex Baker f.) Cronquist = Microcharis remotiflora (Taub. ex Baker f.) Schrire ●☆
206739 Indigofera wentzeliana Harms = Indigofera hilaris Eckl. et Zeyh. ●☆
206740 Indigofera wightii Graham ex Wight et Arn. ;海南木蓝;Hainan Indigo ●
206741 Indigofera wildiana J. B. Gillett;维尔德木蓝●☆
206742 Indigofera williamsonii (Harv.) N. E. Br. ;威廉森木蓝●☆
206743 Indigofera wilmaniae Baker f. ex J. B. Gillett = Indigofera damarana Merxm. et A. Schreib. ●☆
206744 Indigofera wilsonii Craib;威氏木蓝(大花木蓝);Bigflower Indigo, E. H. Wilson Indigo, Wilson Indigo ●
206745 Indigofera wituensis Baker f. ;维图木蓝●☆
206746 Indigofera wituensis Baker f. var. occidentalis J. B. Gillett;西方维图木蓝●☆
206747 Indigofera woodii Bolus;伍得木蓝●☆
206748 Indigofera woodii Bolus var. intermedia ? = Indigofera woodii Bolus ●☆
206749 Indigofera woodii Bolus var. laxa ?;疏松伍得木蓝●☆
206750 Indigofera woodii Bolus var. parvifolia ? = Indigofera krookii Schltr. ex Zahlbr. ●☆
206751 Indigofera wynbergensis S. Moore = Indigofera filiformis L. f. ■☆
206752 Indigofera xerophila R. Vig. = Vaughania xerophila (R. Vig.) Du Puy, Labat et Schrire ●☆

206753 Indigofera zanzibarica J. B. Gillett;桑给巴尔木蓝●☆

206754 Indigofera zavattarii Chiov. ;扎瓦木蓝●☆

206755 Indigofera zenkeri Harms ex Baker f. ;岑克尔木蓝●☆

206756 Indigofera zenkeri Harms ex Baker f. var. brevifoliolata De Wild. = Indigofera zenkeri Harms ex Baker f. ●☆

206757 Indigofera zeyheri Spreng. ex Eckl. et Zeyh. ;泽耶尔木蓝●☆

206758 Indigofera zeyheri Spreng. ex Eckl. et Zeyh. var. leptophylla (E. Mey.) Harv. = Indigofera verrucosa Eckl. et Zeyh. ●☆

206759 Indigofera zeyheri Spreng. ex Eckl. et Zeyh. var. trifoliolata Eckl. et Zeyh. = Indigofera angustata E. Mey. ●☆

206760 Indigofera zigzag De Wild. = Indigofera hilaris Eckl. et Zeyh. ●☆

206761 Indigofera zollingeriana Miq. ;尖叶木蓝(红头马棘,兰屿木蓝,密花木蓝,梯氏木蓝);Pointleaf Indigo,Zollinger Indigo ●

206762 Indigofera zornioides Du Puy et Labat;丁癸木蓝●☆

206763 Indobanalia A. N. Henry et B. Roy(1969);穗花苋属■☆

206764 Indobanalia thyrsiflora (Moq.) A. N. Henry et B. Roy. ;穗花苋■☆

206765 Indocalamus Nakai (1925);箬竹属(簝竹属,印竹属);Bamboo,Indocalamus ●

206766 Indocalamus actinotrichus (Merr. et Chun) McClure = Ampelocalamus actinotrichus (Merr. et Chun) S. L. Chen,T. H. Wen et G. Y. Sheng ●

206767 Indocalamus amplexicaulis W. T. Lin;紧箨箬竹●

206768 Indocalamus andropogonoides Hand. -Mazz. = Yushania andropogonoides (Hand. -Mazz.) T. P. Yi ●

206769 Indocalamus auriculatus (H. R. Zhao et Y. L. Yang) Y. L. Yang;具耳箬竹;Auriculate Hardhair Indocalamus,Auriculate Indocalamus,Earshape Indocalamus ●

206770 Indocalamus auriculatus (H. R. Zhao et Y. L. Yang) Y. L. Yang = Indocalamus hunanensis B. M. Yang ●

206771 Indocalamus barbatus McClure;髯毛箬竹(毛箬竹);Barbaric Indocalamus,Barbate Indocalamus ●

206772 Indocalamus bashanensis (C. D. Chu et C. S. Chao) H. R. Zhao et Y. L. Yang;巴山箬竹(巴山赤竹);Bashan Indocalamus,Bashan Sasa ●

206773 Indocalamus basihirsutus McClure = Yushania basihirsuta (McClure) Z. P. Wang et G. H. Ye ●

206774 Indocalamus chishuiensis Y. L. Yang et J. R. Xue;赤水箬竹;Chishui Indocalamus ●

206775 Indocalamus confusus McClure = Yushania confusa (McClure) Z. P. Wang et G. H. Ye ●

206776 Indocalamus cordatus T. H. Wen et Y. Zou;都昌箬竹;Duchang Indocalamus ●

206777 Indocalamus dayongensis W. T. Lin;大庸箬竹;Dayong Indocalamus ●

206778 Indocalamus dayongensis W. T. Lin = Indocalamus longiauritus Hand. -Mazz. ●

206779 Indocalamus decorus Q. H. Dai;美丽箬竹;Beautiful Indocalamus,Showy Indocalamus,Spiffy Indocalamus ●

206780 Indocalamus dumetosus (Rendle) P. C. Keng = Arundinaria fargesii (E. G. Camus) P. C. Keng et T. P. Yi ●

206781 Indocalamus dumetosus (Rendle) P. C. Keng = Bashania fargesii (E. G. Camus) P. C. Keng et T. P. Yi ●

206782 Indocalamus emeiensis C. D. Chu et C. S. Chao;峨眉箬竹;Emei Indocalamus ●

206783 Indocalamus fargesii (E. G. Camus) Nakai = Arundinaria fargesii (E. G. Camus) P. C. Keng et T. P. Yi ●

206784 Indocalamus fargesii (E. G. Camus) Nakai = Bashania fargesii (E. G. Camus) P. C. Keng et T. P. Yi ●

206785 Indocalamus glabrifolius Z. P. Wang et N. X. Ma = Indocalamus hirsutissimus Z. P. Wang et P. X. Zhang var. glabrifolius Z. P. Wang et N. X. Ma ●

206786 Indocalamus guangdongensis H. R. Zhao et Y. L. Yang;广东箬竹;Guangdong Indocalamus,Kwangtung Indocalamus ●

206787 Indocalamus guangdongensis H. R. Zhao et Y. L. Yang var. mollis H. R. Zhao et Y. L. Yang;柔毛箬竹;Hairy Guangdong Indocalamus ●

206788 Indocalamus herklotsii McClure;粽巴箬竹;Herklots Indocalamus ●

206789 Indocalamus hirsutissimus Z. P. Wang et P. X. Zhang;多毛箬竹;Hairy Indocalamus,Manyhairs Indocalamus,Muchhair Jurinea ●

206790 Indocalamus hirsutissimus Z. P. Wang et P. X. Zhang var. glabrifolius Z. P. Wang et N. X. Ma;光叶箬竹;Smooth-leaf Manyhairs Indocalamus ●

206791 Indocalamus hirtivaginatus H. R. Zhao et Y. L. Yang;毛鞘箬竹;Hairy-sheath Indocalamus,Hirtose-sheathed Indocalamus ●

206792 Indocalamus hispidus H. R. Zhao et Y. L. Yang;硬毛箬竹(毛竹子);Hardhair Indocalamus,Hispid Indocalamus ●

206793 Indocalamus hispidus H. R. Zhao et Y. L. Yang = Indocalamus auriculatus (H. R. Zhao et Y. L. Yang) Y. L. Yang ●

206794 Indocalamus hispidus H. R. Zhao et Y. L. Yang var. auriculatus H. R. Zhao et Y. L. Yang = Indocalamus hunanensis B. M. Yang ●

206795 Indocalamus hispidus H. R. Zhao et Y. L. Yang var. auriculatus H. R. Zhao et Y. L. Yang = Indocalamus auriculatus (H. R. Zhao et Y. L. Yang) Y. L. Yang ●

206796 Indocalamus hunanensis B. M. Yang;湖南箬竹;Hunan Indocalamus ●

206797 Indocalamus inaequilaterus W. T. Lin et Z. M. Wu;粤西箬竹;W. Guangxi Indocalamus ●

206798 Indocalamus lacunosus T. H. Wen;泡箬竹●

206799 Indocalamus lacunosus T. H. Wen = Indocalamus latifolius (Keng) McClure ●

206800 Indocalamus latifolius (Keng) McClure;阔叶箬竹(浙赣箬竹);Broadleaf Indocalamus,Broad-leaved Indocalamus,Migo Indocalamus ●

206801 Indocalamus longiauritus Hand. -Mazz. ;箬叶竹;Long Auricle Indocalamus,Longauricle Indocalamus,Long-auricled Indocalamus ●

206802 Indocalamus longiauritus Hand. -Mazz. var. hengshanensis H. R. Zhao et Y. L. Yang;衡山箬竹;Hengshan Indocalamus ●

206803 Indocalamus longiauritus Hand. -Mazz. var. semifalcatus H. R. Zhao et Y. L. Yang;半耳箬竹;Semifalcate Longauricle Indocalamus ●

206804 Indocalamus longiauritus Hand. -Mazz. var. yiyangensis H. R. Zhao et Y. L. Yang;益阳箬竹;Yiyang Indocalamus ●

206805 Indocalamus mairei (Hack. ex Hand. -Mazz.) McClure = Fargesia mairei (Hack. ex Hand. -Mazz.) T. P. Yi ●

206806 Indocalamus mairei (Hack.) McClure = Fargesia mairei (Hack. ex Hand. -Mazz.) T. P. Yi ●

206807 Indocalamus megalothyrsus (Hand. -Mazz.) C. S. Chao et C. D. Chu = Gaoligongshania megathyrsa (Hand. -Mazz.) D. Z. Li,J. R. Xue et N. H. Xia ●

206808 Indocalamus megalothyrsus (Hand. -Mazz.) C. S. Chao et C. D. Chu = Yushania megalothyrsa (Hand. -Mazz.) T. H. Wen ●

206809 Indocalamus migoi (Nakai ex Migo) P. C. Keng = Indocalamus latifolius (Keng) McClure ●

206810 Indocalamus migoi (Nakai) P. C. Keng = Indocalamus latifolius (Keng) McClure ●

206811 Indocalamus nanunicus McClure = Acidosasa nanunica (McClure) C. S. Chao et G. Y. Yang ●

206812 Indocalamus nanunicus McClure = Pseudosasa nanunica (McClure) Z. P. Wang et G. H. Ye ●

206813 Indocalamus niitakayamensis (Hayata) Ohki = Yushania niitakayamensis (Hayata) P. C. Keng ●

206814 Indocalamus nubigenus (P. C. Keng) H. R. Zhao et Y. L. Yang = Indocalamus wilsonii (Rendle) C. S. Chao et C. D. Chu ●

206815 Indocalamus nubigenus (P. C. Keng) T. P. Yi ex H. R. Zhao et Y. L. Yang = Indocalamus wilsonii (Rendle) C. S. Chao et C. D. Chu ●

206816 Indocalamus nubigenus (P. C. Keng) TP. Yi = Indocalamus wilsonii (Rendle) C. S. Chao et C. D. Chu ●

206817 Indocalamus oiwakensis (Hayata) Nakai = Yushania niitakayamensis (Hayata) P. C. Keng ●

206818 Indocalamus pallidiflorus McClure = Pseudosasa pubiflora (Keng) P. C. Keng ex D. Z. Li et L. M. Gao ●

206819 Indocalamus pedalis (Keng) P. C. Keng;矮箬竹;Dwarf Indocalamus, Low Indocalamus ●

206820 Indocalamus platyphyllus (Keng) McClure;宽叶箬竹;Flat-leaved Indocalamus ●☆

206821 Indocalamus pseudosinicus McClure;锦帐竹(假华箬竹);False China Indocalamus, Hainan Indocalamus ●

206822 Indocalamus pseudosinicus McClure var. densinervillus H. R. Zhao et Y. L. Yang;密脉箬竹;Densevein Indocalamus ●

206823 Indocalamus pubiflorus (Keng) P. C. Keng = Pseudosasa pubiflora (Keng) P. C. Keng ex D. Z. Li et L. M. Gao ●

206824 Indocalamus pumilus Q. H. Dai et C. F. Huang;小箬竹;Small Indocalamus ●

206825 Indocalamus quadratus H. R. Zhao et Y. L. Yang;方脉箬竹;Squared Indocalamus, Squarevein Indocalamus, Square-veined Indocalamus ●

206826 Indocalamus scariosus McClure = Arundinaria fargesii (E. G. Camus) P. C. Keng et T. P. Yi ●

206827 Indocalamus scariosus McClure = Bashania fargesii (E. G. Camus) P. C. Keng et T. P. Yi ●

206828 Indocalamus shimenensis B. M. Yang = Indocalamus wilsonii (Rendle) C. S. Chao et C. D. Chu ●

206829 Indocalamus sinicus (Hance) Nakai;水银竹(中华箬竹);China Indocalamus, Chinese Indocalamus ●

206830 Indocalamus solidus C. D. Chu et C. S. Chao = Bonia saxatilis (L. C. Chia, H. L. Fung et Y. L. Yang) N. H. Xia var. solida (C. D. Chu et C. S. Chao) D. Z. Li ●

206831 Indocalamus solidus C. D. Chu et C. S. Chao = Monocladus saxatilis L. C. Chia, H. L. Fung et Y. L. Yang var. solidus (C. D. Chu et C. S. Chao) L. C. Chia ●

206832 Indocalamus suichuanensis T. P. Yi et Y. H. Guo;遂川箬竹;Suichuan Indocalamus ●

206833 Indocalamus tessellatus (Munro) P. C. Keng;箬竹(辽叶);Chequer-shape Indocalamus, Chequer-shaped Indocalamus ●

206834 Indocalamus tongchunensis K. F. Huang et Z. L. Dai;同春箬竹;Tongchun Indocalamus ●

206835 Indocalamus varius (Keng) P. C. Keng;善变箬竹(浙江苦竹);Variable Indocalamus ●

206836 Indocalamus varius (Keng) P. C. Keng = Pleioblastus amarus (Keng) P. C. Keng ●

206837 Indocalamus victorialis P. C. Keng;胜利箬竹;Victory Indocalamus ●

206838 Indocalamus vulgatus W. T. Lin et X. B. Ye = Indocalamus longiauritus Hand. -Mazz. ●

206839 Indocalamus wilsonii (Rendle) C. S. Chao et C. D. Chu;鄂西箬竹(金佛山赤竹,簝叶竹,簝竹);E. H. Wilson Indocalamus, Jinfoshan Sasa, Wilson Indocalamus ●

206840 Indocalamus wuxiensis T. P. Yi;巫溪箬竹;Wuxi Indocalamus ●

206841 Indocalamus wuxiensis T. P. Yi = Indocalamus hunanensis B. M. Yang ●

206842 Indocalamus youxiuensis T. P. Yi;尖竹;Youxiu Indocalamus ●

206843 Indochloa Bor = Euclasta Franch. ■☆

206844 Indocourtoisia Bennet et Raizada = Courtoisina Soják ■

206845 Indodalzellia Koi et M. Kato = Dalzellia Wight ■

206846 Indodalzellia Koi et M. Kato(2009);印度川藻属■☆

206847 Indofevillea Chatterjee(1946);藏瓜属;Indofevillea ●■

206848 Indofevillea rhasiana Chatterjee;藏瓜;Khasia Indofevillea, Rhas Indofevillea ●■

206849 Indoixeris Kitam.;南亚苦荬菜属■

206850 Indokingia Hemsl. = Gastonia Comm. ex Lam. ●☆

206851 Indokingia Hemsl. = Polyscias J. R. Forst. et G. Forst. ●

206852 Indomelothria W. J. de Wilde et Duyfjes. (2006);印马瓜属■☆

206853 Indoneesiella Sreem. (1968);印度爵床属(印多尼亚属)■☆

206854 Indoneesiella echinoides L.;印度爵床(印多尼草)■☆

206855 Indopiptadenia Brenan(1955);印度落腺豆属●☆

206856 Indopiptadenia oudhensis (Brandis) Brenan;印度落腺豆●☆

206857 Indopoa Bor(1958);印度早熟禾属■☆

206858 Indopoa paupercula (Stapf) Bor;印度早熟禾■☆

206859 Indopolysolenia Bennet = Leptomischus Drake ■

206860 Indopolysolenia Bennet(1981);多管花属■

206861 Indopolysolenia burmanica Deb et Rout;缅甸多管花■

206862 Indopolysolenia burmanica Deb et Rout = Leptomischus primuloides Drake ■

206863 Indopolysolenia wallichii (Hook. f.) Bennet = Leptomischus wallichii (Hook. f.) H. S. Lo ■☆

206864 Indorouchera Hallier f. (1921);南洋亚麻属●☆

206865 Indorouchera contestiana (Pierre) Hallier f.;南洋亚麻●☆

206866 Indorouchera griffithiana (Planch.) Hallier f.;格氏南洋亚麻●☆

206867 Indoryza A. N. Henry et B. Roy = Porteresia Tateoka ■☆

206868 Indosasa McClure (1940);大节竹属(鹤膝竹属);Big Nod Bamboo, Indosasa ●

206869 Indosasa acutiligulata Z. P. Wang et G. H. Ye;黄白竹;Yellow-white Indosasa ●

206870 Indosasa acutiligulata Z. P. Wang et G. H. Ye = Indosasa shibataeaoides McClure ●

206871 Indosasa albo-hispidula Q. H. Dai et C. F. Huang = Indosasa glabrata C. D. Chu et C. S. Chao var. albo-hispidula (Q. H. Dai et C. F. Huang) C. S. Chao et C. D. Chu ●

206872 Indosasa angustata McClure;甜大节竹(桂南大节竹,窄叶大节竹);Narrow-sheath Indosasa, Narrow-sheathed Indosasa, Sweet Indosasa ●

206873 Indosasa angustifolia W. T. Lin = Oligostachyum scabriflorum (McClure) Z. P. Wang et G. H. Ye ●

206874 Indosasa breviligulata W. T. Lin et Z. M. Wu;短舌大节竹;

Shorttongue Indosasa ●

206875 Indosasa breviligulata W. T. Lin et Z. M. Wu = Oligostachyum scabriflorum (McClure) Z. P. Wang et G. H. Ye var. breviligulatum Z. P. Wang et G. H. Ye ●

206876 Indosasa chienouensis T. H. Wen = Acidosasa chienouensis (T. H. Wen) C. S. Chao et T. H. Wen ●

206877 Indosasa crassiflora McClure; 大节竹(鹤膝竹); Indosasa, Swollennoded Indosasa, Swollen-noded Indosasa ●

206878 Indosasa curviaurita B. M. Yang = Oligostachyum oedogonatum (Z. P. Wang et G. H. Ye) Q. F. Zheng et K. F. Huang ●

206879 Indosasa gibbosa (McClure) McClure = Indosasa crassiflora McClure ●

206880 Indosasa gigantea (T. H. Wen) T. H. Wen; 橄榄竹; Gigante Indocalamus, Olive Indosasa ●

206881 Indosasa glabrata C. D. Chu et C. S. Chao; 算盘竹; Abacus Indosasa, Glabrate Indosasa, Glabrous Indocalamus ●

206882 Indosasa glabrata C. D. Chu et C. S. Chao var. albo-hispidula (Q. H. Dai et C. F. Huang) C. S. Chao et C. D. Chu; 毛算盘竹(满山跑); White-hair Glabrous Indocalamus, Whitehair Indosasa ●

206883 Indosasa hispida McClure; 浦仔竹; Hispid Indosasa ●

206884 Indosasa ingens J. R. Xue et T. P. Yi; 粗穗大节竹; Huge Indocalamus, Thickspike Indosasa, Thick-spiked Indosasa ●

206885 Indosasa levigata Z. P. Wang et G. H. Ye; 黄秆竹(黄竿竹); Yellowstem Indosasa ●

206886 Indosasa levigata Z. P. Wang et G. H. Ye = Indosasa shibataeaoides McClure ●

206887 Indosasa lingchuanensis C. D. Chu et C. S. Chao; 灵川大节竹; Lingchuan Indosasa ●

206888 Indosasa lipoensis C. D. Chu et K. M. Lan; 荔波大节竹(雷波大节竹); Libo Indosasa, Lipo Indosasa ●

206889 Indosasa longiligula T. H. Wen = Acidosasa longiligula (T. H. Wen) C. S. Chao et C. D. Chu ●

206890 Indosasa longispicata W. Y. Hsiung et C. S. Chao; 棚竹; Long-spicate Indocalamus, Longspike Indosasa, Long-spiked Indosasa ●

206891 Indosasa lunata W. T. Lin et Z. M. Wu; 月耳大节竹; Lunate Indosasa ●

206892 Indosasa macula W. T. Lin et Z. M. Wu; 斑箨大节竹; Maculate Indosasa ●

206893 Indosasa macula W. T. Lin et Z. M. Wu = Oligostachyum scabriflorum (McClure) Z. P. Wang et G. H. Ye ●

206894 Indosasa parvifolia C. S. Chao et Q. H. Dai; 小叶大节竹; Little-leaf Indocalamus, Little-leaf Indosasa, Small-leaved Indosasa ●

206895 Indosasa patens C. D. Chu et C. S. Chao; 横枝竹; Extendedtwig Indosasa, Pated Indosasa, Spreading Indocalamus ●

206896 Indosasa purpurea J. R. Xue et T. P. Yi = Acidosasa hirtiflora Z. P. Wang et G. H. Ye ●

206897 Indosasa pusilloaurita W. T. Lin; 微耳大节竹; Small-eared Indosasa ●

206898 Indosasa shibataeaoides McClure; 摆竹(斑竹,泪竹,倭形竹); Hobamboolike Indosasa, Japanese Indosasa, Shibataea-like Indosasa ●

206899 Indosasa singulispicula T. H. Wen; 单穗大节竹; Onespiked Indosasa ●

206900 Indosasa sinica C. Chu et C. S. Chao; 中华大节竹; China Indosasa, Chinese Indosasa ●

206901 Indosasa spongiosa C. S. Chao et B. M. Yang; 江华大节竹(海绵大节竹); Spongy Indocalamus, Spongy Indosasa ●

206902 Indosasa suavis W. T. Lin et Z. J. Feng; 小甜大节竹; Small Swwet Indosasa ●

206903 Indosasa suavis W. T. Lin et Z. J. Feng = Oligostachyum scabriflorum (McClure) Z. P. Wang et G. H. Ye ●

206904 Indosasa tinctilimba McClure = Indosasa shibataeaoides McClure ●

206905 Indosasa triangulata J. R. Xue et T. P. Yi; 五爪竹(毛竹); Triangulate Indocalamus ●

206906 Indosasa truncata B. M. Yang = Oligostachyum scabriflorum (McClure) Z. P. Wang et G. H. Ye ●

206907 Indosasa wuningensis T. H. Wen et Y. Zou; 武宁大节竹; Wuning Indocalamus ●

206908 Indoschulzia Pimenov et Kljuykov = Trachydium Lindl. ■

206909 Indoschulzia Pimenov et Kljuykov(1995); 喜马拉雅芹属■☆

206910 Indosinia J. E. Vidal(1965); 越南金莲木属●☆

206911 Indosinia involucrata (Gagnep.) J. E. Vidal; 越南金莲木●☆

206912 Indotrislicha P. Royen = Tristicha Thouars ■☆

206913 Indovethia Boerl. = Sauvagesia L. ●

206914 Inezia E. Phillips(1932); 角芫荽属■☆

206915 Inezia integrifolia (Klatt) E. Phillips; 角芫荽■☆

206916 Inezia speciosa Brusse; 丽角芫荽■☆

206917 Infantea J. Rémy = Amblyopappus Hook. et Arn. ■☆

206918 Inga Mill. (1754); 因加豆属(秘鲁合欢属,音加属,印加豆属,印加树属); Inga ●■☆

206919 Inga acrocephala Steud.; 尖头因加豆●☆

206920 Inga acuminata Benth.; 尖因加豆(尖秘鲁合欢,尖音加)●☆

206921 Inga affinis DC.; 因加豆(音加); Affined Inga ■☆

206922 Inga alba Willd.; 白因加豆●☆

206923 Inga anomala Kunth = Calliandra anomala (Kunth) J. F. Macbr. ●☆

206924 Inga biglobosa (Jacq.) Willd. = Parkia biglobosa (Jacq.) R. Br. ex G. Don ●☆

206925 Inga clypearia Jack = Archidendron clypearia (Jack) I. C. Nielsen ●

206926 Inga clypearia Jack = Pithecellobium clypearia (Jack) Benth. ●

206927 Inga dulcis Willd. = Pithecellobium dulce (Roxb.) Benth. ●

206928 Inga edulis Mart.; 冰淇淋音加(印加豆); Food Inga, Ice-cream Bean ■☆

206929 Inga elliptica Blume = Archidendron ellipticum (Blume) I. C. Nielsen ●

206930 Inga fastigiata (E. Mey.) Oliv. = Albizia adianthifolia (Schumach.) W. Wight ●☆

206931 Inga ferruginea Guillaumin et Perr. = Albizia ferruginea (Guillaumin et Perr.) Benth. ●

206932 Inga harrisii Lindl. = Calliandra harrisii (Lindl.) Benth. ●☆

206933 Inga isenbergiana A. Rich. = Albizia isenbergiana (A. Rich.) E. Fourn. ●☆

206934 Inga laurina (Sw.) Willd.; 月桂因加豆; Sackysac, Spanish Oak ●☆

206935 Inga lucidior Steud. = Albizia lucidior (Steud.) I. C. Nielsen ex H. Hara ●

206936 Inga malacophylla A. Rich. = Albizia malacophylla (A. Rich.) Walp. ●☆

206937 Inga mellifera (Vahl) Willd. = Acacia mellifera (Vahl) Benth. ●

206938 Inga mollissima Humb. et Bonpl. ex Willd. = Calliandra mollissima (Humb. et Bonpl. ex Willd.) Benth. ●☆

206939 Inga nefasia Hochst. ex A. Rich. = Acacia sieberiana DC. var. woodii (Burtt Davy) Keay et Brenan ●☆

206940 Inga nobilis Willd.; 名贵因加豆; Guama Venezolano ●☆

206941 Inga nobilis Willd. subsp. quaternata (Poepp. et Endl.) T. D. Penn.;四出因加豆;Guama Venezolano ●☆

206942 Inga paterno Harms;帕特诺因加豆(帕特诺音加);Affined Inga ■☆

206943 Inga pterocarpa DC. = Peltophorum pterocarpum (DC.) Backer ex K. Heyne ●

206944 Inga quartiana A. Rich. = Albizia quartiniana (A. Rich.) Walp. ●☆

206945 Inga rodrigueziana Pittier;罗德里因加豆●☆

206946 Inga rubiginosa (Rich.) DC.;锈红因加豆●☆

206947 Inga senegalensis DC. = Parkia biglobosa (Jacq.) R. Br. ex G. Don ●☆

206948 Inga sericocephala (Benth.) A. Rich. = Albizia amara (Roxb.) Boivin subsp. sericocephala (Benth.) Brenan ●☆

206949 Inga timoriana DC. = Parkia timoriana (DC.) Merr. ●

206950 Inga umbrosa Wall. = Calliandra umbrosa (Wall.) Benth. ●

206951 Inga uraguensis Hook. et Arn.;南美因加豆●☆

206952 Inga vela Willd.;缘膜因加豆;Guaba ●☆

206953 Inga zygia DC. = Albizia zygia (DC.) J. F. Macbr. ●☆

206954 Ingaria Raf. = Inga Mill. ●■☆

206955 Ingenhouaia Steud. = Ingenhouzia Bertero ■☆

206956 Ingenhouaia Steud. = Rhetinodendron Meisn. ●☆

206957 Ingenhousia Endl. = Ingenhoussia Dennst. ●

206958 Ingenhousia Endl. = Vitis L. ●

206959 Ingenhousia Spach = Ingenhouzia Moc. et Sessé ■☆

206960 Ingenhousia Spach = Thurberia A. Gray ●■

206961 Ingenhousia Steud. = Amphithalea Eckl. et Zeyh. ■☆

206962 Ingenhousia Steud. = Ingenhousia Spach ■☆

206963 Ingenhousia Steud. = Ingenhoussia E. Mey. ■☆

206964 Ingenhoussia Dennst. = Vitis L. ●

206965 Ingenhoussia E. Mey. = Amphithalea Eckl. et Zeyh. ■☆

206966 Ingenhoussia Rchb. = Ingenhouzia Moc. et Sessé ex DC. ●■

206967 Ingenhoussia Rchb. = Thurberia A. Gray ●■

206968 Ingenhoussia ericifolia (L.) E. Mey. = Amphithalea ericifolia (L.) Eckl. et Zeyh. ■☆

206969 Ingenhoussia micrantha E. Mey. = Amphithalea micrantha (E. Mey.) Walp. ■☆

206970 Ingenhoussia rosea E. Mey. = Amphithalea perplexa Eckl. et Zeyh. ■☆

206971 Ingenhoussia rugosa E. Mey. = Amphithalea ciliaris Eckl. et Zeyh. ●☆

206972 Ingenhoussia spinosa E. Mey.;具刺因加豆●☆

206973 Ingenhoussia tortilis E. Mey. = Amphithalea tortilis (E. Mey.) Steud. ■☆

206974 Ingenhoussia verticillata E. Mey. = Xiphotheca elliptica (DC.) A. L. Schutte et B. -E. van Wyk ■☆

206975 Ingenhoussia violacea E. Mey. = Amphithalea violacea (E. Mey.) Benth. ■☆

206976 Ingenhouzia Bertero = Rhetinodendron Meisn. ●☆

206977 Ingenhouzia Bertero ex DC. = Rhetinodendron Meisn. ●☆

206978 Ingenhouzia Moc. et Sessé = Thurberia A. Gray ●■

206979 Ingenhouzia Moc. et Sessé ex DC. = Thurberia A. Gray ●■

206980 Ingenhouzia Vell. = Trichocline Cass. ■☆

206981 Ingenhusia Vell. = Ingenhouzia Vell. ■☆

206982 Ingenhusia Vell. = Trichocline Cass. ■☆

206983 Ingonia (Pierre) Bodard = Cola Schott et Endl. (保留属名) ●☆

206984 Ingonia Bodard = Cola Schott et Endl. (保留属名) ●☆

206985 Ingonia Pierre ex Bodard = Cola Schott et Endl. (保留属名) ●☆

206986 Inhambanella (Engl.) Dubard(1915);全果榄属●☆

206987 Inhambanella Dubard = Inhambanella (Engl.) Dubard ●☆

206988 Inhambanella guereensis (Aubrév. et Pellegr.) T. D. Penn.;盖雷全果榄●☆

206989 Inhambanella henriquesii (Engl. et Warb.) Dubard;亨利克斯全果榄●☆

206990 Inhambanella natalensis (Schinz) Dubard = Vitellariopsis marginata (N. E. Br.) Aubrév. ●☆

206991 Inobolbon Schltr. et Kranzl. = Dendrobium Sw. (保留属名) ■

206992 Inobulbon (Schltr.) Schltr. = Dendrobium Sw. (保留属名) ■

206993 Inobulbon (Schltr.) Schltr. et Kranzl. = Dendrobium Sw. (保留属名) ■

206994 Inobulbum Schltr. et Kranzl. = Dendrobium Sw. (保留属名) ■

206995 Inobulbum Schltr. et Kranzl. = Inobolbon Schltr. et Kranzl. ■

206996 Inocarpaceae Zoll. = Fabaceae Lindl. (保留科名) ●■

206997 Inocarpaceae Zoll. = Leguminosae Juss. (保留科名) ●■

206998 Inocarpus J. Forst. et G. Forst. (1775) (保留属名);毛果豆属(太平洋胡桃属) ●☆

206999 Inocarpus edulis J. R. Forst. et G. Forst. = Inocarpus fagifer (Perkins.) Fosberg ●☆

207000 Inocarpus fagifer (Perkins.) Fosberg;毛果豆(太平洋胡桃,太平洋栗);Otaheite Chestnut, Polynesian Chestnut, Tahiti Chestnut ●☆

207001 Inodaphnis Miq. = Microcos Burm. ex L. ●

207002 Inodes O. F. Cook = Sabal Adans. ex Guers. ●

207003 Inodes exul O. F. Cook = Sabal mexicana Mart. ●☆

207004 Inodes mexicana (Mart.) Standl. = Sabal mexicana Mart. ●☆

207005 Inodes palmetto (Walter) O. F. Cook = Sabal palmetto (Walter) Lodd. ex Roem. et Schult. f. ●

207006 Inodes texana O. F. Cook = Sabal mexicana Mart. ●☆

207007 Inophloeum Pittier = Poulsenia Eggers ●☆

207008 Inopsidium Walp. = Ionopsidium (DC.) Rchb. ■☆

207009 Inopsis Steud. = Ionopsis Kunth ■☆

207010 Inthybus Herder = Crepis L. ■

207011 Inthybus Herder = Intybus Fries ■

207012 Intrusaria Raf. = Asystasia Blume ●■

207013 Intsia Thouars(1806);印茄属●☆

207014 Intsia africana (Sm. ex Pers.) Kuntze = Afzelia africana Sm. ex Pers. ●☆

207015 Intsia bijuga (A. Gray) Kuntze;印茄(四叶印茄,太平洋铁木);Borneo Teak, Kwila, Merbau ●☆

207016 Intsia madagascariensis DC. = Intsia bijuga (Colebr.) Kuntze ●☆

207017 Intsia palembanica Miq.;巨港印茄木;Malacca Teak, Merbau ●☆

207018 Intsia quanzensis (Welw.) Kuntze = Afzelia quanzensis Welw. ●☆

207019 Intsia unijuga (Colebr.) Kuntze;单对印茄●

207020 Intutis Raf. = Capparis L. ●

207021 Intybellia Cass. = Crepis L. ■

207022 Intybellia Monn. = Intybus Fries ■

207023 Intybus Fries = Crepis L. ■

207024 Intybus Zinn = Hieracium L. ■

207025 Inula L. (1753);旋覆花属(旋复花属,羊耳菊属);

Elecampane, Fleabane, Inula ●■
207026 Inula acaulis Schott et Kotschy ex Tchihat.;无茎旋覆花■☆
207027 Inula acervata S. Moore = Inula glomerata Oliv. et Hiern ■☆
207028 Inula alba Nutt. = Solidago ptarmicoides (Nees) B. Boivin ■☆
207029 Inula alba Nutt. = Solidago ptarmicoides (Torr. et A. Gray) B. Boivin ■☆
207030 Inula ammophila Bunge = Inula salsoloides (Turcz.) Ostenf. ●■
207031 Inula ammophila Bunge ex DC. = Inula salsoloides (Turcz.) Ostenf. ●■
207032 Inula amygdalina (Lam.) Nutt. = Doellingeria umbellata (Mill.) Nees ■☆
207033 Inula appendiculata Wall. = Pentanema indicum (L.) Y. Ling ■
207034 Inula arabica L. = Pulicaria arabica (L.) Cass. ■☆
207035 Inula arbuscula Delile;木本旋覆花●☆
207036 Inula argentea Pers. = Pityopsis graminifolia (Michx.) Nutt. var. latifolia (Fernald) Semple et F. D. Bowers ■☆
207037 Inula aromatica L. = Printzia aromatica (L.) Less. ■☆
207038 Inula aspera Poir.;粗糙旋覆花(糙旋覆花)●☆
207039 Inula asperrima Edgew. = Duhaldea nervosa (Wall. ex DC.) Anderb. ■
207040 Inula asperrima Edgew. = Inula nervosa Wall. ■
207041 Inula auriculata Boiss. et Balansa;耳形旋覆花■☆
207042 Inula auriculata Wall. = Pentanema indicum (L.) Y. Ling ■
207043 Inula bakeriana O. Hoffm. = Inula shirensis Oliv. ■☆
207044 Inula bequaertii De Wild. = Inula paniculata (Klatt) Burtt Davy ■☆
207045 Inula britanica L. = Inula britannica L. ■
207046 Inula britannica L.;欧亚旋覆花(大花旋覆花,大黄花,戴椹,盗庚,滴滴金,葍,黄丁香,金沸草,金钱花,六月菊,毛旋覆花,夏菊,小野烟,旋覆花);British Inula, British Yellowhead ■
207047 Inula britannica L. = Inula japonica Thunb. ■
207048 Inula britannica L. f. sublanata (Kom.) Kitag. = Inula britannica L. var. sublanata Kom. ■
207049 Inula britannica L. f. sublanata Kom. = Inula britannica L. ■
207050 Inula britannica L. subsp. japonica (Thunb.) Kitam. = Inula japonica Thunb. ■
207051 Inula britannica L. subsp. japonica (Thunb.) Kitam. f. antiplena (Honda) H. Hara;本田欧亚旋覆花(本田旋覆花)■☆
207052 Inula britannica L. subsp. japonica (Thunb.) Kitam. f. plena Makino;重瓣欧亚旋覆花(重瓣旋覆花)■☆
207053 Inula britannica L. subsp. japonica (Thunb.) Kitam. f. ramosa Kom.;分枝欧亚旋覆花(分枝旋覆花)■☆
207054 Inula britannica L. subsp. lineariifolia (Turcz.) Kitam. = Inula lineariifolia Turcz. ■
207055 Inula britannica L. subsp. lineariifolia Kitam. = Inula lineariifolia Turcz. ■
207056 Inula britannica L. var. angustifolia Becker;狭叶欧亚旋覆花(窄叶旋覆花);Narrow-leaved British Inula ■
207057 Inula britannica L. var. chinensis (Rupr. ex Maxim.) Regel = Inula britannica L. subsp. japonica (Thunb.) Kitam. ■
207058 Inula britannica L. var. chinensis (Rupr. ex Maxim.) Regel = Inula japonica Thunb. ■
207059 Inula britannica L. var. chinensis (Rupr.) Regel;少花欧亚旋覆花(少花旋覆花);Chinese British Inula ■
207060 Inula britannica L. var. japonica (Thunb.) Franch. et Sav. = Inula britannica L. subsp. japonica (Thunb.) Kitam. ■
207061 Inula britannica L. var. japonica (Thunb.) Franch. et Sav. = Inula japonica Thunb. ■
207062 Inula britannica L. var. linariifolia (Turcz.) Regel = Inula lineariifolia Turcz. ■
207063 Inula britannica L. var. maximoviczii Regel = Inula lineariifolia Turcz. ■
207064 Inula britannica L. var. ramosa Kom. = Inula japonica Thunb. var. ramosa (Kom.) C. Y. Li ■
207065 Inula britannica L. var. ramosissima Ledeb.;多枝欧亚旋覆花(多枝旋覆花);Branched British Inula ■
207066 Inula britannica L. var. sublanata Kom.;绵毛欧亚旋覆花(毛旋覆花,绵毛旋覆花,棉毛欧亚旋覆花);Haired British Inula ■
207067 Inula britannica L. var. tymiensis Kudo = Inula britannica L. ■
207068 Inula britannica L. var. vulgaris Ledeb.;普通欧亚旋覆花(普通旋覆花)■☆
207069 Inula caespica Blume = Inula caspica Blume ■
207070 Inula caespica Blume var. paniculata C. H. An;圆锥欧亚旋覆花(圆锥旋覆花);Paniculate Caspian Sea Inula ■
207071 Inula caespica Blume var. scaberrima Trautv.;糙叶旋覆花;Rough-leaved Caspian Sea Inula ■
207072 Inula capensis Spreng. = Pulicaria scabra (Thunb.) Druce ■☆
207073 Inula cappa (Buch.-Ham. ex D. Don) DC. = Duhaldea chinensis DC. ●■
207074 Inula cappa (Buch.-Ham.) DC. = Duhaldea chinensis DC. ●■
207075 Inula caspica Blume;里海旋覆花(黑海旋覆花);Caspian Sea Inula ■
207076 Inula caspica Blume var. paniculata C. H. An = Inula caspica Blume ■
207077 Inula caspica Ledeb. = Inula caspica Blume ■
207078 Inula cernua P. J. Bergius = Printzia polifolia (L.) Hutch. ■☆
207079 Inula chinensis Rupr. ex Maxim. = Inula japonica Thunb. ■
207080 Inula chrysantha Diels = Pulicaria chrysantha (Diels) Y. Ling ■
207081 Inula chrysocomoides Poir. = Pulicaria sicula (L.) Moris ■☆
207082 Inula ciliaris (Miq.) Maxim.;睫毛旋覆花■☆
207083 Inula ciliaris (Miq.) Maxim. var. glandulosa Kitam.;腺点睫毛旋覆花■☆
207084 Inula ciliaris (Miq.) Maxim. var. pubescens Sugim.;短柔毛旋覆花■☆
207085 Inula claessensii De Wild. = Inula glomerata Oliv. et Hiern ■☆
207086 Inula confertiflora A. Rich.;密花旋覆花■☆
207087 Inula conyzae (Griess.) Meikle;白酒草旋覆花(假蓬旋覆花);Asarabacca, Baccharis Bacchar, Cinnamon Root, Cinnamonroot Inula, Fleawort, Great Fleabane, Lady's Glove, Lady's Gloves, Ploughman's Spider, Ploughman's Spikenard, Ploughman's Spikenard, Ploughman's-spikenard, Rigid Inule ■☆
207088 Inula conyzae DC. = Inula conyzae (Griess.) Meikle ■☆
207089 Inula crispa (Forssk.) Pers. = Pulicaria undulata (L.) C. A. Mey. ■☆
207090 Inula crithmoides L. = Limbarda crithmoides (L.) Dumort. ●■
207091 Inula crithmoides L. subsp. longifolia Arcang. = Limbarda crithmoides (L.) Dumort. ●■
207092 Inula crithmoides L. subsp. mediterranea Kerguélen = Limbarda crithmoides (L.) Dumort. subsp. longifolia (Arcang.) Greuter ■☆
207093 Inula cuanzensis (Welw.) Hiern;宽扎旋覆花■☆
207094 Inula cuspidata (DC.) C. B. Clarke = Duhaldea cuspidata (DC.) Anderb. ●
207095 Inula cuspidata C. B. Clarke = Duhaldea cuspidata (DC.) Anderb. ●

207096 Inula cuspidata C. B. Clarke var. saligna Franch. = Aster albescens (DC.) Wall. ex Hand. -Mazz. var. salignus Hand. -Mazz. ●
207097 Inula dalzellii Hand. -Mazz. = Pentanema cernuum (Dalzell et A. Gibson) Y. Ling ■
207098 Inula decipiens E. A. Bruce = Inula paniculata (Klatt) Burtt Davy ■☆
207099 Inula decurrens Popov;下延羊耳菊■☆
207100 Inula divaricata Nutt. = Croptilon divaricatum (Nutt.) Raf. ■☆
207101 Inula dubia Thunb. = Erigeron thunbergii A. Gray ■
207102 Inula dysenterica L. = Pulicaria dysenterica (L.) Gaertn. ■
207103 Inula eminii (O. Hoffm.) O. Hoffm.;埃明旋覆花■☆
207104 Inula engleriana O. Hoffm.;恩格勒旋覆花■☆
207105 Inula ensifolia L.;细叶旋覆花(剑叶旋覆花);Swordleaf Inula,Sword-leaf Inula,Sword-leaved Inula ■☆
207106 Inula ericoides Torr. = Chaetopappa ericoides (Torr.) G. L. Nesom ■☆
207107 Inula eriophora DC. = Duhaldea chinensis DC. ●■
207108 Inula eriophora DC. = Inula cappa (Buch. -Ham.) DC. ●■
207109 Inula esquirolii H. Lév. = Inula nervosa Wall. ex DC. ■
207110 Inula eupatorioides DC. = Duhaldea eupatorioides Steetz ●
207111 Inula exiccata H. Lév. = Laggera alata (D. Don) Sch. Bip. ex Oliv. ■
207112 Inula falcata Pursh = Pityopsis falcata (Pursh) Nutt. ■☆
207113 Inula falconeri Hook. f.;西藏旋覆花;Xizang Jurinea ■
207114 Inula foetida L. = Nidorella foetida (L.) DC. ■☆
207115 Inula forrestii J. Anthony = Duhaldea forrestii (J. Anthony) Anderb. ●
207116 Inula fruticosa Sch. Bip. = Inula arbuscula Delile ●☆
207117 Inula germanica L.;德国旋覆花;German Jurinea ■☆
207118 Inula giraldii Diels = Inula japonica Thunb. ■
207119 Inula glabra Gilib. = Inula salicina L. ■
207120 Inula glandulosa Lam. = Chrysopsis mariana (L.) Elliott ■☆
207121 Inula glandulosa Willd.;腺点旋覆花;Caucasian Spikenard ■☆
207122 Inula glauca C. Winkl.;灰绿旋覆花■☆
207123 Inula glomerata Oliv. et Hiern;球旋覆花■☆
207124 Inula glomerata Oliv. et Hiern var. bullata Mendonça = Inula glomerata Oliv. et Hiern ■☆
207125 Inula glomerata Oliv. et Hiern var. kirindaensis De Wild. = Inula glomerata Oliv. et Hiern ■☆
207126 Inula gnaphaloides Vent. = Pulicaria gnaphaloides (Vent.) Boiss. ■
207127 Inula gossweileri S. Moore;戈斯旋覆花■☆
207128 Inula gossypina Michx. = Chrysopsis gossypina (Michx.) Elliott ■☆
207129 Inula graminifolia Michx. = Pityopsis graminifolia (Michx.) Nutt. ■☆
207130 Inula graminifolia Michx. var. tenuifolia Torr. = Pityopsis graminifolia (Michx.) Nutt. var. tenuifolia (Torr.) Semple et F. D. Bowers ■☆
207131 Inula grandiflora Willd.;大花旋覆花■☆
207132 Inula grandis Schrenk ex Fisch. et C. A. Mey.;大叶土木香(大旋覆花,西亚菊);Largeleaf Jurinea ■
207133 Inula graveolens (L.) Desf. = Dittrichia graveolens (L.) Greuter ■☆
207134 Inula grombczewskyi Winkl.;格氏旋覆花■☆
207135 Inula helenium L.;土木香(藏木香,黄花菜,祁木香,青木香,御药圆木香);Ala-compame,Alegampane,Aligopane,Allicampane,Elecampane,Elecampane Inula,Elecampane Jurinea,Elf Dock,Elf-dock,Elf-wort,Elicompane,Elsedock,Flecampane Inula,Helen's Elecampane,Hellycompane,Horse Elder,Horseheel,Horsehelne,Horselene,Horshelne,Inul,Scabwort,Spearwort,Sunflower,Velvet Dock,Wild Sunflower ■
207136 Inula helianthus-aquatica C. Y. Wu ex Y. Ling;水朝阳旋覆花(金佛花,水朝阳,水朝阳草,水朝阳花,水葵花,水旋覆,旋覆花,野葵花);Aquatic Sunflower Jurinea ■
207137 Inula helianthus-aquatica C. Y. Wu ex Y. Ling subsp. hupehensis Y. Ling = Inula hupehensis (Y. Ling) Y. Ling ■
207138 Inula helianthus-aquatilis C. Y. Wu f. rotundifolia Y. Ling;圆叶旋复花■
207139 Inula hendersoniae S. Moore;亨德森旋覆花■☆
207140 Inula hirta L.;毛旋覆花●☆
207141 Inula homblei De Wild. = Inula paludosa O. Hoffm. ■☆
207142 Inula hookeri C. B. Clarke;锈毛旋覆花;Brownhair Inula,Rusthair Jurinea ■
207143 Inula hookeri C. B. Clarke f. major Y. Ling;大花锈毛旋覆花■
207144 Inula huillensis Hiern;威拉旋覆花■☆
207145 Inula hupehensis (Y. Ling) Y. Ling;湖北旋覆花(金佛草);Hubei Jurinea,Hupeh Inula ■
207146 Inula incisa Lam. = Pulicaria incisa (Lam.) DC. ■☆
207147 Inula indica L. = Pentanema indicum (L.) Y. Ling ■
207148 Inula indica L. var. hypoleuca Hand. -Mazz. = Pentanema indicum (L.) Y. Ling var. hypoleucum (Hand. -Mazz.) Y. Ling ■
207149 Inula intermedia C. C. Chang et Y. C. Tseng;假白牛胆;Intermediate Inula ■
207150 Inula intermedia C. C. Chang et Y. C. Tseng = Duhaldea chinensis DC. ●■
207151 Inula japonica Thunb.;旋覆花(艾菊,白芷胡,百叶草,戴椹,盗庚,滴滴金,迭罗黄,飞天蕊,伏花,复花,蕧,覆花,鼓子花,黄柴胡,黄花草,黄熟花,金佛草,金佛花,金福花,金钱花,金盏花,六月菊,驴儿菜,驴耳朵花,满天星,猫耳朵花,毛柴胡,全福花,日本旋覆花,水葵花,夏菊,小黄花,小黄花子,旋覆梗,野油花);Japanese British Inula,Japanese Inula,Jurinea ■
207152 Inula japonica Thunb. = Inula britannica L. subsp. japonica (Thunb.) Kitam. ■
207153 Inula japonica Thunb. f. giraldii (Diels) J. Q. Fu = Inula japonica Thunb. ■
207154 Inula japonica Thunb. var. ovata C. Y. Li;卵叶旋覆花;Ovate-leaf Inula ■
207155 Inula japonica Thunb. var. plena (Makino) Makino = Inula britannica L. subsp. japonica (Thunb.) Kitam. f. plena Makino ■☆
207156 Inula japonica Thunb. var. ramosa (Kom.) C. Y. Li;多枝旋覆花■
207157 Inula kitamurana Tatew. = Inula salicina L. var. asiatica Kitam. ■☆
207158 Inula kitamurana Tatew. ex Honda = Inula salicina L. ■
207159 Inula klingii O. Hoffm.;克林旋覆花■☆
207160 Inula lanceolata (Harv.) O. Hoffm. ex Burtt Davy et R. Pott = Pegolettia lanceolata Harv. ■☆
207161 Inula lanuginosa C. C. Chang = Duhaldea chinensis DC. ●■
207162 Inula lanuginosa C. C. Chang = Synotis cappa (Buch. -Ham. ex D. Don) C. Jeffrey et Y. L. Chen ■
207163 Inula leptoclada Webb = Pentanema indicum (L.) Y. Ling ■
207164 Inula limosa O. Hoffm.;湿地旋覆花■☆
207165 Inula lineariifolia Turcz.;线叶旋覆花(白芷胡,黄柴胡,黄花

草,姐姐花,金佛草,驴耳朵,蚂蚱膀子,毛柴胡,条叶旋覆花,狭叶旋覆花,窄叶旋覆花);Linearleaf Inula,Linearleaf Jurinea ■

207166 Inula lineariifolia Turcz. f. simplex Kom.;单线叶旋覆花(少花线叶旋覆花)■

207167 Inula lineariifolia Turcz. var. intermedia Regel = Inula lineariifolia Turcz. ■

207168 Inula lozanoi Caball. = Pulicaria burchardii Hutch. ■☆

207169 Inula lozanoi Caball. var. microcephala Maire = Pulicaria burchardii Hutch. ■☆

207170 Inula macrolepis Bunge;大苞旋覆花■☆

207171 Inula macrophylla (Sch. Bip.) Sch. Bip. = Inula paniculata (Klatt) Burtt Davy ■☆

207172 Inula macrophylla Kar. et Kir. = Inula grandis Schrenk ex Fisch. et C. A. Mey. ■

207173 Inula magnifica Lipsky;繁茂旋覆花■☆

207174 Inula mannii (Hook. f.) Oliv. et Hiern;曼氏旋覆花■☆

207175 Inula mariae Bords;玛利亚旋覆花■☆

207176 Inula mariana L. = Chrysopsis mariana (L.) Elliott ■☆

207177 Inula mildbraedii Muschl.;米尔德旋覆花■☆

207178 Inula montana L.;山地旋覆花■☆

207179 Inula montana L. var. calycina (Presl) Batt. = Inula montana L. ■☆

207180 Inula montana L. var. lanata Font Quer et Pau = Inula montana L. ■☆

207181 Inula montbretiana DC.;蒙氏旋覆花■☆

207182 Inula multicaulis Fisch. et C. A. Mey.;多茎旋覆花■☆

207183 Inula nervosa Wall. = Duhaldea nervosa (Wall. ex DC.) Anderb. ■

207184 Inula nervosa Wall. ex DC. = Duhaldea nervosa (Wall. ex DC.) Anderb. ■

207185 Inula nervosa Wall. var. purpurascens ? = Inula nervosa Wall. ■

207186 Inula nitida Edgew. = Inula nervosa Wall. ■

207187 Inula oblonga Wall. ex DC. = Duhaldea chinensis DC. ●■

207188 Inula oblonga Wall. ex DC. = Inula cappa (Buch. -Ham.) DC. ●■

207189 Inula obtusifolia J. Kern.;钝叶旋覆花(眼旋覆花);Obtuseleaf Inula,Obtuseleaf Jurinea ■

207190 Inula oculus-christi L.;东欧旋覆花■☆

207191 Inula oculus-christi Lam. = Inula obtusifolia J. Kern. ■

207192 Inula oligocephala S. Moore;寡头旋覆花■☆

207193 Inula orientalis Lam.;东方旋覆花■☆

207194 Inula paludosa O. Hoffm.;沼泽旋覆花■☆

207195 Inula paniculata (Klatt) Burtt Davy;圆锥旋覆花■☆

207196 Inula perrieri (Humbert) Mattf.;佩里耶旋覆花■☆

207197 Inula petrosa Klatt ex Range = Pentatrichia petrosa Klatt ■☆

207198 Inula pinifolia L. = Senecio pinifolius (L.) Lam. ■☆

207199 Inula poggeana O. Hoffm.;波格旋覆花■☆

207200 Inula polycephala Klatt = Inula cuspidata C. B. Clarke ●

207201 Inula prostrata Gilib. = Pulicaria prostrata (Gilib.) Asch. ■

207202 Inula pseudocappa DC. = Duhaldea chinensis DC. ●■

207203 Inula pseudocappa DC. = Inula cappa (Buch. -Ham.) DC. ●■

207204 Inula pterocaulis Franch. = Duhaldea pterocaulis (Franch.) Anderb. ■●

207205 Inula pulicaria L. = Pulicaria prostrata (Gilib.) Asch. ■

207206 Inula racemosa Hook. f.;总状土木香(藏木香,广木香,木香,祁木香,青木香,总状木香);Racemose Inula,Racemose Jurinea ■

207207 Inula rehmii Merxm. = Pentatrichia rehmii (Merxm.) Merxm. ■☆

207208 Inula repanda Turcz. = Inula japonica Thunb. ■

207209 Inula rhizocephala Schrenk;羊眼花(莲座旋覆花);Roothead Inula,Sheepeye Jurinea ■

207210 Inula rhizocephaloides C. B. Clarke;拟羊眼花;Roothead-like Inula,Sheepeye-like Jurinea ■

207211 Inula robynsii De Wild.;罗宾斯旋覆花■☆

207212 Inula royleana C. B. Clarke = Inula racemosa Hook. f. ■

207213 Inula royleana DC.;喜马旋覆花;Elecampane,Himalayan Inula,Himalayas Jurinea ■

207214 Inula rubricaulis (DC.) Benth. et Hook. f. = Duhaldea rubricaulis (Wall. ex DC.) Anderb. ●

207215 Inula rubricaulis (Wall. ex DC.) Benth. et Hook. f. = Duhaldea rubricaulis (Wall. ex DC.) Anderb. ●

207216 Inula rubtzovii Gorschk.;鲁氏旋覆花■☆

207217 Inula rungwensis Beentje;伦圭旋覆花■☆

207218 Inula sabuletorum Czern. ex Lavrenko;沙地旋覆花■☆

207219 Inula salicina L.;柳叶旋覆花(单茎旋覆花,歌仙草,黄收旧花,小黄蛤);Irish Fleabane,Willowleaf Inula,Willowleaf Jurinea,Willowleaf Yellowhead,Willow-leaved Inula,Willow-leaved Yellowhead ■

207220 Inula salicina L. subsp. asiatica (Kitam.) Kitag. = Inula salicina L. ■

207221 Inula salicina L. subsp. asiatica (Kitam.) Kitag. = Inula salicina L. var. asiatica Kitam. ■☆

207222 Inula salicina L. var. asiatica Kitam.;亚洲柳叶旋覆花■☆

207223 Inula salicina L. var. asiatica Kitam. = Inula salicina L. ■

207224 Inula salsoloides (Turcz.) Ostenf.;蓼子朴(黄花蒿,黄喇嘛,黄蓬花,绞蛆爬,朴子蓼,沙地旋覆花,沙旋覆花,山猫眼,秃女子草,小旋覆花,小叶旋覆花);Salsola-like Inula ●■

207225 Inula scabra Pursh = Heterotheca subaxillaris (Lam.) Britton et Rusby ■☆

207226 Inula schmalhausenii C. Winkl.;史马旋覆花■☆

207227 Inula schugnanica Winkl. = Inula salsoloides (Turcz.) Ostenf. ●■

207228 Inula seidlitzii Boiss.;塞氏旋覆花■☆

207229 Inula sericophylla Franch.;绢叶旋覆花;Sericeous Jurinea,Silk Leaf Inula ■

207230 Inula serrata Bureau et Franch. = Inula helianthus-aquatica C. Y. Wu ex Y. Ling ■

207231 Inula serrata Gilib. = Inula britannica L. ■

207232 Inula shirensis Oliv.;希尔旋覆花■☆

207233 Inula somalensis Vatke;索马里旋覆花■☆

207234 Inula speciosa (DC.) O. Hoffm.;美丽旋覆花■☆

207235 Inula squarrosa L. = Inula lineariifolia Turcz. ■

207236 Inula stolzii Mattf.;斯托尔兹旋覆花■☆

207237 Inula stuhlmannii O. Hoffm.;斯图尔曼旋覆花■☆

207238 Inula subaxillaris Lam. = Heterotheca subaxillaris (Lam.) Britton et Rusby ■☆

207239 Inula subscaposa S. Moore;亚花茎旋覆花■☆

207240 Inula subuletorum Czern. ex Lavrenko;砂生旋覆花●☆

207241 Inula thapsoides DC.;马鞭草旋覆花■

207242 Inula thomsonii C. B. Clarke = Inula obtusifolia J. Kern. ■

207243 Inula trichophylla Nutt. = Chrysopsis gossypina (Michx.) Elliott ■☆

207244 Inula tymiensis Kudo = Inula britannica L. ■

207245 Inula undulata L. = Pulicaria undulata (L.) C. A. Mey. ■☆

207246 Inula venosa Hand. -Mazz. = Inula nervosa Wall. ■

207247 Inula vernoniiformis H. Lév. ;多脉旋覆花(斑鸠菊状旋覆花)■
207248 Inula vernoniiformis H. Lév. = Synotis nagensis (C. B. Clarke) C. Jeffrey et Y. L. Chen ■
207249 Inula vernonioides O. Hoffm. ;斑鸠菊旋覆花■☆
207250 Inula verrucosa Klatt;疣状旋覆花(具疣旋覆花)■
207251 Inula verrucosa Klatt = Duhaldea nervosa (Wall. ex DC.) Anderb. ■
207252 Inula verrucosa Klatt = Inula nervosa Wall. ■
207253 Inula vestita Wall. = Pentanema vestitum (Wall. ex DC.) Y. Ling ■
207254 Inula vestita Wall. ex DC. = Pentanema vestitum (Wall. ex DC.) Y. Ling ■
207255 Inula villosa Vahl ex Hornem. = Pulicaria arabica (L.) Cass. ■☆
207256 Inula viscosa (L.) Aiton = Dittrichia viscosa (L.) Greuter ■
207257 Inula viscosa (L.) Aiton var. longifolia Rouy = Dittrichia viscosa (L.) Greuter ■
207258 Inula viscosa (L.) Aiton var. mideltiana Batt. = Dittrichia viscosa (L.) Greuter ■
207259 Inula vulgaris (Lam.) Trevis. ;普通旋覆花■☆
207260 Inula wardii Anthony = Pulicaria chrysantha (Diels) Y. Ling ■
207261 Inula welwitschii O. Hoffm. ;韦尔旋覆花■☆
207262 Inula wissmanniana Hand. -Mazz. = Duhaldea wissmanniana (Hand. -Mazz.) Anderb. ●
207263 Inula yosezatoana ? = Inula japonica Thunb. ■
207264 Inula yunnanensis Franch. = Inula helianthus-aquatica C. Y. Wu ex Y. Ling ■
207265 Inula yunnanensis J. Anthony = Anisopappus chinensis (L.) Hook. et Arn. ■
207266 Inulaceae Bercht. et J. Presl = Asteraceae Bercht. et J. Presl(保留科名)●■
207267 Inulaceae Bercht. et J. Presl = Compositae Giseke(保留科名)●■
207268 Inulaceae Bessey = Asteraceae Bercht. et J. Presl(保留科名)●■
207269 Inulaceae Bessey = Compositae Giseke(保留科名)●■
207270 Inulaceae Bessey;旋覆花科■
207271 Inulanthera Källersjö(1986);旋覆菊属●☆
207272 Inulanthera brownii (Hochr.) Källersjö;布朗旋覆菊●☆
207273 Inulanthera coronopifolia (Harv.) Källersjö;臭荠叶旋覆菊●☆
207274 Inulanthera dregeana (DC.) Källersjö;德雷旋覆菊■☆
207275 Inulanthera leucoclada (DC.) Källersjö;白枝旋覆菊●☆
207276 Inulanthera montana (J. M. Wood) Källersjö;山地旋覆菊●☆
207277 Inulanthera nuda Källersjö;裸旋覆菊■☆
207278 Inulanthera schistostephioides (Hiern) Källersjö;平菊木旋覆菊●☆
207279 Inulanthera thodei (Bolus) Källersjö;索德旋覆菊●☆
207280 Inulanthera tridens (Oliv.) Källersjö;三齿旋覆菊●☆
207281 Inulaster Sch. Bip. = Inula L. ●■
207282 Inulaster Sch. Bip. ex A. Rich. = Inula L. ●■
207283 Inulaster Sch. Bip. ex Hochst. = Inula L. ●■
207284 Inulaster hotschyi Sch. Bip. ex Hochst. = Pentanema indicum (L.) Y. Ling ■
207285 Inulaster macrophyllus Sch. Bip. = Inula paniculata (Klatt) Burtt Davy ■☆
207286 Inuloides B. Nord. (2006);毛金盏属■☆
207287 Inuloides tomentosa (L. f.) B. Nord. ;毛金盏■☆
207288 Inulopsis (DC.) O. Hoffm. (1890);旋覆菀属■☆
207289 Inulopsis (DC.) O. Hoffm. = Haplopappus Cass. (保留属名)■●☆
207290 Inulopsis (DC.) O. Hoffm. = Podocoma Cass. ■☆
207291 Inulopsis O. Hoffm. = Inulopsis (DC.) O. Hoffm. ■☆
207292 Inulopsis scaposa O. Hoffm. ;旋覆菀■☆
207293 Inversodicraea Engl. = Ledermanniella Engl. ■☆
207294 Inversodicraea abbayesii G. Taylor = Ledermanniella abbayesii (G. Taylor) C. Cusset ■☆
207295 Inversodicraea adamesii G. Taylor = Ledermanniella adamesii (G. Taylor) C. Cusset ■☆
207296 Inversodicraea aloides Engl. = Ledermanniella aloides (Engl.) C. Cusset ■☆
207297 Inversodicraea batangensis Engl. = Ledermanniella batangensis (Engl.) C. Cusset ■☆
207298 Inversodicraea bifurcata Engl. = Ledermanniella bifurcata (Engl.) C. Cusset ■☆
207299 Inversodicraea bowlingii J. B. Hall = Ledermanniella bowlingii (J. B. Hall) C. Cusset ■☆
207300 Inversodicraea congolana Hauman = Ledermanniella congolana (Hauman) C. Cusset ■☆
207301 Inversodicraea cristata Engl. = Ledermanniella cristata (Engl.) C. Cusset ■☆
207302 Inversodicraea digitata H. E. Hess = Ledermanniella digitata (H. E. Hess) C. Cusset ■☆
207303 Inversodicraea fluitans H. E. Hess = Ledermanniella fluitans (H. E. Hess) C. Cusset ■☆
207304 Inversodicraea garrettii (C. H. Wright) G. Taylor = Macropodiella garrettii (C. H. Wright) C. Cusset ■☆
207305 Inversodicraea kamerunensis Engl. = Ledermanniella kamerunensis (Engl.) C. Cusset ■☆
207306 Inversodicraea keayi G. Taylor = Ledermanniella keayi (G. Taylor) C. Cusset ■☆
207307 Inversodicraea letestui Pellegr. = Ledermanniella letestui (Pellegr.) C. Cusset ■☆
207308 Inversodicraea macrothyrsa G. Taylor = Macropodiella macrothyrsa (G. Taylor) C. Cusset ■☆
207309 Inversodicraea monanthera H. E. Hess = Sphaerothylax abyssinica (Wedd.) Warm. ■☆
207310 Inversodicraea musciformis G. Taylor = Ledermanniella musciformis (G. Taylor) C. Cusset ■☆
207311 Inversodicraea pellucida Engl. = Macropodiella pellucida (Engl.) C. Cusset ■☆
207312 Inversodicraea pygmaea G. Taylor = Ledermanniella taylori C. Cusset ■☆
207313 Inversodicraea tenax (C. H. Wright) R. E. Fr. = Ledermanniella tenax (C. H. Wright) C. Cusset ■☆
207314 Inversodicraea tenuifolia G. Taylor = Ledermanniella tenuifolia (G. Taylor) C. Cusset ■☆
207315 Inversodicraea tenuissima Hauman = Ledermanniella schlechteri (Engl.) C. Cusset ■☆
207316 Inversodicraea variabilis G. Taylor = Ledermanniella variabilis (G. Taylor) C. Cusset ■☆
207317 Inversodicraea warmingiana (Gilg) Engl. = Ledermanniella warmingiana (Gilg) C. Cusset ■☆
207318 Inversodicraeia Engl. ex R. E. Fr. = Ledermanniella Engl. ■☆
207319 Involucellaceae Dulac = Dipsacaceae Juss. (保留科名)■●
207320 Involucraria Ser. = Trichosanthes L. ■●

207321 Involucraria cordata (Roxb.) Roem. = Trichosanthes cordata Roxb. ■
207322 Involucraria cordata Roem. = Trichosanthes cordata Roxb. ■
207323 Involucraria lepiniana Naudin = Trichosanthes lepiniana (Naudin) Cogn. ■
207324 Involucraria lepiniana Naudin = Trichosanthes tricuspidata Lour. ■
207325 Involucraria wallichiana Ser. = Trichosanthes wallichiana (Ser.) Wright ■
207326 Inyonia M. E. Jones = Peucephyllum A. Gray ●☆
207327 Inyonia M. E. Jones = Psathyrotes (Nutt.) A. Gray ■☆
207328 Io B. Nord. (2003);伊娥千里光属●☆
207329 Io ambondrombeensis (Humbert) B. Nord.;伊娥千里光■☆
207330 Ioackima Ten. = Beckmannia Host ■
207331 Iobaphes Post et Kuntze = Jobaphes Phil. ●☆
207332 Iobaphes Post et Kuntze = Plazia Ruiz et Pav. ●☆
207333 Iocaste E. Mey. ex DC. = Phymaspermum Less. ●☆
207334 Iocaste Post et Kuntze = Jocaste Kunth ■
207335 Iocaste Post et Kuntze = Smilacina Desf. (保留属名)■
207336 Iocaste acicularis E. Mey. ex Harv. = Phymaspermum aciculare (E. Mey. ex Harv.) Benth. et Hook. ex B. D. Jacks. ●☆
207337 Iocaulon Raf. = Crotalaria L. ●■
207338 Iocenes B. Nord. (1978);鼠麴千里光属■☆
207339 Iocenes acanthifolius (Hombr. et Jacq.) B. Nord.;鼠麴千里光■☆
207340 Iochroma Benth. (1845)(保留属名);悬铃果属(酸浆木属,伊奥奇罗木属);Violet Bush ●☆
207341 Iochroma coccineum Scheid.;猩红悬铃果(猩红伊奥奇罗木)●☆
207342 Iochroma cyaneum (Lindl.) M. L. Green;悬铃果(紧凑伊奥奇罗木);Iochroma, Violet Churur ●☆
207343 Iochroma cyaneum M. L. Green = Iochroma cyaneum (Lindl.) M. L. Green ●☆
207344 Iochroma grandiflorum Benth.;大花悬铃果(大花伊奥奇罗木)●☆
207345 Iochroma tubulosum Benth. = Iochroma cyaneum (Lindl.) M. L. Green ●☆
207346 Iochroma warscewiczii Regel;平基悬铃果(平基伊奥奇罗木)●☆
207347 Iodaceae Tiegh. = Icacinaceae Miers(保留科名)●■
207348 Iodanthus (Torr. et A. Gray) Rchb. = Iodanthus (Torr. et A. Gray) Steud. ■☆
207349 Iodanthus (Torr. et A. Gray) Steud. (1841)('Jodanthus');火箭芥属■☆
207350 Iodanthus Torr. et A. Gray ex Steud. = Iodanthus (Torr. et A. Gray) Steud. ■☆
207351 Iodanthus dentatus (Torr.) Greene = Arabis shortii (Fernald) Gleason ■☆
207352 Iodanthus hesperidoides (Torr. et A. Gray) A. Gray = Iodanthus pinnatifidus (Michx.) Steud. ■☆
207353 Iodanthus pinnatifidus (Michx.) Steud.;火箭芥;Purple Rocket ■☆
207354 Iodes Blume(1825)('Iödes');微花藤属(约的藤属);Iodes ●
207355 Iodes africana Welw. ex Oliv.;非洲微花藤●☆
207356 Iodes balansae Gagnep.;大果微花藤;Largefruit Iodes, Large-fruited Iodes ●
207357 Iodes cirrhosa Turcz.;微花藤(花心藤,麻雀筋藤);Tendriled Iodes ●
207358 Iodes crassinervia Hu = Mappianthus iodoides Hand. -Mazz. ●
207359 Iodes hirsuta Louis;粗毛微花藤●☆
207360 Iodes kamerunensis Engl.;喀麦隆微花藤●☆
207361 Iodes klaineana Pierre;克莱恩微花藤●☆
207362 Iodes klaineana Pierre var. tomentosa Villiers;绒毛微花藤●☆
207363 Iodes laurentii De Wild. = Iodes klaineana Pierre ●☆
207364 Iodes liberica Stapf;利比里亚微花藤●☆
207365 Iodes ovalis Blume var. vitiginea (Hance) Gagnep. = Iodes vitiginea (Hance) Hemsl. ●
207366 Iodes ovalis Hassk. = Iodes cirrhosa Turcz. ●
207367 Iodes ovalis Merr. ex Groff. = Iodes vitiginea (Hance) Hemsl. ●
207368 Iodes ovalis Merr. ex Groff. var. vitiginea (Hance) Gagnep. = Iodes vitiginea (Hance) Hemsl. ●
207369 Iodes pierlotii Boutique;皮氏微花藤●☆
207370 Iodes reticulata Stapf = Iodes liberica Stapf ●☆
207371 Iodes seguinii (H. Lév.) Rehder;瘤枝微花藤(丁公藤,辣子果);Seguin Iodes ●
207372 Iodes seguinii (H. Lév.) Rehder = Iodes balansae Gagnep. ●
207373 Iodes seretii (De Wild.) Boutique;赛雷微花藤●☆
207374 Iodes talbotii Hook. f. ex Hutch. et Dalziel = Iodes klaineana Pierre ●☆
207375 Iodes trichocarpa Mildbr. = Iodes seretii (De Wild.) Boutique ●☆
207376 Iodes usambarensis Sleumer;乌桑巴拉微花藤●☆
207377 Iodes vitiginea (Hance) Hemsl.;小果微花藤(白吹风,犁耙树,牛奶藤);Smallfruit Iodes, Small-fruited Iodes ●
207378 Iodes vitiginea (Hance) Hemsl. var. levitestis Hand. -Mazz. = Iodes seguinii (H. Lév.) Rehder ●
207379 Iodes yangambiensis Louis ex Boutique;扬甘比微花藤●☆
207380 Iodina Hook. et Arn. = Iodina Hook. et Arn. ex Meisn. ●☆
207381 Iodina Hook. et Arn. ex Meisn. (1833);菱叶檀香属(巴南檀香属)●☆
207382 Iodina rhombifolia (Hook. et Arn.) Reissek;菱叶檀香●☆
207383 Iodocephalis Thorel ex Gagnep. = Iodocephalus Thorel ex Gagnep. ■☆
207384 Iodocephalus Thorel ex Gagnep. (1920);刺瓣瘦片菊属■☆
207385 Iodocephalus glandulosus Kerr;多腺刺瓣瘦片菊■☆
207386 Iodocephalus gracilis Thorel ex Gagnep.;刺瓣瘦片菊■☆
207387 Ioedes Blume = Iodes Blume ●
207388 Iogeton Strother(1991);微方菊属■●☆
207389 Iogeton nowickeanus (D'Arcy) Strother;微方菊■☆
207390 Ion Medik. = Viola L. ■●
207391 Ionacanthus Benoist(1940);堇刺爵床属●☆
207392 Ionacanthus calcaratus Benoist;堇刺爵床●☆
207393 Ionactis Greene(1897);踝菀属;Ankle-aster, Goldenaster ■☆
207394 Ionactis alpina (Nutt.) Greene;高山踝菀;Lava Ankle-aster ■☆
207395 Ionactis caelestis P. J. Leary et G. L. Nesom;春踝菀;Spring Mountain Ankle-aster ■☆
207396 Ionactis elegans (Soreng et Spellenb.) G. L. Nesom;雅致踝菀;Least-daisy, Sierra Blanca Aankle-aster ■☆
207397 Ionactis linariifolia (L.) Greene;踝菀;Flax-leaf Ankle-aster, Flaxleaf Aster, Flaxleaf Whitetop ■☆
207398 Ionactis linariifolia (L.) Greene = Aster linariifolius L. ■☆
207399 Ioncomelos B. D. Jacks. = Loncomelos Raf. ■☆
207400 Ioncomelos B. D. Jacks. = Ornithogalum L. + Scilla L. ■
207401 Iondra Raf. = Aethionema R. Br. ■☆

207402 Iondraba Rchb. = Biscutella L.(保留属名)■☆
207403 Iondraba Rchb. = Jondraba Medik. ■☆
207404 Ione Lindl.(1853);堇兰属■
207405 Ione Lindl. = Sunipia Buch. -Ham. ex Lindl. ■
207406 Ione andersonii King et Pantl. = Sunipia andersonii (King et Pantl.) P. F. Hunt ■
207407 Ione andersonii King et Pantl. var. flavescens (Rolfe) Ts. Tang et F. T. Wang;黄花堇兰■
207408 Ione andersonii King et Pantl. var. flavescens (Rolfe) Ts. Tang et F. T. Wang = Sunipia andersonii (King et Pantl.) P. F. Hunt ■
207409 Ione annamensis Ridl. = Sunipia annamensis (Ridl.) P. F. Hunt ■
207410 Ione bicolor (Lindl.) Lindl. = Sunipia bicolor Lindl. ■
207411 Ione bifurcatoflorens Fukuy. = Sunipia andersonii (King et Pantl.) P. F. Hunt ■
207412 Ione candida Lindl.;白花堇兰■
207413 Ione candida Lindl. = Sunipia candida (Lindl.) P. F. Hunt ■
207414 Ione candida Lindl. = Sunipia soidaoensis (Seidenf.) P. F. Hunt ■
207415 Ione cirrhata Lindl. = Sunipia cirrhata (Lindl.) P. F. Hunt ■
207416 Ione flavescens Rolfe = Sunipia andersonii (King et Pantl.) P. F. Hunt ■
207417 Ione intermedia King et Pantl. = Sunipia intermedia (King et Pantl.) P. F. Hunt ■
207418 Ione racemosa (Sm.) Seidenf. = Sunipia scariosa Lindl. ■
207419 Ione rimannii (Rchb. f.) Seidenf. = Sunipia rimannii (Rchb. f.) Seidenf. ■
207420 Ione salweenensis Phillim. et W. W. Sm. = Sunipia rimannii (Rchb. f.) Seidenf. ■
207421 Ione sasakii Hayata;绿花宝石兰■
207422 Ione sasakii Hayata = Sunipia andersonii (King et Pantl.) P. F. Hunt ■
207423 Ione scariosa (Lindl.) King et Pantl. = Sunipia scariosa Lindl. ■
207424 Ione soidaoensis Seidenf. = Sunipia soidaoensis (Seidenf.) P. F. Hunt ■
207425 Ione thailandica Seidenf. et Smitinand = Sunipia thailandica (Seidenf. et Smitinand) P. F. Hunt ■
207426 Ionia Pcrs. ex Steud. = Hybanthus Jacq.(保留属名)●■
207427 Ionia Pcrs. ex Steud. = Ionidium Vent. ●■
207428 Ionidiaceae Mert. et W. J. Koch = Violaceae Batsch(保留科名)●■
207429 Ionidiopsis Walp. = Jonidiopsis C. Presl ■☆
207430 Ionidiopsis Walp. = Noisettia Kunth ■☆
207431 Ionidium Vent. = Hybanthus Jacq.(保留属名)●■
207432 Ionidium Vent. = Solea Spreng. ●■
207433 Ionidium caffrum Sond. = Hybanthus enneaspermus (L.) F. Muell. var. caffer (Sond.) N. Robson ●☆
207434 Ionidium durum Baker = Hybanthus durus (Baker) O. Schwartz ●☆
207435 Ionidium enneaspermum (L.) Vent. = Hybanthus enneaspermus (L.) F. Muell. ●
207436 Ionidium enneaspermum (L.) Vent. var. latifolium De Wild. = Hybanthus enneaspermus (L.) F. Muell. var. latifolius (De Wild.) Engl. ●☆
207437 Ionidium natalense Harv. = Hybanthus capensis (Thunb.) Engl. ●■☆
207438 Ionidium nyassense Engl. = Hybanthus enneaspermus (L.) F. Muell. var. nyassensis (Engl.) N. Robson ●☆
207439 Ionidium suffruticosum (L.) Ging. = Hybanthus enneaspermus (L.) F. Muell. ●
207440 Ionirts Baker = Iris L. ■
207441 Ionirts Baker = Joniris Klatt ■
207442 Ionopsidium (DC.) Rchb. = Jonopsidium Rchb. ■☆
207443 Ionopsidium Rchb. = Jonopsidium Rchb. ■☆
207444 Ionopsidium acaule (Desf.) Rchb. = Jonopsidium acaule (Desf.) Rchb. ■☆
207445 Ionopsidium acaule Rchb. = Jonopsidium acaule (Desf.) Rchb. ■☆
207446 Ionopsis Kunth(1816);南美堇兰属(新堇兰属);Violet Orchids ■☆
207447 Ionopsis paniculata Lindl.;圆锥花南美堇兰■☆
207448 Ionopsis utricularioides (Sw.) Lindl.;南美堇兰;Delicate Ionopsis, Violet Orchid ■☆
207449 Ionorchis Beck = Limodorum Boehm.(保留属名)■☆
207450 Ionorchis abortiva Beck. = Limodorum abortivum (L.) Sw. ■☆
207451 Ionosmanthus Jord. et Fourr. = Ranunculus L. ■
207452 Ionoxalis Small = Oxalis L. ■●
207453 Ionoxalis violacea (L.) Small = Oxalis violacea L. ■
207454 Ionthlaspi Gerard = Clypeola L. ■☆
207455 Iosotoma Griseb. = Isotoma (R. Br.) Lindl. ■☆
207456 Iostephane Benth.(1873);堇冠菊属(尤泰菊属,彩日葵属)■☆
207457 Iostephane madrensis (S. Watson) Strother;尤泰菊;Cachana ■☆
207458 Iostephane trilobata Hemsl.;三裂尤泰菊■☆
207459 Iotasperma G. L. Nesom(1909);微果层菀属■☆
207460 Iotasperma australiensis G. L. Nesom;澳洲微果层菀■☆
207461 Iotasperma sessilifolia (F. Muell.) G. L. Nesom;微果层菀■☆
207462 Ioxylon Raf.(废弃属名) = Maclura Nutt.(保留属名)●
207463 Ioxylon Raf.(废弃属名) = Toxylon Raf. ●
207464 Ioxylon aurantiacum (Nutt.) Raf. = Maclura pomifera (Raf.) C. K. Schneid. ●
207465 Ioxylon mora (Griseb.) Kuntze = Maclura tinctoria (L.) D. Don ex Steud. ●☆
207466 Ioxylon pomiferum Raf. = Maclura pomifera (Raf.) C. K. Schneid. ●
207467 Ioxylon pomiferum Raf. var. glaberrimum Kuntze = Maclura brasiliensis Endl. ●☆
207468 Iozosmene Lindl. = Iozoste Nees ●
207469 Iozoste Nees = Litsea Lam.(保留属名) + Actinodaphne Nees ●
207470 Iozoste Nees = Litsea Lam.(保留属名)●
207471 Iozoste acuminata Blume = Actinodaphne acuminata (Blume) Meisn. ●
207472 Iozoste acuminata Blume = Litsea acuminata (Blume) Sa. Kurata ●
207473 Iozoste chinensis Blume = Litsea rotundifolia (Nees) Hemsl. var. oblongifolia (Nees) Allen ●
207474 Iozoste chinensis Blume var. rotundifolia (Nees) Blume = Litsea rotundifolia (Nees) Hemsl. ●
207475 Iozoste chinensis Blume var. rotundifolia Blume = Litsea rotundifolia (Nees) Hemsl. ●
207476 Iozoste hirtipes Migo = Litsea coreana H. Lév. var. sinensis (Allen) Yen C. Yang et P. H. Huang ●
207477 Iozoste hirtipes Migo var. lanuginosa Migo = Litsea coreana H.

Lév. var. lanuginosa (Migo) Yen C. Yang et P. H. Huang ●
207478 Iozoste hirtipes Migo var. lanuginosa Migo = Litsea coreana H. Lév. var. sinensis (Allen) Yen C. Yang et P. H. Huang ●
207479 Iozoste lancifolia (Siebold et Zucc.) Blume = Litsea coreana H. Lév. ●
207480 Iozoste rotundifolia Nees = Litsea rotundifolia (Nees) Hemsl. ●
207481 Iozoste rotundifolia Nees var. oblongifolia Nees = Litsea rotundifolia (Nees) Hemsl. var. oblongifolia (Nees) Allen ●
207482 Ipecacuana Raf. = Ipecacuanha Arruda ●☆
207483 Ipecacuanha Arruda = Psychotria L. (保留属名) ●
207484 Ipecacuanha Arruda ex A. St. Hil. = Psychotria L. (保留属名) ●
207485 Ipecacuanha Gars. = Gillenia Moench ■☆
207486 Ipecacuanha Gars. = Porteranthus Britton ■☆
207487 Ipheion Raf. (1837);春星花属(花韭属);Ipheion ■☆
207488 Ipheion Raf. = Tristagma Poepp. ■☆
207489 Ipheion uniflorus (Lindl.) Raf.;春星花(春美韭,花韭);Ipheion Uniflorum, Missouri Lily, Spring Starflower, Spring Starflower, Springstar ■☆
207490 Ipheion uniflorus (Lindl.) Raf. = Tristagma uniflorum (Lindl.) Traub ■☆
207491 Iphigenia Kunth = Aphoma Raf. (废弃属名) ■
207492 Iphigenia Kunth(1843)(保留属名);山慈姑属(滇山慈菇属,丽江山慈菇属,山慈菇属,益辟坚属);Iphigenia ■
207493 Iphigenia abyssinica Chiov.;阿比西尼亚山慈姑■☆
207494 Iphigenia bechuanica Baker = Iphigenia oliveri Engl. ■☆
207495 Iphigenia dinteri Dammer = Camptorrhiza strumosa (Baker) Oberm. ■☆
207496 Iphigenia flexuosa Baker = Camptorrhiza flexuosa (Baker) Sterling ■☆
207497 Iphigenia indica Kunth;山慈姑(草贝母,光慈菇,假贝母,丽江山慈菇,山慈菇,土贝母,益辟坚);India Iphigenia, Indian Iphigenia ■
207498 Iphigenia indica Kunth var. longicarpa S. Y. Tang et S. C. Yueh;长果山慈姑(长果山慈菇);Longfruit India Iphigenia ■
207499 Iphigenia junodii Schinz = Camptorrhiza junodii (Schinz) Sterling ■☆
207500 Iphigenia ledermannii Engl. et K. Krause = Iphigenia pauciflora Martelli ■☆
207501 Iphigenia oliveri Engl.;索马里山慈姑■☆
207502 Iphigenia pauciflora Martelli;少花山慈姑■☆
207503 Iphigenia ramosissima Engl. et K. Krause = Cyanella ramosissima (Engl. et K. Krause) Engl. et K. Krause ■☆
207504 Iphigenia schlechteri Engl. = Camptorrhiza schlechteri (Engl.) E. Phillips ■☆
207505 Iphigenia somaliensis Baker = Iphigenia oliveri Engl. ■☆
207506 Iphigenia stenopetala K. Krause = Iphigenia oliveri Engl. ■☆
207507 Iphigenia strumosa Baker = Camptorrhiza strumosa (Baker) Oberm. ■☆
207508 Iphigenia sudanica A. Chev. = Iphigenia pauciflora Martelli ■☆
207509 Iphigeniopsis Buxb. = Camptorrhiza Hutch. ■☆
207510 Iphigeniopsis Buxb. = Iphigenia Kunth(保留属名) ■
207511 Iphigeniopsis flexuosa (Baker) Buxb. = Camptorrhiza flexuosa (Baker) Sterling ■☆
207512 Iphigeniopsis junodii (Schinz) Buxb. = Camptorrhiza junodii (Schinz) Sterling ■☆
207513 Iphigeniopsis schlechteri (Engl.) Buxb. = Camptorrhiza schlechteri (Engl.) E. Phillips ■☆
207514 Iphigeniopsis strumosa (Baker) Buxb. = Camptorrhiza strumosa (Baker) Oberm. ■☆
207515 Iphiona Cass. (1817)(保留属名);短尾菊属(伊蓬菊属) ●■☆
207516 Iphiona acuminata (DC.) Benth. ex B. D. Jacks. = Pegolettia retrofracta (Thunb.) Kies ■☆
207517 Iphiona baccharidifolia (Less.) Benth. et Hook. f. ex Dinter = Pegolettia baccharidifolia Less. ■☆
207518 Iphiona dentata (Bolus) Bolus = Anisothrix kuntzei O. Hoffm. ●☆
207519 Iphiona fragrans Merxm. = Antiphiona fragrans (Merxm.) Merxm. ■☆
207520 Iphiona ilicifolia Benth. ex Humbert;冬青叶短尾菊●☆
207521 Iphiona integra Compton = Anisothrix integra (Compton) Anderb. ●☆
207522 Iphiona microphylla Vatke = Vernonia phillipsiae S. Moore ●☆
207523 Iphiona mucronata (Forssk.) Asch. et Schweinf.;短尖短尾菊●☆
207524 Iphiona phillipsiae (S. Moore) Anderb.;菲利短尾菊■☆
207525 Iphiona pinnatifida Mesfin;羽裂短尾菊●☆
207526 Iphiona pinnatisecta S. Moore = Antiphiona pinnatisecta (S. Moore) Merxm. ■☆
207527 Iphiona radiata Benth. = Inula salsoloides (Turcz.) Ostenf. ●■
207528 Iphiona retrofracta (Thunb.) Druce = Pegolettia retrofracta (Thunb.) Kies ■☆
207529 Iphiona rotundifolia Oliv. et Hiern = Iphionopsis rotundifolia (Oliv. et Hiern) Anderb. ■☆
207530 Iphiona scabra DC.;粗糙短尾菊●☆
207531 Iphiona scabra DC. var. pinnatifida Boiss. = Iphiona scabra DC. ●☆
207532 Iphionopsis Anderb. (1985);类短尾菊属●☆
207533 Iphionopsis oblanceolata N. Kilian;类短尾菊●☆
207534 Iphionopsis rotundifolia (Oliv. et Hiern) Anderb.;圆叶类短尾菊■☆
207535 Iphisia Wight et Arn. = Tylophora R. Br. ●■
207536 Iphyon Post et Kuntze = Asphodeline Rchb. ■☆
207537 Iphyon Post et Kuntze = Ifuon Raf. ■☆
207538 Ipnum Phil. = Diplachne P. Beauv. ■
207539 Ipnura Phil. = Leptochloa P. Beauv. ■
207540 Ipo Pers. (废弃属名) = Antiaris Lesch. (保留属名) ●
207541 Ipomaea Burm. f. = Ipomoea L. (保留属名) ●■
207542 Ipomaeella A. Chev. = Aniseia Choisy ■
207543 Ipomcu All. = Ipomoea L. (保留属名) ●■
207544 Ipomeria Nutt. = Gilia Ruiz et Pav. ■●☆
207545 Ipomeria Nutt. = Ipomopsis Michx. ■☆
207546 Ipomoea L. (1753)(保留属名);番薯属(甘薯属,牵牛花属,牵牛属);Cypress Vine, Ipomoea, Jalap, Morning Glory, Morningglory, Morning-glory ●■
207547 Ipomoea × multifida (Raf.) Shinners;多裂番薯■☆
207548 Ipomoea × sloteri (House) Ooststr. = Ipomoea × multifida (Raf.) Shinners ■☆
207549 Ipomoea × sloteri (House) Ooststr. = Quamoclit cardinalis Hort. ■☆
207550 Ipomoea abyssinica (Choisy) Hochst.;阿比西尼亚番薯■☆
207551 Ipomoea acanthocarpa (Choisy) Asch. et Schweinf. = Ipomoea obscura (L.) Ker Gawl. ■
207552 Ipomoea acetosellifolia (Desr.) Choisy = Merremia hederacea

(Burm. f.) Hallier f. ■

207553 Ipomoea acetosifolia (Vahl) Roem. et Schult. = Ipomoea imperati (Vahl) Griseb. ■

207554 Ipomoea acetosifolia (Wahl) Roem. et Schult. = Ipomoea imperati (Vahl) Griseb. ■

207555 Ipomoea aculeata (L.) Kuntze = Ipomoea alba L. ■

207556 Ipomoea aculeata (L.) Kuntze var. bona-nox (L.) Kuntze = Ipomoea alba L. ■

207557 Ipomoea aculeata (L.) Kuntze var. mollissima (Zoll.) Hallier f. ex V. Oost.;夜花薯藤■

207558 Ipomoea acuminata (Vahl) Roem. et Schult. = Ipomoea indica (Burm.) Merr. ■

207559 Ipomoea acuminata (Vahl) Roem. et Schult. f. albiflora (Stone) E. Walker = Ipomoea indica (Burm.) Merr. f. albiflora Stone ■☆

207560 Ipomoea acuminata Baker = Ipomoea tenuirostris Steud. ex Choisy ■☆

207561 Ipomoea acutiflora A. Rich. = Ipomoea obscura (L.) Ker Gawl. ■

207562 Ipomoea adenioides Schinz;蒴莲番薯■☆

207563 Ipomoea adenioides Schinz var. ovatolanceolata Hallier f. = Ipomoea ovatolanceolata (Hallier f.) Thulin ■☆

207564 Ipomoea adumbrata Rendle et Britten = Ipomoea crassipes Hook. ■☆

207565 Ipomoea aegyptia L. = Merremia aegyptia (L.) Urb. ■☆

207566 Ipomoea afra Choisy = Ipomoea ochracea (Lindl.) G. Don ■☆

207567 Ipomoea afzelii Choisy = Bonamia thunbergiana (Roem. et Schult.) F. N. Williams ●☆

207568 Ipomoea aitoni Choisy = Ipomoea ficifolia Lindl. ■☆

207569 Ipomoea aitonii Lindl. = Ipomoea dichroa Choisy ■☆

207570 Ipomoea alba L.;天茄儿(月光花,月花藤);Koali-pehu, Moon Flower, Moonflower, Moon-flower Vine, Moonvine, White Morningglory ■

207571 Ipomoea albivenia (Lindl.) Sweet;白脉番薯;Wild Cotton ■☆

207572 Ipomoea albivenia Sweet = Ipomoea albivenia (Lindl.) Sweet ■☆

207573 Ipomoea alpina Rendle = Ipomoea linosepala Hallier f. subsp. alpina (Rendle) Lejoly et Lisowski ■☆

207574 Ipomoea alpina Rendle subsp. argyrophylla P. A. Duvign. et Dewit = Ipomoea linosepala Hallier f. subsp. alpina (Rendle) Lejoly et Lisowski ■☆

207575 Ipomoea alpina Rendle subsp. hirsutula P. A. Duvign. et Dewit = Ipomoea linosepala Hallier f. subsp. alpina (Rendle) Lejoly et Lisowski ■☆

207576 Ipomoea alpina Rendle subsp. hockii (De Wild.) P. A. Duvign. et Dewit = Ipomoea linosepala Hallier f. subsp. alpina (Rendle) Lejoly et Lisowski ■☆

207577 Ipomoea alpina Rendle subsp. longissima P. A. Duvign. et Dewit = Ipomoea linosepala Hallier f. subsp. alpina (Rendle) Lejoly et Lisowski ■☆

207578 Ipomoea althoffiana Dammer = Stictocardia incomta (Hallier f.) Hallier f. ■☆

207579 Ipomoea amnicola Morong;红心番薯;Morning Glory, Redcenter Morning-glory ■☆

207580 Ipomoea amoena Blume = Ipomoea indica (Burm.) Merr. ■

207581 Ipomoea amoena Choisy = Ipomoea heterotricha Didr. ■☆

207582 Ipomoea amoenula Dandy = Ipomoea heterotricha Didr. ■☆

207583 Ipomoea anceps (L.) Roem. et Schult. = Convolvulus turpethum L. ■

207584 Ipomoea anceps (L.) Roem. et Schult. = Operculina turpetha (L.) Silva Manso ■

207585 Ipomoea andongensis Rendle et Britten = Ipomoea crassipes Hook. var. hewittioides (Hallier f.) Hallier f. ■☆

207586 Ipomoea androyensis Deroin;安德罗番薯●☆

207587 Ipomoea angulata Lam. = Ipomoea hederifolia L. ■

207588 Ipomoea angustifolia Jacq. = Merremia tridentata (L.) Hallier f. var. angustifolia (Jacq.) Ooststr. ■☆

207589 Ipomoea angustisecta Engl. = Ipomoea bolusiana Schinz ■☆

207590 Ipomoea aquatica Forssk.;蕹菜(菠,草菜,地网,蕻菜,空筒菜,空心菜,水蕹菜,藤藤菜,通菜,通菜蓊,蓊菜,瓮菜,无心菜,武菜,竹叶菜);Aquatic Morning Glory, Hedge Bindweed, Kangkong, Swamp Morningglory, Swamp Morning-glory, Trailing Bindweed, Water Spinach, Water-convolvulus, Waterspinach, Water-spinach ■

207591 Ipomoea arachnoidea Choisy = Ipomoea wightii (Wall.) Choisy ■☆

207592 Ipomoea arachnosperma Welw. = Ipomoea dichroa Choisy ■☆

207593 Ipomoea arborescens (Humb. et Bonpl. ex Willd.) G. Don;树状牵牛;Palo Del Muerto, Tree Morning Glory, Tree Morningglory ●☆

207594 Ipomoea arborescens Sweet = Ipomoea arborescens (Humb. et Bonpl. ex Willd.) G. Don ●☆

207595 Ipomoea arenaria Roem. et Schult.;沙地番薯■☆

207596 Ipomoea arenicola Rendle et Britten;沙生番薯■☆

207597 Ipomoea argyreoides Choisy = Ipomoea oenotheroides (L. f.) Raf. ex Hallier f. ■☆

207598 Ipomoea argyrophylla Vatke;银叶甘薯■☆

207599 Ipomoea argyrophylla Vatke var. brevisepala Rendle = Ipomoea jaegeri Pilg. ■☆

207600 Ipomoea argyrophylla Vatke var. glabrescens Hallier f. = Ipomoea jaegeri Pilg. ■☆

207601 Ipomoea argyrophylla Vatke var. somalensis (Verdc.) Verdc. = Ipomoea argyrophylla Vatke ■☆

207602 Ipomoea aridissima A. Chev.;旱生番薯■☆

207603 Ipomoea asarifolia (Desr.) Roem. et Schult.;姜叶番薯;Ginger-leaf Morning-glory ■☆

207604 Ipomoea asarifolia Roem. et Schult. = Ipomoea asarifolia (Desr.) Roem. et Schult. ■☆

207605 Ipomoea aspericaulis Baker = Ipomoea welwitschii Vatke ex Hallier f. ■☆

207606 Ipomoea asperifolia Hallier f. = Ipomoea fulvicaulis (Hochst. ex Choisy) Boiss. ex Hallier f. var. asperifolia (Hallier f.) Verdc. ■☆

207607 Ipomoea assumptae Mattei = Ipomoea verbascoidea Choisy ■☆

207608 Ipomoea atacorensis A. Chev.;阿塔科番薯■☆

207609 Ipomoea atherstonei Baker = Ipomoea oblongata E. Mey. ex Choisy ■☆

207610 Ipomoea atropurpurea (Wall.) Choisy = Argyreia pierreana Bois ●

207611 Ipomoea auricoma A. Rich. = Convolvulus auricomus (A. Rich.) Bhandari ■☆

207612 Ipomoea auxocalyx Pilg. = Ipomoea sinensis (Desr.) Choisy ■

207613 Ipomoea baclii Choisy = Ipomoea rubens Choisy ■☆

207614 Ipomoea bakeri Britten;贝克番薯■☆

207615 Ipomoea bampsiana Lejoly et Lisowski;邦氏番薯■☆

207616 Ipomoea barbigera Sweet = Ipomoea nil (L.) Roth ■

207617 Ipomoea barrettii Rendle = Ipomoea oenotheroides (L. f.) Raf. ex Hallier f. ■☆

207618 Ipomoea barteri Baker;巴尔番薯■☆

207619 Ipomoea barteri Baker var. cordifolia Hallier f. ;心叶巴尔番薯■☆
207620 Ipomoea barteri Baker var. longisepala Lejoly et Lisowski;长萼巴尔番薯■☆
207621 Ipomoea barteri Baker var. stenophylla Hallier f. = Ipomoea barteri Baker ■☆
207622 Ipomoea barteri Baker var. subsericea Hallier f. = Ipomoea barteri Baker ■☆
207623 Ipomoea batatas (L.) Lam. ;番薯(白薯,地瓜,番茹,番苕藤,番薯藤,番薯蓣,番藷,甘储,甘薯,甘藷,甘藷牵牛,红山药,红苕,红苕藤,红薯,金薯,萨摩芋,山药,山芋,唐薯,唐藷,田薯,甜薯,土瓜,文来薯,文来藷,香薯蓣,玉枕薯,朱薯); Brazil Arrowroot, Brazilian Arrowroot, Camote, Kumar, Kumara, Spanish Potato, Sweet Potato, Sweetpotato, Water Spinach, Yam ■
207624 Ipomoea batatas (L.) Lam. 'Tricolor';三色番薯(三色甘茨)■☆
207625 Ipomoea batatas (L.) Lam. var. cannabina Hallier f. = Ipomoea batatas (L.) Lam. ■
207626 Ipomoea batatas (L.) Lam. var. edulis (Thunb. ex Murray) Makino = Ipomoea batatas (L.) Lam. ■
207627 Ipomoea batatas (L.) Lam. var. edulis Makino = Ipomoea batatas (L.) Lam. ■
207628 Ipomoea batatas (L.) Lam. var. lobata Gagnep. et Courchet = Ipomoea batatas (L.) Lam. ■
207629 Ipomoea bella A. Chev. ;雅致番薯■☆
207630 Ipomoea bellecomans Rendle = Ipomoea crassipes Hook. ■☆
207631 Ipomoea bengalensis Roth = Stictocardia tiliifolia (Choisy) Hallier f. ●■
207632 Ipomoea benguellensis Baker = Hewittia malabarica (L.) Suresh ■
207633 Ipomoea beraviensis Vatke = Stictocardia beraviensis (Vatke) Hallier f. ●☆
207634 Ipomoea biflora (L.) Pers. = Aniseia biflora (L.) Choisy ■
207635 Ipomoea biloba Forssk. = Ipomoea pes-caprae (L.) R. Br. ■
207636 Ipomoea bipinnatipartita Engl. = Merremia bipinnatipartita (Engl.) Hallier f. ■☆
207637 Ipomoea blancoi Choisy = Ipomoea triloba L. ■
207638 Ipomoea blepharophylla Hallier f. ;睫毛叶番薯■☆
207639 Ipomoea blepharophylla Hallier f. var. cordata Rendle = Ipomoea blepharophylla Hallier f. ■☆
207640 Ipomoea blepharosepala Hochst. ex A. Rich. = Ipomoea sinensis (Desr.) Choisy subsp. blepharosepala (Hochst. ex A. Rich.) Verdc. ex A. Meeuse ■☆
207641 Ipomoea boisiana Gagnep. = Merremia boisiana (Gagnep.) Ooststr. ●■
207642 Ipomoea boisiana Gagnep. var. fulvopilosa Gagnep. = Merremia boisiana (Gagnep.) Ooststr. var. fulvopilosa (Gagnep.) Ooststr. ●■
207643 Ipomoea bolusiana Schinz;博卢斯番薯■☆
207644 Ipomoea bolusiana Schinz var. abbreviata Hallier f. = Ipomoea bolusiana Schinz ■☆
207645 Ipomoea bolusiana Schinz var. elongata Hallier f. = Ipomoea bolusiana Schinz ■☆
207646 Ipomoea bolusiana Schinz var. pinnatipartita Verdc. = Ipomoea bolusiana Schinz ■☆
207647 Ipomoea bona-nox L. = Ipomoea alba L. ■
207648 Ipomoea bona-nox L. var. purpurscens Ker Gawl. = Ipomoea turbinata Lag. ■
207649 Ipomoea bowieana (Rendle) Baker = Convolvulus capensis Burm. f. ■☆
207650 Ipomoea brasiliensis (L.) G. Mey. = Ipomoea pes-caprae (L.) R. Br. ■
207651 Ipomoea brasiliensis (L.) Sweet = Ipomoea pes-caprae (L.) R. Br. ■
207652 Ipomoea brasseuriana De Wild. = Ipomoea rubens Choisy ■☆
207653 Ipomoea britteniana Rendle = Ipomoea marginata (Desr.) Verdc. ■
207654 Ipomoea buchananii Baker = Stictocardia laxiflora (Baker) Hallier f. ●☆
207655 Ipomoea buchneri Peter = Ipomoea prismatosyphon Welw. ■☆
207656 Ipomoea buchneri Peter var. latifolia Hallier f. = Ipomoea prismatosyphon Welw. ■☆
207657 Ipomoea buchneri Peter var. tomentosa Hallier f. = Ipomoea prismatosyphon Welw. ■☆
207658 Ipomoea bussei Pilg. = Ipomoea lapathifolia Hallier f. var. bussei (Pilg.) Verdc. ■☆
207659 Ipomoea cairica (L.) Sweet;五爪金龙(番仔藤,黑牵牛,假土瓜藤,槭叶牵牛,牵牛藤,上竹龙,五齿芹,五叶茄,五叶茹,五叶藤,五爪金花,五爪龙); Cairo Morning Glory, Cairo Morningglory, Mile a Minute Vine, Mile-a-minute, Morning Glory, Palmate-leaved Morningglory ■
207660 Ipomoea cairica (L.) Sweet var. gracillima (Collett et Hemsl.) C. Y. Wu;纤细五爪金龙;Slender Cairo Morningglory ■
207661 Ipomoea cairica (L.) Sweet var. indica Hallier f. ;印度五爪金龙■☆
207662 Ipomoea caloxantha Diels = Merremia caloxantha (Diels) Staples et R. C. Fang ■
207663 Ipomoea caloxantha Diels = Merremia cordata C. Y. Wu et R. C. Fang ■
207664 Ipomoea calycina (Roxb.) Benth. ex C. B. Clarke = Ipomoea biflora (L.) Pers. ■
207665 Ipomoea calycina (Roxb.) C. B. Clarke = Ipomoea sinensis (Desr.) Choisy ■
207666 Ipomoea calystegioides (Choisy) Hallier f. = Ipomoea crassipes Hook. ■☆
207667 Ipomoea calystegioides E. Mey. = Ipomoea crassipes Hook. ■☆
207668 Ipomoea camerunensis Taub. = Ipomoea mauritiana Jacq. ■
207669 Ipomoea campanulata L. = Stictocardia tiliifolia (Desr.) Hallier f. ●■
207670 Ipomoea camporum A. Chev. ex Hutch. et Dalziel = Ipomoea chrysochaetia Hallier f. var. velutipes (Welw. ex Rendle) Lejoly et Lisowski ■☆
207671 Ipomoea candeoi (A. Terracc.) Chiov. = Merremia candeoi (A. Terracc.) Sebsebe ■☆
207672 Ipomoea capitata (Desr.) Choisy = Jacquinia tamnifolia (L.) Griseb. ●☆
207673 Ipomoea capitata (Vahl) Roem. et Schult. = Argyreia capitiformis (Poir.) Ooststr. ●
207674 Ipomoea capitellata Choisy = Ipomoea pes-tigridis L. ■
207675 Ipomoea cardiosepala Hochst. ex Baker et C. H. Wright = Ipomoea plebeia R. Br. subsp. africana A. Meeuse ■☆
207676 Ipomoea carnea Jacq. ;细叶木番薯;Morning Glory ●☆
207677 Ipomoea carnea Jacq. subsp. fistulosa (Mart. ex Choisy) D. F. Austin = Ipomoea fistulosa Mart. ex Choisy ●
207678 Ipomoea carnosa R. Br. = Ipomoea imperati (Vahl) Griseb. ■
207679 Ipomoea carsonii Baker = Ipomoea eriocarpa R. Br. ■

207680 Ipomoea cataractae Endl. = Ipomoea indica (Burm.) Merr. ■
207681 Ipomoea cathartica Poir. = Ipomoea indica (Burm.) Merr. ■
207682 Ipomoea cecilae N. E. Br. = Ipomoea oenotherae (Vatke) Hallier f. ■☆
207683 Ipomoea cecilae N. E. Br. var. anomophylla Merxm. = Ipomoea oenotherae (Vatke) Hallier f. ■☆
207684 Ipomoea cecilae N. E. Br. var. quinquesecta Merxm. = Ipomoea oenotherae (Vatke) Hallier f. ■☆
207685 Ipomoea cephalantha Baker = Convolvulus kilimandschari Engl. ■☆
207686 Ipomoea chaetocaulos Hallier f. = Ipomoea chrysochaetia Hallier f. ■☆
207687 Ipomoea chanetii H. Lév. = Ipomoea purpurea (L.) Roth ■
207688 Ipomoea chloroneura Hallier f.;绿脉番薯■☆
207689 Ipomoea chryseides Ker Gawl. = Merremia hederacea (Burm. f.) Hallier f. ■
207690 Ipomoea chrysochaetia Hallier f.;金毛番薯■☆
207691 Ipomoea chrysochaetia Hallier f. var. lasiophylla (Hallier f.) Lejoly et Lisowski;毛叶金毛番薯■☆
207692 Ipomoea chrysochaetia Hallier f. var. velutipes (Welw. ex Rendle) Lejoly et Lisowski;毛梗金毛番薯■☆
207693 Ipomoea chrysosperma Hallier f.;金籽番薯■☆
207694 Ipomoea cicatricosa Baker;疤痕番薯■☆
207695 Ipomoea cissoides Griseb. = Merremia cissoides (Griseb.) Hallier f. ■☆
207696 Ipomoea citrina Hallier f.;柠檬番薯■☆
207697 Ipomoea clappertonii R. Br. = Ipomoea aquatica Forssk. ■
207698 Ipomoea coccinea L.;红番薯■☆
207699 Ipomoea coccinea L. = Quamoclit coccinea (L.) Moench ■
207700 Ipomoea commatophylla Steud. ex A. Rich. = Ipomoea polymorpha Roem. et Schult. ■
207701 Ipomoea commatophylla Steud. ex A. Rich. var. angustifolia Oliv. = Ipomoea oenotherae (Vatke) Hallier f. var. angustifolia (Oliv.) Verdc. ■☆
207702 Ipomoea congesta R. Br. = Ipomoea indica (Burm.) Merr. ■
207703 Ipomoea congesta R. Br. f. albiflora (Stone) E. Walker et Tawada = Ipomoea indica (Burm.) Merr. f. albiflora Stone ■☆
207704 Ipomoea consimilis Schulze-Menz;相似番薯■☆
207705 Ipomoea contorta Choisy = Ipomoea crispa (Thunb.) Hallier f. ■☆
207706 Ipomoea contorta Engl. = Ipomoea suffruticosa Burch. ●☆
207707 Ipomoea convolvulifolia Hallier f.;旋花叶番薯■☆
207708 Ipomoea convolvuloides Hallier f. = Ipomoea transvaalensis A. Meeuse ■☆
207709 Ipomoea convolvuloides Schinz = Xenostegia tridentata (L.) D. F. Austin et Staples subsp. angustifolia (Jacq.) Lejoly et Lisowski ■☆
207710 Ipomoea coptica (L.) Roem. et Schult. = Ipomoea coptica (L.) Roth ex Roem. et Schult. ■☆
207711 Ipomoea coptica (L.) Roem. et Schult. var. siphonantha Hallier f. = Ipomoea ticcopa Verdc. ■☆
207712 Ipomoea coptica (L.) Roth ex Roem. et Schult.;裂番薯■☆
207713 Ipomoea coptica (L.) Roth ex Roem. et Schult. var. acuta Choisy;尖裂番薯■☆
207714 Ipomoea cordifolia Ten. ex Choisy;心叶番薯;Heartleaf Morning-glory ■☆
207715 Ipomoea corrugata Thulin;皱折番薯■☆
207716 Ipomoea corymbosa (L.) Roth ex Roem. et Schult. = Turbina corymbosa (L.) Raf. ■☆
207717 Ipomoea coscinosperma Hochst. ex Choisy;筛藤番薯■☆
207718 Ipomoea coscinosperma Hochst. ex Choisy var. glabra Rendle = Ipomoea coscinosperma Hochst. ex Choisy ■☆
207719 Ipomoea coscinosperma Hochst. ex Choisy var. hirsuta A. Rich. = Ipomoea coscinosperma Hochst. ex Choisy ■☆
207720 Ipomoea costellata Torr.;冠状番薯;Crestrib Morning Glory ■☆
207721 Ipomoea couceiroi Rendle = Ipomoea verbascoidea Choisy ■☆
207722 Ipomoea crassicaulis (Benth.) B. L. Rob. = Ipomoea carnea Jacq. subsp. fistulosa (Mart. ex Choisy) D. F. Austin ●
207723 Ipomoea crassicaulis (Benth.) B. L. Rob. = Ipomoea fistulosa Mart. ex Choisy ●
207724 Ipomoea crassicaulis (Benth.) H. Rob. = Ipomoea carnea Jacq. subsp. fistulosa (Mart. ex Choisy) D. F. Austin ●
207725 Ipomoea crassipes Hook.;粗梗番薯■☆
207726 Ipomoea crassipes Hook. var. hewittioides (Hallier f.) Hallier f.;休伊特番薯■☆
207727 Ipomoea crassipes Hook. var. shirensis Baker = Ipomoea crassipes Hook. ■☆
207728 Ipomoea crassipes Hook. var. ukambensis (Vatke) Hallier f. = Ipomoea crassipes Hook. ■☆
207729 Ipomoea crepidiformis Hallier f.;还阳参番薯■☆
207730 Ipomoea crepidiformis Hallier f. var. microcephala (Hallier f.) Verdc.;小头番薯■☆
207731 Ipomoea crepidiformis Hallier f. var. minor Rendle;较小番薯■☆
207732 Ipomoea crinigera Oliv. = Merremia somalensis (Vatke) Hallier f. ■☆
207733 Ipomoea crispa (Thunb.) Hallier f.;皱波番薯■☆
207734 Ipomoea curtipes Rendle;短梗番薯■☆
207735 Ipomoea curtoi Rendle = Paralepistemon curtoi (Rendle) Lejoly et Lisowski ●☆
207736 Ipomoea cymosa (Desr.) Roem. = Merremia umbellata (L.) Hallier f. ■
207737 Ipomoea cymosa (Desr.) Roem. et Schult. = Merremia umbellata (L.) Hallier f. ■
207738 Ipomoea cynanchifolia (Wall.) C. B. Clarke = Ipomoea eriocarpa R. Br. ■
207739 Ipomoea cynanchifolia Baker et Rendle = Ipomoea plebeia R. Br. subsp. africana A. Meeuse ■☆
207740 Ipomoea dammarana Rendle = Ipomoea verbascoidea Choisy ■☆
207741 Ipomoea dammeriana De Wild. = Ipomoea prismatosyphon Welw. ■☆
207742 Ipomoea dasyclada Pilg. = Ipomoea lapathifolia Hallier f. ■☆
207743 Ipomoea dasysperma Jacq. = Ipomoea tuberculata Ker Gawl. ■☆
207744 Ipomoea dasysperma Jacq. var. odontosepala (Baker) Verdc. = Ipomoea tuberculata Ker Gawl. var. odontosepala (Baker) Verdc. ■☆
207745 Ipomoea debeerstii De Wild. = Ipomoea recta De Wild. ■☆
207746 Ipomoea debeerstii De Wild. var. discolor P. A. Duvign. et Dewit = Ipomoea recta De Wild. ■☆
207747 Ipomoea decora Vatke et Hildebrandt = Ipomoea hildebrandtii Vatke ■☆
207748 Ipomoea dehniae Merxm. = Ipomoea fulvicaulis (Hochst. ex Choisy) Boiss. ex Hallier f. var. heterocalyx (Schulze-Menz) Verdc. ■☆
207749 Ipomoea delpierrei De Wild.;戴尔皮埃尔番薯■☆

207750 Ipomoea demissa Hallier f. = Ipomoea obscura (L.) Ker Gawl. ■
207751 Ipomoea dentata (Vahl) Roem. et Schult. = Merremia hederacea (Burm. f.) Hallier f. ■
207752 Ipomoea denticulata (Desr.) Choisy = Ipomoea littoralis (L.) Blume ■
207753 Ipomoea desertorum House = Ipomoea nil (L.) Roth ■
207754 Ipomoea desmophylla Bojer ex Choisy;束叶番薯■☆
207755 Ipomoea desmophylla Choisy var. oblonga Choisy = Ipomoea desmophylla Bojer ex Choisy ■☆
207756 Ipomoea dichroa Choisy;二色番薯■☆
207757 Ipomoea digitata Baker et Rendle = Ipomoea mauritiana Jacq. ■
207758 Ipomoea digitata L.;掌叶牵牛■
207759 Ipomoea digitata L. = Ipomoea mauritiana Jacq. ■
207760 Ipomoea dinteri Schulze-Menz = Ipomoea lapathifolia Hallier f. ■☆
207761 Ipomoea diplocalyx Baker = Operculina turpetha (L.) Silva Manso ■
207762 Ipomoea discolor Baker = Ipomoea bakeri Britten ■☆
207763 Ipomoea dissecta (Jacq.) Pers. = Merremia dissecta (Jacq.) Hallier f. ■
207764 Ipomoea dissecta Willd. = Ipomoea coptica (L.) Roth ex Roem. et Schult. ■☆
207765 Ipomoea diversifolia (Schumach. et Thonn.) Didr. = Ipomoea marginata (Desr.) Verdc. ■
207766 Ipomoea diversifolia Lindl. = Ipomoea purpurea (L.) Roth ■
207767 Ipomoea donaldsonii Rendle;唐纳森番薯■☆
207768 Ipomoea donaldsonii Rendle var. pubicalyx Hallier f. = Ipomoea donaldsonii Rendle ■☆
207769 Ipomoea dubia Cout. = Ipomoea obscura (L.) Ker Gawl. ■
207770 Ipomoea duvigneaudii Lejoly et Lisowski;迪维尼奥番薯■☆
207771 Ipomoea edulis (Thunb. ex Murray) Makino = Ipomoea batatas (L.) Lam. ■
207772 Ipomoea edulis Makino = Ipomoea batatas (L.) Lam. ■
207773 Ipomoea eenii Rendle = Ipomoea magnusiana Schinz ■☆
207774 Ipomoea elliottii Baker = Ipomoea verbascoidea Choisy ■☆
207775 Ipomoea emeiensis Z. Y. Zhu;峨眉薯;Emei Morningglory ■
207776 Ipomoea eminii Hallier f. = Ipomoea grantii Oliv. ■☆
207777 Ipomoea engleriana Dammer = Ipomoea ficifolia Lindl. ■☆
207778 Ipomoea ennealoba P. Beauv. = Ipomoea mauritiana Jacq. ■
207779 Ipomoea ephemera Verdc.;短命薯■☆
207780 Ipomoea eriocarpa R. Br.;毛果薯;Eriocarpous Morningglory ■
207781 Ipomoea erioleuca Hallier f.;白毛番薯■☆
207782 Ipomoea eriosperma P. Beauv. = Ipomoea mauritiana Jacq. ■
207783 Ipomoea eurysepala Hallier f.;宽萼番薯■☆
207784 Ipomoea falcata R. E. Fr. = Ipomoea crepidiformis Hallier f. var. microcephala (Hallier f.) Verdc. ■☆
207785 Ipomoea fanshawei Verdc.;范肖番薯■☆
207786 Ipomoea fastigiata Sweet = Ipomoea batatas (L.) Lam. ■
207787 Ipomoea ficifolia Lindl.;榕叶番薯■☆
207788 Ipomoea ficifolia Lindl. subvar. auriculata Hallier f. = Ipomoea ficifolia Lindl. ■☆
207789 Ipomoea ficifolia Lindl. subvar. parviflora Hallier f. = Ipomoea wightii (Wall.) Choisy var. kilimandschari (Dammer) Verdc. ■☆
207790 Ipomoea ficifolia Lindl. var. laxiflora Hallier f. = Ipomoea ficifolia Lindl. ■☆
207791 Ipomoea fimbriosepala Choisy;齿萼薯(大花心萼薯,龙骨萼牵牛,木立朝颜,狭花心萼薯)■
207792 Ipomoea fistulosa Mart. ex Choisy;树牵牛(南美旋花,树朝颜,树千牛,印度旋花);Bush Morning Glory, Gloria De La Manana, Shrub Morning-glory, Tree Ipomoea, Tree Morning-glory ●
207793 Ipomoea fistulosa Mart. ex Choisy = Ipomoea carnea Jacq. subsp. fistulosa (Mart. ex Choisy) D. F. Austin ●
207794 Ipomoea flavivillosa Schulze-Menz;黄毛牵牛■☆
207795 Ipomoea fleuryana A. Chev. = Ipomoea barteri Baker ■☆
207796 Ipomoea floccosa Vatke = Astripomoea malvacea (Klotzsch) A. Meeuse var. floccosa (Vatke) Verdc. ■☆
207797 Ipomoea floribunda G. Don;多花牵牛■☆
207798 Ipomoea fragilis Choisy = Ipomoea obscura (L.) Ker Gawl. ■
207799 Ipomoea fragilis Choisy var. hispida Hallier f. = Ipomoea obscura (L.) Ker Gawl. ■
207800 Ipomoea fragilis Choisy var. pubescens Hallier f. = Ipomoea obscura (L.) Ker Gawl. ■
207801 Ipomoea fragrans (Bojer ex Choisy) Hallier f. = Ipomoea rubens Choisy ■☆
207802 Ipomoea fragrans (Bojer) Bojer ex Hallier f. = Ipomoea rubens Choisy ■☆
207803 Ipomoea fulvicaulis (Hochst. ex Choisy) Boiss. ex Hallier f.;褐茎牵牛■☆
207804 Ipomoea fulvicaulis (Hochst. ex Choisy) Boiss. ex Hallier f. var. asperifolia (Hallier f.) Verdc.;糙叶褐茎牵牛■☆
207805 Ipomoea fulvicaulis (Hochst. ex Choisy) Boiss. ex Hallier f. var. depauperata Hallier f. = Ipomoea fulvicaulis (Hochst. ex Choisy) Boiss. ex Hallier f. ■☆
207806 Ipomoea fulvicaulis (Hochst. ex Choisy) Boiss. ex Hallier f. var. heterocalyx (Schulze-Menz) Verdc.;异萼褐茎牵牛■☆
207807 Ipomoea gemella (Burm. f.) Roth = Merremia gemella (Burm. f.) Hallier f. ■
207808 Ipomoea geminiflora Welw. = Ipomoea plebeia R. Br. subsp. africana A. Meeuse ■☆
207809 Ipomoea gerrardiana Rendle = Ipomoea purpurea (L.) Roth ■
207810 Ipomoea gerrardii Hook. f. = Ipomoea albivenia (Lindl.) Sweet ■☆
207811 Ipomoea ghikae Schweinf. et Volkens = Ipomoea donaldsonii Rendle ■☆
207812 Ipomoea gillei Staner = Ipomoea hildebrandtii Vatke subsp. grantii (Baker) Verdc. ■☆
207813 Ipomoea gilletii De Wild. et T. Durand = Ipomoea fimbriosepala Choisy ■
207814 Ipomoea githaginea A. Rich. = Ipomoea nil (L.) Roth ■
207815 Ipomoea githaginea A. Rich. var. inaequalis Beck = Ipomoea nil (L.) Roth ■
207816 Ipomoea glaberrima Bojer ex Bouton = Ipomoea violacea L. ■
207817 Ipomoea glaberrima Hook. = Ipomoea violacea L. ■
207818 Ipomoea glossophylla Chiov. = Ipomoea blepharophylla Hallier f. ■☆
207819 Ipomoea gossypina Deflers ex Hallier f. = Ipomoea triflora Forssk. ■
207820 Ipomoea gracilior Rendle = Ipomoea tenuirostris Steud. ex Choisy ■☆
207821 Ipomoea gracilis R. Br. = Ipomoea littoralis (L.) Blume ■
207822 Ipomoea gracilisepala Rendle;纤萼番薯■☆
207823 Ipomoea gracillima (Collett et Hemsl.) Prain = Ipomoea cairica (L.) Sweet var. gracillima (Collett et Hemsl.) C. Y. Wu ■
207824 Ipomoea gracillima (Collett et Hemsl.) Prain = Ipomoea

tenuipes Verdc. ■☆
207825 Ipomoea grandiflora (Jacq.) Hallier f. = Ipomoea violacea L. ■
207826 Ipomoea grandiflora Hallier f. = Ipomoea violacea L. ■
207827 Ipomoea grantii Oliv.;格兰特番薯■☆
207828 Ipomoea grantii Oliv. var. palmatipinnata Hallier f. = Ipomoea grantii Oliv. ■☆
207829 Ipomoea greenstockii Rendle = Ipomoea crassipes Hook. ■☆
207830 Ipomoea guineensis (Schumach.) G. Don = Jacquinia tamnifolia (L.) Griseb. ●☆
207831 Ipomoea halleriana Britten = Ipomoea tenuirostris Steud. ex Choisy ■☆
207832 Ipomoea hanningtonii (Baker) Rendle = Ipomoea macrosepala Brenan ■☆
207833 Ipomoea hanningtonii Baker = Ipomoea barteri Baker ■☆
207834 Ipomoea hardwickii (Spreng.) Hemsl. = Ipomoea biflora (L.) Pers. ■
207835 Ipomoea hardwickii (Spreng.) Sweet = Ipomoea sinensis (Desr.) Choisy ■
207836 Ipomoea hardwickii Hemsl. ex Forbes et Hemsl. = Ipomoea biflora (L.) Pers. ■
207837 Ipomoea hartmannii Vatke;哈氏番薯■☆
207838 Ipomoea hartwegi Benth. = Ipomoea biflora (L.) Pers. ■
207839 Ipomoea hederacea (L.) Jacq.;碗仔花(裂叶牵牛);Blue Morning Glory, Indian Jalap, Ivy-leaf Morning Glory, Ivyleaf Morning-glory, Ivy-leaf Morning-glory, Ivy-leaved Morning Glory, Ivy-leaved Morning-glory, Kaladana, Pharbitis Sees ■
207840 Ipomoea hederacea (L.) Jacq. = Ipomoea nil (L.) Roth ■
207841 Ipomoea hederacea (L.) Jacq. var. integriuscula A. Gray = Ipomoea hederacea (L.) Jacq. ■
207842 Ipomoea hederacea Baker et Rendle = Ipomoea nil (L.) Roth ■
207843 Ipomoea hederacea Jacq. = Ipomoea nil (L.) Roth ■
207844 Ipomoea hederacea Jacq. var. integriuscula A. Gray = Ipomoea nil (L.) Roth ■
207845 Ipomoea hederifolia L.;圆叶茑萝(心叶茑萝)■
207846 Ipomoea hellebarda Schweinf. ex Haller f. = Ipomoea marginata (Desr.) Verdc. ■
207847 Ipomoea hellebarda Schweinf. ex Haller f. var. lapathifolia (Hallier f.) Hallier f. = Ipomoea lapathifolia Hallier f. ■☆
207848 Ipomoea hellebarda Schweinf. ex Haller f. var. sarcopoda Welw. ex Hiern = Ipomoea marginata (Desr.) Verdc. ■
207849 Ipomoea henryi Craib = Argyreia henryi (Craib) Craib ●
207850 Ipomoea hepaticifolia L. = Ipomoea pes-tigridis L. ■
207851 Ipomoea heterocalyx Schulze-Menz = Ipomoea fulvicaulis (Hochst. ex Choisy) Boiss. ex Hallier f. var. heterocalyx (Schulze-Menz) Verdc. ■☆
207852 Ipomoea heterophylla G. Don = Ipomoea polymorpha Roem. et Schult. ■
207853 Ipomoea heterophylla R. Br. = Ipomoea polymorpha Roem. et Schult. ■
207854 Ipomoea heterosepala Baker;异萼番薯■☆
207855 Ipomoea heterotricha Didr.;异毛番薯■☆
207856 Ipomoea hewittioides Hallier f. = Ipomoea crassipes Hook. var. hewittioides (Hallier f.) Hallier f. ■☆
207857 Ipomoea hildebrandtii Vatke;希尔德番薯■☆
207858 Ipomoea hildebrandtii Vatke subsp. grantii (Baker) Verdc.;格兰特希尔德番薯■☆
207859 Ipomoea hildebrandtii Vatke subsp. orientalis Verdc.;东方希尔德番薯■☆
207860 Ipomoea hiranensis Thulin;希兰番薯■☆
207861 Ipomoea hirsutula J. Jacq. = Ipomoea purpurea (L.) Roth ■
207862 Ipomoea hirtifolia R. C. Fang et S. H. Huang;粗毛薯藤;Hispid Morningglory ■
207863 Ipomoea hispida (Vahl) Roem. et Schult.;硬毛番薯■☆
207864 Ipomoea hispida (Vahl) Roem. et Schult. = Ipomoea eriocarpa R. Br. ■
207865 Ipomoea hispida Zucc. = Ipomoea purpurea (L.) Roth ■
207866 Ipomoea hochstetteri House;霍赫番薯■☆
207867 Ipomoea hockii De Wild. = Ipomoea linosepala Hallier f. subsp. alpina (Rendle) Lejoly et Lisowski ■☆
207868 Ipomoea holosericea E. Mey. ex Choisy = Ipomoea ficifolia Lindl. ■☆
207869 Ipomoea holubii Baker;霍卢波番薯■☆
207870 Ipomoea homblei De Wild. = Ipomoea marginata (Desr.) Verdc. ■
207871 Ipomoea hornei Baker = Ipomoea venosa (Desr.) Roem. et Schult. ■☆
207872 Ipomoea horsefleldiana Blume = Ipomoea eriocarpa R. Br. ■
207873 Ipomoea horsfalliae Hook.;五叶朝颜(鹅掌牵牛)■☆
207874 Ipomoea horsfalliae Hook. 'Briggsii';布里格斯鹅掌牵牛●☆
207875 Ipomoea huillensis Baker = Convolvulus sagittatus Thunb. ■☆
207876 Ipomoea humidicola Verdc.;湿地牵牛●☆
207877 Ipomoea humifera Rendle et Britten = Ipomoea barteri Baker var. cordifolia Hallier f. ■☆
207878 Ipomoea humilis G. Don = Ipomoea imperati (Vahl) Griseb. ■
207879 Ipomoea hungaiensis Lingelsh. et Borza = Merremia hungaiensis (Lingelsh. et Borza) R. C. Fang ■
207880 Ipomoea hungaiensis Lingelsh. et Borza var. linifolia C. C. Huang ex C. Y. Wu et H. W. Li = Merremia hungaiensis (Lingelsh. et Borza) R. C. Fang var. linifolia (C. C. Huang ex C. Y. Wu et H. W. Li) R. C. Fang ■
207881 Ipomoea hungaiensis Lingelsh. et Borza var. linifolia C. C. Huang = Merremia hungaiensis (Lingelsh. et Borza) R. C. Fang var. linifolia (C. C. Huang) R. C. Fang ■
207882 Ipomoea hypoxantha Hallier f. = Ipomoea fulvicaulis (Hochst. ex Choisy) Boiss. ex Hallier f. ■☆
207883 Ipomoea hystrix Hallier f. = Ipomoea welwitschii Vatke ex Hallier f. ■☆
207884 Ipomoea imperati (Vahl) Griseb.;假厚藤(白花藤,白马鞍藤,海灯心,海面线,海滩牵牛,厚叶牵牛);Stolon-bearing Morningglory ■
207885 Ipomoea inamoena Pilg. = Ipomoea welwitschii Vatke ex Hallier f. ■☆
207886 Ipomoea incana Chiov. = Ipomoea paolii Chiov. ■☆
207887 Ipomoea incana Chiov. f. melanoclada Hook. f. = Ipomoea paolii Chiov. ■☆
207888 Ipomoea incomta Hallier f. = Stictocardia incomta (Hallier f.) Hallier f. ■☆
207889 Ipomoea inconspicua Baker = Ipomoea obscura (L.) Ker Gawl. ■
207890 Ipomoea indica (Burm. f.) Merr. var. acuminata (Vahl) Fosberg = Ipomoea indica (Burm.) Merr. ■
207891 Ipomoea indica (Burm.) Merr.;锐叶牵牛(变色牵牛,紧密牵牛);Blue Dawn Flower, India Morning glory, Indian Pharbitis, Oceanblue Morning Glory ■
207892 Ipomoea indica (Burm.) Merr. f. albiflora Stone;白花锐叶牵牛■☆

207893 Ipomoea insuavis Blume = Ipomoea obscura (L.) Ker Gawl. ■
207894 Ipomoea insularis (Choisy) Steud. = Ipomoea indica (Burm.) Merr. ■
207895 Ipomoea intricata Pilg. = Ipomoea lapathifolia Hallier f. ■☆
207896 Ipomoea involucrata P. Beauv.;总苞番薯■☆
207897 Ipomoea involucrata P. Beauv. f. bicolor Ogunw.;二色总苞番薯■☆
207898 Ipomoea involucrata P. Beauv. var. albiflora Hiern = Ipomoea pileata Roxb. ■
207899 Ipomoea involucrata P. Beauv. var. burttii Verdc.;伯特番薯■☆
207900 Ipomoea jaegeri Pilg.;短萼番薯■☆
207901 Ipomoea jalapa (L.) Pursh;亚拉帕牵牛;Jalap ■☆
207902 Ipomoea jalapa Pursh = Ipomoea jalapa (L.) Pursh ■☆
207903 Ipomoea kadsura Choisy = Piper kadsura (Choisy) Ohwi ●■
207904 Ipomoea kassneri Pilg. = Ipomoea crepidiformis Hallier f. var. microcephala (Hallier f.) Verdc. ■☆
207905 Ipomoea kassneri Rendle;卡斯纳番薯■☆
207906 Ipomoea katangensis Lisowski et Wiland;加丹加番薯■☆
207907 Ipomoea kentrocarpa Hochst. ex A. Rich. = Ipomoea ochracea (Lindl.) G. Don ■☆
207908 Ipomoea keraudrenae Deroin;克罗德朗番薯●☆
207909 Ipomoea kilimandschari Dammer = Ipomoea wightii (Wall.) Choisy var. kilimandschari (Dammer) Verdc. ■☆
207910 Ipomoea kingii Diels = Merremia hungaiensis (Lingelsh. et Borza) R. C. Fang ■
207911 Ipomoea kirkiana Britten = Ipomoea turbinata Lag. ■
207912 Ipomoea kituiensis Vatke;基图伊番薯■☆
207913 Ipomoea kituiensis Vatke var. massaiensis (Pilg.) Verdc.;马萨番薯■☆
207914 Ipomoea kiuninsularis Masam. = Ipomoea indica (Burm.) Merr. ■
207915 Ipomoea klotzschii Dammer = Ipomoea barteri Baker ■☆
207916 Ipomoea kotschyana Hochst. ex Choisy;科奇番薯■☆
207917 Ipomoea kourankoensis A. Chev.;科乌兰克番薯■☆
207918 Ipomoea kwebensis N. E. Br. = Ipomoea hochstetteri House ■☆
207919 Ipomoea lachnosperma Choisy = Astripomoea lachnosperma (Choisy) A. Meeuse ■☆
207920 Ipomoea laciniata Balf. f. = Ipomoea kotschyana Hochst. ex Choisy ■☆
207921 Ipomoea lacunosa L.;瘤梗甘薯(矮牵牛,野甘薯);Small White Morning Glory, Small White Morning-glory, White Morning-glory, Whitestar ■
207922 Ipomoea lacunosa L. f. purpurata Fernald;紫瘤梗甘薯■☆
207923 Ipomoea lacunosa L. f. purpurata Fernald = Ipomoea lacunosa L. ■
207924 Ipomoea lambtoniana Rendle = Ipomoea oblongata E. Mey. ex Choisy ■☆
207925 Ipomoea lanata E. A. Bruce;绵毛番薯■☆
207926 Ipomoea lapathifolia Hallier f.;牛蒡叶番薯■☆
207927 Ipomoea lapathifolia Hallier f. subsp. shabensis Lejoly et Lisowski;沙巴番薯■☆
207928 Ipomoea lapathifolia Hallier f. var. bussei (Pilg.) Verdc.;布瑟番薯■☆
207929 Ipomoea lapathifolia Hallier f. var. dasyclada (Pilg.) Vatke = Ipomoea lapathifolia Hallier f. ■☆
207930 Ipomoea lapidosa Vatke;石砾番薯■☆
207931 Ipomoea lasiophylla Hallier f. = Ipomoea chrysochaetia Hallier f. var. lasiophylla (Hallier f.) Lejoly et Lisowski ■☆
207932 Ipomoea latisepala E. A. Bruce = Ipomoea citrina Hallier f. ■☆
207933 Ipomoea leari Knight ex Paxton = Ipomoea indica (Burm.) Merr. ■
207934 Ipomoea learii Paxton;里瑞牵牛(利尔牵牛);Blue Dawn Flower, Leari's Morningglory, Porter's Joy, Railway Creeper ■☆
207935 Ipomoea learii Paxton = Ipomoea indica (Burm.) Merr. ■
207936 Ipomoea ledermannii Pilg. = Ipomoea blepharophylla Hallier f. ■☆
207937 Ipomoea lepidophora J. -P. Lebrun et Taton;小鳞番薯■☆
207938 Ipomoea leptophylla Torr.;细叶甘薯;Big-root, Bush Morning Glory ■☆
207939 Ipomoea lesteri Baker = Ipomoea setifera Poir. ■☆
207940 Ipomoea leucantha Jacq.;白花番薯■☆
207941 Ipomoea leucantha Webb ex Hook. = Ipomoea triloba L. ■
207942 Ipomoea leucanthemum (Klotzsch) Hallier f.;白药番薯●☆
207943 Ipomoea ligulata Bojer = Ipomoea eriocarpa R. Br. ■
207944 Ipomoea lilacina Blume = Ipomoea rubens Choisy ■☆
207945 Ipomoea liliiflora R. E. Fr. = Ipomoea prismatosyphon Welw. ■☆
207946 Ipomoea lindleyi Choisy = Ipomoea rubens Choisy ■☆
207947 Ipomoea lineariloba Chiov. = Ipomoea oenotherae (Vatke) Hallier f. ■☆
207948 Ipomoea linifolia Blume = Merremia hirta (L.) Merr. ■
207949 Ipomoea linosepala Hallier f.;亚麻萼番薯■☆
207950 Ipomoea linosepala Hallier f. subsp. alpina (Rendle) Lejoly et Lisowski;高山番薯■☆
207951 Ipomoea linosepala Hallier f. subsp. kundelungensis Lejoly et Lisowski;昆德龙番薯■☆
207952 Ipomoea linosepala Hallier f. subsp. upembensis Lejoly et Lisowski;乌彭贝番薯■☆
207953 Ipomoea littoralis (L.) Blume;南沙薯藤(海滨番薯,海牵牛)■
207954 Ipomoea littoralis (L.) Boiss. = Ipomoea imperati (Vahl) Griseb. ■
207955 Ipomoea littoralis Blume = Ipomoea littoralis (L.) Blume ■
207956 Ipomoea littoralis Blume = Ipomoea stolonifera (Cirillo) J. F. Gmel ■
207957 Ipomoea lobata (Cerv.) Thell. = Mina lobata Cerv. ■
207958 Ipomoea lobata (La Llave et Lex.) Thell.;掌裂番薯■☆
207959 Ipomoea lobata Thell. = Mina lobata Cerv. ■
207960 Ipomoea longiflora R. Br. = Ipomoea violacea L. ■
207961 Ipomoea longipedunculata C. Y. Wu = Merremia longipedunculata (C. Y. Wu) R. C. Fang ■
207962 Ipomoea longipes Engl. = Ipomoea obscura (L.) Ker Gawl. ■
207963 Ipomoea longituba Hallier f.;长管番薯●■☆
207964 Ipomoea lophantha Hallier f. = Ipomoea pes-tigris L. var. longibracteata Vatke ■☆
207965 Ipomoea lugardii N. E. Br. = Ipomoea magnusiana Schinz ■☆
207966 Ipomoea lugardii N. E. Br. var. parviflora Rendle = Ipomoea magnusiana Schinz ■☆
207967 Ipomoea lukafuensis De Wild. = Ipomoea verbascoidea Choisy ■☆
207968 Ipomoea lutambensis Schulze-Menz = Stictocardia lutambensis (Schulze-Menz) Verdc. ■☆
207969 Ipomoea luteola R. Br. = Ipomoea obscura (L.) Ker Gawl. ■
207970 Ipomoea lyciifolia Merxm. = Ipomoea gracilisepala Rendle ■☆
207971 Ipomoea macrantha Roem. et Schult.;大花番薯■
207972 Ipomoea macrantha Roem. et Schult. = Ipomoea violacea L. ■

207973 Ipomoea macrocalyx (Baker) Hallier f. = Ipomoea macrosepala Brenan ■☆

207974 Ipomoea macrocalyx (Baker) Hallier f. var. decalvata Hallier f. = Ipomoea macrosepala Brenan ■☆

207975 Ipomoea macrosepala Brenan;大萼番薯■☆

207976 Ipomoea macrosiphon Hallier f.;大管番薯■☆

207977 Ipomoea magnifica Hallier f. = Ipomoea prismatosyphon Welw. ■☆

207978 Ipomoea magnusiana Schinz;马氏番薯■☆

207979 Ipomoea magnusiana Schinz var. eenii (Rendle) A. Meeuse = Ipomoea magnusiana Schinz ■☆

207980 Ipomoea malvifolia (Rendle) Baker = Merremia malvifolia Rendle ■☆

207981 Ipomoea marginata (Desr.) Verdc.;毛茎薯(大番薯,崖县牵牛);Hispidstem Morningglory ■

207982 Ipomoea maritima (Desr.) R. Br. = Ipomoea pes-caprae (L.) R. Br. ■

207983 Ipomoea maritima R. Br. = Ipomoea pes-caprae (L.) R. Br. subsp. brasiliensis (L.) Ooststr. ■

207984 Ipomoea marlothii Engl. = Ipomoea adenioides Schinz ■☆

207985 Ipomoea marmorata Britten et Rendle;大理石番薯■☆

207986 Ipomoea marmorata Britten et Rendle subsp. somalica Verdc.;索马里番薯■☆

207987 Ipomoea massaiensis Pilg. = Ipomoea kituiensis Vatke var. massaiensis (Pilg.) Verdc. ■☆

207988 Ipomoea mauritiana Jacq.;七爪龙(百解薯,苦瓜藤,苦瓜头,毛里求斯牵牛,牛乳薯,千斤藤,山东管,山苦瓜,山水瓜,藤商陆,万解薯,五加叶牵牛,五爪金龙,五爪龙,五爪薯,细种五爪龙,野蕃薯,野牵牛,野商陆,栅手,掌叶牵牛);Figerleaf Morningglory ■

207989 Ipomoea maxima (L. f.) Sweet = Ipomoea marginata (Desr.) Verdc. ■

207990 Ipomoea maxima (L. f.) Sweet var. sagittata Verdc. = Ipomoea marginata (Desr.) Verdc. ■

207991 Ipomoea megalochlamys Baker = Ipomoea pyramidalis Hallier f. ■☆

207992 Ipomoea mendesii Welw. = Ipomoea cairica (L.) Sweet ■

207993 Ipomoea mesenterioides Hallier f. = Ipomoea bolusiana Schinz ■☆

207994 Ipomoea micrantha Hallier f.;小花番薯■☆

207995 Ipomoea micrantha Hallier f. var. hispida ? = Ipomoea trichocalyx Schumach. et Thonn. ■☆

207996 Ipomoea microcalyx Schulze-Menz;小萼番薯■☆

207997 Ipomoea microcephala Hallier f. = Ipomoea crepidiformis Hallier f. var. microcephala (Hallier f.) Verdc. ■☆

207998 Ipomoea microphylla Roth = Convolvulus prostratus Forssk. ■☆

207999 Ipomoea milnei Verdc.;米尔恩番薯■☆

208000 Ipomoea mollisima (Zoll.) Hallier f. = Ipomoea aculeata (L.) Kuntze var. mollissima (Zoll.) Hallier f. ex V. Oost. ■

208001 Ipomoea mollisima (Zoll.) Hallier f. var. glabrior (Miq.) Boerl. = Ipomoea aculeata (L.) Kuntze var. mollissima (Zoll.) Hallier f. ex V. Oost. ■

208002 Ipomoea mollissima (Zoll.) Hallier f. = Ipomoea aculeata (L.) Kuntze var. mollissima (Zoll.) Hallier f. ex V. Oost. ■

208003 Ipomoea mollissima (Zoll.) Hallier f. var. glabrior (Miq.) Boerl. = Ipomoea aculeata (L.) Kuntze var. mollissima (Zoll.) Hallier f. ex V. Oost. ■

208004 Ipomoea mombassana Vatke;蒙巴萨番薯■☆

208005 Ipomoea mombassana Vatke subsp. massaica Verdc.;马萨蒙巴萨番薯■☆

208006 Ipomoea morsonii Baker = Ipomoea eriocarpa R. Br. ■

208007 Ipomoea multinervia Verdc. = Ipomoea welwitschii Vatke ex Hallier f. ■☆

208008 Ipomoea multisecta Welw. = Ipomoea coptica (L.) Roth ex Roem. et Schult. ■☆

208009 Ipomoea muricata (L.) Jacq. = Ipomoea turbinata Lag. ■

208010 Ipomoea murucoides Roem. et Schult.;墨西哥牵牛■☆

208011 Ipomoea mutabilis Ker Gawl. = Ipomoea indica (Burm.) Merr. ■

208012 Ipomoea mutabilis Lindl. = Ipomoea indica (Burm.) Merr. ■

208013 Ipomoea mweroensis Baker = Ipomoea tenuirostris Steud. ex Choisy ■☆

208014 Ipomoea natans Dinter et Suess. = Ipomoea aquatica Forssk. ■

208015 Ipomoea nephrosepala Chiov.;肾萼番薯■☆

208016 Ipomoea nil (L.) Roth;牵牛花(白丑,白丑牛,白牵牛,草金铃,草玉玲,丑牛子,大花牵牛,大牵牛花,狗耳草,黑丑,黑丑牛,黑牵牛,姜花,金铃,金甑草,筋角拉子,喇叭花,裂叶牵牛,盆甑草,牵牛,牵牛子,勤娘子);Imperial Japanese Morning Glory, Imperial Morning Glory, Ivy-leaf Morning Glory, Ivy-leaved Morning-glory, Japan Morning Glory, Japanese Morning Glory, Monkey Vine, Morning Glory ■

208017 Ipomoea nil (L.) Roth var. inaequalis (Beck) Cufod. = Ipomoea nil (L.) Roth ■

208018 Ipomoea nil (L.) Roth var. setosa (Blume) Boerl. = Ipomoea nil (L.) Roth ■

208019 Ipomoea nudicaulis (L.) Murray var. major Bolle = Launaea intybacea (Jacq.) Beauverd ■☆

208020 Ipomoea nyikensis Hallier f. = Ipomoea kituiensis Vatke ■☆

208021 Ipomoea oblongata Dammer = Ipomoea crassipes Hook. ■☆

208022 Ipomoea oblongata E. Mey. ex Choisy;矩圆番薯■☆

208023 Ipomoea obscura (L.) Ker Gawl.;小心叶薯(小红薯,野牵牛,紫心牵牛);Obscure Morning-glory, Smallheartleaved Morning-glory ■

208024 Ipomoea obscura (L.) Ker Gawl. var. abyssinica Hallier f. = Ipomoea obscura (L.) Ker Gawl. ■

208025 Ipomoea obscura (L.) Ker Gawl. var. demissa (Hallier f.) Verdc. = Ipomoea obscura (L.) Ker Gawl. ■

208026 Ipomoea obscura (L.) Ker Gawl. var. indica Hallier f. = Ipomoea obscura (L.) Ker Gawl. ■

208027 Ipomoea obscura (L.) Ker Gawl. var. sagittifolia Verdc.;箭叶番薯■☆

208028 Ipomoea ochracea (Lindl.) G. Don;淡黄褐番薯;Fence Morning-glory ■☆

208029 Ipomoea odontosepala Baker = Ipomoea tuberculata Ker Gawl. var. odontosepala (Baker) Verdc. ■☆

208030 Ipomoea oenotherae (Vatke) Hallier f.;月见草番薯■☆

208031 Ipomoea oenotherae (Vatke) Hallier f. var. angustifolia (Oliv.) Verdc.;窄叶番薯■☆

208032 Ipomoea oenotheriflora A. Chev. = Merremia umbellata (L.) Hallier f. ■

208033 Ipomoea oenotheroides (L. f.) Raf. ex Hallier f.;肖月见草番薯■☆

208034 Ipomoea oleracea Welw. = Jacquinia ovalifolia (Vahl) Hallier f. ●☆

208035 Ipomoea operculata Mart.;巴西药喇叭(旋花盒果藤)■☆

208036 Ipomoea ophthalmantha Hallier f. = Ipomoea ochracea (Lindl.) G. Don ■☆
208037 Ipomoea orizabensis (Pelletan) Ledeb. ex Steud.;药薯;Scammony ■☆
208038 Ipomoea orizabensis (Pelletan) Steud. = Ipomoea orizabensis (Pelletan) Ledeb. ex Steud. ■☆
208039 Ipomoea osyrensis Roth = Argyreia osyrensis (Roth) Choisy ●
208040 Ipomoea otjikangensis Pilg. et Dinter = Ipomoea magnusiana Schinz ■☆
208041 Ipomoea ovata E. Mey. ex Rendle = Ipomoea pellita Hallier f. ■☆
208042 Ipomoea ovatolanceolata (Hallier f.) Thulin;卵披针形番薯 ■☆
208043 Ipomoea owariensis P. Beauv. = Lepistemon owariensis (P. Beauv.) Hallier f. ■☆
208044 Ipomoea oxyphylla Baker = Ipomoea rubens Choisy ■☆
208045 Ipomoea pachypus Pilg. = Ipomoea oenotherae (Vatke) Hallier f. ■☆
208046 Ipomoea palmata Forssk. = Ipomoea cairica (L.) Sweet ■
208047 Ipomoea palmata Forssk. var. gracillima Collett et Hemsl. = Ipomoea cairica (L.) Sweet var. gracillima (Collett et Hemsl.) C. Y. Wu ■
208048 Ipomoea palmata Forssk. var. gracillima Collett et Hemsl. = Ipomoea tenuipes Verdc. ■☆
208049 Ipomoea palmatisecta Choisy = Ipomoea coptica (L.) Roth ex Roem. et Schult. var. acuta Choisy ■☆
208050 Ipomoea pandurata (L.) G. Mey.;野马铃薯;Bigroot Morning Glory, Indian Potato, Man-in-the-ground, Man-of-the-earth, Potato Vine, Wild Jalap, Wild Potato, Wild Potato Vine ■☆
208051 Ipomoea paniculata (L.) R. Br.;圆锥花序番薯;Finger-leaf, Morning-glory ■☆
208052 Ipomoea paniculata (L.) R. Br. = Ipomoea mauritiana Jacq. ■
208053 Ipomoea paniculata (L.) R. Br. var. indivisa Hallier f. = Ipomoea mauritiana Jacq. ■
208054 Ipomoea paniculata Burm. f. = Jacquinia paniculata (Burm. f.) Hallier f. ●☆
208055 Ipomoea paniculata R. Br. = Ipomoea paniculata (L.) R. Br. ■☆
208056 Ipomoea paolii Chiov.;保尔番薯■☆
208057 Ipomoea papilio Hallier f.;蝶形番薯■☆
208058 Ipomoea papilio Hallier f. f. pluriflora Merxm. = Ipomoea papilio Hallier f. ■☆
208059 Ipomoea parasitica (Kunth) G. Don;寄生番薯■☆
208060 Ipomoea pavonii Choisy = Ipomoea setosa Ker Gawl. ■
208061 Ipomoea pedunculosa Chiov. = Ipomoea tenuirostris Steud. ex Choisy ■☆
208062 Ipomoea pellita Hallier f.;遮皮番薯■☆
208063 Ipomoea pentadactylis Choisy = Merremia quinata (R. Br.) Ooststr. ■
208064 Ipomoea pentaphylla (L.) Jacq. = Merremia aegyptia (L.) Urb. ■☆
208065 Ipomoea perrieri Deroin;佩里耶番薯●☆
208066 Ipomoea perrottetii Choisy = Ipomoea verticillata Forssk. ■☆
208067 Ipomoea pes-caprae (L.) R. Br.;厚藤(白花藤,二裂牵牛,二叶红薯,海茹藤,海薯,红花马鞍藤,鲎藤,两叶红薯,马鞍藤,马鞭藤,马六藤,马蹄草,马蹄金,沙灯心,沙藤,狮藤,走马风);Beach Morningglory, Goat's Foot Ipomaea, Goat's-foot Ipomaea, Seaside Yam, Two-leaves Morningglory ■
208068 Ipomoea pes-caprae (L.) R. Br. f. arenaria Dammer = Ipomoea pes-caprae (L.) R. Br. ■
208069 Ipomoea pes-caprae (L.) R. Br. subsp. brasiliensis (L.) Ooststr.;马鞍藤;Seaside Yam ■
208070 Ipomoea pes-caprae (L.) R. Br. subsp. brasiliensis (L.) Ooststr. = Ipomoea pes-caprae (L.) R. Br. ■
208071 Ipomoea pes-caprae (L.) R. Br. var. emarginata Hallier f. = Ipomoea pes-caprae (L.) R. Br. ■
208072 Ipomoea pes-caprae (L.) R. Br. var. lamarckii Bolle = Ipomoea asarifolia (Desr.) Roem. et Schult. ■☆
208073 Ipomoea pes-caprae (L.) Sweet = Ipomoea pes-caprae (L.) R. Br. ■
208074 Ipomoea pes-caprae (L.) Sweet subsp. brasiliensis (L.) Ooststr. = Ipomoea pes-caprae (L.) R. Br. subsp. brasiliensis (L.) Ooststr. ■
208075 Ipomoea pes-caprae (L.) Sweet subsp. brasiliensis (L.) V. Ooststr. = Ipomoea pes-caprae (L.) R. Br. ■
208076 Ipomoea pes-caprae (L.) Sweet var. emarginata Hallier f. = Ipomoea pes-caprae (L.) R. Br. ■
208077 Ipomoea pes-tigridis L.;虎掌藤(虎脚牵牛,九爪藤,七爪藤,生毛藤,铜钱花草);Tigerpalm Morningglory ■
208078 Ipomoea pes-tigridis L. subvar. strigosa Hallier f. = Ipomoea pes-tigridis L. var. strigosa (Hallier f.) Rendle ■☆
208079 Ipomoea pes-tigridis L. var. africana Hallier f. = Ipomoea pes-tigridis L. ■
208080 Ipomoea pes-tigridis L. var. strigosa (Hallier f.) Rendle;糙伏毛番薯■☆
208081 Ipomoea pes-tigris L. var. longibracteata Vatke;长苞虎掌藤■☆
208082 Ipomoea petersiana Klotzsch = Merremia pterygocaulos (Choisy) Hallier f. ■☆
208083 Ipomoea petiolulata Schulze-Menz = Ipomoea venosa (Desr.) Roem. et Schult. ■☆
208084 Ipomoea petitiana Lejoly et Lisowski;佩蒂蒂番薯■☆
208085 Ipomoea petunioides Baker = Ipomoea oenotherae (Vatke) Hallier f. ■☆
208086 Ipomoea pharbitiformis Baker = Ipomoea chrysochaetia Hallier f. var. lasiophylla (Hallier f.) Lejoly et Lisowski ■☆
208087 Ipomoea philippinensis Choisy = Merremia hirta (L.) Merr. ■
208088 Ipomoea phoenicea Roxb. = Ipomoea hederifolia L. ■
208089 Ipomoea phylloneura Baker = Ipomoea fimbriosepala Choisy ■
208090 Ipomoea phyllosepala Baker = Hewittia malabarica (L.) Suresh ■
208091 Ipomoea pileata P. Beauv. = Ipomoea pileata Roxb. ■
208092 Ipomoea pileata Roxb.;帽苞薯藤(盘苞牵牛);Pileate Morningglory ■
208093 Ipomoea pileata Roxb. subsp. uniflora Ugbor. et Ogunw.;单花帽苞薯藤■☆
208094 Ipomoea pilosa (Roxb.) Sweet = Ipomoea dichroa Choisy ■☆
208095 Ipomoea pinnata Hochst. ex Choisy = Merremia pinnata (Hochst. ex Choisy) Hallier f. ■☆
208096 Ipomoea pinosia Alain;腺果藤番薯●☆
208097 Ipomoea plantaginea (Choisy) Hallier f. = Ipomoea simplex Thunb. ■☆
208098 Ipomoea plebeia R. Br. = Ipomoea biflora (L.) Pers. ■
208099 Ipomoea plebeia R. Br. subsp. africana A. Meeuse;非洲双花番薯■☆
208100 Ipomoea pogonantha Thulin;髯毛花番薯■☆

208101 Ipomoea polhillii Verdc.;普尔番薯■☆
208102 Ipomoea polyanha Miq. = Merremia gemella (Burm. f.) Hallier f. ■
208103 Ipomoea polygonoides Schweinf. = Ipomoea coscinosperma Hochst. ex Choisy ■☆
208104 Ipomoea polymorpha Roem. et Schult.;羽叶薯(变叶立牵牛,变叶牵牛);Polymorphic Morningglory ■
208105 Ipomoea polytricha Baker = Ipomoea chrysochaetia Hallier f. ■☆
208106 Ipomoea porrecta Rendle et Britten;外伸番薯■☆
208107 Ipomoea praetermissa Rendle = Ipomoea bolusiana Schinz ■☆
208108 Ipomoea primuliflora G. Don = Merremia umbellata (L.) Hallier f. ■
208109 Ipomoea pringsheimiana (Dammer) Rendle = Stictocardia laxiflora (Baker) Hallier f. ●☆
208110 Ipomoea prismatosyphon Welw.;棱柱管番薯■☆
208111 Ipomoea prismatosyphon Welw. var. buchneri (Peter) Britten = Ipomoea prismatosyphon Welw. ■☆
208112 Ipomoea protea Britten et Rendle;易变番薯●☆
208113 Ipomoea psilophylla Steud. = Merremia semisagitta (Peter) Dandy ■☆
208114 Ipomoea pterygocaulos Choisy = Merremia pterygocaulos (Choisy) Hallier f. ■☆
208115 Ipomoea pulchella Roth ex Roem. et Schult. = Ipomoea cairica (L.) Sweet ■
208116 Ipomoea pumila Span. = Ipomoea polymorpha Roem. et Schult. ■
208117 Ipomoea purga (Wender.) Hayne;药喇叭(刺巴根,球根牵牛,球茎牵牛,药刺巴);Jalap, Jalap Bindweed, Jalap Purge, True Jalap Plant ■☆
208118 Ipomoea purga Hayne = Ipomoea purga (Wender.) Hayne ■☆
208119 Ipomoea purga Wender. = Ipomoea purga (Wender.) Hayne ■☆
208120 Ipomoea purpurea (L.) Roth;圆叶牵牛(打碗花,喇叭花,连簪簪,毛牵牛,美洲牵牛花,牵牛花,洋牵牛,印度紫旋花,圆叶牵牛花,紫牵牛,紫牵牛花);Common Morning Glory, Common Morning-glory, Cypress Vine, Indian Bindweed, Lady's Nightcap, Morning Glory, Old Man's Nightcap, Purple Bindweed, Roundleaf Morning glory, Tall Morning-glory ■
208121 Ipomoea purpurea (L.) Roth = Pharbitis purpurea (L.) Voigt ■
208122 Ipomoea purpurea (L.) Roth var. diversifolia (Lindl.) O'Donell = Ipomoea purpurea (L.) Roth ■
208123 Ipomoea purpurea Baker et C. H. Wright = Ipomoea indica (Burm.) Merr. ■
208124 Ipomoea pyramidalis Hallier f.;圆锥番薯■☆
208125 Ipomoea pyrophila A. Chev.;喜炎番薯■☆
208126 Ipomoea quamoclit L. = Quamoclit pinnata (Desr.) Bojer ■
208127 Ipomoea quinata R. Br. = Merremia quinata (R. Br.) Ooststr. ■
208128 Ipomoea quinquefolia Griseb. = Merremia quinquefolia (Griseb.) Hallier f. ■☆
208129 Ipomoea quinquefolia Hochst. ex Hallier f. = Ipomoea hochstetteri House ■☆
208130 Ipomoea quinquefolia Hochst. ex Hallier f. var. albiflora Hallier f. = Ipomoea hochstetteri House ■☆
208131 Ipomoea quinquefolia Hochst. ex Hallier f. var. pubescens Baker = Merremia verecunda Rendle ■☆
208132 Ipomoea quinquefolia Hochst. ex Hallier f. var. purpurea Hallier f. = Ipomoea hochstetteri House ■☆
208133 Ipomoea racemosa Roth = Ipomoea sumatrana (Blume) Ooststr. ■
208134 Ipomoea radicans Choisy = Ipomoea tenuipes Verdc. ■☆
208135 Ipomoea randii Rendle = Turbina oblongata (E. Mey. ex Choisy) A. Meeuse ■☆
208136 Ipomoea recta De Wild.;直立番薯■☆
208137 Ipomoea recta De Wild. subsp. polygaloides P. A. Duvign. et Dewit = Ipomoea recta De Wild. ■☆
208138 Ipomoea reflexisepala Lejoly et Lisowski;卷萼番薯■☆
208139 Ipomoea reniformis (Roxb.) Choisy = Merremia emarginata (Burm. f.) Hallier f. ■
208140 Ipomoea repandula Baker = Lepistemon owariensis (P. Beauv.) Hallier f. ■☆
208141 Ipomoea repens Lam. = Ipomoea asarifolia (Desr.) Roem. et Schult. ■☆
208142 Ipomoea reptans Poir. = Ipomoea aquatica Forssk. ■
208143 Ipomoea rhodesiana Rendle = Ipomoea holubii Baker ■☆
208144 Ipomoea richardsiae Verdc.;理查兹番薯■☆
208145 Ipomoea riparia G. Don = Ipomoea rubens Choisy ■☆
208146 Ipomoea robbrechtii Lejoly et Lisowski;罗布番薯■☆
208147 Ipomoea robertsiana Rendle;罗伯茨番薯■☆
208148 Ipomoea robynsiana Lejoly et Lisowski;罗宾斯番薯■☆
208149 Ipomoea rogeri Choisy = Ipomoea eriocarpa R. Br. ■
208150 Ipomoea rotundata Verdc.;圆形番薯■☆
208151 Ipomoea rotundisepala Hayata = Ipomoea sumatrana (Blume) Ooststr. ■
208152 Ipomoea rubens Choisy;热非番薯■☆
208153 Ipomoea rubra (Vahl) Millsp. = Ipomoea setifera Poir. ■☆
208154 Ipomoea rubrocoerulea Hook. = Ipomoea tricolor Cav. ■☆
208155 Ipomoea rubroviridis Baker = Ipomoea bolusiana Schinz ■☆
208156 Ipomoea rumicifolia Choisy = Ipomoea verticillata Forssk. ■☆
208157 Ipomoea ruyssenii A. Chev. = Aniseia martinicensis (Jacq.) Choisy ■☆
208158 Ipomoea saccata Hallier f. = Ipomoea tuberculata Ker Gawl. var. odontosepala (Baker) Verdc. ■☆
208159 Ipomoea sagittata Poir.;箭头番薯■☆
208160 Ipomoea sagittifolia Burm. f. = Ipomoea marginata (Desr.) Verdc. ■
208161 Ipomoea sagittifolia Hochr. = Ipomoea aquatica Forssk. ■
208162 Ipomoea saltiana Rendle = Ipomoea obscura (L.) Ker Gawl. ■
208163 Ipomoea sarmentacea Rendle = Ipomoea crassipes Hook. ■☆
208164 Ipomoea scabra Forssk. = Ipomoea nil (L.) Roth ■
208165 Ipomoea scottellii Rendle = Ipomoea fulvicaulis (Hochst. ex Choisy) Boiss. ex Hallier f. var. asperifolia (Hallier f.) Verdc. ■☆
208166 Ipomoea secunda G. Don = Bonamia thunbergiana (Roem. et Schult.) F. N. Williams ●☆
208167 Ipomoea seineri Pilg. = Ipomoea oblongata E. Mey. ex Choisy ■☆
208168 Ipomoea semisagitta Peter = Merremia semisagitta (Peter) Dandy ■☆
208169 Ipomoea semisecta Merxm. = Ipomoea welwitschii Vatke ex Hallier f. ■☆
208170 Ipomoea senegambiae (Spreng.) Choisy = Bonamia thunbergiana (Roem. et Schult.) F. N. Williams ●☆
208171 Ipomoea senegambica A. Chev. = Ipomoea rubens Choisy ■☆
208172 Ipomoea sepiaria J. Konig ex Roxb. = Ipomoea marginata (Desr.) Verdc. ■
208173 Ipomoea sepiaria Roxb. = Ipomoea marginata (Desr.) Verdc. ■
208174 Ipomoea sessiliflora Roth = Ipomoea eriocarpa R. Br. ■

208175 Ipomoea sessiliflora Roth ex Roem. et Schult. = Ipomoea eriocarpa R. Br. ■
208176 Ipomoea sessiliflora Roth var. angustifolia Bolle = Ipomoea eriocarpa R. Br. ■
208177 Ipomoea sessiliflora Roth var. latifolia Bolle = Ipomoea eriocarpa R. Br. ■
208178 Ipomoea setifera Poir.;刚毛番薯■☆
208179 Ipomoea setifera Poir. var. fimbriosepala (Choisy) Fosberg = Ipomoea fimbriosepala Choisy ■
208180 Ipomoea setosa Blume = Ipomoea nil (L.) Roth ■
208181 Ipomoea setosa Ker Gawl.;刺毛番薯(刺毛月光花);Brazilian Morning-glory ■
208182 Ipomoea setosa Ker Gawl. var. pavonii (Choisy) House = Ipomoea setosa Ker Gawl. ■
208183 Ipomoea shirensis Baker = Ipomoea turbinata Lag. ■
208184 Ipomoea shirensis Oliv. = Paralepistemon shirensis (Oliv.) Lejoly et Lisowski ●☆
208185 Ipomoea sibirica (L.) Pers. = Merremia sibirica (L.) Hallier f. ■
208186 Ipomoea sidamensis Thulin;锡达莫番薯■☆
208187 Ipomoea sidifolia (Kunth) Choisy = Turbina corymbosa (L.) Raf. ■☆
208188 Ipomoea sidifolia Kunth;黄花稔番薯■☆
208189 Ipomoea simplex Hook. = Ipomoea bolusiana Schinz ■☆
208190 Ipomoea simplex Thunb.;简单番薯■☆
208191 Ipomoea simplex Thunb. var. obtusisepala Rendle = Ipomoea bolusiana Schinz ■☆
208192 Ipomoea sinensis (Desr.) Choisy = Ipomoea biflora (L.) Pers. ■
208193 Ipomoea sinensis (Desr.) Choisy subsp. blepharosepala (Hochst. ex A. Rich.) Verdc. ex A. Meeuse;睫毛萼番薯■☆
208194 Ipomoea sinuata Ortega = Merremia dissecta (Jacq.) Hallier f. ■
208195 Ipomoea smithii Baker = Ipomoea fimbriosepala Choisy ■
208196 Ipomoea soluta Kerr;大花千斤藤;Bigflower Morningglory ●■
208197 Ipomoea soluta Kerr var. alba C. Y. Wu;白大花千斤藤;White Bigflower Morningglory ●■
208198 Ipomoea somalensis Verdc. = Ipomoea argyrophylla Vatke ■☆
208199 Ipomoea spathulata Hallier f.;小苞番薯■☆
208200 Ipomoea speciosa (L. f.) Pers. = Argyreia nervosa (Burm. f.) Bojer ●
208201 Ipomoea sphaerocephala (Roxb.) D. Don = Argyreia pierreana Bois ●
208202 Ipomoea splendens (Roxb.) Sims = Argyreia splendens (Roxb.) Sweet ●
208203 Ipomoea staphylina Roem. et Schult. = Ipomoea sumatrana (Blume) Ooststr. ■
208204 Ipomoea staphylina Roem. et Schult. = Merremia boisiana (Gagnep.) Ooststr. ●■
208205 Ipomoea staphylina Roem. et Schult. var. malayana Prain = Ipomoea sumatrana (Miq.) Ooststr. ■
208206 Ipomoea stellaris Baker = Ipomoea venosa (Desr.) Roem. et Schult. var. stellaris (Baker) Verdc. ■☆
208207 Ipomoea stenantha Dunn = Ipomoea fimbriosepala Choisy ■
208208 Ipomoea stenobasis Brenan;狭基番薯■☆
208209 Ipomoea stenophyton Chiov. = Merremia semisagitta (Peter) Dandy var. gracilis (Hallier f.) Verdc. ■☆
208210 Ipomoea stenosiphon Hallier f. = Turbina stenosiphon (Hallier f.) A. Meeuse ■☆
208211 Ipomoea stipulacea Jacq. = Ipomoea cairica (L.) Sweet ■
208212 Ipomoea stolonifera (Cirillo) J. F. Gmel. = Ipomoea imperati (Vahl) Griseb. ■
208213 Ipomoea stolonifera J. F. Gmel. = Ipomoea imperati (Vahl) Griseb. ■
208214 Ipomoea stuhlmannii Dammer = Ipomoea rubens Choisy ■☆
208215 Ipomoea subdentata Miq. = Ipomoea aquatica Forssk. ■
208216 Ipomoea sublucens Rendle = Ipomoea suffruticosa Burch. ●☆
208217 Ipomoea subtriflora Zoll. et Moritzi = Merremia hederacea (Burm. f.) Hallier f. ■
208218 Ipomoea subtrilobans Miq. = Ipomoea marginata (Desr.) Verdc. ■
208219 Ipomoea sudanica A. Chev. = Ipomoea obscura (L.) Ker Gawl. ■
208220 Ipomoea suffruticosa Burch.;亚灌木番薯●☆
208221 Ipomoea sulphurea Hochst. ex Choisy = Ipomoea vagans Baker ■☆
208222 Ipomoea sulphurea Hochst. ex Choisy f. deltoidea Roberty = Ipomoea vagans Baker ■☆
208223 Ipomoea sumatrana (Blume) Ooststr. = Ipomoea sumatrana (Miq.) Ooststr. ■
208224 Ipomoea sumatrana (Miq.) Ooststr.;海南薯(苏门答腊牵牛,野番薯,圆萼牵牛,锥花薯);Sumatra Morningglory ■
208225 Ipomoea syringifolia Baker = Argyreia baronii Deroin ●☆
208226 Ipomoea taborana Dammer = Ipomoea crepidiformis Hallier f. var. minor Rendle ■☆
208227 Ipomoea tambelensis Baker = Ipomoea kituiensis Vatke ■☆
208228 Ipomoea tamnifolia L. = Jacquinia tamnifolia (L.) Griseb. ●☆
208229 Ipomoea tanganyikensis Baker = Ipomoea crepidiformis Hallier f. ■☆
208230 Ipomoea tashiroi Matsum. = Ipomoea polymorpha Roem. et Schult. ■
208231 Ipomoea temnophylla J. -P. Lebrun et Taton = Ipomoea oenotherae (Vatke) Hallier f. ■☆
208232 Ipomoea tenuicaulis A. Chev.;细茎番薯■☆
208233 Ipomoea tenuipes Verdc.;细梗番薯■☆
208234 Ipomoea tenuirostris Steud. ex Choisy;细喙番薯■☆
208235 Ipomoea tenuirostris Steud. ex Choisy subsp. repens Verdc.;匍匐番薯■☆
208236 Ipomoea tenuis E. Mey. = Ipomoea obscura (L.) Ker Gawl. ■
208237 Ipomoea teretistigma Choisy = Hewittia malabarica (L.) Suresh ■
208238 Ipomoea tessmannii Pilg. = Ipomoea prismatosyphon Welw. ■☆
208239 Ipomoea tetraptera Baker = Merremia pterygocaulos (Choisy) Hallier f. ■☆
208240 Ipomoea thunbergioides Welw.;通贝里番薯■☆
208241 Ipomoea ticcopa Verdc.;非洲番薯■☆
208242 Ipomoea tiliifolia (Desr.) Roem. et Schult. = Stictocardia tiliifolia (Desr.) Hallier f. ●■
208243 Ipomoea timorensis Blume = Ipomoea biflora (L.) Pers. ■
208244 Ipomoea tomentosa Yamam. = Argyreia formosana Ishig. ex T. Yamaz. ●
208245 Ipomoea transvaalensis A. Meeuse;德兰士瓦番薯■☆
208246 Ipomoea transvaalensis A. Meeuse subsp. orientalis Verdc.;东方德兰士瓦番薯■☆
208247 Ipomoea trichocalyx Schumach. et Thonn.;毛萼番薯■☆
208248 Ipomoea trichocalyx Steud. = Ipomoea nil (L.) Roth ■
208249 Ipomoea trichocarpa Elliott;毛果牵牛■☆
208250 Ipomoea tricolor Cav.;三色牵牛;Grannyvine, Morning Glory ■☆

208251 Ipomoea tricolor Cav. 'Heavenly Blue';天蓝三色牵牛■☆
208252 Ipomoea tridentata (L.) Roth = Xenostegia tridentata (L.) D. F. Austin et Staples ■
208253 Ipomoea trifida (Kunth) G. Don;大星牵牛■☆
208254 Ipomoea triflora Forssk. = Ipomoea triloba L. ■
208255 Ipomoea triloba L.;三裂叶薯(红花野牵牛,小花假番薯,星牵牛);Trilobateleaf Morningglory ■
208256 Ipomoea triloba Thunb. = Ipomoea nil (L.) Roth ■
208257 Ipomoea trinervia Schulze-Menz;三脉番薯■☆
208258 Ipomoea tuba (Schltdl.) G. Don = Ipomoea macrantha Roem. et Schult. ■
208259 Ipomoea tuba (Schltdl.) G. Don = Ipomoea violacea L. ■
208260 Ipomoea tuberculata (Desr.) Roem. et Schult. = Ipomoea cairica (L.) Sweet ■
208261 Ipomoea tuberculata Ker Gawl.;多疣番薯■☆
208262 Ipomoea tuberculata Ker Gawl. var. odontosepala (Baker) Verdc.;齿萼番薯■☆
208263 Ipomoea tuberosa L. = Merremia tuberosa (L.) Rendle ■
208264 Ipomoea turbinata Lag.;丁香茄(跌打豆,多刺月光花,木子菜,软刺月光花,天茄,天茄子,天茹儿,小月光花);Lilacbell, Small Moonflower ■
208265 Ipomoea turpethum (L.) R. Br. = Convolvulus turpethum L. ■
208266 Ipomoea turpethum (L.) R. Br. = Operculina turpetha (L.) Silva Manso ■
208267 Ipomoea turpethum (L.) R. Br. var. anceps (L.) Miq. = Convolvulus turpethum L. ■
208268 Ipomoea turpethum (L.) R. Br. var. anceps (L.) Miq. = Operculina turpetha (L.) Silva Manso ■
208269 Ipomoea ukambensis Vatke = Ipomoea crassipes Hook. ■☆
208270 Ipomoea uliginosa Welw. ex Rendle = Merremia spongiosa Rendle ■☆
208271 Ipomoea uncinata Hutch. = Ipomoea robertsiana Rendle ■☆
208272 Ipomoea undulata Baker ex Baker et C. H. Wright = Ipomoea crispa (Thunb.) Hallier f. ■☆
208273 Ipomoea urbaniana (Dammer) Hallier f.;乌尔巴尼亚番薯●☆
208274 Ipomoea vagans Baker;漫游番薯■☆
208275 Ipomoea vaniotiana H. Lév. = Ipomoea nil (L.) Roth ■
208276 Ipomoea velutipes Welw. ex Rendle = Ipomoea chrysochaetia Hallier f. var. velutipes (Welw. ex Rendle) Lejoly et Lisowski ■☆
208277 Ipomoea venosa (Desr.) Roem. et Schult.;多脉番薯■☆
208278 Ipomoea venosa (Desr.) Roem. et Schult. var. obtusifolia Verdc.;钝叶多脉番薯■☆
208279 Ipomoea venosa (Desr.) Roem. et Schult. var. stellaris (Baker) Verdc.;星形多脉番薯■☆
208280 Ipomoea verbascoidea Choisy;拟多脉番薯■☆
208281 Ipomoea verdcourtiana Lejoly et Lisowski;韦尔德番薯■☆
208282 Ipomoea verdickii De Wild. = Ipomoea chrysochaetia Hallier f. var. lasiophylla (Hallier f.) Lejoly et Lisowski ■☆
208283 Ipomoea verecunda (Rendle) N. E. Br. = Merremia verecunda Rendle ■☆
208284 Ipomoea vernalis R. E. Fr.;春番薯■☆
208285 Ipomoea verrucisepala Verdc.;疣萼番薯■☆
208286 Ipomoea verrucosa Blume = Ipomoea marginata (Desr.) Verdc. ■
208287 Ipomoea versicolor Meisn. = Ipomoea lobata Thell. ■
208288 Ipomoea verticillata Forssk.;轮叶番薯■☆
208289 Ipomoea violacea L.;管花薯(长管牵牛,青紫牵牛,圆萼天茄儿,紫蓝牵牛);Tubeflower Morningglory ■
208290 Ipomoea vitifolia (Burm. f.) Blume = Merremia vitifolia (Burm. f.) Hallier f. ■
208291 Ipomoea vitifolia (Burm. f.) Blume var. angularis (Burm. f.) Choisy = Merremia vitifolia (Burm. f.) Hallier f. ■
208292 Ipomoea vogelii Baker = Ipomoea asarifolia (Desr.) Roem. et Schult. ■☆
208293 Ipomoea wakefieldii Baker = Ipomoea albivenia (Lindl.) Sweet ■☆
208294 Ipomoea wallichii Steud. = Lepistemon binectarifer (Wall.) Kuntze ■
208295 Ipomoea wangii C. Y. Wu;大萼山土瓜;Wang Morningglory ■
208296 Ipomoea webbii Cout. = Ipomoea triloba L. ■
208297 Ipomoea welwitschii Vatke ex Hallier f.;韦尔番薯■☆
208298 Ipomoea welwitschii Vatke ex Hallier f. var. latifolia Britten = Ipomoea welwitschii Vatke ex Hallier f. ■☆
208299 Ipomoea whyteana Rendle var. integra Chiov. = Ipomoea wightii (Wall.) Choisy var. kilimandschari (Dammer) Verdc. ■☆
208300 Ipomoea wightii (Wall.) Choisy;怀特番薯■☆
208301 Ipomoea wightii (Wall.) Choisy var. kilimandschari (Dammer) Verdc.;基利番薯■☆
208302 Ipomoea wightii (Wall.) Choisy var. obtusisepala Verdc.;钝萼怀特番薯■☆
208303 Ipomoea wilsonii Gagnep. = Merremia hungaiensis (Lingelsh. et Borza) R. C. Fang ■
208304 Ipomoea woodii N. E. Br. = Stictocardia laxiflora (Baker) Hallier f. ●☆
208305 Ipomoea wrightii A. Gray;槭叶小牵牛;Wright Morningglory, Wright's Morning-glory ■
208306 Ipomoea xanthophylla Hochst. = Merremia xanthophylla (Hochst.) Hallier f. ■☆
208307 Ipomoea xiphosepala Baker = Ipomoea linosepala Hallier f. ■☆
208308 Ipomoea yomae Kurz. = Ipomoea aculeata (L.) Kuntze var. mollissima (Zoll.) Hallier f. ex V. Oost. ■
208309 Ipomoea yunnanensis Courchet et Gagnep. = Merremia yunnanensis (Courchet et Gagnep.) R. C. Fang ■
208310 Ipomoea yunnanensis Courchet et Gagnep. var. glabrescens C. Y. Wu = Merremia yunnanensis (Courchet et Gagnep.) R. C. Fang var. glabrescens (C. Y. Wu) R. C. Fang ■
208311 Ipomoea yunnanensis Courchet et Gagnep. var. pallescens (C. Y. Wu) R. C. Fang = Merremia yunnanensis (Courchet et Gagnep.) R. C. Fang var. pallescens (C. Y. Wu) R. C. Fang ■
208312 Ipomoea yunnanensis Courchet et Gagnep. var. uniflora C. Y. Wu = Merremia yunnanensis (Courchet et Gagnep.) R. C. Fang ■
208313 Ipomoea zambesiaca Baker = Ipomoea lapathifolia Hallier f. ■☆
208314 Ipomoea zambesiaca Britten = Ipomoea tenuirostris Steud. ex Choisy ■☆
208315 Ipomoea zanzibarica Verdc.;桑给巴尔番薯■☆
208316 Ipomoea zebrina Perr. ex Choisy = Merremia hederacea (Burm. f.) Hallier f. ■
208317 Ipomopsis Michx. (1803);红杉花属■☆
208318 Ipomopsis aggregata (Pursh) V. E. Grant;聚伞红杉花;Scarlet Gilia, Skunkflower, Skyrocket ■☆
208319 Ipomopsis elegans Poir. = Gilia rubra (L.) A. Heller. ■☆
208320 Ipomopsis longiflora (Torr.) V. E. Grant;白花红杉花;Flax-flowered Ipomopsis, Pale Trumpets, White-flower Skyrocket ■☆
208321 Ipomopsis rubra (L.) Wherry = Gilia rubra (L.) A. Heller. ■☆

208322 Iposues Raf. = Rhododendron L. ●
208323 Ipsea Lindl. (1831);黄水仙兰属(奇兰属);Daffodil Orchid ■☆
208324 Ipsea speciosa Lindl.;黄水仙兰;Beautiful Daffodil Orchid, Daffodil Orchid ■☆
208325 Ipsea thomsoniana Pfitzer = Ancistrochilus thomsonianus (Rchb. f.) Rolfe ■☆
208326 Iranecio B. Nord. (1989);伊朗菊属■☆
208327 Iranecio oligolepis (Boiss.) B. Nord.;寡鳞伊朗菊■☆
208328 Irania Hadac et Chrtek = Fibigia Medik. ■☆
208329 Irapatientella H. Perrier = Impatiens L. ■
208330 Irasekia Gray = Anagallis L. ■
208331 Irasekia Gray = Jirasekia F. W. Schmidt ■
208332 Iraupalos Raf. = Hydrangea L. ●
208333 Iraupalos Raf. = Traupalos Raf. ●
208334 Irenea Szlach., Mytnik, Górniak et Romowicz(2006);艾琳兰属 ■☆
208335 Ireneis Moq. = Iresine P. Browne(保留属名)●■
208336 Irenella Suess. (1934);等被岩苋属■☆
208337 Irenella chryostricha Suess.;等被岩苋■☆
208338 Irenepharsus Hewson(1982);和平芥属■☆
208339 Irenepharsus magicus Hewson;和平芥■☆
208340 Ireon Burm. f. = Roridula Burm. f. ex L. ●☆
208341 Ireon Raf. = Prismatocarpus L'Hér. (保留属名)●■☆
208342 Ireon Scop. = Lightfootia L'Hér. ■●
208343 Ireon verticillata Burm. = Roridula dentata L. ●☆
208344 Iresine P. Browne(1756)(保留属名);血苋属(红洋苋属,红叶苋属);Blood Leaf, Bloodleaf, Blood-leaf ●■
208345 Iresine calea Standl.;卡利血苋■☆
208346 Iresine celosioides L.;鸡冠血苋■☆
208347 Iresine diffusa Humb. et Bonpl. ex Willd.;美洲血苋;Juba's Bush ■☆
208348 Iresine herbstii Hook. = Iresine herbstii Hook. f. ex Lindl. ■
208349 Iresine herbstii Hook. f. ex Lindl.;血苋(汉宫秋,红靛,红木耳,红苋菜,红洋苋,红叶苋,酒丹参,一口红,圆叶铁苋);Beef Plant, Beefsteak Plant, Bloodleaf, Herbst Bloodleaf, Herbst's Bloodleaf ■
208350 Iresine herbstii Hook. f. ex Lindl. 'Aureoreticulata';金网脉血苋■☆
208351 Iresine heterophylla Standl.;异叶血苋;Standley's Bloodleaf ■☆
208352 Iresine javanica Burm. f. = Aerva javanica (Burm. f.) Juss. ex Schult. ■☆
208353 Iresine leptoclada (Benth. et Hook. f.) Henrickson et S. D. Sundb.;得州血苋;Texas Shrub ●☆
208354 Iresine lindenii Van Houtte;尖叶血苋(林氏血苋);Bloodleaf, Linden Blood-leaf, Linden's Bloodleaf ■☆
208355 Iresine palmeri (S. Watson) Standl.;帕默血苋;Palmer's Bloodleaf ●☆
208356 Iresine persica Burm. f. = Aerva javanica (Burm. f.) Juss. ex Schult. ■☆
208357 Iresine rhizomatosa Standl.;尤达血苋;Bloodleaf, Juda's Bush ■☆
208358 Iresine schaffneri S. Watson;沙夫血苋■☆
208359 Ireum Steud. = Ireon Burm. f. ●☆
208360 Ireum Steud. = Roridula Burm. f. ex L. ●☆
208361 Iria (Rich. ex Pers.) Kuntze = Fimbristylis Vahl(保留属名)■
208362 Iria (Rich. ex Pers.) R. Hedw. = Fimbristylis Vahl(保留属名)■
208363 Iria (Rich.) R. Hedw. (废弃属名) = Fimbristylis Vahl(保留属名)■
208364 Iria Kuntze = Fimbristylis Vahl(保留属名)■
208365 Iria R. Hedw. = Fimbristylis Vahl(保留属名)■
208366 Iriartea Ruiz et Pav. (1794);依力棕属(阿瑞尔属,南美椰属,王根柱椰属,伊利椰子属);Iriartea, Stilt Palm, Stilt-palm ●☆
208367 Iriartea deltoidea Ruiz et Pav.;依力棕●☆
208368 Iriartea ventricosa Mart.;中肥依力棕;Paxiuba Palm ●☆
208369 Iriarteaceae O. F. Cook = Arecaceae Bercht. et J. Presl(保留科名)●
208370 Iriarteaceae O. F. Cook = Palmae Juss. (保留科名)●
208371 Iriarteaceae O. F. Cook;依力棕科●☆
208372 Iriartella H. Wendl. (1860);毛鞘椰属(小伊利椰子属,小依力棕属,伊利亚椰属)●☆
208373 Iriartella setigera H. Wendl.;毛鞘椰(小依力棕);Chicuta Palm ●☆
208374 Iriastrum Fabr. = Iris L. ■
208375 Iriastrum Heist. ex Fabr. = Iris L. ■
208376 Iriastrum Heist. ex Fabr. = Xiphion Mill. ■
208377 Iridaceae Juss. (1789)(保留科名);鸢尾科;Iris Family, Swordflag Family ■●
208378 Iridaps Comm. ex Pfeiff. = Artocarpus J. R. Forst. et G. Forst. (保留属名)●
208379 Iridaps Comm. ex Pfeiff. = Tridaps Comm. ex Endl. ●
208380 Iridion Poem. et Schult. = Ireon Burm. f. ●☆
208381 Iridion Poem. et Schult. = Roridula Burm. f. ex L. ●☆
208382 Iridis Raf. = Iris L. ■
208383 Iridisperma Raf. = Polygala L. ●■
208384 Iridisperma Raf. = Triclisperma Raf. ●■
208385 Iridodictyum Rodion. = Iris L. ■
208386 Iridopsis Welw. ex Baker = Moraea Mill. (保留属名)■
208387 Iridopsis textilis Welw. = Moraea textilis (Welw.) Baker ■☆
208388 Iridorchis Blume = Cymbidium Sw. ■
208389 Iridorchis Thouars ex Kuntze = Oberonia Lindl. (保留属名)■
208390 Iridorchis Thouars(废弃属名) = Iridorkis Thouars(废弃属名)■
208391 Iridorchis Thouars(废弃属名) = Oberonia Lindl. (保留属名)■
208392 Iridorchis anthropophora (Lindl.) Kuntze = Oberonia anthropophora Lindl. ■
208393 Iridorchis ensiformis (Sm.) Kuntze = Oberonia ensiformis (Sm.) Lindl. ■
208394 Iridorchis equitans (Thouars) Kuntze = Oberonia disticha (Lam.) Schltr. ■☆
208395 Iridorchis gigantea (Wall. ex Lindl.) Blume = Cymbidium iridioides D. Don ■
208396 Iridorchis gigantea Blume = Cymbidium iridioides D. Don ■
208397 Iridorchis iridifolia (Roxb. ex Lindl.) Kuntze = Oberonia iridifolia Roxb. ex Lindl. ■
208398 Iridorchis myosurus (G. Forst.) Kuntze = Oberonia myosurus (G. Forst.) Lindl. ■
208399 Iridorchis obcordata (Lindl.) Kuntze = Oberonia obcordata Lindl. ■
208400 Iridorchis pachyrachis (Rchb. f. ex Hook. f.) Kuntze = Oberonia pachyrachis Rchb. f. ex Hook. f. ■
208401 Iridorchis rufilabris (Lindl.) Kuntze = Oberonia rufilabris Lindl. ■
208402 Iridorkis Thouars(废弃属名) = Oberonia Lindl. (保留属名)■

208403 Iridorkis anthropophora (Lindl.) Kuntze = Oberonia anthropophora Lindl. ■
208404 Iridorkis caulescens (Lindl.) Kuntze = Oberonia caulescens Lindl. ex Wall. ■
208405 Iridorkis ensiformis (Sm.) Kuntze = Oberonia ensiformis (Sm.) Lindl. ■
208406 Iridorkis falconeri (Hook. f.) Kuntze = Oberonia falconeri Hook. f. ■
208407 Iridorkis iridifolia (Roxb.) Kuntze = Oberonia mucronata (D. Don) Ormerod et Seidenf. ■
208408 Iridorkis jenkinsiana (Griff. ex Lindl.) Kuntze = Oberonia jenkinsiana Griff. ex Lindl. ■
208409 Iridorkis myriantha (Lindl.) Kuntze = Oberonia acaulis Griff. ■
208410 Iridorkis obcordata (Lindl.) Kuntze = Oberonia obcordata Lindl. ■
208411 Iridorkis orbicularis (Hook. f.) Kuntze = Oberonia obcordata Lindl. ■
208412 Iridorkis pachyrachis (Rchb. f. ex Hook. f.) Kuntze = Oberonia pachyrachis Rchb. f. ex Hook. f. ■
208413 Iridorkis pyrulifera (Lindl.) Kuntze = Oberonia pyrulifera Lindl. ■
208414 Iridorkis rufilabris (Lindl.) Kuntze = Oberonia rufilabris Lindl. ■
208415 Iridorkis treutleri (Hook. f.) Kuntze = Oberonia obcordata Lindl. ■
208416 Iridosma Aubrév. et Pellegr. (1962);西非苦木属●☆
208417 Iridosma letestui (Pellegr.) Aubrév. et Pellegr.;西非苦木●☆
208418 Iridrogalvia Pers. = Isidrogalvia Ruiz et Pav. ■☆
208419 Iridrogalvia Pers. = Tofieldia Huds. ■
208420 Iriha Kuntze = Fimbristylis Vahl(保留属名)■
208421 Iriha Kuntze = Iria (Rich.) R. Hedw. (废弃属名)■
208422 Iriha monostachya (L.) Kuntze = Abildgaardia ovata (Burm. f.) Král ■
208423 Irillium Raf. = Trillium L. ■
208424 Irina Kuntze = Fimbristylis Vahl(保留属名)■
208425 Irina Noronha = Pometia J. R. Forst. et G. Forst. ●
208426 Irina Noronha ex Blume = Pometia J. R. Forst. et G. Forst. ●
208427 Irina tomentosa Blume = Pometia pinnata J. R. Forst. et G. Forst. ●
208428 Irina tomentosa Blume = Pometia tomentosa (Blume) Teijsm. et Binn. ●◇
208429 Irio (DC.) Fourr. = Sisymbrium L. ■
208430 Irio Fourr. = Sisymbrium L. ■
208431 Irio L. = Sisymbrium L. ■
208432 Iripa Adans. = Cynometra L. ●☆
208433 Iris L. (1753);鸢尾属;Flag, Fleur-de-lis, Iris, Swordflag ■
208434 Iris acutiloba C. A. Mey.;尖裂鸢尾;Acutelobed Iris ■☆
208435 Iris aitchisoni Baker;艾奇鸢尾;Aitchison Iris ■☆
208436 Iris alabamensis Small = Iris brevicaulis Raf. ■☆
208437 Iris alata Poir.;宽翼柄鸢尾;Broadwinged Iris, Christmas-flowering Iris, Scorpion Iris ■☆
208438 Iris alata Poir. = Iris planifolia (Mill.) Fiori et Paol. ■☆
208439 Iris alberti Regel;干热鸢尾;Hot-dry Iris ■☆
208440 Iris albicans Lange;变白鸢尾;Whitening Iris ■☆
208441 Iris albispiritus Small;幻影鸢尾;Ghost Iris ■☆
208442 Iris albispiritus Small = Iris savannarum Small ■☆
208443 Iris amoena DC.;悦花鸢尾;Joyous Iris ■☆
208444 Iris anglica Steud.;英国鸢尾;English Iris ■☆
208445 Iris anguifuga Y. T. Zhao et X. J. Xue;单苞鸢尾(避蛇参,仇人不见面,春不见,蛇不见,夏无踪);Unibract Iris, Unibract Swordflag ■
208446 Iris angusta Thunb. = Moraea angusta (Thunb.) Ker Gawl. ■☆
208447 Iris aphylla L.;无叶鸢尾;Leafless Iris, Stool Iris ■☆
208448 Iris arctica Eastw. = Iris setosa Pall. ex Link ■
208449 Iris arenaria Waldst. et Kit.;沙地鸢尾■☆
208450 Iris arenaria Waldst. et Kit. = Iris flavissima Pall. ■
208451 Iris arizonica Dykes = Iris missouriensis Nutt. ■☆
208452 Iris atrofusca Baker;深红鸢尾(巴勒斯坦鸢尾);Palestine Iris ■☆
208453 Iris atropurpurea Baker;红紫鸢尾;Reddish-purple Iris ■☆
208454 Iris aucheri (Baker) Sealy;奥氏鸢尾■☆
208455 Iris aurea Lindl. = Iris crocea Jacq. ex Baker ■☆
208456 Iris bakeriana Foster;贝克鸢尾;Baker Iris ■☆
208457 Iris baldshuanica B. Fedtsch.;巴尔德鸢尾■☆
208458 Iris barbatula Noltie et K. Y. Guan;小髯鸢尾■
208459 Iris barnumae Foster et Baker;巴奈鸢尾;Barnum Iris ■☆
208460 Iris beecheyana Herb. = Iris douglasiana Herb. ■☆
208461 Iris biglumis Vahl = Iris lactea Pall. ■
208462 Iris biglumis Wahlenb. = Iris lactea Pall. ■
208463 Iris biliotti Foster;比莱昂特鸢尾;Biliott Iris ■☆
208464 Iris bismarckiana Dammer;比斯马克鸢尾;Bismarck Iris ■☆
208465 Iris bituminosa L. f. = Moraea bituminosa (L. f.) Ker Gawl. ■☆
208466 Iris bloudowii Ledeb.;中亚鸢尾(布罗鸢尾);Bloudow Iris, Centrol Asia Swordflag ■
208467 Iris boissieri Henrig.;布瓦西耶鸢尾;Boissier Iris ■☆
208468 Iris bosniaca Becker;波斯尼鸢尾;Bosnia Iris ■☆
208469 Iris brachystigma E. Scheele = Herbertia lahue (Molina) Goldblatt ■☆
208470 Iris bracteata S. Watson;苞鸢尾;Bracteate Iris, Siskiyou Iris ■☆
208471 Iris brevicaulis Raf.;短茎鸢尾;Lamance Iris, Short-stemmed Iris, Zigzag Iris ■☆
208472 Iris brevituba (Maxim.) Vved. = Iris ruthenica Ker Gawl. ■
208473 Iris bucharica Foster;布哈拉鸢尾(布喀利鸢尾);Bukhara Iris ■☆
208474 Iris bulleyana Dykes;西南鸢尾(布氏鸢尾,空茎鸢尾);Hollowstem Iris, Hollowstem Swordflag ■
208475 Iris bulleyana Dykes f. alba Y. T. Zhao;白花西南鸢尾;Whiteflower Hollowstem Iris, Whiteflower Hollowstem Swordflag ■
208476 Iris bungei Maxim.;大苞鸢尾;Largebract Iris, Largebract Swordflag ■
208477 Iris camillae Grossh.;卡米拉鸢尾■☆
208478 Iris canadensis (Foster) Peckham = Iris hookeri Penny ex G. Don ■☆
208479 Iris caroliniana S. Watson = Iris virginica L. ■☆
208480 Iris cathayensis Migo;华夏鸢尾;China Swordflag, Chinese Iris ■
208481 Iris caucasica Hoffm.;高加索鸢尾;Caucasia Iris, Caucasian Iris ■☆
208482 Iris cavalariei H. Lév. = Iris speculatrix Hance ■
208483 Iris cengialtii Ambrosi ex A. Kern.;浅棕苞鸢尾;Cengialt Iris ■☆
208484 Iris chamaeiris Bertol. = Iris lutescens Lam. ■☆
208485 Iris chinensis Bunge = Iris tectorum Maxim. ■
208486 Iris chinensis Curtis = Iris japonica Thunb. ■
208487 Iris chrysographes Dykes;金脉鸢尾(金网鸢尾,金纹鸢尾);

Goldenvein Iris, Goldenvein Swordflag ■
208488 Iris chrysophylla Howell;黄叶鸢尾;Yellowleaf Iris, Yellow-leaf Iris, Yellow-leaved Iris ■☆
208489 Iris ciliata L. f. = Moraea ciliata (L. f.) Ker Gawl. ■☆
208490 Iris citrina Eastw. = Iris tenuissima Dykes ■☆
208491 Iris clarkei Baker = Iris clarkei Baker ex Hook. f. ■
208492 Iris clarkei Baker ex Hook. f.;西藏鸢尾;Tibet Iris, Xizang Iris, Xizang Swordflag ■
208493 Iris clarkei Hook. f. = Iris clarkei Baker ex Hook. f. ■
208494 Iris coerulea B. Fedtsch.;角边叶鸢尾;White-horny-leaf Iris ■☆
208495 Iris colletii Hook. f. var. aculis Noltie;大理鸢尾;Dali Iris, Dali Swordflag ■
208496 Iris collettii Hook. f.;高原鸢尾(小棕包,小棕皮头);Collett Iris, Plateau Swordflag ■
208497 Iris compressa L. f. = Dietes iridioides (L.) Sweet ex Klatt ■☆
208498 Iris confusa Sealy;扁竹兰(扁竹,扁竹根,都拉鸢尾,蓝花扁竹);Confused Iris, Confused Swordflag ■
208499 Iris corygei Lynch;科赖鸢尾;Cory Iris ■☆
208500 Iris crispa L. f. = Moraea gawleri Spreng. ■☆
208501 Iris cristata Sol. = Iris cristata Sol. ex Aiton ■☆
208502 Iris cristata Sol. ex Aiton;饰冠鸢尾(冠状鸢尾);Crest Iris, Crested Dwarf Iris, Crested Iris, Dwarf Crested Iris, Dwarf Wild Iris ■☆
208503 Iris cristata Sol. ex Aiton subsp. lacustris (Nutt.) H. H. Iltis = Iris lacustris Nutt. ■☆
208504 Iris cristata Sol. ex Aiton var. alba Dykes;白饰冠鸢尾;White Crest Iris, White Crested Dwarf Iris ■☆
208505 Iris cristata Sol. ex Aiton var. lacustris (Nutt.) Dykes = Iris lacustris Nutt. ■☆
208506 Iris cristata Sol. var. alba Dykes = Iris cristata Sol. ex Aiton var. alba Dykes ■☆
208507 Iris crocea Jacq. ex Baker;鲜黄鸢尾(金黄鸢尾);Bright Yellow Iris, Goldenyellow Iris ■☆
208508 Iris cuniculiformis Noltie et K. Y. Guan;大尖果鸢尾;Big Angularfruit Swordflag, Large Angularfruit Iris ■
208509 Iris cuprea Pursh = Iris fulva Ker Gawl. ■☆
208510 Iris curvifolia Y. T. Zhao;弯叶鸢尾;Curvedleaf Iris, Curvedleaf Swordflag ■
208511 Iris cypriana Foster et Baker;塞浦路斯鸢尾;Cyprus Iris ■☆
208512 Iris dahurica Herb. ex Klatt = Iris flavissima Pall. ■
208513 Iris daliensis X. D. Dong et Y. T. Zhao = Iris colletii Hook. f. var. aculis Noltie ■
208514 Iris danfordiae (Baker) Boiss.;丹佛鸢尾;Danford Iris, Dwarf Iris ■☆
208515 Iris danfordiae Boiss. = Iris danfordiae (Baker) Boiss. ■☆
208516 Iris darwasica Regel;达瓦斯鸢尾;Darwas Iris ■☆
208517 Iris decora Wall.;尼泊尔鸢尾(小兰花);Nepal Iris, Nepal Swordflag ■
208518 Iris decora Wall. var. leucantha X. D. Dong et Y. T. Zhao;白花尼泊尔鸢尾;Whiteflower Nepal Iris, Whiteflower Nepal Swordflag ■
208519 Iris delavayi Micheli;长葶鸢尾(高葶鸢尾);Delavay Iris, Delavay Swordflag ■
208520 Iris demavendica (Bornm.) Bornm. ex Rech. f.;厄尔布尔鸢尾;Elburs Iris ■☆
208521 Iris demetrii Achv. et Mirzoeva;第氏鸢尾;Demater Iris ■☆
208522 Iris desertorum Gueldenst. = Iris halophila Pall. ■
208523 Iris desertorum Ker Gawl. = Iris halophila Pall. ■
208524 Iris dichotoma Pall.;野鸢尾(芭蕉扇,白花射干,白花鸢尾,白射干,扁蒲扇,二歧鸢尾,金盏子花,老鹳扇,老鸦扇,冷水丹,歧花鸢尾,扇扇草,扇子草,射干鸢尾,搜山虎,土射干,羊角草);African Iris, Afternoon Iris, Blue Curls, Scissor Plant, Vesper Iris, Vesper Swordflag ■
208525 Iris dolichospiphon Noltie;长管鸢尾■
208526 Iris dolichospiphon Noltie subsp. orientalis Noltie;东方长管鸢尾(东方鸢尾)■
208527 Iris domestica (L.) Goldblatt et Mabb.;栽培鸢尾■
208528 Iris douglasiana Herb.;道格拉斯鸢尾;Douglas Iris, Mountain Iris ■☆
208529 Iris douglasiana Herb. var. alpha Dykes = Iris douglasiana Herb. ■☆
208530 Iris douglasiana Herb. var. altissima Purdy ex Jeps. = Iris douglasiana Herb. ■☆
208531 Iris douglasiana Herb. var. beecheyana (Herb.) Baker = Iris douglasiana Herb. ■☆
208532 Iris douglasiana Herb. var. bracteata Herb. = Iris douglasiana Herb. ■☆
208533 Iris douglasiana Herb. var. major Torr. = Iris douglasiana Herb. ■☆
208534 Iris douglasiana Herb. var. mendocinensis Eastw. = Iris douglasiana Herb. ■☆
208535 Iris douglasiana Herb. var. nuda Herb. = Iris douglasiana Herb. ■☆
208536 Iris douglasiana Herb. var. oregonensis R. C. Foster = Iris douglasiana Herb. ■☆
208537 Iris drepanophylla Aiton et Baker;镰叶鸢尾;Falcateleaf Iris ■☆
208538 Iris duclouxii H. Lév. = Iris collettii Hook. f. ■
208539 Iris edulis L. f. = Moraea fugax (D. Delaroche) Jacq. ■☆
208540 Iris elata Piper = Iris macrosiphon Torr. ■☆
208541 Iris elegantissima Sosn.;雅致鸢尾■☆
208542 Iris elephantina Small = Iris giganticaerulea Small ■☆
208543 Iris ensata Thunb.;玉蝉花(东北鸢尾,旱蒲花,花菖蒲,剑马蔺,剧荔花,劇草,潦叶花,蠡草花,蠡实,荔,马韭,马兰子,马楝花,马楝子,马蔺,马蔺花,马帚,三坚,豕首,铁扫帚,紫花鸢尾);Clematis Iris, Jade Cicada Swordflag, Japan Iris, Japanese Flag, Japanese Iris, Japanese Water Iris, Sword-like Iris ■
208544 Iris ensata Thunb. 'Galathea';黄斑玉蝉花■☆
208545 Iris ensata Thunb. var. chinensis (Fisch.) Maxim. = Iris lactea Pall. ■
208546 Iris ensata Thunb. var. chinensis Maxim. = Iris lactea Pall. ■
208547 Iris ensata Thunb. var. hortensis (Maxim.) Makino et Nemoto;花菖蒲;Garden Sword-like Iris ■
208548 Iris ensata Thunb. var. hortensis (Maxim.) Makino et Nemoto = Iris ensata Thunb. ■
208549 Iris ensata Thunb. var. hortensis Makino et Nemoto = Iris ensata Thunb. ■
208550 Iris ensata Thunb. var. spontanea (Makino) Nakai = Iris ensata Thunb. ■
208551 Iris ensata Thunb. var. spontanea (Makino) Nakai = Iris ensata Thunb. var. spontanea (Makino) Nakai ex Makino et Nemoto ■☆
208552 Iris ensata Thunb. var. spontanea (Makino) Nakai ex Makino et Nemoto;野生玉蝉花■☆
208553 Iris ewbankiana Foster;尤班克鸢尾;Ewbank Iris ■☆

208554 Iris extremorientalis Koidz. = Iris sanguinea Donn ex Hornem. ■
208555 Iris falcifolia Bunge;里海鸢尾;Caspian Iris ■☆
208556 Iris farreri Dykes;多斑鸢尾;Manyspot Iris,Manyspot Swordflag ■
208557 Iris fernaldii R. C. Foster;弗纳尔德鸢尾;Fernald's Iris ■☆
208558 Iris filifolia Boiss.;丝叶鸢尾;Silkleaf Iris ■☆
208559 Iris fimbriata Vaniot = Iris japonica Thunb. ■
208560 Iris flassima Pall.;沙鸢尾;Yellow Iris ■☆
208561 Iris flavescens DC.;浅黄鸢尾;Lemonyellow Iris,Yellowed Iris ■☆
208562 Iris flavissima Pall.;黄金鸢尾(黄花鸢尾,黄鸢尾);Goldbeard Iris,Golden Swordflag ■
208563 Iris flavissima Pall. var. bloudowii (Ledeb.) Baker = Iris bloudowii Ledeb. ■
208564 Iris flavissima Pall. var. jmbrosa Bunge = Iris bloudowii Ledeb. ■
208565 Iris florentina L.;南欧香菖(佛罗伦萨鸢尾,西欧香菖,西欧鸢尾,香根鸢尾);Floren Tine Iris,Florentine Iris,Fragrant-root Iris,Love-root,Orrice,Orrice-root,Orris,Orris Root,White Orris-root,Yemem Iris ■☆
208566 Iris foetidissima L.;红籽鸢尾(红鸢尾);Gladdon,Glading Root,Gladwin,Gladwyn,Gladwyn Gladwin,Gladwyn Iris,Gladyne,Glandwin,Lily,Poison Berry,Roast Beef,Roast Beef Plant,Roastbeef Plant,Roast-beef Plant,Scarlet-seeded Iris,Snake's Berry,Snake's Fiddle,Snake's Food,Snake's Meat,Snake's Poison,Spurgewort,Stinking Gladdon,Stinking Gladwin,Stinking Gladwyn,Stinking Iris,Stinking Segg ■☆
208567 Iris foetidissima L. var. livida Maire = Iris foetidissima L. ■☆
208568 Iris foetidissima L. var. lutescens Maire = Iris foetidissima L. ■☆
208569 Iris foliosa Mack. et Bush;多叶鸢尾;Manyleaf Iris ■☆
208570 Iris foliosa Mack. et Bush = Iris brevicaulis Raf. ■☆
208571 Iris fominii Woronow = Iris fominii Woronow ex Grossh. ■☆
208572 Iris fominii Woronow ex Grossh.;福明鸢尾■☆
208573 Iris fontanesii Gren. et Godr. = Iris tingitana Boiss. et Reut. ■☆
208574 Iris formosana Ohwi;台湾鸢尾;Taiwan Iris,Taiwan Swordflag ■
208575 Iris forrestii Dykes;云南鸢尾(大紫石蒲);Forrest Iris,Yunnan Swordflag ■
208576 Iris fosteriana Aiton et Baker;福氏鸢尾;Foster Iris ■☆
208577 Iris fugax Pers. = Moraea tricolor Andrews ■☆
208578 Iris fulva Ker Gawl.;暗黄鸢尾(铜红鸢尾);Copper Iris,Coppery-red Iris,Red Iris ■☆
208579 Iris fulvaurea Small = Iris fulva Ker Gawl. ■☆
208580 Iris furcata M. Bieb.;分叉鸢尾■☆
208581 Iris gatesii Foster;马丁鸢尾;Mardin Iris ■☆
208582 Iris georgiana Britton = Iris virginica L. ■☆
208583 Iris germanica L.;德国鸢尾(德鸢尾);Bearded Iris,Blue Flag,Common German Flag,Common Iris,Flag,Flag Iris,Flags,Fleur-de-lis,Fleur-de-lys,Garden Flag,German Iris,German Swordflag,London Flag,Purple Flag,Purple Orris-root ■
208584 Iris germanica L. 'Florentina' = Iris florentina L. ■☆
208585 Iris germanica L. var. florentina (Ker Gawl.) Dykes = Iris florentina L. ■☆
208586 Iris germanica L. var. florentina (Ker Gawl.) Dykes = Iris germanica L. ■
208587 Iris gigantea Carrière;大鸢尾(大花鸢尾);Large Iris ■☆
208588 Iris giganticaerulea Small;大蓝鸢尾;Giant Blue Iris ■☆
208589 Iris goniocarpa Baker;锐果鸢尾(细锐果鸢尾,小排草);Angularfruit Iris,Angularfruit Swordflag,Thin Angularfruit Iris,Thin Angularfruit Swordflag ■
208590 Iris goniocarpa Baker var. grossa Y. T. Zhao;大锐果鸢尾■
208591 Iris goniocarpa Baker var. grossa Y. T. Zhao = Iris cuniculiformis Noltie et K. Y. Guan ■
208592 Iris goniocarpa Baker var. tenella Y. T. Zhao;细锐果鸢尾■
208593 Iris goniocarpa Baker var. tenella Y. T. Zhao = Iris goniocarpa Baker ■
208594 Iris gormanii Piper = Iris tenax Douglas ex Lindl. ■☆
208595 Iris gracilipes A. Gray;细梗鸢尾(姬鸢尾,细叶鸢尾);Slender Iris,Slenderleaf Iris ■☆
208596 Iris gracilipes Pamp. = Iris henryi Baker ■
208597 Iris gracilis Licht. ex Roem. et Schult.;纤细鸢尾■☆
208598 Iris gracilis Maxim. = Iris goniocarpa Baker ■
208599 Iris graeberiana Sealy;格拉伯鸢尾■☆
208600 Iris graminea L.;禾草鸢尾(香茎鸢尾);Fragrant Leaf-stem Iris,Grass Iris ■☆
208601 Iris grant-duffii Baker;夏眠鸢尾;Curious Iris ■☆
208602 Iris griffithii Baker;格里菲斯鸢尾;Griffith Iris ■☆
208603 Iris grijsii Maxim. = Iris speculatrix Hance ■
208604 Iris grossheimii Woronow;格罗鸢尾;Grossheim Iris,Grossheim's Iris ■☆
208605 Iris gueldenstaedtiana Lepech. = Iris halophila Pall. ■
208606 Iris halophila Pall.;喜盐鸢尾(厚叶马兰,厚叶马蔺,碱地马蔺,马兰,喜碱鸢尾);Salt-loving Iris,Salt-loving Swordflag ■
208607 Iris halophila Pall. var. sogdiana (Bunge) Grubov;蓝花喜盐鸢尾(蓝花鸢尾,苏格德鸢尾,新疆鸢尾);Blueflower Salt-loving Iris,Blueflower Salt-loving Swordflag,Sogdian Iris ■
208608 Iris hartwegii Baker;哈特维奇鸢尾;Hartweg Iris,Sierra iris ■☆
208609 Iris hartwegii Baker subsp. australis (Parish) L. W. Lenz = Iris hartwegii Baker ■☆
208610 Iris hartwegii Baker subsp. columbiana L. W. Lenz = Iris hartwegii Baker ■☆
208611 Iris hartwegii Baker subsp. pinetorum (Eastw.) L. W. Lenz = Iris hartwegii Baker ■☆
208612 Iris hartwegii Baker var. australis Parish = Iris hartwegii Baker ■☆
208613 Iris henryi Baker;长柄鸢尾;Henry Iris,Henry Swordflag ■
208614 Iris hexagona Walter;六角果鸢尾;Carolina Iris,Dixie Iris,Sixangled Iris ■☆
208615 Iris hexagona Walter var. giganticaerulea (Small) R. C. Foster = Iris giganticaerulea Small ■☆
208616 Iris hexagona Walter var. savannarum (Small) R. C. Foster;疏原鸢尾;Savanna Iris ■☆
208617 Iris hexagona Walter var. savannarum (Small) R. C. Foster = Iris savannarum Small ■☆
208618 Iris himalaica Dykes = Iris clarkei Baker ex Hook. f. ■
208619 Iris hirsuta Licht. ex Roem. et Schult. = Moraea papilionacea (L. f.) Ker Gawl. ■☆
208620 Iris hispanica Steud. = Iris xiphium L. ■☆
208621 Iris histrio Rchb. f.;伊斯鸢尾;Istria Iris ■☆
208622 Iris histrio Rchb. f. var. atropurpureus Messes;深色伊斯鸢尾■☆
208623 Iris histrioides Foster ex Hayek;拟伊斯鸢尾;Dwarf Iris,Similar Iris ■☆
208624 Iris histrioides Foster ex Hayek 'Lady Beatrix Stanley';斯坦蒂夫人拟伊斯鸢尾■☆
208625 Iris histrioides Foster ex Hayek 'Major';大花拟伊斯鸢尾■☆

208626 Iris hollandica Todd.;荷兰鸢尾;Dutch Iris,Holland Iris ■☆
208627 Iris hoogiana Dykes;霍奇鸢尾(胡格氏鸢尾);Hoog Iris ■☆
208628 Iris hookeri Penny ex G. Don;虎氏鸢尾;Beach-head Iris ■☆
208629 Iris hookeriana Foster;胡克鸢尾;Hooker Iris ■☆
208630 Iris humboldtiana Eastw. = Iris tenuissima Dykes ■☆
208631 Iris humilis Georgi = Iris flavissima Pall. ■
208632 Iris humilis M. Bieb.;低地鸢尾;Dwarf Iris ■
208633 Iris humilis M. Bieb. = Iris flavissima Pall. ■
208634 Iris hyrcana Woronow;希尔康鸢尾■☆
208635 Iris iberica Hoffm.;意百里鸢尾(伊比利亚鸢尾);Iberi Iris, Iberian Iris ■☆
208636 Iris iliensis Poljakov;伊犁鸢尾;Yili Iris ■
208637 Iris iliensis Poljakov = Iris lactea Pall. ■
208638 Iris imbricata Lindl.;叠叶鸢尾■
208639 Iris innominata L. F. Hend.;无名鸢尾;Del Norte County Iris, Nameless Iris ■☆
208640 Iris japonica Thunb.;蝴蝶花(白花射干,扁担叶,扁竹,扁竹根,豆豉草,豆豉叶,剑刀草,金刀箭,开喉箭,兰花草,蓝花铰箭,日本鸢尾,搜山虎,铁扁担,铁扁担根,铁豆柴,土知母,下搜山虎,燕子花,紫燕);Butterfly Swordflag,Fringed Iris,Putchock ■
208641 Iris japonica Thunb. 'Variegata';金边鸢尾■☆
208642 Iris japonica Thunb. f. pallescens P. L. Chiu et Y. T. Zhao;白蝴蝶花;White Fringed Iris ■
208643 Iris juncea Poir.;灯芯草鸢尾■☆
208644 Iris junonia Schott et Kotschy ex Schott;西里西亚鸢尾;Cilicia Iris ■☆
208645 Iris kaempferi Siebold ex Lem. = Iris ensata Thunb. ■
208646 Iris kaempferi Siebold ex Lem. var. spontanea Makino = Iris ensata Thunb. ■
208647 Iris kaempferi Siebold ex Lem. var. spontanea Makino = Iris ensata Thunb. var. spontanea (Makino) Nakai ex Makino et Nemoto ■☆
208648 Iris kaempferi Thunb. = Iris ensata Thunb. ■
208649 Iris kamaonensis Wall. = Iris kemaonensis D. Don ex Royle ■
208650 Iris kamayama Makino;釜山鸢尾■☆
208651 Iris karategina B. Fedtsch.;卡拉特金鸢尾■☆
208652 Iris kashmiriana Baker;克什米尔鸢尾(喀什米尔鸢尾,克什米尔马蔺);Kashmir Iris ■☆
208653 Iris kemaonensis D. Don ex Royle;库门鸢尾(日本鸢尾);Kemaon Iris,Kumen Swordflag ■
208654 Iris kerneriana Asch. ex Baker;克纳鸢尾;Kerner Iris ■☆
208655 Iris kimballiae Small = Iris savannarum Small ■☆
208656 Iris kingiana Foster = Iris kemaonensis D. Don ex Royle ■
208657 Iris kobayashii Kitag.;日本矮鸢尾(矮鸢尾);Japanese Dwarf Iris,Japanese Dwarf Swordflag ■
208658 Iris kochii A. Kern. ex Stapf;柯氏鸢尾;Koch Iris ■☆
208659 Iris kolpakowskiana Regel;番红鸢尾(剑鸢尾);Crocus-like Iris ■
208660 Iris kopetdagensis Vved.;科佩特鸢尾■☆
208661 Iris koreana Kitag. = Iris minutoaurea Makino ■
208662 Iris korolkowii Regel;科罗克鸢尾(科罗鸢尾);Korolkow Iris ■☆
208663 Iris kumaonensis Dykes = Iris kemaonensis D. Don ex Royle ■
208664 Iris kuschakewiczii B. Fedtsch.;库沙鸢尾■☆
208665 Iris lactea Pall.;白花马蔺(尖瓣马蔺);White Swordflag, Whiteflower Iris ■
208666 Iris lactea Pall. f. biglumis Kitag.;紫花马蔺■
208667 Iris lactea Pall. var. chinensis (Fisch.) Koidz.;马蔺(尖瓣马蔺,箭杆风,兰花草,蠡实,马兰,马连,马莲,马帚子,紫蓝草,紫雪草);China Swordflag,Chinese Iris ■
208668 Iris lactea Pall. var. chinensis (Fisch.) Koidz. = Iris lactea Pall. ■
208669 Iris lactea Pall. var. chrysantha Y. T. Zhao;黄花马蔺;Yellow White Swordflag,Yellowflower Chinese Iris ■
208670 Iris lactea Pall. var. grandiflora Y. T. Zhao;大花鸢尾;Largeflower Chinese Iris ■
208671 Iris lacustris Nutt.;湖沼鸢尾;Dwarf Lake Iris,Lacustrine Iris ■☆
208672 Iris laevigata Fisch. ex Fisch. et C. A. Mey.;燕子花(光叶鸢尾,平叶鸢尾);Rabbitear Iris,Rabbit-ear Iris,Smooth Iris,Swallow Swordflag ■
208673 Iris laevigata Fisch. ex Fisch. et C. A. Mey. 'Regal';帝王燕子花■☆
208674 Iris laevigata Fisch. ex Fisch. et C. A. Mey. 'Snowtrift';雪丘燕子花■☆
208675 Iris laevigata Fisch. ex Fisch. et C. A. Mey. 'Variegata';花叶燕子花■☆
208676 Iris laevigata Fisch. ex Fisch. et C. A. Mey. var. kaempferi Maxim. = Iris ensata Thunb. ■
208677 Iris laevigata Fisch. var. kaempferi (Siebold ex Lem.) Maxim. = Iris ensata Thunb. ■
208678 Iris lansdaleana Eastw. = Iris purdyi Eastw. ■☆
208679 Iris latifolia (Mill.) Voss;宽叶鸢尾;English Iris ■☆
208680 Iris latifolia (Mill.) Voss 'Duchess of York';约克女公爵宽叶鸢尾■☆
208681 Iris latifolia (Mill.) Voss 'Mont Blanc';白山宽叶鸢尾■☆
208682 Iris latifolia (Mill.) Voss 'Queen of the Blues';蓝后宽叶鸢尾■☆
208683 Iris latifolia (Mill.) Voss = Iris xiphioides Ehrh. ■☆
208684 Iris latistyla Y. T. Zhao;宽柱鸢尾;Broadstyle Iris,Broadstyle Swordflag ■
208685 Iris lazica Albov;拉扎鸢尾■☆
208686 Iris leavigata Fisch. = Iris maackii Maxim. ■
208687 Iris leptophylla Lingelsh.;薄叶鸢尾(茅具蒿);Thinleaf Iris, Thinleaf Swordflag ■
208688 Iris leptorhiza Vved.;细根鸢尾■☆
208689 Iris linifolia O. Fedtsch.;亚麻叶鸢尾;Flaxleaf Iris ■☆
208690 Iris loczyi Kanitz;天山鸢尾;Tianshan Iris,Tianshan Swordflag ■
208691 Iris longifolia Schneev. = Moraea fugax (D. Delaroche) Jacq. ■☆
208692 Iris longipetala Herb.;长瓣鸢尾;Longpetal Iris,Long-petaled Iris ■☆
208693 Iris longipetala Herb. var. montana Baker = Iris missouriensis Nutt. ■☆
208694 Iris longispatha Fisch. = Iris lactea Pall. ■
208695 Iris lorletii Barbey ex Boiss.;美花鸢尾;Beautiful Iris ■☆
208696 Iris ludwigii Maxim.;路德维格鸢尾(留氏鸢尾)■☆
208697 Iris lurida Sol.;褐黄鸢尾;Brown-yellow Iris ■☆
208698 Iris lutescens Lam.;变黄鸢尾(矮鸢尾,佳美鸢尾);Chamae Iris,Dwarf Crimean Iris,Dwarf Iris ■☆
208699 Iris lutescens Lam. subsp. subbiflora (Brot.) D. A. Webb et Chater = Iris subbiflora Brot. ■☆
208700 Iris maackii Maxim.;乌苏里鸢尾;Ussuri Iris,Ussuri Swordflag ■
208701 Iris macrosiphon Torr.;大管鸢尾;Ground Iris ■☆
208702 Iris macrosiphon Torr. = Iris chrysophylla Howell ■☆

208703 Iris macrosiphon Torr. var. purdyi (Eastw.) Jeps. = Iris purdyi Eastw. ■☆
208704 Iris maculata Baker;奥切鸢尾;Aucher-eloy Iris ■☆
208705 Iris magnifica Vved.;中亚大裂鸢尾■☆
208706 Iris mandshurica Maxim.;长白鸢尾(东北鸢尾);Changbai Iris,Changbaishan Swordflag ■
208707 Iris maracandica Vved.;马拉坎达鸢尾■☆
208708 Iris maricoides Regel;泽仙鸢尾■☆
208709 Iris meda Stapf;梅丹鸢尾;Meda Iris ■☆
208710 Iris medwedewii Fomin;麦德鸢尾■☆
208711 Iris mellita Janka;米丽达鸢尾;Mellifluous Iris ■☆
208712 Iris milesii Baker ex Foster;红花鸢尾;Miles Iris, Redflower Iris,Redflower Swordflag ■
208713 Iris milesii Dykes = Iris wattii Baker ex Hook. f. ■
208714 Iris minuta Franch. et Sav. = Iris minutoaurea Makino ■
208715 Iris minutoaurea Makino;小黄花鸢尾(小纤细鸢尾);Little Dlender Iris,Minuteyellowflower Iris,Smallyellow Swordflag ■
208716 Iris miraculosa Small = Iris giganticaerulea Small ■☆
208717 Iris mississippiensis Alexander = Iris brevicaulis Raf. ■☆
208718 Iris missouriensis Nutt.;密苏里鸢尾;Missouri Flag, Missouri Iris,Rocky Mountain Iris,Western Blue Flag,Western Wild Iris ■☆
208719 Iris monnieri DC.;莱蒙纳鸢尾;Golden Iris,Lemonnier Iris ■☆
208720 Iris montana Nutt. ex Dykes;山地鸢尾;Mountain Iris ■☆
208721 Iris montana Nutt. ex Dykes = Iris missouriensis Nutt. ■☆
208722 Iris munzii R. C. Foster;芒兹鸢尾;Munz's Iris ■☆
208723 Iris musulmanica Fomin;木苏鸢尾;Musulman Iris ■☆
208724 Iris mutila Licht. ex Roem. et Schult. = Moraea tripetala (L. f.) Ker Gawl. ■☆
208725 Iris nantoensis S. S. Ying;南投鸢尾;Nantou Iris ■
208726 Iris narbutii O. Fedtsch.;纳尔鸢尾■☆
208727 Iris narcissiflora Diels; 水仙花鸢尾; Narcissus Iris, Narcissuslike Swordflag ■
208728 Iris narynensis O. Fedtsch.;纳伦鸢尾■☆
208729 Iris neglecta Hornem.;未名鸢尾;Neglected Iris ■☆
208730 Iris nepalensis D. Don = Iris decora Wall. ■
208731 Iris nertschinskia Lodd. = Iris sanguinea Donn ex Hornem. ■
208732 Iris nicolai Vved.;尼克鸢尾■☆
208733 Iris notha M. Bieb.;杂种鸢尾■☆
208734 Iris ochroleuca L.;黄绿鸢尾;Whiteyellow Iris, Yellowband Iris ■☆
208735 Iris ochroleuca L. = Iris orientalis Thunb. ■☆
208736 Iris ochroleuca L. var. gigantea Hort.;大黄鸢尾;Largeyellow Iris ■☆
208737 Iris odaesanensis Y. N. Lee;朝鲜鸢尾■
208738 Iris orchioides Carrière;兰鸢尾;Orchid Iris ■☆
208739 Iris orientalis Mill. = Iris sanguinea Donn ex Hornem. ■
208740 Iris orientalis Thunb.;东方鸢尾(溪荪);Butterfly Iris,Oriental Iris,Seashore Iris,Turkish Iris,Yellowband Iris ■☆
208741 Iris oxypetala Bunge = Iris ensata Thunb. ■
208742 Iris palaestina Boiss.;巴勒斯坦鸢尾;Palestine Iris ■☆
208743 Iris pallasii Fisch. var. chinensis Fisch. = Iris lactea Pall. ■
208744 Iris pallida Lam.;香根鸢尾(白鸢尾,淡香菖,欧洲马蔺,银苞鸢尾);Dalmatin Iris, Flag, Pale Iris, Pale Swordflag, Sweet Iris, White Iris ■
208745 Iris pallida Lam. 'Aureo Variegata' = Iris pallida Lam. 'Variegata' ■☆
208746 Iris pallida Lam. 'Variegata';花叶香根鸢尾(黄斑香根鸢尾)■☆
208747 Iris pandurata Maxim.;甘肃鸢尾;Gansu Iris,Gansu Swordflag, Kansu Iris ■
208748 Iris pandurata Maxim. = Iris tigridia Bunge ■
208749 Iris papilionacea L. f. = Moraea papilionacea (L. f.) Ker Gawl. ■☆
208750 Iris paradoxa Steven;奇怪鸢尾;Strange Iris ■☆
208751 Iris pariensis S. L. Welsh = Iris missouriensis Nutt. ■☆
208752 Iris parvula Vved.;较小鸢尾■☆
208753 Iris pavonia L. f. = Moraea tulbaghensis L. Bolus ■☆
208754 Iris pelogonus Goodding = Iris missouriensis Nutt. ■☆
208755 Iris persica L.;波斯鸢尾;Persian Iris ■☆
208756 Iris phragmitetorum Hand.-Mazz. = Iris laevigata Fisch. ex Fisch. et C. A. Mey. ■
208757 Iris pinetorum Eastw. = Iris hartwegii Baker ■☆
208758 Iris planifolia (Mill.) Fiori et Paol.;平叶鸢尾■☆
208759 Iris planifolia (Mill.) Fiori et Paol. var. micrantha Batt. = Iris planifolia (Mill.) Fiori et Paol. ■☆
208760 Iris planifolia (Mill.) Fiori et Paol. var. tarhunensis (Borzí et Mattei) Maire et Weiller = Iris planifolia (Mill.) Fiori et Paol. ■☆
208761 Iris plumaria Thunb. = Moraea lugubris (Salisb.) Goldblatt ■☆
208762 Iris polystachya Thunb. = Moraea polystachya (Thunb.) Ker Gawl. ■☆
208763 Iris polysticta Diels = Iris farreri Dykes ■
208764 Iris popovii Vved.;波氏鸢尾■☆
208765 Iris potaninii Maxim.;卷鞘鸢尾(甘青鸢尾,高原马蔺,高原鸢尾,石生鸢尾);Potanin Iris,Potanin Swordflag ■
208766 Iris potaninii Maxim. var. ionantha Y. T. Zhao;蓝花卷鞘鸢尾(兰花卷鞘鸢尾); Blueflower Potanin Iris, Blueflower Potanin Swordflag ■
208767 Iris prismatica L.;三棱鸢尾(棱柱鸢尾);Narrow Blue Flag, Poison Flagroot, Slender Blue Flag, Slender Blue Iris, Threeangular Iris ■☆
208768 Iris proantha Diels;小鸢尾(拟罗斯鸢尾);Small Iris, Small Swordflag ■
208769 Iris proantha Diels var. vadida (S. S. Chien) Y. T. Zhao;粗壮小鸢尾;Robust Small Swordflag,Strong Small Iris ■
208770 Iris psammocola Y. T. Zhao;砂地鸢尾(沙生鸢尾);Sandy Iris ■
208771 Iris pseudacorus L.;黄菖蒲(大马兰,黄鸢尾);Bastard Acorus,Bastard Flower De Luce,Bastard Flower-de-Luce,Butter-and-eggs,Cagge,Corn Flag,Cucumber,Dagger Flower,Devil's Flower, Devil's Posy,Dragon-flower,Duck's Bill,European Yellow Iris,Flag Lily,Flag Sedge,Flagons Flaggers,Fliggers,Flower De Luce,Flower-deluce, Gladen, Gladwin, Hyacinth, Jacob's-wort, Jacob's Word, Laister,Laver,Leather,Lever,Levver,Liver,Lug,Maikin Maiken, Mekkin,Myrtle Flag,Myrtle Grass,Paleyellow Iris,Pale-yellow Iris, Pond Lily,Queen of the Marshes,Saggin Saggan,Sedge,Seg,Segg, Seggins, Shalder, Shaldon, Skeg, Soldiers-and-sailors, Swan Bill, Swan-bill,Swoed Lily,Sword Flag,Sword Grass,Sword Lily,Swords, Water Flag, Water Flower De Luce, Water Flower-de-Luce, Water Lily,Water Seg, Water Skeg, Water-flag, Wild Iris, Yellow Devil, Yellow Flag,Yellow Flag Iris,Yellow Flour-de-Luce,Yellow Flower De Luce, Yellow Iris, Yellow Saggan, Yellow Sedge, Yellow Swordflag,Yellow Water Flag,Yellow Water Flower De Luce,Yellow Water Flower-de-Luce,Yellow Water Iris,Yellowflag Iris ■
208772 Iris pseudacorus L. 'Variegata';花叶黄菖蒲■☆
208773 Iris pseudacorus L. var. gigantea Hort.;大黄菖蒲(大黄鸢尾);

Large Yellowflag Iris ■☆
208774 Iris pseudacorus L. var. mandschurica Hort.;淡黄鸢尾;Pale Yellowflag Iris ■
208775 Iris pseudacorus L. var. mandschurica Hort. = Iris maackii Maxim. ■
208776 Iris pseudacorus Regel = Iris maackii Maxim. ■
208777 Iris pseudocaucasica Grossh.;假高加索鸢尾■☆
208778 Iris pseudopumila Tineo;假佳美鸢尾;False Chamae Iris ■☆
208779 Iris pseudorossii S. S. Chien = Iris proantha Diels ■
208780 Iris pseudorossii S. S. Chien var. vadida S. S. Chien = Iris proantha Diels var. vadida (S. S. Chien) Y. T. Zhao ■
208781 Iris pumila L.;矮小鸢尾;Dwarf Bearded Iris, Dwarf Iris ■☆
208782 Iris pumila L. = Iris taurica Lodd. ■☆
208783 Iris purdyi Eastw.;帕蒂鸢尾;Purdy Iris, Purdy's Iris ■☆
208784 Iris qinghainica Y. T. Zhao;青海鸢尾;Qinghai Iris, Qinghai Swordflag ■
208785 Iris ramosa Thunb. = Moraea ramosissima (L. f.) Druce ■☆
208786 Iris ramosissima L. f. = Moraea ramosissima (L. f.) Druce ■☆
208787 Iris reichenbachii Heuff.;雷切鸢尾;Reichenbach Iris ■☆
208788 Iris reticulata M. Bieb.;网脉鸢尾(网状鸢尾);Dwarf Iris, Netted Iris, Reticulate Iris ■☆
208789 Iris reticulata M. Bieb. 'Cantab';坎塔布网脉鸢尾■☆
208790 Iris reticulata M. Bieb. 'J. S. Dijt';迪特网脉鸢尾■☆
208791 Iris rivularis Small = Iris savannarum Small ■☆
208792 Iris rosenbachiana Regel;罗森鸢尾;Rosen Iris ■☆
208793 Iris rossii Baker;长尾鸢尾(柔鸢尾);Caudate-bracted Iris, Longtail Swordflag ■
208794 Iris rossii Baker = Iris proantha Diels ■
208795 Iris rossii Baker f. alba Y. N. Lee;白长尾鸢尾■☆
208796 Iris rosthornii Diels = Iris tectorum Maxim. ■
208797 Iris ruthenica Ker Gawl.;紫苞鸢尾(俄罗斯鸢尾,苏联鸢尾,细茎鸢尾,泽兰,紫石蒲);Ever-blooming Iris, Purplebract Iris, Purplebract Swordflag, Russian Iris ■
208798 Iris ruthenica Ker Gawl. f. leucantha Y. T. Zhao;白花紫苞鸢尾;White Purplebract Iris, White Purplebract Swordflag ■
208799 Iris ruthenica Ker Gawl. var. brevituba (Maxim.) Doronkin;短筒紫苞鸢尾;Shorttube Purplebract Iris, Shorttube Purplebract Swordflag ■
208800 Iris ruthenica Ker Gawl. var. brevituba Maxim. = Iris ruthenica Ker Gawl. ■
208801 Iris ruthenica Ker Gawl. var. nana Maxim.;矮紫苞鸢尾(俄罗斯鸢尾,苏联鸢尾,紫苞鸢尾,紫石蒲);Dwarf Purplebract Iris, Dwarf Purplebract Swordflag ■
208802 Iris ruthenica Ker Gawl. var. nana Maxim. = Iris ruthenica Ker Gawl. ■
208803 Iris ruthenica Ker Gawl. var. uniflora (Pall. ex Link) Baker = Iris uniflora Pall. ex Link ■
208804 Iris ruthenica Ker Gawl. var. uniflora Baker = Iris uniflora Pall. ex Link ■
208805 Iris sambucina L.;异味鸢尾;Sambucus Iris ■☆
208806 Iris sanguinea Donn ex Hornem.;溪荪(东方鸢尾,豆豉草,日鸢尾,西伯利亚鸢尾,溪蓿,下搜山);Blood Iris, Bloodred Iris, Bloodred Swordflag, Siberian Iris ■
208807 Iris sanguinea Donn ex Hornem. f. albiflora Makino;白花溪荪;Whiteflower Bloodred Iris, Whiteflower Bloodred Swordflag ■
208808 Iris sanguinea Donn ex Hornem. var. typica Makino = Iris sanguinea Donn ex Hornem. ■
208809 Iris sanguinea Donn ex Hornem. var. violacea Makino;紫溪荪■☆
208810 Iris sanguinea Donn ex Hornem. var. yixingensis Y. T. Zhao;宜兴溪荪(宜兴鸢尾);Yixing Bloodred Iris, Yixing Swordflag ■
208811 Iris sari Schott ex Baker;沙河鸢尾;River Sar Iris ■☆
208812 Iris savannarum Small;萨万鸢尾;Prairie Iris ■☆
208813 Iris scariosa Willd. ex Link;膜苞鸢尾(镰叶马蔺,镰叶鸢尾);Membranous Bract Iris, Scarious Iris, Scarious Swordflag ■
208814 Iris schelkownikowii Fomin;赛氏鸢尾■☆
208815 Iris scorpioides Desf. = Iris planifolia (Mill.) Fiori et Paol. ■☆
208816 Iris scorpiris ?;蝎尾鸢尾;Juno Iris ■☆
208817 Iris serotina Willk.;迟花鸢尾■☆
208818 Iris setifolia L. f. = Moraea setifolia (L. f.) Druce ■☆
208819 Iris setosa Pall. ex Link;山鸢尾(北极鸢尾,刚毛鸢尾);Arctic Iris, Beach-head Iris, Blue Iris, Bristle-pointed Iris, Setose Blue-flag, Setose Iris, Wild Swordflag ■
208820 Iris setosa Pall. ex Link subsp. pygmaea C. E. Lundstr. = Iris hookeri Penny ex G. Don ■☆
208821 Iris setosa Pall. ex Link var. canadensis Foster;加拿大山鸢尾;Canadian Setose Iris ■☆
208822 Iris setosa Pall. ex Link var. canadensis Foster = Iris hookeri Penny ex G. Don ■☆
208823 Iris setosa Pall. ex Link var. hondoensis Honda;刚毛山鸢尾(刚毛鸢尾)■☆
208824 Iris setosa Pall. ex Link var. nasuensis H. Hara;那须鸢尾■☆
208825 Iris setosothunbergii H. Koidz. ex T. Shimizu;刚毛通贝里鸢尾■☆
208826 Iris shrevei Small;希氏鸢尾;Shreve Iris ■☆
208827 Iris shrevei Small = Iris virginica L. var. shrevei (Small) E. S. Anderson ■☆
208828 Iris shrevei Small = Iris virginica L. ■☆
208829 Iris sibirica L.;西伯利亚鸢尾;Siberia Swordflag, Siberian Flag, Siberian Iris ■
208830 Iris sibirica L. f. albiflora Makino;白花西伯利亚鸢尾■☆
208831 Iris sibirica L. var. flexuosa Murray;皱瓣鸢尾;Crisped Iris ■☆
208832 Iris sibirica L. var. orientalis Baker = Iris sanguinea Donn ex Hornem. ■
208833 Iris sibirica L. var. sanguinea (Donn ex Hornem.) Ker Gawl. = Iris sanguinea Donn ex Hornem. ■
208834 Iris sichuanensis Y. T. Zhao;四川鸢尾;Sichuan Iris, Sichuan Swordflag ■
208835 Iris sichuanensis Y. T. Zhao = Iris leptophylla Lingelsh. ■
208836 Iris sikkimensis Dykes;锡金鸢尾;Sikkim Iris ■☆
208837 Iris sindjarensis Boiss. et Hausskn. ex Boiss.;大翼瓣鸢尾;Large-wing Iris ■☆
208838 Iris sintenisii Janka;长颈鸢尾(辛氏鸢尾);Longneck Iris ■☆
208839 Iris sisyrinchium L.;庭菖蒲鸢尾;Barbary Nut, Blue-eyed Iris ■☆
208840 Iris sisyrinchium L. = Moraea sisyrinchium (L.) Ker Gawl. ■☆
208841 Iris sisyrinchium L. var. major Cambess. = Gynandriris sisyrinchium (L.) Parl. ■☆
208842 Iris sisyrinchium L. var. marmarica Pamp. = Gynandriris sisyrinchium (L.) Parl. ■☆
208843 Iris sisyrinchium L. var. minor Cambess. = Moraea mediterranea Goldblatt ■☆
208844 Iris sisyrinchium L. var. purpurea Braun-Blanq. et Maire = Gynandriris sisyrinchium (L.) Parl. ■☆

208845 Iris sisyrinchium L. var. syrtica (Viv.) Durand et Barratte = Gynandriris sisyrinchium (L.) Parl. ■☆

208846 Iris sofarana Foster;黎巴嫩鸢尾;Sofar Iris ■☆

208847 Iris sogdiana Bunge = Iris halophila Pall. var. sogdiana (Bunge) Grubov ■

208848 Iris songarica Schrenk;准噶尔鸢尾;Dzungar Swordflag,Songar Iris ■

208849 Iris songarica Schrenk ex Fisch. et C. A. Mey. var. gracilis Maxim. = Iris farreri Dykes ■

208850 Iris songarica Schrenk var. gracilis Maxim. = Iris farreri Dykes ■

208851 Iris spathacea Thunb. = Moraea spathulata (L. f.) Klatt ■☆

208852 Iris spathulata L. f. = Moraea spathulata (L. f.) Klatt ■☆

208853 Iris speculatrix Hance;小花鸢尾(八棱麻,红丝茅草,九节地菖蒲,亮紫鸢尾,六棱麻,六轮茅,山菖蒲,石菖蒲,野兰花);Smallflower Iris,Smallflower Swordflag ■

208854 Iris spuria L.;假鸢尾(拟鸢尾,欧洲鸢尾);Blue Iris,Butterfly Iris,False Iris,Seashore Iris ■☆

208855 Iris spuria L. subsp. halophila (Pall.) B. Mathew et Wendelbo = Iris halophila Pall. ■

208856 Iris spuria L. var. halophila (Pall.) Dykes = Iris halophila Pall. ■

208857 Iris spuria L. var. halophila (Pall.) Sims. = Iris halophila Pall. ■

208858 Iris spuria L. var. notha M. Bieb.;若达鸢尾;Notha Iris ■☆

208859 Iris spuria L. var. reichenbachiana (Klatt) Dykes = Iris spuria L. ■☆

208860 Iris squalens L.;劣质鸢尾;Squalid Iris ■☆

208861 Iris stocksii Boiss.;斯托克斯鸢尾;Stochs Iris ■☆

208862 Iris stolonifera Maxim.;匍茎鸢尾;Stolon-rootstock Iris ■☆

208863 Iris stylosa Desf.;阿尔及利亚鸢尾;Algerian Fir Iris,Algerian Iris,Winter Iris ■☆

208864 Iris stylosa Desf. = Iris unguicularis Poir. ■☆

208865 Iris subbiflora Brot.;抱茎鸢尾;Clasping Iris ■☆

208866 Iris subdichotoma Y. T. Zhao;中甸鸢尾;Subdichotomous Iris,Subvesper Iris,Zhongdian Swordflag ■

208867 Iris subdichotoma Y. T. Zhao f. alba Y. G. Shen et Y. T. Zhao;白花中甸鸢尾;Whiteflower Zhongdian Swordflag ■

208868 Iris sulphurea C. Koch = Iris sulphurea K. Koch ■☆

208869 Iris sulphurea K. Koch;硫色鸢尾(叠叶鸢尾)■☆

208870 Iris susiana L.;灰色鸢尾(黑鸢尾);Great Spotted Iris,Mourning Iris,Sad-flowered Iris,Window's Weed ■☆

208871 Iris syrtica Viv. = Gynandriris sisyrinchium (L.) Parl. ■☆

208872 Iris tadshikorum Vved.;塔什克鸢尾■☆

208873 Iris tarhunensis (Borzí et Mattei) Pamp. = Iris planifolia (Mill.) Fiori et Paol. ■☆

208874 Iris taurica Lodd.;克里木鸢尾(矮鸢尾,短鸢尾,马兰);Dwarf Bearded Iris,Dwarf Iris,Dwarf Swordflag,Early Flowering Iris,Klimu Iris ■☆

208875 Iris tectorum Maxim.;鸢尾(扁竹,扁竹花,扁竹叶,赤利麻,川射干,豆豉叶,蛤蟆七,蛤蟆跳缺,蝴蝶花,蓝蝴蝶,冷水丹,蜞马七,青蛙七,扇把草,水兰,搜山狗,铁扁担,土知母,乌鸢,乌园,屋顶鸢尾,鸭屁股,燕子花,中搜山虎,紫蝴蝶);Crested Irises,Japanese Roof Iris,Roof Iris,Roof-iris,Swordflag,Wall Flag,Wall Iris ■

208876 Iris tectorum Maxim. f. alba (Dykes) Makino;白花鸢尾(白蝴蝶);White Roof Iris ■

208877 Iris tectorum Maxim. var. alba Dykes = Iris tectorum Maxim. f. alba (Dykes) Makino ■

208878 Iris tenax Douglas = Iris tenax Douglas ex Lindl. ■☆

208879 Iris tenax Douglas ex Lindl.;美丛鸢尾(坚韧鸢尾);Graceful-clump Iris,Oregon Flag,Tough-leaf Iris,Tough-leaved Iris ■☆

208880 Iris tenax Douglas ex Lindl. subsp. klamathensis L. W. Lenz = Iris tenax Douglas ex Lindl. ■☆

208881 Iris tenax Douglas ex Lindl. var. gormanii (Piper) R. C. Foster = Iris tenax Douglas ex Lindl. ■☆

208882 Iris tenuifolia Pall.;细叶鸢尾(安胎黄,老牛揣,老牛拽,丝叶马蔺,细叶马蔺);Slenderleaf Iris,Slenderleaf Swordflag ■

208883 Iris tenuifolia Pall. = Iris loczyi Kanitz ■

208884 Iris tenuifolia Pall. var. thianschanica Maxim. = Iris loczyi Kanitz ■

208885 Iris tenuis S. Watson;细弱鸢尾;Clackamas Iris,Low Slender Iris ■☆

208886 Iris tenuissima Dykes;极纤细鸢尾;Long-tube Iris,Very-slender Iris ■☆

208887 Iris tenuissima Dykes subsp. purdyiformis (R. C. Foster) L. W. Lenz = Iris tenuissima Dykes ■☆

208888 Iris tenuissima Dykes var. purdyiformis R. C. Foster = Iris tenuissima Dykes ■☆

208889 Iris theresiae Sennen et Mauricio = Iris tingitana Boiss. et Reut. ■☆

208890 Iris thianschanica (Maxim.) Vved. = Iris loczyi Kanitz ■

208891 Iris thianshanica (Maxim.) Vved. = Iris loczyi Kanitz ■

208892 Iris thoroldi Baker ex Hemsl. = Iris potaninii Maxim. ■

208893 Iris thoroldii Baker = Iris potaninii Maxim. ■

208894 Iris thunbergii C. E. Lundstr.;通贝里鸢尾;Thunberg Iris ■☆

208895 Iris thunbergii C. E. Lundstr. = Iris sanguinea Donn ex Hornem. var. violacea Makino ■☆

208896 Iris tianschanica (Maxim.) Vved. = Iris loczyi Kanitz ■

208897 Iris tigridia Bunge;粗根鸢尾(粗根马莲,粗根马蔺,拟虎鸢尾);Thickroot Iris,Thickroot Swordflag ■

208898 Iris tigridia Bunge var. fortis Y. T. Zhao;大粗根鸢尾;Large Thickroot Iris ■

208899 Iris tingitana Boiss. et Reut.;丹吉尔鸢尾;Morocco Iris,Tangerian Iris,Tangier Iris ■☆

208900 Iris tingitana Boiss. et Reut. var. fontanesii (Gren. et Godr.) Maire = Iris tingitana Boiss. et Reut. ■☆

208901 Iris tolmieana Herb. = Iris missouriensis Nutt. ■☆

208902 Iris tricuspidata L. f. = Moraea tricuspidata (L. f.) G. J. Lewis ■☆

208903 Iris tricuspis L. f. var. corollapurpurea Thunb. = Moraea villosa (Ker Gawl.) Ker Gawl. ■☆

208904 Iris tricuspis Thunb. = Moraea tricuspidata (L. f.) G. J. Lewis ■☆

208905 Iris tricuspis Thunb. var. minor Jacq. = Moraea unguiculata Ker Gawl. ■☆

208906 Iris tridentata Pursh;三瓣鸢尾;Savannah Iris,Threepetal Iris ■☆

208907 Iris tripetala L. f. = Moraea tripetala (L. f.) Ker Gawl. ■☆

208908 Iris tripetala Walter = Iris tridentata Pursh ■☆

208909 Iris tristis L. f. = Moraea vegeta L. ■☆

208910 Iris trojana Ker Gawl. ex Stapf;特洛伊鸢尾;Troy Iris ■☆

208911 Iris tubergeniana Foster;图氏鸢尾;Tubergen Iris ■☆

208912 Iris tuberosa L. = Hermodactylus tuberosus (L.) Mill. ■☆

208913 Iris typhifolia Kitag.;北陵鸢尾(香蒲叶鸢尾);Cattailleaf Iris,Cattailleaf Swordflag ■

208914 Iris unguicularis Poir.;爪瓣鸢尾(阿尔及利亚鸢尾,香爪鸢尾,爪鸢尾);Algerian Iris,Algerian Winter Iris,Fragrant Unguiculate Iris,Winter Iris ■☆

208915 Iris unguicularis Poir. ‘Mary Barnard’;玛丽·巴纳德爪瓣鸢尾■☆
208916 Iris unguicularis Poir. ‘Walter Butt’;沃尔特·巴特爪瓣鸢尾■☆
208917 Iris uniflora Pall. ex Link;单花鸢尾(单花马蔺,石柱花);Uniflower Iris,Uniflower Swordflag ■
208918 Iris uniflora Pall. ex Link var. caricina Kitag.;窄叶单花鸢尾;Narrowleaf Uniflower Iris,Narrowleaf Uniflower Swordflag ■
208919 Iris variegata L.;花斑鸢尾(黄褐鸢尾,匈牙利鸢尾);Hungarian Iris,Variegated Iris,Various Iris ■☆
208920 Iris vartani Foster;范塔鸢尾;Vartan Iris ■☆
208921 Iris ventricosa Pall.;囊花鸢尾(巨苞鸢尾,膨苞鸢尾);Cystoidflower Swordflag,Inflatedbract Iris ■
208922 Iris verna L.;春花鸢尾(春鸢尾);Dwarf American Iris,Dwarf Iris,Dwarf Violet Iris,Spring Iris,Violet Iris ■☆
208923 Iris verna L. var. smalliana Fernald;山地堇色鸢尾;Upland Violet Iris ■☆
208924 Iris versicolor L.;变色鸢尾(蓝旗鸢尾);Blue Flag,Blue Flag Iris,Blueflag Iris,Blueflag Swordflag,Cat-tail Flag,Dagger Flower,Dragon-flower,Flag Lily,Harlequin Blue Flag,Larger Blue Flag,Larger Blue Iris,Liver Lily,Northern Blue Flag,Poison Flag,Purple Iris,Purple Water Flag,Purple Water Iris,Snake Lily,Water Flag,Wild Flag,Wild Iris ■
208925 Iris versicolor L. ‘Kermesina’;凯尔梅变色鸢尾■☆
208926 Iris versicolor L. var. shrevei (Small) B. Boivin = Iris virginica L. ■☆
208927 Iris versicolor L. var. shrevei (Small) B. Boivin = Iris virginica L. var. shrevei (Small) E. S. Anderson ■☆
208928 Iris vicaria Vved.;替代鸢尾■☆
208929 Iris villosa Ker Gawl. = Moraea villosa (Ker Gawl.) Ker Gawl. ■☆
208930 Iris violacea Klatt;堇色鸢尾;Violaceous Iris ■☆
208931 Iris virescens Delar.?;绿色鸢尾;Green Iris ■☆
208932 Iris virginica L.;弗州鸢尾(白鸢尾,维基尼鸢尾,维吉尼亚鸢尾);Blue Flag,Southern Blue Flag,Virginia Iris ■☆
208933 Iris virginica L. var. shrevei (Small) E. S. Anderson;施氏弗州鸢尾;Blue Flag,Shreve's Iris,Southern Blue Flag,Virginia Iris ■☆
208934 Iris virginica L. var. shrevei (Small) E. S. Anderson = Iris virginica L. ■☆
208935 Iris viscaria L. f. = Moraea viscaria (L. f.) Ker Gawl. ■☆
208936 Iris vvedenskyi Nevski;韦氏鸢尾■☆
208937 Iris warleyensis Foster;沃雷鸢尾(沃利鸢尾);Warley Iris ■☆
208938 Iris watsoniana Purdy = Iris douglasiana Herb. ■☆
208939 Iris wattii Baker ex Hook. f.;扇形鸢尾(扁形鸢尾,扁竹兰,扁竹鸢尾,大扁竹兰,都拉,老君扇,扇竹兰,铁扇子);Fanshaped Iris,Fanshaped Swordflag ■
208940 Iris willmottiana Foster;威尔莫特鸢尾;Willmott Iris ■☆
208941 Iris wilsonii C. H. Wright;黄花鸢尾(开口箭,威氏鸢尾);E. H. Wilson Iris,E. H. Wilson Swordflag ■
208942 Iris winkleri Regel;温克勒鸢尾■☆
208943 Iris winogradowii Fomin;维诺鸢尾■☆
208944 Iris xiphioides Ehrh.;英吉利鸢尾(宽叶鸢尾);English Iris,Great Bulbous Iris,Poor Man's Orchid ■☆
208945 Iris xiphioides Ehrh. = Iris latifolia (Mill.) Voss ■☆
208946 Iris xiphium L.;剑叶鸢尾(西班牙鸢尾);Clouded Iris,Dutch Iris,Spanish Iris,Thunderbolt Iris ■☆
208947 Iris xiphium L. ‘Blue Angel’;蓝天使剑叶鸢尾■☆
208948 Iris xiphium L. ‘Lusitanica’;卢西塔尼亚剑叶鸢尾■☆
208949 Iris xiphium L. ‘Queen Wilhelmina’;威廉敏娜皇后剑叶鸢尾■☆
208950 Iris xiphium L. ‘Wedgwood’;韦奇伍德剑叶鸢尾■☆
208951 Iris xiphium L. var. battandieri Foster = Iris xiphium L. ■☆
208952 Iris xiphium L. var. durandoi Batt. = Iris xiphium L. ■☆
208953 Iris yunnanensis H. Lév. = Iris decora Wall. ■
208954 Irium Steud. = Ireon Burm. f. ●☆
208955 Irium Steud. = Roridula Burm. f. ex L. ●☆
208956 Irlbachia Mart. (1827);雅龙胆属■☆
208957 Irlbachia Mart. = Lisianthus P. Browne ■☆
208958 Irlbachia alata (Aubl.) Maas;翅雅龙胆■☆
208959 Irlbachia speciosa (Cham. et Schltdl.) Maas;雅龙胆■☆
208960 Irma Bouton ex A. DC. = Begonia L. ●■
208961 Irmischia Schltdl. = Metastelma R. Br. ●☆
208962 Iroingia F. Muell. = Polyscias J. R. Forst. et G. Forst. ●
208963 Iron P. Browne = Sauvagesia L. ●
208964 Iroucana Aubl. = Casearia Jacq. ●
208965 Irsiola P. Browne = Cissus L. ●
208966 Irucana Post et Kuntze = Casearia Jacq. ●
208967 Irucana Post et Kuntze = Iroucana Aubl. ●
208968 Irulia Bedd. = Melocanna Trin. ●
208969 Irulia Bedd. = Ochlandra Thwaites ●☆
208970 Irvingbaileya R. A. Howard(1943);欧巴茱萸属●☆
208971 Irvingbaileya australis (C. T. White) R. A. Howard;欧巴茱萸●☆
208972 Irvingella Tiegh. = Irvingia Hook. f. ●☆
208973 Irvingella chevalieri Tiegh. = Irvingia smithii Hook. f. ●☆
208974 Irvingella grandifolia (Engl.) Hallier = Irvingia grandifolia (Engl.) Engl. ●☆
208975 Irvingella rubra Tiegh. = Irvingia smithii Hook. f. ●☆
208976 Irvingella smithii (Hook. f.) Tiegh. = Irvingia smithii Hook. f. ●☆
208977 Irvingella spirei Tiegh. = Desbordesia glaucescens (Engl.) Tiegh. ●☆
208978 Irvingella thollonii Tiegh. = Irvingia smithii Hook. f. ●☆
208979 Irvingia F. Muell. = Hedera L. ●
208980 Irvingia F. Muell. = Irvingia Hook. f. ●☆
208981 Irvingia F. Muell. = Kissodendron Seem. ●
208982 Irvingia Hook. f. (1860);苞芽树属(包芽树属)●☆
208983 Irvingia barteri Hook. f. = Irvingia gabonensis (Aubry-Lecomte ex O'Rorke) Baill. ●☆
208984 Irvingia barteri Hook. f. var. tenuifolia (Hook. f.) Oliv. = Irvingia tenuifolia Hook. f. ●☆
208985 Irvingia caerulea Tiegh. = Irvingia gabonensis (Aubry-Lecomte ex O'Rorke) Baill. ●☆
208986 Irvingia duparquetii Tiegh. = Irvingia gabonensis (Aubry-Lecomte ex O'Rorke) Baill. ●☆
208987 Irvingia erecta Tiegh. = Irvingia gabonensis (Aubry-Lecomte ex O'Rorke) Baill. ●☆
208988 Irvingia excelsa Mildbr.;高大苞芽树●☆
208989 Irvingia fusca Tiegh.;棕色苞芽树●☆
208990 Irvingia gabonensis (Aubry-Lecomte ex O'Rorke) Baill.;加蓬苞芽树;Dika,Dika Butter,Dika Fat,Dika Nuts,Gaboon Chocolate,Wild Mango-tree ●☆
208991 Irvingia gabonensis (O'Rorke) Baill. = Irvingia gabonensis (Aubry-Lecomte ex O'Rorke) Baill. ●☆

208992 Irvingia gabonensis Baill. ex Laness. = Irvingia gabonensis (Aubry-Lecomte ex O'Rorke) Baill. ●☆
208993 Irvingia glaucescens Engl. = Desbordesia glaucescens (Engl.) Tiegh. ●☆
208994 Irvingia grandifolia (Engl.) Engl.;大叶苞芽树●☆
208995 Irvingia grandifolia Engl. = Irvingia grandifolia (Engl.) Engl. ●☆
208996 Irvingia griffonii Tiegh. = Irvingia gabonensis (Aubry-Lecomte ex O'Rorke) Baill. ●☆
208997 Irvingia hookeriana Tiegh. = Irvingia gabonensis (Aubry-Lecomte ex O'Rorke) Baill. ●☆
208998 Irvingia laeta Tiegh.;鲜色苞芽树●☆
208999 Irvingia malayana Oliv. ex A. Benn.;马来苞芽树;Cay-cay Fat ●☆
209000 Irvingia mossambicensis Sims = Parinari curatellifolia Planch. ex Benth. ●☆
209001 Irvingia nodosa Tiegh. = Irvingia smithii Hook. f. ●☆
209002 Irvingia oblonga A. Chev. = Desbordesia glaucescens (Engl.) Tiegh. ●☆
209003 Irvingia oliveri Pierre;奥里弗苞芽树●☆
209004 Irvingia pauciflora Tiegh. = Irvingia gabonensis (Aubry-Lecomte ex O'Rorke) Baill. ●☆
209005 Irvingia platycarpa Tiegh.;宽果苞芽树●☆
209006 Irvingia smithii Hook. f.;史密斯苞芽树●☆
209007 Irvingia tenuifolia Hook. f.;细叶苞芽树●☆
209008 Irvingia tenuinucleata Tiegh.;细核苞芽树●☆
209009 Irvingia velutina Tiegh. = Irvingia gabonensis (Aubry-Lecomte ex O'Rorke) Baill. ●☆
209010 Irvingiaceae (Engl.) Exell et Mendonça = Irvingiaceae Exell et Mendonça(保留科名)●☆
209011 Irvingiaceae Exell et Mendonça(1951)(保留科名);苞芽树科(亚非苞芽树科)●☆
209012 Irvingiaceae Exell et Mendonça(保留科名) = Ixonanthaceae Planch. ex Miq.(保留科名)●
209013 Irvingiaceae Pierre = Irvingiaceae Exell et Mendonça(保留科名)●☆
209014 Irvingiaceae Pierre = Ixonanthaceae Planch. ex Miq.(保留科名)●
209015 Irwinia G. M. Barroso(1980);微毛落苞菊属●☆
209016 Irwinia coronata G. M. Barroso;微毛落苞菊●☆
209017 Iryanthera (A. DC.) Warb.(1896);热美蔻属(彩虹木属,热美肉豆蔻属)●☆
209018 Iryanthera grandis Ducke;大热美蔻●☆
209019 Iryanthera hostmannii Warb.;亚马孙热美蔻●☆
209020 Iryanthera lanceifolia Ducke;披针叶热美蔻●☆
209021 Iryanthera macrophylla Warb.;大叶热美蔻●☆
209022 Iryanthera paraensis Huber;帕拉州热美蔻●☆
209023 Iryanthera sagotiana Warb.;圭亚那热美蔻●☆
209024 Isabelia Barb. Rodr.(1877);伊萨兰属■☆
209025 Isabelia virginalis Barb. Rodr.;伊萨兰■☆
209026 Isacanthus Nees = Sclerochiton Harv. ●☆
209027 Isacanthus vogelii Nees = Sclerochiton vogelii (Nees) T. Anderson ●☆
209028 Isachne R. Br.(1810);柳叶箬属(百珠筱属);Twinball Grass,Twinballgrass ■
209029 Isachne aethiopica Stapf et C. E. Hubb. = Isachne mauritiana Kunth ■☆
209030 Isachne albens Trin.;白花柳叶箬;Nepal Twinballgrass ■
209031 Isachne albens Trin. var. glandulifera P. C. Keng;腺斑柳叶箬■
209032 Isachne albens Trin. var. glandulifera P. C. Keng = Isachne guangxiensis W. Z. Fang ■
209033 Isachne albens Trin. var. hirsuta Hook. f. = Isachne hirsuta (Hook. f.) P. C. Keng ■
209034 Isachne albens Trin. var. hirsuta Hook. f. = Isachne sylvestris Ridl. ■
209035 Isachne albens Trin. var. magna (Merr.) Jansen = Isachne albens Trin. ■
209036 Isachne albens Trin. var. sylvestris (Ridl.) Jansen = Isachne sylvestris Ridl. ■
209037 Isachne angolensis Rendle = Coelachne angolensis (Rendle) Jacq. -Fél. ■☆
209038 Isachne arisanensis Hayata = Isachne albens Trin. ■
209039 Isachne australis R. Br. = Isachne globosa (Thunb.) Kuntze ■
209040 Isachne beneckei Hack. = Isachne clarkei Hook. f. ■
209041 Isachne beneckei Hack. var. depauperata Hack. ex Merr. = Isachne depauperata (Hack.) Merr. ■
209042 Isachne beneckei Hack. var. depauperata Hack. ex Merr. = Isachne pauciflora Hack. ■
209043 Isachne beneckei Hack. var. magna Merr. = Isachne albens Trin. ■
209044 Isachne bomoensis Vanderyst;博莫柳叶箬■☆
209045 Isachne buettneri Hack.;比特纳柳叶箬■☆
209046 Isachne chinensis Merr. = Isachne truncata A. Camus ■
209047 Isachne ciliatiflora Keng ex P. C. Keng;纤毛柳叶箬;Ciliateflower Twinballgrass,Ciliateflowered Twinballgrass ■
209048 Isachne clarkei Hook. f.;小花柳叶箬(本氏柳叶箬,李氏柳叶箬,无腺柳叶箬,小柳叶箬);Benecke Twinballgrass ■
209049 Isachne confusa Ohwi;紊乱柳叶箬■
209050 Isachne debilis Rendle = Isachne myosotis Nees ■
209051 Isachne debilis Rendle = Isachne pauciflora Hack. ■
209052 Isachne depauperata (Hack. ex Merr.) Merr. = Isachne pauciflora Hack. ■
209053 Isachne depauperata (Hack.) Merr.;瘦瘠柳叶箬;Thin Twinballgrass ■
209054 Isachne dispar Trin.;二型柳叶箬(异对柳叶箬,异花柳叶箬);Menten Twinballgrass ■
209055 Isachne dispar Trin. = Isachne pulchella Roth ■
209056 Isachne elatiuscula Ohwi = Isachne albens Trin. ■
209057 Isachne filifolia Franch. = Panicum brazzavillense Franch. ■☆
209058 Isachne geniculata Griff. = Isachne miliacea Roth ex Roem. et Schult. ■
209059 Isachne globosa (Thunb.) Kuntze;柳叶箬(百株筱,百株莜,细叶筱,细叶莜);Globose Zo-sasa ■
209060 Isachne globosa (Thunb.) Kuntze var. brevispicula Ohwi;短穗柳叶箬■☆
209061 Isachne globosa (Thunb.) Kuntze var. brevispicula Ohwi = Isachne globosa (Thunb.) Kuntze ■
209062 Isachne globosa (Thunb.) Kuntze var. compacta W. Z. Fang ex S. L. Chen;紧穗柳叶箬;Compacte Globose Zo-asa ■
209063 Isachne globosa (Thunb.) Kuntze var. effusa (Trin. ex Hook. f.) Senarata = Isachne globosa (Thunb.) Kuntze ■
209064 Isachne gossweileri Stapf et C. E. Hubb.;戈斯柳叶箬■☆
209065 Isachne guangxiensis W. Z. Fang;广西柳叶箬;Guangxi Twinballgrass ■

209066 Isachne guineensis Stapf et C. E. Hubb.;几内亚柳叶箬■☆
209067 Isachne hainanensis P. C. Keng;海南柳叶箬;Hainan Twinballgrass ■
209068 Isachne heterantha Hayata = Isachne dispar Trin. ■
209069 Isachne heterantha Hayata = Isachne pulchella Roth ■
209070 Isachne himalaica Hook. f.;喜马拉雅柳叶箬■
209071 Isachne hirsuta (Hook. f.) P. C. Keng;刺毛柳叶箬;Hirsute Twinballgrass ■
209072 Isachne hirsuta (Hook. f.) P. C. Keng = Isachne sylvestris Ridl. ■
209073 Isachne hirsuta (Hook. f.) P. C. Keng var. angusta W. Z. Fang;窄花柳叶箬;Narrowflower Hirsute Twinballgrass ■
209074 Isachne hirsuta (Hook. f.) P. C. Keng var. yongxiuensis W. Z. Fang;永修柳叶箬;Yongxiu Twinballgrass ■
209075 Isachne hoi P. C. Keng;浙江柳叶箬(贤育柳叶箬);Ho Twinballgrass ■
209076 Isachne kidumaensis Vanderyst = Panicum nervatum (Franch.) Stapf ■☆
209077 Isachne kingundaensis Vanderyst = Cyrtococcum chaetophoron (Roem. et Schult.) Dandy ■☆
209078 Isachne kinshasaensis Vanderyst;金沙萨柳叶箬■☆
209079 Isachne kunthiana (Wight et Arn. ex Steud.) Miq. subsp. nudiglumis (Hack.) T. Koyama = Isachne repens Keng ■
209080 Isachne kunthiana (Wight et Arn. ex Steud.) Miq. var. nudiglumis (Hack.) T. Koyama = Isachne repens Keng ■
209081 Isachne kunthiana (Wight et Arn. ex Steud.) Nees ex Steud.;肯氏柳叶箬;Kunth Twinballgrass ■
209082 Isachne kunthiana (Wight et Arn.) Miq. = Isachne repens Keng ■
209083 Isachne kunthiana (Wight et Arn.) Nees ex Steud. = Isachne guangxiensis W. Z. Fang ■
209084 Isachne kunthiana (Wight. et Arn.) Nees ex Steud. = Isachne kunthiana (Wight et Arn. ex Steud.) Nees ex Steud. ■
209085 Isachne kunthiana P. C. Keng = Isachne guangxiensis W. Z. Fang ■
209086 Isachne kunthiana P. C. Keng var. nudiglumis (Hack.) T. Koyama = Isachne repens Keng ■
209087 Isachne lutchuensis Hatus. et T. Koyama;琉球柳叶箬■☆
209088 Isachne magna (Merr.) Merr. = Isachne albens Trin. ■
209089 Isachne margaritifera Chiov. = Panicum margaritiferum (Chiov.) Robyns ■☆
209090 Isachne mauritiana Kunth;毛里求斯柳叶箬■☆
209091 Isachne mayocoensis Vanderyst = Panicum trichoides Sw. ■
209092 Isachne micrantha Merr. = Isachne myosotis Nees ■
209093 Isachne miliacea Roth = Isachne nipponensis Ohwi ■
209094 Isachne miliacea Roth ex Roem. et Schult.;类黍柳叶箬;Milletgrasslike Twinballgrass ■
209095 Isachne miliacea Roth ex Roem. et Schult. = Isachne globosa (Thunb.) Kuntze ■
209096 Isachne monticola Büse = Isachne debilis Rendle ■
209097 Isachne mortehani Vanderyst;莫特汉柳叶箬■☆
209098 Isachne myosotis Nees;荏弱柳叶箬;Delicate Twinballgrass, Weak Twinballgrass ■
209099 Isachne myosotis Nees = Isachne nipponensis Ohwi ■
209100 Isachne myosotis Nees var. micrantha (Merr.) Jansen = Isachne myosotis Nees ■
209101 Isachne myosotis Nees var. minor Honda = Isachne myosotis Nees ■
209102 Isachne myosotis Nees var. minor Honda = Isachne nipponensis Ohwi ■
209103 Isachne myosotis Nees var. nudiglumis Hack. = Isachne repens Keng ■
209104 Isachne nervata Franch. = Panicum nervatum (Franch.) Stapf ■☆
209105 Isachne nipponensis Ohwi;日本柳叶箬;Japan Twinballgrass, Japanese Twinballgrass ■
209106 Isachne nipponensis Ohwi var. kingsiensis P. C. Keng;江西柳叶箬;Jiangxi Twinballgrass ■
209107 Isachne nipponensis Ohwi var. minor (Honda) Nemoto;小日本柳叶箬■☆
209108 Isachne nipponensis Ohwi var. minor (Honda) Nemoto = Isachne myosotis Nees ■
209109 Isachne nipponensis Ohwi var. minor (Honda) Nemoto = Isachne nipponensis Ohwi ■
209110 Isachne nodibarbata (Hochst. ex Steud.) Henrard = Isachne dispar Trin. ■
209111 Isachne pauciflora Hack.;瘦脊柳叶箬■
209112 Isachne pauciflora Hack. var. depauperata (Hack. ex Merr.) Jansen = Isachne pauciflora Hack. ■
209113 Isachne pauciflora Hack. var. depauperta (Hack.) Jansen = Isachne depauperata (Hack.) Merr. ■
209114 Isachne polygonoides (Lam.) Döll;类蓼柳叶箬;Polygonum-like Twinballgrass ■☆
209115 Isachne polygonoides (Lam.) Döll = Isachne dispar Trin. ■
209116 Isachne ponapensis Hosok. = Isachne globosa (Thunb.) Kuntze ■
209117 Isachne pulchella Roth;矮小柳叶箬■
209118 Isachne pulchella Roth = Sphaerocaryum malaccense (Trin.) Pilg. ■
209119 Isachne pynaertii Vanderyst;皮那柳叶箬■☆
209120 Isachne refracta Hook. f. = Panicum hochstetteri Steud. ■☆
209121 Isachne repens Keng;匍匐柳叶箬;Creeping Twinballgrass ■
209122 Isachne sapinii Vanderyst = Panicum strictissimum Afzel. ex Sw. ■☆
209123 Isachne scabrosa Hook. f.;糙柳叶箬■
209124 Isachne scandens C. E. Hubb. = Isachne buettneri Hack. ■☆
209125 Isachne schmidtii Hack. = Isachne kunthiana (Wight et Arn.) Nees ex Steud. ■
209126 Isachne sikkimensis Bor;锡金柳叶箬■
209127 Isachne stricta Elmer = Isachne albens Trin. ■
209128 Isachne subglobosa Hatus. et T. Koyama;亚球柳叶箬■☆
209129 Isachne sylvestris Ridl.;林刺毛柳叶箬(刺毛柳叶箬)■
209130 Isachne tenuis Keng ex P. C. Keng;细弱柳叶箬;Tenuous Twinballgrass ■
209131 Isachne tenuis Keng ex P. C. Keng = Isachne clarkei Hook. f. ■
209132 Isachne trochainii A. Camus = Panicum tenellum Lam. ■☆
209133 Isachne truncata A. Camus;平颖柳叶箬;Truncate Twinballgrass ■
209134 Isachne truncata A. Camus var. cordata A. Camus;心叶柳叶箬;Heartleaf Truncate Twinballgrass ■
209135 Isachne truncata A. Camus var. cordata A. Camus = Isachne truncata A. Camus ■
209136 Isachne truncata A. Camus var. crispa P. C. Keng;皱叶柳叶箬;Wrinkleleaf Twinballgrass ■
209137 Isachne truncata A. Camus var. crispa P. C. Keng = Isachne truncata A. Camus ■
209138 Isachne truncata A. Camus var. maxima P. C. Keng;硕大柳叶箬;Big Truncate Twinballgrass ■

209139 Isachne truncata A. Camus var. maxima P. C. Keng = Isachne truncata A. Camus ■
209140 Isachne wombaliensis Vanderyst = Panicum nervatum (Franch.) Stapf ■☆
209141 Isaetne lutaria Santos = Isachne dispar Trin. ■
209142 Isaloa Humbert = Barleria L. ●■
209143 Isaloa lepida Humbert = Barleria separata Benoist ●☆
209144 Isalus J. B. Phipps = Tristachya Nees ■☆
209145 Isandra F. Muell. = Symonanthus Haegi ■☆
209146 Isandra Salisb. = Thysanotus R. Br. (保留属名) ■
209147 Isandraea Rauschert = Isandra F. Muell. ■☆
209148 Isandraea Rauschert = Symonanthus Haegi ■☆
209149 Isandrina Raf. = Cassia L. (保留属名) ●■
209150 Isanthera Nees = Rhynchotechum Blume ●
209151 Isanthera discolor Maxim. = Rhynchotechum discolor (Maxim.) B. L. Burtt ●
209152 Isanthera discolor Maxim. var. austrokiushiuensis Ohwi = Rhynchotechum discolor (Maxim.) B. L. Burtt var. austrokiushiuense (Ohwi) Ohwi ●
209153 Isanthera discolor Maxim. var. incisa Ohwi = Rhynchotechum discolor (Maxim.) B. L. Burtt var. incisum (Ohwi) E. Walker ●
209154 Isanthina Rchb. = Commelina L. ■
209155 Isanthina Rchb. ex Steud. = Commelina L. ■
209156 Isanthus DC. = Homoianthus Bonpl. ex DC. ■☆
209157 Isanthus DC. = Perezia Lag. ■☆
209158 Isanthus Michx. (1803); 等花草属 ●☆
209159 Isanthus Michx. = Trichostema L. ●■☆
209160 Isanthus brachiatus (L.) Britton, Sterns et Poggenb. = Trichostema brachiatum L. ●☆
209161 Isanthus brachiatus (L.) Britton, Sterns et Poggenb. var. linearis Fassett = Trichostema brachiatum L. ●☆
209162 Isanthus coeruleus Michx.; 等花草 ●☆
209163 Isanthus coeruleus Michx. = Trichostema brachiatum L. ●☆
209164 Isartia Dumort. = Isertia Schreb. ●☆
209165 Isatidaceae Döll = Brassicaceae Burnett (保留科名) ■●
209166 Isatidaceae Döll = Cruciferae Juss. (保留科名) ■●
209167 Isatis L. (1753); 菘蓝属(大青属); Woad ■
209168 Isatis aegyptia L. = Cakile maritima Scop. ■☆
209169 Isatis aleppica Scop. = Isatis lusitanica L. ■
209170 Isatis aleppica Scop. var. constricta Coss. = Isatis lusitanica L. ■
209171 Isatis anceps N. Busch; 二棱菘蓝 ■☆
209172 Isatis araratica Rupr.; 亚拉腊菘蓝 ■☆
209173 Isatis armena L. = Sameraria armena (L.) Desv. ■☆
209174 Isatis arnoldiana N. Busch; 阿诺尔德菘蓝 ■☆
209175 Isatis besseri Trautv.; 拜斯菘蓝 ■☆
209176 Isatis boissieriana Rchb. f.; 布瓦西耶菘蓝 ■☆
209177 Isatis brachycarpa C. A. Mey.; 短果菘蓝 ■☆
209178 Isatis brevipes (Bunge) Jafri = Pachypterygium brevipes Bunge ■
209179 Isatis bungeana Seidl; 布氏菘蓝 ■☆
209180 Isatis canescens DC.; 灰白菘蓝 ■☆
209181 Isatis canescens DC. = Isatis tinctoria L. subsp. canescens (DC.) Malag. ■☆
209182 Isatis cappadocica Desv.; 小亚细亚菘蓝 ■☆
209183 Isatis caucasica (Rupr.) N. Busch; 高加索菘蓝 ■☆
209184 Isatis costata C. A. Mey.; 三肋菘蓝(肋果菘蓝); Threevein Woad ■
209185 Isatis costata C. A. Mey. var. lasiocarpa (Ledeb.) N. Busch; 毛三肋菘蓝 ■
209186 Isatis costata C. A. Mey. var. lasiocarpa (Ledeb.) N. Busch = Isatis costata C. A. Mey. ■
209187 Isatis costata C. A. Mey. var. lasiocarpa (Ledeb.) N. Busch = Isatis tinctoria L. var. praecox (Kit.) Koch ■
209188 Isatis costata C. A. Mey. var. leiocarpa Ledeb. = Isatis costata C. A. Mey. ■
209189 Isatis djurdjurae Coss. et Durieu; 德氏菘蓝 ■☆
209190 Isatis djurdjurae Coss. et Durieu var. microcarpa Maire = Isatis djurdjurae Coss. et Durieu ■☆
209191 Isatis djurdjurae Coss. et Durieu var. stenocarpa Maire = Isatis djurdjurae Coss. et Durieu ■☆
209192 Isatis emarginata N. Busch = Isatis violascens Bunge ■
209193 Isatis frutescens Kar. et Kir.; 灌木菘蓝 ●☆
209194 Isatis glauca Aucher; 灰绿菘蓝 ■☆
209195 Isatis grossheimii N. Busch; 格罗菘蓝 ■☆
209196 Isatis hirtocalyx Franch.; 毛萼菘蓝 ■☆
209197 Isatis iberica Stev.; 伊比利亚菘蓝 ■☆
209198 Isatis indigotica Fortune ex Lindl. = Isatis tinctoria L. var. indigotica (Fortune) T. Y. Cheo et K. C. Kuan ■
209199 Isatis indigotica Fortune ex Lindl. = Isatis tinctoria L. ■
209200 Isatis jacutensis N. Busch; 雅库特菘蓝 ■☆
209201 Isatis japonica Miq.; 日本菘蓝 ■☆
209202 Isatis japonica Miq. = Isatis tinctoria L. var. indigotica (Fortune) T. Y. Cheo et K. C. Kuan ■
209203 Isatis koelzii Rech. f. = Isatis tinctoria L. ■
209204 Isatis laevigata Trautv.; 平滑菘蓝 ■☆
209205 Isatis lasiocarpa Ledeb.; 绒果菘蓝; Hairfruit Woad ■
209206 Isatis lasiocarpa Ledeb. = Isatis costata C. A. Mey. ■
209207 Isatis lasiocarpa Ledeb. = Isatis tinctoria L. var. praecox (Kit.) Koch ■
209208 Isatis latisiliqua Stev.; 宽果菘蓝 ■☆
209209 Isatis leuconeura Boiss.; 白脉菘蓝 ■☆
209210 Isatis litoralis Steven; 海滨菘蓝; Seashore Woad ■☆
209211 Isatis lusitanica Desf. = Isatis tinctoria L. ■
209212 Isatis lusitanica L.; 卢西塔尼亚菘蓝 ■
209213 Isatis maxima Pavlov; 大菘蓝 ■☆
209214 Isatis microcarpa Boiss.; 大果菘蓝 ■☆
209215 Isatis minima Bunge; 小果菘蓝; Smallfruit Woad ■
209216 Isatis multicaulis (Kar. et Kir.) Jafri = Pachypterygium multicaulis (Kar. et Kir.) Bunge ■
209217 Isatis oblongata DC.; 长圆果菘蓝(大青, 矩形大青, 矩形菘蓝, 矩叶大青); Oblongfruit Woad ■
209218 Isatis oblongata DC. var. yezoensis (Ohwi) Y. L. Chang = Isatis oblongata DC. ■
209219 Isatis oblongata DC. var. yezoensis (Ohwi) Y. L. Chang = Isatis tinctoria L. ■
209220 Isatis ornithorhynchus N. Busch; 鸟嘴菘蓝 ■☆
209221 Isatis praecox Kit. = Isatis tinctoria L. var. praecox (Kit.) Koch ■
209222 Isatis praecox Tratt.; 早熟菘蓝 ■☆
209223 Isatis psilocarpa Ledeb.; 光果菘蓝 ■☆
209224 Isatis reticulata C. A. Mey.; 网状菘蓝 ■☆
209225 Isatis sabulosa Steven ex Ledeb.; 沙生菘蓝(砂生菘蓝, 楔叶菘蓝) ■☆
209226 Isatis songarica Schrenk = Isatis minima Bunge ■
209227 Isatis subradiata Rupr.; 辐射菘蓝 ■☆
209228 Isatis taurica M. Bieb.; 克里木菘蓝; Taur Woad ■☆

209229 Isatis tinctoria L. ;欧洲菘蓝(草大青,大蓝,大青,靛,靛青,甘蓝,江南大青,蓝菜,蓝靛,马蓝,青靛,菘蓝,葴);Ash of Jerusalem, Chinese Indigo, Dyer's Greenweed, Dyer's Herb, Dyer's Weed, Dyer's Woad, Goud, Jerusalem Ash, Ode, Pastel, Wadd, Wade, Woad, Wood, Wud ■

209230 Isatis tinctoria L. subsp. canescens (DC.) Malag. ;灰白欧洲菘蓝■☆

209231 Isatis tinctoria L. subsp. oblongata (DC.) N. Busch = Isatis oblongata DC. ■

209232 Isatis tinctoria L. var. indigotica (Fortune) T. Y. Cheo et K. C. Kuan;菘蓝(板蓝根,草大青,臭大青,大靛,大青,靛,靛青,蓝靛,路边青,木本大青,菘青,鸭公青,羊咪青);Indigo Woad, Indigoblue Woad ■

209233 Isatis tinctoria L. var. indigotica (Fortune) T. Y. Cheo et K. C. Kuan = Isatis tinctoria L. ■

209234 Isatis tinctoria L. var. indigotica (Fortune) T. Y. Cheo et K. C. Kuan = Isatis indigotica Fortune ex Lindl. ■

209235 Isatis tinctoria L. var. lusitanica (Desf.) Batt. = Isatis tinctoria L. ■

209236 Isatis tinctoria L. var. praecox (Kit.) Koch; 毛果菘蓝; Hairyfruit Dyers Woad ■

209237 Isatis tinctoria L. var. praecox (Tratt.) Koch = Isatis praecox Tratt. ■☆

209238 Isatis tinctoria L. var. yezoensis (Ohwi) Ohwi;北海道菘蓝; Yezo Dyer's Woad ■☆

209239 Isatis tinctoria L. var. yezoensis (Ohwi) Ohwi = Isatis tinctoria L. ■

209240 Isatis trachycarpa Trautv. ;糙果菘蓝■☆

209241 Isatis violascens Bunge;宽翅菘蓝;Broadwing Woad ■

209242 Isatis yezoensis Ohwi = Isatis tinctoria L. ■

209243 Isaura Comm. ex Poir. = Stephanotis Thouars(废弃属名)●

209244 Isauxis (Arn.) Rchb. = Vatica L. ●

209245 Isauxis Rchb. = Vatica L. ●

209246 Ischaemon Hill = Ischaemum L. ■

209247 Ischaemon Schmiedel = Luzula DC. (保留属名)■

209248 Ischaemopogon Griseb. = Ischaemum L. ■

209249 Ischaemum L. (1753);鸭嘴草属;Duckbeakgrass ■

209250 Ischaemum afrum (J. F. Gmel.) Dandy;非洲鸭嘴草■☆

209251 Ischaemum akoense Honda; 屏东鸭嘴草; Pingdong Duckbeakgrass ■

209252 Ischaemum akoense Honda = Ischaemum rugosum Salisb. ■

209253 Ischaemum amethystinum J. -P. Lebrun;紫水晶鸭嘴草■☆

209254 Ischaemum angustifolium (Trin.) Hack. = Eulaliopsis binata (Retz.) C. E. Hubb. ■

209255 Ischaemum antephoroides (Steud.) Miq. ; 毛鸭嘴草; Hair Duckbeakgrass, Hairy Duckbeakgrass ■

209256 Ischaemum anthephoroides (Steud.) Miq. var. eriostachyum (Hack.) Honda = Ischaemum antephoroides (Steud.) Miq. ■

209257 Ischaemum arcuatum (Nees) Stapf = Ischaemum fasciculatum Brongn. ■☆

209258 Ischaemum aristamm L. subsp. barbamm (Retz.) Hack. var. meyenianum (Nees) Hack. = Ischaemum barbatum Retz. ■

209259 Ischaemum aristatum L. ;有芒鸭嘴草(本田鸭嘴草,芒穗鸭嘴草);Awned Duckbeakgrass, Honda Duckbeakgrass, Silver-grass ■

209260 Ischaemum aristatum L. = Ischaemum barbatum Retz. ■

209261 Ischaemum aristatum L. subsp. barbatum (Retz.) Hack. ;粗毛鸭嘴草(瘤鸭嘴草,芒穗鸭嘴草,毛穗鸭嘴草); Bearded Duckbeakgrass, Shag Duckbeakgrass ■

209262 Ischaemum aristatum L. subsp. barbatum (Retz.) Hack. = Ischaemum barbatum Retz. ■

209263 Ischaemum aristatum L. subsp. glaucum (Honda) T. Koyama = Ischaemum aristatum L. var. glaucum (Honda) T. Koyama ■

209264 Ischaemum aristatum L. subsp. imberbe (Retz.) Hack. ;光穗有芒鸭嘴草(光穗鸭嘴草);Beardless Duckbeakgrass ■☆

209265 Ischaemum aristatum L. var. barbivaginatum H. R. Zhao;毛鞘有芒鸭嘴草(毛鞘鸭嘴草);Hairysheath Duckbeakgrass ■

209266 Ischaemum aristatum L. var. crassipes (Steud.) Yonek. ;粗柄有芒鸭嘴草■

209267 Ischaemum aristatum L. var. glaucum (Honda) T. Koyama;灰蓝有芒鸭嘴草■

209268 Ischaemum aristatum L. var. glaucum (Honda) T. Koyama = Ischaemum aristatum L. var. crassipes (Steud.) Yonek. ■

209269 Ischaemum aristatum L. var. lanuginosum A. Camus = Ischaemum barbatum Retz. ■

209270 Ischaemum aristatum L. var. lodiculare (Nees) Hack. = Ischaemum barbatum Retz. ■

209271 Ischaemum aristatum L. var. longiaristatum H. R. Zhao;长芒鸭嘴草;Long-awn Duckbeakgrass ■

209272 Ischaemum aristatum L. var. meyenianum (Nees) A. Camus;迈氏鸭嘴草;Meyen Duckbeakgrass ■☆

209273 Ischaemum aristatum L. var. meyenianum (Nees) Hack. = Ischaemum barbatum Retz. ■

209274 Ischaemum aristatum L. var. momiyamae (Honda) C. Hsu;毛穗鸭嘴草;Momiyama Duckbeakgrass ■

209275 Ischaemum aristatum L. var. momiyamae (Honda) C. Hsu = Ischaemum aristatum L. var. glaucum (Honda) T. Koyama ■

209276 Ischaemum aureum (Hook. et Arn.) Hack. ; 金黄鸭嘴草; Golden Duckbeakgrass ■

209277 Ischaemum barbatum L. var. hainanense Keng et H. R. Zhao = Ischaemum barbatum Retz. ■

209278 Ischaemum barbatum Retz. = Ischaemum aristatum L. subsp. barbatum (Retz.) Hack. ■

209279 Ischaemum barbatum Retz. var. gibbum (Trin.) Ohwi;瘤鸭嘴草■

209280 Ischaemum barbatum Retz. var. gibbum (Trin.) Ohwi = Ischaemum barbatum Retz. ■

209281 Ischaemum barbatum Retz. var. hainanense Keng et H. R. Zhao = Ischaemum barbatum Retz. ■

209282 Ischaemum barbatum Retz. var. scabridulum Keng et H. R. Zhao = Ischaemum barbatum Retz. ■

209283 Ischaemum brachyatherum (Hochst.) Fenzl ex Hack. = Ischaemum afrum (J. F. Gmel.) Dandy ■☆

209284 Ischaemum chrysatherum K. Schum. ex Engl. = Andropogon heterantherus Stapf ■☆

209285 Ischaemum ciliare Retz. ;细毛鸭嘴草■

209286 Ischaemum ciliare Retz. = Ischaemum indicum (Houtt.) Merr. ■

209287 Ischaemum ciliare Retz. var. villosum (Nees) Hack. = Ischaemum ciliare Retz. ■

209288 Ischaemum crassipes (Steud.) Thell. ;鸭嘴草;Duckbeakgrass ■

209289 Ischaemum crassipes (Steud.) Thell. = Ischaemum aristatum L. var. crassipes (Steud.) Yonek. ■

209290 Ischaemum crassipes (Steud.) Thell. = Ischaemum aristatum L. var. glaucum (Honda) T. Koyama ■

209291 Ischaemum crassipes (Steud.) Thell. var. aristatum (Hack.)

Nakai = Ischaemum aristatum L. var. crassipes (Steud.) Yonek. ■

209292 Ischaemum crassipes (Steud.) Thell. var. aristatum Nakai = Ischaemum aristatum L. ■

209293 Ischaemum crassipes (Steud.) Thell. var. formosanum (Hack.) Nakai = Ischaemum aristatum L. ■

209294 Ischaemum crassipes (Steud.) Thell. var. glaucum Honda = Ischaemum aristatum L. var. glaucum (Honda) T. Koyama ■

209295 Ischaemum crassipes (Steud.) Thell. var. hainanense Keng = Ischaemum aristatum L. ■

209296 Ischaemum crassipes (Steud.) Thell. var. hainanense Keng = Ischaemum aristatum L. var. glaucum (Honda) T. Koyama ■

209297 Ischaemum crassipes (Steud.) Thell. var. hondae (Matsuda) Nakai = Ischaemum aristatum L. ■

209298 Ischaemum crassipes (Steud.) Thell. var. momiyamae Honda = Ischaemum aristatum L. var. glaucum (Honda) T. Koyama ■

209299 Ischaemum crassipes (Steud.) Thell. var. momiyamai Honda = Ischaemum aristatum L. var. momiyamai (Honda) C. Hsu ■

209300 Ischaemum crassipes (Steud.) Thell. var. pilipes H. R. Zhao = Ischaemum aristatum L. var. glaucum (Honda) T. Koyama ■

209301 Ischaemum crassipes (Steud.) Tihell. = Ischaemum aristatum L. var. glaucum (Honda) T. Koyama ■

209302 Ischaemum crinitum (Thunb.) Trin. = Pogonatherum crinitum (Thunb.) Kunth ■

209303 Ischaemum cuspidatum Roxb. = Vossia cuspidata (Roxb.) Griff. ■☆

209304 Ischaemum cylindricum Keng et H. R. Zhao = Ischaemum barbatum Retz. ■

209305 Ischaemum cylindricum Keng et H. R. Zhao = Ischaemum goebelii Hack. ■

209306 Ischaemum digitatum Brongn. = Ischaemum polystachyum J. Presl ■

209307 Ischaemum duthiei Stapf ex Bor = Ischaemum polystachyum J. Presl ■

209308 Ischaemum eriostachyum Hack. = Ischaemum antephoroides (Steud.) Miq. ■

209309 Ischaemum fasciculatum Brongn.;簇生鸭嘴草■☆

209310 Ischaemum fasciculatum Brongn. = Ischaemum polystachyum J. Presl ■

209311 Ischaemum filiforme Willd.;丝状鸭嘴草■☆

209312 Ischaemum franksae J. M. Wood = Phacelurus franksae (J. M. Wood) Clayton ■☆

209313 Ischaemum glaucostachyum Stapf = Ischaemum afrum (J. F. Gmel.) Dandy ■☆

209314 Ischaemum goebelii Hack.; 圆柱鸭嘴草; Column Duckbeakgrass ■

209315 Ischaemum goebelii Hack. = Ischaemum barbatum Retz. ■

209316 Ischaemum guangxiense H. R. Zhao = Ischaemum aristatum L. ■

209317 Ischaemum heterotrichum Hack.;异毛鸭嘴草■☆

209318 Ischaemum hirsutum Peter = Ischaemum amethystinum J. -P. Lebrun ■☆

209319 Ischaemum hondae Matsuda = Ischaemum aristatum L. ■

209320 Ischaemum imbricatum Stapf ex Ridl. var. pubescens Keng et H. R. Zhao = Ischaemum barbatum Retz. ■

209321 Ischaemum indicum (Houtt.) Merr.;纤毛鸭嘴草(细毛鸭嘴草,印度鸭嘴草); Batiki Blue Grass, Ciliate Duckbeakgrass, Finehair Duckbeakgrass, India Duck-beak, Indian Duckbeakgrass, Indian Murainagrass, Stalkleaf Murainagrass ■

209322 Ischaemum indicum (Houtt.) Merr. var. breviaristatum H. R. Zhao = Ischaemum indicum (Houtt.) Merr. ■

209323 Ischaemum indicum (Houtt.) Merr. var. breviaristatum Zhao = Ischaemum ciliare Retz. ■

209324 Ischaemum indicum (Houtt.) Merr. var. guangdongense H. R. Zhao = Ischaemum indicum (Houtt.) Merr. ■

209325 Ischaemum indicum (Houtt.) Merr. var. guangdongense Zhao = Ischaemum ciliare Retz. ■

209326 Ischaemum involutum G. Forst. = Thuarea involuta (G. Forst.) R. Br. ex Roem. et Schult. ■

209327 Ischaemum ischaemoides (Hook. et Arn.) Nakai;普通鸭嘴草■☆

209328 Ischaemum juncifolium Ballard et C. E. Hubb. = Phacelurus franksae (J. M. Wood) Clayton ■☆

209329 Ischaemum junodii Hack. = Ischaemum fasciculatum Brongn. ■☆

209330 Ischaemum laeve Ridl. = Ischaemum magnum Rendle ■

209331 Ischaemum lanceolatum Keng = Microstegium lanceolatum (Keng) S. M. Phillips et S. L. Chen ■

209332 Ischaemum lanuginosum (A. Camus) Keng et H. R. Zhao = Ischaemum barbatum Retz. ■

209333 Ischaemum lanuginosum (A. Camus) Keng et H. R. Zhao var. enodulosum Keng et H. R. Zhao = Ischaemum barbatum Retz. ■

209334 Ischaemum lanuginosum (A. Camus) Keng et H. R. Zhao var. erianthum Keng et H. R. Zhao = Ischaemum barbatum Retz. ■

209335 Ischaemum laxum R. Br. = Sehima nervosa (Rottler) Stapf ■

209336 Ischaemum leersioides Munro = Eremochloa ciliaris (L.) Merr. ■

209337 Ischaemum magnum Rendle;大穗鸭嘴草■

209338 Ischaemum melicoides (Körn.) Nees;印缅肠须草■☆

209339 Ischaemum melicoides Körn. = Ischaemum melicoides (Körn.) Nees ■☆

209340 Ischaemum mellei Stent = Ischaemum fasciculatum Brongn. ■☆

209341 Ischaemum minus J. Presl et C. Presl; 小鸭嘴草; Little Duckbeakgrass ■

209342 Ischaemum molle Hook. f.;印巴鸭嘴草■☆

209343 Ischaemum multicum L. = Zoysia macrostachya Franch. et Sav. ■

209344 Ischaemum murinum Hook. f. = Ischaemum thomsonianum Stapf ex C. E. C. Fisch. ■

209345 Ischaemum muticum L.;无芒鸭嘴草;Awnless Duckbeakgrass ■

209346 Ischaemum nervosum (Rottler) Thwaites = Sehima nervosa (Rottler) Stapf ■

209347 Ischaemum nodulosum Honda = Ischaemum barbatum Retz. ■

209348 Ischaemum nodulosum Honda var. glabriflorum Keng et H. R. Zhao = Ischaemum barbatum Retz. ■

209349 Ischaemum ophiuroides Munro = Eremochloa ophiuroides (Munro) Hack. ■

209350 Ischaemum paleaceum Trin. = Apocopis paleacea (Trin.) Hochr. ■

209351 Ischaemum petiolare (Trin.) Hack. = Microstegium petiolare (Trin.) Bor ■

209352 Ischaemum polystachyum J. Presl;簇穗鸭嘴草■

209353 Ischaemum purpurascens Stapf = Ischaemum fasciculatum Brongn. ■☆

209354 Ischaemum robustum Hook. f. = Phacelurus speciosus (Steud.) C. E. Hubb. ■☆

209355 Ischaemum roseotomentosum J. B. Phipps;粉红毛鸭嘴草■☆

209356 Ischaemum rugosum Salisb.;田间鸭嘴草(皱颖鸭嘴草);Field

Duckbeakgrass, Ribbed Murainagrass, Wrinkled Duckbeakgrass ■
209357 Ischaemum rugosum Salisb. var. humidum Keng et H. R. Zhao = Ischaemum barbatum Retz. ■
209358 Ischaemum rugosum Salisb. var. segetum (Trin.) Hack. = Ischaemum rugosum Salisb. ■
209359 Ischaemum secundatum Walter = Stenotaphrum secundatum (Walter) Kuntze ■
209360 Ischaemum segetum Trin. = Ischaemum rugosum Salisb. ■
209361 Ischaemum sehima Spreng. = Sehima ischaemoides Forssk. ■☆
209362 Ischaemum setaceum Honda; 小黄金鸭嘴草; Small Duckbeakgrass ■
209363 Ischaemum sieboldii Miq. = Ischaemum aristatum L. var. glaucum (Honda) T. Koyama ■
209364 Ischaemum sieboldii Miq. var. formosanum Hack. = Ischaemum aristatum L. ■
209365 Ischaemum sinense Keng et H. R. Zhao = Ischaemum barbatum Retz. ■
209366 Ischaemum stipitatum Chiov. = Ischaemum fasciculatum Brongn. ■☆
209367 Ischaemum stolzii Pilg. = Andropterum stolzii (Pilg.) C. E. Hubb. ■☆
209368 Ischaemum taborense Pilg. = Ischaemum fasciculatum Brongn. ■☆
209369 Ischaemum tallanum Rendle = Ischaemum fasciculatum Brongn. ■☆
209370 Ischaemum thomsonianum Stapf ex C. E. C. Fisch.;尖颖鸭嘴草■
209371 Ischaemum tientaiense Keng et H. R. Zhao = Ischaemum barbatum Retz. ■
209372 Ischaemum timorense Kunth;帝汶鸭嘴草■
209373 Ischaemum timorense Kunth = Ischaemum indicum (Houtt.) Merr. ■
209374 Ischaemum urvilleanum Kunth var. ischaemoides (Hook. et Arn.) Honda = Ischaemum ischaemoides (Hook. et Arn.) Nakai ■☆
209375 Ischaemum yunnanense Keng et H. R. Zhao = Ischaemum barbatum Retz. ■
209376 Ischaemum yunnanense Keng et H. R. Zhao = Ischaemum goebelii Hack. ■
209377 Ischaemum zeylanicum Hack. ex Trimen = Eremochloa zeylanica (Hack. ex Trimen) Hack. ■
209378 Ischaleon Ehrh. = Gentiana (Tourn.) L. ■
209379 Ischarum (Blume) Rchb. = Biarum Schott(保留属名)■☆
209380 Ischarum Blume = Biarum Schott(保留属名)■☆
209381 Ischarum dispar Schott = Biarum dispar (Schott) Talavera ■☆
209382 Ischina Walp. = Ghinia Schreb. ■●☆
209383 Ischina Walp. = Ischnia A. DC. ex Meisn. ■●☆
209384 Ischina Walp. = Tamonea Aubl. ■●☆
209385 Ischnanthus (Engl.) Tiegh. = Englerina Tiegh. ●☆
209386 Ischnanthus Roem. et Schult. = Ichnanthus P. Beauv. ■
209387 Ischnanthus Tiegh. = Tapinanthus (Blume) Rchb. (保留属名) ●☆
209388 Ischnanthus ehlersii (Schweinf.) Tiegh. = Englerina woodfordioides (Schweinf.) Balle ●☆
209389 Ischnanthus kagehensis (Engl.) Tiegh. = Englerina kagehensis (Engl.) Polhill et Wiens ●☆
209390 Ischnanthus lecardii (Engl.) Tiegh. = Englerina lecardii (Engl.) Balle ●☆
209391 Ischnanthus luluensis Tiegh. = Englerina luluensis (Engl.) Polhill et Wiens ●☆
209392 Ischnanthus parviflorus Tiegh. = Englerina parviflora (Engl.) Balle ●☆
209393 Ischnanthus woodfordioides (Schweinf.) Tiegh. = Englerina woodfordioides (Schweinf.) Balle ●☆
209394 Ischnea F. Muell. (1889);细叶垫菊属■☆
209395 Ischnea elachoglossa F. Muell.;细叶垫菊■☆
209396 Ischnea latifolia Mattf.;宽叶细叶垫菊■☆
209397 Ischnia A. DC. ex Meisn. = Ghinia Schreb. ■●☆
209398 Ischnocarpus O. E. Schulz(1924);瘦果芥属■☆
209399 Ischnocarpus novae-zelandiae (Hook. f.) O. E. Schulz;瘦果芥■☆
209400 Ischnocentrum Schltr. = Glossorhyncha Ridl. ■☆
209401 Ischnochloa Hook. f. (1896);旱莠竹属;Weakchloa ■
209402 Ischnochloa Hook. f. = Microstegium Nees ■
209403 Ischnochloa monostachya L. Liou;单穗旱莠竹;Singlespike Weakchloa ■
209404 Ischnogyne Schltr. (1913);瘦房兰属;Ischnogyne ■★
209405 Ischnogyne mandarinorum (Kraenzl.) Schltr.;瘦房兰(石海椒,石枣子);Mandarin Ischnogyne ■
209406 Ischnolepis Jum. et H. Perrier(1909);瘦鳞萝藦属■☆
209407 Ischnolepis graminifolia (Costantin et Gallaud) Klack.;禾叶瘦鳞萝藦■☆
209408 Ischnolepis natalensis (Schltr.) Venter;纳塔尔瘦鳞萝藦■☆
209409 Ischnolepis tuberosa Jum. et H. Perrier = Ischnolepis graminifolia (Costantin et Gallaud) Klack. ■☆
209410 Ischnosiphon Körn. (1859);管瘦竹竿属;Tirite ■☆
209411 Ischnosiphon arouma (Aubl.) Körn.;管瘦竹竿;Tirite ■☆
209412 Ischnostemma King et Gamble(1908);瘦冠萝藦属■☆
209413 Ischnostemma selan-goricum King et Gamble;瘦冠萝藦■☆
209414 Ischnurus Balf. f. = Lepturus R. Br. ■
209415 Ischurochloa Büse = Bambusa Schreb. (保留属名)●
209416 Ischurochloa floribunda Büse ex Miq. = Bambusa multiplex (Lour.) Raeusch. ex Schult. et Schult. f. 'Fernleaf' ●
209417 Ischurochloa floribunda Büse ex Miq. = Bambusa multiplex (Lour.) Raeusch. ex Schult. et Schult. f. ●
209418 Ischurochloa spinosa (Roxb.) Büse = Bambusa arundinacea (Retz.) Willd. ●
209419 Ischurochloa stenostachya (Hack.) Nakai = Bambusa blumeana Schult. et Schult. f. ●
209420 Ischyranthera Steud. ex Naudin = Bellucia Neck. ex Raf. (保留属名)●☆
209421 Ischyrolepis Steud. (1855);瘦鳞帚灯草属■☆
209422 Ischyrolepis Steud. = Restio Rottb. (保留属名)■☆
209423 Ischyrolepis affinis Esterh.;近缘瘦鳞帚灯草■☆
209424 Ischyrolepis arida (Pillans) H. P. Linder;旱生瘦鳞帚灯草■☆
209425 Ischyrolepis caespitosa Esterh.;丛生瘦鳞帚灯草■☆
209426 Ischyrolepis capensis (L.) H. P. Linder;好望角瘦鳞帚灯草■☆
209427 Ischyrolepis cincinnata (Mast.) H. P. Linder;卷毛瘦鳞帚灯草■☆
209428 Ischyrolepis curvibracteata Esterh.;弯苞瘦鳞帚灯草■☆
209429 Ischyrolepis distracta (Mast.) H. P. Linder;散生瘦鳞帚灯草■☆
209430 Ischyrolepis eleocharis (Mast.) H. P. Linder;沼地瘦鳞帚灯草■☆
209431 Ischyrolepis esterhuyseniae (Pillans) H. P. Linder;埃斯特瘦鳞

帚灯草■☆
209432 Ischyrolepis fraterna (Kunth) H. P. Linder;兄弟瘦鳞帚灯草■☆
209433 Ischyrolepis fuscidula (Pillans) H. P. Linder;污褐瘦鳞帚灯草■☆
209434 Ischyrolepis gaudichaudiana (Kunth) H. P. Linder;戈迪绍瘦鳞帚灯草■☆
209435 Ischyrolepis helenae (Mast.) H. P. Linder;海伦娜瘦鳞帚灯草■☆
209436 Ischyrolepis hystrix (Mast.) H. P. Linder;豪猪瘦鳞帚灯草■☆
209437 Ischyrolepis karooica Esterh.;卡鲁瘦鳞帚灯草■☆
209438 Ischyrolepis laniger (Kunth) H. P. Linder;绵毛瘦鳞帚灯草■☆
209439 Ischyrolepis leptoclados (Mast.) H. P. Linder;细枝瘦鳞帚灯草■☆
209440 Ischyrolepis longiaristata H. P. Linder;长芒瘦鳞帚灯草■☆
209441 Ischyrolepis macer (Kunth) H. P. Linder;瘦弱瘦鳞帚灯草■☆
209442 Ischyrolepis marlothii (Pillans) H. P. Linder;马洛斯瘦鳞帚灯草■☆
209443 Ischyrolepis monanthos (Mast.) H. P. Linder;单花瘦鳞帚灯草■☆
209444 Ischyrolepis nana Esterh.;矮小瘦鳞帚灯草■☆
209445 Ischyrolepis nubigena Esterh.;云雾瘦鳞帚灯草■☆
209446 Ischyrolepis ocreata (Kunth) H. P. Linder;托叶鞘瘦鳞帚灯草■☆
209447 Ischyrolepis paludosa (Pillans) H. P. Linder;沼泽瘦鳞帚灯草■☆
209448 Ischyrolepis papillosa Esterh.;乳头瘦鳞帚灯草■☆
209449 Ischyrolepis pratensis Esterh.;草原瘦鳞帚灯草■☆
209450 Ischyrolepis pygmaea (Pillans) H. P. Linder;微小瘦鳞帚灯草■☆
209451 Ischyrolepis rivula Esterh.;溪边瘦鳞帚灯草■☆
209452 Ischyrolepis rottboellioides (Kunth) H. P. Linder;筒轴茅瘦鳞帚灯草■☆
209453 Ischyrolepis sabulosa (Pillans) H. P. Linder;砂地瘦鳞帚灯草■☆
209454 Ischyrolepis saxatilis Esterh.;岩生瘦鳞帚灯草■☆
209455 Ischyrolepis schoenoides (Kunth) H. P. Linder;拟舍恩瘦鳞帚灯草■☆
209456 Ischyrolepis setiger (Kunth) H. P. Linder;刚毛瘦鳞帚灯草■☆
209457 Ischyrolepis sieberi (Kunth) H. P. Linder;西伯尔瘦鳞帚灯草■☆
209458 Ischyrolepis sporadica Esterh.;散布瘦鳞帚灯草■☆
209459 Ischyrolepis subverticillata Steud.;近轮生瘦鳞帚灯草■☆
209460 Ischyrolepis tenuissima (Kunth) H. P. Linder;极细帚灯草■☆
209461 Ischyrolepis triflora (Rottb.) H. P. Linder;三花瘦鳞帚灯草■☆
209462 Ischyrolepis unispicata H. P. Linder;单穗瘦鳞帚灯草■☆
209463 Ischyrolepis vilis (Kunth) H. P. Linder;劣瘦鳞帚灯草■☆
209464 Ischyrolepis virgea (Mast.) H. P. Linder;条纹瘦鳞帚灯草■☆
209465 Ischyrolepis wallichii (Mast.) H. P. Linder;沃利克瘦鳞帚灯草■☆
209466 Ischyrolepis wittebergensis Esterh.;维特伯格瘦鳞帚灯草■☆
209467 Iseia O'Donell(1953);伊赛旋花属■☆
209468 Iseia luxurians (Moric.) O'Donell;伊赛旋花■☆
209469 Iseilema Andersson(1856);香枝草属;Barcoo Grass, Flinders Grass ■☆
209470 Iseilema prostratum (L.) Andersson;香枝草■☆
209471 Iserta Batsch = Isertia Schreb. ●☆
209472 Isertia Schreb. (1789);伊泽茜草属;Wild Ixora, Wild-ixora ●☆
209473 Isertia alba Sprague;白伊泽茜草●☆
209474 Isertia coccinea Vahl;伊泽茜草●☆
209475 Isexima Raf. = Isexina Raf. ●■
209476 Isexina Raf. = Cleome L. ●■
209477 Isica Moench = Isika Adans. ●■
209478 Isica Moench = Lonicera L. ●■
209479 Isidodendron Fern. Alonso, Pérez-Zab. et Idarraga(2000);哥伦比亚三角果属●☆
209480 Isidorea A. Rich. = Isidorea A. Rich. ex DC. ●☆
209481 Isidorea A. Rich. ex DC. (1830);伊西茜属●☆
209482 Isidorea amoena A. Rich. ex DC.;伊西茜●☆
209483 Isidorea brachyantha Urb.;短花伊西茜●☆
209484 Isidorea brachycarpa (Urb.) Aiello;短果伊西茜●☆
209485 Isidorea cubensis Standl.;古巴伊西茜●☆
209486 Isidorea elliptica Alain;椭圆伊西茜●☆
209487 Isidorea leptantha Urb.;细花伊西茜●☆
209488 Isidorea microphylla Borhidi;小叶伊西茜●☆
209489 Isidorea polyneura (Urb.) Aiello;多脉伊西茜●☆
209490 Isidrogalvia Ruiz et Pav. (1802);南美纳茜菜属■☆
209491 Isidrogalvia Ruiz et Pav. = Tofieldia Huds. ■
209492 Isidrogalvia borealis Steud.;北方南美纳茜菜■☆
209493 Isidrogalvia falcata Ruiz et Pav.;镰形南美纳茜菜■☆
209494 Isidrogalvia guyanensis Klotzsch;圭亚那南美纳茜菜■☆
209495 Isidrogalvia sessiliflora (Hook.) Cruden;无梗南美纳茜菜■☆
209496 Isika Adans. = Lonicera L. ●■
209497 Isilema Post et Kuntze = Iseilema Andersson ■☆
209498 Isinia Rech. f. = Lavandula L. ●■
209499 Isiphia Raf. = Aristolochia L. ■●
209500 Isis Tratt. = Iris L. ■
209501 Iskandera N. Busch(1939);伊斯坎芥属■☆
209502 Iskandera hissarica N. Busch;伊斯坎芥■☆
209503 Islaya Backeb. (1934);伊斯柱属●☆
209504 Islaya Backeb. = Neoporteria Britton et Rose ●■
209505 Islaya brevicylindrica Rauh et Backeb.;怪人铁塔■☆
209506 Islaya copiapoides Rauh et Backeb.;覆面玉■☆
209507 Islaya grandiflorens Rauh et Backeb.;花轮王子■☆
209508 Islaya islayensis (C. F. Först.) Backeb.;富良美球(富良美丸)■☆
209509 Islaya minor Backeb.;小白锦玉■☆
209510 Islaya molendensis (Vaupel) Backeb.;蒙古玉■☆
209511 Islaya paucispina Rauh et Backeb.;芒刺玉■☆
209512 Islaya paucispinosa Rauh et Backeb.;黑牙龙■☆
209513 Ismaria Raf. = Brickellia Elliott(保留属名)■●
209514 Ismelia Cass. (1826);蒿子杆属(骨突菊属)■
209515 Ismelia Cass. = Chrysanthemum L.(保留属名)■●
209516 Ismelia broussonetii Sch. Bip. = Argyranthemum broussonetii (Pers.) Humphries ●☆
209517 Ismelia carinata (Schousb.) Sch. Bip. = Chrysanthemum carinatum Schousb. ■
209518 Ismelia carinata Sch. Bip. = Chrysanthemum carinatum Schousb. ■

209519 Ismelia coronopifolia Sch. Bip. = Argyranthemum broussonetii (Pers.) Humphries ■☆
209520 Ismelia versicolor Cass. = Ismelia carinata (Schousb.) Sch. Bip. ■
209521 Ismene Salisb. (1821);肖水鬼蕉属■☆
209522 Ismene Salisb. = Hymenocallis Salisb. ■
209523 Ismene Salisb. ex Herb. = Hymenocallis Salisb. ■
209524 Ismene amancaes Herb.;肖水鬼蕉■☆
209525 Ismene calathina Herb. = Hymenocallis narcissiflora J. F. Macbr. ■☆
209526 Isnardia L. = Ludwigia L. ●■
209527 Isnardia discolor Klotzsch = Ludwigia erecta (L.) H. Hara ■☆
209528 Isnardia palustris L. = Ludwigia palustris (L.) Elliott ■
209529 Isnardia palustris L. var. americana DC. = Ludwigia palustris (L.) Elliott ■
209530 Isnardiaceae Martinov = Onagraceae Juss. (保留科名)■●
209531 Isoberlinia Craib et Stapf = Isoberlinia Craib. et Stapf ex Holland ●☆
209532 Isoberlinia Craib. et Stapf ex Holland(1911);准鞋木属●☆
209533 Isoberlinia angolensis (Welw. ex Benth.) Hoyle et Brenan;安哥拉准鞋木●☆
209534 Isoberlinia angolensis (Welw. ex Benth.) Hoyle et Brenan var. lasiocalyx Hoyle et Brenan;毛萼安哥拉准鞋木●☆
209535 Isoberlinia angolensis (Welw. ex Benth.) Hoyle et Brenan var. niembaensis (De Wild.) Brenan;尼恩巴准鞋木●☆
209536 Isoberlinia baumii (Harms) P. A. Duvign. = Julbernardia paniculata (Benth.) Troupin ●☆
209537 Isoberlinia dalzielii Craib et Stapf = Isoberlinia tomentosa (Harms) Craib et Stapf ●☆
209538 Isoberlinia densiflora (Baker) Milne-Redh. = Isoberlinia angolensis (Welw. ex Benth.) Hoyle et Brenan var. lasiocalyx Hoyle et Brenan ●☆
209539 Isoberlinia doka Craib et Stapf;准鞋木●☆
209540 Isoberlinia globiflora (Benth.) Hutch. ex Greenway = Julbernardia globiflora (Benth.) Troupin ●☆
209541 Isoberlinia globiflora Hutch.;球花准鞋木●☆
209542 Isoberlinia magnistipula (Harms) Milne-Redh. = Julbernardia magnistipulata (Harms) Troupin ●☆
209543 Isoberlinia niembaensis (De Wild.) P. A. Duvign. = Isoberlinia angolensis (Welw. ex Benth.) Hoyle et Brenan var. niembaensis (De Wild.) Brenan ●☆
209544 Isoberlinia paniculata (Benth.) Hutch. ex Greenway = Julbernardia paniculata (Benth.) Troupin ●☆
209545 Isoberlinia paradoxa Hauman;奇异准鞋木●☆
209546 Isoberlinia scheffieri (Harms) Greenway;坦桑准鞋木●☆
209547 Isoberlinia tomentosa (Harms) Craib et Stapf;毛准鞋木●☆
209548 Isocarpellaceae Duiac = Crassulaceae DC. ●■
209549 Isocarpellaceae Dulac = Crassulaceae J. St. -Hil. (保留科名)●■
209550 Isocarpha Less. = Ageratum L. ■●
209551 Isocarpha R. Br. (1817);珠头菊属;Pearlhead ■☆
209552 Isocarpha oppositifolia (L.) Cass.;对叶珠头菊;Rio Grande Pearlhead ■☆
209553 Isocarpha oppositifolia (L.) Cass. var. achyranthes (DC.) D. J. Keil et Stuessy;壳花珠头菊■☆
209554 Isocaulon Tiegh. = Loranthus Jacq. (保留属名)●
209555 Isocaulon Tiegh. = Psittacanthus Mart. ●☆
209556 Isochilos Spreng. = Isochilus R. Br ■☆
209557 Isochilus R. Br. (1813);等舌兰属(等唇兰属)■☆
209558 Isochilus linearis R. Br.;线形等舌兰■☆
209559 Isochilus major R. Br.;大等舌兰■☆
209560 Isochoriste Miq. = Asystasia Blume ●■
209561 Isochoriste africana S. Moore = Asystasia africana (S. Moore) C. B. Clarke ■☆
209562 Isocoma Nutt. (1840);无舌黄菀属;Goldenweed, Jimmyweed ■☆
209563 Isocoma acradenia (Greene) Greene;苍白叶无舌黄菀;Alkali Jimmyweed, Pale-leaf Goldenweed ■☆
209564 Isocoma acradenia (Greene) Greene subsp. eremophila (Greene) R. M. Beauch. = Isocoma acradenia (Greene) Greene var. eremophila (Greene) G. L. Nesom ■☆
209565 Isocoma acradenia (Greene) Greene var. bracteosa (Greene) G. L. Nesom;苞片无舌黄菀■☆
209566 Isocoma acradenia (Greene) Greene var. eremophila (Greene) G. L. Nesom;喜沙无舌黄菀■☆
209567 Isocoma arguta Greene;尖无舌黄菀;Carquinez Goldenbush, Contra Costa Jimmyweed, Suisun Goldenbush ■☆
209568 Isocoma bracteosa Greene = Isocoma acradenia (Greene) Greene var. bracteosa (Greene) G. L. Nesom ■☆
209569 Isocoma coronopifolia (A. Gray) Greene;普通无舌黄菀;Common Jimmyweed ■☆
209570 Isocoma coronopifolia (A. Gray) Greene var. pedicellata (Greene) G. L. Nesom = Isocoma coronopifolia (A. Gray) Greene ■☆
209571 Isocoma decumbens Greene;外倾无舌黄菀■☆
209572 Isocoma drummondii (Torr. et A. Gray) Greene;德拉蒙德无舌黄菀;Drummond's Jimmyweed ■☆
209573 Isocoma eremophila Greene = Isocoma acradenia (Greene) Greene var. eremophila (Greene) G. L. Nesom ■☆
209574 Isocoma humilis G. L. Nesom;矮小无舌黄菀;Zion Jimmyweed ■☆
209575 Isocoma megalantha Shinners = Isocoma drummondii (Torr. et A. Gray) Greene ■☆
209576 Isocoma menziesii (Hook. et Arn.) G. L. Nesom;孟席斯无舌黄菀;Menzies' Goldenbush, Pacific Jimmyweed ■☆
209577 Isocoma menziesii (Hook. et Arn.) G. L. Nesom var. decumbens (Greene) G. L. Nesom;平卧无舌黄菀■☆
209578 Isocoma menziesii (Hook. et Arn.) G. L. Nesom var. sedoides (Greene) G. L. Nesom;景天无舌黄菀■☆
209579 Isocoma menziesii (Hook. et Arn.) G. L. Nesom var. vernonioides (Nutt.) G. L. Nesom;斑鸠菊无舌黄菀■☆
209580 Isocoma oxyphylla Greene = Isocoma menziesii (Hook. et Arn.) G. L. Nesom ■☆
209581 Isocoma pedicellata Greene = Isocoma coronopifolia (A. Gray) Greene ■☆
209582 Isocoma pluriflora (Torr. et A. Gray) Greene;无舌黄菀;Southern Jimmyweed ■☆
209583 Isocoma rusbyi Greene;鲁斯比无舌黄菀;Rusby's Jimmyweed ■☆
209584 Isocoma tenuisecta Greene;细齿无舌黄菀;Burroweed, Shrine Jimmyweed ■☆
209585 Isocoma veneta (Kunth) Greene var. oxyphylla (Greene) R. M. Beauch. = Isocoma menziesii (Hook. et Arn.) G. L. Nesom ■☆
209586 Isocoma veneta (Kunth) Greene var. sedoides (Greene) Jeps. = Isocoma menziesii (Hook. et Arn.) G. L. Nesom var. sedoides

(Greene) G. L. Nesom ■☆
209587 Isocoma veneta (Kunth) Greene var. vernonioides (Nutt.) Jeps. = Isocoma menziesii (Hook. et Arn.) G. L. Nesom var. vernonioides (Nutt.) G. L. Nesom ■☆
209588 Isocoma vernonioides Nutt. = Isocoma menziesii (Hook. et Arn.) G. L. Nesom var. vernonioides (Nutt.) G. L. Nesom ■☆
209589 Isocoma wrightii (A. Gray) Rydb. = Isocoma pluriflora (Torr. et A. Gray) Greene ■☆
209590 Isocynis Thouars = Cynorkis Thouars ■☆
209591 Isodeca Raf. = Leucas Burm. ex R. Br. ●■
209592 Isodendrion A. Gray(1852);茎花堇属●☆
209593 Isodendrion pyrifolium A. Gray;茎花堇●☆
209594 Isodesmia Gardner = Chaetocalyx DC. ■☆
209595 Isodichyophorus A. Chev. = Isodictyophorus Briq. ■☆
209596 Isodichyophorus Briq. = Isodictyophorus Briq. ■☆
209597 Isodictyophorus Briq.;网梗草属■☆
209598 Isodictyophorus Briq. = Plectranthus L'Hér.(保留属名)●■
209599 Isodictyophorus Briq. ex A. Chev. = Isodichyophorus Briq. ■☆
209600 Isodictyophorus albidus (Baker) Guillaumet et Cornet = Capitanopsis albida (Baker) Hedge ●☆
209601 Isodictyophorus chevalieri Briq. = Isodictyophorus reticulatus (A. Chev.) J. K. Morton ■☆
209602 Isodictyophorus defoliatus (Hochst. ex Benth.) Agnew;落叶网梗草■☆
209603 Isodictyophorus reticulatus (A. Chev.) J. K. Morton;网梗草■☆
209604 Isodon (Benth.) Kudo = Isodon (Schrad. ex Benth.) Spach ●■
209605 Isodon (Benth.) Kudo = Plectranthus L'Hér.(保留属名)●■
209606 Isodon (Schrad. ex Benth.) Kudo = Isodon (Schrad. ex Benth.) Spach ●■
209607 Isodon (Schrad. ex Benth.) Kudo = Plectranthus L'Hér.(保留属名)●■
209608 Isodon (Schrad. ex Benth.) Schrad. ex Spach = Isodon (Schrad. ex Benth.) Spach ●■
209609 Isodon (Schrad. ex Benth.) Spach = Rabdosia (Blume) Hassk. ●■
209610 Isodon (Schrad. ex Benth.) Spach(1840);香茶菜属(回菜花属);Rabdosia ●■
209611 Isodon Schrad. ex Benth. = Isodon (Schrad. ex Benth.) Spach ●■
209612 Isodon × inamii Murata;伊南香茶菜■☆
209613 Isodon × kurobana-akichoji Murata;黑羽香茶菜■☆
209614 Isodon × ohwii Okuyama;大井氏香茶菜■☆
209615 Isodon × suzukii Okuyama;铃木香茶菜■☆
209616 Isodon × togashii Okuyama;藤樫氏香茶菜■☆
209617 Isodon adenanthus (Diels) Kudo;腺花香茶菜(大钮子七,疳积药,路边金,食疙瘩,水龙胆草,铁石元,吴氏香茶菜);Glandularflower Rabdosia ■
209618 Isodon adenanthus (Diels) Kudo = Rabdosia adenantha (Diels) H. Hara ■
209619 Isodon adenolomus (Hand.-Mazz.) H. Hara = Plectranthus adenoloma Hand.-Mazz. ●
209620 Isodon adenolomus (Hand.-Mazz.) H. Hara = Rabdosia adenoloma (Hand.-Mazz.) H. Hara ●
209621 Isodon albopilosus (C. Y. Wu et H. W. Li) H. Hara;白柔毛香茶菜;Whitepilose Rabdosia, Whitevelvety Rabdosia ■
209622 Isodon albopilosus (C. Y. Wu et H. W. Li) H. Hara = Rabdosia albopilosa C. Y. Wu et H. W. Li ■
209623 Isodon alborubrus (C. Y. Wu) H. Hara = Isodon sculponeatus (Vaniot) Kudo ■
209624 Isodon alborubrus (C. Y. Wu) H. Hara = Rabdosia sculponeata (Vaniot) H. Hara ■
209625 Isodon amethystoides (Benth.) H. Hara;香茶菜(大屯延命草,痱子草,棱角三七,母猪花头,盘龙七,山薄荷,蛇通管,蛇总管,石合巴,四棱角,台北延命草,台湾香茶菜,铁秤锤,铁丁角,铁钉角,铁钉头,铁角棱,铁棱角,铁龙角,铁生姜,小叶蛇总管);Common Rabdosia, Taiwan Rabdosia ■
209626 Isodon amethystoides (Benth.) H. Hara = Rabdosia amethystoides (Benth.) H. Hara ■
209627 Isodon angustifolius (Dunn) H. Hara var. glabrescens (C. Y. Wu et H. W. Li) H. W. Li;无毛狭叶香茶菜;Glabrous Rabdosia ■
209628 Isodon angustifolius (Dunn) Kudo;狭叶香茶菜;Narrowleaf Rabdosia ■
209629 Isodon angustifolius (Dunn) Kudo = Rabdosia angustifolia (Dunn) H. Hara ■
209630 Isodon angustifolius (Dunn) Kudo var. glabrescens (C. Y. Wu et H. W. Li) H. W. Li = Rabdosia angustifolia (Dunn) H. Hara ■
209631 Isodon arakii Murata;荒木香茶菜(阿拉克香茶菜)■☆
209632 Isodon barbeyanus (H. Lév.) H. W. Li;线齿香茶菜;Lineartooth Rabdosia, Linear-toothed Rabdosia, Linetooth Rabdosia ■
209633 Isodon bifidocalyx (Dunn) H. Hara = Isodon macrocalyx (Dunn) Kudo ■
209634 Isodon bifidocalyx (Dunn) H. Hara = Rabdosia macrocalyx (Dunn) H. Hara ■
209635 Isodon brevicalcaratus (C. Y. Wu et H. W. Li) H. Hara;短距香茶菜;Shortspur Rabdosia ■
209636 Isodon brevicalcaratus (C. Y. Wu et H. W. Li) H. Hara = Rabdosia brevicalcarata C. Y. Wu et H. W. Li ■
209637 Isodon brevifolius (Hand.-Mazz.) H. W. Li;短叶香茶菜;Shortleaf Rabdosia, Short-leaved Rabdosia ●
209638 Isodon brevifolius (Hand.-Mazz.) H. W. Li = Rabdosia brevifolia (Hand.-Mazz.) H. Hara ●
209639 Isodon bulleyanus (Diels) Kudo;苍山香茶菜;Bulley Rabdosia, Cangshan Rabdosia ●
209640 Isodon bulleyanus (Diels) Kudo = Rabdosia bulleyana (Diels) H. Hara ●
209641 Isodon calcicola (Hand.-Mazz.) H. Hara;灰岩香茶菜;Calcicole Rabdosia ■
209642 Isodon calcicola (Hand.-Mazz.) H. Hara = Rabdosia calcicola (Hand.-Mazz.) H. Hara ■
209643 Isodon calcicola (Hand.-Mazz.) H. Hara var. subcalva (Hand.-Mazz.) H. W. Li;无毛灰岩香茶菜(近无毛灰岩香茶菜)■
209644 Isodon calcicola (Hand.-Mazz.) H. Hara var. subcalva (Hand.-Mazz.) H. W. Li = Rabdosia calcicola (Hand.-Mazz.) H. Hara var. subcalva (Hand.-Mazz.) C. Y. Wu et H. W. Li ■
209645 Isodon cavaleriei (H. Lév.) Kudo = Isodon coetsus (Buch.-Ham. ex D. Don) Kudo var. cavaleriei (H. Lév.) H. W. Li ●■
209646 Isodon coetsus (Buch.-Ham. ex D. Don) Kudo;细锥香茶菜(地甘,地疳,地曲,癞克巴草,六棱麻,野藿香,野苏麻);Littleconical Rabdosia ●■
209647 Isodon coetsus (Buch.-Ham. ex D. Don) Kudo = Rabdosia coetsa (Buch.-Ham. ex D. Don) Kudo ●■
209648 Isodon coetsus (Buch.-Ham. ex D. Don) Kudo var. cavaleriei (H. Lév.) H. W. Li;多毛细锥香茶菜;Manyhair Littleconical Rabdosia ●■
209649 Isodon coetsus (Buch.-Ham. ex D. Don) Kudo var. cavaleriei (H. Lév.) H. W. Li = Rabdosia coetsa (Buch.-Ham. ex D. Don)

Kudo var. cavaleriei (H. Lév.) C. Y. Wu et H. W. Li ●■
209650 Isodon daitonensis (Hayata) Kudo = Isodon amethystoides (Benth.) H. Hara ■
209651 Isodon daitonensis (Hayata) Kudo = Rabdosia amethystoides (Benth.) H. Hara ■
209652 Isodon daitonensis (Hayata) Kudo = Rabdosia daitonensis (Hayata) H. Hara ■
209653 Isodon dawoensis (Hand. -Mazz.) H. Hara;道孚香茶菜;Daofu Rabdosia, Dawo Rabdosia ●
209654 Isodon discolor (Dunn) Kudo = Isodon parvifolius (Batalin) H. Hara ●
209655 Isodon discolor (Dunn) Kudo = Rabdosia parvifolia (Batalin) H. Hara ●
209656 Isodon drogotschiensis (Hand. -Mazz.) H. Hara = Rabdosia drogotschiensis (Hand. -Mazz.) H. Hara ●
209657 Isodon effusus (Maxim.) H. Hara = Rabdosia effusa (Maxim.) H. Hara ■☆
209658 Isodon effusus (Maxim.) H. Hara f. leucanthus (Honda) H. Hara;白花疏展香茶菜■☆
209659 Isodon enanderianus (Hand. -Mazz.) H. W. Li;紫毛香茶菜(小毛叶子草);Purplehair Rabdosia, Purple-haired Rabdosia ●
209660 Isodon enanderianus (Hand. -Mazz.) H. W. Li = Rabdosia enanderiana (Hand. -Mazz.) H. Hara ●
209661 Isodon eriocalyx (Dunn) Kudo;毛萼香茶菜(荷麻根,黑头草,虎尾草,火地花,沙虫药,疏花毛萼香茶菜,四棱蒿);Hairysepal Rabdosia, Hairy-sepaled Rabdosia, Laxflower Hairysepal Rabdosia ●■
209662 Isodon eriocalyx (Dunn) Kudo = Rabdosia eriocalyx (Dunn) H. Hara ●■
209663 Isodon excisoides (Y. Z. Sun ex C. H. Hu) H. Hara;拟缺香茶菜(野紫苏);Excisalike Rabdosia, Incise Rabdosia ■
209664 Isodon excisoides (Y. Z. Sun ex C. H. Hu) H. Hara = Rabdosia excisoides (Y. Z. Sun ex C. H. Hu) C. Y. Wu et H. W. Li ■
209665 Isodon excisus (Maxim.) Kudo;尾叶香茶菜(高丽花,狗日草,龟叶草,野苏子);Tailleaf Rabdosia, Taillikeleaf Rabdosia ■
209666 Isodon excisus (Maxim.) Kudo = Rabdosia excisa (Maxim.) H. Hara ■
209667 Isodon excisus (Maxim.) Kudo f. albiflorus (Sakata) H. Hara;白花尾叶香茶菜■☆
209668 Isodon excisus (Maxim.) Kudo var. racemosus (Hemsl.) Kudo = Isodon racemosus (Hemsl.) H. W. Li ■
209669 Isodon flabelliformis (C. Y. Wu) H. Hara;扇脉香茶菜(淡黄香茶菜,小荨麻);Fanvein Rabdosia, Yellowish Rabdosia ■
209670 Isodon flabelliformis (C. Y. Wu) H. Hara = Rabdosia flabelliformis C. Y. Wu ■
209671 Isodon flavidus (Hand. -Mazz.) H. Hara;淡黄香茶菜■
209672 Isodon flavidus (Hand. -Mazz.) H. Hara = Rabdosia flavida (Hand. -Mazz.) H. Hara ■
209673 Isodon flexicaulis (C. Y. Wu et H. W. Li) H. Hara;柔茎香茶菜;Flexedstem Rabdosia, Flexible-stemmed Rabdosia, Tenderstem Rabdosia ●
209674 Isodon flexicaulis (C. Y. Wu et H. W. Li) H. Hara = Rabdosia flexicaulis C. Y. Wu et H. W. Li ●
209675 Isodon forrestii (Diels) Kudo;紫萼香茶菜;Purplesepal Rabdosia ■
209676 Isodon forrestii (Diels) Kudo = Rabdosia forrestii (Diels) H. Hara ■
209677 Isodon forrestii (Diels) Kudo var. megathyrsus (Diels) Kudo = Isodon megathyrsus (Diels) H. W. Li ■
209678 Isodon gesneroides (J. Sinclair) H. Hara;苣苔香茶菜;Gesnerialike Rabdosia ■
209679 Isodon gesneroides (J. Sinclair) H. Hara = Rabdosia gesneroides (J. Sinclair) H. Hara ■
209680 Isodon gibbosus (C. Y. Wu et H. W. Li) H. Hara;囊花香茶菜;Gibboseflower Rabdosia, Pouchlikeflower Rabdosia ■
209681 Isodon gibbosus (C. Y. Wu et H. W. Li) H. Hara = Rabdosia gibbosa C. Y. Wu et H. W. Li ■
209682 Isodon glaucocalyx (Maxim.) Kudo = Isodon japonicus (Burm. f.) H. Hara var. glaucocalyx (Maxim.) H. W. Li ■
209683 Isodon glaucocalyx (Maxim.) Kudo = Rabdosia japonica (Burm. f.) H. Hara var. glaucocalyx (Maxim.) H. Hara ■
209684 Isodon glaucocalyx (Maxim.) Kudo var. japonicus (Burm. f.) Kudo = Isodon japonicus (Burm. f.) H. Hara ■
209685 Isodon glaucocalyx (Maxim.) Kudo var. japonicus (Burm. f.) Kudo = Rabdosia japonica (Burm. f.) H. Hara ■
209686 Isodon glutinosus (C. Y. Wu et H. W. Li) H. Hara;胶黏香茶菜;Slimy Rabdosia ●
209687 Isodon glutinosus (C. Y. Wu et H. W. Li) H. Hara = Rabdosia glutinosa C. Y. Wu et H. W. Li ●
209688 Isodon grandifolius (Hand. -Mazz.) H. Hara;大叶香茶菜;Big-leaved Chaste-tree, Largeleaf Rabdosia ●
209689 Isodon grandifolius (Hand. -Mazz.) H. Hara = Rabdosia grandifolia (Hand. -Mazz.) H. Hara ●
209690 Isodon grandifolius (Hand. -Mazz.) H. Hara var. atunzensis (C. Y. Wu) H. W. Li;德钦香茶菜(德钦大叶香茶菜);Deqin Largeleaf Rabdosia ●
209691 Isodon grandifolius (Hand. -Mazz.) H. Hara var. atunzensis (C. Y. Wu) H. W. Li = Rabdosia grandifolia (Hand. -Mazz.) H. Hara var. atunzensis C. Y. Wu ●
209692 Isodon grosseserratus (Dunn) Kudo;粗齿香茶菜;Bigtooth Rabdosia, Grosstooth Rabdosia ■
209693 Isodon grosseserratus (Dunn) Kudo = Rabdosia grosseserrata (Dunn) H. Hara ■
209694 Isodon henryi (Hemsl.) Kudo;鄂西香茶菜;Henry Rabdosia ■
209695 Isodon henryi (Hemsl.) Kudo = Rabdosia henryi (Hemsl.) H. Hara ■
209696 Isodon henryi (Hemsl.) Kudo var. dichromophyllus (Diels) Kudo = Isodon rubescens (Hemsl.) H. Hara ●
209697 Isodon henryi (Hemsl.) Kudo var. dichromophyllus (Diels) Kudo = Rabdosia rubescens (Hemsl.) H. Hara ●
209698 Isodon hirtellus (Hand. -Mazz.) H. Hara;细毛香茶菜;Slenderhair Rabdosia, Slender-haired Rabdosia ●
209699 Isodon hirtellus (Hand. -Mazz.) H. Hara = Rabdosia hirtella (Hand. -Mazz.) H. Hara ●
209700 Isodon hispidus (Benth.) Murata;刚毛香茶菜(烂脚丫巴草,钱氏香茶菜,硬毛香茶菜);Hispid Plectranthus, Hispid Rabdosia ■
209701 Isodon hispidus (Benth.) Murata = Rabdosia hispida (Benth.) H. Hara ■
209702 Isodon inflexus (Thunb.) Kudo;内折香茶菜(独足升麻,山薄荷,山薄荷香茶菜);Inflexed Rabdosia ■
209703 Isodon inflexus (Thunb.) Kudo = Rabdosia inflexa (Thunb.) H. Hara ■
209704 Isodon inflexus (Thunb.) Kudo f. leucanthus (Nakai) H. Hara;白花内折香茶菜■☆
209705 Isodon inflexus (Thunb.) Kudo f. subglaber (Makino) H.

Hara;近光内折香茶菜■☆
209706 Isodon inflexus (Thunb.) Kudo var. macrophyllus (Maxim.) Kudo;大叶内折香茶菜■
209707 Isodon inflexus (Thunb.) Kudo var. macrophyllus (Maxim.) Kudo = Isodon inflexus (Thunb.) Kudo ■
209708 Isodon inflexus (Thunb.) Kudo var. transticus ? = Isodon shikokianus (Makino) H. Hara ■☆
209709 Isodon interruptus (C. Y. Wu et H. W. Li) H. Hara;间断香茶菜;Interrupted Rabdosia ●
209710 Isodon interruptus (C. Y. Wu et H. W. Li) H. Hara = Rabdosia interrupta C. Y. Wu et H. W. Li ●
209711 Isodon irroratus (Forrest ex Diels) Kudo;露珠香茶菜(丽江香茶菜,水龙胆草);Dew Rabdosia, Dewdrop Rabdosia, Irrorate Rabdosia ●
209712 Isodon irroratus (Forrest ex Diels) Kudo = Rabdosia irrorata (Forrest ex Diels) H. Hara ●
209713 Isodon japonicus (Burm. f.) H. Hara;毛叶香茶菜(猛一撒,山苏子,四棱杆);Japan Rabdosia, Japanese Rabdosia ■
209714 Isodon japonicus (Burm. f.) H. Hara = Rabdosia japonica (Burm. f.) H. Hara ■
209715 Isodon japonicus (Burm. f.) H. Hara f. albiflorus (Honda) H. Hara;白花毛叶香茶菜■☆
209716 Isodon japonicus (Burm. f.) H. Hara var. glaucocalyx (Maxim.) H. Hara = Rabdosia japonica (Burm. f.) H. Hara var. glaucocalyx (Maxim.) H. Hara ■
209717 Isodon japonicus (Burm. f.) H. Hara var. glaucocalyx (Maxim.) H. W. Li;蓝萼毛叶香茶菜(倒根野苏,回菜花,蓝萼香茶菜,山苏子,香茶菜,野苏子);Bluecalyx Japanese Rabdosia ■
209718 Isodon japonicus (Burm. f.) H. Hara var. glaucocalyx (Maxim.) H. W. Li = Rabdosia japonica (Burm. f.) H. Hara var. glaucocalyx (Maxim.) H. Hara ■
209719 Isodon kameba Okuyama ex Ohwi = Isodon umbrosus (Maxim.) H. Hara var. leucanthus (Murai) K. Asano f. kameba (Okuyama ex Ohwi) K. Asano ■☆
209720 Isodon kameba Okuyama ex Ohwi f. leucanthus (Murai) Okuyama = Isodon umbrosus (Maxim.) H. Hara var. leucanthus (Murai) K. Asano ■☆
209721 Isodon kameba Okuyama ex Ohwi var. hakusanensis (Kudo) Okuyama ex Ohwi = Isodon umbrosus (Maxim.) H. Hara var. hakusanensis (Kudo) K. Asano ■☆
209722 Isodon kameba Okuyama ex Ohwi var. latifolius (Okuyama) Okuyama = Isodon umbrosus (Maxim.) H. Hara var. latifolius Okuyama ■☆
209723 Isodon kameba Okuyama ex Ohwi var. latifolius (Okuyama) Okuyama f. albescens Okuyama = Isodon umbrosus (Maxim.) H. Hara var. latifolius Okuyama f. albescens (Okuyama) Okuyama ex K. Asano ■☆
209724 Isodon kangtingensis (C. Y. Wu et H. W. Li) H. Hara;康定香茶菜;Kangding Rabdosia ■
209725 Isodon kangtingensis (C. Y. Wu et H. W. Li) H. Hara = Isodon flabelliformis (C. Y. Wu) H. Hara ■
209726 Isodon kangtingensis (C. Y. Wu et H. W. Li) H. Hara = Rabdosia flabelliformis C. Y. Wu ■
209727 Isodon kangtingensis (C. Y. Wu et H. W. Li) H. Hara = Rabdosia kangtingensis C. Y. Wu et H. W. Li ■
209728 Isodon koroensis Kudo;台北延命草■
209729 Isodon koroensis Kudo = Isodon amethystoides (Benth.) H. Hara ■
209730 Isodon koroensis Kudo = Rabdosia amethystoides (Benth.) H. Hara ■
209731 Isodon koroensis Kudo = Rabdosia koroensis (Kudo) H. Hara ■
209732 Isodon kunmingensis (C. Y. Wu et H. W. Li) H. Hara;昆明香茶菜;Kunming Rabdosia ●
209733 Isodon kunmingensis (C. Y. Wu et H. W. Li) H. Hara = Isodon interruptus (C. Y. Wu et H. W. Li) H. Hara ●
209734 Isodon kunmingensis (C. Y. Wu et H. W. Li) H. Hara = Rabdosia interrupta C. Y. Wu et H. W. Li ●
209735 Isodon lasiocarpus (Hayata) Kudo;毛果香茶菜(毛果延命草)■
209736 Isodon lasiocarpus (Hayata) Kudo = Isodon serrus (Maxim.) Kudo ■
209737 Isodon lasiocarpus (Hayata) Kudo = Rabdosia lasiocarpa (Hayata) H. Hara ■
209738 Isodon latiflorus (C. Y. Wu et H. W. Li) H. Hara = Isodon scoparius (C. Y. Wu et H. W. Li) H. Hara ●
209739 Isodon latiflorus (C. Y. Wu et H. W. Li) H. Hara = Isodon scrophularioides (Wall. ex Benth.) Murata ■
209740 Isodon latiflorus (C. Y. Wu et H. W. Li) H. Hara = Rabdosia latiflora C. Y. Wu et H. W. Li ■
209741 Isodon latifolius (C. Y. Wu et H. W. Li) H. Hara;宽叶香茶菜;Broadleaf Rabdosia ■
209742 Isodon leucophyllus (Dunn) Kudo;白叶香茶菜;Whiteleaf Rabdosia, White-leaved Rabdosia ●
209743 Isodon leucophyllus (Dunn) Kudo = Rabdosia leucophylla (Dunn) H. Hara ●
209744 Isodon liangshanicus (C. Y. Wu et H. W. Li) H. Hara;凉山香茶菜;Liangshan Rabdosia ■
209745 Isodon liangshanicus (C. Y. Wu et H. W. Li) H. Hara = Rabdosia liangshanica C. Y. Wu et H. W. Li ■
209746 Isodon lihsienensis (C. Y. Wu et H. W. Li) H. Hara;理县香茶菜;Lihsien Rabdosia, Lixian Rabdosia ●
209747 Isodon lihsienensis (C. Y. Wu et H. W. Li) H. Hara = Rabdosia lihsienensis C. Y. Wu et H. W. Li ■
209748 Isodon longitubus (Miq.) Kudo;长管香茶菜(铁菱角,铁拳头,香茶菜);Longtube Rabdosia ■
209749 Isodon longitubus (Miq.) Kudo = Rabdosia longituba (Miq.) H. Hara ■
209750 Isodon longitubus (Miq.) Kudo f. albiflorus (Makino) H. Hara;白花长管香茶菜■☆
209751 Isodon longitubus (Miq.) Kudo var. intermedius ? = Isodon shikokianus (Makino) H. Hara var. intermedius (Kudo) Murata ■☆
209752 Isodon longitubus Kudo = Isodon longitubus (Miq.) Kudo ■
209753 Isodon lophanthoides (Buch. -Ham. ex D. Don) H. Hara;线纹香茶菜(草三七,黑疙瘩,黑节草,涩疙瘩,碎兰花,土黄连,溪黄草,溪黄花,小癞疙瘩,熊胆草,茵陈草);Linearstripe Rabdosia ■
209754 Isodon lophanthoides (Buch. -Ham. ex D. Don) H. Hara = Rabdosia lophanthoides (Buch. -Ham. ex D. Don) H. Hara ■
209755 Isodon lophanthoides (Buch. -Ham. ex D. Don) H. Hara var. gerardiana (Benth.) H. Hara;狭基线纹香茶菜(白线草,粪虫叶,风血草,沙虫草,沙虫叶,石疙瘩,溪黄香,线纹香茶菜,熊胆草,野苏麻,猪屎粑)■
209756 Isodon lophanthoides (Buch. -Ham. ex D. Don) H. Hara var. gerardiana (Benth.) H. Hara = Rabdosia lophanthoides (Buch. -Ham. ex D. Don) H. Hara var. gerardiana (Benth.) H. Hara ■
209757 Isodon lophanthoides (Buch. -Ham. ex D. Don) H. Hara var.

graciliflora (Benth.) H. Hara;细花线纹香茶菜;Thinflower Linearstripe Rabdosia ■

209758 Isodon lophanthoides (Buch.-Ham. ex D. Don) H. Hara var. graciliflora (Benth.) H. Hara = Rabdosia lophanthoides (Buch.-Ham. ex D. Don) H. Hara var. graciliflora (Benth.) H. Hara ■

209759 Isodon lophanthoides (Buch.-Ham. ex D. Don) H. Hara var. micrantha (C. Y. Wu) H. W. Li;小花线纹香茶菜;Smallflower Linearstripe Rabdosia ■

209760 Isodon lophanthoides (Buch.-Ham. ex D. Don) H. Hara var. micrantha (C. Y. Wu) H. W. Li = Rabdosia lophanthoides (Buch.-Ham. ex D. Don) H. Hara var. micrantha C. Y. Wu ■

209761 Isodon loxothyrsus (Hand.-Mazz.) H. Hara;弯锥香茶菜;Bowedconical Rabdosia, Bowed-conical Rabdosia ●

209762 Isodon loxothyrsus (Hand.-Mazz.) H. Hara = Rabdosia loxothyrsa (Hand.-Mazz.) H. Hara ●

209763 Isodon lungshengensis (C. Y. Wu et H. W. Li) H. Hara;龙胜香茶菜;Longsheng Rabdosia, Lungsheng Rabdosia ■

209764 Isodon lungshengensis (C. Y. Wu et H. W. Li) H. Hara = Rabdosia lungshengensis C. Y. Wu et H. W. Li ■

209765 Isodon macranthus (Hook. f.) Kudo = Siphocranion macranthum (Hook. f.) C. Y. Wu ■

209766 Isodon macranthus (Hook. f.) Kudo var. prainianus (H. Lév.) Kudo = Siphocranion macranthum (Hook. f.) C. Y. Wu ■

209767 Isodon macrocalyx (Dunn) Kudo;大萼香茶菜(台湾延命草);Bigcalyx Rabdosia, Largesepal Rabdosia ■

209768 Isodon macrocalyx (Dunn) Kudo = Rabdosia macrocalyx (Dunn) H. Hara ■

209769 Isodon macrophyllus (Migo) H. Hara;歧伞香茶菜(大叶毛茛,大叶香茶菜);Largeleaf Rabdosia ●■

209770 Isodon macrophyllus (Migo) H. Hara = Rabdosia macrophylla (Migo) C. Y. Wu et H. W. Li ●■

209771 Isodon medilungensis (C. Y. Wu et H. W. Li) H. Hara;麦地龙香茶菜;Medilong Rabdosia, Medilung Rabdosia ●

209772 Isodon medilungensis (C. Y. Wu et H. W. Li) H. Hara = Rabdosia medilungensis C. Y. Wu et H. W. Li ●

209773 Isodon megathyrsus (Diels) H. Hara var. strigosissimus (C. Y. Wu et H. W. Li) H. W. Li = Rabdosia megathyrsa (Diels) H. Hara var. strigosissima C. Y. Wu et H. W. Li ■

209774 Isodon megathyrsus (Diels) H. W. Li;大锥香茶菜(豆杆沙,九头狮子草);Bigpanicled Rabdosia, Bigthyrse Rabdosia ■

209775 Isodon megathyrsus (Diels) H. W. Li = Rabdosia megathyrsa (Diels) H. Hara ■

209776 Isodon megathyrsus (Diels) H. W. Li var. strigosissimus (C. Y. Wu et H. W. Li) H. W. Li;多毛大锥香茶菜;Hairy Bigthyrse Rabdosia ■

209777 Isodon melissiformis (C. Y. Wu) H. Hara = Isodon melissoides (Benth.) H. Hara ■

209778 Isodon melissiformis (C. Y. Wu) H. Hara = Rabdosia melissiformis C. Y. Wu ■

209779 Isodon melissoides (Benth.) H. Hara;苞叶香茶菜;Bractleaf Rabdosia ■

209780 Isodon mucronatus (C. Y. Wu et H. W. Li) H. Hara;突尖香茶菜;Mucronate Rabdosia, Sharp-pointed Rabdosia ●■

209781 Isodon mucronatus (C. Y. Wu et H. W. Li) H. Hara = Rabdosia mucronata C. Y. Wu et H. W. Li ●■

209782 Isodon muliensis (W. W. Sm.) Kudo;木里香茶菜;Muli Rabdosia ●

209783 Isodon muliensis (W. W. Sm.) Kudo = Rabdosia muliensis (W. W. Sm.) H. Hara ●

209784 Isodon nervosus (Hemsl.) Kudo;显脉香茶菜(大叶蛇总管,藿香,蓝花柴胡,脉纹毛茛,脉纹香茶菜,脉叶香茶菜,山薄荷,铁菱角);Veined Rabdosia ■

209785 Isodon nervosus (Hemsl.) Kudo = Rabdosia nervosa (Hemsl.) C. Y. Wu et H. W. Li ■

209786 Isodon nigropunctatus Murata = Isodon hispidus (Benth.) Murata ■

209787 Isodon nigropunctatus Murata = Rabdosia hispida (Benth.) H. Hara ■

209788 Isodon oresbius (W. W. Sm.) Kudo;山地香茶菜(朴荀儿);Montane Rabdosia ●

209789 Isodon oresbius (W. W. Sm.) Kudo = Rabdosia oresbia (W. W. Sm.) H. Hara ●

209790 Isodon pantadenius (Hand.-Mazz.) H. W. Li;全腺香茶菜;Panglandular Rabdosia ■

209791 Isodon pantadenius (Hand.-Mazz.) H. W. Li = Rabdosia pantadenia (Hand.-Mazz.) H. Hara ■

209792 Isodon parvifolius (Batalin) H. Hara;小叶香茶菜;Littleleaf Rabdosia, Little-leaved Rabdosia ●

209793 Isodon parvifolius (Batalin) H. Hara = Rabdosia parvifolia (Batalin) H. Hara ●

209794 Isodon pharicus (Prain) Murata;川藏香茶菜(帕里香茶菜);Chuan-Zang Rabdosia, Sichuan-Xizang Rabdosia, Szechwan-tibet Rabdosia ●

209795 Isodon pharicus (Prain) Murata = Rabdosia pharica (Prain) H. Hara ●

209796 Isodon phyllopodus (Diels) Kudo;叶柄香茶菜(碎兰花);Leafstipe Rabdosia ●■

209797 Isodon phyllopodus (Diels) Kudo = Rabdosia phyllopoda (Diels) H. Hara ●■

209798 Isodon phyllostachys (Diels) Kudo;叶穗香茶菜(薄叶穗香茶菜,薄叶香茶菜,薄叶叶穗香茶菜,虎尾草);Leafspike Rabdosia, Phylloid-spiked Rabdosia, Thinleaf Leafspike Rabdosia ●

209799 Isodon phyllostachys (Diels) Kudo = Rabdosia phyllostachys (Diels) H. Hara ●

209800 Isodon plectranthoides Schrad. ex Benth. = Isodon rugosus (Wall. ex Benth.) Codd ●

209801 Isodon plectranthoides Schrad. ex Benth. = Rabdosia rugosa (Wall. ex Benth.) H. Hara ●

209802 Isodon pleiophyllus (Diels) Kudo = Rabdosia pleiophylla (Diels) C. Y. Wu et H. W. Li ●

209803 Isodon pleiophyllus (Diels) Kudo var. dolichodens (C. Y. Wu et H. W. Li) H. W. Li;长齿多叶香茶菜;Longtooth Manyleaf Rabdosia ●

209804 Isodon racemosus (Hemsl.) H. W. Li;总序香茶菜;Racemose Rabdosia ■

209805 Isodon racemosus (Hemsl.) H. W. Li = Rabdosia racemosa (Hemsl.) H. Hara ■

209806 Isodon ramosissimus (Hook. f.) Codd;多枝香茶菜●☆

209807 Isodon ricinispermus (Pamp.) Kudo = Isodon rubescens (Hemsl.) H. Hara ●

209808 Isodon ricinispermus (Pamp.) Kudo = Rabdosia rubescens (Hemsl.) H. Hara ●

209809 Isodon rosthornii (Diels) Kudo;瘿花香茶菜(白野紫苏,野藿香,野苏,野紫苏);Rosthorn Rabdosia ■

209810 Isodon rosthornii (Diels) Kudo = Rabdosia rosthornii (Diels)

H. Hara ■

209811 Isodon rubescens (Hemsl.) H. Hara;碎米桠(冰凌草,冬凌草,六月令,破血丹,破血月,山荏,山香草,雪花草,野藿香,野藿香花);Blushred Rabdosia,Blush-red Rabdosia,Rubescent Rabdosia ●

209812 Isodon rubescens (Hemsl.) H. Hara = Rabdosia rubescens (Hemsl.) H. Hara ●

209813 Isodon rugosiformis (Hand.-Mazz.) H. Hara;类皱叶香茶菜;Wrinkledleaf-like Rabdosia ●

209814 Isodon rugosiformis (Hand.-Mazz.) H. Hara = Rabdosia rugosiformis (Hand.-Mazz.) H. Hara ●

209815 Isodon rugosus (Wall. ex Benth.) Codd;皱叶香茶菜(多皱香茶菜);Rugose Plectranthus,Wrinkledleaf Rabdosia,Wrinkle-leaved Rabdosia ●

209816 Isodon rugosus (Wall. ex Benth.) Codd = Rabdosia rugosa (Wall. ex Benth.) H. Hara ●

209817 Isodon rugosus (Wall. ex Benth.) Murata = Isodon rugosus (Wall. ex Benth.) Codd ●

209818 Isodon schimperi (Vatke) J. K. Morton;欣珀香茶菜●☆

209819 Isodon scoparius (C. Y. Wu et H. W. Li) H. Hara;帚状香茶菜;Broomy Rabdosia,Fastigiate Rabdosia,Rod-shaped Rabdosia ●

209820 Isodon scoparius (C. Y. Wu et H. W. Li) H. Hara = Rabdosia scoparia C. Y. Wu et H. W. Li ●

209821 Isodon scrophularioides (Wall. ex Benth.) Murata = Rabdosia scrophularioides (Wall. ex Benth.) H. Hara ■

209822 Isodon sculponeatus (Vaniot) Kudo;黄花香茶菜(白沙虫药,臭蒿子,方茎紫苏,鸡苏,假荨麻,烂脚草,痢药,鲁山冬凌草);Yellow Rabdosia,Yellowflower Rabdosia ■

209823 Isodon sculponeatus (Vaniot) Kudo = Rabdosia sculponeata (Vaniot) H. Hara ■

209824 Isodon secundiflorus (C. Y. Wu) H. Hara;侧花香茶菜;Excentricflowers Rabdosia,Secundflower Rabdosia,Secundiflorous Rabdosia ■

209825 Isodon secundiflorus (C. Y. Wu) H. Hara = Rabdosia secundiflora C. Y. Wu ■

209826 Isodon serrus (Maxim.) Kudo;溪黄草(大叶蛇总管,锯叶香茶菜,蓝花柴胡,毛果毛茛,毛果香茶菜,山羊面,四方蒿,台湾延胡索,土黄连,土茵陈,溪沟草,香茶菜,熊胆草,血风草);Serrate Rabdosia ■

209827 Isodon serrus (Maxim.) Kudo = Rabdosia serra (Maxim.) H. Hara ■

209828 Isodon setschwanensis (Hand.-Mazz.) H. Hara;四川香茶菜(永胜香茶菜);Sichuan Rabdosia,Yongsheng Rabdosia ●

209829 Isodon setschwanensis (Hand.-Mazz.) H. Hara = Rabdosia setschwanensis (Hand.-Mazz.) H. Hara ●

209830 Isodon shikokianus (Makino) H. Hara;四国香茶菜■☆

209831 Isodon shikokianus (Makino) H. Hara var. intermedius (Kudo) Murata;间型四国香茶菜(中型四国香茶菜)■☆

209832 Isodon shikokianus (Makino) H. Hara var. occidentalis Murata;西部四国香茶菜■☆

209833 Isodon shikokianus (Makino) H. Hara var. occidentalis Murata f. albiflorus Murata;白花西部四国香茶菜■☆

209834 Isodon silvaticus (C. Y. Wu et H. W. Li) H. W. Li;林生香茶菜;Forest Rabdosia,Woodland Rabdosia ●

209835 Isodon silvaticus (C. Y. Wu et H. W. Li) H. W. Li = Rabdosia silvatica C. Y. Wu et H. W. Li ●

209836 Isodon smithianus (Hand.-Mazz.) H. Hara;马尔康香茶菜;Smith Rabdosia ●

209837 Isodon smithianus (Hand.-Mazz.) H. Hara = Rabdosia smithiana (Hand.-Mazz.) H. Hara ●

209838 Isodon stracheyi (Benth. ex Hook. f.) Kudo = Isodon walkeri (Arn.) H. Hara ■

209839 Isodon stracheyi (Benth. ex Hook. f.) Kudo = Rabdosia stracheyi (Benth. ex Hook. f.) H. Hara ■

209840 Isodon striatus (Benth.) Kudo = Isodon lophanthoides (Buch.-Ham. ex D. Don) H. Hara ■

209841 Isodon striatus (Benth.) Kudo = Rabdosia lophanthoides (Buch.-Ham. ex D. Don) H. Hara ■

209842 Isodon tenuifolius (W. W. Sm.) Kudo;细叶香茶菜;Slenderleaf Rabdosia,Slender-leaved Rabdosia ●

209843 Isodon tenuifolius (W. W. Sm.) Kudo = Rabdosia tenuifolia (W. W. Sm.) H. Hara ●

209844 Isodon ternifolius (D. Don) Kudo;牛尾草(常沙,虫牙药,大箭根,老人风,龙胆草,轮叶毛茛,轮叶香茶菜,马鹿尾,牛尾巴蒿,三叉金,三叉叶香茶菜,三姐妹,三托艾,三叶毛茛,三叶扫把,三叶香茶菜,三姊妹,扫帚草,伤寒头,兽犬药,兽药,四棱草,细叶毛茛,细叶香茶菜,鸭边窝,月风草);Oxtail Rabdosia,Ternateleaf Plectranthus,Ternateleaf Rabdosia ●■

209845 Isodon ternifolius (D. Don) Kudo = Rabdosia ternifolia (D. Don) H. Hara ●■

209846 Isodon trichocarpus (Maxim.) Kudo;黑花毛果香茶菜(黑花延命草,毛果香茶菜)■☆

209847 Isodon trichocarpus (Maxim.) Kudo f. crythranthus Ikegami;金花毛果香茶菜■☆

209848 Isodon trichocarpus (Maxim.) Kudo f. leucanthus Okuyama;白花毛果香茶菜■☆

209849 Isodon trichocarpus Kudo = Isodon trichocarpus (Maxim.) Kudo ■☆

209850 Isodon trichocarpus Kudo = Rabdosia trichocarpa (Maxim.) H. Hara ■☆

209851 Isodon umbrosus (Maxim.) H. Hara;伞花香茶菜■☆

209852 Isodon umbrosus (Maxim.) H. Hara f. albiflorus Tuyama;白伞花香茶菜■☆

209853 Isodon umbrosus (Maxim.) H. Hara f. glabricalyx Sugim.;光萼花香茶菜■☆

209854 Isodon umbrosus (Maxim.) H. Hara var. excisinflexus (Nakai) K. Asano;日本伞花香茶菜■☆

209855 Isodon umbrosus (Maxim.) H. Hara var. hakusanensis (Kudo) K. Asano;白山伞花香茶菜■☆

209856 Isodon umbrosus (Maxim.) H. Hara var. komaensis (Okuyama) K. Asano = Isodon umbrosus (Maxim.) H. Hara var. latifolius Okuyama ■☆

209857 Isodon umbrosus (Maxim.) H. Hara var. latifolius Okuyama;宽叶伞花香茶菜(卡美香茶菜)■☆

209858 Isodon umbrosus (Maxim.) H. Hara var. latifolius Okuyama f. albescens (Okuyama) Okuyama ex K. Asano;白宽叶伞花香茶菜■☆

209859 Isodon umbrosus (Maxim.) H. Hara var. leucanthus (Murai) K. Asano f. kameba (Okuyama ex Ohwi) K. Asano;柔毛白花香茶菜■☆

209860 Isodon umbrosus (Maxim.) H. Hara var. leucanthus (Murai) K. Asano;白花香茶菜■☆

209861 Isodon walkeri (Arn.) H. Hara;长叶香茶菜(斯特拉契香茶菜,四方草,溪黄草);Longleaf Rabdosia,Strachey Plectranthus ■

209862 Isodon wardii (C. Marquand et Airy Shaw) H. Hara;西藏香茶

菜;Ward Rabdosia,Xizang Rabdosia ●
209863 Isodon wardii (C. Marquand et Airy Shaw) H. Hara = Rabdosia wardii (C. Marquand et Airy Shaw) H. Hara ●
209864 Isodon websteri (Hemsl.) Kudo;辽宁香茶菜;Webster Rabdosia ■
209865 Isodon websteri (Hemsl.) Kudo = Rabdosia websteri (Hemsl.) H. Hara ■
209866 Isodon weisiensis (C. Y. Wu) H. Hara;维西香茶菜;Weisi Rabdosia,Weixi Rabdosia ■
209867 Isodon weisiensis (C. Y. Wu) H. Hara = Rabdosia weisiensis C. Y. Wu ■
209868 Isodon wikstroemioides (Hand. -Mazz.) H. Hara;荛花香茶菜;Stringbushlike Rabdosia,Stringbush-like Rabdosia ●
209869 Isodon wikstroemioides (Hand. -Mazz.) H. Hara = Rabdosia wikstroemioides (Hand. -Mazz.) H. Hara ●
209870 Isodon xerophilus (C. Y. Wu et H. W. Li) H. Hara;旱生香茶菜;Dryloving Rabdosia,Heathliving Rabdosia,Xerophillous Rabdosia ●
209871 Isodon xerophilus (C. Y. Wu et H. W. Li) H. Hara = Rabdosia xerophila C. Y. Wu et H. W. Li ●
209872 Isodon yunnanensis (Hand. -Mazz.) H. Hara;不育红(九头狮子草,狮子草,小铁牛,云南毛莨,云南香茶菜);Yunnan Rabdosia ■
209873 Isodon yunnanensis (Hand. -Mazz.) H. Hara = Rabdosia yunnanensis (Hand. -Mazz.) H. Hara ■
209874 Isoetopsis Turcz. (1851);水韭菊属■☆
209875 Isoetopsis graminifolia Turcz.;水韭菊■☆
209876 Isoglossa Oerst. (1854)(保留属名);叉序草属(叉序花属);Chingiacanthus,Forkpaniclegrass ■★
209877 Isoglossa angusta (Nees) Baker;窄叉序草■☆
209878 Isoglossa anisophylla Brummitt;异叶叉序草■☆
209879 Isoglossa bachmannii Lindau = Isoglossa ovata (Nees) Lindau ■☆
209880 Isoglossa barlerioides S. Moore = Ecbolium barlerioides (S. Moore) Lindau ●☆
209881 Isoglossa bolusii C. B. Clarke;博卢斯叉序草■☆
209882 Isoglossa bracteosa Mildbr.;多苞片叉序草■☆
209883 Isoglossa candelabrum Lindau;烛台叉序草■☆
209884 Isoglossa cataractarum Brummitt et Feika;瀑布群高原叉序草■☆
209885 Isoglossa ciliata (Nees) Lindau;缘毛叉序草■☆
209886 Isoglossa collina (T. Anderson) B. Hansen;叉序草;Patulous Chingiacanthus,Patulous Forkpaniclegrass ■
209887 Isoglossa congesta Hedrén;团集叉序草■☆
209888 Isoglossa cooperi C. B. Clarke;库珀叉序草■☆
209889 Isoglossa cyclophylla Mildbr.;圆叶叉序草■☆
209890 Isoglossa delicatula C. B. Clarke;姣美叉序草■☆
209891 Isoglossa densa N. E. Br.;密集叉序草■☆
209892 Isoglossa eckloniana (Nees) Lindau;埃氏叉序草■☆
209893 Isoglossa expansa Benoist;扩展叉序草■☆
209894 Isoglossa eylesii (S. Moore) Brummitt;艾尔斯叉序草■☆
209895 Isoglossa flava Lindau = Isoglossa lactea Lindau ex Engl. ■☆
209896 Isoglossa floribunda C. B. Clarke;多花叉序草■☆
209897 Isoglossa glabra (Hand. -Mazz.) B. Hansen;光叉序草(光爵床);Glabrous Chingiacanthus ■
209898 Isoglossa glandulifera Lindau;腺点叉序草■☆
209899 Isoglossa gracillima Baker;细长叉序草■☆
209900 Isoglossa grandiflora C. B. Clarke;大花叉序草■☆
209901 Isoglossa grantii C. B. Clarke;格兰特叉序草■☆
209902 Isoglossa gregorii (S. Moore) Lindau;格雷戈尔叉序草■☆
209903 Isoglossa humbertii Mildbr.;亨伯特叉序草■☆
209904 Isoglossa hypoestiflora Lindau;下花叉序草■☆
209905 Isoglossa imbricata Brummitt;覆瓦叉序草■☆
209906 Isoglossa insularis Benoist = Isoglossa justicioides Baker ■☆
209907 Isoglossa justicioides Baker;鸭嘴花叉序草■☆
209908 Isoglossa lactea Lindau ex Engl.;乳白叉序草■☆
209909 Isoglossa laxa Oliv.;疏松叉序草■☆
209910 Isoglossa laxiflora Lindau;疏花叉序草■☆
209911 Isoglossa longiflora Benoist;长花叉序草■☆
209912 Isoglossa macowanii C. B. Clarke;麦克欧文叉序草■☆
209913 Isoglossa mbalensis Brummitt;姆巴莱叉序草■☆
209914 Isoglossa melleri Baker;梅勒叉序草■☆
209915 Isoglossa membranacea C. B. Clarke;膜质叉序草■☆
209916 Isoglossa milanjiensis S. Moore;米兰吉叉序草■☆
209917 Isoglossa mossambicensis Lindau;莫桑比克叉序草■☆
209918 Isoglossa nervosa C. B. Clarke;多脉叉序草■☆
209919 Isoglossa oerstediana Lindau = Isoglossa punctata (Vahl) Brummitt et J. R. I. Wood ■☆
209920 Isoglossa oreacanthoides Mildbr.;山刺爵床叉序草■☆
209921 Isoglossa origanoides (Nees) Lindau;牛至叉序草■☆
209922 Isoglossa ovata (Nees) Lindau;卵叶叉序草;Looseflower Water Willow ■☆
209923 Isoglossa ovata E. A. Bruce = Isoglossa ovata (Nees) Lindau ■☆
209924 Isoglossa parviflora Benoist;小花叉序草■☆
209925 Isoglossa parvifolia Rendle;小叶叉序草■☆
209926 Isoglossa pawekiae Brummitt et Feika;帕维基叉序草■☆
209927 Isoglossa prolixa (Nees) Lindau;伸展叉序草■☆
209928 Isoglossa punctata (Vahl) Brummitt et J. R. I. Wood;斑点叉序草■☆
209929 Isoglossa rubescens Lindau;变红叉序草■☆
209930 Isoglossa runssorica Lindau;伦索叉序草■☆
209931 Isoglossa salviiflora (Mildbr.) Brummitt;鼠尾草花叉序草■☆
209932 Isoglossa schliebenii Mildbr.;施利本叉序草■☆
209933 Isoglossa somalensis Lindau;索马里叉序草■☆
209934 Isoglossa stipitata C. B. Clarke;具柄叉序草■☆
209935 Isoglossa strigosula C. B. Clarke;糙伏毛叉序草■☆
209936 Isoglossa substrobilina C. B. Clarke;亚球果叉序草■☆
209937 Isoglossa sylvatica C. B. Clarke;森林叉序草■☆
209938 Isoglossa vestita Benoist;包被叉序草■☆
209939 Isoglossa violacea Lindau = Isoglossa lactea Lindau ex Engl. ■☆
209940 Isoglossa volkensii Lindau;福尔叉序草■☆
209941 Isoglossa vulcanicola Mildbr.;火山叉序草■☆
209942 Isoglossa woodii C. B. Clarke;伍得叉序草■☆
209943 Isolatocereus (Backeb.) Backeb. = Lemaireocereus Britton et Rose ●☆
209944 Isolatocereus (Backeb.) Backeb. = Stenocereus (A. Berger) Riccob. (保留属名)●☆
209945 Isolepis R. Br. (1810);细莞属(等鳞薦草属,独鳞薦草属);Club-rush ■
209946 Isolepis R. Br. = Scirpus L. (保留属名)■
209947 Isolepis aciformis (B. Nord.) J. Raynal = Isolepis hemiuncialis (C. B. Clarke) J. Raynal ■☆
209948 Isolepis acuminata Nees = Ficinia acuminata (Nees) Nees ■☆
209949 Isolepis ambigua Steud. = Eleocharis minima Kunth ■☆
209950 Isolepis antarctica (L.) Nees = Isolepis diabolica (Steud.) Schrad. ■☆

209951 Isolepis antarctica (L.) Roem. et Schult.;南极细莞■☆
209952 Isolepis aquatilis Kunth = Isolepis tenuissima (Nees) Kunth ■☆
209953 Isolepis articulatus (L.) Nees = Schoenoplectiella articulata (L.) Lye ■☆
209954 Isolepis atropurpurea Nees = Isolepis pusilla Kunth ■☆
209955 Isolepis barbata (Rottb.) R. Br. = Abildgaardia wallichiana (Schult.) Lye ■☆
209956 Isolepis barbata (Rottb.) R. Br. = Bulbostylis barbata (Rottb.) C. B. Clarke ■
209957 Isolepis bergiana (Spreng.) Schult. = Isolepis antarctica (L.) Roem. et Schult. ■☆
209958 Isolepis bicolor Nees = Isolepis venustula Kunth ■☆
209959 Isolepis brachyphylla (Link) Schult. = Bulbostylis capillaris (L.) Kunth ex C. B. Clarke ■☆
209960 Isolepis brevicaulis (Levyns) J. Raynal;短茎细莞■☆
209961 Isolepis breviculmis Steud. = Bulbostylis humilis (Kunth) C. B. Clarke ■☆
209962 Isolepis bulbifera (Boeck.) Muasya;球根细莞■☆
209963 Isolepis capensis Muasya;好望角细莞■☆
209964 Isolepis capillaris (L.) Roem. et Schult. = Bulbostylis barbata (Rottb.) C. B. Clarke ■
209965 Isolepis capillaris (L.) Roem. et Schult. = Bulbostylis capillaris (L.) Kunth ex C. B. Clarke ■☆
209966 Isolepis carinata Hook. et Arn. ex Torr.;龙骨细莞■☆
209967 Isolepis cartilaginea R. Br. = Isolepis marginata (Thunb.) A. Dietr. ■☆
209968 Isolepis cernua (Vahl) Roem. et Schult.;俯垂细莞;Dougal Grass, Optical Fibre Plant ■☆
209969 Isolepis cernua (Vahl) Roem. et Schult. = Scirpus cernuus Vahl ■☆
209970 Isolepis cernua (Vahl) Roem. et Schult. var. meruensis (R. W. Haines et Lye) Muasya;梅鲁细莞■☆
209971 Isolepis cernua (Vahl) Roem. et Schult. var. setiformis (Benth.) Muasya;刚毛俯垂细莞■☆
209972 Isolepis chlorostachya (Levyns) Soják = Isolepis sepulcralis Steud. ■☆
209973 Isolepis chlorostachya Nees = Isolepis cernua (Vahl) Roem. et Schult. ■☆
209974 Isolepis chrysocarpa Nees = Isolepis marginata (Thunb.) A. Dietr. ■☆
209975 Isolepis ciliatifolius (Elliott) Torr. = Bulbostylis ciliatifolia (Elliott) Fernald ■☆
209976 Isolepis coarctata (Elliott) Torr. = Bulbostylis ciliatifolia (Elliott) Torr. var. coarctata (Elliott) Král ■☆
209977 Isolepis collina Kunth = Bulbostylis contexta (Nees) M. Bodard ■☆
209978 Isolepis commutata Nees = Ficinia gracilis Schrad. var. commutata (Nees) C. B. Clarke ■☆
209979 Isolepis compressa Nees = Scirpus neesii Boeck. ■☆
209980 Isolepis corymbosa Roth ex Roem. et Schult. = Schoenoplectus corymbosus (Roth ex Roem. et Schult.) J. Raynal ■☆
209981 Isolepis costata Hochst. ex A. Rich.;单脉细莞■☆
209982 Isolepis costata Hochst. ex A. Rich. var. macra (Boeck.) B. L. Burtt = Isolepis costata Hochst. ex A. Rich. ■☆
209983 Isolepis crassiuscula Hook. f.;稍粗细莞■☆
209984 Isolepis decipiens Nees = Schoenoplectus decipiens (Nees) J. Raynal ■☆
209985 Isolepis densa (Wall.) Schult. = Bulbostylis densa (Wall.) Hand. -Mazz. ■
209986 Isolepis diabolica (Steud.) Schrad.;魔鬼细莞■☆
209987 Isolepis digitata Schrad.;指裂细莞■☆
209988 Isolepis dissoluta (Nees) Kunth = Isolepis digitata Schrad. ■☆
209989 Isolepis dregeana Kunth = Isolepis hystrix (Thunb.) Nees ■☆
209990 Isolepis drummondii Torr. et Hook. = Fimbristylis puberula (Michx.) Vahl ■☆
209991 Isolepis dubia Kunth = Isolepis digitata Schrad. ■☆
209992 Isolepis echinidium Nees = Isolepis incomtula Nees ■☆
209993 Isolepis echinocephala Oliv. = Oxycaryum cubense (Poepp. et Kunth) Lye ■☆
209994 Isolepis eckloniana Schrad. = Isolepis cernua (Vahl) Roem. et Schult. var. setiformis (Benth.) Muasya ■☆
209995 Isolepis exilis Kunth = Abildgaardia hispidula (Vahl) Lye ■☆
209996 Isolepis exilis Nees = Isolepis incomtula Nees ■☆
209997 Isolepis expallescens Kunth;澳非细莞■☆
209998 Isolepis fascicularis (Nees) Kunth = Isolepis fluitans (L.) R. Br. ■☆
209999 Isolepis ficinioides (Kunth) Steud. = Scirpus ficinioides Kunth ■☆
210000 Isolepis filamentosa Roem. et Schult. = Bulbostylis filamentosa (Vahl) C. B. Clarke ■☆
210001 Isolepis fistulosa (Forssk.) Delile = Schoenoplectiella articulata (L.) Lye ■☆
210002 Isolepis fluitans (L.) R. Br.;漂浮细莞;Floating Club-rush ■☆
210003 Isolepis fluitans (L.) R. Br. var. major Lye;大漂浮细莞■☆
210004 Isolepis fluitans (L.) R. Br. var. nervosa (Hochst. ex A. Rich.) Lye;多脉细莞■☆
210005 Isolepis gracilis Nees = Ficinia gracilis Schrad. ■☆
210006 Isolepis graminoides (R. W. Haines et Lye) Lye;禾细莞■☆
210007 Isolepis grandispica Steud. = Bolboschoenus grandispicus (Steud.) Lewej. et Lobin ■☆
210008 Isolepis hamulosa (M. Bieb.) Kunth = Mariscus hamulosus (M. Bieb.) S. S. Hooper ■☆
210009 Isolepis hemiuncialis (C. B. Clarke) J. Raynal;半钩细莞■☆
210010 Isolepis hirta Kunth = Fimbristylis squarrosa Vahl ■
210011 Isolepis humilis Kunth = Bulbostylis humilis (Kunth) C. B. Clarke ■☆
210012 Isolepis hystrix (Thunb.) Nees;豪猪细莞;Bottlebrush Bulrush ■☆
210013 Isolepis hystrix Schrad. = Isolepis natans (Thunb.) A. Dietr. ■☆
210014 Isolepis inclinata Delile ex Barbey = Schoenoplectus corymbosus (Roth ex Roem. et Schult.) J. Raynal ■☆
210015 Isolepis incomtula Nees;贫弱细莞■☆
210016 Isolepis inconspicua (Levyns) J. Raynal;显著细莞■☆
210017 Isolepis inyangensis Muasya et Goetgh.;伊尼扬加细莞■☆
210018 Isolepis karroica (C. B. Clarke) J. Raynal;卡罗细莞■☆
210019 Isolepis keniaensis Lye;肯尼亚细莞■☆
210020 Isolepis kernii (Raymond) Lye = Lipocarpha kernii (Raymond) Goetgh. ■☆
210021 Isolepis kilimanjarica R. W. Haines et Lye;基利曼细莞■☆
210022 Isolepis koilolepis Steud. = Isolepis carinata Hook. et Arn. ex Torr. ■☆
210023 Isolepis kunthiana Steud. = Isolepis incomtula Nees ■☆

210024 Isolepis kyllingioides A. Rich. = Kyllingiella microcephala (Steud.) R. W. Haines et Lye ■☆
210025 Isolepis leptostachya Kunth;细穗细莞■☆
210026 Isolepis leucoloma (Nees) C. Archer;白边细莞■☆
210027 Isolepis levynsiana Muasya et D. A. Simpson;勒温斯细莞■☆
210028 Isolepis lineata Nees = Ficinia gracilis Schrad. ■☆
210029 Isolepis ludwigii (Steud.) Kunth;路德维格细莞■☆
210030 Isolepis lupulina Nees = Schoenoplectus roylei (Nees) Ovcz. et Czukav. ■☆
210031 Isolepis marginata (Thunb.) A. Dietr.;具边细莞■☆
210032 Isolepis meruensis R. W. Haines et Lye = Isolepis cernua (Vahl) Roem. et Schult. var. meruensis (R. W. Haines et Lye) Muasya ■☆
210033 Isolepis microcarpa Nees = Isolepis cernua (Vahl) Roem. et Schult. ■☆
210034 Isolepis microcephala (Steud.) Lye = Kyllingiella microcephala (Steud.) R. W. Haines et Lye ■☆
210035 Isolepis miliacea (L.) J. Presl et C. Presl = Fimbristylis miliacea (L.) Vahl ■
210036 Isolepis minima Schrad. = Lipocarpha hemisphaerica (Roth) Goetgh. ■☆
210037 Isolepis minuta (Turrill) J. Raynal;微小细莞■☆
210038 Isolepis molesta (M. C. Johnst.) S. G. Sm. = Isolepis pseudosetacea (Daveau) Gand. ■☆
210039 Isolepis natans (Thunb.) A. Dietr.;浮水细莞■☆
210040 Isolepis nervosa Hochst. ex A. Rich. = Isolepis fluitans (L.) R. Br. var. nervosa (Hochst. ex A. Rich.) Lye ■☆
210041 Isolepis nitens (Vahl) Roem. et Schult. = Rhynchospora nitens (Vahl) A. Gray ■☆
210042 Isolepis nodosa (Rottb.) R. Br.;多节细莞;Knobby Club-rush ■☆
210043 Isolepis omissa J. Raynal;奥米萨细莞■☆
210044 Isolepis oryzetorum Steud. = Schoenoplectus lateriflorus (J. F. Gmel.) Lye ■☆
210045 Isolepis oryzetorum Steud. = Schoenoplectus supinus (L.) Palla subsp. lateriflorus (J. F. Gmel.) Soják ■
210046 Isolepis pallida Nees = Isolepis natans (Thunb.) A. Dietr. ■☆
210047 Isolepis palustris Schrad. = Isolepis natans (Thunb.) A. Dietr. ■☆
210048 Isolepis paradoxa Schrad. = Ficinia paradoxa (Schrad.) Nees ■☆
210049 Isolepis pentasticha Boeck. = Schoenoplectus junceus (Willd.) J. Raynal ■☆
210050 Isolepis perrotetti Steud. = Abildgaardia hispidula (Vahl) Lye subsp. senegalensis (Cherm.) J. -P. Lebrun et Stork ■☆
210051 Isolepis phaeocarpa Nees = Isolepis marginata (Thunb.) A. Dietr. ■☆
210052 Isolepis planifolia Spreng. = Trichophorum planifolium (Spreng.) Palla ■☆
210053 Isolepis plebeia Schrad. = Isolepis marginata (Thunb.) A. Dietr. ■☆
210054 Isolepis plebeia Schrad. var. maior Schrad. = Isolepis marginata (Thunb.) A. Dietr. ■☆
210055 Isolepis polyphyllus A. Rich. = Kyllingiella polyphylla (A. Rich.) Lye ■☆
210056 Isolepis prolifera (Rottb.) R. Br.;多育细莞;Proliferating Bulrush ■☆
210057 Isolepis proxima Steud. = Schoenoplectus proximus (Steud.) J. Raynal ■☆
210058 Isolepis pseudosetacea (Daveau) Gand.;假细秆藨草■☆
210059 Isolepis pseudosetacea (Daveau) M. Lainz = Isolepis pseudosetacea (Daveau) Gand. ■☆
210060 Isolepis pubescens (Poir.) Roem. et Schult. = Fuirena pubescens (Poir.) Kunth ■
210061 Isolepis pulchella Thwaites = Fimbristylis pulchella (Thwaites) Trimen ■☆
210062 Isolepis pumila (Vahl) Roem. et Schult. = Baeothryon pumilum (Vahl) Á. Löve et D. Löve ■☆
210063 Isolepis pumila Roem. et Schult. = Trichophorum pumilum (Vahl) Schinz et Thell. ■
210064 Isolepis pusilla Kunth;瘦小细莞■☆
210065 Isolepis radiciflora Steud. = Bulbostylis capillaris (L.) Kunth ex C. B. Clarke ■☆
210066 Isolepis rehmannii (Ridl.) Lye = Lipocarpha rehmannii (Ridl.) Goetgh. ■☆
210067 Isolepis repens Nees = Ficinia repens (Nees) Kunth ■☆
210068 Isolepis rivularis Schrad. = Isolepis natans (Thunb.) A. Dietr. ■☆
210069 Isolepis robustula Steud. = Isolepis striata (Nees) Kunth ■☆
210070 Isolepis roylei Nees = Schoenoplectus roylei (Nees) Ovcz. et Czukav. ■☆
210071 Isolepis rubicunda (Nees) Kunth;稍红藨草■☆
210072 Isolepis rupestris Kunth = Isolepis cernua (Vahl) Roem. et Schult. ■☆
210073 Isolepis ruwenzoriensis R. W. Haines et Lye;鲁文佐里藨草■☆
210074 Isolepis schimperiana A. Rich. = Abildgaardia schimperiana (A. Rich.) Lye ■☆
210075 Isolepis schoenoides Kunth = Abildgaardia erratica (Hook. f.) Lye subsp. schoenoides (Kunth) Lye ■☆
210076 Isolepis schweinfurthiana Oliv. = Abildgaardia abortiva (Steud.) Lye ■☆
210077 Isolepis senegalensis Hochst. ex Steud. = Schoenoplectus senegalensis (Hochst. ex Steud.) Palla ex J. Raynal ■☆
210078 Isolepis sepulcralis Steud.;埋生藨草■☆
210079 Isolepis seslerioides Kunth = Isolepis antarctica (L.) Roem. et Schult. ■☆
210080 Isolepis setacea (L.) R. Br.;细秆藨草(刚毛藨草,细莞);Bristle Club-rush, Bristleleaf Bulrush, Finestalk Bulrush ■
210081 Isolepis setacea (L.) R. Br. = Scirpus setaceus L. ■
210082 Isolepis setacea (L.) R. Br. var. aberdarica R. W. Haines et Lye = Isolepis setacea (L.) R. Br. ■
210083 Isolepis setacea (L.) R. Br. var. abyssinica Boeck. = Isolepis costata Hochst. ex A. Rich. ■☆
210084 Isolepis setacea Nees = Isolepis marginata (Thunb.) A. Dietr. ■☆
210085 Isolepis setifolia A. Rich. = Eleocharis setifolia (A. Rich.) J. Raynal ■☆
210086 Isolepis sieberi Schrad. = Bulbostylis puberula (Poir.) C. B. Clarke ■
210087 Isolepis simillima Steud. = Schoenoplectus senegalensis (Hochst. ex Steud.) Palla ex J. Raynal ■☆
210088 Isolepis sororia Kunth;堆积藨草■☆
210089 Isolepis sphaerocarpa Nees = Isolepis marginata (Thunb.) A. Dietr. ■☆

210090 Isolepis squarrosa (L.) Roem. et Schult.;毛毯细莞■
210091 Isolepis stenophyllus (Elliott) Torr. = Bulbostylis stenophylla (Elliott) C. B. Clarke ■☆
210092 Isolepis striata (Nees) Kunth;条纹细莞■☆
210093 Isolepis subprolifer Boeck. = Isolepis cernua (Vahl) Roem. et Schult. ■☆
210094 Isolepis subsquarrosa (Muhl.) Schrad. = Lipocarpha micrantha (Vahl) G. C. Tucker ■☆
210095 Isolepis subsquarrosa (Muhl.) Schrad. var. minor Schrad. = Lipocarpha micrantha (Vahl) G. C. Tucker ■☆
210096 Isolepis subtilis Kunth = Isolepis sepulcralis Steud. ■☆
210097 Isolepis subtristachya Hochst. = Abildgaardia wallichiana (Schult.) Lye ■☆
210098 Isolepis supinua R. Br. = Scirpus supinus L. ■
210099 Isolepis tenella (L. f.) Muasya et D. A. Simpson = Isolepis levynsiana Muasya et D. A. Simpson ■☆
210100 Isolepis tenuior Steud. = Isolepis ludwigii (Steud.) Kunth ■☆
210101 Isolepis tenuis (Spreng.) Schrad = Isolepis pusilla Kunth ■☆
210102 Isolepis tenuissima (Nees) Kunth;极细细莞■☆
210103 Isolepis tenuissima D. Don = Bulbostylis densa (Wall.) Hand. -Mazz. ■
210104 Isolepis thunbergiana Nees = Scirpoides thunbergii (Schrad.) Soják ■☆
210105 Isolepis thunbergii Schrad. = Scirpoides thunbergii (Schrad.) Soják ■☆
210106 Isolepis trachysperma Nees;糙籽细莞■☆
210107 Isolepis trifida Nees = Abildgaardia densa (Wall.) Lye ■☆
210108 Isolepis trifida Nees = Bulbostylis densa (Wall.) Hand. -Mazz. ■
210109 Isolepis tristachya (Rottb.) Roem. et Schult. var. albicans Nees = Ficinia albicans Nees ■☆
210110 Isolepis trollii (Kük.) Lye;特洛尔细莞■☆
210111 Isolepis uninodis Delile = Schoenoplectus erectus (Poir.) Palla ex J. Raynal ■☆
210112 Isolepis vahlii (Lam.) Kunth = Fimbristylis vahlii (Lam.) Link ■☆
210113 Isolepis venustula Kunth;雅致细莞■☆
210114 Isolepis verrucifera Maxim. = Fimbristylis verrucifera (Maxim.) Makino ■
210115 Isolepis verrucosula (Steud.) Nees = Isolepis cernua (Vahl) Roem. et Schult. var. setiformis (Benth.) Muasya ■☆
210116 Isolepis wallichiana Schult. = Abildgaardia wallichiana (Schult.) Lye ■☆
210117 Isolepis warei Torr. = Bulbostylis warei (Torr.) C. B. Clarke ■☆
210118 Isolepis willdenowii Kunth = Abildgaardia willdenowii (Kunth) Lye ■☆
210119 Isoleucas O. Schwartz(1939);肖绣球防风属●☆
210120 Isoleucas somala (Patzak) Scheen;肖绣球防风●☆
210121 Isoloba Raf. = Pinguicula L. ■
210122 Isolobus A. DC. = Lobelia L. ●■
210123 Isolobus corymbosus A. DC. var. sparsiflorus Sond. = Lobelia jasionoides (A. DC.) E. Wimm. var. sparsiflora (Sond.) E. Wimm. ■☆
210124 Isolobus jasionoides A. DC. = Lobelia jasionoides (A. DC.) E. Wimm. ■☆
210125 Isolobus kerii A. DC. = Lobelia chinensis Lour. ■
210126 Isolobus radicans A. DC. = Lobelia chinensis Lour. ■
210127 Isolobus roxburghianus A. DC. = Lobelia chinensis Lour. ■
210128 Isoloma (Benth.) Decne. = Kohleria Regel ●■☆
210129 Isoloma Benth. = Kohleria Regel ●■☆
210130 Isoloma Benth. ex Decne. = Kohleria Regel ●■☆
210131 Isoloma Decne. = Kohleria Regel ●■☆
210132 Isolona Engl. (1897);离兜属●☆
210133 Isolona bruneelii De Wild. = Isolona hexaloba (Pierre) Engl. et Diels ●☆
210134 Isolona campanulata Engl. et Diels;风铃草状离兜●☆
210135 Isolona cauliflora Verdc.;茎花离兜●☆
210136 Isolona congolana (De Wild. et T. Durand) Engl. et Diels;刚果离兜●☆
210137 Isolona cooperi Cooper et Record ex Hutch. et Dalziel;库珀离兜●☆
210138 Isolona deightonii Keay;戴顿离兜●☆
210139 Isolona dewevrei (De Wild. et T. Durand) Engl. et Diels;德韦离兜●☆
210140 Isolona hexaloba (Pierre) Engl. et Diels;六裂离兜●☆
210141 Isolona lebrunii Boutique;勒布伦离兜●☆
210142 Isolona leonensis Sprague et Hutch. = Premna mooiensis (H. Pearson) W. Piep. ■☆
210143 Isolona letestui Pellegr.;莱泰斯图离兜●☆
210144 Isolona maitlandii Keay;梅特兰离兜●☆
210145 Isolona pilosa Diels;疏毛离兜●☆
210146 Isolona pleurocarpa Diels = Isolona hexaloba (Pierre) Engl. et Diels ●☆
210147 Isolona pleurocarpa Diels subsp. nigerica Keay = Isolona hexaloba (Pierre) Engl. et Diels ●☆
210148 Isolona seretii De Wild. = Isolona hexaloba (Pierre) Engl. et Diels ●☆
210149 Isolona solheidii De Wild. = Isolona hexaloba (Pierre) Engl. et Diels ●☆
210150 Isolona soubreana A. Chev. ex Hutch. et Dalziel = Isolona campanulata Engl. et Diels ●☆
210151 Isolona theobromina Exell = Isolona pilosa Diels ●☆
210152 Isolona thonneri (De Wild. et T. Durand) Engl. et Diels;托内离兜●☆
210153 Isolona zenkeri Engl.;岑克尔离兜●☆
210154 Isolophus Spach = Polygala L. ●■
210155 Isomacrolobium Aubrév. et Pellegr. = Anthonotha P. Beauv. ●☆
210156 Isomacrolobium conchyliophorum (Pellegr.) Aubrév. et Pellegr. = Anthonotha conchyliophora (Pellegr.) J. Léonard ●☆
210157 Isomacrolobium elongatum (Hutch.) Aubrév. et Pellegr. = Anthonotha elongata (Hutch.) J. Léonard ●☆
210158 Isomacrolobium gabunense (J. Léonard) Aubrév. et Pellegr. = Englerodendron gabunense (J. Léonard) Breteler ●☆
210159 Isomacrolobium graciliflorum (Harms) Aubrév. et Pellegr. = Anthonotha graciliflora (Harms) J. Léonard ●☆
210160 Isomacrolobium hallei Aubrév. = Anthonotha hallei (Aubrév.) J. Léonard ●☆
210161 Isomacrolobium isopetalum (Harms) Aubrév. et Pellegr. = Anthonotha isopetala (Harms) J. Léonard ●☆
210162 Isomacrolobium lebrunii (J. Léonard) Aubrév. et Pellegr. = Anthonotha lebrunii (J. Léonard) J. Léonard ●☆
210163 Isomacrolobium leptorrhachis (Harms) Aubrév. et Pellegr. = Anthonotha leptorrhachis (Harms) J. Léonard ●☆
210164 Isomacrolobium nigericum (Baker f.) Aubrév. et Pellegr. =

Anthonotha nigerica (Baker f.) J. Léonard ●☆
210165 Isomacrolobium obanense (Baker f.) Aubrév. et Pellegr. = Anthonotha obanensis (Baker f.) J. Léonard ●☆
210166 Isomacrolobium sargosii (Pellegr.) Aubrév. et Pellegr. = Anthonotha sargosii (Pellegr.) J. Léonard ●☆
210167 Isomacrolobium vignei (Hoyle) Aubrév. et Pellegr. = Anthonotha vignei (Hoyle) J. Léonard ●☆
210168 Isomeraceae Dulac = Elatinaceae Dumort.(保留科名)■
210169 Isomeria D. Don ex DC. = Vernonia Schreb.(保留属名)●■
210170 Isomeris Nutt.(1838);肖白花菜属●☆
210171 Isomeris Nutt. = Cleome L. ●■
210172 Isomeris Nutt. ex Torr. et A. Gray = Isomeris Nutt. ●☆
210173 Isomeris arborea Nutt.;肖白花菜●☆
210174 Isomerium (R. Br.) Spach = Conospermum Sm. ●☆
210175 Isomerocarpa A. C. Sm. = Dryadodaphne S. Moore ●☆
210176 Isometrum Craib(1920);金盏苣苔属;Isometrum ■★
210177 Isometrum crenatum K. Y. Pan;圆齿金盏苣苔;Roundtooth Isometrum ■
210178 Isometrum eximium Chun ex W. T. Wang et K. Y. Pan;多裂金盏苣苔;Manysplit Isometrum ■
210179 Isometrum fargesii (Franch.) B. L. Burtt;城口金盏苣苔;Farges Isometrum ■
210180 Isometrum farreri Craib;金盏苣苔;Farrer Isometrum ■
210181 Isometrum giraldii (Diels) B. L. Burtt;毛蕊金盏苣苔;Glandular Isometrum ■
210182 Isometrum glandulosum (Batalin) Craib;短檐金盏苣苔;Shortlimbate Isometrum ■
210183 Isometrum lancifolium (Franch.) K. Y. Pan;紫花金盏苣苔;Purpleflower Isometrum ■
210184 Isometrum lancifolium (Franch.) K. Y. Pan var. mucronatum K. Y. Pan;汶川金盏苣苔;Wenchuan Purpleflower Isometrum ■
210185 Isometrum lancifolium (Franch.) K. Y. Pan var. tsingchengshanicum W. T. Wang et K. Y. Pan;狭叶金盏苣苔;Narrowleaf Purpleflower Isometrum ■
210186 Isometrum leucanthum (Diels) B. L. Burtt;白花金盏苣苔;White Isometrum ■
210187 Isometrum lungshengense (W. T. Wang) W. T. Wang et K. Y. Pan;龙胜金盏苣苔;Longsheng Isometrum ■
210188 Isometrum nanchuanicum K. Y. Pan et Z. Y. Liu;南川金盏苣苔;Nanchuan Isometrum ■
210189 Isometrum pinnatilobatum K. Y. Pan;裂叶金盏苣苔;Pinnatilobate Isometrum ■
210190 Isometrum primuliflorum (Batalin) B. L. Burtt;羽裂金盏苣苔;Primulaflower Isometrum,Primulaleaf Isometrum ■
210191 Isometrum sichuanicum K. Y. Pan;四川金盏苣苔;Sichuan Isometrum ■
210192 Isometrum villosum K. Y. Pan;柔毛金盏苣苔;Softhair Isometrum ■
210193 Isonandra Wight = Palaquium Blanco ●
210194 Isonandra Wight(1840);等蕊山榄属(无梗山榄属)●☆
210195 Isonandra acuminata Drury;渐尖等蕊山榄●☆
210196 Isonandra candolleana Wight;等蕊山榄●☆
210197 Isonandra gutta Hook. = Palaquium gutta (Hook.) Baill. ●☆
210198 Isonandra laevifolia Thwaites;光叶等蕊山榄●☆
210199 Isonandra lanceolata Thwaites;披针叶等蕊山榄●☆
210200 Isonandra microphylla de Vriese;小叶等蕊山榄●☆
210201 Isonandra montana Gamble;山地等蕊山榄●☆
210202 Isonandra obovata Griff.;倒卵形等蕊山榄●☆
210203 Isonandra polyandra Wight;多蕊等蕊山榄●☆
210204 Isonandra polyantha Kurz;多花等蕊山榄●☆
210205 Isonema Cass. = Vernonia Schreb.(保留属名)●■
210206 Isonema R. Br.(1810);等丝夹竹桃属●☆
210207 Isonema buchholzii Engl.;布赫等丝夹竹桃●☆
210208 Isonema infundibuliflorum Stapf;漏斗花等丝夹竹桃●☆
210209 Isonema smeathmannii Roem. et Schult.;斯米等丝夹竹桃●☆
210210 Isopappus Torr. et A. Gray = Croptilon Raf. ■●☆
210211 Isopappus Torr. et A. Gray = Haplopappus Cass.(保留属名)■●☆
210212 Isopappus hookerianus Torr. et A. Gray = Croptilon hookerianum (Torr. et A. Gray) House ■☆
210213 Isopappus validus Rydb. = Croptilon hookerianum (Torr. et A. Gray) House var. validum (Rydb.) E. B. Sm. ■☆
210214 Isopara Raf. = Cleomella DC. ■☆
210215 Isopetalum Sweet = Pelargonium L'Hér. ex Aiton ●■
210216 Isopetalum ranunculophyllum Eckl. et Zeyh. = Pelargonium ranunculophyllum (Eckl. et Zeyh.) Baker ■☆
210217 Isophyllum Hoffm. = Bupleurum L. ●■
210218 Isophyllum Spach = Ascyrum L. ●☆
210219 Isophyllum Spach = Hypericum L. ■●
210220 Isophysidaceae F. A. Barkley = Iridaceae Juss.(保留科名)■●
210221 Isophysidaceae Takht.;剑叶鸢尾科■☆
210222 Isophysidaceae Takht. = Iridaceae Juss.(保留科名)■●
210223 Isophysis T. Moore = Isophysis T. Moore ex Seem. ■☆
210224 Isophysis T. Moore ex Seem. = Isophysis T. Moore ■☆
210225 Isophysis T. Moore(1853);剑叶鸢尾属(剑叶兰属)■☆
210226 Isophysis tasmanica (Hook.) T. Moore;剑叶兰■☆
210227 Isoplesion Raf. = Echium L. ●■
210228 Isoplexis (Lindl.) Loudon = Digitalis L. ■
210229 Isoplexis (Lindl.) Loudon(1829);等裂毛地黄属(伊索普莱西木属)●☆
210230 Isoplexis Lindl. ex Benth. = Isoplexis (Lindl.) Loudon ●☆
210231 Isoplexis canariensis (L.) Loudon;等裂毛地黄(加那利伊索普莱西木);Canary Island foxglove ●☆
210232 Isoplexis canariensis (L.) Loudon = Digitalis canariensis L. ●☆
210233 Isoplexis sceptrum (L. f.) Loudon;亮叶等裂毛地黄(亮叶伊索普莱西木)●☆
210234 Isopogon R. Br. ex Knight(1809)(保留属名);球果木属;Conebush,Drumsticks ●☆
210235 Isopogon anemonefolius Knight;银莲花叶球果木;Anemoneleaf Conebush,Broad-leaved Drumsticks,Drumsticks ●☆
210236 Isopogon anethifolius (Salisb.) Knight;莳萝叶球果木;Anethum Conebush,Drum Sticks,Narrow-leaf Drumsticks ●☆
210237 Isopogon ceratophyllus R. Br.;矮球果木●☆
210238 Isopogon dawsonii F. Muell. ex R. T. Baker;深裂叶球果木●☆
210239 Isopogon dubius (R. Br.) Druce;玫瑰红球果木;Pincushion Coneflower ●☆
210240 Isopogon formosus R. Br.;美丽球果木;Rose Cone Flower,Rose Coneflower ●☆
210241 Isopogon latifolius R. Br.;阔叶球果木●☆
210242 Isopogon roseus Lindl.;玫瑰球果木;Horny Conebush ●☆
210243 Isopogon sphaerocephalus Lindl.;圆头球果木;Round-head Conebush ●☆
210244 Isopogon villosus Meisn.;毛球果木;Hairy Conebush ●☆
210245 Isoptera Scheff. ex Burck = Shorea Roxb. ex C. F. Gaertn. ●

210246 Isopteris Klotzsch = Begonia L. ●■

210247 Isopteris Wall. = Trigoniastrum Miq.(保留属名)●☆

210248 Isopteryx Klotzsch = Begonia L. ●■

210249 Isopteryx Klotzsch = Isopteris Klotzsch ●■

210250 Isopyrum Adans. = Hepatica Mill. ■

210251 Isopyrum L.(1753)(保留属名);扁果草属(人字果属);Isopyrum ■

210252 Isopyrum acuriculatum Franch. = Dichocarpum franchetii (Finet et Gagnep.) W. T. Wang et P. K. Hsiao ■

210253 Isopyrum adiantifolium Hook. f. et Thomson = Dichocarpum adiantifolium (Hook. f. et Thomson) W. T. Wang et P. K. Hsiao ■

210254 Isopyrum adiantifolium Hook. f. et Thomson = Dichocarpum sutchuense (Franch.) W. T. Wang ■

210255 Isopyrum adoxoides DC. = Semiaquilegia adoxoides (DC.) Makino ■

210256 Isopyrum anemonoides Kar. et Kir.;扁果草;Anemone-like Isopyrum ■

210257 Isopyrum arisanense (Hayata) Ohwi = Dichocarpum adiantifolium (Hook. f. et Thomson) W. T. Wang et P. K. Hsiao ■

210258 Isopyrum arisanensis (Hayata) Ohwi = Dichocarpum arisanense (Hayata) W. T. Wang et P. K. Hsiao ■

210259 Isopyrum auriculatum Franch. = Dichocarpum auriculatum (Franch.) W. T. Wang et P. K. Hsiao ■

210260 Isopyrum biternatum (Raf.) Torr. et A. Gray;北美扁果草;False Rue Anemone, False Rue-anemone, Isopyrum ■☆

210261 Isopyrum biternatum (Raf.) Torr. et A. Gray = Enemion biternatum Raf. ■☆

210262 Isopyrum biternatum (Raf.) Torr. et A. Gray f. acutilobum Fernald = Enemion biternatum Raf. ■☆

210263 Isopyrum biternatum Torr. et A. Gray = Isopyrum biternatum (Raf.) Torr. et A. Gray ■☆

210264 Isopyrum boissiaei (H. Lév. et Vaniot) Ulbr. = Urophysa henryi (Oliv.) Ulbr. ■

210265 Isopyrum caespitosum Boiss. et Hohen. = Paraquilegia caespitosa (Boiss. et Hohen.) Drumm. et Hutch. ■

210266 Isopyrum cavaleriei H. Lév. et Vaniot = Asteropyrum cavaleriei (H. Lév. et Vaniot) Drumm. et Hutch. ■

210267 Isopyrum dalzielii Drumm. et Hutch. = Dichocarpum dalzielii (Drumm. et Hutch.) W. T. Wang et P. K. Hsiao ■

210268 Isopyrum delavayi Franch. = Dichocarpum auriculatum (Franch.) W. T. Wang et P. K. Hsiao ■

210269 Isopyrum fargesii Franch. = Dichocarpum fargesii (Franch.) W. T. Wang et P. K. Hsiao ■

210270 Isopyrum flaccidum Ulbr. = Dichocarpum dalzielii (Drumm. et Hutch.) W. T. Wang et P. K. Hsiao ■

210271 Isopyrum franchetii Finet et Gagnep. = Dichocarpum franchetii (Finet et Gagnep.) W. T. Wang et P. K. Hsiao ■

210272 Isopyrum fumarioides L. = Leptopyrum fumarioides (L.) Rchb. ■

210273 Isopyrum grandiflorum Fisch. = Paraquilegia anemonoides (Willd.) Engl. ex Ulbr. ■

210274 Isopyrum grandiflorum Fisch. ex DC. = Paraquilegia anemonoides (Willd.) Engl. ex Ulbr. ■

210275 Isopyrum grandiflorum Fisch. ex DC. var. microphyllum (Royle) Finet et Gagnep. = Paraquilegia microphylla (Royle) Drumm. et Hutch. ■

210276 Isopyrum grandiflorum Fisch. var. microphyllum (Royle) Finet et Gagnep. = Paraquilegia microphylla (Royle) Drumm. et Hutch. ■

210277 Isopyrum hallii A. Gray = Enemion hallii (A. Gray) J. R. Drumm. et Hutch. ■☆

210278 Isopyrum henryi Oliv. = Urophysa henryi (Oliv.) Ulbr. ■

210279 Isopyrum leveilleanum Nakai = Semiaquilegia adoxoides (DC.) Makino ■

210280 Isopyrum limprichtii Ulbr. = Dichocarpum auriculatum (Franch.) W. T. Wang et P. K. Hsiao ■

210281 Isopyrum manshuricum (Kom.) Kom. ex W. T. Wang et P. K. Hsiao;东北扁果草(东北天葵);Machuria Semiaquilegia, NE. China Isopyrum, North-eastern China Isopyrum ■

210282 Isopyrum microphyllum Royle = Paraquilegia microphylla (Royle) Drumm. et Hutch. ■

210283 Isopyrum multipeltatum Pamp. = Thalictrum ichangense Lecoy. ex Oliv. ■

210284 Isopyrum occidentale Hook. et Arn. = Enemion occidentale (Hook. et Arn.) J. R. Drumm. et Hutch. ■☆

210285 Isopyrum peltatum Franch. = Asteropyrum peltatum (Franch.) J. R. Drumm. et Hutch. ■

210286 Isopyrum pteridifolium Hand. -Mazz. = Dichocarpum dalzielii (Drumm. et Hutch.) W. T. Wang et P. K. Hsiao ■

210287 Isopyrum raddeanum (Regel) Maxim. = Enemion raddeanum Regel ■

210288 Isopyrum savilei Calder et R. L. Taylor = Enemion savilei (Calder et R. L. Taylor) Keener ■☆

210289 Isopyrum stipitatum A. Gray = Enemion stipitatum (A. Gray) J. R. Drumm. et Hutch. ■☆

210290 Isopyrum sutchuenense Franch. = Dichocarpum sutchuense (Franch.) W. T. Wang ■

210291 Isopyrum thalictroides L.;唐松草叶扁果草(唐松草人字果,唐松草状扁果草);Meadowruelike Isopyrum ■☆

210292 Isopyrum trichophyllum H. Lév. = Thalictrum foeniculaceum Bunge ■

210293 Isopyrum tuberosum H. Lév. = Semiaquilegia adoxoides (DC.) Makino ■

210294 Isopyrum uniflorum Aiton. et Hemsl. = Isopyrum anemonoides Kar. et Kir. ■

210295 Isopyrum vaginatum Maxim. = Souliea vaginata (Maxim.) Franch. ■

210296 Isopyrum yamatsutanum Ohwi = Isopyrum manshuricum (Kom.) Kom. ex W. T. Wang et P. K. Hsiao ■

210297 Isora Mill. = Helicteres L. ●

210298 Isorium Raf. = Lobostemon Lehm. ■☆

210299 Isoschoenus Nees = Schoenus L. ■

210300 Isostigma Less.(1831);等柱菊属■☆

210301 Isostigma acaule Chodat;无茎等柱菊■☆

210302 Isostigma brasiliense (Gardner) B. D. Jacks.;巴西等柱菊■☆

210303 Isostigma foliosum Malme;多叶等柱菊■☆

210304 Isostigma microcephalum Baker;小头等柱菊■☆

210305 Isostoma D. Dietr. = Isotoma (R. Br.) Lindl. ■☆

210306 Isostylis (R. Br.) Spach = Banksia L. f.(保留属名)●☆

210307 Isostylis Spach = Banksia L. f.(保留属名)●☆

210308 Isotheca Post et Kuntze = Isodeca Raf. ●■

210309 Isotheca Post et Kuntze = Leucas Burm. ex R. Br. ●■

210310 Isotheca Turrill(1922);特立尼达爵床属■☆

210311 Isotheca alba Turrill;特立尼达爵床■☆

210312 Isothylax Baill. = Sphaerothylax Bisch. ex Krauss ■☆

210313 Isotoma (R. Br.) Lindl.(1826);同瓣花属(同瓣草属);

Shrub Harebell, Shrub-harebell ■☆

210314 Isotoma (R. Br.) Lindl. = Laurentia Neck. ■☆

210315 Isotoma (R. Br.) Lindl. = Solenopsis C. Presl ■☆

210316 Isotoma Lindl. = Isotoma (R. Br.) Lindl. ■☆

210317 Isotoma fluviatilis (R. Br.) Benth.;沼泽同瓣花(沼泽同瓣草);Blue Star Creeper, Swamp Isotoma ■☆

210318 Isotoma longiflora (L.) C. Presl;长花同瓣花(同瓣草);Star of Bethlehem ■☆

210319 Isotoma petrae F. Muell.;岩生同瓣花(岩生同瓣草)■☆

210320 Isotrema Raf. (1819);管花兜铃属(关木通属,岩蚌壳属)●☆

210321 Isotrema Raf. = Aristolochia L. ■●

210322 Isotrema chrysops Stapf = Aristolochia kaempferi Willd. f. heterophylla (Hemsl.) S. M. Hwang ●

210323 Isotrema chrysops Stapf = Aristolochia kaempferi Willd. ●■

210324 Isotrema griffithii (Hook. f. et Thomson ex Duch.) C. E. C. Fisch. = Aristolochia griffithii Hook. f. et Thomson ex Duch. ●

210325 Isotrema heterophyllum (Hemsl.) Stapf = Aristolochia kaempferi Willd. f. heterophylla (Hemsl.) S. M. Hwang ●

210326 Isotrema heterophyllum (Hemsl.) Stapf = Aristolochia kaempferi Willd. ●■

210327 Isotrema lasiops Stapf = Aristolochia kaempferi Willd. f. heterophylla (Hemsl.) S. M. Hwang ●

210328 Isotrema lasiops Stapf = Aristolochia kaempferi Willd. ●■

210329 Isotrema macrophyllum (Lam.) C. F. Reed;大叶管花兜铃;Dutchman's Pipe ●☆

210330 Isotrema manshuriense (Kom.) H. Huber. = Aristolochia manshuriensis Kom. ●◇

210331 Isotrema sipho Raf.;管花兜铃●☆

210332 Isotrema tomentosum (Sims) H. Huber = Aristolochia tomentosa Sims ●☆

210333 Isotrema transsectum Chatterjee = Aristolochia transsecta (Chatterjee) C. Y. Wu ex S. M. Hwang ●

210334 Isotria Raf. (1808);三萼兰属;Whorled Pogonia, Whorled Pogonia Orchid ■☆

210335 Isotria medeoloides (Pursh) Raf.;小三萼兰;Small Whorled Pogonia, Small Whorled Pogonia Orchid, Small-whorled Pogonia ■☆

210336 Isotria verticillata (Muhl. ex Willd.) Raf.;大三萼兰;Large Whorled, Large Whorled Pogonia, Large Whorled Pogonia Orchid, Pogonia, Whorled Pogonia ■☆

210337 Isotrichia (DC.) Kuntze = Vanillosmopsis Sch. Bip. ■☆

210338 Isotropis Benth. (1837);澳龙骨豆属■☆

210339 Isotropis argentea Ewart et Morrison;银色澳龙骨豆■☆

210340 Isotropis atropurpurea F. Muell.;深紫澳龙骨豆■☆

210341 Isotropis canescens F. Muell.;灰色澳龙骨豆■☆

210342 Isotropis parviflora Benth.;小花澳龙骨豆■☆

210343 Isotypus Kunth = Onoseris Willd. ●■☆

210344 Isotypus Kunth = Seris Willd. ●■☆

210345 Isouratea Tiegh. = Ouratea Aubl. (保留属名)●

210346 Isquierda Willd. = Ilex L. ●

210347 Isquierda Willd. = Izquierdia Ruiz et Pav. ●

210348 Isquierdia Poir. = Isquierda Willd ●

210349 Isypus Raf. = Ipomoea L. (保留属名)●■

210350 Itacania Raf. = Elytranthe (Blume) Blume ●

210351 Itaculumia Hoehne = Habenaria Willd. ■

210352 Itaobimia Rizzini = Riedeliella Harms ■☆

210353 Itasina Raf. (1840);伊塔草属■☆

210354 Itasina Raf. = Oenanthe L. ■

210355 Itasina filifolia (Thunb.) Raf.;伊塔草■☆

210356 Itatiaia Ule = Tibouchina Aubl. ●■☆

210357 Itaya H. E. Moore(1972);秘鲁棕属(银叶榈属)●☆

210358 Itaya amicorum H. E. Moore;秘鲁棕●☆

210359 Itea L. (1753);鼠刺属(老鼠刺属);Sweet Spire, Sweetspire ●

210360 Itea amoena Chun;秀丽鼠刺;Beautiful Sweetspire ●

210361 Itea arisanensis Hayata = Itea parviflora Hemsl. ●

210362 Itea arisanensis Hayata var. longifolia Yamam. = Itea parviflora Hemsl. ●

210363 Itea bodinieri H. Lév. = Itea yunnanensis Franch. ●

210364 Itea chinensis Hook. et Arn.;鼠刺(鸡嘴果,老鼠刺,髓菜,硬翻跳,中国拟铁);China Sweetspire, Chinese Sweetspire, Sweetspire ●

210365 Itea chinensis Hook. et Arn. var. arisanensis (Hayata) Masam. = Itea parviflora Hemsl. ●

210366 Itea chinensis Hook. et Arn. var. arisanensis (Hayata) Masam. ex Kudo et Masam. = Itea parviflora Hemsl. ●

210367 Itea chinensis Hook. et Arn. var. coriacea (Y. C. Wu) Z. P. Jien = Itea coriacea Y. C. Wu ●

210368 Itea chinensis Hook. et Arn. var. coriacea (Y. C. Wu) Z. P. Jien = Itea omeiensis C. K. Schneid. ●

210369 Itea chinensis Hook. et Arn. var. indochinensis (Merr.) Lecompte = Itea indochinensis Merr. ●

210370 Itea chinensis Hook. et Arn. var. oblonga (Hand. -Mazz.) Y. C. Wu;矩叶鼠刺(峨眉拟铁,花鼠刺,华鼠刺,鸡骨柴,矩形叶鼠刺,矩叶老鼠刺,老茶王,牛皮桐,糯米树,青皮柴,细叶鼠刺,银牙莲);Naroow-leaved Sweetspire, Oblongleaf China Sweetspire, Oblongleaf Sweetspire, Oblong-leaf Sweetspire, Stenophyllous Sweetspire ●

210371 Itea chinensis Hook. et Arn. var. oblonga (Hand. -Mazz.) Y. C. Wu = Itea oblonga Hand. -Mazz. ●

210372 Itea chinensis Hook. et Arn. var. oblonga (Hand. -Mazz.) Y. C. Wu = Itea omeiensis C. K. Schneid. ●

210373 Itea chinensis Hook. et Arn. var. pubinervia Hung T. Chang = Itea indochinensis Merr. var. pubinerva (Hung T. Chang) C. Y. Wu ●

210374 Itea chinensis Hook. et Arn. var. subserrata Maxim.;锯齿鼠刺;Subserrate Chinese Sweetspire ●

210375 Itea chinensis Hook. et Arn. var. subserrata Maxim. = Itea oldhamii C. K. Schneid. ●

210376 Itea chingiana S. Y. Jin;子农鼠刺;Ching's Sweetspire ●

210377 Itea chingiana S. Y. Jin = Itea kwangxiensis Hung T. Chang ●

210378 Itea coriacea Y. C. Wu;厚叶鼠刺;Coriaceousleaf Sweetspire, Coriaceous-leaved Sweetspire, Thickleaf Sweetspire ●

210379 Itea esquirolii H. Lév. = Itea yunnanensis Franch. ●

210380 Itea formosana H. L. Li = Itea oldhamii C. K. Schneid. ●

210381 Itea forrestii Y. C. Wu = Itea yunnanensis Franch. ●

210382 Itea glutinosa Hand. -Mazz.;腺鼠刺(牛母树,炸莲木);Glandular Sweetspire ●

210383 Itea homalioidea Hung T. Chang = Itea indochinensis Merr. ●

210384 Itea ilicifolia Oliv.;冬青叶鼠刺(老鼠刺,猫儿刺,牛尾巴菜,月月青);Evergreen Sweetspire, Hollyleaf Sweetspire, Holly-leaf Sweetspire, Holly-leaved Sweetspire ●

210385 Itea ilicifolia Oliv. = Itea yunnanensis Franch. ●

210386 Itea indochinensis Merr.;毛鼠刺;Indo-China Sweetspire, Indochinese Sweetspire ●

210387 Itea indochinensis Merr. var. pubinerva (Hung T. Chang) C. Y. Wu;毛脉鼠刺(小熊胆,益母树);Hairy-nerve China Sweetspire, Hairy-nerve Indochinese Sweetspire, Hairy-nerved Sweetspire,

Hairyvein Sweetspire ●
210388 Itea indochinensis Merr. var. pubinerva (Hung T. Chang) C. Y. Wu = Itea pubinervia Hung T. Chang ●
210389 Itea japonica Oliv. ;日本鼠刺;Japan Sweetspire ●☆
210390 Itea kiukiangensis C. C. Huang et S. C. Huang; 俅江鼠刺; Qiujiang Sweetspire ●
210391 Itea kwangxiensis Hung T. Chang; 广西鼠刺(子农鼠刺); Guangxi Sweetspire ●
210392 Itea kwangxiensis Hung T. Chang = Itea omeiensis C. K. Schneid. ●
210393 Itea lanceolata Merr. = Itea amoena Chun ●
210394 Itea longibracteata Hu = Itea omeiensis C. K. Schneid. ●
210395 Itea luzonensis Elmer = Itea macrophylla Wall. ex Roxb. ●
210396 Itea macrophylla Wall. = Itea macrophylla Wall. ex Roxb. ●
210397 Itea macrophylla Wall. ex Roxb. ;大叶鼠刺(大叶老鼠刺); Largeleaf Sweetspire, Large-leaved Sweetspire ●
210398 Itea maesifolia Elmer = Itea macrophylla Wall. ex Roxb. ●
210399 Itea mengtzeana Engl. = Itea yunnanensis Franch. ●
210400 Itea oblonga Hand. -Mazz. = Itea chinensis Hook. et Arn. var. oblonga (Hand. -Mazz.) Y. C. Wu ●
210401 Itea oblonga Hand. -Mazz. = Itea omeiensis C. K. Schneid. ●
210402 Itea oldhamii C. K. Schneid. ;台湾鼠刺(奥氏鼠刺,粗齿鼠刺,俄氏鼠刺,老鼠刺,鼠刺);Formosan Sweet Spire,Taiwan Sweetspire ●
210403 Itea omeiensis C. K. Schneid. ;峨眉鼠刺;Emei Sweetspire ●
210404 Itea omeiensis C. K. Schneid. = Itea oblonga Hand. -Mazz. ●
210405 Itea orientalis Hemsl. = Itoa orientalis Hemsl. ●
210406 Itea orientalis Hemsl. var. hebaclados S. S. Lai = Itoa orientalis Hemsl. var. glabrescens C. Y. Wu ex G. S. Fan ●
210407 Itea parviflora Hemsl. ;小花鼠刺(阿里山小花鼠刺,大叶小花鼠刺,膜叶鼠刺,山芥菜,小花老鼠刺); Alishan Small-flowered Sweet Spire, Alishan Sweetspire, Large-leaf Small-flowered Sweet Spire, Little-flower Sweetspire, Small-flowered Sweet Spire, Small-flowered Sweetspire ●
210408 Itea parviflora Hemsl. var. arisanensis (Hayata) H. L. Li = Itea parviflora Hemsl. ●
210409 Itea parviflora Hemsl. var. latifolia H. L. Li = Itea parviflora Hemsl. ●
210410 Itea puberula Craib = Itea macrophylla Wall. ex Roxb. ●
210411 Itea pubinervia Hung T. Chang = Itea indochinensis Merr. var. pubinerva (Hung T. Chang) C. Y. Wu ●
210412 Itea quizhouensis Hung T. Chang = Itea indochinensis Merr. ●
210413 Itea quizhouensis Hung T. Chang et Y. K. Li;黔鼠刺;Guizhou Sweetspire ●
210414 Itea quizhouensis Hung T. Chang et Y. K. Li = Itea indochinensis Merr. ●
210415 Itea riparia Collett et Hemsl. ;河岸鼠刺(河边鼠刺);Riparian Sweetspire, Rivebanic Sweetspire, Riverbank Sweetspire ●
210416 Itea riparia Collett et Hemsl. var. acuminata Hu = Itea amoena Chun ●
210417 Itea stenophylla Hung T. Chang = Itea oblonga Hand. -Mazz. ●
210418 Itea stenophylla Hung T. Chang = Itea omeiensis C. K. Schneid. ●
210419 Itea thorelii Gagnep. ;锥花鼠刺;Thorel Sweetspire ●
210420 Itea thorelii Gagnep. = Itea riparia Collett et Hemsl. ●
210421 Itea virginica L. ;北美鼠刺(弗吉尼亚鼠刺); Itea, Sweet Spire, Sweetspire, Sweet-spire, Tassel-white, Virginia Sweet Spire, Virginia Sweetspire, Virginia Willow, Virginian Willow, Virginiawillow ●☆
210422 Itea yangchunensis S. Y. Jin;阳春鼠刺;Yangchun Sweetspire ●
210423 Itea yunnanensis Franch. ;滇鼠刺(烟锅杆树,云南鼠刺); Yunnan Sweetspire ●
210424 Iteaceae J. Agardh(1858)(保留科名);鼠刺科●
210425 Iteaceae J. Agardh(保留科名) = Grossulariaceae DC. (保留科名)●
210426 Iteadaphne Blume = Lindera Thunb. (保留属名)●
210427 Iteadaphne Blume(1851);单花山胡椒属●
210428 Iteadaphne candata (Nees) H. W. Li = Lindera caudata (Nees) Hook. f. ●
210429 Iteadaphne confusa Blume;单花山胡椒●☆
210430 Iteadaphne philippinensis Elmer;菲律宾单花山胡椒●☆
210431 Iteiluma Baill. = Planchonella Pierre(保留属名)●
210432 Iteiluma Baill. = Poissonella Pierre ●
210433 Iteiluma Baill. = Pouteria Aubl. ●
210434 Iteria Hort. = Stevia Cav. ■●☆
210435 Itheta Raf. = Carex L. ■☆
210436 Iti Garn. -Jones et P. N. Johnson(1988);湖生芥属■☆
210437 Iti lacustris Garn. -Jones et P. N. Johnson;湖生芥■☆
210438 Itia Molina = Lonicera L. ●■☆
210439 Itia Molina ex Roem. et Schult. = Lonicera L. ●■
210440 Iticania Raf. = Elytranthe (Blume) Blume ●
210441 Itoa Hemsl. (1901);栀子皮属(伊桐属);Itoa ●
210442 Itoa orientalis Hemsl. ;栀子皮●
210443 Itoa orientalis Hemsl. var. glabrescens C. Y. Wu ex G. S. Fan;光叶栀子皮(光叶伊桐,光栀子皮,微毛栀子皮);Glabrous Itoa ●
210444 Itoasia Kuntze = Corynaea Hook. f. ■☆
210445 Ittnera C. C. Gmel. = Caulinia Willd. ■
210446 Ittnera C. C. Gmel. = Najas L. ■
210447 Ittnera major (All.) C. C. Gmel. = Najas marina L. ■
210448 Ituridendron De Wild. = Omphalocarpum P. Beauv. ●☆
210449 Ituridendron bequaertii De Wild. = Omphalocarpum pachysteloides Mildbr. ex Hutch. et Dalziel ●☆
210450 Ituterion Raf. = Salvadora Garcin ex L. ●
210451 Itysa Ravenna = Calydorea Herb. ■☆
210452 Itzaea Standl. et Steyerm. (1944);中美旋花属■☆
210453 Itzaea sericea (Standl.) Standl. et Steyerm. ;中美旋花■☆
210454 Iuga Rchb. = Inga Mill. ●■☆
210455 Iuka Adans. = Yucca L. ●■
210456 Iulocroton Baill. = Julocroton Mart. (保留属名)●■☆
210457 Iulus Salisb. = Allium L. ■
210458 Iuncago Fabr. = Juncago Ség. ■
210459 Iuncago Fabr. = Triglochin L. ■
210460 Iungia Boehm. = Dianthera L. ■☆
210461 Iva Fabr. = Teucrium L. ●■
210462 Iva L. (1753);伊瓦菊属(假苍耳属,水翁菊属,依瓦菊属); Marsh Elder, Marsh-elder, Sump Weed, Sumpweed ■☆
210463 Iva acerosa (Nutt.) R. C. Jacks. ;针状伊瓦菊;Copperweed ■☆
210464 Iva acerosa (Nutt.) R. C. Jacks. = Oxytenia acerosa Nutt. ■☆
210465 Iva ambrosiifolia (A. Gray) A. Gray = Hedosyne ambrosiifolia (A. Gray) Strother ■☆
210466 Iva angustifolia Nutt. ex DC. ;狭叶伊瓦菊■☆
210467 Iva angustifolia Nutt. ex DC. var. latior Shinners = Iva angustifolia Nutt. ex DC. ■☆
210468 Iva annua L. ;湿地伊瓦菊;Marsh Elder, Sump Weed ■☆
210469 Iva annua L. var. caudata (Small) R. C. Jacks. = Iva annua L. ■☆

210470 Iva annua L. var. macrocarpa (S. F. Blake) R. C. Jacks. = Iva annua L. ■☆
210471 Iva axillaris Pursh;腋花伊瓦菊■☆
210472 Iva axillaris Pursh subsp. robustior (Hook.) Bassett = Iva axillaris Pursh ■☆
210473 Iva axillaris Pursh var. robustior Hook. = Iva axillaris Pursh ■☆
210474 Iva cheiranthifolia Kunth;桂竹香叶伊瓦菊;Fly Marshelder ■☆
210475 Iva ciliata Willd. = Iva annua L. ■☆
210476 Iva ciliata Willd. var. macrocarpa S. F. Blake = Iva annua L. ■☆
210477 Iva dealbata A. Gray = Leuciva dealbata (A. Gray) Rydb. ■☆
210478 Iva frutescens L.;伊瓦菊(依瓦菊);Highwater Shrub,Marsh Elder,Sumpweed ■☆
210479 Iva frutescens L. subsp. oraria (Bartlett) R. C. Jacks. = Iva frutescens L. ■☆
210480 Iva frutescens L. var. oraria (Bartlett) Fernald et Griscom = Iva frutescens L. ■☆
210481 Iva microcephala Nutt.;小头伊瓦菊■☆
210482 Iva nevadensis M. E. Jones;内华达伊瓦菊■☆
210483 Iva nevadensis M. E. Jones = Chorisiva nevadensis (M. E. Jones) Rydb. ■☆
210484 Iva texensis R. C. Jacks. = Iva angustifolia Nutt. ex DC. ■☆
210485 Iva xanthifolia Nutt.;黄叶伊瓦菊;False Ragweed,Marsh Elder,Marsh-elder ■☆
210486 Iva xanthifolia Nutt. = Cyclachaena xanthifolia (Nutt.) Fresen. ●☆
210487 Ivaceae Rchb.;伊瓦菊科■
210488 Ivaceae Rchb. = Asteraceae Bercht. et J. Presl(保留科名)●■
210489 Ivaceae Rchb. = Compositae Giseke(保留科名)●■
210490 Ivania O. E. Schulz(1933);伊万芥属(伊瓦芥属,依瓦芥属)■☆
210491 Ivania cremnophila (I. M. Johnst.) O. E. Schulz;伊万芥■☆
210492 Ivanjohnstonia Kazmi(1975);喜马紫草属■☆
210493 Ivanjohnstonia jaunsariensis Kazmi;喜马紫草■☆
210494 Ivesia Torr. et A. Gray = Potentilla L. ■●
210495 Ivesia Torr. et A. Gray(1858);爱夫花属■☆
210496 Ivesia gordonii (Hook.) Torr. et A. Gray;爱夫花■☆
210497 Ivesia kingii S. Watson;金爱夫花■☆
210498 Ivira Aubl. = Sterculia L. ●
210499 Ivodea Capuron. (1961);马岛芸香属●☆
210500 Ivodea alata Capuron;高大马岛芸香●☆
210501 Ivodea confertifolia Capuron;密叶马岛芸香●☆
210502 Ivodea cordata Capuron;心形马岛芸香●☆
210503 Ivodea cristata Capuron;冠状马岛芸香●☆
210504 Ivodea nana Capuron;矮马岛芸香●☆
210505 Ivodea reticulata Capuron;网状马岛芸香●☆
210506 Ivodea sahafariensis Capuron;萨哈法利马岛芸香●☆
210507 Ivodea trichocarpa Capuron;毛果马岛芸香●☆
210508 Ixalum G. Forst. = Spinifex L. ■
210509 Ixanthus Griseb. (1838);黏花属■
210510 Ixanthus viscocus Griseb. = Ixanthus viscosus (Sm.) Griseb. ■☆
210511 Ixanthus viscosus (Sm.) Griseb.;黏花■☆
210512 Ixauchenus Cass. = Lagenophora Cass. (保留属名)■●
210513 Ixerba A. Cunn. (1839);龙柱花属●☆
210514 Ixerba brexioides A. Cunn.;龙柱花●☆
210515 Ixerbaceae Griseb. = Brexiaceae Lindl. ●☆
210516 Ixerbaceae Griseb. ex Doweld et Reveal = Brexiaceae Lindl. ●☆
210517 Ixerbaceae Griseb. ex Doweld et Reveal;龙柱花科(西兰木科)●☆
210518 Ixeridium (A. Gray) Tzvelev = Ixeris (Cass.) Cass. ■
210519 Ixeridium (A. Gray) Tzvelev(1964);小苦荬属■
210520 Ixeridium aculeolatum C. Shih;刺株小苦荬■
210521 Ixeridium alpicola (Takeda) J. H. Pak et Kawano;高山小苦荬■☆
210522 Ixeridium beauverdianum (H. Lév.) Spring.;毕氏小苦荬■☆
210523 Ixeridium beauverdianum (H. Lév.) Spring. = Senecio pseudomairei H. Lév. ■
210524 Ixeridium biparum C. Shih;并齿小苦荬■
210525 Ixeridium chinense (Thunb.) Tzvelev;中华小苦荬(高莴苣,黄鼠草,活血草,苦菜,老蛇药,裂叶兔仔菜,面条子,奶浆菜,七托莲,山苦菜,山苦荬,山苦荬菜,兔儿菜,兔仔菜,兔子菜,小苦苣,小苦荬,小苦荬菜,小苦麦菜,岩阴兔仔菜,燕儿尾,野洋烟,隐血丹);China Ixeris,Chinese Ixeris,Rabbit Milkweed ■
210526 Ixeridium chinense (Thunb.) Tzvelev = Ixeris chinensis (Thunb.) Nakai ■
210527 Ixeridium dentatum (Thunb.) Tzvelev;小苦荬(齿缘苦荬菜,齿缘叶莴苣,黄瓜菜);Dentate Ixeris ■
210528 Ixeridium dentatum (Thunb.) Tzvelev = Ixeris dentata (Thunb.) Nakai ■
210529 Ixeridium dentatum (Thunb.) Tzvelev subsp. kimuranum (Kitam.) J. H. Pak et Kawano;木村小苦荬■☆
210530 Ixeridium dentatum (Thunb.) Tzvelev subsp. kitayamense (Murata) J. H. Pak et Kawano;北山小苦荬■☆
210531 Ixeridium dentatum (Thunb.) Tzvelev subsp. nipponicum (Nakai) J. H. Pak et Kawano;日本小苦荬■☆
210532 Ixeridium dentatum (Thunb.) Tzvelev subsp. nipponicum (Nakai) J. H. Pak et Kawano var. albiflorum (Makino) f. amplifolium (Kitam.);宽叶白花日本小苦荬■☆
210533 Ixeridium dentatum (Thunb.) Tzvelev subsp. nipponicum (Nakai) J. H. Pak et Kawano var. albiflorum (Makino) = Ixeridium dentatum (Thunb.) Tzvelev var. albiflorum (Makino) H. Nakai et H. Ohashi ■☆
210534 Ixeridium dentatum (Thunb.) Tzvelev subsp. ozense (Sugim.) Yonek.;小濑小苦荬■☆
210535 Ixeridium dentatum (Thunb.) Tzvelev subsp. shiranense (Kitam.) J. H. Pak et Kawano;白根小苦荬■☆
210536 Ixeridium dentatum (Thunb.) Tzvelev var. albiflorum (Makino) H. Nakai et H. Ohashi;白花日本小苦荬■☆
210537 Ixeridium dentatum (Thunb.) Tzvelev var. stoloniferum (Kitam.);匍匐小苦荬■☆
210538 Ixeridium elegans (Franch.) C. Shih;精细小苦荬;Elegant Ixeris ■
210539 Ixeridium gracile (DC.) C. Shih;细叶小苦荬(粉苞苣,牛舌片细辛,蛇箭草,细叶苦菜,细叶苦荬,细叶苦荬菜,纤细苦荬菜,纤细小苦荬);Slenderleaf Ixeris ■
210540 Ixeridium gramineum (Fisch.) Tzvelev;窄叶小苦荬(褊苣,变色小苦荬,颠倒菜,飞天台,禾叶兔仔菜,剪刀甲,苦苣,兔仔菜,兔子菜,野苣);Narrowleaf Ixeris ■
210541 Ixeridium graminifolium (Ledeb.) Tzvelev;丝叶小苦荬(丝叶苦菜,丝叶苦荬,丝叶苦荬菜);Graminileaf Ixeris ■
210542 Ixeridium kurilense Barkalov = Ixeridium dentatum (Thunb.) Tzvelev subsp. ozense (Sugim.) Yonek. ■☆
210543 Ixeridium laevigatum (Blume) C. Shih;褐冠小苦荬(刀伤草,平滑苦荬菜);Award Wound Weed,Smooth Ixeris ■

210544 Ixeridium laevigatum (Blume) J. H. Pak et Kawano = Ixeridium laevigatum (Blume) C. Shih ■

210545 Ixeridium makinoanum (Kitam.) J. H. Pak et Kawano = Ixeridium beauverdianum (H. Lév.) Spring. ■☆

210546 Ixeridium parvum (Kitam.) J. H. Pak et Kawano;较小苦荬■☆

210547 Ixeridium sagittaroides (C. B. Clarke) C. Shih;戟叶小苦荬(茨菇叶苦菜,茨菰叶苦菜);Hastateleaf Ixeris ■

210548 Ixeridium sonchifolium (Maxim.) C. Shih;抱茎小苦荬(败酱草,抱茎苦荬菜,黄鼠草,茎苦荬菜,苦碟子,苦荬菜,满天星,盘尔草,秋苦荬菜,鸭子食);Sowthistle-leaf Ixeris ■

210549 Ixeridium strigosum (H. Lév. et Vaniot) Tzvelev;光滑小苦荬(粗毛兔仔菜)■

210550 Ixeridium transnokoense (Y. Sasaki) J. H. Pak et Kawano;能高刀伤草■

210551 Ixeridium yakuinsulare (Yahara) J. H. Pak et Kawano;屋久岛小苦荬■☆

210552 Ixeridium yunnanense C. Shih;云南小苦荬;Yunnan Ixeris ■

210553 Ixeris (Cass.) Cass. (1822);苦荬菜属(野苦荬属);Ixeris ■

210554 Ixeris Cass. = Ixeris (Cass.) Cass. ■

210555 Ixeris albiflora A. Gray = Ixeridium dentatum (Thunb.) Tzvelev subsp. ozense (Sugim.) Yonek. ■☆

210556 Ixeris alpicola (Takeda) Nakai = Ixeridium alpicola (Takeda) J. H. Pak et Kawano ■☆

210557 Ixeris chelidonifolia (Makino) Stebbins = Paraixeris chelidoniifolia (Makino) Nakai ■☆

210558 Ixeris chelidonifolia (Makino) Stebbins var. saxatilis (A. I. Baranov) Zhu et C. J. Guo = Paraixeris saxatilis (A. I. Baranov) Tzvelev ■

210559 Ixeris chinensis (Thunb.) Nakai = Ixeridium chinense (Thunb.) Tzvelev ■

210560 Ixeris chinensis (Thunb.) Nakai f. lacerrima (Hayata) Yamam.;裂叶兔仔菜■

210561 Ixeris chinensis (Thunb.) Nakai f. lacerrima (Hayata) Yamam. = Ixeridium chinense (Thunb.) Tzvelev ■

210562 Ixeris chinensis (Thunb.) Nakai f. taitoensis (Hayata) Yamam. = Ixeris tamagawaensis (Makino) Kitam. ■

210563 Ixeris chinensis (Thunb.) Nakai subsp. graminea (Fisch. ex Link) Kitam. = Ixeridium gramineum (Fisch.) Tzvelev ■

210564 Ixeris chinensis (Thunb.) Nakai subsp. graminifolia (Ledeb.) Kitag. = Ixeridium graminifolium (Ledeb.) Tzvelov ■

210565 Ixeris chinensis (Thunb.) Nakai subsp. hallaisanensis (H. Lév.) Kitag. var. collina (Kitag.) Kitag. = Ixeridium strigosum (H. Lév. et Vaniot) Tzvelev ■

210566 Ixeris chinensis (Thunb.) Nakai subsp. strigosa (H. Lév. et Vaniot) Kitam. = Ixeris strigosa (H. Lév. et Vaniot) J. H. Pak et Kawano ■

210567 Ixeris chinensis (Thunb.) Nakai subsp. versicolor (Fisch. ex Link)) Kitam.;黄鼠草(褊苣,苦苣,兔仔菜,兔仔草,野苣)■

210568 Ixeris chinensis (Thunb.) Nakai subsp. versicolor (Fisch. ex Link) Kitam. = Ixeridium gramineum (Fisch.) Tzvelev ■

210569 Ixeris chinensis (Thunb.) Nakai subsp. versicolor (Fisch. ex Link) Kitam. var. collina Kitag. = Ixeridium strigosum (H. Lév. et Vaniot) Tzvelev ■

210570 Ixeris chinensis (Thunb.) Nakai subsp. versicolor (Fisch. ex Link) Kitam. var. intermedia Kitag. = Ixeridium gramineum (Fisch.) Tzvelev ■

210571 Ixeris chinensis (Thunb.) Nakai var. graminifolia (Ledeb.) H. C. Fu = Ixeridium graminifolium (Ledeb.) Tzvelev ■

210572 Ixeris chinensis (Thunb.) Nakai var. intermedia (Kitag.) Kitag.;狭叶山苦荬(狭叶苦菜)■

210573 Ixeris chinensis (Thunb.) Nakai var. saxatilis (Kitam.) Kitam.;岩阴兔仔菜■

210574 Ixeris chinensis (Thunb.) Nakai var. saxatilis (Kitam.) Kitam. = Ixeridium chinense (Thunb.) Tzvelev ■

210575 Ixeris chinensis (Thunb.) Nakai var. strigosa (H. Lév. et Vaniot) Ohwi = Ixeris chinensis (Thunb.) Nakai subsp. strigosa (H. Lév. et Vaniot) Kitam. ■

210576 Ixeris chinensis (Thunb.) Nakai var. strigosa (H. Lév. et Vaniot) Ohwi = Ixeridium strigosum (H. Lév. et Vaniot) Tzvelev ■

210577 Ixeris chinensis Thunb. = Ixeridium chinense (Thunb.) Tzvelev ■

210578 Ixeris debilis (Thunb.) A. Gray = Ixeris japonica (Burm. f.) Nakai ■

210579 Ixeris debilis (Thunb.) A. Gray f. sinuata (Franch. et Sav.) Kitam. = Ixeris japonica (Burm. f.) Nakai ■

210580 Ixeris debilis (Thunb.) A. Gray subsp. litoralis (Kitam.) Kitam. = Ixeris japonica (Burm. f.) Nakai ■

210581 Ixeris debilis (Thunb.) A. Gray subsp. litoralis (Kitam.) Kitam. = Ixeris debilis (Thunb.) A. Gray ■

210582 Ixeris debilis (Thunb.) A. Gray subsp. liukiuensis Kitam. = Ixeris japonica (Burm. f.) Nakai ■

210583 Ixeris dentata (Thunb.) Nakai = Ixeridium dentatum (Thunb.) Tzvelev ■

210584 Ixeris dentata (Thunb.) Nakai = Ixeridium gramineum (Fisch.) Tzvelev ■

210585 Ixeris dentata (Thunb.) Nakai f. albiflora (Makino) H. Hara = Ixeridium dentatum (Thunb.) Tzvelev var. albiflorum (Makino) H. Nakai et H. Ohashi ■☆

210586 Ixeris dentata (Thunb.) Nakai f. parva Kitam. = Ixeridium parvum (Kitam.) J. H. Pak et Kawano ■☆

210587 Ixeris dentata (Thunb.) Nakai f. parva Kitam. = Ixeris parva (Kitam.) Yahara ■☆

210588 Ixeris dentata (Thunb.) Nakai subsp. alpicola (Takeda) Kitam. = Ixeridium alpicola (Takeda) J. H. Pak et Kawano ■☆

210589 Ixeris dentata (Thunb.) Nakai subsp. kimurana Kitam. = Ixeridium dentatum (Thunb.) Tzvelev subsp. kimuranum (Kitam.) J. H. Pak et Kawano ■☆

210590 Ixeris dentata (Thunb.) Nakai subsp. kimurana Kitam. f. albescens Kitam. = Ixeridium dentatum (Thunb.) Tzvelev var. albiflorum (Makino) H. Nakai et H. Ohashi ■☆

210591 Ixeris dentata (Thunb.) Nakai subsp. kitayamensis Murata = Ixeridium dentatum (Thunb.) Tzvelev subsp. kitayamense (Murata) J. H. Pak et Kawano ■☆

210592 Ixeris dentata (Thunb.) Nakai subsp. nipponica (Nakai) Kitam.;本州苦荬■☆

210593 Ixeris dentata (Thunb.) Nakai subsp. nipponica (Nakai) Kitam. = Ixeridium dentatum (Thunb.) Tzvelev subsp. nipponicum (Nakai) J. H. Pak et Kawano ■☆

210594 Ixeris dentata (Thunb.) Nakai subsp. nipponica (Nakai) Kitam. var. albiflora Makino;白花本州苦荬■☆

210595 Ixeris dentata (Thunb.) Nakai subsp. shiranensis Kitam. = Ixeridium dentatum (Thunb.) Tzvelev subsp. shiranense (Kitam.) J. H. Pak et Kawano ■☆

210596 Ixeris dentata (Thunb.) Nakai subsp. stolonifera (Kitam.) Kitam. = Ixeridium dentatum (Thunb.) Tzvelev var. stoloniferum

(Kitam.) ■☆

210597 Ixeris dentata (Thunb.) Nakai subsp. stolonifera Kitam. var. ozensis Sugim. = Ixeridium dentatum (Thunb.) Tzvelev subsp. ozense (Sugim.) Yonek. ■☆

210598 Ixeris dentata (Thunb.) Nakai var. albiflora (Makino) Nakai = Ixeridium dentatum (Thunb.) Tzvelev var. albiflorum (Makino) H. Nakai et H. Ohashi ■☆

210599 Ixeris dentata (Thunb.) Nakai var. albiflora (Makino) Nakai f. amplifolia (Kitam.) Hiyama = Ixeridium dentatum (Thunb.) Tzvelev subsp. nipponicum (Nakai) J. H. Pak et Kawano var. albiflorum (Makino) f. amplifolium (Kitam.) ■☆

210600 Ixeris dentata (Thunb.) Nakai var. albiflora (Makino) Nakai f. ozensis (Sugim.) Ohwi = Ixeridium dentatum (Thunb.) Tzvelev subsp. ozense (Sugim.) Yonek. ■☆

210601 Ixeris dentata (Thunb.) Nakai var. alpicola (Takeda) Ohwi = Ixeridium alpicola (Takeda) J. H. Pak et Kawano ■☆

210602 Ixeris dentata (Thunb.) Nakai var. kimurana (Kitam.) Ohwi = Ixeridium dentatum (Thunb.) Tzvelev subsp. kimuranum (Kitam.) J. H. Pak et Kawano ■☆

210603 Ixeris dentata (Thunb.) Nakai var. shiranensis (Kitam.) T. Shimizu = Ixeridium dentatum (Thunb.) Tzvelev subsp. shiranense (Kitam.) J. H. Pak et Kawano ■☆

210604 Ixeris dentata (Thunb.) Nakai var. stolonifera (Kitam.) Nemoto = Ixeridium dentatum (Thunb.) Tzvelev var. stoloniferum (Kitam.) ■☆

210605 Ixeris dentata Nakai;齿缘苦荬菜■

210606 Ixeris dentata Nakai = Ixeris laevigata (Blume) Sch. Bip. ex Maxim. ■

210607 Ixeris denticulata (Houtt.) Maxim. subsp. sonchifolia (Maxim.) Stebbins = Ixeridium sonchifolium (Maxim.) C. Shih ■

210608 Ixeris denticulata (Houtt.) Stebbins = Ixeridium sonchifolium (Maxim.) C. Shih ■

210609 Ixeris denticulata (Houtt.) Stebbins = Paraixeris denticulata (Houtt.) Nakai ■

210610 Ixeris denticulata (Houtt.) Stebbins f. pinnatipartita (Makino) Kitag. = Paraixeris pinnatipartita (Makino) Tzvelev ■

210611 Ixeris denticulata (Houtt.) Stebbins subsp. elegans (Franch.) Stebbins = Ixeridium elegans (Franch.) C. Shih ■

210612 Ixeris denticulata (Houtt.) Stebbins subsp. longiflora Stebbins = Paraixeris denticulata (Houtt.) Nakai ■

210613 Ixeris denticulata (Houtt.) Stebbins subsp. pubescens Stebbins = Paraixeris denticulata (Houtt.) Nakai subsp. pubescens (Stebbins) C. Shih ■

210614 Ixeris denticulata (Houtt.) Stebbins subsp. ramosissima (Benth.) Stebbins = Paraixeris denticulata (Houtt.) Nakai ■

210615 Ixeris denticulata (Houtt.) Stebbins subsp. sonchifolia (Maxim.) Stebbins = Paraixeris serotina (Maxim.) Tzvelev ■

210616 Ixeris dissecta (Makino) C. Shih;深裂苦荬菜■

210617 Ixeris dissecta (Makino) C. Shih = Ixeris polycephala Cass. ■

210618 Ixeris gracilis (DC.) Stebbins = Ixeridium gracile (DC.) C. Shih ■

210619 Ixeris graminea (Fisch.) Nakai = Ixeridium gramineum (Fisch.) Tzvelev ■

210620 Ixeris graminea (Fisch.) Nakai = Ixeris tamagawaensis (Makino) Kitam. ■

210621 Ixeris graminifolia (Ledeb.) Kitag. = Ixeridium graminifolium (Ledeb.) Tzvelev ■

210622 Ixeris humifusa (Dunn) Stebbins = Paraixeris humifusa (Dunn) C. Shih ■

210623 Ixeris japonica (Burm. f.) Nakai;日本苦荬菜(低滩苦荬菜,鹅公英,假蒲公英,剪刀股,匍匐苦荬,蒲公英,沙滩苦荬菜,细叶剪刀股,鸭舌草);Japan Weed ■

210624 Ixeris japonica (Burm. f.) Nakai f. dissecta Nakai = Ixeris japonica (Burm. f.) Nakai ■

210625 Ixeris japonica (Burm. f.) Nakai f. integra (Kuntze) Nakai = Ixeris japonica (Burm. f.) Nakai ■

210626 Ixeris japonica (Burm. f.) Nakai f. sinuata Franch. et Sav. = Ixeris japonica (Burm. f.) Nakai ■

210627 Ixeris japonica (Burm. f.) Nakai subsp. litoralis Kitam. = Ixeris debilis (Thunb.) A. Gray ■

210628 Ixeris japonica (Burm. f.) Nakai subsp. litoralis Kitam. = Ixeris japonica (Burm. f.) Nakai ■

210629 Ixeris japonica (Burm. f.) Nakai subsp. salsuginosa (Kitag.) Kitag. = Ixeris japonica (Burm. f.) Nakai ■

210630 Ixeris japonica (Burm. f.) Nakai subsp. trifida (Kitam.) Kitam. = Ixeris debilis (Thunb.) A. Gray ■

210631 Ixeris japonica (Burm. f.) Nakai var. litoralis (Kitam.) H. L. Li = Ixeris debilis (Thunb.) A. Gray ■

210632 Ixeris japonica (Burm. f.) Nakai var. salsuginoisa Kitag. = Ixeris japonica (Burm. f.) Nakai ■

210633 Ixeris koshunensis (Hayata) Stebbins = Crepidiastrum lanceolatum (Houtt.) Nakai ■

210634 Ixeris laevigata (Blume) Sch. Bip. ex Maxim. = Ixeridium laevigatum (Blume) C. Shih ■

210635 Ixeris laevigata (Blume) Sch. Bip. ex Maxim. = Ixeridium laevigatum (Blume) J. H. Pak et Kawano ■

210636 Ixeris laevigata (Blume) Sch. Bip. ex Maxim. var. oldhamii (Maxim.) Kitam. = Ixeridium laevigatum (Blume) J. H. Pak et Kawano ■

210637 Ixeris laevigata (Blume) Sch. Bip. ex Maxim. var. oldhamii (Maxim.) Kitam. = Ixeridium laevigatum (Blume) C. Shih ■

210638 Ixeris laevigata (Blume) Sch. Bip. var. oldhamii (Makino) Kitam. = Ixeridium laevigatum (Blume) C. Shih ■

210639 Ixeris laevigata (Blume) Yamam. = Ixeridium laevigatum (Blume) C. Shih ■

210640 Ixeris laevigata (Blume) Yamam. var. oldhami (Makino) Kitam.;刀伤草■

210641 Ixeris laevigata (Blume) Yamam. var. oldhami (Makino) Kitam. = Ixeridium laevigatum (Blume) C. Shih ■

210642 Ixeris lanceolata (Houtt.) Stebbins = Crepidiastrum lanceolatum (Houtt.) Nakai ■

210643 Ixeris lanceolata C. C. Chang = Ixeridium gramineum (Fisch.) Tzvelev ■

210644 Ixeris linguifolia A. Gray = Crepidiastrum linguifolium (A. Gray) Nakai ■☆

210645 Ixeris longirostra (Hayata) Nakai;长喙苦荬菜■☆

210646 Ixeris makinoana (Kitam.) Kitam. = Ixeridium beauverdianum (H. Lév.) Spring. ■☆

210647 Ixeris matsumurae (Makino) Nakai = Ixeris polycephala Cass. ■

210648 Ixeris musashensis Makino et Hisauti;武藏苦荬菜■☆

210649 Ixeris nakazonei (Kitam.) Kitam.;中园苦荬菜■☆

210650 Ixeris nikoensis Nakai;日光苦荬菜■☆

210651 Ixeris nipponica Nakai = Ixeridium dentatum (Thunb.) Tzvelev subsp. nipponicum (Nakai) J. H. Pak et Kawano ■☆

210652 Ixeris oldhami (Maxim.) Kitam. = Ixeridium laevigatum (Blume) C. Shih ■

210653 Ixeris parva (Kitam.) Yahara = Ixeridium parvum (Kitam.) J. H. Pak et Kawano ■☆

210654 Ixeris polycephala Cass.;苦荬菜(多头苦荬,多头苦荬,多头苦荬菜,多头莴苣,还魂草,黄花地丁,黄花山鸭舌草,剪刀草,剪子股,苦菜,山鸭舌草,野剪刀股,野苦荬);Manyhead Ixeris, Polycephalous Ixeris ■

210655 Ixeris polycephala Cass. f. dissecta (Makino) Ohwi;野剪刀股■

210656 Ixeris polycephala Cass. f. dissecta (Makino) Ohwi = Ixeris dissecta (Makino) C. Shih ■

210657 Ixeris polycephala Cass. f. dissecta (Makino) Ohwi = Ixeris polycephala Cass. ■

210658 Ixeris polycephala Cass. var. dissecta (Makino) Nakai = Ixeris dissecta (Makino) C. Shih ■

210659 Ixeris polycephala Cass. var. dissecta (Makino) Nakai = Ixeris polycephala Cass. ■

210660 Ixeris quercus (H. Lév. et Vaniot) Stebbins = Crepidiastrum lanceolatum (Houtt.) Nakai ■

210661 Ixeris quercus (H. Lév. et Vaniot) Stebbins = Crepidiastrum lanceolatum (Houtt.) Nakai f. pinnatilobum (Maxim.) Nakai ■

210662 Ixeris repens (L.) A. Gray = Chorisis repens (L.) DC. ■

210663 Ixeris sagittaroides (C. B. Clarke) Stebbins = Ixeridium sagittaroides (C. B. Clarke) C. Shih ■

210664 Ixeris saxatilis (Baranov) Soják = Ixeris chelidonifolia (Makino) Stebbins var. saxatilis (A. I. Baranov) Zhu ? et C. J. Guo ■

210665 Ixeris scaposa Freyn = Ixeridium gramineum (Fisch.) Tzvelev ■

210666 Ixeris sekimotoi Kitam.;关本苦荬菜■☆

210667 Ixeris serotina (Maxim.) Kitag. = Paraixeris serotina (Maxim.) Tzvelev ■

210668 Ixeris sonchifolia (Bunge) Hance = Ixeridium sonchifolium (Maxim.) C. Shih ■

210669 Ixeris sonchifolia (Bunge) Hance var. serotina (Maxim.) Kitag. = Paraixeris serotina (Maxim.) Tzvelev ■

210670 Ixeris sonchifolia (Maxim.) Hance var. serotina (Maxim.) Kitag. = Paraixeris serotina (Maxim.) Tzvelev ■

210671 Ixeris sororia (Miq.) Nakai = Paraprenanthes sororia (Miq.) C. Shih ■

210672 Ixeris stebbinsiana Hand.-Mazz. = Paraixeris humifusa (Dunn) C. Shih ■

210673 Ixeris stolonifera A. Gray;圆叶苦荬菜(蔓苦荬,蔓莴苣);Creeping Lettuce ■

210674 Ixeris stolonifera A. Gray f. albiflora Sugim.;白花圆叶苦荬菜■☆

210675 Ixeris stolonifera A. Gray f. capillaris (Nakai) Ohwi = Ixeris stolonifera A. Gray var. capillaris (Nakai) T. Shimizu ■☆

210676 Ixeris stolonifera A. Gray f. sinuata (Makino) Ohwi = Ixeris stolonifera A. Gray ■

210677 Ixeris stolonifera A. Gray subsp. capillaris (Nakai) Kitam. = Ixeris stolonifera A. Gray var. capillaris (Nakai) T. Shimizu ■☆

210678 Ixeris stolonifera A. Gray var. capillaris (Nakai) T. Shimizu;深山圆叶苦荬菜■☆

210679 Ixeris strigosa (H. Lév. et Vaniot) J. H. Pak et Kawano;粗毛兔仔菜■

210680 Ixeris strigosa (H. Lév. et Vaniot) J. H. Pak et Kawano = Ixeris chinensis (Thunb.) Nakai subsp. strigosa (H. Lév. et Vaniot) Kitam. ■

210681 Ixeris tamagawaensis (Makino) Kitam.;泽苦荬菜(泽苦菜)■

210682 Ixeris thunbergii A. Gray = Ixeridium dentatum (Thunb.) Tzvelev ■

210683 Ixeris transnokoensis (Sasaki) Kitam. = Ixeridium laevigatum (Blume) C. Shih ■

210684 Ixeris transnokoensis (Y. Sasaki) Kitam. = Ixeridium transnokoense (Y. Sasaki) J. H. Pak et Kawano ■

210685 Ixeris versicolor (Fisch. ex Link) DC. = Ixeridium gramineum (Fisch.) Tzvelev ■

210686 Ixeris versicolor L.;变色苦荬(变色苦荬菜,东北苦菜)■☆

210687 Ixeris yakuinsularis Yahara = Ixeridium yakuinsulare (Yahara) J. H. Pak et Kawano ■☆

210688 Ixerra Pritz. = Ixerba A. Cunn. ●☆

210689 Ixia L. (1753)(保留属名);鸟娇花属(非洲鸢尾属,小鸢尾属);African Corn Lily, African Corn-Lily, African Cornlily Ixia, Bird-lime Flower, Corn Lily, Corn-lily, Ixia ■☆

210690 Ixia Muhlenb. ex Spreng. = Hydrilla Rich. ■

210691 Ixia acaulis Goldblatt et J. C. Manning;无茎鸟娇花■☆

210692 Ixia acuta Licht. ex Roem. et Schult. = Hesperantha acuta (Licht. ex Roem. et Schult.) Ker Gawl. ■☆

210693 Ixia africana L. = Aristea africana (L.) Hoffmanns. ■☆

210694 Ixia alba Eckl. = Ixia orientalis L. Bolus ■☆

210695 Ixia alba L. = Sparaxis bulbifera (L.) Ker Gawl. ■☆

210696 Ixia alboflavens Eckl. = Ixia lutea Eckl. ■☆

210697 Ixia amethystina J. C. Manning et Goldblatt;紫水晶鸟娇花■☆

210698 Ixia amoena Link;可爱鸟娇花■☆

210699 Ixia anemonaeflora Jacq. = Ixia campanulata Houtt. ■☆

210700 Ixia angusta Jacq. = Hesperantha falcata (L. f.) Ker Gawl. ■☆

210701 Ixia angusta L. Bolus = Ixia patens Aiton ■☆

210702 Ixia angustifolia (Andréws) Klatt = Ixia monadelpha D. Delaroche ■☆

210703 Ixia angustifolia Eckl. = Ixia dubia Vent. ■☆

210704 Ixia aristata Aiton = Sparaxis grandiflora (D. Delaroche) Ker Gawl. ■☆

210705 Ixia aristata Ker Gawl.;具芒鸟娇花■☆

210706 Ixia aristata Ker Gawl. = Ixia longituba N. E. Br. ■☆

210707 Ixia aristata Schneev. = Ixia patens Aiton ■☆

210708 Ixia aristata Thunb. = Ixia campanulata Houtt. ■☆

210709 Ixia aristata Thunb. var. atropurpurea Andréws = Sparaxis grandiflora (D. Delaroche) Ker Gawl. ■☆

210710 Ixia aurea J. C. Manning et Goldblatt;金黄鸟娇花■☆

210711 Ixia azurea Banks ex Ker Gawl. = Geissorhiza radians (Thunb.) Goldblatt ■☆

210712 Ixia bicolor (Thunb.) Ker Gawl. = Sparaxis villosa (Burm. f.) Goldblatt ■☆

210713 Ixia bicolor Thunb. = Geissorhiza imbricata (D. Delaroche) Ker Gawl. subsp. bicolor (Thunb.) Goldblatt ■☆

210714 Ixia bolusii G. J. Lewis = Ixia pauciflora G. J. Lewis ■☆

210715 Ixia brevifolia Baker = Gladiolus parvulus Schltr. ■☆

210716 Ixia brevituba G. J. Lewis;短管鸟娇花■☆

210717 Ixia brunneobractea G. J. Lewis;褐苞鸟娇花■☆

210718 Ixia bulbifera L. = Sparaxis bulbifera (L.) Ker Gawl. ■☆

210719 Ixia bulbocodium A. Rich. = Romulea fischeri Pax ■☆

210720 Ixia bulbocodium sensu Thunb. = Romulea flava (Lam.) M. P. de Vos ■☆

210721 Ixia burmannii F. Dietr. = Hesperantha spicata (Burm. f.) N. E. Br. ■☆

210722 Ixia caerulescens Eckl. = Ixia versicolor G. J. Lewis ■☆
210723 Ixia campanulata Houtt.;华美鸟娇花;Bellflower African Cornlily,Crimson Cup Ixia,Red Corn-lily ■☆
210724 Ixia candida Delile = Ixia patens Aiton ■☆
210725 Ixia capillaris L. f.;发状鸟娇花■☆
210726 Ixia capillaris L. f. var. gracillima Ker Gawl. = Ixia capillaris L. f. ■☆
210727 Ixia capitata Andréws;头状鸟娇花■☆
210728 Ixia capitata Andréws var. ovata Andréws = Ixia lutea Eckl. var. ovata (Andréws) B. Nord. ■☆
210729 Ixia cartilaginea Lam. = Ixia monadelpha D. Delaroche ■☆
210730 Ixia caryophyllacea Burm. f. = Freesia caryophyllacea (Burm. f.) N. E. Br. ■☆
210731 Ixia chinensis L. = Belamcanda chinensis (L.) DC. ■
210732 Ixia chloroleuca Jacq. = Romulea rosea (L.) Eckl. ■☆
210733 Ixia ciliaris Salisb. ex Ker Gawl. = Geissorhiza inflexa (D. Delaroche) Ker Gawl. ■☆
210734 Ixia cinnamomea L. f. = Hesperantha cinnamomea (L. f.) Ker Gawl. ■☆
210735 Ixia coccinea Eckl. = Ixia campanulata Houtt. ■☆
210736 Ixia coccinea Thunb. = Ixia campanulata Houtt. ■☆
210737 Ixia cochlearis G. J. Lewis;螺状鸟娇花■☆
210738 Ixia coelestina W. Bartram = Calydorea coelestina (W. Bartram) Goldblatt et Henrich ■☆
210739 Ixia coerulescens Pers. = Babiana villosula (J. F. Gmel.) Ker Gawl. ex Steud. ■☆
210740 Ixia collina Goldblatt et Snijman;山丘鸟娇花■☆
210741 Ixia columellaris Ker Gawl. = Ixia monadelpha D. Delaroche ■☆
210742 Ixia columellaris Ker Gawl. var. angustifolia Andréws = Ixia monadelpha D. Delaroche ■☆
210743 Ixia columnaris Salisb. = Ixia monadelpha D. Delaroche ■☆
210744 Ixia columnaris Salisb. var. grandiflora Andréws = Ixia monadelpha D. Delaroche ■☆
210745 Ixia columnaris Salisb. var. latifolia Andréws = Ixia monadelpha D. Delaroche ■☆
210746 Ixia columnaris Salisb. var. purpurea Andréws = Ixia monadelpha D. Delaroche ■☆
210747 Ixia concolor Salisb. = Ixia campanulata Houtt. ■☆
210748 Ixia conferta R. C. Foster;密集鸟娇花■☆
210749 Ixia conferta R. C. Foster = Ixia lutea Eckl. var. ovata (Andréws) B. Nord. ■☆
210750 Ixia conferta R. C. Foster var. ochroleuca (Ker Gawl.) G. J. Lewis = Ixia lutea Eckl. ■☆
210751 Ixia conica Salisb. = Ixia maculata L. ■☆
210752 Ixia cooperi (Baker) Baker = Tritonia cooperi (Baker) Klatt ■☆
210753 Ixia corymbosa L. = Lapeirousia corymbosa (L.) Ker Gawl. ■☆
210754 Ixia crateroides Ker Gawl. = Ixia campanulata Houtt. ■☆
210755 Ixia crispa L. f. = Ixia erubescens Goldblatt ■☆
210756 Ixia crocata L. = Tritonia crocata (L.) Ker Gawl. ■
210757 Ixia crocata L. var. nigromaculata Andréws = Tritonia deusta (Aiton) Ker Gawl. ■☆
210758 Ixia crocata Thunb. = Tritonia crocata (Thunb.) Ker Gawl. ■
210759 Ixia crocea Thunb. = Romulea triflora (Burm. f.) N. E. Br. ■☆
210760 Ixia cruciata Jacq. = Romulea cruciata (Jacq.) Baker ■☆
210761 Ixia curvata G. J. Lewis;内折鸟娇花■☆
210762 Ixia densiflora Klatt = Ixia patens Aiton ■☆
210763 Ixia deusta Aiton = Tritonia deusta (Aiton) Ker Gawl. ■☆
210764 Ixia dinteri Schinz = Lapeirousia coerulea Schinz ■☆
210765 Ixia dispar N. E. Br. = Ixia patens Aiton ■☆
210766 Ixia disticha Lam. = Witsenia maura Thunb. ■☆
210767 Ixia dubia Vent.;可疑鸟娇花■☆
210768 Ixia duckittiae L. Bolus = Ixia maculata L. ■☆
210769 Ixia elegans (Regel) N. E. Br. = Ixia polystachya L. ■☆
210770 Ixia elliptica Thunb. = Freesia verrucosa (Vogel) Goldblatt et J. C. Manning ■☆
210771 Ixia emarginata Lam. = Freesia verrucosa (Vogel) Goldblatt et J. C. Manning ■☆
210772 Ixia erecta Jacq. = Ixia polystachya L. var. lutea (Ker Gawl.) G. J. Lewis ■☆
210773 Ixia erecta P. J. Bergius var. lutea Ker Gawl. = Ixia polystachya L. var. lutea (Ker Gawl.) G. J. Lewis ■☆
210774 Ixia erosa Salisb. = Geissorhiza inflexa (D. Delaroche) Ker Gawl. ■☆
210775 Ixia erubescens Goldblatt;变红鸟娇花■☆
210776 Ixia esterhuyseniae M. P. de Vos;埃斯特鸟娇花■☆
210777 Ixia excisa L. f. = Geissorhiza ovata (Burm. f.) Asch. et Graebn. ■☆
210778 Ixia fabricii D. Delaroche = Lapeirousia fabricii (D. Delaroche) Ker Gawl. ■☆
210779 Ixia falcata L. f. = Hesperantha falcata (L. f.) Ker Gawl. ■☆
210780 Ixia fastigiata Lam. = Lapeirousia fastigiata (Lam.) Ker Gawl. ■☆
210781 Ixia fenestrata Jacq. = Tritonia crocata (L.) Ker Gawl. ■
210782 Ixia filifolia F. Delaroche = Romulea triflora (Burm. f.) N. E. Br. ■☆
210783 Ixia filiformis Vent. = Ixia patens Aiton ■☆
210784 Ixia fimbriata Lam. = Sparaxis grandiflora (D. Delaroche) Ker Gawl. subsp. fimbriata (Lam.) Goldblatt ■☆
210785 Ixia flabellifolia D. Delaroche = Tritonia flabellifolia (D. Delaroche) G. J. Lewis ■☆
210786 Ixia flabellularis Vahl = Tritonia flabellifolia (D. Delaroche) G. J. Lewis ■☆
210787 Ixia flaccida Salisb. = Ixia patens Aiton ■☆
210788 Ixia flava Hornem. = Romulea flava (Lam.) M. P. de Vos ■☆
210789 Ixia flava Lam. = Romulea flava (Lam.) M. P. de Vos ■☆
210790 Ixia flavovirens Eckl.;黄绿鸟娇花■☆
210791 Ixia flexuosa L.;曲折鸟娇花■☆
210792 Ixia fragrans Jacq. = Sparaxis fragrans (Jacq.) Ker Gawl. ■☆
210793 Ixia framesii L. Bolus = Ixia tenuiflora Vahl ■☆
210794 Ixia frederickii M. P. de Vos;弗雷德里克鸟娇花■☆
210795 Ixia fruticosa L. f. = Nivenia fruticosa (L. f.) Baker ●☆
210796 Ixia fucata Ker Gawl.;着色鸟娇花■☆
210797 Ixia fucata Ker Gawl. var. filifolia G. J. Lewis;丝叶着色鸟娇花■☆
210798 Ixia fugacissima L. f. = Moraea fugacissima (L. f.) Goldblatt ■☆
210799 Ixia fuscocitrina Desf. ex DC. = Ixia maculata L. var. fuscocitrina (Desf. ex DC.) G. J. Lewis ■☆
210800 Ixia galaxia L. f. = Moraea galaxia (L. f.) Goldblatt et J. C. Manning ■☆
210801 Ixia galaxioides Klatt = Ixia monadelpha D. Delaroche ■☆
210802 Ixia gawleri Schrad. = Freesia verrucosa (Vogel) Goldblatt et J. C. Manning ■☆

210803 Ixia gibba Salisb. = Tritonia deusta (Aiton) Ker Gawl. ■☆
210804 Ixia gladiata L. f. = Bobartia gladiata (L. f.) Ker Gawl. ■☆
210805 Ixia gladiolaris Lam. = Tritonia gladiolaris (Lam.) Goldblatt et J. C. Manning ■☆
210806 Ixia gloriosa G. J. Lewis;华丽鸟娇花■☆
210807 Ixia gracilis Salisb. = Ixia capillaris L. f. ■☆
210808 Ixia grandiflora (Andréws) Pers. = Ixia monadelpha D. Delaroche ■☆
210809 Ixia grandiflora D. Delaroche = Sparaxis grandiflora (D. Delaroche) Ker Gawl. ■☆
210810 Ixia heterophylla De Wild. = Lapeirousia plicata (Jacq.) Diels ■☆
210811 Ixia hexandra Schrank = Cyanella lutea L. f. ■☆
210812 Ixia hirta Thunb. = Geissorhiza inflexa (D. Delaroche) Ker Gawl. ■☆
210813 Ixia holosericea Jacq. = Sparaxis grandiflora (D. Delaroche) Ker Gawl. ■☆
210814 Ixia humilis Thunb. = Geissorhiza humilis (Thunb.) Ker Gawl. ■☆
210815 Ixia hyalina L. f. = Tritonia crocata (L.) Ker Gawl. ■
210816 Ixia hybrida Ker Gawl.;杂种鸟娇花(小鸢尾);African Corn Lily, Corn Flower ■☆
210817 Ixia imbricata D. Delaroche = Geissorhiza imbricata (D. Delaroche) Ker Gawl. ■☆
210818 Ixia inflexa D. Delaroche = Geissorhiza inflexa (D. Delaroche) Ker Gawl. ■☆
210819 Ixia iridifolia D. Delaroche = Tritonia crocata (L.) Ker Gawl. ■
210820 Ixia juncea Link = Geissorhiza juncea (Link) A. Dietr. ■☆
210821 Ixia lancea Jacq. = Ixia marginifolia (Salisb.) G. J. Lewis ■☆
210822 Ixia lancea Thunb. = Tritonia lancea (Thunb.) N. E. Br. ■☆
210823 Ixia larochei Roem. et Schult. = Geissorhiza radians (Thunb.) Goldblatt ■☆
210824 Ixia latifolia D. Delaroche;宽叶鸟娇花■☆
210825 Ixia latifolia D. Delaroche var. angustifolia G. J. Lewis;窄叶鸟娇花■☆
210826 Ixia latifolia D. Delaroche var. curviramosa G. J. Lewis;弯枝鸟娇花■☆
210827 Ixia latifolia D. Delaroche var. parviflora G. J. Lewis;小花鸟娇花■☆
210828 Ixia latifolia D. Delaroche var. ramulosa G. J. Lewis;多枝鸟娇花■☆
210829 Ixia leipoldtii G. J. Lewis;莱波尔德鸟娇花■☆
210830 Ixia leucantha Jacq.;白花鸟娇花■☆
210831 Ixia leucantha Jacq. = Ixia polystachya L. ■☆
210832 Ixia leucantha Jacq. var. lutea (Baker) Grey = Ixia lutea Baker ■☆
210833 Ixia lilacina Eckl. = Ixia polystachya L. ■☆
210834 Ixia liliago DC. = Sparaxis grandiflora (D. Delaroche) Ker Gawl. subsp. fimbriata (Lam.) Goldblatt ■☆
210835 Ixia linearis Jacq. = Hesperantha falcata (L. f.) Ker Gawl. ■☆
210836 Ixia linearis L. f. = Gladiolus quadrangulus (D. Delaroche) Barnard ■☆
210837 Ixia longifolia Jacq. = Moraea longifolia (Jacq.) Pers. ■☆
210838 Ixia longituba N. E. Br.;长管鸟娇花■☆
210839 Ixia lutea (Ker Gawl.) Baker = Ixia polystachya L. var. lutea (Ker Gawl.) G. J. Lewis ■☆
210840 Ixia lutea Baker = Ixia lutea Eckl. ■☆
210841 Ixia lutea Eckl.;黄花鸟娇花■☆
210842 Ixia lutea Eckl. var. ovata (Andréws) B. Nord.;卵黄花鸟娇花■☆
210843 Ixia maculata L.;黄鸟娇花(斑点鸟娇花,非洲鸢尾,小鸢尾,黏射干);Spotted African Cornlily, Spotted Ixia, Yellow Bird-lime Flower ■☆
210844 Ixia maculata L. var. fuscocitrina (Desf. ex DC.) G. J. Lewis;棕橙色鸟娇花■☆
210845 Ixia maculata L. var. intermedia G. J. Lewis;间型黄鸟娇花■☆
210846 Ixia maculata L. var. ochroleuca Ker Gawl. = Ixia lutea Eckl. ■☆
210847 Ixia marginifolia (Salisb.) G. J. Lewis;边叶鸟娇花■☆
210848 Ixia micrandra Baker;小蕊鸟娇花■☆
210849 Ixia micrandra Baker var. confusa G. J. Lewis;混乱鸟娇花■☆
210850 Ixia micrandra Baker var. minor G. J. Lewis;小株小蕊鸟娇花■☆
210851 Ixia milleri P. J. Bergius = Ixia maculata L. ■☆
210852 Ixia miniata DC. var. nigromaculata ? = Tritonia deusta (Aiton) Ker Gawl. ■☆
210853 Ixia miniata Jacq. = Tritonia deusta (Aiton) Ker Gawl. subsp. miniata (Jacq.) M. P. de Vos ■☆
210854 Ixia minuta L. f. = Pauridia minuta (L. f.) T. Durand et Schinz ■☆
210855 Ixia monadelpha D. Delaroche;单性蕊鸟娇花■☆
210856 Ixia monanthos D. Delaroche;单雄蕊鸟娇花■☆
210857 Ixia monanthos D. Delaroche = Sparaxis grandiflora (D. Delaroche) Ker Gawl. subsp. acutiloba Goldblatt ■☆
210858 Ixia mostertii M. P. de Vos;莫斯特鸟娇花■☆
210859 Ixia namaquana L. Bolus = Ixia rapunculoides Delile var. namaquana (L. Bolus) G. J. Lewis ■☆
210860 Ixia neglecta Schult. = Romulea neglecta (Schult.) M. P. de Vos ■☆
210861 Ixia nervosa (Baker) Baker = Tritoniopsis nervosa (Baker) G. J. Lewis ■☆
210862 Ixia ochracea Eckl. = Ixia maculata L. ■☆
210863 Ixia odorata Ker Gawl.;芳香鸟娇花■☆
210864 Ixia odorata Ker Gawl. var. hesperanthoides G. J. Lewis;长庚花鸟娇花■☆
210865 Ixia orientalis L. Bolus;东方鸟娇花■☆
210866 Ixia ornithogaloides Licht. ex Roem. et Schult. = Geissorhiza ornithogaloides Klatt ■☆
210867 Ixia ovata (Andréws) Sweet = Ixia lutea Eckl. var. ovata (Andréws) B. Nord. ■☆
210868 Ixia ovata Burm. f. = Geissorhiza ovata (Burm. f.) Asch. et Graebn. ■☆
210869 Ixia pallens Aiton ex Steud. = Ixia patens Aiton ■☆
210870 Ixia pallideflavens Eckl. = Ixia maculata L. var. fuscocitrina (Desf. ex DC.) G. J. Lewis ■☆
210871 Ixia paniculata D. Delaroche;圆锥花序鸟娇花;Tubular Cornlily ■☆
210872 Ixia patens Aiton;铺展鸟娇花■☆
210873 Ixia patens Aiton var. linearifolia G. J. Lewis;线叶铺展鸟娇花■☆
210874 Ixia pauciflora G. J. Lewis;少花铺展鸟娇花■☆
210875 Ixia pendula Thunb. = Dierama pendulum (Thunb.) Baker ■☆
210876 Ixia petitiana A. Rich. = Hesperantha petitiana (A. Rich.) Baker ■☆

210877 Ixia pilosa L. f. = Hesperantha pilosa (L. f.) Ker Gawl. ■☆
210878 Ixia planifolia Mill. ex Roem. et Schult. = Tritonia crocata (L.) Ker Gawl. ■
210879 Ixia plantaginea Aiton = Micranthus alopecuroides (L.) Rothm. ■☆
210880 Ixia polystachya L.; 多穗鸟娇花; White-and-yellow-flower Cornlily ■☆
210881 Ixia polystachya L. var. bicolorata Baker; 二色多穗鸟娇花■☆
210882 Ixia polystachya L. var. crassifolia G. J. Lewis; 厚叶多穗鸟娇花■☆
210883 Ixia polystachya L. var. flavescens Baker; 黄花多穗鸟娇花■☆
210884 Ixia polystachya L. var. longistylis M. P. de Vos; 长多穗鸟娇花■☆
210885 Ixia polystachya L. var. lutea (Ker Gawl.) G. J. Lewis; 黄多穗鸟娇花■☆
210886 Ixia pulcherrima Eckl. = Ixia campanulata Houtt. ■☆
210887 Ixia pumilio Goldblatt et Snijman; 矮鸟娇花■☆
210888 Ixia punctata Andréws = Thereianthus spicatus (L.) G. J. Lewis ■☆
210889 Ixia punicea Eckl. = Ixia patens Aiton ■☆
210890 Ixia punicea Jacq. = Babiana villosa (Aiton) Ker Gawl. ■☆
210891 Ixia purpurea (Andréws) Klatt = Ixia monadelpha D. Delaroche ■☆
210892 Ixia purpurea Jacq. = Babiana purpurea (Jacq.) Ker Gawl. ■☆
210893 Ixia purpureorosea G. J. Lewis; 紫红鸟娇花■☆
210894 Ixia pusilla Andréws = Geissorhiza pusilla (Andréws) Klatt ■☆
210895 Ixia pygmaea Burm. f. = Babiana pygmaea (Burm. f.) N. E. Br. ■☆
210896 Ixia pyramidalis Lam. = Lapeirousia pyramidalis (Lam.) Goldblatt ■☆
210897 Ixia quadrangula D. Delaroche = Gladiolus quadrangulus (D. Delaroche) Barnard ■☆
210898 Ixia quartiniana A. Rich. = Gladiolus murielae Kelway ■☆
210899 Ixia radians Thunb. = Geissorhiza radians (Thunb.) Goldblatt ■☆
210900 Ixia radiata Jacq. = Hesperantha radiata (Jacq.) Ker Gawl. ■☆
210901 Ixia rapunculoides Delile; 小钟鸟娇花■☆
210902 Ixia rapunculoides Delile var. flaccida G. J. Lewis; 柔软鸟娇花■☆
210903 Ixia rapunculoides Delile var. namaquana (L. Bolus) G. J. Lewis; 纳马夸鸟娇花■☆
210904 Ixia rapunculoides Delile var. rigida G. J. Lewis; 坚挺鸟娇花■☆
210905 Ixia rapunculoides Delile var. robusta G. J. Lewis; 粗壮鸟娇花■☆
210906 Ixia rapunculoides Delile var. subpendula G. J. Lewis; 下垂鸟娇花■☆
210907 Ixia recurva F. Delaroche = Romulea flava (Lam.) M. P. de Vos ■☆
210908 Ixia recurva Vahl = Hesperantha radiata (Jacq.) Ker Gawl. ■☆
210909 Ixia recurvifolia Poir. = Romulea flava (Lam.) M. P. de Vos ■☆
210910 Ixia reflexa Thunb. = Romulea flava (Lam.) M. P. de Vos ■☆
210911 Ixia reticulata Thunb. = Tritonia lineata (Salisb.) Ker Gawl. ■☆
210912 Ixia rochensis Ker Gawl. = Geissorhiza radians (Thunb.) Goldblatt ■☆
210913 Ixia rochensis Ker Gawl. var. spithamaea ? = Geissorhiza eurystigma L. Bolus ■☆
210914 Ixia rosea L. = Romulea rosea (L.) Eckl. ■☆
210915 Ixia rouxii G. J. Lewis; 鲁鸟娇花■☆
210916 Ixia rubocyanea Jacq. = Babiana rubrocyanea (Jacq.) Ker Gawl. ■☆
210917 Ixia scariosa Thunb.; 粉鸟娇花; Pink Bird-lime Flower ■☆
210918 Ixia scariosa Thunb. = Ixia latifolia D. Delaroche var. curviramosa G. J. Lewis ■☆
210919 Ixia scillaris L.; 绵枣儿鸟娇花■☆
210920 Ixia scillaris L. var. subundulata G. J. Lewis; 波状鸟娇花■☆
210921 Ixia secunda D. Delaroche = Geissorhiza eurystigma L. Bolus ■☆
210922 Ixia secunda P. J. Bergius = Geissorhiza aspera Goldblatt ■☆
210923 Ixia serotina Salisb. = Ixia polystachya L. ■☆
210924 Ixia setacea Thunb. = Geissorhiza setacea (Thunb.) Ker Gawl. ■☆
210925 Ixia sordida Hornem. = Sparaxis fragrans (Jacq.) Ker Gawl. ■☆
210926 Ixia sparrmannii (Thunb.) Schult. = Freesia sparrmannii (Thunb.) N. E. Br. ■☆
210927 Ixia speciosa Andréws = Ixia campanulata Houtt. ■☆
210928 Ixia spicata Burm. f. = Hesperantha spicata (Burm. f.) N. E. Br. ■☆
210929 Ixia splendida G. J. Lewis; 闪光鸟娇花■☆
210930 Ixia squalida Thunb. = Tritonia securigera (Aiton) Ker Gawl. ■☆
210931 Ixia stolonifera G. J. Lewis; 匍匐鸟娇花■☆
210932 Ixia stricta (Eckl. ex Klatt) G. J. Lewis; 刚直鸟娇花■☆
210933 Ixia sublutea Lam. = Romulea triflora (Burm. f.) N. E. Br. ■☆
210934 Ixia tenella Klatt = Ixia capillaris L. f. ■☆
210935 Ixia tenuiflora Vahl = Ixia paniculata D. Delaroche ■☆
210936 Ixia thomasiae Goldblatt; 托马斯鸟娇花■☆
210937 Ixia thunbergii Roem. et Schult. = Tritonia securigera (Aiton) Ker Gawl. ■☆
210938 Ixia tortuosa Licht. ex Roem. et Schult. = Romulea tortuosa (Licht. ex Roem. et Schult.) Baker ■☆
210939 Ixia trichorhiza (Baker) Baker = Dierama trichorhizum (Baker) N. E. Br. ■☆
210940 Ixia tricolor Schneev. = Sparaxis tricolor (Schneev.) Ker Gawl. ■☆
210941 Ixia trifolia G. J. Lewis; 三叶鸟娇花■☆
210942 Ixia trinervata (Baker) G. J. Lewis; 三脉鸟娇花■☆
210943 Ixia triticea Burm. f. = Tritoniopsis triticea (Burm. f.) Goldblatt ■☆
210944 Ixia tubulosa Burm. f. = Babiana tubulosa (Burm. f.) Ker Gawl. ■☆
210945 Ixia tubulosa Houtt. = Geissorhiza exscapa (Thunb.) Goldblatt ■☆
210946 Ixia undulata Burm. f. = Tritonia undulata (Burm. f.) Baker ■☆
210947 Ixia uniflora L. = Sparaxis grandiflora (D. Delaroche) Ker Gawl. ■☆
210948 Ixia variegata Banks ex Schult. = Ixia monadelpha D. Delaroche ■☆
210949 Ixia venosa (Willd.) Link = Tritonia lineata (Salisb.) Ker Gawl. ■☆
210950 Ixia verrucosa Vogel = Freesia verrucosa (Vogel) Goldblatt et J.

C. Manning ■☆
210951 Ixia versicolor G. J. Lewis;变色鸟娇花■☆
210952 Ixia villosa Aiton = Babiana villosa (Aiton) Ker Gawl. ■☆
210953 Ixia villosula J. F. Gmel. = Babiana villosula (J. F. Gmel.) Ker Gawl. ex Steud. ■☆
210954 Ixia vinacea G. J. Lewis;葡萄酒鸟娇花■☆
210955 Ixia viridiflora Lam.;绿鸟娇花(绿花鸟娇花,绿花小鸢尾);Green Bird-lime Flower ■☆
210956 Ixia viridiflora Lam. var. minor M. P. de Vos;小绿鸟娇花■☆
210957 Ixia vitellina Eckl. = Ixia maculata L. ■☆
210958 Ixia zeyheri Baker = Thereianthus juncifolius (Baker) G. J. Lewis ■☆
210959 Ixiaceae Horan.;鸟娇花科■
210960 Ixiaceae Horan. = Iridaceae Juss. (保留科名)■●
210961 Ixianthes Benth. (1836);黏花玄参属●☆
210962 Ixianthes retzioides Benth.;黏花玄参●☆
210963 Ixianthus Rchb. = Ixianthes Benth. ●☆
210964 Ixiauchenus Less. = Ixauchenus Cass. ■●☆
210965 Ixiauchenus Less. = Lagenophora Cass. (保留属名)■●
210966 Ixidium Eichler = Antidaphne Poepp. et Endl. ●☆
210967 Ixidium Eichler = Eremolepis Griseb. ●☆
210968 Ixina Raf. = Ixine Loefl. ●■☆
210969 Ixina Raf. = Krameria L. ex Loefl. ●■☆
210970 Ixine Hill. = Cirsium Mill. ■
210971 Ixine Loefl. = Krameria L. ex Loefl. ●■☆
210972 Ixiochlamys F. Muell. et Sond. = Ixiochlamys F. Muell. et Sond. ex Sond. ■●☆
210973 Ixiochlamys F. Muell. et Sond. = Podocoma Cass. ■☆
210974 Ixiochlamys F. Muell. et Sond. ex Sond. (1853);喙果层菀属■●☆
210975 Ixiochlamys F. Muell. ex Sond. = Ixiochlamys F. Muell. et Sond. ex Sond. ■●☆
210976 Ixiochlamys cuneifolia F. Muell. et Sond.;楔叶喙果层菀●☆
210977 Ixiochlamys filicifolia Dunlop;线叶喙果层菀●☆
210978 Ixiochlamys integerrima Dunlop;全缘喙果层菀●☆
210979 Ixiochlamys nana (Ewart et Jean White) Grau;矮喙果层菀■☆
210980 Ixiolaena Benth. (1837);单头金绒草属■☆
210981 Ixiolaena chrysantha Steetz;金花单头金绒草■☆
210982 Ixiolaena leptolepis (DC.) Benth.;单头金绒草■☆
210983 Ixiolaena tomentosa Sond.;毛单头金绒草■☆
210984 Ixioliriaceae (Pax) Nakai = Ixioliriaceae Nakai ■
210985 Ixioliriaceae (Pax) Nakai = Tecophilaeaceae Leyb. (保留科名)■☆
210986 Ixioliriaceae Nakai = Tecophilaeaceae Leyb. (保留科名)■☆
210987 Ixioliriaceae Nakai(1943);鸢尾蒜科■
210988 Ixiolirion (Fisch.) Herb. (1821);鸢尾蒜属;Ixiolirion ■
210989 Ixiolirion Fisch. ex Herb. = Ixiolirion (Fisch.) Herb. ■
210990 Ixiolirion Herb. = Ixiolirion (Fisch.) Herb. ■
210991 Ixiolirion ixiolirioides (Regel) Dandy = Ixiolirion tataricum (Pall.) Herb. var. ixiolirioides (Regel) X. H. Qian ■
210992 Ixiolirion karateginum Lipsky;中亚鸢尾蒜■
210993 Ixiolirion kolpakowskianum Regel = Ixiolirion tataricum (Pall.) Herb. var. ixiolirioides (Regel) X. H. Qian ■
210994 Ixiolirion ledebouri Fisch. et C. A. Mey. = Ixiolirion tataricum (Pall.) Herb. ■
210995 Ixiolirion montanum (Labill.) Herb. = Ixiolirion tataricum (Pall.) Herb. ■
210996 Ixiolirion montanum Herb. = Ixiolirion tataricum (Pall.) Herb. ■
210997 Ixiolirion pallasii Fisch. et C. A. Mey. ex Ledeb. = Ixiolirion tataricum (Pall.) Herb. ■
210998 Ixiolirion songaricum P. Yan;准噶尔鸢尾蒜;Songar Ixiolirion ■
210999 Ixiolirion tataricum (Pall.) Herb.;鸢尾蒜(居里胡子,山地鸢尾蒜);Blue Altai Lily, Ixiolirion, Siberian Lily, Sky Blue Lily, Syria Ixiolirion, Syrian Ixiolirion, Tatar Ixiolirion, Tatarian Ixiolirion ■
211000 Ixiolirion tataricum (Pall.) Herb. var. ixiolirioides (Regel) X. H. Qian;假管鸢尾蒜(居里胡子);False Tatarian Ixiolirion ■
211001 Ixiolirionaceae Nakai = Ixioliriaceae Nakai ■
211002 Ixionanthes Endl. = Ixonanthes Jack ●
211003 Ixiosporum F. Muell. = Citriobatus A. Cunn. ex Putt. ●☆
211004 Ixiosporus Benth. = Ixiosporum F. Muell. ●☆
211005 Ixoca Raf. = Silene L. (保留属名)■
211006 Ixocactus Rizzini(1953);黏掌寄生属●☆
211007 Ixocactus gracilis Kuijt;细黏掌寄生●☆
211008 Ixocactus macrophyllus Kuijt;大叶黏掌寄生●☆
211009 Ixocactus rhynchophyllus Kuijt;喙叶黏掌寄生●☆
211010 Ixocaulon Raf. = Ixoca Raf. ■
211011 Ixocaulon Raf. = Silene L. (保留属名)■
211012 Ixodia R. Br. = Ixodia R. Br. ex W. T. Aiton ●☆
211013 Ixodia R. Br. ex W. T. Aiton(1812);山地菊属●☆
211014 Ixodia Sol. ex DC. = Brasenia Schreb. ■☆
211015 Ixodia achilleoides R. Br.;山地菊●☆
211016 Ixodonerium Pit. (1933);胶夹竹桃属●☆
211017 Ixodonerium annamense Pit.;胶夹竹桃●☆
211018 Ixonanthaceae (Benth.) Exell et Mendonça = Ixonanthaceae Planch. ex Miq. (保留科名)●
211019 Ixonanthaceae Planch. ex Klotzsch = Ixonanthaceae Planch. ex Miq. (保留科名)●
211020 Ixonanthaceae Planch. ex Miq. (1858)(保留科名);黏木科;Ixonanthes Family ●
211021 Ixonanthes Jack(1822);黏木属;Ixonanthes, Grumewood ●
211022 Ixonanthes chinensis Champ.;黏木(槎木,红茶,加南公,山头牛木,石打佬);China Grumewood, Chinese Ixonanthes ●◇
211023 Ixonanthes cochinchinensis Pierre;云南黏木(交趾黏木,越南黏木);Cochinchina Ixonanthes, Cochin-China Ixonanthes, Vietnamese Ixonanthes, Yunnan Grumewood ●
211024 Ixonanthes petiolaris Blume;叶柄黏木●☆
211025 Ixophorus Nash = Setaria P. Beauv. (保留属名)■
211026 Ixophorus Schltdl. (1861-1862);空轴实心草属■☆
211027 Ixophorus unisetus Schltdl.;空轴实心草;Mexican Grass ■☆
211028 Ixophorus verticillatus Nash = Setaria verticillata (L.) P. Beauv. ■
211029 Ixora L. (1753);龙船花属(卖子木属,山舟属,仙丹花属);Flame-of-the-woods, Ixora, Siderodendron, West Indian Jasmine ●
211030 Ixora abyssinica (Fresen.) Oliv. = Pavetta abyssinica Fresen. ●☆
211031 Ixora abyssinica (Hochst. ex A. Rich.) Kuntze = Pavetta abyssinica Fresen. ●☆
211032 Ixora acuminata Roxb.;尖龙船花;Acuminate Ixora, Bola De Nieve ●☆
211033 Ixora africana P. Beauv. ex A. Rich. = Pavetta owariensis P. Beauv. ●☆
211034 Ixora aggregata Hutch.;聚集龙船花●☆
211035 Ixora albersii K. Schum.;阿伯斯龙船花●☆
211036 Ixora alternifolia Jacq. = Cestrum alternifolium (Jacq.) O. E.

Schulz ●☆
211037 Ixora amboinica DC. ;琥珀龙船花;Flame Ixora ●☆
211038 Ixora amplexicaulis C. Y. Wu ex W. C. Ko;抱茎龙船花;Amplexicaul Ixora ●
211039 Ixora aneimenodesma K. Schum. subsp. kizuensis De Block;木津龙船花●☆
211040 Ixora arborea Sm. = Ixora pavetta Andréws ●☆
211041 Ixora assimilis (Sond.) Kuntze = Pavetta gardeniifolia A. Rich. ●☆
211042 Ixora asteriscus K. Schum. = Nichallea soyauxii (Hiern) Bridson ●☆
211043 Ixora atrata Stapf = Nichallea soyauxii (Hiern) Bridson ●☆
211044 Ixora auricularis F. C. How ex W. C. Ko;耳叶龙船花;Auriculate-leaf Ixora ●
211045 Ixora baldwinii Keay;鲍德温龙船花●☆
211046 Ixora batesii Wernham;贝茨龙船花●☆
211047 Ixora bauchiensis Hutch. et Dalziel;包奇仙丹花●☆
211048 Ixora bidentata (Hiern) Kuntze = Pavetta bidentata Hiern ●☆
211049 Ixora bipindensis (K. Schum.) K. Schum. = Tarenna bipindensis (K. Schum.) Bremek. ●☆
211050 Ixora bowkeri (Harv.) Kuntze = Pavetta bowkeri Harv. ●☆
211051 Ixora brachiata Roxb. ;被苞仙丹花●☆
211052 Ixora brachycalyx (Hiern) Kuntze = Pavetta brachycalyx Hiern ●☆
211053 Ixora brachypoda DC. ;短足仙丹花●☆
211054 Ixora brachypoda DC. = Tarenna grevei (Drake) Homolle ●☆
211055 Ixora brachysiphon Hiern = Tarenna brachysiphon (Hiern) Keay ●☆
211056 Ixora breviflora Hiern = Ixora guineensis Benth. ●☆
211057 Ixora buchholzii Engl. = Ixora guineensis Benth. ●☆
211058 Ixora burundiensis Bridson;布隆迪仙丹花●☆
211059 Ixora caffra (L. f.) Poir. = Pavetta capensis (Houtt.) Bremek. ●☆
211060 Ixora canescens (DC.) Kuntze = Pavetta canescens DC. ●☆
211061 Ixora capitata A. Chev. = Ixora brachypoda DC. ●☆
211062 Ixora carniflora K. Krause = Ixora guineensis Benth. ●☆
211063 Ixora casei Hance;卡塞龙船花●☆
211064 Ixora cavalerei H. Lév. = Ixora henryi H. Lév. ●
211065 Ixora cephalophora Merr. ;团花龙船花;Headed Ixora, Merrill Ixora ●
211066 Ixora chasei Bullock = Ixora narcissodora K. Schum. ●☆
211067 Ixora chinensis Lam. ;龙船花(百日红,大将军,番海棠,红绣球,红缨花,红缨树,红樱花,红樱树,夹山系,买大子,买子木,卖子木,牛兰,三段花,山丹,山丹花,山灯花,五月红,五月花,仙丹,仙丹花,英丹花,映山红,珠桐);China Ixora, Chinese Ixora, Red Ixora, Strict Ixora ●
211068 Ixora coccinea L. ;橙红龙船花(绯红龙船花,红花龙船花,红龙船花,红仙丹,红仙丹草,红仙丹花,牡荚丹花,小叶龙船花);Crimson Ixora, Flame Flower, Flame of the Wood, Flame of the Woods, Flame-of-the-woods, Ixora, Jungle Flame, Scarlet Ixora, Scarlet Jungleflame ●
211069 Ixora coccinea L. 'Frabces Perry';法国梨子酒红仙丹草●☆
211070 Ixora coccinea L. 'Fraseri';福拉瑟利红仙丹草●☆
211071 Ixora coccinea L. 'Herrera's White';荷乐拉白红仙丹草●☆
211072 Ixora coccinea L. 'Rosea';玫瑰红红仙丹草●☆
211073 Ixora coccinea L. 'Sunkist';阳光普照红仙丹草●☆
211074 Ixora coccinea L. var. lutea (Hutch.) Corner;黄龙船花(黄花龙船花);Yellow Crimson Ixora ●
211075 Ixora coccinea L. var. lutea (Hutch.) Corner = Ixora coccinea L. ●
211076 Ixora coccinea L. var. lutea Corner = Ixora coccinea L. ●
211077 Ixora congesta Stapf = Ixora aggregata Hutch. ●☆
211078 Ixora crebrifolia (Hiern) Kuntze = Pavetta crebrifolia Hiern ●☆
211079 Ixora crocata Lindl. = Ixora chinensis Lam. ●
211080 Ixora degemensis Hutch. et Dalziel = Ixora euosmia K. Schum. ●☆
211081 Ixora divaricata Hutch. et Dalziel = Ixora laxiflora Sm. ●☆
211082 Ixora dolichosepala (Hiern) Kuntze = Pavetta dolichosepala Hiern ●☆
211083 Ixora drakei Hochr. = Tarenna grevei (Drake) Homolle ●☆
211084 Ixora edentula (Sond.) Kuntze = Pavetta edentula Sond. ●☆
211085 Ixora effusa Chun et F. C. How ex W. C. Ko;散花龙船花;Effuse-flower Ixora ●◇
211086 Ixora euosmia K. Schum. ;清香龙船花●☆
211087 Ixora fastigiata (R. D. Good) Bremek. ;帚状龙船花●☆
211088 Ixora finlaysoniana Wall. ;薄叶龙船花;Thinleaf Ixora, Thin-leaved Ixora ●
211089 Ixora foliosa Hiern;密叶龙船花●☆
211090 Ixora foonchowii W. C. Ko;宽昭龙船花;F. C. How Ixora, How Ixora ●
211091 Ixora fulgens Roxb. ;亮叶龙船花(亮仙丹花);Fulgent Ixora, Shining Ixora, Shinyleaf Ixora ●
211092 Ixora gardeniifolia (A. Rich.) Kuntze = Pavetta gardeniifolia A. Rich. ●☆
211093 Ixora genipifolia (Schumach.) Kuntze = Pavetta genipifolia Schumach. ●☆
211094 Ixora gerrardii (Harv.) Kuntze = Pavetta bowkeri Harv. ●☆
211095 Ixora glaucescens (Hiern) Kuntze = Pavetta owariensis P. Beauv. var. glaucescens (Hiern) S. D. Manning ●☆
211096 Ixora graciliflora Hayata;绿岛仙丹花;Ludao Ixora ●
211097 Ixora graciliflora Hayata = Ixora philippinensis Merr. ●
211098 Ixora gracilipes (Hiern) Kuntze = Pavetta gracilipes Hiern ●☆
211099 Ixora gracilis (A. Rich. ex DC.) Kuntze = Tarenna richardii Verdc. ●☆
211100 Ixora gracilis W. C. Ko;纤花龙船花;Slender-flower Ixora ●
211101 Ixora grevei Drake = Tarenna grevei (Drake) Homolle ●☆
211102 Ixora guineensis Benth. ;几内亚龙船花●☆
211103 Ixora hainanensis Merr. ;海南龙船花;Hainan Ixora ●
211104 Ixora hayatae Kaneh. = Ixora philippinensis Merr. ●
211105 Ixora henryi H. Lév. ;白花龙船花(白骨木,小龙船花,小仙丹花,绣球花);Henry Ixora, White Ixora, Whiteflower Ixora, White-flowered Ixora ●
211106 Ixora hiernii Scott-Elliot;希尔恩龙船花●☆
211107 Ixora hookeri (Oudem.) Bremek. ;胡克龙船花●☆
211108 Ixora hookeri Bremek. = Ixora hookeri (Oudem.) Bremek. ●☆
211109 Ixora hookeriana (Hiern) Kuntze = Pavetta hookeriana Hiern ●☆
211110 Ixora incana (Klotzsch) Kuntze = Pavetta incana Klotzsch ●☆
211111 Ixora insignis Chun et F. C. How ex W. C. Ko;长序龙船花;Long-flower Ixora ●
211112 Ixora inundata Hiern;洪水地龙船花●☆
211113 Ixora javanica (Blume) DC. ;爪哇龙船花;Coral Ixora ●☆
211114 Ixora lanceolata (Eckl.) Kuntze = Pavetta lanceolata Eckl. ●☆
211115 Ixora latituba K. Krause = Ixora scheffleri K. Schum. et K.

Krause ●☆
211116 Ixora laurentii De Wild.;洛朗龙船花●☆
211117 Ixora laxiflora Sm.;疏花龙船花●☆
211118 Ixora laxiflora Sm. var. linderi (Hutch. et Dalziel) De Block;林氏疏花龙船花●☆
211119 Ixora laxissima (K. Schum.) Hutch. et Dalziel = Tarenna fusco-flava (K. Schum.) S. Moore ●☆
211120 Ixora ledermannii K. Krause;莱德龙船花●☆
211121 Ixora letestui Pellegr.;莱泰斯图龙船花●☆
211122 Ixora liberiensis De Block;利比里亚龙船花●☆
211123 Ixora linderi Hutch. et Dalziel = Ixora laxiflora Sm. var. linderi (Hutch. et Dalziel) De Block ●☆
211124 Ixora longipedunculata De Wild.;长梗龙船花●☆
211125 Ixora lutea (Veitch) Hutch.;黄仙丹花;Yellow Ixora ●☆
211126 Ixora lutea Hutch. = Ixora coccinea L. ●
211127 Ixora macilenta De Block;贫弱龙船花●☆
211128 Ixora mannii (Hiern) Kuntze = Pavetta neurocarpa Benth. ●☆
211129 Ixora micheliana J. -G. Adam = Ixora aggregata Hutch. ●☆
211130 Ixora mildbraedii K. Krause;米尔德龙船花●☆
211131 Ixora minutiflora Hiern;微花龙船花●☆
211132 Ixora nana Robbr. et Lejoly;矮小龙船花●☆
211133 Ixora narcissodora K. Schum.;水仙龙船花●☆
211134 Ixora nematopoda K. Schum.;虫梗龙船花●☆
211135 Ixora neurocarpa (Benth.) Kuntze = Pavetta neurocarpa Benth. ●☆
211136 Ixora nienkui Merr. et Chun;长叶龙船花(泡叶龙船花);Longleaf Ixora, Long-leaved Ixora ●
211137 Ixora nigerica Keay;尼日利亚龙船花●☆
211138 Ixora nigerica Keay subsp. occidentalis De Block;西方龙船花●☆
211139 Ixora nimbana Schnell;尼恩巴龙船花●☆
211140 Ixora nitida Schumach. et Thonn. = Pavetta corymbosa (DC.) F. N. Williams ●☆
211141 Ixora obanensis Wernham = Ixora guineensis Benth. ●☆
211142 Ixora obovata (E. Mey.) Kuntze = Pavetta revoluta Hochst. ●☆
211143 Ixora odorata Hook.;芳香龙船花●☆
211144 Ixora odorata Hook. = Ixora hookeri (Oudem.) Bremek. ●☆
211145 Ixora odoratissima Klotzsch = Ixora laxiflora Sm. ●☆
211146 Ixora oliveriana (Hiern) Kuntze = Pavetta oliveriana Hiern ●☆
211147 Ixora paraopaca W. C. Ko;版纳龙船花;Xishuangbana Ixora ●
211148 Ixora parviflora Vahl;白仙丹花;Torch Tree, Torch Wood Ixora, Torchwood Ixora, White Ixora ●
211149 Ixora parviflora Vahl = Ixora pavetta Andréws ●☆
211150 Ixora pavetta Andréws;大沙叶龙船花;Torch Tree ●☆
211151 Ixora pavettifolia Craib = Duperrea pavettifolia (Kurz) Pit. ●
211152 Ixora phellopus K. Schum.;栓足龙船花●☆
211153 Ixora philippinensis Merr.;小仙龙船花(小仙丹花);Philippine Ixora ●
211154 Ixora praetermissa De Block;疏忽龙船花●☆
211155 Ixora pruinosa Baill. = Coptosperma nigrescens Hook. f. ●☆
211156 Ixora puberula (Hiern) Kuntze = Pavetta puberula Hiern ●☆
211157 Ixora pygmaea Merr. et F. P. Metcalf = Ixora hainanensis Merr. ●
211158 Ixora queenslandica Fosberg;昆士兰龙船花●☆
211159 Ixora radiata Hiern = Ixora brachypoda DC. ●☆
211160 Ixora radiata Hiern var. latifolia De Wild. = Ixora brachypoda DC. ●☆
211161 Ixora radiata Hiern var. thomeana K. Schum. = Ixora coccinea L. ●
211162 Ixora rhodesiaca Bremek. = Ixora brachypoda DC. ●☆
211163 Ixora riparia Hiern = Ixora guineensis Benth. ●☆
211164 Ixora riparum K. Krause;河岸龙船花●☆
211165 Ixora rosea K. Schum. = Ixora nematopoda K. Schum. ●☆
211166 Ixora rotundifolia Drake = Tarenna grevei (Drake) Homolle ●☆
211167 Ixora rugosula Wall.;缅甸仙丹花;Burma Ixora ●☆
211168 Ixora scheffleri K. Schum. et K. Krause;谢夫勒龙船花●☆
211169 Ixora scheffleri K. Schum. et K. Krause subsp. keniensis Bridson;肯尼亚龙船花●☆
211170 Ixora seretii De Wild.;赛雷龙船花●☆
211171 Ixora siamensis G. Don;暹罗龙船花●☆
211172 Ixora soyauxii Hiern = Nichallea soyauxii (Hiern) Bridson ●☆
211173 Ixora spectabilis Wall.;美仙丹花;Spectacular Ixora ●☆
211174 Ixora stenanthera K. Krause = Ixora guineensis Benth. ●☆
211175 Ixora stolzii K. Krause = Ixora narcissodora K. Schum. ●☆
211176 Ixora stricata var. incarnata Benth. = Ixora coccinea L. ●
211177 Ixora stricta Roxb.;仙丹花●
211178 Ixora stricta Roxb. = Ixora chinensis Lam. ●
211179 Ixora stricta Roxb. var. incarnata Benth. = Ixora chinensis Lam. ●
211180 Ixora subcana (Hiern) Kuntze = Pavetta subcana Hiern ●☆
211181 Ixora subsessilis Wall. ex G. Don;囊果龙船花;Subsessile Ixora ●
211182 Ixora talbotii Wernham = Ixora guineensis Benth. ●☆
211183 Ixora tanzaniensis Bridson;坦桑尼亚龙船花●☆
211184 Ixora tenuis De Block;细龙船花●☆
211185 Ixora ternifolia Oliv. = Pavetta ternifolia (Oliv.) Hiern ●☆
211186 Ixora tetramera K. Schum. ex Wernham = Ixora nematopoda K. Schum. ●☆
211187 Ixora thomeana (K. Schum.) G. Taylor = Ixora coccinea L. ●
211188 Ixora thomsonii Hiern = Nichallea soyauxii (Hiern) Bridson ●☆
211189 Ixora thouarsiana Drake = Tarenna thouarsiana (Drake) Homolle ●☆
211190 Ixora thwaitesii Hook. f.;白龙船花;White Jungleflame ●☆
211191 Ixora thyrsifolia Poir. = Pavetta capensis (Houtt.) Bremek. ●☆
211192 Ixora tibetana Bremek.;西藏龙船花;Xizang Ixora ●
211193 Ixora tomentosa Roxb. = Pavetta tomentosa Roxb. ex Sm. ●
211194 Ixora tomentosa Roxb. var. roxburghii ? = Pavetta tomentosa Roxb. ex Sm. ●
211195 Ixora trichostylis Pobeg. = Ixora brachypoda DC. ●☆
211196 Ixora tsangii Merr. ex H. L. Li;上思龙船花;Shangsi Ixora ●
211197 Ixora ulugurensis Bremek. = Ixora scheffleri K. Schum. et K. Krause ●☆
211198 Ixora undulata Roxb.;波叶龙船花;Wave-leaved Ixora ●
211199 Ixora uniflora Sessé et Moc. = Tarenna uniflora (Drake) Homolle ●☆
211200 Ixora ureënsis Robyns = Ixora mildbraedii K. Krause ●☆
211201 Ixora vermoesenii Wernham = Nichallea soyauxii (Hiern) Bridson ●☆
211202 Ixora villosa (Vahl) Poir. = Pavetta villosa Vahl ●☆
211203 Ixora wallichii Wight et Arn.;印度仙丹花;Wallich Ixora ●☆
211204 Ixora yunnanensis Hutch.;云南龙船花;Yunnan Ixora ●
211205 Ixora zeyheri (Sond.) Kuntze = Pavetta zeyheri Sond. ●☆
211206 Ixorhea Fenzl. (1886);阿根廷紫草属☆
211207 Ixorhea tschudiana Fenzl;阿根廷紫草☆
211208 Ixorrhoea Willis = Ixora L. ●
211209 Ixtlania M. E. Jones = Justicia L. ●■
211210 Ixyophora Dressler = Chondrorhyncha Lindl. ■☆
211211 Ixyophora Dressler(2005);绿瓣兰属■☆

211212 Izabalaea Lundell = Agonandra Miers ex Benth. et Hook. f. ●☆
211213 Izozogia G. Navarro(1997);玻利维亚蒺藜属●☆
211214 Izquierdia Ruiz et Pav. = Ilex L. ●
211215 Jablonskia G. L. Webster = Phyllanthus L. ●■
211216 Jablonskia G. L. Webster(1984);亚布大戟属●☆
211217 Jablonskia congests (Müll. Arg.) Webster;亚布大戟☆
211218 Jaborosa (Dunal) Wettst. = Jaborosa Juss. ●☆
211219 Jaborosa Juss. (1789);亚布茄属;Jaborosa ●☆
211220 Jaborosa integrifolia Lam.;亚布茄;Jaborosa☆
211221 Jabotapita Adans. = Ochna L. + Ouratea Aubl. (保留属名)●
211222 Jabotapita Adans. = Ochna L. ●
211223 Jacaima Rendle(1936);亚卡萝藦属☆
211224 Jacaima costata (Urb.) Rendle;亚卡萝藦☆
211225 Jacaranda Juss. (1789);蓝花楹属;Fern-tree, Green Ebony, Jacaranda, Palisander ●
211226 Jacaranda acutifolia Humb. et Bonpl.;蓝花楹(尖叶蓝花楹);Acutifoliate Jacaranda, Brazil Jacaranda, Sharp-leaved Jacaranda ●☆
211227 Jacaranda acutifolia Humb. et Bonpl. = Jacaranda mimosifolia D. Don ●
211228 Jacaranda brasiliana Pers.;巴西蓝花楹;Brazil Jacaranda ●☆
211229 Jacaranda capaia (Aubl.) D. Don = Jacaranda procera Spreng. ●☆
211230 Jacaranda caroba DC.;光滑蓝花楹(巴西蓝花楹,卡罗蓝花楹)●☆
211231 Jacaranda caucana Pittier;高加索蓝花楹;Caucasia Jacaranda ●☆
211232 Jacaranda chelonia Griseb.;查隆蓝花楹●☆
211233 Jacaranda copaia (Aubl.) D. Don;柯比蓝花楹;Futi, Futui ●☆
211234 Jacaranda copaia D. Don = Jacaranda procera Spreng. ●☆
211235 Jacaranda cuspidifolia Mart.;尖叶蓝花楹(亮蓝花楹);Cuspidate-leaved Jacaranda, Sharp-leaf Jacaranda ●
211236 Jacaranda decurrens Cham.;下延蓝花楹●☆
211237 Jacaranda filicifolia D. Don;蕨叶蓝花楹;Fern Tree ●☆
211238 Jacaranda jasminoides (Thunb.) Sandwith;紫花蓝花楹;Purple-flowered Jacaranda ●☆
211239 Jacaranda mimosifolia D. Don;含羞草叶蓝花楹(含羞草蓝花楹,蓝花楹,羞叶紫云木);Black Poui, Blue Haze Tree, Blue Jacaranda, Brazilian Rosewood, Fern Tree, Green Ebony, Jacaranda, Mimosae-leaved Jacaranda, Mimose-leaf Jacaranda, Sharp-leaf Jacaranda, Sharp-leaved Jacaranda ●
211240 Jacaranda obtusifolia Humb. et Bonpl.;钝叶蓝花楹●☆
211241 Jacaranda ovalifolia R. Br.;卵叶蓝花楹;Green Ebony, Sharp-leaved Jacaranda ●☆
211242 Jacaranda ovalifolia R. Br. = Jacaranda mimosifolia D. Don ●
211243 Jacaranda procera Spreng.;极高蓝花楹;Carob-tree ●☆
211244 Jacaranda semiserrata Cham.;紫红蓝花楹(半齿蓝花楹);White Caroba, White Jacaranda ●☆
211245 Jacaratia A. DC. (1864);墨西哥木瓜属(亚卡木属,中美番瓜树属)●☆
211246 Jacaratia dolichaula (Dorm. Sm.) Woodson;墨西哥木瓜●☆
211247 Jacaratia mexicana A. DC.;墨西哥亚卡木●☆
211248 Jacaratia solmsii Urb. = Cylicomorpha solmsii (Urb.) Urb. ●☆
211249 Jacea Haller = Centaurea L. (保留属名)●■
211250 Jacea Juss. = Centaurea L. (保留属名)●■
211251 Jacea Mill. = Centaurea L. (保留属名)●■
211252 Jacea Opiz = Grammeionium Rchb. ■●
211253 Jacea Opiz = Viola L. ■●
211254 Jacea pratensis Lam. = Centaurea jacea L. ■☆
211255 Jacea segetum (Hill) Lam. = Centaurea cyanus L. ■
211256 Jackia Blume = Jakkia Blume ●
211257 Jackia Blume = Xanthophyllum Roxb. (保留属名)●
211258 Jackia Spreng. = Eriolaena DC. ●
211259 Jackia Spreng. = Schillera Rchb. ●
211260 Jackia Wall. = Jackiopsis Ridsdale ■☆
211261 Jackiopsis Ridsdale(1979);杰克茜属■☆
211262 Jackiopsis ornata (Wall.) Ridsdale;杰克茜■☆
211263 Jacksonago Kuntze = Wiborgia Thunb. (保留属名)■☆
211264 Jacksonago armata (Thunb.) Kuntze = Wiborgia mucronata (L. f.) Druce ■☆
211265 Jacksonago cuspidata (E. Mey.) Kuntze = Wiborgia incurvata E. Mey. ■☆
211266 Jacksonago flexuosa (E. Mey.) Kuntze = Wiborgia fusca Thunb. ■☆
211267 Jacksonago fusca (Thunb.) Kuntze = Wiborgia fusca Thunb. ■☆
211268 Jacksonago obcordata (P. J. Bergius) Kuntze = Wiborgia obcordata (P. J. Bergius) Thunb. ■☆
211269 Jacksonago sericea (Thunb.) Kuntze = Wiborgia sericea Thunb. ■☆
211270 Jacksonago tetraptera (E. Mey.) Kuntze = Wiborgia tetraptera E. Mey. ■☆
211271 Jacksonia Hort. ex Schltdl. = Jasminum L. ●
211272 Jacksonia R. Br. = Jacksonia R. Br. ex Sm. ●☆
211273 Jacksonia R. Br. ex Sm. (1811);杰克逊木属(杰克豆属,杰克松木属);Jacksonia ●☆
211274 Jacksonia Raf. = Jacksonia R. Br. ex Sm. ●☆
211275 Jacksonia Raf. = Polanisia Raf. ■
211276 Jacksonia Raf. ex Greene = Jacksonia R. Br. ex Sm. ●☆
211277 Jacksonia Raf. ex Greene = Polanisia Raf. ■
211278 Jacksonia Schltdl. = Jasminum L. ●
211279 Jacksonia scoparia Sm.;杰克逊木;Australian Dogwood, Stinkwood, Stink-wood ●☆
211280 Jacmaia B. Nord. (1978);灰毛尾药菊属●☆
211281 Jacmaia B. Nord. = Senecio L. ■●
211282 Jacmaia incana (Sw.) B. Nord.;灰毛尾药菊■☆
211283 Jacobaea Burm. = Vicoa Cass. ■●
211284 Jacobaea Burm. ex Kuntze = Pentanema Cass. ■●
211285 Jacobaea Burm. ex Kuntze = Vicoa Cass. ■●
211286 Jacobaea Kuntze = Pentanema Cass. ■●
211287 Jacobaea Kuntze = Vicoa Cass. ■●
211288 Jacobaea Mill. = Senecio L. ■●
211289 Jacobaea angustifolia Thunb. = Senecio angustifolius (Thunb.) Willd. ■☆
211290 Jacobaea aquatica (Hill) P. Gaertn. et B. Mey. et Schreb.;水雅各菊■☆
211291 Jacobaea aquatica (Hill) P. Gaertn. et B. Mey. et Schreb. var. erratica (Bertol.) Pelser et Meijden;漫游雅各菊■☆
211292 Jacobaea auricula (Coss.) Pelser;耳状雅各菊■☆
211293 Jacobaea cannabifolia (Less.) E. Wiebe = Senecio cannabifolius Less. ■
211294 Jacobaea delphiniifolia (Vahl) Pelser et Veldkamp;翠雀花叶雅各菊■☆
211295 Jacobaea elegans Moench;雅致雅各菊;Jacobaea, Purple

Ragwort, Sally-my-handsome ■☆
211296 Jacobaea erucifolia (L.) Gaertn. = Senecio erucifolius L. ■
211297 Jacobaea erucifolia (L.) P. Gaertn., B. Mey. et Schreb.;芥叶雅各菊■☆
211298 Jacobaea gigantea (Desf.) Pelser;巨大雅各菊■☆
211299 Jacobaea maritima (L.) Pelser et Meijden;滨海雅各菊■☆
211300 Jacobaea maroccana (P. H. Davis) Pelser;摩洛哥雅各菊■☆
211301 Jacobaea mucronata Thunb. = Senecio mucronatus (Thunb.) Willd. ■☆
211302 Jacobaea nivea Thunb. = Senecio niveus (Thunb.) Willd. ■☆
211303 Jacobaea persicifolia (L.) Thunb. = Senecio persicifolius L. ■☆
211304 Jacobaea vestita Thunb. = Senecio vestitus (Thunb.) P. J. Bergius ■☆
211305 Jacobaea vulgaris Gaertn. = Senecio jacobaea L. ■
211306 Jacobaeastrum Kuntze = Euryops (Cass.) Cass. ●■☆
211307 Jacobaeastrum abrotanifolium (L.) Kuntze = Euryops abrotanifolius (L.) DC. ●☆
211308 Jacobaeastrum algoense (DC.) Kuntze = Euryops algoensis DC. ●☆
211309 Jacobaeastrum arabicum (Steud.) Kuntze = Euryops arabicus Steud. ■●☆
211310 Jacobaeastrum asparagoides (Licht. ex Less.) Kuntze = Euryops asparagoides (Licht. ex Less.) DC. ●☆
211311 Jacobaeastrum athanasiae (L. f.) Kuntze = Euryops speciosissimus DC. ●☆
211312 Jacobaeastrum calvescens (DC.) Kuntze = Euryops calvescens DC. ●☆
211313 Jacobaeastrum candollei (Harv.) Kuntze = Euryops candollei Harv. ●☆
211314 Jacobaeastrum diversifolium (Harv.) Kuntze = Euryops abrotanifolius (L.) DC. ●☆
211315 Jacobaeastrum dregeanum (Sch. Bip.) Kuntze = Euryops dregeanus Sch. Bip. ●☆
211316 Jacobaeastrum empetrifolium (DC.) Kuntze = Euryops empetrifolius DC. ●☆
211317 Jacobaeastrum lateriflorum (L. f.) Kuntze = Euryops lateriflorus (L. f.) DC. ■☆
211318 Jacobaeastrum lineare (Harv.) Kuntze = Euryops linearis Harv. ●☆
211319 Jacobaeastrum linifolium (L.) Kuntze = Euryops linifolius (L.) DC. ■☆
211320 Jacobaeastrum longipes (DC.) Kuntze = Euryops longipes DC. ■☆
211321 Jacobaeastrum oligoglossum (DC.) Kuntze = Euryops oligoglossus DC. ●☆
211322 Jacobaeastrum pectinatum (L.) Kuntze = Euryops pectinatus (L.) Cass. ●☆
211323 Jacobaeastrum pinifolium (A. Rich.) Kuntze = Euryops pinifolius A. Rich. ●☆
211324 Jacobaeastrum punctatum (DC.) Kuntze = Euryops subcarnosus DC. ●☆
211325 Jacobaeastrum spathaceum (DC.) Kuntze = Euryops spathaceus DC. ●☆
211326 Jacobaeastrum subcarnosum (DC.) Kuntze = Euryops subcarnosus DC. ●☆
211327 Jacobaeastrum subsessile (Sch. Bip.) Kuntze = Euryops lateriflorus (L. f.) DC. ■☆
211328 Jacobaeastrum sulcatum (Thunb.) Kuntze = Euryops sulcatus (Thunb.) Harv. ●☆
211329 Jacobaeastrum tenuissimum (L.) Kuntze = Euryops tenuissimus (L.) DC. ■☆
211330 Jacobaeastrum trifidum (L. f.) Kuntze = Euryops trifidus (L. f.) DC. ■☆
211331 Jacobaeastrum trifurcatum (L. f.) Kuntze = Euryops tenuissimus (L.) DC. subsp. trifurcatus (L. f.) B. Nord. ■☆
211332 Jacobaeastrum virgineum (L. f.) Kuntze = Euryops virgineus (L. f.) DC. ●☆
211333 Jacobaeoides Vaill. = Ligularia Cass. (保留属名)■
211334 Jacobanthus Fourr. = Senecio L. ■●
211335 Jacobea Thunb. = Jacobaea Mill. ●■
211336 Jacobea Thunb. = Senecio L. ■●
211337 Jacobinia Moric. = Jacobinia Nees ex Moric. (保留属名)●■☆
211338 Jacobinia Nees ex Moric. (1847)(保留属名);西方珊瑚花属(美国爵床属);Jacobinia ●■☆
211339 Jacobinia Nees ex Moric. (保留属名) = Justicia L. ●■
211340 Jacobinia aurantiaca Gentil;橙色串心花■
211341 Jacobinia carnea (Lindl.) Nichols.;肉色串心花■
211342 Jacobinia carnea (Lindl.) Nichols. = Centaurea cyanus L. ■
211343 Jacobinia carnea (Lindl.) Nichols. = Justicia carnea Hook. ex Nees ●☆
211344 Jacobinia chrysostephana (Hook. f.) Benth. et Hook. f.;金色珊瑚花(黄串心花)■☆
211345 Jacobinia coccinea Hiern. = Pachystachys coccinea Nees ●☆
211346 Jacobinia pauciflora Benth. et Hook. f.;少花珊瑚花■☆
211347 Jacobinia pohliana Benth. et Hook. f. = Justicia carnea Hook. ex Nees ●☆
211348 Jacobinia suberecta André;直立珊瑚花■☆
211349 Jacobinia velutina (Nees) Voss;串心花■☆
211350 Jacobsenia L. Bolus et Schwantes(1954);白鸽玉属●☆
211351 Jacobsenia hallii L. Bolus;哈尔白鸽玉●☆
211352 Jacobsenia kolbei (L. Bolus) L. Bolus et Schwantes;白鸽玉●☆
211353 Jacobsenia vaginata (L. Bolus) Ihlenf.;叶鞘白鸽玉●☆
211354 Jacosta DC. = Phymaspermum Less. ●☆
211355 Jacquemontia Bel. = Gamolepis Less. ■☆
211356 Jacquemontia Bel. = Psilothamnus DC. ■☆
211357 Jacquemontia Choisy(1834);雅克旋花属☆
211358 Jacquemontia ovalifolia (Vahl) Hallier f.;卵叶雅克旋花■☆
211359 Jacquemontia paniculata (Burm. f.) Hallier f.;圆锥雅克旋花■☆
211360 Jacquemontia pentantha (Jacq.) G. Don;五花雅克旋花■☆
211361 Jacquemontia tamnifolia (L.) Griseb.;割叶雅克旋花■☆
211362 Jacquesfelixia J. B. Phipps = Danthoniopsis Stapf ■☆
211363 Jacquesfelixia dinteri (Pilg.) J. B. Phipps = Danthoniopsis dinteri (Pilg.) C. E. Hubb. ■☆
211364 Jacqueshuberia Ducke(1922);五枝苏木属●☆
211365 Jacqueshuberia brevipes Barneby;短梗五枝苏木●☆
211366 Jacqueshuberia purpurea Ducke;紫五枝苏木●☆
211367 Jacqueshuberia splendens B. Stergios et P. E. Berry;纤细五枝苏木●☆
211368 Jacquinia Choisy = Jacquinia L. (保留属名)●☆
211369 Jacquinia L. (1760)('Jaquinia')(保留属名);雅坎木属;Cudjoe-wood ●☆

211370 Jacquinia Mutis ex L. = Jacquinia L.（保留属名）●☆
211371 Jacquinia Mutis ex L. = Prockia P. Browne ex L. ●☆
211372 Jacquinia arborea Vahl；乔木雅坎木●☆
211373 Jacquinia barbasco Mez = Jacquinia arborea Vahl ●☆
211374 Jacquinia keyensis Mez；佛罗里达雅坎木；Cudjoe Wood ●☆
211375 Jacquinia ovalifolia（Vahl）Hallier f. = Jacquinia ovalifolia Mez ●☆
211376 Jacquinia ovalifolia Mez；卵叶雅坎木●☆
211377 Jacquinia paniculata（Burm. f.）Hallier f.；圆锥雅坎木■☆
211378 Jacquinia pungens A. Gray；刺叶雅坎木●☆
211379 Jacquinia ruscifolia Hort. Tur. ex Steud.；假叶树叶雅坎木●☆
211380 Jacquiniella Schltr.（1920）；雅坎兰属（杰圭兰属）■☆
211381 Jacquiniella colombiana Schltr.；哥伦比亚雅坎兰■☆
211382 Jacquiniella gigantea Dressler，Salazar et García-cruz；巨雅坎兰■☆
211383 Jacquiniella globosa（Jacq.）Schltr.；球雅坎兰■☆
211384 Jacquinotia Homb. et Jacquinot = Lebetanthus Endl.（保留属名）●☆
211385 Jacquinotia Homb. et Jacquinot ex Decne. = Lebetanthus Endl.（保留属名）●☆
211386 Jacuanga T. Lestib. = Costus L. ■
211387 Jacularia Raf. = Belis Salisb.（废弃属名）●★
211388 Jacularia Raf. = Cunninghamia R. Br.（保留属名）●★
211389 Jadunia Lindau（1913）；雅顿爵床属（新几内亚爵床属）☆
211390 Jadunia biroi Lindau；雅顿爵床☆
211391 Jaegera Giseke = Zingiber Mill.（保留属名）■
211392 Jaegeria Kunth（1818）；膜苞菊属■☆
211393 Jaegeria abyssinica Spreng.；阿比西尼亚膜苞菊■☆
211394 Jaegeria axillaris S. F. Blake；腋生膜苞菊■☆
211395 Jaegeria glabra（S. Watson）B. L. Rob.；光膜苞菊■☆
211396 Jaegeria hirta（Lag.）Less.；毛膜苞菊■☆
211397 Jaegeria purpurascens B. L. Rob.；紫膜苞菊■☆
211398 Jaeggia Schinz = Adenia Forssk. ●
211399 Jaeschkea Kurz（1870）；口药花属；Jaeschkea ■
211400 Jaeschkea canaliculata（Royle ex G. Don）Knobl.；宽萼口药花；Broadcalyx Jaeschkea，Wide Jaeschkea ■
211401 Jaeschkea gentianoides Kurz；克什米尔口药花■☆
211402 Jaeschkea latisepala C. B. Clarke = Jaeschkea canaliculata（Royle ex G. Don）Knobl. ■
211403 Jaeschkea latisepala C. B. Clarke = Jaeschkea microsperma C. B. Clarke ■
211404 Jaeschkea microsperma C. B. Clarke；小籽口药花；Littleseed Jaeschkea，Smallseed Jaeschkea ■
211405 Jagera Blume（1849）；耶格尔无患子属●☆
211406 Jagera glabra Hassk.；光耶格尔无患子●☆
211407 Jagera javanica Blume；爪哇耶格尔无患子●☆
211408 Jagera latifolia Radlk.；宽叶耶格尔无患子●☆
211409 Jagera macrophylla Radlk；大叶耶格尔无患子●☆
211410 Jagera madagascariensis（DC.）Blume = Tina chapelieriana（Cambess.）Kalkman ●☆
211411 Jagera protorhus（A. Rich.）Radlk.；耶格尔无患子●☆
211412 Jahnia Pittier et S. F. Blake = Turpinia Vent.（保留属名）●
211413 Jaimehintonia B. L. Turner（1993）；墨西哥葱属■☆
211414 Jaimehintonia gypsophila B. L. Turner；墨西哥葱■☆
211415 Jaimenostia Guinea et Gomez Mor. = Sauromatum Schott ■
211416 Jainia N. P. Balakr. = Coptophyllum Korth.（保留属名）■☆
211417 Jakkia Blume = Xanthophyllum Roxb.（保留属名）●
211418 Jalambicea Cerv. = Limnobium Rich. ■☆
211419 Jalapa Mill. = Mirabilis L. ■
211420 Jalapaceae Barldey = Nyctaginaceae Juss.（保留科名）●■
211421 Jalapaceae Batsch = Nyctaginaceae Juss.（保留科名）●■
211422 Jalcophila M. O. Dillon et Sagást.（1986）；紫藓菊属■☆
211423 Jalcophila peruviana M. O. Dillon et Sagást.；紫藓菊■☆
211424 Jaliscoa S. Watson（1890）；托泽兰属■●☆
211425 Jaliscoa pringlei S. Watson；托泽兰■●☆
211426 Jalombicea Steud. = Jalambicea Cerv. ■☆
211427 Jalombicea Steud. = Limnobium Rich. ■☆
211428 Jaltomata Schltdl.（1838）；亚尔茄属●☆
211429 Jaltomata Schltdl. = Saracha Ruiz et Pav. ●☆
211430 Jaltomata Schltdl. ex L. = Jaltomata Schltdl. ●☆
211431 Jaltomata grandiflora（Robinson et Greenm.）D'Arcy，Mione et T. Davis；大花亚尔茄●☆
211432 Jaltomata nigricolor S. Leiva et Mione；黑亚尔茄●☆
211433 Jaltonia Steud. = Jaltomata Schltdl. ●☆
211434 Jamaiciella Braem = Oncidium Sw.（保留属名）■☆
211435 Jambolana Adans. = Acronychia J. R. Forst. et G. Forst.（保留属名）●
211436 Jambolifera Houtt. = Syzygium R. Br. ex Gaertn.（保留属名）●
211437 Jambolifera L.（废弃属名）= Acronychia J. R. Forst. et G. Forst.（保留属名）●
211438 Jambolifera chinensis Spreng. = Syzygium cumini（L.）Skeels ●
211439 Jambolifera peduncalata L. = Acronychia pedunculata（L.）Miq. ●
211440 Jambolifera peduncalata L. = Syzygium cumini（L.）Skeels ●
211441 Jamboliferaceae Martinov = Rutaceae Juss.（保留科名）●■
211442 Jambos Adans. = Syzygium R. Br. ex Gaertn.（保留属名）●
211443 Jambosa Adans.（1763）（'Jambos'）（保留属名）；丁子香属（赛蒲桃属）●
211444 Jambosa Adans.（保留属名）= Syzygium R. Br. ex Gaertn.（保留属名）●
211445 Jambosa DC. = Jambosa Adans.（保留属名）●
211446 Jambosa DC. = Syzygium R. Br. ex Gaertn.（保留属名）●
211447 Jambosa acuminatissima（Blume）Hassk. = Acmena acuminatissima（Blume）Merr. et L. M. Perry ●
211448 Jambosa bracteata Miq. = Syzygium zeylanicum（L.）DC. ●
211449 Jambosa caryophylla（Spreng.）Nied. = Syzygium aromaticum（L.）Merr. et L. M. Perry ●
211450 Jambosa cymifera E. Mey. = Syzygium cordatum Hochst. ex C. Krauss ■☆
211451 Jambosa domestica Blume = Syzygium malaccense（L.）Merr. et L. M. Perry ●
211452 Jambosa jambos（L.）Millsp. = Syzygium jambos（L.）Alston ●
211453 Jambosa lineata DC. = Syzygium lineatum（DC.）Merr. et L. M. Perry ●
211454 Jambosa malaccensis（L.）DC. = Syzygium malaccense（L.）Merr. et L. M. Perry ●
211455 Jambosa malaccensis DC. = Syzygium malaccense（L.）Merr. et L. M. Perry ●
211456 Jambosa owariensis（P. Beauv.）DC. = Syzygium owariense（P. Beauv.）Benth. ●☆
211457 Jambosa pulchella Miq. = Syzygium oblatum（Roxb.）Wall. ex A. M. Cowan et Cowan ●

211458 Jambosa pulchella Miq. = Syzygium oblatum (Roxb.) Wall. ex Steud. ●
211459 Jambosa samarangensis (Blume) DC. = Syzygium samarangense (Blume) Merr. et L. M. Perry ●
211460 Jambosa samarangensis DC. = Syzygium samarangense (Blume) Merr. et L. M. Perry ●
211461 Jambosa vulgaris DC. = Syzygium jambos (L.) Alston ●
211462 Jambus Noronha = Syzygium R. Br. ex Gaertn. (保留属名)●
211463 Jamesbrittenia Kuntze(1891);布里滕参属■●☆
211464 Jamesbrittenia accrescens (Hiern) Hilliard;后增布里滕参■☆
211465 Jamesbrittenia acutiloba (Pilg.) Hilliard;尖裂布里滕参■☆
211466 Jamesbrittenia adpressa (Dinter) Hilliard;匍匐布里滕参■☆
211467 Jamesbrittenia albanensis Hilliard;阿尔班布里滕参■☆
211468 Jamesbrittenia albiflora (I. Verd.) Hilliard;白花布里滕参■☆
211469 Jamesbrittenia albobadia Hilliard;白栗色布里滕参■☆
211470 Jamesbrittenia albomarginata Hilliard;白边布里滕参■☆
211471 Jamesbrittenia amplexicaulis (Benth.) Hilliard;抱茎布里滕参■☆
211472 Jamesbrittenia angolensis Hilliard;安哥拉布里滕参■☆
211473 Jamesbrittenia argentea (L. f.) Hilliard;银白布里滕参■☆
211474 Jamesbrittenia aridicola Hilliard;旱生布里滕参■☆
211475 Jamesbrittenia aspalathoides (Benth.) Hilliard;芳香木布里滕参■☆
211476 Jamesbrittenia aspleniifolia Hilliard;铁线蕨叶布里滕参■☆
211477 Jamesbrittenia atropurpurea (Benth.) Hilliard;暗紫布里滕参■☆
211478 Jamesbrittenia atropurpurea (Benth.) Hilliard subsp. pubescens Hilliard;短毛暗紫布里滕参■☆
211479 Jamesbrittenia aurantiaca (Burch.) Hilliard;橙黄布里滕参■☆
211480 Jamesbrittenia barbata Hilliard;髯毛布里滕参■☆
211481 Jamesbrittenia bicolor (Dinter) Hilliard;二色布里滕参■☆
211482 Jamesbrittenia breviflora (Schltr.) Hilliard;短花布里滕参■☆
211483 Jamesbrittenia burkeana (Benth.) Hilliard;伯克布里滕参■☆
211484 Jamesbrittenia calciphila Hilliard;喜岩布里滕参■☆
211485 Jamesbrittenia candida Hilliard;纯白布里滕参■☆
211486 Jamesbrittenia canescens (Benth.) Hilliard;灰白布里滕参■☆
211487 Jamesbrittenia canescens (Benth.) Hilliard var. laevior (Dinter) Hilliard;平滑白布里滕参■☆
211488 Jamesbrittenia canescens (Benth.) Hilliard var. seineri (Pilg.) Hilliard;塞纳布里滕参■☆
211489 Jamesbrittenia carvalhoi (Engl.) Hilliard;卡瓦略布里滕参■☆
211490 Jamesbrittenia chenopodioides Hilliard;藜状布里滕参■☆
211491 Jamesbrittenia concinna (Hiern) Hilliard;整洁布里滕参■☆
211492 Jamesbrittenia crassicaulis (Benth.) Hilliard;粗茎布里滕参■☆
211493 Jamesbrittenia dentatisepala (Overkott) Hilliard;齿萼布里滕参■☆
211494 Jamesbrittenia dissecta (Delile) Kuntze;深裂布里滕参■☆
211495 Jamesbrittenia dolomitica Hilliard;多罗米蒂布里滕参■☆
211496 Jamesbrittenia elegantissima (Schinz) Hilliard;雅致布里滕参■☆
211497 Jamesbrittenia filicaulis (Benth.) Hilliard;线茎布里滕参■☆
211498 Jamesbrittenia fimbriata Hilliard;流苏布里滕参■☆
211499 Jamesbrittenia fleckii (Thell.) Hilliard;弗莱克布里滕参■☆
211500 Jamesbrittenia foliolosa (Benth.) Hilliard;多小叶布里滕参■☆
211501 Jamesbrittenia fragilis (Pilg.) Hilliard;脆布里滕参■☆
211502 Jamesbrittenia fruticosa (Benth.) Hilliard;灌丛布里滕参■☆
211503 Jamesbrittenia giessii Hilliard;吉斯布里滕参■☆
211504 Jamesbrittenia glutinosa (Benth.) Hilliard;黏性布里滕参■☆
211505 Jamesbrittenia grandiflora (Galpin) Hilliard;大花布里滕参■☆
211506 Jamesbrittenia hereroensis (Engl.) Hilliard;赫雷罗布里滕参■☆
211507 Jamesbrittenia heucherifolia (Diels) Hilliard;矾根叶布里滕参■☆
211508 Jamesbrittenia huillana (Diels) Hilliard;威拉布里滕参■☆
211509 Jamesbrittenia incisa (Thunb.) Hilliard;锐裂布里滕参●☆
211510 Jamesbrittenia integerrima (Benth.) Hilliard;全缘布里滕参■☆
211511 Jamesbrittenia kraussiana (Bernh.) Hilliard;克劳斯布里滕参■☆
211512 Jamesbrittenia lesutica Hilliard;莱苏特布里滕参■☆
211513 Jamesbrittenia lyperioides (Engl.) Hilliard;苦玄参状布里滕参■☆
211514 Jamesbrittenia major (Pilg.) Hilliard;大布里滕参■☆
211515 Jamesbrittenia maritima (Hiern) Hilliard;滨海布里滕参■☆
211516 Jamesbrittenia maxii (Hiern) Hilliard;马克斯布里滕参■☆
211517 Jamesbrittenia megadenia Hilliard;大腺布里滕参■☆
211518 Jamesbrittenia megaphylla Hilliard;大叶布里滕参■☆
211519 Jamesbrittenia merxmuelleri (Rössler) Hilliard;梅尔布里滕参■☆
211520 Jamesbrittenia micrantha (Klotzsch) Hilliard;小花布里滕参■☆
211521 Jamesbrittenia microphylla (L. f.) Hilliard;小叶布里滕参■☆
211522 Jamesbrittenia montana (Diels) Hilliard;山地布里滕参■☆
211523 Jamesbrittenia multisecta Hilliard;多裂布里滕参■●☆
211524 Jamesbrittenia myriantha Hilliard;多花布里滕参■●☆
211525 Jamesbrittenia namaquensis Hilliard;纳马夸布里滕参■☆
211526 Jamesbrittenia pallida (Pilg.) Hilliard;苍白布里滕参■☆
211527 Jamesbrittenia pedunculosa (Benth.) Hilliard;梗花布里滕参■☆
211528 Jamesbrittenia phlogiflora (Benth.) Hilliard;焰花布里滕参■☆
211529 Jamesbrittenia pilgeriana (Dinter) Hilliard;皮尔格布里滕参■☆
211530 Jamesbrittenia pinnatifida (L. f.) Hilliard;羽裂布里滕参■☆
211531 Jamesbrittenia primuliflora (Thell.) Hilliard;迎春花布里滕参■☆
211532 Jamesbrittenia pristisepala (Hiern) Hilliard;萼布里滕参■☆
211533 Jamesbrittenia racemosa (Benth.) Hilliard;总花布里滕参■☆
211534 Jamesbrittenia ramosissima (Hiern) Hilliard;多枝布里滕参■☆
211535 Jamesbrittenia sessilifolia (Diels) Hilliard;无柄叶布里滕参■☆
211536 Jamesbrittenia silenoides (Hilliard) Hilliard;蝇子草布里滕参■☆
211537 Jamesbrittenia stellata Hilliard;星状布里滕参■☆
211538 Jamesbrittenia stricta (Benth.) Hilliard;刚直布里滕参■☆
211539 Jamesbrittenia tenella (Hiern) Hilliard;细布里滕参■☆
211540 Jamesbrittenia tenuifolia (Bernh.) Hilliard;细叶布里滕参■☆
211541 Jamesbrittenia thunbergii (G. Don) Hilliard;通贝里布里滕参■☆
211542 Jamesbrittenia tortuosa (Benth.) Hilliard;扭曲布里滕参■☆

211543 Jamesbrittenia tysonii (Hiern) Hilliard;泰氏布里滕参■☆
211544 Jamesbrittenia zambesica (R. E. Fr.) Hilliard;赞比西布里滕参■☆
211545 Jamesia Nees = Jamesia Torr. et A. Gray(保留属名)●☆
211546 Jamesia Nees = Ptiloria Raf. (废弃属名)●■☆
211547 Jamesia Nees = Stephanomeria Nutt. (保留属名)●■☆
211548 Jamesia Raf. (废弃属名) = Dalea L. (保留属名)●■☆
211549 Jamesia Raf. (废弃属名) = Jamesia Torr. et A. Gray(保留属名)●☆
211550 Jamesia Torr. et A. Gray(1840)(保留属名);岩丛属(单型绣球属,杰姆西属);Cliff Jamesia,Cliffbush,Jamesia,Waxflower ●☆
211551 Jamesia americana Torr. et A. Gray;岩丛(单型绣球);Cliff Jamesia,Cliffbush,Waxflower ●☆
211552 Jamesia americana Torr. et A. Gray 'Rosea';玫瑰红岩丛●☆
211553 Jamesia americana Torr. et A. Gray var. californica (Small) Jeps.;加州岩丛●☆
211554 Jamesianthus S. F. Blake et Sherff(1940);战帽菊属;Alabama Warbonnet ■☆
211555 Jamesianthus alabamensis S. F. Blake et Sherff;战帽菊■☆
211556 Janakia J. Joseph et V. Chandras. (1978);亚纳克萝藦属☆
211557 Janakia arayalpathra J. Joseph et V. Chandras.;亚纳克萝藦☆
211558 Janasia Raf. = Phlogacanthus Nees ●■
211559 Jancaea Boiss. (1875);希腊苣苔属(杨卡苣苔属);Jancaea ■☆
211560 Jancaea heldreichii (Boiss.) Boiss.;希腊苣苔(海氏杨卡苣苔);Heldreich Jancaea ■☆
211561 Jancaea heldreichii Boiss. = Jancaea heldreichii (Boiss.) Boiss. ■☆
211562 Jandinea Steud. = Jardinea Steud. ■
211563 Jandinea Steud. = Thelepogon Roth ex Roem. et Schult. ■☆
211564 Jangaraca Raf. = Hamelia Jacq. ●
211565 Jangaraca Raf. = Tangaraca Adans. ●
211566 Jania Schult. et Schult. f. = Baeometra Salisb. ex Endl. ■☆
211567 Jania Schult. et Schult. f. = Kolbea Schltdl. ■☆
211568 Jania Schult. f. = Baeometra Salisb. ex Endl. ■☆
211569 Janipha Kunth = Manihot Mill. ●■
211570 Jankaea Boiss. = Jancaea Boiss. ■☆
211571 Janotia J. -F. Leroy(1975);雅诺茜属●☆
211572 Janotia macrostipula (Capuron) J. -F. Leroy;雅诺茜●☆
211573 Janraia Adans. = Rajania L. ■☆
211574 Jansenella Bor(1955);紫穗草属■☆
211575 Jansenella griffithiana (C. Muell.) Bor;紫穗草■☆
211576 Jansenia Barb. Rodr. = Plectrophora H. Focke ■☆
211577 Jansonia Kippist(1847);澳洲美丽豆属■☆
211578 Jansonia formosa Kippist;澳洲美丽豆■☆
211579 Jantha Steud. = Iantha Hook. ■☆
211580 Jantha Steud. = Ionopsis Kunth ■☆
211581 Janthe Griseb. = Celsia L. ■☆
211582 Janthe Griseb. = Verbascum L. ■●
211583 Janthe Nel = Hypoxis L. ■
211584 Janthe Nel = Ianthe Salisb. ■
211585 Janthe acida Nel = Spiloxene acida (Nel) Garside ■☆
211586 Janthe aemulans Nel = Spiloxene aemulans (Nel) Garside ■☆
211587 Janthe cuspidata Nel = Spiloxene ovata (L. f.) Garside ■☆
211588 Janthe declinata Nel = Spiloxene curculigoides (Bolus) Garside ■☆
211589 Janthe dielsiana Nel = Spiloxene dielsiana (Nel) Garside ■☆
211590 Janthe flaccida Nel = Spiloxene flaccida (Nel) Garside ■☆
211591 Janthe serrata (Thunb.) Salisb. var. albiflora Nel = Spiloxene serrata (Thunb.) Garside var. albiflora (Nel) Garside ■☆
211592 Janusia A. Juss. = Janusia A. Juss. ex Endl. ●☆
211593 Janusia A. Juss. ex Endl. (1840);朱那木属(朱那属)●☆
211594 Janusia gracilis A. Gray;纤细朱那木;Janusia,Slender Janusia ●☆
211595 Japarandiba Adans. (废弃属名) = Gustavia L. (保留属名)●☆
211596 Japonasarum Nakai = Asarum L. ■
211597 Japonasarum Nakai(1936);日本马兜铃属(乌金草属)■
211598 Japonasarum caulescens (Maxim.) Nakai = Asarum caulescens Maxim. ■
211599 Japonoliriaceae Takht. (1994);短柱草科■☆
211600 Japonoliriaceae Takht. = Petrosaviaceae Hutch. (保留科名)■
211601 Japonolirion Nakai = Tofieldia Huds. ■
211602 Japonolirion Nakai(1930);短柱草属■☆
211603 Japonolirion osense Nakai;短柱草■☆
211604 Japonolirion saitoi Makino et Tatew. = Japonolirion osense Nakai ■☆
211605 Japotapita Endl. = Jabotapita Adans. ●
211606 Japotapita Endl. = Ouratea Aubl. (保留属名)●
211607 Jaquinia L. = Jacquinia L. (保留属名)●☆
211608 Jaquinotia Walp. = Jacquinotia Homb. et Jacquinot ex Decne. ●☆
211609 Jaquinotia Walp. = Lebetanthus Endl. (保留属名)●☆
211610 Jaracatia Endl. = Jacaratia A. DC. ●☆
211611 Jaracatia Marcg. ex Endl. = Jacaratia A. DC. ●☆
211612 Jaramilloa R. M. King et H. Rob. (1980);黄粒菊属●☆
211613 Jaramilloa hylibates (B. L. Rob.) R. M. King et H. Rob.;黄粒菊●☆
211614 Jarandersonia Kosterm. (1960);毛刺椴属(哈拉椴属)●☆
211615 Jarandersonia paludosa Kosterm.;毛刺椴●☆
211616 Jarandersonia parvifolia Kosterm.;小叶毛刺椴●☆
211617 Jarapha Steud. = Jarava Ruiz et Pav. ■
211618 Jarapha Steud. = Stipa L. ■
211619 Jaraphaea Steud. = Iaravaea Scop. ●☆
211620 Jaraphaea Steud. = Microlicia D. Don ●☆
211621 Jarava Ruiz et Pav. = Stipa L. ■
211622 Jaravaea Neck. = Iaravaea Scop. ●☆
211623 Jaravaea Neck. = Microlicia D. Don ●☆
211624 Jardinea Steud. = Phacelurus Griseb. ■
211625 Jardinea abyssinica Steud. = Thelepogon elegans Roth ex Roem. et Schult. ■☆
211626 Jardinea gabonensis Steud. = Phacelurus gabonensis (Steud.) Clayton ■☆
211627 Jardinea kibambeleensis Vanderyst = Chrysopogon nigritanus (Benth.) Veldkamp ■☆
211628 Jardinia Benth. et Hook. f. = Jardinea Steud. ■
211629 Jardinia Sch. Bip. = Erlangea Sch. Bip. ■☆
211630 Jarilla I. M. Johnst. = Jarilla Rusby ●☆
211631 Jarilla Rusby(1921);单室番木瓜属(北美番瓜树属)●☆
211632 Jarilla heterophylla Rusby;单室番木瓜●☆
211633 Jarrilla I. M. Johnst. = Jarilla Rusby ●☆
211634 Jarrilla I. M. Johnst. = Mocinna La Llave ●☆
211635 Jasarum G. S. Bunting(1977);水南星属■☆
211636 Jasarum steyermarkii G. S. Bunting;水南星■☆
211637 Jasionaceae Dumort.;菊头桔梗科●■

211638 Jasionaceae Dumort. = Campanulaceae Juss.(保留科名)■●
211639 Jasione L.(1753);菊头桔梗属(伤愈草属,亚参属,野参属);Jasione,Sheep's Bit,Sheep's-bit ■☆
211640 Jasione amethystina Lag. et Rodr. = Jasione crispa (Pourr.) Samp. ■☆
211641 Jasione atlantica Ball = Jasione crispa (Pourr.) Samp. subsp. lanuginella (Litard. et Maire) Lambinon et Lewalle ■☆
211642 Jasione blepharodon Boiss. et Reut. = Jasione montana L. subsp. blepharodon (Boiss. et Reut.) Rivas Mart. ■☆
211643 Jasione bovei Boiss. et Reut. = Jasione crispa (Pourr.) Samp. subsp. intermedia (Coss.) Maire ■☆
211644 Jasione caespitans Pomel = Jasione crispa (Pourr.) Samp. subsp. intermedia (Coss.) Maire ■☆
211645 Jasione capensis P. J. Bergius = Alepidea capensis (P. J. Bergius) R. A. Dyer ■☆
211646 Jasione cornuta Ball = Jasione montana L. subsp. cornuta (Ball) Greuter et Burdet ■☆
211647 Jasione corymbosa Poir. = Jasione montana L. subsp. corymbosa (Poir.) Greuter et Burdet ■☆
211648 Jasione corymbosa Poir. subsp. blepharodon (Boiss. et Reut.) Maire = Jasione montana L. subsp. blepharodon (Boiss. et Reut.) Rivas Mart. ■☆
211649 Jasione corymbosa Poir. subsp. cornuta (Ball) Murb. = Jasione montana L. subsp. cornuta (Ball) Greuter et Burdet ■☆
211650 Jasione corymbosa Poir. subsp. glabra (Boiss. et Reut.) Batt. = Jasione montana L. subsp. glabra (Boiss. et Reut.) Greuter et Burdet ■☆
211651 Jasione corymbosa Poir. var. battandieri Maire = Jasione montana L. subsp. corymbosa (Poir.) Greuter et Burdet ■☆
211652 Jasione corymbosa Poir. var. blepharodon (Boiss. et Reut.) Maire = Jasione montana L. subsp. blepharodon (Boiss. et Reut.) Rivas Mart. ■☆
211653 Jasione crispa (Pourr.) Samp.;皱波菊头桔梗■☆
211654 Jasione crispa (Pourr.) Samp. subsp. intermedia (Coss.) Maire;间型皱波菊头桔梗■☆
211655 Jasione crispa (Pourr.) Samp. subsp. lanuginella (Litard. et Maire) Lambinon et Lewalle;绵毛皱波菊头桔梗■☆
211656 Jasione crispa (Pourr.) Samp. var. tazzekana (Emb. et Maire) Dobignard = Jasione crispa (Pourr.) Samp. ■☆
211657 Jasione echinata Boiss. et Reut. = Jasione montana L. subsp. echinata (Boiss. et Reut.) Nyman ■☆
211658 Jasione foliosa Cav.;多叶菊头桔梗■☆
211659 Jasione glabra Boiss. et Reut. = Jasione montana L. subsp. glabra (Boiss. et Reut.) Greuter et Burdet ■☆
211660 Jasione heldreichii Boiss. et Orph.;海氏菊头桔梗■☆
211661 Jasione humilis (Pers.) Loisel.;矮菊头桔梗■☆
211662 Jasione humilis (Pers.) Loisel. = Jasione crispa (Pourr.) Samp. ■☆
211663 Jasione humilis (Pers.) Loisel. var. atlantica (Ball) Maire = Jasione crispa (Pourr.) Samp. subsp. lanuginella (Litard. et Maire) Lambinon et Lewalle ■☆
211664 Jasione humilis (Pers.) Loisel. var. intermedia (Coss.) Maire = Jasione crispa (Pourr.) Samp. subsp. intermedia (Coss.) Maire ■☆
211665 Jasione humilis (Pers.) Loisel. var. lanuginella Litard. et Maire = Jasione crispa (Pourr.) Samp. subsp. lanuginella (Litard. et Maire) Lambinon et Lewalle ■☆
211666 Jasione humilis (Pers.) Loisel. var. longidentata (Litard. et Maire) Maire = Jasione crispa (Pourr.) Samp. subsp. lanuginella (Litard. et Maire) Lambinon et Lewalle ■☆
211667 Jasione humilis (Pers.) Loisel. var. megalocalyx (Pomel) Maire = Jasione crispa (Pourr.) Samp. subsp. intermedia (Coss.) Maire ■☆
211668 Jasione humilis (Pers.) Loisel. var. montana Willk. = Jasione crispa (Pourr.) Samp. subsp. intermedia (Coss.) Maire ■☆
211669 Jasione humilis Loisel. = Jasione humilis (Pers.) Loisel. ■☆
211670 Jasione laevis Lam.;伤愈草(多年生菊头桔梗);Scabious Jasione, Sheep Scabious,Sheep's-bit Sheep's Bit,Shepherd's Scabious ■☆
211671 Jasione megalocalyx Pomel = Jasione crispa (Pourr.) Samp. subsp. intermedia (Coss.) Maire ■☆
211672 Jasione montana L.;山菊头桔梗(山野参);Blue Bonnets,Blue Buttons, Blue Daisy, Hairy Sheep's Scabious, Hairy Sheep's-bit Scabious, Iron-flower, Sandbell, Sheepbit, Sheep's Bit Scabious, Sheep's-bit, Sheep's-bit Jasione, Sheep's-bit Scabious, Sheep's-scabious,Shepherd's-scabious ■☆
211673 Jasione montana L. subsp. blepharodon (Boiss. et Reut.) Rivas Mart.;眼皮菊头桔梗■☆
211674 Jasione montana L. subsp. cornuta (Ball) Greuter et Burdet;角山菊头桔梗■☆
211675 Jasione montana L. subsp. corymbosa (Poir.) Greuter et Burdet;伞房山菊头桔梗■☆
211676 Jasione montana L. subsp. echinata (Boiss. et Reut.) Nyman;刺山菊头桔梗■☆
211677 Jasione montana L. subsp. glabra (Boiss. et Reut.) Greuter et Burdet;光滑山菊头桔梗■☆
211678 Jasione montana L. var. bracteosa Willk. = Jasione montana L. ■☆
211679 Jasione montana L. var. dentata DC. = Jasione montana L. subsp. echinata (Boiss. et Reut.) Nyman ■☆
211680 Jasione montana L. var. glabra (Boiss. et Reut.) Parnell = Jasione montana L. subsp. glabra (Boiss. et Reut.) Greuter et Burdet ■☆
211681 Jasione perennis Lam. = Jasione crispa (Pourr.) Samp. ■☆
211682 Jasione perennis Lam. = Jasione laevis Lam. ■☆
211683 Jasione perennis Lam. var. intermedia Coss. = Jasione crispa (Pourr.) Samp. subsp. intermedia (Coss.) Maire ■☆
211684 Jasione rupestris Pomel;岩地菊头桔梗■☆
211685 Jasione sessiliflora Boiss. et Reut. var. bovei (Boiss. et Reut.) Batt. = Jasione crispa (Pourr.) Samp. subsp. lanuginella (Litard. et Maire) Lambinon et Lewalle ■☆
211686 Jasione stricta Pomel = Jasione montana L. subsp. echinata (Boiss. et Reut.) Nyman ■☆
211687 Jasionella Stoj. et Stef. (1933);小菊头桔梗属■☆
211688 Jasionella Stoj. et Stef. = Jasione L. ■☆
211689 Jasionella bulgaria (Stoj. et Stef.) Stoj. et Stef.;小菊头桔梗■☆
211690 Jasminaceae Juss. = Asphodelaceae Juss. ●■
211691 Jasminaceae Juss. = Oleaceae Hoffmanns. et Link(保留科名)●
211692 Jasminanthes Blume = Stephanotis Thouars(废弃属名)●
211693 Jasminanthes Blume(1850);黑鳗藤属(冠豆藤属,千金子藤属,舌瓣花属);Madagascar Jasmine,Stephanotis ●
211694 Jasminanthes chunii (Tsiang) W. D. Stevens et P. T. Li;假木藤(假木通,假土木通);Chun Jasminanthes,Chun Stephanotis,Fake Akebia ●

211695 Jasminanthes mucronata (Blanco) W. D. Stevens et P. T. Li;黑鳗藤(傅如藤,华千金子藤,舌瓣花,史惠藤);Japan Stephanotis, Mucronate Jasminanthes, Mucronate Stephanotis, Stephanotis ●

211696 Jasminanthes mucronata (Blanco) W. D. Stevens et P. T. Li = Jasminanthes pilosa (Kerr) W. D. Stevens et P. T. Li ●

211697 Jasminanthes pilosa (Kerr) W. D. Stevens et P. T. Li;茶药藤(黑鳗藤);Pilose Jasminanthes, Pilose Stephanotis ●

211698 Jasminanthes saxatilis (Tsiang et P. T. Li) W. D. Stevens et P. T. Li;云南黑鳗藤;Yunnan Jasminanthes, Yunnan Stephanotis ●

211699 Jasminium Dumort. = Jasminum L. ●

211700 Jasminocereus Britton et Rose(1920);麝香柱属●☆

211701 Jasminocereus thouarsii (A. Web.) Backeb.;麝香柱●☆

211702 Jasminochyla (Stapf) Pichon = Landolphia P. Beauv.(保留属名)●☆

211703 Jasminochyla ugandensis (Stapf) Pichon = Landolphia buchananii (Hallier f.) Stapf ●☆

211704 Jasminoides Duhamel = Lycium L. ●

211705 Jasminoides Medik. = Jasminoides Duhamel ●

211706 Jasminonerium Wolf = ? Carissa L.(保留属名)●

211707 Jasminonerium africanum (A. DC.) Kuntze = Carissa macrocarpa (Eckl.) A. DC. ●

211708 Jasminonerium bispinosum (L.) Kuntze = Carissa bispinosa (L.) Desf. ex Brenan ●☆

211709 Jasminonerium cryptophlebium (Baker) Kuntze = Petchia cryptophlebia (Baker) Leeuwenb. ●☆

211710 Jasminonerium densiflorum Kuntze = Carissa madagascariensis Thouars ex Poir. ●

211711 Jasminonerium edule (Forssk.) Kuntze = Carissa edulis Vahl ●

211712 Jasminonerium pubescens (A. DC.) Kuntze = Carissa spinarum L. ●

211713 Jasminonerium sechellense (Baker) Kuntze = Carissa spinarum L. ●

211714 Jasminonerium tomentosum (A. Rich.) Kuntze = Carissa spinarum L. ●

211715 Jasminum L.(1753);素馨属(茉莉花属,茉莉属,素英属,迎春花属);Jasmine, Jessamine, Malatti ●

211716 Jasminum abyssinicum Hochst. ex DC.;阿比西尼亚素馨●☆

211717 Jasminum abyssinicum Hochst. ex DC. var. gratissimum (Deflers) Di Capua = Jasminum fluminense Vell. subsp. gratissimum (Deflers) P. S. Green ●☆

211718 Jasminum affine Royle = Jasminum officinale L. ●

211719 Jasminum affine Royle ex Lindl. = Jasminum officinale L. ●

211720 Jasminum afu Gilg = Jasminum meyeri-johannis Engl. ●☆

211721 Jasminum albicalyx Kobuski;白萼素馨(白萼茉莉);White-calyx Jasmine, White-calyxed Jasmine ●

211722 Jasminum albidum De Wild. = Jasminum schimperi Vatke ●☆

211723 Jasminum amplexicaule Buch. -Ham. = Jasminum elongatum (Bergius) Willd. ●

211724 Jasminum amplexicaule Buch. -Ham. ex G. Don = Jasminum elongatum (Bergius) Willd. ●

211725 Jasminum amplexicaule Buch. -Ham. ex G. Don = Jasminum nervosum Lour. ●

211726 Jasminum amplexicaule Buch. -Ham. ex G. Don var. elegans (Hemsl.) Kobuski = Jasminum nervosum Lour. ●

211727 Jasminum anastomosans Wall. = Jasminum nervosum Lour. ●

211728 Jasminum anastomosans Wall. ex A. DC. J. cinnamomifolium Kobuski var. axillare Kobuski = Jasminum nervosum Lour. ●

211729 Jasminum angolense Welw. ex Baker;安哥拉素馨●☆

211730 Jasminum angulare Bunge = Jasminum nudiflorum Lindl. ●

211731 Jasminum angulare Vahl;棱角素馨●☆

211732 Jasminum angustifolium Ker Gawl.;细叶素馨;Thinleaf Jasmine ●

211733 Jasminum angustifolium Ker Gawl. = Jasminum laurifolium Roxb. ●

211734 Jasminum angustilobum Gilg et G. Schellenb. = Jasminum pauciflorum Benth. ●☆

211735 Jasminum angustitubum Knobl. = Jasminum streptopus E. Mey. ●☆

211736 Jasminum anisophyllum Kobuski = Jasminum wengeri C. E. C. Fisch. ●

211737 Jasminum aphanodon Baker;隐齿素馨●☆

211738 Jasminum argyi H. Lév. = Jasminum floridum Bunge ●

211739 Jasminum attenuatum Roxb.;大叶素馨;Big-leaf Jasmine, Tapered Jasmine ●

211740 Jasminum azoricum L.;亚述尔茉莉;Azorean Jasmine, Azores Jasmine, Canary Jasmine, Jasmine ●☆

211741 Jasminum azoricum L. var. bahiense (DC.) Eichler = Jasminum fluminense Vell. ●☆

211742 Jasminum azoricum L. var. travancorense (Gamble) M. Mohanan;印度茉莉●☆

211743 Jasminum bahiense DC. = Jasminum fluminense Vell. ●☆

211744 Jasminum bahiense DC. var. fluminense (Vell.) DC. = Jasminum fluminense Vell. ●☆

211745 Jasminum bakeri Scott-Elliot;巴克素馨●☆

211746 Jasminum banlanense P. Y. Bai;版纳素馨;Xishuanbanna Jasmine ●

211747 Jasminum banlanense P. Y. Bai = Jasminum attenuatum Roxb. ●

211748 Jasminum basilei Chiov. = Jasminum streptopus E. Mey. ●☆

211749 Jasminum beesianum Forrest et Diels;红素馨(黑滑头,红花茉莉,红花素馨,红茉莉,红茉莉花,土麻黄,小酒瓶花,小铁藤,皱毛红素馨);Bees Jasmine, Jasmin rose, Red Jurinea, Rosy Jasmine ●

211750 Jasminum beesianum Forrest et Diels var. ulotrichum Hand. -Mazz. = Jasminum beesianum Forrest et Diels ●

211751 Jasminum bequaertii De Wild. = Jasminum bakeri Scott-Elliot ●☆

211752 Jasminum bieleri De Wild. = Jasminum pauciflorum Benth. ●☆

211753 Jasminum biflorum Knobl. = Jasminum streptopus E. Mey. ●☆

211754 Jasminum bignoniaceum G. Don;紫葳素馨●☆

211755 Jasminum blandum S. Moore = Jasminum fluminense Vell. ●☆

211756 Jasminum blinii H. Lév. = Jasminum polyanthum Franch. ●

211757 Jasminum bodinieri H. Lév. = Jasminum sinense Hemsl. ●

211758 Jasminum bogosense Becc. ex Martelli = Jasminum streptopus E. Mey. ●☆

211759 Jasminum brachyscyphum Baker;短杯素馨●☆

211760 Jasminum brevidentatum L. C. Chia;短萼素馨;Short-calyxed Jasmine, Shortsepal Jurinea, Short-toothed Jasmine ●

211761 Jasminum brevidentatum L. C. Chia = Jasminum urophyllum Hemsl. ●

211762 Jasminum brevidentatum L. C. Chia var. ferrugineum L. C. Chia = Jasminum brevidentatum L. C. Chia ●

211763 Jasminum brevidentatum L. C. Chia var. ferrugineum L. C. Chia = Jasminum urophyllum Hemsl. ●

211764 Jasminum breviflorum Harv. ex C. H. Wright;短花素馨●☆

211765 Jasminum brevipes Baker = Jasminum dichotomum Vahl ●☆

211766 Jasminum brieyi De Wild. = Jasminum pauciflorum Benth. ●☆

211767 Jasminum buchananii S. Moore = Jasminum schimperi Vatke ●☆
211768 Jasminum bukobense Gilg = Jasminum dichotomum Vahl ●☆
211769 Jasminum bussei Gilg et G. Schellenb. = Jasminum streptopus E. Mey. ●☆
211770 Jasminum butaguense De Wild. = Jasminum abyssinicum Hochst. ex DC. ●☆
211771 Jasminum callianthum Gilg et G. Schellenb. = Jasminum pauciflorum Benth. ●☆
211772 Jasminum campyloneurum Gilg et Schellenb. ;弯脉素馨●☆
211773 Jasminum capense Thunb. = Jasminum angulare Vahl ●☆
211774 Jasminum cardiophyllum Gilg et G. Schellenb. = Jasminum pauciflorum Benth. ●☆
211775 Jasminum cathayense Chun ex L. C. Chia;华南素馨(华南茉莉);S. China Jurinea,South China Jasmine ●
211776 Jasminum cathayense Chun ex L. C. Chia = Jasminum urophyllum Hemsl. ●
211777 Jasminum cinnamomifolium Kobuski;樟叶素馨(金丝藤);Cinnamon-leaf Jasmine,Cinnamon-leaved Jasmine ●
211778 Jasminum cinnamomifolium Kobuski var. axillare Kobuski = Jasminum nervosum Lour. ●
211779 Jasminum coarctatum Roxb. ;密花素馨(断肠草,清明花);Dense-flower Jasmine,Dense-leaved Jasmine ●
211780 Jasminum coarctatum Roxb. = Jasminum tonkinense Gagnep. ●
211781 Jasminum coarctatum Roxb. var. caudatifolium P. Y. Bai;尾叶密花素馨;Caudateleaf Jasmine ●
211782 Jasminum coarctatum Roxb. var. caudatifolium P. Y. Bai = Jasminum tonkinense Gagnep. ●
211783 Jasminum coffeinum Hand. -Mazz. ;咖啡素馨;Coffeate Jasmine,Coffee Jurinea ●
211784 Jasminum cordatulum (Merr. et Chun ex L. C. Chia) L. C. Chia = Jasminum pierreanum Gagnep. ●
211785 Jasminum craibianum Kerr;毛萼素馨(毛萼茉莉);Hairycalyx Jasmine,Hairy-calyxed Jasmine ●
211786 Jasminum cuspidatum Kerr;尖素馨●
211787 Jasminum dasyneurum Gilg et G. Schellenb. = Jasminum pauciflorum Benth. ●☆
211788 Jasminum dasyphyllum Gilg et Schellenb. ;毛叶素馨●☆
211789 Jasminum delafleldii H. Lév. = Jasminum polyanthum Franch. ●
211790 Jasminum delavayi Franch. ex Diels = Jasminum beesianum Forrest et Diels ●
211791 Jasminum dichotomum Vahl;二歧素馨●☆
211792 Jasminum dicranolepidiforme Gilg = Jasminum streptopus E. Mey. ●☆
211793 Jasminum dinklagei Gilg et G. Schellenb. ;丁克素馨●☆
211794 Jasminum discolor Franch. = Jasminum lanceolarium Roxb. ●
211795 Jasminum dispermum Wall. ;双子素馨(印度素馨);Dispermous Jasmine,Gold Coast Jasmine,Twoseed Jasmine ●
211796 Jasminum diversifolium Kobuski = Jasminum subhumile W. W. Sm. ●
211797 Jasminum diversifolium Kobuski var. glabricymosum (W. W. Sm.) Kobuski = Jasminum subhumile W. W. Sm. ●
211798 Jasminum diversifolium Kobuski var. subhumile (W. W. Sm.) Kobuski = Jasminum subhumile W. W. Sm. ●
211799 Jasminum diversifolium Kobuski var. tomentosum L. C. Chia = Jasminum subhumile W. W. Sm. ●
211800 Jasminum diversifolium Wall. = Jasminum subhumile W. W. Sm. ●
211801 Jasminum diversifolium Wall. var. glabricymosum (W. W. Sm.) Kobuski;光素馨(三瓜皮)●
211802 Jasminum diversifolium Wall. var. glabricymosum (W. W. Sm.) Kobuski = Jasminum subhumile W. W. Sm. ●
211803 Jasminum diversifolium Wall. var. tomentosum L. C. Chia = Jasminum subhumile W. W. Sm. ●
211804 Jasminum djuricum Gilg = Jasminum streptopus E. Mey. ●☆
211805 Jasminum dschuricum Gilg = Jasminum pauciflorum Benth. ●☆
211806 Jasminum duclouxii (H. Lév.) Rehder;丛林素馨(杜氏素馨,鸡爪花,鸡爪藤,夹竹桃叶素馨);Ducloux Jasmine ●
211807 Jasminum dumicola W. W. Sm. = Jasminum duclouxii (H. Lév.) Rehder ●
211808 Jasminum dunnianum H. Lév. = Jasminum lanceolarium Roxb. ●
211809 Jasminum elegans (Hemsl.) Yamam. = Jasminum nervosum Lour. ●
211810 Jasminum elegans Knobl. ;雅丽素馨●☆
211811 Jasminum ellipticum Knobl. = Jasminum streptopus E. Mey. ●☆
211812 Jasminum elongatum (Bergius) Willd. ;扭肚藤(白花茶,白金银花,蝴蝶藤,假素馨,青藤,青藤仔花,谢三娘,秀英藤,猪肚勒,左扭藤);Amplexicaul Jasmine,Lengthened Jasmine ●
211813 Jasminum eminii Gilg = Jasminum schimperi Vatke ●☆
211814 Jasminum engleri Gilg = Jasminum meyeri-johannis Engl. ●☆
211815 Jasminum esquirolii H. Lév. = Jasminum elongatum (Bergius) Willd. ●
211816 Jasminum flavovirens Gilg et Schellenb. ;黄绿素馨●☆
211817 Jasminum flexile Vahl;盈江素馨;Yingjiang Jasmine ●
211818 Jasminum floribundum R. Br. ex Fresen. = Jasminum grandiflorum L. subsp. floribundum (R. Br. ex Fresen.) P. S. Green ●☆
211819 Jasminum floribundum R. Br. ex Fresen. f. decipiens Di Capua = Jasminum grandiflorum L. subsp. floribundum (R. Br. ex Fresen.) P. S. Green ●☆
211820 Jasminum floribundum R. Br. ex Fresen. var. steudneri (Schweinf. ex Baker) Gilg et G. Schellenb. = Jasminum grandiflorum L. subsp. floribundum (R. Br. ex Fresen.) P. S. Green ●☆
211821 Jasminum floridum Bunge;探春花(长春,鸡蛋黄,木香花,牛虱子,山救驾,探春,小柳拐,迎夏);Showy Jasmine,Yellow Jasmine ●
211822 Jasminum floridum Bunge subsp. giraldii (Diels) B. M. Miao;黄素馨(黄探春,黄馨,毛叶探春,前皮,全皮,荃皮,山救驾,小柳拐);Girald Jasmine,Hairleaf Jurinea ●
211823 Jasminum floridum Bunge subsp. giraldii (Diels) B. M. Miao = Jasminum floridum Bunge ●
211824 Jasminum floridum Bunge var. spinescens Diels = Jasminum floridum Bunge ●
211825 Jasminum fluminense Vell. ;巴西素馨;Brazilian Jasmine,Jazmin De Trapo ●☆
211826 Jasminum fluminense Vell. subsp. gratissimum (Deflers) P. S. Green;悦人巴西素馨●☆
211827 Jasminum fluminense Vell. subsp. holstii (Gilg) Turrill = Jasminum fluminense Vell. ●☆
211828 Jasminum fluminense Vell. subsp. mauritianum (Bojer ex DC.) Turrill = Jasminum fluminense Vell. ●☆
211829 Jasminum fluminense Vell. subsp. nairobiense Turrill = Jasminum fluminense Vell. ●☆
211830 Jasminum fluminense Vell. var. blandum (S. Moore) Turrill = Jasminum fluminense Vell. ●☆
211831 Jasminum forrestianum Kobuski = Jasminum dispermum Wall. ●

211832 Jasminum foveatum R. H. Miao;窝穴素馨;Foveate Jasmine ●

211833 Jasminum fraseri Brenan = Jasminum abyssinicum Hochst. ex DC. ●☆

211834 Jasminum fruticans L.;黄茉莉(灌木素馨,三出茉莉);Jasmine,Wild Jasmine,Yellow Jasmine ●

211835 Jasminum fruticans L. subsp. mariae Sennen et Mauricio = Jasminum fruticans L. ●

211836 Jasminum fruticans L. var. speciosum Debeaux = Jasminum fruticans L. ●

211837 Jasminum fuchsiifolium Gagnep.;倒吊钟叶素馨(吊钟叶素馨);Fuchsialeaf Jurinea,Fuchsia-leaved Jasmine ●

211838 Jasminum gardeniiflorum L. C. Chia = Jasminum lang Gagnep. ●

211839 Jasminum gardeniodorum Gilg ex Baker = Jasminum dichotomum Vahl ●☆

211840 Jasminum gerrardii Harv. ex C. H. Wright = Jasminum breviflorum Harv. ex C. H. Wright ●☆

211841 Jasminum giraldii Diels = Jasminum floridum Bunge subsp. giraldii (Diels) B. M. Miao ●

211842 Jasminum giraldii Diels = Jasminum floridum Bunge ●

211843 Jasminum glaucum (L. f.) W. T. Aiton;灰绿素馨●☆

211844 Jasminum goetzeanum Gilg = Jasminum odoratissimum L. subsp. goetzeanum (Gilg) P. S. Green ●☆

211845 Jasminum gossweileri Gilg et G. Schellenb. = Jasminum dichotomum Vahl ●☆

211846 Jasminum gracillimum Hook. f.;细长枝素馨花;Borneo Jasmine,Southern Star Jasmine ●☆

211847 Jasminum grahamii Turrill = Jasminum punctulatum Chiov. ●☆

211848 Jasminum grandiflorum L.;素馨花(大花素馨花,大茉莉,茉莉,苏摩那,素馨,耶悉茗花,野悉蜜,玉芙蓉);Bigflower Jasmine,Catalonia Jasmine, Catalonian Jasmine, Common Jurinea, Italian Jasmine, Poets Jasmine, Poet's Jasmine, Royal Jasmine, Spanish Jasmine ●

211849 Jasminum grandiflorum L. subsp. floribundum (R. Br. ex Fresen.) P. S. Green;繁花素馨●☆

211850 Jasminum gratissimum Deflers = Jasminum fluminense Vell. subsp. gratissimum (Deflers) P. S. Green ●☆

211851 Jasminum greveanum Danguy ex H. Perrier;格雷弗素馨●☆

211852 Jasminum guangxiense B. M. Miao;广西素馨;Guangxi Jasmine ●

211853 Jasminum guineense G. Don = Jasminum dichotomum Vahl ●☆

211854 Jasminum hemsleyi Yamam. = Jasminum nervosum Lour. ●

211855 Jasminum heterophyllum Roxb. = Jasminum subhumile W. W. Sm. ●

211856 Jasminum heterophyllum Roxb. var. glabricumosum W. W. Sm. = Jasminum subhumile W. W. Sm. ●

211857 Jasminum heterophyllum Roxb. var. subhumile (W. W. Sm.) Kobuski = Jasminum subhumile W. W. Sm. ●

211858 Jasminum hildebrandtii Knobl. = Jasminum fluminense Vell. ●☆

211859 Jasminum hirsutum (L.) Willd. = Jasminum multiflorum (Burm. f.) Andréws ●

211860 Jasminum hockii De Wild. = Jasminum streptopus E. Mey. ●☆

211861 Jasminum holstii Gilg = Jasminum fluminense Vell. ●☆

211862 Jasminum hongshuihoense Z. P. Jien ex B. M. Miao;绒毛素馨;Hongshuihe Jasmine,Tomentose Jurinea ●

211863 Jasminum humile L.;矮探春(矮素馨,败火草,常春,常春黄素馨,火炮子,毛叶小黄素馨,小黄素馨,小黄馨);Italian Jasmine,Italian Yellow Jurinea,Italy Jurinea,Low Jasmine,Yellow Jasmine ●

211864 Jasminum humile L. 'Revolutum';意大利矮探春(反卷矮探春);Chinese Jasmine,Himalayan Jasmine,Italian Jasmine,Yellow Jasmine ●☆

211865 Jasminum humile L. f. gansuense (Kobuski) R. H. Miao;甘肃矮探春(甘肃素馨,甘肃小黄素馨);Gansu Jurinea ●

211866 Jasminum humile L. f. microphyllum L. C. Chia = Jasminum humile L. var. microphyllum (L. C. Chia) P. S. Green ●

211867 Jasminum humile L. f. pubigerum (D. Don) Grohmann;密毛矮探春(密毛素馨,密叶矮探春,细毛探春);Densehair Italian Jasmine,Downy Jasmine ●

211868 Jasminum humile L. f. wallichianum (Lindl.) P. S. Green;羽叶矮探春(羽叶素馨);Wallich Italian Jasmine,Yellow Jasmine ●

211869 Jasminum humile L. var. glabrum (DC.) Kobuski;光矮探春●☆

211870 Jasminum humile L. var. glabrum (DC.) Kobuski = Jasminum humile L. f. wallichianum (Lindl.) P. S. Green ●

211871 Jasminum humile L. var. kansuense Kobuski = Jasminum floridum Bunge ●

211872 Jasminum humile L. var. microphyllum (L. C. Chia) P. S. Green;小叶矮探春(狭叶矮探春,小叶素馨,小叶小黄素馨);Littleleaf Italian Jasmine ●

211873 Jasminum humile L. var. microphyllum (L. C. Chia) P. S. Green f. kansuense (Kobuski) B. M. Miao = Jasminum floridum Bunge ●

211874 Jasminum humile L. var. pubigerum (D. Don) Kitam. = Jasminum humile L. f. pubigerum (D. Don) Grohmann ●

211875 Jasminum humile L. var. revolutum (Sims) Stokes = Jasminum humile L. 'Revolutum' ●☆

211876 Jasminum humile L. var. siderophyllum (H. Lév.) Kobuski = Jasminum humile L. ●

211877 Jasminum inornatum Hemsl. = Jasminum microcalyx Hance ●

211878 Jasminum kerstingii Gilg et G. Schellenb.;克斯廷探春●☆

211879 Jasminum kirkii Baker = Jasminum streptopus E. Mey. ●☆

211880 Jasminum kitchingii Baker;基钦探春●☆

211881 Jasminum kitchingii Baker var. leucocarpum H. Perrier = Jasminum kitchingii Baker ●☆

211882 Jasminum lanceolaria Roxb. f. unifoliolatum Hand. -Mazz. = Jasminum lanceolarium Roxb. ●

211883 Jasminum lanceolaria Roxb. var. puberulum Hemsl. = Jasminum lanceolarium Roxb. ●

211884 Jasminum lanceolarium Roxb.;清香藤(北清香藤,川滇茉莉,光清香藤,花木通,老鹰柴,披针叶茉莉花,破风藤,破骨风,破骨藤,破膝风,小泡通);Lanceolate Jasmine ●

211885 Jasminum lanceolarium Roxb. f. unifoliolatum Hand. -Mazz. = Jasminum lanceolarium Roxb. ●

211886 Jasminum lanceolarium Roxb. var. puberulum Hemsl. = Jasminum lanceolarium Roxb. ●

211887 Jasminum lang Gagnep.;桅花素馨;Gardenia-flowered Jasmine,Lang Jurinea ●

211888 Jasminum lasiosepalum Gilg et Schellenb.;毛萼探春●☆

211889 Jasminum latifolium Buch. -Ham. = Jasminum dispermum Wall. ●

211890 Jasminum laurifolium Roxb.;岭南茉莉(桂叶素馨)●

211891 Jasminum laurifolium Roxb. var. brachylobum Kurz;桂叶素馨(大黑骨头,岭南茉莉,鸭色盖);Laurusleaf Jasmine,Laurus-leaved Jasmine ●☆

211892 Jasminum laurifolium Roxb. var. villosum H. Lév. = Jasminum nervosum Lour. ●

211893 Jasminum ligustrioides L. C. Chia;海南素馨;Hainan Jasmine, Privet-like Jasmine ●
211894 Jasminum ligustrioides L. C. Chia = Jasminum elongatum (Bergius) Willd. ●
211895 Jasminum longipes Baker = Jasminum pauciflorum Benth. ●☆
211896 Jasminum longitubum L. C. Chia ex B. M. Miao;长管素馨;Long-tube Jasmine ●
211897 Jasminum lupinifolium Gilg et Schellenb. = Jasminum quinatum Schinz ●☆
211898 Jasminum mairei H. Lév. = Jasminum humile L. ●
211899 Jasminum mairei H. Lév. var. siderophyllum H. Lév. = Jasminum humile L. ●
211900 Jasminum mariae Sennen et Mauricio = Jasminum fruticans L. ●
211901 Jasminum mathildae Chiov. = Jasminum dichotomum Vahl ●☆
211902 Jasminum mauritianum Bojer ex DC. = Jasminum fluminense Vell. ●☆
211903 Jasminum mearnsii De Wild. = Jasminum abyssinicum Hochst. ex DC. ●☆
211904 Jasminum megalosiphon Gilg = Jasminum fluminense Vell. ●☆
211905 Jasminum mesnyi Hance;野迎春(黄素馨,金铃花,金梅花,金腰带,阳春柳,迎春花,迎春柳花,云南黄梅,云南黄素馨,云南黄馨);Japanese Jasmine, Mesny Jasmine, Primrose Jasmine, Yellow Jasmine ●
211906 Jasminum meyeri-johannis Engl.;迈尔约翰素馨●☆
211907 Jasminum microcalyx Hance;小萼素馨;Smallcalyx Jurinea, Small-calyxed Jasmine ●
211908 Jasminum microphyllum Baker = Jasminum streptopus E. Mey. ●☆
211909 Jasminum mildbraedii Gilg et G. Schellenb. = Jasminum schimperi Vatke ●☆
211910 Jasminum monticola Gilg et G. Schellenb. = Jasminum preussii Engl. et Knobl. ●☆
211911 Jasminum mossamedense Hiern;莫萨梅迪素馨●☆
211912 Jasminum multiflorum (Burm. f.) Andréws;毛茉莉;Downy Jasmine, Multiflorous Jasmine, Multiflowers Jasmine, Star Jasmine ●
211913 Jasminum multiflorum (Burm. f.) Andréws = Jasminum elongatum (Bergius) Willd. ●
211914 Jasminum multipartitum Hochst.;多深裂素馨●☆
211915 Jasminum narcissiodorum Gilg et Schellenb.;水仙素馨●☆
211916 Jasminum nardydorum Breteler;纳尔迪多素馨●☆
211917 Jasminum natalense Gilg et Schellenb. = Jasminum angulare Vahl ●☆
211918 Jasminum nervosum Lour.;青藤仔(白茉莉,侧鱼胆,大素馨花,鸡骨香,金丝藤,牛腿风,青仔藤,山四英,山素馨,山素英,香花藤,蟹角胆藤);Hemsley Jasmine, Mountain Jasmine, Veined Jasmine ●
211919 Jasminum nervosum Lour. var. elegans (Hemsl.) L. C. Chia;小叶青藤仔;Graceful Veined Jasmine ●
211920 Jasminum nervosum Lour. var. elegans (Hemsl.) L. C. Chia = Jasminum nervosum Lour. ●
211921 Jasminum nervosum Lour. var. villosum (H. Lév.) L. C. Chia;毛青藤仔;Villous Veined Jasmine ●
211922 Jasminum nervosum Lour. var. villosum (H. Lév.) L. C. Chia = Jasminum nervosum Lour. ●
211923 Jasminum newtonii Gilg et Schellenb.;纽敦素馨●☆
211924 Jasminum nigericum A. Chev. = Jasminum dichotomum Vahl ●☆
211925 Jasminum niloticum Gilg;尼罗河素馨●☆
211926 Jasminum nintooides Rehder;银花素馨(大叶接骨藤,金银花);Honeysuklelike Jurinea, Silver-flowered Jasmine ●
211927 Jasminum nitidum V. Naray.;光亮素馨;Angel Wing Jasmine, Angelwing Jasmine, Shining Jasmine ●☆
211928 Jasminum nobile C. B. Clarke subsp. rex (Dunn) P. S. Green;王素馨●☆
211929 Jasminum noctiflorum Afzel. = Jasminum dichotomum Vahl ●☆
211930 Jasminum noldeanum Knobl.;安哥拉迎春花●☆
211931 Jasminum nudiflorum Lindl.;迎春花(黄梅,金梅,金梅花,金腰带,清明花,小黄花,新雉,腰金带,迎春);South African Jasmine, Winter Jasmine, Winter Yellow Jasmine, Winter-flowering Jasmine ●
211932 Jasminum nudiflorum Lindl. var. pulvinatum (W. W. Sm.) Kobuski;垫状迎春(藏迎春);Cushion-shaped Jasmine ●
211933 Jasminum nummulariifolium Baker;铜钱叶素馨●☆
211934 Jasminum oblongum Burm. f. = Gymnanthera oblonga (Burm. f.) P. S. Green ●
211935 Jasminum obovatum Baker = Jasminum pauciflorum Benth. ●☆
211936 Jasminum obtusifolium Baker;钝叶素馨●☆
211937 Jasminum octocuspe Baker;八尖素馨●☆
211938 Jasminum odoratissimum L.;浓香探春(黄馨,金茉莉,台湾素馨,秀英,秀英花);Jonquil-scented Jasmine, Sweet Jasmine, Sweetest Jasmine, True Jasmine, True Yellow Jasmine ●☆
211939 Jasminum odoratissimum L. subsp. goetzeanum (Gilg) P. S. Green;格兹素馨●☆
211940 Jasminum officinale L.;素方花(蔓茉莉,素藤花,素馨,耶悉茗);Common Jasmine, Common White Jasmine, French Jasmine, Gelsemine, Gesmine, Gesse, Gessemine, Gethsemane, Jasmine, Jessamine, Jessamy, Jesse, Jesse's Flower, Poet's Jessamine, Poet's Jasmine, Summer Jasmine, True Jasmine, White Jasmine ●
211941 Jasminum officinale L. 'Argenteovariegatum';黄边素方花●☆
211942 Jasminum officinale L. 'Aureum';金叶素方花●☆
211943 Jasminum officinale L. f. affine (Royle ex Lindl.) Rehder = Jasminum officinale L. ●
211944 Jasminum officinale L. f. affine G. Nicholson = Jasminum officinale L. ●
211945 Jasminum officinale L. f. grandiflorum (L.) Kobuski = Jasminum grandiflorum L. ●
211946 Jasminum officinale L. var. affine (Royle ex Lindl.) G. Nicholson = Jasminum officinale L. ●
211947 Jasminum officinale L. var. affine (Royle ex Lindl.) Rehder;大花素方花;Big-flower Common White Jasmine ●
211948 Jasminum officinale L. var. affine (Royle ex Lindl.) Rehder = Jasminum officinale L. ●
211949 Jasminum officinale L. var. grandiflorum (L.) Kobuski = Jasminum grandiflorum L. ●
211950 Jasminum officinale L. var. grandiflorum (L.) Stokes = Jasminum grandiflorum L. ●
211951 Jasminum officinale L. var. piliferum P. Y. Bai;毛素方花(具毛素方花);Hairy Common White Jasmine ●
211952 Jasminum officinale L. var. tibeticum C. Y. Wu ex P. Y. Bai;西藏素方花;Xizang Common White Jasmine ●
211953 Jasminum oleicarpum Baker = Jasminum multipartitum Hochst. ●☆
211954 Jasminum pachyphyllum Hemsl. = Jasminum lanceolarium Roxb. ●

211955 Jasminum paniculatum Roxb. = Jasminum lanceolarium Roxb. ●

211956 Jasminum parkeri Dunn;帕氏素馨(矮茉莉,细叶黄馨);Dwarf Jasmine,Parker's Jasmine ●☆

211957 Jasminum parvifolium Knobl. = Jasminum streptopus E. Mey. ●☆

211958 Jasminum pauciflorum Benth.;少花素馨●☆

211959 Jasminum pentaneurum Hand.-Mazz.;厚叶素馨;Thick-leaf Jasmine,Thick-leaved Jasmine ●

211960 Jasminum pierreanum Gagnep.;心叶素馨(心叶茉莉,心叶席氏素馨);Cordate-leaf Jasmine, Heartleaf Jurinea, Heart-leaved Jasmine ●

211961 Jasminum pilosicalyx Kobuski = Jasminum craibianum Kerr ●

211962 Jasminum pinfaense Gagnep. = Jasminum prainii H. Lév. ●

211963 Jasminum polyanthum Franch.;多花素馨(狗牙花,鸡爪花,素馨花,素兴花,野素馨);Jasmine, Manyflower Jasmine, Pink Jasmine,Polyanthous Jasmine,Winter Jasmine ●

211964 Jasminum pospischilii Gilg = Jasminum fluminense Vell. ●☆

211965 Jasminum prainii H. Lév.;披针叶素馨(蒲氏素馨);Prain's Jasmine ●

211966 Jasminum preussii Engl. et Knobl.;普罗伊斯素馨●☆

211967 Jasminum preussii Engl. et Knobl. f. minutiflorum Roberty = Jasminum preussii Engl. et Knobl. ●☆

211968 Jasminum primulinum Hemsl. = Jasminum mesnyi Hance ●

211969 Jasminum pteropodum H. Perrier;翅梗素馨●☆

211970 Jasminum puberulum Baker;微毛素馨●☆

211971 Jasminum pubescens (Retz.) Willd. = Jasminum multiflorum (Burm. f.) Andréws ●

211972 Jasminum pubigerum D. Don = Jasminum humile L. f. pubigerum (D. Don) Grohmann ●

211973 Jasminum pulvilliferum S. Moore = Jasminum schimperi Vatke ●☆

211974 Jasminum pulvinatum W. W. Sm. = Jasminum nudiflorum Lindl. var. pulvinatum (W. W. Sm.) Kobuski ●

211975 Jasminum punctulatum Chiov.;小斑素馨●☆

211976 Jasminum quinatum Schinz;五出素馨●☆

211977 Jasminum quinquinerve Lamb. ex D. Don = Jasminum dispermum Wall. ●

211978 Jasminum radcliffei S. Moore = Jasminum schimperi Vatke ●☆

211979 Jasminum rehderianum Kobuski;白皮素馨(白皮藤);Rehder's Jasmine,Whitebark Jurinea ●

211980 Jasminum reticulatum Wall. = Jasminum coarctatum Roxb. ●

211981 Jasminum revolutum Sims = Jasminum humile L. 'Revolutum' ●☆

211982 Jasminum rex Dunn = Jasminum nobile C. B. Clarke subsp. rex (Dunn) P. S. Green ●☆

211983 Jasminum rigidum Thwaites = Jasminum cuspidatum Kerr ●☆

211984 Jasminum robustifolium Kobuski = Jasminum attenuatum Roxb. ●

211985 Jasminum rooseveltii De Wild. = Jasminum fluminense Vell. ●☆

211986 Jasminum rotundatum Knobl. = Jasminum streptopus E. Mey. ●☆

211987 Jasminum rufohirtum Gagnep.;云南素馨;Yunnan Jasmine ●

211988 Jasminum rutshuruense De Wild. = Jasminum abyssinicum Hochst. ex DC. ●☆

211989 Jasminum ruwenzoriense De Wild. = Jasminum abyssinicum Hochst. ex DC. ●☆

211990 Jasminum sambac (L.) Aiton;茉莉花(暗麝,冰蕤,抽花,雕琼,莉,鬘华,缦华,没利,没利花,磨利,抹厉,抹厉花,抹丽,抹利,末丽花,末利,末利花,末廉,茉,茉莉,木梨花,奈花,柰花,三白,散沫花,山榴花,素馨,狎客,小南强,雅友,玉麝,远客,指甲花);Arab Jurinea,Arabian Jasmine,Zambak ●

211991 Jasminum sambac (L.) Aiton 'Grand Duke of Tuscany';重瓣茉莉花●☆

211992 Jasminum schimperi Vatke;欣珀茉莉花●☆

211993 Jasminum schneideri H. Lév. = Jasminum duclouxii (H. Lév.) Rehder ●

211994 Jasminum schweinfurthii Gilg = Jasminum pauciflorum Benth. ●☆

211995 Jasminum schweinfurthii Gilg var. chisimajense Chiov. = Jasminum punctulatum Chiov. ●☆

211996 Jasminum seguinii H. Lév.;亮叶素馨(白花藤,大理素馨,金银花,亮叶茉莉,木本素馨,四季素馨花,席氏素馨);Seguin Jasmine ●

211997 Jasminum seguinii H. Lév. var. cordatulum Merr. et Chun ex L. C. Chia;心叶茉莉(心叶西民素馨);Cordateleaf Jasmine ●

211998 Jasminum seguinii H. Lév. var. cordatulum Merr. et Chun ex L. C. Chia = Jasminum pierreanum Gagnep. ●

211999 Jasminum seguinii H. Lév. var. latilobum Hand.-Mazz.;宽瓣茉莉;Broadlobe Jasmine ●

212000 Jasminum seguinii H. Lév. var. latilobum Hand.-Mazz. = Jasminum seguinii H. Lév. ●

212001 Jasminum sempervirense Kerr = Jasminum subglandulosum Kurz ●

212002 Jasminum shimadai Hayata = Jasminum lanceolarium Roxb. ●

212003 Jasminum sieboldianum Blume = Jasminum nudiflorum Lindl. ●

212004 Jasminum sinense Hemsl.;华素馨(华清香藤,琉球茉莉花);China Jurinea,Chinese Jasmine ●

212005 Jasminum sinense Hemsl. = Jasminum superfluum Koidz. ●

212006 Jasminum sinense Hemsl. var. septentrionale Hand.-Mazz. = Jasminum sinense Hemsl. ●

212007 Jasminum smithii Baker = Jasminum meyeri-johannis Engl. ●☆

212008 Jasminum somaliense Baker = Jasminum fluminense Vell. ●☆

212009 Jasminum soyauxii Gilg et G. Schellenb. = Jasminum pauciflorum Benth. ●☆

212010 Jasminum stans Pax;直立素馨●☆

212011 Jasminum stenodon Baker = Jasminum angolense Welw. ex Baker ●☆

212012 Jasminum stenolobum Rolfe;窄裂素馨●☆

212013 Jasminum stephanense Lemoine;淡红素馨(钩良树);Reddish Jurinea ●

212014 Jasminum steudneri Schweinf. ex Baker = Jasminum grandiflorum L. subsp. floribundum (R. Br. ex Fresen.) P. S. Green ●☆

212015 Jasminum stolzeanum Knobl. = Jasminum streptopus E. Mey. ●☆

212016 Jasminum streptopus E. Mey.;扭梗素馨●☆

212017 Jasminum streptopus E. Mey. var. transvaalensis (S. Moore) I. Verd.;德兰士瓦素馨●☆

212018 Jasminum subglandulosum Kurz;腺叶素馨(滇南素馨,王氏素馨);Wang Jasmine ●

212019 Jasminum subhumile W. W. Sm.;滇素馨(白藤,粉毛素馨,光素馨,鸡脚三树,三叉叶,三爪皮,喜叶子,野辣子棵);Kunming Jurinea,Lower Jasmine ●

212020 Jasminum subhumile W. W. Sm. var. glabricymosum (W. W. Sm.) P. Y. Bai = Jasminum subhumile W. W. Sm. ●

212021 Jasminum subtriplinerve Blume = Jasminum nervosum Lour. ●

212022 Jasminum subtriplinerve Blume = Jasminum pentaneurum

Hand. -Mazz. ●
212023 Jasminum subulatum Lindl. = Jasminum floridum Bunge ●
212024 Jasminum superfluum Koidz.;琉球茉莉花●
212025 Jasminum superfluum Koidz. = Jasminum sinense Hemsl. ●
212026 Jasminum swynnertonii S. Moore = Jasminum streptopus E. Mey. ●☆
212027 Jasminum syringa S. Moore = Jasminum bakeri Scott-Elliot ●☆
212028 Jasminum taiwanianum Masam. = Jasminum lanceolarium Roxb. ●
212029 Jasminum taiwanianum Masam. = Jasminum urophyllum Hemsl. ●
212030 Jasminum talbotii Wernham = Jasminum pauciflorum Benth. ●☆
212031 Jasminum taliense W. W. Sm. = Jasminum seguinii H. Lév. ●
212032 Jasminum ternifolium Baker = Jasminum dichotomum Vahl ●☆
212033 Jasminum ternum Knobl. = Jasminum dichotomum Vahl ●☆
212034 Jasminum tettense Klotzsch = Jasminum fluminense Vell. ●☆
212035 Jasminum thomense Exell;汤姆素馨●☆
212036 Jasminum tomentosum Knobl. = Jasminum stenolobum Rolfe ●☆
212037 Jasminum tomentosum Knobl. var. lutambense ? = Jasminum stenolobum Rolfe ●☆
212038 Jasminum tomentosum Knobl. var. somalense Fiori = Jasminum punctulatum Chiov. ●☆
212039 Jasminum tomentosum S. Y. Bao ex P. Y. Bai = Jasminum hongshuihoense Z. P. Jien ex B. M. Miao ●
212040 Jasminum tonkinense Gagnep.;东京素馨(密花素馨);Tonkin Jasmine ●
212041 Jasminum tortuosum Willd.;扭曲素馨●☆
212042 Jasminum transvaalense S. Moore = Jasminum streptopus E. Mey. var. transvaalensis (S. Moore) I. Verd. ●☆
212043 Jasminum trinerve Vahl;三脉素馨●☆
212044 Jasminum trinerve Vahl = Jasminum pentaneurum Hand. -Mazz. ●
212045 Jasminum trineuron Kobuski = Jasminum nervosum Lour. ●
212046 Jasminum tsinglingense Lingelsh. = Jasminum floridum Bunge ●
212047 Jasminum uhligii Gilg et G. Schellenb. = Jasminum fluminense Vell. ●☆
212048 Jasminum umbellulatum Gilg et G. Schellenb. = Jasminum pauciflorum Benth. ●☆
212049 Jasminum undulatum Ker Gawl. = Jasminum amplexicaule Buch. -Ham. ●
212050 Jasminum undulatum Ker Gawl. = Jasminum elongatum (Bergius) Willd. ●
212051 Jasminum undulatum Ker Gawl. var. elegans Hemsl. = Jasminum nervosum Lour. ●
212052 Jasminum urophyllum Hemsl.;川素馨(川西素馨,台湾素馨,尾叶山素英);Sichuan Jasmine, Tailleaf Jurinea, Urophyllous Jasmine ●
212053 Jasminum urophyllum Hemsl. var. henryi Rehder = Jasminum urophyllum Hemsl. ●
212054 Jasminum urophyllum Hemsl. var. wilsonii Rehder = Jasminum urophyllum Hemsl. ●
212055 Jasminum valbrayi H. Lév. = Jasminum beesianum Forrest et Diels ●
212056 Jasminum vanderystii De Wild. = Jasminum pauciflorum Benth. ●☆
212057 Jasminum verdickii De Wild.;韦尔素馨●☆
212058 Jasminum violascens Lingelsh. = Jasminum beesianum Forrest et Diels ●
212059 Jasminum virgatum Knobl. = Jasminum streptopus E. Mey. ●☆
212060 Jasminum viridescens Gilg et G. Schellenb. = Jasminum streptopus E. Mey. ●☆
212061 Jasminum volubile Jacq. var. pubescens Pamp. = Jasminum lanceolarium Roxb. ●
212062 Jasminum walleri Baker = Jasminum streptopus E. Mey. ●☆
212063 Jasminum wallichianum Lindl. = Jasminum humile L. f. wallichianum (Lindl.) P. S. Green ●
212064 Jasminum wangii Kobuski = Jasminum subglandulosum Kurz ●
212065 Jasminum wardii Adams. = Jasminum beesianum Forrest et Diels ●
212066 Jasminum warneckei Gilg et G. Schellenb. = Jasminum pauciflorum Benth. ●☆
212067 Jasminum welwitschii Baker = Jasminum pauciflorum Benth. ●☆
212068 Jasminum wengeri C. E. C. Fisch.;异叶素馨(异叶清香藤);Anisophyllous Jasmine, Differentleaf Jasmine ●
212069 Jasminum wittei Staner = Jasminum abyssinicum Hochst. ex DC. ●☆
212070 Jasminum wyliei N. E. Br. = Jasminum abyssinicum Hochst. ex DC. ●☆
212071 Jasminum xizangense B. M. Miao;西藏素馨;Xizang Jasmine ●
212072 Jasminum xizangense B. M. Miao = Jasminum stephanense Lemoine ●
212073 Jasminum yingjiangense P. Y. Bai = Jasminum flexile Vahl ●
212074 Jasminum yuanjiangense P. Y. Bai;元江素馨;Yuanjiang Jasmine ●
212075 Jasminum yunnanense Z. P. Jien ex P. Y. Bai = Jasminum rufohirtum Gagnep. ●
212076 Jasminum zanzibarense Bojer ex Klotzsch = Jasminum fluminense Vell. ●☆
212077 Jasminum zenkeri Gilg et G. Schellenb. = Jasminum preussii Engl. et Knobl. ●☆
212078 Jasminum zenkeri Gilg et G. Schellenb. var. glabrata ? = Jasminum preussii Engl. et Knobl. ●☆
212079 Jasonia (Cass.) Cass. (1825);块茎菊属■☆
212080 Jasonia Cass. = Jasonia (Cass.) Cass. ■☆
212081 Jasonia antiatlantica (Emb. et Maire) Gómiz = Jasonia glutinosa (L.) DC. subsp. antiatlantica (Emb. et Maire) Dobignard ■☆
212082 Jasonia candicans (Delile) Botsch.;纯白块茎菊■☆
212083 Jasonia glutinosa (L.) DC.;黏性块茎菊■☆
212084 Jasonia glutinosa (L.) DC. subsp. antiatlantica (Emb. et Maire) Dobignard;安蒂块茎菊■☆
212085 Jasonia glutinosa (L.) DC. var. antiatlantica Emb. et Maire = Jasonia glutinosa (L.) DC. subsp. antiatlantica (Emb. et Maire) Dobignard ■☆
212086 Jasonia hesperia Maire et Wilczek = Varthemia hesperia (Maire et Wilczek) Dobignard ■☆
212087 Jasonia montana (Delile) Botsch.;山地块茎菊■☆
212088 Jasonia rupestris Pomel;岩生块茎菊■☆
212089 Jasonia sericea Batt. et Trab. = Chiliadenus sericeus (Batt. et Trab.) Brullo ■☆
212090 Jasonia tuberosa DC.;块茎菊■☆
212091 Jateorhiza Miers(1849);非洲防己属(药根藤属)●☆
212092 Jateorhiza columba (Roxb.) Miers = Jateorhiza palmata (Lam.) Miers ●☆
212093 Jateorhiza macrantha (Hook. f.) Exell et Mendonça;大花非洲防己●☆
212094 Jateorhiza miersii Oliv. = Jateorhiza palmata (Lam.) Miers ●☆
212095 Jateorhiza palmata (Lam.) Miers;非洲防己;Calumba Root, Calumba ●☆

212096 Jateorhiza strigosa Miers = Jateorhiza macrantha (Hook. f.) Exell et Mendonça ●☆
212097 Jatropa Scop. = Jatropha L.(保留属名)●■
212098 Jatropha L.(1753)(保留属名);麻疯树属(膏桐属,假白榄属,麻风树属);Leprous Tree, Nettle Spurge, Pyysic-nut ●■
212099 Jatropha acerifolia Pax = Jatropha velutina Pax et K. Hoffm. ●☆
212100 Jatropha aceroides (Pax et K. Hoffm.) Hutch.;槭麻疯树●☆
212101 Jatropha aconitifolia Mill.;乌头叶麻疯树●☆
212102 Jatropha aculeata F. Dietr. = Jatropha spinosa Vahl ●☆
212103 Jatropha aethiopica Müll. Arg.;东非麻疯树●☆
212104 Jatropha afrocurcas Pax = Jatropha curcas L. ●
212105 Jatropha afrotuberosa Radcl. -Sm. et Govaerts;非洲麻疯树●☆
212106 Jatropha arguta Chiov. = Jatropha rivae Pax subsp. parvifolia (Chiov.) M. G. Gilbert et Thulin ●☆
212107 Jatropha aspleniifolia Pax;铁线蕨叶麻疯树●☆
212108 Jatropha atacorensis A. Chev.;阿塔科麻疯树●☆
212109 Jatropha batawe Pax = Jatropha stuhlmannii Pax subsp. somalensis Radcl. -Sm. ●☆
212110 Jatropha baumii Pax;鲍姆麻疯树●☆
212111 Jatropha berlandieri Torr.;伯兰麻疯树●☆
212112 Jatropha brachyadenia Pax et K. Hoffm. = Jatropha zeyheri Sond. ●☆
212113 Jatropha brockmanii Hutch. = Jatropha glauca Vahl ●☆
212114 Jatropha brockmanii Hutch. var. lejosepala Chiov. = Jatropha spicata Pax ●☆
212115 Jatropha capensis (L. f.) Sond.;好望角麻疯树●☆
212116 Jatropha cardiophylla Müll. Arg.;心叶麻疯树;Limberbush ●☆
212117 Jatropha carpinifolia Pax = Plesiatropha carpinifolia (Pax) Breteler ■☆
212118 Jatropha cervicornis Suess. = Jatropha monroi S. Moore ●☆
212119 Jatropha chevalieri Beille;舍瓦利耶麻疯树●☆
212120 Jatropha ciliata Müll. Arg.;缘毛麻疯树●☆
212121 Jatropha cinerea Müll. Arg.;灰麻疯树;Ashy Limberbush, Lomboy Blanco ●☆
212122 Jatropha cluytioides Pax et K. Hoffm. = Jatropha lagarinthoides Sond. ●☆
212123 Jatropha collina Thulin;山丘麻疯树●☆
212124 Jatropha confusa Hutch.;混乱麻疯树●☆
212125 Jatropha crinita Müll. Arg.;髯毛麻疯树●☆
212126 Jatropha cuneata Wiggins et Rollins;墨西哥楔叶麻疯树●☆
212127 Jatropha curcas L.;麻疯树(白油果,臭梧桐,臭油桐,芙蓉树,羔桐,膏桐,滑桃树,黄肿树,火漆,假白榄,假花生,亮桐,麻疯树,麻风子,木花生,青桐木,水漆,桐油树,小桐子,油洞树);Barbados Nut, Barbadosnut, Castor Oil Bean, Castoroll Bean, Curcas Bean, Fig Nut, French Physic Nut, French Physicnut, Indian Physic, Leprous Tree, Nettle Spurge, Physic Nut, Physicnut, Pig Nut, Pulza, Purge Nut, Purging Nut, Purgingnut, Vomit Nut ●
212128 Jatropha curcas L. var. glabrata Schumach. et Thonn.;光滑麻疯树●☆
212129 Jatropha decumbens Pax et K. Hoffm.;外倾麻疯树●☆
212130 Jatropha dioica Sessé;异株麻疯树;Leatherstem ●☆
212131 Jatropha dulcis J. F. Gmel. = Manihot esculenta Crantz ●☆
212132 Jatropha ellenbeckii Pax;埃伦麻疯树●☆
212133 Jatropha elliptica (Pohl) Müll. Arg.;椭圆麻疯树●☆
212134 Jatropha fallax Pax = Mildbraedia carpinifolia (Pax) Hutch. ■☆
212135 Jatropha fissispina Pax = Jatropha ellenbeckii Pax ●☆
212136 Jatropha gallabatensis Schweinf.;加拉巴特麻疯树●☆
212137 Jatropha gaumeri Greenm.;高默麻疯树●☆
212138 Jatropha glabrescens Pax et K. Hoffm. = Jatropha hirsuta Hochst. var. glabrescens (Pax et K. Hoffm.) Prain ●☆
212139 Jatropha glandulifera Roxb.;小腺麻疯树;Glandulifer Nettle Spurge ●☆
212140 Jatropha glandulosa Vahl = Jatropha pelargoniifolia Courbon ●☆
212141 Jatropha glandulosa Vahl var. glabra (Müll. Arg.) Radcl. -Sm. = Jatropha pelargoniifolia Courbon var. glabra (Müll. Arg.) Radcl. -Sm. ●☆
212142 Jatropha glauca Vahl;灰蓝麻疯树●☆
212143 Jatropha globosa Gaertn. = Hyaenanche globosa (Gaertn.) Lamb. et Vahl ●☆
212144 Jatropha gossypiifolia L.;棉叶麻疯树(草棉叶麻疯树,棉叶珊瑚花);Belleyache Bush, Bellyache Bush, Belly-ache Bush, Cottonleaf Physic, Cotton-leaved Nettle Spurge, Frailecillo, Red Fig-nut Flower, Wild Cassada ●
212145 Jatropha gossypiifolia L. var. elegans (Pohl) Müll. Arg.;棉叶木花生(棉叶膏桐,三叉风,野裂头麻疯树,野裂颜麻疯树);Bellyache Bush ●
212146 Jatropha hastata Griseb.;戟叶麻疯树(戟形麻疯树)●☆
212147 Jatropha heterophylla Pax = Jatropha variifolia Pax ●☆
212148 Jatropha heterophylla Steud.;异叶麻疯树;Diverseleaf Nettle Spurge ●☆
212149 Jatropha heudelotii Baill. = Ricinodendron heudelotii (Baill.) Pierre ex Heckel ●☆
212150 Jatropha hildebrandtii Pax;希尔德麻疯树●☆
212151 Jatropha hildebrandtii Pax var. torrentis-lugardi Radcl. -Sm.;卢格德麻疯树●☆
212152 Jatropha hirsuta Hochst.;粗毛麻疯树●☆
212153 Jatropha hirsuta Hochst. var. glabrescens (Pax et K. Hoffm.) Prain;渐光麻疯树●☆
212154 Jatropha hirsuta Hochst. var. oblongifolia Prain;矩圆叶麻疯树●☆
212155 Jatropha horizontalis M. G. Gilbert;平展麻疯树●☆
212156 Jatropha humifusa Thulin;平伏麻疯树●☆
212157 Jatropha humilis N. E. Br. = Jatropha seineri Pax ●☆
212158 Jatropha hypogyna Radcl. -Sm. et Thulin;下位麻疯树●☆
212159 Jatropha inaequispina Thulin;不等刺麻疯树●☆
212160 Jatropha integerrima Jacq.;褐叶麻疯树(变叶珊瑚花,火漆花);Compact jatropha, Peregrina, Spicy Jatropha ●
212161 Jatropha integerrima Jacq. var. hastata (Jacq.) F. R. Fosberg;戟形麻疯树;Peregrina ●☆
212162 Jatropha janipha L.;双面假白榄●☆
212163 Jatropha kamerunica Pax et K. Hoffm.;喀麦隆麻疯树●☆
212164 Jatropha kilimandscharica Pax et K. Hoffm. = Jatropha spicata Pax ●☆
212165 Jatropha lagarinthoides Sond.;裂舌萝藦麻疯树●☆
212166 Jatropha latifolia Pax;宽叶麻疯树●☆
212167 Jatropha latifolia Pax var. subeglandulosa Radcl. -Sm.;近无腺麻疯树●☆
212168 Jatropha latifolia Pax var. swazica Prain;斯威士麻疯树●☆
212169 Jatropha lobata (Forssk.) Müll. Arg. = Jatropha glauca Vahl ●☆
212170 Jatropha lobata (Forssk.) Müll. Arg. subsp. aceroides Pax et K. Hoffm. = Jatropha aceroides (Pax et K. Hoffm.) Hutch. ●☆
212171 Jatropha lobata (Forssk.) Müll. Arg. var. pubescens Chiov. = Jatropha stuhlmannii Pax subsp. somalensis Radcl. -Sm. ●☆

212172 Jatropha lobata (Forssk.) Müll. Arg. var. senegalensis Müll. Arg.;塞内加尔麻疯树●☆
212173 Jatropha lobata Müll. Arg. var. richardiana ? = Jatropha glauca Vahl ●☆
212174 Jatropha macrorhiza Benth.;大根麻疯树(大根假白榄)●☆
212175 Jatropha mahafalensis Jum. et H. Perrier;马哈法尔麻疯树●☆
212176 Jatropha manihot L. = Manihot esculenta Crantz ●☆
212177 Jatropha marginata Chiov. = Jatropha crinita Müll. Arg. ●☆
212178 Jatropha marmorata Thulin;大理石麻疯树●☆
212179 Jatropha melanosperma Pax;黑籽麻疯树●☆
212180 Jatropha messinica E. A. Bruce = Jatropha spicata Pax ●☆
212181 Jatropha microdonta Radcl. -Sm.;小齿麻疯树●☆
212182 Jatropha mollis Pax;柔软麻疯树●☆
212183 Jatropha moluccana L. = Aleurites moluccana (L.) Willd. ●
212184 Jatropha monroi S. Moore;门罗麻疯树●☆
212185 Jatropha montana Willd. = Baliospermum montanum (Willd.) Müll. Arg. ●
212186 Jatropha multifida L.;大叶麻疯树(珊瑚花,珊瑚树,细裂珊瑚油洞);Coral Bush, Coral Plant, Coral Tree, Coralbush, Multifid-leaved Nettle Spurge, Physic Nut, Tyle-berry ●
212187 Jatropha natalensis Müll. Arg.;纳塔尔麻疯树●☆
212188 Jatropha neriifolia Müll. Arg.;夹竹桃叶麻疯树●☆
212189 Jatropha nogalensis Chiov.;诺加尔麻疯树●☆
212190 Jatropha obbiadensis Chiov.;奥比亚德麻疯树●☆
212191 Jatropha oblanceolata Radcl. -Sm.;倒披针形麻疯树●☆
212192 Jatropha pachyrrhiza Radcl. -Sm.;粗根麻疯树●☆
212193 Jatropha palmatifida Baker = Jatropha glauca Vahl ●☆
212194 Jatropha pandurifolia Andr.;日日樱(南洋樱,琴叶樱);Pandurifoliate Nettle Spurge ●
212195 Jatropha paradoxa (Chiov.) Chiov.;奇异麻疯树●☆
212196 Jatropha parvifolia Chiov. = Jatropha rivae Pax subsp. parvifolia (Chiov.) M. G. Gilbert et Thulin ●☆
212197 Jatropha pelargoniifolia Courbon;天竺葵麻疯树●☆
212198 Jatropha pelargoniifolia Courbon var. glabra (Müll. Arg.) Radcl. -Sm.;光滑天竺葵麻疯树●☆
212199 Jatropha pelargoniifolia Courbon var. glandulosa (Vahl) Radcl. -Sm. = Jatropha pelargoniifolia Courbon ●☆
212200 Jatropha pelargoniifolia Courbon var. sublobata (O. Schwartz) Radcl. -Sm.;微裂麻疯树●☆
212201 Jatropha phillipseae Rendle = Jatropha glauca Vahl ●☆
212202 Jatropha podagrica Hook.;佛肚树(独脚莲,佛杜树,佛肚花,红花金花果,惠阳独脚莲,麻烘娘,珊瑚油洞,痛风麻疯树,西非麻疯树);Australian Bottle Plant, Buddha Belly Plant, Buddhagut Tree, Buddh-belly Tree, Gout Plant, Goutystalk Nettlespurge, Guatemale Rhubarb, Nettle Spurge, Physic Nut, Tartago, Tartogo ●
212203 Jatropha prunifolia Pax;粉叶麻疯树●☆
212204 Jatropha pseudocurcas Müll. Arg.;墨西哥麻疯树(墨麻疯树)●☆
212205 Jatropha pseudoglandulifera Pax = Jatropha hildebrandtii Pax ●☆
212206 Jatropha pungens Forssk. = Tragia pungens (Forssk.) Müll. Arg. ●☆
212207 Jatropha ricinifolia Fenzl ex Baill. = Jatropha glauca Vahl ●☆
212208 Jatropha rivae Pax;沟麻疯树●☆
212209 Jatropha rivae Pax subsp. parvifolia (Chiov.) M. G. Gilbert et Thulin;小叶沟麻疯树●☆
212210 Jatropha rivae Pax subsp. quercifolia M. G. Gilbert et Thulin;栎叶沟麻疯树●☆
212211 Jatropha robecchii Pax;罗贝克麻疯树●☆
212212 Jatropha sabdariffa Schweinf. = Jatropha aethiopica Müll. Arg. ●☆
212213 Jatropha scaposa Radcl. -Sm.;花茎麻疯树●☆
212214 Jatropha schlechteri Pax;施莱麻疯树●☆
212215 Jatropha schlechteri Pax subsp. setifera (Hutch.) Radcl. -Sm.;刚毛麻疯树●☆
212216 Jatropha schweinfurthii Pax;施韦麻疯树●☆
212217 Jatropha schweinfurthii Pax subsp. atrichocarpa Radcl. -Sm.;光果麻疯树●☆
212218 Jatropha schweinfurthii Pax subsp. zambica Radcl. -Sm.;赞比亚麻疯树●☆
212219 Jatropha seineri Pax;塞纳麻疯树●☆
212220 Jatropha seineri Pax var. tomentella Radcl. -Sm.;毛塞纳麻疯树●☆
212221 Jatropha setifera Hutch. = Jatropha schlechteri Pax subsp. setifera (Hutch.) Radcl. -Sm. ●☆
212222 Jatropha somalensis Pax = Jatropha spicata Pax ●☆
212223 Jatropha spathulata (Ortega) Müll. Arg.;匙叶麻疯树●☆
212224 Jatropha spicata Pax;索马里麻疯树●☆
212225 Jatropha spinosa Vahl;具刺麻疯树●☆
212226 Jatropha spinosa Vahl var. somalensis Pax;索马里具刺麻疯树●☆
212227 Jatropha spinosissima Thulin;多刺麻疯树●☆
212228 Jatropha stimulosa Michx.;刺毛麻疯树;Bull Nettle, Nettles Bull, Spurge Nettle ●☆
212229 Jatropha stuhlmannii Pax;斯图尔曼麻疯树●☆
212230 Jatropha stuhlmannii Pax subsp. somalensis Radcl. -Sm.;索马里刺毛麻疯树●☆
212231 Jatropha subaequiloba Radcl. -Sm.;近等裂麻疯树●☆
212232 Jatropha tenuicaulis Thulin;细茎麻疯树●☆
212233 Jatropha tetracantha Chiov. = Jatropha ellenbeckii Pax ●☆
212234 Jatropha texana Müll. Arg.;得州麻疯树●☆
212235 Jatropha trifida Chiov. = Jatropha spicata Pax ●☆
212236 Jatropha tropaeolifolia Pax;旱金莲叶麻疯树●☆
212237 Jatropha tuberosa Pax = Jatropha afrotuberosa Radcl. -Sm. et Govaerts ●☆
212238 Jatropha urens L.;螫毛麻疯树●☆
212239 Jatropha variabilis Radcl. -Sm.;易变麻疯树●☆
212240 Jatropha variifolia Pax;杂叶麻疯树●☆
212241 Jatropha velutina Pax et K. Hoffm.;短绒毛麻疯树●☆
212242 Jatropha villosa (Forssk.) Müll. Arg. = Jatropha pelargoniifolia Courbon ●☆
212243 Jatropha villosa (Forssk.) Müll. Arg. var. glabra Müll. Arg. = Jatropha pelargoniifolia Courbon var. glabra (Müll. Arg.) Radcl. -Sm. ●☆
212244 Jatropha villosa (Forssk.) Müll. Arg. var. sublobata O. Schwartz = Jatropha pelargoniifolia Courbon var. sublobata (O. Schwartz) Radcl. -Sm. ●☆
212245 Jatropha woodii Kuntze;伍得麻疯树●☆
212246 Jatropha zeyheri Sond.;泽耶尔麻疯树●☆
212247 Jatropha zeyheri Sond. var. platyphylla Pax = Jatropha zeyheri Sond. ●☆
212248 Jatropha zeyheri Sond. var. subsimplex Prain = Jatropha zeyheri Sond. ●☆
212249 Jatrops Rottb. = Marcgravia L. ●☆

212250 Jatrorhiza Miers ex Planch. = Jateorhiza Miers ●☆

212251 Jatrorhiza Planch. = Jateorhiza Miers ●☆

212252 Jatus Kuntze = Tectona L. f.（保留属名）●

212253 Jaubertia Guill.（1841）;若贝尔茜属■☆

212254 Jaubertia Spach ex Jaub. et Spach = Dipterocome Fisch. et C. A. Mey. ■☆

212255 Jaubertia calycoptera（Decne.）Täckh. et Boulos = Pterogaillonia calycoptera（Decne.）Lincz. ■☆

212256 Jaubertia reboudiana（Coss. et Durieu）Ehrend. et Schönb.-Tem.;若贝尔茜■☆

212257 Jaumea Pers.（1807）;碱菊属■●☆

212258 Jaumea altissima Klatt = Hypericophyllum altissimum（Klatt）J.-P. Lebrun et Stork ■☆

212259 Jaumea angolensis O. Hoffm. = Hypericophyllum angolense（O. Hoffm.）N. E. Br. ■☆

212260 Jaumea carnosa（Less.）A. Gray;碱菊■☆

212261 Jaumea chevalieri O. Hoffm.;舍瓦利耶碱菊■☆

212262 Jaumea compositarum（Steetz）Oliv. et Hiern = Hypericophyllum compositarum Steetz ■☆

212263 Jaumea compositarum Klatt = Hypericophyllum angolense（O. Hoffm.）N. E. Br. ■☆

212264 Jaumea congoense O. Hoffm. = Hypericophyllum congoense（O. Hoffm.）N. E. Br. ■☆

212265 Jaumea elata O. Hoffm. = Hypericophyllum elatum（O. Hoffm.）N. E. Br. ■☆

212266 Jaumea gossweileri（S. Moore）Mattf. = Hypericophyllum gossweileri S. Moore ■☆

212267 Jaumea helenae Buscal. et Muschl.;海伦娜碱菊■☆

212268 Jaumea hessii Merxm. = Hypericophyllum hessii（Merxm.）G. V. Pope ■☆

212269 Jaumea johnstonii Baker = Hypericophyllum compositarum Steetz ■☆

212270 Jaumea multicaulis（Hutch.）Mattf. = Hypericophyllum multicaule Hutch. ■☆

212271 Jaumea rotundifolia Mattf.;圆形碱菊■☆

212272 Jaumea scabrida（N. E. Br.）Lawalrée = Hypericophyllum angolense（O. Hoffm.）N. E. Br. ■☆

212273 Jaumea speciosa Lawalrée = Hypericophyllum elatum（O. Hoffm.）N. E. Br. ■☆

212274 Jaumea tessmannii Mattf. = Hypericophyllum tessmannii（Mattf.）G. V. Pope ■☆

212275 Jaumeopsis Hieron = Jaumea Pers. ■●☆

212276 Jaundea Gilg = Rourea Aubl.（保留属名）●

212277 Jaundea baumannii（Gilg）G. Schellenb. = Rourea thomsonii（Baker）Jongkind ●☆

212278 Jaundea congolana G. Schellenb. = Rourea thomsonii（Baker）Jongkind ●☆

212279 Jaundea monticola（Gilg）G. Schellenb. = Rourea thomsonii（Baker）Jongkind ●☆

212280 Jaundea oddonii（De Wild.）G. Schellenb. = Rourea thomsonii（Baker）Jongkind ●☆

212281 Jaundea pinnata（P. Beauv.）G. Schellenb. = Rourea thomsonii（Baker）Jongkind ●☆

212282 Jaundea pubescens（Baker）G. Schellenb. = Rourea thomsonii（Baker）Jongkind ●☆

212283 Jaundea pubescens（Baker）G. Schellenb. var. oddonii（De Wild.）Troupin = Rourea thomsonii（Baker）Jongkind ●☆

212284 Jaundea zenkeri Gilg = Rourea thomsonii（Baker）Jongkind ●☆

212285 Javorkaea Borhidi et Jarai-Koml.（1984）;亚沃茜属●☆

212286 Javorkaea Borhidi et Jarai-Koml. = Rondeletia L. ●

212287 Javorkaea hondurensis（Dorm. Sm.）Borhidi et Jarai-Koml.;亚沃茜●☆

212288 Jeanneretia Gaudich. = Pandanus Parkinson ex Du Roi ●■

212289 Jebine Post et Kuntze = Iebine Raf. ■

212290 Jebine Post et Kuntze = Leptorkis Thouars（废弃属名）■

212291 Jebine Post et Kuntze = Liparis Rich.（保留属名）■

212292 Jedda J. R. Clarkson（1986）;对叶瑞香属●☆

212293 Jedda multicaulis Clarkson;对叶瑞香●☆

212294 Jefea Strother（1991）;小叶苞菊属■☆

212295 Jefea brevifolia（A. Gray）Strother;小叶苞菊;Shorthorn Zexmenia ■☆

212296 Jeffersonia Barton（1793）;二叶鲜黄连属（鲜新黄连属）;Jeffersonie,Twinleaf,Twin-leaf ■☆

212297 Jeffersonia Brickell = Gelsemium Juss. ●

212298 Jeffersonia Brickell = Gelsemium Juss. ●

212299 Jeffersonia diphylla（L.）Pers.;二叶鲜黄连（北美鲜黄连,北美新黄连,二叶鲜新黄连,双叶鲜黄连）;American Twinleaf, Rheumatism Root,Rheumatism-root,Twinleaf,Twin-leaf ■☆

212300 Jeffersonia dubia（Maxim.）Benth. et Hook. f. ex Baker et Moore = Plagiorhegma dubia Maxim. ■

212301 Jeffersonia dubia Benth. et Hook. f. et Baker et Moore = Plagiorhegma dubia Maxim. ■

212302 Jeffersonia manchuriensis Hance = Plagiorhegma dubia Maxim. ■

212303 Jeffreya Cabrera = Jeffreya Wild ■☆

212304 Jeffreya Cabrera = Neojeffreya Cabrera ■☆

212305 Jeffreya Wild（1974）;湿生菀属■☆

212306 Jeffreya decurrens（L.）Cabrera = Neojeffreya decurrens（L.）Cabrera ■☆

212307 Jeffreya palustris（O. Hoffm.）Wild;湿生菀■☆

212308 Jehlia Rose = Lopezia Cav. ■☆

212309 Jeilium Hort. ex Regel = Telanthera R. Br. ■

212310 Jejewoodia Szlach. = Ceratochilus Blume ■☆

212311 Jejosephia A. N. Rao et Mani（1986）;杰兰属■☆

212312 Jejosephia pusilla（Joseph et H. Deka）A. N. Rao et K. J. Mani;杰兰■☆

212313 Jenkinsia Griff. = Miquelia Meisn.（保留属名）●☆

212314 Jenkinsia Wall. ex Voigt = Myriopteron Griff. ●

212315 Jenkinsonia Sweet = Pelargonium L'Hér. ex Aiton ●■

212316 Jenkinsonia synotii Sweet = Pelargonium myrrhifolium（L.）L'Hér. ■☆

212317 Jenmania Rolfe = Palmorchis Barb. Rodr. ■☆

212318 Jenmania Rolfe = Rolfea Zahlbr. ■☆

212319 Jenmaniella Engl.（1927）;詹曼苔草属■☆

212320 Jenmaniella ceratophylla Engl.;詹曼苔草■☆

212321 Jennyella Lückel et Fessel = Houlletia Brongn. ■☆

212322 Jennyella Lückel et Fessel（1999）;詹尼兰属■☆

212323 Jensenobotrya A. G. J. Herre（1951）;鼠耳玉属●☆

212324 Jensenobotrya lossowiana A. G. J. Herre;鼠耳玉●☆

212325 Jensenobotrya vanheerdei L. Bolus = Stoeberia carpii Friedrich ●☆

212326 Jensia B. G. Baldwin（1999）;星紫菊属■☆

212327 Jensia rammii（Greene）B. G. Baldwin;拉姆星紫菊■☆

212328 Jensia yosemitana（Parry ex A. Gray）B. G. Baldwin;星紫菊■☆

212329 Jensoa Raf. = Cymbidium Sw. ■
212330 Jensoa ensata (Thunb.) Raf. = Cymbidium ensifolium (L.) Sw. ■
212331 Jepsonia Small(1896);杰普森虎耳草属■☆
212332 Jepsonia porryi (Torr.) Small;杰普森虎耳草■☆
212333 Jepsonisedum M. Král = Sedum L. ●■
212334 Jepsonisedum M. Král;杰普森景天属■☆
212335 Jerdonia Wight(1848);哲东苣苔属;Jerdonia ■☆
212336 Jerdonia indica Wight;哲东苣苔■☆
212337 Jeronia Pritz. = Feronia Corrêa ●
212338 Jessea H. Rob. et Cuatrec. (1994);髓菊木属●☆
212339 Jessea cooperi (Greenm.) H. Rob. et Cuatrec.;髓菊木●☆
212340 Jessea megaphylla (Greenm.) H. Rob. et Cuatrec.;大叶髓菊木●☆
212341 Jessea multivenia (Benth. ex Oerst.) H. Rob. et Cuatrec.;多脉髓菊木●☆
212342 Jessenia F. Muell. ex Sond. = Helipterum DC. ex Lindl. ■☆
212343 Jessenia H. karst. (1857);耶森棕属(阶新榈属,杰森椰属,杰森椰子属,杰森棕属,森椰属,油果椰属)●☆
212344 Jessenia H. Karst. = Oenocarpus Mart. ●☆
212345 Jessenia bataua Burret = Oenocarpus bacaba Mart. ●☆
212346 Jessenia oligocarpa Griseb. et H. Wendl. ex Griseb.;耶森棕;Turu Palm Jatrorrhiza ●☆
212347 Jessenia polycarpa H. karst. = Oenocarpus bacaba Mart. ●☆
212348 Jessiana H. Wendl. = Jessenia H. Karst. ●☆
212349 Jezabel Banks ex Salisb. = Freycinetia Gaudich. ●
212350 Jimensia Raf. (废弃属名) = Bletilla Rchb. f. (保留属名)●■
212351 Jimensia formosana (Hayata) Garay et R. E. Schult. = Bletilla formosana (Hayata) Schltr. ■
212352 Jimensia kotoensis (Hayata) Garay et R. E. Schult. = Bletilla formosana (Hayata) Schltr. ■
212353 Jimensia morrisonensis (Hayata) Garay et R. E. Schult. = Bletilla formosana (Hayata) Schltr. ■
212354 Jimensia morrisonicola (Hayata) Garay et R. E. Schult. = Bletilla formosana (Hayata) Schltr. ■
212355 Jimensia nervosa Raf. = Bletilla striata (Thunb. ex A. Murray) Rchb. f. ■
212356 Jimensia ochracea (Schltr.) Garay et R. E. Schult. = Bletilla ochracea Schltr. ■
212357 Jimensia scopulorum (W. W. Sm.) Garay et R. E. Schult. = Pleione scopulorum W. W. Sm. ■
212358 Jimensia sinensis (Rolfe) Garay et R. E. Schult. = Bletilla sinensis (Rolfe) Schltr. ■
212359 Jimensia striata (Thunb. ex A. Murray) Garay et R. E. Schult. = Bletilla striata (Thunb. ex A. Murray) Rchb. f. ■
212360 Jimensia striata (Thunb.) Garay et R. E. Schult. = Bletilla striata (Thunb. ex A. Murray) Rchb. f. ■
212361 Jimensia szetchuanica (Schltr.) Garay et R. E. Schult. = Bletilla formosana (Hayata) Schltr. ■
212362 Jimensia yunnanensis (Schltr.) Garay et R. E. Schult. = Bletilla formosana (Hayata) Schltr. ■
212363 Jinus Raf. = Tinus L. ●
212364 Jinus Raf. = Viburnum L. ●
212365 Jiraseckia Dumort. = Jirasekia F. W. Schmidt ■
212366 Jirasekia F. W. Schmidt = Anagallis L. ■
212367 Jirawongsea Picheans. (2008);东南亚姜属■☆
212368 Jirawongsea Picheans. = Caulokaempferia K. Larsen ■
212369 Joachima Ten. = Beckmannia Host ■
212370 Joachimea Benth. et Hook. f. = Joachimia Ten. ex Roem. et Schult. ■
212371 Joachimia Ten. ex Roem. et Schult. = Beckmannia Host ■
212372 Joannea Spreng. = Chuquiraga Juss. ●☆
212373 Joannea Spreng. = Johannia Willd. ●☆
212374 Joannegria Chiov. = Lintonia Stapf ■☆
212375 Joannegria brizoides Chiov. = Lintonia brizoides (Chiov.) C. E. Hubb. ■☆
212376 Joannesia Pers. = Chuquiraga Juss. ●☆
212377 Joannesia Pers. = Johannia Willd. ●☆
212378 Joannesia Vell. (1798);乔安木属(油大戟属)●☆
212379 Joannesia heveoides Ducke;乔安木(油大戟)●☆
212380 Joannesia princeps Vell.;巴西乔安木(安达树);Anda-Assy Oil,Arara Nut Tree,Arara Nut ●☆
212381 Jobalboa Chiov. = Apodytes E. Mey. ex Arn. ●
212382 Jobaphes Phil. = Plazia Ruiz et Pav. ●☆
212383 Jobinia E. Fourn. (1885);乔宾萝藦属■☆
212384 Jobinia grandis (Hand. -Mazz.) Goes et Fontella;大乔宾萝藦■☆
212385 Jobinia longicoronata Goes et Fontella;长冠乔宾萝藦■☆
212386 Jocaste Kunth = Smilacina Desf. (保留属名)■
212387 Jocaste Meisn. = Iocaste E. Mey. ex DC. ●☆
212388 Jocaste Meisn. = Phymaspermum Less. ●☆
212389 Jocaste purpurea (Wall.) Kunth = Maianthemum purpureum (Wall.) LaFrankie ■
212390 Jocayena Raf. = Tocoyena Aubl. ●☆
212391 Jodina Hook. et Arn. ex Meisn. = Iodina Hook. et Arn. ●☆
212392 Jodina Meisn. = Iodina Hook. et Arn. ●☆
212393 Jodrellia Baijnath(1978);白阿福花属■☆
212394 Jodrellia fistulosa (Chiov.) Baijnath;管状白阿福花■☆
212395 Jodrellia macrocarpa Baijnath;大果白阿福花■☆
212396 Jodrellia migiurtina (Chiov.) Baijnath;米朱蒂白阿福花■☆
212397 Johanneshowellia Reveal (2004);豪氏荞麦属;Howell's-buckwheat ■☆
212398 Johanneshowellia crateriorum Reveal;豪氏荞麦;Lunar Crater Howell's-buckwheat ■☆
212399 Johanneshowellia puberula (S. Watson) Reveal;毛豪氏荞麦;Red Creek Howell's-buckwheat ■☆
212400 Johannesia Endl. = Joannesia Vell. ●☆
212401 Johannesteijsmannia H. E. Moore(1961);菱叶棕属(帝蒲葵属,菱叶榈属,马来椰属,泰氏榈属,约翰棕属)●☆
212402 Johannesteijsmannia altifrons (Rchb. f. et Zoll.) H. E. Moore;菱叶棕(苏门塔腊棕);Joey Palm,Teysmann Palm ●☆
212403 Johannesteijsmannia magnifica J. Dransf.;银菱叶棕;Silver Joey Palm ●☆
212404 Johannia Willd. = Chuquiraga Juss. ●☆
212405 Johnia Roxb. = Salacia L. (保留属名)●
212406 Johnia Wight et Arn. = Glycine Willd. (保留属名)■
212407 Johnia Wight et Arn. = Neonotonia J. A. Lackey ■
212408 Johnia petitiana A. Rich. = Neonotonia wightii (Wight et Arn.) J. A. Lackey var. petitiana (A. Rich.) J. A. Lackey ■☆
212409 Johnia wightii Wight et Arn. = Neonotonia wightii (Wight et Arn.) J. A. Lackey ■
212410 Johnsonia Adans. = Cedrela P. Browne ●
212411 Johnsonia Mill. (废弃属名) = Callicarpa L. ●
212412 Johnsonia Mill. (废弃属名) = Johnsonia R. Br. (保留属名)■☆

212413 JohnsoniaNeck. = Johnsonia R. Br. (保留属名)■☆
212414 Johnsonia Neck. = Lycium L. ●
212415 Johnsonia R. Br. (1810)(保留属名);苞花草属■☆
212416 Johnsonia T. Dale ex Mill. = Callicarpa L. ●
212417 Johnsonia T. Dale ex Mill. = Johnsonia Mill. (废弃属名)■☆
212418 Johnsonia T. Dale ex Mill. = Johnsonia R. Br. (保留属名)■☆
212419 Johnsonia acaulis Endl.;无茎苞花草■☆
212420 Johnsonia mucronata Endl.;钝尖苞花草■☆
212421 Johnsonia pubescens Lindl.;毛苞花草■☆
212422 Johnsoniaceae Lotsy = Asphodelaceae Juss. ●■
212423 Johnsoniaceae Lotsy = Hemerocallidaceae R. Br. ■
212424 Johnsoniaceae Lotsy = Joinvilleaceae Toml. ■☆
212425 Johnsoniaceae Lotsy(1911);苞花草科(红箭花科)■☆
212426 Johnstonalia Tortosa = Johnstonia Tortosa ●☆
212427 Johnstonella Brand = Cryptantha Lehm. ex G. Don ■☆
212428 Johnstonella Brand(1925);小苞花草属■☆
212429 Johnstonella inaequata Brand;小苞花草■☆
212430 Johnstonia Tortosa(2005);约翰鼠李属●☆
212431 Johnstonia axilliflora (M. C. Johnst.) Tortosa;约翰鼠李●☆
212432 Johowia Epling et Looser = Cuminia Colla ●☆
212433 Johrenia DC. (1829);约芹属■☆
212434 Johrenia paucijuga (DC.) Bornm.;约芹■☆
212435 Johrenia seseloides (Hoffm.) Koso-Pol. = Saposhnikovia divaricata (Turcz.) Schischk. ■
212436 Johrenia villosa Benth. = Phlojodicarpus villosus (Turcz. ex Fisch. et C. A. Mey.) Turcz. ex Ledeb. ■
212437 Johreniopsis Pimenov(1987);拟约芹属■☆
212438 Johreniopsis oligactis (Rech. f. et Riedl) Pimenov;拟约芹■☆
212439 Joinvillea Gaudich. = Joinvillea Gaudich. ex Brongn. et Gris ■☆
212440 Joinvillea Gaudich. ex Brongn. et Gris(1861);拟苇属(假芦苇属,域外草属)■☆
212441 Joinvillea ascendens Gaudich.;拟苇(假芦苇)■☆
212442 Joinvillea elegans Gaudich. ex Brongn. et Gris;雅致拟苇(域外草)■☆
212443 Joinvilleaceae A. C. Sm. et Toml. (1970);拟苇科(假芦苇科,域外草科)■☆
212444 Joinvilleaceae Tolm. et A. C. Sm. = Joinvilleaceae A. C. Sm. et Toml. ■☆
212445 Joinvilleaceae Toml. = Joinvilleaceae A. C. Sm. et Toml. ■☆
212446 Joira Steud. = Ivira Aubl. ●
212447 Joira Steud. = Sterculia L. ●
212448 Joliffia Bojer ex Delile = Telfairia Newman ex Hook. ■☆
212449 Joliffia africana Delile = Telfairia pedata (Sims) Hook. ■☆
212450 Jollya Pierre = Achradotypus Baill. ●☆
212451 Jollya Pierre = Pycnandra Benth. ●☆
212452 Jollya Pierre ex Baill. = Achradotypus Baill. ●☆
212453 Jollya Pierre ex Baill. = Pycnandra Benth. ●☆
212454 Jollydora Pierre ex Gilg(1896);光瓣牛栓藤属●☆
212455 Jollydora duparquetiana (Baill.) Pierre;迪帕光瓣牛栓藤●☆
212456 Jollydora elimaboura Pierre = Jollydora pierrei Gilg ●☆
212457 Jollydora glandulosa G. Schellenb.;具腺光瓣牛栓藤●☆
212458 Jollydora pedunculosa Mildbr. = Jollydora glandulosa G. Schellenb. ●☆
212459 Jollydora pierrei Gilg;皮埃尔光瓣牛栓藤●☆
212460 Jollydora rufobarbata Gilg ex G. Schellenb. = Jollydora glandulosa G. Schellenb. ●☆
212461 Joncquetia Schreb. = Tapiria Juss. ●☆
212462 Joncquetia Schreb. = Tapirira Aubl. ●☆
212463 Jondraba Medik. = Biscutella L. (保留属名)■☆
212464 Jonesia Roxb. = Saraca L. ●
212465 Jonesia asoca Roxb. = Saraca asoca (Roxb.) J. J. de Wilde ●
212466 Jonesiella Rydb. = Astragalus L. ●■
212467 Jonesiopsis Szlach. (2001);琼斯兰属■☆
212468 Jonghea Lem. = Billbergia Thunb. ■
212469 Jonia Steud. = Hybanthus Jacq. (保留属名)●■
212470 Jonia Steud. = Ionidium Vent. ●■
212471 Jonidiopsis C. Presl = Noisettia Kunth ■☆
212472 Joniris (Spach) Klatt = Iris L. ■
212473 Joniris Klatt = Iris L. ■
212474 Jonopsidium Rchb. (1829);钻石花属(堇草属);Diamond Flower, Violet Cress ■☆
212475 Jonopsidium Rchb. = Ionopsidium Rchb. ■☆
212476 Jonopsidium acaule (Desf.) Rchb.;钻石花(堇草);Diamond Flower, Diamond-flower, False Diamondflower, Violet Cress ■☆
212477 Jonopsidium albiflorum Durieu;白钻石花■☆
212478 Jonopsidium heterospermum Batt. = Jonopsidium prolongoi (Boiss.) Batt. ■☆
212479 Jonopsidium maroccana Gand. = Lobularia maritima (L.) Desv. ■
212480 Jonopsidium prolongoi (Boiss.) Batt.;普罗洛戈钻石花■☆
212481 Jonopsidium prolongoi (Boiss.) Batt. var. heterospermum (Batt.) Maire = Jonopsidium prolongoi (Boiss.) Batt. ■☆
212482 Jonorchis G. Becker = Limodorum Boehm. (保留属名)■☆
212483 Jonquilla Haw. = Narcissus L. ■
212484 Jonsonia Garden = Callicarpa L. ●
212485 Jonsonia Garden = Johnsonia T. Dale ex Mill. ■☆
212486 Jontanea Raf. = Coccocypselum P. Browne(保留属名)●☆
212487 Jontanea Raf. = Salacia L. (保留属名)●
212488 Jontanea Raf. = Tontelea Aubl. (废弃属名)●
212489 Jontanea Raf. = Tontelea Miers(保留属名)●
212490 Jonthlaspi All. = Clypeola L. ■☆
212491 Jonthlaspi All. = Ionthlaspi Gerard ■☆
212492 Jonthlaspi Gerard = Clypeola L. ■☆
212493 Joosia H. Karst. (1859);朱斯茜属●☆
212494 Joosia longisepala L. Andersson;长萼朱斯茜●☆
212495 Joosia macrocalyx Standl. ex Steyerm.;大萼朱斯茜●☆
212496 Joosia multiflora L. Andersson;朱斯茜●☆
212497 Joosia obtusa L. Andersson;钝朱斯茜●☆
212498 Joosia oligantha L. Andersson;寡花朱斯茜●☆
212499 Jordaaniella H. E. K. Hartm. (1983);龙须玉属■☆
212500 Jordaaniella clavifolia (L. Bolus) H. E. K. Hartmann;棒叶龙须玉■☆
212501 Jordaaniella cuprea (L. Bolus) H. E. K. Hartmann;铜色龙须玉■☆
212502 Jordaaniella dubia (Haw.) H. E. K. Hartmann;可疑龙须玉■☆
212503 Jordaaniella spongiosa (L. Bolus) H. E. K. Hartmann;海绵龙须玉■☆
212504 Jordaaniella uniflora (L. Bolus) H. E. K. Hartmann;单花龙须玉■☆
212505 Jordania Boiss. = Gypsophila L. ■●
212506 Joseanthus H. Rob. (1989);全裂落苞菊属●☆
212507 Joseanthus H. Rob. = Vernonia Schreb. (保留属名)●■
212508 Joseanthus crassilanatus (Cuatrec.) H. Rob.;全裂落苞菊●☆

212509 Josepha Benth. et Hook. f. = Josephia Wight ■☆
212510 Josepha Benth. et Hook. f. = Sirhookera Kuntze ■☆
212511 Josepha Vell. = Bougainvillea Comm. ex Juss.（保留属名）●
212512 Josephia R. Br. ex Knight（废弃属名）= Dryandra R. Br.（保留属名）●☆
212513 Josephia Salisb. = Dryandra R. Br.（保留属名）●☆
212514 Josephia Steud. = Bougainvillea Comm. ex Juss.（保留属名）●
212515 Josephia Steud. = Josepha Vell. ●
212516 Josephia Wight = Sirhookera Kuntze ■☆
212517 Josephia lanceolata Wight = Sirhookera lanceolata Kuntze ■☆
212518 Josephia latifolia Wight = Sirhookera latifolia Kuntze ■☆
212519 Josephina Pers. = Josephinia Vent. ●■☆
212520 Josephinia Vent.（1804）；约瑟芬胡麻属●■☆
212521 Josephinia africana Vatke；非洲约瑟芬胡麻●☆
212522 Jossinia Comm. ex DC. = Eugenia L. ●
212523 Jossinia cassinoides DC. = Eugenia cassinoides Lam. ●☆
212524 Jostia Luer = Masdevallia Ruiz et Pav. ■☆
212525 Jostia Luer（2000）；约斯特兰属■☆
212526 Jouvea E. Fourn.（1876）；尾盾草属■☆
212527 Jouvea pilosa Scribn.；毛尾盾草■☆
212528 Jouvea straminea E. Fourn.；尾盾草■☆
212529 Jovellana Ruiz et Pav.（1798）；二唇花属（角瓦拉木属）；Jovellana ■●☆
212530 Jovellana punctata Ruiz et Pav.；斑点二唇花（重锯齿角瓦拉木）●☆
212531 Jovellana sinclairii Kraenzl.；新西兰二唇花（新西兰角瓦拉木）；New Zealand Jovellana ●■☆
212532 Jovellana violacea G. Don；二唇花；Jovellana ●■☆
212533 Jovetia M. Guedes（1975）；霍韦茜属☆
212534 Jovetia erecta M. Guedes；直立霍韦茜☆
212535 Jovetia humilis M. Guedes；霍韦茜☆
212536 Jovibarba（DC.）Opiz = Sempervivum L. ■☆
212537 Jovibarba（DC.）Opiz（1852）；卷绢属■☆
212538 Jovibarba Opiz = Jovibarba（DC.）Opiz ■☆
212539 Jovibarba Opiz = Sempervivum L. ■☆
212540 Jovibarba globifera（L.）J. Parn.；球卷绢■☆
212541 Jovibarba hirta Opiz；短毛卷绢；Hen and Chicken Houseleek，Hen and Chicks ■☆
212542 Jovibarba sobolifera Opiz = Sempervivum soboliferum Sims ■☆
212543 Joxocarpus Pritz. = Toxocarpus Wight et Arn. ●
212544 Joxylon Raf. = Maclura Nutt.（保留属名）●
212545 Joxylon Raf. = Toxylon Raf. ●
212546 Joycea H. P. Linder = Danthonia DC.（保留属名）■
212547 Jozoste Kuntze = Actinodaplme Nees + Litsea Lam.（保留属名）●
212548 Jozoste Kuntze = Iozoste Nees ●
212549 Jrillium Raf. = Trillium L. ■
212550 Jryaghedi Kuntze = Horsfieldia Willd. ●
212551 Juania Drude.（1878）；胡安椰属（璜棕属，救椰子属，菊安榈属）●☆
212552 Juania attstralis（C. Mart.）Hook. f.；胡安椰●☆
212553 Juanulloa Ruiz et Pav.（1794）；棱瓶花属；Juanulloa ●☆
212554 Juanulloa aurantiaca Otto et F. Dietr. = Juanulloa mexicana Miers ●☆
212555 Juanulloa mexicana Miers；棱瓶花●☆
212556 Jubaea Kunth（1816）；蜜棕属（密棕属，蜜糖棕属，智利酒椰子属，智利密椰属，智利椰子属，朱北榈属）；Jubaea，Wine Palm ●☆
212557 Jubaea chilensis（Molina）Baill.；蜜棕（美艳蜜棕，密棕，智利酒椰子，智利密棕，智利蜜棕，智利椰子，智利棕，智利棕榈）；Chile Wine Palm，Chilean Wine Palm，Coquito Palm，Coquito，Honey Palm，Little Cokernut，Syrup Jubaea，Syrup Palm，Wine Palm ●☆
212558 Jubaea chilensis Baill. = Jubaea chilensis（Molina）Baill. ●☆
212559 Jubaea spectabilis Kunth = Jubaea chilensis（Molina）Baill. ●☆
212560 Jubaeopsis Becc.（1913）；拟蜜棕属●☆
212561 Jubaeopsis caffra Becc.；拟蜜棕；Pondoland Palm ●☆
212562 Jubelina A. Juss.（1838）；朱布金虎尾属●☆
212563 Jubelina A. Juss. = Diplopterys A. Juss. ●☆
212564 Jubelina riparia A. Juss.；朱布金虎尾●☆
212565 Jubilaria Mez = Loheria Merr. ●☆
212566 Jubistylis Rusby = Banisteriopsis C. B. Rob. ex Small ●☆
212567 Jububa Bubani = Ziziphus Mill. ●
212568 Juchia M. Roem. = Solena Lour. ■
212569 Juchia Neck. = Lobelia L. ●■
212570 Juchia Roem. = Solena Lour. ■
212571 Jucunda Cham. = Miconia Ruiz et Pav.（保留属名）●☆
212572 Juelia Aspl.（1928）；尤利亚菰属■☆
212573 Juelia Aspl. = Ombrophytum Poepp. ex Endl. ■☆
212574 Juelia subterranea Aspl.；尤利亚菰■☆
212575 Juergensenia Schltdl. = Jurgensenia Turcz. ●☆
212576 Juergensia Spreng. = Medusa Lour. ●
212577 Juergensia Spreng. = Rinorea Aubl.（保留属名）●
212578 Juga Griaeb. = Inga Mill. ●■☆
212579 Jugastrum Miers = Eschweilera Mart. ex DC. ●☆
212580 Juglandaceae A. Rich. ex Kunth = Juglandaceae DC. ex Perleb（保留科名）●
212581 Juglandaceae DC. ex Perleb（1818）（保留科名）；胡桃科；Walnut Family ●
212582 Juglans L.（1753）；胡桃属（核桃属）；Black Walnut，Walnut ●
212583 Juglans × bixbyi Rehder；美丽胡桃●☆
212584 Juglans × bixbyi Rehder 'Fioka'；菲奥卡美丽胡桃●☆
212585 Juglans × bixbyi Rehder 'Mitchel'；米切尔美丽胡桃●☆
212586 Juglans ailanthifolia Carrière = Juglans mandshurica Maxim. var. sieboldiana（Maxim.）Makino ●☆
212587 Juglans ailanthifolia Carrière var. cordiformis（Makino）Rehder = Juglans mandshurica Maxim. var. cordiformis（Makino）Kitam. ●☆
212588 Juglans alba L. var. minima Marshall = Carya cordiformis（Wangenh.）K. Koch ●
212589 Juglans aquatica F. Michx. = Carya aquatica（F. Michx.）Nutt. ex Elliott ●
212590 Juglans australis Griseb.；阿根廷黑核桃（阿根廷核桃）；Argentine Black Walnut，Argentine Walnut ●☆
212591 Juglans boliviana（DC.）Dode；玻利维亚黑核桃（玻利维亚核桃）；Bolivian Black Walnut ●☆
212592 Juglans californica S. Watson；加州核桃（加利福尼亚州核桃，加州黑核桃）；California Black Walnut，California Walnut，Southern California Walnut ●☆
212593 Juglans californica S. Watson var. hindsii Jeps. = Juglans hindsii Jeps. ex R. E. Sm. ●☆
212594 Juglans catappa（L.）Lour. = Terminalia catappa L. ●
212595 Juglans catayensis Dode；野核桃（巴核桃，串桃，山核桃，台湾胡桃，野胡桃）；China Walnut，Chinese Butternut，Chinese Walnut，Taiwan Walnut，Wild Walnut ●
212596 Juglans catayensis Dode var. formosana（Hayata）A. M. Lu et

R. H. Chang;台湾野核桃●
212597 Juglans cathayensis Dode = Juglans mandshurica Maxim. ●
212598 Juglans cathayensis Dode var. formosana (Hayata) A. M. Lu et R. H. Chang = Juglans mandshurica Maxim. ●
212599 Juglans cinerea L.;灰胡桃(白核桃,白胡桃,白脱奶特木,灰核桃,热带胡桃);Butter Nut, Butternut Walnut, Butternut, Huller Nut, Oil Nut, Oilnut, Tropical Walnut, White Walnut ●☆
212600 Juglans collapsa Dode = Juglans mandshurica Maxim. ●
212601 Juglans columbiensis Dode;哥伦比亚核桃;Columbian Black Walnut ●☆
212602 Juglans cordiformis Maxim.;心形核桃;Flat Siebold Walnut, Heartnut ●☆
212603 Juglans cordiformis Wangenh. = Carya cordiformis (Wangenh.) K. Koch ●
212604 Juglans draconis Dode = Juglans catayensis Dode ●
212605 Juglans draconis Dode = Juglans mandshurica Maxim. ●
212606 Juglans duclouxiana Dode = Juglans regia L. ●◇
212607 Juglans fallax Dode = Juglans regia L. ●◇
212608 Juglans formosana Hayata;华东野核桃(华东野胡桃,野核桃);E. China Walnut, East China Walnut ●
212609 Juglans formosana Hayata = Juglans catayensis Dode var. formosana (Hayata) A. M. Lu et R. H. Chang ●
212610 Juglans formosana Hayata = Juglans mandshurica Maxim. ●
212611 Juglans glabra Mill. = Carya glabra (Mill.) Sweet ●☆
212612 Juglans hindsii Jeps. ex R. E. Sm.;印度黑核桃(海因兹核桃,兴氏核桃);Hind's Black Walnut, Hind's Walnut, Northern California Walnut ●☆
212613 Juglans honorei Dode;厄瓜多尔核桃;Ecuador Walnut ●☆
212614 Juglans hopeiensis Hu;麻核桃(河北核桃);Hebei Walnut, Hopei Walnut ●
212615 Juglans illinoinensis Wangenh. = Carya illinoiensis (Wangenh.) K. Koch ●
212616 Juglans indochinensis A. Chev. = Annamocarya sinensis (Dode) Leroy ●◇
212617 Juglans insularis Griseb.;古巴核桃;Cuban Walnut ●☆
212618 Juglans kamaonia (C. DC.) Dode = Juglans regia L. ●◇
212619 Juglans laciniosa F. Michx. = Carya laciniosa (F. Michx.) Loudon ●☆
212620 Juglans major (Torr.) A. Heller;大核桃(亚利桑那核桃);Arizona Black Walnut, Arizona Walnut, Major Walnut, Nogal ●☆
212621 Juglans mandshurica Maxim.;核桃楸(臭胡桃树,胡桃楸,马核果,满洲胡桃,楸马核果,楸树,山核桃,山胡桃);Chinese Walnut, Japanese Walnut, Manchurian Walnut ●
212622 Juglans mandshurica Maxim. nothovar. avellana (Dode) Kitam.;阿韦拉胡桃●☆
212623 Juglans mandshurica Maxim. subsp. sieboldiana (Maxim.) Kitam. = Juglans mandshurica Maxim. var. sieboldiana (Maxim.) Makino ●☆
212624 Juglans mandshurica Maxim. var. cordiformis (Makino) Kitam.;心叶日本核桃(心形日本核桃);Heart Nut ●☆
212625 Juglans mandshurica Maxim. var. sachalinensis (Miyabe et Kudo) Kitam. = Juglans mandshurica Maxim. var. sieboldiana (Maxim.) Makino ●☆
212626 Juglans mandshurica Maxim. var. sieboldiana (Maxim.) Makino;日本核桃(臭椿叶核桃,臭椿叶胡桃,樗叶胡桃,日本胡桃,日本姬胡桃,山核桃,薛氏胡桃);Japanese Walnut, Siebold Walnut ●☆
212627 Juglans microcarpa Berland.;小核桃(小果核桃);Little Walnut, Nogal, Taxan Walnut, Taxas Walnut ●☆
212628 Juglans mollis Engelm.;危地马拉核桃●☆
212629 Juglans myristiciformis F. Michx. = Carya myristicaeformis (F. Michx.) Nutt. ●
212630 Juglans neotropica Diels;新热带核桃●☆
212631 Juglans nigra L.;黑核桃(黑胡桃,黑山核桃,加拿大胡桃,美国黑胡桃,美国胡桃,枪木);American Black Walnut, American Walnut, Black Hickory Nut, Black Walnut, Canadian Walnut, Eastern Black Walnut, Walnut ●☆
212632 Juglans olivaeformis Michx. = Carya illinoiensis (Wangenh.) K. Koch ●
212633 Juglans orientis Dode = Juglans regia L. ●◇
212634 Juglans ovata Mill. = Carya ovata (Mill.) K. Koch ●
212635 Juglans pecan Marshall = Carya illinoiensis (Wangenh.) K. Koch ●
212636 Juglans regia L.;胡桃(朝鲜胡桃,合头,核桃,厚皮胡桃,露仁胡桃,羌桃,唐胡桃,唐楸子,吴桃);Bad, Ballnut, Bannet-tree, Bannit, Bannott, Bannut-tree, Barnet, Barnut, Bawd, Black Sea Walnut, Bod, Carpathian Walnut, Cat's Tails, Cat's Tall, Chinese Walnut, Common Walnut, Corcassian Walnut, Ducknut, English Walnut, European Walnut, French Nut, Gaul Nut, Gaul-nut, Persia Walnut, Persian Walnut, Royal Walnut, Tentes, Walnut, Walsh Nut, Warnut, Welsh Nut ●◇
212637 Juglans regia L. 'Broadview';布劳德维尔胡桃●☆
212638 Juglans regia L. 'Buccaneer';海盗胡桃●☆
212639 Juglans regia L. 'Laciniata';细裂胡桃;Cut-leaved Walnut ●☆
212640 Juglans regia L. var. duclouxiana Kitam.;露仁核桃●☆
212641 Juglans regia L. var. kumaonica C. DC.;库莽胡桃●☆
212642 Juglans regia L. var. lacinata ? = Juglans regia L. 'Laciniata' ●☆
212643 Juglans regia L. var. orientis (Dode) Kitam.;东方胡桃●
212644 Juglans regia L. var. orientis (Dode) Kitam. = Juglans regia L. ●◇
212645 Juglans regia L. var. sinensis C. DC. = Juglans regia L. ●◇
212646 Juglans rupestris Engelm.;岩核桃;Little Walnut, Rock Walnut, Texas Black Walnut, Texas Walnut ●☆
212647 Juglans rupestris Engelm. = Juglans microcarpa Berland. ●☆
212648 Juglans rupestris Engelm. ex Torr. = Juglans microcarpa Berland. ●☆
212649 Juglans sieboldiana Maxim. = Juglans mandshurica Maxim. var. sieboldiana (Maxim.) Makino ●☆
212650 Juglans sieboldiana Maxim. var. cordiformis Makino = Juglans cordiformis Maxim. ●☆
212651 Juglans sieboldiana Maxim. var. cordiformis Makino = Juglans mandshurica Maxim. var. cordiformis (Makino) Kitam. ●☆
212652 Juglans sigillata Dode;泡核桃(茶核桃,铁核桃,漾濞核桃);Sigillate Walnut ●
212653 Juglans sinensis (C. DC.) Dode = Juglans regia L. ●◇
212654 Juglans stenocarpa Maxim. = Juglans mandshurica Maxim. ●
212655 Juglans subcordiformis Dode;姬胡桃●☆
212656 Juglans subcordiformis Dode var. acutissima Koidz.;尖果姬胡桃●☆
212657 Juglans tomentosa Poir. = Carya tomentosa (Poir.) Nutt. ●
212658 Julbernardia Pellegr. (1943);热非豆属●☆
212659 Julbernardia baumii (Harms) Troupin = Julbernardia paniculata (Benth.) Troupin ●☆

212660 Julbernardia bifoliolata (Harms) Troupin = Tetraberlinia bifoliolata (Harms) Hauman ●☆
212661 Julbernardia brieyi (De Wild.) Troupin;布里热非豆●☆
212662 Julbernardia globiflora (Benth.) Troupin;球花热非豆●☆
212663 Julbernardia gossweileri (Baker f.) Torre et Hillc.;戈斯热非豆●☆
212664 Julbernardia hochreutineri Pellegr.;霍赫洛伊特热非豆●☆
212665 Julbernardia letouzeyi Villiers;勒图热非豆●☆
212666 Julbernardia magnistipulata (Harms) Troupin;大托叶热非豆●☆
212667 Julbernardia microphylla Troupin = Michelsonia microphylla (Troupin) Hauman ●☆
212668 Julbernardia normandii Pellegr. = Julbernardia brieyi (De Wild.) Troupin ●☆
212669 Julbernardia ogoouensis Pellegr. = Julbernardia seretii (De Wild.) Troupin ●☆
212670 Julbernardia paniculata (Benth.) Troupin;锥形热非豆●☆
212671 Julbernardia pellegriniana Troupin;佩尔格兰热非豆●☆
212672 Julbernardia polyphylla (Harms) Troupin = Tetraberlinia polyphylla (Harms) J. Léonard ●☆
212673 Julbernardia seretii (De Wild.) Troupin;刚果热非豆●☆
212674 Julbernardia unijugata J. Léonard;单对热非豆●☆
212675 Julia Steud. = Gilibertia J. F. Gmel. ●
212676 Julia Steud. = Junia Adans. ●
212677 Juliana Rchb. = Choisya Kunth ●☆
212678 Juliana Rchb. = Juliania La Llave ●☆
212679 Juliania La Llave = Choisya Kunth ●☆
212680 Juliania Schltdl. = Amphipterygium Schiede ex Standl. ●☆
212681 Julianiaceae Hemsl. (1906)(保留科名);三柱草科(三柱科)●☆
212682 Julianiaceae Hemsl.(保留科名)= Anacardiaceae R. Br.(保留科名)●
212683 Julianiaceae Hemsl.(保留科名)= Juncaceae Juss.(保留科名)●■
212684 Julibaria Mez = Loheria Merr. ●☆
212685 Julibrisin Raf. = Albizia Durazz. ●
212686 Julieta Leschen. ex DC. = Lysinema R. Br. ●☆
212687 Julocroton Mart. (1837)(保留属名);毛巴豆属●■☆
212688 Julocroton Mart.(保留属名)= Croton L. ●
212689 Julostyles Benth. et Hook. f. = Julostylis Thwaites ●☆
212690 Julostylis Thwaites(1858);毛柱锦葵属●☆
212691 Julostylis angustifolia Thwaites;毛柱锦葵●☆
212692 Julostylis polyandra Ravi et Anil Kumar;多蕊毛柱锦葵●☆
212693 Julus Post et Kuntze = Allium L. ■
212694 Julus Post et Kuntze = Iulus Salisb. ■
212695 Jumellea Schltr. (1914);朱米兰属■☆
212696 Jumellea ambongensis Schltr. = Jumellea gracilipes Schltr. ■☆
212697 Jumellea ambrensis H. Perrier;昂布尔朱米兰■☆
212698 Jumellea amplifolia Schltr.;抱茎朱米兰■☆
212699 Jumellea angustifolia H. Perrier;窄叶朱米兰■☆
212700 Jumellea ankaratrana Schltr. = Jumellea confusa (Schltr.) Schltr. ■☆
212701 Jumellea arborescens H. Perrier;树状朱米兰■☆
212702 Jumellea bathiei Schltr.;巴西朱米兰■☆
212703 Jumellea brachycentra Schltr.;短距朱米兰■☆
212704 Jumellea brevifolia H. Perrier;短叶朱米兰■☆
212705 Jumellea confusa (Schltr.) Schltr.;混乱朱米兰■☆
212706 Jumellea cowanii (Ridl.) Garay;考恩朱米兰■☆
212707 Jumellea curnowiana (Rchb. f.) Schltr. = Aerangis monantha Schltr. ■☆
212708 Jumellea cyrtoceras Schltr.;弯角朱米兰■☆
212709 Jumellea dendrobioides Schltr.;石斛朱米兰■☆
212710 Jumellea densefoliata Senghas;密小叶朱米兰■☆
212711 Jumellea exilipes Schltr. = Jumellea gracilipes Schltr. ■☆
212712 Jumellea flavescens H. Perrier;浅黄朱米兰■☆
212713 Jumellea floribunda Schltr. = Jumellea brachycentra Schltr. ■☆
212714 Jumellea francoisii Schltr.;法兰西斯朱米兰■☆
212715 Jumellea gracilipes Schltr.;纤梗朱米兰■☆
212716 Jumellea gregariiflora H. Perrier;聚花朱米兰■☆
212717 Jumellea henryi Schltr. = Jumellea jumelleana (Schltr.) Summerh. ■☆
212718 Jumellea humbertii H. Perrier = Angraecum ampullaceum Bosser ■☆
212719 Jumellea hyalina H. Perrier;透明朱米兰■☆
212720 Jumellea ibityana Schltr.;伊比提朱米兰■☆
212721 Jumellea imerinensis Schltr. = Jumellea gracilipes Schltr. ■☆
212722 Jumellea intricata H. Perrier;缠结朱米兰■☆
212723 Jumellea jumelleana (Schltr.) Summerh.;朱迈尔朱米兰■☆
212724 Jumellea lignosa (Schltr.) Schltr.;木质朱米兰■☆
212725 Jumellea linearipetala H. Perrier;线瓣朱米兰■☆
212726 Jumellea longivaginans H. Perrier;长鞘朱米兰■☆
212727 Jumellea majalis (Schltr.) Schltr.;五月朱米兰■☆
212728 Jumellea major Schltr.;大朱米兰■☆
212729 Jumellea marojejiensis H. Perrier;马鲁杰朱米兰■☆
212730 Jumellea maxillarioides (Ridl.) Schltr.;鳃兰朱米兰■☆
212731 Jumellea ophioplectron (Rchb. f.) Schltr.;蛇朱米兰■☆
212732 Jumellea pachyceras Schltr.;粗角朱米兰■☆
212733 Jumellea pachyra (Kraenzl.) H. Perrier;粗朱米兰■☆
212734 Jumellea pandurata Schltr.;琴形朱米兰■☆
212735 Jumellea peyrotii Bosser;佩罗朱米兰■☆
212736 Jumellea punctata H. Perrier;斑点朱米兰■☆
212737 Jumellea rigida Schltr.;硬朱米兰■☆
212738 Jumellea rutenbergiana (Kraenzl.) Schltr. = Angraecum rutenbergianum Kraenzl. ■☆
212739 Jumellea sagittata H. Perrier = Angraecum gracilipes Rolfe ■☆
212740 Jumellea serpens H. Perrier = Angraecum serpens (H. Perrier) Bosser ■☆
212741 Jumellea similis Schltr.;相似朱米兰■☆
212742 Jumellea spathulata (Ridl.) Schltr.;匙形朱米兰■☆
212743 Jumellea stenoglossa H. Perrier;窄舌朱米兰■☆
212744 Jumellea subcordata H. Perrier = Angraecum curnowianum (Rchb. f.) T. Durand et Schinz ■☆
212745 Jumellea teretifolia Schltr.;柱叶朱米兰■☆
212746 Jumellea unguicularis Schltr. = Jumellea gracilipes Schltr. ■☆
212747 Jumellea usambarensis J. J. Wood;乌桑巴拉朱米兰■☆
212748 Jumellea walleri (Rolfe) la Croix;瓦勒朱米兰■☆
212749 Jumellea zaratananae Schltr.;萨拉坦朱米兰■☆
212750 Jumelleanthus Hochr. (1924);琼氏锦葵属●☆
212751 Jumelleanthus perrieri Hochr.;琼氏锦葵●☆
212752 Juncaceae Juss. (1789)(保留科名);灯芯草科;Rush Family ●■
212753 Juncaginaceae Rich. (1808)(保留科名);水麦冬科;Arrowgrass Family, Arrow-grass Family, Juncagina Family ■
212754 Juncago Ség. = Triglochin L. ■
212755 Juncago Tourn. ex Moench = Triglochin L. ■

212756 Juncago palustris Moench = Triglochin palustre L. ■
212757 Juncaria DC. = Ortegia L. ■☆
212758 Juncastrum Fourr. = Juncus L. ■
212759 Juncastrum Heist. = Juncus L. ■
212760 Juncella F. Muell. = Trithuria Hook. f. ■☆
212761 Juncella F. Muell. ex Hieron. = Trithuria Hook. f. ■☆
212762 Juncellus (Griseb.) C. B. Clarke = Cyperus L. ■
212763 Juncellus (Griseb.) C. B. Clarke(1893);水莎草属(假莞草属);Juncellus ■
212764 Juncellus C. B. Clarke = Scirpus L. (保留属名)■
212765 Juncellus alopecuroides (Rottb.) C. B. Clarke = Cyperus alopecuroides Rottb. ■☆
212766 Juncellus altus Turrill = Pycreus altus (Turrill) Lye ■☆
212767 Juncellus ater C. B. Clarke = Pycreus ater (C. B. Clarke) Cherm. ■☆
212768 Juncellus inundatus (Roxb.) C. B. Clarke = Juncellus serotinus (Rottb.) C. B. Clarke var. inundatus (Roxb.) L. K. Dai ■
212769 Juncellus laevigatus (L.) C. B. Clarke = Cyperus laevigatus L. ■☆
212770 Juncellus leucolepis (J. Carey ex C. B. Clarke) C. B. Clarke = Cyperus pumilus L. ■
212771 Juncellus limosus (Maxim.) C. B. Clarke;沼生水莎草;Marshy Juncellus ■
212772 Juncellus minutus C. B. Clarke = Cyperus minutus (C. B. Clarke) Kük. ■☆
212773 Juncellus nipponicus (Franch. et Sav.) C. B. Clarke = Cyperus nipponicus Franch. et Sav. ■
212774 Juncellus pannonicus (Jacq.) C. B. Clarke;花穗水莎草(匈牙利莎草);Oblongspikelet Juncellus ■
212775 Juncellus pustulatus (Vahl) C. B. Clarke = Cyperus pustulatus Vahl ■☆
212776 Juncellus pygmaeus (Rottb.) C. B. Clarke = Cyperus michelianus (L.) Link subsp. pygmaeus (Rottb.) Asch. et Graebn. ■
212777 Juncellus pygmaeus C. B. Clarke = Cyperus pygmaeus Rottb. ■
212778 Juncellus serotinus (Rottb.) C. B. Clarke;水莎草(晚莎草);Late Juncellus, Tidalmarsh Flatsedge ■
212779 Juncellus serotinus (Rottb.) C. B. Clarke = Cyperus serotinus Rottb. ■
212780 Juncellus serotinus (Rottb.) C. B. Clarke f. depauperatus (Kük.) L. K. Dai;少花水莎草■
212781 Juncellus serotinus (Rottb.) C. B. Clarke f. depauperatus (Kük.) L. K. Dai = Juncellus serotinus (Rottb.) C. B. Clarke ■
212782 Juncellus serotinus (Rottb.) C. B. Clarke var. capitatus D. Z. Ma;头状水莎草;Capitate Late Juncellus ■
212783 Juncellus serotinus (Rottb.) C. B. Clarke var. inundatus (Roxb.) L. K. Dai;广东水莎草;Guangdong Juncellus, Guangdong Late Juncellus ■
212784 Juncinella Fourr. = Juncus L. ■
212785 Juncodes Kuntze = Juncoides Ség. (废弃属名)■
212786 Juncodes Kuntze = Luzula DC. (保留属名)■
212787 Juncodes Moehr. ex Kuntze = Juncoides Ség. (废弃属名)■
212788 Juncodes Moehr. ex Kuntze = Luzula DC. (保留属名)■
212789 Juncoides Adans. = Luzula DC. (保留属名)■
212790 Juncoides Ség. (废弃属名) = Luzula DC. (保留属名)■
212791 Juncoides bulbosa (A. W. Wood) Small = Luzula campestris (L.) DC. ■
212792 Juncoides johnstonii (Buchenau) Kuntze = Luzula johnstonii Buchenau ■☆
212793 Juncoides nemorosa (Pollard) Kuntze = Luzula luzuloides (Lam.) Dandy et Wilmott ■☆
212794 Juncoides piperi Coville = Luzula piperi (Coville) M. E. Jones ■☆
212795 Juncoides plumosa (E. Mey.) Kuntze = Luzula plumosa E. Mey. ■
212796 Juncoides subcapitata Rydb. = Luzula subcapitata (Rydb.) H. D. Harr. ■☆
212797 Juncus L. (1753);灯芯草属;Bog Rush, Rush, Rushes ■
212798 Juncus abjectus F. J. Herm. = Juncus hemiendytus F. J. Herm. var. abjectus (F. J. Herm.) Ertter ■☆
212799 Juncus abortivus Chapm. = Juncus pelocarpus E. Mey. ■☆
212800 Juncus acuminatus Michx.;狭果灯芯草;Knotty-leaved Rush, Sharp-fruited Rush, Taper-tip Rush, Tufted Rush ■☆
212801 Juncus acuminatus Michx. var. legitimus Engelm. = Juncus acuminatus Michx. ■☆
212802 Juncus acuminatus Michx. var. robustus Engelm. = Juncus nodatus Coville ■☆
212803 Juncus acutangulus Buchenau = Juncus capensis Thunb. ■☆
212804 Juncus acutiflorus Benth. = Juncus oxymeris Engelm. ■☆
212805 Juncus acutiflorus Ehrh.;狭花灯芯草;Sharp-flowered Rush ■☆
212806 Juncus acutiflorus Hoffm. = Juncus kotschyi Boiss. ■☆
212807 Juncus acutissimus (Buchenau) Adamson = Juncus inflexus L. ■
212808 Juncus acutus L.;尖灯芯草(短尖灯芯草);Greater Sea Rush, Sharp Rush ■☆
212809 Juncus acutus L. subsp. leopoldii (Parl.) Snogerup;利奥波德灯芯草;Sharp Rush ■☆
212810 Juncus acutus L. var. conglobatus Trautv. = Juncus acutus L. ■☆
212811 Juncus acutus L. var. decompositus Guss. = Juncus acutus L. ■☆
212812 Juncus acutus L. var. longibracteatus Buchenau = Juncus acutus L. ■☆
212813 Juncus acutus L. var. sphaerocarpus Engelm. = Juncus acutus L. subsp. leopoldii (Parl.) Snogerup ■☆
212814 Juncus acutus L. var. sphaerocarpus Engelm. f. xanthosus Jeps. = Juncus acutus L. subsp. leopoldii (Parl.) Snogerup ■☆
212815 Juncus acutus L. var. tommasinii (Parl.) Arcang. = Juncus littoralis C. A. Mey. ■☆
212816 Juncus alatus Franch. et Sav.;翅茎灯芯草(翅灯芯草,三角草,水三棱草);Wingstem Rush ■
212817 Juncus albescens (Lange) Fernald = Juncus triglumis L. var. albescens Lange ■☆
212818 Juncus albescens (Lange) Fernald = Juncus triglumis L. ■
212819 Juncus aletaiensis K. F. Wu;阿勒泰灯芯草;Altai Rush ■
212820 Juncus allioides Franch.;葱状灯芯草;Shallotlike Rush ■
212821 Juncus allioides Franch. = Juncus concinnus D. Don ■
212822 Juncus alpinoarticulatus Chaix;高山灯芯草(北方灯芯草);Alpine Rush, Northern Green Rush ■☆
212823 Juncus alpinoarticulatus Chaix subsp. americanus (Farw.) Hämet-Ahti = Juncus alpinoarticulatus Chaix ■☆
212824 Juncus alpinoarticulatus Chaix subsp. fuscescens (Fernald) Hämet-Ahti = Juncus alpinoarticulatus Chaix ■☆
212825 Juncus alpinus Vill. = Juncus alpinoarticulatus Chaix ■☆
212826 Juncus alpinus Vill. subsp. nodulosus (Wahlenb.) Lindm. =

Juncus alpinoarticulatus Chaix ■☆
212827 Juncus alpinus Vill. var. americanus Farw. = Juncus alpinoarticulatus Chaix ■☆
212828 Juncus alpinus Vill. var. fuscescens Fernald = Juncus alpinoarticulatus Chaix ■☆
212829 Juncus alpinus Vill. var. insignis Fr. ex Buchenau = Juncus alpinoarticulatus Chaix ■☆
212830 Juncus alpinus Vill. var. rariflorus (Hartm.) Hartm. = Juncus alpinoarticulatus Chaix ■☆
212831 Juncus altus Buchenau = Juncus cephalotes Thunb. ■☆
212832 Juncus ambiguus Guss.;簇花灯芯草(疑灯芯草);Doubtful Rush,Fascicleflower Rush ■
212833 Juncus ambiguus Guss. = Juncus bufonius L. var. congestus (S. Watson) Fernald ■
212834 Juncus amplifolius A. Camus;走茎灯芯草(草香附,拉冈);Bigleaf Rush,Rhizome Rush ■
212835 Juncus amplifolius A. Camus var. pumilus A. Camus = Juncus nepalicus Miyam. et H. Ohba ■
212836 Juncus amuricus (Maxim.) Krecz. et Gontsch.;圆果灯芯草;Roudfruit Rush ■
212837 Juncus amuricus (Maxim.) Krecz. et Gontsch. var. wui Novikov;吴氏圆果灯芯草■
212838 Juncus anceps Laharpe;二棱灯芯草■☆
212839 Juncus anceps Laharpe var. atricapillus (Drejer) Buchenau = Juncus anceps Laharpe ■☆
212840 Juncus anonymus Steud. = Juncus capensis Thunb. ■☆
212841 Juncus anthelatus (Wiegand) R. E. Brooks;长侧枝灯芯草■☆
212842 Juncus apiculatus Adamson = Juncus capensis Thunb. ■☆
212843 Juncus arabicus (Asch. et Buchenau) Adamson = Juncus rigidus Desf. ■☆
212844 Juncus arcticus Willd.;北极灯芯草;Arctic Rush,Baltic Rush,Wire Rush ■☆
212845 Juncus arcticus Willd. subsp. alaskanus Hultén = Juncus arcticus Willd. var. alaskanus (Hultén) S. L. Welsh ■☆
212846 Juncus arcticus Willd. subsp. ater (Rydb.) Hultén = Juncus arcticus Willd. var. balticus (Willd.) Trautv. ■☆
212847 Juncus arcticus Willd. subsp. balticus (Willd.) Hyl. = Juncus arcticus Willd. var. balticus (Willd.) Trautv. ■☆
212848 Juncus arcticus Willd. subsp. littoralis (Engelm.) Hultén = Juncus arcticus Willd. var. balticus (Willd.) Trautv. ■☆
212849 Juncus arcticus Willd. subsp. sitchensis Engelm. = Juncus arcticus Willd. var. alaskanus (Hultén) S. L. Welsh ■☆
212850 Juncus arcticus Willd. var. alaskanus (Hultén) S. L. Welsh;阿拉斯加灯芯草;Alaskan Rush ■☆
212851 Juncus arcticus Willd. var. alaskanus (Hultén) S. L. Welsh = Juncus haenkei E. Mey. ■☆
212852 Juncus arcticus Willd. var. balticus (Willd.) Trautv.;波罗的海灯芯草(北欧灯芯草);Arctic Rush,Baltic Rush,Wire Rush ■☆
212853 Juncus arcticus Willd. var. balticus (Willd.) Trautv. = Juncus balticus Willd. ■☆
212854 Juncus arcticus Willd. var. gracilis Hook. = Juncus arcticus Willd. var. balticus (Willd.) Trautv. ■☆
212855 Juncus arcticus Willd. var. littoralis (Engelm.) B. Boivin = Juncus arcticus Willd. var. balticus (Willd.) Trautv. ■☆
212856 Juncus arcticus Willd. var. littoralis (Engelm.) B. Boivin = Juncus balticus Willd. ■☆
212857 Juncus arcticus Willd. var. mexicanus (Willd. ex Roem. et Schult.) Balslev;墨西哥北极灯芯草;Mexican Rush ■☆
212858 Juncus arcticus Willd. var. montanus (Engelm.) Balslev = Juncus arcticus Willd. var. balticus (Willd.) Trautv. ■☆
212859 Juncus arcticus Willd. var. montanus (Engelm.) S. L. Welsh = Juncus arcticus Willd. var. balticus (Willd.) Trautv. ■☆
212860 Juncus arcticus Willd. var. stenocarpus Fernald et Buchenau = Juncus arcticus Willd. var. balticus (Willd.) Trautv. ■☆
212861 Juncus arcuatus Wahlenb. = Luzula arcuata (Wahlenb.) Sw. ■☆
212862 Juncus arianus V. I. Krecz.;阿里灯芯草■☆
212863 Juncus aristulatus Michx. = Juncus marginatus Rostk. ■☆
212864 Juncus aristulatus Michx. var. pinetorum Coville = Juncus marginatus Rostk. ■☆
212865 Juncus arizonicus Wiegand = Juncus interior Wiegand ■☆
212866 Juncus articulatus L.;小花灯芯草(棱叶灯芯草,闪果灯芯草);Jointed Rush,Smallflower Rush ■
212867 Juncus articulatus L. var. brachycarpus Trab. = Juncus articulatus L. ■
212868 Juncus articulatus L. var. cuspidatus Brenner = Juncus articulatus L. ■
212869 Juncus articulatus L. var. macrocarpus (Döll) Briq. = Juncus articulatus L. ■
212870 Juncus articulatus L. var. nigritellus ? = Juncus articulatus L. ■
212871 Juncus articulatus L. var. obtusatus Engelm. = Juncus articulatus L. ■
212872 Juncus articulatus L. var. stolonifer (Wohll.) House = Juncus articulatus L. ■
212873 Juncus asper Engelm. = Juncus caesariensis Coville ■☆
212874 Juncus ater Rydb. = Juncus arcticus Willd. var. balticus (Willd.) Trautv. ■☆
212875 Juncus atratus Krock.;黑头灯芯草(暗花灯芯草,长喙灯芯草);Blackhead Rush ■
212876 Juncus atrofuscus Rupr.;深褐灯芯草■☆
212877 Juncus atropurpureus Adamson = Juncus capensis Thunb. ■☆
212878 Juncus auritus K. F. Wu;长耳灯芯草;Longear Rush ■
212879 Juncus bachitii Hochst. ex Steud. = Juncus dregeanus Kunth subsp. bachitii (Hochst. ex Steud.) Hedberg ■☆
212880 Juncus badius Suksd. = Juncus nevadensis S. Watson ■☆
212881 Juncus balticus Willd. = Juncus arcticus Willd. var. balticus (Willd.) Trautv. ■☆
212882 Juncus balticus Willd. subsp. littoralis (Engelm.) Hultén = Juncus arcticus Willd. var. balticus (Willd.) Trautv. ■☆
212883 Juncus balticus Willd. subsp. pacificus Engelm. = Juncus lesueuri Bol. ■☆
212884 Juncus balticus Willd. subsp. sitchensis (Engelm.) Hultén = Juncus arcticus Willd. var. alaskanus (Hultén) S. L. Welsh ■☆
212885 Juncus balticus Willd. subsp. vallicola (Rydb.) Lint = Juncus arcticus Willd. var. balticus (Willd.) Trautv. ■☆
212886 Juncus balticus Willd. var. alaskanus (Hultén) A. E. Porsild = Juncus arcticus Willd. var. alaskanus (Hultén) S. L. Welsh ■☆
212887 Juncus balticus Willd. var. condensatus Suksd. = Juncus arcticus Willd. var. balticus (Willd.) Trautv. ■☆
212888 Juncus balticus Willd. var. eremicus Jeps. = Juncus arcticus Willd. var. balticus (Willd.) Trautv. ■☆
212889 Juncus balticus Willd. var. haenkei (E. Mey.) Buchenau = Juncus arcticus Willd. var. alaskanus (Hultén) S. L. Welsh ■☆
212890 Juncus balticus Willd. var. japonicus Buch. -Ham.;日本灯芯

草;Japanese Rush ■☆

212891 Juncus balticus Willd. var. littoralis Engelm. = Juncus arcticus Willd. var. balticus (Willd.) Trautv. ■☆

212892 Juncus balticus Willd. var. littoralis Engelm. f. dissitiflorus Engelm. ex Fernald et Wiegand = Juncus arcticus Willd. var. balticus (Willd.) Trautv. ■☆

212893 Juncus balticus Willd. var. melanogenus Fernald et Wiegand = Juncus arcticus Willd. var. balticus (Willd.) Trautv. ■☆

212894 Juncus balticus Willd. var. mexicanus (Willd. ex Roem. et Schult.) Kuntze = Juncus arcticus Willd. var. mexicanus (Willd. ex Roem. et Schult.) Balslev ■☆

212895 Juncus balticus Willd. var. montanus Engelm. = Juncus arcticus Willd. var. balticus (Willd.) Trautv. ■☆

212896 Juncus balticus Willd. var. vallicola Rydb. = Juncus arcticus Willd. var. balticus (Willd.) Trautv. ■☆

212897 Juncus benghalensis Kunth;孟加拉灯芯草;Bengal Rush ■

212898 Juncus beringensis Buchenau;伯林灯芯草■☆

212899 Juncus bicornis Michx. = Juncus tenuis Willd. ■

212900 Juncus bicornis Michx. var. williamsii (Fernald) Vict. = Juncus tenuis Willd. ■

212901 Juncus biflorus Elliott;双花灯芯草;Large Grass-leaved Rush ■☆

212902 Juncus biflorus Elliott = Juncus marginatus Rostk. ■☆

212903 Juncus biflorus Elliott f. adinus Fernald et Griscom = Juncus biflorus Elliott ■☆

212904 Juncus biflorus Elliott. = Juncus marginatus Rostk. ■☆

212905 Juncus biglumis L.;二鳞片灯芯草;Two-flowered Rush ■☆

212906 Juncus biluoshanensis K. F. Wu = Juncus spumosus Noltie ■

212907 Juncus bolanderi Engelm.;鲍兰德灯芯草■☆

212908 Juncus bolanderi Engelm. var. riparius Jeps. = Juncus bolanderi Engelm. ■☆

212909 Juncus bombonzanensis Satake = Juncus wallichianus Laharpe ■

212910 Juncus brachyanthus (Trab.) Trab. = Juncus fontanesii J. Gay subsp. brachyanthus Trab. ■☆

212911 Juncus brachycarpus Engelm.;短果灯芯草;Rush ■☆

212912 Juncus brachycephalus (Engelm.) Buchenau;短头灯芯草;Short-headed Rush, Small-headed Rush ■☆

212913 Juncus brachycephalus (Engelm.) Buchenau f. hexandrus R. F. Martin = Juncus brachycephalus (Engelm.) Buchenau ■☆

212914 Juncus brachyphyllus Wiegand;短叶灯芯草;Small-headed Rush ■☆

212915 Juncus brachyspathus Maxim.;短苞灯芯草■☆

212916 Juncus brachyspathus Maxim. var. curvatus (Buchenau) Satake = Juncus filiformis L. ■

212917 Juncus brachystigma Sam.;短柱灯芯草;Shortstyle Rush ■

212918 Juncus brachystylus (Engelm.) Piper = Juncus hemiendytus F. J. Herm. ■☆

212919 Juncus brachystylus (Engelm.) Piper var. uniflorus (Engelm.) M. Peck = Juncus hemiendytus F. J. Herm. ■☆

212920 Juncus brachystylus (Engelm.) Piper var. uniflorus Engelm. = Juncus hemiendytus F. J. Herm. ■☆

212921 Juncus brachytepalus Trautv. ex V. I. Krecz. et Gontscharow = Juncus inflexus L. ■

212922 Juncus brachytepalus V. I. Krecz. et Gontsch. = Juncus inflexus L. ■

212923 Juncus bracteatus Buchenau;显苞灯芯草;Bracteate Rush ■

212924 Juncus brevicaudatus (Engelm.) Fernald;短尾灯芯草;Baltic Rush, Narrow-panicle Rush, Short-caudate Rush ■☆

212925 Juncus brevistilus Buchenau = Juncus oxycarpus E. Mey. ex Kunth ■☆

212926 Juncus breweri Engelm. = Juncus arcticus Willd. var. balticus (Willd.) Trautv. ■☆

212927 Juncus brunnescenns Rydb. = Juncus ensifolius Wikstr. var. montanus (Engelm.) C. L. Hitchc. ■☆

212928 Juncus bryoides F. J. Herm.;藓状灯芯草;Mosslike Dwarf Rush ■☆

212929 Juncus bufonius L.;小灯芯草(大花灯芯草);Saltwleed, Small Rush, Toad Rush ■

212930 Juncus bufonius L. f. minutulus Albert et Jahand. = Juncus bufonius L. ■

212931 Juncus bufonius L. subsp. foliosus (Desf.) Maire et Weiller = Juncus foliosus Desf. ■☆

212932 Juncus bufonius L. subsp. insulanus (Viv.) Briq. = Juncus hybridus Brot. ■☆

212933 Juncus bufonius L. subsp. minutulus (Albert et Jahand.) Soó = Juncus bufonius L. ■

212934 Juncus bufonius L. subsp. mogadorensis (H. Lindb.) Maire;摩加多尔灯芯草■☆

212935 Juncus bufonius L. subsp. mutabilis (Savi) Lindb. = Juncus hybridus Brot. ■☆

212936 Juncus bufonius L. var. ambiguus (Guss.) Husn. = Juncus ambiguus Guss. ■

212937 Juncus bufonius L. var. condensatus Cout. = Juncus sorrentinii Parl. ■☆

212938 Juncus bufonius L. var. congestus (S. Watson) Fernald = Juncus bufonius L. ■

212939 Juncus bufonius L. var. congestus Wahlb. = Juncus hybridus Brot. ■☆

212940 Juncus bufonius L. var. fasciculatus Koch = Juncus bufonius L. var. congestus (S. Watson) Fernald ■

212941 Juncus bufonius L. var. fasciculatus Koch = Juncus hybridus Brot. ■☆

212942 Juncus bufonius L. var. flaccidus Maire = Juncus foliosus Desf. ■☆

212943 Juncus bufonius L. var. glomeratus ? = Juncus bufonius L. var. congestus (S. Watson) Fernald ■

212944 Juncus bufonius L. var. halophilus Buchenau et Fernald = Juncus bufonius L. ■

212945 Juncus bufonius L. var. hybridus (Brot.) Coss. et Durieu = Juncus hybridus Brot. ■☆

212946 Juncus bufonius L. var. hybridus Farw. = Juncus bufonius L. ■

212947 Juncus bufonius L. var. laxus Celak. = Juncus bufonius L. ■

212948 Juncus bufonius L. var. major Boiss. = Juncus foliosus Desf. ■☆

212949 Juncus bufonius L. var. mogadorensis (H. Lindb.) Maire et Weiller = Juncus bufonius L. ■

212950 Juncus bufonius L. var. occidentalis F. J. Herm. = Juncus bufonius L. ■

212951 Juncus bufonius L. var. parvulus Hartm. = Juncus bufonius L. subsp. minutulus (Albert et Jahand.) Soó ■

212952 Juncus bufonius L. var. ranarius (Songeon et E. P. Perrier) Farw. = Juncus bufonius L. ■

212953 Juncus bufonius L. var. ranarius Farw. = Juncus bufonius L. ■

212954 Juncus bufonius L. var. rhiphaenus (Pau et Font Quer) Maire et Weiller = Juncus foliosus Desf. ■☆

212955 Juncus bulbosus L.;鳞茎灯芯草;Bulbous Rush,Toad Rush ■☆

212956 Juncus bulbosus L. = Juncus compressus Jacq. ■☆

212957 Juncus bulbosus L. var. gerardii (Loisel.) A. Gray;杰勒德鳞茎灯芯草■☆

212958 Juncus bulbosus L. var. gerardii (Loisel.) Godr. = Juncus bulbosus L. ■☆

212959 Juncus bulbosus L. var. kochii Buchenau = Juncus bulbosus L. ■☆

212960 Juncus bulbosus L. var. nigricans Regel = Juncus heptapotamicus V. I. Krecz. et Gontsch. ■

212961 Juncus bulbosus L. var. salsuginosus (Turcz. ex E. Mey.) Regel = Juncus heptapotamicus V. I. Krecz. et Gontsch. ■

212962 Juncus bulbosus L. var. salsuginosus Regel = Juncus heptapotamicus V. I. Krecz. et Gontsch. ■

212963 Juncus bulbosus L. var. supinus Asch. et Graebn. = Juncus bulbosus L. ■☆

212964 Juncus caesariensis Coville;恺撒灯芯草■☆

212965 Juncus caffer Bertol. = Juncus kraussii Hochst. ■☆

212966 Juncus campestris (L.) DC. var. multiflorus Ehrh. = Luzula multiflora (Ehrh.) Lej. ■

212967 Juncus campestris L. = Luzula campestris (L.) DC. ■

212968 Juncus campestris L. var. multiflorus Ehrh. = Luzula multiflora (Ehrh.) Lej. ■

212969 Juncus canadensis J. Gay = Juncus canadensis J. Gay ex Laharpe ■☆

212970 Juncus canadensis J. Gay ex Laharpe;加拿大灯芯草;Canada Rush,Canadian Rush,Rush ■☆

212971 Juncus canadensis J. Gay ex Laharpe var. longicaudatus Engelm. = Juncus canadensis J. Gay ex Laharpe ■☆

212972 Juncus canadensis J. Gay ex Laharpe var. sparsiflorus Fernald = Juncus canadensis J. Gay ex Laharpe ■☆

212973 Juncus canadensis J. Gay f. apertus Fernald = Juncus canadensis J. Gay ex Laharpe ■☆

212974 Juncus canadensis J. Gay f. conglobatus Fernald = Juncus canadensis J. Gay ex Laharpe ■☆

212975 Juncus canadensis J. Gay var. brachycephalus Engelm. = Juncus brachycephalus (Engelm.) Buchenau ■☆

212976 Juncus canadensis J. Gay var. brevicaudatus Engelm. = Juncus brevicaudatus (Engelm.) Fernald ■☆

212977 Juncus canadensis J. Gay var. coarctatus Engelm. = Juncus brevicaudatus (Engelm.) Fernald ■☆

212978 Juncus canadensis J. Gay var. euroauster Fernald = Juncus canadensis J. Gay ex Laharpe ■☆

212979 Juncus canadensis J. Gay var. kuntzei Buchenau = Juncus brevicaudatus (Engelm.) Fernald ■☆

212980 Juncus canadensis J. Gay var. longicaudatus Engl. = Juncus canadensis J. Gay ex Laharpe ■☆

212981 Juncus canadensis J. Gay var. sparsiflorus Fernald = Juncus canadensis J. Gay ex Laharpe ■☆

212982 Juncus canadensis J. Gay var. subcaudatus Engelm. = Juncus subcaudatus (Engelm.) Coville et S. F. Blake ■☆

212983 Juncus canaliculatus Engelm. = Juncus macrophyllus Coville ■☆

212984 Juncus capensis Thunb.;好望角灯芯草■☆

212985 Juncus capensis Thunb. var. sphagnetorum Buchenau = Juncus capensis Thunb. ■☆

212986 Juncus capillaceus Lam.;细毛灯芯草■☆

212987 Juncus capillaris F. J. Herm.;毛茎小灯芯草;Hair-stemmed Dwarf Rush ■☆

212988 Juncus capitatus Weigel;头状灯芯草;Capitate Rush,Dwarf Rush,Leafybract Dwarf Rush ■☆

212989 Juncus caricinus Durieu = Juncus valvatus Link ■☆

212990 Juncus castaneus Sm.;栗花灯芯草(栗色灯芯草,三头灯芯草);Chestnut Rush,Chestnutflower Rush,Threehead Rush ■

212991 Juncus castaneus Sm. subsp. leucochlamys (N. W. Zinger ex V. I. Krecz.) Hultén = Juncus castaneus Sm. ■

212992 Juncus castaneus Sm. var. pallidus (Hook. ex Buchenau) B. Boivin = Juncus castaneus Sm. ■

212993 Juncus caudatus Chapm. = Juncus trigonocarpus Steud. ■☆

212994 Juncus cephalostigma Sam.;头柱灯芯草;Headstyle Rush ■

212995 Juncus cephalostigma Sam. var. dingjieensis K. F. Wu;定结灯芯草;Dingjie Rush ■

212996 Juncus cephalotes Thunb.;小头灯芯草■☆

212997 Juncus chamissonis Kunth = Juncus imbricatus Laharpe ■☆

212998 Juncus chlorocephalus Engelm.;绿头灯芯草■☆

212999 Juncus chrysocarpus Buchenau;丝节灯芯草;Silknode Rush,Yellowfruit Rush ■

213000 Juncus clarkei Buchenau;印度灯芯草;India Rush ■

213001 Juncus clarkei Buchenau var. marginatus A. Camus;膜边灯芯草;Marginate India Rush ■

213002 Juncus clausonis Trab. = Juncus articulatus L. ■

213003 Juncus coarctatus (Engelm.) Buchenau = Juncus brevicaudatus (Engelm.) Fernald ■☆

213004 Juncus columbianus Coville = Juncus nevadensis S. Watson ■☆

213005 Juncus communis E. Mey.;普通灯芯草(灯芯草)■

213006 Juncus communis E. Mey. = Juncus effusus L. ■

213007 Juncus communis E. Mey. var. effusus (L.) Mey. = Juncus effusus L. ■

213008 Juncus compressus Jacq.;扁茎灯芯草(扁灯芯草,细灯芯草);Compressed Rush,Flatstem Rush,Roundfruit Rush,Round-fruited Rush ■☆

213009 Juncus compressus Jacq. = Juncus gracillimus (Buch.-Ham.) V. I. Krecz. et Gontsch. ■

213010 Juncus compressus Jacq. subsp. gerardi (R. J. Loisel) Rouy = Juncus gerardi Loisel. ■

213011 Juncus compressus Jacq. var. cristoflei Litard. et Maire = Juncus gerardi Loisel. ■

213012 Juncus compressus Jacq. var. gracillimus Buch.-Ham. = Juncus gracillimus (Buch.-Ham.) V. I. Krecz. et Gontsch. ■

213013 Juncus compressus Jacq. var. subtriflorus E. Mey. = Juncus drummondii E. Mey. ■☆

213014 Juncus concinnus D. Don;雅灯芯草(葱状灯芯草);Elegant Rush,Fistular-onion-like Rush ■

213015 Juncus concinnus D. Don = Juncus allioides Franch. ■

213016 Juncus concinnus D. Don var. gracilicaulis (A. Camus) R. C. Srivast. = Juncus gracilicaulis A. Camus ■

213017 Juncus concinnus D. Don var. monocephalus Sam.;单头雅灯芯草;Monohead Elegant Rush ■

213018 Juncus concolor Sam.;同色灯芯草;Samecolor Rush ■

213019 Juncus confusus Coville;混乱灯芯草■☆

213020 Juncus congestus S. Watson = Juncus bufonius L. ■

213021 Juncus conglomeratus L.;密集灯芯草(密聚灯芯草);Common Rush,Compact Rush,Floss,Hassock,Lampwick Grass,Seaves,Sieves ■☆

213022 Juncus conglomeratus L. = Juncus effusus L. ■

213023 Juncus conglomeratus L. var. effusus (L.) Koch = Juncus effusus L. ■

213024 Juncus conglomeratus L. var. laxus (Beck) Asch. et Graebn. = Juncus conglomeratus L. ■☆

213025 Juncus conglomeratus L. var. longicornis (Bastard) Briq. = Juncus conglomeratus L. ■☆

213026 Juncus cooperi Engelm.;库珀灯芯草;Cooper Rush,Cooper's Rrush ■☆

213027 Juncus coriaceus Mack.;革质灯芯草■☆

213028 Juncus covillei Piper;考氏灯芯草;Coville's Rush ■☆

213029 Juncus covillei Piper var. obtusatus C. L. Hitchc.;粗壮灯芯草■☆

213030 Juncus crassifolius Buchenau = Juncus validus Coville ■☆

213031 Juncus crassistylus A. Camus;粗柱灯芯草(粗状灯芯草);Thickstyle Rush ■

213032 Juncus curvatus Buchenau = Juncus filiformis L. ■

213033 Juncus cymosus Lam. = Juncus lomatophyllus Spreng. ■☆

213034 Juncus cyperoides Laharpe;莎草状灯芯草;Forbestown Rush ■☆

213035 Juncus debilis A. Gray;柔软灯芯草;Weak Rush ■☆

213036 Juncus decipiens (Buchenau) Nakai;拟灯芯草(白灯心,碧玉草,赤须,灯草,灯心,灯芯草,灯心炭,灯芯草,古乙心,虎酒草,虎须,虎须草,老虎须,龙须草,曲尿草,生草,石龙刍,水葱,水灯心,铁灯心,席草,秧草,洋牌洞,野灯芯草,野席草,朱灯心,猪屎草);Common Rush,Matrush ■

213037 Juncus decipiens (Buchenau) Nakai 'Spiralis';螺旋拟灯芯草■☆

213038 Juncus decipiens (Buchenau) Nakai 'Utilis';有益灯芯草■☆

213039 Juncus decipiens (Buchenau) Nakai = Juncus effusus L. var. decipiens Buchenau ■

213040 Juncus decipiens (Buchenau) Nakai f. filiformis Satake;线形拟灯芯草■

213041 Juncus decipiens (Buchenau) Nakai f. glomeratus (Makino) Satake;球形拟灯芯草■☆

213042 Juncus decipiens (Buchenau) Nakai f. gracilis (Buchenau) Satake;细拟灯芯草■☆

213043 Juncus delicatulus Steud. = Juncus capensis Thunb. ■☆

213044 Juncus depauperatus Ten.;萎缩灯芯草■☆

213045 Juncus diastrophanthus Buchenau;星花灯芯草(扁杆灯芯草,螃蟹脚,水扁九草,水三棱);Starflower Rush ■

213046 Juncus diastrophanthus Buchenau var. togakushiensis (H. Lév.) Murata;户隐山灯芯草■☆

213047 Juncus dichotomus Elliott;二歧灯芯草■☆

213048 Juncus dichotomus Elliott var. platyphyllus Wiegand = Juncus dichotomus Elliott ■☆

213049 Juncus diffusissimus Buckley;松散灯芯草;Slimpod Rush ■☆

213050 Juncus dinteri Poelln. = Juncus bufonius L. ■

213051 Juncus divaricatus Gilib. = Juncus bufonius L. ■

213052 Juncus dongchuanensis K. F. Wu;东川灯芯草;E. Sichuan Rush ■

213053 Juncus dongchuanensis K. F. Wu var. fulvus K. F. Wu;褐花灯芯草;Brownflower E. Sichuan Rush,Brownflower Thomson Rush ■

213054 Juncus dregeanus Kunth;德雷灯芯草■☆

213055 Juncus dregeanus Kunth subsp. bachitii (Hochst. ex Steud.) Hedberg;巴氏德雷灯芯草■☆

213056 Juncus drummondii E. Mey.;德拉蒙德灯芯草;Drummond's Rush ■☆

213057 Juncus drummondii E. Mey. var. longifructus H. St. John = Juncus drummondii E. Mey. ■☆

213058 Juncus drummondii E. Mey. var. subtriflorus (E. Mey.) C. L. Hitchc. = Juncus drummondii E. Mey. ■☆

213059 Juncus dubius Engelm.;可疑灯芯草■☆

213060 Juncus dudleyi Wiegand;达德利灯芯草;Dudley's Rush,Rush ■☆

213061 Juncus dudleyi Wiegand = Juncus tenuis Willd. ■

213062 Juncus duranii Ewan = Juncus mertensianus Bong. ■☆

213063 Juncus duvalii Loret = Juncus fontanesii J. Gay ■☆

213064 Juncus echinatus Muhl. = Juncus polycephalus Michx. ■☆

213065 Juncus echinatus Muhl. = Juncus scirpoides Lam. ■☆

213066 Juncus effusus L.;灯芯草(碧玉草,草龙刍,草莓,草莞,草蓆,草续断,赤须,赤须草,穿阳剑,灯草,灯草心,灯心,灯芯草,方宾,胡须草,虎酒草,虎须草,缙云草,老虎须,龙鬓,龙画,龙木,龙修,龙须,龙须草,龙珠,曲尿草,曲屎草,石龙刍,水灯草,水灯心,铁灯心,莞,五谷草,席草,悬菟,悬莞,秧草,洋牌洞,野席草,猪矢草,猪屎草);Common Rush,Dudley's Rush,Green Bull Rush,Igusa,Japanese Mat Rush,Rush,Soft Rush ■

213067 Juncus effusus L. 'Spiralis';螺旋灯芯草;Corkscrew Rush ■☆

213068 Juncus effusus L. var. brunneus Engelm. = Juncus effusus L. ■

213069 Juncus effusus L. var. canariensis (Willd.) Buchenau = Juncus effusus L. ■

213070 Juncus effusus L. var. compactus Lej. et Courtois = Juncus effusus L. ■

213071 Juncus effusus L. var. conglomeratus (L.) Coss. et Durieu = Juncus conglomeratus L. ■☆

213072 Juncus effusus L. var. conglomeratus (L.) Engelm. = Juncus effusus L. ■

213073 Juncus effusus L. var. costulatus Fernald = Juncus effusus L. ■

213074 Juncus effusus L. var. decipiens Buchenau 'Spiralis' = Juncus decipiens (Buchenau) Nakai 'Spiralis' ■☆

213075 Juncus effusus L. var. decipiens Buchenau 'Utilis' = Juncus decipiens (Buchenau) Nakai 'Utilis' ■☆

213076 Juncus effusus L. var. decipiens Buchenau = Juncus decipiens (Buchenau) Nakai ■

213077 Juncus effusus L. var. decipiens Buchenau = Juncus effusus L. ■

213078 Juncus effusus L. var. decipiens Buchenau f. filiformis (Satake) Satake = Juncus decipiens (Buchenau) Nakai f. filiformis Satake ■☆

213079 Juncus effusus L. var. decipiens Buchenau f. glomeratus Makino = Juncus decipiens (Buchenau) Nakai f. glomeratus (Makino) Satake ■☆

213080 Juncus effusus L. var. decipiens Buchenau f. gracilis Buchenau = Juncus decipiens (Buchenau) Nakai f. gracilis (Buchenau) Satake ■☆

213081 Juncus effusus L. var. exiguus Fernald et Wiegand = Juncus effusus L. ■

213082 Juncus effusus L. var. fistulosus (Guss.) Buchenau = Juncus effusus L. ■

213083 Juncus effusus L. var. gracilis Hook. = Juncus effusus L. ■

213084 Juncus effusus L. var. pacificus Fernald et Wiegand = Juncus effusus L. ■

213085 Juncus effusus L. var. pylaei (Laharpe) Fernald et Wiegand = Juncus effusus L. ■

213086 Juncus effusus L. var. solutus Fernald et Wiegand = Juncus effusus L. ■

213087 Juncus effusus L. var. subglomeratus Lam. et DC. = Juncus

effusus L. ■
213088 Juncus elegans Royle ex D. Don = Juncus concinnus D. Don ■
213089 Juncus elegans Sam. = Juncus concinnus D. Don ■
213090 Juncus elliottii Chapm.;埃利奥特灯芯草■☆
213091 Juncus engelmannii Buchenau = Juncus polycephalus Michx. ■☆
213092 Juncus engleri Buchenau;恩格勒灯芯草■☆
213093 Juncus ensifolius Wikstr.;剑叶灯芯草;Dagger-leaf Rush, Sword-leaf Rush ■☆
213094 Juncus ensifolius Wikstr. var. brunnescens (Rydb.) Cronquist = Juncus ensifolius Wikstr. var. montanus (Engelm.) C. L. Hitchc. ■☆
213095 Juncus ensifolius Wikstr. var. major Hook. = Juncus ensifolius Wikstr. ■☆
213096 Juncus ensifolius Wikstr. var. montanus (Engelm.) C. L. Hitchc.;山地剑叶灯芯草■☆
213097 Juncus exilis Osterh. = Juncus confusus Coville ■☆
213098 Juncus exploratorum E. Walker = Juncus himalensis Klotzsch ■
213099 Juncus exsertus Buchenau;伸出灯芯草■☆
213100 Juncus falcatus E. Mey.;镰叶灯芯草■☆
213101 Juncus falcatus E. Mey. subsp. prominens (Buchenau) Novikov = Juncus covillei Piper ■☆
213102 Juncus falcatus E. Mey. subsp. sitchensis (Buchenau) Hultén = Juncus falcatus E. Mey. var. sitchensis Buchenau ■☆
213103 Juncus falcatus E. Mey. subsp. sitchensis (Buchenau) Hultén var. alaskensis Coville = Juncus falcatus E. Mey. var. sitchensis Buchenau ■☆
213104 Juncus falcatus E. Mey. var. alaskensis Coville = Juncus falcatus E. Mey. var. sitchensis Buchenau ■☆
213105 Juncus falcatus E. Mey. var. paniculatus Engelm. = Juncus covillei Piper ■☆
213106 Juncus falcatus E. Mey. var. prominens Buchenau = Juncus covillei Piper ■☆
213107 Juncus falcatus E. Mey. var. sitchensis Buchenau;锡珍灯芯草■☆
213108 Juncus fasciculatus Schousb. = Juncus tingitanus Maire et Weiller ■☆
213109 Juncus fasciculiflorus Adamson = Juncus kraussii Hochst. ■☆
213110 Juncus fauriei H. Lév. et Vaniot;法氏灯芯草■☆
213111 Juncus fauriensis Buchenau;福里安灯芯草■☆
213112 Juncus fauriensis Buchenau subsp. kamschatcensis (Buchenau) Novikov = Juncus kamschatcensis (Buchenau) Kudo ■☆
213113 Juncus filifolius Adamson = Juncus cephalotes Thunb. ■☆
213114 Juncus filiformis L.;丝状灯芯草(纤毛灯芯草);Filiform Rush, Silklike Rush, Thread Rush ■
213115 Juncus filipendulus Buckley;悬丝灯芯草■☆
213116 Juncus foliosus Desf.;繁叶灯芯草(多叶灯芯草);Leafy Rush ■☆
213117 Juncus fontanesii J. Gay;丰塔纳灯芯草■☆
213118 Juncus fontanesii J. Gay subsp. brachyanthus Trab.;短花丰塔纳灯芯草■☆
213119 Juncus fontanesii J. Gay subsp. pyramidatus (Laharpe) Snogerup;圆锥灯芯草■☆
213120 Juncus fontanesii J. Gay var. melanocephalus Trab. = Juncus fontanesii J. Gay ■☆
213121 Juncus fontanesii Laharpe = Juncus oxycarpus E. Mey. ex Kunth ■☆
213122 Juncus fontanesii Laharpe subsp. kotschyi (Boiss.) Snogerup = Juncus kotschyi Boiss. ■☆
213123 Juncus fontanesii Laharpe var. kotschyi (Boiss.) Buchenau = Juncus kotschyi Boiss. ■☆
213124 Juncus fucensis H. St. John = Juncus gerardii Loisel. ■
213125 Juncus gentilis N. E. Br. = Juncus oxycarpus E. Mey. ex Kunth ■☆
213126 Juncus georgianus Coville;乔治亚灯芯草;Georgia Rush ■☆
213127 Juncus gerardii Loisel.;盐地灯芯草(杰氏灯芯草,团花灯芯草);Black Grass, Black-grass, Gerard Rush, Mud Rush, Saltmarsh Rush, Saltmeadow Rush, Salt-meadow Rush ■
213128 Juncus gerardii Loisel. var. pedicellatus Fernald = Juncus gerardii Loisel. ■
213129 Juncus gerardii Loisel. var. salsuginosus (Turcz. ex E. Mey.) Buchenau = Juncus heptapotamicus V. I. Krecz. et Gontsch. ■
213130 Juncus gerardii Loisel. var. salsuginosus Buchenau = Juncus heptapotamicus V. I. Krecz. et Gontsch. ■
213131 Juncus giganteus Sam. ex Buchenau;巨灯芯草;Giant Rush ■
213132 Juncus glaucus Ehrh. = Juncus inflexus L. ■
213133 Juncus glaucus Ehrh. ex Sibth. = Juncus inflexus L. ■
213134 Juncus glaucus Ehrh. var. acutissimus Buchenau = Juncus inflexus L. ■
213135 Juncus glaucus L. = Juncus inflexus L. ■
213136 Juncus glomeratus K. F. Wu = Juncus lanpinguensis Novikov ■
213137 Juncus gracilicaulis A. Camus;细茎灯芯草(细灯芯草);Slenderstem Rush ■
213138 Juncus gracillimus (Buch.-Ham.) V. I. Krecz. et Gontsch.;细灯芯草(扁茎灯芯草);Round-fruited Rush, Slender Rush ■
213139 Juncus gracillimus (Buch.-Ham.) V. I. Krecz. et Gontsch. = Juncus compressus Jacq. ■☆
213140 Juncus greenei Oakes et Tuck.;格氏灯芯草;Greene's Rush ■☆
213141 Juncus greenei Oakes et Tuck. var. vaseyi (Engelm.) B. Boivin = Juncus vaseyi Engelm. ■☆
213142 Juncus griscomii Fernald = Juncus effusus L. ■
213143 Juncus grisebachii Buchenau;节叶灯芯草(短果灯芯草);Nodeleaf Rush, Shortfruit Rush ■
213144 Juncus gymnocarpus Coville;裸果灯芯草;Pennsylvania Rush ■☆
213145 Juncus haenkei E. Mey.;亨克灯芯草■☆
213146 Juncus haenkei E. Mey. = Juncus arcticus Willd. var. alaskanus (Hultén) S. L. Welsh ■☆
213147 Juncus hallii Engelm.;霍尔灯芯草;Hall's Rush ■☆
213148 Juncus hemiendytus F. J. Herm.;赫尔曼灯芯草;Hermann's Dwarf Rush ■☆
213149 Juncus hemiendytus F. J. Herm. var. abjectus (F. J. Herm.) Ertter;弱小灯芯草;Least dwarf rush ■☆
213150 Juncus heptapotamicus V. I. Krecz. et Gontsch.;七河灯芯草(少花灯芯草);Sevenriver Rush ■
213151 Juncus heptapotamicus V. I. Krecz. et Gontsch. var. yiningensis K. F. Wu;伊宁灯芯草;Yining Sevenriver Rush ■
213152 Juncus heterophyllus Dufour;互叶灯芯草■☆
213153 Juncus himalensis Klotzsch;喜马灯芯草;Himalayan Rush, Himalayas Rush ■
213154 Juncus himalensis Klotzsch var. genuinus Buchenau = Juncus himalensis Klotzsch ■
213155 Juncus himalensis Klotzsch var. schlagintweitii (Buchenau) Buchenau = Juncus himalensis Klotzsch ■

213156 Juncus himalensis Klotzsch var. schlagintweitii Buchenau = Juncus himalensis Klotzsch ■
213157 Juncus hizenensis Satake = Juncus prismatocarpus R. Br. subsp. leschenaultii (J. Gay ex Laharpe) Kirschner ■
213158 Juncus hoffmeisteri Klotzsch = Juncus membranaceus Royle ex D. Don ■
213159 Juncus howellii F. J. Herm.;豪厄尔灯芯草;Howell's Rush ■☆
213160 Juncus hybridus Brot.;杂种灯芯草■☆
213161 Juncus hybridus Brot. = Juncus bufonius L. var. congestus (S. Watson) Fernald ■☆
213162 Juncus imbricatus Laharpe;覆瓦灯芯草■☆
213163 Juncus inaequalis Buchenau = Juncus cephalotes Thunb. ■
213164 Juncus indicus Royle ex Don = Juncus prismatocarpus R. Br. ■
213165 Juncus inflexus L.;片髓灯芯草(灰蓝灯芯草,灰绿灯芯草,内折灯芯草,无叶灯芯草,野席草);Blue Medusa Rush, European Meadow Rush, Flex Rush, Glaucous Rush, Hard Rush, Reshes, Wire Rush ■
213166 Juncus inflexus L. subsp. austrooccidentalis K. F. Wu;西南灯芯草;SW. China Rush ■
213167 Juncus inflexus L. subsp. austrooccidentalis K. F. Wu = Juncus inflexus L. ■
213168 Juncus inflexus L. subsp. brachytepalus (Trautv. ex V. I. Krecz. et Gontsch.) Novikov = Juncus inflexus L. ■
213169 Juncus inflexus L. var. brachytepalus (Krecz. et Gontsch.) Kitam. = Juncus inflexus L. ■
213170 Juncus inflexus L. var. laxiflorus (Loret) Barrandon = Juncus inflexus L. ■
213171 Juncus inflexus L. var. longicornis (Bastard) Täckh. = Juncus inflexus L. ■
213172 Juncus insulanus Viv. = Juncus hybridus Brot. ■☆
213173 Juncus interior Wiegand;内地灯芯草;Inland Rush, Interior Rush ■☆
213174 Juncus interior Wiegand var. arizonicus (Wiegand) F. J. Herm. = Juncus interior Wiegand ■☆
213175 Juncus interior Wiegand var. neomexicanus (Wiegand) F. J. Herm. = Juncus interior Wiegand ■☆
213176 Juncus inundatus Drejer;沼生灯芯草■☆
213177 Juncus jaxarticus V. I. Krecz. et Gontsch.;锡尔灯芯草■☆
213178 Juncus jeholensis Satake = Juncus turczaninowii (Buchenau) V. I. Krecz. var. jeholensis (Satake) K. F. Wu et Ma ■
213179 Juncus jonesii Rydb. = Juncus regelii Buchenau ■☆
213180 Juncus juzepczukii V. I. Krecz. et Gontsch.;尤氏灯芯草■☆
213181 Juncus juzepczukii V. I. Krecz. et Gontsch. = Juncus bufonius L. ■
213182 Juncus kamschatcensis (Buchenau) Kudo;勘察加灯芯草■☆
213183 Juncus kangdingensis K. F. Wu;康定灯芯草;Kangding Rush ■
213184 Juncus kangdingensis K. F. Wu var. helvolus K. F. Wu;德钦灯芯草;Deqin Rush ■
213185 Juncus kangpuensis K. F. Wu;康普灯芯草;Kangpu Rush ■
213186 Juncus kansanus F. J. Herm. = Juncus brachyphyllus Wiegand ■☆
213187 Juncus kelloggii Engelm.;凯洛格灯芯草■☆
213188 Juncus kingii Rendle;金灯芯草(吉隆灯芯草);King's Rush ■
213189 Juncus kockii F. W. Schultz = Juncus bulbosus L. ■☆
213190 Juncus kotschyi Boiss.;考奇灯芯草■☆
213191 Juncus krameri Franch. et Sav.;短喙灯芯草;Shortbill Rush ■
213192 Juncus kraussii Hochst. = Juncus maritimus Lam. ■☆
213193 Juncus kraussii Hochst. var. effusus Adamson = Juncus kraussii Hochst. ■☆
213194 Juncus kraussii Hochst. var. parviflorus Adamson = Juncus kraussii Hochst. ■☆
213195 Juncus kuntzei (Buchenau) Vierh. = Juncus brevicaudatus (Engelm.) Fernald ■☆
213196 Juncus lamprocarpus Ehrh. = Juncus articulatus L. ■
213197 Juncus lamprocarpus Ehrh. ex Hoffm. = Juncus articulatus L. ■
213198 Juncus lamprocarpus Ehrh. ex Hoffm. var. senescens Buchenau = Juncus articulatus L. ■
213199 Juncus lamprocarpus Ehrh. ex Hoffm. var. turczaninowii Buchenau = Juncus articulatus L. ■
213200 Juncus lamprocarpus Ehrh. ex Hoffm. var. turczaninowii Buchenau = Juncus turczaninowii (Buchenau) Freyn ■
213201 Juncus lamprocarpus Ehrh. subsp. clausonis Trab. = Juncus articulatus L. ■
213202 Juncus lanpinguensis Novikov;密花灯芯草;Denseflower Rush ■
213203 Juncus latifolius (Engelm.) Buchenau = Juncus orthophyllus Coville ■☆
213204 Juncus latifolius (Engelm.) Buchenau var. paniculatus Buchenau = Juncus covillei Piper ■☆
213205 Juncus laxus Robyns et Tournay = Juncus effusus L. ■
213206 Juncus leersii T. Marsson;利尔斯灯芯草■☆
213207 Juncus leiospermus F. J. Herm.;光籽灯芯草;Smooth-seeded Rush ■☆
213208 Juncus leiospermus F. J. Herm. var. ahartii Ertter = Juncus leiospermus F. J. Herm. ■☆
213209 Juncus leopoldii Parl. = Juncus acutus L. subsp. leopoldii (Parl.) Snogerup ■☆
213210 Juncus leptocaulis Torr. et A. Gray ex Engelm. = Juncus filipendulus Buckley ■☆
213211 Juncus leptocladus Hayata = Juncus tenuis Willd. ■
213212 Juncus leptospermus Buchenau;细籽灯芯草(细子灯芯草);Smallseed Rush ■
213213 Juncus leschenaultii J. Gay ex Laharpe;江南灯芯草(笄石菖,钱蒲,野灯芯草);Leschenault Rush ■
213214 Juncus leschenaultii J. Gay ex Laharpe = Juncus prismatocarpus R. Br. ■
213215 Juncus leschenaultii J. Gay ex Laharpe = Juncus prismatocarpus R. Br. subsp. leschenaultii (J. Gay ex Laharpe) Kirschner ■
213216 Juncus leschenaultii J. Gay ex Laharpe = Juncus tenuis Willd. ■
213217 Juncus lescuri W. S. Cooper;太平洋灯芯草;Pacific Rush ■☆
213218 Juncus lesueuri Bol.;莱苏尔灯芯草;Lesueur's Rush ■☆
213219 Juncus lesueuri Bol. var. tracyi Jeps. = Juncus lesueuri Bol. ■☆
213220 Juncus leucanthus Royle ex D. Don;甘川灯芯草;Gan-Chuan Rush, Whiteflower Rush ■
213221 Juncus leucochlamys N. W. Zingerex V. I. Krecz.;白苞灯芯草■☆
213222 Juncus leucochlamys N. W. Zingerex V. I. Krecz. = Juncus castaneus Sm. ■
213223 Juncus leucomelas Royle ex D. Don;长苞灯芯草;Longbract Rush ■
213224 Juncus leucomelas sensu Hook. f. = Juncus thomsonii Buchenau ■
213225 Juncus libanoticus Thiebaut;玛纳斯灯芯草;Manasi Rush ■
213226 Juncus litroralis C. A. Mey.;滨海灯芯草■☆
213227 Juncus lomatophyllus Spreng.;缘叶灯芯草■☆
213228 Juncus longibracteatus A. M. Lu et Zhi Y. Zhang;吉隆灯芯草;Jilong Rush ■
213229 Juncus longibracteatus A. M. Lu et Zhi Y. Zhang = Juncus kingii

Rendle ■

213230 Juncus longicaudatus (Engelm.) Mack. = Juncus canadensis J. Gay ex Laharpe ■☆

213231 Juncus longiflorus (A. Camus) Noltie;德钦长花灯芯草(德钦灯芯草)■

213232 Juncus longii Fernald = Juncus marginatus Rostk. ■☆

213233 Juncus longistamineus A. Camus;长蕊灯芯草;Longstamen Rush ■

213234 Juncus longistylis Torr.;西方长柱灯芯草;Longstyle Rush ■☆

213235 Juncus longistylis Torr. var. latifolius Engelm. = Juncus orthophyllus Coville ■☆

213236 Juncus longistylis Torr. var. scabratus Herm. = Juncus macrophyllus Coville ■☆

213237 Juncus luzuliformis Franch.;分枝灯芯草;Branching Rush, Fork Rush ■

213238 Juncus luzuliformis Franch. var. modestus (Buchenau) Buchenau = Juncus luzuliformis Franch. ■

213239 Juncus luzuliformis Franch. var. modestus Buchenau = Juncus luzuliformis Franch. ■

213240 Juncus luzuliformis Franch. var. potaninii (Buchenau) Buchenau = Juncus potaninii Buchenau ■

213241 Juncus luzuloides Lam. = Luzula luzuloides (Lam.) Dandy et Wilmott ■☆

213242 Juncus macer Gray = Juncus tenuis Willd. ■

213243 Juncus macer Gray f. anthelatus (Wiegand) F. J. Herm. = Juncus anthelatus (Wiegand) R. E. Brooks ■☆

213244 Juncus macer Gray f. discretiflorus F. J. Herm. = Juncus anthelatus (Wiegand) R. E. Brooks ■☆

213245 Juncus macer Gray f. williamsii (Fernald) F. J. Herm. = Juncus tenuis Willd. ■

213246 Juncus macer Gray var. anthelatus (Wiegand) Fernald = Juncus anthelatus (Wiegand) R. E. Brooks ■☆

213247 Juncus macer Gray var. williamsii (Fernald) Fernald = Juncus tenuis Willd. ■

213248 Juncus macrandrus Coville;大雄蕊灯芯草■☆

213249 Juncus macrantherus V. I. Krecz. et Gontsch.;大药灯芯草■☆

213250 Juncus macranthus Buchenau = Juncus concinnus D. Don ■

213251 Juncus macrophyllus Coville;长叶灯芯草;Long-leaf Rush ■☆

213252 Juncus mairei H. Lév. = Juncus leptospermus Buchenau ■

213253 Juncus manasiensis K. F. Wu = Juncus libanoticus Thiebaut ■

213254 Juncus marginatus Rostk.;禾叶灯芯草;Grass-leaved Rush, Shore Rush ■☆

213255 Juncus marginatus Rostk. var. aristulatus (Michx.) Coville = Juncus marginatus Rostk. ■☆

213256 Juncus marginatus Rostk. var. biflorus (Elliott) Chapm. = Juncus biflorus Elliott ■☆

213257 Juncus marginatus Rostk. var. biflorus (Elliott) Chapm. = Juncus marginatus Rostk. ■☆

213258 Juncus marginatus Rostk. var. odoratus Torr. = Juncus biflorus Elliott ■☆

213259 Juncus marginatus Rostk. var. odoratus Torr. = Juncus marginatus Rostk. ■☆

213260 Juncus marginatus Rostk. var. paucicapitatus Engelm. = Juncus marginatus Rostk. ■☆

213261 Juncus marginatus Rostk. var. setosus Coville = Juncus marginatus Rostk. ■☆

213262 Juncus marginatus Rostk. var. vulgaris Engelm. = Juncus marginatus Rostk. ■☆

213263 Juncus maritimus Lam.;海滨灯芯草;Sea Rush, Seaside Rush ■☆

213264 Juncus maritimus Lam. f. rigidus (Desf.) Maire et Weiller = Juncus maritimus Lam. ■☆

213265 Juncus maritimus Lam. var. arabicus Asch. et Buchenau = Juncus rigidus Desf. ■☆

213266 Juncus maritimus Lam. var. ponticus (Stev.) Asch. et Graeb. = Juncus maritimus Lam. ■☆

213267 Juncus maritimus Lam. var. rigidus Desf. = Juncus rigidus Desf. ■☆

213268 Juncus maritimus Lam. var. socotranus Buchenau = Juncus rigidus Desf. ■☆

213269 Juncus maritimus Lam. var. somalensis Chiov. = Juncus rigidus Desf. ■☆

213270 Juncus maroccanus Kirschner;摩洛哥灯芯草■☆

213271 Juncus martimus Lam. var. arabicus Asch. et Buch. = Juncus maritimus Lam. ■☆

213272 Juncus maximowiczii Buchenau;长白灯芯草;Changbaishan Rush, Maximovicz Rush, Sea Rush ■

213273 Juncus maximowiczii Buchenau = Juncus triflorus Ohwi ■

213274 Juncus megacephalus (Torr.) A. W. Wood = Juncus torreyi Coville ■☆

213275 Juncus megacephalus M. A. Curtis;大头灯芯草;Large-headed Rush ■☆

213276 Juncus meiguensis K. F. Wu;美姑灯芯草;Meigu Rush ■

213277 Juncus melanocarpus Michx. = Luzula parviflora (Ehrh.) Desv. ■

213278 Juncus membranaceus Royle ex D. Don;膜耳灯芯草;Film-ear Rush ■

213279 Juncus membranaceus sensu Hook. f. = Juncus benghalensis Kunth ■

213280 Juncus menziesii R. Br. ex Hook. = Juncus falcatus E. Mey. var. sitchensis Buchenau ■☆

213281 Juncus mertensianus Bong.;梅尔滕斯灯芯草■☆

213282 Juncus mertensianus Bong. var. badius (Suksd.) F. J. Herm. = Juncus nevadensis S. Watson ■☆

213283 Juncus mertensianus Bong. var. columbianus (Coville) F. J. Herm. = Juncus nevadensis S. Watson ■☆

213284 Juncus mertensianus Bong. var. duranii (Ewan) F. J. Herm. = Juncus mertensianus Bong. ■☆

213285 Juncus mertensianus Bong. var. filifolius Suksd. = Juncus mertensianus Bong. ■☆

213286 Juncus mertensianus Bong. var. gracilis (Engelm.) F. J. Herm. = Juncus nevadensis S. Watson ■☆

213287 Juncus mertensianuss Bong. subsp. gracilis (Engelm.) F. J. Herm. = Juncus nevadensis S. Watson ■☆

213288 Juncus mexicanus Willd. ex Roem. et Schult. = Juncus arcticus Willd. var. mexicanus (Willd. ex Roem. et Schult.) Balslev ■☆

213289 Juncus mexicanus Willd. ex Schult. f.;墨西哥灯芯草;Mexican Rush ■☆

213290 Juncus milashanensis A. M. Lu et Zhi Y. Zhang;米拉山灯芯草;Milashan Rush ■

213291 Juncus militaris Bigelow;士兵灯芯草;Bayonet Rush, Jointed Bog Rush, Soldier Rush ■☆

213292 Juncus minimus Buchenau;矮灯芯草;Dwarf Rush ■

213293 Juncus minutulus (Albert et Jahand.) Prain = Juncus bufonius L. ■

213294 Juncus minutulus V. I. Krecz. et Gontsch. = Juncus bufonius L. ■
213295 Juncus miyiensis K. F. Wu;米易灯芯草;Miyi Rush ■
213296 Juncus modestus Buchenau = Juncus luzuliformis Franch. ■
213297 Juncus modicus N. E. Br. ;多花丝灯芯草(多花灯芯草);Flowery Rush, Manyflower Rush ■
213298 Juncus modicus N. E. Brown = Juncus triflorus Ohwi ■
213299 Juncus mogadorensis (H. Lindb.) Förther et Podlech = Juncus bufonius L. subsp. mogadorensis (H. Lindb.) Maire ■☆
213300 Juncus mollifolius Hilliard et B. L. Burtt;毛叶灯芯草■☆
213301 Juncus monanthos Jacq. = Juncus trifidus L. ■☆
213302 Juncus monostichus Bartlett = Juncus interior Wiegand ■☆
213303 Juncus monticola Steud. = Juncus prismatocarpus R. Br. subsp. leschenaultii (J. Gay ex Laharpe) Kirschner ■
213304 Juncus muelleri Trautv. ;米勒灯芯草■☆
213305 Juncus multiflorus (Ehrh.) Ehrh. = Luzula multiflora (Ehrh.) Lej. ■
213306 Juncus multiflorus Desf. = Juncus subulatus Forssk. ■☆
213307 Juncus multiflorus Ehrh. = Luzula multiflora (Ehrh.) Lej. ■
213308 Juncus mutabilis Lam. = Juncus pygmaeus Rich. ■☆
213309 Juncus nasanthus V. I. Krecz. et Gontsch. ;西方密花灯芯草;Dense-flowered Rush ■☆
213310 Juncus nastanthus V. I. Krecz. et Gontsch. = Juncus bufonius L. var. congestus (S. Watson) Fernald ■
213311 Juncus nemorosus Pollard = Luzula luzuloides (Lam.) Dandy et Wilmott ■☆
213312 Juncus neomexicanus Wiegand = Juncus interior Wiegand ■☆
213313 Juncus nepalicus Miyam. et H. Ohba;尼泊尔灯芯草(矮茎灯芯草);Dwarf Bigleaf Rush ■
213314 Juncus nevadensis S. Watson;内华达灯芯草■☆
213315 Juncus nevadensis S. Watson var. badius (Suksd.) C. L. Hitchc. = Juncus nevadensis S. Watson ■☆
213316 Juncus nevadensis S. Watson var. columbianus (Coville) H. St. John = Juncus nevadensis S. Watson ■☆
213317 Juncus nevadensis S. Watson var. inventus (L. F. Hend.) C. L. Hitchc. = Juncus nevadensis S. Watson ■☆
213318 Juncus nevskii Krecz. et Gontsch. = Juncus maritimus Lam. ■☆
213319 Juncus nigroviolaceus K. F. Wu;黑紫灯芯草;Deepviolet Rush ■
213320 Juncus nikkoensis Satake;日光灯芯草■☆
213321 Juncus nikkoensis Satake = Juncus papillosus Franch. et Sav. ■
213322 Juncus nipponensis Buchenau;本州灯芯草■☆
213323 Juncus nodatus Coville;矮胖灯芯草;Stout Rush ■☆
213324 Juncus nodosus Coville var. meridionalis F. J. Herm. = Juncus nodatus Coville ■☆
213325 Juncus nodosus L. ;有节灯芯草;Joint Rush, Jointed Rush, Knotted Rush ■☆
213326 Juncus nodosus L. var. megacephalus Torr. = Juncus torreyi Coville ■☆
213327 Juncus nodosus L. var. meridianus F. J. Herm. = Juncus nodosus L. ■☆
213328 Juncus nodosus L. var. texanus Engelm. = Juncus texanus (Engelm.) Coville ■☆
213329 Juncus nodulosus Wahlenb. = Juncus alpinoarticulatus Chaix ■☆
213330 Juncus obliquus Adamson;偏斜灯芯草■☆
213331 Juncus obtusatus Engelm. = Juncus covillei Piper var. obtusatus C. L. Hitchc. ■☆
213332 Juncus obtusiflorus Ehrh. ;钝花灯芯草;Obtuse Rush ■☆
213333 Juncus obtusiflorus Ehrh. = Juncus subnodulosus Schrank ■☆
213334 Juncus obtusiflorus Ehrh. var. exaltatus (Decne.) Buchenau = Juncus subnodulosus Schrank ■☆
213335 Juncus obtusiflorus Ehrh. var. latifolius Pau et Font Quer = Juncus subnodulosus Schrank ■☆
213336 Juncus obtusiflorus Ehrh. var. punctorius ? = Juncus subnodulosus Schrank ■☆
213337 Juncus occidentalis (Coville) Wiegand;西方灯芯草;Western Rush ■☆
213338 Juncus ochraceus Buchenau;羽序灯芯草;Yellowbrown Rush ■
213339 Juncus odoratus (Torr.) Steud. = Juncus marginatus Rostk. ■☆
213340 Juncus oehleri Graebn. = Juncus effusus L. ■
213341 Juncus ohwianus M. T. Kao;台湾灯芯草(大井氏灯芯草);Taiwan Rush ■
213342 Juncus oligocephalus Satake et Ohwi = Juncus ensifolius Wikstr. ■☆
213343 Juncus oreganus S. Watson = Juncus supiniformis Engelm. ■☆
213344 Juncus orthophyllus Coville;直叶灯芯草;Straight-leaf Rush ■☆
213345 Juncus oxycarpus E. Mey. ex Kunth;尖果灯芯草■☆
213346 Juncus oxycarpus E. Mey. ex Kunth subsp. sparganioides Weim. = Juncus oxycarpus E. Mey. ex Kunth ■☆
213347 Juncus oxymeris Engelm. ;尖花灯芯草■☆
213348 Juncus pallescens E. Mey. ex Buchenau = Juncus acuminatus Michx. ■☆
213349 Juncus pallescens Wahlenb. = Luzula pallescens (Wahlenb.) Sw. ■
213350 Juncus pallescens Wahlenb. = Luzula pallidula Kirschner ■☆
213351 Juncus pallidus R. Br. ;苍白灯芯草;Great Soft-rush ■☆
213352 Juncus paniculatus Hoppe = Juncus inflexus L. ■
213353 Juncus paniculatus Hoppe ex Merr. et Koch;帚花灯芯草■☆
213354 Juncus paniculatus Hoppe ex Merr. et Koch = Juncus inflexus L. ■
213355 Juncus papillosus Franch. et Sav. ;乳头灯芯草;Pipple Rush ■
213356 Juncus parous Rydb. = Juncus ensifolius Wikstr. var. montanus (Engelm.) C. L. Hitchc. ■☆
213357 Juncus parryi Engelm. ;帕里灯芯草;Parry's Rush ■☆
213358 Juncus parviflorus Ehrh. = Luzula parviflora (Ehrh.) Desv. ■
213359 Juncus parvulus E. Mey. et Buchenau = Juncus cephalotes Thunb. ■☆
213360 Juncus patens E. Mey. et Buchenau;铺展灯芯草;California Gray Rush, Spreading Rush ■☆
213361 Juncus paucicapitatus Buchenau = Juncus supiniformis Engelm. ■☆
213362 Juncus pauciflorus R. Br. ;疏花灯芯草;Poorflower Rush ■
213363 Juncus pauciflorus R. Br. = Juncus setchuensis Buchenau ■
213364 Juncus pauperculus Schwarz = Juncus drummondii E. Mey. ■☆
213365 Juncus pelocarpus E. Mey. ;褐果灯芯草;Brown-fruited Rush ■☆
213366 Juncus pelocarpus E. Mey. f. submersus Fernald = Juncus pelocarpus E. Mey. ■☆
213367 Juncus pelocarpus E. Mey. var. crassicaudex Engelm. = Juncus pelocarpus E. Mey. ■☆
213368 Juncus pelocarpus E. Mey. var. fluitans (Michx.) Buchenau = Juncus subtilis E. Mey. ■☆
213369 Juncus pelocarpus E. Mey. var. sabulonensis H. St. John = Juncus pelocarpus E. Mey. ■☆

213370 Juncus pelocarpus E. Mey. var. subtilis (E. Mey.) Engelm. = Juncus subtilis E. Mey. ■☆
213371 Juncus perparvus K. F. Wu;单花灯芯草;Singleflower Rush ■
213372 Juncus perpusillus Sam.;短茎灯芯草;Shortstem Rush ■
213373 Juncus phaeocarpus A. M. Lu et Zhi Y. Zhang = Juncus grisebachii Buchenau ■
213374 Juncus phaeocephalus Engelm.;暗头灯芯草■☆
213375 Juncus phaeocephalus Engelm. var. gracilis Engelm. = Juncus nevadensis S. Watson ■☆
213376 Juncus phaeocephalus Engelm. var. paniculatus Engelm. = Juncus phaeocephalus Engelm. ■☆
213377 Juncus pictus Steud. = Juncus cephalotes Thunb. ■☆
213378 Juncus pilosus L. = Luzula pilosa (L.) Willd. ■☆
213379 Juncus planifolius R. Br.;宽叶灯芯草;Broadleaf Rush, Broad-leaf Rush, Broad-leaved Rush ■☆
213380 Juncus platyphyllus (Wiegand) Fernald = Juncus dichotomus Elliott ■☆
213381 Juncus plumosus Wall. ex E. Mey. = Luzula plumosa E. Mey. ■
213382 Juncus polyanthemus Buchenau;多花灯芯草;Manyflower Rush ■☆
213383 Juncus polycephalus Michx.;多头灯芯草■☆
213384 Juncus polycephalus Michx. var. paradoxus Torr. = Juncus canadensis J. Gay ex Laharpe ■☆
213385 Juncus polytrichos E. Mey. et Buchenau = Juncus cephalotes Thunb. ■☆
213386 Juncus pondii A. W. Wood = Juncus acuminatus Michx. ■☆
213387 Juncus ponticus Stev. = Juncus maritimus Lam. ■☆
213388 Juncus potaninii Buchenau;单枝灯芯草;Potanin Rush, Singleshoot Rush ■
213389 Juncus prismatocarpus R. Br.;笄石菖(江南灯芯草,水茅草);Ribcolumn Rush ■
213390 Juncus prismatocarpus R. Br. subsp. leschenaultii (J. Gay ex Laharpe) Kirschner = Juncus leschenaultii J. Gay ex Laharpe ■
213391 Juncus prismatocarpus R. Br. subsp. teretifolius K. F. Wu;圆柱叶灯芯草■
213392 Juncus prismatocarpus R. Br. var. leschenaultii (J. Gay ex Laharpe) Buchenau = Juncus prismatocarpus R. Br. subsp. leschenaultii (J. Gay ex Laharpe) Kirschner ■
213393 Juncus prismatocarpus R. Br. var. leschenaultii (J. Gay ex Laharpe) Buchenau subvar. unitubulosus Buchenau = Juncus wallichianus Laharpe ■
213394 Juncus prismatocarpus R. Br. var. leschenaultii (J. Gay ex Laharpe) Buchenau = Juncus prismatocarpus R. Br. ■
213395 Juncus prismatocarpus R. Br. var. leschenaultii (J. Gay.) Buchenau subvar. pluritubulosus Buchenau = Juncus prismatocarpus R. Br. ■
213396 Juncus prismatocarpus R. Br. var. leschenaultii (J. Gay.) Buchenau subvar. unitubulosus Buchenau = Juncus wallichianus Laharpe ■
213397 Juncus prismatocarpus R. Br. var. leschenaultii (J. Gay.) Buchenau = Juncus prismatocarpus R. Br. ■
213398 Juncus prominens (Buchenau) Miyabe et Kudo = Juncus covillei Piper ■☆
213399 Juncus prominens Miyabe et Kudo = Juncus covillei Piper ■☆
213400 Juncus przewalskii Buchenau;长柱灯芯草(北方灯芯草);Longstyle Rush, Przewalsk Rush ■
213401 Juncus przewalskii Buchenau var. discolor Sam.;异色长柱灯芯草(苍白灯芯草)■
213402 Juncus przewalskii Buchenau var. multiflorus S. Y. Bao;多花长柱灯芯草■
213403 Juncus pseudocastaneus (Lingelsh.) Sam.;假栗花灯芯草;False Chestnutflower Rush ■
213404 Juncus pseudocastaneus (Lingelsh.) Sam. = Juncus sikkimensis Hook. f. ■
213405 Juncus pseudokrameri Satake = Juncus wallichianus Laharpe ■
213406 Juncus punctorius L. f.;斑点灯芯草■☆
213407 Juncus punctorius L. f. subsp. mauritanicus Trab. = Juncus punctorius L. f. ■☆
213408 Juncus punctorius L. f. var. mauritanicus (Trab.) Buchenau et Trab. = Juncus punctorius L. f. ■☆
213409 Juncus pygmaeus Rich.;侏儒灯芯草;Pigmy Rush ■☆
213410 Juncus pylaei Laharpe = Juncus effusus L. ■
213411 Juncus pyramidatus Laharpe var. kotschyi (Boiss.) Boiss. = Juncus kotschyi Boiss. ■☆
213412 Juncus quartinianus A. Rich. = Juncus oxycarpus E. Mey. ex Kunth ■☆
213413 Juncus ranarius Songeon et E. P. Perrier = Juncus ambiguus Guss. ■
213414 Juncus ranarius Songeon et E. P. Perrier = Juncus bufonius L. ■
213415 Juncus rariflorus Hartm. = Juncus alpinoarticulatus Chaix ■☆
213416 Juncus regelii Buchenau;雷格尔灯芯草;Regel's Rush ■☆
213417 Juncus repens Michx.;匍匐灯芯草;Creeping Rush ■☆
213418 Juncus rhiphaenus Pau et Font Quer = Juncus foliosus Desf. ■☆
213419 Juncus richardsonianus Schult. = Juncus alpinoarticulatus Chaix ■☆
213420 Juncus rigidus Desf.;硬灯芯草■☆
213421 Juncus rigidus Desf. = Juncus maritimus Lam. ■☆
213422 Juncus robusta S. Watson = Juncus acutus L. subsp. leopoldii (Parl.) Snogerup ■☆
213423 Juncus robustus (Engelm.) Coville = Juncus nodatus Coville ■☆
213424 Juncus roemerianus Scheele;针茅灯芯草;Black Needlerush, Needle Rush, Needlegrass Rush ■☆
213425 Juncus rostkovii E. Mey. = Juncus nodatus Coville ■☆
213426 Juncus rostkovii E. Mey. = Juncus nodosus L. ■☆
213427 Juncus rostratus Buchenau = Juncus exsertus Buchenau ■☆
213428 Juncus rugulosus Engelm. = Juncus dubius Engelm. ■☆
213429 Juncus rupestris Kunth;岩生灯芯草■☆
213430 Juncus salsuginosus Turcz. ex E. Mey. = Juncus heptapotamicus V. I. Krecz. et Gontsch. ■
213431 Juncus satakei Kitag. = Juncus castaneus Sm. ■
213432 Juncus saximontanus A. Nelson = Juncus ensifolius Wikstr. var. montanus (Engelm.) C. L. Hitchc. ■☆
213433 Juncus scabriusculus Kunth;略粗糙灯芯草■☆
213434 Juncus schimperi Hochst. ex A. Rich. = Juncus punctorius L. f. ■☆
213435 Juncus schischkinii Krylov et Sumnev.;希施灯芯草■☆
213436 Juncus schlagintweitii Buchenau = Juncus himalensis Klotzsch ■
213437 Juncus schlechteri Buchenau = Juncus cephalotes Thunb. ■☆
213438 Juncus scirpoides Lam.;北美灯芯草;Needlepod Rush, Round-headed Rush, Scirpuslike Rrush, Sedge Rush ■☆
213439 Juncus scirpoides Lam. var. carolinianus Coville = Juncus megacephalus M. A. Curtis ■☆
213440 Juncus scirpoides Lam. var. compositus R. M. Harper = Juncus

scirpoides Lam. ■☆
213441 Juncus scirpoides Lam. var. echinatus Engelm. = Juncus megacephalus M. A. Curtis ■☆
213442 Juncus scirpoides Lam. var. genuinus Buchenau = Juncus scirpoides Lam. ■☆
213443 Juncus scirpoides Lam. var. macrostemon Engelm. = Juncus scirpoides Lam. ■☆
213444 Juncus scirpoides Lam. var. meridionalis Buchenau = Juncus scirpoides Lam. ■☆
213445 Juncus secundus P. Beauv. ex Poir.;单侧灯芯草■☆
213446 Juncus setaceus Rostk.;刚毛灯芯草;Bristly Rush ■☆
213447 Juncus setchuensis Buchenau;野灯芯草(灯芯草,鬼尖头草,龙须草,马棕根,拟灯芯草,水灯心,水通草,铁灯草,仙人针,小鬼葱,秧草,野灯草,野灯芯草,野马棕,野席草);Devil's Rush ■
213448 Juncus setchuensis Buchenau var. effusoides Buchenau;假灯芯草(灯芯草,鬼尖头草,龙须草,拟灯芯草,水通草,秧草根,野灯草,野灯芯草,野马棕,野席草)■
213449 Juncus setosus (Coville) Small = Juncus marginatus Rostk. ■☆
213450 Juncus sikkimensis Hook. f.;锡金灯芯草;Sikkim Rush ■
213451 Juncus sikkimensis Hook. f. var. helvolus K. F. Wu = Juncus longiflorus (A. Camus) Noltie ■
213452 Juncus sikkimensis Hook. f. var. longiflorus A. Camus = Juncus longiflorus (A. Camus) Noltie ■
213453 Juncus sikkimensis Hook. f. var. pseudocastaneus Lingelsh. = Juncus sikkimensis Hook. f. ■
213454 Juncus singularis Steud. = Juncus capensis Thunb. ■☆
213455 Juncus slwookoorum S. Young = Juncus mertensianus Bong. ■☆
213456 Juncus smithii Engelm. = Juncus gymnocarpus Coville ■☆
213457 Juncus sonderianus Buchenau = Juncus dregeanus Kunth ■☆
213458 Juncus soranthus Schrenk;团花灯芯草■☆
213459 Juncus sorrentinii Parl.;索伦廷灯芯草■☆
213460 Juncus sphacelatus Decne.;枯灯芯草;Sphacelate Rush ■
213461 Juncus sphaerocarpus Nees;球果灯芯草■☆
213462 Juncus sphaerocarpus Nees ex Funk.;泡果灯芯草(圆果灯芯草)■
213463 Juncus sphaerocephalus K. F. Wu = Juncus yanshanuensis Novikov ■
213464 Juncus sphagnetorum (Buchenau) Adamson = Juncus capensis Thunb. ■☆
213465 Juncus sphenostemon Buchenau = Juncus benghalensis Kunth ■
213466 Juncus spicatus L. = Luzula spicata (L.) DC. ■
213467 Juncus spinosus Forssk. = Juncus acutus L. ■☆
213468 Juncus sprengelii Nees ex Buchenau = Juncus stenopetalus Adamson ■☆
213469 Juncus spretus Schult. et Schult. f. = Juncus kraussii Hochst. ■☆
213470 Juncus spumosus Noltie;碧罗灯芯草;Biluoshan Rush ■
213471 Juncus squarrosus L.;糙灯芯草;Heath Rush, Mosquito Rush ■☆
213472 Juncus stenopetalus Adamson;窄瓣灯芯草■☆
213473 Juncus striatus E. Mey.;条纹灯芯草■☆
213474 Juncus striatus E. Mey. var. macrocephalus Coss. et Durieu = Juncus striatus E. Mey. ■☆
213475 Juncus striatus E. Mey. var. vulgaris Coss. et Durieu = Juncus striatus E. Mey. ■☆
213476 Juncus stygius L.;柯茂山灯芯草;Bog Rush, Moor Rush ■☆
213477 Juncus stygius L. subsp. americanus (Buchenau) Hultén = Juncus stygius L. var. americanus Buchenau ■☆
213478 Juncus stygius L. var. americanus Buchenau;美洲灯芯草;American Moor Rush, Bog Rush, Moor Rush ■☆
213479 Juncus subcaudatus (Engelm.) Coville et S. F. Blake;尾状灯芯草;Rush ■☆
213480 Juncus subcaudatus (Engelm.) Coville et S. F. Blake var. planisepalus Fernald = Juncus subcaudatus (Engelm.) Coville et S. F. Blake ■☆
213481 Juncus subcuneatus Adamson = Juncus dregeanus Kunth ■☆
213482 Juncus subglandulosus Steud. = Juncus scabriusculus Kunth ■☆
213483 Juncus subglobosus Adamson = Juncus dregeanus Kunth ■☆
213484 Juncus subglobosus K. F. Wu = Juncus amuricus (Maxim.) Krecz. et Gontsch. var. wui Novikov ■☆
213485 Juncus subglobosus K. F. Wu = Juncus amuricus (Maxim.) Krecz. et Gontsch. ■
213486 Juncus submonocephalus Steud. = Juncus dregeanus Kunth ■☆
213487 Juncus subnodulosus Schrank;多节灯芯草(钝花灯芯草);Bluntflower Rush, Blunt-flowered Rush ■☆
213488 Juncus suboxycarpus Adamson = Juncus oxycarpus E. Mey. ex Kunth ■☆
213489 Juncus subpilosus Gilib. = Luzula campestris (L.) DC. ■
213490 Juncus subtilis E. Mey.;铺散灯芯草;Creeping Rush ■☆
213491 Juncus subtriflorus (E. Mey.) Coville = Juncus drummondii E. Mey. ■☆
213492 Juncus subulatus Forssk.;钻状灯芯草;Somerset Rush ■☆
213493 Juncus subulatus Forssk. var. salinus Coss. et Durieu = Juncus subulatus Forssk. ■☆
213494 Juncus subuliflorus Drejer = Juncus conglomeratus L. ■☆
213495 Juncus suksdorfii Rydb. = Juncus nevadensis S. Watson ■☆
213496 Juncus supiniformis Engelm.;多毛灯芯草;Hairy-leaved Rush ■☆
213497 Juncus supinus Moench = Juncus bulbosus L. ■
213498 Juncus sylvaticus Rchb. = Juncus articulatus L. ■
213499 Juncus sylvaticus Rchb. var. anceps (Laharpe) Coss. et Durieu = Juncus anceps Laharpe ■☆
213500 Juncus takasagomontanus Satake = Juncus triflorus Ohwi ■
213501 Juncus tanguticus Sam.;陕甘灯芯草;Tangut Rush ■
213502 Juncus taonanensis Satake et Kitag.;洮南灯芯草;Taonan Rush ■
213503 Juncus tenageia Ehrh. ex L. f.;少水灯芯草■☆
213504 Juncus tenageia L. f. subsp. perpusillus (Fern. -Carv.) Navarro;微小灯芯草■☆
213505 Juncus tenageia L. f. subsp. sphaerocarpus (Nees) Trab. = Juncus sphaerocarpus Nees ■☆
213506 Juncus tenageia L. f. var. rhiphaenus (Pau et Font Quer) Maire = Juncus foliosus Desf. ■☆
213507 Juncus tenuis Willd.;坚被灯芯草(阿里山灯芯草,杜氏灯芯草,软灯芯草,细灯芯草,细弱灯芯草);Dudley's Rush, Path Rush, Poverty Rush, Roadside Rush, Slender Rush, Soft Rush ■
213508 Juncus tenuis Willd. f. anthelatus (Wiegand) F. J. Herm. = Juncus anthelatus (Wiegand) R. E. Brooks ■☆
213509 Juncus tenuis Willd. f. anthelatus (Wiegand) F. J. Herm. = Juncus tenuis Willd. ■
213510 Juncus tenuis Willd. f. discretiflorus (F. J. Herm.) Fernald = Juncus anthelatus (Wiegand) R. E. Brooks ■☆
213511 Juncus tenuis Willd. f. discretiflorus (F. J. Herm.) Fernald = Juncus tenuis Willd. ■
213512 Juncus tenuis Willd. f. williamsii (Fernald) F. J. Herm. =

Juncus tenuis Willd. ■
213513 Juncus tenuis Willd. var. anthelatus Wiegand = Juncus anthelatus (Wiegand) R. E. Brooks ■☆
213514 Juncus tenuis Willd. var. bicornis (Michx.) E. Mey. = Juncus tenuis Willd. ■
213515 Juncus tenuis Willd. var. congestus Engelm. = Juncus occidentalis (Coville) Wiegand ■☆
213516 Juncus tenuis Willd. var. dichotomus (Elliott) A. W. Wood = Juncus dichotomus Elliott ■☆
213517 Juncus tenuis Willd. var. dudleyi (Wiegand) F. J. Herm. = Juncus dudleyi Wiegand ■☆
213518 Juncus tenuis Willd. var. multicornis E. Mey. = Juncus tenuis Willd. ■
213519 Juncus tenuis Willd. var. nakaii Satake = Juncus tenuis Willd. ■
213520 Juncus tenuis Willd. var. occidentalis Coville = Juncus occidentalis (Coville) Wiegand ■☆
213521 Juncus tenuis Willd. var. platyphyllus (Wiegand) Cory = Juncus dichotomus Elliott ■☆
213522 Juncus tenuis Willd. var. uniflorus Farw. = Juncus dudleyi Wiegand ■☆
213523 Juncus tenuis Willd. var. williamsii Fernald = Juncus tenuis Willd. ■
213524 Juncus texanus (Engelm.) Coville;得州灯芯草;Texas Rush ■☆
213525 Juncus thomsonii Buchenau;展苞灯芯草(野灯芯草);Thomson Rush ■
213526 Juncus thomsonii Buchenau var. fulvus K. F. Wu = Juncus thomsonii Buchenau ■
213527 Juncus tibeticus Egorova;西藏灯芯草;Xizang Rush ■
213528 Juncus tiehmii Ertter;蒂氏灯芯草;Tiehm's Dwarf Rush ■☆
213529 Juncus tingitanus Maire et Weiller;丹吉尔灯芯草■☆
213530 Juncus tokubuchii Miyabe et Kudo;德渊灯芯草■☆
213531 Juncus torreyi Coville;托里灯芯草;Rush,Torrey Rush,Torrey's Rush ■☆
213532 Juncus tracyi Rydb. = Juncus ensifolius Wikstr. var. montanus (Engelm.) C. L. Hitchc. ■☆
213533 Juncus tratangensis Satake = Juncus ochraceus Buchenau ■
213534 Juncus triceps Rostk.;三头灯芯草■
213535 Juncus triceps Rostk. = Juncus castaneus Sm. ■
213536 Juncus trichodes Steud.;毛梗灯芯草■☆
213537 Juncus trifidus L.;三裂灯芯草;Three-leaved Rush ■☆
213538 Juncus trifidus L. subsp. carolinianus Hämet-Ahti = Juncus trifidus L. ■☆
213539 Juncus trifidus L. subsp. monanthos (Jacq.) Asch. et Graebn. = Juncus trifidus L. ■☆
213540 Juncus trifidus L. var. monanthos (Jacq.) Bluff et Fingerhuth = Juncus trifidus L. ■☆
213541 Juncus triflorus Ohwi;三花灯芯草(玉山灯芯草);Triflorous Rush ■
213542 Juncus triformis Engelm.;三型灯芯草;Long-styled Dwarf Rush ■☆
213543 Juncus triformis Engelm. var. brachystylus Engelm. = Juncus kelloggii Engelm. ■☆
213544 Juncus triformis Engelm. var. uniflorus Engelm. = Juncus hemiendytus F. J. Herm. ■☆
213545 Juncus triglumis L.;贴苞灯芯草(三苞灯芯草,三鳞片灯芯草);Three-flowered Rush,Threeglume Rush,Triglume Rush ■
213546 Juncus triglumis L. subsp. albescens (Lange) Hultén = Juncus triglumis L. var. albescens Lange ■☆
213547 Juncus triglumis L. subsp. wakhaniensis Snogerup = Juncus triglumis L. ■
213548 Juncus triglumis L. var. albescens Lange;白贴苞灯芯草■☆
213549 Juncus trigonocarpus Steud.;三棱果灯芯草■☆
213550 Juncus truncatus Rydb. = Juncus nevadensis S. Watson ■☆
213551 Juncus turczaninowii (Buchenau) Freyn = Juncus articulatus L. ■
213552 Juncus turczaninowii (Buchenau) V. I. Krecz.;尖被灯芯草(坚被灯芯草);Turczaninow Rush ■
213553 Juncus turczaninowii (Buchenau) V. I. Krecz. var. jeholensis (Satake) K. F. Wu et Ma;热河灯芯草■
213554 Juncus turkestanicus V. I. Krecz. et Gontsch.;突厥灯芯草;Turkestan Rush ■
213555 Juncus turkestanicus V. I. Krecz. et Gontsch. = Juncus bufonius L. var. congestus (S. Watson) Fernald ■
213556 Juncus tweedyi Rydb. = Juncus brevicaudatus (Engelm.) Fernald ■☆
213557 Juncus uliginosus Kunth var. subtilis (E. Mey.) Hook. = Juncus subtilis E. Mey. ■☆
213558 Juncus umbellatus Adamson = Juncus capensis Thunb. ■☆
213559 Juncus uncialis Greene;一寸灯芯草;Inch-high Rush ■☆
213560 Juncus unifolius A. M. Lu et Z. Y. Zhang;单叶灯芯草;Singleleaf Rush ■
213561 Juncus utahensis R. F. Martin = Juncus ensifolius Wikstr. var. montanus (Engelm.) C. L. Hitchc. ■☆
213562 Juncus validus Coville;强壮灯芯草;Rush ■☆
213563 Juncus vallicola (Rydb.) Rydb. = Juncus arcticus Willd. var. balticus (Willd.) Trautv. ■☆
213564 Juncus valvatus Link;镊合灯芯草■☆
213565 Juncus valvatus Link var. caricinus Coss. et Durieu = Juncus valvatus Link ■☆
213566 Juncus vaseyi Engelm.;瓦氏灯芯草;Vasey's Rush ■☆
213567 Juncus virens Buchenau;绿灯芯草■☆
213568 Juncus viridifolius Adamson = Juncus lomatophyllus Spreng. ■☆
213569 Juncus wallichianus Laharpe;针灯芯草(小叶灯芯草);Needle Rush ■
213570 Juncus wallichianus Laharpe = Juncus prismatocarpus R. Br. ■
213571 Juncus xiphioides E. Mey.;剑苞灯芯草(剑形灯芯草);Swordshape Rush ■☆
213572 Juncus xiphioides E. Mey. var. auratus Engelm. = Juncus xiphioides E. Mey. ■☆
213573 Juncus xiphioides E. Mey. var. montanus Engelm. = Juncus ensifolius Wikstr. var. montanus (Engelm.) C. L. Hitchc. ■☆
213574 Juncus xiphioides E. Mey. var. triandrus Engelm. = Juncus ensifolius Wikstr. ■☆
213575 Juncus yakeisidakensis Satake = Juncus prismatocarpus R. Br. subsp. leschenaultii (J. Gay ex Laharpe) Kirschner ■
213576 Juncus yanshanuensis Novikov;球头灯芯草;Ballhead Rush ■
213577 Juncus yokoscensis (Franch. et Sav.) Satake = Juncus fauriei H. Lév. et Vaniot ■☆
213578 Juncus yokoscensis (Franch. et Sav.) Satake var. laxus Satake = Juncus fauriei H. Lév. et Vaniot ■☆
213579 Juncus yunnanensis A. Camus;云南灯芯草;Yunnan Rush ■
213580 Juncus zebrinus Angl. ex André = Schoenoplectus tabernaemontani (C. C. Gmel.) Palla 'Zebrinus' ■☆
213581 Jundzillia Audrz. ex DC. = Cardaria Desv. ■

213582 Junellia Moldenke = Monopyrena Speg.(废弃属名)●☆
213583 Junellia Moldenke(1940)(保留属名);居内马鞭草属●☆
213584 Junellia aspera (Gillies et Hook.) Moldenke;粗糙居内马鞭草●☆
213585 Junellia longidentata Moldenke;长齿居内马鞭草●☆
213586 Junellia minutifolia (Phil.) Moldenke;小叶居内马鞭草●☆
213587 Junellia punctulata Hieron. ex Moldenke;小斑居内马鞭草●☆
213588 Junghansia J. F. Gmel. = Curtisia Aiton(保留属名)●☆
213589 Junghuhnia Miq. = Codiaeum A. Juss.(保留属名)●
213590 Junghuhnia R. Br. ex de Vriese = Salomonia Lour.(保留属名)■
213591 Jungia Boehm. = Dianthera L. ■☆
213592 Jungia Fabr. = Salvia L. ●■
213593 Jungia Gaertn. = Baeckea L. ●
213594 Jungia Gaertn. = Mollia J. F. Gmel.(废弃属名)●☆
213595 Jungia Gaertn. = Mollia Mart.(保留属名)●☆
213596 Jungia Heist. ex Fabr.(废弃属名)= Jungia L. f.(保留属名)■●☆
213597 Jungia Helst. ex Moench = Jungia L. f.(保留属名)■●☆
213598 Jungia L. f. (1782)('Iungia')(保留属名);心叶钝柱菊属■●☆
213599 Jungia Loefl. = Ayenia L. ●☆
213600 Jungia Loefl. = Jungia L. f.(保留属名)■●☆
213601 Jungia floribunda Less.;多花心叶钝柱菊●☆
213602 Junia Adans. = Clethra L. ●
213603 Junia Adans. = Gilibertia J. F. Gmel. ●
213604 Juniperaceae Bercht. et J. Presl = Cupressaceae Gray(保留科名)●
213605 Juniperaceae J. Presl et C. Presl = Cupressaceae Gray(保留科名)●
213606 Juniperus L. (1753);刺柏属(桧柏属,桧属);Bermuda Cedar,Cedar,Juniper,Redcedar ●
213607 Juniperus L. = Sabina Mill. ●
213608 Juniperus Tourn. ex L. = Juniperus L. ●
213609 Juniperus × media Melle 'Blaauw' = Juniperus chinensis L. 'Blaauw' ●☆
213610 Juniperus × media Melle 'Blue and Gold' = Juniperus chinensis L. 'Blue and Gold' ●
213611 Juniperus × media Melle 'Pfitzeriana Aurea';金黄间型圆柏;Golden Pfitzer ●☆
213612 Juniperus × media Melle 'Pfitzeriana Glauca';灰叶间型圆柏●☆
213613 Juniperus × media Melle 'Pfitzeriana' = Juniperus chinensis L. 'Pfitzeriana' ●
213614 Juniperus × media Melle = Juniperus chinensis L. ●
213615 Juniperus × pseudorigida (Makino) Hatus.;假坚挺刺柏●☆
213616 Juniperus africana (Maire) Villar = Juniperus thurifera L. subsp. africana (Maire) Gauquelin, Idr. Hass. et P. Lebreton ●☆
213617 Juniperus aquaticus Roxb. = Glyptostrobus pensilis (Staunton ex D. Don) K. Koch ●◇
213618 Juniperus arenaria (E. H. Wilson) Florin = Juniperus sabina L. ●
213619 Juniperus arenaria (E. H. Wilson) Florin = Sabina vulgaris Antoine ●
213620 Juniperus ashei J. Buchholz;阿什刺柏(阿希刺柏);Ashe Juniper,Ashe's Juniper,Mountain-cedar,Post Cedar,Rock Cedar ●☆
213621 Juniperus baimashanensis Y. F. Yu et L. K. Fu;德钦柏●
213622 Juniperus barbadensis L. = Juniperus bermudiana L. ●☆
213623 Juniperus bermudiana L.;百幕大圆柏(巴巴多斯圆柏,百慕大桧);Barbados Cedar,Bermuda Cedar,Bermuda Juniper,Bermuda Red Cedar,Bermuda Red-cedar,Florida Cedar,West Indian Red Cedar ●☆
213624 Juniperus brevifolia Antoine;短叶桧;Shortleaf Juniper ●☆
213625 Juniperus californica Carrière;加州圆柏(加州刺柏);California Juniper,Desert Juniper,Huata,Utah Juniper ●☆
213626 Juniperus californica Carrière var. utahensis Engelm. = Juniperus osteosperma (Torr.) Little ●
213627 Juniperus canadensis Lodd. ex Burgsd. = Juniperus communis L. var. depressa Pursh ●☆
213628 Juniperus canariensis Lodd. ex Burgsd. = Juniperus phoenicea L. ●☆
213629 Juniperus cedrus Webb et Benth.;加那利刺柏(加拉利刺柏);Canary Island Juniper,Island Canary Juniper ●☆
213630 Juniperus centrasiatica Kom.;昆仑方枝柏(昆仑山方枝柏);Kunlun Juniper,Kunlun Mountain Juniper,Kunlun Savin ●
213631 Juniperus centrasiatica Kom. = Sabina centrasiatica (Kom.) W. C. Cheng et L. K. Fu ●
213632 Juniperus chekiangensis Nakai = Juniperus formosana Hayata ●
213633 Juniperus chengii L. K. Fu et Y. F. Yu;万钧柏●
213634 Juniperus chinensis L.;圆柏(柏树,侧柏,刺柏,刺松,观音柏树,红心柏,桧,桧柏,栝,梧,南方红桧,崖柏树,偃柏,偃桧,珍珠柏,真珠柏,中国圆柏);China Savin,Chinese Juniper,Hollywood Juniper,Old Gold Juniper ●
213635 Juniperus chinensis L. 'Aurea';金叶桧(桧柏);Golden Chinese Juniper,Young's Golden Juniper ●
213636 Juniperus chinensis L. 'Aureoglobosa';金球桧(金心桧);オウゴンイブキ;Aureoglobose Chinese Juniper ●
213637 Juniperus chinensis L. 'Blaauw';布拉伍桧柏●☆
213638 Juniperus chinensis L. 'Blue and Gold';蓝黄桧柏●
213639 Juniperus chinensis L. 'Blue Vase';蓝花瓶圆柏;Blue Vase Juniper ●☆
213640 Juniperus chinensis L. 'Expansa Variegata';展枝杂色圆柏●☆
213641 Juniperus chinensis L. 'Foemina';福密纳桧柏●☆
213642 Juniperus chinensis L. 'Globosa';球柏(球桧);Globose Chinese Juniper ●
213643 Juniperus chinensis L. 'Globosa' = Sabina chinensis (L.) Antoine 'Globosa' ●
213644 Juniperus chinensis L. 'Gold Star';金星圆柏;Bakaurea Juniper,Gold Star Juniper ●☆
213645 Juniperus chinensis L. 'Kaizuca Procumbens';铺地龙柏;Procumbent Dragon Juniper ●
213646 Juniperus chinensis L. 'Kaizuca Procumbens' = Sabina chinensis (L.) Antoine 'Kaizuca Procumbens' ●
213647 Juniperus chinensis L. 'Kaizuca';龙柏(凯祖卡桧柏);Dragon Chinese Juniper,Dragon Juniper,Dragon Savin,Kaizuca Juniper ●
213648 Juniperus chinensis L. 'Kaizuca' = Sabina chinensis (L.) Antoine 'Kaizuca' ●
213649 Juniperus chinensis L. 'Keteleeri';凯特勒利桧柏(凯特利尔圆柏)●☆
213650 Juniperus chinensis L. 'Moinbatten';蒙巴顿桧柏●☆
213651 Juniperus chinensis L. 'Obelisk';尖方塔圆柏●☆
213652 Juniperus chinensis L. 'Oblonga';长圆桧柏●☆
213653 Juniperus chinensis L. 'Olympia';奥林匹亚桧柏●☆
213654 Juniperus chinensis L. 'Pendula' = Sabina chinensis (L.) Antoine f. pendula (Franch.) W. C. Cheng et L. K. Fu ●
213655 Juniperus chinensis L. 'Pfitzeriana';鹿角桧(威廉·普菲尔间

型圆柏);Deerhorn Chinese Juniper ●
213656 Juniperus chinensis L. 'Pfitzeriana' = Sabina chinensis (L.) Antoine 'Pfitzeriana' ●
213657 Juniperus chinensis L. 'Plumosa Aurea';黄羽圆柏;Plumosa Juniper ●☆
213658 Juniperus chinensis L. 'Pyramidalis';塔柏(塔桧);Pyramid Chinese Juniper ●
213659 Juniperus chinensis L. 'Pyramidalis' = Sabina chinensis (L.) Antoine 'Pyramidalis' ●
213660 Juniperus chinensis L. 'Robust Green';粗绿圆柏●☆
213661 Juniperus chinensis L. 'Sargentii' = Sabina chinensis (L.) Antoine var. sargentii (A. Henry) W. C. Cheng et L. K. Fu ●
213662 Juniperus chinensis L. 'Shoosmith';苏史密斯桧柏●☆
213663 Juniperus chinensis L. 'Spartan';斯巴达桧柏●☆
213664 Juniperus chinensis L. 'Stricta';劲直圆柏●☆
213665 Juniperus chinensis L. 'Variegata';银叶桧柏●☆
213666 Juniperus chinensis L. = Sabina chinensis (L.) Antoine ●
213667 Juniperus chinensis L. f. aurea (Young) W. C. Cheng et W. T. Wang = Juniperus chinensis L. 'Aurea' ●
213668 Juniperus chinensis L. f. aurea (Young) W. C. Cheng et W. T. Wang = Sabina chinensis (L.) Antoine 'Aurea' ●
213669 Juniperus chinensis L. f. aureoglobosa Rehder = Juniperus chinensis L. 'Aureoglobosa' ●
213670 Juniperus chinensis L. f. globosa (Hornibr.) Rehder = Juniperus chinensis L. 'Globosa' ●
213671 Juniperus chinensis L. f. globosa (Hornibr.) Rehder = Sabina chinensis (L.) Antoine 'Globosa' ●
213672 Juniperus chinensis L. f. pendula (Franch.) Beissn. = Juniperus chinensis L. f. pendula (Franch.) W. C. Cheng et W. T. Wang ●
213673 Juniperus chinensis L. f. pendula (Franch.) W. C. Cheng et W. T. Wang;垂枝圆柏(垂枝柏,垂枝桧);Pendentbranch Chinese Juniper ●
213674 Juniperus chinensis L. f. pfitzeriana (Spüth) Rehder = Juniperus chinensis L. 'Pfitzeriana' ●
213675 Juniperus chinensis L. f. pfitzeriana (Spüth) Rehder = Sabina chinensis (L.) Antoine 'Pfitzeriana' ●
213676 Juniperus chinensis L. f. pyramidalis (Carrière) W. C. Cheng et W. T. Wang = Sabina chinensis (L.) Antoine 'Pyramidalis' ●
213677 Juniperus chinensis L. f. pyramidalis (Carrière) W. C. Cheng et W. T. Wang = Juniperus chinensis L. 'Pyramidalis' ●
213678 Juniperus chinensis L. var. arenaria E. H. Wilson ex Rehder et E. H. Wilson = Sabina vulgaris Antoine ●
213679 Juniperus chinensis L. var. arenaria E. H. Wilson ex Rehder et E. H. Wilson = Juniperus sabina L. ●
213680 Juniperus chinensis L. var. aurea Young = Juniperus chinensis L. 'Aurea' ●
213681 Juniperus chinensis L. var. aurea Young = Sabina chinensis (L.) Antoine 'Aurea' ●
213682 Juniperus chinensis L. var. aureoglobosa Nash = Juniperus chinensis L. 'Aureoglobosa' ●
213683 Juniperus chinensis L. var. aureoglobosa Nash = Sabina chinensis (L.) Antoine 'Aureoglobosa' ●
213684 Juniperus chinensis L. var. ganssenii (W. C. Cheng) Silba = Sabina gaussenii (W. C. Cheng) W. C. Cheng et W. T. Wang ●
213685 Juniperus chinensis L. var. globosa Hornibr. = Juniperus chinensis L. 'Globosa' ●
213686 Juniperus chinensis L. var. kaizuca Endl. = Juniperus chinensis L. 'Kaizuca Procumbens' ●
213687 Juniperus chinensis L. var. kaizuca Endl. = Sabina chinensis (L.) Antoine 'Kaizuca' ●
213688 Juniperus chinensis L. var. pendula Franch. = Juniperus chinensis L. f. pendula (Franch.) W. C. Cheng et W. T. Wang ●
213689 Juniperus chinensis L. var. pendula Franch. = Sabina chinensis (L.) Antoine f. pendula (Franch.) W. C. Cheng et L. K. Fu ●
213690 Juniperus chinensis L. var. pfitzeriana Spüth = Juniperus chinensis L. 'Pfitzeriana' ●
213691 Juniperus chinensis L. var. pfitzeriana Spüth = Sabina chinensis (L.) Antoine 'Pfitzeriana' ●
213692 Juniperus chinensis L. var. procumbens Siebold ex Endl. = Juniperus procumbens (Siebold ex Endl.) Miq. ●
213693 Juniperus chinensis L. var. procumbens Siebold ex Endl. = Sabina procumbens (Siebold ex Endl.) Iwata et Kusaka ●
213694 Juniperus chinensis L. var. pyramidalis (Carrière) Endl. = Juniperus chinensis L. 'Pyramidalis' ●
213695 Juniperus chinensis L. var. pyramidalis (Carrière) Endl. = Sabina chinensis (L.) Antoine 'Pyramidalis' ●
213696 Juniperus chinensis L. var. sargentii A. Henry;偃柏(清水山桧,偃桧);Prostrate Chinese Juniper, Sargent Juniper, Sargent Savin, Sargent's Chinese Juniper, Sargent's Juniper ●
213697 Juniperus chinensis L. var. sargentii A. Henry = Sabina chinensis (L.) Antoine var. sargentii (A. Henry) W. C. Cheng et L. K. Fu ●
213698 Juniperus chinensis L. var. torulosa L. H. Bailey = Juniperus chinensis L. 'Kaizuka' ●
213699 Juniperus chinensis L. var. tsukusiensis (Masam.) Masam.;清水圆柏●
213700 Juniperus coahuilensis (Martinez) Gaussen ex R. P. Adams;科阿韦拉刺柏●☆
213701 Juniperus commums L. var. nana (Willd.) Baumg. = Juniperus sibirica Burgsd. ●
213702 Juniperus communis L.;欧洲刺柏(侧柏树,杜松,欧杜松,欧桧,欧松,普通柏,缨络柏,璎珞柏);Aiten, Aitnagh, Bastard Killer, Common Juniper, Creeping Juniper, Dwarf Juniper, Eatin Berries, Etnagh-berries, Geneva Plant, Gorst, Ground Cedar, Horse Saving, Jeneper, Juniper, Kill-bastard Bastard Killer, Melmont Berries, Melmot Berries, Mountain Yew, Northern Juniper ●
213703 Juniperus communis L. 'Compressa';紧凑欧洲刺柏(津山桧欧洲刺柏);Canadian Juniper, Compressed Common Juniper, Mountain Common Juniper ●☆
213704 Juniperus communis L. 'Depressa Aurea';匍匐金欧洲刺柏;Golden Flat Juniper ●☆
213705 Juniperus communis L. 'Depressa Star';匍匐星欧洲刺柏●☆
213706 Juniperus communis L. 'Depressa';加拿大刺柏;Canadian Juniper, Common Juniper, Low Juniper ●☆
213707 Juniperus communis L. 'Echiniformis';刺欧洲刺柏;Hedgehog Juniper ●☆
213708 Juniperus communis L. 'Gold Cone';金果欧洲刺柏;Gold Cone Juniper ●☆
213709 Juniperus communis L. 'Hibernica';爱尔兰刺柏(爱尔兰欧洲刺柏);Irish Common Juniper, Irish Juniper ●☆
213710 Juniperus communis L. 'Hibernica' = Juniperus communis L. var. hibernica Gordon ●☆
213711 Juniperus communis L. 'Hornibrookii';荷恩布鲁克欧洲刺柏●☆

213712 Juniperus communis L. 'Nana';矮生欧洲刺柏;Dwarf Juniper ●☆

213713 Juniperus communis L. 'Pendula';垂枝欧洲刺柏●☆

213714 Juniperus communis L. 'Prostrata';平卧欧洲刺柏●☆

213715 Juniperus communis L. 'Repanda';残波欧洲刺柏;Repanda Juniper ●☆

213716 Juniperus communis L. 'Stricta' = Juniperus communis L. 'Hibernica' ●☆

213717 Juniperus communis L. subsp. alpina (Sm.) Celak. = Juniperus communis L. var. montana Aiton ●☆

213718 Juniperus communis L. subsp. depressa (Pursh) Franco = Juniperus communis L. var. depressa Pursh ●☆

213719 Juniperus communis L. subsp. hemisphaerica (J. Presl et C. Presl) Nyman;半球欧洲刺柏●☆

213720 Juniperus communis L. subsp. nana (Willd.) Syme = Juniperus communis L. var. montana Aiton ●☆

213721 Juniperus communis L. subsp. nana (Willd.) Syme = Juniperus communis L. 'Nana' ●☆

213722 Juniperus communis L. var. alpina Gaudin = Juniperus communis L. subsp. hemisphaerica (J. Presl et C. Presl) Nyman ●☆

213723 Juniperus communis L. var. depressa Pursh = Juniperus communis L. 'Depressa' ●☆

213724 Juniperus communis L. var. depressa Pursh f. aurea-spicata ?;黄梢欧洲刺柏;Golden-head Common Juniper ●☆

213725 Juniperus communis L. var. erecta Pursh;直立欧洲刺柏;Erect Common Juniper ●

213726 Juniperus communis L. var. hemisphaerica (J. Presl et C. Presl) Parl. = Juniperus communis L. subsp. hemisphaerica (J. Presl et C. Presl) Nyman ●☆

213727 Juniperus communis L. var. hibernica Gordon = Juniperus communis L. 'Hibernica' ●☆

213728 Juniperus communis L. var. hondoensis (Satake) Satake ex Sugim.;本州刺柏;Honda Common Juniper ●☆

213729 Juniperus communis L. var. jackii Rehder;杰克欧洲刺柏;Jack Common Juniper ●

213730 Juniperus communis L. var. jackii Rehder = Juniperus communis L. var. montana Aiton ●☆

213731 Juniperus communis L. var. megistocarpa Fernald et H. St. John;大果欧洲刺柏;Big-fruited Common Juniper ●

213732 Juniperus communis L. var. montana Aiton;山地欧洲刺柏●☆

213733 Juniperus communis L. var. montana Aiton = Juniperus sibirica Burgsd. ●

213734 Juniperus communis L. var. nana (Willd.) Baumg. = Juniperus communis L. 'Nana' ●☆

213735 Juniperus communis L. var. nipponica (Maxim.) E. H. Wilson;日本刺柏;Nippon Common Juniper, Nippon Juniper ●

213736 Juniperus communis L. var. saxatilis Pall. = Juniperus communis L. var. montana Aiton ●☆

213737 Juniperus communis L. var. saxatilis Pall. = Juniperus sibirica Burgsd. ●

213738 Juniperus communis L. var. suecica Aiton;香刺柏;Swedish Juniper ●☆

213739 Juniperus conferta Parl.;岸刺柏(海滨刺柏,海滨桧);Shore Juniper ●☆

213740 Juniperus conferta Parl. 'Blue Lagoon';蓝湖岸刺柏;Blue Lagoon Juniper ●☆

213741 Juniperus conferta Parl. 'Blue Pacific';蓝色太平洋岸刺柏;Blue Pacific Juniper ●☆

213742 Juniperus conferta Parl. 'Emerald Sea';翡翠海岸刺柏●☆

213743 Juniperus conferta Parl. 'Silver Mist';银雾岸刺柏;Silver Mist Shore Juniper ●☆

213744 Juniperus conferta Parl. 'Sunsplash';一缕阳光岸刺柏●☆

213745 Juniperus conferta Parl. 'Variegata';斑叶岸刺柏;Variegated Shore Juniper ●☆

213746 Juniperus conferta Parl. var. maritima ? = Juniperus thunbergii Hook. et Arn. ●

213747 Juniperus convallium Rehder et E. H. Wilson = Sabina convallium (Rehder et E. H. Wilson) W. C. Cheng et W. T. Wang ●

213748 Juniperus convallium Rehder et E. H. Wilson var. microsperma (W. C. Cheng et L. K. Fu) Silba;小子圆柏(小子密枝圆柏);Little-seed Juniper ●

213749 Juniperus convallium Rehder et E. H. Wilson var. microsperma (W. C. Cheng et L. K. Fu) Silba = Sabina microsperma (W. C. Cheng et L. K. Fu) W. C. Cheng et L. K. Fu ●

213750 Juniperus coxi A. B. Jacks. = Juniperus recurva Buch.-Ham. var. coxii (A. B. Jacks.) Melville ●

213751 Juniperus coxi A. B. Jacks. = Sabina recurva (Buch.-Ham.) Antoine var. coxii (A. B. Jacks.) W. C. Cheng et L. X. Fu ●

213752 Juniperus davurica Pall.;兴安圆柏(蟠龙桧,陀弗利亚圆柏,兴安苍柏,兴安桧);Dahur Savin, Dahurian Juniper ●

213753 Juniperus davurica Pall. 'Expansa Variegata';辽阔斑叶兴安圆柏●☆

213754 Juniperus davurica Pall. 'Expansa';辽阔兴安圆柏●☆

213755 Juniperus davurica Pall. = Sabina davurica (Pall.) Antoine ●

213756 Juniperus deppeana Steud. 'Conspicua' = Juniperus deppeana Steud. var. pachyphlaea (Torr.) Martinez ●☆

213757 Juniperus deppeana Steud. = Juniperus mexicana Schiede ●☆

213758 Juniperus deppeana Steud. var. pachyphlaea (Torr.) Martinez;墨西哥桧柏●☆

213759 Juniperus depressa (Pursh) Raf. = Juniperus communis L. var. depressa Pursh ●☆

213760 Juniperus depressa Steven;卧桧●☆

213761 Juniperus distans Florin = Juniperus tibetica Kom. ●

213762 Juniperus distans Florin = Sabina tibetica (Kom.) W. C. Cheng et L. K. Fu ●

213763 Juniperus drupacea Labill.;叙利亚刺柏(西亚圆柏,叙利亚圆柏);Andys Juniper, Plum Juniper, Syria Juniper, Syrian Juniper ●☆

213764 Juniperus erythrocarpa Cory;红果圆柏;Redberry Juniper ●☆

213765 Juniperus erythrocarpa Cory = Juniperus pinchotii Sudw. ●

213766 Juniperus erythrocarpa Cory var. coahuilensis Martinez = Juniperus coahuilensis (Martinez) Gaussen ex R. P. Adams ●☆

213767 Juniperus excelsa M. Bieb.;乔桧(高桧,高塔柏);Crimean Juniper, Eastern Savin, Grecian Ceder, Grecian Juniper, Greek Juniper, W. Asia Cedar, West Asian Cedar ●☆

213768 Juniperus excelsa M. Bieb. 'Stricta';直立乔桧●☆

213769 Juniperus excelsa M. Bieb. 'Variegata';洒金乔桧●☆

213770 Juniperus excelsa M. Bieb. = Juniperus procera Hochst. ex Endl. ●☆

213771 Juniperus fargesii (Rehder et E. H. Wilson) Kom. = Juniperus squamata Buch.-Ham. ex D. Don var. fargesii Rehder et E. H. Wilson ●

213772 Juniperus fargesii (Rehder et E. H. Wilson) Kom. = Sabina squamata (Buch.-Ham.) Antoine ●

213773 Juniperus flaccida Schltdl.;墨西哥垂枝圆柏(墨西哥垂桧);Drooping Juniper, Mexican Drooping Juniper, Mexican Juniper,

Weeping Juniper ●☆

213774 Juniperus foetidissima Willd.;臭柏(臭桧);Stinking Juniper ●☆

213775 Juniperus formosana Hayata;刺柏(矮柏木,刺柏树,刺松,刺杨柏,山柏,山刺柏,山杉,杉柏,台桧,台湾柏);Formosa Juniper, Formosan Juniper, Prickly Cypress, Taiwan Juniper ●

213776 Juniperus formosana Hayata var. concolor Hayata;绿背刺柏(绿刺柏);Coast Juniper ●

213777 Juniperus formosana Hayata var. concolor Hayata = Juniperus formosana Hayata ●

213778 Juniperus frachetiana H. Lév. = Juniperus formosana Hayata ●

213779 Juniperus frachetiana H. Lév. = Sabina squamata (Buch.-Ham.) Antoine ●

213780 Juniperus gaussenii W. C. Cheng;昆明柏;Gaussen Juniper, Kunming Savin ●

213781 Juniperus gaussenii W. C. Cheng = Sabina gaussenii (W. C. Cheng) W. C. Cheng et W. T. Wang ●

213782 Juniperus glaucescens Florin = Juniperus komarovii Florin ●

213783 Juniperus glaucescens Florin = Sabina komarovii (Florin) W. C. Cheng et W. T. Wang ●

213784 Juniperus hibernica Lodd. ex Loudon = Juniperus communis L. 'Hibernica' ●☆

213785 Juniperus horizontalis Moench;平铺圆柏(平枝圆柏);Carpet Juniper, Creeping Cedar, Creeping Juniper, Horizontal Juniper, Savin Juniper, Savinier, Trailing Juniper ●☆

213786 Juniperus horizontalis Moench 'Andorra Compact';安道尔平铺圆柏(安道尔平枝圆柏);Andorra Juniper, Plumosa Compacta Juniper ●☆

213787 Juniperus horizontalis Moench 'Bar Harbor';巴港平铺圆柏;Bar Harbor Juniper ●☆

213788 Juniperus horizontalis Moench 'Blue Chip';蓝色筹码平铺圆柏;Blue Chip Juniper ●☆

213789 Juniperus horizontalis Moench 'Blue Forest';蓝色森林平铺圆柏;Blue Forest Juniper ●☆

213790 Juniperus horizontalis Moench 'Blue Horizon';蓝色地平线平铺圆柏;Blue Horizon Juniper ●☆

213791 Juniperus horizontalis Moench 'Blue Mat';蓝席平铺圆柏;Blue Mat Juniper ●☆

213792 Juniperus horizontalis Moench 'Blue Rug';蓝地毯平铺圆柏;Blue Rug Juniper ●☆

213793 Juniperus horizontalis Moench 'Douglasii';道格拉斯平铺圆柏(道格拉斯平枝圆柏);Douglas Juniper ●☆

213794 Juniperus horizontalis Moench 'Glomerata';团集平铺圆柏;Glomerata Juniper ●☆

213795 Juniperus horizontalis Moench 'Hughes';休斯平铺圆柏;Hughes Juniper ●☆

213796 Juniperus horizontalis Moench 'Humillis';矮小平铺圆柏;Humillis Juniper ●☆

213797 Juniperus horizontalis Moench 'Mother Lode';金色平铺圆柏;Golden Creeping Juniper ●☆

213798 Juniperus horizontalis Moench 'Plumosa Compact' = Juniperus horizontalis Moench 'Andorra Compact' ●☆

213799 Juniperus horizontalis Moench 'Plumosa';羽毛平铺圆柏(羽毛平枝圆柏);Andorra Creeping Juniper ●☆

213800 Juniperus horizontalis Moench 'Prince of Wales';威尔士亲王平铺圆柏(威尔斯王子平铺圆柏,威尔斯王子平枝圆柏);Prince of Wales Juniper ●☆

213801 Juniperus horizontalis Moench 'Repens';匍匐平铺圆柏●☆

213802 Juniperus horizontalis Moench 'Turquoise Spreader';绿松蔓平铺圆柏(绿松蔓平枝圆柏)●☆

213803 Juniperus horizontalis Moench 'Wiltonii';威尔顿平铺圆柏(威尔顿平枝圆柏,威尔多尼平铺圆柏);Blue Rug Juniper ●☆

213804 Juniperus horizontalis Moench var. douglasii Hort. = Juniperus horizontalis Moench ●☆

213805 Juniperus horizontalis Moench var. variegata Beissn. = Juniperus horizontalis Moench ●☆

213806 Juniperus hudsonica Forbes = Juniperus horizontalis Moench ●☆

213807 Juniperus indica Bertol.;滇藏方枝柏(喜马拉雅圆柏,小果方枝柏);Black Juniper, Black Savin, Himalayan Black Juniper, Wallich Juniper, Wallich Savin, Wallich's Juniper ●

213808 Juniperus indica Bertol. = Sabina wallichiana (Hook. f. et Thomson) Kom. ●

213809 Juniperus isophyllos C. Koch;等叶桧●☆

213810 Juniperus jarkendensis Kom.;昆仑多子柏(昆仑圆柏);Kunlun Savin Juniper, Kunlun Savin ●

213811 Juniperus jarkendensis Kom. = Juniperus semiglobosa Regel ●

213812 Juniperus jarkendensis Kom. = Sabina vulgaris Antoine var. jarkendensis (Kom.) Chang Y. Yang ●

213813 Juniperus kansuensis Kom. = Juniperus squamata Buch.-Ham. ex D. Don var. fargesii Rehder et E. H. Wilson ●

213814 Juniperus kansuensis Kom. = Sabina squamata (Buch.-Ham.) Antoine ●

213815 Juniperus komarovii Florin;塔枝圆柏(巴柏木,灰桧,蜀柏木);Komarov Juniper, Komarov Savin ●

213816 Juniperus komarovii Florin = Sabina komarovii (Florin) W. C. Cheng et W. T. Wang ●

213817 Juniperus lemeeana H. Lév. et Vaniot = Juniperus squamata Buch.-Ham. ex D. Don var. fargesii Rehder et E. H. Wilson ●

213818 Juniperus lemeeana H. Lév. et Vaniot = Sabina squamata (Buch.-Ham.) Antoine ●

213819 Juniperus littoralis Maxim. = Juniperus conferta Parl. ●☆

213820 Juniperus lutchuensis Koidz. = Juniperus taxifolia Hook. et Arn. var. lutchuensis (Koidz.) Satake ●

213821 Juniperus macrocarpa Sibth. et Sm. = Juniperus oxycedrus L. subsp. macrocarpa (Sibth. et Sm.) Neilr. ●

213822 Juniperus macropoda Boiss.;大柄刺柏●☆

213823 Juniperus macropoda Boiss. = Juniperus excelsa M. Bieb. ●☆

213824 Juniperus mairei Lemée et H. Lév. = Juniperus formosana Hayata ●

213825 Juniperus mekongensis Kom. = Juniperus convallium Rehder et E. H. Wilson ●

213826 Juniperus mexicana Schiede;墨西哥圆柏(德普圆柏,墨西哥刺柏,墨西哥红圆柏);Alligator Juniper, Mexiaan Red Juniper, Mexican Juniper ●☆

213827 Juniperus monosperma (Engelm.) Sarg.;樱桃圆柏(单籽圆柏,单子桧,单子圆柏,樱桃刺柏);Cherrystone Juniper, One-seed Juniper, One-seeded Juniper, Redberry Juniper, Sabina, Slender One-seed Juniper ●☆

213828 Juniperus montana Lindl. et Gordon = Juniperus communis L. 'Depressa' ●☆

213829 Juniperus morrisoncola Hayata = Sabina squamata (Buch.-Ham.) Antoine ●

213830 Juniperus nana Willd. = Juniperus communis L. 'Nana' ●☆

213831 Juniperus nana Willd. = Juniperus sibirica Burgsd. ●

213832 Juniperus nipponica Maxim. = Juniperus communis L. var.

nipponica (Maxim.) E. H. Wilsonn ●

213833 Juniperus oblonga M. Bieb.;长椭圆桧;Oblong Juniper ●☆

213834 Juniperus occidentalis Hook.;北美西部圆柏(美国桧,西方桧);Rocky Mountain Juniper,Sierra Juniper,Western Juniper ●☆

213835 Juniperus occidentalis Hook. subsp. australis Vasek = Juniperus occidentalis Hook. var. australis (Vasek) A. H. Holmgren et N. H. Holmgren ●☆

213836 Juniperus occidentalis Hook. var. australis (Vasek) A. H. Holmgren et N. H. Holmgren;岩坡北美西部圆柏●☆

213837 Juniperus occidentalis Hook. var. monosperma Engelm. = Juniperus monosperma (Engelm.) Sarg. ●☆

213838 Juniperus officinalis Garcke = Juniperus sabina L. ●

213839 Juniperus officinalis Garcke = Sabina vulgaris Antoine ●

213840 Juniperus osteosperma (Torr.) Little;犹他圆柏(骨籽圆柏,犹他刺柏);Utah Cedar,Utah Juniper,Western Juniper ●

213841 Juniperus oxycedrus L.;刺桧(刺柏,地中海刺柏,尖柏桧,尖刺柏);Brown-berried Cedar,Brown-fruited Juniper,Large Juniper,Prickly Cedar,Prickly Juniper,Red-berried Juniper,Sharp Cedar ●☆

213842 Juniperus oxycedrus L. subsp. badia (H. Gay) Debeaux;栗色刺桧●☆

213843 Juniperus oxycedrus L. subsp. macrocarpa (Sibth. et Sm.) Neilr.;大果刺柏(大果刺桧);Large Berried Juniper,Plum Juniper ●

213844 Juniperus oxycedrus L. subsp. rufescens (Link) Debeaux = Juniperus oxycedrus L. ●☆

213845 Juniperus oxycedrus L. var. globosa Neilr. = Juniperus oxycedrus L. ●☆

213846 Juniperus oxycedrus L. var. lobelii (Guss.) Parl. = Juniperus oxycedrus L. ●☆

213847 Juniperus pachyphlaea Torr.;鳄鱼柏(厚皮刺柏);Alligator Juniper,Chequerboard Juniper Alligator Bark Juniper ●☆

213848 Juniperus pachyphlaea Torr. = Juniperus deppeana Steud. var. pachyphlaea (Torr.) Martinez ●☆

213849 Juniperus phoenicea L.;腓尼基桧(紫红桧);Arabian Juniper,Phoenicia Juniper,Phoenician Juniper ●☆

213850 Juniperus phoenicea L. subsp. mediterranea P. Lebreton et Thivend = Juniperus phoenicea L. ●☆

213851 Juniperus phoenicea L. subsp. turbinata (Guss.) Nyman;陀螺桧●☆

213852 Juniperus phoenicea L. var. turbinata (Guss.) Parl. = Juniperus phoenicea L. subsp. turbinata (Guss.) Nyman ●☆

213853 Juniperus pinchotii Sudw.;红果桧(红果刺柏);Pinchot Juniper,Red Cedar,Redberry Juniper,Red-berry Juniper ●

213854 Juniperus pingii W. C. Cheng ex Ferre;垂枝香柏(乔桧,小果香柏,小果香桧);Nutanttwig Savin,Ping Juniper ●

213855 Juniperus pingii W. C. Cheng ex Ferre = Sabina pingii (W. C. Cheng ex Ferre) W. C. Cheng et W. T. Wang ●

213856 Juniperus pingii W. C. Cheng ex Ferre var. carinata Y. F. Yu et L. K. Fu;直叶香柏●

213857 Juniperus pingii W. C. Cheng ex Ferre var. wilsonii Rehder;香柏(小果香柏,小果香桧);Chinese Alpine Juniper,E. H. Wilson Juniper,Fragrant Savin,Wilson Juniper ●

213858 Juniperus pingii W. C. Cheng ex Ferre var. wilsonii Rehder = Sabina sino-alpina W. C. Cheng et W. T. Wang ●

213859 Juniperus polycarpos K. Koch;银桧(多果桧);Many-fruited Juniper ●☆

213860 Juniperus polycarpos K. Koch = Juniperus excelsa M. Bieb. ●☆

213861 Juniperus potanini Kom. = Juniperus tibetica Kom. ●

213862 Juniperus potanini Kom. = Sabina tibetica (Kom.) W. C. Cheng et L. K. Fu ●

213863 Juniperus procera Hochst. ex Endl.;非洲圆柏(非洲柏,非洲桧);Africa Cedar,Africa Juniper,African Cedar,African Juniper,African Pencil Cedar,East African Cedar,East African Juniper ●☆

213864 Juniperus procumbens (Siebold ex Endl.) Miq.;铺地柏(矮桧,爬地柏,爬地桧,铺地龙柏,匍地柏,偃柏);Bonin Island Juniper,Bonin Isles Juniper,Creeping Juniper,Creeping Savin,Green Mound Juniper,Japanese Garden Juniper,Japanese Juniper,Japgarden Juniper,Japgarden Savin,Procumbent Juniper,Sweepina Przewalsk Savin ●

213865 Juniperus procumbens (Siebold ex Endl.) Miq. 'Greenmound';绿地柏;Greenmound Juniper ●☆

213866 Juniperus procumbens (Siebold ex Endl.) Miq. 'Nana';矮生铺地柏;Dwarf Japanese Garden Juniper ●☆

213867 Juniperus procumbens (Siebold ex Endl.) Miq. = Juniperus chinensis L. var. procumbens Siebold ex Endl. ●

213868 Juniperus procumbens (Siebold ex Endl.) Miq. = Sabina chinensis (L.) Antoine var. procumbens (Siebold ex Endl.) Honda ●

213869 Juniperus procumbens (Siebold ex Endl.) Miq. = Sabina procumbens (Siebold ex Endl.) Iwata et Kusaka ●

213870 Juniperus prostrata Pers. = Juniperus horizontalis Moench ●☆

213871 Juniperus przewalskii Kom.;祁连圆柏(柴达木桧,柴达木圆柏,陇东圆柏,蒙古圆柏,祁连山圆柏);Przewalsk Juniper,Qilianshan Savin ●

213872 Juniperus przewalskii Kom. = Sabina przewalskii Kom. ●

213873 Juniperus pseudosabina Fisch. et C. A. Mey.;新疆方枝柏(阿尔泰方枝柏,阿尔泰圆柏,假哥萨克桧,冷桧,喜马拉雅圆柏);Sinkiang Juniper,Xinjiang Juniper,Xinjiang Savin ●

213874 Juniperus pseudosabina Fisch. et C. A. Mey. = Juniperus przewalskii Kom. ●

213875 Juniperus pseudosabina Fisch. et C. A. Mey. = Juniperus tibetica Kom. ●

213876 Juniperus pseudosabina Fisch. et C. A. Mey. = Sabina pseudosabina (Fisch. et C. A. Mey.) W. C. Cheng et W. T. Wang ●

213877 Juniperus pseudosabina Fisch. et C. A. Mey. var. turkestanica (Kom.) Silba;喀什方枝柏(天山方枝柏,伊犁圆柏);Kashi Juniper,Kashi Savin,Turkestan Juniper ●

213878 Juniperus pseudosabina Fisch. et C. A. Mey. var. turkestanica (Kom.) Silba = Sabina pseudosabina (Fisch. et C. A. Mey.) W. C. Cheng et W. T. Wang var. turkestanica (Kom.) Chang Y. Yang ●

213879 Juniperus pseudosabina Fisch. et C. A. Mey. var. turkestanica (Kom.) Silba = Sabina centrasiatica (Kom.) W. C. Cheng et L. K. Fu ●

213880 Juniperus pseudosabitta Fisch. et C. A. Mey. = Juniperus indica Bertol. ●

213881 Juniperus ramulosa Florin = Juniperus convallium Rehder et E. H. Wilson ●

213882 Juniperus ramulosa Florin = Sabina convallium (Rehder et E. H. Wilson) W. C. Cheng et W. T. Wang ●

213883 Juniperus recurva Buch. -Ham.;垂枝柏(板香,侧崖柏,垂枝圆柏,曲桧,曲枝柏,弯枝桧);Coffee Tree,Coffee Wood,Coffin Juniper,Drooping Juniper,Drooping Savin,Himalayan Drooping Juniper,Himalayan Juniper,Himalayan Savin,Himalayan Weeping Juniper ●

213884 Juniperus recurva Buch. -Ham. 'Densa' = Sabina recurva (Buch. -Ham.) Antoine 'Nana' ●☆

213885 Juniperus recurva Buch. -Ham. = Juniperus pingii W. C. Cheng ex Ferre var. wilsonii Rehder ●
213886 Juniperus recurva Buch. -Ham. = Juniperus squamata Buch. -Ham. ex D. Don ●
213887 Juniperus recurva Buch. -Ham. = Sabina recurva (Buch. -Ham.) Antoine ●
213888 Juniperus recurva Buch. -Ham. ex Don var. squamata (D. Don) Parl. = Juniperus squamata Buch. -Ham. ex D. Don ●
213889 Juniperus recurva Buch. -Ham. var. coxii (A. B. Jacks.) Melville;小果垂枝柏(考西垂枝柏,柯氏垂枝柏,香刺柏);Coffin Juniper,Cox Juniper,Cox Savin ●
213890 Juniperus recurva Buch. -Ham. var. coxii (A. B. Jacks.) Melville = Sabina recurva (Buch. -Ham.) Antoine var. coxii (A. B. Jacks.) W. C. Cheng et L. X. Fu ●
213891 Juniperus recurva Buch. -Ham. var. squamata (Buch. -Ham.) Parl. = Juniperus squamata Buch. -Ham. ex D. Don ●
213892 Juniperus recurva Buch. -Ham. var. squamata (Buch. -Ham.) Parl. = Sabina squamata (Buch. -Ham.) Antoine ●
213893 Juniperus recurva Buch. -Ham. var. typica Patschke = Juniperus squamata Buch. -Ham. ex D. Don ●
213894 Juniperus recurva Buch. -Ham. var. typica Patschke = Sabina recurva (Buch. -Ham.) Antoine ●
213895 Juniperus repens Nutt. = Juniperus horizontalis Moench ●☆
213896 Juniperus rigida Siebold et Zucc.;杜松(棒儿松,棒松,崩松,柽桧,刺柏,刚桧,苗松,软叶杜松);Needle Juniper,Stiffleaf Juniper,Stiff-leaved Juniper,Temple Juniper ●
213897 Juniperus rigida Siebold et Zucc. = Juniperus formosana Hayata ●
213898 Juniperus rigida Siebold et Zucc. nothosubsp. pseudorigida (Makino) Kitam. = Juniperus × pseudorigida (Makino) Hatus. ●☆
213899 Juniperus rigida Siebold et Zucc. subsp. conferta (Parl.) Kitam. = Juniperus conferta Parl. ●☆
213900 Juniperus rigida Siebold et Zucc. subsp. nipponica (Maxim.) Franco = Juniperus communis L. var. nipponica (Maxim.) E. H. Wilson ●
213901 Juniperus rufescens Link;红棕桧;Brown-red Juniper ●☆
213902 Juniperus sabina L.;叉子圆柏(阿尔叉,臭柏,欧亚圆柏,爬柏,沙地柏,双籽柏,双子柏,天山圆柏,新疆圆柏);Buffalo Juniper,Cover Savin,Devil's Tree,He-yew,Juniper Savin,Kill-bastard Bastard Killer,Kill-bastard,Magician's Cypress,Sabin,Saffen,Saffern,Saffron,Sand Juniper,Savin Juniper,Savin Savin,Savin,Savine Juniper,Saving-tree,Tam Juniper,Threepenny-bit Herb ●
213903 Juniperus sabina L. 'Blaue Donau';蓝色多瑙河叉子圆柏(蓝色多瑙河欧亚圆柏)●☆
213904 Juniperus sabina L. 'Buffalo';布法罗叉子圆柏;Buffalo Juniper ●☆
213905 Juniperus sabina L. 'Calgary Carpet';卡尔加里地毯沙地柏 ●☆
213906 Juniperus sabina L. 'Cuspressifolia';杜松叶欧亚圆柏●☆
213907 Juniperus sabina L. 'Mas';节日欧亚圆柏●☆
213908 Juniperus sabina L. 'Monna';卡尔加里地毯柏;Calgary Carpet Juniper ●☆
213909 Juniperus sabina L. 'Tamariscifolia';柽柳叶沙地柏●☆
213910 Juniperus sabina L. = Sabina vulgaris Antoine ●
213911 Juniperus sabina L. var. erectopatens (W. C. Cheng et L. K. Fu) Y. F. Yu et L. K. Fu;松潘圆柏(松潘叉子圆柏);Songpan Savin Juniper,Songpan Savin Savin ●
213912 Juniperus sabina L. var. jarkendensis (Kom.) Silba = Juniperus semiglobosa Regel ●
213913 Juniperus sabina L. var. monosperma Chang Y. Yang;欧亚单籽圆柏(欧亚单子圆柏)●
213914 Juniperus sabina L. var. monosperma Chang Y. Yang = Juniperus sabina L. ●
213915 Juniperus sabina L. var. yulinensis (T. C. Chang et C. G. Chen) Y. F. Yu et L. K. Fu;榆林圆柏(榆林叉子圆柏);Yulin Savin Juniper,Yulin Savin Savin ●
213916 Juniperus sabina L. var. yulinensis (T. C. Chang et C. G. Chen) Y. F. Yu et L. K. Fu = Sabina vulgaris Antoine var. yulinensis T. C. Chang et C. G. Chen ●
213917 Juniperus salicicola (Small) Bailey;美国南方桧;Sand Cedar, Southern Redcedar ●☆
213918 Juniperus saltuaria Rehder et E. H. Wilson = Sabina saltuaria (Rehder et E. H. Wilson) W. C. Cheng et W. T. Wang ●
213919 Juniperus sargentii (Henry) Takeda ex Koidz. = Juniperus chinensis L. var. sargentii A. Henry ●
213920 Juniperus sargentii (Henry) Takeda ex Koidz. = Sabina chinensis (L.) Antoine var. sargentii (A. Henry) W. C. Cheng et L. K. Fu ●
213921 Juniperus schugnanica Kom.;舒格南圆柏●☆
213922 Juniperus scopulorum Sarg.;落基山圆柏(落矶山圆柏,落基山桧);Colorado Juniper,Colorado Red Cedar,Colorado,Mountain Red Cedar,Red Cedar,Red Juniper,Red Mountain Juniper,River Juniper,Rocky Mountain Cedar,Rocky Mountain Juniper,Rocky Mountain Redcedar,Western Juniper,Western Red Cedar,Wichita Juniper ●☆
213923 Juniperus scopulorum Sarg. 'Blue Heaven';蓝色天堂落基山圆柏;Blue Heaven Juniper ●☆
213924 Juniperus scopulorum Sarg. 'Hillburn's Silver Globe';银白球冠落基山圆柏;Hillburn's Silver Globe Juniper ●☆
213925 Juniperus scopulorum Sarg. 'Horizontalis';平冠落基山圆柏 ●☆
213926 Juniperus scopulorum Sarg. 'Pathfinder';探险者圆柏;Pathfinder Juniper ●☆
213927 Juniperus scopulorum Sarg. 'Repens';匍匐落基山圆柏●☆
213928 Juniperus scopulorum Sarg. 'Skyrocket';烟柱落基山圆柏●☆
213929 Juniperus scopulorum Sarg. 'Spring-bank';春岸落基山圆柏 ●☆
213930 Juniperus scopulorum Sarg. 'Tabletop';桌面落基山圆柏;Table Top Juniper ●☆
213931 Juniperus scopulorum Sarg. 'Tolleson's Blue Weeping';蓝色垂枝落基山圆柏●☆
213932 Juniperus semiglobosa Regel;微毛桧(昆仑多子柏,昆仑圆柏,天山圆柏);Kunlun Savin Juniper,Kunlun Savin ●
213933 Juniperus seravschanica Kom.;塞拉夫圆柏●☆
213934 Juniperus sibirica Burgsd.;西伯利亚刺柏(矮桧,高山桧,山桧,西伯利亚杜松);Mountain Common Juniper,Mountain Juniper, Siberia Juniper,Siberian Juniper ●
213935 Juniperus sibirica Burgsd. = Juniperus communis L. 'Depressa' ●☆
213936 Juniperus sibirica Burgsd. = Juniperus communis L. var. montana Aiton ●☆
213937 Juniperus sibirica Burgsd. var. hondoensis Satake = Juniperus communis L. var. hondoensis (Satake) Satake ex Sugim. ●☆
213938 Juniperus sibirica Burgsd. var. nipponica (Maxim.) E. H. Wilson = Juniperus communis L. var. nipponica (Maxim.) E. H.

Wilson ●

213939 Juniperus silicicola (Small) L. H. Bailey;南方红桧(美国南方桧,南方刺柏);Sand-cedar,Southern Red Cedar,Southern Redcedar ●☆

213940 Juniperus silicicola (Small) L. H. Bailey = Juniperus virginiana L. var. silicicola (Small) E. Murray ●☆

213941 Juniperus sinensis Carrière = Juniperus chinensis L. ●

213942 Juniperus sinensis Carrière = Sabina chinensis (L.) Antoine ●

213943 Juniperus squamata Buch. -Ham. ex D. Don;高山柏(柏香,柏槙,藏柏,大香桧,高山桧,浪柏,鳞桧,陇桧,山柏,团香,香柏,香青,香杉,岩刺柏,玉山圆柏);Blue Star Juniper,Flaky Juniper,High Mountain Juniper, Himalayan Juniper, Hollywood Juniper, Scaly-leaved Nepal Juniper, Scaly-leaved Nepal Savin, Singleseed Juniper, Single-seed Juniper, Singleseed Savin, Single-seeded Juniper,Squamata Juniper ●

213944 Juniperus squamata Buch. -Ham. ex D. Don 'Blue Carpet';蓝地毯高山桧(蓝地毯高山柏);Blue Carpet Juniper ●☆

213945 Juniperus squamata Buch. -Ham. ex D. Don 'Blue Star';蓝星高山桧(蓝星高山柏);Blue Star Juniper ●☆

213946 Juniperus squamata Buch. -Ham. ex D. Don 'Chinese Silver';翠蓝高山桧(中国银高山柏)●☆

213947 Juniperus squamata Buch. -Ham. ex D. Don 'Holger';霍格高山柏;Holger Juniper ●☆

213948 Juniperus squamata Buch. -Ham. ex D. Don 'Meyer';粉柏(翠柏,山柏树);Meyer Juniper,Meyer Single-seed Juniper ●

213949 Juniperus squamata Buch. -Ham. ex D. Don = Sabina squamata (Buch. -Ham.) Antoine ●

213950 Juniperus squamata Buch. -Ham. ex D. Don var. fargesii Rehder et E. H. Wilson;长叶高山柏●

213951 Juniperus squamata Buch. -Ham. ex D. Don var. fargesii Rehder et E. H. Wilson = Sabina squamata (Buch. -Ham.) Antoine ●

213952 Juniperus squamata Buch. -Ham. ex D. Don var. hongxiensis Y. F. Yu et L. K. Fu,Novon;洪溪高山柏●

213953 Juniperus squamata Buch. -Ham. ex D. Don var. meyeri Rehder = Juniperus squamata Buch. -Ham. ex D. Don 'Meyer' ●

213954 Juniperus squamata Buch. -Ham. ex D. Don var. morrisoncola (Hayata) H. L. Li et Keng;玉山圆柏●

213955 Juniperus squamata Buch. -Ham. ex D. Don var. morrisoncola (Hayata) H. L. Li et Keng = Sabina squamata (Buch. -Ham.) Antoine ●

213956 Juniperus squamata Buch. -Ham. ex D. Don var. morrisoncola (Hayata) H. L. Li et Keng = Juniperus squamata Buch. -Ham. ex D. Don ●

213957 Juniperus squamata Buch. -Ham. ex D. Don var. nirrusibucika (Hayata) H. L. Li et Keng = Juniperus squamata Buch. -Ham. ex D. Don ●

213958 Juniperus squamata Buch. -Ham. ex D. Don var. parvifolia Y. F. Yu et L. K. Fu;小叶高山柏●

213959 Juniperus squamata Buch. -Ham. ex D. Don var. wilsonii Rehder = Juniperus pingii W. C. Cheng ex Ferre var. wilsonii Rehder ●

213960 Juniperus suecica Mill.;瑞典刺柏;Swedish Juniper ●☆

213961 Juniperus taiwaniana Hayata = Juniperus formosana Hayata ●

213962 Juniperus taxifolia Hook. et Arn.;红豆杉叶刺柏;Liuqiu Juniper ●☆

213963 Juniperus taxifolia Hook. et Arn. var. lutchuensis (Koidz.) Satake;琉球刺柏;Liuqiu Juniper ●

213964 Juniperus taxifolia Hook. et Arn. var. lutchuensis (Koidz.) Satake = Juniperus thunbergii Hook. et Arn. ●

213965 Juniperus tetragona Schltdl. var. osteosperma Torr. = Juniperus osteosperma (Torr.) Little ●

213966 Juniperus thunbergii Hook. et Arn. = Juniperus chinensis L. ●

213967 Juniperus thunbergii Hook. et Arn. = Juniperus taxifolia Hook. et Arn. var. lutchuensis (Koidz.) Satake ●

213968 Juniperus thunbergii Hook. et Arn. = Sabina chinensis (L.) Antoine ●

213969 Juniperus thurifera L.;西班牙桧(西班牙刺柏,香刺柏,香桧);French Alpine Juniper, Incense Juniper, Incense-bearlng Jumper,Spanish Juniper ●☆

213970 Juniperus thurifera L. subsp. africana (Maire) Gauquelin,Idr. Hass. et P. Lebreton;非洲桧●☆

213971 Juniperus thurifera L. var. africana Maire = Juniperus thurifera L. subsp. africana (Maire) Gauquelin,Idr. Hass. et P. Lebreton ●☆

213972 Juniperus tibetica Kom.;大果圆柏(藏桧,甘川圆柏,黄柏,西藏圆柏,西康桧,西康圆柏);Potanin Juniper,Szechuan Juniper,Tibet Juniper,Tibet Savin,Xizang Juniper ●

213973 Juniperus tibetica Kom. = Juniperus przewalskii Kom. ●

213974 Juniperus tibetica Kom. = Sabina tibetica Kom. ●

213975 Juniperus tsukusiensis Masam. = Juniperus chinensis L. var. tsukusiensis (Masam.) Masam. ●

213976 Juniperus turbinata Guss. = Juniperus phoenicea L. subsp. turbinata (Guss.) Nyman ●☆

213977 Juniperus turkestanica Kom. = Juniperus pseudosabina Fisch. et C. A. Mey. var. turkestanica (Kom.) Silba ●

213978 Juniperus turkestanica Kom. = Sabina pseudosabina (Fisch. et C. A. Mey.) W. C. Cheng et W. T. Wang ●

213979 Juniperus urbaniana Pilg. et Ekman;费吉尼亚桧;Eastern Red Cedar ●☆

213980 Juniperus utahensis (Engelm.) Lemmon;犹他州桧;Utah Uniper ●☆

213981 Juniperus utilis Koidz. = Juniperus rigida Siebold et Zucc. ●

213982 Juniperus utilis Koidz. var. modesta Nakai = Juniperus rigida Siebold et Zucc. ●

213983 Juniperus uvifera D. Don = Pilgerodendron uviferum Florin ●☆

213984 Juniperus virginiana L.;北美圆柏(美洲桧,铅笔柏);Cedar, Eastern Cedar, Eastern Juniper, Eastern Red Cedar, Eastern Redcedar,Eastern Red-cedar,Eastern Redcedar-ouge,Juniper Bush,Pencil Cedar,Pencil Juniper,Pencil Savin,Red Cedar,Red Juniper,Red-cedar, Virginia Savin, Virginian Cedar, Virginian Juniper,Virginian Pencil Cedar ●

213985 Juniperus virginiana L. 'Blue Arrow';蓝箭北美圆柏●☆

213986 Juniperus virginiana L. 'Blue Mountain';蓝山北美圆柏;Blue Mountain Juniper ●☆

213987 Juniperus virginiana L. 'Burkii';布尔奇北美圆柏●☆

213988 Juniperus virginiana L. 'Glauca';灰叶北美圆柏●☆

213989 Juniperus virginiana L. 'Grey Owl';灰猫头鹰铅笔柏;Grey Owl Juniper ●☆

213990 Juniperus virginiana L. 'Hetzii';赫兹铅笔柏●☆

213991 Juniperus virginiana L. 'Manhattan Blue';曼哈顿蓝北美圆柏 ●☆

213992 Juniperus virginiana L. 'Silver Spreader';银色推广者北美圆柏;Silver Spreader Juniper ●☆

213993 Juniperus virginiana L. 'Skyrocket';火箭冲天北美圆柏●☆

213994 Juniperus virginiana L. = Sabina virginiana (L.) Antoine ●

213995 Juniperus virginiana L. subsp. crebra (Fernald et Griscom) E.

Murray = Juniperus virginiana L. ●

213996 Juniperus virginiana L. var. crebra Fernald et Griscom = Juniperus virginiana L. ●

213997 Juniperus virginiana L. var. prostrata (Pers.) Torr. = Juniperus horizontalis Moench ●☆

213998 Juniperus virginiana L. var. silicicola (Small) E. Murray;沿海北美圆柏;Coastal Redcedar, Southern Redcedar ●☆

213999 Juniperus virginiana var. crebra Fernald et Griscom = Juniperus virginiana L. ●

214000 Juniperus wallichiana Hook. f. et Thomson ex Brandis = Juniperus indica Bertol. ●

214001 Juniperus wallichiana Hook. f. et Thomson ex Brandis var. meinocarpa Hand. -Mazz. = Juniperus indica Bertol. ●

214002 Juniperus wallichiana Hook. f. et Thomson ex Parl. = Sabina wallichiana (Hook. f. et Thomson) Kom. ●

214003 Juniperus wallichiana Hook. f. et Thomson ex Parl. var. meinocarpa Hand. -Mazz. = Sabina wallichiana (Hook. f. et Thomson) Kom. ●

214004 Juniperus wallichiana Hook. f. et Thomson ex Parl. var. meinocarpa Hand. -Mazz. = Juniperus saltuaria Rehder et E. H. Wilson ●

214005 Juniperus zaidamensis Kom. = Juniperus tibetica Kom. ●

214006 Juniperus zaidamensis Kom. = Sabina przewalskii Kom. ●

214007 Juniperus zaidamensis Kom. f. squarrosa Kom. = Juniperus przewalskii Kom. ●

214008 Junkia Ritgen = Funkia Spreng. ■

214009 Junkia Ritgen = Hosta Tratt. (保留属名) ■

214010 Juno Tratt. = Iris L. ■

214011 Juno Tratt. ex Roem. et Schult. = Iris L. ■

214012 Junodia Pax = Anisocycla Baill. ●☆

214013 Junodia triplinervia Pax = Anisocycla triplinervia (Pax) Diels ●☆

214014 Junopsis Wern. Schulze = Iris L. ■

214015 Junopsis decora (Wall.) W. Schulze = Iris decora Wall. ■

214016 Junquilla Fourn. = Jonquilla Haw. ■

214017 Junquilla Fourn. = Narcissus L. ■

214018 Jupica Raf. = Xyris L. ■

214019 Juppia Merr. = Zanonia L. ●■

214020 Juppia borneensis Merr. = Zanonia indica L. ■

214021 Jupunba Britton et Rose = Abarema Pittier ●☆

214022 Jupunba Britton et Rose = Pithecellobium Mart. (保留属名) ●

214023 Jurgensenia Turcz. = Bejaria Mutis(保留属名) ●☆

214024 Jurgensia Benth. et Hook. f. = Juergensia Spreng. ●

214025 Jurgensia Benth. et Hook. f. = Rinorea Aubl. (保留属名) ●

214026 Jurgensia Raf. = Spermacoce L. ●■

214027 Jurighas Kuntze = Filicium Thwaites ex Benth. ●☆

214028 Jurinea Cass. (1821);苓菊属(九苓菊属,久苓草属,久苓菊属);Jurinea ●■

214029 Jurinea abolinii Iljin;阿宝林苓菊■☆

214030 Jurinea adenocarpa Schrenk;腺果苓菊;Glandfruit Jurinea, Glandularfruit Jurinea ■

214031 Jurinea alata Cass.;翼苓菊(久苓草)■☆

214032 Jurinea albicaulis Bunge;白茎苓菊■☆

214033 Jurinea algida Iljin;矮小苓菊;Argid Jurinea, Dwarf Jurinea ■

214034 Jurinea altaica Iljin;阿尔泰苓菊■☆

214035 Jurinea ambigua DC. = Jurinea multiflora (L.) B. Fedtsch. ■

214036 Jurinea amplexicaulis (S. G. Gmel.) Bobrov;多秆久苓草■☆

214037 Jurinea androssovii Iljin;安德罗索夫苓菊■☆

214038 Jurinea annae Sosn.;安娜苓菊■☆

214039 Jurinea apoda Iljin;无梗苓菊■☆

214040 Jurinea arachnoidea Bunge;蜘蛛苓菊(蜘蛛久苓草)■☆

214041 Jurinea argentata C. Shih et S. Y. Jin;绒头苓菊(绒头茯苓菊);Siverhead Jurinea ■

214042 Jurinea argentata C. Shih et S. Y. Jin = Pilostemon filifolia (C. Winkl.) Iljin ■

214043 Jurinea armeniaca Sosn.;亚美尼亚苓菊■☆

214044 Jurinea asperifolia Iljin;糙叶苓菊■☆

214045 Jurinea atripurpurea C. Winkl. ex Iljin;暗紫苓菊■☆

214046 Jurinea auscheriana DC.;奥赛苓菊■☆

214047 Jurinea baissunensis Iljin;拜孙苓菊■☆

214048 Jurinea baldshuanica C. Winkl.;巴尔德苓菊■☆

214049 Jurinea bellidioides Boiss.;禾鼠麹苓菊■☆

214050 Jurinea berardioides (Franch.) Diels = Dolomiaea berardioides (Franch.) C. Shih ■

214051 Jurinea bipinnatifida C. Winkl.;羽裂苓菊■☆

214052 Jurinea blanda (M. Bieb.) C. A. Mey.;光滑苓菊■☆

214053 Jurinea bobrovii Iljin;鲍勃苓菊■☆

214054 Jurinea botschantzevii Iljin;包兹苓菊■☆

214055 Jurinea bracteata Regel et Schmalh.;具苞苓菊■☆

214056 Jurinea bucharica C. Winkl.;布赫苓菊■☆

214057 Jurinea calcarea Klokov;石灰苓菊■☆

214058 Jurinea cephalopoda Iljin;头梗苓菊■☆

214059 Jurinea chaetocarpa Ledeb. = Jurinea chaetocarpa Ledeb. ex DC. ■

214060 Jurinea chaetocarpa Ledeb. ex DC.;刺果苓菊;Pricklyfruit Jurinea, Spinefruit Jurinea ■

214061 Jurinea chaetocarpa Ledeb. ex DC. subsp. dschungarica Rubtzov = Jurinea dshungarica (N. I. Rubtzov) Iljin ■

214062 Jurinea chaetocarpa Ledeb. ex DC. subsp. dshungarica Rubtzov = Jurinea dshungarica (N. I. Rubtzov) Iljin ■

214063 Jurinea chaetocarpa Ledeb. ex DC. var. typica Herder = Jurinea chaetocarpa Ledeb. ex DC. ■

214064 Jurinea ciscaucasica (Sosn.) Iljin;北高加索苓菊■☆

214065 Jurinea cooperi Anthony = Diplazoptilon cooperi (J. Anthony) C. Shih ■

214066 Jurinea coronopifolia Sommier et H. Lév.;臭荠苓菊■☆

214067 Jurinea cretacea Bunge;白垩久苓草■☆

214068 Jurinea creticola Iljin;克里特苓菊■☆

214069 Jurinea crispo-undulata C. C. Chang = Dolomiaea crispo-undulata (C. C. Chang) Y. Ling ■

214070 Jurinea cyanoides (L.) Rchb.;矢车菊久苓草■☆

214071 Jurinea czilikinoana Iljin;奇里苓菊■☆

214072 Jurinea darvasica Iljin;达尔瓦斯苓菊■☆

214073 Jurinea demetrii Iljin;迪米苓菊■☆

214074 Jurinea dshungarica (N. I. Rubtzov) Iljin;西部苓菊(天山苓菊);Dzungar Jurinea ■

214075 Jurinea edulis (Franch.) Franch. = Dolomiaea edulis (Franch.) C. Shih ■

214076 Jurinea edulis (Franch.) Franch. f. caulescens (Franch.) Franch. = Dolomiaea edulis (Franch.) C. Shih ■

214077 Jurinea edulis (Franch.) Franch. var. berardioides (Franch.) Franch. = Dolomiaea berardioides (Franch.) C. Shih ■

214078 Jurinea elegans (Stev.) DC.;雅致苓菊■☆

214079 Jurinea elegantissima Iljin;雅丽苓菊■☆

214080 Jurinea ewersmannii Bunge;伊威氏久苓草■☆
214081 Jurinea eximia Tekutjev;优异苓菊■☆
214082 Jurinea fedtschenkoana Iljin;范氏苓菊■☆
214083 Jurinea ferganica (Iljin) Iljin;费尔干苓菊■☆
214084 Jurinea filicifolia Boiss.;蕨叶苓菊■☆
214085 Jurinea filifolia C. Winkl. = Pilostemon filifolia (C. Winkl.) Iljin ■
214086 Jurinea flaccida C. Shih;软叶苓菊(软叶茯苓菊);Flaccid Jurinea, Softleaf Jurinea ■
214087 Jurinea foliosa (Iljin) Iljin;多叶苓菊■☆
214088 Jurinea forrestii Diels = Dolomiaea forrestii (Diels) C. Shih ■
214089 Jurinea georgii Anthony = Dolomiaea georgii (J. Anthony) C. Shih ■
214090 Jurinea gorodkovii Iljin;高罗苓菊■☆
214091 Jurinea gracilis Iljin;纤细苓菊■☆
214092 Jurinea granitica Klokov;花岗岩苓菊■☆
214093 Jurinea grossheimii Sosn.;格罗苓菊■☆
214094 Jurinea grumosa Iljin;聚粒苓菊■☆
214095 Jurinea hamulosa Rubtzov;钩苓菊■☆
214096 Jurinea helichrysifolia Popov;蜡菊叶苓菊■☆
214097 Jurinea horrida Rupr. = Schmalhausenia nidulans (Regel) Petr. ■
214098 Jurinea humilis DC.;低矮苓菊■☆
214099 Jurinea humilis DC. var. bocconei (Guss.) DC. = Jurinea humilis DC. ■☆
214100 Jurinea iljinii Grossh.;伊尔金苓菊■☆
214101 Jurinea impressinevis Iljin;陷脉苓菊■☆
214102 Jurinea kapelkinii O. Fedtsch.;卡佩利金苓菊■☆
214103 Jurinea karabugasica Iljin;卡拉布加斯苓菊■☆
214104 Jurinea karatavica Iljin;卡拉塔夫苓菊■☆
214105 Jurinea karateginii O. Fedtsch. et B. Fedtsch. = Pilostemon karateginii (Lipsky) Iljin ■
214106 Jurinea kaschgarica Iljin;南疆苓菊;Kaschgar Jurinea ■
214107 Jurinea kazachstanica Iljin;卡扎赫斯坦苓菊■☆
214108 Jurinea kirghisorum Janisch.;吉尔吉斯久苓草■☆
214109 Jurinea knorringiana Iljin;克诺林苓菊■☆
214110 Jurinea kokanica Iljin;浩罕苓菊■☆
214111 Jurinea korolkowi Regel et Schmalh. = Oligochaeta minima (Boiss.) Briq. ■
214112 Jurinea krascheninnikovii Iljin;克拉苓菊■☆
214113 Jurinea kultiassovii Iljin;库尔苓菊■☆
214114 Jurinea kuraminensis Iljin;库拉明苓菊■☆
214115 Jurinea lanipes Rupr. ex Ost.-Sack. et Rupr.;绒毛苓菊;Nappy Jurinea, Velvety Jurinea ■
214116 Jurinea lasiopoda Trautv.;毛梗苓菊■☆
214117 Jurinea laxa Fisch. ex Iljin;松散苓菊■☆
214118 Jurinea ledebouri Bunge;赖氏苓菊■☆
214119 Jurinea levieri All.;莱维尔苓菊■☆
214120 Jurinea linearifolia DC. = Jurinea multiflora (L.) B. Fedtsch. ■
214121 Jurinea lipskyi Iljin;里普斯基苓菊(苓菊);Common Jurinea, Lipsky's Jurinea ■
214122 Jurinea lithophila Rubtzov;喜石苓菊■☆
214123 Jurinea lydiae Iljin;里迪苓菊■☆
214124 Jurinea macranthodia Iljin;大花苓菊■☆
214125 Jurinea macrocephala Benth. ex Hook. f.;大头苓菊■☆
214126 Jurinea margalensis Iljin;马尔加尔苓菊■☆
214127 Jurinea mariae Pavlov;玛利亚苓菊■☆
214128 Jurinea maxima C. Winkl.;大苓菊■☆
214129 Jurinea michelsonii Iljin;米歇尔松苓菊■☆
214130 Jurinea mirabilis J. Anthony = Dolomiaea souliei (Franch.) C. Shih var. mirabilis (J. Anthony) C. Shih ■
214131 Jurinea mollis Rchb.;柔久苓草■☆
214132 Jurinea mollissima Klokov;柔软苓菊■☆
214133 Jurinea mongolica Maxim.;蒙疆苓菊(地棉花,鸡毛狗,久苓草,久苓菊,蒙古久苓草,蒙古苓菊,蒙新久苓草,蒙新苓菊);Mongol Jurinea, Mongolian Jurinea ■
214134 Jurinea monocephala Aitch. et Hemsl.;单头苓菊■☆
214135 Jurinea monticola Iljin;山地苓菊■☆
214136 Jurinea muliensis Hand.-Mazz. = Dolomiaea souliei (Franch.) C. Shih var. mirabilis (J. Anthony) C. Shih ■
214137 Jurinea multiceps Iljin;多头苓菊■☆
214138 Jurinea multiflora (L.) B. Fedtsch.;多花苓菊(可疑久苓草);Manyflower Jurinea ■
214139 Jurinea multiloba Iljin;多裂苓菊■☆
214140 Jurinea nivea C. Winkl.;雪白苓菊■☆
214141 Jurinea olgae Regel et Schmalh.;奥氏苓菊■☆
214142 Jurinea orientalis Iljin;东方苓菊■☆
214143 Jurinea paczoskiana Iljin;帕氏苓菊■☆
214144 Jurinea pamirica C. Shih;帕米尔苓菊(帕米尔茯苓菊);Pamir Jurinea ■
214145 Jurinea paulseni O. Hoffm. ex Pauls. = Serratula procumbens Regel ■
214146 Jurinea persimilis Iljin;相似苓菊■☆
214147 Jurinea picridifolia Hand.-Mazz. = Diplazoptilon picridifolium (Hand.-Mazz.) Y. Ling ■
214148 Jurinea pilostemonoides Iljin;羽冠苓菊;Pilostemonlike Jurinea ■
214149 Jurinea pineticola Iljin;松林苓菊■☆
214150 Jurinea platylepis Hand.-Mazz. = Dolomiaea platylepis (Hand.-Mazz.) C. Shih ■
214151 Jurinea poacea Iljin;禾苓菊■☆
214152 Jurinea pollichii Ledeb. var. suidunensis C. Winkl. = Jurinea suidunensis (C. Winkl.) Korsh. ex O. Fedtsch. et B. Fedtsch. ■
214153 Jurinea polyclonos DC. = Jurinea amplexicaulis (S. G. Gmel.) Bobrov ■☆
214154 Jurinea popovii Iljin;波氏苓菊■☆
214155 Jurinea potaninii Iljin;久苓菊(鸡毛狗);Potanin Jurinea ■
214156 Jurinea propinqua Iljin;邻近苓菊■☆
214157 Jurinea psammophila Iljin;喜沙苓菊■☆
214158 Jurinea pseudocyanoides Klokov;假矢车菊久苓草■☆
214159 Jurinea pteroclada Iljin;翼茎苓菊■☆
214160 Jurinea pulchella (Fisch. et C. A. Mey.) DC.;美丽苓菊■☆
214161 Jurinea pumila Albov.;偃苓菊■☆
214162 Jurinea rhizomatoidea Iljin.;根茎苓菊■☆
214163 Jurinea robusta Schrenk;粗壮苓菊■☆
214164 Jurinea ruprechtii Boiss.;卢氏苓菊■☆
214165 Jurinea salicifolia Gruner;柳叶苓菊■☆
214166 Jurinea salwinensis Hand.-Mazz. = Dolomiaea salwinensis (Hand.-Mazz.) C. Shih ■
214167 Jurinea scapiformis C. Shih;长葶苓菊(长葶茯苓菊);Longscape Jurinea ■
214168 Jurinea schischkiniana Iljin;希施苓菊■☆
214169 Jurinea serpenticaulis Iljin;蛇茎苓菊■☆
214170 Jurinea serratuloides Iljin;齿状苓菊■☆
214171 Jurinea sintenisii Bornm.;希恩苓菊■☆
214172 Jurinea sordida Stev.;污浊苓菊■☆

214173 Jurinea sosnovskyi Grossh.;锁斯诺夫斯基苓菊■☆
214174 Jurinea souliei Franch. = Dolomiaea souliei (Franch.) C. Shih ■
214175 Jurinea spectabilis Fisch. et C. A. Mey.;壮观苓菊■☆
214176 Jurinea spiridonovii Iljin;斯皮里苓菊■☆
214177 Jurinea spissa Iljin;密集苓菊■☆
214178 Jurinea stenophylla Iljin;狭叶苓菊■☆
214179 Jurinea stoechadifolia (M. Bieb.) DC.;窄叶久苓草■☆
214180 Jurinea suffruticosa Regel;亚灌木苓菊●☆
214181 Jurinea suidunensis (C. Winkl.) Korsh. = Jurinea suidunensis (C. Winkl.) Korsh. ex O. Fedtsch. et B. Fedtsch. ■
214182 Jurinea suidunensis (C. Winkl.) Korsh. ex O. Fedtsch. et B. Fedtsch.;绥定苓菊;Suiding Jurinea ■
214183 Jurinea tadshikistanica Iljin;塔什克苓菊■☆
214184 Jurinea talievii Klokov;塔利夫苓菊■☆
214185 Jurinea tanaitica Klokov;塔奈特苓菊■☆
214186 Jurinea tenuiloba Bunge;窄裂苓菊(窄裂久苓草)■☆
214187 Jurinea tenuis Bunge = Syreitschikovia tenuifolia (Bong.) Pavlov ■
214188 Jurinea thyrsiflora Klokov;伞花苓菊■☆
214189 Jurinea tianschanica Regel et Schmalh.;天山苓菊■☆
214190 Jurinea trachyloma Hand.-Mazz. = Dolomiaea souliei (Franch.) C. Shih var. mirabilis (J. Anthony) C. Shih ■
214191 Jurinea transhyrcanica Iljin;外吉尔康苓菊■☆
214192 Jurinea transuralensis Iljin;外乌拉尔苓菊■☆
214193 Jurinea trautvetteriana Regel et Schmalh.;特劳特苓菊■☆
214194 Jurinea trifurcata Iljin;三叉苓菊■☆
214195 Jurinea venusta Iljin;优美苓菊■☆
214196 Jurinea wardii Hand.-Mazz. = Dolomiaea wardii (Hand.-Mazz.) Y. Ling ■
214197 Jurinea winkleri Iljin;温克勒苓菊■☆
214198 Jurinea woronowii Iljin;沃氏苓菊■☆
214199 Jurinea xeranthemoides Iljin;干花菊状苓菊■☆
214200 Jurinella Jaub. et Spach = Jurinea Cass. ●■
214201 Jurinella Jaub. et Spach(1846);小苓菊属■☆
214202 Jurinella absinthifolia Jaub. et Spach;小苓菊■☆
214203 Jurinella squarrosa (Fisch. et C. A. Mey.) Iljin;粗糙小苓菊■☆
214204 Jurinella subacaulis (Fisch. et C. A. Mey.) Iljin;近无茎小苓菊■☆
214205 Jurtsevia Á. Löve et D. Löve = Anemone L.(保留属名)■
214206 Juruasia Lindau(1904);巴西爵床属☆
214207 Juruasia acuminata Lindau;渐尖巴西爵床☆
214208 Juruasia rotundata Lindau;圆叶巴西爵床☆
214209 Jussia Adans. = Jussiaea L. ●■
214210 Jussiaea L.(1753);水龙属;Primrose Willow, Water Primrose, Water-primrose ●■
214211 Jussiaea L. = Ludwigia L. ●■
214212 Jussiaea abyssinica (A. Rich.) Dandy et Brenan = Ludwigia abyssinica A. Rich. ■☆
214213 Jussiaea adscendens L. = Ludwigia adscendens (L.) H. Hara ■
214214 Jussiaea affinis DC. = Ludwigia affinis (DC.) Hara ■☆
214215 Jussiaea africana Brenan = Ludwigia africana (Brenan) H. Hara ■☆
214216 Jussiaea angustifolia Lam. = Ludwigia octovalvis (Jacq.) P. H. Raven ■
214217 Jussiaea caryophylla Lam. = Ludwigia perennis L. ■
214218 Jussiaea decurrens (Walter) DC. = Ludwigia decurrens Walter ■☆
214219 Jussiaea decurrens DC. = Ludwigia decurrens Walter ■☆
214220 Jussiaea didymosperma H. Perrier = Ludwigia octovalvis (Jacq.) P. H. Raven ■
214221 Jussiaea diffusa Forssk. = Ludwigia adscendens (L.) H. Hara subsp. diffusa (Forssk.) P. H. Raven ■☆
214222 Jussiaea erecta L. = Ludwigia erecta (L.) H. Hara ■☆
214223 Jussiaea erecta L. = Ludwigia octovalvis (Jacq.) P. H. Raven ■
214224 Jussiaea fauriei H. Lév. = Ludwigia epilobioides Maxim. ■
214225 Jussiaea gracilis Brenan = Ludwigia brenanii Hara ■☆
214226 Jussiaea greatrexii H. Hara = Ludwigia epilobioides Maxim. subsp. greatrexii (H. Hara) P. H. Raven ■
214227 Jussiaea greatrexii H. Hara = Ludwigia epilobioides Maxim. ■
214228 Jussiaea hyssopifolia G. Don = Ludwigia hyssopifolia (G. Don) Exell ■
214229 Jussiaea japonica H. Lév. = Ludwigia epilobioides Maxim. ■
214230 Jussiaea jussiaeoides (Desr.) Brenan = Ludwigia jussiaeoides Deasr. ■
214231 Jussiaea leptocarpa Nutt. = Ludwigia leptocarpa (Nutt.) H. Hara ■
214232 Jussiaea linearis Hochst. = Ludwigia octovalvis (Jacq.) P. H. Raven ■
214233 Jussiaea linearis Peter = Ludwigia octovalvis (Jacq.) P. H. Raven ■
214234 Jussiaea linearis Willd. = Ludwigia octovalvis (Jacq.) P. H. Raven ■
214235 Jussiaea linifolia Vahl = Ludwigia hyssopifolia (G. Don) Exell ■
214236 Jussiaea micrantha Kunze = Ludwigia hyssopifolia (G. Don) Exell ■
214237 Jussiaea nodulosa Peter = Ludwigia octovalvis (Jacq.) P. H. Raven ■
214238 Jussiaea octofila DC. = Ludwigia octovalvis (Jacq.) P. H. Raven ■
214239 Jussiaea octonervia Lam. = Ludwigia octovalvis (Jacq.) P. H. Raven ■
214240 Jussiaea octonervia Lam. f. sessiliflora Micheli = Ludwigia octovalvis (Jacq.) P. H. Raven ■
214241 Jussiaea octonervia Lam. var. sessiliflora (Micheli) Micheli = Ludwigia octovalvis (Jacq.) P. H. Raven ■
214242 Jussiaea octovalvis (Jacq.) Raven = Ludwigia octovalvis (Jacq.) P. H. Raven ■
214243 Jussiaea octovalvis (Jacq.) Sw. = Ludwigia octovalvis (Jacq.) P. H. Raven ■
214244 Jussiaea octovalvis Sw. = Ludwigia octovalvis (Jacq.) P. H. Raven ■
214245 Jussiaea octovalvis Sw. f. sessiliflora Micheli = Ludwigia octovalvis (Jacq.) P. H. Raven ■
214246 Jussiaea octovalvis Sw. subsp. sessiliflora (Micheli) Raven = Ludwigia octovalvis (Jacq.) P. H. Raven ■
214247 Jussiaea parmentieri H. Lév. = Ludwigia epilobioides Maxim. ■
214248 Jussiaea perennis (L.) Brenan = Ludwigia perennis L. ■
214249 Jussiaea peruviana var. octofila (DC.) Bertoni = Ludwigia octovalvis (Jacq.) P. H. Raven ■
214250 Jussiaea philippiana H. Lév. = Ludwigia epilobioides Maxim. ■
214251 Jussiaea prostrata (Roxb.) H. Lév. = Ludwigia epilobioides Maxim. ■
214252 Jussiaea prostrata (Roxb.) H. Lév. = Ludwigia prostrata Roxb. ■
214253 Jussiaea prostrata (Roxb.) H. Lév. var. fauriei (H. Lév.) H.

Lév. = Ludwigia epilobioides Maxim. ■
214254 Jussiaea prostrata (Roxb.) H. Lév. var. parmentieri (H. Lév.) H. Lév. = Ludwigia epilobioides Maxim. ■
214255 Jussiaea prostrata H. Lév. = Ludwigia epilobioides Maxim. ■
214256 Jussiaea pubescens L. = Ludwigia octovalvis (Jacq.) P. H. Raven ■
214257 Jussiaea pulvinaris (Gilg) Brenan = Ludwigia senegalensis (DC.) Troch. ■☆
214258 Jussiaea repens L.;水龙■
214259 Jussiaea repens L. = Ludwigia adscendens (L.) H. Hara ■
214260 Jussiaea repens L. var. diffusa (Forssk.) Brenan = Ludwigia adscendens (L.) H. Hara subsp. diffusa (Forssk.) P. H. Raven ■☆
214261 Jussiaea repens L. var. glabrescens Kuntze = Ludwigia peploides (Kunth) P. H. Raven ■☆
214262 Jussiaea seminuda H. Perrier = Ludwigia leptocarpa (Nutt.) H. Hara ■☆
214263 Jussiaea senegalensis (DC.) Brenan = Ludwigia senegalensis (DC.) Troch. ■☆
214264 Jussiaea stenorraphe Brenan = Ludwigia stenorraphe (Brenan) H. Hara ■☆
214265 Jussiaea stenorraphe Brenan var. macrosepala ? = Ludwigia stenorraphe (Brenan) H. Hara subsp. macrosepala (Brenan) P. H. Raven ■☆
214266 Jussiaea stenorraphe Brenan var. reducta ? = Ludwigia stenorraphe (Brenan) H. Hara subsp. reducta (Brenan) P. H. Raven ■☆
214267 Jussiaea stenorraphe Brenan var. speciosa Brenan = Ludwigia stenorraphe (Brenan) H. Hara subsp. speciosa (Brenan) P. H. Raven ■☆
214268 Jussiaea stipulacea Ohwi = Ludwigia peploides (Kunth) P. H. Raven subsp. stipulacea (Ohwi) P. H. Raven ■
214269 Jussiaea stolonifera Guillaumin et Perr. = Ludwigia adscendens (L.) H. Hara subsp. diffusa (Forssk.) P. H. Raven ■☆
214270 Jussiaea suffruticosa L. = Ludwigia octovalvis (Jacq.) P. H. Raven ■
214271 Jussiaea suffruticosa L. f. angustifolia (Lam.) Alston = Ludwigia octovalvis (Jacq.) P. H. Raven ■
214272 Jussiaea suffruticosa L. f. villosa (Lam.) Alston = Ludwigia octovalvis (Jacq.) P. H. Raven ■
214273 Jussiaea suffruticosa L. var. brevisepala Brenan = Ludwigia octovalvis (Jacq.) P. H. Raven ■
214274 Jussiaea suffruticosa L. var. linearifolia Hassl. = Ludwigia octovalvis (Jacq.) P. H. Raven ■
214275 Jussiaea suffruticosa L. var. linearis (Willd.) Oliv. ex Kuntze = Ludwigia octovalvis (Jacq.) P. H. Raven ■
214276 Jussiaea suffruticosa L. var. piloso-linearis Brenan = Ludwigia octovalvis (Jacq.) P. H. Raven ■
214277 Jussiaea suffruticosa L. var. sessiliflora (Micheli) Hassl. = Ludwigia octovalvis (Jacq.) P. H. Raven ■
214278 Jussiaea suffruticosa L. var. subglabra Thwaites ex Trimen = Ludwigia octovalvis (Jacq.) P. H. Raven ■
214279 Jussiaea uruguayensis Cambess. = Ludwigia grandiflora (Michx.) Greuter et Burdet ■☆
214280 Jussiaea villosa Lam. = Ludwigia octovalvis (Jacq.) P. H. Raven ■
214281 Jussiaeaceae Martinov = Onagraceae Juss.(保留科名)■●
214282 Jussiaeia Hill = Jussiaea L. ●■
214283 Jussiea L. ex Sm. = Potentilla L. ■●
214284 Jussiena Rchb. = Jussieua Murr. ●■
214285 Jussieua Murr. = Jussiaea L. ●■
214286 Jussieua Murr. = Ludwigia L. ●■
214287 Jussieua hyssopifolia G. Don = Ludwigia hyssopifolia (G. Don) Exell ■
214288 Jussieua pilosa Kunth = Ludwigia leptocarpa (Nutt.) H. Hara ■☆
214289 Jussieua prieurea Guillaumin et Perr. = Ludwigia senegalensis (DC.) Troch. ■☆
214290 Jussieua velutina G. Don = Ludwigia leptocarpa (Nutt.) H. Hara ■☆
214291 Jussieuaceae Drude = Onagraceae Juss.(保留科名)■●
214292 Jussieuaea DC. = Lumnitzera Willd. ●
214293 Jussieuaea Rottl. ex DC. = Lumnitzera Willd. ●
214294 Jussieuia Houst. = Cnidoscolus Pohl ●☆
214295 Jussieuia Houst. = Jatropha L.(保留属名)●■
214296 Jussieuia Thunb. = Jussiaea L. ●■
214297 Jussieuia Thunb. = Ludwigia L. ●■
214298 Jussieva Gled. = Jussieuia Thunb. ●■
214299 Justago Kuntze = Cleome L. ●■
214300 Justenia Hiern = Bertiera Aubl. ■☆
214301 Justenia orthopetala Hiern = Bertiera orthopetala (Hiern) N. Hallé ■☆
214302 Justica Neck. = Justicia L. ●■
214303 Justicea Post et Kuntze = Justicia L. ●■
214304 Justicia L.(1753);鸭嘴花属(爵床属,鸭咀花属,鸭子花属);Justicia ●■
214305 Justicia acaulis L. f. = Elytraria marginata Vahl ●☆
214306 Justicia acutangula H. S. Lo et D. Fang = Mananthes acutangula (H. S. Lo et D. Fang) C. Y. Wu et C. C. Hu ■
214307 Justicia acutifolia Hedrén;尖叶鸭嘴花■☆
214308 Justicia adhatoda L.;鸭嘴花(白珊瑚,大驳骨,大驳骨丹,大驳骨消,大骨风,大骨节草,大骨碎,大还魂,大接骨,大接骨草,大叶驳骨兰,蝴蝶花,接骨木,龙头草,那手风,南亚鸭嘴花,牛舌兰,血红茎树,血见仇,鸭脚风,鸭子花,野靛叶,硬罗汉);Adhatoda, Malabar Nut, Malabarnum, Physic Nut ●
214309 Justicia adhatoda L. = Adhatoda vasica Nees ●
214310 Justicia adhatoda Mart. ex Nees = Adhatoda vasica Nees ●
214311 Justicia aequiloculata Benoist;等囊鸭嘴花●☆
214312 Justicia aethiopica Martelli = Justicia matammensis (Schweinf.) Oliv. ■☆
214313 Justicia afromontana Hedrén;非洲山地鸭嘴花■☆
214314 Justicia albiflora Ehrenb. = Monechma debile (Forssk.) Nees ■☆
214315 Justicia albovelata W. W. Sm. = Calophanoides albovelata (W. W. Sm.) C. Y. Wu ex C. C. Hu ●
214316 Justicia alboviridis Benoist = Calophanoides alboviridis (Benoist) C. Y. Wu et H. S. Lo ■
214317 Justicia amabilis (Mildbr.) V. A. W. Graham = Justicia asystasioides (Lindau) M. E. Steiner ■☆
214318 Justicia amanda Hedrén subsp. saxatilis Champl. et Parmentier;岩生鸭嘴花●☆
214319 Justicia amblyosepala D. Fang et H. S. Lo = Mananthes amblyosepala (D. Fang et H. S. Lo) C. Y. Wu et C. C. Hu ●
214320 Justicia americana (L.) Vahl;北美鸭嘴花;American Water-willow, Northern Dianthera, Water Willow ●☆

214321 Justicia americana (L.) Vahl var. subcoriacea Fernald = Justicia americana (L.) Vahl ●☆
214322 Justicia anagalloides (Nees) T. Anderson;琉璃繁缕鸭嘴花■☆
214323 Justicia andongensis C. B. Clarke;安东鸭嘴花■☆
214324 Justicia anisacantha Schweinf. = Megalochlamys violacea (Vahl) Vollesen ●☆
214325 Justicia anisophylla (Mildbr.) Brummitt;异叶鸭嘴花■☆
214326 Justicia anisotoides J. R. I. Wood;异型鸭嘴花■☆
214327 Justicia ankaratrensis Benoist;安卡拉特拉鸭嘴花■☆
214328 Justicia ankazobensis Benoist;阿卡祖贝鸭嘴花■☆
214329 Justicia anselliana (Nees) T. Anderson;安塞尔鸭嘴花■☆
214330 Justicia anselliana (Nees) T. Anderson var. angustifolia Oliv. = Justicia anselliana (Nees) T. Anderson ■☆
214331 Justicia antsingyensis Benoist;安钦吉鸭嘴花■☆
214332 Justicia aquatica Benoist;水生鸭嘴花●☆
214333 Justicia arbuscula Benoist;小乔木鸭嘴花●☆
214334 Justicia arenaria Hedrén;沙地鸭嘴花●☆
214335 Justicia arenicola Engl. = Monechma cleomoides (S. Moore) C. B. Clarke ■☆
214336 Justicia arida Scott-Elliot = Anisostachya arida (Scott-Elliot) Benoist ■☆
214337 Justicia aridicola Rendle;旱生鸭嘴花●☆
214338 Justicia aristata Nees = Monothecium aristatum (Nees) T. Anderson ■☆
214339 Justicia aristata Vahl = Hypoestes aristata (Vahl) Sol. ex Roem. et Schult. ●☆
214340 Justicia asystasioides (Lindau) M. E. Steiner;十万错鸭嘴花■☆
214341 Justicia atherstonei T. Anderson = Monechma spartioides (T. Anderson) C. B. Clarke ■☆
214342 Justicia aurea Schltdl.;金鸭嘴花●☆
214343 Justicia austroguangxiensis H. S. Lo et D. Fang = Mananthes austroguangxiensis (H. S. Lo et D. Fang) C. Y. Wu et C. C. Hu ■
214344 Justicia austroguangxiensis H. S. Lo et D. Fang f. albinervia D. Fang et H. S. Lo = Mananthes austroguanxiensis (H. S. Lo et D. Fang) C. Y. Wu et C. C. Hu ■
214345 Justicia austroguangxiensis H. S. Lo et D. Fang f. albinervia D. Fang et H. S. Lo = Mananthes austroguangxiensis (H. S. Lo et D. Fang) C. Y. Wu et C. C. Hu f. albinervia (D. Fang et H. S. Lo) C. Y. Wu et C. C. Hu ■
214346 Justicia austrosinensis H. S. Lo = Mananthes austrosinensis (H. S. Lo) C. Y. Wu et C. C. Hu ■
214347 Justicia bagshawei (S. Moore) Eyles = Justicia francoiseana Brummitt ■☆
214348 Justicia bagshawei S. Moore;巴格肖鸭嘴花■☆
214349 Justicia bakeri Scott-Elliot;贝克鸭嘴花■☆
214350 Justicia baphica Spreng. = Peristrophe baphica (Spreng.) Bremek. ■
214351 Justicia baravensis C. B. Clarke = Justicia flava (Vahl) Vahl ■☆
214352 Justicia baronii V. A. W. Graham;巴龙鸭嘴花■☆
214353 Justicia barteri T. Anderson = Monechma depauperatum (T. Anderson) C. B. Clarke ■☆
214354 Justicia baumii S. Moore;鲍姆鸭嘴花●☆
214355 Justicia beguinotii Fiori = Justicia calyculata Deflers ■☆
214356 Justicia beloperonoides Lindau;麒麟吐珠鸭嘴花■☆
214357 Justicia bengalensis Spreng. = Nelsonia canescens (Lam.) Spreng. var. vestita (Schult.) E. Hossain ■☆
214358 Justicia bequaerti De Wild.;贝卡尔鸭嘴花■☆
214359 Justicia betonica L.;绿苞爵床;Squirrel's Tail ■☆
214360 Justicia betonica L. var. nilgherrensis (Nees) T. Anderson = Justicia nilgherrensis (Nees) C. B. Clarke ■☆
214361 Justicia betonicoides C. B. Clarke = Justicia betonica L. ■☆
214362 Justicia bicalyculata (Retz.) Vahl = Dicliptera paniculata (Forssk.) I. Darbysh. ■☆
214363 Justicia bicalyculata (Retz.) Vahl = Peristrophe paniculata (Forssk.) Brummitt ■☆
214364 Justicia bicalyculata Vahl = Peristrophe bicalyculata (Retz.) Nees ■
214365 Justicia bicalyculata Vahl = Peristrophe paniculata (Forssk.) Brummitt ■☆
214366 Justicia biflora Lam. = Anisotes trisulcus (Forssk.) Nees ●☆
214367 Justicia biokoensis V. A. W. Graham;比奥科鸭嘴花■☆
214368 Justicia bivalvis L. = Peristrophe baphica (Spreng.) Bremek. ■
214369 Justicia bivalvis R. Br. = Dicliptera maculata Nees ■☆
214370 Justicia blepharostegia Thomson = Monechma debile (Forssk.) Nees ■☆
214371 Justicia boaleri Hedrén;博勒鸭嘴花■☆
214372 Justicia boerhaviifolia (Nees) Baron;黄细心叶鸭嘴花■☆
214373 Justicia bojeri (Nees) Baron = Anisostachya bojeri Nees ■☆
214374 Justicia bojeriana (Nees) Baron;博耶尔鸭嘴花■☆
214375 Justicia bolomboensis De Wild.;博隆博鸭嘴花■☆
214376 Justicia bolusii C. B. Clarke;博卢斯鸭嘴花■☆
214377 Justicia bowiei C. B. Clarke = Justicia petiolaris (Nees) T. Anderson subsp. bowiei (C. B. Clarke) Immelman ■☆
214378 Justicia bracteata (Hochst.) Zarb = Monechma debile (Forssk.) Nees ■☆
214379 Justicia brandegeana Wassh. et L. B. Sm.;矮鸭嘴花(黄苞小虾花,麒麟吐珠,小虾花);Lobster Plant,Shrimp Plant,Shrimpplant,Yellow Shrimp Plant ●☆
214380 Justicia brandegeana Wassh. et L. B. Sm. 'Chartreuse';黄绿小虾花●☆
214381 Justicia brandegeana Wassh. et L. B. Sm. 'Fruit Cocktail';什锦水果矮鸭嘴花●☆
214382 Justicia brandegeana Wassh. et L. B. Sm. 'Yellow Queen';黄色女王矮鸭嘴花●☆
214383 Justicia brandegeana Wassh. et L. B. Sm. = Beloperone guttata Brandegee ●☆
214384 Justicia brandgesana Wassh. et L. B. Sm. = Calliaspidia guttata (Brandegee) Bremek. ■●
214385 Justicia brevicaulis S. Moore;短茎鸭嘴花■☆
214386 Justicia brevipedunculata Ensermu;短梗鸭嘴花■☆
214387 Justicia brevipila Hedrén;短毛鸭嘴花■☆
214388 Justicia brevispica Benoist;短穗鸭嘴花■☆
214389 Justicia bruneelii De Wild. = Justicia laxa T. Anderson ●☆
214390 Justicia brunelloides Lam. = Nelsonia canescens (Lam.) Spreng. ■
214391 Justicia brycei C. B. Clarke = Justicia elegantula S. Moore ■☆
214392 Justicia buettneri Lindau = Monechma ciliatum (Jacq.) Milne-Redh. ●☆
214393 Justicia burchellii C. B. Clarke = Justicia petiolaris (Nees) T. Anderson subsp. bowiei (C. B. Clarke) Immelman ■☆
214394 Justicia buxifolia H. S. Lo et D. Feng = Calophanoides buxifolia (H. S. Lo et D. Fang) C. Y. Wu ex C. C. Hu ●

214395 Justicia caerulea Forssk.;天蓝鸭嘴花■☆
214396 Justicia calcarata Hochst. ex C. B. Clarke = Justicia ladanoides Lam. ■☆
214397 Justicia calcarata Wall. = Rhinacanthus calcaratus (Wall.) Nees ●
214398 Justicia californica (Benth.) D. N. Gibson;加州鸭嘴花(加州小虾花);Chuparosa,Honeysuckle ●☆
214399 Justicia calyculata Deflers;小萼鸭嘴花■☆
214400 Justicia campanulata Benoist;风铃草状鸭嘴花■☆
214401 Justicia campenonii Benoist;康珀农鸭嘴花■☆
214402 Justicia campylostemon (Nees) T. Anderson;弯花鸭嘴花■☆
214403 Justicia candicans (Nees) L. D. Benson;亚利桑那鸭嘴花;Arizona Water Willow,Jacobinia,Red Justicia ●☆
214404 Justicia canescens Lam. = Nelsonia canescens (Lam.) Spreng. ■
214405 Justicia canescens Wall. = Dicliptera bupleuroides Nees ■
214406 Justicia capensis Eckl. ex Nees = Peristrophe cernua Hook. ex Nees ■☆
214407 Justicia capensis Thunb.;好望角鸭嘴花■☆
214408 Justicia cardiophlla D. Fang et H. S. Lo = Mananthes cardiophylla (D. Fang et H. S. Lo) C. Y. Wu et C. C. Hu ■
214409 Justicia cardiophylla H. S. Lo = Mananthes cardiophylla (H. S. Lo) C. Y. Wu et C. C. Hu ■
214410 Justicia carnea Hook. ex Nees;巴西鸭嘴花(波尔珊瑚花,红茎狮子尾,肉色串心花,珊瑚花);Arizona Water Willow,Brazilian Plume Flower,Brazilian Plume,King's Crown,Red Justicia ●☆
214411 Justicia carnosa Hedrén;肉质鸭嘴花■☆
214412 Justicia championi T. Anderson = Calophanoides chinensis (Champ.) C. Y. Wu et H. S. Lo ex Y. C. Tang ●
214413 Justicia championi T. Anderson = Cleistanthus sumatranus (Miq.) Müll. Arg. ●
214414 Justicia cheiranthifolia (Nees) C. B. Clarke = Justicia betonica L. ■☆
214415 Justicia chinensis (Benth.) Druce = Calophanoides chinensis (Champ.) C. Y. Wu et H. S. Lo ex Y. C. Tang ●
214416 Justicia chinensis L. = Dicliptera chinensis Nees ■
214417 Justicia ciliata (Yamam.) C. F. Hsieh et C. T. Huang = Rostellularia procumbens (L.) Nees var. ciliata (Yamam.) S. S. Ying ■
214418 Justicia ciliata Jacq. = Monechma ciliatum (Jacq.) Milne-Redh. ●☆
214419 Justicia ciliata Yamam. = Justicia hayatai Yamam. ■
214420 Justicia claessensii De Wild.;克莱森斯鸭嘴花■☆
214421 Justicia clavicarpa C. B. Clarke ex Schinz = Justicia platysepala (S. Moore) P. G. Mey. ■☆
214422 Justicia cleomoides S. Moore = Monechma cleomoides (S. Moore) C. B. Clarke ■☆
214423 Justicia clinopodia E. Mey. = Dicliptera clinopodia Nees ■☆
214424 Justicia coccinea Gouan ex Nees = Pachystachys coccinea Nees ●☆
214425 Justicia collina T. Anderson = Isoglossa collina (T. Anderson) B. Hansen ■
214426 Justicia cordata (Nees) T. Anderson;心形鸭嘴花■☆
214427 Justicia cordata (Nees) T. Anderson var. pubescens S. Moore = Justicia cordata (Nees) T. Anderson ■☆
214428 Justicia coursii Benoist;库尔斯鸭嘴花■☆
214429 Justicia crassiradix C. B. Clarke;粗线鸭嘴花■☆
214430 Justicia crassiradix C. B. Clarke var. hispida ? = Justicia anagalloides (Nees) T. Anderson ■☆
214431 Justicia crebrinodis Benoist;密节鸭嘴花■☆
214432 Justicia crenulata (Nees) Palacky = Justicia tenella (Nees) T. Anderson ■☆
214433 Justicia crinita Thunb. = Peristrophe japonica (Thunb.) Bremek. ■
214434 Justicia cufodontii (Fiori) Ensermu;卡佛鸭嘴花■☆
214435 Justicia cuneata Vahl;楔形鸭嘴花■☆
214436 Justicia cuneata Vahl subsp. latifolia (Nees) Immelman;宽叶鸭嘴花■☆
214437 Justicia cupricola Robyns = Justicia elegantula S. Moore ■☆
214438 Justicia curviflora Wall. = Phlogacanthus curviflorus (Wall.) Nees ●
214439 Justicia cuspidata Vahl = Dicliptera verticillata (Forssk.) C. Chr. ■☆
214440 Justicia cynanchifolia R. Br. = Justicia cordata (Nees) T. Anderson ■☆
214441 Justicia cynosuroides Benoist;洋狗尾草鸭嘴花■☆
214442 Justicia damingensis (H. S. Lo) H. S. Lo = Mananthes damingensis H. S. Lo ■
214443 Justicia debilis (Forssk.) Vahl = Monechma debile (Forssk.) Nees ■☆
214444 Justicia decaryi Benoist;德卡里鸭嘴花■☆
214445 Justicia depauperata T. Anderson = Monechma depauperatum (T. Anderson) C. B. Clarke ■☆
214446 Justicia desertorum Engl. = Monechma desertorum (Engl.) C. B. Clarke ■☆
214447 Justicia diclipteroides Lindau;狗肝菜鸭嘴花■☆
214448 Justicia diclipteroides Lindau subsp. aethiopica Hedrén;埃塞俄比亚鸭嘴花■☆
214449 Justicia diclipteroides Lindau subsp. usambarica Hedrén;乌桑巴拉鸭嘴花■☆
214450 Justicia diffusa Willd. = Rostellularia diffusa (Willd.) Nees ■
214451 Justicia diffusa Willd. var. prostrata Roxb. ex C. B. Clarke = Rostellularia diffusa (Willd.) Nees var. prostrata (Roxb. ex C. B. Clarke) H. S. Lo ■
214452 Justicia diffusa Willd. var. prostrata Roxb. ex C. B. Clarke = Rostellularia diffusa (Willd.) Nees var. hedyotidifolia (Willd.) C. Y. Wu ■
214453 Justicia diminuta Benoist;缩小鸭嘴花■☆
214454 Justicia dinteri S. Moore = Justicia heterocarpa T. Anderson subsp. dinteri (S. Moore) Hedrén ■☆
214455 Justicia diosmophylla (Nees) Lindau = Justicia orchioides L. f. ■☆
214456 Justicia distichotricha Lindau = Monechma distichotrichum (Lindau) P. G. Mey. ■☆
214457 Justicia dives Benoist;富有鸭嘴花■☆
214458 Justicia dodonaeifolia Chiov. = Justicia gesneriflora Rendle ■☆
214459 Justicia dolichopoda Mildbr.;长足鸭嘴花■☆
214460 Justicia dyschoristeoides C. B. Clarke = Justicia striata (Klotzsch) Bullock var. dyschoristeoides (C. B. Clarke) Hedrén ■☆
214461 Justicia elegans P. Beauv. = Lankesteria elegans (P. Beauv.) T. Anderson ●☆
214462 Justicia elegantula S. Moore;雅致鸭嘴花■☆
214463 Justicia elegantula S. Moore var. elatior ? = Justicia elegantula S. Moore ■☆
214464 Justicia elegantula S. Moore var. repens ? = Justicia elegantula

S. Moore ■☆
214465 Justicia elliotii S. Moore;埃利鸭嘴花■☆
214466 Justicia eminii Lindau;埃明鸭嘴花■☆
214467 Justicia engleriana Lindau;恩格勒鸭嘴花■☆
214468 Justicia equestris Benoist;马鸭嘴花■☆
214469 Justicia euosmia Lindau;清香鸭嘴花■☆
214470 Justicia exigua S. Moore;小鸭嘴花■☆
214471 Justicia exilissima Chiov. = Justicia exigua S. Moore ■☆
214472 Justicia extensa T. Anderson;伸展鸭嘴花■☆
214473 Justicia fasciata E. Mey. = Justicia flava (Vahl) Vahl ■☆
214474 Justicia fasciata Lindau = Justicia kirkiana T. Anderson ■☆
214475 Justicia ferruginea H. S. Lo et D. Fang = Mananthes ferruginea (H. S. Lo et D. Fang) C. Y. Wu et C. C. Hu ■
214476 Justicia filifolia Lindau = Justicia striata (Klotzsch) Bullock ■☆
214477 Justicia fischeri Lindau = Justicia odora (Forssk.) Vahl ■☆
214478 Justicia fischeri Lindau var. laetevirens (Rendle) C. B. Clarke = Justicia odora (Forssk.) Vahl ■☆
214479 Justicia fistulosa S. Moore = Justicia ladanoides Lam. ■☆
214480 Justicia fittonioides S. Moore;银网叶鸭嘴花■☆
214481 Justicia flava (Vahl) Vahl = Justicia flava D. N. Gibson ■☆
214482 Justicia flava D. N. Gibson;黄爵床(俯仰爵床)■☆
214483 Justicia foetida Forssk. = Dicliptera foetida (Forssk.) Blatt. ■☆
214484 Justicia forbesii S. Moore;福布斯鸭嘴花■☆
214485 Justicia forbesii S. Moore = Justicia striata (Klotzsch) Bullock ■☆
214486 Justicia forskaolii Vahl = Hypoestes forskaolii (Vahl) R. Br. ●☆
214487 Justicia francoiseana Brummitt;法兰西斯鸭嘴花■☆
214488 Justicia friesiorum Mildbr. = Justicia elliotii S. Moore ■☆
214489 Justicia fruticulosa Lindau;灌木鸭嘴花●☆
214490 Justicia fulvicoma Schltdl.;墨西哥黄鸭嘴花;Mexican Plume ●☆
214491 Justicia galeata Hedrén;盔形鸭嘴花■☆
214492 Justicia galeopsis T. Anderson ex C. B. Clarke = Justicia ladanoides Lam. ■☆
214493 Justicia gangetica L. = Asystasia gangetica (L.) T. Anderson ●
214494 Justicia garckeana Büttner = Rungia grandis T. Anderson ■☆
214495 Justicia gendarussa Burm. f. = Gendarussa vulgaris Nees ●■
214496 Justicia gendarussa Burm. f. = Rostellularia procumbens (L.) Nees var. ciliata (Yamam.) S. S. Ying ■
214497 Justicia gendarussa L. f. = Gendarussa vulgaris Nees ●■
214498 Justicia genistifolia Engl. = Monechma genistifolium (Engl.) C. B. Clarke ■☆
214499 Justicia gesneriflora Rendle;南美苦苣苔鸭嘴花■☆
214500 Justicia gesnerifolia Rendle = Justicia gesneriflora Rendle ■☆
214501 Justicia gillettii Chiov. = Justicia phillipsiae Rendle ■☆
214502 Justicia glabra J. König ex Roxb.;光滑鸭嘴花●☆
214503 Justicia glandulifera E. Mey. = Isoglossa origanoides (Nees) Lindau ■☆
214504 Justicia goetzei Lindau = Justicia nuttii C. B. Clarke ■☆
214505 Justicia gossweileri S. Moore;戈斯鸭嘴花■☆
214506 Justicia grandis (T. Anderson) Lindau = Rungia grandis T. Anderson ■☆
214507 Justicia gregorii S. Moore = Monechma debile (Forssk.) Nees ■☆
214508 Justicia grisea C. B. Clarke;索马里鸭嘴花■☆
214509 Justicia guerkeana Schinz;盖尔克鸭嘴花■☆
214510 Justicia gymnostachya Nees = Ecbolium gymnostachyum (Nees) Milne-Redh. ●☆
214511 Justicia haplostachya (Nees) T. Anderson;单穗鸭嘴花■☆
214512 Justicia hayatae Yamam.;早田氏鸭嘴花■
214513 Justicia hayatae Yamam. = Rostellularia procumbens (L.) Nees var. ciliata (Yamam.) S. S. Ying ■
214514 Justicia hayatae Yamam. var. ciliata Yamam. = Rostellularia procumbens (L.) Nees var. ciliata (Yamam.) S. S. Ying ■
214515 Justicia hayatae Yamam. var. decumbens Yamam. = Rostellularia procumbens (L.) Nees var. hirsuta (Yamam.) S. S. Ying ■
214516 Justicia hayatae Yamam. var. linearifolia Yamam. = Rostellularia procumbens (L.) Nees var. linearifolia (Yamam.) S. S. Ying ■
214517 Justicia hayatai (Yamam.) S. S. Ying = Rostellularia procumbens (L.) Nees var. ciliata (Yamam.) S. S. Ying ■
214518 Justicia hayatai Yamam. = Rostellularia procumbens (L.) Nees var. ciliata (Yamam.) S. S. Ying ■
214519 Justicia hayatai Yamam. var. ciliata Yamam. = Rostellularia procumbens (L.) Nees var. ciliata (Yamam.) S. S. Ying ■
214520 Justicia hayatai Yamam. var. decumbens Yamam. = Rostellularia procumbens (L.) Nees var. hirsuta (Yamam.) S. S. Ying ■
214521 Justicia hedrenii J. -P. Lebrun et Stork;海德鸭嘴花■☆
214522 Justicia hepperi Heine;赫佩鸭嘴花■☆
214523 Justicia hereroensis Engl. = Monechma genistifolium (Engl.) C. B. Clarke ■☆
214524 Justicia heterocarpa T. Anderson;异果鸭嘴花■☆
214525 Justicia heterocarpa T. Anderson subsp. dinteri (S. Moore) Hedrén;丁特异果鸭嘴花■☆
214526 Justicia heterocarpa T. Anderson subsp. praetermissa Hedrén;疏忽鸭嘴花■☆
214527 Justicia heterocarpoides Blatt. = Justicia heterocarpa T. Anderson ■☆
214528 Justicia heterosepala Benoist;异萼鸭嘴花■☆
214529 Justicia heterostegia E. Mey. = Dicliptera heterostegia Nees ■☆
214530 Justicia heterotricha Mildbr.;异毛鸭嘴花■☆
214531 Justicia hispida Willd. = Lankesteria hispida (Willd.) T. Anderson ●☆
214532 Justicia homblei De Wild.;洪布勒鸭嘴花■☆
214533 Justicia humblotii Benoist;洪布鸭嘴花■☆
214534 Justicia hypocrateriformis Vahl = Ruspolia hypocrateriformis (Vahl) Milne-Redh. ●☆
214535 Justicia hyssopifolia L.;神香草叶鸭嘴花■☆
214536 Justicia inaequifolia Brummitt;不等叶鸭嘴花■☆
214537 Justicia incana (Nees) T. Anderson = Monechma incanum (Nees) C. B. Clarke ■☆
214538 Justicia incerta C. B. Clarke = Justicia petiolaris (Nees) T. Anderson subsp. incerta (C. B. Clarke) Immelman ■☆
214539 Justicia infirma Mildbr. = Justicia striata (Klotzsch) Bullock ■☆
214540 Justicia infundibuliformis L. = Crossandra infundibuliformis (L.) Nees ■☆
214541 Justicia insularis T. Anderson;海岛鸭嘴花■☆
214542 Justicia intercepta E. Mey. = Isoglossa ciliata (Nees) Lindau ■☆
214543 Justicia interrupta (Lindau) C. B. Clarke;间断鸭嘴花■☆
214544 Justicia irumuensis (Lindau) Bamps et Champl.;伊鲁姆鸭嘴花■☆
214545 Justicia ivohibensis Benoist;伊武希贝鸭嘴花■☆

214546 Justicia japonica Thunb. = Justicia procumbens L. ■
214547 Justicia japonica Thunb. = Rostellularia procumbens (L.) Nees ■
214548 Justicia kaessneri S. Moore = Justicia striata (Klotzsch) Bullock ■☆
214549 Justicia kampotensis Benoist = Mananthes kampotensis (Benoist) C. Y. Wu et C. C. Hu ●
214550 Justicia kampotiana Benoist = Mananthes kampotiana (Benoist) C. Y. Wu et C. C. Hu ■
214551 Justicia kapiriensis De Wild. = Justicia anselliana (Nees) T. Anderson ■☆
214552 Justicia karschiana Büttner = Justicia insularis T. Anderson ■☆
214553 Justicia kelleri C. B. Clarke ex Schinz;凯勒鸭嘴花■☆
214554 Justicia keniensis Rendle = Justicia unyorensis S. Moore var. keniensis (Rendle) Hedrén ■☆
214555 Justicia khasiana C. B. Clarke = Rostellularia khasiana (C. B. Clarke) C. Y. Wu ex C. C. Hu ■
214556 Justicia khasiana C. B. Clarke = Rostellularia khasiana (C. B. Clarke) J. L. Ellis ■
214557 Justicia kirkiana T. Anderson;柯克鸭嘴花■☆
214558 Justicia kiwuensis Mildbr.;基武鸭嘴花■☆
214559 Justicia klotzschiana Hoffmanns. = Graptophyllum pictum (L.) Griff. ●☆
214560 Justicia kotschyi (Hochst.) Dandy = Justicia ladanoides Lam. ■☆
214561 Justicia kouytcheensis (H. Lév.) E. Hossain = Calophanoides kouytcheensis (H. Lév.) H. S. Lo ●
214562 Justicia kraussii C. B. Clarke = Justicia protracta (Nees) T. Anderson ■☆
214563 Justicia kucharii Hedrén;库哈尔鸭嘴花■☆
214564 Justicia kwangxiensis (H. S. Lo) H. S. Lo = Calophanoides kwangxiensis H. S. Lo ●
214565 Justicia ladanoides Lam.;黏胶鸭嘴花■☆
214566 Justicia laeta S. Moore;鲜色鸭嘴花■☆
214567 Justicia laetevirens Rendle = Justicia odora (Forssk.) Vahl ■☆
214568 Justicia lamifolia J. König ex Roxb. = Nelsonia canescens (Lam.) Spreng. ■
214569 Justicia lancea Thunb. = Hygrophila salicifolia (Vahl) Nees ■
214570 Justicia lanceata Forssk. = Barleria lanceata (Forssk.) C. Chr. ●☆
214571 Justicia lanceolata Roxb. = Peristrophe lanceolaria (Roxb.) Nees ■
214572 Justicia latibracteata De Wild. = Adhatoda buchholzii (Lindau) S. Moore ■☆
214573 Justicia latibracteata De Wild. var. velutina ? = Adhatoda buchholzii (Lindau) S. Moore ■☆
214574 Justicia latiflora Hemsl. = Mananthes latiflora (Hemsl.) C. Y. Wu et C. C. Hu ●
214575 Justicia latifolium Vahl = Pseuderanthemum latifolium (Vahl) B. Hansen ■
214576 Justicia laurentii De Wild. = Justicia laxa T. Anderson ●☆
214577 Justicia laxa T. Anderson;松散鸭嘴花●☆
214578 Justicia laxiflora Blume = Andrographis laxiflora (Blume) Lindau ■
214579 Justicia lazarus S. Moore;拉扎鸭嘴花■☆
214580 Justicia leptantha (Nees) T. Anderson;细花鸭嘴花■☆
214581 Justicia leptantha (Nees) T. Anderson = Siphonoglossa leptantha (Nees) Immelman ●☆
214582 Justicia leptocarpa Lindau = Justicia heterocarpa T. Anderson ■☆
214583 Justicia leptostachya (Nees) Schwartz = Justicia calyculata Deflers ■☆
214584 Justicia leptostachya Hemsl. = Mananthes leptostachya (Hemsl.) H. S. Lo ■
214585 Justicia leucoclada Chiov.;白枝鸭嘴花■☆
214586 Justicia leucocraspedota Lindau = Justicia guerkeana Schinz ■☆
214587 Justicia leucodermis Schinz = Monechma leucoderme (Schinz) C. B. Clarke ■☆
214588 Justicia leucoxiphus Vollesen et Cheek et Ghogue;白剑鸭嘴花■☆
214589 Justicia lianshanica (H. S. Lo) H. S. Lo = Mananthes lianshanica H. S. Lo ■
214590 Justicia ligulata Lam. = Dicliptera paniculata (Forssk.) I. Darbysh. ■☆
214591 Justicia ligulata Lam. = Peristrophe paniculata (Forssk.) Brummitt ■☆
214592 Justicia linaria (Nees) T. Anderson = Monechma linaria (Nees) C. B. Clarke ■☆
214593 Justicia linarioides S. Moore;柳穿鱼鸭嘴花■☆
214594 Justicia lindaui C. B. Clarke = Justicia striata (Klotzsch) Bullock var. dyschoristeoides (C. B. Clarke) Hedrén ■☆
214595 Justicia linearifolia (Bremek.) H. S. Lo = Rostellularia linearifolia Bremek. subsp. liangkwangensis H. S. Lo ■
214596 Justicia linearifolia (Bremek.) H. S. Lo subsp. liangkwangensis H. S. Lo = Rostellularia linearifolia Bremek. subsp. liangkwangensis H. S. Lo ■
214597 Justicia linearispica C. B. Clarke;线穗鸭嘴花■☆
214598 Justicia lithospermifolia Jacq. = Justicia ladanoides Lam. ■☆
214599 Justicia lithospermoides Lindau;紫草状鸭嘴花■☆
214600 Justicia lobata Benoist;浅裂鸭嘴花■☆
214601 Justicia loberi C. B. Clarke = Calophanoides loberi (C. B. Clarke) Bremek. ●
214602 Justicia lolioides S. Moore = Monechma lolioides (S. Moore) C. B. Clarke ■☆
214603 Justicia longecalcarata Lindau;长距鸭嘴花■☆
214604 Justicia lorata Ensermu;舌状鸭嘴花■☆
214605 Justicia lortiae Rendle = Justicia odora (Forssk.) Vahl ■☆
214606 Justicia luteocinerea Hedrén;黄灰鸭嘴花■☆
214607 Justicia lycioides Schinz = Justicia odora (Forssk.) Vahl ■☆
214608 Justicia macilenta E. Mey. ex Drège = Rhinacanthus latilabiatus (K. Balkwill) I. Darbysh. ●☆
214609 Justicia maculata T. Anderson = Justicia biokoensis V. A. W. Graham ■☆
214610 Justicia madagascariensis Lindau;马岛鸭嘴花■☆
214611 Justicia major (Nees) T. Anderson = Justicia flava (Vahl) Vahl ■☆
214612 Justicia malabarica (L. f.) W. T. Aiton = Dicliptera paniculata (Forssk.) I. Darbysh. ■☆
214613 Justicia malangana Lindau = Justicia laeta S. Moore ■☆
214614 Justicia mannii T. Anderson;曼氏鸭嘴花■☆
214615 Justicia marginata (Lindau) Lindau = Monechma depauperatum (T. Anderson) C. B. Clarke ■☆
214616 Justicia mariae Hedrén;玛利亚鸭嘴花■☆
214617 Justicia marojejiensis Benoist;马鲁杰鸭嘴花■☆
214618 Justicia masaiensis C. B. Clarke;吗西鸭嘴花■☆

214619 Justicia matammensis (Schweinf.) Oliv.;马塔姆鸭嘴花■☆
214620 Justicia maxima (Lindau) S. Moore;大鸭嘴花■☆
214621 Justicia mediocris Benoist;中位鸭嘴花■☆
214622 Justicia melampyrum S. Moore = Justicia striata (Klotzsch) Bullock ■☆
214623 Justicia mendoncae Benoist;门东萨鸭嘴花■☆
214624 Justicia metallorum P. A. Duvign.;光泽鸭嘴花■☆
214625 Justicia microdonta W. W. Sm. = Mananthes microdonta (W. W. Sm.) C. Y. Wu et C. C. Hu ●■
214626 Justicia microphylla (Klotzsch) Lindau;小叶鸭嘴花●☆
214627 Justicia migeodii (S. Moore) V. A. W. Graham;米容德鸭嘴花●☆
214628 Justicia mildbraedii V. A. W. Graham = Justicia asystasioides (Lindau) M. E. Steiner ■☆
214629 Justicia minima A. Meeuse;微小鸭嘴花■☆
214630 Justicia minor (Nees) T. Anderson = Justicia flava (Vahl) Vahl ■☆
214631 Justicia minutiflora Benoist;微花鸭嘴花■☆
214632 Justicia minutifolia Chiov.;微叶鸭嘴花■☆
214633 Justicia mogandjoensis De Wild. = Justicia bolomboensis De Wild. ■☆
214634 Justicia mollis E. Mey. = Monechma mollissimum (Nees) P. G. Mey. ■☆
214635 Justicia monechmoides S. Moore = Monechma debile (Forssk.) Nees ■☆
214636 Justicia montis-salinarum A. Meeuse;山柳鸭嘴花■☆
214637 Justicia mortuilfuminis Fernald = Justicia americana (L.) Vahl ●☆
214638 Justicia mossambicensis (Klotzsch) Lindau;莫桑比克鸭嘴花■☆
214639 Justicia mossamedea S. Moore = Monechma divaricatum (Nees) C. B. Clarke ■☆
214640 Justicia multibracteata Benoist;多苞鸭嘴花■☆
214641 Justicia multinodis Benoist = Calophanoides multinodis (Benoist) C. Y. Wu et H. S. Lo ●
214642 Justicia mutica C. B. Clarke = Justicia petiolaris (Nees) T. Anderson subsp. bowiei (C. B. Clarke) Immelman ■☆
214643 Justicia namaensis Schinz = Monechma divaricatum (Nees) C. B. Clarke ■☆
214644 Justicia nasuta L. = Rhinacanthus nasutus (L.) Kurz ●■
214645 Justicia natalensis (Nees) T. Anderson = Adhatoda densiflora (Hochst.) J. C. Manning ■☆
214646 Justicia ndellensis Lindau = Monechma ndellense (Lindau) J. Miège et Heine ■☆
214647 Justicia neglecta T. Anderson = Justicia ladanoides Lam. ■☆
214648 Justicia nelsonioides Fiori = Justicia flava (Vahl) Vahl ■☆
214649 Justicia nemoralis S. Moore;森林鸭嘴花■☆
214650 Justicia nepeta S. Moore = Monechma divaricatum (Nees) C. B. Clarke ■☆
214651 Justicia nervosa Vahl = Eranthemum pulchellum Andréws ●
214652 Justicia nigerica S. Moore;尼日利亚鸭嘴花■☆
214653 Justicia nilgherrensis (Nees) C. B. Clarke;尼尔鸭嘴花■☆
214654 Justicia nitida Nees = Graptophyllum pictum (L.) Griff. ●☆
214655 Justicia nummulariifolia Vahl = Nelsonia canescens (Lam.) Spreng. ■
214656 Justicia nummulus Benoist;铜钱鸭嘴花■☆
214657 Justicia nutans Burm. f. = Clinacanthus nutans (Burm. f.) Lindau ■
214658 Justicia nuttii C. B. Clarke;纳特鸭嘴花■☆
214659 Justicia nuttii C. B. Clarke var. blantyrensis ? = Justicia nuttii C. B. Clarke ■☆
214660 Justicia nyassae Lindau;尼亚萨鸭嘴花●☆
214661 Justicia nyassana Lindau;尼亚萨产鸭嘴花●☆
214662 Justicia obanensis V. A. W. Graham = Justicia extensa T. Anderson ■☆
214663 Justicia obcordata Benoist;倒心形鸭嘴花■☆
214664 Justicia oblongifolia (Lindau) M. E. Steiner;矩圆叶鸭嘴花●☆
214665 Justicia obtusicapsula Hedrén;钝鸭嘴花■☆
214666 Justicia ocymoides Lam. = Dicliptera ocymoides (Lam.) Juss. ■☆
214667 Justicia odora (Forssk.) Vahl;芬芳鸭嘴花■☆
214668 Justicia onilahensis Benoist;乌尼拉希鸭嘴花■☆
214669 Justicia opaca Vahl = Barleria opaca (Vahl) Nees ●☆
214670 Justicia orbicularis (Lindau) V. A. W. Graham;圆形鸭嘴花■☆
214671 Justicia orbiculata Wall. = Rostellularia rotundifolia Nees ■
214672 Justicia orbiculata Wall. ex T. Anderson = Rostellularia rotundifolia Nees ■
214673 Justicia orchioides L. f.;兰状鸭嘴花■☆
214674 Justicia orchioides L. f. subsp. glabrata Immelman;光滑兰状鸭嘴花■☆
214675 Justicia origanoides Vahl = Nelsonia canescens (Lam.) Spreng. ■
214676 Justicia ornatopila Ensermu;毛饰鸭嘴花■☆
214677 Justicia ornithopoda Benoist;鸟爪鸭嘴花■☆
214678 Justicia ovalifolia Fiori = Justicia flava (Vahl) Vahl ■☆
214679 Justicia ovalifolia Fiori var. psammophila ? = Justicia arenaria Hedrén ●☆
214680 Justicia ovata E. Mey. = Isoglossa ovata (Nees) Lindau ■☆
214681 Justicia palatifera Wall. ex Nees = Pseuderanthemum latifolium (Vahl) B. Hansen ■
214682 Justicia pallidior (Nees) C. B. Clarke = Justicia betonica L. ■☆
214683 Justicia palustris (Hochst.) T. Anderson;沼泽鸭嘴花■☆
214684 Justicia panduriformis Benoist = Mananthes panduriformis (Benoist) C. Y. Wu et C. C. Hu ●
214685 Justicia paniculata Burm. f. = Andrographis paniculata (Burm. f.) Wall. ex Nees ■
214686 Justicia paniculata Forssk. = Hypoestes forskaolii (Vahl) R. Br. ●☆
214687 Justicia paniculata Forssk. var. hildebrantii (Lindau) Fiori = Hypoestes forskaolii (Vahl) R. Br. ●☆
214688 Justicia paolii Fiori = Justicia caerulea Forssk. ■☆
214689 Justicia parvibracteata Immelman = Justicia puberula Immelman ■☆
214690 Justicia parvispica Benoist;小穗鸭嘴花■☆
214691 Justicia paspaloides Benoist;雀稗鸭嘴花■☆
214692 Justicia patentiflora Hemsl. = Mananthes patentiflora (Hemsl.) Bremek. ■
214693 Justicia paucinervia T. Anderson ex C. B. Clarke = Ascotheca paucinervia (T. Anderson ex C. B. Clarke) Heine ■☆
214694 Justicia paxiana Lindau = Rungia paxiana (Lindau) C. B. Clarke ■
214695 Justicia pectinata L. = Rungia pectinata (L.) Nees ■
214696 Justicia pectoralis Jacq.;肋骨鸭嘴花(肋骨状爵床,肋爵床)■☆
214697 Justicia pectoralis Jacq. = Dianthera pectoralis (Jacq.) Murray ■☆

214698 Justicia pectoralis Jacq. = Ecbolium pectorale (Jacq.) Kuntze ●☆

214699 Justicia pectoralis Jacq. = Psacadocalymma pectorale (Jacq.) Bremek. ■☆

214700 Justicia pectoralis Jacq. = Rhytiglossa pectoralis (Jacq.) Nees ■☆

214701 Justicia pectoralis Jacq. = Stethoma pectoralis (Jacq.) Raf. ■☆

214702 Justicia pedestris Benoist;具柄鸭嘴花■☆

214703 Justicia petiolaris (Nees) T. Anderson;柄叶鸭嘴花■☆

214704 Justicia petiolaris (Nees) T. Anderson subsp. bowiei (C. B. Clarke) Immelman;鲍伊鸭嘴花■☆

214705 Justicia petiolaris (Nees) T. Anderson subsp. incerta (C. B. Clarke) Immelman;可疑鸭嘴花■☆

214706 Justicia phillipsiae Rendle;菲利鸭嘴花■☆

214707 Justicia phlomoides Mildbr.;糙苏鸭嘴花■☆

214708 Justicia phyllostachys C. B. Clarke;叶穗鸭嘴花■☆

214709 Justicia picta L. = Graptophyllum pictum (L.) Griff. ●☆

214710 Justicia picta L. var. lurido-sanginea Sims = Graptophyllum pictum (L.) Griff. var. lurido-sanguineum (Sims) Bremek. et Backer ●☆

214711 Justicia pilosocordata C. B. Clarke;毛心形鸭嘴花■☆

214712 Justicia pilosula Benoist;疏毛鸭嘴花;Tube Tongue ■☆

214713 Justicia pinguior C. B. Clarke;肥厚鸭嘴花■☆

214714 Justicia platysepala (S. Moore) P. G. Mey.;宽萼鸭嘴花■☆

214715 Justicia plebeia Benoist;普通鸭嘴花■☆

214716 Justicia plicata Vahl;折叠鸭嘴花■☆

214717 Justicia poggei Lindau;波格鸭嘴花■☆

214718 Justicia polyantha Benoist;多花鸭嘴花■☆

214719 Justicia polymorpha Schinz = Justicia odora (Forssk.) Vahl ■☆

214720 Justicia polysperma Roxb. = Hygrophila polysperma (Roxb.) T. Anderson ■

214721 Justicia potamophila Lindau;河生鸭嘴花■☆

214722 Justicia praecox (Milne-Redh.) Milne-Redh. = Monechma praecox Milne-Redh. ■☆

214723 Justicia preussii (Lindau) C. B. Clarke;普罗伊斯鸭嘴花■☆

214724 Justicia procumbens (L.) Nees var. hirsuta Yamam. = Rostellularia procumbens (L.) Nees var. hirsuta (Yamam.) S. S. Ying ■

214725 Justicia procumbens (L.) Nees var. simplex (D. Don) T. Yamaz. = Rostellularia rotundifolia Nees ■

214726 Justicia procumbens L. = Rostellularia diffusa (Willd.) Nees ■

214727 Justicia procumbens L. = Rostellularia procumbens (L.) Nees ■

214728 Justicia procumbens L. var. hayatae (Yamam.) Ohwi = Justicia hayatae Yamam. ■

214729 Justicia procumbens L. var. hayatae (Yamam.) Ohwi = Rostellularia procumbens (L.) Nees var. ciliata (Yamam.) S. S. Ying ■

214730 Justicia procumbens L. var. hirsuta Yamam. = Justicia procumbens L. var. riukiuensis Yamam. ■

214731 Justicia procumbens L. var. hirsuta Yamam. = Rostellularia procumbens (L.) Nees var. hirsuta (Yamam.) S. S. Ying ■

214732 Justicia procumbens L. var. latispica C. B. Clarke = Rostellularia khasiana (C. B. Clarke) C. Y. Wu ex C. C. Hu var. latispica (C. B. Clarke) C. Y. Wu ex C. C. Hu ■

214733 Justicia procumbens L. var. latispica C. B. Clarke = Rostellularia khasiana (C. B. Clarke) J. L. Ellis var. latispica (C. B. Clarke) C. Y. Wu ■

214734 Justicia procumbens L. var. leucantha Honda;白花爵床■☆

214735 Justicia procumbens L. var. leucantha Honda f. japonica (Thunb.) H. Hara;日本白花爵床(日本爵床)■☆

214736 Justicia procumbens L. var. leucantha Honda f. japonica (Thunb.) H. Hara = Justicia procumbens L. ■

214737 Justicia procumbens L. var. linearifolia Yamam.;狭叶鸭嘴花■☆

214738 Justicia procumbens L. var. linearifolia Yamam. = Rostellularia procumbens (L.) Nees var. linearifolia (Yamam.) S. S. Ying ■

214739 Justicia procumbens L. var. riukiuensis Yamam.;山本爵床(密毛爵床,澎湖爵床)■

214740 Justicia procumbens L. var. riukiuensis Yamam. = Rostellularia procumbens (L.) Nees ■

214741 Justicia procumbens L. var. simplex (D. Don) Yamaz. = Rostellularia rotundifolia Nees ■

214742 Justicia prolifera E. Mey. = Isoglossa prolixa (Nees) Lindau ■☆

214743 Justicia prolixa E. Mey. = Isoglossa prolixa (Nees) Lindau ■☆

214744 Justicia protracta (Nees) T. Anderson;伸长鸭嘴花■☆

214745 Justicia protracta (Nees) T. Anderson subsp. rhodesiana (S. Moore) Immelman;罗得西亚鸭嘴花■☆

214746 Justicia psammophila Mildbr. = Justicia anagalloides (Nees) T. Anderson ■☆

214747 Justicia pseudorungia Lindau;假孩儿草鸭嘴花■☆

214748 Justicia pseudospicata H. S. Lo et D. Fang = Mananthes pseudospicata (H. S. Lo et D. Fang) C. Y. Wu et C. C. Hu ■

214749 Justicia puberula Immelman;微毛鸭嘴花■☆

214750 Justicia pulegioides C. B. Clarke = Justicia protracta (Nees) T. Anderson ■☆

214751 Justicia pulegioides C. B. Clarke subsp. late-ovata C. B. Clarke = Siphonoglossa leptantha (Nees) Immelman subsp. late-ovata (C. B. Clarke) Immelman ●☆

214752 Justicia punctata (Vahl) Vahl = Isoglossa punctata (Vahl) Brummitt et J. R. I. Wood ■☆

214753 Justicia purpurea L. = Hypoestes purpurea (L.) R. Br. ●■

214754 Justicia pynaertii De Wild. = Justicia laxa T. Anderson ●☆

214755 Justicia pyramidata (Lindau) C. B. Clarke = Justicia laxa T. Anderson ●☆

214756 Justicia quadrifaria (Nees) T. Anderson = Calophanoides quadrifaria (Nees) Ridl. ■

214757 Justicia quadrifaria Wall. = Calophanoides quadrifaria (Wall.) Ridl. ●

214758 Justicia quadrifaria Wall. = Rostellularia quadrifaria (Wall.) S. S. Ying ■

214759 Justicia regis Hedrén;高贵鸭嘴花■☆

214760 Justicia rendlei C. B. Clarke;伦德尔鸭嘴花■☆

214761 Justicia reptans Sw. = Justicia trifolioides T. Anderson ■☆

214762 Justicia reticulata Benoist;网状鸭嘴花■☆

214763 Justicia rhodesiana S. Moore = Justicia protracta (Nees) T. Anderson subsp. rhodesiana (S. Moore) Immelman ■☆

214764 Justicia rhodoptera Baker;粉红翅鸭嘴花■☆

214765 Justicia richardii Benoist;理查德鸭嘴花■☆

214766 Justicia richardsiae Hedrén;理查兹鸭嘴花■☆

214767 Justicia rigens Benoist;硬鸭嘴花■☆

214768 Justicia rizzinii Wassh.;巴西小叶鸭嘴花(巴西爵床)●☆

214769 Justicia romaniae Volkens et Schweinf. = Justicia odora (Forssk.) Vahl ■☆

214770 Justicia rooseveltii Standl.;罗斯福鸭嘴花■☆

214771 Justicia rostellaria (Nees) Lindau = Justicia ladanoides Lam. ■☆

214772 Justicia rostellarioides Lindau = Justicia insularis T. Anderson ■☆

214773 Justicia rotundifolia (Nees) E. Mey. = Justicia protracta (Nees) T. Anderson ■☆

214774 Justicia roxburghiana Roem. et Schult. = Peristrophe baphica (Spreng.) Bremek. ■

214775 Justicia roxburghiana Schult. = Peristrophe roxburghiana (Schult.) Bremek. ■

214776 Justicia rubra S. Moore = Rhinacanthus nasutus (L.) Kuntze ●■

214777 Justicia rubra Vahl = Odontonema rubrum Kuntze ●☆

214778 Justicia rubropicta Benoist;红色鸭嘴花●☆

214779 Justicia rubroviolacea Benoist;红堇色鸭嘴花●☆

214780 Justicia rupicola S. Moore = Justicia platysepala (S. Moore) P. G. Mey. ■☆

214781 Justicia ruwenzoriensis C. B. Clarke;鲁文佐里鸭嘴花■☆

214782 Justicia sabulicola Benoist;砂地鸭嘴花■☆

214783 Justicia salsola S. Moore = Monechma salsola (S. Moore) C. B. Clarke ■☆

214784 Justicia salviiflora (Lindau) C. B. Clarke = Justicia salvioides Milne-Redh. ■☆

214785 Justicia salvioides Milne-Redh.;鼠尾草状鸭嘴花■☆

214786 Justicia sambiranensis Benoist;桑比朗鸭嘴花■☆

214787 Justicia sanguinolenta Vahl = Gymnostachyum sanguinolentum (Vahl) T. Anderson ■

214788 Justicia sansibarensis Lindau = Justicia capensis Thunb. ■☆

214789 Justicia sarmentosa Lindau;蔓茎鸭嘴花■☆

214790 Justicia scabrida S. Moore = Monechma depauperatum (T. Anderson) C. B. Clarke ■☆

214791 Justicia scabrula Chiov.;微糙鸭嘴花■☆

214792 Justicia scaettae Mildbr. = Justicia pinguior C. B. Clarke ■☆

214793 Justicia schimperi (Hochst.) Dandy = Justicia ladanoides Lam. ■☆

214794 Justicia schimperi (Hochst.) Dandy subsp. fistulosa (S. Moore) J. K. Morton = Justicia ladanoides Lam. ■☆

214795 Justicia schimperi (Hochst.) Dandy var. kotschyi (Hochst.) J. K. Morton = Justicia ladanoides Lam. ■☆

214796 Justicia schimperiana (Hochst. ex Nees) T. Anderson;欣珀鸭嘴花■☆

214797 Justicia schliebenii Mildbr. = Justicia nuttii C. B. Clarke ■☆

214798 Justicia scutifera Champl.;盾状鸭嘴花■☆

214799 Justicia secunda Vahl;偏爵床■☆

214800 Justicia sericea Ruiz et Pav.;绢毛鸭嘴花;Inca queen ■☆

214801 Justicia sericiflora Benoist;绢毛花鸭嘴花■☆

214802 Justicia seslerioides S. Moore;天蓝草鸭嘴花■☆

214803 Justicia sexangularis T. Anderson ex Lindau = Justicia ladanoides Lam. ■☆

214804 Justicia sexsulcata Lindau = Monechma depauperatum (T. Anderson) C. B. Clarke ■☆

214805 Justicia shebelensis Rendle = Justicia odora (Forssk.) Vahl ■☆

214806 Justicia siccanea W. W. Sm. = Calophanoides siccanea (W. W. Sm.) C. Y. Wu ex C. C. Hu ●

214807 Justicia simplex D. Don;单爵床(田乌串)■

214808 Justicia simplex D. Don = Justicia japonica Thunb. ■

214809 Justicia simplex D. Don = Rostellularia rotundifolia Nees ■

214810 Justicia simplex Lindau = Justicia diffusa Willd. ■

214811 Justicia simplicispica C. B. Clarke = Monechma depauperatum (T. Anderson) C. B. Clarke ■☆

214812 Justicia smithii S. Moore = Justicia flava (Vahl) Vahl ■☆

214813 Justicia somalensis Franch. = Monechma debile (Forssk.) Nees ■☆

214814 Justicia spartioides T. Anderson = Monechma spartioides (T. Anderson) C. B. Clarke ■☆

214815 Justicia spergulifolia T. Anderson = Justicia minima A. Meeuse ■☆

214816 Justicia spicata (Nees) Baron;穗状鸭嘴花■☆

214817 Justicia spicigera Schltdl.;墨西哥鸭嘴花(墨西哥爵床,穗状爵床);Mexican Honeysuckle,Mohintli,Orange Plume Flower ●☆

214818 Justicia spiculifera Benoist;小刺鸭嘴花■☆

214819 Justicia spigelioides Baker;驱虫草鸭嘴花■☆

214820 Justicia stachytarphetoides (Lindau) C. B. Clarke;假马鞭鸭嘴花■☆

214821 Justicia steingroeveri Schinz ex Lindau = Monechma cleomoides (S. Moore) C. B. Clarke ■☆

214822 Justicia stolonifera (C. B. Clarke) B. Hansen = Rungia stolonifera C. B. Clarke ■

214823 Justicia striata (Klotzsch) Bullock;条纹鸭嘴花■☆

214824 Justicia striata (Klotzsch) Bullock subsp. austromontana Hedrén;南方条纹鸭嘴花●☆

214825 Justicia striata (Klotzsch) Bullock subsp. insularis (T. Anderson) J. K. Morton = Justicia insularis T. Anderson ■☆

214826 Justicia striata (Klotzsch) Bullock subsp. melampyrum (S. Moore) J. K. Morton = Justicia heterocarpa T. Anderson subsp. praetermissa Hedrén ■☆

214827 Justicia striata (Klotzsch) Bullock subsp. occidentalis J. K. Morton;西方条纹鸭嘴花●☆

214828 Justicia striata (Klotzsch) Bullock var. dyschoristeoides (C. B. Clarke) Hedrén;安龙花状鸭嘴花■☆

214829 Justicia striata (Klotzsch) Bullock var. filifolia (Lindau) J. K. Morton = Justicia striata (Klotzsch) Bullock ■☆

214830 Justicia strigilis Benoist;糙伏毛鸭嘴花■☆

214831 Justicia striolata Mildbr.;细条纹鸭嘴花■☆

214832 Justicia strobilifera Lam. = Crossandra strobilifera (Lam.) Benoist ■☆

214833 Justicia suarezensis Benoist;苏亚雷斯鸭嘴花■☆

214834 Justicia suaveolens (Nees) Lindau = Justicia flava (Vahl) Vahl ■☆

214835 Justicia subpaniculata Benoist;圆锥鸭嘴花■☆

214836 Justicia subsessilis Oliv. = Monechma subsessile (Oliv.) C. B. Clarke ■☆

214837 Justicia sulcata (Vahl) Vahl = Justicia flava (Vahl) Vahl ■☆

214838 Justicia sulphuriflora Hedrén;硫色鸭嘴花■☆

214839 Justicia syringifolia Vahl = Ecbolium syringifolium (Vahl) Vollesen ●☆

214840 Justicia talbotii S. Moore = Justicia extensa T. Anderson ■☆

214841 Justicia tanaensis C. B. Clarke;塔纳鸭嘴花■☆

214842 Justicia tanalensis S. Moore;塔纳尔鸭嘴花■☆

214843 Justicia taylorii S. Moore = Justicia diclipteroides Lindau ■☆

214844 Justicia tenella (Nees) T. Anderson;柔弱鸭嘴花■☆

214845 Justicia tenuipes S. Moore;细梗鸭嘴花■☆

214846 Justicia tetrasperma Hedrén;四籽鸭嘴花■☆

214847 Justicia thomensis Lindau;汤姆鸭嘴花■☆

214848 Justicia thomensis Lindau = Justicia lazarus S. Moore ■☆

214849 Justicia thymifolia (Nees) C. B. Clarke;百里香叶鸭嘴花■☆

214850 Justicia thyrsiflora S. Moore = Justicia extensa T. Anderson ■☆

214851 Justicia tigrina Heine;虎皮鸭嘴花■☆

214852 Justicia tinctoria Roxb. = Peristrophe baphica (Spreng.) Bremek. ■

214853 Justicia togoensis Lindau = Monechma ciliatum (Jacq.) Milne-Redh. ●☆

214854 Justicia tomentosa Roxb. = Nelsonia canescens (Lam.) Spreng. var. vestita (Schult.) E. Hossain ■☆
214855 Justicia toroensis S. Moore;托罗鸭嘴花■☆
214856 Justicia trichophylla Baker;毛叶鸭嘴花■☆
214857 Justicia tridenta E. Mey.;毛齿鸭嘴花■☆
214858 Justicia triflora Forssk. = Hypoestes triflora (Forssk.) Roem. et Schult. ●■
214859 Justicia trifolioides T. Anderson;拟毛叶鸭嘴花■☆
214860 Justicia trinervia Vahl = Justicia betonica L. ■☆
214861 Justicia trispinosa Forssk. = Barleria trispinosa (Forssk.) Vahl ●☆
214862 Justicia tristis (Nees) T. Anderson = Adhatoda tristis Nees ■☆
214863 Justicia trisulca (Forssk.) Vahl = Anisotes trisulcus (Forssk.) Nees ●☆
214864 Justicia triticea Baker = Anisostachya triticea (Baker) Benoist ■☆
214865 Justicia trivialis Benoist;三脉鸭嘴花■☆
214866 Justicia tubulosa (Nees) T. Anderson = Siphonoglossa leptantha (Nees) Immelman ●☆
214867 Justicia tunicata Afzel. = Pseuderanthemum tunicatum (Afzel.) Milne-Redh. ■☆
214868 Justicia ukagurensis Hedrén;乌卡古鲁鸭嘴花■☆
214869 Justicia ukambensis Lindau = Monechma ukambense (Lindau) C. B. Clarke ■☆
214870 Justicia ulugurica Lindau;乌卢古尔鸭嘴花■☆
214871 Justicia umbellata Vahl = Dicliptera verticillata (Forssk.) C. Chr. ■☆
214872 Justicia umbratilis Fernald = Justicia americana (L.) Vahl ●☆
214873 Justicia umbratilis S. Moore = Justicia phyllostachys C. B. Clarke ■☆
214874 Justicia uncinulata Oliv. = Justicia anagalloides (Nees) T. Anderson ■☆
214875 Justicia uncinulata Oliv. var. cufondontii Fiori = Justicia cufodontii (Fiori) Ensermu ■☆
214876 Justicia uncinulata Oliv. var. tenuicapsa C. B. Clarke = Justicia exigua S. Moore ■☆
214877 Justicia uninervis S. Moore = Justicia betonica L. ■☆
214878 Justicia unyorensis S. Moore;乌尼奥尔鸭嘴花■☆
214879 Justicia unyorensis S. Moore var. keniensis (Rendle) Hedrén;肯尼亚鸭嘴花■☆
214880 Justicia upembensis Hedrén;乌彭贝鸭嘴花■☆
214881 Justicia urbaniana Lindau = Justicia odora (Forssk.) Vahl ■☆
214882 Justicia vagabunda Benoist = Rhaphidospora vagabunda (Benoist) C. Y. Wu ex C. C. Hu ●■
214883 Justicia variegata (Nees) Martelli = Justicia betonica L. ■☆
214884 Justicia vasculosa T. Anderson = Mananthes vasculosa (Nees) Bremek. ●
214885 Justicia velutina (Nees) Baron = Anisostachya velutina Nees ■☆
214886 Justicia ventricosa Wall. = Adhatoda ventricosa (Wall. ex Sims) Nees ●
214887 Justicia ventricosa Wall. ex Sims = Gendarussa ventricosa (Wall. ex Sims) Nees ●■
214888 Justicia versicolor (Lindau) C. B. Clarke;异色鸭嘴花■☆
214889 Justicia verticillaris L. f. = Hypoestes aristata (Vahl) Sol. ex Roem. et Schult. ●☆
214890 Justicia vestita Schult. = Nelsonia canescens (Lam.) Spreng. var. vestita (Schult.) E. Hossain ■☆
214891 Justicia vicina Benoist;邻近鸭嘴花■☆
214892 Justicia vincoides Lam. = Oplonia vincoides (Lam.) Stearn ●☆
214893 Justicia violacea (Vahl) Vahl = Megalochlamys violacea (Vahl) Vollesen ●☆
214894 Justicia violaceotincta Champl.;堇色鸭嘴花■☆
214895 Justicia viridis Forssk. = Ecbolium viride (Forssk.) Alston ●☆
214896 Justicia vitellina Roxb. = Phlogacanthus vitellinus (Roxb.) T. Anderson ●■
214897 Justicia wardii W. W. Sm. = Calophanoides wardii (W. W. Sm.) C. Y. Wu ex C. C. Hu ●
214898 Justicia whytei S. Moore;怀特鸭嘴花■☆
214899 Justicia wittei Mildbr. = Justicia unyorensis S. Moore ■☆
214900 Justicia woodii C. B. Clarke = Justicia protracta (Nees) T. Anderson ■☆
214901 Justicia woodsiae S. Moore;伍兹鸭嘴花■☆
214902 Justicia xantholeuca W. W. Sm. = Calophanoides xantholeuca (W. W. Sm.) C. Y. Wu ex C. C. Hu ●
214903 Justicia xerobatica W. W. Sm. = Calophanoides xerobatica (W. W. Sm.) C. Y. Wu ex C. C. Hu ●
214904 Justicia xerophila W. W. Sm. = Calophanoides xerophila (W. W. Sm.) C. Y. Wu ex C. C. Hu ●
214905 Justicia xylopoda W. W. Sm. = Calophanoides xylopoda (W. W. Sm.) C. Y. Wu ex C. C. Hu ●
214906 Justicia yunnanensis W. W. Sm. = Calophanoides yunnanensis (W. W. Sm.) C. Y. Wu ex H. P. Tsui ●
214907 Justicia zollingeriana C. B. Clarke;锡兰鸭嘴花●☆
214908 Justiciaceae Raf.;鸭嘴花科●■
214909 Justiciaceae Raf. = Acanthaceae Juss.(保留科名)●■
214910 Justiciaceae Sreem. = Justiciaceae Raf. ●■
214911 Juttadinteria Schwantes(1926);飞凤玉属■☆
214912 Juttadinteria albata (L. Bolus) L. Bolus;白飞凤玉■☆
214913 Juttadinteria attenuata Walgate;渐狭飞凤玉■☆
214914 Juttadinteria ausensis (L. Bolus) Schwantes;奥斯飞凤玉■☆
214915 Juttadinteria decumbens Schick et Tischer = Juttadinteria deserticola (Marloth) Schwantes ■☆
214916 Juttadinteria deserticola (Marloth) Schwantes;荒漠飞凤玉■☆
214917 Juttadinteria elizae (Dinter et A. Berger) L. Bolus = Juttadinteria deserticola (Marloth) Schwantes ■☆
214918 Juttadinteria insolita (L. Bolus) L. Bolus = Juttadinteria deserticola (Marloth) Schwantes ■☆
214919 Juttadinteria kovisimontana (Dinter) Schwantes = Juttadinteria simpsonii (Dinter) Schwantes ■☆
214920 Juttadinteria longipetala L. Bolus = Namibia cinerea (Marloth) Dinter et Schwantes ■☆
214921 Juttadinteria proxima L. Bolus = Dracophilus dealbatus (N. E. Br.) Walgate ■☆
214922 Juttadinteria sauvissima (Dinter) Schwantes = Juttadinteria ausensis (L. Bolus) Schwantes ■☆
214923 Juttadinteria simpsonii (Dinter) Schwantes;辛普森飞凤玉■☆
214924 Juttadinteria tetrasepala L. Bolus = Juttadinteria deserticola (Marloth) Schwantes ■☆
214925 Juttadinteria tugwelliae (L. Bolus) Schwantes = Bijlia tugwelliae (L. Bolus) S. A. Hammer ■☆
214926 Juzepczukia Chrshan. = Rosa L. ●
214927 Juzepczukia Khrzhanovsky = Rosa L. ●
214928 Kablikia Opiz = Primula L. ■
214929 Kabulia Bor et C. E. C. Fisch.(1939);三数指甲草属■☆
214930 Kabulia akhtarii Bor et C. E. C. Fisch.;三数指甲草■☆
214931 Kabulianthe (Rech. f.) Ikonn.(2004);喀布尔石头花属■☆
214932 Kabulianthe (Rech. f.) Ikonn. = Gypsophila L. ■●

214933　Kabuyea Brummitt = Cyanastrum Oliv. ■☆
214934　Kabuyea Brummitt(1998);四叶蒂可花属■☆
214935　Kabuyea hostifolia (Engl.) Brummitt;四叶蒂可花■☆
214936　Kadakia Raf. = Monochoria C. Presl ■
214937　Kadali Adans. = Osbeckia L. ●■
214938　Kadalia Raf.(废弃属名) = Dissotis Benth.(保留属名)●☆
214939　Kadaras Raf.(废弃属名) = Cuscuta L. ■
214940　Kadaras Raf.(废弃属名) = Kadurias Raf. ■
214941　Kadenia Lavrova et V. N. Tikhom.(1986);假蛇床属(盐蛇床属)■
214942　Kadenia dubia (Schkuhr) Lavrova et V. N. Tikhom. = Seseli dubium Schkuhr ■☆
214943　Kadenia salina (Turcz.) Lavrova et V. N. Tikhom. = Cnidium salinum Turcz. ■
214944　Kadenicarpus Doweld = Turbinicarpus (Backeb.) Buxb. et Backeb. ■☆
214945　Kadenicarpus Doweld(1998);墨西哥姣丽球属■☆
214946　Kadsura Juss. = Kadsura Kaempf. ex Juss. ●
214947　Kadsura Kaempf. ex Juss.(1810);南五味子属;Kadsura ●
214948　Kadsura ananosma Kerr;中泰南五味子(中泰五味子);Sino-tailand Kadsura ●
214949　Kadsura ananosma Kerr = Kadsura coccinea (Lem.) A. C. Sm. ●
214950　Kadsura angustifolia A. C. Sm.;狭叶南五味子(大红袍,小血藤,窄叶南五味子,窄叶五味子);Narrow-leaf Kadsura ●
214951　Kadsura calophylla A. C. Sm.;美叶南五味子;Beautiful-leaf Kadsura,Calophyllous Kadsura ●
214952　Kadsura cavaleriei H. Lév. = Kadsura coccinea (Lem.) A. C. Sm. ●
214953　Kadsura championii C. B. Clarke = Kadsura heteroclita (Roxb.) Craib ●
214954　Kadsura chinensis Hance = Kadsura coccinea (Lem.) A. C. Sm. var. sichuanensis Y. W. Law ●
214955　Kadsura chinensis Hance = Kadsura coccinea (Lem.) A. C. Sm. ●
214956　Kadsura chinensis Hance ex Benth. = Kadsura coccinea (Lem.) A. C. Sm. ●
214957　Kadsura chinensis Hance ex Benth. = Kadsura coccinea (Lem.) A. C. Sm. var. sichuanensis Y. W. Law ●
214958　Kadsura chinensis Turcz. = Schisandra chinensis (Turcz.) Baill. ●
214959　Kadsura coccinea (Lem.) A. C. Sm.;绯红南五味子(臭饭团,臭饭团藤,大饭团藤,大号鸡角过,大叶南五味,大叶钻骨风,大钻,饭团藤,绯红南五味,风沙藤,过山风,过山龙藤,过山香,黑老虎,红过山,厚叶五味子,蝴蝌钻,鸡肠风,酒饭团,冷饭团,冷饭团藤,娘饭团,入地麝香,三百两银,十八症,透地连珠,外红消,万丈红,血藤,紫根藤,钻地风);Blacktiger Resurrectionlily,Scarlet Kadsura ●
214960　Kadsura coccinea (Lem.) A. C. Sm. var. sichuanensis Y. W. Law;四川黑老虎;Sichuan Kadsura ●
214961　Kadsura coccinea (Lem.) A. C. Sm. var. sichuanensis Y. W. Law = Kadsura coccinea (Lem.) A. C. Sm. ●
214962　Kadsura discigera Finet et Gagnep. = Kadsura longipedunculata Finet et Gagnep. ●
214963　Kadsura grandiflora Wall. = Schisandra grandiflora (Wall.) Hook. f. et Thomson ●
214964　Kadsura guangxiensis S. F. Lan;广西南五味子;Guangxi Kadsura ●
214965　Kadsura guangxiensis S. F. Lan = Kadsura angustifolia A. C. Sm. ●
214966　Kadsura hainanensis Merr. = Kadsura coccinea (Lem.) A. C. Sm. ●
214967　Kadsura heteroclita (Roxb.) Craib;异形南五味子(吹风散,大饭团,大风沙藤,大梅花钻,大血藤,大叶风沙藤,大叶过山龙,大钻骨风,地血香,风藤,广东海风藤,过山风,过山龙藤,海风藤,冷饭团,梅花钻,通血香,绣球香,血藤,异味南五味子,异形叶南五味子,异型南五味子);Curious Kadsura ●
214968　Kadsura induta A. C. Sm.;毛南五味子(毛五味子,屏边南五味子);Clothed Kadsura,Dense Kadsura,Hair Kadsura ●
214969　Kadsura interior A. C. Sm.;凤庆南五味子(凤庆鸡血藤,凤庆五味子,鸡血藤,内南五味子,屏边南五味子,散血藤,散血香,顺宁鸡血藤,萄果,云南鸡血藤);Fengqing Kadsura ●◇
214970　Kadsura interior A. C. Sm. = Kadsura heteroclita (Roxb.) Craib ●
214971　Kadsura japonica (L.) Dunal;日本南五味子(红骨蛇,美男葛,南五味子,日本五味子,五味子);Japan Kadsura,Japanese Kadsura,Scarlet Kadsura ●
214972　Kadsura longipedunculata Finet et Gagnep.;南五味子(白山环藤,长梗南五味子,大红袍,大活血,大血藤,风沙藤,广福藤,过山龙,红木香,猴儿拳,猢狲饭团,黄牛藤,坚骨风,金谷香,紧骨香,蓝果南五味子,冷饭团,木腊,内风消,内红消,南蛇风,盘柱南五味子,盘柱香,拳头草,土木香,香藤根,小号风沙藤,小血藤,小钻,小钻骨风,浙江紫荆皮,紫金标,紫金皮,紫金藤,紫荆皮,钻骨风);Common Kadsura,Kadsura,Long Peduncle Kadsura,Longpeduncle Kadsura,Long-peduncled Kadsura ●
214973　Kadsura matsudai Hayata = Kadsura japonica (L.) Dunal ●
214974　Kadsura oblongifolia Merr.;冷饭藤(吹风散,大钻,饭团藤,红大风藤,红十八症,冷饭团,入地麝香,水灯盏,五香血藤,细风藤,狭叶五味子);Oblongleaf Kadsura,Oblong-leaved Kadsura ●
214975　Kadsura omeiensis S. F. Lan;峨眉南五味子;Emei Kadsura ●
214976　Kadsura omeiensis S. F. Lan = Kadsura longipedunculata Finet et Gagnep. ●
214977　Kadsura peltigera Rehder et E. H. Wilson = Kadsura longipedunculata Finet et Gagnep. ●
214978　Kadsura philippinensis Elmer;菲律宾南五味子;Philippin Kadsura ●
214979　Kadsura polysperma Yen C. Yang;多子南五味子(白叶大血藤,大风藤);Manyseed Kadsura,Polyspermius Kadsura,Seedy Resurrectionlily ●
214980　Kadsura polysperma Yen C. Yang = Kadsura heteroclita (Roxb.) Craib ●
214981　Kadsura propinqua Wall. = Schisandra propinqua (Wall.) Baill. ●
214982　Kadsura renchangiana S. F. Lan;仁昌五味子;Renchang Kadsura ●
214983　Kadsura roxburghiana Arn. = Kadsura heteroclita (Roxb.) Craib ●
214984　Kadsura wattii C. B. Clarke = Kadsura heteroclita (Roxb.) Craib ●
214985　Kadsura wightiana Arn. = Kadsura heteroclita (Roxb.) Craib ●
214986　Kadsuraceae Radogizky = Illiciaceae A. C. Sm.(保留科名)●
214987　Kadua Cham. et Schltdl. = Hedyotis L.(保留属名)●■
214988　Kadula Raf. = Kadurias Raf. ■
214989　Kadurias Raf. = Cuscuta L. ■
214990　Kaeleria Boiss. = Koeleria Pers. ■
214991　Kaempfera Houst. = Kempfera Adans. ■●☆
214992　Kaempfera Houst. = Tamonea Aubl. ■●
214993　Kaempfera Spreng. = Kaempferia L. ■

214994 Kaempferia K. Schum. et Auctomm = Boesenbergia Kuntze ■
214995 Kaempferia L.（1753）；山柰属；Galanga，Resurrection Lily，Resurrectionlily ■
214996 Kaempferia aethiopica （Schweinf.）Benth. = Siphonochilus aethiopicus（Schweinf.）B. L. Burtt ■☆
214997 Kaempferia atrovirens N. E. Br.；暗绿山柰（美山柰）■☆
214998 Kaempferia brachystemon K. Schum. = Siphonochilus brachystemon（K. Schum.）B. L. Burtt ■☆
214999 Kaempferia candida Wall.；白花山柰；Whiteflower Resurrectionlily ■
215000 Kaempferia carsonii Baker = Siphonochilus carsonii（Baker）Lock ■☆
215001 Kaempferia coenobialis（Hance）C. H. Wright = Caulokaempferia coenobialis（Hance）K. Larsen ■
215002 Kaempferia decora Druten = Siphonochilus decorus（Druten）Lock ■☆
215003 Kaempferia dewevrei De Wild. et T. Durand；德韦山柰■☆
215004 Kaempferia elegans（Wall.）Baker；紫花山柰；Purpleflower Resurrectionlily ■
215005 Kaempferia ethelae J. M. Wood；埃塞山柰■☆
215006 Kaempferia ethelae J. M. Wood = Siphonochilus aethiopicus（Schweinf.）B. L. Burtt ■☆
215007 Kaempferia evae Briq. = Siphonochilus evae（Briq.）B. L. Burtt ■☆
215008 Kaempferia fallax Lingelsh. et Borza = Boesenbergia longiflora（Wall.）Kuntze ■
215009 Kaempferia fongyuensis Gagnep. = Caulokaempferia yunnanensis（Gagnep.）R. M. Sm. ■
215010 Kaempferia fongyuensis Gagnep. = Pyrgophyllum yunnanense（Gagnep.）T. L. Wu et Z. Y. Chen ■
215011 Kaempferia galanga L.；山柰（番郁金，三辣，三赖，三乃，三柰，沙姜，山辣，山赖，山艿，山奈，舌香，土麝香，香柰）；Galanga Resurrectionlily，Galanga，Resurrection Lily ■
215012 Kaempferia galanga L. var. latifolia Dunn = Kaempferia latifolia（Dunn）Y. H. Chen ■
215013 Kaempferia gilbrtii Bull.；吉氏山柰■☆
215014 Kaempferia hainanensis Hayata = Stahlianthus involucratus（King ex Baker）Craib ex Loes. ■
215015 Kaempferia homblei De Wild. = Siphonochilus evae（Briq.）B. L. Burtt ■☆
215016 Kaempferia involucrata King ex Baker = Stahlianthus involucratus（King ex Baker）Craib ex Loes. ■
215017 Kaempferia kirkii（Hook. f.）Wittm. et Peering；柯克山柰■☆
215018 Kaempferia kirkii（Hook. f.）Wittm. et Peering = Siphonochilus kirkii（Hook. f.）B. L. Burtt ■☆
215019 Kaempferia latifolia（Dunn）Y. H. Chen；大叶山柰；Bigleaf Resurrectionlily ■
215020 Kaempferia macrosiphon Baker = Siphonochilus brachystemon（K. Schum.）B. L. Burtt ■☆
215021 Kaempferia marginata Carey；苦山柰；Marginate Resurrectionlily ■
215022 Kaempferia marginata Carey f. alba Y. H. Chen；白山柰；White Marginate Resurrectionlily ■
215023 Kaempferia montagui F. M. Leight. = Siphonochilus kirkii（Hook. f.）B. L. Burtt ■☆
215024 Kaempferia natalensis Schltr. et K. Schum. = Siphonochilus aethiopicus（Schweinf.）B. L. Burtt ■☆
215025 Kaempferia nigerica Hepper = Siphonochilus nigericus（Hepper）B. L. Burtt ■☆
215026 Kaempferia pallida De Wild.；苍白山柰■☆
215027 Kaempferia pandurata Roxb. = Boesenbergia rotunda（L.）Mansf. ■
215028 Kaempferia parviflora Wall. ex Baker；小花山柰；Smallflower Resurrectionlily ■
215029 Kaempferia pleiantha K. Schum.；多花山柰■☆
215030 Kaempferia pulchra Ridl.；美丽山柰■☆
215031 Kaempferia puncticulata Gagnep. = Siphonochilus evae（Briq.）B. L. Burtt ■☆
215032 Kaempferia rhodesica T. C. E. Fr. = Siphonochilus rhodesicus（T. C. E. Fr.）Lock ■☆
215033 Kaempferia roscoeana Wall.；孔雀姜■☆
215034 Kaempferia rosea Schweinf. ex Baker = Siphonochilus kirkii（Hook. f.）B. L. Burtt ■☆
215035 Kaempferia rotunda L.；海南三七（番莪，番莪蒁，山柰，山田七，同柰，圆山柰）；Hainan Sanqi，Round-rooted Galingale ■
215036 Kaempferia simaoensis Y. Y. Qian；思茅山柰；Simao Sanqi ■
215037 Kaempferia stenopetala K. Schum.；窄瓣山柰■☆
215038 Kaempferia yunnanensis Gagnep. = Pyrgophyllum yunnanense（Gagnep.）T. L. Wu et Z. Y. Chen ■
215039 Kaempferia zambesiaca Gagnep.；赞比西山柰■☆
215040 Kaernbachia Kuntze = Microsemma Labill. ●☆
215041 Kaernbachia Schltr. = Dalrympelea Roxb. ●☆
215042 Kaernbachia Schltr. = Turpinia Vent.（保留属名）●
215043 Kafirnigania Kamelin et Kinzik.（1984）；肖前胡属■☆
215044 Kafirnigania hissarica（Korovin）Kamelin et Kinzik.；肖前胡■☆
215045 Kagenaekla Steud. = Kageneckia Ruiz et Pav. ●☆
215046 Kageneckia Ruiz et Pav.（1794）；卡格蔷薇属●☆
215047 Kageneckia lanceolata Ruiz et Pav.；剑叶卡格蔷薇●☆
215048 Kahiria Forssk. = Ethulia L. f. ■
215049 Kaieteuria Dwyer = Ouratea Aubl.（保留属名）●
215050 Kailarsenia Tirveng.（1983）；缅泰茜树属●☆
215051 Kailarsenia Tirveng. = Gardenia Ellis（保留属名）●
215052 Kailarsenia campanula（Ridl.）Tirveng. = Gardenia campanula Ridl. ●☆
215053 Kailarsenia godefroyana（Kuntze）Tirveng. = Gardenia godefroyana Kuntze ●☆
215054 Kailarsenia hygrophila（Kurz）Tirveng. = Gardenia hygrophila Kurz ●☆
215055 Kailarsenia jardinei（F. Muell. ex Benth.）C. F. Puttock = Gardenia jardinei F. Muell. ex Benth. ●☆
215056 Kailashia Pimenov et Kljuykov = Pachypleurum Ledeb. ■
215057 Kailosocarpus Hu = Camellia L. ●
215058 Kailosocarpus camellioides（Hu）Hu = Camellia yunnanensis（Pit. ex Diels）Cohen-Stuart var. camellioides（Hu）T. L. Ming ●
215059 Kailosocarpus camellioides Hu = Camellia yunnanensis（Pit. ex Diels）Cohen-Stuart ●
215060 Kairoa Philipson（1980）；栓皮桂属●☆
215061 Kairoa suberosa Philipson；栓皮桂●☆
215062 Kairothamnus Airy Shaw（1980）；凯罗大戟属●☆
215063 Kairothamnus phyllanthoides（Airy Shaw）Airy Shaw；凯罗大戟●☆
215064 Kaisupeea B. L. Burtt（2001）；东南亚苣苔属■☆
215065 Kaisupeea cyanea B. L. Burtt；东南亚苣苔■☆
215066 Kaisupeea herbacea（C. B. Clarke）B. L. Burtt；草本东南亚苣

苔■☆
215067 Kaisupeea orthocarpa B. L. Burtt;节果东南亚苣苔■☆
215068 Kajewskia Guillaumin = Veitchia H. Wendl. (保留属名)●☆
215069 Kajewskiella Merr. et L. M. Perry(1947);卡茜属☆
215070 Kajewskiella polyantha M. E. Jansen;多花卡茜☆
215071 Kajewskiella trichantha Merr. et L. M. Perry;卡茜☆
215072 Kajuputi Adans. (废弃属名) = Melaleuca L. (保留属名)●
215073 Kakile Desf. = Cakile Mill. ■☆
215074 Kakile L. = Cakile Mill. ■☆
215075 Kakosmanthus Hassk. = Madhuca Buch. -Ham. ex J. F. Gmel. ●
215076 Kalabotis Raf. = Allium L. ■
215077 Kalaharia Baill. (1891);卡拉木属●☆
215078 Kalaharia Baill. = Clerodendrum L. ●■
215079 Kalaharia spinescens (Oliv.) Gürke = Clerodendrum uncinatum Schinz ●☆
215080 Kalaharia spinescens (Oliv.) Gürke var. hirsuta Moldenke = Clerodendrum uncinatum Schinz ●☆
215081 Kalaharia spinipes Baill. = Clerodendrum uncinatum Schinz ●☆
215082 Kalaharia uncinata (Schinz) Moldenke = Clerodendrum uncinatum Schinz ●☆
215083 Kalaharia uncinata (Schinz) Moldenke var. hirsuta (Moldenke) Moldenke = Clerodendrum uncinatum Schinz ●☆
215084 Kalakia Alava(1975);伊朗芹属■☆
215085 Kalakia marginata (Boiss.) Alava;伊朗芹■☆
215086 Kalanchoe Adans. (1763);伽蓝菜属(灯笼草属,高凉菜属,落地生根属);Kalanchoe ●■
215087 Kalanchoe afzeliana Britten = Kalanchoe crenata (Andréws) Haw. ■☆
215088 Kalanchoe albiflora H. M. L. Forbes = Kalanchoe luciae Raym. -Hamet ■☆
215089 Kalanchoe aleurodes Stearn = Kalanchoe luciae Raym. -Hamet ■☆
215090 Kalanchoe alticola Compton;高原伽蓝菜■☆
215091 Kalanchoe angolensis N. E. Br.;安哥拉伽蓝菜■☆
215092 Kalanchoe angustifolia A. Rich.;窄叶伽蓝菜■☆
215093 Kalanchoe aubrevillei Raym. -Hamet ex Cufod.;奥布伽蓝菜■☆
215094 Kalanchoe ballyi Raym. -Hamet ex Cufod.;博利伽蓝菜■☆
215095 Kalanchoe baumii Engl. et Gilg = Kalanchoe brachyloba Welw. ex Britten ■☆
215096 Kalanchoe beauverdii Raym. -Hamet = Bryophyllum beauverdii (Raym. -Hamet) A. Berger ■☆
215097 Kalanchoe beharensis Drake;白仙人扇(巨型伽蓝菜,天人舞);Beauverd's Widow's-thrill, Felt Bush, Felt Plant, Giant Kalanchoe ■
215098 Kalanchoe beniensis De Wild. = Kalanchoe glaucescens Britten ■☆
215099 Kalanchoe bentii Wright ex Hook. var. somalica Cufod.;索马里伽蓝菜■☆
215100 Kalanchoe bequaertii De Wild. = Kalanchoe densiflora Rolfe ■☆
215101 Kalanchoe bipartita Chiov.;二深裂伽蓝菜■☆
215102 Kalanchoe blossfeldiana V. Poelln.;长寿花(矮生伽蓝菜,矮生落地生根,多花伽蓝菜,圣诞伽蓝菜,寿星花);Brilliant Star, Felt Plant, Flaming Katy, Kalanchoe, Longevity Kalanchoe, Longlive Flower Kalanchoe, Madagascar Widow's-thrill, Winter Pot Kalanchoe ■☆
215103 Kalanchoe boranae Raadts;博兰伽蓝菜■☆
215104 Kalanchoe brachycalyx A. Rich. = Kalanchoe lanceolata (Forssk.) Pers. ■☆
215105 Kalanchoe brachyloba Welw. = Kalanchoe brachyloba Welw. ex Britten ■☆
215106 Kalanchoe brachyloba Welw. ex Britten;披针叶落地生根;Lanceolate Kalanchoe ■☆
215107 Kalanchoe brasiliensis Cambess.;巴西伽蓝菜■☆
215108 Kalanchoe brittenii Raym. -Hamet = Kalanchoe crenata (Andréws) Haw. ■☆
215109 Kalanchoe carnea N. E. Br.;肉叶落地生根;Carneous Kalanchoe ■☆
215110 Kalanchoe ceratophylla Haw.;伽蓝菜(大还魂,大还魂草,鸡脚三七,鸡爪三七,假川连,金汤匙,裂叶落地生根,青背天葵,土三七,五爪三七,小灯笼草);Laciniate Kalanchoe ■
215111 Kalanchoe chimanimanensis R. Fern. = Kalanchoe velutina Welw. ex Britten subsp. chimanimanensis (R. Fern.) R. Fern. ■☆
215112 Kalanchoe citrina Schweinf.;柠檬伽蓝菜■☆
215113 Kalanchoe citrina Schweinf. var. ballyi Raym. -Hamet ex Wickens = Kalanchoe citrina Schweinf. ■☆
215114 Kalanchoe coccinea Welw. ex Britten = Kalanchoe crenata (Andréws) Haw. ■☆
215115 Kalanchoe coccinea Welw. ex Britten var. subsessilis Britten = Kalanchoe lateritia Engl. ■☆
215116 Kalanchoe connata Sprague;合生伽蓝菜■☆
215117 Kalanchoe crenata (Andréws) Haw.;圆齿伽蓝菜;Neverdie ■☆
215118 Kalanchoe crenata (Andréws) Haw. subsp. bieensis R. Fern. = Kalanchoe crenata (Andréws) Haw. ■☆
215119 Kalanchoe crenata (Andréws) Haw. subsp. nyassensis R. Fern. = Kalanchoe crenata (Andréws) Haw. ■☆
215120 Kalanchoe crenata (Andréws) Haw. var. coccinea (Welw. ex Britten) Cufod. = Kalanchoe crenata (Andréws) Haw. ■☆
215121 Kalanchoe crenata (Andréws) Haw. var. verea (Jacq.) Cufod. = Kalanchoe crenata (Andréws) Haw. ■☆
215122 Kalanchoe crenata (Baker) Raym. -Hamet;粉叶洋吊钟;Crenate Kalanchoe, Dog Liver, Never-die ■
215123 Kalanchoe cuisinii De Wild. et T. Durand = Kalanchoe lateritia Engl. ■☆
215124 Kalanchoe daigremontiana (Berger) Raym. -Hamet et H. Perrier = Bryophyllum daigremontianum (Raym. -Hamet et H. Perrier) A. Berger ■
215125 Kalanchoe daigremontiana Raym. -Hamet et H. Perrier = Bryophyllum daigremontianum (Raym. -Hamet et H. Perrier) A. Berger ■
215126 Kalanchoe daigremontiana Raym. -Hamet et H. Perrier = Kalanchoe daigremontiana (Barger) Raym. -Hamet et H. Perrier ■
215127 Kalanchoe decumbens Compton = Kalanchoe rotundifolia (Haw.) Haw. ■☆
215128 Kalanchoe deficiens Hochst. ex Steud. = Kalanchoe schimperiana A. Rich. ■☆
215129 Kalanchoe delagoensis Eckl. et Zeyh.;棒叶伽蓝菜(棒叶落地生根,管叶伽蓝菜,锦蝶,洋吊钟);Chandelier Plant, Lizard Plant, Tubeleaf Kalanchoe ■
215130 Kalanchoe densiflora Rolfe;密花伽蓝菜;Denseflower Kalanchoe ■☆
215131 Kalanchoe densiflora Rolfe var. minor Raadts;小密花伽蓝菜■☆

215132 Kalanchoe densiflora Rolfe var. subpilosa Cufod. = Kalanchoe laciniata (L.) DC. ■

215133 Kalanchoe diagremontiana Raym. -Hamet et H. Perril;戴氏伽蓝菜(大叶落地生根)■☆

215134 Kalanchoe dinklagei Rauh;丁克伽蓝菜■☆

215135 Kalanchoe diversa N. E. Br. = Kalanchoe lanceolata (Forssk.) Pers. ■☆

215136 Kalanchoe dyeri N. E. Br.;戴尔伽蓝菜■☆

215137 Kalanchoe elizae A. Berger;伊莱扎伽蓝菜■☆

215138 Kalanchoe ellacombei N. E. Br. = Kalanchoe lanceolata (Forssk.) Pers. ■☆

215139 Kalanchoe elliptica Raadts = Kalanchoe glaucescens Britten ■☆

215140 Kalanchoe exellii Raym. -Hamet = Kalanchoe velutina Welw. ex Britten ■☆

215141 Kalanchoe faustii Font Quer;福斯特伽蓝菜■☆

215142 Kalanchoe fedtschenkoi Raym. -Hamet et H. Perrier 'Rosy Daun';玉吊钟;Rosy Daun' Kalanchoe ■

215143 Kalanchoe fedtschenkoi Raym. -Hamet et H. Perrier 'Variegata';花叶璎珞洋吊钟(镶边璎珞洋吊钟)■☆

215144 Kalanchoe fedtschenkoi Raym. -Hamet et H. Perrier = Bryophyllum fedtschenkoi (Raym. -Hamet et H. Perrier) C. Y. Cheng ■☆

215145 Kalanchoe fernandesii Raym. -Hamet;费尔南伽蓝菜■☆

215146 Kalanchoe figueiredoi Croizat = Kalanchoe humilis Britten ■☆

215147 Kalanchoe flammea Stapf;红花伽蓝菜;Redflower Kalanchoe ■☆

215148 Kalanchoe flammea Stapf = Kalanchoe glaucescens Britten ■☆

215149 Kalanchoe garambiensis Kudo;台南伽蓝菜(鹅銮鼻灯笼草);S. Taiwan Kalanchoe, South Taiwan Kalanchoe ■

215150 Kalanchoe gastonis-bonnieri Raym. -Hamet et H. Perrier;加邦伽蓝菜(大叶落地生根);Donkey Ears, Large-leaved Kalanchoe, Life Plant, Palm Beachbells ■☆

215151 Kalanchoe germanae Raym. -Hamet ex Raadts;德国伽蓝菜■☆

215152 Kalanchoe glaberrima Volkens ex Engl. = Kalanchoe densiflora Rolfe ■☆

215153 Kalanchoe glandulosa Hochst. ex Rich. = Kalanchoe lanceolata (Forssk.) Pers. ■☆

215154 Kalanchoe glandulosa Hochst. ex Rich. var. benguelensis Engl. = Kalanchoe lanceolata (Forssk.) Pers. ■☆

215155 Kalanchoe glandulosa Hochst. ex Rich. var. tomentosa Keissl. = Kalanchoe lanceolata (Forssk.) Pers. ■☆

215156 Kalanchoe glaucescens Britten;灰绿伽蓝菜■☆

215157 Kalanchoe gloveri Cufod. = Kalanchoe laciniata (L.) DC. ■☆

215158 Kalanchoe goetzei Engl. = Kalanchoe lanceolata (Forssk.) Pers. ■☆

215159 Kalanchoe gossweileri Croizat = Kalanchoe lindmanii Raym. -Hamet ■☆

215160 Kalanchoe gracilis Hance;小灯笼草(大还魂);Low Kalanchoe ■

215161 Kalanchoe gracilis Hance = Kalanchoe ceratophylla Haw. ■

215162 Kalanchoe grandidieri Baill.;格朗伽蓝菜■☆

215163 Kalanchoe grandiflora A. Rich. = Kalanchoe marmorata Baker ■

215164 Kalanchoe grandiflora Wight et Arn.;大花伽蓝菜■☆

215165 Kalanchoe gregaria Dinter = Kalanchoe lanceolata (Forssk.) Pers. ■☆

215166 Kalanchoe guillauminii Raym. -Hamet = Kalanchoe rotundifolia (Haw.) Haw. ■☆

215167 Kalanchoe hemsleiana Cufod. = Kalanchoe nyikae Engl. ■☆

215168 Kalanchoe hirta Harv. = Kalanchoe crenata (Andréws) Haw. ■☆

215169 Kalanchoe holstii Engl. = Kalanchoe glaucescens Britten ■☆

215170 Kalanchoe homblei De Wild. = Kalanchoe lanceolata (Forssk.) Pers. ■☆

215171 Kalanchoe humbertii Guillaumin = Kalanchoe lindmanii Raym. -Hamet ■☆

215172 Kalanchoe humilis Britten;低矮伽蓝菜■☆

215173 Kalanchoe integerrima Lange = Kalanchoe rotundifolia (Haw.) Haw. ■☆

215174 Kalanchoe integra (Medik.) Kuntze;匙叶伽蓝菜(白背子草,倒吊莲,全缘伽蓝菜,生川莲);Christmastree Plant, Entire Kalanchoe, Neverdie, Spoonleaf Kalanchoe ■

215175 Kalanchoe integra (Medik.) Kuntze var. crenata (Andréws) Cufod. = Kalanchoe crenata (Andréws) Haw. ■☆

215176 Kalanchoe integra (Medik.) Kuntze var. crenato-rubra Cufod. = Kalanchoe crenata (Andréws) Haw. ■☆

215177 Kalanchoe integra (Medik.) Kuntze var. subsessilis (Britten) Cufod. = Kalanchoe lateritia Engl. ■☆

215178 Kalanchoe integra (Medik.) Kuntze var. verea (Jacq.) Cufod. = Kalanchoe crenata (Andréws) Haw. ■☆

215179 Kalanchoe integra Kuntze = Kalanchoe integra (Medik.) Kuntze ■

215180 Kalanchoe junodii Schinz = Kalanchoe lanceolata (Forssk.) Pers. ■☆

215181 Kalanchoe kelleriana Schinz = Kalanchoe marmorata Baker ■

215182 Kalanchoe kirkii N. E. Br. = Kalanchoe lateritia Engl. ■☆

215183 Kalanchoe laciniata (L.) DC.;条裂伽蓝菜(伽蓝菜,鸡爪三七);Laciate Kalanchoe ■

215184 Kalanchoe laciniata (L.) DC. = Kalanchoe ceratophylla Haw. ■

215185 Kalanchoe lanceolata (Forssk.) Pers.;披针形伽蓝菜■☆

215186 Kalanchoe lanceolata (Forssk.) Pers. var. glandulosa (Hochst. ex A. Rich.) Cufod. = Kalanchoe lanceolata (Forssk.) Pers. ■☆

215187 Kalanchoe lateritia Engl.;砖红伽蓝菜■☆

215188 Kalanchoe lateritia Engl. var. prostrata Raadts = Kalanchoe lateritia Engl. ■☆

215189 Kalanchoe lateritia Engl. var. pseudolateritia Raadts = Kalanchoe lateritia Engl. ■☆

215190 Kalanchoe lateritia Engl. var. zimbabwensis (Rendle) Brenan = Kalanchoe lateritia Engl. ■☆

215191 Kalanchoe latisepala N. E. Br.;宽萼伽蓝菜■☆

215192 Kalanchoe laurensii Raym. -Hamet = Kalanchoe elizae A. Berger ■☆

215193 Kalanchoe laxiflora Baker;疏花伽蓝菜;Laxiflorous Kalanchoe ■☆

215194 Kalanchoe lentiginosa Cufod. = Kalanchoe laciniata (L.) DC. ■

215195 Kalanchoe lindmanii Raym. -Hamet;林德曼伽蓝菜■☆

215196 Kalanchoe lobata R. Fern.;浅裂伽蓝菜■☆

215197 Kalanchoe longiflora Schltr. = Kalanchoe longiflora Schltr. ex J. M. Wood ■☆

215198 Kalanchoe longiflora Schltr. ex J. M. Wood;长花伽蓝菜■☆

215199 Kalanchoe luciae Raym. -Hamet;露西伽蓝菜■☆

215200 Kalanchoe luciae Raym. -Hamet subsp. montana (Compton) Toelken;山地伽蓝菜■☆

215201 Kalanchoe luebbertiana Engl. = Kalanchoe rotundifolia (Haw.) Haw. ■☆

215202 Kalanchoe lugardii Bullock = Kalanchoe prittwitzii Engl. ■☆

215203 Kalanchoe macrantha Baker = Kalanchoe marmorata Baker ■

215204 Kalanchoe macrosepala Hance = Kalanchoe ceratophylla Haw. ■
215205 Kalanchoe magnidens N. E. Br. = Kalanchoe glaucescens Britten ■☆
215206 Kalanchoe marmorata Baker;花叶川莲(斑叶伽蓝菜,大理石草);Marbled Kalanchoe,Penwiper Plant ■
215207 Kalanchoe migiurtinorum Cufod.;米朱蒂伽蓝菜■☆
215208 Kalanchoe miniata Hilsenb. et Bojer ex Tul.;朱红伽蓝菜■☆
215209 Kalanchoe montana Compton = Kalanchoe luciae Raym. -Hamet subsp. montana (Compton) Toelken ■☆
215210 Kalanchoe mossambicana Resende ex Resende et Sobr. = Kalanchoe sexangularis N. E. Br. ■☆
215211 Kalanchoe multiflora Schinz = Kalanchoe brachyloba Welw. ex Britten ■☆
215212 Kalanchoe ndorensis Schweinf.;恩多罗伽蓝菜■☆
215213 Kalanchoe ndotoensis L. E. Newton;恩多托伽蓝菜■☆
215214 Kalanchoe neglecta Toelken;忽视伽蓝菜■☆
215215 Kalanchoe neumannii Engl. = Kalanchoe petitiana A. Rich. var. neumannii (Engl.) Cufod. ■☆
215216 Kalanchoe nyikae Engl.;尼卡伽蓝菜■☆
215217 Kalanchoe nyikae Engl. subsp. auriculata Raadts;耳形伽蓝菜■☆
215218 Kalanchoe oblongifolia Harv. = Kalanchoe paniculata Harv. ■☆
215219 Kalanchoe obtusa Engl.;钝伽蓝菜■☆
215220 Kalanchoe orgyalis Baker;天人舞■☆
215221 Kalanchoe paniculata Harv.;圆锥伽蓝菜■☆
215222 Kalanchoe pearsonii N. E. Br. = Kalanchoe lindmanii Raym. -Hamet ■☆
215223 Kalanchoe pentheri Schltr. = Kalanchoe lanceolata (Forssk.) Pers. ■☆
215224 Kalanchoe peteri Werderm.;彼得伽蓝菜■☆
215225 Kalanchoe petitiaesii A. Rich. ex Jacques = Kalanchoe petitiana A. Rich. ■☆
215226 Kalanchoe petitiana A. Rich.;佩蒂蒂伽蓝菜■☆
215227 Kalanchoe petitiana A. Rich. var. neumannii (Engl.) Cufod.;纽曼伽蓝菜■☆
215228 Kalanchoe pilosa Baker = Kalanchoe lanceolata (Forssk.) Pers. ■☆
215229 Kalanchoe pinnata (L. f.) Pers. = Bryophyllum pinnatum (L. f.) Oken ■
215230 Kalanchoe pinnata (Lam.) Pers. = Bryophyllum pinnatum (Lam.) Oken ■
215231 Kalanchoe platysepala Welw. ex Britten = Kalanchoe lanceolata (Forssk.) Pers. ■☆
215232 Kalanchoe prasina N. E. Br. = Kalanchoe humilis Britten ■☆
215233 Kalanchoe prittwitzii Engl.;普里特伽蓝菜■☆
215234 Kalanchoe prolifera (Bowie ex Hook.) Raym. -Hamet;多育伽蓝菜■☆
215235 Kalanchoe prolifera (Bowie) Raym. -Hamet = Kalanchoe prolifera (Bowie ex Hook.) Raym. -Hamet ■☆
215236 Kalanchoe pruinosa Dinter = Kalanchoe brachyloba Welw. ex Britten ■☆
215237 Kalanchoe pubescens Baker;微毛伽蓝菜■☆
215238 Kalanchoe pumila Baker;矮落地生根;Flower Dust Plant ■☆
215239 Kalanchoe pyramidalis Schönland = Kalanchoe brachyloba Welw. ex Britten ■☆
215240 Kalanchoe quartiniana A. Rich.;夸尔廷伽蓝菜■☆
215241 Kalanchoe rechingeri Raym. -Hamet ex Rauh et Hebding = Kalanchoe beauverdii Raym. -Hamet ■☆
215242 Kalanchoe robynsiana Raym. -Hamet = Kalanchoe prittwitzii Engl. ■☆
215243 Kalanchoe rogersii Raym. -Hamet = Kalanchoe sexangularis N. E. Br. ■☆
215244 Kalanchoe rohlfsii Engl. = Kalanchoe laciniata (L.) DC. ■
215245 Kalanchoe rosea A. Chev.;粉红伽蓝菜■☆
215246 Kalanchoe rotundifolia (Haw.) Haw.;圆叶伽蓝菜■☆
215247 Kalanchoe rotundifolia (Haw.) Haw. f. peltata Raym. -Hamet ex R. Fern. = Kalanchoe neglecta Toelken ■☆
215248 Kalanchoe rotundifolia (Haw.) Haw. f. tripartita Raym. -Hamet ex R. Fern. = Kalanchoe rotundifolia (Haw.) Haw. ■☆
215249 Kalanchoe rotundifolia (Haw.) Haw. var. strictifolia Raym. -Hamet;劲直圆叶伽蓝菜■☆
215250 Kalanchoe rubinea Toelken = Kalanchoe sexangularis N. E. Br. ■☆
215251 Kalanchoe rutshuruensis Lebrun = Kalanchoe marmorata Baker ■
215252 Kalanchoe scandens (H. Perrier) Berger;攀缘伽蓝菜■☆
215253 Kalanchoe scandens H. Perrier = Kalanchoe beauverdii Raym. -Hamet ■☆
215254 Kalanchoe scapigera Welw. ex Britten;花茎伽蓝菜■☆
215255 Kalanchoe schimperiana A. Rich.;欣珀伽蓝菜■☆
215256 Kalanchoe schizophylla (Baker) Ball.;裂叶伽蓝菜■☆
215257 Kalanchoe schliebenii Werderm. = Kalanchoe schimperiana A. Rich. ■☆
215258 Kalanchoe schweinfurthii Penz. = Kalanchoe laciniata (L.) DC. ■
215259 Kalanchoe secunda Werderm. = Kalanchoe prittwitzii Engl. ■☆
215260 Kalanchoe seilleana Raym. -Hamet = Kalanchoe rotundifolia (Haw.) Haw. ■☆
215261 Kalanchoe sexangularis N. E. Br.;莫桑比克伽蓝菜■☆
215262 Kalanchoe sexangularis N. E. Br. var. intermedia (R. Fern.) R. Fern. = Kalanchoe sexangularis N. E. Br. ■☆
215263 Kalanchoe somaliensis Baker;白花洋吊钟;Somali Kalanchoe ■
215264 Kalanchoe somaliensis Baker = Kalanchoe marmorata Baker ■
215265 Kalanchoe spathulata DC. = Kalanchoe integra (Medik.) Kuntze ■
215266 Kalanchoe stenosiphon Britten;细管伽蓝菜■☆
215267 Kalanchoe stuhlmannii Engl.;斯图尔曼伽蓝菜■☆
215268 Kalanchoe subrosulata Thulin;莲座伽蓝菜■☆
215269 Kalanchoe synsepala Baker; 趣蝶莲; Connectedsepal Kalanchoe, Cup Kalanchoe, Walking Kalanchoe ■
215270 Kalanchoe synsepala Baker f. dissecta ?;深裂趣蝶莲;Cup Kalanchoe, Walking Kalanchoe ■☆
215271 Kalanchoe takeoi Hayata = Kalanchoe ceratophylla Haw. ■
215272 Kalanchoe tashiroi Yamam.;台东伽蓝菜(兰屿灯笼草);Tashiro Kalanchoe ■
215273 Kalanchoe tayloris Raym. -Hamet = Kalanchoe densiflora Rolfe ■☆
215274 Kalanchoe teixeirae Raym. -Hamet ex R. Fern.;特谢拉伽蓝菜■☆
215275 Kalanchoe thyrsiflora Harv.;伞花伽蓝菜;Paddle Plant, White Lady ■☆
215276 Kalanchoe tieghemi Raym. -Hamet = Kalanchoe laxiflora Baker ■☆
215277 Kalanchoe tomentosa Baker;月兔耳(褐斑伽蓝菜,兔耳草);Donkey's Ear, Donkey's Ears, Panda Plant, Pussy Ear, Pussy Ears,

Tomentose Kalanchoe ●■

215278 Kalanchoe tubiflora (Harv.) Raym. -Hamet;棒花伽蓝菜(棒花落地生根,洋吊钟);Chandelier Plant,Tubeflower Kalanchoe ■

215279 Kalanchoe tubiflora (Harv.) Raym. -Hamet = Kalanchoe delagoensis Eckl. et Zeyh. ■

215280 Kalanchoe tubiflora Raym. -Hamet = Kalanchoe delagoensis Eckl. et Zeyh. ■

215281 Kalanchoe uniflora Raym. -Hamet;单花洋吊钟■☆

215282 Kalanchoe usambarensis Engl. et Raym. -Hamet;乌桑巴拉洋吊钟■☆

215283 Kalanchoe varians Haw. = Kalanchoe spathulata DC. ■

215284 Kalanchoe vatrinii Raym. -Hamet = Kalanchoe sexangularis N. E. Br. ■☆

215285 Kalanchoe vatrinii Raym. -Hamet var. intermedia R. Fern. = Kalanchoe sexangularis N. E. Br. ■☆

215286 Kalanchoe velutina Welw. ex Britten;短绒毛伽蓝菜■☆

215287 Kalanchoe velutina Welw. ex Britten subsp. chimanimanensis (R. Fern.) R. Fern.;奇马尼马尼伽蓝菜■☆

215288 Kalanchoe verticillata Scott-Elliot;细叶落地生根(落地生根,毛伽蓝菜,肉吊莲,羊吊钟,洋吊钟,玉吊钟);Verticillate Kalanchoe ■

215289 Kalanchoe verticillata Scott-Elliot = Kalanchoe delagoensis Eckl. et Zeyh. ■

215290 Kalanchoe welwitschii Britten;韦尔伽蓝菜■☆

215291 Kalanchoe wildii Raym. -Hamet ex R. Fern.;维尔德伽蓝菜■☆

215292 Kalanchoe yunnanensis Gagnep. = Kalanchoe integra (Medik.) Kuntze ■

215293 Kalanchoe zimbabwensis Rendle = Kalanchoe lateritia Engl. ■☆

215294 Kalappia Kosterm. (1952);苏拉威西盘豆属■☆

215295 Kalappia celebica Kosterm.;苏拉威西盘豆■☆

215296 Kalawael Adans. (废弃属名) = Rourea Aubl. (保留属名)●

215297 Kalawael Adans. (废弃属名) = Santaloides G. Schellenb. (保留属名)●☆

215298 Kalbfussia Sch. Bip. = Leontodon L. (保留属名)■☆

215299 Kalbfussia hispidula (Delile) Bég. et Vacc. = Scorzoneroides hispidula (Delile) Greuter et Talavera ■☆

215300 Kalbfussia hispidula (Delile) Bég. et Vacc. var. macrocephala Bég. et Vacc. = Scorzoneroides hispidula (Delile) Greuter et Talavera ■☆

215301 Kalbfussia kralikii Pomel = Scorzoneroides kralikii (Pomel) Greuter et Talavera ■☆

215302 Kalbfussia muelleri Sch. Bip. = Scorzoneroides muelleri (Sch. Bip.) Greuter et Talavera ■☆

215303 Kalbfussia oranensis Pomel = Scorzoneroides muelleri (Sch. Bip.) Greuter et Talavera ■☆

215304 Kalbfussia orientalis Jaub. et Spach = Scorzoneroides hispidula (Delile) Greuter et Talavera ■☆

215305 Kalbfussia parvifolia Pomel = Scorzoneroides muelleri (Sch. Bip.) Greuter et Talavera ■☆

215306 Kalbreyera Burret = Geonoma Willd. ●☆

215307 Kalbreyera Burret(1930);喀贝尔榈属●☆

215308 Kalbreyera triandra Burret;喀贝尔榈●☆

215309 Kalbreyeracanthus Wassh. (1981);卡尔爵床属●☆

215310 Kalbreyeracanthus Wassh. = Habracanthus Nees ●☆

215311 Kalbreyeracanthus atropurpureus (Lindau) Wassh.;深紫卡尔爵床●☆

215312 Kalbreyeracanthus kirkbridei Wassh.;卡尔爵床●☆

215313 Kalbreyeriella Lindau(1922);喀贝尔爵床属☆

215314 Kalbreyeriella gigas Léonard.;大喀贝尔爵床☆

215315 Kalbreyeriella rostellata Lindau;喀贝尔爵床☆

215316 Kaleniczenkia Turcz. = Brachysema R. Br. ●☆

215317 Kaleria Adans. = Silene L. (保留属名)■

215318 Kali Mill. = Salsola L. ●■

215319 Kalidiopsis Aellen = Kalidium Moq. ●

215320 Kalidiopsis Aellen(1967);类盐爪爪属●☆

215321 Kalidiopsis wagenitzii Aellen;类盐爪爪●☆

215322 Kalidium Moq. (1849);盐爪爪属;Kalidium,Saltclaw ●

215323 Kalidium arabicum (L.) Moq. var. cuspidatum Ung. -Sternb = Kalidium cuspidatum (Ung. -Sternb.) Grubov ●

215324 Kalidium caspicum (L.) Ung. -Sternb.;里海盐爪爪;Caspian Saltclaw,Caspian Sea Kalidium ●

215325 Kalidium cuspidatum (Ung. -Sternb.) Grubov;尖叶盐爪爪(灰碱柴);Cuspidateleaf Kalidium, Cuspidateleaf Saltclaw, Cuspidate-leaved Kalidium ●

215326 Kalidium cuspidatum (Ung. -Sternb.) Grubov var. sinicum A. J. Li = Kalidium sinicum (A. J. Li) H. C. Fu et Z. Y. Chu ●

215327 Kalidium foliatum (Pall.) Moq.;盐爪爪(多叶盐爪爪,灰碱柴,碱柴);Foliated Kalidium,Saltclaw ●

215328 Kalidium foliatum (Pall.) Moq. var. longifolium Fenzl = Kalidium foliatum (Pall.) Moq. ●

215329 Kalidium gracile Fenzl;细枝盐爪爪(绿碱柴);Slenderbranch Kalidium,Slender-branched Kalidium ●

215330 Kalidium schrenkianum Bunge ex Ung. -Sternb.;圆叶盐爪爪;Roundleaf Kalidium,Round-leaved Kalidium ●

215331 Kalidium sinicum (A. J. Li) H. C. Fu et Z. Y. Chu;黄毛头;China Saltclaw,Chinese Kalidium ●

215332 Kalimares Raf. = Kalimeris (Cass.) Cass. ■

215333 Kalimeria Cass. = Kalimeris (Cass.) Cass. ■

215334 Kalimeris (Cass.) Cass. (1822);马兰属;Japanese Aster, Kalimeris,Martinoe ■

215335 Kalimeris (Cass.) Cass. = Aster L. ●■

215336 Kalimeris (Cass.) Cass. = Asterothamnus Novopokr. ●■

215337 Kalimeris angustifolia (C. C. Chang) S. Y. Hu = Gymnaster angustifolius (C. C. Chang) Y. Ling ■

215338 Kalimeris angustifolia (C. C. Chang) S. Y. Hu = Miyamayomena angustifolius (C. C. Chang) Y. L. Chen ■

215339 Kalimeris incisa (Fisch.) DC.;裂叶马兰(北鸡儿肠);Incised Horseorchis,Incised Kalimeris ■

215340 Kalimeris incisa (Fisch.) DC. = Aster incisus Fisch. ■

215341 Kalimeris incisa (Fisch.) DC. var. robusta (Makino) Kitag. = Aster robustus (Makino) Yonek. ■☆

215342 Kalimeris incisa (Fisch.) DC. var. yomena Kitam. = Aster yomena (Kitam.) Honda ■☆

215343 Kalimeris indica (L.) Sch. Bip.;马兰(白龙头,赤脚马兰,灯盏细辛,红梗菜,红马兰,花叶泥鳅串,鸡儿肠,阶前菊,路边菊,马兰菊,马兰青,马兰头,毛蜞菜,泥鳅菜,泥鳅串,螃蜞头草,蟚菊,蟚蜞菊,脾草,脾仔草,山菊,伤脾草,蓑衣莲,田边菊,田菊,喜事草,星星蒿,鸭子食,鱼鳅串,竹节草,紫菊);Field Aster, India Boltonia,India Horseorchis,Indian Aster,Indian Kalimeris ■

215344 Kalimeris indica (L.) Sch. Bip. = Aster indicus L. ■

215345 Kalimeris indica (L.) Sch. Bip. f. epapposa J. Q. Fu;无冠毛马兰;Crownless Indian Horseorchis ■

215346 Kalimeris indica (L.) Sch. Bip. f. gracilis J. Q. Fu;纤细马兰;Thin Indian Horseorchis ■

215347 Kalimeris indica (L.) Sch. Bip. var. polymorpha (Vaniot) Kitam.;多型马兰;Polymorph Indian Horseorchis ■

215348 Kalimeris indica (L.) Sch. Bip. var. stenolepis (Hand. -Mazz.) Kitam.;狭苞马兰(花叶鱼鳅串,鸡儿肠,路边草,星星蒿,窄苞马兰,窄叶鸡儿肠,窄叶马兰);Narrow Indian Horseorchis ■

215349 Kalimeris indica (L.) Sch. Bip. var. stenophylla Kitam.;狭叶马兰(多型马兰,路边草,窄叶鸡儿肠);Narrowleaf Indian Horseorchis ■

215350 Kalimeris integrifolia Turcz. ex DC.;全叶马兰(黄花三草,全叶鸡儿肠,全缘马兰,西部紫菀,野白菊,野粉团花);Integrifolious Horseorchis,Integrifolious Kalimeris,Western Wild Daisy ■

215351 Kalimeris lancifolia J. Q. Fu;披针叶马兰;Lanceleaf Kalimeris ■

215352 Kalimeris lautureana (Debeaux) Kitam.;山马兰(山粉团花,山鸡儿肠,伤食草);Mountain Horseorchis,Mountain Kalimeris ■

215353 Kalimeris longipetiolata (C. C. Chang) Y. Ling;长柄马兰;Long Petioled Kalimeris,Longpetiolate Horseorchis ■

215354 Kalimeris mangtaoensis (Kitag.) Kitam. = Kalimeris lautureana (Debeaux) Kitam. ■

215355 Kalimeris miqueliana (H. Hara) Kitam. = Aster miquelianus H. Hara ■☆

215356 Kalimeris mongolica (Franch.) Kitam.;蒙古马兰(北方马兰,裂叶马兰,刘寄奴,蒙古鸡儿肠,羽叶马兰);Mongol Horseorchis,Mongolian Kalimeris ■

215357 Kalimeris piccolii (Hook. f.) S. Y. Hu = Miyamayomena piccolii (Hook. f.) Kitam. ■

215358 Kalimeris pinnatifida (Maxim. ex Makino) Kitam.;羽裂马兰;False Aster,Japanese Aster,Kalimeris ■☆

215359 Kalimeris pinnatifida (Maxim. ex Makino) Kitam. f. hortensis (Makino) Ohwi = Aster iinumae Kitam. 'Hortensis' ■☆

215360 Kalimeris pinnatifida (Maxim. ex Makino) Kitam. var. dentata Kitam. = Aster iinumae Kitam. ■☆

215361 Kalimeris pinnatifida (Maxim. ex Makino) Kitam. var. dentata Kitam. = Aster yomena (Kitam.) Honda var. dentatus (Kitam.) H. Hara ■☆

215362 Kalimeris pinnatifida (Maxim. ex Makino) Kitam. var. hortensis (Makino) Kitam. = Aster iinumae Kitam. 'Hortensis' ■☆

215363 Kalimeris platycephala Cass. = Kalimeris incisa (Fisch.) DC. ■

215364 Kalimeris procera (Hemsl.) S. Y. Hu = Aster prorecus Hemsl. ■

215365 Kalimeris pseudoyomena Kitam. = Aster yomena (Kitam.) Honda var. dentatus (Kitam.) H. Hara ■☆

215366 Kalimeris shimadae (Kitam.) Kitam.;毡毛马兰(岛田鸡儿肠,岛田氏鸡儿肠);Shimada Aster,Taiwan Horseorchis,Taiwan Kalimeris ■

215367 Kalimeris shimadae (Kitam.) Kitam. = Aster shimadae (Kitam.) Nemoto ■

215368 Kalimeris smithiana (Hand. -Mazz.) S. Y. Hu = Aster smithianus Hand. -Mazz. ■

215369 Kalimeris yomena (Kitam.) Kitam. subsp. angustifolia (Nakai) H. Y. Gu = Aster robustus (Makino) Yonek. ■☆

215370 Kalimeris yomena (Kitam.) Kitam. var. dentata (Kitam.) H. Y. Gu = Aster yomena (Kitam.) Honda var. dentatus (Kitam.) H. Hara ■☆

215371 Kalimeris yomena Kitam. = Aster yomena (Kitam.) Honda ■☆

215372 Kalimpongia Pradhan = Dickasonia L. O. Williams ■☆

215373 Kaliphora Hook. f. (1867);扁果树属;Kaliphora ●☆

215374 Kaliphora madagascariensis Hook. f.;扁果树;Kaliphora ●☆

215375 Kaliphoraceae Takht.;扁果树科●☆

215376 Kaliphoraceae Takht. = Montiniaceae Nakai(保留科名)●☆

215377 Kallias Cass. = Heliopsis Pers. (保留属名)■☆

215378 Kallophyllon Pohl = Symphyopappus Turcz. ●☆

215379 Kallophyllon Pohl ex Baker = Symphyopappus Turcz. ●☆

215380 Kallstroemia Scop. (1777);卡尔蒺藜属(美洲蒺藜属)■☆

215381 Kallstroemia grandiflora Torr. et A. Gray;大花卡尔蒺藜;Arizona Poppy,Desert Poppy,Mexican Poppy,Summer Poppy ■☆

215382 Kallstroemia hirsutissima Vail;粗毛卡尔蒺藜;Carpet Weed,Hairy Caltrop ■☆

215383 Kallstroemia maxima A. Gray;墨西哥卡尔蒺藜;Big Caltrap ■☆

215384 Kallstroemia parviflora Norton;小花卡尔蒺藜;Small-flowered Caltrop,Warty Caltrop ■☆

215385 Kallstroemia pubescens (G. Don) Dandy;毛卡尔蒺藜■☆

215386 Kalmia L. (1753);山月桂属;American Laurel,Kalmia,Laurel,Sheep-laurel ●

215387 Kalmia angustifolia L.;狭叶山月桂(矮山月桂);Calfkill,Dwarf Laurel,Lambkill Kalmia,Lamb-kill,Narrow-leaved Laurel,Pig Laurel,Sheep Laurel,Sheepkill,Sheep-laurel,Sheep's Laurel,Swamp Laurel,Wicky ●☆

215388 Kalmia angustifolia L. 'Rubra Nana';红花矮狭叶山月桂●☆

215389 Kalmia angustifolia L. 'Rubra';红花狭叶山月桂●☆

215390 Kalmia angustifolia L. var. caroliniana (Small) Fernald = Kalmia carolina Small ●☆

215391 Kalmia carolina Small;卡罗来纳山月桂(卡罗来纳狭叶山月桂);Carolinian Laurel,Lambkill,Sheep Laurel,Swamp Laurel ●☆

215392 Kalmia cuneata Michx.;白花山月桂;White Wicky ●☆

215393 Kalmia glauca Aiton;灰山月桂;Bog Kalmia ●☆

215394 Kalmia hirsuta Walter;粗毛山月桂;Hairy Laurel,Hairy Mountain Laurel,Wicky ●☆

215395 Kalmia latifolia L.;宽叶山月桂(山月桂);American Laurel,Broad-leaved Ivy,Broad-leaved Laurel,Calico Bush,Clamoun,Ivy Bush,Ivy,Ivybush,Kalmia,Mountain Laurel,Spoonwood,Swamp Laurel ●☆

215396 Kalmia latifolia L. 'Clementine Churchill';克莱芒蒂娜·丘吉尔宽叶山月桂●☆

215397 Kalmia latifolia L. 'Elf';小精灵宽叶山月桂;Dwarf Mountain Laurel ●☆

215398 Kalmia latifolia L. 'Goodrich';古德里奇宽叶山月桂●☆

215399 Kalmia latifolia L. 'Nipmuck';尼普姆克宽叶山月桂●☆

215400 Kalmia latifolia L. 'Ostbo Red';奥斯红宽叶山月桂(绯红宽叶山月桂)●☆

215401 Kalmia latifolia L. 'Silver Dollar';银元宽叶山月桂●☆

215402 Kalmia microphylla A. Heller;小叶山月桂(高山月桂);Alpine Laurel,Western Laurel ●☆

215403 Kalmia microphylla A. Heller f. alba Ebinger;白小叶山月桂;White Western Laurel ●☆

215404 Kalmia occidentalis Small;西方山月桂;Western Swamp Laurel ●☆

215405 Kalmia polifolia Wangenh.;沼泽山月桂(灰白山月桂);Bog Kalmia,Bog Laurel,Bog-laurel,Eastern Bog Laurel,Pale Laurel,Pale-laurel,Swamp Laurel,Swamp-laurel ●☆

215406 Kalmia polifolia Wangenh. var. rosmarinifolia (Pursh) Rehder = Kalmia polifolia Wangenh. ●☆

215407 Kalmiaceae Durande = Ericaceae Juss. (保留科名)●

215408 Kalmiella Small = Kalmia L. ●

215409 Kalmiella Small(1903);小山月桂属●☆

215410 Kalmiella hirsuta (Walter) Small;小山月桂●☆

215411 Kalmiopsis Rehder(1932);假山月桂属(拟山月桂属,桃花杜属);Leachian Kalmiopsis ●☆

215412 Kalmiopsis leachiana (L. F. Hend.) Rehder;假山月桂(拟山月桂);Kalmiopsis ●☆

215413 Kalmiopsis leachiana (L. F. Hend.) Rehder 'La Piniec';小叶假山月桂(小叶拟山月桂)●☆

215414 Kalomikta Regel = Actinidia Lindl. ●

215415 Kalonymus (Beck.) Prokh. = Euonymus L.(保留属名)●

215416 Kalonymus macroptera (Rupr.) Prokh. = Euonymus macropterus Rupr. ●

215417 Kalonymus maximowiczianus Prokh. = Euonymus maximowiczianus (Prokh.) Vorosch. ●

215418 Kalonymus maximowiczianus Prokh. = Euonymus sachalinensis (F. Schmidt) Maxim. ●

215419 Kalonymus sachalinensis (F. Schmidt) Prokh. = Euonymus sachalinensis (F. Schmidt) Maxim. ●

215420 Kalopanax Miq. (1863);刺楸属;Castor Aralia, Kalopanax ●

215421 Kalopanax autumnalis Koidz. = Kalopanax septemlobus (Thunb.) Koidz. ●

215422 Kalopanax divaricatus (Siebold et Zucc.) Miq. = Acanthopanax divaricatus (Siebold et Zucc.) Seem. ●☆

215423 Kalopanax innovans Miq. = Acanthopanax innovans (Siebold et Zucc.) Franch. et Sav. ●☆

215424 Kalopanax innovans Miq. = Kalopanax septemlobus (Thunb.) Koidz. ●

215425 Kalopanax pictus (Thunb.) Nakai = Kalopanax septemlobus (Thunb.) Koidz. ●

215426 Kalopanax pictus (Thunb.) Nakai f. maximowiczii (Van Houtte) H. Hara = Kalopanax septemlobus (Thunb.) Koidz. ●

215427 Kalopanax pictus (Thunb.) Nakai var. lutchuensis (Nakai) Nemoto = Kalopanax septemlobus (Thunb.) Koidz. subsp. lutchuensis (Nakai) H. Ohashi ●☆

215428 Kalopanax pictus (Thunb.) Nakai var. magnificus (Zabel) Nakai = Kalopanax septemlobus (Thunb.) Koidz. f. maximowiczii (Van Houtte) H. Ohashi ●

215429 Kalopanax pictus (Thunb.) Nakai var. magnificus (Zabel) Nakai = Kalopanax septemlobus (Thunb.) Koidz. ●

215430 Kalopanax pictus (Thunb.) Nakai var. magnificus (Zabel) Nakai f. maximowiczii (Van Houtte) H. Hara = Kalopanax septemlobus (Thunb.) Koidz. f. maximowiczii (Van Houtte) H. Ohashi ●

215431 Kalopanax pictus Nakai = Kalopanax septemlobus (Thunb.) Koidz. ●

215432 Kalopanax ricinifolium Miq. = Kalopanax septemlobus (Thunb.) Koidz. ●

215433 Kalopanax ricinifolium Miq. var. chinensis Nakai = Kalopanax septemlobus (Thunb.) Koidz. ●

215434 Kalopanax ricinifolium Miq. var. lutchuense Nakai = Kalopanax septemlobus (Thunb.) Koidz. subsp. lutchuensis (Nakai) H. Ohashi ●☆

215435 Kalopanax ricinifolium Miq. var. magnificum Zabel = Kalopanax septemlobus (Thunb.) Koidz. var. magnificus (Zabel) Hand.-Mazz. ●

215436 Kalopanax ricinifolium Miq. var. maximowiczi Nakai = Kalopanax septemlobus (Thunb.) Koidz. f. maximowiczii (Van Houtte) H. Ohashi ●

215437 Kalopanax ricinifolium Miq. var. typicum Nakai = Kalopanax septemlobus (Thunb.) Koidz. ●

215438 Kalopanax ricinifolius (Siebold et Zucc.) Miq. var. chinensis Nakai = Kalopanax septemlobus (Thunb.) Koidz. ●

215439 Kalopanax ricinifolius (Siebold et Zucc.) Miq. var. magnificus Zabel = Kalopanax septemlobus (Thunb.) Koidz. ●

215440 Kalopanax ricinifolius (Siebold et Zucc.) Miq. var. maximowiczii (Van Houtte) Nakai = Kalopanax septemlobus (Thunb.) Koidz. ●

215441 Kalopanax sakaguchiana ? = Kalopanax septemlobus (Thunb.) Koidz. subsp. lutchuensis (Nakai) H. Ohashi ●☆

215442 Kalopanax septemlobus (Thunb.) Koidz.;刺楸(本州刺楸,蓖麻叶刺楸,蓖麻叶五加,茨楸,刺枫树,刺根白皮,刺楸树,刺桐,刺五加,丁木树,丁皮树,丁桐,丁桐树,鹅足板树,鼓钉刺,昏树,辣楸,辣枫树,老虎棒子,老虎草,毛叶刺楸,乌不宿,乌不踏,鸟不停,上山虎,鸭脚板,云楸);Arrow-bearing Tree, Castor Aralia, Hara-giri, Sen Tree, Septemlobate Kalopanax, Thorny Catalpa, Tree Aralia ●

215443 Kalopanax septemlobus (Thunb.) Koidz. f. maximowiczii (Van Houtte) H. Ohashi;马氏刺楸(裂叶刺楸,毛叶刺楸,深裂刺楸);Magnifica Septemlobate Kalopanax, Maximovicz Septemlobate Kalopanax, Palmatipartite Septemlobate Kalopanax ●

215444 Kalopanax septemlobus (Thunb.) Koidz. f. maximowiczii (Van Houtte) H. Ohashi = Kalopanax septemlobus (Thunb.) Koidz. ●

215445 Kalopanax septemlobus (Thunb.) Koidz. subsp. lutchuensis (Nakai) H. Ohashi;琉球刺楸●☆

215446 Kalopanax septemlobus (Thunb.) Koidz. var. lutchuensis (Nakai) Ohwi ex H. Ohba = Kalopanax septemlobus (Thunb.) Koidz. subsp. lutchuensis (Nakai) H. Ohashi ●☆

215447 Kalopanax septemlobus (Thunb.) Koidz. var. magnificus (Zabel) Hand.-Mazz. = Kalopanax septemlobus (Thunb.) Koidz. ●

215448 Kalopanax septemlobus (Thunb.) Koidz. var. magnificus (Zabel) Hand.-Mazz. = Kalopanax septemlobus (Thunb.) Koidz. f. maximowiczii (Van Houtte) H. Ohashi ●

215449 Kalopanax septemlobus (Thunb.) Koidz. var. maximowiczii (Van Houtte) Hand.-Mazz. = Kalopanax septemlobus (Thunb.) Koidz. ●

215450 Kalopanax septemlobus (Thunb.) Koidz. var. maximowiczii (Van Houtte) Hand.-Mazz. = Kalopanax septemlobus (Thunb.) Koidz. f. maximowiczii (Van Houtte) H. Ohashi ●

215451 Kalopanax septemlobus (Thunb.) Koidz. var. pilosus Q. Z. Yu;毛脉刺楸;Pilose Septemlobate Kalopanax ●

215452 Kalopanax septemlobus (Thunb.) Nakai = Kalopanax septemlobus (Thunb.) Koidz. ●

215453 Kalopternix Garay et Dunst. = Epidendrum L.(保留属名)■☆

215454 Kalosanthes Haw. = Rochea DC.(保留属名)●■☆

215455 Kalosanthes Haw. = Rochea DC. + Crassula L. ●■☆

215456 Kalosanthes bicolor Haw. = Crassula fascicularis Lam. ■☆

215457 Kalosanthes biconvexa (Haw.) Haw. = Crassula fascicularis Lam. ■☆

215458 Kalosanthes capitata (Lodd.) Sweet = Crassula fascicularis Lam. ■☆

215459 Kalosanthes coccinia (L.) Haw. = Crassula coccinea L. ●☆

215460 Kalosanthes coccinia (L.) Haw. var. alba Haw. = Crassula coccinea L. ●☆

215461 Kalosanthes fascicularis (Lam.) G. Don = Crassula fascicularis Lam. ■☆

215462 Kalosanthes flava (L.) Sweet = Crassula flava L. ●☆
215463 Kalosanthes jasminea (Haw. ex Sims) Haw. = Crassula obtusa Haw. ■☆
215464 Kalosanthes media Haw. = Crassula fascicularis Lam. ■☆
215465 Kalosanthes odoratissima (Andréws) Haw. = Crassula fascicularis Lam. ■☆
215466 Kalosanthes odoratissima (Andréws) Haw. var. alba (DC.) G. Don = Crassula fascicularis Lam. ■☆
215467 Kalosanthes versicolor (Burch. ex Ker Gawl.) Haw. = Crassula coccinea L. ●☆
215468 Kalpandria Walp. = Calpandria Blume ●
215469 Kalpandria Walp. = Camellia L. ●
215470 Kaluhaburunghos Kuntze = Cleistanthus Hook. f. ex Planch. ●
215471 Kaluhaburunghos macrophyllus (Hook. f.) Kuntze = Cleistanthus macrophyllus Hook. f. ●
215472 Kaluhaburunghos pedicellatus (Hook. f.) Kuntze = Cleistanthus pedicellatus Hook. f. ●
215473 Kaluhaburunghos sumtranus (Miq.) Kuntze = Cleistanthus sumatranus (Miq.) Müll. Arg. ●
215474 Kamara Adans. = Lantana L. (保留属名)●
215475 Kambola Raf. = Sonneratia L. f. (保留属名)●
215476 Kamelia Steud. = Camellia L. ●
215477 Kamelinia F. O. Khass. et I. I. Malzev = Physospermum Cusson ex Juss. ■☆
215478 Kamettia Kostel. (1834);卡麦夹竹桃属●☆
215479 Kamettia Kostel. = Ellertonia Wight ●☆
215480 Kamettia malabarica Kostel. ;卡麦夹竹桃●☆
215481 Kamiella Vassilcz. = Medicago L. (保留属名)●■
215482 Kamiella archiducis-nicolai (Sirj.) Vassilcz. = Medicago archiducis-nicolai Sirj. ■
215483 Kamiesbergia Snijman = Hessea Herb. (保留属名)■☆
215484 Kamiesbergia stenosiphon Snijman = Hessea stenosiphon (Snijman) D. Müll. -Doblies et U. Müll. -Doblies ■☆
215485 Kampmania Raf. = Zanthoxylum L. ●
215486 Kampmannia Raf. = Zanthoxylum L. ●
215487 Kampmannia Steud. = Cortaderia Stapf(保留属名)■
215488 Kampochloa Clayton(1967);短叶草属■☆
215489 Kampochloa brachyphylla Clayton;短叶草■☆
215490 Kamptzia Nees = Syncarpia Ten. ●☆
215491 Kanahia R. Br. (1810);东非萝藦属■☆
215492 Kanahia carlsbergiana D. V. Field, Friis et M. G. Gilbert;东非萝藦■☆
215493 Kanahia consimilis N. E. Br. = Kanahia laniflora (Forssk.) R. Br. ■☆
215494 Kanahia delilei Kotschy ex Decne. = Kanahia laniflora (Forssk.) R. Br. ■☆
215495 Kanahia forskalii Decne. = Kanahia laniflora (Forssk.) R. Br. ■☆
215496 Kanahia glaberrima (Oliv.) N. E. Br. = Kanahia laniflora (Forssk.) R. Br. ■☆
215497 Kanahia kaunah Schult. = Kanahia laniflora (Forssk.) R. Br. ■☆
215498 Kanahia laniflora (Forssk.) R. Br. ;毛花东非萝藦■☆
215499 Kanahia laniflora Delile = Kanahia laniflora (Forssk.) R. Br. ■☆
215500 Kanahia monroi S. Moore = Kanahia laniflora (Forssk.) R. Br. ■☆
215501 Kanakomyrtus N. Snow = Eugenia L. ●
215502 Kanakomyrtus N. Snow(2009);热香木属(新喀番樱桃属)●☆
215503 Kanakomyrtus longipetiolata N. Snow;长柄热香木●☆
215504 Kanaloa Lorence et K. R. Wood (1994);卡那豆属☆
215505 Kanaloa kahoolawensis Lorence et K. R. Wood;卡那豆☆
215506 Kandaharia Alava(1976);康达草属■☆
215507 Kandaharia rechingerorum Alava;康达草■☆
215508 Kandelia (DC.) Wight et Arn. (1834);秋茄树属(茄藤树属,水笔仔属);Kandelia ●
215509 Kandelia Wight et Arn. = Kandelia (DC.) Wight et Arn. ●
215510 Kandelia candel (L.) Druce;秋茄树(红榄,红浪,浪柴,茄藤树,茄行树,水笔,水笔树,水笔仔,硬柴);Kandelia ●
215511 Kandelia obovata Sheue, H. Y. Liu et W. H. Yong;倒卵秋茄树(秋茄树)●
215512 Kandelia rheedii Wight et Arn. = Kandelia candel (L.) Druce ●
215513 Kandena Raf. = Canthium Lam. ●
215514 Kandis Adans. = Lepidium L. ■
215515 Kania Schltr. (1914);卡恩桃金娘属●☆
215516 Kania Schltr. = Metrosideros Banks ex Gaertn. (保留属名)●☆
215517 Kania eugenioides Schltr. ;卡恩桃金娘●☆
215518 Kania hirsutula (F. Muell.) A. J. Scott;毛卡恩桃金娘●☆
215519 Kania microphylla (Quisumbing et Merr.) Peter G. Wilson;小叶卡恩桃金娘●☆
215520 Kania platyphylla A. J. Scott;宽叶卡恩桃金娘●☆
215521 Kaniaceae (Engl.) Nakai = Myrtaceae Juss. (保留科名)●
215522 Kaniaceae Nakai = Myrtaceae Juss. (保留科名)●
215523 Kanilia Blume = Bruguiera Sav. ●
215524 Kanilla Guett. = Bruguiera Lam. ●
215525 Kanimia Gardner = Mikania Willd. (保留属名)■
215526 Kanjarum Ramam. = Strobilanthes Blume ●■
215527 Kanopikon Raf. = Euphorbia L. ●■
215528 Kantou Aubrév. et Pellegr. = Inhambanella (Engl.) Dubard ●☆
215529 Kantou guereensis Aubrév. et Pellegr. = Inhambanella guereensis (Aubrév. et Pellegr.) T. D. Penn. ●☆
215530 Kantuffa Bruce = Pterolobium R. Br. ex Wight et Arn. (保留属名)●
215531 Kaokochloa De Winter(1961);考氏禾属(考科韦尔德草属)■☆
215532 Kaokochloa nigrirostris De Winter;考氏禾■☆
215533 Kaoue Pellegr. = Stachyothyrsus Harms ■☆
215534 Kaoue germainii R. Wilczek = Stachyothyrsus staudtii Harms ■☆
215535 Kaoue stapfiana (A. Chev.) Pellegr. = Stachyothyrsus stapfiana (A. Chev.) J. Léonard et Voorh. ■☆
215536 Kappia Venter, A. P. Dold et R. L. Verh. (2006);非洲萝藦属■☆
215537 Kappia Venter, A. P. Dold et R. L. Verh. = Raphionacme Harv. ■☆
215538 Kara-angolam Adans. (废弃属名) = Alangium Lam. (保留属名)●
215539 Karaguata Raf. = Tillandsia L. ■☆
215540 Karaka Raf. = Erythropsis Lindl. ex Schott et Endl. ●
215541 Karaka Raf. = Firmiana Marsili ●
215542 Karaka Raf. = Sterculia L. ●
215543 Karaka colorata (Roxb.) Raf. = Erythropsis colorata (Roxb.) Burkill ●
215544 Karamyschewia Fisch. et C. A. Mey. = Oldenlandia L. ●■

215545 Karamyschewia hedyotoides Fisch. et C. A. Mey. = Oldenlandia capensis L. f. var. pleiosepala Bremek. ●☆
215546 Karamyschovia Fisch. ex Steud. = Karamyschewia Fisch. et C. A. Mey. ●■
215547 Karangolum Kuntze = Alangium Lam. (保留属名)●
215548 Karangolum barbatum (R. Br.) Kuntze = Alangium barbatum (R. Br.) Baill. ex Kuntze ●
215549 Karangolum chinense (Lour.) Kuntze = Alangium chinense (Lour.) Harms ●
215550 Karangolum faberi (Oliv.) Kuntze = Alangium faberi Oliv. ●
215551 Karangolum platanifolium (Siebold et Zucc.) Kuntze = Alangium platanifolium (Siebold et Zucc.) Harms ●
215552 Karatas Mill. = Bromelia L. ■☆
215553 Karatas plumieri Mill. = Bromelia plumieri (E. Morren) L. B. Sm. ■☆
215554 Karatas spectabilis Antoine = Aregelia spectabilis Mez ■☆
215555 Karatavia Pimenov et Lavrova(1987);卡拉套草属■☆
215556 Karatavia kultiassovii (Korovin) Pimenov et Lavrova;卡拉塔草■☆
215557 Kardanoglyphos Schltdl. (1857);小葶菜属■☆
215558 Kardanoglyphos Schltdl. = Rorippa Scop. ■
215559 Kardanoglyphos nana Schltdl.;小葶菜■☆
215560 Kardomia Peter G. Wilson = Babingtonia Lindl. ●
215561 Kardomia Peter G. Wilson = Baeckea L. ●
215562 Kare-Kandel Adans. = Carallia Roxb. (保留属名)●
215563 Karekandel Adans. ex Wolf = Carallia Roxb. (保留属名)●
215564 Karekandel Wolf(废弃属名) = Carallia Roxb. (保留属名)●
215565 Karekandelia Kuntze = Carallia Roxb. (保留属名)●
215566 Karelinia Less. (1834);花花柴属(卡丽花属);Karelinia ■
215567 Karelinia caspia (Pall.) Less.;花花柴(里海卡丽花,胖姑娘);Caspian Karelinia ■
215568 Karelinia caspia (Pall.) Less. f. angustifolia Smoljan. = Karelinia caspia (Pall.) Less. ■
215569 Karelinia caspia (Pall.) Less. f. ovalifolia Smoljan. = Karelinia caspia (Pall.) Less. ■
215570 Karimbolea Desc. (1960);卡里萝藦属■☆
215571 Karimbolea Desc. = Cynanchum L. ●■
215572 Karimbolea mariensis Meve et Liede = Cynanchum mariense (Meve et Liede) Liede et Meve ■☆
215573 Karimbolea verrucosa Desc. = Cynanchum verrucosum (Desc.) Liede et Meve ■☆
215574 Karina Boutique(1971);扎伊尔龙胆属■☆
215575 Karina tayloriana Boutique;扎伊尔龙胆■☆
215576 Karinia Reznicek et McVaugh = Scirpoides Ség. ■☆
215577 Karivia Arn. = Solena Lour. ■
215578 Karivia Arn. = Zehneria Endl. ■
215579 Karivia javanica Miq. = Mukia javanica (Miq.) C. Jeffrey ■
215580 Karivia longicirrha Miq. = Actinostemma tenerum Griff. ■
215581 Karivia umbellata (Klein ex Willd.) Arn. = Solena amplexicaulis (Lam.) Gandhi ■
215582 Karkandela Raf. = Carallia Roxb. (保留属名)●
215583 Karkandela Raf. = Karekandel Wolf(废弃属名)●
215584 Karkinetron Raf. (废弃属名) = Muehlenbeckia Meisn. (保留属名)●☆
215585 Karlea Pierre = Maesopsis Engl. ●☆
215586 Karlea berchemioides Pierre = Maesopsis eminii Engl. subsp. berchemioides (Pierre) N. Hallé ●☆
215587 Karnataka P. K. Mukh. et Constance(1986);卡尔纳草属■☆
215588 Karnataka benthamti (C. B. Clarke) P. K. Mukh. et Constance;卡尔纳草■☆
215589 Karomia Dop(1932);宽萼木属●☆
215590 Karomia gigas (Faden) Verdc.;大宽萼木●☆
215591 Karomia speciosa (Hutch. et Corbishley) R. Fern.;美丽宽萼木●☆
215592 Karomia speciosa (Hutch. et Corbishley) R. Fern. f. alba (Moldenke) R. Fern.;白花美丽宽萼木●☆
215593 Karomia speciosa (Hutch. et Corbishley) R. Fern. f. flava (Moldenke) R. Fern.;黄宽萼木●☆
215594 Karomia tettensis (Klotzsch) R. Fern.;热非宽萼木●☆
215595 Karorchis D. L. Jones et M. A. Clem. = Bulbophyllum Thouars (保留属名)■
215596 Karorchis D. L. Jones et M. A. Clem. = Kaurorchis D. L. Jones et M. A. Clem. ■
215597 Karos Nieuwl. et Lunell = Carum L. ■
215598 Karpaton Raf. = Triosteum L. (保留属名)■
215599 Karroochloa Conert et Türpe = Rytidosperma Steud. ■☆
215600 Karroochloa Conert et Türpe(1969);类皱稃草属■☆
215601 Karroochloa curva (Nees) Conert et Türpe;类皱稃草■☆
215602 Karroochloa purpurea (L. f.) Conert et Türpe;紫类皱稃草;South African Oatgrass ■☆
215603 Karroochloa purpurea L. f. = Karroochloa purpurea (L. f.) Conert et Türpe ■☆
215604 Karroochloa schismoides (Stapf ex Conert) Conert et Türpe;齿稃类皱稃草■☆
215605 Karroochloa tenella (Nees) Conert et Türpe;细类皱稃草■
215606 Karsthia Raf. = Oenanthe L. ■
215607 Karthemia Sch. Bip. = Iphiona Cass. (保留属名)●■☆
215608 Karthemia Sch. Bip. = Varthemia DC. ●■☆
215609 Karvandarina Rech. f. (1950);无叶菊属●☆
215610 Karvandarina aphylla Rech. f.;无叶菊■☆
215611 Karwinskia Zucc. (1832);卡氏鼠李属(卡文木属,卡文斯基属)●☆
215612 Karwinskia calderoni Standl.;萨尔瓦多卡氏鼠李(萨尔瓦多卡文鼠李)●☆
215613 Karwinskia humboldtiana (Roem. et Schult.) Zucc.;墨西哥卡氏鼠李(赫博卡文木,墨西哥卡文鼠李)●☆
215614 Karwinskia humboldtiana Zucc. = Karwinskia humboldtiana (Roem. et Schult.) Zucc. ●☆
215615 Karwinskia latifolia Standl.;宽叶卡氏鼠李(宽叶卡文鼠李)●☆
215616 Kaschgaria Poljakov(1957);喀什菊属;Kaschdaisy, Kaschgaria ●■
215617 Kaschgaria brachanthemoides (C. Winkl.) Poljakov;密枝喀什菊;Densebranch Kaschdaisy, Densebranch Kaschgaria ●■
215618 Kaschgaria komalovii (Krasch. et N. I. Rubtzov) Poljakov;喀什菊;Komarov Kaschdaisy, Komarov's Kaschgaria ●
215619 Kashmiria D. Y. Hong(1980);喀什米尔婆婆纳属(喀什米尔玄参属)■☆
215620 Kashmiria himalaica (Hook. f.) D. Y. Hong;喀什克尔婆婆纳■☆
215621 Kastnera Sch. Bip. = Liabum Adans. ■●☆
215622 Katafa Costantin et J. Poiss. = Cedrelopsis Baill. ●☆
215623 Katafa crassisepalum Costantin et H. Poiss. = Cedrelopsis grevei Baill. ●☆

215624 Katakidozamia Haage et Schmidt ex Regel = Macrozamia Miq. ●☆

215625 Katapsuxis Raf. = Cnidium Cusson ex Juss. ■

215626 Katarsis Medik. = Gypsophila L. ■●

215627 Katharine Gregg et Paul M. Catling = Cleistes Rich. ex Lindl. ■☆

215628 Katherinea A. D. Hawkes = Epigeneium Gagnep. ■

215629 Katherinea ampla (Lindl.) A. D. Hawkes = Epigeneium amplum (Lindl. ex Wall.) Summerh. ■

215630 Katherinea coelogyne (Rchb. f.) A. D. Hawkes = Epigeneium amplum (Lindl. ex Wall.) Summerh. ■

215631 Katherinea fuscescens (Griff.) A. D. Hawkes = Epigeneium fuscescens (Griff.) Summerh. ■

215632 Katherinea rotundata (Lindl.) A. D. Hawkes = Epigeneium rotundatum (Lindl.) Summerh. ■

215633 Katoutheka Adans. (废弃属名) = Ardisia Sw. (保留属名) ●■

215634 Katoutheka Adans. (废弃属名) = Wendlandia Bartl. ex DC. (保留属名) ●

215635 Katouthexa Steud. = Katoutheka Adans. (废弃属名) ●

215636 Katou-Tsjeroe Adans. (废弃属名) = Holigarna Buch. -Ham. ex Roxb. (保留属名) ●☆

215637 Katou-tsjeroë Adans. (废弃属名) = Holigarna Buch. -Ham. ex Roxb. (保留属名) ●☆

215638 Katubala Adans. = Canna L. ■

215639 Kaufmannia Regel (1875); 金钟报春属(考夫报春花属) ■☆

215640 Kaufmannia brachyanthera Losinsk.; 短药金钟报春(短药考夫报春花) ■☆

215641 Kaufmannia semenovi Regel; 金钟报春(金钟花, 考夫报春花) ■☆

215642 Kaukenia Kuntze = Mimusops L. ●☆

215643 Kaukenia caffra (E. Mey. ex A. DC.) Kuntze = Mimusops caffra E. Mey. ex A. DC. ●☆

215644 Kaukenia cuneifolia (Baker) Kuntze = Manilkara obovata (Sabine et G. Don) J. H. Hemsl. ●☆

215645 Kaukenia fruticosa (Bojer ex A. DC.) Kuntze = Mimusops obtusifolia Lam. ●☆

215646 Kaukenia kirkii (Baker) Kuntze = Mimusops obtusifolia Lam. ●☆

215647 Kaukenia kummel (Bruce ex A. DC.) Kuntze = Mimusops kummel Bruce ex A. DC. ●☆

215648 Kaukenia lacera (Baker) Kuntze = Manilkara obovata (Sabine et G. Don) J. H. Hemsl. ●☆

215649 Kaukenia mochisia (Baker) Kuntze = Manilkara mochisia (Baker) Dubard ●☆

215650 Kaukenia multinervis (Baker) Kuntze = Manilkara obovata (Sabine et G. Don) J. H. Hemsl. ●☆

215651 Kaulfussia Dennst. = Xanthophyllum Roxb. (保留属名) ●

215652 Kaulfussia Nees = Charieis Cass. ■☆

215653 Kaulfussia Nees = Felicia Cass. (保留属名) ●■

215654 Kaulfussia amelloides Nees = Charieis heterophylla Cass. ■☆

215655 Kaulfussia amelloides Nees = Felicia heterophylla (Cass.) Grau ■☆

215656 Kaulfussia ciliata Spreng. = Felicia tenella (L.) Nees subsp. longifolia (DC.) Grau ●☆

215657 Kaulfussia strigosa A. Spreng. = Felicia ovata (Thunb.) Compton ●☆

215658 Kaunia R. M. King et H. Rob. (1980); 密泽兰属 ●☆

215659 Kaunia R. M. King et H. Rob. = Eupatorium L. ■●

215660 Kaurorchis D. L. Jones et M. A. Clem. = Bulbophyllum Thouars (保留属名) ■

215661 Kavalama Raf. = Sterculia L. ●

215662 Kayaseria Lauterb. = Lagenophora Cass. (保留属名) ■●

215663 Kayea Wall. (1831); 凯木属; Kayea ●☆

215664 Kayea Wall. = Mesua L. ●

215665 Kayea brevipes Merr.; 短梗凯木 ●☆

215666 Kayea caudata King; 尾状凯木 ●☆

215667 Kayea ferruginea Pierre; 锈色凯木 ●☆

215668 Kayea floribunda Wall.; 繁花凯木 ●☆

215669 Kayea grandis King; 大凯木 ●☆

215670 Kayea macrantha Baill.; 大花凯木 ●☆

215671 Kayea macrophylla Kaneh. et Hatus.; 大叶凯木 ●☆

215672 Kayea manii King; 曼氏凯木 ●☆

215673 Kayea megalocarpa Merr.; 大果凯木 ●☆

215674 Kayea nervosa T. Anderson; 显脉凯木 ●☆

215675 Kayea oblongifolia Ridl.; 矩圆叶凯木 ●☆

215676 Kayea parviflora Ridl.; 小花凯木 ●☆

215677 Kearnemalvastrum D. M. Bates (1967); 白瓣黑片葵属 ●☆

215678 Kearnemalvastrum lacteum (Ait.) D. M. Bates; 白瓣黑片葵 ●☆

215679 Kearnemalvastrum subtriflorum (Lag.) D. M. Bates; 亚三花白瓣黑片葵 ●☆

215680 Keayodendron Léandri (1959); 凯伊大戟属 ●☆

215681 Keayodendron bridelioides (Mildbr. ex Hutch. et Dalziel) Léandri = Keayodendron bridelioides Léandri ●☆

215682 Keayodendron bridelioides Léandri; 凯伊大戟 ●☆

215683 Kebirita Kramina et D. D. Sokoloff = Lotus L. ■

215684 Keckia Straw = Keckiella Straw ●☆

215685 Keckiella Straw (1967); 凯克婆婆纳属 ●☆

215686 Keckiella antirrhinoides (Benth.) Straw; 凯克婆婆纳 ●☆

215687 Keckiella breviflora (Lindl.) Straw; 短花凯克婆婆纳 ●☆

215688 Keckiella cordifolia (Benth.) Straw; 心叶凯克婆婆纳 ●☆

215689 Kedarnatha P. K. Mukh. et Constance (1986); 开达尔草属 ■☆

215690 Kedarnatha sanctuarii P. K. Mukh. et Constance; 开达尔草 ■☆

215691 Kedhalia C. K. Lim (2009); 马来姜属 ■☆

215692 Kedrostis Medik. (1791); 毒瓜属 ■☆

215693 Kedrostis africana (L.) Cogn.; 非洲毒瓜 ■☆

215694 Kedrostis angulata (P. J. Bergius) Fourc. = Kedrostis nana (Lam.) Cogn. ■☆

215695 Kedrostis bainesii (Hook. f.) Cogn. = Corallocarpus bainesii (Hook. f.) A. Meeuse ■☆

215696 Kedrostis boehmii Cogn. = Corallocarpus boehmii (Cogn.) C. Jeffrey ■☆

215697 Kedrostis brevispinosa Cogn. = Momordica spinosa (Gilg) Chiov. ■☆

215698 Kedrostis capensis (Sond.) A. Meeuse; 好望角毒瓜 ■☆

215699 Kedrostis cinerea Cogn. = Cucumella cinerea (Cogn.) C. Jeffrey ■☆

215700 Kedrostis cinerea Cogn. = Cucumis cinereus (Cogn.) Ghebret. et Thulin ■☆

215701 Kedrostis crassirostrata Bremek.; 粗喙毒瓜 ■☆

215702 Kedrostis cufodontii Chiov. = Kedrostis hirtella (Naudin) Cogn. ■☆

215703 Kedrostis digitata (Thunb.) Cogn. = Kedrostis africana (L.) Cogn. ■☆

215704 Kedrostis dissecta Rabenant.;深裂毒瓜■☆
215705 Kedrostis elongata Rabenant.;伸长毒瓜■☆
215706 Kedrostis engleri Gilg = Cucumis engleri (Gilg) Ghebret. et Thulin ■☆
215707 Kedrostis foetidissima (Jacq.) Cogn.;臭毒瓜■☆
215708 Kedrostis foetidissima (Jacq.) Cogn. subsp. obtusiloba (E. Mey. ex Sond.) A. Meeuse = Kedrostis foetidissima (Jacq.) Cogn. ■☆
215709 Kedrostis foetidissima (Jacq.) Cogn. var. divergens (A. Rich.) Cogn. = Kedrostis foetidissima (Jacq.) Cogn. ■☆
215710 Kedrostis foetidissima (Jacq.) Cogn. var. glandulifera A. Zimm. = Kedrostis foetidissima (Jacq.) Cogn. ■☆
215711 Kedrostis foetidissima (Jacq.) Cogn. var. microcarpa Cogn. = Kedrostis foetidissima (Jacq.) Cogn. ■☆
215712 Kedrostis foetidissima (Jacq.) Cogn. var. perrottetiana (Ser.) Cogn. = Kedrostis foetidissima (Jacq.) Cogn. ■☆
215713 Kedrostis gijef (J. F. Gmel.) C. Jeffrey;吉杰夫毒瓜■☆
215714 Kedrostis gilgiana Cogn. = Kedrostis hirtella (Naudin) Cogn. ■☆
215715 Kedrostis glauca (Schrad.) Cogn. = Kedrostis africana (L.) Cogn. ■☆
215716 Kedrostis glomeruliflora Deflers = Corallocarpus glomeruliflorus (Deflers) Cogn. ■☆
215717 Kedrostis gracilis R. Fern. = Cucumella cinerea (Cogn.) C. Jeffrey ■☆
215718 Kedrostis gracilis R. Fern. = Cucumis cinereus (Cogn.) Ghebret. et Thulin ■☆
215719 Kedrostis grossulariifolia (E. Mey. ex Arn.) C. Presl = Kedrostis africana (L.) Cogn. ■☆
215720 Kedrostis heterophylla A. Zimm.;异叶毒瓜■☆
215721 Kedrostis hirtella (Naudin) Cogn.;多毛毒瓜■☆
215722 Kedrostis lanuginosa Rabenant.;多绵毛毒瓜■☆
215723 Kedrostis laxa Rabenant.;疏松毒瓜■☆
215724 Kedrostis ledermannii Cogn. = Kedrostis hirtella (Naudin) Cogn. ■☆
215725 Kedrostis limpopoensis C. Jeffrey;林波波毒瓜■☆
215726 Kedrostis longipedunculata Cogn. ex Schinz = Kedrostis hirtella (Naudin) Cogn. ■☆
215727 Kedrostis macrosperma Cogn. = Momordica macrosperma (Cogn.) Chiov. ■☆
215728 Kedrostis malvifolia Chiov. = Momordica cymbalaria Hook. f. ■☆
215729 Kedrostis mildbraedii (Gilg et Cogn.) C. Jeffrey = Corallocarpus wildii C. Jeffrey ■☆
215730 Kedrostis minutiflora Cogn. = Kedrostis foetidissima (Jacq.) Cogn. ■☆
215731 Kedrostis mollis (Kunze) Cogn. = Kedrostis nana (Lam.) Cogn. ■☆
215732 Kedrostis nana (Lam.) Cogn.;矮毒瓜■☆
215733 Kedrostis nana (Lam.) Cogn. var. latiloba (Schrad.) Cogn. = Kedrostis nana (Lam.) Cogn. ■☆
215734 Kedrostis nana (Lam.) Cogn. var. schlechteri (Cogn.) A. Meeuse;施莱毒瓜■☆
215735 Kedrostis nana (Lam.) Cogn. var. zeyheri (Schrad.) A. Meeuse;泽耶尔毒瓜■☆
215736 Kedrostis natalensis (Hook. f.) A. Meeuse = Kedrostis hirtella (Naudin) Cogn. ■☆
215737 Kedrostis otaviensis Dinter = Kedrostis hirtella (Naudin) Cogn. ■☆
215738 Kedrostis perrieri Rabenant.;佩里耶毒瓜■☆
215739 Kedrostis psammophylla Bruyns;沙叶毒瓜■☆
215740 Kedrostis pseudogijef (Gilg) C. Jeffrey;假吉杰夫毒瓜■☆
215741 Kedrostis punctulata (Sond.) Cogn. = Kedrostis africana (L.) Cogn. ■☆
215742 Kedrostis rautanenii Cogn. = Kedrostis hirtella (Naudin) Cogn. ■☆
215743 Kedrostis rigidiuscula Cogn. = Kedrostis hirtella (Naudin) Cogn. ■☆
215744 Kedrostis rostrata (Rottler) Cogn. = Kedrostis foetidissima (Jacq.) Cogn. ■☆
215745 Kedrostis schlechteri Cogn. = Kedrostis nana (Lam.) Cogn. var. schlechteri (Cogn.) A. Meeuse ■☆
215746 Kedrostis spinosa Gilg = Momordica spinosa (Gilg) Chiov. ■☆
215747 Kedrostis velutina Cogn. = Kedrostis nana (Lam.) Cogn. ■☆
215748 Kedrostis zeyheri (Schrad.) Cogn. = Kedrostis nana (Lam.) Cogn. var. zeyheri (Schrad.) A. Meeuse ■☆
215749 Keenania Hook. f. (1880);溪楠属;Keenan ●
215750 Keenania flava H. S. Lo;黄溪楠;Yellow Keenan ●
215751 Keenania tonkinensis Drake;溪楠;Tonkin Keenan ●
215752 Keerlia A. Gray et Engelm. = Chaetopappa DC. ■☆
215753 Keerlia DC. = Aphanostephus DC. + Xanthocephalum Willd. ■☆
215754 Keerlia DC. = Chaetopappa DC. ■☆
215755 Keerlia bellidifolia A. Gray et Engelm. = Chaetopappa bellidifolia (A. Gray et Engelm.) Shinners ■☆
215756 Keerlia effusa A. Gray = Chaetopappa effusa (A. Gray) Shinners ■☆
215757 Keerlia skirrhobasis DC. = Aphanostephus skirrhobasis (DC.) Trel. ■☆
215758 Keetia E. Phillips = Canthium Lam. ●
215759 Keetia E. Phillips(1926);基特茜属●☆
215760 Keetia acuminata (De Wild.) Bridson;渐尖基特茜●☆
215761 Keetia angustifolia Bridson;窄叶基特茜●☆
215762 Keetia cornelia (Cham. et Schltdl.) Bridson;塞内加尔基特茜●☆
215763 Keetia ferruginea Bridson;锈色基特茜●☆
215764 Keetia foetida (Hiern) Bridson;臭基特茜●☆
215765 Keetia gracilis (Hiern) Bridson;纤细基特茜●☆
215766 Keetia gueinzii (Sond.) Bridson;吉内斯基特茜●☆
215767 Keetia hispida (Benth.) Bridson;硬毛基特茜●☆
215768 Keetia inaequilatera (Hutch. et Dalziel) Bridson;不等基特茜●☆
215769 Keetia leucantha (K. Krause) Bridson;白花基特茜●☆
215770 Keetia lulandensis Bridson;卢兰多基特茜●☆
215771 Keetia mannii (Hiern) Bridson;曼氏基特茜●☆
215772 Keetia molundensis (K. Krause) Bridson;莫卢基特茜●☆
215773 Keetia molundensis (K. Krause) Bridson var. macrostipulata (De Wild.) Bridson;大托叶莫卢基特茜●☆
215774 Keetia multiflora (Schumach. et Thonn.) Bridson;多花基特茜●☆
215775 Keetia obovata Jongkind;倒卵形基特茜●☆
215776 Keetia ornata Bridson et Robbr.;装饰基特茜●☆
215777 Keetia purpurascens (Bullock) Bridson;浅紫基特茜●☆
215778 Keetia purseglovei Bridson;帕斯格洛夫基特茜●☆

215779 Keetia ripae (De Wild.) Bridson;里巴基特茜●☆
215780 Keetia rubens (Hiern) Bridson;变淡红基特茜●☆
215781 Keetia rufivillosa (Robyns ex Hutch. et Dalziel) Bridson;浅红毛基特茜●☆
215782 Keetia rwandensis Bridson;卢旺达基特茜●☆
215783 Keetia tenuiflora (Hiern) Bridson;细花基特茜●☆
215784 Keetia transvaalensis E. Phillips = Keetia gueinzii (Sond.) Bridson ●☆
215785 Keetia venosa (Oliv.) Bridson;细脉基特茜●☆
215786 Keetia venosissima (Hutch. et Dalziel) Bridson;多脉基特茜●☆
215787 Keetia zanzibarica (Klotzsch) Bridson;桑给巴尔基特茜●☆
215788 Keetia zanzibarica (Klotzsch) Bridson subsp. cornelioides (De Wild.) Bridson;水苋菜基特茜●☆
215789 Keetia zanzibarica (Klotzsch) Bridson subsp. gentilii (De Wild.) Bridson;让蒂基特茜●☆
215790 Kefersteinia Rchb. f. (1852);凯氏兰属(克兰属)■☆
215791 Kefersteinia alata Pupulin;翅凯氏兰■☆
215792 Kefersteinia alba Schltr.;白凯氏兰■☆
215793 Kefersteinia auriculata Dressler;黄凯氏兰■☆
215794 Kefersteinia elegans Garay;雅致凯氏兰■☆
215795 Kefersteinia minutiflora Dodson;小花凯氏兰■☆
215796 Kegelia Rchb. f. = Kegeliella Mansf. ■☆
215797 Kegelia Sch. Bip. = Eleutheranthera Poit. ex Bosc ■☆
215798 Kegeliella Mansf. (1934);克格兰属■☆
215799 Kegeliella atropilosa L. O. Williams et A. H. Heller;黑毛克格兰■☆
215800 Kegeliella kupperi Mansf.;克格兰■☆
215801 Kegeliella orientalis G. Gerlach;东方克格兰■☆
215802 Keiri Fabr. = Cheiranthus L. ●■
215803 Keiria Bowdich(1825);基尔木犀属●☆
215804 Keiria lutea Bowdich;基尔木犀●☆
215805 Keiskea Miq. (1865);香简草属(偏穗花属,霜柱花属);Keiskea ■
215806 Keiskea australis C. Y. Wu et H. W. Li;南方香简草;S. China Keiskea, South China Keiskea ■
215807 Keiskea elsholtzioides Merr.;香薷状香简草(山紫苏,香薷状霜柱);Elsholtzia-like Keiskea ■☆
215808 Keiskea elsholtzioides Merr. f. purpurea X. H. Guo;紫花香简草;Purple-flowered Elsholtzia-like Keiskea ■
215809 Keiskea elsholtzioides Merr. f. purpurea X. H. Guo = Keiskea elsholtzioides Merr. ■☆
215810 Keiskea glandulosa C. Y. Wu;腺毛香简草(腺毛霜柱);Glandhair Keiskea, Glandular Keiskea ■
215811 Keiskea japonica Miq.;日本香简草;Japanese Keiskea ■☆
215812 Keiskea japonica Miq. = Keiskea elsholtzioides Merr. ■☆
215813 Keiskea japonica Miq. = Keiskea sinensis Diels ■
215814 Keiskea japonica Miq. f. rubra Kigawa;红日本香简草■☆
215815 Keiskea japonica Miq. var. hondoensis Nakai ex H. Hara = Keiskea japonica Miq. ■☆
215816 Keiskea macrobracteata Masam.;大苞偏穗花(大萼霜柱花);Big-bracted Keiskea ■
215817 Keiskea sinensis Diels;中华香简草(中华霜柱);China Keiskea, Chinese Keiskea ■
215818 Keiskea szechuanensis C. Y. Wu;香简草(四川霜柱);Keiskea, Sichuan Keiskea, Szechwan Keiskea ■
215819 Keithia Benth. = Hoehnea Epling ■☆
215820 Keithia Benth. = Rhabdocaulon (Benth.) Epling ●■☆
215821 Keitia Regel = Eleutherine Herb. (保留属名) ■
215822 Kelissa Ravenna(1981);巴南鸢尾属■☆
215823 Kelissa brasiliensis (Baker) Ravenna;巴南鸢尾■☆
215824 Kellaua A. DC. = Euclea L. ●☆
215825 Kellaua schimperi A. DC. = Euclea racemosa Murray subsp. schimperi (A. DC.) F. White ●☆
215826 Kelleria Endl. (1848);凯勒瑞香属●☆
215827 Kelleria Endl. = Drapetes Banks ex Lam. ●☆
215828 Kelleria dieffenbachii (Hook.) Endl.;凯勒瑞香●☆
215829 Kelleria dieffenbachii Endl. = Kelleria dieffenbachii (Hook.) Endl. ●☆
215830 Kelleria laxa (Cheeseman) Heads;松散凯勒瑞香●☆
215831 Kelleria multiflora (Cheeseman) Heads;多花凯勒瑞香●☆
215832 Kelleronia Schinz(1895);索马里蒺藜属●☆
215833 Kelleronia bricchettii Chiov. = Kelleronia gilletiae Baker f. ●☆
215834 Kelleronia eriostemon Chiov. = Kelleronia splendens Schinz ●☆
215835 Kelleronia gilletiae Baker f.;吉莱索马里蒺藜●☆
215836 Kelleronia macropoda Chiov. = Kelleronia gilletiae Baker f. ●☆
215837 Kelleronia nogalensis Chiov. = Kelleronia revoilii (Franch.) Chiov. ●☆
215838 Kelleronia obbiadensis Chiov. = Kelleronia gilletiae Baker f. ●☆
215839 Kelleronia quadricornuta Chiov. = Kelleronia splendens Schinz ●☆
215840 Kelleronia revoilii (Franch.) Chiov.;雷瓦尔索马里蒺藜●☆
215841 Kelleronia revoilii (Franch.) Chiov. var. macropetala Chiov. = Kelleronia revoilii (Franch.) Chiov. ●☆
215842 Kelleronia splendens Schinz;光亮索马里蒺藜●☆
215843 Kellettia Seem. = Prockia P. Browne ex L. ●☆
215844 Kelloggia Torr. ex Benth. = Kelloggia Torr. ex Benth. et Hook. f. ■
215845 Kelloggia Torr. ex Benth. et Hook. f. (1873);钩毛草属(钩毛果属,克洛草属);Kellogia ■
215846 Kelloggia Torr. ex Hook. f. = Kelloggia Torr. ex Benth. et Hook. f. ■
215847 Kelloggia chinensis Franch.;云南钩毛草(华克洛草,假紫参,云南钩毛果);China Kellogia, Chinese Kellogia ■
215848 Kelseya (S. Watson) Rydb. (1908);莲座梅属●■☆
215849 Kelseya (S. Watson) Rydb. et C. L. Hitchc. = Kelseya (S. Watson) Rydb. ●■☆
215850 Kelseya Rydb. = Kelseya (S. Watson) Rydb. ●■☆
215851 Kelseya S. Watson ex Rydb. = Kelseya (S. Watson) Rydb. ●■☆
215852 Kelseya S. Watson ex Rydb. = Luetkea Bong. ●☆
215853 Kelseya uniflora (S. Watson) Rydb.;莲座梅●☆
215854 Kelseya uniflora Rydb. = Kelseya uniflora (S. Watson) Rydb. ●☆
215855 Kelussia Mozaff. (2003);开路草属☆
215856 Kemelia Raf. = Camellia L. ●
215857 Kemelia japonica (L.) Raf. = Camellia japonica L. ●
215858 Kemoxis Raf. = Cissus L. ●
215859 Kempfera Adans. = Tamonea Aubl. ■●☆
215860 Kemulariella Tamamsch. (1959);粉菀属■☆
215861 Kemulariella Tamamsch. = Aster L. ●■
215862 Kemulariella caucasica (Willd.) Tamamsch.;粉菀■☆
215863 Kendrickia Hook. f. (1867);肯德野牡丹属☆
215864 Kendrickia walkeri Hook. f.;肯德野牡丹☆
215865 Kengia Packer = Cleistogenes Keng ■

215866 Kengia Packer(1960);耿氏草属■

215867 Kengia andropogonoides (Honda) Packer = Cleistogenes squarrosa (Trin.) Keng ■

215868 Kengia caespitosa (Keng) Packer = Cleistogenes caespitosa Keng ■

215869 Kengia caespitosa (Keng) Packer var. ramosa (F. Z. Li et C. K. Ni) H. Yu et N. X. Zhao = Cleistogenes hackelii (Honda) Honda ■

215870 Kengia chinensis (Maxim.) Packer = Cleistogenes chinensis (Maxim.) Keng ■

215871 Kengia chinensis (Maxim.) Packer = Cleistogenes hackelii (Honda) Honda ■

215872 Kengia festucacea (Honda) Packer = Cleistogenes festucacea Honda ■

215873 Kengia foliosa (Keng) Packer = Cleistogenes festucacea Honda ■

215874 Kengia foliosa (Keng) Packer = Cleistogenes kitagawai Honda var. foliosa (Keng) S. L. Chen et C. P. Wang ■

215875 Kengia gatacrei (Stapf) Cope;加塔克耿氏草■☆

215876 Kengia gracilis (Keng ex P. C. Keng et L. Liou) Packer = Cleistogenes mucronata P. C. Keng ■

215877 Kengia gracilis (Keng) Packer = Cleistogenes gracilis P. C. Keng ■

215878 Kengia hackelii (Honda) Packer = Cleistogenes hackelii (Honda) Honda ■

215879 Kengia hackelii (Honda) Packer subsp. nakaii (Keng) T. Koyama = Cleistogenes hackelii (Honda) Honda var. nakai (Keng) Ohwi ■

215880 Kengia hackelii (Honda) Packer var. nakaii (Keng) H. Yu et N. X. Zhao = Cleistogenes hackelii (Honda) Honda var. nakai (Keng) Ohwi ■

215881 Kengia hancei (Keng) Packer = Cleistogenes hancei Keng ■

215882 Kengia hancei (Keng) Packer var. jeholensis (Kitag.) H. Yu et N. X. Zhao = Cleistogenes polyphylla Keng ex P. C. Keng et L. Liou ■

215883 Kengia kitagawae (Honda) Packer = Cleistogenes kitagawai Honda ■

215884 Kengia kitagawae (Honda) Packer var. foliosa (Keng) H. Yu et N. X. Zhao = Cleistogenes festucacea Honda ■

215885 Kengia kokonorica (K. S. Hao) Packer = Orinus kokonorica (K. S. Hao) Tzvelev ■

215886 Kengia longiflora (Keng ex P. C. Keng et Liou) Packer = Cleistogenes longiflora Keng ex P. C. Keng et L. Liou ■

215887 Kengia longiflora (Keng) Packer = Cleistogenes longiflora Keng ex P. C. Keng et L. Liou ■

215888 Kengia mucronata (Keng ex P. C. Keng et L. Liou) Packer = Cleistogenes mucronata P. C. Keng ■

215889 Kengia mucronata (Keng) Packer = Cleistogenes mucronata P. C. Keng ■

215890 Kengia mutica (Keng) Packer = Cleistogenes songorica (Roshev.) Ohwi ■

215891 Kengia nakaii (Keng) Packer = Cleistogenes hackelii (Honda) Honda var. nakai (Keng) Ohwi ■

215892 Kengia polyphylla (Keng ex P. C. Keng et L. Liou) Packer = Cleistogenes polyphylla Keng ex P. C. Keng et L. Liou ■

215893 Kengia polyphylla (Keng) Packer = Cleistogenes polyphylla Keng ex P. C. Keng et L. Liou ■

215894 Kengia ramiflora (Keng et C. P. Wang) H. Yu et N. X. Zhao = Cleistogenes ramiflora Keng et C. P. Wang ■

215895 Kengia serotina (L.) Packer var. vivipara (Honda) H. Yu et N. X. Zhao. = Cleistogenes hancei Keng ■

215896 Kengia songorica (Roshev.) Packer = Cleistogenes songorica (Roshev.) Ohwi ■

215897 Kengia squarrosa (Trin.) Packer = Cleistogenes squarrosa (Trin.) Keng ■

215898 Kengia striata (Honda) Packer = Cleistogenes kitagawai Honda ■

215899 Kengia thoroldii (Stapf ex Hemsl.) H. Yu et N. X. Zhao = Orinus thoroldii (Stapf ex Hemsl.) Bor ■

215900 Kengyilia C. Yen et J. L. Yang = Elymus L. ■

215901 Kengyilia C. Yen et J. L. Yang(1990);以礼草属(仲彬草属);Kengyilia ■

215902 Kengyilia alaica (Drobow) J. L. Yang, C. Yen et B. R. Baum;阿赖以礼草;Alai Kengyilia ■

215903 Kengyilia alatavica (Drobow) J. L. Yang, C. Yen et B. R. Baum;毛稃以礼草(阿勒泰以礼草,毛稃鹅观草);Alatai Kengyilia ■

215904 Kengyilia alatavica (Drobow) J. L. Yang, C. Yen et B. R. Baum var. longiglumis (Keng et S. L. Chen) C. Yen, J. L. Yang et B. R. Baum;长颖以礼草;Longglume Kengyilia ■

215905 Kengyilia batalinii (Krasn.) J. L. Yang, C. Yen et B. R. Baum;巴塔林以礼草(巴塔鹅观草,巴塔以礼草);Baitalin Kengyilia, Batalin Wildryegrass ■

215906 Kengyilia batalinii (Krasn.) J. L. Yang, C. Yen et B. R. Baum var. nana (J. L. Yang, C. Yen et B. R. Baum) C. Yen, J. L. Yang et B. R. Baum;矮生以礼草;Dwarf Kengyilia ■

215907 Kengyilia eremopyroides Nevski ex C. Yen, J. L. Yang et B. R. Baum;卵颖以礼草;Ovalglume Kengyilia ■

215908 Kengyilia geminata (Keng et S. L. Chen) S. L. Chen;孪生以礼草;Binate Kengyilia, Geminate Kengyilia ■

215909 Kengyilia gobicola C. Yen et J. L. Yang;戈壁以礼草;Gobi Kengyilia ■

215910 Kengyilia grandiglumis (Keng et S. L. Chen) J. L. Yang, C. Yen et B. R. Baum = Kengyilia grandiglumis (Keng) J. L. Yang, C. Yen et B. R. Baum ■

215911 Kengyilia grandiglumis (Keng ex Keng et S. L. Chen) J. L. Yang, C. Yen et B. R. Baum = Kengyilia grandiglumis (Keng) J. L. Yang, C. Yen et B. R. Baum ■

215912 Kengyilia grandiglumis (Keng ex Keng et S. L. Chen) J. L. Yang, C. Yen et B. R. Baum var. laxiuscula (Melderis) L. B. Cai = Kengyilia grandiglumis (Keng) J. L. Yang, C. Yen et B. R. Baum var. laxiuscula (Melderis) L. B. Cai ■

215913 Kengyilia grandiglumis (Keng) J. L. Yang, C. Yen et B. R. Baum;大颖以礼草■

215914 Kengyilia grandiglumis (Keng) J. L. Yang, C. Yen et B. R. Baum = Kengyilia laxiuscula (Melderis) Tzvelev ■

215915 Kengyilia grandiglumis (Keng) J. L. Yang, C. Yen et B. R. Baum var. laxiuscula (Melderis) L. B. Cai = Kengyilia thoroldiana (Oliv.) J. L. Yang, C. Yen et B. R. Baum var. laxiuscula (Melderis) S. L. Chen ■

215916 Kengyilia grandiglumis (Keng) J. L. Yang, C. Yen et B. R. Baum var. laxiuscula (Melderis) L. B. Cai = Kengyilia laxiuscula (Melderis) Tzvelev ■

215917 Kengyilia guidenensis C. Yen, J. L. Yang et B. R. Baum;贵德以礼草;Guide Kengyilia ■

215918 Kengyilia habahenensis Baum, C. Yen et J. L. Yang;哈巴河以礼草;Habahe Kengyilia ■

215919 Kengyilia hejingensis L. B. Cai et D. F. Cui;和静以礼草;Hejing Kengyilia ■

215920 Kengyilia hirsuta (Keng et S. L. Chen) J. L. Yang, C. Yen et B. R. Baum = Kengyilia hirsuta (Keng) J. L. Yang, C. Yen et B. R. Baum ■

215921 Kengyilia hirsuta (Keng ex Keng et S. L. Chen) J. L. Yang, C. Yen et B. R. Baum var. varibilis (Keng ex Keng et S. L. Chen) L. B. Cai = Kengyilia hirsuta (Keng) J. L. Yang, C. Yen et B. R. Baum var. variabilis (Keng) L. B. Cai ■

215922 Kengyilia hirsuta (Keng) J. L. Yang, C. Yen et B. R. Baum;糙毛以礼草;Hairy Kengyilia ■

215923 Kengyilia hirsuta (Keng) J. L. Yang, C. Yen et B. R. Baum var. obviaristata L. B. Cai = Kengyilia obviaristata (L. B. Cai) L. B. Cai ■

215924 Kengyilia hirsuta (Keng) J. L. Yang, C. Yen et B. R. Baum var. obviaristata L. B. Cai = Kengyilia hirsuta (Keng) J. L. Yang, C. Yen et B. R. Baum ■

215925 Kengyilia hirsuta (Keng) J. L. Yang, C. Yen et B. R. Baum var. tahopaica (Keng) L. B. Cai = Kengyilia melanthera (Keng) J. L. Yang, C. Yen et B. R. Baum var. tahopaica (Keng) S. L. Chen ■

215926 Kengyilia hirsuta (Keng) J. L. Yang, C. Yen et B. R. Baum var. tahopaica (Keng et S. L. Chen) L. B. Cai = Kengyilia melanthera (Keng) J. L. Yang, C. Yen et B. R. Baum var. tahopaica (Keng) S. L. Chen ■

215927 Kengyilia hirsuta (Keng) J. L. Yang, C. Yen et B. R. Baum var. variabilis (Keng) L. B. Cai;善变以礼草(善变糙毛草);Variable Kengyilia ■

215928 Kengyilia hirsuta (Keng) J. L. Yang, C. Yen et B. R. Baum var. variabilis (Keng) L. B. Cai = Kengyilia hirsuta (Keng) J. L. Yang, C. Yen et B. R. Baum ■

215929 Kengyilia kaschgarica (D. F. Cui) L. B. Cai;喀什以礼草(喀什披碱草);Kaschgar Kengyilia ■

215930 Kengyilia kokonorica (Keng et S. L. Chen) J. L. Yang, C. Yen et B. R. Baum = Kengyilia kokonorica (Keng) J. L. Yang, C. Yen et B. R. Baum ■

215931 Kengyilia kokonorica (Keng ex Keng et S. L. Chen) J. L. Yang, C. Yen et B. R. Baum = Kengyilia kokonorica (Keng) J. L. Yang, C. Yen et B. R. Baum ■

215932 Kengyilia kokonorica (Keng) J. L. Yang, C. Yen et B. R. Baum;青海以礼草(青海鹅观草);Qinghai Kengyilia ■

215933 Kengyilia laxiflora (Keng et S. L. Chen) J. L. Yang, C. Yen et B. R. Baum = Kengyilia laxiflora (Keng) J. L. Yang, C. Yen et B. R. Baum ■

215934 Kengyilia laxiflora (Keng ex Keng et S. L. Chen) J. L. Yang, C. Yen et B. R. Baum = Kengyilia laxiflora (Keng) J. L. Yang, C. Yen et B. R. Baum ■

215935 Kengyilia laxiflora (Keng) J. L. Yang, C. Yen et B. R. Baum;疏花以礼草;Laxiflower Kengyilia ■

215936 Kengyilia laxistachya L. B. Cai et D. F. Cui;稀穗以礼草;Laxspike Kengyilia ■

215937 Kengyilia laxiuscula (Melderis) Tzvelev;疏穗以礼草(大颖草,疏穗梭罗以礼草);Bigglume Kengyilia, Laxspike Bigglume Kengyilia ■

215938 Kengyilia laxiuscula (Melderis) Tzvelev = Kengyilia thoroldiana (Oliv.) J. L. Yang, C. Yen et B. R. Baum var. laxiuscula (Melderis) S. L. Chen ■

215939 Kengyilia leiantha (Keng ex Keng et S. L. Chen) L. B. Cai;光花以礼草;Smooth-flowered Kengyilia ■

215940 Kengyilia leiantha (Keng) L. B. Cai = Elymus leianthus (Keng) S. L. Chen ■

215941 Kengyilia longiglumis (Keng ex Keng et S. L. Chen) J. L. Yang = Kengyilia alatavica (Drobow) J. L. Yang, C. Yen et B. R. Baum var. longiglumis (Keng et S. L. Chen) C. Yen, J. L. Yang et B. R. Baum ■

215942 Kengyilia longiglumis (Keng) J. L. Yang, C. Yen et B. R. Baum = Kengyilia alatavica (Drobow) J. L. Yang, C. Yen et B. R. Baum var. longiglumis (Keng et S. L. Chen) C. Yen, J. L. Yang et B. R. Baum ■

215943 Kengyilia melanthera (Keng) J. L. Yang, C. Yen et B. R. Baum;黑药以礼草(黑药鹅观草);Black Thorold Kengyilia, Blackanther Goosecomb, Blackanther Roegneria ■

215944 Kengyilia melanthera (Keng) J. L. Yang, C. Yen et B. R. Baum var. tahopaica (Keng) S. L. Chen;大黑药以礼草(大河坝以礼草);Daheba Kengyilia ■

215945 Kengyilia mutica (Keng et S. L. Chen) J. L. Yang, C. Yen et B. R. Baum = Kengyilia mutica (Keng) J. L. Yang, C. Yen et B. R. Baum ■

215946 Kengyilia mutica (Keng ex Keng et S. L. Chen) J. L. Yang, C. Yen et B. R. Baum = Kengyilia mutica (Keng) J. L. Yang, C. Yen et B. R. Baum ■

215947 Kengyilia mutica (Keng) J. L. Yang, C. Yen et B. R. Baum;无芒以礼草;Awnless ■

215948 Kengyilia nana J. L. Yang, C. Yen et B. R. Baum = Kengyilia batalinii (Krasn.) J. L. Yang, C. Yen et B. R. Baum var. nana (J. L. Yang, C. Yen et B. R. Baum) C. Yen, J. L. Yang et B. R. Baum ■

215949 Kengyilia obviaristata (L. B. Cai) L. B. Cai;显芒以礼草■

215950 Kengyilia obviaristata (L. B. Cai) L. B. Cai = Kengyilia hirsuta (Keng) J. L. Yang, C. Yen et B. R. Baum ■

215951 Kengyilia pamirica J. L. Yang et C. Yen;帕米尔以礼草;Pamir Kengyilia ■

215952 Kengyilia pendula L. B. Cai;弯垂以礼草;Pendule Kengyilia ■

215953 Kengyilia rigidula (Keng et S. L. Chen) J. L. Yang, C. Yen et B. R. Baum = Kengyilia rigidula (Keng ex Keng et S. L. Chen) J. L. Yang, C. Yen et B. R. Baum ■

215954 Kengyilia rigidula (Keng ex Keng et S. L. Chen) J. L. Yang, C. Yen et B. R. Baum;硬秆以礼草;Rigid Kengyilia ■

215955 Kengyilia rigidula (Keng ex Keng et S. L. Chen) J. L. Yang, C. Yen et B. R. Baum var. intermedia (Keng) S. L. Chen;光轴以礼草;Intermediate Rigid Kengyilia ■

215956 Kengyilia rigidula (Keng ex Keng et S. L. Chen) J. L. Yang, C. Yen et B. R. Baum var. trichocolea L. B. Cai;毛鞘以礼草;Hairy Rigid Kengyilia ■

215957 Kengyilia rigidula (Keng ex Keng et S. L. Chen) J. L. Yang, C. Yen et B. R. Baum var. intermedia (Keng) S. L. Chen = Kengyilia rigidula (Keng et S. L. Chen) J. L. Yang, C. Yen et B. R. Baum ■

215958 Kengyilia rigidula (Keng ex Keng et S. L. Chen) J. L. Yang, C. Yen et B. R. Baum var. trichocolea L. B. Cai = Kengyilia rigidula (Keng et S. L. Chen) J. L. Yang, C. Yen et B. R. Baum ■

215959 Kengyilia rigidula (Keng ex Keng et S. L. Chen) J. L. Yang, C. Yen et B. R. Baum var. intermedia (Keng ex Keng et S. L. Chen) L. B. Cai = Kengyilia rigidula (Keng ex Keng et S. L. Chen) J. L. Yang, C. Yen et B. R. Baum var. intermedia (Keng) S. L. Chen ■

215960 Kengyilia rigidula (Keng ex Keng et S. L. Chen) J. L. Yang, C. Yen et B. R. Baum = Kengyilia rigidula (Keng ex Keng et S. L. Chen) J. L. Yang, C. Yen et B. R. Baum var. intermedia (Keng) S. L. Chen ■

215961 Kengyilia rigidula (Keng) J. L. Yang, C. Yen et B. R. Baum

var. intermedia (Keng) S. L. Chen = Kengyilia rigidula (Keng ex Keng et S. L. Chen) J. L. Yang, C. Yen et B. R. Baum var. intermedia (Keng) S. L. Chen ■
215962 Kengyilia rigidula (Keng) J. L. Yang, C. Yen et B. R. Baum var. intermedia (Keng) S. L. Chen = Kengyilia rigidula (Keng et S. L. Chen) J. L. Yang, C. Yen et B. R. Baum ■
215963 Kengyilia shawanensis L. B. Cai;沙湾以礼草;Shawan Kengyilia ■
215964 Kengyilia stenachyra (Keng et S. L. Chen) J. L. Yang, C. Yen et B. R. Baum = Kengyilia stenachyra (Keng) J. L. Yang, C. Yen et B. R. Baum ■
215965 Kengyilia stenachyra (Keng) J. L. Yang, C. Yen et B. R. Baum;窄颖以礼草;Narrowglume Kengyilia ■
215966 Kengyilia tahelakana J. L. Yang, C. Yen et B. R. Baum;黄药以礼草(塔克拉干以礼草);Takelagan Kengyilia ■
215967 Kengyilia thoroldiana (Oliv.) J. L. Yang, C. Yen et B. R. Baum;梭罗以礼草(梭罗草);Thorold Kengyilia ■
215968 Kengyilia thoroldiana (Oliv.) J. L. Yang, C. Yen et B. R. Baum subsp. laxiusculus (Melderis) Á. Löve = Kengyilia thoroldiana (Oliv.) J. L. Yang, C. Yen et B. R. Baum var. laxiuscula (Melderis) S. L. Chen ■
215969 Kengyilia thoroldiana (Oliv.) J. L. Yang, C. Yen et B. R. Baum var. laxiusculus (Melderis) G. Singh = Kengyilia thoroldiana (Oliv.) J. L. Yang, C. Yen et B. R. Baum var. laxiuscula (Melderis) S. L. Chen ■
215970 Kengyilia thoroldiana (Oliv.) J. L. Yang, C. Yen et B. R. Baum var. laxiuscula (Melderis) S. L. Chen = Kengyilia laxiuscula (Melderis) Tzvelev ■
215971 Kengyilia thoroldiana (Oliv.) J. L. Yang, C. Yen et B. R. Baum var. melanthera (Keng) L. B. Cai = Kengyilia melanthera (Keng) J. L. Yang, C. Yen et B. R. Baum ■
215972 Kengyilia zhaosuensis J. L. Yang, C. Yen et B. R. Baum;昭苏以礼草;Zhaosu Kengyilia ■
215973 Kenia Steud. = Fagraea Thunb. ●
215974 Keniochloa Melderis = Colpodium Trin. ■
215975 Keniochloa chionogeiton (Pilg.) Melderis = Colpodium chionogeiton (Pilg.) Tzvelev ■☆
215976 Keniochloa chionogeiton (Pilg.) Melderis var. oreades (Peter) Melderis = Colpodium chionogeiton (Pilg.) Tzvelev ■☆
215977 Keniochloa hedbergii Melderis = Colpodium hedbergii (Melderis) Tzvelev ■☆
215978 Kennedia Vent. (1805);珊瑚豌豆属;Australian Bean Flower, Coral Creeper, Coral Pea, Kennedia ●☆
215979 Kennedia comptoniana Link = Hardenbergia comptoniana Benth. ●☆
215980 Kennedia monophylla Vent. = Hardenbergia violacea (Schneev.) Stearn ●☆
215981 Kennedia nigricans Lindl.;紫黑花珊瑚豌豆;Black Bean, Black Coral Pea, Purple Coral Pea ●☆
215982 Kennedia prostrata R. Br.;平卧珊瑚豌豆;Running Postman ●☆
215983 Kennedia rubicunda (Schneev.) Vent.;珊瑚豌豆;Dusky Coral Pea ●☆
215984 Kennedia rubicunda Vent. = Kennedia rubicunda (Schneev.) Vent. ●☆
215985 Kennedia tabacina Labill. = Glycine tabacina (Labill.) Benth. ■
215986 Kennedya DC. = Kennedia Vent. ●☆
215987 Kennedya Vent. = Kennedia Vent. ●☆
215988 Kennedya comptoniana Link = Hardenbergia comptoniana Benth. ●☆
215989 Kennedya monophylla Vent. = Hardenbergia violacea (Schneev.) Stearn ●☆
215990 Kennedynella Steud. = Leptolobium Vogel ●☆
215991 Kenopleurum P. Candargy = Thapsia L. ■☆
215992 Kensitia Fedde = Erepsia N. E. Br. ●☆
215993 Kensitia Fedde(1940);千岁菊属●☆
215994 Kensitia pillansii (Kensit) Fedde;千岁菊●☆
215995 Kensitia pillansii (Kensit) Fedde = Erepsia pillansii (Kensit) Liede ●☆
215996 Kentia Adans. = Trigonella L. ■☆
215997 Kentia Blume = Mitrella Miq. ●☆
215998 Kentia Blume(1830) = Schnittspahnia Rchb. ●☆
215999 Kentia Blume(1838) = Gronophyllum Scheff. ●☆
216000 Kentia J. Schiller = Howea Becc. ●
216001 Kentia Steud. = Fagraea Thunb. ●
216002 Kentia cantherburyana F. Muell. = Hedyscepe cantherburyana (F. Muell.) H. Wendl. et Druce ●☆
216003 Kentia gracilis Brongn. et Gris = Basselinia gracilis (Brongn. et Gris) Vieill. ●☆
216004 Kentia macarthuri H. Wendl. = Ptychosperma macarthuri (H. Wendl.) H. Wendl. ex Hook. f. ●☆
216005 Kentiopsis Brongn. (1873);橄榄椰属(肯托椰属,拟堪蒂桐属,拟肯特椰子属,拟肯特棕属)●☆
216006 Kentiopsis oliviformis (Brongn. et Gris) Brongn.;橄榄椰●☆
216007 Kentranthus Neck. = Centranthus Lam. et DC. ■
216008 Kentranthus Raf. = Centranthus Lam. et DC. ■
216009 Kentrochrosia K. Schum. et Lauterb. = Kopsia Blume(保留属名)●
216010 Kentrochrosia Lauterb. et K. Schum. = Kopsia Blume(保留属名)●
216011 Kentrophyllum Neck. = Carthamus L. ■
216012 Kentrophyllum Neck. ex DC. = Carthamus L. ■
216013 Kentrophyllum arborescens (L.) Hook. = Carthamus arborescens L. ■☆
216014 Kentrophyllum lanatum (L.) DC. = Carthamus lanatus L. ■
216015 Kentrophyllum lanatum (L.) DC. var. abyssinicum A. Rich. = Carthamus lanatus L. ■
216016 Kentrophyllum montanum Pomel = Carthamus lanatus L. subsp. montanus (Pomel) Batt. ■☆
216017 Kentrophyllum riphaeum Font Quer = Carthamus rhiphaeus Font Quer et Pau ■☆
216018 Kentrophyllum tauricum C. A. Mey. = Carthamus lanatus L. ■
216019 Kentrophyta Nutt. = Astragalus L. ●■
216020 Kentrophyta Nutt. ex Torr. et A. Gray = Astragalus L. ●■
216021 Kentropsis Moq. = Sclerolaena R. Br. ●☆
216022 Kentrosiphon N. E. Br. = Gladiolus L. ■
216023 Kentrosiphon duftii (Schinz) N. E. Br. = Gladiolus saccatus (Klatt) Goldblatt et M. P. de Vos ■☆
216024 Kentrosiphon gracilis N. E. Br. = Gladiolus saccatus (Klatt) Goldblatt et M. P. de Vos ■☆
216025 Kentrosiphon propinquus N. E. Br. = Gladiolus saccatus (Klatt) Goldblatt et M. P. de Vos ■☆
216026 Kentrosiphon saccatus (Klatt) N. E. Br. = Gladiolus saccatus (Klatt) Goldblatt et M. P. de Vos ■☆
216027 Kentrosiphon saccatus (Klatt) N. E. Br. subsp. steingroeveri

(Pax) Oberm. = Gladiolus saccatus (Klatt) Goldblatt et M. P. de Vos ■☆
216028 Kentrosiphon steingroeveri (Pax) N. E. Br. = Gladiolus saccatus (Klatt) Goldblatt et M. P. de Vos ■☆
216029 Kentrosphaera Volkens = Volkensinia Schinz ■☆
216030 Kentrosphaera Volkens ex Gilg = Volkensinia Schinz ■☆
216031 Kentrosphaera prostrata Volkens ex Gilg = Volkensinia prostrata (Volkens ex Gilg) Schinz ■☆
216032 Kentrothamnus Suess. et Overkott(1941);刺灌鼠李属●☆
216033 Kentrothamnus penninervius Suess. et Overk.;刺灌鼠李●☆
216034 Kepa Raf. = Allium L. ■
216035 Kepa Raf. = Cepa Mill. ■
216036 Kepa Tourn. ex Raf. = Allium L. ■
216037 Kepa Tourn. ex Raf. = Cepa Mill. ■
216038 Keppleria Mart. ex Endl. = Bentinckia Berry ex Roxb. ●
216039 Keppleria Meisn. = Oncosperma Blume ●☆
216040 Keracia (Coss.) Calest. = Hohenackeria Fisch. et C. A. Mey. ■☆
216041 Keracia Calest. = Hohenackeria Fisch. et C. A. Mey. ■☆
216042 Keramanthus Hook. f. = Adenia Forssk. ●
216043 Keramocarpus Fenzl = Coriandrum L. ■
216044 Kerandrenia Steud. = Keraudrenia J. Gay ●☆
216045 Keranthus Lour. ex Endl. = Dendrobium Sw. (保留属名)■
216046 Keraselma Neck. = Euphorbia L. ●■
216047 Keraselma Neck. ex Juss. = Euphorbia L. ●■
216048 Keraskomion Raf. = Cicuta L. ■
216049 Keratephorus Hassk. = Payena A. DC. ●☆
216050 Keratochlaena Morrone et Zuloaga = Sclerolaena R. Br. ●☆
216051 Keratolepis Rose ex Fröd. = Sedum L. ●■
216052 Keratophorus C. B. Clarke = Keratephorus Hassk. ●☆
216053 Keratophorus C. B. Clarke = Payena A. DC. ●☆
216054 Keraudrenia J. Gay(1821);凯拉梧桐属●☆
216055 Keraudrenia macrantha (Baill.) Arènes;大花凯拉梧桐●☆
216056 Keraymonia Farille(1985);尼泊尔草属☆
216057 Keraymonia nipaulensis Cauwet et Farille;尼泊尔草☆
216058 Keraymonia pinnatifolia M. F. Watson;羽叶尼泊尔草☆
216059 Kerbera E. Fourn. = Melinia Decne. ■☆
216060 Kerchovea Joriss. (1882);独苞藤属(单苞藤属)●☆
216061 Kerchovea Joriss. = Stromanthe Sond. ■☆
216062 Kerchovea floribunda Joriss.;独苞藤●☆
216063 Keria Spreng. = Kerria DC. ●
216064 Kerianthera J. H. Kirkbr. (1985);角药茜属■☆
216065 Kerianthera preclara J. H. Kirkbr.;角药茜■☆
216066 Kerigomnia P. Royen = Chitonanthera Schltr. ■☆
216067 Kerigomnia P. Royen = Octarrhena Thwaites ■☆
216068 Keringa Raf. = Vernonia Schreb. (保留属名)●■
216069 Kerinozoma Steud. = Xerochloa R. Br. ■☆
216070 Kerinozoma Steud. ex Zoll. = Xerochloa R. Br. ■☆
216071 Kermadecia Brongn. et Gris(1863);克马山龙眼属●☆
216072 Kermadecia rotundifolia Brongn. et Gris;克马山龙眼●☆
216073 Kermula Noronha = Psychotria L. (保留属名)●
216074 Kernera Medik. (1792)(保留属名);欧岩荠属;Kernera ■☆
216075 Kernera Schrank(废弃属名) = Kernera Medik. (保留属名) ■☆
216076 Kernera Schrank(废弃属名) = Tozzia L. ■☆
216077 Kernera Willd. = Kernera Medik. (保留属名)■☆
216078 Kernera Willd. = Posidonia K. D. König(保留属名)■
216079 Kernera myagrodes Medik.;欧岩荠■☆
216080 Kernera serrulata (R. Br.) Schult. = Cymodocea serrulata (R. Br.) Asch. et Magnus ■☆
216081 Kerneria Moench = Bidens L. ■●
216082 Kerrdora Gagnep. = Enkylia Griff. ■
216083 Kerrdora Gagnep. = Gynostemma Blume ■
216084 Kerria DC. (1818);棣棠花属(棣棠属);Gypsy Rose, Japanese Rose, Kerria ●
216085 Kerria japonica (L.) DC.;棣棠花(地棠,地园花,棣棠,蜂棠花,黄棣棠,黄度梅,黄蔷薇,黄榆叶梅,鸡蛋黄花,金旦子花,金棣棠,金盘,麻叶棣棠,清明花,土黄条,小通草,小通花);Bachelor's Buttons, Crocus Japonica, Flowering Kerria, Guinea Flower, Guinea Plant, Japanese Kerria, Japanese Rose, Japanese-rose, Jew's Mallow, Kerria, Moidenke, Sovereign Flower, Summer Rose, Tisty-tosty, Yellow Rose ●
216086 Kerria japonica (L.) DC. 'Albiflora';白花棣棠花;Creamy Wh. Gypsy Rose ●
216087 Kerria japonica (L.) DC. 'Flore Plena' = Kerria japonica (L.) DC. 'Pleniflora' ●
216088 Kerria japonica (L.) DC. 'Pleniflora';重瓣棣棠花(重瓣棣棠);Doubleflower Kerria, Double-flowered Gypsy Rose ●
216089 Kerria japonica (L.) DC. 'Variegata';斑叶棣棠花;Variegata Gypsy Rose ●☆
216090 Kerria japonica (L.) DC. f. albescens (Makino ex Koidz.) Ohwi;白棣棠花●☆
216091 Kerria japonica (L.) DC. f. aureo-variegata Rehder;金边棣棠花;Goldedge Kerria ●
216092 Kerria japonica (L.) DC. f. picta (Siebold) Rehder;玉边棣棠花(银边棣棠花);Jadeedge Kerria, Painted Kerria ●
216093 Kerria japonica (L.) DC. f. plena C. K. Schneid. = Kerria japonica (L.) DC. 'Pleniflora' ●
216094 Kerria japonica (L.) DC. f. pleniflora (Wittm.) Rehder = Kerria japonica (L.) DC. f. plena C. K. Schneid. ●
216095 Kerria japonica (L.) DC. f. stellata (Makino) Ohwi;星状棣棠花●☆
216096 Kerria japonica (L.) DC. var. denticulata L. C. Wang et X. G. Sun;齿萼棣棠花;Denticulate Japanese Kerria ●
216097 Kerria tetrapetala Siebold = Rhodotypos scandens (Thunb.) Makino ●
216098 Kerriochloa C. E. Hubb. (1950);暹罗草属■☆
216099 Kerriochloa siamensis C. E. Hubb.;暹罗草■☆
216100 Kerriodoxa J. Dransf. (1983);泰国棕属(卡里多棕属,雅棠棕属)●☆
216101 Kerriodoxa elegans J. Dransf.;泰国棕●☆
216102 Kerriothyrsus C. Hansen(1988);四蕊野牡丹属●☆
216103 Kerriothyrsus tetrandrus (Nayar) C. Hansen;四蕊野牡丹●☆
216104 Kerstania Rech. f. = Astragalus L. ●■
216105 Kerstania Rech. f. = Lotus L. ■
216106 Kerstingia K. Schum. = Belonophora Hook. f. ■☆
216107 Kerstingia lepidopoda K. Schum. = Belonophora coffeoides Hook. f. subsp. hypoglauca (Welw. ex Hiern) S. E. Dawson et Cheek ■☆
216108 Kerstingiella Harms(废弃属名) = Macrotyloma (Wight et Arn.) Verdc. (保留属名)■
216109 Kerstingiella biflora (Schumach. et Thonn.) J. A. Lackey = Macrotyloma biflorum (Schumach. et Thonn.) Hepper ■☆
216110 Kerstingiella geocarpa Harms = Macrotyloma geocarpum

(Harms) Maréchal et Baudet ■☆
216111 Kerstingiella geocarpa Harms var. tisserantii (Pellegr.) Hepper = Macrotyloma geocarpum (Harms) Maréchal et Baudet var. tisserantii (Pellegr.) Maréchal et Baudet ■☆
216112 Kerstingiella tisserantii Pellegr. = Macrotyloma geocarpum (Harms) Maréchal et Baudet var. tisserantii (Pellegr.) Maréchal et Baudet ■☆
216113 Kerstingiella uniflora (Lam.) Lackey = Macrotyloma uniflorum (Lam.) Verdc. ■
216114 Keteleeria Carrière(1866);油杉属;Keteleeria ●
216115 Keteleeria calcarea W. C. Cheng et L. K. Fu = Keteleeria davidiana (Bertrand) Beissn. var. calcarea (W. C. Cheng et L. K. Fu) Silba ●
216116 Keteleeria chekiangensis W. C. Cheng et L. K. Fu = Keteleeria cyclolepis Flous ●
216117 Keteleeria chekiangensis W. C. Cheng et L. K. Fu = Keteleeria fortunei (A. Murray) Carrière var. cyclolepis (Flous) Silba ●
216118 Keteleeria chienpeii Flous = Keteleeria davidiana (Bertrand) Beissn. ●
216119 Keteleeria cyclolepis Flous = Keteleeria fortunei (A. Murray) Carrière var. cyclolepis (Flous) Silba ●
216120 Keteleeria davidiana (Bertrand) Beissn.;铁坚油杉(德氏油杉,黄枝油杉,铁坚杉);David Keteleeria,David's Keteleeria ●
216121 Keteleeria davidiana (Bertrand) Beissn. subsp. fomosana (Hayata) E. Murray = Keteleeria davidiana (Bertrand) Beissn. var. formosana (Hayata) Hayata ●
216122 Keteleeria davidiana (Bertrand) Beissn. var. calcarea (W. C. Cheng et L. K. Fu) Silba;黄枝油杉;Yellow Branchlet Keteleeria, Yellow-branchlet Keteleeria ●
216123 Keteleeria davidiana (Bertrand) Beissn. var. chienpeii (Flous) W. C. Cheng et L. K. Fu;青岩油杉;Chie-Pei David Keteleeria ●
216124 Keteleeria davidiana (Bertrand) Beissn. var. chienpeii (Flous) W. C. Cheng et L. K. Fu = Keteleeria davidiana (Bertrand) Beissn. ●
216125 Keteleeria davidiana (Bertrand) Beissn. var. formosana (Hayata) Hayata;台湾油杉(牛尾松,台湾铁坚杉,台湾铁坚油杉);David Keteleeria,Taiwan Cow-tail Fir,Taiwan Keteleeria ●
216126 Keteleeria davidiana (Bertrand) Beissn. var. pubescens (W. C. Cheng et L. K. Fu) Silba = Keteleeria pubescens W. C. Cheng et L. K. Fu ●◇
216127 Keteleeria davidiana (Bertrand) Beissn. var. sacra (David) Beissn. et Fitschen = Keteleeria davidiana (Bertrand) Beissn. ●
216128 Keteleeria delavayi Tiegh. = Keteleeria evelyniana Mast. ●
216129 Keteleeria delavayi Van Tiegh. = Keteleeria evelyniana Mast. ●
216130 Keteleeria dopiana Flous;越南油杉;Viet Nam Keteleeria, Vietnam Keteleeria ●
216131 Keteleeria dopiana Flous = Keteleeria evelyniana Mast. ●
216132 Keteleeria esquirolii H. Lév. = Keteleeria cyclolepis Flous ●
216133 Keteleeria esquirolii H. Lév. = Keteleeria davidiana (Bertrand) Beissn. ●
216134 Keteleeria evelyniana Mast.;云南油杉(杉老树,杉松,杉松苞,松壳络树,云南杉松);Evelynia Keteleeria,Yunnan Keteleeria ●
216135 Keteleeria evelyniana Mast. var. hainanensis (Chun et Tsiang) Silba = Keteleeria hainanensis Chun et Tsiang ●◇
216136 Keteleeria evelyniana Mast. var. pendula J. R. Xue = Keteleeria evelyniana Mast. ●
216137 Keteleeria evelyniana-pendula J. R. Xue;蓑衣油杉;Pendulous Keteleeria ●
216138 Keteleeria fabri Mast. = Abies faberi (Mast.) Craib ●
216139 Keteleeria formosana (Hayata) Hayata = Keteleeria davidiana (Bertrand) Beissn. var. formosana (Hayata) Hayata ●
216140 Keteleeria formosana Hayata = Keteleeria davidiana (Bertrand) Beissn. var. formosana (Hayata) Hayata ●
216141 Keteleeria fortunei (A. Murray bis) Carrière var. xerophila (J. R. Xue et S. H. Hao) Silba = Keteleeria davidiana (Bertrand) Beissn. ●
216142 Keteleeria fortunei (A. Murray) Carrière;油杉(杜松,海罗松,矩鳞油杉,松梧);Fortune Keteleeria,Fortune's Keteleeria ●
216143 Keteleeria fortunei (A. Murray) Carrière var. cyclolepis (Flous) Silba;江南油杉(浙江油杉);Roundscaled Keteleeria ●
216144 Keteleeria fortunei (A. Murray) Carrière var. oblonga (W. C. Cheng et L. K. Fu) L. K. Fu et Nan Li;短鳞油杉(矩鳞油杉); Oblong Conescaled Keteleeria ●◇
216145 Keteleeria fortunei (A. Murray) Carrière var. xerophila (J. R. Xue et S. H. Hao) Silba = Keteleeria davidiana (Bertrand) Beissn. ●
216146 Keteleeria fortunei Carrière = Keteleeria cyclolepis Flous ●
216147 Keteleeria hainanensis Chun et Tsiang;海南油杉;Hainan Keteleeria ●◇
216148 Keteleeria jezoensis (Lindl.) Flous = Keteleeria fortunei (A. Murray) Carrière ●
216149 Keteleeria oblonga W. C. Cheng et L. K. Fu = Keteleeria fortunei (A. Murray) Carrière var. oblonga (W. C. Cheng et L. K. Fu) L. K. Fu et Nan Li ●◇
216150 Keteleeria pubescens W. C. Cheng et L. K. Fu;柔毛油杉(老鼠杉);Hairy Keteleeria,Pubescent Keteleeria ●◇
216151 Keteleeria roulletii (A. Chev.) Flous;短果油杉;Roullet Keteleeria ●☆
216152 Keteleeria sacra (Franch.) Beissn. = Keteleeria davidiana (Bertrand) Beissn. ●
216153 Keteleeria sacra Beissn. = Keteleeria davidiana (Bertrand) Beissn. ●
216154 Keteleeria xerophila J. R. Xue = Keteleeria davidiana (Bertrand) Beissn. ●
216155 Keteleeria xerophila J. R. Xue et S. H. Hao;旱地油杉; Xerophilous Keteleeria ●
216156 Keteleeria xerophila J. R. Xue et S. H. Hao = Keteleeria davidiana (Bertrand) Beissn. ●
216157 Kethosia Raf. = Hewittia Wight et Arn. ■
216158 Ketmia Mill. = Hibiscus L.(保留属名)●■
216159 Ketmia Tourn. ex Burm. = Hibiscus L.(保留属名)●■
216160 Ketmia arborea Moench = Hibiscus syriacus L. ●
216161 Ketmia glandulosa Moench = Hibiscus cannabinus L. ■
216162 Ketmia mutabilis (L.) Moench = Hibiscus mutabilis L. ●
216163 Ketmia mutabilis Moench = Hibiscus mutabilis L. ●
216164 Ketmia syriaca Scop. = Hibiscus syriacus L. ●
216165 Ketmia syrorum Medik. = Hibiscus syriacus L. ●
216166 Ketmia trionum (L.) Scop. = Hibiscus trionum L. ■
216167 Kettmia Medik. = Ketmia Mill. ●■
216168 Ketumbulia Ehrenb. ex Poelln. = Talinum Adans.(保留属名)■●
216169 Keulia Molina = Gomortega Ruiz et Pav. ●☆
216170 Keura Forssk. = Pandanus Parkinson ex Du Roi ●■
216171 Keurva Endl. = Keura Forssk. ●■
216172 Keyserlingia Bunge ex Boiss.(1872);白刺花属■☆
216173 Keyserlingia Bunge ex Boiss. = Sophora L. ●■
216174 Keyserlingia buxbaumii Bunge ex Boiss. = Sophora mollis

(Royle) Baker ●

216175 Keyserlingia griffithii (Stocks) Boiss. = Sophora mollis (Royle) Baker var. griffithii (Stocks) P. C. Tsoong ●

216176 Keyserlingia hortensis (Boiss. et Buhse) Yakovlev = Sophora mollis (Royle) Baker ●

216177 Keysseria Lauterb. (1914);莲座菀属■●☆

216178 Keysseria fasciculata Koster;簇生莲座菀■☆

216179 Keysseria papuana Lauterb.;莲座菀■☆

216180 Keysseria tomentella Mattf.;毛莲座菀■☆

216181 Khadia N. E. Br. (1930);尖刀玉属●☆

216182 Khadia acutipetala (N. E. Br.) N. E. Br.;尖瓣尖刀玉●☆

216183 Khadia alticola Chess. et H. E. K. Hartmann;高原尖刀玉●☆

216184 Khadia beswickii (L. Bolus) N. E. Br.;贝斯威克尖刀玉●☆

216185 Khadia borealis L. Bolus;北方尖刀玉●☆

216186 Khadia carolinensis (L. Bolus) L. Bolus;卡罗来纳尖刀玉●☆

216187 Khadia media P. Winter et N. Hahn;中间尖刀玉●☆

216188 Khadia nationiae (N. E. Br.) N. E. Br. = Khadia acutipetala (N. E. Br.) N. E. Br. ●☆

216189 Khadia nelsonii N. E. Br. = Khadia beswickii (L. Bolus) N. E. Br. ●☆

216190 Khaosokia D. A. Simpson, Chayam. et J. Parn.;泰国莎草属■☆

216191 Khasiaclunea Ridsdale(1979);少头水杨梅属(槽裂木属)●

216192 Khasiaclunea oligocephala (Havil.) Ridsdale;少头水杨梅(海南槽裂木)●

216193 Khasiaclunea oligocephala (Havil.) Ridsdale = Adina oligocephala Havil. ●

216194 Khaya A. Juss. (1830);非洲楝属(非洲桃花心木属,卡欧属,卡雅楝属,塞楝属);African Mahogany, Afromelia, Benin Mahogany, Khaya, Mahogany ●

216195 Khaya agboensis A. Chev. = Khaya anthotheca (Welw.) C. DC. ●☆

216196 Khaya anthotheca (Welw.) C. DC.;白非洲楝(白卡雅楝,白桃花心木);African Mahogany, Nyasaland Mahogany, Smooth-barked African Mahogany, Smooth-barked White Mahogany, Uganda Mahogany, White Khaya, White Mahogany ●☆

216197 Khaya anthotheca C. DC. = Khaya anthotheca (Welw.) C. DC. ●☆

216198 Khaya canaliculata De Wild. = Guarea cedrata (A. Chev.) Pellegr. ●☆

216199 Khaya caudata Stapf ex Hutch. et Dalziel = Khaya ivorensis A. Chev. ●☆

216200 Khaya dawei Stapf = Khaya grandifoliola C. DC. ●☆

216201 Khaya euryphylla Harms = Khaya anthotheca (Welw.) C. DC. ●☆

216202 Khaya grandifolia Thompson;大叶非洲楝(大叶卡雅楝);Benin Mahogany, Benin Wood, Broad-leaved Mahogany ●☆

216203 Khaya grandifoliola C. DC.;大小叶非洲楝;Benin Mahogany, Benin Wood ●☆

216204 Khaya grandis Stapf = Khaya grandifoliola C. DC. ●☆

216205 Khaya ivorensis A. Chev.;象牙海岸桃花心木(红卡雅楝);African Mahogany, Grang Bassam, Ivory Coast Khaya, Ivory Coast Mahogany, Khaya, Red Khaya, Red Mahogany ●☆

216206 Khaya kerstingii Engl. = Khaya grandifoliola C. DC. ●☆

216207 Khaya kissiensis A. Chev. = Khaya grandifoliola C. DC. ●☆

216208 Khaya klainei Pierre ex Pellegr. = Khaya ivorensis A. Chev. ●☆

216209 Khaya madagascariensis Jum. et H. Perrier;马达加斯加非洲楝;Madagascar Mahogany ●☆

216210 Khaya mildbraedii Harms = Khaya anthotheca (Welw.) C. DC. ●☆

216211 Khaya nyasica Stapf ex Baker f.;罗得西亚楝(东非桃花心木,非洲卡雅楝,喀亚木,咯亚木,罗得西亚桃花心木);Nyasaland Mahogany, Red Mahogany, Rhodesia Mahogany, Umbaba ●☆

216212 Khaya nyasica Stapf ex Baker f. = Khaya anthotheca (Welw.) C. DC. ●☆

216213 Khaya punchii Stapf = Khaya grandifoliola C. DC. ●☆

216214 Khaya senegalensis (Desr.) A. Juss.;非洲楝(非洲桃花心木,塞内加尔卡雅楝,仙加木);African Mahogany, Afromelia, Bisselon, Dry-zone Mahogany, Gambian Mahogany, Senegal Khaya, Senegal Mahogany, West African Mahogany ●

216215 Khaya wildemanii Ghesq. = Khaya anthotheca (Welw.) C. DC. ●☆

216216 Khayea Planch. et Triana = Kayea Wall. ●☆

216217 Khayea Planch. et Triana = Mesua L. ●

216218 Khytiglossa Nees = Dianthera L. ■☆

216219 Khytiglossa Nees = Rhytiglossa Nees(废弃属名)●■

216220 Kiapasia Woronow ex Grossh. = Astragalus L. ●■

216221 Kibara Endl. (1837);假香材树属(盖裂桂属)●☆

216222 Kibara blumei Steud.;布氏假香材树●☆

216223 Kibara coriacea (Blume) Hook. f. et Thomson;假香材树●☆

216224 Kibaropsis Vieill. ex Guillaumin = Kibaropsis Vieill. ex Jérémie ●☆

216225 Kibaropsis Vieill. ex Jérémie = Hedycarya J. R. Forst. et G. Forst. ●☆

216226 Kibaropsis Vieill. ex Jérémie(1977);类盖裂桂属●☆

216227 Kibaropsis caledonica (Guillaumin) Jérémie;类盖裂桂●☆

216228 Kibatalia G. Don(1837);倒缨木属(假纽子花属);Kibatalia, Paravallaris ●

216229 Kibatalia anceps (Dunn et R. Williams) Woodson = Kibatalia macrophylla (Pierre ex Hua) Woodson ●

216230 Kibatalia blancoi Merr.;菲律宾倒缨木;Blanco Kibatalia ●☆

216231 Kibatalia laurifolia (Ridl.) Woodson;月桂叶倒缨木●☆

216232 Kibatalia macrophylla (Pierre ex Hua) Woodson;倒缨木(假纽子花,毛叶倒缨木);Bigleaf Paravallaris, Big-leaf Paravallaris, Big-leaved Kabatalia, Yunnan Kibatalia, Yunnan Paravallaris ●

216233 Kibatalia macrophylla (Pierre) Woodson = Kibatalia macrophylla (Pierre ex Hua) Woodson ●

216234 Kibbesia Walp. = Pternandra Jack ●

216235 Kibbessia Walp. = Kibessia DC. ●

216236 Kibera Adans. = Sisymbrium L. ■

216237 Kibessia DC. = Pternandra Jack ●

216238 Kickxia Blume = Kibatalia G. Don ●

216239 Kickxia Dumort. (1827);基氏婆婆纳属;Fluellen, Fluellin ●☆

216240 Kickxia Dumort. = Linaria Mill. ■

216241 Kickxia acerbiana (Boiss.) Täckh. et Boulos = Nanorrhinum macilentum (Decne.) Betsche ■☆

216242 Kickxia adpressa Sutton = Nanorrhinum ramosissimum (Wall.) Betsche ●☆

216243 Kickxia aegyptiaca (L.) Nábelek;埃及基氏婆婆纳■☆

216244 Kickxia aegyptiaca (L.) Nábelek subsp. battandieri (Maire) Wickens;巴坦基氏婆婆纳■☆

216245 Kickxia aegyptiaca (L.) Nábelek subsp. fruticosa (Desf.) Wickens;灌木状基氏婆婆纳■☆

216246 Kickxia aegyptiaca (L.) Nábelek subsp. tibestica Wickens;乍得基氏婆婆纳■☆

216247 Kickxia aegyptiaca (L.) Nábelek subsp. virgata Wickens;条纹埃及基氏婆婆纳■☆

216248 Kickxia africana Benth. = Funtumia africana (Benth.) Stapf ●☆

216249 Kickxia asparagoides (Schweinf.) Cufod. = Nanorrhinum asparagoides (Schweinf.) Ghebr. ■☆

216250 Kickxia bentii (V. Naray.) Dandy = Nanorrhinum macilentum (Decne.) Betsche ■☆

216251 Kickxia brunneri (Benth.) Janch. = Kickxia elegans (G. Forst.) D. A. Sutton ■☆

216252 Kickxia brunneri (Benth.) Janch. subsp. dichondrifolia (Benth.) Rustan et Brochmann = Kickxia elegans (G. Forst.) D. A. Sutton subsp. dichondrifolia (Benth.) Rustan et Brochmann ■☆

216253 Kickxia brunneri (Benth.) Janch. subsp. webbiana (Sunding) Rustan et Brochmann = Kickxia elegans (G. Forst.) D. A. Sutton subsp. webbiana (Sunding) Rustan et Brochmann ■☆

216254 Kickxia caucasica (Muss. Puschk. ex Spreng.) Kuprian.;高加索基氏婆婆纳■☆

216255 Kickxia caucasica (Muss. Puschk.) Kuprian. = Kickxia caucasica (Muss. Puschk. ex Spreng.) Kuprian. ■☆

216256 Kickxia cirrhosa (L.) Fritsch;卷须基氏婆婆纳■☆

216257 Kickxia commutata (Rchb.) Fritsch;变异基氏婆婆纳■☆

216258 Kickxia congolana De Wild. = Funtumia africana (Benth.) Stapf ●☆

216259 Kickxia dentata (Vahl) D. A. Sutton;具齿基氏婆婆纳■☆

216260 Kickxia dibolophylla Wickens = Nanorrhinum ramosissimum (Wall.) Betsche ●☆

216261 Kickxia elastica Preuss = Funtumia elastica (P. Preuss) Stapf ●

216262 Kickxia elatine (L.) Dumort.;狭叶基氏婆婆纳;Cancer Root, Cancerwort, Canker Root, Fluellen, Sharpleaf Cancerwort, Sharp-leaved Cancerwort, Sharp-leaved Fluella, Sharp-leaved Fluellin, Sharp-pointed Fluellin ■☆

216263 Kickxia elatine (L.) Dumort. subsp. crinita (Mabille) Greuter;髯毛狭叶基氏婆婆纳■☆

216264 Kickxia elatine Dumort. = Kickxia elatine (L.) Dumort. ■☆

216265 Kickxia elatinoides (Desf.) Rothm.;沟繁缕基氏婆婆纳■☆

216266 Kickxia elegans (G. Forst.) D. A. Sutton;雅致基氏婆婆纳■☆

216267 Kickxia elegans (G. Forst.) D. A. Sutton subsp. dichondrifolia (Benth.) Rustan et Brochmann;马蹄金基氏婆婆纳■☆

216268 Kickxia elegans (G. Forst.) D. A. Sutton subsp. webbiana (Sunding) Rustan et Brochmann;韦布雅致基氏婆婆纳■☆

216269 Kickxia floribunda (Boiss.) Täckh. et Boulos;繁花基氏婆婆纳■☆

216270 Kickxia gilletii De Wild. = Funtumia africana (Benth.) Stapf ●☆

216271 Kickxia gracilis Sutton = Kickxia heterophylla (Schousb.) Dandy ■☆

216272 Kickxia hastata (R. Br. ex Benth.) Dandy = Nanorrhinum hastatum (R. Br. ex Benth.) Ghebr. ■☆

216273 Kickxia heterophylla (Schousb.) Dandy;互叶基氏婆婆纳■☆

216274 Kickxia heterophylla (Schousb.) Dandy subsp. canariensis W. W. Sm. = Kickxia heterophylla (Schousb.) Dandy ■☆

216275 Kickxia heterophylla (Schousb.) Dandy subsp. subsucculenta G. Kunkel = Kickxia heterophylla (Schousb.) Dandy ■☆

216276 Kickxia kasalensis W. W. Sm. = Kickxia heterophylla (Schousb.) Dandy ■☆

216277 Kickxia lanigera (Desf.) Hand. -Mazz.;绵毛基氏婆婆纳■☆

216278 Kickxia latifolia Stapf = Funtumia africana (Benth.) Stapf ●☆

216279 Kickxia macilenta (Decne.) Danin;贫弱基氏婆婆纳■☆

216280 Kickxia monodiana (Maire) Sutton;莫诺基氏婆婆纳■☆

216281 Kickxia nubica (V. Naray.) Dandy = Kickxia macilenta (Decne.) Danin ■☆

216282 Kickxia patula Baker = Kickxia heterophylla (Schousb.) Dandy ■☆

216283 Kickxia pendula (G. Kunkel) G. Kunkel = Kickxia heterophylla (Schousb.) Dandy ■☆

216284 Kickxia petiolata D. A. Sutton;柄叶基氏婆婆纳■☆

216285 Kickxia sagittata (Poir.) Rothm. = Kickxia heterophylla (Schousb.) Dandy ■☆

216286 Kickxia sagittata (Poir.) Rothm. var. urbanii (Pit.) Sunding = Kickxia heterophylla (Schousb.) Dandy ■☆

216287 Kickxia scalarum D. A. Sutton;梯形基氏婆婆纳■☆

216288 Kickxia scheffleri K. Schum. = Funtumia africana (Benth.) Stapf ●☆

216289 Kickxia scoparia (Spreng.) G. Kunkel = Kickxia heterophylla (Schousb.) Dandy ■☆

216290 Kickxia somalensis (Vatke) Cufod. = Nanorrhinum ramosissimum (Wall.) Betsche ●☆

216291 Kickxia spartioides (Buch) Janch. = Kickxia heterophylla (Schousb.) Dandy ■☆

216292 Kickxia spuria (L.) Dumort.;圆叶基氏婆婆纳;Cancerwort, Female Fluella, Female Fluellin, Female Speedwell, Fluellen, Rannd-leaved Fluella, Roundleaf Cancerwort, Round-leaved Cancerwort, Round-leaved Fluellen, Round-leaved Fluellin ■☆

216293 Kickxia spuria (L.) Dumort. = Linaria spuria (L.) Mill. ■☆

216294 Kickxia spuria (L.) Dumort. subsp. integrifolia (Brot.) R. Fern.;全缘圆叶基氏婆婆纳■☆

216295 Kickxia urbanii (Pit.) K. Larsen = Kickxia heterophylla (Schousb.) Dandy ■☆

216296 Kickxia webbiana Sunding = Kickxia elegans (G. Forst.) D. A. Sutton subsp. webbiana (Sunding) Rustan et Brochmann ■☆

216297 Kickxia zenkeri K. Schum. = Funtumia africana (Benth.) Stapf ●☆

216298 Kielboul Adans. = Aristida L. ■

216299 Kielmeyera Mart. = Kielmeyera Mart. et Zucc. ●☆

216300 Kielmeyera Mart. et Zucc. (1825);基尔木属●☆

216301 Kielmeyera coriacea Mart.;革质基尔木;Pau Santo ●☆

216302 Kielmeyera corymbosa Mart.;伞花基尔木●☆

216303 Kielmeyera speciosa A. St. -Hil.;美艳基尔木●☆

216304 Kielmiera G. Don = Kielmeyera Mart. et Zucc. ●☆

216305 Kierschlegeria Spach = Fuchsia L. ●■

216306 Kiersera T. Durand et Jacks. = Bonnetia Mart. (保留属名)●☆

216307 Kiersera T. Durand et Jacks. = Kieseria Nees(废弃属名)●☆

216308 Kiesera Reinw. = Tephrosia Pers. (保留属名)●■

216309 Kiesera Reinw. ex Blume = Tephrosia Pers. (保留属名)●■

216310 Kieseria Nees(废弃属名) = Bonnetia Mart. (保留属名)●☆

216311 Kieseria Spreng. = Kiesera Reinw. ex Blume ●■

216312 Kieseria Spreng. = Tephrosia Pers. (保留属名)●■

216313 Kigelia DC. (1838);吊灯树属(腊肠树属);Sausage Tree, Sausagetree, Sausage-tree ●

216314 Kigelia abyssinica A. Rich. = Kigelia africana (Lam.) Benth. ●☆

216315 Kigelia acutifolia Engl. ex Sprague = Kigelia africana (Lam.) Benth. subsp. moosa (Sprague) Bidgood et Verdc. ●☆

216316 Kigelia aethiopica (Fenzl) Decne. = Kigelia africana (Lam.) Benth. ●☆
216317 Kigelia aethiopica Decne. = Kigelia africana (Lam.) Benth. ●☆
216318 Kigelia aethiopica Decne. var. bornuensis Sprague = Kigelia africana (Lam.) Benth. ●☆
216319 Kigelia aethiopica Decne. var. brachycarpa Chiov. = Kigelia africana (Lam.) Benth. ●☆
216320 Kigelia aethiopica Decne. var. stenocarpa Chiov. = Kigelia africana (Lam.) Benth. ●☆
216321 Kigelia aethiopica Decne. var. usambarica Sprague = Kigelia africana (Lam.) Benth. ●☆
216322 Kigelia aethiopum (Fenzl) Dandy; 非洲吊灯树; German Sausage Tree ●☆
216323 Kigelia aethiopum (Fenzl) Dandy = Kigelia africana (Lam.) Benth. ●☆
216324 Kigelia africana (Lam.) Benth.;吊灯树(扁吊瓜,吊瓜,吊瓜树,非洲吊灯树,非洲吊瓜,腊肠树,羽裂吊灯树,羽叶吊瓜,羽叶吊瓜树); African Sausagetree, Cucumber Tree, Fetish Tree, German Sausage Tree, Sausage Tree, Sausagetree, Sausage-tree ●☆
216325 Kigelia africana (Lam.) Benth. subsp. moosa (Sprague) Bidgood et Verdc.;安哥拉吊灯树●☆
216326 Kigelia africana (Lam.) Benth. var. aethiopica (Decne.) Aubrév. ex Sillans = Kigelia africana (Lam.) Benth. ●☆
216327 Kigelia africana (Lam.) Benth. var. elliptica (Sprague) Sillans = Kigelia africana (Lam.) Benth. subsp. moosa (Sprague) Bidgood et Verdc. ●☆
216328 Kigelia angolensis Welw. ex Sprague = Kigelia africana (Lam.) Benth. subsp. moosa (Sprague) Bidgood et Verdc. ●☆
216329 Kigelia dinklagei Aubrév. et Pellegr. = Dinklageodoxa scandens Heine et Sandwith ●☆
216330 Kigelia elliotii Sprague = Kigelia africana (Lam.) Benth. subsp. moosa (Sprague) Bidgood et Verdc. ●☆
216331 Kigelia elliptica Sprague = Kigelia africana (Lam.) Benth. subsp. moosa (Sprague) Bidgood et Verdc. ●☆
216332 Kigelia ikbaliae De Wild. = Kigelia africana (Lam.) Benth. ●☆
216333 Kigelia impressa Sprague = Kigelia africana (Lam.) Benth. subsp. moosa (Sprague) Bidgood et Verdc. ●☆
216334 Kigelia lanceolata Sprague = Kigelia africana (Lam.) Benth. subsp. moosa (Sprague) Bidgood et Verdc. ●☆
216335 Kigelia madagascariensis Baker = Fernandoa madagascariensis (Baker) A. H. Gentry ●☆
216336 Kigelia moosa Sprague = Kigelia africana (Lam.) Benth. subsp. moosa (Sprague) Bidgood et Verdc. ●☆
216337 Kigelia perrottetti Aubrév. et Pellegr.;佩罗吊灯树●☆
216338 Kigelia pinnata (Jacq.) DC. = Kigelia africana (Lam.) Benth. ●☆
216339 Kigelia pinnata (Jacq.) DC. var. tomentella Sprague = Kigelia africana (Lam.) Benth. ●☆
216340 Kigelia pinnata DC. = Kigelia africana (Lam.) Benth. ●☆
216341 Kigelia somalensis Mattei = Kigelia africana (Lam.) Benth. ●☆
216342 Kigelia spragueana Wernham = Kigelia africana (Lam.) Benth. subsp. moosa (Sprague) Bidgood et Verdc. ●☆
216343 Kigelia talbotii Hutch. et Dalziel = Kigelia africana (Lam.) Benth. ●☆
216344 Kigelia tristis A. Chev. = Kigelia africana (Lam.) Benth. ●☆
216345 Kigelianthe Baill. = Fernandoa Welw. ex Seem. ●
216346 Kigelianthe coccinea (Scott-Elliot) E. P. Perrier = Fernandoa coccinea (Scott-Elliot) A. H. Gentry ●☆
216347 Kigelianthe grevei Baill. = Fernandoa madagascariensis (Baker) A. H. Gentry ●☆
216348 Kigelianthe hildebrandtii Baill. = Fernandoa madagascariensis (Baker) A. H. Gentry ●☆
216349 Kigelianthe macrantha (Baker) H. Perrier = Fernandoa macrantha (Baker) A. H. Gentry ●☆
216350 Kigelianthe madagascariensis (Baker) Sprague = Fernandoa madagascariensis (Baker) A. H. Gentry ●☆
216351 Kigelkeia Raf. = Kigelia DC. ●
216352 Kigellaria Endl. = Kiggelaria L. ●☆
216353 Kiggelaria L. (1753);野桃属●☆
216354 Kiggelaria africana L.;非洲野桃(非洲桃大风子); Natal Mahogany, Wild Peach ●☆
216355 Kiggelaria dregeana Turcz.;那塔尔野桃(那塔尔大风子); Natal Mahogany ●☆
216356 Kiggelaria dregeana Turcz. = Kiggelaria africana L. ●☆
216357 Kiggelaria ferruginea Eckl. et Zeyh.;锈色野桃●☆
216358 Kiggelaria ferruginea Eckl. et Zeyh. = Kiggelaria africana L. ●☆
216359 Kiggelaria flavo-velutina Sleumer = Kiggelaria africana L. ●☆
216360 Kiggelaria glabrata Gilg = Kiggelaria africana L. ●☆
216361 Kiggelaria glandulosa Salisb. = Kiggelaria africana L. ●☆
216362 Kiggelaria grandifolia Warb.;大花野桃●☆
216363 Kiggelaria grandifolia Warb. = Kiggelaria africana L. ●☆
216364 Kiggelaria hylophila Gilg = Kiggelaria africana L. ●☆
216365 Kiggelaria integrifolia Jacq.;全叶野桃●☆
216366 Kiggelaria serrata Warb. = Kiggelaria africana L. ●☆
216367 Kiggelariaceae Link = Achariaceae Harms(保留科名)●■☆
216368 Kiggelariaceae Link = Flacourtiaceae Rich. ex DC. (保留科名)●
216369 Kiggelariaceae Link;野桃科(大风子科)●
216370 Kiharapyrum Á. Löve = Aegilops L. (保留属名)■☆
216371 Kikuyuochloa H. Scholz = Pennisetum Rich. ■☆
216372 Kikuyuochloa H. Scholz(2006);菊屋狼尾草属■☆
216373 Kilbera Fourr. = Sisymbrium L. ■
216374 Kiliana Sch. Bip. ex Hochst. = Kiliania Sch. Bip. ex Benth. et Hook. f. ■●
216375 Kiliania Sch. Bip. ex Benth. et Hook. f. = Pulicaria Gaertn. ■●
216376 Killickia Bräuchler, Heubl et Doroszenko = Micromeria Benth. (保留属名)■●
216377 Killickia Bräuchler, Heubl et Doroszenko(2008);南非姜味草属■☆
216378 Killinga Adans. (废弃属名) = Athamanta L. ■☆
216379 Killinga Adans. (废弃属名) = Kyllinga Rottb. (保留属名)■
216380 Killinga T. Lestib. = Kyllinga Rottb. (保留属名)■
216381 Killingia Juss. = Killinga T. Lestib. ■
216382 Killipia Gleason(1925);基利普野牡丹属●☆
216383 Killipia latifolia Wurdack;宽叶基利普野牡丹●☆
216384 Killipia pedunculata Gleason;基利普野牡丹●☆
216385 Killipia rotundifolia Wurdack;圆叶基利普野牡丹●☆
216386 Killipia verticalis N. Ruiz-R.;轮生基利普野牡丹●☆
216387 Killipiella A. C. Sm. = Disterigma (Klotzsch) Nied. ●☆
216388 Killipiodendron Kobuski(1942);基利普山茶属●☆
216389 Killipiodendron colombianum Kobuski;基利普山茶●☆
216390 Killyngia Ham. = Killinga T. Lestib. ■
216391 Kinabaluchloa K. M. Wong(1993);马来薄竹属●☆

216392 Kinabaluchloa nebulosa K. M. Wong;星云马来薄竹;Brunei Thin-walled Bamboo, Sabah Scrambling Bamboo, Sarawak Thin-walled Bamboo ●☆

216393 Kinabaluchloa wrayi (Stapf) K. M. Wong;马来薄竹;Malaysian Thin-walled Bamboo ●☆

216394 Kindasia Blume ex Koord. = Turpinia Vent. (保留属名)●

216395 Kinepetalum Schltr. = Tenaris E. Mey. ■☆

216396 Kinetochilus (Schltr.) Brieger = Dendrobium Sw. (保留属名)■

216397 Kinetostigma Dammer = Chamaedorea Willd. (保留属名)●☆

216398 Kingdonia Balf. f. et W. W. Sm. (1914);独叶草属(单叶属);Kingdonia ■★

216399 Kingdonia uniflora Balf. f. et W. W. Sm.;独叶草;Oneflower Kingdonia ■

216400 Kingdoniaceae (Janch.) A. S. Foster ex Airy Shaw = Kingdoniaceae A. S. Foster ex Airy Shaw ■

216401 Kingdoniaceae A. S. Foster ex Airy Shaw = Circaeasteraceae Hutch. (保留科名)■

216402 Kingdoniaceae A. S. Foster ex Airy Shaw = Ranunculaceae Juss. (保留科名)●■

216403 Kingdoniaceae A. S. Foster ex Airy Shaw(1965);独叶草科■

216404 Kingdon-wardia C. Marquand = Swertia L. ■

216405 Kingdon-wardia codonopsidoides C. Marquand = Swertia racemosa (Griseb.) Wall. ex C. B. Clarke ■

216406 Kingdon-wardia racemosa (Wall. ex Griseb.) T. N. Ho = Swertia racemosa (Griseb.) Wall. ex C. B. Clarke ■

216407 Kingella Tiegh. = Trithecanthera Tiegh. ●☆

216408 Kinghamia C. Jeffrey(1988);折瓣瘦片菊属■☆

216409 Kinghamia angustifolia (Benth.) C. Jeffrey;窄叶折瓣瘦片菊■☆

216410 Kinghamia engleriana (Muschl.) C. Jeffrey;折瓣瘦片菊■☆

216411 Kinghamia foliosa (O. Hoffm.) C. Jeffrey;多叶折瓣瘦片菊■☆

216412 Kinghamia macrocephala (Oliv. et Hiern) C. Jeffrey;大头折瓣瘦片菊■☆

216413 Kinghamia nigritana (Benth.) C. Jeffrey;尼格里塔折瓣瘦片菊■☆

216414 Kingia R. Br. (1826);草树属;Kingia ●■☆

216415 Kingia australis R. Br.;草树;Black Gin, Grass Tree, Southern Kingia ●■☆

216416 Kingiaceae Endl.;草树科●■☆

216417 Kingiaceae Endl. = Dasypogonaceae Dumort. ■☆

216418 Kingiaceae Endl. = Xanthorrhoeaceae Dumort. (保留科名)●■☆

216419 Kingiaceae Endl. ex Schnizl. = Kingiaceae Endl. ●■☆

216420 Kingianthus H. Rob. (1978);方果菊属●☆

216421 Kingianthus paniculatus (Turcz.) H. Rob.;锥形方果菊●☆

216422 Kingianthus paradoxus H. Rob.;方果菊●☆

216423 Kingidium P. F. Hunt = Phalaenopsis Blume ■

216424 Kingidium P. F. Hunt(1970);尖囊兰属(金氏小蝶兰属,京兰属);Kingidium ■

216425 Kingidium braceanum (Hook. f.) Seidenf. = Phalaenopsis braceana (Hook. f.) Christenson ■

216426 Kingidium decumbens Griff. = Kingidium deliciosum (Rchb. f.) H. R. Sweet ■

216427 Kingidium deliciosum (Rchb. f.) H. R. Sweet = Phalaenopsis deliciosa Rchb. f. ■

216428 Kingidium naviculare Z. H. Tsi ex Hashim. = Kingidium braceanum (Hook. f.) Seidenf. ■

216429 Kingidium naviculare Z. H. Tsi ex Hashim. = Phalaenopsis braceana (Hook. f.) Christenson ■

216430 Kingidium stobarianum (Rchb. f.) Seidenf. = Phalaenopsis stobariana Rchb. f. ■

216431 Kingidium taeniale (Lindl.) P. F. Hunt = Phalaenopsis taenialis (Lindl.) Christenson et Pradhan ■

216432 Kingidium wightii (Rchb. f.) O. Gruss et Roellke = Phalaenopsis deliciosa Rchb. f. ■

216433 Kingidium wilsonii (Rolfe) O. Gruss et Roellke = Phalaenopsis wilsonii Rolfe ■

216434 Kingiella Rolfe = Kingidium P. F. Hunt ■

216435 Kingiella Rolfe = Phalaenopsis Blume ■

216436 Kingiella Rolfe(1917);金氏兰属(肯基拉兰属);Kingiella ■☆

216437 Kingiella decumbens (Griff.) Rolfe;金氏兰(肯基拉兰);Decumbent Kingiella ■☆

216438 Kingiella decumbens Griff. = Kingidium deliciosum (Rchb. f.) H. R. Sweet ■

216439 Kingiella philippinensis (Griff.) Rolfe;菲律宾金氏兰(菲律宾肯基拉兰);Philippine Kingiella ■☆

216440 Kingiella taenialis (Lindl.) Rolfe = Kingidium taeniale (Lindl.) P. F. Hunt ■

216441 Kingiella taenialis (Lindl.) Rolfe = Phalaenopsis taenialis (Lindl.) Christenson et Pradhan ■

216442 Kinginda Kuntze = Mitrephora (Blume) Hook. f. et Thomson ●

216443 Kingiodendron Harms(1897);金苏木属●☆

216444 Kingiodendron alternifolium Merr. et Rolfe;互生叶金苏木●☆

216445 Kingiodendron pinnatum Harms;金苏木●☆

216446 Kingiodendron platycarpum B. L. Burtt;平果金苏木●☆

216447 Kingsboroughia Liebm. = Meliosma Blume ●

216448 Kingstonia Gray = Saxifraga L. ■

216449 Kingstonia Hook. f. et Thomson = Dendrokingstonia Rauschert ●☆

216450 Kinia Raf. (1814);马来西亚百合属■☆

216451 Kinia biflora Raf.;马来西亚百合■☆

216452 Kinkina Adans. = Cinchona L. ■●

216453 Kinostemon Kudo = Teucrium L. ●■

216454 Kinostemon Kudo(1929);动蕊花属;Kinostemon ■★

216455 Kinostemon alborubrum (Hemsl.) C. Y. Wu et S. Chow;粉红动蕊花;Pink Kinostemon ■

216456 Kinostemon bidentatum (Hemsl.) Kudo = Teucrium bidentatum Hemsl. ■

216457 Kinostemon ningpoense (Hemsl.) Kudo = Teucrium pernyi Franch. ■

216458 Kinostemon ornatum (Hemsl.) Kudo;动蕊花(野藿香);Decorated Kinostemon ■

216459 Kinostemon ornatum (Hemsl.) Kudo f. falcatum C. Y. Wu et S. Chow;镰叶动蕊花;Falcate Decorated Kinostemon ■

216460 Kinostemon ornatum (Hemsl.) Kudo f. subintegrifolium C. Y. Wu et S. Chow;全叶动蕊花;Entirelea Decorated Kinostemonf ■

216461 Kinostemon pernyi (Franch.) Kudo var. ningpoense (Hemsl.) Kudo = Teucrium pernyi Franch. ■

216462 Kinostemon veronicifolia H. W. Li;保康动蕊花;Baokang Kinostemon ■

216463 Kinugasa Tatew. et Suto = Paris L. ■

216464 Kinugasa Tatew. et Suto(1935);白萼重楼属■☆

216465 Kinugasa japonica (Franch. et Sav.) Tatew. et Suto;白萼重楼■☆

216466 Kionophyton Garay = Stenorrhynchos Rich. ex Spreng. ■☆
216467 Kiosmina Raf. = Salvia L. ●■
216468 Kippistia F. Muell. (1858);肉叶层菀属●☆
216469 Kippistia F. Muell. = Minuria DC. ■●☆
216470 Kippistia Miers = Hippocratea L. ●☆
216471 Kippistia suaedifolia F. Muell.;肉叶层菀■☆
216472 Kirchnera Opiz = Astragalus L. ●■
216473 Kirengeshoma Yatabe (1891);黄山梅属;Kirengeshoma, Palmate Kirengeshoma, Yellow Lanterns, Yellow Waxbells ■
216474 Kirengeshoma palmata Yatabe;黄山梅(铃钟三七,马株子,少女花);Palmate Kirengeshoma, Yellow Lanterns, Yellow Wax Bells ■
216475 Kirengeshoma suffulticosa Hatus. = Kirengeshoma palmata Yatabe ■
216476 Kirengeshomaceae Nakai = Hydrangeaceae Dumort. (保留科名) ●■
216477 Kirengeshomaceae Nakai;黄山梅科■
216478 Kirengeshornaceae (Engl.) Nakai = Hydrangeaceae Dumort. (保留科名)●■
216479 Kirganelia Juss. = Phyllanthus L. ●■
216480 Kirganelia multiflora Baill. = Phyllanthus reticulatus Poir. ●
216481 Kirganelia multiflora Baill. var. glabra Thwaites = Phyllanthus reticulatus Poir. var. glaber (Thwaites) Müll. Arg. ●
216482 Kirganelia reticulata Baill. = Phyllanthus reticulatus Poir. ●
216483 Kirganelia sinensis Baill. = Phyllanthus reticulatus Poir. ●
216484 Kirganelia triandra Blanco = Glochidion triandrum (Blanco) C. B. Rob. ●
216485 Kirganelia zanzibariensis Baill. = Phyllanthus reticulatus Poir. var. glaber (Thwaites) Müll. Arg. ●
216486 Kirilowia Bunge(1843);棉藜属(吉利洛夫藜属,毛花藜属,绵藜属);Kirilowia ■
216487 Kirilowia eriantha Bunge;棉藜(绵藜);Erianthous Kirilowia, Kirilowia ■
216488 Kirkbridea Wurdack(1976);柯克野牡丹属☆
216489 Kirkbridea pentamera Wurdack;柯克野牡丹☆
216490 Kirkia Oliv. (1868);番苦木属(棱镜果属)●☆
216491 Kirkia acuminata Oliv.;番苦木●☆
216492 Kirkia acuminata Oliv. var. cordata De Wild. = Kirkia acuminata Oliv. ●☆
216493 Kirkia acuminata Oliv. var. pubescens (Burtt Davy) Bremek. = Kirkia acuminata Oliv. ●☆
216494 Kirkia burgeri Stannard;伯格番苦木●☆
216495 Kirkia burgeri Stannard subsp. somalensis Stannard;索马里番苦木●☆
216496 Kirkia dewinteri Merxm. et Heine;德温特番苦木●☆
216497 Kirkia glauca Engl. et Gilg = Kirkia acuminata Oliv. ●☆
216498 Kirkia lentiscoides Engl. = Ptaeroxylon obliquum (Thunb.) Radlk. ●☆
216499 Kirkia pubescens Burtt Davy = Kirkia acuminata Oliv. ●☆
216500 Kirkia pubescens Burtt Davy var. glabripetala ? = Kirkia acuminata Oliv. ●☆
216501 Kirkia tenuifolia Engl.;细叶番苦木●☆
216502 Kirkia wilmsii Engl.;胡椒番苦木;Pepper Tree ●☆
216503 Kirkiaceae (Engl.) Takht. = Kirkiaceae Takht. ●☆
216504 Kirkiaceae (Engl.) Takht. = Simaroubaceae DC. (保留科名)●
216505 Kirkiaceae Takht. (1967);番苦木科●☆
216506 Kirkiaceae Takht. = Simaroubaceae DC. (保留科名)●
216507 Kirkianella Allan = Sonchus L. ■
216508 Kirkophytum (Harms) Allan = Stilbocarpa (Hook. f.) Decne. et Planch. ●☆
216509 Kirpicznikovia Á. Löve et D. Löve = Chamaerhodiola Nakai ■
216510 Kirpicznikovia Á. Löve et D. Löve = Rhodiola L. ■
216511 Kirschlegera Rchb. = Fuchsia L. ●■
216512 Kirschlegera Rchb. = Kirschlegeria Rchb. ●■
216513 Kirschlegeria Rchb. = Kierschlegeria Spach ●■
216514 Kissenia Endl. = Kissenia R. Br. ex Endl. ●☆
216515 Kissenia R. Br. ex Endl. (1842) ('Fissenia');大片刺莲花属●☆
216516 Kissenia R. Br. ex T. Anderson = Kissenia R. Br. ex Endl. ●☆
216517 Kissenia arabica R. Br. ex Arn. = Kissenia arabica R. Br. ex Chiov. ●☆
216518 Kissenia arabica R. Br. ex Chiov.;阿拉伯大片刺莲花●☆
216519 Kissenia capensis Endl.;大片刺莲花●☆
216520 Kissenia spathulata R. Br. ex T. Anderson = Kissenia arabica R. Br. ex Chiov. ●☆
216521 Kissodendron Seem. = Polyscias J. R. Forst. et G. Forst. ●
216522 Kita A. Chev. = Hygrophila R. Br. ●■
216523 Kita gracilis A. Chev. = Hygrophila stagnalis Benoist ■☆
216524 Kita laevis (Nees) A. Chev. = Hygrophila laevis (Nees) Lindau ■
216525 Kitagawia Pimenov = Peucedanum L. ■
216526 Kitagawia Pimenov(1986);石防风属■
216527 Kitagawia baicalensis (I. Redowsky ex Willd.) Pimenov = Peucedanum baicalense (I. Redowsky ex Willd.) W. D. J. Koch ■
216528 Kitagawia komarovii Pimenov = Peucedanum elegans Kom. ■
216529 Kitagawia pilifera (Hand.-Mazz.) Pimenov = Peucedanum piliferum Hand.-Mazz. ■
216530 Kitagawia terebinthacea (Fisch. ex Trevir.) Pimenov = Peucedanum terebinthaceum (Fisch. ex Trevir.) Fisch. ex Turcz. ■
216531 Kitaibela Batsch = Kitaibela Willd. ■☆
216532 Kitaibela Willd. (1799);葡萄叶葵属(凯泰葵属);Yugoslavian Mallow ■☆
216533 Kitaibela vitifolia Willd.;葡萄叶葵(凯泰葵)■☆
216534 Kitamuraea Rauschert = Aster L. ●■
216535 Kitamuraea Rauschert = Gymnaster Kitam. ■
216536 Kitamuraea Rauschert = Miyamayomena Kitam. ■
216537 Kitamuraea koraiensis (Nakai) Rauschert = Aster koraiensis Nakai ■☆
216538 Kitamuraea savatieri (Makino) Rauschert = Aster savatieri Makino ■☆
216539 Kitamuraster Soják = Aster L. ●■
216540 Kitamuraster Soják = Gymnaster Kitam. ■
216541 Kitamuraster Soják = Miyamayomena Kitam. ■
216542 Kitchingia Baker = Kalanchoe Adans. ●■
216543 Kitchingia laxiflora Baker = Kalanchoe laxiflora Baker ■☆
216544 Kitchingia miniata (Hilsenb. et Bojer ex Tul.) Baker = Kalanchoe miniata Hilsenb. et Bojer ex Tul. ■☆
216545 Kitchingia schizophylla Baker = Kalanchoe schizophylla (Baker) Baill. ■☆
216546 Kitigorchis Maek. (1971);唇兰属■☆
216547 Kitigorchis Maek. = Oreorchis Lindl. ■
216548 Kitigorchis erythrochrysea (Hand.-Mazz.) F. Maek. = Oreorchis erythrochrysea Hand.-Mazz. ■
216549 Kitigorchis foliosa (Lindl.) Maek.;唇兰■☆
216550 Kitigorchis itoana F. Maek. = Oreorchis indica (Lindl.) Hook. f. ■

216551 Kittelia Rchb. = Cyanea Gaudich. ●☆
216552 Kittelocharis Alef. = Reinwardtia Dumort. ●
216553 Kixia Blume = Kibatalia G. Don ●
216554 Kixia Blume = Kickxia Blume ●
216555 Kixia Meisn. = Kickxia Dumort. ●☆
216556 Kjellbergia Bremek. = Strobilanthes Blume ●■
216557 Kjellbergiodendron Burret(1936);谢尔桃金娘属●
216558 Kjellbergiodendron hylogeiton Burret;谢尔桃金娘●☆
216559 Klackenbergia Kissling(2009);克氏龙胆属■☆
216560 Kladnia Schur = Hesperis L. ■
216561 Klaineanthus Pierre ex Prain(1912);克莱大戟属●☆
216562 Klaineanthus gabonii Pierre;加蓬克莱大戟●☆
216563 Klaineanthus gabonii Pierre ex Prain = Klaineanthus gabonii Pierre ●☆
216564 Klaineastrum Pierre ex A. Chev. = Memecylon L. ●
216565 Klaineastrum gabonense Pierre ex A. Chev. = Warneckea pulcherrima (Gilg) Jacq. -Fél. ●☆
216566 Klainedoxa Pierre = Klainedoxa Pierre ex Engl. ●☆
216567 Klainedoxa Pierre ex Engl. (1896);热非黏木属●☆
216568 Klainedoxa buesgenii Engl.;步氏热非黏木●☆
216569 Klainedoxa buesgenii Engl. = Klainedoxa gabonensis Pierre ex Engl. ●☆
216570 Klainedoxa cuprea Tiegh. = Klainedoxa gabonensis Pierre ex Engl. ●☆
216571 Klainedoxa dybowskii Tiegh. = Klainedoxa gabonensis Pierre ex Engl. ●☆
216572 Klainedoxa elliptica Vermoesen = Klainedoxa trillesii Pierre ex Tiegh. ●☆
216573 Klainedoxa gabonensis Pierre = Klainedoxa gabonensis Pierre ex Engl. ●☆
216574 Klainedoxa gabonensis Pierre ex Engl.;加蓬热非黏木●☆
216575 Klainedoxa gabonensis Pierre ex Engl. var. microphylla Pellegr. = Klainedoxa gabonensis Pierre ex Engl. ●☆
216576 Klainedoxa gabonensis Pierre ex Engl. var. oblongifolia Engl. = Klainedoxa gabonensis Pierre ex Engl. ●☆
216577 Klainedoxa gabonensis Pierre ex Engl. var. trillesii (Pierre ex Tiegh.) Aubrév. = Klainedoxa trillesii Pierre ex Tiegh. ●☆
216578 Klainedoxa grandifolia Engl. = Irvingia grandifolia (Engl.) Engl. ●☆
216579 Klainedoxa lanceifolia Vermoesen = Klainedoxa gabonensis Pierre ex Engl. ●☆
216580 Klainedoxa lanceolata Baill. ex Tiegh.;剑叶热非黏木●☆
216581 Klainedoxa latifolia Pierre ex Tiegh.;宽叶热非黏木●☆
216582 Klainedoxa lecomtei Tiegh. = Klainedoxa gabonensis Pierre ex Engl. ●☆
216583 Klainedoxa longifolia Pierre ex Tiegh.;长叶热非黏木●☆
216584 Klainedoxa macrocarpa Tiegh. = Klainedoxa gabonensis Pierre ex Engl. ●☆
216585 Klainedoxa macrophylla Pierre ex Tiegh.;大叶热非黏木●☆
216586 Klainedoxa microphylla (Pellegr.) Gentry = Klainedoxa trillesii Pierre ex Tiegh. ●☆
216587 Klainedoxa mildbraedii Engl. = Klainedoxa trillesii Pierre ex Tiegh. ●☆
216588 Klainedoxa oblongifolia (Engl.) Vermoesen = Klainedoxa gabonensis Pierre ex Engl. ●☆
216589 Klainedoxa oblongifolia Stapf ex Broun et R. E. Massey = Klainedoxa gabonensis Pierre ex Engl. ●☆
216590 Klainedoxa ovalifolia Vermoesen = Klainedoxa gabonensis Pierre ex Engl. ●☆
216591 Klainedoxa ovata Vermoesen = Klainedoxa trillesii Pierre ex Tiegh. ●☆
216592 Klainedoxa pachyphylla Mildbr. = Klainedoxa gabonensis Pierre ex Engl. ●☆
216593 Klainedoxa sphaerocarpa Tiegh.;球果热非黏木●☆
216594 Klainedoxa spinosa Tiegh. = Klainedoxa gabonensis Pierre ex Engl. ●☆
216595 Klainedoxa thollonii Tiegh.;托伦热非黏木●☆
216596 Klainedoxa trillesii Pierre ex Tiegh.;特里列斯热非黏木●☆
216597 Klainedoxa tripyrena Tiegh.;三核热非黏木●☆
216598 Klainedoxa zenkeri Tiegh. = Klainedoxa gabonensis Pierre ex Engl. ●☆
216599 Klanderia F. Muell. = Prostanthera Labill. ●☆
216600 Klaprothia Kunth(1823);克拉刺莲花属■☆
216601 Klaprothia fasciculata (C. Presl) Poston = Sclerothrix fasciculata C. Presl ■☆
216602 Klaprothia mentzelioides Kunth;克拉刺莲花■☆
216603 Klarobelia Chatrou(1998);秘鲁番荔枝属●☆
216604 Klarobelia candida Chatrou;秘鲁番荔枝●☆
216605 Klasea Cass. (1825);脉苞菊属■☆
216606 Klasea Cass. = Serratula L. ■
216607 Klasea alcalae (Coss.) Holub = Klasea boetica (DC.) Holub subsp. alcalae (Coss.) Cantó et Rivas Mart. ■☆
216608 Klasea boetica (DC.) Holub subsp. alcalae (Coss.) Cantó et Rivas Mart.;阿尔卡拉脉苞菊■☆
216609 Klasea centauroides (L.) Cass. = Serratula centauroides L. ■
216610 Klasea centauroides (L.) Cass. var. albiflora Y. B. Chang = Serratula centauroides L. ■
216611 Klasea cretica (Turrill) Holub;克里特脉苞菊■☆
216612 Klasea cupuliformis (Kitag.) Kitag. = Serratula cupuliformis Nakai et Kitag. ■
216613 Klasea cupuliformis (Nakai et Kitag.) Kitag. = Serratula cupuliformis Nakai et Kitag. ■
216614 Klasea flavescens (L.) Holub;浅黄脉苞菊■☆
216615 Klasea flavescens (L.) Holub subsp. mucronata (Desf.) Cantó et Rivas Mart.;短尖脉苞菊■
216616 Klasea komarovii (Iljin) Kitag. = Serratula centauroides L. ■
216617 Klasea mongolica (Kitag.) Kitag. = Serratula centauroides L. ■
216618 Klasea mucronata (Desf.) Holub = Klasea flavescens (L.) Holub ■☆
216619 Klasea nudicaulis (L.) Cass.;裸茎脉苞菊■☆
216620 Klasea ortholepis (Kitag.) Kitag. = Serratula polycephala Iljin ■
216621 Klasea ortholepis Kitag. = Serratula polycephala Iljin ■
216622 Klasea ortholespis (Kitag.) Kitag. = Serratula polycephala Iljin ■
216623 Klasea pinnatifida (Cav.) Cass.;羽裂脉苞菊■☆
216624 Klasea polycephala (Iljin) Kitag. = Serratula polycephala Iljin ■
216625 Klasea polycephala (Iljin) Kitag. f. leucantha (Kitag.) Kitag. = Serratula polycephala Iljin ■
216626 Klasea yamatsutana (Kitag.) Kitag. = Serratula centauroides L. ■
216627 Klaseopsis L. Martins(2006);华麻花头属■
216628 Klattia Baker(1877);克拉特鸢尾属●☆
216629 Klattia flava (G. J. Lewis) Goldblatt;黄克拉特鸢尾●☆
216630 Klattia partita Baker;深裂克拉特鸢尾●☆
216631 Klattia partita Baker var. flava G. J. Lewis = Klattia flava (G. J. Lewis) Goldblatt ●☆

216632 Klattia stokoei L. Guthrie;斯氏克拉特鸢尾●☆
216633 Klausea Endl. = Klasea Cass. ■☆
216634 Klausea Endl. = Serratula L. ■
216635 Kleberiella V. P. Castro et Cath. (2006);热美瘤瓣兰属■☆
216636 Kleberiella V. P. Castro et Cath. = Oncidium Sw. (保留属名) ■☆
216637 Kleimis radicans L. f.;菱角掌(佛珠,天草,弦月);Creeping Berries,String of Pearls ■
216638 Kleimis radicans L. f. = Senecio radicans (L. f.) Sch. Bip. ■
216639 Kleinhofia Gisek. = Kleinhovia L. ●
216640 Kleinhovea Roxb. = Kleinhovia L. ●
216641 Kleinhovia L. (1763);鹧鸪麻属(面头棵属);Kleinhovia ●
216642 Kleinhovia hospita L.;鹧鸪麻(克兰树,面头棵);Guest Tree, Peculiar Kleinhovia ●
216643 Kleinia Crantz = Quisqualis L. ●
216644 Kleinia Jacq. = Jaumea Pers. ■●☆
216645 Kleinia Jacq. = Porophyllum Guett. ■●☆
216646 Kleinia Juss. = Jaumea Pers. ■●☆
216647 Kleinia Mill. (1754);仙人笔属(黄瓜掌属,肉菊属)●■☆
216648 Kleinia abyssinica (A. Rich.) A. Berger;阿比西尼亚仙人笔■☆
216649 Kleinia abyssinica (A. Rich.) A. Berger var. hildebrandtii (Vatke) C. Jeffrey;希尔仙人笔■☆
216650 Kleinia acaulis (L. f.) DC. = Senecio acaulis (L. f.) Sch. Bip. ■☆
216651 Kleinia aizoides DC. = Senecio aizoides (DC.) Sch. Bip. ■☆
216652 Kleinia amaniensis (Engl.) A. Berger;阿马尼仙人笔■☆
216653 Kleinia anteuphorbium (L.) Haw.;澳非仙人笔■☆
216654 Kleinia articulata (L. f.) Haw.;仙人笔(七宝菊,七宝树);Candle Plant,Hot-dogcactus ■☆
216655 Kleinia articulata (L. f.) Haw. = Senecio articulatus (L. f.) Sch. Bip. ■
216656 Kleinia breviflora C. Jeffrey;短花仙人笔■☆
216657 Kleinia breviscapa DC. = Senecio cicatricosus Sch. Bip. ■☆
216658 Kleinia caespitosa Thulin;丛生仙人笔■☆
216659 Kleinia cephalophora Compton;头状仙人笔■☆
216660 Kleinia cliffordiana (Hutch.) C. D. Adams;克利福德仙人笔■☆
216661 Kleinia coccinea (Oliv. et Hiern) A. Berger = Kleinia grantii (Oliv. et Hiern) Hook. f. ■☆
216662 Kleinia crassulifolia DC. = Senecio crassulifolius (DC.) Sch. Bip. ■☆
216663 Kleinia curvata Thulin;内折仙人笔■☆
216664 Kleinia descoingsii (Humbert) C. Jeffrey;德斯仙人笔■☆
216665 Kleinia dolichocoma C. Jeffrey;长仙人笔■☆
216666 Kleinia eupapposa Cufod. = Kleinia squarrosa Cufod. ■☆
216667 Kleinia ficoides (L.) Haw. = Senecio ficoides (L.) Sch. Bip. ■☆
216668 Kleinia fulgens Hook. f.;猩红仙人笔;Scarlet Kleinia ■☆
216669 Kleinia galpinii Hook. f.;盖尔仙人笔■☆
216670 Kleinia gracilis Thulin;纤细仙人笔■☆
216671 Kleinia grantii (Oliv. et Hiern) Hook. f.;格来特仙人笔■☆
216672 Kleinia gregorii (S. Moore) C. Jeffrey;格雷戈尔仙人笔■☆
216673 Kleinia gypsophila J. -P. Lebrun et Stork;喜钙仙人笔■☆
216674 Kleinia haworthii (Sweet) DC. = Senecio haworthii (Sweet) Sch. Bip. ■
216675 Kleinia implexa (P. R. O. Bally) C. Jeffrey;错乱仙人笔■☆
216676 Kleinia japonica (Thunb.) Less. = Gynura japonica (Thunb.) Juel ■
216677 Kleinia kleinioides (Sch. Bip.) M. Taylor;千里光仙人笔■☆
216678 Kleinia leptophylla C. Jeffrey;细叶仙人笔■☆
216679 Kleinia longiflora DC.;长花仙人笔;Sjambok Bush ■☆
216680 Kleinia lunulata (Chiov.) Thulin;新月仙人笔■☆
216681 Kleinia madagascariensis (Humbert) P. Halliday;马岛仙人笔■☆
216682 Kleinia mweroensis (Baker) C. Jeffrey;姆韦鲁仙人笔■☆
216683 Kleinia negrii Cufod.;内格里仙人笔■☆
216684 Kleinia neriifolia Haw.;夹竹桃叶仙人笔■☆
216685 Kleinia nogalensis (Chiov.) Thulin;诺加尔仙人笔■☆
216686 Kleinia odora (Forssk.) A. Berger = Kleinia odora (Forssk.) DC. ■☆
216687 Kleinia odora (Forssk.) DC.;齿仙人笔■☆
216688 Kleinia ogadensis Thulin;欧加登仙人笔■☆
216689 Kleinia oligodonta C. Jeffrey;寡齿仙人笔■☆
216690 Kleinia ovoidea Compton = Senecio ovoideus (Compton) Jacobsen ■☆
216691 Kleinia patriciae C. Jeffrey;帕特里夏仙人笔■☆
216692 Kleinia pendula (Forssk.) DC.;下垂仙人笔■☆
216693 Kleinia petraea (R. E. Fr.) C. Jeffrey;岩生仙人笔■☆
216694 Kleinia picticaulis (P. R. O. Bally) C. Jeffrey;裸茎仙人笔■☆
216695 Kleinia pinguifolia DC. = Senecio pinguifolius (DC.) Sch. Bip. ■☆
216696 Kleinia polycotoma Chiov. = Kleinia odora (Forssk.) DC. ■☆
216697 Kleinia pteroneura DC. = Kleinia anteuphorbium (L.) Haw. ■☆
216698 Kleinia pusilla (Dinter) Merxm. = Senecio sulcicalyx Baker ■☆
216699 Kleinia quadricolor Crantz = Quisqualis indica L. ●
216700 Kleinia radicans (L. f.) Haw. = Senecio radicans (L. f.) Sch. Bip. ■
216701 Kleinia repens L. = Senecio serpens G. D. Rowley ■☆
216702 Kleinia ruderale Jacq. = Porophyllum ruderale (Jacq.) Cass. ■☆
216703 Kleinia sabulosa Thulin;砂地仙人笔■☆
216704 Kleinia schwartzii L. E. Newton;施瓦茨仙人笔■☆
216705 Kleinia schweinfurthii (Oliv. et Hiern) A. Berger;施韦仙人笔■☆
216706 Kleinia scottii (Balf. f.) P. Halliday;司科特仙人笔■☆
216707 Kleinia scottioides C. Jeffrey;拟司科特仙人笔■☆
216708 Kleinia squarrosa Cufod.;粗鳞仙人笔■☆
216709 Kleinia stapeliiformis (E. Phillips) Stapf;豹皮花仙人笔■☆
216710 Kleinia subradiata DC. = Senecio cicatricosus Sch. Bip. ■☆
216711 Kleinia subulifolia (Chiov.) P. Halliday = Kleinia pendula (Forssk.) DC. ■☆
216712 Kleinia tortuosa Thulin;扭曲仙人笔■☆
216713 Kleinia triantha Chiov.;三花仙人笔■☆
216714 Kleinia tuberculata Thulin;多疣仙人笔■☆
216715 Kleinia vermicularis C. Jeffrey;虫状仙人笔■☆
216716 Kleinodendron L. B. Sm. et Downs = Savia Willd. ●☆
216717 Kleistrocalyx Steud. = Rhynchospora Vahl(保留属名)■
216718 Klemachloa R. Parker = Dendrocalamus Nees ●
216719 Klenzea Sch. Bip. ex Hochst. = Athrixia Ker Gawl. ●■☆
216720 Klenzea Sch. Bip. ex Steud. = Athrixia Ker Gawl. ●■☆
216721 Klenzea abyssinica Sch. Bip. ex Walp. = Macowania abyssinica (Sch. Bip. ex Walp.) B. L. Burtt ●☆

216722 Klenzea lycopodioides Sch. Bip. ex Walp. = Dolichothrix ericoides (Lam.) Hilliard et B. L. Burtt ■☆

216723 Klenzea rosmarinifolia Sch. Bip. ex Walp. = Athrixia rosmarinifolia (Sch. Bip. ex Walp.) Oliv. et Hiern ●☆

216724 Klingia Schönland = Gethyllis L. ■☆

216725 Klingia namaquensis Schönland = Gethyllis namaquensis (Schönland) Oberm. ■☆

216726 Klonion Raf. = Eryngium L. ■

216727 Klopstockia H. Karst. = Ceroxylon Bonpl. ex DC. ●☆

216728 Klossia Ridl. (1909); 克洛斯茜属☆

216729 Klossia montana Ridl.; 克洛斯茜☆

216730 Klotzschia Cham. (1833); 克洛草属☆

216731 Klotzschia brasiliensis Cham.; 克洛草☆

216732 Klotzschiphytum Baill. = Croton L. ●

216733 Klugia Schltdl. (1833); 克卢格苣苔属; Klugia ■☆

216734 Klugia Schltdl. = Rhynchoglossum Blume(保留属名) ■

216735 Klugia azurea Schltdl.; 克卢格苣苔■☆

216736 Klugia glabra Gardn.; 光克卢格苣苔■☆

216737 Klugia grandiflora K. Fritsch; 大花克卢格苣苔■☆

216738 Klugia violacea Fritsch; 堇色克卢格苣苔■☆

216739 Klugiodendron Britton et Killip = Abarema Pittier ●☆

216740 Klugiodendron Britton et Killip = Pithecellobium Mart. (保留属名) ●

216741 Klukia Andrz. ex DC. = Malcolmia W. T. Aiton(保留属名) ■☆

216742 Kmeria (Pierre) Dandy(1927); 单性木兰属●☆

216743 Kmeria Dandy = Kmeria (Pierre) Dandy ●☆

216744 Kmeria duperreana Dandy; 单性木兰●☆

216745 Kmeria septeatrionalia Dandy = Woonyoungia septeatrionalia (Dandy) Y. W. Law ●

216746 Knafia Opiz = Salix L. (保留属名) ●

216747 Knantia Hill = Knautia L. ■☆

216748 Knappia F. L. Bauer ex Steud. = Rhynchoglossum Blume(保留属名) ■

216749 Knappia Sm. = Mibora Adans. ■☆

216750 Knauthia Fabr. = Scleranthus L. ■☆

216751 Knauthia Heist. ex Fabr. = Scleranthus L. ■☆

216752 Knautia L. (1753); 裸盆花属(克瑙草属); Blue Buttons, Knautia ■☆

216753 Knautia arvensis (L.) Coult.; 田野裸盆花(田野克瑙草); Bachelor's Buttons, Billy Buttons, Black Soap, Blackamoor's Beauty, Blacky-Moor's Beauty, Blue Men, Blue-buttons, Broadweed, Candies, Clodweed, Clogweed, Coachman's Buttons, Cornflower, Curldoddy, Cushion, Devil's Bit, Devil's Burtons, Devil's Button, Egyptian Rose, Field Scabious, Gentleman's Pincushion, Grandmother's Pincushion, Gypsy Daisy, Gypsy Flower, Gypsy Rose, Lady's Cushion, Lady's Hatpins, Lady's Pincushion, Meadow Scabious, Morthen, Mournful Widow, Mourning Bride, Mourning Widow, Pincushion, Pins-and-needles, Purple Buttons, Robin's Pincushion, Sailor Buttons, Sailor's Buttons, Snake's Flower, Soldier Buttons, Soldier's Buttons, Teddy Buttons, Wild Aster ■☆

216754 Knautia arvensis (L.) Coult. subsp. lanceolata (Pomel) Maire = Knautia mauritanica Pomel ■☆

216755 Knautia arvensis (L.) Coult. subsp. numidica (Szabó) Maire = Knautia mauritanica Pomel ■☆

216756 Knautia arvensis (L.) Coult. subsp. paui Maire = Knautia mauritanica Pomel ■☆

216757 Knautia arvensis (L.) Coult. subsp. subscaposa (Boiss. et Reut.) Maire = Knautia subscaposa Boiss. et Reut. ■☆

216758 Knautia arvensis (L.) Coult. var. centauroides (Pomel) Batt. = Knautia mauritanica Pomel ■☆

216759 Knautia arvensis (L.) Coult. var. glandulifera Pau et Font Quer = Knautia mauritanica Pomel ■☆

216760 Knautia arvensis (L.) Coult. var. lanceolata (Pomel) Batt. = Knautia mauritanica Pomel ■☆

216761 Knautia arvensis (L.) Coult. var. mauritanica (Pomel) Maire = Knautia mauritanica Pomel ■☆

216762 Knautia calycina (C. Presl) Guss.; 萼状裸盆花■☆

216763 Knautia centauroides Pomel; 矢车菊裸盆花■☆

216764 Knautia dipsacifolia (Host) Kreutzer; 林地裸盆花; Wood Scabious ■☆

216765 Knautia hybrida (All.) Coult. = Knautia integrifolia (L.) Bertol. ■☆

216766 Knautia integrifolia (L.) Bertol.; 全叶裸盆花■☆

216767 Knautia involucrata Sommier et H. Lév.; 总苞裸盆花■☆

216768 Knautia lanceolata Pomel = Knautia mauritanica Pomel ■☆

216769 Knautia macedonica Griseb.; 中欧裸盆花; Knautia ■☆

216770 Knautia mauritanica Pomel; 毛里塔尼亚裸盆花■☆

216771 Knautia montana DC.; 山地裸盆花■☆

216772 Knautia orientalis L.; 东方裸盆花■☆

216773 Knautia subscaposa Boiss. et Reut.; 亚花茎裸盆花■☆

216774 Knautia tatarica Szabo; 塔塔尔裸盆花■☆

216775 Knavel Ség. = Scleranthus L. ■☆

216776 Knawel Fabr. = Knavel Ség. ■☆

216777 Kneiffia Spach = Oenothera L. ●■

216778 Kneiffia perennis (L.) Pennell = Oenothera perennis L. ■☆

216779 Kneiffia pilosella (Raf.) A. Heller = Oenothera pilosella Raf. ■☆

216780 Kneiffia pratensis Small = Oenothera pilosella Raf. ■☆

216781 Kneiffia pumila (L.) Spach = Oenothera perennis L. ■☆

216782 Kneiffia sumstinei Jenn. = Oenothera pilosella Raf. ■☆

216783 Knema Lour. (1790); 红光树属(拟肉豆蔻属); Knema, Pincushion Flower ●

216784 Knema acuminata Merr.; 尖叶红光树●☆

216785 Knema andamanica (Warb.) W. J. de Wilde; 狭叶红光树; Narroeleaf Knema ●

216786 Knema andamanica (Warb.) W. J. de Wilde = Knema cinerea Warb. var. glauca (Blume) Y. H. Li ●

216787 Knema andamanica (Warb.) W. J. de Wilde = Knema glauca (Blume) Peterm. var. andamanica Warb. ●

216788 Knema andamanica (Warb.) W. J. de Wilde subsp. nicobarica (Warb.) W. J. de Wilde = Knema glauca (Blume) Peterm. var. nicobarica Warb. ●

216789 Knema andamanica (Warb.) W. J. de Wilde subsp. nicobarica (Warb.) W. J. de Wilde = Knema cinerea Warb. var. glauca (Blume) Y. H. Li ●

216790 Knema andamanica (Warb.) W. J. de Wilde subsp. peninsularis W. J. de Wilde; 泰国狭叶红光树●☆

216791 Knema angustifolia (Roxb.) Warb. = Knema cinerea Warb. var. glauca (Blume) Y. H. Li ●

216792 Knema angustifolia Warb. = Knema erratica (Hook. f. et Thomson) J. Sinclair ●☆

216793 Knema ashtonii J. Sinclair; 马来红光树●☆

216794 Knema ashtonii J. Sinclair var. cinnamomea W. J. de Wilde; 肉桂色红光树●☆

216795 Knema austrosiamensis W. J. de Wilde;东南亚红光树●☆
216796 Knema bengalensis W. J. de Wilde;孟加拉红光树●☆
216797 Knema bicolor Raf. = Myristica glaucescens Hook. f. et Thomson ●
216798 Knema cinerea (Poir.) Warb. var. glauca (Blume) Y. H. Li = Knema andamanica (Warb.) W. J. de Wilde ●
216799 Knema cinerea Warb. = Knema andamanica (Warb.) W. J. de Wilde ●
216800 Knema cinerea Warb. var. andamanica (Poir.) J. Sinclair = Knema cinerea Warb. var. glauca (Blume) Y. H. Li ●
216801 Knema cinerea Warb. var. glauca (Blume) Y. H. Li = Knema andamanica (Warb.) W. J. de Wilde ●
216802 Knema conferta (King) Warb.;密花红光树●
216803 Knema conferta Warb. = Knema conferta (King) Warb. ●
216804 Knema conica W. J. de Wilde;圆锥红光树●
216805 Knema corticosa (Lour.) Hook. f. et Thomson = Knema globularia (Lam.) Warb. ●
216806 Knema corticosa Lour. = Knema globularia (Lam.) Warb. ●
216807 Knema corticosa Lour. var. tonkinensis Warb. = Knema globularia (Lam.) Warb. ●
216808 Knema elegans Warb.;假广子●
216809 Knema elmeri Merr.;埃氏红光树●☆
216810 Knema erratica (Hook. f. et Thomson) J. Sinclair;喜马拉雅红光树●☆
216811 Knema furfuracea (Hook. f. et Thomson) Warb.;红光树;Furfurasceous Knema ●
216812 Knema furfuracea Warb. = Knema furfuracea (Hook. f. et Thomson) Warb. ●
216813 Knema galeata J. Sinclair;盔形红光树●☆
216814 Knema glauca (Blume) Peterm. = Knema conferta (King) Warb. ●
216815 Knema glauca (Blume) Peterm. = Myristica glauca Blume ●
216816 Knema glauca (Blume) Peterm. var. andamanica Warb. = Knema cinerea Warb. var. glauca (Blume) Y. H. Li ●
216817 Knema glauca (Blume) Peterm. var. nicobarica Warb. = Knema cinerea Warb. var. glauca (Blume) Y. H. Li ●
216818 Knema glauca Warb. = Knema conferta (King) Warb. ●
216819 Knema glauca Warb. = Myristica glauca Blume ●
216820 Knema glauca Warb. var. riparia W. J. de Wilde;河岸红光树●☆
216821 Knema glaucescens Wall. = Myristica furfuracea Hook. f. et Thomson ●
216822 Knema globularia (Lam.) Warb.;小叶红光树(红光树,小果红光树)●
216823 Knema globularia Warb. = Knema globularia (Lam.) Warb. ●
216824 Knema globularia Warb. = Myristica microcarpa Willd. ●
216825 Knema globulatericia W. J. de Wilde;泰国红光树●☆
216826 Knema heterophylla Warb. = Myristica cagayanensis Merr. ●◇
216827 Knema heterophylla Warb. = Myristica ceylanica A. DC. var. cagayanensis (Merr.) J. Sinclair ●◇
216828 Knema hirtella W. J. de Wilde;软毛红光树●☆
216829 Knema hirtella W. J. de Wilde var. pilocarpa W. J. de Wilde;毛果红光树●☆
216830 Knema hirtella W. J. de Wilde var. stylosa W. J. de Wilde;多柱软毛红光树●☆
216831 Knema hookeriana Warb.;胡克红光树;Great Woolly Nutmeg ●☆
216832 Knema hookeriana Warb. = Myristica hookeriana Wall. ●☆
216833 Knema insularis Merr.;菲律宾红光树●☆
216834 Knema intermedia Warb.;间型红光树●☆
216835 Knema korthalsii Warb. subsp. rimosa W. J. de Wilde;龟裂红光树●☆
216836 Knema kostermansiana W. J. de Wilde;科斯特红光树●☆
216837 Knema kunstleri Warb.;昆氏红光树●☆
216838 Knema kunstleri Warb. subsp. leptophylla W. J. de Wilde;细叶昆氏红光树●☆
216839 Knema kunstleri Warb. subsp. macrophylla W. J. de Wilde;大叶昆氏红光树●☆
216840 Knema kunstleri Warb. subsp. parvifolia (Merr.) W. J. de Wilde = Knema parvifolia Merr. ●☆
216841 Knema kunstleri Warb. subsp. pseudostellata W. J. de Wilde;拟星红光树●☆
216842 Knema lamellaria W. J. de Wilde;片状红光树●☆
216843 Knema latericia Elmer;砖色红光树●☆
216844 Knema latericia Elmer f. nana W. J. de Wilde;矮小砖色红光树●☆
216845 Knema latericia Elmer f. olivacea W. J. de Wilde;橄榄绿红光树●☆
216846 Knema latericia Elmer subsp. albifolia (Sinclair) W. J. de Wilde;白叶砖色红光树●☆
216847 Knema lateritica (Gand.) W. J. de Wilde var. subtilis W. J. de Wilde;菲律宾砖色红光树●☆
216848 Knema latifolia Warb.;宽叶红光树●☆
216849 Knema lenta Pierre ex Warb. = Knema cinerea Warb. var. glauca (Blume) Y. H. Li ●
216850 Knema lenta Warb. = Knema lenta Pierre ex Warb. ●
216851 Knema linifolia (Roxb.) Warb.;大叶红光树;Flaxleaf Knema ●
216852 Knema linifolia (Roxb.) Warb. var. clarkeana (King) Warb. = Knema linifolia (Roxb.) Warb. ●
216853 Knema losirensis W. J. de Wilde;苏门答腊红光树●☆
216854 Knema luteola W. J. de Wilde;淡黄红光树●☆
216855 Knema madagascariensis (Lam.) Peterm. = Myristica madagascariensis Lam. ●☆
216856 Knema malayana Warb. = Myristica glaucescens Hook. f. et Thomson ●
216857 Knema mamillata W. J. de Wilde;乳突红光树●☆
216858 Knema membranifolia H. Winkl.;膜叶红光树●☆
216859 Knema meridionalis J. Sinclair;南方红光树●☆
216860 Knema minima W. J. de Wilde;微小红光树●☆
216861 Knema missionis (Wall. h ex King) Warb. = Knema globularia (Lam.) Warb. ●
216862 Knema missionis Warb. = Knema globularia (Lam.) Warb. ●
216863 Knema mixta W. J. de Wilde;混杂红光树●☆
216864 Knema muscosa J. Sinclair;苔地红光树●☆
216865 Knema nitida Merr.;光亮红光树●☆
216866 Knema oblongata Merr.;矩圆红光树●☆
216867 Knema oblongata Merr. subsp. parviflora W. J. de Wilde;小花矩圆红光树●☆
216868 Knema oblongata Merr. subsp. pedunculata W. J. de Wilde;下垂矩圆红光树●☆
216869 Knema odorata (Willd.) Peterm. = Horsfieldia odorata Willd. ●☆
216870 Knema pachycarpa W. J. de Wilde;粗果红光树●☆
216871 Knema palembanica Warb. = Myristica glaucescens Hook. f. et Thomson ●

216872 Knema pallens W. J. de Wilde;变苍白红光树●☆
216873 Knema parvifolia Merr. ;菲律宾小叶红光树●☆
216874 Knema pectinata Warb. subsp. vestita W. J. de Wilde;包被红光树●☆
216875 Knema pedicellata W. J. de Wilde;梗花红光树●☆
216876 Knema percoriacea J. Sinclair;革质红光树●☆
216877 Knema percoriacea J. Sinclair f. fusca W. J. de Wilde;棕色革质红光树●☆
216878 Knema percoriacea J. Sinclair f. longipilosa W. J. de Wilde;长毛红光树●☆
216879 Knema petelotii Merr. = Knema globularia (Lam.) Warb. ●
216880 Knema pierrei Warb. = Knema furfuracea Warb. ●
216881 Knema piriformis W. J. de Wilde;梨形红光树●☆
216882 Knema pubiflora W. J. de Wilde;毛叶红光树●☆
216883 Knema retusa Warb. = Myristica retusa King ●☆
216884 Knema rigidifolia J. Sinclair;硬叶红光树●☆
216885 Knema rigidifolia J. Sinclair subsp. camerona W. J. de Wilde;卡梅伦红光树●☆
216886 Knema saxatilis W. J. de Wilde;越南红光树●☆
216887 Knema sebifera (Aubl.) Peterm. = Virola sebifera Aubl. ●☆
216888 Knema sericea W. J. de Wilde;绢毛红光树●☆
216889 Knema sessiflora W. J. de Wilde;无柄红光树●☆
216890 Knema siamensis Warb. = Knema elegans Warb. ●
216891 Knema siamensis Warb. = Knema erratica (Hook. f. et Thomson) J. Sinclair ●☆
216892 Knema sphaerula (Hook. f. et Thomson) Airy Shaw = Knema globularia (Lam.) Warb. ●
216893 Knema sphaerula (Hook. f.) Airy Shaw = Knema globularia (Lam.) Warb. ●
216894 Knema squamulosa W. J. de Wilde;多鳞红光树●☆
216895 Knema stellata Merr. ;星状红光树●☆
216896 Knema stellata Merr. subsp. cryptocaryoides (Elmer) W. J. de Wilde = Gymnacranthera cryptocaryoides Elmer ●☆
216897 Knema stenocarpa Warb. = Myristica stenocarpa (Warb.) Boerl. ●☆
216898 Knema stenophylla (Warb.) J. Sinclair = Gymnacranthera stenophylla Warb. ●☆
216899 Knema stylosa (W. J. de Wilde) W. J. de Wilde = Knema hirtella W. J. de Wilde var. stylosa W. J. de Wilde ●☆
216900 Knema subhirtella W. J. de Wilde;小粗毛红光树●☆
216901 Knema tenuinervia W. J. de Wilde;细脉红光树(红光树)●
216902 Knema tenuinervia W. J. de Wilde subsp. kanburiensis W. J. de Wilde;泰国细脉红光树●☆
216903 Knema tenuinervia W. J. de Wilde subsp. setosa W. J. de Wilde;刚毛红光树●☆
216904 Knema tonkinensis (Warb.) W. J. de Wilde;越南密花红光树●
216905 Knema tridactyla Airy Shaw;三指红光树●☆
216906 Knema tridactyla Airy Shaw subsp. pachydactyla W. J. de Wilde;粗柳叶三指红光树●☆
216907 Knema tridactyla Airy Shaw subsp. salicifolia W. J. de Wilde;柳叶三指红光树●☆
216908 Knema tridactyla Airy Shaw subsp. sublaevis W. J. de Wilde;平滑三指红光树●☆
216909 Knema uliginosa J. Sinclair;沼泽红光树●☆
216910 Knema vidalii Warb. ;维达尔红光树●☆
216911 Knema viridis W. J. de Wilde;绿红光树●☆
216912 Knema wangii Hu = Knema globularia (Lam.) Warb. ●
216913 Knema winkleri Merr. ;温克勒红光树●☆
216914 Knema woodii J. Sinclair;伍氏红光树●☆
216915 Knema yunnanensis Hu = Knema erratica (Hook. f. et Thomson) J. Sinclair ●☆
216916 Knesebeckia Klotzsch = Begonia L. ●■
216917 Knesebeckia discolor Klotzsch = Begonia grandis Dryand. ■
216918 Knifa Adans. = Hypericum L. ■●
216919 Kniffa Vent. = Knifa Adans. ■●
216920 Knightia R. Br. (1810)(保留属名);纳梯木属(蜜汁树属,新西兰龙眼属)●☆
216921 Knightia Sol. ex R. Br. = Knightia R. Br. (保留属名)●☆
216922 Knightia excelsa Sol. ex R. Br. ;新西兰纳梯木(蜜汁树,新西兰龙眼);New Zealand Honeysuckle, Rewa Rewa, Rewarewa, Rewa-rewa ●☆
216923 Kniphofia Moench(1794)(保留属名);火炬花属(火把莲属,火杖属);Flame-flower, Kniphofia, Poker-plant, Red Hot Poker, Red-hot Poker, Redhot-poker-plant, Torch Lily, Torch-Lily, Tritoma ■☆
216924 Kniphofia Scop. (废弃属名) = Kniphofia Moench(保留属名)■☆
216925 Kniphofia Scop. (废弃属名) = Terminalia L. (保留属名)●
216926 Kniphofia abyssinica (DC.) Schweinf. = Kniphofia pumila (Aiton) Kunth ■☆
216927 Kniphofia albescens Codd;变白火炬花■☆
216928 Kniphofia albomontana Baijnath;山地白火炬花■☆
216929 Kniphofia aloöides Moench = Kniphofia uvaria (L.) Oken ■☆
216930 Kniphofia aloysii-sabaudii Chiov. = Kniphofia isoetifolia Hochst. ■☆
216931 Kniphofia andongensis Baker = Kniphofia benguellensis Baker ■☆
216932 Kniphofia angustifolia (Baker) Codd;窄叶火炬花■☆
216933 Kniphofia ankaratrensis Baker;安卡拉特拉火炬花■☆
216934 Kniphofia arussii Rendle = Kniphofia foliosa Hochst. ■☆
216935 Kniphofia bachmannii Baker = Kniphofia uvaria (L.) Oken ■☆
216936 Kniphofia benguellensis Baker;本格拉火炬花■☆
216937 Kniphofia bequaertii De Wild. ;贝卡尔火炬花■☆
216938 Kniphofia brachystachya (Zahlbr.) Codd;短穗火炬花■☆
216939 Kniphofia breviflora Baker;短花火炬花■☆
216940 Kniphofia breviflora Baker var. concinna (Baker) A. Berger = Kniphofia breviflora Baker ■☆
216941 Kniphofia bruceae (Codd) Codd;布鲁斯火炬花■☆
216942 Kniphofia buchananii Baker;布坎南火炬花■☆
216943 Kniphofia burchellii (Lindl.) Kunth = Kniphofia uvaria (L.) Oken ■☆
216944 Kniphofia carinata C. H. Wright = Kniphofia pumila (Aiton) Kunth ■☆
216945 Kniphofia caulescens Baker = Kniphofia caulescens Baker ex Hook. f. ■☆
216946 Kniphofia caulescens Baker ex Hook. f. ;具茎火炬花■☆
216947 Kniphofia citrina Baker;柠檬火炬花■☆
216948 Kniphofia coddiana Cufod. ;科德火炬花■☆
216949 Kniphofia comosa Hochst. = Kniphofia pumila (Aiton) Kunth ■☆
216950 Kniphofia concinna Baker = Kniphofia breviflora Baker ■☆
216951 Kniphofia conrathii Baker = Kniphofia porphyrantha Baker ■☆
216952 Kniphofia crassifolia Baker;厚叶火炬花■☆
216953 Kniphofia decaphlebia Baker = Kniphofia laxiflora Kunth ■☆
216954 Kniphofia densiflora Engl. = Kniphofia foliosa Hochst. ■☆

216955 Kniphofia drepanophylla Baker;镰叶火炬花■☆
216956 Kniphofia dubia De Wild.;可疑火炬花■☆
216957 Kniphofia elegans Codd = Kniphofia coddiana Cufod. ■☆
216958 Kniphofia elegans Engl. = Kniphofia schimperi Baker ■☆
216959 Kniphofia ellenbeckiana Engl. = Kniphofia schimperi Baker ■☆
216960 Kniphofia ensifolia Baker;剑叶火炬花;Winter Poker ■☆
216961 Kniphofia ensifolia Baker var. albiflora E. A. Bruce = Kniphofia ensifolia Baker ■☆
216962 Kniphofia evansii Baker;埃文斯火炬花■☆
216963 Kniphofia fibrosa Baker;纤维质火炬花■☆
216964 Kniphofia flammula Codd;火红火炬花■☆
216965 Kniphofia flavovirens Engl. = Kniphofia grantii Baker ■☆
216966 Kniphofia fluviatilis Codd;河岸火炬花■☆
216967 Kniphofia foliosa Hochst.;繁叶火炬花■☆
216968 Kniphofia galpinii Baker;盖尔火炬花■☆
216969 Kniphofia goetzei Engl. = Kniphofia thomsonii Baker var. snowdenii (C. H. Wright) Marais ■☆
216970 Kniphofia goetzei Engl. = Kniphofia thomsonii Baker ■☆
216971 Kniphofia gracilis Baker = Kniphofia gracilis Harv. ex Baker ■☆
216972 Kniphofia gracilis Harv. ex Baker;优美火炬花■☆
216973 Kniphofia grantii Baker;格来特火炬花■☆
216974 Kniphofia hildebrandtii Cufod.;希尔德火炬花■☆
216975 Kniphofia hirsuta Codd;粗毛火炬花■☆
216976 Kniphofia homblei De Wild. = Kniphofia dubia De Wild. ■☆
216977 Kniphofia infundibularis Baker = Kniphofia pumila (Aiton) Kunth ■☆
216978 Kniphofia insignis Rendle;显著火炬花■☆
216979 Kniphofia insignis Rendle var. albiflora (Engl.) Cufod. = Kniphofia insignis Rendle ■☆
216980 Kniphofia isoetifolia Hochst.;水韭叶火炬花■☆
216981 Kniphofia kirkii Baker;柯克火炬花■☆
216982 Kniphofia krookii Zahlbr. = Kniphofia parviflora Kunth ■☆
216983 Kniphofia latifolia Codd;宽叶火炬花■☆
216984 Kniphofia laxiflora Kunth;疏花火炬花■☆
216985 Kniphofia leichtlinii Baker = Kniphofia pumila (Aiton) Kunth ■☆
216986 Kniphofia leichtlinii Baker var. distachya ? = Kniphofia pumila (Aiton) Kunth ■☆
216987 Kniphofia leucocephala Baijnath;白头火炬花■☆
216988 Kniphofia linearifolia Baker;线叶火炬花■☆
216989 Kniphofia linearifolia Baker var. kuntzei A. Berger = Kniphofia linearifolia Baker ■☆
216990 Kniphofia linearifolia Baker var. montana A. Berger = Kniphofia linearifolia Baker ■☆
216991 Kniphofia littoralis Codd;沿海火炬花■☆
216992 Kniphofia longicollis Baker = Kniphofia rooperi (T. Moore) Lem. ■☆
216993 Kniphofia longiflora Baker = Kniphofia linearifolia Baker ■☆
216994 Kniphofia macowanii Baker = Kniphofia triangularis Kunth ■☆
216995 Kniphofia modesta Baker = Kniphofia parviflora Kunth ■☆
216996 Kniphofia monticola Blackmore = Kniphofia splendida E. A. Bruce ■☆
216997 Kniphofia mpalensis Engl. = Kniphofia grantii Baker ■☆
216998 Kniphofia multiflora J. M. Wood et M. S. Evans;多花火炬花■☆
216999 Kniphofia nana Marais;矮火炬花■☆
217000 Kniphofia natalensis Baker = Kniphofia laxiflora Kunth ■☆
217001 Kniphofia natalensis Baker var. angustifolia ? = Kniphofia angustifolia (Baker) Codd ■☆
217002 Kniphofia nelsonii Mast. = Kniphofia triangularis Kunth ■☆
217003 Kniphofia neumannii Engl. = Kniphofia isoetifolia Hochst. ■☆
217004 Kniphofia neumannii Engl. var. albiflora ? = Kniphofia insignis Rendle ■☆
217005 Kniphofia northiae Baker;诺斯火炬花■☆
217006 Kniphofia nubigena Mildbr.;云雾火炬花■☆
217007 Kniphofia obtusiloba A. Berger = Kniphofia triangularis Kunth subsp. obtusiloba (A. Berger) Codd ■☆
217008 Kniphofia occidentalis A. Berger = Kniphofia uvaria (L.) Oken ■☆
217009 Kniphofia odorata Heynh. = Kniphofia uvaria (L.) Oken ■☆
217010 Kniphofia pallidiflora Baker;苍白花火炬花■☆
217011 Kniphofia paludosa Engl.;沼泽火炬花■☆
217012 Kniphofia parviflora Kunth;小花火炬花■☆
217013 Kniphofia patersoniae Schönland = Kniphofia uvaria (L.) Oken ■☆
217014 Kniphofia pauciflora Baker;少花火炬花■☆
217015 Kniphofia pedicellata Baker = Kniphofia pauciflora Baker ■☆
217016 Kniphofia porphyrantha Baker;紫花火炬花■☆
217017 Kniphofia praecox Baker;早熟火炬花;Greater Red-hot Poker ■☆
217018 Kniphofia praecox Baker subsp. bruceae Codd = Kniphofia bruceae (Codd) Codd ■☆
217019 Kniphofia praecox Baker var. nobilis ? = Kniphofia praecox Baker ■☆
217020 Kniphofia pumila (Aiton) Kunth;匍匐火炬花■☆
217021 Kniphofia quartiniana A. Rich. = Kniphofia foliosa Hochst. ■☆
217022 Kniphofia reflexa Codd;反折火炬花■☆
217023 Kniphofia reynoldsii Codd;雷诺兹火炬花■☆
217024 Kniphofia rhodesiana Rendle = Kniphofia linearifolia Baker ■☆
217025 Kniphofia rigidifolia E. A. Bruce;硬叶火炬花■☆
217026 Kniphofia rivularis A. Berger = Kniphofia ensifolia Baker ■☆
217027 Kniphofia rogersii E. A. Bruce = Kniphofia thomsonii Baker var. snowdenii (C. H. Wright) Marais ■☆
217028 Kniphofia rogersii E. A. Bruce = Kniphofia thomsonii Baker ■☆
217029 Kniphofia rooperi (T. Moore) Lem.;罗帕火炬花■☆
217030 Kniphofia rooperi Lem. = Kniphofia rooperi (T. Moore) Lem. ■☆
217031 Kniphofia rufa Baker;浅红火炬花■☆
217032 Kniphofia sarmentosa (Andréws) Kunth;蔓茎火炬花■☆
217033 Kniphofia schimperi Baker;欣珀火炬花■☆
217034 Kniphofia schlechteri Schinz = Kniphofia breviflora Baker ■☆
217035 Kniphofia snowdenii C. H. Wright = Kniphofia thomsonii Baker var. snowdenii (C. H. Wright) Marais ■☆
217036 Kniphofia sparsa N. E. Br. = Kniphofia gracilis Baker ■☆
217037 Kniphofia splendida E. A. Bruce;闪光火炬花■☆
217038 Kniphofia stricta Codd;刚直火炬花■☆
217039 Kniphofia subalpina Chiov. = Kniphofia thomsonii Baker var. snowdenii (C. H. Wright) Marais ■☆
217040 Kniphofia subalpina Chiov. = Kniphofia thomsonii Baker ■☆
217041 Kniphofia tabularis Marloth;扁平火炬花■☆
217042 Kniphofia thodei Baker;索德火炬花■☆
217043 Kniphofia thomsonii Baker;托马森火炬花;Alpine poker ■☆
217044 Kniphofia thomsonii Baker var. snowdenii (C. H. Wright) Marais;斯诺登火炬花■☆
217045 Kniphofia triangularis Kunth;三棱火炬花■☆

217046 Kniphofia triangularis Kunth subsp. obtusiloba (A. Berger) Codd;钝裂火炬花■☆
217047 Kniphofia tuckii Baker = Kniphofia ensifolia Baker ■☆
217048 Kniphofia typhoides Codd;娃儿藤火炬花■☆
217049 Kniphofia tysonii Baker;泰森火炬花■☆
217050 Kniphofia tysonii Baker subsp. lebomboensis Codd;莱邦博火炬花■☆
217051 Kniphofia umbrina Codd;荫地火炬花■☆
217052 Kniphofia uvaria (L.) Oken = Kniphofia uvaria T. Durand et Schinz ■☆
217053 Kniphofia uvaria (L.) Oken var. nobilis (Baker) A. Berger = Kniphofia praecox Baker ■☆
217054 Kniphofia uvaria (L.) Oken var. praecox (Baker) A. Berger = Kniphofia praecox Baker ■☆
217055 Kniphofia uvaria T. Durand et Schinz;火炬花(火把花,火把莲);Baillie Nicol Jarvie's Poker, Common Poker-plant, Devil's Fiery Poker, Devil's Poker, Devil's Torch, Flame Flower, Flame-flower, Flaming Sword, Poker Plant, Poker, Poker-plant, Pull Poker, Red Hot Poker, Redhot Poker, Red-hot poker, Roman Candles, Soldiers, Torch Lily, Torch-lily ■☆
217056 Kniphofia uvaria T. Durand et Schinz 'Nobilis';高贵火炬花■☆
217057 Kniphofia woodii W. Watson = Kniphofia gracilis Baker ■☆
217058 Kniphofia wyliei N. E. Br. = Kniphofia gracilis Baker ■☆
217059 Kniphofia zombensis Baker = Kniphofia grantii Baker ■☆
217060 Knorrea DC. = Tetragastris Gaertn. ●☆
217061 Knorrea Moc. et Sessé ex DC. = Tetragastris Gaertn. ●☆
217062 Knorringia (Czukav.) S. P. Hong = Persicaria (L.) Mill. ■
217063 Knorringia (Czukav.) Tzvelev = Aconogonon (Meisn.) Rchb. ■☆
217064 Knorringia (Czukav.) Tzvelev = Persicaria (L.) Mill. ■
217065 Knorringia pamirica (Korsh.) Tzvelev = Polygonum sibiricum Laxm. var. thomsonii Meisn. ex Stewart ■
217066 Knorringia sibirica (Laxm.) Tzvelev = Polygonum sibiricum Laxm. ■
217067 Knorringia sibirica (Laxm.) Tzvelev subsp. thomsonii (Meisn. ex Steward) S. P. Hong = Polygonum sibiricum Laxm. var. thomsonii Meisn. ex Stewart ■
217068 Knorringia sibirica (Laxm.) Tzvelev subsp. thomsonii (Meisn.) S. P. Hong = Polygonum sibiricum Laxm. var. thomsonii Meisn. ex Stewart ■
217069 Knowlesia Hassk. = Tradescantia L. ■
217070 Knowltonia Salisb. (1796);浆果莲花属(克诺通草属,南非毛茛属)■☆
217071 Knowltonia anemonoides H. Rasm.;细浆果莲花■☆
217072 Knowltonia bracteata Harv. ex J. Zahlbr.;具苞浆果莲花■☆
217073 Knowltonia brevistylis Szyszyl.;短柱浆果莲花(短柱克诺通草)■☆
217074 Knowltonia canescens Szyszyl. = Knowltonia transvaalensis Szyszyl. ■☆
217075 Knowltonia capensis (L.) Huth;好望角浆果莲花■☆
217076 Knowltonia capensis Huth = Knowltonia capensis (L.) Huth ■☆
217077 Knowltonia cordata H. Rasm.;心形浆果莲花■☆
217078 Knowltonia daucifolia (Lam.) DC. = Knowltonia filia (L. f.) T. Durand et Schinz ■☆
217079 Knowltonia filia (L. f.) T. Durand et Schinz;埃塞俄比亚浆果莲花■☆
217080 Knowltonia filia (L. f.) T. Durand et Schinz subsp. scaposa H. Rasm.;花茎浆果莲花■☆
217081 Knowltonia gracilis (Vent.) DC. = Knowltonia anemonoides H. Rasm. ■☆
217082 Knowltonia hirsuta (Vent.) DC. = Knowltonia capensis (L.) Huth ■☆
217083 Knowltonia multiflora Burtt Davy = Knowltonia transvaalensis Szyszyl. ■☆
217084 Knowltonia rigida Salisb. var. simplicifolia Harv. = Knowltonia bracteata Harv. ex J. Zahlbr. ■☆
217085 Knowltonia rigida Sauvages = Knowltonia capensis (L.) Huth ■☆
217086 Knowltonia transvaalensis Szyszyl.;德兰士瓦浆果莲花■☆
217087 Knowltonia transvaalensis Szyszyl. var. filifolia H. Rasm.;丝叶德兰士瓦浆果莲花■☆
217088 Knowltonia vesicatoria (L. f.) Sims;南非浆果莲花(发泡独叶草,南非毛茛)■☆
217089 Knowltonia vesicatoria (L. f.) Sims subsp. grossa H. Rasm.;粗南非浆果莲花■☆
217090 Knowltonia vesicatoria (L. f.) Sims subsp. humilis H. Rasm.;矮南非浆果莲花(小南非毛茛)■☆
217091 Knowltonia vesicatoria Sims = Knowltonia vesicatoria (L. f.) Sims ■☆
217092 Knoxia L. (1753);红芽大戟属(诺斯草属)■
217093 Knoxia P. Browne = Ernodea Sw. ■☆
217094 Knoxia corymbosa Willd.;红芽大戟(红大戟,假红芽大戟,类红芽大戟,诺氏草)■
217095 Knoxia corymbosa Willd. = Knoxia sumatrensis (Retz.) DC. ■☆
217096 Knoxia hedyotoidea (K. Schum.) Puff et Robbr.;耳草红芽大戟■☆
217097 Knoxia longituba Franch. = Pentanisia longituba (Franch.) Oliv. ■☆
217098 Knoxia microphylla Franch. = Pentanisia microphylla (Franch.) Chiov. ■☆
217099 Knoxia mollis Wight et Arn.;贵州红芽大戟■
217100 Knoxia senegalensis (Cham. et Schltdl.) Rchb. ex Oliv. = Kohautia tenuis (S. Bowdich) Mabb. ■☆
217101 Knoxia sumatrensis (Retz.) DC.;苏门答腊红芽大戟■☆
217102 Knoxia valerianoides Thorel ex Pit.;红大戟(红芽大戟,红芽戟)■
217103 Knoxia veronicoides Drake = Knoxia valerianoides Thorel ex Pit. ■
217104 Koanophyllon Arruda ex H. Kost. = Koanophyllon Arruda ●☆
217105 Koanophyllon Arruda (1816);光柱泽兰属;Umbrella Thoroughwort ●☆
217106 Koanophyllon isillumense (B. L. Rob.) R. M. King et H. Rob.;秘鲁光柱泽兰●☆
217107 Koanophyllon jugipaniculatum (Rusby) R. M. King et H. Rob.;玻利维亚光柱泽兰●☆
217108 Koanophyllon palmeri (A. Gray) R. M. King et H. Rob.;帕默光柱泽兰;Palmer's Umbrella Thoroughwort ■☆
217109 Koanophyllon simillimum (B. L. Rob.) R. M. King et H. Rob.;巴拉圭光柱泽兰●☆
217110 Koanophyllon solidaginifolium (A. Gray) R. M. King et H. Rob.;灌木状光柱泽兰;Shrubby Umbrella Thoroughwort ■☆
217111 Koanophyllon stipuliferum (Rusby) R. M. King et H. Rob.;托

叶光柱泽兰●☆
217112 Koanophyllon tinctorium Arruda ex H. Kost.;染色光柱泽兰●☆
217113 Koanophyllon villosum (Sw.) R. M. King et H. Rob.;柔毛光柱泽兰;Florida Keys Umbrella Thoroughwort ●☆
217114 Koanophyllum Arruda = Koanophyllon Arruda ●☆
217115 Koanophyllum Arruda ex H. Kost. = Koanophyllon Arruda ●☆
217116 Kobiosis Raf. = Euphorbia L.●■
217117 Kobresia Willd. (1805);嵩草属;Cobresia, Kobresia ■
217118 Kobresia angusta C. B. Clarke;细序嵩草;Anguste Kobresia ■
217119 Kobresia angusta C. B. Clarke = Kobresia esenbeckii (Kunth) Noltie ■
217120 Kobresia basutorum (Turrill) Koyama = Schoenoxiphium basutorum Turrill ■☆
217121 Kobresia bellardii (All.) Degl.;嵩草;Bellard Kobresia ■
217122 Kobresia bellardii (All.) Degl. = Kobresia myosuroides (Vill.) Fiori et Paol. ■
217123 Kobresia bellardii (All.) Degl. ex Loisel. = Kobresia myosuroides (Vill.) Fiori et Paol. ■
217124 Kobresia bistaminata W. Z. Di et M. J. Zhong = Kobresia myosuroides (Vill.) Fiori et Paol. ■
217125 Kobresia bistaminata W. Z. Di et M. J. Zhong = Kobresia myosuroides subsp. bistaminata (W. Z. Di et M. J. Zhong) S. R. Zhang ■
217126 Kobresia bonatiana Kük.;鹤庆嵩草;Heqing Kobresia ■
217127 Kobresia bonatiana Kük. = Kobresia fragilis C. B. Clarke ■
217128 Kobresia brunnescens Boeck. = Kobresia capillifolia (Decne.) C. B. Clarke ■
217129 Kobresia buchananii (C. B. Clarke) T. Koyama = Schoenoxiphium rufum Nees ■☆
217130 Kobresia burangensis Y. C. Yang;普兰嵩草(细毛嵩草);Pulan Kobresia ■
217131 Kobresia capillifolia (Decne.) C. B. Clarke;线叶嵩草;Capillaryleaf Kobresia, Linearleaf Kobresia ■
217132 Kobresia capillifolia (Decne.) C. B. Clarke var. condensata Kük.;密线叶嵩草;Dense Linearleaf Kobresia ■
217133 Kobresia capillifolia (Decne.) C. B. Clarke var. condensata Kük. = Kobresia condensata (Kük.) S. R. Zhang et Noltie ■
217134 Kobresia capillifolia (Decne.) C. B. Clarke var. condensata Kük. = Kobresia tunicata Hand.-Mazz. ■
217135 Kobresia capillifolia (Decne.) C. B. Clarke var. filifolia (Turcz.) Kük. = Kobresia filifolia (Turcz.) C. B. Clarke ■
217136 Kobresia capillifolia (Decne.) C. B. Clarke var. tibetica (Maxim.) Kük. = Kobresia tibetica Maxim. ■
217137 Kobresia capilliformis N. A. Ivanova = Kobresia capillifolia (Decne.) C. B. Clarke ■
217138 Kobresia caricina Willd.;苔穗嵩草;Sedge Kobresia ■
217139 Kobresia cercostachya (Franch.) C. B. Clarke;尾穗嵩草(川滇嵩草);Tailstachys Kobresia ■
217140 Kobresia cercostachya (Franch.) C. B. Clarke var. capillacea P. C. Li;发秆尾穗嵩草(发秆嵩草,线穗嵩草);Capillary Tailstachys Kobresia ■
217141 Kobresia cercostachys (Franch.) C. B. Clarke var. capillacea P. C. Li = Kobresia vaginosa C. B. Clarke ■
217142 Kobresia clarkeana (Kük.) Kük.;杂穗嵩草;C. B. Clarke Kobresia ■
217143 Kobresia clarkeana (Kük.) Kük. = Kobresia fragilis C. B. Clarke ■
217144 Kobresia condensata (Kük.) S. R. Zhang et Noltie;密穗嵩草■
217145 Kobresia coninux F. T. Wang et Ts. Tang = Kobresia pusilla N. A. Ivanova ■
217146 Kobresia cuneata Kük.;截形嵩草;Cuneate Kobresia ■
217147 Kobresia curticeps (C. B. Clarke) Kük.;短梗嵩草;Shortstalk Kobresia ■
217148 Kobresia curticeps (C. B. Clarke) Kük. var. gyironensis Y. C. Yang;吉隆嵩草;Jilong Kobresia ■
217149 Kobresia curticeps (C. B. Clarke) Kük. var. gyirongensis Y. C. Yang = Kobresia fragilis C. B. Clarke ■
217150 Kobresia curvata (Boott) Kük.;弯叶嵩草(弧形嵩草);Curvateleaf Kobresia ■
217151 Kobresia curvata C. B. Clarke = Kobresia fragilis C. B. Clarke ■
217152 Kobresia daqingshanica X. Y. Mao;大青山嵩草;Daqingshan Kobresia ■
217153 Kobresia daqingshanica X. Y. Mao = Kobresia pusilla N. A. Ivanova ■
217154 Kobresia deasyi C. B. Clarke;藏西嵩草;W. Xizang Kobresia ■
217155 Kobresia deasyi C. B. Clarke = Kobresia schoenoides (C. A. Mey.) Steud. ■
217156 Kobresia duthiei C. B. Clarke ex Hook. f.;线形嵩草;Linear Kobresia ■
217157 Kobresia ecklonii (Nees) Koyama;埃氏嵩草■☆
217158 Kobresia ecklonii (Nees) Koyama = Schoenoxiphium ecklonii Nees ■☆
217159 Kobresia ecklonii (Nees) Koyama var. unisexualis (Kük.) Koyama = Schoenoxiphium ecklonii Nees var. unisexuale Kük. ■☆
217160 Kobresia elachycarpa (Fernald) Fernald = Carex sterilis Willd. ■☆
217161 Kobresia elata Boeck. = Kobresia capillifolia (Decne.) C. B. Clarke ■
217162 Kobresia esenbeckii (Kunth) F. T. Wang et Ts. Tang ex P. C. Li = Kobresia esenbeckii (Kunth) Noltie ■
217163 Kobresia esenbeckii (Kunth) Noltie;三脉嵩草(芒鳞嵩草);Three-nerved Sedge, Threevein Kobresia ■
217164 Kobresia falcata F. T. Wang et Ts. Tang ex P. C. Li;镰叶嵩草;Falcateleaf Kobresia ■
217165 Kobresia filicina (C. B. Clarke) C. B. Clarke = Kobresia filicina (C. B. Clarke) C. B. Clarke ex Hook. f. ■
217166 Kobresia filicina (C. B. Clarke) C. B. Clarke ex Hook. f.;蕨状嵩草;Fern-like Kobresia ■
217167 Kobresia filicina (C. B. Clarke) C. B. Clarke ex Hook. f. var. subfilicinoides P. C. Li;近蕨嵩草;Sub-fern-like Kobresia ■
217168 Kobresia filicina (C. B. Clarke) C. B. Clarke ex Hook. f. var. subfilicinoides P. C. Li = Kobresia filicina (C. B. Clarke) C. B. Clarke ex Hook. f. ■
217169 Kobresia filifolia (Turcz.) C. B. Clarke;丝叶嵩草(细叶嵩草);Filifolious Kobresia ■
217170 Kobresia filifolia (Turcz.) C. B. Clarke var. macroprophylla Y. C. Yang = Kobresia macroprophylla (Y. C. Yang) P. C. Li ■
217171 Kobresia filifolia (Turcz.) C. B. Clarke var. macroprophylla Y. C. Yang = Kobresia filifolia (Turcz.) C. B. Clarke ■
217172 Kobresia filiformis (Kük.) Koyama = Schoenoxiphium filiforme Kük. ■☆
217173 Kobresia filiformis Dewey = Kobresia myosuroides (Vill.) Fiori et Paol. ■

217174 Kobresia fissiglumis C. B. Clarke;柄果嵩草■

217175 Kobresia fissiglumis C. B. Clarke ex Hook. f. = Kobresia seticulmis Boeck. ■

217176 Kobresia foliosa C. B. Clarke = Kobresia esenbeckii (Kunth) Noltie ■

217177 Kobresia fragilis C. B. Clarke; 囊状嵩草; Britle Kobresia, Cystoid Kobresia ■

217178 Kobresia gammiei C. B. Clarke;根茎嵩草;Williams Kobresia ■

217179 Kobresia glaucifolia F. T. Wang et Ts. Tang ex P. C. Li;粉绿嵩草;Glaucous Kobresia ■

217180 Kobresia glaucifolia F. T. Wang et Ts. Tang ex P. C. Li = Kobresia schoenoides (C. A. Mey.) Steud. ■

217181 Kobresia gracilis Meinsh. = Kobresia filifolia (Turcz.) C. B. Clarke ■

217182 Kobresia gracilis Y. C. Yang = Kobresia yangii S. R. Zhang ■

217183 Kobresia graminifolia C. B. Clarke; 禾叶嵩草; Grassleaf Kobresia ■

217184 Kobresia graminifolia C. B. Clarke = Kobresia cercostachya (Franch.) C. B. Clarke ■

217185 Kobresia handel-mazzettii N. A. Ivanova = Kobresia setschwanensis Hand. -Mazz. ■

217186 Kobresia handel-mazzettii N. A. Ivanova = Kobresia tunicata Hand. -Mazz. ■

217187 Kobresia harrysmithii Kük. = Kobresia vidua (Boott ex C. B. Clarke) Kük. ■

217188 Kobresia helanshanica W. Z. Di et M. J. Zhong;贺兰山嵩草;Helanshan Kobresia ■

217189 Kobresia helanshanica W. Z. Di et M. J. Zhong = Kobresia pusilla N. A. Ivanova ■

217190 Kobresia hispida Kük. = Kobresia fragilis C. B. Clarke ■

217191 Kobresia hohxilensis R. F. Huang;匍茎嵩草■

217192 Kobresia hookeri Boeck. = Kobresia esenbeckii (Kunth) Noltie ■

217193 Kobresia hookeri Boeck. = Kobresia seticulmis Boeck. ■

217194 Kobresia hookeri Boeck. var. dioica C. B. Clarke = Kobresia esenbeckii (Kunth) Noltie ■

217195 Kobresia humilis (C. A. Mey. ex Trautv.) Serg.;矮生嵩草;Dwarf Kobresia ■

217196 Kobresia hyperborea A. E. Porsild = Kobresia sibirica (Turcz. ex Ledeb.) Boeck. ■☆

217197 Kobresia inflata P. C. Li;膨囊嵩草;Inflate Kobresia ■

217198 Kobresia kansuensis Kük.;甘肃嵩草;Gansu Kobresia ■

217199 Kobresia karakorumensis Dickoré;喀拉昆仑嵩草■

217200 Kobresia kuekenthaliana Hand. -Mazz.; 宁远嵩草; Ningyuan Kobresia ■

217201 Kobresia kunthiana (Kük.) Koyama;孔策嵩草■

217202 Kobresia kunthiana (Kük.) Koyama = Schoenoxiphium sparteum (Wahlenb.) C. B. Clarke ■☆

217203 Kobresia lacustris P. C. Li;湖滨嵩草;Lake-marshes Kobresia ■

217204 Kobresia lacustris P. C. Li = Kobresia schoenoides (C. A. Mey.) Steud. ■

217205 Kobresia lancea (Thunb.) Koyama = Schoenoxiphium lanceum (Thunb.) Kük. ■☆

217206 Kobresia laxa Nees;疏穗嵩草;Laxspike Kobresia ■

217207 Kobresia lehmannii (Nees) Koyama = Schoenoxiphium lehmannii (Nees) Steud. ■☆

217208 Kobresia lehmannii (Nees) Koyama var. schimperiana (Boeck.) Koyama = Schoenoxiphium sparteum (Wahlenb.) C. B. Clarke ■☆

217209 Kobresia lepidochlamys F. T. Wang et Ts. Tang ex P. C. Li;鳞被嵩草;Scaletepal Kobresia ■

217210 Kobresia lepidochlamys F. T. Wang et Ts. Tang ex P. C. Li = Kobresia cuneata Kük. ■

217211 Kobresia littledalei C. B. Clarke;藏北嵩草;N. Xizang Kobresia ■

217212 Kobresia lolonum Hand. -Mazz.;倮倮嵩草;Shallowfid Kobresia ■

217213 Kobresia lolonum Hand. -Mazz. = Carex parva Nees ■

217214 Kobresia longearistita P. C. Li;长芒嵩草;Longaristate Kobresia ■

217215 Kobresia longearistita P. C. Li = Kobresia setschwanensis Hand. -Mazz. ■

217216 Kobresia macrantha Boeck.;大花嵩草;Largeflower Kobresia ■

217217 Kobresia macrantha Boeck. var. nudicarpa (Y. C. Yang) P. C. Li;裸果嵩草;Nakedfruit Kobresia ■

217218 Kobresia macrantha Boeck. var. nudicarpa (Y. C. Yang) P. C. Li = Kobresia macrantha Boeck. ■

217219 Kobresia macrocarpa Clokey ex Mack. = Kobresia sibirica (Turcz. ex Ledeb.) Boeck. ■☆

217220 Kobresia macrolepis Meinsh. = Kobresia capillifolia (Decne.) C. B. Clarke ■

217221 Kobresia macroprophylla (Y. C. Yang) P. C. Li; 祁连嵩草; Qilianshan Kobresia ■

217222 Kobresia macroprophylla (Y. C. Yang) P. C. Li = Kobresia filifolia (Turcz.) C. B. Clarke ■

217223 Kobresia maquensis Y. C. Yang;玛曲嵩草;Maqu Kobresia ■

217224 Kobresia maquensis Y. C. Yang = Kobresia schoenoides (C. A. Mey.) Steud. ■

217225 Kobresia menyuanica Y. C. Yang;门源嵩草;Menyuan Kobresia ■

217226 Kobresia menyuanica Y. C. Yang = Kobresia royleana (Nees) Boeck. ■

217227 Kobresia microglochin (Wahlenb.) F. T. Wang et Ts. Tang ex Y. C. Yang = Carex microglochin Wahlenb. ■

217228 Kobresia microglochin (Wahlenb.) F. T. Wang ex Y. C. Yang = Carex microglochin Wahlenb. ■

217229 Kobresia microstachya N. A. Ivanova = Kobresia pygmaea (C. B. Clarke) C. B. Clarke ■

217230 Kobresia microstachya N. A. Ivanova = Kobresia pygmaea C. B. Clarke var. filiculmis Kük. ■

217231 Kobresia minshanica F. T. Wang et Ts. Tang ex Y. C. Yang = Kobresia royleana (Nees) Boeck. ■

217232 Kobresia minshanica Ts. Tang et F. T. Wang ex Y. C. Yang;岷山嵩草;Minshan Kobresia ■

217233 Kobresia myosuroides (Vill.) Fiori = Kobresia myosuroides (Vill.) Fiori et Paol. ■

217234 Kobresia myosuroides (Vill.) Fiori et Paol.;二蕊嵩草(嵩草)■

217235 Kobresia myosuroides (Vill.) Fiori et Paol. subsp. bistaminata (W. Z. Di et M. J. Zhong) S. R. Zhang = Kobresia myosuroides (Vill.) Fiori et Paol. ■

217236 Kobresia nepalensis (Nees) Kük.;尼泊尔嵩草;Nepal Kobresia ■

217237 Kobresia nitens C. B. Clarke;亮绿嵩草;Polished Kobresia ■

217238 Kobresia nudicarpa (Y. C. Yang) S. R. Zhang = Kobresia macrantha Boeck. ■

217239 Kobresia nudicarpa (Y. C. Yang) S. R. Zhang = Kobresia macrantha Boeck. var. nudicarpa (Y. C. Yang) P. C. Li ■

217240 Kobresia ovczinnikovii T. V. Egorova = Kobresia capillifolia (Decne.) C. B. Clarke ■

217241 Kobresia pamiroalaica N. A. Ivanova = Kobresia deasyi C. B.

Clarke ■
217242 Kobresia pamiroalaica N. A. Ivanova = Kobresia schoenoides (C. A. Mey.) Steud. ■
217243 Kobresia paniculata Meinsh. = Kobresia royleana (Nees) Boeck. ■
217244 Kobresia paniculata Meinsh. = Kobresia stenocarpa (Kar. et Kir.) Steud. ■
217245 Kobresia paniculata Serg. = Kobresia stenocarpa (Kar. et Kir.) Steud. ■
217246 Kobresia parva (Nees) F. T. Wang ex Y. C. Yang = Carex parva Nees ■
217247 Kobresia persica Kük. et Bornm.;波斯嵩草;Persian Kobresia ■
217248 Kobresia pinetorum F. T. Wang et Ts. Tang ex P. C. Li;松林嵩草;Pineforest Kobresia ■
217249 Kobresia pinetorum F. T. Wang et Ts. Tang ex P. C. Li. = Kobresia setschwanensis Hand. -Mazz. ■
217250 Kobresia prainii Kük.;不丹嵩草(日喀则嵩草);Prain Kobresia ■
217251 Kobresia prainii Kük. var. elliptica Y. C. Yang;南木林嵩草;Elliptical Prain Kobresia ■
217252 Kobresia prainii Kük. var. elliptica Y. C. Yang = Kobresia prainii Kük. ■
217253 Kobresia pratensis Freyn = Kobresia filifolia (Turcz.) C. B. Clarke ■
217254 Kobresia prattii C. B. Clarke;短轴嵩草;Pratt Kobresia ■
217255 Kobresia prattii C. B. Clarke = Kobresia vidua (Boott ex C. B. Clarke) Kük. ■
217256 Kobresia pseudolaxa C. B. Clarke = Kobresia laxa Nees ■
217257 Kobresia pseuduncinoides Noltie = Kobresia kansuensis Kük. ■
217258 Kobresia pusilla N. A. Ivanova;高原嵩草;Highland Kobresia ■
217259 Kobresia pygmaea (C. B. Clarke) C. B. Clarke = Kobresia pygmaea C. B. Clarke ex Hook. f. ■
217260 Kobresia pygmaea C. B. Clarke ex Hook. f.;高山嵩草;Alpine Kobresia ■
217261 Kobresia pygmaea C. B. Clarke var. filiculmis Kük.;新都嵩草(线形嵩草);Linear Alpine Kobresia ■
217262 Kobresia pygmaea C. B. Clarke var. filiculmis Kük. = Kobresia pygmaea (C. B. Clarke) C. B. Clarke ■
217263 Kobresia robusta Maxim.;粗壮嵩草;Robust Kobresia ■
217264 Kobresia robusta Maxim. var. sargentiana (Hemsl.) Kük. = Kobresia robusta Maxim. ■
217265 Kobresia royleana (Nees) Boeck.;喜马拉雅嵩草;Himalayan Kobresia, Himalayas Kobresia ■
217266 Kobresia royleana (Nees) Boeck. var. humilis (C. A. Mey. ex Trautv.) Kük. = Kobresia humilis (C. A. Mey. ex Trautv.) Serg. ■
217267 Kobresia royleana (Nees) Boeck. var. kokanika (Regel) Kük.;柯岗嵩草;Kegang Himalayan Kobresia ■
217268 Kobresia royleana (Nees) Boeck. var. kokanika (Regel) Kük. = Kobresia royleana (Nees) Boeck. ■
217269 Kobresia royleana (Nees) Boeck. var. paniculata (Meinsh.) Kük. = Kobresia stenocarpa (Kar. et Kir.) Steud. ■
217270 Kobresia royleana (Nees) Boeck. var. paniculata (Meinsh.) Kük. = Kobresia royleana (Nees) Boeck. ■
217271 Kobresia rufa (Nees) Koyama = Schoenoxiphium rufum Nees ■☆
217272 Kobresia sargentiana Hemsl. = Kobresia robusta Maxim. ■
217273 Kobresia schenoides Steud. = Kobresia tibetica Maxim. ■
217274 Kobresia schoenoides (C. A. Mey.) Steud.;赤箭嵩草(假赤箭嵩草,卵穗嵩草,西藏嵩草)■
217275 Kobresia schoenoides (C. A. Mey.) Steud. = Kobresia smirnovii N. A. Ivanova ■
217276 Kobresia scirpina Willd. = Kobresia myosuroides (Vill.) Fiori et Paol. ■
217277 Kobresia septatonodosa T. Koyama = Kobresia schoenoides (C. A. Mey.) Steud. ■
217278 Kobresia seticulmis Boeck.;坚挺嵩草(发秆祟草)■
217279 Kobresia seticulmis Boeck. = Kobresia esenbeckii (Kunth) Noltie ■
217280 Kobresia setschwanensis Hand. – Mazz;四川嵩草;Sichuan Kobresia ■
217281 Kobresia setschwanensis Hand. –Mazz. subsp. squamiformis (Y. C. Yang) S. R. Zhang = Kobresia squamiformis Y. C. Yang ■
217282 Kobresia siamensis Ohwi;泰国嵩草■☆
217283 Kobresia sibirica (Turcz. ex Ledeb.) Boeck.;西伯利亚嵩草■☆
217284 Kobresia sikkimensis Kük.;锡金嵩草■
217285 Kobresia simpliciuscula (Wahlenb.) Mack.;苔状嵩草■
217286 Kobresia smirnovii N. A. Ivanova;塔城嵩草;Smirnov Kobresia ■
217287 Kobresia spartea (Wahlenb.) T. Koyama = Schoenoxiphium sparteum (Wahlenb.) C. B. Clarke ■☆
217288 Kobresia squamiformis Y. C. Yang;夏河嵩草;Xiahe Kobresia ■
217289 Kobresia stenocarpa (Kar. et Kir.) Steud.;细果嵩草;Thinfruit Kobresia ■
217290 Kobresia stenocarpa (Kar. et Kir.) Steud. = Kobresia royleana (Nees) Boeck. ■
217291 Kobresia stenocarpa (Kar. et Kir.) Steud. var. royleana (Nees) C. B. Clarke = Kobresia royleana (Nees) Boeck. ■
217292 Kobresia stenocarpa (Kar. et Kir.) Steud. var. simplex Y. C. Yang;窄果嵩草;Simplex Thinfruit Kobresia ■
217293 Kobresia stenocarpa (Kar. et Kir.) Steud. var. simplex Y. C. Yang = Kobresia stenocarpa (Kar. et Kir.) Steud. ■
217294 Kobresia stenocarpa (Kar. et Kir.) Steud. var. simplex Y. C. Yang = Kobresia royleana (Nees) Boeck. ■
217295 Kobresia stiebritziana Hand. -Mazz.;玉龙嵩草;Yulong Kobresia ■
217296 Kobresia stiebritziana Hand. -Mazz. = Kobresia cercostachya (Franch.) C. B. Clarke ■
217297 Kobresia stolonifera Y. C. Tang ex P. C. Li = Kobresia hohxilensis R. F. Huang ■
217298 Kobresia thunbergii (Nees) Koyama = Schoenoxiphium ecklonii Nees ■☆
217299 Kobresia tibetica Maxim.;西藏嵩草(西藏线叶嵩草);Tibet Kobresia, Xizang Kobresia, Xizang Linearleaf Kobresia ■
217300 Kobresia trinervis (Nees) Boeck.;芒鳞嵩草■
217301 Kobresia trinervis (Nees) Boeck. = Kobresia esenbeckii (Kunth) F. T. Wang et Ts. Tang ex P. C. Li ■
217302 Kobresia trinervis (Nees) Boeck. = Kobresia esenbeckii (Kunth) Noltie ■
217303 Kobresia tunicata Hand. -Mazz.;鞘茎嵩草(玉龙嵩草);Yulong Kobresia ■
217304 Kobresia uncinoides (Boott) C. B. Clarke ex Hook. f.;钩状嵩草;Hooked Kobresia ■
217305 Kobresia utriculata C. B. Clarke = Kobresia prainii Kük. ■
217306 Kobresia vaginosa C. B. Clarke;发秆嵩草■
217307 Kobresia vidua (Boott ex C. B. Clarke) Kük.;木里嵩草(短轴

嵩草);Muli Kobresia ■
217308 Kobresia williamsii T. Koyama = Kobresia gammiei C. B. Clarke ■
217309 Kobresia woodii Noltie;阔鳞嵩草■
217310 Kobresia yadongensis Y. C. Yang;亚东嵩草;Yadong Kobresia ■
217311 Kobresia yangii S. R. Zhang;纤细嵩草;Yang Kobresia ■
217312 Kobresia yunnanensis Hand. -Mazz.;云南嵩草;Yunnan Kobresia ■
217313 Kobresia yunnanensis Hand. -Mazz. = Kobresia fragilis C. B. Clarke ■
217314 Kobresia yushuensis Y. C. Yang;玉树嵩草;Yushu Kobresia ■
217315 Kobresia yushuensis Y. C. Yang = Kobresia capillifolia (Decne.) C. B. Clarke ■
217316 Kobresiaceae Gilly = Cyperaceae Juss.(保留科名)■
217317 Kobresiaceae Gilly;嵩草科■
217318 Kobria St. -Lag. = Kobresia Willd. ■
217319 Kobus Kaempf. ex Salisb. = Magnolia L. ●
217320 Kobus Nieuwl. = Magnolia L. ●
217321 Kobus acuminata (L.) Nieuwl. = Magnolia acuminata (L.) L. ●☆
217322 Kobus tripetala (L.) P. Parm. = Magnolia tripetala L. ●☆
217323 Kochia Roth = Bassia All. ■●
217324 Kochia Roth (1801);地肤属;Broomsedge, Kochia, Mock Cypress, Standing Cypress, Summer Cypress, Summercypress, Summer-cypress ●■
217325 Kochia alata Bates = Kochia scoparia (L.) Schrad. ■
217326 Kochia americana (S. Watson) A. J. Scott var. vestita S. Watson = Kochia americana S. Watson ■☆
217327 Kochia americana S. Watson;美洲地肤;Red Molly, Red Sage ■☆
217328 Kochia americana S. Watson var. californica (S. Watson) M. E. Jones = Kochia californica S. Watson ■☆
217329 Kochia americana S. Watson var. vestita S. Watson = Kochia americana S. Watson ■☆
217330 Kochia arenaria (Maerkl.) Roth = Kochia laniflora (S. G. Gmel.) Borbás ■☆
217331 Kochia arenaria Wettst.;沙地肤■☆
217332 Kochia atriplicifolia (Spreng.) Roth = Cycloloma atriplicifolium (Spreng.) J. M. Coult. ■☆
217333 Kochia californica S. Watson;加州地肤■☆
217334 Kochia cana Bunge ex Boiss.;灰色地肤■☆
217335 Kochia ciliata F. Muell.;睫毛地肤■☆
217336 Kochia dasyphylla Fisch. et C. A. Mey. = Bassia dasyphylla (Fisch. et C. A. Mey.) Kuntze ■
217337 Kochia densiflora Turcz. ex Aellen = Bassia scoparia (L.) Voss subsp. densiflora (Turcz. ex Aellen) Cirujano et Velayos ■☆
217338 Kochia dioica Nutt. = Atriplex suckleyi (Torr.) Rydb. ■☆
217339 Kochia eriophora Schrad. = Bassia eriophora (Schrad.) Asch. ■☆
217340 Kochia hyssopifolia (Pall.) Schrad. = Bassia hyssopifolia (Pall.) Kuntze ■
217341 Kochia indica Wight = Bassia indica (Wight) A. J. Scott ■☆
217342 Kochia iranica Litv. ex Bornm. = Kochia stellaris Moq. ■
217343 Kochia krylovii Litv. ex Krylov;全翅地肤;Krylov Broomsedge, Krylov Summercypress ■
217344 Kochia laniflora (S. G. Gmel.) Borbás;毛花地肤;Hairyflower Broomsedge, Woollyflower Summercypress ■
217345 Kochia littorea (Makino) Makino;海滨地肤■☆
217346 Kochia macroptera Iljin;宽翅地肤;Broodwing Broomsedge, Broodwing Summercypress ■
217347 Kochia melanoptera Bunge;黑翅地肤;Blackwing Broomsedge, Blackwing Summercypress ■
217348 Kochia melanoptera Bunge var. macroptera Iljin = Kochia macroptera Iljin ■
217349 Kochia odontoptera Schrenk;尖翅地肤;Toothwing Broomsedge, Toothwing Summercypress ■
217350 Kochia odontoptera Schrenk var. altera Schrenk = Kochia iranica Litv. ex Bornm. ■
217351 Kochia odontoptera Schrenk var. altera Schrenk = Kochia stellaris Moq. ■
217352 Kochia odontoptera Schrenk var. schrenkiana Moq. = Kochia odontoptera Schrenk ■
217353 Kochia prostrata (L.) Schrad.;木地肤(伏地肤);Forage Kochia, Prostrate Broomsedge, Prostrate Summer Cypress, Prostrate Summercypress ●
217354 Kochia prostrata (L.) Schrad. = Bassia prostrata (L.) A. J. Scott ●
217355 Kochia prostrata (L.) Schrad. var. canescens Moq.;灰毛木地肤;Greyish-white Broomsedge, Greyish-white Summercypress ●
217356 Kochia prostrata (L.) Schrad. var. villosissima Bong. et Mey.;密毛木地肤;Villous Summercypress ●
217357 Kochia pubescens Moq. = Bassia salsoloides (Fenzl) A. J. Scott ●☆
217358 Kochia salsoloides Fenzl = Bassia salsoloides (Fenzl) A. J. Scott ●☆
217359 Kochia schrankiaaa (Moq.) Iljin;施兰地肤■☆
217360 Kochia schrenkiana (Moq.) Iljin = Kochia odontoptera Schrenk ■
217361 Kochia scoparia (L.) Schrad.;地肤(白地草,白地苛,地白草,地菜子,地夫,地肤苗,地附子,地华,地葵,地麦,地麦草,地脉,地面草,地扫子,独独草,独帚,黄蒿,鸡儿木,妓女子,莕,箭,略芩草,落帚,落帚莓,落帚子,千风子,千头草,千头子,千心妓女,千心子,扫手草,扫帚,扫帚菜,扫帚草,扫帚苗,唐摄,铁扫把,铁扫把子,铁扫帚,汪王帚,王彗,王蓍,王帚,夏柏,涎衣草,鸭舌草,也少柱,野扫地,野扫帚,益明,帚菜子,竹帚子);Belvedere Cypres, Belvedere Summer Cypres, Belvedere, Besenkraut, Broom Cypres, Broom Cypress, Broomsedge, Burning Bush, Burningbush, Common Kochia, Fire Bush, Fireweed, Kochia, Mexican Fire Bush, Mexican Fire-bush, Mexican Fireweed, Mock Cypress, Summer Cypres, Summer Cypress, Summer-cypres ■
217362 Kochia scoparia (L.) Schrad. = Bassia scoparia (L.) A. J. Scott ■
217363 Kochia scoparia (L.) Schrad. f. littorea (Makino) Kitam. = Kochia littorea (Makino) Makino ■☆
217364 Kochia scoparia (L.) Schrad. var. alata Blom = Kochia scoparia (L.) Schrad. ■
217365 Kochia scoparia (L.) Schrad. var. albovillosa Kitag. = Kochia scoparia (L.) Schrad. var. sieversiana (Pall.) Ulbr. ex Asch. et Graebn. ■
217366 Kochia scoparia (L.) Schrad. var. culta Farw. = Kochia scoparia (L.) Schrad. ■
217367 Kochia scoparia (L.) Schrad. var. culta Voss = Bassia scoparia (L.) A. J. Scott ■
217368 Kochia scoparia (L.) Schrad. var. littorea Makino = Kochia littorea (Makino) Makino ■☆
217369 Kochia scoparia (L.) Schrad. var. pubescens Fenzl = Kochia

scoparia (L.) Schrad. ■
217370 Kochia scoparia (L.) Schrad. var. sieversiana (C. A. Mey.) Ulbr. ex Asch. et Graebn. = Kochia scoparia (L.) Schrad. var. subvillosa Moq. ■
217371 Kochia scoparia (L.) Schrad. var. sieversiana (Pall.) Ulbr. ex Asch. et Graebn. = Kochia scoparia (L.) Schrad. var. subvillosa Moq. ■
217372 Kochia scoparia (L.) Schrad. var. subvillosa Moq.;碱地肤(秃扫儿);Alkali Belvedere ■
217373 Kochia scoparia (L.) Schrad. var. trichophilla Schinz et Thell.;扫帚菜(地肤,绿草,蓬头草,扫帚苗);Broom Cypres,Burning Bush,Common Summer Cypres,Firebush,Summer-cypress ■
217374 Kochia scoparia (L.) Schrad. var. trichophylla (Stapf) L. H. Bailey = Kochia scoparia (L.) Schrad. ■
217375 Kochia sedoides Schrad. = Bassia sedoides (Schrad.) Asch. ■
217376 Kochia sericea (Aiton) Schrad. = Bassia diffusa (Thunb.) Kuntze ■☆
217377 Kochia sieversiana (Pall.) C. A. Mey. = Kochia scoparia (L.) Schrad. var. sieversiana (Pall.) Ulbr. ex Asch. et Graebn. ■
217378 Kochia sieversiana C. A. Mey. = Kochia scoparia (L.) Schrad. var. subvillosa Moq. ■
217379 Kochia stellaris Moq.;伊朗地肤;Iran Broomsedge,Iran Summercypress ■
217380 Kochia suffruticosa Less. = Kochia prostrata (L.) Schrad. ●
217381 Kochia suffruticulosa Less. = Kochia prostrata (L.) Schrad. ●
217382 Kochia tomentosa (Moq.) F. Muell.;绒毛地肤●☆
217383 Kochia tomentosa (Moq.) F. Muell. var. tenuifolia F. Muell.;细叶绒毛地肤●☆
217384 Kochia trichophylla Stapf = Kochia scoparia (L.) Schrad. ■
217385 Kochia uirgata Koste = Kochia scoparia (L.) Schrad. ■
217386 Kochia vestita (S. Watson) Rydb. = Kochia americana S. Watson ■☆
217387 Kochiophyton Schltdl. = Aganisia Lindl. ■☆
217388 Kochiophyton Schltr. ex Cogn. = Aganisia Lindl. ■☆
217389 Kochummenia K. M. Wong(1984);科丘茜属●☆
217390 Kochummenia parviflora K. M. Wong;小花科丘茜●☆
217391 Kochummenia stenopetala (King et Gamble) K. M. Wong;科丘茜●☆
217392 Kodalyodendron Borhidi et Acuna(1973);古巴芸香属●☆
217393 Kodalyodendron cubense Borhidi et Acuna;古巴芸香●☆
217394 Koddampuli Adans. = Garcinia L. ●
217395 Kodda-Pail Adans. = Pistia L. ■
217396 Kodda-Pana Adans. = Codda-Pana Adans. ●
217397 Kodda-Pana Adans. = Corypha L. ●
217398 Koeberlinia Zucc. (1832);刺枝木属●☆
217399 Koeberlinia spinosa Zucc.;刺枝木;Allthorn ●☆
217400 Koeberliniaceae Engl. (1895)(保留科名);刺枝木科(刺枝树科,旱白花菜科)●☆
217401 Koeberliniaceae Engl.(保留科名) = Capparaceae Juss.(保留科名)●■
217402 Koechlea Endl. = Ptilostemon Cass. ■☆
217403 Koehleria Benth. et Hook. f. = Isoloma Decne. ●■☆
217404 Koehleria Benth. et Hook. f. = Kohleria Regel ●■☆
217405 Koehnea F. Muell. = Nesaea Comm. ex Kunth(保留属名)■●☆
217406 Koehneago Kuntze = Euosmia Kunth ●■☆
217407 Koehneago Kuntze = Hoffmannia Sw. ●■☆
217408 Koehneola Urb. (1901);辐花佳乐菊属■☆
217409 Koehneola repens Urb.;辐花佳乐菊■☆
217410 Koehneria S. A. Graham,Tobe et Baas(1987);克恩千屈菜属●☆
217411 Koehneria madagascariensis (Baker) S. A. Graham;克恩千屈菜●☆
217412 Koeiea Rech. f. = Prionotrichon Botsch. et Vved. ■☆
217413 Koeiea altimurana Rech. f. = Arabis fruticulosa C. A. Mey. ●
217414 Koelera St. -Lag. = Koeleria Pers. ■
217415 Koelera Willd. = Xylosma G. Forst.(保留属名)●
217416 Koeleria Pers. (1805);落草属(落草属);Glaucous Hair Grass,Hair Grass,Hair-grass,Junegrass,Koeleria ■
217417 Koeleria afromontana Jacq. -Fél. = Festuca abyssinica Hochst. ex A. Rich. ■☆
217418 Koeleria albescens = Koeleria macrantha (Ledeb.) Schult. ■
217419 Koeleria albovii Domin;阿氏落草■☆
217420 Koeleria alopecurus Nees = Koeleria capensis (Steud.) Nees ■☆
217421 Koeleria altaica (Domin) Krylov;阿尔泰落草;Altai Koeleria ■
217422 Koeleria argentea Griseb. = Koeleria litvinowii Domin subsp. argentea (Griseb.) S. M. Phillips et Z. L. Wu ■
217423 Koeleria argentea Griseb. var. nepalensis Domin = Koeleria litvinowii Domin subsp. argentea (Griseb.) S. M. Phillips et Z. L. Wu ■
217424 Koeleria asiatica Domin;亚洲落草■☆
217425 Koeleria asiatica Domin subsp. atroviolacea (Domin) Tzvelev = Koeleria atroviolacea Domin ■
217426 Koeleria asiatica Domin subsp. ledebourii (Domin) Tzvelev = Koeleria atroviolacea Domin ■
217427 Koeleria atroviolacea Domin;匍茎落草(亚洲落草);Asia Junegrass,Asian Koeleria ■
217428 Koeleria atroviolacea Domin var. tsinghaica Tzvelev = Koeleria atroviolacea Domin ■
217429 Koeleria balansae Coss. et Durieu = Rostraria balansae (Coss. et Durieu) Holub ■☆
217430 Koeleria britannica (Domin) Druce = Koeleria macrantha (Ledeb.) Schult. ■
217431 Koeleria buschiaoa (Domin) Gontsch.;布氏落草■☆
217432 Koeleria capensis (Steud.) Nees;好望角落草■☆
217433 Koeleria carolii Emb.;卡罗尔落草■☆
217434 Koeleria caucasica Trin. ex Domin;高加索落草;Caucasia Koeleria ■☆
217435 Koeleria caudata (Link) Steud.;尾落草■☆
217436 Koeleria caudata (Link) Steud. var. microstachya Faure et Maire = Koeleria caudata (Link) Steud. ■☆
217437 Koeleria clarkeana Domin = Rostraria clarkeana (Domin) Holub ■☆
217438 Koeleria convoluta Steud. = Koeleria capensis (Steud.) Nees ■☆
217439 Koeleria convoluta Steud. subvar. supina Domin = Koeleria capensis (Steud.) Nees ■☆
217440 Koeleria convoluta Steud. var. supina (Domin) Markgr. -Dann. = Koeleria capensis (Steud.) Nees ■☆
217441 Koeleria cristata (L.) Pers.;落草(细落草);Junegrass,Koeler Grass,Prairie June Grass,Prairie Junegrass,Prairie Koeleria ■
217442 Koeleria cristata (L.) Pers. = Koeleria macrantha (Ledeb.) Schult. ■
217443 Koeleria cristata (L.) Pers. = Rostraria cristata (L.) Tzvelev ■☆
217444 Koeleria cristata (L.) Pers. var. brevifolia (Nees) C. E. Hubb. = Koeleria capensis (Steud.) Nees ■☆
217445 Koeleria cristata (L.) Pers. var. caudata (Link) Batt. et Trab. = Rostraria cristata (L.) Tzvelev ■☆
217446 Koeleria cristata (L.) Pers. var. convoluta (Steud.) C. E. Hubb. = Koeleria capensis (Steud.) Nees ■☆
217447 Koeleria cristata (L.) Pers. var. glauca (DC.) Batt. et Trab. = Rostraria cristata (L.) Tzvelev ■☆

217448 Koeleria cristata (L.) Pers. var. grandiflora Coss. et Durieu = Koeleria splendens C. Presl ■☆
217449 Koeleria cristata (L.) Pers. var. poaeformis (Domin) Tzvelev;小花落草■
217450 Koeleria cristata (L.) Pers. var. poaeformis (Domin) Tzvelev = Koeleria macrantha (Ledeb.) Schult. ■
217451 Koeleria cristata (L.) Pers. var. pseudocristata (Domin) P. C. Kuo et Z. L. Wu = Koeleria macrantha (Ledeb.) Schult. ■
217452 Koeleria cristata (L.) Pers. var. shiraensis C. E. Hubb. = Koeleria capensis (Steud.) Nees ■☆
217453 Koeleria cristata (L.) Pers. var. supina (Domin) C. E. Hubb. = Koeleria capensis (Steud.) Nees ■☆
217454 Koeleria cristata (L.) Pers. var. tokiensis (Domin) Ohwi = Koeleria cristata (L.) Pers. ■
217455 Koeleria cristata Pers. subsp. pseudocristata (Domin) Domin = Koeleria macrantha (Ledeb.) Schult. ■
217456 Koeleria cristata Pers. var. longifolia Vasey ex Burtt Davy = Koeleria macrantha (Ledeb.) Schult. ■
217457 Koeleria cristata Pers. var. pinetorum Abrams = Koeleria macrantha (Ledeb.) Schult. ■
217458 Koeleria cristata Pers. var. poiformis (Domin) Tzvelev = Koeleria macrantha (Ledeb.) Schult. ■
217459 Koeleria cristata Pers. var. pseudocristata (Domin) P. C. Kuo et Z. L. Wu = Koeleria macrantha (Ledeb.) Schult. ■
217460 Koeleria dasyphylla Willk.;毛叶落草■☆
217461 Koeleria degenii Domin;狄氏落草■☆
217462 Koeleria delavignei Czern. ex Domin;戴氏落草(德拉维落草);Delavigne Koeleria ■☆
217463 Koeleria embergeri Quézel;恩贝格尔落草■☆
217464 Koeleria enodis Keng = Koeleria litvinowii Domin var. tafelii (Domin) P. C. Kuo et Z. L. Wu ■☆
217465 Koeleria enodis Keng = Koeleria litvinowii Domin ■
217466 Koeleria eriostachya Pancic var. altaica Domin = Koeleria altaica (Domin) Krylov ■
217467 Koeleria eristata ? = Koeleria macrantha (Ledeb.) Schult. ■
217468 Koeleria feldmannii Sennen et Mauricio = Rostraria cristata (L.) Tzvelev ■☆
217469 Koeleria fominii Domin;佛氏落草■
217470 Koeleria geniculata Domin = Koeleria atroviolacea Domin ■
217471 Koeleria gerardii (Vill.) Shinners = Rostraria cristata (L.) Tzvelev ■☆
217472 Koeleria gerrardi Munro ex Benth. = Stiburus alopecuroides (Hack.) Stapf ■☆
217473 Koeleria glauca DC.;灰落草(粉落草);Blue Hair-grass, Blue Koeleria, Glaucous Koeleria, June-grass, Large Blue Hair Grass ■☆
217474 Koeleria gorodkowii Roshev.;高氏落草■☆
217475 Koeleria gracilis Pers. = Koeleria cristata (L.) Pers. ■
217476 Koeleria gracilis Pers. = Koeleria macrantha (Ledeb.) Schult. ■
217477 Koeleria gracilis Pers. var. convoluta (Steud.) Hedberg = Koeleria capensis (Steud.) Nees ■☆
217478 Koeleria gracilis Pers. var. supina (Domin) Hedberg = Koeleria capensis (Steud.) Nees ■☆
217479 Koeleria hirsuta Gaudin;毛落草;Hirsute Koeleria ■☆
217480 Koeleria hispida (Savi) DC. = Rostraria hispida (Savi) Dogan ■☆
217481 Koeleria hosseana Domin = Koeleria litvinowii Domin ■
217482 Koeleria hosseana Domin var. tafelii Domin = Koeleria litvinowii Domin ■
217483 Koeleria incerta Domin;疑落草■☆
217484 Koeleria komarovii Roshev.;黑龙江猬草;Komarov Koeleria ■
217485 Koeleria ledebourii Domin;赖氏落草■☆
217486 Koeleria ledebourii Domin = Koeleria atroviolacea Domin ■
217487 Koeleria litvinowii Domin;芒落草(短芒落草,郦氏落草);Litvinowii Junegrass ■
217488 Koeleria litvinowii Domin subsp. argentea (Griseb.) S. M. Phillips et Z. L. Wu;银落草■
217489 Koeleria litvinowii Domin var. tafelii (Domin) P. C. Kuo et Z. L. Wu;矮落草;Tafel Koeleria ■
217490 Koeleria litvinowii Domin var. tafelii (Domin) P. C. Kuo et Z. L. Wu = Koeleria litvinowii Domin ■
217491 Koeleria longiglumis Trab. = Rostraria litorea (All.) Holub ■☆
217492 Koeleria luciae Sennen;露西娅落草■☆
217493 Koeleria luerssenii Domin;留氏落草■☆
217494 Koeleria macrantha (Ledeb.) Schult.;大花落草(阿尔泰落草,假大花落草,小花落草);Bigflower Junegrass, Crested Hair Grass, Crested Hair-grass, Falsecristate Junegrass, June Grass, Junegrass, Koeler Grass, Large Flower Koeleria, Meadowgrass-like Koeleria, Prairie June Grass, Prairie Junegrass, Prairie June-grass, Smallflower Junegrass ■
217495 Koeleria michelii (Savi) Coss. et Durieu = Rostraria festucoides (Link) Romero Zarco ■☆
217496 Koeleria monantha Domin;山地落草■☆
217497 Koeleria mucronata Trab. = Rostraria litorea (All.) Holub ■☆
217498 Koeleria nitida Nutt. = Koeleria macrantha (Ledeb.) Schult. ■
217499 Koeleria nitidula Velen.;光亮落草■☆
217500 Koeleria obtusiflora Boiss.;钝花落草■☆
217501 Koeleria phleoides (Vill.) Pers.;梯牧落草;Cat's Tail Grass, Cat-tail Grass ■☆
217502 Koeleria phleoides (Vill.) Pers. = Lophochloa cristata (L.) Hyl. ■☆
217503 Koeleria phleoides (Vill.) Pers. = Rostraria cristata (L.) Tzvelev ■☆
217504 Koeleria phleoides (Vill.) Pers. var. anomala Trab. = Rostraria cristata (L.) Tzvelev ■☆
217505 Koeleria phleoides (Vill.) Pers. var. brachystachya (DC.) Asch. et Graebn. = Rostraria cristata (L.) Tzvelev ■☆
217506 Koeleria phleoides (Vill.) Pers. var. fallax Domin = Rostraria cristata (L.) Tzvelev ■☆
217507 Koeleria phleoides (Vill.) Pers. var. glabriflora Trautv. = Rostraria cristata (L.) Tzvelev ■☆
217508 Koeleria phleoides (Vill.) Pers. var. hypathera Domin = Rostraria cristata (L.) Tzvelev ■☆
217509 Koeleria phleoides (Vill.) Pers. var. laxa Trab. = Lophochloa rohlfsii (Asch.) H. Scholz ■☆
217510 Koeleria phleoides (Vill.) Pers. var. leiantha Trab. = Rostraria cristata (L.) Tzvelev ■☆
217511 Koeleria phleoides (Vill.) Pers. var. macrantha Domin = Rostraria cristata (L.) Tzvelev ■☆
217512 Koeleria phleoides (Vill.) Pers. var. pseudolobulata Degen et Domin = Rostraria cristata (L.) Tzvelev ■☆
217513 Koeleria phleoides (Vill.) Pers. var. pumila Ledeb. = Rostraria cristata (L.) Tzvelev ■☆
217514 Koeleria phleoides (Vill.) Pers. var. recurviflora (Braun-Blanq. et Wilczek) Litard. = Rostraria cristata (L.) Tzvelev ■☆
217515 Koeleria phleoides (Vill.) Pers. var. robusta Borbás = Rostraria cristata (L.) Tzvelev ■☆

217516 Koeleria phleoides (Vill.) Pers. var. submutica Ball = Rostraria cristata (L.) Tzvelev ■☆

217517 Koeleria phleoides (Vill.) Pers. var. typica Domin = Rostraria cristata (L.) Tzvelev ■☆

217518 Koeleria poaeformis Domin;一年生落草;Annual Koeleria, Mediterranean Hairgrass, Mediterranean Hair-grass ■☆

217519 Koeleria poaeformis Domin = Koeleria cristata (L.) Pers. var. poaeformis (Domin) Tzvelev ■

217520 Koeleria pohleana (Domin) Gontsch.;包氏落草■☆

217521 Koeleria poiformis Domin = Koeleria macrantha (Ledeb.) Schult. ■

217522 Koeleria polonica Domin;波兰落草■☆

217523 Koeleria pseudocristata Domin = Koeleria cristata (L.) Pers. var. pseudocristata (Domin) P. C. Kuo et Z. L. Wu ■

217524 Koeleria pseudocristata Domin = Koeleria macrantha (Ledeb.) Schult. ■

217525 Koeleria pubescens P. Beauv. = Rostraria litorea (All.) Holub ■☆

217526 Koeleria pubescens P. Beauv. subsp. longiglumis Trab. = Rostraria litorea (All.) Holub ■☆

217527 Koeleria pubescens P. Beauv. subsp. mucronata Trab. = Rostraria litorea (All.) Holub ■☆

217528 Koeleria pubescens P. Beauv. subsp. salzmannii (Boiss. et Reut.) Trab. = Rostraria salzmannii (Boiss. et Reut.) Holub ■☆

217529 Koeleria pubescens P. Beauv. subsp. villosa (Pers.) Trab. = Rostraria litorea (All.) Holub ■☆

217530 Koeleria pubescens P. Beauv. var. cossoniana (Domin) Maire = Rostraria litorea (All.) Holub ■☆

217531 Koeleria pubescens P. Beauv. var. faurei Maire = Rostraria litorea (All.) Holub ■☆

217532 Koeleria pubescens P. Beauv. var. foleyi Maire = Rostraria litorea (All.) Holub ■☆

217533 Koeleria pubescens P. Beauv. var. longearistata Coss. et Durieu = Rostraria salzmannii (Boiss. et Reut.) Holub ■☆

217534 Koeleria pubescens P. Beauv. var. longiflora (Domin) Maire et Weiller = Rostraria litorea (All.) Holub ■☆

217535 Koeleria pubescens P. Beauv. var. maroccana (Domin) Maire = Rostraria salzmannii (Boiss. et Reut.) Holub subsp. maroccana (Domin) H. Scholz ■☆

217536 Koeleria pubescens P. Beauv. var. mucronata (Trab.) Maire = Rostraria litorea (All.) Holub ■☆

217537 Koeleria pubescens P. Beauv. var. pampaninii (Domin) Maire = Rostraria litorea (All.) Holub ■☆

217538 Koeleria pubescens P. Beauv. var. pubescens (Lam.) Coss. et Durieu = Rostraria litorea (All.) Holub ■☆

217539 Koeleria pubescens P. Beauv. var. salzmanni (Boiss. et Reut.) Hochr. = Rostraria salzmannii (Boiss. et Reut.) Holub ■☆

217540 Koeleria pubescens P. Beauv. var. schismoides (Lam.) Coss. et Durieu = Rostraria litorea (All.) Holub ■☆

217541 Koeleria pubescens P. Beauv. var. tripolitana Domin = Rostraria litorea (All.) Holub ■☆

217542 Koeleria pubescens P. Beauv. var. uniflora Trab. = Rostraria litorea (All.) Holub ■☆

217543 Koeleria pubescens P. Beauv. var. valdepilosa (Hack.) Maire et Weiller = Rostraria litorea (All.) Holub ■☆

217544 Koeleria pubescens P. Beauv. var. vulgaris (Lam.) Coss. et Durieu = Rostraria litorea (All.) Holub ■☆

217545 Koeleria pubescens P. Beauv. var. vulgaris Coss. et Durieu = Rostraria litorea (All.) Holub ■☆

217546 Koeleria pumila (Desf.) Domin = Lophochloa pumila (Desf.) Bor ■☆

217547 Koeleria pumila (Desf.) Domin = Rostraria pumila (Desf.) Tzvelev ■☆

217548 Koeleria pyramidata (Lam.) Domin var. brevifolia (Nees) Cufod. = Koeleria capensis (Steud.) Nees ■☆

217549 Koeleria pyramidata (Lam.) Domin var. convoluta (Steud.) Cufod. = Koeleria capensis (Steud.) Nees ■☆

217550 Koeleria pyramidata (Lam.) P. Beauv.;尖塔形落草;Junegrass, Koeler Grass, Prairie Junegrass, Pyramidical Koeleria ■☆

217551 Koeleria pyramidata P. Beauv. = Koeleria pyramidata (Lam.) P. Beauv. ■☆

217552 Koeleria recvurviflora Braun-Blanq. et Wilczek = Rostraria cristata (L.) Tzvelev ■☆

217553 Koeleria rohlfsii (Asch.) Murb. = Lophochloa rohlfsii (Asch.) H. Scholz ■☆

217554 Koeleria rohlfsii (Asch.) Murb. var. dolosa Maire = Rostraria rohlfsii (Asch.) Holub ■☆

217555 Koeleria rohlfsii (Asch.) Murb. var. vera Maire et Weiller = Rostraria rohlfsii (Asch.) Holub ■☆

217556 Koeleria salzmannii Boiss. et Reut. = Rostraria salzmannii (Boiss. et Reut.) Holub ■☆

217557 Koeleria salzmannii Boiss. et Reut. var. cossoniana (Domin) Domin = Rostraria salzmannii (Boiss. et Reut.) Holub ■☆

217558 Koeleria salzmannii Boiss. et Reut. var. longiflora Domin = Rostraria salzmannii (Boiss. et Reut.) Holub ■☆

217559 Koeleria salzmannii Boiss. et Reut. var. pampaninii Domin = Rostraria salzmannii (Boiss. et Reut.) Holub ■☆

217560 Koeleria salzmannii Boiss. et Reut. var. schismoides (Trab.) Trab. = Rostraria salzmannii (Boiss. et Reut.) Holub ■☆

217561 Koeleria sclerophylla C. C. Davis;硬叶落草■☆

217562 Koeleria seminuda (Trautv.) Domin;半裸落草■☆

217563 Koeleria setacea (Pers.) DC.;刚毛叶落草;Setoseleaf Koeleria ■☆

217564 Koeleria setacea (Pers.) DC. = Koeleria vallesiana (Honck.) Gaudin ■☆

217565 Koeleria sibirica Domin;西伯利亚落草■☆

217566 Koeleria sinaica Boiss. = Lophochloa pumila (Desf.) Bor ■☆

217567 Koeleria sinaica Boiss. = Rostraria pumila (Desf.) Tzvelev ■☆

217568 Koeleria splendens C. Presl;闪光落草■☆

217569 Koeleria splendens C. Presl subsp. caudata (Link) Asch. et Graebn. = Koeleria caudata (Link) Steud. ■☆

217570 Koeleria splendens C. Presl var. algeriensis Domin = Koeleria splendens C. Presl ■☆

217571 Koeleria splendens C. Presl var. canescens (Vis.) Beck = Koeleria splendens C. Presl ■☆

217572 Koeleria splendens C. Presl var. crassipes (Lange) Maire et Weiller = Koeleria splendens C. Presl ■☆

217573 Koeleria splendens C. Presl var. microstachya Faure et Maire = Koeleria splendens C. Presl ■☆

217574 Koeleria splendens C. Presl var. pseudorigidula Domin = Koeleria splendens C. Presl ■☆

217575 Koeleria thonii Domin;陶氏落草■☆

217576 Koeleria tokiensis Domin = Koeleria macrantha (Ledeb.) Schult. ■

217577 Koeleria valesiana (Honck.) Asch. et Gaudin;瓦氏落草;Somerset Hair-grass, Somerset-grass, Vallesian Koeleria ■☆

217578 Koeleria vallesiana (Honck.) Gaudin;瓦莱斯落草■☆

217579 Koeleria vallesiana (Honck.) Gaudin subsp. humilis Braun-Blanq.;矮瓦莱斯落草■☆
217580 Koeleria vallesiana (Honck.) Gaudin var. minoriflora Domin = Koeleria vallesiana (Honck.) Gaudin ■☆
217581 Koeleria vallesiana (Honck.) Gaudin var. pectinata Fiori = Koeleria vallesiana (Honck.) Gaudin ■☆
217582 Koeleria vallesiana (Honck.) Gaudin var. quadriflora Trab. = Koeleria vallesiana (Honck.) Gaudin ■☆
217583 Koeleria vallesiana (Honck.) Gaudin var. setacea Coss. et Durieu = Koeleria vallesiana (Honck.) Gaudin subsp. humilis Braun-Blanq. ■☆
217584 Koeleria villosa Pers. = Rostraria salzmannii (Boiss. et Reut.) Holub ■☆
217585 Koeleria villosa Pers. subsp. barrelieri (Guss.) Trab. = Rostraria litorea (All.) Holub ■☆
217586 Koeleria villosa Pers. subsp. longiglumis (Trab.) Trab. = Rostraria litorea (All.) Holub ■☆
217587 Koeleria villosa Pers. subsp. mucronata (Trab.) Trab. = Rostraria litorea (All.) Holub ■☆
217588 Koeleria villosa Pers. subsp. salzmanii (Boiss. et Reut.) Trab. = Rostraria salzmannii (Boiss. et Reut.) Holub ■☆
217589 Koeleria villosa Pers. var. schismoides Trab. = Rostraria salzmannii (Boiss. et Reut.) Holub ■☆
217590 Koeleria wildemanii Domin = Koeleria capensis (Steud.) Nees ■☆
217591 Koeleria yukonensis Hultén = Koeleria macrantha (Ledeb.) Schult. ■
217592 Koellea Biria = Eranthis Salisb.(保留属名)■
217593 Koellensteinia Rchb. f. (1854);柯伦兰属■☆
217594 Koellensteinia alba Schltr.;白柯伦兰■☆
217595 Koellensteinia boliviensis Schltr.;玻利维亚柯伦兰■☆
217596 Koellia Moench = Pycnanthemum Michx.(保留属名)■☆
217597 Koellikeria Regel(1847);柯里克苣苔属;Koellikeria ■☆
217598 Koellikeria erinoides (DC.) Mansf.;柯里克苣苔;Erinus-like Koellikeria ■☆
217599 Koeloeria Pall. = Koeleria Pers. ■
217600 Koelpinia Pall. (1776);蝎尾菊属;Koelpinia ■
217601 Koelpinia Scop. = Acronychia J. R. Forst. et G. Forst.(保留属名)●
217602 Koelpinia latifolia C. Winkl.;宽叶蝎尾菊■☆
217603 Koelpinia leiocarpa Popov;光果蝎尾菊■☆
217604 Koelpinia linearis Pall.;线叶蝎尾菊;Linear Koelpinia ■
217605 Koelpinia macrantha C. Winkl.;大花蝎尾菊■☆
217606 Koelpinia tenuissima Pavlov et Lipsch.;细花蝎尾菊■☆
217607 Koelpinia turanica Vassilcz.;蝎尾菊■☆
217608 Koelreutera Murr. = Gisekia L. ■
217609 Koelreutera Schreb. = Koelreuteria Laxm. ●
217610 Koelreuteria Laxm. (1772);栾树属;Chinese Gold-rain Tree, Golden Rain Tree, Golden-rain Tree, Goldenraintree, Gold-rain Tree, Goldraintree, Gold-rain-tree, Pride-of-India ●
217611 Koelreuteria Medik. = Marsdenia R. Br.(保留属名)●
217612 Koelreuteria apiculata Rehder et E. H. Wilson = Koelreuteria paniculata Laxm. ●
217613 Koelreuteria bipinnata Franch.;复羽叶栾树(灯笼花,灯笼树,风吹果,复叶栾树,花楸树,马鞍树,泡花树);Bipinnate Gold-rain Tree, Bougainvillea Goldraintree Tree, Bougainvillea Goldraintree, Chinese Flame Tree, Chinese Goldenrain Tree, Goldenrain Tree, Pride of China ●
217614 Koelreuteria bipinnata Franch. var. apiculata F. C. How et C. N. Ho = Koelreuteria paniculata Laxm. ●
217615 Koelreuteria bipinnata Franch. var. integrifoliola (Merr.) T. C. Chen;全缘叶栾树(巴拉子,黄山栾树,全缘栾树,山膀胱,图扎拉);Entireleaf Goldraintree, Integrifolius Goldraintree ●
217616 Koelreuteria bipinnata Franch. var. integrifoliola (Merr.) T. C. Chen = Koelreuteria bipinnata Franch. ●
217617 Koelreuteria bipinnata Franch. var. puberula Chun = Koelreuteria bipinnata Franch. ●
217618 Koelreuteria chinensis (Murray) Hoffm. = Koelreuteria paniculata Laxm. ●
217619 Koelreuteria chinensis (Murray) Hoffmanns. = Koelreuteria paniculata Laxm. ●
217620 Koelreuteria elegans (Seem.) A. C. Sm. subsp. formosana (Hayata) F. G. Mey.;台湾栾树(苦苓舅);Flamegold Tree, Flamegoldrain Tree, Flamegold-tree, Formosan Gold-rain Tree, Taiwan Goldraintree ●
217621 Koelreuteria formosana Hayata = Koelreuteria elegans (Seem.) A. C. Sm. subsp. formosana (Hayata) F. G. Mey. ●
217622 Koelreuteria henryi Dümmer = Koelreuteria elegans (Seem.) A. C. Sm. subsp. formosana (Hayata) F. G. Mey. ●
217623 Koelreuteria integrifoliola Merr. = Koelreuteria bipinnata Franch. ●
217624 Koelreuteria integrifoliola Merr. = Koelreuteria bipinnata Franch. var. integrifoliola (Merr.) T. C. Chen ●
217625 Koelreuteria minor Hemsl. = Boniodendron minus (Hemsl.) T. C. Chen ●
217626 Koelreuteria paniculata Laxm.;栾树(茶条,独桓,肥珠子,黑叶树,槐树,栾华,栾木,木患子,木栏牙,木栾,木栾树,菩提树,软棒,山茶叶,石栾树,乌拉,五乌拉叶,野海椒);China Tree, China-tree, Chinese Willow Pattern Tree, Golden Rain Tree, Golden Rain, Golden Rain-tree, Goldenrain Tree, Golden-rain Tree, Panicled Golden Rain Tree, Panicled Golden-rain Tree, Panicled Gold-rain Tree, Panicled Goldraintree, Pride of India, Pride-of-India, Varnish Tree, Varnish-tree ●
217627 Koelreuteria paniculata Laxm. var. apiculata (Rehder et E. H. Wilson) Rehder = Koelreuteria paniculata Laxm. ●
217628 Koelreuteria paniculata Laxm. var. lixianensis H. L. Tsiang = Koelreuteria paniculata Laxm. ●
217629 Koelreuteria paullinoides L'Hér. = Koelreuteria paniculata Laxm. ●
217630 Koelreuteriaceae J. Agardh = Sapindaceae Juss.(保留科名)●■
217631 Koelzella M. Hiroe = Prangos Lindl. ■☆
217632 Koelzella pabularia (Lindl.) Hiroe = Prangos pabularia Lindl. ■☆
217633 Koelzia Rech. f. = Christolea Cambess. ■
217634 Koelzia Rech. f. = Rhammatophyllum O. E. Schulz ■☆
217635 Koelzia afghanica Rech. f. = Christolea crassifolia Cambess. ■
217636 Koeniga Benth. et Hook. f. = Konig Adans. ■
217637 Koeniga Benth. et Hook. f. = Lobularia Desv.(保留属名)■
217638 Koenigia Comm. ex Cav. = Ruizia Cav. ●☆
217639 Koenigia Comm. ex Juss. = Dombeya Cav.(保留属名)●☆
217640 Koenigia L. (1767);冰岛蓼属;Icelandknotweed, Iceland-purslane, Koenigia ■
217641 Koenigia L. = Persicaria (L.) Mill. ■
217642 Koenigia Post et Kuntze = Konig Adans. ■
217643 Koenigia Post et Kuntze = Lobularia Desv.(保留属名)■
217644 Koenigia cyanandra (Diels) Mesicek et Soják = Polygonum

cyanandrum Diels ■
217645 Koenigia delicatula (Meisn.) H. Hara = Polygonum delicatulum Meisn. ■
217646 Koenigia fertilis Maxim. = Polygonum fertile (Maxim.) A. J. Li ■
217647 Koenigia forrestii (Diels) Mesicek et Soják = Polygonum forrestii Diels ■
217648 Koenigia islandica L.;冰岛蓼;Iceland Purslane, Icelandknotweed, Iceland-purslane, Island Koenigia ■
217649 Koenigia monandra Decne. = Koenigia islandica L. ■
217650 Koenigia nepalensis D. Don = Polygonum filicaule Wall. ex Meisn. ■
217651 Koenigia nummulariifolia (Meisn.) Mesicek et Soják = Polygonum nummularifolium Meisn. ■
217652 Koenigia pilosa Maxim. = Polygonum sparsipilosum A. J. Li ■
217653 Koerinekia B. D. Jacks. = Achimenes Pers. (保留属名) ■☆
217654 Koerinekia B. D. Jacks. = Koernickea Regel ■☆
217655 Koernickanthe L. Andersson(1981);克尼花属■☆
217656 Koernickanthe orbiculata (Körn.) L. Andersson;克尼花■☆
217657 Koernickea Klotzsch = Paullinia L. ●☆
217658 Koernickea Regel = Achimenes Pers. (保留属名) ■☆
217659 Kogelbergia Rourke(2000);科克密穗木属●☆
217660 Kogelbergia phylicoides (A. DC.) Rourke;科克密穗木●☆
217661 Kogelbergia verticillata (Eckl. et Zeyh.) Rourke;轮生科克密穗木●☆
217662 Kohautia Cham. et Schltdl. (1829);科豪特茜属■☆
217663 Kohautia Cham. et Schltdl. = Oldenlandia L. ●■
217664 Kohautia amatymbica Eckl. et Zeyh.;热非科豪特茜■☆
217665 Kohautia amboensis (Schinz) Bremek.;安博科豪特茜■☆
217666 Kohautia angolensis Bremek.;安哥拉科豪特茜■☆
217667 Kohautia aphylla Dinter ex Bremek. = Kohautia ramosissima Bremek. ■☆
217668 Kohautia aspera (Roth) Bremek.;粗糙科豪特茜■☆
217669 Kohautia azurea (Dinter et K. Krause) Bremek.;天蓝科豪特茜■☆
217670 Kohautia baddadensis Bremek. = Kohautia caespitosa Schnizl. ■☆
217671 Kohautia brachyloba (Sond.) Bremek. = Kohautia caespitosa Schnizl. subsp. brachyloba (Sond.) D. Mantell ■☆
217672 Kohautia caespitosa Schnizl.;丛生科豪特茜■☆
217673 Kohautia caespitosa Schnizl. subsp. amaniensis (K. Krause) D. Mantell ex Puff = Kohautia caespitosa Schnizl. subsp. amaniensis (K. Krause) Govaerts ■☆
217674 Kohautia caespitosa Schnizl. subsp. amaniensis (K. Krause) Govaerts;索马里科豪特茜■☆
217675 Kohautia caespitosa Schnizl. subsp. brachyloba (Sond.) D. Mantell;短裂丛生科豪特茜■☆
217676 Kohautia caespitosa Schnizl. var. amaniensis (K. Krause) Bremek.;阿马尼豪特茜■☆
217677 Kohautia caespitosa Schnizl. var. delagoensis (Schinz) Bremek. = Kohautia caespitosa Schnizl. subsp. brachyloba (Sond.) D. Mantell ■☆
217678 Kohautia caespitosa Schnizl. var. dolichostyla Bremek. = Kohautia caespitosa Schnizl. subsp. brachyloba (Sond.) D. Mantell ■☆
217679 Kohautia caespitosa Schnizl. var. hispidula Bremek. = Kohautia caespitosa Schnizl. subsp. amaniensis (K. Krause) Govaerts ■☆
217680 Kohautia caespitosa Schnizl. var. kitaliensis Verdc. = Kohautia caespitosa Schnizl. subsp. amaniensis (K. Krause) Govaerts ■☆
217681 Kohautia caespitosa Schnizl. var. ramosior Bremek. = Kohautia caespitosa Schnizl. ■☆
217682 Kohautia caespitosa Schnizl. var. schimperi (C. Presl) Bremek. = Kohautia caespitosa Schnizl. ■☆
217683 Kohautia caespitosa Schnizl. var. thymifolia (Kuntze) Bremek. = Kohautia caespitosa Schnizl. subsp. brachyloba (Sond.) D. Mantell ■☆
217684 Kohautia cicendioides (K. Schum.) Bremek.;百黄花科豪特茜■☆
217685 Kohautia coccinea Royle;绯红科豪特茜■☆
217686 Kohautia confusa (Hutch. et Dalziel) Bremek.;混乱科豪特茜■☆
217687 Kohautia cuspidata (K. Schum.) Bremek.;骤尖科豪特茜■☆
217688 Kohautia cynanchica DC.;澳非科豪特茜■☆
217689 Kohautia densifolia Bremek. = Kohautia caespitosa Schnizl. subsp. brachyloba (Sond.) D. Mantell ■☆
217690 Kohautia desertorum Welw. = Kohautia cynanchica DC. ■☆
217691 Kohautia dolichostyla Bremek.;长柱科豪特茜■☆
217692 Kohautia effusa (Oliv.) Bremek. = Kohautia longifolia Klotzsch ■☆
217693 Kohautia effusa (Oliv.) Bremek. var. hirtella Bremek. = Kohautia longifolia Klotzsch ■☆
217694 Kohautia euryantha Bremek.;宽花科豪特茜■☆
217695 Kohautia gracillima Bremek. = Kohautia caespitosa Schnizl. ■☆
217696 Kohautia grandiflora DC.;大花科豪特茜■☆
217697 Kohautia huillensis Bremek.;威拉科豪特茜■☆
217698 Kohautia kimuenzae (De Wild.) Bremek.;基姆扎科豪特茜■☆
217699 Kohautia lasiocarpa Klotzsch = Kohautia caespitosa Schnizl. subsp. brachyloba (Sond.) D. Mantell ■☆
217700 Kohautia lasiocarpa Klotzsch var. breviloba Bremek. = Kohautia caespitosa Schnizl. subsp. brachyloba (Sond.) D. Mantell ■☆
217701 Kohautia lasiocarpa Klotzsch var. subverticillata (K. Schum.) Bremek. = Kohautia subverticillata (K. Schum.) D. Mantell ■☆
217702 Kohautia lasiocarpa Klotzsch var. xerophila (Schinz) Bremek. = Kohautia subverticillata (K. Schum.) D. Mantell ■☆
217703 Kohautia latibrachiata Bremek. = Kohautia caespitosa Schnizl. subsp. brachyloba (Sond.) D. Mantell ■☆
217704 Kohautia longiflora DC. = Kohautia cynanchica DC. ■☆
217705 Kohautia longifolia Klotzsch;长叶科豪特茜■☆
217706 Kohautia longifolia Klotzsch var. effusa (Oliv.) Verdc. = Kohautia longifolia Klotzsch ■☆
217707 Kohautia longifolia Klotzsch var. macrocalyx Bremek. = Kohautia longifolia Klotzsch ■☆
217708 Kohautia longifolia Klotzsch var. psilogyna Bremek. = Kohautia longifolia Klotzsch ■☆
217709 Kohautia longifolia Klotzsch var. vestita Bremek. = Kohautia longifolia Klotzsch ■☆
217710 Kohautia longiscapa Bremek. = Kohautia caespitosa Schnizl. subsp. brachyloba (Sond.) D. Mantell ■☆
217711 Kohautia longiscapa Bremek. var. scabridula ? = Kohautia caespitosa Schnizl. subsp. brachyloba (Sond.) D. Mantell ■☆
217712 Kohautia noctiflora Hochst. ex A. Rich. = Kohautia tenuis (S. Bowdich) Mabb. ■☆
217713 Kohautia obbiadensis (Chiov.) Bremek. = Kohautia caespitosa Schnizl. ■☆
217714 Kohautia obtusiloba (Hiern) Bremek.;钝裂科豪特茜■☆

217715 Kohautia omahekensis (K. Krause) Bremek. = Kohautia cynanchica DC. ■☆

217716 Kohautia pappii Bremek. = Kohautia caespitosa Schnizl. ■☆

217717 Kohautia parviflora Benth. = Kohautia virgata (Willd.) Bremek. ■☆

217718 Kohautia platyphylla (K. Schum.) Bremek.;款叶科豪特茜■☆

217719 Kohautia pleiocaulis Bremek. = Kohautia platyphylla (K. Schum.) Bremek. ■☆

217720 Kohautia prolixipes (S. Moore) Bremek.;伸展科豪特茜■☆

217721 Kohautia quartiniana (A. Rich.) Bremek. = Kohautia tenuis (S. Bowdich) Mabb. ■☆

217722 Kohautia ramosissima Bremek.;多枝科豪特茜■☆

217723 Kohautia raphidophylla Bremek. = Kohautia cynanchica DC. ■☆

217724 Kohautia rigida Benth. = Kohautia cynanchica DC. ■☆

217725 Kohautia sarcophylla (Chiov.) Bremek. = Kohautia caespitosa Schnizl. ■☆

217726 Kohautia senegalensis Cham. et Schltdl. = Kohautia tenuis (S. Bowdich) Mabb. ■☆

217727 Kohautia sennii Bremek. = Kohautia longifolia Klotzsch ■☆

217728 Kohautia setifera DC. = Kohautia virgata (Willd.) Bremek. ■☆

217729 Kohautia somaliensis Bremek. = Kohautia caespitosa Schnizl. subsp. amaniensis (K. Krause) Govaerts ■☆

217730 Kohautia stellarioides (Hiern) Bremek.;星状科豪特茜■☆

217731 Kohautia stenosiphon (K. Schum. ex S. Moore) Bremek. = Kohautia caespitosa Schnizl. subsp. brachyloba (Sond.) D. Mantell ■☆

217732 Kohautia subverticillata (K. Schum.) D. Mantell;近轮生科豪特茜■☆

217733 Kohautia tenuis (S. Bowdich) Mabb.;细科豪特茜■☆

217734 Kohautia thymifolia C. Presl ex Bremek. = Kohautia cynanchica DC. ■☆

217735 Kohautia ubangensis Bremek. = Kohautia confusa (Hutch. et Dalziel) Bremek. ■☆

217736 Kohautia virgata (Willd.) Bremek.;条纹豪特茜■☆

217737 Kohautia virgata (Willd.) Bremek. var. oblanceolata Bremek. = Kohautia virgata (Willd.) Bremek. ■☆

217738 Kohleria Regel(1847);红雾花属(栲里来属,树苣苔属);Isoloma,Kohleria,Tree Glxinia,Tydaea ●■☆

217739 Kohleria amabilis (Planch. et Linden) Fritsch;可爱树苣苔(红雾花);Lovely Kohleria ●■☆

217740 Kohleria bella C. V. Morton;美丽树苣苔;Beautiful Kohleria ●☆

217741 Kohleria bogotensis Fritsch;波哥达树苣苔(波哥大红雾花);Bogota Kohleria ●☆

217742 Kohleria deppeana (Schltdl. et Cham.) Fritsch;德普树苣苔●☆

217743 Kohleria digitaliflora Fritsch;华氏红雾花■☆

217744 Kohleria eriantha Hanst.;绵毛花树苣苔(毛红雾花);Woollyflower Kohleria ●☆

217745 Kohleria lanata Lem.;绵毛树苣苔;Woolly Kohleria ●☆

217746 Kohleria lindeniana (Regel) H. E. Moore;林登树苣苔●☆

217747 Kohleria ocellata Fritsch;眼斑树苣苔;Eye-spot Kohleria ●☆

217748 Kohleria spicata Oerst.;穗树苣苔(科勒苔);Spikate Kohleria ●☆

217749 Kohleria spicata Oerst. var. hispida Fritsch;毛穗树苣苔;Bristly Kohleria,Hispid Kohleria ●☆

217750 Kohleria tubiflora Hanst.;管花树苣苔;Tubeflower Kohleria ●☆

217751 Kohleria warszewiczii Hanst.;毛地黄红雾花■☆

217752 Kohlerianthus Fritsch = Columnea L. ●■☆

217753 Kohlerianthus Fritsch = Fluckigeria Rusby ●■☆

217754 Kohlrauschia Kunth = Petrorhagia (Ser. ex DC.) Link ■

217755 Kohlrauschia Kunth(1838);大苞石竹属■☆

217756 Kohlrauschia prolifera (L.) Kunth = Petrorhagia prolifera (L.) P. W. Ball et Heywood ■☆

217757 Kohlrauschia velutina (Guss.) Rchb. = Petrorhagia dubia (Raf.) G. López et Romo ■☆

217758 Koilodepas Hassk. (1856);白茶树属;Koilodepas ●

217759 Koilodepas bantamense Hassk.;爪哇白茶树;Java Koilodepas ●☆

217760 Koilodepas hainanense (Merr.) Airy Shaw;白茶树;Hainan Koilodepas ●

217761 Koilodepas longifolium Hook. f.;马来亚白茶树;Longleaf Koilodepas ●☆

217762 Kokabus Raf.(废弃属名) = Acnistus Schott ●☆

217763 Kokabus Raf.(废弃属名) = Hebecladus Miers(保留属名)●☆

217764 Kokera Adans.(废弃属名) = Chamissoa Kunth(保留属名)■●☆

217765 Kokia Lewton(1912);科克棉属(柯基阿棉属)●☆

217766 Kokia cookei O. Deg.;库氏科克棉(柯基阿棉)■☆

217767 Kokia drynarioides (Seem.) Lewton;科克棉(柯基阿棉)■☆

217768 Kokia lanceolata Lewton;剑叶科克棉■☆

217769 Kokkia Zipp. ex Blume = Lannea A. Rich.(保留属名)●

217770 Kokkia Zipp. ex Blume = Odina Roxb. ●

217771 Kokonoria Y. L. Keng et P. C. Keng = Lagotis J. Gaertn. ■

217772 Kokonoria stolonifera Keng et P. C. Keng = Lagotis brachystachya Maxim. ■

217773 Kokoona Thwaites(1853);柯库卫矛属●☆

217774 Kokoona reflexa (M. A. Lawson) Ding Hou;柯库卫矛●☆

217775 Kokoona zeylanica Thwaites;斯里兰卡柯库卫矛;Kokoon ●☆

217776 Kokoschkinia Turcz. (1849);锥紫葳属●☆

217777 Kokoschkinia Turcz. = Tecoma Juss. ●

217778 Kolbea Rchb. = Kolbia P. Beauv. ●

217779 Kolbea Rchb. = Modecca Lam. ●

217780 Kolbea Schltdl. = Baeometra Salisb. ex Endl. ■☆

217781 Kolbia Adans. = Blaeria L. ●☆

217782 Kolbia P. Beauv. = Adenia Forssk. ●

217783 Kolbia P. Beauv. = Modecca Lam. ●

217784 Kolerma Raf. = Carex L. ■

217785 Kolkwitzia Graebn. (1901);蝟实属(猥实属,猬实属);Beauty Bush,Kolkwitzia ●★

217786 Kolkwitzia amabilis Graebn var. tomentosa Pamp. = Kolkwitzia amabilis Graebn. ●

217787 Kolkwitzia amabilis Graebn.;蝟实(猥实,猬实);Beauty Bush,Beautybush,Beauty-bush ●

217788 Kolkwitzia amabilis Graebn. 'Pink Cloud';粉云蝟实(粉云红蝟实);Pink Beauty Bush ●☆

217789 Kolkwitzia amabilis Graebn. 'Rosea';粉花蝟实(粉花猥实);Beautybush,Rose Beauty Bush ●

217790 Kolleria C. Presl = Galenia L. ●☆

217791 Kolleria collina Eckl. et Zeyh. = Galenia collina (Eckl. et Zeyh.) Walp. ●☆

217792 Kolleria herniariifolia C. Presl = Galenia herniariifolia (C. Presl) Fenzl ●☆
217793 Kolleria pallens Eckl. et Zeyh. = Galenia pallens (Eckl. et Zeyh.) Walp. ●☆
217794 Kolobochilus Lindau(1900);损瓣爵床属■☆
217795 Kolobopetalum Engl. (1899);热非损瓣爵床属■☆
217796 Kolobopetalum auriculatum Engl.;耳形损瓣藤●☆
217797 Kolobopetalum chevalieri (Hutch. et Dalziel) Troupin;舍瓦利耶损瓣藤●☆
217798 Kolobopetalum exauriculatum H. Winkl. = Kolobopetalum auriculatum Engl. ●☆
217799 Kolobopetalum leonense Hutch. et Dalziel;莱昂损瓣藤●☆
217800 Kolobopetalum mayumbense Exell = Leptoterantha mayumbensis (Exell) Troupin ●☆
217801 Kolobopetalum minus Diels = Sarcolophium suberosum (Diels) Troupin ●☆
217802 Kolobopetalum ovatum Stapf;卵形损瓣藤●☆
217803 Kolobopetalum salmonicolor Exell = Kolobopetalum auriculatum Engl. ●☆
217804 Kolobopetalum suberosum Diels = Sarcolophium suberosum (Diels) Troupin ●☆
217805 Kolobopetalum tisserantii A. Chev. = Chasmanthera welwitschii Troupin ■☆
217806 Kolobopetalum veitchianum Diels = Kolobopetalum auriculatum Engl. ●☆
217807 Kolofonia Raf. = Ipomoea L. (保留属名)●■
217808 Kolomikta Dippel = Actinidia Lindl. ●
217809 Kolomikta Dippel = Kalomikta Regel ●
217810 Koloortia T. Lestib. = Alpinia Roxb. (保留属名)■
217811 Koloortia T. Lestib. = Kolowratia C. Presl ■
217812 Kolowratia C. Presl = Alpinia Roxb. (保留属名)■
217813 Kolpakowskia Regel = Ixiolirion (Fisch.) Herb. ■
217814 Kolpakowskia ixiolirioides Regel = Ixiolirion tataricum (Pall.) Herb. var. ixiolirioides (Regel) X. H. Qian ■
217815 Kolpakowskia karategina (Lipsky) Traub = Ixiolirion karateginum Lipsky ■
217816 Kolrauschia Jord. = Kohlrauschia Kunth ■☆
217817 Kolrauschia Jord. = Petrorhagia (Ser. ex DC.) Link ■
217818 Komana Adans. = Hypericum L. ■●
217819 Komana patula (Thunb. ex Murray) Y. Kimura ex Honda = Hypericum patulum Thunb. ●
217820 Komana patula (Thunb.) Y. Kimura ex Honda = Hypericum patulum Thunb. ●
217821 Komana salicifolia (Siebold et Zucc.) Y. Kimura ex Hisauchi = Hypericum salicifolium Siebold et Zucc. ●
217822 Komana salicifolia (Siebold et Zucc.) Y. Kimura ex Honda = Hypericum monogynum L. ●
217823 Komaroffia Kuntze = Nigella L. ■
217824 Komaroffia Kuntze(1887);掌叶黑种草属■☆
217825 Komaroffia divaricata Kuntze;掌叶黑种草■☆
217826 Komarovia Korovin(1939);考氏草属■☆
217827 Komarovia anisoptera Korovin;考氏草■☆
217828 Kommia Ehrenb. ex Schweinf. = Pupalia Juss. (保留属名)■☆
217829 Kompitsia Costantin et Gallaud = Gonocrypta Baill. ■☆
217830 Kompitsia Costantin et Gallaud = Pentopetia Decne. ■☆
217831 Kompitsia elastica Costantin et Gallaud = Pentopetia grevei (Costantin et Gallaud) Venter ■☆
217832 Konantzia Dodson et N. H. Williams(1980);科纳兰属■☆
217833 Konantzia minutiflora Dodson et N. H. Williams;科纳兰■☆
217834 Konig Adans. = Lobularia Desv. (保留属名)■
217835 Koniga Adans. = Lobularia Desv. (保留属名)■
217836 Koniga R. Br. = Konig Adans. ■
217837 Koniga R. Br. = Lobularia Desv. (保留属名)■
217838 Koniga arabica Boiss. = Lobularia arabica (Boiss.) Muschl. ■☆
217839 Koniga fruticosa Webb = Lobularia canariensis (DC.) L. Borgen subsp. fruticosa (Webb) L. Borgen ■☆
217840 Koniga marginata Coss. = Lobularia canariensis (DC.) L. Borgen subsp. marginata (Webb) L. Borgen ■☆
217841 Koniga maritima (Desv.) R. Br. = Lobularia maritima (L.) Desv. ■
217842 Koniga maritima (L.) R. Br. = Lobularia maritima (L.) Desv. ■
217843 Koniga spathulata J. A. Schmidt = Lobularia canariensis (DC.) L. Borgen subsp. spathulata (J. A. Schmidt) L. Borgen ■☆
217844 Konigia Comm. ex Cav. = Dombeya Cav. (保留属名)●☆
217845 Konoga libyca R. Br. = Lobularia libyca (Viv.) Meisn. ■☆
217846 Konxikas Raf. = Lathyrus L. ■
217847 Koockia Moq. = Kochia Roth ●■
217848 Kookia Pers. = Clausena Burm. f. ●
217849 Kookia Pers. = Cookia Sonn. ●
217850 Koompassia Maingay = Koompassia Maingay ex Benth. ●☆
217851 Koompassia Maingay ex Benth. (1873);甘巴豆属●☆
217852 Koompassia excelsa (Becc.) Taub.;大甘巴豆;Tualang ●☆
217853 Koompassia excelsa Taub. = Koompassia excelsa (Becc.) Taub. ●☆
217854 Koompassia grandiflora Kosterm.;大花甘巴豆●☆
217855 Koompassia malaccensis Maingay;甘巴豆(马来甘巴豆);Kempas ●☆
217856 Koon Gaert. = Schleichera Willd. (保留属名)●☆
217857 Koon Miers = Schleichera Willd. (保留属名)●☆
217858 Koordersina Kuntze = Koordersiodendron Engl. ex Koord. ●☆
217859 Koordersiochloa Merr. = Streblochaete Hochst. ex Pilg. ■☆
217860 Koordersiodendron Engl. = Koordersiodendron Engl. ex Koord. ●☆
217861 Koordersiodendron Engl. ex Koord. (1898);安木万斯树属(库德漆属)●☆
217862 Koordersiodendron celebicum Engl.;安木万斯树●☆
217863 Koordersiodendron pinnatum Merr. = Pinnatum (Blanco) Merr. ●☆
217864 Kopsia Blume(1823)(保留属名);蕊木属(柯蒲木属,柯普木属);Kopsia ●
217865 Kopsia Dumort. (废弃属名) = Kopsia Blume(保留属名)●
217866 Kopsia Dumort. (废弃属名) = Orobanche L. ■
217867 Kopsia arborea Blume;蕊木(假乌榄树,柯蒲木,梅桂,云南蕊木);Common Kopsia,Kopsia,Lance-bract Kopsia,Medicinal Kopsia ●◇
217868 Kopsia coelestis (Reut.) Bég. et Vacc. = Orobanche coelestis (Reut.) Beck ■
217869 Kopsia fruticosa (Ker Gawl.) A. DC.;红花蕊木;Pink Kopsia,Redflower Kopsia,Shrubb Vinca,Shrubby Kopsia ●
217870 Kopsia hainanensis Tsiang;海南蕊木;Hainan Kopsia ●
217871 Kopsia lancibracteolata Merr. = Kopsia arborea Blume ●◇
217872 Kopsia lapidilecta Sleesen;石蕊木●☆
217873 Kopsia mutelii (F. W. Schultz) Bég. = Orobanche ramosa L.

subsp. mutelii (F. W. Schultz) Cout. ■☆
217874 Kopsia mutelii (F. W. Schultz) Bég. var. spissa (Beck) Bég. et Vacc. = Orobanche ramosa L. subsp. mutelii (F. W. Schultz) Cout. ■☆
217875 Kopsia officinalis Tsiang et P. T. Li = Kopsia arborea Blume ●◇
217876 Kopsia vinciflora Blume = Kopsia fruticosa (Ker Gawl.) A. DC. ●
217877 Kopsia yunnanensis C. Y. Wu;滇蕊木●
217878 Kopsia yunnanensis C. Y. Wu = Kopsia arborea Blume ●◇
217879 Kopsiopsis (Beck) Beck(1930);拟蕊木属●☆
217880 Kopsiopsis strobilacea Beck;拟蕊木●☆
217881 Kordelestris Arruda = Jacaranda Juss. ●
217882 Kordelestris Arruda ex H. Kost. = Jacaranda Juss. ●
217883 Kornasia Szlach. (1995);考尔兰属■☆
217884 Kornasia chevalieri (Summerh.) Szlach.;舍氏考尔兰■☆
217885 Kornasia maclaudii (Finet) Szlach.;马氏考尔兰■☆
217886 Kornasia schliebenii (Mansf.) Szlach.;施利本考尔兰■☆
217887 Kornickia Benth. et Hook. f. = Achimenes Pers.(保留属名) ■☆
217888 Kornickia Benth. et Hook. f. = Koernickea Regel ■☆
217889 Korolkowia Regel = Fritillaria L. ■
217890 Korosvel Adans. = Delima L. ●
217891 Korosvel Adans. = Tetracera L. ●
217892 Korovinia Nevski et Vved. = Galagania Lipsky ■
217893 Korsaria Steud. = Dorstenia L. ■●☆
217894 Korsaria Steud. = Kosaria Forssk. ■●☆
217895 Korshinskia Lipsky(1901);科尔草属■☆
217896 Korshinskia bupleuroides Korovin;柴胡科尔草■☆
217897 Korshinskia olgae (Regel et Schmalh.) Lipsky;奥尔加科尔草 ■☆
217898 Korshinskya Lipsky = Korshinskia Lipsky ■☆
217899 Korshinskya bupleuroides Korovin = Korshinskia bupleuroides Korovin ■☆
217900 Korshinskya olgae (Regel et Schmalh.) Lipsky = Korshinskia olgae (Regel et Schmalh.) Lipsky ■☆
217901 Korthalsella Tiegh. (1896);栗寄生属(桧叶寄生属);Korthalsella ●
217902 Korthalsella binii Pic. Serm. = Korthalsella japonica (Thunb.) Engl. ●
217903 Korthalsella commersonii (Tiegh.) Danser;科梅逊栗寄生●☆
217904 Korthalsella fasciculata (Tiegh.) Lecomte = Korthalsella japonica (Thunb.) Engl. var. fasciculata (Tiegh.) H. S. Kiu ●
217905 Korthalsella fasciculata (Tiegh.) Lecomte = Korthalsella japonica (Thunb.) Engl. ●
217906 Korthalsella japonica (Thunb.) Engl.;栗寄生(吊兰,方叶子,胡龙须,桧叶寄生,桧叶寄生木,柃寄生,螃蟹脚);Japan Korthalsella,Japanese Korthalsella ●
217907 Korthalsella japonica (Thunb.) Engl. var. fasciculata (Tiegh.) H. S. Kiu;狭茎栗寄生;Fascicled Japanese Korthalsella ●
217908 Korthalsella japonica (Thunb.) Engl. var. fasciculata (Tiegh.) H. S. Kiu = Korthalsella japonica (Thunb.) Engl. ●
217909 Korthalsella japonica (Thunb.) Merr. var. fasciculata (Tiegh.) H. S. Kiu = Korthalsella japonica (Thunb.) Engl. var. fasciculata (Tiegh.) H. S. Kiu ●
217910 Korthalsella madagascarica Danser;马岛栗寄生●☆
217911 Korthalsella moniliformis (Wight et Arn.) Lecomte = Korthalsella japonica (Thunb.) Engl. ●
217912 Korthalsella opuntia (Thunb.) Merr. = Korthalsella japonica (Thunb.) Engl. ●
217913 Korthalsella opuntia (Thunb.) Merr. var. fasciculata (Tiegh.) Danser = Korthalsella japonica (Thunb.) Engl. var. fasciculata (Tiegh.) H. S. Kiu ●
217914 Korthalsella opuntia (Thunb.) Merr. var. gaudichaudii (Tiegh.) Danser;戈迪绍栗寄生●☆
217915 Korthalsella opuntia Merr. = Korthalsella japonica (Thunb.) Engl. ●
217916 Korthalsella opuntia Merr. var. fasciculata (Tiegh.) Danser = Korthalsella japonica (Thunb.) Engl. ●
217917 Korthalsella taenioides (Comm.) Lecomte = Korthalsella japonica (Thunb.) Engl. var. fasciculata (Tiegh.) H. S. Kiu ●
217918 Korthalsia Blume(1843);蚁棕属(戈塞藤属,考氏藤椰子属,考氏藤属,苛日藤属,苛沙藤属,柯莎藤属,银叶藤属);Ant Palm,Rattan ●☆
217919 Korthalsia angustifolia Blume;狭叶蚁棕;Narrowleaf Ant Palm ●☆
217920 Korthalsia echinometra Becc.;刺蚁棕;Hudang Rattan Palm,Spiny Ant Palm ●☆
217921 Korthalsia flagellaris Miq.;鞭枝蚁棕;Flagellate Ant Palm ●☆
217922 Korthalsia grandis Ridl.;大蚁棕;Big Ant Palm ●☆
217923 Korthalsia paludosa Furtado;沼泽蚁棕;Marshy Ant Palm ●☆
217924 Korthalsia rigida Blume;坚硬蚁棕;Rigid Ant Palm ●☆
217925 Korthalsia scaphigera Kurz;舟状蚁棕;Boatshaped Ant Palm ●☆
217926 Korthalsia scortechinii Becc.;斯考氏蚁棕;Scortechin Ant Palm ●☆
217927 Korthalsia tenuissima Becc.;极细蚁棕;Most-slender Ant Palm ●☆
217928 Korthalsia teysmannii Miq. = Korthalsia grandis Ridl. ●☆
217929 Korupodendron Litt et Cheek(2002);西非囊萼木属●☆
217930 Korupodendron songweanum Litt et Cheek;西非囊萼木●☆
217931 Korycarpus Lag. = Diarrhena P. Beauv.(保留属名)■
217932 Korycarpus Zea = Diarrhena P. Beauv.(保留属名)■
217933 Korycarpus Zea ex Lag. = Diarrhena P. Beauv.(保留属名)■
217934 Kosaria Forssk. = Dorstenia L. ■●☆
217935 Kosaria foetida Forssk. = Dorstenia foetida (Forssk.) Schweinf. ■☆
217936 Kosaria forskalii J. F. Gmel. = Dorstenia foetida (Forssk.) Schweinf. ■☆
217937 Kosaria obovata (A. Rich.) Schweinf. ex Solms = Dorstenia foetida (Forssk.) Schweinf. var. obovata (A. Rich.) Schweinf. ■☆
217938 Kosaria tropaeolifolia Schweinf. = Dorstenia tropaeolifolia (Schweinf.) Bureau ■☆
217939 Kosmosiphon Lindau(1913);管饰爵床属☆
217940 Kosmosiphon azureus Lindau;管饰爵床☆
217941 Kosopoljanskia Korovin(1923);帕米尔芹属■
217942 Kosopoljanskia turkestanica Korovin;帕米尔芹■
217943 Kosteletskya Brongn. = Kosteletzkya C. Presl(保留属名)■●☆
217944 Kosteletzkya C. Presl(1835)(保留属名);柯特葵属(柯斯捷列茨基属);Saltmarsh Mallow,Salt-marsh Mallow ■●☆
217945 Kosteletzkya adoensis (Hochst. ex A. Rich.) Mast.;阿多柯特葵●☆
217946 Kosteletzkya adoensis (Hochst. ex A. Rich.) Mast. f. repens Hauman = Kosteletzkya adoensis (Hochst. ex A. Rich.) Mast. ●☆
217947 Kosteletzkya augusti Hochr. = Kosteletzkya buettneri Gürke ●☆
217948 Kosteletzkya begoniifolia (Ulbr.) Ulbr.;秋海棠柯特葵●☆

217949 Kosteletzkya buettneri Gürke;比特纳柯特葵●☆
217950 Kosteletzkya chevalieri Hochr. = Kosteletzkya grantii (Mast.) Garcke ●☆
217951 Kosteletzkya flava Baker f. = Kosteletzkya buettneri Gürke ●☆
217952 Kosteletzkya grantii (Mast.) Garcke;格氏柯特葵●☆
217953 Kosteletzkya malacosperma Turcz. = Hibiscus malacospermus (Turcz.) E. Mey. ex Harv. ●☆
217954 Kosteletzkya nentasperma (Bertol.) Griseb.;柯特葵●☆
217955 Kosteletzkya pentacarpa Ledeb.;五果柯特葵●☆
217956 Kosteletzkya racemosa Hauman;总花柯特葵●☆
217957 Kosteletzkya stellata Hutch. et Dalziel;星形柯特葵●☆
217958 Kosteletzkya virginica C. Presl ex A. Gray.;美国柯特葵;Coastal Mallow, Seashore Mallow ●☆
217959 Kosteletzkya vitifolia (L.) M. R. Almeida et N. Patil = Hibiscus vitifolius L. ●☆
217960 Kostermansia Soegeng(1959);克斯木棉属●☆
217961 Kostermansia malayana Soegeng;克斯木棉●☆
217962 Kostermanthus Prance(1979);克斯金壳果属●☆
217963 Kostermanthus heteropetalus (Scort. ex King) Prance;克斯金壳果●☆
217964 Kostermanthus robustus Prance;粗壮克斯金壳果●☆
217965 Kostyczewa Korsh. = Chesneya Lindl. ex Endl. ●
217966 Kotchubaea Fisch. = Kutchubaea Fisch. ex DC. ●☆
217967 Kotchubaea Hook. f. = Kutchubaea Fisch. ex DC. ●☆
217968 Kotchubaea Regel ex Benth. et Hook. f. = Kutchubaea Fisch. ex DC. ●☆
217969 Kotchubaea Regel ex Hook. f. = Kutchubaea Fisch. ex DC. ●☆
217970 Kotschya Endl. = Kotschya Endl. ex Endl. et Fenzl ●☆
217971 Kotschya Endl. ex Endl. et Fenzl(1839);风琴豆属●☆
217972 Kotschya aeschynomenoides (Welw. ex Baker) Dewit et P. A. Duvign.;田皂角风琴豆●☆
217973 Kotschya africana Endl.;非洲风琴豆■☆
217974 Kotschya africana Endl. var. bequaertii (De Wild.) Verdc.;毕氏风琴豆■☆
217975 Kotschya africana Endl. var. latifoliola Verdc.;宽叶非洲风琴豆■☆
217976 Kotschya africana Endl. var. ringoetii (De Wild.) Dewit et P. A. Duvign.;凌氏风琴豆■☆
217977 Kotschya bullockii Verdc.;布洛克风琴豆■☆
217978 Kotschya capitulifera (Welw. ex Baker) Dewit et P. A. Duvign.;头状风琴豆■☆
217979 Kotschya capitulifera (Welw. ex Baker) Dewit et P. A. Duvign. var. grandiflora Verdc.;大花头状风琴豆■☆
217980 Kotschya capitulifera (Welw. ex Baker) Dewit et P. A. Duvign. var. robusta Dewit et P. A. Duvign. = Kotschya capitulifera (Welw. ex Baker) Dewit et P. A. Duvign. ■☆
217981 Kotschya carsonii (Baker) Dewit et P. A. Duvign.;卡森风琴豆■☆
217982 Kotschya carsonii (Baker) Dewit et P. A. Duvign. f. multifoliolata Dewit et P. A. Duvign. = Kotschya carsonii (Baker) Dewit et P. A. Duvign. ■☆
217983 Kotschya carsonii (Baker) Dewit et P. A. Duvign. subsp. reflexa (Portères) Verdc.;反折风琴豆■☆
217984 Kotschya eurycalyx (Harms) Dewit et P. A. Duvign.;宽萼风琴豆■☆
217985 Kotschya eurycalyx (Harms) Dewit et P. A. Duvign. subsp. venulosa Verdc.;细脉风琴豆■☆
217986 Kotschya goetzei (Harms) Verdc.;格兹风琴豆■☆
217987 Kotschya imbricata Verdc.;覆瓦风琴豆■☆
217988 Kotschya longiloba Verdc.;长裂风琴豆■☆
217989 Kotschya lutea (Portères) Hepper;黄风琴豆■☆
217990 Kotschya micrantha (Harms) Hepper;小花风琴豆■☆
217991 Kotschya ochreata (Taub.) Dewit et P. A. Duvign.;鞘状托叶风琴豆■☆
217992 Kotschya ochreata (Taub.) Dewit et P. A. Duvign. var. longipetala Hepper;长瓣鞘状托叶风琴豆■☆
217993 Kotschya oubanguiensis (Tisser.) Verdc.;乌班吉风琴豆■☆
217994 Kotschya parvifolia (Burtt Davy) Verdc.;小叶风琴豆■☆
217995 Kotschya perrieri (R. Vig.) Verdc.;佩里耶风琴豆■☆
217996 Kotschya platyphylla (Brenan) Verdc.;宽叶风琴豆■☆
217997 Kotschya prittwitzii (Harms) Verdc.;普里特风琴豆■☆
217998 Kotschya prittwitzii (Harms) Verdc. var. parviflora Verdc.;小花普里特风琴豆■☆
217999 Kotschya recurvifolia (Taub.) White;折叶风琴豆■☆
218000 Kotschya recurvifolia (Taub.) White subsp. aethiopica Verdc.;埃塞俄比亚风琴豆■☆
218001 Kotschya recurvifolia (Taub.) White subsp. keniensis Verdc.;肯尼亚风琴豆■☆
218002 Kotschya recurvifolia (Taub.) White subsp. longifolia Verdc.;长折叶风琴豆■☆
218003 Kotschya scaberrima (Taub.) Wild;粗糙风琴豆■☆
218004 Kotschya schweinfurthii (Taub.) Dewit et P. A. Duvign.;施韦风琴豆■☆
218005 Kotschya speciosa (Hutch.) Hepper;美丽风琴豆■☆
218006 Kotschya stolonifera (Brenan) Dewit et P. A. Duvign.;匍匐风琴豆■☆
218007 Kotschya strigosa (Benth.) Dewit et P. A. Duvign.;糙伏毛风琴豆■☆
218008 Kotschya strigosa (Benth.) Dewit et P. A. Duvign. var. grandiflora Dewit et P. A. Duvign.;大花糙伏毛风琴豆■☆
218009 Kotschya strobilantha (Welw. ex Baker) Dewit et P. A. Duvign.;球花风琴豆■☆
218010 Kotschya strobilantha (Welw. ex Baker) Dewit et P. A. Duvign. var. kundelunguensis Dewit et P. A. Duvign.;昆德龙古科豪特茜■☆
218011 Kotschya thymodora (Baker f.) Wild subsp. septentrionalis Verdc.;北方风琴豆■☆
218012 Kotschya uguenensis (Taub.) White;乌古科豪特茜■☆
218013 Kotschya uniflora (A. Chev.) Hepper;单花风琴豆■☆
218014 Kotschya volkensii (Taub.) Dewit et P. A. Duvign. = Kotschya aeschynomenoides (Welw. ex Baker) Dewit et P. A. Duvign. ●☆
218015 Kotschyella F. K. Mey. = Thlaspi L. ■
218016 Kotsjiletti Adans. = Xyris L. ■
218017 Kotsjiletti flexuosa Nieuwl. = Xyris torta Sm. ■☆
218018 Kovalevskiella Kamelin = Cicerbita Wallr. ■
218019 Kowalewskia Turcz. = Gilibertia J. F. Gmel. ●
218020 Koyamacalia H. Rob. et Brettell = Parasenecio W. W. Sm. et J. Small ■
218021 Koyamacalia ambigua (Y. Ling) H. Rob. et Brettell = Parasenecio ambiguus (Y. Ling) Y. L. Chen ■
218022 Koyamacalia auriculata (DC.) H. Rob. et Brettell = Parasenecio auriculatus (DC.) J. R. Grant ■
218023 Koyamacalia auriculatus (A. DC.) H. Rob. et Brettell = Parasenecio auriculatus (DC.) H. Koyama ■

218024 Koyamacalia bulbiferoides (Hand. -Mazz.) H. Rob. et Brettell = Parasenecio bulbiferoides (Hand. -Mazz.) Y. L. Chen ■
218025 Koyamacalia bulbiferoides Hand. -Mazz. = Parasenecio bulbiferoides (Hand. -Mazz.) Y. L. Chen ■
218026 Koyamacalia cyclota (Bureau et Franch.) H. Rob. et Brettell = Parasenecio cyclotus (Bureau et Franch.) Y. L. Chen ■
218027 Koyamacalia dasythyrsa (Hand. -Mazz.) H. Rob. et Brettell = Parasenecio dasythyrsus (Hand. -Mazz.) Y. L. Chen ■
218028 Koyamacalia deltophylla (Maxim.) H. Rob. = Parasenecio deltophyllus (Maxim.) Y. L. Chen ■
218029 Koyamacalia deltophylla (Maxim.) H. Rob. et Brettell = Parasenecio deltophyllus (Maxim.) Y. L. Chen ■
218030 Koyamacalia firma (Kom.) H. Rob. et Brettell = Parasenecio firmus (Kom.) Y. L. Chen ■
218031 Koyamacalia hastata (L.) H. Rob. et Brettell = Parasenecio hastatus (L.) H. Koyama ■
218032 Koyamacalia hupehensis (Hand. -Mazz.) H. Rob. et Brettell = Parasenecio phyllolepis (Franch.) Y. L. Chen ■
218033 Koyamacalia hwangshanica (Y. Ling) H. Rob. et Brettell = Parasenecio hwangshanicus (Y. Ling) C. I. Peng et S. W. Ching ■
218034 Koyamacalia latipes (Franch.) H. Rob. et Brettell = Parasenecio latipes (Franch.) Y. L. Chen ■
218035 Koyamacalia leucanthema (Dunn) H. Rob. et Brettell = Parasenecio ainsliiflorus (Franch.) Y. L. Chen ■
218036 Koyamacalia macrocephala H. Rob. et Brettell = Sinacalia macrocephala (H. Rob. et Brettell) C. Jeffrey et Y. L. Chen ■
218037 Koyamacalia matsudai (Kitam.) H. Rob. et Brettell = Parasenecio matsudai (Kitam.) Y. L. Chen ■
218038 Koyamacalia nokoensis (Masam. et Suzuki) H. Rob. et Brettell = Parasenecio nokoensis (Masam. et Suzuki) C. I. Peng et S. W. Chung ■
218039 Koyamacalia nokoensis (Masam. et Suzuki) H. Rob. et Brettell = Parasenecio nokoensis (Masam. et Suzuki) Y. L. Chen ■
218040 Koyamacalia otopteryx (Hand. -Mazz.) H. Rob. et Brettell = Parasenecio otopteryx (Hand. -Mazz.) Y. L. Chen ■
218041 Koyamacalia palmatisecta (Jeffrey) H. Rob. et Brettell = Parasenecio palmatisectus (Jeffrey) Y. L. Chen ■
218042 Koyamacalia penninervis (H. Koyama) H. Rob. et Brettell = Senecio kumaonensis Duthie ex C. Jeffrey et Y. L. Chen ■
218043 Koyamacalia phyllolepis (Franch.) H. Rob. et Brettell = Parasenecio phyllolepis (Franch.) Y. L. Chen ■
218044 Koyamacalia pilgeriana (Diels) H. Rob. et Brettell = Parasenecio pilgerianus (Diels) Y. L. Chen ■
218045 Koyamacalia profundorum (Dunn) H. Rob. et Brettell = Parasenecio profundorum (Dunn) Y. L. Chen ■
218046 Koyamacalia quinqueloba (Wall. ex DC.) H. Rob. et Brettell = Parasenecio quinquelobus (Wall. ex DC.) Y. L. Chen ■
218047 Koyamacalia roborowskii (Maxim.) H. Rob. et Brettell = Parasenecio roborowskii (Maxim.) Y. L. Chen ■
218048 Koyamacalia rockiana (Hand. -Mazz.) H. Rob. et Brettell = Parasenecio rockianus (Hand. -Mazz.) Y. L. Chen ■
218049 Koyamacalia rufipilis (Franch.) H. Rob. et Brettell = Parasenecio rufipilis (Franch.) Y. L. Chen ■
218050 Koyamacalia sinica (Y. Ling) H. Rob. et Brettell = Parasenecio sinicus (Y. Ling) Y. L. Chen ■
218051 Koyamacalia souliei (Franch.) H. Rob. et Brettell = Parasenecio souliei (Franch.) Y. L. Chen ■
218052 Koyamaea W. W. Thomas et Davidse(1989);小山莎草属■☆
218053 Koyamaea neblinensis W. W. Thomas et Davidse;小山莎草■☆
218054 Koyamasia H. Rob. (1904);突药瘦片菊属■☆
218055 Koyamasia calcarea (Kitam.) H. Rob.;突药瘦片菊■☆
218056 Kozlovia Lipsky = Albertia Regel et Schmalh. ■☆
218057 Kozlovia longiloba (Kar. et Kir.) Spalik et S. R. Downie = Krasnovia longiloba (Kar. et Kir.) Popov ex Schischk. ■☆
218058 Kozola Raf. (废弃属名) = Heloniopsis A. Gray(保留属名) ■
218059 Kozola Raf. (废弃属名) = Hexonix Raf. (废弃属名) ■
218060 Kraenzlinella Kuntze = Pleurothallis R. Br. ■☆
218061 Kraenzlinorchis Szlach. (2004);缅菲玉凤花属■☆
218062 Kraenzlinorchis Szlach. = Habenaria Willd. ■
218063 Kraenzlinorchis malintana (Blanco) Szlach. = Habenaria malintana (Blanco) Merr. ■
218064 Krainzia Backeb. = Mammillaria Haw. (保留属名) ●
218065 Krainzia guelzowiana (Werderm.) Backeb. = Mammillaria guelzowiana Werderm. ■☆
218066 Kralikella Coss. et Durieu = Kralikia Coss. et Durieu ■
218067 Kralikia Coss. et Durieu = Tripogon Roem. et Schult. ■
218068 Kralikia Sch. Bip. = Chiliocephalum Benth. ■☆
218069 Kralikiella Bart. et Trab. = Kralikella Coss. et Durieu ■
218070 Kralikiella Batt. et Trab. = Tripogon Roem. et Schult. ■
218071 Kralikiella africana Coss. et Durieu = Oropetium africanum (Coss. et Durieu) Chiov. ■☆
218072 Kramera Post et Kuntze = Krameria L. ex Loefl. ●■☆
218073 Krameria L. = Krameria L. ex Loefl. ●■☆
218074 Krameria L. ex Loefl. (1758);刺球果属(刚毛果属,克雷默属,孔裂药豆属,拉坦尼属);Krameria, Rhatany, Rhatany Root ●■☆
218075 Krameria Loefl. = Krameria L. ex Loefl. ●■☆
218076 Krameria argentea Mart. ex Spreng.;巴西刺球果(巴西拉坦尼);Argenteous Krameria, Brazilian Rhatany, Krameria, Para Rhatany, Rhatany, Silvery Krameria ●■☆
218077 Krameria erecta Willd. ex Schult.;直立刺球果;Littleleaf Ratany☆
218078 Krameria grayi Rose et J. H. Painter;灰刺球果;Range Ratany, While Rhatany, White Ratany☆
218079 Krameria irene ?;萨瓦刺球果;Savanilla Rhatany☆
218080 Krameria ixine Loefl.;孔裂刺球果(克雷木,孔裂药木);Say Rhatany ●☆
218081 Krameria lanceolata Torr.;得州刺球果;Texan Rhatany, Trailing Krameria☆
218082 Krameria parviflora Benth.;小花刺球果;Range Ritatany ●☆
218083 Krameria parvifolia Benth.;小叶刺球果(小叶孔裂药木);Ratany ●☆
218084 Krameria secundiflora ex DC.;偏花孔裂药木●☆
218085 Krameria triandra Ruiz et Pav.;秘鲁刺球果(秘鲁拉坦尼);Krameria, Peruvian Rhatany, Red Rhatany, Rhatany, Three-anthers Krameria ●■☆
218086 Krameriaceae Dumort. (1829)(保留科名);刺球果科(刚毛果科,克雷木科,拉坦尼科)●■☆
218087 Kranikofa Raf. = Eurotia Adans. ■☆
218088 Kranikofa Raf. = Krascheninnikovia Gueldenst. ●
218089 Kranikovia Raf. = Kranikofa Raf. ●
218090 Krapfia DC. (1817);南美毛茛属■☆
218091 Krapfia DC. = Ranunculus L. ■
218092 Krapfia flava (Ulbr.) Standl. et J. F. Macbr.;黄南美毛茛■☆

218093 Krapfia gigas (Lourteig) Tamura;巨南美毛茛■☆
218094 Krapfia macropetala (DC.) Tamura;大瓣南美毛茛■☆
218095 Krapovickasia Fryxell = Physalastrum Monteiro ●■
218096 Krapovickasia Fryxell(1978);克拉锦葵属■☆
218097 Krapovickasia physaloides (C. Presl) Fryxell;克拉锦葵;Krapovickasia ■☆
218098 Kraschenikofia Raf. = Eurotia Adans. ■☆
218099 Kraschenikofia Raf. = Krascheninnikovia Gueldenst. ●
218100 Krascheninikofia Raf. = Krascheninikovia Turcz. ex Fenzl ■
218101 Krascheninikovia Turcz. ex Fenzl = Pseudostellaria Pax ■
218102 Krascheninikovia ciliata Honda = Pseudostellaria japonica (Korsh.) Pax ■
218103 Krascheninikovia davidii Franch. = Pseudostellaria davidii (Franch.) Pax ■
218104 Krascheninikovia davidii Franch. var. stellarioides Franch. = Pseudostellaria heterantha (Maxim.) Pax ■
218105 Krascheninikovia eritrichoides Diels = Pseudostellaria heterantha (Maxim.) Pax ■
218106 Krascheninikovia heterantha Maxim. = Pseudostellaria heterantha (Maxim.) Pax ■
218107 Krascheninikovia heterophylla Miq. = Pseudostellaria heterophylla (Miq.) Pax ■
218108 Krascheninikovia himalaica (Franch.) Korsh. = Pseudostellaria himalaica (Franch.) Pax ■
218109 Krascheninikovia japonica Korsh. = Pseudostellaria japonica (Korsh.) Pax ■
218110 Krascheninikovia maximowicziana Franch. et Sav. = Pseudostellaria davidii (Franch.) Pax ■
218111 Krascheninikovia maximowicziana Franch. et Sav. = Pseudostellaria heterantha (Maxim.) Pax ■
218112 Krascheninikovia maximowicziana Franch. et Sav. var. davidii (Franch.) Maxim. = Pseudostellaria davidii (Franch.) Pax ■
218113 Krascheninikovia rhaphanorrhiza (Hemsl.) Korsh. = Pseudostellaria heterophylla (Miq.) Pax ■
218114 Krascheninikovia rupestris Turcz. = Pseudostellaria rupestris (Turcz.) Pax ■
218115 Krascheninikovia sylvatica Maxim. = Pseudostellaria sylvatica (Maxim.) Pax ■
218116 Krascheninnikovia Gueldenst. (1772);驼绒藜属(优若藜属);Ceratoides, Winter Fat, Winterfat ●
218117 Krascheninnikovia Gueldenst. = Ceratoides (Tourn.) Gagnebin ■
218118 Krascheninnikovia Gueldenst. = Eurotia Adans. ■☆
218119 Krascheninnikovia Turcz. ex Besser = Ceratoides (Tourn.) Gagnebin ■
218120 Krascheninnikovia Turcz. ex Fenzl = Pseudostellaria Pax ■
218121 Krascheninnikovia arborescens (Losinsk.) Czerep.;华北驼绒藜(驼绒蒿);Arborescent Ceratoides, Tree Eurotia ●
218122 Krascheninnikovia ceratoides (L.) Gueldenst.;驼绒藜(优若藜,优若驼绒藜);Common Ceratoides, Winter Fat, Winter Sage ●
218123 Krascheninnikovia ceratoides Guedenst. = Ceratoides latens (J. F. Gmel.) Reveal et N. H. Holmgren ●
218124 Krascheninnikovia compacta (Losinsk.) Grubov;垫状驼绒藜;Compact Ceratoides, Cushionshaped Ceratoides ●
218125 Krascheninnikovia compacta (Losinsk.) Grubov = Ceratoides compacta (Losinsk.) C. P. Tsien et C. G. Ma ●
218126 Krascheninnikovia compacta (Losinsk.) Grubov = Ceratoides latens (J. F. Gmel.) Reveal et N. H. Holmgren ●
218127 Krascheninnikovia compacta (Losinsk.) Grubov var. longipilosa (C. P. Tsien et C. G. Ma) Mosyakin;长毛垫状驼绒藜(长毛驼绒藜);Longpilose Cushionshaped Ceratoides ●
218128 Krascheninnikovia davidii Franch. = Pseudostellaria davidii (Franch.) Pax ■
218129 Krascheninnikovia ewersmannia (Stschegl. ex Losinsk.) Grubov;心叶驼绒藜;Cordateleaf Ceratoides, Cordate-leaved Ceratoides ●
218130 Krascheninnikovia ewersmanniana (Stschegl. ex Losinsk.) Grubov = Ceratoides ewersmanniana (Stschegl. ex Losinsk.) Botsch. et Ikonn. ●
218131 Krascheninnikovia japonica Korsh. = Pseudostellaria japonica (Korsh.) Pax ■
218132 Krascheninnikovia lanata (Pursh) A. Meeuse et A. Smit;白毛驼绒藜;White Sage, Winterfat ●☆
218133 Krascheninnikovia lanata Pursh = Ceratoides lanata (Pursh) J. T. Howell ●☆
218134 Krascheninnikovia latens J. F. Gmel. = Ceratoides latens (J. F. Gmel.) Reveal et N. H. Holmgren ●
218135 Krascheninnikovia latens J. F. Gmel. = Krascheninnikovia ceratoides (L.) Gueldenst. ●
218136 Krascheninnikovia maximowicziana Franch. et Sav. = Pseudostellaria maximowicziana (Franch. et Sav.) Pax ■
218137 Krascheninnikovia rigida Kom.;硬驼绒藜●☆
218138 Krascheninnikovia rupestris Turcz. = Pseudostellaria rupestris (Turcz.) Pax ■
218139 Krascheninnikovia silvatica Maxim. = Pseudostellaria sylvatica (Maxim.) Pax ■
218140 Krascheninnikowia Turcz. = Krascheninnikovia Turcz. ●
218141 Kraschennikofia Raf. = Krascheninnikovia Gueldenst. ●
218142 Kraschnikowia Turcz. ex Ledeb. = Marrubium L. ■
218143 Krasnikovia Raf. = Eurotia Adans. ■☆
218144 Krasnikovia Raf. = Krascheninnikovia Gueldenst. ●
218145 Krasnovia Popov = Krasnovia Popov ex Schischk. ■
218146 Krasnovia Popov ex Schischk. (1950);块茎芹属;Krasnovia ■
218147 Krasnovia longiloba (Kar. et Kir.) Popov = Krasnovia longiloba (Kar. et Kir.) Popov ex Schischk. ■
218148 Krasnovia longiloba (Kar. et Kir.) Popov ex Schischk.;块茎芹;Longlobed Krasnovia ■
218149 Krassera O. Schwartz = Anerincleistus Korth. ●☆
218150 Kratzmannia Opiz = Agropyron Gaertn. ■
218151 Krauhnia Steud. = Kraunhia Raf. ●
218152 Kraunhia Raf. = Wisteria Nutt. (保留属名)●
218153 Kraunshia Raf. = Kraunhia Raf. ●
218154 Krausella H. J. Lam = Pouteria Aubl. ●
218155 Krauseola Pax et K. Hoffm. (1934);多萼草属■☆
218156 Krauseola gillettii Turrill;吉氏多萼草■☆
218157 Krauseola mosambicina (Moss) Pax et K. Hoffm.;多萼草■☆
218158 Kraussia Harv. (1842);克拉斯茜属●☆
218159 Kraussia Sch. Bip. = Amellus L. (保留属名)■●☆
218160 Kraussia congesta Oliv. = Tricalysia congesta (Oliv.) Hiern ●☆
218161 Kraussia coriacea Sond. = Tricalysia sonderiana Hiern ●☆
218162 Kraussia floribunda Harv.;繁花克拉斯茜●☆
218163 Kraussia incerta Bullock = Kraussia floribunda Harv. ●☆
218164 Kraussia kirkii (Hook. f.) Bullock;柯克克拉斯茜●☆
218165 Kraussia lanceolata Sond. = Tricalysia lanceolata (Sond.) Burtt

Davy ●☆
218166 Kraussia pavettoides Harv. = Tarenna pavettoides (Harv.) Sim ●☆
218167 Kraussia schlechteri (K. Schum.) Bullock = Kraussia floribunda Harv. ●☆
218168 Kraussia speciosa Bullock;美丽克拉斯茜●☆
218169 Krebsia Eckl. et Zeyh. = Lotononis (DC.) Eckl. et Zeyh. (保留属名)■
218170 Krebsia Harv. = Stenostelma Schltr. ■☆
218171 Krebsia argentea Eckl. et Zeyh. = Lotononis caerulescens (E. Mey.) B. -E. van Wyk ■☆
218172 Krebsia capnitidis (E. Mey.) Steud. = Lotononis capnitidis (E. Mey.) Benth. ex Walp. ■☆
218173 Krebsia carinata Schltr. = Xysmalobium carinatum (Schltr.) N. E. Br. ■☆
218174 Krebsia carnosa Eckl. et Zeyh. = Lotononis carnosa (Eckl. et Zeyh.) Benth. ■☆
218175 Krebsia corniculata (E. Mey.) Schltr. = Stenostelma corniculatum (E. Mey.) Bullock ■☆
218176 Krebsia cytisoides (E. Mey.) Steud. = Lotononis stricta (Eckl. et Zeyh.) B. -E. van Wyk ■☆
218177 Krebsia divaricata Eckl. et Zeyh. = Lotononis divaricata (Eckl. et Zeyh.) Benth. ■☆
218178 Krebsia genuflexa (E. Mey.) Steud. = Lotononis divaricata (Eckl. et Zeyh.) Benth. ■☆
218179 Krebsia stenoglossa (Schltr.) Schltr. = Stenostelma capense Schltr. ■☆
218180 Krebsia stricta Eckl. et Zeyh. = Lotononis stricta (Eckl. et Zeyh.) B. -E. van Wyk ■
218181 Kreczetoviczia Tzvelev = Scirpus L. (保留属名)■
218182 Kreczetoviczia Tzvelev(1999);克氏藨草属■☆
218183 Kreczetoviczia caespitosa (L.) Tzvelev;丛生克拉斯茜■☆
218184 Kreidek Adans. = Scoparia L. ■
218185 Kreidion Raf. = Conioselinum Fisch. ex Hoffm. ■
218186 Kreidon chinensis (L.) Raf. = Conioselinum chinense (L.) Britton, Sterns et Poggenb. ■
218187 Kremeria Coss. et Durieu = Kremeriella Maire ■☆
218188 Kremeria Durieu = Coleostephus Cass. ■
218189 Kremeria Durieu = Leucanthemum Mill. ■●
218190 Kremeria cordylocarpa Coss. et Durieu = Kremeriella cordylocarpa (Coss. et Durieu) Maire ■☆
218191 Kremeria myconis (L.) Maire = Coleostephus myconis (L.) Rchb. f. ■
218192 Kremeria paludosa (Poir.) Durieu = Coleostephus paludosus (Durieu) Alavi ■☆
218193 Kremeriella Maire(1932);小克雷芥属■☆
218194 Kremeriella cordylocarpa (Coss. et Durieu) Maire;小克雷芥■☆
218195 Kreodanthus Garay(1977);克莱兰属■☆
218196 Kreodanthus crispifolius Garay;克莱兰■☆
218197 Kreodanthus rotundifolius Ormerod;圆叶克莱兰■☆
218198 Kreysigia Rchb. = Schelhammera R. Br. (保留属名)■☆
218199 Krigia Schreb. (1791)(保留属名);双冠苣属(克雷格属,克里菊属);Dwarf Dandelion, Dwarfdandelion ■☆
218200 Krigia amplexicaulis (Michx.) Nutt. = Krigia biflora (Walter) S. F. Blake ■☆
218201 Krigia amplexicaulis Nutt. = Krigia biflora (Walter) S. F. Blake ■☆
218202 Krigia biflora (Walter) S. F. Blake;双冠苣(双花克里菊);Cynthia, False Dandelion, False-dandelion, Orange Dwarfdandelion, Orange Dwarf-dandelion ■☆
218203 Krigia biflora (Walter) S. F. Blake f. glandulifera Fernald = Krigia biflora (Walter) S. F. Blake subsp. glandulifera (Fernald) H. H. Iltis ■☆
218204 Krigia biflora (Walter) S. F. Blake subsp. glandulifera (Fernald) H. H. Iltis;腺点双冠苣;False-dandelion, Orange Dwarf-dandelion ■☆
218205 Krigia biflora (Walter) S. F. Blake var. viridis (Standl.) K. J. Kim = Krigia biflora (Walter) S. F. Blake ■☆
218206 Krigia cespitosa (Raf.) K. L. Chambers;对叶双冠苣;Dwarf Dandelion, Dwarfdandelion, Opposite-leaved Dwarfdandelion ■☆
218207 Krigia cespitosa (Raf.) K. L. Chambers var. gracilis (DC.) K. L. Chambers;纤细双冠苣;Texas Dwarf Dandelion ■☆
218208 Krigia dandelion (L.) Nutt.;马铃薯双冠苣;Dwarf Dandelion, Potato Dandelion, Potato Dwarfdandelion ■☆
218209 Krigia gracilis (DC.) Shinners = Krigia cespitosa (Raf.) K. L. Chambers var. gracilis (DC.) K. L. Chambers ■☆
218210 Krigia montana (Michx.) Nutt.;山地双冠苣(山地克里菊);Dwarf Dandelion, Mountain Dwarfdandelion, Mountain Krigia ■☆
218211 Krigia montana Nutt. = Krigia montana (Michx.) Nutt. ■☆
218212 Krigia occidentalis Nutt.;西方双冠苣;Dwarf Dandelion, Western Dwarfdandelion ■☆
218213 Krigia virginica (L.) Willd.;弗州双冠苣(弗州克里菊);Dwarf Dandelion, Virginia Dwarfdandelion, Virginia Dwarf-dandelion ■☆
218214 Krigia wrightii (A. Gray) K. L. Chambers ex K. J. Kim;赖特双冠苣;Wright's Dwarfdandelion ■☆
218215 Krockeria Neck. = Xylopia L. (保留属名)●
218216 Krockeria Steud. = Krokeria Moench ■
218217 Krockeria Steud. = Lotus L. ■
218218 Krokeria Endl. = Krockeria Neck. ●
218219 Krokeria Endl. = Xylopia L. (保留属名)●
218220 Krokeria Moench = Lotus L. ■
218221 Krokia Urb. = Pimenta Lindl. ●☆
218222 Krombholtzia Benth. = Krombholzia Rupr. ex E. Fourn. ■☆
218223 Krombholzia Fourn. = Zeugites P. Browne ■☆
218224 Krombholzia Rupr. ex E. Fourn. = Zeugites P. Browne ■☆
218225 Krombholzia Rupr. ex Galeotti = Zeugites P. Browne ■☆
218226 Kromon Raf. = Allium L. ■
218227 Krubera Hoffm. (1814);克鲁草属■☆
218228 Krubera Hoffm. = Capnophyllum Gaertn. ■☆
218229 Krubera caffra Eckl. et Zeyh. = Stenosemis caffra (Eckl. et Zeyh.) Sond. ■☆
218230 Krubera peregrinum (L.) Hoffm.;克鲁草■☆
218231 Kruegeria Scop. = Macrolobium Schreb. (保留属名)●☆
218232 Kruegeria Scop. = Vouapa Aubl. (废弃属名)●☆
218233 Krugella Pierre = Pouteria Aubl. ●
218234 Krugia Urb. = Marlierea Cambess. ●☆
218235 Krugiodendron Urb. (1902);克鲁木属●☆
218236 Krugiodendron ferreum (Vahl) Urb.;克鲁木;Leadwood ●☆
218237 Krugiodendron ferreum Urb. = Krugiodendron ferreum (Vahl) Urb. ●☆
218238 Kruhsea Regel = Streptopus Michx. ■
218239 Kruhsea streptopoides (Ledeb.) Kearney = Streptopus streptopoides (Ledeb.) Frye et Rigg ■☆

218240 Krukoviella A. C. Sm. (1939);克鲁金莲木属●☆
218241 Krukoviella scandens A. C. Sm.;克鲁金莲木●☆
218242 Krylovia Schischk. (1949);岩菀属(岩菊属);Krylovia,Rockaster ■
218243 Krylovia Schischk. = Rhinactina Less. ■
218244 Krylovia Schischk. = Rhinactinidia Novopokr. ■
218245 Krylovia eremophila (Bunge) Schischk.;沙生岩菀;Eremophilous Krylovia,Sandy Rockaster ■
218246 Krylovia limoniifolia (Less.) Schischk.;岩菀;Sealavenderleaf Krylovia,Sealavenderleaf Rockaster ■
218247 Krylovia novopokrovskyi (Krasch. et Iljin) Tamamsch.;诺氏岩菀 ■☆
218248 Krylovia popovii (Botsch.) Tamamsch.;波氏岩菀■☆
218249 Krynitzia Rchb. = Cryptantha Lehm. ex G. Don ■☆
218250 Krynitzia Rchb. = Krynitzkia Fisch. et C. A. Mey. ■☆
218251 Krynitzkia Fisch. et C. A. Mey. = Cryptantha Lehm. ex G. Don ■☆
218252 Kryptostoma (Summerh.) Geerinck = Habenaria Willd. ■
218253 Kryptostoma davidii (Franch.) Szlach. et Olszewski = Habenaria davidii Franch. ■
218254 Kryptostoma goetzeana (Kraenzl.) Geerinck = Habenaria goetzeana Kraenzl. ■☆
218255 Kryptostoma intermedium (D. Don) Olszewski et Szlach. = Habenaria intermedia D. Don ■
218256 Kryptostoma limprichtii (Schltr.) Szlach. et Olszewski = Habenaria limprichtii Schltr. ■
218257 Kryptostoma oligoschistum (Schltr.) Szlach. et Olszewski = Habenaria limprichtii Schltr. ■
218258 Kryptostoma pectinatum (D. Don) Szlach. et Olszewski = Habenaria pectinata (Sm.) D. Don ■
218259 Kryptostoma tentaculigerum (Rchb. f.) Geerinck = Habenaria tentaculigera Rchb. f. ■☆
218260 Ktenosachne Steud. = Prionachne Nees ■☆
218261 Ktenosachne Steud. = Rostraria Trin. ■☆
218262 Ktenospermum Lehm. = Pectocarya DC. ex Meisn. ●☆
218263 Kua Medik. = Curcuma L. (保留属名)■
218264 Kua Rheede ex Medik. = Curcuma L. (保留属名)■
218265 Kuala H. Karst. et Triana = Esenbeckia Kunth ●☆
218266 Kubitzkia van der Werff = Systemonodaphne Mez ●☆
218267 Kubitzkia van der Werff(1986);库比楠属●☆
218268 Kubitzkia macrantha (Kosterm.) van der Werff;库比楠●☆
218269 Kudoa Masam. = Gentiana L. ■
218270 Kudoa yakushimensis (Makino) Masam. = Gentiana yakushimensis Makino ■
218271 Kudoa yakushimensis Masam. = Gentiana yakushimensis Makino ■
218272 Kudoacanthus Hosok. (1933);银脉爵床属(工藤爵床属,台爵床属);Kudoacanthus ■★
218273 Kudoacanthus albo-nervosa Hosok.;银脉爵床(台爵床);Whitenerved Kudoacanthus ■
218274 Kudrjaschevia Pojark. (1953);库得草属(库得拉草属);Kudrjaschevia ■☆
218275 Kudrjaschevia Pojark. = Nepeta L. ■●
218276 Kudrjaschevia allotricha Pojark.;异毛库得拉草;Allohairy Kudrjaschevia ■☆
218277 Kudrjaschevia grubovii Kochk.;格鲁波夫库得拉草;Grubov Kudrjaschevia ■☆
218278 Kudrjaschevia jacubi (Lipsky) Pojark.;亚客勃勒库得拉草;Jacub Kudrjaschevia ■☆
218279 Kudrjaschevia korshinskyi (Lipsky) Pojark.;克尔新斯库得拉草;Korshinsky Kudrjaschevia ■☆
218280 Kudrjaschevia nadinae (Lipsky) Pojark.;纳迪纳库得拉草;Nadina Kudrjaschevia ■☆
218281 Kudrjaschevia pojarkovae Ikonn.;波氏库得拉草;Pojarkova Kudrjaschevia ■☆
218282 Kuekenthalia Börner = Carex L. ■
218283 Kuenckelia Heim = Kunckelia Heim ●☆
218284 Kuenckelia Heim = Vateria L. ●☆
218285 Kuenstlera K. Schum. = Kunstleria Prain ex King ■☆
218286 Kuenstlera K. Schum. = Kunstleria Prain ■☆
218287 Kuepferella M. Lainz = Gentiana L. ■
218288 Kuestera Regel = Beloperone Nees ■☆
218289 Kuestera Regel = Justicia L. ●■
218290 Kugia Lindl. = Bellardia Colla ■☆
218291 Kugia Lindl. = Krigia Schreb. (保留属名)■☆
218292 Kugia Lindl. = Microseris D. Don ■☆
218293 Kuhitangia Ovcz. = Acanthophyllum C. A. Mey. ■
218294 Kuhlhasseltia J. J. Sm. (1910);旗唇兰属;Flagliporchis ■
218295 Kuhlhasseltia integra (Fukuy.) T. C. Hsu et S. W. Chung = Kuhlhasseltia yakushimensis (Yamam.) Ormerod ■
218296 Kuhlhasseltia yakushimensis (Yamam.) Ormerod;旗唇兰(绿叶旗唇兰,小旗唇兰,紫叶旗唇兰);Flagliporchis ■
218297 Kuhlia Kunth = Banara Aubl. ●☆
218298 Kuhlia Reinw. = Banara Aubl. ●☆
218299 Kuhlia Reinw. = Fagraea Thunb. ●
218300 Kuhlia Reinw. = Utania G. Don ●
218301 Kuhlia Reinw. ex Kunth = Banara Aubl. ●☆
218302 Kuhlmannia J. C. Gomes = Pleonotoma Miers ●☆
218303 Kuhlmanniella Barroso = Dicranostyles Benth. ■☆
218304 Kuhlmanniodendron Fiaschi et Groppo = Carpotroche Endl. ●☆
218305 Kuhlmanniodendron Fiaschi et Groppo(2008);巴西轮果大风子属●☆
218306 Kuhnia L. (废弃属名) = Brickellia Elliott(保留属名)■●
218307 Kuhnia Wall. = Kuhniastera Kuntze ■☆
218308 Kuhnia chlorolepis Wooton et Standl. = Brickellia eupatorioides (L.) Shinners var. chlorolepis (Wooton et Standl.) B. L. Turner ■☆
218309 Kuhnia eupatorioides L. = Brickellia eupatorioides (L.) Shinners ■☆
218310 Kuhnia eupatorioides L. var. angustifolia Raf. = Brickellia eupatorioides (L.) Shinners ■☆
218311 Kuhnia eupatorioides L. var. corymbulosa Torr. et A. Gray = Brickellia eupatorioides (L.) Shinners ■☆
218312 Kuhnia eupatorioides L. var. corymbulosa Torr. et A. Gray = Brickellia eupatorioides (L.) Shinners var. corymbulosa (Torr. et A. Gray) Shinners ■☆
218313 Kuhnia eupatorioides L. var. floridana R. W. Long = Brickellia mosieri (Small) Shinners ■☆
218314 Kuhnia eupatorioides L. var. gracilis Torr. et A. Gray = Brickellia mosieri (Small) Shinners ■☆
218315 Kuhnia eupatorioides L. var. gracillima A. Gray = Brickellia eupatorioides (L.) Shinners var. gracillima (A. Gray) B. L. Turner ■☆
218316 Kuhnia eupatorioides L. var. ozarkana Shinners = Brickellia eupatorioides (L.) Shinners var. texana (Shinners) Shinners ■☆
218317 Kuhnia eupatorioides L. var. ozarkana Shinners = Brickellia eupatorioides (L.) Shinners ■☆

218318 Kuhnia eupatorioides L. var. texana Shinners = Brickellia eupatorioides (L.) Shinners var. texana (Shinners) Shinners ■☆
218319 Kuhnia eupatorioides L. var. texana Shinners = Brickellia eupatorioides (L.) Shinners ■☆
218320 Kuhnia glutinosa Elliott = Brickellia eupatorioides (L.) Shinners ■☆
218321 Kuhnia hitchcockii A. Nelson = Brickellia eupatorioides (L.) Shinners var. corymbulosa (Torr. et A. Gray) Shinners ■☆
218322 Kuhnia leptophylla Scheele = Brickellia eupatorioides (L.) Shinners var. gracillima (A. Gray) B. L. Turner ■☆
218323 Kuhnia mosieri Small = Brickellia mosieri (Small) Shinners ■☆
218324 Kuhniastera Kuntze = Kuhnistera Lam.(废弃属名)■☆
218325 Kuhniastera Kuntze = Petalostemon Michx.(保留属名)■☆
218326 Kuhniodes (A. Gray) Kuntze = Bebbia Greene ●☆
218327 Kuhniodes Post et Kuntze = Bebbia Greene ●☆
218328 Kuhnistera Lam.(废弃属名) = Dalea L.(保留属名)●■☆
218329 Kuhnistera Lam.(废弃属名) = Petalostemon Michx.(保留属名)■☆
218330 Kuhnistra Endl. = Kuhnistera Lam.(废弃属名)■☆
218331 Kukolis Raf.(废弃属名) = Hebecladus Miers(保留属名)●☆
218332 Kulinia B. G. Briggs et L. A. S. Johnson(1998);毛秆帚灯草属■☆
218333 Kulmia Augier = Kalmia L. ●
218334 Kumara Medik. = Aloe L. ●■
218335 Kumara disticha Medik. = Aloe plicatilis (L.) Mill. ●☆
218336 Kumaria Raf. = Haworthia Duval(保留属名)■☆
218337 Kumbaya Endl. ex Steud. = Gardenia Ellis(保留属名)●
218338 Kumlienia Greene = Ranunculus L. ■
218339 Kumlienia Greene(1886);白萼毛茛属■☆
218340 Kumlienia cooleyae (Vasey et Rose ex Rose) Greene = Ranunculus cooleyae Vasey et Rose ex Rose ■☆
218341 Kumlienia hystriculus (A. Gray) Greene = Ranunculus hystriculus A. Gray ■☆
218342 Kummeria Mart. = Discophora Miers ●☆
218343 Kummerovia Schindl. = Kummerowia Schindl. ■
218344 Kummerowia Schindl.(1912);鸡眼草属;Cockeyeweed,Kummerowia ■
218345 Kummerowia stipulacea (Maxim.) Makino;长萼鸡眼草(短萼鸡眼草,高丽胡枝子,鸡眼草,掐不齐,竖毛鸡眼草,野苜蓿草,圆叶鸡眼草);Japanese Kummerowia, Korean Bush-clover, Korean Clover,Korean Lespedeza,Longcalyx Cockeyeweed ■
218346 Kummerowia stipulacea (Maxim.) Makino = Lespedeza stipulacea Maxim. ●☆
218347 Kummerowia striata (Thunb.) Schindl.;鸡眼草(白斑鸠窝,白萹蓄,斑珠科,地兰花,公母草,红骨丹,红花草,花花草,花生草,老鸦须,莲子草,蚂蚁草,蚂蚁骨头草,满路金鸡,妹子草,米碎草,牛黄黄,铺地锦,铺地龙,掐不齐,人字草,三叶人字草,土文花,细花草,瞎眼草,夏闭草,小关门,小号苍蝇翼,小蓄片,小延边草,新孩儿草,夜关门,鸳鸯草,炸古基);Cockeyeweed, Common Lespedeza, Japan Clover, Japanese Clover, Japanese Lespedeza,Striate Kummerowia ■
218348 Kummerowia striata (Thunb.) Schindl. = Kummerowia stipulacea (Maxim.) Makino ■
218349 Kunckelia Heim = Vateria L. ●☆
218350 Kunda Raf. = Amorphophallus Blume ex Decne.(保留属名)■●
218351 Kundmannia Scop.(1777);昆得曼芹属■☆
218352 Kundmannia sicula (L.) DC.;昆得曼芹■☆
218353 Kundmannia sicula (L.) DC. var. involucrata Andr. = Kundmannia sicula (L.) DC. ■☆
218354 Kungia K. T. Fu(1988);孔岩草属;Kungia ■
218355 Kungia aliciae (Raym. -Hamet) K. T. Fu;孔岩草(有边石莲,有边瓦松);Bordered Sinocrassula,Marginate Orostachys ■
218356 Kungia aliciae (Raym. -Hamet) K. T. Fu = Orostachys aliciae (Raym. -Hamet) H. Ohba ■
218357 Kungia aliciae (Raym. -Hamet) K. T. Fu var. komarovii (Raym. -Hamet) K. T. Fu;对叶孔岩草■
218358 Kungia schoenlandii (Raym. -Hamet) K. T. Fu;弯毛孔岩草(全缘叶石莲花,瓦花,瓦花草,晚红瓦松,狭穗石莲,狭穗石莲花,狭穗瓦松);Reddish Orostachys,Schoenland Kungia,Schoenland Orostachys ■
218359 Kungia schoenlandii (Raym. -Hamet) K. T. Fu var. lepidotricha (K. T. Fu) K. T. Fu;短毛孔岩草■
218360 Kungia schoenlandii (Raym. -Hamet) K. T. Fu var. lepidotricha (K. T. Fu) K. T. Fu = Kungia schoenlandii (Raym. -Hamet) K. T. Fu var. stenostachya (Fröd.) K. T. Fu ■
218361 Kungia schoenlandii (Raym. -Hamet) K. T. Fu var. lepidotricha K. T. Fu = Kungia schoenlandii (Raym. -Hamet) K. T. Fu var. stenostachya (Fröd.) K. T. Fu ■
218362 Kungia schoenlandii (Raym. -Hamet) K. T. Fu var. stenostachya (Fröd.) K. T. Fu;狭穗孔岩草(狭穗石莲,狭序孔岩草);Narrowspike Sinocrassula ■
218363 Kunhardtia Maguire(1958);孔哈特偏穗草属■☆
218364 Kunhardtia radiata Maguire et Steyerm.;放射孔哈特偏穗草■☆
218365 Kunhardtia rhodantha Maguire;孔哈特偏穗草■
218366 Kuniria Raf. = Dicliptera Juss.(保留属名)■
218367 Kunkeliella Stearn(1972);孔克檀香属●☆
218368 Kunkeliella canariensis Stearn;加那利孔克檀香●☆
218369 Kunkeliella psilotoclada (Svent.) Stearn;毛枝孔克檀香●☆
218370 Kunkeliella subsucculenta Kämmer;多汁孔克檀香●☆
218371 Kunokale Raf. = Fagopyrum Mill.(保留属名)●■
218372 Kunstlera King ex Gage = Chondrostylis Boerl. ●☆
218373 Kunstleria King ex King = Kunstleria Prain ■☆
218374 Kunstleria Prain = Kunstleria Prain ex King ■☆
218375 Kunstleria Prain(1897);孔斯豆属■☆
218376 Kunstleria atroviolacea Merr.;暗堇色孔斯豆■☆
218377 Kunstleria kingii Prain;孔斯豆■☆
218378 Kunstlerodendron Ridl. = Chondrostylis Boerl. ●☆
218379 Kunthea Humb. et Bonpl. = Chamaedorea Willd.(保留属名)●☆
218380 Kuntheria Conran et Clifford(1987);孔瑟兰属■☆
218381 Kuntheria pedunculata (F. Muell.) Conran et Clifford;孔瑟兰■☆
218382 Kunthia Bonpl. = Morenia Ruiz et Pav.(废弃属名)●☆
218383 Kunthia Dennst. = Garuga Roxb. ●
218384 Kunthia Humb. et Bonpl. = Morenia Ruiz et Pav.(废弃属名)●☆
218385 Kuntia Dumort. = Kunthia Humb. et Bonpl. ●☆
218386 Kuntlerodendron Ridl. = Chondrostylis Boerl. ●☆
218387 Kunzea Rchb.(1829)(保留属名);库塞木属(孔兹木属,刷木属);Mountain Bush,Muntries ●☆
218388 Kunzea ambigua Druce;狭叶库塞木(两似孔兹木);Tick Bush,Tick-bush ●☆
218389 Kunzea baxteri (Klotzsch) Schauer;猩红库塞木(短刷木);

Scarlet Kunzea ●☆
218390 Kunzea capitata (Sm.) Heynh.;粉红库塞木;Pink Buttons, Pink Kunzea ●☆
218391 Kunzea ericifolia F. Muell. = Kunzea ericoides (A. Rich.) J. Thomps. ●☆
218392 Kunzea ericoides (A. Rich.) J. Thomps.;库塞木;Burgan, Kanuka ●☆
218393 Kunzea parvifolia Schauer;小叶库塞木;Violet Kunzea ●☆
218394 Kunzea pomifera F. Muell.;食果库塞木;Muntries ●☆
218395 Kunzea pulchella (Lindl.) A. S. George;柔毛库塞木;Beautiful Muntries, Pretty Muntries ●☆
218396 Kunzea recurva Schauer;卷叶库塞木;Recurved Muntries ●☆
218397 Kunzea recurva Schauer var. montana Diels;蒙大拿卷叶库塞木;Montanous Muntries ●☆
218398 Kunzia Spreng. = Purshia DC. ex Poir. ●☆
218399 Kupea Cheek et S. A. Williams(2003);库珀霉草属■☆
218400 Kupea martinetugei Cheek et S. A. Williams;库珀霉草■☆
218401 Kurites Raf. = Selago L. ●☆
218402 Kuritis B. D. Jacks. = Kurites Raf. ●☆
218403 Kurkas Adans. = Curcas Adans. ●■
218404 Kurkas Adans. = Jatropha L.(保留属名)●■
218405 Kurkas Raf. = Croton L. ●
218406 Kuromatea Kudo = Lithocarpus Blume ●
218407 Kuromatea Kudo = Pasania (Miq.) Oerst. ●
218408 Kuromatea glabra (Thunb.) Kudo = Lithocarpus glaber (Thunb.) Nakai ●
218409 Kurramia Omer et Qaiser = Jaeschkea Kurz ■
218410 Kurramiana Omer et Qaiser = Gentiana L. ■
218411 Kurria Hochst. et Steud. = Hymenodictyon Wall.(保留属名)●
218412 Kurria Steud. = Hermannia L. ●☆
218413 Kurria floribunda Hochst. et Steud. = Hymenodictyon floribundum (Hochst. et Steud.) Robbr. ●☆
218414 Kurrimia Wall. = Bhesa Buch. -Ham. ex Arn. ●
218415 Kurrimia Wall. ex Meisn. = Bhesa Buch. -Ham. ex Arn. ●
218416 Kurrimia Wall. ex Meisn. = Itea L. ●
218417 Kurrimia Wall. ex Thwaites = Bhesa Buch. -Ham. ex Arn. ●
218418 Kurrimia Wall. ex Thwaites(1837);库林木属;Kurrimia ●
218419 Kurrimia macrophylla (Wall.) Wall. = Itea macrophylla Wall. ●
218420 Kurrimia macrophylla (Wall.) Wall. ex Meisn. = Itea macrophylla Wall. ex Roxb. ●
218421 Kurrimia robusta (Roxb.) Kurz = Bhesa robusta (Roxb.) Ding Hou ●
218422 Kurrimia sinica Hung T. Chang et S. Ye Liang;库林木(柄滕木);Chinese Kurrimia ●
218423 Kurrimia sinica Hung T. Chang et S. Ye Liang = Bhesa robusta (Roxb.) Ding Hou ●
218424 Kurtzamra Kuntze = Kurzamra Kuntze ■☆
218425 Kurzamra Kuntze(1891);智利铺地草属■☆
218426 Kurzamra pulchella (Clos) Kuntze;智利铺地草■☆
218427 Kurzamra pulchella Kuntze = Kurzamra pulchella (Clos) Kuntze ■☆
218428 Kurzia King ex Hook. f. = Hulletia King ex Hook. f. ●☆
218429 Kurzinda Kuntze = Apteron Kurz ●
218430 Kurzinda Kuntze = Ventilago Gaertn. ●
218431 Kurziodendron N. P. Balakr. = Trigonostemon Blume(保留属名)●
218432 Kuschakewiczia Regel et Smirn. = Solenanthus Ledeb. ■
218433 Kusibabella Szlach. = Habenaria Willd. ■
218434 Kustera Benth. et Hook. f. = Beloperone Nees ■☆
218435 Kustera Benth. et Hook. f. = Kuestera Regel ■☆
218436 Kutchubaea Fisch. ex DC. (1830);屈奇茜属●☆
218437 Kutchubaea insignis Fisch. ex DC.;屈奇茜●☆
218438 Kutchubaea micrantha Steyerm.;小花屈奇茜●☆
218439 Kutchubaea montana Steyerm.;山地屈奇茜●☆
218440 Kutchubaea oocarpa (Standl.) C. H. Perss.;卵果屈奇茜●☆
218441 Kutchubaea urophylla (Standl.) Steyerm.;尾叶屈奇茜●☆
218442 Kyberia Neck. = Bellis L. ■
218443 Kydia Roxb. (1811);翅果麻属(滇槿属,杞的槿属);Kydia ●
218444 Kydia calycina Roxb.;翅果麻(火绳树,杞的槿,杞的木);Calyxshape Kydia, Calyx-shape Kydia, Calyx-shaped Kydia, Kydia, Roxburgh's Kydia ●
218445 Kydia calycina Roxb. var. glabrescens (Mast.) Deb = Kydia glabrescens Mast. ●
218446 Kydia fraterna Roxb. = Kydia calycina Roxb. ●
218447 Kydia glabrescens Mast.;光叶翅果麻;Glabrescent Kydia ●
218448 Kydia glabrescens Mast. var. intermedia S. Y. Hu;毛叶翅果麻;Hairyleaf Kydia ●
218449 Kydia jujubifolia Griff.;枣叶翅果麻;Jujubileaf Kydia, Jujubi-leaved Kydia ●
218450 Kydia jujubifolia Griff. = Nayariophyton zizyphifolium (Griff.) D. G. Long et A. G. Mill. ●
218451 Kydia roxburghiana Wight = Kydia calycina Roxb. ●
218452 Kydia zizyphifolia Griff. = Nayariophyton zizyphifolium (Griff.) D. G. Long et A. G. Mill. ●
218453 Kyhosia B. G. Baldwin(1999);星腺菊属■☆
218454 Kyhosia bolanderi (A. Gray) B. G. Baldwin;星腺菊(鲍兰德星腺菊)■☆
218455 Kylinga Roem. et Schult. = Kyllinga Rottb.(保留属名)■
218456 Kylingia Stokes = Kyllinga Rottb.(保留属名)■
218457 Kyllinga Rottb. (1773)(保留属名);水蜈蚣属;Greenhead Sedge, Kyllingia, Spikesedge, Water-centipede ■
218458 Kyllinga afro-occidentalis Lye;西方水蜈蚣■☆
218459 Kyllinga afropumila Lye;非洲矮水蜈蚣■☆
218460 Kyllinga alata Nees;翅水蜈蚣■☆
218461 Kyllinga alba C. B. Clarke = Kyllinga coriacea Cherm. ■☆
218462 Kyllinga alba Nees;白水蜈蚣■☆
218463 Kyllinga alba Nees subsp. ascolepidioides (Cherm.) Lye;囊鳞莎水蜈蚣■☆
218464 Kyllinga alba Nees subsp. nigritana (C. B. Clarke) J. -P. Lebrun et Stork;尼格里塔水蜈蚣■☆
218465 Kyllinga alba Nees var. alata (Nees) C. B. Clarke = Kyllinga alata Nees ■☆
218466 Kyllinga alba Nees var. nigritana (C. B. Clarke) Podlech = Kyllinga alba Nees subsp. nigritana (C. B. Clarke) J. -P. Lebrun et Stork ■☆
218467 Kyllinga alba-purpurea Lye;白紫水蜈蚣■☆
218468 Kyllinga albogracilis Lye;细白水蜈蚣■☆
218469 Kyllinga anomala Peter et Kük. = Kyllinga pulchella Kunth ■☆
218470 Kyllinga appendiculata K. Schum.;附属物水蜈蚣■☆
218471 Kyllinga aromatica Ridl. = Kyllinga erecta Schumach. var. polyphylla (Willd. ex Kunth) S. S. Hooper ■☆
218472 Kyllinga ascolepidioides Cherm. = Kyllinga alba Nees subsp. ascolepidioides (Cherm.) Lye ■☆
218473 Kyllinga atrosanguinea Steud. = Kyllinga pulchella Kunth ■☆

218474 Kyllinga aurata Nees = Kyllinga erecta Schumach. ■☆

218475 Kyllinga aurata Nees var. lurida (Kük.) Napper = Kyllinga brevifolia Rottb. subsp. lurida (Kük.) Lye ■☆

218476 Kyllinga aurea Thomson = Kyllinga chrysantha K. Schum. var. comosipes (Mattf. et Kük.) J. -P. Lebrun et Stork ■☆

218477 Kyllinga aureovillosa Lye;黄长毛水蜈蚣■☆

218478 Kyllinga baoulensis A. Chev. = Lipocarpha barteri C. B. Clarke ■☆

218479 Kyllinga blepharinota Hochst. ex Boeck. = Kyllinga welwitschii Ridl. ■☆

218480 Kyllinga brevifolia Rottb.;短叶水蜈蚣(地杨梅,顶棍草,短叶莎草,发汗草,钢拳头,寒筋草,寒气草,寒热头草,黄古头草,姜虫草,姜芽草,金牛草,金钮草,金钮子,九头香,苦香子,雷公草,龙吐珠,露水草,落地杨梅,蜜蜂草,虐疾草,球头草,球子草,三步跳,三荚草,三箭草,三角草,三角棱草,三棱环,三人扛珠,三星草,散寒草,山蜈蚣,十字草,水金钗,水牛草,水土香,水乌梅,水蜈蚣,水香草,水香附,水竹钵,土柴胡,无头厚香,无头香附,蜈蚣草,细竹草,小火麻草,燕含珠,杨梅草,野韭菜,夜摩草,一粒雪,一粒珠,一粒子草);Perennial Greenhead Sedge, Shortleaf Kyllingia, Shortleaf Water-centipede, Short-leaved Kyllinga ■

218481 Kyllinga brevifolia Rottb. subsp. intricata (Cherm.) J. -P. Lebrun et Stork;缠结短叶水蜈蚣■☆

218482 Kyllinga brevifolia Rottb. subsp. leiolepis (Franch. et Sav.) T. Koyama f. macrolepis T. Koyama;大鳞短叶水蜈蚣■☆

218483 Kyllinga brevifolia Rottb. subsp. leiolepis (Franch. et Sav.) T. Koyama = Cyperus brevifolius (Rottb.) Hassk. var. leiolepis (Franch. et Sav.) T. Koyama ■

218484 Kyllinga brevifolia Rottb. subsp. lurida (Kük.) Lye;浅黄短叶水蜈蚣■☆

218485 Kyllinga brevifolia Rottb. var. cruciformis (Schrad. ex Schult.) Cherm. = Kyllinga brevifolia Rottb. ■

218486 Kyllinga brevifolia Rottb. var. gracillima (Miq.) Kük. = Kyllinga gracillima Miq. ■☆

218487 Kyllinga brevifolia Rottb. var. leiocarpa Kitag. = Kyllinga brevifolia Rottb. var. leiolepis (Franch. et Sav.) H. Hara ■

218488 Kyllinga brevifolia Rottb. var. leiolepis (Franch. et Sav.) H. Hara;光鳞水蜈蚣(无刺鳞水蜈蚣);Pasture Spike Sedge, Stingscaleless Shortleaf Kyllingia ■

218489 Kyllinga brevifolia Rottb. var. leiolepis (Franch. et Sav.) H. Hara = Cyperus brevifolius (Rottb.) Hassk. var. leiolepis (Franch. et Sav.) T. Koyama ■

218490 Kyllinga brevifolia Rottb. var. pumila (J. V. Suringar) Ts. Tang et F. T. Wang;矮短叶水蜈蚣(矮水蜈蚣);Low Shortleaf Kyllingia ■

218491 Kyllinga brevifolia Rottb. var. stellulata (J. V. Suringar) Ts. Tang et F. T. Wang;小星穗水蜈蚣;Smallstar Shortleaf Kyllingia ■

218492 Kyllinga brevifolia Rottb. var. yunnanensis (E. G. Camus) C. Y. Wu;云南水蜈蚣;Yunnan Kyllingia ■

218493 Kyllinga brevifolioides (Thieret et Delahouss.) G. C. Tucker = Kyllinga gracillima Miq. ■☆

218494 Kyllinga brunneoalata Cherm.;褐水蜈蚣■☆

218495 Kyllinga brunneoalba Lye;褐白水蜈蚣■☆

218496 Kyllinga buchanani C. B. Clarke;布坎南水蜈蚣■☆

218497 Kyllinga bulbocaulis Boeck. = Mariscus amomodorus (K. Schum.) Cufod. var. bulbocaulis (Boeck.) Cufod. ■☆

218498 Kyllinga bulbosa P. Beauv.;鳞茎水蜈蚣■☆

218499 Kyllinga caespitosa Nees var. major Nees = Kyllinga robusta Boeck. ■☆

218500 Kyllinga capensis Steud. = Cyperus capensis (Steud.) Endl. ■☆

218501 Kyllinga cartilaginea K. Schum.;软骨质水蜈蚣■☆

218502 Kyllinga cayennensis Lam. = Cyperus aggregatus (Willd.) Endl. ■☆

218503 Kyllinga chlorotropis Steud.;绿棱水蜈蚣■☆

218504 Kyllinga chrysantha K. Schum.;金花水蜈蚣■☆

218505 Kyllinga chrysantha K. Schum. var. comosipes (Mattf. et Kük.) J. -P. Lebrun et Stork;簇梗金花水蜈蚣■☆

218506 Kyllinga chrysantha K. Schum. var. decolorans Kük.;褪色水蜈蚣■☆

218507 Kyllinga chrysanthoides Mtot.;拟金花水蜈蚣■☆

218508 Kyllinga colorata (L.) Druce = Kyllinga brevifolia Rottb. ■

218509 Kyllinga comosipes (Mattf. et Kük.) Napper = Kyllinga chrysantha K. Schum. var. comosipes (Mattf. et Kük.) J. -P. Lebrun et Stork ■☆

218510 Kyllinga comosipes (Mattf. et Kük.) Napper subsp. decolorans (Kük.) Lye = Kyllinga chrysantha K. Schum. var. decolorans Kük. ■☆

218511 Kyllinga comosipes (Mattf. et Kük.) Napper var. angustata (Peter et Kük.) Napper = Kyllinga chrysantha K. Schum. var. comosipes (Mattf. et Kük.) J. -P. Lebrun et Stork ■☆

218512 Kyllinga controversa Steud. var. subexalata C. B. Clarke = Kyllinga welwitschii Ridl. ■☆

218513 Kyllinga coriacea Cherm.;革质水蜈蚣■☆

218514 Kyllinga cororata (L.) Druce = Kyllinga brevifolia Rottb. ■

218515 Kyllinga cororata (L.) Druce = Kyllinga monocephala Rottb. ■

218516 Kyllinga crassipes Boeck.;粗梗水蜈蚣■☆

218517 Kyllinga cristata Kunth = Kyllinga alba Nees ■☆

218518 Kyllinga cylindrica Nees;圆筒穗水蜈蚣(棒穗水蜈蚣);Cylindric Spike Kyllingia, Tubespike Water-centipede ■

218519 Kyllinga cylindrica Nees = Cyperus sesquiflorus (Torr.) Mattf. et Kük. var. cylindricus (Nees) Kük. ■

218520 Kyllinga cylindrica Nees = Kyllinga odorata Vahl ■☆

218521 Kyllinga cylindrica Nees var. appendiculata (K. Schum.) C. B. Clarke = Kyllinga appendiculata K. Schum. ■☆

218522 Kyllinga cylindrica Nees var. elongata Nees ex Boeck. = Kyllinga odorata Vahl ■☆

218523 Kyllinga cylindrica Nees var. major C. B. Clarke = Kyllinga appendiculata K. Schum. ■☆

218524 Kyllinga cylindrica Nees var. subtriceps ? = Kyllinga odorata Vahl ■☆

218525 Kyllinga cyperina Retz. = Mariscus cyperinus (Retz.) Vahl ■

218526 Kyllinga cyperoides Roxb. = Courtoisina cyperoides (Roxb.) Soják ■

218527 Kyllinga debilis C. B. Clarke;弱小水蜈蚣■☆

218528 Kyllinga decolorans (Kük.) Mtot. = Kyllinga chrysantha K. Schum. var. decolorans Kük. ■☆

218529 Kyllinga dichrolepis Steud.;二色水蜈蚣■☆

218530 Kyllinga dipsacoides Schumach. = Ascolepis dipsacoides (Schumach.) J. Raynal ■☆

218531 Kyllinga echinata S. S. Hooper;具刺水蜈蚣■☆

218532 Kyllinga elata Steud. = Kyllinga melanosperma Nees var. elata (Steud.) J. -P. Lebrun et Stork ■☆

218533 Kyllinga elatior Kunth;高水蜈蚣■☆

218534 Kyllinga erecta Schumach.;直立水蜈蚣■☆

218535 Kyllinga erecta Schumach. subsp. albescens Lye;变白直立水蜈

蚣■☆
218536　Kyllinga erecta Schumach. var. africana (Kük.) S. S. Hooper; 非洲直立水蜈蚣■☆
218537　Kyllinga erecta Schumach. var. intricata C. B. Clarke = Kyllinga brevifolia Rottb. subsp. intricata (Cherm.) J. -P. Lebrun et Stork ■☆
218538　Kyllinga erecta Schumach. var. lurida Kük. = Kyllinga brevifolia Rottb. subsp. lurida (Kük.) Lye ■☆
218539　Kyllinga erecta Schumach. var. polyphylla (Willd. ex Kunth) S. S. Hooper; 塞内加尔水蜈蚣■☆
218540　Kyllinga eriocauloides Steud. = Ascolepis eriocauloides (Steud.) Nees ex Steud. ■☆
218541　Kyllinga exigua Boeck.; 瘦小水蜈蚣■☆
218542　Kyllinga eximia C. B. Clarke; 优异水蜈蚣■☆
218543　Kyllinga eximia C. B. Clarke var. kelleri ?; 凯勒水蜈蚣■☆
218544　Kyllinga ferruginea Peter ex Kük.; 锈色水蜈蚣■☆
218545　Kyllinga flava C. B. Clarke = Kyllinga nervosa Steud. var. flava (C. B. Clarke) Lye ■☆
218546　Kyllinga geminiflora Steud. = Cyperus geminiflora (Steud.) Wickens ■☆
218547　Kyllinga gracillima Miq.; 亚洲水蜈蚣; Asiatic Greenhead Sedge, Pasture Spikesedge ■☆
218548　Kyllinga gracillima Miq. = Cyperus brevifolius (Rottb.) Hassk. var. leiolepis (Franch. et Sav.) T. Koyama ■
218549　Kyllinga gracillima Miq. = Kyllinga brevifolia Rottb. var. leiolepis (Franch. et Sav.) H. Hara ■
218550　Kyllinga hyalina (Vahl) Koyama = Queenslandiella hyalina (Vahl) F. Ballard ■☆
218551　Kyllinga hymenopoda Peter; 膜梗水蜈蚣■☆
218552　Kyllinga inaurata Nees ex Boeck. var. laevicarinatus Kük.; 光棱水蜈蚣■☆
218553　Kyllinga intermedia R. Br. = Kyllinga brevifolia Rottb. var. stellulata (J. V. Suringar) Ts. Tang et F. T. Wang ■
218554　Kyllinga intricata Cherm. = Kyllinga erecta Schumach. ■☆
218555　Kyllinga jubensis Chiov. = Kyllinga erecta Schumach. var. polyphylla (Willd. ex Kunth) S. S. Hooper ■☆
218556　Kyllinga kamtschatica Meinsh.; 勘察加水蜈蚣(勘察加灯芯草)■☆
218557　Kyllinga lehmannii Nees; 莱曼水蜈蚣■☆
218558　Kyllinga leucocephala Boeck. = Kyllinga chrysantha K. Schum. var. comosipes (Mattf. et Kük.) J. -P. Lebrun et Stork ■☆
218559　Kyllinga macrocephala A. Rich. = Kyllinga bulbosa P. Beauv. ■☆
218560　Kyllinga macrocephala A. Rich. var. angustior C. B. Clarke = Kyllinga bulbosa P. Beauv. ■☆
218561　Kyllinga maculata Michx. = Lipocarpha maculata (Michx.) Torr. ■☆
218562　Kyllinga melanosperma Nees; 黑籽水蜈蚣; Blackseed Kyllingia, Blackseed Water-centipede ■
218563　Kyllinga melanosperma Nees var. elata (Steud.) J. -P. Lebrun et Stork; 高大黑籽水蜈蚣■☆
218564　Kyllinga melanosperma Nees var. hexalata Lye; 无翅黑籽水蜈蚣■☆
218565　Kyllinga merxmuelleri Podlech = Kyllinga albiceps (Ridl.) Rendle ■☆
218566　Kyllinga metzii Hochst. ex Steud. = Kyllinga squamulata Thonn. ex Vahl ■
218567　Kyllinga microbracteata Lye; 小苞水蜈蚣■☆
218568　Kyllinga microbulbosa Lye; 小球水蜈蚣■☆
218569　Kyllinga microcephala Steud. = Kyllingiella microcephala (Steud.) R. W. Haines et Lye ■☆
218570　Kyllinga microstyla C. B. Clarke; 小柱水蜈蚣■☆
218571　Kyllinga monocephala Rottb.; 单穗水蜈蚣(单打槌,公羊头草,公芋头草,猴子草,瘊,姜牙草,金纽草,三角草,三叶珠,散寒草,水百足,水香附,燕含珠,一箭球); Unispike Kyllingia, Unispike Water-centipede ■
218572　Kyllinga monocephala Rottb. = Cyperus kyllingia Endl. ■
218573　Kyllinga monocephala Rottb. = Kyllinga nemoralis (J. R. Forst. et G. Forst.) Dandy ex Hutch. et Dalziel ■
218574　Kyllinga monocephala Rottb. var. latifolia Boeck. = Kyllinga planiculmis C. B. Clarke ex Cherm. ■☆
218575　Kyllinga monocephala Rottb. var. leiocarpa Kitag. = Kyllinga brevifolia Rottb. var. leiolepis (Franch. et Sav.) H. Hara ■
218576　Kyllinga monocephala Rottb. var. leiolepis Franch. et Sav. = Kyllinga brevifolia Rottb. var. leiolepis (Franch. et Sav.) H. Hara ■
218577　Kyllinga nana Nees = Kyllinga triceps Rottb. ■
218578　Kyllinga nemoralis (J. R. Forst. et G. Forst.) Dandy ex Hutch. = Kyllinga nemoralis (J. R. Forst. et G. Forst.) Dandy ex Hutch. et Dalziel ■
218579　Kyllinga nemoralis (J. R. Forst. et G. Forst.) Dandy ex Hutch. et Dalziel; 白穗水蜈蚣; Whitehead Spikesedge ■
218580　Kyllinga nemoralis (J. R. Forst. et G. Forst.) Dandy ex Hutch. et Dalziel = Cyperus kyllingia Endl. ■
218581　Kyllinga nemoralis (J. R. Forst. et G. Forst.) Dandy ex Hutch. et Dalziel = Kyllinga cororata (L.) Druce ■
218582　Kyllinga nemoralis (J. R. Forst. et G. Forst.) Hutch. et Dalziel = Kyllinga nemoralis (J. R. Forst. et G. Forst.) Dandy ex Hutch. et Dalziel ■
218583　Kyllinga nervosa Steud.; 多脉水蜈蚣■☆
218584　Kyllinga nervosa Steud. subsp. oblonga (C. B. Clarke) J. -P. Lebrun et Stork; 矩圆多脉水蜈蚣■☆
218585　Kyllinga nervosa Steud. subsp. sidamoensis Mtot.; 锡达莫水蜈蚣■☆
218586　Kyllinga nervosa Steud. var. flava (C. B. Clarke) Lye; 黄多脉水蜈蚣■☆
218587　Kyllinga nervosa Steud. var. flava (C. B. Clarke) Lye = Cyperus oblongus (C. B. Clarke) Kük. subsp. flavus (C. B. Clarke) Lye ■☆
218588　Kyllinga nervosa Steud. var. ruwenzoriensis (C. B. Clarke) Lye; 鲁文佐里水蜈蚣■☆
218589　Kyllinga nigripes C. B. Clarke; 黑足水蜈蚣■☆
218590　Kyllinga nigritana C. B. Clarke = Kyllinga alba Nees subsp. nigritana (C. B. Clarke) J. -P. Lebrun et Stork ■☆
218591　Kyllinga oblonga C. B. Clarke = Kyllinga nervosa Steud. subsp. oblonga (C. B. Clarke) J. -P. Lebrun et Stork ■☆
218592　Kyllinga odorata Liebm. var. cylindrica (Nees) Koyama = Kyllinga cylindrica Nees ■
218593　Kyllinga odorata Vahl; 白头水蜈蚣; Whitehead Sedge ■☆
218594　Kyllinga odorata Vahl f. cylindrica ? = Kyllinga odorata Vahl ■☆
218595　Kyllinga odorata Vahl f. elongata (Nees ex Boeck.) Cufod. = Kyllinga odorata Vahl ■☆
218596　Kyllinga odorata Vahl subsp. appendiculata (K. Schum.) Lye = Kyllinga appendiculata K. Schum. ■☆
218597　Kyllinga odorata Vahl subsp. cylindrica (Nees) T. Koyama = Kyllinga cylindrica Nees ■

218598 Kyllinga odorata Vahl var. cylindrica (Nees) Kük. ex Merr. = Kyllinga odorata Vahl ■☆
218599 Kyllinga odorata Vahl var. major (C. B. Clarke) Chiov. = Kyllinga appendiculata K. Schum. ■☆
218600 Kyllinga ovularis Michx. = Cyperus echinatus (L.) A. W. Wood ■☆
218601 Kyllinga pachystyla Kük.;粗柱水蜈蚣■☆
218602 Kyllinga parvula C. B. Clarke ex Rendle;较小水蜈蚣■☆
218603 Kyllinga pauciflora Ridl.;少花水蜈蚣■☆
218604 Kyllinga peruviana Lam.;秘鲁水蜈蚣■☆
218605 Kyllinga peteri (Kük. ex Peter) Lye;彼得水蜈蚣■☆
218606 Kyllinga pinguis C. B. Clarke = Kyllinga elatior Kunth ■☆
218607 Kyllinga planiceps C. B. Clarke = Kyllinga erecta Schumach. var. polyphylla (Willd. ex Kunth) S. S. Hooper ■☆
218608 Kyllinga planiculmis C. B. Clarke ex Cherm.;平芒水蜈蚣■☆
218609 Kyllinga planiculmis var. mucronata Cherm. = Kyllinga nemoralis (J. R. Forst. et G. Forst.) Dandy ex Hutch. ■
218610 Kyllinga platyphylla K. Schum. ex C. B. Clarke;宽叶水蜈蚣■☆
218611 Kyllinga polyphylla Willd. ex Kunth;多叶水蜈蚣■☆
218612 Kyllinga polyphylla Willd. ex Kunth = Kyllinga erecta Schumach. var. polyphylla (Willd. ex Kunth) S. S. Hooper ■☆
218613 Kyllinga polyphylla Willd. ex Kunth var. elata (Steud.) Lye = Kyllinga melanosperma Nees var. elata (Steud.) J. -P. Lebrun et Stork ■☆
218614 Kyllinga pseudobulbosa Mtot.;假鳞茎水蜈蚣■☆
218615 Kyllinga pulchella Kunth;美丽水蜈蚣■☆
218616 Kyllinga pulchella Kunth f. robustior Kük. = Kyllinga pulchella Kunth var. robustior (Kük.) Podlech ■☆
218617 Kyllinga pulchella Kunth var. robustior (Kük.) Podlech;粗壮美丽水蜈蚣■☆
218618 Kyllinga pumila Michx.;偃水蜈蚣;Annual Greenhead Sedge ■☆
218619 Kyllinga rigidula Steud. = Kyllinga pumila Michx. ■☆
218620 Kyllinga robinsoniana Mtot.;鲁滨逊水蜈蚣■☆
218621 Kyllinga robusta Boeck.;粗壮水蜈蚣■☆
218622 Kyllinga ruwenzoriensis C. B. Clarke = Kyllinga nervosa Steud. var. ruwenzoriensis (C. B. Clarke) Lye ■☆
218623 Kyllinga senegalensis C. B. Clarke = Kyllinga erecta Schumach. var. polyphylla (Willd. ex Kunth) S. S. Hooper ■☆
218624 Kyllinga sesquiflora Torr. = Kyllinga odorata Vahl ■☆
218625 Kyllinga sesquiflora Torr. subsp. cylindrica (Nees) T. Koyama = Cyperus sesquiflorus (Torr.) Mattf. et Kük. var. cylindricus (Nees) Kük. ■
218626 Kyllinga sesquiflora Torr. subsp. cylindrica (Nees) T. Koyama = Kyllinga cylindrica Nees ■
218627 Kyllinga sphaerocephala Boeck.;球头水蜈蚣■☆
218628 Kyllinga squamulata Thonn. ex Vahl;冠鳞水蜈蚣;Asian Spikesedge, Crested Greenhead Sedge, Scaly Kyllingia, Squamulate Water-centipede ■
218629 Kyllinga squamulata Vahl = Kyllinga squamulata Thonn. ex Vahl ■
218630 Kyllinga squamulosa Kunth = Kyllinga squamulata Thonn. ex Vahl ■
218631 Kyllinga squarrosa Baldwin = Cyperus aggregatus (Willd.) Endl. ■☆
218632 Kyllinga stenophylla K. Schum. ex C. B. Clarke;窄叶水蜈蚣■☆
218633 Kyllinga sumatrensis Retz. = Mariscus sumatrensis (Retz.) J. Raynal ■
218634 Kyllinga tanzaniae Lye;坦桑尼亚水蜈蚣■☆
218635 Kyllinga tenuifolia Steud. = Kyllinga pumila Michx. ■☆
218636 Kyllinga teres C. B. Clarke;圆柱水蜈蚣■☆
218637 Kyllinga tetragona Nees = Kyllinga erecta Schumach. ■☆
218638 Kyllinga tibialis Ledeb.;笛形水蜈蚣■☆
218639 Kyllinga tisserantii Cherm.;蒂斯朗特水蜈蚣■☆
218640 Kyllinga tisserantioides Mtot.;拟蒂斯朗特水蜈蚣■☆
218641 Kyllinga transitoria (Kük.) Cufod. = Kyllinga pulchella Kunth ■☆
218642 Kyllinga triceps Lam. = Lipocarpha filiformis (Vahl) Kunth ■☆
218643 Kyllinga triceps Rottb.;三头水蜈蚣(护心草,金纽子,五粒关草);Threehead Kyllingia, Threehead Water-centipede ■
218644 Kyllinga triceps Rottb. = Kyllinga tenuifolia Steud. ■☆
218645 Kyllinga triceps Rottb. var. ciliata Boeck. = Kyllinga welwitschii Ridl. ■☆
218646 Kyllinga triceps Rottb. var. obtusiflora Boeck. = Kyllinga odorata Vahl ■☆
218647 Kyllinga ugogensis (Peter et Kük.) Lye;热非水蜈蚣■☆
218648 Kyllinga umbellata Rottb. = Cyperus cyperoides (L.) Kuntze subsp. flavus Lye ■☆
218649 Kyllinga umbellata Rottb. = Mariscus sumatrensis (Retz.) J. Raynal ■
218650 Kyllinga uniflora Mtot.;单花水蜈蚣■☆
218651 Kyllinga viridula Hochst. ex A. Rich. = Kyllinga odorata Vahl ■☆
218652 Kyllinga welwitschii Ridl.;韦氏水蜈蚣■☆
218653 Kyllingia L. f. = Kyllinga Rottb.(保留属名)■
218654 Kyllingia Post et Kuntze = Athamanta L. ■☆
218655 Kyllingia Post et Kuntze = Killinga Adans.(废弃属名)■
218656 Kyllingia Post et Kuntze = Kyllinga Rottb.(保留属名)■
218657 Kyllingiella R. W. Haines et Lye(1978);小水蜈蚣属■☆
218658 Kyllingiella microcephala (Steud.) R. W. Haines et Lye;小头小水蜈蚣■☆
218659 Kyllingiella polyphylla (A. Rich.) Lye;多叶小水蜈蚣■☆
218660 Kyllingiella ugandensis R. W. Haines et Lye;小水蜈蚣■☆
218661 Kymapleura (Nutt.) Nutt. = Troximon Gaertn. ■☆
218662 Kymapleura Nutt. = Troximon Gaertn. ■☆
218663 Kyphadenia Sch. Bip. ex O. Hoffm. = Chrysactinia A. Gray ●☆
218664 Kyphocarpa (Fenzl ex Endl.) Lopr. (1934);光柱苋属■☆
218665 Kyphocarpa (Fenzl) Lopr. = Kyphocarpa (Fenzl ex Endl.) Lopr. ■☆
218666 Kyphocarpa (Fenzl) Schinz = Cyphocarpa (Fenzl) Lopr. ■☆
218667 Kyphocarpa (Fenzl) Schinz = Kyphocarpa (Fenzl ex Endl.) Lopr. ■☆
218668 Kyphocarpa Schinz = Kyphocarpa (Fenzl) Schinz ■☆
218669 Kyphocarpa angustifolia (Moq.) Lopr.;窄叶光柱苋■☆
218670 Kyphocarpa cruciata (Schinz) Schinz;十字光柱苋■☆
218671 Kyphocarpa petersii Lopr. = Centemopsis gracilenta (Hiern) Schinz ■☆
218672 Kyphocarpa quadrangula (Engl.) C. B. Clarke = Nelsia quadrangula (Engl.) Schinz ■☆
218673 Kyphocarpa resedoides Lopr.;木犀草光柱苋■☆
218674 Kyphocarpa trichinoides (Fenzl) Lopr.;澳洲苋状光柱苋■☆
218675 Kyphocarpa wilmsii Lopr.;维尔姆斯光柱苋■☆
218676 Kyphocarpa zeyheri (Moq.) Lopr. = Kyphocarpa angustifolia (Moq.) Lopr. ■☆

218677 Kyphocarpa zeyheri (Moq.) Lopr. var. petersii ? = Kyphocarpa angustifolia (Moq.) Lopr. ■☆

218678 Kyrstenia Neck. = Eupatorium L. ■●

218679 Kyrstenia Neck. ex Greene = Ageratina Spach ●■

218680 Kyrstenia thyrsiflora Greene = Ageratina thyrsiflora (Greene) R. M. King et H. Rob. ■☆

218681 Kyrsteniopsis R. M. King et H. Rob. (1971);展毛修泽兰属 ●☆

218682 Kyrsteniopsis congesta R. M. King et H. Rob.;展毛修泽兰●☆

218683 Kyrtandra J. F. Gmel. = Cyrtandra J. R. Forst. et G. Forst. ●■

218684 Kyrtanthus J. F. Gmel. = Posoqueria Aubl. ●☆

218685 Laaiotrichos Lehm. = Fingerhuthia Nees ■☆

218686 Labatia Scop. (废弃属名) = Ilex L. ●

218687 Labatia Scop. (废弃属名) = Labatia Sw. (保留属名)●☆

218688 Labatia Scop. (废弃属名) = Macoucoua Aubl. ●

218689 Labatia Sw. (1788)(保留属名);加勒榄属●☆

218690 Labatia Sw. (保留属名) = Pouteria Aubl. ●

218691 Labiaceae Dulac = Labiatae Juss. (保留科名)●■

218692 Labiaceae Dulac = Lamiaceae Martinov(保留科名)●■

218693 Labiataceae Boerl. = Labiatae Juss. (保留科名)●■

218694 Labiataceae Boerl. = Lamiaceae Martinov(保留科名)●■

218695 Labiatae Adans. = Labiatae Juss. (保留科名)●■

218696 Labiatae Adans. = Lamiaceae Martinov(保留科名)●■

218697 Labiatae Juss. (1789)(保留科名);唇形科;Dead-nettle Family, Mint Family ●■

218698 Labiatae Juss. (保留科名) = Lamiaceae Martinov(保留科名) ●■

218699 Labichea Gaudich. ex DC. (1825);澳豆属■☆

218700 Labichea lanceolata Benth.;披针叶澳豆■☆

218701 Labichea nitida Benth.;光亮澳豆■☆

218702 Labichea punctata Lindl.;斑点澳豆■☆

218703 Labichea saxicola J. H. Ross;岩澳豆■☆

218704 Labidostelma Schltr. (1906);钳冠萝藦属☆

218705 Labidostelma guatemalense Schltr.;钳冠萝藦☆

218706 Labillardiera Roem. et Schult. = Billardiera Moench ■●

218707 Labillardiera Roem. et Schult. = Verbena L. ■●

218708 Labisia Lindl. (1845)(保留属名);对折紫金牛属■●☆

218709 Labisia acuta Ridl.;尖对折紫金牛●☆

218710 Labisia alata N. E. Br.;翅对折紫金牛●☆

218711 Labisia longistyla King et Gamble;长柱对折紫金牛●☆

218712 Labisia obtusifolia Hallier f.;钝叶对折紫金牛●☆

218713 Labisia ovalifolia Ridl.;卵叶对折紫金牛●☆

218714 Labisia punctata (Reinw.) Airy Shaw;斑点对折紫金牛●☆

218715 Lablab Adans. (1763);扁豆属(鹊豆属);Haricot ■

218716 Lablab microcarpus DC. = Canavalia cathartica Thouars ■

218717 Lablab niger Medik. = Lablab purpureus (L.) Sweet ■

218718 Lablab niger Medik. subsp. bengalensis (Jacq.) Cufod. = Lablab purpureus (L.) Sweet subsp. bengalensis (Jacq.) Verdc. ■

218719 Lablab niger Medik. var. crenatifructus Cufod. = Lablab purpureus (L.) Sweet var. uncinatus Verdc. ■☆

218720 Lablab niger Medik. var. uncinatus (A. Rich.) Cufod. = Lablab purpureus (L.) Sweet var. uncinatus Verdc. ■☆

218721 Lablab purpureus (L.) Sweet;扁豆(白扁豆,白稨豆,白峨眉豆,白花鸟仔豆,白眉豆,白梅豆,萹豆,扁豆花,扁豆子,藊豆,茶豆,大口唇,峨眉豆,火镰扁豆,凉衍豆,南扁豆,南豆,南豆花,膨皮豆,鹊豆,茱豆,肉豆,树豆,藤豆,小刀豆,雪眉同气,沿篱豆,羊眼豆,印度镰扁豆,硬壳白扁豆);Australian Pea, Bomavist Bean, Bonavist, Cape Sweet Pea, Dolichos Bean, Egyptian Bean, Egyptian Kidney Bean, Hyacinth Bean, Hyacinth Dolichos, Hyacinthbean, Indian Bean, Indian Butter Bean, Lablab Bean, Lablab, Mile-a-minute Vine, Okie Bean, Purple Haricot ■

218722 Lablab purpureus (L.) Sweet 'Bengalensis';孟加拉扁豆■

218723 Lablab purpureus (L.) Sweet subsp. bengalensis (Jacq.) Verdc. = Lablab purpureus (L.) Sweet 'Bengalensis' ■

218724 Lablab purpureus (L.) Sweet var. rhomboideus (Schinz) Verdc.;菱形扁豆■☆

218725 Lablab purpureus (L.) Sweet var. uncinatus Verdc.;钩刺扁豆 ■☆

218726 Lablab uncinatus A. Rich. = Lablab purpureus (L.) Sweet var. uncinatus Verdc. ■☆

218727 Lablab vulgaris Savi = Lablab purpureus (L.) Sweet ■

218728 Lablavia D. Don = Lablab Adans. ■

218729 Labordea Benth. = Geniostoma J. R. Forst. et G. Forst. ●

218730 Labordea Benth. = Labordia Gaudich. ●

218731 Labordia Gaudich. = Geniostoma J. R. Forst. et G. Forst. ●

218732 Laboucheria F. Muell. = Erythrophleum Afzel. ex G. Don ●

218733 Labourdonnaisia Bojer(1841);全缘山榄属●☆

218734 Labourdonnaisia discolor Sond. = Manilkara discolor (Sond.) J. H. Hemsl. ●☆

218735 Labourdonnaisia hexandra Lecomte = Faucherea hexandra (Lecomte) Lecomte ●☆

218736 Labourdonnaisia lecomtei Aubrév.;里科全缘山榄●☆

218737 Labourdonnaisia madagascariensis Pierre ex Baill.;马岛全缘山榄●☆

218738 Labourdonnaisia richardiana Pierre ex Aubrév.;理查德全缘山榄●☆

218739 Labourdonnaisia sericea Benth. et Hook. f. = Manilkara discolor (Sond.) J. H. Hemsl. ●☆

218740 Labradia Swediaur = Mucuna Adans. (保留属名)●■

218741 Labramia A. DC. (1996);拉夫山榄属●☆

218742 Labramia A. DC. = Mimusops L. ●☆

218743 Labramia ankaranaensis Aubrév.;安卡兰拉夫山榄●☆

218744 Labramia boivinii (Pierre) Aubrév.;博伊文拉夫山榄●☆

218745 Labramia bojeri A. DC.;博耶尔拉夫山榄●☆

218746 Labramia capuronii Aubrév.;凯普伦拉夫山榄●☆

218747 Labramia costata (M. Hartog ex Baill.) Aubrév.;单脉拉夫山榄●☆

218748 Labramia louvelii Aubrév.;卢氏拉夫山榄●☆

218749 Labramia platanoides Capuron ex Aubrév.;悬铃木拉夫山榄 ●☆

218750 Labramia sambiranensis Capuron ex Aubrév.;桑比朗拉夫山榄 ●☆

218751 Labramiopsis M. Hartog = Labramia A. DC. ●☆

218752 Laburnocytisus C. K. Schneid. = Cytisus Desf. (保留属名)●

218753 Laburnum Fabr. = Cytisus Desf. (保留属名)●

218754 Laburnum Medik. (1787);毒豆属(金链花属);Bean Tree, Chain Tree, Golden Chain, Golden Rain, Golden-chain, Goldenchain Tree, Laburnum, Toxinbean ●

218755 Laburnum × watereri Dippel;沃氏金链花;Golden Chain Tree, Laburnum ●☆

218756 Laburnum × watereri Dippel 'Vossii';沃斯沃氏金链花;Voss' Laburnum ●☆

218757 Laburnum alpinum (Mill.) Bercht. et J. Presl;苏格兰金链花(阿尔卑斯山毒豆,高山毒豆);Alpine Laburnum, Mountain Golden

Chain, Scotch Laburnum ●☆
218758 Laburnum alpinum J. Presl 'Pendulum';垂枝苏格兰金链花 ●☆
218759 Laburnum alpinum J. Presl 'Pyramidale';塔冠苏格兰金链花 ●☆
218760 Laburnum alpinum J. Presl = Laburnum alpinum (Mill.) Bercht. et J. Presl ●☆
218761 Laburnum anagyroides Medik.;毒豆(毒豆树,金链花);Bean Trefoil, Bean-tree, Chaney Ash, Common Laburnum, Drooping Willow, Ear-rings, False Ebony, French Ash, French Brum, Gold Locket-and-chain, Gold Lockets-and-chains, Gold Watch-and-chain, Gold Watchchain, Golden Chain Tree, Golden Chain, Golden Drops, Golden Locks, Golden Rain, Golden Shower, Goldenchain Laburnum, Golden-chain Laburnum, Goldenchain Tree, Golden-chain, Golden-rain, He Broom, He-broom, Hoburn Saugh, Laburnum, Lady's Chain, Lady's Fingers, Owd Lad's Peascods, Pea Tree, Pigeon Pea, Seyny-tree, Toxinbean, Watch Guards, Watchchain, Weeping Willow ●
218762 Laburnum anagyroides Medik. 'Aureum';黄毒豆;Golden-leaved Laburnum ●☆
218763 Laburnum platycarpum Maire = Hesperolaburnum platycarpum (Maire) Maire ■☆
218764 Laburnum vulgare Bercht. et C. Presl = Laburnum anagyroides Medik. ●
218765 Laburnum vulgare J. Presl = Laburnum anagyroides Medik. ●
218766 Laburnum weldenii Griseb. ex Lavallée = Petteria ramentacea C. Presl ●☆
218767 Lacaena Lindl. (1843);拉西纳兰属;Lacaena ■☆
218768 Lacaena bicolor Lindl.;拉西纳兰;Bicolor Lacaena ■☆
218769 Lacaitaea Brand = Trichodesma R. Br. (保留属名)●■
218770 Lacaitaea Brand(1914);喜马拉雅五加属●☆
218771 Lacaitaea calycosa (Collett et Hemsl.) Brand = Trichodesma calycosum Collett et Hemsl. ●
218772 Lacandonia E. Martinez et Ramos = Triuris Miers ■☆
218773 Lacandonia E. Martinez et Ramos(1989);肖霉草属■☆
218774 Lacandoniaceae E. Martinez et Ramos = Triuridaceae Gardner (保留科名)■
218775 Lacanthis Raf. = Euphorbia L. ●■
218776 Lacara Raf. = Campanula L. ■●
218777 Lacara Spreng. = Bauhinia L. ●
218778 Lacaris Buch.-Ham. ex Pfeiff. = Zanthoxylum L. ●
218779 Lacathea Salisb. = Franklinia W. Bartram ex Marshall ●☆
218780 Laccodiscus Radlk. (1879);亮盘无患子属●☆
218781 Laccodiscus cauliflorus Hutch. et Dalziel = Chytranthus cauliflorus (Hutch. et Dalziel) Wickens ●☆
218782 Laccodiscus ferrugineus (Baker) Radlk.;锈色亮盘无患子●☆
218783 Laccodiscus klaineanus Pierre ex Radlk.;克莱恩亮盘无患子 ●☆
218784 Laccodiscus pseudostipularis Radlk.;假托叶亮盘无患子●☆
218785 Laccodiscus spinulosodentatus Radlk.;刺齿亮盘无患子●☆
218786 Laccopetalum Ulbr. (1906);巨毛茛属■☆
218787 Laccopetalum giganteum (Wedd.) Ulbr.;巨毛茛■☆
218788 Laccopetalum giganteum Ulbr. = Laccopetalum giganteum (Wedd.) Ulbr ■☆
218789 Laccospadix Drude et H. Wendl. (1875);白轴棕属(白轴椰属,穗序椰属,隐萼椰子属)●☆
218790 Laccospadix Drude et H. Wendl. = Calyptrocalyx Blume ●
218791 Laccospadix H. Wendl. et Drude = Laccospadix Drude et H. Wendl. ●☆
218792 Laccospadix australasica H. Wendl. et Drude;白轴棕(澳洲隐萼椰子,隐萼椰子);Atherton Palm, Laccospadix ●☆
218793 Laccosperma (G. Mann et H. Wendl.) Drude(1877);漆籽藤属(穴籽藤属,脂种藤属)●☆
218794 Laccosperma Drude = Laccosperma (G. Mann et H. Wendl.) Drude ●☆
218795 Laccosperma G. Mann et H. Wendl. = Laccosperma (G. Mann et H. Wendl.) Drude ●☆
218796 Laccosperma acutiflorum (Becc.) J. Dransf.;尖花漆籽藤●☆
218797 Laccosperma korupense Sunderl.;科鲁普漆籽藤●☆
218798 Laccosperma laeve (G. Mann et H. Wendl.) H. Wendl.;平滑漆籽藤●☆
218799 Laccosperma laurentii (De Wild.) J. Dransf.;洛朗漆籽藤●☆
218800 Laccosperma majus (Burret) J. Dransf.;大漆籽藤●☆
218801 Laccosperma opacum (G. Mann et H. Wendl.) Drude;暗色漆籽藤●☆
218802 Laccosperma robustum (Burret) J. Dransf.;粗壮漆籽藤●☆
218803 Laccosperma secundiflorum (P. Beauv.) Kuntze;侧花漆籽藤 ●☆
218804 Lacellia Bubani = Laserpitium L. ●☆
218805 Lacellia Bubani et Penz. = Laserpitium L. ●☆
218806 Lacellia Viv. (废弃属名) = Amberboa (Pers.) Less. ■
218807 Lacellia Viv. (废弃属名) = Volutarella Cass. ■☆
218808 Lacellia libyca Viv. = Volutaria crupinoides (Desf.) Cass. ex Maire ■☆
218809 Lacepedea Kunth = Turpinia Vent. (保留属名)●
218810 Lacepedia Kunth = Turpinia Vent. (保留属名)●
218811 Lacepedia Kuntze = Lacepedea Kunth ●
218812 Lacepedia Kuntze = Turpinia Vent. (保留属名)●
218813 Lacerdaea O. Berg = Campomanesia Ruiz et Pav. ●☆
218814 Lacerpitium Thunb. = Laserpitium L. ●☆
218815 Lachanodendron Reinw. ex Blume = Lansium Jacq. ●
218816 Lachanodes DC. (1833);菜树菊属●☆
218817 Lachanodes DC. = Senecio L. ■●
218818 Lachanodes arbores (Roxb.) B. Nord.;菜树菊●☆
218819 Lachanodes arbores (Roxb.) B. Nord. = Senecio redivivus Mabb. ●☆
218820 Lachanostachys Endl. = Lachnostachys Hook. ●☆
218821 Lachemilla (Focke) Lagerh. = Alchemilla L. ■
218822 Lachemilla (Focke) Rydb. = Alchemilla L. ■
218823 Lachemilla Rydb. = Alchemilla L. ■
218824 Lachenalia J. Jacq. ex Murray(1784);立金花属(非洲莲香属,纳金花属);Cape Cow Slip, Cape Cowslip, Cape-cowslip ■☆
218825 Lachenalia Jacq. = Lachenalia J. Jacq. ex Murray ■☆
218826 Lachenalia Murray = Lachenalia J. Jacq. ex Murray ■☆
218827 Lachenalia alba W. F. Barker ex G. D. Duncan;白立金花■☆
218828 Lachenalia algoensis Schönland;安哥拉立金花■☆
218829 Lachenalia aloides (L. f.) Asch. et Graebn. = Lachenalia aloides (L. f.) Engl. ■☆
218830 Lachenalia aloides (L. f.) Engl.;立金花(非洲莲香,纳金花);Cape Cowslip, Cape Figwort, Cape-cowslip ■☆
218831 Lachenalia aloides (L. f.) Engl. var. aurea (Lindl.) Engl. = Lachenalia aurea Lindl. ■☆
218832 Lachenalia aloides (L. f.) Engl. var. quadricolor (Jacq.) Engl.;四色立金花;Fourcolor Cape-cowslip ■☆
218833 Lachenalia aloides Pers. 'Nelsonii';尼尔逊纳立金花■☆

218834 Lachenalia aloides Pers. = Lachenalia aloides (L. f.) Engl. ■☆
218835 Lachenalia angustifolia Jacq.;细叶立金花;Narrowleaf Cape-cowslip ■☆
218836 Lachenalia angustifolia Jacq. = Lachenalia contaminata Aiton ■☆
218837 Lachenalia attenuata W. F. Barker ex G. D. Duncan;渐狭立金花■☆
218838 Lachenalia aurea Lindl.;金黄立金花■☆
218839 Lachenalia aurea Lindl. = Lachenalia aloides (L. f.) Engl. var. aurea (Lindl.) Engl. ■☆
218840 Lachenalia bachmannii Baker;红脊立金花(巴克曼立金花);Bachman Cape-cowslip ■☆
218841 Lachenalia bolusii W. F. Barker;博卢斯立金花■☆
218842 Lachenalia bowieana Baker = Lachenalia nervosa Ker Gawl. ■☆
218843 Lachenalia bowkeri Baker;鲍克立金花■☆
218844 Lachenalia buchubergensis Dinter;布赫立金花■☆
218845 Lachenalia bulbifera (Cirillo) Engl.;球根立金花■☆
218846 Lachenalia campanulata W. F. Baker;风铃草状立金花■☆
218847 Lachenalia capensis W. F. Barker;好望角立金花■☆
218848 Lachenalia carnosa Baker;肉质立金花■☆
218849 Lachenalia cernua G. D. Duncan;俯垂立金花■☆
218850 Lachenalia comptonii W. F. Barker;康普顿立金花■☆
218851 Lachenalia concordiana Schltr. ex W. F. Barker;合心立金花■☆
218852 Lachenalia congesta W. F. Barker;密集立金花■☆
218853 Lachenalia contaminata Aiton;白筒立金花(白筒纳金花,细叶立金花);Contaminated Cape-cowslip ■☆
218854 Lachenalia convallariodora Stapf = Lachenalia fistulosa Baker ■☆
218855 Lachenalia convallarioides Baker;环绕立金花■☆
218856 Lachenalia cooperi Baker;库珀立金花■☆
218857 Lachenalia corymbosa (L.) J. C. Manning et Goldblatt;伞房立金花■☆
218858 Lachenalia dasybotrya Diels;毛穗立金花■☆
218859 Lachenalia elegans W. F. Barker;雅致立金花■☆
218860 Lachenalia elegans W. F. Barker var. flava W. F. Barker;黄雅致立金花■☆
218861 Lachenalia elegans W. F. Barker var. membranacea W. F. Barker;膜质雅致立金花■☆
218862 Lachenalia elegans W. F. Barker var. suaveolens W. F. Barker;芳香雅致立金花■☆
218863 Lachenalia esterhuyseniae W. F. Barker;埃斯特立金花■☆
218864 Lachenalia fistulosa Baker;管状立金花■☆
218865 Lachenalia framesii W. F. Barker;弗雷斯立金花■☆
218866 Lachenalia giessii W. F. Barker;吉斯立金花■☆
218867 Lachenalia gillettii W. F. Barker;吉氏立金花■☆
218868 Lachenalia glaucina Jacq.;灰蓝立金花(灰蓝纳金花);Glaucous Cape-cowslip ■☆
218869 Lachenalia glaucina Jacq. = Lachenalia orchioides (L.) Aiton var. glaucina (Jacq.) W. F. Barker ■☆
218870 Lachenalia glaucophylla W. F. Barker;灰绿立金花■☆
218871 Lachenalia hirta (Thunb.) Thunb.;多毛立金花■☆
218872 Lachenalia hirta (Thunb.) Thunb. var. exserta W. F. Barker;伸出多毛立金花■☆
218873 Lachenalia inconspicua G. D. Duncan;显著立金花■☆
218874 Lachenalia isopetala Jacq.;异瓣立金花■☆
218875 Lachenalia juncifolia Baker;灯芯草叶立金花■☆
218876 Lachenalia karooica W. F. Barker ex G. D. Duncan;卡鲁立金花■☆
218877 Lachenalia klinghardtiana Dinter;克林立金花■☆
218878 Lachenalia kliprandensis W. F. Barker;克勒立金花■☆
218879 Lachenalia lactosa G. D. Duncan;乳白立金花■☆
218880 Lachenalia lanceifolia Jacq. = Ledebouria revoluta (L. f.) Jessop ■☆
218881 Lachenalia latifolia Tratt. = Lachenalia nervosa Ker Gawl. ■☆
218882 Lachenalia leipoldtii G. D. Duncan;莱波尔德立金花■☆
218883 Lachenalia liliflora Jacq.;白花立金花;Whiteflower Cape-cowslip ■☆
218884 Lachenalia longibracteata E. Phillips;长苞立金花■☆
218885 Lachenalia longituba (Van der Merwe) J. C. Manning et Goldblatt;长管立金花■☆
218886 Lachenalia lutea G. D. Duncan;黄立金花■☆
218887 Lachenalia maculata Tratt. = Ledebouria revoluta (L. f.) Jessop ■☆
218888 Lachenalia margaretae W. F. Barker;马格丽特立金花■☆
218889 Lachenalia marginata W. F. Barker;具边立金花■☆
218890 Lachenalia marginata W. F. Barker subsp. neglecta Schltr. ex G. D. Duncan;忽视立金花■☆
218891 Lachenalia marlothii W. F. Barker ex G. D. Duncan;马洛斯立金花■☆
218892 Lachenalia massonii Baker = Lachenalia trichophylla Baker ■☆
218893 Lachenalia mathewsii W. F. Barker;马修斯立金花■☆
218894 Lachenalia maughanii (W. F. Barker) J. C. Manning et Goldblatt;莫恩立金花■☆
218895 Lachenalia maximiliani Schltr. ex W. F. Barker;马克西米利亚诺立金花■☆
218896 Lachenalia mediana Jacq. var. rogersii (Baker) W. F. Barker;罗杰斯立金花■☆
218897 Lachenalia minima W. F. Barker;微小立金花■☆
218898 Lachenalia moniliformis W. F. Barker;串珠状立金花■☆
218899 Lachenalia muirii W. F. Barker;缪里立金花■☆
218900 Lachenalia multifolia W. F. Barker;多叶立金花■☆
218901 Lachenalia mutabilis Sweet;多变立金花(变色纳金花)■☆
218902 Lachenalia namaquensis Schltr. ex W. F. Barker;纳马夸立金花■☆
218903 Lachenalia namibiensis W. F. Barker;纳米比亚立金花■☆
218904 Lachenalia neilii W. F. Barker ex G. D. Duncan;尼尔立金花■☆
218905 Lachenalia nervosa Ker Gawl.;多脉立金花■☆
218906 Lachenalia nordenstamii W. F. Barker;努登斯坦立金花■☆
218907 Lachenalia nutans G. D. Duncan;垂花立金花■☆
218908 Lachenalia obscura Schltr. ex G. D. Duncan;隐匿立金花■☆
218909 Lachenalia orchioides (L.) Aiton;拟兰立金花(兰状纳金花);Orchidaceous Cape-cowslip ■☆
218910 Lachenalia orchioides (L.) Aiton var. glaucina (Jacq.) W. F. Barker;灰拟兰立金花■☆
218911 Lachenalia orchioides Aiton = Lachenalia orchioides (L.) Aiton ■☆
218912 Lachenalia orthopetala Jacq.;直瓣立金花■☆
218913 Lachenalia ovatifolia L. Guthrie;卵叶立金花■☆
218914 Lachenalia ovatifolia L. Guthrie = Lachenalia carnosa Baker ■☆
218915 Lachenalia pallida Aiton;浅色立金花■☆
218916 Lachenalia patula Jacq.;张开立金花■☆
218917 Lachenalia paucifolia (W. F. Barker) J. C. Manning et Goldblatt = Polyxena paucifolia (W. F. Barker) A. M. Van der Merwe et J. C. Manning ■☆

218918 Lachenalia pearsonii (P. E. Glover) W. F. Barker;皮尔逊立金花■☆
218919 Lachenalia peersii Marloth ex W. F. Barker;皮尔斯立金花■☆
218920 Lachenalia pendula Aiton;红口立金花;Noding Cape-cowslip, Pendular Cape-cowslip ■☆
218921 Lachenalia pendula Aiton = Lachenalia bulbifera (Cirillo) Engl. ■☆
218922 Lachenalia pendula Aiton var. superba Hort.;超红立金花;Superb Cape-cowslip ■☆
218923 Lachenalia perryae G. D. Duncan;佩里立金花■☆
218924 Lachenalia physocaulis W. F. Barker;囊茎立金花■☆
218925 Lachenalia polyphylla Baker;密叶立金花■☆
218926 Lachenalia polypodantha Schltr. ex W. F. Barker;多梗花立金花■☆
218927 Lachenalia punctata Jacq. = Lachenalia rubida Jacq. var. punctata (Jacq.) Baker ■☆
218928 Lachenalia purpureo-caerulea Jacq.;天蓝紫立金花;Purple-blue Cape-cowslip ■☆
218929 Lachenalia pusilla Jacq.;瘦小立金花■☆
218930 Lachenalia pustulata Jacq.;瘤叶立金花■☆
218931 Lachenalia quadricolor Jacq. = Lachenalia aloides (L. f.) Engl. var. quadricolor (Jacq.) Engl. ■☆
218932 Lachenalia reflexa Thunb.;屈曲立金花■☆
218933 Lachenalia rhodantha Baker = Lachenalia campanulata W. F. Baker ■☆
218934 Lachenalia roodieae E. Phillips = Lachenalia splendida Diels ■☆
218935 Lachenalia rosea Andréws;桃色立金花■☆
218936 Lachenalia rubida Jacq.;红色立金花(红纳金花)■☆
218937 Lachenalia rubida Jacq. var. punctata (Jacq.) Baker;斑点红色立金花■☆
218938 Lachenalia rubida Jacq. var. tigrina (Jacq.) Baker;虎皮立金花■☆
218939 Lachenalia salteri W. F. Barker;索尔特立金花■☆
218940 Lachenalia schlechteri Baker = Lachenalia unifolia Jacq. var. schlechteri (Baker) W. F. Barker ■☆
218941 Lachenalia splendida Diels;闪光立金花■☆
218942 Lachenalia stayneri W. F. Barker;斯泰纳立金花■☆
218943 Lachenalia subspicata Fourc. = Lachenalia bowkeri Baker ■☆
218944 Lachenalia succulenta Masson ex Baker = Lachenalia patula Jacq. ■☆
218945 Lachenalia thomasiae W. F. Barker ex G. D. Duncan;托马斯立金花■☆
218946 Lachenalia tigrina Jacq. = Lachenalia rubida Jacq. var. tigrina (Jacq.) Baker ■☆
218947 Lachenalia trichophylla Baker;毛叶立金花■☆
218948 Lachenalia tricolor Jacq.;三色立金花;Tricolor Cape Cowslip, Tricolor Cape-cowslip ■☆
218949 Lachenalia tricolor Jacq. = Lachenalia aloides (L. f.) Engl. ■☆
218950 Lachenalia tricolor Jacq. var. aurea Hook. f. = Lachenalia aurea Lindl. ■☆
218951 Lachenalia tricolor Jacq. var. nelsonii Baker;单色立金花;Simple Cape-cowslip ■☆
218952 Lachenalia tricolor Thunb. = Lachenalia aloides (L. f.) Engl. ■☆
218953 Lachenalia undulata Masson ex Baker;波叶立金花■☆
218954 Lachenalia unifolia Jacq.;单叶立金花■☆
218955 Lachenalia unifolia Jacq. var. rogersii Baker = Lachenalia mediana Jacq. var. rogersii (Baker) W. F. Barker ■☆
218956 Lachenalia unifolia Jacq. var. schlechteri (Baker) W. F. Barker;施莱立金花■☆
218957 Lachenalia unifolia Jacq. var. wrightii Baker;赖特立金花■☆
218958 Lachenalia valeriae G. D. Duncan;瓦莱里立金花■☆
218959 Lachenalia variegata W. F. Barker;杂色立金花■☆
218960 Lachenalia ventricosa Schltr. ex W. F. Barker;偏肿立金花■☆
218961 Lachenalia verticillata W. F. Barker;轮生立金花■☆
218962 Lachenalia violacea Jacq.;堇色立金花■☆
218963 Lachenalia violacea Jacq. var. glauca W. F. Barker;灰绿堇色立金花■☆
218964 Lachenalia viridiflora W. F. Barker;绿花立金花■☆
218965 Lachenalia whitehillensis W. F. Barker;怀特山立金花■☆
218966 Lachenalia xerophila Schltr. ex G. D. Duncan;旱生立金花■☆
218967 Lachenalia youngii Baker;扬氏立金花■☆
218968 Lachenalia zebrina W. F. Barker;条斑立金花■☆
218969 Lachenalia zeyheri Baker;泽耶尔立金花■☆
218970 Lachenaliaceae Salisb. = Hyacinthaceae Batsch ex Borkh. ■
218971 Lachenaliaceae Salisb. = Liliaceae Juss.(保留科名)■●
218972 Lachnaea L. (1753);毛瑞香属●☆
218973 Lachnaea alpina Eckl. et Zeyh. ex Meisn.;高山毛瑞香●☆
218974 Lachnaea ambigua Meisn.;可疑毛瑞香●☆
218975 Lachnaea ambigua Meisn. var. minor ? = Lachnaea nervosa (Thunb.) Meisn. ●☆
218976 Lachnaea aurea Eckl. et Zeyh. ex Meisn.;金黄毛瑞香●☆
218977 Lachnaea axillaris Meisn.;腋花毛瑞香●☆
218978 Lachnaea burchellii Meisn.;伯切尔毛瑞香●☆
218979 Lachnaea burchellii Meisn. var. latifolia ? = Lachnaea burchellii Meisn. ●☆
218980 Lachnaea buxifolia Lam.;黄杨叶毛瑞香●☆
218981 Lachnaea capitata (L.) Crantz;头状毛瑞香●☆
218982 Lachnaea densiflora Meisn.;密花毛瑞香●☆
218983 Lachnaea diosmoides Meisn.;逸香木毛瑞香●☆
218984 Lachnaea diosmoides Meisn. var. tenella ? = Lachnaea diosmoides Meisn. ●☆
218985 Lachnaea elegans Compton = Lachnaea striata (Lam.) Meisn. ●☆
218986 Lachnaea elsieae Beyers;埃尔西毛瑞香●☆
218987 Lachnaea ericoides Meisn.;石南状毛瑞香●☆
218988 Lachnaea eriocephala L.;毛头毛瑞香●☆
218989 Lachnaea filamentosa Meisn.;丝状毛瑞香●☆
218990 Lachnaea filamentosa Meisn. var. major ? = Lachnaea filamentosa Meisn. ●☆
218991 Lachnaea filicaulis (Meisn.) Beyers;线茎毛瑞香●☆
218992 Lachnaea funicaulis Schinz;茎毛瑞香●☆
218993 Lachnaea globulifera Meisn.;球毛瑞香●☆
218994 Lachnaea globulifera Meisn. subsp. incana Beyers;灰毛瑞香●☆
218995 Lachnaea globulifera Meisn. var. coerulescens Eckl. et Zeyh. ex Meisn. = Lachnaea globulifera Meisn. subsp. incana Beyers ●☆
218996 Lachnaea glomerata Fourc.;团集毛瑞香●☆
218997 Lachnaea gracilis Meisn.;纤细毛瑞香●☆
218998 Lachnaea grandiflora (L. f.) Baill.;大花毛瑞香●☆
218999 Lachnaea greytonensis Beyers;格雷敦毛瑞香●☆
219000 Lachnaea laniflora (C. H. Wright) Bond;毛花毛瑞香●☆
219001 Lachnaea laxa (C. H. Wright) Beyers;松散毛瑞香●☆
219002 Lachnaea leipoldtii Beyers;莱波尔德毛瑞香●☆

219003 Lachnaea marlothii Schltr.;马洛斯毛瑞香●☆
219004 Lachnaea micrantha Schltr. = Lachnaea axillaris Meisn. ●☆
219005 Lachnaea montana Beyers;山地毛瑞香●☆
219006 Lachnaea nervosa (Thunb.) Meisn.;多脉毛瑞香●☆
219007 Lachnaea oliverorum Beyers;奥里弗毛瑞香●☆
219008 Lachnaea passerinoides N. E. Br. = Lachnaea penicillata Meisn. ●☆
219009 Lachnaea pedicellata Beyers;梗花毛瑞香●☆
219010 Lachnaea pendula Beyers;下垂毛瑞香●☆
219011 Lachnaea penicillata Meisn.;帚状毛瑞香●☆
219012 Lachnaea pomposa Beyers = Lachnaea buxifolia Lam. ●☆
219013 Lachnaea purpurea Andréws = Lachnaea eriocephala L. ●☆
219014 Lachnaea pusilla Beyers;微小毛瑞香●☆
219015 Lachnaea rupestris Beyers;岩生毛瑞香●☆
219016 Lachnaea ruscifolia Compton;假叶树毛瑞香●☆
219017 Lachnaea sociorum Beyers;群生毛瑞香●☆
219018 Lachnaea stokoei Beyers;斯托克毛瑞香●☆
219019 Lachnaea striata (Lam.) Meisn.;条纹毛瑞香●☆
219020 Lachnaea uniflora (L.) Crantz;单花毛瑞香●☆
219021 Lachnaea villosa Beyers;长柔毛瑞香●☆
219022 Lachnagrostis Trin. (1820);风草剪股颖属■☆
219023 Lachnagrostis Trin. = Agrostis L. (保留属名)■
219024 Lachnagrostis lachnantha (Nees) Rúgolo et A. M. Molina;毛花风草剪股颖■☆
219025 Lachnagrostis phleoides Nees et Meyen = Gastridium phleoides (Nees et Meyen) C. E. Hubb. ■☆
219026 Lachnanthes Elliott (1816)(保留属名);柔毛花属(绵绒花属);Bloodroot, Lachnanthes, Redroot, Spirit Plant ■☆
219027 Lachnanthes caroliniana (Lam.) Dandy;卡罗来纳柔毛花■☆
219028 Lachnanthes caroliniana (Lam.) Wilbur = Dilatris caroliniana Lam. ■☆
219029 Lachnanthes caroliniana (Lam.) Wilbur = Lachnanthes tinctoria (J. F. Gmel.) Elliott ■☆
219030 Lachnanthes tinctoria (J. F. Gmel.) Elliott;染色柔毛花(血根);Bloodroot, Redroot, Spirit Plant, Tinctorial Lachnanthes ■☆
219031 Lachnanthes tinctoria (J. F. Gmel.) Elliott = Heritiera tinctorum J. F. Gmel. ■☆
219032 Lachnanthes tinctoria (J. F. Gmel.) Elliott = Lachnanthes caroliniana (Lam.) Dandy ■☆
219033 Lachnastoma Korth. = Hymendocarpum Pierre ex Pit. ●
219034 Lachnastoma Korth. = Nostolachma T. Durand ●
219035 Lachnastoma densiflora Koord. et Valeton;密花毛口茜●☆
219036 Lachnea L. = Lachnaea L. ●☆
219037 Lachnia Baill. = Lachnaea L. ●☆
219038 Lachnocapsa Balf. f. (1882);匙形绵荠属■☆
219039 Lachnocapsa spathulata Balf. f.;匙形绵荠■☆
219040 Lachnocaulon Kunth (1841);毛茎草属;Bog Bachelor's Buttons, Hat-pins ■☆
219041 Lachnocaulon anceps (Walter) Morong;二棱毛茎草■☆
219042 Lachnocaulon beyrichianum Sporl. ex Körn.;贝利毛茎草■☆
219043 Lachnocaulon diandrum Van Heurck et Müll. Arg. = Lachnocaulon digynum Körn. ■☆
219044 Lachnocaulon digynum Körn.;双心皮毛茎草■☆
219045 Lachnocaulon eciliatum Small = Lachnocaulon minus (Chapm.) Small ■☆
219046 Lachnocaulon engleri Ruhland;恩格勒毛茎草■☆
219047 Lachnocaulon floridanum Small = Lachnocaulon anceps (Walter) Morong ■☆
219048 Lachnocaulon glabrum Körn. = Lachnocaulon anceps (Walter) Morong ■☆
219049 Lachnocaulon michauxii Kunth var. minor Chapm. = Lachnocaulon minus (Chapm.) Small ■☆
219050 Lachnocaulon minus (Chapm.) Small;小毛茎草■☆
219051 Lachnocephalus Turcz. (废弃属名) = Mallophora Endl. ●☆
219052 Lachnochloa Steud. (1853);茸毛禾属■☆
219053 Lachnochloa pilosa Steud.;茸毛禾■☆
219054 Lachnocistus Duchass. ex Linden et Planch. = Cochlospermum Kunth(保留属名)●☆
219055 Lachnolepis Miq. = Gyrinops Gaertn. ●☆
219056 Lachnoloma Bunge(1843);绵果荠属;Lachnoloma ■
219057 Lachnoloma lehmannii Bunge;绵果荠;Lachnoloma, Lehmann Lachnoloma ■
219058 Lachnopetalum Turcz. = Lepidopetalum Blume ●☆
219059 Lachnophyllum Bunge(1852);绵菀属■☆
219060 Lachnophyllum gossypinum Bunge;绵菀■☆
219061 Lachnopodium Blume = Otanthera Blume ●
219062 Lachnopylis Hochst. = Nuxia Comm. ex Lam. ●☆
219063 Lachnopylis angolensis (Gilg) Philipson = Nuxia congesta R. Br. ex Fresen. ●☆
219064 Lachnopylis annobonensis Mildbr. = Nuxia annobonensis Mildbr. ●☆
219065 Lachnopylis compacta C. A. Sm. = Nuxia congesta R. Br. ex Fresen. ●☆
219066 Lachnopylis congesta (R. Br. ex Fresen.) C. A. Sm. = Nuxia congesta R. Br. ex Fresen. ●☆
219067 Lachnopylis flocculosa C. A. Sm. = Nuxia congesta R. Br. ex Fresen. ●☆
219068 Lachnopylis floribunda (Benth.) C. A. Sm. = Nuxia floribunda Benth. ●☆
219069 Lachnopylis glomerulata C. A. Sm. = Nuxia glomerulata (C. A. Sm.) I. Verd. ●☆
219070 Lachnopylis goetzeana (Gilg) Greenway = Nuxia congesta R. Br. ex Fresen. ●☆
219071 Lachnopylis gracilis (Engl.) C. A. Sm. = Nuxia gracilis Engl. ●☆
219072 Lachnopylis guineensis Hutch. et M. B. Moss = Nuxia congesta R. Br. ex Fresen. ●☆
219073 Lachnopylis heterotricha C. A. Sm. = Nuxia congesta R. Br. ex Fresen. ●☆
219074 Lachnopylis mannii (Gilg) Hutch. et M. B. Moss = Nuxia congesta R. Br. ex Fresen. ●☆
219075 Lachnopylis montana C. A. Sm. = Nuxia congesta R. Br. ex Fresen. ●☆
219076 Lachnopylis odorata (Gilg) Greenway = Nuxia congesta R. Br. ex Fresen. ●☆
219077 Lachnopylis oppositifolia Hochst. = Nuxia oppositifolia (Hochst.) Benth. ●☆
219078 Lachnopylis platyphylla (Gilg) Dale = Nuxia congesta R. Br. ex Fresen. ●☆
219079 Lachnopylis polyantha (Gilg) C. A. Sm. = Nuxia floribunda Benth. ●☆
219080 Lachnopylis sambesina (Gilg) C. A. Sm. = Nuxia congesta R. Br. ex Fresen. ●☆
219081 Lachnopylis saxatilis C. A. Sm. = Nuxia congesta R. Br. ex

Fresen. ●☆

219082 Lachnopylis schistotricha C. A. Sm. = Nuxia congesta R. Br. ex Fresen. ●☆

219083 Lachnopylis speciosa C. A. Sm. = Nuxia congesta R. Br. ex Fresen. ●☆

219084 Lachnopylis suaveolens C. A. Sm. = Nuxia glomerulata (C. A. Sm.) I. Verd. ●☆

219085 Lachnopylis ternifolia Hochst. = Nuxia congesta R. Br. ex Fresen. ●☆

219086 Lachnopylis thomensis Philipson = Nuxia tomentosa Sond. ●☆

219087 Lachnopylis viscidulosa C. A. Sm. = Nuxia congesta R. Br. ex Fresen. ●☆

219088 Lachnorhiza A. Rich. (1850);莲座糙毛菊属■☆

219089 Lachnorhiza piloselloides A. Rich.;莲座糙毛菊■☆

219090 Lachnosiphonium Hochst. = Catunaregam Wolf ●

219091 Lachnosiphonium niloticum (Stapf) Dandy = Catunaregam nilotica (Stapf) Tirveng. ●☆

219092 Lachnosiphonium obovatum Hochst. = Catunaregam obovata (Hochst.) A. E. Gonc. ●☆

219093 Lachnosiphonium rude (E. Mey. ex Harv.) J. G. Garcia = Coddia rudis (E. Mey. ex Harv.) Verdc. ●☆

219094 Lachnosiphonium rude (E. Mey. ex Harv.) J. G. Garcia var. parvifolium (Harv.) J. G. Garcia = Coddia rudis (E. Mey. ex Harv.) Verdc. ●☆

219095 Lachnosiphonium vestitum (S. Moore) J. G. Garcia = Catunaregam taylorii (S. Moore) Bridson ●☆

219096 Lachnospermum Willd. (1803);骨苞帚鼠麹属●☆

219097 Lachnospermum ericifolium Willd. = Lachnospermum fasciculatum (Thunb.) Baill. ●☆

219098 Lachnospermum ericoides Harv. = Lachnospermum fasciculatum (Thunb.) Baill. ●☆

219099 Lachnospermum fasciculatum (Thunb.) Baill.;簇生骨苞帚鼠麹●☆

219100 Lachnospermum imbricatum (P. J. Bergius) Hilliard;覆瓦骨苞帚鼠麹●☆

219101 Lachnospermum neglectum Schltr. = Lachnospermum fasciculatum (Thunb.) Baill. ●☆

219102 Lachnospermum umbellatum (L. f.) Pillans;小伞骨苞帚鼠麹●☆

219103 Lachnostachys Hook. (1841);毛穗马鞭草属●☆

219104 Lachnostachys albicans Hook.;浅白毛穗马鞭草●☆

219105 Lachnostachys brevispicata E. Pritz.;短穗毛穗马鞭草●☆

219106 Lachnostachys cordifolia S. Moore;心叶毛穗马鞭草●☆

219107 Lachnostachys ferruginea Hook.;锈色毛穗马鞭草●☆

219108 Lachnostoma Hassk. = Nostolachma T. Durand ●

219109 Lachnostoma Kunth(1819);毛口萝藦属●☆

219110 Lachnostoma longifolium Markgr.;长叶毛口萝藦●☆

219111 Lachnostoma nigrum (ex de Candolle) Decne.;黑毛口萝藦●☆

219112 Lachnostoma ovatum Turcz.;卵形毛口萝藦●☆

219113 Lachnostoma parviflorum Torr.;小花毛口萝藦●☆

219114 Lachnostylis Engl. = Lachnopylis Hochst. ●☆

219115 Lachnostylis Engl. = Nuxia Comm. ex Lam. ●☆

219116 Lachnostylis Turcz. (1846);毛柱大戟属■●☆

219117 Lachnostylis Turcz. et R. A. Dyer = Lachnostylis Turcz. ■●☆

219118 Lachnostylis bilocularis R. A. Dyer;双囊毛柱大戟■☆

219119 Lachnostylis capensis Turcz. = Lachnostylis hirta (L. f.) Müll. Arg. ■●☆

219120 Lachnostylis hirta (L. f.) Müll. Arg.;毛柱大戟■●☆

219121 Lachnothalamus F. Muell. = Chthonocephalus Steetz ■☆

219122 Lachryma-Job Ortega = Lachrymaria Fabr. ●■

219123 Lachryma-jobi Ortega = Coix L. ●■

219124 Lachrymaria Fabr. = Coix L. ●■

219125 Lachrymaria Heisl. = Coix L. ●■

219126 Lachrymaria Heist. ex Fabr. = Coix L. ●■

219127 Lachytis Augier = Lecythis Loefl. ●☆

219128 Laciala Kuntze = Schizoptera Turcz. ■☆

219129 Lacimaria B. D. Jacks. = Lacinaria Hill(废弃属名)■☆

219130 Lacinaria Hill(废弃属名) = Laciniaria Hill ■☆

219131 Lacinaria Hill(废弃属名) = Liatris Gaertn. ex Schreb.(保留属名)■☆

219132 Lacinaria acidota (Engelm. et A. Gray) Kuntze = Liatris acidota Engelm. et A. Gray ■☆

219133 Lacinaria arenicola Bush = Liatris punctata Hook. ■☆

219134 Lacinaria aspera (Michx.) Greene = Liatris aspera Michx. ■☆

219135 Lacinaria bebbiana Rydb. = Liatris pycnostachya Michx. ■☆

219136 Lacinaria chapmanii (Torr. et A. Gray) Kuntze = Liatris chapmanii Torr. et A. Gray ■☆

219137 Lacinaria cylindracea (Michx.) Kuntze = Liatris cylindracea Michx. ■☆

219138 Lacinaria cymosa Nees = Liatris cymosa (Ness) K. Schum. ■☆

219139 Lacinaria elegantula Greene = Liatris elegantula (Greene) K. Schum. ■☆

219140 Lacinaria flabellata Small = Liatris elegans (Walter) Michx. ■☆

219141 Lacinaria gracilis (Pursh) Kuntze = Liatris gracilis Pursh ■☆

219142 Lacinaria graminifolia (Willd.) Kuntze var. pilosa (Aiton) Britton = Liatris pilosa (Aiton) Willd. ■☆

219143 Lacinaria helleri (Porter) Porter ex A. Heller = Liatris helleri Porter ■☆

219144 Lacinaria laevigata (Nutt.) Small = Liatris laevigata Nutt. ■☆

219145 Lacinaria lancifolia Greene = Liatris lancifolia (Greene) Kittell ■☆

219146 Lacinaria laxa Small = Liatris gracilis Pursh ■☆

219147 Lacinaria leptostachya Bush = Liatris punctata Hook. var. mucronata (DC.) B. L. Turner ■☆

219148 Lacinaria ligulistylis A. Nelson = Liatris ligulistylis (A. Nelson) K. Schum. ■☆

219149 Lacinaria microcephala Small = Liatris microcephala (Small) K. Schum. ■☆

219150 Lacinaria ohlingerae S. F. Blake = Liatris ohlingerae (S. F. Blake) B. L. Rob. ■☆

219151 Lacinaria polyphylla Small = Liatris microcephala (Small) K. Schum. ■☆

219152 Lacinaria punctata (Hook.) Kuntze = Liatris punctata Hook. ■☆

219153 Lacinaria pycnostachya (Michx.) Kuntze = Liatris pycnostachya Michx. ■☆

219154 Lacinaria ruthii Bush = Liatris punctata Hook. var. mucronata (DC.) B. L. Turner ■☆

219155 Lacinaria scariosa (L.) Hill = Liatris scariosa (L.) Willd. ■☆

219156 Lacinaria scariosa (L.) Hill var. borealis (Nutt. ex J. McNab) Lunell = Liatris scariosa (L.) Willd. ■☆

219157 Lacinaria scariosa (L.) Hill var. nieuwlandii Lunell = Liatris

scariosa (L.) Willd. var. niewlandii (Lunell) E. G. Voss ■☆
219158 Lacinaria scariosa (L.) Hill var. virginiana Lunell = Liatris scariosa (L.) Willd. ■☆
219159 Lacinaria scariosa (L.) Willd. var. intermedia Lunell = Liatris aspera Michx. ■☆
219160 Lacinaria scariosa (L.) Willd. var. novaeangliae Lunell = Liatris scariosa (L.) Willd. var. novaeangliae (Lunell) Gandhi, S. M. Young et P. Somers ■☆
219161 Lacinaria serotina Greene = Liatris pycnostachya Michx. var. lasiophylla Shinners ■☆
219162 Lacinaria shortii Alexander = Liatris squarrulosa Michx. ■☆
219163 Lacinaria smallii Britton = Liatris virgata Nutt. ■☆
219164 Lacinaria spicata (L.) Kuntze = Liatris spicata (L.) Willd. ■☆
219165 Lacinaria squarrosa (L.) Hill = Liatris squarrosa (L.) Michx. ■☆
219166 Lacinaria tenuifolia (Nutt.) Kuntze = Liatris tenuifolia Nutt. ■☆
219167 Lacinaria tracyi Alexander = Liatris squarrulosa Michx. ■☆
219168 Laciniaceae Dulac = Resedaceae Martinov(保留科名)■●
219169 Laciniaria Hill = Liatris Gaertn. ex Schreb. (保留属名)■☆
219170 Lacis Dulac = Trinia Hoffm. (保留属名)■☆
219171 Lacis Lindl. = Tulasneantha P. Royen ■☆
219172 Lacis Schreb. = Mourera Aubl. ■☆
219173 Lacistema Sw. (1788);裂蕊树属●☆
219174 Lacistema bolivianum Gand.;玻利维亚裂蕊树●☆
219175 Lacistema ellipticum Schnizl.;椭圆裂蕊树●☆
219176 Lacistema intermedium Schnizl.;间型裂蕊树●☆
219177 Lacistema leptostachyum Chodat et Chirtoiu;细穗裂蕊树●☆
219178 Lacistema polystachyum Schnizl.;多穗裂蕊树●☆
219179 Lacistema purpureum A. DC.;紫裂蕊树●☆
219180 Lacistema robustum Schnizl.;粗壮裂蕊树●☆
219181 Lacistema tomentosum Miq. ex Pulle;绒毛裂蕊树●☆
219182 Lacistema trichoneurum Blake ex Knuth;毛脉裂蕊树●☆
219183 Lacistemataceae Mart. (1826)(保留科名);裂蕊树科(裂药花科)●☆
219184 Lacistemataceae Mart. (保留科名) = Flacourtiaceae Rich. ex DC. (保留科名)●
219185 Lacistemon Post et Kuntze = Lacistema Sw. ●☆
219186 Lacistemopsis Kuhlm. (1940);假裂蕊树属●☆
219187 Lacistemopsis Kuhlm. = Lozania S. Mutis ex Caldas ●☆
219188 Lacistemopsis poculifera Kuhlm.;假裂蕊树●☆
219189 Lacmellea B. D. Jacks. = Lacmellea H. Karst. ●☆
219190 Lacmellea H. Karst. (1857);拉克夹竹桃属●☆
219191 Lacmellea lactescens (Kuhlm.) Markgr.;拉克夹竹桃●☆
219192 Lacroixia Szlach. = Dinklageella Mansf. ■☆
219193 Lacryma Medik. = Coix L. ●■
219194 Lacryma Medik. = Lachrymaria Fabr. ●■
219195 Lactaria Raf. = Ochrosia Juss. ●
219196 Lactaria Rumph. ex Raf. = Ochrosia Juss. ●
219197 Lactaria coccinea Teijsm. et Binn. = Ochrosia coccinea (Teijsm. et Binn.) Miq. ●
219198 Lactaria iwasakiana Koidz. = Neisosperma iwasakianum (Koidz.) Fosberg et Sachet ●☆
219199 Lactaria nakaiana Koidz. = Ochrosia nakaiana Koidz. ●☆
219200 Lactomamillaria Fric. = Solisia Britton et Rose ■☆
219201 Lactomammillaria Frič = Mammillaria Haw. (保留属名)●
219202 Lactoridaceae Engl. (1888)(保留科名);囊粉花科(短蕊花科,鸟嘴果科,乳树科)●☆
219203 Lactoridaceae Engl. (保留科名) = Piperaceae Giseke(保留科名)●■
219204 Lactoris Phil. (1865);囊粉花属(短蕊花属,鸟嘴果属,乳树属);Lactoris ●☆
219205 Lactoris fernandeziana Phil.;囊粉花(短蕊花,鸟嘴果,乳树);Fernandez Lactoris ●☆
219206 Lactuca L. (1753);莴苣属(山莴苣属);Lettuce, Wild Lettuce ■
219207 Lactuca abyssinica Fresen. = Lactuca inermis Forssk. ■☆
219208 Lactuca alliariifolia H. Lév. et Vaniot = Pterocypsela raddeana (Maxim.) C. Shih ■
219209 Lactuca alpina Benth. et Hook. f. = Cicerbita alpina (L.) Wallr. ■
219210 Lactuca altaica Fisch. et C. A. Mey.;阿尔泰莴苣;Altai Lettuce ■
219211 Lactuca ambacensis (Hiern) C. Jeffrey;安巴卡莴苣■☆
219212 Lactuca amoena Hand. -Mazz. = Dubyaea amoena (Hand. -Mazz.) Stebbins ■
219213 Lactuca amurensis Regel et Maxim. ex Regel = Pterocypsela indica (L.) C. Shih ■
219214 Lactuca andongensis Hiern;安东莴苣■☆
219215 Lactuca aogashimaensis Kitam. = Lactuca raddiana Maxim. var. elata (Hemsl.) Kitam. ■
219216 Lactuca arabica Jaub. et Spach = Launaea petitiana (A. Rich.) N. Kilian ■☆
219217 Lactuca atlantica Pomel = Lactuca muralis (L.) Gaertn. ■☆
219218 Lactuca atropurpurea Franch. = Dubyaea atropurpurea (Franch.) Stebbins ■
219219 Lactuca attenuata Stebbins;渐狭莴苣■☆
219220 Lactuca attenuatissima Robyns = Lactuca attenuata Stebbins ■☆
219221 Lactuca auriculata DC.;耳叶莴苣(大头叶莴苣);Auriculate Lettuce ■
219222 Lactuca auriculata DC. = Lactuca dissecta D. Don ■
219223 Lactuca azurea (Ledeb.) Danguy = Cicerbita azurea (Ledeb.) Beauverd ■
219224 Lactuca beauverdiana H. Lév. = Ixeridium gracile (DC.) C. Shih ■
219225 Lactuca beauverdiana H. Lév. = Senecio pseudomairei H. Lév. ■
219226 Lactuca beesiana Diels = Chaetoseris beesiana (Diels) C. Shih ■
219227 Lactuca biauriculata H. Lév. et Vaniot = Ixeris polycephala Cass. ■
219228 Lactuca biauriculata Vaniot et H. Lév. L. matsumura Makino = Ixeris polycephala Cass. ■
219229 Lactuca biennis (Moench) Fernald;北美高莴苣;Tall Blue Lettuce, Woodland Lettuce ■☆
219230 Lactuca biennis (Moench) Fernald f. aurea (Jenn.) Fernald = Lactuca biennis (Moench) Fernald ■☆
219231 Lactuca biennis (Moench) Fernald f. integrifolia (Torr. et A. Gray) Fernald = Lactuca biennis (Moench) Fernald ■☆
219232 Lactuca blinii H. Lév. = Nabalus ochroleucus Maxim. ■
219233 Lactuca bonatii (Beauverd) H. Lév. = Chaetoseris bonatii (Beauverd) C. Shih ■
219234 Lactuca brachyrhyncha Hayata = Chorisis repens (L.) DC. ■
219235 Lactuca brachyrhyncha Hayata = Ixeris repens (L.) A. Gray ■
219236 Lactuca bracteata Hook. f. et Thomson ex C. B. Clarke = Mulgedium bracteatum (Hook. f. et Thomson ex C. B. Clarke) C. Shih ■

219237 Lactuca brevirostris Champ. = Pterocypsela indica (L.) C. Shih ■

219238 Lactuca brevirostris Champ. ex Benth.;短喙莴苣(野莴苣);Shortbeak Lettuce ■

219239 Lactuca brevirostris Champ. ex Benth. = Pterocypsela indica (L.) C. Shih ■

219240 Lactuca brevirostris Champ. ex Benth. var. folisindivisis Hemsl. = Pterocypsela indica (L.) C. Shih ■

219241 Lactuca brevirostris Champ. ex Benth. var. follislaciniata Hemsl. = Pterocypsela laciniata (Houtt.) C. Shih ■

219242 Lactuca brevirostris Champ. var. foliislaciniatis Hemsl. = Pterocypsela laciniata (Houtt.) C. Shih ■

219243 Lactuca brevitostris Champ. ex Benth. = Pterocypsela indica (L.) C. Shih ■

219244 Lactuca bungeana Nakai = Ixeridium sonchifolium (Maxim.) C. Shih ■

219245 Lactuca cabrae De Wild. = Launaea cabrae (De Wild.) N. Kilian ■☆

219246 Lactuca calophylla C. Jeffrey;丽叶莴苣■☆

219247 Lactuca campestris Greene = Lactuca ludoviciana (Nutt.) Riddell ■☆

219248 Lactuca campestris Greene var. typica Wiegand = Lactuca ludoviciana (Nutt.) Riddell ■☆

219249 Lactuca canadensis L.;加拿大莴苣;Canada Lettuce,Canadian Lettuce,Tall Lettuce,Tall Wild Lettuce,Wild Lettuce ■☆

219250 Lactuca canadensis L. f. angustata Wiegand = Lactuca canadensis L. ■☆

219251 Lactuca canadensis L. f. angustipes Wiegand = Lactuca canadensis L. ■☆

219252 Lactuca canadensis L. f. exauriculata Wiegand = Lactuca canadensis L. ■☆

219253 Lactuca canadensis L. f. stenopoda Wiegand = Lactuca canadensis L. ■☆

219254 Lactuca canadensis L. f. villicaulis Fernald = Lactuca canadensis L. ■☆

219255 Lactuca canadensis L. var. integrifolia (Bigelow) Torr. et A. Gray = Lactuca canadensis L. ■☆

219256 Lactuca canadensis L. var. latifolia Kuntze = Lactuca canadensis L. ■☆

219257 Lactuca canadensis L. var. latifolia Kuntze f. exauriculata Wiegand = Lactuca canadensis L. ■☆

219258 Lactuca canadensis L. var. longifolia (Michx.) Farw. = Lactuca canadensis L. ■☆

219259 Lactuca canadensis L. var. longifolia (Michx.) Farw. f. angustipes (Wiegand) Farw. = Lactuca canadensis L. ■☆

219260 Lactuca canadensis L. var. obovata Wiegand = Lactuca canadensis L. ■☆

219261 Lactuca canadensis L. var. spinulosa Jenn. = Lactuca canadensis L. ■☆

219262 Lactuca canadensis L. var. typica Wiegand = Lactuca canadensis L. ■☆

219263 Lactuca canadensis L. var. typica Wiegand f. angustipes Wiegand = Lactuca canadensis L. ■☆

219264 Lactuca capensis Thunb. = Lactuca inermis Forssk. ■☆

219265 Lactuca capensis Thunb. var. duruensis De Wild. = Lactuca inermis Forssk. ■☆

219266 Lactuca capensis Thunb. var. myriocephala Dethier = Lactuca inermis Forssk. ■☆

219267 Lactuca caucasica K. Koch;高加索山莴苣■☆

219268 Lactuca cavaleriei H. Lév. = Pterocypsela indica (L.) C. Shih ■

219269 Lactuca cavaleriei H. Lév. var. folisindivisis (Hemsl.) Y. Ling = Pterocypsela indica (L.) C. Shih ■

219270 Lactuca chaixi Vill.;分叶山莴苣■☆

219271 Lactuca chelidonifolia Makino = Paraixeris chelidonifolia (Makino) Nakai ■

219272 Lactuca chinensis (Thunb.) Makino = Ixeridium gramineum (Fisch.) Tzvelev ■

219273 Lactuca chinensis (Thunb.) Nakai = Ixeridium chinense (Thunb.) Tzvelev ■

219274 Lactuca chinensis (Thunb.) Nakai = Ixeris chinensis (Thunb.) Nakai ■

219275 Lactuca chinensis (Thunb.) Nakai var. saxatilis (Kitam.) Kitam. = Ixeridium chinense (Thunb.) Tzvelev ■

219276 Lactuca chunkingensis Stebbins = Paraprenanthes prenanthoides (Hemsl.) C. Shih ■

219277 Lactuca cichorioides (Hiern) C. Jeffrey;菊苣状莴苣■☆

219278 Lactuca cornigera Pau et Font Quer = Lactuca virosa L. subsp. cornigera (Pau et Font Quer) Emb. et Maire ■☆

219279 Lactuca corymbosa Lawalrée;伞序莴苣■

219280 Lactuca crassifolia Balf. f. = Launaea crassifolia (Balf. f.) C. Jeffrey ■☆

219281 Lactuca crepidioides Vaniot = Ixeridium gramineum (Fisch.) Tzvelev ■

219282 Lactuca cubanguensis (S. Moore) C. Jeffrey;库邦戈莴苣■☆

219283 Lactuca deasyi S. Moore = Soroseris glomerata (Decne.) Stebbins ■

219284 Lactuca debilis (Thunb.) Benth. et Hook.;蔓茎莴苣■

219285 Lactuca debilis (Thunb.) Benth. et Hook. = Ixeris japonica (Burm. f.) Nakai ■

219286 Lactuca debilis (Thunb.) Benth. et Hook. var. integra Kuntze = Ixeris japonica (Burm. f.) Nakai ■

219287 Lactuca debilis (Thunb.) Benth. ex Maxim. = Ixeris debilis (Thunb.) A. Gray ■

219288 Lactuca debilis (Thunb.) Benth. ex Maxim. = Ixeris japonica (Burm. f.) Nakai ■

219289 Lactuca dentata (Thunb.) Makino = Ixeridium dentatum (Thunb.) Tzvelev ■

219290 Lactuca dentata (Thunb.) Robins = Ixeridium dentatum (Thunb.) Tzvelev ■

219291 Lactuca dentata (Thunb.) Robins = Ixeris dentata (Thunb.) Nakai ■

219292 Lactuca dentata (Thunb.) Robins var. stolonifera Kitam. = Ixeridium dentatum (Thunb.) Tzvelev var. stoloniferum (Kitam.) ■☆

219293 Lactuca dentata (Thunb.) Robins var. stolonifera Kitam. = Ixeris dentata (Thunb.) Nakai var. stolonifera (Kitam.) Nemoto ■☆

219294 Lactuca denticulata (Houtt.) Maxim. = Ixeris denticulata (Houtt.) Stebbins ■

219295 Lactuca denticulata (Houtt.) Maxim. = Paraixeris denticulata (Houtt.) Nakai ■

219296 Lactuca denticulata (Houtt.) Maxim. = Paraixeris serotina (Maxim.) Tzvelev ■

219297 Lactuca denticulata (Houtt.) Maxim. f. pinnatipartita Makino = Paraixeris pinnatipartita (Makino) Tzvelev ■

219298 Lactuca denticulata (Houtt.) Maxim. var. sonchifolia (Bunge) Maxim. = Ixeridium sonchifolium (Maxim.) C. Shih ■

219299 Lactuca denticulata (Houtt.) Maxim. var. sonchifolia (Maxim.) Maxim. = Ixeridium sonchifolium (Maxim.) C. Shih ■

219300 Lactuca denticulata (Houtt.) Maxim. var. yoshinoi Makino = Crepidiastrum yoshinoi (Makino) J. H. Pak et Kawano ■☆

219301 Lactuca denticulata (Houtt.) Maxim. var. yoshinoi Makino = Paraixeris yoshinoi (Makino) Nakai ■☆

219302 Lactuca disciformis (Mattf.) Stebbins = Syncalathium disciforme (Mattf.) Y. Ling ■

219303 Lactuca dissecta D. Don;裂叶莴苣;Dissected Lettuce ■

219304 Lactuca diversifolia Vaniot;异叶莴苣;Diversifolious Lettuce ■

219305 Lactuca diversifolia Vaniot = Paraprenanthes sororia (Miq.) C. Shih ■

219306 Lactuca dolichophylla Kitam.;长叶莴苣;Longleaf Lettuce ■

219307 Lactuca dracoglossa Makino;龙舌菜■☆

219308 Lactuca dregeana DC.;德雷莴苣■☆

219309 Lactuca dubyaea C. B. Clarke = Dubyaea bhotanica (Hutch.) C. Shih ■

219310 Lactuca dunlapii Hutch. et Dalziel = Lactuca glandulifera Hook. f. ■☆

219311 Lactuca elata Hemsl. = Lactuca raddiana Maxim. var. elata (Hemsl.) Kitam. ■

219312 Lactuca elata Hemsl. = Pterocypsela elata (Hemsl.) C. Shih ■

219313 Lactuca elata Hemsl. ex Forbes et Hemsl. = Pterocypsela elata (Hemsl.) C. Shih ■

219314 Lactuca elegans Franch. = Ixeridium elegans (Franch.) C. Shih ■

219315 Lactuca elgonensis Stebbins = Lactuca glandulifera Hook. f. ■☆

219316 Lactuca erythrocarpa Vaniot = Youngia erythrocarpa (Vaniot) Babc. et Stebbins ■

219317 Lactuca faberia Franch. = Faberia sinensis Hemsl. ■

219318 Lactuca farinulenta (Chiov.) Cufod. = Launaea cornuta (Hochst. ex Oliv. et Hiern) C. Jeffrey ■☆

219319 Lactuca fischeriana DC. = Ixeridium gramineum (Fisch.) Tzvelev ■

219320 Lactuca flavissima Hayata = Ixeridium chinense (Thunb.) Tzvelev ■

219321 Lactuca floridana (L.) Gaertn.;佛罗里达莴苣;False Lettuce, Florida Lettuce, Woodland Lettuce ■☆

219322 Lactuca floridana (L.) Gaertn. var. villosa (Jacq.) Cronquist = Lactuca floridana (L.) Gaertn. ■☆

219323 Lactuca formosana Maxim. = Pterocypsela formosana (Maxim.) C. Shih ■

219324 Lactuca forrestii W. W. Sm. = Chaetoseris likiangensis (Franch.) C. Shih ■

219325 Lactuca fukuyamae Kitam. = Notoseris formosana (Kitam.) C. Shih ■

219326 Lactuca funebris W. W. Sm. = Chaetoseris hastata (Wall. ex DC.) C. Shih ■

219327 Lactuca georgica Grossh.;乔治莴苣■☆

219328 Lactuca gilletii De Wild. = Lactuca imbricata Hiern ■☆

219329 Lactuca glabra C. C. Chang = Faberia lanceifolia J. Anthony ■

219330 Lactuca glabra DC. = Launaea acaulis (Roxb.) Babc. ex Kerr ■

219331 Lactuca glabra DC. ex Wight = Launaea acaulis (Roxb.) Babc. ex Kerr ■

219332 Lactuca glandulifera Hook. f.;腺点莴苣■☆

219333 Lactuca glandulifera Hook. f. f. calva R. E. Fr. = Lactuca glandulifera Hook. f. ■☆

219334 Lactuca glandulifera Hook. f. var. calva (R. E. Fr.) Robyns = Lactuca glandulifera Hook. f. ■☆

219335 Lactuca glandulosissima C. C. Chang = Paraprenanthes glandulosissima (C. C. Chang) C. Shih ■

219336 Lactuca glauciifolia Boiss.;灰蓝莴苣■☆

219337 Lactuca gombalana Hand.-Mazz. = Dubyaea gombalana (Hand.-Mazz.) Stebbins ■

219338 Lactuca goraeensis (Lam.) Sch. Bip. = Launaea intybacea (Jacq.) Beauverd ■☆

219339 Lactuca goraeensis (Lam.) Sch. Bip. var. effusa A. Terracc. = Launaea intybacea (Jacq.) Beauverd ■☆

219340 Lactuca goraeensis (Lam.) Sch. Bip. var. glomerata A. Terracc. = Launaea intybacea (Jacq.) Beauverd ■☆

219341 Lactuca graciliflora Forbes et Hemsl. = Prenanthes tatarinowii Maxim. ■

219342 Lactuca graciliflora Wall. ex DC. = Stenoseris graciliflora (Wall. ex DC.) C. Shih ■

219343 Lactuca gracilis DC. = Ixeridium gracile (DC.) C. Shih ■

219344 Lactuca gracilis DC. = Ixeris gracilis (DC.) Stebbins ■

219345 Lactuca gracilis DC. = Ixeris tamagawaensis (Makino) Kitam. ■

219346 Lactuca graminifolia Michx.;禾叶莴苣■☆

219347 Lactuca grandiflora Franch. = Chaetoseris grandiflora (Franch.) C. Shih ■

219348 Lactuca hallaisanensis H. Lév. = Ixeridium gramineum (Fisch.) Tzvelev ■

219349 Lactuca handeliana S. Y. Hu = Lactuca dolichophylla Kitam. ■

219350 Lactuca hastata Wall. ex DC. = Chaetoseris hastata (Wall. ex DC.) C. Shih ■

219351 Lactuca hastata Wall. ex DC. var. glandulifera Franch. = Chaetoseris cyanea (D. Don) C. Shih ■

219352 Lactuca hemsyleyi Franch. = Prenanthes faberi Hemsl. ex Forbes et Hemsl. ■

219353 Lactuca henryi Dunn = Notoseris henryi (Dunn) C. Shih ■

219354 Lactuca heyneana DC. = Launaea intybacea (Jacq.) Beauverd ■☆

219355 Lactuca hirsuta Franch. = Chaetoseris hirsuta (Franch.) C. Shih ■

219356 Lactuca hochstetteri (A. Rich.) Oliv. et Hiern = Lactuca inermis Forssk. ■☆

219357 Lactuca hochstetteri (A. Rich.) Oliv. et Hiern var. humilis ? = Lactuca inermis Forssk. ■☆

219358 Lactuca hockii De Wild. = Lactuca imbricata Hiern var. hockii (De Wild.) Dethier ■☆

219359 Lactuca hoepferiana O. Hoffm. ex Merxm. = Lactuca petrensis Hiern ■☆

219360 Lactuca hoffmeisteri Klotzsch = Cephalorrhynchus saxatilis (Edgew.) C. Shih ■

219361 Lactuca homblei De Wild.;洪布勒莴苣■☆

219362 Lactuca humifusa Dunn = Paraixeris humifusa (Dunn) C. Shih ■

219363 Lactuca imbricata Hiern;覆瓦莴苣■☆

219364 Lactuca imbricata Hiern var. hockii (De Wild.) Dethier;霍克莴苣■☆

219365 Lactuca indica L. = Pterocypsela indica (L.) C. Shih ■

219366 Lactuca indica L. = Pterocypsela laciniata (Houtt.) C. Shih ■

219367 Lactuca indica L. f. indivisa (Maxim.) H. Hara = Pterocypsela indica (L.) C. Shih ■

219368 Lactuca indica L. f. runcinata (Maxim.) Kitam. = Pterocypsela indica (L.) C. Shih ■

219369 Lactuca indica L. f. runcinata (Maxim.) Kitam. = Pterocypsela laciniata (Houtt.) C. Shih ■

219370 Lactuca indica L. var. dentata (Kom.) Y. C. Chu = Pterocypsela indica (L.) C. Shih ■

219371 Lactuca indica L. var. dracoglossa (Makino) Kitam. = Lactuca dracoglossa Makino ■☆

219372 Lactuca indica L. var. follislaciniata (Hemsl.) Y. Ling = Pterocypsela laciniata (Houtt.) C. Shih ■

219373 Lactuca indica L. var. laciniata (Houtt.) H. Hara = Lactuca indica L. ■

219374 Lactuca indica L. var. laciniata (Houtt.) H. Hara f. indivisa (Maxim.) H. Hara = Lactuca indica L. ■

219375 Lactuca inermis Forssk.;无刺莴苣■☆

219376 Lactuca integrata (Gren. et Godr.) A. Nelson = Lactuca scariola L. ■

219377 Lactuca integrifolia De Wild. = Lactuca glandulifera Hook. f. ■☆

219378 Lactuca intricata Pomel = Lactuca viminea (L.) J. Presl et C. Presl ■☆

219379 Lactuca intybacea Jacq. = Launaea intybacea (Jacq.) Beauverd ■☆

219380 Lactuca kawaguchii Kitam. = Syncalathium kawaguchii (Kitam.) Y. Ling ■

219381 Lactuca kenyensis Stebbins = Lactuca inermis Forssk. ■☆

219382 Lactuca koshunensis Hayata = Crepidiastrum lanceolatum (Houtt.) Nakai ■

219383 Lactuca kossmatii Vierh. = Launaea crassifolia (Balf. f.) C. Jeffrey ■☆

219384 Lactuca kouyangensis H. Lév. = Pterocypsela indica (L.) C. Shih ■

219385 Lactuca lacerrima Hayata = Ixeridium chinense (Thunb.) Tzvelev ■

219386 Lactuca lacerrima Hayata f. flavissima (Hayata) Kitam. = Ixeridium chinense (Thunb.) Tzvelev ■

219387 Lactuca laciniata (Houtt.) Makino = Pterocypsela laciniata (Houtt.) C. Shih ■

219388 Lactuca laevigata (Blume) DC. = Ixeridium laevigatum (Blume) C. Shih ■

219389 Lactuca laevigata (Blume) DC. var. saxatilis (Edgew.) C. B. Clarke = Cephalorrhynchus saxatilis (Edgew.) C. Shih ■

219390 Lactuca laevigata (Blume) DC. var. saxatilis (Edgew.) C. B. Clarke = Cicerbita macrophylla (Willd.) Wallr. ■☆

219391 Lactuca lanceolata (Houtt.) Makino = Crepidiastrum lanceolatum (Houtt.) Nakai ■

219392 Lactuca lanceolata (Houtt.) Makino var. batakanensis Kitam. = Crepidiastrum lanceolatum (Houtt.) Nakai ■

219393 Lactuca lasiorhiza (O. Hoffm.) C. Jeffrey;毛根莴苣■☆

219394 Lactuca lebrunii Robyns = Lactuca inermis Forssk. ■☆

219395 Lactuca leptocephala Stebbins = Lactuca inermis Forssk. ■☆

219396 Lactuca lessertiana Wall. ex C. B. Clarke = Mulgedium lessertianum (Wall. ex C. B. Clarke) DC. ■

219397 Lactuca lignea Vaniot = Crepis lignea (Vaniot) Babc. ■

219398 Lactuca likiangensis Franch. = Chaetoseris likiangensis (Franch.) C. Shih ■

219399 Lactuca longifolia (Wall.) DC. = Lactuca dolichophylla Kitam. ■

219400 Lactuca longifolia Wall. ex DC. = Lactuca dolichophylla Kitam. ■

219401 Lactuca longirostrata Hayata = Ixeris longirostra (Hayata) Nakai ■☆

219402 Lactuca longispicata De Wild.;长穗莴苣■☆

219403 Lactuca ludoviciana (Nutt.) Riddell;西方野莴苣;Prairie Lettuce,Prairie Wild Lettuce,Western Wild Lettuce ■☆

219404 Lactuca macrantha C. B. Clarke = Chaetoseris macrantha (C. B. Clarke) C. Shih ■

219405 Lactuca macrophylla A. Gray = Cicerbita macrophylla (Willd.) Wallr. ■☆

219406 Lactuca macrorrhiza (Royle) Hook. f. = Cephalorrhynchus macrorrhizus (Royle) Tuisl ■

219407 Lactuca makinoana Kitam. = Ixeris makinoana (Kitam.) Kitam. ■☆

219408 Lactuca malaissei Lawalrée;马莱泽莴苣■☆

219409 Lactuca mansuensis Hayata;恒春山苦荬;Hengchun Lettuce ■

219410 Lactuca marunguensis Lawalrée;马龙古莴苣■☆

219411 Lactuca massauensis (Fresen.) Sch. Bip. ex A. Rich. = Launaea massavensis (Fresen.) Sch. Bip. ex Kuntze ■☆

219412 Lactuca matsumurae Makino = Ixeris polycephala Cass. ■

219413 Lactuca matsumurae Makino var. dissecta Makino = Ixeris dissecta (Makino) C. Shih ■

219414 Lactuca mauritiana Poir. = Pterocypsela indica (L.) C. Shih ■

219415 Lactuca melanantha Franch. = Notoseris melanantha (Franch.) C. Shih ■

219416 Lactuca mira Pavlov;奇异莴苣■☆

219417 Lactuca monocephala C. C. Chang = Mulgedium monocephalum (C. C. Chang) C. Shih ■

219418 Lactuca morii Hayata = Pterocypsela formosana (Maxim.) C. Shih ■

219419 Lactuca multieps H. Lév. et Vaniot = Mulgedium tataricum (L.) DC. ■

219420 Lactuca muralis (L.) E. Mey. = Prenanthes muralis L. ■☆

219421 Lactuca muralis (L.) Fresen. = Prenanthes muralis L. ■☆

219422 Lactuca muralis (L.) Gaertn. = Mycelis muralis (L.) Dumort. ■☆

219423 Lactuca muralis (L.) Gaertn. = Prenanthes muralis L. ■☆

219424 Lactuca mwinilungensis G. V. Pope;穆维尼莴苣■☆

219425 Lactuca nakaiana H. Lév. et Vaniot = Pterocypsela raddeana (Maxim.) C. Shih ■

219426 Lactuca nana Baker = Launaea nana (Baker) Chiov. ■☆

219427 Lactuca napifera Franch. = Crepis napifera (Franch.) Babc. ■

219428 Lactuca nudicaulis (L.) Murray = Launaea nudicaulis (L.) Hook. f. ■☆

219429 Lactuca numidica Batt. = Lactuca viminea (L.) J. Presl et C. Presl ■☆

219430 Lactuca nummularifolia H. Lév. et Vaniot = Ixeris stolonifera A. Gray ■

219431 Lactuca oblongifolia Nutt. = Lactuca pulchella (Pursh) DC. ■☆

219432 Lactuca oblongifolia Nutt. = Mulgedium tataricum (L.) DC. ■

219433 Lactuca ochroleuca (Maxim.) Franch. = Nabalus ochroleucus Maxim. ■

219434 Lactuca oldhamii Maxim. = Ixeridium laevigatum (Blume) C. Shih ■

219435 Lactuca oldhamii Maxim. = Ixeris laevigata (Blume) Sch. Bip. ex Maxim. ■

219436 Lactuca orientalis (Boiss.) Boiss. = Scariola orientalis

(Boiss.) Soják ■
219437 Lactuca pallidocoerulea Dinter = Lactuca inermis Forssk. ■☆
219438 Lactuca palmensis Bolle;帕尔马山莴苣■☆
219439 Lactuca paradoxa Sch. Bip. ex A. Rich.;奇异山莴苣■☆
219440 Lactuca paradoxa Sch. Bip. ex A. Rich. var. pedicellato-foliolata De Wild. = Lactuca paradoxa Sch. Bip. ex A. Rich. ■☆
219441 Lactuca patersonii Menezes = Lactuca virosa L. ■☆
219442 Lactuca pauciflora (Baker) Humbert = Launaea rarifolia (Oliv. et Hiern) Boulos ■☆
219443 Lactuca paulayana Vierh. = Launaea crassifolia (Balf. f.) C. Jeffrey ■☆
219444 Lactuca perennis L.;多年生山莴苣(蓝花莴苣);Blue Lettuce, Perennial Lettuce ■☆
219445 Lactuca petitiana A. Rich. = Launaea petitiana (A. Rich.) N. Kilian ■☆
219446 Lactuca petrensis Hiern;岩生山莴苣■☆
219447 Lactuca pinnatifida (Lour.) Merr. = Launaea intybacea (Jacq.) Beauverd ■☆
219448 Lactuca plumieri Gren. et Godr.;普氏山莴苣■☆
219449 Lactuca polycephala (Cass.) Benth. = Ixeris polycephala Cass. ■
219450 Lactuca polycephala (Cass.) Benth. et Hook. f. = Ixeris polycephala Cass. ■
219451 Lactuca polypodifolia Franch. = Paraprenanthes polypodifolia (Franch.) C. C. Chang ex C. Shih ■
219452 Lactuca porphyrea (C. Marquand et Airy Shaw) Stebbins = Syncalathium porphyreum (C. Marquand et Airy Shaw) Y. Ling ■
219453 Lactuca praecox R. E. Fr.;早熟山莴苣■☆
219454 Lactuca prattii Dunn = Chaetoseris roborowskii (Maxim.) C. Shih ■
219455 Lactuca pseudosenecio H. Lév. = Chaetoseris grandiflora (Franch.) C. Shih ■
219456 Lactuca pseudosenecio Vaniot = Youngia pseudosenecio (Vaniot) C. Shih ■
219457 Lactuca pseudosonchus H. Lév. = Chaetoseris grandiflora (Franch.) C. Shih ■
219458 Lactuca pulchella (Pursh) DC.;美丽山莴苣;Blue Lettuce, Larkspur Lettuce, Showy Blue Lettuce ■☆
219459 Lactuca pulchella (Pursh) DC. = Mulgedium pulchellum (Pursh) G. Don ■☆
219460 Lactuca pulchella (Pursh) DC. = Mulgedium tataricum (L.) DC. ■
219461 Lactuca quercus H. Lév. et Vaniot = Crepidiastrum lanceolatum (Houtt.) Nakai ■
219462 Lactuca quercus H. Lév. et Vaniot = Crepidiastrum lanceolatum (Houtt.) Nakai f. pinnatilobum (Maxim.) Nakai ■
219463 Lactuca raddiana Maxim. = Pterocypsela raddeana (Maxim.) C. Shih ■
219464 Lactuca raddiana Maxim. var. compacta Bar. et Skvortsov = Pterocypsela elata (Hemsl.) C. Shih ■
219465 Lactuca raddiana Maxim. var. elata (Hemsl.) Kitam. = Pterocypsela elata (Hemsl.) C. Shih ■
219466 Lactuca rariflora Fresen. = Lactuca inermis Forssk. ■☆
219467 Lactuca remotiflora DC. = Launaea intybacea (Jacq.) Beauverd ■☆
219468 Lactuca repens (L.) Benth. ex Maxim. = Chorisis repens (L.) DC. ■
219469 Lactuca repens (L.) Benth. ex Maxim. = Ixeris repens (L.) A. Gray ■
219470 Lactuca repens (L.) Benth. ex Maxim. sensu Merr. = Launaea sarmentosa (Willd.) Kuntze ■
219471 Lactuca roborowsiik Maxim. = Cicerbita roborowskii (Maxim.) Beauverd ■
219472 Lactuca roborowskii Maxim. = Chaetoseris roborowskii (Maxim.) C. Shih ■
219473 Lactuca rogersii Humb. = Launaea rogersii (Humb.) Humb. et Boulos ■☆
219474 Lactuca rosularis Boiss.;莲座山莴苣■☆
219475 Lactuca rubrolutea Vaniot = Ixeridium chinense (Thunb.) Tzvelev ■
219476 Lactuca runcinata DC. = Launaea intybacea (Jacq.) Beauverd ■☆
219477 Lactuca sagittarioides C. B. Clarke = Ixeridium sagittaroides (C. B. Clarke) C. Shih ■
219478 Lactuca sagittifolia Elliott = Lactuca canadensis L. ■☆
219479 Lactuca salehensis Vierh. = Launaea crassifolia (Balf. f.) C. Jeffrey ■☆
219480 Lactuca saligna L.;柳叶山莴苣;Least Letruce, Slender Lettuce, Willow Lettuce, Willowleaf Lettuce, Willow-leaved Lettuce ■☆
219481 Lactuca saligna L. = Lactuca altaica Fisch. et C. A. Mey. ■
219482 Lactuca saligna L. f. ruppiana (Wallr.) Beck = Lactuca saligna L. ■☆
219483 Lactuca saligna L. var. runcinata Gren. et Godr. = Lactuca saligna L. ■☆
219484 Lactuca saligna L. var. teniana (P. Beauv.) H. Lév. = Chaetoseris teniana (P. Beauv.) C. Shih ■
219485 Lactuca sativa L.;莴苣(白苣,苣,苣藤子,荚子,千层剥,千金菜,生菜,生菜花,藤菜,石苣,莴菜,莴苣菜,莴笋,香菜);Asparagus Lettuce, Celtuce, Garden Lettuce, Lettuce, Sallit, Sleepwort, Stem Lettuce ■
219486 Lactuca sativa L. var. angustana L. H. Bailey = Lactuca sativa L. var. angustata Irish ex Bremek. ■
219487 Lactuca sativa L. var. angustata Irish ex Bremek.;莴笋(柳叶莴笋,笋子,莴苣,莴苣笋,莴荀);Narrow Garden Lettuce ■
219488 Lactuca sativa L. var. asparagina Bailey;莴苣笋(大心莴仔菜);Asparagus Lettuce ■☆
219489 Lactuca sativa L. var. capitata L.;结球莴苣(卷心莴苣,头状莴苣);Cabbage Lettuce, Head Garden Lettuse, Head Lettuce ■
219490 Lactuca sativa L. var. crispa L.;玻璃生菜(生菜);Curled Lettuce, Cutting Lettuce, Looseleaved Lettuce ■
219491 Lactuca sativa L. var. intybeca Hort.;皱叶莴苣;Wrinkledleaf Lettuce ■☆
219492 Lactuca sativa L. var. longifolia Lam.;立莴苣(长柳叶山莴苣);Celery Lettuce, Cos Lettuce, Ramaine Lettuce ■☆
219493 Lactuca sativa L. var. ramosa Hort.;生菜;Ramose Lettuce, Romaine Lettuce ■
219494 Lactuca sativa L. var. secalina Alef.;散叶莴苣;Cut-leaved Lettuce ■☆
219495 Lactuca saxatilis A. I. Baranov = Paraixeris saxatilis (A. I. Baranov) Tzvelev ■
219496 Lactuca scandens C. C. Chang = Cicerbita scandens (C. C. Chang) C. Shih ■
219497 Lactuca scariola L.;法莴苣(刺茎莴苣);Compass-plant, Prickly Lettuce, Scariose Lettuce, Scarious Lettuce ■
219498 Lactuca scariola L. = Lactuca serriola Torner ■

219499 Lactuca scariola L. f. integrifolia (Bogenh.) Beck = Lactuca serriola Torner ■

219500 Lactuca scariola L. var. integrata Gren. et Godr. = Lactuca scariola L. ■

219501 Lactuca scariola L. var. sativa Moris = Lactuca sativa L. ■

219502 Lactuca schimperi Jaub. et Spach = Launaea intybacea (Jacq.) Beauverd ■☆

219503 Lactuca schweinfurthii Oliv. et Hiern;施韦莴苣■☆

219504 Lactuca semibarbata Stebbins = Lactuca attenuata Stebbins ■☆

219505 Lactuca senecio H. Lév. et Vaniot = Ixeridium sonchifolium (Maxim.) C. Shih ■

219506 Lactuca seretii De Wild. = Lactuca inermis Forssk. ■☆

219507 Lactuca serriola L.;野莴苣(银齿莴苣);Compass Lettuce, Compass Plant, Egyptian Lettuce, Green Endive, Prickly Lettuce, Silphium Laciniatum, Wild Lettuce, Wood Lettuce ■

219508 Lactuca serriola L. f. integrifolia (Gray) S. D. Prince et R. N. Carter;全缘叶法莴苣■☆

219509 Lactuca serriola L. var. integrata (Gren. et Godr.) Farw. = Lactuca scariola L. ■

219510 Lactuca serriola L. var. integrata Gren. et Godr. = Lactuca serriola L. f. integrifolia (Gray) S. D. Prince et R. N. Carter ■☆

219511 Lactuca serriola Torner = Lactuca serriola L. ■

219512 Lactuca setosa Stebbins ex C. Jeffrey;刚毛莴苣■☆

219513 Lactuca sibirica (L.) Benth. ex Maxim.;西伯利亚莴苣(西伯利亚乳苣,北山莴苣)■

219514 Lactuca sibirica (L.) Benth. ex Maxim. = Lagedium sibiricum (L.) Soják ■

219515 Lactuca sikkimensis (Hook. f.) Stebbins = Cicerbita sikkimensis (Hook. f.) C. Shih ■

219516 Lactuca sonchifolia (Bunge) Benth. et Hook. f. = Ixeridium sonchifolium (Maxim.) C. Shih ■

219517 Lactuca sonchifolia (Bunge) Benth. et Hook. f. ex Debeaux = Ixeridium sonchifolium (Maxim.) C. Shih ■

219518 Lactuca sonchifolia (Bunge) Hance = Ixeridium sonchifolium (Maxim.) C. Shih ■

219519 Lactuca sonchus H. Lév. = Pterocypsela sonchus (H. Lév. et Vaniot) C. Shih ■

219520 Lactuca sonchus H. Lév. et Vaniot = Pterocypsela sonchus (H. Lév. et Vaniot) C. Shih ■

219521 Lactuca sororia Miq. = Paraprenanthes sororia (Miq.) C. Shih ■

219522 Lactuca sororia Miq. f. albescens Honda;白花假福王草■☆

219523 Lactuca sororia Miq. f. glabra Y. Ling = Paraprenanthes sororia (Miq.) C. Shih ■

219524 Lactuca sororia Miq. f. typica Y. Ling = Paraprenanthes sororia (Miq.) C. Shih ■

219525 Lactuca sororia Miq. var. glabra Kitam. = Paraprenanthes sororia (Miq.) C. Shih ■

219526 Lactuca sororia Miq. var. glandulosa Kitam. = Paraprenanthes pilipes (Migo) C. Shih ■

219527 Lactuca sororia Miq. var. nudipes (Migo) Kitam. = Paraprenanthes sororia (Miq.) C. Shih ■

219528 Lactuca sororia Miq. var. pilipes (Migo) Kitam. = Paraprenanthes pilipes (Migo) C. Shih ■

219529 Lactuca sororia Miq. var. pilipes (Miq.) C. C. Chang et C. J. Tseng = Paraprenanthes pilipes (Migo) C. Shih ■

219530 Lactuca souliei Franch. = Syncalathium souliei (Franch.) Y. Ling ■

219531 Lactuca spicata (Lam.) Hitchc. var. integrifolia (Torr. et A. Gray) Britton = Lactuca biennis (Moench) Fernald ■☆

219532 Lactuca spicata Hitchc.;高莴苣;Blue Lettuce, Tall Blue Lettuce ■☆

219533 Lactuca spinidens Nevski;刺齿莴苣■☆

219534 Lactuca spinosa Lam.;刺莴苣■☆

219535 Lactuca squarosa (Thunb.) Miq. = Pterocypsela indica (L.) C. Shih ■

219536 Lactuca squarosa (Thunb.) Miq. f. indivisa Maxim. = Pterocypsela indica (L.) C. Shih ■

219537 Lactuca squarosa (Thunb.) Miq. f. runcinata Maxim. = Pterocypsela laciniata (Houtt.) C. Shih ■

219538 Lactuca squarosa (Thunb.) Miq. var. dentata Kom. = Pterocypsela indica (L.) C. Shih ■

219539 Lactuca squarosa (Thunb.) Miq. var. integrifolia Kom. = Pterocypsela indica (L.) C. Shih ■

219540 Lactuca squarosa (Thunb.) Miq. var. laciniata (Houtt.) Kuntze = Pterocypsela laciniata (Houtt.) C. Shih ■

219541 Lactuca squarosa (Thunb.) Miq. var. runcinatopinnatifida Kom. = Pterocypsela laciniata (Houtt.) C. Shih ■

219542 Lactuca stenocephala Baker = Launaea rarifolia (Oliv. et Hiern) Boulos ■☆

219543 Lactuca stenophylla Makino = Ixeridium laevigatum (Blume) C. Shih ■

219544 Lactuca stipulata Stebbins;托叶莴苣■☆

219545 Lactuca stolonifera (A. Gray) Benth. et Hook. f. = Ixeris stolonifera A. Gray ■

219546 Lactuca stolonifera (A. Gray) Benth. ex Maxim. = Ixeris stolonifera A. Gray ■

219547 Lactuca stricta Waldst. et Kit.;直山莴苣;Strict Lettuce ■☆

219548 Lactuca strigosa H. Lév. = Ixeridium strigosum (H. Lév. et Vaniot) Tzvelev ■

219549 Lactuca strigosa H. Lév. et Vaniot = Ixeridium strigosum (H. Lév. et Vaniot) Tzvelev ■

219550 Lactuca taitoensis Hayata = Ixeris tamagawaensis (Makino) Kitam. ■

219551 Lactuca taiwanensis (Nakai) Makino = Crepidiastrum taiwanianum Nakai ●■

219552 Lactuca taiwaniana (Nakai) Makino et Nemoto = Crepidiastrum taiwanianum Nakai ●■

219553 Lactuca taiwaniana Maxim. = Pterocypsela formosana (Maxim.) C. Shih ■

219554 Lactuca takasei Sasaki = Lapsana takasei (Sasaki) Kitam. ■

219555 Lactuca taliensis Franch. = Stenoseris taliensis (Franch.) C. Shih ■

219556 Lactuca tamagawaensis Makino = Ixeris tamagawaensis (Makino) Kitam. ■

219557 Lactuca taquetii H. Lév. et Vaniot = Youngia japonica (L.) DC. ■

219558 Lactuca taraxacifolia (Willd.) Schumach. ex Hornem. = Launaea taraxacifolia (Willd.) Amin ex C. Jeffrey ■☆

219559 Lactuca taraxacum H. Lév. et Vaniot = Youngia japonica (L.) DC. ■

219560 Lactuca tatarica (L.) C. A. Mey. = Mulgedium tataricum (L.) DC. ■

219561 Lactuca tatarica (L.) C. A. Mey. subsp. pulchella (Pursh) Stebbins = Lactuca pulchella (Pursh) DC. ■☆

219562 Lactuca tatarica (L.) C. A. Mey. subsp. pulchella (Pursh) Stebbins = Mulgedium pulchellum (Pursh) G. Don ■☆

219563 Lactuca tatarica (L.) C. A. Mey. var. heterophylla (Nutt.) B. Boivin = Lactuca pulchella (Pursh) DC. ■☆

219564 Lactuca tatarica (L.) C. A. Mey. var. pulchella (Pursh) Breitung = Lactuca pulchella (Pursh) DC. ■☆

219565 Lactuca tatarica Hook. f. = Mulgedium tataricum (L.) DC. var. tibeticum (Hook. f.) C. K. Schmidt. ■

219566 Lactuca tatarinowii (Maxim.) Franch. = Prenanthes tatarinowii Maxim. ■

219567 Lactuca tenerrima Pourr.;极细山莴苣■☆

219568 Lactuca tenerrima Pourr. var. albiflora Emb. = Lactuca tenerrima Pourr. ■☆

219569 Lactuca thibetica Franch. = Faberia thibetica (Franch.) Beauverd ■

219570 Lactuca thirionni H. Lév. = Paraprenanthes sororia (Miq.) C. Shih ■

219571 Lactuca thunbergiana Maxim. = Ixeridium laevigatum (Blume) C. Shih ■

219572 Lactuca thunbergii (A. Gray) Maxim. = Ixeridium dentatum (Thunb.) Tzvelev ■

219573 Lactuca thunbergii (A. Gray) Maxim. = Ixeridium dentatum (Thunb.) Tzvelev subsp. nipponicum (Nakai) J. H. Pak et Kawano var. albiflorum (Makino) ■☆

219574 Lactuca transnokoensis Sasaki = Ixeridium laevigatum (Blume) C. Shih ■

219575 Lactuca transnokoensis Y. Sasaki = Ixeridium transnokoense (Y. Sasaki) J. H. Pak et Kawano ■

219576 Lactuca triangulata Maxim. = Pterocypsela triangulata (Maxim.) C. Shih ■

219577 Lactuca triangulata Maxim. var. sachalinensis Kitam. = Lactuca triangulata Maxim. ■

219578 Lactuca triangulata Maxim. var. sachalinensis Kitam. = Pterocypsela triangulata (Maxim.) C. Shih ■

219579 Lactuca trifida Kitam. = Ixeris debilis (Thunb.) A. Gray ■

219580 Lactuca trifida Kitam. = Ixeris japonica (Burm. f.) Nakai ■

219581 Lactuca triflora Hemsl. = Notoseris triflora (Hemsl.) C. Shih ■

219582 Lactuca triflora Hemsl. ex Forbes et Hemsl. = Notoseris triflora (Hemsl.) C. Shih ■

219583 Lactuca tsarongensis W. W. Sm. = Dubyaea tsarongensis (W. W. Sm.) Stebbins ■

219584 Lactuca tsarongensis W. W. Sm. f. chimiliensis W. W. Sm. = Dubyaea tsarongensis (W. W. Sm.) Stebbins ■

219585 Lactuca tuberosa Jacq.;块状山莴苣;Tuberose Lettuce ■☆

219586 Lactuca tysonii (E. Phillips) C. Jeffrey;泰森山莴苣■☆

219587 Lactuca ugandensis C. Jeffrey;乌干达山莴苣■☆

219588 Lactuca umbrosa Dunn = Mulgedium umbrosum (Dunn) C. Shih ■

219589 Lactuca undulata Ledeb.;飘带果(波缘乳苣,飘带莴苣);Undulate Lettuce ■

219590 Lactuca undulata Ledeb. var. albicaulis C. H. An;白茎莴苣;Whitestem Undulate Lettuce ■

219591 Lactuca undulata Ledeb. var. pinnatipartita Trautv. = Lactuca undulata Ledeb. ■

219592 Lactuca vanderystii De Wild. = Lactuca inermis Forssk. ■☆

219593 Lactuca vaniotii H. Lév. = Pterocypsela raddeana (Maxim.) C. Shih ■

219594 Lactuca varianii I. M. Johnst. = Launaea rarifolia (Oliv. et Hiern) Boulos ■☆

219595 Lactuca verdickii De Wild. = Launaea verdickii (De Wild.) Boulos ■☆

219596 Lactuca versicolor (Fisch. ex Link) DC. = Ixeridium gramineum (Fisch.) Tzvelev ■

219597 Lactuca versicolor (Fisch. ex Link) Sch. Bip. = Ixeridium gramineum (Fisch.) Tzvelev ■

219598 Lactuca versicolor (Fisch. ex Link) Sch. Bip. ex Herder = Ixeridium gramineum (Fisch.) Tzvelev ■

219599 Lactuca villosa Jacq. = Lactuca floridana (L.) Gaertn. ■☆

219600 Lactuca viminea (L.) J. Presl et C. Presl;条状山莴苣;Vimineous Lettuce ■☆

219601 Lactuca viminea (L.) J. Presl et C. Presl subsp. chondrilliflora (Boreau) Bonnier;粉苞菊山莴苣■☆

219602 Lactuca viminea (L.) J. Presl et C. Presl subsp. ramosissima (All.) Arcang.;多枝条状山莴苣■☆

219603 Lactuca viminea (L.) J. Presl et C. Presl var. grenieri (Loret) Rouy = Lactuca viminea (L.) J. Presl et C. Presl subsp. ramosissima (All.) Arcang. ■☆

219604 Lactuca viminea (L.) J. Presl et C. Presl var. intricata (Pomel) Batt. = Lactuca viminea (L.) J. Presl et C. Presl ■☆

219605 Lactuca viminea (L.) J. Presl et C. Presl var. numidica (Batt.) Maire = Lactuca viminea (L.) J. Presl et C. Presl ■☆

219606 Lactuca viminea (L.) J. Presl et C. Presl var. pomeliana (Rouy) Maire = Lactuca viminea (L.) J. Presl et C. Presl ■☆

219607 Lactuca viminea J. Presl et C. Presl = Lactuca viminea (L.) J. Presl et C. Presl ■☆

219608 Lactuca violifolia C. B. Clarke = Prenanthes violifolia Decne. ■

219609 Lactuca virosa L.;毒莴苣(臭莴苣);Acrid Lettuce, Bitter Lettuce, Blue Lettuce, Great Lettuce, Great Prickly Lettuce, Green Endive, Horse Thistle, Lactucarium, Opium Lettuce, Poisonous Lettuce, Sleepwort, Strong-scented Lettuce, Wild Lettuce ■☆

219610 Lactuca virosa L. subsp. cornigera (Pau et Font Quer) Emb. et Maire;角状莴苣■☆

219611 Lactuca wallichiana Tuisl = Lactuca dolichophylla Kitam. ■

219612 Lactuca welwitschii Scott-Elliot = Launaea rarifolia (Oliv. et Hiern) Boulos ■☆

219613 Lactuca wildemaniana Stebbins = Lactuca glandulifera Hook. f. ■☆

219614 Lactuca wilhelmsiana Fisch. et C. A. Mey. ex DC.;韦氏莴苣■☆

219615 Lactuca winkleri Kirp.;温氏莴苣■☆

219616 Lactuca yoshinoi (Makino) Makino et Nakai = Crepidiastrum yoshinoi (Makino) J. H. Pak et Kawano ■☆

219617 Lactuca yunnanensis Franch. = Paraprenanthes yunnanensis (Franch.) C. Shih ■

219618 Lactuca zambesiaca C. Jeffrey;赞比西莴苣■☆

219619 Lactucaceae Bessey = Asteraceae Bercht. et J. Presl(保留科名)●■

219620 Lactucaceae Bessey = Compositae Giseke(保留科名)●■

219621 Lactucaceae Bessey;莴苣科■

219622 Lactucaceae Drude = Asteraceae Bercht. et J. Presl(保留科名)●■

219623 Lactucaceae Drude = Compositae Giseke(保留科名)●■

219624 Lactucella Nazarova = Lactuca L. ■

219625 Lactucella Nazarova(1990);小莴苣属■

219626 Lactucella undulata (Ledeb.) Nazarova = Lactuca undulata

Ledeb. ■
219627 Lactucopsis Sch. Bip. ex Vis. (1870);类莴苣属■☆
219628 Lactucopsis Sch. Bip. ex Vis. = Cicerbita Wallr. ■
219629 Lactucopsis altissima Sch. Bip. ex Vis.;类莴苣■☆
219630 Lactucosonchus (Sch. Bip.) Svent. (1968);莴苣菊属■☆
219631 Lactucosonchus (Sch. Bip.) Svent. = Sonchus L. ■
219632 Lactucosonchus webbii (Sch. Bip.) Svent. = Taraxacum atlanticola H. Lindb. ■☆
219633 Lacuala Blume = Licuala Thunb. ●
219634 Lacunaria Ducke(1925);双沟木属●☆
219635 Lacunaria acreana Ducke;双沟木●☆
219636 Lacunaria grandifolia Ducke;大叶双沟木●☆
219637 Lacunaria macrostachya (Tul.) A. C. Sm.;大穗双沟木●☆
219638 Lacuris Buch.-Ham. = Zanthoxylum L. ●
219639 Ladanella Pouzar et Slavíková = Galeopsis L. ■
219640 Ladaniopsis Gand. = Cistus L. ●
219641 Ladanium Spach = Cistus L. ●
219642 Ladanum Gilib. = Galeopsis L. ■
219643 Ladanum Kuntze = Galeopsis L. ■
219644 Ladanum Raf. = Cistus L. ●
219645 Ladeania A. N. Egan et Reveal = Psoralea L. ●■
219646 Ladeania A. N. Egan et Reveal(2009);美国补骨脂属■☆
219647 Ladenbergia Klotzsch = Ladenbergia Klotzsch ex Moq. ●☆
219648 Ladenbergia Klotzsch ex Moq. (1846);假金鸡纳属(拉登堡属)●☆
219649 Ladenbergia Klotzsch ex Moq. = Flueckigera Kuntze ●☆
219650 Ladenbergia acutifolia (Ruiz et Pav.) Klotzsch;尖叶假金鸡纳●☆
219651 Ladenbergia bullata (Wedd.) Standl.;泡状假金鸡纳●☆
219652 Ladenbergia carua (Wedd.) Standl.;头状假金鸡纳●☆
219653 Ladenbergia graciliflora K. Schum.;细叶假金鸡纳●☆
219654 Ladenbergia macrocarpa (Vahl) Klotzsch;大果假金鸡纳●☆
219655 Ladenbergia oblongifolia (Humb. ex Mutis) L. Andersson;矩圆叶假金鸡纳●☆
219656 Ladoicea Miq. = Lodoicea Comm. ●☆
219657 Ladrosia Salisb. = Drosophyllum Link ●☆
219658 Ladrosia Salisb. ex Planch. = Drosophyllum Link ●☆
219659 Lads Lindl. = Tulasneantha P. Royen ■☆
219660 Ladyginia Lipsky(1904);拉德金草属■☆
219661 Ladyvinia bucharica Lipsky;拉德金草■☆
219662 Laea Brongn. = Leea D. Royen ex L. (保留属名)●■
219663 Laechhardtia Archer ex Gordon = Callitris Vent. ●
219664 Laechhardtia Archer ex Gordon = Leichhardtia F. Muell. ●☆
219665 Laechhardtia Archer ex Gordon = Phyllanthus L. ●■
219666 Laelia Adans. (废弃属名) = Bunias L. ■
219667 Laelia Adans. (废弃属名) = Laelia Lindl. ■☆
219668 Laelia Lindl. (1763);蕾丽兰属(雷莉亚兰属);Laelia, Laelia Orchid ■☆
219669 Laelia albida Bateman ex Lindl.;微白蕾丽兰;Whitish Laelia ■☆
219670 Laelia anceps Lindl.;扁平蕾丽兰(蕾丽兰);Flattened Laelia ■☆
219671 Laelia autumnalis Lindl.;秋花蕾丽兰;Autumnblooming Laelia ■☆
219672 Laelia boothiana Rchb. f.;布氏蕾丽兰■☆
219673 Laelia cattleyioides A. Rich.;落日蕾丽兰;Sunset showtime ■☆
219674 Laelia cinnabarina Bateman ex Lindl.;朱红蕾丽兰;Red Laelia ■☆
219675 Laelia crispa (Lindl.) Rchb. f.;皱波蕾丽兰;Curled Laelia ■☆
219676 Laelia digbyana Benth. = Brassavola digbyana Lindl. ■☆
219677 Laelia flava Lindl.;黄蕾丽兰;Yellow Laelia ■☆
219678 Laelia flava Lindl. var. micrantha W. Zimm.;小花黄蕾丽兰;Smallflower Yellow Laelia ■☆
219679 Laelia gloriosa (Rchb. f.) L. O. Williams;华美蕾丽兰(华丽蕾丽兰);Glorous Laelia ■☆
219680 Laelia gouldiana Rchb. f.;古氏蕾丽兰■☆
219681 Laelia grandis Lindl. et Paxton;大花蕾丽兰;Largeflower Laelia ■☆
219682 Laelia harpophylla Rchb. f.;镰状叶蕾丽兰;Drepaniflower Laelia ■☆
219683 Laelia humboldtii (Rchb. f.) L. O. Williams;洪宝氏蕾丽兰;Humboldt Laelia ■☆
219684 Laelia hybrida Hort.;杂交蕾丽兰■☆
219685 Laelia lobata H. J. Veitch;裂唇蕾丽兰;Lobelip Laelia ■☆
219686 Laelia lundii Rchb. f.;伦德蕾丽兰■☆
219687 Laelia monophylla N. E. Br.;单叶蕾丽兰■☆
219688 Laelia perrinii (Lindl.) Paxton;波氏蕾丽兰;Perrin Laelia ■☆
219689 Laelia pumila (Hook.) Rchb. f.;矮生蕾丽兰;Dwarf Laelia ■☆
219690 Laelia purpurata Lindl. et Paxton;紫花蕾丽兰;Purple-flower Laelia ■☆
219691 Laelia rubescens Lindl.;红花蕾丽兰;Pale Laelia, Redflower Laelia ■☆
219692 Laelia speciosa (Kunth) Schltr.;美花蕾丽兰;Beautiful Laelia ■☆
219693 Laelia speciosa Schltr. = Laelia speciosa (Kunth) Schltr. ■☆
219694 Laelia superbiens Lindl.;华丽蕾丽兰;Splendid Laelia ■☆
219695 Laelia tenebrosa (Rolfe) Rolfe;荫生蕾丽兰;Gloomy Laelia ■☆
219696 Laelia tibicinis (Bateman ex Lindl.) L. O. Williams;管花蕾丽兰;Tubeflower Laelia ■☆
219697 Laelia undulata (Lindl.) L. O. Williams;波状蕾丽兰;Undulate Laelia ■☆
219698 Laelia xanthina Lindl.;金黄蕾丽兰;Goldenyellow Laelia ■☆
219699 Laeliopsis Lindl. = Laeliopsis Lindl. et Paxton ■☆
219700 Laeliopsis Lindl. et Paxton = Broughtonia R. Br. ■
219701 Laeliopsis Lindl. et Paxton(1853);拟蕾丽兰属■☆
219702 Laeliopsis cubensis (Lindl.) Lindl.;古巴拟蕾丽兰■☆
219703 Laeliopsis domingensis (Lindl.) Lindl. et Paxton;拟蕾丽兰■☆
219704 Laemellea Pfeiff. = Lacmellea H. Karst. ●☆
219705 Laemellia B. D. Jacks. = Lacmellea H. Karst. ●☆
219706 Laennecia A. Gray(1822);腺果层菀属(拉氏菊属)■☆
219707 Laennecia Cass. (废弃属名) = Conyza Less. (保留属名)■
219708 Laennecia alpina Poepp. et Endl.;高山腺果层菀■☆
219709 Laennecia coulteri (A. Gray) G. L. Nesom;库尔特腺果层菀(库尔特菊)■☆
219710 Laennecia eriophylla (A. Gray) G. L. Nesom;毛叶腺果层菀(毛叶拉氏菊)■☆
219711 Laennecia filaginoides DC.;絮菊腺果层菀■☆
219712 Laennecia microglossa (S. F. Blake) G. L. Nesom;小舌腺果层菀■☆
219713 Laennecia parvifolia DC.;小叶腺果层菀■☆
219714 Laennecia schiedeana (Less.) G. L. Nesom;希氏腺果层菀(希氏菊)■☆

219715 Laennecia turnerorum G. L. Nesom;特纳腺果层菀■☆
219716 Laertia Gromov = Leersia Sw.(保留属名)■
219717 Laertia Gromow ex Trautv. = Leersia Sw.(保留属名)■
219718 Laestadia Kunth = Laestadia Kunth ex Less. ■☆
219719 Laestadia Kunth ex Less.(1832);紫垫菀属■☆
219720 Laestadia linearis J. Bommer et J. Rousseau;线形紫垫菀■☆
219721 Laestadia pinifolia Kunth;紫垫菀■☆
219722 Laestadia rupestris Benth.;岩生紫垫菀■☆
219723 Laetia L. = Laetia Loefl. ex L.(保留属名)●☆
219724 Laetia Loefl. = Laetia Loefl. ex L.(保留属名)●☆
219725 Laetia Loefl. ex L.(1759)(保留属名);利蒂木属(拉特木属,利蒂大风子属)●☆
219726 Laetia procera (Poepp.) Eichler;高大利蒂木(极高利蒂大风子)●☆
219727 Laetia thamnia L.;灌木利蒂木(灌木状拉特木)●☆
219728 Laetji Osb. ex Steud. = Litchi Sonn. ●
219729 Lafoensia Vand.(1788);丽薇属;Lafoensia ●
219730 Lafoensia punicifolia DC.;黄花丽薇●☆
219731 Lafoensia vandelliana Champ. et Schltdl.;丽薇;Vandell Lafoensia ●
219732 Lafuentea Lag.(1816);拉富婆婆纳属(拉富玄参属)●☆
219733 Lafuentea jeanpertiana Maire;让佩尔拉富婆婆纳●☆
219734 Lafuentea ovalifolia Batt. et Trab. = Chascanum marrubiifolium Fenzl ex Walp. ●☆
219735 Lafuentia Lag. = Lafuentea Lag. ●☆
219736 Lagansa Raf. = Polanisia Raf. ■
219737 Lagansa Rumph. ex Raf. = Polanisia Raf. ■
219738 Lagarinthus E. Mey. = Schizoglossum E. Mey. ■☆
219739 Lagarinthus abyssinicus Hochst. ex Benth. = Aspidoglossum interruptum (E. Mey.) Bullock ■☆
219740 Lagarinthus atrorubens (Schltr.) Bullock = Schizoglossum bidens E. Mey. subsp. atrorubens (Schltr.) Kupicha ■☆
219741 Lagarinthus barbatus Turcz. = Sisyranthus barbatus (Turcz.) N. E. Br. ■☆
219742 Lagarinthus brevicuspis E. Mey. = Asclepias brevicuspis (E. Mey.) Schltr. ●☆
219743 Lagarinthus corniculatus E. Mey. = Stenostelma corniculatum (E. Mey.) Bullock ■☆
219744 Lagarinthus diversus (N. E. Br.) Bullock = Schizoglossum bidens E. Mey. subsp. gracile Kupicha ■☆
219745 Lagarinthus eustegioides E. Mey. = Schizoglossum eustegioides (E. Mey.) Druce ■☆
219746 Lagarinthus exilis Decne. = Aspidoglossum gracile (E. Mey.) Kupicha ■☆
219747 Lagarinthus expansus E. Mey. = Asclepias expansa (E. Mey.) Schltr. ■☆
219748 Lagarinthus filiformis E. Mey. = Gomphocarpus filiformis (E. Mey.) D. Dietr. ●☆
219749 Lagarinthus flexuosus E. Mey. = Asclepias flexuosa (E. Mey.) Schltr. ■☆
219750 Lagarinthus galpinii (Schltr.) Bullock = Schizoglossum bidens E. Mey. subsp. galpinii (Schltr.) Kupicha ■☆
219751 Lagarinthus gibbus E. Mey. = Asclepias gibba (E. Mey.) Schltr. ■☆
219752 Lagarinthus gracilis E. Mey. = Aspidoglossum gracile (E. Mey.) Kupicha ■☆
219753 Lagarinthus interruptus E. Mey. = Aspidoglossum interruptum (E. Mey.) Bullock ■☆
219754 Lagarinthus involucratus E. Mey. = Xysmalobium involucratum (E. Mey.) Decne. ■☆
219755 Lagarinthus linearis E. Mey. = Pachycarpus linearis (E. Mey.) N. E. Br. ●☆
219756 Lagarinthus macer E. Mey. = Sisyranthus macer (E. Mey.) Schltr. ■☆
219757 Lagarinthus microdon Turcz. = Aspidoglossum gracile (E. Mey.) Kupicha ■☆
219758 Lagarinthus multicaulis E. Mey. = Asclepias multicaulis (E. Mey.) Schltr. ■☆
219759 Lagarinthus navicularis E. Mey. = Asclepias navicularis (E. Mey.) Schltr. ■☆
219760 Lagarinthus peltigerus E. Mey. = Asclepias peltigera (E. Mey.) Schltr. ■☆
219761 Lagarinthus revolutus E. Mey. = Asclepias stellifera Schltr. ■☆
219762 Lagarinthus revolutus E. Mey. var. minor ? = Asclepias meyeriana (Schltr.) Schltr. ■☆
219763 Lagarinthus tenellus Turcz. = Schizoglossum tenellum (Turcz.) Druce ■☆
219764 Lagarinthus tenuis E. Mey. = Schizoglossum linifolium Schltr. ■☆
219765 Lagarinthus truncatus E. Mey. = Asclepias praemorsa Schltr. ■☆
219766 Lagarinthus virgatus E. Mey. = Aspidoglossum virgatum (E. Mey.) Kupicha ■☆
219767 Lagaropyxis Miq. = Radermachera Zoll. et Moritzi ●
219768 Lagarosiphon Harv.(1841);软骨草属;Curly Waterweed ■☆
219769 Lagarosiphon Harv. = Nechamandra Planch. ■
219770 Lagarosiphon alternifolia (Roxb. ex Wight) Druce = Nechamandra alternifolia (Roxb. ex Wight) Thwaites ■
219771 Lagarosiphon cordofana Casp.;热非软骨草■☆
219772 Lagarosiphon crispus Rendle = Lagarosiphon cordofana Casp. ■☆
219773 Lagarosiphon fischeri Gürke = Lagarosiphon cordofana Casp. ■☆
219774 Lagarosiphon hydrilloides Rendle;黑藻叶软骨草■☆
219775 Lagarosiphon ilicifolia Oberm.;冬青叶软骨草■☆
219776 Lagarosiphon major (Ridl.) Moss ex Wager;大软骨草;African Elodea, Curly Water-thyme, Curly Waterweed ■☆
219777 Lagarosiphon major Moss = Lagarosiphon major (Ridl.) Moss ex Wager ■☆
219778 Lagarosiphon muscoides Harv.;苔藓状软骨草■☆
219779 Lagarosiphon muscoides Harv. var. major Ridl. = Lagarosiphon major (Ridl.) Moss ex Wager ■☆
219780 Lagarosiphon nyassae Ridl. = Lagarosiphon cordofana Casp. ■☆
219781 Lagarosiphon rubellus Ridl.;微红软骨草■☆
219782 Lagarosiphon schweinfurthii Casp. = Lagarosiphon muscoides Harv. ■☆
219783 Lagarosiphon steudneri Casp.;斯托德软骨草■☆
219784 Lagarosiphon tenuis Rendle = Lagarosiphon cordofana Casp. ■☆
219785 Lagarosiphon tsotsorogensis Bremek. et Oberm. = Lagarosiphon cordofana Casp. ■☆
219786 Lagarosiphon verticillifolia Oberm.;轮叶软骨草■☆
219787 Lagarosolen W. T. Wang(1984);细筒苣苔属;Lagarosolen ■★
219788 Lagarosolen ainsliifolius W. H. Chen et Y. M. Shui;兔儿风叶细筒苣苔;Ainsl-leaved Lagarosolen ■
219789 Lagarosolen hispidus W. T. Wang;细筒苣苔;Slendertube

Lagarosolen ■
219790 Lagarosolen integrifolius D. Fang et L. Zeng;全缘叶细筒苣苔;Entireleaf Lagarosolen ■
219791 Lagarostrobos Quinn(1982);泪柏属●☆
219792 Lagarostrobos franklinii (Hook. f.) Quinn;泪柏;Huon Pine ●☆
219793 Lagarostrobos franklinii (Hook. f.) Quinn = Dacrydium franklinii Hook. f. ●☆
219794 Lagarostrubos Quinn = Dacrydium Sol. ex J. Forst. ●
219795 Lagascea Cav. (1803)(Lagasca')(保留属名);绸叶菊属(拉加菊属);Acuate, Doll's-head, Silk-leaf, Velvet-bush ■●☆
219796 Lagascea angustifolia DC.;狭叶绸叶菊(狭叶拉加菊)■☆
219797 Lagascea biflora Hemsl.;双花绸叶菊(双花拉加菊)■☆
219798 Lagascea decipiens Hemsl.;迷惑绸叶菊■☆
219799 Lagascea mollis Cav.;软毛绸叶菊(软毛拉加菊);Silkleaf Lagascea ■☆
219800 Lagascea parvifolia Klatt;小叶绸叶菊(小叶拉加菊)■☆
219801 Lagascea spinosissima ?;多刺绸叶菊(多刺拉加菊)■☆
219802 Lagascea tomentosa Rob. et Greenm.;毛绸叶菊(毛拉加菊)■☆
219803 Lagedium Soják = Lactuca L. ■
219804 Lagedium Soják = Mulgedium Cass. ■
219805 Lagedium Soják(1961);山莴苣属;Lagedium ■
219806 Lagedium sibiricum (L.) Soják;山莴苣(北山莴苣,命子花,山苦菜,西伯利亚乳苣,西伯利亚山莴苣);Common Lagedium, Siberia Lettuce, Siberia Milklettuce ■
219807 Lagedium sibiricum (L.) Soják = Lactuca sibirica (L.) Benth. ex Maxim. ■
219808 Lagedium tataricum (L.) Soják. = Mulgedium tataricum (L.) DC. ■
219809 Lagedium tataricum Soják. = Mulgedium tataricum (L.) DC. ■
219810 Lagenandra Dalzell(1852);瓶蕊南星属■☆
219811 Lagenandra lancifolia Thwaites;披针叶瓶蕊南星■☆
219812 Lagenandra ovata Thwaites;卵形瓶蕊南星■☆
219813 Lagenandra toxicaria Dalzell;瓶蕊南星■☆
219814 Lagenantha Chiov. (1929);瓶花蓬属●☆
219815 Lagenantha cycloptera (Stapf) M. G. Gilbert et Friis;圆翅瓶花蓬■☆
219816 Lagenantha gillettii (Botsch.) M. G. Gilbert et Friis;非洲瓶花蓬■☆
219817 Lagenantha nogalensis Chiov.;瓶花蓬■☆
219818 Lagenantha nogalensis Chiov. = Lagenantha cycloptera (Stapf) M. G. Gilbert et Friis ■☆
219819 Lagenantha nogalensis Chiov. var. papillosa ? = Lagenantha cycloptera (Stapf) M. G. Gilbert et Friis ■☆
219820 Lagenanthus Gilg = Lehmanniella Gilg ■☆
219821 Lagenaria Ser. (1825);葫芦属;Bottle Gourd, Calabash, Gourd ■
219822 Lagenaria abyssinica (Hook. f.) C. Jeffrey;阿比西尼亚葫芦■☆
219823 Lagenaria abyssinica (Hook. f.) C. Jeffrey var. somaliensis Chiov. = Lagenaria siceraria (Molina) Standl. ■
219824 Lagenaria bicornuta Chakr.;双角葫芦■☆
219825 Lagenaria breviflora (Benth.) Roberty;短花葫芦■☆
219826 Lagenaria guineensis (G. Don) C. Jeffrey;几内亚葫芦■☆
219827 Lagenaria leucantha (Duchesne) Rusby;白花葫芦(壶庐,匏仔);Bottle Gourd, Calabash, White-flowered Gourd ■☆
219828 Lagenaria leucantha (Duchesne) Rusby var. clavata Makino = Lagenaria siceraria (Molina) Standl. var. hispida (Thunb.) H. Hara ■
219829 Lagenaria leucantha (Duchesne) Rusby var. clavata Makino = Lagenaria siceraria (Molina) Standl. ■
219830 Lagenaria leucantha (Duchesne) Rusby var. depressa (Ser.) Makino = Lagenaria siceraria (Molina) Standl. var. depressa (Ser.) H. Hara ■
219831 Lagenaria leucantha (Duchesne) Rusby var. depressa (Ser.) Makino = Lagenaria siceraria (Molina) Standl. ■
219832 Lagenaria leucantha (Duchesne) Rusby var. hispida (Thunb.) Nakai = Lagenaria siceraria (Molina) Standl. var. hispida (Thunb.) H. Hara ■
219833 Lagenaria leucantha (Duchesne) Rusby var. hispida (Thunb.) Nakai = Lagenaria siceraria (Molina) Standl. ■
219834 Lagenaria leucantha (Duchesne) Rusby var. makinoi Nakai = Lagenaria siceraria (Molina) Standl. var. depressa (Ser.) H. Hara ■
219835 Lagenaria leucantha (Duchesne) Rusby var. makinoi Nakai = Lagenaria siceraria (Molina) Standl. ■
219836 Lagenaria leucantha (Duchesne) Rusby var. microcarpa (Naudin) Nakai = Lagenaria siceraria (Molina) Standl. var. microcarpa (Naudin) H. Hara ■
219837 Lagenaria leucantha (Duchesne) Rusby var. microcarpa (Naudin) Nakai = Lagenaria siceraria (Molina) Standl. ■
219838 Lagenaria leucantha Rusby = Lagenaria siceraria (Molina) Standl. ■
219839 Lagenaria microcarpa Naudin = Lagenaria siceraria (Molina) Standl. ■
219840 Lagenaria microcarpa Naudin = Lagenaria siceraria (Molina) Standl. var. microcarpa (Naudin) H. Hara ■
219841 Lagenaria rufa (Gilg) C. Jeffrey;浅红葫芦■☆
219842 Lagenaria sagittata Harv. ex Sond. = Trochomeria sagittata (Harv. ex Sond.) Cogn. ■☆
219843 Lagenaria siceraria (Molina) Standl.;葫芦(扁薄,长柄茶葫芦,长柄葫芦,长瓠,抽葫芦,甘瓠,壶,壶卢,壶芦,葫芦瓜,瓠,瓠匏,金葫芦,京葫芦,净街锤,苦壶卢,苦瓠,苦匏,蔛姑,龙蜜瓜,匏,匏瓜,蒲卢,蒲芦,普通葫芦,天瓠,甜瓠,细颈葫芦,小葫芦,亚腰葫芦,腰舟,药壶卢,药葫芦,约腹壶,约壶);Bottle Gourd, Calabash Cucumber, Calabash Gourd, Calabash, Club-shaped Gourd, Cocozelle, Cucuzzi, Dipper Gourd, Gourd, Pilgrim's Gourd, Trumpet Gourd, White Pumpkin, White-flowered Gourd ■
219844 Lagenaria siceraria (Molina) Standl. 'Gourda';苦葫芦(长柄茶壶卢,长柄壶卢,大葫芦,葫芦匏,金壶卢,京壶卢,苦壶卢,苦瓠,苦匏,蒲卢,蒲芦,细颈葫芦,小柄壶卢,小药壶卢,亚腰壶卢,药壶卢,约腹壶,约壶)■
219845 Lagenaria siceraria (Molina) Standl. 'Gourda' = Lagenaria siceraria (Molina) Standl. var. gourda (Ser.) H. Hara ■
219846 Lagenaria siceraria (Molina) Standl. = Lagenaria vulgaris Ser. ■
219847 Lagenaria siceraria (Molina) Standl. var. cougourda (Ser.) H. Hara;杓葫芦;Spoon Bottle Gourd ■
219848 Lagenaria siceraria (Molina) Standl. var. depressa (Ser.) H. Hara;瓠瓜(抽葫芦,壶,壶卢,葫芦,葫芦瓜,瓠匏,瓠瓢葫芦,酒瓢,蔛姑,匏,匏瓜,瓢,瓢瓜,瓢葫芦,蒲芦,甜瓠,悬瓠,腰舟);Depressed Bottle Gourd ■
219849 Lagenaria siceraria (Molina) Standl. var. depressa (Ser.) H. Hara = Lagenaria siceraria (Molina) Standl. ■
219850 Lagenaria siceraria (Molina) Standl. var. gourda (Ser.) H. Hara = Lagenaria siceraria (Molina) Standl. 'Gourda' ■
219851 Lagenaria siceraria (Molina) Standl. var. hispida (Thunb.) H.

Hara;瓠子(扁蒲,长瓠,甘瓠,净街锤,龙蜜瓜,天瓜,甜瓠);Hispid Bottle Gourd,Hispid Calabash ■
219852 Lagenaria siceraria (Molina) Standl. var. hispida (Thunb.) H. Hara = Lagenaria siceraria (Molina) Standl. ■
219853 Lagenaria siceraria (Molina) Standl. var. makinoi (Nakai) H. Hara = Lagenaria siceraria (Molina) Standl. var. depressa (Ser.) H. Hara ■
219854 Lagenaria siceraria (Molina) Standl. var. microcarpa (Naudin) H. Hara;小葫芦(葫芦,京葫芦,京芦芦,神仙葫芦,束腰葫芦,小果蒲芦,棰腰葫芦,药葫芦);Small Calabash,Small Fruit Bottle Gourd,Smallfruit Bottle Gourd ■
219855 Lagenaria siceraria (Molina) Standl. var. microcarpa (Naudin) H. Hara = Lagenaria siceraria (Molina) Standl. ■
219856 Lagenaria siceraria (Molina) Standl. var. turbinata (Ser.) Hara;瓢葫芦(瓠葫芦);Tubinate Bottle Gourd ■
219857 Lagenaria sphaerica (Sond.) Naudin;球葫芦■☆
219858 Lagenaria sphaerocarpa E. Mey. ex Arn. = Lagenaria sphaerica (Sond.) Naudin ■☆
219859 Lagenaria vulgaris Ser. = Lagenaria siceraria (Molina) Standl. ■
219860 Lagenaria vulgaris Ser. subsp. asiatica Kobyakova = Lagenaria siceraria (Molina) Standl. ■
219861 Lagenaria vulgaris Ser. var. depressa Ser. = Lagenaria siceraria (Molina) Standl. ■
219862 Lagenaria vulgaris Ser. var. hispida (Thunb.) Nakai = Lagenaria siceraria (Molina) Standl. var. hispida (Thunb.) H. Hara ■
219863 Lagenaria vulgaris Ser. var. hispida (Thunb.) Nakai = Lagenaria siceraria (Molina) Standl. ■
219864 Lagenaria vulgaris Ser. var. microcarpa Matsum. et Nakai = Lagenaria siceraria (Molina) Standl. ■
219865 Lagenaria vulgaris Ser. var. microcarpa Matsum. et Nakai = Lagenaria siceraria (Molina) Standl. var. microcarpa (Naudin) H. Hara ■
219866 Lagenia E. Fourn. = Araujia Brot. ●☆
219867 Lagenias E. Mey. = Sebaea Sol. ex R. Br. ■
219868 Lagenifera Cass. = Lagenophora Cass.(保留属名)■●
219869 Lagenithrix G. L. Nesom(1994);瓶毛菊属■☆
219870 Lagenithrix setosa (Benth.) G. L. Nesom;瓶毛菊■☆
219871 Lagenocarpus Klotzsch = Nagelocarpus Bullock ●☆
219872 Lagenocarpus Nees(1834);瓶果莎属■☆
219873 Lagenocarpus alboniger C. B. Clarke;黑白瓶果莎■☆
219874 Lagenocarpus amazonicus H. Pfeiff.;亚马孙瓶果莎■☆
219875 Lagenocarpus brevifolius H. Pfeiff.;短叶瓶果莎■☆
219876 Lagenocarpus ciliatus (Benth.) N. E. Br. = Erica serrata Thunb. ●☆
219877 Lagenocarpus ciliatus H. Pfeiff.;睫毛瓶果莎■☆
219878 Lagenocarpus cubensis Kük.;古巴瓶果莎■☆
219879 Lagenocarpus giganteus H. Pfeiff.;巨瓶果莎■☆
219880 Lagenocarpus imbricatus Klotzsch = Erica serrata Thunb. ●☆
219881 Lagenocarpus melanocarpus H. Pfeiff.;黑果瓶果莎■☆
219882 Lagenocarpus oocarpus C. B. Clarke;卵果瓶果莎■☆
219883 Lagenocarpus pauciflorus H. Pfeiff.;少花瓶果莎■☆
219884 Lagenocarpus polyphyllus Kuntze;多叶瓶果莎■☆
219885 Lagenocarpus rigidus Nees;硬瓶果莎■☆
219886 Lagenocarpus tenuis Benth. = Erica miniscula E. G. H. Oliv. ●☆
219887 Lagenocypsela Swenson et K. Bremer(1994);瓶果菊属■☆
219888 Lagenocypsela latifolia (Mattf.) Swenson et K. Bremer;宽叶瓶果菊■☆
219889 Lagenocypsela papuana (J. Kost.) Swenson et K. Bremer;瓶果菊■☆
219890 Lagenopappus G. L. Nesom(1994);瓶毛菀属■☆
219891 Lagenopappus pappocromus (Labill.) G. L. Nesom;瓶毛菀■☆
219892 Lagenophora Cass.(1816)(保留属名);瓶头草属(瓶头菊属);Lagenophora ■●
219893 Lagenophora billardierei Cass. = Lagenophora lanata A. Cunn. ■
219894 Lagenophora billardierei Cass. = Lagenophora stipitata (Labill.) Druce ■
219895 Lagenophora billardierei Cass. var. microcephala Benth. = Lagenophora lanata A. Cunn. ■
219896 Lagenophora crepidiodes Koidz. = Lagenophora lanata A. Cunn. ■
219897 Lagenophora gracilis Steetz = Lagenophora lanata A. Cunn. ■
219898 Lagenophora lanata A. Cunn.;小瓶头草(瓶头草);Small Lagenophora ■
219899 Lagenophora mikadoi (Koidz.) Koidz. ex Kitam. = Solenogyne mikadoi Koidz. ■☆
219900 Lagenophora stipitata (Labill.) Druce;瓶头草;Common Lagenophora,Lagenophora ■
219901 Lagenophora stipitata (Labill.) Druce var. microcephala (Benth.) Domin;微小瓶头草(瓶头草)■
219902 Lagenophora stipitata (Labill.) Druce var. microcephala (Benth.) Domin = Lagenophora lanata A. Cunn. ■
219903 Lagenophora stipitata Labill. = Lagenophora lanata A. Cunn. ■
219904 Lagenosocereus Doweld = Cereus Mill. ●
219905 Lagenula Lour.(废弃属名) = Cayratia Juss.(保留属名)●
219906 Lagenula pedata Lour. = Cayratia pedata (Lam.) Juss. ex Gagnep. ●
219907 Lageropyxis Miq. = Radermachera Zoll. et Moritzi ●
219908 Lagerstroemia L.(1759);紫薇属;Crape Myrtle,Crape-myrtle,Crepe-myrtle ●
219909 Lagerstroemia amabilis Makino;美花紫薇(紫薇);Lovely Crape-myrtle ●☆
219910 Lagerstroemia angustifolia Pierre ex Gagnep.;狭叶紫薇木(花后紫薇)●☆
219911 Lagerstroemia anhuiensis X. H. Guo et S. B. Zhou;安徽紫薇;Anhui Crape-myrtle ●
219912 Lagerstroemia archeriana F. M. Bailey;澳洲紫薇;Australian Native Crepe-myrtle ●☆
219913 Lagerstroemia balansae Koehne;毛萼紫薇(大紫薇,皱叶紫薇);Hairy-calyx Crape Myrtle, Hairycalyx Crapemyrtle, Hairy-calyxed Crape-myrtle ●
219914 Lagerstroemia calyculata Kurz;副萼紫薇(白背紫薇);Lezabyz,Tabaek ●☆
219915 Lagerstroemia caudata Chun et F. C. How ex S. K. Lee et L. F. Lau;尾叶紫薇;Caudate-leaved Crape-myrtle,Tailleaf Crapemyrtle ●
219916 Lagerstroemia chekiangensis W. C. Cheng = Lagerstroemia limii Merr. ●
219917 Lagerstroemia chinensis Lam. = Lagerstroemia indica L. ●
219918 Lagerstroemia collettii Craib = Lagerstroemia venusta Wall. ex C. B. Clarke ●
219919 Lagerstroemia corniculata Gagnep. = Lagerstroemia venusta Wall. ex C. B. Clarke ●
219920 Lagerstroemia excelsa (Dode) Chun ex S. K. Lee et L. F. Lau;川黔紫薇;High Crapemyrtle,High Crape-myrtle ●◇
219921 Lagerstroemia excelsa (Dode) Chun ex S. K. Lee et L. F. Lau

var. ambigua (Pamp.) Furtado et Montien = Lagerstroemia excelsa (Dode) Chun ex S. K. Lee et L. F. Lau ●◇

219922 Lagerstroemia fauriei Koehne;药岛紫薇;Faurie Crapemyrtle, Japanese Crapemyrtle ●☆

219923 Lagerstroemia fauriei Koehne = Lagerstroemia subcostata Koehne var. fauriei (Koehne) Hatus. ex Yahara ●☆

219924 Lagerstroemia floribunda Jack;多花紫薇(阔叶紫薇,棱萼紫薇);Many Flower Crapemyrtle ●

219925 Lagerstroemia floribunda Jack = Lagerstroemia siamica Gagnep. ●

219926 Lagerstroemia flos-reginae Retz. = Lagerstroemia speciosa (L.) Pers. ●

219927 Lagerstroemia fordii Oliv. et Koehne ex Koehne;广东紫薇;Ford Crapemyrtle, Ford Crape-myrtle, Guangdong Crapemyrtle ●

219928 Lagerstroemia glabra (Koehne) Koehne;光紫薇;Glabrous Crapemyrtle, Glabrous Crape-myrtle ●

219929 Lagerstroemia grandiflora Roxb. = Duabanga grandiflora (Roxb.) Walp. ●

219930 Lagerstroemia grandiflora Roxb. ex DC. = Duabanga grandiflora (Roxb. ex DC.) Walp. ●

219931 Lagerstroemia guilinensis S. K. Lee et L. F. Lau;桂林紫薇;Guiling Crapemyrtle, Guiling Crape-myrtle ●◇

219932 Lagerstroemia hypoleuca Kurz;里白紫薇;Andaman Pyinma ●☆

219933 Lagerstroemia indica L.;紫薇(百日红,宝幡花,佛相花,红薇花,猴刺脱,鹭鸶花,满堂红,怕痒花,怕痒树,瘙痒树,蚊子花,无皮树,五里香,五爪金龙,西洋水杨梅,痒痒花,痒痒树,紫金标,紫金花,紫荆,紫荆花,紫兰花,紫梢,紫薇花);China Privet, Common Crape Myrtle, Common Crapemyrtle, Common Crape-myrtle, Crape Flower, Crape Myrtle, Crapemyrtle, Crape-myrtle, Crepe flower, Crepe Myrtle, Crepe-myrtle, Dwarf Cultivar Crapemyrtle, Grand Myrtle, Indian Lilac ●

219934 Lagerstroemia indica L. 'Alba';银薇;White Common Crapemyrtle ●

219935 Lagerstroemia indica L. 'André de Martis';安德烈·德·马尔蒂斯紫薇●☆

219936 Lagerstroemia indica L. 'Eavesii';艾福斯紫薇●☆

219937 Lagerstroemia indica L. 'Glendora White';格伦多拉白紫薇●☆

219938 Lagerstroemia indica L. 'Heliotrope Beauty';天芥菜美紫薇●☆

219939 Lagerstroemia indica L. 'Natchez';纳齐兹紫薇●☆

219940 Lagerstroemia indica L. 'Newmanii';纽曼尼紫薇●☆

219941 Lagerstroemia indica L. 'Petite Plum';小李紫薇●☆

219942 Lagerstroemia indica L. 'Petite Red Imp';红色小顽童紫薇●☆

219943 Lagerstroemia indica L. 'Petite Snow';小雪紫薇●☆

219944 Lagerstroemia indica L. 'Pixie White';白色小精灵紫薇●☆

219945 Lagerstroemia indica L. 'Rubra';鲁波拉紫薇●☆

219946 Lagerstroemia indica L. 'Ruby Lace';红宝石紫薇●☆

219947 Lagerstroemia indica L. 'Tuscarora';塔斯卡洛拉紫薇●☆

219948 Lagerstroemia indica L. 'Watermelon Red';西瓜红紫薇●☆

219949 Lagerstroemia indica L. 'Zuni';祖尼紫薇●☆

219950 Lagerstroemia indica L. f. alba (Nicholson) Rehder = Lagerstroemia indica L. 'Alba' ●

219951 Lagerstroemia indica L. f. latifolia Koehne;阔叶紫薇;Broadleaf Common Crapemyrtle ●

219952 Lagerstroemia intermedia Koehne;云南紫薇;Yunnan Crapemyrtle, Yunnan Crape-myrtle ●◇

219953 Lagerstroemia lanceolata Wight et Arn.;披针叶紫薇;Nanan Wood ●☆

219954 Lagerstroemia lanceolata Wight et Arn. = Lagerstroemia microcarpa Wight ●☆

219955 Lagerstroemia latifolia Koehne = Lagerstroemia indica L. f. latifolia Koehne ●

219956 Lagerstroemia limii Merr.;福建紫薇(浙江紫薇);Fujian Crapemyrtle, Fukien Crape-myrtle ●

219957 Lagerstroemia loudonii Teijsm. et Binn.;泰国紫薇●☆

219958 Lagerstroemia macrocarpa Wall.;大果紫薇●☆

219959 Lagerstroemia micrantha Merr.;小花紫薇;Lttleflower Crapemyrtle, Microflorous Crape-myrtle, Smallflower Crapemyrtle ●

219960 Lagerstroemia microcarpa Wight;小果紫薇●☆

219961 Lagerstroemia parviflora Roxb.;微花紫薇●☆

219962 Lagerstroemia parviflora Roxb. subsp. napaulensis ? = Lagerstroemia parviflora Roxb. ●☆

219963 Lagerstroemia piviformis Koehne;菲律宾紫薇(菲律宾柚木);Battinan Crapemyrtle, Philippine Teak ●☆

219964 Lagerstroemia regina Roxb. = Lagerstroemia speciosa (L.) Pers. ●

219965 Lagerstroemia siamica Gagnep.;南洋紫薇(泰国紫薇);Siam Crapemyrtle, Siam Crape-myrtle ●

219966 Lagerstroemia speciosa (L.) Pers.;大花紫薇(百日红,大叶紫薇,洋紫薇);Banglang, Bungor Raya, Pride of India, Pride of Indian, Pride-of-India, Pyinma, Queen Crape Myrtle, Queen Crapemyrtle, Queen Crape-myrtle, Queen Lagerstroemia, Queen's Crape Myrtle, Queen-flower, Queen-of-flowers, Queen's Crepe-myrtle, Queen's Flower ●

219967 Lagerstroemia speciosa (L.) Pers. var. intermedia (Koehne) Furtado et Montien = Lagerstroemia intermedia Koehne ●◇

219968 Lagerstroemia stenopetala Chun;狭瓣紫薇;Narrowpetal Crapemyrtle, Stenopetallous Crape-myrtle ●

219969 Lagerstroemia stenopetala Chun = Lagerstroemia glabra (Koehne) Koehne ●

219970 Lagerstroemia subcostata Koehne;南紫薇(苞饭花,九荆,九芎,拘那花,马铃花,蚊仔花,小果紫薇);Southern Crapemyrtle, Southern Crape-myrtle, Subcostate Crapemyrtle, Subcostate Crape-myrtle ●

219971 Lagerstroemia subcostata Koehne var. ambigua Pamp. = Lagerstroemia excelsa (Dode) Chun ex S. K. Lee et L. F. Lau ●◇

219972 Lagerstroemia subcostata Koehne var. fauriei (Koehne) Hatus. ex Yahara;法氏南紫薇●☆

219973 Lagerstroemia subcostata Koehne var. glabra Koehne = Lagerstroemia glabra (Koehne) Koehne ●

219974 Lagerstroemia subcostata Koehne var. hirtella Koehne = Lagerstroemia subcostata Koehne ●

219975 Lagerstroemia suprareticulata S. K. Lee et L. F. Lau;网脉紫薇;Netvein Crapemyrtle, Net-veined Crapemyrtle, Net-veined Crape-myrtle ●◇

219976 Lagerstroemia tomentosa C. Presl;绒毛紫薇(毛叶紫薇,柔毛紫薇);Leza-wood, Tomentose Crapemyrtle, Tomentose Crape-myrtle ●

219977 Lagerstroemia tomentosa C. Presl var. caudata Koehne = Lagerstroemia tomentosa C. Presl ●

219978 Lagerstroemia turbinata Koehne;棱萼紫薇;Turbinate Lagerstroemia ●

219979 Lagerstroemia unguiculosa Koehne = Lagerstroemia subcostata Koehne ●

219980 Lagerstroemia venusta Wall. ex C. B. Clarke; 西双紫薇; Beautiful Crapemyrtle, Beautiful Crape-myrtle ●
219981 Lagerstroemia villosa Wall. ex Kurz; 毛紫薇; Villose Crapemyrtle, Villose Crape-myrtle ●
219982 Lagerstroemia yangii Chun = Lagerstroemia excelsa (Dode) Chun ex S. K. Lee et L. F. Lau ●◇
219983 Lagerstroemiaceae J. Agardh = Lythraceae J. St. -Hil. (保留科名) ■●
219984 Lagerstroemiaceae J. Agardh; 紫薇科●
219985 Lagetta Juss. (1789); 拉吉塔木属(拉吉塔属) ●☆
219986 Lagetta lagetto (Sw.) Nash; 拉吉塔木; Gauze Tree, Lace Tree, Lace-bark Tree, Lacebark, Lace-bark, Lagetto, Lint Lacebark Tree, Lint Lacebark, Lint Lacebark-tree ●☆
219987 Lagetta linearia Lam. = Lagetta lagetto (Sw.) Nash ●☆
219988 Laggera Gand. = Rosa L. ●
219989 Laggera Sch. Bip. = Laggera Sch. Bip. ex Benth. ■
219990 Laggera Sch. Bip. ex Benth. (1873); 六棱菊属(臭灵丹属, 六角草属); Laggera ■
219991 Laggera Sch. Bip. ex Benth. et Hook. f. = Laggera Sch. Bip. ex Benth. ■
219992 Laggera Sch. Bip. ex C. Koch = Laggera Sch. Bip. ex Benth. ■
219993 Laggera Sch. Bip. ex Hochst. = Laggera Sch. Bip. ex Benth. ■
219994 Laggera Sch. Bip. ex Oliv. = Laggera Sch. Bip. ex Benth. ■
219995 Laggera alata (D. Don) Oliv. = Laggera alata (D. Don) Sch. Bip. ex Oliv. ■
219996 Laggera alata (D. Don) Sch. Bip. ex Oliv.; 六棱菊(八楞风, 八面风, 八十缺, 白蓬草, 百草王, 臭灵丹, 飞山虎, 蜡达草, 六达草, 六毒草, 六耳棱, 六耳铃, 六耳消, 六角瓣, 六角草, 六角心, 六棱锋, 六盘金, 六十瓣, 六什头, 六月铃, 陆续消, 鹿耳草, 鹿耳苓, 鹿耳翎, 辘轴风, 绿耳棱, 毛六猬, 闷药, 三面风, 三稔草, 四方艾, 四方根, 四棱锋, 土防风, 羊耳三稔, 羊毛草, 羊仔菊); Winged Laggera ■
219997 Laggera alata (D. Don) Sch. Bip. ex Oliv. = Blumea crispata (Vahl) Merxm. ■☆
219998 Laggera alata (D. Don) Sch. Bip. ex Oliv. var. angustifolia (Hayata) Yamam. = Laggera alata (D. Don) Sch. Bip. ex Oliv. ■
219999 Laggera alata (D. Don) Sch. Bip. ex Oliv. var. dentata S. Moore = Blumea crispata (Vahl) Merxm. ■☆
220000 Laggera alata (D. Don) Sch. Bip. ex Oliv. var. dentata S. Moore = Laggera crispata (Vahl) Hepper et J. R. I. Wood ■
220001 Laggera alata (D. Don) Sch. Bip. ex Oliv. var. montana C. D. Adams = Blumea crispata (Vahl) Merxm. var. montana (C. D. Adams) J. -P. Lebrun et Stork ■☆
220002 Laggera alata (D. Don) Sch. Bip. ex Oliv. var. salvifolia (Bory) Humbert = Blumea crispata (Vahl) Merxm. ■☆
220003 Laggera angustifolia Hayata = Laggera alata (D. Don) Sch. Bip. ex Oliv. ■
220004 Laggera appendiculata Robyns = Blumea brevipes (Oliv. et Hiern) Wild ■☆
220005 Laggera arabica (Willd.) Deflers = Blumea decurrens (Vahl) Merxm. ■☆
220006 Laggera arida C. B. Clarke = Pluchea arguta Boiss. ■☆
220007 Laggera aurita (L. f.) C. B. Clarke = Pseudoconyza viscosa (Mill.) D'Arcy ■☆
220008 Laggera aurita (L. f.) Sch. Bip. ex C. B. Clarke = Pseudoconyza viscosa (Mill.) D'Arcy ■☆
220009 Laggera braunii Vatke = Blumea braunii (Vatke) J. -P. Lebrun et Stork ■☆
220010 Laggera brevipes Oliv. et Hiern = Blumea brevipes (Oliv. et Hiern) Wild ■☆
220011 Laggera calcarata (Decne.) Baill.; 距六棱菊■☆
220012 Laggera crassifolia (A. Rich.) Oliv. et Hiern; 厚叶六棱菊■☆
220013 Laggera crispata (Vahl) Hepper et J. R. I. Wood. = Laggera alata (D. Don) Sch. Bip. ex Oliv. ■
220014 Laggera crispata (Vahl) Hepper et J. R. I. Wood. = Laggera pterodonta (DC.) Benth. ■
220015 Laggera decurrens (Vahl) Hepper et J. R. I. Wood = Blumea decurrens (Vahl) Merxm. ■☆
220016 Laggera dinteri Thell. ex Merxm. = Nicolasia nitens (O. Hoffm.) Eyles ■☆
220017 Laggera elatior R. E. Fr. = Blumea elatior (R. E. Fr.) Lisowski ■☆
220018 Laggera flava (DC.) Benth. = Blumeopsis flava (DC.) Gagnep. ■
220019 Laggera flava Benth. = Blumeopsis flava (DC.) Gagnep. ■
220020 Laggera gariepina (DC.) Randeria = Blumea decurrens (Vahl) Merxm. ■☆
220021 Laggera gracilis (O. Hoffm. et Muschl.) C. D. Adams = Blumea adamsii J. -P. Lebrun et Stork ■☆
220022 Laggera heteromalla Vatke = Inula mannii (Hook. f.) Oliv. et Hiern ■☆
220023 Laggera heudelotii C. D. Adams = Blumea heudelotii (C. D. Adams) Lisowski ■☆
220024 Laggera humilis O. Hoffm. = Nicolasia felicioides (Hiern) S. Moore ■☆
220025 Laggera intermedia C. B. Clarke; 假六棱菊; Intermediate Laggera ■
220026 Laggera intermedia C. B. Clarke = Laggera pterodonta (DC.) Benth. ■
220027 Laggera lecomteana O. Hoffm. et Muschl. = Blumea lecomteana (O. Hoffm. et Muschl.) J. -P. Lebrun et Stork ■☆
220028 Laggera lyrata (Kunth) Leins = Pseudoconyza viscosa (Mill.) D'Arcy ■☆
220029 Laggera makarikariensis Bremek. et Oberm. = Nicolasia stenoptera (O. Hoffm.) Merxm. subsp. makarikariensis (Bremek. et Oberm.) Merxm. ■☆
220030 Laggera pappii Gand.; 保普六棱菊■☆
220031 Laggera petitiana (A. Rich.) Sch. Bip. = Laggera tomentosa (A. Rich.) Oliv. et Hiern ■☆
220032 Laggera pterodonta (DC.) Benth.; 翼齿六棱菊(臭灵丹, 臭树, 臭叶子, 大黑药, 归经草, 黄牛草, 六棱菊, 鹿耳林, 山林丹, 山灵丹, 狮子草, 野腊烟, 野胭脂, 翼齿臭灵丹); Wingedtooth Laggera ■
220033 Laggera pterodonta (DC.) Sch. Bip. ex Oliv. = Blumea crispata (Vahl) Merxm. ■☆
220034 Laggera purpurascens Sch. Bip. ex Hochst. = Laggera crispata (Vahl) Hepper et J. R. I. Wood ■
220035 Laggera purpurascens Sch. Bip. ex Hochst. = Laggera pterodonta (DC.) Benth. ■
220036 Laggera somaliensis Thell.; 索马里六棱菊■☆
220037 Laggera sordida Vatke = Pluchea sordida (Vatke) Oliv. et Hiern ■☆
220038 Laggera squarrosa Oliv. et Hiern = Blumea squarrosa (Oliv. et Hiern) Wild ■☆
220039 Laggera stenoptera O. Hoffm. = Nicolasia stenoptera (O.

Hoffm.) Merxm. ■☆

220040 Laggera tomentosa (A. Rich.) Oliv. et Hiern;绒毛六棱菊■☆

220041 Laggera volkensii O. Hoffm. = Blumea volkensii (O. Hoffm.) J. -P. Lebrun et Stork ■☆

220042 Lagoa T. Durand(1888);拉戈萝藦属☆

220043 Lagoa calcarata Baill. ;拉戈萝藦☆

220044 Lagochilium Nees = Aphelandra R. Br. ●■☆

220045 Lagochilopsis Knorring = Lagochilus Bunge ex Benth. ●■

220046 Lagochilopsis Knorring(1966);拟兔唇花属■☆

220047 Lagochilopsis hirtus (Fisch. et C. A. Mey.) Knorring = Lagochilus hirtus Fisch. et C. A. Mey. ■

220048 Lagochilopsis pungens (Schrenk) Knorring = Lagochilus pungens Schrenk ■

220049 Lagochilus Bunge = Lagochilus Bunge ex Benth. ●■

220050 Lagochilus Bunge ex Benth. (1834); 兔唇花属; Herelip, Lagochilus ●■

220051 Lagochilus acutilobus (Ledeb.) Fisch. et C. A. Mey. ;尖裂兔唇花■☆

220052 Lagochilus affinis Rupr. = Lagochilus platyacanthus Rupr. ■

220053 Lagochilus altaicus C. Y. Wu et S. J. Hsuan;阿尔泰兔唇花;Altai Herelip, Altai Lagochilus ■

220054 Lagochilus altaicus C. Y. Wu et S. J. Hsuan = Lagochilus bungei Benth. ■

220055 Lagochilus androssovii Knorring;安氏兔唇花■☆

220056 Lagochilus balchanicus Czerniak. ;巴尔罕兔唇花■☆

220057 Lagochilus brachyacanthus C. Y. Wu et S. J. Hsuan;短刺兔唇花■

220058 Lagochilus brachyacanthus C. Y. Wu et S. J. Hsuan = Lagochilus hirtus Fisch. et C. A. Mey. ■

220059 Lagochilus bungei Benth. ;布氏兔唇花(阿尔泰兔唇花)■

220060 Lagochilus cabulicus Benth. ;卡布尔兔唇花■☆

220061 Lagochilus chingii C. Y. Wu et S. J. Hsuan;四齿兔唇花(仁昌兔唇花);Ching Herelip, Ching Lagochilus ■

220062 Lagochilus chingii C. Y. Wu et S. J. Hsuan = Lagochilus diacanthophyllus (Pall.) Benth. ■

220063 Lagochilus diacanthophyllus (Pall.) Benth. ;二刺叶兔唇花(斜喉兔唇花); Oblique Lagochilus, Slanting Herelip, Twospined Herelip, Twospined Lagochilus ■

220064 Lagochilus glaberrimus C. Koch; 无毛兔唇花; Glabrous Lagochilus ■☆

220065 Lagochilus glaberrimus C. Koch = Lamium glaberrimum (C. Koch) Taliev ■☆

220066 Lagochilus grandiflorus C. Y. Wu et S. J. Hsuan;大花兔唇花;Bigflower Herelip, Largeflower Lagochilus ■

220067 Lagochilus hirtus (Fisch. et C. A. Mey.) Knorring = Lagochilus hirtus Fisch. et C. A. Mey. ■

220068 Lagochilus hirtus Fisch. et C. A. Mey. ;硬毛兔唇花(短刺兔唇花);Hairy Herelip, Hairy Lagochilus, Shortspine Herelip, Shortspine Lagochilus ■

220069 Lagochilus ilicifolius Bunge ex Benth. ;冬青叶兔唇花(兔唇花);Hollyleaf Herelip, Hollyleaf Lagochilus ■

220070 Lagochilus iliensis C. Y. Wu et S. J. Hsuan; 宽齿兔唇花; Broadtooth Lagochilus, Tili Herelip ■

220071 Lagochilus iliensis C. Y. Wu et S. J. Hsuan = Lagochilus macrodonthus Knorring ■

220072 Lagochilus inebrians Bunge ex Benth. ;酩酊兔唇花■☆

220073 Lagochilus kaschgaricus Rupr. ;喀什兔唇花;Kaschgar Herelip, Kaschgar Lagochilus ■

220074 Lagochilus knorringianus Pavlov;克诺氏兔唇花■☆

220075 Lagochilus kschtutensis Knorring;克什图特兔唇花■☆

220076 Lagochilus lanatonodus C. Y. Wu et S. J. Hsuan;毛节兔唇花;Hairnode Herelip, Hairynode Lagochilus ■

220077 Lagochilus leiacanthus Fisch. et C. A. Mey. ; 光刺兔唇花; Smoothspine Herelip, Smoothspine Lagochilus ■

220078 Lagochilus longidentatus Knorring;长齿兔唇花■☆

220079 Lagochilus macrodonthus Knorring; 大齿兔唇花; Macrodont Lagochilus ■

220080 Lagochilus nevskii Knorring;涅氏兔唇花■☆

220081 Lagochilus obliquus C. Y. Wu et Hsuan = Lagochilus diacanthophyllus (Pall.) Benth. ■

220082 Lagochilus obliquus C. Y. Wu et S. J. Hsuan;斜喉兔唇花■

220083 Lagochilus obliquus C. Y. Wu et S. J. Hsuan = Lagochilus diacanthophyllus (Pall.) Benth. ■

220084 Lagochilus paulsenii Briq. ;帕氏兔唇花■☆

220085 Lagochilus platyacanthus Rupr. ; 阔刺兔唇花; Broadspine Herelip, Broadspine Lagochilus ■

220086 Lagochilus platycalyx Schrenk ex Fisch. et C. A. Mey. ;宽萼兔唇花■☆

220087 Lagochilus pubescens Vved. ;毛兔唇花■☆

220088 Lagochilus pulcher Knorring;美丽兔唇花(兔唇花);Reautiful Lagochilus ■☆

220089 Lagochilus pungens (Schrenk) Knorring = Lagochilus pungens Schrenk ■

220090 Lagochilus pungens Schrenk;锐刺兔唇花;Sharpspine Herelip, Sharpspine Lagochilus ■

220091 Lagochilus seravschanicus Knorring;塞拉夫兔唇花■☆

220092 Lagochilus setulosus Wed. ;多刚毛兔唇花■☆

220093 Lagochilus subhispidus Knorring;亚硬毛兔唇花■☆

220094 Lagochilus tianschanicus Pavlov; 天山兔唇花; Tianshan Lagochilus ■☆

220095 Lagochilus usunachmaticus Knorring;乌苏纳和马塔兔唇花■☆

220096 Lagochilus xinjiangensis G. J. Liu; 新疆兔唇花; Xinjiang Herelip, Xinjiang Lagochilus ■

220097 LagochUium Nees = Aphelandra R. Br. ●■☆

220098 Lagocodes Raf. = Scilla L. ■

220099 Lagoecia L. (1753);拉高草属●☆

220100 Lagoecia cuminoides L. ;拉高草●☆

220101 Lagoeciaceae Bercht. et J. Presl = Apiaceae Lindl. (保留科名)●■

220102 Lagoeciaceae Bercht. et J. Presl = Umbelliferae Juss. (保留科名)■●

220103 Lagonychium M. Bieb. (1819);类含羞草属●☆

220104 Lagonychium M. Bieb. = Prosopis L. ●

220105 Lagonychium farctum (Banks et Sol.) Bobrov;实心类含羞草●☆

220106 Lagonychium farctum (Banks et Sol.) J. F. Macbr. = Lagonychium farctum (Banks et Sol.) Bobrov ●☆

220107 Lagonychium stephanianum M. Bieb. ;类含羞草●☆

220108 Lagophylla Nutt. (1841);兔叶菊属(兔菊属)■☆

220109 Lagophylla congesta Greene = Lagophylla ramosissima Nutt. ■☆

220110 Lagophylla dichotoma Benth. subsp. minor D. D. Keck = Lagophylla minor (D. D. Keck) D. D. Keck ■☆

220111 Lagophylla glandulosa A. Gray;腺点兔叶菊■☆

220112 Lagophylla glandulosa A. Gray subsp. serrata (Greene) D. D. Keck = Lagophylla glandulosa A. Gray ■☆

220113 Lagophylla minor (D. D. Keck) D. D. Keck;小兔叶菊■☆
220114 Lagophylla ramosissima Nutt.;繁枝兔叶菊■☆
220115 Lagophylla ramosissima Nutt. subsp. congesta (Greene) D. D. Keck = Lagophylla ramosissima Nutt. ■☆
220116 Lagopsis (Benth.) Bunge = Marrubium L. ■
220117 Lagopsis (Bunge ex Benth.) Bunge (1835);夏至草属;Lagopsis ■
220118 Lagopsis Bunge = Lagopsis (Bunge ex Benth.) Bunge ■
220119 Lagopsis Bunge = Marrubium L. ■
220120 Lagopsis Bunge ex Benth. = Lagopsis (Bunge ex Benth.) Bunge ■
220121 Lagopsis eriostachya (Benth.) Ikonn.-Gal. ex Knorring;毛穗夏至草;Woollyspike Lagopsis ■
220122 Lagopsis eriostachya Benth. = Lagopsis eriostachya (Benth.) Ikonn.-Gal. ex Knorring ■
220123 Lagopsis flava (Kar. et Kir.) Walp. = Lagopsis flava Kar. et Kir. ■
220124 Lagopsis flava Kar. et Kir.;黄花夏至草;Yellow Lagopsis, Yellowflower Lagopsis ■
220125 Lagopsis marrubiastrum (Steph.) Ikonn.-Gal.;小夏至草■☆
220126 Lagopsis supina (Stephan ex Willd.) Ikonn.-Gal. ex Knorring;夏至草(白花草,白花夏枯,白花夏枯草,白花益母,白花益母草,棒槌草,棒柱头花,粗毛夏枯草,大头花,灯笼棵,地牯牛,东风,风轮草,刚毛夏枯草,广谷草,滚子花,灰毛欧夏至草,筋骨草,锄头草,六月干,锣锤草,麦穗夏枯草,麦夏枯,乃东,牛抵草,牛牯草,牛枯草,炮杖草,铁色草,铁色花,铁线夏枯,夕句,下枯草,夏枯草,夏枯花,夏枯头,小益母草,血见愁,羊肠菜,羊胡草,莺矣蜜,郁臭,云燕蜜,胀饱草,猪屎草);Lagopsis, Whiteflower Lagopsis ■
220127 Lagopsis supina (Stephan) Ikonn.-Gal. = Lagopsis supina (Stephan ex Willd.) Ikonn.-Gal. ex Knorring ■
220128 Lagopus Fourr. = Plantago L. ■●
220129 Lagopus Hill = Trifolium L. ■
220130 Lagopus (Gren. et Godr.) E. Fourn. = Plantago L. ■●
220131 Lagoseriopsis Kirp. (1964);类兔苣属■☆
220132 Lagoseriopsis popovii (Krasch.) Kirp.;类兔苣■☆
220133 Lagoseris Hoffmanns. et Link = Crepis L. ■
220134 Lagoseris Hoffmanns. et Link = Pterotheca Cass. ■
220135 Lagoseris M. Bieb. (1810);兔苣属;Lagoseris ■
220136 Lagoseris M. Bieb. = Crepis L. ■
220137 Lagoseris aralensis Boiss.;阿拉里兔苣■☆
220138 Lagoseris glaucescens Sosn.;灰蓝兔苣■☆
220139 Lagoseris macrantha (Bunge) Iljin;大花兔苣■☆
220140 Lagoseris obovata (Boiss. et Noë) Bornm.;倒卵形兔苣■☆
220141 Lagoseris orientalis Boiss.;东方兔苣■☆
220142 Lagoseris purpurea Stev. ex DC.;紫兔苣■☆
220143 Lagoseris robusta De Moor;粗壮兔苣■☆
220144 Lagoseris sahendii (Boiss. et Buhse) De Moor;萨亨迪兔苣■☆
220145 Lagoseris sancta (L.) K. Maly;兔苣;Holy Lagoseris ■
220146 Lagoseris sancta (L.) K. Maly subsp. bifida ? = Crepis sancta (L.) K. Maly ■☆
220147 Lagoseris tenuifolia (Willd.) Rchb. = Youngia tenuifolia (Willd.) Babc. et Stebbins ■
220148 Lagoseris versicolor Fisch. ex Link = Ixeridium gramineum (Fisch.) Tzvelev ■
220149 Lagosertopsis Kirp. = Launaea Cass. ■
220150 Lagothamnus Nutt. = Tetradymia DC. ●☆
220151 Lagotia C. Muell. = Desmodium Desv. (保留属名)●■
220152 Lagotia C. Muell. = Sagotia Baill. (保留属名)●☆
220153 Lagotia C. Muell. = Sagotia Duchass. et Walp. (废弃属名)●☆
220154 Lagotis E. Mey. = Carpacoce Sond. ■●☆
220155 Lagotis J. Gaertn. (1770);兔耳草属;Lagotis ■
220156 Lagotis alutacea W. W. Sm.;革叶兔耳草(厚叶兔耳草);Coriaceousleaf Lagotis ■
220157 Lagotis alutacea W. W. Sm. var. foliosa W. W. Sm.;多革叶兔耳草;Leafy Lagotis ■
220158 Lagotis alutacea W. W. Sm. var. rockii (H. L. Li) P. C. Tsoong = Lagotis alutacea W. W. Sm. var. rockii (H. L. Li) P. C. Tsoong ex H. P. Yang ■
220159 Lagotis alutacea W. W. Sm. var. rockii (H. L. Li) P. C. Tsoong;裂唇革叶兔耳草;Rock Coriaceousleaf Lagotis ex H. P. Yang ■
220160 Lagotis angustibracteata P. C. Tsoong et H. P. Yang;狭苞兔耳草;Narrowbract Lagotis ■
220161 Lagotis borealis Baill. ex Wettst.;北方兔耳草;North Lagotis ■☆
220162 Lagotis brachystachya Maxim.;短穗兔耳草;Shortspike Lagotis ■
220163 Lagotis brevituba Maxim.;短筒兔耳草(藏黄连,短管兔耳草);Shorttube Lagotis ■
220164 Lagotis clarkei Hook. f.;大萼兔耳草(显茎兔耳草);Bigcalyx Lagotis ■
220165 Lagotis crassifolia Prain;厚叶兔耳草;Thickleaf Lagotis ■
220166 Lagotis decumbens Rupr.;倾卧兔耳草(兔耳草);Decumbent Lagotis ■
220167 Lagotis glauca Gaertn.;兔耳草(藏黄连,洪莲);Glaucous Lagotis ■
220168 Lagotis glauca Gaertn. = Lagotis integrifolia (Willd.) Schischk. ■
220169 Lagotis glauca Gaertn. f. albiflora Honda;白花兔耳草■☆
220170 Lagotis glauca Gaertn. subsp. australis Maxim. = Lagotis decumbens Rupr. ■
220171 Lagotis glauca Gaertn. subsp. takedana (Miyabe et Tatew.) Toyok. et Nosaka = Lagotis takedana Miyabe et Tatew. ■☆
220172 Lagotis glauca Gaertn. var. kunawurensis ? = Lagotis kunawurensis (Royle et Choisy) Rupr. ■
220173 Lagotis glauca Gaertn. var. pallasii Trautv. = Lagotis integrifolia (Willd.) Schischk. ■
220174 Lagotis glauca Gaertn. var. sikkimensis ? = Lagotis kunawurensis (Royle et Choisy) Rupr. ■
220175 Lagotis glauca Gaertn. var. takedana (Miyabe et Tatew.) Kitam. = Lagotis takedana Miyabe et Tatew. ■☆
220176 Lagotis humilis P. C. Tsoong et H. P. Yang;矮兔耳草;Dwarf Lagotis ■
220177 Lagotis ikonnikovii Schischk.;伊氏兔耳草■☆
220178 Lagotis incisifolia Hand.-Mazz. = Lagotis pharica Prain ■
220179 Lagotis integra W. W. Sm.;全缘兔耳草(全缘洪连,全缘叶兔耳草);Entire Lagotis ■
220180 Lagotis integrifolia (Willd.) Schischk.;中亚兔耳草(洪连,兔耳草,亚中兔耳草);Entireleaf Lagotis ■
220181 Lagotis kongboensis T. Yamaz.;粗筒兔耳草;Broadtube Lagotis, Thicktube Lagotis ■
220182 Lagotis korolkowii (Regel et Schmalh.) Maxim.;考劳兔耳草■☆
220183 Lagotis kunawurensis (Royle et Choisy) Rupr.;噶穆兔耳草;Kunamur Lagotis ■
220184 Lagotis kunawurensis (Royle et Choisy) Rupr. var. sikkimensis ? = Lagotis kunawurensis (Royle et Choisy) Rupr. ■

220185 Lagotis lancilimba H. L. Li = Lagotis alutacea W. W. Sm. ■
220186 Lagotis macrosiphon P. C. Tsoong et H. P. Yang;大筒兔耳草;Bigtube Lagotis ■
220187 Lagotis mierantha Hand. -Mazz. = Lagotis integra W. W. Sm. ■
220188 Lagotis minor (Willd.) Standl.;小兔耳草■☆
220189 Lagotis pallasii (Cham. et Schltdl.) Rupr. = Lagotis integrifolia (Willd.) Schischk. ■
220190 Lagotis pallasii Rupr.;帕氏兔耳草;Pallas Lagotis ■☆
220191 Lagotis pharica Prain;裂叶兔耳草;Lobedleaf Lagotis, Splitleaf Lagotis ■
220192 Lagotis praecox W. W. Sm.;紫叶兔耳草;Purpleleaf Lagotis ■
220193 Lagotis ramalana Batalin;圆穗兔耳草;Roundspike Lagotis ■
220194 Lagotis rockii H. L. Li = Lagotis alutacea W. W. Sm. var. rockii (H. L. Li) P. C. Tsoong ex H. P. Yang ■
220195 Lagotis spectabilis Hook. f.;高大兔耳草(美丽兔耳草);Tall Lagotis ■
220196 Lagotis stelleri Rupr.;司梯氏兔耳草;Steller Lagotis ■☆
220197 Lagotis stelleri Rupr. subsp. yesoensis (Miyabe et Tatew.) Toyok. = Lagotis yesoensis (Miyabe et Tatew.) Tatew. ■☆
220198 Lagotis stelleri Rupr. var. yesoensis Miyabe et Tatew. = Lagotis yesoensis (Miyabe et Tatew.) Tatew. ■☆
220199 Lagotis stolonifera (C. Koch) Maxim.;匍匐兔耳草■☆
220200 Lagotis takedana Miyabe et Tatew.;武田兔耳草■☆
220201 Lagotis uralensis Schischk.;乌拉尔兔耳草■☆
220202 Lagotis wardii W. W. Sm.;箭药兔耳草(兔耳草);Arrowanther Lagotis, Ward Lagotis ■
220203 Lagotis yesoensis (Miyabe et Tatew.) Tatew.;虾夷兔耳草■☆
220204 Lagotis yunnanensis W. W. Sm.;云南兔耳草;Yunnan Lagotis ■
220205 Lagowskia Trautv. = Coluteocarpus Boiss. ■☆
220206 Lagrezia Moq. (1849);单脉青葙属■●☆
220207 Lagrezia ambrensis Cavaco;昂布尔单脉青葙■☆
220208 Lagrezia boivinii (Benth. et Hook. f.) Schinz;博伊文单脉青葙■☆
220209 Lagrezia decaryana Cavaco;德卡里单脉青葙■☆
220210 Lagrezia humbertii Cavaco;亨伯特单脉青葙●☆
220211 Lagrezia linearifolia Cavaco;线叶单脉青葙●☆
220212 Lagrezia madagascariensis (Poir.) Moq.;马岛单脉青葙■☆
220213 Lagrezia micrantha (Baker) Schinz;小花单脉青葙■☆
220214 Lagrezia minutiflora Schinz;多花单脉青葙(多花青葙)■☆
220215 Lagrezia paniculata Cavaco;圆锥单脉青葙(圆锥青葙)■☆
220216 Lagrezia perrieri Cavaco;佩里耶单脉青葙(佩里耶青葙)■☆
220217 Laguna Cav. = Abelmoschus Medik. ●■
220218 Laguna abyssinica Hochst. ex A. Rich. = Hibiscus lobatus (Murray) Kuntze ■
220219 Lagunaea C. Agardh = Amblygonum (Meisn.) Rchb. ■☆
220220 Lagunaea C. Agardh = Lagunea Lour. ■☆
220221 Lagunaea Schreb. = Abelmoschus Medik. ●■
220222 Lagunaea Schreb. = Laguna Cav. ●■
220223 Lagunaea schinzii Gürke = Hibiscus sidiformis Baill. ●☆
220224 Lagunaena Ritgen = Amblygonum (Meisn.) Rchb. ■☆
220225 Lagunaena Ritgen = Lagunea Lour. ■☆
220226 Lagunaria (A. DC.) Rchb. (1829);蜜源锦葵属(蜜源葵属,诺福克木槿属);Sugarplum Tree, Sugarplum-tree ●☆
220227 Lagunaria G. Don = Lagunaria (A. DC.) Rchb. ●☆
220228 Lagunaria patersonia (Andréws) G. Don;蜜源锦葵(蜜源葵,诺福克蜜源锦葵,诺福克木槿);Cow Itch Tree, Norfolk Island Hibiscus, Primrose Tree, Pyramid Tree, Queensland Pyramidal Tree, White Oak ●☆
220229 Lagunaria patersonia (Andréws) G. Don 'Royal Purple';深紫诺福克木槿●☆
220230 Lagunaria patersonii G. Don = Lagunaria patersonia (Andréws) G. Don ●☆
220231 Laguncularia C. F. Gaertn. (1807);假红树属●☆
220232 Laguncularia coccinea Gaudich. = Lumnitzera littorea (Jacq.) Voigt ●◇
220233 Laguncularia racemosa (L.) C. F. Gaertn.;总状花假红树;Button Wood, Button-wood, White Mangrove ●☆
220234 Laguncularia racemosa C. F. Gaertn. = Laguncularia racemosa (L.) C. F. Gaertn. ●☆
220235 Laguncularia rosea Gaudich. = Lumnitzera racemosa Willd. ●
220236 Lagunea Lour. = Amblygonum (Meisn.) Rchb. ■☆
220237 Lagunea Lour. = Goniaticum Stokes ■●
220238 Lagunea Pers. = Abelmoschus Medik. ●■
220239 Lagunea Pers. = Laguna Cav. ●■
220240 Lagunea cochinchinensis Lour. = Polygonum orientale L. ■
220241 Lagunea orientalis (L.) Nakai = Polygonum orientale L. ■
220242 Lagunea orientalis (L.) Nakai var. pilosa (Roxb. ex Meisn.) Nakai = Polygonum orientale L. ■
220243 Lagunezia Scop. = Homalium Jacq. ●
220244 Lagunezia Scop. = Racoubea Aubl. ●
220245 Lagunizia B. D. Jacks. = Lagunezia Scop. ●
220246 Lagunoa Poir. = Llagunoa Ruiz et Pav. ●☆
220247 Laguraceae Link = Gramineae Juss. (保留科名)■●
220248 Laguraceae Link = Poaceae Barnhart(保留科名)■●
220249 Lagurostemon Cass. (1828);兔蕊菊属■☆
220250 Lagurostemon Cass. = Saussurea DC. (保留属名)●■
220251 Lagurostemon pygmaeus Cass.;兔蕊菊■☆
220252 Lagurus L. (1753);兔尾禾属(兔草属,兔尾草属);Hare's tail Grass, Hare's-tail, Hare's-tail Grass, Lagurus, Rabbit-tail Grass, Rabbit-tail-grass ■☆
220253 Lagurus cylindricus L. = Imperata cylindrica (L.) P. Beauv. ■
220254 Lagurus ovatus L.;兔尾草;Hare's Tail Ggrass, Harestail Grass, Hare's-tail Grass, Hare's-tail, Ovate Lagurus ■☆
220255 Lagurus ovatus L. subsp. vestitus (Messeri) H. Scholz;包被兔尾草■☆
220256 Lagurus ovatus L. var. glabrilemmis Maire = Lagurus ovatus L. ■☆
220257 Lagurus ovatus L. var. microcephalus Sennen et Mauricio = Lagurus ovatus L. ■☆
220258 Lagurus ovatus L. var. subglaber Scholz = Lagurus ovatus L. ■☆
220259 Lagurus ovatus L. var. villilemmis Maire = Lagurus ovatus L. ■☆
220260 Lagynias E. Mey. = Lagynias E. Mey. ex Robyns ■☆
220261 Lagynias E. Mey. ex Robyns(1928);拉吉茜属■☆
220262 Lagynias discolor E. Mey. = Lagynias lasiantha (Sond.) Bullock ■☆
220263 Lagynias dryadum (S. Moore) Robyns;森林拉吉茜■☆
220264 Lagynias lasiantha (Sond.) Bullock;毛花拉吉茜■☆
220265 Lagynias littoralis Bullock et Greenway = Lagynias pallidiflora Bullock ■☆
220266 Lagynias monteiroi (Oliv.) Bridson;蒙泰鲁拉吉茜■☆
220267 Lagynias pallidiflora Bullock;白花拉吉茜■☆
220268 Lagynias rufescens (E. A. Bruce) Verdc.;浅红拉吉茜■☆
220269 Lagynias rufescens (E. A. Bruce) Verdc. subsp. angustiloba

Verdc.;细裂拉吉茜■☆
220270 Lahaya Room. et Schult. = Polycarpaea Lam.(保留属名)■●
220271 Lahaya Schult. = Polycarpaea Lam.(保留属名)■●
220272 Lahia Hassk. = Durio Adans. ●
220273 Lahnyea Roem. = Lahaya Room. et Schult. ■●
220274 Lahnyea Roem. = Polycarpaea Lam.(保留属名)■●
220275 Lais Salisb. = Hippeastrum Herb.(保留属名)■
220276 Lalage Lindl. = Bossiaea Vent. ●☆
220277 Lalda Bubani = Lapsana L. ■
220278 Lalldhwojia Farille(1984);拉尔德草属☆
220279 Lalldhwojia cooperi Farille;拉尔德草☆
220280 Lallemandia Walp. = Lallemantia Fisch. et C. A. Mey. ■
220281 Lallemantia Fisch. et C. A. Mey.(1840);扁柄草属(拉雷草属);Flatstalkgrass, Lallemantia ■
220282 Lallemantia baldshuanica Gontsch.;巴得栓扁柄草;Baldshuan Lallemantia ■
220283 Lallemantia canescens (L.) Fisch. et C. A. Mey.;灰白扁柄草;Greywhite Lallemantia ■
220284 Lallemantia iberica (Steven) Fisch. et C. A. Mey.;西班牙扁柄草;Iberian Lallemantia ■
220285 Lallemantia peltata (L.) Fisch. et C. A. Mey.;盾状扁柄草;Lion's Heart, Peltate Lallemantia ■
220286 Lallemantia royleana (Benth.) Benth.;扁柄草(娄氏拉雷草);Royle Flatstalkgrass, Royle Lallemantia ■
220287 Lalypoga Gand. = Polygala L. ●■
220288 Lamanonia Vell.(1829);南美洲火把树属●☆
220289 Lamanonia Vell. = Geissois Labill. ●☆
220290 Lamanonia glabra Kuntze;南美洲火把树●☆
220291 Lamarchea Gaudich.(1830);拉马切桃金娘属●☆
220292 Lamarchea hakeifolia Gaudich.;拉马切桃金娘●☆
220293 Lamarckea Steud. = Lamarckia Moench(保留属名)■☆
220294 Lamarckia Hort. ex Endl. = Elaeodendron J. Jacq. ●☆
220295 Lamarckia Moench(1794)('Lamarkia')(保留属名);拉马克草属(金颈草属,金穗草属);Achyrodes, Golden Dog's-tail, Goldentop, Golden-top ■☆
220296 Lamarckia Olivi = Lamarckia Moench(保留属名)■☆
220297 Lamarckia Valll = Lamarkea Pers. ●☆
220298 Lamarckia aurea (L.) Moench;拉马克草(金颈草);Golden Dog's-tail, Golden Top, Goldentop Grass, Goldentop, Golden-top ■☆
220299 Lamarkea Pers. = Markea Rich. ●☆
220300 Lamarkea Rchb. = Lamarchea Gaudich. ●☆
220301 Lamarkia G. Don = Lamarkea Pers. ●☆
220302 Lamarkia G. Don = Markea Rich. ●☆
220303 Lamarkia Medik. = Sida L. ●■
220304 Lamarkia Moench = Lamarckia Moench(保留属名)■☆
220305 Lamatopodium lessingianum Fisch. et C. A. Mey. = Seseli eriocephalum (Pall. ex Spreng.) Schischk. ■
220306 Lambertia Sm.(1798);兰伯特木属(莱勃特属);Lambertia ●☆
220307 Lambertia ericifolia R. Br.;欧石楠兰伯特木(欧石楠莱勃特,欧石楠叶莱勃特);Ericaleaf Lambertia ●☆
220308 Lambertia formosa Sm.;美丽兰伯特木(美丽莱勃特,山魔);Honey Flower, Honeyflower, Mountain Devil ●☆
220309 Lambertia formosa Sm. var. longifolia Andréws;长叶美丽兰伯特木(长叶美丽莱勃特);Longleaf Lambertia ●☆
220310 Lambertia inermis R. Br.;无刺兰伯特木(无刺莱勃特);Chittick, Inerm Lambertia, Unarmed Lambertia ●☆
220311 Lambertia multiflora Lindl.;多花兰伯特木(多花莱勃特,密花山魔);Honeysuckle, Manyflower Lambertia ●☆
220312 Lambertia uniflora R. Br.;单花兰伯特木(单花莱勃特);One-flowered Lambertia, Uniflorous Lambertia ●☆
220313 Lambertya F. Muell. = Bertya Planch. ●☆
220314 Lamechites Markgr. = Ichnocarpus R. Br.(保留属名)●■
220315 Lamechites Markgr. = Micrechites Miq. ●
220316 Lamellisepalum Engl. = Sageretia Brongn. ●
220317 Lamellisepalum hildebrandtii Engl. = Sageretia thea (Osbeck) M. C. Johnst. ●
220318 Lamia Endl. = Lemia Vand. ■
220319 Lamia Endl. = Portulaca L. ■
220320 Lamia Vand. = Portulaca L. ■
220321 Lamiacanthus Kuntze = Strobilanthes Blume ●■
220322 Lamiaceae Lindl. = Labiatae Juss.(保留科名)●■
220323 Lamiaceae Martinov(1820)(保留科名);唇形科●■
220324 Lamiaceae Martinov(保留科名) = Labiatae Juss.(保留科名)●■
220325 Lamiastrum Fabr. ex Ehrend. et Polatsch. = Galeobdolon Adans. ■
220326 Lamiastrum Heist. ex Fabr.(1759);肖野芝麻属(小野芝麻属);Yellow Archangel ■
220327 Lamiastrum Heist. ex Fabr. = Lamium L. ■
220328 Lamiastrum galeobdolon (L.) Ehrend. et Polatschek = Galeobdolon luteum Huds. ■☆
220329 Lamiastrum galeobdolon (L.) Ehrend. et Polatschek = Lamium galeobdolon (L.) L. ■☆
220330 Lamiella Fourr. = Lamiastrum Fabr. ex Ehrend. et Polatsch ■
220331 Lamiodendron Steenis(1957);芝麻树属●☆
220332 Lamiodendron magnificum Steenis;芝麻树●☆
220333 Lamiofrutex Lauterb. = Vavaea Benth. ●☆
220334 Lamiophlomis Kudo = Phlomis L. ●■
220335 Lamiophlomis Kudo(1929);独一味属;Lamiophlomis ■
220336 Lamiophlomis rotata (Benth. ex Hook. f.) Kudo;独一味(轮状糙苏);Common Lamiophlomis, Rotate Jerusalemsage ■
220337 Lamiophlomis rotata (Benth. ex Hook. f.) Kudo var. subglabra C. Y. Wu;无毛独一味;Hairless Lamiophlomis ■
220338 Lamiophlomis rotata (Benth.) Kudo = Lamiophlomis rotata (Benth. ex Hook. f.) Kudo ■
220339 Lamiophlomis rotata Benth. = Lamiophlomis rotata (Benth. ex Hook. f.) Kudo ■
220340 Lamiopsis (Dumort.) Opiz = Lamium L. ■
220341 Lamiopsis Opiz = Lamium L. ■
220342 Lamiopsis amplexicaulis (L.) Opiz = Lamium amplexicaule L. ■
220343 Lamiopsis purpurea Opiz = Lamium purpureum L. ■☆
220344 Lamiostachys Krestovsk. = Stachys L. ●■
220345 Lamium L.(1753);野芝麻属;Dead Nettle, Dead-netde, Deadnettle, Henbit, Lamium ■
220346 Lamium album L.;短柄野芝麻(白花益母草,川旦,川续断,续断,野芝麻);Adam-and-eve, Archangel, Bea Nettle, Bee Nettle, Blaekbeetle Poison, Blind Nettle, Day Nettle, Dea Nettle, Deaf Nettle, Defe Nettle, Dumb Nettle, Dummy Nettle, Dun Nettle, Dunch Nettle, Dunch, Dunny Nettle, Dunny-nettle, Dunse Nettle, Helmet-flower, Honey Bee, Honey-bee, Honey-flower, Honeysuckle, Rat's Mouth, Shoes-and-stockings, Snake's Flower, Snowflake, Suck-bottle, Sucky Sue, White Archangel, White Bee Nettle, White Dead Nettle, White Dead-netde, White Deadnettle, White Dead-nettle, White Nettle, White Sting Nettle ■

220347 Lamium album L. var. barbatum (Siebold et Zucc.) Franch. et Sav. = Lamium barbatum Siebold et Zucc. ■

220348 Lamium album L. var. kitadakense N. Yonez.;信州北岳野芝麻■☆

220349 Lamium album L. var. maculatum L. = Lamium maculatum L. ■

220350 Lamium album L. var. parviflorum Ball = Lamium flexuosum Ten. ■☆

220351 Lamium ambiguum (Makino) Ohwi = Loxocalyx ambiguus (Makino) Makino ■☆

220352 Lamium ambiguum (Makino) Ohwi f. laciniatum (H. Hara) Sugim. = Loxocalyx ambiguus (Makino) Makino var. laciniatus H. Hara ■☆

220353 Lamium amculatum L. = Lamium barbatum Siebold et Zucc. ■

220354 Lamium amplexicaule (L.) Opiz. = Lamium amplexicaule L. ■

220355 Lamium amplexicaule L.;宝盖草(抱茎叶,大铜钱七,灯笼草,风展,风盏,佛座,佛座草,接骨草,蜡烛扦草,连钱草,莲台夏枯,莲台夏枯草,毛叶夏枯,野芫麻,珍珠莲);Chickweed, Dead-nettle, Great Ground Ivy-leaved Chickweed, Greater Henbit, Henbit Dead Nettle, Henbit Deadnettle, Henbit Dead-nettle, Henbit Nettle, Henbit, Lion's Snap ■

220356 Lamium amplexicaule L. f. albiflorum D. M. Moore;白花宝盖草■☆

220357 Lamium amplexicaule L. subsp. mauritanicum (Batt.) Maire;毛里塔尼亚宝盖草■☆

220358 Lamium amplexicaule L. var. album Pickens et M. C. Pickens = Lamium amplexicaule L. ■

220359 Lamium barbatum Siebold et Zucc.;野芝麻(白花菜,白花野芝麻,白花益母草,白益母草,包团草,地蚤,粉花野芝麻,坚硬野芝麻,近无毛野芝麻,糯米饭草,泡花草,山麦胡,山苏子,土蚕子,吸吸草,续断,野藿香,野油麻,硬毛野芝麻);Barbate Deadnettle, Glabrous Barbate Deadnettle, Hirsute Barbate Deadnettle, Rigid Barbate Deadnettle ■

220360 Lamium barbatum Siebold et Zucc. var. glabrescens C. Y. Wu et S. J. Hsuan;近无毛野芝麻■

220361 Lamium barbatum Siebold et Zucc. var. glabrescens C. Y. Wu et S. J. Hsuan = Lamium barbatum Siebold et Zucc. ■

220362 Lamium barbatum Siebold et Zucc. var. hirsutum C. Y. Wu et S. J. Hsuan;硬毛野芝麻■

220363 Lamium barbatum Siebold et Zucc. var. hirsutum C. Y. Wu et S. J. Hsuan = Lamium barbatum Siebold et Zucc. ■

220364 Lamium barbatum Siebold et Zucc. var. rigidum C. Y. Wu et S. J. Hsuan;坚硬野芝麻■

220365 Lamium barbatum Siebold et Zucc. var. rigidum C. Y. Wu et S. J. Hsuan = Lamium barbatum Siebold et Zucc. ■

220366 Lamium bifidum Cirillo;双裂野芝麻■☆

220367 Lamium caucasicum Grossh.;高加索野芝麻■☆

220368 Lamium chinense Benth.;华野芝麻(中国续断)■

220369 Lamium chinense Benth. = Galeobdolon chinense (Benth.) C. Y. Wu ■

220370 Lamium chinense Benth. var. parvifolia Hemsl. = Galeobdolon tuberiferum (Makino) C. Y. Wu ■

220371 Lamium chinense Benth. var. tuberiferum (Makino) Murata = Lamium tuberiferum (Makino) Ohwi ■

220372 Lamium chinensis Benth. var. parvifolia Hemsl. = Lamium tuberiferum (Makino) Ohwi ■

220373 Lamium confertum Fries;间型野芝麻;Intermediate Deadnettle, Northern Dead-nettle ■☆

220374 Lamium coronatum Vaniot = Paraphlomis javanica (Blume) Prain var. coronata (Vaniot) C. Y. Wu et H. W. Li ■

220375 Lamium dumeticola Klokov;灌丛野芝麻■☆

220376 Lamium durandoi Pomel = Lamium purpureum L. ■☆

220377 Lamium flexuosum Ten.;之字野芝麻■☆

220378 Lamium flexuosum Ten. var. berengueri (Pau) Maire = Lamium flexuosum Ten. ■☆

220379 Lamium foliatum Dunn = Paraphlomis foliata (Dunn) C. Y. Wu et H. W. Li ■

220380 Lamium formosanum (Hayata) Nakai = Paraphlomis formosana (Hayata) T. H. Hsieh et T. C. Huang ■

220381 Lamium formosanum Nakai ex Hayata = Paraphlomis formosana (Hayata) T. H. Hsieh et T. C. Huang ■

220382 Lamium formosanum Nakai ex Hayata = Paraphlomis gracilis (Hemsl.) Kudo ■

220383 Lamium galeobdolon (L.) L. = Galeobdolon luteum Huds. ■☆

220384 Lamium garganicum L. = Lamium barbatum Siebold et Zucc. ■

220385 Lamium garganicum L. subsp. laevigatum Arcang. = Lamium garganicum L. ■

220386 Lamium gesneroides Hayata = Paraphlomis javanica (Blume) Prain var. coronata (Vaniot) C. Y. Wu et H. W. Li ■

220387 Lamium gilongensis H. W. Li;吉隆野芝麻;Jilong Deadnettle ■

220388 Lamium glaberrimum (C. Koch) Taliev;光野芝麻■☆

220389 Lamium humile (Miq.) Maxim.;矮野芝麻■☆

220390 Lamium humile (Miq.) Maxim. f. albiflorum Sugim.;白花矮野芝麻■☆

220391 Lamium hybridum Vill. = Lamium hybridum Vill. et Gams ■☆

220392 Lamium hybridum Vill. et Gams;杂种野芝麻;Cut-leaved Dead Nettle, Cut-leaved Deadnettle, Cut-leaved Dead-nettle, Hybrid Dead Nettle ■☆

220393 Lamium hybridum Vill. var. exannulatum Loret = Lamium purpureum L. ■☆

220394 Lamium incisum Willd. = Lamium purpureum L. ■☆

220395 Lamium kelungense Hayata = Galeobdolon tuberiferum (Makino) C. Y. Wu ■

220396 Lamium kelungense Hayata = Lamium tuberiferum (Makino) Ohwi ■

220397 Lamium kouyangense Vaniot = Stachys kouyangensis (Vaniot) Dunn ■

220398 Lamium longiflorum Ten. = Lamium garganicum L. ■

220399 Lamium longipetiolata Hayata = Paraphlomis javanica (Blume) Prain ■

220400 Lamium luteum Krock. = Galeobdolon luteum Huds. ■☆

220401 Lamium maculatum L.;紫花野芝麻;Dead Nettle, Jerusalem Nettle, Purpleflower Deadnettle, Red Dead-nettle, Spotted Dead Nettle, Spotted Deadnettle, Spotted Dead-nettle, Spotted Henbit, Spotted Nettle, Variegated Dead-nettle, Variegated Nettle, Yellow Archangel ■

220402 Lamium maculatum L. 'Album';白心紫花野芝麻■☆

220403 Lamium maculatum L. 'Aureum';金叶紫花野芝麻;Gold-leaved Lamium ■

220404 Lamium maculatum L. 'Beacon Silver';紫银叶紫花野芝麻■☆

220405 Lamium maculatum L. 'Golden Leaf' = Lamium maculatum L. 'Aureum' ■

220406 Lamium maculatum L. 'White Nancy';白斑叶紫花野芝麻■☆

220407 Lamium maculatum L. var. kansuense C. Y. Wu et S. J. Hsuan;

甘肃野芝麻;Gansu Deadnettle ■
220408 Lamium maculatum L. var. kansuense C. Y. Wu et S. J. Hsuan = Lamium maculatum L. ■
220409 Lamium mauritanicum Batt. = Lamium amplexicaule L. subsp. mauritanicum (Batt.) Maire ■☆
220410 Lamium molucellifolium Fr. = Lamium confertum Fries ■☆
220411 Lamium numidicum Noë = Lamium garganicum L. ■
220412 Lamium orvala L.;贵野芝麻;Balm-leaved Archangel, Balm-leaved Deadnettle, Dragon-flower, Hungary Deadnettle ■☆
220413 Lamium paczoskianum Vorosch.;帕氏野芝麻■☆
220414 Lamium petiolatum Royle ex Benth. = Lamium album L. ■
220415 Lamium petiolatum Royle ex Benth. = Lamium barbatum Siebold et Zucc. ■
220416 Lamium purpureum L.;紫色野芝麻(紫野芝麻);Archangel, Bad Man's Posies, Bad Man's Posy, Bee Nettle, Bees Red Nettle, Black Man's Posy, Bumble-bee Flower, Daa Nettle, Daa-nettle, Dead Nettle, Deaf Nettle, Dee Nettle, Dee-nettle, Dog Nettle, Dumb Nettle, Dunch Nettle, Dunse Nettle, French Nettle, Lamb's Ear, Okkerdi, Purple Dead Nettle, Purple Deadnettle, Purple Dead-nettle, Purple Hedge Nettle, Rabbit-meat, Rabbit's Meat, Rat's Mouth, Red Archangel, Red Bee Nettle, Red Dead Nettle, Red Deadnettle, Red Dead-nettle, Stinking Weed, Sweet Archangel, Tormentil ■☆
220417 Lamium purpureum L. f. albiflorum Goiran;白花紫色野芝麻 ■☆
220418 Lamium purpureum L. var. incisum (Willd.) Pers. = Lamium purpureum L. ■☆
220419 Lamium rhomboideum Benth. = Alajja rhomboidea (Benth.) Ikonn. ■
220420 Lamium taiwanense S. S. Ying = Paraphlomis formosana (Hayata) T. H. Hsieh et T. C. Huang ■
220421 Lamium tomentosum Willd.;毛野芝麻■☆
220422 Lamium tuberiferum (Makino) Ohwi;块茎小野芝麻(块根假野芝麻,块根小野芝麻,块根野芝麻);Tuber Deadnettle, Tuber Galeobdolon, Tuber Weasel-snout ■
220423 Lamium tuberiferum (Makino) Ohwi = Galeobdolon tuberiferum (Makino) C. Y. Wu ■
220424 Lamium uraiense Hayata = Lamium tuberiferum (Makino) Ohwi ■
220425 Lamottea Pomel(1860) = Carduncellus Adans. ■☆
220426 Lamottea Pomel(1870);拉莫特菊属■☆
220427 Lamottea Pomel(1870) = Munbya Pomel ●■
220428 Lamottea Pomel(1870) = Psoralea L. ●■
220429 Lamottea caerulea (L.) Pomel = Carthamus caeruleus L. ■☆
220430 Lamottea caerulea (L.) Pomel var. centaureoides Pomel = Carthamus caeruleus L. ■☆
220431 Lamottea caerulea (L.) Pomel var. montana Pomel = Carthamus caeruleus L. ■☆
220432 Lamottea calva (Boiss. et Reut.) Pomel = Carthamus calvus (Boiss. et Reut.) Batt. ■☆
220433 Lamottea carlinoides Pomel = Carthamus calvus (Boiss. et Reut.) Batt. ■☆
220434 Lamottea chouletteana Pomel = Carthamus chouletteanus (Pomel) Greuter ■☆
220435 Lamottea depauperata Pomel = Carthamus calvus (Boiss. et Reut.) Batt. ■☆
220436 Lamottea helenoides (Desf.) G. López = Carthamus helenoides Desf. ■☆
220437 Lamottea multifida (Desf.) Pomel = Carthamus multifidus Desf. ■☆
220438 Lamottea pectinata (Desf.) Pomel = Carthamus pectinatus Desf. ■☆
220439 Lamottea polystachya Pomel;拉莫特菊■☆
220440 Lamottea stricta (Pomel) G. López = Carthamus strictus (Pomel) Batt. ■☆
220441 Lamourouxia C. Agardh(废弃属名) = Lamourouxia Kunth ■☆
220442 Lamourouxia Kunth(1818);拉穆列当属(拉穆玄参属)■☆
220443 Lamourouxia brachyantha Greenm.;短花拉穆列当■☆
220444 Lamourouxia lanceolata Benth.;披针叶拉穆列当■☆
220445 Lamourouxia longiflora Benth.;长花拉穆列当■☆
220446 Lamourouxia parvifolia Benth.;小叶拉穆列当■☆
220447 Lampadaria Feuillet et L. E. Skog(2003);灯苣苔属■☆
220448 Lampadaria rupestris Feuillet et L. E. Skog;灯苣苔■☆
220449 Lampas Danser(1929);灯寄生属●☆
220450 Lampas efineri Danser;灯寄生●☆
220451 Lampaya F. Phil. = Lampayo F. Phil. ex Murillo ●☆
220452 Lampaya medicinalis F. Phil. = Lampayo medicinalis F. Phil. ■☆
220453 Lampayo F. Phil. ex Murillo(1889);美马鞭属(灯马鞭属)●☆
220454 Lampayo medicinalis F. Phil.;药用灯马鞭草(药用灯马鞭) ■☆
220455 Lampayo officinalis F. Phil. ex Murillo;灯马鞭草(灯马鞭)■☆
220456 Lampetia M. Roem. = Atalantia Corrêa(保留属名)●
220457 Lampetia Raf. = Mollugo L. ■
220458 Lampocarpya Spreng. = Lampocarya R. Br. ■
220459 Lampocarya R. Br. = Gahnia J. R. Forst. et G. Forst. ■
220460 Lampra Benth. = Weldenia Schult. f. ■☆
220461 Lampra Lindl. ex DC. = Trachymene Rudge ■☆
220462 Lamprachaenium Benth. (1873);无光菊属■☆
220463 Lamprachaenium microcephalum Benth.;无光菊■☆
220464 Lampranthus N. E. Br. (1930)(保留属名);日中花属(光淋菊属,辉花属,龙须海棠属,细叶日中花属);Deltoid-leaved, Dew-plant, Fig-marigold, Lampranthus ■
220465 Lampranthus acrosepalus (L. Bolus) L. Bolus;尖萼日中花■☆
220466 Lampranthus acutifolius (L. Bolus) N. E. Br.;尖叶日中花■☆
220467 Lampranthus aduncus (Haw.) N. E. Br.;钩状日中花■☆
220468 Lampranthus aestivus (L. Bolus) L. Bolus;夏日中花■☆
220469 Lampranthus affinis L. Bolus;近缘日中花■☆
220470 Lampranthus albus (L. Bolus) L. Bolus = Oscularia alba (L. Bolus) H. E. K. Hartmann ●☆
220471 Lampranthus algoensis L. Bolus;阿尔高日中花■☆
220472 Lampranthus alpinus (L. Bolus) G. D. Rowley = Esterhuysenia alpina L. Bolus ●☆
220473 Lampranthus altistylus N. E. Br.;高柱日中花■☆
220474 Lampranthus amabilis L. Bolus;秀丽日中花■☆
220475 Lampranthus amoenus (Salm-Dyck ex DC.) N. E. Br.;雅丽日中花■☆
220476 Lampranthus amphibolius (G. D. Rowley) H. E. K. Hartmann = Phiambolia hallii (L. Bolus) Klak ■☆
220477 Lampranthus antonii L. Bolus;安东日中花■☆
220478 Lampranthus arenarius H. E. K. Hartmann;沙地日中花■☆
220479 Lampranthus arenicola L. Bolus = Phiambolia persistens (L. Bolus) Klak ■☆
220480 Lampranthus arenosus (L. Bolus) L. Bolus;砂日中花●☆
220481 Lampranthus argenteus (L. Bolus) L. Bolus;银白日中花■☆
220482 Lampranthus argillosus L. Bolus;白土日中花■☆

220483 Lampranthus aurantiacus (DC.) Schwantes;金冰花(橙黄日中花,橘红菊);Auratiaceous Lampranthus ■☆

220484 Lampranthus aurantiacus (DC.) Schwantes = Lampranthus glaucoides (Haw.) N. E. Br. ■☆

220485 Lampranthus aureus (L.) N. E. Br.;橙黄日中花(红冰花);Golden Ice Plant, Golden Lampranthus, Ice Plant ■☆

220486 Lampranthus austricola (L. Bolus) L. Bolus;南方日中花■☆

220487 Lampranthus baylissii L. Bolus;贝利斯日中花■☆

220488 Lampranthus bicolor (L.) N. E. Br.;二色日中花■☆

220489 Lampranthus bicolorus (L.) N. E. Br. var. inaequale (Haw.) Schwantes = Lampranthus inaequalis (Haw.) N. E. Br. ■☆

220490 Lampranthus blandus (Haw.) Schwantes;光滑日中花■☆

220491 Lampranthus bolusiae Schwantes ex Jacobsen = Lampranthus dilutus N. E. Br. ■☆

220492 Lampranthus borealis L. Bolus;北方日中花■☆

220493 Lampranthus brachyandrus (L. Bolus) N. E. Br.;短蕊日中花■☆

220494 Lampranthus brownii (Hook. f.) N. E. Br.;布朗日中花(白晃)■☆

220495 Lampranthus caespitosus (L. Bolus) N. E. Br.;丛生日中花■☆

220496 Lampranthus caespitosus (L. Bolus) N. E. Br. var. luxurians (L. Bolus) H. Jacobsen = Lampranthus caespitosus (L. Bolus) N. E. Br. ■☆

220497 Lampranthus calcaratus (Wolley-Dod) N. E. Br.;距日中花■☆

220498 Lampranthus candidus L. Bolus;纯白日中花■☆

220499 Lampranthus capillaceus (L. Bolus) N. E. Br.;细毛日中花■☆

220500 Lampranthus capornii (L. Bolus) L. Bolus = Ruschia capornii (L. Bolus) L. Bolus ●☆

220501 Lampranthus caudatus L. Bolus;尾状日中花■☆

220502 Lampranthus cedarbergensis (L. Bolus) L. Bolus = Oscularia cedarbergensis (L. Bolus) H. E. K. Hartmann ●☆

220503 Lampranthus citrinus (L. Bolus) L. Bolus;柠檬日中花■☆

220504 Lampranthus coccineus (Haw.) N. E. Br.;绯红日中花;Redflush ■☆

220505 Lampranthus compressus L. Bolus = Oscularia compressa (L. Bolus) H. E. K. Hartmann ●☆

220506 Lampranthus comptonii (L. Bolus) N. E. Br.;康普顿日中花■☆

220507 Lampranthus comptonii (L. Bolus) N. E. Br. = Oscularia comptonii (L. Bolus) H. E. K. Hartmann ●☆

220508 Lampranthus comptonii (L. Bolus) N. E. Br. f. angustifolius ? = Oscularia comptonii (L. Bolus) H. E. K. Hartmann ●☆

220509 Lampranthus comptonii (L. Bolus) N. E. Br. f. roseus (L. Bolus) G. D. Rowley = Oscularia comptonii (L. Bolus) H. E. K. Hartmann ●☆

220510 Lampranthus comptonii (L. Bolus) N. E. Br. var. roseus (L. Bolus) L. Bolus ex H. Jacobsen = Oscularia comptonii (L. Bolus) H. E. K. Hartmann ●☆

220511 Lampranthus conspicuus (Haw.) N. E. Br.;显著日中花■☆

220512 Lampranthus convexus (L. Bolus) L. Bolus;外曲日中花■☆

220513 Lampranthus copiosus (L. Bolus) L. Bolus = Oscularia copiosa (L. Bolus) H. E. K. Hartmann ●☆

220514 Lampranthus coralliflorus (Salm-Dyck) Schwantes;珊瑚日中花■☆

220515 Lampranthus creber L. Bolus;紧密日中花■☆

220516 Lampranthus curviflorus (Haw.) H. E. K. Hartmann;弯花日中花■☆

220517 Lampranthus curvifolius (Haw.) N. E. Br.;弯叶日中花■☆

220518 Lampranthus curvifolius (Haw.) N. E. Br. var. minor (Salm-Dyck) G. D. Rowley = Lampranthus flexifolius (Haw.) N. E. Br. ■☆

220519 Lampranthus cyathiformis (L. Bolus) N. E. Br.;杯状日中花■☆

220520 Lampranthus debilis (Haw.) N. E. Br.;弱小日中花■☆

220521 Lampranthus deflexus (Aiton) N. E. Br.;外折日中花■☆

220522 Lampranthus deltoides (L.) Glen = Oscularia deltoides (L.) Schwantes ●☆

220523 Lampranthus deltoides (L.) Glen ex Wijnands;光淋菊(三角覆盆花);Deltoid Oscularis, Deltoid-leafed Dewplant, Deltoid-leaved Dew-plant, Midday Flower ■☆

220524 Lampranthus deltoides (L.) Glen var. caulescens (Mill.) G. D. Rowley = Oscularia caulescens (Mill.) Schwantes ●☆

220525 Lampranthus densifolius (L. Bolus) L. Bolus;密叶日中花■☆

220526 Lampranthus densipetalus (L. Bolus) L. Bolus;密瓣日中花■☆

220527 Lampranthus dependens (L. Bolus) L. Bolus;悬垂日中花■☆

220528 Lampranthus diffusus (L. Bolus) N. E. Br.;松散日中花■☆

220529 Lampranthus dilutus N. E. Br.;稀薄日中花■☆

220530 Lampranthus dissimilis (G. D. Rowley) H. E. K. Hartmann = Phiambolia stayneri (L. Bolus ex Toelken et Jessop) Klak ●☆

220531 Lampranthus dregeanus (Sond.) N. E. Br.;德雷日中花■☆

220532 Lampranthus drepanophyllus (Schltr. et A. Berger) N. E. Br. = Esterhuysenia drepanophylla (Schltr. et A. Berger) H. E. K. Hartmann ■☆

220533 Lampranthus dubitans (L. Bolus) L. Bolus = Phiambolia unca (L. Bolus) Klak ■☆

220534 Lampranthus dulcis (L. Bolus) L. Bolus;甜日中花■☆

220535 Lampranthus dunensis (Sond.) L. Bolus = Erepsia dunensis (Sond.) Klak ●☆

220536 Lampranthus ebracteatus L. Bolus = Oscularia comptonii (L. Bolus) H. E. K. Hartmann ●☆

220537 Lampranthus edwardsiae (L. Bolus) L. Bolus;爱德华兹日中花■☆

220538 Lampranthus egregius (L. Bolus) L. Bolus;优秀日中花■☆

220539 Lampranthus elegans (Jacq.) Schwantes;雅致日中花■☆

220540 Lampranthus emarginatoides (Haw.) N. E. Br.;拟微缺日中花■☆

220541 Lampranthus emarginatus (L.) N. E. Br.;微缺日中花■☆

220542 Lampranthus emarginatus (L.) N. E. Br. var. puniceus (Jacq.) Schwantes = Lampranthus emarginatus (L.) N. E. Br. ■☆

220543 Lampranthus erratus N. E. Br.;漫游日中花■☆

220544 Lampranthus esterhuyseniae L. Bolus;埃斯特日中花■☆

220545 Lampranthus eximius L. Bolus;优异日中花■☆

220546 Lampranthus explanatus (L. Bolus) N. E. Br.;扩张日中花■☆

220547 Lampranthus falcatus (L.) N. E. Br.;镰叶日中花■☆

220548 Lampranthus falcatus (L.) N. E. Br. var. galpinii (L. Bolus) L. Bolus = Lampranthus falcatus (L.) N. E. Br. ■☆

220549 Lampranthus falciformis (Haw.) N. E. Br.;镰形日中花;Sickle-leaved Dew-plant ■☆

220550 Lampranthus falciformis (Haw.) N. E. Br. var. maritimus L. Bolus = Lampranthus falciformis (Haw.) N. E. Br. ■☆

220551 Lampranthus fergusoniae (L. Bolus) L. Bolus var. crassistigma L. Bolus = Lampranthus fergusoniae L. Bolus ■☆

220552 Lampranthus fergusoniae L. Bolus;费格森日中花■☆

220553 Lampranthus filicaulis (Haw.) N. E. Br.;线茎日中花■☆

220554 Lampranthus flexifolius (Haw.) N. E. Br.;曲叶日中花■☆
220555 Lampranthus flexilis (Haw.) N. E. Br.;弯曲日中花■☆
220556 Lampranthus foliosus L. Bolus;多叶日中花■☆
220557 Lampranthus formosus (Haw.) N. E. Br.;美花日中花■☆
220558 Lampranthus framesii (L. Bolus) N. E. Br.;弗雷斯日中花■☆
220559 Lampranthus francesiae H. E. K. Hartmann = Phiambolia unca (L. Bolus) Klak ■☆
220560 Lampranthus franciscii L. Bolus = Phiambolia franciscii (L. Bolus) Klak ■☆
220561 Lampranthus furvus (L. Bolus) N. E. Br.;浅黑日中花■☆
220562 Lampranthus galpiniae (L. Bolus) L. Bolus;盖尔日中花■☆
220563 Lampranthus glaucoides (Haw.) N. E. Br.;拟灰绿日中花■☆
220564 Lampranthus glaucus (L.) N. E. Br.;灰绿日中花;Gauceous Lampranthus ■☆
220565 Lampranthus glaucus (L.) N. E. Br. var. tortuosus (Salm-Dyck) Schwantes = Lampranthus glaucus (L.) N. E. Br. ■☆
220566 Lampranthus globosus L. Bolus;球形日中花■☆
220567 Lampranthus glomeratus (L.) N. E. Br.;团集日中花■☆
220568 Lampranthus godmaniae (L. Bolus) L. Bolus;戈德曼日中花■☆
220569 Lampranthus godmaniae (L. Bolus) L. Bolus var. grandiflorus ? = Lampranthus godmaniae (L. Bolus) L. Bolus ■☆
220570 Lampranthus gracilipes (L. Bolus) N. E. Br.;纤梗日中花■☆
220571 Lampranthus gracilipes (L. Bolus) N. E. Br. f. luxurians L. Bolus = Lampranthus gracilipes (L. Bolus) N. E. Br. ■☆
220572 Lampranthus guthrieae (L. Bolus) N. E. Br. = Oscularia guthriae (L. Bolus) H. E. K. Hartmann ●☆
220573 Lampranthus gydouwensis L. Bolus = Phiambolia incumbens (L. Bolus) Klak ■☆
220574 Lampranthus hallii L. Bolus;霍尔日中花■☆
220575 Lampranthus haworthii (Haw.) N. E. Br.;哈氏日中花■☆
220576 Lampranthus haworthii N. E. Br. = Lampranthus haworthii (Haw.) N. E. Br. ■☆
220577 Lampranthus henricii (L. Bolus) N. E. Br.;昂里克日中花■☆
220578 Lampranthus herrei (L. Bolus) L. Bolus = Ruschia sandbergensis L. Bolus ●☆
220579 Lampranthus hiemalis (L. Bolus) L. Bolus;冬日中花■☆
220580 Lampranthus holensis L. Bolus;侯拉日中花■☆
220581 Lampranthus hollandii (L. Bolus) L. Bolus;霍兰日中花■☆
220582 Lampranthus hurlingii (L. Bolus) L. Bolus;赫尔岭日中花■☆
220583 Lampranthus imbricans (Haw.) N. E. Br.;覆瓦日中花■☆
220584 Lampranthus inaequalis (Haw.) N. E. Br.;不等日中花■☆
220585 Lampranthus inconspicuus (Haw.) Schwantes;标记日中花■☆
220586 Lampranthus incurvus (Haw.) Schwantes;内折日中花■☆
220587 Lampranthus intervallaris L. Bolus;间型日中花■☆
220588 Lampranthus laetus (L. Bolus) L. Bolus;愉悦日中花■☆
220589 Lampranthus lavisii (L. Bolus) L. Bolus;拉维斯日中花■☆
220590 Lampranthus lavisii (L. Bolus) L. Bolus var. concinnus L. Bolus = Lampranthus lavisii (L. Bolus) L. Bolus ■☆
220591 Lampranthus laxifolius (L. Bolus) N. E. Br.;疏叶日中花■☆
220592 Lampranthus leightoniae (L. Bolus) L. Bolus;莱顿日中花■☆
220593 Lampranthus leipoldtii (L. Bolus) L. Bolus;莱波尔德日中花■☆
220594 Lampranthus leptosepalus (L. Bolus) L. Bolus;细萼日中花■☆
220595 Lampranthus lerouxiae (L. Bolus) N. E. Br. = Ruschia lerouxiae (L. Bolus) L. Bolus ■☆
220596 Lampranthus lewisiae (L. Bolus) L. Bolus;刘易斯日中花■☆
220597 Lampranthus liberalis (L. Bolus) L. Bolus;利比里亚日中花■☆
220598 Lampranthus littlewoodii L. Bolus;利特尔伍德日中花■☆
220599 Lampranthus longisepalus L. Bolus = Hammeria meleagris (L. Bolus) Klak ■☆
220600 Lampranthus longistamineus (L. Bolus) N. E. Br.;长雄蕊日中花■☆
220601 Lampranthus lunatus (Willd.) N. E. Br. = Oscularia lunata (Willd.) H. E. K. Hartmann ●☆
220602 Lampranthus lunulatus (A. Berger) L. Bolus;新月日中花■☆
220603 Lampranthus macrocarpus (A. Berger) N. E. Br.;大果日中花■☆
220604 Lampranthus macrosepalus (L. Bolus) L. Bolus;大萼日中花■☆
220605 Lampranthus macrostigma L. Bolus;大柱头日中花■☆
220606 Lampranthus magnificus (L. Bolus) N. E. Br.;华丽日中花■☆
220607 Lampranthus marginatus (L. Bolus) H. E. K. Hartmann = Phiambolia unca (L. Bolus) Klak ■☆
220608 Lampranthus mariae (L. Bolus) L. Bolus;玛利亚日中花■☆
220609 Lampranthus martleyi (L. Bolus) L. Bolus;马特利日中花■☆
220610 Lampranthus maturus N. E. Br.;成熟日中花■☆
220611 Lampranthus matutinus (L. Bolus) N. E. Br.;清晨日中花■☆
220612 Lampranthus maximilianii (Schltr. et A. Berger) L. Bolus = Braunsia maximilianii (Schltr. et A. Berger) Schwantes ●☆
220613 Lampranthus meleagris (L. Bolus) L. Bolus = Hammeria meleagris (L. Bolus) Klak ■☆
220614 Lampranthus microsepalus L. Bolus;小萼日中花■☆
220615 Lampranthus microstigma (L. Bolus) N. E. Br.;小柱头日中花■☆
220616 Lampranthus middlemostii (L. Bolus) L. Bolus;米德尔日中花■☆
220617 Lampranthus montaguensis (L. Bolus) L. Bolus;蒙塔古日中花■☆
220618 Lampranthus monticola (L. Bolus) L. Bolus = Lampranthus stenus (Haw.) N. E. Br. ■☆
220619 Lampranthus mucronatus L. Bolus = Esterhuysenia mucronata (L. Bolus) Klak ●☆
220620 Lampranthus multiradiatus (Jacq.) N. E. Br. = Lampranthus roseus (Willd.) Schwantes ■☆
220621 Lampranthus multiseriatus (L. Bolus) N. E. Br.;多列日中花■☆
220622 Lampranthus mutans (L. Bolus) N. E. Br.;变异日中花■☆
220623 Lampranthus mutatus (G. D. Rowley) H. E. K. Hartmann;易变日中花■☆
220624 Lampranthus nardouwensis (L. Bolus) L. Bolus;纳尔多日中花■☆
220625 Lampranthus nelii L. Bolus;尼尔日中花■☆
220626 Lampranthus neostayneri L. Bolus;新斯泰纳日中花■☆
220627 Lampranthus obconicus (L. Bolus) L. Bolus;倒圆锥日中花■☆
220628 Lampranthus occultans L. Bolus;隐蔽日中花■☆
220629 Lampranthus ornatus L. Bolus = Oscularia ornata (L. Bolus) H. E. K. Hartmann ●☆
220630 Lampranthus otzenianus (Dinter) Friedrich;奥岑日中花■☆
220631 Lampranthus paardebergensis (L. Bolus) L. Bolus = Oscularia paardebergensis (L. Bolus) H. E. K. Hartmann ●☆
220632 Lampranthus paarlensis L. Bolus;帕尔日中花■☆
220633 Lampranthus pakhuisensis (L. Bolus) L. Bolus;帕克海斯日中花■☆

220634 Lampranthus pakpassensis H. E. K. Hartmann;帕克帕斯日中花■☆
220635 Lampranthus palustris (L. Bolus) L. Bolus;沼泽日中花■☆
220636 Lampranthus pauciflorus (L. Bolus) N. E. Br. ;少花日中花■☆
220637 Lampranthus paucifolius (L. Bolus) N. E. Br. ;少叶日中花■☆
220638 Lampranthus peacockiae (L. Bolus) L. Bolus;皮科克日中花■☆
220639 Lampranthus peersii (L. Bolus) N. E. Br. ;皮尔斯日中花■☆
220640 Lampranthus perreptans L. Bolus = Phiambolia persistens (L. Bolus) Klak ■☆
220641 Lampranthus persistens (L. Bolus) L. Bolus = Phiambolia persistens (L. Bolus) Klak ■☆
220642 Lampranthus piquetbergensis (L. Bolus) L. Bolus = Oscularia piquetbergensis (L. Bolus) H. E. K. Hartmann ●☆
220643 Lampranthus pittenii (L. Bolus) N. E. Br. = Lampranthus vanputtenii (L. Bolus) N. E. Br. ■☆
220644 Lampranthus pleniflorus L. Bolus;重瓣日中花■☆
220645 Lampranthus plenus (L. Bolus) L. Bolus;充满日中花■☆
220646 Lampranthus polyanthon (Haw.) N. E. Br. ;多花日中花■☆
220647 Lampranthus praecipitatus (L. Bolus) L. Bolus;特别日中花■☆
220648 Lampranthus prasinus L. Bolus = Oscularia prasina (L. Bolus) H. E. K. Hartmann ●☆
220649 Lampranthus primivernus (L. Bolus) L. Bolus = Oscularia primiverna (L. Bolus) H. E. K. Hartmann ■☆
220650 Lampranthus procumbens Klak;平铺日中花■☆
220651 Lampranthus productus (Haw.) N. E. Br. ;伸展日中花;Purple Ice Plant ■☆
220652 Lampranthus productus (Haw.) N. E. Br. var. lepidus (Haw.) Schwantes = Lampranthus productus (Haw.) N. E. Br. ■☆
220653 Lampranthus productus (Haw.) N. E. Br. var. purpureus (L. Bolus) L. Bolus = Lampranthus productus (Haw.) N. E. Br. ■☆
220654 Lampranthus prominulus (L. Bolus) L. Bolus;稍明显日中花■☆
220655 Lampranthus promontorii (L. Bolus) N. E. Br. ;普罗蒙特里日中花■☆
220656 Lampranthus proximus L. Bolus;鹿日中花■☆
220657 Lampranthus punctulatus (L. Bolus) L. Bolus = Ruschia punctulata (L. Bolus) L. Bolus ex H. E. K. Hartmann ●☆
220658 Lampranthus recurvus Schwantes;反折日中花■☆
220659 Lampranthus reptans (Aiton) N. E. Br. ;匍匐日中花■☆
220660 Lampranthus roseus (Willd.) Schwantes;粉红菊;Creeping Redflush, Ice Plant, Roosvygie, Rosy Dew-plant ■☆
220661 Lampranthus ruber (L. Bolus) L. Bolus = Astridia rubra (L. Bolus) L. Bolus ●☆
220662 Lampranthus rubroluteus (L. Bolus) L. Bolus;红黄日中花■☆
220663 Lampranthus rupestris (L. Bolus) N. E. Br. ;岩生日中花■☆
220664 Lampranthus rustii (A. Berger) N. E. Br. ;鲁斯特日中花■☆
220665 Lampranthus salicola (L. Bolus) L. Bolus;柳日中花■☆
220666 Lampranthus salteri (L. Bolus) L. Bolus;索尔特日中花■☆
220667 Lampranthus saturatus (L. Bolus) N. E. Br. ;富色日中花■☆
220668 Lampranthus scaber (L.) N. E. Br. ;粗糙日中花■☆
220669 Lampranthus schlechteri (Zahlbr.) L. Bolus;施莱日中花■☆
220670 Lampranthus serpens (L. Bolus) L. Bolus;蛇形日中花■☆
220671 Lampranthus simulans L. Bolus = Erepsia simulans (L. Bolus) Klak ■☆
220672 Lampranthus sociorum (L. Bolus) N. E. Br. ;群生日中花■☆
220673 Lampranthus sparsiflorus L. Bolus;稀花日中花■☆
220674 Lampranthus spectabilis (Haw.) N. E. Br. ;美丽日中花(红冰花,菊牡丹,龙须海棠,龙须露花,美粲花,松叶菊,松叶兰);Figmarigold, Ice Plant, Spectacular Lampranthus, Trailing Ice Plant ■☆
220675 Lampranthus spectabilis (Haw.) N. E. Br. = Mesembryanthemum spectabile Haw. ■☆
220676 Lampranthus spiniformis (Haw.) N. E. Br. ;刺状日中花■☆
220677 Lampranthus stanfordiae L. Bolus;斯坦福日中花■☆
220678 Lampranthus stayneri (L. Bolus) N. E. Br. ;斯泰纳日中花■☆
220679 Lampranthus steenbergensis (L. Bolus) L. Bolus = Oscularia steenbergensis (L. Bolus) H. E. K. Hartmann ●☆
220680 Lampranthus stenopetalus (L. Bolus) N. E. Br. ;窄瓣日中花■☆
220681 Lampranthus stenus (Haw.) N. E. Br. ;狭日中花■☆
220682 Lampranthus stephanii (Schwantes) Schwantes;美冠日中花■☆
220683 Lampranthus stipulaceus (L.) N. E. Br. ;托叶状日中花■☆
220684 Lampranthus stoloniferus L. Bolus = Hammeria meleagris (L. Bolus) Klak ■☆
220685 Lampranthus suavissimus L. Bolus;芳香日中花■☆
220686 Lampranthus suavissimus L. Bolus f. fera (L. Bolus) L. Bolus = Lampranthus suavissimus L. Bolus ■☆
220687 Lampranthus suavissimus L. Bolus var. oculatus (L. Bolus) L. Bolus = Lampranthus suavissimus L. Bolus ■☆
220688 Lampranthus subaequalis (L. Bolus) L. Bolus;近对称日中花■☆
220689 Lampranthus sublaxus L. Bolus;疏松日中花■☆
220690 Lampranthus subrotundus L. Bolus;近圆形日中花■☆
220691 Lampranthus subtruncatus L. Bolus;平截日中花■☆
220692 Lampranthus subtruncatus L. Bolus var. wupperthalensis ? = Lampranthus subtruncatus L. Bolus ■☆
220693 Lampranthus superans (L. Bolus) L. Bolus = Oscularia superans (L. Bolus) H. E. K. Hartmann ■☆
220694 Lampranthus swartbergensis (L. Bolus) N. E. Br. ;斯瓦特日中花■☆
220695 Lampranthus swartkopensis Strohschn. ;斯瓦科日中花■☆
220696 Lampranthus tanquanus H. E. K. Hartmann = Hammeria meleagris (L. Bolus) Klak ■☆
220697 Lampranthus tenuifolius (Eckl. et Zeyh.) N. E. Br. ;细叶日中花(姬松叶菊,龙须海棠);Slender Lampranthus, Slender-leaves Lampranthus, Thin Lampranthus, Thinleaf Lampranthus ■☆
220698 Lampranthus tenuifolius (L.) N. E. Br. = Lampranthus tenuifolius (Eckl. et Zeyh.) N. E. Br. ■☆
220699 Lampranthus tenuis L. Bolus;细日中花■☆
220700 Lampranthus thermarum (L. Bolus) L. Bolus = Oscularia thermarum (L. Bolus) H. E. K. Hartmann ■☆
220701 Lampranthus tricolor N. E. Br. ;三色日中花■☆
220702 Lampranthus tulbaghensis (A. Berger) N. E. Br. ;塔尔巴赫日中花■☆
220703 Lampranthus turbinatus (Jacq.) N. E. Br. ;陀螺日中花■☆
220704 Lampranthus uelensis (Van der Veken) R. Fern. et A. Fern. ;韦莱日中花■☆
220705 Lampranthus uncus (L. Bolus) Schwantes = Phiambolia unca (L. Bolus) Klak ■☆
220706 Lampranthus uncus (L. Bolus) Schwantes var. gydouwensis ? = Phiambolia unca (L. Bolus) Klak ■☆

220707 Lampranthus uniflorus (L. Bolus) L. Bolus;单花日中花■☆
220708 Lampranthus uniflorus (L. Bolus) L. Bolus var. spathulatus L. Bolus = Lampranthus otzenianus (Dinter) Friedrich ■☆
220709 Lampranthus vanheerdei L. Bolus;黑尔德日中花■☆
220710 Lampranthus vanputtenii (L. Bolus) N. E. Br.;万普顿日中花■☆
220711 Lampranthus vanzijliae (L. Bolus) N. E. Br.;万氏日中花■☆
220712 Lampranthus variabilis (Haw.) N. E. Br.;多变日中花■☆
220713 Lampranthus verecundus (L. Bolus) N. E. Br.;羞涩日中花■☆
220714 Lampranthus vernalis (L. Bolus) L. Bolus;春日中花■☆
220715 Lampranthus vernicolor (L. Bolus) L. Bolus = Oscularia vernicolor (L. Bolus) H. E. K. Hartmann ●☆
220716 Lampranthus verruculatus (L.) L. Bolus = Scopelogena verruculata (L.) L. Bolus ●☆
220717 Lampranthus viatorum (L. Bolus) N. E. Br. = Antimima viatorum (L. Bolus) Klak ■☆
220718 Lampranthus villiersii (L. Bolus) L. Bolus;维利尔斯日中花■☆
220719 Lampranthus violaceus (DC.) Schwantes;堇色日中花■☆
220720 Lampranthus virgatus L. Bolus;条纹日中花■☆
220721 Lampranthus vredenburgensis L. Bolus = Oscularia vredenburgensis (L. Bolus) H. E. K. Hartmann ■☆
220722 Lampranthus watermeyeri (L. Bolus) N. E. Br.;沃特迈耶日中花■☆
220723 Lampranthus woodburniae (L. Bolus) N. E. Br.;伍得伯恩日中花■☆
220724 Lampranthus wordsworthiae (L. Bolus) N. E. Br.;沃兹沃思日中花■☆
220725 Lampranthus zeyheri (Salm-Dyck) N. E. Br.;泽耶尔日中花■☆
220726 Lampranthus zygophylloides (L. Bolus) N. E. Br. = Drosanthemum zygophylloides (L. Bolus) L. Bolus ●☆
220727 Lamprocapnos Endl. (1850);荷包牡丹属■
220728 Lamprocapnos Endl. = Dicentra Bernh. (保留属名)■
220729 Lamprocapnos spectabilis (L.) Fukuhara;荷包牡丹(耳环花,荷包花,活血草,铃儿草,藤牡丹,土当归,兔儿牡丹,璎珞牡丹,鱼儿牡丹);Bellows-flower, Bleeding Heart, Bleeding-heart, Bottles-of-wine, Chinaman's Breeches, Colicweed, Common Bleeding Heart, Common Bleeding-heart, Deutsa, Duck's Bill, Dutchman's Breeches, Dutchman's Trousers, Ear-drops, Hearts-on-strings, Jew's Ear, Lady-in-the-bath, Lady-in-the-boat, Lady's Ear-drops, Lady's Hearts, Lady's Locket, Lady's Purse, Lift-up-your-head-and-I' ll-Kissyou, Locket-and-chain, Lockets-and-chains, Locks-and-keys, Love-lies-bleeding, Lyre Flower, Lyre-flower, Old-fashioned Bleeding Heart, Our Lady-in-aboat, Our Lady's Heart, Our-lady-in-a-boat, Queen Elizabeth in Her Bath, Rabbit Flower, Rosy Heart, Seal Flower, Showy Bleeding Heart, Showy Bleedingheart, Showy Dicentra, Sweet Betsy ■
220730 Lamprocapnos spectabilis (L.) Fukuhara = Dicentra spectabilis (L.) Lem. ■
220731 Lamprocarpus Blume = Pollia Thunb. ■
220732 Lamprocarya Nees = Gahnia J. R. Forst. et G. Forst. ■
220733 Lamprocarya Nees = Lampocarya R. Br. ■
220734 Lamprocaulis grandis (Nees) Mast. = Elegia grandis (Nees) Kunth ■☆
220735 Lamprocaulis neesii (Mast.) Mast. = Elegia neesii Mast. ■☆
220736 Lamprocaulis schlechteri Gilg-Ben. = Elegia neesii Mast. ■☆
220737 Lamprocaulos Mast. = Elegia L. ■☆
220738 Lamprocephalus B. Nord. (1976);亮头菊属●☆
220739 Lamprocephalus montanus B. Nord.;亮头菊■☆
220740 Lamprochlaena F. Muell. = Myriocephalus Benth. ■☆
220741 Lamprochlnenia Börner = Carex L. ■
220742 Lamprococcus Beer = Aechmea Ruiz et Pav. (保留属名)■☆
220743 Lamprococcus Beer(1856);光彩凤梨属■☆
220744 Lamprococcus corallinus Beer;光彩凤梨■☆
220745 Lamproconus Lem. = Pitcairnia L'Hér. (保留属名)■☆
220746 Lamprodithyros Hassk. = Aneilema R. Br. ■☆
220747 Lamprodithyros ehrenbergii Hassk. = Aneilema forskalii Kunth ■☆
220748 Lamprodithyros gracilis Kotschy et Peyr. = Aneilema lanceolatum Benth. subsp. subnudum (A. Chev.) J. K. Morton ■☆
220749 Lamprodithyros petersii Hassk. = Aneilema petersii (Hassk.) C. B. Clarke ■☆
220750 Lamprodithyros protensus Hassk. = Dictyospermum scaberrimum (Blume) J. K. Morton ex H. Hara ■
220751 Lamprodithyros protensus Hassk. = Rhopalephora scaberrima (Blume) Faden ■
220752 Lamprodithyros russeggeri Fenzl = Aneilema lanceolatum Benth. ■☆
220753 Lamprodithyros tacazzeanus (Hochst. ex A. Rich.) Hassk. = Aneilema forskalii Kunth ■☆
220754 Lamprolobium Benth. (1864);澳光明豆属■☆
220755 Lamprolobium fruticosum Benth.;澳光明豆■☆
220756 Lamprolobium grandiflorum Everist et R. J. F. Hend.;大花澳光明豆■☆
220757 Lamprolobium megalophyllum F. Muell.;大叶澳光明豆■☆
220758 Lampropappus (O. Hoffm.) H. Rob. (1924);亮冠鸡菊花属●☆
220759 Lampropappus eremanthifolia (O. Hoffm.) H. Rob.;亮冠鸡菊花●☆
220760 Lamprophragma O. E. Schulz = Pennellia Nieuwl. ■☆
220761 Lamprophyllum Miers = Calophyllum L. ●
220762 Lamprophyllum Miers = Rheedia L. ●☆
220763 Lamprospermum Klotzsch = Matayba Aubl. ●☆
220764 Lamprostachys Bojer ex Benth. = Achyrospermum Blume ■●
220765 Lamprothamnus Hiern(1877);亮灌茜属●☆
220766 Lamprothamnus fosteri Hutch. = Morelia senegalensis A. Rich. ex DC. ●☆
220767 Lamprothamnus zanguebaricus Hiern;赞古亮灌茜●☆
220768 Lamprothyrsus Pilg. (1906);银丽草属■☆
220769 Lamprothyrsus hieronymi (Kuntze) Pilg.;银丽草■☆
220770 Lamprotis D. Don = Erica L. ●☆
220771 Lampsana Mill. = Lapsana L. ■
220772 Lampsanaceae Martinov = Asteraceae Bercht. et J. Presl(保留科名)●■
220773 Lampsanaceae Martinov = Compositae Giseke(保留科名)●■
220774 Lampujang J. König = Zingiber Mill. (保留属名)■
220775 Lamyra (Cass.) Cass. (1822);拉米菊属■☆
220776 Lamyra (Cass.) Cass. = Ptilostemon Cass. ■☆
220777 Lamyra Cass. = Lamyra (Cass.) Cass. ■☆
220778 Lamyra Cass. = Ptilostemon Cass. ■☆
220779 Lamyra echinocephala (Willd.) Tamamsch.;拉米菊■☆
220780 Lamyropappus Knorring et Tamamsch. (1954);宽叶肋果蓟属■☆
220781 Lamyropappus schakaptaricus (B. Fedtsch.) Knorring et

Tamamsch. ;宽叶肋果蓟■☆
220782 Lamyropsis (Kharadze) Dittrich(1971);银背蓟属■☆
220783 Lamyropsis cynaroides (Lam.) Dittrich;银背蓟■☆
220784 Lamyropsis macracantha (Schrenk) Dittrich;大花银背蓟■☆
220785 Lamyropsis microcephala (Moris) Dittrich et Greuter;小头银背蓟■☆
220786 Lanaria Adans.(废弃属名)= Gypsophila L. ■●
220787 Lanaria Adans.(废弃属名)= Lanaria Aiton ■☆
220788 Lanaria Aiton(1789);毛石蒜属;Lanaria ■☆
220789 Lanaria lanata (L.) T. Durand et Schinz;绵毛石蒜■☆
220790 Lanaria plumosa Aiton;毛石蒜;Feathery Lanaria, Flaxweed, Money, Plumose Lanaria, Shepherd's Purse ■☆
220791 Lanaria plumosa Aiton = Lanaria lanata (L.) T. Durand et Schinz ■☆
220792 Lanariaceae H. Huber ex R. Dahlgren = Haemodoraceae R. Br.(保留科名)■☆
220793 Lanariaceae H. Huber ex R. Dahlgren(1988);毛石蒜科■☆
220794 Lancea Hook. f. et Thomson(1857);肉果草属(兰石草属);Lancea ■
220795 Lancea hirsuta Bonati;粗毛肉果草;Hirsute Lancea ■
220796 Lancea tibetica Hook. f. et Thomson;肉果草(兰石草);Depgul, Tibet Lancea ■
220797 Lancisia Fabr. = Cotula L. ■
220798 Lancisia Lam. = Cenia Comm. ex Juss. ■
220799 Lancisia Lam. = Cotula L. ■
220800 Lancisia Lam. = Lidbeckia P. J. Bergius ●☆
220801 Lancisia bipinnata (Thunb.) Pers. = Lasiospermum bipinnatum (Thunb.) Druce ■☆
220802 Lancisia lobata (Thunb.) Pers. = Lidbeckia quinqueloba (L. f.) Cass. ●☆
220803 Lancisia pectinata (P. J. Bergius) Pers. = Lidbeckia pectinata P. J. Bergius ●☆
220804 Lancretia Delile = Bergia L. ●■
220805 Lancretia suffruticosa Delile = Bergia suffruticosa (Delile) Fenzl ●☆
220806 Landersia Macfad. = Melothria L. ■
220807 Landersia Macfad. = Zehneria Endl. ■
220808 Landesia Kuntze = Londesia Fisch. et Mey. ■
220809 Landia Comm. ex Juss. = Bremeria Razafim. et Alejandro ■☆
220810 Landia Comm. ex Juss. = Mussaenda L. ●■
220811 Landiopsis Capuron ex Bosser(1998);拟盘银花属●☆
220812 Landiopsis capuronii Bosser;拟盘银花●☆
220813 Landolfia D. Dietr. = Landolphia P. Beauv.(保留属名)●☆
220814 Landolphia P. Beauv.(1806)(保留属名);胶藤属;African Rubber, E. African Rubber, Gum Vine, Gumvine, Madagascar Rubber ●☆
220815 Landolphia amena Pobeg. = Ancylobotrys amoena Hua ●☆
220816 Landolphia amoena (Hua) Hua ex Hua et A. Chev. = Ancylobotrys amoena Hua ●☆
220817 Landolphia amoena Hua = Ancylobotrys amoena Hua ●☆
220818 Landolphia amoena Hua var. micrantha A. Chev. = Ancylobotrys amoena Hua ●☆
220819 Landolphia amoena Hua var. schweinfurthiana (Hallier f.) A. Chev. = Ancylobotrys amoena Hua ●☆
220820 Landolphia angustifolia K. Schum. ex Engl. = Ancylobotrys petersiana (Klotzsch) Pierre ●☆
220821 Landolphia angustisepala Pichon;窄萼胶藤●☆
220822 Landolphia axillaris Pichon;腋花胶藤●☆
220823 Landolphia breviloba Pers.;短裂胶藤●☆
220824 Landolphia bruneelii (De Wild.) Pichon;布吕内尔胶藤●☆
220825 Landolphia buchananii (Hallier f.) Stapf;布坎南胶藤●☆
220826 Landolphia caillei A. Chev. = Vahadenia caillei (A. Chev.) Stapf ex Hutch. et Dalziel ●☆
220827 Landolphia cameronis Stapf = Landolphia buchananii (Hallier f.) Stapf ●☆
220828 Landolphia camptoloba (K. Schum.) Pichon;弯裂片南胶藤●☆
220829 Landolphia capensis Oliv. = Ancylobotrys capensis (Oliv.) Pichon ●☆
220830 Landolphia chylorrhiza (K. Schum. ex Stapf) De Wild. = Landolphia thollonii Dewèvre ●☆
220831 Landolphia claessensii De Wild. = Landolphia parvifolia K. Schum. ●☆
220832 Landolphia comorensis (Bojer ex A. DC.) K. Schum. = Saba comorensis (Bojer ex A. DC.) Pichon ●☆
220833 Landolphia comorensis (Bojer) Benth. var. florida (Benth.) K. Schum. = Saba comorensis (Bojer ex A. DC.) Pichon ●☆
220834 Landolphia congolana Good = Landolphia lecomtei Dewèvre ●☆
220835 Landolphia congolensis (Stapf) Pichon;刚果胶藤●☆
220836 Landolphia cordata (Klotzsch) K. Schum. = Saba comorensis (Bojer ex A. DC.) Pichon ●☆
220837 Landolphia cuneifolia Pichon;楔叶胶藤●☆
220838 Landolphia dawei Stapf = Landolphia landolphioides (Hallier f.) A. Chev. ●☆
220839 Landolphia dawei Stapf var. multinervis A. Chev. = Landolphia landolphioides (Hallier f.) A. Chev. ●☆
220840 Landolphia delagoensis (Dewèvre) Pierre = Landolphia kirkii R. A. Dyer ●☆
220841 Landolphia dewevrei Stapf;德韦胶藤●☆
220842 Landolphia dondeensis Busse = Landolphia kirkii R. A. Dyer ●☆
220843 Landolphia droogmansiana De Wild. = Landolphia owariensis P. Beauv. ●☆
220844 Landolphia dubia Lassia = Saba comorensis (Bojer ex A. DC.) Pichon ●☆
220845 Landolphia dubrencquiana De Wild. = Dictyophleba lucida (K. Schum.) Pierre ●☆
220846 Landolphia dulcis (Sabine) Pichon;甜胶藤●☆
220847 Landolphia dulcis (Sabine) Pichon var. barteri (Stapf) Pichon = Landolphia dulcis (Sabine) Pichon ●☆
220848 Landolphia echinata A. Chev. = Ancylobotrys scandens (Schumach. et Thonn.) Pichon ●☆
220849 Landolphia ferrea Pers.;费雷胶藤●☆
220850 Landolphia ferruginea (Hallier f.) Stapf = Ancylobotrys amoena Hua ●☆
220851 Landolphia flavidiflora (K. Schum.) Pers.;黄花胶藤●☆
220852 Landolphia florida Benth. = Saba comorensis (Bojer ex A. DC.) Pichon ●☆
220853 Landolphia florida Benth. var. comorensis (Bojer ex A. DC.) A. Chev. = Saba comorensis (Bojer ex A. DC.) Pichon ●☆
220854 Landolphia florida Benth. var. leiantha Oliv. = Saba comorensis (Bojer ex A. DC.) Pichon ●☆
220855 Landolphia florida Benth. var. senegalensis (A. DC.) Hallier f. = Saba senegalensis (A. DC.) Pichon ●☆
220856 Landolphia foretiana (Pierre ex Jum.) Pichon;福雷胶藤●☆

220857 Landolphia gentilii De Wild. = Landolphia owariensis P. Beauv. ●☆
220858 Landolphia glaberrima A. Chev. = Landolphia owariensis P. Beauv. ●☆
220859 Landolphia glabra (Pierre ex Stapf) Pichon;光滑胶藤●☆
220860 Landolphia glandulosa (Pellegr.) Pichon;腺胶藤●☆
220861 Landolphia gossweileri (Stapf) Pichon;戈斯胶藤●☆
220862 Landolphia gummifera (Lam.) K. Schum.;产胶胶藤●☆
220863 Landolphia henriquesiana (K. Schum. ex Warb.) Hallier f. = Chamaeclitandra henriquesiana (Hallier f.) Pichon ●☆
220864 Landolphia heudelotii A. DC.;厄德胶藤●☆
220865 Landolphia heudelotii A. DC. var. diaguissae A. Chev. = Landolphia heudelotii A. DC. ●☆
220866 Landolphia heudelotii A. DC. var. djenge Stapf = Landolphia heudelotii A. DC. ●☆
220867 Landolphia heudelotii A. DC. var. tomentosa (Lepr. et Perr. ex Baucher) Hua = Landolphia heudelotii A. DC. ●☆
220868 Landolphia hirsuta (Hua) Pichon;粗毛胶藤●☆
220869 Landolphia humilis K. Schum. ex Schltr. = Landolphia owariensis P. Beauv. ●☆
220870 Landolphia humilis K. Schum. ex Schltr. var. cordifolia A. Chev. = Landolphia owariensis P. Beauv. ●☆
220871 Landolphia humilis K. Schum. ex Schltr. var. gracilis A. Chev. = Landolphia owariensis P. Beauv. ●☆
220872 Landolphia humilis K. Schum. ex Schltr. var. umbrosa A. Chev. = Landolphia owariensis P. Beauv. ●☆
220873 Landolphia hyogea Lem. ex De Wild. = Landolphia lanceolata (K. Schum.) Pichon ●☆
220874 Landolphia hypogea Lem. = Landolphia lanceolata (K. Schum.) Pichon ●☆
220875 Landolphia incerta (K. Schum.) Pers.;可疑胶藤●☆
220876 Landolphia jumellei (Pierre ex Jum.) Pichon;朱迈尔胶藤●☆
220877 Landolphia kilimanjarica (Warb.) Stapf = Landolphia buchananii (Hallier f.) Stapf ●☆
220878 Landolphia kirkii Dyer;卷枝藤■
220879 Landolphia kirkii R. A. Dyer;柯克胶藤●☆
220880 Landolphia kirkii R. A. Dyer var. delagoensis Dewèvre = Landolphia kirkii R. A. Dyer ●☆
220881 Landolphia kirkii R. A. Dyer var. dondeensis (Busse) Stapf = Landolphia kirkii R. A. Dyer ●☆
220882 Landolphia kirkii R. A. Dyer var. genuina Hallier f. = Landolphia kirkii R. A. Dyer ●☆
220883 Landolphia kirkii R. A. Dyer var. owariensis (P. Beauv.) De Wild. et T. Durand = Landolphia owariensis P. Beauv. ●☆
220884 Landolphia kirkii R. A. Dyer var. parvifolia (K. Schum.) Hallier f. = Landolphia parvifolia K. Schum. ●☆
220885 Landolphia klainii Pierre = Landolphia mannii R. A. Dyer ●☆
220886 Landolphia lanceolata (K. Schum.) Pichon;披针胶藤●☆
220887 Landolphia landolphioides (Hallier f.) A. Chev.;普通胶藤●☆
220888 Landolphia laurentii (De Wild.) Stapf var. grandiflora De Wild. = Vahadenia laurentii (De Wild.) Stapf ●☆
220889 Landolphia laurentii De Wild. = Vahadenia laurentii (De Wild.) Stapf ●☆
220890 Landolphia lecomtei Dewèvre;勒孔特胶藤●☆
220891 Landolphia leiocalyx Pichon = Landolphia owariensis P. Beauv. ●☆
220892 Landolphia leonensis Stapf = Dictyophleba leonensis (Stapf) Pichon ●☆
220893 Landolphia leptantha (K. Schum.) Pers.;细花胶藤●☆
220894 Landolphia letestui (Pellegr.) Pichon;莱泰斯图胶藤●☆
220895 Landolphia ligustrifolia (Stapf) Pichon;女贞叶胶藤●☆
220896 Landolphia lucida K. Schum. = Dictyophleba lucida (K. Schum.) Pierre ●☆
220897 Landolphia macrantha (K. Schum.) Pichon;大花胶藤●☆
220898 Landolphia madagascariensis Benth. et Hook. f.;马岛胶藤●☆
220899 Landolphia mannii R. A. Dyer;曼氏胶藤●☆
220900 Landolphia martreti A. Chev. ex De Wild. = Saba comorensis (Bojer ex A. DC.) Pichon ●☆
220901 Landolphia maxima (K. Schum. ex Hallier f.) Pichon;大胶藤 ●☆
220902 Landolphia mayottensis Pierre ex Poiss. = Saba comorensis (Bojer ex A. DC.) Pichon ●☆
220903 Landolphia mayumbensis Good = Landolphia owariensis P. Beauv. ●☆
220904 Landolphia membranacea (Stapf) Pichon;膜胶藤●☆
220905 Landolphia michelinii Benth. = Landolphia heudelotii A. DC. ●☆
220906 Landolphia micrantha (A. Chev.) Pichon;小花胶藤●☆
220907 Landolphia miegeana A. Chev. = Landolphia owariensis P. Beauv. ●☆
220908 Landolphia monteiroi Dyer ex Stapf = Ancylobotrys petersiana (Klotzsch) Pierre ●☆
220909 Landolphia nigerina A. Chev. = Landolphia owariensis P. Beauv. ●☆
220910 Landolphia nitida J. -P. Lebrun et Taton = Ancylobotrys amoena Hua ●☆
220911 Landolphia nitidula Pers.;亮胶藤●☆
220912 Landolphia noctiflora Pers.;夜花胶藤●☆
220913 Landolphia ochracea K. Schum. ex Hallier f. = Dictyophleba ochracea (K. Schum. ex Hallier f.) Pichon ●☆
220914 Landolphia ochracea K. Schum. ex Hallier f. var. glabrata Hallier f. = Dictyophleba ochracea (K. Schum. ex Hallier f.) Pichon ●☆
220915 Landolphia owariensis P. Beauv.;奥瓦胶藤●☆
220916 Landolphia owariensis P. Beauv. var. djalonis A. Chev. = Landolphia owariensis P. Beauv. ●☆
220917 Landolphia owariensis P. Beauv. var. droogmansiana (De Wild.) A. Chev. = Landolphia owariensis P. Beauv. ●☆
220918 Landolphia owariensis P. Beauv. var. gentilii (De Wild.) A. Chev. = Landolphia owariensis P. Beauv. ●☆
220919 Landolphia owariensis P. Beauv. var. glaberrima (A. Chev.) A. Chev. = Landolphia owariensis P. Beauv. ●☆
220920 Landolphia owariensis P. Beauv. var. guineensis A. Chev. = Landolphia owariensis P. Beauv. ●☆
220921 Landolphia owariensis P. Beauv. var. leiocalyx (Pichon) H. Huber = Landolphia owariensis P. Beauv. ●☆
220922 Landolphia owariensis P. Beauv. var. mayumbensis ? = Landolphia owariensis P. Beauv. ●☆
220923 Landolphia owariensis P. Beauv. var. nigerina A. Chev. = Landolphia owariensis P. Beauv. ●☆
220924 Landolphia owariensis P. Beauv. var. parvifolia (K. Schum.) Hallier f. ex Stapf = Landolphia parvifolia K. Schum. ●☆
220925 Landolphia owariensis P. Beauv. var. pierrei (Hua) Pichon = Landolphia owariensis P. Beauv. ●☆
220926 Landolphia owariensis P. Beauv. var. rubiginosa A. Chev. =

Landolphia owariensis P. Beauv. ●☆
220927 Landolphia owariensis P. Beauv. var. rubiginosa Stapf = Landolphia owariensis P. Beauv. ●☆
220928 Landolphia owariensis P. Beauv. var. tomentella Stapf = Landolphia owariensis P. Beauv. ●☆
220929 Landolphia owariensis P. Beauv. var. ubanghiensis A. Chev. = Landolphia owariensis P. Beauv. ●☆
220930 Landolphia pachyphylla Stapf = Ancylobotrys tayloris (Stapf) Pichon ●☆
220931 Landolphia parviflora K. Schum. ex Möller = Landolphia parvifolia K. Schum. ●☆
220932 Landolphia parvifolia K. Schum.;小叶胶藤●☆
220933 Landolphia parvifolia K. Schum. var. johnstonii (A. Chev.) Pichon = Landolphia dewevrei Stapf ●☆
220934 Landolphia parvifolia K. Schum. var. thollonii (Dewèvre) Pichon = Landolphia thollonii Dewèvre ●☆
220935 Landolphia petersiana (Klotzsch) Dyer = Ancylobotrys petersiana (Klotzsch) Pierre ●☆
220936 Landolphia petersiana (Klotzsch) Dyer var. acuminata Dewèvre ex Hallier f. = Ancylobotrys scandens (Schumach. et Thonn.) Pichon ●☆
220937 Landolphia petersiana (Klotzsch) Dyer var. angustifolia (K. Schum. ex Engl.) Stapf = Ancylobotrys petersiana (Klotzsch) Pierre ●☆
220938 Landolphia petersiana (Klotzsch) Dyer var. crassifolia K. Schum. = Ancylobotrys scandens (Schumach. et Thonn.) Pichon ●☆
220939 Landolphia petersiana (Klotzsch) Dyer var. mucronata Dewèvre = Ancylobotrys scandens (Schumach. et Thonn.) Pichon ●☆
220940 Landolphia petersiana (Klotzsch) Dyer var. rotundifolia Dewèvre = Ancylobotrys petersiana (Klotzsch) Pierre ●☆
220941 Landolphia petersiana (Klotzsch) Dyer var. rufa Stapf = Ancylobotrys petersiana (Klotzsch) Pierre ●☆
220942 Landolphia petersiana (Klotzsch) Dyer var. tubeufii Busse ex Stapf = Ancylobotrys petersiana (Klotzsch) Pierre ●☆
220943 Landolphia petersiana (Klotzsch) Pierre var. rufa Stapf = Ancylobotrys amoena Hua ●☆
220944 Landolphia petersiana (Klotzsch) Pierre var. schweinfurthiana (Hallier f.) Stapf = Ancylobotrys amoena Hua ●☆
220945 Landolphia pierrei Hua = Landolphia owariensis P. Beauv. ●☆
220946 Landolphia polyantha K. Schum. = Landolphia kirkii R. A. Dyer ●☆
220947 Landolphia pyramidata (Pierre) Pers.;塔胶藤●☆
220948 Landolphia pyriformis (Pierre) Stapf = Ancylobotrys pyriformis Pierre ●☆
220949 Landolphia reticulata Hallier f.;网脉弯穗胶藤●☆
220950 Landolphia reticulata Hallier f. = Ancylobotrys reticulata (Hallier f.) Pichon ●☆
220951 Landolphia robusta (Pierre) Stapf = Ancylobotrys pyriformis Pierre ●☆
220952 Landolphia robustior (K. Schum.) Pers.;粗壮胶藤●☆
220953 Landolphia rogersii Stapf = Landolphia buchananii (Hallier f.) Stapf ●☆
220954 Landolphia rufescens (De Wild.) Pichon;浅红胶藤●☆
220955 Landolphia scandens (Schumach. et Thonn.) Didr. = Ancylobotrys scandens (Schumach. et Thonn.) Pichon ●☆
220956 Landolphia scandens (Schumach. et Thonn.) Didr. var. angustifolia (K. Schum. ex Engl.) Hallier f. = Ancylobotrys petersiana (Klotzsch) Pierre ●☆
220957 Landolphia scandens (Schumach. et Thonn.) Didr. var. coriacea Hallier f. = Ancylobotrys scandens (Schumach. et Thonn.) Pichon ●☆
220958 Landolphia scandens (Schumach. et Thonn.) Didr. var. ferruginea Hallier f. = Ancylobotrys amoena Hua ●☆
220959 Landolphia scandens (Schumach. et Thonn.) Didr. var. floribunda Pellegr. = Ancylobotrys scandens (Schumach. et Thonn.) Pichon ●☆
220960 Landolphia scandens (Schumach. et Thonn.) Didr. var. genuina Hallier f. = Ancylobotrys scandens (Schumach. et Thonn.) Pichon ●☆
220961 Landolphia scandens (Schumach. et Thonn.) Didr. var. petersiana (Klotzsch) Hallier f. = Ancylobotrys petersiana (Klotzsch) Pierre ●☆
220962 Landolphia scandens (Schumach. et Thonn.) Didr. var. rigida Hallier f. = Ancylobotrys amoena Hua ●☆
220963 Landolphia scandens (Schumach. et Thonn.) Didr. var. rotundifolia (Dewèvre) Hallier f. = Ancylobotrys petersiana (Klotzsch) Pierre ●☆
220964 Landolphia scandens (Schumach. et Thonn.) Didr. var. schweinfurthiana Hallier f. = Ancylobotrys amoena Hua ●☆
220965 Landolphia scandens (Schumach. et Thonn.) Didr. var. stuhlmanniana Hallier f. = Ancylobotrys petersiana (Klotzsch) Pierre ●☆
220966 Landolphia scandens (Schumach. et Thonn.) Didr. var. tubeufii (Busse ex Stapf) Busse = Ancylobotrys petersiana (Klotzsch) Pierre ●☆
220967 Landolphia senegalensis (A. DC.) Kotschy et Peyr. = Saba senegalensis (A. DC.) Pichon ●☆
220968 Landolphia senegalensis (A. DC.) Kotschy et Peyr. var. genuina Hua et A. Chev. = Saba senegalensis (A. DC.) Pichon ●☆
220969 Landolphia senegalensis (A. DC.) Kotschy et Peyr. var. glabriflora Hua = Saba senegalensis (A. DC.) Pichon ●☆
220970 Landolphia senensis (Klotzsch) K. Schum. = Ancylobotrys petersiana (Klotzsch) Pierre ●☆
220971 Landolphia squamosa Pichon = Landolphia pyramidata (Pierre) Pers. ●☆
220972 Landolphia stapfiana Wernham = Landolphia owariensis P. Beauv. ●☆
220973 Landolphia stenogyna Pichon;窄蕊胶藤●☆
220974 Landolphia stipulosa S. Moore ex Wernham = Dictyophleba stipulosa (S. Moore ex Wernham) Pichon ●☆
220975 Landolphia stolzii Busse = Landolphia owariensis P. Beauv. ●☆
220976 Landolphia subrepanda (K. Schum.) Pichon;浅波胶藤●☆
220977 Landolphia subrepanda (K. Schum.) Pichon var. latifolia Pichon = Landolphia subrepanda (K. Schum.) Pichon ●☆
220978 Landolphia subterranea A. Chev. = Landolphia parvifolia K. Schum. ●☆
220979 Landolphia subterranea Lem. = Landolphia lanceolata (K. Schum.) Pichon ●☆
220980 Landolphia subterranea Lem. var. johnstonii A. Chev. = Landolphia dewevrei Stapf ●☆
220981 Landolphia subturbinata Stapf ex Dawe = Landolphia owariensis P. Beauv. ●☆
220982 Landolphia swynnertonii S. Moore = Landolphia buchananii (Hallier f.) Stapf ●☆

220983 Landolphia tayloris Stapf = Ancylobotrys tayloris (Stapf) Pichon ●☆

220984 Landolphia tenuifolia (Pierre ex Stapf) Pichon = Landolphia dulcis (Sabine) Pichon ●☆

220985 Landolphia thollonii Dewèvre;托伦胶藤●☆

220986 Landolphia thompsonii A. Chev. = Saba thompsonii (A. Chev.) Pichon ●☆

220987 Landolphia togolana (Hallier f.) Pichon;多哥胶藤●☆

220988 Landolphia tomentella (Stapf) A. Chev. = Landolphia owariensis P. Beauv. ●☆

220989 Landolphia tomentella (Stapf) A. Chev. var. gracilis A. Chev. = Landolphia owariensis P. Beauv. ●☆

220990 Landolphia tomentella (Stapf) A. Chev. var. lucens A. Chev. = Landolphia owariensis P. Beauv. ●☆

220991 Landolphia tomentella (Stapf) A. Chev. var. minor A. Chev. = Landolphia owariensis P. Beauv. ●☆

220992 Landolphia tomentella (Stapf) A. Chev. var. pulcherrima A. Chev. = Landolphia owariensis P. Beauv. ●☆

220993 Landolphia tomentella (Stapf) A. Chev. var. pumila A. Chev. = Landolphia owariensis P. Beauv. ●☆

220994 Landolphia tomentella (Stapf) A. Chev. var. rufescens A. Chev. = Landolphia owariensis P. Beauv. ●☆

220995 Landolphia tomentella (Stapf) A. Chev. var. subnuda A. Chev. = Landolphia owariensis P. Beauv. ●☆

220996 Landolphia tomentosa (Lepr. et Perr. ex Baucher) Dewèvre = Landolphia heudelotii A. DC. ●☆

220997 Landolphia traunii (Sadeb.) Sadeb. ex K. Schum. = Landolphia heudelotii A. DC. ●☆

220998 Landolphia turbinata Stapf ex A. Chev. = Landolphia owariensis P. Beauv. ●☆

220999 Landolphia ugandensis Stapf = Landolphia buchananii (Hallier f.) Stapf ●☆

221000 Landolphia uniflora (Stapf) Pichon;单花胶藤●☆

221001 Landolphia utilis (A. Chev.) Pichon;有用胶藤●☆

221002 Landolphia villosa Pers.;长毛胶藤●☆

221003 Landolphia violacea (K. Schum. ex Hallier f.) Pichon;堇色胶藤●☆

221004 Landolphia watsoniana Vogtherr;沃森胶藤●☆

221005 Landolphia welwitschii Stapf ex De Wild. et T. Durand = Ancylobotrys scandens (Schumach. et Thonn.) Pichon ●☆

221006 Landoltia Les et D. J. Crawford(1999);类紫萍属■

221007 Landoltia punctata (G. Mey.) Les et D. J. Crawford;类紫萍(少根紫萍,紫萍);Fewroot Ducksmeat, Giant Duckweed, Large Duckweed ■

221008 Landoltia punctata (G. Mey.) Les et D. J. Crawford = Spirodela punctata (G. Mey.) C. H. Thomps. ■

221009 Landtia Less. = Haplocarpha Less. ■☆

221010 Landtia hirsuta Less. = Haplocarpha nervosa (Thunb.) Beauverd ■☆

221011 Landtia kilimandjarica Hutch. et M. B. Moss = Haplocarpha rueppellii (Sch. Bip.) Beauverd ■☆

221012 Landtia lobulata Hutch. = Haplocarpha rueppellii (Sch. Bip.) Beauverd ■☆

221013 Landtia media DC. = Haplocarpha nervosa (Thunb.) Beauverd ■☆

221014 Landtia nervosa (Thunb.) Less. = Haplocarpha nervosa (Thunb.) Beauverd ■☆

221015 Landtia rueppellii (Sch. Bip.) Vatke = Haplocarpha rueppellii (Sch. Bip.) Beauverd ■☆

221016 Landtia schimperi (Sch. Bip.) Vatke = Haplocarpha schimperi (Sch. Bip.) Beauverd ■☆

221017 Landukia Planch. = Parthenocissus Planch. (保留属名)●

221018 Landukia landuk Planch. = Parthenocissus dalzielii Gagnep. ●

221019 Laneasagum Bedd. = Drypetes Vahl ●

221020 Lanesagum Pax et K. Hoffm. = Laneasagum Bedd. ●

221021 Lanessania Baill. = Trymatococcus Poepp. et Endl. ●☆

221022 Langebergia Anderb. (1991);平叶鼠麴木属●☆

221023 Langebergia canescens (DC.) Anderb.;平叶鼠麴木●☆

221024 Langefeldia Steud. = Elatostema J. R. Forst. et G. Forst. (保留属名)●■

221025 Langefeldia Steud. = Langeveldia Gaudich. ●■

221026 Langerstroemia Cram. = Lagerstroemia L. ●

221027 Langeveldia Gaudich. = Elatostema J. R. Forst. et G. Forst. (保留属名)●■

221028 Langevinia Jacq. -Fél. = Mapania Aubl. ■

221029 Langevinia monosperma Jacq. -Fél. = Mapania amplivaginata K. Schum. ■☆

221030 Langia Endl. = Hermbstaedtia Rchb. ■●☆

221031 Langlassea H. Wolff = Prionosciadium S. Watson ■☆

221032 Langleia Scop. = Anavinga Adans. ●

221033 Langleia Scop. = Casearia Jacq. ●

221034 Langloisia Greene(1896);朗格花属■☆

221035 Langloisia matthewsii (A. Gray) Greene;朗格花;Desert Calico ■☆

221036 Langloisia punctata (A. Gray) Goodd.;斑点朗格花;Spotted Langloisia ■☆

221037 Langloisia setosissima (Torr. et A. Gray) Greene;刚毛朗格花 ■☆

221038 Langsdorffia Fisch. ex Regel = Chloris Sw. ●■

221039 Langsdorffia Mart. (1818);管花菰属■☆

221040 Langsdorffia Raddi = Barbosa Becc. ●☆

221041 Langsdorffia Raddi = Syagrus Mart. ●

221042 Langsdorffia Regel = Eustachys Desv. ■

221043 Langsdorffia Steud. = Langsdorfia Leandro ●

221044 Langsdorffia Steud. = Zanthoxylum L. ●

221045 Langsdorffia Willd. ex Steud. = Lycoseris Cass. ●☆

221046 Langsdorffia hypogaea Mart.;管花菰■☆

221047 Langsdorffia indica Arn. = Balanophora indica (Arn.) Griff. ■

221048 Langsdorffia malagasica (Fawc.) B. Hansen;马拉加斯管花菰 ■☆

221049 Langsdorffiaceae Tiegh.;管花菰科■☆

221050 Langsdorffiaceae Tiegh. = Balanophoraceae Rich. (保留科名) ●■

221051 Langsdorffiaceae Tiegh. ex Pilg. et K. Krause = Balanophoraceae Rich. (保留科名)●■

221052 Langsdorfia Leandro = Pohlana Leandro ●

221053 Langsdorfia Leandro = Zanthoxylum L. ●

221054 Langsdorfia Pfeiff. = Barbosa Becc. ●☆

221055 Langsdorfia Pfeiff. = Langsdorffia Raddi ●☆

221056 Langsdorfia Raf. = Nicotiana L. ●■

221057 Langsdorfia Raf. = Perieteris Raf. ●■

221058 Langsdorfia Willd. ex Less. = Lycoseris Cass. ●☆

221059 Languas König = Alpinia Roxb. (保留属名)■

221060 Languas König ex Small = Alpinia Roxb. (保留属名)■

221061 Languas König ex Small = Zerumbet J. C. Wendl.(废弃属名)■
221062 Languas agiokuensis (Hayata) Sasaki = Alpinia japonica (Thunb.) Miq. ■
221063 Languas allughas (Retz.) Burtt. = Alpinia allughas (Retz.) Roscoe ■
221064 Languas allughas (Retz.) Burtt. = Alpinia nigra (Gaertn.) B. L. Burtt ■
221065 Languas aquatica König = Alpinia galanga (L.) Willd. ■
221066 Languas blepharocalyx (K. Schum.) Hand. -Mazz. = Alpinia blepharocalyx K. Schum. ■
221067 Languas blepharocalyx K. Schum. var. glabrior Hand. -Mazz. = Alpinia blepharocalyx K. Schum. var. glabrior (Hand. -Mazz.) T. L. Wu ■
221068 Languas blepharocalyx var. glabrior Hand. -Mazz. = Alpinia blepharocalyx K. Schum. var. glabrior (Hand. -Mazz.) T. L. Wu ■
221069 Languas calcarata (Roscoe) Merr. = Alpinia calcarata Roscoe ■
221070 Languas chinensis (Roscoe) Merr. = Alpinia oblongifolia Hayata ■
221071 Languas chinensis König = Alpinia nigra (Gaertn.) B. L. Burtt ■
221072 Languas conchigera (Griff.) Burkill. = Alpinia conchigera Griff. ■
221073 Languas conchigera Burkill = Alpinia conchigera Griff. ■
221074 Languas densespicata (Hayata) Sasaki = Alpinia shimadae Hayata ■
221075 Languas dolichocephala (Hayata) Sasaki = Alpinia dolichocephala Hayata ■
221076 Languas flabellata (Ridl.) Merr. = Alpinia flabellata Ridl. ■
221077 Languas formosana (K. Schum.) Sasaki = Alpinia formosana K. Schum. ■
221078 Languas galanga (L.) Stuntz = Alpinia galanga (L.) Willd. ■
221079 Languas henryi (K. Schum.) Merr. = Alpinia hainanensis K. Schum. ■
221080 Languas hokutensis (Hayata) Sasaki = Alpinia intermedia Gagnep. ■
221081 Languas intermedia (Gagnep.) Merr. = Alpinia intermedia Gagnep. ■
221082 Languas intermedia (Gagnep.) Sasaki = Alpinia intermedia Gagnep. ■
221083 Languas japonica (Thunb.) Sasaki = Alpinia japonica (Thunb.) Miq. ■
221084 Languas katsumadae (Hayata) Merr. = Alpinia hainanensis K. Schum. ■
221085 Languas kawakamii (Hayata) Sasaki = Alpinia kawakamii Hayata ■
221086 Languas kawakamii (Hayata) Sasaki = Alpinia shimadae Hayata var. kawakamii (Hayata) J. Jung Yang et J. C. Wang ■
221087 Languas kelungensis (Hayata) Sasaki = Alpinia intermedia Gagnep. ■
221088 Languas koshunensis (Hayata) Sasaki = Alpinia formosana K. Schum. ■
221089 Languas kusshakuensis (Hayata) Sasaki = Alpinia kusshakuensis Hayata ■
221090 Languas maclurei (Merr.) Merr. = Alpinia maclurei Merr. ■
221091 Languas macrocephala (Hayata) Sasaki = Alpinia pricei Hayata var. sessiliflora (Kitam.) J. J. Yang et F. C. Wang ■
221092 Languas mediomaculata (Hayata) Sasaki = Alpinia shimadae Hayata ■
221093 Languas mesanthera (Hayata) Sasaki = Alpinia mesanthera Hayata ■
221094 Languas oblongifolia (Hayata) Sasaki = Alpinia intermedia Gagnep. ■
221095 Languas oblongifolia (Hayata) Sasaki = Alpinia oblongifolia Hayata ■
221096 Languas officinarum (Hance) Farw. = Alpinia officinaria Hance ■
221097 Languas officinarum Farrw. = Alpinia officinaria Hance ■
221098 Languas oxyphylla (Miq.) Merr. = Alpinia ovata Z. L. Zhao et L. S. Xu ■
221099 Languas oxyphylla (Miq.) Merr. = Alpinia oxyphylla Miq. ■
221100 Languas pricei (Hayata) Sasaki = Alpinia pricei Hayata ■
221101 Languas sasakii (Hayata) Sasaki = Alpinia pricei Hayata ■
221102 Languas schumanniana (Valeton) Sasaki = Alpinia zerumbet (Pers.) B. L. Burtt et R. M. Sm. ■
221103 Languas shimadai (Hayata) Sasaki = Alpinia shimadai Hayata ■
221104 Languas speciosa (J. C. Wendl.) Small. = Alpinia zerumbet (Pers.) B. L. Burtt et R. M. Sm. ■
221105 Languas speciosum (J. C. Wendl.) Small = Alpinia zerumbet (Pers.) B. L. Burtt et R. M. Sm. ■
221106 Languas suishanensis (Hayata) Sasaki = Alpinia intermedia Gagnep. ■
221107 Languas suishanensis (Hayata) Sasaki = Alpinia oblongifolia Hayata ■
221108 Languas tarokoensis (Hayata) Sasaki = Alpinia pricei Hayata ■
221109 Languas tarokoensis Sasaki = Alpinia pricei Hayata ■
221110 Languas tonrokuensis (Hayata) Sasaki = Alpinia tonrokuensis Hayata ■
221111 Languas uraiensis (Hayata) Sasaki = Alpinia uraiensis Hayata ■
221112 Lanigerostemma Chapel. ex Endl. = Eliaea Cambess. ●☆
221113 Lanipila Burch. = Lasiospermum Lag. ■☆
221114 Lanium (Lindl.) Benth. = Epidendrum L.(保留属名)■☆
221115 Lanium Lindl. ex Benth. = Epidendrum L.(保留属名)■☆
221116 Lanium gesneroides Hayata = Paraphlomis javanica (Blume) Prain ■
221117 Lanium longipetiolata Hayata = Paraphlomis javanica (Blume) Prain ■
221118 Lankesterella Ames = Stenorrhynchos Rich. ex Spreng. ■☆
221119 Lankesterella Ames(1923);兰克兰属■☆
221120 Lankesteria Lindl.(1845);兰克爵床属●☆
221121 Lankesteria alba Lindau;白兰克爵床●☆
221122 Lankesteria barteri Hook. f.;巴特兰克爵床●☆
221123 Lankesteria batangana (J. Braun et K. Schum.) Lindau = Physacanthus batanganus (J. Braun et K. Schum.) Lindau ■☆
221124 Lankesteria brevior C. B. Clarke;短兰克爵床●☆
221125 Lankesteria elegans (P. Beauv.) T. Anderson;雅致兰克爵床●☆
221126 Lankesteria glandulosa Benoist;具腺兰克爵床●☆
221127 Lankesteria hispida (Willd.) T. Anderson;硬毛兰克爵床●☆
221128 Lankesteria parviflora Lindl. = Lankesteria hispida (Willd.) T. Anderson ●☆
221129 Lankesteria thyrsoidea S. Moore;聚伞兰克爵床●☆
221130 Lannea A. Rich.(1831)(保留属名);厚皮树属;Lannea ●
221131 Lannea acida A. Rich.;西非厚皮树●☆
221132 Lannea acidissima A. Chev. = Lannea welwitschii (Hiern) Engl. ●☆
221133 Lannea acuminata Engl.;渐尖厚皮树●☆
221134 Lannea afzelii Engl. var. pubescens Aubrév. = Lannea nigritana

(Scott-Elliot) Keay var. pubescens Keay ●☆
221135 Lannea alata (Engl.) Engl.;具翅厚皮树●☆
221136 Lannea amaniensis Engl. et K. Krause;阿马尼厚皮树●☆
221137 Lannea ambacensis (Hiern) Engl.;安巴卡厚皮树●☆
221138 Lannea ambigua Engl. = Lannea schweinfurthii (Engl.) Engl. ●☆
221139 Lannea angolensis R. Fern. et Mendes;安哥拉厚皮树●☆
221140 Lannea barteri (Oliv.) Engl.;巴特厚皮树●☆
221141 Lannea buettneri Engl.;比特纳厚皮树●☆
221142 Lannea cinerascens Engl.;浅灰厚皮树●☆
221143 Lannea cinerea (Engl.) Engl.;灰色厚皮树●☆
221144 Lannea coromandelica (Houtt.) Merr.;厚皮树(扒拉文公,胶皮麻,胶皮树,龙泥漆,龙拟漆,马楠,蜜中,喃木,楠木,牛角麻,十八拉文公,万年青,万年青树);Coromandel Lannea ●
221145 Lannea cotoneaster (Chiov.) Sacleux;栒子厚皮树●☆
221146 Lannea cufodontii Chiov. = Lannea rivae (Chiov.) Sacleux ●☆
221147 Lannea cuneifoliolata (Engl.) Engl.;楔叶厚皮树●☆
221148 Lannea dahomensis A. Chev. = Lannea nigritana (Scott-Elliot) Keay ●☆
221149 Lannea decorticans Engl.;脱皮厚皮树●☆
221150 Lannea discolor (Sond.) Engl.;异色厚皮树;Live-long, Never-die ●☆
221151 Lannea discolor Engl. = Lannea discolor (Sond.) Engl. ●☆
221152 Lannea djalonica A. Chev. = Lannea microcarpa Engl. et K. Krause ●☆
221153 Lannea ebolowensis Engl. et Brehmer;埃博洛瓦厚皮树●☆
221154 Lannea edulis (Sond.) Engl.;可食厚皮树;Edible Lannea ●☆
221155 Lannea edulis (Sond.) Engl. var. glabrescens (Engl.) Burtt Davy = Lannea gossweileri Exell et Mendonça subsp. tomentella (R. Fern. et A. Fern.) J. B. Gillett ●☆
221156 Lannea edulis (Sond.) Engl. var. integrifolia Engl.;全叶可食厚皮树●☆
221157 Lannea egregia Engl. et K. Krause;优秀厚皮树●☆
221158 Lannea floccosa Sacleux = Lannea rivae (Chiov.) Sacleux ●☆
221159 Lannea fruticosa (Hochst. ex A. Rich.) Engl.;灌木厚皮树●☆
221160 Lannea fulva (Engl.) Engl.;黄厚皮树●☆
221161 Lannea glaberrima Engl. et K. Krause = Lannea nigritana (Scott-Elliot) Keay ●☆
221162 Lannea glabrescens Engl.;光厚皮树●☆
221163 Lannea glaucescens Engl.;灰绿厚皮树●☆
221164 Lannea gossweileri Exell et Mendonça;戈斯厚皮树●☆
221165 Lannea gossweileri Exell et Mendonça subsp. tomentella (R. Fern. et A. Fern.) J. B. Gillett;绒毛厚皮树●☆
221166 Lannea gossweileri Exell et Mendonça var. tomentella R. Fern. et A. Fern. = Lannea gossweileri Exell et Mendonça subsp. tomentella (R. Fern. et A. Fern.) J. B. Gillett ●☆
221167 Lannea grandis (Dennst.) Engl. = Lannea coromandelica (Houtt.) Merr. ●
221168 Lannea greenwayi Kokwaro = Lannea cotoneaster (Chiov.) Sacleux ●☆
221169 Lannea grossularia A. Chev. = Lannea acida A. Rich. ●☆
221170 Lannea humilis (Oliv.) Engl.;低矮厚皮树●☆
221171 Lannea katangensis Van der Veken;加丹加厚皮树●☆
221172 Lannea kerstingii Engl. et K. Krause = Lannea barteri (Oliv.) Engl. ●☆
221173 Lannea kirkii Burtt Davy = Lannea schweinfurthii (Engl.) Engl. ●☆
221174 Lannea lagdoensis (Engl. et K. Krause) Mildbr.;拉格多厚皮树●☆
221175 Lannea ledermannii Engl.;莱德厚皮树●☆
221176 Lannea longifoliolata Engl. et K. Krause;长小叶厚皮树●☆
221177 Lannea malifolia (Chiov.) Sacleux;苹果叶厚皮树●☆
221178 Lannea microcarpa Engl. et K. Krause;小果厚皮树●☆
221179 Lannea minimifolia (Chiov.) Cufod. = Lannea alata (Engl.) Engl. ●☆
221180 Lannea multijuga Engl.;多对厚皮树●☆
221181 Lannea nana Engl.;矮小厚皮树●☆
221182 Lannea nigritana (Scott-Elliot) Keay;尼格里塔厚皮树●☆
221183 Lannea nigritana (Scott-Elliot) Keay var. pubescens Keay;短柔毛厚皮树●☆
221184 Lannea obcordata (Engl.) Engl.;倒心形厚皮树●☆
221185 Lannea obovata (Hook. f. ex Oliv.) Engl.;倒卵厚皮树●☆
221186 Lannea oleosa A. Chev. = Lannea microcarpa Engl. et K. Krause ●☆
221187 Lannea rivae (Chiov.) Sacleux;沟厚皮树●☆
221188 Lannea rubra (Hiern) Engl.;红厚皮树●☆
221189 Lannea rubra (Hiern) Engl. var. elongata Van der Veken;伸长红厚皮树●☆
221190 Lannea rubra (Hiern) Engl. var. serrata Van der Veken;具齿厚皮树●☆
221191 Lannea rufescens Engl.;浅红厚皮树●☆
221192 Lannea ruspolii Engl. = Lannea schimperi (Hochst. ex A. Rich.) Engl. ●☆
221193 Lannea schimperi (Hochst. ex A. Rich.) Engl.;欣珀厚皮树(欣佩厚皮树)●☆
221194 Lannea schimperi (Hochst. ex A. Rich.) Engl. var. glabrescens (Engl.) J. B. Gillett = Lannea schimperi (Hochst. ex A. Rich.) Engl. ●☆
221195 Lannea schimperi (Hochst. ex A. Rich.) Engl. var. stolzii (Engl. et Brehmer) R. Fern. et A. Fern.;斯托尔兹厚皮树●☆
221196 Lannea schimperi Engl. = Lannea schimperi (Hochst. ex A. Rich.) Engl. ●☆
221197 Lannea schweinfurthii (Engl.) Engl.;施氏厚皮树●☆
221198 Lannea schweinfurthii (Engl.) Engl. var. acutifoliolata (Engl.) Kokwaro;尖叶施氏厚皮树●☆
221199 Lannea schweinfurthii (Engl.) Engl. var. stuhlmannii (Engl.) Kokwaro = Lannea schweinfurthii (Engl.) Engl. ●☆
221200 Lannea schweinfurthii (Engl.) Engl. var. tomentosa (Dunkley) Kokwaro;毛施氏厚皮树●☆
221201 Lannea schweinfurthii Engl. = Lannea schweinfurthii (Engl.) Engl. ●☆
221202 Lannea sessilifoliata Engl.;无柄厚皮树●☆
221203 Lannea somalensis (Chiov.) Cufod.;索马里厚皮树●☆
221204 Lannea stolzii Engl. et Brehmer = Lannea schimperi (Hochst. ex A. Rich.) Engl. var. stolzii (Engl. et Brehmer) R. Fern. et A. Fern. ●☆
221205 Lannea stuhlmannii (Engl.) Engl. = Lannea schweinfurthii (Engl.) Engl. ●☆
221206 Lannea stuhlmannii (Engl.) Engl. var. brevifoliolata Engl. = Lannea schweinfurthii (Engl.) Engl. ●☆
221207 Lannea stuhlmannii (Engl.) Engl. var. oblongifoliolata Engl. = Lannea schweinfurthii (Engl.) Engl. ●☆
221208 Lannea stuhlmannii (Engl.) Engl. var. tomentosa Dunkley = Lannea schweinfurthii (Engl.) Engl. var. tomentosa (Dunkley)

Kokwaro ●☆
221209 Lannea stuhlmannii (Engl.) Eyles;斯图尔曼厚皮树;Stuhlmann Lannea ●☆
221210 Lannea tibatensis Engl.;蒂巴特厚皮树●☆
221211 Lannea tomentosa (Engl.) Engl. = Lannea humilis (Oliv.) Engl. ●☆
221212 Lannea triphylla (Hochst. ex A. Rich.) Engl.;三叶厚皮树●☆
221213 Lannea velutina A. Rich.;短绒毛厚皮树●☆
221214 Lannea virgata R. Fern. et A. Fern.;条纹厚皮树●☆
221215 Lannea welwitschii (Hiern) Engl.;韦氏厚皮树;Welwitsch Lannea ●☆
221216 Lannea wodier (Roxb.) Adelb. = Lannea coromandelica (Houtt.) Merr. ●
221217 Lannea wodier (Roxb.) Adelb. var. brevifolia (Engl.) Eyles = Lannea schweinfurthii (Engl.) Engl. ●☆
221218 Lannea zastrowiana Engl. et Brehmer;察斯特洛厚皮树●☆
221219 Lannea zenkeri Engl. et K. Krause;岑克尔厚皮树●☆
221220 Lanneoma Delile = Lannea A. Rich. (保留属名)●
221221 Lanneoma velutina Delile = Lannea triphylla (Hochst. ex A. Rich.) Engl. ●☆
221222 Lansbergia de Vriese = Trimezia Salisb. ex Herb. ■☆
221223 Lansium Corrêa = Lansium Jacq. ●
221224 Lansium Jack(1823);椰色木属(黄皮楝属,兰撒果属,雷楝属);Langsat ●
221225 Lansium Rumph. = Lansium Jacq. ●
221226 Lansium domesticum Corrêa;栽种椰色木(兰撒果);Langsat ●☆
221227 Lansium dubium Merr.;椰色木(雷楝);Domestic Langsat, Doubtful Langsat ●
221228 Lansium dubium Merr. = Reinwardtiodendron dubium (Merr.) X. M. Chen ●
221229 Lantana L. (1753)(保留属名);马缨丹属(马樱丹属);Lantana, Shrub Verbena ●
221230 Lantana abyssinica Otto et F. Dietr. = Lippia abyssinica (Otto et F. Dietr.) Cufod. ■☆
221231 Lantana aculeata L. = Lantana camara L. ●
221232 Lantana africana L. = Oftia africana (L.) Bocq. ●☆
221233 Lantana alba Mill. = Lippia alba (Mill.) N. E. Br. ex Britton et Rose ●☆
221234 Lantana alba Schauer = Lantana indica Roxb. ●☆
221235 Lantana angolensis Moldenke;安哥拉马缨丹●☆
221236 Lantana antidotalis Schumach. et Thonn. = Lantana camara L. ●
221237 Lantana brasiliensis Link;巴西马缨丹●☆
221238 Lantana camara L.;马缨丹(臭草,臭根花,臭花根,臭金凤,臭冷风,臭牡丹,臭屎花,穿墙风,大红绣球,红花刺,昏花,龙船花,毛神花,婆姐花,七变花,如意草,如意花,杀虫花,山大丹,珊瑚球,天兰草,天竺草,头晕花,土红花,五彩花,五雷箭,五龙兰,五色花,五色梅,五色梅花,野眼菜,野眼花);Bahama Tea, Common Lantana, Curse of Barbados, Jamaica Mountain Sage, Lantana, Red Sage, Shrub Verbena, Tickberry, Wild Sage, Yellow Sage ●
221239 Lantana camara L. 'Chelsea Gem';切尔西宝石马缨丹●☆
221240 Lantana camara L. 'Christine';克里斯廷马缨丹●☆
221241 Lantana camara L. 'Confetti';碎花纸马缨丹;Lantana ●☆
221242 Lantana camara L. 'Drap d'Or';吉普道尔马缨丹●☆
221243 Lantana camara L. 'Minnie Basle';巴塞尔明尼马缨丹●☆
221244 Lantana camara L. 'Radiation';辐射马缨丹;Lantana ●☆
221245 Lantana camara L. 'Snowflake';雪花马缨丹●☆
221246 Lantana camara L. f. glandulosa R. Fern. = Lantana camara L. ●
221247 Lantana camara L. f. mutabilis (Hook.) Moldenke = Lantana camara L. ●
221248 Lantana camara L. var. aculeata (L.) Moldenke = Lantana camara L. ●
221249 Lantana camara L. var. crocea (Jacq.) L. H. Bailey = Lantana camara L. ●
221250 Lantana camara L. var. flava (Medik.) Moldenke = Lantana camara L. ●
221251 Lantana camara L. var. flava Moldenke;黄褐花缨丹●☆
221252 Lantana camara L. var. mista (L.) L. H. Bailey;橙红马缨丹●☆
221253 Lantana camara L. var. mista (L.) L. H. Bailey = Lantana camara L. ●
221254 Lantana camara L. var. mutabilis (Hook. f.) L. H. Bailey = Lantana camara L. ●
221255 Lantana camara L. var. sanguinea (Medik.) L. H. Bailey = Lantana camara L. ●
221256 Lantana capensis Thunb. = Teedia lucida (Sol.) Rudolphi ●☆
221257 Lantana collina Decne. = Lantana indica Roxb. ●☆
221258 Lantana concinna Baker = Lantana viburnoides (Forssk.) Vahl ●☆
221259 Lantana concinna Baker f. macrophylla Chiov. = Lantana viburnoides (Forssk.) Vahl ●☆
221260 Lantana crispa Thunb. = Oftia africana (L.) Bocq. ●☆
221261 Lantana crocea Jacq. = Lantana camara L. ●
221262 Lantana cummingiana Hayek = Lantana camara L. ●
221263 Lantana dauensis Chiov. = Lippia dauensis (Chiov.) Chiov. ■☆
221264 Lantana delicatissima Hort. = Lantana montevidensis (Spreng.) Briq. ●
221265 Lantana dinteri Moldenke;丁特马缨丹●☆
221266 Lantana fucata Lindl.;藤色马缨丹(黄花马缨丹)●☆
221267 Lantana galpiniana H. Pearson = Lippia javanica (Burm. f.) Spreng. ■●☆
221268 Lantana glandulosissima Hayek;多腺马缨丹●☆
221269 Lantana glutinosa Poepp. = Lantana tiliifolia Cham. f. glandulosa (Schauer) R. Fern. ●☆
221270 Lantana hispida Kunth;硬毛马缨丹●☆
221271 Lantana humuliformis Verdc.;葎草马缨丹●☆
221272 Lantana hybrida Neubert;杂种马缨丹;Lantana ●☆
221273 Lantana indica Roxb.;印度马缨丹●☆
221274 Lantana indica Roxb. = Lantana rugosa Thunb. ●☆
221275 Lantana involucrata L.;紫花马缨丹(总苞马缨丹);Rock Sage ●☆
221276 Lantana kisi A. Rich. = Lantana viburnoides (Forssk.) Vahl subsp. kisi (A. Rich.) Verdc. ●☆
221277 Lantana latifolia Tausch. = Lantana indica Roxb. ●☆
221278 Lantana lilacina Desf. = Lantana fucata Lindl. ●☆
221279 Lantana mearnsii Moldenke = Lantana trifolia L. ●☆
221280 Lantana mearnsii Moldenke var. congolensis ? = Lantana trifolia L. f. congolensis (Moldenke) R. Fern. ●☆
221281 Lantana mexicana Turner = Lantana camara L. ●
221282 Lantana milne-redheadii Moldenke = Lantana ukambensis (Vatke) Verdc. ●☆
221283 Lantana moldenkei R. Fern.;莫尔登克马缨丹●☆

221284 Lantana montevidensis (Spreng.) Briq.;蔓马缨丹(塞氏马缨丹,小叶马缨丹);Bird's Brandy, Creeping Lantana, Polecat Geranium, Purple Lantana, Purple Trailing Lantana, Trailing Lantana, Trailing Shrubverbena, Weeping Lantana ●
221285 Lantana namaensis Loes. ex Range = Lantana dinteri Moldenke ●☆
221286 Lantana nivea Vent.;白花马缨丹●☆
221287 Lantana petitiana A. Rich.;佩蒂蒂马缨丹●☆
221288 Lantana polycephala R. Br. = Lippia adoensis Hochst. ex Walp. ■☆
221289 Lantana primulina Moldenke = Lippia baumii Gürke var. nyassensis R. Fern. ■☆
221290 Lantana rhodesiensis Moldenke = Lantana ukambensis (Vatke) Verdc. ●☆
221291 Lantana rugosa Thunb.;皱纹马缨丹●☆
221292 Lantana rugosa Thunb. var. tomentosa Moldenke = Lantana rugosa Thunb. ●☆
221293 Lantana salviifolia Jacq. = Lantana rugosa Thunb. ●☆
221294 Lantana salviifolia Jacq. var. kisi (A. Rich.) Fiori = Lantana viburnoides (Forssk.) Vahl subsp. kisi (A. Rich.) Verdc. ●☆
221295 Lantana salviifolia Jacq. var. strigosa Fiori = Lantana rugosa Thunb. ●☆
221296 Lantana salviifolia Jacq. var. ternata Chiov. = Lantana ukambensis (Vatke) Verdc. ●☆
221297 Lantana salviifolia L. = Buddleja salviifolia (L.) Lam. ●☆
221298 Lantana scabrida Sol. ex Aiton = Lantana camara L. ●
221299 Lantana sellowiana Link et Otto = Lantana montevidensis (Spreng.) Briq. ●
221300 Lantana somalensis (Vatke) Engl. = Lippia somalensis Vatke ●☆
221301 Lantana spinosa Le Cointe = Lantana camara L. ●
221302 Lantana swynnertonii Moldenke;斯温纳顿马缨丹●☆
221303 Lantana tetragona (Forssk.) Schweinf. = Lantana viburnoides (Forssk.) Vahl ●☆
221304 Lantana tiliifolia Cham. f. glandulosa (Schauer) R. Fern.;腺点红花马缨丹●☆
221305 Lantana tiliifolia Cham. var. glandulosa Schauer = Lantana tiliifolia Cham. f. glandulosa (Schauer) R. Fern. ●☆
221306 Lantana tiliifolia Chemin;红花马缨丹●☆
221307 Lantana trifolia L.;三叶马缨丹;Lavender Popcorn, Three Leaved Lantana, Three Leaved Sage ●☆
221308 Lantana trifolia L. f. albiflora Moldenke = Lantana trifolia L. ●☆
221309 Lantana trifolia L. f. congolensis (Moldenke) R. Fern.;刚果马缨丹●☆
221310 Lantana trifolia L. f. hirsuta Moldenke = Lantana trifolia L. ●☆
221311 Lantana trifolia L. f. oppositifolia Moldenke = Lantana trifolia L. ●☆
221312 Lantana ukambensis (Vatke) Verdc.;乌卡马缨丹●☆
221313 Lantana urticoides Hayek;得州马缨丹;Texas Lantana ●☆
221314 Lantana velutina Mart. et Galeotti;茸毛马缨丹●☆
221315 Lantana viburnoides (Forssk.) Vahl;忍冬马缨丹(荚蒾马缨丹)●☆
221316 Lantana viburnoides (Forssk.) Vahl subsp. kisi (A. Rich.) Verdc.;荚蒾马缨丹●☆
221317 Lantana viburnoides (Forssk.) Vahl subsp. masaica Verdc.;马萨马缨丹●☆
221318 Lantana viburnoides (Forssk.) Vahl var. richardii R. Fern. = Lantana viburnoides (Forssk.) Vahl ●☆
221319 Lantana viburnoides (Forssk.) Vahl var. schimperi (Moldenke) R. Fern. = Lantana ukambensis (Vatke) Verdc. ●☆
221320 Lantana viburnoides (Forssk.) Vahl var. velutina Moldenke = Lantana ukambensis (Vatke) Verdc. ●☆
221321 Lantana viburnoides Blanco = Lantana camara L. ●
221322 Lantana viburnoides Vahl = Lantana viburnoides (Forssk.) Vahl ●☆
221323 Lantanaceae Martinov = Verbenaceae J. St. -Hil.(保留科名) ●■
221324 Lantanaceae Martinov;马缨丹科●
221325 Lantanopsis C. Wright ex Griseb. (1862);马缨菊属■●☆
221326 Lantanopsis hispidula C. Wright;马缨菊■●☆
221327 Lanthorus C. Presl = Helixanthera Lour. ●
221328 Lanugia N. E. Br. = Mascarenhasia A. DC. ●☆
221329 Lanugia latifolia N. E. Br. = Mascarenhasia arborescens A. DC. ●☆
221330 Lanugia micrantha (Baker) N. E. Br. = Mascarenhasia arborescens A. DC. ●☆
221331 Lanugia variegata (Britten et Rendle) N. E. Br. = Mascarenhasia arborescens A. DC. ●☆
221332 Lanzana Stokes = Buchanania Spreng. ●
221333 Laoberdes Raf. = Apium L. ■
221334 Laothoë Raf.(废弃属名) = Chlorogalum (Lindl.) Kunth(保留属名)■☆
221335 Laothoë angustifolia (Kellogg) Greene = Chlorogalum angustifolium Kellogg ■☆
221336 Laothoë divaricata (Lindl.) Greene = Chlorogalum pomeridianum Kunth var. divaricatum (Lindl.) Hoover ■☆
221337 Laothoë parviflora (S. Watson) Greene = Chlorogalum parviflorum S. Watson ■☆
221338 Laothoë pomeridiana (DC.) Raf. = Chlorogalum pomeridianum Kunth ■☆
221339 Laothoë purpurea (Brandegee) Greene = Chlorogalum purpureum Brandegee ■☆
221340 Lapageria Ruiz et Pav. (1802);智利钟花属(智利喇叭花属);Chile Bells, Chile-bells, Chilean Bellflower, Copihue ●☆
221341 Lapageria rosea Ruiz et Pav.;智利钟花(智利喇叭花);Chile Bells, Chilean Bell Flower, Chilean Bellflower, Chile-bells, Copihue, Red Chile Bells, Red Chile-bells ■☆
221342 Lapageria rosea Ruiz et Pav. var. albiflora Hook.;智利白钟花(白花智利钟花,白智利钟花);White Chile Bells ■☆
221343 Lapageriaceae Kunth = Philesiaceae Dumort.(保留科名)●■☆
221344 Lapageriaceae Kunth;智利钟花科●
221345 Lapasathus C. Presl = Aspalathus L. ●☆
221346 Lapathon Raf. = Lapathum Mill. ●■
221347 Lapathum Mill. = Rumex L. ■●
221348 Lapathum bucephalophorum (L.) Lam. = Rumex bucephalophora L. ■☆
221349 Lapathum crispus (L.) Scop. = Rumex crispa L. ■
221350 Lapathum hortense Lam. = Rumex patientia L. ■
221351 Lapathum minus Lam. = Rumex maritima L. ■
221352 Lapathum sanguineum (L.) Lam. = Rumex sanguinea L. ■☆
221353 Lapeirousia Pourr. (1788);短丝花属(长管鸢尾属);False Freesia Lapeyrouse, Shortfilament Flower ■☆
221354 Lapeirousia Thunb. = Peyrousea DC.(保留属名)●☆
221355 Lapeirousia abyssinica (R. Br. ex A. Rich.) Baker;阿比西尼

亚短丝花■☆
221356 Lapeirousia anceps (L. f.) Ker Gawl.;二棱短丝花■☆
221357 Lapeirousia angolensis (Baker) R. C. Foster = Lapeirousia schimperi (Asch. et Klatt) Milne-Redh. ■☆
221358 Lapeirousia angolensis Goldblatt = Lapeirousia zambeziaca Goldblatt ■☆
221359 Lapeirousia angustifolia Schltr. = Lapeirousia pyramidalis (Lam.) Goldblatt ■☆
221360 Lapeirousia arenicola Schltr.;沙生短丝花■☆
221361 Lapeirousia avasmontana Dinter;埃文短丝花■☆
221362 Lapeirousia azurea (Eckl. ex Baker) Goldblatt;阿聚尔短丝花■☆
221363 Lapeirousia bainesii Baker;贝恩斯短丝花■☆
221364 Lapeirousia barklyi Baker;巴克利短丝花■☆
221365 Lapeirousia bracteata (Thunb.) Ker Gawl. = Lapeirousia pyramidalis (Lam.) Goldblatt ■☆
221366 Lapeirousia burchellii Baker = Lapeirousia littoralis Baker ■☆
221367 Lapeirousia caespitosa (Licht.) Baker = Lapeirousia plicata (Jacq.) Diels ■☆
221368 Lapeirousia caudata Schinz = Lapeirousia littoralis Baker subsp. caudata (Schinz) Goldblatt ■☆
221369 Lapeirousia caudata Schinz subsp. burchellii (Baker) Marais et Goldblatt = Lapeirousia littoralis Baker ■☆
221370 Lapeirousia coerulea Schinz;天蓝短丝花■☆
221371 Lapeirousia compressa Pourr. = Lapeirousia fabricii (D. Delaroche) Ker Gawl. ■☆
221372 Lapeirousia congesta Rendle = Lapeirousia odoratissima Baker ■☆
221373 Lapeirousia corymbosa (L.) Ker Gawl.;伞房短丝花■☆
221374 Lapeirousia corymbosa (L.) Ker Gawl. subsp. alta Goldblatt = Lapeirousia neglecta Goldblatt ■☆
221375 Lapeirousia corymbosa (L.) Ker Gawl. subsp. fastigiata (Lam.) Goldblatt = Lapeirousia azurea (Eckl. ex Baker) Goldblatt ■☆
221376 Lapeirousia corymbosa (L.) Ker Gawl. var. azurea Eckl. ex Baker = Lapeirousia azurea (Eckl. ex Baker) Goldblatt ■☆
221377 Lapeirousia cruenta (Lindl.) Baker;细筒短丝花(长筒鸢尾);Slendertube Shortfilament Flower ■☆
221378 Lapeirousia cruenta (Lindl.) Baker = Freesia laxa (Thunb.) Goldblatt et J. C. Manning ■☆
221379 Lapeirousia cruenta Baker = Lapeirousia cruenta (Lindl.) Baker ■☆
221380 Lapeirousia cyanescens Baker = Lapeirousia schimperi (Asch. et Klatt) Milne-Redh. ■☆
221381 Lapeirousia delagoensis Baker = Lapeirousia littoralis Baker subsp. caudata (Schinz) Goldblatt ■☆
221382 Lapeirousia dinteri Vaupel = Lapeirousia schimperi (Asch. et Klatt) Milne-Redh. ■☆
221383 Lapeirousia divaricata Baker;叉开短丝花■☆
221384 Lapeirousia divaricata Baker var. spinosa Goldblatt = Lapeirousia spinosa (Goldblatt) Goldblatt et J. C. Manning ■☆
221385 Lapeirousia divaricata Baker var. tenuis Goldblatt = Lapeirousia tenuis (Goldblatt) Goldblatt et J. C. Manning ■☆
221386 Lapeirousia dolomitica Dinter;多罗米蒂短丝花■☆
221387 Lapeirousia dolomitica Dinter subsp. lewisiana (B. Nord.) Goldblatt;刘易斯短丝花■☆
221388 Lapeirousia edulis Schinz = Lapeirousia schimperi (Asch. et Klatt) Milne-Redh. ■☆
221389 Lapeirousia effurcata G. J. Lewis = Lapeirousia plicata (Jacq.) Diels subsp. effurcata (G. J. Lewis) Goldblatt ■☆
221390 Lapeirousia erythrantha (Klotzsch ex Klatt) Baker;红花短丝花■☆
221391 Lapeirousia erythrantha (Klotzsch ex Klatt) Baker var. briartii (De Wild. et T. Durand) Geerinck = Lapeirousia erythrantha (Klotzsch ex Klatt) Baker ■☆
221392 Lapeirousia erythrantha (Klotzsch ex Klatt) Baker var. rhodesiana (N. E. Br.) Marais ex Geerinck et al. = Lapeirousia erythrantha (Klotzsch ex Klatt) Baker ■☆
221393 Lapeirousia erythrantha (Klotzsch ex Klatt) Baker var. setifolia (Harms) Geerinck et al. = Lapeirousia setifolia Harms ■☆
221394 Lapeirousia erythrantha (Klotzsch ex Klatt) Baker var. teretifolia Geerinck = Lapeirousia teretifolia (Geerinck) Goldblatt ■☆
221395 Lapeirousia erythrantha (Klotzsch ex Klatt) Baker var. welwitschii (Baker) Marais ex Geerinck = Lapeirousia welwitschii Baker ■☆
221396 Lapeirousia erythreae Chiov. = Lapeirousia schimperi (Asch. et Klatt) Milne-Redh. ■☆
221397 Lapeirousia euryphylla Harms = Savannosiphon euryphyllus (Harms) Goldblatt et Marais ■☆
221398 Lapeirousia euryphylla Harms var. minor Geerinck = Savannosiphon euryphyllus (Harms) Goldblatt et Marais ■☆
221399 Lapeirousia exilis Goldblatt;瘦小短丝花■☆
221400 Lapeirousia fabricii (D. Delaroche) Ker Gawl.;法布里克短丝花■☆
221401 Lapeirousia falcata (L. f.) Ker Gawl.;镰形短丝花■☆
221402 Lapeirousia fasciculata Ker Gawl. = Lapeirousia plicata (Jacq.) Diels ■☆
221403 Lapeirousia fastigiata (Lam.) Ker Gawl.;帚状短丝花■☆
221404 Lapeirousia fissifolia (Jacq.) Ker Gawl. = Lapeirousia pyramidalis (Lam.) Goldblatt ■☆
221405 Lapeirousia fistulosa (Spreng. ex Klatt) Baker = Xenoscapa fistulosa (Spreng. ex Klatt) Goldblatt et J. C. Manning ■☆
221406 Lapeirousia fragrans Welw. ex Baker = Lapeirousia schimperi (Asch. et Klatt) Milne-Redh. ■☆
221407 Lapeirousia galaxioides Baker = Lapeirousia plicata (Jacq.) Diels ■☆
221408 Lapeirousia gracilis Vaupel;纤细短丝花■☆
221409 Lapeirousia graebneriana Harms = Freesia laxa (Thunb.) Goldblatt et J. C. Manning ■☆
221410 Lapeirousia graminea Vaupel = Lapeirousia erythrantha (Klotzsch ex Klatt) Baker ■☆
221411 Lapeirousia grandiflora (Baker) Baker = Freesia grandiflora (Baker) Klatt ■☆
221412 Lapeirousia grandiflora Pourr.;大花短丝花;Large Shortfilament Flower ■☆
221413 Lapeirousia hantamensis Diels = Romulea hantamensis (Diels) Goldblatt ■☆
221414 Lapeirousia heterophylla (Willd.) R. C. Foster = Lapeirousia plicata (Jacq.) Diels ■☆
221415 Lapeirousia holostachya Baker = Radinosiphon leptostachyis (Baker) N. E. Br. ■☆
221416 Lapeirousia homoidea Klatt = Lapeirousia pyramidalis (Lam.) Goldblatt ■☆
221417 Lapeirousia juncea (L. f.) Ker Gawl. = Freesia verrucosa

(Vogel) Goldblatt et J. C. Manning ■☆

221418 Lapeirousia juncea Pourr.; 疏穗短丝花; Loose Spike Shortfilament Flower ■☆

221419 Lapeirousia juncifolia (Baker) N. E. Br. = Thereianthus juncifolius (Baker) G. J. Lewis ■☆

221420 Lapeirousia juttae Dinter = Lapeirousia odoratissima Baker ■☆

221421 Lapeirousia lacinulata Vaupel = Lapeirousia littoralis Baker subsp. caudata (Schinz) Goldblatt ■☆

221422 Lapeirousia laxa (Thunb.) N. E. Br. = Freesia laxa (Thunb.) Goldblatt et J. C. Manning ■☆

221423 Lapeirousia leptostachya Baker = Radinosiphon leptostachyis (Baker) N. E. Br. ■☆

221424 Lapeirousia lewisiana B. Nord. = Lapeirousia dolomitica Dinter subsp. lewisiana (B. Nord.) Goldblatt ■☆

221425 Lapeirousia littoralis Baker;滨海短丝花■☆

221426 Lapeirousia littoralis Baker subsp. caudata (Schinz) Goldblatt; 尾状短丝花■☆

221427 Lapeirousia macrochlamys Baker = Ferraria uncinata Sweet subsp. macrochlamys (Baker) M. P. de Vos ■☆

221428 Lapeirousia macrospatha Baker;大苞短丝花■☆

221429 Lapeirousia masukuensis Vaupel et Schltr.;马苏克短丝花■☆

221430 Lapeirousia micrantha (E. Mey. ex Klatt) Baker;小花短丝花■☆

221431 Lapeirousia montaboniana Chiov. = Lapeirousia schimperi (Asch. et Klatt) Milne-Redh. ■☆

221432 Lapeirousia montana Hutch. = Lapeirousia erythrantha (Klotzsch ex Klatt) Baker ■☆

221433 Lapeirousia montana Klatt;山生短丝花■☆

221434 Lapeirousia monteiroi Baker = Lapeirousia schimperi (Asch. et Klatt) Milne-Redh. ■☆

221435 Lapeirousia neglecta Goldblatt;忽视短丝花■☆

221436 Lapeirousia nigeriensis R. C. Foster = Lapeirousia erythrantha (Klotzsch ex Klatt) Baker ■☆

221437 Lapeirousia odoratissima Baker;极香短丝花■☆

221438 Lapeirousia oligantha Diels = Hesperantha oligantha (Diels) Goldblatt ■☆

221439 Lapeirousia oreogena Schltr. ex Goldblatt;山地短丝花(山地长管鸢尾)■☆

221440 Lapeirousia otaviensis R. C. Foster;奥塔维短丝花■☆

221441 Lapeirousia pappei Baker = Lapeirousia falcata (L. f.) Ker Gawl. ■☆

221442 Lapeirousia pentheri Baker = Lapeirousia anceps (L. f.) Ker Gawl. ■☆

221443 Lapeirousia plagiostoma Vaupel = Lapeirousia erythrantha (Klotzsch ex Klatt) Baker ■☆

221444 Lapeirousia plicata (Jacq.) Diels;折叠短丝花■☆

221445 Lapeirousia plicata (Jacq.) Diels subsp. effurcata (G. J. Lewis) Goldblatt;澳非短丝花■☆

221446 Lapeirousia plicata (Jacq.) Diels subsp. longifolia Goldblatt;长叶短丝花■☆

221447 Lapeirousia porphyrosiphon Baker = Lapeirousia schimperi (Asch. et Klatt) Milne-Redh. ■☆

221448 Lapeirousia purpureolutea (Klatt) Baker = Lapeirousia fastigiata (Lam.) Ker Gawl. ■☆

221449 Lapeirousia pyramidalis (Lam.) Goldblatt;塔形短丝花■☆

221450 Lapeirousia pyramidalis (Lam.) Goldblatt subsp. regalis Goldblatt et J. C. Manning;王塔形短丝花■☆

221451 Lapeirousia ramosissima Dinter = Lapeirousia littoralis Baker ■☆

221452 Lapeirousia rhodesiana N. E. Br. = Lapeirousia erythrantha (Klotzsch ex Klatt) Baker ■☆

221453 Lapeirousia rivularis Wanntorp;溪边短丝花■☆

221454 Lapeirousia sandersonii Baker;桑德森短丝花■☆

221455 Lapeirousia schimperi (Asch. et Klatt) Milne-Redh.;欣珀短丝花■☆

221456 Lapeirousia serrulata Schltr. = Lapeirousia fabricii (D. Delaroche) Ker Gawl. ■☆

221457 Lapeirousia setifolia Harms;毛叶短丝花■☆

221458 Lapeirousia silenoides (Jacq.) Ker Gawl.;蝇子草短丝花■☆

221459 Lapeirousia simulans Goldblatt et J. C. Manning;相似短丝花■☆

221460 Lapeirousia speciosa Schltr. = Lapeirousia silenoides (Jacq.) Ker Gawl. ■☆

221461 Lapeirousia spicigera Vaupel = Lapeirousia erythrantha (Klotzsch ex Klatt) Baker ■☆

221462 Lapeirousia spinosa (Goldblatt) Goldblatt et J. C. Manning;具刺短丝花■☆

221463 Lapeirousia stenoloba Vaupel = Lapeirousia odoratissima Baker ■☆

221464 Lapeirousia streyi Suess. = Lapeirousia littoralis Baker ■☆

221465 Lapeirousia tenuis (Goldblatt) Goldblatt et J. C. Manning;细短丝花■☆

221466 Lapeirousia teretifolia (Geerinck) Goldblatt;柱叶短丝花■☆

221467 Lapeirousia uliginosa Dinter = Lapeirousia schimperi (Asch. et Klatt) Milne-Redh. ■☆

221468 Lapeirousia vaupeliana Dinter = Lapeirousia bainesii Baker ■☆

221469 Lapeirousia verecunda Goldblatt;羞涩短丝花■☆

221470 Lapeirousia violacea Goldblatt;堇色短丝花■☆

221471 Lapeirousia viridis (Aiton) L. Bolus = Freesia viridis (Aiton) Goldblatt et J. C. Manning ■☆

221472 Lapeirousia welwitschii Baker;韦尔短丝花■☆

221473 Lapeirousia zambeziaca Goldblatt;赞比西短丝花■☆

221474 Lapeyrousa Poir. = Lapeyrousia Pourr. ■☆

221475 Lapeyrousia Pourr. = Lapeirousia Pourr. ■☆

221476 Lapeyrousia Spreng. = Lapeirousia Thunb. ●☆

221477 Lapeyrousia Spreng. = Peyrousea DC. (保留属名)●☆

221478 Lapeyrousia cruenta (Lindl.) Bake = Lapeirousia cruenta (Lindl.) Baker ■☆

221479 Lapeyrousia laxa (Thunb.) N. E. Br. = Freesia laxa (Thunb.) Goldblatt et J. C. Manning ■☆

221480 Laphamia A. Gray = Perityle Benth. ●■☆

221481 Laphamia aglossa (A. Gray) Benth. et Hook. f. = Perityle aglossa A. Gray ●■☆

221482 Laphamia angustifolia A. Gray = Perityle angustifolia (A. Gray) Shinners ■☆

221483 Laphamia angustifolia A. Gray subsp. laciniata (A. Gray) W. E. Niles = Perityle angustifolia (A. Gray) Shinners ■☆

221484 Laphamia bisetosa Torr. ex A. Gray = Perityle bisetosa (Torr. ex A. Gray) Shinners ■☆

221485 Laphamia cernua Greene = Perityle cernua (Greene) Shinners ■☆

221486 Laphamia ciliata L. H. Dewey = Perityle ciliata (L. H. Dewey) Rydb. ■☆

221487 Laphamia cinerea A. Gray = Perityle cinerea (A. Gray) A. M.

Powell ■☆
221488 Laphamia cochisensis W. E. Niles = Perityle cochisensis (W. E. Niles) A. M. Powell ●■☆
221489 Laphamia congesta M. E. Jones = Perityle congesta (M. E. Jones) Shinners ●■☆
221490 Laphamia coronopifolia (A. Gray) Hemsl. = Perityle coronopifolia A. Gray ●☆
221491 Laphamia dissecta Torr. = Perityle dissecta (Torr.) A. Gray ●■☆
221492 Laphamia dissecta Torr. subsp. lemmonii (A. Gray) W. E. Niles = Perityle lemmonii (A. Gray) J. F. Macbr. ●■☆
221493 Laphamia gilensis M. E. Jones = Perityle gilensis (M. E. Jones) J. F. Macbr. ●■☆
221494 Laphamia gilensis M. E. Jones subsp. longilobus W. E. Niles = Perityle gilensis (M. E. Jones) J. F. Macbr. var. salensis A. M. Powell ■☆
221495 Laphamia gracilis M. E. Jones = Perityle gracilis (M. E. Jones) Rydb. ●■☆
221496 Laphamia halimifolia A. Gray = Perityle lindheimeri (A. Gray) Shinners var. halimifolia (A. Gray) A. M. Powell ●■☆
221497 Laphamia intricata Brandegee = Perityle intricata (Brandegee) Shinners ●■☆
221498 Laphamia inyoensis Ferris = Perityle inyoensis (Ferris) A. M. Powell ●■☆
221499 Laphamia lemmonii A. Gray = Perityle lemmonii (A. Gray) J. F. Macbr. ●■☆
221500 Laphamia lindheimeri A. Gray = Perityle lindheimeri (A. Gray) Shinners ●■☆
221501 Laphamia megalocephala S. Watson = Perityle megalocephala (S. Watson) J. F. Macbr. ●■☆
221502 Laphamia megalocephala S. Watson subsp. intricata (Brandegee) D. D. Keck = Perityle intricata (Brandegee) Shinners ●■☆
221503 Laphamia palmeri A. Gray = Perityle tenella (M. E. Jones) J. F. Macbr. ●■☆
221504 Laphamia palmeri A. Gray var. tenella M. E. Jones = Perityle tenella (M. E. Jones) J. F. Macbr. ●■☆
221505 Laphamia parryi (A. Gray) Benth. et Hook. f. = Perityle parryi A. Gray ●■☆
221506 Laphamia quinqueflora Steyerm. = Perityle quinqueflora (Steyerm.) Shinners ■☆
221507 Laphamia rotundata Rydb. = Perityle lindheimeri (A. Gray) Shinners ●■☆
221508 Laphamia rupestris A. Gray = Perityle rupestris (A. Gray) Shinners ●■☆
221509 Laphamia saxicola Eastw. = Perityle saxicola (Eastw.) Shinners ●■☆
221510 Laphamia stansburii A. Gray = Perityle stansburii (A. Gray) J. F. Macbr. ●■☆
221511 Laphamia staurophylla Barneby = Perityle staurophylla (Barneby) Shinners ●■☆
221512 Laphamia villosa S. F. Blake = Perityle villosa (S. F. Blake) Shinners ●■☆
221513 Laphangium (Hilliard et B. L. Burtt) Tzvelev = Gnaphalium L. ■
221514 Lapidaria (Dinter et Schwantes) N. E. Br. = Lapidaria (Dinter et Schwantes) Schwantes ex N. E. Br. ■☆
221515 Lapidaria (Dinter et Schwantes) Schwantes ex N. E. Br. (1928);魔玉属■☆
221516 Lapidaria Dinter et Schwantes = Lapidaria (Dinter et Schwantes) Schwantes ex N. E. Br. ■☆
221517 Lapidaria margaretae (Schwantes) Dinter et Schwantes = Lapidaria margaretae (Schwantes) N. E. Br. ■☆
221518 Lapidaria margaretae (Schwantes) N. E. Br.;魔玉;Karoo Rose ■☆
221519 Lapidaria margaretae Dinter et Schwantes = Lapidaria margaretae (Schwantes) N. E. Br. ■☆
221520 Lapiedra Lag. (1816);由被石蒜属■☆
221521 Lapiedra gracilis Baker = Lapiedra martinezii Lag. ■☆
221522 Lapiedra martinezii Lag.;由被石蒜■☆
221523 Lapithea Griseb. = Sabatia Adans. ■☆
221524 Lapithea Griseb. = Sabbatia Adans. ■☆
221525 Laplacea Kunth = Gordonia J. Ellis(保留属名)●
221526 Laplacea Kunth(1822)(保留属名);血红茶木属●☆
221527 Laplacea haematoxylon G. Don;牙买加血红茶木;Jamaica Bloodwood ●☆
221528 Laplacea semiserrata Cambess.;半齿血红茶木●☆
221529 Laportea Gaudich. (1830)(保留属名);艾麻属(桑叶麻属,咬人狗属);Moxanettle,Wood Nettle,Woodnettle,Wood-nettle ●■
221530 Laportea aestuans (L.) Chew;火焰桑叶麻■
221531 Laportea alatipes Hook. f.;翅梗艾麻■☆
221532 Laportea annamica Gagnep. = Dendrocnide stimulans (L. f.) Chew ●
221533 Laportea basirotunda C. Y. Wu = Dendrocnide basirotunda (C. Y. Wu) Chew ●
221534 Laportea batanensis C. B. Rob.;巴丹咬人狗(巴丹艾麻,兰屿咬人狗);Batan Woodnettle,Batan Wood-nettle ●
221535 Laportea batanensis C. B. Rob. = Dendrocnide meyeniana (Walp.) Chew f. subglabra (Hayata) Chew ●
221536 Laportea batanensis C. B. Rob. = Dendrocnide meyeniana (Walp.) Chew ●
221537 Laportea bathiei Léandri = Laportea aestuans (L.) Chew ■
221538 Laportea bulbifera (Siebold et Zucc.) Wedd.;珠芽艾麻(阿冰,艾麻草,顶花艾麻,顶花螫麻,禾麻草,红禾麻,华艾麻,华艾麻草,华艾叶草,华中艾麻,华中艾麻草,火麻,零余子荨麻,麻风草,牡丹三七,荨麻,螫麻子,铁秤砣,野绿麻,珠芽桑叶麻,珠芽螫麻);Bulbiferous Woodnettle,Bulbiferous Wood-nettle,Bulbil Moxanettle,Chinese Moxanettle,Chinese Woodnettle,Terminal Moxanettle,Terminal Woodnettle ■
221539 Laportea bulbifera (Siebold et Zucc.) Wedd. subsp. dielsii (Pamp.) C. J. Chen;螫麻(珠芽艾麻);Diels Moxanettle,Diels Wood-nettle ■
221540 Laportea bulbifera (Siebold et Zucc.) Wedd. subsp. dielsii (Pamp.) C. J. Chen = Laportea bulbifera (Siebold et Zucc.) Wedd. ■
221541 Laportea bulbifera (Siebold et Zucc.) Wedd. subsp. latiuscula C. J. Chen;心叶艾麻;Heartleaf Woodnettle ■
221542 Laportea bulbifera (Siebold et Zucc.) Wedd. subsp. latiuscula C. J. Chen = Laportea bulbifera (Siebold et Zucc.) Wedd. ■
221543 Laportea bulbifera (Siebold et Zucc.) Wedd. subsp. rugosa C. J. Chen;皱果艾麻(皱艾麻);Wrinkledfruit Woodnettle ■
221544 Laportea bulbifera (Siebold et Zucc.) Wedd. subsp. rugosa C. J. Chen = Laportea bulbifera (Siebold et Zucc.) Wedd. ■
221545 Laportea bulbifera (Siebold et Zucc.) Wedd. var. sinensis C. J. Chen = Laportea bulbifera (Siebold et Zucc.) Wedd. ■

221546 Laportea caffra Chew = Laportea peduncularis (Wedd.) Chew ●☆

221547 Laportea canadensis (L.) Wedd.;加拿大艾麻;Canada Nettle, Canada Wood Nettle, Canadian Wood-nettle, False Nettle, Wood Nettle, Wood-nettle ■☆

221548 Laportea carruthersiana (Hiern) K. Schum. = Obetia carruthersiana (Hiern) Rendle ●☆

221549 Laportea chingiana Hand.-Mazz. = Dendrocnide urentissima (Gagnep.) Chew ●◇

221550 Laportea crenulata (Roxb.) Wedd. = Dendrocnide sinuata (Blume) Chew ●

221551 Laportea crenulata Gaudich. = Dendrocnide sinuata (Blume) Chew ●

221552 Laportea cuspidata (Wedd.) Friis;艾麻(大序艾麻,红火麻,红线麻,活麻,苛麻,麻杆七,千年老鼠屎,山活麻,山苎麻,蛇麻草,蝎子草,珠芽艾麻);Largespike Woodnettle, Large-spiked Moxanettle, Large-spiked Woodnettle, Moxanettle ■

221553 Laportea cuspidata (Wedd.) Friis = Girardinia cuspidata Wedd. ■

221554 Laportea cuspidata (Wedd.) Friis f. bulbifera (Kitam.) Fukuoka et Kurosaki = Laportea cuspidata (Wedd.) Friis ■

221555 Laportea dielsii Pamp. = Laportea bulbifera (Siebold et Zucc.) Wedd. subsp. dielsii (Pamp.) C. J. Chen ■

221556 Laportea dielsii Pamp. = Laportea bulbifera (Siebold et Zucc.) Wedd. ■

221557 Laportea elevata C. J. Chen;棱果艾麻(大水苎麻);Ribfruit Moxanettle ■

221558 Laportea elevata C. J. Chen = Laportea bulbifera (Siebold et Zucc.) Wedd. ■

221559 Laportea evitata Wedd. = Laportea terminalis Wight ■

221560 Laportea forrestii Diels = Laportea cuspidata (Wedd.) Friis ■

221561 Laportea fujianensis C. J. Chen;福建红小麻;Fujian Moxanettle ■

221562 Laportea gaudichaudiana Wedd. = Dendrocnide meyeniana (Walp.) Chew ●

221563 Laportea giraldiana E. Pritz. ex Diels = Laportea cuspidata (Wedd.) Friis ■

221564 Laportea grossa (Wedd.) Chew;粗艾麻■☆

221565 Laportea grossedentata C. H. Wright = Laportea cuspidata (Wedd.) Friis ■

221566 Laportea hainanensis Merr. et F. P. Metcalf = Dendrocnide stimulans (L. f.) Chew ●

221567 Laportea integrifolia C. Y. Wu = Dendrocnide sinuata (Blume) Chew ●

221568 Laportea interrupta (L.) Chew;屏东桑草(红小麻,红小麻草,桑叶麻);Discontinuous Moxanettle, Hawai Woodnettle, Interruped Woodnettle ■

221569 Laportea interrupta (L.) Chew = Laportea fujianensis C. J. Chen ■

221570 Laportea kotoensis Hayata = Dendrocnide meyeniana (Walp.) Chew f. subglabra (Hayata) Chew ●

221571 Laportea kotoensis Hayata ex Yamam. = Dendrocnide kotoensis (Hayata ex Yamam.) B. L. Shih et Yuen P. Yang ●

221572 Laportea lanceolata (Engl.) Chew;剑叶艾麻■☆

221573 Laportea longispica Pamp. = Laportea cuspidata (Wedd.) Friis ■

221574 Laportea macrostachya (Maxim.) Ohwi = Laportea cuspidata (Wedd.) Friis ■

221575 Laportea macrostachya (Maxim.) Ohwi f. bulbifera Kitam. = Laportea cuspidata (Wedd.) Friis f. bulbifera (Kitam.) Fukuoka et Kurosaki ■

221576 Laportea medogensis C. J. Chen;墨脱艾麻;Motuo Moxanettle ■

221577 Laportea meyeniana (Walp.) Warb. = Dendrocnide meyeniana (Walp.) Chew ●

221578 Laportea mindanaensis Warb. = Dendrocnide meyeniana (Walp.) Chew f. subglabra (Hayata) Chew ●

221579 Laportea mindanaensis Warb. = Dendrocnide meyeniana (Walp.) Chew ●

221580 Laportea mooreana (Hiern) Chew;穆尔艾麻●☆

221581 Laportea oleracea Wedd.;食用艾麻;Oleraceous Woodnettle ■

221582 Laportea oleracea Wedd. = Laportea bulbifera (Siebold et Zucc.) Wedd. ■

221583 Laportea oleracea Wedd. = Laportea terminalis Wight ■

221584 Laportea ovalifolia (Schumach. et Thonn.) Chew;椭圆叶艾麻●☆

221585 Laportea peduncularis (Wedd.) Chew;梗花艾麻●☆

221586 Laportea peduncularis (Wedd.) Chew subsp. latidens Friis;宽齿梗花艾麻●☆

221587 Laportea pterostigma Walp. = Dendrocnide meyeniana (Walp.) Chew ●

221588 Laportea pterostigma Walp. f. subglabra (Hayata) Li = Dendrocnide meyeniana (Walp.) Chew f. subglabra (Hayata) Chew ●

221589 Laportea pterostigma Walp. var. subglabra (Hayata) T. S. Liu et W. D. Huang = Dendrocnide meyeniana (Walp.) Chew f. subglabra (Hayata) Chew ●

221590 Laportea pterostigma Walp. var. subglabra (Hayata) Tang S. Liu et C. C. Huang = Dendrocnide meyeniana (Walp.) Chew ●

221591 Laportea pterostigma Wedd. = Dendrocnide meyeniana (Walp.) Chew ●

221592 Laportea pterostigma Wedd. f. subglabra (Hayata) H. L. Li = Dendrocnide meyeniana (Walp.) Chew f. subglabra (Hayata) Chew ●

221593 Laportea pterostigma Wedd. var. subglabra (Hayata) T. S. Liu et W. D. Huang = Dendrocnide meyeniana (Walp.) Chew ●

221594 Laportea repens Wedd. = Urera repens (Wedd.) Rendle ■☆

221595 Laportea sinensis C. H. Wright = Laportea bulbifera (Siebold et Zucc.) Wedd. ■

221596 Laportea sinuata (Blume) Miq. = Dendrocnide sinuata (Blume) Chew ●

221597 Laportea stimulans (L. f.) Miq. = Dendrocnide stimulans (L. f.) Chew ●

221598 Laportea subglabra Hayata = Dendrocnide meyeniana (Walp.) Chew f. subglabra (Hayata) Chew ●

221599 Laportea subglabra Hayata = Dendrocnide meyeniana (Walp.) Chew ●

221600 Laportea terminalis Wight = Bruea bengalensis Gaudich. ■☆

221601 Laportea terminalis Wight = Laportea bulbifera (Siebold et Zucc.) Wedd. ■

221602 Laportea thorelii Gagnep. = Dendrocnide stimulans (L. f.) Chew ●

221603 Laportea urentissima Gagnep. = Dendrocnide urentissima (Gagnep.) Chew ●◇

221604 Laportea violacea Gagnep.;葡萄叶艾麻(豆麻,广西艾麻,麻风草,麻疯草);Grapeleaf Moxanettle, Grape-leaf Woodnettle ●

221605 Laportea vitifoiia Hand.-Mazz. = Laportea violacea Gagnep. ●

221606 Lappa Adans. = Arctium L. ■

221607 Lappa Scop. = Arctium L. ■

221608 Lappa atlantica Pomel = Arctium atlanticum (Pomel) H. Lindb. ■☆
221609 Lappa major Gaertn. = Arctium lappa L. ■
221610 Lappa minor Hill = Arctium minus Bernh. ■☆
221611 Lappa tomentosa Lam. = Arctium tomentosum Mill. ■
221612 Lappa vulgaris Hill. = Arctium lappa L. ■
221613 Lappaginaceae Link = Gramineae Juss.(保留科名)■●
221614 Lappaginaceae Link = Poaceae Barnhart(保留科名)■●
221615 Lappago Schreb. = Tragus Haller(保留属名)■
221616 Lappago aliena Spreng. = Pseudechinolaena polystachya (Kunth) Stapf ■
221617 Lappago berteronianus (Schult. et Schult. f.) Steud. = Tragus berteronianus Schult. et Schult. f. ■
221618 Lappago berteronianus (Schult.) Steud. = Tragus berteronianus Schult. et Schult. f. ■
221619 Lappago biflora sensu Roxb. = Tragus roxburghii Panigrahi ■☆
221620 Lappago latipes Steud. = Leptothrium senegalense (Kunth) Clayton ■☆
221621 Lappago phleoides Fig. et De Not. = Tragus berteronianus Schult. et Schult. f. ■
221622 Lappago racemosa Honck. = Tragus berteronianus Schult. et Schult. f. ■
221623 Lappago racemosa Honck. = Tragus racemosus (L.) All. ■
221624 Lappagopsis Steud. = Axonopus P. Beauv. ■
221625 Lappagopsis Steud. = Paspalum L. ■
221626 Lappula Gilib. = Lappula Moench ■
221627 Lappula Moench (1794); 鹤虱属; Bur Forget-me-not, Craneknee, Stickseed ■
221628 Lappula Wolf = Lappula Moench ■
221629 Lappula alatavica (Popov) Golosk.; 阿拉套鹤虱(阿尔套鹤虱); Alatav Craneknee, Alatav Stickseed ■
221630 Lappula americana (A. Gray) Rydb. = Hackelia deflexa (Wahlenb.) Opiz var. americana (A. Gray) Fernald et I. M. Johnst. ■☆
221631 Lappula anisacantha (Turcz. ex Bunge) Gürke; 日本鹤虱■☆
221632 Lappula anocarpa Ching J. Wang; 畸形果鹤虱; Deformedfruit Craneknee ■
221633 Lappula balchaschensis Nabiev = Lappula lasiocarpa (W. T. Wang) Kamelin et G. L. Chu ■
221634 Lappula balchaschensis Popov ex Pavlov; 密枝鹤虱; Densebranch Craneknee ■
221635 Lappula barbara (M. Bieb.) Gürke; 髯毛鹤虱■☆
221636 Lappula barbata (M. Bieb.) Gürke var. brevistyla Ball = Lappula barbata (M. Bieb.) Gürke ■☆
221637 Lappula betpakdalensis Nabiev = Lappula lasiocarpa (W. T. Wang) Kamelin et G. L. Chu ■
221638 Lappula brachycentra (Ledeb.) Gürke; 短刺鹤虱; Shortspike Craneknee ■
221639 Lappula brachycentroides Popov; 拟短刺鹤虱■☆
221640 Lappula caespitosa Ching J. Wang; 密丛鹤虱; Caespitose Craneknee ■
221641 Lappula capensis (A. DC.) Gürke; 好望角鹤虱■☆
221642 Lappula caspicum Fisch. et C. A. Mey. = Lappula semiglabra (Ledeb.) Gürke ■
221643 Lappula ceratophora (Popov) Popov = Lappula spinocarpa (Forssk.) Asch. ex Kuntze subsp. ceratophora (Popov) Y. J. Nasir ■☆
221644 Lappula ceratophora Popov; 角梗鹤虱■☆
221645 Lappula consanguinea (Fisch. et C. A. Mey.) Gürke; 蓝刺鹤虱(小黏染子); Bluspine Craneknee ■
221646 Lappula consanguinea (Fisch. et C. A. Mey.) Gürke = Lappula shanhsiensis Kitag. ■
221647 Lappula consanguinea (Fisch. et C. A. Mey.) Gürke var. cupuliformis Ching J. Wang; 杯刺鹤虱(杯翅鹤虱); Cupiliform Bluspine Craneknee ■
221648 Lappula coronifera Popov; 谷地鹤虱■☆
221649 Lappula cristata (Bunge) B. Fedtsch.; 冠状鹤虱■☆
221650 Lappula cynoglossoides (Lam.) Gürke = Lappula capensis (A. DC.) Gürke ■☆
221651 Lappula deflexa (Wahlenb.) Garcke = Eritrichium deflexum (Wahlenb.) Y. S. Lian et J. Q. Wang ■
221652 Lappula deflexa (Wahlenb.) Garcke = Hackelia deflexa (Wahlenb.) Opiz ■
221653 Lappula deflexa (Wahlenb.) Garcke subsp. americana (A. Gray) Hultén = Hackelia deflexa (Wahlenb.) Opiz var. americana (A. Gray) Fernald et I. M. Johnst. ■☆
221654 Lappula deflexa (Wahlenb.) Garcke var. americana (A. Gray) Greene = Hackelia deflexa (Wahlenb.) Opiz var. americana (A. Gray) Fernald et I. M. Johnst. ■☆
221655 Lappula deserticola Ching J. Wang; 沙生鹤虱; Sandy Craneknee ■
221656 Lappula dielsii Brand = Hackelia brachytuba (Diels) I. M. Johnst. ■
221657 Lappula diploloma (Schrenk) Gürke; 双边鹤虱■☆
221658 Lappula divaricata B. Fedtsch. = Lappula sinaica (DC.) Asch. ex Schweinf. ■
221659 Lappula drobovii Popov ex Pavlov; 德罗博夫鹤虱■☆
221660 Lappula duplicicarpa Pavlov; 两形果鹤虱(两形鹤虱); Duplicatefruit Craneknee ■
221661 Lappula duplicicarpa Pavlov var. brevispinula Ching J. Wang; 小刺鹤虱; Smallspine Duplicatefruit Craneknee ■
221662 Lappula duplicicarpa Pavlov var. densihispida Ching J. Wang; 密毛鹤虱; Densehair Duplicatefruit Craneknee ■
221663 Lappula echinata Fritsch = Lappula squarrosa (Retz.) Dumort. ■☆
221664 Lappula echinata Gilib. = Lappula heteracantha (Ledeb.) Gurke ■
221665 Lappula echinata Gilib. = Lappula myosotis Wolf ■
221666 Lappula echinata Gilib. = Lappula squarrosa (Retz.) Dumort. ■☆
221667 Lappula echinata Gilib. var. consanguinea (Fisch. et C. A. Mey.) Brand = Lappula consanguinea (Fisch. et C. A. Mey.) Gürke ■
221668 Lappula echinata Gilib. var. euechinata Brand = Lappula myosotis Wolf ■
221669 Lappula echinata Gilib. var. heteracantha (Ledeb.) Kuntze = Lappula heteracantha (Ledeb.) Gurke ■
221670 Lappula echinata Gilib. var. heteracantha Ledeb. = Lappula heteracantha (Ledeb.) Gurke ■
221671 Lappula echinata Gilib. var. occidentalis (S. Watson) B. Boivin = Lappula redowskii (Hornem.) Greene ■
221672 Lappula echinophora Kuntze; 刺茎鹤虱■☆
221673 Lappula eckloniana Brand = Lappula capensis (A. DC.) Gürke ■☆
221674 Lappula erecta A. Nelson = Lappula squarrosa (Retz.)

Dumort. ■☆

221675 Lappula ferganensis (Popov) Kamelin et G. L. Chu;费尔干鹤虱(费尔干翅鹤虱);Fergan Craneknee ■

221676 Lappula fremontii (Torr.) Greene = Lappula squarrosa (Retz.) Dumort. ■☆

221677 Lappula gansuensis X. D. Wang et C. J. Wang = Lappula granulata (Krylov) Popov ■

221678 Lappula gansuensis X. D. Wang et Ching J. Wang;甘肃鹤虱;Gansu Craneknee ■

221679 Lappula gansuensis X. D. Wang et Ching J. Wang = Lappula granulata (Krylov) Popov ■

221680 Lappula glabrata Popov ex Pavlov;光鹤虱■☆

221681 Lappula glochidiata (A. DC.) Brand = Hackelia uncinata (Benth.) C. E. C. Fisch. ■

221682 Lappula glochidiata (Wall.) Brand;倒钩鹤虱;Glochid Craneknee ■☆

221683 Lappula glochidiata (Wall.) Brand = Eritrichium uncinatum (Benth.) Y. S. Lian et J. Q. Wang ■

221684 Lappula granulata (Krylov) Popov;粒状鹤虱;Granulate Craneknee ■

221685 Lappula heteracantha (Ledeb.) Gurke;异刺鹤虱(东北鹤虱,鹤虱,赖毛子,小黏染子);Differentspine Craneknee ■

221686 Lappula heteracantha Ledeb. = Lappula heteracantha (Ledeb.) Gurke ■

221687 Lappula heteromorpha Ching J. Wang;异形鹤虱;Different Craneknee ■

221688 Lappula himalayensis Ching J. Wang;喜马拉雅鹤虱;Himalayan Stickseed, Himalayas Craneknee ■

221689 Lappula intermedia (Ledeb.) Popov;中间鹤虱(卵盘鹤虱,蒙古鹤虱);Intermediate Stickseed ■

221690 Lappula intermedia (Ledeb.) Popov = Lappula redowskii (Hornem.) Greene ■

221691 Lappula karelinii (Fisch. et C. A. Mey.) Kamelin;光胖鹤虱;Karelin Craneknee ■

221692 Lappula korshinskyi Popov;考尔鹤虱■☆

221693 Lappula kulikalonica Zakirov;库里卡龙鹤虱■☆

221694 Lappula lappula (L.) H. Karst. = Lappula squarrosa (Retz.) Dumort. ■☆

221695 Lappula lasiocarpa (W. T. Wang) Kamelin et G. L. Chu;毛果鹤虱(翅鹤虱);Hairyfruit Craneknee, Lasiocarpous Craneknee ■

221696 Lappula latifolia (Hochst. ex A. Rich.) Brand = Cynoglossopsis latifolia (Hochst. ex A. Rich.) Brand ■☆

221697 Lappula lipschitzii Popov;李氏鹤虱■☆

221698 Lappula lipskyi Popov;短柱鹤虱;Lipsky Craneknee, Shortstyly Craneknee ■

221699 Lappula macra Popov;白花鹤虱■☆

221700 Lappula macrantha Popov ex Pavlov;大花鹤虱(白花鹤虱);White Craneknee ■

221701 Lappula macrophylla Brand = Hackelia macrophylla (Brand) I. M. Johnst. ■☆

221702 Lappula marginata (M. Bieb.) Gürke;绿鹤虱;Margined Craneknee, Margined Stickseed ■☆

221703 Lappula marginata (M. Bieb.) Gürke var. granulata Krylov = Lappula granulata (Krylov) Popov ■

221704 Lappula matsudairae (Makino) Druce = Hackelia deflexa (Wahlenb.) Opiz ■

221705 Lappula microcarpa (Ledeb.) Gürke;小果鹤虱;Smallfruit Craneknee ■

221706 Lappula microcarpa (Ledeb.) Gürke var. heterogenea X. D. Wang et Ching J. Wang = Lappula microcarpa (Ledeb.) Gürke ■

221707 Lappula microcarpa (Ledeb.) Gürke var. heterogenea X. D. Wang et Ching J. Wang;异形小果鹤虱;Different Craneknee ■

221708 Lappula monocarpa Ching J. Wang;单果鹤虱;Singlefruit Craneknee ■

221709 Lappula myosotis Moench = Lappula myosotis Wolf ■

221710 Lappula myosotis Moench = Lappula squarrosa (Retz.) Dumort. ■☆

221711 Lappula myosotis Wolf;鹤虱(东北鹤虱,赖毛子,蓝花蒿,鼠鹤虱,勿忘草状鹤虱,小黏染子,粘珠子);Beggar's-lice, Bur Forget-me-not, Burseed, European Craneknee, European Stickseed, Myosotis Stickseed, Spiny Stickseed, Two-row Stickseed ■

221712 Lappula occidentalis (S. Watson) Greene = Lappula redowskii (Hornem.) Greene ■

221713 Lappula occultata Popov;隐果鹤虱(闭果鹤虱);Closedfruit Craneknee, Closedfruit Stickseed ■

221714 Lappula omphaloides (Schrenk) Popov var. balchaschensis Popov = Lappula lasiocarpa (W. T. Wang) Kamelin et G. L. Chu ■

221715 Lappula patula (Lehm.) Asch. ex Gürke;卵果鹤虱(多枝鹤虱);Ovatefruit Craneknee, Ovatefruit Stickseed ■

221716 Lappula patula (Lehm.) Gürke;张开鹤虱■☆

221717 Lappula physacantha Golosk.;囊刺鹤虱■

221718 Lappula platyacantha W. T. Wang ex C. J. Wang = Lappula granulata (Krylov) Popov ■

221719 Lappula platyacantha W. T. Wang ex Ching J. Wang;宽刺鹤虱;Broadspine Craneknee ■

221720 Lappula platyacantha W. T. Wang ex Ching J. Wang = Lappula granulata (Krylov) Popov ■

221721 Lappula platyptera C. J. Wang = Lappula ferganensis (Popov) Kamelin et G. L. Chu ■

221722 Lappula platyptera Ching J. Wang;宽翅鹤虱;Broadwing Craneknee ■

221723 Lappula platyptera Ching J. Wang = Lappula ferganensis (Popov) Kamelin et G. L. Chu ■

221724 Lappula popovii Zakirov;波氏鹤虱■☆

221725 Lappula pratensis Ching J. Wang;草地鹤虱;Lawn Craneknee ■

221726 Lappula ramulosa Ching J. Wang et X. D. Wang;多枝鹤虱;Branchlet Craneknee ■

221727 Lappula redowskii (Hornem.) Greene;卵盘鹤虱(蒙古鹤虱,小黏染子,中间鹤虱);Beggar's Lice, Rodowsk Craneknee, Rodowsk Stickseed, Stickseed, Western Stickseed ■

221728 Lappula redowskii (Hornem.) Greene = Lappula patula (Lehm.) Gürke ■☆

221729 Lappula redowskii (Hornem.) Greene var. cupulata (A. Gray) M. E. Jones = Lappula redowskii (Hornem.) Greene ■

221730 Lappula redowskii (Hornem.) Greene var. marginata (M. Bieb.) Brand = Lappula patula (Lehm.) Gürke ■☆

221731 Lappula redowskii (Hornem.) Greene var. occidentalis (S. Watson) Rydb. = Lappula redowskii (Hornem.) Greene ■

221732 Lappula redowskii (Hornem.) Greene var. patula (Lehm.) Nelson et J. F. Macbr. = Lappula patula (Lehm.) Asch. ex Gürke ■

221733 Lappula redowskii (Hornem.) Greene var. patula subvar. semiglabra (Ledeb.) Brand = Lappula semiglabra (Ledeb.) Gürke ■

221734 Lappula redowskii (Hornem.) Greene var. texana (Scheele) Brand = Lappula redowskii (Hornem.) Greene ■

221735 Lappula rupestris (Schrenk) Gürke;岩地鹤虱■☆

221736 Lappula rupestris (Schrenk) Gürke var. alatavica Popov = Lappula alatavica (Popov) Golosk. ■

221737 Lappula saxatilis Piper;岩生鹤虱;Rocky Craneknee ■☆

221738 Lappula scleroptera C. J. Wang = Lappula alatavica (Popov) Golosk. ■

221739 Lappula scleroptera Ching J. Wang;硬翅鹤虱;Rigidwing Craneknee ■

221740 Lappula scleroptera Ching J. Wang = Lappula alatavica (Popov) Golosk. ■

221741 Lappula semialata Popov;半翅鹤虱■☆

221742 Lappula semiglabra (Ledeb.) Gürke;狭果鹤虱(半裸鹤虱);Narrowfruit Stickseed, Narrowfruit ■

221743 Lappula semiglabra (Ledeb.) Gürke var. heterocaryoides Popov ex Ching J. Wang;异形狭果鹤虱■

221744 Lappula sericata Popov;绢毛鹤虱;Sericeous Craneknee ■

221745 Lappula sessiliflora (Boiss.) Gürke;无花梗鹤虱■☆

221746 Lappula shanhsiensis Kitag.;山西鹤虱;Shanxi Craneknee, Shanxi Stickseed ■

221747 Lappula sinaica (A. DC.) Asch. et Schweinf. var. occultata (Popov) Pavlov = Lappula occultata Popov ■

221748 Lappula sinaica (DC.) Asch. ex Schweinf.;短萼鹤虱;Shortcalyx Craneknee ■

221749 Lappula sinaica (DC.) Asch. ex Schweinf. var. occuhata (Popov) N. Pavlov = Lappula occultata Popov ■

221750 Lappula spinocarpa (Forssk.) Asch. = Lappula spinocarpa (Forssk.) Asch. ex Kuntze ■

221751 Lappula spinocarpa (Forssk.) Asch. ex Kuntze;石果鹤虱(刺果鹤虱);Stonefruit Craneknee, Stonefruit Stickseed ■

221752 Lappula spinocarpa (Forssk.) Asch. ex Kuntze subsp. ceratophora (Popov) Y. J. Nasir;角刺果鹤虱■☆

221753 Lappula spinocarpa (Forssk.) Asch. ex Kuntze var. inermis Botsch. = Lappula spinocarpa (Forssk.) Asch. ex Kuntze ■

221754 Lappula squarrosa (L.) Dumort. subsp. heteracantha (Ledeb.) Chater = Lappula heteracantha (Ledeb.) Gurke ■

221755 Lappula squarrosa (Retz.) Dumort.;粗糙鹤虱;Beggar's Lice, European Stickseed, Spiny Stickseed, Stickseed, Two-row Stickseed ■☆

221756 Lappula squarrosa (Retz.) Dumort. = Lappula myosotis Moench ■

221757 Lappula squarrosa (Retz.) Dumort. var. erecta (A. Nelson) Dorn = Lappula squarrosa (Retz.) Dumort. ■☆

221758 Lappula stricta (Ledeb.) Gürke;劲直鹤虱(小粘染子,直鹤虱);Erect Craneknee, Erect Stickseed ■

221759 Lappula stricta (Ledeb.) Gürke var. leiocarpa Popov ex Ching J. Wang;平滑果鹤虱;Smoothfruit Erect Craneknee ■

221760 Lappula tadshikorum Popov;短梗鹤虱;Shortstalk Craneknee ■

221761 Lappula tenuis (Ledeb.) Gurke;细刺鹤虱(细鹤虱);Thinspine Craneknee ■

221762 Lappula thymifolia (A. DC.) Gürke = Eritrichium thymifolium (A. DC.) Y. S. Lian et J. Q. wang ■

221763 Lappula thymifolia Gürke = Hackelia thymifolia (A. DC.) I. M. Johnst. ■

221764 Lappula tianschanica Popov et Zakirov;天山鹤虱;Tianshan Craneknee ■

221765 Lappula tianschanica Popov et Zakirov var. altaica Ching J. Wang;阿尔泰鹤虱;Altai Craneknee ■

221766 Lappula tianschanica Popov et Zakirov var. gracilis Ching J. Wang;细枝鹤虱;Thinbranch Tianshan Craneknee ■

221767 Lappula transalaica (B. Fedtsch. ex Popov) Nabiev;隐柱鹤虱;Transala Craneknee ■

221768 Lappula uncinata (Royle ex Benth.) Fisch. = Hackelia uncinata (Royle ex Benth.) C. E. C. Fisch. ■

221769 Lappula virginiana (L.) Greene = Hackelia virginiana (L.) I. M. Johnst. ■☆

221770 Lappula virginiana Greene;弗州鹤虱;Beggar Lice, Beggar-lice, Hound's Tongue ■☆

221771 Lappula virginiana Greene = Echinospermum virginianum Lehm ■☆

221772 Lappula virginiana Greene = Myosotis virginiana L. ■☆

221773 Lappula xinjangensis C. Y. Yang ex Ching J. Wang;新疆鹤虱;Xinjiang Craneknee ■

221774 Lappula xinjangensis C. Y. Yang ex Ching J. Wang = Lappula karelinii (Fisch. et C. A. Mey.) Kamelin ■

221775 Lappularia Pomel = Caucalis L. ■☆

221776 Lappularia bifrons Pomel = Torilis elongata (Hoffmanns. et Link) Samp. ■☆

221777 Lappularia infesta (L.) Pomel = Torilis arvensis (Huds.) Link ■☆

221778 Lappularia neglecta (Schult.) Pomel = Torilis arvensis (Huds.) Link subsp. neglecta (Spreng.) Thell. ■☆

221779 Lappularia nodosa (Gaertn.) Pomel = Torilis nodosa (L.) Gaertn. ■☆

221780 Lapsana L. (1753);稻槎菜属(多肋稻槎菜属);Dock Cress, Nipplewort ■

221781 Lapsana adenophora Boiss.;腺点稻槎菜■☆

221782 Lapsana alpina Boiss. et Balansa;高山稻槎菜■☆

221783 Lapsana apogonoides (Maxim.) J.-H. Pak et K. Bremer = Lapsana apogonoides Maxim. ■

221784 Lapsana apogonoides Maxim.;稻槎菜(稻槎草);Common Nipplewort, Japanese Nipplewort ■

221785 Lapsana apogonoides Maxim. = Lapsanastrum apogonoides (Maxim.) J.-H. Pak et K. Bremer ■

221786 Lapsana capillaris L. = Crepis capillaris (L.) Wallr. ■☆

221787 Lapsana communis L.;欧洲稻槎菜(多肋稻槎菜);Ballagan, Bolgan Leaves, Carpenter's Apron, Common Nipplewort, Dock Cress, Dockerene, Hand of God, Hasty Roger, Hasty Sergeant, Jack-in-the-bush, Lamb's Lettuce, Lapsana, Mary Alone, Nipplewort, Pig's Cress, Swine's Cress, Wormwood ■☆

221788 Lapsana communis L. subsp. macrocarpa (Coss.) Nyman;大果欧洲稻槎菜■☆

221789 Lapsana domesticus ?;土著稻槎菜;Langsat ■☆

221790 Lapsana foetida Scop.;异味稻槎菜■☆

221791 Lapsana grandiflora M. Bieb.;大花稻槎菜■☆

221792 Lapsana humilis (Thunb.) Makino;矮小稻槎菜;Dwarf Nipplewort ■

221793 Lapsana humilis (Thunb.) Makino = Lapsanastrum humile (Thunb.) J.-H. Pak et K. Bremer ■

221794 Lapsana intermedia M. Bieb.;中间稻槎菜;Intermediate Nipplewort ■☆

221795 Lapsana japonica Burm. f.;日本稻槎菜■☆

221796 Lapsana japonica Burm. f. = Ixeris japonica (Burm. f.) Nakai ■

221797 Lapsana macrocarpa Coss. = Lapsana communis L. subsp. macrocarpa (Coss.) Nyman ■☆

221798 Lapsana musashiensis Hayata = Lapsana humilis (Thunb.)

Makino ■

221799 Lapsana musashiensis Hiyama = Lapsanastrum humile (Thunb.) J.-H. Pak et K. Bremer ■

221800 Lapsana parviflora A. Gray = Lapsana humilis (Thunb.) Makino ■

221801 Lapsana stellata L. = Rhagadiolus stellatus (L.) Gaertn. ■☆

221802 Lapsana takasei (Sasaki) Kitam.;台湾稻槎菜;Takase Nipplewort ■

221803 Lapsana takasei (Sasaki) Kitam. = Lapsanastrum takasei (Sasaki) J.-H. Pak et K. Bremer ■☆

221804 Lapsana virgata Desf. = Crepis patula Poir. ■☆

221805 Lapsana zacintha L. = Crepis zacintha (L.) Babc. ■☆

221806 Lapsanastrum J.-H. Pak et K. Bremer = Lapsana L. ■

221807 Lapsanastrum J.-H. Pak et K. Bremer(1995);小稻槎菜属■☆

221808 Lapsanastrum apogonoides (Maxim.) J.-H. Pak et K. Bremer = Lapsana apogonoides Maxim. ■

221809 Lapsanastrum humile (Thunb.) J.-H. Pak et K. Bremer = Lapsana humilis (Thunb.) Makino ■

221810 Lapsanastrum takasei (Sasaki) J.-H. Pak et K. Bremer = Lapsana takasei (Sasaki) Kitam. ■

221811 Lapsanastrum uncinatum (Stebbins) J.-H. Pakk et K. Bremer;安徽稻槎菜■

221812 Lapula Gilib. = Lappula Moench ■

221813 Larbraea Fourr. = Larbrea A. St.-Hil. ■

221814 Larbrea A. St.-Hil. = Stellaria L. ■

221815 Lardizabala Ruiz et Pav. (1794);智利木通属;Lardizabala ●☆

221816 Lardizabala biternata Ruiz et Pav.;智利木通;Zabala Fruit ●☆

221817 Lardizabalaceae Decne. = Lardizabalaceae R. Br. (保留科名)●

221818 Lardizabalaceae R. Br. (1821)(保留科名);木通科;Lardizabala Family ●

221819 Larentia Klatt = Alophia Herb. ■☆

221820 Larephes Raf. = Echium L. ●■

221821 Laretia Gillies et Hook. (1830);拉雷草属■☆

221822 Laretia acaulis Hook.;拉雷草■☆

221823 Lariadenia Schltdl. = Lasiadenia Benth. ●☆

221824 Laricopsis Kent = Pseudolarix Gordon ●★

221825 Laricopsis kaempferi (Lindl.) Kent = Pseudolarix amabilis (J. Nelson) Rehder ●◇

221826 Laricopsis kaempferi (Lindl.) Kent = Pseudolarix kaempferi (Lindl.) Gordon ●◇

221827 Laricorchis Szlach. = Dendrobium Sw. (保留属名)■

221828 Lariospermum Raf. = Ipomoea L. (保留属名)●■

221829 Larix Mill. (1754);落叶松属;Larch ●

221830 Larix × eurolepis Henry et Flood;欧日落叶松;Dunkeld Larch, Hybrid Larch ●☆

221831 Larix alaskensis W. Wight = Larix laricina (Du Roi) K. Koch ●☆

221832 Larix altaica J. Nelson = Larix sibirica (Münchh.) Ledeb. ●

221833 Larix amabilis J. Nelson = Pseudolarix amabilis (J. Nelson) Rehder ●◇

221834 Larix amabilis J. Nelson = Pseudolarix kaempferi (Lindl.) Gordon ●◇

221835 Larix americana Michx. = Larix laricina (Du Roi) K. Koch ●☆

221836 Larix amurensis Beissn. = Larix gmelinii (Rupr.) Rupr. ●

221837 Larix cajanderii Mayr = Larix gmelinii (Rupr.) Rupr. ●

221838 Larix chinensis Beissn. = Larix potaninii Batalin var. chinensis (Beissn.) L. K. Fu et Nan Li ●◇

221839 Larix dahurica Lawson = Larix gmelinii (Rupr.) Rupr. ●

221840 Larix dahurica Turcz. = Larix gmelinii (Rupr.) Rupr. ●

221841 Larix dahurica Turcz. ex Trautv. = Larix gmelinii (Rupr.) Rupr. ●

221842 Larix dahurica Turcz. ex Trautv. f. multilepis Liou et Q. L. Wang = Larix olgensis A. Henry ●

221843 Larix dahurica Turcz. ex Trautv. var. principis-rupprechtii (Mayr) Rehder et E. H. Wilson = Larix principis-rupprechtii Mayr ●

221844 Larix dahurica Turcz. f. denticulata Liou et Z. Wang = Larix gmelinii (Rupr.) Rupr. ●

221845 Larix dahurica Turcz. f. glauca Liou et Z. Wang = Larix gmelinii (Rupr.) Rupr. ●

221846 Larix dahurica Turcz. f. macrocarpa Liou et Z. Wang = Larix gmelinii (Rupr.) Rupr. ●

221847 Larix dahurica Turcz. f. multilepis Liou et Z. Wang = Larix olgensis A. Henry ●

221848 Larix dahurica Turcz. var. cajanderii (Mayr) Stapf = Larix gmelinii (Rupr.) Rupr. ●

221849 Larix dahurica Turcz. var. heilingensis (Yen C. Yang et Y. L. Chou) Kitag. = Larix gmelinii (Rupr.) Rupr. ●

221850 Larix dahurica Turcz. var. koreana Nakai = Larix olgensis A. Henry ●

221851 Larix dahurica Turcz. var. principis-rupprechtii (Mayr) Rehder et E. H. Wilson = Larix gmelinii Rupr. ex Kuzen. var. principis-rupprechtii (Mayr) Pilg. ●

221852 Larix dahurica Turcz. var. principis-rupprechtii (Mayr) Rehder et E. H. Wilson = Larix principis-rupprechtii Mayr ●

221853 Larix dahurica Turcz. var. principis-rupprechtii (Mayr) Rehder et E. H. Wilson f. viridis E. H. Wilson = Larix olgensis A. Henry var. viridis (E. H. Wilson) Nakai ●

221854 Larix dahurica var. heilingensis (Yen C. Yang et Y. L. Chou) Kitag. = Larix gmelinii (Rupr.) Rupr. ●

221855 Larix decidua Mill.;欧洲落叶松(欧落叶松);Common Larch, European Larch, Larch, Scotch Larch, Venice Turpentine ●

221856 Larix decidua Mill. subsp. sibirica (Ledeb.) Domin = Larix sibirica (Münchh.) Ledeb. ●

221857 Larix decidua Mill. var. sibirica (Ledeb.) Regel = Larix sibirica (Münchh.) Ledeb. ●

221858 Larix europaea DC. = Larix decidua Mill. ●

221859 Larix europaea Lam. et DC. = Larix decidua Mill. ●

221860 Larix europaea Lam. et DC. var. dahurica (Lawson) Loudon = Larix gmelinii (Rupr.) Rupr. ●

221861 Larix europaea Lam. et DC. var. rossica Beissn. = Larix sibirica (Münchh.) Ledeb. ●

221862 Larix europaea Lam. et DC. var. sibirica (Fisch.) Loudon = Larix sibirica (Münchh.) Ledeb. ●

221863 Larix gmelinii (Rupr.) Kuzen. subsp. genhensis (S. Y. Li et Adair) Silba = Larix gmelinii (Rupr.) Rupr. ●

221864 Larix gmelinii (Rupr.) Kuzen. var. genhensis S. Y. Li et Adair = Larix gmelinii (Rupr.) Rupr. ●

221865 Larix gmelinii (Rupr.) Kuzen. var. olgensis (A. Henry) Ostenf. et Syrach = Larix olgensis A. Henry ●

221866 Larix gmelinii (Rupr.) Rupr.;落叶松(齿果兴安落叶松,达乌里落叶松,达乌里落叶松兴安变种,大果兴安落叶松,多鳞兴安落叶松,粉果兴安落叶松,金松,兴安落叶松,一齐松,意气松);Dahurian Larch, Kurile Larch ●

221867 Larix gmelinii (Rupr.) Rupr. f. genhensis (S. Y. Li et Andair)

L. K. Fu et Nan Li = Larix gmelinii (Rupr.) Rupr. ●

221868 Larix gmelinii (Rupr.) Rupr. f. pendula (D. S. Zhang et Y. M. Chen) L. K. Fu et Nan Li = Larix principis-rupprechtii Mayr ●

221869 Larix gmelinii (Rupr.) Rupr. var. hsinganica Yen C. Yang et Y. L. Chou = Larix gmelinii (Rupr.) Rupr. ●

221870 Larix gmelinii (Rupr.) Rupr. var. koreana (Nakai) Uyeki = Larix olgensis A. Henry ●

221871 Larix gmelinii (Rupr.) Rupr. var. olgensis (A. Henry) Ostenf. et Syrach = Larix olgensis A. Henry ●

221872 Larix gmelinii (Rupr.) Rupr. var. principis-rupprechtii (Mayr) Pilg. = Larix principis-rupprechtii Mayr ●

221873 Larix gmelinii (Rupr.) Rupr. var. principis-rupprechtii Rehder = Larix olgensis A. Henry ●

221874 Larix gmelinii (Rupr.) Rupr. var. wulingschanensis (Liou et Z. Wang) Kitag. = Larix gmelinii (Rupr.) Rupr. var. principis-rupprechtii Rehder ●

221875 Larix gmelinii Rupr. ex Kuzen. = Larix gmelinii (Rupr.) Rupr. ●

221876 Larix gmelinii Rupr. ex Kuzen. var. genhensis S. Y. Li et Adair = Larix gmelinii (Rupr.) Rupr. ●

221877 Larix gmelinii Rupr. ex Kuzen. var. hsinganica Yen C. Yang et Y. L. Chou = Larix gmelinii (Rupr.) Rupr. ●

221878 Larix gmelinii Rupr. ex Kuzen. var. japonica (Maxim. ex Regel) Pilg.;四国落叶松●☆

221879 Larix gmelinii Rupr. ex Kuzen. var. principis-rupprechtii (Mayr) Pilg. = Larix principis-rupprechtii Mayr ●

221880 Larix gmelinii Rupr. ex Kuzen. var. wulingschanensis (Liou et Q. L. Wang) Kitag. = Larix principis-rupprechtii Mayr ●

221881 Larix griffithiana (Lindl. et Gordon) Carrière;西藏红杉(藏红杉,西藏落叶松,西南落叶松,云南红杉);Graffith Larch, Himalayan Larch, Sikkim Larch, Tibet Larch, Xizang Larch ●

221882 Larix griffithiana Carrière = Larix griffithiana (Lindl. et Gordon) Carrière ●

221883 Larix griffithiana Carrière var. speciosa (W. C. Cheng et Y. W. Law) Silba = Larix speciosa W. C. Cheng et Y. W. Law ●

221884 Larix griffithii Hook. f. = Larix griffithiana (Lindl. et Gordon) Carrière ●

221885 Larix griffithii Hook. f. = Larix speciosa W. C. Cheng et Y. W. Law ●

221886 Larix griffithii Hook. f. var. mastersiana (Rehder et E. H. Wilson) Silba = Larix mastersiana Rehder et E. H. Wilson ●◇

221887 Larix griffithii Hook. f. var. speciosa (W. C. Cheng et Y. W. Law) Farjon = Larix speciosa W. C. Cheng et Y. W. Law ●

221888 Larix griffithii Mast. = Larix potaninii Batalin ●

221889 Larix heilingensis Yen C. Yang et Y. L. Chou = Larix gmelinii (Rupr.) Rupr. ●

221890 Larix heilingensis Yen C. Yang et Y. L. Chou = Larix olgensis A. Henry ●

221891 Larix himalaica W. C. Cheng et L. K. Fu;喜马拉雅红杉(喜马拉雅落叶松);Himalayan Larch, Himalayas Larch ●

221892 Larix intermedia Fisch. ex Schtschegl. = Larix sibirica (Münchh.) Ledeb. ●

221893 Larix japonica Endl. = Larix kaempferi (Lamb.) Carrière ●

221894 Larix kaempferi (Lamb.) Carrière;日本落叶松(富士松,金钱松,構木,構溪,日光松,信州落叶松);Japan Larch, Japanese Larch Tree, Japanese Larch ●

221895 Larix kaempferi (Lamb.) Carrière 'Pendula';垂枝日本落叶松●☆

221896 Larix kaempferi (Lamb.) Carrière 'Stiff Weeping';硬枝垂日本落叶松●☆

221897 Larix kaempferi (Lamb.) Carrière f. rubescens (Inokuma) T. Shimizu;变红日本落叶松●☆

221898 Larix kaempferi (Lamb.) Sarg. = Pinus kaempferi Lamb. ●

221899 Larix kamtschatica Carrière = Larix gmelinii Rupr. ex Kuzen. var. japonica (Maxim. ex Regel) Pilg. ●☆

221900 Larix komarovii Kolesn. = Larix gmelinii (Rupr.) Rupr. ●

221901 Larix kongboensis R. R. Mill;贡布红杉;Gongbu Larch, Kongbo Larch ●

221902 Larix koreensis Raf. = Larix olgensis A. Henry ●

221903 Larix kurilensis Mayr = Larix gmelinii Rupr. ex Kuzen. var. japonica (Maxim. ex Regel) Pilg. ●☆

221904 Larix laricina (Du Roi) K. Koch;北美落叶松(美国落叶松,美加落叶松,美洲落叶松);Alaska Larch, America Larch, American Larch, Black Larch, Eastern Larch, Hackmatack, Larch, Tamarack Larch, Tamarack ●☆

221905 Larix laricina (Du Roi) K. Koch subsp. alaskensis (W. Wight) Silba = Larix laricina (Du Roi) K. Koch ●☆

221906 Larix laricina (Du Roi) K. Koch var. alaskensis (W. Wight) Raup = Larix laricina (Du Roi) K. Koch ●☆

221907 Larix larix (L.) H. Karst. = Laportea sinuata (Blume) Miq. ●

221908 Larix larix (L.) H. Karst. = Larix decidua Mill. ●

221909 Larix leptolepis (Siebold et Zucc.) Gordon = Larix kaempferi (Lamb.) Carrière ●

221910 Larix leptolepis (Siebold et Zucc.) Gordon f. rubescens (Inokuma) Hayashi = Larix kaempferi (Lamb.) Carrière f. rubescens (Inokuma) T. Shimizu ●☆

221911 Larix leptolepis (Siebold et Zucc.) Gordon var. louchanensis Ferre et Augere = Larix kaempferi (Lamb.) Carrière ●

221912 Larix lubarskii Sukaczev = Larix olgensis A. Henry ●

221913 Larix lyallii Parl.;高山落叶松;Alpine Larch, Lyall's Larch, Subalpine Larch, Timberline Larch ●

221914 Larix mastersiana Rehder et E. H. Wilson;四川红杉(四川落叶松);Master's Larch ●◇

221915 Larix mastersiana Rehder et E. H. Wilson = Larix potaninii Batalin ●

221916 Larix middendorfii Kolesn. = Larix gmelinii (Rupr.) Rupr. ●

221917 Larix occidentalis Nutt.;美国西部落叶松(粗皮落叶松,西方落叶松);Montane Larch, Western Larch, Western Tamarack ●☆

221918 Larix ochotensis Kolesn. = Larix gmelinii (Rupr.) Rupr. ●

221919 Larix olgensis A. Henry;黄花落叶松(长白长果落叶松,长白落叶松,长白落叶松毛基变型,长白落叶松中果变型,长果长白落叶松,朝鲜落叶松,多鳞兴安落叶松,海林落叶松,黄花松);Korean Larch, Olga Bay Larch ●

221920 Larix olgensis A. Henry f. intermeldia Taken. = Larix olgensis A. Henry ●

221921 Larix olgensis A. Henry f. viridis (E. H. Wilson) Nakai = Larix olgensis A. Henry ●

221922 Larix olgensis A. Henry var. changpaiensis Yen C. Yang et Y. L. Chou f. intermedia (Taken.) Yen C. Yang et S. Q. Nie = Larix olgensis A. Henry ●

221923 Larix olgensis A. Henry var. changpaiensis Yen C. Yang et Y. L. Chou f. pubibasis Yen C. Yang et S. Q. Nie = Larix olgensis A. Henry ●

221924 Larix olgensis A. Henry var. changpaiensis Yen C. Yang et Y. L. Chou f. viridis (E. H. Wilson) Yen C. Yang et S. Q. Nie = Larix olgensis A. Henry var. viridis (E. H. Wilson) Nakai ●

221925 Larix olgensis A. Henry var. changpaiensis Yen C. Yang et Y. L. Chou = Larix olgensis A. Henry ●

221926 Larix olgensis A. Henry var. koreana Nakai = Larix olgensis A. Henry ●

221927 Larix olgensis A. Henry var. viridis (E. H. Wilson) Nakai;绿果黄花落叶松;Green-fruit Olga Bay Larch ●

221928 Larix pendula Salisb.;垂枝落叶松●☆

221929 Larix polanica Rchb.;波兰落叶松;Polanfd Larch, Polish Larch ●☆

221930 Larix potaninii Batalin;红杉(波氏落叶松,落叶松,四川落叶松);China Larch, Chinese Larch, Hung Sha, Potanin Larch ●

221931 Larix potaninii Batalin = Larix potaninii Batalin var. macrocarpa Y. W. Law ex C. Y. Cheng, W. C. Cheng et L. K. Fu ●

221932 Larix potaninii Batalin subsp. chinensis (Beissn.) Silba = Larix potaninii Batalin var. chinensis (Beissn.) L. K. Fu et Nan Li ●◇

221933 Larix potaninii Batalin var. australis A. Henry ex Hand. -Mazz.;大果红杉;Bigfruit Potanin Larch ●

221934 Larix potaninii Batalin var. chinensis (Beissn.) L. K. Fu et Nan Li;太白红杉(落叶松,秦岭红杉,太白落叶松);China Larch, Chinese Larch ●◇

221935 Larix potaninii Batalin var. himalaica (W. C. Cheng et L. K. Fu) Farjon et Silba = Larix himalaica W. C. Cheng et L. K. Fu ●

221936 Larix potaninii Batalin var. macrocarpa Y. W. Law = Larix potaninii Batalin var. australis A. Henry ex Hand. -Mazz. ●

221937 Larix potaninii Batalin var. macrocarpa Y. W. Law ex C. Y. Cheng, W. C. Cheng et L. K. Fu = Larix potaninii Batalin var. australis A. Henry ex Hand. -Mazz. ●

221938 Larix potaninii var. himalaica (W. C. Cheng et L. K. Fu) Farjon et Silba = Larix himalaica W. C. Cheng et L. K. Fu ●

221939 Larix principis-rupprechtii Mayr;华北落叶松(落叶松,雾灵落叶松);Prince Rupprecht's Larch ●

221940 Larix principis-rupprechtii Mayr = Larix gmelinii Rupr. ex Kuzen. var. principis-rupprechtii (Mayr) Pilg. ●

221941 Larix principis-rupprechtii Mayr var. pendula D. S. Zhang et Y. M. Chen = Larix gmelinii Rupr. ex Kuzen. var. principis-rupprechtii (Mayr) Pilg. ●

221942 Larix principis-rupprechtii Mayr var. pendula D. S. Zhang et Y. M. Chen = Larix principis-rupprechtii Mayr ●

221943 Larix russica (Endl.) Sabine ex Trautv. = Larix sibirica (Münchh.) Ledeb. ●

221944 Larix sibirica (Münchh.) Ledeb.;西伯利亚落叶松(俄国落叶松,新疆落叶松);Siberia Larch, Siberian Larch ●

221945 Larix sibirica Ledeb. = Larix olgensis A. Henry ●

221946 Larix sibirica Sabine ex Lindl. = Larix sibirica (Münchh.) Ledeb. ●

221947 Larix speciosa W. C. Cheng et Y. W. Law;怒江红杉(红杉,怒江落叶松);Nujiang Larch ●

221948 Larix speciosa W. C. Cheng et Y. W. Law = Larix griffithii Hook. f. ●

221949 Larix sukaczewii Dylis = Larix sibirica (Münchh.) Ledeb. ●

221950 Larix thibetica Franch. = Larix potaninii Batalin ●

221951 Larix wulingschanensis Liou et Z. Wang;雾灵落叶松;Wulingshan Larch ●

221952 Larix wulingschanensis Liou et Z. Wang = Larix gmelinii Rupr. ex Kuzen. var. principis-rupprechtii (Mayr) Pilg. ●

221953 Larmzon Roxb. = Buchanania Spreng. ●

221954 Larmzon Roxb. = Launzan Buch. -Ham. ●

221955 Larnalles Raf. = Commelina L. ■

221956 Larnandra Raf. = Epidendrum L.(保留属名)■☆

221957 Larnandra conopsea (R. Br.) Raf. = Epidendrum magnoliae Muhl. ■☆

221958 Larnandra magnoliae (Muhl.) Raf. = Epidendrum magnoliae Muhl. ■☆

221959 Larnastyra Raf. = Salvia L. ●■

221960 Larnax Miers = Athenaea Sendtn.(保留属名)●☆

221961 Larochea Pers. = Crassula L. ●■☆

221962 Larochea Pers. = Rochea DC.(保留属名)●■☆

221963 Larochea coccinea (L.) Pers. = Crassula coccinea L. ●☆

221964 Larochea cymosa (P. J. Bergius) Haw. = Crassula cymosa P. J. Bergius ■☆

221965 Larochea falcata (J. C. Wendl.) Pers. = Crassula perfoliata L. var. minor (Haw.) G. D. Rowley ●☆

221966 Larochea falcata (J. C. Wendl.) Pers. var. minor Haw. = Crassula perfoliata L. var. minor (Haw.) G. D. Rowley ●☆

221967 Larochea fascicularis (Lam.) Schult. = Crassula fascicularis Lam. ■☆

221968 Larochea flava (L.) Haw. = Crassula flava L. ●☆

221969 Larochea odoratissima (Andréws) Haw. = Crassula fascicularis Lam. ■☆

221970 Larochea odoratissima (Andréws) Haw. var. bicolor (Haw.) DC. = Crassula fascicularis Lam. ■☆

221971 Larochea perfoliata (L.) Haw. = Crassula perfoliata L. ●☆

221972 Larochea perfoliata (L.) Haw. var. alba Haw. = Crassula perfoliata L. ●☆

221973 Larochea tiniflora Lem. = Crassula fascicularis Lam. ■☆

221974 Larradia Pritz. = Lavradia Vell. ex Vand. ●

221975 Larrea Cav.(1800)(保留属名);拉氏木属(拉瑞阿属);Creosote Bush, Creosote-bush ●☆

221976 Larrea Ortega(废弃属名) = Hoffmannseggia Cav.(保留属名)■☆

221977 Larrea Ortega(废弃属名) = Larrea Cav.(保留属名)●☆

221978 Larrea divaricata Cav.;极叉拉氏木(极叉开拉瑞阿);Spreading Creosote Bush, Spreading Creosote-bush ●☆

221979 Larrea divaricata Cav. subsp. tridentata (Sessé et Moc. ex DC.) Felger;三齿极叉拉氏木;Creosote Bush ●☆

221980 Larrea mexicana Moric.;墨西哥拉氏木(墨西哥拉瑞阿);Creosote Rush ●☆

221981 Larrea microphylla (Torr.) Britton;小叶拉氏木●☆

221982 Larrea montana Britton;山地拉氏木●☆

221983 Larrea tridentata Coville;三齿拉氏木(三齿拉瑞阿,三指拉瑞阿,杂酚油木);Creosote Bush, Creosotebush, Creosote-bush, Gobernadora ●☆

221984 Larryleachia Plowes(1996);利奇萝藦属●☆

221985 Larryleachia cactiformis (Hook.) Plowes;仙人掌利奇萝藦●☆

221986 Larryleachia cactiformis (Hook.) Plowes var. felina (D. T. Cole) Bruyns;猫利奇萝藦●☆

221987 Larryleachia dinteri (A. Berger) Plowes = Larryleachia marlothii (N. E. Br.) Plowes ●☆

221988 Larryleachia felina (D. T. Cole) Plowes = Larryleachia cactiformis (Hook.) Plowes var. felina (D. T. Cole) Bruyns ●☆

221989 Larryleachia marlothii (N. E. Br.) Plowes;马洛斯利奇萝藦●☆

221990 Larryleachia meloformis (Marloth) Plowes = Larryleachia picta (N. E. Br.) Plowes ●☆

221991 Larryleachia perlata (Dinter) Plowes;极宽利奇萝藦●☆
221992 Larryleachia picta (N. E. Br.) Plowes;着色利奇萝藦●☆
221993 Larryleachia picta (N. E. Br.) Plowes subsp. parvipuncta (Bruyns) Bruyns = Larryleachia tirasmontana Plowes ●☆
221994 Larryleachia similis (N. E. Br.) Plowes = Larryleachia cactiformis (Hook.) Plowes ●☆
221995 Larryleachia sociarum (A. C. White et B. Sloane) Plowes;群生利奇萝藦●☆
221996 Larryleachia tirasmontana Plowes;纳米比亚利奇萝藦●☆
221997 Larsenaikia Tirveng. (1993);澳栀子属●☆
221998 Larsenaikia Tirveng. = Gardenia Ellis(保留属名)●
221999 Larsenia Bremek. = Strobilanthes Blume ●■
222000 Larysacanthus Oerst. = Ruellia L. ■●
222001 Lasallea Greene = Aster L. ●■
222002 Lasallea adnata (Nutt.) Semple et Brouillet = Symphyotrichum adnatum (Nutt.) G. L. Nesom ■☆
222003 Lasallea amethystina (Nutt.) Semple et Brouillet = Aster amethystinus Nutt. ■☆
222004 Lasallea concolor (L.) Semple et Brouillet = Symphyotrichum concolor (L.) G. L. Nesom ■☆
222005 Lasallea falcatus (Lindl.) Semple et Brouillet = Symphyotrichum falcatum (Lindl.) G. L. Nesom ■☆
222006 Lasallea novae-angliae (L.) Semple et Brouillet = Aster novi-belgii L. ■
222007 Lasallea oblongifolia (Nutt.) Semple et Brouillet = Aster oblongifolius Nutt. ■☆
222008 Lasallea sericea (Vent.) Greene = Aster sericeus Vent. ■☆
222009 Lasallea sericea (Vent.) Greene = Symphyotrichum sericeum (Vent.) G. L. Nesom ■☆
222010 Lasallea walteri (Alexander) Semple et Brouillet = Symphyotrichum walteri (Alexander) G. L. Nesom ■☆
222011 Lascadium Raf. = Croton L. ●
222012 Laseguea A. DC. = Mandevilla Lindl. ●
222013 Lasemia Raf. = Salvia L. ●■
222014 Laser Borkh. ex P. Gaertn., B. Mey. et Scherb. = Laser P. Gaertn., B. Mey. et Scherb. ■☆
222015 Laser P. Gaertn., B. Mey. et Scherb. (1799);拉色芹属■☆
222016 Laser divaricatum (Turcz.) Thell. = Saposhnikovia divaricata (Turcz.) Schischk. ■
222017 Laser trilobum Borkh. ex Gaertn., Mey. et Scherb.;三叶拉色芹(拉塞尔)■☆
222018 Laserpicium Rivin. ex Asch. = Laserpitium L. ●☆
222019 Laserpidum Asch. = Laserpitium L. ●☆
222020 Laserpitium L. (1753);翅果南星属(八翅果属,翅果属,拉泽花属);Laserwort, Woundwort, Woundwort Laser ●☆
222021 Laserpitium affine Ledeb.;近缘翅果南星●☆
222022 Laserpitium alpinum Waldst. et Kit.;高山翅果南星●☆
222023 Laserpitium capense Thunb. = Peucedanum capense (Thunb.) Sond. ●■☆
222024 Laserpitium daucoides Desf. = Daucus virgatus (Poir.) Maire ■☆
222025 Laserpitium davuricum Jacq. = Cnidium dahuricum (Jacq.) Turcz. ex Fisch. et C. A. Mey. ■
222026 Laserpitium gummiferum Desf. = Margotia gummifera (Desf.) Lange ■☆
222027 Laserpitium hispidum M. Bieb.;毛翅果南星●☆
222028 Laserpitium latifolium L.;翅果南星(白龙胆);Sermountain ●☆
222029 Laserpitium laxiflorum Fisch. ex Sweet;疏花翅果南星●☆
222030 Laserpitium peucedanoides Desf. = Bunium fontanesii (Pers.) Maire ■☆
222031 Laserpitium stevenii Fisch. Mey. et Trautv.;斯氏翅果南星●☆
222032 Laserpitium thapsioides Desf. = Elaeoselinum fontanesii Boiss. ■☆
222033 Lasersia Liben = Synsepalum (A. DC.) Daniell ●☆
222034 Lasersisia Liben = Pachystela Pierre ex Radlk. ●☆
222035 Lasersisia Liben(1991);刚果山榄属●☆
222036 Lasersisia seretii (De Wild.) Liben = Synsepalum seretii (De Wild.) T. D. Penn. ●☆
222037 Lasespilium Raf. = Laserpitium L. ●☆
222038 Lasia Lour. (1790);刺芋属(簕芋属);Lasia, Spinetaro, Spinyelephanetsear ■
222039 Lasia aculeata Lour. = Lasia spinosa (L.) Thwaites ■
222040 Lasia heterophylla Schott = Lasia spinosa (L.) Thwaites ■
222041 Lasia roxburghii Griff. = Lasia spinosa (L.) Thwaites ■
222042 Lasia spinosa (L.) Thwaites;刺芋(慈姑,刺茨菇,刺过江,刺藕,旱茨菇,金茨菇,竻慈菇,竻蒙,竻藕,竻芋,勒蒙,簕菜薯,簕地菇,簕芋,山茨菇,山连藕,水茨菇,水竻钩,天河芋,炎水菇,野茨菇,野簕芋);Spinetaro, Spiny Lasia ■
222043 Lasia sulcata ? = Lasia spinosa (L.) Thwaites ■
222044 Lasiaceae Vines = Araceae Juss. (保留科名)■●
222045 Lasiacis (Griseb.) Hitchc. (1910);毛尖草属■☆
222046 Lasiacis Hitchc. = Lasiacis (Griseb.) Hitchc. ■☆
222047 Lasiacis ruscifolia (Kunth) Hitchc.;假叶树叶毛尖草;Climbing Tribisee ■☆
222048 Lasiadenia Benth. (1845);毛腺瑞香属●☆
222049 Lasiadenia cubensis Benth. et Hook. f.;古巴毛腺瑞香●☆
222050 Lasiadenia rupestris Benth.;毛腺瑞香●☆
222051 Lasiagrostis Link = Achnatherum P. Beauv. ■
222052 Lasiagrostis Link = Stipa L. ■
222053 Lasiagrostis bromoides (L.) Nevski et Roshev. = Achnatherum bromoides (L.) P. Beauv. ■☆
222054 Lasiagrostis bromoides (L.) Nevski et Roshev. = Agrostis bromoides L. ■☆
222055 Lasiagrostis capensis Nees = Stipa dregeana Steud. ■☆
222056 Lasiagrostis capensis Nees var. elongata (Nees) Trin. et Rupr. = Stipa keniensis (Pilg.) Freitag ■☆
222057 Lasiagrostis caragana (Trin. et Rupr.) Trin. et Rupr. = Achnatherum caraganum (Trin. et Rupr.) Nevski ■
222058 Lasiagrostis caragana (Trin. et Rupr.) Trin. et Rupr. = Stipa caragana Trin. et Rupr. ■
222059 Lasiagrostis elongata Nees = Stipa keniensis (Pilg.) Freitag ■☆
222060 Lasiagrostis jacquemontii (Jaub. et Spach) Munro ex Boiss. = Achnatherum jacquemontii (Jaub. et Spach) P. C. Kuo et S. L. Lu ■
222061 Lasiagrostis jacquemontii (Jaub. et Spach) Munro ex Boiss. = Stipa jacquemontii Jaub. et Spach ■
222062 Lasiagrostis longearistata (Boiss. et Hausskn.) Roshev. et Nevski = Achnatherum longiaristatum (Boiss et Hausskn.) Keng et P. C. Kuo ■☆
222063 Lasiagrostis splendens (Trin.) Kunth = Achnatherum splendens (Trin.) Nevski ■
222064 Lasiagrostis subsessiliflora Rupr. = Stipa subsessiliflora (Rupr.) Roshev. ■
222065 Lasiagrostis tremula Rupr. = Stipa purpurea Griseb. ■
222066 Lasiake Raf. = Verbascum L. ■●

222067 Lasiandra DC. = Tibouchina Aubl. ●■☆
222068 Lasiandrus St. -Lag. = Lasiandra DC. ●■☆
222069 Lasiandrus St. -Lag. = Tibouchina Aubl. ●■☆
222070 Lasianthaea DC. (1836);毛花菊属■●☆
222071 Lasianthaea DC. = Zexmenia La Llave ●■☆
222072 Lasianthaea podocephala (A. Gray) K. M. Becker;毛花菊■☆
222073 Lasianthea Endl. = Lasianthaea DC. ■●☆
222074 Lasianthemum Klotzsch = Talisia Aubl. ●☆
222075 Lasianthera P. Beauv. (1807);毛药茶茱萸属●☆
222076 Lasianthera africana P. Beauv.;非洲毛药茶茱萸●☆
222077 Lasianthera africana P. Beauv. var. microphylla Pellegr. ex Villiers;小叶非洲毛药茶茱萸●☆
222078 Lasianthera tetrandra Wall. = Gomphandra tetrandra (Wall.) Sleumer ●
222079 Lasianthus Adans.(废弃属名) = Gordonia J. Ellis(保留属名)●
222080 Lasianthus Adans.(废弃属名) = Lasianthus Jack(保留属名)●
222081 Lasianthus Jack(1823)(保留属名);粗叶木属(鸡屎树属);Lasianthus, Roughleaf ●
222082 Lasianthus Zucc. ex DC. = Lasianthaea DC. ■●☆
222083 Lasianthus Zucc. ex DC. = Lasianthus Jack(保留属名)●
222084 Lasianthus Zucc. ex DC. = Zexmenia La Llave ●■☆
222085 Lasianthus acuminatissimus Merr.;长尾粗叶木(尖尾粗叶木,铁骨人参,硬骨牛夕);Acuminate Lasianthus, Acuminate Roughleaf ●
222086 Lasianthus acuminatissimus Merr. = Lasianthus japonicus Miq. f. satsumensis (Matsum.) Kitam. ●
222087 Lasianthus africanus Hiern;非洲粗叶木●☆
222088 Lasianthus africanus Hiern subsp. mayumbensis (R. D. Good) Jannerup;马永巴粗叶木●☆
222089 Lasianthus andamanicus Hook. f. = Lasianthus verticillatus (Lour.) Merr. ●
222090 Lasianthus appressihirtus Simizu;伏毛粗叶木(大叶鸡屎树,大叶密毛鸡屎树,密毛鸡屎树);Appressed-hair Lasianthus, Appressed-hair Roughleaf, Dense-haired Lasianthus, Large-leaf Appressed-hair Lasianthus ●
222091 Lasianthus appressihirtus Simizu = Lasianthus henryi Hutch. ●
222092 Lasianthus appressihirtus Simizu var. maximus Simizu ex Tang S. Liu et H. C. Chao = Lasianthus appressihirtus Simizu ●
222093 Lasianthus appressihirtus Simizu var. maximus Simizu ex Tang S. Liu et H. C. Chao = Lasianthus henryi Hutch. ●
222094 Lasianthus areolatus Dunn = Lasianthus japonicus Miq. ●
222095 Lasianthus attenuatus Jack;斜基粗叶木(圆叶鸡屎树);Round-leaved Lasianthus ●
222096 Lasianthus austrosinensis H. S. Lo;华南粗叶木;S. China Roughleaf, South-China Lasianthus ●
222097 Lasianthus austroyunnanensis H. Zhu;滇南粗叶木●
222098 Lasianthus balansae (Drake) Pit. = Lasianthus micranthus Hook. f. ●
222099 Lasianthus barbellatus Ridl. = Lasianthus trichophlebus Hemsl. ●
222100 Lasianthus batangensis K. Schum.;巴坦加粗叶木●☆
222101 Lasianthus bicolor Craib;二色粗叶木;Bicolor Roughleaf ●☆
222102 Lasianthus biermannii King ex Hook. f.;云贵粗叶木(梗花粗叶木,云南粗叶木);Biermann Lasianthus, Biermann Roughleaf ●
222103 Lasianthus biermannii King ex Hook. f. subsp. crassipedunculatus C. Y. Wu et H. Zhu;粗梗粗叶木;Thick-stalk Lasianthus, Thick-stalk Roughleaf ●
222104 Lasianthus biflorus (Blume) Gangop. et Chakrab. = Litosanthes biflora Blume ●
222105 Lasianthus bordenii Elmer = Lasianthus wallichii (Wight et Arn.) Wight ●
222106 Lasianthus brevidens Craib = Lasianthus hispidulus (Drake) Pit. ●
222107 Lasianthus brevipes Craib = Saprosma brevipes (Craib) H. Zhu ●
222108 Lasianthus bunzanensis Simizu;文山鸡屎树●
222109 Lasianthus bunzanensis Simizu = Lasianthus hispidulus (Drake) Pit. ●
222110 Lasianthus calycinus Dunn;黄果粗叶木(长萼粗叶木);Longcalyx Lasianthus, Longcalyx Roughleaf ●
222111 Lasianthus caudatifolius Merr. = Lasianthus japonicus Miq. ●
222112 Lasianthus cereiflorus E. A. Bruce;蜡花鸡屎树●
222113 Lasianthus chevalieri Pit.;极长萼粗叶木(长萼粗叶木);Long-calyxed Lasianthus, Long-sepal Lasianthus, Roughleaf ●
222114 Lasianthus chevalieri Pit. = Lasianthus longisepalus Geddes var. jianfengensis H. S. Lo ●
222115 Lasianthus chinensis (Champ.) Benth.;粗叶木(白果鸡屎树,粗叶树,大叶鸡屎树,鸡屎木,鸡屎树,木黄,木鸡屎藤,树鸡屎藤);China Roughleaf, Chinese Lasianthus ●
222116 Lasianthus chinensis (Champ.) Benth. var. odajimae (Masam.) Kaneh. = Lasianthus chinensis (Champ.) Benth. ●
222117 Lasianthus chinensis Benth. = Lasianthus chinensis (Champ.) Benth. ●
222118 Lasianthus chinensis Benth. = Lasianthus obliquinervis Merr. ●
222119 Lasianthus chrysoneurus (Korth.) Miq.;金脉粗叶木(库兹粗叶木)●
222120 Lasianthus chunii H. S. Lo;焕镛粗叶木;Chun Lasianthus, Chun Roughleaf ●
222121 Lasianthus condorensis Pierre ex Pit. = Lasianthus curtisii King et Gamble ●
222122 Lasianthus cupreus Pierre ex Pit. = Lasianthus trichophlebus Hemsl. ●
222123 Lasianthus curtisii King et Gamble;广东粗叶木(柯氏鸡屎树);Curtis' Lasianthus, Guangdong Lasianthus, Guangdong Roughleaf, Kwangtung Lasianthus ●
222124 Lasianthus cyanocarpus Jack;鸡屎树(鸡屎米,毛鸡屎树);Bluefruit Lasianthus, Bluefruit Roughleaf, Blue-fruited Lasianthus ●
222125 Lasianthus cyanocarpus Jack. = Lasianthus hirsutus (Roxb.) Merr. ●
222126 Lasianthus densifolius Miq. = Lasianthus attenuatus Jack ●
222127 Lasianthus densifolius Miq. = Lasianthus wallichii (Wight et Arn.) Wight ●
222128 Lasianthus dinhensis Pierre ex Pit. = Lasianthus chinensis (Champ.) Benth. ●
222129 Lasianthus dunnianus H. Lév. = Lasianthus hookeri C. B. Clarke ex Hook. f. var. dunniana (H. Lév.) H. Zhu ●
222130 Lasianthus ellipticus Wight;椭圆粗叶木;Elliptic Roughleaf ●☆
222131 Lasianthus esquirolii H. Lév. = Lasianthus biermannii King ex Hook. f. subsp. crassipedunculatus C. Y. Wu et H. Zhu ●
222132 Lasianthus filipes Chun ex H. S. Lo;线梗粗叶木(长梗粗叶木,丝梗粗叶木);Filipedicelled Lasianthus, Longstalk Lasianthus, Longstalk Roughleaf ●
222133 Lasianthus fordii Hance;罗浮粗叶木(琉球鸡屎树,疏毛粗叶木);Ford Lasianthus, Ford Roughleaf ●
222134 Lasianthus fordii Hance f. pubescens (Matsum.) Kitam. = Lasianthus formosensis Matsum. ●

222135 Lasianthus fordii Hance f. pubescens (Matsum.) Kitam. = Lasianthus fordii Hance var. pubescens (Matsum.) T. Yamaz. ●

222136 Lasianthus fordii Hance var. pubescens (Matsum.) T. Yamaz. = Lasianthus formosensis Matsum. ●

222137 Lasianthus fordii Hance var. trichocladus H. S. Lo;毛枝粗叶木; Hairy-branch Lasianthus, Hairy-branch Roughleaf ●

222138 Lasianthus formosensis Matsum.;台湾粗叶木(台湾鸡屎树,狭尖叶粗叶木); Formosan Lasianthus, Taiwan Lasianthus, Taiwan Roughleaf ●

222139 Lasianthus formosensis Matsum. = Lasianthus fordii Hance var. pubescens (Matsum.) T. Yamaz. ●

222140 Lasianthus formosensis Matsum. var. hirsutus Matsum. = Lasianthus curtisii King et Gamble ●

222141 Lasianthus formosensis Matsum. var. liukiuensis Matsum. ex Sakaguchi = Lasianthus formosensis Matsum. ●

222142 Lasianthus formosensis Matsum. var. parvifolius Hatus. = Lasianthus appressihirtus Simizu ●

222143 Lasianthus fruticosa (L.) K. M. Baker;灌丛粗叶木●☆

222144 Lasianthus gilletii De Wild. = Lasianthus batangensis K. Schum. ●☆

222145 Lasianthus gilletii De Wild. var. seretii ? = Lasianthus batangensis K. Schum. ●☆

222146 Lasianthus glaberrimus Chun;光粗叶木(光叶粗叶木); Glabrous Lasianthus, Glabrous Roughleaf ●

222147 Lasianthus glomeruliflorus K. Schum.;团花粗叶木●☆

222148 Lasianthus gracilis King et Gamble = Lasianthus biflorus (Blume) Gangop. et Chakrab. ●

222149 Lasianthus grandifolius Verdc.;西方大叶粗叶木●☆

222150 Lasianthus guineensis A. Chev. = Lasianthus batangensis K. Schum. ●☆

222151 Lasianthus hainanensis Merr. = Saprosma merrillii H. S. Lo ●

222152 Lasianthus hartii Franch. = Lasianthus japonicus Miq. ●

222153 Lasianthus hartii Thunb.;污毛粗叶木(沙莲树,铁骨银参); Hart Lasianthus, Hart Roughleaf ●

222154 Lasianthus hartii Thunb. = Lasianthus japonicus Miq. ●

222155 Lasianthus henryi Hutch.;西南粗叶木(蒙自鸡屎树); Henry Lasianthus, Henry Roughleaf ●

222156 Lasianthus hiiranensis Hayata = Lasianthus tomentosus Blume var. hiiranensis (Hayata) H. Zhu ●

222157 Lasianthus hiiranensis Hayata = Lasianthus trichophlebus Hemsl. var. latifolius (Miq.) H. Zhu ●

222158 Lasianthus hirsutus (Roxb.) Merr.;毛鸡屎树(鸡屎树); Hairy-leaved Lasianthus, Hirsute Lasianthus, Hirsute Roughleaf ●

222159 Lasianthus hispidulus (Drake) Pit.;小毛鸡屎树(文山粗叶木)●

222160 Lasianthus hoaensis Pierre ex Pit. = Lasianthus chrysoneurus (Korth.) Miq. ●

222161 Lasianthus hoaensis Pierre ex Pit. var. microphyllus Pit. = Lasianthus kurzii Hook. f. var. microphyllus (Pit.) H. Zhu ●☆

222162 Lasianthus holstii K. Schum. var. parvifolius ? = Pauridiantha paucinervis (Hiern) Bremek. subsp. holstii (K. Schum.) Verdc. ●☆

222163 Lasianthus hookeri C. B. Clarke ex Hook. f.;大叶鸡屎树(虎克粗叶木,无苞粗叶木); Hooker Lasianthus, Hooker Roughleaf ●

222164 Lasianthus hookeri C. B. Clarke ex Hook. f. var. dunniana (H. Lév.) H. Zhu;睫毛大叶鸡屎树(睫毛粗叶木,睫毛虎克粗叶木); Dunn's Hooker Lasianthus, Dunn's Hooker Roughleaf ●

222165 Lasianthus humilis Elmer = Lasianthus rigidus Miq. ●

222166 Lasianthus inconspicuous Hook. f. = Lasianthus lucidus Blume ●

222167 Lasianthus inconspicuous Hook. f. var. hirtus Hutch. = Lasianthus appressihirtus Simizu ●

222168 Lasianthus inconspicuous Hook. f. var. hirtus Hutch. = Lasianthus henryi Hutch. ●

222169 Lasianthus inconspicuus Hook. f.;无苞鸡屎树(无苞鸡屎米); Incongspious Roughleaf, Inconspicuous Lasianthus ●

222170 Lasianthus inconspicuus Hook. f. = Lasianthus lucidus Blume var. inconspicuus (Hook. f.) H. Zhu ●

222171 Lasianthus inodorus Blume;革叶粗叶木(管萼粗叶木); Tube-calyx Lasianthus, Tube-calyx Roughleaf ●

222172 Lasianthus japonicus Miq.;日本粗叶木(日本鸡屎树,沙莲树,铁骨银参,污毛粗叶木); Hart Lasianthus, Hart Roughleaf, Japan Roughleaf, Japanese Lasianthus ●

222173 Lasianthus japonicus Miq. f. satsumensis (Matsum.) Kitam.;曲毛日本粗叶木(粗毛日本鸡屎树,萨摩鸡屎树)●

222174 Lasianthus japonicus Miq. subsp. longicaudus (Hook. f.) C. Y. Wu et H. Zhu;云广粗叶木(长尾粗叶木,长尾鸡屎树,沙连树); Longtail Lasianthus, Longtail Roughleaf, Long-tailed Lasianthus ●

222175 Lasianthus japonicus Miq. subsp. longicaudus (Hook. f.) H. Zhu = Lasianthus longicaudus Hook. f. ●

222176 Lasianthus japonicus Miq. var. lancilimbus (Merr.) C. Y. Wu et H. Zhu = Lasianthus japonicus Miq. var. lancilimbus (Merr.) H. C. Lo ●

222177 Lasianthus japonicus Miq. var. lancilimbus (Merr.) H. C. Lo = Lasianthus lancilimbus Merr. ●

222178 Lasianthus japonicus Miq. var. latifolius (H. Zhu) H. C. Lo;宽叶日本粗叶木; Broad-leaf Japan Roughleaf, Broad-leaf Japanese Lasianthus ●

222179 Lasianthus japonicus Miq. var. latifolius H. Zhu = Lasianthus japonicus Miq. var. latifolius (H. Zhu) H. C. Lo ●

222180 Lasianthus japonicus Miq. var. longicaudus (Hook. f.) C. Y. Wu et H. Zhu = Lasianthus longicaudus Hook. f. ●

222181 Lasianthus japonicus Miq. var. satsumensis (Matsum.) Makino; 粗毛日本鸡屎树●

222182 Lasianthus japonicus Miq. var. satsumensis (Matsum.) Makino = Lasianthus japonicus Miq. f. satsumensis (Matsum.) Kitam. ●

222183 Lasianthus kamputensis Pierre ex Pit. = Lasianthus fordii Hance ●

222184 Lasianthus kerrii Craib = Lasianthus schmidtii K. Schum. ●

222185 Lasianthus kilimandscharicus K. Schum.;基利鸡屎树●☆

222186 Lasianthus kilimandscharicus K. Schum. subsp. glabrescens Jannerup;渐光鸡屎树●

222187 Lasianthus kilimandscharicus K. Schum. subsp. hirsutus Jannerup;粗毛鸡屎树●

222188 Lasianthus kilimandscharicus K. Schum. subsp. laxinervis Verdc. = Lasianthus laxinervis (Verdc.) Jannerup ●☆

222189 Lasianthus kilimandscharicus K. Schum. var. xanthospermus (K. Schum.) Jannerup;黄籽基利鸡屎树●☆

222190 Lasianthus koi Merr. et Chun;蛇咬草(黄毛粗叶木,斩蛇剑); Ko Lasianthus, Yellow-hair Lasianthus, Yellowhair Roughleaf, Yellow-hair Roughleaf ●

222191 Lasianthus koi Merr. et Chun = Lasianthus rhinocerotis Blume subsp. pedunculatus (Pit.) H. Zhu ●

222192 Lasianthus koi Merr. et Chun = Lasianthus sikkimensis Hook. f. ●

222193 Lasianthus kurzii Hook. f.;库兹粗叶木(勐腊粗叶木); Kurz Lasianthus, Kurz Roughleaf ●

222194 Lasianthus kurzii Hook. f. = Lasianthus chrysoneurus (Korth.)

Miq. ●

222195 Lasianthus kurzii Hook. f. f. fulvus C. Y. Wu et H. Zhu = Lasianthus kurzii Hook. f. var. sylvicola H. S. Lo ●

222196 Lasianthus kurzii Hook. f. var. fulvus C. Y. Wu et H. Zhu;黄脉勐腊粗叶木;Yellow-nerve Kurz Lasianthus, Yellow-nerve Kurz Roughleaf ●

222197 Lasianthus kurzii Hook. f. var. fulvus C. Y. Wu et H. Zhu = Lasianthus kurzii Hook. f. var. sylvicola H. S. Lo ●

222198 Lasianthus kurzii Hook. f. var. fulvus C. Y. Wu et H. Zhu = Lasianthus obscurus (Blume ex DC.) Miq. ●

222199 Lasianthus kurzii Hook. f. var. howii H. S. Lo;昭宽粗叶木;How's Kurz Lasianthus, How's Kurz Roughleaf ●

222200 Lasianthus kurzii Hook. f. var. howii H. S. Lo = Lasianthus chrysoneurus (Korth.) Miq. ●

222201 Lasianthus kurzii Hook. f. var. howii H. S. Lo = Lasianthus kurzii Hook. f. ●

222202 Lasianthus kurzii Hook. f. var. microphyllus (Pit.) H. Zhu;小叶库兹粗叶木;Litle Kurz Lasianthus, Litle Kurz Roughleaf ●☆

222203 Lasianthus kurzii Hook. f. var. ovatifolius H. Zhu;卵叶粗叶木;Ovate-leaf Kurz Lasianthus, Ovate-leaf Kurz Roughleaf ●☆

222204 Lasianthus kurzii Hook. f. var. sylvicola H. S. Lo = Lasianthus obscurus (Blume ex DC.) Miq. ●

222205 Lasianthus kwangsiensis Merr. ex H. L. Li = Lasianthus formosensis Matsum. ●

222206 Lasianthus kwangtungensis Merr. = Lasianthus curtisii King et Gamble ●

222207 Lasianthus labordei (H. Lév.) Rehder = Damnacanthus labordei (H. Lév.) H. S. Lo ●

222208 Lasianthus lancifolius Hook. f.;美脉粗叶木(长叶粗叶木);Lance-leaf Lasianthus, Lance-leaf Roughleaf, Long-leaved Lasianthus ●

222209 Lasianthus lancilimbus Merr.;榄绿粗叶木;Lanceolate Lasianthus, Olive Roughleaf ●

222210 Lasianthus lancilimbus Merr. = Lasianthus japonicus Miq. var. lancilimbus (Merr.) H. C. Lo ●

222211 Lasianthus langkokensis Drake ex Pit. = Lasianthus sikkimensis Hook. f. subsp. langkokensis (Pit.) H. Zhu ●

222212 Lasianthus laxinervis (Verdc.) Jannerup;疏脉粗叶木●☆

222213 Lasianthus lei Merr. et F. P. Metcalf ex H. S. Lo = Lasianthus tomentosus Blume ●

222214 Lasianthus lei Merr. et F. P. Metcalf ex H. S. Lo = Lasianthus trichophlebus Hemsl. var. latifolius (Miq.) H. Zhu ●

222215 Lasianthus linearisepalus C. Y. Wu et H. Zhu;线萼粗叶木;Linearcalyx Lasianthus, Linearcalyx Roughleaf ●

222216 Lasianthus lineolatus Craib;线叶粗叶木;Linearleaf Lasianthus, Linearleaf Roughleaf ●☆

222217 Lasianthus longicaudus Hook. f. = Lasianthus japonicus Miq. subsp. longicaudus (Hook. f.) C. Y. Wu et H. Zhu ●

222218 Lasianthus longipes K. Krause;长梗粗叶木●☆

222219 Lasianthus longisepalus Geddes;长萼粗叶木;Long-sepal Lasianthus, Long-sepal Roughleaf ●

222220 Lasianthus longisepalus Geddes = Lasianthus chevalieri Pit. ●

222221 Lasianthus longisepalus Geddes var. jianfengensis H. S. Lo;尖峰粗叶木;Jianfeng Lasianthus, Jianfeng Roughleaf ●

222222 Lasianthus longisepalus Geddes var. jianfengensis H. S. Lo = Lasianthus chevalieri Pit. ●

222223 Lasianthus lowianus King et Gamble = Saprosma lowiana (King et Gamble) H. Zhu ●☆

222224 Lasianthus lucidus Blume;无苞粗叶木;Smooth Lasianthus, Smooth Roughleaf ●

222225 Lasianthus lucidus Blume var. inconspicuus (Hook. f.) H. Zhu;椭圆叶无苞粗叶木●

222226 Lasianthus lucidus Blume var. inconspicuus (Hook. f.) H. Zhu = Lasianthus inconspicuus Hook. f. ●

222227 Lasianthus macrocalyx K. Schum.;大萼粗叶木●☆

222228 Lasianthus mayumbensis R. D. Good = Lasianthus africanus Hiern subsp. mayumbensis (R. D. Good) Jannerup ●☆

222229 Lasianthus micranthus Hook. f.;小花粗叶木;Small-flower Lasianthus, Small-flower Roughleaf, Small-flowered Lasianthus ●

222230 Lasianthus microcalyx K. Schum.;小萼粗叶木●☆

222231 Lasianthus microphyllus Elmer;小叶粗叶木(小叶鸡屎树);Small-leaf Lasianthus, Small-leaf Roughleaf ●

222232 Lasianthus microstachys Hayata;薄叶鸡屎树;Taiwan Lasianthus ●

222233 Lasianthus microstachys Hayata = Lasianthus micranthus Hook. f. ●

222234 Lasianthus nebulosa Simizu = Lasianthus japonicus Miq. ●

222235 Lasianthus nigricarpus Masam. = Lasianthus obliquinervis Merr. ●

222236 Lasianthus nigricarpus Masam. = Lasianthus verticillatus (Lour.) Merr. ●

222237 Lasianthus obliquinervis Merr.;斜脉粗叶木(鸡屎树);Obliquevein Lasianthus, Obliquevein Roughleaf, Oblique-veined Lasianthus ●

222238 Lasianthus obliquinervis Merr. = Lasianthus verticillatus (Lour.) Merr. ●

222239 Lasianthus obliquinervis Merr. var. nigricarpus (Masam.) Hatus. = Lasianthus obliquinervis Merr. ●

222240 Lasianthus obliquinervis Merr. var. simizu Tang S. Liu et H. C. Chao = Lasianthus simizui (Tang S. Liu et J. M. Chao) H. Zhu ●

222241 Lasianthus obliquinervis Merr. var. simizui Tang S. Liu et H. C. Chao = Lasianthus trichophlebus Merr. var. simizui (Tang S. Liu et H. C. Chao) H. Zhu ●

222242 Lasianthus obliquinervis Merr. var. taitoensis (Simizu) Tang S. Liu et H. C. Chao;台东鸡屎树(台中粗叶木);Taidong Lasianthus, Taidong Roughleaf, Taitung Lasianthus ●

222243 Lasianthus oblongus King et Gamble;长圆粗叶木●☆

222244 Lasianthus obscurus (Blume ex DC.) Miq.;林生粗叶木●

222245 Lasianthus octonervius Hand.-Mazz.;八脉鸡屎树;Eight-nerved Lasianthus, Eight-veins Lasianthus, Eight-veins Roughleaf ●

222246 Lasianthus octonervius Hand.-Mazz. = Lasianthus micranthus Hook. f. ●

222247 Lasianthus okelensis Schweinf. ex Hiern = Tricalysia okelensis Hiern ●☆

222248 Lasianthus parparascens Chun;紫色鸡屎树;Purple Lasianthus ●

222249 Lasianthus parvifolius Hayata = Lasianthus microphyllus Elmer ●

222250 Lasianthus pedunculatus E. A. Bruce;梗花粗叶木●☆

222251 Lasianthus pedunculatus E. A. Bruce subsp. angustisepalus Jannerup;窄萼鸡屎树●☆

222252 Lasianthus plagiophyllus Hance = Lasianthus attenuatus Jack ●

222253 Lasianthus plagiophyllus Hance = Lasianthus wallichii (Wight et Arn.) Wight ●

222254 Lasianthus poilanei Pit. = Lasianthus inodorus Blume ●

222255 Lasianthus pseudojaponicus Masam. = Lasianthus japonicus Miq. subsp. longicaudus (Hook. f.) C. Y. Wu et H. Zhu ●

222256 Lasianthus repens Hepper;匍匐鸡屎树●☆

222257 Lasianthus rhinocerotis Blume;东南亚鸡屎树●☆

222258 Lasianthus rhinocerotis Blume subsp. pedunculatus (Pit.) H. Zhu;黄毛粗叶木●

222259 Lasianthus rhinocerotis Blume subsp. xishuangbannaensis H. Zhu et H. Wang = Lasianthus rhinocerotis Blume var. xishuangbannaensis H. Zhu et H. Wang ●

222260 Lasianthus rhinocerotis Blume var. pedunculatus (Pit.) H. Zhu = Lasianthus rhinocerotis Blume subsp. pedunculatus (Pit.) H. Zhu ●

222261 Lasianthus rhinocerotis Blume var. pedunculatus Pit. = Lasianthus rhinocerotis Blume subsp. pedunculatus (Pit.) H. Zhu ●

222262 Lasianthus rhinocerotis Blume var. xishuangbannaensis H. Zhu et H. Wang;版纳粗叶木;Xishuangbanna Lasianthus, Xishuangbanna Roughleaf ●

222263 Lasianthus rigidus Miq.;硬大叶粗叶木●

222264 Lasianthus satsumensis Matsum. = Lasianthus japonicus Miq. var. satsumensis (Matsum.) Makino ●

222265 Lasianthus schmidtii K. Schum.;泰北粗叶木(秦北粗叶木,泰北鸡屎树);Kerr Lasianthus, Kerr Roughleaf ●

222266 Lasianthus seikomontanus Yamam. = Lasianthus micranthus Hook. f. ●

222267 Lasianthus setosus Craib = Lasianthus attenuatus Jack ●

222268 Lasianthus setosus Craib = Lasianthus wallichii (Wight et Arn.) Wight var. setosus (Craib) C. Y. Wu et H. Zhu ●

222269 Lasianthus sikkimensis Hook. f.;锡金粗叶木(千里马,上思粗叶木);Sikkim Lasianthus, Sikkim Roughleaf ●

222270 Lasianthus sikkimensis Hook. f. subsp. langkokensis (Pit.) H. Zhu;上思粗叶木;Tsang Lasianthus, Tsang Roughleaf ●

222271 Lasianthus simizui (Tang S. Liu et J. M. Chao) H. Zhu;清水氏鸡屎树●

222272 Lasianthus simizui (Tang S. Liu et J. M. Chao) H. Zhu = Lasianthus trichophlebus Merr. var. simizui (Tang S. Liu et J. M. Chao) H. Zhu ●

222273 Lasianthus sylvestris Blume var. latifolia Miq. = Lasianthus trichophlebus Hemsl. var. latifolius (Miq.) H. Zhu ●

222274 Lasianthus taiheizanensis Masam. et Suzuki = Lasianthus japonicus Miq. ●

222275 Lasianthus taitoensis Simizu = Lasianthus verticillatus (Lour.) Merr. ●

222276 Lasianthus taitoensis Simizu = Lasianthus verticillatus (Lour.) Merr. var. taitoensis (Simizu) H. Zhu ●

222277 Lasianthus tamirensis Pierre ex Pit. = Lasianthus verticillatus (Lour.) Merr. ●

222278 Lasianthus tashiroi Matsum. = Lasianthus fordii Hance ●

222279 Lasianthus tashiroi Matsum. var. pubescens Matsum. = Lasianthus fordii Hance var. pubescens (Matsum.) T. Yamaz. ●

222280 Lasianthus tashiroi Matsum. var. pubescens Matsum. = Lasianthus formosensis Matsum. ●

222281 Lasianthus tawadae Ohwi;田和代氏鸡屎树;Tawada Lasianthus ●

222282 Lasianthus tawadae Ohwi = Lasianthus fordii Hance var. pubescens (Matsum.) T. Yamaz. ●

222283 Lasianthus tentaculatus Hook. f.;大叶粗叶木;Tentaculate Lasianthus, Tentaculate Roughleaf ●

222284 Lasianthus tentaculatus Hook. f. = Lasianthus rigidus Miq. ●

222285 Lasianthus tenuicaudatus Merr.;狭尖叶粗叶木(细尾叶粗叶木);Finetail Lasianthus, Fine-tail Lasianthus, Finetail Roughleaf ●

222286 Lasianthus tenuicaudatus Merr. = Lasianthus formosensis Matsum. ●

222287 Lasianthus thorelii Pit. = Lasianthus wallichii (Wight et Arn.) Wight var. setosus (Craib) C. Y. Wu et H. Zhu ●

222288 Lasianthus tomentosus Blume;琼崖粗叶木(褐毛粗叶木);Qiongya Lasianthus, Qiongya Roughleaf ●

222289 Lasianthus tomentosus Blume var. hiiranensis (Hayata) H. Zhu;栖兰粗叶木;Chi-lan Shan Lasianthus, Xilan Lasianthus, Xilan Roughleaf, Xilanshan Roughleaf ●

222290 Lasianthus tonkinensis Drake = Lasianthus wallichii (Wight et Arn.) Wight ●

222291 Lasianthus trichophlebus Hemsl. = Lasianthus obliquinervis Merr. ●

222292 Lasianthus trichophlebus Hemsl. var. latifolius (Miq.) H. Zhu;栖兰钟萼粗叶木●

222293 Lasianthus trichophlebus Merr.;钟萼粗叶木;Bellcalyx Lasianthus, Bellcalyx Roughleaf, Bell-calyxed Lasianthus ●◇

222294 Lasianthus trichophlebus Merr. var. simizui (Tang S. Liu et J. M. Chao) H. Zhu;清水氏粗叶木(清水氏鸡屎树);Simizu's Lasianthus, Simizu's Roughleaf ●

222295 Lasianthus truncatus Bedd. = Lasianthus verticillatus (Lour.) Merr. ●

222296 Lasianthus tsangii Merr. ex H. L. Li;长苞鸡屎树(上思粗叶木);Tsang Lasianthus ●

222297 Lasianthus tsangii Merr. ex H. L. Li = Lasianthus sikkimensis Hook. f. ●

222298 Lasianthus tubiferus Hook. f.;管萼粗叶木(革叶粗叶木);Tube-calyx Lasianthus, Tube-calyx Roughleaf ●

222299 Lasianthus tubiferus Hook. f. = Lasianthus inodorus Blume ●

222300 Lasianthus urophylloides R. D. Good;尾叶粗叶木●☆

222301 Lasianthus verrucosus H. S. Lo;瘤果粗叶木;Verrucose Lasianthus, Verrucose Roughleaf ●

222302 Lasianthus verticillatus (Lour.) Merr.;轮萼粗叶木(鸡屎树,斜脉粗叶木);Black-fruited Lasianthus, Verticellate-sepaled Lasianthus ●

222303 Lasianthus verticillatus (Lour.) Merr. var. taitoensis (Simizu) H. Zhu = Lasianthus obliquinervis Merr. var. taitoensis (Simizu) Tang S. Liu et H. C. Chao ●

222304 Lasianthus wallacei E. A. Bruce;瓦利亚塞粗叶木●☆

222305 Lasianthus wallichii (Wight et Arn.) Wight;圆叶鸡屎树(赶狗木,瓦氏粗叶木,小叶鸡屎树,斜基粗叶木,斜基鸡屎树);Oblique Wallich Lasianthus, Oblique Wallich Roughleaf, Wallich Lasianthus, Wallich Roughleaf ●

222306 Lasianthus wallichii (Wight et Arn.) Wight = Lasianthus attenuatus Jack ●

222307 Lasianthus wallichii (Wight et Arn.) Wight subsp. plagiophyllus (Hance) C. Y. Wu et H. Zhu = Lasianthus attenuatus Jack ●

222308 Lasianthus wallichii (Wight et Arn.) Wight subsp. plagiophyllus (Hance) C. Y. Wu et H. Zhu = Lasianthus wallichii (Wight et Arn.) Wight ●

222309 Lasianthus wallichii (Wight et Arn.) Wight var. hispidocostatus H. Zhu = Lasianthus attenuatus Jack ●

222310 Lasianthus wallichii (Wight et Arn.) Wight var. hispidocostatus H. Zhu;缘毛粗叶木;Hispidocostate Lasianthus, Hispidocostate Roughleaf ●

222311 Lasianthus wallichii (Wight et Arn.) Wight var. setosus (Craib) C. Y. Wu et H. Zhu;硬毛粗叶木;Setose Wallich

Lasianthus, Setose Wallich Roughleaf ●

222312 Lasianthus wallichii Wight = Lasianthus attenuatus Jack ●

222313 Lasianthus wardii C. E. C. Fisch. et Kaul;滇西粗叶木(沃德粗叶木);Ward Lasianthus, Ward Roughleaf ●

222314 Lasianthus xanthospermus K. Schum. = Lasianthus kilimandscharicus K. Schum. var. xanthospermus (K. Schum.) Jannerup ●☆

222315 Lasianthus zambalensis Elmer = Lasianthus fordii Hance ●

222316 Lasiarrhenum I. M. Johnst. (1924);雄毛紫草属■☆

222317 Lasiarrhenum strigosum (Kunth) I. M. Johnst.;雄毛紫草■☆

222318 Lasierpa Torr. = Chiogenes Salisb. ●

222319 Lasierpa Torr. = Gaultheria L. ●

222320 Lasimorpha Schott = Cyrtosperma Griff. ■

222321 Lasimorpha Schott(1857);多毛南星属■☆

222322 Lasimorpha afzelii Schott = Lasimorpha senegalensis Schott ■☆

222323 Lasimorpha senegalensis Schott;多毛南星■☆

222324 Lasinema Steud. = Lysinema R. Br. ●☆

222325 Lasingrostis Link = Lasiagrostis Link ■

222326 Lasinia Raf. = Baptisia Vent. ■☆

222327 Lasiobema (Korth.) Miq. = Bauhinia L. ●

222328 Lasiobema Korth. = Bauhinia L. ●

222329 Lasiobema Miq. = Bauhinia L. ●

222330 Lasiobema anguina (Roxb.) Korth. ex Miq. = Bauhinia scandens L. ●

222331 Lasiobema championii (Benth.) de Wit = Bauhinia championii (Benth.) Benth. ●

222332 Lasiobema comosa (Craib) A. Schmitz = Bauhinia comosa Craib ●

222333 Lasiobema delavayi (Franch.) A. Schmitz = Bauhinia delavayi Franch. ●

222334 Lasiobema esquirolii (Gagnep.) de Wit = Bauhinia esquirolii Gagnep. ●

222335 Lasiobema horsfieldii Miq. = Bauhinia scandens L. ●

222336 Lasiobema horsfieldii Watt ex Prain = Bauhinia scandens L. var. horsfieldii (Watt ex Prain) K. Larsen et S. S. Larsen ●

222337 Lasiobema horsfleldii Miq. = Bauhinia scandens L. var. horsfieldii (Watt ex Prain) K. Larsen et S. S. Larsen ●

222338 Lasiobema hunanense (Hand.-Mazz.) de Wit = Bauhinia championii (Benth.) Benth. ●

222339 Lasiobema japonica (Maxim.) de Wit = Bauhinia japonica Maxim. ●

222340 Lasiobema japonicum (Maxim.) de Wit = Bauhinia japonica Maxim. ●

222341 Lasiobema retusa (Roxb.) de Wit = Bauhinia retusa Roxb. ●☆

222342 Lasiobema scandens (L.) de Wit = Bauhinia scandens L. ●

222343 Lasiobema scandens (L.) de Wit var. horsfieldii (Watt ex Prain) de Wit = Bauhinia scandens L. ●

222344 Lasiobema scandens (L.) de Wit var. horsfleldii (Watt ex Prain) de Wit = Bauhinia scandens L. var. horsfieldii (Watt ex Prain) K. Larsen et S. S. Larsen ●

222345 Lasiobema yunnanensis (Franch.) A. Schmitz = Bauhinia yunnanensis Franch. et Metcalf ●

222346 Lasiocarphus Pohl ex Baker = Stilpnopappus Mart. ex DC. ●■☆

222347 Lasiocarpus Banks et Sol. ex Hook. f. = Acaena L. ■●☆

222348 Lasiocarpus Liebm. (1854);毛果金虎尾属●☆

222349 Lasiocarpus salicifolius Liebm.;毛果金虎尾●☆

222350 Lasiocarys Ball f. = Lasiocorys Benth. ●■

222351 Lasiocarys Ball f. = Leucas Burm. ex R. Br. ●■

222352 Lasiocaryum I. M. Johnst. (1925);毛果草属;Hairyfruitgrass ■

222353 Lasiocaryum densiflorum (Duthie) Johnst.;毛果草(密花毛果草);Hairyfruitgrass ■

222354 Lasiocaryum munroi (C. B. Clarke) Johnst.;小花毛果草(毛果草);Munro Hairyfruitgrass, Smallflower Hairyfruitgrass ■

222355 Lasiocaryum trichocarpum (Hand.-Mazz.) I. M. Johnst.;云南毛果草;Yunnan Hairyfruitgrass ■

222356 Lasiocephalus Schltdl. = Lasiocephalus Willd. ex Schltdl. ●☆

222357 Lasiocephalus Willd. ex Schltdl. (1818);绵头菊属●☆

222358 Lasiocephalus Willd. ex Schltdl. = Culcitium Bonpl. ■☆

222359 Lasiocephalus hypoleucus (Turcz.) C. Jeffrey;里白绵头菊●☆

222360 Lasiocephalus ovatus Schlecht.;卵形绵头菊●☆

222361 Lasiocereus F. Ritter = Haageocereus Backeb. ●☆

222362 Lasiochlamys Pax et K. Hoffm. (1922);毛被大风子属●☆

222363 Lasiochlamys reticulata Pax et K. Hoffm.;毛被大风子●☆

222364 Lasiochloa Kunth = Tribolium Desv. ■☆

222365 Lasiochloa adscendens (Schrad. ex Schult.) Kunth = Tribolium ciliare (Stapf) Renvoize ■☆

222366 Lasiochloa alopecuroides Hack. = Stiburus alopecuroides (Hack.) Stapf ■☆

222367 Lasiochloa ciliaris Kunth = Tribolium ciliare (Stapf) Renvoize ■☆

222368 Lasiochloa echinata (Thunb.) Adamson = Tribolium echinatum (Thunb.) Renvoize ■☆

222369 Lasiochloa hirta (Schrad.) Kunth = Tribolium hispidum (Thunb.) Desv. ■☆

222370 Lasiochloa hispida (Thunb.) Kunth = Tribolium hispidum (Thunb.) Desv. ■☆

222371 Lasiochloa laevis Kunth = Festuca scabra Vahl ■☆

222372 Lasiochloa longifolia (Schrad.) Kunth = Tribolium hispidum (Thunb.) Desv. ■☆

222373 Lasiochloa longifolia (Schrad.) Kunth var. pallens Stapf = Tribolium hispidum (Thunb.) Desv. ■☆

222374 Lasiochloa obtusifolia Nees = Tribolium obtusifolium (Nees) Renvoize ■☆

222375 Lasiochloa ovata Nees = Tribolium obtusifolium (Nees) Renvoize ■☆

222376 Lasiochloa serrata Kunth = Festuca scabra Vahl ■☆

222377 Lasiochloa utriculosa Nees = Tribolium utriculosum (Nees) Renvoize ■☆

222378 Lasiochloa villosa (Thunb.) Kunth = Dactylis villosa Thunb. ■☆

222379 Lasiocladus Bojer ex Nees(1847);毛枝爵床属●☆

222380 Lasiocladus anthospermifolius Bojer ex Nees;毛枝爵床●☆

222381 Lasiocladus chlorotrichos Bojer ex Nees = Hypoestes chlorotricha (Bojer ex Nees) Benoist ●☆

222382 Lasiocladus mollis Benoist;软毛枝爵床●☆

222383 Lasiococca Hook. f. (1887);轮叶戟属;Lasiococca ●

222384 Lasiococca comberi Haines;印度轮叶戟;India Lasiococca ●

222385 Lasiococca comberi Haines var. pseudoverticillata (Merr.) H. S. Kiu;轮叶戟(假轮生水柳,假轮叶水柳,肋巴木);Comber Lasiococca ●

222386 Lasiococca symphyllifolia (Kurz) Hook. f.;短柄轮叶戟●☆

222387 Lasiococcus Small = Gaylussacia Kunth(保留属名)●☆

222388 Lasiocoma Bolus = Euryops (Cass.) Cass. ●■☆

222389 Lasiocoma petrophiloides (DC.) Bolus = Euryops multifidus

(Thunb.) DC. ●☆

222390 Lasiocorys Benth. = Leucas Burm. ex R. Br. ●■

222391 Lasiocorys abyssinica Benth. = Leucas abyssinica (Benth.) Briq. ●☆

222392 Lasiocorys abyssinica Benth. var. brachycalyx Chiov. = Leucas abyssinica (Benth.) Briq. var. brachycalyx (Chiov.) Lanza ●☆

222393 Lasiocorys aggerestris Wild = Leucas aggerestris (Wild) Sebald ●☆

222394 Lasiocorys argyrophylla Vatke = Leucas abyssinica (Benth.) Briq. var. argyrophylla (Vatke) Sebald ●☆

222395 Lasiocorys capensis Benth. = Leucas capensis (Benth.) Engl. ●☆

222396 Lasiocorys de-gasparisiana Buscal. et Muschl. = Leucas nyassae Gürke ■☆

222397 Lasiocorys eenii (Hiern) Baker = Acrotome inflata Benth. ■☆

222398 Lasiocorys hyssopifolia Franch. = Leucas abyssinica (Benth.) Briq. var. argyrophylla (Vatke) Sebald ●☆

222399 Lasiocorys pechuelii Kuntze = Leucas pechuelii (Kuntze) Gürke ●☆

222400 Lasiocorys poggeana (Briq.) Baker = Hyptis lanceolata Poir. ■☆

222401 Lasiocorys stachydiformis Hochst. ex Benth. = Leucas stachydiformis (Hochst. ex Benth.) Briq. ●☆

222402 Lasiocorys stachydiformis Hochst. ex Benth. var. argentea Chiov. = Leucas stachydiformis (Hochst. ex Benth.) Briq. ●☆

222403 Lasiocorys stachydiformis Hochst. ex Benth. var. scioana Chiov. = Leucas stachydiformis (Hochst. ex Benth.) Briq. ●☆

222404 Lasiocroton Griseb. (1859);多毛巴豆属●☆

222405 Lasiocroton macrophyllus (Sw.) Griseb.;多毛巴豆●☆

222406 Lasiodendrum Post et Kuntze = ? Lasiocroton Griseb. ●☆

222407 Lasiodiscus Hook. f. (1862);毛盘鼠李属●☆

222408 Lasiodiscus articulatus Capuron = Colubrina articulata (Capuron) Figueiredo ●☆

222409 Lasiodiscus chevalieri Hutch.;舍瓦利耶毛盘鼠李●☆

222410 Lasiodiscus contumax N. Hallé = Lasiodiscus fasciculiflorus Engl. ●☆

222411 Lasiodiscus fasciculiflorus Engl.;簇花毛盘鼠李●☆

222412 Lasiodiscus ferrugineus Verdc. = Lasiodiscus pervillei Baill. subsp. ferrugineus (Verdc.) Figueiredo ●☆

222413 Lasiodiscus gillardinii Staner;吉拉尔丹毛盘鼠李●☆

222414 Lasiodiscus holtzii Engl.;霍尔茨毛盘鼠李●☆

222415 Lasiodiscus klainei Pierre = Lasiodiscus mannii Hook. f. ●☆

222416 Lasiodiscus lebrunii Figueiredo;勒布伦毛盘鼠李●☆

222417 Lasiodiscus mannii Hook. f.;曼氏毛盘鼠李●☆

222418 Lasiodiscus mannii Hook. f. var. chevalieri (Hutch.) N. Hallé = Lasiodiscus chevalieri Hutch. ●☆

222419 Lasiodiscus mannii Hook. f. var. tessmannii Engl. = Lasiodiscus mannii Hook. f. ●☆

222420 Lasiodiscus marmoratus C. H. Wright;大理石毛盘鼠李●☆

222421 Lasiodiscus mildbraedii Engl.;米尔德毛盘鼠李●☆

222422 Lasiodiscus mildbraedii Engl. subsp. ferrugineus (Verdc.) Faden = Lasiodiscus pervillei Baill. subsp. ferrugineus (Verdc.) Figueiredo ●☆

222423 Lasiodiscus mildbraedii Engl. var. undulatus Suess. = Lasiodiscus pervillei Baill. ●☆

222424 Lasiodiscus palustris Figueiredo;沼泽毛盘鼠李●☆

222425 Lasiodiscus pervillei Baill.;佩尔毛盘鼠李●☆

222426 Lasiodiscus pervillei Baill. subsp. ferrugineus (Verdc.) Figueiredo;锈色毛盘鼠李●☆

222427 Lasiodiscus seretii De Wild. = Iodes seretii (De Wild.) Boutique ●☆

222428 Lasiodiscus usambarensis Engl.;乌桑巴拉毛盘鼠李●☆

222429 Lasiodiscus usambarensis Engl. var. gossweileri Cavaco = Lasiodiscus fasciculiflorus Engl. ●☆

222430 Lasiodiscus zenkeri Suess. = Lasiodiscus mannii Hook. f. ●☆

222431 Lasiogyne Klotzsch = Croton L. ●

222432 Lasiolaena R. M. King et H. Rob. (1972);绵被菊属●☆

222433 Lasiolaena blanchetiii (Schultz Sch. ex Baker) R. M. King et H. Rob.;绵被菊●☆

222434 Lasiolepis Benn. = Harrisonia R. Br. ex A. Juss. (保留属名)●

222435 Lasiolepis Boeck. = Eriocaulon L. ■

222436 Lasiolytrum Steud. = Arthraxon P. Beauv. ■

222437 Lasiolytrum hispidum (Thunb.) Steud. = Arthraxon hispidus (Thunb.) Makino ■

222438 Lasiolytrum hispidum Steud. = Arthraxon hispidus (Thunb.) Makino ■

222439 Lasiomorpha Post et Kuntze = Cyrtosperma Griff. ■

222440 Lasiomorpha Post et Kuntze = Lasimorpha Schott ■☆

222441 Lasiomorpha Schott = Lasimorpha Schott ■☆

222442 Lasionema D. Don = Macrocnemum P. Browne ●☆

222443 Lasiopera Hoffmanns. et Link = Bellardia All. + Odonttites Zinn + Parentucellia Viv. ■☆

222444 Lasiopetalaceae J. Agardh = Malvaceae Juss. (保留科名)●■

222445 Lasiopetalaceae J. Agardh = Sterculiaceae Vent. (保留科名)●■

222446 Lasiopetalaceae J. Agardh;柔木科●☆

222447 Lasiopetalaceae Rchb. = Malvaceae Juss. (保留科名)●■

222448 Lasiopetalaceae Rchb. = Sterculiaceae Vent. (保留科名)●■

222449 Lasiopetalum Sm. (1798);柔木属●☆

222450 Lasiopetalum behrii F. Muell.;柔木;Pink Velvet Bush ●☆

222451 Lasiopetalum macrophyllum Graham;阔叶柔木;Shrubby Rusty Petals ●☆

222452 Lasiophyton Hook. et Arn. = Micropsis DC. ■☆

222453 Lasiopoa Ehrh. = Bromus L. (保留属名)■

222454 Lasiopogon Cass. (1818);密毛紫绒草属■☆

222455 Lasiopogon brachypterus O. Hoffm. ex Zahlbr.;短翅密毛紫绒草■☆

222456 Lasiopogon debilis (Thunb.) Hilliard;柔弱密毛紫绒草■☆

222457 Lasiopogon glomerulatus (Harv.) Hilliard;团集密毛紫绒草■☆

222458 Lasiopogon minutus (B. Nord.) Hilliard et B. L. Burtt;微小密毛紫绒草■☆

222459 Lasiopogon molluginoides DC. = Ifloga molluginoides (DC.) Hilliard ■☆

222460 Lasiopogon muscoides (Desf.) DC.;苔藓紫绒草■☆

222461 Lasiopogon ponticulus Hilliard;蓬特密毛紫绒草■☆

222462 Lasiopogon volkii (B. Nord.) Hilliard;福尔克密毛紫绒草■☆

222463 Lasioptora Andrz. ex DC. = Lepidium L. ■

222464 Lasiopus Cass. = Gerbera L. (保留属名)■

222465 Lasiopus D. Don = Eriopus D. Don ■

222466 Lasiopus D. Don = Taraxacum F. H. Wigg. (保留属名)■

222467 Lasiopus ambiguus Cass. = Gerbera ambigua (Cass.) Sch. Bip. ■☆

222468 Lasiopus bojeri DC. = Gerbera bojeri (DC.) Sch. Bip. ■☆

222469 Lasiopus candollei DC. = Gerbera piloselloides (L.) Cass. ■

222470 Lasiopus coriaceus DC. = Gerbera ambigua (Cass.) Sch. Bip. ■☆
222471 Lasiopus viridifolius DC. = Gerbera viridifolia (DC.) Sch. Bip. ■☆
222472 Lasiopus viridifolius DC. var. hirsutus ? = Gerbera viridifolia (DC.) Sch. Bip. ■☆
222473 Lasiorhachis (Hack.) Stapf = Saccharum L. ■
222474 Lasiorhiza Kuntze = Saccharum L. ■
222475 Lasiorrhachis (Hack.) Stapf = Saccharum L. ■
222476 Lasiorrhachis Stapf. = Saccharum L. ■
222477 Lasiorrhiza Lag. = Leuceria Lag. ■☆
222478 Lasiosiphon Fresen. (1838);毛管木属●☆
222479 Lasiosiphon Fresen. = Gnidia L. ●☆
222480 Lasiosiphon anthylloides (L. f.) Meisn. = Gnidia anthylloides (L. f.) Gilg ●☆
222481 Lasiosiphon baronii Baker = Gnidia daphnifolia L. f. ●☆
222482 Lasiosiphon bojerianus Decne. = Gnidia bojeriana (Decne.) Gilg ●☆
222483 Lasiosiphon burchellii Meisn. = Gnidia burchellii (Meisn.) Gilg ●☆
222484 Lasiosiphon burchellii Meisn. var. angustifolius C. H. Wright = Gnidia burchellii (Meisn.) Gilg ●☆
222485 Lasiosiphon burchellii Meisn. var. glabrifolius ? = Gnidia burchellii (Meisn.) Gilg ●☆
222486 Lasiosiphon caffer Meisn. = Gnidia caffra (Meisn.) Gilg ●☆
222487 Lasiosiphon capitatus (L. f.) Burtt Davy = Gnidia capitata L. f. ●☆
222488 Lasiosiphon coriaceus Léandri = Atemnosiphon coriaceus (Léandri) Léandri ●☆
222489 Lasiosiphon deserticola (Gilg) C. H. Wright = Gnidia deserticola Gilg ●☆
222490 Lasiosiphon dregeanus (Meisn.) Endl. = Gnidia dregeana Meisn. ●☆
222491 Lasiosiphon dumetorum Léandri = Gnidia daphnifolia L. f. ●☆
222492 Lasiosiphon eriocephalus Decne.;锦头毛管木●☆
222493 Lasiosiphon glaucus Fresen. = Gnidia glauca (Fresen.) Gilg ●☆
222494 Lasiosiphon hildebrandtii Scott-Elliot = Gnidia daphnifolia L. f. ●☆
222495 Lasiosiphon hoepfnerianus Vatke ex Gilg = Gnidia kraussiana Meisn. ●☆
222496 Lasiosiphon kraussianus (Meisn.) Burtt Davy = Gnidia kraussiana Meisn. ●☆
222497 Lasiosiphon kraussianus (Meisn.) Burtt Davy var. villosus Burtt Davy = Gnidia kraussiana Meisn. ●☆
222498 Lasiosiphon kraussii Meisn. = Gnidia kraussiana Meisn. ●☆
222499 Lasiosiphon lampranthus (Gilg) H. Pearson = Gnidia lamprantha Gilg ●☆
222500 Lasiosiphon latifolius (Oliv.) Brenan = Gnidia latifolia (Oliv.) Gilg ●☆
222501 Lasiosiphon linifolius Decne. = Gnidia capitata L. f. ●☆
222502 Lasiosiphon macropetalus (Meisn.) Meisn. = Gnidia macropetala Meisn. ●☆
222503 Lasiosiphon madagascariensis Decne. = Gnidia daphnifolia L. f. ●☆
222504 Lasiosiphon madagascariensis Decne. var. angustifolius Léandri = Gnidia daphnifolia L. f. ●☆
222505 Lasiosiphon madagascariensis Decne. var. parvifolius Léandri = Gnidia daphnifolia L. f. ●☆
222506 Lasiosiphon meisnerianus Endl. = Gnidia cuneata Meisn. ●☆
222507 Lasiosiphon microphyllus (Meisn.) Meisn. = Gnidia microphylla Meisn. ●☆
222508 Lasiosiphon mollissimus E. A. Bruce = Gnidia kraussiana Meisn. var. mollissima (E. A. Bruce) A. Robyns ●☆
222509 Lasiosiphon nanus Burtt Davy = Gnidia robusta B. Peterson ●☆
222510 Lasiosiphon oliveri Vatke = Gnidia oliveriana Engl. et Gilg ●☆
222511 Lasiosiphon ornatus Burtt Davy = Gnidia albosericea Moss ex B. Peterson ●☆
222512 Lasiosiphon polyanthus Gilg;多花毛管木●☆
222513 Lasiosiphon polyanthus Gilg = Gnidia polyantha Gilg ●☆
222514 Lasiosiphon pubescens Decne. var. carinatus Léandri = Gnidia daphnifolia L. f. ●☆
222515 Lasiosiphon pubescens Decne. var. multifolius Léandri = Gnidia daphnifolia L. f. ●☆
222516 Lasiosiphon pulchellus (Meisn.) Decne. = Gnidia pulchella Meisn. ●☆
222517 Lasiosiphon rostratus Meisn. = Gnidia daphnifolia L. f. ●☆
222518 Lasiosiphon saxatilis Scott-Elliot = Gnidia daphnifolia L. f. ●☆
222519 Lasiosiphon somalensis H. Pearson var. glabrus ? = Gnidia somalensis (Franch.) Gilg var. glabra (H. Pearson) Cufod. ●☆
222520 Lasiosiphon splendens (Meisn.) Endl. = Gnidia splendens Meisn. ●☆
222521 Lasiosiphon suffrutescens Léandri = Gnidia daphnifolia L. f. ●☆
222522 Lasiosiphon triplinervis (Meisn.) Decne. = Gnidia triplinervis Meisn. ●☆
222523 Lasiosiphon waterlotii Léandri = Gnidia daphnifolia L. f. ●☆
222524 Lasiosiphon wilmsii C. H. Wright = Gnidia wilmsii (C. H. Wright) Engl. ●☆
222525 Lasiospermum Fisch. = Scorzonera L. ■
222526 Lasiospermum Lag. (1816);绵子菊属■☆
222527 Lasiospermum bipinnatum (Thunb.) Druce; 双羽绵子菊; Cocoonhead ■☆
222528 Lasiospermum brachyglossum DC.;短舌绵子菊■☆
222529 Lasiospermum erectum (Lam.) Druce = Lasiospermum pedunculare Lag. ■☆
222530 Lasiospermum eriospermum (Pers.) G. Don = Lasiospermum pedunculare Lag. ■☆
222531 Lasiospermum pedunculare Lag.;梗花绵子菊■☆
222532 Lasiospermum poterioides Hutch.;肖地榆绵子菊■☆
222533 Lasiospora Cass. = Scorzonera L. ■
222534 Lasiostega Benth. = Buchloe Engelm. (保留属名)■
222535 Lasiostega Rupr. ex Benth. = Buchloe Engelm. (保留属名)■
222536 Lasiostelma Benth. = Brachystelma R. Br. (保留属名)■
222537 Lasiostelma benthamii K. Schum. = Brachystelma sandersonii (Oliv.) N. E. Br. ■☆
222538 Lasiostelma gerrardii (Harv.) Schltr. = Brachystelma gerrardii Harv. ■☆
222539 Lasiostelma longifolium (Schltr.) Schltr. = Brachystelma longifolium (Schltr.) N. E. Br. ■☆
222540 Lasiostelma macropetalum (Schltr.) Schltr. = Brachystelma macropetalum (Schltr.) N. E. Br. ■☆
222541 Lasiostelma nanum Schltr. = Brachystelma nanum (Schltr.) N. E. Br. ■☆
222542 Lasiostelma ramosissimum (Schltr.) Schltr. = Brachystelma

ramosissimum (Schltr.) N. E. Br. ■☆
222543 Lasiostelma sandersonii Oliv. = Brachystelma sandersonii (Oliv.) N. E. Br. ■☆
222544 Lasiostelma somalense Schltr. = Caralluma priogonium K. Schum. ■☆
222545 Lasiostelma subaphyllum (K. Schum.) Schltr. = Caralluma edulis (Edgew.) Benth. ■☆
222546 Lasiostemon Benth. et Hook. f. = Angostura Roem. et Schult. ●☆
222547 Lasiostemon Benth. et Hook. f. = Cusparia Humb. ex R. Br. ●☆
222548 Lasiostemon Benth. et Hook. f. = Lasiostemum Nees et Mart. ●☆
222549 Lasiostemon Schott ex Endl. = Esterhazya J. C. Mikan ■☆
222550 Lasiostemum Nees et Mart. = Angostura Roem. et Schult. ●☆
222551 Lasiostemum Nees et Mart. = Cusparia Humb. ex R. Br. ●☆
222552 Lasiostoma Benth. = Hydnophytum Jack ■☆
222553 Lasiostoma Schreb. = Rouhamon Aubl. ●
222554 Lasiostoma Schreb. = Strychnos L. ●
222555 Lasiostomum Zipp. ex Blume = Geniostoma J. R. Forst. et G. Forst. ●
222556 Lasiostyles C. Presl = Cleidion Blume ●
222557 Lasiostylis Pax et K. Hoffm. = Cleidion Blume ●
222558 Lasiostylis Pax et K. Hoffm. = Lasiostyles C. Presl ●
222559 Lasiotrichos Lehm. = Fingerhuthia Nees ■☆
222560 Lasipana Raf. = Echinus L. Lour. ●
222561 Lasipana Raf. = Mallotus Lour. ●
222562 Lasiurus Boiss. (1859);髯茅属(髯毛茅属)■☆
222563 Lasiurus ecaudatus Y. Satyan. et Shankar. = Lasiurus scindicus Henrard ■☆
222564 Lasiurus epectinatus Napper = Loxodera caespitosa (C. E. Hubb.) Simon ■☆
222565 Lasiurus hirsutus (Forssk.) Boiss. = Lasiurus scindicus Henrard ■☆
222566 Lasiurus hirsutus (Forssk.) Boiss. subsp. arabicus Chrtek = Lasiurus scindicus Henrard ■☆
222567 Lasiurus maitlandii Stapf et C. E. Hubb. = Loxodera ledermannii (Pilg.) Clayton ■☆
222568 Lasiurus scindicus Henrard;髯茅■☆
222569 Lasius Adans. = Pavonia Cav. (保留属名)●■☆
222570 Lasius Hassk. = Lasia Lour. ■
222571 Lasjia P. H. Weston et A. R. Mast = Macadamia F. Muell. ●
222572 Lasjia P. H. Weston et A. R. Mast(2008);昆士兰山龙眼属●☆
222573 Lass Adans. (废弃属名) = Pavonia Cav. (保留属名)●■☆
222574 Lassa Kuntze = Lasius Adans. ●■☆
222575 Lassa Kuntze = Pavonia Cav. (保留属名)●■☆
222576 Lassia Baill. = Tragia L. ●☆
222577 Lassonia Buc'hoz = Magnolia L. ●
222578 Lassonia heptapeta Buc'hoz = Magnolia denudata Desr. ex Lam. ●
222579 Lassonia heptapeta Buc'hoz = Yulania denudata (Desr.) D. L. Fu ●
222580 Lassonia quinquepeta Buc'hoz = Magnolia liliiflora Desr. ●
222581 Lassonia quinquepeta Buc'hoz = Yulania liliiflora (Desr.) D. L. Fu ●
222582 Lastarriaca B. D. Jacks. = Lastarriaea J. Rémy ■☆
222583 Lastarriaea J. Rémy = Chorizanthe R. Br. ex Benth. ■●☆
222584 Lastarriaea J. Rémy (1851-1852);少蕊刺花蓼属;Spineflower ■☆
222585 Lastarriaea chilensis J. Rémy subsp. californica H. Gross = Lastarriaea coriacea (Goodman) Hoover ■☆
222586 Lastarriaea coriacea (Goodman) Hoover;少蕊刺花蓼;Leather Spineflower ■☆
222587 Lastarriaea lastarriaea Parry var. californica (H. Gross) Goodman = Lastarriaea coriacea (Goodman) Hoover ■☆
222588 Lasthenia Cass. (1834);金田菊属;Goldfields ■☆
222589 Lasthenia ambigua A. Gray = Eriophyllum ambiguum (A. Gray) A. Gray ■☆
222590 Lasthenia burkei (Greene) Greene; 伯克金田菊; Burke's Goldfields ■☆
222591 Lasthenia californica DC. ex Lindl.; 加州金田菊; California Goldfields ■☆
222592 Lasthenia californica DC. ex Lindl. subsp. bakeri (J. T. Howell) R. Chan;贝克金田菊;Baker's Goldfields ■☆
222593 Lasthenia californica DC. ex Lindl. subsp. macrantha (A. Gray) R. Chan;大花加州金田菊;Perennial Goldfields ■☆
222594 Lasthenia chrysantha (Greene ex A. Gray) Greene;黄花金田菊;Alkali-sink Goldfields ■☆
222595 Lasthenia chrysostoma (Fisch. et C. A. Mey.) Greene = Lasthenia californica DC. ex Lindl. ■☆
222596 Lasthenia conjugens Greene; 接合金田菊; Contra Costa Goldfields ■☆
222597 Lasthenia coronaria (Nutt.) Ornduff; 金田菊; Crowned Goldfields, Royal Goldfields ■☆
222598 Lasthenia coulteri (A. Gray) Greene = Lasthenia glabrata Lindl. subsp. coulteri (A. Gray) Ornduff ■☆
222599 Lasthenia debilis (Greene ex A. Gray) Ornduff;蔓茎金田菊;Greene's Goldfields ■☆
222600 Lasthenia ferrisiae Ornduff;费氏金田菊;Ferris' Goldfields ■☆
222601 Lasthenia fremontii (Torr. ex A. Gray) Greene;弗雷蒙金田菊;Fremont's Goldfields ■☆
222602 Lasthenia glaberrima DC.;光金田菊;Smooth Goldfields ■☆
222603 Lasthenia glabrata Lindl.;黄线金田菊;Yellow-ray Goldfields ■☆
222604 Lasthenia glabrata Lindl. subsp. coulteri (A. Gray) Ornduff;库尔特金田菊;Coulter's Goldfields ■☆
222605 Lasthenia glabrata Lindl. var. californica Jeps. = Lasthenia glabrata Lindl. ■☆
222606 Lasthenia glabrata Lindl. var. coulteri A. Gray = Lasthenia glabrata Lindl. subsp. coulteri (A. Gray) Ornduff ■☆
222607 Lasthenia gracilis (DC.) Greene; 纤细金田菊; Common Goldfields ■☆
222608 Lasthenia hirsutula Greene = Lasthenia californica DC. ex Lindl. ■☆
222609 Lasthenia leptalea (A. Gray) Ornduff; 萨里纳斯金田菊; Salinas Valley Goldfields ■☆
222610 Lasthenia macrantha (A. Gray) Greene = Lasthenia californica DC. ex Lindl. subsp. macrantha (A. Gray) R. Chan ■☆
222611 Lasthenia macrantha (A. Gray) Greene subsp. bakeri (J. T. Howell) Ornduff = Lasthenia californica DC. ex Lindl. subsp. bakeri (J. T. Howell) R. Chan ■☆
222612 Lasthenia macrantha (A. Gray) Greene subsp. prisca Ornduff = Lasthenia ornduffii R. Chan ■☆
222613 Lasthenia maritima (A. Gray) M. C. Vasey; 滨海金田菊; Maritime Goldfields, Seaside Goldfields ■☆
222614 Lasthenia microglossa (DC.) Greene;小舌金田菊;Small-ray

Goldfields ■☆
222615 Lasthenia minor (DC.) Ornduff;小金田菊;Coastal Goldfields ■☆
222616 Lasthenia minor (DC.) Ornduff subsp. maritima (A. Gray) Ornduff = Lasthenia maritima (A. Gray) M. C. Vasey ■☆
222617 Lasthenia ornduffii R. Chan;奥恩金田菊;Ornduff's Goldfields ■☆
222618 Lasthenia platycarpha (A. Gray) Greene;碱地金田菊;Alkali Goldfields ■☆
222619 Lastila Alef. = Lathyrus L. ■
222620 Laston C. Pau = Festuca L. ■
222621 Lasynema Poir. = Lysinema R. Br. ●☆
222622 Latace Phil. = Leucocoryne Lindl. ■☆
222623 Latana Robin = Lantana L.(保留属名)●
222624 Latania Comm. = Latania Comm. ex Juss. ●☆
222625 Latania Comm. ex Juss.(1789);黄脉榈属(彩叶棕属,黄金榈属,黄金棕榈属,拉坦榈属,拉坦棕属);Latan Palm,Latania ●☆
222626 Latania borbonica Lem.;拉坦棕;Bourbon Palm,Commerson's Latan Palm,Red Latan Palm ●☆
222627 Latania borbonica Lem. = Latania commersonii J. F. Gmel. ●☆
222628 Latania borbonica Lem. = Latania lontaroides (Gaertn.) H. E. Moore ●☆
222629 Latania borbonica W. Watson = Latania chinensis Jacq. ●
222630 Latania borbonica W. Watson = Livistona chinensis (Jacq.) R. Br. ex Mart. ●
222631 Latania chinensis Jacq. = Latania borbonica W. Watson ●
222632 Latania chinensis Jacq. = Livistona chinensis (Jacq.) R. Br. ex Mart. ●
222633 Latania commersonii J. F. Gmel.;康氏黄脉榈●☆
222634 Latania loddigesii Mart.;蓝色拉坦棕(蓝棕榈,罗杰氏棕榈);Blue Latan Palm,Blue Latan,Loddges' Latania,Silver Latania ●☆
222635 Latania lontaroides (Gaertn.) H. E. Moore;红棕榈(红脉葵)●☆
222636 Latania verschaffeltii Lem.;黄拉坦棕(黄金棕榈,黄棕榈);Yellow Latan Palm,Yellow Latan ●☆
222637 Laterifissum Dulac = Montia L. ■☆
222638 Lateropora A. C. Sm.(1932);瓮花莓属●☆
222639 Lateropora ovata A. C. Sm.;瓮花莓●☆
222640 Lathirus Neck. = Lathyrus L. ■
222641 Lathraea L.(1753);齿鳞草属(拉悉雷属);Lathraea,Toothwort ■
222642 Lathraea chinfushanica Hu et Ts. Tang;金佛山齿鳞草;Chinfu Mountain Lathraea,Jinfoshan Lathraea ■
222643 Lathraea chinfushanica Hu et Ts. Tang = Lathraea japonica Miq. ■
222644 Lathraea clandestina L.;杨柳齿鳞草;Purple Toothwort,Toothwort,Willow Toothwort ■☆
222645 Lathraea japonica Miq.;齿鳞草;Japan Toothwort,Japanese Lathraea ■
222646 Lathraea japonica Miq. var. miqueliana (Franch. et Sav.) Ohwi = Lathraea japonica Miq. ■
222647 Lathraea japonica Miq. var. miqueliana (Franch. et Sav.) Ohwi f. alba Hid. Takah. et Katsuyama;白齿鳞草■☆
222648 Lathraea miqueliana Franch. et Sav. = Lathraea japonica Miq. ■
222649 Lathraea nakaharae Makino = Lathraea japonica Miq. ■
222650 Lathraea phelypaea L. = Cistanche phelypaea (L.) Cout. ■☆
222651 Lathraea squamaria L.;欧美齿鳞草(鳞拉悉雷);Clown's Lungwort,Corpse Flower,Lungwort,Toothwort ■☆
222652 Lathraeocarpa Bremek.(1957);隐果茜属☆
222653 Lathraeocarpa decaryi Bremek.;隐果茜☆
222654 Lathraeophila Hook. f. = Helosis Rich.(保留属名)■☆
222655 Lathraeophila Hook. f. = Latraeophila Leandro ex A. St.-Hil. ■☆
222656 Lathriogyna candicans Eckl. et Zeyh. = Amphithalea imbricata (L.) Druce ■☆
222657 Lathriogyna parvifolia Eckl. et Zeyh. = Amphithalea tomentosa (Thunb.) Granby ■☆
222658 Lathriogyne Eckl. et Zeyh. = Amphithalea Eckl. et Zeyh. ■☆
222659 Lathrisia Sw. = Bartholina R. Br. ■☆
222660 Lathrocasis L. A. Johnson = Gilia Ruiz et Pav. ■●☆
222661 Lathrocasis L. A. Johnson(2000);北美吉莉花属■☆
222662 Lathrophytum Eichler(1868);巴西菰属■☆
222663 Lathrophytum peckoltii Eichler;巴西菰■☆
222664 Lathyraceae Buruett = Fabaceae Lindl.(保留科名)●■
222665 Lathyraceae Buruett = Leguminosae Juss.(保留科名)●■
222666 Lathyris Trew = Euphorbia L. ●■
222667 Lathyroides Fabr. = Lathyrus L. ■
222668 Lathyroides Heist. ex Fabr. = Clymenum Mill. ■
222669 Lathyroides Heist. ex Fabr. = Lathyrus L. ■
222670 Lathyros St.-Lag. = Lathyrus L. ■
222671 Lathyrus L.(1753);山黧豆属(刺牛草属,香豌豆属);Everlasting Pea,Pea,Pea Vine,Peavine,Perennial Pea,Sweet Pea,Vetch,Vetchling,Wild Pea ■
222672 Lathyrus alatus (Maxim.) Kom. = Lathyrus komarovii Ohwi ■
222673 Lathyrus aleuticus (Greene) Pobed. = Lathyrus japonicus Willd. f. pubescens (Hartm.) H. Ohashi et Tateishi ■
222674 Lathyrus altaicus Ledeb. = Lathyrus humilis (Ser.) Fisch. ex Spreng. ■
222675 Lathyrus amphicarpus L.;双果山黧豆■☆
222676 Lathyrus angulatus L.;狭山黧豆;Angled Pea ■☆
222677 Lathyrus angulatus L. = Lathyrus sphaericus Retz. ■☆
222678 Lathyrus angulatus L. var. angustifolius Rouy = Lathyrus angulatus L. ■☆
222679 Lathyrus anhuiensis Y. J. Zhu et R. X. Meng;安徽山黧豆;Anhui Vetchling ■
222680 Lathyrus annuus L.;一年山黧豆;Annual Vetch,Fodder Pea ■☆
222681 Lathyrus aphaca L.;叶轴香豌豆;Tare,Yellow Pea,Yellow Vetchling ■☆
222682 Lathyrus aphaca L. var. affinis (Guss.) Arcang. = Lathyrus aphaca L. ■☆
222683 Lathyrus articulatus L. = Lathyrus clymenum L. ■☆
222684 Lathyrus articulatus L. subsp. clymenum (Briq.) Maire = Lathyrus clymenum L. ■☆
222685 Lathyrus articulatus L. var. ligusticus Burnat = Lathyrus clymenum L. ■☆
222686 Lathyrus articulatus L. var. tenuifolius (Desf.) Rouy = Lathyrus clymenum L. ■☆
222687 Lathyrus atropatanus (Grossh.) Sirj.;阿特罗驴喜豆山黧豆■☆
222688 Lathyrus aureus (Stev.) Brandza;黄山黧豆■☆
222689 Lathyrus bequaertii De Wild. = Lathyrus hygrophilus Taub. ■☆
222690 Lathyrus bithynicus L. = Vicia bithynica (L.) L. ■☆
222691 Lathyrus brachyodon Murb.;短齿山黧豆■☆
222692 Lathyrus caudatus C. F. Wei et H. P. Tsui;尾叶山黧豆;

Caudate Vetchling, Tailleaf Vetchling ■
222693 Lathyrus chloranthus Boiss.;绿花山黧豆■☆
222694 Lathyrus cicera L.;对叶香豌豆;Dwarf Chickling Pea, Flat-pod Pea Vine, Lesser Chickpea, Red Pea ■
222695 Lathyrus cicera L. var. angustifolius Rouy = Lathyrus cicera L. ■
222696 Lathyrus cicera L. var. longistipulatus Sennen = Lathyrus cicera L. ■
222697 Lathyrus cicera L. var. tenuifolius ? = Lathyrus cicera L. ■
222698 Lathyrus ciliatus Guss. = Lathyrus saxatilis (Vent.) Vis. ■☆
222699 Lathyrus clymenum L.;劣山黧豆■☆
222700 Lathyrus clymenum L. subsp. articulatus (L.) Ball = Lathyrus clymenum L. ■☆
222701 Lathyrus clymenum L. subsp. tenuifolius (Desf.) Murb. = Lathyrus clymenum L. ■☆
222702 Lathyrus clymenum L. var. tenuifolius (Desf.) Batt. = Lathyrus clymenum L. ■☆
222703 Lathyrus coerulescens Boiss. et Reut.;浅蓝山黧豆■☆
222704 Lathyrus colchicus Lipsky;黑海山黧豆■☆
222705 Lathyrus coruscans Emb. et Maire = Lathyrus tingitanus L. ■☆
222706 Lathyrus cyaneus (Stev.) C. Koch;蓝色山黧豆■☆
222707 Lathyrus davidii Hance;大山黧豆(大豆花,大豌豆,茳芒决明,茳茫香豌豆,山豇豆,山黧豆,豌豆花,香豌豆,野豌豆);David Vetchling ■
222708 Lathyrus davidii Hance f. kaiensis Hiyama;彦根山黧豆■☆
222709 Lathyrus davidii Hance var. roseus C. W. Chang;红花茳芒决明;Rose David Vetchling ■
222710 Lathyrus dielsianus Harms ex Diels;中华山黧豆(迪氏香豌豆);China Vetchling, Diels Vetchling ■
222711 Lathyrus digitatus (M. Bieb.) B. Fedtsch.;指状山黧豆■☆
222712 Lathyrus digitatus (M. Bieb.) Fiori;指裂山黧豆■☆
222713 Lathyrus dominianus Litv.;道明山黧豆■☆
222714 Lathyrus emodii (Wall. ex Fritsch) Ali;埃蒙德山黧豆■☆
222715 Lathyrus erectus Lag.;直立山黧豆■☆
222716 Lathyrus filiformis (Lam.) J. Gay;丝状山黧豆■☆
222717 Lathyrus fiorii Sennen = Lathyrus niger (L.) Bernh. ■☆
222718 Lathyrus fissus Ball;半裂山黧豆■☆
222719 Lathyrus frolovii (Fisch.) Rupr.;福罗山黧豆■☆
222720 Lathyrus gmelinii (Fisch.) Fritsch;新疆山黧豆;Gmelin Vetchling, Xinjiang Vetchling ■
222721 Lathyrus gmelinii Fritsch ex B. Fedtsch. = Lathyrus emodii (Wall. ex Fritsch) Ali ■☆
222722 Lathyrus gorgonii Parl.;戈尔根山黧豆■☆
222723 Lathyrus gorgonii Parl. var. lineatus (Post) C. C. Towns. = Lathyrus gorgonii Parl. ■☆
222724 Lathyrus grandiflorus Sibth. et Sm.;大花山黧豆(丹吉尔山黧豆);Everlasting Pea, Large-flowered Vetch, Tangier Pea Vine, Tangier Pea, Two-flowered Everlasting-pea, Two-flowered Pea ■☆
222725 Lathyrus heterophyllus L.;异叶山黧豆;Norfolk Everlasting-pea ■☆
222726 Lathyrus hirsutus L.;硬毛山黧豆;Caley Pea, Hairy Pea, Hairy Vetchling, Rough Pea Vine, Singletary Pea, Wild Winter Pea ■☆
222727 Lathyrus humilis (Ser.) Fisch. ex Spreng.;矮山黧豆(矮香豌豆);Dwarf Vetchling ■
222728 Lathyrus humilis (Ser.) Spreng. = Lathyrus humilis (Ser.) Fisch. ex Spreng. ■
222729 Lathyrus hygrophilus Taub.;喜湿山黧豆■☆
222730 Lathyrus hygrophilus Taub. var. pubescens Gilli;短柔毛山黧豆■☆
222731 Lathyrus inconspicuus L.;皱叶山黧豆;Inconspicuous Pea ■☆
222732 Lathyrus inconspicuus L. = Lathyrus erectus Lag. ■☆
222733 Lathyrus incurvus (Roth) Willd.;内弯山黧豆■☆
222734 Lathyrus intricatus Baker = Lathyrus hygrophilus Taub. ■☆
222735 Lathyrus japonicus Willd.;海滨山黧豆(海边香豌豆,海滨香豌豆,具翅香豌豆,野豌豆);Beach Pea, Japan Vetchling, Maritime Pea Vine, Sand Pea, Sea Pea, Seashore Vetchling, Seaside Pea ■
222736 Lathyrus japonicus Willd. f. albescens (Makino) H. Ohashi et Tateishi;浅白海滨山黧豆■☆
222737 Lathyrus japonicus Willd. f. albiflorus Tatew.;白花海滨山黧豆■☆
222738 Lathyrus japonicus Willd. f. pubescens (Hartm.) H. Ohashi et Tateishi;毛海滨山黧豆(海边山黧豆);Pubescent Seashore Vetchling ■
222739 Lathyrus japonicus Willd. subsp. maritimus (L.) P. W. Ball = Lathyrus japonicus Willd. var. maritimus (L.) Kartesz et Gandhi ■
222740 Lathyrus japonicus Willd. var. aleuticus (Greene) Fernald = Lathyrus japonicus Willd. f. pubescens (Hartm.) H. Ohashi et Tateishi ■
222741 Lathyrus japonicus Willd. var. glaber (Ser.) Fernald = Lathyrus japonicus Willd. var. maritimus (L.) Kartesz et Gandhi ■
222742 Lathyrus japonicus Willd. var. glaber (Ser.) Fernald f. spectabilis Fassett = Lathyrus japonicus Willd. var. maritimus (L.) Kartesz et Gandhi ■
222743 Lathyrus japonicus Willd. var. maritimus (L.) Kartesz et Gandhi;沼泽山黧豆(海边香豌豆);Beach Pea ■
222744 Lathyrus japonicus Willd. var. maritimus (L.) Kartesz et Gandhi = Lathyrus maritimus (L.) Bigelow ■
222745 Lathyrus japonicus Willd. var. pellitus Fernald;遮皮;Beach Pea ■☆
222746 Lathyrus kilimandscharicus Taub. = Lathyrus hygrophilus Taub. ■☆
222747 Lathyrus komarovii Ohwi;三脉山黧豆(具翅山黧豆,具翅香豌豆);Komarov Vetchling, Threevein Vetchling ■
222748 Lathyrus krylovii Serg.;狭叶山黧豆(平滑山黧豆);Krylov Vetchling, Narrowlea Vetchling ■
222749 Lathyrus laevigatus (Waldst. et Kit.) Fritsch subsp. krylovii (Serg.) Hendrych = Lathyrus krylovii Serg. ■
222750 Lathyrus latifolius L.;宽叶山黧豆(宿根香豌豆);Broadleaf Vetchling, Broad-leaved Everlasting-pea, Everlasting Pea, Garden Everlasting Pea, Pease Everlasting, Perennial Pea Vine, Perennial Pea, Perennial Pea-vine, Perennial Sweet Pea, Sweet Pea, Winter Bean ■☆
222751 Lathyrus latifolius L. subsp. algericus (Ginzb.) Dobignard;阿尔及利亚山黧豆■☆
222752 Lathyrus latifolius L. var. algericus (Ginzb.) Maire = Lathyrus latifolius L. subsp. algericus (Ginzb.) Dobignard ■☆
222753 Lathyrus latifolius L. var. ensifolius Badarò = Lathyrus latifolius L. ■☆
222754 Lathyrus latifolius L. var. mesatlanticus Maire = Lathyrus latifolius L. ■☆
222755 Lathyrus latifolius L. var. purpureus (Gilib.) Beck = Lathyrus latifolius L. subsp. algericus (Ginzb.) Dobignard ■☆
222756 Lathyrus laxiflorus (Desf.) Kuntze;疏花山黧豆■☆
222757 Lathyrus ledebourii Trautv.;赖得山黧豆■☆
222758 Lathyrus linifolius (Reichard) Bässler;山地香豌豆;Bitter Vetch, Bitter Vetchling, Bittervetch, Caperoiles, Caramaile, Carmale,

Carmel, Carmile, Carmylie, Cormeille, Cormele, Cornemellagh, Corr, Corrameille, Fairy's Corn, Gnappers, Heath Pea, Heath Vetch, Karamyle, Kippernut, Knapperts, Knapperty, Knipper Nut, Liquory Knot, Liquory-knot, Mountain Pea Vine, Mountain Peavine, Mouse Pea, Napple-root Napple Napperty, Nippernut, Pease Earthnut, Pease Earth-nut, Wood Pea ■☆

222759 Lathyrus linifolius (Reichard) Bässler var. montanus (Bernh.) Bässler = Lathyrus linifolius (Reichard) Bässler ■☆

222760 Lathyrus littoralis Endl. ex Walp.;滨海山黧豆;Silky Beach Pea ■☆

222761 Lathyrus litvinovii Iljin;里特山黧豆■☆

222762 Lathyrus luteus (L.) Peterm.;黄色山黧豆;Yellow Pea Vine ■☆

222763 Lathyrus luteus (L.) Peterm. = Lathyrus emodii (Wall. ex Fritsch) Ali ■☆

222764 Lathyrus luteus Munby = Lathyrus annuus L. ■☆

222765 Lathyrus macrorrhyzus Wimm. = Lathyrus linifolius (Reichard) Bässler ■☆

222766 Lathyrus maritimus (L.) Bigelow = Lathyrus japonicus Willd. var. maritimus (L.) Kartesz et Gandhi ■

222767 Lathyrus maritimus (L.) Bigelow = Lathyrus japonicus Willd. ■

222768 Lathyrus maritimus (L.) Bigelow f. aleucus Greene ex White = Lathyrus japonicus Willd. f. pubescens (Hartm.) H. Ohashi et Tateishi ■

222769 Lathyrus maritimus (L.) Bigelow f. pubescens Saelin Kihlm. et Hjelt = Lathyrus japonicus Willd. f. pubescens (Hartm.) H. Ohashi et Tateishi ■

222770 Lathyrus maritimus (L.) Bigelow var. glaber (Ser.) Eames = Lathyrus japonicus Willd. var. maritimus (L.) Kartesz et Gandhi ■

222771 Lathyrus maritimus (L.) Bigelow var. pellitus (Fernald) Gleason = Lathyrus japonicus Willd. var. pellitus Fernald ■☆

222772 Lathyrus maritimus (L.) Bigelow var. velutinus Fr. = Lathyrus japonicus Willd. f. pubescens (Hartm.) H. Ohashi et Tateishi ■

222773 Lathyrus maritimus Bigelow = Lathyrus japonicus Willd. ■

222774 Lathyrus marmoratus Boiss. et Blanche;大理石山黧豆■☆

222775 Lathyrus miniatus M. Bieb.;小山黧豆■☆

222776 Lathyrus montanus (L.) Bernh. = Lathyrus linifolius (Reichard) Bässler ■☆

222777 Lathyrus montanus Bernh. = Lathyrus linifolius (Reichard) Bässler ■☆

222778 Lathyrus myrtifolius Muhl. ex Willd.;桃金娘叶香豌豆;Myrtle-leaved Grass Pea, Myrtle-leaved Marsh Pea ■☆

222779 Lathyrus myrtifolius Muhl. ex Willd. = Lathyrus palustris L. ■

222780 Lathyrus myrtifolius Muhl. ex Willd. var. macranthus T. G. White = Lathyrus palustris L. ■

222781 Lathyrus nervosus Boiss.;显脉香豌豆;Lord Adson's Blue Pea ■☆

222782 Lathyrus niger (L.) Bernh.;黑香豌豆;Black Bitter Vetch, Black Bitter Vetchling, Black Pea Vine, Black Pea, Black Vetchling ■☆

222783 Lathyrus niger Bernh. = Lathyrus niger (L.) Bernh. ■☆

222784 Lathyrus nissolia L.;禾草香豌豆;Crimson Shoes, Crimson Vetchling, Grass Pea, Grass Vetch, Grass Vetchling, Grass-leaved Pea, Nissol's Vetchling, Shoes-and-stockings, Vetch Grass ■☆

222785 Lathyrus nissolia L. var. parviflorus Batt. = Lathyrus nissolia L. ■☆

222786 Lathyrus numidicus Batt.;努米底亚香豌豆■☆

222787 Lathyrus ochroleucus Hook.;苍白香豌豆;Cream Pea-vine, Cream-colored Vetchling, Creamy Vetch, Creamy Vetchling, Pale Vetchling, White Pea, White Sweet Pea ■☆

222788 Lathyrus ochrus (L.) DC.;赭香豌豆■☆

222789 Lathyrus odoratus L.;香豌豆(花豌豆,麝香豌豆);Baby's Bonnet, Baby's Bonnets, Butterfly, Fragrant Lathyrus, Lady-pea, Painted Lady, Show Pea, Sweet Pea, Sweetpea, Sweet-pea, Tarry Pea, Tutty Pea ■

222790 Lathyrus odoratus L. 'Bijou';珠宝香豌豆■☆

222791 Lathyrus odoratus L. 'Jayne Amanda';杰恩·阿曼达香豌豆 ■☆

222792 Lathyrus odoratus L. 'Knee Hi';问客香豌豆■☆

222793 Lathyrus odoratus L. 'Lady Diana';黛安娜香豌豆■☆

222794 Lathyrus odoratus L. 'Red Ensign';红旗香豌豆■☆

222795 Lathyrus odoratus L. 'Selana';雪兰娜香豌豆■☆

222796 Lathyrus odoratus L. 'Xenia Field';齐妮娅·菲尔德香豌豆 ■☆

222797 Lathyrus oreophilus Wooton et Standl. = Lathyrus venosus Muhl. ex Willd. ■☆

222798 Lathyrus ovatus Royle ex Benth. = Lathyrus humilis (Ser.) Fisch. ex Spreng. ■

222799 Lathyrus pallescens (M. Bieb.) C. Koch;苍白山黧豆■☆

222800 Lathyrus palustris L.;欧山黧豆(连理草,欧香豌豆,山黧豆,沼生香豌豆);Europe Vetchling, Marsh Pea Vine, Marsh Pea, Marsh Peavine, Marsh Vetchling, Marsh Wild Pea, Slender-stem Pea-vine, Swamp Sweet Pea, Vetchling ■

222801 Lathyrus palustris L. f. linearifolius (Ser.) Bässler = Lathyrus palustris L. var. linearifoliolus Ser. ■

222802 Lathyrus palustris L. subsp. exalatus H. P. Tsui;无翅山黧豆(无翼山黧豆);Wingless Marsh Peavine ■

222803 Lathyrus palustris L. subsp. pilosus (Cham.) Hultén;毛山黧豆(柔毛山黧豆,山黧豆);Pilose Marsh Peavine ■

222804 Lathyrus palustris L. subsp. pilosus (Cham.) Hultén = Lathyrus palustris L. ■

222805 Lathyrus palustris L. subsp. pilosus (Cham.) Hultén f. miyabei (Matsum.) H. Hara;宫部氏山黧豆■☆

222806 Lathyrus palustris L. var. genuinus Gren. et Godr. = Lathyrus palustris L. ■

222807 Lathyrus palustris L. var. linearifoliolus Ser.;线叶山黧豆(铁马豆,细叶牧地香豌豆,细叶香豌豆,线叶沼生香豌豆,竹叶马豆);Linearleaf Vetchling ■

222808 Lathyrus palustris L. var. linearifolius Ser. = Lathyrus palustris L. ■

222809 Lathyrus palustris L. var. macranthus (T. G. White) Fernald = Lathyrus palustris L. ■

222810 Lathyrus palustris L. var. meridionalis Butters et H. St. John = Lathyrus palustris L. ■

222811 Lathyrus palustris L. var. myrtifolius (Muhl. ex Willd.) A. Gray = Lathyrus palustris L. ■

222812 Lathyrus palustris L. var. pilosus (Cham.) Ledeb. = Lathyrus palustris L. ■

222813 Lathyrus palustris L. var. pilosus (Cham.) Ledeb. = Lathyrus palustris L. subsp. pilosus (Cham.) Hultén ■

222814 Lathyrus palustris L. var. retusus Fernald et H. St. John = Lathyrus palustris L. ■

222815 Lathyrus pannonicus (Kramer) Garcke;帕地山黧豆■☆

222816 Lathyrus pilosus Cham. = Lathyrus palustris L. subsp. pilosus

(Cham.) Hultén ■
222817 Lathyrus pilosus Cham. = Lathyrus palustris L. ■
222818 Lathyrus pilosus Cham. var. miyabei (Matsum.) H. Hara = Lathyrus palustris L. subsp. pilosus (Cham.) Hultén f. miyabei (Matsum.) H. Hara ■☆
222819 Lathyrus pisiformis L.;大托叶山黧豆;Largestipule Vetchling ■
222820 Lathyrus pratensis L.;牧地山黧豆(牧地香豌豆);Angle-berry, Common Vetchling, Craw Pea, Fingers-and-thumbs, Granny's Slipper-sloppers, Lady's Fingers, Lady's Slipper, Lawn Vetchling, Meadow Pea Vine, Meadow Pea, Meadow Peavine, Meadow Pea-vine, Meadow Vetchling, Mouse Pea, Tom Thumb, Yellow Meadow Vetchling, Yellow Pea, Yellow Tare-tine, Yellow Tar-fitch, Yellow Thatch, Yellow Vetchling ■
222821 Lathyrus pratensis L. var. glaberrimus (Schur) Asch. et Graebn. = Lathyrus pratensis L. ■
222822 Lathyrus pratensis L. var. pubescens Rchb. = Lathyrus pratensis L. ■
222823 Lathyrus pubescens Hook. et Arn.;软毛山黧豆■☆
222824 Lathyrus pulcher J. Gay;美丽山黧豆■☆
222825 Lathyrus pusillus Elliott;矮小山黧豆(小山黧豆);Dwarfish Vetchling, Singletary Pea, Singletary Vetchling ■☆
222826 Lathyrus quadrimarginatus Bory et Chaub. = Lathyrus amphicarpos L. ■☆
222827 Lathyrus quadrimarginatus Bory et Chaub. subsp. tetrapterus (Pomel) Maire = Lathyrus amphicarpos L. ■☆
222828 Lathyrus quinquenervius (Miq.) Litv.;山黧豆(铁马豆,五脉山黧豆,五脉香豌豆,五脉叶香豌豆,竹叶马豆,紫地丁);Common Vetchling, Fivevein Vetchling ■
222829 Lathyrus quinquenervius (Miq.) Litv. f. albescens H. Hara;变白山黧豆■☆
222830 Lathyrus roseus Stev.;粉花山黧豆■☆
222831 Lathyrus rotundifolius Willd.;圆叶山黧豆(圆叶香豌豆);Persian Everlasting Pea, Round-leaved Pea Vine ■☆
222832 Lathyrus sativus L.;家山黧豆(草香豌豆,细禾叶香豌豆,栽培山黧豆);Chickling Pea, Chickling Vetch, Cultivate Vetchling, Dogtooth Pea, Grass Pea Vine, Grass Pea, Grass Peavine, Indian Pea, Khesara, Little Cich, Marrowfat, Mutter Pea, Riga Pea, White Pea, White Pea-vine ■
222833 Lathyrus sativus L. var. amphicarpos (L.) Batt. = Lathyrus amphicarpos L. ■☆
222834 Lathyrus saxatilis (Vent.) Vis.;岩生山黧豆■☆
222835 Lathyrus schimperi Engl. = Vicia paucifolia Baker ■☆
222836 Lathyrus setifolius L.;硬毛叶山黧豆■☆
222837 Lathyrus sphaericus Retz.;球山黧豆;Grass Pea ■☆
222838 Lathyrus sphaericus Retz. subsp. angulatus (L.) Batt. = Lathyrus angulatus L. ■☆
222839 Lathyrus sphaericus Retz. subsp. inconspicuus (L.) Batt. = Lathyrus inconspicuus L. ■☆
222840 Lathyrus sphaericus Retz. var. pilosulus Murb. = Lathyrus sphaericus Retz. ■☆
222841 Lathyrus sphaericus Retz. var. stenophyllus Boiss. = Lathyrus sphaericus Retz. ■☆
222842 Lathyrus splendens Kellogg;亮叶香豌豆(亮叶香);Pride of California Peavine, Pride of California, Royal Peavine ■☆
222843 Lathyrus subrotundus Maxim.;亚圆山黧豆■☆
222844 Lathyrus sylvestris L.;林地香豌豆(林生香豌豆);Chichelings, Everlasting Pea, Everlasting Peavine, Flat Pea Vine, Flat Pea, Flat Peavine, Flat Pea-vine, Great Wild Tare, Narrow-leaved Everlasting Pea, Narrow-leaved Everlasting Peavine, Narrow-leaved Everlasting-pea, Narrow-leaved Vetchling, Perenniel Pea, Pharaoh's Pea, Pharaoh's Peas, Wild Pea, Wild Vetchling, Wood Pea, Wood Vetchling ■☆
222845 Lathyrus sylvestris L. subsp. latifolius (L.) Ponert = Lathyrus latifolius L. ■☆
222846 Lathyrus tenuifolius Desf. = Lathyrus clymenum L. ■☆
222847 Lathyrus tingitanus L.;丹吉尔山黧豆;Tangier Pea ■☆
222848 Lathyrus tingitanus L. = Lathyrus grandiflorus Sibth. et Sm. ■☆
222849 Lathyrus tingitanus L. var. coruscans (Emb. et Maire) Maire = Lathyrus tingitanus L. ■☆
222850 Lathyrus tshitirungensis De Wild. = Lathyrus hygrophilus Taub. ■☆
222851 Lathyrus tuberosus L.;玫红山黧豆(块茎香豌豆);Dutch Mice, Earth Chestnut, Earthnut Pea, Earth-nut Pea, Fyfield Pea, Groundnut Pea Vine, Groundnut Peavine, Rose Vetchling, Tangier Pea, Tuberous Pea, Tuberous Sweet Pea, Tuberous Vetchling, Tuberous-root Peavine ■
222852 Lathyrus vaniotii H. Lév.;东北山黧豆(涝豆秧子,小叶涝豆);NE. China Vetchling, Vaniot Vetchling ■
222853 Lathyrus venetus (Mill.) Rouy et Rouy;海兰山黧豆■☆
222854 Lathyrus venosus Muhl. ex Willd.;显脉山黧豆;Bushy Vetchling, Forest Pea, Veiny Pea, Veiny Pea-vine ■☆
222855 Lathyrus venosus Muhl. ex Willd. subsp. arkansanus (Fassett) C. L. Hitchc. = Lathyrus venosus Muhl. ex Willd. ■☆
222856 Lathyrus venosus Muhl. ex Willd. var. arkansanus Fassett = Lathyrus venosus Muhl. ex Willd. ■☆
222857 Lathyrus venosus Muhl. ex Willd. var. intonsus Butters et H. St. John = Lathyrus venosus Muhl. ex Willd. ■☆
222858 Lathyrus venosus Muhl. ex Willd. var. meridionalis Butters et H. St. John = Lathyrus venosus Muhl. ex Willd. ■☆
222859 Lathyrus venosus Sweet = Lathyrus maritimus (L.) Bigelow ■
222860 Lathyrus vernus Bernh.;春香豌豆(矮香豌豆,春花香豌豆);Bitter Pea Vine, Forest Pea, Prairie Sweet Pea, Spring Pea, Spring Vetchling, Veiny Pea, Veiny Pea-vine ■☆
222861 Lathyrus vernus Bernh. 'Alboroseus';粉花春花香豌豆(白红花春花香豌豆)■☆
222862 Lathyrus vestitus Nutt. ex Torr. et A. Gray;沙漠香豌豆■☆
222863 Lathyrus voronovii Bornm.;沃氏山黧豆■☆
222864 Lathyrus wilsonii Craib = Lathyrus dielsianus Harms ex Diels ■
222865 Laticoma Raf. = Nerine Herb.(保留属名)■☆
222866 Latipes Kunth = Leptothrium Kunth ■☆
222867 Latipes inermis Chiov. = Leptothrium senegalense (Kunth) Clayton ■☆
222868 Latipes senegalensis Kunth = Leptothrium senegalense (Kunth) Clayton ■☆
222869 Latnax Miers = Athenaea Sendtn.(保留属名)●☆
222870 Latosatis Thouars = Satyrium Sw.(保留属名)■
222871 Latouchea Franch.(1899);匙叶草属(拉杜属);Latouchea, Spoongrass ■★
222872 Latouchea fokiensis Franch.;匙叶草;Common Latouchea, Common Spoongrass ■
222873 Latourea Benth. et Hook. f. = Latourorchis Brieger ■
222874 Latourea Blume = Dendrobium Sw.(保留属名)■
222875 Latouria (Endl.) Lindl. = Lechenaultia R. Br. ●■
222876 Latouria Blume = Dendrobium Sw.(保留属名)■

222877 Latouria Blume = Latourorchis Brieger ■
222878 Latouria Lindl. = Leschenaultia R. Br. ●☆
222879 Latourorchis Brieger = Dendrobium Sw. (保留属名)■
222880 Latraeophila Leandro = Helosis Rich. (保留属名)■☆
222881 Latraeophila Leandro ex A. St. -Hil. = Helosis Rich. (保留属名)■☆
222882 Latraeophilaceae Leandro ex A. St. -Hil. = Balanophoraceae Rich. (保留科名)●■
222883 Latreillea DC. = Ichthyothere Mart. ■●☆
222884 Latrienda Raf. = Ipomoea L. (保留属名)●■
222885 Latrobea Meisn. (1848);澳棒枝豆属■☆
222886 Latrobea brunonis (Benth.) Meisn.;澳棒枝豆■☆
222887 Latua Phil. (1858);智利毛花茄属;Latua ●☆
222888 Latua pubiflora (Griseb.) Baill.;智利毛花茄;Pubigerous-flower Latua ●☆
222889 Latua pubiflora Baill. = Latua pubiflora (Griseb.) Baill. ●☆
222890 Latyrus Gren. = Lathyrus L. ■
222891 Laubenfelsia A. V. Bobrov et Melikyan = Podocarpus Pers. (保留属名)●
222892 Laubertia A. DC. (1844);劳氏夹竹桃属●☆
222893 Laubertia boissieri A. DC.;劳氏夹竹桃●☆
222894 Lauchea Klotzsch = Begonia L. ●■
222895 Laudonia Nees = Glischrocaryon Endl. ■☆
222896 Laudonia Nees = Loudonia Lindl. ■☆
222897 Laugeria Hook. f. = Neolaugeria Nicolson ●☆
222898 Laugeria Hook. f. = Terebraria Kuntze ●☆
222899 Laugeria L. = Guettarda L. ●
222900 Laugeria L. = Laugteria Jacq. ●
222901 Laugeria Vahl = Neolaugeria Nicolson ●☆
222902 Laugeria Vahl ex Benth. et Hook. f. = Neolaugeria Nicolson ●☆
222903 Laugeria Vahl ex Hook. f. = Neolaugeria Nicolson ●☆
222904 Laugeria hirsuta Ruiz et Pav. = Guettarda crispiflora Vahl ●☆
222905 Laugieria Jacq. = Guettarda L. ●
222906 Laumoniera Noot. = Brucea J. F. Mill. (保留属名)●
222907 Launaea Cass. (1822);栓果菊属;Launaea ■
222908 Launaea acanthoclada Maire = Launaea lanifera Pau ■☆
222909 Launaea acaulis (Roxb.) Babc. ex Kerr;光茎栓果菊(光栓果菊,滑背草鞋,蒲公英,土蒲公英,无茎栓果菊);Stemless Launaea ■
222910 Launaea angolensis N. Kilian;安哥拉栓果菊■☆
222911 Launaea angustifolia (Desf.) Kuntze;窄叶栓果菊■☆
222912 Launaea angustifolia (Desf.) Kuntze subsp. arabica (Boiss.) N. Kilian;阿拉伯窄叶栓果菊■☆
222913 Launaea angustifolia (Desf.) Kuntze var. squarrosa (Pomel) Batt. = Launaea angustifolia (Desf.) Kuntze ■☆
222914 Launaea anomala (Batt.) Maire = Launaea pumila (Cav.) Kuntze ■☆
222915 Launaea arborescens (Batt.) Murb.;树状栓果菊■☆
222916 Launaea bellidifolia Cass. = Launaea sarmentosa (Willd.) Kuntze ■
222917 Launaea benadirensis Chiov.;贝纳迪尔栓果菊■☆
222918 Launaea benadirensis Chiov. var. caulescens ? = Launaea benadirensis Chiov. ■☆
222919 Launaea bornmuelleri (Hausskn. ex Bornm.) Bornm.;博恩栓果菊■☆
222920 Launaea brunneri (Webb) Amin ex Boulos;布氏栓果菊■☆
222921 Launaea cabrae (De Wild.) N. Kilian;卡布拉栓果菊■☆
222922 Launaea cabrae (De Wild.) N. Kilian subsp. nanella (R. E. Fr.) N. Kilian;极矮栓果菊■☆
222923 Launaea capitata (Spreng.) Dandy;头状栓果菊■☆
222924 Launaea cassiana Muschl. var. marginata Maire = Launaea mucronata (Forssk.) Muschl. subsp. cassiana (Jaub. et Spach) N. Kilian ■☆
222925 Launaea cassiniana (Jaub. et Spach) Muschl. = Launaea mucronata (Forssk.) Muschl. subsp. cassiana (Jaub. et Spach) N. Kilian ■☆
222926 Launaea chevalieri O. Hoffm. et Muschl. = Launaea brunneri (Webb) Amin ex Boulos ■☆
222927 Launaea chondrilloides Desf. = Launaea fragilis (Asso) Pau ■☆
222928 Launaea cornuta (Hochst. ex Oliv. et Hiern) C. Jeffrey;角状栓果菊■☆
222929 Launaea courtetiana O. Hoffm. et Muschl. = Launaea cornuta (Hochst. ex Oliv. et Hiern) C. Jeffrey ■☆
222930 Launaea crassifolia (Balf. f.) C. Jeffrey;厚叶栓果菊■☆
222931 Launaea elliotiana (Hiern) Boulos = Launaea nana (Baker) Chiov. ■☆
222932 Launaea exauriculata (Oliv. et Hiern) Amin ex Boulos = Launaea cornuta (Hochst. ex Oliv. et Hiern) C. Jeffrey ■☆
222933 Launaea fallax (Jaub. et Spach) Kuntze = Paramicrorhynchus procumbens (Roxb.) Kirp. ■
222934 Launaea farinulenta Chiov. = Launaea cornuta (Hochst. ex Oliv. et Hiern) C. Jeffrey ■☆
222935 Launaea fischeri (O. Hoffm.) Boulos = Launaea rarifolia (Oliv. et Hiern) Boulos ■☆
222936 Launaea foxii (Post) Eig = Launaea angustifolia (Desf.) Kuntze subsp. arabica (Boiss.) N. Kilian ■☆
222937 Launaea fragilis (Asso) Pau;纤细栓果菊■☆
222938 Launaea freyniana (Huter et Porta) Pau = Launaea arborescens (Batt.) Murb. ■☆
222939 Launaea glabra (DC. ex Wight) Franch. = Launaea acaulis (Roxb.) Babc. ex Kerr ■
222940 Launaea glabra (Wight) Franch. = Launaea acaulis (Roxb.) Babc. ex Kerr ■
222941 Launaea glabra (Wight) Franch. var. rufescens Franch.;红毛栓果菊(红冠栓果菊);Rufescent Launaea ■
222942 Launaea glomerata (Cass.) Hook. f. = Launaea capitata (Spreng.) Dandy ■☆
222943 Launaea goraeensis (Lam.) O. Hoffm. = Launaea intybacea (Jacq.) Beauverd ■☆
222944 Launaea gorgadensis (Bolle) Kilian;戈尔加德栓果菊■☆
222945 Launaea integrifolia Hagerup = Launaea brunneri (Webb) Amin ex Boulos ■☆
222946 Launaea intybacea (Jacq.) Beauverd;野栓果菊;Wild-lettuce ■☆
222947 Launaea korovinii Popov;科罗温栓果菊■☆
222948 Launaea kuriensis Vierh. = Launaea intybacea (Jacq.) Beauverd ■☆
222949 Launaea lackii N. Kilian;拉克栓果菊■☆
222950 Launaea lanifera Pau;绵毛栓果菊■☆
222951 Launaea ledermannii (R. E. Fr.) Boulos = Lactuca lasiorhiza (O. Hoffm.) C. Jeffrey ■☆
222952 Launaea longiloba (Boiss. et Reut.) Maire = Launaea fragilis (Asso) Pau ■☆
222953 Launaea macra (S. Moore) Boulos = Launaea rarifolia (Oliv. et

Hiern) Boulos ■☆

222954 Launaea massavensis (Fresen.) Sch. Bip. ex Kuntze;马萨瓦栓果菊■☆

222955 Launaea melanostigma Pett. = Launaea arborescens (Batt.) Murb. ■☆

222956 Launaea mucronata (Forssk.) Muschl.;短尖栓果菊■☆

222957 Launaea mucronata (Forssk.) Muschl. subsp. cassiana (Jaub. et Spach) N. Kilian;卡西栓果菊■☆

222958 Launaea nana (Baker) Chiov.;矮小栓果菊■☆

222959 Launaea nanella (R. E. Fr.) Boulos = Launaea cabrae (De Wild.) N. Kilian subsp. nanella (R. E. Fr.) N. Kilian ■☆

222960 Launaea nigricola C. Jeffrey = Launaea petitiana (A. Rich.) N. Kilian ■☆

222961 Launaea nudicaulis (L.) Hook. f.;裸茎栓果菊■☆

222962 Launaea nudicaulis (L.) Hook. f. var. divaricata (Desf.) Batt. = Launaea nudicaulis (L.) Hook. f. ■☆

222963 Launaea nudicaulis (L.) Hook. f. var. foliosa Maire = Launaea nudicaulis (L.) Hook. f. ■☆

222964 Launaea nudicaulis (L.) Hook. f. var. intricata Batt. = Launaea nudicaulis (L.) Hook. f. ■☆

222965 Launaea pauciflora (Baker) Humb. et Boulos = Launaea rarifolia (Oliv. et Hiern) Boulos ■☆

222966 Launaea petitiana (A. Rich.) N. Kilian;阿拉伯栓果菊■☆

222967 Launaea pinnatifida Cass. = Launaea sarmentosa (Willd.) Kuntze ■

222968 Launaea procumbens (Roxb.) Ramayya et Rajagopal = Paramicrorhynchus procumbens (Roxb.) Kirp. ■

222969 Launaea pumila (Cav.) Kuntze;弱小栓果菊■☆

222970 Launaea pumila Chiov. = Launaea benadirensis Chiov. ■☆

222971 Launaea pycnocephala (R. E. Fr.) Boulos = Launaea rogersii (Humb.) Humb. et Boulos ■☆

222972 Launaea quercifolia (Desf.) Pamp.;栎叶栓果菊■☆

222973 Launaea quercifolia (Desf.) Pamp. var. pennatipartita Le Houér. = Launaea quercifolia (Desf.) Pamp. ■☆

222974 Launaea rarifolia (Oliv. et Hiern) Boulos;疏叶栓果菊■☆

222975 Launaea rarifolia (Oliv. et Hiern) Boulos var. nanella (R. E. Fr.) G. V. Pope = Launaea cabrae (De Wild.) N. Kilian subsp. nanella (R. E. Fr.) N. Kilian ■☆

222976 Launaea resedifolia (L.) Kuntze = Scorzonera laciniata L. ■☆

222977 Launaea resedifolia (L.) Kuntze subsp. cassiniana (Jaub. et Spach) Le Houér. = Launaea mucronata (Forssk.) Muschl. subsp. cassiana (Jaub. et Spach) N. Kilian ■☆

222978 Launaea resedifolia (L.) Kuntze subsp. longiloba (Boiss. et Reut.) Maire = Launaea fragilis (Asso) Pau ■☆

222979 Launaea resedifolia (L.) Kuntze subsp. mucronata (Forssk.) Maire = Launaea mucronata (Forssk.) Muschl. ■☆

222980 Launaea resedifolia (L.) Kuntze subsp. viminea (Lange) Batt. = Launaea viminea (Batt.) Batt. ■☆

222981 Launaea resedifolia (L.) Kuntze var. dichotoma Pomel = Launaea fragilis (Asso) Pau ■☆

222982 Launaea resedifolia (L.) Kuntze var. pulchella Pamp. = Launaea fragilis (Asso) Pau ■☆

222983 Launaea resedifolia (L.) Kuntze var. setacea Batt. = Launaea fragilis (Asso) Pau ■☆

222984 Launaea resedifolia (L.) Kuntze var. tenuiloba Pomel = Launaea mucronata (Forssk.) Muschl. ■☆

222985 Launaea rogersii (Humb.) Humb. et Boulos;罗杰斯栓果菊■☆

222986 Launaea rueppellii (Sch. Bip. ex Oliv. et Hiern) Amin ex Boulos;吕佩尔栓果菊■☆

222987 Launaea sarmentosa (Willd.) Alston = Launaea sarmentosa (Willd.) Kuntze ■

222988 Launaea sarmentosa (Willd.) Kuntze;匍技栓果菊(蔓茎栓果菊);Creeping Launaea ■

222989 Launaea sarmentosa (Willd.) Merr. = Launaea sarmentosa (Willd.) Kuntze ■

222990 Launaea sarmentosa (Willd.) Merr. et Chun = Launaea sarmentosa (Willd.) Kuntze ■

222991 Launaea sarmentosa (Willd.) Sch. Bip. ex Kuntze = Launaea sarmentosa (Willd.) Kuntze ■

222992 Launaea spinosa (Forssk.) Kuntze;刺栓果菊■☆

222993 Launaea taraxacifolia (Willd.) Amin ex C. Jeffrey;蒲公英叶栓果菊■☆

222994 Launaea tenuiloba (Boiss.) Kuntze = Launaea fragilis (Asso) Pau ■☆

222995 Launaea thalassica Kilian et Brochmann et Rustan;海洋栓果菊■☆

222996 Launaea tibetica Hook. f. et Thomson;西藏栓果菊;Xizang Launaea ■

222997 Launaea verdickii (De Wild.) Boulos;韦尔栓果菊■☆

222998 Launaea viminea (Batt.) Batt.;软枝栓果菊■☆

222999 Launaea violacea (O. Hoffm.) Boulos;堇色栓果菊■☆

223000 Launaea virgata O. Hoffm. et Muschl. = Launaea cornuta (Hochst. ex Oliv. et Hiern) C. Jeffrey ■☆

223001 Launaya Kuntze = Launaea Cass. ■

223002 Launaya Rchb. = Launaea Cass. ■

223003 Launea Endl. = Launaea Cass. ■

223004 Launzan Buch. -Ham. = Buchanania Spreng. ●

223005 Launzea Endl. = Launzan Buch. -Ham. ●

223006 Lauraceae Juss. (1789)(保留科名);樟科;Bay Family, Laurel Family ●■

223007 Lauradia Vand. = Lavradia Vell. ex Vand. ●

223008 Lauradia Vand. = Sauvagesia L. ●

223009 Laurea Gaudich. = Bagassa Aubl. ●☆

223010 Laurelia Juss. (1809)(保留属名);智利桂属(桂檬属,类月桂属,月桂香属);Laurel ●☆

223011 Laurelia aromatica Juss.;香智利桂(香桂檬);Chilean Laurel ●☆

223012 Laurelia novae-zelandiae A. Cunn.;新西兰智利桂(新西兰类月桂);Pukotea ●☆

223013 Laurelia philippiana Looser = Laureliopsis philippiana (Looser) Schodde ●☆

223014 Laurelia sempervirens Tul.;常绿智利桂(常绿桂檬,常绿类月桂,智利桂);Chilean Laurel, Peru Nutmeg, Peruvian Nutmeg, Tepa ●☆

223015 Laurelia serrata Bertero;智利桂;Chilean Laurel ●☆

223016 Laureliopsis Schodde = Laurelia Juss. (保留属名)●☆

223017 Laureliopsis Schodde(1983);拟智利桂属(类智利桂属)●☆

223018 Laureliopsis philippiana (Looser) Schodde;拟智利桂(锯齿类月桂)●☆

223019 Laurembergia P. J. Bergius(1767);劳雷仙草属■☆

223020 Laurembergia angolensis Schindl. = Laurembergia tetrandra (Schott) Kanitz var. brachypoda (Welw. ex Hiern) A. Raynal ■☆

223021 Laurembergia engleri Schindl. = Laurembergia tetrandra (Schott) Kanitz var. brachypoda (Welw. ex Hiern) A. Raynal ■☆

223022 Laurembergia gossweileri Exell = Laurembergia tetrandra (Schott) Kanitz var. numidica (Batt. et Trab.) A. Raynal ■☆
223023 Laurembergia madagascariensis Schindl. = Laurembergia tetrandra (Schott) Kanitz var. numidica (Batt. et Trab.) A. Raynal ■☆
223024 Laurembergia mildbraedii Schindl. = Laurembergia tetrandra (Schott) Kanitz var. mildbraedii (Schindl.) A. Raynal ■☆
223025 Laurembergia numidica Batt. et Trab. = Laurembergia tetrandra (Schott) Kanitz var. numidica (Batt. et Trab.) A. Raynal ■☆
223026 Laurembergia oppositifolia Schindl. = Laurembergia tetrandra (Schott) Kanitz var. numidica (Batt. et Trab.) A. Raynal ■☆
223027 Laurembergia repens (L.) P. J. Bergius;匍匐劳雷仙草■☆
223028 Laurembergia repens (L.) P. J. Bergius subsp. brachypoda (Welw. ex Hiern) Oberm.;短梗匍匐劳雷仙草■☆
223029 Laurembergia tetrandra (Schott) Kanitz;四蕊劳雷仙草■☆
223030 Laurembergia tetrandra (Schott) Kanitz subsp. brachypoda (Welw. ex Hiern) A. Raynal = Laurembergia repens (L.) P. J. Bergius subsp. brachypoda (Welw. ex Hiern) Oberm. ■☆
223031 Laurembergia tetrandra (Schott) Kanitz var. brachypoda (Welw. ex Hiern) A. Raynal = Laurembergia repens (L.) P. J. Bergius subsp. brachypoda (Welw. ex Hiern) Oberm. ■☆
223032 Laurembergia tetrandra (Schott) Kanitz var. mildbraedii (Schindl.) A. Raynal;米尔德劳雷仙草■☆
223033 Laurembergia tetrandra (Schott) Kanitz var. numidica (Batt. et Trab.) A. Raynal;努米底亚雷仙草■☆
223034 Laurembergia verticillata Bouton ex Schindl. = Laurembergia tetrandra (Schott) Kanitz var. numidica (Batt. et Trab.) A. Raynal ■☆
223035 Laurembergia villosa Schindl. = Laurembergia tetrandra (Schott) Kanitz var. brachypoda (Welw. ex Hiern) A. Raynal ■☆
223036 Laurembergia walkeri (Ohwi) Ohwi = Haloragis walkeri Ohwi ■☆
223037 Laurencellia Neum. = Helichrysum Mill. (保留属名) ●■
223038 Laurencellia Neum. = Lawrencella Lindl. ■☆
223039 Laurenta Medik. = Laurentia Adans. ■☆
223040 Laurentia Adans. (1763);许氏草属(同瓣花属);Blue Star Creeper ■☆
223041 Laurentia Adans. = Hippobroma G. Don ■
223042 Laurentia Adans. = Lobelia L. ●■
223043 Laurentia Michx. ex Adans. = Laurentia Adans. ■☆
223044 Laurentia Neck. = Laurentia Adans. ■☆
223045 Laurentia Steud. = Lorentea Ortega ■●
223046 Laurentia Steud. = Sanvitalia Lam. ■●
223047 Laurentia arabidea (C. Presl) A. DC. = Wimmerella arabidea (C. Presl) Serra, M. B. Crespo et Lammers ■☆
223048 Laurentia atropurpurea Steud. = Sanvitalia procumbens Lam. ■
223049 Laurentia bicolor (Batt.) Maire et Steph. = Solenopsis bicolor (Batt.) Greuter et Burdet ■☆
223050 Laurentia bifida (Thunb.) Sond. = Wimmerella bifida (Thunb.) Serra, M. B. Crespo et Lammers ■☆
223051 Laurentia carnosula Benth. et Hook. f. = Porterella carnosula Hook. et Arn. ■☆
223052 Laurentia etbaica Schweinf. = Wahlenbergia lobelioides (L. f.) Link subsp. nutabunda (Guss.) Murb. ■☆
223053 Laurentia fluviatilis (R. Br.) E. Wimm.;河流同瓣花;Blue Star Creeper, Laurentia, Pratia, Swamp Isotoma ■☆
223054 Laurentia frontidentata E. Wimm. = Wimmerella frontidentata (E. Wimm.) Serra, M. B. Crespo et Lammers ■☆
223055 Laurentia giftbergensis (E. Phillips) E. Wimm. = Wimmerella bifida (Thunb.) Serra, M. B. Crespo et Lammers ■☆
223056 Laurentia hederacea Sond. = Wimmerella hederacea (Sond.) Serra, M. B. Crespo et Lammers ■☆
223057 Laurentia hedyotidea Schltr.;耳草同瓣花■☆
223058 Laurentia hedyotidea Schltr. = Wimmerella hedyotidea (Schltr.) Serra, M. B. Crespo et Lammers ■☆
223059 Laurentia hedyotidea Schltr. var. major E. Wimm. = Wimmerella hedyotidea (Schltr.) Serra, M. B. Crespo et Lammers ■☆
223060 Laurentia longiflora (L.) E. Wimm. = Hippobroma longiflora (L.) G. Don ■
223061 Laurentia longiflora (L.) Endl. = Hippobroma longiflora (L.) G. Don ■
223062 Laurentia longiflora Schltr. = Wimmerella longitubus (E. Wimm.) Serra, M. B. Crespo et Lammers ■☆
223063 Laurentia longitubus E. Wimm. = Wimmerella longitubus (E. Wimm.) Serra, M. B. Crespo et Lammers ■☆
223064 Laurentia mariae E. Wimm. = Wimmerella mariae (E. Wimm.) Serra, M. B. Crespo et Lammers ■☆
223065 Laurentia michelii A. DC. = Solenopsis laurentia (L.) C. Presl ■☆
223066 Laurentia michelii A. DC. var. bicolor Batt. = Solenopsis bicolor (Batt.) Greuter et Burdet ■☆
223067 Laurentia michelii A. DC. var. perpusilla Maire = Solenopsis laurentia (L.) C. Presl ■☆
223068 Laurentia michelii A. DC. var. subacaulis (Pomel) Batt. = Solenopsis laurentia (L.) C. Presl ■☆
223069 Laurentia pygmaea (Thunb.) Sond.;矮小同瓣花■☆
223070 Laurentia pygmaea (Thunb.) Sond. = Wimmerella pygmaea (Thunb.) Serra, M. B. Crespo et Lammers ■☆
223071 Laurentia pygmaea (Thunb.) Sond. var. glabra Sond. = Wimmerella pygmaea (Thunb.) Serra, M. B. Crespo et Lammers ■☆
223072 Laurentia pygmaea (Thunb.) Sond. var. obtusiloba Sond. = Wimmerella pygmaea (Thunb.) Serra, M. B. Crespo et Lammers ■☆
223073 Laurentia radicans Schönland = Lobelia zwartkopensis E. Wimm. ■☆
223074 Laurentia secunda (L. f.) Kuntze = Wimmerella secunda (L. f.) Serra, M. B. Crespo et Lammers ■☆
223075 Laureola Hill = Daphne L. ●
223076 Laureola M. Roem. = Anquetilia Decne. ●
223077 Laureola M. Roem. = Skimmia Thunb. (保留属名) ●
223078 Laureria Schltdl. = Juanulloa Ruiz et Pav. ●☆
223079 Lauridia Eckl. et Zeyh. (1835);月桂卫矛属●☆
223080 Lauridia Eckl. et Zeyh. = Elaeodendron J. Jacq. ●☆
223081 Lauridia multiflora Engl. = Salvadora persica L. ●☆
223082 Lauridia reticulata Eckl. et Zeyh.;网脉月桂卫矛●☆
223083 Lauridia rupicola Eckl. et Zeyh. = Lauridia reticulata Eckl. et Zeyh. ●☆
223084 Lauridia tetragona (L. f.) R. H. Archer;四角月桂卫矛●☆
223085 Laurocerasus Duhamel = Prunus L. ●
223086 Lauro-cerasus Duhamel = Prunus L. ●
223087 Lauro-Cerasus Duhamel = Pygeum Gaertn. ●
223088 Laurocerasus Hill. (1755);桂樱属;Cherry Laurel, Cherrylaurel, Cherry-laurel, Laurocerasus ●
223089 Laurocerasus M. Roem. = Lauro-Cerasus Duhamel ●
223090 Laurocerasus Tourn. ex Duhamel = Laurocerasus Hill. ●

223091 Laurocerasus acuminata (Wall.) M. Roem. = Laurocerasus undulata (Buch. -Ham. ex D. Don) M. Roem. ●

223092 Laurocerasus acuminata (Wall.) Roem. = Laurocerasus undulata (D. Don) M. Roem. ●

223093 Laurocerasus acuminata (Wall.) Roem. = Prunus undulata Buch. -Ham. ex D. Don ●

223094 Laurocerasus andersonii (Hook. f.) Te T. Yu et L. T. Lu;云南桂樱;Anderson Cherry-laurel, Desert Peach, Nevada Wild Almond, Wild Peach, Yunnan Cherry Laurel, Yunnan Cherrylaurel ●

223095 Laurocerasus andersonii (Hook. f.) Te T. Yu et L. T. Lu = Prunus semiarmillata Koehne ●

223096 Laurocerasus aquifolioides Chun ex Te T. Yu et L. T. Lu;冬青叶桂樱;Hollyleaf Cherry-laurel, Holly-leaved Cherry Laurel ●

223097 Laurocerasus australis Te T. Yu et L. T. Lu;南方桂樱;Southern Cherry Laurel, Southern Cherry-laurel ●

223098 Laurocerasus buergeriana (Miq.) C. K. Schneid. = Padus buergeriana (Miq.) Te T. Yu et T. C. Ku ●

223099 Laurocerasus buergeriana Schneid. = Padus buergeriana (Miq.) Te T. Yu et T. C. Ku ●

223100 Laurocerasus dolichophylla Te T. Yu et L. T. Lu;长叶桂樱;Long-leaf Cherry-laurel, Long-leaved Cherry Laurel ●

223101 Laurocerasus fordiana (Dunn) Browicz;华南桂樱(桂樱,华东樱);Ford Cherry Laurel, Ford Cherry, Ford Cherry-laurel ●

223102 Laurocerasus fordiana (Dunn) Te T. Yu et L. T. Lu = Laurocerasus fordiana (Dunn) Browicz ●

223103 Laurocerasus fordiana (Dunn) Te T. Yu et L. T. Lu = Prunus fordiana Dunn ●

223104 Laurocerasus hypotricha (Rehder) Te T. Yu et L. T. Lu;毛背桂樱(毛背樱);Assam Cherry Laurel, Hairy Cherry-laurel, Hairy-backed Cherry Laurel, Hypotrichous Cherrylaurel ●

223105 Laurocerasus hypotricha (Rehder) Te T. Yu et L. T. Lu = Prunus zippeliana Miq. var. puberifolia (Koehne) Te T. Yu et L. T. Lu ●

223106 Laurocerasus jenkinsii (Hook. f.) Te T. Yu et L. T. Lu;尖核桂樱(阿萨姆稠李,坚核桂樱);Assam Cherry-laurel, Jenkins Cherry Laurel ●

223107 Laurocerasus jenkinsii (Hook. f.) Te T. Yu et L. T. Lu = Prunus jenkinsii (Hook. f.) Te T. Yu et A. M. Lu ●

223108 Laurocerasus lusitanica (L.) Roem. = Prunus lusitanica L. ●☆

223109 Laurocerasus maackii (Rupr.) C. K. Schneid. = Padus maackii (Rupr.) Kom. ●

223110 Laurocerasus maackii Schneid. = Padus maackii (Rupr.) Kom. ●

223111 Laurocerasus macrophylla (Siebold et Zucc.) Schneid. = Laurocerasus zippeliana (Miq.) Browicz ●

223112 Laurocerasus macrophylla C. K. Schneid. = Laurocerasus zippeliana (Miq.) Browicz ●

223113 Laurocerasus marginata (Dunn) Te T. Yu et L. T. Lu;全缘桂樱(金边桂樱,全边稠李);Entire Cherry-laurel, Entire-leaved Cherry Laurel ●

223114 Laurocerasus marginata (Dunn) Te T. Yu et L. T. Lu = Prunus spinulosa Siebold et Zucc. ●

223115 Laurocerasus menghaiensis Te T. Yu et L. T. Lu;勐海桂樱;Menghai Cherry Laurel, Menghai Cherry-laurel ●

223116 Laurocerasus officinalis M. Roem.;桂樱(桂樱药用);Bay Cherry, Cherry Bay, Cherry Laurel, Cherry-laurel, Common Cherry-laurel, Common Laurel Cherry, Common Laurel, Common Laurel-cherry, English Cherry, English Laurel, Laurel Cherry, Laurel, Laurel-cherry, Officinal Cherry Laurel, Versailles Laurel ●

223117 Laurocerasus phaeosticta (Hance) C. K. Schneid.;腺叶桂樱(大叶桂樱,黑星樱,墨点樱桃,山杏仁,桃仁,腺叶稠李,腺叶野樱);Brown-puctate Cherry-laurel, Brownpunctate Cherry-laurel, Glandleaf Lily, Glandular Leaf Cherry, Glandularleaf Cherry ●

223118 Laurocerasus phaeosticta (Hance) C. K. Schneid. = Prunus phaeosticta (Hance) Maxim. ●

223119 Laurocerasus phaeosticta (Hance) C. K. Schneid. f. ciliospinosa Chun ex Te T. Yu et L. T. Lu;锐齿桂樱;Sharptooth Cherry, Sharptooth Cherry-laurel ●

223120 Laurocerasus phaeosticta (Hance) C. K. Schneid. f. ciliospinosa Chun ex Te T. Yu et L. T. Lu = Prunus phaeosticta (Hance) Maxim. f. ciliospinosa Chun ●

223121 Laurocerasus phaeosticta (Hance) C. K. Schneid. f. dentigera (Rehder) Te T. Yu et L. T. Lu = Prunus phaeosticta (Hance) Maxim. f. dentigera Rehder ●

223122 Laurocerasus phaeosticta (Hance) C. K. Schneid. f. lasioclada (Rehder) Te T. Yu et L. T. Lu = Prunus phaeosticta (Hance) Maxim. f. lasioclada Rehder ●

223123 Laurocerasus phaeosticta (Hance) C. K. Schneid. f. lasioclada (Rehder) Te T. Yu et L. T. Lu;微齿腺叶桂樱(微齿桂樱);Microtooth Cherry-laurel, Micro-tooth Cherry-laurel ●

223124 Laurocerasus phaeosticta (Hance) C. K. Schneid. f. puberula Te T. Yu et L. T. Lu;毛枝桂樱;Hairybranch Cherry-laurel ●

223125 Laurocerasus phaeosticta (Hance) C. K. Schneid. f. pubipedunculata Te T. Yu et L. T. Lu;毛序桂樱;Hairy-pedunecle Cherry-laurel ●

223126 Laurocerasus phaeosticta f. ciliospinosa Chun ex Te T. Yu et L. T. Lu = Laurocerasus phaeosticta (Hance) C. K. Schneid. ●

223127 Laurocerasus phaeosticta f. dentigera (Rehder) Te T. Yu et L. T. Lu = Laurocerasus phaeosticta (Hance) C. K. Schneid. ●

223128 Laurocerasus phaeosticta f. lasioclada (Rehder) Te T. Yu et L. T. Lu = Laurocerasus phaeosticta (Hance) C. K. Schneid. ●

223129 Laurocerasus phaeosticta f. puberula Te T. Yu et L. T. Lu = Laurocerasus phaeosticta (Hance) C. K. Schneid. ●

223130 Laurocerasus phaeosticta f. pubipedunculata Te T. Yu et L. T. Lu = Laurocerasus phaeosticta (Hance) C. K. Schneid. ●

223131 Laurocerasus spinulosa (Siebold et Zucc.) C. K. Schneid.;刺叶桂樱(常绿樱,刺叶稠李,刺叶野樱,刺叶樱,大叶樱,坚樱,樆木);Spinulose Leaf Cherry, Spinuloseleaf Cherry, Spinulose-leaved Cherry Laurel, Spinulose-leaved Cherry, Spinyleaf Cherry, Spinyleaf Cherrylaurel, Spinyleaf Cherry-laurel ●

223132 Laurocerasus spinulosa (Siebold et Zucc.) C. K. Schneid. = Prunus spinulosa Siebold et Zucc. ●

223133 Laurocerasus undulata (Buch. -Ham. ex D. Don) M. Roem.;尖叶桂樱(尖叶稠李,野樱桃树);Liffleraceme Cherry-laurel, Undulate Cherrylaurel, Wallich Laurel Cherry ●

223134 Laurocerasus undulata (Buch. -Ham. ex D. Don) M. Roem. = Prunus wallichii Steud. ●

223135 Laurocerasus undulata (Buch. -Ham. ex D. Don) M. Roem. f. elongata (Koehne) Te T. Yu et L. T. Lu;狭尖叶桂樱;Elongateleaf Cherry-laurel ●

223136 Laurocerasus undulata (Buch. -Ham. ex D. Don) M. Roem. f. microbotrys (Koehne) Te T. Yu et L. T. Lu;钝齿尖叶桂樱;Liffleraceme Cherry-laurel ●

223137 Laurocerasus undulata (Buch. -Ham. ex D. Don) M. Roem. f. pubigera Te T. Yu et L. T. Lu;毛序尖叶桂樱;Hairy Cherry-laurel ●

223138 Laurocerasus undulata (D. Don) M. Roem. = Laurocerasus undulata (Buch.-Ham. ex D. Don) M. Roem. ●

223139 Laurocerasus undulata (D. Don) M. Roem. = Prunus wallichii Steud. ●

223140 Laurocerasus undulata (D. Don) M. Roem. f. elongata (Koehne) Te T. Yu et L. T. Lu = Prunus acuminata Hook. f. f. elongata Koehne ●

223141 Laurocerasus undulata (D. Don) M. Roem. f. elongata (Koehne) Te T. Yu et L. T. Lu = Laurocerasus undulata (Buch.-Ham. ex D. Don) M. Roem. f. elongata (Koehne) Te T. Yu et L. T. Lu ●

223142 Laurocerasus undulata (D. Don) M. Roem. f. microbotrys (Koehne) Te T. Yu et L. T. Lu = Prunus microbotrys Koehne ●

223143 Laurocerasus undulata (D. Don) M. Roem. f. microbotrys (Koehne) Te T. Yu et L. T. Lu = Laurocerasus undulata (Buch.-Ham. ex D. Don) M. Roem. f. microbotrys (Koehne) Te T. Yu et L. T. Lu ●

223144 Laurocerasus undulata (D. Don) M. Roem. f. pubigera Te T. Yu et L. T. Lu = Laurocerasus undulata (Buch.-Ham. ex D. Don) M. Roem. f. pubigera Te T. Yu et L. T. Lu ●

223145 Laurocerasus undulata Buch.-Ham. = Laurocerasus undulata (Buch.-Ham. ex D. Don) M. Roem. ●

223146 Laurocerasus undulata Buch.-Ham. = Prunus undulata Buch.-Ham. ex D. Don ●

223147 Laurocerasus undulata Buch.-Ham. ex D. Don f. elongata (Koehne) Te T. Yu et L. T. Lu = Laurocerasus undulata (Buch.-Ham. ex D. Don) M. Roem. ●

223148 Laurocerasus undulata Buch.-Ham. ex D. Don f. microbotrys (Koehne) Te T. Yu et L. T. Lu = Laurocerasus undulata (Buch.-Ham. ex D. Don) M. Roem. ●

223149 Laurocerasus undulata Buch.-Ham. ex D. Don f. pubigera Te T. Yu et L. T. Lu = Laurocerasus undulata (Buch.-Ham. ex D. Don) M. Roem. ●

223150 Laurocerasus zippeliana (Miq.) Browicz;大叶桂樱(大驳骨,大叶稠李,大叶野樱,大叶樱,黄土树);Bigleaf Cherry-laurel, Bigleaf Laurel Cherry, Big-leaved Cherry Laurel ●

223151 Laurocerasus zippeliana (Miq.) Browicz = Laurocerasus zippeliana (Miq.) Te T. Yu et L. T. Lu ●

223152 Laurocerasus zippeliana (Miq.) Browicz var. crassistyla (Cardot) Te T. Yu et L. T. Lu = Laurocerasus zippeliana (Miq.) Browicz ●

223153 Laurocerasus zippeliana (Miq.) Te T. Yu et L. T. Lu = Laurocerasus zippeliana (Miq.) Browicz ●

223154 Laurocerasus zippeliana (Miq.) Te T. Yu et L. T. Lu = Prunus zippeliana Miq. ●

223155 Laurocerasus zippeliana (Miq.) Te T. Yu et L. T. Lu f. angustifolia Te T. Yu et L. T. Lu;窄大叶桂樱(狭叶桂樱);Narrow-leaf Cherry-laurel ●

223156 Laurocerasus zippeliana (Miq.) Te T. Yu et L. T. Lu var. crassistyla (Cardot) Te T. Yu et L. T. Lu = Prunus zippeliana Miq. var. crassistyla (Cardot) J. E. Vidal ●

223157 Laurocerasus zippeliana (Miq.) Te T. Yu et L. T. Lu var. crassistyla (Cardot) Te T. Yu et L. T. Lu = Laurocerasus zippeliana (Miq.) Browicz ●

223158 Laurocerasus zippeliana (Miq.) Te T. Yu et L. T. Lu var. crassistyla (Cardot) Te T. Yu et L. T. Lu;短柱桂樱;Thickstyle Cherry-laurel ●

223159 Lauromerrillia C. K. Allen = Beilschmiedia Nees ●

223160 Lauromerrillia appendiculata C. K. Allen = Beilschmiedia appendiculata (C. K. Allen) S. K. Lee et Y. T. Wei ●

223161 Laurophyllus Thunb. (1792);桂叶漆属●☆

223162 Laurophyllus capensis Thunb.;桂叶漆●☆

223163 Laurus L. (1753);月桂属(月桂树属);Bay, Bay Laurel, Bay Tree, Laurel, Sweet Bay ●

223164 Laurus aestivalis L. = Litsea aestivalis (L.) Fernald ●☆

223165 Laurus aggregata Sims = Lindera aggregata (Sims) Kosterm. ●

223166 Laurus albida Nutt. = Sassafras albidum (Nutt.) Ness ●☆

223167 Laurus aurata Hayata = Neolitsea sericea (Blume) Koidz. var. aurata (Hayata) Hatus. ●

223168 Laurus azorica (Seub.) Franco;加那利月桂;Canary Laurel ●☆

223169 Laurus azorica (Seub.) Franco var. longifilia (Kuntze) G. Kunkel = Laurus azorica (Seub.) Franco ●☆

223170 Laurus azorica (Seub.) Franco var. lutea (Manezes) A. Hansen = Laurus azorica (Seub.) Franco ●☆

223171 Laurus barbujana Cav. = Apollonias barbujana (Cav.) Bornm. ●☆

223172 Laurus bejolghota Buch.-Ham. = Cinnamomum bejolghota (Buch.-Ham.) Sweet ●

223173 Laurus benzoin L. = Lindera benzoin (L.) Blume ●☆

223174 Laurus borbonia L. = Persea borbonia (L.) Spreng. ●☆

223175 Laurus bullata Burch. = Ocotea bullata (Burch.) Baill. ●☆

223176 Laurus burmannii Nees et T. Nees = Cinnamomum burmannii (Nees et T. Nees) Blume ●

223177 Laurus camphora L. = Cinnamomum camphora (L.) J. Presl ●

223178 Laurus canariensis Nees;洋月桂;Canary Island Laurel, Canary Laurel ●☆

223179 Laurus canariensis Nees = Laurus azorica (Seub.) Franco ●☆

223180 Laurus cassia Nees et T. Nees = Cinnamomum cassia C. Presl ●

223181 Laurus catesbyana Michx. = Nectandra coriacea (Sw.) Griseb. ●☆

223182 Laurus cinnamomum L. = Cinnamomum zeylanicum Blume ●

223183 Laurus cinnamomum Roxb. = Cinnamomum zeylanicum Blume ●

223184 Laurus comphora L. = Cinnamomum camphora (L.) T. Nees et C. H. Eberm. ●

223185 Laurus coriacea Sw. = Nectandra coriacea (Sw.) Griseb. ●☆

223186 Laurus cubeba Lour. = Litsea cubeba (Lour.) Pers. ●

223187 Laurus cuipala Hamilton ex D. Don = Neolitsea cuipala (D. Don) Kosterm. ●☆

223188 Laurus dulcis Roxb. = Cinnamomum burmannii (Nees et T. Nees) Blume ●

223189 Laurus glandulifera Wall. = Cinnamomum glanduliferum (Wall.) Nees ●

223190 Laurus glandulifera Wall. = Cinnamomum porrectum (Roxb.) Kosterm. ●

223191 Laurus glauca Thunb. = Symplocos glauca (Thunb.) Koidz. ●

223192 Laurus incrassata Jack = Dehaasia incrassata (Jack) Kosterm. ●◇

223193 Laurus indica L. = Persea indica Spreng. ●☆

223194 Laurus indica Lour. = Machilus odoratissima Nees ●☆

223195 Laurus indica Sieber ex Nees = Persea gratissima C. F. Gaertn. ●

223196 Laurus indica Thunb. = Machilus thunbergii Siebold et Zucc. ●

223197 Laurus lanceolaria Roxb. = Phoebe lanceolata (Wall. ex Nees) Nees ●

223198 Laurus lanceolata Wall. ex Nees = Phoebe lanceolata (Wall. ex Nees) Nees ●
223199 Laurus ligystrina Wall. ex Ness = Phoebe lanceolata (Wall. ex Nees) Nees ●
223200 Laurus lucida Thunb. = Symplocos lucida (Thunb.) Siebold et Zucc. ●
223201 Laurus magnoliifolia Cav. = Laurus azorica (Seub.) Franco ●☆
223202 Laurus nacusua D. Don = Lindera nacusua (D. Don) Merr. ●
223203 Laurus nobilis L.;月桂(月桂树);Bay Laurel,Bay Tree,Bay, Bayberry,Baylaurel,Grecian Laurel,Laurel Bay,Laurel,Laurel-bay, Laurere,Lauter,Lorer,Lorry,Noble Laurel,Poet's Laurel,Roman Laurel,Stainless Bay,Sweet Bay,True Bay,True Laurel,Victor's Laurel ●
223204 Laurus nobilis L. var. angustifolia ?;柳叶月桂;Willow-leaf Bay ●☆
223205 Laurus nobilis L. var. latifolia Nees = Laurus nobilis L. ●
223206 Laurus nobilis L. var. rotundifolia Emb. et Maire = Laurus nobilis L. ●
223207 Laurus obtusifolia Roxb. = Cinnamomum bejolghota (Buch.-Ham.) Sweet ●
223208 Laurus obvata Ham. ex Nees = Actinodaphne obovata (Nees) Blume ●
223209 Laurus parthenoxylon Jack = Cinnamomum parthenoxylum (Jack) Meisn. ●
223210 Laurus parthenoxylon Jack = Cinnamomum porrectum (Roxb.) Kosterm. ●
223211 Laurus persea L. = Persea americana Mill. ●
223212 Laurus pilosa Lour. = Actinodaphne pilosa (Lour.) Merr. ●
223213 Laurus playfairii Hemsl. = Lindera aggregata (Sims) Kosterm. var. playfairii (Hemsl.) H. P. Tsui ●
223214 Laurus porrecta Roxb. = Cinnamomum parthenoxylum (Jack) Meisn. ●
223215 Laurus porrecta Roxb. = Cinnamomum porrectum (Roxb.) Kosterm. ●
223216 Laurus recurvata Roxb. = Cinnamomum pauciflorum Nees ●
223217 Laurus rotundifolia Wall. = Litsea rotundifolia (Nees) Hemsl. ●
223218 Laurus sailyana Ham. = Cinnamomum tamala (Buch.-Ham.) T. Nees et C. H. Eberm. ●
223219 Laurus salicifolia ? = Laurus nobilis L. var. angustifolia ? ●☆
223220 Laurus sassafras L. = Sassafras albidum (Nutt.) Ness ●☆
223221 Laurus sericea Blume = Neolitsea sericea (Blume) Koidz. ●◇
223222 Laurus soncaurium Ham. = Cinnamomum tamala (Buch.-Ham.) T. Nees et C. H. Eberm. ●
223223 Laurus tamala Buch.-Ham. = Cinnamomum tamala (Buch.-Ham.) T. Nees et C. H. Eberm. ●
223224 Laurus tamala Ham. = Cinnamomum tamala (Buch.-Ham.) T. Nees et C. H. Eberm. ●
223225 Laurus triandra Sw. = Licaria triandra (Sw.) Kosterm. ●☆
223226 Laurus umbellata Thunb. = Raphiolepis umbellata (Thunb. ex Murray) Makino ●
223227 Laurus umbellata Thunb. = Rhaphiolepis umbellata (Thunb.) Makino ●
223228 Laurus variifolia Salisb. = Sassafras albidum (Nutt.) Ness ●☆
223229 Laurus villosa Roxb. = Machilus glaucescens (Nees) H. W. Li ●
223230 Laurus villosa Roxb. = Machilus villosa (Roxb.) Hook. f. ●
223231 Laurus winteriana L. = Canella alba Murray ●☆
223232 Lausonia Juss. = Lawsonia L. ●
223233 Lausoniaceae J. Agardh = Lythraceae J. St.-Hil.(保留科名)■●
223234 Lautea F. Br. = Corokia A. Cunn. ●☆
223235 Lautea Forest Brown = Corokia A. Cunn. ●☆
223236 Lautembergia Baill.(1858);劳特大戟属●☆
223237 Lautembergia multispicata Baill.;劳特大戟●☆
223238 Lauterbachia Perkins(1900);珊瑚桂属●☆
223239 Lauterbachia corallina K. Schum. ex Valeton;珊瑚桂●☆
223240 Lauterbachia novoguineensis Perkins;新几内亚珊瑚桂●☆
223241 Lavallea Baill. = Strombosia Blume ●☆
223242 Lavalleopsis Tiegh. = Lavallea Baill. ●☆
223243 Lavalleopsis Tiegh. = Strombosia Blume ●☆
223244 Lavalleopsis densivenia Engl. = Strombosia grandifolia Hook. f. ●☆
223245 Lavalleopsis klaineana (Pierre) Engl. = Strombosia grandifolia Hook. f. ●☆
223246 Lavalleopsis longifolia De Wild. et T. Durand = Strombosia grandifolia Hook. f. ●☆
223247 Lavana Raf. = Vestia Willd. ●☆
223248 Lavandula L.(1753);薰衣草属;Lavender ●■
223249 Lavandula × allardi Hy;圆齿薰衣草;Allard Lavender ●☆
223250 Lavandula abrotanoides Lam. var. attenuata Ball = Lavandula tenuisecta Ball ●☆
223251 Lavandula angustifolia Mill.;薰衣草(穗状薰衣草,香浴草,药用薰衣草);Common Lavender,Dutch Lavender,English Lavender, Lavender,Medicinal Lavender,Narrowleaf Lavender,Narrow-leaved Lavender,Nenufar,Old English Lavender,Spike Lavender,True Lavender ●■
223252 Lavandula angustifolia Mill.'Alba';白花薰衣草●☆
223253 Lavandula angustifolia Mill.'Atropurpurea';暗紫薰衣草●☆
223254 Lavandula angustifolia Mill.'Hidcote';希德考特薰衣草; Hidcote Lavender ●☆
223255 Lavandula angustifolia Mill.'Munstead';姆斯泰德薰衣草●☆
223256 Lavandula angustifolia Mill.'Rosea';玫瑰红薰衣草●☆
223257 Lavandula angustifolia Moench = Lavandula officinalis Chaix ●■
223258 Lavandula antiatlantica Maire = Lavandula mairei Humbert ●☆
223259 Lavandula antineae Maire subsp. tibestica Upson et Jury;提贝斯提薰衣草●☆
223260 Lavandula aristibracteata Mill.;芒苞薰衣草●☆
223261 Lavandula atriplicifolia Benth.;暗沟薰衣草●☆
223262 Lavandula brevidens (Humbert) Maire = Lavandula tenuisecta Ball ●☆
223263 Lavandula brevidens (Humbert) Maire var. basitricha Maire = Lavandula rejdalii Upson et Jury ●☆
223264 Lavandula brevidens (Humbert) Maire var. glabrescens Maire = Lavandula rejdalii Upson et Jury ●☆
223265 Lavandula brevidens (Humbert) Maire var. mesatlantica ? = Lavandula tenuisecta Ball ●☆
223266 Lavandula brevidens (Humbert) Maire var. moulouyana ? = Lavandula tenuisecta Ball ●☆
223267 Lavandula brevidens (Humbert) Maire var. ziziana ? = Lavandula tenuisecta Ball ●☆
223268 Lavandula buchii Webb;布赫薰衣草●☆
223269 Lavandula buchii Webb var. gracile M. C. León = Lavandula buchii Webb ●☆
223270 Lavandula buchii Webb var. tolpidifolia (Svent.) M. C. León = Lavandula buchii Webb ●☆
223271 Lavandula canariensis Mill.;卡那利薰衣草;Canari Island

Lavender, Canari Lavender ■☆
223272 Lavandula canariensis Mill. 'Blue Canaries';蓝色那利薰衣草●☆
223273 Lavandula canariensis Mill. 'Silver Feather';银色羽毛那利薰衣草●☆
223274 Lavandula canariensis Mill. = Lavandula multifida L. subsp. canariensis (Mill.) Pit. et Proust ●☆
223275 Lavandula canescens Deflers = Lavandula atriplicifolia Benth. ●☆
223276 Lavandula carnosa L. f. = Anisochilus carnosus (L.) Wall. ●
223277 Lavandula coronopifolia Poir.;臭荠薰衣草●☆
223278 Lavandula coronopifolia Poir. subsp. brevidens Humbert = Lavandula tenuisecta Ball ●☆
223279 Lavandula coronopifolia Poir. var. humbertii (Maire et Wilczek) Dobignard = Lavandula coronopifolia Poir. ●☆
223280 Lavandula coronopifolia Poir. var. mesatlantica Humbert = Lavandula tenuisecta Ball ●☆
223281 Lavandula coronopifolia Poir. var. moulouyana Humbert = Lavandula tenuisecta Ball ●☆
223282 Lavandula coronopifolia Poir. var. subtropica (Gand.) Dobignard;亚热带薰衣草●☆
223283 Lavandula coronopifolia Poir. var. ziziana Humbert = Lavandula tenuisecta Ball ●☆
223284 Lavandula dentata L.;齿叶薰衣草(齿状薰衣草,钝齿薰衣草,法国薰衣草);French Lavender, Toothed Lavender ■☆
223285 Lavandula dentata L. var. candicans Batt. = Lavandula dentata L. ■☆
223286 Lavandula dentata L. var. multibracteolata Sennen = Lavandula dentata L. ■☆
223287 Lavandula dentata L. var. rendalliana Bolle = Lavandula dentata L. ■☆
223288 Lavandula fragrans L.;香衣草;Fragrant Lavender ●☆
223289 Lavandula heterophylla Poir.;异叶薰衣草;Sweet Lavender ●☆
223290 Lavandula hybrida Hort.;杂种薰衣草;Lavandin, Lavender ●☆
223291 Lavandula intermedia Emeric ex Loisel.;居间薰衣草(英国薰衣草);English Lavender, Garden Lavender, Hybrid Lavender, Intermediate Lavender, Lavandin ●☆
223292 Lavandula intermedia Emeric ex Loisel. 'Grappenhall';格拉蓬英国薰衣草●☆
223293 Lavandula intermedia Emeric ex Loisel. 'Gray Hedge';灰篱居间薰衣草●☆
223294 Lavandula intermedia Emeric ex Loisel. 'Grosso';格劳绍居间薰衣草;Spike Oil-lavender ●☆
223295 Lavandula intermedia Emeric ex Loisel. 'Provence';普罗旺斯居间薰衣草●☆
223296 Lavandula intermedia Emeric ex Loisel. 'Seal';印章居间薰衣草●☆
223297 Lavandula lanata Boiss.;灰毛薰衣草(绵毛薰衣草);Woolly Lavender ●☆
223298 Lavandula latifolia Vill.;宽叶薰衣草(阔叶薰衣草);Broadleaf Lavender, Broad-leaved Lavender, Spike Lavender ●■
223299 Lavandula macra Baker;大薰衣草●☆
223300 Lavandula mairei Humbert;迈雷薰衣草●☆
223301 Lavandula mairei Humbert var. antiatlantica (Maire) Maire = Lavandula mairei Humbert ●☆
223302 Lavandula mairei Humbert var. intermedia Maire = Lavandula mairei Humbert ●☆
223303 Lavandula mairei Humbert var. lanifera Font Quer = Lavandula mairei Humbert ●☆
223304 Lavandula maroccana Murb.;摩洛哥薰衣草●☆
223305 Lavandula minutolii Bolle;米努托利薰衣草●☆
223306 Lavandula minutolii Bolle var. tenuipinna Svent. = Lavandula minutolii Bolle ●☆
223307 Lavandula multifida Burm. f. = Lavandula multifida L. ■☆
223308 Lavandula multifida L.;多裂薰衣草;Cut-leaved Lavender, Fernleaf Lavender, French Lace Lavender ■☆
223309 Lavandula multifida L. subsp. canariensis (Mill.) Pit. et Proust;加那利薰衣草●☆
223310 Lavandula multifida L. var. heterotricha Sauvage = Lavandula multifida L. ■☆
223311 Lavandula multifida L. var. intermedia Ball = Lavandula multifida L. ■☆
223312 Lavandula multifolia L.;无香薰衣草(多裂薰衣草);Multifid Lavender ■☆
223313 Lavandula officinalis Chaix;香浴草●■
223314 Lavandula officinalis Chaix = Lavandula angustifolia Mill. ●■
223315 Lavandula pedunculata Mill.;俯垂薰衣草■☆
223316 Lavandula pedunculata Mill. subsp. atlantica (Braun-Blanq. et Maire) Romo;大西洋薰衣草■☆
223317 Lavandula pedunculata Mill. var. atlantica Braun-Blanq. et Maire = Lavandula pedunculata Mill. subsp. atlantica (Braun-Blanq. et Maire) Romo ■☆
223318 Lavandula pinnata L. f.;羽叶薰衣草;Lavender, Pinnate Lavender ●☆
223319 Lavandula pinnata L. f. var. buchii (Webb) Benth. = Lavandula buchii Webb ●☆
223320 Lavandula pinnata L. f. var. tolpidifolia Svent. = Lavandula buchii Webb ●☆
223321 Lavandula pubescens Decne.;柔毛薰衣草;Pubescent Lavender ■☆
223322 Lavandula rejdalii Upson et Jury;赖达尔薰衣草●☆
223323 Lavandula rotundifolia Benth.;圆叶薰衣草;Round-leaved Lavender ■☆
223324 Lavandula rotundifolia Benth. var. crenata Lowe ex Sunding et M. C. León = Lavandula rotundifolia Benth. ■☆
223325 Lavandula rotundifolia Benth. var. incisa Bolle = Lavandula rotundifolia Benth. ■☆
223326 Lavandula rotundifolia Benth. var. subpinnatifida A. Chev. = Lavandula rotundifolia Benth. ■☆
223327 Lavandula saharica Upson et Jury;萨哈里薰衣草●☆
223328 Lavandula santoliniifolia Spach = Lavandula dentata L. ■☆
223329 Lavandula setifera T. Anderson;刚毛薰衣草■☆
223330 Lavandula somaliensis Chaytor;索马里薰衣草;Somali Lavender ■☆
223331 Lavandula spica L. = Lavandula angustifolia Mill. ●■
223332 Lavandula spica Loisel. = Lavandula officinalis Chaix ●■
223333 Lavandula spicata L. = Lavandula angustifolia Mill. ●■
223334 Lavandula stoechas L.;法国薰衣草(西班牙薰衣草);Cassidony, Cast-me-down, French Lavender, Italian Lavender, Lavender Gentle, Old Woman, Spanish Lavender, Sticadore, Sticadove ■☆
223335 Lavandula stoechas L. subsp. atlantica Braun-Blanq. et Maire = Lavandula pedunculata Mill. subsp. atlantica (Braun-Blanq. et Maire) Romo ■☆

223336 Lavandula stoechas L. subsp. linneana Rozeira = Lavandula stoechas L. ■☆
223337 Lavandula stoechas L. subsp. pedunculata (Mill.) Rozeira = Lavandula pedunculata Mill. ■☆
223338 Lavandula stoechas L. var. brevibracteolata Sennen = Lavandula stoechas L. ■☆
223339 Lavandula stoechas L. var. platyloba Briq. = Lavandula stoechas L. ■☆
223340 Lavandula stricta Delile;刚直薰衣草;Strict Lavender ■☆
223341 Lavandula stricta Delile = Lavandula coronopifolia Poir. ●☆
223342 Lavandula stricta Delile var. humbertii (Maire et Wilczek) Chaytor = Lavandula coronopifolia Poir. ●☆
223343 Lavandula stricta Delile var. subtropica (Gand.) Chaytor = Lavandula coronopifolia Poir. ●☆
223344 Lavandula tenuisecta Ball;细裂薰衣草●☆
223345 Lavandula tenuisecta Coss.;狭叶薰衣草;Narrowleaf Lavender ■☆
223346 Lavandula vera DC. = Lavandula angustifolia Mill. ●■
223347 Lavandula viridis L'Hér.;绿薰衣草;Green Lavender ■☆
223348 Lavanga Meisn. = Luvunga (Roxb.) Buch.-Ham. ex Wight et Arn. ●
223349 Lavardia Glaz. = Lavradia Vell. ex Vand. ●
223350 Lavatera L. (1753);花葵属;Cheeses, Lavatera, Mallow, Tree Mallow, Treemallow, Tree-mallow ■●
223351 Lavatera abyssinica Hutch. et E. A. Bruce;阿比西尼亚花葵■☆
223352 Lavatera acerifolia Cav.;尖叶花葵■☆
223353 Lavatera acerifolia Cav. var. hariensis Svent. = Lavatera acerifolia Cav. ■☆
223354 Lavatera africana Cav. = Lavatera maritima Gouan ●☆
223355 Lavatera arborea L.;花葵(木花葵);Hollyhock, Sea Tree Mallow, Sunset, Tree Mallow, Tree-mallow, Velvet Leaf, Velvet Tree Mallow, Velvet Treemallow, Velvet Tree-mallow ●■
223356 Lavatera arborea L. = Malva dendromorpha M. F. Ray ●☆
223357 Lavatera assurgentiflora Kellogg;加州花葵(升花花葵);Assurgent-flower Treemallow, California Tree Mallow, Tree Mallow ●☆
223358 Lavatera biflora E. Mey. = Anisodontea julii (Burch. ex DC.) Bates ●☆
223359 Lavatera brachyfolia Walp.;短叶花葵■☆
223360 Lavatera bryoniifolia Mill.;泻根叶花葵■☆
223361 Lavatera cashemiriana Cambess.;新疆花葵(喀什米尔花葵);Cashemir Treemallow ■
223362 Lavatera cashemiriana Cambess. var. haroonii Abedin. = Lavatera cashemiriana Cambess. ■
223363 Lavatera cavanillesii Caball. = Lavatera cretica L. ■☆
223364 Lavatera cretica L.;克里特花葵;Cornish Mallow, Lesser Tree Mallow, Smaller Tree-mallow, South European Tree Mallow ■☆
223365 Lavatera cretica L. var. acutiloba Ball = Lavatera cretica L. ■☆
223366 Lavatera cretica L. var. macrantha Maire et Wilczek = Lavatera cretica L. ■☆
223367 Lavatera flava Desf.;黄花葵■☆
223368 Lavatera flava Desf. var. purpurea Maire = Lavatera flava Desf. ■☆
223369 Lavatera foucauldi Maire et Sennen = Lavatera flava Desf. var. purpurea Maire ■☆
223370 Lavatera hispida Desf. = Lavatera olbia L. ●☆
223371 Lavatera julii Burch. ex DC. = Anisodontea julii (Burch. ex DC.) Bates ●☆
223372 Lavatera maritima Gouan;海花葵;Sea Mallow, Tree Mallow ●☆
223373 Lavatera maritima Gouan subsp. rupestris (Pomel) Greuter et Burdet;岩生花葵■☆
223374 Lavatera maritima Gouan var. purpurea Maire et Wilczek = Lavatera maritima Gouan ●☆
223375 Lavatera maroccana (Batt. et Trab.) Maire;摩洛哥花葵■☆
223376 Lavatera mauritanica Durieu;毛里塔尼亚花葵■☆
223377 Lavatera microphylla Baker f.;小叶花葵■☆
223378 Lavatera olbia L.;刚毛花葵;French Mallow, Hyères Tree-mallow, Tree Lavatera, Tree Mallow ●☆
223379 Lavatera olbia L. 'Aurea';金色刚毛花葵;Golden Tree Mallow ●☆
223380 Lavatera olbia L. = Lavatera thuringiaca L. ●☆
223381 Lavatera olbia L. var. hispida (Desf.) Ball = Lavatera olbia L. ●☆
223382 Lavatera olbia L. var. intermedia Rouy = Lavatera olbia L. ●☆
223383 Lavatera phoenicea Vent.;紫红花葵●☆
223384 Lavatera plebeia Sims;普通花葵;Australian Hollyhock ●☆
223385 Lavatera prostrata E. Mey. = Anisodontea julii (Burch. ex DC.) Bates subsp. prostrata (E. Mey. ex Turcz.) Bates ●☆
223386 Lavatera prostrata E. Mey. ex Turcz. = Anisodontea julii (Burch. ex DC.) Bates subsp. prostrata (E. Mey. ex Turcz.) Bates ●☆
223387 Lavatera punctata All.;斑点花葵●☆
223388 Lavatera punctata All. var. maroccana Batt. et Trab. = Lavatera punctata All. ●☆
223389 Lavatera rosea Medik. = Lavatera trimestris L. ■
223390 Lavatera rupestris Pomel = Lavatera maritima Gouan subsp. rupestris (Pomel) Greuter et Burdet ■☆
223391 Lavatera stenopetala Batt.;窄瓣花葵■☆
223392 Lavatera thuringiaca L.;树花葵;Thuringian Mallow, Thuringian Tree Mallow, Thuringian Tree-mallow, Tree Lavatera, Tree Mallow ●☆
223393 Lavatera trimestris L.;三月花葵(花葵,裂叶花葵);Annual Lavatera, Annual Mallow, Herb Tree Mallow, Herb Treemallow, Herb Tree-mallow, Royal Mallow, Three-monthly Lavatera ■
223394 Lavatera trimestris L. 'Mont Blanc';蒙布朗三月花葵■☆
223395 Lavatera trimestris L. 'Silver Cup';银杯三月花葵■☆
223396 Lavatera trimestris L. var. alba W. Mill.;白花三月花葵■☆
223397 Lavatera trimestris L. var. malvaeformis Ball = Lavatera trimestris L. ■
223398 Lavatera unguiculata Desf. = Lavatera bryoniifolia Mill. ■☆
223399 Lavatera valdesii Molero et J. M. Monts.;瓦尔德斯花葵■☆
223400 Lavatera vidalii Pau;维达尔花葵●☆
223401 Lavauxia Spach = Oenothera L. ●■
223402 Lavendula Mill. = Lavandula L. ●■
223403 Lavenia Sw. = Adenostemma J. R. Forst. et G. Forst. ■
223404 Lavenia parviflora Blume = Adenostemma lavenia (L.) Kuntze var. parviflorum (Blume) Hochr. ■
223405 Lavera Raf. = Apium L. ■
223406 Lavera Raf. = Helosciadium W. D. J. Koch ■☆
223407 Lavidia Phil. = Brachyclados Gillies ex D. Don ●☆
223408 Lavigeria Pierre (1892);西非茱萸属●☆
223409 Lavigeria macrocarpa (Oliv.) Pierre;西非茱萸●☆
223410 Lavigeria salutaris Pierre = Lavigeria macrocarpa (Oliv.) Pierre ●☆

223411 Lavoiseria Spreng. = Lavoisiera DC. ●☆
223412 Lavoisiera DC. (1828);拉瓦野牡丹属●☆
223413 Lavoisiera alba DC.;白拉瓦野牡丹●☆
223414 Lavoisiera crassinervia Cogn. ex Glaz.;粗脉拉瓦野牡丹●☆
223415 Lavoisiera macrocarpa Naudin;大果拉瓦野牡丹●☆
223416 Lavoisiera microphylla Cogn.;小叶拉瓦野牡丹●☆
223417 Lavoisiera rigida Cogn.;硬拉瓦野牡丹●☆
223418 Lavoisiera robusta Cogn. ex Glaz.;粗壮拉瓦野牡丹●☆
223419 Lavoisieria Spreng. = Lavoisiera DC. ●☆
223420 Lavoixia H. E. Moore. (1978);密鳞椰属(拉瓦齐椰属)●☆
223421 Lavoixia macrocarpa H. E. Moore.;密鳞椰●☆
223422 Lavradia Roem. = Sauvagesia L. ●
223423 Lavradia Swediaur = Labradia Swediaur ●■
223424 Lavradia Swediaur = Mucuna Adans. (保留属名)●■
223425 Lavradia Vell. ex Vand. = Sauvagesia L. ●
223426 Lavrania Plowes(1986);西南非萝藦属☆
223427 Lavrania cactiformis (Hook.) Bruyns = Larryleachia cactiformis (Hook.) Plowes ●☆
223428 Lavrania marlothii (N. E. Br.) Bruyns = Larryleachia marlothii (N. E. Br.) Plowes ●☆
223429 Lavrania perlata (Dinter) Bruyns = Larryleachia perlata (Dinter) Plowes ●☆
223430 Lavrania picta (N. E. Br.) Bruyns;着色西南非萝藦●☆
223431 Lavrania picta (N. E. Br.) Bruyns = Larryleachia picta (N. E. Br.) Plowes ●☆
223432 Lavrania picta (N. E. Br.) Bruyns subsp. parvipunctata Bruyns = Larryleachia tirasmontana Plowes ●☆
223433 Lawea Dippel = Hulthemia Dumort. ●☆
223434 Lawea Dippel = Lowea Lindl. ●
223435 Lawia Griff. ex Tul. = Dalzellia Wight ■
223436 Lawia Tul. = Dalzellia Wight ■
223437 Lawia Wight = Mycetia Reinw. ●
223438 Lawiella Koidz. = Cladopus H. Möller ■
223439 Lawiella austro-satsumensis Koidz. = Cladopus austro-satsumensis (Koidz.) Ohwi ■☆
223440 Lawiella chinensis H. C. Chao = Cladopus nymani H. Moller ■
223441 Lawiella doiana Koidz. = Cladopus doianus (Koidz.) Koriba ■☆
223442 Lawiella fukienensis H. C. Chao = Cladopus nymani H. Moller ■
223443 Lawiella kiusiana Koidz. = Cladopus japonicus Imamura ■
223444 Lawiella kiusiana Koidz. = Cladopus nymani H. Moller ■
223445 Lawrencella Lindl. (1839);对叶蜡菊属■☆
223446 Lawrencella Lindl. = Helichrysum Mill. (保留属名)●■
223447 Lawrencella rosea Lindl.;对叶蜡菊■☆
223448 Lawrencia Hook. (1840);劳氏锦葵属●☆
223449 Lawrencia Hook. = Plagianthus J. R. Forst. et G. Forst. ●☆
223450 Lawrencia spicata Hook.;劳氏锦葵●☆
223451 Lawsonia L. (1753);指甲花属(散沫花属);Henna ●
223452 Lawsonia alba Lam. = Lawsonia inermis L. ●
223453 Lawsonia falcata Lour. = Clausena excavata Burm. f. ●
223454 Lawsonia inermis L.;指甲花(柴指甲,番桂,千甲木,千甲树,散沫花,香桂,指甲木,指甲叶);Broad Egyptian Privet, Camphire, Cypress Shrub, Egyptian Privet, Henna, Jamaica Mignonette, Mignonette Tree, West Indian Mignonette ●
223455 Lawsonia spinosa L. = Lawsonia inermis L. ●
223456 Lawsoniaceae J. Agardh = Lythraceae J. St. -Hil. (保留科名)■●
223457 Laxanon Raf. = Serinia Raf. ■☆
223458 Laxmannia Fisch. = Coluria R. Br. ■
223459 Laxmannia Fisch. = Laxmannia R. Br. (保留属名)■☆
223460 Laxmannia J. R. Forst. et G. Forst. (废弃属名) = Laxmannia R. Br. (保留属名)■☆
223461 Laxmannia J. R. Forst. et G. Forst. (废弃属名) = Petrobium R. Br. (保留属名)●☆
223462 Laxmannia R. Br. (1810)(保留属名);异蕊兰属(异蕊草属)■☆
223463 Laxmannia S. G. Gmel. ex Trin. = Laxmannia R. Br. (保留属名)■☆
223464 Laxmannia S. G. Gmel. ex Trin. = Phuopsis (Griseb.) Hook. f. ■
223465 Laxmannia Schreb. = Acronychia J. R. Forst. et G. Forst. (保留属名)●
223466 Laxmannia Schreb. = Cyminosma Gaertn. ●
223467 Laxmannia arborea J. Forst. et G. Forst.;异蕊兰■☆
223468 Laxmanniaceae Bubani;异蕊兰科(异蕊草科)■
223469 Laxopetalum Pohl ex Baker = Eremanthus Less. ●☆
223470 Laxoplumeria Markgr. (1926);疏松鸡蛋花属●☆
223471 Laxoplumeria tessmannii Markgr.;疏松鸡蛋花●☆
223472 Laya Endl. = Layia Hook. et Arn. ex DC. (保留属名)■☆
223473 Layia Hook. et Arn. (废弃属名) = Fedorovia Yakovlev ●☆
223474 Layia Hook. et Arn. (废弃属名) = Layia Hook. et Arn. ex DC. (保留属名)■☆
223475 Layia Hook. et Arn. (废弃属名) = Ormosia Jacks. (保留属名)●
223476 Layia Hook. et Arn. ex DC. (1838)(保留属名);莱氏菊属(加州菊属,莱雅菊属,齐顶菊属);Tidytips ■☆
223477 Layia carnosa (Nutt.) Torr. et A. Gray;碱地莱氏菊■☆
223478 Layia chrysanthemoides (DC.) A. Gray;茼蒿莱氏菊■☆
223479 Layia chrysanthemoides (DC.) A. Gray subsp. maritima D. D. Keck = Layia chrysanthemoides (DC.) A. Gray ■☆
223480 Layia discoidea D. D. Keck;盘状莱氏菊■☆
223481 Layia elegans Torr. et Gray = Layia platyglossa (Fisch. et C. A. Mey.) A. Gray ■☆
223482 Layia emarginata Hook. et Arn. = Ormosia emarginata (Hook. et Arn.) Benth. ●
223483 Layia fremontii (Torr. et A. Gray) A. Gray;弗里蒙特莱氏菊■☆
223484 Layia gaillardioides (Hook. et Arn.) DC.;天人莱氏菊■☆
223485 Layia glandulosa (Hook.) Hook. et Arn.;腺点莱氏菊;Whitedaisy Tidy Tips ■☆
223486 Layia glandulosa (Hook.) Hook. et Arn. subsp. lutea D. D. Keck = Layia glandulosa (Hook.) Hook. et Arn. ■☆
223487 Layia glandulosa (Hook.) Hook. et Arn. var. lutea (D. D. Keck) Hoover = Layia glandulosa (Hook.) Hook. et Arn. ■☆
223488 Layia heterotricha (DC.) Hook. et Arn.;异毛莱氏菊■☆
223489 Layia jonesii A. Gray;琼斯莱氏菊■☆
223490 Layia leucopappa D. D. Keck;白冠毛莱氏菊■☆
223491 Layia munzii D. D. Keck;芒兹莱氏菊■☆
223492 Layia nutans (Greene) Jeps. = Harmonia nutans (Greene) B. G. Baldwin ■☆
223493 Layia paniculata D. D. Keck = Layia hieracioides (DC.) Hook. et Arn. ■☆
223494 Layia pentachaeta A. Gray;五毛莱氏菊■☆
223495 Layia pentachaeta A. Gray subsp. albida D. D. Keck;白毛莱氏菊■☆
223496 Layia pentachaeta A. Gray var. albida (D. D. Keck) Hoover = Layia pentachaeta A. Gray subsp. albida D. D. Keck ■☆

223497 Layia platyglossa (Fisch. et C. A. Mey.) A. Gray;加州菊(洁顶菊,宽舌莱氏菊);Tidy Tips,Tidytips ■☆
223498 Layia platyglossa (Fisch. et C. A. Mey.) A. Gray subsp. campestris D. D. Keck = Layia platyglossa (Fisch. et C. A. Mey.) A. Gray ■☆
223499 Layia platyglossa A. Gray = Layia platyglossa (Fisch. et C. A. Mey.) A. Gray ■☆
223500 Layia platyglossa A. Gray subsp. campestris D. D. Keck = Layia platyglossa (Fisch. et C. A. Mey.) A. Gray ■☆
223501 Layia ziegleri Munz = Layia platyglossa (Fisch. et C. A. Mey.) A. Gray ■☆
223502 Lazarolus Medik. = Sorbus L. + Crataegus L. ●
223503 Lazarum A. Hay = Typhonium Schott ■
223504 Lea Stokes = Leea D. Royen ex L. (保留属名)●■
223505 Leachia Cass. = Coreopsis L. ●■
223506 Leachia Plowes = Larryleachia Plowes ●☆
223507 Leachia Plowes = Trichocaulon N. E. Br. ■☆
223508 Leachia cactiformis (Hook.) Plowes = Larryleachia cactiformis (Hook.) Plowes ●☆
223509 Leachia dinteri (A. Berger) Plowes = Larryleachia marlothii (N. E. Br.) Plowes ●☆
223510 Leachia felina (D. T. Cole) Plowes = Larryleachia cactiformis (Hook.) Plowes var. felina (D. T. Cole) Bruyns ●☆
223511 Leachia marlothii (N. E. Br.) Plowes = Larryleachia marlothii (N. E. Br.) Plowes ●☆
223512 Leachia meloformis (Marloth) Plowes = Larryleachia picta (N. E. Br.) Plowes ●☆
223513 Leachia perlata (Dinter) Plowes = Larryleachia perlata (Dinter) Plowes ●☆
223514 Leachia picta (N. E. Br.) Plowes = Larryleachia picta (N. E. Br.) Plowes ●☆
223515 Leachia similis (N. E. Br.) Plowes = Larryleachia cactiformis (Hook.) Plowes ●☆
223516 Leachia sociarum (A. C. White et B. Sloane) Plowes = Larryleachia sociarum (A. C. White et B. Sloane) Plowes ●☆
223517 Leachia tirasmontana Plowes = Larryleachia tirasmontana Plowes ●☆
223518 Leachiella Plowes = Leachia Plowes ■☆
223519 Leachiella Plowes = Trichocaulon N. E. Br. ■☆
223520 Leachiella cactiformis (Hook.) Plowes = Larryleachia cactiformis (Hook.) Plowes ●☆
223521 Leachiella felina (D. T. Cole) Plowes = Larryleachia cactiformis (Hook.) Plowes var. felina (D. T. Cole) Bruyns ●☆
223522 Leachiella marlothii (N. E. Br.) Plowes = Larryleachia marlothii (N. E. Br.) Plowes ●☆
223523 Leachiella meloformis (Marloth) Plowes = Larryleachia picta (N. E. Br.) Plowes ●☆
223524 Leachiella perlata (Dinter) Plowes = Larryleachia perlata (Dinter) Plowes ●☆
223525 Leachiella picta (N. E. Br.) Plowes = Larryleachia picta (N. E. Br.) Plowes ●☆
223526 Leachiella sociarum (A. C. White et B. Sloane) Plowes = Larryleachia sociarum (A. C. White et B. Sloane) Plowes ●☆
223527 Leachiella tirasmontana Plowes = Larryleachia tirasmontana Plowes ●☆
223528 Leaeba Forssk. (废弃属名) = Cocculus DC. (保留属名)●
223529 Leandra Raddi(1820);莱恩野牡丹属●■☆
223530 Leandra quinquedentata (DC.) Cogn.;五齿莱恩野牡丹(五齿里恩野牡丹)●☆
223531 Leandra salicina (DC.) Cogn.;柳叶莱恩野牡丹(柳叶里恩野牡丹)●☆
223532 Léandriella Benoist(1939);里恩爵床属☆
223533 Léandriella oblonga Benoist;矩圆里恩爵床☆
223534 Léandriella valvata Benoist;里恩爵床☆
223535 Leanta Raf. = Leea D. Royen ex L. (保留属名)●■
223536 Leantria Sol. ex G. Forst. = Myrtus L. ●
223537 Leaoa Schltr. et Porto = Hexadesmia Brongn. ■☆
223538 Leaoa Schltr. et Porto = Scaphyglottis Poepp. et Endl. (保留属名)■☆
223539 Learosa Rchb. = Doryphora Endl. ●☆
223540 Leavenworthia Torr. (1837);莱温芥属■☆
223541 Leavenworthia torulosa A. Gray;莱温芥;Necklace Gladecress ■☆
223542 Leavenworthia uniflora (Michx.) Britton;单花莱温芥■☆
223543 Lebeckia Thunb. (1800);南非针叶豆属(针叶豆属)■☆
223544 Lebeckia acanthoclada Dinter;刺枝南非针叶豆■☆
223545 Lebeckia angustifolia E. Mey. = Lebeckia multiflora E. Mey. ■☆
223546 Lebeckia armata E. Mey. = Lebeckia spinescens Harv. ■☆
223547 Lebeckia armata Thunb. = Wiborgia mucronata (L. f.) Druce ■☆
223548 Lebeckia bowieana Benth.;鲍伊南非针叶豆■☆
223549 Lebeckia candicans Dinter = Lebeckia dinteri Harms ■☆
223550 Lebeckia canescens E. Mey. = Lebeckia multiflora E. Mey. ■☆
223551 Lebeckia carnosa (E. Mey.) Druce;肉质南非针叶豆■☆
223552 Lebeckia cinerea E. Mey.;灰色南非针叶豆■☆
223553 Lebeckia contaminata (L.) Thunb.;污点南非针叶豆■☆
223554 Lebeckia contaminata Ker Gawl. = Indigofera filifolia Thunb. ●☆
223555 Lebeckia contaminata W. T. Aiton = Indigofera filifolia Thunb. ●☆
223556 Lebeckia cytisoides Thunb.;金雀花南非针叶豆■☆
223557 Lebeckia decipiens E. Mey. = Lebeckia sericea Thunb. ■☆
223558 Lebeckia decutiens E. Mey. = Lebeckia multiflora E. Mey. ■☆
223559 Lebeckia densa Thunb. = Lotononis densa (Thunb.) Harv. ■☆
223560 Lebeckia dinteri Harms;丁特针叶豆■☆
223561 Lebeckia fasciculata Benth.;簇生南非针叶豆■☆
223562 Lebeckia flexuosa E. Mey. = Lebeckia sericea Thunb. ■☆
223563 Lebeckia grandiflora (E. Mey.) Benth.;大花南非针叶豆●☆
223564 Lebeckia halenbergensis Merxm. et A. Schreib.;哈伦南非针叶豆■☆
223565 Lebeckia humilis Thunb. = Wiborgia humilis (Thunb.) R. Dahlgren ■☆
223566 Lebeckia inflata Bolus;膨胀南非针叶豆■☆
223567 Lebeckia leipoldtiana Schltr. ex R. Dahlgren;莱波尔德南非针叶豆■☆
223568 Lebeckia leptophylla Benth.;细叶南非针叶豆■☆
223569 Lebeckia leucoclada Schltr. = Lotononis densa (Thunb.) Harv. subsp. leucoclada (Schltr.) B. -E. van Wyk ■☆
223570 Lebeckia linearifolia E. Mey.;线叶南非针叶豆■☆
223571 Lebeckia linearis (Burm. f.) DC. = Aspalathus linearis (Burm. f.) R. Dahlgren ●☆
223572 Lebeckia longipes Bolus;长梗南非针叶豆■☆
223573 Lebeckia lotonoides Schltr.;罗顿南非针叶豆■☆
223574 Lebeckia macowanii T. M. Salter;麦克欧文南非针叶豆■☆

223575 Lebeckia melilotoides R. Dahlgren;草木犀南非针叶豆■☆
223576 Lebeckia meyeriana Eckl. et Zeyh.;迈尔南非针叶豆■☆
223577 Lebeckia microphylla E. Mey. = Lotononis caerulescens (E. Mey.) B. -E. van Wyk ■☆
223578 Lebeckia mucronata Benth.;短尖南非针叶豆■☆
223579 Lebeckia multiflora E. Mey.;繁花南非针叶豆■☆
223580 Lebeckia nuda Sims = Indigofera filifolia Thunb. ●☆
223581 Lebeckia obovata Schinz;倒卵南非针叶豆■☆
223582 Lebeckia parvifolia (Schinz) Harms = Lebeckia multiflora E. Mey. ■☆
223583 Lebeckia pauciflora Eckl. et Zeyh.;小花南非针叶豆■☆
223584 Lebeckia psiloloba Walp.;光裂片南非针叶豆■☆
223585 Lebeckia pungens Thunb.;锐尖南非针叶豆■☆
223586 Lebeckia retamoides Baker = Tephrosia retamoides (Baker) Soler. ●☆
223587 Lebeckia sepiaria Thunb.;篱边南非针叶豆■☆
223588 Lebeckia sericea Thunb.;绢毛南非针叶豆■☆
223589 Lebeckia sessilifolia (Eckl. et Zeyh.) Benth.;无柄叶南非针叶豆■☆
223590 Lebeckia spathulifolia Dinter = Lebeckia acanthoclada Dinter ■☆
223591 Lebeckia spinescens Harv.;细刺南非针叶豆■☆
223592 Lebeckia waltersii C. H. Stirt. = Polhillia obsoleta (Harv.) B. -E. van Wyk ●☆
223593 Lebeckia wrightii (Harv.) Bolus;赖特南非针叶豆■☆
223594 Lebetanthus Endl. (1411)(Lebethanthus)(保留属名);铁仔石南属●☆
223595 Lebetanthus Endl. = Prionotes R. Br. ●☆
223596 Lebetanthus americanus (Hook.) Hook. f.;铁仔石南●☆
223597 Lebethanthus Rchb. = Lebetanthus Endl. (保留属名)●☆
223598 Lebetina Cass. = Adenophyllum Pers. ■●☆
223599 Lebianthus K. Schum. = Helianthus L. ■
223600 Lebidibia Griseb. = Caesalpinia L. ●
223601 Lebidibia Griseb. = Libidtbia Schltdl. ●
223602 Lebidiera Baill. = Cleistanthus Hook. f. ex Planch. ●
223603 Lebidieropsis Müll. Arg. = Cleistanthus Hook. f. ex Planch. ●
223604 Lebidieropsis Müll. Arg. = Lebidiera Baill. ●
223605 Lebretonia Schrank = Pavonia Cav. (保留属名)●■☆
223606 Lebretonia acuminata A. Rich. = Pavonia burchellii (DC.) R. A. Dyer ●☆
223607 Lebretonia cernua Span. = Pavonia procumbens (Wall. ex Wight et Arn.) Walp. ●☆
223608 Lebretonia flava Wall. = Pavonia procumbens (Wall. ex Wight et Arn.) Walp. ●☆
223609 Lebretonia glechomifolia A. Rich. = Pavonia flavoferruginea (Forssk.) Hepper et J. R. I. Wood ●☆
223610 Lebretonia procumbens Wall. = Pavonia procumbens (Wall. ex Wight et Arn.) Walp. ●☆
223611 Lebretonia procumbens Wight = Pavonia procumbens (Wall. ex Wight et Arn.) Walp. ●☆
223612 Lebretonnia Brongn. = Lebretonia Schrank ●■☆
223613 Lebronnecia Fosberg(1966);勒布锦葵属(勒布罗锦属)●☆
223614 Lebronnecia koldoides Fosberg;勒布罗锦●☆
223615 Lebrunia Staner(1934);热非藤黄属●☆
223616 Lebrunia busbaie Staner;热非藤黄●☆
223617 Lebruniodendron J. Léonard. (1951);细花豆属●☆
223618 Lebruniodendron leptanthum (Harms) J. Léonard;细花豆●☆
223619 Lecananthus Jack(1822);盆花茜属☆
223620 Lecaniodiscns cupanioides Planch. ex Benth.;盆花茜☆
223621 Lecaniodiscus Planch. ex Benth. (1849);皿盘无患子属●☆
223622 Lecaniodiscus cupanioides Planch. = Lecaniodiscns cupanioides Planch. ex Benth. ☆
223623 Lecaniodiscus cupanioides Planch. ex Benth.;库潘树皿盘无患子●☆
223624 Lecaniodiscus fraxinifolius Baker;白蜡叶皿盘无患子●☆
223625 Lecaniodiscus fraxinifolius Baker subsp. scassellatii (Chiov.) Friis;斯氏白蜡叶皿盘无患子●☆
223626 Lecaniodiscus punctatus J. B. Hall;斑点皿盘无患子●☆
223627 Lecanocarpus Nees = Acroglochin Schrad. ■
223628 Lecanocnide Blume = Maoutia Wedd. ●
223629 Lecanophora Krapov. = Cristaria Cav. (保留属名)■●☆
223630 Lecanophora Krapov. = Plarodrigoa Looser ■●☆
223631 Lecanophora Speg. (1926);皿梗锦葵属■☆
223632 Lecanophora Speg. = Cristaria Cav. (保留属名)■●☆
223633 Lecanophora Speg. et Rodrigo = Lecanophora Speg. ■☆
223634 Lecanorchis Blume(1856);盂兰属(皿柱兰属);Lecanorchis ■
223635 Lecanorchis brachycarpa Ohwi = Lecanorchis triloba J. J. Sm. ■☆
223636 Lecanorchis carina Fukuy.;黄盂兰(宝岛盂兰,黄皿柱兰,紫皿柱兰);Waxyellow Lecanorchis, Yellowflower Lecanorchis ■
223637 Lecanorchis cerina Fukuy. = Lecanorchis japonica Blume ■
223638 Lecanorchis cerina Fukuy. f. albida (T. P. Lin) S. S. Ying;白皿柱兰■
223639 Lecanorchis cerina Fukuy. f. albida (T. P. Lin) S. S. Ying = Lecanorchis carina Fukuy. ■
223640 Lecanorchis cerina Fukuy. f. albida (T. P. Lin) S. S. Ying = Lecanorchis japonica Blume ■
223641 Lecanorchis cerina Fukuy. var. albida T. P. Lin = Lecanorchis carina Fukuy. ■
223642 Lecanorchis cerina Fukuy. var. albida T. P. Lin = Lecanorchis japonica Blume ■
223643 Lecanorchis flavicans Fukuy.;浅黄盂兰■☆
223644 Lecanorchis flavicans Fukuy. var. acutiloba T. Hashim.;尖浅裂皿柱兰■☆
223645 Lecanorchis hokurikuensis Masam.;北陆盂兰■☆
223646 Lecanorchis hokurikuensis Masam. f. kiiensis (Murata) Seriz.;纪伊盂兰■☆
223647 Lecanorchis japonica Blume;盂兰(日本皿柱兰,无叶兰,玉兰);Japan Lecanorchis, Japanese Lecanorchis ■
223648 Lecanorchis japonica Blume var. hokurikuensis (Masam.) T. Hashim. = Lecanorchis hokurikuensis Masam. ■☆
223649 Lecanorchis japonica Blume var. kiiensis (Murata) T. Hashim. = Lecanorchis hokurikuensis Masam. f. kiiensis (Murata) Seriz. ■☆
223650 Lecanorchis japonica Blume var. suginoana Tuyama = Lecanorchis suginoana (Tuyama) Seriz. ■☆
223651 Lecanorchis japonica Blume var. thalassica (T. P. Lin) S. S. Ying = Lecanorchis thalassica T. P. Lin ■
223652 Lecanorchis japonica Blume var. tubiformis T. Hashim.;管状盂兰■☆
223653 Lecanorchis kiiensis Murata = Lecanorchis hokurikuensis Masam. f. kiiensis (Murata) Seriz. ■☆
223654 Lecanorchis kiusiana Tuyama;九州盂兰■☆
223655 Lecanorchis kiusiana Tuyama var. suginoana (Tuyama) T. Hashim. = Lecanorchis suginoana (Tuyama) Seriz. ■☆
223656 Lecanorchis multiflora J. J. Sm.;多花盂兰;Flowery Lecanorchis ■

223657 Lecanorchis multiflora J. J. Sm. var. brachycarpa (Ohwi) T. Hashim. = Lecanorchis triloba J. J. Sm. ■☆

223658 Lecanorchis nigricans Honda;全唇盂兰(全唇皿柱兰,台湾皿兰,台湾盂兰,紫皿柱兰,紫柱兰);Entirelip Lecanorchis, Purpleflower Lecanorchis, Taiwan Lecanorchis ■

223659 Lecanorchis nigricans Honda var. yakusimensis T. Hashim.;屋久岛盂兰■☆

223660 Lecanorchis ohwii Masam. = Lecanorchis carina Fukuy. ■

223661 Lecanorchis ohwii Masam. = Lecanorchis japonica Blume ■

223662 Lecanorchis oligotricha Fukuy. = Lecanorchis nigricans Honda ■

223663 Lecanorchis purpurea Masam.;紫盂兰■☆

223664 Lecanorchis purpurea Masam. = Lecanorchis nigricans Honda ■

223665 Lecanorchis suginoana (Tuyama) Seriz.;杉野盂兰■☆

223666 Lecanorchis suginoana (Tuyama) Seriz. f. flava Seriz.;黄杉野盂兰(黄盂兰)■☆

223667 Lecanorchis taiwaniana S. S. Ying = Lecanorchis nigricans Honda ■

223668 Lecanorchis thalassica T. P. Lin;灰绿盂兰(纹皿柱兰);Greygreen Lecanorchis ■

223669 Lecanorchis trachycaulis Ohwi;糙茎盂兰■☆

223670 Lecanorchis triloba J. J. Sm.;三裂盂兰■☆

223671 Lecanorchis virella T. Hashim.;绿盂兰■☆

223672 Lecanosperma Rusby = Heterophyllaea Hook. f. ●☆

223673 Lecanthus Griseb. = Lisianthus P. Browne ■☆

223674 Lecanthus Wedd. (1854);盘花麻属(假楼梯草属);Falsestairweed, Lecanthus ■

223675 Lecanthus corniculatus (C. J. Chen) H. W. Li;角被假楼梯草;Corniculate Falsestairweed, Corniculate Lecanthus ■

223676 Lecanthus major Wedd. = Lecanthus wightii Wedd. ■

223677 Lecanthus obtusus (Royle) Hand. -Mazz. = Lecanthus peduncularis (Wall. ex Royle) Wedd. ■

223678 Lecanthus peduncularis (Royle) Wedd. = Lecanthus peduncularis (Wall. ex Royle) Wedd. ■

223679 Lecanthus peduncularis (Wall. ex Royle) Wedd.;假楼梯草(长梗盘花麻,篰管草,绿山麻柳,水苋菜,头花荨麻);Falsestairweed, Common Lecanthus ■

223680 Lecanthus peduncularis (Wall. ex Royle) Wedd. var. garhwalensis R. A. Silas et R. D. Gaur;印度假楼梯草■☆

223681 Lecanthus peduncularis Wedd. var. garhwalensis R. A. Silas et R. D. Gaur = Lecanthus peduncularis (Wall. ex Royle) Wedd. var. garhwalensis R. A. Silas et R. D. Gaur ■☆

223682 Lecanthus petelotii (Gagnep.) C. J. Chen;越南假楼梯草;Petelot Lecanthus, Vietnam Falsestairweed ■

223683 Lecanthus petelotii (Gagnep.) C. J. Chen var. corniculatus C. J. Chen = Lecanthus corniculatus (C. J. Chen) H. W. Li ■

223684 Lecanthus petelotii (Gagnep.) C. J. Chen var. yunnanensis C. J. Chen;云南假楼梯草;Yunnan Falsestairweed, Yunnan Lecanthus ■

223685 Lecanthus pileoides S. S. Chien et C. J. Chen;冷水花假楼梯草;Clearweedlike Lecanthus, Coldwater-flower-like Falsestairweed ■

223686 Lecanthus sasakii Hayata;长梗盘花麻■

223687 Lecanthus sasakii Hayata = Lecanthus peduncularis (Wall. ex Royle) Wedd. ■

223688 Lecanthus taiwanensis S. S. Ying = Lecanthus peduncularis (Wall. ex Royle) Wedd. ■

223689 Lecanthus wallichii Wedd. = Lecanthus peduncularis (Wall. ex Royle) Wedd. ■

223690 Lecanthus wallichii Wedd. = Lecanthus wightii Wedd. ■

223691 Lecanthus wightii Wedd. = Lecanthus peduncularis (Wall. ex Royle) Wedd. ■

223692 Lecardia J. Poiss. ex Guillaumin = Salaciopsis Baker f. ●☆

223693 Lecariocalyx Bremek. (1940);莱卡茜属☆

223694 Lecariocalyx borneensis Bremek.;莱卡茜☆

223695 Lechea Kalm ex L. = Commelina L. ■

223696 Lechea L. (1753);莱切草属(莱开欧属,莱克草属,帚蔷薇属);Pinweed ■☆

223697 Lechea Lour. = Commelina L. ■

223698 Lechea chinensis Lour. = Commelina diffusa Burm. f. ■

223699 Lechea intermedia Legg. ex Britton;间型莱切草(间型莱克草);Intermediate Pinweed, Large-pod Pinweed, Pinweed ■☆

223700 Lechea intermedia Legg. ex Britton var. typica Hodgdon = Lechea intermedia Legg. ex Britton ■☆

223701 Lechea minor L.;小莱切草(小莱克草);Small Pinweed, Thyme-leaf Pinweed ■☆

223702 Lechea minor L. var. villosa (Elliott) B. Boivin = Lechea mucronata Raf. ■☆

223703 Lechea mucronata Raf.;秃莱切草(秃莱克草);Hairy Pinweed, Pinweed ■☆

223704 Lechea racemulosa Michx.;小总序莱切草(小总序莱克草);Pinweed ■☆

223705 Lechea stricta Legg. ex Britton;直莱切草(直莱克草);Bushy Pinweed, Prairie Pinweed ■☆

223706 Lechea tenuifolia Michx.;细叶莱切草(细叶莱克草);Narrow-leaved Pinweed, Pinweed, Slender-leaved Pinweed ■☆

223707 Lechea tenuifolia Michx. var. occidentalis Hodgdon = Lechea tenuifolia Michx. ■☆

223708 Lechea villosa Elliott;毛莱切草(毛莱克草);Hairy Pinweed ■☆

223709 Lechea villosa Elliott = Lechea mucronata Raf. ■☆

223710 Lechea villosa Elliott var. macrotheca Hodgdon = Lechea mucronata Raf. ■☆

223711 Lechea villosa Elliott var. schaffneri Hodgdon = Lechea mucronata Raf. ■☆

223712 Lechenaultia R. Br. (1810);茎叶草海桐属●■

223713 Lechenaultia R. Br. = Leschenaultia R. Br. ●☆

223714 Lechenaultia biloba Lindl.;茎叶草海桐;Blue Lechenauhia ●☆

223715 Lecheoides Endl. = Lechidium Spach ■

223716 Lechidium Spach = Lechea L. ■☆

223717 Lechlera Griseb. = Solenomelus Miers ■☆

223718 Lechlera Miq. ex Steud. = Lechlera Steud. ■☆

223719 Lechlera Steud. = Calamagrostis Adans. ■

223720 Lechlera Steud. = Relchela Steud. ■☆

223721 Lechleria Phil. = Huanaca Cav. ■☆

223722 Leciscium C. F. Gaertn. = ? Memecylon L. ●

223723 Lecocarpus Decne. (1846);盘果菊属(领果菊属)●☆

223724 Lecocarpus foliosus Decne.;盘果菊●☆

223725 Lecockia Meisn. = Lecokia DC. ■☆

223726 Lecointea Ducke(1922);南美单叶豆属■☆

223727 Lecointea amazonica Ducke;南美单叶豆■☆

223728 Lecokia DC. (1829);里克草属;Lecocia, Lecockia ■☆

223729 Lecokia cretica (Lam.) DC.;里克草■☆

223730 Lecomtea Koidz. = Cladopus H. Möller ■

223731 Lecomtea Pierre ex Tiegh. = ? Harmandia Pierre ex Baill. ●☆

223732 Lecomtea congoensis Pierre ex Tiegh. = Aptandra zenkeri Engl. ●☆

223733 Lecomtedoxa (Engl.) Dubard = Lecomtedoxa (Pierre ex

Engl.) Dubard ●☆
223734 Lecomtedoxa (Pierre ex Engl.) Dubard(1914);互蕊山榄属(赤道西非山榄属,赤非山榄属)●☆
223735 Lecomtedoxa Dubard = Lecomtedoxa (Pierre ex Engl.) Dubard ●☆
223736 Lecomtedoxa clitandrifolia (A. Chev.) Baehni = Neolemonniera clitandrifolia (A. Chev.) Heine ●☆
223737 Lecomtedoxa heitziana (A. Chev.) Aubrév. = Lecomtedoxa nogo (A. Chev.) Aubrév. ●☆
223738 Lecomtedoxa henriquesii (Engl. et Warb.) A. Meeuse = Inhambanella henriquesii (Engl. et Warb.) Dubard ●☆
223739 Lecomtedoxa klaineana (Pierre ex Engl.) Dubard;赤非山榄●☆
223740 Lecomtedoxa klaineana Pierre ex Dubard = Lecomtedoxa klaineana (Pierre ex Engl.) Dubard ●☆
223741 Lecomtedoxa nogo (A. Chev.) Aubrév. ;加蓬山榄●☆
223742 Lecomtedoxa ogouensis Pierre ex Dubard = Neolemonniera ogouensis (Pierre ex Dubard) Heine ●☆
223743 Lecomtedoxa vazii Dubard = Tieghemella africana Pierre ●☆
223744 Lecomtella A. Camus(1925);竹状草属■☆
223745 Lecomtella madagascariensis A. Camus;竹状草■☆
223746 Lecontea A. Rich. = Paederia L. (保留属名)●■
223747 Lecontea A. Rich. ex DC. = Paederia L. (保留属名)●■
223748 Lecontea Raf. = Lecontia A. W. Cooper ex Torr. ■☆
223749 Lecontea Raf. = Peltandra Raf. (保留属名)■☆
223750 Lecontea bojeriana A. Rich. ex DC. = Paederia bojeriana (A. Rich.) Drake ●☆
223751 Lecontea foetens (Hiern) Baron = Paederia bojeriana (A. Rich.) Drake subsp. foetens (Hiern) Verdc. ●☆
223752 Lecontia A. W. Cooper ex Torr. = Peltandra Raf. (保留属名) ■☆
223753 Lecoqia Post et Kuntze = Lecokia DC. ■☆
223754 Lecoquia Caruel = Lecokia DC. ■☆
223755 Lecoquia Caruel = Lecoqia Post et Kuntze ■☆
223756 Lecosia Pedersen(2000);巴西苋属■☆
223757 Lecostemon Moc. et Sessé ex DC. = Sloanea L. ●
223758 Lecostomon DC. = Sloanea L. ●
223759 Lectandra J. J. Sm. = Poaephyllum Ridl. ■☆
223760 Lecticula Barnhart = Utricularia L. ■
223761 Lecticula resupinata (B. D. Greene ex Bigelow) Barnhart = Utricularia resupinata B. D. Greene ex Bigelow ■☆
223762 Lecythidaceae A. Rich. (1825)(保留科名);玉蕊科(巴西果科);Lecythis Family ●
223763 Lecythidaceae Poit. = Lecythidaceae A. Rich. (保留科名)●
223764 Lecythis Loefl. (1758);油罐木属(巴西果属,美玉蕊属,正统玉蕊属);Monkey Pot, Monkeypot Tree, Monkey-pot Tree, Paradise Nut, Sapucaia Nut ●☆
223765 Lecythis confertiflora (A. C. Sm.) S. A. Mori;密花正玉蕊●☆
223766 Lecythis corrugata Poit. ;皱缩正玉蕊●☆
223767 Lecythis costaricensis Pittier;哥斯达黎加正玉蕊●☆
223768 Lecythis edulis ?;可食巴西果;Paradise Nut Tree, Sapucaia Nut Tree ●☆
223769 Lecythis grandiflora Aubl. ;大花正玉蕊●☆
223770 Lecythis minor Jacq. ;小巴西果●☆
223771 Lecythis ollaria L. ;捕猴果;Monkey-pot Tree ●☆
223772 Lecythis ollaria Spruce = Lecythis ollaria L. ●☆
223773 Lecythis paraensis Huber;帕洲正玉蕊●☆
223774 Lecythis pisonis Cambess. ;圭巴正玉蕊●☆
223775 Lecythis pisonis Cambess. subsp. usitata (Miers) S. A. Mori et Prance = Lecythis usitata Miers ●☆
223776 Lecythis usitata Miers;普通正玉蕊;Paradise Nut ●☆
223777 Lecythis zabucajo Aubl. = Lecythis zabucayo Hook. ●☆
223778 Lecythis zabucayo Hook. ;天堂果(查布美玉蕊,猴壶正玉蕊);Monkey-pot, Paradise Nut, Sapucaia Nut ●☆
223779 Lecythopsis Schrank = Couratari Aubl. ●☆
223780 Lecythopsis Schrank(1821);类巴西果属●☆
223781 Lecythopsis glabra O. Berg;光类巴西果●☆
223782 Lecythopsis rufescens O. Berg;类巴西果●☆
223783 Leda C. B. Clarke = Isoglossa Oerst. (保留属名)■★
223784 Ledaceae J. F. Gmel. = Ericaceae Juss. (保留科名)●
223785 Ledaceae Link = Ericaceae Juss. (保留科名)●
223786 Ledebouria Mart. = Kallstroemia Scop. ■☆
223787 Ledebouria Rchb. = Ledeburia Link ■
223788 Ledebouria Rchb. = Pimpinella L. ■
223789 Ledebouria Roth = Scilla L. ■
223790 Ledebouria Roth(1821);红点草属■☆
223791 Ledebouria apertiflora (Baker) Jessop = Ledebouria ensifolia (Eckl.) S. Venter et T. J. Edwards ■☆
223792 Ledebouria atrobrunnea S. Venter;暗褐红点草■☆
223793 Ledebouria camerooniana (Baker) Speta;喀麦隆红点草■☆
223794 Ledebouria concolor (Baker) Jessop;同色红点草■☆
223795 Ledebouria confertiflora (Dammer) U. Müll. -Doblies et D. Müll. -Doblies = Ledebouria somaliensis (Baker) Stedje et Thulin ■☆
223796 Ledebouria cooperi (Hook. f.) Jessop;库珀红点草■☆
223797 Ledebouria cordifolia (Baker) Stedje et Thulin;心叶红点草■☆
223798 Ledebouria cremnophila S. Venter et Van Jaarsv. ;悬崖红点草■☆
223799 Ledebouria crispa S. Venter;皱波红点草■☆
223800 Ledebouria dolomiticola S. Venter;多罗米蒂红点草■☆
223801 Ledebouria edulis (Engl.) Stedje;可食红点草■☆
223802 Ledebouria ensifolia (Eckl.) S. Venter et T. J. Edwards;剑叶红点草■☆
223803 Ledebouria floribunda (Baker) Jessop;繁花红点草■☆
223804 Ledebouria graminifolia (Baker) Jessop;禾叶红点草■☆
223805 Ledebouria grandifolia (Balf. f.) A. G. Mill. et D. A. Alexander;大叶红点草■☆
223806 Ledebouria hildebrandtii (Baker) U. Müll. -Doblies et D. Müll. -Doblies = Ledebouria kirkii (Baker) Stedje et Thulin ■☆
223807 Ledebouria hyacinthina Roth = Ledebouria revoluta (L. f.) Jessop ■☆
223808 Ledebouria hypoxidioides (Schönland) Jessop;长喙红点草■☆
223809 Ledebouria inquinata (C. A. Sm.) Jessop;污点红点草■☆
223810 Ledebouria kirkii (Baker) Stedje et Thulin;柯克红点草■☆
223811 Ledebouria luteola Jessop;淡黄红点草■☆
223812 Ledebouria macowanii (Baker) S. Venter;麦克欧文红点草■☆
223813 Ledebouria marginata (Baker) Jessop;具边红点草■☆
223814 Ledebouria ovalifolia (Schrad.) Jessop;椭圆叶红点草■☆
223815 Ledebouria ovatifolia (Baker) Jessop;卵叶红点草■☆
223816 Ledebouria parvifolia S. Venter;小叶红点草■☆
223817 Ledebouria revoluta (L. f.) Jessop;外卷红点草■☆
223818 Ledebouria scabrida Jessop;微糙红点草■☆
223819 Ledebouria socialis (Baker) Jessop;斑叶红点草(斑叶绵枣

儿,点叶绵枣儿,红点草); Mottleleaf Squill, Silver Squill, Silversquill ■☆
223820 Ledebouria somaliensis (Baker) Stedje et Thulin;索马里红点草■☆
223821 Ledebouria undulata (Jacq.) Jessop;波叶红点草■☆
223822 Ledebouria urceolata Stedje;坛状红点草■
223823 Ledebouria venteri Van Jaarsv. et A. E. van Wyk;文特尔红点草■
223824 Ledebouria viscosa Jessop;黏红点草■☆
223825 Ledebouriella H. Wolff(1910);小红点草属(假北防风属)■
223826 Ledebouriella divaricata (Turcz.) M. Hiroe = Saposhnikovia divaricata (Turcz.) Schischk. ■
223827 Ledebouriella multiflora (Ledeb.) H. Wolff;多花小红点草■☆
223828 Ledebouriella seseloides (Hoffm.) H. Wolff = Saposhnikovia divaricata (Turcz.) Schischk. ■
223829 Ledebouriella seseloides (Hoffm.) H. Wolff = Saposhnikovia seseloides (Hoffm.) Kitag. ■
223830 Ledebouriella seseloides H. Wolff = Saposhnikovia divaricata (Turcz.) Schischk. ■
223831 Ledeburia Link = Pimpinella L. ■
223832 Ledelia Raf. = Pomaderris Labill. ●☆
223833 Ledenbergia Klotzsch ex Moq. (1849);网脉珊瑚木属(网脉珊瑚属)●☆
223834 Ledenbergia Klotzsch ex Moq. = Flueckigera Kuntze ●☆
223835 Ledenbergia Klotzsch ex Moq. = Ladenbergia Klotzsch ●☆
223836 Ledenbergia seguierioides Klotzsch ex Moq.;网脉珊瑚木●☆
223837 Ledermannia Mildbr. et Burrer = Desplatsia Bocq. ●☆
223838 Ledermannia chrysochlamys Mildbr. et Burret = Desplatsia chrysochlamys (Mildbr. et Burret) Mildbr. et Burret ●☆
223839 Ledermanniella Engl. (1909);莱德苔草属■☆
223840 Ledermanniella abbayesii (G. Taylor) C. Cusset;阿贝莱德苔草■☆
223841 Ledermanniella adamesii (G. Taylor) C. Cusset;阿达梅斯莱德苔草■☆
223842 Ledermanniella aloides (Engl.) C. Cusset;芦荟状莱德苔草■☆
223843 Ledermanniella batangensis (Engl.) C. Cusset;巴坦加苔草■☆
223844 Ledermanniella bifurcata (Engl.) C. Cusset;双叉莱德苔草■☆
223845 Ledermanniella bowlingii (J. B. Hall) C. Cusset;鲍林莱德苔草■☆
223846 Ledermanniella congolana (Hauman) C. Cusset;刚果莱德苔草■☆
223847 Ledermanniella cristata (Engl.) C. Cusset;冠状莱德苔草■☆
223848 Ledermanniella digitata (H. E. Hess) C. Cusset;指裂莱德苔草■☆
223849 Ledermanniella fluitans (H. E. Hess) C. Cusset;漂浮莱德苔草■☆
223850 Ledermanniella gabonensis C. Cusset;加蓬莱德苔草■☆
223851 Ledermanniella guineensis C. Cusset;几内亚莱德苔草■☆
223852 Ledermanniella harrisii C. Cusset;哈里斯莱德苔草■☆
223853 Ledermanniella jaegeri C. Cusset;耶格莱德苔草■☆
223854 Ledermanniella kamerunensis (Engl.) C. Cusset;喀麦隆莱德苔草■☆
223855 Ledermanniella keayi (G. Taylor) C. Cusset;凯伊莱德苔草■☆
223856 Ledermanniella ledermannii (Engl.) C. Cusset;莱德莱德苔草■☆
223857 Ledermanniella letestui (Pellegr.) C. Cusset;莱泰斯图莱德苔草■☆
223858 Ledermanniella letouzeyi C. Cusset;勒图莱德苔草■☆
223859 Ledermanniella linearifolia Engl.;线叶莱德苔草■☆
223860 Ledermanniella minutissima C. Cusset;极小莱德苔草■☆
223861 Ledermanniella monandra C. Cusset;单蕊莱德苔草■☆
223862 Ledermanniella mortonii C. Cusset;莫顿苔草■☆
223863 Ledermanniella musciformis (G. Taylor) C. Cusset;帚状莱德苔草■☆
223864 Ledermanniella pellucida (Engl.) C. Cusset = Macropodiella pellucida (Engl.) C. Cusset ■☆
223865 Ledermanniella pusilla (Warm.) C. Cusset;微小莱德苔草■☆
223866 Ledermanniella pygmaea (Pellegr.) C. Cusset;矮小莱德苔草■☆
223867 Ledermanniella ramosissima Hauman ex C. Cusset;多枝莱德苔草■☆
223868 Ledermanniella raynaliorum C. Cusset;雷纳尔莱德苔草■☆
223869 Ledermanniella sanagaensis C. Cusset;萨纳加莱德苔草■☆
223870 Ledermanniella schlechteri (Engl.) C. Cusset;施氏莱德苔草■☆
223871 Ledermanniella taylori C. Cusset;泰勒莱德苔草■☆
223872 Ledermanniella tenax (C. H. Wright) C. Cusset;黏莱德苔草■☆
223873 Ledermanniella tenuifolia (G. Taylor) C. Cusset;细叶莱德苔草■☆
223874 Ledermanniella tenuissima (Hauman) C. Cusset = Ledermanniella schlechteri (Engl.) C. Cusset ■☆
223875 Ledermanniella thollonii (Baill.) C. Cusset;托伦莱德苔草■☆
223876 Ledermanniella torrei C. Cusset;托雷苔草■☆
223877 Ledermanniella variabilis (G. Taylor) C. Cusset;易变莱德苔草■☆
223878 Ledermanniella warmingiana (Gilg) C. Cusset;瓦尔莱德苔草■☆
223879 Ledgeria F. Muell. = Galeola Lour. ■
223880 Ledocarpaceae Meyen = Geraniaceae Juss. (保留科名)■●
223881 Ledocarpaceae Meyen(1834);杜香果科●☆
223882 Ledocarpon Desf. (1818);杜香果属●☆
223883 Ledocarpon Desf. = Balbisia Cav. (保留属名)●☆
223884 Ledocarpon chiloense Desf.;杜香果●☆
223885 Ledonia Spach = Cistus L. ●
223886 Ledothamnus Meisn. (1863);千屈石南属●☆
223887 Ledothamnus guyanensis Meisn.;千屈石南●☆
223888 Ledum L. (1753); 杜香属(喇叭茶属); Labrador Tea, Labrador-tea, Ledum, Marsh Rosemary ●
223889 Ledum L. = Rhododendron L. ●
223890 Ledum Rchb. = Ledum L. ●
223891 Ledum Rupp. ex L. = Rhododendron L. ●
223892 Ledum columbianum Piper;太平洋杜香;Pacific Labrador Tea, Pacific Tea ●☆
223893 Ledum decumbens (Aiton) Lodd. ex Steud. = Ledum palustre L. var. decumbens Aiton ●
223894 Ledum glandulosum Nutt.; 腺鳞杜香; Glandular-lepidote Ledum, Labrador-tea, Trappers' Tea, Western Labrador Tea ●☆
223895 Ledum groenlandicum Oeder;拉布拉多杜香;Labrador-tea ■☆
223896 Ledum groenlandicum Oeder = Ledum palustre L. ●
223897 Ledum hypoleucum Kom.;里白杜香●☆
223898 Ledum hypoleucum Kom. = Ledum palustre L. subsp. diversipilosum (Nakai) H. Hara var. nipponicum Nakai ●☆

223899 Ledum latifolium Jacq. = Ledum groenlandicum Oeder ■☆
223900 Ledum latifolium Jacq. = Ledum palustre L. ●
223901 Ledum palustre L.;杜香(白山苔,格菱兰杜香,加茶杜香,结晶茶,宽叶杜香,喇叭茶,丝叶杜香,细叶杜香);Crystal Tea Ledum, Crystal Tea, Labrador Tea, Labrador-tea, Ledum, Marsh Cistus, Marsh Ledum, Marsh Rosemary, Marsh Tea, Wild Rosemary ●
223902 Ledum palustre L. f. decumbens (Aiton) Y. L. Chou et S. L. Tung = Ledum palustre L. var. decumbens Aiton ●
223903 Ledum palustre L. subsp. decumbens (Aiton) Hultén = Ledum palustre L. var. decumbens Aiton ●
223904 Ledum palustre L. subsp. diversipilosum (Nakai) H. Hara;库页杜香(异叶杜香)●
223905 Ledum palustre L. subsp. diversipilosum (Nakai) H. Hara var. nipponicum Nakai;日本杜香(白喇叭茶)●☆
223906 Ledum palustre L. subsp. diversipilosum (Nakai) H. Hara var. yesoense Nakai;北海道杜香●☆
223907 Ledum palustre L. subsp. groenlandicum (Oeder) Hultén = Ledum groenlandicum Oeder ■☆
223908 Ledum palustre L. subsp. longifolium (Freyn) Kitag.;长叶杜香;Longleaf Ledum ●
223909 Ledum palustre L. var. angustum N. Busch;细叶杜香(白山苔,绊脚丝,喇叭茶,狭叶杜香);Angustifoliate Ledum, Narrowleaf Ledum, Thin-leaf Ledum ●
223910 Ledum palustre L. var. angustum N. Busch = Ledum palustre L. ●
223911 Ledum palustre L. var. decumbens Aiton;小叶杜香(矮杜香,匍茎喇叭茶);Small-leaf Crystal Tea ●
223912 Ledum palustre L. var. dilatatum Wahlenb.;宽叶杜香(白芸苔,杜香,喇叭茶);Whiteleaf Crystal Tea Ledum, Whiteleaf Crystal Tea, Whiteleaf Ledum ●
223913 Ledum palustre L. var. diversipilosum Nakai;异毛杜香●☆
223914 Ledum palustre L. var. latifolium (Jacq.) Michx. = Ledum groenlandicum Oeder ■☆
223915 Ledum palustriforme Khokhr. et Mazurenko = Ledum palustre L. var. diversipilosum Nakai ●☆
223916 Ledum tomentosum Stokes = Ledum palustre L. ●
223917 Ledurgia Speta(2001);几内亚风信子属■☆
223918 Ledurgia guineensis Speta;几内亚风信子■☆
223919 Leea D. Royen ex L. (1767)(保留属名);火筒树属;Leea ●■
223920 Leea L. = Leea D. Royen ex L.(保留属名)●■
223921 Leea acuminata Wall. ex C. B. Clarke = Leea indica (Burm. f.) Merr. ●
223922 Leea aequata L.;圆腺火筒树(均分火筒树,圆鳞火筒树);Even Leea, Levelled Leea ●
223923 Leea amabilis Veitch;美丽火筒树(白脉火筒树,娇美火筒树);Beautiful Leea ●☆
223924 Leea amabilis Veitch var. splendens Lindau;光火筒树(光叶火筒树);Glabrousleaf Leea ●☆
223925 Leea asiatica (L.) Ridsdale;单羽火筒树●
223926 Leea aspera Wall. ex G. Don = Leea crispa L. ●
223927 Leea aspera Wall. ex G. Don = Leea macrophylla Roxb. ex Hornem. et Roxb. ●
223928 Leea bracteata C. B. Clarke = Leea compactiflora Kurz ●
223929 Leea coccinea Planch.;三裂叶火筒树(暗红火筒树);Trilobedleaf Leea, West Indian Holly ●☆
223930 Leea compactiflora Kurz;密花火筒树(马骨草,显苞火筒树);Bracteate Leea ●
223931 Leea crispa L.;翅序火筒树(单羽火筒树,猴背,九子不离母,山荸荠,皱波火筒,皱叶火筒树);Crispateleaf Leea, Crispate-leaved Leea ●
223932 Leea crispa L. = Leea asiatica (L.) Ridsdale ●
223933 Leea dielsi H. Lév. = Ampelopsis chaffanjonii (H. Lév. et Vaniot) Rehder ●
223934 Leea edgeworthii Santapau = Leea asiatica (L.) Ridsdale ●
223935 Leea edgeworthii Santapau = Leea crispa L. ●
223936 Leea glabra C. L. Li;光叶火筒树;Glabrousleaf Leea ●
223937 Leea guineensis G. Don;台湾火筒树(红果火筒树,火筒树);Manila Leea, Taiwan Leea ●
223938 Leea guineensis G. Don = Leea indica (Burm. f.) Merr. ●
223939 Leea herbacea Buch. -Ham. = Leea asiatica (L.) Ridsdale ●
223940 Leea herbacea Buch. -Ham. = Leea crispa L. ●
223941 Leea hirta Roxb. ex Hornem. = Leea aequata L. ●
223942 Leea hispida Gagnep. = Leea aequata L. ●
223943 Leea indica (Burm. f.) Merr.;火筒树(大叶火筒树,蕃婆树,红吹风,牛眼睛果,台湾火筒树,五指枫,印度火筒树,祖公柴);Bigleaf Leea, India Leea, Indian Leea, Leea ●
223944 Leea kurzii C. B. Clarke = Leea aequata L. ●
223945 Leea longifoliola Merr.;窄叶火筒树;Longleaf Leea, Long-leaved Leea ●
223946 Leea macrophylla Roxb. ex Hornem.;大叶火筒树;Largeleaf Leea ●
223947 Leea macrophylla Roxb. ex Hornem. et Roxb. = Leea macrophylla Roxb. ex Hornem. ●
223948 Leea manillensis Walp. = Leea guineensis G. Don ●
223949 Leea mastersii C. B. Clarke = Leea setulifera C. B. Clarke ●
223950 Leea mastersii C. B. Clarke var. siamensis Craib = Leea setulifera C. B. Clarke ●
223951 Leea parallela Lawson = Leea glabra C. L. Li ●
223952 Leea philippinensis Merr.;菲律宾火筒树;Philippine Leea ●
223953 Leea pumila Kurz = Leea asiatica (L.) Ridsdale ●
223954 Leea robusta Roxb.;粗壮火筒树;Robust Leea ●
223955 Leea robusta Roxb. = Leea macrophylla Roxb. ex Hornem. ●
223956 Leea rubra Blume;红色火筒树(紫红火筒树)●☆
223957 Leea sambucina Willd. = Leea guineensis G. Don ●
223958 Leea sambucina Willd. = Leea indica (Burm. f.) Merr. ●
223959 Leea setulifera C. B. Clarke;糙毛火筒树;Setose Leea ●
223960 Leea tenuifolia Craib = Leea setulifera C. B. Clarke ●
223961 Leea theifera H. Lév. = Ampelopsis cantoniensis (Hook. et Arn.) Planch. ●
223962 Leea tinctoria Baker;染料火筒树●☆
223963 Leea trifoliata Lawson;三叶火筒树;Tri-leaved Leea ●
223964 Leea trifoliata M. A. Lawson = Leea compactiflora Kurz ●
223965 Leea umbraculifera C. B. Clarke = Leea indica (Burm. f.) Merr. ●
223966 Leeaceae (DC.) Dumort. = Leeaceae Dumort.(保留科名)●
223967 Leeaceae Dumort. (1829)(保留科名);火筒树科●
223968 Leeaceae Dumort.(保留科名) = Vitaceae Juss.(保留科名)●■
223969 Leeania Raf. = Leea L. ●■
223970 Leeria Steud. = Chaptalia Vent.(保留属名)■☆
223971 Leeria Steud. = Leria DC. ■☆
223972 Leersia Sol. ex Sw. = Leersia Sw.(保留属名)■
223973 Leersia Sw. (1788)(保留属名);假稻属(游草属,李氏禾属);Cutgrass, Cut-grass, Whitegrass ■
223974 Leersia angustifolia Munro ex Prodoehl;窄叶假稻■☆
223975 Leersia aristata (Retz.) Roxb. = Hygroryza aristata (Retz.)

Nees ex Wight et Arn. ■
223976 Leersia australis R. Br. = Leersia hexandra Sw. ■
223977 Leersia capensis C. Müll. = Leersia hexandra Sw. ■
223978 Leersia denudata Launert;裸假稻■☆
223979 Leersia disticha Benth. = Megastachya mucronata (Poir.) P. Beauv. ■☆
223980 Leersia drepanothrix Stapf;镰假稻■☆
223981 Leersia ferox Fig. et De Not. = Leersia hexandra Sw. ■
223982 Leersia friesii Melderis;弗里斯假稻■☆
223983 Leersia hackelii Keng = Leersia sayanuka Ohwi ■
223984 Leersia hexandra Sw.;李氏禾(六蕊稻草,六蕊假稻,牛草,蓉草,水游草,田中游草,西游草,游草,游丝草);Bareet Grass, Clubhead Cutgrass,Southern Cut Grass ■
223985 Leersia hexandra Sw. var. japonica (Makino) P. C. Keng = Leersia japonica (Makino ex Honda) Honda ■
223986 Leersia japonica (Honda) Makino ex Honda = Leersia japonica (Makino ex Honda) Honda ■
223987 Leersia japonica (Makino ex Honda) Honda;假稻(秕壳草,水游草);Common Cutgrass ■
223988 Leersia japonica (Makino) Honda = Leersia japonica (Makino ex Honda) Honda ■
223989 Leersia japonica Makino = Leersia japonica (Honda) Makino ex Honda ■
223990 Leersia lenticularis Michx.;美洲假稻;Catchfly Grass,Oatmeal Grass ■☆
223991 Leersia nematostachya Launert;虫穗假稻■☆
223992 Leersia oryzoides (L.) Sw.;蓉草(秕壳草,稻李氏禾,稻状李氏禾,稻状游草,假稻,牛草,田中游草,新源假稻);Cut-grass, Rice Cut Grass,Rice Cutgrass,Rice Cut-grass ■
223993 Leersia oryzoides (L.) Sw. f. glabra A. A. Eaton = Leersia oryzoides (L.) Sw. ■
223994 Leersia oryzoides (L.) Sw. f. inclusa (Wiesb.) Dörfl. = Leersia oryzoides (L.) Sw. ■
223995 Leersia oryzoides (L.) Sw. subsp. japonica (Hack.) T. Koyama = Leersia sayanuka Ohwi ■
223996 Leersia oryzoides (L.) Sw. var. japonica Hack. = Leersia sayanuka Ohwi ■
223997 Leersia oryzoides (L.) Sw. var. japonica Hack. ex Matsum. = Leersia sayanuka Ohwi ■
223998 Leersia oryzoides (L.) Sw. var. japonica Hack. f. latifolia (Ohwi) Ohwi = Leersia sayanuka Ohwi ■
223999 Leersia oryzoides (L.) Sw. var. sayanuka (Ohwi) T. Koyama = Leersia sayanuka Ohwi ■
224000 Leersia parviflora Desv. = Leersia hexandra Sw. ■
224001 Leersia perrieri (A. Camus) Launert;佩里耶李氏禾■☆
224002 Leersia sayanuka Ohwi;秕壳草(壳草,日本秕壳草);Japan Cutgrass,Japanese Cutgrass,Sayanuka Cutgrass ■
224003 Leersia sayanuka Ohwi var. latifolia Ohwi;宽叶秕壳草■☆
224004 Leersia sayanuka Ohwi var. latifolia Ohwi = Leersia sayanuka Ohwi ■
224005 Leersia sinensis K. S. Hao = Leersia japonica (Makino ex Honda) Honda ■
224006 Leersia tisserantii (A. Chev.) Launert;蒂斯朗特李氏禾■☆
224007 Leersia virginica Willd.;弗吉尼亚李氏禾;White Grass, Whitegrass,White-grass ■☆
224008 Leersia virginica Willd. var. ovata (Poir.) Fernald = Leersia virginica Willd. ■☆
224009 Leeuwenbergia Letouzey et N. Hallé(1974);莱文大戟属☆
224010 Leeuwenbergia africana Letouzey et N. Hallé;非洲莱文大戟☆
224011 Leeuwenbergia letestui Letouzey et N. Hallé;莱文大戟☆
224012 Leeuwenhockia Steud. = Levenhookia R. Br. ■☆
224013 Leeuwenhoeckia E. Mey. ex Endl. = Dombeya Cav.(保留属名)●☆
224014 Leeuwenhookia Rchb. = Leeuwenhoeckia E. Mey. ex Endl. ●☆
224015 Leeuwinhookia Sond. = Levenhookia R. Br. ■☆
224016 Lefeburea Endl. = Lefebvrea A. Rich. ■☆
224017 Lefeburia Endl. = Lefebvrea A. Rich. ■☆
224018 Lefeburia Lindl. = Lefebvrea A. Rich. ■☆
224019 Lefebvrea A. Rich. (1840);勒菲草属■☆
224020 Lefebvrea abyssinica A. Rich.;阿比西尼亚勒菲草■☆
224021 Lefebvrea angolensis Welw. ex Ficalho = Lefebvrea grantii (Hiern) S. Droop ■☆
224022 Lefebvrea angustisecta Engl. = Peucedanum angustisectum (Engl.) C. Norman ■☆
224023 Lefebvrea benguelensis Engl.;本格拉勒菲草■☆
224024 Lefebvrea brachystyla Hiern;短柱勒菲草■☆
224025 Lefebvrea brevipes H. Wolff = Lefebvrea longipedicellata Engl. ■☆
224026 Lefebvrea cardiocarpa Gilli = Peucedanum linderi C. Norman ■☆
224027 Lefebvrea dinteri (H. Wolff) Mattf. = Peucedanum upingtoniae (Schinz) Drude ■☆
224028 Lefebvrea grantii (Hiern) S. Droop;安哥拉勒菲草■☆
224029 Lefebvrea lancifoliola Mattf. = Peucedanum upingtoniae (Schinz) Drude ■☆
224030 Lefebvrea longipedicellata Engl.;长梗勒菲草■☆
224031 Lefebvrea longipedicellata Engl. var. holstii ? = Lefebvrea longipedicellata Engl. ■☆
224032 Lefebvrea longipedicellata Engl. var. levisticifolia H. Wolff = Lefebvrea longipedicellata Engl. ■☆
224033 Lefebvrea microcarpa H. Wolff = Lefebvrea grantii (Hiern) S. Droop ■☆
224034 Lefebvrea naegeleana H. Wolff = Lefebvrea longipedicellata Engl. ■☆
224035 Lefebvrea nigeriae H. Wolff = Lefebvrea grantii (Hiern) S. Droop ■☆
224036 Lefebvrea serrata H. Wolff = Peucedanum scottianum Engl. ■☆
224037 Lefebvrea stuhlmannii Engl. = Lefebvrea abyssinica A. Rich. ■☆
224038 Lefebvrea upingtoniae Schinz = Peucedanum upingtoniae (Schinz) Drude ■☆
224039 Lefebvrea welwitschii Engl. = Lefebvrea grantii (Hiern) S. Droop ■☆
224040 Lefebvrea zenkeri Engl. = Lefebvrea grantii (Hiern) S. Droop ■☆
224041 Lefrovia Franch. = Cnicothamnus Griseb. ●☆
224042 Leganosperma Post et Kuntze = Lecanosperma Rusby ●☆
224043 Legazpia Blanco = Torenia L. ■
224044 Legazpia Blanco(1845);三翅萼属;Threewingedcalyx ■
224045 Legazpia polygonoides (Benth.) T. Yamaz.;三翅萼(蓼状蝴蝶草);Knotweed Threewingedcalyx,Knotweed-like Torenia ■
224046 Legendrea Webb et Berthel. = Turbina Raf. ●■☆
224047 Legendrea corymbosa (L.) Ooststr. = Turbina corymbosa (L.) Raf. ■☆

224048 Legendrea mollissima Webb et Berthel. = Ipomoea sidifolia Kunth ■☆

224049 Legenere McVaugh(1943);格林桔梗属■☆

224050 Legnea O. F. Cook = Chamaedorea Willd.(保留属名)●☆

224051 Legnephora Miers (1867);乳突藤属(澳洲防己属);Legnephora ●☆

224052 Legnephora moorei (F. Muell.) Miers;乳突藤(澳洲防己);Moore Legnephora ●☆

224053 Legnotidaceae Blume = Rhizophoraceae Pers.(保留科名)●

224054 Legnotidaceae Endl. = Rhizophoraceae Pers.(保留科名)●

224055 Legnotis Sw. = Cassipourea Aubl. ●☆

224056 Legocia Livera = Christisonia Gardner ■

224057 Legouixia Heurck et Muell. Arg = Epigynum Wight ●

224058 Legousia T. Durand(1782);勒古桔梗属(镜花属);Venus' Looking-glass,Venus'-looking-glass ●■☆

224059 Legousia biflora (Ruiz et Pav.) Britton = Triodanis biflora (Ruiz et Pav.) Greene ■

224060 Legousia castellana (Lange) Samp. = Legousia falcata (Ten.) Janch. subsp. castellana (Lange) Jauzein ●☆

224061 Legousia castellana (Lange) Samp. var. grandiflora ? = Legousia falcata (Ten.) Janch. subsp. castellana (Lange) Jauzein ●☆

224062 Legousia castellana (Lange) Samp. var. longisepala Maire = Legousia falcata (Ten.) Janch. subsp. castellana (Lange) Jauzein ●☆

224063 Legousia castellana (Lange) Samp. var. maroccana (Pau et Font Quer) Maire = Legousia falcata (Ten.) Janch. subsp. castellana (Lange) Jauzein ●☆

224064 Legousia falcata (Ten.) Janch.;镰形勒古桔梗●☆

224065 Legousia falcata (Ten.) Janch. subsp. castellana (Lange) Jauzein;长萼镰形勒古桔梗●☆

224066 Legousia falcata (Ten.) Janch. var. scabra (Lowe) A. DC. = Legousia falcata (Ten.) Janch. subsp. castellana (Lange) Jauzein ●☆

224067 Legousia hybrida (L.) Delarbre;杂种勒古桔梗;Corn Bellflower, Corn Gilliflower, Corn Pink, Corn Violet, Cornviolet, Lady's Looking-glass, Venuslooking-glass, Venus' Looking Glass, Venus' Looking-glass ■☆

224068 Legousia hybrida Delarbre = Legousia hybrida (L.) Delarbre ■☆

224069 Legousia juliani (Batt.) Briq.;朱利安勒古桔梗●☆

224070 Legousia pentagonia Thell.;五角勒古桔梗■☆

224071 Legousia perfoliata (L.) Britton = Triodanis perfoliata (L.) Nieuwl. ■

224072 Legousia scabra (Lowe) Gamisans = Legousia falcata (Ten.) Janch. subsp. castellana (Lange) Jauzein ●☆

224073 Legousia speculum-veneris (L.) Chaix;欧洲勒古桔梗;European Venus' Looking Glass,Venus' Looking-glass ●☆

224074 Legousia speculum-veneris (L.) Chaix var. maroccana Pau et Font Quer = Legousia falcata (Ten.) Janch. subsp. castellana (Lange) Jauzein ●☆

224075 Legouxia Gerard = Legousia T. Durand ●■☆

224076 Legouzia Delarbre = Legousia T. Durand ●■☆

224077 Legouzia T. Durand = Legousia T. Durand ●■☆

224078 Legouzia T. Durand et Jacks. = Legousia T. Durand ●■☆

224079 Legrandia Kausel(1944);勒格桃金娘属●☆

224080 Legrandia concinna Kausel;勒格朗桃金娘●☆

224081 Leguminaceae Dulac = Leguminosae Juss.(保留科名)●■

224082 Leguminaria Bureau = Memora Miers ●☆

224083 Leguminosae Adans. = Fabaceae Lindl.(保留科名)●■

224084 Leguminosae Adans. = Leguminosae Juss.(保留科名)●■

224085 Leguminosae Juss.(1789)(保留科名);豆科;Legume Family, Legumes,Pea Family,Pulse Family ●■

224086 Lehmaniella Gilg = Lehmanniella Gilg ■☆

224087 Lehmanna Casseb. et Theob. = Gentiana L. ■

224088 Lehmannia Jacq. ex Steud. = Moschosma Rchb. ■

224089 Lehmannia Spreng. = Nicotiana L. ●■

224090 Lehmannia Tratt. = Potentilla L. ■●

224091 Lehmannia Tratt. = Tylosperma Botsch. ■●

224092 Lehmanniella Gilg(1895);莱曼龙胆属■☆

224093 Lehmanniella splendens (Hook.) Ewan;莱曼龙胆■☆

224094 Leiachenis Raf. = Aster L. ●■

224095 Leiachensis Merr. = Aster L. ●■

224096 Leiachensis Merr. = Leiachenis Raf. ●■

224097 Leiacherus Raf. = Aster L. ●■

224098 Leiacherus Raf. = Leiachenis Raf. ●■

224099 Leiandra Raf. = Callisia Loefl. ■☆

224100 Leiandra Raf. = Tradescantia L. ■

224101 Leiandra cordifolia (Sw.) Raf. = Callisia cordifolia (Sw.) E. S. Anderson et Woodson ■☆

224102 Leianthostemon (Griseb.) Miq. = Voyria Aubl. ■☆

224103 Leianthostemon Miq. = Voyria Aubl. ■☆

224104 Leianthus Griseb. = Lisianthus P. Browne ■☆

224105 Leibergia J. M. Coult. et Rose = Lomatium Raf. ■☆

224106 Leibnitzia Cass.(1822);大丁草属(异型菊属)■

224107 Leibnitzia Cass. = Gerbera L.(保留属名)■

224108 Leibnitzia anandria (L.) Nakai = Gerbera anandria (L.) Sch. Bip. ■

224109 Leibnitzia anandria (L.) Nakai = Leibnitzia anandria (L.) Turcz. ■

224110 Leibnitzia anandria (L.) Turcz.;大丁草(拔毒草,白蒿枝,白小米菜,豹子药,大丁黄,地丁,地根草,翻白草,翻白叶,和尚头花,华佗草,鸡毛蒿,冀齿大丁草,见肿消,苦马菜,臁草,龙根菜,龙根草,米汤菜,铺地白,蒲脚莲,烧金草,踏地香,细叶火草,小火草,小灵草,小清奇,一柱香,芋茨花);Common Leibnitzia, Wingtooth Gerbera ■

224111 Leibnitzia anandria (L.) Turcz. = Gerbera anandria (L.) Sch. Bip. ■

224112 Leibnitzia anandria (L.) Turcz. f. albiflora Hiyama;白花大丁草■☆

224113 Leibnitzia bonatiana (Beauverd) Kitam. = Gerbera bonatiana (Beauverd) Beauverd ■

224114 Leibnitzia bonatiana (Beauverd) Kitam. = Leibnitzia pusilla (Wall. ex DC.) S. Gould ex Kitam. et S. Gould ■

224115 Leibnitzia knorringiana (B. Fedtsch.) Pobed.;克诺氏大丁草■☆

224116 Leibnitzia kuntzeana (A. Braun et Asch.) Pobed. = Leibnitzia nepalensis (Kunze) Kitam. ■

224117 Leibnitzia lyrata (Sch. Bip.) G. L. Nesom;西门氏大丁草;Seemann's Sunbonnet ■☆

224118 Leibnitzia nepalensis (Kunze) Kitam.;尼泊尔大丁草■

224119 Leibnitzia nepalensis (Kunze) Kitam. = Gerbera kunzeana A. Braun et Asch. ■

224120 Leibnitzia pusilla (DC.) S. Gould ex Kitam. et Gould =

Leibnitzia pusilla (Wall. ex DC.) S. Gould ex Kitam. et S. Gould ■
224121 Leibnitzia pusilla (Wall. ex DC.) S. Gould ex Kitam. et S. Gould;灰岩大丁草(弱小大丁草)■
224122 Leibnitzia ruficoma (Franch.) Kitam.;红缨大丁草(红毛大丁草);Redpappo Gerbera ■
224123 Leibnitzia ruficoma (Franch.) Kitam. = Gerbera ruficoma Franch. ■
224124 Leibnitzia ruficoma (Franch.) Pobed. = Leibnitzia ruficoma (Franch.) Kitam. ■
224125 Leibnitzia seemannii (Sch. Bip.) G. L. Nesom = Leibnitzia lyrata (Sch. Bip.) G. L. Nesom ■☆
224126 Leibnitzia serotina (Beauverd) Kitam. = Leibnitzia pusilla (Wall. ex DC.) S. Gould ex Kitam. et S. Gould ■
224127 Leibnitzia serotina (P. Beauv.) Kitam. = Gerbera serotina Beauverd ■
224128 Leiboldia Schltdl. = Vernonia Schreb.(保留属名)●■
224129 Leiboldia Schltdl. ex Gleason = Vernonia Schreb.(保留属名)●■
224130 Leiboldia Schltdl. ex Gleason(1906);单毛菊属●☆
224131 Leiboldia serrata (D. Don) Gleason;单毛菊■☆
224132 Leicesteria Pritz. = Leycesteria Wall. ●
224133 Leichardtia R. Br. = Leichhardtia R. Br. ●
224134 Leichhardtia F. Muell.(1876);利氏藤属●☆
224135 Leichhardtia F. Muell. = Phyllanthus L. ●■
224136 Leichhardtia H. Sheph. = Callitris Vent. ●
224137 Leichhardtia R. Br. = Marsdenia R. Br.(保留属名)●
224138 Leichhardtia australia R. Br.;南方利氏藤●☆
224139 Leichtlinia H. Ross = Agave L. ■
224140 Leidesia Müll. Arg.(1866);莱德大戟属■☆
224141 Leidesia capensis (L. f.) Müll. Arg. = Leidesia procumbens (L.) Prain ■☆
224142 Leidesia firmula Prain = Seidelia firmula (Prain) Pax et K. Hoffm. ■☆
224143 Leidesia obtusa (Thunb.) Müll. Arg. = Leidesia procumbens (L.) Prain ■☆
224144 Leidesia procumbens (L.) Prain;平铺莱德大戟■☆
224145 Leiena Raf. = Restio Rottb.(保留属名)■☆
224146 Leighia Cass. = Viguiera Kunth ●■☆
224147 Leighia Scop. = Ethulia L. f. ■
224148 Leighia Scop. = Kahiria Forssk. ■
224149 Leighia tucumanensis Hook. et Arn. = Viguiera tucumanensis (Hook. et Arn.) Griseb. ●☆
224150 Leimanisa Raf. = Gentianella Moench(保留属名)■
224151 Leimanthemum Ritgen = Leimanthium Willd. ■☆
224152 Leimanthium Willd. = Melanthium L. ■☆
224153 Leimanthium Willd. = Veratrum L. ■
224154 Leinckeria Neck. = Leinkcria Scop. ●☆
224155 Leinckeria Neck. = Roupala Aubl. ●☆
224156 Leinkcria Scop. = Roupala Aubl. ●☆
224157 Leioanthum M. A. Clem. et D. L. Jones = Dendrobium Sw.(保留属名)■
224158 Leioanthum M. A. Clem. et D. L. Jones(2002);光花石斛属■☆
224159 Leiocalyx Planch. ex Hook. = Dissotis Benth.(保留属名)●☆
224160 Leiocarpa Paul G. Wilson(2001);光果鼠麴草属(平果鼠麴草属)■☆
224161 Leiocarpa leptolepis (DC.) Paul G. Wilson;细鳞光果鼠麴草■☆
224162 Leiocarpa tomentosa (Sond. et F. Muell.) Paul G. Wilson;毛光果鼠麴草■☆
224163 Leiocarpodicraea (Engl.) Engl. = Leiothylax Warm. ■☆
224164 Leiocarpodicraea Engl. = Leiothylax Warm. ■☆
224165 Leiocarpodicraea buesgenii Engl. = Leiothylax quangensis (Engl.) Warm. ■☆
224166 Leiocarpodicraea sphaerocarpa Engl. = Sphaerothylax sphaerocarpa (Engl.) G. Taylor ■☆
224167 Leiocarpus Blume = Aporusa Blume ●
224168 Leiocarya Hochst. = Trichodesma R. Br.(保留属名)●■
224169 Leiocarya kotschyana Hochst. = Trichodesma zeylanicum (Burm. f.) R. Br. ■☆
224170 Leiochilus Benth. = Leochilus Knowles et Westc. ■☆
224171 Leiochilus Hook. f. = Buseria T. Durand ●
224172 Leiochilus Hook. f. = Coffea L. ●
224173 Leioclusia Baill. = Carissa L.(保留属名)●
224174 Leioclusia boiviniana Baill. = Carissa boivinianum Leeuwenb. ●☆
224175 Leiodon Shuttlew. ex Sherff = Coreopsis L. ●■
224176 Leiogyne K. Schum. = Neves-Armondia K. Schum. ●☆
224177 Leiogyne K. Schum. = Pithecoctenium Mart. ex Meisn. ●☆
224178 Leioligo Raf. = Solidago L. ■
224179 Leioligo corymbosa (Elliott) Raf. = Solidago rigida L. subsp. glabrata (E. L. Braun) S. B. Heard et Semple ■☆
224180 Leiolobium Benth. = Dalbergia L. f.(保留属名)●
224181 Leiolobium Rchb. = Rorippa Scop. ■
224182 Leioluma Baill. = Lucuma Molina ●
224183 Leioluma Baill. = Pouteria Aubl. ●
224184 Leionema (F. Muell.) Paul G. Wilson = Eriostemon Sm. ●☆
224185 Leionema (F. Muell.) Paul G. Wilson(1998);光蕊芸香属●☆
224186 Leiophaca Lindau = Whitfieldia Hook. ■☆
224187 Leiophaca purpurea Lindau = Whitfieldia arnoldiana De Wild. et T. Durand ■☆
224188 Leiophyllum (Pers.) Elliott = Dendrium Desv. ●☆
224189 Leiophyllum (Pers.) Elliott = Kalmia L. ●
224190 Leiophyllum (Pers.) Elliott = Leiophyllum (Pers.) R. Hedw. ●☆
224191 Leiophyllum (Pers.) R. Hedw.(1806);莱奥菲鲁木属(黄杨叶石南属)●☆
224192 Leiophyllum Ehrh. = Blysmus Panz. ex Schult.(保留属名)■
224193 Leiophyllum Ehrh. = Schoenus L. ■
224194 Leiophyllum R. Hedw. = Leiophyllum (Pers.) R. Hedw. ●☆
224195 Leiophyllum Raf. = Leiophyllum (Pers.) R. Hedw. ●☆
224196 Leiophyllum buxifolium (Bong.) Elliott;莱奥菲鲁木(黄杨叶石南);Mountain Myrtle,Sand Myrtle ●☆
224197 Leiopoa Ohwi = Festuca L. ■
224198 Leiopogon T. Durand et Schinz = Catunaregam Wolf ●
224199 Leiopogon T. Durand et Schinz = Lepipogon G. Bertol. ●
224200 Leioptyx Pierre ex De Wild. = Entandrophragma C. E. C. Fisch. ●☆
224201 Leioptyx congoensis Pierre ex De Wild. = Entandrophragma congoense (Pierre ex De Wild.) A. Chev. ●☆
224202 Leiopyxis Miq. = Cleistanthus Hook. f. ex Planch. ●
224203 Leiopyxis sumatrana Miq. = Cleistanthus sumatranus (Miq.) Müll. Arg. ●
224204 Leiosandra Raf. = Verbascum L. ■●
224205 Leiospermum D. Don = Weinmannia L.(保留属名)●☆
224206 Leiospermum Wall. = Psilotrichum Blume ●■
224207 Leiospora (C. A. Mey.) A. N. Vassiljeva = Leiospora (C. A.

Mey.) Dvorák ■
224208 Leiospora (C. A. Mey.) Dvorák = Parrya R. Br. ●■
224209 Leiospora (C. A. Mey.) Dvorák(1968);光籽芥属;Parrya ■
224210 Leiospora bellidifolia (P. A. Dang.) Botsch. et Pachom.;雏菊叶光籽芥;Daisyleaf Parrya ■
224211 Leiospora eriocalyx (Regel et Schmidt) Dvorák;毛萼光籽芥(毛萼条果芥);Hairycalyx Parrya ■
224212 Leiospora exscapa (C. A. Mey.) Dvorák;无茎光籽芥(无茎条果芥);Acaulescent Parrya, Stemless Parrya ■
224213 Leiospora pamirica (Botsch. et Vved.) Botsch. et Pachom.;帕米尔光籽芥;Pamir Parrya ■
224214 Leiostegia Benth. = Comolia DC. ●☆
224215 Leiostemon Raf. (1825);光蕊玄参属☆
224216 Leiostemon Raf. = Penstemon Schmidel ●■
224217 Leiostemon frutescens Pursh;光蕊玄参☆
224218 Leiotelis Raf. = Seseli L. ■
224219 Leiothamnus Griseb. = Lisianthus P. Browne ■☆
224220 Leiothamnus Griseb. = Symbolanthus G. Don ●☆
224221 Leiothrix Ruhland(1903);无毛谷精草属■☆
224222 Leiothrix affinis Silveira;无毛谷精草■☆
224223 Leiothrix amazonica Moldenke;亚马孙无毛谷精草■☆
224224 Leiothrix angustifolia Ruhland;窄叶无毛谷精草■☆
224225 Leiothrix argentea Silveira;银白无毛谷精草■☆
224226 Leiothrix curvifolia (Bong.) Ruhland;弯叶无毛谷精草■☆
224227 Leiothrix glandulifera Silveira;腺点无毛谷精草■☆
224228 Leiothrix glauca Silveira;灰无毛谷精草■☆
224229 Leiothrix longipes Silveira;长梗无毛谷精草■☆
224230 Leiothrix tenuifolia Silveira;细叶无毛谷精草■☆
224231 Leiothylax Warm. (1899);光囊苔草属■☆
224232 Leiothylax drummondii C. Cusset;德拉蒙德光囊苔草■☆
224233 Leiothylax penicillioides A. Chev.;帚状光囊苔草■☆
224234 Leiothylax quangensis (Engl.) Warm.;热非光囊苔草■☆
224235 Leiothylax sessilis A. Chev.;无柄光囊苔草■☆
224236 Leiothylax sphaerocarpa (Engl.) Engl. = Sphaerothylax sphaerocarpa (Engl.) G. Taylor ■☆
224237 Leiothylax violascens (Engl.) C. H. Wright = Sphaerothylax abyssinica (Wedd.) Warm. ■☆
224238 Leiothylax warmingii (Engl.) Warm. = Letestuella tisserantii G. Taylor ■☆
224239 Leiotulus Ehrenb. = Malabaila Hoffm. ■☆
224240 Leiphaimos Cham. et Schltdl. = Voyria Aubl. ■☆
224241 Leiphaimos Schltdl. et Cham. = Voyria Aubl. ■☆
224242 Leiphaimos platypetala (Baker) Gilg = Voyria primuloides Baker ■☆
224243 Leiphaimos primuloides (Baker) Gilg = Voyria primuloides Baker ■☆
224244 Leipoldtia L. Bolus(1927);紫玲玉属●☆
224245 Leipoldtia alborosea (L. Bolus) H. E. K. Hartmann et Stüber;粉白紫玲玉●☆
224246 Leipoldtia amplexicaulis (L. Bolus) L. Bolus f. amplexicaulis = Leipoldtia schultzei (Schltr. et Diels) Friedrich ●☆
224247 Leipoldtia amplexicaulis (L. Bolus) L. Bolus f. fera L. Bolus = Leipoldtia schultzei (Schltr. et Diels) Friedrich ●☆
224248 Leipoldtia aprica (A. Berger) L. Bolus = Leipoldtia schultzei (Schltr. et Diels) Friedrich ●☆
224249 Leipoldtia brevifolia L. Bolus = Leipoldtia schultzei (Schltr. et Diels) Friedrich ●☆
224250 Leipoldtia britteniae (L. Bolus) L. Bolus = Leipoldtia schultzei (Schltr. et Diels) Friedrich ●☆
224251 Leipoldtia compacta L. Bolus;紧密紫玲玉●☆
224252 Leipoldtia compressa L. Bolus;扁紫玲玉●☆
224253 Leipoldtia compressa L. Bolus = Hallianthus planus (L. Bolus) H. E. K. Hartmann ■☆
224254 Leipoldtia compressa L. Bolus var. lekkersingensis ? = Hallianthus planus (L. Bolus) H. E. K. Hartmann ■☆
224255 Leipoldtia constricta (L. Bolus) L. Bolus = Leipoldtia schultzei (Schltr. et Diels) Friedrich ●☆
224256 Leipoldtia framesii L. Bolus = Leipoldtia laxa L. Bolus ●☆
224257 Leipoldtia frutescens (L. Bolus) H. E. K. Hartmann;灌木紫玲玉●☆
224258 Leipoldtia grandifolia L. Bolus = Leipoldtia weigangiana (Dinter) Dinter et Schwantes subsp. grandifolia (L. Bolus) H. E. K. Hartmann et Rust ●☆
224259 Leipoldtia herrei (Schwantes) Schwantes = Leipoldtia schultzei (Schltr. et Diels) Friedrich ●☆
224260 Leipoldtia jacobseniana Schwantes = Leipoldtia schultzei (Schltr. et Diels) Friedrich ●☆
224261 Leipoldtia klaverensis L. Bolus;克拉弗紫玲玉●☆
224262 Leipoldtia laxa L. Bolus;疏松紫玲玉●☆
224263 Leipoldtia littlewoodii L. Bolus = Leipoldtia weigangiana (Dinter) Dinter et Schwantes subsp. littlewoodii (L. Bolus) H. E. K. Hartmann et Rust ●☆
224264 Leipoldtia lunata H. E. K. Hartmann et Rust;新月紫玲玉●☆
224265 Leipoldtia nelii L. Bolus = Leipoldtia schultzei (Schltr. et Diels) Friedrich ●☆
224266 Leipoldtia pauciflora L. Bolus = Leipoldtia schultzei (Schltr. et Diels) Friedrich ●☆
224267 Leipoldtia plana (L. Bolus) L. Bolus = Hallianthus planus (L. Bolus) H. E. K. Hartmann ■☆
224268 Leipoldtia rosea L. Bolus;玫瑰紫玲玉●☆
224269 Leipoldtia schultzei (Schltr. et Diels) Friedrich;舒尔茨紫玲玉●☆
224270 Leipoldtia uniflora L. Bolus;单花紫玲玉●☆
224271 Leipoldtia weigangiana (Dinter) Dinter et Schwantes;魏冈紫玲玉●☆
224272 Leipoldtia weigangiana (Dinter) Dinter et Schwantes subsp. grandifolia (L. Bolus) H. E. K. Hartmann et Rust;大花紫玲玉●☆
224273 Leipoldtia weigangiana (Dinter) Dinter et Schwantes subsp. littlewoodii (L. Bolus) H. E. K. Hartmann et Rust;里特紫玲玉●☆
224274 Leitgebia Eichler = Sauvagesia L. ●
224275 Leitneria Chapm. (1860);塞子木属;Corkwood ●☆
224276 Leitneria floridana Chapm.;佛罗里达塞子木;Cork Wood, Corkwood ●☆
224277 Leitneriaceae Benth. = Leitneriaceae Benth. et Hook. f. (保留科名)●☆
224278 Leitneriaceae Benth. = Simaroubaceae DC. (保留科名)●
224279 Leitneriaceae Benth. et Hook. f. (1880)(保留科名);塞子木科(银毛木科);Corkwood Family ●☆
224280 Leitneriaceae Benth. et Hook. f. (保留科名) = Simaroubaceae DC. (保留科名)●
224281 Lejica DC. = Lepia Hill(废弃属名)●■
224282 Lejica DC. = Zinnia L. (保留属名)●■
224283 Lejocarpus (DC.) Post et Kuntze = Anogeissus (DC.) Wall. ●
224284 Lejochilus Post et Kuntze = Leiochilus Benth. ■☆

224285 Lejochilus Post et Kuntze = Leochilus Knowles et Westc. ■☆
224286 Lejogyna Bur. ex Post et Kuntze = Leiogyne K. Schum. ●☆
224287 Lejogyna Bur. ex Post et Kuntze = Lejogyna (Bur. et K. Schum.) Post et Kuntze ●☆
224288 Lejogyna Bur. ex Post et Kuntze = Pithecoctenium Mart. ex Meisn. ●☆
224289 Lejogyna (Bur. et K. Schum.) Post et Kuntze = Neves-Armondia K. Schum. ●☆
224290 Lejophyllum Post et Kuntze = Leiophyllum (Pers.) R. Hedw. ●☆
224291 Lejopogon Post et Kuntze = Catunaregam Wolf ●
224292 Lejopogon Post et Kuntze = Leiopogon T. Durand et Schinz ●
224293 Lejopogon Post et Kuntze = Lepipogon G. Bertol. ●
224294 Leleba (Kurz) Nakai = Bambusa Schreb. (保留属名) ●
224295 Leleba Nakai = Bambusa Schreb. (保留属名) ●
224296 Leleba Rumph. ex Nakai = Bambusa Schreb. (保留属名) ●
224297 Leleba Rumph. ex Schult. = Bambusa Schreb. (保留属名) ●
224298 Leleba Rumph. ex Teijsm. et Binn. = Bambusa Schreb. (保留属名) ●
224299 Leleba beisitiku Odash. = Bambusa pachinensis Hayata ●
224300 Leleba beisitiku Odash. var. hirsutissima Odash. = Bambusa pachinensis Hayata var. hirsutissima (Odash.) W. C. Lin ●
224301 Leleba dolichoclada (Hayata) Odash. = Bambusa dolichoclada Hayata ●
224302 Leleba dolichomerithalla (Hayata) Nakai = Bambusa multiplex (Lour.) Raeusch. ex Schult. et Schult. f. ●
224303 Leleba edulis Odash. = Bambusa odashimae Hatus. ex Ohrnb. ●
224304 Leleba edulis Odash. = Dendrocalamopsis edulis (Odash.) P. C. Keng ●
224305 Leleba elegans Koidz. = Bambusa multiplex (Lour.) Raeusch. ex Schult. et Schult. f. 'Fernleaf' ●
224306 Leleba elegans Koidz. = Bambusa multiplex (Lour.) Raeusch. ex Schult. et Schult. f. ●
224307 Leleba fauriei (Hack.) Nakai = Bambusa tuldoides Munro ●
224308 Leleba floribunda (Büse) Nakai = Bambusa multiplex (Lour.) Raeusch. ex Schult. et Schult. f. 'Fernleaf' ●
224309 Leleba floribunda (Büse) Nakai f. albovariegata Nakai = Bambusa multiplex (Lour.) Raeusch. ex Schult. et Schult. f. 'Silverstripe' ●
224310 Leleba floribunda (Büse) Nakai f. viridistriata Nakai = Bambusa multiplex (Lour.) Raeusch. ex Schult. et Schult. f. 'Fernleaf' ●
224311 Leleba liukiuensis (Hayata) Nakai = Bambusa multiplex (Lour.) Raeusch. ex Schult. et Schult. f. ●
224312 Leleba multiplex (Lour.) Nakai = Bambusa multiplex (Lour.) Raeusch. ex Schult. et Schult. f. ●
224313 Leleba multiplex (Lour.) Nakai f. alphonsokarri (Satow) Nakai = Bambusa multiplex (Lour.) Raeusch. ex Schult. et Schult. f. 'Alphonse-Karr' ●
224314 Leleba naibunensis (Hayata) Nakai = Ampelocalamus naibunensis (Hayata) T. H. Wen ●
224315 Leleba oldhamii (Munro) Nakai = Bambusa oldhamii Munro ●
224316 Leleba oldhamii (Munro) Nakai = Dendrocalamopsis oldhamii (Munro) P. C. Keng ●
224317 Leleba pachinensis (Hayata) Nakai = Bambusa pachinensis Hayata ●
224318 Leleba pachinensis (Hayata) Nakai var. hirsutissima (Odash.) W. C. Lin. = Bambusa pachinensis Hayata var. hirsutissima (Odash.) W. C. Lin ●
224319 Leleba shimadae (Hayata) Nakai. = Bambusa multiplex (Lour.) Raeusch. ex Schult. et Schult. f. var. shimadae (Hayata) Sasaki ●
224320 Leleba shimadai (Hayata) Nakai = Bambusa multiplex (Lour.) Raeusch. ex Schult. et Schult. f. var. shimadae (Hayata) Sasaki ●
224321 Leleba tuldoides (Munro) Nakai = Bambusa tuldoides Munro ●
224322 Leleba ventricosa (McClure) W. C. Lin = Bambusa ventricosa McClure ●
224323 Leleba vulgaris (Schrad. ex J. C. Wendl.) Nakai = Bambusa vulgaris Schrad. ex J. C. Wendl. ●
224324 Leleba vulgaris (Schrad.) Nakai = Bambusa vulgaris Schrad. ex J. C. Wendl. ●
224325 Leleba vulgaris Schrad. ex J. C. Wendl. var. striata (Gamble) Nakai = Bambusa vulgaris Schrad. ex J. C. Wendl. 'Vittata' ●
224326 Leloutrea Gaudich. = Nolana L. ex L. f. ■☆
224327 Lelya Bremek. (1952);莱利茜属■☆
224328 Lelya osteocarpa Bremek. = Lelya prostrata (R. D. Good) W. H. Lewis ■☆
224329 Lelya osteocarpa Bremek. var. angustifolia Bremek. = Lelya prostrata (R. D. Good) W. H. Lewis var. angustifolia (Bremek.) W. H. Lewis ■☆
224330 Lelya prostrata (R. D. Good) W. H. Lewis;莱利茜■☆
224331 Lelya prostrata (R. D. Good) W. H. Lewis var. angustifolia (Bremek.) W. H. Lewis;窄叶莱利茜■☆
224332 Lelya prostrata (R. D. Good) W. H. Lewis var. elongata Verdc.;伸长莱利茜■☆
224333 Lemaireocereus Britton et Rose = Pachycereus (A. Berger) Britton et Rose ●
224334 Lemaireocereus Britton et Rose = Stenocereus (A. Berger) Riccob. (保留属名) ●☆
224335 Lemaireocereus Britton et Rose(1909);群戟柱属(朝雾阁属) ●☆
224336 Lemaireocereus hollianus (F. A. C. Weber) Britton et Rose;刺龙柱(红文字) ●☆
224337 Lemaireocereus marginatus (DC.) A. Berger = Marginatocereus marginatus (DC.) Backeb. ●☆
224338 Lemaireocereus marginatus A. Berger = Marginatocereus marginatus (DC.) Backeb. ●☆
224339 Lemaireocereus thurberi (Engelm.) Britton et Rose = Stenocereus thurberi (Engelm.) Buxb. ●☆
224340 Lemaireocereus weberi (J. M. Coult.) Britton et Rose;韦伯群戟柱●☆
224341 Lemaireocereus weberi Britton et Rose = Lemaireocereus weberi (J. M. Coult.) Britton et Rose ●☆
224342 Lembertia Greene = Eatonella A. Gray ■☆
224343 Lembertia Greene(1897);朗贝尔菊属■☆
224344 Lembertia congdonii (A. Gray) Greene = Monolopia congdonii (A. Gray) B. G. Baldwin ■☆
224345 Lembocarpus Leeuwenb. (1958);舟果苣苔属■☆
224346 Lembocarpus amoenus Leeuwenb.;舟果苣苔■☆
224347 Lemboglossum Halb. (1984);舟舌兰属(齿舌兰属)■
224348 Lemboglossum bictoniense (Bateman) Halb. = Lemboglossum bictoniense (Bateman) Halb. ex Christenson ■☆
224349 Lemboglossum bictoniense (Bateman) Halb. ex Christenson;比

克顿舟舌兰■☆
224350 Lemboglossum cervantesii (La Llave et Lex.) Halb.;网纹舟舌兰(赛氏齿瓣兰);Cervantes Odontoglossum ■
224351 Lemboglossum cordatum (Lindl.) Halb.;心形舟舌兰■
224352 Lemboglossum rossii (Lindl.) Halb.;洛氏舟舌兰(罗氏瘤瓣兰,墨西哥齿瓣兰)■☆
224353 Lembotropis Griseb. = Cytisus Desf.(保留属名)●
224354 Lembotropis nigricans (L.) Griseb. = Cytisus nigricans L. ●
224355 Lemeea P. V. Heath = Aloe L. ●■
224356 Lemia Vand. = Portulaca L. ■
224357 Lemmatium DC. = Calea L. ●■☆
224358 Lemmonia A. Gray = Nama L.(保留属名)■
224359 Lemna L.(1753);浮萍属;Duckweed, Lenticules ■
224360 Lemna aequinoctialis Welw.;青萍;Duckweed, Lesser Duckweed, Three-nerved Duckweed ■
224361 Lemna angolensis Welw. ex Hegelm. = Lemna aequinoctialis Welw. ■
224362 Lemna aoukikusa T. Beppu et Murata subsp. hokurikuensis T. Beppu et Murata;北陆浮萍■☆
224363 Lemna arrhiza L. = Wolffia arrhiza (L.) Horkel ex Wimm. ■
224364 Lemna cyclostasa (Elliott) C. H. Thomps. = Lemna valdiviana Phil. ■☆
224365 Lemna cyclostasa Elliott ex Schleid. = Lemna minor L. ■
224366 Lemna gibba L.;凸浮萍;Fat Duckweed, Gibbous Duckweed, Swollen Duckweed ■
224367 Lemna globosa Roxb. = Wolffia globosa (Roxb.) Hartog et Plas ■☆
224368 Lemna hyalina Delile = Wolffiella hyalina (Delile) Monod ■☆
224369 Lemna japonica Landolt;日本浮萍■☆
224370 Lemna leiboensis M. G. Liu et C. H. You;雷波浮萍;Leibo Duckweed ■
224371 Lemna melanorrhiza F. Muell. et Kurz = Spirodela oligorrhiza (Kurz) Hegelm. ■
224372 Lemna minima Phil. = Lemna minuta Kunth ■☆
224373 Lemna minima Phil. ex Hegelm. = Lemna minuta Kunth ■☆
224374 Lemna miniuscula Herter = Lemna minuta Kunth ■☆
224375 Lemna minor L.;浮萍(浮藻,浮萍草,青萍,水浮萍,水萍,水萍草,水藓,田萍,小浮萍);Common Duckweed, Creed, Dock's Meat, Duckweed, Grains, Greens, Groves, Grozen, Jenny Greenteeth, Lentigo, Lesser Duckweed, Limpet-scrimp, Small Duckweed, Water Lentil ■
224376 Lemna minor L. var. obscura Austin = Lemna obscura (Austin) Daubs ■☆
224377 Lemna minuscula Herter = Lemna minuta Kunth ■☆
224378 Lemna minuta Kunth;微小浮萍;Least Duckweed ■☆
224379 Lemna oblonga Phil. = Wolffiella oblonga (Phil.) Hegelm. ■☆
224380 Lemna obscura (Austin) Daubs;紫浮萍;Duckweed, Little Duckweed, Purple Duckweed ■☆
224381 Lemna oligorrhiza Kurz = Spirodela oligorrhiza (Kurz) Hegelm. ■
224382 Lemna oligorrhiza Kurz = Spirodela punctata (G. Mey.) Schleid. ■
224383 Lemna paucicostata Hegelm. = Lemna aequinoctialis Welw. ■
224384 Lemna paucicostata Hegelm. = Lemna perpusilla Torr. ■
224385 Lemna perpusilla Torr.;稀脉浮萍(浮萍,红萍,青萍);Duckweed, Least Duckweed, Minute Duckweed ■
224386 Lemna perpusilla Torr. var. trinervis Austin = Lemna perpusilla Torr. ■
224387 Lemna polyrhyza (L.) Schleid. = Spirodela polyrrhiza (L.) Schleid. ■
224388 Lemna polyrhyza L. = Spirodela polyrrhiza (L.) Schleid. ■
224389 Lemna polyrrhiza L. = Spirodela polyrrhiza (L.) Schleid. ■
224390 Lemna punctata G. Mey. = Landoltia punctata (G. Mey.) Les et D. J. Crawford ■
224391 Lemna punctata G. Mey. = Spirodela punctata (G. Mey.) C. H. Thomps. ■
224392 Lemna rwandensis De Sloover = Lemna minor L. ■
224393 Lemna torreyi Austin = Lemna valdiviana Phil. ■☆
224394 Lemna trinervis (Austin) Small = Lemna aequinoctialis Welw. ■
224395 Lemna trinervis (Austin) Small = Lemna perpusilla Torr. ■
224396 Lemna trisulca L.;品萍(品藻);Forked Duckweed, Ivy Duckweed, Ivyleaved Duckweed, Ivy-leaved Duckweed, Star Duckweed ■
224397 Lemna trisulca L. var. pygmaea Henn. = Lemna trisulca L. ■
224398 Lemna trisulca L. var. sagittata Makino = Lemna trisulca L. ■
224399 Lemna turionifera Landolt;多年生浮萍;Duckweed, Perennial Duckweed, Turion Duckweed ■☆
224400 Lemna valdiviana Phil.;菲律宾浮萍;Duckweed, Small Duckweed ■☆
224401 Lemnaceae Gray = Araceae Juss.(保留科名)■●
224402 Lemnaceae Gray = Lemnaceae Martinov(保留科名)■
224403 Lemnaceae Martinov(1820)(保留科名);浮萍科;Duckweed Family ■
224404 Lemnescia Willd. = Lemniscia Schreb. ●☆
224405 Lemniscia Schreb. = Vantanea Aubl. ●☆
224406 Lemniscoa Hook. = Bulbophyllum Thouars(保留属名)■
224407 Lemnopsis Zipp. = Utricularia L. ■
224408 Lemnopsis Zoll. = Halophila Thouars ■
224409 Lemnopsis minor Zoll. = Halophila minor (Zoll.) Hartog ■
224410 Lemnopsis minor Zoll. = Halophila ovata Gaudich. ■
224411 Lemonia Lindl. = Ravenia Vell. ●☆
224412 Lemonia Pers. = Lomenia Pourr. ■☆
224413 Lemonia Pers. = Watsonia Mill.(保留属名)■☆
224414 Le-Monniera Lecomte = Neolemonniera Heine ●☆
224415 Le-Monniera batesii (Engl.) Lecomte = Neolemonniera batesii (Engl.) Heine ●☆
224416 Le-Monniera clitandrifolia (A. Chev.) Lecomte = Neolemonniera clitandrifolia (A. Chev.) Heine ●☆
224417 Le-Monniera ogouensis (Pierre ex Dubard) Lecomte = Neolemonniera ogouensis (Pierre ex Dubard) Heine ●☆
224418 Lemooria P. S. Short(1989);光叶鼠麹草属●■☆
224419 Lemooria burkittii (Benth.) P. S. Short;光叶鼠麹草●■☆
224420 Lemotris Raf. = Camassia Lindl.(保留属名)■☆
224421 Lemotris Raf. = Quamasia Raf. ■☆
224422 Lemotrys Raf. = Lemotris Raf. ■☆
224423 Lemphoria O. E. Schulz = Arabidella (F. Muell.) O. E. Schulz ■☆
224424 Lemuranthe Schltr. = Cynorkis Thouars ■☆
224425 Lemuranthe gymnochiloides Schltr. = Cynorkis gymnochiloides (Schltr.) H. Perrier ■☆
224426 Lemurella Schltr.(1925);小鬼兰属■☆
224427 Lemurella ambongoensis Schltr. = Lemurella culicifera (Rchb. f.) H. Perrier ■☆
224428 Lemurella culicifera (Rchb. f.) H. Perrier;小鬼兰■☆
224429 Lemurella pallidiflora Bosser;苍白小鬼兰■☆
224430 Lemurella papillosa Bosser;乳突小鬼兰■☆

224431 Lemurella virescens H. Perrier;浅绿小鬼兰■☆
224432 Lemurodendron Villiers et P. Guinet(1989);勒米豆属●☆
224433 Lemurodendron capuronii Villiers et Guinet;勒米豆●☆
224434 Lemurophoenix J. Dransf. (1991);鬼棕属●☆
224435 Lemurophoenix halleuxii J. Dransf.;鬼棕●☆
224436 Lemuropisum H. Perrier(1939);可食云实属●☆
224437 Lemuropisum edule H. Perrier;可食云实●☆
224438 Lemurorchis Kraenzl. (1893);鬼兰属■☆
224439 Lemurorchis madagascariensis Kraenzl.;鬼兰■☆
224440 Lemurosicyos Rabenant. (1964);鬼瓜属■☆
224441 Lemurosicyos variegata (Cogn.) Rabenant.;鬼瓜■☆
224442 Lemurosicyos variegata (Cogn.) Rabenant. = Luffa variegata Cogn. ■☆
224443 Lemyrea (A. Chev.) A. Chev. et Beille(1939);勒米尔茜属☆
224444 Lenbrassia G. W. Gillett = Fieldia A. Cunn. ●☆
224445 Lenbrassia G. W. Gillett(1974);赖恩苣苔属●☆
224446 Lenbrassia australiana (C. T. White) G. W. Gillett;赖恩苣苔●☆
224447 Lencantha Gray = Centaurea L. (保留属名)●■
224448 Lencantha Gray = Leucacantha Gray ●■
224449 Lencymmaea Benth. et Hook. f. = Lencymmoea C. Presl ●☆
224450 Lencymmoea C. Presl(1851);缅甸桃金娘属●☆
224451 Lencymmoea salicifolia C. Presl;缅甸桃金娘●☆
224452 Lendneria Minod = Poarium Desv. ■☆
224453 Lendneria Minod = Stemodia L. (保留属名)■☆
224454 Lendneria verticillata (Mill.) Britton = Stemodia verticillata (Mill.) Bold. ■☆
224455 Lenidia Thouars = Dillenia L. ●
224456 Lenidia Thouars = Wormia Rottb. ●
224457 Lennea Klotzsch(1842);莱内豆属(伦内豆属)■☆
224458 Lennea robinioides Klotzsch;莱内豆■☆
224459 Lennoa La Llave et Lex. = Lennoa Lex. ■☆
224460 Lennoa Lex. (1824);多室花属(盖裂寄生属)■☆
224461 Lennoa madrepoides Steud. = Lennoa madreporoides Lex. ■☆
224462 Lennoa madreporoides La Llave et Lex. = Lennoa madreporoides Lex. ■☆
224463 Lennoa madreporoides Lex.;多室花■☆
224464 Lennoaceae Solms(1870)(保留科名);多室花科(盖裂寄生科)■☆
224465 Lennoaceae Solms(保留科名) = Boraginaceae Juss. (保留科名)■●
224466 Lennoaceae Solms(保留科名) = Lentibulariaceae Rich. (保留科名)■
224467 Lenophyllum Rose(1904);毛叶景天属■☆
224468 Lenophyllum guttatum (Rose) Rose;毛叶景天■☆
224469 Lenormandia Steud. (1850) = Mandelorna Steud. ■
224470 Lenormandia Steud. (1850) = Vetiveria Bory ex Lem. ■
224471 Lens Mill. (1754)(保留属名);兵豆属(小扁豆属);Lentil ■
224472 Lens Stickm. = Entada Adans. (保留属名)●
224473 Lens culinaris Medik.;兵豆(扁豆,滨豆,鸡豌豆,小扁豆,小金扁豆,小粒小扁豆);Common Lentil,Lentigo,Lentil,Masur,Tills ■
224474 Lens culinaris Medik. subsp. esculenta Briq. = Lens culinaris Medik. ■
224475 Lens culinaris Medik. subsp. nigricans (M. Bieb.) Thell. = Lens nigricans (M. Bieb.) Godr. ■☆
224476 Lens culinaris Medik. var. biebersteinii (Lamotte) Briq. = Lens culinaris Medik. ■
224477 Lens culinaris Medik. var. faurei Maire = Lens culinaris Medik. ■
224478 Lens culinaris Medik. var. villosa (Pomel) Maire = Lens villosa (Pomel) Batt. ■☆
224479 Lens ervoides (Brign.) Grande;野豌豆状兵豆■☆
224480 Lens esculenta Moench = Lens culinaris Medik. ■
224481 Lens lenticula (Hoppe) Webb et Berthel. = Lens ervoides (Brign.) Grande ■☆
224482 Lens lenticula (Hoppe) Webb et Berthel. var. macrocalycina Maire = Lens ervoides (Brign.) Grande ■☆
224483 Lens lenticula Alef.;无蔓巢菜■☆
224484 Lens lupinifolia Boiss. = Lotononis lupinifolia (Boiss.) Benth. ■☆
224485 Lens nigricans (M. Bieb.) Godr.;黑巢菜■☆
224486 Lens nigricans Godr. = Lens nigricans (M. Bieb.) Godr. ■☆
224487 Lens orientalis (Boiss.) Hand. -Mazz.;东方兵豆■☆
224488 Lens phaseoloides L. = Entada phaseoloides (L.) Merr. ●
224489 Lens villosa (Pomel) Batt.;长柔毛兵豆■☆
224490 Lentago Raf. = Viburnum L. ●
224491 Lentibularia Adans. = Utricularia L. ■
224492 Lentibularia Raf. = Utricularia L. ■
224493 Lentibularia Raf. = Xananthes Raf. ■
224494 Lentibularia Ség. = Utricularia L. ■
224495 Lentibularia intermedia (Hayne) Nieuwl. et Lunell = Utricularia intermedia Hayne ■
224496 Lentibularia minor (L.) Raf. = Utricularia minor L. ■
224497 Lentibularia vulgaris (L.) Moench = Utricularia vulgaris L. ■
224498 Lentibularia vulgaris (L.) Moench var. americana (A. Gray) Nieuwl. et Lunell = Utricularia vulgaris L. subsp. macrorhiza (J. Le Leconte) R. T. Clausen ■
224499 Lentibulariaceae Rich. (1808)(保留科名);狸藻科;Bladderwort Family ■
224500 Lenticula Hill = Lemna L. ■
224501 Lenticularia Friche-Joset et Montandon = Lemna L. ■
224502 Lenticularia Friche-Joset et Montandon = Lenticula Hill ■
224503 Lenticularia Montandon = Lenticula Hill ■
224504 Lenticularia Ség. = Lemna L. ■
224505 Lenticularia Ség. = Spirodela Schleid. ■
224506 Lentilla W. F. Wight = Lens Mill. (保留属名)■
224507 Lentiscaceae Horan. = Anacardiaceae R. Br. (保留科名)●
224508 Lentiscus Kuntze = Pistacia L. ●
224509 Lentiscus Mill. = Pistacia L. ●
224510 Lentzia Schinz = Lenzia Phil. ■☆
224511 Lenwebbia N. Snow et Guymer(2003);莱恩木属●☆
224512 Lenzia Phil. (1863);高山黄花苋属■☆
224513 Lenzia chamaepitys Phil.;高山黄花苋■☆
224514 Leobardia Pomel = Lotononis (DC.) Eckl. et Zeyh. (保留属名)■
224515 Leobordea Delile(废弃属名) = Lotononis (DC.) Eckl. et Zeyh. (保留属名)■
224516 Leobordea abyssinica Hochst. ex A. Rich. = Lotononis platycarpa (Viv.) Pic. Serm. ■☆
224517 Leobordea lotoidea Delile = Lotononis platycarpa (Viv.) Pic. Serm. ■☆
224518 Leobordea persica Jaub. et Spach = Lotononis platycarpa (Viv.) Pic. Serm. ■☆
224519 Leobordea villosa Pomel = Lotononis lupinifolia (Boiss.) Benth. ■☆

224520 Leobordea villosa Pomel var. intermedia ? = Lotononis lupinifolia (Boiss.) Benth. ■☆
224521 Leocereus Britton et Rose(1920);刺蔓柱属●☆
224522 Leocereus bahiensis Britton et Rose;刺蔓柱■☆
224523 Leochilus Knowles et Westc.(1838);狮唇兰属■☆
224524 Leochilus oncidioides Knowles et Westc.;狮唇兰■☆
224525 Leocus A. Chev.(1909);非洲合蕊草属■●☆
224526 Leocus africanus (Baker ex Scott-Elliot) J. K. Morton;非洲合蕊草■●☆
224527 Leocus caillei (A. Chev. ex Hutch. et Dalziel) J. K. Morton;卡耶合蕊草■☆
224528 Leocus lyratus A. Chev.;大头羽裂非洲合蕊草■☆
224529 Leocus membranaceus J. K. Morton;膜质非洲合蕊草■●☆
224530 Leocus pobeguinii (Hutch. et Dalziel) J. K. Morton;波别非洲合蕊草■☆
224531 Leonardendron Aubrév. = Anthonotha P. Beauv. ●☆
224532 Leonardendron gabunense (J. Léonard) Aubrév. = Englerodendron gabunense (J. Léonard) Breteler ●☆
224533 Leonardia Urb. = Thouinia Poit.(保留属名)●☆
224534 Leonardoxa Aubrév.(1968);莱奥豆属(狮威豆属)■●☆
224535 Leonardoxa africana (Baill.) Aubrév.;非洲莱奥豆■●☆
224536 Leonardoxa bequaertii (De Wild.) Aubrév. = Normandiodendron bequaertii (De Wild.) J. Léonard ■☆
224537 Leonardoxa bequaertii (De Wild.) Aubrév. var. bergeri (De Wild.) J. Léonard = Normandiodendron bequaertii (De Wild.) J. Léonard ■☆
224538 Leonardoxa romii (De Wild.) Aubrév. = Normandiodendron romii (De Wild.) J. Léonard ■☆
224539 Leonhardia Opiz = Nepa Webb ●
224540 Leonia Cerv. = Leonia Ruiz et Pav. ●☆
224541 Leonia Cerv. = Salvia L. ●■
224542 Leonia Cerv. ex La Llave et Lex. = Leonia Ruiz et Pav. ●☆
224543 Leonia Cerv. ex La Llave et Lex. = Salvia L. ●■
224544 Leonia Mutis ex Kunth = Siparuna Aubl. ●☆
224545 Leonia Ruiz et Pav.(1799);来昂堇菜木属(坚果堇属)●☆
224546 Leonia cymosa Mart.;聚伞来昂堇菜木●☆
224547 Leonia glycycarpa Ruiz et Pav.;甜果来昂堇菜木●☆
224548 Leoniaceae DC.;来昂堇菜木科●
224549 Leoniaceae DC. = Violaceae Batsch(保留科名)●■
224550 Leonicenia Scop.(废弃属名) = Miconia Ruiz et Pav.(保留属名)●☆
224551 Leonicenoa Post et Kuntze = Miconia Ruiz et Pav.(保留属名)●☆
224552 Leonis B. Nord.(2006);狮菊属●☆
224553 Leonis trineura (Griseb.) B. Nord.;狮菊■☆
224554 Leonitis Spach = Leonotis R. Br. ●■☆
224555 Leonocassia Britton = Cassia L.(保留属名)●■
224556 Leonocassia Britton = Senna Mill. ●■
224557 Leonohebe Heads = Hebe Comm. ex Juss. ●☆
224558 Leonotis (Pers.) R. Br.(1810);荆芥叶草属(狮耳草属,狮耳花属,狮尾草属,狮子耳属,狮子尾属,绣球荆芥属);Leonotis, Lion's ear, Lion's-ear ●■☆
224559 Leonotis R. Br. = Leonotis (Pers.) R. Br. ●■☆
224560 Leonotis africana (P. Beauv.) Briq. = Leonotis nepetifolia (L.) R. Br. var. africana (P. Beauv.) J. K. Morton ■☆
224561 Leonotis africanus Mill. = Leonotis leonurus (L.) R. Br. ●■☆
224562 Leonotis bachmannii Gürke = Leonotis intermedia Lindl. ■☆
224563 Leonotis bequaertii De Wild. = Leonotis decadonta Gürke var. vestita (Briq.) Iwarsson et Y. B. Harv. ■☆
224564 Leonotis brevipes V. Naray. = Leonotis intermedia Lindl. ■☆
224565 Leonotis decadonta Gürke var. porotoensis Iwarsson et Y. B. Harv.;波罗托荆芥叶草■☆
224566 Leonotis decadonta Gürke var. vestita (Briq.) Iwarsson et Y. B. Harv.;包被荆芥叶草■☆
224567 Leonotis dinteri Briq. = Leonotis ocymifolia (Burm. f.) Iwarsson var. raineriana (Vis.) Iwarsson ●■☆
224568 Leonotis dubia E. Mey.;可疑荆芥叶草■☆
224569 Leonotis dysophylla Benth. = Leonotis intermedia Lindl. ■☆
224570 Leonotis engleri Gürke;恩格勒荆芥叶草■☆
224571 Leonotis galpinii V. Naray. = Leonotis dubia E. Mey. ■☆
224572 Leonotis goetzei Gürke;格兹荆芥叶草■☆
224573 Leonotis grandiflorus Moench = Leonotis leonurus (L.) R. Br. ●■☆
224574 Leonotis grandis Iwarsson et Y. B. Harv.;大荆芥叶草■☆
224575 Leonotis hirtiflora Benth. = Leonotis ocymifolia (Burm. f.) Iwarsson ●■☆
224576 Leonotis intermedia Lindl.;间型荆芥叶草■☆
224577 Leonotis intermedia Lindl. var. natalensis V. Naray. = Leonotis intermedia Lindl. ■☆
224578 Leonotis kagerensis Lebrun et L. Touss. = Leonotis ocymifolia (Burm. f.) Iwarsson var. raineriana (Vis.) Iwarsson ●■☆
224579 Leonotis kwebensis N. E. Br. = Leonotis nepetifolia (L.) R. Br. ■☆
224580 Leonotis latifolia Gürke = Leonotis ocymifolia (Burm. f.) Iwarsson ●■☆
224581 Leonotis laxifolia MacOwan = Leonotis dubia E. Mey. ■☆
224582 Leonotis laxifolia MacOwan f. pilosa Gürke = Leonotis dubia E. Mey. ■☆
224583 Leonotis leonitis (L.) R. Br. = Leonotis ocymifolia (Burm. f.) Iwarsson ●■☆
224584 Leonotis leonitis (L.) R. Br. var. hirtiflora (Benth.) V. Naray. = Leonotis ocymifolia (Burm. f.) Iwarsson ●■☆
224585 Leonotis leonurus (L.) R. Br.;狮尾草(狮耳草,狮耳花,狮子耳,狮子尾);Drug Lion-ear, Lion's Tail, Lion's Ear, Lion's Tails, Lion's-ear, Minaret-flower, Wild Dagga ●■☆
224586 Leonotis leonurus (L.) R. Br. var. albiflora Benth. = Leonotis leonurus (L.) R. Br. ●■☆
224587 Leonotis leonurus (L.) R. Br. var. vestita Briq. = Leonotis decadonta Gürke var. vestita (Briq.) Iwarsson et Y. B. Harv. ■☆
224588 Leonotis leonurus R. Br. 'Alba';白花狮子耳;Whiteflower Leonotis ●■☆
224589 Leonotis leonurus R. Br. = Leonotis leonurus (L.) R. Br. ●■☆
224590 Leonotis leonurus R. Br. = Leonotis oxymifolia (Burm. f.) Iwarsson ●■☆
224591 Leonotis longidens S. Moore = Leonotis ocymifolia (Burm. f.) Iwarsson var. raineriana (Vis.) Iwarsson ●■☆
224592 Leonotis malacophylla Gürke = Leonotis intermedia Lindl. ■☆
224593 Leonotis melleri Baker = Leonotis ocymifolia (Burm. f.) Iwarsson var. raineriana (Vis.) Iwarsson ●■☆
224594 Leonotis microphylla V. Naray. = Leonotis randii S. Moore ■☆
224595 Leonotis mollis Benth.;柔软狮尾草●☆
224596 Leonotis mollis Benth. = Leonotis ocymifolia (Burm. f.) Iwarsson ●■☆
224597 Leonotis mollis Benth. var. albiflora V. Naray. = Leonotis dubia E. Mey. ■☆

224598 Leonotis mollissima Gürke = Leonotis ocymifolia (Burm. f.) Iwarsson var. raineriana (Vis.) Iwarsson ●■☆
224599 Leonotis myricifolia Iwarsson et Y. B. Harv.;杨梅叶狮尾草●☆
224600 Leonotis nepetifolia (L.) R. Br.;荆芥叶草(荆芥叶狮耳草,荆芥叶狮尾草);Christmas Candlestick, Lion's Ear, Nepetaleaf Leonotis ■☆
224601 Leonotis nepetifolia (L.) R. Br. var. africana (P. Beauv.) J. K. Morton;非洲荆芥叶草■☆
224602 Leonotis ocymifolia (Burm. f.) Iwarsson;罗勒荆芥叶草●■☆
224603 Leonotis ocymifolia (Burm. f.) Iwarsson var. raineriana (Vis.) Iwarsson = Leonotis ocymifolia (Burm. f.) Iwarsson ●■☆
224604 Leonotis ocymifolia (Burm. f.) Iwarsson var. schinzii (Gürke) Iwarsson;欣兹荆芥叶草■☆
224605 Leonotis ovata Spreng. = Leonotis ocymifolia (Burm. f.) Iwarsson ●■☆
224606 Leonotis oxymifolia (Burm. f.) Iwarsson;尖荆芥叶草●■☆
224607 Leonotis pallida (Schumach. et Thonn.) Benth. = Leonotis nepetifolia (L.) R. Br. var. africana (P. Beauv.) J. K. Morton ■☆
224608 Leonotis parvifolia Benth. = Leonotis ocymifolia (Burm. f.) Iwarsson ●■☆
224609 Leonotis pole-evansii Hutch.;埃文斯荆芥叶草■☆
224610 Leonotis raineriana Vis. = Leonotis ocymifolia (Burm. f.) Iwarsson ●■☆
224611 Leonotis raineriana Vis. var. rugosa (Benth.) Cufod. = Leonotis ocymifolia (Burm. f.) Iwarsson var. raineriana (Vis.) Iwarsson ●■☆
224612 Leonotis randii S. Moore = Leonotis ocymifolia (Burm. f.) Iwarsson var. schinzii (Gürke) Iwarsson ■☆
224613 Leonotis rugosa Benth. = Leonotis ocymifolia (Burm. f.) Iwarsson var. raineriana (Vis.) Iwarsson ●■☆
224614 Leonotis schinzii Gürke = Leonotis ocymifolia (Burm. f.) Iwarsson var. schinzii (Gürke) Iwarsson ■☆
224615 Leonotis spectabilis S. Moore = Leonotis ocymifolia (Burm. f.) Iwarsson var. raineriana (Vis.) Iwarsson ●■☆
224616 Leonotis urticifolia Briq. = Leonotis dubia E. Mey. ■☆
224617 Leonotis velutina Fenzl ex Benth. var. raineriana (Vis.) Benth. = Leonotis ocymifolia (Burm. f.) Iwarsson var. raineriana (Vis.) Iwarsson ●■☆
224618 Leonotis velutina Fenzl ex Benth. var. rugosa (Benth.) Baker = Leonotis ocymifolia (Burm. f.) Iwarsson var. raineriana (Vis.) Iwarsson ●■☆
224619 Leonotis westae V. Naray. = Leonotis dubia E. Mey. ■☆
224620 Leontia Rchb. = Croton L. ●
224621 Leontia Rchb. = Luutia Neck. ●
224622 Leonticaceae (Spach) Airy Shaw = Leonticaceae Airy Shaw ■
224623 Leonticaceae Airy Shaw;狮足草科■
224624 Leonticaceae Bercht. et J. Presl = Berberidaceae Juss. (保留科名)●■
224625 Leontice L. (1753);狮足草属(锤茎属,牡丹草属,囊果草属);Leontice, Lion's-Leaf, Peonygrass ●■
224626 Leontice albertii Regel;阿氏狮足草■☆
224627 Leontice altaica Pall. = Gymnospermium altaicum (Pall.) Spach ■
224628 Leontice chrysogonum L. = Bongardia chrysogonum (L.) Griseb. ●☆
224629 Leontice darwasica Regel;达尔瓦斯狮足草●☆
224630 Leontice eversmannii Bunge;埃氏狮足草■☆
224631 Leontice incerta Pall.;狮足草(可疑锤茎,牡丹草,囊果草)■
224632 Leontice kiangnanensa P. L. Chiu = Gymnospermium kiangnanense (P. L. Chiu) Lecomte ■
224633 Leontice leontopetala Hook. f. et Thomson;狮瓣牡丹草■☆
224634 Leontice leontopetala L. subsp. eversmannii (Bunge) Coode = Leontice eversmannii Bunge ■☆
224635 Leontice leontopetaloides L. = Tacca leontopetaloides (L.) Kuntze ■
224636 Leontice microrrhyncha S. Moore = Gymnospermium microrrhynchum (S. Moore) Takht. ■
224637 Leontice microrrhyncha S. Moore f. venosa (S. Moore) Kitag. = Gymnospermium microrrhynchum (S. Moore) Takht. ■
224638 Leontice microrrhyncha S. Moore var. venosa S. Moore = Gymnospermium microrrhynchum (S. Moore) Takht. ■
224639 Leontice minor Boiss.;小狮足草■☆
224640 Leontice odessana Fisch. ex G. Don;敖德萨锤茎■☆
224641 Leontice robusta (Maxim.) Diels = Caulophyllum robustum Maxim. ●
224642 Leontice smirnowii Trautv.;斯氏牡丹草;Smirnow Leontice ■☆
224643 Leontice thalictroides L. = Caulophyllum thalictroides (L.) Michx. ●☆
224644 Leontice venosa S. Moore;小牡丹草;Venose Leontice ■☆
224645 Leontice vesicaria Pall. = Leontice incerta Pall. ■
224646 Leontice vesicaria Willd. = Leontice incerta Pall. ■
224647 Leontochir Phil. (1873);智利扭柄叶属■☆
224648 Leontochir ovallei Phil.;智利扭柄叶■☆
224649 Leontodon Adans. = Leontodon L. ■
224650 Leontodon Adans. = Taraxacum F. H. Wigg. (保留属名)■
224651 Leontodon L. (1753)(保留属名);狮齿草属(狮牙苣属,狮牙草属);Hawkbit, Hawk's Bit ■☆
224652 Leontodon asperrimus Boiss. ex Ball;粗糙狮齿草■☆
224653 Leontodon atlanticus (Ball) Widder = Scorzoneroides atlantica (Ball) Holub ■☆
224654 Leontodon atlanticus (Ball) Widder var. setosus Maire = Scorzoneroides atlantica (Ball) Holub ■☆
224655 Leontodon autumnalis L.;秋狮齿草;Autumn Hawkbit, Autumn-dandelion, Fall Dandelion, Fall Hawkbit, Fall-dandelion, Hawk's-bit, Smooth Hawkbit ■☆
224656 Leontodon autumnalis L. var. atlanticus Ball = Scorzoneroides atlantica (Ball) Holub ■☆
224657 Leontodon autumnalis L. var. pratensis Koch = Leontodon autumnalis L. ■☆
224658 Leontodon balansae Boiss.;巴兰萨狮齿草■☆
224659 Leontodon bessarabicus Hornem. = Taraxacum bessarabicum (Hornem.) Hand. -Mazz. ■
224660 Leontodon bulbosus L. = Sonchus bulbosus (L.) N. Kilian et Greuter ■☆
224661 Leontodon carolinianum Walter = Pyrrhopappus carolinianus (Walter) DC. ■☆
224662 Leontodon caucasicus Fisch.;高加索狮齿草■☆
224663 Leontodon ceratophorus Ledeb. = Taraxacum ceratophorum (Ledeb.) DC. ■☆
224664 Leontodon cichoraceus (Ten.) Sanguin. = Scorzoneroides cichoriacea (Ten.) Greuter ■☆
224665 Leontodon coronopifolius Desf. = Picris asplenioides L. ■☆
224666 Leontodon croceus Haenke;镉黄狮齿草■☆
224667 Leontodon dandelion L. = Krigia dandelion (L.) Nutt. ■☆

224668 Leontodon danubialis Jacq.;刚毛狮齿草;Bristly Hawkbit ■☆
224669 Leontodon dissectus Ledeb. = Taraxacum dissectum (Ledeb.) Ledeb. ■
224670 Leontodon djurdjurae Batt.;朱尔朱拉山狮齿草■☆
224671 Leontodon eriopodum D. Don = Taraxacum eriopodum (D. Don) DC. ■
224672 Leontodon eriopodus Emb. et Maire;毛梗狮齿草■☆
224673 Leontodon erythrospermum (Andrz.) Britton = Taraxacum laevigatum (Willd.) DC. ■
224674 Leontodon hastilis L. = Leontodon hispidus L. ■☆
224675 Leontodon helminthioides Coss. et Durieu = Leontodon hispanicus Poir. subsp. helminthioides (Coss. et Durieu) Maire ■☆
224676 Leontodon helminthioides Coss. et Durieu var. maroccanus Batt. = Leontodon hispanicus Poir. subsp. helminthioides (Coss. et Durieu) Maire ■☆
224677 Leontodon helminthioides Coss. et Durieu var. numidicus Batt. = Leontodon hispanicus Poir. subsp. helminthioides (Coss. et Durieu) Maire ■☆
224678 Leontodon hirsutum Hook. = Agoseris hirsuta (Hook.) Greene ■☆
224679 Leontodon hirtus L.;粗毛狮齿草;Rough Hawkbit ■☆
224680 Leontodon hispanicus Poir.;西班牙狮齿草■☆
224681 Leontodon hispanicus Poir. subsp. ballii Benth. = Leontodon hispanicus Poir. subsp. helminthioides (Coss. et Durieu) Maire ■☆
224682 Leontodon hispanicus Poir. subsp. helminthioides (Coss. et Durieu) Maire;蠕虫西班牙狮齿草■☆
224683 Leontodon hispanicus Poir. var. brachytrichus Maire = Leontodon hispanicus Poir. ■☆
224684 Leontodon hispanicus Poir. var. heterotrichus Emb. et Maire = Leontodon hispanicus Poir. ■☆
224685 Leontodon hispanicus Poir. var. maroccanus (Batt.) Jahand. et Maire = Leontodon hispanicus Poir. ■☆
224686 Leontodon hispanicus Poir. var. numidicus (Batt.) Jahand. et Maire = Leontodon hispanicus Poir. ■☆
224687 Leontodon hispidulus (Delile) Boiss.;细毛狮齿草■☆
224688 Leontodon hispidulus (Delile) Boiss. = Scorzoneroides hispidula (Delile) Greuter et Talavera ■☆
224689 Leontodon hispidulus (Delile) Boiss. subsp. muelleri (Sch. Bip.) Maire = Scorzoneroides muelleri (Sch. Bip.) Greuter et Talavera ■☆
224690 Leontodon hispidulus (Delile) Boiss. subsp. reboudianus (Pomel) = Scorzoneroides muelleri (Sch. Bip.) Greuter et Talavera subsp. reboudiana (Pomel) Greuter ■☆
224691 Leontodon hispidulus (Delile) Boiss. subsp. salzmannii (Sch. Bip.) Maire = Scorzoneroides salzmanii (Sch. Bip.) Greuter et Talavera ■☆
224692 Leontodon hispidulus (Delile) Boiss. var. algeriensis Pomel = Scorzoneroides hispidula (Delile) Greuter et Talavera ■☆
224693 Leontodon hispidulus (Delile) Boiss. var. cirtensis (Pomel) Maire = Scorzoneroides hispidula (Delile) Greuter et Talavera ■☆
224694 Leontodon hispidulus (Delile) Boiss. var. gracilis Pomel = Scorzoneroides hispidula (Delile) Greuter et Talavera ■☆
224695 Leontodon hispidulus (Delile) Boiss. var. kralikii (Pomel) = Scorzoneroides kralikii (Pomel) Greuter et Talavera ■☆
224696 Leontodon hispidulus (Delile) Boiss. var. oranensis (Pomel) Maire = Scorzoneroides hispidula (Delile) Greuter et Talavera ■☆
224697 Leontodon hispidulus (Delile) Boiss. var. parviflorus Pomel = Scorzoneroides hispidula (Delile) Greuter et Talavera ■☆
224698 Leontodon hispidus L.;毛狮齿草;Bristly Hawkbit, Greater Hawkbit, Rough Hawkbit ■☆
224699 Leontodon keretinus F. Nyl.;克列特狮齿草■☆
224700 Leontodon kotschyi Boiss.;考氏狮齿草■☆
224701 Leontodon kralikii (Pomel) Izuzq. = Scorzoneroides kralikii (Pomel) Greuter et Talavera ■☆
224702 Leontodon laciniatus (Bertol.) Widder = Scorzoneroides laciniata (Bertol.) Greuter ■☆
224703 Leontodon leucanthus Ledeb. = Taraxacum leucanthum (Ledeb.) Ledeb. ■
224704 Leontodon leysseri (Wallr.) Beck = Leontodon saxatilis Lam. ■☆
224705 Leontodon leysseri (Wallr.) Beck = Leontodon taraxacoides (Vill.) Mérat ■☆
224706 Leontodon longirostris (Finch et P. D. Sell) Talavera = Leontodon saxatilis Lam. subsp. longirostris (Finch et P. D. Sell) P. Silva ■☆
224707 Leontodon maroccanus (Pers.) Ball;摩洛哥狮齿草■☆
224708 Leontodon mucronatum Forssk. = Launaea mucronata (Forssk.) Muschl. ■☆
224709 Leontodon muelleri (Sch. Bip.) Fiori;米勒狮齿草;Mueller´s Hawkbit ■☆
224710 Leontodon muelleri Sch. Bip. = Leontodon muelleri (Sch. Bip.) Fiori ■☆
224711 Leontodon muelleri Sch. Bip. subsp. reboudianus (Pomel) Greuter = Scorzoneroides muelleri (Sch. Bip.) Greuter et Talavera subsp. reboudiana (Pomel) Greuter ■☆
224712 Leontodon muelleri Sch. Bip. subsp. trivialis (Ball) Izuzq. = Scorzoneroides muelleri (Sch. Bip.) Greuter et Talavera ■☆
224713 Leontodon nudicaule (L.) Banks = Leontodon taraxacoides (Vill.) Mérat ■☆
224714 Leontodon nudicaule (L.) Banks subsp. mesorrhynchus Maire = Leontodon taraxacoides (Vill.) Mérat ■☆
224715 Leontodon nudicaule (L.) Banks var. perenne Emb. et Maire = Leontodon taraxacoides (Vill.) Mérat ■☆
224716 Leontodon nudicaule L. = Leontodon taraxacoides (Vill.) Mérat ■☆
224717 Leontodon nudicaulis (L.) Banks ex Schinz subsp. taraxacoides (Vill.) Schinz et Thell. = Leontodon taraxacoides (Vill.) Mérat ■☆
224718 Leontodon nudicaulis Mérat = Leontodon saxatilis Lam. ■☆
224719 Leontodon nudicaulis Mérat subsp. taraxacoides (Vill.) Schinz et Thell. = Leontodon saxatilis Lam. ■☆
224720 Leontodon orarius Maire = Scorzoneroides oraria (Maire) Greuter et Talavera ■☆
224721 Leontodon palisiae Izuzq. = Scorzoneroides palisiae (Izuzq.) Greuter et Talavera ■☆
224722 Leontodon palustris Lyons = Taraxacum palustre (Lyons) Symons ■☆
224723 Leontodon parvulum Wall. = Taraxacum parvulum (Wall.) DC. ■
224724 Leontodon pitardii Maire;皮塔德狮齿草■☆
224725 Leontodon pseudotaraxaci Schur;假蒲公英狮齿草■☆
224726 Leontodon repens Schur;匍匐狮齿草■☆
224727 Leontodon rothii Ball = Leontodon saxatilis Lam. subsp. longirostris (Finch et P. D. Sell) P. Silva ■☆
224728 Leontodon rothii Ball var. major Boiss. = Leontodon saxatilis

Lam. ■☆

224729 Leontodon salzmannii (Sch. Bip.) Ball = Scorzoneroides salzmanii (Sch. Bip.) Greuter et Talavera ■☆

224730 Leontodon saxatilis (Vill.) Mérat = Leontodon saxatilis Lam. ■☆

224731 Leontodon saxatilis Lam.;岩地狮齿草;Common Hawkbit,Hairy Hawkbit,Lesser Hawkbit ■☆

224732 Leontodon saxatilis Lam. subsp. longirostris (Finch et P. D. Sell) P. Silva;长喙岩地狮齿草;Lesser Hawkbit ■☆

224733 Leontodon saxatilis Lam. subsp. perennis (Emb. et Maire) Maire = Leontodon saxatilis Lam. subsp. longirostris (Finch et P. D. Sell) P. Silva ■☆

224734 Leontodon saxatilis Lam. subsp. rothii Maire = Leontodon saxatilis Lam. subsp. longirostris (Finch et P. D. Sell) P. Silva ■☆

224735 Leontodon saxatilis Lam. var. major (Boiss.) Maire = Leontodon saxatilis Lam. ■☆

224736 Leontodon schischkinii V. N. Vassil.;希施狮齿草■☆

224737 Leontodon scopulorum (A. Gray) Rydb. = Taraxacum scopulorum (A. Gray) Rydb. ■☆

224738 Leontodon serotinus Waldst. et Kit. = Taraxacum serotinum (Waldst. et Kit.) Poir. ■☆

224739 Leontodon simplex (Viv.) Widder = Scorzoneroides simplex (Viv.) Greuter et Talavera ■☆

224740 Leontodon taraxacoides (Vill.) Mérat;蒲公英狮齿草■☆

224741 Leontodon taraxacoides (Vill.) Mérat = Leontodon saxatilis (Vill.) Mérat ■☆

224742 Leontodon taraxacoides (Vill.) Mérat subsp. longirostris Finch et P. D. Sell = Leontodon saxatilis Lam. subsp. longirostris (Finch et P. D. Sell) P. Silva ■☆

224743 Leontodon taraxacum L. = Taraxacum officinale Weber ex F. H. Wigg. ■

224744 Leontodon tingitanus (Boiss. et Reut.) Ball;丹吉尔狮齿草■☆

224745 Leontodon trivialis Ball = Scorzoneroides muelleri (Sch. Bip.) Greuter et Talavera subsp. reboudiana (Pomel) Greuter ■☆

224746 Leontodon tuberosus L.;块状狮齿草■☆

224747 Leontodon tuberosus L. var. longirostris Faure et Maire = Leontodon tuberosus L. ■☆

224748 Leontodon tuberosus L. var. squamatus (Caball.) Maire = Leontodon tuberosus L. ■☆

224749 Leontodon tuberosus L. var. tripolitanus (Sch. Bip.) Durand et Barratte = Leontodon tuberosus L. ■☆

224750 Leontodon umbellatus Schrank = Picris hieracioides L. ■

224751 Leontoglossum Hance = Tetracera L. ●

224752 Leontondon Robin = Leontodon L.(保留属名)■☆

224753 Leontonyx Cass. = Helichrysum Mill.(保留属名)●■

224754 Leontonyx angustifolius DC. = Helichrysum litorale Bolus ●☆

224755 Leontonyx bicolor DC. = Helichrysum tinctum (Thunb.) Hilliard et B. L. Burtt ●☆

224756 Leontonyx coloratus Cass. = Helichrysum tinctum (Thunb.) Hilliard et B. L. Burtt ●☆

224757 Leontonyx glomeratus (L.) DC. = Helichrysum tinctum (Thunb.) Hilliard et B. L. Burtt ●☆

224758 Leontonyx pumilio O. Hoffm. = Helichrysum pumilio (O. Hoffm.) Hilliard et B. L. Burtt ●☆

224759 Leontonyx ramosissimum O. Hoffm. = Helichrysum lucilioides Less. ■☆

224760 Leontonyx spathulatus Less. = Helichrysum litorale Bolus ●☆

224761 Leontonyx squarrosus DC. = Helichrysum spiralepis Hilliard et B. L. Burtt ●☆

224762 Leontonyx tomentosus Cass. = Helichrysum spiralepis Hilliard et B. L. Burtt ●☆

224763 Leontopetaloides Boehm.(废弃属名) = Tacca J. R. Forst. et G. Forst.(保留属名)■

224764 Leontopetalon Mill. = Leontice L. ●■

224765 Leontophthalmum Willd. = Colea Bojer ex Meisn.(保留属名)●☆

224766 Leontopodium (Pers.) R. Br. = Leontopodium (Pers.) R. Br. ex Cass. ●■

224767 Leontopodium (Pers.) R. Br. ex Cass. (1819);火绒草属(薄雪草属,雪绒花属);Edelweiss,Leontopodium,Lion's Foot ●■

224768 Leontopodium R. Br. = Leontopodium (Pers.) R. Br. ex Cass. ●■

224769 Leontopodium R. Br. ex Cass. = Leontopodium (Pers.) R. Br. ex Cass. ●■

224770 Leontopodium albogriseum Hand. -Mazz.;灰白火绒草(白灰火绒草);White-grey Edelweiss ■

224771 Leontopodium aloysioderum Hort. = Leontopodium haplophylloides Hand. -Mazz. ■

224772 Leontopodium alpinum Cass.;高山火绒草;Alpine Cudweed, Alpine Edelweiss, Common Edelweiss, Edelweiss, Lion's Cudweed, Lion's Foot ■☆

224773 Leontopodium alpinum Cass. f. sibiricum Korsh. = Leontopodium conglobatum (Turcz.) Hand. -Mazz. ■

224774 Leontopodium alpinum Cass. subsp. campestre var. conglobatum Beauverd = Leontopodium conglobatum (Turcz.) Hand. -Mazz. ■

224775 Leontopodium alpinum Cass. subsp. campestre var. frigidum Beauverd = Leontopodium pusillum (Beauverd) Hand. -Mazz. ■

224776 Leontopodium alpinum Cass. subsp. campestre var. hayachinense ? = Leontopodium hayachinense (Takeda) H. Hara et Kitam. ■☆

224777 Leontopodium alpinum Cass. subsp. campestre var. polyphyllum Beauverd = Leontopodium brachyactis Gand. ■

224778 Leontopodium alpinum Cass. subsp. fauriei Beauverd = Leontopodium fauriei (Beauverd) Hand. -Mazz. ■☆

224779 Leontopodium alpinum Cass. subsp. sibiricum var. depauperatum Beauverd = Leontopodium leontopodioides (Willd.) Beauverd ■

224780 Leontopodium alpinum Cass. subsp. sibiricum var. monocephalum Beauverd = Leontopodium nanum (Hook. f. et Thomson) Hand. - Mazz. ■

224781 Leontopodium alpinum Cass. subsp. subalpinum var. debile Beauverd = Leontopodium ochroleucum Beauverd ■

224782 Leontopodium alpinum Cass. subsp. subalpinum var. hedinianum Beauverd = Leontopodium ochroleucum Beauverd ■

224783 Leontopodium alpinum Cass. subsp. subalpinum var. pusillum Beauverd = Leontopodium pusillum (Beauverd) Hand. -Mazz. ■

224784 Leontopodium alpinum Cass. subsp. subalpinum var. subalpinum Beauverd = Leontopodium ochroleucum Beauverd ■

224785 Leontopodium alpinum Cass. var. campestre Beauverd = Leontopodium campestre (Ledeb.) Hand. -Mazz. ■

224786 Leontopodium alpinum Cass. var. campestre Beauverd f. gracile Beauverd = Leontopodium leontopodioides (Willd.) Beauverd ■

224787 Leontopodium alpinum Cass. var. campestre Ledeb. = Leontopodium campestre (Ledeb.) Hand. -Mazz. ■

224788 Leontopodium alpinum Cass. var. conglobatum Beauverd = Leontopodium conglobatum (Turcz.) Hand. -Mazz. ■

224789 Leontopodium alpinum Cass. var. debile Beauverd = Leontopodium ochroleucum Beauverd ■
224790 Leontopodium alpinum Cass. var. frigidum Beauverd = Leontopodium pusillum (Beauverd) Hand. -Mazz. ■
224791 Leontopodium alpinum Cass. var. hedinianum Beauverd = Leontopodium ochroleucum Beauverd ■
224792 Leontopodium alpinum Cass. var. himalayanum Franch. = Leontopodium calocephalum (Franch.) Beauverd ■
224793 Leontopodium alpinum Cass. var. nivale Keissl. = Leontopodium nanum (Hook. f. et Thomson) Hand. -Mazz. ■
224794 Leontopodium alpinum Cass. var. pusillum Beauverd = Leontopodium pusillum (Beauverd) Hand. -Mazz. ■
224795 Leontopodium alpinum Cass. var. stracheyi Hook. f. = Leontopodium stracheyi (Hook. f.) C. B. Clarke ex Hemsl. ■
224796 Leontopodium alpinum Cass. var. subalpinum f. brchyactis Beauverd = Leontopodium brachyactis Gand. ■
224797 Leontopodium alpinum Cass. var. subalpinum Ledeb. = Leontopodium ochroleucum Beauverd ■
224798 Leontopodium alpinum L. = Leontopodium jacotianum Beauverd ■
224799 Leontopodium anaphaloides Duthie ex Beauverd = Leontopodium stracheyi (Hook. f.) C. B. Clarke ex Hemsl. ■
224800 Leontopodium andersonii C. B. Clarke;松毛火绒草(火草,小地松,竹叶火草);Anderson Edelweiss ■
224801 Leontopodium arbusculum Beauverd = Leontopodium sinense Hemsl. ex Forbes et Hemsl. ■
224802 Leontopodium artemisiifolium (H. Lév.) Beauverd;艾叶火绒草;Wormwoodleaf Edelweiss ■
224803 Leontopodium aurantiacum Hand. -Mazz.;黄毛火绒草;Orange Edelweiss ■
224804 Leontopodium bonatii Beauverd = Leontopodium andersonii C. B. Clarke ■
224805 Leontopodium bonatii Beauverd = Leontopodium subulatum (Franch.) Beauverd var. bonatii (Beauverd) Hand. -Mazz. ■
224806 Leontopodium brachyactis Gand.;短星火绒草;Shortradial Edelweiss, Shortrstar Edelweiss ■
224807 Leontopodium brachyactis Gand. = Leontopodium pusillum (Beauverd) Hand. -Mazz. ■
224808 Leontopodium caespitosum Beauverd = Leontopodium brachyactis Gand. ■
224809 Leontopodium caespitosum Diels;丛生火绒草;Clustered Jacot Edelweiss ■
224810 Leontopodium caespitosum Diels = Leontopodium jacotianum Beauverd var. caespitosum (Diels) Hand. -Mazz. ■
224811 Leontopodium calocephalum (Franch.) Beauverd;美头火绒草;Beautifulhead Edelweiss ■
224812 Leontopodium calocephalum (Franch.) Beauverd var. depaupeiatum Y. Ling;疏苞美头火绒草(疏苞火绒草);Loosebract Beautifulhead Edelweiss ■
224813 Leontopodium calocephalum (Franch.) Beauverd var. uliginosum Beauverd;湿生美头火绒草(湿生火绒草)■
224814 Leontopodium calocephalum Beauverd = Leontopodium himalayanum DC. ■
224815 Leontopodium calocephalum Beauverd var. depauperatum ? = Leontopodium calocephalum (Franch.) Beauverd ■
224816 Leontopodium calocephalum Beauverd var. typum Hand. -Mazz. = Leontopodium calocephalum (Franch.) Beauverd ■
224817 Leontopodium calocephalum Beauverd var. uliginosum Beauverd = Leontopodium calocephalum (Franch.) Beauverd ■
224818 Leontopodium campestre (Ledeb.) Hand. -Mazz.;山野火绒草;Field Edelweiss ■
224819 Leontopodium chamaejasme Beauverd = Leontopodium jacotianum Beauverd ■
224820 Leontopodium chuii Hand. -Mazz.;川甘火绒草;Chu Edelweiss ■
224821 Leontopodium chuii Hand. -Mazz. = Leontopodium wilsonii Beauverd ■
224822 Leontopodium conglobatum (Turcz.) Hand. -Mazz.;团球火绒草(火绒草,剪花火绒草);Conglobate Edelweiss ■
224823 Leontopodium dedekensii (Bureau et Franch.) Beauverd;戟叶火绒草(白蒿,分枝火绒草,火艾,火草);Dedekens Edelweiss ■
224824 Leontopodium dedekensii (Bureau et Franch.) Beauverd var. microcalathinum Y. Ling = Leontopodium dedekensii (Bureau et Franch.) Beauverd ■
224825 Leontopodium dedekensii (Bureau et Franch.) Beauverd var. microcalathinum Y. Ling;小花戟叶火绒草;Littleflower Edelweiss, Smallflower Edelweiss ■
224826 Leontopodium delavayanum Hand. -Mazz.;云岭火绒草;Delavay Edelweiss ■
224827 Leontopodium discolor Beauverd;异色火绒草■☆
224828 Leontopodium dubium Beauverd = Leontopodium jacotianum Beauverd ■
224829 Leontopodium evax Beauverd = Leontopodium monocephalum Klatt ■
224830 Leontopodium evax Beauverd = Leontopodium pusillum (Beauverd) Hand. -Mazz. ■
224831 Leontopodium evax Beauverd var. fimbrilligerum (J. R. Drummond) Beauverd = Leontopodium monocephalum Edgew. ■
224832 Leontopodium fangingense Y. Ling;梵净火绒草;Fanjing Edelweiss, Fanjingshan Edelweiss ■
224833 Leontopodium fauriei (Beauverd) Hand. -Mazz.;法氏火绒草■☆
224834 Leontopodium fauriei (Beauverd) Hand. -Mazz. var. angustifolium Hara et Kitam.;细叶法氏火绒草■☆
224835 Leontopodium fedtschenkoanum Beauverd = Leontopodium campestre (Ledeb.) Hand. -Mazz. ■
224836 Leontopodium fimbrilligerum Drumm. = Leontopodium monocephalum Edgew. ■
224837 Leontopodium fischerianum Beauverd = Leontopodium ochroleucum Beauverd ■
224838 Leontopodium foliosum (Franch.) Beauverd = Leontopodium dedekensii (Bureau et Franch.) Beauverd ■
224839 Leontopodium foliosum Beauverd = Leontopodium dedekensii (Bureau et Franch.) Beauverd ■
224840 Leontopodium forrestianum Hand. -Mazz.;鼠麹火绒草(细火草,小火草,小火绒草);Forrest Edelweiss ■
224841 Leontopodium forrestianum Hand. -Mazz. = Leontopodium pusillum (Beauverd) Hand. -Mazz. ■
224842 Leontopodium franchetii Beauverd;坚杆火线草;Franchet Edelweiss ■
224843 Leontopodium franchetii Beauverd = Leontopodium haplophylloides Hand. -Mazz. ■
224844 Leontopodium franchetii Beauverd dedekensii Hand. -Mazz. = Leontopodium dedekensii (Bureau et Franch.) Beauverd ■
224845 Leontopodium futtereri (Franch.) Diels = Leontopodium dedekensii (Bureau et Franch.) Beauverd ■

224846 Leontopodium giraldii Diels;秦岭火绒草;Chingling Edelweiss, Girald Edelweiss, Qinling Edelweiss ■

224847 Leontopodium gracile Hand. -Mazz. ;纤细火绒草■

224848 Leontopodium haastioides (Hand. -Mazz.) Hand. -Mazz. ;密垫火绒草;Compact Edelweiss ■

224849 Leontopodium haastioides Hand. -Mazz. = Leontopodium haastioides (Hand. -Mazz.) Hand. -Mazz. ■

224850 Leontopodium haplophylloides Hand. -Mazz. ;香芸火绒草(芸香火绒草,芸香叶火绒草);Haplophyllum-like Edelweiss ■

224851 Leontopodium hastatum Beauverd = Leontopodium dedekensii (Bureau et Franch.) Beauverd ■

224852 Leontopodium hayachinense (Takeda) H. Hara et Kitam. ;早池峰山火绒草■☆

224853 Leontopodium hayachinense (Takeda) H. Hara et Kitam. var. miyabeanum S. Watan. = Leontopodium miyabeanum (S. Watan.) Tatew. ex S. Watan. ■☆

224854 Leontopodium hayachinense (Takeda) H. Hara et Kitam. var. miyabeanum;宫部火绒草■☆

224855 Leontopodium himalayanum DC. ;珠峰火绒草;Himalayan Edelweiss, Himalayas Edelweiss ■

224856 Leontopodium himalayanum DC. var. pumillum Y. Ling;矮小珠峰火绒草;Dwarf Himalayan Edelweiss ■

224857 Leontopodium himalayanum DC. var. pumillum Y. Ling = Leontopodium himalayanum DC. ■

224858 Leontopodium jacotianum Beauverd;雅谷火绒草;Jacot Edelweiss ■

224859 Leontopodium jacotianum Beauverd var. caespitosum (Diels) Hand. -Mazz. = Leontopodium caespitosum Diels ■

224860 Leontopodium jacotianum Beauverd var. gurhwalense Beauverd = Leontopodium jacotianum Beauverd ■

224861 Leontopodium jacotianum Beauverd var. haastioides (Hand. -Mazz.) R. C. Srivast. = Leontopodium haastioides (Hand. -Mazz.) Hand. -Mazz. ■

224862 Leontopodium jacotianum Beauverd var. icmadophyllum Hand. -Mazz. = Leontopodium jacotianum Beauverd var. minum (Beauverd) Hand. -Mazz. ■

224863 Leontopodium jacotianum Beauverd var. minum (Beauverd) Hand. -Mazz. ;长茎雅谷火绒草;Longstem Jacot Edelweiss ■

224864 Leontopodium jacotianum Beauverd var. minum (Beauverd) Hand. -Mazz. = Leontopodium caespitosum Diels ■

224865 Leontopodium jacotianum Beauverd var. paradoxum (Drumm.) Beauverd;密生雅谷火绒草;Dense Jacot Edelweiss ■

224866 Leontopodium jacotianum Beauverd var. paradoxum (Drumm.) Beauverd = Leontopodium jacotianum Beauverd ■

224867 Leontopodium jacotianum Beauverd var. typus Hand. -Mazz. = Leontopodium jacotianum Beauverd ■

224868 Leontopodium jamesonii (Beauverd) Hand. -Mazz. = Leontopodium nanum (Hook. f. et Thomson) Hand. -Mazz. ■

224869 Leontopodium jamesonii (Beauverd) Hand. -Mazz. var. haastioides Hand. -Mazz. = Leontopodium haastioides (Hand. -Mazz.) Hand. -Mazz. ■

224870 Leontopodium jamesonii Beauverd = Leontopodium nanum (Hook. f. et Thomson) Hand. -Mazz. ■

224871 Leontopodium jamesonii Hand. -Mazz. = Leontopodium nanum (Hook. f. et Thomson ex C. B. Clarke) Hand. -Mazz. ■☆

224872 Leontopodium japonicum Miq. ;薄雪火绒草(薄雪草,火艾,火绒草,小白头翁,小毛香);Japan Edelweiss, Japanese Edelweiss ■

224873 Leontopodium japonicum Miq. f. happoense Hid. Takah. ex T. Shimizu;八风薄雪火绒草■☆

224874 Leontopodium japonicum Miq. f. orogenes (Hand. -Mazz.) Ohwi;额勒格火绒草■☆

224875 Leontopodium japonicum Miq. f. perniveum (Honda) Ohwi = Leontopodium japonicum Miq. var. perniveum (Honda) Kitam. ■☆

224876 Leontopodium japonicum Miq. f. shiroumense (Nakai ex Kitam.) Ohwi = Leontopodium japonicum Miq. var. shiroumense Nakai ex Kitam. ■☆

224877 Leontopodium japonicum Miq. f. spathulatum (Kitam.) Ohwi = Leontopodium japonicum Miq. var. spathulatum (Kitam.) Murata ■☆

224878 Leontopodium japonicum Miq. var. hupehense f. glaberrimum Beauverd = Leontopodium wilsonii Beauverd ■

224879 Leontopodium japonicum Miq. var. hupehense f. hirsutum Beauverd = Leontopodium japonicum Miq. ■

224880 Leontopodium japonicum Miq. var. microcephalum Hand. -Mazz. ;小头薄雪火绒草;Littlehead Japan Edelweiss ■

224881 Leontopodium japonicum Miq. var. perniveum (Honda) Kitam. ;本田火绒草■☆

224882 Leontopodium japonicum Miq. var. shiroumense Nakai ex Kitam. ;白马岳火绒草■☆

224883 Leontopodium japonicum Miq. var. spathulatum (Kitam.) Murata;匙状薄雪火绒草■☆

224884 Leontopodium japonicum Miq. var. typicum Beauverd = Leontopodium japonicum Miq. ■

224885 Leontopodium japonicum Miq. var. typus Hand. -Mazz. = Leontopodium japonicum Miq. ■

224886 Leontopodium japonicum Miq. var. xerogenes Hand. -Mazz. ;厚绒薄雪火绒草(密毛薄雪火绒草);Thickvelutinous Japan Edelweiss ■

224887 Leontopodium japonicum Miq. var. xerogenes Hand. -Mazz. = Leontopodium japonicum Miq. ■

224888 Leontopodium junpeianum Kitam. = Leontopodium conglobatum (Turcz.) Hand. -Mazz. ■

224889 Leontopodium kamtschaticum Kom. = Leontopodium longifolium Y. Ling ■

224890 Leontopodium kurilense Takeda;千岛火绒草■☆

224891 Leontopodium leontopodinum (DC.) Hand. -Mazz. ;普通火绒草■☆

224892 Leontopodium leontopodinum Hand. -Mazz. = Leontopodium ochroleucum Beauverd ■

224893 Leontopodium leontopodioides (Willd.) Beauverd;火绒草(白艾,薄雪草,大头毛香,火绒蒿,老头艾,老头草,西伯利亚火绒草,小毛香艾,小矛香艾);Common Edelweiss, Siberia Edelweiss ■

224894 Leontopodium leontopodioides (Willd.) Beauverd var. humile Beauverd = Leontopodium leontopodioides (Willd.) Beauverd ■

224895 Leontopodium leontopodium Hand. -Mazz. = Leontopodium ochroleucum Beauverd ■

224896 Leontopodium linearifolium Hand. -Mazz. ;线叶火绒草■☆

224897 Leontopodium linearifolium Hand. -Mazz. = Leontopodium longifolium Y. Ling ■

224898 Leontopodium longifolium Hand. -Mazz. f. angustifolium Y. Ling = Leontopodium longifolium Y. Ling ■

224899 Leontopodium longifolium Y. Ling;长叶火绒草(兔耳子草);Longleaf Edelweiss ■

224900 Leontopodium maireanum Beauverd ex Hand. -Mazz. =

Leontopodium artemisiifolium (H. Lév.) Beauverd ■
224901 Leontopodium margelanense Beauverd ex Hand.-Mazz. = Leontopodium brachyactis Gand. ■
224902 Leontopodium melanolepis Y. Ling;黑苞火绒草;Black Phyllary Edelweiss,Blackbract Edelweiss ■
224903 Leontopodium melanolepis Y. Ling = Leontopodium ochroleucum Beauverd ■
224904 Leontopodium micranthum Y. Ling;小花火绒草;Small Head Edelweiss,Smallflower Edelweiss ■
224905 Leontopodium micranthum Y. Ling = Leontopodium dedekensii (Bureau et Franch.) Beauverd ■
224906 Leontopodium microcephalum (Hand.-Mazz.) Y. Ling = Leontopodium japonicum Miq. var. microcephalum Hand.-Mazz. ■
224907 Leontopodium microphyllum Hayata;小叶火绒草(玉山薄雪草);Small Leaf Edelweiss ■
224908 Leontopodium miyabeanum (S. Watan.) Tatew. ex S. Watan.;宫部氏火绒草■☆
224909 Leontopodium monocephalum Edgew.;单头火绒草;Singlehead Edelweiss ■
224910 Leontopodium monocephalum Klatt = Leontopodium nanum (Hook. f. et Thomson) Hand.-Mazz. ■
224911 Leontopodium muscoides Hand.-Mazz.;藓状火绒草;Mosslike Edelweiss ■
224912 Leontopodium nanum (Hook. f. et Thomson ex C. B. Clarke) Hand.-Mazz.;矮小火绒草■☆
224913 Leontopodium nanum (Hook. f. et Thomson) Hand.-Mazz.;矮火绒草(小毛香艾);Dwarf Edelweiss ■
224914 Leontopodium niveum Hand.-Mazz.;白雪火绒草;Snow Edelweiss ■
224915 Leontopodium nobile (Bureau et Franch.) Beauverd = Leontopodium sinense Hemsl. ex Forbes et Hemsl. ■
224916 Leontopodium ochroleucum Beauverd;黄白火绒草;Yellowish Edelweiss ■
224917 Leontopodium ochroleucum Beauverd = Leontopodium leontopodinum (DC.) Hand.-Mazz. ■☆
224918 Leontopodium ochroleucum Beauverd subsp. campestre (Ledeb.) Khanm. = Leontopodium campestre (Ledeb.) Hand.-Mazz. ■
224919 Leontopodium ochroleucum Beauverd subsp. conglobatum (Turcz.) Khanm. = Leontopodium conglobatum (Turcz.) Hand.-Mazz. ■
224920 Leontopodium ochroleucum Beauverd var. campestre (Ledeb.) Grubov = Leontopodium campestre (Ledeb.) Hand.-Mazz. ■
224921 Leontopodium ochroleucum Beauverd var. campestre Khanm. = Leontopodium campestre (Ledeb.) Hand.-Mazz. ■
224922 Leontopodium ochroleucum Beauverd var. conglobatum (Turcz.) Grubov = Leontopodium conglobatum (Turcz.) Hand.-Mazz. ■
224923 Leontopodium ochroleucum Beauverd var. conglobatum Grub. = Leontopodium conglobatum (Turcz.) Hand.-Mazz. ■
224924 Leontopodium omeiense Y. Ling;峨眉火绒草;Emei Edelweiss,Omei Edelweiss ■
224925 Leontopodium palibinianum Beauverd;帕氏火绒草■☆
224926 Leontopodium paradoxum Drumm. = Leontopodium jacotianum Beauverd var. paradoxum (Drumm.) Beauverd ■
224927 Leontopodium paradoxum Drumm. = Leontopodium jacotianum Beauverd ■
224928 Leontopodium pusillum (Beauverd) Hand.-Mazz.;弱小火绒草;Tiny Edelweiss ■
224929 Leontopodium roseum Hand.-Mazz.;红花火绒草;Redflower Edelweiss,Rose Edelweiss ■
224930 Leontopodium rosmarinoides Hand.-Mazz.;迷迭香火绒草;Rosemary-like Edelweiss ■
224931 Leontopodium scandvicense H. Lév. = Gnaphalium involucratum G. Forst. var. ramosum DC. ■
224932 Leontopodium shinanense Kitam.;信浓火绒草■☆
224933 Leontopodium sibiricum Cass. = Leontopodium haplophylloides Hand.-Mazz. ■
224934 Leontopodium sibiricum Cass. = Leontopodium leontopodioides (Willd.) Beauverd ■
224935 Leontopodium sibiricum Cass. var. conglobatum Turcz. = Leontopodium conglobatum (Turcz.) Hand.-Mazz. ■
224936 Leontopodium sibiricum Cass. var. depauperatum Turcz. = Leontopodium leontopodioides (Willd.) Beauverd ■
224937 Leontopodium sinense Hemsl. = Leontopodium sinense Hemsl. ex Forbes et Hemsl. ■
224938 Leontopodium sinense Hemsl. ex Forbes et Hemsl.;华火绒草(蛾药,火把草,火草,中国火绒草);China Edelweiss,Chinese Edelweiss ■
224939 Leontopodium sinense Hemsl. ex Forbes et Hemsl. var. stracheyi (Hook. f.) Beauverd = Leontopodium stracheyi (Hook. f.) C. B. Clarke ex Hemsl. ■
224940 Leontopodium sinense Hemsl. ex Forbes et Hemsl. var. typicum Beauverd = Leontopodium stracheyi (Hook. f.) C. B. Clarke ex Hemsl. ■
224941 Leontopodium smithianum Hand.-Mazz.;绢茸火绒草;Smith Edelweiss ■
224942 Leontopodium souliei Beauverd;银叶火绒草;Soulie Edelweiss ■
224943 Leontopodium spathulatum Kitam. = Leontopodium japonicum Miq. var. spathulatum (Kitam.) Murata ■☆
224944 Leontopodium stoechas Hand.-Mazz.;木茎火绒草;Wood-stem Edelweiss,Woodt Stem Edelweiss ●■
224945 Leontopodium stoechas Hand.-Mazz. f. minor Hand.-Mazz. = Leontopodium stoechas Hand.-Mazz. var. minor (Hand.-Mazz.) Y. Ling ■
224946 Leontopodium stoechas Hand.-Mazz. var. minor (Hand.-Mazz.) Y. Ling;小花木茎火绒草;Smallflower Wood-stem Edelweiss ■
224947 Leontopodium stoloniferum Hand.-Mazz.;匍枝火绒草;Creeping Edelweiss,Stoloniferous Edelweiss ■
224948 Leontopodium stracheyi (Hook. f.) C. B. Clarke ex Hemsl.;毛香火绒草(毛香);Strachy Edelweiss ■
224949 Leontopodium stracheyi (Hook. f.) C. B. Clarke ex Hemsl. var. setchuenense Beauverd = Leontopodium stracheyi (Hook. f.) C. B. Clarke ex Hemsl. ■
224950 Leontopodium stracheyi (Hook. f.) C. B. Clarke ex Hemsl. var. tenuicaule Beauverd = Leontopodium stracheyi (Hook. f.) C. B. Clarke ex Hemsl. ■
224951 Leontopodium stracheyi (Hook. f.) C. B. Clarke ex Hemsl. var. tenuicaule Beauverd;细茎毛香火绒草;Thinstem Strachy Edelweiss ■
224952 Leontopodium subulatum (Franch.) Beauverd;钻叶火绒草(火绒草,苦艾,羊毛火绒草);Awlleaf Edelweiss ■
224953 Leontopodium subulatum (Franch.) Beauverd = Leontopodium andersonii C. B. Clarke ■
224954 Leontopodium subulatum (Franch.) Beauverd var. bonatii

(Beauverd) Hand. -Mazz. ;疏钻叶火绒草(疏叶火绒草,疏叶钻叶火绒草)■

224955 Leontopodium subulatum Beauverd = Leontopodium andersonii C. B. Clarke ■

224956 Leontopodium subulatum Beauverd var. bonatii (Beauverd) Hand. -Mazz. = Leontopodium andersonii C. B. Clarke ■

224957 Leontopodium subulatum Beauverd var. typus Hand. -Mazz. = Leontopodium subulatum (Franch.) Beauverd ■

224958 Leontopodium suffuticosum Y. L. Chen; 亚灌木火绒草; Subshrubby Edelweiss ●

224959 Leontopodium thomsonianum Beauverd = Leontopodium jacotianum Beauverd ■

224960 Leontopodium villosum Hand. -Mazz. ; 柔毛火绒草; Velvet Edelweiss, Villose Edelweiss ■

224961 Leontopodium wilsonii Beauverd;川西火绒草(星苞火绒草,小地松);E. H. Wilson Edelweiss, West Sichuan Edelweiss ■

224962 Leontopodium wilsonii Beauverd var. maius Beauverd = Leontopodium wilsonii Beauverd ■

224963 Leontopodium wilsonii Beauverd var. minum Beauverd = Leontopodium caespitosum Diels ■

224964 Leontopodium wilsonii Beauverd var. minum Beauverd = Leontopodium jacotianum Beauverd var. minum (Beauverd) Hand. -Mazz. ■

224965 Leonura Usteri ex Steud. = Salvia L. ●■

224966 Leonuroides Rauschert = Panzeria Moench ■

224967 Leonuroides Rauschert = Panzerina Soják ■

224968 Leonuros St. -Lag. = Leonurus L. ■

224969 Leonurus L. (1753);益母草属;Motherwort ■

224970 Leonurus Mill. = Leonotis R. Br. ●■☆

224971 Leonurus ambiguus Makino = Loxocalyx ambiguus (Makino) Makino ■☆

224972 Leonurus artemisia (Lour.) S. Y. Hu = Leonurus japonicus Houtt. ■

224973 Leonurus artemisia (Lour.) S. Y. Hu var. albiflorus (Migo) S. Y. Hu = Leonurus japonicus Houtt. var. albiflorus (Migo) S. Y. Hu ■

224974 Leonurus bungeanus Schischk. = Panzerina canescens (Bunge) Soják ■

224975 Leonurus canescens (Bunge) Benth. = Panzerina canescens (Bunge) Soják ■

224976 Leonurus cardiaca L. ;欧益母草(强心益母草,胃益母草); Common Motherwort, Cowthwort, European Motherwort, Lion's Ear, Lion's Tail, Lion's Tails, Lion's-tail, Motherwort, Stomach Motherwort ■☆

224977 Leonurus chaituroides C. Y. Wu et H. W. Li;假鬃尾草(鬃尾草状益母草);Chaituruslike Motherwort ■

224978 Leonurus deminutus V. I. Krecz. et Kuprian. ; 兴安益母草; Reduce Motherwort ■

224979 Leonurus farinosus Buch. -Ham. ex Mukerjee = Gomphostemma parviflorum Wall. ■

224980 Leonurus farinosus Buch. -Ham. ex Mukerjee = Gomphostemma parviflorum Wall. var. farinosum Prain ■

224981 Leonurus glaucescens Bunge;灰白益母草(粉绿益母草,灰益母草,益母草);Glaucescent Motherwort, Glaucous Motherwort ■

224982 Leonurus grandiflorus Moench = Leonotis leonurus (L.) R. Br. ●■☆

224983 Leonurus heterophyllus Sweet;异叶益母草(艾蒿益母草)■

224984 Leonurus heterophyllus Sweet = Leonurus japonicus Houtt. ■

224985 Leonurus heterophyllus Sweet = Leonurus pseudomacranthus Kitag. ■

224986 Leonurus heterophyllus Sweet f. leucanthus (Kitag.) A. I. Baranov et Skvortsov = Leonurus pseudomacranthus Kitag. f. leucanthus Kitag. ■

224987 Leonurus indicus Burm. f. = Leucas lavandulifolia Sm. ■

224988 Leonurus indicus L. = Leucas lavandulifolia Sm. ■

224989 Leonurus japonicus Houtt. ;益母草(艾草,艾蒿益母草,爱母草,扒骨风,白花益母草,茺蔚,臭艾,臭艾花,臭秽,大样益母草,大札,灯笼草,地落艾,地母草,负担,红艾,红梗玉米膏,红花艾,红花外一丹草,红花益母草,萑,黄木草,火杴,鸡母草,假青麻草,九重楼,枯草,苦草,苦低草,坤草,辣母藤,六角天麻,龙昌昌,落地艾,三角胡麻,三角小胡麻,山青麻,四棱草,田芝麻棵,铁麻干,铁麻杆,童子益母草,土质汗,蓷,陀螺艾,溪麻,夏枯草,小胡麻,小暑草,旋风草,鸭母草,燕艾,野故草,野黄麻,野麻,野毛草,野天麻,野油麻,野芝麻,异叶益母草,益明,益母,益母艾,益母蒿,益母花,益母夏枯,油麻松,油耙菜,玉米草,郁臭草,郁臭苗,月母草,云母草,贞蔚,猪麻);Wormwoodlike Motherwort ■

224990 Leonurus japonicus Houtt. f. niveus (A. I. Baranov et Skvortsov) H. Hara;雪白益母草■☆

224991 Leonurus japonicus Houtt. var. albiflorus (Migo) S. Y. Hu;白花益母草(野毛草,益母草,油麻松); Whiteflower Wormwoodlike Motherwort ■

224992 Leonurus japonicus Miq. = Leonurus macranthus Maxim. ■

224993 Leonurus javanicus Blume = Paraphlomis javanica (Blume) Prain ■

224994 Leonurus lanatus (L.) Pers. = Panzerina lanata (L.) Bunge ■

224995 Leonurus lanatus (L.) Spreng. = Panzerina alaschanica Kuprian. ■

224996 Leonurus macranthus Maxim. ;大花益母草(白花益母草,大花錾菜,蓷,益母草,錾菜);Largeflower Motherwort ■

224997 Leonurus macranthus Maxim. var. villosissimus Krestovsk. = Leonurus macranthus Maxim. ■

224998 Leonurus manacencus G. J. Liou; 玛纳斯益母草; Manasi Motherwort ■

224999 Leonurus manshuricus Y. Yabe = Leonurus sibiricus L. ■

225000 Leonurus manshuricus Y. Yabe f. albiflorus Nakai et Kitag. = Leonurus sibiricus L. f. albiflora (Miq.) Hsieh ■

225001 Leonurus marrubiastrum L. = Chaiturus marrubiastrum (L.) Spenn. ■

225002 Leonurus minor Boerh. = Leonotis ocymifolia (Burm. f.) Iwarsson ●■☆

225003 Leonurus mongolicus V. I. Krecz. et Kuprian. ; 蒙古益母草; Mongolia Motherwort ■☆

225004 Leonurus panzerioides Popov;绵毛益母草;Woolly Motherwort ■

225005 Leonurus pseudomacranthus Kitag. ;錾菜(白花茺蔚,白花益母草,对月草,楼台草,山玉米,益母草,玉容草);False Largeflower Motherwort ■

225006 Leonurus pseudomacranthus Kitag. f. leucanthus Kitag. ;白花錾菜(白花益母草);Whiteflower False Largeflower Motherwort ■

225007 Leonurus pseudopananzerioides Krestovsk. ;拟绵毛益母草(绵毛益母草)■

225008 Leonurus quinquelobatus Gilib. ; 掌叶益母草; Palmleaf Motherwort ■

225009 Leonurus sibiricus L. ;细叶益母草(白益母,茺蔚,臭草,大札,风车草,风葫芦草,红龙串彩,萑,灰杴,龙昌菜,龙串彩,石麻,四美草,天天开,蓷,蔚,狭叶益母草,益明,益母草,益母蒿,郁臭苗，贞蔚）；Honeyweed, Motherwort, Siberia Motherwort, Siberian Motherwort ■
225010 Leonurus sibiricus L. = Leonurus japonicus Houtt. ■
225011 Leonurus sibiricus L. f. albiflora (Miq.) Hsieh = Leonurus japonicus Houtt. var. albiflorus (Miq.) S. Y. Hu ■
225012 Leonurus sibiricus L. var. albiflorus Miq. = Leonurus japonicus Houtt. var. albiflorus (Miq.) S. Y. Hu ■
225013 Leonurus sibiricus L. var. grandiflora Benth. = Leonurus sibiricus L. ■
225014 Leonurus supinus Stephan ex Willd. = Lagopsis supina (Stephan ex Willd.) Ikonn. -Gal. ex Knorring ■
225015 Leonurus tataricus L.；鞑靼益母草（兴安益母草）；Tatar Motherwort, Tatarian Motherwort ■
225016 Leonurus tataricus L. = Leonurus deminutus V. I. Krecz. et Kuprian. ■
225017 Leonurus tuberiferus Makino = Galeobdolon tuberiferum (Makino) C. Y. Wu ■
225018 Leonurus tuberiferus Makino = Lamium tuberiferum (Makino) Ohwi ■
225019 Leonurus turkestanicus V. I. Krecz. et Kuprian.；突厥益母草（土耳其益母草，新疆益母草，益母草）；Turkestan Motherwort ■
225020 Leonurus urticifolius C. Y. Wu et H. W. Li；荨麻叶益母草；Nettleleaf Motherwort ■
225021 Leonurus villosissimus C. Y. Wu et H. W. Li；柔毛益母草；Velvety Motherwort, Villous Motherwort ■
225022 Leonurus villosus Desf.；长毛益母草（毛益母草）；Villose Motherwort ■☆
225023 Leonurus wutaishanicus C. Y. Wu et H. W. Li；五台山益母草；Wutaishan Motherwort ■
225024 Leopardanthus Blume = Dipodium R. Br. ■☆
225025 Leopoldia Herb.（废弃属名）= Hippeastrum Herb.（保留属名）■
225026 Leopoldia Herb.（废弃属名）= Leopoldia Parl.（保留属名）■☆
225027 Leopoldia Parl.(1845)（保留属名）；利奥风信子属；Leopoldia ■☆
225028 Leopoldia Parl.（保留属名）= Muscari Mill. ■☆
225029 Leopoldia albiflora Täckh. et Boulos = Muscari albiflorum (Täckh. et Boulos) Hosni ■☆
225030 Leopoldia bicolor (Boiss.) Eig et Feinbrun = Muscari bicolor Boiss. ■☆
225031 Leopoldia caucasica (Griseb.) Losinsk.；高加索利奥风信子 ■☆
225032 Leopoldia comosa (L.) Parl. = Muscari comosum (L.) Mill. ■☆
225033 Leopoldia comosa Parl. = Muscari comosum (L.) Mill. ■☆
225034 Leopoldia eburnea Eig et Feinbrun = Muscari eburneum (Eig et Feinbrun) D. C. Stuart ■☆
225035 Leopoldia longipes (Boiss.) Losinsk.；长梗利奥风信子■☆
225036 Leopoldia tenuiflora (Tausch) Heldr.；细花利奥风信子■☆
225037 Leopoldinia Mart.(1824)；膜苞椰属（扁果椰属，纤维榈属）●☆
225038 Leopoldinia piassaba Wallace = Leopoldinia piassaba Wallace ex Archer ●☆
225039 Leopoldinia piassaba Wallace ex Archer；膜苞椰；Para Piassava, Piassaba Palm ●☆
225040 Lepachis Raf. = Echinacea Moench ■☆
225041 Lepachys Raf. = Obelisteca Raf. ■☆
225042 Lepachys Raf. = Ratibida Raf. ■☆
225043 Lepachys columnaris (Pursh) Torr. et A. Gray = Ratibida columnifera (Nutt.) Wooton et Standl. ■☆
225044 Lepachys columnifera (Nutt.) J. F. Macbr. = Ratibida columnifera (Nutt.) Wooton et Standl. ■☆
225045 Lepachys peduncularis Torr. et A. Gray = Ratibida peduncularis (Torr. et A. Gray) Barnhart ■☆
225046 Lepachys peduncularis Torr. et A. Gray var. picta A. Gray = Ratibida peduncularis (Torr. et A. Gray) Barnhart var. picta (A. Gray) W. M. Sharp ■☆
225047 Lepachys pinnata (Vent.) Torr. et A. Gray = Ratibida pinnata (Vent.) Barnhart ■☆
225048 Lepactis Post et Kuntze = Lepiactis Raf. ■
225049 Lepactis Post et Kuntze = Solidago L. ■
225050 Lepactis Post et Kuntze = Utricularia L. ■
225051 Lepadanthus Ridl. = Ornithoboea Parish ex C. B. Clarke ■
225052 Lepadena Raf. = Dichrophyllum Klotzsch et Garcke ■☆
225053 Lepadena Raf. = Euphorbia L. ●■
225054 Lepadena marginata (Pursh) Nieuwl. = Euphorbia marginata Pursh ■
225055 Lepaglaea Post et Kuntze = Aglaia Lour.（保留属名）●
225056 Lepaglaea Post et Kuntze = Lepiaglaia Pierre ●
225057 Lepantes Sw. = Lepanthes Sw. ■☆
225058 Lepanthanthe (Schltr.) Szlach. = Bulbophyllum Thouars（保留属名）■
225059 Lepanthes Post et Kuntze = Lepianthes Raf. ●■
225060 Lepanthes Post et Kuntze = Piper L. ●■
225061 Lepanthes Sw.(1799)；鳞花兰属（丽斑兰属）■☆
225062 Lepanthes brevipetala Fawc. et Rendle = Lepanthopsis melanantha (Rchb. f.) Ames ■☆
225063 Lepanthes concinna Sw.；鳞花兰■☆
225064 Lepanthes harrisii Fawc. et Rendle = Lepanthopsis melanantha (Rchb. f.) Ames ■☆
225065 Lepanthopsis (Cogn.) Ames(1933)；拟鳞花兰属（拟丽斑兰属）■☆
225066 Lepanthopsis Ames = Lepanthopsis (Cogn.) Ames ■☆
225067 Lepanthopsis melanantha (Rchb. f.) Ames；黑拟鳞花兰■☆
225068 Lepargochloa Launert = Loxodera Launert ■☆
225069 Lepargochloa glabra Gledhill = Rhytachne glabra (Gledhill) Clayton ■☆
225070 Lepargochloa rhytachnoides Launert = Loxodera rhytachnoides (Launert) Clayton ■☆
225071 Lepargyraea Steud. = Lepargyrea Raf. ●☆
225072 Lepargyrea Raf. = Shepherdia Nutt.（保留属名）●☆
225073 Lepargyrea argentea (Pursh) Greene = Shepherdia argentea (Pursh) Nutt. ●☆
225074 Lepargyrea canadensis (L.) Greene = Shepherdia canadensis (L.) Nutt. ●☆
225075 Lepechinella Airy Shaw = Lepechiniella Popov ■☆
225076 Lepechinella Popov. = Lepechiniella Popov ■☆
225077 Lepechinia Willd.(1804)；鳞翅草属●■☆
225078 Lepechinia betonicifolia (Lam.) Epling；鳞翅草●☆
225079 Lepechinia bullata (Kunth) Epling；泡状鳞翅草●☆
225080 Lepechinia caulescens (Ortega) Epling；具茎鳞翅草●☆
225081 Lepechinia fasciculata Epling et Mathias；鲁氏鳞翅草●☆
225082 Lepechinia ganderi Epling；皮彻鳞翅草；Pitcher Sage ●☆

225083　Lepechinia heteromorpha (Briq.) Epling;异形鳞翅草●☆
225084　Lepechinia mutica (Benth.) Epling;无尖鳞翅草●☆
225085　Lepechinia paniculata (Kunth) Epling;锥形鳞翅草●☆
225086　Lepechinia radula (Benth.) Epling;刮刀鳞翅草●☆
225087　Lepechinia rufocampii Epling et Mathias.;鲁福鳞翅草●☆
225088　Lepechiniella Popov(1953);翅鹤虱属;Lepechinella ■☆
225089　Lepechiniella alaica Popov;阿赖翅鹤虱■☆
225090　Lepechiniella balchaschensis Popov = Lappula lasiocarpa (W. T. Wang) Kamelin et G. L. Chu ■
225091　Lepechiniella ferganensis Popov = Lappula ferganensis (Popov) Kamelin et G. L. Chu ■
225092　Lepechiniella korshinskyi Popov;考尔翅鹤虱■☆
225093　Lepechiniella lasiocarpa W. T. Wang;光果翅鹤虱(翅鹤虱)■
225094　Lepechiniella lasiocarpa W. T. Wang = Lappula lasiocarpa (W. T. Wang) Kamelin et G. L. Chu ■
225095　Lepechiniella minuta (Lipsky) Popov;微小翅鹤虱■☆
225096　Lepechiniella omphaloides (Schrenk) Popov;脐状翅鹤虱■☆
225097　Lepechiniella petrophila Pavlov;喜岩翅鹤虱■☆
225098　Lepechiniella seravschanica (Lipsky) Popov;塞拉夫翅鹤虱■☆
225099　Lepechiniella transalaica (B. Fedtsch.) Popov;外阿赖翅鹤虱■☆
225100　Lepechiniella transalaica B. Fedtsch. ex Popov = Lappula transalaica (B. Fedtsch. ex Popov) Nabiev ■
225101　Lepedera Raf. = Lespedeza Michx. ●■
225102　Lepeocercis Trin. = Andropogon L.(保留属名)■
225103　Lepeocercis Trin. = Dichanthium Willemet ■
225104　Lepeocercis mollicoma (Kunth) Nees = Dichanthium aristatum (Poir.) C. E. Hubb. ■
225105　Lepeostegeres Blume(1731);鳞盖寄生属●☆
225106　Lepeostegeres gemmiflorus (Blume) Blume;鳞盖寄生●☆
225107　Leperiza Herb.(废弃属名) = Urceolina Rchb.(保留属名)■☆
225108　Lepervenchea Cordem. = Angraecum Bory ■
225109　Lepia Desv. = Lepidium L. ■
225110　Lepia Desv. = Neolepia W. A. Weber ■
225111　Lepia Hill(废弃属名) = Zinnia L.(保留属名)●■
225112　Lepiactis Raf.(1837) = Solidago L. ■
225113　Lepiactis Raf.(1838) = Utricularia L. ■
225114　Lepiaglaia Pierre = Aglaia Lour.(保留属名)●
225115　Lepianthes Raf. = Piper L. ●■
225116　Lepianthes Raf. = Pothomorphe Miq. ●
225117　Lepianthes umbellatum (L.) Raf. = Piper umbellatum L. ●
225118　Lepianthes umbellatum (L.) Raf. ex Ramamoorthy = Piper umbellatum L. ●
225119　Lepicaulon Raf.(废弃属名) = Anthericum L. ■☆
225120　Lepicaulon Raf.(废弃属名) = Trachyandra Kunth(保留属名)■☆
225121　Lepicaune Lepeyr. = Crepis L. ■
225122　Lepicaune sibirica (L.) C. Koch = Crepis sibirica L. ■
225123　Lepicaune sibirica K. Koch = Crepis sibirica L. ■
225124　Lepicephalus Lag.(废弃属名) = Cephalaria Schrad.(保留属名)■
225125　Lepichlaena Post et Kuntze = Lepilaena J. L. Drumm. ex Harv. ■☆
225126　Lepicline Less. = Helichrysum Mill.(保留属名)●■
225127　Lepicline Less. = Lepiscline Cass. ●■
225128　Lepicochlea Rojas = Coronopus Zinn(保留属名)■
225129　Lepicochlea Rojas = Lepidium L. ■
225130　Lepidacanthus C. Presl = Aphelandra R. Br. ●■☆
225131　Lepidadenia Arn. ex Nees = Litsea Lam.(保留属名)●
225132　Lepidadenia Nees = Litsea Lam.(保留属名)●
225133　Lepidadenia kawakamii (Hayata) Masam. = Litsea garciae Vidal ●
225134　Lepidagathis Willd.(1800);鳞花草属(鳞球花属);Lepidagathis ●■
225135　Lepidagathis acicularis Turrill = Lepidagathis hamiltoniana Wall. ■☆
225136　Lepidagathis alopecuroides (Vahl) R. Br. ex Griseb.;看麦娘鳞花草■☆
225137　Lepidagathis ampliata C. B. Clarke = Lepidagathis hamiltoniana Wall. subsp. collina (Endl.) J. K. Morton ■☆
225138　Lepidagathis andersoniana Lindau;安德森鳞花草■☆
225139　Lepidagathis andersonii Lindau = Lepidagathis andersoniana Lindau ■☆
225140　Lepidagathis angustifolia C. B. Clarke;窄叶鳞花草■☆
225141　Lepidagathis anobrya Nees var. angustissima ? = Lepidagathis fimbriata C. B. Clarke ■☆
225142　Lepidagathis appendiculata Lindau;附属物鳞花草●☆
225143　Lepidagathis aristata (Vahl) Nees = Lepidagathis scariosa Nees ■☆
225144　Lepidagathis brevis Benoist;短鳞花草●☆
225145　Lepidagathis calycina Hochst. ex Nees;萼状鳞花草●☆
225146　Lepidagathis calycina Nees = Lepidagathis calycina Hochst. ex Nees ●☆
225147　Lepidagathis capituliformis Benoist;头状鳞花草■☆
225148　Lepidagathis chariensis Benoist = Lepidagathis hamiltoniana Wall. ■☆
225149　Lepidagathis chevalieri Benoist;舍瓦利耶鳞花草■☆
225150　Lepidagathis collina (Endl.) Milne-Redh.;丘陵鳞花草■☆
225151　Lepidagathis cristata Willd.;鸡冠鳞花草;Cristate Lepidagathis ■
225152　Lepidagathis cuspidata Nees;骤尖鳞花草■☆
225153　Lepidagathis dicomoides Hutch.;木菊鳞花草■☆
225154　Lepidagathis diversa C. B. Clarke;异形鳞花草■☆
225155　Lepidagathis eriocephala Lindau;毛头鳞花草■☆
225156　Lepidagathis eugeniifolia Benoist;番樱桃鳞花草■☆
225157　Lepidagathis fasciculata (Retz.) Nees;簇生鳞花草■☆
225158　Lepidagathis fasciculata Nees;齿叶鳞花草;Toothleaf Lepidagathis ■
225159　Lepidagathis felicis Benoist;多育鳞花草■☆
225160　Lepidagathis fimbriata C. B. Clarke;流苏鳞花草■☆
225161　Lepidagathis fischeri C. B. Clarke;菲氏鳞花草■☆
225162　Lepidagathis formosensis C. B. Clarke ex Hayata;台湾鳞花草(台湾鳞球花)■
225163　Lepidagathis garuensis Lindau = Lepidagathis hamiltoniana Wall. subsp. collina (Endl.) J. K. Morton ■☆
225164　Lepidagathis glandulosa Nees ex C. B. Clarke;具腺鳞花草■☆
225165　Lepidagathis glaucifolia Gilli;灰绿鳞花草■☆
225166　Lepidagathis gossweileri S. Moore;戈斯鳞花草■☆
225167　Lepidagathis grandidieri Benoist;格朗鳞花草●☆
225168　Lepidagathis hainanensis H. S. Lo;海南鳞花草;Hainan Lepidagathis ■
225169　Lepidagathis hamiltoniana Wall.;汉密尔顿鳞花草■☆
225170　Lepidagathis hamiltoniana Wall. subsp. collina (Endl.) J. K. Morton;山丘鳞花草■☆

225171 Lepidagathis heudelotiana Nees;厄德鳞花草■☆

225172 Lepidagathis hyalina Nees = Lepidagathis incurva Buch. -Ham. ex D. Don ■

225173 Lepidagathis hyalina Nees var. mollis ? = Lepidagathis incurva Buch. -Ham. ex D. Don ■

225174 Lepidagathis hyalina Nees var. semiherbacea ? = Lepidagathis incurva Buch. -Ham. ex D. Don ■

225175 Lepidagathis hyalina Nees var. ustulata (Nees) Clarke = Lepidagathis incurva Buch. -Ham. ex D. Don var. ustulata (Nees) R. R. Stewart ■☆

225176 Lepidagathis hyalis Nees = Lepidagathis incurva Buch. -Ham. ex D. Don ■

225177 Lepidagathis hyssopifolia (Benth.) T. Anderson = Lepidagathis alopecuroides (Vahl) R. Br. ex Griseb. ■☆

225178 Lepidagathis inaequalis C. B. Clarke ex Elmer;卵叶鳞花草(卵叶鳞球花);Ovateleaf Lepidagathis, Unequal Lepidagathis ■

225179 Lepidagathis incurva Buch. -Ham. ex D. Don;鳞花草(鳞衣草,牛漆琢,牛膝琢,蛇疮草);Common Lepidagathis ■

225180 Lepidagathis incurva Buch. -Ham. ex D. Don var. ustulata (Nees) R. R. Stewart;泡状鳞花草■☆

225181 Lepidagathis kaessneri S. Moore;卡斯纳鳞花草■☆

225182 Lepidagathis laguroidea (Nees) T. Anderson = Lepidagathis alopecuroides (Vahl) R. Br. ex Griseb. ■☆

225183 Lepidagathis lanatoglabra C. B. Clarke var. latifolia ?;宽叶鳞花草●☆

225184 Lepidagathis laurentii De Wild.;洛朗鳞花草●☆

225185 Lepidagathis lindaviana Buscal. et Muschl.;林达维鳞花草●☆

225186 Lepidagathis linifolia Benoist;亚麻叶鳞花草●☆

225187 Lepidagathis longifolia Wight;长叶鳞花草■☆

225188 Lepidagathis longisepala C. B. Clarke;长萼鳞花草●☆

225189 Lepidagathis lutea Dalzell;黄鳞花草●☆

225190 Lepidagathis lutescens Benoist;浅黄鳞花草●☆

225191 Lepidagathis macrochila Lindau;大唇鳞花草●☆

225192 Lepidagathis madagascariensis Benoist;马岛鳞花草●☆

225193 Lepidagathis mollis T. Anderson = Lepidagathis hamiltoniana Wall. ■☆

225194 Lepidagathis mucida Benoist;黏鳞花草●☆

225195 Lepidagathis myrtifolia S. Moore;香桃木叶鳞花草●☆

225196 Lepidagathis nematocephala Lindau;虫头鳞花草●☆

225197 Lepidagathis nemorosa S. Moore;森林鳞花草●☆

225198 Lepidagathis oubanguiensis Benoist;乌班吉鳞花草●☆

225199 Lepidagathis pallescens S. Moore;变苍白鳞花草●☆

225200 Lepidagathis perrieri Benoist;佩里耶鳞花草●☆

225201 Lepidagathis persimilis S. Moore;相似鳞花草●☆

225202 Lepidagathis petrophila Lindau = Lepidagathis hamiltoniana Wall. subsp. collina (Endl.) J. K. Morton ■☆

225203 Lepidagathis plantaginea Mildbr.;车前鳞花草●☆

225204 Lepidagathis pobeguinii Hua;波别鳞花草●☆

225205 Lepidagathis radicalis Hochst. ex Nees = Lepidagathis hamiltoniana Wall. subsp. collina (Endl.) J. K. Morton ■☆

225206 Lepidagathis radicalis Hochst. ex Nees var. acrantha Benoist ex Tisser. = Lepidagathis hamiltoniana Wall. subsp. collina (Endl.) J. K. Morton ■☆

225207 Lepidagathis radicalis Hochst. ex Nees var. caulispica Benoist = Lepidagathis hamiltoniana Wall. subsp. collina (Endl.) J. K. Morton ■☆

225208 Lepidagathis radicalis Hochst. ex Nees var. elata Benoist = Lepidagathis hamiltoniana Wall. subsp. collina (Endl.) J. K. Morton ■☆

225209 Lepidagathis radicalis Hochst. ex Nees var. polyneura Benoist ex Tisser. = Lepidagathis hamiltoniana Wall. subsp. collina (Endl.) J. K. Morton ■☆

225210 Lepidagathis randii S. Moore;兰德鳞花草●☆

225211 Lepidagathis reticulata Benoist = Lepidagathis hamiltoniana Wall. ■☆

225212 Lepidagathis rigida Dalzell;坚挺鳞花草■☆

225213 Lepidagathis ringoetii De Wild.;林戈鳞花草■☆

225214 Lepidagathis rogersii Turrill;罗杰斯鳞花草■☆

225215 Lepidagathis scabra C. B. Clarke;粗糙鳞花草■☆

225216 Lepidagathis scariosa Nees;干膜质鳞花草■☆

225217 Lepidagathis schweinfurthii Lindau = Lepidagathis hamiltoniana Wall. ■☆

225218 Lepidagathis secunda (Blanco) Nees;小琉球鳞花草(小琉球鳞球花)■

225219 Lepidagathis semiherbacea Nees = Lepidagathis incurva Buch. -Ham. ex D. Don ■

225220 Lepidagathis sericea Benoist;绢毛鳞花草■☆

225221 Lepidagathis sericea Benoist var. hirta ? = Lepidagathis heudelotiana Nees ■☆

225222 Lepidagathis sparsiceps C. B. Clarke;稀头鳞花草■☆

225223 Lepidagathis speciosa (Rendle) Hedrén;美丽鳞花草■☆

225224 Lepidagathis stenophylla C. B. Clarke ex Hayata;柳叶鳞花草(柳叶鳞球花);Narrowleaf Lepidagathis ■

225225 Lepidagathis strobilifera Stocks = Lepidagathis calycina Hochst. ex Nees ●☆

225226 Lepidagathis tawadae Ohwi = Lepidagathis inaequalis C. B. Clarke ex Elmer ■

225227 Lepidagathis terminalis Hochst. ex Nees = Lepidagathis scariosa Nees ■☆

225228 Lepidagathis tisserantii Benoist;蒂斯朗特鳞花草■☆

225229 Lepidagathis trinervis Nees;三脉鳞花草■☆

225230 Lepidagathis ustulata Nees = Lepidagathis incurva Buch. -Ham. ex D. Don var. ustulata (Nees) R. R. Stewart ■☆

225231 Lepidagathis variegata Benoist;杂色鳞花草■☆

225232 Lepidagathis villosa Hedrén;长柔毛鳞花草■☆

225233 Lepidagathis vulpina Benoist;狐色鳞花草■☆

225234 Lepidaglala Dyer = Aglaia Lour.(保留属名)●

225235 Lepidaglala Dyer = Lepiaglaia Pierre ●

225236 Lepidalenia Post et Kuntze = Lepidadenia Arn. ex Nees ●

225237 Lepidalenia Post et Kuntze = Litsea Lam.(保留属名)●

225238 Lepidamphora Zoll. ex Miq. = Dioclea Kunth ■☆

225239 Lepidanche Engelm. = Cuscuta L. ■

225240 Lepidanthemum Klotzsch = Dissotis Benth.(保留属名)●☆

225241 Lepidanthemum triplinervum Klotzsch = Heterotis prostrata (Thonn.) Benth. ●☆

225242 Lepidanthus Nees(废弃属名) = Hypodiscus Nees(保留属名)■☆

225243 Lepidanthus Nutt. (1835) = Andrachne L. ●☆

225244 Lepidanthus Nutt. (1841) = Lepidotheca Nutt. ■

225245 Lepidanthus Nutt. (1841) = Matricaria L. ■

225246 Lepidanthus willdenowia Nees = Hypodiscus willdenowia (Nees) Mast. ■☆

225247 Lepidaploa (Cass.) Cass. (1825);无梗斑鸠菊属●■☆

225248 Lepidaploa (Cass.) Cass. = Vernonia Schreb.(保留属名)●■

225249 Lepidaploa Cass. = Lepidaploa (Cass.) Cass. ●■☆
225250 Lepidaploa Cass. = Vernonia Schreb.(保留属名)●■
225251 Lepidaploa acuminata (Less.) H. Rob.;渐尖无梗斑鸠菊■☆
225252 Lepidaploa aurea (Mart. ex DC.) H. Rob.;黄无梗斑鸠菊■☆
225253 Lepidaploa cordiifolia (Kunth) H. Rob.;心叶无梗斑鸠菊■☆
225254 Lepidaploa fruticosa (L.) H. Rob.;灌木无梗斑鸠菊●☆
225255 Lepidaploa glabra (Willd.) H. Rob.;光无梗斑鸠菊■☆
225256 Lepidaploa gracilis (Kunth) H. Rob.;细无梗斑鸠菊■☆
225257 Lepidaploa obtusifolia (Less.) H. Rob.;钝叶无梗斑鸠菊■☆
225258 Lepidaploa phyllostachya Cass.;叶穗无梗斑鸠菊■☆
225259 Lepidaploa polypleura (S. F. Blake) H. Rob.;多脉无梗斑鸠菊■☆
225260 Lepidaploa purpurata (Gleason) H. Rob.;紫无梗斑鸠菊■☆
225261 Lepidaploa rigida (Sw.) H. Rob.;硬无梗斑鸠菊■☆
225262 Lepidaploa trichoclada (Gleason) H. Rob.;毛枝无梗斑鸠菊■☆
225263 Lepidaploa uniflora (Miller) H. Rob.;单花无梗斑鸠菊■☆
225264 Lepidaria Tiegh.(1895);鳞寄生属●☆
225265 Lepidaria bicarenata Tiegh.;鳞寄生●☆
225266 Lepidariaceae Tiegh. = Loranthaceae Juss.(保留科名)●
225267 Lepideilema Trin. = Streptochaeta Schrad. ex Nees ■☆
225268 Lepidella Tiegh. = Lepidaria Tiegh. ●☆
225269 Lepiderema Radlk.(1879);鳞皮无患子属●☆
225270 Lepiderema papuana Radlk.;鳞皮无患子●☆
225271 Lepidesmia Klatt = Ayapana Spach ■☆
225272 Lepidesmia Klatt(1896);糙泽兰属■☆
225273 Lepidesmia squarrosa Klatt;糙泽兰■☆
225274 Lepidiberis Fourr. = Lepidium L. ■
225275 Lepidilema Post et Kuntze = Lepideilema Trin. ■☆
225276 Lepidilema Post et Kuntze = Streptochaeta Schrad. ex Nees ■☆
225277 Lepidinella Spach = Lepidium L. ■
225278 Lepidion St. -Lag. = Lepidium L. ■
225279 Lepidium L.(1753);独行菜属;Cress,Pepper Cress,Pepper-cress,Peppergrass,Pepper-grass,Pepperweed,Pepperwort,Whitetop ■
225280 Lepidium abyssinicum Hochst. ex A. Rich. = Lepidium armoracia Fisch. et C. A. Mey. ■☆
225281 Lepidium acanthocladum Coss. et Durieu = Lepidium rigidum Pomel ■☆
225282 Lepidium affine Ledeb. = Lepidium latifolium L. ■
225283 Lepidium africanum (Burm. f.) DC.;非洲独行菜;African Pepperwort,Hyssopleaf Pepperweed ■☆
225284 Lepidium africanum (Burm. f.) DC. = Lepidium hyssopifolium Desv. ■☆
225285 Lepidium africanum (Burm. f.) DC. subsp. divaricatum (Aiton) Jonsell;叉开非洲独行菜■☆
225286 Lepidium africanum Thunb. var. burchellii Thell. = Lepidium capense Thunb. ■☆
225287 Lepidium africanum Thunb. var. serratum Thell. = Lepidium capense Thunb. ■☆
225288 Lepidium africanum Thunb. var. typicum Thell. = Lepidium capense Thunb. ■☆
225289 Lepidium alashanicum H. L. Yang;阿拉善独行菜;Alashan Peppergrass,Alashan Pepperweed ■
225290 Lepidium alluaudii Maire;阿吕独行菜■☆
225291 Lepidium alpigenum A. Rich. = Lepidium armoracia Fisch. et C. A. Mey. ■☆
225292 Lepidium alpinum L. = Hornungia alpina (L.) Appel ■☆
225293 Lepidium amplexicaule Willd.;欧洲抱茎独行菜■☆
225294 Lepidium angolense Jonsell;安哥拉独行菜■☆
225295 Lepidium apetalum Willd.;独行菜(北葶苈,大室,大适,草蒿,丁历,苦葶苈,辣辣菜,辣辣根,辣麻麻,葶苈子,腺独行菜,腺茎独行菜,芝麻眼草);Peppergrass,Pepperweed ■
225296 Lepidium apetalum Willd. = Lepidium densiflorum Schrad. ■
225297 Lepidium armoracia Fisch. et C. A. Mey.;辣根独行菜■☆
225298 Lepidium armoracia Fisch. et C. A. Mey. var. alpigenum (A. Rich.) Thell. = Lepidium armoracia Fisch. et C. A. Mey. ■☆
225299 Lepidium armoracia Fisch. et C. A. Mey. var. intermedium (A. Rich.) Fiori = Lepidium armoracia Fisch. et C. A. Mey. ■☆
225300 Lepidium aucheri Boiss.;奥氏独行菜■☆
225301 Lepidium aucheri Boiss. var. borsczovii Regel = Lepidium aucheri Boiss. ■☆
225302 Lepidium bipinnatum Thunb.;双羽独行菜■☆
225303 Lepidium boissieri N. Busch;布瓦西耶独行菜■☆
225304 Lepidium boissieri N. Busch = Cardaria draba (L.) Desv. subsp. chalepensis (L.) O. E. Schulz ■
225305 Lepidium bonariense L.;阿根廷独行菜;Argentine Pepperweed,Argentine Pepperwort ■☆
225306 Lepidium borsczovii (Regel) N. Busch = Lepidium aucheri Boiss. ■☆
225307 Lepidium borsczovii (Regel) N. Busch = Lepidium borszcowii (Regel) N. Busch ■☆
225308 Lepidium borszcowii (Regel) N. Busch;鲍尔独行菜■☆
225309 Lepidium borszcowii (Regel) N. Busch = Lepidium aucheri Boiss. ■☆
225310 Lepidium bourgeauanum Thell. = Lepidium ramosissimum A. Nelson var. bourgeauanum (Thell.) Rollins ■☆
225311 Lepidium brachyotum (Kar. et Kir.) Al-Shehbaz;短独行菜■☆
225312 Lepidium calycinum Steph. = Smelowskia calycina (Stephan ex Willd.) C. A. Mey. ■
225313 Lepidium calycinum Steph. ex Willd. = Smelowskia calycina (Stephan ex Willd.) C. A. Mey. ■
225314 Lepidium calycotrichum Kunze = Lepidium hirtum (L.) Sm. subsp. calycotrichum (Kunze) Thell. ■☆
225315 Lepidium campestre (L.) Brot. ex Nyman;荒野独行菜(绿独行菜,野独行菜);Churl's Cress,Cockweed,Cow Cress,Field Cress,Field Pepper Grass, Field Pepper-grass, Field Pepperweed, Field Pepper-weed, Field Pepperwort, Fieldcress, Mithridate Mustard, Mithridate Pepperwort, Pepperwort, Poor Man's Pepper, Treacle Mustard ■
225316 Lepidium campestre (L.) Brot. ex Nyman f. glabratum (Lej. et Courtois) Thell.;绿独行菜;Field Pepperwort, Glabrous Field Pepperweed ■
225317 Lepidium campestre (L.) Brot. ex Nyman f. glabratum (Lej. et Courtois) Thell. = Lepidium campestre (L.) Brot. ex Nyman ■
225318 Lepidium campestre (L.) Brot. ex Nyman var. glabratum Lej. et Courtois = Lepidium campestre (L.) Brot. ex Nyman ■
225319 Lepidium campestre (L.) R. Br. = Lepidium campestre (L.) Brot. ex Nyman ■
225320 Lepidium campestre (Lej. et Courtois) Thell. = Lepidium campestre (L.) Brot. ex Nyman ■
225321 Lepidium capense Thunb.;好望角独行菜■☆
225322 Lepidium capitatum Hook. f. et Thomson;头花独行菜;Capitate Peppergrass,Capitate Pepperweed ■
225323 Lepidium capitatum Hook. f. et Thomson var. chinense

(Franch.) Thell. = Lepidium cuneiforme C. Y. Wu ■
225324 Lepidium capitatum Hook. f. var. chinense Thell. = Lepidium cuneiforme C. Y. Wu ■
225325 Lepidium carssifolium Waldst. et Kit. = Lepidium cartilagineum (J. Mayer) Thell. ■
225326 Lepidium cartilagineum (J. Mayer) Thell.;碱独行菜(盐独行菜);Cartilaginous Peppergrass,Cartilaginous Pepperweed ■
225327 Lepidium cartilagineum (J. Mayer) Thell. subsp. crassifolium (Waldst. et Kit.) Thell. = Lepidium cartilagineum (J. Mayer) Thell. ■
225328 Lepidium ceratocarpum Pall.;角果独行菜■☆
225329 Lepidium chalepense L. = Cardaria chalepense (L.) Hand.-Mazz. ■
225330 Lepidium chalepense L. = Cardaria draba (L.) Desv. subsp. chalepensis (L.) O. E. Schulz ■
225331 Lepidium chinense Franch. = Lepidium cuneiforme C. Y. Wu ■
225332 Lepidium chitungense Jacot = Lepidium apetalum Willd. ■
225333 Lepidium cordatum Willd. ex DC.;心叶独行菜(北方独行菜);Cordate Peppergrass,Cordate Pepperweed ■
225334 Lepidium cordatum Willd. ex Stev. = Lepidium campestre (L.) Brot. ex Nyman f. glabratum (Lej. et Courtois) Thell. ■
225335 Lepidium coronopifolium Fisch.;臭荠独行菜■☆
225336 Lepidium crassifolium Waldst. et Kit.;厚叶独行菜;Thickleaf Pepperweed ■
225337 Lepidium crassifolium Waldst. et Kit. = Lepidium cartilagineum (J. Mayer) Thell. ■
225338 Lepidium cuneiforme C. Y. Wu;楔叶独行菜;Cuneateleaf Pepperweed ■
225339 Lepidium decumbens Desv. = Lepidium capense Thunb. ■☆
225340 Lepidium densiflorum Schrad.;密花独行菜;Denseflower Peppergrass,Denseflower Pepperweed,Green-flowered Pepper Grass,Pepper Grass,Pepper-grass,Prairie Pepperweed,Prairie Pepper-weed,Small Peppergrass,Wild Pepper-grass ■
225341 Lepidium densiflorum Schrad. var. bourgeauanum (Thell.) C. L. Hitchc. = Lepidium ramosissimum A. Nelson var. bourgeauanum (Thell.) Rollins ■☆
225342 Lepidium densiflorum Schrad. var. macrocarpum G. A. Mulligan;大果密花独行菜;Big-seed Pepper-weed ■☆
225343 Lepidium densiflorum Schrad. var. typicum Thell. = Lepidium densiflorum Schrad. ■
225344 Lepidium deserti Pavlov;荒漠独行菜■☆
225345 Lepidium desertorum Eckl. et Zeyh.;荒地独行菜■☆
225346 Lepidium desertorum Schrenk = Stroganowia brachyota Kar. et Kir. ■
225347 Lepidium dhayense Munby = Lepidium hirtum (L.) Sm. subsp. dhayense (Munby) Thell. ■☆
225348 Lepidium didymum L. = Coronopus didymus (L.) Sm. ■
225349 Lepidium divaricatum Aiton = Lepidium africanum (Burm. f.) DC. subsp. divaricatum (Aiton) Jonsell ■☆
225350 Lepidium divaricatum Aiton subsp. trifurcum (Sond.) Marais = Lepidium trifurcum Sond. ■☆
225351 Lepidium divaricatum Aiton var. pumilum (Sond.) Thell. = Lepidium ecklonii Schrad. ■☆
225352 Lepidium divaricatum Aiton var. sylvaticum (Eckl. et Zeyh.) Thell. = Lepidium ecklonii Schrad. ■☆
225353 Lepidium draba L. = Cardaria draba (L.) Desv. ■
225354 Lepidium draba L. subsp. chalepense (L.) O. E. Schulz = Cardaria chalepense (L.) Hand.-Mazz. ■
225355 Lepidium draba L. subsp. chalepense (L.) Thell. = Cardaria draba (L.) Desv. subsp. chalepensis (L.) O. E. Schulz ■
225356 Lepidium draba L. subsp. chalepense (L.) Thell. var. repens (Schrenk) Thell. = Cardaria draba (L.) Desv. subsp. chalepensis (L.) O. E. Schulz ■
225357 Lepidium draba L. var. auriculatum (Boiss.) N. Busch. = Cardaria draba (L.) Desv. subsp. chalepensis (L.) O. E. Schulz ■
225358 Lepidium draba L. var. repens (Schrenk) Thell. = Cardaria chalepense (L.) Hand.-Mazz. ■
225359 Lepidium ecklonii Schrad.;埃氏独行菜■☆
225360 Lepidium englerianum (Muschl.) Al-Shehbaz;单叶臭荠(滨芥);Simple-leaf Wartcress ■
225361 Lepidium englerianum (Muschl.) Al-Shehbaz = Coronopus integrifolius (DC.) Spreng. ■
225362 Lepidium eremophilum Schrenk;喜沙独行菜■☆
225363 Lepidium fasciculatum Thell.;簇生独行菜■☆
225364 Lepidium ferganense Korsh.;全缘独行菜;Entire Peppergrass,Entire Pepperweed ■
225365 Lepidium flavum Torr.;黄独行菜;Yellow Pepper-grass ■☆
225366 Lepidium flexuosum Thunb.;曲折独行菜■☆
225367 Lepidium fremontii S. Watson;沙漠独行菜;Desert Alyssum,Desert Pepperweed,Fremont's Pepper-grass ■☆
225368 Lepidium glastifolium Desf.;菘蓝叶独行菜■☆
225369 Lepidium graminifolium L.;禾叶独行菜(草叶独行菜);Grassleaf Pepperweed,Tall Pepperwort ■☆
225370 Lepidium graminifolium L. var. flexile Alleiz. = Lepidium graminifolium L. ■☆
225371 Lepidium heterophyllum Benth.;异叶独行菜;Mediterranean Pepperweed,Purpleanther Field Pepperweed,Smith's Cress,Smith's Pepper Cress,Smith's Pepperwort ■☆
225372 Lepidium heterophyllum Benth. subsp. atlanticum (Ball) J. M. Monts. = Lepidium hirtum (L.) Sm. subsp. atlanticum (Ball) Maire ■☆
225373 Lepidium heterophyllum Benth. subsp. rifanum (Emb. et Maire) J. M. Monts.;里夫独行菜■☆
225374 Lepidium hindukushensis Kitam. = Uranodactylus silaifolius (Hook. f. et Thomson) Jafri ■☆
225375 Lepidium hirtellum Sond. = Lepidium ecklonii Schrad. ■☆
225376 Lepidium hirtum (L.) Sm. = Lepidium heterophyllum Benth. ■☆
225377 Lepidium hirtum (L.) Sm. subsp. afrum (Pau et Font Quer) J. M. Monts. = Lepidium hirtum (L.) Sm. subsp. dhayense (Munby) Thell. ■☆
225378 Lepidium hirtum (L.) Sm. subsp. atlanticum (Ball) Maire;亚特兰大独行菜■☆
225379 Lepidium hirtum (L.) Sm. subsp. calycotrichum (Kunze) Thell.;毛萼独行菜■☆
225380 Lepidium hirtum (L.) Sm. subsp. dhayense (Munby) Thell.;扎耶独行菜■☆
225381 Lepidium hirtum (L.) Sm. subsp. rifanum Emb. et Maire = Lepidium heterophyllum Benth. subsp. rifanum (Emb. et Maire) J. M. Monts. ■☆
225382 Lepidium hirtum (L.) Sm. var. afrum (Pau et Font Quer) Font Quer = Lepidium hirtum (L.) Sm. subsp. dhayense (Munby) Thell. ■☆
225383 Lepidium hirtum (L.) Sm. var. glabrescens Maire = Lepidium

hirtum (L.) Sm. ■☆
225384 Lepidium hirtum (L.) Sm. var. pilosus H. Lindb. = Lepidium hirtum (L.) Sm. subsp. dhayense (Munby) Thell. ■☆
225385 Lepidium hirtum (L.) Sm. var. psilochortum Maire et Weiller = Lepidium hirtum (L.) Sm. ■☆
225386 Lepidium hirtum (L.) Sm. var. pubescens H. Lindb. = Lepidium hirtum (L.) Sm. ■☆
225387 Lepidium humifusum Coss. = Lepidium hirtum (L.) Sm. subsp. dhayense (Munby) Thell. ■☆
225388 Lepidium hyssopifolium Desv. = Lepidium ruderale L. ■
225389 Lepidium intermedium A. Gray;中间独行菜■☆
225390 Lepidium intermedium A. Rich. = Lepidium armoracia Fisch. et C. A. Mey. ■☆
225391 Lepidium inyangense Jonsell;伊尼扬加独行菜■☆
225392 Lepidium kabulicum Rech. f. = Lepidium cartilagineum (J. Mayer) Thell. ■
225393 Lepidium karataviense Regel et Schmalh.;卡拉塔夫独行菜■☆
225394 Lepidium keniense Jonsell;肯尼亚独行菜■☆
225395 Lepidium kunlunshanicum G. L. Zheo et C. H. An;昆仑独行菜;Kunlunshan Pepperweed ■
225396 Lepidium kunlunshanicum G. L. Zhou et C. H. An = Lepidium capitatum Hook. f. et Thomson ■
225397 Lepidium lacerum C. A. Mey.;裂叶独行菜■
225398 Lepidium latifolium L.;宽叶独行菜(大辣根,大辣辣,羊辣辣,止痢草);Broad Leaf Pepperwort, Broadleaf Peppergrass, Broadleaf Pepperweed, Broad-leaved Pepper Grass, Broad-leaved Pepperweed, Broad-leaved Pepper-weed, Broad-leaved Pepperwort, Dittander, Dittany, Ditten, European Pepperwort, Harewort, Pepper Cress, Pepperwort, Perennial Pepper Grass, Perennial Pepperweed, Poor man's Pepper ■
225399 Lepidium latifolium L. subsp. affine (Ledeb.) Kitag. = Lepidium latifolium L. ■
225400 Lepidium latifolium L. subsp. obtusum (Basiner) Thell. = Lepidium obtusum Basiner ■
225401 Lepidium latifolium L. subsp. sibiricum (Schweigg.) Thell. = Lepidium latifolium L. ■
225402 Lepidium latifolium L. subsp. sibiricum Thell. = Lepidium latifolium L. ■
225403 Lepidium latifolium L. var. affine (Ledeb.) C. A. Mey.;光果宽叶独行菜(大辣辣,光苞独行菜,近缘独行菜,宽叶独行菜,止痢草);Grande Passerage, Smooth Broadleaf Peppergrass ■
225404 Lepidium latifolium L. var. affine (Ledeb.) C. A. Mey. = Lepidium latifolium L. ■
225405 Lepidium latifolium L. var. mongolicum Franch. = Lepidium latifolium L. ■
225406 Lepidium latifolium L. var. platycarpum Trautv. = Lepidium latifolium L. ■
225407 Lepidium lepidioides (Coss. et Durieu) Al-Shehbaz;鳞状独行菜■☆
225408 Lepidium linoides Thunb. = Lepidium africanum (Burm. f.) DC. ■☆
225409 Lepidium loulanicum C. H. An et G. L. Zheo;楼兰独行菜;Loulan Peppergrass ■
225410 Lepidium loulanicum C. H. An et G. L. Zheo = Lepidium obtusum Basiner ■
225411 Lepidium lyratum L.;大头羽裂独行菜■☆
225412 Lepidium marginatum Lapeyr. = Aethionema marginatum (Lapeyr.) Montemurro ■☆
225413 Lepidium menziesii DC.;北欧独行菜;Menzies Peppergrass ■☆
225414 Lepidium meyeri Claus;梅氏独行菜(玛卡特独行菜,迈恩独行菜);Meyer Peppergrass ■☆
225415 Lepidium montanum Nutt.;北美山地独行菜;Western Peppergrass ■☆
225416 Lepidium mossii Thell.;莫西独行菜■☆
225417 Lepidium myriocarpum Sond.;多果独行菜■☆
225418 Lepidium nebrodense (Raf.) Ball = Lepidium hirtum (L.) Sm. ■☆
225419 Lepidium nebrodense (Raf.) Ball var. atlanticum Ball = Lepidium hirtum (L.) Sm. subsp. atlanticum (Ball) Maire ■☆
225420 Lepidium neglectum Thell. = Lepidium densiflorum Schrad. ■
225421 Lepidium neglectum Thell. = Lepidium virginicum L. ■
225422 Lepidium neubaueri Rech. f. = Lepidium pinnatifidum Ledeb. ■☆
225423 Lepidium niloticum (Delile) Sieber ex Steud. = Coronopus niloticus (Delile) Spreng. ■☆
225424 Lepidium nitidum Nutt.;光泽独行菜■☆
225425 Lepidium obtusum Basiner;钝叶独行菜;Obtuse Peppergrass, Obtuse Pepperweed ■
225426 Lepidium oleraceum G. Forst.;蔬菜独行菜;Cook's Scurvy Grass, Cook's Scurvy-grass ■☆
225427 Lepidium parviflorum Pomel = Lepidium rigidum Pomel ■☆
225428 Lepidium perfoliatum L.;抱茎独行菜(窄叶独行菜);Clasping Cress, Clasping Pepperweed, Clasping Pepper-weed, Perfoliate Pepper Grass, Perfoliate Pepperwort, Shield Cress ■
225429 Lepidium persicum Boiss.;波斯独行菜■☆
225430 Lepidium petraeum L. = Hornungia petraea (L.) Rchb. ■☆
225431 Lepidium petrophilum Coss. = Lepidium hirtum (L.) Sm. subsp. dhayense (Munby) Thell. ■☆
225432 Lepidium petrophilum Coss. var. afrum Pau et Font Quer = Lepidium hirtum (L.) Sm. subsp. dhayense (Munby) Thell. ■☆
225433 Lepidium pinnatifidum Ledeb.;羽裂独行菜;Featherleaf Pepperweed, Pinnate Peppergrass ■☆
225434 Lepidium pinnatum Thunb.;羽叶独行菜■☆
225435 Lepidium pratense J. Serres ex Billot = Lepidium heterophyllum Benth. ■☆
225436 Lepidium procumbens L. = Hornungia procumbens (L.) Hayek ■
225437 Lepidium propinquum Fisch. et C. A. Mey. = Cardaria chalepense (L.) Hand. -Mazz. ■
225438 Lepidium propinquum Fisch. et C. A. Mey. = Cardaria draba (L.) Desv. subsp. chalepensis (L.) O. E. Schulz ■
225439 Lepidium propinquum Fisch. et C. A. Mey. var. auriculamm Boiss. = Cardaria draba (L.) Desv. subsp. chalepensis (L.) O. E. Schulz ■
225440 Lepidium pumilum Boiss. et Balansa;矮独行菜;Low Peppergrass ■☆
225441 Lepidium ramosissimum A. Nelson = Lepidium virginicum L. ■
225442 Lepidium ramosissimum A. Nelson var. bourgeauanum (Thell.) Rollins;布尔独行菜;Bourgeau's Pepper-weed ■☆
225443 Lepidium repens (Schrenk) Boiss.;匍匐独行菜■☆
225444 Lepidium repens (Schrenk) Boiss. = Cardaria chalepense (L.) Hand. -Mazz. ■
225445 Lepidium repens (Schrenk) Boiss. = Cardaria draba (L.) Desv. subsp. chalepensis (L.) O. E. Schulz ■
225446 Lepidium rigidum Pomel;硬独行菜■☆

225447 Lepidium ruderale L. ;柱毛独行菜(积鸡菜,野独行菜,柱腺独行菜);Bowyer's Mustard,Fetid Peppergrass,Narraw-leaved Cress,Narrow-leaf Pepperwort, Narrow-leaved Pepperwort, Pepper Cress,Roadside Pepperweed,Roadside Pepper-weed,Stinking Pepperweed,Stinking Pepper-weed, Waeteplace Peppergrass, Waeteplace Pepperweed ■

225448 Lepidium sativum L. = Lepidium sativum Willd. ex Steven ■

225449 Lepidium sativum L. subsp. spinescens (DC.) Thell. = Lepidium sativum L. ■

225450 Lepidium sativum Willd. ex Steven;家独行菜(独行菜);Common Cress, Cress, Garden Cress, Garden-cress Peppergrass, Gardencress Pepperweed, Garden-cress, Garth Cress, Kerse, Passerage, Pepper Cress, Pepper Grass, Peppergrass, Pepper-grass, Tongue-grass,Town Cress,Town-cress,Watercress ■

225451 Lepidium schinzii Thell. ;欣兹独行菜;Schinz's Pepperweed ■☆

225452 Lepidium schlechteri Burtt Davy = Lepidium africanum (Burm. f.) DC. ■☆

225453 Lepidium schlechteri Thell. ;施莱独行菜■☆

225454 Lepidium sibiricum Pall. = Draba sibirica (Pall.) Thell. ■

225455 Lepidium sibiricum Schweigg. ;西伯利亚独行菜;Siberian Pepperweed ■

225456 Lepidium sibiricum Schweigg. = Lepidium latifolium L. ■

225457 Lepidium sibiricum Schweigg. var. affine C. A. Mey. = Lepidium latifolium L. ■

225458 Lepidium sisymbrioides Hook. f. ;大蒜芥独行菜■☆

225459 Lepidium smithii Hook. = Lepidium heterophyllum Benth. ■☆

225460 Lepidium songaricum Schrenk;准噶尔独行菜;Songar Pepperweed ■☆

225461 Lepidium spinescens DC. = Lepidium sativum L. subsp. spinescens (DC.) Thell. ■

225462 Lepidium spinescens DC. = Lepidium sativum L. ■

225463 Lepidium squamatum Forssk. = Coronopus squamatus (Forssk.) Asch. ■☆

225464 Lepidium subulatum L. ;钻形独行菜■☆

225465 Lepidium subulatum L. var. semiglabrum Maire = Lepidium subulatum L. ■☆

225466 Lepidium suluense Marais;苏卢独行菜■☆

225467 Lepidium sylvaticum Eckl. et Zeyh. = Lepidium ecklonii Schrad. ■☆

225468 Lepidium texanum Buckley = Lepidium densiflorum Schrad. ■

225469 Lepidium thlaspioides Pall. = Thlaspi cochleariforme DC. ■

225470 Lepidium transvaalense Marais;德兰士瓦独行菜■☆

225471 Lepidium trifurcum Sond. ;三叉独行菜■☆

225472 Lepidium turczaninovii Lipsky; 图氏独行菜; Turczaninov Pepperweed ■☆

225473 Lepidium vesicarium L. ;水泡独行菜■☆

225474 Lepidium violaceum (Munby) Al-Shehbaz;堇色独行菜■☆

225475 Lepidium virginicum L. ;北美独行菜(大叶香荠,独行菜,辣菜,琴叶独行菜,土荆芥穗,小团扇荠);Common Peppergrass, Least Pepperwort, North America Peppergrass, Pepper Grass, Peppergrass,Poor Man's Pepper Grass,Poor Man's Pepper,Poorman's Pepper, Poor-man's Pepperwort, Poor-man's-pepper, Tall Pepper-grass,Virginia Pepper Grass, Virginia Peppergrass, Virginia Pepper-grass,Virginia Pepperweed,Virginia Pepper-weed,Wild Cress,Wild Peppergrass,Wild Pepper-grass ■

225476 Lepidium virginicum L. var. typicum C. L. Hitchc. = Lepidium virginicum L. ■

225477 Lepidobolus Nees(1846);落鳞帚灯草属■☆

225478 Lepidobotryaceae J. Léonard = Oxalidaceae R. Br. (保留科名) ●■

225479 Lepidobotryaceae J. Léonard(1950)(保留科名);鳞球穗科(节柄科,鳞穗木科,洋酢浆草科)●☆

225480 Lepidobotrys Engl. (1902);鳞球穗属(节柄属,鳞穗木属);Lepidobotrys ●☆

225481 Lepidobotrys staudtii Engl. ; 鳞球穗(斯托节柄); Staudt Lepidobotrys ●☆

225482 Lepidocarpa Korth. = Parinari Aubl. ●☆

225483 Lepidocarpaceae Schultz Sch. = Proteaceae Juss. (保留科名) ●■

225484 Lepidocarpus Adans. (废弃属名) = Protea L. (保留属名)●☆

225485 Lepidocarpus Post et Kuntze = Lepidocarpa Korth. ●☆

225486 Lepidocarpus Post et Kuntze = Parinari Aubl. ●☆

225487 Lepidocarya Korth. ex Miq. = Lepidocarpus Post et Kuntze ●☆

225488 Lepidocaryaceae Mart. = Arecaceae Bercht. et J. Presl(保留科名)●

225489 Lepidocaryaceae Mart. = Palmae Juss. (保留科名)●

225490 Lepidocaryaceae O. F. Cook = Arecaceae Bercht. et J. Presl(保留科名)●

225491 Lepidocaryaceae O. F. Cook = Palmae Juss. (保留科名)●

225492 Lepidocaryon Spreng. = Lepidocaryum Mart. ●☆

225493 Lepidocaryum Mart. (1824);鳞果棕属(鳞果榈属,鳞坚榈属)●☆

225494 Lepidocaryum tessmannii Burrer;鳞果棕●☆

225495 Lepidocaryum twnue Mart. ;细长鳞果棕●☆

225496 Lepidoceras Hook. f. (1846);鳞角绿乳属●☆

225497 Lepidoceras kingii Hook. f. ;鳞角绿乳●☆

225498 Lepidocerataceae Nakai = Eremolepidaceae Tiegh. ●☆

225499 Lepidocerataceae Nakai = Santalaceae R. Br. (保留科名)●■

225500 Lepidocerataceae Tiegh. = Eremolepidaceae Tiegh. ●☆

225501 Lepidocerataceae Tiegh. = Santalaceae R. Br. (保留科名)●■

225502 Lepidocerataceae Tiegh. = Viscaceae Miq. ●

225503 Lepidocerataceae Tiegh. ex Nakai = Eremolepidaceae Tiegh. ●☆

225504 Lepidocerataceae Tiegh. ex Nakai = Santalaceae R. Br. (保留科名)●■

225505 Lepidococca Turcz. = Caperonia A. St. -Hil. ■☆

225506 Lepidococca serrata Turcz. = Caperonia serrata (Turcz.) C. Presl ■☆

225507 Lepidococcus H. Wendl. et Drude = Mauritiella Burret ●☆

225508 Lepidocoma Jungh. = Flemingia Roxb. ex W. T. Aiton(保留属名)●■

225509 Lepidocoma Jungh. = Maughania J. St. -Hil. ●■

225510 Lepidocordia Ducke(1925);鳞心紫草属☆

225511 Lepidocordia punctata Ducke;鳞心紫草☆

225512 Lepidocoryphantha Backeb. = Coryphantha (Engelm.) Lem. (保留属名)●■

225513 Lepidocoryphantha macromeris (Engelm.) Backeb. = Coryphantha macromeris (Engelm.) Lem. ■☆

225514 Lepidocroton C. Presl = Chrozophora A. Juss. (保留属名)●

225515 Lepidocroton Klotzsch = Hieronima Allemão ●☆

225516 Lepidocroton Klotzsch = Hyeronima Allemão ●☆

225517 Lepidogyne Blume(1859);鳞蕊兰属■☆

225518 Lepidogyne longifolia (Blume) Blume;鳞蕊兰■☆

225519 Lepidolopha C. Winkl. (1894);鳞冠菊属●☆

225520 Lepidolopha fedtschenkoana Knorring;芬氏鳞冠菊■☆

225521 Lepidolopha filifolia Pavlov;丝叶鳞冠菊■☆
225522 Lepidolopha karatavica Pavlov;卡拉塔夫鳞冠菊■☆
225523 Lepidolopha komarowii Winkl.;鳞冠菊■☆
225524 Lepidolopha mogoltavica Krasch.;莫戈尔塔夫鳞冠菊■☆
225525 Lepidolopha nuratavica Krasch.;努拉套鳞冠菊■☆
225526 Lepidolopsis Poljakov(1959);土鳞菊属■☆
225527 Lepidolopsis scopulorum (Krasch.) Poljakov = Tanacetum scopulorum (Krasch.) Tzvelev ■
225528 Lepidolopsis turkestanica (Regel et Schmalh.) Poljakov;土鳞菊■☆
225529 Lepidonema Fisch. et C. A. Mey. = Microseris D. Don ■☆
225530 Lepidonia S. F. Blake(1936);层冠单毛菊属●☆
225531 Lepidonia paleata S. F. Blake;层冠单毛菊●☆
225532 Lepidopappus Moc. et Sessé ex DC. = Florestina Cass. ■☆
225533 Lepidopelma Klotzsch = Sarcococca Lindl. ●
225534 Lepidopetalum Blume(1849);鳞瓣无患子属●☆
225535 Lepidopetalum perrottetii Blume;鳞瓣无患子●☆
225536 Lepidopharynx Rusby = Hippeastrum Herb.(保留属名)■
225537 Lepidophorum Neck. = Lepidophorum Neck. ex DC. ■☆
225538 Lepidophorum Neck. ex Cass. (1823);顶鳞菊属■☆
225539 Lepidophorum Neck. ex DC. = Lepidophorum Neck. ex Cass. ■☆
225540 Lepidophorum repandum (L.) DC.;顶鳞菊■☆
225541 Lepidophyllum Cass. (1816);柏菀属●☆
225542 Lepidophyllum cupressiforme (Lam.) Cass.;柏菀■☆
225543 Lepidophyton Benth. et Hook. f. = Lepidophytum Hook. f. ■☆
225544 Lepidophytum Hook. f. = Lophophytum Schott et Endl. ■☆
225545 Lepidopironia A. Rich. = Tetrapogon Desf. ■☆
225546 Lepidoploa Sch. Bip. = Lepidaploa (Cass.) Cass. ●■☆
225547 Lepidoploa Sch. Bip. = Vernonia Schreb.(保留属名)●■
225548 Lepidopogon Tausch = Cylindrocline Cass. ●☆
225549 Lepidopteris L. S. Gibbs = Gelsemium Juss. ●
225550 Lepidopteris L. S. Gibbs = Leptopteris Blume ●
225551 Lepidopyronia Benth. = Lepidopironia A. Rich. ■☆
225552 Lepidopyronia Benth. = Tetrapogon Desf. ■☆
225553 Lepidorhachis O. F. Cook = Clinostigma H. Wendl. ●☆
225554 Lepidorrhachis (H. Wendl. et Drude) O. F. Cook(1927);鳞轴棕属(鳞轴椰属,鳞轴椰子属,小山槟榔属,小山棕属)●☆
225555 Lepidorrhachis (H. Wendl.) Burret = Lepidorrhachis (H. Wendl. et Drude) O. F. Cook ●☆
225556 Lepidorrhachis Becc. = Lepidorrhachis (H. Wendl. et Drude) O. F. Cook ●☆
225557 Lepidorrhachis mooreanum Becc.;鳞轴棕●☆
225558 Lepidoseris (Rchb. f.) Fourr. = Crepis L. ■
225559 Lepidoseris Fourr. = Crepis L. ■
225560 Lepidoslephium Oliv. = Athrixia Ker Gawl. ●■☆
225561 Lepidospartum (A. Gray) A. Gray(1883);帚蟹甲属■☆
225562 Lepidospartum A. Gray = Lepidospartum (A. Gray) A. Gray ■☆
225563 Lepidospartum burgessii B. L. Turner;伯吉斯帚蟹甲■☆
225564 Lepidospartum latisquamum S. Watson;宽鳞帚蟹甲■☆
225565 Lepidospartum squamatum (A. Gray) A. Gray;帚蟹甲■☆
225566 Lepidospartum squamatum (A. Gray) A. Gray var. palmeri (A. Gray) L. C. Wheeler = Lepidospartum squamatum (A. Gray) A. Gray ■☆
225567 Lepidosperma Labill. (1805);鳞籽莎属(鳞子莎属);Scaleseed Sedge,Scaleseedsedge ■
225568 Lepidosperma Schrad. = Schoenus L. ■
225569 Lepidosperma brehmeri Boeck.;布雷默鳞籽莎■☆
225570 Lepidosperma burmannii (Schult.) Spreng.;布尔曼鳞籽莎■☆
225571 Lepidosperma chinense Nees = Lepidosperma chinensis Nees et Meyen ■
225572 Lepidosperma chinensis Nees et Meyen;鳞籽莎(辣死鸡草,鳞子莎);China Scaleseedsedge,Chinese Scaleseed Sedge ■
225573 Lepidosperma dregei Boeck.;德雷鳞籽莎■☆
225574 Lepidosperma gladiatum Labill.;澳洲鳞籽莎;Sword Rush,Sword Sedge ■☆
225575 Lepidosperma rottboellii Schrad. = Tetraria bromoides (Lam.) Pfeiff. ■☆
225576 Lepidosperma thermale Schrad. = Tetraria bromoides (Lam.) Pfeiff. ■☆
225577 Lepidosperma triangulare Boeck. = Tetraria triangularis (Boeck.) C. B. Clarke ■☆
225578 Lepidospora (F. Muell.) F. Muell. = Schoenus L. ■
225579 Lepidospora F. Muell. = Schoenus L. ■
225580 Lepidostachys Wall. = Aporusa Blume ●
225581 Lepidostachys Wall. ex Lindl. = Aporusa Blume ●
225582 Lepidostemon Hassk. = Lepistemon Blume ■
225583 Lepidostemon Hook. f. et Thomson(1861)(保留属名);鳞蕊芥属■
225584 Lepidostemon Lem. = Keckiella Straw ●☆
225585 Lepidostemon everestianus Al-Shehbaz;珠峰鳞蕊芥■
225586 Lepidostemon pedunculosus Hook. f. et Thomson;鳞蕊芥■
225587 Lepidostemon rosularis (K. C. Kuan et C. H. An) Al-Shehbaz;莲座鳞蕊芥(莲座念珠芥)■
225588 Lepidostemon rosularis (K. C. Kuan et C. H. An) Al-Shehbaz = Torularia rosulifolia K. C. Kuan et C. H. An ■
225589 Lepidostephanus Bartl. = Achyrachaena Schauer ■☆
225590 Lepidostephanus Bartl. ex L. = Achyrachaena Schauer ■☆
225591 Lepidostephium Oliv. (1868);齿缘紫绒草属■☆
225592 Lepidostephium asteroides (Bolus et Schltr.) Kroner = Aster asteroides (DC.) Kuntze ■
225593 Lepidostephium denticulatum Oliv.;齿缘紫绒草■☆
225594 Lepidostoma Bremek. (1940);鳞孔草属■☆
225595 Lepidostoma polythyrsum Bremek.;鳞孔草■☆
225596 Lepidothamnaceae A. V. Bobrov et Melikyan = Podocarpaceae Endl.(保留科名)●
225597 Lepidothamnaceae A. V. Bobrov et Melikyan;黄银松科●☆
225598 Lepidothamnaceae Melikian et A. V. Bobrov = Podocarpaceae Endl.(保留科名)●
225599 Lepidothamnus Phil. (1861);黄银松属;Yellow Silver Pine ●☆
225600 Lepidothamnus Phil. = Dacrydium Sol. ex J. Forst. ●
225601 Lepidothamnus intermedius (Kirk) Quinn;黄银松;Yellow Silver Pine ●☆
225602 Lepidothamnus laxifolius (Hook. f.) Quinn;疏叶黄银松(疏叶陆均松);Laxleaf Yellow Silver Pine,Mountain Rimu,Pygmy Pine ●☆
225603 Lepidothamnus laxifolius (Hook. f.) Quinn = Dacrydium laxifolium Hook. f. ●☆
225604 Lepidotheca Nutt. = Matricaria L. ■
225605 Lepidotheca suaveolens (Pursh) Nutt. = Matricaria discoidea DC. ■
225606 Lepidotheca suaveolens (Pursh) Nutt. = Matricaria

matricarioides (Less.) Ced. Porter ex Britton ■
225607 Lepidotosperma Roem. et Schult. = Lepidosperma Labill. ■
225608 Lepidotrichilia (Harms) J. -F. Leroy(1958);鳞毛楝属●☆
225609 Lepidotrichilia T. D. Penn. et Styles = Lepidotrichilia (Harms) J. -F. Leroy ●☆
225610 Lepidotrichilia convallariiodora Baill. = Trichilia suavis (Baill.) Harms ●☆
225611 Lepidotrichilia volkensii (Gürke) Leroy;福尔鳞毛楝●☆
225612 Lepidotrichum Velen. et Bornm. (1889);鳞毛芥属■☆
225613 Lepidotrichum Velen. et Bornm. = Alyssum L. ■●
225614 Lepidotrichum Velen. et Bornm. = Aurinia Desv. ■☆
225615 Lepidotrichum uechtritzianum Velen.;鳞毛芥■☆
225616 Lepidoturus Baill. = Alchornea Sw. ●
225617 Lepidoturus Bojer = ? Acalypha L. ●■
225618 Lepidoturus Bojer = Alchornea Sw. ●
225619 Lepidoturus Bojer ex Baill. = Alchornea Sw. ●
225620 Lepidoturus laxiflorus Benth. = Alchornea laxiflora (Benth.) Pax et K. Hoffm. ●☆
225621 Lepidoturus occidentalis Müll. Arg. = Alchornea occidentalis (Müll. Arg.) Pax et K. Hoffm. ●☆
225622 Lepidozamia Regel (1857);鳞苏铁属(鳞叶铁属);Lepidozamia ●☆
225623 Lepidozamia hopei Regel;大鳞苏铁;Wunu ●☆
225624 Lepidozamia peroffskyana Regel;鳞苏铁(东澳苏铁,鳞叶铁);Peroffsky Lepidozamia,Scaly Zamia ●☆
225625 Lepidurus Janch. = Parapholis C. E. Hubb. ■
225626 Lepidurus incurvus (L.) Janch. = Parapholis incurva (L.) C. E. Hubb. ■
225627 Lepigonum (Fr.) Wahlbe. = Spergularia (Pers.) J. Presl et C. Presl(保留属名)■
225628 Lepigonum Wahlenb. = Spergularia (Pers.) J. Presl et C. Presl (保留属名)■
225629 Lepigonum leiospermum Kindb. = Spergularia marina (L.) Griseb. ■
225630 Lepigonum microspermum Kindb. = Spergularia microsperma (Kindb.) Vved. ■☆
225631 Lepigonum rubrum (L.) Wahlenb. = Spergularia rubra (L.) J. Presl et C. Presl ■
225632 Lepigonum rubrum (L.) Wahlenb. var. perennans Kindb. = Spergularia rubra (L.) J. Presl et C. Presl ■
225633 Lepilaena Harv. = Lepilaena J. L. Drumm. ex Harv. ■☆
225634 Lepilaena J. L. Drumm. = Lepilaena J. L. Drumm. ex Harv. ■☆
225635 Lepilaena J. L. Drumm. ex Harv. (1855);鳞皮角果藻属■☆
225636 Lepilaena australis J. L. Drumm. ex Harv.;鳞皮角果藻■☆
225637 Lepimenes Raf. = Cuscuta L. ■
225638 Lepinema Raf. = Enicostema Blume. (保留属名)■☆
225639 Lepinia Decne. (1849);鳞桃木属●☆
225640 Lepinia taitensis Decne.;鳞桃木●☆
225641 Lepiniopsis Valeton(1895);拟鳞桃木属●☆
225642 Lepiniopsis ternatensis Valeton;拟鳞桃木●☆
225643 Lepionopsis Valeton = Lepiniopsis Valeton ●☆
225644 Lepionurus Blume(1827);鳞尾木属;Lepionurus,Scaletail ●
225645 Lepionurus incurvus (L.) Janch. = Parapholis incurva (L.) C. E. Hubb. ■
225646 Lepionurus latisquamus Gagnep. = Urobotrya latisquama (Gagnep.) Hiepko ●
225647 Lepionurus oblongifolius Mast. = Lepionurus sylvestris Blume ●
225648 Lepionurus sylvestris Blume;鳞尾木;Broadscale Lepionurus, Common Scaletail ●
225649 Lepiostegeres Benth. et Hook. f. = Lepeostegeres Blume ●☆
225650 Lepiphaia Raf. = Celosia L. ■
225651 Lepiphaia Raf. = Nevrolis Raf. ■
225652 Lepiphyllum Korth. ex Penzig = Salomonia Lour. (保留属名)■
225653 Lepipogon G. Bertol. = ? Tricalysia A. Rich. ex DC. ●
225654 Lepipogon G. Bertol. = Catunaregam Wolf ●
225655 Lepipogon obovatum G. Bertol. = Catunaregam obovata (Hochst.) A. E. Gonc. ●☆
225656 Lepirhiza P. et K. = Leperiza Herb. (废弃属名)■☆
225657 Lepirhiza Post et Kuntze = Urceolina Rchb. (保留属名)■☆
225658 Lepirodia Juss. = Lepyrodia R. Br. ■☆
225659 Lepironia Pers. (1805);石龙刍属(广蒲草属,蒲草属);Lepironia ■
225660 Lepironia Rich. = Lepironia Pers. ■
225661 Lepironia articulata (Retz.) Domin;石龙刍(广蒲草,蒲草);Common Lepironia ■
225662 Lepironia compressa Boeck. = Lepironia articulata (Retz.) Domin ■
225663 Lepironia compressa Boeck. = Lepironia mucronata Rich. var. compressa (Boeck.) E. G. Camus ■
225664 Lepironia mucronata Rich.;光果石龙刍(果石龙刍,香蒲);Mucronate Lepironia,Smoothfruit Lepironia ■
225665 Lepironia mucronata Rich. = Lepironia articulata (Retz.) Domin ■
225666 Lepironia mucronata Rich. var. compressa (Boeck.) E. G. Camus;短穗石龙刍;Shortspike Lepironia ■
225667 Lepironia muricata Rich. var. compressa (Boeck.) E. G. Camus = Lepironia articulata (Retz.) Domin ■
225668 Lepisanthes Blume(1825);鳞花木属;Lepisanthes ●
225669 Lepisanthes basicardia Radlk.;心叶鳞花木;Cordate Lepisanthes,Cordateleaf Lepisanthes,Cordate-leaved Lepisanthes ●
225670 Lepisanthes browniana Hiern;大叶鳞花木;Brown Lepisanthes, Largeleaf Lepisanthes ●
225671 Lepisanthes cauliflora C. F. Liang et S. L. Mo;茎花赤才;Stem-flower Lepisanthes ●
225672 Lepisanthes cauliflora C. F. Liang et S. L. Mo var. glabrifolia S. L. Mo et X. X. Lee;光叶茎花赤才;Glabrous-leaf Stem-flower Lepisanthes ●
225673 Lepisanthes fruticosa (Roxb.) Leenh.;灌木鳞花木;Lunan Nut ●☆
225674 Lepisanthes hainanensis H. S. Lo;鳞花木;Hainan Lepisanthes ●
225675 Lepisanthes montana Blume;山鳞花木;Wild Lepisanthes ●☆
225676 Lepisanthes oligophylla (Merr. et Chun) N. H. Xia et Gadek;赛木患;Fewleaf Aphania,Oligophyllous Aphania ●
225677 Lepisanthes rubiginosa (Roxb.) Leenh. = Erioglossum rubiginosum (Roxb.) Blume ●
225678 Lepisanthes senegalensis (Juss. ex Poir.) Leenh.;滇赤才;Jegidi,Red Aphania,Senegal Soapberry ●
225679 Lepisanthes senegalensis (Juss. ex Poir.) Leenh. = Sapindus senegalensis Juss. ex Poir. ●
225680 Lepisanthes senegalensis (Poir.) Leenh. = Aphania rubra (Roxb.) Radlk. ●
225681 Lepisanthes senegalensis (Poir.) Leenh. = Lepisanthes senegalensis (Juss. ex Poir.) Leenh. ●
225682 Lepisanthes tetraphylla (Vahl) Radlk.;四叶赤才;Fourleaf

Lepisanthes ●
225683 Lepisanthes unilocularis Leenh. = Otophora unilocularis (Leenh.) H. S. Lo ●◇
225684 Lepiscline Cass. = Helichrysum Mill. (保留属名) ●■
225685 Lepisclinum C. Presl = Lepisma E. Mey. ■☆
225686 Lepisia C. Presl = Tetraria P. Beauv. ■☆
225687 Lepisia ustulata (L.) C. Presl = Tetraria ustulata (L.) C. B. Clarke ■☆
225688 Lepisiphon Turcz. = Osteospermum L. ●■☆
225689 Lepisiphon dentatus Turcz. = Chrysanthemoides monilifera (L.) Norl. ●☆
225690 Lepisma E. Mey. = Annesorhiza Cham. et Schltdl. + Polemannia Eckl. et Zeyh. + Rhyticarpus Sond. ■☆
225691 Lepismium Pfeiff. (1835);鳞苇属(孔雀仙人掌属,鳞丝苇属,有斑苇属)●☆
225692 Lepismium Pfeiff. = Rhipsalis Gaertn. (保留属名) ●
225693 Lepismium commune Pfeiff.;鳞苇●☆
225694 Lepismium grandiflorum (Haw.) Backeb.;青苇■☆
225695 Lepismium paradoxum Salm-Dyck ex Pfeiff. = Rhipsalis paradoxa Salm-Dyck ■
225696 Lepismium warmingianum (Schum.) Barthlott;风月■
225697 Lepisperma Raf. = Spermolepis Raf. ■☆
225698 Lepistaehya Zipp. ex Miq. = Mapania Aubl. ■
225699 Lepistemon Blume(1826);鳞蕊藤属(鲜蕊藤属);Lepistemon ■
225700 Lepistemon africanus Oliv. = Lepistemon owariensis (P. Beauv.) Hallier f. ■☆
225701 Lepistemon binectarifer (Wall. ex Roxb.) Kuntze = Lepistemon binectarifer (Wall.) Kuntze ■
225702 Lepistemon binectarifer (Wall.) Kuntze;鳞蕊藤(鲜蕊藤);Twonectary Lepistemon ■
225703 Lepistemon binectarifer (Wall.) Kuntze var. trichocarpus (Gagnep.) Ooststr. = Lepistemon obscurus (Blanco) Merr. ■
225704 Lepistemon chevalieri Troch. = Lepistemon owariensis (P. Beauv.) Hallier f. ■☆
225705 Lepistemon decurrens Hand. -Mazz. = Merremia hirta (L.) Merr. ■
225706 Lepistemon flavescens Blume = Lepistemon binectarifer (Wall.) Kuntze ■
225707 Lepistemon glaber Hand. -Mazz. = Merremia hederacea (Burm. f.) Hallier f. ■
225708 Lepistemon intermedius Hallier f.;光滑鳞蕊藤(光滑鲜蕊藤,台湾鳞蕊藤,中间鳞蕊藤);Intermediate Lepistemon ■
225709 Lepistemon lignosus Dammer = Lepistemon owariensis (P. Beauv.) Hallier f. ■☆
225710 Lepistemon lobatus Pilg.;裂叶鳞蕊藤;Lobedleaf Lepistemon ■
225711 Lepistemon muricatus Spang. = Merremia hederacea (Burm. f.) Hallier f. ■
225712 Lepistemon obscurus (Blanco) Merr.;毛果鳞蕊藤(鲜蕊藤);Hairyfruited Twonectary Lepistemon ■
225713 Lepistemon obscurus (Blanco) Merr. = Lepistemon binectarifer (Wall.) Kuntze ■
225714 Lepistemon owariensis (P. Beauv.) Hallier f.;尾张鳞蕊藤■☆
225715 Lepistemon parviflorus Pilg.;小花鳞蕊藤■☆
225716 Lepistemon trichocarpus Gagnep. = Lepistemon binectarifer (Wall.) Kuntze var. trichocarpum (Gagnep.) Ooststr. ■
225717 Lepistemon trichocarpus Gagnep. = Lepistemon obscurus (Blanco) Merr. ■
225718 Lepistemon wallichii Choisy = Lepistemon binectarifer (Wall.) Kuntze ■
225719 Lepistemonopsis Dammer(1895);类鳞蕊藤属●☆
225720 Lepistemonopsis volkensii Dammer;类鳞蕊藤●☆
225721 Lepistichaceae Dulac = Cyperaceae Juss. (保留科名) ■
225722 Lepistoma Blume = Cryptolepis R. Br. ●
225723 Lepistoma Blume = Leposma Blume ●
225724 Lepitoma Steud. = Pleuropogon R. Br. ■☆
225725 Lepitoma Torr. ex Steud. = Pleuropogon R. Br. ■☆
225726 Lepiurus Dumort. = Lepturus R. Br. ■
225727 Leplaea Vermoesen = Guarea F. Allam. (保留属名) ●☆
225728 Leplaea coalescens Vermoesen = Leplaea mayombensis (Pellegr.) Staner ●☆
225729 Leplaea mayombensis (Pellegr.) Staner = Guarea mayombensis Pellegr. ●☆
225730 Leplaea mayombensis (Pellegr.) Staner = Leplaea coalescens Vermoesen ●☆
225731 Leporella A. S. George(1971);兔兰属■☆
225732 Leporella fimbriata (Lindl.) A. S. George;兔兰■☆
225733 Leposma Blume = Cryptolepis R. Br. ●
225734 Lepostegeres Tiegh. = Lepeostegeres Blume ●☆
225735 Lepsia Klotzsch = Begonia L. ●■
225736 Lepta Lour. = Evodia J. R. Forst. et G. Forst. ●
225737 Lepta triphylla Lour. = Melicope pteleifolia (Champ. ex Benth.) T. G. Hartley ●
225738 Leptacanthus Nees = Strobilanthes Blume ●■
225739 Leptactina Hook. f. (1871);细线茜属●☆
225740 Leptactina angolensis (Hutch.) Bullock ex I. Nogueira;安哥拉细线茜●☆
225741 Leptactina arnoldiana De Wild.;阿诺尔德细线茜●☆
225742 Leptactina arnoldiana De Wild. var. pubinervis Pellegr. = Leptactina arnoldiana De Wild. ●☆
225743 Leptactina baudonii De Wild. = Leptactina leopoldi-secundi Büttner ●☆
225744 Leptactina benguelensis (Benth. et Hook. f.) R. D. Good;本格拉细线茜●☆
225745 Leptactina benguelensis (Benth. et Hook. f.) R. D. Good subsp. pubescens Verdc.;短柔毛细线茜●☆
225746 Leptactina benguelensis (Benth. et Hook. f.) R. D. Good var. glabra R. D. Good = Leptactina benguelensis (Benth. et Hook. f.) R. D. Good ●☆
225747 Leptactina bussei K. Schum. et K. Krause = Leptactina delagoensis K. Schum. subsp. bussei (K. Schum. et K. Krause) Verdc. ●☆
225748 Leptactina delagoensis K. Schum.;迪拉果细线茜●☆
225749 Leptactina delagoensis K. Schum. subsp. bussei (K. Schum. et K. Krause) Verdc.;布瑟细线茜●☆
225750 Leptactina delagoensis K. Schum. subsp. grandiflora Verdc.;大花迪拉果细线茜●☆
225751 Leptactina densiflora Hook. f.;密花细线茜●☆
225752 Leptactina densiflora Hook. f. var. glabra Hutch. et Dalziel;光滑细线茜●☆
225753 Leptactina euclinoides K. Schum.;良托细线茜●☆
225754 Leptactina formosa K. Schum.;美丽细线茜●☆
225755 Leptactina heinsioides Hiern = Leptactina benguelensis (Benth. et Hook. f.) R. D. Good ●☆
225756 Leptactina hexamera K. Schum. = Leptactina platyphylla

(Hiern) Wernham ●☆
225757 Leptactina involucrata Hook. f. ;总苞细线茜●☆
225758 Leptactina klaineana Pierre = Leptactina latifolia K. Schum. ●☆
225759 Leptactina lanceolata K. Schum. = Leptactina benguelensis (Benth. et Hook. f.) R. D. Good subsp. pubescens Verdc. ●☆
225760 Leptactina latifolia K. Schum. ;宽叶细线茜●☆
225761 Leptactina laurentiana Dewèvre;洛朗细线茜●☆
225762 Leptactina leopoldi-secundi Büttner;单侧细线茜●☆
225763 Leptactina liebrechtsiana De Wild. et T. Durand;利布细线茜●☆
225764 Leptactina liebrechtsiana De Wild. et T. Durand var. mollis Robbr. ;柔软细线茜●☆
225765 Leptactina mannii Hook. f. ;曼氏细线茜●☆
225766 Leptactina oxyloba K. Schum. ;尖裂细线茜●☆
225767 Leptactina papyrophloea Verdc. ;纸皮细线茜●☆
225768 Leptactina platyphylla (Hiern) Wernham;非洲宽叶细线茜●☆
225769 Leptactina polyneura K. Krause;多脉细线茜●☆
225770 Leptactina prostrata K. Schum. ;平卧细线茜●☆
225771 Leptactina pynaertii De Wild. ;皮那细线茜●☆
225772 Leptactina schubotziana K. Krause;舒博细线茜●☆
225773 Leptactina senegambica Hook. f. ;塞内细线茜●☆
225774 Leptactina sereti De Wild. = Leptactina laurentiana Dewèvre ●☆
225775 Leptactina surongaensis De Wild. = Leptactina platyphylla (Hiern) Wernham ●☆
225776 Leptactina tessmannii K. Krause;泰斯曼细线茜●☆
225777 Leptactina tetraloba N. E. Br. = Leptactina benguelensis (Benth. et Hook. f.) R. D. Good ●☆
225778 Leptactinta Hook. f. = Leptactina Hook. f. ●☆
225779 Leptadenia R. Br. (1810);小腺萝藦属●☆
225780 Leptadenia abyssinica Decne. = Leptadenia arborea (Forssk.) Schweinf. ●☆
225781 Leptadenia arborea (Forssk.) Schweinf. ;树状小腺萝藦●☆
225782 Leptadenia clavipes S. Moore = Leptadenia arborea (Forssk.) Schweinf. ●☆
225783 Leptadenia cordata Hochst. ex Decne. = Leptadenia hastata (Pers.) Decne. ●☆
225784 Leptadenia delilei Decne. = Leptadenia arborea (Forssk.) Schweinf. ●☆
225785 Leptadenia ephedriformis Deflers = Periploca visciformis (Vatke) K. Schum. ●☆
225786 Leptadenia forskalii G. Don = Leptadenia arborea (Forssk.) Schweinf. ●☆
225787 Leptadenia glomerata K. Schum. = Aulacocalyx jasminiflora Hook. f. ●☆
225788 Leptadenia gracilis Decne. = Leptadenia pyrotechnica (Forssk.) Decne. ■☆
225789 Leptadenia hastata (Pers.) Decne. ;戟形小腺萝藦●☆
225790 Leptadenia heterophylla (Delile) Decne. = Leptadenia arborea (Forssk.) Schweinf. ●☆
225791 Leptadenia jacquemontiana Decne. = Leptadenia pyrotechnica (Forssk.) Decne. ■☆
225792 Leptadenia lancifolia (Schumach.) Decne. = Leptadenia hastata (Pers.) Decne. ■☆
225793 Leptadenia lancifolia (Schumach.) Decne. var. scabra Decne. = Leptadenia hastata (Pers.) Decne. ●☆
225794 Leptadenia pallida Hochst. = Leptadenia arborea (Forssk.) Schweinf. ●☆
225795 Leptadenia pyrotechnica (Forssk.) Decne. ;绳索小腺萝藦■☆
225796 Leptadenia schimperiana Hochst. = Leptadenia arborea (Forssk.) Schweinf. ●☆
225797 Leptadenia spartium Wight et Arn. = Leptadenia pyrotechnica (Forssk.) Decne. ■☆
225798 Leptadenia visciformis Vatke = Periploca visciformis (Vatke) K. Schum. ●☆
225799 Leptagrostis C. E. Hubb. (1937);刺毛叶草属■☆
225800 Leptagrostis schimperiana (Hochst.) C. E. Hubb. ;刺毛叶草■☆
225801 Leptalea D. Don ex Hook. et Arn. = Facelis Cass. ■☆
225802 Leptaleum DC. (1821);丝叶芥属;Leptaleum ■
225803 Leptaleum filifolium (Willd.) DC. ;丝叶芥;Filiform Leptaleum ■
225804 Leptaleum hamatum Hemsl. et Lace = Leptaleum filifolium (Willd.) DC. ■
225805 Leptaleum longisiliquosum Freyn et Sint. = Leptaleum filifolium (Willd.) DC. ■
225806 Leptaleum pygmaeum DC. = Leptaleum filifolium (Willd.) DC. ■
225807 Leptalium Sweet = Leptaleum DC. ■
225808 Leptalix Raf. = Fraxinus L. ●
225809 Leptaloe Stapf = Aloe L. ●■
225810 Leptaloe albida Stapf = Aloe albida (Stapf) Reynolds ●☆
225811 Leptaloe blyderivierensis Groenew. = Aloe minima Baker ●☆
225812 Leptaloe johnstonii Christian = Aloe myriacantha (Haw.) Schult. et Schult. f. ●☆
225813 Leptaloe minima (Baker) Stapf = Aloe minima Baker ●☆
225814 Leptaloe myriacantha (Haw.) Stapf = Aloe myriacantha (Haw.) Schult. et Schult. f. ●☆
225815 Leptaloe parviflora (Baker) Stapf = Aloe minima Baker ●☆
225816 Leptaloe saundersiae Reynolds = Aloe saundersiae (Reynolds) Reynolds ●☆
225817 Leptaminium Steud. = Leptamnium Raf. ■☆
225818 Leptamnium Raf. = Epifagus Nutt. (保留属名)■☆
225819 Leptamnium virginianum (L.) Raf. = Epifagus virginiana (L.) W. P. C. Barton ●☆
225820 Leptandra Nutt. = Veronicastrum Heist. ex Fabr. ■
225821 Leptandra sibirica Nutt. = Veronicastrum sibiricum (L.) Pennell ■
225822 Leptandra tubiflora (Fisch. et C. A. Mey.) Airy Shaw. = Veronicastrum tubiflorum (Fisch. et C. A. Mey.) H. Hara ■
225823 Leptandra virginica (L.) Nutt. = Veronicastrum virginicum (L.) Farw. ■☆
225824 Leptanthe Klotzsch = Arnebia Forssk. ●■
225825 Leptanthe Klotzsch = Macrotomia DC. ●☆
225826 Leptanthe macrostachya Klotzsch = Arnebia benthami (Wall. ex G. Don) I. M. Johnst. ■☆
225827 Leptanthes Wight ex Wall. = Hydrilla Rich. ■
225828 Leptanthis Haw. = Leptasea Haw. ■
225829 Leptanthis Haw. = Saxifraga L. ■
225830 Leptanthus Michx. = Heterandra P. Beauv. ■☆
225831 Leptanthus Michx. = Heteranthera Ruiz et Pav. (保留属名)■☆
225832 Leptanthus ovalis Michx. = Heteranthera limosa (Sw.) Willd. ■☆
225833 Leptargyreia Schltdl. = Shepherdia Nutt. (保留属名)●☆
225834 Leptarrhena R. Br. (1823);弱雄虎耳草属■☆

225835 Leptarrhena amplexifolia (Sternb.) Ser.;弱雄虎耳草■☆
225836 Leptasea Haw. = Saxifraga L. ■
225837 Leptasea bronchialis (L.) Kom. = Saxifraga bronchialis L. ■
225838 Leptasea hirculus (L.) Small = Saxifraga hirculus L. ■
225839 Leptaspis R. Br. (1810);囊稃竹属(囊稃草属,囊秀竹属)■
225840 Leptaspis banksii R. Br.;囊稃竹(囊稃草,囊秀竹)■
225841 Leptaspis cochleata Thwaites = Leptaspis zeylanica Nees ex Steud. ■☆
225842 Leptaspis conchifera Hack. = Leptaspis zeylanica Nees ex Steud. ■☆
225843 Leptaspis cumingii Steud. = Leptaspis banksii R. Br. ■
225844 Leptaspis formosana C. C. Hsu = Leptaspis banksii R. Br. ■
225845 Leptaspis sessilis Ohwi = Leptaspis banksii R. Br. ■
225846 Leptaspis umbrosa Balansa = Leptaspis banksii R. Br. ■
225847 Leptaspis zeylanica Nees ex Steud.;锡兰囊稃竹■☆
225848 Leptatherum Nees = Microstegium Nees ■
225849 Leptatherum bequaertii (De Wild.) Robyns = Microstegium vagans (Nees ex Steud.) A. Camus ■
225850 Leptatherum japonicum (Miq.) Franch. et Sav. = Microstegium japonicum (Miq.) Koidz. ■
225851 Leptatherum japonicum Franch. et Sav. = Microstegium japonicum (Miq.) Koidz. ■
225852 Leptatherum royleanum Nees = Microstegium nudum (Trin.) A. Camus ■
225853 Leptatriphylla Lour. = Evodia lepta (Spreng.) Merr. ●
225854 Leptaulaceae Tiegh. = Cardio 删掉 Blume(保留科名)●■
225855 Leptaulaceae Tiegh. = Icacinaceae Miers(保留科名)●■
225856 Leptaulus Benth. (1862);瘦茱萸属●☆
225857 Leptaulus congolanus (Baill.) Lobr.-Callen et Villiers = Leptaulus zenkeri Engl. ●☆
225858 Leptaulus daphnoides Benth.;瘦弱茱萸●☆
225859 Leptaulus gossweileri Cavaco = Leptaulus holstii (Engl.) Engl. ●☆
225860 Leptaulus grandifolius Engl.;大叶瘦弱茱萸●☆
225861 Leptaulus holstii (Engl.) Engl.;霍尔瘦弱茱萸●☆
225862 Leptaulus vilhenae Cavaco = Leptaulus zenkeri Engl. ●☆
225863 Leptaulus zenkeri Engl.;蔡克瘦弱茱萸●☆
225864 Leptaxis Raf. (废弃属名) = Tolmiea Torr. et A. Gray(保留属名)■☆
225865 Leptecophylla C. M. Weiller(1999);林檎石南属●☆
225866 Leptecophylla abietina (Labill.) C. M. Weiller;林檎石南●☆
225867 Lepteiris Raf. (废弃属名) = Penstemon Schmidel ●■
225868 Leptemon Raf. = Crotonopsis Michx. ●☆
225869 Lepteranthus Neck. = Centaurea L. (保留属名)●■
225870 Lepteranthus Neck. ex Cass. = Centaurea L. (保留属名)●■
225871 Lepterica N. E. Br. = Scyphogyne Decne. ●☆
225872 Lepterica tenuis (Benth.) N. E. Br. = Erica miniscula E. G. H. Oliv. ●☆
225873 Leptica E. Mey. ex DC. = Gerbera L. (保留属名)■
225874 Leptidium C. Presl = Leptis E. Mey. ex Eckl. et Zeyh. ■
225875 Leptidium C. Presl = Lotononis (DC.) Eckl. et Zeyh. (保留属名)■
225876 Leptidium debile (Eckl. et Zeyh.) C. Presl = Lotononis umbellata (L.) Benth. ●☆
225877 Leptidium filicaule (Eckl. et Zeyh.) C. Presl = Lotononis decumbens (Thunb.) B.-E. van Wyk ■●☆
225878 Leptidium molle (E. Mey.) C. Presl = Lotononis mollis (E. Mey.) Benth. ■●☆
225879 Leptidium tenellum (E. Mey.) C. Presl = Lotononis tenella (E. Mey.) Eckl. et Zeyh. ●☆
225880 Leptidium versicolor (E. Mey.) C. Presl = Lotononis decumbens (Thunb.) B.-E. van Wyk ■●☆
225881 Leptilix Raf. = Tofieldia Huds. ■
225882 Leptilon Raf. = Erigeron L. ■●
225883 Leptilon Raf. ex Britton et Brown = Caenotus (Nutt.) Raf. ■
225884 Leptilon canadense (L.) Britton = Conyza canadensis (L.) Cronquist ■
225885 Leptilon divaricatum (Michx.) Raf. = Conyza ramosissima Cronquist ■☆
225886 Leptinella Cass. (1822);异柱菊属■☆
225887 Leptinella Cass. = Cotula L. ■
225888 Leptinella atrata (Hook. f.) D. G. Lloyd et C. J. Webb;暗花异柱菊■☆
225889 Leptinella atrata (Hook. f.) D. G. Lloyd et C. J. Webb subsp. luteola (D. G. Lloyd) D. G. Lloyd et C. J. Webb;黄蕊异柱菊■☆
225890 Leptinella gruveri ?;新西兰异柱菊;New Zealand Brass Buttons ■☆
225891 Leptis E. Mey. ex Eckl. et Zeyh. = Lotononis (DC.) Eckl. et Zeyh. (保留属名)■
225892 Leptis debilis Eckl. et Zeyh. = Lotononis prolifera (E. Mey.) B.-E. van Wyk ■☆
225893 Leptis filicaulis Eckl. et Zeyh. = Lotononis decumbens (Thunb.) B.-E. van Wyk ■●☆
225894 Leptis mollis (E. Mey.) Benth. = Lotononis mollis (E. Mey.) Benth. ■●☆
225895 Leptobaea Benth. (1876);细蒴苣苔属;Leptoboea ●
225896 Leptobaea multiflora (C. B. Clarke) C. B. Clarke;细蒴苣苔;Flowery Leptoboea, Manyflower Leptoboea ●
225897 Leptobasis Dulac = Hugueninia Rchb. (废弃属名)■
225898 Leptobasis Dulac = Sisymbrium L. ■
225899 Leptobeaua Post et Kuntze = Leptoboea C. B. Clarke ●
225900 Leptoboea Benth. = Leptobaea Benth. ●
225901 Leptoboea C. B. Clarke = Leptobaea Benth. ●
225902 Leptobotrys Baill. = Tragia L. ●☆
225903 Leptocallis G. Don = Ipomoea L. (保留属名)●■
225904 Leptocallisia (Benth.) Pichon = Aploleia Raf. ■☆
225905 Leptocallisia (Benth.) Pichon = Callisia Loefl. ■☆
225906 Leptocallisia (Bentha. et Hook. f.) Pichon = Aploleia Raf. ■☆
225907 Leptocallisia (Bentha. et Hook. f.) Pichon = Callisia Loefl. ■☆
225908 Leptocallisia multiflora (M. Martens & Galeotti) Pichon = Commelina multiflora M. Martens & Galeotti. ■☆
225909 Leptocanna (Rendle) L. C. Chia et H. L. Fung = Schizostachyum Nees ●
225910 Leptocanna (Rendle) L. C. Chia et H. L. Fung (1981);薄竹属;Leptocanna ●★
225911 Leptocanna chinensis (Rendle) L. C. Chia et H. L. Fung = Schizostachyum chinense Rendle ●
225912 Leptocarpaea DC. = Sisymbrium L. ■
225913 Leptocarpha DC. (1836);薄托菊属■●☆
225914 Leptocarpha Endl. = Helenium L. ■
225915 Leptocarpha Endl. = Leptophora Raf. ■
225916 Leptocarpha rivularis DC.;薄托菊■☆
225917 Leptocarpus R. Br. (1810)(保留属名);薄果帚灯草属;Thinfruitgrass ■
225918 Leptocarpus R. Br. (保留属名) = Dapsilanthus B. G. Briggs et

L. A. S. Johnson ■
225919 Leptocarpus Willd. ex Link = Tamonea Aubl. ■●☆
225920 Leptocarpus andreaeanus Pillans = Calopsis andreaeana (Pillans) H. P. Linder ■☆
225921 Leptocarpus asper (Mast.) Pillans = Calopsis aspera (Mast.) H. P. Linder ■☆
225922 Leptocarpus brachiatus Mast. = Restio brachiatus (Mast.) Pillans ■☆
225923 Leptocarpus burchellii Mast. = Calopsis burchellii (Mast.) H. P. Linder ■☆
225924 Leptocarpus chilensis (Gay) Mast.;智利薄果帚灯草■☆
225925 Leptocarpus cymosus Mast. = Restio cymosus (Mast.) Pillans ■☆
225926 Leptocarpus disjunctus Mast. = Dapsilanthus disjunctus (Mast.) B. G. Briggs et L. A. S. Johnson ■
225927 Leptocarpus distichus (Rottb.) Pillans = Restio distichus Rottb. ■☆
225928 Leptocarpus divaricatus Mast. = Restio tuberculatus Pillans ■☆
225929 Leptocarpus dsijunctus Mast. = Dapsilanthus disjunctus (Mast.) B. G. Briggs et L. A. S. Johnson ■
225930 Leptocarpus esterhuyseniae Pillans = Calopsis esterhuyseniae (Pillans) H. P. Linder ■☆
225931 Leptocarpus festucaceus (Kunth) Mast. = Calopsis viminea (Rottb.) H. P. Linder ■☆
225932 Leptocarpus fruticosus Mast. = Calopsis fruticosa (Mast.) H. P. Linder ■☆
225933 Leptocarpus gracilis (Mast.) Pillans = Calopsis gracilis (Mast.) H. P. Linder ■☆
225934 Leptocarpus hyalinus (Mast.) Pillans = Calopsis hyalina (Mast.) H. P. Linder ■☆
225935 Leptocarpus impolitus (Kunth) Pillans = Calopsis impolita (Kunth) H. P. Linder ■☆
225936 Leptocarpus incurvatus (Thunb.) Mast. = Willdenowia incurvata (Thunb.) H. P. Linder ■☆
225937 Leptocarpus incurvatus Pillans = Calopsis viminea (Rottb.) H. P. Linder ■☆
225938 Leptocarpus intermedius Pillans = Restio degenerans Pillans ■☆
225939 Leptocarpus levynsiae Pillans = Calopsis levynsiae (Pillans) H. P. Linder ■☆
225940 Leptocarpus marlothii Pillans = Calopsis marlothii (Pillans) H. P. Linder ■☆
225941 Leptocarpus membranaceus Pillans = Calopsis membranacea (Pillans) H. P. Linder ■☆
225942 Leptocarpus modestus (Kunth) Mast. = Rhodocoma fruticosa (Thunb.) H. P. Linder ■☆
225943 Leptocarpus monostylis Pillans = Calopsis monostylis (Pillans) H. P. Linder ■☆
225944 Leptocarpus muirii Pillans = Calopsis muirii (Pillans) H. P. Linder ■☆
225945 Leptocarpus neglectus (Hochst.) Mast. = Restio multiflorus Spreng. ■☆
225946 Leptocarpus nudiflorus Pillans = Calopsis nudiflora (Pillans) H. P. Linder ■☆
225947 Leptocarpus oxylepis (Kunth) Mast. = Calopsis viminea (Rottb.) H. P. Linder ■☆
225948 Leptocarpus paniculatus (Rottb.) Mast. = Calopsis paniculata (Rottb.) Desv. ■☆
225949 Leptocarpus parkeri Pillans = Restio festuciformis Mast. ■☆
225950 Leptocarpus peronatus (Kunth) Mast. = Calopsis viminea (Rottb.) H. P. Linder ■☆
225951 Leptocarpus peronatus (Kunth) Mast. var. hirtellus ? = Calopsis viminea (Rottb.) H. P. Linder ■☆
225952 Leptocarpus ramosissimus Pillans = Calopsis gracilis (Mast.) H. P. Linder ■☆
225953 Leptocarpus rattrayi Pillans = Hydrophilus rattrayi (Pillans) H. P. Linder ■☆
225954 Leptocarpus rigidus Mast. = Calopsis rigida (Mast.) H. P. Linder ■☆
225955 Leptocarpus sanaensis Masam. = Dapsilanthus disjunctus (Mast.) B. G. Briggs et L. A. S. Johnson ■
225956 Leptocarpus secundus Pillans = Restio secundus (Pillans) H. P. Linder ■☆
225957 Leptocarpus stokoei Pillans = Restio pillansii H. P. Linder ■☆
225958 Leptocarpus vimineus (Rottb.) Pillans = Calopsis viminea (Rottb.) H. P. Linder ■☆
225959 Leptocarpus vimineus (Rottb.) Pillans var. hirtellus (Kunth) Pillans = Calopsis viminea (Rottb.) H. P. Linder ■☆
225960 Leptocarydion Hochst. ex Benth. et Hook. f. = Leptocarydion Hochst. ex Stapf ■☆
225961 Leptocarydion Hochst. ex Stapf(1898);小颖果草属■☆
225962 Leptocarydion Stapf = Leptocarydion Hochst. ex Stapf ■☆
225963 Leptocarydion vulpiastrum (De Not.) Stapf;小颖果草■☆
225964 Leptocaulis Nutt. ex DC. = Apium L. ■
225965 Leptocaulis Nutt. ex DC. = Spermolepis Raf. ■☆
225966 Leptocentrum Schltr. = Plectrelminthus Raf. ■☆
225967 Leptocentrum Schltr. = Rangaeris (Schltr.) Summerh. ■☆
225968 Leptocentrum schliebenii Mansf. = Rangaeris schliebenii (Mansf.) P. J. Cribb ■☆
225969 Leptocentrum spiculatum (Finet) Schltr. = Aerangis spiculata (Finet) Senghas ■☆
225970 Leptoceras (R. Br.) Lindl. = Caladenia R. Br. ■☆
225971 Leptoceras Fitzg. = Leporella A. S. George ■☆
225972 Leptoceras Lindl. = Caladenia R. Br. ■☆
225973 Leptocercus Raf. = Lepturus R. Br. ■
225974 Leptocereus (A. Berger) Britton et Rose(1909);细阁柱属●☆
225975 Leptocereus Britton et Rose = Leptocereus (A. Berger) Britton et Rose ●☆
225976 Leptocereus Raf. = Leptocercus Raf. ■
225977 Leptocereus Raf. = Lepturus R. Br. ■
225978 Leptocereus assurgens (Wright ex Griseb.) Britton et Rose;细阁柱●☆
225979 Leptochiton Sealy = Hymenocallis Salisb. ■
225980 Leptochiton Sealy. (1937);安第斯石蒜属■☆
225981 Leptochiton quitoensis (Herb.) Sealy.;安第斯石蒜■☆
225982 Leptochlaena Spreng. = Leptolaena Thouars ●☆
225983 Leptochloa P. Beauv. (1812);千金子属;Beetle-grass, Feather Grass, Sprangletop, Sprangle-top ■
225984 Leptochloa acuminata (Nash) Mohlenbr. = Leptochloa fusca (L.) Kunth subsp. fascicularis (Lam.) N. Snow ■☆
225985 Leptochloa appletonii Stapf = Coelachyrum yemenicum (Schweinf.) S. M. Phillips ■☆
225986 Leptochloa arabica (Jacq.) Kunth = Dinebra retroflexa (Forssk. ex Vahl) Panz. ■
225987 Leptochloa bipinnata (L.) Hochst. = Desmostachya bipinnata

(L.) Stapf ■

225988 Leptochloa capillacea P. Beauv. = Leptochloa chinensis (L.) Nees ■

225989 Leptochloa chinensis (L.) Nees;千金子(油草,油麻);China Sprangletop,Chinese Sprangletop,Red Sprangle-top ■

225990 Leptochloa chloridiformis (Hack.) Parodi;阿根廷千金子;Argentine Sprangletop ■☆

225991 Leptochloa ciliata Peter = Trichoneura ciliata (Peter) S. M. Phillips ■☆

225992 Leptochloa coerulescens Steud.;浅蓝千金子■☆

225993 Leptochloa decipiens (R. Br.) Druce;澳洲千金子;Australian Sprangletop ■☆

225994 Leptochloa decipiens (R. Br.) Stapf ex Maiden subsp. peacockii (Maiden et Betche) N. Snow;皮氏澳洲千金子;Peacock Sprangletop ■☆

225995 Leptochloa digitata (R. Br.) Domin;指状千金子;Finger Sprangletop ■☆

225996 Leptochloa divaricatissima S. T. Blake;广布千金子;Spreading Sprangletop ■☆

225997 Leptochloa dubia (Kunth) Nees;可疑千金子;Green Sprangletop ■☆

225998 Leptochloa falcata (Hack.) Rendle = Pogonarthria squarrosa (Roem. et Schult.) Pilg. ■☆

225999 Leptochloa fascicularis (Lam.) A. Gray = Leptochloa fusca (L.) Kunth subsp. fascicularis (Lam.) N. Snow ■☆

226000 Leptochloa fascicularis (Lam.) A. Gray = Leptochloa fusca (L.) Kunth ■

226001 Leptochloa fascicularis (Lam.) A. Gray var. acuminata (Nash) Gleason = Leptochloa fusca (L.) Kunth subsp. fascicularis (Lam.) N. Snow ■☆

226002 Leptochloa filiformis (Lam.) P. Beauv. = Leptochloa mucronata (Michx.) Kunth ■☆

226003 Leptochloa filiformis (Lam.) P. Beauv. = Leptochloa panicea (Retz.) Ohwi ■

226004 Leptochloa filiformis (Lam.) P. Beauv. var. attenuata (Nutt.) Steyerm. et C. Kucera = Leptochloa panicea (Retz.) Ohwi ■

226005 Leptochloa fusca (L.) Kunth;双稃草;Bearded Sprangletop, Bearded Sprangle-top, Brown Beetle-grass, Common Diplachne, Diplachne, Fuscous Sprangletop, Mexican Spangletop ■

226006 Leptochloa fusca (L.) Kunth = Diplachne fusca (L.) P. Beauv. ■

226007 Leptochloa fusca (L.) Kunth = Diplachne malabarica (L.) Merr. ■

226008 Leptochloa fusca (L.) Kunth subsp. fascicularis (Lam.) N. Snow;南美双稃草(束序双稃草);Bearded Sprangle-top, South American Diplachne ■☆

226009 Leptochloa fusca (L.) Kunth subsp. uninerva (J. Presl) N. Snow;单脉双稃草■☆

226010 Leptochloa gigantea (Launert) Cope et N. Snow;巨大千金子■☆

226011 Leptochloa grandiglumis Nees = Trichoneura grandiglumis (Nees) Ekman ■☆

226012 Leptochloa laurentii De Wild. = Leptochloa uniflora Hochst. ex A. Rich. ■☆

226013 Leptochloa longiglumis Hitchc. = Trichoneura mollis (Kunth) Ekman ■☆

226014 Leptochloa mala-barica (L.) Veldkamp = Leptochloa fusca (L.) Kunth ■

226015 Leptochloa mollis Kunth = Trichoneura mollis (Kunth) Ekman ■☆

226016 Leptochloa mucronata (Michx.) Kunth;短尖千金子■☆

226017 Leptochloa mucronata (Michx.) Kunth = Leptochloa panicea (Retz.) Ohwi ■

226018 Leptochloa neuroglossa Eichinger = Leptochloa fusca (L.) Kunth ■

226019 Leptochloa neuroglossa Eichinger ex Peter = Leptochloa fusca (L.) Kunth ■

226020 Leptochloa obtusiflora Hochst.;钝叶千金子■☆

226021 Leptochloa panicea (Retz.) Ohwi;虮子草;Mississippi Spangletop, Nit Sprangletop, Red Sprangletop ■

226022 Leptochloa panicoides (J. Presl) Hitchc.;拟虮子草;Amazon Sprangletop ■☆

226023 Leptochloa plectostachya K. Schum. = Cynodon plectostachyus (K. Schum.) Pilg. ■☆

226024 Leptochloa plumosa Andersson = Leptocarydion vulpiastrum (De Not.) Stapf ■☆

226025 Leptochloa racemosa K. Heyne ex Roth et Schult. = Acrachne racemosa (K. Heyne ex Roth et Schult.) Ohwi ■

226026 Leptochloa rupestris C. E. Hubb.;岩生千金子■☆

226027 Leptochloa scabra Nees;粗糙千金子■☆

226028 Leptochloa schimperana Hochst. = Acrachne racemosa (Roem. et Schult.) Ohwi ■

226029 Leptochloa setacea Hochst. = Tripogon leptophyllus (A. Rich.) Cufod. ■☆

226030 Leptochloa squarrosa Pilg.;粗鳞千金子■☆

226031 Leptochloa tenerrima (Hornem.) Roem. et Schult. = Leptochloa chinensis (L.) Nees ■

226032 Leptochloa tenerrima (Hornem.) Roem. et Schult. = Leptochloa panicea (Retz.) Ohwi ■

226033 Leptochloa uniflora Hochst. ex A. Rich.;单花千金子■☆

226034 Leptochloa uninervia (J. Presl) Hitchc. et Chase = Leptochloa fusca (L.) Kunth ■

226035 Leptochloa uninervia (J. Presl) Hitchc. et Chase = Leptochloa fusca (L.) Kunth subsp. uninerva (J. Presl) N. Snow ■☆

226036 Leptochloa virgata (L.) P. Beauv.;牙买加千金子(热带千金子,细长千金子);Tropical Sprangletop ■☆

226037 Leptochloa yemensis Schweinf. ex Penz.;也门千金子■☆

226038 Leptochloopsis H. O. Yates(1966);类千金子属■☆

226039 Leptochloopsis H. O. Yates = Uniola L. ■☆

226040 Leptochloopsis virgata (Poir.) H. O. Yates;类千金子■☆

226041 Leptochloris Kuntze = Trichloris E. Fourn. ex Benth. ■☆

226042 Leptochloris Munro ex Kuntze = Chloris Sw. ●■

226043 Leptocladia Buxb. = Leptocladodia Buxb. ●

226044 Leptocladia Buxb. = Mammillaria Haw. (保留属名)●

226045 Leptocladodia Buxb. = Mammillaria Haw. (保留属名)●

226046 Leptocladus Oliv. = Mostuea Didr. ●☆

226047 Leptocladus thomsonii Oliv. = Mostuea brunonis Didr. ●☆

226048 Leptoclinium (Nutt.) A. Gray = Garberia A. Gray ●☆

226049 Leptoclinium (Nutt.) Benth. = Leptoclinium Gardner ex Benth. et Hook. f. ●☆

226050 Leptoclinium (Nutt.) Benth. et Hook. f. = Leptoclinium Gardner ex Benth. et Hook. f. ●☆

226051 Leptoclinium Benth. = Leptoclinium Gardner ex Benth. et Hook. f. ●☆

226052 Leptoclinium Benth. et Hook. f. = Leptoclinium Gardner ex Benth. et Hook. f. ●☆

226053 Leptoclinium Gardner ex Benth. et Hook. f. (1873);落冠修泽兰属●☆

226054 Leptoclinium trichotomum (Gardner) Benth. ex Baker;落冠修泽兰■☆

226055 Leptocnemia Nutt. ex Torr. et A. Gray = Cymopterus Raf. ■☆

226056 Leptocnide Blume = Pouzolzia Gaudich. ●■

226057 Leptocodon (Hook. f. et Thomson) Lem. = Leptocodon (Hook. f.) Lem. ■

226058 Leptocodon (Hook. f.) Lem. (1856);薄钟花属(细钟花属);Leptocodon ■

226059 Leptocodon (Hook.) Lem. = Leptocodon (Hook. f.) Lem. ■

226060 Leptocodon Lem. = Leptocodon (Hook. f.) Lem. ■

226061 Leptocodon Sond. = Treichelia Vatke ■☆

226062 Leptocodon gracilis (Hook. f. et Thomson) Lem.;薄钟花(细钟花);Slender Leptocodon ■●

226063 Leptocodon gracilis (Hook. f.) Lem. = Leptocodon gracilis (Hook. f. et Thomson) Lem. ■●

226064 Leptocodon hirsutus D. Y. Hong;毛薄钟花(毛细钟花);Hairy Leptocodon ●

226065 Leptocodon longebracteatus (H. Buek) Sond. = Treichelia longebracteata (H. Buek) Vatke ■☆

226066 Leptocoma Less. = Rhynchospermum Reinw. ex Blume ■

226067 Leptocoma racemosa Less. = Rhynchospermum verticillatum Reinw. ex Blume ■

226068 Leptocoryphium Nees = Anthenantia P. Beauv. ■☆

226069 Leptocoryphium Nees(1829);薄盔禾属■☆

226070 Leptocoryphium lanatum (Kunth) Nees;薄盔禾■☆

226071 Leptocytisus Meisn. = Latrobea Meisn. ■☆

226072 Leptodactylon Hook. et Arn. (1839);细指花荵属■☆

226073 Leptodactylon Hook. et Arn. = Linanthus Benth. ■☆

226074 Leptodaphne Nees = Ocotea Aubl. ●☆

226075 Leptodermis Wall. (1824);野丁香属(薄皮木属);Leptodermis, Wildclove ●

226076 Leptodermis beichuanensis H. S. Lo;川北野丁香;N. Sichuan Wildclove, North Sichuan Leptodermis ●

226077 Leptodermis brevisepala H. S. Lo;短萼野丁香;Short-sepal Leptodermis, Short-sepal Wildclove ●

226078 Leptodermis buxifolia H. S. Lo;黄杨叶野丁香;Boxleaf Leptodermis, Boxleaf Wildclove ●

226079 Leptodermis buxifolia H. S. Lo f. strigosa H. S. Lo;雅江野丁香;Yajiang Leptodermis, Yajiang Wildclove ●

226080 Leptodermis chanetii H. Lév. = Leptodermis oblonga Bunge ●

226081 Leptodermis dielsiana H. Winkl.;丽江野丁香;Diels Leptodermis, Lijiang Leptodermis, Lijiang Wildclove ●

226082 Leptodermis diffusa Batalin;文水野丁香;Wenshui Leptodermis, Wenshui Wildclove ●

226083 Leptodermis esquirolii H. Lév. = Leptodermis potaninii Batalin var. tomentosa H. Winkl. ●

226084 Leptodermis forrestii Diels;高山野丁香(白毛野丁香);Forrest Leptodermis, Forrest Wildclove ●

226085 Leptodermis fusca H. Winkl. = Leptodermis pilosa Diels ●

226086 Leptodermis glauca Diels = Leptodermis potaninii Batalin var. glauca (Diels) H. Winkl. ●

226087 Leptodermis glomerata Hutch.;聚花野丁香;Glomerate Leptodermis, Glomerate Wildclove ●

226088 Leptodermis gracilis C. E. C. Fisch.;柔枝野丁香;Clustered Leptodermis, Thin-branch Leptodermis, Thin-branch Wildclove ●

226089 Leptodermis gracilis C. E. C. Fisch. var. longiflora H. S. Lo;长花野丁香;Long-flower Thin-branch Leptodermis, Long-flower Wildclove ●

226090 Leptodermis handeliana H. Winkl. ex Hand.-Mazz.;汉氏野丁香(川南野丁香);S. Sichuan Wildclove, South Sichuan Leptodermis ●

226091 Leptodermis hirsutiflora H. S. Lo;拉萨野丁香;Hirsute-flower Leptodermis, Hirsute-flower Wildclove ●

226092 Leptodermis hirsutiflora H. S. Lo var. ciliata H. S. Lo;光萼野丁香;Hirsute-flower Leptodermis, Smooth-calyx Leptodermis, Smooth-calyx Wildclove ●

226093 Leptodermis huashanica H. S. Lo;华山野丁香;Huashan Leptodermis, Huashan Wildclove ●

226094 Leptodermis kumaonensis R. Parker;吉隆野丁香;Jilong Leptodermis, Jilong Wildclove ●

226095 Leptodermis lanata H. S. Lo;绵毛野丁香;Woolly Leptodermis, Woolly Wildclove ●

226096 Leptodermis lanceolata Wall.;披针叶野丁香(光叶野丁香);Lanceolate Leptodermis, Lanceolate Wildclove ●

226097 Leptodermis limprichtii H. Winkl.;川南野丁香(天全野丁香);S. Sichuan Wildclove, South Sichuan Leptodermis ●

226098 Leptodermis mairei H. Lév. = Leptodermis pilosa Diels var. glabrescens H. Winkl. ●

226099 Leptodermis microphylla (H. Winkl.) H. Winkl.;小叶野丁香(细叶野丁香);Littleleaf Leptodermis, Littleleaf Wildclove, Microphyllous Leptodermis ●

226100 Leptodermis microphylla (H. Winkl.) H. Winkl. = Leptodermis pilosa Diels ●

226101 Leptodermis motsouensis H. Lév. = Leptodermis potaninii Batalin var. glauca (Diels) H. Winkl. ●

226102 Leptodermis nervosa Hutch. = Serissa serissoides (DC.) Druce ●

226103 Leptodermis nigricans H. Winkl. = Leptodermis nigricans H. Winkl. et Fedde ●

226104 Leptodermis nigricans H. Winkl. et Fedde;糙毛野丁香(变黑野丁香);Black Leptodermis, Black Wildclove, Nigrescent Leptodermis ●

226105 Leptodermis nigricans H. Winkl. et Fedde = Leptodermis potaninii Batalin ●

226106 Leptodermis oblonga Bunge;薄皮木(白柴);China Wildclove, Chinese Leptodermis ●

226107 Leptodermis oblonga Bunge = Leptodermis ovata H. Winkl. ●

226108 Leptodermis oblonga Bunge var. leptophylla H. Winkl. = Leptodermis oblonga Bunge ●

226109 Leptodermis ordosica H. C. Fu et E. W. Ma;内蒙古野丁香(内蒙野丁香);Ordos Leptodermis, Ordos Wildclove ●◇

226110 Leptodermis ovata H. Winkl.;卵叶野丁香(野丁香);Ovateleaf Leptodermis, Ovateleaf Wildclove, Ovate-leaved Leptodermis ●

226111 Leptodermis parkeri Dunn;大叶野丁香;Big-leaf Leptodermis, Big-leaf Wildclove ●

226112 Leptodermis parvifolia Hutch.;瓦山野丁香;Washan Leptodermis, Washan Wildclove ●

226113 Leptodermis pilosa Diels;长毛野丁香(川滇野丁香,毛野丁香,石楠);Pilose Leptodermis, Soft Hair Leptodermis, Wildclove ●

226114 Leptodermis pilosa Diels var. acanthoclada H. S. Lo;刺枝野丁香;Spinebranch Wildclove ●

226115 Leptodermis pilosa Diels var. glabrescens H. Winkl.;光叶野丁香(渐光野丁香);Glabrescent Leptodermis, Glabrescent Wildclove ●

226116 Leptodermis pilosa Diels var. microphylla H. Winkl.;小叶长毛野丁香;Small-leaf Leptodermis ●

226117 Leptodermis pilosa Diels var. microphylla H. Winkl. = Leptodermis microphylla (H. Winkl.) H. Winkl. ●

226118 Leptodermis pilosa Diels var. microphylla H. Winkl. = Leptodermis pilosa Diels ●

226119 Leptodermis pilosa Diels var. spicatiformis H. S. Lo;穗花野丁香;Spicate Soft Hair Leptodermis, Spicate Soft Hair Wildclove ●

226120 Leptodermis potaninii Batalin;野丁香;Chinese Leptodermis, Potanin Leptodermis, Potanin Wildclove ●

226121 Leptodermis potaninii Batalin var. angustifolia H. S. Lo;狭叶野丁香;Narrowleaf Potanin Leptodermis, Narrowleaf Potanin Wildclove ●

226122 Leptodermis potaninii Batalin var. glauca (Diels) H. Winkl.;粉背野丁香(粉绿野丁香,野丁香);Glaucous Leptodermis, Glaucous Wildclove ●

226123 Leptodermis potaninii Batalin var. rufa H. Winkl. = Leptodermis potaninii Batalin var. tomentosa H. Winkl. ●

226124 Leptodermis potaninii Batalin var. tomentosa H. Winkl.;绒毛野丁香;Tomentose Leptodermis, Tomentose Wildclove ●

226125 Leptodermis pulchella Yatabe;紫丁花;Beautiful Leptodermis, Pretty Leptodermis ●☆

226126 Leptodermis pumila H. S. Lo;矮小野丁香;Low Leptodermis, Low Wildclove ●

226127 Leptodermis purdomii Hutch.;西南野丁香(甘肃野丁香);Purdom Leptodermis, Purdom Wildclove ●

226128 Leptodermis rehderiana H. Winkl.;白毛野丁香;Rehder's Leptodermis, Rehder's Wildclove ●

226129 Leptodermis scabrida Hook. f.;糙叶野丁香;Rough-leaf Leptodermis, Rough-leaf Wildclove ●

226130 Leptodermis schneideri H. Winkl.;纤枝野丁香(搜山虎);Schneider Leptodermis, Schneider Wildclove ●

226131 Leptodermis schneideri H. Winkl. var. hutchinsoni H. Winkl. = Leptodermis schneideri H. Winkl. ●

226132 Leptodermis scissa H. Winkl.;撕裂野丁香;Torn Leptodermis ●

226133 Leptodermis tomentella (Franch.) H. Winkl.;毛野丁香(蒙自野丁香);Hairy Leptodermis, Hairy Wildclove ●

226134 Leptodermis tongtchouanensis H. Lév. = Leptodermis potaninii Batalin var. tomentosa H. Winkl. ●

226135 Leptodermis tubicalyx H. S. Lo;管萼野丁香;Tube-calyx Leptodermis, Tube-calyx Wildclove ●

226136 Leptodermis umbellata Batalin;伞花野丁香;Umbellate Leptodermis, Umbellate Wildclove ●

226137 Leptodermis velutiniflora H. S. Lo;毛花野丁香;Hairy-flower Leptodermis, Hairy-flower Wildclove ●

226138 Leptodermis velutiniflora H. S. Lo var. tenera H. S. Lo;薄叶野丁香;Thinleaf Leptodermis, Thinleaf Wildclove ●

226139 Leptodermis vestita Hemsl. ex Forbes et Hemsl.;广东野丁香;Clothed Leptodermis, Clothed Wildclove ●

226140 Leptodermis virgata Edgew. ex Aitch.;帚状野丁香;Virgate Leptodermis, Virgate Wildclove ●

226141 Leptodermis wilsonii Diels;川野丁香(大果野丁香);E. H. Wilson Leptodermis, E. H. Wilson Wildclove ●

226142 Leptodermis xizangensis H. S. Lo;西藏野丁香;Tibet Leptodermis, Xizang Leptodermis, Xizang Wildclove ●

226143 Leptodermis yui H. S. Lo;德浚野丁香;Yu's Leptodermis, Yu's Wildclove ●

226144 Leptoderris Dunn(1910);薄皮豆属(小花豆属)■☆

226145 Leptoderris achtenii De Wild. = Leptoderris nobilis (Welw. ex Baker) Dunn ■☆

226146 Leptoderris brachyptera (Benth.) Dunn;短翅小花豆■☆

226147 Leptoderris calva Dunn = Leptoderris glabrata (Baker) Dunn var. glaberrima Hauman ■☆

226148 Leptoderris claessensii De Wild.;克莱森斯小花豆■☆

226149 Leptoderris congolensis (De Wild.) Dunn;刚果小花豆■☆

226150 Leptoderris coriacea De Wild.;革质小花豆■☆

226151 Leptoderris cyclocarpa Dunn;圆果小花豆■☆

226152 Leptoderris cylindrica De Wild.;柱形小花豆■☆

226153 Leptoderris dewevrei De Wild. = Leptoderris congolensis (De Wild.) Dunn ■☆

226154 Leptoderris dinklagei Harms = Leptoderris fasciculata (Benth.) Dunn ■☆

226155 Leptoderris fasciculata (Benth.) Dunn;簇生小花豆■☆

226156 Leptoderris ferruginea De Wild. = Leptoderris fasciculata (Benth.) Dunn ■☆

226157 Leptoderris gilletii De Wild.;吉勒特小花豆■☆

226158 Leptoderris glabrata (Baker) Dunn;光滑小花豆■☆

226159 Leptoderris glabrata (Baker) Dunn var. glaberrima Hauman;无毛小花豆■☆

226160 Leptoderris goetzei (Harms) Dunn;格兹小花豆■☆

226161 Leptoderris harmsiana Dunn;哈姆斯小花豆■☆

226162 Leptoderris hypargyrea Dunn;下银小花豆■☆

226163 Leptoderris katangensis De Wild. = Leptoderris nobilis (Welw. ex Baker) Dunn ■☆

226164 Leptoderris kirkii Dunn = Leptoderris goetzei (Harms) Dunn ■☆

226165 Leptoderris klaineana Pierre ex De Wild.;克莱恩小花豆■☆

226166 Leptoderris laurentii De Wild.;洛朗小花豆■☆

226167 Leptoderris ledermannii Harms;莱德小花豆■☆

226168 Leptoderris macrothyrsa (Harms) Dunn;大序小花豆■☆

226169 Leptoderris micrantha Dunn;小花小花豆■☆

226170 Leptoderris mildbraedii Harms;米尔德小花豆■☆

226171 Leptoderris nobilis (Welw. ex Baker) Dunn;名贵小花豆■☆

226172 Leptoderris nobilis (Welw. ex Baker) Dunn var. latifoliolata Hauman;宽小叶名贵小花豆■☆

226173 Leptoderris nyanzae Dunn = Leptoderris glabrata (Baker) Dunn var. glaberrima Hauman ■☆

226174 Leptoderris oxytropis Harms;尖小花豆■☆

226175 Leptoderris pycnantha Harms;密花小花豆■☆

226176 Leptoderris pynaertii De Wild. = Leptoderris nobilis (Welw. ex Baker) Dunn ■☆

226177 Leptoderris reticulata Dunn = Leptoderris brachyptera (Benth.) Dunn ■☆

226178 Leptoderris reygaertii De Wild.;赖氏小花豆■☆

226179 Leptoderris rutshuruensis Hauman = Leptoderris fasciculata (Benth.) Dunn ■☆

226180 Leptoderris sassandrensis Jongkind;萨桑德拉小花豆■☆

226181 Leptoderris tomentella Harms;绒毛小花豆■☆

226182 Leptoderris trifoliolata Hepper;三小叶小花豆■☆

226183 Leptoderris velutina Dunn;短绒毛小花豆■☆

226184 Leptodesmia (Benth.) Benth. = Leptodesmia (Benth.) Benth. et Hook. f. ●■☆

226185 Leptodesmia (Benth.) Benth. et Hook. f. (1865);小束豆属●■☆

226186 Leptodesmia Benth. = Leptodesmia (Benth.) Benth. ●■☆

226187 Leptodesmia bojeriana (Baill.) Drake;博耶尔小束豆●☆
226188 Leptodesmia congesta Benth. ex Baker f.;密集小束豆●☆
226189 Leptodesmia monosperma (Baker) Schindl. = Leptodesmia congesta Benth. ex Baker f. ●☆
226190 Leptodesmia perrieri Schindl.;佩里耶小束豆●☆
226191 Leptodesmia radiata Schindl. = Leptodesmia congesta Benth. ex Baker f. ●☆
226192 Leptofeddea Diels = Leptoglossis Benth. ■☆
226193 Leptofeddia Diels = Leptoglossis Benth. ■☆
226194 Leptoglossis Benth. (1845);细舌茄属■☆
226195 Leptoglossis Benth. = Salpiglossis Ruiz et Pav. ■☆
226196 Leptoglossis schwenkioides Benth.;细舌茄■☆
226197 Leptoglottis DC. = Schrankia Willd. (保留属名)●☆
226198 Leptoglottis nuttallii DC. = Mimosa nuttallii (DC.) B. L. Turner ●☆
226199 Leptogonum Benth. (1880);管花蓼树属●☆
226200 Leptogonum domingense Benth.;管花蓼树●☆
226201 Leptogyma Raf. = Pluchea Cass. ●■
226202 Leptogyne Less. = Cotula L. ■
226203 Leptolaena Thouars(1805);薄苞杯花属●☆
226204 Leptolaena abrahamii G. E. Schatz et Lowry;亚伯拉罕薄苞杯花●☆
226205 Leptolaena arenaria (F. Gerard) Cavaco;沙地薄苞杯花●☆
226206 Leptolaena bernieri Baill.;伯尼尔薄苞杯花●☆
226207 Leptolaena bojeriana (Baill.) Cavaco;博耶尔薄苞杯花●☆
226208 Leptolaena coriacea Hong-Wa;革质薄苞杯花●☆
226209 Leptolaena cuspidata Baker;骤尖薄苞杯花●☆
226210 Leptolaena delphinensis G. E. Schatz et Lowry;德尔芬薄苞杯花●☆
226211 Leptolaena diospyroidea (Baill.) Cavaco;柿状薄苞杯花●☆
226212 Leptolaena elliptica (F. Gérard) Hong-Wa;椭圆薄苞杯花●☆
226213 Leptolaena gautieri G. E. Schatz et Lowry;戈捷薄苞杯花●☆
226214 Leptolaena itremoensis G. E. Schatz et Lowry;伊特雷穆薄苞杯花●☆
226215 Leptolaena masoalensis G. E. Schatz et Lowry;马苏阿拉薄苞杯花●☆
226216 Leptolaena multiflora Thouars;多花薄苞杯花●☆
226217 Leptolaena parviflora Scott-Elliot = Leptolaena pauciflora Baker ●☆
226218 Leptolaena pauciflora Baker;寡花薄苞杯花●☆
226219 Leptolaena raymondii G. E. Schatz et Lowry;雷蒙薄苞杯花●☆
226220 Leptolaena rubella Scott-Elliot = Leptolaena pauciflora Baker ●☆
226221 Leptolaena tampoketsensis (F. Gérard) Hong-Wa;唐波凯茨薄苞杯花●☆
226222 Leptolaena turbinata Baker = Leptolaena pauciflora Baker ●☆
226223 Leptolaena undulata Hong-Wa;波状薄苞杯花●☆
226224 Leptolaena villosa (F. Gerard) G. E. Schatz et Lowry;长柔毛薄苞杯花●☆
226225 Leptolepis Boeck. = Blysmus Panz. ex Schult. (保留属名) + Carex L. ■
226226 Leptolobaceae Dulac = Celastraceae R. Br. (保留科名)●
226227 Leptolobium Vogel = Sweetia Spreng. (保留属名)●☆
226228 Leptoloma Chase = Digitaria Haller(保留属名)■
226229 Leptoloma Chase(1906);薄稃草属;Witchgrass ■
226230 Leptoloma chinensis L. Liou;薄稃草(华薄稃草);China Witchgrass, Chinese Witchgrass ■
226231 Leptoloma cognatum (Schult.) Chase;近缘薄稃草■☆
226232 Leptoloma cognatum (Schult.) Chase = Digitaria cognata (Schult.) Pilg. ■☆
226233 Leptoloma fujianense L. Liou = Digitaria fujianensis (L. Liou) S. M. Philips et S. L. Chen ■
226234 Leptomeria R. Br. (1810);细檀香属;Currant Bush ■☆
226235 Leptomeria Siebold = Amperea A. Juss. ■☆
226236 Leptomeria acida R. Br.;尖细檀香■☆
226237 Leptomischus Drake(1895);报春茜属;Earlymadder ■
226238 Leptomischus erianthus H. S. Lo;毛花报春茜;Hairyflower Earlymadder ■
226239 Leptomischus funingensis H. S. Lo;富宁报春茜;Funing Earlymadder ■
226240 Leptomischus guangxiensis H. S. Lo;广西报春茜■
226241 Leptomischus heterophyllus Y. M. Schui et M. H. Chen;异叶报春茜;Heterophullous Earlymadder ■
226242 Leptomischus parviflorus H. S. Lo;小花报春茜■
226243 Leptomischus primuloides Drake;报春茜;Earlymadder ■
226244 Leptomischus wallichii (Hook. f.) H. S. Lo;沃利克报春茜■☆
226245 Leptomon Steud. = Crotonopsis Michx. ●☆
226246 Leptomon Steud. = Leptemon Raf. ●
226247 Leptomyrtus Miq. ex O. Berg = Syzygium R. Br. ex Gaertn. (保留属名)●
226248 Leptonema A. Juss. (1824);丝蕊大戟属■☆
226249 Leptonema Hook. = Dolichostylis Turcz. ■
226250 Leptonema Hook. = Draba L. ■
226251 Leptonema Hook. = Stenonema Hook. ■
226252 Leptonema venosum (Poir.) A. Juss.;丝蕊大戟■☆
226253 Leptonium Griff. = Lepionurus Blume ●
226254 Leptonium oblongifolium Griff. = Lepionurus sylvestris Blume ●
226255 Leptonychia Turcz. (1858);细爪梧桐属●☆
226256 Leptonychia adolfi-friederici Engl. et K. Krause;弗里德里西细爪梧桐●☆
226257 Leptonychia bampsii R. Germ.;邦氏细爪梧桐●☆
226258 Leptonychia batangensis (C. H. Wright) Burret;巴坦加细爪梧桐●☆
226259 Leptonychia brieyi R. Germ.;布里细爪梧桐●☆
226260 Leptonychia chrysocarpa K. Schum.;金果细爪梧桐●☆
226261 Leptonychia dewildei R. Germ.;德维尔德细爪梧桐●☆
226262 Leptonychia echinocarpa K. Schum.;刺果细爪梧桐●☆
226263 Leptonychia fernandopoana Engl. et K. Krause ex Mildbr.;费尔南细爪梧桐●☆
226264 Leptonychia lanceolata Mast.;剑形细爪梧桐●☆
226265 Leptonychia lasiogyne K. Schum.;毛蕊细爪梧桐●☆
226266 Leptonychia macrantha K. Schum.;小花细爪梧桐●☆
226267 Leptonychia mayumbensis R. Germ.;马永巴细爪梧桐●☆
226268 Leptonychia melanocarpa R. Germ.;黑果细爪梧桐●☆
226269 Leptonychia melanocarpa R. Germ. var. grandifolia ?;大叶黑果细爪梧桐●☆
226270 Leptonychia mildbraedii Engl.;米尔德细爪梧桐●☆
226271 Leptonychia multiflora K. Schum.;多花细爪梧桐●☆
226272 Leptonychia occidentalis Keay;西方细爪梧桐●☆
226273 Leptonychia pallida K. Schum.;苍白细爪梧桐●☆
226274 Leptonychia pubescens Keay;毛细爪梧桐●☆
226275 Leptonychia semlikiensis Engl.;塞姆利基细爪梧桐●☆
226276 Leptonychia tessmannii Engl.;泰斯曼细爪梧桐●☆
226277 Leptonychia urophylla Welw. ex Mast.;尾叶细爪梧桐●☆

226278 Leptonychia usambarensis K. Schum.;乌桑巴拉细爪梧桐●☆
226279 Leptonychia wagemansii R. Germ.;瓦格曼斯细爪梧桐●☆
226280 Leptonychia youngii Exell et Mendonça;扬氏细爪梧桐●☆
226281 Leptonychiopsis Ridl. = Leptonychia Turcz. ●☆
226282 Leptopaetia Harv. = Tacazzea Decne. ●☆
226283 Leptopeda Raf. = Helenium L. ■
226284 Leptopeda Raf. = Leptopoda Nutt. ■
226285 Leptopetalum Hook. et Arn. = Hedyotis L.(保留属名)●■
226286 Leptopetalum mexicanum Hook. et Arn. = Hedyotis hookeri (K. Schum.) Fosberg ■☆
226287 Leptopetalum mexicanum Hook. et Arn. = Hedyotis mexicana (Hook. et Arn.) Hatus. ■☆
226288 Leptopetion Schott = Biarum Schott(保留属名)■☆
226289 Leptopharyngia (Stapf) Boiteau = Tabernaemontana L. ●
226290 Leptopharyngia elegans (Stapf) Boiteau = Tabernaemontana elegans Stapf ●☆
226291 Leptopharynx Rydb. = Perityle Benth. ●■☆
226292 Leptophoba Ehrh. = Aira L.(保留属名)■
226293 Leptophoenix Becc. = Gronophyllum Scheff. ●☆
226294 Leptophora Raf. = Helenium L. ■
226295 Leptophora Raf. = Leptopoda Nutt. ■
226296 Leptophragma Benth. ex Dunal = Calibrachoa La Llave et Lex. ■
226297 Leptophragma Benth. ex Dunal = Petunia Juss.(保留属名)■
226298 Leptophragma R. Br. ex Benn. = ? Turraea L. ●
226299 Leptophyllochloa C. E. Calderón = Koeleria Pers. ■
226300 Leptophyllochloa C. E. Calderón ex Nicora = Koeleria Pers. ■
226301 Leptophyllum Ehrh. = Arenaria L. ■
226302 Leptophytus Cass. = Asteropterus Adans. ●☆
226303 Leptophytus Cass. = Leysera L. ■●☆
226304 Leptophytus leyseroides (Desf.) Cass. = Leysera leyseroides (Desf.) Maire ●☆
226305 Leptoplax O. E. Schulz = Peltaria Jacq. ■☆
226306 Leptopoda Nutt. = Helenium L. ■
226307 Leptopoda brevifolia Nutt. = Helenium brevifolium (Nutt.) A. W. Wood ■☆
226308 Leptopoda fimbriatum Torr. et A. Gray = Helenium drummondii H. Rock ■☆
226309 Leptopoda pinnatifida Schwein. ex Nutt. = Helenium pinnatifidum (Schwein. ex Nutt.) Rydb. ■☆
226310 Leptopogon Roberty = Andropogon L.(保留属名)■
226311 Leptopogon chrysostachyus (Steud.) Roberty = Andropogon chrysostachyus Steud. ■☆
226312 Leptopogon stolzii (Stapf) Roberty = Andropogon mannii Hook. f. ■☆
226313 Leptopogon tenuiberbis (Hack.) Roberty = Andropogon tenuiberbis Hack. ■☆
226314 Leptopteris Blume = Gelsemium Juss. ●
226315 Leptopus Decne. (1843);雀舌木属(安陀拉属,黑钩叶属,雀儿舌头属);Leptopus ●
226316 Leptopus Klotzsch et Garcke = Euphorbia L. ●■
226317 Leptopus attenuatus (Hand.-Mazz.) Pojark. = Leptopus esquirolii (H. Lév.) P. T. Li ●
226318 Leptopus australis (Zoll. et E. Morren) Pojark.;薄叶雀舌木(薄叶黑钩叶);Thinleaf Leptopus ●
226319 Leptopus capillipes (Pax) Pojark. = Leptopus chinensis (Bunge) Pojark. ●
226320 Leptopus chinensis (Bunge) Pojark.;雀舌木(草桂花,断肠草,黑钩叶,毛雀儿舌头,雀儿舌头);Chian Leptopus, Chinese Andrachne, Chinese Leptopus, Pubescent Chinese Leptopus ●
226321 Leptopus chinensis (Bunge) Pojark. var. hirsutus (Hutch.) P. T. Li;粗毛雀舌木(硬毛黑钩叶);Hirsute Chian Leptopus, Scabrous-haired Leptopus ●
226322 Leptopus chinensis (Bunge) Pojark. var. pubescens (Hutch.) C. Y. Wu = Leptopus chinensis (Bunge) Pojark. ●
226323 Leptopus chinensis (Bunge) Pojark. var. pubescens (Hutch.) S. B. Ho = Leptopus chinensis (Bunge) Pojark. ●
226324 Leptopus clarkei (Hook. f.) Pojark.;缘腺雀舌木;Clarke's Leptopus ●
226325 Leptopus cordifolius Decne.;心叶雀舌木(雀舌木,心叶雀舌);HeaHeart-leaved Leptopus ●
226326 Leptopus esquirolii (Bunge) P. T. Li = Leptopus esquirolii (H. Lév.) P. T. Li ●
226327 Leptopus esquirolii (Bunge) Pojark. var. microcalyx (Hand.-Mazz.) C. Y. Wu = Leptopus esquirolii (H. Lév.) P. T. Li ●
226328 Leptopus esquirolii (H. Lév.) P. T. Li;尾叶雀舌木(长叶雀舌,勾多猛,尾叶黑钩叶);Caudate-leaf Leptopus, Esquirol Leptopus ●
226329 Leptopus esquirolii (H. Lév.) P. T. Li var. villosus P. T. Li;长毛雀舌木(长毛长叶雀舌);Villose Caudate-leaf Leptopus ●
226330 Leptopus hainanensis (Merr. et Chun) Pojark.;海南雀舌木(海南黑钩叶);Hainan Leptopus ●
226331 Leptopus hirsutus (Hutch.) Pojark. = Leptopus chinensis (Bunge) Pojark. var. hirsutus (Hutch.) P. T. Li ●
226332 Leptopus kwangsiensis Pojark. = Leptopus esquirolii (H. Lév.) P. T. Li ●
226333 Leptopus lolonum (Hand.-Mazz.) Pojark.;线叶雀舌木;Line-leaf Leptopus ●
226334 Leptopus montanus (Hutch.) Pojark. = Leptopus chinensis (Bunge) Pojark. ●
226335 Leptopus nanas P. T. Li;小叶雀舌木;Little-leaf Leptopus ●
226336 Leptopus pachyphyllus X. X. Chen;厚叶雀舌木;Thick-leaf Leptopus ●
226337 Leptopus yunnanensis P. T. Li;云南雀舌木;Yunnan Leptopus ●
226338 Leptopyrum Raf. = ? Danthonia DC.(保留属名)■
226339 Leptopyrum Rchb. (1832);蓝堇草属(柔茛属);Leptopyrum ■
226340 Leptopyrum Rchb. = Neoleptopyrum Hutch. ■
226341 Leptopyrum fumarioides (L.) Rchb.;蓝堇草;Common Leptopyrum ■
226342 Leptorachis Baill. = Leptorhachis Klotzsch ●☆
226343 Leptorachis Baill. = Tragia L. ●☆
226344 Leptorchis Thouars = Liparis Rich.(保留属名)■
226345 Leptorchis Thouars ex Kuntze = Leptorkis Thouars(废弃属名)■
226346 Leptorchis Thouars ex Kuntze = Liparis Rich.(保留属名)■
226347 Leptorchis abyssinica (A. Rich.) Kuntze = Liparis abyssinica A. Rich. ■☆
226348 Leptorchis acuriculata (Blume ex Miq.) Kuntze = Liparis auriculata Blume ex Miq. ■
226349 Leptorchis bicornis (Ridl.) Kuntze = Liparis bicornis Ridl. ■☆
226350 Leptorchis caespitosa (Thouars) Kuntze = Liparis caespitosa (Thouars) Lindl. ■
226351 Leptorchis condylobulbon (Rchb. f.) Kuntze = Liparis condylobulbon Rchb. f. ■
226352 Leptorchis connata (Ridl.) Kuntze = Liparis ochracea Ridl. ■☆

226353 Leptorchis elata (Lindl.) Kuntze = Liparis nervosa (Thunb. ex A. Murray) Lindl. ■
226354 Leptorchis flavescens (Lindl.) Kuntze = Liparis flavescens Lindl. ■☆
226355 Leptorchis krameri (Franch. et Sav.) Kuntze = Liparis krameri Franch. et Sav. ■
226356 Leptorchis liliifolia (L.) Kuntze = Liparis liliifolia (L.) Rich. ex Lindl. ■☆
226357 Leptorchis loeselii (L.) MacMill. = Liparis loeselii (L.) Rich. ■☆
226358 Leptorchis longipes (Lindl.) Kuntze = Liparis viridiflora (Blume) Lindl. ■
226359 Leptorchis lutea (Ridl.) Kuntze = Liparis lutea Ridl. ■☆
226360 Leptorchis ochracea (Ridl.) Kuntze = Liparis ochracea Ridl. ■☆
226361 Leptorchis ornithorhynchos (Ridl.) Kuntze = Liparis ornithorrhynchos Ridl. ■☆
226362 Leptorchis parva (Ridl.) Kuntze = Liparis parva Ridl. ■☆
226363 Leptorchis puncticulata (Ridl.) Kuntze = Liparis puncticulata Ridl. ■☆
226364 Leptorchis purpurascens (Lindl.) Kuntze = Liparis salassia (Pers.) Summerh. ■☆
226365 Leptorchis viridiflora (Blume) Kuntze = Liparis viridiflora (Blume) Lindl. ■
226366 Leptordermis DC. = Leptodermis Wall. ●
226367 Leptorhabdos Schrenk(1841);方茎草属;Squaregrass ■
226368 Leptorhabdos micrantha Schrenk = Leptorhabdos parviflora (Benth.) Benth. ■
226369 Leptorhabdos parviflora (Benth.) Benth.;方茎草;Littleflower Squaregrass ■
226370 Leptorhachis Klotzsch = Tragia L. ●☆
226371 Leptorhachys Meisn. = Leptorhachis Klotzsch ●☆
226372 Leptorhachys Meisn. = Tragia L. ●☆
226373 Leptorhoeo C. B. Clarke = Callisia Loefl. ■☆
226374 Leptorhoeo C. B. Clarke = Tripogandra Raf. ■☆
226375 Leptorhoeo C. B. Clarke et W. B. Hemley = Callisia Loefl. ■☆
226376 Leptorhoeo C. B. Clarke ex Hemsl. = Descantaria Schltdl. ■☆
226377 Leptorhynchos Less. (1832);细喙菊属(薄喙金绒草属)■☆
226378 Leptorhynchos aureus Benth.;黄细喙菊■☆
226379 Leptorhynchos gracilis Walp.;细细喙菊■☆
226380 Leptorhynchos linearis Less.;线形细喙菊■☆
226381 Leptorhynchos melanocarpus Paul G. Wilson;黑果细喙菊■☆
226382 Leptorhynchos pulchellus Sond.;美丽细喙菊■☆
226383 Leptorhynchus F. Muell. = Leptorhynchos Less. ■☆
226384 Leptorkis Thouars(废弃属名) = Liparis Rich. (保留属名)■
226385 Leptorkis auriculata (Blume ex Miq.) Kuntze = Liparis auriculata Blume ex Miq. ■
226386 Leptorkis bistriata (E. C. Parish et Rchb. f.) Kuntze = Liparis bistriata Parl. et Rchb. f. ■
226387 Leptorkis bootanensis (Griff.) Kuntze = Liparis bootanensis Griff. ■
226388 Leptorkis campylostalix (Rchb. f.) Kuntze = Liparis campylostalix Rchb. f. ■
226389 Leptorkis cathcartii (Hook. f.) Kuntze = Liparis cathcartii Hook. f. ■
226390 Leptorkis condylobulbon (Rchb. f.) Kuntze = Liparis condylobulbon Rchb. f. ■
226391 Leptorkis cordifolia (Hook. f.) Kuntze = Liparis cordifolia Hook. f. ■
226392 Leptorkis delicatula (Hook. f.) Kuntze = Liparis delicatula Hook. f. ■
226393 Leptorkis distans (C. B. Clarke) Kuntze = Liparis distans C. B. Clarke ■
226394 Leptorkis dolabella (Hook. f.) Kuntze = Liparis stricklandiana Rchb. f. ■
226395 Leptorkis elliptica (Wight) Kuntze = Liparis elliptica Wight ■
226396 Leptorkis ferruginea (Lindl.) Kuntze = Liparis ferruginea Lindl. ■
226397 Leptorkis glossula (Rchb. f.) Kuntze = Liparis glossula Rchb. f. ■
226398 Leptorkis grossa (Rchb. f.) Kuntze = Liparis grossa Rchb. f. ■
226399 Leptorkis krameri (Franch. et Sav.) Kuntze = Liparis krameri Franch. et Sav. ■
226400 Leptorkis lancifolia (Hook. f.) Kuntze = Liparis bootanensis Griff. ■
226401 Leptorkis latifolia (Lindl.) Kuntze = Liparis latifolia (Blume) Lindl. ■
226402 Leptorkis longipes (Lindl.) Kuntze = Liparis viridiflora (Blume) Lindl. ■
226403 Leptorkis luteola (Lindl.) Kuntze = Liparis luteola Lindl. ■
226404 Leptorkis mannii (Rchb. f.) Kuntze = Liparis mannii Rchb. f. ■
226405 Leptorkis odorata (Willd.) Kuntze = Liparis odorata (Willd.) Lindl. ■
226406 Leptorkis perpusilla (Hook. f.) Kuntze = Liparis perpusilla Hook. f. ■
226407 Leptorkis platyrachis (Hook. f.) Kuntze = Liparis platyrachis Hook. f. ■
226408 Leptorkis plicata (Franch. et Sav.) Kuntze = Liparis bootanensis Griff. ■
226409 Leptorkis resupinata (Ridl.) Kuntze = Liparis resupinata Ridl. ■
226410 Leptorkis stricklandiana (Rchb. f.) Kuntze = Liparis stricklandiana Rchb. f. ■
226411 Leptorkis viridiflora (Blume) Kuntze = Liparis viridiflora (Blume) Lindl. ■
226412 Leptorkis wrayi (Hook. f.) Kuntze = Liparis barbata Lindl. ■
226413 Leptormus (DC.) Eckl. et Zeyh. = Heliophila Burm. f. ex L. ●■☆
226414 Leptormus Eckl. et Zeyh. = Heliophila Burm. f. ex L. ●■☆
226415 Leptormus acuminatus Eckl. et Zeyh. = Heliophila acuminata (Eckl. et Zeyh.) Steud. ■☆
226416 Leptormus caledonicus Eckl. et Zeyh. = Heliophila coronopifolia L. ■☆
226417 Leptorrhynchus F. Muell. = Leptorhynchos Less. ■☆
226418 Leptosaccharum (Hack.) A. Camus = Eriochrysis P. Beauv. ■☆
226419 Leptosaccharum A. Camus = Eriochrysis P. Beauv. ■☆
226420 Leptoscela Hook. f. (1873);细脉茜属☆
226421 Leptoscela ruellioides Hook. f.;细脉茜☆
226422 Leptoschoenus Nees = Rhynchospora Vahl ■☆
226423 Leptoschoenus Nees(1840);瘦莎属■☆
226424 Leptoschoenus prolifer Nees;瘦莎■☆
226425 Leptosema Benth. (1837);颠倒豆属■☆
226426 Leptosema Benth. = Brachysema R. Br. ●☆
226427 Leptosema bossiaeoides Benth.;颠倒豆■☆

226428 Leptoseris Nutt = Malacothrix DC. ■☆

226429 Leptoseris sonchoides Nutt. = Malacothrix sonchoides (Nutt.) Torr. et A. Gray ■☆

226430 Leptosilene Fourr. = Silene L.(保留属名)■

226431 Leptosiphon Benth. = Gilia Ruiz et Pav. ■●☆

226432 Leptosiphon Benth. = Linanthus Benth. ■☆

226433 Leptosiphon androsacea Benth. = Gilia androsacea Steud. ■☆

226434 Leptosiphon densiflora Benth. = Gilia densiflora (Benth.) Endl. ■☆

226435 Leptosiphonium F. Muell.(1886);拟地皮消属(飞来蓝属,假地皮消属);Leptosiphonium ■

226436 Leptosiphonium venustum (Hance) E. Hossain;拟地皮消(飞来蓝);Beautiful Leptosiphonium ■

226437 Leptoskela Hook. f. = Leptoscela Hook. f. ☆

226438 Leptosolena C. Presl(1827);细管姜属■☆

226439 Leptosolena haenkei C. Presl;细管姜■☆

226440 Leptosomus Schltdl. = Eichhornia Kunth(保留属名)■

226441 Leptospartion Griff. = Duabanga Buch. -Ham. ●

226442 Leptospartion grandiflorum Griff. = Duabanga grandiflora (Roxb.) Walp. ●

226443 Leptospermaceae Bercht. et J. Presl = Myrtaceae Juss.(保留科名)●

226444 Leptospermaceae F. Rudolphi = Myrtaceae Juss.(保留科名)●

226445 Leptospermaceae Kausel = Myrtaceae Juss.(保留科名)●

226446 Leptospermaceae Kausel;薄子木科●

226447 Leptospermopsis S. Moore = Leptospermum J. R. Forst. et G. Forst.(保留属名)●☆

226448 Leptospermopsis S. Moore(1920);类薄子木属●☆

226449 Leptospermopsis myrtifolia S. Moore;类薄子木●☆

226450 Leptospermum J. R. Forst. et G. Forst.(1775)(保留属名);薄子木属(澳洲茶属,细籽木属,细子木属,细子树属,狭子属);Australian Tea-tree, Leptospermum, Tea Tree, Tea-tree ●☆

226451 Leptospermum ambiguum Sm.;可疑薄子木●☆

226452 Leptospermum arachnoides Gaertn.;匍匐薄子木;Arachnoid Leptospermum ●☆

226453 Leptospermum attenuatum Sm.;变细薄子木●☆

226454 Leptospermum brachyandrum (F. Muell.) Druce;美丽薄子木;Shortflower Leptospermum ●☆

226455 Leptospermum citratum Challinor, Cheel et A. R. Penfold = Leptospermum petersonii F. M. Bailey ●☆

226456 Leptospermum flvescens Sm. = Leptospermum polygalifolium Salisb. ●☆

226457 Leptospermum grandiflorum Lodd.;大花薄子木;Largeflower Leptospermum ●☆

226458 Leptospermum javanicum Blume;曲枝薄子木(爪哇细籽木);Java Leptospermum ●☆

226459 Leptospermum juniperinum Sm.;尖叶薄子木;Prickly Tea-tree ●☆

226460 Leptospermum laevigatum (Gaertn.) F. Muell.;薄子木(澳洲茶);Australian Tea Tree, Australian Teatree, Australian Tea-tree, Coastal Tea Tree, Coastal Tea-tree, Laevigate Leptospermum ●☆

226461 Leptospermum laevigatum (Gaertn.) F. Muell. 'Reevesii';雷福斯薄子木;Reeves Leptospermum ●☆

226462 Leptospermum lanigerum (Aiton) Sm.;毛薄子木;Laniferous Leptospermum, Woolly Tea-tree ●☆

226463 Leptospermum liversidgei R. T. Baker et H. G. Sm.;亮叶薄子木;Liversidge Leptospermum ●☆

226464 Leptospermum macrocarpum (Maiden et Betche) J. Thomps.;大果薄子木;Bigfruit Leptospermum, Large-fruited Tea-tree ●☆

226465 Leptospermum minutifolium (F. Muell. ex Benth.) C. T. White;小叶薄子木;Minuteleaf Leptospermum ●☆

226466 Leptospermum morrisonii J. Thomps.;大叶薄子木;Large-leaf Yellow Teatree ●☆

226467 Leptospermum myrsinoides Schltdl.;紧凑薄子木;Myrsinoid Leptospermum ●☆

226468 Leptospermum myrtifolium Sieber ex DC.;番樱桃叶薄子木;Eugenia-leaved Leptospermum ●☆

226469 Leptospermum nitidum Hook. f.;光亮薄子木(球冠薄子木);Nitid Leptospermum ●☆

226470 Leptospermum novae-angliae J. Thomps.;新英格兰薄子木;New England Tea-tree ●☆

226471 Leptospermum petersonii F. M. Bailey;柠檬薄子木;Common Teatree, Lemon Tea Tree, Lemon-scented Tea-tree ●☆

226472 Leptospermum polygalifolium Salisb.;远志叶薄子木(无毛薄子木,远志叶细子木);Common Teatree, Red Spire Tea Tree, Tantoon Tea-tree, Yellow Tea-tree ●☆

226473 Leptospermum polygalifolium Salisb. 'Cardwell';卡尔德维尔远志叶薄子木●☆

226474 Leptospermum polygalifolium Salisb. 'Pacific Beauty';静美远志叶薄子木●☆

226475 Leptospermum polygalifolium Salisb. 'Pink Cascade';粉红瀑布远志叶薄子木●☆

226476 Leptospermum pubescens Lam.;毛叶薄子木(短毛薄子木);Pubescent Leptospermum ●☆

226477 Leptospermum recurvum Hook. f.;卷边薄子木;Recurvate Leptospermum ●☆

226478 Leptospermum rotundifolium (Maiden et Betche) F. A. Rodway ex Cheel 'Julie Ann';朱莉安圆叶薄子木●☆

226479 Leptospermum rotundifolium (Maiden et Betche) F. A. Rodway ex Cheel;圆叶薄子木;Round-leaved Leptospermum, Tea Tree ●☆

226480 Leptospermum rupestre Hook. f.;岩生薄子木(岩生细子木);Repestrine Leptospermum ●☆

226481 Leptospermum scoparium J. R. Forst. et G. Forst.;扫帚叶澳洲茶(松红梅,帚状细子木);Broom Teatree, Broom Tea-tree, Manuka Tea-tree, Manuka, New Zealand Tea, Tea Tree, Tea-tree, Zew Zealand Tea-tree ●☆

226482 Leptospermum scoparium J. R. Forst. et G. Forst. 'Apple Blossom';苹果花扫帚叶澳洲茶●☆

226483 Leptospermum scoparium J. R. Forst. et G. Forst. 'Autumn Glory';秋季之光扫帚叶澳洲茶●☆

226484 Leptospermum scoparium J. R. Forst. et G. Forst. 'Big Red';大又红扫帚叶澳洲茶●☆

226485 Leptospermum scoparium J. R. Forst. et G. Forst. 'Burgundy Queen';暗红女王扫帚叶澳洲茶●☆

226486 Leptospermum scoparium J. R. Forst. et G. Forst. 'Gaiety Girl';快乐女孩扫帚叶澳洲茶●☆

226487 Leptospermum scoparium J. R. Forst. et G. Forst. 'Helene Strybing';海琳·斯切宾扫帚叶澳洲茶●☆

226488 Leptospermum scoparium J. R. Forst. et G. Forst. 'Keatleyi';卡特里帚状细子木●☆

226489 Leptospermum scoparium J. R. Forst. et G. Forst. 'Kiwi';鹬鸵扫帚叶澳洲茶●☆

226490 Leptospermum scoparium J. R. Forst. et G. Forst. 'Lambethii';蓝贝斯扫帚叶澳洲茶●☆

226491 Leptospermum scoparium J. R. Forst. et G. Forst. 'Nanum Kea';啄羊鹦鹉扫帚叶澳洲茶●☆

226492 Leptospermum scoparium J. R. Forst. et G. Forst. 'Nicholsii';尼克斯帚状细子木●☆

226493 Leptospermum scoparium J. R. Forst. et G. Forst. 'Pink Cascade';粉红瀑布扫帚叶澳洲茶●☆

226494 Leptospermum scoparium J. R. Forst. et G. Forst. 'Pink Peal';粉红珍珠扫帚叶澳洲茶●☆

226495 Leptospermum scoparium J. R. Forst. et G. Forst. 'Ray Williams';雷·威廉斯扫帚叶澳洲茶●☆

226496 Leptospermum scoparium J. R. Forst. et G. Forst. 'Red Damask';红锦缎扫帚叶澳洲茶(红玫瑰帚状细子木)●☆

226497 Leptospermum scoparium J. R. Forst. et G. Forst. 'Ruby Glow';红宝石之光扫帚叶澳洲茶●☆

226498 Leptospermum scoparium J. R. Forst. et G. Forst. var. chapmannii D. Sm.;大叶澳洲茶;Large-leaf Manuka Tea-tree ●☆

226499 Leptospermum scoparium J. R. Forst. et G. Forst. var. grandiflorum Hook.;大花扫帚叶澳洲茶;Largeflower Manuka Tea-tree ●☆

226500 Leptospermum scoparium J. R. Forst. et G. Forst. var. nichollsii Ewart;尼氏扫帚叶澳洲茶;Nicholls Manuka Tea-tree ●☆

226501 Leptospermum sericeum Labill.;球冠薄子木;Sericeous Leptospermum ●☆

226502 Leptospermum spectabile J. Thomps.;血红薄子木;Blood-red Tea-tree ●☆

226503 Leptospermum squarrosum Gaertn.;桃花薄子木;Peach-flowered Tea-tree,Pink Tea-tree ●☆

226504 Leptospermum trinervium (Sm.) Joy Thomps.;三脉薄子木;Paperbark Tea-tree ●☆

226505 Leptospermum umbellatum Gaertn. = Eucalyptus tereticornis Sm. ●

226506 Leptospermum wooroonooran F. M. Bailey;矮生薄子木;Dwarf Leptospermum ●☆

226507 Leptostachia Adans. = Phryma L. ■

226508 Leptostachia Mitch. = Phryma L. ■

226509 Leptostachya Benth. et Hook. f. = Leptostachia Adans. ■

226510 Leptostachya Benth. et Hook. f. = Phryma L. ■

226511 Leptostachya Nees(1832);纤穗爵床属■

226512 Leptostachya campylostemon Nees = Justicia campylostemon (Nees) T. Anderson ■☆

226513 Leptostachya caudatifolia H. S. Lo et D. Fang;尾叶纤穗爵床;Caudateleaf Leptosiphonium ■

226514 Leptostachya cordata Nees = Justicia cordata (Nees) T. Anderson ■☆

226515 Leptostachya virens Nees = Rhinacanthus virens (Nees) Milne-Redh. ●☆

226516 Leptostachya wallichii Nees;纤穗爵床(穗序钟花草);Spicate Codonacanthus ■

226517 Leptostachys Ehrh. = Carex L. ■

226518 Leptostachys G. Mey. = Leptochloa P. Beauv. ■

226519 Leptostelma D. Don = Erigeron L. ■●

226520 Leptostelma D. Don(1830);三脉飞蓬属■☆

226521 Leptostelma maximum D. Don;三脉飞蓬■☆

226522 Leptostemma Blume = Dischidia R. Br. ●■

226523 Leptostigma Arn. (1841);细柱茜属■☆

226524 Leptostigma Arn. = Nertera Banks ex Gaertn. (保留属名)■

226525 Leptostigma arnottianum Walp.;细柱茜☆

226526 Leptostylis Benth. (1876);细柱榄属●☆

226527 Leptostylis longiflora Benth.;细柱榄●☆

226528 Leptosyne DC. = Coreopsis L. ●■

226529 Leptosyne arizonica A. Gray = Coreocarpus arizonicus (A. Gray) S. F. Blake ■☆

226530 Leptosyne californica Nutt. = Coreopsis californica (Nutt.) H. Sharsm. ■☆

226531 Leptosyne douglasii DC. = Coreopsis douglasii (DC.) H. M. Hall ■☆

226532 Leptosyne gigantea Kellogg = Coreopsis gigantea (Kellogg) H. M. Hall ■☆

226533 Leptosyne hamiltonii Elmer = Coreopsis hamiltonii (Elmer) H. Sharsm. ■☆

226534 Leptosyne stillmanii A. Gray = Coreopsis stillmanii (A. Gray) S. F. Blake ■☆

226535 Leptotaenia Nutt. = Lomatium Raf. ■☆

226536 Leptotaenia Nutt. ex Torr. et A. Gray = Lomatium Raf. ■☆

226537 Leptoterantha Louis ex Troupin(1949);柔花藤属●☆

226538 Leptoterantha mayumbensis (Exell) Troupin;柔花藤●☆

226539 Leptotes Lindl. (1833);薄叶兰属■☆

226540 Leptotes bicolor Lindl.;二色薄叶兰■☆

226541 Leptotes unicolor R. Br.;单色薄叶兰■☆

226542 Leptothamnus DC. = Nolletia Cass. ■●☆

226543 Leptothamnus ciliaris DC. = Nolletia ciliaris (DC.) Steetz ■☆

226544 Leptothamnus rarifolius Turcz. = Nolletia rarifolia (Turcz.) Steetz ■☆

226545 Leptotherium D. Dietr. = Leptothrium Kunth ■☆

226546 Leptotherium Royle = Leptatherum Nees ■

226547 Leptotherium Royle = Microstegium Nees ■

226548 Leptothrium Kunth ex Steud. = Isochilus R. Br ■☆

226549 Leptothrium Kunth(1829);薄草属■☆

226550 Leptothrium senegalense (Kunth) Clayton;塞内加尔薄草■☆

226551 Leptothrium somalense Raimondo;索马里薄草■☆

226552 Leptothrix (Dumort.) Dumort. = Cuviera DC. (保留属名)■☆

226553 Leptothrix (Dumort.) Dumort. = Elymus L. ■

226554 Leptothrix (Dumort.) Dumort. = Hordelymus (Jess.) Jess. ex Harz ■☆

226555 Leptothyrsa Hook. f. (1862);细芸香属●☆

226556 Leptothyrsa sprucei Hook. f.;细芸香●☆

226557 Leptotis Hoffmanns. = Ursinia Gaertn. (保留属名)●■☆

226558 Leptotriche Turcz. (1851);联冠鼠麹草属■☆

226559 Leptotriche Turcz. = Gnephosis Cass. ■☆

226560 Leptotriche perpusilla Turcz.;联冠鼠麹草■☆

226561 Leptovignea Börner = Carex L. ■

226562 Leptranthus Steud. = Centaurea L. (保留属名)●■

226563 Leptranthus Steud. = Lepteranthus Neck. ●■

226564 Leptrina Raf. = Montia L. ■☆

226565 Leptrinia Schult. = Leptrina Raf. ■☆

226566 Leptrinia Schult. = Montia L. ■☆

226567 Leptrochia Raf. = Polygala L. ●■

226568 Leptunis Steven = Asperula L. (保留属名)■

226569 Leptunis Steven(1856);乐土草属(波斯茜属,里普草属);Leptunis ■

226570 Leptunis tenuis Stev. = Leptunis trichoides (J. Gay ex DC.) Schischk. ■

226571 Leptunis trichoides (J. Gay ex DC.) Schischk.;乐土草(里普草);Leptunis ■

226572 Leptunis trichoides (J. Gay) Schischk = Leptunis trichoides (J. Gay ex DC.) Schischk. ■
226573 Lepturaceae (Holmb.) Herter = Gramineae Juss.(保留科名)■●
226574 Lepturaceae (Holmb.) Herter = Poaceae Barnhart(保留科名)■●
226575 Lepturaceae Herter = Gramineae Juss.(保留科名)■●
226576 Lepturaceae Herter = Poaceae Barnhart(保留科名)■●
226577 Lepturella Stapf = Oropetium Trin. ■☆
226578 Lepturella aristata Stapf = Oropetium aristatum (Stapf) Pilg. ■☆
226579 Lepturidium Hitchc. et Ekman(1936);古巴柔毛草属■☆
226580 Lepturidium insulare Hitchc. et Ekman;古巴柔毛草■☆
226581 Lepturopetium Morat(1981);库尼耶岛草属■☆
226582 Lepturopetium kuniense Morat;库尼耶岛草■☆
226583 Lepturopsis Steud. = Rhytachne Desv. ex Ham. ■
226584 Lepturopsis triaristata Steud. = Rhytachne triaristata (Steud.) Stapf ■☆
226585 Lepturus R. Br. (1810);细穗草属;Lepturus ■
226586 Lepturus cylindricus (Willd.) Trin. = Hainardia cylindrica (Willd.) Greuter ■☆
226587 Lepturus cylindricus (Willd.) Trin. = Monerma cylindrica (Willd.) Coss. et Durieu ■☆
226588 Lepturus cylindricus (Willd.) Trin. var. asperulus Maire = Monerma cylindrica (Willd.) Coss. et Durieu ■☆
226589 Lepturus cylindricus (Willd.) Trin. var. gracilis Coss. et Durieu = Monerma cylindrica (Willd.) Coss. et Durieu ■☆
226590 Lepturus filiformis (Roth) Trin. = Parapholis filiformis (Roth) C. E. Hubb. ■☆
226591 Lepturus hildebrandtii I. Hansen et Potztal = Lepturus radicans (Steud.) A. Camus ■☆
226592 Lepturus humbertianus A. Camus;亨伯特细穗草■☆
226593 Lepturus incurvatus (L.) Trin. = Parapholis incurva (L.) C. E. Hubb. ■
226594 Lepturus incurvus (L.) Druce = Parapholis incurva (L.) C. E. Hubb. ■
226595 Lepturus minimus Hochst. = Oropetium minimum (Hochst.) Pilg. ■☆
226596 Lepturus persicus Boiss. = Henrardia persica (Boiss.) C. E. Hubb. ■☆
226597 Lepturus preladoi Peter = Lepturus radicans (Steud.) A. Camus ■☆
226598 Lepturus radicans (Steud.) A. Camus;辐射细穗草■☆
226599 Lepturus repens (G. Forst.) R. Br.;细穗草;Creeping Lepturus, Lepturus ■
226600 Lepurandra Graham = Antiaris Lesch.(保留属名)●
226601 Lepurandra Nimmo = Antiaris Lesch.(保留属名)●
226602 Lepuropetalaceae (Engl.) Nakai = Parnassiaceae Martinov(保留科名)■
226603 Lepuropetalaceae (Engl.) Nakai = Saxifragaceae Juss.(保留科名)●■
226604 Lepuropetalaceae Nakai = Parnassiaceae Martinov(保留科名)■
226605 Lepuropetalaceae Nakai = Saxifragaceae Juss.(保留科名)●■
226606 Lepuropetalaceae Nakai(1943);微形草科■☆
226607 Lepuropetalon Elliott(1817);微形草属■☆
226608 Lepuropetalon spathulatum Elliott;微形草■☆
226609 Lepusa Post et Kuntze = Lipusa Alef. ■
226610 Lepusa Post et Kuntze = Phaseolus L. ■
226611 Lepyrodia R. Br. (1810);皮齿帚灯草属■☆
226612 Lepyrodia glauca (Nees) F. Muell.;灰皮齿帚灯草■☆
226613 Lepyrodia paniculata F. Muell.;圆锥皮齿帚灯草■☆
226614 Lepyrodiclis Fenzl ex Endl. = Lepyrodiclis Fenzl ■
226615 Lepyrodiclis Fenzl (1840);薄蒴草属;Lepyrodiclis, Thincapsulewort ■
226616 Lepyrodiclis cerastioides Kar. et Kir. = Lepyrodiclis stellarioides Fisch. et C. A. Mey. ■
226617 Lepyrodiclis debilis (Hook. f.) Ohba = Arenaria debilis Hook. f. ■
226618 Lepyrodiclis debilis H. Ohba = Arenaria debilis Hook. f. ■
226619 Lepyrodiclis giraldii Diels = Arenaria giraldii (Diels) Mattf. ■
226620 Lepyrodiclis glandulosa H. Ohba = Arenaria debilis Hook. f. ■
226621 Lepyrodiclis holosteoides (C. A. Mey.) Fenzl ex Fisch. et C. A. Mey.;薄蒴草(娘娘菜);False Jagged-ckickweed, North-western Lepyrodiclis, Thincapsulewort ■
226622 Lepyrodiclis holosteoides (C. A. Mey.) Fenzl ex Fisch. et C. A. Mey. var. stellarioides (Schrenk ex Fisch. et C. A. Mey.) Kozhevn. = Lepyrodiclis stellarioides Schrenk ex Fisch. et C. A. Mey. ■
226623 Lepyrodiclis holosteoides (C. A. Mey.) Fenzl ex Fisch. et C. A. Mey. var. stellarioides (Schrenk. ex Fisch. et C. A. Mey.) Kozhevn. = Lepyrodiclis holosteoides (C. A. Mey.) Fenzl ex Fisch. et C. A. Mey. ■
226624 Lepyrodiclis quadridentata Maxim. = Arenaria quadridentata (Maxim.) F. N. Williams ■
226625 Lepyrodiclis stellarioides Fisch. et C. A. Mey. = Lepyrodiclis stellarioides Schrenk ex Fisch. et C. A. Mey. ■
226626 Lepyrodiclis stellarioides Schrenk ex Fisch. et C. A. Mey.;繁缕叶薄蒴草(繁缕薄蒴草);Chickweedlike Lepyrodiclis, Chickweedlike Thincapsulewort ■
226627 Lepyronia T. Lestib. = Lepironia Pers. ■
226628 Lepyroxis E. Fourn. = Muhlenbergia Schreb. ■
226629 Lepyroxis P. Beauv. ex E. Fourn. = Muhlenbergia Schreb. ■
226630 Lequeetia Bubani = Limodorum Boehm.(保留属名)■☆
226631 Lerchea Haller ex Ruling = Lerchia Zinn ●■
226632 Lerchea Haller ex Ruling = Suaeda Forssk. ex J. F. Gmel.(保留属名)●■
226633 Lerchea L. (1771)(保留属名);多轮草属;Lerchea ●■
226634 Lerchea L. ex Kuntze = Lerchea L. ●■
226635 Lerchea altissima (L.) Medik. = Suaeda altissima (L.) Pall. ■
226636 Lerchea corniculata (C. A. Mey.) Kuntze = Suaeda corniculata (C. A. Mey.) Bunge ■
226637 Lerchea heterophylla (Kar. et Kir.) Kuntze = Suaeda heterophylla (Kar. et Kir.) Bunge ■
226638 Lerchea linifolia (Pall.) Kuntze = Suaeda linifolia Pall. ■
226639 Lerchea micrantha (Drake) H. S. Lo;多轮草;Lerchea ■
226640 Lerchea microphylla (Pall.) Kuntze = Suaeda microphylla (C. A. Mey.) Pall. ●
226641 Lerchea physophora (Pall.) Kuntze = Suaeda physophora Pall. ●
226642 Lerchea pterantha (Kar. et Kir.) Kuntze = Suaeda pterantha (Kar. et Kir.) Bunge ■
226643 Lerchea salsa (L.) Medik. = Suaeda salsa (L.) Pall. ■
226644 Lerchea sinica (H. S. Lo) H. S. Lo;华多轮草(中华岩黄树);China Lerchea, Chinese Lerchea ●
226645 Lerchenfeldia Schur = Avenella (Bluff et Fingerh.) Drejer ■
226646 Lerchenfeldia Schur = Deschampsia P. Beauv. ■
226647 Lerchenfeldia flexuosa (L.) Schur. = Deschampsia flexuosa

(L.) Trin. ■
226648 Lerchia Endl. = Lerchea L.(保留属名)●■
226649 Lerchia Haller ex Zinn(废弃属名) = Lerchea L.(保留属名)●■
226650 Lerchia Rchb. = Coreopsis L. ●■
226651 Lerchia Rchb. = Leachia Cass. ●■
226652 Lerchia Zinn = Suaeda Forssk. ex J. F. Gmel.(保留属名)●■
226653 Lereschia Boiss. = Cryptotaenia DC.(保留属名)■
226654 Lereschia Boiss. = Pimpinella L. ■
226655 Leretia Vell. = Mappia Jacq.(保留属名)●☆
226656 Leria Adans. = Sideritis L. ■●
226657 Leria DC. = Chaptalia Vent.(保留属名)■☆
226658 Lerisca Schltdl. = Cryptangium Schrad. ex Nees ■☆
226659 Lerouxia Merat = Lysimachia L. ●■
226660 Leroya Cavaco = Leroyia Cavaco ●☆
226661 Leroya Cavaco = Pyrostria Comm. ex Juss. ●☆
226662 Leroyia Cavaco = Pyrostria Comm. ex Juss. ●☆
226663 Lerrouxia Caball. = Caballeroa Font Quer ■☆
226664 Lerrouxia Caball. = Saharanthus M. B. Crespo et Lledó ●☆
226665 Lerrouxia ifniensis Caball. = Limoniastrum ifniense (Caball.) Font Quer ●☆
226666 Lescaillea Griseb.(1866);木贼菊属●☆
226667 Lescaillea equisetiformis Griseb.;木贼菊■☆
226668 Leschenaultia DC. = Leschenaultia R. Br. ●☆
226669 Leschenaultia R. Br.(1958);勒氏木属(豪猪花属,勒斯切努木属);Leschenaultia ●☆
226670 Leschenaultia biloba Lindl.;勒氏木(勒斯切努木);Two-lobed Leschenaultia ●☆
226671 Leschenaultia floribunda Benth.;多花勒氏木(豪猪花)●☆
226672 Leschenaultia formosa R. Br.;美丽勒氏木(美丽勒斯切努木);Beautiful Leschenaultia ●☆
226673 Lesemia Raf. = Salvia L. ●■
226674 Lesliea Seidenf.(1988);莱斯利兰属■☆
226675 Lesliea mirabilis Seidenf.;莱斯利兰■☆
226676 Lesourdia E. Fourn. = Scleropogon Phil. ■☆
226677 Lespedeza Michx.(1803);胡枝子属;Bush Clover,Bushclover,Bush-clover,Lespedeza ●■
226678 Lespedeza × bicoloba Akiyama;双荚胡枝子●☆
226679 Lespedeza × cyrtobuergeri Akiyama et H. Ohba;弓荚绿叶胡枝子●☆
226680 Lespedeza × cyrtoloba Akiyama;弓荚胡枝子●☆
226681 Lespedeza × hiratsukae Nakai = Lespedeza japonica L. H. Bailey 'Hiratsukae' ●☆
226682 Lespedeza × intermixta Makino;间型胡枝子●☆
226683 Lespedeza × kagoshimensis Hatus.;鹿尔岛胡枝子●☆
226684 Lespedeza × macrovirgata Kitag.;大细梗胡枝子;Big Virgate Lespedeza ●
226685 Lespedeza × miquelii Akiyama;米克尔胡枝子●☆
226686 Lespedeza acuticarpa Mack.;尖果胡枝子●☆
226687 Lespedeza aitchisonii Ricker = Lespedeza juncea (L. f.) Pers. ●■
226688 Lespedeza alata (Schindl.) H. Lév. = Campylotropis trigonoclada (Franch.) Schindl. ●
226689 Lespedeza albiflora Ricker = Lespedeza thunbergii (DC.) Nakai subsp. formosa (Vogel) H. Ohashi ●
226690 Lespedeza angulicaulis Harms ex Schindl. = Campylotropis trigonoclada (Franch.) Schindl. ●
226691 Lespedeza anhwuiensis Ricker = Lespedeza fordii Schindl. ●
226692 Lespedeza argentea (Schindl.) H. Lév. = Campylotropis argentea Schindl. ●
226693 Lespedeza argyraea Siebold et Zucc. = Lespedeza cuneata (Dum. Cours.) G. Don ●■
226694 Lespedeza atrokermesina Forrest = Campylotropis delavayi (Franch.) Schindl. ●
226695 Lespedeza atrokermesina Forrest ex W. W. Sm. = Campylotropis delavayi (Franch.) Schindl. ●
226696 Lespedeza balfouriana Diels ex Schindl. = Campylotropis trigonoclada (Franch.) Schindl. ●
226697 Lespedeza bicknellii House = Lespedeza capitata Michx. ●☆
226698 Lespedeza bicolor Turcz.;胡枝子(楚子,荻,豆叶柴,过山龙,杭子梢,横笆子,横条,胡枝花,胡枝条,假花生,荆条,鹿鸣花,牡荆,秋牡荆,扫皮,扫条,随军茶,虾夷山萩,羊角梢,野花生,野山豆,夜合草,圆叶胡枝子,帚条);Bicolor Bushclover,Bicolor Bush-clover, Bicolor Lespedeza, Bush Clover, Ezo-yama-hagi, Shrub Bushclover,Shrub Lespedeza,Shrubby Bush-clover ●
226699 Lespedeza bicolor Turcz. 'Summer Beauty';夏丽胡枝子;Bush Clover ●
226700 Lespedeza bicolor Turcz. 'Yakushima';亚库斯玛胡枝子●☆
226701 Lespedeza bicolor Turcz. f. niveoflora Akiyama et H. Ohba;雪花胡枝子●☆
226702 Lespedeza bicolor Turcz. f. pendula S. L. Tung et Z. Lu;垂枝胡枝子;Pendulous Bicolor Bushclover ●
226703 Lespedeza bicolor Turcz. f. pendula S. L. Tung et Z. Lu = Lespedeza bicolor Turcz. ●
226704 Lespedeza bicolor Turcz. subsp. elliptica (Benth. ex Maxim.) P. S. Hsu, X. Y. Li et D. X. Gu = Lespedeza thunbergii (DC.) Nakai subsp. elliptica (Benth. ex Maxim.) H. Ohashi ●
226705 Lespedeza bicolor Turcz. subsp. formosa (Vogel) P. S. Hsu, X. Y. Li et D. X. Gu = Lespedeza thunbergii (DC.) Nakai subsp. formosa (Vogel) H. Ohashi ●
226706 Lespedeza bicolor Turcz. var. alba Bean;白花胡枝子;Whiteflower Bicolor Bushclover ●
226707 Lespedeza bicolor Turcz. var. higoensis (T. Shimizu) Murata = Lespedeza melanantha Nakai ●☆
226708 Lespedeza bicolor Turcz. var. japonica Nakai;山胡枝子(鹿鸣草,日本胡枝子);Japanese Shrub Lespedeza ●
226709 Lespedeza bicolor Turcz. var. japonica Nakai = Lespedeza bicolor Turcz. ●
226710 Lespedeza bicolor Turcz. var. melanantha (Nakai) Akiyama et H. Ohba f. rosea (Nakai) Akiyama et H. Ohba = Lespedeza melanantha Nakai f. rosea Nakai ●☆
226711 Lespedeza bicolor Turcz. var. melanantha (Nakai) T. B. Lee = Lespedeza melanantha Nakai ●☆
226712 Lespedeza bicolor Turcz. var. nana Nakai;矮山胡枝子●☆
226713 Lespedeza blinii H. Lév. = Campylotropis polyantha (Franch.) Schindl. ●
226714 Lespedeza bodinieri (Schindl.) H. Lév. = Campylotropis macrocarpa (Bunge) Rehder var. hupehensis (Pamp.) Iokawa et H. Ohashi ●
226715 Lespedeza bodinieri (Schnidl.) H. Lév. = Campylotropis macrocarpa (Bunge) Rehder var. giraldii (Schindl.) K. T. Fu ex P. Y. Fu ●
226716 Lespedeza bonatiana Pamp. = Campylotropis bonatiana (Pamp.) Schindl. ●
226717 Lespedeza bonatiana Pamp. = Campylotropis trigonoclada

(Franch.) Schindl. var. bonatiana (Pamp.) Iokawa et H. Ohashi ●

226718 Lespedeza bonii (Schindl.) Gagnep. = Campylotropis bonii Schindl. ●

226719 Lespedeza bracteolata Ricker = Lespedeza buergeri Miq. ●

226720 Lespedeza brittonii E. P. Bicknell;布里顿胡枝子;Bush Clover ●☆

226721 Lespedeza buergeri Miq.;绿叶胡枝子(白氏胡枝子,豆荚,金丹,金腰带,木本胡枝子,女金丹,鮿药,三头草,三叶豆,三叶青,三叶枝,山附子,山乌豆,石香花,土附子,血人参,黏衣草,知天文);Buerger Bush-clover,Buerger Lespedeza,Greenleaf Bushclover ●

226722 Lespedeza buergeri Miq. f. albiflora Honda;白花绿叶胡枝子 ●☆

226723 Lespedeza buergeri Miq. f. angustifolia Makino;狭绿叶胡枝子 ●☆

226724 Lespedeza buergeri Miq. f. angustifolia Makino = Lespedeza buergeri Miq. ●

226725 Lespedeza buergeri Miq. var. kinashii Ohwi = Lespedeza buergeri Miq. f. angustifolia Makino ●☆

226726 Lespedeza buergeri Miq. var. praecox Nakai = Lespedeza maximowiczii C. K. Schneid. ●

226727 Lespedeza canescens Ricker = Lespedeza chinensis G. Don ●

226728 Lespedeza capillipes Franch. = Campylotropis capillipes (Franch.) Schindl. ●

226729 Lespedeza capitata Michx.;头状胡枝子;Capitate Bushclover, Round-headed Bush Clover, Round-headed Bush-clover, Round-headed Lespedeza ●☆

226730 Lespedeza capitata Michx. var. longifolia (DC.) Torr. et A. Gray = Lespedeza capitata Michx. ●☆

226731 Lespedeza capitata Michx. var. sericea (Hook. et Arn.) Torr. et A. Gray = Lespedeza capitata Michx. ●☆

226732 Lespedeza capitata Michx. var. stenophylla Bissell et Fernald = Lespedeza capitata Michx. ●☆

226733 Lespedeza capitata Michx. var. stenophylla Bissell et Fernald f. argentea Fernald = Lespedeza capitata Michx. ●☆

226734 Lespedeza capitata Michx. var. velutina (E. P. Bicknell) Fernald = Lespedeza capitata Michx. ●☆

226735 Lespedeza capitata Michx. var. vulgaris Torr. et A. Gray = Lespedeza capitata Michx. ●☆

226736 Lespedeza caraganae Bunge;锦鸡胡枝子(长叶胡枝子,长叶铁扫帚);Longleaf Bushclover,Long-leaved Bush-clover ●

226737 Lespedeza chekiangensis Ricker = Lespedeza thunbergii (DC.) Nakai subsp. formosa (Vogel) H. Ohashi ●

226738 Lespedeza chekiangensis Ricker = Lespedeza viatorum Champ. ex Benth. ●

226739 Lespedeza chinensis G. Don;中华胡枝子(白盲荚,鹁鸪梢,风血木,高脚硬梗太阳草,华胡枝子,里白胡枝子,马料梢,千年勿大树,细叶马料梢,细叶野花生,小号布纱);China Bushclover, Chinese Bushclover,Chinese Bush-clover,Chinese Lespedeza ●

226740 Lespedeza chinensis G. Don var. nokoensis Ohwi = Lespedeza chinensis G. Don ●

226741 Lespedeza ciliata Benth. = Campylotropis macrocarpa (Bunge) Rehder ●

226742 Lespedeza cuneata (Dum. Cours.) G. Don;截叶胡枝子(暗草,白关门草,白马鞭,半天雷,闭门草,布鱼草,苍蝇翼,穿鱼串,串鱼草,大力王,封草,凤交尾,公母草,关门草,光门竹,狐狸嘴,胡流串,胡蝇翼,化食草,黄鳝藤,蝗虫串,火鱼草,截叶铁扫帚,绢毛胡枝子,菌串子,老糠菜,老牛筋,马尾草,马帚,荓,千里光,千里及,三叶草,三叶公母草,蛇倒退,蛇垮皮,蛇跨皮,蛇退草,蛇蜕壳,石青蓬,铁马鞭,铁扫把,铁扫帚,铁线八草,退烧草,小叶米筛柴,小种夜关门,野辟汗草,野鸡草,夜闭草,夜关门,夜合草,一枝箭,一炷香,阴阳草,鱼串草,赵公鞭);Chinese Bush Clover,Chinese Lespedeza,Cuneate Lespedeza,Cutleaf Bushclover, Sericea Lespedeza,Sericea,Silky Bush-clover ●■

226743 Lespedeza cuneata (Dum. Cours.) G. Don = Lespedeza juncea (L. f.) Pers. var. sericea (Thunb.) Lace et Hemsl. ●

226744 Lespedeza cuneata (Dum. Cours.) G. Don f. flava Hayashi;黄截叶胡枝子●☆

226745 Lespedeza cuneata (Dum. Cours.) G. Don var. serpens (Nakai) Ohwi ex Shimabuku;蛇形胡枝子●☆

226746 Lespedeza cyrtobotrya Miq.;短梗胡枝子(短序胡枝子,深山秋,圆叶胡枝子,籽条);Leafy Lespedeza, Shortstalk Bushclover, Short-stalked Bush-clover ●

226747 Lespedeza cyrtobotrya Miq. f. kawachiana (Nakai) Hatus.;河内胡枝子●☆

226748 Lespedeza cyrtobotrya Miq. var. kawachiana (Nakai) Ohwi = Lespedeza cyrtobotrya Miq. f. kawachiana (Nakai) Hatus. ●☆

226749 Lespedeza cystoides Nakai = Lespedeza juncea (L. f.) Pers. ●■

226750 Lespedeza cytisoides Nakai var. inschanica Nakai = Lespedeza inschanica (Maxim.) Schindl. ●■

226751 Lespedeza dahurica (Laxm.) Schindl.;兴安胡枝子(达呼尔胡枝子,达呼里胡枝子,达乌里胡枝子,大胡枝子,豆豆苗,牤牛茶,毛果胡枝子,毛果状铁扫帚,牡牛查,牛筋子,牛枝条,牛枝子,枝儿条);Dahurian Bushclover,Dahurian Bush-clover,Dahurian Lespedeza,Large Dahurian Bushclover,Shimada Lespedeza,Xing'an Bushclover ●

226752 Lespedeza dahurica (Laxm.) Schindl. f. prostrata (W. Wang et Fuh) Kitag. = Lespedeza potaninii V. N. Vassil. ●◇

226753 Lespedeza dahurica (Laxm.) Schindl. subsp. huangheensis C. J. Chen;黄河胡枝子;Huanghe Dahurian Bushclover ●

226754 Lespedeza dahurica (Laxm.) Schindl. var. beipiaoensis P. H. Huang et J. S. Ma;北票胡枝子;Beipiao Dahurian Bushclover ●

226755 Lespedeza dahurica (Laxm.) Schindl. var. potaninii (V. N. Vassil.) Y. X. Liou = Lespedeza potaninii V. N. Vassil. ●◇

226756 Lespedeza dahurica (Laxm.) Schindl. var. shimadae (Masam.) Masam. et Hosok. = Lespedeza dahurica (Laxm.) Schindl. ●

226757 Lespedeza daurica (Laxm.) Schindl. subsp. huangheensis V. N. Vassil. = Lespedeza daurica (Laxm.) Schindl. ●

226758 Lespedeza daurica (Laxm.) Schindl. subsp. potaninii (V. N. VassV. N. Vassil. = Lespedeza potaninii V. N. Vassil. ●◇

226759 Lespedeza daurica (Laxm.) Schindl. var. genuina V. N. Vassil. = Lespedeza daurica (Laxm.) Schindl. ●

226760 Lespedeza daurica (Laxm.) Schindl. var. potaninii (V. N. VassV. N. Vassil. = Lespedeza potaninii V. N. Vassil. ●◇

226761 Lespedeza daurica (Laxm.) Schindl. var. sessilis V. N. Vassil. = Lespedeza daurica (Laxm.) Schindl. ●

226762 Lespedeza daurica (Laxm.) Schindl. var. shimadae (Masam.) Masam. et Hosok. = Lespedeza daurica (Laxm.) Schindl. ●

226763 Lespedeza daurica Schindl. var. prostrata W. Wang et Fuh = Lespedeza potaninii V. N. Vassil. ●◇

226764 Lespedeza davidii Franch.;大叶胡枝子(大叶马料梢,大叶乌梢,和血丹,胡枝子,活血丹);Bigleaf Bushclover, David Bushclover,David Bush-clover ●

226765 Lespedeza davidii Franch. var. exalata L. H. Lou = Lespedeza davidii Franch. ●

226766 Lespedeza davurica (Laxm.) Schindl. = Lespedeza dahurica (Laxm.) Schindl. ●

226767 Lespedeza davurica (Laxm.) Schindl. var. prostrata W. Wang et Fuh = Lespedeza potaninii V. N. Vassil. ●◇

226768 Lespedeza decora Kurz = Campylotropis decora (Kurz) Schindl. ●

226769 Lespedeza delavayi Franch. = Campylotropis delavayi (Franch.) Schindl. ●

226770 Lespedeza dichromoxylon H. Lév. = Campylotropis polyantha (Franch.) Schindl. ●

226771 Lespedeza dichromoxylon H. Lév. = Campylotropis polyantha (Franch.) Schindl. var. leiocarpa (Pamp.) E. Peter ●

226772 Lespedeza dielsiana Schindl.;四川胡枝子●

226773 Lespedeza dielsiana Schindl. = Lespedeza floribunda Bunge ●

226774 Lespedeza distincta Bailey = Campylotropis macrocarpa (Bunge) Rehder ●

226775 Lespedeza diversifolia Hemsl. = Campylotropis diversifolia (Franch.) Schindl. ●

226776 Lespedeza dubia Schindl. = Campylotropis meeboldii (Schindl.) Schindl. ●☆

226777 Lespedeza dunnii Schindl.;春花胡枝子;Dunn Bushclover, Dunn Bush-clover ●

226778 Lespedeza elegans Cambess.;雅致胡枝子●☆

226779 Lespedeza elliptica Benth. ex Maxim. = Lespedeza formosa (Vogel) Koehne ●

226780 Lespedeza elliptica Benth. ex Maxim. = Lespedeza thunbergii (DC.) Nakai subsp. elliptica (Benth. ex Maxim.) H. Ohashi ●

226781 Lespedeza eriiocarpa DC. var. chinensis Pamp. = Campylotropis polyantha (Franch.) Schindl. ●

226782 Lespedeza eriocarpa DC. var. chinensis Pamp. subvar. polyantha (Franch.) Pamp. = Campylotropis polyantha (Franch.) Schindl. ●

226783 Lespedeza eriocarpa DC. var. chinensis Pamp. subvar. polyantha (Franch.) Pamp. f. leiocarpa Pamp. = Campylotropis polyantha (Franch.) Schindl. var. leiocarpa (Pamp.) E. Peter ●

226784 Lespedeza eriocarpa DC. var. falconeri Prain = Campylotropis meeboldii (Schindl.) Schindl. ●☆

226785 Lespedeza eriocarpa DC. var. polyantha Franch. = Campylotropis polyantha (Franch.) Schindl. ●

226786 Lespedeza eriocarpa Maxim. = Campylotropis speciosa (Royle ex Schindl.) Schindl. subsp. eriocarpa (Schindl.) Iokawa et H. Ohashi ●

226787 Lespedeza eriocarpa Maxim. var. chinensis Pamp. = Campylotropis polyantha (Franch.) Schindl. ●

226788 Lespedeza eriocarpa Maxim. var. chinensis Pamp. subvar. polyantha (Franch.) Pamp. = Campylotropis polyantha (Franch.) Schindl. ●

226789 Lespedeza fasciculiflora Franch.;束花铁马鞭(地筋);Fascicle-flower Bushclover ●■

226790 Lespedeza fasciculiflora Franch. var. hengduanshanensis C. J. Chen;横断山铁马鞭;Hengduanshan Fascicle-flower Bushclover ●■

226791 Lespedeza fauriei H. Lév. = Lespedeza daurica (Laxm.) Schindl. ●

226792 Lespedeza feddeana Schindl. = Lespedeza daurica (Laxm.) Schindl. ●

226793 Lespedeza floribunda Bunge;多花胡枝子(白毛蒿花,米汤草,石告杯,铁鞭草);Flowery Bushclover, Manyflower Bushclover, Multiflorous Bush-clover ●

226794 Lespedeza floribunda Bunge var. alopecuroides Franch. = Lespedeza floribunda Bunge ●

226795 Lespedeza floribunda Bunge var. fasciculiflora (Franch.) Schindl. = Lespedeza fasciculiflora Franch. ●■

226796 Lespedeza fordii Schindl.;广东胡枝子;Ford Bushclover, Ford Bush-clover, Guangdong Bushclover, Kwangtung Bushclover ●

226797 Lespedeza formosa (Vogel) Koehne = Lespedeza thunbergii (DC.) Nakai subsp. formosa (Vogel) H. Ohashi ●

226798 Lespedeza formosa (Vogel) Koehne = Lespedeza thunbergii (DC.) Nakai subsp. formosa (Vogel) H. Ohashi ●

226799 Lespedeza formosa (Vogel) Koehne f. albiflora (Ricker) L. H. Lou = Lespedeza thunbergii (DC.) Nakai ●■

226800 Lespedeza formosa (Vogel) Koehne f. albiflora Hatus.;白花美丽胡枝子●☆

226801 Lespedeza formosa (Vogel) Koehne f. macrantha Hatus.;大花美丽胡枝子;Bigflower Beautiful Lespedeza, Largeflower Beautiful Lespedeza ●☆

226802 Lespedeza formosa (Vogel) Koehne subsp. elliptica (Benth. ex Maxim.) S. Akiyama et H. Ohba = Lespedeza thunbergii (DC.) Nakai subsp. elliptica (Benth. ex Maxim.) H. Ohashi ●

226803 Lespedeza formosa (Vogel) Koehne subsp. velutina (Nakai) Akiyama et H. Ohba = Lespedeza thunbergii (DC.) Nakai ●■

226804 Lespedeza formosa (Vogel) Koehne subsp. velutina (Nakai) Akiyama et H. Ohba f. alba (Nakai) Akiyama et H. Ohba;白花毛美丽胡枝子●☆

226805 Lespedeza formosa (Vogel) Koehne subsp. velutina (Nakai) Akiyama et H. Ohba;毛美丽胡枝子●☆

226806 Lespedeza formosa (Vogel) Koehne subsp. velutina (Nakai) Akiyama et H. Ohba var. satsumensis (Nakai) Akiyama et H. Ohba;萨摩胡枝子●☆

226807 Lespedeza formosa (Vogel) Koehne var. albiflora Schindl. = Lespedeza thunbergii (DC.) Nakai ●■

226808 Lespedeza formosa (Vogel) Koehne var. australis Hatus. = Lespedeza formosa (Vogel) Koehne subsp. velutina (Nakai) Akiyama et H. Ohba var. satsumensis (Nakai) Akiyama et H. Ohba ●☆

226809 Lespedeza formosa (Vogel) Koehne var. pubescens (Hayata) S. S. Ying = Lespedeza formosa (Vogel) Koehne ●

226810 Lespedeza formosa (Vogel) Koehne var. pubescens (Hayata) S. S. Ying = Lespedeza thunbergii (DC.) Nakai subsp. formosa (Vogel) H. Ohashi ●

226811 Lespedeza formosensis Hosok. = Lespedeza chinensis G. Don ●

226812 Lespedeza forrestii Schindl.;矮生胡枝子;Dwarf Bushclover, Forrest Bushclover, Forrest Bush-clover ●

226813 Lespedeza friebeana Schindl. = Lespedeza maximowiczii C. K. Schneid. ●

226814 Lespedeza frutescens (L.) Elliott = Lespedeza violacea (L.) Pers. ●☆

226815 Lespedeza frutescens (L.) Hornem.;草原胡枝子;Prairie Bush Clover, Prairie Lespedeza ●☆

226816 Lespedeza fulva (Schindl.) H. Lév. = Campylotropis fulva Schindl. ●

226817 Lespedeza gerardiana Graham = Lespedeza dahurica (Laxm.) Schindl. ●

226818 Lespedeza gerardiana Wall. ex Maxim.;西藏胡枝子●■

226819 Lespedeza giraldii Schindl. = Campylotropis macrocarpa (Bunge) Rehder var. hupehensis (Pamp.) Iokawa et H. Ohashi ●

226820 Lespedeza glauca Schindl. = Campylotropis macrocarpa (Bunge) Rehder var. giraldii (Schindl.) K. T. Fu ex P. Y. Fu ●

226821 Lespedeza glauca Schindl. = Campylotropis macrocarpa

(Bunge) Rehder var. hupehensis (Pamp.) Iokawa et H. Ohashi ●
226822 Lespedeza glomerata Hornem. = Lespedeza tomentosa (Thunb.) Siebold ex Maxim. ●
226823 Lespedeza harmsii (Schindl.) Craib = Campylotropis harmsii Schindl. ●
226824 Lespedeza harmsii (Schindl.) H. Lév. = Campylotropis harmsii Schindl. ●
226825 Lespedeza hedysaroides (Pall.) Kitag. = Lespedeza juncea (L. f.) Pers. ●■
226826 Lespedeza hedysaroides (Pall.) Kitag. var. inschanica (Maxim.) Kitag. = Lespedeza inschanica (Maxim.) Schindl. ●■
226827 Lespedeza hedysaroides (Pall.) Kitag. var. subsericea (Kom.) Kitag. = Lespedeza juncea (L. f.) Pers. ●■
226828 Lespedeza hedysaroides (Pall.) Kitag. var. subserices (Kom.) Kitag.;细叶胡枝子●
226829 Lespedeza hedysaroides (Pall.) Kitag. var. umbrosa (Kom.) Kitag. = Lespedeza juncea (L. f.) Pers. ●■
226830 Lespedeza henryi Gagnep. = Campylotropis decora (Kurz) Schindl. ●
226831 Lespedeza henryi Schindl. = Campylotropis henryi (Schindl.) Schindl. ●
226832 Lespedeza hiratsukae Nakai = Lespedeza japonica L. H. Bailey 'Hiratsukae' ●☆
226833 Lespedeza hirta (L.) Hornem.;毛胡枝子;Hairy Bush Clover, Hairy Lespedeza ●☆
226834 Lespedeza hirta Miq. = Lespedeza tomentosa (Thunb.) Siebold ex Maxim. ●
226835 Lespedeza hirtella Franch. = Campylotropis hirtella (Franch.) Schindl. ●
226836 Lespedeza hisauchii T. Nemoto et H. Ohashi;久内胡枝子●☆
226837 Lespedeza hispida (Franch.) T. Nemoto et H. Ohashi;粗硬毛胡枝子●■
226838 Lespedeza homoloba Nakai;同裂胡枝子(同形裂片胡枝子)●☆
226839 Lespedeza homoloba Nakai f. luteiflora Akasawa;黄花同裂胡枝子(黄花同形裂片胡枝子)●☆
226840 Lespedeza hupehensis Ricker;湖北胡枝子;Hubei Bushclover ●
226841 Lespedeza hupehensis Ricker = Lespedeza davidii Franch. ●
226842 Lespedeza ichangensis Schindl. = Campylotropis macrocarpa (Bunge) Rehder ●
226843 Lespedeza inschanica (Maxim.) Schindl.;阴山胡枝子(白指甲花,野首蓿);Whiteflower Bushclover, Yinshan Bushclover ●
226844 Lespedeza inschanica (Maxim.) Schindl. var. flava S. L. Tung et Z. Lu;黄花阴山胡枝子;White-flowered Bush-clover, Yellowflower Yinshan Bushclover ●
226845 Lespedeza inschanica (Maxim.) Schindl. var. flava S. L. Tung et Z. Lu = Lespedeza inschanica (Maxim.) Schindl. ●■
226846 Lespedeza intermedia (S. Watson) Britton;中间胡枝子;Wand-like Bushclover ●☆
226847 Lespedeza intermedia (S. Watson) Britton = Lespedeza violacea (L.) Pers. ●☆
226848 Lespedeza ionocalyx Nakai = Lespedeza bicolor Turcz. ●
226849 Lespedeza japonica L. H. Bailey;日本胡枝子;Japan Bushclover, Japanese Lespedeza ●
226850 Lespedeza japonica L. H. Bailey 'Albiflora' = Lespedeza thunbergii (DC.) Nakai f. albiflora (C. K. Schneid.) H. Ohashi ●■
226851 Lespedeza japonica L. H. Bailey 'Hiratsukae';平塚胡枝子●☆
226852 Lespedeza japonica L. H. Bailey 'Nipponica';本州胡枝子●☆
226853 Lespedeza japonica L. H. Bailey 'Versicolor';彩色日本胡枝子●☆
226854 Lespedeza japonica L. H. Bailey f. angustifolia (Nakai) Murata = Lespedeza japonica L. H. Bailey 'Nipponica' ●☆
226855 Lespedeza japonica L. H. Bailey var. albiflora (Miq.) Nakai = Lespedeza thunbergii (DC.) Nakai f. albiflora (C. K. Schneid.) H. Ohashi ●■
226856 Lespedeza japonica L. H. Bailey var. albiflora Nakai = Lespedeza thunbergii (DC.) Nakai f. albiflora (C. K. Schneid.) H. Ohashi ●■
226857 Lespedeza japonica L. H. Bailey var. angustifolia (Nakai) Nakai = Lespedeza thunbergii (DC.) Nakai ●■
226858 Lespedeza japonica L. H. Bailey var. intermedia Nakai;间型日本胡枝子●
226859 Lespedeza japonica L. H. Bailey var. sericea Miq. = Lespedeza cuneata (Dum. Cours.) G. Don ●■
226860 Lespedeza juncea (L. f.) Pers.;尖叶胡枝子(灯芯草胡枝子,黄蒿子,黄毫子,尖叶铁扫帚,少枝毫,铁扫帚,小夜毫,夜关门);Rush Bushclover, Rush Bush-clover, Sharpleaf Bushclover ●
226861 Lespedeza juncea (L. f.) Pers. f. umbrosa Kom. = Lespedeza juncea (L. f.) Pers. ●
226862 Lespedeza juncea (L. f.) Pers. var. hispida Franch. = Lespedeza hispida (Franch.) T. Nemoto et H. Ohashi ●■
226863 Lespedeza juncea (L. f.) Pers. var. inschanica Maxim. = Lespedeza inschanica (Maxim.) Schindl. ●■
226864 Lespedeza juncea (L. f.) Pers. var. sericea (Miq.) Forbes et Hemsl. = Lespedeza cuneata (Dum. Cours.) G. Don ●■
226865 Lespedeza juncea (L. f.) Pers. var. sericea (Thunb.) Forbes et Hemsl. = Lespedeza cuneata (Dum. Cours.) G. Don ●■
226866 Lespedeza juncea (L. f.) Pers. var. sericea (Thunb.) Lace et Hemsl.;绢毛尖叶胡枝子●
226867 Lespedeza juncea (L. f.) Pers. var. sericea Forbes et Hemsl. = Lespedeza cuneata (Dum. Cours.) G. Don ●■
226868 Lespedeza juncea (L. f.) Pers. var. serpens (Nakai) H. Ohashi = Lespedeza cuneata (Dum. Cours.) G. Don var. serpens (Nakai) Ohwi ex Shimabuku ●☆
226869 Lespedeza juncea (L. f.) Pers. var. subsericea Kom. = Lespedeza juncea (L. f.) Pers. ●■
226870 Lespedeza juncea (L. f.) Pers. var. subsessilis Miq. = Lespedeza cuneata (Dum. Cours.) G. Don ●■
226871 Lespedeza juncea (L. f.) Pers. var. variegata (Cambess.) Ali;杂色胡枝子●☆
226872 Lespedeza kanaoriensis Cambess. = Lespedeza juncea (L. f.) Pers. var. variegata (Cambess.) Ali ●☆
226873 Lespedeza lagopodioides Pers. = Uraria lagopodioides (L.) Desv. ex DC. ■
226874 Lespedeza lanceolata Dunn = Dendrolobium lanceolatum (Dunn) Schindl. ●
226875 Lespedeza latifolia Dunn = Campylotropis latifolia (Dunn) Schindl. ●
226876 Lespedeza leptostachya Engelm.;细花胡枝子;Prairie Bush-clover, Prairie Lespedeza ●☆
226877 Lespedeza lichiyuniae T. Nemoto;红花截叶铁扫帚●■
226878 Lespedeza liukiuensis Hatus. = Lespedeza thunbergii (DC.) Nakai ●■
226879 Lespedeza liukiuensis Hatus. = Lespedeza wilfordii Ricker ●
226880 Lespedeza longifolia DC.;长叶胡枝子●☆

226881 Lespedeza longifolia DC. = Lespedeza capitata Michx. ●☆

226882 Lespedeza luchuensis Hatus. = Lespedeza formosa (Vogel) Koehne ●

226883 Lespedeza macrocarpa Bunge = Campylotropis macrocarpa (Bunge) Rehder ●

226884 Lespedeza macrocarpa Bunge var. hupehensis Pamp. = Campylotropis macrocarpa (Bunge) Rehder var. hupehensis (Pamp.) Iokawa et H. Ohashi ●

226885 Lespedeza macrocarpa Franch. = Campylotropis macrocarpa (Bunge) Rehder var. hupehensis (Pamp.) Iokawa et H. Ohashi ●

226886 Lespedeza macrophylla Bunge = Lespedeza tomentosa (Thunb.) Siebold ex Maxim. ●

226887 Lespedeza macrostyla (D. Don) Baker ex Maxim. = Campylotropis macrostyla (D. Don) Schindl. ●☆

226888 Lespedeza macrovirgata Kitag. = Lespedeza virgata (Thunb.) DC. var. macrovirgata (Kitag.) Kitag. ●■

226889 Lespedeza mairei Pamp. = Campylotropis hirtella (Franch.) Schindl. ●

226890 Lespedeza manniana Mack. et Bush;曼氏胡枝子;Bush Clover ●☆

226891 Lespedeza maruyamana Murata;丸山胡枝子●☆

226892 Lespedeza maximowiczii C. K. Schneid.;宽叶胡枝子;Broadleaf Bushclover,Maximowiz Bushclover,Maximowiz Bush-clover ●

226893 Lespedeza medicaginoides Bunge = Lespedeza dahurica (Laxm.) Schindl. ●

226894 Lespedeza meeboldii Schindl. = Campylotropis meeboldii (Schindl.) Schindl. ●☆

226895 Lespedeza melanantha Nakai;黑花胡枝子●☆

226896 Lespedeza melanantha Nakai f. rosea Nakai;粉花胡枝子●☆

226897 Lespedeza metcalfi Ricker = Lespedeza dunnii Schindl. ●

226898 Lespedeza monnoyeri H. Lév. = Lespedeza fasciculiflora Franch. ●■

226899 Lespedeza mucronata Ricker;短叶胡枝子;Shortleaf Bushclover ●

226900 Lespedeza muehleana Schindl. = Campylotropis macrocarpa (Bunge) Rehder ●

226901 Lespedeza muehleana Schindl. = Campylotropis polyantha (Franch.) Schindl. ●

226902 Lespedeza nantcianensis Pamp. = Lespedeza pilosa (Thunb.) Siebold et Zucc. ●■

226903 Lespedeza neglecta (Britton) Mack. et Bush;疏忽胡枝子;Bush Clover ●☆

226904 Lespedeza neglecta (Schindl.) H. Lév. = Campylotropis neglecta Schindl. ●

226905 Lespedeza neglecta (Schindl.) H. Lév. = Campylotropis polyantha (Franch.) Schindl. var. neglecta (Schindl.) Iokawa et H. Ohashi ●

226906 Lespedeza nipponica Nakai = Lespedeza japonica L. H. Bailey 'Nipponica' ●☆

226907 Lespedeza nipponica Nakai var. satsumensis (Nakai) Murata = Lespedeza formosa (Vogel) Koehne subsp. velutina (Nakai) Akiyama et H. Ohba var. satsumensis (Nakai) Akiyama et H. Ohba ●☆

226908 Lespedeza nuttallii Darl.;纳托尔胡枝子;Bush Clover ●☆

226909 Lespedeza pampaninii H. Lév. = Lespedeza forrestii Schindl. ●

226910 Lespedeza paradoxa Ricker = Lespedeza fordii Schindl. ●

226911 Lespedeza parviflora Kurz = Campylotropis parviflora (Kurz) Schindl. ex Gagnep. ●

226912 Lespedeza patens Nakai;展枝胡枝子;Spread Bushclover, Spreading Bushclover,Spreading Bush-clover ●

226913 Lespedeza patens Nakai f. macrantha (Honda) Hatus.;大花展枝胡枝子●☆

226914 Lespedeza patens Nakai f. nivea Akiyama et H. Ohba;雪白展枝胡枝子●☆

226915 Lespedeza patens Nakai f. sericea (Matsum.) Akiyama et H. Ohba = Lespedeza patens Nakai f. macrantha (Honda) Hatus. ●☆

226916 Lespedeza penduliflora (Oudem.) Nakai;垂花胡枝子●☆

226917 Lespedeza penduliflora (Oudem.) Nakai = Lespedeza thunbergii (DC.) Nakai ●■

226918 Lespedeza penduliflora (Oudem.) Nakai subsp. cathayana Y. C. Hsu et al. = Lespedeza thunbergii (DC.) Nakai subsp. formosa (Vogel) H. Ohashi ●

226919 Lespedeza penduliflora (Oudem.) Nakai subsp. cathayana Y. C. Hsu et al.;中国垂花胡枝子●

226920 Lespedeza penduliflora (Oudem.) Nakai var. albiflora (C. K. Schneid.) Ohwi = Lespedeza thunbergii (DC.) Nakai f. albiflora (C. K. Schneid.) H. Ohashi ●☆

226921 Lespedeza penduliflora (Oudem.) Nakai var. sericea (Matsum.) Ohwi = Lespedeza patens Nakai ●

226922 Lespedeza pietorum Kurz = Campylotropis pinetorum (Kurz) Schindl. subsp. velutina (Dunn) H. Ohashi ●

226923 Lespedeza pietorum Kurz = Campylotropis velutina (Dunn) Schindl. ●

226924 Lespedeza pilosa (Thunb.) Siebold et Zucc.;铁马鞭(金钱藤,疏毛胡枝子,铁马鞭胡枝子,野花草,野花生);Ironwhip Bushclover,Pilose Bushclover ●■

226925 Lespedeza pilosa (Thunb.) Siebold et Zucc. f. bicolor Hiyama;双色铁马鞭●■☆

226926 Lespedeza pilosa (Thunb.) Siebold et Zucc. var. erecta Hatus.;直立铁马鞭●■☆

226927 Lespedeza pinetorum Gagnep. = Campylotropis pinetorum (Kurz) Schindl. subsp. velutina (Dunn) H. Ohashi ●

226928 Lespedeza pinetorum Kurz = Campylotropis pinetorum (Kurz) Schindl. ●☆

226929 Lespedeza polyantha (Franch.) H. Lév. = Campylotropis polyantha (Franch.) Schindl. ●

226930 Lespedeza polyantha (Franch.) Schindl. = Campylotropis polyantha (Franch.) Schindl. ●

226931 Lespedeza potaninii V. N. Vassil.;牛枝子(牛筋子);Potanin Bushclover ●◇

226932 Lespedeza potaninii V. N. Vassil. f. breviracemi S. L. Tung et Z. Lu = Lespedeza potaninii V. N. Vassil. ●◇

226933 Lespedeza prainii Collett et Hemsl. = Campylotropis capillipes (Franch.) Schindl. subsp. prainii (Collett et Hemsl.) Iokawa et H. Ohashi ●

226934 Lespedeza prainii Collett et Hemsl. = Campylotropis prainii (Collett et Hemsl.) Schindl. ●

226935 Lespedeza prairea (Mack. et Bush) Britton = Lespedeza violacea (L.) Pers. ●☆

226936 Lespedeza procumbens Michx.;平卧胡枝子;Bush-clover, Downy Trailing Lespedeza, Trailing Bush Clover, Trailing Bush-clover,Trailing Lespedeza ●☆

226937 Lespedeza procumbens Michx. var. elliptica S. F. Blake = Lespedeza brittonii E. P. Bicknell ●☆

226938 Lespedeza prostrata Nakai = Lespedeza cuneata (Dum. Cours.)

G. Don var. serpens (Nakai) Ohwi ex Shimabuku ●☆

226939 Lespedeza pseudomacrocarpa Hayata = Campylotropis macrocarpa (Bunge) Rehder var. hupehensis (Pamp.) Iokawa et H. Ohashi ●

226940 Lespedeza pubescens Hayata;柔毛胡枝子(毛胡枝子,台湾胡枝子);Pubescent Bushclover,Softhair Leucas ●

226941 Lespedeza pubescens Hayata = Lespedeza formosa (Vogel) Koehne ●

226942 Lespedeza pubescens Hayata = Lespedeza thunbergii (DC.) Nakai subsp. formosa (Vogel) H. Ohashi ●

226943 Lespedeza repens (L.) W. P. C. Barton;匍匐胡枝子;Creeping Bush Clover, Creeping Bush-clover, Creeping Lespedeza, Smooth Trailing Lespedeza ●☆

226944 Lespedeza rosthornii Schindl. = Campylotropis macrocarpa (Bunge) Rehder ●

226945 Lespedeza sargentiana (Schindl.) H. Lév. = Campylotropis polyantha (Franch.) Schindl. ●

226946 Lespedeza satsumensis Nakai = Lespedeza formosa (Vogel) Koehne subsp. velutina (Nakai) Akiyama et H. Ohba var. satsumensis (Nakai) Akiyama et H. Ohba ●☆

226947 Lespedeza sericea (Thunb.) Miq. = Lespedeza cuneata (Dum. Cours.) G. Don ●■

226948 Lespedeza sericea (Thunb.) Miq. = Lespedeza juncea (L. f.) Pers. var. sericea (Thunb.) Lace et Hemsl. ●

226949 Lespedeza sericea (Thunb.) Miq. f. hispida (Franch.) Schindl. = Lespedeza hispida (Franch.) T. Nemoto et H. Ohashi ●■

226950 Lespedeza sericea (Thunb.) Miq. var. latifolia Maxim. = Lespedeza cuneata (Dum. Cours.) G. Don ●■

226951 Lespedeza sericophylla Collett et Hemsl. = Campylotropis decora (Kurz) Schindl. ●

226952 Lespedeza shimadae Masam. = Lespedeza dahurica (Laxm.) Schindl. var. shimadae (Masam.) Masam. et Hosok. ●

226953 Lespedeza shimadae Masam. = Lespedeza dahurica (Laxm.) Schindl. ●

226954 Lespedeza sieboldi Miq. = Lespedeza formosa (Vogel) Koehne ●

226955 Lespedeza stenocarpa (Klotzsch) Maxim. = Campylotropis stenocarpa (Klotzsch) Schindl. ●☆

226956 Lespedeza stipulacea Maxim.;朝鲜胡枝子;Korean Lespedeza ●☆

226957 Lespedeza stipulacea Maxim. = Kummerowia stipulacea (Maxim.) Makino ■

226958 Lespedeza stollsae L. H. Bailey;鸡公山胡枝子●☆

226959 Lespedeza stottasae L. H. Bailey = Lespedeza dunnii Schindl. ●

226960 Lespedeza stottasae L. H. Bailey = Lespedeza floribunda Bunge ●

226961 Lespedeza striata (Thunb. ex Murray) Hook. et Arn. = Kummerowia striata (Thunb.) Schindl. ■

226962 Lespedeza striata (Thunb.) Hook. et Arn. = Kummerowia striata (Thunb.) Schindl. ■

226963 Lespedeza striata Hook. et Arn. = Kummerowia striata (Thunb.) Schindl. ■

226964 Lespedeza striata Hook. et Arn. var. stipulacea (Maxim.) Makino = Kummerowia stipulacea (Maxim.) Makino ■

226965 Lespedeza stuevei Nutt.;高大胡枝子;Tall Bush Clover, Tall Lespedeza ●☆

226966 Lespedeza stuevei Nutt. var. angustifolia Britton = Lespedeza neglecta (Britton) Mack. et Bush ●☆

226967 Lespedeza swinhoei Hance = Lespedeza virgata (Thunb.) DC. ●

226968 Lespedeza thomsonii Benth. ex Baker = Campylotropis thomsonii (Benth. ex Baker) Schindl. ●

226969 Lespedeza thunbergii (DC.) Nakai;桑氏胡枝子(日本胡枝子);Shrub Bush Clover,Shrubby Bush-clover,Tall Bush Clover,Tall Lespedeza,Thunberg Lespedeza,Thunberg's Bush-clover,Thunberg's Lespedeza ●■

226970 Lespedeza thunbergii (DC.) Nakai 'Pink Cascade';银叠通贝里胡枝子;Bush Clover ●☆

226971 Lespedeza thunbergii (DC.) Nakai 'Spring Grove';春树林通贝里胡枝子;Thunberg Lespedeza ●☆

226972 Lespedeza thunbergii (DC.) Nakai 'White Fountain';白泉通贝里胡枝子;White Bush Clover ●☆

226973 Lespedeza thunbergii (DC.) Nakai = Lespedeza formosa (Vogel) Koehne ●

226974 Lespedeza thunbergii (DC.) Nakai f. albiflora (C. K. Schneid.) H. Ohashi;白花通贝里胡枝子(白花日本胡枝子)●☆

226975 Lespedeza thunbergii (DC.) Nakai f. macrantha (Honda) Hiyama ex Murata = Lespedeza patens Nakai ●

226976 Lespedeza thunbergii (DC.) Nakai subsp. elliptica (Benth. ex Maxim.) H. Ohashi;椭圆叶胡枝子●

226977 Lespedeza thunbergii (DC.) Nakai subsp. formosa (Vogel) H. Ohashi;美丽胡枝子(白花羊牯枣,草大戟,红布纱,红花羊牯爪,鸡丢枝,假蓝根,麻大戟,马拂帚,马扫帚,马乌柴,马须草,毛胡枝子,柔毛胡枝子,三必根,三妹木,沙牛木,碎蓝木,羊古草,夜关门);Beautiful Bushclover, Beautiful Lespedeza, Oriental Lespedeza, Pubescent Bush-clover, Spiffy Bushclover, Thunberg Lespedeza ●

226978 Lespedeza thunbergii (DC.) Nakai subsp. formosa (Vogel) H. Ohashi f. albiflora (C. K. Schneid.) H. Ohashi = Lespedeza japonica L. H. Bailey 'Japonica' ●☆

226979 Lespedeza thunbergii (DC.) Nakai subsp. formosa (Vogel) H. Ohashi f. versicolor (Nakai) Ohwi = Lespedeza japonica L. H. Bailey 'Versicolor' ●☆

226980 Lespedeza thunbergii (DC.) Nakai subsp. patens (Nakai) H. Ohashi f. nivea (Akiyama et H. Ohba) H. Ohashi = Lespedeza patens Nakai f. nivea Akiyama et H. Ohba ●☆

226981 Lespedeza thunbergii (DC.) Nakai subsp. patens (Nakai) H. Ohashi = Lespedeza patens Nakai ●

226982 Lespedeza thunbergii (DC.) Nakai subsp. satsumensis (Nakai) H. Ohashi = Lespedeza formosa (Vogel) Koehne subsp. velutina (Nakai) Akiyama et H. Ohba var. satsumensis (Nakai) Akiyama et H. Ohba ●☆

226983 Lespedeza thunbergii (DC.) Nakai var. albiflora (C. K. Schneid.) Ohwi f. angustifolia (Nakai) Ohwi = Lespedeza formosa (Vogel) Koehne subsp. velutina (Nakai) Akiyama et H. Ohba ●☆

226984 Lespedeza thunbergii (DC.) Nakai var. albiflora (C. K. Schneid.) Ohwi = Lespedeza thunbergii (DC.) Nakai f. albiflora (C. K. Schneid.) H. Ohashi ●☆

226985 Lespedeza thunbergii (DC.) Nakai var. obtusifolia (Nakai) Ohwi = Lespedeza patens Nakai ●

226986 Lespedeza thunbergii (DC.) Nakai var. obtusifolia (Nakai) Ohwi f. pilosella Ohwi = Lespedeza patens Nakai ●

226987 Lespedeza thunbergii (DC.) Nakai var. satsumensis (Nakai) Ohwi = Lespedeza formosa (Vogel) Koehne subsp. velutina (Nakai) Akiyama et H. Ohba var. satsumensis (Nakai) Akiyama et H. Ohba ●☆

226988 Lespedeza thunbergii DC.) Nakai subsp. formosa (Vogel) H.

Ohashi = Lespedeza formosa (Vogel) Koehne subsp. velutina (Nakai) Akiyama et H. Ohba ●☆

226989 Lespedeza tomentosa (Thunb.) Siebold ex Maxim.;绒毛胡枝子(白胡枝子,白土子,毛胡枝子,毛叶胡枝子,山豆花,小雪人参,小叶带毛乌梢,野回菜);Floss Bushclover,Woolly Bush-clover,Woolly Lespedeza ●

226990 Lespedeza trichocarpa (Stephan) Pers. = Lespedeza dahurica (Laxm.) Schindl. ●

226991 Lespedeza trigonoclada Franch. = Campylotropis trigonoclada (Franch.) Schindl. ●

226992 Lespedeza trigonoclada Franch. f. intermedia Pamp. = Campylotropis trigonoclada (Franch.) Schindl. ●

226993 Lespedeza trigonoclada Franch. var. angustifolia Pamp. = Campylotropis trigonoclada (Franch.) Schindl. ●

226994 Lespedeza variegata Cambess. = Lespedeza juncea (L. f.) Pers. var. variegata (Cambess.) Ali ●☆

226995 Lespedeza variegata Cambess. var. cinerascens Franch. = Lespedeza forrestii Schindl. ●

226996 Lespedeza veitchii Ricker = Lespedeza bicolor Turcz. ●

226997 Lespedeza veitscii Ricker;细枝胡枝子●

226998 Lespedeza velutina Dunn = Campylotropis pinetorum (Kurz) Schindl. subsp. velutina (Dunn) H. Ohashi ●

226999 Lespedeza velutina E. P. Bicknell = Lespedeza capitata Michx. ●☆

227000 Lespedeza velutina Gagnep. = Campylotropis pinetorum (Kurz) Schindl. ●☆

227001 Lespedeza viatorum Champ. ex Benth.;路生胡枝子(路胡枝子);Curb Bushclover,Roadside Bushclover,Roadside Bush-clover ●

227002 Lespedeza viatorum Champ. ex Benth. = Lespedeza thunbergii (DC.) Nakai subsp. formosa (Vogel) H. Ohashi ●

227003 Lespedeza villosa (Willd.) Pers. = Lespedeza tomentosa (Thunb.) Siebold ex Maxim. ●

227004 Lespedeza villosa Pers. = Lespedeza tomentosa (Thunb.) Siebold ex Maxim. ●

227005 Lespedeza violacea (L.) Pers.;堇色胡枝子;Bush Clover,Violet Bush-clover,Violet Lespedeza ●☆

227006 Lespedeza violacea (L.) Pers. = Lespedeza frutescens (L.) Hornem. ●☆

227007 Lespedeza violacea (L.) Pers. var. prairea Mack. et Bush = Lespedeza violacea (L.) Pers. ●☆

227008 Lespedeza virgata (Thunb. ex Murray) DC. = Lespedeza virgata (Thunb.) DC. ●

227009 Lespedeza virgata (Thunb.) DC.;细梗胡枝子(斑鸠花,掐不齐,莳绘秋);Slenderpedicel Bushclover,Virgate Lespedeza,Wand Lespedeza ●

227010 Lespedeza virgata (Thunb.) DC. f. purpurea Sugim.;紫色细梗胡枝子●☆

227011 Lespedeza virgata (Thunb.) DC. var. macrovirgata (Kitag.) Kitag. = Lespedeza × macrovirgata Kitag. ●

227012 Lespedeza virginica (L.) Britton;弗吉尼亚胡枝子(维吉尼亚胡枝子);Bush Clover,Slender Bush Clover,Slender Bush-clover,Slender Lespedeza,Virginia Lespedeza ●☆

227013 Lespedeza wilfordii Ricker;南胡枝子;Wilford Bushclover,Wilford Bush-clover ●

227014 Lespedeza wilfordii Ricker = Lespedeza thunbergii (DC.) Nakai subsp. formosa (Vogel) H. Ohashi ●

227015 Lespedeza yunnanensis Franch. = Campylotropis yunnanensis (Franch.) Schindl. ●

227016 Lespedezia Spreng. = Lespedeza Michx. ●■

227017 Lesquerella S. Watson (1888);小莱克荠属;Bladder Pod,Bladderpod ■☆

227018 Lesquerella fendleri (A. Gray) S. Watson;北美小莱克荠;Bladderpod,Fendler's Bladderpod ■☆

227019 Lesquerella filiformis Rollins = Physaria filiformis (Rollins) O'Kane et Al-Shehbaz ■☆

227020 Lesquerella gordonii (A. Gray) S. Watson = Alyssum gmelinii Jord. et Fourr. ■☆

227021 Lesquerella gracilis (Hook.) S. Watson;纤细小莱克荠;Spreading Bladderpod ●☆

227022 Lesquerella ludoviciana (Nutt.) S. Watson;银色小莱克荠;Foothill Bladder-pod,Silver Bladder-pod ●

227023 Lesquerella purpurea S. Watson;紫色小莱克荠;Purple Bladderpod,Rose Bladderpod ■☆

227024 Lesquereuxia Boiss. et Reut. (1853);莱克勒列当属(莱克勒玄参属)■☆

227025 Lesquereuxia Boiss. et Reut. = Siphonostegia Benth. ■

227026 Lesquereuxia syriaca Boiss. et Reut.;莱克勒列当■☆

227027 Lessertia DC. (1802)(保留属名);拜卧豆属●■☆

227028 Lessertia acanthorhachis (Dinter) Dinter;刺轴拜卧豆●☆

227029 Lessertia acuminata E. Mey. = Lessertia physodes Eckl. et Zeyh. ■☆

227030 Lessertia affinis Burtt Davy;近缘拜卧豆●☆

227031 Lessertia annularis Burch.;一年拜卧豆■☆

227032 Lessertia argentea Harv.;银白拜卧豆■☆

227033 Lessertia astragalina Pappe = Lessertia pappeana Harv. ■☆

227034 Lessertia benguellensis Baker f.;本格拉拜卧豆■☆

227035 Lessertia brachypus Harv.;短足拜卧豆■☆

227036 Lessertia brachystachya DC.;短穗拜卧豆■☆

227037 Lessertia candida E. Mey.;苍白拜卧豆■☆

227038 Lessertia capensis (P. J. Bergius) Druce;好望角拜卧豆■☆

227039 Lessertia capitata E. Mey.;头状拜卧豆■☆

227040 Lessertia carnosa Eckl. et Zeyh.;肉质拜卧豆■☆

227041 Lessertia contracta M. Balkwill;紧缩拜卧豆■☆

227042 Lessertia cryptantha Dinter;隐花拜卧豆■☆

227043 Lessertia depressa Harv.;凹陷拜卧豆■☆

227044 Lessertia diffusa R. Br.;松散拜卧豆■☆

227045 Lessertia dykei L. Bolus;戴克拜卧豆■☆

227046 Lessertia emarginata Schinz = Lessertia benguellensis Baker f. ■☆

227047 Lessertia emarginata Schinz var. angustifolia A. Schreib. = Lessertia benguellensis Baker f. ■☆

227048 Lessertia eremicola Dinter;沙生拜卧豆■☆

227049 Lessertia excisa DC.;缺刻拜卧豆■☆

227050 Lessertia falciformis DC.;镰形拜卧豆■☆

227051 Lessertia flanaganii L. Bolus;弗拉纳根拜卧豆■☆

227052 Lessertia flexuosa E. Mey.;曲折拜卧豆■☆

227053 Lessertia fruticosa Lindl.;灌丛拜卧豆■☆

227054 Lessertia glabricaulis L. Bolus;光茎拜卧豆■☆

227055 Lessertia globosa L. Bolus;球形拜卧豆■☆

227056 Lessertia harveyana L. Bolus;哈维拜卧豆■☆

227057 Lessertia herbacea (L.) Druce;草本拜卧豆■☆

227058 Lessertia incana Schinz;灰毛拜卧豆■☆

227059 Lessertia inflata Harv.;膨胀拜卧豆■☆

227060 Lessertia lanata Harv.;绵毛拜卧豆■☆

227061 Lessertia linearis (Thunb.) DC.;线形拜卧豆■☆
227062 Lessertia macroflora M. Balkwill;大花拜卧豆■☆
227063 Lessertia macrostachya DC.;大穗拜卧豆■☆
227064 Lessertia margaritacea E. Mey.;珍珠拜卧豆■☆
227065 Lessertia microcarpa E. Mey.;小果拜卧豆■☆
227066 Lessertia miniata T. M. Salter;朱红拜卧豆■☆
227067 Lessertia mossii R. G. N. Young;莫西拜卧豆■☆
227068 Lessertia muricata T. M. Salter;粗糙拜卧豆■☆
227069 Lessertia obtusata (Thunb.) DC.;钝拜卧豆■☆
227070 Lessertia pappeana Harv.;帕珀拜卧豆■☆
227071 Lessertia parviflora Harv.;小花拜卧豆■☆
227072 Lessertia pauciflora Harv.;大少花拜卧豆■☆
227073 Lessertia pauciflora Harv. var. schlechteri (Bolus) L. Bolus;施莱拜卧豆■☆
227074 Lessertia perennans (Jacq.) DC.;多年拜卧豆■☆
227075 Lessertia perennans (Jacq.) DC. var. polystachya (Harv.) L. Bolus;多穗多年拜卧豆■☆
227076 Lessertia perennans (Jacq.) DC. var. sericea L. Bolus;绢毛多年拜卧豆■☆
227077 Lessertia phillipsiana Burtt Davy;菲利拜卧豆■☆
227078 Lessertia physodes Eckl. et Zeyh.;囊状拜卧豆■☆
227079 Lessertia polystachya Harv. = Lessertia perennans (Jacq.) DC. var. polystachya (Harv.) L. Bolus ■☆
227080 Lessertia procumbens (Mill.) DC.;平铺拜卧豆■☆
227081 Lessertia prostrata (Thunb.) DC.;平卧拜卧豆●☆
227082 Lessertia pubescens (Thunb.) DC.;毛拜卧豆●☆
227083 Lessertia rigida E. Mey.;坚挺拜卧豆■☆
227084 Lessertia schlechteri Bolus = Lessertia pauciflora Harv. var. schlechteri (Bolus) L. Bolus ■☆
227085 Lessertia spinescens E. Mey.;细刺拜卧豆■☆
227086 Lessertia stenoloba E. Mey.;狭裂拜卧豆■☆
227087 Lessertia stipulata Baker = Astragalus atropilosulus (Hochst.) Bunge var. burkeanus (Harv.) J. B. Gillett ■☆
227088 Lessertia stipulata Baker f.;托叶拜卧豆■☆
227089 Lessertia stricta L. Bolus;刚直拜卧豆■☆
227090 Lessertia tenuifolia E. Mey.;细叶拜卧豆■☆
227091 Lessertia thodei L. Bolus;索德拜卧豆■☆
227092 Lessertia tomentosa DC.;绒毛拜卧豆■☆
227093 Lessertia tumida Eckl. et Zeyh. = Lessertia physodes Eckl. et Zeyh. ■☆
227094 Lessertia versicaria E. Mey. = Lessertia inflata Harv. ■☆
227095 Lessertia vesicaria (Thunb.) DC.;泡囊拜卧豆■☆
227096 Lessertia villosa E. Mey. = Lessertia argentea Harv. ■☆
227097 Lessingia Cham. (1829);无舌沙紫菀属■☆
227098 Lessingia arachnoidea Greene;蛛丝无舌沙紫菀;Crystal Springs Lessingia ■☆
227099 Lessingia filaginifolia (Hook. et Arn.) M. A. Lane = Corethrogyne filaginifolia (Hook. et Arn.) Nutt. ●■☆
227100 Lessingia filaginifolia (Hook. et Arn.) M. A. Lane var. californica (DC.) M. A. Lane = Corethrogyne filaginifolia (Hook. et Arn.) Nutt. ●■☆
227101 Lessingia germanorum Cham.;德国无舌沙紫菀;San Francisco Lessingia ■☆
227102 Lessingia germanorum Cham. var. glandulifera (A. Gray) J. T. Howell = Lessingia glandulifera A. Gray ■☆
227103 Lessingia germanorum Cham. var. lemmonii (A. Gray) J. T. Howell = Lessingia glandulifera A. Gray ■☆
227104 Lessingia germanorum Cham. var. parvula (Greene) J. T. Howell = Lessingia tenuis (A. Gray) Coville ■☆
227105 Lessingia germanorum Cham. var. pectinata (Greene) J. T. Howell = Lessingia pectinata Greene ■☆
227106 Lessingia germanorum Cham. var. peirsonii J. T. Howell = Lessingia glandulifera A. Gray var. peirsonii (J. T. Howell) Markos ■☆
227107 Lessingia germanorum Cham. var. ramulosissima (A. Nelson) J. T. Howell = Lessingia glandulifera A. Gray ■☆
227108 Lessingia germanorum Cham. var. tenuipes J. T. Howell = Lessingia pectinata Greene var. tenuipes (J. T. Howell) Markos ■☆
227109 Lessingia germanorum Cham. var. tenuis (A. Gray) J. T. Howell = Lessingia tenuis (A. Gray) Coville ■☆
227110 Lessingia germanorum Cham. var. tomentosa (Greene) J. T. Howell = Lessingia glandulifera A. Gray var. tomentosa (Greene) Ferris ■☆
227111 Lessingia germanorum Cham. var. vallicola J. T. Howell = Lessingia pectinata Greene var. tenuipes (J. T. Howell) Markos ■☆
227112 Lessingia glandulifera A. Gray;腺点无舌沙紫菀■☆
227113 Lessingia glandulifera A. Gray var. pectinata (Greene) Jeps. = Lessingia pectinata Greene ■☆
227114 Lessingia glandulifera A. Gray var. peirsonii (J. T. Howell) Markos;皮尔逊无舌沙紫菀;Peirson's Lessingia ■☆
227115 Lessingia glandulifera A. Gray var. tomentosa (Greene) Ferris;毛腺点无舌沙紫菀;Warner Springs Lessingia ■☆
227116 Lessingia hololeuca Greene;毛头无舌沙紫菀;Woollyhead Lessingia ■☆
227117 Lessingia hololeuca Greene var. arachnoidea (Greene) J. T. Howell = Lessingia arachnoidea Greene ■☆
227118 Lessingia lemmonii A. Gray = Lessingia glandulifera A. Gray ■☆
227119 Lessingia lemmonii A. Gray var. peirsonii (J. T. Howell) Ferris = Lessingia glandulifera A. Gray var. peirsonii (J. T. Howell) Markos ■☆
227120 Lessingia lemmonii A. Gray var. ramulosissima (A. Nelson) Ferris = Lessingia glandulifera A. Gray ■☆
227121 Lessingia leptoclada A. Gray;细枝无舌沙紫菀;Sierra Lessingia ■☆
227122 Lessingia micradenia Greene;小腺无舌沙紫菀;Tamalpais Lessingia ■☆
227123 Lessingia micradenia Greene var. arachnoidea (Greene) Ferris = Lessingia arachnoidea Greene ■☆
227124 Lessingia micradenia Greene var. glabrata (D. D. Keck) Ferris;光无舌沙紫菀;Santa Clara County Lessingia, Smooth County Lessingia ■☆
227125 Lessingia nana A. Gray;矮无舌沙紫菀;Dwarf Lessingia ■☆
227126 Lessingia nemaclada Greene;细茎无舌沙紫菀;Slenderstem Lessingia ■☆
227127 Lessingia nemaclada Greene var. albiflora (Eastw.) J. T. Howell = Lessingia nemaclada Greene ■☆
227128 Lessingia nemaclada Greene var. mendocina (Greene) J. T. Howell = Lessingia nemaclada Greene ■☆
227129 Lessingia occidentalis (H. M. Hall) M. A. Lane = Benitoa occidentalis (H. M. Hall) D. D. Keck ■☆
227130 Lessingia pectinata Greene;篦齿无舌沙紫菀■☆
227131 Lessingia pectinata Greene var. tenuipes (J. T. Howell) Markos;细梗无舌沙紫菀■☆

227132 Lessingia ramulosa A. Gray;繁枝无舌沙紫菀■☆
227133 Lessingia ramulosa A. Gray var. adenophora (Greene) A. Gray = Lessingia ramulosa A. Gray ■☆
227134 Lessingia ramulosa A. Gray var. glabrata D. D. Keck = Lessingia micradenia Greene var. glabrata (D. D. Keck) Ferris ■☆
227135 Lessingia ramulosa A. Gray var. tenuis A. Gray = Lessingia tenuis (A. Gray) Coville ■☆
227136 Lessingia tenuis (A. Gray) Coville;春无舌沙紫菀;Spring Lessingia ■☆
227137 Lessingia tomentosa Greene = Lessingia glandulifera A. Gray var. tomentosa (Greene) Ferris ■☆
227138 Lessingia virgata A. Gray;杖无舌沙紫菀;Wand Lessingia ■☆
227139 Lessingianthus H. Rob. (1988);大头斑鸠菊属■☆
227140 Lessingianthus H. Rob. = Vernonia Schreb. (保留属名)●■
227141 Lessingianthus adenophyllus (Mart.) H. Rob.;腺叶大头斑鸠菊■☆
227142 Lessingianthus argenteus (Less.) H. Rob.;银白大头斑鸠菊■☆
227143 Lessingianthus argyrophyllus (Less.) H. Rob.;大头斑鸠菊■☆
227144 Lessingianthus brevifolius (Less.) H. Rob.;短叶大头斑鸠菊■☆
227145 Lessingianthus elegans (Gardner) H. Rob.;雅致大头斑鸠菊■☆
227146 Lessingianthus erythrophilus (DC.) H. Rob.;红叶大头斑鸠菊■☆
227147 Lessingianthus grandiflorus Less.;大花大头斑鸠菊■☆
227148 Lessingianthus laevigatus (Mart. ex DC.) H. Rob.;平滑大头斑鸠菊■☆
227149 Lessingianthus laurifolius (DC.) H. Rob.;桂叶大头斑鸠菊■☆
227150 Lessingianthus linearifolius (Less.) H. Rob.;线叶大头斑鸠菊■☆
227151 Lessingianthus monocephalus (Gardner) H. Rob.;单头大头斑鸠菊■☆
227152 Lessingianthus platyphyllus (Chodat) H. Rob.;宽叶大头斑鸠菊■☆
227153 Lessingianthus polyphyllus Sch. Bip. ex Baker;多叶大头斑鸠菊■☆
227154 Lessingianthus robustus (Rusby) H. Rob.;粗壮大头斑鸠菊■☆
227155 Lessonia Bert. ex Hook. et Arn. = Eryngium L. ■
227156 Lestadia Spach = Laestadia Kunth ex Less. ■☆
227157 Lestibodea Neck. = Dimorphotheca Vaill. (保留属名)■●☆
227158 Lestibodea Neck. = Lestibudaea Juss. ■●☆
227159 Lestibondesia Rchb. = Lestiboudesia Rchb. ■
227160 Lestiboudesia Rchb. = Celosia L. ■
227161 Lestiboudesia Rchb. = Lestibudesia Thouars ■
227162 Lestibudaea Juss. = Dimorphotheca Vaill. (保留属名)■●☆
227163 Lestibudesia Thouars = Celosia L. ■
227164 Lestibudesia caffra Meisn. = Hermbstaedtia caffra (Meisn.) Moq. ■☆
227165 Lestibudesia spicata Thouars = Celosia spicata (Thouars) Spreng. ■☆
227166 Letestua Lecomte(1920);勒泰山榄属●☆
227167 Letestua durissima (A. Chev.) Lecomte;勒泰山榄●☆
227168 Letestua floribunda Lecomte = Letestua durissima (A. Chev.) Lecomte ●☆
227169 Letestudoxa Pellegr. (1920);勒泰木属●☆
227170 Letestudoxa bella Pellegr.;勒泰木●☆
227171 Letestudoxa glabrifolia Chatrou et Repetur;光叶勒泰木●☆
227172 Letestudoxa grandifolia Pellegr. = Letestudoxa bella Pellegr. ●☆
227173 Letestudoxa lanuginosa Le Thomas;多绵毛勒泰木●☆
227174 Letestuella G. Taylor(1953);勒泰苔草属■☆
227175 Letestuella chevalieri G. Taylor = Letestuella tisserantii G. Taylor ■☆
227176 Letestuella tisserantii G. Taylor;勒泰苔草■☆
227177 Lethea Noronha = Disporum Salisb. ex D. Don ■
227178 Lethedon Spreng. (1807);莱斯瑞香属●☆
227179 Lethedon tannensis Spreng.;莱斯瑞香●☆
227180 Lethia Forbes et Hemsl. = Erythroxylum P. Browne ●
227181 Lethia Forbes et Hemsl. = Sethia Kunth ●
227182 Lethia Ravenna = Calydorea Herb. ■☆
227183 Lethia Ravenna(1986);莱斯鸢尾属■☆
227184 Lethia umbefiata (Klatt) Ravenna;莱斯鸢尾■☆
227185 Leto Phil. = Helogyne Nutt. ●☆
227186 Letsoma Raf. = Argyreia Lour. ●
227187 Letsoma Raf. = Lettsomia Roxb. ●
227188 Letsomia Rchb. = Freziera Willd. (保留属名)●☆
227189 Letsomia Rchb. = Lettsomia Ruiz et Pav. (废弃属名)●☆
227190 Lettowianthus Diels(1936);莱托花属●☆
227191 Lettowianthus stellatus Diels;莱托花●☆
227192 Lettsomia Roxb. = Argyreia Lour. ●
227193 Lettsomia Ruiz et Pav. (废弃属名) = Freziera Willd. (保留属名)●☆
227194 Lettsomia aggregata Roxb. = Argyreia osyrensis (Roth) Choisy ●
227195 Lettsomia aggregata Roxb. var. osyrensis (Roth) C. B. Clarke = Argyreia osyrensis (Roth) Choisy ●
227196 Lettsomia atropurpurea (Wall.) C. B. Clarke = Argyreia pierreana Bois ●
227197 Lettsomia bella C. B. Clarke = Argyreia osyrensis (Roth) Choisy var. cinerea Hand. -Mazz. ●
227198 Lettsomia capitata (Vahl) Blume = Argyreia capitiformis (Poir.) Ooststr. ●
227199 Lettsomia capitata Miq. = Argyreia capitiformis (Poir.) Ooststr. ●
227200 Lettsomia capitiformis (Poir.) Kerr = Argyreia capitiformis (Poir.) Ooststr. ●
227201 Lettsomia chalmersii Hance = Argyreia acuta Lour. ●
227202 Lettsomia championii (Benth.) Benth. et Hook. f. = Argyreia mollis (Burm. f.) Choisy ●
227203 Lettsomia festiva (Wall.) Benth. et Hook. f. = Argyreia acuta Lour. ●
227204 Lettsomia henryi (Craib) Kerr = Argyreia henryi (Craib) Craib ●
227205 Lettsomia mastersii Prain = Argyreia mastersii (Prain) Raizada ●
227206 Lettsomia maymyo W. W. Sm. = Argyreia maymyo (W. W. Sm.) Raizada ●
227207 Lettsomia nervosa Roxb. = Argyreia nervosa (Burm. f.) Bojer ●
227208 Lettsomia peguensis C. B. Clarke = Argyreia capitiformis (Poir.) Ooststr. ●
227209 Lettsomia seguinii H. Lév. = Argyreia pierreana Bois ●
227210 Lettsomia seguinii H. Lév. = Argyreia seguinii (H. Lév.) Vaniot ex H. Lév. ●
227211 Lettsomia splendens Hornem. = Argyreia splendens (Roxb.) Sweet ●

227212 Lettsomia splendens Roxb. = Argyreia splendens (Roxb.) Sweet ●

227213 Lettsomia strigosa Roxb. = Argyreia capitiformis (Poir.) Ooststr. ●

227214 Lettsomia sumatrana Miq. = Ipomoea sumatrana (Blume) Ooststr. ■

227215 Leucacantha Gray = Centaurea L.(保留属名)●■

227216 Leucacantha Nieuwl. et Lunell = Centaurea L.(保留属名)●■

227217 Leucacantha Nieuwl. et Lunell = Leucacantha Gray ●■

227218 Leucacantha cyanus (L.) Nieuwl. et Lunell = Centaurea cyanus L. ■

227219 Leucactinia Rydb. (1915);白线菊属■☆

227220 Leucactinia bracteata Rydb.;白线菊■☆

227221 Leucadendron Kuntze = Leucadendron R. Br.(保留属名)●

227222 Leucadendron L.(废弃属名) = Leucadendron R. Br.(保留属名)●

227223 Leucadendron L.(废弃属名) = Protea L.(保留属名)●☆

227224 Leucadendron R. Br. (1810)(保留属名);银齿树属(银白树属,银树属);Silver Tree ●

227225 Leucadendron abietinum R. Br. = Leucadendron teretifolium (Andréws) I. Williams ●☆

227226 Leucadendron acaulon L. = Protea acaulos (L.) Reichard ●☆

227227 Leucadendron adscendens R. Br.;高耸银齿树;Ascent Leucadendron ●☆

227228 Leucadendron adscendens R. Br. = Leucadendron salignum P. J. Bergius ●☆

227229 Leucadendron aemulum R. Br. = Leucadendron comosum (Thunb.) R. Br. ●☆

227230 Leucadendron album (Thunb.) Fourc.;白花银齿树●☆

227231 Leucadendron angustatum R. Br. = Leucadendron ericifolium R. Br. ●☆

227232 Leucadendron arcuatum (Lam.) I. Williams;弓形银齿树●☆

227233 Leucadendron argenteum (L.) R. Br.;银齿树(银白树,银树,银叶树);Silver Leucadendron, Silver Tree, Silver-tree ●☆

227234 Leucadendron argenteum R. Br. = Leucadendron argenteum (L.) R. Br. ●☆

227235 Leucadendron aurantiacum H. Buek ex Meisn. = Leucadendron album (Thunb.) Fourc. ●☆

227236 Leucadendron aureum Burm. f. = Protea aurea (Burm. f.) Rourke ●☆

227237 Leucadendron barkerae I. Williams;巴尔凯拉银齿树●☆

227238 Leucadendron brunioides Meisn.;鳞叶树银齿树●☆

227239 Leucadendron brunioides Meisn. var. flumenlupinum I. Williams;河流银齿树●☆

227240 Leucadendron burchellii I. Williams;伯切尔银齿树●☆

227241 Leucadendron buxifolium R. Br. var. dubium Meisn. = Leucadendron dubium (Meisn.) E. Phillips et Hutch. ●☆

227242 Leucadendron calligerum Salisb. ex Knight = Leucospermum calligerum (Salisb. ex Knight) Rourke ●☆

227243 Leucadendron cancellatum L. = Aulax cancellata (L.) Druce ●☆

227244 Leucadendron cartilagineum R. Br. = Vexatorella alpina (Salisb. ex Knight) Rourke ●☆

227245 Leucadendron cinereum (Sol. ex Aiton) R. Br.;灰色银齿树●☆

227246 Leucadendron comosum (Thunb.) R. Br.;黄银齿树树●☆

227247 Leucadendron comosum R. Br. = Leucadendron comosum (Thunb.) R. Br. ●☆

227248 Leucadendron concavum I. Williams;凹银齿树●☆

227249 Leucadendron concinnum R. Br.;美丽银齿树●☆

227250 Leucadendron concinnum R. Br. = Leucadendron procerum (Salisb. ex Knight) I. Williams ●☆

227251 Leucadendron concolor R. Br. = Leucadendron strobilinum (L.) Druce ●☆

227252 Leucadendron conicum (Lam.) I. Williams;圆锥银齿树●☆

227253 Leucadendron coniferum (L.) Meisn.;球果银齿树●☆

227254 Leucadendron conocarpodendron L. = Leucospermum conocarpodendron (L.) H. Buek ●☆

227255 Leucadendron cordatum E. Phillips;心形银齿树●☆

227256 Leucadendron cordifolium Salisb. ex Knight = Leucospermum cordifolium (Salisb. ex Knight) Fourc. ●☆

227257 Leucadendron coriaceum E. Phillips et Hutch.;革质银齿树●☆

227258 Leucadendron corymbosum P. J. Bergius;伞序银齿树●☆

227259 Leucadendron crassifolium R. Br. = Leucadendron arcuatum (Lam.) I. Williams ●☆

227260 Leucadendron crassulifolium (Salisb. ex Knight) I. Williams = Leucadendron arcuatum (Lam.) I. Williams ●☆

227261 Leucadendron cryptocephalum Guthrie;隐头银齿树●☆

227262 Leucadendron cucullatum L. = Mimetes cucullatus (L.) R. Br. ●☆

227263 Leucadendron cuneiforme Burm. f. = Leucospermum cuneiforme (Burm. f.) Rourke ●☆

227264 Leucadendron cynaroides L. = Protea cynaroides (L.) L. ●☆

227265 Leucadendron daphnoides (Thunb.) Meisn.;美苞银齿树●☆

227266 Leucadendron daphnoides Meisn. = Leucadendron daphnoides (Thunb.) Meisn. ●☆

227267 Leucadendron deasii E. Phillips = Leucadendron comosum (Thunb.) R. Br. ●☆

227268 Leucadendron decorum R. Br. = Leucadendron laureolum (Lam.) Fourc. ●☆

227269 Leucadendron decorum R. Br. f. microcephala Gand. = Leucadendron microcephalum (Gand.) Gand. et Schinz ●☆

227270 Leucadendron discolor E. Phillips et Hutch.;异色银齿树●☆

227271 Leucadendron discolor H. Buek ex Meisn.;亮红银齿树●☆

227272 Leucadendron divaricatum P. J. Bergius = Diastella divaricata (P. J. Bergius) Rourke ●☆

227273 Leucadendron dregei E. Mey. ex Meisn.;德雷银齿树●☆

227274 Leucadendron dubium (Meisn.) E. Phillips et Hutch.;可疑银齿树●☆

227275 Leucadendron elatum H. Buek ex Meisn. = Leucadendron pubescens R. Br. ●☆

227276 Leucadendron elimense E. Phillips;埃利姆银齿树●☆

227277 Leucadendron elimense E. Phillips subsp. salteri I. Williams;索尔特银齿树●☆

227278 Leucadendron elongatum P. J. Bergius = Serruria elongata (P. J. Bergius) R. Br. ●☆

227279 Leucadendron empetrifolium Gand. = Leucadendron stellare (Sims) Sweet ●☆

227280 Leucadendron ericifolium R. Br.;毛叶银齿树●☆

227281 Leucadendron eucalyptifolium H. Buek ex Meisn.;桉叶银齿树●☆

227282 Leucadendron flexuosum I. Williams;曲折银齿树●☆

227283 Leucadendron floridum R. Br.;繁花银齿树●☆

227284 Leucadendron foedum I. Williams;臭银齿树●☆

227285 Leucadendron fusciflora E. Phillips et Hutch. = Leucadendron

brunioides Meisn. ●☆
227286 Leucadendron fusciflorum (Jacq.) R. Br. = Leucadendron linifolium (Jacq.) R. Br. ●☆
227287 Leucadendron galpinii E. Phillips et Hutch.;盖尔银齿树●☆
227288 Leucadendron gandogeri Schinz ex Gand.;柔毛银齿树●☆
227289 Leucadendron glaberrimum (Schltr.) Compton;光滑银齿树●☆
227290 Leucadendron glaberrimum (Schltr.) Compton subsp. erubescens I. Williams;变红银齿树●☆
227291 Leucadendron glabrum R. Br. = Leucadendron spissifolium (Salisb. ex Knight) I. Williams ●☆
227292 Leucadendron globosum (Kenn. ex Andréws) I. Williams;球形银齿树●☆
227293 Leucadendron glomeratum L. = Serruria glomerata (L.) R. Br. ●☆
227294 Leucadendron gnaphaliifolium Salisb. ex Knight = Leucospermum calligerum (Salisb. ex Knight) Rourke ●☆
227295 Leucadendron gnidioides Gand. et Schinz = Leucadendron spissifolium (Salisb. ex Knight) I. Williams subsp. phillipsii (Hutch.) I. Williams ●☆
227296 Leucadendron gracile Salisb. ex Knight = Leucospermum gracile (Salisb. ex Knight) Rourke ●☆
227297 Leucadendron grandiflorum (Salisb.) R. Br.;大花银齿树●☆
227298 Leucadendron grandiflorum Salisb. = Leucospermum grandiflorum (Salisb.) R. Br. ●☆
227299 Leucadendron guthrieae Salter = Leucadendron gandogeri Schinz ex Gand. ●☆
227300 Leucadendron hirtum L. = Mimetes hirtus (L.) Salisb. ex Knight ●☆
227301 Leucadendron humifusum (Meisn.) E. Phillips et Hutch. = Leucadendron cordatum E. Phillips ●☆
227302 Leucadendron humifusum E. Mey. = Leucadendron tinctum I. Williams ●☆
227303 Leucadendron hypophyllocarpodendron L. = Leucospermum hypophyllocarpodendron (L.) Druce ●☆
227304 Leucadendron imbricatum R. Br. = Leucadendron stellare (Sims) Sweet ●☆
227305 Leucadendron inflexum Link = Leucadendron brunioides Meisn. ●☆
227306 Leucadendron involucratum Meisn. = Leucadendron salignum P. J. Bergius ●☆
227307 Leucadendron lanigerum H. Buek ex Meisn.;绵毛银齿树●☆
227308 Leucadendron lanigerum H. Buek ex Meisn. var. laevigatum Meisn.;光滑绵毛银齿树●☆
227309 Leucadendron laureolum (Lam.) Fourc.;球冠银齿树●☆
227310 Leucadendron laxum I. Williams;疏松银齿树●☆
227311 Leucadendron lepidocarpodendron L. = Protea lepidocarpodendron (L.) L. ●☆
227312 Leucadendron leucoblepharis Hiern = Protea welwitschii Engl. ●☆
227313 Leucadendron levisanus (L.) P. J. Bergius;莱维银齿树●☆
227314 Leucadendron linifolium (Jacq.) R. Br.;亚麻叶银齿树●☆
227315 Leucadendron loeriense I. Williams;卢里银齿树●☆
227316 Leucadendron longicaule (Salisb. ex Knight) I. Williams = Leucadendron linifolium (Jacq.) R. Br. ●☆
227317 Leucadendron loranthifolium (Salisb. ex Knight) I. Williams;桑寄生叶银齿树●☆
227318 Leucadendron macowanii Phillips;金合欢叶银齿树;Acacia-leaf Cone Bush ●☆
227319 Leucadendron marginatum (Willd.) Link = Leucadendron spissifolium (Salisb. ex Knight) I. Williams ●☆
227320 Leucadendron meridianum I. Williams;南方银齿树●☆
227321 Leucadendron meyerianum H. Buek ex E. Phillips et Hutch.;迈尔银齿树●☆
227322 Leucadendron microcephalum (Gand.) Gand. et Schinz;小头银齿树●☆
227323 Leucadendron minus E. Phillips et Hutch. = Leucadendron spissifolium (Salisb. ex Knight) I. Williams ●☆
227324 Leucadendron minus E. Phillips et Hutch. var. glabrescens = Leucadendron spissifolium (Salisb. ex Knight) I. Williams ●☆
227325 Leucadendron modestum I. Williams;适度银齿树●☆
227326 Leucadendron muirii E. Phillips;缪里银齿树●☆
227327 Leucadendron nanum P. J. Bergius = Protea nana (P. J. Bergius) Thunb. ●☆
227328 Leucadendron natalense Thode et Gilg = Leucadendron spissifolium (Salisb. ex Knight) I. Williams subsp. natalense (Thode et Gilg) I. Williams ●☆
227329 Leucadendron nervosum E. Phillips et Hutch.;多脉银齿树●☆
227330 Leucadendron nitidum H. Buek ex Meisn.;亮银齿树●☆
227331 Leucadendron nobile I. Williams;环苞银齿树;Karoo Conebush ●☆
227332 Leucadendron oleifolium P. J. Bergius = Leucospermum oleifolium (P. J. Bergius) R. Br. ●☆
227333 Leucadendron orientale I. Williams;东方银齿树●☆
227334 Leucadendron ovale R. Br. = Leucadendron globosum (Kenn. ex Andréws) I. Williams ●☆
227335 Leucadendron ovale R. Br. var. humifusum Meisn. = Leucadendron cordatum E. Phillips ●☆
227336 Leucadendron paludosum Hiern = Protea paludosa (Hiern) Engl. ●☆
227337 Leucadendron parile Salisb. ex Knight = Leucospermum parile (Salisb. ex Knight) Sweet ●☆
227338 Leucadendron pearsonii E. Phillips = Leucadendron loranthifolium (Salisb. ex Knight) I. Williams ●☆
227339 Leucadendron petiolare Hiern = Protea petiolaris (Hiern) Baker et C. H. Wright ●☆
227340 Leucadendron phillipsii Hutch. = Leucadendron spissifolium (Salisb. ex Knight) I. Williams subsp. phillipsii (Hutch.) I. Williams ●☆
227341 Leucadendron phylicoides P. J. Bergius = Serruria phylicoides (P. J. Bergius) R. Br. ●☆
227342 Leucadendron pillansii E. Phillips = Leucadendron pubescens R. Br. ●☆
227343 Leucadendron platyspermum R. Br.;阔籽银齿树●☆
227344 Leucadendron plumosum (Aiton) R. Br. = Leucadendron rubrum Burm. f. ●☆
227345 Leucadendron plumosum R. Br.;羽状叶银齿树;Plume Leucadendron ●☆
227346 Leucadendron polygaloides Link = Leucadendron stellare (Sims) Sweet ●☆
227347 Leucadendron pondoense A. E. van Wyk;庞多银齿树●☆
227348 Leucadendron procerum (Salisb. ex Knight) I. Williams;高大银齿树●☆
227349 Leucadendron proteoides E. Phillips et Hutch. = Leucadendron

album (Thunb.) Fourc. ●☆
227350 Leucadendron proteoides L. = Diastella proteoides (L.) Druce ●☆
227351 Leucadendron pseudospathulatum E. Phillips et Hutch. = Leucadendron loranthifolium (Salisb. ex Knight) I. Williams ●☆
227352 Leucadendron pubescens R. Br.;短柔毛银齿树●☆
227353 Leucadendron racemosum L. = Spatalla racemosa (L.) Druce ●☆
227354 Leucadendron radiatum E. Phillips et Hutch.;辐射银齿树●☆
227355 Leucadendron ramosissimum H. Buek ex Meisn. = Leucadendron conicum (Lam.) I. Williams ●☆
227356 Leucadendron remotum I. Williams;稀疏银齿树●☆
227357 Leucadendron repens L. = Protea repens (L.) L. ●☆
227358 Leucadendron retusum R. Br. = Leucadendron pubescens R. Br. ●☆
227359 Leucadendron riparium Salter = Leucadendron spissifolium (Salisb. ex Knight) I. Williams ●☆
227360 Leucadendron riparium Salter var. collinum ? = Leucadendron spissifolium (Salisb. ex Knight) I. Williams ●☆
227361 Leucadendron rodolentum Salisb. ex Knight = Leucospermum rodolentum (Salisb. ex Knight) Rourke ●☆
227362 Leucadendron roodii E. Phillips;鲁德银齿树●☆
227363 Leucadendron rourkei I. Williams;鲁尔克银齿树●☆
227364 Leucadendron royenifolium Salisb. ex Knight = Leucospermum royenifolium (Salisb. ex Knight) Stapf ●☆
227365 Leucadendron rubrum Burm. f.;红银齿树●☆
227366 Leucadendron sabulosum Salter = Leucadendron coniferum (L.) Meisn. ●☆
227367 Leucadendron salicifolium (Salisb.) I. Williams;柳叶银齿树●☆
227368 Leucadendron salignum P. J. Bergius;柳银齿树●☆
227369 Leucadendron salignum R. Br.;艳丽银齿树;Cone Bush ●☆
227370 Leucadendron salignum R. Br. = Leucadendron xanthoconus (Kuntze) K. Schum. ●☆
227371 Leucadendron saxatile Salisb. ex Knight = Leucospermum saxatile (Salisb. ex Knight) Rourke ●☆
227372 Leucadendron saxatile Salter = Leucadendron strobilinum (L.) Druce ●☆
227373 Leucadendron scabrum R. Br. = Leucadendron spirale (Salisb. ex Knight) I. Williams ●☆
227374 Leucadendron schinzianum Schltr. = Leucadendron nitidum H. Buek ex Meisn. ●☆
227375 Leucadendron schlechteri E. Phillips et Hutch. = Leucadendron nitidum H. Buek ex Meisn. ●☆
227376 Leucadendron scolymocephalum L. = Protea scolymocephala (L.) Reichard ●☆
227377 Leucadendron sericeum (Thunb.) R. Br.;绢毛银齿树●☆
227378 Leucadendron sericocephalum Schltr. = Leucadendron pubescens R. Br. ●☆
227379 Leucadendron sessile R. Br.;无柄银齿树(椭圆叶银齿树)●☆
227380 Leucadendron singulare I. Williams;单一银齿树●☆
227381 Leucadendron spathulatum R. Br. = Leucadendron arcuatum (Lam.) I. Williams ●☆
227382 Leucadendron speciosum L. = Protea speciosa (L.) L. ●☆
227383 Leucadendron spicatum P. J. Bergius = Paranomus spicatus (P. J. Bergius) Kuntze ●☆
227384 Leucadendron spirale (Salisb. ex Knight) I. Williams;螺旋银齿树●☆
227385 Leucadendron spissifolium (Salisb. ex Knight) I. Williams;密叶银齿树●☆
227386 Leucadendron spissifolium (Salisb. ex Knight) I. Williams subsp. fragrans I. Williams;脆螺旋银齿树●☆
227387 Leucadendron spissifolium (Salisb. ex Knight) I. Williams subsp. natalense (Thode et Gilg) I. Williams;纳塔尔密叶银齿树●☆
227388 Leucadendron spissifolium (Salisb. ex Knight) I. Williams subsp. phillipsii (Hutch.) I. Williams;菲利银齿树●☆
227389 Leucadendron splendens Burm. f. = Liparia splendens (Burm. f.) Bos et de Wit ■☆
227390 Leucadendron squarrosum R. Br. = Leucadendron strobilinum (L.) Druce ●☆
227391 Leucadendron stellare (Sims) Sweet;星状银齿树●☆
227392 Leucadendron stelligerum I. Williams;细枝银齿树●☆
227393 Leucadendron stokoei E. Phillips = Leucadendron microcephalum (Gand.) Gand. et Schinz ●☆
227394 Leucadendron stokoei Phillips;长披针叶银齿树;Stokoe Leucadendron ●☆
227395 Leucadendron strictum R. Br. = Leucadendron salicifolium (Salisb.) I. Williams ●☆
227396 Leucadendron strobilinum (L.) Druce;密苞银齿树●☆
227397 Leucadendron strobilinum Druce = Leucadendron strobilinum (L.) Druce ●☆
227398 Leucadendron teretifolium (Andréws) I. Williams;柱叶银齿树●☆
227399 Leucadendron thymelaeoides P. J. Bergius = Diastella thymelaeoides (P. J. Bergius) Rourke ●☆
227400 Leucadendron thymifolium (Salisb. ex Knight) I. Williams;百里香叶银齿树●☆
227401 Leucadendron tinctum I. Williams;香银齿树;Cone Bush ●☆
227402 Leucadendron tortum R. Br. = Leucadendron linifolium (Jacq.) R. Br. ●☆
227403 Leucadendron truncatulum Salisb. ex Knight = Leucospermum truncatulum (Salisb. ex Knight) Rourke ●☆
227404 Leucadendron truncatum (Thunb.) Meisn. = Leucadendron cinereum (Sol. ex Aiton) R. Br. ●☆
227405 Leucadendron uliginosum R. Br.;沼泽银齿树●☆
227406 Leucadendron uliginosum R. Br. subsp. glabratum I. Williams;光滑沼泽银齿树●☆
227407 Leucadendron uniflorum E. Phillips = Leucadendron ericifolium R. Br. ●☆
227408 Leucadendron venosum R. Br.;密脉银齿树;Manyvein Leucadendron ●☆
227409 Leucadendron venosum R. Br. = Leucadendron daphnoides (Thunb.) Meisn. ●☆
227410 Leucadendron verticillatum (Thunb.) Meisn.;轮生银齿树●☆
227411 Leucadendron welwitschii Hiern = Protea welwitschii Engl. ●☆
227412 Leucadendron xanthoconus (Kuntze) K. Schum.;黄锥银齿树●☆
227413 Leucadendron xeranthemifolium Salisb. ex Knight = Leucospermum calligerum (Salisb. ex Knight) Rourke ●☆
227414 Leucadendrum Salisb. = Leucospermum R. Br. (保留属名)●☆
227415 Leucadenia Klotzsch ex Baill. = Croton L. ●
227416 Leucadenium Benth. et Hook. f. = Croton L. ●
227417 Leucadenium Benth. et Hook. f. = Leucadenia Klotzsch ex Baill. ●

227418 Leucadenium Klotzsch ex Benth. et Hook. f. = Croton L. ●

227419 Leucadenium Klotzsch ex Benth. et Hook. f. = Leucadenia Klotzsch ex Baill. ●

227420 Leucaena Benth. (1842)(保留属名);银合欢属;Great Lead Tree, Jumble Beans, Lead Tree, Leadtree, Lead-tree, Leucaena ●

227421 Leucaena esculenta (DC.) Benth. = Leucaena esculenta (Moc. et Sessé ex DC.) Benth. ●☆

227422 Leucaena esculenta (Moc. et Sessé ex DC.) Benth.;可食银合欢;Guaje ●☆

227423 Leucaena esculenta (Moc. et Sessé ex DC.) Benth. var. paniculata (Britton et Rose) Zarate;锥序银合欢●☆

227424 Leucaena glabrata Rose;光滑银合欢●☆

227425 Leucaena glauca (L.) Benth. = Leucaena leucocephala (Lam.) de Wit ●

227426 Leucaena glauca (Willd.) Benth. = Leucaena leucocephala (Lam.) de Wit ●

227427 Leucaena glauca Benth. = Leucaena leucocephala (Lam.) de Wit ●

227428 Leucaena glauca sensu Benth. = Leucaena leucocephala (Lam.) de Wit ●

227429 Leucaena latisiliqua (L.) Gillis = Leucaena leucocephala (Lam.) de Wit ●

227430 Leucaena leucocephala (Lam.) de Wit;银合欢(白合欢,白皮银合欢,白头银合欢,白相思子,大银合欢);Hedge Acacia, Koa Haole, Lead Tree, Leadtree, Leucaena, White Lead Tree, White Popinac, Whitepopinac Leadtree, White-popinaced Leadtree ●

227431 Leucaena leucocephala (Lam.) de Wit 'Salvador';新银合欢;Salvador Leadtree ●

227432 Leucaena pulverulenta (Schltdl.) Benth.;粉末银合欢●☆

227433 Leucaena pulverulenta Benth. = Leucaena pulverulenta (Schltdl.) Benth. ●☆

227434 Leucaena retusa Benth.;小叶银合欢;Golden-ball Lead Tree, Goldenball Leadtree, Littleleaf Lead Tree, Littleleaf Leadtree, Littleleaf Leucaena, Wahoo-tree ●☆

227435 Leucaena salvadorensis Standl. = Leucaena leucocephala (Lam.) de Wit 'Salvador' ●

227436 Leucaeria DC. = Leucheria Lag. ■☆

227437 Leucalepis Brade ex Ducke = Loricalepis Brade☆

227438 Leucalepis Ducke = Loricalepis Brade☆

227439 Leucampyx A. Gray ex Benth. = Hymenopappus L'Hér. ■☆

227440 Leucampyx A. Gray ex Benth. et Hook. f. = Hymenopappus L'Hér. ■☆

227441 Leucampyx newberryi A. Gray ex Porter et J. M. Coult. = Hymenopappus newberryi (A. Gray ex Porter et J. M. Coult.) I. M. Johnst. ■☆

227442 Leucandra Klotzsch = Tragia L. ●☆

227443 Leucandron Steud. = Leucadendron R. Br. (保留属名)●

227444 Leucandron Steud. = Leucandrum Neck. ●

227445 Leucandrum Neck. = Leucadendron R. Br. (保留属名)●

227446 Leucanotis D. Dietr. = Leuconotis Jack ●☆

227447 Leucantha Gray = Centaurea L. (保留属名)●■

227448 Leucantha iberica (Trevis.) Á. Löve et D. Löve = Centaurea iberica Trevir. ex Spreng. ■

227449 Leucanthea Scheele = Bouchetia DC. ex Dunal ■☆

227450 Leucanthea Scheele = Salpiglossis Ruiz et Pav. ■☆

227451 Leucanthemella Tzvelev = Tanacetum L. ■●

227452 Leucanthemella Tzvelev (1961);小滨菊属(小白菊属);Autumn Daisy, Leucanthemella, Miniwhitedaisy ■

227453 Leucanthemella linearis (Matsum.) Tzvelev;小滨菊(线叶菊,小白菊);Common Leucanthemella, Common Miniwhitedaisy ■

227454 Leucanthemella linearis (Matsum.) Tzvelev = Dendranthema maximowiczii (Kom.) Tzvelev ■

227455 Leucanthemella serotina (L.) Tzvelev;迟熟小滨菊(晚滨菊);Autumn Daisy, Giant Daisy Giantdaisy, Moon Daisy ■☆

227456 Leucanthemopsis (Giroux) Heywood (1975);类滨菊属■☆

227457 Leucanthemopsis alpina (L.) Heywood;高山类滨菊(高山似滨菊);Alpine Chrysanthemum ■☆

227458 Leucanthemopsis alpina (L.) Heywood = Chrysanthemum alpinum L. ■☆

227459 Leucanthemopsis longipectinata (Pau) Heywood;长篦齿类滨菊■☆

227460 Leucanthemopsis pallida (Mill.) Heywood;苍白类滨菊■☆

227461 Leucanthemopsis pectinata (L.) G. López et Jarvis;篦状类滨菊■☆

227462 Leucanthemopsis radicans (Cav.) Heywood = Leucanthemopsis pectinata (L.) G. López et Jarvis ■☆

227463 Leucanthemopsis trifurcata (Desf.) Alavi = Chrysanthoglossum trifurcatum (Desf.) B. H. Wilcox, K. Bremer et Humphries ■☆

227464 Leucanthemum Burm. = Osmitopsis Cass. ●☆

227465 Leucanthemum Burm. ex Kuntze = Osmitopsis Cass. ●☆

227466 Leucanthemum Kuntze = Osmitopsis Cass. ●☆

227467 Leucanthemum Mill. (1754);滨菊属(陆堪菊属);Leucanthemum, Marguerite, Ox-eye Daisy, Shasta Daisy, Whitedaisy ■●

227468 Leucanthemum × superbum (Bergmans ex J. W. Ingram) D. H. Kent 'Aglaia';光之女神大滨菊■☆

227469 Leucanthemum × superbum (Bergmans ex J. W. Ingram) D. H. Kent 'Elizabeth';伊丽莎白大滨菊■☆

227470 Leucanthemum × superbum (Bergmans ex J. W. Ingram) D. H. Kent 'Esther Read';埃丝特·里德大滨菊■☆

227471 Leucanthemum × superbum (Bergmans ex J. W. Ingram) D. H. Kent 'Wirral Supreme';威勒尔超级大滨菊■☆

227472 Leucanthemum × superbum (Bergmans ex J. W. Ingram) D. H. Kent = Leucanthemum maximum (Ramond) DC. ■

227473 Leucanthemum affine Pomel = Mauranthemum paludosum (Poir.) Vogt et Oberpr. ■☆

227474 Leucanthemum arcticum (L.) DC. = Arctanthemum arcticum (L.) Tzvelev ■☆

227475 Leucanthemum arenarium Pomel = Mauranthemum paludosum (Poir.) Vogt et Oberpr. ■☆

227476 Leucanthemum arundanum (Boiss.) Cuatrec. = Rhodanthemum arundanum (Boiss.) B. H. Wilcox, K. Bremer et Humphries ●☆

227477 Leucanthemum arundanum (Boiss.) Cuatrec. subsp. atlanticum (Ball) Cuatrec. = Rhodanthemum atlanticum (Ball) B. H. Wilcox, K. Bremer et Humphries ■☆

227478 Leucanthemum arundanum (Boiss.) Cuatrec. subsp. mairei (Humbert) Cuatrec. = Rhodanthemum arundanum (Boiss.) B. H. Wilcox, K. Bremer et Humphries ●☆

227479 Leucanthemum arundanum (Boiss.) Cuatrec. var. acutifolium Emb. et Maire = Rhodanthemum arundanum (Boiss.) B. H. Wilcox, K. Bremer et Humphries ●☆

227480 Leucanthemum arundanum (Boiss.) Cuatrec. var. mairei (Humbert) Maire = Rhodanthemum arundanum (Boiss.) B. H. Wilcox, K. Bremer et Humphries ●☆

227481 Leucanthemum arundanum (Boiss.) Cuatrec. var. minutum Emb. et Maire = Rhodanthemum arundanum (Boiss.) B. H. Wilcox, K. Bremer et Humphries ●☆

227482 Leucanthemum asteriscoides (L.) Kuntze = Osmitopsis asteriscoides (P. J. Bergius) Less. ■☆
227483 Leucanthemum atlanticum (Ball) Maire = Rhodanthemum atlanticum (Ball) B. H. Wilcox, K. Bremer et Humphries ■☆
227484 Leucanthemum atlanticum (Ball) Maire var. gelidum Maire = Rhodanthemum atlanticum (Ball) B. H. Wilcox, K. Bremer et Humphries subsp. gelidum (Maire) Dobignard ■☆
227485 Leucanthemum atlanticum (Ball) Maire var. sericeum Humbert = Rhodanthemum redieri (Maire) B. H. Wilcox, K. Bremer et Humphries ■☆
227486 Leucanthemum briquetii Maire = Rhodanthemum briquetii (Maire) B. H. Wilcox, K. Bremer et Humphries ■☆
227487 Leucanthemum decipiens Pomel = Mauranthemum decipiens (Pomel) Vogt et Oberpr. ■☆
227488 Leucanthemum depressum (Ball) Maire = Rhodanthemum depressum (Ball) B. H. Wilcox, K. Bremer et Humphries ■☆
227489 Leucanthemum depressum (Ball) Maire var. elatum Maire = Rhodanthemum depressum (Ball) B. H. Wilcox, K. Bremer et Humphries ■☆
227490 Leucanthemum depressum (Ball) Maire var. insigne Emb. = Rhodanthemum depressum (Ball) B. H. Wilcox, K. Bremer et Humphries ■☆
227491 Leucanthemum gayanum (Coss. et Durieu) Maire; 盖伊滨菊(加雅滨菊); Gayanum Painted Daisy ■☆
227492 Leucanthemum gayanum (Coss. et Durieu) Maire = Rhodanthemum gayanum (Coss. et Durieu) B. H. Wilcox, K. Bremer et Humphries ■☆
227493 Leucanthemum gayanum (Coss. et Durieu) Maire var. elatum (Maire) Maire = Rhodanthemum gayanum (Coss. et Durieu) B. H. Wilcox, K. Bremer et Humphries ■☆
227494 Leucanthemum gayanum (Coss. et Durieu) Maire var. fallax Maire et Weiller = Rhodanthemum gayanum (Coss. et Durieu) B. H. Wilcox, K. Bremer et Humphries subsp. fallax (Maire et Weiller) Vogt ■☆
227495 Leucanthemum gayanum (Coss. et Durieu) Maire var. mawii (Hook.) Maire = Rhodanthemum gayanum (Coss. et Durieu) B. H. Wilcox, K. Bremer et Humphries ■☆
227496 Leucanthemum gayanum (Coss. et Durieu) Maire var. murbeckianum Emb. et Maire = Rhodanthemum gayanum (Coss. et Durieu) B. H. Wilcox, K. Bremer et Humphries ■☆
227497 Leucanthemum gayanum (Coss. et Durieu) Maire var. villosissimum Maire = Rhodanthemum gayanum (Coss. et Durieu) B. H. Wilcox, K. Bremer et Humphries ■☆
227498 Leucanthemum glabrum Boiss. et Reut. = Mauranthemum paludosum (Poir.) Vogt et Oberpr. ■☆
227499 Leucanthemum glabrum Boiss. et Reut. subsp. decipiens (Pomel) Batt. = Mauranthemum decipiens (Pomel) Vogt et Oberpr. ■☆
227500 Leucanthemum glabrum Boiss. et Reut. var. reboudianum Pomel = Mauranthemum reboudianum (Pomel) Vogt et Oberpr. ■☆
227501 Leucanthemum hosmariense (Ball) Font Quer = Rhodanthemum hosmariense (Ball) B. H. Wilcox, K. Bremer et Humphries ■☆
227502 Leucanthemum ifniense Font Quer = Rhodanthemum ifniense (Font Quer) Ibn Tattou ■☆
227503 Leucanthemum integrifolium (Richardson) DC. = Hulténiella integrifolia (Richardson) Tzvelev ■☆
227504 Leucanthemum ircutianum (Turcz.) DC. = Leucanthemum vulgare Lam. ■
227505 Leucanthemum ircutianum DC. = Leucanthemum vulgare Lam. ■
227506 Leucanthemum lacustre (Brot.) Samp.; 葡萄牙滨菊; Portuguese Daisy ■☆
227507 Leucanthemum leucanthemum (L.) Rydb. = Leucanthemum vulgare Lam. ■
227508 Leucanthemum mairei Humbert = Rhodanthemum arundanum (Boiss.) B. H. Wilcox, K. Bremer et Humphries ●☆
227509 Leucanthemum maresii (Coss.) Maire = Rhodanthemum maresii (Coss.) B. H. Wilcox, K. Bremer et Humphries ■☆
227510 Leucanthemum maresii (Coss.) Maire var. albopurpurascens Maire et Wilczek = Rhodanthemum maresii (Coss.) B. H. Wilcox, K. Bremer et Humphries ■☆
227511 Leucanthemum maroccanum (Batt.) Maire = Rhodanthemum gayanum (Coss. et Durieu) B. H. Wilcox, K. Bremer et Humphries ■☆
227512 Leucanthemum maximum (Ramond) DC.; 大滨菊(西洋滨菊); Biger Leucanthemum, Biger Whitedaisy, Large Ox-eye, Max Chrysanthemum, Shasta Daisy ■
227513 Leucanthemum nipponicum Franch. ex Maxim. = Nipponanthemum nipponicum (Franch. ex Maxim.) Kitam. ■☆
227514 Leucanthemum paludosum (Poir.) Bonnet et Barratte = Leucoglossum paludosum (Poir.) B. H. Wilcox, K. Bremer et Humphries ■☆
227515 Leucanthemum paludosum (Poir.) Pomel = Mauranthemum paludosum (Poir.) Vogt et Oberpr. ■☆
227516 Leucanthemum paludosum (Poir.) Pomel subsp. decipiens (Pomel) Batt. = Mauranthemum decipiens (Pomel) Vogt et Oberpr. ■☆
227517 Leucanthemum paludosum (Poir.) Pomel subsp. glabrum Maire = Mauranthemum paludosum (Poir.) Vogt et Oberpr. ■☆
227518 Leucanthemum paludosum (Poir.) Pomel var. arenarium (Pomel) Batt. = Mauranthemum paludosum (Poir.) Vogt et Oberpr. ■☆
227519 Leucanthemum paludosum (Poir.) Pomel var. faureanum Maire = Mauranthemum paludosum (Poir.) Vogt et Oberpr. ■☆
227520 Leucanthemum paludosum (Poir.) Pomel var. pinnatifidum Coss. = Mauranthemum paludosum (Poir.) Vogt et Oberpr. ■☆
227521 Leucanthemum paludosum (Poir.) Pomel var. pinnatisectum Pau = Mauranthemum paludosum (Poir.) Vogt et Oberpr. ■☆
227522 Leucanthemum reboudianum Pomel = Mauranthemum reboudianum (Pomel) Vogt et Oberpr. ■☆
227523 Leucanthemum reboudianum Pomel var. regimontanum Maire = Mauranthemum reboudianum (Pomel) Vogt et Oberpr. ■☆
227524 Leucanthemum redieri Maire = Rhodanthemum redieri (Maire) B. H. Wilcox, K. Bremer et Humphries ■☆
227525 Leucanthemum redieri Maire var. sericeum (Humbert) Maire = Rhodanthemum redieri (Maire) B. H. Wilcox, K. Bremer et Humphries ■☆
227526 Leucanthemum serotinum (L.) Stank.; 晚滨菊(迟熟小滨菊, 晚熟小滨菊); Late Leucanthemum ■☆
227527 Leucanthemum serotinum (L.) Stank. = Leucanthemella serotina (L.) Tzvelev ■☆
227528 Leucanthemum sibiricum DC.; 西伯利亚滨菊; Siberian Leucanthemum ■☆
227529 Leucanthemum sibiricum DC. var. latilobum (Maxim.) Maxim.

= Dendranthema naktongense (Nakai) Tzvelev ■
227530 Leucanthemum sibiricum DC. var. latilobum Maxim. = Dendranthema naktongense (Nakai) Tzvelev ■
227531 Leucanthemum sibiricum DC. var. latilobum Maxim. = Dendranthema zawadskii (Herb.) Tzvelev var. latilobum (Maxim.) Kitam. ■
227532 Leucanthemum subalpinum (Simonk.) Tzvelev;亚高山滨菊■☆
227533 Leucanthemum vulgare Lam.;滨菊(白花茼蒿,法国菊,牛眼菊,西洋滨菊);Bachelor's Buttons, Big Daisy, Billy Buttons, Bishop's Posy, Bozzom, Bull Daisy, Bull's Eyes, Butter Daisy, Butter-and-eggs, Caten-aroes, Common Daisy, Cow Eyes, Cow's Eyes, Crazy Bet, Crazy Bets, Daisy Goldins, Day Daisy, Devil Daisy, Devil's Daisy, Dog Daisy, Dog Flower, Drummer Daisy, Dun Daisy, Dunder Daisy, Dundle Daisy, Dutch Morgan, Espibawn, Fair Maid of France, Field Daisy, Fried Egg, Fried Eggs, Gadgevraw, Gadjerwraw, General Leucanthemum, General Whitedaisy, Girt Ox-eye, Goldings, Golland, Goode, Gowlan, Grandmother, Great Daisy, Greater Daisy, Gypsies' Daisy, Gypsy Daisy, Gypsy's Daisy, Harvest Daisy, Horse Blobs, Horse Daisy, Horse Gowan, Horse Pennies, Large Dicky Daisy, London Daisy, Mace Flinwort, Madern, Magweed, Maise, Maithen, Maither, Male Nettle, Margaret, Margret, Marguerite, Mather, Mathern, Maudlin Daisy, Maudlin, Maudlinwort, Mauthern, Mayweed, Mazes, Midsummer Daisy, Moon Daisy, Moon Flower, Moon Penny, Moon-daisy, Moon's Eye, Moon's Eyes, Moon-toby, Moonwort, Mother Daisy, Mother, Mowing Daisy, Muckle Kokkeluri, Open Star, Ox Eyes, Oxeye Daisy, Ox-eye Daisy, Ox-eye, Penny Daisy, Poor-land Daisy, Poverty-weed, Prince's Feathers, Rising Sun, Summer Daisy, Sun Daisy, Thunder Daisy, Thunder Flower, White Bothen, White Daisy, White Gold, White Gowan, White Gull, Whiteweed, Wishing-flower, Woundwort ■
227534 Leucanthemum vulgare Lam. var. pinnatifidum (Lecoq et Lamotte) Moldenke = Leucanthemum vulgare Lam. ■
227535 Leucanthemum weyrichii Maxim. = Dendranthema zawadskii (Herb.) Tzvelev ■
227536 Leucanthemum zaianicum Maire et Weiller = Glossopappus macrotus (Durieu) Briq. subsp. hesperius (Maire) Maire ■☆
227537 Leucas Burm. ex R. Br. (1810);绣球防风属(白花草属);Leucas ●■
227538 Leucas R. Br. = Leucas Burm. ex R. Br. ●■
227539 Leucas abyssinica (Benth.) Briq.;阿比西尼亚绣球防风●☆
227540 Leucas abyssinica (Benth.) Briq. var. argyrophylla (Vatke) Sebald;银叶阿比西尼亚绣球防风●☆
227541 Leucas abyssinica (Benth.) Briq. var. brachycalyx (Chiov.) Lanza;短萼阿比西尼亚绣球防风●☆
227542 Leucas abyssinica (Benth.) Briq. var. sidamoensis Sebald;锡达莫绣球防风●☆
227543 Leucas acanthocalycina Sebald = Leucas cuneifolia Baker ■☆
227544 Leucas acrodonta Steud. = Leucas inflata Benth. ■☆
227545 Leucas aequistylosa Sebald;等柱绣球防风●☆
227546 Leucas affinis R. Br. = Leucas urticifolia (Vahl) R. Br. ■☆
227547 Leucas aggerestris (Wild) Sebald;小丘绣球防风●☆
227548 Leucas alluaudii Sacleux;阿吕绣球防风●☆
227549 Leucas altissima Engl. = Leucas pechuelii (Kuntze) Gürke ●☆
227550 Leucas angularis Benth.;有棱绣球防风;Angular Leucas ■☆
227551 Leucas argentea Gürke;银白绣球防风■☆
227552 Leucas argentea Gürke var. neumannii (Gürke) Sebald;纽曼绣球防风■☆
227553 Leucas argyrophylla (Vatke) Briq. = Leucas abyssinica (Benth.) Briq. var. argyrophylla (Vatke) Sebald ●☆
227554 Leucas aspera (Willd.) Link;蜂巢草(蜂窝草,锡兰绣球防风);Rough Leucas ■
227555 Leucas bakeri Hiern;贝克绣球防风■☆
227556 Leucas barbeyana H. Lév. = Isodon barbeyanus (H. Lév.) H. W. Li ■
227557 Leucas benthamiana Hook. et Arn. = Leucas chinensis (Retz.) R. Br. ■
227558 Leucas biflora R. Br.;二花绣球防风;Twoflower Leucas ■☆
227559 Leucas biglomerulata Lebrun et L. Touss. = Leucas deflexa Hook. f. var. biglomerulata (Lebrun et L. Touss.) Sebald ■☆
227560 Leucas bowalensis A. Chev. = Leucas oligocephala Hook. f. var. bowalensis (A. Chev.) Sebald ■☆
227561 Leucas bracteosa Gürke;多苞片绣球防风■☆
227562 Leucas bukobensis Gürke = Leucas deflexa Hook. f. ■☆
227563 Leucas calostachya Oliv.;美穗绣球防风■☆
227564 Leucas calostachya Oliv. var. fasciculata (Baker) Sebald;簇生美穗绣球防风■☆
227565 Leucas calostachya Oliv. var. longibracteolata Sebald;长苞绣球防风■☆
227566 Leucas calostachya Oliv. var. schweinfurthii (Gürke) Sebald;施韦绣球防风■☆
227567 Leucas capensis (Benth.) Engl.;好望角绣球防风●☆
227568 Leucas capitata Desf. = Leucas cephalotes Spreng. ■
227569 Leucas carsonii Baker = Leucas tettensis Vatke ■☆
227570 Leucas cephalantha Baker = Leucas menthifolia Baker var. cephalantha (Baker) Sebald ■☆
227571 Leucas cephalotes Spreng.;头序绣球防风(头状白绒草);Head-like Leucas ■
227572 Leucas chinensis (Retz.) R. Br.;滨海白绒草(白花草,高雄白花草);China Leucas, Chinese Leucas ■
227573 Leucas chinensis (Retz.) R. Br. f. riukiuensis (Ohwi) T. Yamaz. = Leucas riukiuensis Ohwi ■☆
227574 Leucas ciliata Benth.;绣球防风(包团草,拂风草,疙瘩草,灵继六,蜜蜂草,抛团,泡花草,西萝卜,绣球草,月亮花,紫药);Ciliate Leucas ■
227575 Leucas clarkei Hook. f.;克拉克绣球防风;C. B. Clarke Leucas ■☆
227576 Leucas coleae Baker = Leucas urticifolia (Vahl) R. Br. ■☆
227577 Leucas collettii Prain;考氏绣球防风■
227578 Leucas collettii Prain = Leucas chinensis (Retz.) R. Br. ■
227579 Leucas concinna Baker = Leucas glabrata (Vahl) Sm. ■●☆
227580 Leucas cuneifolia Baker;楔叶绣球防风■☆
227581 Leucas decurvata Baker ex Hiern = Leucas deflexa Hook. f. ■☆
227582 Leucas deflexa Hook. f.;外折绣球防风■☆
227583 Leucas deflexa Hook. f. var. biglomerulata (Lebrun et L. Touss.) Sebald;外折二球绣球防风■☆
227584 Leucas deflexa Hook. f. var. kondowensis (Baker) Sebald;孔杜绣球防风■☆
227585 Leucas densiflora Vatke;密花绣球防风■☆
227586 Leucas descampsii Briq. = Leucas tettensis Vatke ■☆
227587 Leucas diffusa Benth.;披散绣球防风;Diffuse Leucas ■☆
227588 Leucas dinteri Briq. = Leucas glabrata (Vahl) Sm. ■●☆
227589 Leucas discolor Sebald;异色绣球防风■☆
227590 Leucas discolor Sebald var. ellipticifolia Sebald;椭圆异色绣球

防风■☆
227591 Leucas ebracteata Peyr.;无苞绣球防风■☆
227592 Leucas ebracteata Peyr. var. kaokoveldensis Sebald;卡奥科绣球防风■☆
227593 Leucas eenii Hiern = Acrotome inflata Benth. ■☆
227594 Leucas elliotii Baker = Leucas martinicensis (Jacq.) R. Br. ■
227595 Leucas eriostoma Hook. f.;毛蕊绣球防风(绵毛绣球防风);Cottonymouth Leucas ■☆
227596 Leucas fasciculata Baker = Leucas calostachya Oliv. var. fasciculata (Baker) Sebald ■☆
227597 Leucas flaccida R. Br.;萎软绣球防风;Flaccid Leucas ■☆
227598 Leucas fleckii Gürke = Acrotome fleckii (Gürke) Launert ■☆
227599 Leucas franchetiana Gürke = Leucas abyssinica (Benth.) Briq. var. argyrophylla (Vatke) Sebald ●☆
227600 Leucas fulva Robyns et Lebrun = Leucas menthifolia Baker var. fulva (Robyns et Lebrun) Sebald ■☆
227601 Leucas galeopsidea Hochst. = Leucas glabrata (Vahl) Sm. ■●☆
227602 Leucas glaberrima Jaub. et Spach = Leucas glabrata (Vahl) Sm. ■●☆
227603 Leucas glabrata (Vahl) Sm.;光滑绣球防风■●☆
227604 Leucas glabrata (Vahl) Sm. var. linearis Codd;线状绣球防风■☆
227605 Leucas glabrata (Vahl) Sm. var. subulifera Chiov. = Leucas glabrata (Vahl) Sm. ■●☆
227606 Leucas grandis Vatke;大绣球防风■☆
227607 Leucas helferi Hook. f.;赫氏绣球防风;Helfer Leucas ■☆
227608 Leucas helianthemifolia Desf.;半日花叶绣球防风;Sunroseleaf Leucas ■☆
227609 Leucas hirta Spreng.;硬毛绣球防风;Hirsute Leucas ■☆
227610 Leucas holstii Gürke = Leucas densiflora Vatke ■☆
227611 Leucas hyssopifolia Benth.;神香草叶绣球防风;Hyssopleaf Leucas ■☆
227612 Leucas indica (L.) Vatke = Leucas lavandulifolia Sm. ■
227613 Leucas inflata Benth.;阿拉伯绣球防风■☆
227614 Leucas jamesii Baker;詹姆斯绣球防风■☆
227615 Leucas javanica Benth. = Leucas chinensis (Retz.) R. Br. ■
227616 Leucas javanica Benth. f. littoralis ? = Leucas riukiuensis Ohwi ■☆
227617 Leucas junodii Briq. = Leucas glabrata (Vahl) Sm. ■●☆
227618 Leucas kassneri De Wild. = Leucas stormsii Gürke ■☆
227619 Leucas kondowensis Baker = Leucas deflexa Hook. f. var. kondowensis (Baker) Sebald ■☆
227620 Leucas laeceifolia Desf.;兰石草叶绣球防风;Lancealeaf Leucas ■☆
227621 Leucas lamiifolia Desf.;野芝麻叶绣球防风;Deadnettleleaf Leucas ■☆
227622 Leucas lamioides Baker = Leucas deflexa Hook. f. var. kondowensis (Baker) Sebald ■☆
227623 Leucas lanata Baker = Leucas grandis Vatke ■☆
227624 Leucas lanata Benth. = Leucas chinensis (Retz.) R. Br. ■
227625 Leucas lantata Benth.;绵毛绣球防风;Cottony Leucas ■☆
227626 Leucas lavandulifolia Sm.;线叶白绒草;Lineleaf Leucas ■
227627 Leucas leucotricha Baker = Leucas grandis Vatke ■☆
227628 Leucas linifolia (Roth) Spreng. = Leucas lavandulifolia Sm. ■
227629 Leucas longifolia Benth.;长叶绣球防风;Longleaf Leucas ■☆
227630 Leucas mackinderi S. Moore = Leucas grandis Vatke ■☆
227631 Leucas marrubioides Desf.;欧夏至草状绣球防风;Hoarhound-like Leucas ■☆
227632 Leucas martinicensis (Jacq.) R. Br.;卵叶白绒草;Ovateleaf Leucas ■
227633 Leucas martinicensis (Jacq.) R. Br. var. schimperi (Hochst. ex A. Br.) Fiori = Leucas martinicensis (Jacq.) R. Br. ■
227634 Leucas martinicensis R. Br. = Leucas martinicensis (Jacq.) R. Br. ■
227635 Leucas masaiensis Oliv.;吗西绣球防风■☆
227636 Leucas masaiensis Oliv. var. tricrenata (Bullock) Sebald;三圆齿绣球防风■☆
227637 Leucas masaiensis Oliv. var. venulosa (Baker) Sebald;细脉绣球防风■☆
227638 Leucas masukuensis Baker = Clinopodium myrianthum (Baker) Ryding ■☆
227639 Leucas megasphaera Baker = Leucas nyassae Gürke ■☆
227640 Leucas menthifolia Baker var. cephalantha (Baker) Sebald;头花绣球防风■☆
227641 Leucas menthifolia Baker var. fulva (Robyns et Lebrun) Sebald;黄褐绣球防风■☆
227642 Leucas micrantha Gürke = Leucas tettensis Vatke ■☆
227643 Leucas microphylla Vatke = Leucas glabrata (Vahl) Sm. ■●☆
227644 Leucas microsypha Baker = Hyptis spicigera Lam. ■
227645 Leucas milanjiana Gürke;米兰吉绣球防风■☆
227646 Leucas mildbraedii Perkins = Leucas alluaudii Sacleux ●☆
227647 Leucas minimifolia Chiov.;微小绣球防风■☆
227648 Leucas mogadoxensis Chiov. = Leucas glabrata (Vahl) Sm. ■●☆
227649 Leucas mollis Baker = Leucas grandis Vatke ■☆
227650 Leucas mollissima (Retz.) R. Br. = Leucas chinensis (Retz.) R. Br. ■
227651 Leucas mollissima (Retz.) R. Br. subsp. chinensis (Benth.) Murata var. riukiuensis (Ohwi) Masam. ex Murata = Leucas riukiuensis Ohwi ■☆
227652 Leucas mollissima (Retz.) R. Br. var. chinensis ? = Leucas chinensis (Retz.) R. Br. ■
227653 Leucas mollissima Wall. = Leucas chinensis (Retz.) R. Br. ■
227654 Leucas mollissima Wall. ex Benth.;白绒草(白风轮菜,白花茶匙红,白花塔仔草,白花仔,北风草,灯笼草,灯笼花,老虎花,毛绣球防风,万毒虎,一包针,银叶花,银针七);Whitefelt Leucas ■
227655 Leucas mollissima Wall. ex Benth. subsp. chinensis (Benth.) Murata = Leucas chinensis (Retz.) R. Br. ■
227656 Leucas mollissima Wall. ex Benth. var. chinensis Benth. = Leucas chinensis (Retz.) R. Br. ■
227657 Leucas mollissima Wall. var. chinensis Benth.;疏毛白绒草(白花草,虎咬癀,节节香,金钱薄荷,疏毛银叶七,鼠尾癀,野芝麻,引生草,皱面草);Loosehairy Leucas ■
227658 Leucas mollissima Wall. var. chinensis Benth. = Leucas chinensis (Retz.) R. Br. ■
227659 Leucas mollissima Wall. var. riukiuensis (Ohwi) Hatus. = Leucas riukiuensis Ohwi ■☆
227660 Leucas mollissima Wall. var. scaberulla Hook. f.;糙叶白绒草;Roughleaf Leucas ■
227661 Leucas montana Spreng.;山地绣球防风;Mountainous Leucas ■☆
227662 Leucas myriantha Baker = Clinopodium myrianthum (Baker) Ryding ■☆
227663 Leucas nakurensis Gürke = Leucas calostachya Oliv. var.

fasciculata (Baker) Sebald ■☆
227664 Leucas natalensis Sond. = Leucas glabrata (Vahl) Sm. ■●☆
227665 Leucas nepetifolia Benth.;荆芥叶绣球防风;Nepetaleaf Leucas ■☆
227666 Leucas nepetoides Baker = Leucas glabrata (Vahl) Sm. ■●☆
227667 Leucas neuflizeana Courbon;纳夫利兹绣球防风■☆
227668 Leucas neumannii Gürke = Leucas argentea Gürke var. neumannii (Gürke) Sebald ■☆
227669 Leucas newtonii Briq. = Leucas ebracteata Peyr. ■☆
227670 Leucas nubica Benth.;云雾绣球防风■☆
227671 Leucas nutans Spreng.;垂花绣球防风;Nodding Leucas ■☆
227672 Leucas nyassae Gürke;尼亚萨绣球防风■☆
227673 Leucas nyassae Gürke var. velutina (C. H. Wright ex Baker) Sebald;短绒毛绣球防风■☆
227674 Leucas nyassae Gürke var. villosa (Gürke) Sebald;长柔毛绣球防风■☆
227675 Leucas ogadensis Gürke = Leucas jamesii Baker ■☆
227676 Leucas oligocephala Hook. f.;寡头绣球防风■☆
227677 Leucas oligocephala Hook. f. subsp. bowalensis (A. Chev.) J. K. Morton = Leucas oligocephala Hook. f. var. bowalensis (A. Chev.) Sebald ■☆
227678 Leucas oligocephala Hook. f. subsp. tenuifolia J. K. Morton = Leucas oligocephala Hook. f. ■☆
227679 Leucas oligocephala Hook. f. var. bowalensis (A. Chev.) Sebald;博瓦尔绣球防风■☆
227680 Leucas oligocephala Hook. f. var. usambarica Sebald;乌桑巴拉绣球防风■☆
227681 Leucas orbicularis Gürke = Leucas calostachya Oliv. ■☆
227682 Leucas ovata Benth.;卵形绣球防风;Ovate Leucas ■☆
227683 Leucas paucicrenata Vatke = Leucas neuflizeana Courbon ■☆
227684 Leucas paucijuga Baker = Leucas glabrata (Vahl) Sm. ■●☆
227685 Leucas pearsonii Sebald;皮尔逊绣球防风■☆
227686 Leucas pechuelii (Kuntze) Gürke;佩休绣球防风●☆
227687 Leucas pilosa Benth.;疏柔毛绣球防风;Pilose Leucas ■☆
227688 Leucas pododiskos Bullock = Leucas tomentosa Gürke ■☆
227689 Leucas poggeana Briq. = Hyptis lanceolata Poir. ■☆
227690 Leucas pratensis Vatke = Leucas glabrata (Vahl) Sm. ■●☆
227691 Leucas procumbens Desf.;平铺绣球防风;Procumbent Leucas ■☆
227692 Leucas pubescens Benth.;柔毛绣球防风;Pubescent Leucas ■☆
227693 Leucas pycnantha Gilli = Leucas deflexa Hook. f. var. kondowensis (Baker) Sebald ■☆
227694 Leucas quinquedentata R. Br. = Leucas abyssinica (Benth.) Briq. ●☆
227695 Leucas randii S. Moore = Leucas nyassae Gürke ■☆
227696 Leucas ringoetii De Wild. = Leucas martinicensis (Jacq.) R. Br. ■
227697 Leucas riukiuensis Ohwi;琉球绣球防风■☆
227698 Leucas riukiuensis Ohwi = Leucas chinensis (Retz.) R. Br. f. riukiuensis (Ohwi) T. Yamaz. ■☆
227699 Leucas rosmarinifolia Benth.;迷迭香叶绣球防风;Rosemaryleaf Leucas ■☆
227700 Leucas schimperi C. Presl = Leucas inflata Benth. ■☆
227701 Leucas schimperi Hochst. ex A. Br. = Leucas martinicensis (Jacq.) R. Br. ■
227702 Leucas schliebenii Sebald;施利本绣球防风■☆
227703 Leucas schweinfurthii Gürke = Leucas calostachya Oliv. var. schweinfurthii (Gürke) Sebald ■☆
227704 Leucas sexdentata V. Naray.;六齿绣球防风■☆
227705 Leucas shirensis Baker = Leucas glabrata (Vahl) Sm. ■●☆
227706 Leucas somalensis Vatke;索马里绣球防风■☆
227707 Leucas spicigera Lebrun et L. Touss. = Leucas calostachya Oliv. ■☆
227708 Leucas stachydiformis (Hochst. ex Benth.) Briq.;穗状绣球防风●☆
227709 Leucas stelligera Wall.;具星绣球防风;Star-bearing Leucas ■☆
227710 Leucas stenophylla Gürke = Leucas nyassae Gürke var. villosa (Gürke) Sebald ■☆
227711 Leucas stormsii Gürke;斯托姆斯绣球防风■☆
227712 Leucas stricta Baker = Leucas tettensis Vatke ■☆
227713 Leucas stricta Benth.;劲直绣球防风;Strict Leucas ■☆
227714 Leucas subarcuata Sebald;拱绣球防风■☆
227715 Leucas suffruticosa Benth.;灌木绣球防风;Shrubby Leucas ■☆
227716 Leucas takaoensis Hayata;高雄白花草■
227717 Leucas takaoensis Hayata = Leucas chinensis (Retz.) R. Br. ■
227718 Leucas teres Benth.;圆柱形绣球防风;Terete Leucas ■☆
227719 Leucas tettensis Vatke;泰特绣球防风■☆
227720 Leucas thymoides Baker = Leucas glabrata (Vahl) Sm. ■●☆
227721 Leucas tomentosa Gürke;绒毛绣球防风■☆
227722 Leucas trachyphylla Jaub. et Spach = Leucas glabrata (Vahl) Sm. ■●☆
227723 Leucas tricrenata Bullock = Leucas masaiensis Oliv. var. tricrenata (Bullock) Sebald ■☆
227724 Leucas urticifolia (Vahl) R. Br.;荨麻叶绣球防风;Nettle-leaf Leucas ■☆
227725 Leucas urticifolia (Vahl) R. Br. var. angustifolia Sebald;窄叶绣球防风■☆
227726 Leucas urticifolia (Vahl) R. Br. var. annulata Sebald;环状绣球防风■☆
227727 Leucas urticifolia R. Br. = Leucas urticifolia (Vahl) R. Br. ■☆
227728 Leucas urundensis Robyns et Lebrun;乌隆迪绣球防风■☆
227729 Leucas velutina C. H. Wright ex Baker = Leucas nyassae Gürke var. velutina (C. H. Wright ex Baker) Sebald ■☆
227730 Leucas venulosa Baker = Leucas masaiensis Oliv. var. venulosa (Baker) Sebald ■☆
227731 Leucas vestita Benth.;毛绣球防风;Hairy Leucas ■☆
227732 Leucas villosa Gürke = Leucas nyassae Gürke var. villosa (Gürke) Sebald ■☆
227733 Leucas volkensii Gürke;福尔绣球防风■☆
227734 Leucas volkensii Gürke var. parviflora Sebald;小花绣球防风■☆
227735 Leucas welwitschii Gürke;韦尔绣球防风■☆
227736 Leucas whytei Baker = Leucas deflexa Hook. f. var. kondowensis (Baker) Sebald ■☆
227737 Leucas wightiana Benth.;威特绣球防风;Wight Leucas ■☆
227738 Leucas wilsonii Sebald;威氏绣球防风■☆
227739 Leucas zeylanica (L.) R. Br.;皱面草(半夜花,打毒金,蜂巢草,蜂窝草,绣球防风);Ceylon Leucas ■
227740 Leucasia Raf. = Phlomis L. ●■
227741 Leucaster Choisy(1849);白星藤属●☆
227742 Leuce Opiz = Populus L. ●
227743 Leucea C. Presl = Leuzea DC. ■☆
227744 Leucelene Greene = Chaetopappa DC. ■☆
227745 Leucelene ericoides (Torr.) Greene = Chaetopappa ericoides

(Torr.) G. L. Nesom ■☆
227746 Leuceres Calest. = Endressia J. Gay ■☆
227747 Leuceria DC. = Leucheria Lag. ■☆
227748 Leuceria Lag. = Leucheria Lag. ■☆
227749 Leucesteria Meisn. = Leycesteria Wall. ●
227750 Leuchaeria Less. = Leucheria Lag. ■☆
227751 Leucheria Lag. (1811);单冠钝柱菊属■☆
227752 Leucheria hieracioides Cass.;单冠钝柱菊■☆
227753 Leucheria lithospermifolia (Less.) Reiche;紫草叶单冠钝柱菊■☆
227754 Leucheria lithospermifolia Reiche = Leucheria lithospermifolia (Less.) Reiche ■☆
227755 Leuchtenbergia Hook. (1848);晃山属(光山属,龙舌球属,龙舌仙人球属);Agave Cactus ●☆
227756 Leuchtenbergia Hook. et Fisch. = Leuchtenbergia Hook. ●☆
227757 Leuchtenbergia principis Hook.;晃山(龙舌仙人球,龙舌仙人掌)日:コウザン;Agave Cactus,Prism Cactus ■☆
227758 Leuchtenbergiaceae Salm-Dyck = Cactaceae Juss. (保留科名)●■
227759 Leuchtenbergiaceae Salm-Dyck ex Pfeiff.;晃山科■
227760 Leuchtenbergiaceae Salm-Dyck ex Pfeiff. = Cactaceae Juss. (保留科名)●■
227761 Leucipus Raf. = Dichapetalum Thouars ●
227762 Leucipus Raf. = Leucosia Thouars ●
227763 Leuciva Rydb. (1922);白伊瓦菊属;Woolly Sumpweed ■☆
227764 Leuciva Rydb. = Euphrosyne DC. ■☆
227765 Leuciva Rydb. = Iva L. ■☆
227766 Leuciva dealbata (A. Gray) Rydb.;白伊瓦菊■☆
227767 Leucobarleria Lindau = Neuracanthus Nees ●■☆
227768 Leucobarleria nivea Lindau = Neuracanthus lindaui C. B. Clarke ●☆
227769 Leucobarleria polyacantha Lindau = Neuracanthus polyacanthus (Lindau) C. B. Clarke ●☆
227770 Leucobarleria robecchii Lindau = Neuracanthus robecchii (Lindau) C. B. Clarke ●☆
227771 Leucoblepharis Arn. (1838);白睑菊属(白百簕花属)●☆
227772 Leucoblepharis Arn. = Blepharispermum Wight ex DC. ■☆
227773 Leucoblepharis subsessilis (DC.) Arn.;白睑菊(白百簕花)■☆
227774 Leucobotrys Tiegh. = Helixanthera Lour. ●
227775 Leucobotrys adpressus Tiegh. = Helixanthera parasitica Lour. ●
227776 Leucocalantha Barb. Rodr. (1891);白花紫葳属●☆
227777 Leucocalantha aromatica Barb. Rodr.;白花紫葳●☆
227778 Leucocarpon Endl. = Denhamia Meisn. (保留属名)●☆
227779 Leucocarpon Endl. = Leucocarpum A. Rich. (废弃属名)●☆
227780 Leucocarpum A. Rich. (废弃属名) = Denhamia Meisn. (保留属名)●☆
227781 Leucocarpus D. Don(1831);白果参属■☆
227782 Leucocarpus perfoliatus (Kunth) Benth.;白果参■☆
227783 Leucocasia Schott = Colocasia Schott(保留属名)■
227784 Leucocasia gigantea Schott = Colocasia gigantea (Blume) Hook. f. ■
227785 Leucocephala Roxb. = Eriocaulon L. ■
227786 Leucocera Turcz. = Calycera Cav. (保留属名)■☆
227787 Leucochlaena Post et Kuntze = Didymoplexiella Garay ■
227788 Leucochlaena Post et Kuntze = Leucolaena R. Br. ex Endl. ■☆
227789 Leucochlaena Post et Kuntze = Leucolena Ridl. ■
227790 Leucochlaena Post et Kuntze = Xanthosia Rudge ■☆
227791 Leucochlamys Poepp. ex Engl. = Spathiphyllum Schott ■☆
227792 Leucochloron Barneby et J. W. Grimes = Mimosa L. ●■
227793 Leucochloron Barneby et J. W. Grimes(1996);白绿含羞草属●■☆
227794 Leucochrysum (DC.) Paul G. Wilson(1992);爪苞彩鼠麴属■☆
227795 Leucochrysum albicans (A. Cunn.) Paul G. Wilson;浅白爪苞彩鼠麴■☆
227796 Leucochrysum graminifolium (Paul G. Wilson) Paul G. Wilson;禾叶爪苞彩鼠麴■☆
227797 Leucochrysum molle (DC.) Paul G. Wilson;柔软爪苞彩鼠麴■☆
227798 Leucochyle B. D. Jacks. = Leucohyle Klotzsch ■☆
227799 Leucochyle Klotzsch = Leucohyle Klotzsch ■☆
227800 Leucocnides Miq. = Debregeasia Gaudich. ●
227801 Leucococcus Liebm. = Pouzolzia Gaudich. ●■
227802 Leucocodon Gardner(1846);白钟草属☆
227803 Leucocodon reticulatum Gardner;白钟草☆
227804 Leucocoma (Greene) Nieuwl. = Thalictrum L. ■
227805 Leucocoma Ehrh. = Eriophorum L. ■
227806 Leucocoma Ehrh. = Trichophorum Pers. (保留属名)■
227807 Leucocoma Ehrh. ex Rydb. = Eriophorum L. ■
227808 Leucocoma Ehrh. ex Rydb. = Trichophorum Pers. (保留属名)■
227809 Leucocoma Nieuwl. = Thalictrum L. ■
227810 Leucocoma Rydb. = Trichophorum Pers. (保留属名)■
227811 Leucocoma alpina (L.) Rydb. = Trichophorum alpinum (L.) Pers. ■☆
227812 Leucocorema Ridl. = Trichadenia Thwaites ●☆
227813 Leucocoryne Lindl. (1830);白药百合属(白棒莲属);Glory of the Sun ■☆
227814 Leucocoryne ixioides (Hook.) Lindl.;白药百合(白棒莲,耀阳花);Glory of the Sun,Glory-of-the-sun ■☆
227815 Leucocoryne ixioides Lindl. = Leucocoryne ixioides (Hook.) Lindl. ■☆
227816 Leucocraspedum Rydb. = Frasera Walter ■☆
227817 Leucocrinum Nutt. = Leucocrinum Nutt. ex A. Gray ■☆
227818 Leucocrinum Nutt. ex A. Gray(1837);白星花属(白文殊兰属);Sand-lily,Star Lily,Star-lily ■☆
227819 Leucocrinum montanum Nutt. ex A. Gray;香白星花;Fragrant Star-lily ■☆
227820 Leucocroton Griseb. (1861);白巴豆属●☆
227821 Leucocroton wrightii Griseb.;白巴豆●☆
227822 Leucocyclus Boiss. (1849);白环菊属■☆
227823 Leucocyclus Boiss. = Anacyclus L. ■☆
227824 Leucocyclus formosus Boiss.;白环菊■☆
227825 Leucodendrum Post et Kuntze = Leucadendron R. Br. (保留属名)●
227826 Leucodendrum Post et Kuntze = Protea L. (保留属名)●☆
227827 Leucodermis Planch. = Ilex L. ●
227828 Leucodermis Planch. ex Benth. et Hook. f. = Ilex L. ●
227829 Leucodesmis Raf. = Haemanthus L. ■
227830 Leucodictyon Dalzell = Galactia P. Browne ■
227831 Leucodonium (Rchb.) Opiz = Cerastium L. ■
227832 Leucodonium Opiz = Cerastium L. ■
227833 Leucodyction Dalzell = Galactia P. Browne ■
227834 Leucodyctyon Dalzell = Galactia P. Browne ■

227835 Leucogenes P. Beauv.(1910);新火绒草属;New Zealand Edelweiss ■☆
227836 Leucogenes grandiceps P. Beauv.;大头新火绒草;South Island Edelweiss ■☆
227837 Leucogenes leontopodium P. Beauv.;北岛新火绒草;North Island Edelweiss ■☆
227838 Leucoglochin Ehrh. = Carex L. ■
227839 Leucoglochin Heuff. = Carex L. ■
227840 Leucoglossum B. H. Wilcox, K. Bremer et Humphries = Mauranthemum Vogt et Oberpr. ■☆
227841 Leucoglossum decipiens (Pomel) B. H. Wilcox, K. Bremer et Humphries = Mauranthemum decipiens (Pomel) Vogt et Oberpr. ■☆
227842 Leucoglossum paludosum (Poir.) B. H. Wilcox, K. Bremer et Humphries = Leucanthemum paludosum (Poir.) Bonnet et Barratte ■☆
227843 Leucoglossum paludosum (Poir.) B. H. Wilcox, K. Bremer et Humphries = Mauranthemum paludosum (Poir.) Vogt et Oberpr. ■☆
227844 Leucoglossum reboudianum (Poir.) B. H. Wilcox, K. Bremer et Humphries = Mauranthemum reboudianum (Pomel) Vogt et Oberpr. ■☆
227845 Leucohyle Klotzsch(1855);白林兰属■☆
227846 Leucohyle warszewiczii Klotzsch;白林兰■☆
227847 Leucoium Mill. = Cheiranthus L. ●■
227848 Leucoium Mill. = Matthiola W. T. Aiton(保留属名)■●
227849 Leucojaceae Batsch = Amaryllidaceae J. St.-Hil.(保留科名)●■
227850 Leucojaceae Batsch = Leucojaceae Batsch ex Borkh. ●■
227851 Leucojaceae Batsch ex Borkh.;雪片莲科■●
227852 Leucojaceae Batsch ex Borkh. = Amaryllidaceae J. St.-Hil.(保留科名)●■
227853 Leucojum Adans. = Matthiola W. T. Aiton(保留属名)■●
227854 Leucojum L.(1753);雪片莲属(雪花水仙属);Snowflake, Snowflakelotus ■●
227855 Leucojum Mill. = Matthiola W. T. Aiton(保留属名)■●
227856 Leucojum aestivum L.;夏雪片莲(夏雪滴花);Mountain Snowdrop, Snowflake Loddon Lily, Summer Snowdrop, Summer Snowflake, Summer Snowflakelotus ■
227857 Leucojum aestivum L. subsp. pulchellum (Salisb.) Malag.;美丽夏雪片莲;Summer Snowflake ■☆
227858 Leucojum autumnale L.;秋雪片莲(秋雪滴花);Autumn Snowflake ■☆
227859 Leucojum autumnale L. = Acis autumnalis (L.) Herb. ■☆
227860 Leucojum autumnale L. var. oporanthum (Jord. et Fourr.) Maire = Acis autumnalis (L.) Herb. ■☆
227861 Leucojum autumnale L. var. pulchellum (Jord. et Fourr.) Maire = Acis autumnalis (L.) Herb. ■☆
227862 Leucojum capitulatum Lour. = Curculigo capitulata (Lour.) Kuntze ■
227863 Leucojum capitulatum Lour. = Molineria capitulata (Lour.) Herb. ■
227864 Leucojum fontianum Maire = Acis tingitana (Baker) Lledò et A. P. Davis et Crespo ■☆
227865 Leucojum grandiflorum DC. = Leucojum trichophyllum Schousb. var. grandiflorum (DC.) Willk. ■☆
227866 Leucojum nicaeense Ardoino;尼斯雪片莲■☆
227867 Leucojum roseum F. Martin;红雪片莲;Rosy Snowflake ■☆
227868 Leucojum strumosum Aiton = Strumaria tenella (L. f.) Snijman ■☆
227869 Leucojum tingitanum Baker = Acis tingitana (Baker) Lledò et A. P. Davis et Crespo ■☆
227870 Leucojum trichophyllum Schousb.;毛叶雪片莲■☆
227871 Leucojum trichophyllum Schousb. = Acis trichophylla (Schousb.) Sweet ■☆
227872 Leucojum trichophyllum Schousb. subsp. micranthum (Gatt. et Maire) Maire et Weiller = Acis trichophylla (Schousb.) Sweet ■☆
227873 Leucojum trichophyllum Schousb. var. grandiflorum (DC.) Willk. = Acis trichophylla (Schousb.) Sweet ■☆
227874 Leucojum trichophyllum Schousb. var. micranthum Gatt. et Maire = Acis trichophylla (Schousb.) Sweet ■☆
227875 Leucojum vernum L.;雪片莲(春雪花水仙,春雪片莲,铃兰水仙,雪花水仙,雪铃花);Bulbous Violet, Butter-and-eggs, Snowflake, Spring Snowflake, Spring Snowflakelotus, St. Agnes' Flower ■☆
227876 Leucolaena (DC.) Benth. = Xanthosia Rudge ■☆
227877 Leucolaena R. Br. = Xanthosia Rudge ■☆
227878 Leucolaena R. Br. ex Endl. = Xanthosia Rudge ■☆
227879 Leucolaena Ridl. = Didymoplexis Griff. ■
227880 Leucolaena siamensis Rolfe ex Downie = Didymoplexiella siamensis (Rolfe ex Downie) Seidenf. ■
227881 Leucolena Ridl. = Didymoplexiella Garay ■
227882 Leucolena siamensis Rolfe ex Downie = Didymoplexiella siamensis (Rolfe ex Downie) Seidenf. ■
227883 Leucolinum Fourr. = Linum L. ●■
227884 Leucolophus Bremek. = Urophyllum Jack ex Wall. ●
227885 Leucoma B. D. Jacks. = Leucocoma Ehrh. ■
227886 Leucoma B. D. Jacks. = Trichophorum Pers.(保留属名)■
227887 Leucomalla Phil. = Evolvulus L. ●■
227888 Leucomeris Blume ex DC. = Vernonia Schreb.(保留属名)●■
227889 Leucomeris D. Don = Gochnatia Kunth ●
227890 Leucomeris Franch.(1825);白花菊木属(拟白菊木属)●
227891 Leucomeris deeora Kurz = Gochnatia decora (Kurz) Cabrera ●◇
227892 Leucomeris scandens (Thunb.) Sch. Bip. = Pertya scandens (Thunb.) Sch. Bip. ●
227893 Leucomeris spectabilis D. Don;拟白菊木●☆
227894 Leucomphalos Benth. = Leucomphalos Benth. ex Planch. ●☆
227895 Leucomphalos Benth. ex Planch.(1848);白藤豆属●☆
227896 Leucomphalos brachycarpus (Harms) Breteler;短果白藤豆●☆
227897 Leucomphalos discolor (J. B. Hall) Breteler;异色白藤豆●☆
227898 Leucomphalos libericus Breteler;利比里亚白藤豆●☆
227899 Leucomphalos mildbraedii (Harms) Breteler;米尔德白藤豆●☆
227900 Leucomphalus Benth. = Leucomphalos Benth. ex Planch. ●☆
227901 Leuconocarpus Spruce ex Planch. et Triana = Moronobea Aubl. ●☆
227902 Leuconoe Fourr. = Ranunculus L. ■
227903 Leuconotis Jack(1823);白耳夹竹桃属●☆
227904 Leuconotis anceps Jack;白耳夹竹桃●☆
227905 Leuconymphaea Kuntze = Nymphaea L.(保留属名)■
227906 Leucophae Webb et Berthel. = Sideritis L. ■●
227907 Leucopholis Gardner = Chionolaena DC. ●☆
227908 Leucophora B. D. Jacks. = Leucophora Ehrh. ■

227909 Leucophora B. D. Jacks. = Luzula DC.(保留属名)■
227910 Leucophora Ehrh. = Juncus L. ■
227911 Leucophora Ehrh. = Luzula DC.(保留属名)■
227912 Leucophrys Rendle = Brachiaria (Trin.) Griseb. ■
227913 Leucophrys Rendle = Urochloa P. Beauv. ■
227914 Leucophrys glomerata Stapf = Brachiaria glomerata (Stapf) A. Camus ■☆
227915 Leucophrys psammophila (Welw. ex Rendle) Dandy = Brachiaria psammophila (Welw. ex Rendle) Launert ■☆
227916 Leucophyllum Bonpl. (1812);白叶树属;Silverleaf ●☆
227917 Leucophyllum Humb. et Bonpl. = Leucophyllum Bonpl. ●☆
227918 Leucophyllum ambiguum Humb. et Bonpl.;迷白叶树●☆
227919 Leucophyllum frutescens (Berland.) I. M. Johnst.;灌木白叶树;Ashplant, Ceniza, Silverleaf, Texas Ranger, Texas Sage, Texas Silverleaf ●☆
227920 Leucophyllum frutescens (Berland.) I. M. Johnst. 'Green Cloud';绿云灌木白叶树;Green Cloud Texas Ranger ●☆
227921 Leucophyllum frutescens I. M. Johnst. = Leucophyllum frutescens (Berland.) I. M. Johnst. ●☆
227922 Leucophyllum laevigatum Standl.;光滑白叶树;Braue River Sage, Cenizo, Chihuahuan Sage, Rio Bravo ●☆
227923 Leucophyllum minus A. Gray;小白叶树;Lesser Texas Silverleaf ●☆
227924 Leucophyllum pruinosum I. M. Johnst.;白粉白叶树●☆
227925 Leucophyllum revolutum Rzed.;外卷白叶树●☆
227926 Leucophyllum texanum Benth.;得州白叶树;Cenizo, Silverleaf, Texas Silverleaf, Violet Silverleaf, Violet Texas Ranger ●☆
227927 Leucophyllum zygophyllum I. M. Johnst.;对称叶白叶树●☆
227928 Leucophylon Buch = Heberdenia Banks ex A. DC. ●☆
227929 Leucophylon Buch = Leucoxylum Sol. ex Lowe ●☆
227930 Leucophysalis Rydb. (1896);肖散血丹属;White Groundcherry ■☆
227931 Leucophysalis Rydb. = Physalis L. ■
227932 Leucophysalis grandiflora (Hook.) Rydb.;大花肖散血丹;Large White Groundcherry, Large-flowered Ground-cherry, White-flowered Ground-cherry ●☆
227933 Leucophysalis heterophylla (Hemsl.) Averett = Physaliastrum heterophyllum (Hemsl.) Migo ■
227934 Leucophysalis japonica (Fr. et Sav.) Averett = Physaliastrum echinatum (Yatabe) Makino ■
227935 Leucophysalis japonica (Fr. et Sav.) Averett = Physaliastrum japonicum (Franch. et Sav.) Honda ■
227936 Leucophysalis savatieri (Makino) Averett = Physaliastrum echinatum (Yatabe) Makino ■
227937 Leucophysalis savatieri (Makino) Averett = Physaliastrum japonicum (Franch. et Sav.) Honda ■
227938 Leucophyta R. Br. (1817);鳞叶菊属(鲁考菲木属);Cution Bush ■●☆
227939 Leucophyta R. Br. = Calocephalus R. Br. ■●☆
227940 Leucophyta brownii Cass.;鳞叶菊(鲁考菲木);Cushion Bush ●☆
227941 Leucophyta brownii Cass. = Calocephalus brownii (Cass.) F. Muell. ●☆
227942 Leucopitys Nieuwl. = Pinus L. ●
227943 Leucopitys Nieuwl. = Strobus (Sweet ex Spach) Opiz ●
227944 Leucoplocus Endl. = Leucoploeus Nees ■☆
227945 Leucoploeus Nees = Hypodiscus Nees(保留属名)■☆
227946 Leucopoa Griseb. (1852);银穗草属;Silverspikegrass ■
227947 Leucopoa Griseb. = Festuca L. ■
227948 Leucopoa albida (Turcz. ex Trin.) V. I. Krecz. et Bobrov;银穗草(白莓);Silverspikegrass ■
227949 Leucopoa albida (Turcz. ex Trin.) V. I. Krecz. et Bobrov = Festuca sibirica Hack. ex Boiss. ■
227950 Leucopoa caucasica (Hack.) V. I. Krecz. et Bobrov;中亚银穗草;Caucasia Silverspikegrass ■
227951 Leucopoa deasyi (Rendle) L. Liou;藏银穗草;Xizang Silverspikegrass ■
227952 Leucopoa karatavica (Bunge) V. I. Krecz. et Bobrov;高山银穗草;Alpine Silverspikegrass ■
227953 Leucopoa olgae (Regel) V. I. Krecz. et Bobrov;新疆银穗草(西山银穗草,银穗羊茅);Xinjiang Silverspikegrass ■
227954 Leucopoa olgae (Regel) V. I. Krecz. et Bobrov = Festuca olgae (Regel) Krivot. ■
227955 Leucopoa pseudosclerophylla (Krivot.) Bor;拟硬叶银穗草;Rigidleaf-like Silverspikegrass ■
227956 Leucopoa sclerophylla (Boiss. et Bisch.) Krecz. et Bobrov;硬叶银穗草;Rigidleaf Silverspikegrass ■
227957 Leucopoa sibirica Griseb. = Festuca sibirica Hack. ex Boiss. ■
227958 Leucopoa sibirica Griseb. = Leucopoa albida (Turcz. ex Trin.) V. I. Krecz. et Bobrov ■
227959 Leucopoa sibirica Hack. et Boiss. = Leucopoa albida (Turcz. ex Trin.) V. I. Krecz. et Bobrov ■
227960 Leucopodon Benth. et Hook. f. = Leucopodum Gardner ■☆
227961 Leucopodum Gardner = Chevreulia Cass. ■☆
227962 Leucopogon R. Br. (1810)(保留属名);芒石南属(贝叶石南属);Australian Currant ●☆
227963 Leucopogon amplexicaulis (Rudge) R. Br.;心叶芒石南;Heart-leafed Beard Heath ●☆
227964 Leucopogon ericoides (Sm.) R. Br.;芒石南;Bearded Heath ●☆
227965 Leucopogon fraseri A. Cunn. ex DC.;匍匐芒石南●☆
227966 Leucopogon lanceolatus (Sm.) R. Br.;披针叶芒石南●☆
227967 Leucopogon microphyllus (Cav.) R. Br.;小叶芒石南;Bearded Heath ●☆
227968 Leucopogon parviflorus (Andréws) Lindl.;小花芒石南;Coast Beard Heath, Pink Mountain Berry ●☆
227969 Leucopogon setiger R. Br.;卷瓣芒石南●☆
227970 Leucopogon suaveolens Hook. f.;高山芒石南;Mountain Heath ●☆
227971 Leucopogon virgatus (Labill.) R. Br.;细枝芒石南●☆
227972 Leucopremna Standl. = Jacaratia A. DC. ●☆
227973 Leucopremna Standl. = Pileus Ramirez ●☆
227974 Leucopsidium Charpent. ex DC. = Aphanostephus DC. ■☆
227975 Leucopsidium DC. = Aphanostephus DC. ■☆
227976 Leucopsidium humile Benth. = Aphanostephus ramosissimus DC. var. humilis (Benth.) B. L. Turner et Birdsong ■☆
227977 Leucopsis (DC.) Baker = Noticastrum DC. ■☆
227978 Leucopsis Baker = Noticastrum DC. ■☆
227979 Leucopsora Raf. = Cephalaria Schrad. (保留属名)■
227980 Leucoptera B. Nord. (1976);白翅菊属●☆
227981 Leucoptera nodosa (Thunb.) B. Nord.;结节白翅菊●☆
227982 Leucoptera oppositifolia B. Nord.;对叶白翅菊●☆
227983 Leucoptera subcarnosa B. Nord.;肉质白翅菊●☆
227984 Leucopterum Small = Rhynchosia Lour. (保留属名)●■

227985 Leucopterum Small(1933);白翅鹿藿属●■☆
227986 Leucoraphis Nees = Brillantaisia P. Beauv. ●■☆
227987 Leucoraphis T. Anderson = Brillantaisia P. Beauv. ●■☆
227988 Leucoraphis T. Anderson = Leucorhaphis Nees ●■☆
227989 Leucorchis Blume = Didymoplexis Griff. ■
227990 Leucorchis E. Mey. = Pseudorchis Ség. ■☆
227991 Leucorchis albida (L.) E. Mey. = Pseudorchis albida (L.) Á. Löve et D. Löve ■☆
227992 Leucorchis albida (L.) E. Mey. ex Schur var. subalpina (Neuman) Hyl. = Pseudorchis albida (L.) Á. Löve et D. Löve subsp. straminea (Fernald) Á. Löve et D. Löve ■☆
227993 Leucorchis sylvatica Blume = Chamaegastrodia vaginata (Hook. f.) Seidenf. ■
227994 Leucorchis sylvatica Blume = Didymoplexis pallens Griff. ■
227995 Leucorhaphis Nees = Brillantaisia P. Beauv. ●■☆
227996 Leucorhaphis lamium Nees = Brillantaisia lamium (Nees) Benth. ■☆
227997 Leucosalpa Scott-Elliot(1891);白鱼列当属(白鱼玄参属)●☆
227998 Leucosalpa madagascariensis Scott-Elliot;白鱼列当●☆
227999 Leucosceptrum Sm. (1808);米团花属(白杖木属);Leucosceptrum ●
228000 Leucosceptrum bodinieri H. Lév. = Rostrinucula sinensis (Hemsl.) C. Y. Wu ●
228001 Leucosceptrum canum Sm.;米团花(白杖木,蜂蜜树,蜂蜜树花,蜜蜂树,蜜蜂树花,明堂花,山蜂蜜,羊巴巴,渍糖花,渍糖树);Common Leucosceptrum ●
228002 Leucosceptrum japonicum (Miq.) Kitam. et Murata;日本米团花(天人草);Japan Comanthosphace,Japanese Comanthosphace ●■
228003 Leucosceptrum japonicum (Miq.) Kitam. et Murata = Comanthosphace japonica (Miq.) S. Moore ex Hook. f. ■
228004 Leucosceptrum japonicum (Miq.) Kitam. et Murata f. albiflorum (Honda) Kitam. et Murata;白花日本米团花●
228005 Leucosceptrum japonicum (Miq.) Kitam. et Murata f. barbinerve (Miq.) Kitam. et Murata;毛脉日本米团花■☆
228006 Leucosceptrum ningpoense (Hemsl.) Kitam. = Caryopteris ningpoensis Hemsl. ■
228007 Leucosceptrum ningpoense (Hemsl.) Kitam. = Comanthosphace ningpoensis (Hemsl.) Hand. -Mazz. ■
228008 Leucosceptrum ningpoense (Hemsl.) Kitam. et Murata = Comanthosphace ningpoensis (Hemsl.) Hand. -Mazz. ■
228009 Leucosceptrum plectranthoideum (H. Lév.) C. Marquand = Elsholtzia fruticosa (D. Don) Rehder ●
228010 Leucosceptrum sinense Hemsl. = Rostrinucula sinensis (Hemsl.) C. Y. Wu ●
228011 Leucosceptrum stellipilum (Miq.) Kitam. et Murata;星毛米团花(白木草,台湾白笏草)●
228012 Leucosceptrum stellipilum (Miq.) Kitam. et Murata f. albiflorum (Yatoh) Kitam. et Murata;白花星毛米团花●☆
228013 Leucosceptrum stellipilum (Miq.) Kitam. et Murata var. formosana (Ohwi) Kitam. et Murata = Comanthosphace formosana Ohwi ■
228014 Leucosceptrum stellipilum (Miq.) Kitam. et Murata var. radicans (Honda) T. Yamaz. et Murata;辐射星毛米团花●☆
228015 Leucosceptrum stellipilum (Miq.) Kitam. et Murata var. tosaense (Makino ex Koidz.) Kitam. et Murata = Leucosceptrum stellipilum (Miq.) Kitam. et Murata var. radicans (Honda) T. Yamaz. et Murata ●☆
228016 Leucosedum Fourr. = Sedum L. ●■
228017 Leucoseris Fourr. = Senecio L. ■●
228018 Leucoseris Nutt. = Malacothrix DC. ■☆
228019 Leucoseris saxatilis Nutt. = Malacothrix saxatilis (Nutt.) Torr. et A. Gray ■☆
228020 Leucoseris tenuifolia Nutt. = Malacothrix saxatilis (Nutt.) Torr. et A. Gray var. tenuifolia (Nutt.) A. Gray ■☆
228021 Leucosia Thouars = Dichapetalum Thouars ●
228022 Leucosidea Eckl. et Zeyh. (1836);白莲蔷薇属●☆
228023 Leucosidea sericea Eckl. et Zeyh.;白莲蔷薇●☆
228024 Leucosinapis (DC.) Spach = Brassica L. ■●
228025 Leucosinapis (DC.) Spach = Sinapis L. ■
228026 Leucosinapis Spach = Brassica L. ■●
228027 Leucosinapis Spach = Sinapis L. ■
228028 Leucosmis Benth. = Phaleria Jack ●☆
228029 Leucospermum R. Br. (1810)(保留属名);针垫花属(白子木属,黎可斯帕属,银宝树属,针垫子花属);Pincushion,Pincushion Flower ●☆
228030 Leucospermum album Bond = Leucospermum bolusii Gand. ●☆
228031 Leucospermum alpinum (Salisb. ex Knight) Rourke;高山黎针垫花(高山黎可斯帕);Alpine Leucospermum ●☆
228032 Leucospermum alpinum (Salisb. ex Knight) Rourke = Vexatorella alpina (Salisb. ex Knight) Rourke ●☆
228033 Leucospermum alpinum (Salisb. ex Knight) Rourke subsp. amoenum Rourke = Vexatorella amoena (Rourke) Rourke ●☆
228034 Leucospermum arenarium Rycroft;沙地针垫花●☆
228035 Leucospermum attenuatum R. Br. = Leucospermum cuneiforme (Burm. f.) Rourke ●☆
228036 Leucospermum attenuatum R. Br. var. praemorsum Meisn. = Leucospermum praemorsum (Meisn.) E. Phillips ●☆
228037 Leucospermum bolusii E. Phillips = Leucospermum cordifolium (Salisb. ex Knight) Fourc. ●☆
228038 Leucospermum bolusii Gand.;包氏针垫花(包氏黎可斯帕)●☆
228039 Leucospermum buxifolium R. Br. = Leucospermum truncatulum (Salisb. ex Knight) Rourke ●☆
228040 Leucospermum calligerum (Salisb. ex Knight) Rourke;冠饰针垫花●☆
228041 Leucospermum candicans Andréws = Leucospermum rodolentum (Salisb. ex Knight) Rourke ●☆
228042 Leucospermum cartilagineum (R. Br.) E. Phillips = Vexatorella alpina (Salisb. ex Knight) Rourke ●☆
228043 Leucospermum catherinae Compton;凯瑟琳针垫花;Catherine Wheel,Catherine's Pincushion ●☆
228044 Leucospermum cereris Compton = Leucospermum spathulatum R. Br. ●☆
228045 Leucospermum conocarpodendron (L.) H. Buek;大叶针垫花●☆
228046 Leucospermum conocarpodendron (L.) H. Buek subsp. viridum Rourke;绿大叶针垫花●☆
228047 Leucospermum conocarpum (Thunb.) R. Br. = Leucospermum conocarpodendron (L.) H. Buek ●☆
228048 Leucospermum cordatum Phillips;垂枝针垫花;Nodding Pincushion ●☆
228049 Leucospermum cordatum Phillips 'African Red';非洲红垂枝针垫花●☆
228050 Leucospermum cordatum Phillips 'Aorora';杏黄垂枝针垫花●☆

228051 Leucospermum cordatum Phillips 'Calypso';卡吕普索垂枝针垫花●☆
228052 Leucospermum cordatum Phillips 'Carolin';卡罗琳垂枝针垫花●☆
228053 Leucospermum cordatum Phillips 'Fire Dance';火之舞垂枝针垫花●☆
228054 Leucospermum cordatum Phillips 'Firewheel';火轮垂枝针垫花●☆
228055 Leucospermum cordatum Phillips 'Veld Fire';草原之火垂枝针垫花●☆
228056 Leucospermum cordifolium (Knight) Fourc. = Leucospermum cordifolium (Salisb. ex Knight) Fourc. ●☆
228057 Leucospermum cordifolium (Salisb. ex Knight) Fourc.;俯垂针垫花(俯垂黎可斯帕,银宝树,针垫子花);Nodding Pincushion, Pincushion ●☆
228058 Leucospermum crinitum (Thunb.) R. Br. = Leucospermum oleifolium (P. J. Bergius) R. Br. ●☆
228059 Leucospermum cuneiforme (Burm. f.) Rourke;紧凑针垫花●☆
228060 Leucospermum diffusum R. Br. = Leucospermum saxatile (Salisb. ex Knight) Rourke ●☆
228061 Leucospermum discolor ?;异色针垫花;Flame Gold-tips ●☆
228062 Leucospermum ellipticum (Thunb.) R. Br. = Leucospermum cuneiforme (Burm. f.) Rourke ●☆
228063 Leucospermum erubescens Rourke;硬叶针垫花●☆
228064 Leucospermum formosum (Andréws) Sweet;美丽针垫花●☆
228065 Leucospermum fulgens Rourke;光亮针垫花●☆
228066 Leucospermum gerrardii Stapf;杰勒德针垫花●☆
228067 Leucospermum glaberrimum Schltr. = Leucadendron glaberrimum (Schltr.) Compton ●☆
228068 Leucospermum glabrum E. Phillips;光滑针垫花●☆
228069 Leucospermum glomiflorum Salisb. ex Knight = Leucospermum prostratum (Thunb.) Stapf ●☆
228070 Leucospermum gracile (Salisb. ex Knight) Rourke;纤细针垫花●☆
228071 Leucospermum grandiflorum (Salisb.) R. Br.;红柱针垫花●☆
228072 Leucospermum grandiflorum R. Br. = Leucospermum grandiflorum (Salisb.) R. Br. ●☆
228073 Leucospermum gueinzii Meisn.;吉内斯针垫花●☆
228074 Leucospermum hamatum Rourke;顶钩针垫花●☆
228075 Leucospermum heterophyllum (Thunb.) Rourke;互叶针垫花●☆
228076 Leucospermum hypophyllocarpodendron (L.) Druce subsp. canaliculatum (H. Buek ex Meisn.) Rourke;具沟针垫花●☆
228077 Leucospermum hypophyllum (Thunb.) R. Br. = Leucospermum hypophyllocarpodendron (L.) Druce ●☆
228078 Leucospermum hypophyllum (Thunb.) R. Br. var. canaliculatum H. Buek ex Meisn. = Leucospermum hypophyllocarpodendron (L.) Druce subsp. canaliculatum (H. Buek ex Meisn.) Rourke ●☆
228079 Leucospermum incisum E. Phillips = Leucospermum vestitum (Lam.) Rourke ●☆
228080 Leucospermum incisum Phillips;锐裂针垫花(锐裂黎可斯帕);Incised Leucospermum ●☆
228081 Leucospermum lineare R. Br.;线形针垫花(线形黎可斯帕)●☆
228082 Leucospermum mixtum E. Phillips = Leucospermum cordifolium (Salisb. ex Knight) Fourc. ●☆
228083 Leucospermum muirii E. Phillips;缪里针垫花●☆
228084 Leucospermum mundii Meisn.;蒙德针垫花●☆
228085 Leucospermum nutans R. Br. = Leucospermum cordifolium (Salisb. ex Knight) Fourc. ●☆
228086 Leucospermum obtusatum (Thunb.) E. Phillips;钝针垫花●☆
228087 Leucospermum obtusatum (Thunb.) E. Phillips = Vexatorella obtusata (Thunb.) Rourke ●☆
228088 Leucospermum obtusatum (Thunb.) E. Phillips subsp. albomontanum Rourke = Vexatorella obtusata (Thunb.) Rourke subsp. albomontana (Rourke) Rourke ●☆
228089 Leucospermum oleifolium (P. J. Bergius) R. Br.;光叶针垫花●☆
228090 Leucospermum oleifolium R. Br. = Leucospermum oleifolium (P. J. Bergius) R. Br. ●☆
228091 Leucospermum parile (Salisb. ex Knight) Sweet;相似针垫花●☆
228092 Leucospermum patersonii Phillips;深齿针垫花●☆
228093 Leucospermum pedunculatum Klotzsch;梗花针垫花●☆
228094 Leucospermum pluridens Rourke;多齿针垫花●☆
228095 Leucospermum praecox Rourke;早熟针垫花●☆
228096 Leucospermum praemorsum (Meisn.) E. Phillips;啮蚀针垫花●☆
228097 Leucospermum prostratum (Thunb.) Stapf;平卧针垫花●☆
228098 Leucospermum prostratum Stapf;蔓生针垫花●☆
228099 Leucospermum puberum (L.) R. Br. = Leucospermum calligerum (Salisb. ex Knight) Rourke ●☆
228100 Leucospermum reflexum H. Buek ex Meisn.;反折针垫花(反折黎可斯帕,反折银宝树,针垫花紫花南荠,紫花南荠黎可斯帕);Red Rocket, Rocked Pincushion, Skyrocket Pincushion, Yellow Rocket ●☆
228101 Leucospermum reflexum H. Buek ex Meisn. var. luteum Rourke;黄反折针垫花●☆
228102 Leucospermum rochetianum A. Rich. = Faurea rochetiana (A. Rich.) Chiov. ex Pic. Serm. ●☆
228103 Leucospermum rodolentum (Salisb. ex Knight) Rourke;扁豆针垫花●☆
228104 Leucospermum royenifolium (Salisb. ex Knight) Stapf;柿叶针垫花●☆
228105 Leucospermum saxatile (Salisb. ex Knight) Rourke;岩栖针垫花●☆
228106 Leucospermum saxosum S. Moore;岩生针垫花●☆
228107 Leucospermum secundifolium Rourke;单侧叶针垫花●☆
228108 Leucospermum spathulatum R. Br.;匙形针垫花●☆
228109 Leucospermum stenanthum Schltr. = Leucospermum gracile (Salisb. ex Knight) Rourke ●☆
228110 Leucospermum tomentosum (Thunb.) R. Br.;绒毛针垫花●☆
228111 Leucospermum tortum Steud.;细毛针垫花;Firewheel Pincushion ●☆
228112 Leucospermum tottum (L.) R. Br.;托特针垫花●☆
228113 Leucospermum tottum (L.) R. Br. var. glabrum E. Phillips;光滑托特针垫花●☆
228114 Leucospermum truncatulum (Salisb. ex Knight) Rourke;平截针垫花●☆
228115 Leucospermum truncatum (H. Buek ex Meisn.) Rourke;截叶针垫花●☆
228116 Leucospermum utriculosum Rourke;囊果针垫花●☆
228117 Leucospermum vestitum (Lam.) Rourke;橙花针垫花●☆
228118 Leucospermum winteri Rourke;温特针垫花●☆

228119 Leucospermum wittebergense Compton;维特伯格针垫花●☆
228120 Leucospermum zeyheri Meisn. var. truncatum H. Buek ex Meisn. = Leucospermum truncatum (H. Buek ex Meisn.) Rourke ●☆
228121 Leucospermum zwartbergense Bolus = Leucadendron dregei E. Mey. ex Meisn. ●☆
228122 Leucosphaera Gilg(1897);白头苋属●☆
228123 Leucosphaera bainesii (Hook. f.) Gilg;白头苋●☆
228124 Leucosphaera pfeilii Gilg = Leucosphaera bainesii (Hook. f.) Gilg ●☆
228125 Leucospora Nutt. (1834);白籽婆婆纳属■☆
228126 Leucospora Nutt. = Schistophragma Benth. ex Endl. ■☆
228127 Leucospora multifida (Michx.) Nutt.;白籽婆婆纳;Conobea ■☆
228128 Leucosmis Benth. = Phaleria Jack ●☆
228129 Leucostachys Hoffmanns. = Goodyera R. Br. ■
228130 Leucostachys procera (Ker Gawl.) Hoffm. = Goodyera procera (Ker Gawl.) Hook. ■
228131 Leucostde Backeb. = Echinopsis Zucc. ●
228132 Leucostegane Prain(1901);白盖豆属■☆
228133 Leucostegane latistipulata Prain;白盖豆■☆
228134 Leucostele Backeb. (1953);白星柱属●☆
228135 Leucostele Backeb. = Echinopsis Zucc. ●
228136 Leucostele Backeb. = Trichocereus (A. Berger) Riccob. ●
228137 Leucostele rivieri Backeb.;白星柱●☆
228138 Leucostemma Benth. = Stellaria L. ■
228139 Leucostemma Bentham ex G. Don = Stellaria L. ■
228140 Leucostemma D. Don = Helichrysum Mill.(保留属名)●■
228141 Leucostomon G. Don = Lecostemon Moc. et Sessé ex DC. ●
228142 Leucostomon G. Don = Sloanea L. ●
228143 Leucosyke Zoll. = Leucosyke Zoll. et Moritzi ●
228144 Leucosyke Zoll. et Moritzi(1845-1846);四脉麻属(四脉苎麻属);Leucosyca, Leucosyke ●
228145 Leucosyke capitellata (Poir.) Wedd. = Leucosyke quadrinervia C. B. Rob. ●
228146 Leucosyke capitellata Wedd. = Leucosyke quadrinervia C. B. Rob. ●
228147 Leucosyke quadrinervia C. B. Rob.;四脉麻(四脉苎麻);Fournerved Leucosyca, Fourvein Leucosyca, Leucosyca, Quadrinerved Leucosyke ●
228148 Leucosyris Greene = Aster L. ●■
228149 Leucosyris spinosa (Benth.) Greene = Chloracantha spinosa (Benth.) G. L. Nesom ●■☆
228150 Leucothamnus Lindl. = Thomasia J. Gay ●☆
228151 Leucothauma Ravenna(2009);奇白石蒜属■☆
228152 Leucothea Moc. et Sessé ex DC. = Saurauia Willd.(保留属名)●
228153 Leucothoe D. Don ex G. Don = Leucothoe D. Don ●
228154 Leucothoe D. Don(1834);木藜芦属;Fetterbush, Leucothoe, Sierra Laurel ●
228155 Leucothoe axillaris (Lam.) D. Don;腋花木藜芦(腋花藜芦,腋序木藜芦);Axillary Flowers Fetterbush, Coast leucothoe, Coastal Leucothoe, Doghobble, Downy Leucothoe, Fetterbush, Fetter-bush, Florida Leucothoe ●☆
228156 Leucothoe axillaris (Lam.) D. Don 'Rainbow';彩虹●☆
228157 Leucothoë brevistipes C. Y. Wu et T. Z. Hsu = Gaultheria brevistipes (C. Y. Wu et T. Z. Hsu) R. C. Fang ●
228158 Leucothoe brevistipes C. Y. Wu et T. Z. Hsu = Leucothoe sessilifolia C. Y. Wu et T. Z. Hsu ●
228159 Leucothoe catesbai Gray;北美木藜芦;Drooping Leucothoe ●☆
228160 Leucothoe chlorantha A. Gray = Leucothoe grayana Maxim. ●☆
228161 Leucothoe davisiae Torr. ex A. Gray;山地木藜芦;Black Laurel, Sierra Laurel ●☆
228162 Leucothoe fontanesiana (Steud.) Sleumer;垂枝木藜芦(大叶木藜芦);Dog Hobble, Doghobble, Drooping Leucothoe, Fetter Bush, Fetterbush, Switch Ivy ●☆
228163 Leucothoe fontanesiana (Steud.) Sleumer 'Girard's Rainbow' = Leucothoe fontanesiana (Steud.) Sleumer 'Rainbow' ●☆
228164 Leucothoe fontanesiana (Steud.) Sleumer 'Rainbow;缎带垂枝木藜芦(彩虹大叶木藜芦)●☆
228165 Leucothoe glaucina Koidz. ex Komatsu = Leucothoe grayana Maxim. var. hypoleuca Nakai ●☆
228166 Leucothoe grayana Maxim.;侧花木藜芦(木藜芦,嚏木);One-side Racemes Leucothoe ●☆
228167 Leucothoe grayana Maxim. var. glabra Komatsu ex Nakai;光侧花木藜芦●☆
228168 Leucothoe grayana Maxim. var. glaucina Koidz. ex Nakai = Leucothoe grayana Maxim. var. hypoleuca Nakai ●☆
228169 Leucothoe grayana Maxim. var. hypoleuca Nakai;里白侧花木藜芦●☆
228170 Leucothoe grayana Maxim. var. oblongifolia (Miq.) Ohwi = Leucothoe grayana Maxim. ●☆
228171 Leucothoe grayana Maxim. var. parvifolia (H. Hara) Ohwi;小叶侧花木藜芦●☆
228172 Leucothoe grayana Maxim. var. pruinosa (H. Hara) Ohwi;粉侧花木藜芦●☆
228173 Leucothoe grayana Maxim. var. venosa Nakai;多脉侧花木藜芦●☆
228174 Leucothoe grayana Maxim. var. yezoensis Tatew. = Leucothoe grayana Maxim. var. glabra Komatsu ex Nakai ●☆
228175 Leucothoe griffithiana C. B. Clarke;尖基木藜芦(透骨草);Cuneare-base-leaves Leucothoe, Cuneate Base Leaves Leucothoe, Griffith Leucothoe ●
228176 Leucothoe griffithiana C. B. Clarke var. sessilifolia C. Y. Wu et T. Z. Hsu = Leucothoe sessilifolia C. Y. Wu et T. Z. Hsu ●
228177 Leucothoë griffithiana C. B. Clarke var. sessilifolia C. Y. Wu et T. Z. Hsu = Gaultheria brevistipes (C. Y. Wu et T. Z. Hsu) R. C. Fang ●
228178 Leucothoe keiskei Miq.;筒花木藜芦(岩南天);Cylindrical Flower Leucothoe, Cylindrical-flower Leucothoe ●☆
228179 Leucothoe populifolia (Lam.) Dippel;杨叶木藜芦;Poplar Leaves Leucothoe, Poplar-leaves Leucothoe ●☆
228180 Leucothoe racemosa (L.) A. Gray;甜钟花木藜芦(甜钟花);Fetter Bush, Fetterbush, Sweet Balls, Sweet bells Leucothoe ●☆
228181 Leucothoe recurva (Buckley) A. Gray;红枝木藜芦;Fetterbush, Leucothoe, Red Twig, Red-twig Leucothoe ●☆
228182 Leucothoë sessilifolia (C. Y. Wu et T. Z. Hsu) C. Y. Wu et T. Z. Hsu = Gaultheria brevistipes (C. Y. Wu et T. Z. Hsu) R. C. Fang ●
228183 Leucothoe sessilifolia C. Y. Wu et T. Z. Hsu;短柄木藜芦;Short-leaved Leucothoe, Shortstalk Leucothoe, Shortstipe Leucothoe ●
228184 Leucothoe tonkinensis Dop;圆基木藜芦;Round Base Leaves Leucothoe, Round-base-leaves Leucothoe, Tonkin Leucothoe ●
228185 Leucothrinax C. Lewis et Zona = Thrinax L. f. ex Sw. ●☆
228186 Leucothrinax C. Lewis et Zona(2008);莫氏豆棕属●☆
228187 Leucoxyla Rojas = Quillaja Molina ●☆
228188 Leucoxylon G. Don = Diospyros L. ●

228189 Leucoxylon G. Don = Leucoxylum Blume ●
228190 Leucoxylon Raf. = Tabebuia Gomes ex DC. ●☆
228191 Leucoxylum Blume = Diospyros L. ●
228192 Leucoxylum E. Mey. = Ilex L. ●
228193 Leucoxylum Sol. ex Lowe = Heberdenia Banks ex A. DC. ●☆
228194 Leucrinis Raf. = Leucocrinum Nutt. ex A. Gray ■☆
228195 Leucymmaea Benth. = Lencymmoea C. Presl ●☆
228196 Leukeria Endl. = Leucheria Lag. ■☆
228197 Leukosyke Endl. = Leucosyke Zoll. et Moritzi ●
228198 Leunisia Phil. (1863);大苞钝柱菊属■☆
228199 Leunisia laeta Phil.;大苞钝柱菊■☆
228200 Leuradia Poir. = Lavradia Vell. ex Vand. ●
228201 Leuranthus Knobl. = Olea L. ●
228202 Leurocline S. Moore = Echiochilon Desf. ■☆
228203 Leurocline chazaliei (H. Boissieu) Bonnet ex A. Chev. = Echiochilon chazaliei (H. Boissieu) I. M. Johnst. ■☆
228204 Leurocline lithospermoides S. Moore = Echiochilon arenarium (I. M. Johnst.) I. M. Johnst. ■☆
228205 Leurocline mauritanica Bonnet = Echiochilon chazaliei (H. Boissieu) I. M. Johnst. ■☆
228206 Leurocline somalense (Franch.) S. Moore = Echiochilon longiflorum Benth. ■☆
228207 Leutea Pimenov(1987);莱乌草属■☆
228208 Leutea petiolaris Pimenov;莱乌草■☆
228209 Leuwenhoekia Bartl. = Levenhookia R. Br. ■☆
228210 Leuzea DC. (1805);刘子菊属(祁州漏芦属,洋漏芦属)■☆
228211 Leuzea DC. = Rhaponticum Adans. ■
228212 Leuzea DC. = Rhaponticum Ludw. ■
228213 Leuzea acaulis (L.) Holub = Rhaponticum acaule (L.) DC. ■☆
228214 Leuzea altaica Fisch. ex Schauer = Rhaponticum carthamoides (Willd.) Iljin ■
228215 Leuzea altaica Fisch. ex Schauer = Stemmacantha carthamoides (Willd.) Dittrich ■
228216 Leuzea berardioides Batt. = Rhaponticum berardioides (Batt.) Dobignard ■☆
228217 Leuzea carthamiudes DC.;刘子菊■☆
228218 Leuzea carthamoides (Willd.) DC. = Rhaponticum carthamoides (Willd.) Iljin ■
228219 Leuzea carthomoides DC. = Stemmacantha carthamoides (Willd.) Dittrich ■
228220 Leuzea caulescens (Coss. et Balansa) Holub = Rhaponticum cossonianum (Ball) Greuter ■☆
228221 Leuzea conifera (L.) DC. = Rhaponticum coniferum (L.) Greuter ■☆
228222 Leuzea cynaroides (Link) Font Quer = Rhaponticum exaltatum (Willk.) Greuter ■☆
228223 Leuzea cynaroides (Link) Font Quer var. rhaponticoides (Graells) Font Quer = Rhaponticum exaltatum (Willk.) Greuter ■☆
228224 Leuzea dahurica Bunge = Stemmacantha uniflora (L.) Dittrich ■
228225 Leuzea fontqueri Sauvage = Rhaponticum coniferum (L.) Greuter ■☆
228226 Leuzea imatongensis (Philipson) Holub = Ochrocephala imatongensis (Philipson) Dittrich ■☆
228227 Leuzea longifolia Hoffmanns. et Link = Rhaponticum longifolium (Hoffmanns. et Link) Dittrich ■☆
228228 Leuzea rhaponticoides Graells = Rhaponticum exaltatum (Willk.) Greuter ■☆
228229 Leuzia St. -Lag. = Leuzea DC. ■☆
228230 Levana Raf. = Vestia Willd. ●☆
228231 Leveillea Vaniot = Bileveillea Vaniot ■●
228232 Leveillea Vaniot = Blumea DC. (保留属名)■●
228233 Leveillea martini Vaniot = Blumea martiniana Vaniot ■
228234 Leveillea procera (DC.) Vaniot = Blumea repanda (Roxb.) Hand. -Mazz. ■
228235 Levenhoekia Steud. = Levenhookia R. Br. ■☆
228236 Levenhookia R. Br. (1810);直冠花柱草属(利文花柱草属)■☆
228237 Levenhookia pusilla R. Br.;直冠花柱草■☆
228238 Levieria Becc. (1877);马来高山桂属●☆
228239 Levieria montana Becc.;马来高山桂●☆
228240 Levina Adans. = Prasium L. ●☆
228241 Levisanus Schreb. = Staavia Dahl ●☆
228242 Levisia Steud. = Lewisia Pursh ■☆
228243 Levisticum Hill = Ligusticum L. ■
228244 Levisticum Hill(1756)(保留属名);欧当归属(圆叶当归属);Bladder Seed,Laovage ■
228245 Levisticum argutum Lindl. = Ligusticum elatum (Edgew.) C. B. Clarke ■
228246 Levisticum grandiflorum (Thunb.) Sond. = Annesorhiza grandiflora (Thunb.) M. Hiroe ■☆
228247 Levisticum latifolium (L. f.) Batt. = Astydamia latifolia (L. f.) Kuntze ■☆
228248 Levisticum latifolium (L. f.) Batt. var. canariense (DC.) Maire = Astydamia latifolia (L. f.) Kuntze ■☆
228249 Levisticum officinale K. Koch = Levisticum officinale W. D. J. Koch ■
228250 Levisticum officinale W. D. J. Koch;欧当归(保当归,拉维纪草,圆叶当归);Bladderseed,Garden Laovage,Garden Lovage,Laovage,Lovage ■
228251 Levisticum paludapifolium (Lam.) Asch. = Levisticum officinale W. D. J. Koch ■
228252 Levisticum paludapifolium Asch. = Levisticum officinale W. D. J. Koch ■
228253 Levretonia Rchb. = Lebretonia Schrank ●■☆
228254 Levretonia Rchb. = Pavonia Cav. (保留属名)●■☆
228255 Levya Bureau ex Baill. = Cydista Miers ●☆
228256 Lewisia Pursh(1814);刘氏草属(繁瓣花属,刘氏花属,琉维草属,路苇苋属);Bitter Rroot,Bitterroot,Lewisia ■☆
228257 Lewisia alba Kellogg = Lewisia rediviva Pursh ■☆
228258 Lewisia bernardina Davidson = Lewisia nevadensis (A. Gray) B. L. Rob. ■☆
228259 Lewisia brachycalyx Engelm. ex A. Gray;短萼刘氏草■☆
228260 Lewisia brachycarpa S. Watson = Lewisia brachycalyx Engelm. ex A. Gray ■☆
228261 Lewisia cantelovii J. T. Howell;康特刘氏草■☆
228262 Lewisia columbiana (Howell ex A. Gray) B. L. Rob.;哥伦比亚刘氏草(哥伦比亚繁瓣花,哥伦比亚琉维草)■☆
228263 Lewisia columbiana (Howell ex A. Gray) B. L. Rob. subsp. congdonii (Rydb.) Ferris = Lewisia congdonii (Rydb.) S. Clay ■☆
228264 Lewisia columbiana (Howell ex A. Gray) B. L. Rob. subsp. rupicola (English) Ferris = Lewisia columbiana (Howell ex A.

Gray) B. L. Rob. var. rupicola (English) C. L. Hitchc. ■☆
228265 Lewisia columbiana (Howell ex A. Gray) B. L. Rob. subsp. wallowensis (C. L. Hitchc.) J. E. Hohn ex B. Mathew = Lewisia columbiana (Howell ex A. Gray) B. L. Rob. var. wallowensis C. L. Hitchc. ■☆
228266 Lewisia columbiana (Howell ex A. Gray) B. L. Rob. var. rupicola (English) C. L. Hitchc.;岩地刘氏草■☆
228267 Lewisia columbiana (Howell ex A. Gray) B. L. Rob. var. wallowensis C. L. Hitchc.;瓦龙刘氏草■☆
228268 Lewisia columbiana B. L. Rob. = Lewisia columbiana (Howell ex A. Gray) B. L. Rob. ■☆
228269 Lewisia congdonii (Rydb.) S. Clay;康登刘氏草■☆
228270 Lewisia cotyledon (S. Watson) B. L. Rob.;琉维草(子叶草);Lewisia ■☆
228271 Lewisia cotyledon (S. Watson) B. L. Rob. var. heckneri (C. V. Morton) Munz;黑可纳刘氏草■☆
228272 Lewisia cotyledon (S. Watson) B. L. Rob. var. howellii (S. Watson) Jeps.;豪厄尔刘氏草■☆
228273 Lewisia cotyledon (S. Watson) B. L. Rob. var. purdyi Jeps. = Lewisia cotyledon (S. Watson) B. L. Rob. ■☆
228274 Lewisia disepala Rydb.;双萼刘氏草■☆
228275 Lewisia eastwoodiana Purdy = Lewisia leeana (Porter) B. L. Rob. ■☆
228276 Lewisia exarticulata H. St. John = Lewisia pygmaea (A. Gray) B. L. Rob. ■☆
228277 Lewisia finchae Purdy;芬奇琉维草■☆
228278 Lewisia finchiae Purdy = Lewisia cotyledon (S. Watson) B. L. Rob. ■☆
228279 Lewisia glandulosa (Rydb.) Clay = Lewisia pygmaea (A. Gray) B. L. Rob. ■☆
228280 Lewisia heckneri (C. V. Morton) R. B. Sm. = Lewisia cotyledon (S. Watson) B. L. Rob. var. heckneri (C. V. Morton) Munz ■☆
228281 Lewisia howellii (S. Watson) B. L. Rob.;豪厄尔琉维草■☆
228282 Lewisia howellii (S. Watson) B. L. Rob. = Lewisia cotyledon (S. Watson) B. L. Rob. var. howellii (S. Watson) Jeps. ■☆
228283 Lewisia kelloggii K. Brandegee;凯洛格刘氏草■☆
228284 Lewisia kelloggii K. Brandegee subsp. hutchisonii Dempster = Lewisia kelloggii K. Brandegee ■☆
228285 Lewisia leeana (Porter) B. L. Rob.;李氏琉维草■☆
228286 Lewisia longipetala (Piper) S. Clay;长瓣刘氏草■☆
228287 Lewisia maguirei A. H. Holmgren;刘氏草■☆
228288 Lewisia minima (A. Nelson) A. Nelson = Lewisia pygmaea (A. Gray) B. L. Rob. ■☆
228289 Lewisia minor Rydb. = Lewisia rediviva Pursh var. minor (Rydb.) Munz ■☆
228290 Lewisia nevadensis (A. Gray) B. L. Rob.;内华达刘氏草(内华达繁瓣花)■☆
228291 Lewisia oppositifolia (S. Watson) B. L. Rob.;对叶刘氏草■☆
228292 Lewisia purdyi (Jeps.) Gabrielson = Lewisia cotyledon (S. Watson) B. L. Rob. ■☆
228293 Lewisia pygmaea (A. Gray) B. L. Rob.;矮小刘氏草■☆
228294 Lewisia pygmaea (A. Gray) B. L. Rob. subsp. glandulosa (Rydb.) Ferris = Lewisia pygmaea (A. Gray) B. L. Rob. ■☆
228295 Lewisia pygmaea (A. Gray) B. L. Rob. subsp. longipetala (Piper) Ferris = Lewisia longipetala (Piper) S. Clay ■☆
228296 Lewisia pygmaea (A. Gray) B. L. Rob. var. aridorum Bartlett = Lewisia pygmaea (A. Gray) B. L. Rob. ■☆
228297 Lewisia pygmaea (A. Gray) B. L. Rob. var. nevadensis (A. Gray) Fosberg = Lewisia nevadensis (A. Gray) B. L. Rob. ■☆
228298 Lewisia rediviva Pursh;苦根琉维草(繁瓣花,复活刘氏草,苦根);Bitter Root, Bitterroot, Bitter-root, Canadian Bitter-root, Chitah, Spatlum, Tobacco-root ■☆
228299 Lewisia rediviva Pursh var. minor (Rydb.) Munz;小苦根琉维草(小复活刘氏草)■☆
228300 Lewisia rediviva subsp. minor (Rydb.) A. H. Holmgren = Lewisia rediviva Pursh var. minor (Rydb.) Munz ■☆
228301 Lewisia rupicola English = Lewisia columbiana (Howell ex A. Gray) B. L. Rob. var. rupicola (English) C. L. Hitchc. ■☆
228302 Lewisia serrata Heckard et Stebbins = Lewisia rediviva Pursh ■☆
228303 Lewisia sierrae Ferris = Lewisia pygmaea (A. Gray) B. L. Rob. ■☆
228304 Lewisia stebbinsii Gankin et W. R. Hildreth;斯特宾斯刘氏草■☆
228305 Lewisia triphylla (S. Watson) B. L. Rob.;三叶刘氏草■☆
228306 Lewisia tweedyi (A. Gray) B. L. Rob.;特氏繁瓣花■☆
228307 Lewisia tweedyi (A. Gray) B. L. Rob. = Cistanthe tweedyi (A. Gray) Hershk. ■☆
228308 Lewisia yosemitana Jeps. = Lewisia kelloggii K. Brandegee ■☆
228309 Lewisiaceae Hook. et Arn. = Portulacaceae Juss. (保留科名)■●
228310 Lewisiopsis Govaerts = Cistanthe Spach ■☆
228311 Lewisiopsis tweedyi (A. Gray) Govaerts = Cistanthe tweedyi (A. Gray) Hershk. ■☆
228312 Lexarza La Llave = Myrodia Sw. ●☆
228313 Lexarza La Llave = Quararibea Aubl. ●☆
228314 Lexarzanthe Diego et Calderón = Romanschulzia O. E. Schulz ■☆
228315 Lexarzanthe Diego et Calderón(2004);墨芥属■☆
228316 Lexipyretum Dulac = Gentiana L. ■
228317 Leycephyllum Piper = Rhynchosia Lour. (保留属名)●■
228318 Leycestera Rchb. = Leycesteria Wall. ●
228319 Leycesteria Wall. (1824);风吹箫属(鬼吹箫属,来色木属);Ghostfluting, Himalaya Honeysuckle, Himalaya-honeysuckle, Himalayan Pheasantberry ●
228320 Leycesteria crocothyrsos Airy Shaw;黄花鬼吹箫(拱枝鬼吹箫);Honeysuckle, Yellow Ghostfluting, Yellow-flower Himalayah, Yellow-flowered Himalaya-honeysuckle ●
228321 Leycesteria formosa Wall.;风吹箫(吹鼓清,鬼吹箫,金鸡一把锁,空心木,来色木,梅叶竹,炮仗筒,野芦柴,夜吹箫,云通);Flowering Nutmeg, Ghostfluting, Himalaya Honeysuckle, Himalaya Pheasantberry, Himalayan Honeysuckle, Oregon Hop, Showy Himalaya Honeysuckle, Showy Himalaya-honeysuckle ●
228322 Leycesteria formosa Wall. var. brachysepala Airy Shaw = Leycesteria formosa Wall. ●
228323 Leycesteria formosa Wall. var. glandulosissima Airy Shaw = Leycesteria formosa Wall. var. stenosepala Rehder ●
228324 Leycesteria formosa Wall. var. glandulosissima Airy Shaw = Leycesteria formosa Wall. ●
228325 Leycesteria formosa Wall. var. liogyne Hand. -Mazz.;四川鬼吹箫;Sichuan Himalayahoneysuckle ●
228326 Leycesteria formosa Wall. var. stenosepala Rehder;狭萼风吹箫(叉活活,大笔杆草,猴橘子,金鸡一把锁,空心草,梅竹叶,炮仗筒,炮竹筒,泡掌筒,狭萼鬼吹箫);Narrowsepal Ghostfluting, Narrowsepal Himalayan Honeysuckle, Narrow-sepaled Himalaya-

honeysuckle, Sharp Calyx Himalaya Honey Suckle ●
228327 Leycesteria formosa Wall. var. stenosepala Rehder = Leycesteria formosa Wall. ●
228328 Leycesteria glaucophylla (Hook. f. et Thomson) C. B. Clarke; 西域鬼吹箫●
228329 Leycesteria glaucophylla var. thibetica (H. J. Wang) J. F. Huang = Leycesteria glaucophylla (Hook. f. et Thomson) C. B. Clarke ●
228330 Leycesteria gracilis (Kurz) Airy Shaw; 纤细风吹箫(通太海, 纤细鬼吹箫); Slender Ghostfluting, Slender Himalayahoneysuckle, Slender Himalaya-honeysuckle ●
228331 Leycesteria limprichtii H. Winkl. = Leycesteria formosa Wall. ●
228332 Leycesteria limprichtii Wink. = Leycesteria formosa Wall. var. stenosepala Rehder ●
228333 Leycesteria sinensis Hemsl.; 中华风吹箫(华鬼吹箫); China Ghostfluting, Chinese Himalayahoneysuckle, Chinese Himalaya-honeysuckle ●
228334 Leycesteria stipulata (Hook. f. et Thomson) Fritsch; 贡山风吹箫(绵毛鬼吹箫); Gongshan Himalayahonerysuckle, Stipulate Ghostfluting, Stipule Himalaya-honeysuckle ●
228335 Leycesteria thibetica H. J. Wang; 西藏鬼吹箫(西藏风吹箫); Tibet Himalayahoneysuckle, Xizang Ghostfluting, Xizang Himalayahoneysuckle, Xizang Himalaya-honeysuckle ●
228336 Leycesteria thibetica H. J. Wang = Leycesteria glaucophylla (Hook. f. et Thomson) C. B. Clarke ●
228337 Leymus Hochst. (1848); 赖草属(滨麦属, 碱草属); Leymus, Lyme Grass, Lyme-grass ■
228338 Leymus Hochst. = Elymus L. ■
228339 Leymus aemulans (Nevski) Tzvelev; 阿英赖草; Emulative Leymus ■
228340 Leymus aerginshanicus D. F. Cui; 阿尔金山赖草; Arjinshan Leymus ■
228341 Leymus aerginshanicus D. F. Cui subsp. ruoqiangensis (S. L. Lu et Y. H. Wu) D. F. Cui = Leymus ruoqiangensis S. L. Lu et Y. H. Wu ■
228342 Leymus altus D. F. Cui; 高株赖草(分株赖草); High Leymus ■
228343 Leymus angustus (Trin.) Pilg.; 窄颖赖草; Narrowglume Leymus ■
228344 Leymus angustus (Trin.) Pilg. subsp. macroantherus D. F. Cui; 大药窄颖赖草(大药赖草); Biganther Narrowglume Leymus ■
228345 Leymus angustus (Trin.) Pilg. subsp. macroantherus D. F. Cui = Leymus angustus (Trin.) Pilg. ■
228346 Leymus arenarius (L.) Hochst.; 欧滨麦(沙丘野麦, 沙生赖草, 沙野麦); Blue Lyme Grass, Blue-downy Lyme Grass, Dune Grass, Europe Dune Lymegrass, Europe Lymegrass, European Dune Leymus, European Dune Wild Rye, European Dune Wildrye, Lyme Grass, Lyme-grass, Marram Sea Grass, Narrow Bent, Rancheria Grass, Sand Rye Grass, Sand Ryegrass, Sea Lime-grass, Sea Lyme Grass, Sea Lyme-grass, Wild Rye ■☆
228347 Leymus arenarius (L.) Hochst. subsp. mollis (Trin. ex Spreng.) Tzvelev = Leymus mollis (Trin.) Hara ■
228348 Leymus arenarius (L.) Hochst. subsp. mollis (Trin.) Tzvelev = Leymus mollis (Trin. ex Spreng.) Pilg. ■
228349 Leymus arenarius (L.) Hochst. var. coreensis Hack.; 滨麦; Korean Leymus ■☆
228350 Leymus arenarius Hochst. = Leymus arenarius (L.) Hochst. ■☆
228351 Leymus aristiglumus L. B. Cai; 芒颖赖草; Awnedglume Leymus ■
228352 Leymus arjinshanicus D. F. Cui = Leymus aerginshanicus D. F. Cui ■
228353 Leymus arjinshanicus D. F. Cui subsp. ruoqiangensis (S. L. Lu et Y. H. Wu) D. F. Cui = Leymus ruoqiangensis S. L. Lu et Y. H. Wu ■
228354 Leymus auritus (Keng) Á. Löve = Leymus chinensis (Trin. ex Bunge) Tzvelev ■
228355 Leymus bruneostachyus N. R. Cui et D. F. Cui; 褐穗赖草; Brownstachys Leymus ■
228356 Leymus chinensis (Trin. ex Bunge) Tzvelev; 羊草(碱草); China Leymus, Chinese Leymus ■
228357 Leymus chinensis (Trin.) Tzvelev = Leymus chinensis (Trin. ex Bunge) Tzvelev ■
228358 Leymus condensatus (J. Presl) Á. Löve; 巨羊草; Giant Wildrye ■☆
228359 Leymus crassiusculus L. B. Cai; 粗穗赖草; Thickspike Leymus ■
228360 Leymus dasystachys (Trin.) Pilg. = Leymus secalinus (Georgi) Tzvelev ■
228361 Leymus flexus L. B. Cai; 弯曲赖草; Bent Leymus ■
228362 Leymus giganteus (Vahl) Pilg. = Leymus racemosus (Lam.) Tzvelev ■
228363 Leymus karelinii (Turcz.) Tzvelev; 大药赖草(卡瑞赖草); Karelin Leymus ■
228364 Leymus kopetdaghensis (Roshev.) Tzvelev; 科佩特赖草; Kopetdagh Leymus ■
228365 Leymus latiglumis L. B. Cai = Leymus shanxiensis G. Zhu et S. L. Chen ■
228366 Leymus ligulatus (Keng) Tzvelev = Leymus secalinus (Georgi) Tzvelev ■
228367 Leymus mollis (Trin. ex Spreng.) Hara = Leymus mollis (Trin.) Pilg. ■
228368 Leymus mollis (Trin. ex Spreng.) Pilg. = Leymus mollis (Trin.) Pilg. ■
228369 Leymus mollis (Trin.) Pilg.; 滨草(滨麦, 软毛野麦, 野麦); American Dune Grass, Soft Leymus, Softhair Wildryegrass ■
228370 Leymus multicaulis (Kar. et Kir.) Tzvelev; 多枝赖草; Manybranch Leymus, Manystem Wildrye, Multibranched Leymus ■
228371 Leymus obvipodus L. B. Cai; 柄穗赖草; Stipespike Leymus ■
228372 Leymus ovatus (Trin.) Tzvelev; 宽穗赖草; Ovate Leymus ■
228373 Leymus paboanus (Claus) Pilg.; 毛穗赖草; Hairspike Leymus, Hairy Spike Leymus ■
228374 Leymus paboanus (Claus) Pilg. var. viviparus L. B. Cai; 胎生赖草■
228375 Leymus pendulus L. B. Cai; 垂穗赖草; Pendulous Leymus ■
228376 Leymus pishanicus S. L. Lu et Y. H. Wu; 皮山赖草; Pishan Leymus ■
228377 Leymus pseudoracemosus C. Yen et J. L. Yang; 柴达木赖草; Chaidamu Leymus ■
228378 Leymus qinghaicus L. B. Cai = Leymus secalinus (Georgi) Tzvelev var. qinghaicus (L. B. Cai) G. Zhu et S. L. Chen ■
228379 Leymus racemosus (Lam.) Tzvelev; 大赖草; Giant Blue Wild Rye, Mammoth Wildrye, Racemose Leymus ■
228380 Leymus ramosus (Trin.) Tzvelev; 单穗赖草; Branched Leymus ■
228381 Leymus ramosus Tzvelev = Leymus ramosus (Trin.) Tzvelev ■
228382 Leymus ruoqiangensis S. L. Lu et Y. H. Wu; 若羌赖草; Ruoqiang Leymus ■
228383 Leymus ruoqiangensis S. L. Lu et Y. H. Wu = Leymus

aerginshanicus D. F. Cui subsp. ruoqiangensis (S. L. Lu et Y. H. Wu) D. F. Cui ■
228384 Leymus secalinus (Georgi) Tzvelev;赖草(厚穗滨草);Common Leymus ■
228385 Leymus secalinus (Georgi) Tzvelev subsp. ovatus (Trin.) Tzvelev = Leymus ovatus (Trin.) Tzvelev ■
228386 Leymus secalinus (Georgi) Tzvelev subsp. pubescens (O. Fedtsch.) Tzvelev;短毛叶赖草;Pubescent Leymus ■
228387 Leymus secalinus (Georgi) Tzvelev var. laxinodis L. B. Cai;疏节赖草;Laxnode Leymus ■
228388 Leymus secalinus (Georgi) Tzvelev var. laxinodis L. B. Cai = Leymus secalinus (Georgi) Tzvelev ■
228389 Leymus secalinus (Georgi) Tzvelev var. qinghaicus (L. B. Cai) G. Zhu et S. L. Chen;青海赖草;Qinghai Leymus ■
228390 Leymus secalinus (Georgi) Tzvelev var. tenuis L. B. Cai;纤细赖草;Thin Leymus ■
228391 Leymus shanxiensis G. Zhu et S. L. Chen;阔颖赖草;Broadglume Leymus ■
228392 Leymus tianschanicus (Drobow) Tzvelev;天山赖草;Tianshan Leymus ■
228393 Leymus tianschanicus (Drobow) Tzvelev var. humilis S. L. Chen et H. L. Yang;矮天山赖草;Low-growing Leymus ■
228394 Leymus yiuensis N. R. Cui et D. F. Cui;伊吾赖草;Yiwu Ghostfluting ■
228395 Leymus yiwuensis L. B. Cai = Leymus yiuensis N. R. Cui et D. F. Cui ■
228396 Leymus yiwuensis N. R. Cui ex L. B. Cai = Leymus yiuensis N. R. Cui et D. F. Cui ■
228397 Leysera L. (1763);羽冠鼠麴木属■●☆
228398 Leysera L. = Asteropterus Adans. ●☆
228399 Leysera capillifolia (Willd.) DC. = Leysera leyseroides (Desf.) Maire ●☆
228400 Leysera capillifolia (Willd.) Spreng. = Leysera leyseroides (Desf.) Maire ●☆
228401 Leysera discoidea Spreng. = Leysera leyseroides (Desf.) Maire ●☆
228402 Leysera ericoides P. J. Bergius = Relhania fruticosa (L.) K. Bremer ●☆
228403 Leysera gnaphalodes (L.) L.;羽冠鼠麴木●☆
228404 Leysera incana Thunb. = Leysera gnaphalodes (L.) L. ●☆
228405 Leysera leyseroides (Desf.) Maire;阿拉伯羽冠鼠麴木●☆
228406 Leysera longipes K. Bremer = Comborhiza longipes (K. Bremer) Anderb. et K. Bremer ●☆
228407 Leysera montana Bolus = Oreoleysera montana (Bolus) K. Bremer ●☆
228408 Leysera muscoides (Desf.) DC. = Lasiopogon muscoides (Desf.) DC. ■☆
228409 Leysera ovata Thunb. = Felicia ovata (Thunb.) Compton ●☆
228410 Leysera picta Thunb. = Dicoma picta (Thunb.) Druce ●☆
228411 Leysera polifolia (L.) Thunb. = Printzia polifolia (L.) Hutch. ■☆
228412 Leysera tenella DC.;柔弱羽冠鼠麴木●☆
228413 Leysera tenuifolia Salisb. = Leysera gnaphalodes (L.) L. ●☆
228414 Leysera tridactyla E. Mey. ex DC. = Amellus tridactylus DC. ■☆
228415 Leyseria Neck. = Leysera L. ■●☆
228416 Leyssera Batsch = Leysera L. ■●☆
228417 Lhodra Endl. = Lodhra (G. Don) Guill. ●
228418 Lhodra Endl. = Symplocos Jacq. ●
228419 Lhotskya Schauer = Calycothrix Meisn. ●☆
228420 Lhotskya Schauer = Calytrix Labill. ●☆
228421 Lhotzkya Schauer(1837);澳洲星花木属●☆
228422 Lhotzkyella Rauschert(1982);洛特萝藦属■☆
228423 Lhotzkyella lhotzkyana Rauschert;洛特萝藦■☆
228424 Liabellum Cabrera = Microliabum Cabrera ■●☆
228425 Liabellum Rydb. (1927);无舌黄安菊属■☆
228426 Liabellum Rydb. = Liabum Adans. ■●☆
228427 Liabellum Rydb. = Sinclairia Hook. et Arn. ●☆
228428 Liabellum palmeri (A. gray) Rydb.;无舌黄安菊■☆
228429 Liabum Adans. (1763);黄安菊属■●☆
228430 Liabum Adans. = Amellus L. (保留属名)■●☆
228431 Lianthus N. Robson(2001);惠林花属●
228432 Lianthus ellipticifolius (H. L. Li) N. Robson;惠林花●☆
228433 Liatris Gaertn. ex Schreb. (1791)(保留属名);蛇鞭菊属;Blazing Star, Button Snakeroot, Gay feather, Gayfeather, Gay-Feather, Liatris ■☆
228434 Liatris Schreb. = Liatris Gaertn. ex Schreb. (保留属名)■☆
228435 Liatris acidota Engelm. et A. Gray;海湾蛇鞭菊;Gulf Coast Gayfeather, Sharp Gayfeather ■☆
228436 Liatris acidota Engelm. et A. Gray var. vernalis Engelm. et A. Gray = Liatris acidota Engelm. et A. Gray ■☆
228437 Liatris aestivalis G. L. Nesom et O' Kennon;夏蛇鞭菊;Summer Gayfeather ■☆
228438 Liatris angustifolia (Bush) Gaiser = Liatris punctata Hook. var. mucronata (DC.) B. L. Turner ■☆
228439 Liatris aspera Michx.;北美蛇鞭菊;Blazing Star, Gay Feather, Lacerate Blazing-star, Rough Blazing Star, Rough Blazing-star, Rough Gayfeather, Tall Gay-feather ■☆
228440 Liatris aspera Michx. f. benkei (J. F. Macbr.) Fernald = Liatris aspera Michx. ■☆
228441 Liatris aspera Michx. var. salutans (Lunell) Shinners = Liatris aspera Michx. ■☆
228442 Liatris aspera Michx. var. typica Gaiser = Liatris aspera Michx. ■☆
228443 Liatris baicalensis Adams = Saussurea baicalensis (Adams) B. L. Rob. ■
228444 Liatris bebbiana Rydb. = Liatris pycnostachya Michx. ■☆
228445 Liatris bellidifolia Michx. = Carphephorus bellidifolius (Michx.) Torr. et A. Gray ■☆
228446 Liatris borealis Nutt. ex J. McNab;北方蛇鞭菊;Northern Blazing Star ■☆
228447 Liatris borealis Nutt. ex J. McNab = Liatris scariosa (L.) Willd. ■☆
228448 Liatris bracteata Gaiser;具苞蛇鞭菊;South Texas Gayfeather ■☆
228449 Liatris callilepis (L.) Willd.;勘萨斯蛇鞭菊;Kansas Gay Feather, Kansas Gayfeather ■☆
228450 Liatris chapmanii Torr. et A. Gray;查普曼蛇鞭菊(钱普曼蛇鞭菊,钱氏蛇鞭菊,蛇鞭菊);Chapman's Gayfeather ■☆
228451 Liatris cokeri Pyne et Stucky;科克尔蛇鞭菊;Coker's Gayfeather, Sandhills Gayfeather ■☆
228452 Liatris compacta (Torr. et A. Gray) Rydb.;阿肯色蛇鞭菊;Arkansas Gayfeather ■☆
228453 Liatris corymbosa Nutt. = Carphephorus corymbosus (Nutt.) Torr. et A. Gray ■☆

228454 Liatris cylindracea Michx.; 筒状蛇鞭菊; Barrelhead Gayfeather, Blazing Star, Cylindrical Blazing-star, Few-headed Blazing-star, Gay Feather ■☆

228455 Liatris cylindracea Michx. f. bartelii Steyerm. = Liatris cylindracea Michx. ■☆

228456 Liatris cylindracea Michx. var. solitaria MacMill. = Liatris cylindracea Michx. ■☆

228457 Liatris cymosa (Ness) K. Schum.; 聚伞蛇鞭菊; Aggie-land Gayfeather, Branched Gayfeather ■☆

228458 Liatris deamii (Lunell) Shinners f. albina Shinners = Liatris scariosa (L.) Willd. var. niewlandii (Lunell) E. G. Voss ■☆

228459 Liatris densispicata (Bush) Gaiser = Liatris punctata Hook. ■☆

228460 Liatris earlei (Greene) K. Schum. = Liatris squarrulosa Michx. ■☆

228461 Liatris elegans (Walter) Michx.; 华丽蛇鞭菊; Blazing Star, Elegant Gayfeather, Pinkscale Gayfeather ■☆

228462 Liatris elegans (Walter) Michx. var. carizzana Gaiser; 卡里蛇鞭菊■☆

228463 Liatris elegans (Walter) Michx. var. flabellata (Small) Gaiser = Liatris elegans (Walter) Michx. ■☆

228464 Liatris elegans (Walter) Michx. var. kralii Mayfield; 克拉尔蛇鞭菊■☆

228465 Liatris elegans Willd. = Liatris elegans (Walter) Michx. ■☆

228466 Liatris elegantula (Greene) K. Schum.; 格林蛇鞭菊; Greene's elegant Gayfeather ■☆

228467 Liatris gholsonii L. C. Anderson; 戈尔森蛇鞭菊; Bluffs Gayfeather, Gholson's Gayfeather ■☆

228468 Liatris glabrata Rydb. = Liatris squarrosa (L.) Michx. var. glabrata (Rydb.) Gaiser ■☆

228469 Liatris glabrata Rydb. var. alabamensis (Alexander) Shinners = Liatris squarrosa (L.) Michx. ■☆

228470 Liatris glandulosa G. L. Nesom et O' Kennon; 黏蛇鞭菊; Sticky Gayfeather ■☆

228471 Liatris gracilis Pursh; 纤细蛇鞭菊; Slender Gayfeather ■☆

228472 Liatris graminifolia Willd. = Liatris pilosa (Aiton) Willd. ■☆

228473 Liatris graminifolia Willd. var. dubia (W. P. C. Barton) A. Gray = Liatris pilosa (Aiton) Willd. ■☆

228474 Liatris graminifolia Willd. var. elegantula (Greene) Gaiser = Liatris elegantula (Greene) K. Schum. ■☆

228475 Liatris graminifolia Willd. var. lasia Fernald et Griscom = Liatris pilosa (Aiton) Willd. ■☆

228476 Liatris graminifolia Willd. var. racemosa (DC.) Venard = Liatris virgata Nutt. ■☆

228477 Liatris graminifolia Willd. var. smallii (Britton) Fernald et Griscom = Liatris virgata Nutt. ■☆

228478 Liatris graminifolia Willd. var. virgata (Nutt.) Fernald = Liatris virgata Nutt. ■☆

228479 Liatris helleri Porter; 黑勒蛇鞭菊; Heller's Gayfeather ■☆

228480 Liatris hirsuta Rydb.; 多毛蛇鞭菊; Hairy Gayfeather ■☆

228481 Liatris intermedia Lindl. = Liatris cylindracea Michx. ■☆

228482 Liatris kansana (Britton) Rydb. = Liatris lancifolia (Greene) Kittell ■☆

228483 Liatris laevigata Nutt.; 平滑蛇鞭菊; Clusterleaf Gayfeather ■☆

228484 Liatris lancifolia (Greene) Kittell; 剑叶蛇鞭菊; Great Plains Gayfeather ■☆

228485 Liatris langloisii (Greene) Cory = Liatris pycnostachya Michx. ■☆

228486 Liatris latifolia D. Don = Ainsliaea latifolia (D. Don) Sch. Bip. ■

228487 Liatris ligulistylis (A. Nelson) K. Schum.; 舌柱蛇鞭菊; Northern Plains Blazing-star, Northern Plains Gayfeather, Showy Blazing-star ■☆

228488 Liatris microcephala (Small) K. Schum.; 小头蛇鞭菊; Smallhead Gayfeather ■☆

228489 Liatris mucronata DC. = Liatris punctata Hook. var. mucronata (DC.) B. L. Turner ■☆

228490 Liatris mucronata DC. var. interrupta Gaiser = Liatris punctata Hook. var. mexicana Gaiser ■☆

228491 Liatris nieuwlandii (Lunell) Gaiser = Liatris scariosa (L.) Willd. var. niewlandii (Lunell) E. G. Voss ■☆

228492 Liatris novaeangliae (Lunell) Shinners = Liatris scariosa (L.) Willd. var. novaeangliae (Lunell) Gandhi, S. M. Young et P. Somers ■☆

228493 Liatris novaeangliae (Lunell) Shinners var. nieuwlandii (Lunell) Shinners = Liatris scariosa (L.) Willd. var. niewlandii (Lunell) E. G. Voss ■☆

228494 Liatris odoratissima (J. F. Gmel.) Michx. = Carphephorus odoratissimus (J. F. Gmel.) H. J. -C. Hebert ■☆

228495 Liatris odoratissirna (J. F. Gmel.) Michx.; 美洲蛇鞭菊; American Wild Vanilla, Deer's Tongue ■☆

228496 Liatris ohlingerae (S. F. Blake) B. L. Rob.; 蛇鞭菊; Florida Gayfeather, Sandtorch ■☆

228497 Liatris oligocephala J. R. Allison; 比布蛇鞭菊; Cahaba Torch ■☆

228498 Liatris paniculata (J. F. Gmel.) Michx. = Carphephorus paniculatus (J. F. Gmel.) H. J. -C. Hebert ■☆

228499 Liatris patens G. L. Nesom et Král; 乔治亚蛇鞭菊; Georgia Gayfeather, Spreading Gayfeather ■☆

228500 Liatris pauciflora Pursh; 少花蛇鞭菊; Few-flower Gayfeather ■☆

228501 Liatris pauciflora Pursh var. secunda (Elliott) D. B. Ward; 偏少花蛇鞭菊■☆

228502 Liatris pilosa (Aiton) Willd.; 禾叶蛇鞭菊; Grass-leaf Gayfeather ■☆

228503 Liatris pilosa (Aiton) Willd. var. laevicaulis DC. = Liatris pilosa (Aiton) Willd. ■☆

228504 Liatris platylepis K. Schum.; 宽鳞片蛇鞭菊■☆

228505 Liatris provincialis R. K. Godfrey; 弗州蛇鞭菊(区域性蛇鞭菊); Godfrey's Gayfeather ■☆

228506 Liatris punctata Hook.; 斑点蛇鞭菊; Blazing Star, Dotted Blazing Star, Dotted Button Snakeroot, Dotted Gayfeather, Dotted Gayfeather, Gayfeather, Plains Gayfeather, Starwort ■☆

228507 Liatris punctata Hook. var. coloradensis (Gaiser) Waterf. = Liatris punctata Hook. ■☆

228508 Liatris punctata Hook. var. mexicana Gaiser; 墨西哥斑点蛇鞭菊■☆

228509 Liatris punctata Hook. var. mucronata (DC.) B. L. Turner; 短尖蛇鞭菊; Blazing Star, Gay Feather ■☆

228510 Liatris punctata Hook. var. nebraskana Gaiser = Liatris punctata Hook. ■☆

228511 Liatris pycnostachya Michx.; 密花蛇鞭菊(堪萨斯蛇鞭菊); Blazing Star, Button Snakeroot, Cattail Gayfeather, Gay Feather, Kansas Feather, Kansas Feathers, Kansas Gay Feather, Kansas Gayfeather, Kansas Gay-feather, Prairie Blazing Star, Prairie Blazing Stars, Prairie Blazing-star, Prairie Gayfeather, Thick-spike Blazing-star, Thick-spike Gay-feather ■☆

228512 Liatris pycnostachya Michx. f. hubrichti E. S. Anderson = Liatris pycnostachya Michx. ■☆

228513 Liatris pycnostachya Michx. var. lasiophylla Shinners; 毛叶密花蛇鞭菊■☆

228514 Liatris regimontis (Small) K. Schum. = Liatris virgata Nutt. ■☆

228515 Liatris resinosa Nutt. = Liatris spicata (L.) Willd. var. resinosa (Nutt.) Gaiser ■☆

228516 Liatris savannensis Král et G. L. Nesom; 稀树草原蛇鞭菊; Savanna Gayfeather ■☆

228517 Liatris scabra (Greene) K. Schum. = Liatris squarrulosa Michx. ■☆

228518 Liatris scabra K. Schum.; 糙蛇鞭菊■☆

228519 Liatris scariosa (L.) Willd.; 大蛇鞭菊(干膜蛇鞭菊); Blazing Star, Eastern Blazing Stars, Gay Feather, Gay Feathers, Large Blazing Stars, Large Button-snakeroot, Northern Gayfeather, Rattlesnak-master ■☆

228520 Liatris scariosa (L.) Willd. f. benkei J. F. Macbr. = Liatris aspera Michx. ■☆

228521 Liatris scariosa (L.) Willd. var. niewlandii (Lunell) E. G. Voss; 纽兰蛇鞭菊; Nieuwland's Gayfeather ■☆

228522 Liatris scariosa (L.) Willd. var. niewlandii Lunell = Liatris scariosa (L.) Willd. var. niewlandii (Lunell) E. G. Voss ■☆

228523 Liatris scariosa (L.) Willd. var. novaeangliae (Lunell) Gandhi, S. M. Young et P. Somers; 诺瓦蛇鞭菊■☆

228524 Liatris scariosa (L.) Willd. var. squarrulosa (Michx.) A. Gray = Liatris squarrulosa Michx. ■☆

228525 Liatris scariosa (L.) Willd. var. virginiana (Lunell) Gaiser = Liatris scariosa (L.) Willd. ■☆

228526 Liatris secunda Elliott = Liatris pauciflora Pursh var. secunda (Elliott) D. B. Ward ■☆

228527 Liatris serotina (Greene) K. Schum. = Liatris pycnostachya Michx. var. lasiophylla Shinners ■☆

228528 Liatris spheroidea Michx. var. salutans (Lunell) Shinners = Liatris aspera Michx. ■☆

228529 Liatris spicata (L.) Willd.; 穗花蛇鞭菊(麒麟菊, 蛇鞭菊); Backache Root, Blazing Star, Blazing Stars, Button Snakeroot, Dense Blazing Star, Dense Gay-feather, Devil's Bite, Florist Gayfeather, Gay Feathers, Gayfeather, Gay-feather, Kansas Gay-feather, Marsh Blazing-star, Marsh Gayfeather, Marsh Gay-feather, Sessile Blazing-star, Sessile-headed Blazing-star, Snakeroot, Spike Gayfeather, Spiked Blazing Star, Spiked Gayfeather ■☆

228530 Liatris spicata (L.) Willd. var. racemosa DC. = Liatris virgata Nutt. ■☆

228531 Liatris spicata (L.) Willd. var. resinosa (Nutt.) Gaiser; 树脂蛇鞭菊■☆

228532 Liatris spicata Willd. 'Snow White'; 雪白蛇鞭菊; White Blazing Star ■☆

228533 Liatris squamosa Nutt. = Carphephorus pseudoliatris Cass. ■☆

228534 Liatris squarrosa (L.) Michx.; 粗糙蛇鞭菊; Blazing Star, Colicroot, Gay Feather, Loosescale Gayfeather, Scaly Blazing Star, Scaly Liatris ■☆

228535 Liatris squarrosa (L.) Michx. var. alabamensis (Alexander) Gaiser = Liatris squarrosa (L.) Michx. ■☆

228536 Liatris squarrosa (L.) Michx. var. compacta Torr. et A. Gray = Liatris compacta (Torr. et A. Gray) Rydb. ■☆

228537 Liatris squarrosa (L.) Michx. var. glabrata (Rydb.) Gaiser; 光蛇鞭菊■☆

228538 Liatris squarrosa (L.) Michx. var. gracilenta Gaiser = Liatris squarrosa (L.) Michx. ■☆

228539 Liatris squarrosa (L.) Michx. var. hirsuta (Rydb.) Gaiser = Liatris hirsuta Rydb. ■☆

228540 Liatris squarrosa (L.) Michx. var. intermedia (Lindl.) DC. = Liatris cylindracea Michx. ■☆

228541 Liatris squarrulosa Michx.; 南方蛇鞭菊; Blazing Star, Gay Feather, Southern Gayfeather ■☆

228542 Liatris tenuifolia Nutt.; 细叶蛇鞭菊; Pine-needle Gayfeather, Shortleaf Gayfeather ■☆

228543 Liatris tenuifolia Nutt. var. laevigata (Nutt.) B. L. Rob. = Liatris laevigata Nutt. ■☆

228544 Liatris tenuifolia Nutt. var. quadriflora Chapm. = Liatris laevigata Nutt. ■☆

228545 Liatris tenuis Shinners; 蛇纤细鞭菊; Shinners' Gayfeather ■☆

228546 Liatris tomentosa Michx. = Carphephorus tomentosus (Michx.) Torr. et A. Gray ■☆

228547 Liatris turgida Gaiser = Liatris helleri Porter ■☆

228548 Liatris virgata Nutt.; 山地蛇鞭菊; King's Mountain Gayfeather, Piedmont Gayfeather ■☆

228549 Libadion Bubani = Centaurium Hill ■

228550 Libadion Bubani = Erythraea Borkh. ■

228551 Libanothamnus Ernst = Espeletia Mutis ex Humb. et Bonpl. ●☆

228552 Libanothamnus Ernst(1870); 香灌菊属●☆

228553 Libanothamnus arboreus (Aristeg.) Cuatrec.; 北方香灌菊●☆

228554 Libanothamnus neriifolius Ernst; 香灌菊●☆

228555 Libanotis Crantz = Libanotis Haller ex Zinn(保留属名)■

228556 Libanotis Haller ex Zinn(1757)(保留属名); 岩风属(香芹属, 邪蒿属); Libanotis, Lily ■

228557 Libanotis Haller ex Zinn(保留属名) = Seseli L. ■

228558 Libanotis Hill(废弃属名) = Libanotis Haller ex Zinn(保留属名)■

228559 Libanotis Raf. = Cistus L. ●

228560 Libanotis Raf. = Libanotis Haller ex Zinn(保留属名)■

228561 Libanotis Riv. ex Haller = Libanotis Haller ex Zinn(保留属名)■

228562 Libanotis Zinn = Libanotis Haller ex Zinn(保留属名)■

228563 Libanotis abolinii (Korovin) Korovin; 狼山岩风■

228564 Libanotis acaulis R. H. Shan et M. L. Sheh; 阔鞘岩风; Broadsheath Lily ■

228565 Libanotis amurensis Schischk.; 山香芹; Amur Lily ■

228566 Libanotis amurensis Schischk. = Libanotis seseloides (Fisch. et C. A. Mey.) Turcz. ■

228567 Libanotis amurensis Schischk. = Seseli seseloides (Turcz.) M. Hiroe ■

228568 Libanotis buchtormensis (Fisch.) DC.; 岩风(长虫七, 长春七); Buchtorm Lily ■

228569 Libanotis cachroides DC. = Phlojodicarpus sibiricus (Stephan ex Spreng.) Koso-Pol. ■

228570 Libanotis calycina Korovin; 萼状岩风■☆

228571 Libanotis condensata Crantz; 密花岩风(胡芹菜, 六月蒿, 密叶邪蒿, 山胡萝卜); Denseflower Lily ■

228572 Libanotis coreana (H. Wolff) Kitag.; 朝鲜岩风■☆

228573 Libanotis coreana (H. Wolff) Kitag. = Libanotis seseloides (Fisch. et C. A. Mey.) Turcz. ■

228574 Libanotis coreana (H. Wolff) Kitag. f. ugoensis (Koidz.) Kitag. = Libanotis seseloides (Fisch. et C. A. Mey.) Turcz. ■

228575 Libanotis coreana (H. Wolff) Kitag. var. alpicola Kitag.;山地朝鲜岩风■☆
228576 Libanotis cycloloba Gilli = Libanotis buchtormensis (Fisch.) DC. ■
228577 Libanotis depressa R. H. Shan et M. L. Sheh;地岩风;Depressed Lily ■
228578 Libanotis dolichostyla Schrenk;长穗岩风■☆
228579 Libanotis dolichostyla Schrenk = Ligusticum mucronatum (Schrenk) Leute ■
228580 Libanotis dolichostyla Schrenk = Pachypleurum mucronatum (Schrenk) Schischk. ■
228581 Libanotis eriocarpa Schrenk;绵毛岩风(毛果西风芹);Woollyfruit Lily ■
228582 Libanotis grubovii (V. M. Vinogr. et Sanchir) M. L. Sheh et M. F. Watson;锐棱岩风;Grubov's Lily ■
228583 Libanotis iliensis (Lipsky) Korovin;伊犁岩风(细叶防风,新疆防风,伊犁利北芹,伊犁西风芹);Yili Lily ■
228584 Libanotis incana (Stephan) O. Fedtsch. et B. Fedtsch.;碎叶岩风;Ashgrey Lily ■
228585 Libanotis intermedia Rupr.;全叶岩风■☆
228586 Libanotis jinanensis L. C. Xu et M. D. Xu;济南岩风;Jinan Lily ■
228587 Libanotis lancifolia K. T. Fu;条叶岩风(长春七,黑风,岩风);Lanceleaf Lily ■
228588 Libanotis lanzhouensis K. T. Fu ex R. H. Shan et M. L. Sheh;兰州岩风;Lanzhou Lily ■
228589 Libanotis laserpitiifolia (Palib.) K. T. Fu = Libanotis condensata Crantz ■
228590 Libanotis laticalycina R. H. Shan et M. L. Sheh;宽萼岩风;Broadcalyx Lily ■
228591 Libanotis michaylovae Korovin = Libanotis abolinii (Korovin) Korovin ■
228592 Libanotis monstrosa (Willd.) DC.;奇形岩风■☆
228593 Libanotis montana Crantz = Seseli libanotis (L.) W. D. J. Koch ■☆
228594 Libanotis montana Crantz var. riviniana Ledeb. = Libanotis seseloides (Fisch. et C. A. Mey.) Turcz. ■
228595 Libanotis patriniana DC. = Libanotis incana (Stephan) O. Fedtsch. et B. Fedtsch. ■
228596 Libanotis schrenkiana C. A. Mey. et Schischk.;坚挺岩风;Schrenk Lily ■
228597 Libanotis seseloides (Fisch. et C. A. Mey.) Turcz.;香芹(邪蒿);Seselike Lily ■
228598 Libanotis setifera (Korovin) Schischk.;刚毛岩风■☆
228599 Libanotis sibirica (L.) C. A. Mey.;亚洲岩风(西伯利亚邪蒿);Asia Lily ■
228600 Libanotis sibirica Koch = Libanotis sibirica (L.) C. A. Mey. ■
228601 Libanotis simplex R. H. Shan et M. L. Sheh;草原岩风;Grassland Lily ■
228602 Libanotis songorica (Schischk.) Korovin = Libanotis abolinii (Korovin) Korovin ■
228603 Libanotis spodotrichoma K. T. Fu;灰毛岩风(长春七,万年青);Greyhairy Lily ■
228604 Libanotis subsimplex Popov = Ligusticum mucronatum (Schrenk) Leute ■
228605 Libanotis transcaucasica Schischk.;外高加索岩风■☆
228606 Libanotis ugoensis (Koidz.) Kitag. = Libanotis coreana (H. Wolff) Kitag. f. ugoensis (Koidz.) Kitag. ■
228607 Libanotis ugoensis (Koidz.) Kitag. f. japonica (H. Boissieu) Kitag. = Libanotis coreana (H. Wolff) Kitag. ■☆
228608 Libanotis ugoensis (Koidz.) Kitag. var. alpicola (Kitag.) T. Yamaz. = Libanotis coreana (H. Wolff) Kitag. var. alpicola Kitag. ■☆
228609 Libanotis ugoensis (Koidz.) Kitag. var. alpicola (Kitag.) T. Yamaz. f. akaishialpina T. Yamaz.;明石山岩风■☆
228610 Libanotis ugoensis (Koidz.) Kitag. var. japonica (H. Boissieu) T. Yamaz. = Libanotis coreana (H. Wolff) Kitag. ■☆
228611 Libanotis ugoensis (Koidz.) Kitag. var. kurilensis (Takeda) T. Yamaz.;千岛岩风■☆
228612 Libanotis villosa Turcz. ex Fisch. et C. A. Mey. = Phlojodicarpus villosus (Turcz. ex Fisch. et C. A. Mey.) Turcz. ex Ledeb. ■
228613 Libanotis vulgaris Turcz. ex Fisch. et C. A. Mey. var. condensata (L.) DC. = Libanotis condensata Crantz ■
228614 Libanotis wannienchun K. T. Fu;万年春;Wannianchun ■
228615 Libanotus Stackh. = Boswellia Roxb. ex Colebr. ●☆
228616 Libanotus Stackh. = Libanus Colebr ●☆
228617 Libanus Colebr. = Boswellia Roxb. ex Colebr. ●☆
228618 Liberatia Rizzini = Lophostachys Pohl☆
228619 Liberbaileya Furtado = Maxburretia Furtado ●☆
228620 Liberbaileya Furtado(1941);利伯白莱棕属;Liberbaileya ●☆
228621 Liberbaileya gracilis (Burret) Burret et Potztal;利伯白莱棕;Slender Liberbaileya ●☆
228622 Libertia Dumort.(废弃属名) = Hosta Tratt.(保留属名)■
228623 Libertia Dumort.(废弃属名) = Libertia Spreng.(保留属名)■☆
228624 Libertia Lej. = Bromus L.(保留属名)■
228625 Libertia Spreng.(1824)(保留属名);利氏鸢尾属(丽白花属);Chilean Iris,Libertia ■☆
228626 Libertia chilensis Klotzsch ex Baker = Libertia formosa Graham ■☆
228627 Libertia elegans Poepp.;雅致利氏鸢尾;Lesser Chilean Iris ■☆
228628 Libertia formosa Graham;雅利氏鸢尾;Chilean Iris, Snowy Mermaid ■☆
228629 Libertia grandiflora Phil.;大花利氏鸢尾;New Zealand Satin Flower ■☆
228630 Libertia ixioides Spreng.;射干利氏鸢尾;New Zealand Iris ■☆
228631 Libidtbia (DC.) Schltdl. = Caesalpinia L. ●
228632 Libidtbia Schltdl. = Caesalpinia L. ●
228633 Libocedraceae Doweld = Cupressaceae Gray(保留科名)●
228634 Libocedraceae Doweld;甜柏科●☆
228635 Libocedrus Endl.(1847);甜柏属(香松属,肖柏属,肖楠属);Incense Cedar,Incense-cedar ●☆
228636 Libocedrus bidwillii Hook. f.;比得维尔甜柏(比得维尔香松,新西兰肖柏);Bidwill Incense-cedar,Mountain Cedar,New Zealand Cedar,Pahautea ●☆
228637 Libocedrus chilensis (D. Don) Endl. = Austrocedrus chilensis (D. Don) Florin et Boutelje ●☆
228638 Libocedrus chilensis D. Don = Austrocedrus chilensis (D. Don) Florin et Boutelje ●☆
228639 Libocedrus decurrens Torr.;下延甜柏(北美翠柏,下延翠柏,下延香松,香肖楠);Bastard Cedar, California Incense Cedar, Californian Calocedar, Californian White Cedar, Decurrent Incense-cedar, Incense Cedar, Incense-cedar, Post Cedar, Red Cedar, White Cedar ●☆
228640 Libocedrus decurrens Torr. = Calocedrus decurrens (Torr.)

Florin ●☆

228641 Libocedrus decurrens Torr. var. aureo-variegata Schwer.; 黄斑下延甜柏(黄斑下延香松)●☆

228642 Libocedrus decurrens Torr. var. compacta Beissn.; 球冠下延甜柏(球冠下延香松)●☆

228643 Libocedrus decurrens Torr. var. glauca Beissn.; 粉叶下延甜柏(粉叶下延香松)●☆

228644 Libocedrus doniana Endl. = Libocedrus plumosa Druce ●☆

228645 Libocedrus formosana Florin = Calocedrus macrolepis Kurz var. formosana (Florin) W. C. Cheng et L. K. Fu ●◇

228646 Libocedrus macrolepis (Kurz) Benth. = Calocedrus macrolepis Kurz ●◇

228647 Libocedrus macrolepis (Kurz) Benth. et Hook. f. = Calocedrus macrolepis Kurz ●◇

228648 Libocedrus macrolepis (Kurz) Benth. var. formosana (Florin) Kudo = Calocedrus macrolepis Kurz var. formosana (Florin) W. C. Cheng et L. K. Fu ●◇

228649 Libocedrus plumosa Druce; 美丽甜柏(美丽香松); Kawaka, New Zealand Cedar, Plume Incense Cedar ●☆

228650 Libocedrus tetragona Endl. = Pilgerodendron uviferum Florin ●☆

228651 Libocedrus uvifera Pilg. = Pilgerodendron uviferum Florin ●☆

228652 Libonia C. Koch ex Linden = Jacobinia Nees ex Moric. (保留属名)●■☆

228653 Libonia K. Koch = Justicia L. ●■

228654 Libonia K. Koch ex Linden = Jacobinia Nees ex Moric. (保留属名)●■☆

228655 Libonia Lem. (1852) = Griffinia Ker Gawl. ■☆

228656 Libonia Lem. (1855) = Billbergia Thunb. ■

228657 Librevillea Hoyle(1956); 加蓬豆属■☆

228658 Librevillea klainei (Pierre ex Harms) Hoyle; 加蓬豆■☆

228659 Libyella Pamp. (1925); 利比亚草属(小利比草属)■☆

228660 Libyella cyrenaica (E. A. Durand et Barratte) Pamp.; 利比亚草■☆

228661 Libyella maroccana Maire = Mibora maroccana (Maire) Maire ■☆

228662 Licaneaceae Martinov = Chrysobalanaceae R. Br. (保留科名)●☆

228663 Licania Aubl. (1775); 李堪木属(李堪尼属,利堪蔷薇属); Licania, Oilicica ●☆

228664 Licania alba (Bernoulli) Cuatrec.; 白李堪木(白利堪蔷薇)●☆

228665 Licania apetala Fritsch; 无瓣李堪木(无瓣利堪蔷薇)●☆

228666 Licania arborea Seem.; 李堪木(利堪蔷薇)●☆

228667 Licania buxifolia Sandwith; 黄杨叶李堪木(黄杨叶利堪蔷薇)●☆

228668 Licania canescens Benoist; 浅灰李堪木(浅灰利堪蔷薇)●☆

228669 Licania crassifolia Benth. = Licania incana Benth. ●☆

228670 Licania heteromorpha Benth.; 异形李堪木(异形利堪蔷薇)●☆

228671 Licania hypoleuca Benth.; 白背李堪木(白背利堪蔷薇)●☆

228672 Licania incana Benth.; 灰白毛李堪木(灰白毛利堪蔷薇)●☆

228673 Licania laxiflora Fritsch; 疏花李堪木(疏花利堪蔷薇)●☆

228674 Licania macrophylla Benth.; 大叶李堪木(大叶利堪蔷薇)●☆

228675 Licania majuscula Sagot; 稍大李堪木(稍大利堪蔷薇)●☆

228676 Licania mollis Benth.; 小花李堪木(小花利堪蔷薇)●☆

228677 Licania octandra (Roem. et Schult.) Kuntze; 八雄蕊李堪木 ●☆

228678 Licania pachystachya Kleinh.; 柔毛李堪木(柔毛利堪蔷薇)●☆

228679 Licania persaudii Fanshawe et Maguire; 帕氏李堪木(帕索李堪木)●☆

228680 Licania platypus Fritsch; 宽柄李堪木(宽柄利堪蔷薇)●☆

228681 Licania rigida Benth.; 坚硬李堪木(粗穗花利堪蔷薇,坚硬利堪蔷薇)●☆

228682 Licania ternatensis Hook. f.; 难钉李堪木(难钉利堪蔷薇)●☆

228683 Licania tomentosa (Benth.) Fritsch; 绒毛李堪木(绒毛利堪蔷薇)●☆

228684 Licania tomentosa Fritsch = Licania tomentosa (Benth.) Fritsch ●☆

228685 Licania venosa Rusby; 多脉李堪木(多脉利堪蔷薇)●☆

228686 Licaniaceae Martinov = Chrysobalanaceae R. Br. (保留科名)●☆

228687 Licanthis Raf. = Euphorbia L. ●■

228688 Licaria Aubl. (1775); 美洲土楠属(李卡樟属,斜蕊樟属)●☆

228689 Licaria canella (Meisn.) Kosterm.; 白桂皮美洲土楠(南美李卡樟)●☆

228690 Licaria cayennensis (Meisn.) Kosterm.; 卡宴美洲土楠●☆

228691 Licaria mahuba (A. Samp.) Kosterm.; 马胡美洲土楠●☆

228692 Licaria triandra (Sw.) Kosterm.; 三蕊美洲土楠; Gulf triandra ●☆

228693 Lichenora Wight = Porpax Lindl. ■

228694 Lichinora Wight = Porpax Lindl. ■

228695 Lichnis Crantz = Lychnis L. (废弃属名)■

228696 Lichtensteinia Cham. et Schltdl. (1826)(保留属名); 利希草属■☆

228697 Lichtensteinia J. C. Wendl. = Tapinanthus (Blume) Blume ●☆

228698 Lichtensteinia J. C. Wendl. = Tapinanthus (Blume) Rchb. (保留属名)●☆

228699 Lichtensteinia Willd. (废弃属名) = Lichtensteinia Cham. et Schltdl. (保留属名)■☆

228700 Lichtensteinia Willd. (废弃属名) = Ornithoglossum Salisb. ■☆

228701 Lichtensteinia beiliana Eckl. et Zeyh. = Lichtensteinia obscura (Spreng.) Koso-Pol. ■☆

228702 Lichtensteinia beiliana Eckl. et Zeyh. var. simplicior Sond. = Lichtensteinia obscura (Spreng.) Koso-Pol. ■☆

228703 Lichtensteinia crassijuga E. Mey. ex Sond. = Lichtensteinia trifida Cham. et Schltdl. ■☆

228704 Lichtensteinia inebrians (Thunb.) Eckl. et Zeyh. = Glia prolifera (Burm. f.) B. L. Burtt ■☆

228705 Lichtensteinia interrupta (Thunb.) Sond.; 参差利希草(参差李氏芹)■☆

228706 Lichtensteinia interrupta E. Mey. = Lichtensteinia interrupta (Thunb.) Sond. ■☆

228707 Lichtensteinia kolbeana Bolus = Lichtensteinia interrupta (Thunb.) Sond. ■☆

228708 Lichtensteinia lacera Cham. et Schltdl.; 撕裂利希草■☆

228709 Lichtensteinia lacera Cham. et Schltdl. var. pinnatifida Sond. = Lichtensteinia lacera Cham. et Schltdl. ■☆

228710 Lichtensteinia latifolia Eckl. et Zeyh. = Centella villosa L. var. latifolia (Eckl. et Zeyh.) Adamson ■☆

228711 Lichtensteinia obscura (Spreng.) Koso-Pol.; 隐匿利希草■☆

228712 Lichtensteinia oleifolia J. C. Wendl. = Tapinanthus oleifolius (J. C. Wendl.) Danser ●☆

228713 Lichtensteinia palmata DC. = Lichtensteinia trifida Cham. et

Schltdl. var. palmata (DC.) Sond. ■☆
228714 Lichtensteinia pyrethrifolia Cham. et Schltdl.;除虫菊叶利希草(除虫菊叶李氏芹)■☆
228715 Lichtensteinia pyrethrifolia Cham. et Schltdl. = Lichtensteinia interrupta (Thunb.) Sond. ■☆
228716 Lichtensteinia runcinata E. Mey. = Lichtensteinia trifida Cham. et Schltdl. ■☆
228717 Lichtensteinia speciosa (F. Dietr.) Tiegh. = Tapinanthus oleifolius (J. C. Wendl.) Danser ●☆
228718 Lichtensteinia sprengeliana Eckl. et Zeyh. = Lichtensteinia interrupta (Thunb.) Sond. ■☆
228719 Lichtensteinia trifida Cham. et Schltdl.;三裂利希草■☆
228720 Lichtensteinia trifida Cham. et Schltdl. var. palmata (DC.) Sond.;掌裂利希草■☆
228721 Lichtensteinia trifida Cham. et Schltdl. var. pinnatifida Sond.;羽裂利希草■☆
228722 Lichtensteinia undulata Willd. = Ornithoglossum undulatum Sweet ■☆
228723 Lichterveldia Lem. = Odontoglossum Kunth ■
228724 Licinia Raf. = Anthericum L. ■☆
228725 Licopersicum Neck. = Lycopersicon Mill. ■
228726 Licopolia Rippa = Olmediella Baill. ●☆
228727 Licopsis Neck. = Lycopsis L. ■
228728 Licopus Neck. = Lycopus L. ■
228729 Licuala Thunb. (1780);轴榈属(刺轴榈属,扇叶棕属,桫罗椰子属);Licuala Palm, Licualapalm, Loyar Loyak, Palas, Penang Lawyers ●
228730 Licuala Wurmb = Licuala Thunb. ●
228731 Licuala acutifida Mart.;尖裂轴榈;Acutifid Licuala Palm, Acutifid Licualapalm ●☆
228732 Licuala brevicalyx Becc.;短萼轴榈●☆
228733 Licuala confusa Furtado;紊乱轴榈;Confused Licuala Palm, Confused Licualapalm ●☆
228734 Licuala corneri Furtado;考奈轴榈;Corner Licuala Palm, Corner Licualapalm ●☆
228735 Licuala dasyantha Burret;毛花轴榈;Hairy-flower Axispalm, Hairy-flower Licualapalm, Hairy-flowered Licualapalm, Licuala Palm ●◇
228736 Licuala elegans Blume;桫罗椰子;Elegant Licuala Palm ●
228737 Licuala ferruginea Becc.;锈花轴榈(锈色轴榈);Rusty Licuala Palm, Rusty Licualapalm ●☆
228738 Licuala fordiana Becc.;穗花轴榈(轴榈);Ford Licuala Palm, Ford Licualapalm, Spikeflower Axispalm ●
228739 Licuala glabra Griff. ex Mart.;光轴榈;Glabrous Licuala Palm, Glabrous Licualapalm ●☆
228740 Licuala glabra Griff. ex Mart. var. selangorensis Becc.;塞兰光轴榈;Selangor Licuala Palm, Selangor Licualapalm ●☆
228741 Licuala grandis (Bull.) H. Wendl.;团扇棕(大桫罗椰子,圆叶刺轴榈,圆叶轴榈);Fan Licuala Palm, Fan Licualapalm, Grand Licuala Palm, Licualapalm Pumila ●
228742 Licuala kemamanensis Furtado;克马曼轴榈;Kemaman Licuala Palm, Kemaman Licualapalm ●☆
228743 Licuala kiahii Furtado;贾氏轴榈;Kiah Licuala Palm, Kiah Licualapalm ●☆
228744 Licuala kingiana Becc.;庆氏轴榈;King Licuala Palm, King Licualapalm ●☆
228745 Licuala kunstleri Becc.;孔氏轴榈;Kunstler Licuala Palm, Kunstler Licualapalm ●☆
228746 Licuala lanuginosa Ridl.;绵毛轴榈;Cottony Licuala Palm, Cottony Licualapalm ●☆
228747 Licuala longicalycata Furtado;长萼轴榈;Longcalyx Licuala Palm, Longcalyx Licualapalm ●☆
228748 Licuala longipes Griff. ex Mart.;长柄轴榈;Longstalk Licuala Palm, Longstalk Licualapalm ●☆
228749 Licuala malajana Becc.;马拉甲轴榈;Malaja Licuala Palm, Malaja Licualapalm ●☆
228750 Licuala mirabilis Furtado;奇异轴榈;Wonderful Licuala Palm, Wonderful Licualapalm ●☆
228751 Licuala modesta Becc.;适度轴榈;Modest Licuala Palm, Modest Licualapalm ●☆
228752 Licuala moyseyi Furtado;摩西轴榈;Moysey Licuala Palm, Moysey Licualapalm ●☆
228753 Licuala muelleri H. Wendl. et Drude = Licuala ramsayi (F. Muell.) Domin ●☆
228754 Licuala pahangensis Furtado;巴杭轴榈;Pahang Licuala Palm, Pahang Licualapalm ●☆
228755 Licuala paludosa Griff. ex Mart.;河岸轴榈;Coast Licuala Palm, Coast Licualapalm ●☆
228756 Licuala peltata Roxb.;盾叶轴榈;Kurkuti Licuala Palm ●☆
228757 Licuala pilearia (Lour.) Blume = Licuala spinosa Thunb. ●
228758 Licuala polyschista K. Schum. et Lauterb.;多裂轴榈●☆
228759 Licuala pumila Reinw.;雅致轴榈;Elegant Licuala Palm ●
228760 Licuala pumila Reinw. = Licuala elegans Blume ●
228761 Licuala pusilla Becc.;细小轴榈;Verysmall Licuala Palm, Verysmall Licualapalm ●☆
228762 Licuala ramsayi (F. Muell.) Domin;刺叶轴榈;Fan Palm, Wedge-leafed Fan Palm ●☆
228763 Licuala ridleyana Becc.;瑞得莱氏轴榈(瑞得莱轴榈);Ridley Licuala Palm, Ridley Licualapalm ●☆
228764 Licuala rumphii Blume;兰菲氏椰子;Molucca Licuala Palm ●
228765 Licuala scortechinii Becc.;斯考氏轴榈;Scortechin Licuala Palm, Scortechin Licualapalm ●☆
228766 Licuala spinosa Thunb.;刺轴榈(刺扇叶棕,御币椰子);Licuala Palm, Mangrove Fan Palm, Spine Axispalm, Spiny Licuala Palm, Spiny Licualapalm ●
228767 Licuala spinosa Thunb. var. cochinchinensis Becc. = Licuala spinosa Thunb. ●
228768 Licuala tiomanensis Furtado;条曼轴榈;Tioman Licuala Palm, Tioman Licualapalm ●☆
228769 Licuala triphylla Griff. ex Mart.;三叶轴榈;Threeleaf Licuala Palm, Threeleaf Licualapalm ●☆
228770 Lidbeckia P. J. Bergius (1767);木芫荽属●☆
228771 Lidbeckia bipinnata Thunb. = Lasiospermum bipinnatum (Thunb.) Druce ■☆
228772 Lidbeckia capensis J. F. Gmel. = Lidbeckia pectinata P. J. Bergius ●☆
228773 Lidbeckia integrifolia Klatt = Inezia integrifolia (Klatt) E. Phillips ■☆
228774 Lidbeckia lobata Thunb. = Lidbeckia quinqueloba (L. f.) Cass. ●☆
228775 Lidbeckia pectinata P. J. Bergius;木芫荽●☆
228776 Lidbeckia quinqueloba (L. f.) Cass.;五裂片木芫荽●☆
228777 Lidbekia Spreng. = Lidbeckia P. J. Bergius ●☆
228778 Lidia Á. Löve et D. Löve = Minuartia L. ■

228779 Lidia Á. Löve et D. Löve = Wierzbickia Rchb. ■
228780 Lidia arctica (Steven ex Ser.) Á. Löve et D. Löve = Minuartia arctica (Steven ex Ser.) Graebn. ■
228781 Lidia biflora (L.) Á. Löve et D. Löve = Minuartia biflora (L.) Schinz et Thell. ■
228782 Lidia obtusiloba (Rydb.) Á. Löve et D. Löve = Minuartia obtusiloba (Rydb.) House ■☆
228783 Lidia yukonensis (Hultén) Á. Löve et D. Löve = Minuartia yukonensis Hultén ■☆
228784 Lieberkuehna Rchb. (1828) = Lieberkuhna Cass. ■☆
228785 Lieberkuehnia Rchb. = Lieberkuhna Cass. ■☆
228786 Lieberkuhna Cass. = Chaptalia Vent. (保留属名) ■☆
228787 Lieberkuhnia Less. = Lieberkuhna Cass. ■☆
228788 Liebichia Opiz = Ribes L. ●
228789 Liebigia Endl. = Chirita Buch. -Ham. ex D. Don ●■
228790 Liebrechtsia De Wild. = Vigna Savi(保留属名)■
228791 Liebrechtsia esculenta De Wild. = Vigna frutescens A. Rich. ■☆
228792 Liebrechtsia katangensis De Wild. = Vigna frutescens A. Rich. var. buchneri (Harms) Verdc. ■☆
228793 Liebrechtsia kotschyi (Schweinf.) De Wild. = Vigna frutescens A. Rich. subsp. kotschyi (Schweinf.) Verdc. ■☆
228794 Liebrechtsia ringoetii De Wild. = Vigna antunesii Harms ■☆
228795 Liebrechtsia scabra De Wild. = Vigna unguiculata (L.) Walp. var. spontanea (Schweinf.) Pasquet ■☆
228796 Liebrechtsia schweinfurthii De Wild. = Vigna frutescens A. Rich. var. buchneri (Harms) Verdc. ■☆
228797 Liebrechtsia spartioides (Taub.) De Wild. = Vigna frutescens A. Rich. var. buchneri (Harms) Verdc. ■☆
228798 Liedea W. D. Stevens = Metastelma R. Br. ●☆
228799 Liedea W. D. Stevens(2005);哥斯达黎加异冠藤属●☆
228800 Liesneria Fern. Casas = Spigelia L. ■☆
228801 Liesneria Fern. Casas(2008);厄瓜多尔驱虫草属■☆
228802 Lietzia Regel(1880);利茨苣苔属(利策苣苔属);Lietzia ■☆
228803 Lietzia brasiliensis Regel et Schmidt;利茨苣苔■☆
228804 Lieutautia Buc'hoz = Leonicenia Scop. (废弃属名)●☆
228805 Lieutautia Buc'hoz = Miconia Ruiz et Pav. (保留属名)●☆
228806 Lievena Regel = Quesnelia Gaudich. ■☆
228807 Lifago Schweinf. et Muschl. (1911);绵绒菊属■☆
228808 Lifago dielsii Schweinf. et Muschl.;绵绒菊■☆
228809 Lifutia Rain. = Lightfootia L'Hér. ■●
228810 Ligaria Tiegh. (1895);束寄生属●☆
228811 Ligaria Tiegh. = Loranthus Jacq. (保留属名)●
228812 Ligaria cuneifolia (Ruiz et Pav.) Tiegh.;束寄生●☆
228813 Ligea Poit. ex Tul. = Apinagia Tul. emend. P. Royen ■☆
228814 Ligeophila Garay(1977);水兰属■☆
228815 Ligeophila stigmatoptera (Rchb. f.) Garay;水兰■☆
228816 Ligeria Decne. = Sinningia Nees ●■☆
228817 Lightfoatia Raf. = Lightfootia L'Hér. ■●
228818 Lightfootia L'Hér. = Wahlenbergia Schrad. ex Roth(保留属名) ■●
228819 Lightfootia Schreb. = Rondeletia L. ●
228820 Lightfootia Sw. = Laetia Loefl. ex L. (保留属名)●☆
228821 Lightfootia abyssinica Hochst. ex A. Rich. = Wahlenbergia abyssinica (Hochst. ex A. Rich.) Thulin ■☆
228822 Lightfootia abyssinica Hochst. ex A. Rich. var. cinerea Engl. et Gilg = Wahlenbergia napiformis (A. DC.) Thulin ■☆
228823 Lightfootia abyssinica Hochst. ex A. Rich. var. glaberrima Engl. = Wahlenbergia napiformis (A. DC.) Thulin ■☆
228824 Lightfootia abyssinica Hochst. ex A. Rich. var. tenuis Oliv. = Wahlenbergia abyssinica (Hochst. ex A. Rich.) Thulin ■☆
228825 Lightfootia adpressa (Thunb.) A. DC. = Wahlenbergia adpressa (Thunb.) Sond. ■☆
228826 Lightfootia albanensis Sond. = Wahlenbergia cinerea (L. f.) Lammers ■☆
228827 Lightfootia albens Spreng. ex A. DC. = Wahlenbergia albens (Spreng. ex A. DC.) Lammers ■☆
228828 Lightfootia albicaulis Sond. = Wahlenbergia albicaulis (Sond.) Lammers ■☆
228829 Lightfootia angustifolia A. DC. = Wahlenbergia rubens (H. Buek) Lammers ■☆
228830 Lightfootia annua A. DC. = Wahlenbergia annua (A. DC.) Thulin ■☆
228831 Lightfootia anomala A. DC. = Wahlenbergia thunbergiana (H. Buek) Lammers ■☆
228832 Lightfootia arabidifolia Engl. = Wahlenbergia krebsii Cham. subsp. arguta (Hook. f.) Thulin ■☆
228833 Lightfootia arenaria A. DC. = Wahlenbergia erecta (Roth ex Roem. et Schult.) Tuyn ■☆
228834 Lightfootia arenicola Meikle = Wahlenbergia abyssinica (Hochst. ex A. Rich.) Thulin ■☆
228835 Lightfootia asparagoides Adamson = Wahlenbergia asparagoides (Adamson) Lammers ■☆
228836 Lightfootia axillaris Sond. = Wahlenbergia axillaris (Sond.) Lammers ■☆
228837 Lightfootia bequaertii De Wild. et Ledoux = Wahlenbergia capitata (Baker) Thulin ■☆
228838 Lightfootia brachiata Adamson = Wahlenbergia brachiata (Adamson) Lammers ■☆
228839 Lightfootia brachyphylla Adamson = Wahlenbergia brachyphylla (Adamson) Lammers ■☆
228840 Lightfootia buekii Sond. = Wahlenbergia uitenhagensis (H. Buek) Lammers var. filifolia (Adamson) Welman ■☆
228841 Lightfootia calcarea Adamson = Wahlenbergia calcarea (Adamson) Lammers ■☆
228842 Lightfootia caledonica Sond. = Wahlenbergia dieterlenii (E. Phillips) Lammers ■☆
228843 Lightfootia campestris Engl. = Wahlenbergia napiformis (A. DC.) Thulin ■☆
228844 Lightfootia capillaris H. Buek = Wahlenbergia thulinii Lammers ■☆
228845 Lightfootia capitata Baker = Wahlenbergia capitata (Baker) Thulin ■☆
228846 Lightfootia cartilaginea M. B. Scott = Wahlenbergia scottii Thulin ■☆
228847 Lightfootia ciliata (Thunb.) Sond. = Wahlenbergia uitenhagensis (H. Buek) Lammers ■☆
228848 Lightfootia ciliata (Thunb.) Sond. var. debilis Sond. = Wahlenbergia uitenhagensis (H. Buek) Lammers var. debilis (Sond.) Welman ■☆
228849 Lightfootia cinerea (L. f.) Sond. = Wahlenbergia cinerea (L. f.) Lammers ■☆
228850 Lightfootia cordata Adamson = Wahlenbergia cordata (Adamson) Lammers ■☆

228851 Lightfootia corymbosa Kuntze = Wahlenbergia huttonii (Sond.) Thulin ■☆

228852 Lightfootia debilis A. DC. = Wahlenbergia ramosissima (Hemsl.) Thulin subsp. lateralis (Brehmer) Thulin ■☆

228853 Lightfootia denticulata (Burch.) Sond. = Wahlenbergia denticulata (Burch.) A. DC. ■☆

228854 Lightfootia denticulata (Burch.) Sond. var. podanthoides Markgr. = Wahlenbergia denticulata (Burch.) A. DC. ■☆

228855 Lightfootia denticulata (Burch.) Sond. var. transvaalensis Adamson = Wahlenbergia denticulata (Burch.) A. DC. var. transvaalensis (Adamson) Welman ■☆

228856 Lightfootia diffusa H. Buek = Wahlenbergia tenella (L. f.) Lammers ■☆

228857 Lightfootia diffusa H. Buek var. palustris Adamson = Wahlenbergia tenella (L. f.) Lammers var. palustris (Adamson) Welman ■☆

228858 Lightfootia diffusa H. Buek var. stokoei Adamson = Wahlenbergia tenella (L. f.) Lammers var. stokoei (Adamson) Welman ■☆

228859 Lightfootia dinteri Engl. ex Dinter = Wahlenbergia denticulata (Burch.) A. DC. ■☆

228860 Lightfootia divaricata H. Buek = Wahlenbergia abyssinica (Hochst. ex A. Rich.) Thulin ■☆

228861 Lightfootia divaricata H. Buek = Wahlenbergia uitenhagensis (H. Buek) Lammers ■☆

228862 Lightfootia divaricata H. Buek var. debilis (Sond.) Adamson = Wahlenbergia uitenhagensis (H. Buek) Lammers var. debilis (Sond.) Welman ■☆

228863 Lightfootia divaricata H. Buek var. filifolia Adamson = Wahlenbergia uitenhagensis (H. Buek) Lammers var. filifolia (Adamson) Welman ■☆

228864 Lightfootia effusa Adamson = Wahlenbergia effusa (Adamson) Lammers ■☆

228865 Lightfootia elata Chiov. = Wahlenbergia abyssinica (Hochst. ex A. Rich.) Thulin ■☆

228866 Lightfootia ellenbeckii Engl. = Wahlenbergia abyssinica (Hochst. ex A. Rich.) Thulin ■☆

228867 Lightfootia erecta R. D. Good = Wahlenbergia longifolia (A. DC.) Lammers var. corymbosa (Adamson) Welman ■☆

228868 Lightfootia ericoidella P. A. Duvign. et Denaeyer = Wahlenbergia ericoidella (P. A. Duvign. et Denaeyer) Thulin ■☆

228869 Lightfootia exilis A. DC. = Wahlenbergia ramosissima (Hemsl.) Thulin subsp. lateralis (Brehmer) Thulin ■☆

228870 Lightfootia fasciculata (L. f.) A. DC. = Wahlenbergia desmantha Lammers ■☆

228871 Lightfootia fruticosa Druce = Wahlenbergia subulata (L'Hér.) Lammers ■☆

228872 Lightfootia glomerata Engl. = Wahlenbergia napiformis (A. DC.) Thulin ■☆

228873 Lightfootia glomerata Engl. var. capitata (Baker) Lambinon = Wahlenbergia capitata (Baker) Thulin ■☆

228874 Lightfootia glomerata Engl. var. subspicata ? = Wahlenbergia capitata (Baker) Thulin ■☆

228875 Lightfootia goetzeana Engl. = Wahlenbergia denticulata (Burch.) A. DC. ■☆

228876 Lightfootia gracilis A. DC. = Wahlenbergia arcta Thulin ■☆

228877 Lightfootia gracillima R. E. Fr. = Wahlenbergia paludicola Thulin ■

228878 Lightfootia graminicola M. B. Scott = Wahlenbergia napiformis (A. DC.) Thulin ■☆

228879 Lightfootia grandifolia Engl. = Wahlenbergia abyssinica (Hochst. ex A. Rich.) Thulin ■☆

228880 Lightfootia grisea H. Buek = Wahlenbergia cinerea (L. f.) Lammers ■☆

228881 Lightfootia hirsuta (Edgew.) Wimm. ex Hepper = Wahlenbergia hirsuta (Edgew.) Tuyn ■☆

228882 Lightfootia huttonii Sond. = Wahlenbergia huttonii (Sond.) Thulin ■☆

228883 Lightfootia intricata Dinter et Markgr. = Wahlenbergia denticulata (Burch.) A. DC. ■☆

228884 Lightfootia juncea (H. Buek) Sond. = Wahlenbergia juncea (H. Buek) Lammers ■☆

228885 Lightfootia kagerensis S. Moore = Wahlenbergia napiformis (A. DC.) Thulin ■☆

228886 Lightfootia laricifolia Engl. et Gilg = Wahlenbergia denticulata (Burch.) A. DC. ■☆

228887 Lightfootia laricina H. Buek = Wahlenbergia albens (Spreng. ex A. DC.) Lammers ■☆

228888 Lightfootia laxiflora Sond. = Wahlenbergia laxiflora (Sond.) Lammers ■☆

228889 Lightfootia longifolia A. DC. = Wahlenbergia longifolia (A. DC.) Lammers ■☆

228890 Lightfootia longifolia A. DC. var. corymbosa Adamson = Wahlenbergia longifolia (A. DC.) Lammers var. corymbosa (Adamson) Welman ■☆

228891 Lightfootia longifolia A. DC. var. oppositifolia Sond. = Wahlenbergia longifolia (A. DC.) Lammers var. corymbosa (Adamson) Welman ■☆

228892 Lightfootia lycopodioides A. DC. = Wahlenbergia unidentata (L. f.) Lammers ■☆

228893 Lightfootia lycopodioides Mildbr. = Wahlenbergia huttonii (Sond.) Thulin ■☆

228894 Lightfootia macrostachys A. DC. = Wahlenbergia macrostachys (A. DC.) Lammers ■☆

228895 Lightfootia madagascariensis A. DC. = Wahlenbergia abyssinica (Hochst. ex A. Rich.) Thulin ■☆

228896 Lightfootia madagascariensis A. DC. var. glabra Engl. = Wahlenbergia abyssinica (Hochst. ex A. Rich.) Thulin ■☆

228897 Lightfootia marginata A. DC. = Wahlenbergia napiformis (A. DC.) Thulin ■☆

228898 Lightfootia marginata A. DC. var. lucens Lambinon = Wahlenbergia napiformis (A. DC.) Thulin ■☆

228899 Lightfootia microphylla Adamson = Wahlenbergia microphylla (Adamson) Lammers ■☆

228900 Lightfootia multicaulis Adamson = Wahlenbergia adamsonii Lammers ■☆

228901 Lightfootia multiflora Adamson = Wahlenbergia polyantha Lammers ■☆

228902 Lightfootia namaquana Sond. = Wahlenbergia sonderi Lammers ■☆

228903 Lightfootia napiformis A. DC. = Wahlenbergia napiformis (A. DC.) Thulin ■☆

228904 Lightfootia nodosa H. Buek = Wahlenbergia nodosa (H. Buek) Lammers ■☆

228905 Lightfootia oppositifolia A. DC. = Wahlenbergia thulinii Lammers ■☆
228906 Lightfootia oxycoccoides L'Hér. = Wahlenbergia parvifolia (P. J. Bergius) Lammers ■☆
228907 Lightfootia paniculata A. DC. = Wahlenbergia candolleana (Hiern) Thulin ■☆
228908 Lightfootia parvifolia (P. J. Bergius) Adamson = Wahlenbergia parvifolia (P. J. Bergius) Lammers ■☆
228909 Lightfootia pauciflora Adamson = Wahlenbergia oligantha Lammers ■☆
228910 Lightfootia perotifolia (Willd. ex Roem. et Schult.) Wimm. ex Agnew = Wahlenbergia erecta (Roth ex Roem. et Schult.) Tuyn ■☆
228911 Lightfootia planifolia Adamson = Wahlenbergia riversdalensis Lammers ■☆
228912 Lightfootia polycephala Mildbr. = Wahlenbergia polycephala (Mildbr.) Thulin ■☆
228913 Lightfootia pubescens A. DC. = Wahlenbergia uitenhagensis (H. Buek) Lammers ■☆
228914 Lightfootia ramosissima (Hemsl.) Wimm. = Wahlenbergia ramosissima (Hemsl.) Thulin ■☆
228915 Lightfootia rigida Adamson = Wahlenbergia neorigida Lammers ■☆
228916 Lightfootia rubens H. Buek = Wahlenbergia rubens (H. Buek) Lammers ■☆
228917 Lightfootia rubens H. Buek var. brachyphylla Adamson = Wahlenbergia rubens (H. Buek) Lammers var. brachyphylla (Adamson) Welman ■☆
228918 Lightfootia rubioides Banks ex A. DC. = Wahlenbergia rubioides (Banks ex A. DC.) Lammers ■☆
228919 Lightfootia rubioides Banks ex A. DC. var. stokoei Adamson = Wahlenbergia rubioides (Banks ex A. DC.) Lammers var. stokoei (Adamson) Welman ■☆
228920 Lightfootia rupestris Engl. = Wahlenbergia abyssinica (Hochst. ex A. Rich.) Thulin ■☆
228921 Lightfootia scoparia Wild = Wahlenbergia subaphylla (Baker) Thulin subsp. scoparia (Wild) Thulin ■☆
228922 Lightfootia sessiliflora (L. f.) Sond. = Wahlenbergia subulata (L'Hér.) Lammers ■☆
228923 Lightfootia sodenii Engl. = Wahlenbergia abyssinica (Hochst. ex A. Rich.) Thulin ■☆
228924 Lightfootia spicata H. Buek = Wahlenbergia macrostachys (A. DC.) Lammers ■☆
228925 Lightfootia stricta Adamson = Wahlenbergia neostricta Lammers ■☆
228926 Lightfootia subaphylla Baker = Wahlenbergia subaphylla (Baker) Thulin ■☆
228927 Lightfootia subulata Engl. = Wahlenbergia abyssinica (Hochst. ex A. Rich.) Thulin ■☆
228928 Lightfootia subulata L'Hér. = Wahlenbergia subulata (L'Hér.) Lammers ■☆
228929 Lightfootia subulata L'Hér. var. congesta Adamson = Wahlenbergia subulata (L'Hér.) Lammers var. congesta (Adamson) Welman ■☆
228930 Lightfootia subulata L'Hér. var. tenuifolia Adamson = Wahlenbergia subulata (L'Hér.) Lammers var. tenuifolia (Adamson) Welman ■☆
228931 Lightfootia tanneri Wimm. ex Agnew = Wahlenbergia abyssinica (Hochst. ex A. Rich.) Thulin subsp. parvipetala Thulin ■☆
228932 Lightfootia tenella (L. f.) A. DC. = Wahlenbergia tenella (L. f.) Lammers ■☆
228933 Lightfootia tenella (L. f.) A. DC. var. fasciculata (L. f.) Sond. = Wahlenbergia desmantha Lammers ■☆
228934 Lightfootia tenella (L. f.) A. DC. var. microphylla Sond. = Wahlenbergia nodosa (H. Buek) Lammers ■☆
228935 Lightfootia tenella (L. f.) A. DC. var. tenerrima (H. Buek) Sond. = Wahlenbergia tenerrima (H. Buek) Lammers ■☆
228936 Lightfootia tenella Lodd. = Wahlenbergia tenerrima (H. Buek) Lammers ■☆
228937 Lightfootia tenella Lodd. var. montana Adamson = Wahlenbergia tenerrima (H. Buek) Lammers var. montana (Adamson) Welman ■☆
228938 Lightfootia tenerrima H. Buek = Wahlenbergia tenerrima (H. Buek) Lammers ■☆
228939 Lightfootia tenuifolia A. DC. = Wahlenbergia denticulata (Burch.) A. DC. ■☆
228940 Lightfootia tenuis Adamson = Wahlenbergia pyrophila Lammers ■☆
228941 Lightfootia theiformis Vahl = Aphloia theiformis (Vahl) Benn. ●☆
228942 Lightfootia thunbergiana H. Buek = Wahlenbergia thunbergiana (H. Buek) Lammers ■☆
228943 Lightfootia thymifolia H. Buek = Wahlenbergia uitenhagensis (H. Buek) Lammers var. filifolia (Adamson) Welman ■☆
228944 Lightfootia uitenhagensis H. Buek = Wahlenbergia uitenhagensis (H. Buek) Lammers ■☆
228945 Lightfootia umbellata Adamson = Wahlenbergia umbellata (Adamson) Lammers ■☆
228946 Lightfootia unidentata (L. f.) A. DC. = Wahlenbergia unidentata (L. f.) Lammers ■☆
228947 Lightfootia welwitschii A. DC. = Wahlenbergia welwitschii (A. DC.) Thulin ■☆
228948 Lightia R. H. Schomb. = Euphronia Mart. et Zucc. ■☆
228949 Lightia R. H. Schomb. = Herrania Goudot ●☆
228950 Lightia R. H. Schomb. = Lightiodendron Rauschert ■☆
228951 Lightiodendron Rauschert = Euphronia Mart. et Zucc. ■☆
228952 Ligia Fasano = Thymelaea Mill. (保留属名)●■
228953 Ligia Fasano ex Pritz. = Thymelaea Mill. (保留属名)●■
228954 Ligia passerina (L.) Fasano = Thymelaea passerina (L.) Coss. et Germ. ■
228955 Lignariella Baehni(1956);弯梗芥属;Lignariella ■
228956 Lignariella duthiei Naqshi = Aphragmus oxycarpus (Hook. f. et Thomson) Jafri ■
228957 Lignariella hobsonii (H. Pearson) Baehni;弯梗芥;Hobson Lignariella ■
228958 Lignariella hobsonii (H. Pearson) Baehni subsp. serpens (W. W. Sm.) H. Hara = Lignariella serpens (W. W. Sm.) Al-Shehbaz et al. ■
228959 Lignariella obscura (Dunn) Jafri;隐匿弯梗芥■☆
228960 Lignariella ohbana Al-Shehbaz et Arai;线果弯梗芥;Linarfruit Lignariella ■
228961 Lignariella serpens (W. W. Sm.) Al-Shehbaz et al.;蛇形弯梗芥;Crawling Lignariella,Creeping Lignariella ■
228962 Lignieria A. Chev. = Dissotis Benth. (保留属名)●☆
228963 Lignieria alpestris A. Chev. = Heterotis antennina (Sm.)

Benth. ●☆
228964 Lignocarpa J. W. Dawson(1967);木果芹属■☆
228965 Lignocarpa carnosula (Hook. f.) J. W. Dawson;木果芹■☆
228966 Lignonia Scop. = Paypayrola Aubl. ■☆
228967 Ligosticon St. -Lag. = Ligusticum L. ■
228968 Ligtu Adans. = Alstroemeria L. ■☆
228969 Ligularia Cass.(1816)(保留属名);橐吾属;Golden Ray, Goldenray, Leopard Plant, Ligularia ■
228970 Ligularia Duval(废弃属名)= Ligularia Cass.(保留属名)■
228971 Ligularia Duval(废弃属名)= Saxifraga L. ■
228972 Ligularia Duval(废弃属名)= Sekika Medik. ■
228973 Ligularia Sweet ex Eckl. et Zeyh. = Pelargonium L'Hér. ex Aiton ●■
228974 Ligularia achyrotricha (Diels) Y. Ling;刚毛橐吾(褐毛橐吾,龙肖,马蹄草,一碗水);Bristle Goldenray, Brownhairy Goldenray ■
228975 Ligularia alatipes Hand. -Mazz.;翅柄橐吾;Wingstipe Goldenray ■
228976 Ligularia alpigena Pojark.;帕米尔橐吾;Pamir Goldenray ■
228977 Ligularia altaica DC.;阿尔泰橐吾(阿勒泰橐吾);Altai Goldenray ■
228978 Ligularia altaica DC. = Ligularia narynensis (C. Winkl.) O. Fedtsch. et B. Fedtsch. ■
228979 Ligularia amplectens (A. Gray) W. A. Weber = Senecio amplectens A. Gray ■☆
228980 Ligularia amplexicaulis (Wall.) DC. = Ligularia cymbulifera (W. W. Sm.) Hand. -Mazz. ■
228981 Ligularia amplexicaulis DC. var. nepalensis S. W. Liu et T. N. Ho;尼泊尔橐吾■☆
228982 Ligularia angusta (Nakai) Kitam.;窄橐吾■☆
228983 Ligularia angustiligulata C. C. Chang = Ligularia lamarum (Diels) C. C. Chang ■
228984 Ligularia anoleuca Hand. -Mazz.;白序橐吾;Whiteraceme Goldenray ■
228985 Ligularia aphanoglossa Hand. -Mazz. = Ligularia franchetiana (H. Lév.) Hand. -Mazz. ■
228986 Ligularia arctica Pojark.;北极橐吾■☆
228987 Ligularia arnicoides DC. ex Royle = Cremanthodium arnicoides (DC. ex Royle) R. D. Good ■
228988 Ligularia arnicoides DC. ex Royle var. glabra DC. = Cremanthodium oblongatum C. B. Clarke ■
228989 Ligularia arnicoides DC. var. glabra DC. = Cremanthodium oblongatum C. B. Clarke ■
228990 Ligularia atkinsonii (C. B. Clarke) S. W. Liu;亚东橐吾;Atkinson Goldenray ■
228991 Ligularia atroviolacea (Franch.) Hand. -Mazz.;黑紫橐吾(黑垂头菊);Black Cremanthodium, Black Nutantdaisy, Blackviolet Goldenray ■
228992 Ligularia biceps Kitam.;无缨橐吾;Tasselless Goldenray ■
228993 Ligularia bigelovii (A. Gray) W. A. Weber = Senecio bigelovii A. Gray ■☆
228994 Ligularia bigelovii (A. Gray) W. A. Weber subsp. hallii (A. Gray) W. A. Weber = Senecio bigelovii A. Gray var. hallii A. Gray ■☆
228995 Ligularia botryodes (C. Winkl.) Hand. -Mazz.;总状橐吾;Racem Goldenray ■
228996 Ligularia brachyphylla Hand. -Mazz. = Ligularia latihastata (W. W. Sm.) Hand. -Mazz. ■
228997 Ligularia brassicoides Hand. -Mazz.;芥形橐吾;Brassicalike Goldenray ■
228998 Ligularia caloxantha (Diels) Hand. -Mazz.;黄亮橐吾;Brightyellow Goldenray ■
228999 Ligularia calthifolia Maxim.;乌苏橐吾(乌苏里橐吾);Marshmarigold-leaved Goldenray ■
229000 Ligularia caucasica (M. Bieb.) G. Dong;高加索橐吾■☆
229001 Ligularia chalybea S. W. Liu;灰苞橐吾;Greybract Goldenray ■
229002 Ligularia changiana S. W. Liu ex Y. L. Chen et Z. Y. Li = Ligularia villosa (Hand. -Mazz.) S. W. Liu ■
229003 Ligularia chekiangensis Kitam.;浙江橐吾;Zhejiang Goldenray ■
229004 Ligularia chimiliensis C. C. Chang;缅甸橐吾;Burma Goldenray ■
229005 Ligularia clivorum Maxim.;山冈橐吾;Bigleaf Goldenray ■☆
229006 Ligularia clivorum Maxim. = Ligularia dentata (A. Gray) H. Hara ■
229007 Ligularia confertiflora C. C. Chang;密花橐吾;Denseflower Goldenray ■
229008 Ligularia crassa Hand. -Mazz. = Ligularia cymbulifera (W. W. Sm.) Hand. -Mazz. ■
229009 Ligularia cremanthodioides Hand. -Mazz.;垂头橐吾(小假马蹄香);Nutanthead Goldenray ■
229010 Ligularia cuneate S. W. Liu et T. N. Ho;楔舌橐吾;Cuneate Goldenray ■
229011 Ligularia curvisquama Hand. -Mazz.;弯苞橐吾;Curvebract Goldenray ■
229012 Ligularia cyathiceps Hand. -Mazz.;浅苞橐吾;Shallowbract Goldenray ■
229013 Ligularia cymbulifera (W. W. Sm.) Hand. -Mazz.;舟叶橐吾(舵叶橐吾);Boatshapedleaf Goldenray ■
229014 Ligularia cymosa (Hand. -Mazz.) S. W. Liu;聚伞橐吾;Cyme Goldenray ■
229015 Ligularia deltoidea Nakai = Ligularia jaluensis Kom. ■
229016 Ligularia dentata (A. Gray) H. Hara;齿叶橐吾(大救驾,大橐吾,禾叶天,葫芦七,马蹄黄,紫菀);Leopard Plant, Summer Ragwort, Toothleaf Goldenray ■
229017 Ligularia dentata (A. Gray) H. Hara 'Desdemona';德斯迪蒙娜齿叶橐吾■☆
229018 Ligularia dictyoneura (Franch.) Hand. -Mazz.;网脉橐吾(岩天麻,紫菀);Netvein Goldenray ■
229019 Ligularia discoidea S. W. Liu;盘状橐吾;Disc Goldenray ■
229020 Ligularia dissecta Eckl. et Zeyh. = Pelargonium aridum R. A. Dyer ■☆
229021 Ligularia dolichobotrys Diels;太白山橐吾;Longraceme Goldenray ■
229022 Ligularia duciformis (C. Winkl.) Hand. -Mazz.;大黄橐吾(大黄);Shortpappus Goldenray ■
229023 Ligularia dux (C. B. Clarke) R. Mathur;紫花橐吾;Purpleflower Goldenray ■
229024 Ligularia dux (C. B. Clarke) R. Mathur var. minima S. W. Liu;小紫花橐吾;Small Purpleflower Goldenray ■
229025 Ligularia dux (C. B. Clarke) Y. Ling = Ligularia dux (C. B. Clarke) R. Mathur ■
229026 Ligularia ebracteata Hand. -Mazz. = Ligularia longifolia Hand. -Mazz. ■
229027 Ligularia emeiensis Kitam. = Ligularia dentata (A. Gray) H. Hara ■
229028 Ligularia eriocaulis M. Zhang et L. S. Xu;毛茎橐吾■
229029 Ligularia euodon Miq. = Ligularia fischeri (Ledeb.) Turcz. ■

229030 Ligularia euryphylla (C. Winkl.) Hand.-Mazz.;广叶橐吾;Broadleaf Goldenray ■

229031 Ligularia evaginata C. C. Chang = Ligularia hookeri (C. B. Clarke) Hand.-Mazz. ■

229032 Ligularia fangiana Hand.-Mazz.;植夫橐吾;Fang Goldenray ■

229033 Ligularia fargesii (Franch.) Diels;矢叶橐吾(巴山橐吾,铁铲头);Farges Goldenray ■

229034 Ligularia fauriei (Franch.) Koidz.;法氏橐吾■☆

229035 Ligularia fischeri (Ledeb.) Turcz.;蹄叶橐吾(大救驾,荷叶七,葫芦七,马蹄当归,马蹄叶,马蹄紫菀,山紫菀,肾叶橐吾,水荷叶,蹄叶紫菀,硬紫菀);Fischer Goldenray ■

229036 Ligularia fischeri (Ledeb.) Turcz. f. diabolica Kitam. = Ligularia fischeri (Ledeb.) Turcz. var. diabolica Kitag. ■

229037 Ligularia fischeri (Ledeb.) Turcz. f. diabolica Kitam. = Ligularia sachalinensis Nakai ■

229038 Ligularia fischeri (Ledeb.) Turcz. var. diabolica Kitag.;毛蹄叶橐吾;Deviled Goldenray ■

229039 Ligularia formosana (Hayata) Masam. = Farfugium japonicum (L.) Kitam. ■

229040 Ligularia franchetiana (H. Lév.) Hand.-Mazz.;隐舌橐吾;Franchet Goldenray ■

229041 Ligularia ghatsukupa Kitam.;粗茎橐吾;Thickstem Goldenray ■

229042 Ligularia gigantea Siebold et Zucc. = Farfugium japonicum (L.) Kitam. f. giganteum (Siebold et Zucc.) Kitam. ■

229043 Ligularia glauca (L.) O. Hoffm.;灰蓝橐吾■

229044 Ligularia hamiica C. H. An;哈密橐吾;Hami Goldenray ■

229045 Ligularia heterophylla C. C. Chang = Ligularia villosa (Hand.-Mazz.) S. W. Liu ■

229046 Ligularia heterophylla Rupr.;异叶橐吾;Differentleaf Goldenray ■

229047 Ligularia hiberniflora Makino = Farfugium hiberniflorum (Makino) Kitam. ■☆

229048 Ligularia hodgsonii Hand.-Mazz. = Ligularia hodgsonii Hook. f. ■

229049 Ligularia hodgsonii Hook. f.;鹿蹄橐吾(八角乌,地麝香,滇紫菀,红紫菀,化血丹,马蹄当归,马蹄细辛,南瓜七,牛尾参,山紫菀,肾叶橐吾,四川鹿蹄橐吾,四川橐吾,橐吾紫菀,一块瓦,紫菀);Hodgson Goldenray,Sichuan Goldenray ■

229050 Ligularia hodgsonii Hook. f. var. crenifera (Franch.) Hand.-Mazz. = Ligularia hodgsonii Hook. f. ■

229051 Ligularia hodgsonii Hook. f. var. pulehella (Pamp.) Hand.-Mazz. = Ligularia hodgsonii Hook. f. ■

229052 Ligularia hodgsonii Hook. f. var. sachalinensis Koidz.;库页橐吾■☆

229053 Ligularia hodgsonii Hook. f. var. sutchuenensis (Franch.) Henry = Ligularia hodgsonii Hook. f. ■

229054 Ligularia holmii (Greene) W. A. Weber = Senecio amplectens A. Gray var. holmii (Greene) H. D. Harr. ■☆

229055 Ligularia hookeri (C. B. Clarke) Hand.-Mazz.;细茎橐吾(垂头菊,太白橐吾,太白小紫菀,无鞘橐吾);Hooker Goldenray,Sheathless Goldenray ■

229056 Ligularia hookeri (C. B. Clarke) Hand.-Mazz. var. polycephala (R. D. Good) Hand.-Mazz. = Ligularia hookeri (C. B. Clarke) Hand.-Mazz. ■

229057 Ligularia hookeri (C. B. Clarke) Hand.-Mazz. var. polycephala (R. D. Good) Hand.-Mazz. = Ligularia calthifolia Maxim. ■

229058 Ligularia hopeiensis Nakai;河北橐吾;Hebei Goldenray ■

229059 Ligularia ianthochaeta C. C. Chang;岷县橐吾;Violetchaeta Goldenray ■

229060 Ligularia intermedia Nakai;狭苞橐吾(退水千,紫菀);Narrowbract Goldenray ■

229061 Ligularia intermedia Nakai var. oligantha Nakai = Ligularia intermedia Nakai ■

229062 Ligularia intermedia Nakai var. venusta Nakai = Ligularia intermedia Nakai ■

229063 Ligularia jaluensis Kom.;复序橐吾(齿翼橐吾,东北熊疏,三角叶橐吾,紫菀);Deltoid Goldenray,Jalu Goldenray ■

229064 Ligularia jaluensis Kom. var. ruminifolia Kom. = Ligularia jaluensis Kom. ■

229065 Ligularia jamesii (Hemsl.) Kom.;长白山橐吾(单花橐吾,单头橐吾);Changbaishan Goldenray,James Goldenray ■

229066 Ligularia japonica (Thunb.) Less.;大头橐吾(大吴风草,猴巴掌,老鸦甲,日本橐吾,兔打伞,望江南);Japan Goldenray,Japanese Goldenray ■

229067 Ligularia japonica (Thunb.) Less. var. clivorum (Maxim.) Makino = Ligularia dentata (A. Gray) H. Hara ■

229068 Ligularia japonica (Thunb.) Less. var. scaberrima (Hayata) Y. Ling;糙叶大头橐吾■

229069 Ligularia kaempferi Siebold et Zucc. = Farfugium japonicum (L.) Kitam. ■

229070 Ligularia kaialpina Kitam.;甲斐橐吾■☆

229071 Ligularia kanaitzensis (Franch.) Hand.-Mazz.;千崖子橐吾;Ganyazi Goldenray ■

229072 Ligularia kanaitzensis (Franch.) Hand.-Mazz. var. ruficeps Hand.-Mazz. = Ligularia platyglossa (Franch.) Hand.-Mazz. ■

229073 Ligularia kanaitzensis (Franch.) Hand.-Mazz. var. subnudicaulis (Hand.-Mazz.) S. W. Liu;菱苞橐吾■

229074 Ligularia kangtingensis S. W. Liu;康定橐吾;Kangding Goldenray ■

229075 Ligularia kansuensis Hand.-Mazz. = Ligularia sagitta (Maxim.) Mattf. ex Rehder et Kobuski ■

229076 Ligularia karataviensis (Lipsch.) Pojark.;卡拉塔夫橐吾■☆

229077 Ligularia knorringiana Pojark.;特克斯橐吾(克洛伦橐吾);Tekesi Goldenray ■

229078 Ligularia kojimae Kitam.;台湾橐吾(高山橐吾);Taiwan Goldenray ■

229079 Ligularia konkalingensis Hand.-Mazz.;贡嘎岭橐吾;Gongga Goldenray ■

229080 Ligularia kunlunshanica C. H. An;昆仑山橐吾;Kunlunshan Goldenray ■

229081 Ligularia lamarum (Diels) C. C. Chang;沼生橐吾;Marsh Goldenray ■

229082 Ligularia lankongensis (Franch.) Hand.-Mazz.;洱源橐吾(旱橐吾,浪穹橐吾,浪穹紫菀,山紫菀);Eryuan Goldenray ■

229083 Ligularia lankongensis (Franch.) Hand.-Mazz. var. laxa (Franch.) Hand.-Mazz. = Ligularia lankongensis (Franch.) Hand.-Mazz. ■

229084 Ligularia lankongensis (Franch.) Hand.-Mazz. var. minor Lauener et Ferguson = Ligularia lankongensis (Franch.) Hand.-Mazz. ■

229085 Ligularia lapathifolia (Franch.) Hand.-Mazz.;牛蒡叶橐吾(大独叶草,大马蹄香,发罗海,化血丹,酸模叶橐吾);Dockleaf Goldenray ■

229086 Ligularia latihastata (W. W. Sm.) Hand.-Mazz.;宽戟橐吾;Broadhastate Goldenray ■

229087 Ligularia latipes S. W. Liu;阔柄橐吾;Broadstipe Goldenray ■

229088 Ligularia ledebourii (Sch. Bip.) Bergman = Ligularia macrophylla (Ledeb.) DC. ■

229089 Ligularia leesicola Kitam. = Ligularia rumicifolia (Drumm.) S. W. Liu ■

229090 Ligularia leucocoma Nakai = Ligularia jaluensis Kom. ■

229091 Ligularia leveillei (Vaniot) Hand. -Mazz.;贵州橐吾(多头细茎橐吾,接骨丹,马蹄当归);Guizhou Goldenray ■

229092 Ligularia liatroides (C. Winkl.) Hand. -Mazz.;缘毛橐吾;Edgehair Goldenray ■

229093 Ligularia liatroides (C. Winkl.) Hand. -Mazz. var. shifangensis (G. H. Chen et W. J. Zhang) S. W. Liu et T. N. Ho = Ligularia shifangensis G. H. Chen et W. J. Zhang ■

229094 Ligularia lidjiangensis Hand. -Mazz.;丽江橐吾;Lijiang Goldenray ■

229095 Ligularia limprichtii (Diels) Hand. -Mazz.;川滇橐吾(李氏橐吾);Limpricht Goldenray ■

229096 Ligularia lingiana S. W. Liu;君范橐吾;Ling Goldenray ■

229097 Ligularia longifolia Hand. -Mazz.;长叶橐吾;Longleaf Goldenray ■

229098 Ligularia longihastata Hand. -Mazz.;长戟橐吾;Longhastate Goldenray ■

229099 Ligularia longipes C. C. Chang = Ligularia phyllocolea Hand. -Mazz. ■

229100 Ligularia longipes Pojark. = Ligularia pojarkovana S. W. Liu et T. N. Ho ■☆

229101 Ligularia lydiae Minderova;里迪橐吾■☆

229102 Ligularia macrantha (C. B. Clarke) H. Koyama = Ligularia japonica (Thunb.) Less. ■

229103 Ligularia macrodonta Y. Ling;大齿橐吾;Bigtooth Goldenray ■

229104 Ligularia macrophylla (Ledeb.) DC.;大叶橐吾;Bigleaf Goldenray, Greatleaf Goldenray ■

229105 Ligularia melanocephala (Franch.) Hand. -Mazz.;黑苞橐吾;Blackhead Goldenray ■

229106 Ligularia melanothyrsa Hand. -Mazz.;黑穗橐吾;Blackthyrse Goldenray ■

229107 Ligularia microcardia Hand. -Mazz.;心叶橐吾;Heartleaf Goldenray ■

229108 Ligularia microcephala (Hand. -Mazz.) Hand. -Mazz.;小头橐吾;Smallhead Goldenray ■

229109 Ligularia mongolica (Turcz.) DC.;全缘橐吾(大舌花);Entireleaf Goldenray, Mongolian Goldenray ■

229110 Ligularia mongolica (Turcz.) DC. var. taquetii (H. Lév. et Vaniot) H. Koyama = Ligularia mongolica (Turcz.) DC. ■

229111 Ligularia mongolica (Turcz.) DC. var. taquetii (H. Lév. et Vaniot) Kitag. = Ligularia mongolica (Turcz.) DC. ■

229112 Ligularia mosoyinensis (Franch.) Hand. -Mazz. = Ligularia kanaitzensis (Franch.) Hand. -Mazz. ■

229113 Ligularia muliensis Hand. -Mazz.;木里橐吾;Muli Goldenray ■

229114 Ligularia myriocephala Y. Ling ex S. W. Liu;千花橐吾;Thousandhead Goldenray ■

229115 Ligularia nana Decne. = Cremanthodium nanum (Decne.) W. W. Sm. ■

229116 Ligularia nanchuanica S. W. Liu;南川橐吾;Nanchuan Goldenray, S. Sichuan Goldenray ■

229117 Ligularia narynensis (C. Winkl.) O. Fedtsch. et B. Fedtsch.;山地橐吾(纳里橐吾,天山橐吾);Tianshan Goldenray ■

229118 Ligularia nelumbifolia (Bureau et Franch.) Hand. -Mazz.;莲叶橐吾(一碗水);Waterlilyleaf Goldenray ■

229119 Ligularia nigropilosa Kitam. = Ligularia retusa DC. ■

229120 Ligularia nokozanense Yamam. = Farfugium japonicum (L.) Kitam. ■

229121 Ligularia nudicaulis C. C. Chang = Ligularia subspicata (Bureau et Franch.) Hand. -Mazz. ■

229122 Ligularia nyingchiensis S. W. Liu;林芝橐吾;Linzhi Goldenray ■

229123 Ligularia odontomanes Hand. -Mazz.;马蹄叶橐吾;Hoofleaf Goldenray ■

229124 Ligularia oligantha (Miq.) Hand. -Mazz. = Ligularia stenocephala (Maxim.) Matsum. et Koidz. ■

229125 Ligularia oligonema Hand. -Mazz.;疏舌橐吾;Scattertongue Goldenray ■

229126 Ligularia ovato-oblonga (Kitam.) Kitam. = Ligularia sagitta (Maxim.) Mattf. ex Rehder et Kobuski ■

229127 Ligularia palmatifida (Siebold et Zucc.) Nakai = Ligularia japonica (Thunb.) Less. ■

229128 Ligularia paradoxa Hand. -Mazz.;奇形橐吾;Monstrous Goldenray ■

229129 Ligularia paradoxa Hand. -Mazz. var. palmatifida S. W. Liu et T. N. Ho;半裂橐吾■

229130 Ligularia parvifolia C. C. Chang;小叶橐吾;Smallleaf Goldenray ■

229131 Ligularia pavlovii (Lipsch.) Cretz.;帕夫洛夫橐吾■☆

229132 Ligularia persica Boiss.;波斯橐吾■☆

229133 Ligularia petelotii Merr. = Petasites tricholobus Franch. ■

229134 Ligularia petiolaris Hand. -Mazz.;裸柱橐吾;Stipitate Goldenray ■

229135 Ligularia phoenicochaeta (Franch.) S. W. Liu;紫缨橐吾;Purplessel Goldenray ■

229136 Ligularia phyllocolea Hand. -Mazz.;叶状鞘橐吾;Leaflikesheath Goldenray ■

229137 Ligularia phyllocolea Hand. -Mazz. var. villosa Hand. -Mazz. = Ligularia villosa (Hand. -Mazz.) S. W. Liu ■

229138 Ligularia plantaginifolia (Franch.) Mattf. = Ligularia virgaurea (Maxim.) Mattf. ex Rehder et Kobuski ■

229139 Ligularia plantaginifolia (Franch.) Mattf. ex Rehder et Kobuski = Ligularia virgaurea (Maxim.) Mattf. ex Rehder et Kobuski ■

229140 Ligularia platyglossa (Franch.) Hand. -Mazz.;宽舌橐吾(宽叶橐吾,阔叶橐吾);Broadtongue Goldenray ■

229141 Ligularia platyphylla Hand. -Mazz. = Ligularia dictyoneura (Franch.) Hand. -Mazz. ■

229142 Ligularia platyphylla Hand. -Mazz. = Ligularia liatroides (C. Winkl.) Hand. -Mazz. ■

229143 Ligularia pleurocaulis (Franch.) Hand. -Mazz.;侧茎橐吾(侧茎垂头菊);Lateralstem Goldenray, Manystem Cremanthodium, Manystem Nutantdaisy ■

229144 Ligularia pojarkovana S. W. Liu et T. N. Ho;远东橐吾■☆

229145 Ligularia polycephala (Hemsl.) Nakai = Ligularia wilsoniana (Hemsl.) Greenm. ■

229146 Ligularia polycephala Nakai = Ligularia wilsoniana (Hemsl.) Greenm. ■

229147 Ligularia potaninii (C. Winkl.) Y. Ling;浅齿橐吾;Shallowtooth Goldenray ■

229148 Ligularia potaninii Pojark. = Ligularia platyglossa (Franch.) Hand. -Mazz. ■

229149 Ligularia potaninii Pojark. = Ligularia virgaurea (Maxim.) Mattf. ex Rehder et Kobuski ■

229150 Ligularia potaninii Pojark. var. yunnanensis Pojark. = Ligularia platyglossa (Franch.) Hand. -Mazz. ■

229151 Ligularia przewalskii (Maxim.) Diels;掌叶橐吾(勃氏橐吾,裂叶橐吾,青甘橐吾);Palmleaf Goldenray, Przewalski Goldenray, Przewalski's Leopard Plant ■

229152 Ligularia pterodonta C. C. Chang; 宽翅橐吾; Broadwing Goldenray ■

229153 Ligularia pubifolia S. W. Liu;毛叶橐吾;Hairyleaf Goldenray ■

229154 Ligularia pudica (Greene) W. A. Weber = Senecio pudicus Greene ■☆

229155 Ligularia pulchra Nakai = Ligularia jaluensis Kom. ■

229156 Ligularia purdomii (Turrill) Chitt.;褐毛橐吾(青海橐吾);Brownhair Goldenray ■

229157 Ligularia putjatae (C. Winkl.) Hand. -Mazz. = Ligularia mongolica (Turcz.) DC. ■

229158 Ligularia pyrifolia S. W. Liu;梨叶橐吾;Pearleaf Goldenray ■

229159 Ligularia racemosa DC. = Ligularia fischeri (Ledeb.) Turcz. ■

229160 Ligularia renifolia (C. A. Mey.) DC.;肾叶橐吾■☆

229161 Ligularia reniformis DC. = Cremanthodium reniforme (DC.) Benth. ■

229162 Ligularia retusa DC.;黑毛橐吾;Blackhair Goldenray ■

229163 Ligularia robusta (Ledeb.) DC. = Ligularia narynensis (C. Winkl.) O. Fedtsch. et B. Fedtsch. ■

229164 Ligularia rockiana Hand. -Mazz.; 独舌橐吾; Singletongue Goldenray ■

229165 Ligularia ruficoma (Franch.) Hand. -Mazz.; 节毛橐吾; Redpappo Goldenray ■

229166 Ligularia rumicifolia (Drumm.) S. W. Liu;藏橐吾(卵叶橐吾,酸模叶橐吾);Dockleaf Goldenray, Tibet Goldenray ■

229167 Ligularia sachalinensis Nakai; 黑龙江橐吾; Kuye Island Goldenray ■

229168 Ligularia sagitta (Maxim.) Mattf. ex Rehder et Kobuski;箭叶橐吾;Arrowleaf Goldenray ■

229169 Ligularia sagitta var. ovato-oblonga (Kitam.) Kitam. = Ligularia sagitta (Maxim.) Mattf. ex Rehder et Kobuski ■

229170 Ligularia sarmentosa (L. f.) Haw. = Saxifraga stolonifera Curtis ■

229171 Ligularia schischkinii Lipsch. ex N. I. Rubtzov;高山橐吾■

229172 Ligularia schischkinii N. I. Rubtzov = Ligularia narynensis (C. Winkl.) O. Fedtsch. et B. Fedtsch. ■

229173 Ligularia schischkinii N. I. Rubtzov = Ligularia schischkinii Lipsch. ex N. I. Rubtzov ■

229174 Ligularia schizopetala (W. W. Sm.) Hand. -Mazz. = Ligularia stenoglossa (Franch.) Hand. -Mazz. ■

229175 Ligularia schmidtii (Maxim.) Makino; 合苞橐吾; Schmidt Goldenray ■

229176 Ligularia semauensis Hand. -Mazz. = Ligularia longifolia Hand. -Mazz. ■

229177 Ligularia shifangensis G. H. Chen et W. J. Chang;什邡橐吾(什邡缘毛毛橐吾);Shifang Goldenray ■

229178 Ligularia shifangensis G. H. Chen et W. J. Zhang = Ligularia liatroides (C. Winkl.) Hand. -Mazz. var. shifangensis (G. H. Chen et W. J. Zhang) S. W. Liu et T. N. Ho ■

229179 Ligularia sibirica (L.) Cass.;橐吾(北橐吾,葫芦七,箭叶橐吾,西伯利亚橐吾);Siberia Goldenray, Siberian Goldenray ■

229180 Ligularia sibirica (L.) Cass. = Ligularia thyrsoidea (Ledeb.) DC. ■

229181 Ligularia sibirica (L.) Cass. subsp. intermedia Kitam. = Ligularia intermedia Nakai ■

229182 Ligularia sibirica (L.) Cass. var. araneosa DC.;毛苞橐吾;Hairybract Siberian Goldenray ■

229183 Ligularia sibirica (L.) Cass. var. kaialpina (Kitam.) Kitam. = Ligularia kaialpina Kitam. ■☆

229184 Ligularia sibirica (L.) Cass. var. longibracteata Kitam. = Ligularia fischeri (Ledeb.) Turcz. ■

229185 Ligularia sibirica (L.) Cass. var. oligantha Miq. = Ligularia stenocephala (Maxim.) Matsum. et Koidz. ■

229186 Ligularia sibirica (L.) Cass. var. polycephala (Hemsl.) Diels = Ligularia wilsoniana (Hemsl.) Greenm. ■

229187 Ligularia sibirica (L.) Cass. var. polycephala Diels = Ligularia wilsoniana (Hemsl.) Greenm. ■

229188 Ligularia sibirica (L.) Cass. var. racemosa (DC.) Kitam. = Ligularia fischeri (Ledeb.) Turcz. ■

229189 Ligularia sibirica (L.) Cass. var. racemosa Kitag.;总序橐吾■☆

229190 Ligularia sibirica (L.) Cass. var. racernosa (DC.) Kitam. = Ligularia fischeri (Ledeb.) Turcz. ■

229191 Ligularia sibirica (L.) Cass. var. speciosa (Schrad. ex Link) DC. = Ligularia fischeri (Ledeb.) Turcz. ■

229192 Ligularia sibirica (L.) Cass. var. speciosa DC. = Ligularia sachalinensis Nakai ■

229193 Ligularia sibirica (L.) Cass. var. stenoloba Diels = Ligularia intermedia Nakai ■

229194 Ligularia sibirica (L.) Cass. var. vulgaris DC. = Ligularia fischeri (Ledeb.) Turcz. ■

229195 Ligularia sichotensis Pojark.;锡浩特橐吾■☆

229196 Ligularia sinica Kitag. = Ligularia intermedia Nakai ■

229197 Ligularia songarica (Fisch.) Y. Ling;准噶尔橐吾;Dzungar Goldenray ■

229198 Ligularia speciosa (Schrad. ex Link) Fisch. et Mey. = Ligularia fischeri (Ledeb.) Turcz. ■

229199 Ligularia speciosa Fisch. et C. A. Mey. = Ligularia fischeri (Ledeb.) Turcz. ■

229200 Ligularia speciosa Fisch. et C. A. Mey. var. araneosa DC. = Ligularia sachalinensis Nakai ■

229201 Ligularia splendens (H. Lév. et Vaniot) Nakai;光亮橐吾■☆

229202 Ligularia stenocephala (Maxim.) Matsum. et Koidz.;窄头橐吾(戟叶橐吾,山紫菀,狭头橐吾,狭叶橐吾,心形叶橐吾);Narrowhead Goldenray ■

229203 Ligularia stenocephala (Maxim.) Matsum. et Koidz. = Ligularia intermedia Nakai ■

229204 Ligularia stenocephala (Maxim.) Matsum. et Koidz. f. longipedicellata Y. Ling = Ligularia stenocephala (Maxim.) Matsum. et Koidz. ■

229205 Ligularia stenocephala (Maxim.) Matsum. et Koidz. f. quinquebracteata Yamam. = Ligularia stenocephala (Maxim.) Matsum. et Koidz. ■

229206 Ligularia stenocephala (Maxim.) Matsum. et Koidz. var. scabrida Koidz.;糙叶窄头橐吾;Roughleaf Narrowhead Goldenray ■

229207 Ligularia stenocephala Matsum. et Koidz. var. sinica Nakai = Ligularia stenocephala (Maxim.) Matsum. et Koidz. ■

229208 Ligularia stenocephala Matsum. et Koidz. var. vegetior F. Maek. ex Kitag.;蔬菜橐吾■☆

229209 Ligularia stenoglossa (Franch.) Hand. -Mazz.; 裂舌橐吾; Splittongue Goldenray ■

229210 Ligularia subnudicaulis Hand. -Mazz. = Ligularia kanaitzensis (Franch.) Hand. -Mazz. var. subnudicaulis (Hand. -Mazz.) S. W.

Liu ■

229211 Ligularia subsagittata Pojark.;箭头橐吾■☆

229212 Ligularia subspicata (Bureau et Franch.) Hand. -Mazz.;穗序橐吾(裸茎橐吾);Makestem Goldenray,Subspike Goldenray ■

229213 Ligularia taiheizanensis Bartlett ex Yamam. = Ligularia stenocephala (Maxim.) Matsum. et Koidz. ■

229214 Ligularia talassica Pojark.;塔拉斯橐吾■☆

229215 Ligularia tangutica (Maxim.) J. Mattf. = Sinacalia tangutica (Maxim.) B. Nord. ■

229216 Ligularia tangutorum Pojark.;唐古特橐吾■

229217 Ligularia tangutorum Pojark. = Ligularia virgaurea (Maxim.) Mattf. ex Rehder et Kobuski ■

229218 Ligularia taquetii (H. Lév. et Vaniot) Nakai = Ligularia mongolica (Turcz.) DC. ■

229219 Ligularia taquetii H. Lév. et Vaniot = Ligularia mongolica (Turcz.) DC. ■

229220 Ligularia taraxacoides (A. Gray) W. A. Weber = Senecio taraxacoides (A. Gray) Greene ■☆

229221 Ligularia telphusiformis Koidz.;小泉橐吾■☆

229222 Ligularia tenuicaulis C. C. Chang;纤细橐吾;Thinstem Goldenray ■

229223 Ligularia tenuicaulis C. C. Chang var. purpuracea S. W. Liu;紫花纤细橐吾;Purpleflower Thinstem Goldenray ■

229224 Ligularia tenuicaulis C. C. Chang var. purpuracea S. W. Liu = Ligularia dux (C. B. Clarke) R. Mathur var. minima S. W. Liu ■

229225 Ligularia tenuipes (Franch.) Diels;簇梗橐吾;Thinstipe Goldenray ■

229226 Ligularia thomsonii (C. B. Clarke) Pojark.;西域橐吾;Thomson Goldenray ■

229227 Ligularia thyrsoidea (Ledeb.) DC.;塔序橐吾(聚伞橐吾,锥花橐吾);Pagodalike Goldenray ■

229228 Ligularia tianshanica C. Y. Yang et S. L. Keng;天山橐吾千里光;Tianshan Goldenray ■

229229 Ligularia tongkyukensis Hand. -Mazz.;东久橐吾;Dongjiu Goldenray ■

229230 Ligularia tongolensis (Franch.) Hand. -Mazz.;东俄洛橐吾;Tongol Goldenray ■

229231 Ligularia transversifolia Hand. -Mazz.;横叶橐吾;Crossleaf Goldenray ■

229232 Ligularia trichocephala Pojark.;毛头橐吾■☆

229233 Ligularia trinema Hand. -Mazz. = Ligularia stenoglossa (Franch.) Hand. -Mazz. ■

229234 Ligularia tsangchanensis (Franch.) Hand. -Mazz.;苍山橐吾(尖叶橐吾);Cangshan Goldenray,Tsangshan Goldenray ■

229235 Ligularia tulufanica C. H. An;吐鲁番橐吾;Tulufan Goldenray ■

229236 Ligularia tussilaginea (Burm. f.) Makino = Farfugium japonicum (L.) Kitam. ■

229237 Ligularia tussilaginea Makino = Farfugium japonicum (L.) Kitam. ■

229238 Ligularia tussilaginea Makino var. formosana Hayata = Farfugium japonicum (L.) Kitam. ■

229239 Ligularia tussilaginea Makino var. formosana Hayata = Farfugium japonicum (L.) Kitam. var. formosanum (Hayata) Kitam. ■

229240 Ligularia tussilaginea Makino var. luchuensis ? = Farfugium japonicum (L.) Kitam. var. luchuense (Masam.) Kitam. ■☆

229241 Ligularia veitchiana (Hemsl.) Greenm.;离舌橐吾(白紫菀,水荷叶);Veitch Goldenray ■

229242 Ligularia vellerea (Franch.) Hand. -Mazz.;绵毛橐吾(棉毛橐吾);Cottony Goldenray ■

229243 Ligularia vellerea (Franch.) Hand. -Mazz. var. gracilior Hand. -Mazz. = Ligularia vellerea (Franch.) Hand. -Mazz. ■

229244 Ligularia villifera (Franch.) Diels = Sinosenecio villiferus (Franch.) B. Nord. ■

229245 Ligularia villosa (Hand. -Mazz.) S. W. Liu;长毛橐吾;Longhair Goldenray ■

229246 Ligularia virgaurea (Maxim.) Mattf. ex Rehder et Kobuski;黄帚橐吾(密花橐吾);Goldenrod Goldenray ■

229247 Ligularia virgaurea (Maxim.) Mattf. ex Rehder et Kobuski var. oligocephala (R. D. Good) S. W. Liu;疏序黄帚橐吾■

229248 Ligularia virgaurea (Maxim.) Mattf. ex Rehder et Kobuski var. pilosa S. W. Liu = Ligularia virgaurea (Maxim.) Mattf. ex Rehder et Kobuski var. pilosa S. W. Liu et T. N. Ho ■

229249 Ligularia virgaurea (Maxim.) Mattf. ex Rehder et Kobuski var. pilosa S. W. Liu et T. N. Ho;毛黄帚橐吾;Yellowhairy Goldenrod Goldenray ■

229250 Ligularia wilsoniana (Hemsl.) Greenm.;川鄂橐吾(鄂贵橐吾,鄂橐吾,山紫菀);E. H. Wilson Goldenray ■

229251 Ligularia xanthotricha (Grüning) Y. Ling;黄毛橐吾(黄橐吾);Yellowhairy Goldenray ■

229252 Ligularia xinjiangensis C. Y. Yang et S. L. Keng;新疆橐吾;Xinjiang Goldenray ■

229253 Ligularia yesoensis (Franch.) Diels = Ligularia hodgsonii Hook. f. ■

229254 Ligularia yesoensis (Franch.) Diels var. crenifera (Franch.) Diels = Ligularia hodgsonii Hook. f. ■

229255 Ligularia yesoensis (Franch.) Diels var. pulchella Pamp. = Ligularia hodgsonii Hook. f. ■

229256 Ligularia yesoensis (Franch.) Diels var. sutchuenensis (Franch.) Diels = Ligularia hodgsonii Hook. f. ■

229257 Ligularia yoshizoeana (Kitam.) Kitam.;由藏橐吾■☆

229258 Ligularia yui S. W. Liu;季川橐吾;Yu's Goldenray ■

229259 Ligularia yunnanensis (Franch.) C. C. Chang;云南橐吾;Yunnan Goldenray ■

229260 Ligularia zhouquensis W. D. Peng et Z. X. Peng;舟曲橐吾;Zhouqu Goldenray ■

229261 Ligulariopsis Y. L. Chen(1996);假橐吾属;False Goldenray ■★

229262 Ligulariopsis shichuana Y. L. Chen;假橐吾;False Goldenray ■

229263 Ligusticeila J. M. Coult. et Rose = Podistera S. Watson ■☆

229264 Ligusticella J. M. Coult. et Rose(1909);小藁本属■☆

229265 Ligusticella eastwoodae (J. M. Coult. et Rose) J. M. Coult. et Rose;小藁本■☆

229266 Ligusticopsis Leute = Ligusticum L. ■

229267 Ligusticopsis acuminata (Franch.) Leute = Ligusticum acuminatum Franch. ■

229268 Ligusticopsis angelicifolia (Franch.) Leute = Ligusticum angelicifolium Franch. ■

229269 Ligusticopsis brachyloba (Franch.) Leute = Ligusticum brachylobum Franch. ■

229270 Ligusticopsis capillacea (H. Wolff) Leute = Ligusticum capillaceum H. Wolff ■

229271 Ligusticopsis daucoides (Franch.) Lavrova et Kljuykov = Ligusticum daucoides (Franch.) Franch. ■

229272 Ligusticopsis franchetii (H. Boissieu) Leute = Ligusticum

franchetii H. Boissieu ■
229273 Ligusticopsis hispida (Franch.) Lavrova et Kljuykov = Ligusticum hispidum (Franch.) H. Wolff ■
229274 Ligusticopsis integrifolia (H. Wolff) Leute = Ligusticum likiangense (H. Wolff) F. T. Pu et M. F. Watson ■
229275 Ligusticopsis likiangensis (H. Wolff) Lavrova et Kljuykov = Ligusticum likiangense (H. Wolff) F. T. Pu et M. F. Watson ■
229276 Ligusticopsis longicalycia (M. L. Sheh) Pimenov et Kljuykov. = Selinum longicalycium M. L. Sheh ■
229277 Ligusticopsis multivittata (Franch.) Leute = Ligusticum multivittatum Franch. ■
229278 Ligusticopsis oliveriana (H. Boissieu) Lavrova = Ligusticum oliverianum (H. Boissieu) R. H. Shan ■
229279 Ligusticopsis pteridophylla (Franch.) Leute = Ligusticum pteridophyllum Franch. ex Glover ■
229280 Ligusticopsis rechingerana Leute = Ligusticum rechingerana (Leute) R. H. Shan et F. T. Pu ■
229281 Ligusticopsis scapiformis (H. Wolff) Leute = Ligusticum scapiforme H. Wolff ■
229282 Ligusticopsis tenuisecta (H. Boissieu) Leute = Ligusticum tenuisectum H. Boissieu ■
229283 Ligusticum L. (1753);藁本属;Ligusticum, Scots Lovage ■
229284 Ligusticum acuminatum Franch.;尖叶藁本(藁本菜,光叶藁本,黄藁本,水藁本);Sharpleaf Ligusticum ■
229285 Ligusticum acutilobum Siebold et Zucc. = Angelica acutiloba (Siebold et Zucc.) Kitag. ■
229286 Ligusticum afghanicum Rech. f.;阿富汗藁本■☆
229287 Ligusticum ajanense (Regel et Tiling) Koso-Pol. = Tilingia ajanensis Regel et Tiling ■
229288 Ligusticum ajanense (Regel et Tiling) Koso-Pol. var. angustissimum (Nakai ex H. Hara) T. Yamaz. = Tilingia ajanensis Regel et Tiling var. angustissima (Nakai ex H. Hara) Kitag. ■☆
229289 Ligusticum ajanense (Regel) Koso-Pol. = Ligusticum ajanense (Regel et Tiling) Koso-Pol. ■
229290 Ligusticum ajowan Royle = Trachyspermum ammi (L.) Sprague ■
229291 Ligusticum alatum (M. Bieb.) Spreng.;翅藁本■☆
229292 Ligusticum angelicifolium Franch.;当归叶藁本(归叶藁本);Angelicaleaf Ligusticum ■
229293 Ligusticum angelicoides Wall. = Pleurospermum angelicoides (Wall. ex DC.) Benth. ex C. B. Clarke ■
229294 Ligusticum angelicoides Wall. ex DC. = Pleurospermum angelicoides (Wall. ex DC.) Benth. ex C. B. Clarke ■
229295 Ligusticum barbinode Michx. = Thaspium barbinode (Michx.) Nutt. ■☆
229296 Ligusticum brachylobum Franch.;短片藁本(川防风,短裂藁本,短叶藁本,高原前胡,毛前胡,西风,竹节防风);Highland Hogfennel, Shortlobe Ligusticum ■
229297 Ligusticum calophlebicum H. Wolff = Ligusticum likiangense (H. Wolff) F. T. Pu et M. F. Watson ■
229298 Ligusticum canadense (L.) Britton;加拿大藁本;Angelico, Lovage ■☆
229299 Ligusticum canadense Vail = Ligusticum canadense (L.) Britton ■☆
229300 Ligusticum capense (Burm. f.) DC. = Dasispermum suffruticosum (P. J. Bergius) B. L. Burtt ■☆
229301 Ligusticum capillaceum H. Wolff;细苞藁本;Smallbract Ligusticum ■
229302 Ligusticum carnosulum Hook. f. = Lignocarpa carnosula (Hook. f.) J. W. Dawson ■☆
229303 Ligusticum caucasicum Sommier et H. Lév.;高加索藁本■☆
229304 Ligusticum changii Hiroe = Ligusticum hispidum (Franch.) H. Wolff ■
229305 Ligusticum changii M. Hiroe = Ligusticum hispidum (Franch.) H. Wolff ■
229306 Ligusticum chinense (L.) Crantz = Conioselinum chinense (L.) Britton, Sterns et Poggenb. ■
229307 Ligusticum chuanxiong S. H. Qiu, Y. Q. Zeng, K. Y. Pan, Y. C. Tang et J. M. Xu 'Fuxiong';抚芎;Fuxiong Ligusticum ■
229308 Ligusticum chuanxiong S. H. Qiu, Y. Q. Zeng, K. Y. Pan, Y. C. Tang et J. M. Xu 'Jinxing';金弓■
229309 Ligusticum chuanxiong S. H. Qiu, Y. Q. Zeng, K. Y. Pan, Y. C. Tang et J. M. Xu;川芎(坝芎,炒川芎,川芎藁本,川芎䓖,杜芎,抚芎,贯芎,胡䓖,营䓖,江蓠,京芎,九元蠢,酒川芎,鞠䓖,马街芎䓖,蘼芜,蘼芜,蕲茝,穹穷,雀脑芎,山鞠穷,蛇避草,蛇休草,台芎,薇芜,西芎,香果,小叶川芎,芎䓖,药芹,云芎);Chuanxiong Ligusticum ■
229310 Ligusticum coniifolium DC. = Selinum wallichianum (DC.) Raizada et H. O. Saxena ■
229311 Ligusticum cruciatum (Franch.) M. Hiroe. = Sinocarum cruciatum (Franch.) H. Wolff ex R. H. Shan et F. T. Pu ■
229312 Ligusticum daucoides (Franch.) Franch.;羽苞藁本(旱前胡,红前胡,胡萝卜状藁本,山芹菜,羽裂藁本);Featherbract Ligusticum ■
229313 Ligusticum daucoides (Franch.) Franch. var. souliei H. Boissieu = Ligusticum oliverianum (H. Boissieu) R. H. Shan ■
229314 Ligusticum delavayi Franch.;丽江藁本(滇藁本);Delavay Ligusticum ■
229315 Ligusticum dielsianum H. Wolff;大海藁本;Diels Ligusticum ■
229316 Ligusticum dielsianum H. Wolff = Ligusticum daucoides (Franch.) Franch. ■
229317 Ligusticum diffusum Roxb. ex Sm. = Seseli diffusum (Roxb. ex Sm.) Santapau et Wagh ■☆
229318 Ligusticum discolor Ledeb.;异色藁本;Diversecolor Ligusticum ■
229319 Ligusticum elatum (Edgew.) C. B. Clarke;高升藁本(高藁本,喜马拉雅藁本);Tall Ligusticum ■
229320 Ligusticum elatum C. B. Clarke = Ligusticum elatum (Edgew.) C. B. Clarke ■
229321 Ligusticum falcarioides H. Wolff;镰刀状藁本;Falcate Ligusticum ■
229322 Ligusticum fedtschenkoanum Schischk.;范氏藁本■☆
229323 Ligusticum ferulaceum Franch.;阿魏状藁本;Gianifennel-like Ligusticum ■
229324 Ligusticum filicinum S. Watson;科罗拉多蕨叶藁本;Colorado Root, Osha ■☆
229325 Ligusticum filifolium R. H. Shan et F. T. Pu;线叶藁本;Silkleaf Ligusticum ■
229326 Ligusticum filisectum (Nakai et Kitag.) M. Hiroe = Ligusticum tachiroei (Franch. et Sav.) M. Hiroe et Constance ■
229327 Ligusticum foeniculum (L.) Crantz = Foeniculum vulgare Mill. ■
229328 Ligusticum foeniculum Crantz = Foeniculum vulgare Mill. ■
229329 Ligusticum franchetii H. Boissieu;紫色藁本(茨开藁本);Violet Ligusticum ■
229330 Ligusticum glaucescens Franch.;粉绿藁本;Glaucescent Ligusticum ■
229331 Ligusticum glaucifolium H. Wolff;白叶藁本;Whiteleaf Ligusticum ■

229332 Ligusticum gmelinii Cham. et Schltdl. = Conioselinum chinense (L.) Britton, Sterns et Poggenb. ■

229333 Ligusticum gyirongense R. H. Shan et Hung T. Chang;吉隆藁本;Jilong Ligusticum ■

229334 Ligusticum harrysmithii M. Hiroe = Ligusticum sinense Oliv. ■

229335 Ligusticum hispidum (Franch.) H. Wolff;毛藁本(粗毛藁本);Hispid Ligusticum ■

229336 Ligusticum holopetalum (Maxim.) Hiroe et Constance = Tilingia holopetala (Maxim.) Kitag. ■☆

229337 Ligusticum hultenii Fernald = Ligusticum scoticum L. subsp. hultenii (Fernald) Hultén ■☆

229338 Ligusticum hultenii Fernald = Ligusticum scoticum L. ■☆

229339 Ligusticum ibukiense Y. Yabe = Dystaenia ibukiensis (Y. Yabe) Kitag. ■☆

229340 Ligusticum integrifolium H. Wolff;全缘叶藁本;Entireleaf Ligusticum ■

229341 Ligusticum integrifolium H. Wolff = Ligusticum likiangense (H. Wolff) F. T. Pu et M. F. Watson ■

229342 Ligusticum involucratum Franch.;多苞藁本(具苞藁本);Manybract Ligusticum ■

229343 Ligusticum japonicum Maxim.;日本藁本;Japonese Ligusticum ■☆

229344 Ligusticum jeholense (Nakai et Kitag.) Nakai et Kitag.;辽藁本(北藁本,热河藁本,香藁本);Jehol Ligusticum ■

229345 Ligusticum jeholense (Nakai et Kitag.) Nakai et Kitag. var. tenuisectum Y. C. Chu;细裂辽藁本;Thinlobed Jehol Ligusticum ■

229346 Ligusticum kingdon-wardii H. Wolff;草甸藁本(阿墩藁本);Meadow Ligusticum ■

229347 Ligusticum koreanum H. Wolff = Ligusticum tachiroei (Franch. et Sav.) M. Hiroe et Constance ■

229348 Ligusticum levisticum L. = Levisticum officinale K. Koch ■

229349 Ligusticum levisticum L. = Levisticum officinale W. D. J. Koch ■

229350 Ligusticum likiangense (H. Wolff) F. T. Pu et M. F. Watson;美脉藁本(丽江棱子芹,云丽棱子芹);Finevein Ligusticum, Lijiang Ligusticum, Lijiang Pleurospermum ■

229351 Ligusticum litangense F. T. Pu;理塘藁本;Litang Ligusticum ■

229352 Ligusticum littledalei Fedde ex H. Wolff;利特藁本;Littedale Ligusticum ■

229353 Ligusticum luteum Poir. = Ferulago lutea (Poir.) Grande ■☆

229354 Ligusticum maireii M. Hiroe;白龙藁本;Whitedragon Ligusticum ■

229355 Ligusticum marginatum C. B. Clarke;具边藁本■☆

229356 Ligusticum markgrafianum Fedde ex H. Wolff = Ligusticum sinense Oliv. ■

229357 Ligusticum maxonianum H. Wolff;黑水藁本;Heishui Ligusticum ■

229358 Ligusticum maxonianum H. Wolff = Ligusticum scapiforme H. Wolff ■

229359 Ligusticum melanotilingia (H. Boissieu) Kitag. = Angelica decursiva (Miq.) Franch. et Sav. ■

229360 Ligusticum modestum Diels = Ligusticum multivittatum Franch. ■

229361 Ligusticum mongholicum (Turcz.) Krylov;蒙古藁本■☆

229362 Ligusticum mongolicum (H. Wolff) Leute = Cnidium monnieri (L.) Cusson ■

229363 Ligusticum moniliforme Z. X. Peng et B. Y. Zhang;串珠藁本;Moniliform Ligusticum ■

229364 Ligusticum monnieri (L.) Calest. = Cnidium monnieri (L.) Cusson ■

229365 Ligusticum mucronatum (Schrenk) Leute;短尖藁本(短尖厚棱芹);Mucronate Thickribcelery ■

229366 Ligusticum mucronatum (Schrenk) Leute = Pachypleurum mucronatum (Schrenk) Schischk. ■

229367 Ligusticum multivittatum Franch.;多管藁本(细裂藁本);Manytube Ligusticum, Moderate Ligusticum ■

229368 Ligusticum nematophyllum (Pimenov et Kljuykov) F. T. Pu et M. F. Watson;丝叶藁本(无管藁本,线叶藁本);Linearleaf Ligusticum ■

229369 Ligusticum nullivittatum (K. T. Fu) F. T. Pu et M. F. Watson;无管藁本■

229370 Ligusticum obtusiusculum Wall. = Physospermopsis obtusiuscula (C. B. Clarke) C. Norman ■

229371 Ligusticum officinale (Makino) Kitag.;日本川芎(川芎,东川芎,芎藭,洋川芎,药用川芎,药用藁本);Medicinal Sakebed ■

229372 Ligusticum oliverianum (H. Boissieu) R. H. Shan;膜苞藁本;Oliver Ligusticum ■

229373 Ligusticum pilgerianum Fedde ex H. Wolff = Ligusticum sinense Oliv. ■

229374 Ligusticum porteri Coult. et Rose;波特藁本;Chuchupate, Porter Ligusticum ■☆

229375 Ligusticum pseudomodestum H. Wolff = Ligusticum multivittatum Franch. ■

229376 Ligusticum pseudomodestum H. Wolff = Ligusticum scapiforme H. Wolff ■

229377 Ligusticum pteridophyllum Franch. ex Glover;蕨叶藁本(打不死,黑藁本,蕨叶白芷,岩川芎,岩林,岩前胡,野川芎);Fernleaf Ligusticum ■

229378 Ligusticum pumilum Korovin;偃藁本■☆

229379 Ligusticum purpureopetalum Kom.;紫瓣藁本■☆

229380 Ligusticum rechingerana (Leute) R. H. Shan et F. T. Pu;玉龙藁本(川滇藁本,类藁本);Yulong Ligusticum ■

229381 Ligusticum reptans (Diels) H. Wolff;匍匐藁本;Creeping Ligusticum ■

229382 Ligusticum salinum (Turcz.) Koso-Pol. = Cnidium salinum Turcz. ■

229383 Ligusticum scapiforme H. Wolff;抽葶藁本(葶状藁本);Scapelike Ligusticum ■

229384 Ligusticum scoticum L.;苏格兰藁本;Lovache, Lovage, Mountain Hemlock, Scotch Ligusticum, Scotch Lovage, Scotch Parsley, Sea Lovage, Sea Parsley, Shemis, Shunas, Siunas ■☆

229385 Ligusticum scoticum L. subsp. hultenii (Fernald) Hultén;胡尔滕藁本■☆

229386 Ligusticum seseloides Fisch. et C. A. Mey. ex Turcz. = Libanotis seseloides (Fisch. et C. A. Mey.) Turcz. ■

229387 Ligusticum sikiangense M. Hiroe;川滇藁本(川西藁本);Xikang Ligusticum ■

229388 Ligusticum silvaticum H. Wolff = Ligusticum sinense Oliv. ■

229389 Ligusticum simplicifolium (W. W. Sm.) M. Hiroe = Trachydium simplicifolium W. W. Sm. ■

229390 Ligusticum sinense Oliv.;藁本(川芎,地新,槁本,藁茇,藁板,藁芨,鬼卿,过桥藁本,山茝,微茎,蔚香,西藁本,西芎,香藁本);China Ligusticum, Chinese Ligusticum ■

229391 Ligusticum sinense Oliv. 'Chuanxiong';川芎藁本■

229392 Ligusticum sinense Oliv. 'Jinxiong';金芎■

229393 Ligusticum sinense Oliv. var. alpinum R. H. Shan ex K. T. Fu;野藁本;Alpine China Ligusticum ■

229394 Ligusticum sinense Oliv. var. hupehense H. D. Zhang;水藁本;Hubei Ligusticum ■
229395 Ligusticum steineri Podlech;斯氏藁本■☆
229396 Ligusticum stewartii (Hiroe) Nasir;斯图尔特藁本■☆
229397 Ligusticum striatum DC. = Ligusticum striatum Wall. ex DC. ■
229398 Ligusticum striatum Wall. ex DC.;木里藁本(条纹藁本);Muli Ligusticum ■
229399 Ligusticum tachiroei (Franch. et Sav.) M. Hiroe et Constance = Rupiphila tachiroei (Franch. et Sav.) Pimenov et Lavrova ■
229400 Ligusticum tachiroei (Franch. et Sav.) M. Hiroe et Constance var. filisectum (Nakai et Kitag.) S. Y. He et W. T. Fan = Ligusticum tachiroei (Franch. et Sav.) M. Hiroe et Constance ■
229401 Ligusticum takeshimanum (Nakai) M. Hiroe = Dystaenia takeshimana (Nakai) Kitag. ■☆
229402 Ligusticum tenuifolium Franch. = Selinum wallichianum (DC.) Raizada et H. O. Saxena ■
229403 Ligusticum tenuisectum H. Boissieu;细裂藁本(城口藁本);Thinsplit Ligusticum ■
229404 Ligusticum tenuissimum (Nakai) Kitag.;细叶藁本(薄叶藁本,藁本,旱藁本,火藁本,极细当归,山藁本);Slenderleaf Ligusticum ■
229405 Ligusticum thomsonii C. B. Clarke;长茎藁本;Thomson Ligusticum ■
229406 Ligusticum thomsonii C. B. Clarke var. evolutior C. B. Clarke;开展藁本;Spread Thomson Ligusticum ■
229407 Ligusticum thomsonii C. B. Clarke var. evolutius C. B. Clarke = Ligusticum thomsonii C. B. Clarke ■
229408 Ligusticum tsusimense Y. Yabe = Tilingia tsusimensis (Y. Yabe) Kitag. ■☆
229409 Ligusticum vaginatum Spreng. = Conioselinum vaginatum (Spreng.) Thell. ■
229410 Ligusticum wallichii Franch.;劲枝藁本;Wallich Ligusticum ■
229411 Ligusticum wallichii Franch. = Ligusticum chuanxiong S. H. Qiu, Y. Q. Zeng, K. Y. Pan, Y. C. Tang et J. M. Xu ■
229412 Ligusticum wallichii Franch. = Ligusticum striatum Wall. ex DC. ■
229413 Ligusticum waltonii H. Wolff = Cyclorhiza waltonii (H. Wolff) M. L. Sheh et R. H. Shan ■
229414 Ligusticum weberbauerianum Fedde ex H. Wolff;尖瓣藁本■
229415 Ligusticum xizangense Z. H. Pan et M. L. Sheh;西藏藁本;Tibet Ligusticum, Xizang Ligusticum ■
229416 Ligusticum yanyuanense F. T. Pu;盐源藁本;Yanyuan Ligusticum ■
229417 Ligusticum yunnanense F. T. Pu;云南藁本;Yunnan Ligusticum ■
229418 Ligustraceae G. Mey. = Oleaceae Hoffmanns. et Link(保留科名)●
229419 Ligustraceae Vent. = Oleaceae Hoffmanns. et Link(保留科名)●
229420 Ligustridium Spach = Ligustrum L. ●
229421 Ligustridium Spach = Syringa L. ●
229422 Ligustridium japonicum Spach = Ligustrum japonicum Thunb. ●
229423 Ligustrina Rupr. = Syringa L. ●
229424 Ligustrina amurensis Rupr. = Syringa reticulata (Blume) H. Hara subsp. amurensis (Rupr.) P. S. Green et M. C. Chang ●
229425 Ligustrina amurensis Rupr. var. mandshurica Maxim. = Syringa reticulata (Blume) H. Hara subsp. amurensis (Rupr.) P. S. Green et M. C. Chang ●
229426 Ligustrina amurensis Rupr. var. pekinensis (Rupr.) Maxim. = Syringa reticulata (Blume) H. Hara subsp. pekinensis (Rupr.) P. S. Green et M. C. Chang ●
229427 Ligustrina rotundifolia Decne. = Syringa reticulata (Blume) H. Hara subsp. amurensis (Rupr.) P. S. Green et M. C. Chang ●
229428 Ligustrum L. (1753);女贞属(水蜡树属);Prim, Privet ●
229429 Ligustrum acutissimum Koehne = Ligustrum leucanthum (S. Moore) P. S. Green ●
229430 Ligustrum acutissimum Koehne = Ligustrum molliculum Hance ●
229431 Ligustrum acutissimum Koehne var. glabrum Z. Y. Zhang = Ligustrum leucanthum (S. Moore) P. S. Green ●
229432 Ligustrum amamianum Koidz.;台湾女贞(蜡子树);Taiwan Privet ●
229433 Ligustrum amamianum Koidz. = Ligustrum liukiuense Koidz. ●
229434 Ligustrum amurense Carrière = Ligustrum obtusifolium Siebold et Zucc. subsp. suave (Kitag.) Kitag. ●
229435 Ligustrum amurense Decne.;阿穆尔女贞;Amur Privet ●
229436 Ligustrum angustum B. M. Miao;狭叶女贞;Angustifoliate Privet, Narrowleaf Privet ●
229437 Ligustrum argyi H. Lév. = Ligustrum quihoui Carrière ●
229438 Ligustrum bodinieri H. Lév. = Ligustrum sinense Lour. var. myrianthum (Diels) Hoefker ●
229439 Ligustrum brachystachyum Decne. = Ligustrum quihoui Carrière ●
229440 Ligustrum calleryanum Decne. = Ligustrum sinense Lour. ●
229441 Ligustrum chenaultii Hickel = Ligustrum compactum (Wall. ex G. Don) Hook. f. et Thomson ex Decne. ●
229442 Ligustrum ciliatum Siebold ex Blume = Ligustrum ibota Siebold ●☆
229443 Ligustrum ciliatum Siebold ex Blume var. microphyllum Nakai = Ligustrum obtusifolium Siebold et Zucc. subsp. microphyllum (Nakai) P. S. Green ●
229444 Ligustrum compactum (Wall. ex G. Don) Hook. f. et Thomson ex Decne.;长叶女贞;Longleaf Privet, Long-leaved Privet ●
229445 Ligustrum compactum (Wall. ex G. Don) Hook. f. et Thomson ex Decne. f. tubiflorum Mansf. = Ligustrum compactum (Wall. ex G. Don) Hook. f. et Thomson ex Decne. ●
229446 Ligustrum compactum (Wall. ex G. Don) Hook. f. et Thomson ex Decne. var. latifolium W. C. Cheng = Ligustrum lucidum W. T. Aiton var. latifolium (W. C. Cheng) Y. C. Hsu ●
229447 Ligustrum compactum (Wall. ex G. Don) Hook. f. et Thomson ex Decne. var. glabrum (Mansf.) Hand. -Mazz. = Ligustrum gracile Rehder ●
229448 Ligustrum compactum (Wall. ex G. Don) Hook. f. et Thomson ex Decne. var. latifolium W. C. Cheng = Ligustrum lucidum W. T. Aiton ●
229449 Ligustrum compactum (Wall. ex G. Don) Hook. f. et Thomson ex Decne. var. velutinum P. S. Green;毛长叶女贞;Velvety Longleaf Privet ●
229450 Ligustrum confusum Decne.;散生女贞(白蜡树果);Confuse Privet, Confused Privet ●
229451 Ligustrum confusum Decne. var. macrocarpum C. B. Clarke;大果女贞;Bigfruit Privet ●
229452 Ligustrum coryanum W. W. Sm. = Ligustrum sinense Lour. var. coryanum (W. W. Sm.) Hand. -Mazz. ●
229453 Ligustrum decidum Hemsl. = Ligustrum sinense Lour. ●
229454 Ligustrum delavayanum Hariot;紫药女贞(川滇蜡树,地柏灵,地灵);Delavay Privet ●
229455 Ligustrum delavayanum Hariot subsp. morrisonense (Kaneh. et Sasaki) B. M. Miao = Ligustrum morrisonense Kaneh. et Sasaki ●
229456 Ligustrum delavayanum Hariot var. ionandrum (Diels) H. Lév. =

Ligustrum delavayanum Hariot ●
229457 Ligustrum esquirolii H. Lév. = Ligustrum lucidum W. T. Aiton ●
229458 Ligustrum expansum Rehder;扩展女贞;Expansile Privet ●◇
229459 Ligustrum formosanum Rehder = Ligustrum pricei Hayata ●
229460 Ligustrum gracile Rehder;细女贞;Thin Privet ●
229461 Ligustrum groffiae Merr.;毛女贞(西嚼,细木南);Hairy Privet ●
229462 Ligustrum groffiae Merr. = Ligustrum sinense Lour. var. myrianthum (Diels) Hoefker ●
229463 Ligustrum gyirongense P. Y. Bai;吉隆女贞;Jilong Privet ●
229464 Ligustrum gyirongense P. Y. Bai = Ligustrum compactum (Wall. ex G. Don) Hook. f. et Thomson ex Decne. ●
229465 Ligustrum gyirongense P. Y. Bai = Ligustrum confusum Decne. ●
229466 Ligustrum henryi Hemsl.;丽叶女贞(兴山蜡树);Henry Privet ●
229467 Ligustrum henryi Hemsl. var. longitubum P. S. Hsu;长筒丽叶女贞(长管女贞,长筒亨氏女贞,长筒兴山蜡树);Long-tube Henry Privet,Long-tube Privet,Long-tubed Privet ●◇
229468 Ligustrum henryi Hemsl. var. longitubum P. S. Hsu = Ligustrum longitubum Y. C. Hsu ex M. C. Chang et B. M. Miao ●◇
229469 Ligustrum hisauchii Makino = Ligustrum ovalifolium Hassk. var. hisauchii (Makino) Noshiro ●☆
229470 Ligustrum hisauchii Makino var. pubescens Makino = Ligustrum ovalifolium Hassk. var. hisauchii (Makino) Noshiro f. pubescens (Makino) S. Haseg. ●☆
229471 Ligustrum hookeri Decne. = Ligustrum lucidum W. T. Aiton ●
229472 Ligustrum ibota Siebold;尖叶蜡子树(冬青,女桢,水蜡树,小蜡树,伊波打女贞)●☆
229473 Ligustrum ibota Siebold = Ligustrum obtusifolium Siebold et Zucc. subsp. suave (Kitag.) Kitag. ●
229474 Ligustrum ibota Siebold = Ligustrum obtusifolium Siebold et Zucc. ●
229475 Ligustrum ibota Siebold et Zucc. var. suave Kitag. = Ligustrum obtusifolium Siebold et Zucc. subsp. suave (Kitag.) Kitag. ●
229476 Ligustrum ibota Siebold f. microphyllum Nakai = Ligustrum ibota Siebold ●☆
229477 Ligustrum ibota Siebold f. microphyllum Nakai = Ligustrum obtusifolium Siebold et Zucc. subsp. microphyllum (Nakai) P. S. Green ●
229478 Ligustrum ibota Siebold var. amurense (Carrière) Mansf. = Ligustrum obtusifolium Siebold et Zucc. subsp. suave (Kitag.) Kitag. ●
229479 Ligustrum ibota Siebold var. microphyllum (Nakai) Nakai ex H. Hara = Ligustrum ibota Siebold ●☆
229480 Ligustrum ibota Siebold var. microphyllum Nakai = Ligustrum obtusifolium Siebold et Zucc. subsp. microphyllum (Nakai) P. S. Green ●
229481 Ligustrum ibota Siebold var. obovatum Blume = Ligustrum ovalifolium Hassk. ●
229482 Ligustrum ibota Siebold var. suave Kitag. = Ligustrum obtusifolium Siebold et Zucc. subsp. suave (Kitag.) Kitag. ●
229483 Ligustrum ibota Siebold var. subcoriaceum Koehne et Lingelsh. = Ligustrum leucanthum (S. Moore) P. S. Green ●
229484 Ligustrum ionandrum Diels = Ligustrum delavayanum Hariot ●
229485 Ligustrum japonicum Thunb.;日本女贞(冬青木,苦茶,苦茶叶,苦丁茶,苦味散,女贞,女贞木,日本毛女贞,小白蜡);Japan Privet,Japanese Privet,Wax-leaf Privet ●
229486 Ligustrum japonicum Thunb. 'Coriaceum' = Ligustrum japonicum Thunb. var. rotundifolium Blume ●
229487 Ligustrum japonicum Thunb. 'Rotundifolium' = Ligustrum japonicum Thunb. var. rotundifolium Blume ●
229488 Ligustrum japonicum Thunb. 'Texanum';得克萨斯日本女贞 ●☆
229489 Ligustrum japonicum Thunb. 'Variegatum';斑叶日本女贞;Variegata Waxleaf Privet ●
229490 Ligustrum japonicum Thunb. = Ligustrum lianum P. C. Hsu ●
229491 Ligustrum japonicum Thunb. = Ligustrum lucidum W. T. Aiton ●
229492 Ligustrum japonicum Thunb. f. elegans (Carrière) H. Hara;雅致日本女贞●☆
229493 Ligustrum japonicum Thunb. f. leucocarpum (Honda) T. Yamanaka;白果日本女贞●☆
229494 Ligustrum japonicum Thunb. f. pubescens (Koidz.) Murata = Ligustrum japonicum Thunb. var. pubescens Koidz. ●
229495 Ligustrum japonicum Thunb. f. pubescens (Koidz.) Murata = Ligustrum pricei Hayata ●
229496 Ligustrum japonicum Thunb. f. repens Honda = Ligustrum japonicum Thunb. var. repens Honda ●☆
229497 Ligustrum japonicum Thunb. f. rotundifolium (Blume) Noshiro = Ligustrum japonicum Thunb. var. rotundifolium Blume ●
229498 Ligustrum japonicum Thunb. f. variegatum (G. Nicholson) H. Hara = Ligustrum japonicum Thunb. 'Variegatum' ●
229499 Ligustrum japonicum Thunb. var. crassifolium Hisauti;厚叶日本女贞●☆
229500 Ligustrum japonicum Thunb. var. crassifolium Hisauti = Ligustrum amamianum Koidz. ●
229501 Ligustrum japonicum Thunb. var. crassifolium Hisauti = Ligustrum japonicum Thunb. var. spathulatum Mansf. ●☆
229502 Ligustrum japonicum Thunb. var. iwaki Hotta = Ligustrum amamianum Koidz. ●
229503 Ligustrum japonicum Thunb. var. mediopictum Nakai;黄斑日本女贞●☆
229504 Ligustrum japonicum Thunb. var. ovalifolium (Hassk.) Blume = Ligustrum ovalifolium Hassk. ●
229505 Ligustrum japonicum Thunb. var. pricei (Hayata) T. S. Liu et J. C. Liao = Ligustrum pricei Hayata ●
229506 Ligustrum japonicum Thunb. var. pubescens Koidz.;日本毛女贞;Pubescent Japanese Privet ●
229507 Ligustrum japonicum Thunb. var. pubescens Koidz. = Ligustrum amamianum Koidz. ●
229508 Ligustrum japonicum Thunb. var. pubescens Koidz. = Ligustrum japonicum Thunb. ●
229509 Ligustrum japonicum Thunb. var. pubescens Koidz. = Ligustrum lianum P. C. Hsu ●
229510 Ligustrum japonicum Thunb. var. pubescens Koidz. = Ligustrum liukiuense Koidz. ●
229511 Ligustrum japonicum Thunb. var. pubescens Koidz. = Ligustrum pricei Hayata ●
229512 Ligustrum japonicum Thunb. var. repens Honda;匍匐日本女贞 ●☆
229513 Ligustrum japonicum Thunb. var. rotundifolium Blume;圆叶日本女贞(圆叶日本毛女贞);Round-leaf Privet ●
229514 Ligustrum japonicum Thunb. var. spathulatum Nansf.;匙叶日本女贞●☆
229515 Ligustrum japonicum Thunb. var. spathulatum Nansf. = Ligustrum amamianum Koidz. ●
229516 Ligustrum japonicum Thunb. var. syaryotense Masam. et Mod ex

Mori = Ligustrum amamianum Koidz. ●
229517 Ligustrum kanehirae Mori = Ligustrum amamianum Koidz. ●
229518 Ligustrum kellerianum Vis. = Ligustrum japonicum Thunb. ●
229519 Ligustrum kellerianum Vis. = Ligustrum pricei Hayata ●
229520 Ligustrum kellermanni Van Houtte = Ligustrum pricei Hayata ●
229521 Ligustrum kiyozumianum Nakai;京泉氏女贞●☆
229522 Ligustrum leucanthum (S. Moore) P. S. Green;蜡子树;Sharpleaf Privet,Sharp-leaved Privet ●
229523 Ligustrum lianum P. C. Hsu;华女贞(李民女贞);China Privet,Li's Privet ●
229524 Ligustrum liukiuense Koidz.;琉球女贞(日本女贞);Liukiu Privet ●
229525 Ligustrum liukiuense Koidz. var. microphyllum Koidz.;小叶琉球女贞;Littleleaf Privet,Smallleaf Privet ●☆
229526 Ligustrum longipedicellatum Hung T. Chang;长柄女贞;Long-pedicel Privet,Long-petioled Privet,Longstipe Privet ●
229527 Ligustrum longipedicellatum Hung T. Chang = Ligustrum sinense Lour. var. luodianense M. C. Chang ●
229528 Ligustrum longitubum Y. C. Hsu ex M. C. Chang et B. M. Miao = Ligustrum henryi Hemsl. var. longitubum P. S. Hsu ●◇
229529 Ligustrum lucidum W. T. Aiton;女贞(白蜡树,爆格蚤,爆竹,大叶蜡树,大叶女贞,冬青,冬青树,冻青树,将军树,酒女贞,蜡树,落叶女贞,女贞木,女桢,青蜡树,山瑞香,鼠梓,水金刚,水蜡树,水瑞香,水桢,土金刚,小叶冻青,桢木);Broad-leaf Glossy Privet,Broad-leafed Privet,Chinese Privet,Glossy Privet,Ligustrum,Privet,Tree Privet,Wax Tree,Waxleaf Privet,White Wax-tree ●
229530 Ligustrum lucidum W. T. Aiton 'Excelsum Superbum';花叶高耸女贞(金边女贞)●☆
229531 Ligustrum lucidum W. T. Aiton 'Tricolor';三色女贞●☆
229532 Ligustrum lucidum W. T. Aiton f. latifolium (W. C. Cheng) Y. C. Hsu = Ligustrum lucidum W. T. Aiton ●
229533 Ligustrum lucidum W. T. Aiton var. aureo-marginatum Nakai;黄边女贞●☆
229534 Ligustrum lucidum W. T. Aiton var. esquirolii (H. Lév.) H. Lév. = Ligustrum lucidum W. T. Aiton ●
229535 Ligustrum lucidum W. T. Aiton var. latifolium (W. C. Cheng) Y. C. Hsu = Ligustrum lucidum W. T. Aiton ●
229536 Ligustrum lucidum W. T. Aiton var. xideense J. L. Liu;喜德女贞;Xide Privet ●
229537 Ligustrum magnoliifolium Hort. = Ligustrum lucidum W. T. Aiton ●
229538 Ligustrum mairei H. Lév. = Syringa mairei (H. Lév.) Rehder ●
229539 Ligustrum malongense B. S. Sun;四季春(马龙女贞);Malong Privet ●
229540 Ligustrum mariei H. Lév. = Syringa mairei (H. Lév.) Rehder ●
229541 Ligustrum matsudae Kaneh. ex Shimizu et T. C. Kao;锐叶女贞●
229542 Ligustrum matsudae Kaneh. ex Shimizu et T. C. Kao = Ligustrum sinense Lour. ●
229543 Ligustrum mayebaranum Koidz. = Ligustrum salicinum Nakai ●☆
229544 Ligustrum medium Franch. et Sav.;中型女贞;Mediate Privet ●
229545 Ligustrum medium Franch. et Sav. = Ligustrum ovalifolium Hassk. ●
229546 Ligustrum micranthum Zucc.;小花女贞●☆
229547 Ligustrum micranthum Zucc. var. lanceolatum Nakai ex H. Hara;线叶小花女贞●☆
229548 Ligustrum micranthum Zucc. var. pubescens Koidz. = Ligustrum pricei Hayata ●
229549 Ligustrum microcarpum Kaneh. et Sasaki;小果女贞(小实女贞);Little Fruit Privet ●
229550 Ligustrum microcarpum Kaneh. et Sasaki = Ligustrum sinense Lour. ●
229551 Ligustrum microcarpum Kaneh. et Sasaki var. shakaroense (Kaneh.) Shimizu et Kao = Ligustrum sinense Lour. ●
229552 Ligustrum molliculum Hance = Ligustrum leucanthum (S. Moore) P. S. Green ●
229553 Ligustrum morrisonense Kaneh. et Sasaki;玉山女贞(玉山水蜡树);Morrison Privet,Yushan Privet ●
229554 Ligustrum myrianthum Diels = Ligustrum sinense Lour. var. myrianthum (Diels) Hoefker ●
229555 Ligustrum nepalense f. glabrum Hook. = Ligustrum lucidum W. T. Aiton ●
229556 Ligustrum nokoense Masam. et K. Mori = Ligustrum sinense Lour. ●
229557 Ligustrum obovatilimbum B. M. Miao;倒卵叶女贞;Obovateleaf Privet,Obovate-leaved Privet ●
229558 Ligustrum obtusifolium Siebold et Zucc.;水蜡树(冬青,钝叶女贞,钝叶水蜡树,女桢,水蜡);Amur Privet,Blunt-leaved Privet,Border Privet,Ibota Liguster,Ibota Privet,Japanese Privet,Privet,Wax Privet ●
229559 Ligustrum obtusifolium Siebold et Zucc. f. leiocaiyx (Nakai) Murata = Ligustrum obtusifolium Siebold et Zucc. var. leiocalyx Nakai ●☆
229560 Ligustrum obtusifolium Siebold et Zucc. f. velutinum (Blume) Murata;绒毛水蜡树●☆
229561 Ligustrum obtusifolium Siebold et Zucc. subsp. microphyllum (Nakai) P. S. Green;东亚女贞;East-Asia Privet ●
229562 Ligustrum obtusifolium Siebold et Zucc. subsp. suave (Kitag.) Kitag.;辽东水蜡树(阿穆尔女贞);Amur Privet,Border Privet ●
229563 Ligustrum obtusifolium Siebold et Zucc. var. leiocalyx (Nakai) H. Hara;光萼水蜡树;Glabrous-calyx ●☆
229564 Ligustrum obtusifolium Siebold et Zucc. var. leiocalyx Nakai = Ligustrum obtusifolium Siebold et Zucc. var. leiocalyx (Nakai) H. Hara ●☆
229565 Ligustrum obtusifolium Siebold et Zucc. var. regelianum (Koehne) Rehder;豪华水蜡(钝叶水蜡树)●☆
229566 Ligustrum obtusifolium Siebold et Zucc. var. rubescens Nakai;红萼水蜡树●☆
229567 Ligustrum obtusifolium Siebold et Zucc. var. suave (Kitag.) Hara = Ligustrum obtusifolium Siebold et Zucc. subsp. suave (Kitag.) Kitag. ●
229568 Ligustrum obtusifolium Siebold et Zucc. var. velutinum (Blume) H. Hara = Ligustrum obtusifolium Siebold et Zucc. f. velutinum (Blume) Murata ●☆
229569 Ligustrum ovalifolium Hassk.;卵叶女贞(加州女贞);California Privet,Californian Privet,Common Privet,European Privet,Garden Privet,Golden Privet,Japanese Privet,Oval-leafed Privet,Ovateleaf Privet,Ovate-leaved Privet ●
229570 Ligustrum ovalifolium Hassk. 'Argenteum';银白卵叶女贞●☆
229571 Ligustrum ovalifolium Hassk. 'Aureum';金色卵叶女贞(黄边卵叶女贞,金叶卵叶女贞);Golden Privet ●☆
229572 Ligustrum ovalifolium Hassk. f. aureum (Carrière) Rehder = Ligustrum ovalifolium Hassk. 'Aureum' ●☆
229573 Ligustrum ovalifolium Hassk. f. heterophyllum (Blume) Murata;异卵叶女贞●
229574 Ligustrum ovalifolium Hassk. f. heterophyllum (Blume) Murata

= Ligustrum ovalifolium Hassk. ●
229575 Ligustrum ovalifolium Hassk. f. heterophyllum (Blume) Nakai = Ligustrum ovalifolium Hassk. ●
229576 Ligustrum ovalifolium Hassk. var. heterophyllum (Blume) Nakai = Ligustrum ovalifolium Hassk. f. heterophyllum (Blume) Murata ●
229577 Ligustrum ovalifolium Hassk. var. heterophyllum (Blume) Nakai = Ligustrum ovalifolium Hassk. ●
229578 Ligustrum ovalifolium Hassk. var. hisauchii (Makino) Noshiro;久内卵叶女贞●☆
229579 Ligustrum ovalifolium Hassk. var. hisauchii (Makino) Noshiro f. pubescens (Makino) S. Haseg.;短柔毛卵叶女贞●☆
229580 Ligustrum ovalifolium Hassk. var. pacificum (Nakai) M. Mizush.;太平洋女贞●☆
229581 Ligustrum pacificum Nakai = Ligustrum ovalifolium Hassk. var. pacificum (Nakai) M. Mizush. ●☆
229582 Ligustrum patulum Palib. = Syringa pubescens subsp. patula (Palib.) M. C. Chang et X. L. Chen ●
229583 Ligustrum pedunculare Rehder;总梗女贞●
229584 Ligustrum pedunculare Rehder = Ligustrum pricei Hayata ●
229585 Ligustrum phillyrea H. Lév. = Osmanthus delavayi Franch. ●
229586 Ligustrum prattii Koehne = Ligustrum delavayanum Hariot ●
229587 Ligustrum pricei Hayata;阿里山女贞(花莲女贞,清水氏女贞,台湾女贞,序梗女贞,总梗女贞);Hualian Privet, Hualien Privet, Price Privet, Singlestalk Privet ●
229588 Ligustrum pricei Hayata = Ligustrum sinense Lour. ●
229589 Ligustrum pubescens Wall. = Ligustrum robustum (Roxb.) Blume ●
229590 Ligustrum punctifolium M. C. Chang;斑叶女贞;Spot-leaf Privet, Spotte-leaved Privet ●◇
229591 Ligustrum purpurascens Y. C. Yang = Ligustrum robustum (Roxb.) Blume subsp. chinense P. S. Green ●
229592 Ligustrum purpurascens Y. C. Yang = Ligustrum robustum (Roxb.) Blume ●
229593 Ligustrum quihoui Carrière;小叶女贞(水白蜡,小白蜡树,小蜡树,小叶水蜡树);Purpus Privet, Waxyleaf Privet, Waxy-leaf Privet ●
229594 Ligustrum quihoui Carrière var. brachystachium (Decne.) Hand.-Mazz. = Ligustrum quihoui Carrière ●
229595 Ligustrum quihoui Carrière var. glabrum Mansf. = Ligustrum gracile Rehder ●
229596 Ligustrum quihoui Carrière var. trichopodum Y. C. Yang = Ligustrum quihoui Carrière ●
229597 Ligustrum regosulum W. W. Sm. = Ligustrum sinense Lour. var. rugosulum (W. W. Sm.) M. C. Chang ●
229598 Ligustrum retitulatum Blume = Syringa reticulata (Blume) H. Hara ●☆
229599 Ligustrum retusum Merr.;凹叶女贞(尖凹叶女贞,小叶女贞);Retuse Privet ●
229600 Ligustrum rhea H. Lév. et Dunn = Wendlandia salicifolia Franch. ●
229601 Ligustrum robustum (Roxb.) Blume;粗壮女贞(藏女贞,虫蜡树,冬青子,千张树,山蜡树,山雪子,水黄相,紫茎女贞);Robust Privet, Thick Privet ●
229602 Ligustrum robustum (Roxb.) Blume subsp. chinense P. S. Green;中国粗壮女贞●
229603 Ligustrum robustum (Roxb.) Blume var. chayuense P. Y. Bai;察隅女贞;Chayu Robust Prive ●
229604 Ligustrum robustum (Roxb.) Blume var. chayuense P. Y. Bai = Ligustrum sinense Lour. var. rugosulum (W. W. Sm.) M. C. Chang ●
229605 Ligustrum robustum (Roxb.) Blume var. pubescens (Wall.) Decne. = Ligustrum robustum (Roxb.) Blume ●
229606 Ligustrum roxburghii Blume = Ligustrum lucidum W. T. Aiton ●
229607 Ligustrum roxburghii C. B. Clarke = Ligustrum lucidum W. T. Aiton ●
229608 Ligustrum rufum Nakai;九州女贞;Red Privet, Rufous Privet ●☆
229609 Ligustrum rugosulum W. W. Sm. = Ligustrum sinense Lour. var. rugosulum (W. W. Sm.) M. C. Chang ●
229610 Ligustrum salicinum Nakai;柳叶女贞;Willowleaf Prive ●☆
229611 Ligustrum seisuiense Shimizu et T. C. Kao;清水女贞●
229612 Ligustrum seisuiense Shimizu et T. C. Kao = Ligustrum pricei Hayata ●
229613 Ligustrum sempervirens (Franch.) Lingelsh.;裂果女贞;Dehiscentfruit Privet, Evergreen Privet ●
229614 Ligustrum shakaroense Kaneh.;深瓣女贞;Shakaro Privet ●
229615 Ligustrum shakaroense Kaneh. = Ligustrum sinense Lour. ●
229616 Ligustrum sieboldii Nicholson = Ligustrum pricei Hayata ●
229617 Ligustrum sinense Lour.;小蜡(华南小蜡,黄心柳,杻,千张树,锐叶女贞,山蜡树,山指甲,水黄柳,水黄杨,水小蜡,土橿,小蜡树,小实女贞,檍,鱼蜡,鱼蜡树);Chinese Privet, Hedge Privet, Ligustrum, Privet, S. China Privet, Samll Privet, Samll-leafed Privet ●
229618 Ligustrum sinense Lour. 'Multiflorum';丰花小蜡●☆
229619 Ligustrum sinense Lour. 'Pendulum';垂枝小蜡●☆
229620 Ligustrum sinense Lour. 'Variegatum';斑叶小蜡●☆
229621 Ligustrum sinense Lour. = Ligustrum lianum P. C. Hsu ●
229622 Ligustrum sinense Lour. var. concavum M. C. Chang;滇桂小蜡;Concave Chinese Privet ●
229623 Ligustrum sinense Lour. var. coryanum (W. W. Sm.) Hand.-Mazz.;多毛小蜡;Cory's Chinese Privet ●
229624 Ligustrum sinense Lour. var. dissimile S. J. Hao;异型小蜡;Heteroleaf Chinese Privet ●
229625 Ligustrum sinense Lour. var. luodianense M. C. Chang;罗甸小蜡;Luodian Privet ●
229626 Ligustrum sinense Lour. var. myrianthum (Diels) Hoefker;光萼小蜡(苦丁茶,苦味散,毛女贞,山万年青,蚊子木);Smooth-calyx Chinese Privet ●
229627 Ligustrum sinense Lour. var. nitidum Rehder;光叶小蜡(光叶小蜡树,水白蜡);Glabrous Chinese Privet ●
229628 Ligustrum sinense Lour. var. nitidum Rehder = Ligustrum sinense Lour. ●
229629 Ligustrum sinense Lour. var. opienense Y. C. Yang;峨边小蜡;Ebian Privet ●
229630 Ligustrum sinense Lour. var. rugosulum (W. W. Sm.) M. C. Chang;皱叶小蜡;Wrinkledleaf Privet ●
229631 Ligustrum sinense Lour. var. stauntonii (A. DC.) Rehder = Ligustrum sinense Lour. ●
229632 Ligustrum sinense Lour. var. stauntonii Rehder;毛叶小蜡●
229633 Ligustrum stauntonii A. DC. = Ligustrum sinense Lour. ●
229634 Ligustrum strongylophyllum Hemsl.;宜昌女贞;Yichang Privet ●
229635 Ligustrum suave (Kitag.) Kitag. = Ligustrum obtusifolium Siebold et Zucc. subsp. suave (Kitag.) Kitag. ●
229636 Ligustrum subsessile S. Y. Hu = Ligustrum leucanthum (S. Moore) P. S. Green ●

229637 Ligustrum suspensum Thunb. = Forsythia suspensa (Thunb.) Vahl ●
229638 Ligustrum suspensum Thunb. f. pubescens Rehder = Forsythia suspensa (Thunb.) Vahl ●
229639 Ligustrum suspensum Thunb. var. fortunei (Lindl.) Rehder = Forsythia suspensa (Thunb.) Vahl ●
229640 Ligustrum suspensum Thunb. var. latifolia Rehder = Forsythia suspensa (Thunb.) Vahl ●
229641 Ligustrum suspensum Thunb. var. sieboldii Zabel = Forsythia suspensa (Thunb.) Vahl ●
229642 Ligustrum syringiflorum Nicholson = Ligustrum pricei Hayata ●
229643 Ligustrum tamakii Hatus.;钏女贞●☆
229644 Ligustrum taquetii H. Lév. = Ligustrum japonicum Thunb. ●
229645 Ligustrum taquetii H. Lév. = Ligustrum lucidum W. T. Aiton ●
229646 Ligustrum tenuipes M. C. Chang;细梗女贞;Slenderstalk Privet, Thinstalk Privet, Thin-stemmed Privet ●
229647 Ligustrum thea H. Lév. et Dunn = Wendlandia salicifolia Franch. ex Drake ●
229648 Ligustrum thibeticum Decne. = Ligustrum robustum (Roxb.) Blume subsp. chinense P. S. Green ●
229649 Ligustrum thibeticum Decne. = Ligustrum robustum (Roxb.) Blume ●
229650 Ligustrum tschonoskii Decne.;须川女贞;Tschonosky Privet ●☆
229651 Ligustrum tschonoskii Decne. f. glabrescens (Koidz.) Murata;光须川氏女贞●☆
229652 Ligustrum tschonoskii Decne. var. epile Ohwi;大井女贞●☆
229653 Ligustrum tschonoskii Decne. var. glabrescens Koidz. = Ligustrum tschonoskii Decne. f. glabrescens (Koidz.) Murata ●☆
229654 Ligustrum tschonoskii Decne. var. kiyozumianum (Nakai) Ohwi = Ligustrum kiyozumianum Nakai ●☆
229655 Ligustrum tschonoskii Decne. var. kiyozumianum (Nakai) Ohwi f. epile Ohwi = Ligustrum tschonoskii Decne. var. epile Ohwi ●☆
229656 Ligustrum tschonoskii Decne. var. macrocarpum (Koehne) Rehder;大果须川氏女贞●☆
229657 Ligustrum tschonoskii Decne. var. maritimum Koidz. = Ligustrum tschonoskii Decne. var. yuhkianum (Koidz.) Sugim. ●☆
229658 Ligustrum tschonoskii Decne. var. yuhkianum (Koidz.) Sugim.;结城女贞●☆
229659 Ligustrum tsoongii Merr. = Olea tsoongii (Merr.) P. S. Green ●
229660 Ligustrum vaniotii H. Lév. = Fraxinus griffithii C. B. Clarke ●
229661 Ligustrum vicaryi Rehder;金叶女贞;Vicary Privet ●
229662 Ligustrum vulgare L.;欧洲女贞(地中海女贞,欧女贞);Black Top, Blue Poison, Brivet, Common Privet, Dog Drake, Europe Privet, European Privet, Pevit, Pivot, Prie, Prim, Primet, Primp Rint, Primp, Primrose, Primwort, Print, Pripet, Privet, Privy Saugh, Privy, Skedge, Skedgewith, Skidgy, Wild Privet ●☆
229663 Ligustrum vulgare L. 'Aureum';黄欧洲女贞(金叶欧洲女贞,浅黄欧洲女贞);Golden Privet ●☆
229664 Ligustrum vulgare L. 'Glaucum';灰叶欧洲女贞●☆
229665 Ligustrum vulgare L. 'Pendulum';垂枝欧洲女贞;Weeping Hardy Privet ●☆
229666 Ligustrum vulgare L. 'Xanthocarpum';黄果欧洲女贞●☆
229667 Ligustrum xingrenense D. J. Liu;兴仁女贞;Xingren Privet ●
229668 Ligustrum yesoense Nakai = Ligustrum tschonoskii Decne. ●☆
229669 Ligustrum yezoense Nakai = Ligustrum tschonoskii Decne. f. glabrescens (Koidz.) Murata ●☆
229670 Ligustrum yuhkianum Koidz. = Ligustrum tschonoskii Decne. ●☆
229671 Ligustrum yunguiense B. M. Miao;云贵女贞;Yungui Privet, Yunnan-Guizhou Privet ●
229672 Ligustrum yunnanense L. Henry = Ligustrum compactum (Wall. ex G. Don) Hook. f. et Thomson ex Decne. var. velutinum P. S. Green ●
229673 Lijndenia Zoll. et Moritzi = Memecylon L. ●
229674 Lijndenia Zoll. et Moritzi(1846);里因野牡丹属●☆
229675 Lijndenia barteri (Hook. f.) K. Bremer;巴特里因野牡丹●☆
229676 Lijndenia bequaertii (De Wild.) Borhidi;贝卡尔里因野牡丹●☆
229677 Lijndenia brenanii (A. Fern. et R. Fern.) Jacq. -Fél.;布雷南里因野牡丹●☆
229678 Lijndenia fragrans (A. Fern. et R. Fern.) Borhidi;芳香野牡丹●☆
229679 Lijndenia greenwayii (Brenan) Borhidi;格林韦里因野牡丹●☆
229680 Lijndenia jasminoides (Gilg) Borhidi;素馨野牡丹●☆
229681 Lijndenia semseii (A. Fern. et R. Fern.) Borhidi;塞姆里因野牡丹●☆
229682 Lilac Mill. = Syringa L. ●
229683 Lilac minor Moench = Syringa persica L. ●☆
229684 Lilac vulgaris Lam. = Syringa vulgaris L. ●
229685 Lilaca Raf. = Syringa L. ●
229686 Lilacaceae Vent. = Oleaceae Hoffmanns. et Link(保留科名)●
229687 Lilaea Bonpl. (1808);异柱草属(拟水韭属);Flowering-quillwort ■☆
229688 Lilaea Humb. et Bonpl. = Lilaea Bonpl. ■☆
229689 Lilaea scilloides (Poir.) Hauman;异柱草■☆
229690 Lilaea subulata Humb. et Bonpl. = Lilaea scilloides (Poir.) Hauman ■☆
229691 Lilaeaceae Dumort. (1829)(保留科名);异柱草科(拟水韭科)■☆
229692 Lilaeaceae Dumort. (保留科名) = Juncaginaceae Rich. (保留科名)■
229693 Lilaeopsis Greene(1891);类异柱草属(新西兰草属)■☆
229694 Lilaeopsis lineata (Michx.) Greene;类异柱草(新西兰草)■☆
229695 Lilaeopsis mauritiana G. Petersen et Affolter;毛里求斯类异柱草■☆
229696 Lilavia Raf. = Alstroemeria L. ■☆
229697 Lilenia Bertero = Azara Ruiz et Pav. ●☆
229698 Lilenia Bertero ex Bull. = Azara Ruiz et Pav. ●☆
229699 Liliaceae Adans. = Liliaceae Juss. (保留科名)■●
229700 Liliaceae Juss. (1789)(保留科名);百合科;Lily Family ■●
229701 Liliacum Renault = Syringa L. ●
229702 Liliago C. Presl = Anthericum L. ■☆
229703 Liliago C. Presl = Phalangium Mill. ■☆
229704 Liliago Heist. = Amaryllis L. (保留属名)■☆
229705 Liliastrum Fabr. (废弃属名) = Paradisea Mazzuc. (保留属名)■☆
229706 Liliastrum Link = Anthericum L. ■☆
229707 Lilicella Rich. ex Baill. = Sciaphila Blume ■
229708 Lilioasphodelus Fabr. = Hemerocallis L. ■
229709 Liliogladiolus Trew = Gladiolus L. ■
229710 Lilio-gladiolus Trew = Gladiolus L. ■
229711 Liliohyacinthus Ortega = Scilla L. ■
229712 Lilio-Hyacinthus Ortega = Scilla L. ■

229713 Lilionarcissus Trew = Amaryllis L.(保留属名)■☆
229714 Lilio-narcissus Trew = Amaryllis L.(保留属名)■☆
229715 Liliorhiza Kellogg = Fritillaria L. ■
229716 Lilithia Raf. = Rhus L. ●
229717 Lilium L.(1753);百合属;Lely,Lily ■
229718 Lilium × hollandicum Bergman;宽叶伞花百合;Orange Lily ■☆
229719 Lilium × imperiale Wilson;壮丽百合■☆
229720 Lilium × maculatum Thunb.;董氏百合■☆
229721 Lilium aduncum Elwes = Lilium brownii F. E. Br. ex Spae var. viridulum Baker ■
229722 Lilium affine Schult. et Schult. f. = Fritillaria affinis (Schult. et Schult. f.) Sealy ■☆
229723 Lilium amabile Palib.;秀丽百合(朝鲜百合);Amabile Lily,Korean Lily,Priendly Lily ■
229724 Lilium amabile Palib. var. luteum Hort.;黄花朝鲜百合;Yellow Korean Lily ■☆
229725 Lilium amoenum E. H. Wilson ex Sealy;玫红百合;Purplered Lily,Rosered Lily ■
229726 Lilium andinum Nutt. = Lilium philadelphicum L. ■☆
229727 Lilium anhuiense D. C. Zhang et J. Z. Shao;安徽百合;Anhui Lily ■
229728 Lilium apertum Franch. = Nomocharis aperta (Franch.) E. H. Wilson ■
229729 Lilium apertum Franch. var. thibeticum Franch. = Nomocharis saluenense Balf. f. ■
229730 Lilium auratum Lindl.;天香百合(金百合,金线百合,山百合,天香,夜合);Gold Lily,Goldband Lily,Gold-banded Lily,Golden Lily of Japan,Golden-banded Lily,Golden-rayed Lily,Golden-rayed Lily-of-Japan,Hill Lily,Japan Lily,Japanese Lily,Japanese Ray Lily,Mountain Lily,Queen of the Lilies ■
229731 Lilium auratum Lindl. var. flore-pleno J. H. McLaughlin;重瓣天香百合;Doubleflower Goldband Lily ■☆
229732 Lilium auratum Lindl. var. latifolium Matsum. et Nakai;阔叶天香百合■☆
229733 Lilium auratum Lindl. var. pictum Wall.;艳红天香百合;Crimsonband Lily ■☆
229734 Lilium auratum Lindl. var. platyphyllum Baker;宽叶天香百合;Brosdleaf Goldband Lily ■☆
229735 Lilium auratum Lindl. var. rubrum Carrière;红脊天香百合;Redband Lily ■☆
229736 Lilium auratum Lindl. var. tricolor Baker;三色天香百合;Three-coloroured Lily ■☆
229737 Lilium auratum Lindl. var. virginale Duch.;洁白天香百合;Whiteflower Goldband Lily ■☆
229738 Lilium australe Stapf = Lilium brownii F. E. Br. ex Spae var. viridulum Baker ■
229739 Lilium australe Stapf = Lilium brownii F. E. Br. ex Spae ■
229740 Lilium avenaceum Fisch. = Lilium medeoloides A. Gray ■
229741 Lilium avenaceum Fisch. ex Regel = Lilium medeoloides A. Gray ■
229742 Lilium bakerianum Collett et Hemsl.;滇百合(红百合,红花百合);Baker Lily ■
229743 Lilium bakerianum Collett et Hemsl. subsp. sempervivoideum (H. Lév.) McKean = Lilium sempervivoideum H. Lév. ■
229744 Lilium bakerianum Collett et Hemsl. var. aureum Grove et Cotton;金黄花滇百合(黄花红百合);Golden Baker Lily,Goldenflower Baker Lily ■
229745 Lilium bakerianum Collett et Hemsl. var. delavayi (Franch.) E. H. Wilson;黄绿花滇百合(山百合,紫花红百合);Delanay Lily,Yellowgreen Baker Lily ■
229746 Lilium bakerianum Collett et Hemsl. var. rubrum Stearn;紫红花滇百合(紫红花红百合);Reddishflower Lily ■
229747 Lilium bakerianum Collett et Hemsl. var. yunnanense (Franch.) Sealy ex Woodcock et Stearn;无斑滇百合(无斑百合,无斑红百合);Spotlessflower Baker Lily ■
229748 Lilium batisua Buch.-Ham. ex D. Don = Lilium wallichianum Schult. f. ■☆
229749 Lilium biondii Baroni = Lilium davidii Duch. ■
229750 Lilium bolanderi S. Watson;嵌环百合;Thimble Lily ■☆
229751 Lilium bonatii H. Lév. = Fritillaria cirrhosa D. Don ■
229752 Lilium brevistylum (S. Yun Liang) S. Yun Liang;短柱小百合(短花柱小百合,短柱百合);Dwarf Shortstyle Lily ■
229753 Lilium brownii F. E. Br. ex Miellez var. leucanthum Baker = Lilium leucanthum (Baker) Baker ■
229754 Lilium brownii F. E. Br. ex Spae;野百合(百合,百合草,淡紫百合,米百合);Brown Lily,Hongkong Lily ■
229755 Lilium brownii F. E. Br. ex Spae var. ausrode (Stapf) Stearn;香港百合;Hong Kong Lily ■
229756 Lilium brownii F. E. Br. ex Spae var. australe (Stapf) Stearn = Lilium brownii F. E. Br. ex Spae ■
229757 Lilium brownii F. E. Br. ex Spae var. colchensteri (Van Houtte) Wilson ex Elwes = Lilium brownii F. E. Br. ex Spae var. viridulum Baker ■
229758 Lilium brownii F. E. Br. ex Spae var. colchesteri (Van Houtte) E. H. Wilson ex Elwes;紫背罗浮百合(百合);Bronze Lily,Brown's Lily,Chinese Trumpet Lily,Colchester Lily,Japan Lily ■
229759 Lilium brownii F. E. Br. ex Spae var. colchesteri Van Houtte ex Stapf = Lilium brownii F. E. Br. ex Spae var. viridulum Baker ■
229760 Lilium brownii F. E. Br. ex Spae var. ferum Stapf ex Elwes = Lilium brownii F. E. Br. ex Spae var. viridulum Baker ■
229761 Lilium brownii F. E. Br. ex Spae var. leucanthum Baker = Lilium leucanthum (Baker) Baker ■
229762 Lilium brownii F. E. Br. ex Spae var. microflora Arn.;小花淡紫百合(小花百合)■
229763 Lilium brownii F. E. Br. ex Spae var. odorum (Planch.) Baker = Lilium brownii F. E. Br. ex Spae var. viridulum Baker ■
229764 Lilium brownii F. E. Br. ex Spae var. platyphyllum Baker = Lilium brownii F. E. Br. ex Spae var. viridulum Baker ■
229765 Lilium brownii F. E. Br. ex Spae var. viridulum Baker;百合(白百合,白花百合,倒卵叶百合,家百合,喇叭筒,山百合,蒜脑藷,药百合,野百合);Greenish Lily ■
229766 Lilium bulbiferum L.;珠芽百合;Bulbiferous Lily,Bulbil Lily,Common Orange-lily,Fire Lily,Orange Bulbil Lily,Orange Lily,Saffron Lily ■☆
229767 Lilium bulbiferum L. var. chaixii (Maw) Stokes;查氏珠芽百合;Chaix Bulbil Lily ■☆
229768 Lilium bulbiferum L. var. chaixii (Maw) Stokes = Lilium bulbiferum L. ■☆
229769 Lilium bulbiferum L. var. croceum (Chaix) Pers.;橙花珠芽百合(橙黄珠芽百合);Orange Bulbil Lily,Orange Lily ■☆
229770 Lilium bulbiferum L. var. giganteum N. Terracc.;大花珠芽百合(大珠芽百合);Gigantic Bulbil Lily ■☆
229771 Lilium bulbiferum L. var. typicum Ducommun;橙红珠芽百合;Bulbil Lily ■☆

229772 Lilium bulbosum ?;球根百合;Bulbil Lily ■☆

229773 Lilium buschianum Lodd. = Lilium concolor Salisb. var. pulchellum (Fisch.) Regel ■

229774 Lilium callosum L. var. stenophyllum Baker = Lilium callosum Siebold et Zucc. ■

229775 Lilium callosum Siebold et Zucc.;条叶百合(野小百合);Siebold's Lily,Slimsten Lily ■

229776 Lilium callosum Siebold et Zucc. var. flaviflorum Makino;琉球条叶百合;Liukiu Slimstem Lily,Liuqiu Slimstem Lily ■☆

229777 Lilium callosum Siebold et Zucc. var. stenophyllum Baker = Lilium callosum Siebold et Zucc. ■

229778 Lilium camschatcense L. = Fritillaria camtschatcensis (L.) Ker Gawl. ■☆

229779 Lilium canadense L.;加拿大百合;Canada Lily,Canadian Lily,Meadow Lily,Nodding Lily,Wild Yellow Lily ■☆

229780 Lilium canadense L. subsp. michiganense (Farw.) B. Boivin et Cody = Lilium michiganense Farw. ■☆

229781 Lilium canadense L. subsp. superbum (L.) B. Boivin et Cody = Lilium superbum L. ■☆

229782 Lilium canadense L. var. coccineum Pursh;红花加拿大百合;Redflower Canada Lily ■☆

229783 Lilium canadense L. var. editorum Fernald;标准加拿大百合;Typical Canada Lily ■☆

229784 Lilium canadense L. var. flavorubrum T. Moore;橙花加拿大百合;Orange Canada Lily ■☆

229785 Lilium canadense L. var. flavum Pursh;黄花加拿大百合;Yellow Canada Lily ■☆

229786 Lilium canadense L. var. immaculatum Jenk.;无点加拿大百合;Unspottedflower Canada Lily ■☆

229787 Lilium canadense L. var. umbelliferum (Farw.) B. Boivin = Lilium michiganense Farw. ■☆

229788 Lilium canadium L. var. salonikae Stokes;早花白花百合(早花圣母百合);Early Madonna Lily,Early White Lily ■☆

229789 Lilium candidum L.;白花百合(欧百合,圣母百合);Annuciation Lily,Annunciation Lily,Ascesion Lily,Assion Lily,Bourbon Lily,Flower De Luce,Flower-de-Luce,June Lily,Juno's Rose,Lady Lily,Madonna Lily,Meadow Lily,Midsummer Lily,Rose of Sharon,St Anthony's Lily,St Catherine's Lily,St Joseph's Lily,St. Joseph's Lily,White Lily ■☆

229790 Lilium candidum L. var. aureomarginatum Elwes;金边叶白花百合(金边叶圣母百合);Yellow-margined Madonna Lily ■☆

229791 Lilium candidum L. var. cernuum Weston;窄瓣白花百合;Narrowpetal Madonna Lily ■☆

229792 Lilium candidum L. var. plenum Weston;覆蕊白花百合;Double Madonna Lily ■☆

229793 Lilium carniolicum Bernh. ex Merr. et W. D. J. Koch;红花巴尔干百合(龙骨百合);Carniola Lily ■☆

229794 Lilium carniolicum Bernh. ex Merr. et W. D. J. Koch var. albanicum (Griseb.) Baker;阿尔巴尼亚百合;Albania Lily ■☆

229795 Lilium carniolicum Bernh. ex Merr. et W. D. J. Koch var. jankae (A. Kern.) Wehrh.;贾克百合;Janka Lily ■☆

229796 Lilium carniolicum Heldr. ex Freyn = Lilium carniolicum Bernh. ex Merr. et W. D. J. Koch ■☆

229797 Lilium catesbaei Walter;卡氏百合(垂生百合);Catesby Lily,Catesby's Lily,Leopard Lily,Pine Lily,Southern Red Lily,Tiger Lily ■☆

229798 Lilium cathayanum E. H. Wilson = Cardiocrinum cathayanum (E. H. Wilson) Stearn ■

229799 Lilium cathayanum Wilson = Cardiocrinum cathayanum (E. H. Wilson) Stearn ■

229800 Lilium cavaleriei H. Lév. et Vaniot = Lilium davidii Duch. ■

229801 Lilium centifolium Stapf = Lilium leucanthum (Baker) Baker var. centifolium (Stapf) Stearn ■

229802 Lilium centifolium Stapf ex Elwes = Lilium leucanthum (Baker) Baker var. centifolium (Stapf ex Elwes) Stearn ■

229803 Lilium cernuum Kom.;垂花百合(松叶百合);Nodding Lily ■

229804 Lilium cernuum Kom. var. atropurpureum Nakai = Lilium cernuum Kom. ■

229805 Lilium cernuum Kom. var. candidum Nakai;白垂花百合;Whiteflower Lily ■☆

229806 Lilium chalcedonicum L.;加尔西顿百合(卡尔西登百合);Chalcedonian Lily,Scarlet Martagon,Scarlet Turk's Cap Lily,Scarlet Turkscap Lily,Scarlet Turk's-cap Lily,Scarlet Turn-again-gentleman,Turn-again Gentleman ■☆

229807 Lilium chalcedonicum L. var. maculatum ?;斑点加尔西顿百合(具点百合);Spotted Chalcedonian Lily ■☆

229808 Lilium changbaishanicum J. J. Chien = Lilium cernuum Kom. ■

229809 Lilium chinense Baroni = Lilium davidii Duch. var. unicolor (Hoog.) Cotton ■

229810 Lilium columbianum Leichtlin;哥伦比亚百合;Columbia Lily,NW. Tiger Lily,Oregon Lily,Tiger Lily ■☆

229811 Lilium concolor Salisb.;渥丹百合(川强瞿,红百合,红花百合,红花菜,连珠,山百合,山丹,山丹百合,山丹花,山豆子花,渥丹,有斑百合,朱顶花);Morning Star Lily,Morningstar Lily,One-coloured Lily,Salisbury's Lily,Star Lily,Wild Scarlet Lily ■

229812 Lilium concolor Salisb. var. buschianum (Lodd.) Baker = Lilium concolor Salisb. var. pulchellum (Fisch.) Regel ■

229813 Lilium concolor Salisb. var. bushchianum (Lodd.) Baker;姬百合■

229814 Lilium concolor Salisb. var. bushchianum Baker = Lilium concolor Salisb. var. pulchellum (Fisch.) Regel ■

229815 Lilium concolor Salisb. var. coridion (Siebold et de Vriese) Baker;黄花渥丹(黄花山丹,黄山丹);Citroflower Morning-star Lily ■☆

229816 Lilium concolor Salisb. var. megalanthum F. T. Wang et Ts. Tang;大花百合;Bigflower Morningstar Lily,Largeflower Morningstar Lily ■

229817 Lilium concolor Salisb. var. partheneion Baker;赛渥丹■

229818 Lilium concolor Salisb. var. pulchellum (Fisch.) Regel;有斑百合(有斑山丹,有斑渥丹);Spotted Morningstar Lily,Stout Morningstar Lily ■

229819 Lilium concolor Salisb. var. sinicum (Lindl. et Paxton) Hook. f. = Lilium concolor Salisb. ■

229820 Lilium concolor Salisb. var. stictum Stearn;黑点渥丹(黑点山丹);Spotted Morning-star Lily ■☆

229821 Lilium concolor Salisb. var. uniflorum Spae = Lilium concolor Salisb. ■

229822 Lilium cordatum (Thunb. ex Murray) Koidz.;心叶百合■☆

229823 Lilium cordatum (Thunb.) Koidz. = Lilium cordatum (Thunb. ex Murray) Koidz. ■☆

229824 Lilium cordifolium Thunb. = Cordiocrinum cordatum (Thunb. ex Murray) Makino ■☆

229825 Lilium cordifolium Thunb. ex Murray = Cordiocrinum cordatum (Thunb. ex Murray) Makino ■☆

229826 Lilium croceum H. Lév. = Lilium bulbiferum L. ■☆

229827 Lilium cupreum H. Lév. = Lilium fargesii Franch. ■

229828 Lilium dahuricum Ker Gawl. ;毛百合(卷丹,卷莲百合,虾夷百合);Candle-stick Lily,Dahur Lily,Dahurian Lily,Siberian Orange Lily ■

229829 Lilium davidii Duch. ;川百合(高原卷丹,昆明百合,闪浪花,西北百合);David Lily,David's Lily,Sichuan Lily ■

229830 Lilium davidii Duch. var. unicolor (Hoog.) Cotton;兰州百合(单色百合);Lachow Lily,Lanzhou Lily ■

229831 Lilium davidii Duch. var. willmottiae (E. H. Wilson) Raffill;威氏百合(弓茎川百合,威尔莫特百合);Miss Willmott's Lily, Willmott's Lily ■☆

229832 Lilium delavayi Franch. = Lilium bakerianum Collett et Hemsl. var. delavayi (Franch.) E. H. Wilson ■

229833 Lilium distichum Nakai = Lilium hansonii Leichtlin ex D. D. T. Moore ■

229834 Lilium distichum Nakai et Kambay. ;东北百合(轮叶百合,闪浪花);Kochang Lily,NE. China Lily ■

229835 Lilium duchartrei Franch. ;宝兴百合(杜氏百合,洱源百合,澜江百合,野百合);Duchartre Lily,Duchartre's Lily,Lankong Lily, Marble Mrtagon Lily ■

229836 Lilium elegans Thunb. ;雅致百合(天上百合)■

229837 Lilium emeiense Z. Y. Zhu;峨眉百合;Emei Lily ■

229838 Lilium euxanthum (W. W. Sm. et W. E. Evans) Sealy = Lilium nanum Klotzsch var. flavidum (Rendle) Sealy ■

229839 Lilium excelsum Seem. = Lilium testaceum Lindl. ■☆

229840 Lilium fargesii Franch. ;绿花百合;Farges Lily,Greenflower Lily ■

229841 Lilium farreri Tarrill = Lilium duchartrei Franch. ■

229842 Lilium fauriei H. Lév. et Vaniot = Lilium amabile Palib. ■

229843 Lilium feddei H. Lév. = Lilium taliense Franch. ■

229844 Lilium formolongo Nishim. ;白雪百合■

229845 Lilium formosanum (Baker) Wallace;台湾百合(台菲百合,台湾卷丹,台湾卷丹百合,小叶百合,小叶台湾百合,野百合);Formosa Lily,Taiwan Lily,Taiwan Red Lily,Tamsui Lily ■

229846 Lilium formosanum Wallace = Lilium formosanum (Baker) Wallace ■

229847 Lilium formosanum Wallace var. microphyllum Tang S. Liu et S. S. Ying = Lilium formosanum Wallace ■

229848 Lilium formosanum Wallace var. pricei Stoker = Lilium formosanum Wallace ■

229849 Lilium formosum Franch. = Lilium sargentiae E. H. Wilson ■

229850 Lilium forrestii W. W. Sm. = Lilium duchartrei Franch. ■

229851 Lilium franchetianum H. Lév. = Lilium henricii Franch. ■

229852 Lilium giganteum Wall. = Cardiocrinum giganteum (Wall.) Makino ■

229853 Lilium giganteum Wall. var. yunnanense Leichtlin ex Elwes = Cardiocrinum giganteum (Wall.) Makino var. yunnanense (Leichtlin ex Elwes) Stearn ■

229854 Lilium graminifolium H. Lév. et Vaniot = Lilium cernuum Kom. ■

229855 Lilium grayi S. Watson;格雷百合;Gray's Lily,Orange Bell Lily ■☆

229856 Lilium habaense F. T. Wang et Ts. Tang;哈巴百合;Haba Lily ■

229857 Lilium hansonii Leichtlin ex D. D. T. Moore;竹叶百合(汉森百合);Golden Turk's Cup Lily, Golden Turk's Lily, Hanson's Lily, Japanese Turk's Cup Lily ■

229858 Lilium heldreichii Freyn;海氏百合;Herdreich Lily ■☆

229859 Lilium heldreichii Freyn = Lilium chalcedonicum L. ■☆

229860 Lilium henricii Franch. ;墨江百合;Henric Lily ■

229861 Lilium henricii Franch. var. maculatum (W. E. Evans) Woodcock et Stearn;斑块百合;Petch Henric Lily ■

229862 Lilium henryi Baker;湖北百合(亨利百合,亨利氏百合,金光殿);Henry Lily,Henry's Lily,Hubei Lily,Lily,Orange Speciosum ■

229863 Lilium henryi Baker var. citrinum Wallace;浅花湖北百合;Paleflower Henry Lily ■

229864 Lilium huidongense J. M. Xu;会东百合;Huidong Lily ■

229865 Lilium humboldtii Roezl et Leichtlin ex Duch. ;汉博百合;Humboldt Lily ■☆

229866 Lilium humboldtii Roezl et Leichtlin ex Duch. var. bloomerianum Purdy;矮汉博百合;Dwarf Humboldt Lily ■☆

229867 Lilium humboldtii Roezl et Leichtlin ex Duch. var. ocellatum (Kellogg) Elwes;眼斑汉博百合;Ocellated Humboldt Lily ■☆

229868 Lilium hyacinthinum E. H. Wilson = Notholirion bulbuliferum (Lingelsh. ex H. Limpr.) Stearn ■

229869 Lilium hyacinthinum Wilson = Notholirion bulbuliferum (Lingelsh.) Stearn ■

229870 Lilium inyoense Eastw. ;圣百合;Bishop Lily,Inyo Lily ■☆

229871 Lilium iridollae M. G. Henry;彩虹百合;Pot-of-gold Lily, Rainbow Lily ■☆

229872 Lilium japonicum Thunb. ;日本百合(百合,百合蒜,摩罗,牧野百合,强愁,强瞿,蒜脑,中逢花,中庭,重邁,重箱);Japan Lily, Japanese Lily, Japanese Pink Lily, Kramer's Lily, Lovely Lily, Sasa Lily ■☆

229873 Lilium japonicum Thunb. var. abeanum Kitam. ;神领百合■☆

229874 Lilium japonicum Thunb. var. album (Wallace) E. H. Wilson; 白花日本百合;Whiteflower Japanese Lily ■☆

229875 Lilium japonicum Thunb. var. angustifolium Makino = Lilium japonicum Thunb. ■☆

229876 Lilium japonicum Thunb. var. scabrum Masam. = Lilium longiflorum Thunb. var. scabrum Masam. ■

229877 Lilium jinfushanense L. J. Peng et B. N. Wang;金佛山百合; Jinfoshan Lily ■

229878 Lilium kanahirai Hayata = Lilium speciosum Thunb. var. gloriosoides Baker ■

229879 Lilium kelleyanum Lemmon;凯百合;Kelley Lily ■☆

229880 Lilium kelloggii Purdy;凯劳格百合;Kellogg Lily, Kellogglily ■☆

229881 Lilium kesselringianum Miscz. ;凯塞利百合;Kelring Lily, Kesselring Lily ■☆

229882 Lilium konishii Hayata = Lilium speciosum Thunb. var. gloriosoides Baker ■

229883 Lilium lancifolium Thunb. = Lilium tigrinum Ker Gawl. ■

229884 Lilium lancifolium Thunb. var. scabrum Masam. ;黄百合■

229885 Lilium lankongense Franch. ;匍茎百合(蓝贡百合);Lankong Lily ■

229886 Lilium ledebouri (Baker) Boiss. ;莱氏百合;Ledebour Lily ■☆

229887 Lilium leichtlinii Hook. f. ;柠檬色百合(小鬼百合);Leichtlin Lily,Leichtlin's Lily,Moleroot Lily ■

229888 Lilium leichtlinii Hook. f. var. maximowiczii (Regel) Baker;大花卷丹(辽东百合,山丹花);Bigflower Lily,Maaximowicz's Lily ■

229889 Lilium leichtlinii Hook. f. var. tigrinum Nichols;虎百合■☆

229890 Lilium leucanthum (Baker) Baker;宜昌百合;Ichang Lily, Whiteflower Lily,White-flowered Lily ■

229891 Lilium leucanthum (Baker) Baker var. centifolium (Stapf ex Elwes) Stearn;紫脊百合;Purpleridge Lily ■

229892 Lilium leucanthum (Baker) Baker var. centifolium (Stapf) Stearn = Lilium leucanthum (Baker) Baker var. centifolium (Stapf ex Elwes) Stearn ■

229893 Lilium leucanthum (Baker) Baker var. leiostylura Stapf. ex Elwes = Lilium leucanthum (Baker) Baker ■

229894 Lilium leucanthum (Baker) Baker var. primarium Stapf. = Lilium leucanthum (Baker) Baker ■

229895 Lilium leucanthum (Baker) Baker var. sargentiae (E. H. Wilson) Stapf. = Lilium sargentiae E. H. Wilson ■

229896 Lilium leucanthum Baker var. leiostylum Stapf ex Elwes = Lilium leucanthum (Baker) Baker ■

229897 Lilium leucanthum Baker var. sargentiae (E. H. Wilson) Stapf = Lilium sargentiae E. H. Wilson ■

229898 Lilium lijiangense L. J. Peng;丽江百合;Lijiang Lily ■

229899 Lilium linceorum H. Lév. et Vaniot = Lilium bakerianum Collett et Hemsl. var. rubrum Stearn ■

229900 Lilium longiflorum Thunb.;麝香百合(百合,倒仙,红岩百合,卷丹,天香,铁炮百合,岩百合,岩破壳,玉手炉);Bermuda Lily, Blunderbuss Lily, Christmas Lily, Church Lily, Easter Lily, Longflower Lily, Long-tubed Lily, November Lily, Trumpet Lily, White Trumpet Lily ■

229901 Lilium longiflorum Thunb. = Lilium wallichianum Schult. f. ■☆

229902 Lilium longiflorum Thunb. var. eximium (Courtois) Baker;百慕大百合;Bermuda Lily, Easter Lily, November Lily ■☆

229903 Lilium longiflorum Thunb. var. formosanum Baker = Lilium formosanum Wallace ■

229904 Lilium longiflorum Thunb. var. purpureoviolaceum H. Lév. = Lilium brownii F. E. Br. ex Spae var. viridulum Baker ■

229905 Lilium longiflorum Thunb. var. scabrum Masam.;粗茎麝香百合(糙茎百合,糙茎麝香百合,铁炮百合);Scabrous Longflower Lily ■

229906 Lilium lophophorum (Bureau et Franch.) Franch.;尖被百合(冠状百合);Sharpperianth Lily ■

229907 Lilium lophophorum (Bureau et Franch.) Franch. f. latifolium Sealy = Lilium lophophorum (Bureau et Franch.) Franch. ■

229908 Lilium lophophorum (Bureau et Franch.) Franch. f. wardii (Balf. f.) Sealy = Lilium lophophorum (Bureau et Franch.) Franch. ■

229909 Lilium lophophorum (Bureau et Franch.) Franch. subsp. linearifolium Sealy = Lilium lophophorum (Bureau et Franch.) Franch. var. linearifolium (Sealy) S. Yun Liang ■

229910 Lilium lophophorum (Bureau et Franch.) Franch. subsp. typicum f. latifolium Sealy = Lilium lophophorum (Bureau et Franch.) Franch. ■

229911 Lilium lophophorum (Bureau et Franch.) Franch. subsp. typicum f. wardii (Balf. f.) Sealy = Lilium lophophorum (Bureau et Franch.) Franch. ■

229912 Lilium lophophorum (Bureau et Franch.) Franch. var. linearifolium (Sealy) S. Yun Liang;线叶百合;Linearleaf Sharpperianth Lily ■

229913 Lilium mackliniae Sealy;曼尼浦耳百合;Manipur Lily ■☆

229914 Lilium macrophyllum (D. Don) Voss = Notholirion macrophyllum (D. Don) Boiss. ■

229915 Lilium maculatum Thunb.;岩户百合(黑斑百合)■☆

229916 Lilium maculatum Thunb. subsp. dauricum (Ker Gawl.) H. Hara = Lilium dahuricum Ker Gawl. ■

229917 Lilium mairei H. Lév. = Lilium concolor Salisb. ■

229918 Lilium majoense H. Lév. = Lilium primulinum Baker var. ochraceum (Franch.) Stearn ■

229919 Lilium makinoi Koidz.;牧野氏百合;Makino's Lily ■☆

229920 Lilium mandshuricum Gand. = Lilium callosum Siebold et Zucc. ■

229921 Lilium maritimum Kellogg;滨海百合;Coast Lily ■☆

229922 Lilium martagon L.;欧洲百合(欧百合,头巾百合,野百合);Crumple Lily, Europe Lily, European Turk's-cap Lily, Martagon Imperial, Martagon Lily, Mountain Lily, Tark's-cap Lily, Turban Lily, Turk's Cap Lily, Turk's Cap, Turn-again Gentleman, Turncap ■

229923 Lilium martagon L. subsp. pilosiusculum (Freyn) E. Pritz. = Lilium martagon L. var. pilosiusculum Freyn ■

229924 Lilium martagon L. var. albiflorum Kük.;白花欧洲百合;Whiteflower Lily ■☆

229925 Lilium martagon L. var. album Weston;素花欧洲百合(白花欧洲百合);Pure-whiteflower Martagon Lily ■☆

229926 Lilium martagon L. var. alternifolium (Wilczek) Woodcock et Coutts;散叶欧洲百合;Scatteredleaf Martagon Lily ■☆

229927 Lilium martagon L. var. flavidum Bornm.;黄花欧洲百合;Yellowflower Martagon Lily ■☆

229928 Lilium martagon L. var. hirsutum Weston;毛叶欧洲百合;Hiryleaf Martagon Lily ■☆

229929 Lilium martagon L. var. pilosiusculum Freyn;新疆百合;Pilose Martagon Lily, Xinjiang Lily ■

229930 Lilium matangense J. M. Xu;马塘百合;Matang Lily ■

229931 Lilium maximowiczii Regel = Lilium leichtlinii Hook. f. var. maximowiczii (Regel) Baker ■

229932 Lilium maximowiczii Regel = Lilium leichtlinii Hook. f. ■

229933 Lilium me galanthum (F. T. Wang et Ts. Tang) Q. S. Sun = Lilium concolor Salisb. var. megalanthum F. T. Wang et Ts. Tang ■

229934 Lilium medeoloides A. Gray;浙江百合(车山丹,轮叶百合);Fischer's Lily, Gray's Lily, Wheel Lily ■

229935 Lilium medeoloides A. Gray var. ovovata Franch. et Sav. = Lilium hansonii Leichtlin ex D. D. T. Moore ■

229936 Lilium medogense S. Yun Liang;墨脱百合;Motuo Lily ■

229937 Lilium megalanthum (F. T. Wang et Ts. Tang) Q. S. Sun = Lilium concolor Salisb. var. megalanthum F. T. Wang et Ts. Tang ■

229938 Lilium michauxii Poir.;卡罗来纳百合;Carolina Lily, Michaux's Lily, Southern Swamp Lily ■☆

229939 Lilium michiganense Farw.;密执安百合;Michigan Lily, Turk's Cap Lily, Turk's-cap Lily, Western Turk's Cap Lily, Western Turk's-cap Lily ■☆

229940 Lilium michiganense Farw. var. umbelliferum Farw. = Lilium michiganense Farw. ■☆

229941 Lilium michiganense Farw. var. uniflorum Farw. = Lilium michiganense Farw. ■☆

229942 Lilium miquelianum Makino = Lilium tsingtauense Gilg ■

229943 Lilium mirabile Franch. = Cardiocrinum giganteum (Wall.) Makino var. yunnanense (Leichtlin ex Elwes) Stearn ■

229944 Lilium monadelphum M. Bieb.;高加索百合;Caucasian Lily ■☆

229945 Lilium montanum A. Nelson = Lilium philadelphicum L. ■☆

229946 Lilium myriophyllum E. H. Wilson = Lilium regale E. H. Wilson ■

229947 Lilium myriophyllum Franch.;百叶百合;Many-leaved Lily ■☆

229948 Lilium myriophyllum Franch. = Lilium sulphureum Baker ■

229949 Lilium nanum G. Klotz et Garcke f. flavidum (Rendle) H. Hara = Lilium nanum Klotzsch var. flavidum (Rendle) Sealy ■

229950 Lilium nanum G. Klotz et Garcke var. brevistylum S. Yun Liang = Lilium brevistylum (S. Yun Liang) S. Yun Liang ■

229951 Lilium nanum G. Klotz et Garcke var. flavidum (Rendle) Sealy = Lilium nanum Klotzsch var. flavidum (Rendle) Sealy ■
229952 Lilium nanum Klotzsch;小百合;Dwarf Lily ■
229953 Lilium nanum Klotzsch et Garcke = Lilium nanum Klotzsch ■
229954 Lilium nanum Klotzsch f. flavidum (Rendle) H. Hara = Lilium nanum Klotzsch var. flavidum (Rendle) Sealy ■
229955 Lilium nanum Klotzsch var. brevistylum S. Yun Liang = Lilium brevistylum (S. Yun Liang) S. Yun Liang ■
229956 Lilium nanum Klotzsch var. flavidum (Rendle) Sealy;黄斑百合(淡黄小百合,黄花小百合,小黄花百合);Dwarf Yellow Lily, Yellow Dwarf Lily ■
229957 Lilium neilgherrense Wight;尼尔基里百合;Neilgherry Lily, Nilgiris Lily ■☆
229958 Lilium nepalense D. Don;紫斑百合(尼泊尔百合,郁金百合);Himalayan Lily,Napal Lily ■
229959 Lilium nepalense D. Don var. burmanicum W. W. Sm. = Lilium primulinum Baker var. burmanicum (W. W. Sm.) Stearn ■
229960 Lilium nepalense D. Don var. concolor Cotton;同色尼泊尔百合;Concolorous Napal Lily ■☆
229961 Lilium nepalense D. Don var. ochraceum (Franch.) S. Yun Liang = Lilium primulinum Baker var. ochraceum (Franch.) Stearn ■
229962 Lilium nevadense Eastw.;伊斯伍德百合(依斯伍德百合);Californian Panther Lily,Eastwood Lily ■☆
229963 Lilium ninae Vrishcz = Lilium lankongense Franch. ■
229964 Lilium ningnanense J. M. Xu;宁南百合;Ningnan Lily ■
229965 Lilium ningnanense J. M. Xu = Lilium lijiangense L. J. Peng ■
229966 Lilium nobilissimum (Makino) Makino;香华丽百合(香百合);Noble Lily ■☆
229967 Lilium occidentale Purdy;希望百合;Eureka Lily ■☆
229968 Lilium ochraceum Franch. = Lilium primulinum Baker var. ochraceum (Franch.) Stearn ■
229969 Lilium ochraceum Franch. var. burmanicum (W. W. Sm.) Cotton = Lilium primulinum Baker var. burmanicum (W. W. Sm.) Stearn ■
229970 Lilium ochroleucum Wall. ex Baker = Lilium nepalense D. Don ■
229971 Lilium odorum Planch. = Lilium brownii F. E. Br. ex Spae var. viridulum Baker ■
229972 Lilium omeiense Z. Y. Zhu = Lilium sargentiae E. H. Wilson ■
229973 Lilium orientale ?;东方百合;Oriental Lilies ■☆
229974 Lilium oxypetalum (Royle) Baker = Nomocharis aperta (Franch.) E. H. Wilson ■
229975 Lilium palibinianum Y. Yabe = Lilium cernuum Kom. ■
229976 Lilium papilliferum Franch.;乳头百合(乳突百合);Lijiang Lily,Likiang Lily,Papillate Lily ■
229977 Lilium paradoxum Stearn;西藏百合;Tibet Lily,Xizang Lily ■
229978 Lilium pardalinum Kellogg;豹斑百合;Leopard Lily, Panther Lily,Tiger Lily ■☆
229979 Lilium pardalinum Kellogg var. angustifolium Kellogg;窄叶豹斑百合;Narrowleaf Leopard Lily ■☆
229980 Lilium parryi S. Watson;帕里百合;Lemon Lily ■☆
229981 Lilium parvam Kellogg;内华达岭脊百合;Sierra Lily ■☆
229982 Lilium pensylvanicum Ker Gawl. = Lilium dahuricum Ker Gawl. ■
229983 Lilium permoenum Farw. = Lilium michiganense Farw. ■☆
229984 Lilium philadelphicum L.;费城百合;Flame Lily, Glade Lily, Huckleberry Lily, Northern Red Lily, Orange-cup Lily, Philadelphia Lily,Red Lily, Rocky Mountain Lily, Wild Orange Lily, Wood Lily ■☆
229985 Lilium philadelphicum L. var. andinum (Nutt.) Ker Gawl.;宽叶费城百合;Wideleaf Wood Lily ■☆
229986 Lilium philadelphicum L. var. andinum (Nutt.) Ker Gawl. = Lilium philadelphicum L. ■☆
229987 Lilium philadelphicum L. var. montanum (A. Nelson) Wherry = Lilium philadelphicum L. ■☆
229988 Lilium philippinense Baker; 菲律宾百合; Emerald Lily, Philippine Lily ■☆
229989 Lilium philippinense Baker var. formosanum (Wallace) E. H. Wilson = Lilium formosanum Wallace ■
229990 Lilium pilosiusculum (Freyn) Miscz. = Lilium martagon L. var. pilosiusculum Freyn ■
229991 Lilium pinifolium L. J. Peng;松叶百合;Pine-leaved Lily ■
229992 Lilium platyphyllum Makino;阔叶百合■☆
229993 Lilium poilanei Gagnep.;波氏百合;Poilane Lily ■☆
229994 Lilium polyphyllum D. Don;多叶百合;Manyleaf Lily ■☆
229995 Lilium pomponium L.; 绒球百合; Pompon Lily, Scarlet Pompona Lily ■☆
229996 Lilium ponticum K. Koch;黑海百合(本都百合);Black Sea Lily ■☆
229997 Lilium potaninii Vrishcz = Lilium pumilum Delile var. potaninii (Vrishcz) Y. Z. Zhao ■
229998 Lilium potaninii Vrishcz = Lilium pumilum Delile ■
229999 Lilium primulinum Baker;报春百合;Ochre Lily, Primrose-like Lily ■
230000 Lilium primulinum Baker var. burmanicum (W. W. Sm.) Stearn;紫喉百合(窄叶百合);Narrowleaf Nepal Lily ■
230001 Lilium primulinum Baker var. ochraceum (Franch.) Stearn;川滇百合(黄花百合,披针叶百合);Lanceolate Lily, Ochre-yellow Lily ■
230002 Lilium pseudodahuricum M. Fedoss. et S. Fedoss. = Lilium dahuricum Ker Gawl. ■
230003 Lilium pseudotigrinum Carrière = Lilium leichtlinii Hook. f. var. maximowiczii (Regel) Baker ■
230004 Lilium pudicum Pursh = Fritillaria pudica (Pursh) Spreng. ■☆
230005 Lilium puerense Y. Y. Qian;普洱百合;Coral Lily, Fern-leaved Lily, Jinny Lily, Narrow-leaved Lily, Pu'er Lily, Sarana Lily, Slender-leaved Lily ■
230006 Lilium pulchellum Fisch.;丽百合■☆
230007 Lilium pulchellum Fisch. = Lilium concolor Salisb. var. pulchellum (Fisch.) Regel ■
230008 Lilium pumilum Bouch. ex Kunth = Lilium pumilum Delile ■
230009 Lilium pumilum Delile;山丹(百合,灯伞花,卷莲花,散莲花,细叶百合);Coral Lily, Fern-leaved Lily, Jinny Lily, Low Lily, Narrow-leaved Lily, Sarana Lily, Slender-leaved Lily ■
230010 Lilium pumilum Delile = Lilium pumilum Redouté ■
230011 Lilium pumilum Delile var. potaninii (Vrishcz) Y. Z. Zhao;球果山丹(乳毛百合);Potanin Lily ■
230012 Lilium pumilum Delile var. potaninii (Vrishcz) Y. Z. Zhao = Lilium pumilum Delile ■
230013 Lilium pumilum Redouté = Lilium pumilum Delile ■
230014 Lilium pyi H. Lév.;毕氏百合■
230015 Lilium pyrenaicum Gouan; 比利牛斯百合; Pyrenees Lily, Yellow Turk's Cap Lily, Yellow Turk's Caplily, Yellow Turkscap Lily, Yellow Turk's-cap Lily ■☆
230016 Lilium pyrenaicum Gouan subsp. carniolicum (Bernh. ex W. Koch) V. A. Matthews = Lilium carniolicum Bernh. ex Merr. et W.

D. J. Koch ■☆

230017 Lilium pyrenaicum Gouan subsp. ponticum (K. Koch) V. A. Matthews = Lilium ponticum K. Koch ■☆

230018 Lilium pyrenaicum Gouan var. rubrum Marshall;红花比利牛斯百合(红百合);Redflower Pyrenees Lily ■☆

230019 Lilium regale E. H. Wilson;岷江百合(王百合,王冠百合);Coral Lily,Lily,Regal Lily,Regallily,Royal Lily ■

230020 Lilium rockii R. H. Miao;洛克百合;Rock Lily ■

230021 Lilium roezlii Regel = Lilium pardalinum Kellogg ■☆

230022 Lilium rosthornii Diels;南川百合(野黄花);Rosthorn Lily ■

230023 Lilium rubellum Baker;红点百合;Rosy Lily,Rubellum Lily ■☆

230024 Lilium rubellum Baker var. album Wallace ex Woodcock;韦达百合;Wada Lily ■☆

230025 Lilium rubescens S. Watson;变红百合;Chaparral Lily ■☆

230026 Lilium saccatum S. Yun Liang;囊被百合;Saccate Lily ■

230027 Lilium sachalinense Vrishcz = Lilium pensylvanicum Ker Gawl. ■

230028 Lilium saluenense (Balf. f.) S. Yun Liang = Nomocharis saluenense Balf. f. ■

230029 Lilium sargentiae E. H. Wilson;泸定百合(高砂百合,通江百合);Mrs. Sargent Lily,Sargent Lily ■

230030 Lilium sempervivoideum H. Lév.;蒜头百合;Garlic Lily ■

230031 Lilium sempervivoideum H. Lév. subsp. amoenum (E. H. Wilson ex Sealy) S. Yun Liang = Lilium amoenum E. H. Wilson ex Sealy ■

230032 Lilium sempervivoideum H. Lév. subsp. pinifolium (L. J. Peng) S. Yun Liang = Lilium pinifolium L. J. Peng ■

230033 Lilium sinensium Gand. = Lilium pumilum Delile ■

230034 Lilium sinicum Lindl. et Paxton = Lilium concolor Salisb. ■

230035 Lilium souliei (Franch.) Sealy;紫花百合;Purple Lily,Purpleflower Lily ■

230036 Lilium speciosum Thunb.;美丽百合(鹿子百合);Brilliant Lily,Lance-leaved Lily,Oriental lily,Showy Lily,Specious Lily ■

230037 Lilium speciosum Thunb. var. album-novum E. H. Wilson;白花美丽百合;Whiteflower Specious Lily ■☆

230038 Lilium speciosum Thunb. var. gloriosoides Baker;药百合(百合,鹿子百合,艳红百合,艳红鹿子百合);Fairy Lily,Medicinal Lily ■

230039 Lilium speciosum Thunb. var. roseum Mast. ex Baker;玫瑰色美丽百合;Roseflower Specious Lily ■☆

230040 Lilium speciosum Thunb. var. rubrum Mast. ex Baker;洋红美丽百合(红花美丽百合);Carmineflower Specious Lily,Japanese Lily ■☆

230041 Lilium speciosum Thunb. var. tametomo Siebold et Zucc.;白玉百合 ■☆

230042 Lilium stewartianum Balf. f. et W. W. Sm.;单花百合;Singleflower Lily,Stewart Lily ■

230043 Lilium sulphureum Baker;淡黄花百合(淡黄百合,云南百合);Sulphur Lily,Yellowish Lily ■

230044 Lilium superbum L.;沼泽百合;American Turk's Cap Lily,American Turk's-cap Lily,Lily-royal,Nodding Lily,Superb Lily,Swamp Lily,Turk's Cap Lily,Turk's Caplily,Turkscap Lily,Wild Tiger Lily ■☆

230045 Lilium sutchuenense Franch. = Lilium davidii Duch. ■

230046 Lilium szovitsianum Fisch. et Avé-Lall.;绍氏百合 ■☆

230047 Lilium talanense Hayata = Lilium callosum Siebold et Zucc. ■

230048 Lilium taliense Franch.;大理百合;Dali Lily,Tali Lily ■

230049 Lilium taquetii H. Lév. et Vaniot = Lilium callosum Siebold et Zucc. ■

230050 Lilium tenii H. Lév. = Lilium primulinum Baker var. ochraceum (Franch.) Stearn ■

230051 Lilium tenuifolium Fisch. = Lilium pumilum Delile ■

230052 Lilium tenuifolium Fisch. ex Hook. = Lilium pumilum Delile ■

230053 Lilium tenuifolium Fisch. ex Schrenk = Lilium pumilum Delile ■

230054 Lilium tenuifolium Fisch. var. stenophyllum (Baker) Elwes = Lilium callosum Siebold et Zucc. ■

230055 Lilium testaceum Lindl.;棕黄百合;Nankeen Lily ■☆

230056 Lilium thayerae E. H. Wilson = Lilium davidii Duch. ■

230057 Lilium tianschanicum N. A. Ivanova ex Grubov;天山百合 ■

230058 Lilium tigrinum Ker Gawl.;卷丹(白百合,百合,番山丹,鬼百合,黄百合,回头见子花,家百合,卷丹百合,喇叭筒,连珠,萨摩百合,山百合,水百合,粟百合,蒜脑藷,天盖百合,药百合,野百合);Angel Gabriel,Crumble Lily,Fire Lily,Lanceleaf Lily,Lance-leaf Tiger Lily,Martagon,Ogre Lily,Tiger Lily,Tigwer Lily,Turk's Head ■

230059 Lilium tigrinum Ker Gawl. = Lilium lancifolium Thunb. ■☆

230060 Lilium tigrinum Ker Gawl. var. flaviflorum (Makino) Stern;黄花卷丹;Yellowflower Tigwer Lily ■☆

230061 Lilium tigrinum Ker Gawl. var. flore-pleno Regel;重瓣卷丹;Doubleflower Tigwer Lily ■☆

230062 Lilium tigrinum Ker Gawl. var. foliis-variegatis Hort.;花叶卷丹;Variegatedleaf Tiger Lily ■☆

230063 Lilium tigrinum Ker Gawl. var. fortunei Standish ex Ggrove et Cotton;朝鲜卷丹;Korean Lily ■☆

230064 Lilium tigrinum Ker Gawl. var. splendens Leichtlin ex Van Houtte;火红卷丹;Fire Red Tiger Lily ■☆

230065 Lilium tsingtauense Gilg;青岛百合(朝鲜伞,笠百合);Korean Wheel Lily,Qingdao Lily,Tsingtao Lily,Tsingtau Lily ■

230066 Lilium umbellatum Pursh;西方百合;Western Orange-cup Lily ■☆

230067 Lilium umbellatum Pursh = Lilium philadelphicum L. ■☆

230068 Lilium wallichianum Schult. f.;华莱士百合;Wallich's Lily ■☆

230069 Lilium wardii Stapf ex W. W. Sm.;卓巴百合;Ward Lily,Zhuoba Lily ■

230070 Lilium washingtonianum Kellogg;华盛顿百合;Washington Lily ■☆

230071 Lilium washingtonianum Kellogg var. minor Purdy;小华盛顿百合;Little Washington Lily ■☆

230072 Lilium washingtonianum Kellogg var. purpurascens Stearn;变红华盛顿百合;Ourplish Wine Washington Lily ■☆

230073 Lilium wenshanense L. J. Peng et F. X. Li;文山百合;Wenshan Lily ■

230074 Lilium willmottiae E. H. Wilson = Lilium davidii Duch. var. unicolor (Hoog.) Cotton ■

230075 Lilium willmottiae E. H. Wilson = Lilium davidii Duch. var. willmottiae (E. H. Wilson) Raffill ■☆

230076 Lilium wilsonii T. Moore;威尔逊百合;E. H. Wilson Lily ■☆

230077 Lilium xanthellum F. T. Wang et Ts. Tang;乡城百合;Lightyellow Lily,Xiangcheng Lily ■

230078 Lilium xanthellum F. T. Wang et Ts. Tang var. luteum S. Yun Liang;黄花百合;Purplespot Xiangcheng Lily ■

230079 Lilium yunnanense Franch. = Lilium bakerianum Collett et Hemsl. var. yunnanense (Franch.) Sealy ex Woodcock et Stearn ■

230080 Lilium-Convallium Moench = Convallaria L. ■

230081 Lilium-convallium Tourn. ex Moench = Convallaria L. ■

230082 Lilloa Speg. = Synandrospadix Engl. ■☆

230083 Limacia F. Dietr. = Koelera Willd. ●
230084 Limacia F. Dietr. = Xylosma G. Forst.(保留属名)●
230085 Limacia Lour.(1790);丽麻藤属●☆
230086 Limacia cuspidata Hook. f. et Thomson = Hypserpa nitida Miers ex Benth. ●
230087 Limacia funifera (Miers) T. Durand et Schinz = Tiliacora funifera (Miers) Oliv. ●☆
230088 Limacia sagittata Oliv. = Tinospora sagittata (Oliv.) Gagnep. ■
230089 Limaciopsis Engl.(1899);肾子藤属(类丽麻藤属);Limaciopsis, Limonia ●
230090 Limaciopsis valida (Diels) H. S. Lo;肾子藤(粉绿藤,疟疾草);Common Limaciopsis, Common Pachygone, Kidney Palegreenvine ●
230091 Limaciopsis valida (Diels) H. S. Lo = Pachygone valida Diels ●
230092 Limanisa Post et Kuntze = Gentianella Moench(保留属名)■
230093 Limanisa Post et Kuntze = Leimanisa Raf. ■
230094 Limanthemum Post et Kuntze = Leimanthemum Ritgen ■☆
230095 Limanthemum Post et Kuntze = Limanthium Post et Kuntze ■☆
230096 Limanthium Post et Kuntze = Leimanthium Willd. ■☆
230097 Limanthium Post et Kuntze = Melanthium L. ■☆
230098 Limatodes Blume = Calanthe R. Br.(保留属名)■
230099 Limatodes Lindl. = Calanthe R. Br.(保留属名)■
230100 Limatodes labrosa Rchb. f. = Calanthe labrosa (Rchb. f.) Hook. f. ■
230101 Limatodes mishmensis Lindl. et Paxton = Phaius mishmensis (Lindl. et Paxton) Rchb. f. ■
230102 Limatodis Blume = Limatodes Lindl. ■
230103 Limatodis gracilis (Lindl.) Lindl. = Cephalantheropsis obcordata (Lindl.) Ormerod ■
230104 Limatodis labrosa Rchb. f. = Calanthe labrosa (Rchb. f.) Hook. f. ■
230105 Limatodis mishmensis Lindl. et Paxton = Phaius mishmensis (Lindl. et Paxton) Rchb. f. ■
230106 Limbaceae Dulac = Campanulaceae Juss.(保留科名)■●
230107 Limbarda Adans.(1763);肉覆花属●■
230108 Limbarda Adans. = Inula L. ●■
230109 Limbarda crithmoides (L.) Dumort.;肉覆花(冠状旋覆花);Golden Samphire, Golden Sam-phire, Golden-samphire ●■
230110 Limbarda crithmoides (L.) Dumort. = Inula crithmoides L. ●■
230111 Limbarda crithmoides (L.) Dumort. subsp. longifolia (Arcang.) Greuter;长叶肉覆花■☆
230112 Limbarda japonica Raf. = Inula japonica Thunb. ■
230113 Limborchia Scop. = Coutoubea Aubl. ■☆
230114 Limeaceae Shipunov ex Reveal(2005);粟麦草科■☆
230115 Limeum L.(1759);粟麦草属(腺粟草属)■●☆
230116 Limeum aethiopicum Burm. f.;埃塞俄比亚粟麦草■☆
230117 Limeum aethiopicum Burm. f. var. fluviale (Eckl. et Zeyh.) Friedrich;河边粟麦草■☆
230118 Limeum aethiopicum Burm. f. var. glabrum Moq.;光滑粟麦草■☆
230119 Limeum aethiopicum Burm. f. var. intermedium Friedrich;间型粟麦草■☆
230120 Limeum aethiopicum Burm. f. var. lanceolatum Friedrich;披针形粟麦草■☆
230121 Limeum aethiopicum Burm. f. var. namaense Friedrich = Limeum aethiopicum Burm. f. var. glabrum Moq. ■☆
230122 Limeum aethiopicum Burtt Davy = Limeum argute-carinatum Wawra ex Wawra et Peyr. ■☆
230123 Limeum africanum L.;非洲粟麦草■☆
230124 Limeum africanum L. subsp. canescens (E. Mey. ex Fenzl) Friedrich;灰色非洲粟麦草■☆
230125 Limeum angustifolium Verdc.;窄叶粟麦草■☆
230126 Limeum aphyllum L. f. = Limeum aethiopicum Burm. f. ■☆
230127 Limeum arenicola G. Schellenb.;沙生粟麦草■☆
230128 Limeum argute-carinatum Wawra ex Wawra et Peyr.;显棱粟麦草■☆
230129 Limeum capense Thunb. = Limeum aethiopicum Burm. f. ■☆
230130 Limeum deserticola Dinter et G. Schellenb.;荒漠粟麦草■☆
230131 Limeum diffusum (J. Gay) Schinz;松散粟麦草■☆
230132 Limeum dinteri G. Schellenb.;丁特粟麦草■☆
230133 Limeum fenestratum (Fenzl) Heimerl;窗孔粟麦草■☆
230134 Limeum fenestratum (Fenzl) Heimerl var. frutescens (Dinter) Friedrich = Limeum fenestratum (Fenzl) Heimerl ■☆
230135 Limeum fruticosum Verdc.;灌丛粟麦草■☆
230136 Limeum glomeratum Eckl. et Zeyh. = Limeum viscosum (J. Gay) Fenzl var. glomeratum (Eckl. et Zeyh.) Friedrich ■☆
230137 Limeum humifusum Friedrich;平伏粟麦草■☆
230138 Limeum indicum Stocks ex T. Anderson = Limeum obovatum Vicary ■☆
230139 Limeum indicum Stocks ex T. Anderson = Limnophyton obtusifolium (L.) Miq. ■☆
230140 Limeum katangense Hauman;加丹加粟麦草■☆
230141 Limeum keniense Suess. = Zaleya pentandra (L.) C. Jeffrey ■☆
230142 Limeum kotschyi (Moq.) Schellenb. = Limeum viscosum (J. Gay) Fenzl var. leiocarpum Oliv. ■☆
230143 Limeum myosotis H. Walter var. confusum Friedrich;混乱粟麦草■☆
230144 Limeum myosotis H. Walter var. rotundifolia Friedrich;圆叶粟麦草■☆
230145 Limeum natalense G. Schellenb. = Limeum viscosum (J. Gay) Fenzl var. kraussii Friedrich ■☆
230146 Limeum neglectum Dinter = Limeum pterocarpum (J. Gay) Heimerl ■☆
230147 Limeum obovatum Vicary;倒卵粟麦草■☆
230148 Limeum pauciflorum Moq.;少花粟麦草■☆
230149 Limeum praetermissum C. Jeffrey;疏忽粟麦草■☆
230150 Limeum pseudomyosotis G. Schellenb. = Limeum myosotis H. Walter var. confusum Friedrich ■☆
230151 Limeum pterocarpum (J. Gay) Heimerl;翅果粟麦草■☆
230152 Limeum pterocarpum (J. Gay) Heimerl var. apterum Friedrich;无翅粟麦草■☆
230153 Limeum rhombifolium G. Schellenb.;菱叶粟麦草■☆
230154 Limeum subnudum Friedrich;亚裸粟麦草■☆
230155 Limeum suffruticosum G. Schellenb. = Limeum aethiopicum Burm. f. var. glabrum Moq. ■☆
230156 Limeum sulcatum (Klotzsch) Hutch.;畦畔粟麦草■☆
230157 Limeum sulcatum (Klotzsch) Hutch. var. gracile Friedrich = Limeum sulcatum (Klotzsch) Hutch. ■☆
230158 Limeum sulcatum (Klotzsch) Hutch. var. robustum Friedrich = Limeum sulcatum (Klotzsch) Hutch. ■☆
230159 Limeum sulcatum (Klotzsch) Hutch. var. scabridum (Klotzsch) Friedrich;微糙粟麦草■☆
230160 Limeum telephioides E. Mey. ex Fenzl;耳托粟麦草■☆

230161 Limeum telephioides E. Mey. ex Fenzl var. schlechteri (G. Schellenb.) Friedrich;施莱粟麦草■☆
230162 Limeum viscosum (J. Gay) Fenzl;黏粟麦草■☆
230163 Limeum viscosum (J. Gay) Fenzl subsp. nummulifolium (H. Walter) Friedrich;铜钱叶粟麦草■☆
230164 Limeum viscosum (J. Gay) Fenzl subsp. transvaalense Friedrich;德兰士瓦粟麦草■☆
230165 Limeum viscosum (J. Gay) Fenzl var. dubium Friedrich;可疑黏粟麦草■☆
230166 Limeum viscosum (J. Gay) Fenzl var. glomeratum (Eckl. et Zeyh.) Friedrich;球状黏粟麦草■☆
230167 Limeum viscosum (J. Gay) Fenzl var. kenyense Friedrich;肯尼亚黏粟麦草■☆
230168 Limeum viscosum (J. Gay) Fenzl var. kraussii Friedrich;克劳斯黏粟麦草■☆
230169 Limeum viscosum (J. Gay) Fenzl var. leiocarpum Oliv.;光果黏粟麦草■☆
230170 Limeum viscosum (J. Gay) Fenzl var. macrocarpum Friedrich;大果黏粟麦草■☆
230171 Limeum viscosum Burtt Davy = Limeum argute-carinatum Wawra ex Wawra et Peyr. ■☆
230172 Limeum viscosum Sond. = Limeum viscosum (J. Gay) Fenzl var. glomeratum (Eckl. et Zeyh.) Friedrich ■☆
230173 Limeum viscosum Sond. var. kotschyi Burtt Davy = Limeum viscosum (J. Gay) Fenzl var. glomeratum (Eckl. et Zeyh.) Friedrich ■☆
230174 Limia Vand. = Vitex L. ●
230175 Limivasculum Börner = Carex L. ■
230176 Limlia Masam. et Tomiya = Castanopsis (D. Don) Spach(保留属名)●
230177 Limlia Masam. et Tomiya = Quercus L. ●
230178 Limlia Masam. et Tomiya(1947);淋漓栲属●
230179 Limlia uraiana (Hayata) Masam. et Tomiya = Castanopsis uraiana (Hayata) Kaneh. et Hatus. ●
230180 Limnalsine Rydb. (1932);叉枝水繁缕属■☆
230181 Limnalsine Rydb. = Montia L. ■☆
230182 Limnalsine diffusa (Nutt.) Rydb. = Montia diffusa (Nutt.) Greene ■☆
230183 Limnanthaceae R. Br. (1833)(保留科名);沼花科(假人鱼草科,沼泽草科);Meadow-foam Family ■☆
230184 Limnanthemum S. G. Gmel. = Nymphoides Ség. ■
230185 Limnanthemum abyssinicum N. E. Br. = Nymphoides brevipedicellata (Vatke) A. Raynal ■☆
230186 Limnanthemum aurantiacum Dalzell = Nymphoides aurantiaca (Dalzell ex Hook.) Kuntze ■
230187 Limnanthemum aurantiacum Dalzell ex Hook. = Nymphoides aurantiaca (Dalzell ex Hook.) Kuntze ■
230188 Limnanthemum brevipedicellatum Vatke = Nymphoides brevipedicellata (Vatke) A. Raynal ■☆
230189 Limnanthemum coreanum H. Lév. = Nymphoides coreana (F. Muell.) Kuntze ■
230190 Limnanthemum cristatum (Roxb.) Griseb. = Nymphoides cristata (Roxb.) Kuntze ■
230191 Limnanthemum cristatum Griseb. = Nymphoides cristata (Roxb.) Kuntze ■
230192 Limnanthemum esquirolii H. Lév. = Nymphoides indica (L.) Kuntze ■
230193 Limnanthemum forbesianum Griseb. = Nymphoides forbesiana (Griseb.) Kuntze ■☆
230194 Limnanthemum hydrophyllum Griseb. = Nymphoides hydrophylla (Lour.) Kuntze ■
230195 Limnanthemum indicum (L.) Thwaites = Nymphoides indica (L.) Kuntze ■
230196 Limnanthemum kirkii N. E. Br. = Nymphoides forbesiana (Griseb.) Kuntze ■☆
230197 Limnanthemum niloticum Kotschy et Peyr. = Nymphoides forbesiana (Griseb.) Kuntze ■☆
230198 Limnanthemum nymphoides (L.) Link = Nymphoides peltata (S. G. Gmel.) Kuntze ■
230199 Limnanthemum nymphoides Hoffmanns. et Link = Nymphoides peltata (S. G. Gmel.) Kuntze ■
230200 Limnanthemum peltatum S. G. Gmel. = Nymphoides peltata (S. G. Gmel.) Kuntze ■
230201 Limnanthemum rautanenii N. E. Br. = Nymphoides rautanenii (N. E. Br.) A. Raynal ■☆
230202 Limnanthemum senegalense (G. Don) N. E. Br. = Nymphoides indica (L.) Kuntze subsp. occidentalis A. Raynal ■☆
230203 Limnanthemum thunbergianum Griseb. = Nymphoides thunbergiana (Griseb.) Kuntze ■☆
230204 Limnanthemum whytei N. E. Br. = Nymphoides forbesiana (Griseb.) Kuntze ■☆
230205 Limnanthes R. Br. (1833)(保留属名);沼花属(林南齿属);Meadow Foam, Meadow-foam ■☆
230206 Limnanthes Stokes(废弃属名) = Limnanthemum S. G. Gmel. ■
230207 Limnanthes Stokes(废弃属名) = Limnanthes R. Br. (保留属名)■☆
230208 Limnanthes Stokes(废弃属名) = Nymphoides Hill ■
230209 Limnanthes Stokes(废弃属名) = Nymphoides Ség. ■
230210 Limnanthes douglasii R. Br.;沼花(荷包蛋花);Douglas' Meadow Foam, Meadow Foam, Meadow-foam, Poached Egg Flower, Poached Egg Plant, Poached-egg Flower, Poached-egg Plant ■☆
230211 Limnanthus Neck. = Limnanthes R. Br. (保留属名)■☆
230212 Limnanthus Neck. ex Juss. = Limnanthes R. Br. (保留属名)■☆
230213 Limnanthus Rchb. = Limnanthes R. Br. (保留属名)■☆
230214 Limnas Ehrh. = Malaxis Sol. ex Sw. ■
230215 Limnas Ehrh. = Ophrys L. ■☆
230216 Limnas Ehrh. ex House = Hammarbya Kuntze ■☆
230217 Limnas Ehrh. ex House = Malaxis Sol. ex Sw. ■
230218 Limnas Ehrh. ex House = Ophrys L. ■☆
230219 Limnas Trin. (1820);西伯利亚看麦娘属■☆
230220 Limnas stelleri Trin.;西伯利亚看麦娘■☆
230221 Limnas veresczaginii Krylov et Schischk.;韦列西伯利亚看麦娘■☆
230222 Limnaspidium Fourr. = Veronica L. ■
230223 Limnetis Rich. = Spartina Schreb. ex J. F. Gmel. ■
230224 Limnetis Rich. = Trachynotia Michx. ■
230225 Limnia Haw. = Montia L. ■☆
230226 Limnia mexicana Rydb. = Claytonia perfoliata Donn ex Willd. subsp. mexicana (Rydb.) J. M. Mill. et K. L. Chambers ■☆
230227 Limnia utahensis Rydb. = Claytonia parviflora Douglas ex Hook. subsp. utahensis (Rydb.) J. M. Mill. et K. L. Chambers ■☆
230228 Limniboza R. E. Fr. = Geniosporum Wall. ex Benth. ●
230229 Limniboza R. E. Fr. = Platostoma P. Beauv. ■☆

230230 Limniboza coerulea R. E. Fr. = Platostoma coeruleum (R. E. Fr.) A. J. Paton ■☆

230231 Limniboza dilungensis Lisowski et Mielcarek = Platostoma dilungense (Lisowski et Mielcarek) A. J. Paton ■☆

230232 Limniboza lisowskiana Bamps = Platostoma lisowskianum (Bamps) A. J. Paton ■☆

230233 Limnirion (Rchb.) Opiz = Iris L. ■

230234 Limnirion Opiz = Iris L. ■

230235 Limniris (Tausch) Fuss = Limnirion (Rchb.) Opiz ■

230236 Limniris Fuss = Limnirion (Rchb.) Opiz ■

230237 Limnobium Rich. (1814);沼草属(沼苹属);American Frog-bit ■☆

230238 Limnobium laevigatum (Humb. et Bonpl. ex Willd.) Heine;平滑沼草■☆

230239 Limnobium laevigatum (Humb. et Bonpl. ex Willd.) Heine = Limnobium spongium (Bosc) Rich. ex Steud. ■☆

230240 Limnobium spongium (Bosc) Rich. ex Steud.;沼草(绵沼草);American Frogbit, American Frog-bit, Frog's-bit ■☆

230241 Limnobium stoloniferum Griseb. = Limnobium laevigatum (Humb. et Bonpl. ex Willd.) Heine ■☆

230242 Limnobotrya Rydb. = Ribes L. ●

230243 Limnobotrya lacustris (Pers.) Rydb. = Ribes lacustre (Pers.) Poir. ●☆

230244 Limnocharis Bonpl. (1807);黄花蔺属(天鹅绒叶属,沼泽草属);Velvetleaf, Yellowflorrush ■

230245 Limnocharis Bonpl. = Damasonium Adans. ■

230246 Limnocharis Humb. et Bonpl. = Limnocharis Bonpl. ■

230247 Limnocharis Kunth = Eleocharis R. Br. ■

230248 Limnocharis emarginata Bonpl. = Limnocharis flava (L.) Buchenau ■

230249 Limnocharis emarginata Humb. et Bonpl. = Limnocharis flava (L.) Buchenau ■

230250 Limnocharis flava (L.) Buchenau;黄花蔺(黄天鹅绒叶);Yellow Velvetleaf, Yellowflorrush ■

230251 Limnocharitaceae Takht. = Alismataceae Vent.(保留科名)■

230252 Limnocharitaceae Takht. = Limnocharitaceae Takht. ex Cronquist ■

230253 Limnocharitaceae Takht. ex Cronquist(1981);黄花蔺科(沼鳖科);Water-poppy Family ■

230254 Limnocharitaceae Takht. ex S. S. Hooper et Symoens = Limnocharitaceae Takht. ex Cronquist ■

230255 Limnochloa P. Beauv. ex T. Lestib. = Eleocharis R. Br. ■

230256 Limnochloa obtusetrigona Lindl. et Nees = Eleocharis obtusetrigona (Lindl. et Nees) Steud. ■☆

230257 Limnochloa spiralis (Rottb.) Nees = Eleocharis spiralis (Rottb.) Roem. et Schult. ■

230258 Limnochloa spiralis (Rottb.) Nees = Heleocharis spiralis (Rottb.) R. Br. ■

230259 Limnocitrus Swingle = Pleiospermium (Engl.) Swingle ●☆

230260 Limnocrepis Fourr. = Crepis L. ■

230261 Limnodea L. H. Dewey ex J. M. Coult. = Limnodea L. H. Dewey ■☆

230262 Limnodea L. H. Dewey(1894);阿肯色草属■☆

230263 Limnodea arkansana (Nutt.) L. H. Dewey;阿肯色草■☆

230264 Limnodoraceae Horan. = Orchidaceae Juss.(保留科名)■

230265 Limnogenneton Sch. Bip. = Sigesbeckia L. ■

230266 Limnogenneton abyssinicum Sch. Bip. = Micractis bojeri DC. ■☆

230267 Limnogeton Edgew. = Aponogeton L. f.(保留属名)■

230268 Limnogeton Edgew. ex Griff. = Aponogeton L. f.(保留属名)■

230269 Limnonesis Klotzsch = Pistia L. ■

230270 Limnoniaceae Seringe = Plumbaginaceae Juss.(保留科名)●■

230271 Limnopeuce Ség. = Ceratophyllum L. ■

230272 Limnopeuce Ség. = Hippuris L. ■

230273 Limnopeuce Zinn = Hippuris L. ■

230274 Limnophila R. Br. (1810)(保留属名);石龙尾属;Marshweed ■

230275 Limnophila aromatica (Lam.) Merr.;紫苏草(芳香中华石龙尾,可爱石龙尾,麻雀草,软骨倒水莲,三叉草,双漫草,水薄荷,水芙蓉,水管草,水管筒,田香草,通关草,香石龙尾,止咳草);Fragrant Marshweed, Pretty Marshweed, Sparraw Herb ■

230276 Limnophila aromatica (Lam.) Merr. = Limnophila chinensis (Osbeck) Merr. subsp. aromatica (Lam.) T. Yamaz. ■

230277 Limnophila aromaticoides Yuen P. Yang et S. H. Yen;拟紫苏草;Fragrant-like Marshweed ■

230278 Limnophila aromaticoides Yuen P. Yang et S. H. Yen = Limnophila aromatica (Lam.) Merr. ■

230279 Limnophila balsamea Benth.;香膏石龙尾;Balsam Marshweed ■☆

230280 Limnophila bangweolensis (R. E. Fr.) Verdc.;邦韦尔石龙尾■☆

230281 Limnophila barteri V. Naray.;巴特石龙尾■☆

230282 Limnophila borealis Y. Z. Zhao et P. Ma;北方石龙尾;N. China Marshweed ■

230283 Limnophila cana Griff.;灰色石龙尾;Grey Marshweed ■☆

230284 Limnophila ceratophylloides (Hiern) V. Naray.;角叶石龙尾■☆

230285 Limnophila chevalieri Bonati = Limnophila chinensis (Osbeck) Merr. ■

230286 Limnophila chinensis (Osbeck) Merr.;中华石龙尾(风肿草,蛤胆草,蛤蟆草,过塘草,过塘蛇,华石龙尾,肖紫草,硬毛石龙尾);China Marshweed, Chinese Marshweed, Hirsute Marshweed ■

230287 Limnophila chinensis (Osbeck) Merr. subsp. aromatica (Lam.) T. Yamaz. = Limnophila aromatica (Lam.) Merr. ■

230288 Limnophila conferta Benth.;密集石龙尾;Conferted Marshweed ■☆

230289 Limnophila connata (Buch.-Ham. ex D. Don) Hand.-Mazz.;抱茎石龙尾(金丝桃叶石龙尾);Amplexicaul Marshweed, St. Johnswortleaf Marshweed ■

230290 Limnophila connata (Buch.-Ham.) Pennell = Limnophila connata (Buch.-Ham. ex D. Don) Hand.-Mazz. ■

230291 Limnophila crassifolia Philcox;厚叶石龙尾■☆

230292 Limnophila dasyantha (Engl. et Gilg) V. Naray.;毛花石龙尾■☆

230293 Limnophila diffusa Benth.;铺散石龙尾;Diffuse Marshweed ■☆

230294 Limnophila erecta Benth.;直立石龙尾;Erect Marshweed ■

230295 Limnophila fluviatilis A. Chev.;河岸石龙尾■☆

230296 Limnophila fluviatilis A. Chev. f. terrestris ? = Limnophila fluviatilis A. Chev. ■☆

230297 Limnophila fragrans (G. Forst.) Seem.;芳香石龙尾■☆

230298 Limnophila gratioloides R. Br. = Limnophila indica (L.) Druce ■

230299 Limnophila gratioloides R. Br. var. nana V. Naray. = Limnophila indica (L.) Druce ■

230300 Limnophila gratissima Blume;香石龙尾■

230301 Limnophila gratissima Blume = Limnophila aromatica (Lam.)

Merr. ■
230302 Limnophila griffithii Hook. f. ;格氏石龙尾;Griffith Marshweed ■☆
230303 Limnophila helferi Hook. f. ;河氏石龙尾;Helfer Marshweed ■☆
230304 Limnophila heterophylla (Roxb.) Benth. ;异叶石龙尾;Diversileaf Marshweed ■
230305 Limnophila hirsuta (F. Heyne ex Benth.) Benth. = Limnophila chinensis (Osbeck) Merr. ■
230306 Limnophila hypericifolia (Benth.) Benth. = Limnophila connata (Buch. -Ham. ex D. Don) Hand. -Mazz. ■
230307 Limnophila indica (L.) Druce;有梗石龙尾(菊藻,轮叶石龙尾,石龙尾,水八角状石龙尾);Hairyleaf Marshweed, Hedgehtssopklike Marshweed, India Marshweed, Indian Marshweed ■
230308 Limnophila indica (L.) Druce = Limnophila trichophylla (Kom.) Kom. ■
230309 Limnophila indica (L.) Druce subsp. trichophylla (Kom.) T. Yamaz. = Limnophila indica (L.) Druce ■
230310 Limnophila laxa Benth. ;疏散石龙尾;Lax Marshweed ■☆
230311 Limnophila micrantha Benth. ;小花石龙尾;Littleflower Marshweed ■☆
230312 Limnophila polyantha Kurz ex Hook. f. ;多花石龙尾;Manyflower Marshweed ■☆
230313 Limnophila polystachya Benth. ;多穗石龙尾;Manyspike Marshweed ■☆
230314 Limnophila pulcherrima Hook. f. ;美丽石龙尾;Showy Marshweed ■☆
230315 Limnophila punctata Blume = Limnophila aromatica (Lam.) Merr. ■
230316 Limnophila punctata Blume var. subracemosa Benth. = Limnophila aromatica (Lam.) Merr. ■
230317 Limnophila pygmaea Hook. f. ;矮石龙尾;Dwarf Marshweed ■☆
230318 Limnophila racemosa Benth. ;总花石龙尾;Racemose Marshweed ■☆
230319 Limnophila repens (Benth.) Benth. ;匍匐石龙尾;Creeping Marshweed ■
230320 Limnophila roxburghii G. Don;罗氏石龙尾;Roxburgh Marshweed ■
230321 Limnophila roxburghii G. Don = Limnophila rugosa (Roth) Merr. ■
230322 Limnophila rugosa (Roth) Merr. ;大叶石龙尾(假毛敕草,水八角,水波香,水薄荷,水胡椒,水茴香,水荆芥,田根草,田香草,皱叶石龙尾);Big-leaved Marshweed, Winkled Marshweed ■
230323 Limnophila sessiliflora (Vahl) Blume;石龙尾(菊藻,无柄花石龙尾);Asian Marshweed, Limnophila, Sessile Marshweed ■
230324 Limnophila taoyuanensis Yuen P. Yang et S. H. Yen;桃园石龙尾;Taoyuan Marshweed ■
230325 Limnophila taoyuanensis Yuen P. Yang et S. H. Yen = Limnophila sessiliflora (Vahl) Blume ■
230326 Limnophila tenera (Hiern) V. Naray. = Dopatrium tenerum (Hiern) Eb. Fisch. ■☆
230327 Limnophila tillaeoides Hook. f. ;梯拉状石龙尾;Tillaelike Marshweed ■☆
230328 Limnophila trichophylla (Kom.) Kom. ;短梗石龙尾(菊藻)■
230329 Limnophila trichophylla (Kom.) Kom. = Limnophila indica (L.) Druce ■
230330 Limnophyton Miq. (1856);沼泽泻属(沼草属)■☆
230331 Limnophyton angolense Buchenau;安哥拉沼泽泻■☆
230332 Limnophyton fluitans Graebn. ;非洲沼泽泻■☆
230333 Limnophyton obtusifolium (L.) Miq. ;钝叶沼泽泻■☆
230334 Limnophyton obtusifolium (L.) Miq. var. lunatum Peter = Limnophyton obtusifolium (L.) Miq. ■☆
230335 Limnophyton parvifolium Peter = Limnophyton obtusifolium (L.) Miq. ■☆
230336 Limnopoa C. E. Hubb. (1943);沼泽禾属(泻湖禾属)■☆
230337 Limnopoa meeboldii C. E. Hubb. ;沼泽禾■☆
230338 Limnorchis Rydb. (1900);沼泽兰属(沼兰属)■☆
230339 Limnorchis Rydb. = Platanthera Rich. (保留属名)■
230340 Limnorchis arizonica Rydb. = Platanthera limosa Lindl. ■☆
230341 Limnorchis chorisiana (Cham.) J. P. Anderson = Platanthera chorisiana (Cham.) Rchb. f. ■☆
230342 Limnorchis convallariifolius (Fisch. ex Lindl.) Rydb. ;沼泽兰■☆
230343 Limnorchis convallariifolius (Fisch. ex Lindl.) Rydb. = Platanthera convallariifolia Fisch. ex Lindl. ■☆
230344 Limnorchis dilatata (Pursh) Rydb. = Limnorchis dilatatus (Pursh) Rydb. ■☆
230345 Limnorchis dilatata (Pursh) Rydb. = Platanthera dilatata (Pursh) Lindl. ex L. C. Beck ■☆
230346 Limnorchis dilatata (Pursh) Rydb. subsp. albiflora (Cham.) Á. Löve et W. Simon = Platanthera dilatata (Pursh) Lindl. ex L. C. Beck var. albiflora (Cham.) Ledeb. ■☆
230347 Limnorchis dilatata (Pursh) Rydb. subsp. albiflora (Cham.) Á. Löve et W. Simon;白花宽沼泽兰■☆
230348 Limnorchis dilatatus (Pursh) Rydb. ;宽沼泽兰;Boreal Bog Orchid, Leafy White Orchis, Scent-bottle, White Bog Orchid ■☆
230349 Limnorchis dilatatus (Pursh) Rydb. = Platanthera dilatata (Pursh) Lindl. ex L. C. Beck ■☆
230350 Limnorchis ensifolia Rydb. = Platanthera sparsiflora (S. Watson) Schltr. ■☆
230351 Limnorchis hologlottis (Maxim.) Nevski = Platanthera hologlottis Maxim. ■
230352 Limnorchis huronensis (Nutt.) Rydb. = Platanthera huronensis (Nutt.) Lindl. ■☆
230353 Limnorchis hyperborea (L.) Rydb. = Platanthera hyperborea (L.) Lindl. ■☆
230354 Limnorchis laxiflora Rydb. = Platanthera sparsiflora (S. Watson) Schltr. ■☆
230355 Limnorchis media Rydb. = Platanthera huronensis (Nutt.) Lindl. ■☆
230356 Limnorchis purpurascens Rydb. = Platanthera purpurascens (Rydb.) Sheviak et W. F. Jenn. ■☆
230357 Limnorchis sparsiflora (S. Watson) Rydb. = Platanthera sparsiflora (S. Watson) Schltr. ■☆
230358 Limnorchis stricta (Lindl.) Rydb. = Platanthera stricta Lindl. ■☆
230359 Limnosciadium Mathias et Constance(1941);沼泽芹属■☆
230360 Limnosciadium pinnatum (DC.) Mathias et Constance;沼泽芹■☆
230361 Limnosipanea Hook. f. (1868);沼茜属☆
230362 Limnosipanea parviflora Standl. ;小花沼茜☆
230363 Limnosipanea spruceana Hook. f. ;沼茜☆
230364 Limnostachys F. Muell. = Monochoria C. Presl ■
230365 Limnoxeranthemum Salzm. ex Steud. = Paepalanthus Kunth(保留属名)■☆
230366 Limodoraceae Horan. = Orchidaceae Juss. (保留科名)■

230367 Limodoron St. -Lag. = Limodorum Boehm. (保留属名) ■☆
230368 Limodoron St. -Lag. = Vanilla Plum. ex Mill. ■
230369 Limodorum Boehm. (1760) (保留属名); 里莫兰属(林木兰属); Cucumber Tree, Cucumber-tree, Magnolia, Yulan ■☆
230370 Limodorum Kuntze = Epipactis Zinn (保留属名) + Cephalanthera Rich. + Limodorum Boehm. ■☆
230371 Limodorum L. (废弃属名) = Bletia Ruiz et Pav. ■☆
230372 Limodorum L. (废弃属名) = Calopogon R. Br. (保留属名) ■☆
230373 Limodorum L. (废弃属名) = Limodorum Boehm. (保留属名) ■☆
230374 Limodorum L. (废弃属名) = Vanilla Plum. ex Mill. ■
230375 Limodorum Ludw. = Limodorum Boehm. (保留属名) ■☆
230376 Limodorum Ludw. ex Kuntze = Limodorum Boehm. (保留属名) ■☆
230377 Limodorum Rich. = Limodorum Boehm. (保留属名) ■☆
230378 Limodorum abortivum (L.) Sw.; 里莫兰; Limodore, Violet Bird's Nest Orchid, Violet Bird's-nest Orchid, Violet Limodore ■☆
230379 Limodorum abortivum (L.) Sw. = Orchis abortiva L. ■☆
230380 Limodorum abortivum (L.) Sw. subsp. trabutianum (Batt.) Soó = Limodorum trabutianum Batt. ■☆
230381 Limodorum abortivum (L.) Sw. var. trabutianum (Batt.) Raynaud = Limodorum trabutianum Batt. ■☆
230382 Limodorum acuminatum (Lindl.) Kuntze = Cephalanthera longifolia (L.) Fritsch ■
230383 Limodorum altum L. = Eulophia alta (L.) Fawc. et Rendle ■☆
230384 Limodorum aphyllum (F. W. Schmidt) Sw. = Epipogium aphyllum (F. W. Schmidt) Sw. ■
230385 Limodorum aphyllum Roxb. = Dendrobium aphyllum (Roxb.) C. E. C. Fisch. ●■
230386 Limodorum barbatum Lam. = Calopogon tuberosus (L.) Britton, Sterns et Poggenb. ■☆
230387 Limodorum barbatum Thunb. = Acrolophia barbata (Thunb.) H. P. Linder ■☆
230388 Limodorum bicallosum (D. Don) Buch. -Ham. ex D. Don = Eulophia bicallosa (D. Don) P. F. Hunt et Summerh. ■
230389 Limodorum bicolor Roxb. = Eulophia herbacea Lindl. ■
230390 Limodorum bidens Sw. ex Pers. = Diaphananthe bidens (Sw. ex Pers.) Schltr. ■☆
230391 Limodorum capense P. J. Bergius = Acrolophia capensis (P. J. Bergius) Fourc. ■☆
230392 Limodorum cristatum Afzel. ex Sw. = Eulophia cristata (Afzel. ex Sw.) Steud. ■☆
230393 Limodorum cucullatum Afzel. ex Sw. = Eulophia cucullata (Afzel. ex Sw.) Steud. ■☆
230394 Limodorum dabium (D. Don) Buch. -Ham. ex D. Don = Eulophia dabia (D. Don) Hochr. ■
230395 Limodorum dabium Buch. -Ham. ex D. Don = Eulophia dabia (D. Don) Hochr. ■
230396 Limodorum densiflorum Lam. = Geodorum densiflorum (Lam.) Schltr. ■
230397 Limodorum dubium Buch. -Ham. ex Lindl. = Eulophia dabia (D. Don) Hochr. ■
230398 Limodorum eburneum (Bory) Willd. = Angraecum eburneum Bory ■
230399 Limodorum emarginatum Sw. = Calyptrochilum emarginatum (Sw.) Schltr. ■☆
230400 Limodorum ensatum Thunb. = Cymbidium ensifolium (L.) Sw. ■
230401 Limodorum epipogium (L.) Sw. = Epipogium aphyllum (F. W. Schmidt) Sw. ■
230402 Limodorum erectum (Thunb.) Kuntze = Cephalanthera erecta (Thunb. ex A. Murray) Blume ■
230403 Limodorum falcatum (Thunb.) Thunb. = Neofinetia falcata (Thunb.) Hu ■
230404 Limodorum flabellatum Thouars = Cymbidiella flabellata (Thouars) Rolfe ■☆
230405 Limodorum flavum Blume = Phaius flavus (Blume) Lindl. ■
230406 Limodorum gentianoides Sw. = Triphora gentianoides (Sw.) Ames et Schltr. ■☆
230407 Limodorum graminifolium (Elliott) Small = Calopogon barbatus (Walter) Ames ■☆
230408 Limodorum hians (L. f.) Thunb. = Disa hians (L. f.) Spreng. ■☆
230409 Limodorum hyacinthinum (Sm.) Donn. = Bletilla striata (Thunb. ex A. Murray) Rchb. f. ■
230410 Limodorum imbricatum Sw. = Angraecum distichum Lindl. ■☆
230411 Limodorum lanceolatum Aubl. = Sacoila lanceolata (Aubl.) Garay ■☆
230412 Limodorum longibracteatum (Blume) Kuntze = Cephalanthera longibracteata Blume ■
230413 Limodorum longicornu Thunb. = Mystacidium capense (L. f.) Schltr. ■☆
230414 Limodorum luridum Sw. = Graphorchis lurida (Sw.) Kuntze ■☆
230415 Limodorum maculatum (Lindl.) Lodd. = Oeceoclades maculata (Lindl.) Lindl. ■☆
230416 Limodorum monile Thunb. = Dendrobium moniliforme (L.) Sw. ■
230417 Limodorum multiflorum (Lindl.) C. Mohr = Calopogon multiflorus Lindl. ■☆
230418 Limodorum pallidum (Chapm.) C. Mohr = Calopogon pallidus Chapm. ■☆
230419 Limodorum palustre (L.) Kuntze = Epipactis palustris (L.) Crantz ■
230420 Limodorum parviflorum (Lindl.) Nash = Calopogon barbatus (Walter) Ames ■☆
230421 Limodorum pinetorum Small = Calopogon multiflorus Lindl. ■☆
230422 Limodorum plantagineum Thouars = Eulophia plantaginea (Thouars) Rolfe ex Hochr. ■☆
230423 Limodorum praecox Walter = Spiranthes praecox (Walter) S. Watson ■☆
230424 Limodorum pulchellum Salisb. = Calopogon tuberosus (L.) Britton, Sterns et Poggenb. ■☆
230425 Limodorum pulchrum Thouars = Eulophia pulchra (Thouars) Lindl. ■
230426 Limodorum purpureum Lam. = Bletia purpurea (Lam.) DC. ■☆
230427 Limodorum pusillum Willd. = Taeniophyllum pusillum (Willd.) Seidenf. et Ormerod ■
230428 Limodorum ramentaceum Roxb. = Eulophia dabia (D. Don) Hochr. ■
230429 Limodorum recurvum Roxb. = Geodorum recurvum (Roxb.) Alston ■
230430 Limodorum retusum (L.) Sw. = Rhynchostylis retusa (L.)

Blume ■
230431 Limodorum roseum D. Don = Epipogium roseum (D. Don) Lindl. ■
230432 Limodorum royleanum (Lindl.) Kuntze = Epipactis royleana Lindl. ■
230433 Limodorum simpsonii Small = Calopogon tuberosus (L.) Britton, Sterns et Poggenb. var. simpsonii (Small) Magrath ■☆
230434 Limodorum striata Sw. = Calanthe sieboldii Decne. ex Regel ■
230435 Limodorum striatum Thunb. = Bletilla striata (Thunb. ex A. Murray) Rchb. f. ■
230436 Limodorum striatum Thunb. ex A. Murray = Bletilla striata (Thunb. ex A. Murray) Rchb. f. ■
230437 Limodorum tancarvilleae L'Hér. = Phaius tankervilleae (Banks ex L'Hér.) Blume ■
230438 Limodorum tankervilleae Banks ex L'Hér. = Phaius tankervilliae (Banks ex L'Hér.) Blume ■
230439 Limodorum tankervilleae Dryand. = Phaius tankervilliae (Banks ex L'Hér.) Blume ■
230440 Limodorum tankervilliae Banks = Phaius tankervilliae (Banks ex L'Hér.) Blume ■
230441 Limodorum thunbergii (A. Gray) Kuntze = Epipactis thunbergii A. Gray ■
230442 Limodorum thunbergii Kuntze = Epipactis thunbergii A. Gray ■
230443 Limodorum trabutianum Batt.;特拉布特里莫兰■☆
230444 Limodorum trifidum Michx. = Bletia purpurea (Lam.) DC. ■☆
230445 Limodorum triste (L. f.) Thunb. = Acrolophia capensis (P. J. Bergius) Fourc. ■☆
230446 Limodorum tuberculosum Thouars = Gastrorchis tuberculosa (Thouars) Schltr. ■☆
230447 Limodorum tuberosum L. = Calopogon pulchellus (Salisb.) R. Br. ■☆
230448 Limodorum tuberosum L. = Calopogon tuberosus (L.) Britton, Sterns et Poggenb. ■☆
230449 Limodorum tuberosum L. var. nanum Nieuwl. = Calopogon tuberosus (L.) Britton, Sterns et Poggenb. ■☆
230450 Limodorum turkestanicum Litv. = Eulophia dabia (D. Don) Hochr. ■
230451 Limodorum veratrifolium (Boiss.) Kuntze = Epipactis consimilis D. Don ■
230452 Limodorum veratrifolium Willd. = Calanthe triplicata (Willemet) Ames ■
230453 Limodorum veratrifolium Willd. = Dactylorhiza umbrosa (Kar. et Kir.) Nevski ■
230454 Limodorum verecundum Salisb. = Bletia purpurea (Lam.) DC. ■☆
230455 Limon Mill. = Citrus L. ●
230456 Limon Tourn. ex Mill. = Citrus L. ●
230457 Limonaetes Ehrh. = Carex L. ■
230458 Limonanthus Kunth = Leimanthium Willd. ■☆
230459 Limonanthus Kunth = Melanthium L. ■☆
230460 Limonia Gaertn. = Scolopia Schreb. (保留属名)●
230461 Limonia L. (1762);柑果子属;Indian Gum ●☆
230462 Limonia L. = Hesperethusa M. Roem. ●☆
230463 Limonia acidissima L. = Feronia limonia (L.) Swingle ●
230464 Limonia arborea Roxb. = Glycosmis pentaphylla (Retz.) DC. ●
230465 Limonia aurantifolia Christm. = Citrus aurantifolia (Christm.) Swingle ●
230466 Limonia citrifolia Salisb. = Glycosmis parviflora (Sims) Little ●
230467 Limonia citrifolia Willd. = Glycosmis citrifolia (Willd.) Lindl. ●
230468 Limonia crenulata Roxb.;柑果子●☆
230469 Limonia crenulata Roxb. = Hesperethusa crenulata (Roxb.) M. Roem. ●☆
230470 Limonia gabunensis Engl. = Citropsis gabunensis (Engl.) Swingle et M. Kellerm. ●☆
230471 Limonia lacourtiana De Wild. = Citropsis gabunensis (Engl.) Swingle et M. Kellerm. ●☆
230472 Limonia laureola DC. = Skimmia laureola (DC.) Siebold et Zucc. ex Walp. ●
230473 Limonia monadelpha Thonn. = Trichilia monadelpha (Thonn.) J. J. de Wilde ●☆
230474 Limonia monophylla Lour. = Atalantia buxifolia (Poir.) Oliv. ●
230475 Limonia oligandra Dalzell = Toddalia asiatica (L.) Lam. ●
230476 Limonia parviflora Sims = Glycosmis citrifolia (Willd.) Lindl. ●
230477 Limonia parviflora Sims = Glycosmis parviflora (Sims) Little ●
230478 Limonia pentaphylla Retz. = Glycosmis pentaphylla (Retz.) DC. ●
230479 Limonia scandens Roxb. = Luvunga scandens (Roxb.) Buch.-Ham. ex Wight et Arn. ●
230480 Limonia schweinfurthii Engl. = Citropsis schweinfurthii (Engl.) Swingle et M. Kellerm. ●☆
230481 Limonia trichocarpa Hance = Poncirus trifoliata (L.) Raf. ●
230482 Limonia trifolia Burm. f. = Triphasia trifolia (Burm. f.) P. Wilson ●☆
230483 Limoniaceae Lincz. = Limoniaceae Ser. (保留科名)■
230484 Limoniaceae Ser. (1851)(保留科名);补血草科■
230485 Limoniaceae Ser. (保留科名) = Plumbaginaceae Juss. (保留科名)●■
230486 Limonias Ehrh. = Cephalanthera Rich. ■
230487 Limonias Ehrh. = Epipactis Zinn(保留属名)■
230488 Limonias Ehrh. = Serapias L. (保留属名)■☆
230489 Limoniastrum Fabr. = Limoniastrum Heist. ex Fabr. ●☆
230490 Limoniastrum Heist. ex Fabr. (1759);合柱补血草属●☆
230491 Limoniastrum Moench = Limoniastrum Heist. ex Fabr. ●☆
230492 Limoniastrum articulatum Moench = Limoniastrum monopetalum (L.) Boiss. ●☆
230493 Limoniastrum feei (Girard) Batt. = Ceratolimon feei (Girard) Crespo et Lledò ■☆
230494 Limoniastrum feei (Girard) Batt. var. grandiflorum Maire et Wilczek = Ceratolimon feei (Girard) Crespo et Lledò ■☆
230495 Limoniastrum guyonianum Boiss.;居永合柱补血草●☆
230496 Limoniastrum guyonianum Boiss. var. ouarglense (Pomel) Batt. = Limoniastrum guyonianum Boiss. ●☆
230497 Limoniastrum ifniense (Caball.) Font Quer;伊夫尼合柱补血草●☆
230498 Limoniastrum migiurtinum (Chiov.) Chiov. ex Maire = Ceratolimon migiurtinum (Chiov.) M. B. Crespo et Lledò ■☆
230499 Limoniastrum monopetalum (L.) Boiss.;单瓣合柱补血草●☆
230500 Limoniastrum ouarglense Pomel = Limoniastrum guyonianum Boiss. ●☆
230501 Limoniastrum rechingeri J. R. Edm. = Ceratolimon migiurtinum (Chiov.) M. B. Crespo et Lledò ■☆
230502 Limoniastrum weygandiorum Maire et Wilczek = Ceratolimon weygandiorum (Maire et Wilczek) M. B. Crespo et Lledò ■☆
230503 Limoniodes Kuntze = Limoniastrum Heist. ex Fabr. ●☆

230504 Limoniodes Kuntze(1891);拟补血草属■☆

230505 Limoniodes guyonianum Kuntze;拟补血草■☆

230506 Limoniopsis Lincz. (1952);类补血草属(繁枝补血草属)■☆

230507 Limoniopsis overinii (Boiss.) Lincz.;类补血草■☆

230508 Limonium Mill. (1754)(保留属名);补血草属(匙叶草属,矶松属,石苁蓉属);Marsh Rosemary, Sea Lavender, Sea Pink, Sealavender, Sea-lavender, Statice, Thrift ●■

230509 Limonium Tourn. ex Mill. = Limonium Mill. (保留属名)●■

230510 Limonium acuminatum L. Bolus;酸味补血草■☆

230511 Limonium acutifolium (Rchb.) C. E. Salmon;尖叶补血草■☆

230512 Limonium alleizettei (Pau) Brullo et Erben;阿雷补血草■☆

230513 Limonium altaicum Hort.;阿尔泰补血草■☆

230514 Limonium amblyolobum Ikonn. -Gal. = Limonium kaschgaricum (Rupr.) Ikonn. -Gal. ■

230515 Limonium amoenum (C. H. Wright) R. A. Dyer = Afrolimon amoenum (C. H. Wright) Lincz. ●☆

230516 Limonium angustatum (A. Gray) Small = Limonium carolinianum (Walter) Britton ■☆

230517 Limonium anthericoides (Schltr.) R. A. Dyer;花篱补血草■☆

230518 Limonium arborescens (Brouss.) Kuntze;灌木补血草;Tree Limonium ●☆

230519 Limonium arborescens Kuntze = Limonium arborescens (Brouss.) Kuntze ●☆

230520 Limonium arbusculum (Maxim.) Makino = Limonium wrightii (Hance) Kuntze ●■

230521 Limonium arbusculum (Maxim.) Makino var. luteum Hara = Limonium wrightii (Hance) Kuntze var. luteum (Hara) H. Hara ●■

230522 Limonium asparagoides (Batt.) Maire;天门冬补血草■☆

230523 Limonium asperrimum Maire;粗糙补血草■☆

230524 Limonium aureum (L.) Hill ex Kuntze;黄花补血草(干活草,黄花苍蝇架,黄花矶松,黄矶松,黄里子白,黄色补血草,金匙叶草,金佛花,金色补血草,石花子,洋甘菊);Golden Sea Lavender, Golden Sealavender ■

230525 Limonium aureum (L.) Hill var. dielsianum (Wangerin) T. H. Peng = Limonium dielsianum (Wangerin) Kamelin ■

230526 Limonium aureum (L.) Hill var. potaninii (Ikonn. -Gal.) T. H. Peng = Limonium potaninii Ikonn. -Gal. ■

230527 Limonium aureum (L.) Hill. = Limonium potaninii Ikonn. -Gal. ■

230528 Limonium aureum (L.) Hill. var. potaninii (Ikonm-Gal.) T. H. Peng = Limonium potaninii Ikonn. -Gal. ■

230529 Limonium aureum L. var. dielsianum (Wangerin) T. H. Peng = Limonium dielsianum (Wangerin) Kamelin ■

230530 Limonium auriculiursifolium (Pourr.) Druce;耳状补血草;Broad-leaved Sea-lavender ■☆

230531 Limonium axillare (Forssk.) Kuntze;腋花补血草■☆

230532 Limonium battandieri Greuter et Burdet;巴坦补血草■☆

230533 Limonium beaumierianum (Coss. ex Maire) Maire = Limonium sinuatum (L.) Mill. subsp. beaumierianum (Maire) Sauvage et Vindt ■☆

230534 Limonium beaumierianum (Maire) Maire = Limonium sinuatum (L.) Mill. subsp. beaumierianum (Maire) Sauvage et Vindt ■☆

230535 Limonium beaumierianum Maire = Limonium sinuatum (L.) Mill. subsp. beaumierianum (Maire) Sauvage et Vindt ■☆

230536 Limonium beaumierianum Maire var. akkensis ? = Limonium sinuatum (L.) Mill. subsp. beaumierianum (Maire) Sauvage et Vindt ■☆

230537 Limonium beaumierianum Maire var. annuum ? = Limonium sinuatum (L.) Mill. subsp. beaumierianum (Maire) Sauvage et Vindt ■☆

230538 Limonium beaumierianum Maire var. dubium ? = Limonium sinuatum (L.) Mill. subsp. beaumierianum (Maire) Sauvage et Vindt ■☆

230539 Limonium beaumierianum Maire var. glabrescens ? = Limonium sinuatum (L.) Mill. subsp. beaumierianum (Maire) Sauvage et Vindt ■☆

230540 Limonium beaumierianum Maire var. leucocalyx ? = Limonium sinuatum (L.) Mill. subsp. beaumierianum (Maire) Sauvage et Vindt ■☆

230541 Limonium beaumierianum Maire var. tripeaui ? = Limonium sinuatum (L.) Mill. subsp. beaumierianum (Maire) Sauvage et Vindt ■☆

230542 Limonium beaumierianum Maire var. violascens ? = Limonium sinuatum (L.) Mill. subsp. beaumierianum (Maire) Sauvage et Vindt ■☆

230543 Limonium bellidifolium (Gouan) Dumort.;雏菊叶补血草(网状补血草);Daisyleaf Statice, Matted Sea Lavender, Matted Sea-lavender ■☆

230544 Limonium bicolor (Bunge) Kuntze;二色补血草(白花菜棵,补血草,苍蝇花,苍蝇架,匙叶草,二色匙叶草,二色矶松,矶松,燎眉蒿,落蝇子花,扫帚苗,秃子花,血见愁,盐云参,盐云草,蝇子架);Twocolor Sealavender ■

230545 Limonium binervosum (G. E. Sm.) C. E. Salmon;二脉补血草;Rock Sea Lavender, Rock Sea-lavender, Twonerve Statice ■☆

230546 Limonium boitardii Maire;博伊补血草■☆

230547 Limonium bollei (Wangerin) Erben;博勒补血草■☆

230548 Limonium bonducellei (T. Lestib.) Kuntze;阿尔及利亚补血草■☆

230549 Limonium bonducellei (T. Lestib.) Kuntze = Limonium sinuatum (L.) Mill. var. bonduellei (T. Lestib.) Sauvage et Vindt ■☆

230550 Limonium bourgeaui (Boiss.) Kuntze;布尔补血草■☆

230551 Limonium brasiliense Kuntze;巴西补血草■☆

230552 Limonium brassicifolium (Webb et Berthel.) Kuntze;芸薹叶补血草(芸香叶补血草);Canaries Statice ■☆

230553 Limonium brassicifolium (Webb et Berthel.) Kuntze subsp. macropterum (Webb et Berthel.) G. Kunkel;大翅芸薹叶补血草■☆

230554 Limonium braunii (Bolle) A. Chev.;布劳恩补血草■☆

230555 Limonium brunneri (Webb) Kuntze;宾纳补血草■☆

230556 Limonium bungei (Claus) Gamajun.;邦奇补血草■☆

230557 Limonium cabulicum (Boiss.) Kuntze;卡布尔补血草■☆

230558 Limonium caesium (Girard) Kuntze;灰蓝补血草;Grey Statice ■☆

230559 Limonium californicum (Boiss.) A. Heller;加州补血草;Marsh Rosemary ■☆

230560 Limonium californicum (Boiss.) A. Heller var. mexicanum (S. F. Blake) Munz = Limonium californicum (Boiss.) A. Heller ■☆

230561 Limonium callianthum (T. X. Peng) Kamelin;美花补血草;PrettyFlower Sealavender ■

230562 Limonium callicomum (C. A. Mey.) Kuntze = Goniolimon callicomum (C. A. Mey.) Boiss. ■

230563 Limonium capense (L. Bolus) L. Bolus = Afrolimon capense (L. Bolus) Lincz. ■☆

230564 Limonium carinense (Chiov.) Verdc. et Hemming ex Cufod. = Limonium xipholepis (Baker) Hutch. et E. A. Bruce ■☆
230565 Limonium carnosum Kuntze;肉质补血草■☆
230566 Limonium carolinianum (Walter) Britton;加罗林补血草(卡罗里纳补血草);American Sea Lavender, American Thrift, Canker Root, Carolina Statice, Ink Root, Lavender Thrift, Marsh Rosemary, Sea-lavender, Seaside Lavender, Seaside Thrift ■☆
230567 Limonium carolinianum (Walter) Britton var. angustatum (A. Gray) S. F. Blake = Limonium carolinianum (Walter) Britton ■☆
230568 Limonium carolinianum (Walter) Britton var. compactum Shinners = Limonium carolinianum (Walter) Britton ■☆
230569 Limonium carolinianum (Walter) Britton var. nashii (Small) B. Boivin = Limonium carolinianum (Walter) Britton ■☆
230570 Limonium carolinianum (Walter) Britton var. obtusilobum (S. F. Blake) H. E. Ahles = Limonium carolinianum (Walter) Britton ■☆
230571 Limonium carolinianum (Walter) Britton var. trichogonum (S. F. Blake) B. Boivin = Limonium carolinianum (Walter) Britton ■☆
230572 Limonium caspium (Willd.) P. Fourn.;里海匙叶草■☆
230573 Limonium chazaliei (Boissieu) Maire;沙扎里补血草■☆
230574 Limonium chrysocephalum (Regel) Lincz. = Limonium chrysocomum (Kar. et Kir.) Kuntze ●■
230575 Limonium chrysocomum (Kar. et Kir.) Kuntze;簇枝补血草;Yellowcrown Sealavender ●■
230576 Limonium chrysocomum (Kar. et Kir.) Kuntze var. chrysocephalum (Regel) T. H. Peng = Limonium chrysocomum (Kar. et Kir.) Kuntze ●■
230577 Limonium chrysocomum (Kar. et Kir.) Kuntze var. chrysocephalum (Regel) T. H. Peng;细簇补血草;Thin Yellowcrown Sealavender ■
230578 Limonium chrysocomum (Kar. et Kir.) Kuntze var. pubescens Lincz. = Limonium chrysocomum (Kar. et Kir.) Kuntze ●■
230579 Limonium chrysocomum (Kar. et Kir.) Kuntze var. sedoides (Regel) T. H. Peng = Limonium chrysocomum (Kar. et Kir.) Kuntze ●■
230580 Limonium chrysocomum (Kar. et Kir.) Kuntze var. sedoides (Regel) T. H. Peng;矮簇补血草;Sedumlike Sealavender ■
230581 Limonium chrysocomum (Kar. et Kir.) Kuntze var. semenowii (Herder) T. H. Peng;大簇补血草;Semenov Sealavender ■
230582 Limonium commune Gray var. californicum (Boiss.) Greene = Limonium californicum (Boiss.) A. Heller ■☆
230583 Limonium comosum Erben;簇毛补血草■☆
230584 Limonium confertum Brullo et Erben;密集补血草■☆
230585 Limonium congestum (Ledeb.) Kuntze;欧洲密花补血草;Denseflower Denseflower Sealavender ■
230586 Limonium coralloides (Tausch) Lincz.;珊瑚补血草;Coral Sealavender ■
230587 Limonium cossonianum Kuntze;科森补血草■☆
230588 Limonium cosyrense (Guss.) Kuntze;考司林补血草;Cosyr Statice ■☆
230589 Limonium cylindrifolium (Forssk.) Verdc.;柱叶补血草■☆
230590 Limonium cymuliferum (Boiss.) Sauvage et Vindt;芽生补血草■☆
230591 Limonium cymuliferum (Boiss.) Sauvage et Vindt var. corymbulosum Pignatti = Limonium cymuliferum (Boiss.) Sauvage et Vindt ■☆
230592 Limonium cymuliferum (Boiss.) Sauvage et Vindt var. sebkarum (Pomel) Sauvage et Vindt = Limonium cymuliferum (Boiss.) Sauvage et Vindt ■☆
230593 Limonium cymuliferum (Boiss.) Sauvage et Vindt var. uniflorum Pignatti = Limonium cymuliferum (Boiss.) Sauvage et Vindt ■☆
230594 Limonium cyrenaicum (Rouy) Brullo;昔兰尼补血草■☆
230595 Limonium cyrtostachyum (Girard) Brullo;弯穗补血草■☆
230596 Limonium decipiens (Ledeb.) Kuntze = Limonium coralloides (Tausch) Lincz. ■
230597 Limonium decumbens (Boiss.) Kuntze;外倾补血草■☆
230598 Limonium delicatulum (Girard) Kuntze;美味补血草;Delicious Statice ■☆
230599 Limonium delicatulum (Girard) Kuntze subsp. afrum Pignatti;非洲美味补血草■☆
230600 Limonium delicatulum (Girard) Kuntze subsp. orientale Pignatti;东方美味补血草■☆
230601 Limonium delicatulum (Girard) Kuntze var. leptostachys (Pomel) Maire = Limonium delicatulum (Girard) Kuntze ■☆
230602 Limonium dendroides Svent.;树状补血草■☆
230603 Limonium densiflorum (Guss.) Kuntze;密花补血草■☆
230604 Limonium densiflorum (Guss.) Kuntze var. parvula Batt. et Trab. = Limonium densiflorum (Guss.) Kuntze ■☆
230605 Limonium depauperatum (Boiss.) R. A. Dyer;萎缩补血草■☆
230606 Limonium desipiens (Ledeb.) Kuntze = Limonium coralloides (Tausch) Lincz. ■
230607 Limonium dichoroanthum (Rupr.) Ikonn.-Gal. ex Lincz.;淡花补血草■
230608 Limonium dielsianum (Wangerin) Kamelin;八龙补血草(巴隆补血草);Diels Sealavender ■
230609 Limonium dregeanum (C. Presl) Kuntze;德来奇补血草;Dregea Statice ■☆
230610 Limonium drepanostachyum Ikonn.-Gal.;镰穗补血草;Bentspike Sealavender ■
230611 Limonium drepanostachyum Ikonn.-Gal. subsp. callianthum T. X. Peng = Limonium callianthum (T. X. Peng) Kamelin ■
230612 Limonium duriaei (Girard) Kuntze;杜里奥补血草■☆
230613 Limonium duriusculum (Girard) Fourr.;稍硬补血草■☆
230614 Limonium dyeri Lincz.;戴尔补血草■☆
230615 Limonium echioides (L.) Mill.;刺补血草■☆
230616 Limonium emarginatum (Willd.) Kuntze;微缺补血草■☆
230617 Limonium equisetinum (Boiss.) R. A. Dyer;木贼补血草■☆
230618 Limonium erythrorrhizum Ikonn.-Gal. ex Lincz. = Limonium aureum (L.) Hill ex Kuntze ■
230619 Limonium eximium (Schrenk) Kuntze = Goniolimon eximium (Schrenk) Boiss. ■
230620 Limonium fajzievii Zakirov;法氏补血草■☆
230621 Limonium fallax (Wangerin) Maire;迷惑补血草■☆
230622 Limonium fallax (Wangerin) Maire var. trachycladum (Maire et) Maire = Limonium fallax (Wangerin) Maire ■☆
230623 Limonium ferganense Ikonn.-Gal.;费尔干补血草■☆
230624 Limonium ferulaceum (L.) Chaz. = Myriolepis ferulacea (L.) Lledò, Erben et Crespo ■☆
230625 Limonium fischeri (Trautv.) Lincz.;费氏补血草■☆
230626 Limonium flexuosum (L.) Kuntze;曲枝补血草;Bentshoot Sealavender ■
230627 Limonium franchetii (Debeaux) Kuntze;烟台补血草;Franchet Sealavender ■

230628 Limonium franchetii (Debeaux) Kuntze = Limonium sinense (Girard) Kuntze ■
230629 Limonium fruticans (Webb) Kuntze;灌木状补血草■☆
230630 Limonium globulariifolium (Desf.) Kuntze = Limonium virgatum (Willd.) Fourr. ■☆
230631 Limonium gmelinii (Willd.) Kuntze;西伯利亚补血草(补血草,大叶补血草,大叶矶松,格麦氏匙叶草,小掌叶补血草);Gmelin Sealavender, Siberian Sealavender ■
230632 Limonium gmelinii (Willd.) Kuntze = Limonium flexuosum (L.) Kuntze ■
230633 Limonium gougetianum (Girard) Kuntze;各格补血草;Gouget Statice ■☆
230634 Limonium gougetianum (Girard) Kuntze subsp. multiceps (Pomel) Greuter et Burdet;多头各格补血草■☆
230635 Limonium griffithii (Aitch. et Hemsl.) Kuntze = Limonium cabulicum (Boiss.) Kuntze ■☆
230636 Limonium gummiferum Boiss. et Reut. subsp. battandieri Sauvage et Vindt = Limonium battandieri Greuter et Burdet ■☆
230637 Limonium gummiferum Boiss. et Reut. subsp. sebkarum (Pomel) Maire = Limonium cymuliferum (Boiss.) Sauvage et Vindt ■☆
230638 Limonium gummiferum Boiss. et Reut. var. corymbulosum (Coss.) Maire = Limonium battandieri Greuter et Burdet ■☆
230639 Limonium gummiferum Boiss. et Reut. var. muticum Maire et Sennen = Limonium battandieri Greuter et Burdet ■☆
230640 Limonium heterobracteatum Erben = Limonium mouretii (Pit.) Maire ■☆
230641 Limonium hoehzeri (Regel) Ikonn. -Gal. = Limonium kaschgaricum (Rupr.) Ikonn. -Gal. ■
230642 Limonium hoeltzeri (Regel) Ikonn. -Gal.;霍氏补血草■☆
230643 Limonium humile Mill.;矮补血草;Ax-flowered Sea-lavender, Lax Sea Lavender, Remote-flowered Sea Lavender ■☆
230644 Limonium imbricatum (Girard) C. E. Hubb.;覆瓦补血草■☆
230645 Limonium insigne (Coss.) Kuntze;特异补血草;Notable Statice ■☆
230646 Limonium intricatum Brullo et Erben;缠结补血草■☆
230647 Limonium japonicum (Siebold et Zucc.) Kuntze = Limonium tetragonum (Thunb.) Bullock ■
230648 Limonium kaschgaricum (Rupr.) Ikonn. -Gal.;喀什补血草;Kaschgar Sealavender ■
230649 Limonium kaufmannianum (Regel) Kuntze = Ikonnikovia kaufmanniana (Regel) Lincz. ●◇
230650 Limonium kossmatii (R. Wagner et Vierh.) Verdc. et Hemming ex Cufod.;科斯马特补血草■☆
230651 Limonium kraussianum (Buchinger ex Boiss.) Kuntze;克劳斯补血草■☆
230652 Limonium lacertosum Brullo et Erben;撕裂补血草■☆
230653 Limonium lacostei (Danguy) Kamelin;灰秆补血草(灰杆补血草);Roborowsk Sealavender ●■
230654 Limonium lanceolatum (Hoffmanns. et Link) Franco;披针补血草■☆
230655 Limonium latifolium (Sm.) Kuntze;宽叶匙叶草(宽叶补血草阔叶补血草);Broadleaf Sealavender, Broadleaf Statice, Sea Lavender, Wideleaf Sealavender, Wide-leaved Sea Lavender, Wide-leaved Sea-lavender ■☆
230656 Limonium latifolium (Sm.) Kuntze 'Blue Cloud';蓝云宽叶补血草■☆
230657 Limonium leptolobum (Regel) Kuntze;清河补血草(精河补血草);Thinlobe Sealavender ■
230658 Limonium leptophyllum Kuntze;细叶补血草■☆
230659 Limonium leptostachyum Kuntze;细穗补血草;Statice ■☆
230660 Limonium lessingianum Lincz. = Limonium suffruticosum (L.) Kuntze ●
230661 Limonium letourneuxii (Batt.) Greuter et Burdet;勒图尔呐补血草■☆
230662 Limonium limbatum Small;边缘补血草■☆
230663 Limonium limbatum Small var. glabrescens Correll = Limonium limbatum Small ■☆
230664 Limonium lingua (Pomel) Pons et Quézel = Limonium cymuliferum (Boiss.) Sauvage et Vindt ■☆
230665 Limonium linifolium (L. f.) Kuntze;线叶补血草■☆
230666 Limonium linifolium (L. f.) Kuntze var. maritimum (Eckl. et Zeyh. ex Boiss.) R. A. Dyer;滨海线叶补血草■☆
230667 Limonium lobatum (L. f.) Chaz.;锐裂补血草■☆
230668 Limonium longifolium (Thunb.) R. A. Dyer = Afrolimon longifolium (Thunb.) Lincz. ■☆
230669 Limonium lychnidifolium (Girard) Kuntze = Limonium auriculiursifolium (Pourr.) Druce ■☆
230670 Limonium lychnidifolium Kuntze;剪秋罗叶补血草;Alderney Sea Lavender, Alderney Sealavender ☆
230671 Limonium macrophyllum (Brouss.) Kuntze = Limonium macrophyllum (Spreng.) Kuntze ■☆
230672 Limonium macrophyllum (Spreng.) Kuntze;大叶补血草(大补血草);Largeleaf Statice ■☆
230673 Limonium macrorhabdon (Boiss.) Kuntze;大棒补血草■☆
230674 Limonium macrorhizon Kuntze;大根补血草(大根匙叶草);Bigrooot Statice ■☆
230675 Limonium mauritanicum Hutch. et Dalziel = Limonium chazaliei (Boissieu) Maire ■☆
230676 Limonium membranaceum R. A. Dyer = Limonium dyeri Lincz. ■☆
230677 Limonium mexicanum S. F. Blake = Limonium californicum (Boiss.) A. Heller ■☆
230678 Limonium meyeri (Boiss.) Kuntze;迈氏补血草■☆
230679 Limonium meyeri Kuntze = Limonium meyeri (Boiss.) Kuntze ■☆
230680 Limonium michelsonii Lincz.;米氏补血草■☆
230681 Limonium minutum (L.) Kuntze;小补血草;Little Statice ■☆
230682 Limonium minutum L. subsp. acutifolium (Rchb.) Kuntze = Limonium acutifolium (Rchb.) C. E. Salmon ■☆
230683 Limonium mouretii (Pit.) Maire;莫来特补血草;Mouret Statice ■☆
230684 Limonium mouretii (Pit.) Maire var. coloratum Maire = Limonium mouretii (Pit.) Maire ■☆
230685 Limonium mouretii (Pit.) Maire var. pubicalyx (Stearn) Emb. et Maire = Limonium mouretii (Pit.) Maire ■☆
230686 Limonium mucronatum (L. f.) Chaz.;短尖补血草■☆
230687 Limonium multiceps (Pomel) Pons et Quézel = Limonium gougetianum (Girard) Kuntze ■☆
230688 Limonium myrianthum (Schrenk) Kuntze;繁枝补血草(万花补血草);Manyflower Sealavender ■
230689 Limonium namaquanum L. Bolus = Afrolimon namaquanum (L. Bolus) Lincz. ■☆
230690 Limonium narbonense Mill.;纳博补血草■☆

230691 Limonium nashii Small = Limonium carolinianum (Walter) Britton ■☆
230692 Limonium nashii Small var. angustatum (A. Gray) H. E. Ahles = Limonium carolinianum (Walter) Britton ■☆
230693 Limonium nogalense (Chiov.) Verdc. et Hemming ex Cufod. = Limonium xipholepis (Baker) Hutch. et E. A. Bruce ■☆
230694 Limonium normannicum Ingr.;诺尔曼补血草;Alderney Sea-lavender ■☆
230695 Limonium oblanceolatum Brullo et Erben;倒披针补血草■☆
230696 Limonium obtusilobum S. F. Blake = Limonium carolinianum (Walter) Britton ■☆
230697 Limonium occidentalis (Lloyd) Kuntze = Limonium binervosum (G. E. Sm.) C. E. Salmon ■☆
230698 Limonium ochranthum (Kar. et Kir.) Kuntze = Goniolimon speciosum (L.) Boiss. ■
230699 Limonium ornatum (Ball) Kuntze;饰冠补血草■☆
230700 Limonium otolepis (Schrenk) Kuntze;耳叶补血草(野茴香);Earleaf Sealavender, Ear-shapeleaf Sealavender, Saltmarsh Sealavender ■
230701 Limonium ovalifolium (Poir.) Kuntze;卵叶补血草■☆
230702 Limonium ovalifolium (Poir.) Kuntze subsp. canariense Pignatti = Limonium bollei (Wangerin) Erben ■☆
230703 Limonium ovalifolium (Poir.) Kuntze subsp. pyramidatum (Lowe) A. Hansen et Sunding;塔卵叶补血草■☆
230704 Limonium ovalifolium (Poir.) Kuntze var. majus Rouy = Limonium ovalifolium (Poir.) Kuntze ■☆
230705 Limonium papillatum (Webb et Berthel.) Kuntze;乳突补血草■☆
230706 Limonium papillatum (Webb et Berthel.) Kuntze var. callibotryum Svent. = Limonium papillatum (Webb et Berthel.) Kuntze ■☆
230707 Limonium pectinatum (Aiton) Kuntze;蓖齿补血草■☆
230708 Limonium pectinatum (Aiton) Kuntze var. corculum (Webb et Berthel.) G. Kunkel et Sunding = Limonium pectinatum (Aiton) Kuntze ■☆
230709 Limonium pectinatum (Aiton) Kuntze var. divaricatum (Pit.) G. Kunkel et Sunding = Limonium pectinatum (Aiton) Kuntze ■☆
230710 Limonium pectinatum (Aiton) Kuntze var. solandri (Webb et Berthel.) Kuntze = Limonium pectinatum (Aiton) Kuntze ■☆
230711 Limonium peregrinum (Bergius) R. A. Dyer;外来补血草;Foreign Sealavender Statice, Foreign Statice ■☆
230712 Limonium perezii (Stapf) F. T. Hubb.;欧洲补血草(彼尔滋补血草,加那利补血草);Perez Statice, Perez's Sealavender, Sea Lavender, Seafoam Statice, Statice ●☆
230713 Limonium perigrinum (P. J. Bergius) R. A. Dyer = Afrolimon peregrinum (P. J. Bergius) Lincz. ■☆
230714 Limonium pescadense Greuter et Burdet;佩斯卡多补血草■☆
230715 Limonium platyphyllum Lincz. = Limonium latifolium (Sm.) Kuntze ■☆
230716 Limonium potaninii Ikonn. -Gal.;星毛补血草(干草花,金匙叶草,金色补血草);Potanin Sealavender ■
230717 Limonium preauxii (Webb et Berthel.) Kuntze;帕氏补血草(帕来克斯补血草);Preaux Statice ■☆
230718 Limonium preauxii (Webb) Kuntze = Limonium preauxii (Webb et Berthel.) Kuntze ■☆
230719 Limonium pruinosum (L.) Chaz.;白粉补血草■☆
230720 Limonium pruinosum (L.) Chaz. subsp. alleizettei (Pau) Maire = Limonium alleizettei (Pau) Brullo et Erben ■☆
230721 Limonium pruinosum (L.) Chaz. var. glabrum Maire et Weiller = Limonium pruinosum (L.) Chaz. ■☆
230722 Limonium pruinosum (L.) Chaz. var. hirtiflorum (Cavara) Maire et Weiller = Limonium pruinosum (L.) Chaz. ■☆
230723 Limonium psilocladon (Boiss.) Kuntze = Limonium ramosissimum (Poir.) Maire ■☆
230724 Limonium psilocladum Kuntze var. albida Boiss. = Limonium pescadense Greuter et Burdet ■☆
230725 Limonium psilocladum Kuntze var. intermedia Boiss. = Limonium pescadense Greuter et Burdet ■☆
230726 Limonium puberulum (Webb) Kuntze;柔毛补血草;Yellowshrub Statice ■☆
230727 Limonium pujosii Sauvage et Vindt;皮若斯补血草■☆
230728 Limonium punicum Brullo et Erben;微红补血草■☆
230729 Limonium purpuratum (L.) F. T. Hubb. ex L. H. Bailey = Afrolimon purpuratum (L.) Lincz. ■☆
230730 Limonium pycnanthum (K. Koch) Kuntze = Limonium gmelinii (Willd.) Kuntze ■
230731 Limonium pyramidatum Brullo et Erben;圆锥补血草■☆
230732 Limonium ramosissimum (Poir.) Maire;分枝补血草;Algerian Sealavender, Muchbranching Statice ■☆
230733 Limonium redivivum (Svent.) G. Kunkel et Sunding;墓地补血草■☆
230734 Limonium redivivum (Svent.) G. Kunkel et Sunding var. pilosum ? = Limonium redivivum (Svent.) G. Kunkel et Sunding ■☆
230735 Limonium reniforme (Girard) Lincz.;肾叶补血草■☆
230736 Limonium reticulatum Mill. = Limonium bellidifolium (Gouan) Dumort. ■☆
230737 Limonium rezniczenkoanum Lincz.;新疆补血草;Xinjiang Statice ■
230738 Limonium roborowskii Ikonn. -Gal.;灰补血草(灰杆补血草)■
230739 Limonium roborowskii Ikonn. -Gal. = Limonium lacostei (Danguy) Kamelin ●■
230740 Limonium roseum (Sm.) Kuntze = Afrolimon peregrinum (P. J. Bergius) Lincz. ■☆
230741 Limonium rubescens Brullo et Erben;变红补血草■☆
230742 Limonium rungsii Sauvage et Vindt;龙斯补血草■☆
230743 Limonium sanjurjoi Sennen et Mauricio = Limonium cossonianum Kuntze ■☆
230744 Limonium scabrum (Thunb.) Kuntze;西方粗糙补血草■☆
230745 Limonium scabrum (Thunb.) Kuntze var. avenaceum (C. H. Wright) R. A. Dyer;燕麦补血草■☆
230746 Limonium scabrum (Thunb.) Kuntze var. corymbulosum (Boiss.) R. A. Dyer;疏头西方粗糙补血草■☆
230747 Limonium schrenkiana Fisch. et C. A. Mey. = Limonium chrysocomum (Kar. et Kir.) Kuntze ●■
230748 Limonium scoparium (M. Bieb.) Stank.;细条补血草(细条匙叶草)■☆
230749 Limonium sebkarum (Pomel) Maire = Limonium cymuliferum (Boiss.) Sauvage et Vindt ■☆
230750 Limonium sedoides (Regel) Kuntze = Limonium chrysocomum (Kar. et Kir.) Kuntze ●■
230751 Limonium sedoides Regel = Limonium chrysocomum (Kar. et Kir.) Kuntze ●■
230752 Limonium semenowii (Herder) Kuntze = Limonium

chrysocomum (Kar. et Kir.) Kuntze var. semenowii (Herder) T. H. Peng ■
230753 Limonium semenowii Kuntze;塞氏补血草■☆
230754 Limonium semenowii Kuntze var. chrysocephalum (Regel) Grubov = Limonium chrysocomum (Kar. et Kir.) Kuntze ●■
230755 Limonium semenowii Kuntze var. sedoides (Regel) Grubov = Limonium chrysocomum (Kar. et Kir.) Kuntze ●■
230756 Limonium senkakuense T. Yamaz. = Limonium sinense (Girard) Kuntze ■
230757 Limonium serratum Brullo et Erben;具齿补血草■☆
230758 Limonium sieberi (Boiss.) Kuntze;西比补血草;Sieber Statice ■☆
230759 Limonium sinense (Girard) Kuntze;补血草(白花玉钱香,匙叶草,匙叶矶松,鲂仔草,海菠菜,海赤芍,海金花,海金黄,海萝卜,海蔓,海蔓荆,华矶松,华蔓荆,石苁蓉,土地榆,盐云草,中华补血草);China Sealavender,Chinese Sealavender,Chinese Statice ■
230760 Limonium sinense (Girard) Kuntze var. spinulosum Y. Huang;刺突补血草;Spinulose Statice ■
230761 Limonium sinuatum (L.) Mill.;波状补血草(不凋花,麒麟菊,深波叶补血草,勿忘我);Notchleaf Sea Lavender, Notch-leaf Sea-lavender,Notchleaf Statice,Sea Lavender,Sea-lavender,Statice,Wavyleaf Sealavender,Winged Sea Lavender ■☆
230762 Limonium sinuatum (L.) Mill. 'Sofia';索非亚波状补血草■
230763 Limonium sinuatum (L.) Mill. f. albiflor Maire;白花波状补血草■☆
230764 Limonium sinuatum (L.) Mill. subsp. beaumierianum (Maire) Sauvage et Vindt;博米波状补血草■☆
230765 Limonium sinuatum (L.) Mill. subsp. bonduellei (F. Lestib.) Sauvage et Vindt;邦迪埃勒补血草■☆
230766 Limonium sinuatum (L.) Mill. subsp. romanum Täckh. et Boulos = Limonium sinuatum (L.) Mill. ■☆
230767 Limonium sinuatum (L.) Mill. subvar. glabrescens Maire;渐光波状补血草■☆
230768 Limonium sinuatum (L.) Mill. var. bonduellei (T. Lestib.) Sauvage et Vindt = Limonium sinuatum (L.) Mill. subsp. bonduellei (F. Lestib.) Sauvage et Vindt ■☆
230769 Limonium sinuatum (L.) Mill. var. glabellum Sauvage et Vindt;光滑补血草■☆
230770 Limonium sinuatum (L.) Mill. var. hirtellum Sauvage et Vindt;多毛补血草■☆
230771 Limonium somalorum (Vierh.) Hutch. et E. A. Bruce = Limonium axillare (Forssk.) Kuntze ■☆
230772 Limonium spathulatum (Desf.) Kuntze;匙形补血草;Spathulate Statice ■☆
230773 Limonium spathulatum (Desf.) Kuntze subsp. rusicadense (Maire) Quézel et Santa = Limonium spathulatum (Desf.) Kuntze ■☆
230774 Limonium spathulatum (Desf.) Kuntze var. emarginatum (Willd.) Maire = Limonium emarginatum (Willd.) Kuntze ■☆
230775 Limonium speciosum (L.) Kuntze = Goniolimon speciosum (L.) Boiss. ■
230776 Limonium spectabile (Svent.) G. Kunkel et Sunding;壮观补血草■☆
230777 Limonium spicatum Kuntze;穗序补血草;Little-spike Statice ■☆
230778 Limonium stocksii (Boiss.) Kuntze;斯托克斯补血草■☆
230779 Limonium subrotundifolium (Bég. et Vacc.) Brullo;近圆叶补血草■☆
230780 Limonium subviolaceum Q. Z. Han et S. D. Zhao;紫萼补血草■
230781 Limonium subviolaceum Q. Z. Han et S. D. Zhao = Limonium franchetii (Debeaux) Kuntze ■
230782 Limonium suffruticosum (L.) Kuntze;木本补血草(灌枝匙叶草);Shrubby Sealavender ●
230783 Limonium sundingii Leyens et al.;松德林补血草■☆
230784 Limonium superbum C. E. Hubb. ex L. H. Bailey;优越补血草;Superb Statice ■☆
230785 Limonium suworowii Kuntze = Psylliostachys suvorovii (Regel) Roshkova ■☆
230786 Limonium sventenii Santos et M. Fernández;斯文顿补血草■☆
230787 Limonium tataricum Mill.;鞑靼补血草;Tatarian Statice ■☆
230788 Limonium tataricum Mill. var. album Hort.;白花补血草(折花补血草);White Tatarian Statice ■☆
230789 Limonium tataricum Mill. var. angustifolium C. E. Hubb.;细叶鞑靼补血草;Lanceleaf Tatarian Statice ■☆
230790 Limonium tataricum Mill. var. nanum C. E. Hubb.;矮生鞑靼补血草;Dwarf Tatarian Statice ■☆
230791 Limonium tenellum (Turcz.) Kuntze;细枝补血草(纤叶匙叶草);Slender Sealavender ■
230792 Limonium teretifolium (Baker ex Oliv.) Cufod. = Limonium cylindrifolium (Forssk.) Verdc. ■☆
230793 Limonium teretifolium L. Bolus = Afrolimon teretifolium (L. Bolus) Lincz. ■☆
230794 Limonium teretiscaposum S. D. Zhao;圆葶补血草;Roundscape Sealavender ■
230795 Limonium teretiscaposum S. D. Zhao = Limonium franchetii (Debeaux) Kuntze ■
230796 Limonium teretiscaposum S. D. Zhao var. microphyllum S. D. Zhao;小叶圆葶补血草;Smallleaf Roundscape Sealavender ■
230797 Limonium tetragonum (Thunb.) Bullock;日本补血草(日本沙地补血草);Japanese Statice ■
230798 Limonium thouinii (Viv.) Kuntze;索思补血草;Thouin Statice ■☆
230799 Limonium thouinii (Viv.) Kuntze = Limonium lobatum (L. f.) Chaz. ■☆
230800 Limonium thouinii (Viv.) Kuntze var. macropterum Sennen = Limonium lobatum (L. f.) Chaz. ■☆
230801 Limonium tomentellum (Boiss.) Kuntze;绒毛匙叶草;Siberian Sea Lavender,Siberian Sea-lavender ■☆
230802 Limonium trachycladum Maire et Wilczek;糙枝补血草■☆
230803 Limonium transwallianum (Pugsley) Pugsley;远华丽补血草;Transwall Statice ■☆
230804 Limonium trichogonum Blake;毛补血草;Hairycup Statice,Sea-lavender ■☆
230805 Limonium trichogonum S. F. Blake = Limonium carolinianum (Walter) Britton ■☆
230806 Limonium tritonianum Brullo et Erben;观音兰补血草■☆
230807 Limonium tuberculatum (Boiss.) Kuntze;多疣补血草■☆
230808 Limonium tubiflorum (Delile) Kuntze;管花补血草■☆
230809 Limonium tubiflorum (Delile) Kuntze subsp. maroccanum (Batt.) Maire et Weiller;摩洛哥管花补血草■☆
230810 Limonium tubiflorum (Delile) Kuntze subsp. zanonii (Pamp.) Brullo = Limonium tubiflorum (Delile) Kuntze ■☆
230811 Limonium tubiflorum (Delile) Kuntze var. zanonii (Pamp.) Maire = Limonium tubiflorum (Delile) Kuntze ■☆

230812 Limonium tunetanum (Bonnet et Barratte) Maire;图内特补血草■☆
230813 Limonium virgatum (Willd.) Fourr. = Limonium virgatum (Willd.) Kuntze ■☆
230814 Limonium virgatum (Willd.) Kuntze;细绿补血草;Twiggy Statice ■☆
230815 Limonium vulgare Mill.;普通补血草(欧洲补血草);Common Sea-lavender,Ink Root,Lavender Thrift,Marsh Lavender,Marsh Roseau,Marsh Rosemary,Mediterranean Sea Lavender,Mediterranean Statice,Sea Lavender,Sea Marsh Bugloss,Sea Pink,Sea Thrift,Sea-lavender,Wild Marsh Beet ■☆
230816 Limonium wrightii (Hance) Kuntze;海芙蓉(石苁蓉,乌芙蓉,亚灌木补血草);Wright's Sealavender ●■
230817 Limonium wrightii (Hance) Kuntze f. albescens Hatus.;白海芙蓉■☆
230818 Limonium wrightii (Hance) Kuntze f. albolutescens Hatus.;黄白海芙蓉■☆
230819 Limonium wrightii (Hance) Kuntze f. arbusculum (Maxim.) Hatus. = Limonium wrightii (Hance) Kuntze var. arbusculum (Maxim.) H. Hara ●☆
230820 Limonium wrightii (Hance) Kuntze var. arbusculum (Maxim.) H. Hara;木本海芙蓉(木本补血草)●☆
230821 Limonium wrightii (Hance) Kuntze var. luteum (Hara) H. Hara;黄花海芙蓉;Yellow-flower Wright's Sealavender ●■
230822 Limonium wrightii (Hance) Kuntze var. luteum (Hara) H. Hara = Limonium wrightii (Hance) Kuntze ●■
230823 Limonium wrightii (Hance) Kuntze var. roseum H. Hara = Limonium wrightii (Hance) Kuntze ●■
230824 Limonium xerophylum Brullo et Erben;旱生补血草■☆
230825 Limonium xipholepis (Baker) Hutch. et E. A. Bruce;剑鳞补血草■☆
230826 Limonium zembrae Pignatti;曾卜拉补血草■☆
230827 Limonoseris Peterm. = Crepis L. ■
230828 Limosella L. (1753);水茫草属(水芒草属);Mudwort ■
230829 Limosella africana Glück;非洲水茫草■☆
230830 Limosella africana Glück var. macrosperma ?;大籽水茫草■☆
230831 Limosella aquatica L.;水茫草(伏水茫草,还阳草,水芒草);Mudwort,Water Mudwort ■
230832 Limosella aquatica L. var. tenuifolia (Wolf ex Hoffm.) Hook. f. = Limosella australis R. Br. ■☆
230833 Limosella australis R. Br.;南方水茫草;Subulate Mudweed,Welsh Mudwort ■☆
230834 Limosella calycina Forssk. = Bacopa monnieri (L.) Pennell ■
230835 Limosella capensis Thunb.;好望角水茫草■☆
230836 Limosella coerulea Burch.;天蓝水茫草■☆
230837 Limosella diandra L. = Glossostigma diandrum (L.) Kuntze ■☆
230838 Limosella grandiflora Benth.;大花水茫草■☆
230839 Limosella inflata Hilliard et B. L. Burtt;膨胀水茫草■☆
230840 Limosella lineata Glück = Limosella australis R. Br. ■☆
230841 Limosella longiflora Kuntze;长花水茫草■☆
230842 Limosella macrantha R. E. Fr.;非洲大花水茫草■☆
230843 Limosella major Diels;大水茫草■☆
230844 Limosella minuta Dinter ex Suess. = Limosella australis R. Br. ■☆
230845 Limosella monticola Dinter = Limosella grandiflora Benth. ■☆
230846 Limosella natans Spreng. ex Drége;浮水水茫草■☆
230847 Limosella pretoriensis Suess.;比勒陀利亚水茫草■☆
230848 Limosella subulata Ives = Limosella australis R. Br. ■☆
230849 Limosella tenuifolia Wolf ex Hoffm. = Limosella australis R. Br. ■☆
230850 Limosella vesiculosa Hilliard et B. L. Burtt;多疱水茫草■☆
230851 Limosellaceae J. Agardh = Scrophulariaceae Juss.(保留科名)●■
230852 Limosellaceae J. Agardh;水茫草科■
230853 Linaceae DC. ex Gray = Linaceae DC. ex Perleb(保留科名)■●
230854 Linaceae DC. ex Perleb (1818)(保留科名);亚麻科;Flax Family ■●
230855 Linaceae DC. ex Perleb(保留科名) = Ctenolophonaceae Exell et Mendonça ●☆
230856 Linaceae Gray = Linaceae DC. ex Perleb(保留科名)■●
230857 Linagrostis Guett. = Eriophorum L. ■
230858 Linagrostis Hill = Eriophorum L. ■
230859 Linanthastrum Ewan = Linanthus Benth. ■☆
230860 Linanthus Benth. (1833);掌叶吉利属(假亚麻属)■☆
230861 Linanthus androsaceus (Benth.) Greene = Gilia androsacea Steud. ■☆
230862 Linanthus androsaceus Greene = Gilia androsacea Steud. ■☆
230863 Linanthus aureus (Nutt.) Greene;黄掌叶吉利;Desert Gold ■☆
230864 Linanthus grandiflorus (Benth.) Greene = Gilia densiflora (Benth.) Endl. ■☆
230865 Linanthus montanus Greene;山地掌叶吉利;Mustang Clover ■☆
230866 Linaria Mill. (1754);柳穿鱼属;Snapdragon,Toadflax,Toadflex ■
230867 Linaria Tourn. = Linaria Mill. ■
230868 Linaria Tourn. ex Mill. = Linaria Mill. ■
230869 Linaria acerbiana Boiss. = Nanorrhinum macilentum (Decne.) Betsche ■☆
230870 Linaria acutiloba Fisch. ex Rchb.;新疆柳穿鱼(柳穿鱼);Sharplobed Yellow Toadflex,Xinjiang Toadflex ■
230871 Linaria acutiloba Fisch. ex Rchb. = Linaria vulgaris Mill. subsp. acutiloba (Fisch. ex Rchb.) D. Y. Hong ■
230872 Linaria aegyptiaca (L.) Dum. Cours. = Kickxia aegyptiaca (L.) Nábelek ■☆
230873 Linaria aegyptiaca (L.) Dum. Cours. f. minuta Quézel = Kickxia aegyptiaca (L.) Nábelek subsp. tibestica Wickens ■☆
230874 Linaria aegyptiaca (L.) Dum. Cours. f. tibestica Quézel = Kickxia aegyptiaca (L.) Nábelek subsp. tibestica Wickens ■☆
230875 Linaria aegyptiaca (L.) Dum. Cours. subsp. battandieri Maire = Kickxia aegyptiaca (L.) Nábelek subsp. battandieri (Maire) Wickens ■☆
230876 Linaria aegyptiaca (L.) Dum. Cours. subsp. fruticosa (Desf.) Maire = Kickxia aegyptiaca (L.) Nábelek subsp. fruticosa (Desf.) Wickens ■☆
230877 Linaria aegyptiaca (L.) Dum. Cours. subsp. glutinosa Le Houér. = Kickxia aegyptiaca (L.) Nábelek ■☆
230878 Linaria aegyptiaca (L.) Dum. Cours. subsp. tibestica Quézel = Kickxia aegyptiaca (L.) Nábelek subsp. tibestica Wickens ■☆
230879 Linaria aegyptiaca (L.) Dum. Cours. var. crassipes Maire = Kickxia aegyptiaca (L.) Nábelek subsp. battandieri (Maire) Wickens ■☆
230880 Linaria aegyptiaca (L.) Dum. Cours. var. dolichopoda Maire = Kickxia aegyptiaca (L.) Nábelek subsp. battandieri (Maire)

Wickens ■☆

230881 Linaria aegyptiaca (L.) Dum. Cours. var. micromerioides (Batt. et Trab.) Maire = Kickxia aegyptiaca (L.) Nábelek subsp. battandieri (Maire) Wickens ■☆

230882 Linaria aegyptiaca (L.) Dum. Cours. var. villosa (Pamp.) Maire = Kickxia aegyptiaca (L.) Nábelek subsp. battandieri (Maire) Wickens ■☆

230883 Linaria aegyptiaca (L.) Dum. Cours. var. villosa (Pamp.) Maire et Weiller = Kickxia aegyptiaca (L.) Nábelek subsp. battandieri (Maire) Wickens ■☆

230884 Linaria aeruginea (Gouan) Cav.;路旁柳穿鱼;Roadside Toadflax ■☆

230885 Linaria affougueurensis Batt. = Linaria bipartita (Vent.) Willd. ■☆

230886 Linaria albifrons (Sibth. et Sm.) Spreng.;白叶柳穿鱼■☆

230887 Linaria alpina Mill.;高山柳穿鱼;Alpine Toadflax ■☆

230888 Linaria altaica Fisch.;阿尔泰柳穿鱼■☆

230889 Linaria amethystea (Vent.) Hoffmanns. et Link;水棘针柳穿鱼■☆

230890 Linaria amethystea (Vent.) Hoffmanns. et Link subsp. broussonetii (Poir.) Malato-Beliz;布鲁索内柳穿鱼■☆

230891 Linaria amethystea (Vent.) Hoffmanns. et Link subsp. multipunctata (Brot.) Chater et D. A. Webb;多斑水棘针柳穿鱼■☆

230892 Linaria angustissima Borbás;意大利窄柳穿鱼;Italian Toadflax ■☆

230893 Linaria aparinoides F. Dietr. = Linaria heterophylla Desf. ■☆

230894 Linaria aphylla (L. f.) Spreng. = Utricularia bisquamata Schrank ■☆

230895 Linaria arenaria DC.;法国柳穿鱼;French Toadflax, Sand Toadflax ■☆

230896 Linaria arenicola Pau et Font Quer;沙生柳穿鱼■☆

230897 Linaria armeniaca Char.;亚美尼亚柳穿鱼■☆

230898 Linaria arvensis (L.) Desf.;田野柳穿鱼■☆

230899 Linaria arvensis (L.) Desf. subsp. micrantha (Cav.) Lange = Linaria micrantha (Cav.) Hoffmanns. et Link ■☆

230900 Linaria arvensis (L.) Desf. var. parviflora Hochr. = Linaria simplex (Willd.) DC. ■☆

230901 Linaria arvensis Desf.;野柳穿鱼■☆

230902 Linaria asparagoides Schweinf. = Nanorrhinum asparagoides (Schweinf.) Ghebr. ■☆

230903 Linaria atlantica Boiss. et Reut.;大西洋柳穿鱼■☆

230904 Linaria atlantica Boiss. et Reut. var. mathezii Viano = Linaria atlantica Boiss. et Reut. ■☆

230905 Linaria atlantis-riphaea Sennen et Mauricio = Anarrhinum pedatum Desf. ■☆

230906 Linaria aurasiaca Pomel = Linaria multicaulis (L.) Mill. subsp. aurasiaca (Pomel) D. A. Sutton ■☆

230907 Linaria baborensis Batt. = Linaria pinifolia (Poir.) Thell. ■☆

230908 Linaria benthii Quézel = Nanorrhinum macilentum (Decne.) Betsche ■☆

230909 Linaria bentii V. Naray. = Nanorrhinum macilentum (Decne.) Betsche ■☆

230910 Linaria biebersteinii Besser;毕伯氏柳穿鱼;Bieberstein Toadflex ■☆

230911 Linaria bipartita (Vent.) Willd.;彩雀花(深红柳穿鱼);Clove-lip Toadflax, Clovenlip Toadflax, Cloven-lip Toadflex ■☆

230912 Linaria bipartita (Vent.) Willd. subsp. afougueurensis (Batt.) Maire = Linaria bipartita (Vent.) Willd. ■☆

230913 Linaria bipartita (Vent.) Willd. subsp. linogrisea (Hoffmanns. et Link) Maire = Linaria incarnata (Vent.) Spreng. ■☆

230914 Linaria bipartita (Vent.) Willd. var. cossoniana Maire = Linaria incarnata (Vent.) Spreng. ■☆

230915 Linaria bipartita (Vent.) Willd. var. gattefosseana Emb. = Linaria bipartita (Vent.) Willd. ■☆

230916 Linaria bipartita (Vent.) Willd. var. maritima Maire = Linaria incarnata (Vent.) Spreng. ■☆

230917 Linaria bipartita (Vent.) Willd. var. persicina Maire = Linaria incarnata (Vent.) Spreng. ■☆

230918 Linaria bordiana Santa et Simonn.;博尔柳穿鱼■☆

230919 Linaria bordiana Santa et Simonn. subsp. kralikiana (Maire) D. A. Sutton;克拉利克柳穿鱼■☆

230920 Linaria brachyceras (Bunge) Kuprian.;短角柳穿鱼■☆

230921 Linaria broussonetii (Poir.) Chav. = Linaria amethystea (Vent.) Hoffmanns. et Link subsp. broussonetii (Poir.) Malato-Beliz ■☆

230922 Linaria brunneri Benth. = Kickxia elegans (G. Forst.) D. A. Sutton ■☆

230923 Linaria brunneri Benth. var. glaberrima J. A. Schmidt = Kickxia elegans (G. Forst.) D. A. Sutton ■☆

230924 Linaria brunneri Benth. var. parietariifolia Webb = Kickxia elegans (G. Forst.) D. A. Sutton ■☆

230925 Linaria bungei Kuprian.;紫花柳穿鱼;Bunge Toadflex, Purpleflower Toadflex ■

230926 Linaria burceziana Maire = Linaria tristis (L.) Mill. subsp. marginata (Desf.) Maire ■☆

230927 Linaria buriatica Turcz.;多枝柳穿鱼(矮柳穿鱼);Manybranch Toadflex ■

230928 Linaria cabulica Benth.;卡布尔柳穿鱼;Cabul Toadflex ■☆

230929 Linaria canadensis (L.) Chaz. = Nuttallanthus canadensis (L.) D. A. Sutton ■☆

230930 Linaria canadensis (L.) Chaz. var. texana (Scheele) Pennell = Nuttallanthus texanus (Scheele) D. A. Sutton ■☆

230931 Linaria canadensis (L.) Dum. Cours.;加拿大柳穿鱼;Annual Toadflax, Blue Toadflax, Canada Toadflax, Toadflax ■☆

230932 Linaria canadensis (L.) Dum. Cours. = Nuttallanthus canadensis (L.) D. A. Sutton ■☆

230933 Linaria canadensis (L.) Dum. Cours. var. texana (Scheele) Pennell = Nuttallanthus texanus (Scheele) D. A. Sutton ■☆

230934 Linaria capensis Spreng. = Nemesia fruticans (Thunb.) Benth. ■☆

230935 Linaria cirrhosa (L.) Willd. = Kickxia cirrhosa (L.) Fritsch ■☆

230936 Linaria commutata Bernh. = Kickxia commutata (Rchb.) Fritsch ■☆

230937 Linaria cossoniana Braun-Blanq. et Maire = Linaria incarnata (Vent.) Spreng. ■☆

230938 Linaria cossonii Bonnet et Barratte;科森柳穿鱼■☆

230939 Linaria cretacea Fisch. ex Spreng.;垩白柳穿鱼■☆

230940 Linaria creticola Kuprian.;克里特柳穿鱼■☆

230941 Linaria crinita Mabille = Kickxia elatine (L.) Dumort. subsp. crinita (Mabille) Greuter ■☆

230942 Linaria cymbalaria (L.) Mill. = Cymbalaria muralis P. Gaertn., B. Mey. et Scherb. ■☆

230943 Linaria cymbalaria Mill. = Cymbalaria muralis P. Gaertn., B. Mey. et Scherb. ■☆
230944 Linaria dalmatica (L.) Mill. = Linaria genistifolia (L.) Mill. subsp. dalmatica (L.) Maire et Petitm. ■☆
230945 Linaria debilis Kuprian.;柔软柳穿鱼■☆
230946 Linaria decipiens Batt. = Linaria reflexa (L.) Chaz. subsp. decipiens (Batt.) Viano ■☆
230947 Linaria decipiens Batt. var. lanigera Maire = Linaria reflexa (L.) Chaz. subsp. decipiens (Batt.) Viano ■☆
230948 Linaria dichondrifolia Benth. = Kickxia elegans (G. Forst.) D. A. Sutton subsp. dichondrifolia (Benth.) Rustan et Brochmann ■☆
230949 Linaria dissita Pomel;疏散柳穿鱼■☆
230950 Linaria dissita Pomel subsp. gracilescens (Pomel) Viano;纤细疏散柳穿鱼■☆
230951 Linaria dolichcarpa Kink.;长果柳穿鱼■☆
230952 Linaria dolichoceras Kuprian.;长角柳穿鱼■☆
230953 Linaria dulcis Klokov;甜柳穿鱼■☆
230954 Linaria elatine (L.) Mill. = Kickxia elatine (L.) Dumort. ■☆
230955 Linaria elatine Desf. = Kickxia elatinoides (Desf.) Rothm. ■☆
230956 Linaria elatinoides Desf. = Kickxia elatinoides (Desf.) Rothm. ■☆
230957 Linaria elegans Munby = Linaria bordiana Santa et Simonn. ■☆
230958 Linaria elegans Munby var. albiflora Maire = Linaria bordiana Santa et Simonn. ■☆
230959 Linaria elegans Munby var. kralikiana Maire = Linaria bordiana Santa et Simonn. ■☆
230960 Linaria elymaitica (Boiss.) Kuprian.;埃利迈特柳穿鱼■☆
230961 Linaria euxina Velen.;黑柳穿鱼■☆
230962 Linaria exilis Coss. et Kralik = Chaenorrhinum minus (L.) Lange ■☆
230963 Linaria fallax Batt.;含糊柳穿鱼■☆
230964 Linaria fallax Batt. var. echinosperma Barratte = Linaria fallax Batt. ■☆
230965 Linaria flava (Poir.) Desf.;黄柳穿鱼■☆
230966 Linaria flava (Poir.) Desr. var. paniculata Batt. = Linaria flava (Poir.) Desf. ■☆
230967 Linaria flexuosa Batt. = Linaria pedunculata (L.) Spreng. ■☆
230968 Linaria flexuosa Desf. = Chaenorrhinum flexuosum (Desf.) Lange ■☆
230969 Linaria fontanesii Coss. = Linaria multicaulis (L.) Mill. ■☆
230970 Linaria fruticans (Thunb.) Spreng. = Nemesia fruticans (Thunb.) Benth. ■☆
230971 Linaria fruticosa Desf. = Kickxia aegyptiaca (L.) Nábelek subsp. fruticosa (Desf.) Wickens ■☆
230972 Linaria fruticosa Desf. f. villosa Pamp. = Kickxia aegyptiaca (L.) Nábelek subsp. battandieri (Maire) Wickens ■☆
230973 Linaria fruticosa Desf. var. littoralis Pamp. = Kickxia aegyptiaca (L.) Nábelek subsp. fruticosa (Desf.) Wickens ■☆
230974 Linaria gattefossei Maire et Weiller = Linaria multicaulis (L.) Mill. subsp. heterophylla (Desf.) D. A. Sutton ■☆
230975 Linaria geminiflora F. Schmidt = Linaria japonica Miq. ■
230976 Linaria genistifolia (L.) Mill.;卵叶柳穿鱼(大花柳穿鱼,染料木叶柳穿鱼);Broomleaf Toadflax, Broom-leaved Toadflax ■
230977 Linaria genistifolia (L.) Mill. subsp. dalmatica (L.) Maire et Petitm. = Linaria dalmatica (L.) Mill. ■☆
230978 Linaria genistifolia (L.) Mill. subsp. dalmatica (L.) Maire et Petitm.;达尔马特柳穿鱼(黄柳穿鱼);Balkan Toadflax, Dalmatian Toadflax ■☆
230979 Linaria gharbiensis Batt. et Pit.;盖尔比柳穿鱼■☆
230980 Linaria gharbiensis Batt. et Pit. subsp. mekinensis Emb. = Linaria gharbiensis Batt. et Pit. ■☆
230981 Linaria gharbiensis Batt. et Pit. var. mekinensis (Emb.) Maire = Linaria gharbiensis Batt. et Pit. ■☆
230982 Linaria gharbiensis Batt. et Pit. var. purpurea Maire et Wilczek = Linaria gharbiensis Batt. et Pit. ■☆
230983 Linaria gharbiensis Batt. et Pit. var. rusguinensis Maire et Wilczek = Linaria gharbiensis Batt. et Pit. ■☆
230984 Linaria gharbiensis Batt. et Pit. var. violacea Nègre = Linaria gharbiensis Batt. et Pit. ■☆
230985 Linaria gracilescens Pomel = Linaria dissita Pomel ■☆
230986 Linaria gracilis R. Br. ex Benth. = Kickxia heterophylla (Schousb.) Dandy ■☆
230987 Linaria grandiflora Desf.;大花柳穿鱼■☆
230988 Linaria hastata R. Br. ex Benth. = Nanorrhinum hastatum (R. Br. ex Benth.) Ghebr. ■☆
230989 Linaria hepatica Bunge;肝色柳穿鱼■☆
230990 Linaria heterophylla Desf.;互叶柳穿鱼■☆
230991 Linaria heterophylla Desf. = Linaria multicaulis (L.) Mill. subsp. heterophylla (Desf.) D. A. Sutton ■☆
230992 Linaria heterophylla Desf. = Linaria multicaulis (L.) Mill. ■☆
230993 Linaria heterophylla Desf. subsp. aurasiaca Pomel = Linaria multicaulis (L.) Mill. ■☆
230994 Linaria heterophylla Desf. subsp. gigantea Dobignard et D. Jord. = Linaria multicaulis (L.) Mill. subsp. gigantea (Dobignard et D. Jord.) Dobignard ■☆
230995 Linaria heterophylla Desf. subsp. stricta (Guss.) Viano = Linaria multicaulis (L.) Mill. ■☆
230996 Linaria heterophylla Desf. var. albida Maire = Linaria multicaulis (L.) Mill. ■☆
230997 Linaria heterophylla Desf. var. chrysoporphyrea Maire = Linaria multicaulis (L.) Mill. ■☆
230998 Linaria heterophylla Desf. var. dichroa Litard. et Maire = Linaria multicaulis (L.) Mill. ■☆
230999 Linaria heterophylla Desf. var. linearifolia Batt. = Kickxia heterophylla (Schousb.) Dandy ■☆
231000 Linaria heterophylla Desf. var. maroccana Maire = Linaria multicaulis (L.) Mill. subsp. gigantea (Dobignard et D. Jord.) Dobignard ■☆
231001 Linaria heterophylla Desf. var. pseudotingitana Maire = Linaria multicaulis (L.) Mill. ■☆
231002 Linaria heterophylla Desf. var. spectabilis (Pomel) Batt. = Linaria multicaulis (L.) Mill. ■☆
231003 Linaria heterophylla Desf. var. stricta Guss. = Linaria multicaulis (L.) Mill. ■☆
231004 Linaria heterophylla Desf. var. subsabulicola Maire = Linaria multicaulis (L.) Mill. ■☆
231005 Linaria heterophylla Desf. var. tingitana (Boiss. et Reut.) Ball = Linaria tingitana Boiss. et Reut. ■☆
231006 Linaria heterophylla Desf. var. violascens Humbert et Maire = Linaria multicaulis (L.) Mill. ■☆
231007 Linaria imzica Gómiz = Linaria weilleri Emb. et Maire ■☆
231008 Linaria incana Wall.;灰白毛柳穿鱼;Greywhitehair Toadflex ■☆
231009 Linaria incarnata (Vent.) Spreng. = Linaria bipartita (Vent.)

Willd. ■☆
231010 Linaria incarnata (Vent.) Spreng. var. cossoniana (Maire) Viano = Linaria incarnata (Vent.) Spreng. ■☆
231011 Linaria incarnata (Vent.) Spreng. var. persicina (Maire) Viano = Linaria incarnata (Vent.) Spreng. ■☆
231012 Linaria incompleta Kuprian.;光籽柳穿鱼■
231013 Linaria indecora Franch. = Nanorrhinum hastatum (R. Br. ex Benth.) Ghebr. ■☆
231014 Linaria italica Trevir.;意大利柳穿鱼;Itali Toadflex, Italian Toadflax ■☆
231015 Linaria japonica Miq.;海滨柳穿鱼(柳穿鱼);Japanese Toadflex, Seashore Toadflex ■
231016 Linaria jolyi Batt. = Linaria pectinata Pau et Font Quer ■☆
231017 Linaria kokanica Regel;浩罕柳穿鱼■☆
231018 Linaria kopetdaghensis Kuprian.;科佩特柳穿鱼■☆
231019 Linaria kulabensis B. Fedtsch.;帕米尔柳穿鱼;Pamir Toadflex ■
231020 Linaria kurdica Boiss. et Hohen.;库尔德柳穿鱼■☆
231021 Linaria lanigera Desf. = Kickxia lanigera (Desf.) Hand. -Mazz. ■☆
231022 Linaria latifolia Desf.;欧洲宽叶柳穿鱼■☆
231023 Linaria laxiflora Desf.;疏花柳穿鱼■☆
231024 Linaria laxiflora Desf. var. angustifolia (Viv.) Viano = Linaria laxiflora Desf. ■☆
231025 Linaria laxiflora Desf. var. cyrenaica (Pamp.) Maire et Weiller = Linaria laxiflora Desf. ■☆
231026 Linaria lenkoranica Kuprian.;连科兰柳穿鱼■☆
231027 Linaria leptoceras Kuprian.;细角柳穿鱼■☆
231028 Linaria linaria (L.) H. Karst. = Linaria vulgaris Mill. ■
231029 Linaria linaria (L.) Wettst. = Linaria vulgaris Mill. ■
231030 Linaria lineolata Boiss.;细线柳穿鱼■☆
231031 Linaria longicalcarata D. Y. Hong;长距柳穿鱼;Longspur Toadflex ■
231032 Linaria lurida Ball = Linaria tristis (L.) Mill. subsp. lurida (Ball) Maire ■☆
231033 Linaria macedonica Griseb.;马西登柳穿鱼;Macedonian Toadflax ■☆
231034 Linaria macilenta Decne. = Nanorrhinum macilentum (Decne.) Betsche ■☆
231035 Linaria macrocalyx Pomel = Chaenorrhinum villosum (L.) Lange ■☆
231036 Linaria macrophylla Kuprian.;大叶柳穿鱼■☆
231037 Linaria macroura Link;长尾柳穿鱼■☆
231038 Linaria marginata Desf. = Linaria tristis (L.) Mill. subsp. marginata (Desf.) Maire ■☆
231039 Linaria maroccana Hook. f. 'Fairy Light';火光柳穿鱼■☆
231040 Linaria maroccana Hook. f. = Linaria purpurea (L.) Mill. ■☆
231041 Linaria mathezii (Viano) Ibn Tattou = Linaria atlantica Boiss. et Reut. ■☆
231042 Linaria melampyroides Kuprian.;黑梨柳穿鱼■☆
231043 Linaria meyeri Kuprian.;迈尔柳穿鱼■☆
231044 Linaria micrantha (Cav.) Hoffmanns. et Link;小花柳穿鱼■☆
231045 Linaria micromerioides Batt. et Trab. = Kickxia aegyptiaca (L.) Nábelek subsp. battandieri (Maire) Wickens ■☆
231046 Linaria minor (L.) Desf.;小柳穿鱼;Minute Toadflex ■☆
231047 Linaria minor (L.) Desf. = Chaenorrhinum minus (L.) Lange ■☆
231048 Linaria minor Desf. = Linaria minor (L.) Desf. ■☆
231049 Linaria monodiana Maire = Kickxia monodiana (Maire) Sutton ■☆
231050 Linaria multicaulis (L.) Mill.;多茎柳穿鱼■☆
231051 Linaria multicaulis (L.) Mill. subsp. aurasiaca (Pomel) D. A. Sutton;奥拉斯柳穿鱼■☆
231052 Linaria multicaulis (L.) Mill. subsp. gigantea (Dobignard et D. Jord.) Dobignard;巨大多茎柳穿鱼■☆
231053 Linaria multicaulis (L.) Mill. subsp. heterophylla (Desf.) D. A. Sutton;互叶多茎柳穿鱼■☆
231054 Linaria multipunctata (Brot.) Hoffmanns. et Link = Linaria amethystea (Vent.) Hoffmanns. et Link subsp. multipunctata (Brot.) Chater et D. A. Webb ■☆
231055 Linaria multipunctata (Brot.) Hoffmanns. et Link var. ignescens (Kuntze) Maire = Linaria amethystea (Vent.) Hoffmanns. et Link subsp. multipunctata (Brot.) Chater et D. A. Webb ■☆
231056 Linaria munbyana Boiss. et Reut.;芒比柳穿鱼■☆
231057 Linaria munbyana Boiss. et Reut. var. hirtella Maire = Linaria munbyana Boiss. et Reut. ■☆
231058 Linaria munbyana Boiss. et Reut. var. leiosperma Maire = Linaria munbyana Boiss. et Reut. ■☆
231059 Linaria muralis Salzm. ex Chav. = Cymbalaria muralis P. Gaertn., B. Mey. et Scherb. ■☆
231060 Linaria nubica V. Naray. = Nanorrhinum macilentum (Decne.) Betsche ■☆
231061 Linaria odora (M. Bieb.) Fisch.;齿柳穿鱼■☆
231062 Linaria odorata Chav.;香柳穿鱼■☆
231063 Linaria origanifolia (L.) DC. = Chaenorrhinum origanifolium (L.) Fourr. ■☆
231064 Linaria origanifolia (L.) DC. subsp. flexuosa (Desf.) Maire = Chaenorrhinum flexuosum (Desf.) Lange ■☆
231065 Linaria origanifolia (L.) DC. var. maroccana (Pau) Maire = Chaenorrhinum origanifolium (L.) Fourr. ■☆
231066 Linaria origanifolia DC.;牛至叶柳穿鱼■☆
231067 Linaria paradoxa Murb.;奇异柳穿鱼■☆
231068 Linaria parviflora Desf. = Linaria micrantha (Cav.) Hoffmanns. et Link ■☆
231069 Linaria parviracemosa D. A. Sutton;小总花柳穿鱼■☆
231070 Linaria patens (Thunb.) Spreng. = Diascia patens (Thunb.) Grant ex Fourc. ■☆
231071 Linaria pectinata Pau et Font Quer = Linaria tristis (L.) Mill. subsp. pectinata (Pau et Font Quer) Maire ■☆
231072 Linaria pedunculata (L.) Spreng.;梗花柳穿鱼■☆
231073 Linaria pedunculata (L.) Spreng. var. lutea Maire = Linaria pedunculata (L.) Spreng. ■☆
231074 Linaria pelisseriana (L.) DC.;泽西柳穿鱼;Jersey Toadflax ■☆
231075 Linaria peltieri Batt.;佩尔迪埃柳穿鱼■☆
231076 Linaria pendula G. Kunkel = Kickxia heterophylla (Schousb.) Dandy ■☆
231077 Linaria pinifolia (Poir.) Thell.;松叶柳穿鱼;Pineneedle Toadflax ■☆
231078 Linaria pinifolia Thell. = Linaria pinifolia (Poir.) Thell. ■☆
231079 Linaria platycalyx Boiss.;宽萼柳穿鱼■☆
231080 Linaria pontica Kuprian.;蓬特柳穿鱼■☆
231081 Linaria popovii Kuprian.;波氏柳穿鱼■☆
231082 Linaria praecox Bunge = Linaria bungei Kuprian. ■
231083 Linaria pseudoviscosa Murb.;假黏柳穿鱼■☆

231084 Linaria purpurea (L.) Mill.;紫色柳穿鱼(柳彩雀花,紫柳穿鱼);Annual Toadflax, Baby Snapdragon, Moroccan Toadflax, Morocco Toadflex, Purple Toadflax, Spurred Snapdragon, Toadflax ■☆

231085 Linaria purpurea (L.) Mill. 'Canon J. Went';拉隆温特紫柳穿鱼■☆

231086 Linaria purpurea (L.) Mill. subsp. cossonii (Bonnet et Barratte) Maire = Linaria cossonii Bonnet et Barratte ■☆

231087 Linaria purpurea (L.) Mill. var. brevipes Litard. et Maire = Linaria cossonii Bonnet et Barratte ■☆

231088 Linaria pyrenaica DC.;比利牛斯柳穿鱼;Pyrenean Toadflax ■☆

231089 Linaria quadrifolia Hance = Linaria vulgaris Mill. ■

231090 Linaria ramosa (Kar. et Kir.) Kuprian.;分多枝柳穿鱼■☆

231091 Linaria ramosissima Wall.;密枝柳穿鱼(多分枝柳穿鱼);Branching Toadflex ■☆

231092 Linaria ramosissima Wall. = Nanorrhinum ramosissimum (Wall.) Betsche ●☆

231093 Linaria reflexa (L.) Chaz.;反折柳穿鱼■☆

231094 Linaria reflexa (L.) Chaz. subsp. brevicalcarata D. A. Sutton;短距柳穿鱼■☆

231095 Linaria reflexa (L.) Chaz. subsp. decipiens (Batt.) Viano;迷惑柳穿鱼■☆

231096 Linaria reflexa (L.) Chaz. subsp. drummondiae D. A. Sutton;德拉蒙德柳穿鱼■☆

231097 Linaria reflexa (L.) Chaz. subsp. puberula (Doum.) D. A. Sutton;微毛反折柳穿鱼■☆

231098 Linaria reflexa (L.) Chaz. var. alba Braun-Blanq. et Maire = Linaria reflexa (L.) Chaz. ■☆

231099 Linaria reflexa (L.) Chaz. var. cirtensis Maire = Linaria reflexa (L.) Chaz. ■☆

231100 Linaria reflexa (L.) Chaz. var. flava Batt. = Linaria reflexa (L.) Chaz. ■☆

231101 Linaria reflexa (L.) Chaz. var. lubbockii Batt. = Linaria reflexa (L.) Chaz. ■☆

231102 Linaria reflexa (L.) Chaz. var. ochroleuca Maire = Linaria reflexa (L.) Chaz. ■☆

231103 Linaria reflexa (L.) Chaz. var. puberula Doum. = Linaria reflexa (L.) Chaz. subsp. puberula (Doum.) D. A. Sutton ■☆

231104 Linaria reflexa (L.) Desf. = Linaria reflexa (L.) Chaz. ■☆

231105 Linaria repens Mill.;匍匐柳穿鱼;Blue Toadflax, Pale Toadflax, Striped Toadflax ■☆

231106 Linaria reticulata Desf.;网脉柳穿鱼;Purplenet Toadflax, Toadflax ■☆

231107 Linaria reticulata Desf. = Linaria pinifolia (Poir.) Thell. ■☆

231108 Linaria reticulata Desf. var. aureopurpurea ?;紫黄网脉柳穿鱼;Toadflax ■☆

231109 Linaria rhiphatlantica Font Quer = Linaria multicaulis (L.) Mill. subsp. heterophylla (Desf.) D. A. Sutton ■☆

231110 Linaria riffea Pau;赖夫柳穿鱼■☆

231111 Linaria rubrifolia DC. = Chaenorrhinum rubrifolium (DC.) Fourr. ■☆

231112 Linaria rubrifolia DC. var. bianorii (Knoche) Maire = Chaenorrhinum rubrifolium (DC.) Fourr. ■☆

231113 Linaria rubrifolia DC. var. flaviflorum (Lange) Maire = Chaenorrhinum suttonii Bened ? et J. M. Monts. ■☆

231114 Linaria rubrifolia DC. var. imintalensis Murb. = Chaenorrhinum rubrifolium (DC.) Fourr. ■☆

231115 Linaria rubrifolia DC. var. intermedia Emb. = Chaenorrhinum rubrifolium (DC.) Fourr. ■☆

231116 Linaria rubrifolia DC. var. maroccana Font Quer = Chaenorrhinum rubrifolium (DC.) Fourr. ■☆

231117 Linaria rupestris Guss. = Chaenorrhinum rupestre (Guss.) Maire ■☆

231118 Linaria ruthenica Blonski;俄罗斯柳穿鱼■☆

231119 Linaria sabulicola Pomel = Kickxia heterophylla (Schousb.) Dandy ■☆

231120 Linaria sabulosa Czern. ex Klokov;砂地柳穿鱼■☆

231121 Linaria sagittata (Poir.) Steud. = Kickxia heterophylla (Schousb.) Dandy ■☆

231122 Linaria sagittata (Poir.) Steud. var. heterophylla (Schousb.) Maire = Kickxia heterophylla (Schousb.) Dandy ■☆

231123 Linaria sagittata (Poir.) Steud. var. homoeophylla Batt. = Kickxia heterophylla (Schousb.) Dandy ■☆

231124 Linaria sagittata (Poir.) Steud. var. linearifolia Batt. = Kickxia heterophylla (Schousb.) Dandy ■☆

231125 Linaria saxatilis (L.) Chaz.;岩生柳穿鱼■☆

231126 Linaria scabra Spreng. = Nemesia macrocarpa (Aiton) Druce ■☆

231127 Linaria scariosa Desf. = Kickxia dentata (Vahl) D. A. Sutton ■☆

231128 Linaria scoparia Spreng. = Kickxia heterophylla (Schousb.) Dandy ■☆

231129 Linaria sennenii Pau = Linaria micrantha (Cav.) Hoffmanns. et Link ■☆

231130 Linaria sessilis Kuprian.;无柄柳穿鱼■☆

231131 Linaria sieberi Rchb. subsp. crinita (Mabille) Nyman = Kickxia elatine (L.) Dumort. subsp. crinita (Mabille) Greuter ■☆

231132 Linaria simplex (Willd.) DC.;素柳穿鱼■☆

231133 Linaria somalensis Vatke = Nanorrhinum ramosissimum (Wall.) Betsche ●☆

231134 Linaria spartea (L.) Chaz.;鹰爪豆柳穿鱼●☆

231135 Linaria spartioides Buch = Kickxia heterophylla (Schousb.) Dandy ■☆

231136 Linaria spuria (L.) Mill. = Kickxia spuria (L.) Dumort. ■☆

231137 Linaria spuria (L.) Mill. var. microphylla Chav. = Kickxia spuria (L.) Dumort. ■☆

231138 Linaria stenantha Franch. = Nanorrhinum stenanthum (Franch.) Ghebr. ●☆

231139 Linaria striatella Kuprian.;条纹柳穿鱼■☆

231140 Linaria supina (L.) Chaz.;俯卧柳穿鱼;Lesser Butter And Eggs, Prostrate Toadflax ■☆

231141 Linaria supina (L.) Chaz. subsp. ajmasiana (Pau) Dobignard = Linaria tristis (L.) Mill. subsp. pectinata (Pau et Font Quer) Maire ■☆

231142 Linaria tenuis (Viv.) Spreng.;纤细柳穿鱼■☆

231143 Linaria tenuis (Viv.) Spreng. var. laxiflora Pamp. = Linaria tenuis (Viv.) Spreng. ■☆

231144 Linaria tenuis (Viv.) Spreng. var. peltierana Maire = Linaria tenuis (Viv.) Spreng. ■☆

231145 Linaria tenuis (Viv.) Spreng. var. pubescens Maire = Linaria tenuis (Viv.) Spreng. ■☆

231146 Linaria texana Scheele = Linaria canadensis (L.) Dum. Cours. var. texana (Scheele) Pennell ■☆

231147 Linaria texana Scheele = Nuttallanthus texanus (Scheele) D.

A. Sutton ■☆

231148 Linaria thibetica Franch.；宽叶柳穿鱼；Broadleaf Toadflex, Tibet Toadflex ■

231149 Linaria tingitana Boiss. et Reut.；丹吉尔柳穿鱼■☆

231150 Linaria tingitana Boiss. et Reut. var. ochroleuca Font Quer et Maire ＝Linaria tingitana Boiss. et Reut. ■☆

231151 Linaria tournefortii Jahand. et Maire var. glabrescens Lange ＝ Linaria amethystea（Vent.）Hoffmanns. et Link ■☆

231152 Linaria tournefortii Jahand. et Maire var. minor Lange ＝Linaria amethystea（Vent.）Hoffmanns. et Link ■☆

231153 Linaria transiliensis Kuprian. ＝Linaria bungei Kuprian. ■

231154 Linaria triornithophora（L.）Cav.；三飞鸟柳穿鱼（三飞鸟）；Three Birds Toadflax ■☆

231155 Linaria triphylla（L.）Mill.；三叶柳穿鱼■☆

231156 Linaria tristis（L.）Mill.；暗色柳穿鱼■☆

231157 Linaria tristis（L.）Mill. subsp. lurida（Ball）Maire；光亮暗色柳穿鱼■☆

231158 Linaria tristis（L.）Mill. subsp. marginata（Desf.）Maire；具边暗色柳穿鱼■☆

231159 Linaria tristis（L.）Mill. subsp. pectinata（Pau et Font Quer）Maire；篦状暗色柳穿鱼■☆

231160 Linaria tristis（L.）Mill. var. brevicalcarata Maire ＝Linaria tristis（L.）Mill. ■☆

231161 Linaria tristis（L.）Mill. var. concolor Emb. et Maire ＝Linaria tristis（L.）Mill. ■☆

231162 Linaria tristis（L.）Mill. var. glaberrima Emb. et Maire ＝ Linaria tristis（L.）Mill. ■☆

231163 Linaria tristis（L.）Mill. var. jolyi（Batt.）Maire ＝Linaria tristis（L.）Mill. subsp. pectinata（Pau et Font Quer）Maire ■☆

231164 Linaria tristis（L.）Mill. var. leiosepala Maire ＝Linaria tristis（L.）Mill. ■☆

231165 Linaria turcomanica Kuprian.；土库曼柳穿鱼■☆

231166 Linaria urbanii Pit. ＝Kickxia heterophylla（Schousb.）Dandy ■☆

231167 Linaria ventricosa Coss. et Balansa；偏肿柳穿鱼■☆

231168 Linaria ventricosa Coss. et Balansa var. gaulisii Humbert ＝ Linaria ventricosa Coss. et Balansa ■☆

231169 Linaria veronicoides A. Rich. ＝Diclis ovata Benth. ■☆

231170 Linaria verticillata Boiss. var. jolyi（Batt.）Font Quer ＝Linaria tristis（L.）Mill. subsp. pectinata（Pau et Font Quer）Maire ■☆

231171 Linaria villosa（L.）DC. ＝ Chaenorrhinum villosum（L.）Lange ■☆

231172 Linaria villosa（L.）DC. subsp. macrocalyx（Pomel）Maire ＝ Chaenorrhinum villosum（L.）Lange subsp. granatensis（Willk.）Valdés ■☆

231173 Linaria virgata（Poir.）Desf.；线纹柳穿鱼■☆

231174 Linaria virgata（Poir.）Desf. subsp. algeriensis Murb.；阿尔及利亚柳穿鱼■☆

231175 Linaria virgata（Poir.）Desf. subsp. calycina（Batt.）Murb. ＝ Linaria parviracemosa D. A. Sutton ■☆

231176 Linaria virgata（Poir.）Desf. subsp. riffea（Pau）Maire ＝ Linaria riffea Pau ■☆

231177 Linaria virgata（Poir.）Desf. subsp. syrtica Murb.；瑟尔特柳穿鱼■☆

231178 Linaria virgata（Poir.）Desf. var. micrantha Maire et Sennen ＝ Linaria riffea Pau ■☆

231179 Linaria virgata（Poir.）Desr. var. lutea Batt. ＝Linaria virgata（Poir.）Desf. subsp. algeriensis Murb. ■☆

231180 Linaria virgata（Poir.）Desr. var. syrtica（Murb.）Durand et Barratte ＝Linaria virgata（Poir.）Desf. subsp. syrtica Murb. ■☆

231181 Linaria viscosa（L.）Chaz.；黏柳穿鱼■☆

231182 Linaria viscosa Chaz. var. antiatlantica Emb. et Maire ＝Linaria weilleri Emb. et Maire ■☆

231183 Linaria vulgaris Mill.；柳穿鱼（荷风兰，欧洲柳穿鱼，狭叶金鱼草）；Bacon-and-eggs, Brandy Snap, Bread-and-butter, Bread-and-cheese, Brideweed, Bridewort, Bunny Rabbits, Butter And Eggs, Butter-and-eggs, Butter-and-sugar, Buttered Eggs, Buttered Haycock, Buttered Haycocks, Chopped Eggs, Churnstaff, Cock-upon-perch, Common Linaria, Common Toadflex, Dead Man's Bones, Devil's Head, Devil's Ribbon, Doggies, Dog's Mouth, Eggs-and-bacon, Eggs-and-butter, Eggs-and-collops, Europe Toadflex, Fairy's Lanterns, Fingers-and-thumbs, Flaxweed, Fox-and-hounds, Gaping Jack, Gap-mouth, Impudent Lawyer, Impudentlawyer, Lady's Slipper, Larkspur, Linary, Lion's Mouth, Lion's Tongue, Mice's Mouth, Monkey Face, Monkey Faces, Monkey Flower, Monkey Plant, Mouse's Mouth, Pattens-and-clogs, Pig's Chops, Pig's Mouth, Puppy Dog's Mouth, Rabbit Flower, Rabbit, Rabbit's Chops, Rabbit's Mouth, Ramstead, Searchlight, Shoes-and-stockings, Snake's Food, Snapdragon, Snapjack, Snaps, Squeeze Jaws, Squeeze-jaws, Strike, Toadflax, Weasel's Snout, Wild Flax, Wild Snapdragon, Wild Snap-dragon, Yellow Drott, Yellow Rod, Yellow Throat, Yellow Toadflex ■

231184 Linaria vulgaris Mill. f. leucantha Fernald；白花柳穿鱼■☆

231185 Linaria vulgaris Mill. subsp. acutiloba（Fisch. ex Rchb.）D. Y. Hong ＝Linaria acutiloba Fisch. ex Rchb. ■

231186 Linaria vulgaris Mill. subsp. chinensis（Bunge ex Debeaux）D. Y. Hong ＝Linaria vulgaris Mill. ■

231187 Linaria vulgaris Mill. subsp. sinensis（Debeaux）D. Y. Hong；中国柳穿鱼（华柳穿鱼，柳穿鱼，中华柳穿鱼）；China Toadflex, Chinese Common Toadflex ■

231188 Linaria vulgaris Mill. var. chinensis Bunge ex Debeaux ＝Linaria vulgaris Mill. ■

231189 Linaria vulgaris Mill. var. latifolia Krylov ＝ Linaria vulgaris Mill. subsp. acutiloba（Fisch. ex Rchb.）D. Y. Hong ■

231190 Linaria vulgaris Mill. var. sinensis Debeaux ＝Linaria vulgaris Mill. ■

231191 Linaria webbiana J. A. Schmidt ＝Kickxia elegans（G. Forst.）D. A. Sutton subsp. webbiana（Sunding）Rustan et Brochmann ■☆

231192 Linaria weilleri Emb. et Maire；韦勒柳穿鱼■☆

231193 Linaria weilleri Emb. et Maire var. antiatlantica（Emb. et Maire）Maire ＝Linaria weilleri Emb. et Maire ■☆

231194 Linaria yunnanensis W. W. Sm.；云南柳穿鱼；Yunnan Toadflex ■

231195 Linaria yunnanensis W. W. Sm. var. caerulea H. L. Li ＝Linaria thibetica Franch. ■

231196 Linaria zangezura Grossh.；赞格祖尔柳穿鱼■☆

231197 Linariaceae Bercht. et J. Presl ＝Linariaceae Martinov ■

231198 Linariaceae Bercht. et J. Presl ＝Plantaginaceae Juss.（保留科名）■

231199 Linariaceae Bercht. et J. Presl ＝Scrophulariaceae Juss.（保留科名）●■

231200 Linariaceae Martinov ＝Plantaginaceae Juss.（保留科名）■

231201 Linariaceae Martinov ＝Scrophulariaceae Juss.（保留科名）●■

231202 Linariaceae Martinov；柳穿鱼科■

231203 Linariantha B. L. Burtt et R. M. Sm.（1965）；线花爵床属☆

231204 Linariantha bicolor B. L. Burtt et R. M. Sm.；线花爵床☆

231205 Linariopsis Welw. (1869);类柳穿鱼属■☆
231206 Linariopsis chevalieri Jacq. -Fél.;海瓦类柳穿鱼■☆
231207 Linariopsis prostrata Welw.;类柳穿鱼■☆
231208 Lincania G. Don = Licania Aubl. ●☆
231209 Linconia L. (1771);林康木属●☆
231210 Linconia alopecuroidea L.;看麦娘林康木●☆
231211 Linconia cuspidata (Thunb.) Sw.;骤尖林康木●☆
231212 Linconia cuspidata Eckl. et Zeyh. = Linconia alopecuroidea L. ●☆
231213 Linconia deusta (Thunb.) Pillans = Linconia cuspidata (Thunb.) Sw. ●☆
231214 Linconia ericoides Oliv.;石南状林康木●☆
231215 Linconia tamariscina E. Mey. = Pseudobaeckea africana (Burm. f.) Pillans ●☆
231216 Linconia thymifolia Sw. = Linconia cuspidata (Thunb.) Sw. ●☆
231217 Lindackera Sieber ex Endl. = Capparis L. ●
231218 Lindackeria C. Presl(1835);林风子属●☆
231219 Lindackeria bequaertii De Wild. = Oncoba bukobensis (Gilg) Hul et Breteler ●☆
231220 Lindackeria bukobensis Gilg = Oncoba bukobensis (Gilg) Hul et Breteler ●☆
231221 Lindackeria bukobensis Gilg subsp. somalensis (Chiov.) J. B. Gillett = Oncoba somalensis (Chiov.) Hul et Breteler ●☆
231222 Lindackeria caillei A. Chev. ex Hutch. et Dalziel = Oncoba dentata Oliv. ●☆
231223 Lindackeria cuneato-acuminata (De Wild.) Gilg = Oncoba cuneato-acuminata (De Wild.) Hul et Breteler ●☆
231224 Lindackeria dentata (Oliv.) Gilg = Oncoba dentata Oliv. ●☆
231225 Lindackeria fragrans (Gilg) Gilg = Oncoba fragrans Gilg ●☆
231226 Lindackeria gilletii De Wild. = Oncoba cuneato-acuminata (De Wild.) Hul et Breteler ●☆
231227 Lindackeria grewioides Sleumer = Oncoba stipulata Oliv. ●☆
231228 Lindackeria kivuensis Bamps = Oncoba bukobensis (Gilg) Hul et Breteler ●☆
231229 Lindackeria laurina C. Presl = Oncoba laurina (C. Presl) Eichler ●☆
231230 Lindackeria mildbraedii Gilg = Oncoba bukobensis (Gilg) Hul et Breteler ●☆
231231 Lindackeria ngounyensis Pellegr. = Oncoba ngounyensis (Pellegr.) Hul ●☆
231232 Lindackeria poggei (Gürke) Gilg = Oncoba poggei Gürke ●☆
231233 Lindackeria schweinfurthii Gilg = Oncoba schweinfurthii (Gilg) Hul et Breteler ●☆
231234 Lindackeria somalensis Chiov. = Oncoba somalensis (Chiov.) Hul et Breteler ●☆
231235 Lindackeria stipulata (Oliv.) Milne-Redh. et Sleumer = Oncoba stipulata Oliv. ●☆
231236 Lindauea Rendle(1896);林道爵床属■☆
231237 Lindauea speciosa Rendle = Lepidagathis speciosa (Rendle) Hedrén ■☆
231238 Lindbergella Bor(1969);革稃禾属■☆
231239 Lindbergella sintenisii (H. Lindb.) Bor;革稃禾■☆
231240 Lindbergia Bor = Lindbergella Bor ■☆
231241 Lindblomia Fr. = Coeloglossum Hartm. ■
231242 Lindblomia Fr. = Platanthera Rich. (保留属名)■
231243 Lindelofia Lehm. (1850);长柱琉璃草属(菱蒂萝属);Lindelofia ■
231244 Lindelofia angustifolia (Schrenk) Brand;狭叶长柱琉璃草■☆
231245 Lindelofia benthamii Hook. f. = Lindelofia stylosa (Kar. et Kir.) Brand ■
231246 Lindelofia capusii (Franch.) Popov;卡普长柱琉璃草■☆
231247 Lindelofia longiflora Gurke = Lindelofia spectabilis Lehm. ■☆
231248 Lindelofia macrostyla (Bunge) Popov;大柱琉璃草■☆
231249 Lindelofia olgae (Regel et Smirn.) Brand;奥氏长柱琉璃草■☆
231250 Lindelofia pterocarpa Popov = Lindelofia stylosa (Kar. et Kir.) Brand subsp. pterocarpa (Rupr.) Kamelin ■
231251 Lindelofia spectabilis Lehm.;美丽长柱琉璃草(凌德勒紫草);Pretty Lindelofia ■☆
231252 Lindelofia stylosa (Kar. et Kir.) Brand;长柱琉璃草(狗爪草);Longstyle Lindelofia ■
231253 Lindelofia stylosa (Kar. et Kir.) Brand subsp. pterocarpa (Rupr.) Kamelin;翅果长柱琉璃草;Wingfruit Lindelofia ■
231254 Lindenbergia Lehm. (1829);钟萼草属(菱登草属);Bellcalyxwort ■
231255 Lindenbergia Lehm. ex Link et Otto = Lindenbergia Lehm. ■
231256 Lindenbergia abyssinica Hochst. ex Benth.;阿比西尼亚钟萼草;Abyssinia Bellcalyxwort ■☆
231257 Lindenbergia abyssinica Hochst. ex Benth. = Lindenbergia indica (L.) Vatke ■☆
231258 Lindenbergia fengkaiensis R. H. Miao et Q. Y. Cen;封开钟萼草;Fengkai Bellcalyxwort ■
231259 Lindenbergia grandiflora (Buch. -Ham. ex D. Don) Benth.;大花钟萼草;Largeflower Bellcalyxwort ■
231260 Lindenbergia grandiflora Benth. = Lindenbergia grandiflora (Buch. -Ham. ex D. Don) Benth. ■
231261 Lindenbergia griffithii Hook. f.;格氏钟萼草(藏南钟萼草);Griffith Bellcalyxwort ■
231262 Lindenbergia hookeri C. B. Clarke ex Hook. f.;胡克钟萼草;Hooker Bellcalyxwort ■
231263 Lindenbergia indica (L.) Vatke;印度钟萼草■☆
231264 Lindenbergia kuriensis Vierh. = Lindenbergia socotrana Vierh. ■☆
231265 Lindenbergia macrostachya Benth.;大穗钟萼草(阿里钟萼草);Bigspike Bellcalyxwort ■
231266 Lindenbergia melvillei S. Moore = Lindenbergia philippensis (Cham. et Schltdl.) Benth. ■
231267 Lindenbergia muraria (Roxb. ex D. Don) Brühl;野地钟萼草(麻叶菱登草);Willd Bellcalyxwort ■
231268 Lindenbergia muraria (Roxb.) Brühl = Lindenbergia muraria (Roxb. ex D. Don) Brühl ■
231269 Lindenbergia nigrescens Vatke = Lindenbergia indica (L.) Vatke ■☆
231270 Lindenbergia paulayana Vierh. = Lindenbergia socotrana Vierh. ■☆
231271 Lindenbergia philippensis (Cham. et Schltdl.) Benth.;钟萼草(菱登草,茸草);Philippine Bellcalyxwort ■
231272 Lindenbergia philippensis (Cham. et Schltdl.) Benth. var. ramosissima Bonati = Lindenbergia philippensis (Cham. et Schltdl.) Benth. ■
231273 Lindenbergia philippensis (Cham.) Benth. var. ramosissima Bonati = Lindenbergia philippensis (Cham. et Schltdl.) Benth. ■
231274 Lindenbergia philippinensis (Cham.) Benth. = Lindenbergia

philippensis (Cham. et Schltdl.) Benth. ■

231275 Lindenbergia pirottae Almagia = Lindenbergia indica (L.) Vatke ■☆

231276 Lindenbergia pirottae Almagia var. incana ? = Lindenbergia indica (L.) Vatke ■☆

231277 Lindenbergia polyantha Royle ex Benth.; 多花钟萼草; Manyflower Bellcalyxwort ■

231278 Lindenbergia ruderalis (Vahl) Kuntze;田野钟萼草(野地钟萼草)■☆

231279 Lindenbergia ruderalis (Wahlenb.) Kuntze = Lindenbergia muraria (Roxb. ex D. Don) Brühl ■

231280 Lindenbergia scutellarioides Asch. = Lindenbergia indica (L.) Vatke ■☆

231281 Lindenbergia scutellarioides Asch. var. viridescens Engl. = Lindenbergia indica (L.) Vatke ■☆

231282 Lindenbergia serpyllifolia Hjertson;百里香叶钟萼草■☆

231283 Lindenbergia sinaica (Decne.) Benth. = Lindenbergia indica (L.) Vatke ■☆

231284 Lindenbergia sinaica (Decne.) Benth. var. abyssinica (Hochst. ex Benth.) Almagia = Lindenbergia indica (L.) Vatke ■☆

231285 Lindenbergia socotrana Vierh.;索科特拉钟萼草■☆

231286 Lindenbergia urticifolia Lehm.; 荨麻叶钟萼草; Nettleleaf Bellcalyxwort ■

231287 Lindenbergia urticifolia Lehm. = Lindenbergia muraria (Roxb. ex D. Don) Brühl ■

231288 Lindenbergia virens Vatke = Lindenbergia indica (L.) Vatke ■☆

231289 Lindenbergiaceae Doweld = Orobanchaceae Vent.(保留科名)●■

231290 Lindenia Benth. (1857);林登茜属■☆

231291 Lindenia M. Martens et Galeotti = Cyphomeris Standl. ■☆

231292 Lindenia gypsophiloides M. Martens et Galeotti = Cyphomeris gypsophiloides (M. Martens et Galeotti) Standl. ■☆

231293 Lindenia rivalis Benth.;林登茜■☆

231294 Lindeniopiper Trel. = Piper L. ●■

231295 Lindera Adans.(废弃属名)= Ammi L. ■

231296 Lindera Adans.(废弃属名)= Lindera Thunb.(保留属名)●

231297 Lindera Thunb. (1783)(保留属名);山胡椒属(钓樟属); Fever Bush, Spice Bush, Spicebush, Spice-bush, Wild Allspice ●

231298 Lindera aggregata (Sims) Kosterm.;乌药(矮脚樟,矮樟,白背树,白叶柴,白叶子树,斑皮柴,蒡箕茶,比目沈香,吹风散,房花,鸡骨香,鲫鱼姜,猫药,旁其,螃皮柴,鳑鲏树,千锤打,钱柴头,钱蜞柴,青竹香,三条筋,台麻,台乌,台乌药,天台,天台乌,天台乌药,铜钱柴,铜钱树,土木香,土乌药,细叶樟,香桂樟,香桂梓,香叶子,研药,盐鱼子柴); Black Medicine, Chinese Allspice, Combined Spicebush, Combined Spice-bush, Tiantai Spicebush ●

231299 Lindera aggregata (Sims) Kosterm. f. playfairii (Hemsl.) J. C. Liao = Lindera aggregata (Sims) Kosterm. var. playfairii (Hemsl.) H. P. Tsui ●

231300 Lindera aggregata (Sims) Kosterm. var. playfairii (Hemsl.) H. P. Tsui;小叶乌药(白叶子,立槁辣子,乌药,乌药公,细叶乌药,小辣子,小叶钓樟); Playfair's Spicebush ●

231301 Lindera akoensis Hayata;台湾香叶树(刺子树,莿子树,内冬子,内苳子,肉苳子); Ako Lindera, Ako Spice Bush, Ako Spicebush, Ako Spice-bush ●

231302 Lindera alongensis Lecomte = Lindera aggregata (Sims) Kosterm. var. playfairii (Hemsl.) H. P. Tsui ●

231303 Lindera angustifolia W. C. Cheng;狭叶山胡椒(鸡婆子,见风消,见肿消,雷公条,雷公叶,五雷消,细叶见风消,狭叶钓樟,香叶子树,小鸡条); Angustifoliate Spice-bush, Narrowleaf Spicebush, Oriental Spicebush ●

231304 Lindera aromatica = Litsea cubeba (Lour.) Pers. ●

231305 Lindera assamica (Meisn.) King = Lindera metcalfiana C. K. Allen var. dictyophylla (C. K. Allen) H. P. Tsui ●

231306 Lindera benzoin (L.) Blume;美国山胡椒(北美山胡椒,比塞钓樟,桂皮钓樟); Benjamin Bush, Benjamin, Benzoin, Fever Bush, Forsythia-of-the-wilds, Spice Bush, Spicebush, Wild Allspice ●☆

231307 Lindera benzoin (L.) Blume 'Xanthocarpa';黄果美国山胡椒 ●☆

231308 Lindera benzoin (L.) Blume var. pubescens (Palmer et Steyerm.) Rehder = Lindera benzoin (L.) Blume ●☆

231309 Lindera bifaria (Nees) Benth. ex Hook. f. = Lindera nacusua (D. Don) Merr. ●

231310 Lindera bifaria (Nees) Hosseus = Lindera nacusua (D. Don) Merr. ●

231311 Lindera bodinieri H. Lév. = Lindera communis Hemsl. ●

231312 Lindera camphorata H. Lév. = Sassafras tsumu (Hemsl.) Hemsl. ●

231313 Lindera caudata (Nees) Hook. f.;香面叶(白筋树,黄脉山胡椒,假桂皮,毛叶三条筋,朴香果,三条筋,尾叶山胡椒,香油果,香油树); Tailed Spicebush, Tailed Spice-bush ●

231314 Lindera caudata (Nees) Hook. f. = Iteadaphne candata (Nees) H. W. Li ●

231315 Lindera caudata Diels = Lindera caudata (Nees) Hook. f. ●

231316 Lindera caudata Diels = Lindera pulcherrima (Wall.) Benth. ex Hook. f. var. hemsleiana (Diels) H. P. Tsui ●

231317 Lindera cavaleriei H. Lév. = Nothaphoebe cavaleriei (H. Lév.) Yen C. Yang ●◇

231318 Lindera cercidifolia Hemsl. = Lindera obtusiloba Blume ●

231319 Lindera chengii H. P. Tsui;郑氏钓樟; Cheng Spicebush ●

231320 Lindera chengii H. P. Tsui = Lindera tienchuanensis W. P. Fang et H. S. Kung ●◇

231321 Lindera chienii W. C. Cheng;江浙山胡椒(江浙钓樟,钱氏钓樟); Chien Spicebush, Chien Spice-bush ●

231322 Lindera chunii Merr.;鼎湖山胡椒(白胶木,陈氏钓樟,鼎湖钓樟,耙齿钩,千打锤,千打锤乌药,台乌珠,铁线树,乌药珠); Chun Spicebush, Chun Spice-bush ●

231323 Lindera citriodora (Siebold et Zucc.) Hemsl. = Litsea cubeba (Lour.) Pers. ●

231324 Lindera communis Hemsl.;香叶树(臭油果,大番叶,大香叶,大香叶子树,疔疮树,红油果,冷清子,亮叶香,千斤树,千斤香,千金树,土冬青,细叶假樟,香果,香果树,香叶子,小粘叶,野木姜子,一面光,硬桂); China Spicebush, Chinese Spicebush, Chinese Spice-bush, Spiceleaf Tree, Spice-leaf Tree, Spice-leaved Tree, Spicy-leaf Tree ●

231325 Lindera communis Hemsl. var. esquirolii (H. Lév.) S. Y. Hu = Lindera communis Hemsl. ●

231326 Lindera communis Hemsl. var. grandifolia Lecomte = Lindera nacusua (D. Don) Merr. ●

231327 Lindera communis Hemsl. var. okinawensis Hatus.;大香叶树 ●☆

231328 Lindera comphorata H. Lév. = Sassafras tsumu (Hemsl.) Hemsl. ●

231329 Lindera dictyophylla C. K. Allen = Lindera metcalfiana C. K.

Allen var. dictyophylla (C. K. Allen) H. P. Tsui ●
231330 Lindera dielsii H. Lév. = Litsea cubeba (Lour.) Pers. ●
231331 Lindera doniana C. K. Allen; 贡山山胡椒; Gongshan Spicebush, Gongshan Spice-bush ●
231332 Lindera duclouxii Lecomte = Lindera nacusua (D. Don) Merr. ●
231333 Lindera eberhardtii Lecomte = Lindera aggregata (Sims) Kosterm. ●
231334 Lindera erythrocarpa Makino; 红果山胡椒(大叶钓樟,钓樟,丁丁黄,光狗棍,红果钓樟,黄脉山胡椒,楡,脉叶钓樟,铁钉树,乌樟,香果树,小叶甘橿,野樟树,豫,詹糖香); Redfruit Spicebush, Red-fruited Spice-bush, Thunberg Spicebush ●
231335 Lindera erythrocarpa Makino var. longipes S. B. Liang; 长梗红果山胡椒; Longstalk Redfruit Spicebush ●
231336 Lindera erythrocarpa Makino var. longipes S. B. Liang = Lindera erythrocarpa Makino ●
231337 Lindera esquirolii H. Lév. = Litsea sericea (Nees) Hook. f. ●
231338 Lindera flavinervia C. K. Allen = Sinosassafras flavinervia (C. K. Allen) H. W. Li ●
231339 Lindera floribunda (C. K. Allen) H. P. Tsui; 绒毛钓樟(山玉桂); Flowery Spicebush, Flowery Spice-bush ●
231340 Lindera formosana Hayata = Lindera communis Hemsl. ●
231341 Lindera foveolate H. W. Li; 蜂房叶山胡椒; Foveolate Spicebush, Foveolate Spice-bush, Pittedleaf Spicebush ●
231342 Lindera fragrans Oliv.; 香叶子(香树,香叶山胡椒); Fragrant Spicebush, Fragrant Spice-bush ●
231343 Lindera fragrans Oliv. var. linearifolia Y. K. Li; 线叶香叶子; Line Fragrant Spicebush ●
231344 Lindera fragrans Oliv. var. linearifolia Y. K. Li = Lindera fragrans Oliv. ●
231345 Lindera fruticosa Hemsl. = Lindera neesiana (Nees) Kurz ●
231346 Lindera fruticosa Hemsl. var. pomiensis H. P. Tsui = Lindera neesiana (Nees) Kurz ●
231347 Lindera fruticosa Hemsl. var. pomiensis H. P. Tsui = Lindera pomiensis (H. P. Tsui) H. P. Tsui ●
231348 Lindera funiushanensis C. S. Zhu; 伏牛山山胡椒; Funiushan Spicebush ●
231349 Lindera funiushanensis C. S. Zhu = Lindera erythrocarpa Makino ●
231350 Lindera gambleana C. K. Allen = Lindera pulcherrima (Wall.) Benth. ex Hook. f. var. hemsleiana (Diels) H. P. Tsui ●
231351 Lindera gambleana C. K. Allen = Lindera pulcherrima (Wall.) Benth. ex Hook. f. var. attenuata C. K. Allen ●
231352 Lindera gambleana C. K. Allen var. floribunda C. K. Allen = Lindera floribunda (C. K. Allen) H. P. Tsui ●
231353 Lindera gamblena C. K. Allen = Lindera thomsonii C. K. Allen ●
231354 Lindera glabrata (Blume) H. Koyama = Lindera sericea (Siebold et Zucc.) Blume var. glabrata Blume ●☆
231355 Lindera glauca (Siebold et Zucc.) Blume; 山胡椒(白叶钓樟,白叶枫,不知春,臭枳柴,川上氏山胡椒,冬不落叶,勾樟,黄叶树,黄渣叶,鸡米风,假干柴,假死柴,见风消,老来红,雷公高,雷公树,雷公子,木姜子,牛筋树,牛筋条,牛荆条,杻,铁箍散,洗手叶,香叶树,香叶子,香叶梓树,野胡椒,檍,油金条,诈死枫); Glaucous Allspice, Greyblue Spicebush, Grey-blue Spice-bush, Kawakami Spicebush, Kawakami Spicy Tree ●
231356 Lindera glauca (Siebold et Zucc.) Blume var. kawakamii Hayata = Lindera glauca (Siebold et Zucc.) Blume ●
231357 Lindera glauca (Siebold et Zucc.) Blume var. nitidula Lecomte = Lindera communis Hemsl. ●
231358 Lindera glauca Blume = Lindera kariensis W. W. Sm. ●
231359 Lindera glauca Blume var. nitidula Lecomte = Lindera communis Hemsl. ●
231360 Lindera gracilipes H. W. Li; 纤梗山胡椒; Slender Spicebush, Slender Spice-bush, Slender-peduncle Spicebush, Slender-peduncled Spice-bush ●
231361 Lindera gracilipes H. W. Li var. macrocarpa H. Zhu et H. Wang; 大果纤梗山胡椒; Bigfruit Slender Spicebush ●
231362 Lindera gracilipes H. W. Li var. macrocarpa H. Zhu et H. Wang = Lindera gracilipes H. W. Li ●
231363 Lindera gracilis H. P. Tsui; 纤枝钓樟; Thin-branch Spicebush ●
231364 Lindera gracilis H. P. Tsui = Lindera motuoensis H. P. Tsui ●
231365 Lindera griffithii Meisn. = Litsea sericea (Nees) Hook. f. ●
231366 Lindera guangxiensis H. P. Tsui; 广西钓樟; Guangxi Spicebush, Guangxi Spice-bush, Kwangsi Spicebush ●
231367 Lindera hemsleiana (Diels) C. K. Allen = Lindera pulcherrima (Wall.) Benth. ex Hook. f. var. hemsleiana (Diels) H. P. Tsui ●
231368 Lindera hemsleyana (Diels) C. K. Allen = Lindera pulcherrima (Wall.) Benth. ex Hook. f. var. hemsleiana (Diels) H. P. Tsui ●
231369 Lindera hemsleyana (Diels) C. K. Allen var. velutina (Forrest) C. K. Allen = Lindera thomsonii C. K. Allen var. velutina (Forrest) L. C. Wang ●
231370 Lindera henanensis H. P. Tsui; 河南山胡椒; Henan Spicebush ●
231371 Lindera henanensis H. P. Tsui = Lindera erythrocarpa Makino ●
231372 Lindera heterophylla Meisn. = Lindera obtusiloba Blume var. heterophylla (Meisn.) H. P. Tsui ●
231373 Lindera hookeri Meisn. = Litsea sericea (Nees) Hook. f. ●
231374 Lindera kariensis W. W. Sm.; 更里山胡椒(山胡椒,小香樟); Kari Spicebush, Kari Spice-bush ●
231375 Lindera kariensis W. W. Sm. f. glabrescens H. W. Li; 无毛更里山胡椒(毛叶山胡椒,无毛山胡椒); Hairless Spicebush ●
231376 Lindera kariensis W. W. Sm. f. glabrescens H. W. Li = Lindera kariensis W. W. Sm. ●
231377 Lindera kwangtungensis (H. Liu) C. K. Allen; 广东山胡椒(广东钓樟,簕墨鱼,柳槁,青绒槁,青线,猪母楠); Guangdong Spicebush, Guangdong Spice-bush, Kwangtung Spicebush ●
231378 Lindera kwangtungensis (H. Liu) C. K. Allen f. robusta C. K. Allen = Lindera robusta (C. K. Allen) H. P. Tsui ●
231379 Lindera lancea (Momiy.) H. Koyama; 披针叶山胡椒●☆
231380 Lindera latifolia Hook. f.; 团香果(大毛叶楠,毛香果,牛面兰果,香果); Broadleaf Spicebush, Broad-leaved Spice-bush ●
231381 Lindera laureola Collett et Hemsl. = Lindera communis Hemsl. ●
231382 Lindera limprichtii H. Winkl.; 卵叶山胡椒(卵叶钓樟); Limpricht Spicebush, Limpricht Spice-bush ●
231383 Lindera longipedunculata C. K. Allen; 山柿子果; Longpeduncle Spicebush, Long-peduncled Spice-bush ●
231384 Lindera lungshengensis S. K. Lee; 龙胜钓樟; Longsheng Spicebush, Longsheng Spice-bush ●
231385 Lindera megaphylla Hemsl.; 黑壳楠(八角香,大楠木,大香叶树,大叶钓樟,俄氏钓樟,红心楠,红心楠树,花兰,鸡屎楠,楠木,楠木树,欧氏钓樟,枇杷楠,岩柴,猪屎楠); Great Spicebush, Largeleaf Spicebush, Large-leaved Lindera, Large-leaved Spice-bush ●
231386 Lindera megaphylla Hemsl. f. touyunensis (H. Lév.) Rehder = Lindera megaphylla Hemsl. ●
231387 Lindera megaphylla Hemsl. f. touyunensis (H. Lév.) Rehder = Lindera megaphylla Hemsl. f. trichoclada (Rehder) W. C. Cheng ●
231388 Lindera megaphylla Hemsl. f. trichoclada (Rehder) W. C.

Cheng；毛黑壳楠；Hairyturg Largeleaf Spicebush ●

231389 Lindera megaphylla Hemsl. f. trichoclada（Rehder）W. C. Cheng = Lindera megaphylla Hemsl. ●

231390 Lindera meissneri King = Lindera metcalfiana C. K. Allen var. dictyophylla（C. K. Allen）H. P. Tsui ●

231391 Lindera meissneri King f. kwangtungensis H. Liu = Lindera kwangtungensis（H. Liu）C. K. Allen ●

231392 Lindera metcalfiana C. K. Allen；滇粤山胡椒（山钓樟）；Metcalf Spicebush，Metcalf Spice-bush ●

231393 Lindera metcalfiana C. K. Allen var. dictyophylla（C. K. Allen）H. P. Tsui；网叶山胡椒（化楠木，连杆果，山香果，网脉山胡椒）；Netted-vein Spicebush，Netted-vein Spice-bush，Net-veined Spicebush，Net-veined Spice-bush ●

231394 Lindera mollis Oliv. = Lindera obtusiloba Blume ●

231395 Lindera monghaiensis H. W. Li；勐海山胡椒；Menghai Spicebush，Menghai Spice-bush ●

231396 Lindera motuoensis H. P. Tsui；西藏山胡椒；Medog Spicebush，Motuo Spice-bush，Tibet Spicebush，Xizang Spicebush ●

231397 Lindera myrrha（Lour.）Merr.；没药钓樟●☆

231398 Lindera nacusua（D. Don）Merr.；绒毛山胡椒（大石楠树，绒钓樟）；Hairy Spicebush，Hairy Spice-bush，Tomentose Spicebush，Tomentose Spice-bush ●

231399 Lindera nacusua（D. Don）Merr. var. menglunensis H. P. Tsui；勐仑山胡椒；Menglun Spicebush ●

231400 Lindera nacusua（D. Don）Merr. var. sutchuanensis Yen C. Yang = Lindera nacusua（D. Don）Merr. ●

231401 Lindera neesiana（Nees）Kurz；绿叶甘橿（官桂，山姜子，山乌药，系系筷子）；Shrubby Spicebush，Shrubby Spice-bush ●

231402 Lindera obovata Franch. = Litsea populifolia（Hemsl.）Gamble ●

231403 Lindera obtusiloba Blume；三桠乌药（矮脚枫，大山胡椒，甘姜，甘橿，桂子树，红叶甘姜，红叶甘橿，猴楸树，假崂山棍，姜羊，橿军，绿绿柴，三胡椒，三键风，三角枫，三丫钓樟，三丫乌药，三桠钓樟，三钻风，三钻七，山胡椒，山姜，升子树，香丽木）；Japan Spicebush，Japanese Spice Bush，Japanese Spicebush Lindera，Japanese Spicebush，Japanese Spice-bush ●

231404 Lindera obtusiloba Blume f. villosa（Blume）Kitag.；毛叶三桠乌药●

231405 Lindera obtusiloba Blume var. heterophylla（Meisn.）H. P. Tsui；滇藏钓樟；Heteroleaf Spicebush ●

231406 Lindera obtusiloba Blume var. praetermissa（Grierson et D. G. Long）H. P. Tsui = Lindera obtusiloba Blume ●

231407 Lindera oldhamii Hemsl. = Lindera megaphylla Hemsl. f. trichoclada（Rehder）W. C. Cheng ●

231408 Lindera oldhamii Hemsl. = Lindera megaphylla Hemsl. ●

231409 Lindera paxiana H. Winkl. = Lindera communis Hemsl. ●

231410 Lindera pedunculata Diels = Litsea pedunculata（Diels）Yen C. Yang et P. H. Huang ●

231411 Lindera playfairii（Hemsl.）C. K. Allen = Lindera aggregata（Sims）Kosterm. var. playfairii（Hemsl.）H. P. Tsui ●

231412 Lindera pomiensis（H. P. Tsui）H. P. Tsui；波密钓樟；Bomi Spicebush，Bomi Spice-bush，Pomi Spicebush ●

231413 Lindera pomiensis（H. P. Tsui）H. P. Tsui = Lindera neesiana（Nees）Kurz ●

231414 Lindera populifolia Hemsl. = Litsea populifolia（Hemsl.）Gamble ●

231415 Lindera praecox（Siebold et Zucc.）Blume；大果山胡椒；February Spicebush，February Spice-bush ●

231416 Lindera praecox（Siebold et Zucc.）Blume f. pubescens（Honda）H. Ohba = Lindera praecox（Siebold et Zucc.）Blume var. pubescens（Honda）Kitam. ●☆

231417 Lindera praecox（Siebold et Zucc.）Blume var. pubescens（Honda）Kitam.；毛大果山胡椒●☆

231418 Lindera praetermissa Grierson et D. G. Long = Lindera obtusiloba Blume ●

231419 Lindera prattli Gamble；峨眉山胡椒（峨眉钓樟）；Emei Spicebush，Pratt's Spicebush，Pratt's Spice-bush ●

231420 Lindera pricei Hayata = Lindera megaphylla Hemsl. ●

231421 Lindera puberula Franch. = Litsea moupinensis Lecomte ●

231422 Lindera pulcherrima（Nees）Hook. f. = Lindera thomsonii C. K. Allen ●

231423 Lindera pulcherrima（Wall.）Benth. ex Hook. f.；西藏钓樟（美丽钓樟）；Beautiful Spicebush，Beautiful Spice-bush ●

231424 Lindera pulcherrima（Wall.）Benth. ex Hook. f. var. attenuata C. K. Allen；香粉叶（白背叶，峨眉山胡椒，假桂皮，尖叶樟，涠潭台乌，糯叶，三根筋，三条筋，山叶树，乌药苗，香叶，香叶树）；Attenunate-leaf Spicebush，Caudata Spicebush ●

231425 Lindera pulcherrima（Wall.）Benth. ex Hook. f. var. glauca Lecomte = Lindera thomsonii C. K. Allen ●

231426 Lindera pulcherrima（Wall.）Benth. ex Hook. f. var. hemsleiana（Diels）H. P. Tsui f. velutina（Forrest）C. K. Allen = Lindera thomsonii C. K. Allen var. vernayana（C. K. Allen）H. P. Tsui ●

231427 Lindera pulcherrima（Wall.）Benth. ex Hook. f. var. hemsleiana（Diels）H. P. Tsui；川钓樟（白背叶，峨眉山胡椒，关桂，涠潭台乌，糯叶，皮桂，三根筋，三条筋，山香桂，香叶）；Hemsley's Spicebush ●

231428 Lindera randaiensis Hayata = Sassafras randaiense（Hayata）Rehder ●

231429 Lindera reflexa Hemsl.；山橿（大叶钓樟，大叶山橿，钓樟，副山苍，覆山苍，甘橿，米珠，木姜子，山姜，生姜树，铁脚樟，野樟树）；Montane Spicebush，Montane Spice-bush ●

231430 Lindera robusta（C. K. Allen）H. P. Tsui；海南山胡椒；Hainan Spicebush，Hainan Spice-bush ●

231431 Lindera rosthornii Diels = Lindera fragrans Oliv. ●

231432 Lindera rubronervia Gamble；红脉钓樟（红脉山胡椒，庐山乌药）；Redvein Spicebush，Red-veined Spice-bush ●

231433 Lindera sericea（Siebold et Zucc.）Blume；绢毛山胡椒（鉤樟，毛钓樟，毛叶钓樟）；Silky Spicebush ●☆

231434 Lindera sericea（Siebold et Zucc.）Blume var. glabrata Blume；无毛山胡椒●☆

231435 Lindera setchuenensis Gamble；四川山胡椒（蓝花树，木碗子，石桢楠，四川钓樟）；Sichuan Spicebush，Sichuan Spice-bush ●

231436 Lindera sterrophylla C. K. Allen = Lindera communis Hemsl. ●

231437 Lindera stewardiana C. K. Allen = Lindera pulcherrima（Wall.）Benth. ex Hook. f. var. hemsleiana（Diels）H. P. Tsui ●

231438 Lindera strychnifolia（Siebold et Zucc.）Fern.-Vill. = Lindera aggregata（Sims）Kosterm. ●

231439 Lindera strychnifolia（Siebold et Zucc.）Fern.-Vill. var. hemsleiana Diels = Lindera pulcherrima（Wall.）Benth. ex Hook. f. var. hemsleiana（Diels）H. P. Tsui ●

231440 Lindera strychnifolia（Siebold et Zucc.）Fern.-Vill. var. limprichtii（H. Winkl.）Yen C. Yang = Lindera limprichtii H. Winkl. ●

231441 Lindera strychnifolia（Siebold et Zucc.）Fern.-Vill. var. velutina Forrest = Lindera thomsonii C. K. Allen var. vernayana（C.

K. Allen) H. P. Tsui ●

231442 Lindera subcaudata (Merr.) Merr. = Lindera pulcherrima (Wall.) Benth. ex Hook. f. var. attenuata C. K. Allen ●

231443 Lindera subcoriacea Wofford;泥淖山胡椒;Bog Spicebush ●☆

231444 Lindera supracostata Lecomte;菱叶山胡椒(川滇三股筋香,菱叶钓樟,卵叶香叶树,山香桂,铁桂皮,小胡椒);Rhombic-leaf Spicebush,Rhombic-leaved Spice-bush ●

231445 Lindera supracostata Lecomte var. attenuata C. K. Allen = Lindera supracostata Lecomte ●

231446 Lindera supracostata Lecomte var. chuaneensis H. S. Kung = Lindera fragrans Oliv. ●

231447 Lindera supracostata Lecomte var. sichuanensis H. S. Kung;川鄂菱叶钓樟;Sichuan Rhombic-leaf Spicebush ●

231448 Lindera thomsonii C. K. Allen;三股筋香(臭油果,大香果,三条筋);Thomson Spicebush,Thomson Spice-bush ●

231449 Lindera thomsonii C. K. Allen var. velutina (Forrest) L. C. Wang;长尾钓樟;Longtail Spicebush ●

231450 Lindera thomsonii C. K. Allen var. vernayana (C. K. Allen) H. P. Tsui = Lindera thomsonii C. K. Allen var. velutina (Forrest) L. C. Wang ●

231451 Lindera thunbergii (Siebold et Zucc.) Makino = Lindera erythrocarpa Makino ●

231452 Lindera thunbergii Makino = Lindera erythrocarpa Makino ●

231453 Lindera tienchuanensis W. P. Fang et H. S. Kung;天全钓樟;Tianquan Spicebush,Tianquan Spice-bush ●◇

231454 Lindera tonkineasis Lecomte;假桂钓樟(东京山胡椒,河内钓樟,假桂);Tonkin Spicebush,Tonkin Spice-bush ●

231455 Lindera tonkineasis Lecomte var. subsessilis H. W. Li;无梗假桂钓樟(无梗钓樟);Sessile Tonkin Spicebush ●

231456 Lindera triloba (Siebold et Zucc.) Blume;三裂钓樟钓樟(假山胡椒)●☆

231457 Lindera triloba (Siebold et Zucc.) Blume f. integra (Sakata);全叶钓樟●☆

231458 Lindera tsumu Hemsl. = Sassafras tsumu (Hemsl.) Hemsl. ●

231459 Lindera uernayana C. K. Allen = Lindera thomsonii C. K. Allen var. vernayana (C. K. Allen) H. P. Tsui ●

231460 Lindera umbellata Blume = Lindera erythrocarpa Makino ●

231461 Lindera umbellata Thunb.;大叶钓樟(红果山胡椒);Umbellate Spicebush ●

231462 Lindera umbellata Thunb. subsp. membranacea (Maxim.) Kitam. = Lindera umbellata Thunb. var. membranacea (Maxim.) Momiy. ex H. Hara et M. Mizush. ●☆

231463 Lindera umbellata Thunb. var. aurantiaca (Murai) M. Mizush. f. membranacea (Maxim.) Hiyama = Lindera umbellata Thunb. var. membranacea (Maxim.) Momiy. ex H. Hara et M. Mizush. ●☆

231464 Lindera umbellata Thunb. var. lancea Momiy. = Lindera lancea (Momiy.) H. Koyama ●☆

231465 Lindera umbellata Thunb. var. latifolia Gamble = Lindera reflexa Hemsl. ●

231466 Lindera umbellata Thunb. var. membranacea (Maxim.) Momiy. ex H. Hara et M. Mizush.;膜叶钓樟●☆

231467 Lindera umbellata Thunb. var. membranacea (Maxim.) Momiy. ex H. Hara et M. Mizush. f. aurantiaca (Murai) Okuyama;黄膜叶钓樟●☆

231468 Lindera umbellata Thunb. var. pubescens Lecomte;毛钓樟;Pubescent Umbellate Spicebush ●

231469 Lindera urophylla (Rehder) C. K. Allen = Lindera pulcherrima (Wall.) Benth. ex Hook. f. var. hemsleiana (Diels) H. P. Tsui ●

231470 Lindera vernayana C. K. Allen. = Lindera thomsonii C. K. Allen var. velutina (Forrest) L. C. Wang ●

231471 Lindera villipes H. P. Tsui;毛柄钓樟;Hairystalk Spicebush,Hairy-stalked Spice-bush ●

231472 Lindera yunnanensis H. Lév. = Lindera communis Hemsl. ●

231473 Lindernia All. (1766);母草属(泥花草属);False Pimpernel,Falsepimpernel,Motherweed ■

231474 Lindernia abyssinica Engl.;阿比西尼亚母草■☆

231475 Lindernia acicularis Eb. Fisch.;针形母草■☆

231476 Lindernia anagallidea (Michx.) Pennell;拟樱草;False Pimpernel,Yellow-seed False Pimpernel ■

231477 Lindernia anagallidea (Michx.) Pennell = Lindernia dubia (L.) Pennell ■

231478 Lindernia anagallidea (Michx.) Pennell = Lindernia dubia (L.) Pennell var. anagallidea (Michx.) Cooperr. ■

231479 Lindernia anagallis (Burm. f.) Pennell;长蒴母草(长果母草,定经草,鸡舌癀,惊风榴,兰花仔,畦畔母草,双须蜈蚣,水辣椒,四方草,四角草,田边草,小接骨,蟹目草,心叶母草,鸭嘴癀);Heart Vandellia,Longcapsuled Falsepimpernel,Longcapsuled Motherweed ■

231480 Lindernia andongensis (Hiern) Eb. Fisch.;安东母草■☆

231481 Lindernia angolensis (V. Naray.) Eb. Fisch.;安哥拉母草■☆

231482 Lindernia angustifolia (Benth.) Wettst. = Lindernia micrantha D. Don ■

231483 Lindernia antipoda (L.) Alston;泥花草(倒地蜈蚣,定经草,旱田草,米碎草,水辣椒,水虾子草,田槟榔,田素馨,鸭脷草,鸭舌母草,紫熊胆);Creeping Falsepimpernel,Creeping Motherweed,Sparrow False Pimpernel ■

231484 Lindernia antipoda (L.) Alston = Lindernia anagallis (Burm. f.) Pennell ■

231485 Lindernia antipoda (L.) Alston var. grandiflora (Retz.) Tuyama;大花泥花草■☆

231486 Lindernia antipoda (L.) Alston var. verbenifolia (Colsm.) Ohba;马鞭草叶泥花草■☆

231487 Lindernia antipoda (L.) T. Yamaz. = Lindernia anagallis (Burm. f.) Pennell ■

231488 Lindernia bampsii Eb. Fisch. = Hartliella bampsii (Eb. Fisch.) Eb. Fisch. ■☆

231489 Lindernia bifolia V. Naray. = Crepidorhopalon bifolius (V. Naray.) Eb. Fisch. ■☆

231490 Lindernia bolusii (Hiern) Eb. Fisch.;博卢斯母草■☆

231491 Lindernia boutiqueana R. Germ.;布蒂克母草■☆

231492 Lindernia brevipedunculata Migo;短梗母草;Shortstalk Falsepimpernel,Shortstalk Motherweed ■

231493 Lindernia capensis Thunb. = Lindernia parviflora (Roxb.) Haines ■☆

231494 Lindernia capitata Eb. Fisch. = Hartliella capitata (Eb. Fisch.) Eb. Fisch. ■☆

231495 Lindernia chinensis (T. Yamaz.) Philcox = Lindernia nummulariifolia (D. Don) Wettst. ■

231496 Lindernia ciliata (Colsm.) Pennell;刺齿泥花草(齿叶泥花草,刺齿泥花菜,短花母草,锯齿草,水丁黄,五月莲,鸭母草,鸭舌草,鸭舌癀);Ciliate Falsepimpernel,Ciliate Motherweed,Fringed False Pimpernel ■

231497 Lindernia conferta (Hiern) Philcox;密集母草■☆

231498 Lindernia congesta (A. Raynal) Eb. Fisch.;团集母草■☆

231499 Lindernia cordifolia (Colsm.) Merr. = Lindernia anagallis (Burm. f.) Pennell ■
231500 Lindernia cordifolia Merr. = Lindernia anagallis (Burm. f.) Pennell ■
231501 Lindernia crassifolia (Engl.) Eb. Fisch.;厚叶母草■☆
231502 Lindernia cruciformis Hayata = Lindernia viscosa (Hornem.) Merr. ■
231503 Lindernia crustacea (L.) F. Muell.;母草(蓝猪耳,铺地莲,气痛草,蛇通管,四方草,四方全草,四方拳草,四方仔,小叶蛇针草,小叶四方草,蟹目草);Blue Pig-ear, Brittle Falsepimpernel, Brittle Motherweed ■
231504 Lindernia cyrtotricha P. C. Tsoong et T. C. Ku;曲毛母草;Curly Motherweed, Curvehair Falsepimpernel, Falsepimpernel ■
231505 Lindernia damblonii P. A. Duvign. = Crepidorhopalon tenuis (S. Moore) Eb. Fisch. ■☆
231506 Lindernia debilis V. Naray. = Crepidorhopalon debilis (V. Naray.) Eb. Fisch. ■☆
231507 Lindernia delicatula P. C. Tsoong et T. C. Ku;柔弱母草;Delicate Falsepimpernel, Falsepimpernel, Weak Motherweed ■
231508 Lindernia dictyophora P. C. Tsoong;网萼母草;Falsepimpernel, Netcalyx Falsepimpernel, Nettysepal Motherweed ■
231509 Lindernia diffusa (L.) Wettst.;扩展母草■☆
231510 Lindernia diffusa (L.) Wettst. ex Durieu et Jacks. = Lindernia diffusa (L.) Wettst. ■☆
231511 Lindernia diffusa (L.) Wettst. var. pedunculata (Benth.) V. Naray. = Lindernia diffusa (L.) Wettst. ■☆
231512 Lindernia dinteri Schinz = Crepidorhopalon spicatus (Engl.) Eb. Fisch. ■☆
231513 Lindernia dongolensis E. A. Bruce = Lindernia monroi (S. Moore) Eb. Fisch. ■☆
231514 Lindernia dubia (L.) Pennell;北美母草(美洲母草);False Pimpernel, Moist Bank Pimpernel, Yellow-seed False Pimpernel ■
231515 Lindernia dubia (L.) Pennell subsp. major (Pursh) Pennell;大株美洲母草■☆
231516 Lindernia dubia (L.) Pennell var. anagallidea (Michx.) Cooperr. = Lindernia anagallidea (Michx.) Pennell ■
231517 Lindernia dubia (L.) Pennell var. anagallidea (Michx.) Cooperr. = Lindernia dubia (L.) Pennell ■
231518 Lindernia dubia (L.) Pennell var. major (Pursh) Pennell = Lindernia dubia (L.) Pennell ■
231519 Lindernia dubia (L.) Pennell var. riparia (Raf.) Fernald = Lindernia dubia (L.) Pennell ■
231520 Lindernia dubia (L.) Pennell var. typica Pennell = Lindernia dubia (L.) Pennell ■
231521 Lindernia elata (Benth.) Wettst.;荨麻母草(高母草);Tall Falsepimpernel ■
231522 Lindernia elata (Benth.) Wettst. var. chinensis (Bonati) Hand. -Mazz.;华母草■
231523 Lindernia erecta (Benth.) Bonati = Lindernia procumbens (Krock.) Philcox ■
231524 Lindernia exilis Philcox;瘦小母草■☆
231525 Lindernia fugax R. G. N. Young = Crepidorhopalon debilis (V. Naray.) Eb. Fisch. ■☆
231526 Lindernia glandulifera (Blume) Backer = Lindernia viscosa (Hornem.) Merr. ■
231527 Lindernia grandiflora Nutt.;大花母草;Lindernia ■☆
231528 Lindernia hartlii Eb. Fisch. et Hepper;哈特尔母草■☆
231529 Lindernia hirta (Cham. et Schltdl.) Pennell = Lindernia pusilla (Willd.) Bold. ■
231530 Lindernia humilis Bonati;低矮母草■☆
231531 Lindernia hyssopioides (L.) Haines;尖果母草(短果泥花草);Sharpfruit Falsepimpernel, Sharpfruit Motherweed ■
231532 Lindernia insularis Skan;海岛母草■☆
231533 Lindernia insularis V. Naray. = Crepidorhopalon rupestris (Engl.) Eb. Fisch. ■☆
231534 Lindernia intrepidus (Dinter ex Heil) Oberm. = Chamaegigas intrepidus Dinter ex Heil ■☆
231535 Lindernia japonica Thunb. = Mazus pumilus (Burm. f.) Steenis ■
231536 Lindernia jiuhuanica X. H. Guo et X. L. Liu;九华山母草;Jiuhuashan Falsepimpernel, Jiuhuashan Motherweed ■
231537 Lindernia kiangsiensis P. C. Tsoong;江西母草;Jiangxi Falsepimpernel, Jiangxi Motherweed, Kiangsi Falsepimpernel ■
231538 Lindernia linearifolia (Engl.) Eb. Fisch.;线叶母草■☆
231539 Lindernia lobelioides (Oliv.) Wettst. = Lindernia oliverana Dandy ■☆
231540 Lindernia longicarpa Eb. Fisch. et Hepper;长果母草■☆
231541 Lindernia macrobotrys P. C. Tsoong;长序母草;Longinflorescence Falsepimpernel, Longinflorescence Motherweed ■
231542 Lindernia madiensis Dandy;马迪母草■☆
231543 Lindernia megaphylla P. C. Tsoong;大叶母草;Bigleaf Falsepimpernel, Bigleaf Motherweed ■
231544 Lindernia micrantha D. Don;狭叶母草(陌上番椒,目目箭,蛇儿草,蛇舌草,田素香,田香蕉,羊角草,羊角桃,窄叶母草);Narrowleaf Falsepimpernel, Narrowleaf Motherweed ■
231545 Lindernia minima R. G. N. Young = Crepidorhopalon debilis (V. Naray.) Eb. Fisch. ■☆
231546 Lindernia mollis (Benth.) Wettst.;红骨母草(飞疔药,狗毛草,红骨草,见风黄,宽叶母草,小地扭,粘毛母草);Montane Falsepimpernel, Montane Motherweed ■
231547 Lindernia monroi (S. Moore) Eb. Fisch.;门罗母草■☆
231548 Lindernia montana (Blume) Koord. = Lindernia mollis (Benth.) Wettst. ■
231549 Lindernia montana Hiern = Lindernia nummulariifolia (D. Don) Wettst. ■
231550 Lindernia nana (Engl.) Rössler;矮小母草■☆
231551 Lindernia newtonii Engl. = Lindernia oliverana Dandy ■☆
231552 Lindernia niamniamensis Eb. Fisch. et Hepper;尼亚母草■☆
231553 Lindernia nummulariifolia (D. Don) Wettst.;宽叶母草(飞疗药,铜钱叶母草,五角苓,小地扭,野苞麦,圆叶母草);Ancient-coins Falsepimpernel, Broadleaf Falsepimpernel, Broadleaf Motherweed ■
231554 Lindernia nummulariifolia (D. Don) Wettst. var. sessiliflora (Benth.) Hiern = Lindernia nummulariifolia (D. Don) Wettst. ■
231555 Lindernia oblonga (Benth.) Merr.;棱萼母草(公母草,四方草);Oblong Falsepimpernel, Oblong Motherweed ■
231556 Lindernia oliverana Dandy;奥里弗母草■☆
231557 Lindernia parviflora (Roxb.) Haines;小花母草■☆
231558 Lindernia perennis P. A. Duvign. = Crepidorhopalon perennis (P. A. Duvign.) Eb. Fisch. ■☆
231559 Lindernia procumbens (Krock.) Philcox;陌上菜(白胶墙,白猪母菜,白猪母草,对座神仙,六月雪,陌上草,母草);Procumbent Motherweed, Procumbrnt Falsepimpernel, Prostrate False Pimpernel ■
231560 Lindernia pulchella (V. Naray.) Philcox;美丽母草■☆
231561 Lindernia purpurea (Lebrun et L. Touss.) R. Germ. =

Craterostigma purpureum Lebrun et L. Touss. ■☆

231562 Lindernia pusilla (Willd.) Bold.;细茎母草(见风红);Slenderstem Falsepimpernel,Slenderstem Motherweed ■

231563 Lindernia pyxidaria L. = Lindernia procumbens (Krock.) Philcox ■

231564 Lindernia pyxidaria L. var. major Pursh = Lindernia dubia (L.) Pennell ■

231565 Lindernia pyxidaria sensu Pennell = Lindernia dubia (L.) Pennell ■

231566 Lindernia rotundata (Pilg.) Eb. Fisch.;圆母草■☆

231567 Lindernia rotundifolia (L.) Alston;圆叶母草■☆

231568 Lindernia ruellioides (Colsm.) Pennell;旱母草(菜瓜香,长花母草,地下茶,调经草,定经草,耳环草,龟壳蜈蚣,龟药,旱田草,虎舌蜈蚣草,剪席草,锯齿草,锯镰草,双头镇,田素馨,田蛭草,小号虎舌癀,鸭嘴癀,鱼尾草);Dry Falsepimpernel,Dry Motherweed ■

231569 Lindernia rupestris Engl. = Crepidorhopalon rupestris (Engl.) Eb. Fisch. ■☆

231570 Lindernia scapoidea Eb. Fisch.;花茎状母草■☆

231571 Lindernia schweinfurthii (Engl.) Dandy;施韦母草■☆

231572 Lindernia scutellariiformis T. Yamaz.;黄芩母草(台南见风红);Skullcaplike Falsepimpernel,Skullcaplike Motherweed ■

231573 Lindernia senegalensis (Benth.) V. Naray.;塞内加尔母草■☆

231574 Lindernia sessilifolia (Benth.) Wettst. = Lindernia nummulariifolia (D. Don) Wettst. ■

231575 Lindernia setulosa (Maxim.) Tuyama ex H. Hara;刺毛母草;Setose Falsepimpernel,Setose Motherweed ■

231576 Lindernia stellarifolia Hayata = Lindernia pusilla (Willd.) Bold. ■

231577 Lindernia stictantha (Hiern) V. Naray.;斑花母草■☆

231578 Lindernia stricta P. C. Tsoong et T. C. Ku;坚挺母草;Standing Motherweed,Strict Falsepimpernel ■

231579 Lindernia stuhlmannii Engl. = Lindernia oliverana Dandy ■☆

231580 Lindernia subcrenulata (Miq.) Merr. = Lindernia oblonga (Benth.) Merr. ■

231581 Lindernia subracemosa De Wild.;亚总花母草■☆

231582 Lindernia subreniformis Philcox = Lindernia humilis Bonati ■☆

231583 Lindernia subscaposa Mildbr. = Crepidorhopalon rupestris (Engl.) Eb. Fisch. ■☆

231584 Lindernia sudanica Eb. Fisch. et Hepper;苏丹母草■☆

231585 Lindernia suffruticosa Lisowski et Mielcarek = Hartliella suffruticosa (Lisowski et Mielcarek) Eb. Fisch. ■☆

231586 Lindernia taishanensis F. Z. Li;泰山母草;Taishan Falsepimpernel,Taishan Motherweed ■

231587 Lindernia tenuifolia (Vahl) Alston;细叶母草(薄叶见风红,狭叶母草);Slenderleaf Falsepimpernel,Slenderleaf Motherweed ■

231588 Lindernia tenuis S. Moore = Crepidorhopalon tenuis (S. Moore) Eb. Fisch. ■☆

231589 Lindernia urticifolia (Hance) Bonati;荨麻叶母草;Nettleleaf Falsepimpernel,Nettleleaf Motherweed ■

231590 Lindernia urticifolia (Hance) Bonati = Lindernia elata (Benth.) Wettst. ■

231591 Lindernia uvens Hiern = Crepidorhopalon uvens (Hiern) Eb. Fisch. ■☆

231592 Lindernia verbenifolia (Colsm.) Pennell = Lindernia antipoda (L.) Alston ■

231593 Lindernia veronicifolia (Retz.) F. Muell. = Lindernia antipoda (L.) Alston ■

231594 Lindernia viscosa (Hornem.) Merr.;黏毛母草(屏东见风红);Viscidhairy Falsepimpernel,Viscidhairy Motherweed ■

231595 Lindernia vitacea (Kerr ex Barnett) Philcox;拟泥花草;Grape-like Falsepimpernel ■

231596 Lindernia vogelii V. Naray.;沃格尔母草■☆

231597 Lindernia welwitschii (Engl.) Eb. Fisch.;韦尔母草■☆

231598 Lindernia whytei V. Naray. = Crepidorhopalon whytei (V. Naray.) Eb. Fisch. ■☆

231599 Lindernia wilmsii (Engl. et Diels) Philcox;维尔姆斯母草■☆

231600 Lindernia yaoshanensis P. C. Tsoong;瑶山母草;Yaoshan Falsepimpernel,Yaoshan Motherweed ■

231601 Lindernia yaundensis (S. Moore) Eb. Fisch.;雅温德母草■☆

231602 Lindernia zanzibarica Eb. Fisch. et Hepper;桑给巴尔母草■☆

231603 Linderniaceae Borsch = Scrophulariaceae Juss.(保留科名)●■

231604 Linderniaceae Borsch(2005);母草科■

231605 Linderniaceae Rchb. = Scrophulariaceae Juss.(保留科名)●■

231606 Lindheimera A. Gray et Engelm.(1847);星菊属;Star Daisy ■☆

231607 Lindheimera texana A. Gray et Engelm.;星菊;Star Daisy,Star-daisy,Texas Star ■☆

231608 Lindleya Kunth(1824)(保留属名);林氏蔷薇属●☆

231609 Lindleya Nees(废弃属名) = Laplacea Kunth(保留属名)●☆

231610 Lindleya Nees(废弃属名) = Lindleya Kunth(保留属名)●☆

231611 Lindleya Nees(废弃属名) = Wikstroemia Endl.(保留属名)●

231612 Lindleya mespiloides Kunth;林氏蔷薇●☆

231613 Lindleyaceae J. Agardh = Rosaceae Juss.(保留科名)●■

231614 Lindleyaella Schltr. = Rudolfiella Hoehne ■☆

231615 Lindleyalis Luer = Pleurothallis R. Br. ■☆

231616 Lindleyalis Luer(2004);林氏兰属■☆

231617 Lindleyella Rydb. = Lindleya Kunth(保留属名)●☆

231618 Lindleyella Rydb. = Neolindleyella Fedde ●☆

231619 Lindleyella Schltr. = Rudolfiella Hoehne ■☆

231620 Lindmania Mez(1896);林德曼凤梨属■☆

231621 Lindnera Fuss = Tilia L. ●

231622 Lindnera Rchb. = Tilia L. ●

231623 Lindneria T. Durand et Lubbers = Pseudogaltonia (Kuntze) Engl. ■☆

231624 Lindneria T. Durand et Lubbers(1889);林德百合属■☆

231625 Lindneria clavata (Mast.) Speta;林德百合■☆

231626 Lindneria clavata (Mast.) Speta = Pseudogaltonia clavata (Mast.) E. Phillips ■☆

231627 Lindneria fibrillosa T. Durand et Lubbers = Pseudogaltonia clavata (Mast.) E. Phillips ■☆

231628 Lindsayella Ames et C. Schweinf.(1937);林赛兰属■☆

231629 Lindsayella amabilis Ames et C. Schweinf.;林赛兰■☆

231630 Lindsayomyrtus B. Hyland et Steenis(1974);林赛香桃木属●☆

231631 Lindsayomyrtus racemoides (Greves) Greves;林赛香桃木●☆

231632 Lingelsheimia Pax = Drypetes Vahl ●

231633 Lingelsheimia Pax(1909);林核实属●☆

231634 Lingelsheimia capillipes Pax = Drypetes capillipes (Pax) Pax et K. Hoffm. ●☆

231635 Lingelsheimia frutescens Pax;灌木林核实●☆

231636 Lingelsheimia gilgiana (Pax) Hutch. = Drypetes gilgiana (Pax) Pax et K. Hoffm. ●☆

231637 Lingelsheimia longipedicellata J. Léonard = Phyllanthus diandrus Pax ●☆

231638 Lingelsheimia parvifolia (Müll. Arg.) Hutch. = Drypetes parvifolia (Müll. Arg.) Pax et K. Hoffm. ●☆

231639 Lingelsheimia sylvestris (Radcl. -Sm.) Radcl. -Sm.;林地林核实●☆

231640 Lingelsheimia tessmanniana (Pax) Hutch. = Drypetes tessmanniana (Pax) Pax et K. Hoffm. ●☆

231641 Lingnania McClure = Bambusa Schreb. (保留属名)●

231642 Lingnania McClure(1940);单竹属(箪竹属)●

231643 Lingnania affinis (Rendle) P. C. Keng = Bambusa emeiensis L. C. Chia et H. L. Fung ●

231644 Lingnania affinis (Rendle) P. C. Keng = Neosinocalamus affinis (Rendle) P. C. Keng ●

231645 Lingnania cerosissima (McClure) McClure = Bambusa cerosissima McClure ●

231646 Lingnania chungii (McClure) McClure = Bambusa chungii McClure ●

231647 Lingnania chungii (McClure) McClure var. petilla T. H. Wen. = Bambusa chungii McClure ●

231648 Lingnania distegia (Keng et P. C. Keng) P. C. Keng = Bambusa distegia (Keng et P. C. Keng) L. C. Chia et H. L. Fung ●

231649 Lingnania farinosa (Keng et P. C. Keng) P. C. Keng = Dendrocalamus farinosus (Keng et P. C. Keng) L. C. Chia et H. L. Fung ●

231650 Lingnania fimbriligulata McClure = Bambusa remotiflora (Kuntze) L. C. Chia et H. L. Fung ●

231651 Lingnania funghomii McClure = Bambusa guangxiensis L. C. Chia et H. L. Fung ●

231652 Lingnania hainanensis (L. C. Chia et H. L. Fung) T. P. Yi = Bambusa hainanensis L. C. Chia et H. L. Fung ●

231653 Lingnania intermedia (J. R. Xue et T. P. Yi) T. P. Yi = Bambusa intermedia J. R. Xue et T. P. Yi ●

231654 Lingnania papillata Q. H. Dai = Bambusa papillata (Q. H. Dai) Q. H. Dai ●

231655 Lingnania papillatoides (Q. H. Dai et D. Y. Huang) T. P. Yi = Bambusa papillatoides Q. H. Dai et D. Y. Huang ●

231656 Lingnania parviflora McClure = Bambusa remotiflora (Kuntze) L. C. Chia et H. L. Fung ●

231657 Lingnania remotiflora (Kuntze) McClure = Bambusa remotiflora (Kuntze) L. C. Chia et H. L. Fung ●

231658 Lingnania rugata W. T. Lin = Bambusa rugata (W. T. Lin) Ohrnb. ●

231659 Lingnania scandens McClure = Bambusa hainanensis L. C. Chia et H. L. Fung ●

231660 Lingnania surrecta Q. H. Dai = Bambusa surrecta (Q. H. Dai) Q. H. Dai ●

231661 Lingnania transvenula W. T. Lin et Z. T. Feng = Bambusa transvenula (W. T. Lin et Z. T. Feng) N. H. Xia ●

231662 Lingnania tsiangii McClure = Dendrocalamus tsiangii (McClure) L. C. Chia et H. L. Fung ●

231663 Lingnania wenchouensis T. H. Wen = Bambusa wenchouensis (T. H. Wen) P. C. Keng ex Y. M. Lin et Q. F. Zheng ●

231664 Lingoum Adans. = Derris Lour. (保留属名)●

231665 Lingoum Adans. = Pterocarpus Jacq. (保留属名)●

231666 Lingoum Adans. = Pterocarpus L. (废弃属名)●

231667 Linguella D. L. Jones et M. A. Clem. (2002);新澳翅柱兰属 ■☆

231668 Linguella D. L. Jones et M. A. Clem. = Pterostylis R. Br. (保留属名)■☆

231669 Linharea Arruda ex H. Kost. = Ocotea Aubl. ●☆

231670 Linharea Arruda ex Steud. = Ocotea Aubl. ●☆

231671 Linharia Arruda ex H. Kost. = Linharea Arruda ex H. Kost. ●☆

231672 Linkagrostis Romero García, Blanca et C. Morales = Agrostis L. (保留属名)■

231673 Linkia Cav. (废弃属名) = Persoonia Sm. (保留属名)●☆

231674 Linkia Pers. = Desfontainia Ruiz et Pav. ●☆

231675 Linnaea Gronov. ex L. = Linnaea L. ●

231676 Linnaea L. (1753);北极花属(林奈花属,林奈木属,双花蔓属);Arcticflower, Twin Flower, Twinflower ●

231677 Linnaea americana J. Forbes = Linnaea borealis L. subsp. americana (Forbes) Hultén ex R. T. Clausen ●☆

231678 Linnaea aschersoniana Graebn. = Abelia chinensis R. Br. ●

231679 Linnaea borealis L.;北极花(林奈草,林奈花,林奈木);Arcticflower, Northern Twinflower, Twin Flower, Twinflower ●

231680 Linnaea borealis L. f. arctica Witrock;北极林奈花(北极花,北极林奈草)●

231681 Linnaea borealis L. f. arctica Witrock = Linnaea borealis L. ●

231682 Linnaea borealis L. subsp. americana (Forbes) Hultén ex R. T. Clausen;美国北极花;Deer Vine, Twinflower ●☆

231683 Linnaea borealis L. var. americana (Forbes) Rehder = Linnaea borealis L. subsp. americana (Forbes) Hultén ex R. T. Clausen ●☆

231684 Linnaea chinensis (R. Br.) A. Braun et Vatke = Abelia chinensis R. Br. ●

231685 Linnaea dielsii Graebn. = Abelia dielsii (Graebn.) Rehder ●

231686 Linnaea dielsii Graebn. = Zabelia biflora (Turcz.) Makino ●

231687 Linnaea engleriana Graebn. = Abelia engleriana (Graebn.) Rehder ●

231688 Linnaea engleriana Graebn. = Abelia uniflora R. Br. ●

231689 Linnaea forrestii Diels = Abelia forrestii (Diels) W. W. Sm. ●

231690 Linnaea koehneana Graebn. = Abelia engleriana (Graebn.) Rehder ●

231691 Linnaea koehneana Graebn. = Abelia uniflora R. Br. ●

231692 Linnaea macrotera Graebn. et Buchw. = Abelia macrotera (Graebn. et Buchw.) Rehder ●

231693 Linnaea macrotera Graebn. et Buchw. = Abelia uniflora R. Br. ●

231694 Linnaea onkocarpa Graebn. = Abelia dielsii (Graebn.) Rehder ●

231695 Linnaea onkocarpa Graebn. = Zabelia biflora (Turcz.) Makino ●

231696 Linnaea parvifolia (Hemsl.) Graebn. = Abelia parvifolia Hemsl. ●

231697 Linnaea parvifolia (Hemsl.) Graebn. = Abelia uniflora R. Br. ●

231698 Linnaea rupestris (Lindl.) A. Braun et Vatke = Abelia chinensis R. Br. ●

231699 Linnaea schumannii Graebn. = Abelia parvifolia Hemsl. ●

231700 Linnaea schumannii Graebn. = Abelia uniflora R. Br. ●

231701 Linnaea tereticalyx Graebn. = Abelia parvifolia Hemsl. ●

231702 Linnaea tereticalyx Graebn. et Buchw. = Abelia uniflora R. Br. ●

231703 Linnaea umbellata Graebn. et Buchw. = Abelia umbellata (Graebn. et Buchw.) Rehder ●

231704 Linnaea umbellata Graebn. et Buchw. = Zabelia biflora (Turcz.) Makino ●

231705 Linnaea zanderi Graebn. = Abelia dielsii (Graebn.) Rehder ●

231706 Linnaea zanderi Graebn. = Zabelia biflora (Turcz.) Makino ●

231707 Linnaeaceae Backlund;北极花科●

231708 Linnaeobreynia Hutch. = Capparis L. ●

231709 Linnaeopsis Engl.(1900);类北极花属■☆

231710 Linnaeopsis alba (E. A. Bruce) B. L. Burtt = Streptocarpus albus (E. A. Bruce) I. Darbysh. ■☆

231711 Linnaeopsis alba (E. A. Bruce) B. L. Burtt subsp. edwardsii Weigend = Streptocarpus albus (E. A. Bruce) I. Darbysh. subsp. edwardsii (Weigend) I. Darbysh. ■☆

231712 Linnaeopsis gracilis E. A. Bruce = Streptocarpus heckmannianus (Engl.) I. Darbysh. subsp. gracilis (E. A. Bruce) I. Darbysh. ■☆

231713 Linnaeopsis heckmanniana Engl.;类北极花■☆

231714 Linnaeopsis heckmanniana Engl. = Streptocarpus heckmannianus (Engl.) I. Darbysh. ■☆

231715 Linnaeopsis heckmanniana Engl. subsp. gracilis (E. A. Bruce) Weigend = Streptocarpus heckmannianus (Engl.) I. Darbysh. subsp. gracilis (E. A. Bruce) I. Darbysh. ■☆

231716 Linnaeopsis subscandens B. L. Burtt = Streptocarpus subscandens (B. L. Burtt) I. Darbysh. ■☆

231717 Linnaeosicyos H. Schaef. et Kocyan = Trichosanthes L. ■●

231718 Linnaeosicyos H. Schaef. et Kocyan(2008);林奈栝楼属■☆

231719 Linnea Neck. = Linnaea L. ●

231720 Linneusia Raf. = Linnaea L. ●

231721 Linneusia Raf. = Linnea Neck. ●

231722 Linocalyx Lindau = Justicia L. ●■

231723 Linochilus Benth. = Diplostephium Kunth ●☆

231724 Linociera Schreb. = Linociera Sw. ex Schreb.(保留属名)●

231725 Linociera Steud. = Haloragis J. R. Forst. et G. Forst. ■●

231726 Linociera Steud. = Linociria Neck. ■●

231727 Linociera Sw. = Chionanthus L. ●

231728 Linociera Sw. = Linociera Sw. ex Schreb.(保留属名)●

231729 Linociera Sw. ex Schreb.(1791)(保留属名);李榄属(插柚紫属);Linociera,Liolive ●

231730 Linociera Sw. ex Schreb.(保留属名) = Chionanthus L. ●

231731 Linociera africana (Knobl.) Knobl. = Chionanthus africanus (Welw. ex Knobl.) Stearn ●☆

231732 Linociera angolensis Baker = Chionanthus africanus (Welw. ex Knobl.) Stearn ●☆

231733 Linociera battiscombei Hutch. = Chionanthus battiscombei (Hutch.) Stearn ■☆

231734 Linociera brachythyrsa Merr. = Chionanthus brachythyrsus (Merr.) P. S. Green ●

231735 Linociera cambodiana Hance = Olea dioica Roxb. ●

231736 Linociera chinensis Fisch. ex Maxim. = Chionanthus retusus Lindl. et Paxton ●

231737 Linociera congesta Baker = Chionanthus mannii (Soler.) Stearn subsp. congesta (Baker) Stearn ●☆

231738 Linociera coriacea Vidal = Chionanthus coriaceus (S. Vidal) Yuen P. Yang et S. Y. Lu ●

231739 Linociera cumingiana Vidal;兰屿李榄;Cuming Linociera ●

231740 Linociera cumingiana Vidal = Chionanthus ramiflorus Roxb. ●

231741 Linociera dasyantha Gilg et G. Schellenb. = Chionanthus africanus (Welw. ex Knobl.) Stearn ●☆

231742 Linociera foveolata (E. Mey.) Knobl. = Chionanthus foveolatus (E. Mey.) Stearn ●☆

231743 Linociera foveolata (E. Mey.) Knobl. subsp. major I. Verd. = Chionanthus foveolatus (E. Mey.) Stearn subsp. major (I. Verd.) Stearn ●☆

231744 Linociera foveolata (E. Mey.) Knobl. subsp. tomentella I. Verd. = Chionanthus foveolatus (E. Mey.) Stearn subsp. tomentellus (I. Verd.) Stearn ●☆

231745 Linociera fragrans Gilg et G. Schellenb. = Chionanthus africanus (Welw. ex Knobl.) Stearn ●☆

231746 Linociera giordanii Chiov. = Chionanthus mildbraedii (Gilg et G. Schellenb.) Stearn ●☆

231747 Linociera guangxiensis (B. M. Miao) B. M. Miao;广西李榄(广西插柚紫,广西流苏树);Guangxi Linociera,Guangxi Liolive ●

231748 Linociera guangxiensis (B. M. Miao) B. M. Miao = Chionanthus guangxiensis B. M. Miao ●

231749 Linociera hainanensis Merr. et Chun;海南李榄(海南流苏树);Hainan Linociera,Hainan Liolive ●

231750 Linociera hainanensis Merr. et Chun = Chionanthus hainanensis (Merr. et Chun) B. M. Miao ●

231751 Linociera harmandii Gagnep. = Olea neriifolia H. L. Li ●

231752 Linociera henryi H. L. Li = Chionanthus henryanus P. S. Green ●

231753 Linociera insignis C. B. Clarke;李榄;Common Liolive,Notable Linociera ●

231754 Linociera insignis C. B. Clarke = Chionanthus henryanus P. S. Green ●

231755 Linociera johnsonii Baker = Chionanthus africanus (Welw. ex Knobl.) Stearn ●☆

231756 Linociera latipetala M. Taylor = Chionanthus mildbraedii (Gilg et G. Schellenb.) Stearn ●☆

231757 Linociera lebrunii Staner = Olea europaea L. subsp. africana (Mill.) P. S. Green ●

231758 Linociera ledermannii Gilg et G. Schellenb.;莱德李榄●☆

231759 Linociera leucoclada Merr. et Chun = Chionanthus brachythyrsus (Merr.) P. S. Green ●

231760 Linociera leucoclada Merr. et Chun = Chionanthus leucocladus (Merr. et Chun) B. M. Miao ●

231761 Linociera leuconeura Gilg et G. Schellenb.;白脉李榄●☆

231762 Linociera lingelsheimiana Gilg et G. Schellenb. = Chionanthus mannii (Soler.) Stearn ●☆

231763 Linociera longiflora H. L. Li;长花李榄;Long-flower Linociera,Longflower Liolive,Long-flowered Linociera ●

231764 Linociera longiflora H. L. Li = Chionanthus longiflorus (H. L. Li) B. M. Miao ●

231765 Linociera luzoniaca (Blume) Fern.-Vill. = Chionanthus ramiflorus Roxb. ●

231766 Linociera macrophylla Wall. ex G. Don = Chionanthus ramiflorus Roxb. ●

231767 Linociera macrophylla Wall. ex G. Don var. attenuata (Wall. ex G. Don) C. B. Clarke = Chionanthus ramiflorus Roxb. ●

231768 Linociera macroura Gilg et G. Schellenb. = Chionanthus mannii (Soler.) Stearn ●☆

231769 Linociera mannii Soler. = Chionanthus mannii (Soler.) Stearn ●☆

231770 Linociera marlothii Knobl. = Chionanthus foveolatus (E. Mey.) Stearn ●☆

231771 Linociera menghaiensis Hung T. Chang;勐海李榄;Menghai Linociera,Menghai Liolive ●

231772 Linociera menghaiensis Hung T. Chang = Olea rosea Craib ex Hosseus ●

231773 Linociera mildbraedii Gilg et G. Schellenb. = Chionanthus africanus (Welw. ex Knobl.) Stearn ●☆

231774 Linociera nilotica Oliv. = Chionanthus niloticus (Oliv.) Stearn ●☆

231775 Linociera oreophila Gilg et G. Schellenb. = Chionanthus africanus (Welw. ex Knobl.) Stearn ●☆

231776 Linociera parvilimba Merr. et Chun = Olea parvilimba (Merr. et Chun) B. M. Miao ●

231777 Linociera peglerae (C. H. Wright) Gilg et G. Schellenb. = Chionanthus peglerae (C. H. Wright) Stearn ●☆

231778 Linociera ramiflora (Roxb.) Wall. ex G. Don = Chionanthus ramiflorus Roxb. ●

231779 Linociera ramiflora (Roxb.) Wall. ex G. Don f. caudatifolia L. C. Chia = Chionanthus hainanensis (Merr. et Chun) B. M. Miao ●

231780 Linociera ramiflora (Roxb.) Wall. ex G. Don f. pubisepala L. C. Chia = Chionanthus ramiflorus Roxb. ●

231781 Linociera ramiflora (Roxb.) Wall. ex G. Don var. grandiflora (B. M. Miao) B. M. Miao = Chionanthus ramiflorus Roxb. var. grandiflora B. M. Miao ●

231782 Linociera sudanica A. Chev. = Chionanthus niloticus (Oliv.) Stearn ●☆

231783 Linociera urophylla Gilg = Olea capensis L. ●☆

231784 Linociera welwitschii (Knobl.) Gilg et Schellenb. = Olea capensis L. subsp. welwitschii (Knobl.) Friis et P. S. Green ●☆

231785 Linociera yunnanensis Hung T. Chang = Olea paniculata R. Br. ●

231786 Linociria Neck. = Haloragis J. R. Forst. et G. Forst. ■●

231787 Linodendron Griseb. (1860);亚麻瑞香属●☆

231788 Linodendron angustifolium Alain;窄叶亚麻瑞香●☆

231789 Linodendron cubanum (A. Rich.) Tiegh.;古巴亚麻瑞香●☆

231790 Linodes Kuntze = Radiola Hill ■☆

231791 Linoma O. F. Cook = Dictyosperma H. Wendl. et Drude ●☆

231792 Linophyllum Ség. = Thesium L. ■

231793 Linopsis Rchb. = Linum L. ●■

231794 Linopsis aethiopica (Thunb.) Rchb. = Linum aethiopicum Thunb. ■☆

231795 Linopsis africana (L.) Rchb. = Linum africanum L. ■☆

231796 Linospadix Becc. = Paralinospadix Burret ●☆

231797 Linospadix Becc. ex Benth. et Hook. f. = Paralinospadix Burret ●☆

231798 Linospadix Becc. ex Hook. f. = Calyptrocalyx Blume ●

231799 Linospadix H. Wendl. (1875);手杖棕属(单穗棕属,手杖椰属,丝肉穗榈属,细秆椰子属,线序椰属);Walkingstick Palm ●☆

231800 Linospadix H. Wendl. et Drude = Linospadix H. Wendl. ●☆

231801 Linospadix apetiolata Dowe et A. K. Irvine;单穗棕●☆

231802 Linospadix monostachya H. Wendl. = Linospadlx monestachya (C. Mart.) H. Wendl. ●☆

231803 Linospadlx monestachya (C. Mart.) H. Wendl.;手杖棕(单穗棕);Walkingstick Palm ●☆

231804 Linosparton Adans. = Lygeum L. ■☆

231805 Linospartum Steud. = Linosparton Adans. ■☆

231806 Linostachys Klotzsch ex Schltdl. = Acalypha L. ●■

231807 Linostigma Klotzsch = Viviania Cav. ■☆

231808 Linostoma Endl. = Linostoma Wall. ex Endl. ●☆

231809 Linostoma Wall. = Linostoma Wall. ex Endl. ●☆

231810 Linostoma Wall. ex Endl. (1837);线口瑞香属(线口香属)●☆

231811 Linostoma longiflorum Hallier f.;长花线口瑞香●☆

231812 Linostoma scandens Kurz;攀缘线口瑞香●☆

231813 Linostrophum Schrank = Camelina Crantz ■

231814 Linostylis Fenzl ex Sond. = Dyschoriste Nees ■●

231815 Linostylis fasciculiflora Fenzl ex Sond. = Dyschoriste perrottetii (Nees) Kuntze ■☆

231816 Linostylis ovata Fenzl ex Sond. = Dyschoriste depressa (L.) Nees ■

231817 Linosyris (Cass.) Rchb. f. = Linosyris Cass. ■

231818 Linosyris Cass. (1825);麻菀属(灰毛麻菀属);Flaxaster, Linosyris ■

231819 Linosyris Cass. = Crinitaria Cass. ■●☆

231820 Linosyris Ludw. = Thesium L. ■

231821 Linosyris Torr. et A. Gray = Bigelovia Sm. ●☆

231822 Linosyris Torr. et A. Gray = Forestiera Poir.(保留属名)●☆

231823 Linosyris arborescens A. Gray = Ericameria arborescens (A. Gray) Greene ●☆

231824 Linosyris bigelovii A. Gray = Ericameria nauseosa (Pall. ex Pursh) G. L. Nesom et G. I. Baird var. bigelovii (A. Gray) G. L. Nesom et G. I. Baird ●☆

231825 Linosyris ceruminosus Durand et Hilg. = Ericameria nauseosa (Pall. ex Pursh) G. L. Nesom et G. I. Baird var. ceruminosa (Durand et Hilg.) G. L. Nesom et G. I. Baird ●☆

231826 Linosyris coronopifolia A. Gray = Isocoma coronopifolia (A. Gray) Greene ■☆

231827 Linosyris drummondii Torr. et A. Gray = Isocoma drummondii (Torr. et A. Gray) Greene ■☆

231828 Linosyris fominii Kem. -Nath.;福明氏麻菀■☆

231829 Linosyris hastata (Vahl) DC. = Vernonia spatulata (Forssk.) Sch. Bip. ■☆

231830 Linosyris howardii Parry ex A. Gray = Ericameria parryi (A. Gray) G. L. Nesom et G. I. Baird var. howardii (Parry ex A. Gray) G. L. Nesom et G. I. Baird ●☆

231831 Linosyris howardii Parry ex A. Gray var. nevadensis A. Gray = Ericameria parryi (A. Gray) G. L. Nesom et G. I. Baird var. nevadensis (A. Gray) G. L. Nesom et G. I. Baird ●☆

231832 Linosyris parryi A. Gray = Ericameria parryi (A. Gray) G. L. Nesom et G. I. Baird ●☆

231833 Linosyris pluriflora Torr. et A. Gray = Isocoma pluriflora (Torr. et A. Gray) Greene ■☆

231834 Linosyris pulchella A. Gray = Lorandersonia pulchella (A. Gray) Urbatsch, R. P. Roberts et Neubig ●☆

231835 Linosyris punctata Regel et Schmalh. = Galatella regelii Tzvelev ■

231836 Linosyris scoparia Kar. et Kir. = Galatella scoparia (Kar. et Kir.) Novopokr. ■

231837 Linosyris squamata A. Gray = Lepidospartum squamatum (A. Gray) A. Gray ■☆

231838 Linosyris tatarica (Less.) C. A. Mey.;新疆麻菀;Sinkiang Linosyris, Xinjiang Flaxaster, Xinjiang Linosyris ■

231839 Linosyris tatarica (Less.) C. A. Mey. = Aster tataricus L. f. ■

231840 Linosyris teretifolia Durand et Hilg. = Ericameria teretifolia (Durand et Hilg.) Jeps. ●☆

231841 Linosyris texana Torr. et A. Gray = Baccharis texana (Torr. et A. Gray) A. Gray ●■☆

231842 Linosyris villosa (L.) DC.;灰毛麻菀(毛麻菊);Villose Flaxaster, Villose Linosyris ■

231843 Linosyris viscidiflora Torr. et A. Gray var. puberula D. C. Eaton = Chrysothamnus viscidiflorus (Hook.) Nutt. subsp. puberulus (D. C. Eaton) H. M. Hall et Clem. ●☆

231844 Linosyris vulgaris Cass. ex Less.;麻菀;European Goldilocks, Goldilocks ■☆

231845 Linosyris vulgaris Less. = Aster linosyris (L.) Bernh. ■☆

231846 Linschotenia de Vriese = Dampiera R. Br. ●■☆
231847 Linschottia Comm. ex Juss. = Homalium Jacq. ●
231848 Linscotia Adans. = Limeum L. ■●☆
231849 Linsecomia Buckley = Helianthus L. ■
231850 Lintibularia Gilib. = Lentibularia Adans. ■
231851 Lintibularia Gilib. = Utricularia L. ■
231852 Lintonia Stapf(1911);林顿草属(林托草属)■☆
231853 Lintonia brizoides (Chiov.) C. E. Hubb.;林顿草■☆
231854 Lintonia nutans Stapf;垂林顿草(林托草)■☆
231855 Lintonia nutans Stapf var. melicoides (Chiov.) Chiov. = Lintonia nutans Stapf ■☆
231856 Linum L. (1753);亚麻属;Flax ●■
231857 Linum acuminatum E. Mey. = Linum africanum L. ■☆
231858 Linum acuticarpum C. M. Rogers;尖果亚麻■☆
231859 Linum adustum E. Mey. ex Planch.;煤黑亚麻■☆
231860 Linum aethiopicum Thunb.;埃塞俄比亚亚麻■☆
231861 Linum africanum L.;非洲亚麻;Wild Flax ■☆
231862 Linum album Kotschy ex Boiss.;白亚麻;White Flax ■☆
231863 Linum alpinum Jacq.;高山亚麻;Alpine Flax ■☆
231864 Linum altaicum Ledeb. ex Juz.;阿尔泰亚麻;Altai Flax ■
231865 Linum amurense Alef.;黑水亚麻;Amur Flax ■
231866 Linum anglicum Mill. = Linum perenne L. ■
231867 Linum angustifolium Huds. = Linum bienne Mill. ■☆
231868 Linum angustifolium Huds. var. submicranthum Hochr. = Linum bienne Mill. ■☆
231869 Linum arboreum L.;木本亚麻●☆
231870 Linum aristidis Batt. = Linum corymbiferum Desf. subsp. aristidis (Batt.) Batt. ■☆
231871 Linum asperifolium Boiss. et Reut. = Linum corymbiferum Desf. subsp. asperifolium (Boiss. et Reut.) Martínez ■☆
231872 Linum austriacum L.;奥地利亚麻;Austrian Flax ■☆
231873 Linum austriacum L. subsp. gomaricum Font Quer = Linum austriacum L. subsp. mauritanicum (Pomel) Greuter et Burdet ●☆
231874 Linum austriacum L. subsp. mauritanicum (Pomel) Greuter et Burdet;毛里塔尼亚亚麻●☆
231875 Linum austriacum L. var. mauritanicum (Pomel) Maire = Linum austriacum L. subsp. mauritanicum (Pomel) Greuter et Burdet ●☆
231876 Linum baicalense Juz. = Linum nutans Maxim. ■
231877 Linum bartlingii Eckl. et Zeyh. = Linum africanum L. ■☆
231878 Linum betsiliense Baker;贝齐里亚麻■☆
231879 Linum bicolor Schousb. = Linum setaceum Brot. ■☆
231880 Linum bienne Mill.;狭叶亚麻(窄叶亚麻);Narrowleaf Flax, Narrow-leaved Flax, Pale Flax ■☆
231881 Linum brevistylum C. M. Rogers;短柱亚麻■☆
231882 Linum campanulatum L.;钟花亚麻;Harebell Flax, Yellow Flax ■☆
231883 Linum capense Houtt.;好望角亚麻■☆
231884 Linum catharticum L.;泻亚麻;Bitter Flax, Cathartic Flax, Dwarf Flax, Fairy Flax, Fairy Lint, Fairy Woman's Flax, Flax, Ground Flax, Laveroek's Lint, Mountain Flax, Purging Flax ■☆
231885 Linum compactum A. Nelson = Linum rigidum Pursh ■☆
231886 Linum comptonii C. M. Rogers;康普顿亚麻■☆
231887 Linum corymbiferum Desf.;伞亚麻■☆
231888 Linum corymbiferum Desf. subsp. aristidis (Batt.) Batt.;三芒草亚麻■☆
231889 Linum corymbiferum Desf. subsp. asperifolium (Boiss. et Reut.) Martínez;粗糙亚麻■☆
231890 Linum corymbiferum Desf. var. aristidis (Batt.) Martínez = Linum corymbiferum Desf. subsp. aristidis (Batt.) Batt. ■☆
231891 Linum corymbiferum Desf. var. lambesanum (Boiss. et Reut.) Maire = Linum corymbiferum Desf. subsp. aristidis (Batt.) Batt. ■☆
231892 Linum corymbiferum Desf. var. maroccanum Maire = Linum numidicum Murb. ■☆
231893 Linum corymbiferum Desf. var. meyeri Chabert = Linum numidicum Murb. ■☆
231894 Linum corymbiferum Desf. var. velutinum Batt. = Linum corymbiferum Desf. ■☆
231895 Linum corymbulosum Rchb.;长萼亚麻;Longcalyx Flax ■
231896 Linum decumbens Desf.;外倾亚麻■☆
231897 Linum decumbens Desf. var. gomezii (Sennen et Mauricio) Maire = Linum decumbens Desf. ■☆
231898 Linum decumbens Desf. var. parviflorum Pamp. = Linum decumbens Desf. ■☆
231899 Linum emirnense Bojer;埃米亚麻■☆
231900 Linum emirnense Bojer var. marojejyense Humbert = Linum marojejyense (Humbert) C. M. Rogers ■☆
231901 Linum esterhuyseniae C. M. Rogers;埃斯特亚麻■☆
231902 Linum flavum L. 'Compactum';密生黄亚麻■☆
231903 Linum flexuosum Steud.;丛生亚麻■☆
231904 Linum gallicum L. = Linum trigynum L. ■☆
231905 Linum gallicum L. var. sieberi Planch. = Linum volkensii Engl. ■☆
231906 Linum gracile Planch.;纤细亚麻■☆
231907 Linum grandiflorum Desf.;红花亚麻(大花亚麻);Flowering Flax, Largeflower Flax, Red Flax, Scarlet Flax ■☆
231908 Linum grandiflorum Desf. 'Rubrum';深红大花亚麻(大花亚麻)■☆
231909 Linum heterosepalum Regel;异萼亚麻;Differsepal Flax ■
231910 Linum heterostylum C. M. Rogers;异柱亚麻■☆
231911 Linum hirsutum L.;纤毛亚麻(毛亚麻);Hairy Flax ■☆
231912 Linum holstii Wilczek = Linum volkensii Engl. ■☆
231913 Linum humile Mill. = Linum usitatissimum L. ■
231914 Linum juniperifolium Eckl. et Zeyh. = Linum africanum L. ■☆
231915 Linum keniense T. C. E. Fr.;肯尼亚亚麻■☆
231916 Linum lambesanum Boiss. et Reut. = Linum corymbiferum Desf. ■☆
231917 Linum lewisii Pursh;刘易斯亚麻;Blue Flax, Lewis Flax, Prairie Flax, Rocky Mountain Flax, Western Blue Flax ■☆
231918 Linum macraei Benth.;麦雷亚麻■☆
231919 Linum marginale A. Cunn.;澳洲亚麻■☆
231920 Linum maritimum L.;海滨亚麻;Seacoast Flax ■☆
231921 Linum marojejyense (Humbert) C. M. Rogers;马罗亚麻■☆
231922 Linum mauritanicum Pomel = Linum austriacum L. subsp. mauritanicum (Pomel) Greuter et Burdet ●☆
231923 Linum medium (Planch.) Britton;普通亚麻;Common Yellow Flax, Stiff Yellow Flax, Sucker Flax ■☆
231924 Linum medium (Planch.) Britton var. texanum (Planch.) Fernald;得州亚麻;Common Yellow Flax, Small Yellow Flax, Stiff Yellow Flax ■☆
231925 Linum monogynum G. Forst.;新西兰亚麻;New Zealand Flax ■☆
231926 Linum moroderorum Pau = Linum usitatissimum L. ■
231927 Linum multiflorum Lam. = Radiola linoides Roth ■☆
231928 Linum munbyanum Boiss. et Reut. = Linum tenue Desf. subsp.

munbyanum (Boiss. et Reut.) Batt. ■☆
231929 Linum munbyanum Boiss. et Reut. var. curtifolium Pau et Font Quer = Linum tenue Desf. subsp. munbyanum (Boiss. et Reut.) Batt. ■☆
231930 Linum munbyanum Boiss. et Reut. var. faurei Maire = Linum tenue Desf. subsp. munbyanum (Boiss. et Reut.) Batt. ■☆
231931 Linum munbyanum Boiss. et Reut. var. meridionale Hochr. = Linum tenue Desf. subsp. munbyanum (Boiss. et Reut.) Batt. ■☆
231932 Linum munbyanum Boiss. et Reut. var. tenuifolium Pau et Font Quer = Linum tenue Desf. subsp. munbyanum (Boiss. et Reut.) Batt. ■☆
231933 Linum narbonense L.;纳博亚麻(那波奈亚麻);Blue Flax, Narbone Flax ■☆
231934 Linum narbonense L. var. afrum Pau et Font Quer = Linum narbonense L. ■☆
231935 Linum neomexicanum Greene;新墨西哥亚麻;Yellow Pine Flax ■☆
231936 Linum nervosum Waldst. et Kit.;脉亚麻;Nerved Flax ■☆
231937 Linum nodiflorum L.;节花亚麻;Nodeflower Flax ■☆
231938 Linum numidicum Murb.;努米底亚亚麻■☆
231939 Linum numidicum Murb. var. fontqueri Maire = Linum numidicum Murb. ■☆
231940 Linum nutans Maxim.;垂果亚麻(贝加尔亚麻);Nutantfruit Flax ■
231941 Linum pallescens Bunge;苍白亚麻(短柱亚麻);Shortstyle Flax ■
231942 Linum perenne L.;宿根亚麻(豆麻,多年生亚麻,多年亚麻,山西胡麻,山脂麻,西伯利亚亚麻,鸦麻,亚麻,野亚麻);Blue Flax, Perennial Flax, Siberia Flax, Western Blue Flax, Wild Blue Flax ■
231943 Linum perenne L. = Linum amurense Alef. ■
231944 Linum perenne L. = Linum nutans Maxim. ■
231945 Linum perenne L. var. stocksianum (Boiss.) Boiss. = Linum perenne L. ■
231946 Linum pratenst (Norton) Small;普拉塔亚麻■☆
231947 Linum puberulum A. Heller;黄亚麻;Yellow Flax ■☆
231948 Linum pubescens Banks et Sol.;粉亚麻;Pink Flax ■☆
231949 Linum pungens Planch.;刺亚麻■☆
231950 Linum quadrifolium L.;四叶亚麻■☆
231951 Linum radiola L. = Radiola linoides Roth ■☆
231952 Linum rigidum Pursh;硬茎亚麻;Stiffstem Flax, Stiff-stem Yellow Flax ■☆
231953 Linum salsoloides Lam.;猪毛菜状亚麻■☆
231954 Linum setaceum Brot.;刚毛亚麻■☆
231955 Linum setaceum Brot. var. bicolor (Schousb.) Maire = Linum setaceum Brot. ■☆
231956 Linum sibiricum Bunge = Linum altaicum Ledeb. ex Juz. ■
231957 Linum sibiricum DC. = Linum perenne L. ■
231958 Linum squamulosum Rudolph ex Willd.;鳞亚麻■☆
231959 Linum squarrosum Munby = Linum suffruticosum L. ●☆
231960 Linum squarrosum Munby var. ericoides Pau = Linum suffruticosum L. ●☆
231961 Linum stelleroides Planch.;野亚麻(丁竹草,疔毒草,繁缕亚麻,山胡麻,亚麻,野胡麻);Wild Flax ■
231962 Linum stocksianum Boiss. = Linum perenne L. ■
231963 Linum striatum Walter;条纹亚麻;Wild Flax ■☆
231964 Linum striatum Walter var. texanum (Planch.) B. Boivin = Linum medium (Planch.) Britton var. texanum (Planch.) Fernald ■☆
231965 Linum strictum L. = Linum striatum Walter ■☆
231966 Linum strictum L. subsp. corymbulosum (Reichenb.) Rouy = Linum corymbulosum Rchb. ■
231967 Linum strictum L. subsp. spicatum (Pers.) Nyman = Linum strictum L. var. spicatum Pers. ■☆
231968 Linum strictum L. var. alternum Pers. = Linum strictum L. ■☆
231969 Linum strictum L. var. capitatum Guss. = Linum strictum L. ■☆
231970 Linum strictum L. var. corymbulosum Planch. = Linum corymbulosum Rchb. ■
231971 Linum strictum L. var. cymosum Guss. = Linum strictum L. ■☆
231972 Linum strictum L. var. laxiflorum Guss. = Linum strictum L. ■☆
231973 Linum strictum L. var. macranthum Batt. = Linum strictum L. ■☆
231974 Linum strictum L. var. paniculatum Rouy et Foucaud = Linum strictum L. ■☆
231975 Linum strictum L. var. spicatum Pers.;长穗条纹亚麻■☆
231976 Linum suffruticosum L.;灌木亚麻●☆
231977 Linum suffruticosum L. var. angustifolium Lange = Linum suffruticosum L. ●☆
231978 Linum suffruticosum L. var. latifolium Lange = Linum suffruticosum L. ●☆
231979 Linum suffruticosum L. var. lycopodioides Batt. = Linum suffruticosum L. ●☆
231980 Linum suffruticosum L. var. maroccanum Pau et Font Quer = Linum suffruticosum L. ●☆
231981 Linum suffruticosum L. var. matris-filiae Emb. et Maire = Linum suffruticosum L. ●☆
231982 Linum suffruticosum L. var. squarrosum (Munby) Batt. = Linum suffruticosum L. ●☆
231983 Linum suffruticosum L. var. virgatum Batt. = Linum suffruticosum L. ●☆
231984 Linum sulcatum Riddell;凹亚麻;Grooved Flax, Grooved Yellow Flax ■☆
231985 Linum tauricum Willd.;克里木亚麻■☆
231986 Linum tenue Desf.;细亚麻■☆
231987 Linum tenue Desf. subsp. munbyanum (Boiss. et Reut.) Batt.;芒比细亚麻■☆
231988 Linum tenue Desf. var. curtifolium Pau et Font Quer = Linum tenue Desf. ■☆
231989 Linum tenue Desf. var. faurei Maire = Linum tenue Desf. ■☆
231990 Linum tenue Desf. var. meridionale Hochr. = Linum tenue Desf. ■☆
231991 Linum tenue Desf. var. tenuifolium Font Quer = Linum tenue Desf. ■☆
231992 Linum tenuifolium L.;细叶亚麻;Slender-leaved Flax, Slimleaf Flax, Slim-leaved Flax, Thin-leaved Flax ■☆
231993 Linum tenuifolium L. = Linum suffruticosum L. ●☆
231994 Linum thesioides Bartl.;百蕊草亚麻■☆
231995 Linum thunbergii Eckl. et Zeyh.;通贝里亚麻■☆
231996 Linum trigynum L.;法国亚麻;French Flax ■☆
231997 Linum trigynum L. var. sieberi (Planch.) Cufod. = Linum volkensii Engl. ■☆
231998 Linum trigynum Roxb. = Reinwardtia indica Dum. Cours. ●
231999 Linum trigynum Roxb. = Reinwardtia trigyna (Roxb.) Planch. ■☆
232000 Linum ucrainicum Czern. ex Gruner;乌克兰亚麻■☆
232001 Linum usitatissimum L.;亚麻(壁虱胡麻,大胡麻,大麻,胡麻,胡麻饭,胡脂麻,山西胡麻,山脂麻,鸦麻);Blaebow, Common

Flax, Cultivated Flax, Fiber Flax, Flax, Lin, Line, Linn, Lint Bells, Lint Bennels, Lint, Lint-bow, Low Flax, Lyne, Vlix ■

232002 Linum usitatissimum L. brevimulticaulis ?; 密短茎亚麻; Linseed, Oil Flax ■☆

232003 Linum usitatissimum L. crepitans ?; 响亚麻(普通亚麻); Dehiscent Common Flax ■☆

232004 Linum usitatissimum L. subsp. angustifolium (Huds.) Thell. = Linum bienne Mill. ■☆

232005 Linum usitatissimum L. var. cribrosum Rchb. = Linum bienne Mill. ■☆

232006 Linum usitatissimum L. var. humile (Mill.) Pers. = Linum usitatissimum L. ■

232007 Linum usitatissimum L. var. imperforatum Strobl = Linum usitatissimum L. ■

232008 Linum usitatissimum L. var. siculum (C. Presl) Rouy = Linum bienne Mill. ■☆

232009 Linum usitatissimum L. var. submicranthum Hochr. = Linum usitatissimum L. ■

232010 Linum vernale Wooton; 春亚麻; Chihuahua Flax ■☆

232011 Linum villosum C. M. Rogers; 长毛亚麻■☆

232012 Linum violascens Bunge; 紫花亚麻■☆

232013 Linum virgatum Schousb. = Linum tenue Desf. ■☆

232014 Linum virginianum L.; 野生黄亚麻; Wild Flax, Wild Yellow Flax ■☆

232015 Linum virginianum L. var. texanum Planch. = Linum medium (Planch.) Britton var. texanum (Planch.) Fernald ■☆

232016 Linum volkensii Engl.; 福尔亚麻■☆

232017 Linzia Sch. Bip. = Vernonia Schreb. (保留属名) ●■

232018 Linzia Sch. Bip. ex Walp. (1843); 显肋糙毛菊属■☆

232019 Linzia glabra Steetz = Vernonia glabra (Steetz) Vatke ■☆

232020 Linzia glabra Steetz var. confertissima ? = Vernonia glabra (Steetz) Vatke ■☆

232021 Linzia glabra Steetz var. laxa ? = Vernonia glabra (Steetz) Vatke var. laxa (Steetz) Brenan ■☆

232022 Linzia ituriensis (Muschl.) H. Rob. = Vernonia ituriensis Muschl. ■☆

232023 Linzia melleri (Oliv. et Hiern) H. Rob. = Vernonia melleri Oliv. et Hiern ●☆

232024 Linzia vernonioides Sch. Bip. ex Walp. = Vernonia congolensis De Wild. et Muschl. subsp. vernonioides (Sch. Bip. ex Walp.) C. Jeffrey ■☆

232025 Liodendron H. Keng = Drypetes Vahl ●

232026 Liodendron formosana (Kaneh. et Sasaki ex Shimada) H. Keng = Drypetes formosana (Kaneh. et Sasaki ex Shimada) Kaneh. ●

232027 Liodendron integerrimum (Koidz.) H. Keng = Drypetes integerrima (Koidz.) Hosok. ●☆

232028 Liodendron matsumurae (Koidz.) H. Keng = Drypetes matsumurae (Koidz.) Kaneh. ●

232029 Liodendron matsumurae (Koidz.) H. Keng = Putranjiva matsumurae Koidz. ●

232030 Lioydia Neck. = Printzia Cass. (保留属名) ■●☆

232031 Lioydia Neck. ex Rchb. = Printzia Cass. (保留属名) ■●☆

232032 Lipandra Moq. = Chenopodium L. ■●

232033 Lipara Lour. ex Gomes = Canarium L. ●

232034 Liparena Poit. ex Leman = Drypetes Vahl ●

232035 Liparene Baill. = Drypetes Vahl ●

232036 Liparene Baill. = Liparena Poit. ex Leman ●

232037 Liparene Poit. ex Baill. = Drypetes Vahl ●

232038 Liparene Poit. ex Baill. = Liparena Poit. ex Leman ●

232039 Liparia L. (1771); 利帕豆属(脂豆属) ■●☆

232040 Liparia angustifolia (Eckl. et Zeyh.) A. L. Schutte; 窄叶利帕豆■☆

232041 Liparia boucheri (E. G. H. Oliv. et Fellingham) A. L. Schutte; 布谢利帕豆■☆

232042 Liparia burchellii Benth. = Liparia splendens (Burm. f.) Bos et de Wit subsp. comantha (Eckl. et Zeyh.) Bos et de Wit ■☆

232043 Liparia calycina (L. Bolus) A. L. Schutte; 萼状利帕豆■☆

232044 Liparia capitata Thunb.; 头状利帕豆■☆

232045 Liparia comantha Eckl. et Zeyh. = Liparia splendens (Burm. f.) Bos et de Wit subsp. comantha (Eckl. et Zeyh.) Bos et de Wit ■☆

232046 Liparia confusa A. L. Schutte; 混乱利帕豆■☆

232047 Liparia congesta A. L. Schutte; 密集利帕豆■☆

232048 Liparia crassinervia Meisn. = Liparia parva Vogel ex Walp. ■☆

232049 Liparia genistoides (Lam.) A. L. Schutte; 金雀利帕豆■☆

232050 Liparia graminifolia L.; 禾叶利帕豆■☆

232051 Liparia hirsuta Thunb.; 粗毛利帕豆■☆

232052 Liparia laevigata (L.) Thunb.; 光滑利帕豆■☆

232053 Liparia latifolia (Benth.) A. L. Schutte; 宽叶利帕豆■☆

232054 Liparia myrtifolia Thunb.; 香桃木叶利帕豆■☆

232055 Liparia opposita L. = Rafnia capensis (L.) Schinz ■☆

232056 Liparia parva Vogel ex Walp.; 较小利帕豆■☆

232057 Liparia parva Vogel ex Walp. var. angustifolia Benth. ex Hook. = Liparia splendens (Burm. f.) Bos et de Wit subsp. comantha (Eckl. et Zeyh.) Bos et de Wit ■☆

232058 Liparia racemosa A. L. Schutte; 总花利帕豆■☆

232059 Liparia rafnioides A. L. Schutte; 拉菲利帕豆■☆

232060 Liparia sphaerica L. = Liparia splendens (Burm. f.) Bos et de Wit ■☆

232061 Liparia splendens (Burm. f.) Bos et de Wit; 光亮利帕豆■☆

232062 Liparia splendens (Burm. f.) Bos et de Wit subsp. comantha (Eckl. et Zeyh.) Bos et de Wit; 合花利帕豆■☆

232063 Liparia striata A. L. Schutte; 条纹利帕豆■☆

232064 Liparia tecta Thunb. = Xiphotheca tecta (Thunb.) A. L. Schutte et B. -E. van Wyk ■☆

232065 Liparia teres Thunb. = Liparia genistoides (Lam.) A. L. Schutte ■☆

232066 Liparia tomentosa Thunb. = Amphithalea tomentosa (Thunb.) Granby ■☆

232067 Liparia umbellata L. = Liparia laevigata (L.) Thunb. ■☆

232068 Liparia umbellifera Thunb.; 伞花利帕豆■☆

232069 Liparia vestita Thunb.; 包被利帕豆■☆

232070 Liparia villosa Thunb. = Liparia laevigata (L.) Thunb. ■☆

232071 Liparidaceae Vines = Orchidaceae Juss. (保留科名) ■

232072 Liparis Rich. (1817) (保留属名); 羊耳蒜属(羊耳兰属); Fen Orchid, Liparis, Twayblade, Tway-blade ■

232073 Liparis abyssinica A. Rich.; 阿比西尼亚羊耳蒜■☆

232074 Liparis acuminata Hook. f.; 渐尖叶羊耳蒜; Acuminate Twayblade ■

232075 Liparis amabilis Fukuy.; 白花羊耳蒜; White Liparis, White Twayblade ■

232076 Liparis amplifolia Schltr. = Liparis regnieri Finet ■

232077 Liparis andringitrana Schltr.; 安德林吉特拉山羊耳蒜■☆

232078 Liparis angkae Kerr = Liparis petiolata (D. Don) P. F. Hunt et

Summerh. ■

232079 Liparis angustifolia (Blume) Lindl. = Liparis cespitosa (Thouars) Lindl. ■

232080 Liparis anthericoides H. Perrier;花篱羊耳蒜■☆

232081 Liparis argentopunctata Aver. = Liparis cordifolia Hook. f. ■

232082 Liparis ascendens P. J. Cribb;上升羊耳蒜■☆

232083 Liparis assamica King et Pantl.;扁茎羊耳蒜;Assam Twayblade,Flatstem Liparis ■

232084 Liparis atacorensis A. Chev. = Liparis nervosa (Thunb.) Lindl. ■

232085 Liparis atropurpurea Lindl.;暗紫羊耳蒜;Dark-purple Liparis, Darkpurple Twayblade ■

232086 Liparis auriculata Blume ex Miq.;玉簪羊耳蒜(双叶羊耳蒜);Auriculate Liparis,Auriculate Twayblade ■

232087 Liparis auriculata Rchb. f. = Liparis caespitosa (Thouars) Lindl. ■

232088 Liparis aurita Ridl. = Liparis delicatula Hook. f. ■

232089 Liparis averyanoviana Szlach.;狭翅羊耳蒜;Narrowwing Twayblade ■

232090 Liparis averyanoviana Szlach. = Liparis bootanensis Griff. var. angustissima S. C. Chen et K. Y. Lang ■

232091 Liparis balansae Gagnep.;圆唇羊耳蒜;Roundlip Liparis, Roundlip Twayblade ■

232092 Liparis bambusifolia Makino = Liparis nervosa (Thunb. ex A. Murray) Lindl. ■

232093 Liparis bambusifolia Makino = Liparis nervosa (Thunb.) Lindl. ■

232094 Liparis barbata Lindl.;须唇羊耳蒜;Beardedlip Twayblade, Beardlip Liparis,Wrayi Twayblade ■

232095 Liparis bathiei Schltr.;巴西羊耳蒜■☆

232096 Liparis bautingensis Ts. Tang et F. T. Wang;保亭羊耳蒜;Baoting Liparis,Baoting Twayblade ■

232097 Liparis bicallosa (D. Don) Schltr. = Eulophia bicallosa (D. Don) P. F. Hunt et Summerh. ■

232098 Liparis bicallosa (D. Don) Schltr. = Liparis nervosa (Thunb.) Lindl. ■

232099 Liparis bicallosa (D. Don) Schltr. var. hachijoensis (Nakai) Kitam. = Liparis formosana Rchb. f. var. hachijoensis (Nakai) Ohwi ■☆

232100 Liparis bicornis Ridl.;双角羊耳蒜■☆

232101 Liparis bistriata Parl. et Rchb. f.;折唇羊耳蒜;Flexlip Liparis, Flexlip Twayblade ■

232102 Liparis bituberculata (Hook.) Lindl. var. formosana (Rchb. f.) Ridl. = Liparis formosana Rchb. f. ■

232103 Liparis bituberculata (Hook.) Lindl. var. khasiana Hook. f. = Liparis nervosa (Thunb. ex A. Murray) Lindl. ■

232104 Liparis bituberculata Rchb. f. = Liparis nervosa (Thunb. ex A. Murray) Lindl. ■

232105 Liparis bituberculata Rchb. f. var. formosana (Rchb. f.) Ridl. = Liparis formosana Rchb. f. ■

232106 Liparis bootanensis Griff.;镰翅羊耳蒜(穿线草,疳肿药,鬼子头,果上叶,九莲灯,烂疮草,老鼠抱羊,镰翅羊耳兰,石海椒,石葫芦,石苦莲,石莲草,石虾,石仙桃,石杨梅,退弹草,一叶羊耳蒜);Bhutan Liparis,Bhutan Twayblade ■

232107 Liparis bootanensis Griff. var. angustissima S. C. Chen et K. Y. Lang = Liparis averyanoviana Szlach. ■

232108 Liparis bootanensis Griff. var. uchiyamae (Schltr.) S. S. Ying = Liparis bootanensis Griff. ■

232109 Liparis bowkeri Harv.;鲍克羊耳蒜■☆

232110 Liparis brunnea Ormerod;褐花羊耳蒜■

232111 Liparis bulbophylloides H. Perrier;球叶羊耳蒜■☆

232112 Liparis caespitosa (Thouars) Lindl. = Liparis cespitosa (Thouars) Lindl. ■

232113 Liparis caillei Finet;卡耶羊耳蒜■☆

232114 Liparis campylostalix Rchb. f.;齿唇羊耳蒜(弯柱羊耳蒜);Toothlip Liparis,Toothlip Twayblade ■

232115 Liparis capensis Lindl.;好望角羊耳蒜■☆

232116 Liparis cathcartii Hook. f.;二褶羊耳蒜;Cathcart Twayblade, Twoply Liparis ■

232117 Liparis cespitosa (Thouars) Lindl.;丛生羊耳蒜(石蒜头,小花羊耳蒜);Cluster Liparis,Clustered Twayblade ■

232118 Liparis chapaensis Gagnep.;平卧羊耳蒜(圆翅羊耳蒜);Chapa Liparis,Roundwing Twayblade ■

232119 Liparis chimanimaniensis G. Will.;奇马尼马尼羊耳蒜■☆

232120 Liparis chloroxantha Hance = Liparis stricklandiana Rchb. f. ■

232121 Liparis comosa Ridl. = Liparis caespitosa (Thouars) Lindl. ■

232122 Liparis condylobulbon Rchb. f.;细茎羊耳蒜(长脚羊耳蒜);Thinstem Liparis,Thinstem Twayblade ■

232123 Liparis confusa J. J. Sm. = Liparis condylobulbon Rchb. f. ■

232124 Liparis connata Ridl. = Liparis ochracea Ridl. ■☆

232125 Liparis cordifolia Hook. f.;心叶羊耳蒜(溪头羊耳蒜,银铃虫兰);Cordateleaf Twayblade,Heartleaf Liparis ■

232126 Liparis correana (Barton) Spreng. = Liparis loeselii (L.) Rich. ■☆

232127 Liparis correana (W. P. C. Barton) Spreng. = Liparis loeselii (L.) Rich. ■☆

232128 Liparis craibiana Kerr = Liparis regnieri Finet ■

232129 Liparis cucullata S. S. Chien = Liparis pauliana Hand. -Mazz. ■

232130 Liparis dalatensis Guillaumin = Liparis regnieri Finet ■

232131 Liparis danguyana H. Perrier;当吉羊耳蒜■☆

232132 Liparis deistelii Schltr.;戴斯泰尔羊耳蒜■☆

232133 Liparis delicatula Hook. f.;小巧羊耳蒜;Delicate Twayblade, Skilful Liparis ■

232134 Liparis densa Schltr.;密集羊耳蒜■☆

232135 Liparis derchiensis S. S. Ying = Liparis elongata Fukuy. ■

232136 Liparis derchiensis S. S. Ying = Liparis japonica (Miq.) Maxim. ■

232137 Liparis diodon Rchb. f. = Liparis rostrata Rchb. f. ■

232138 Liparis diphyllos Nimmo = Habenaria diphylla Dalzell ■

232139 Liparis distans C. B. Clarke;大花羊耳蒜(凹唇羊耳蒜,草斛,长叶羊耳蒜,虎头石,能高羊耳蒜,石泥鳅,台湾羊耳蒜,虾仔兰);Bigflower Liparis,Largeflower Twayblade ■

232140 Liparis distans C. B. Clarke = Liparis nakaharai Hayata ■

232141 Liparis dolabella Hook. f. = Liparis stricklandiana Rchb. f. ■

232142 Liparis dolichopoda Hayata;长脚羊耳蒜■

232143 Liparis dolichopoda Hayata = Liparis condylobulbon Rchb. f. ■

232144 Liparis dryadum Schltr.;森林羊耳蒜■☆

232145 Liparis dunnii Rolfe;福建羊耳蒜(大唇羊耳蒜,风帽羊耳蒜,毛慈姑,岩芋);Dunn Liparis,Dunn Twayblade ■

232146 Liparis elata Lindl.;高羊耳蒜;Tall Twayblade,Widelip Orchid ■☆

232147 Liparis elata Lindl. = Liparis nervosa (Thunb. ex A. Murray) Lindl. ■

232148 Liparis elata Lindl. var. latifolia Ridl. = Liparis nervosa (Thunb. ex A. Murray) Lindl. ■

232149 Liparis elata Lindl. var. rufina Ridl. = Liparis nervosa (Thunb. ex A. Murray) Lindl. ■

232150 Liparis elegans Lindl.;雅致羊耳蒜;Elegant Twayblade ■☆

232151 Liparis elliptica Wight;扁球羊耳蒜;Flatball Liparis,Flatball Twayblade ■
232152 Liparis elliptica Wight = Liparis viridiflora (Blume) Lindl. ■
232153 Liparis elongata Fukuy.;宝岛羊耳蒜(长穗羊耳蒜)■
232154 Liparis elongata Fukuy. = Liparis japonica (Miq.) Maxim. ■
232155 Liparis esquirolii Schltr.;贵州羊耳蒜;Guizhou Liparis, Guizhou Twayblade ■
232156 Liparis fargesii Finet;小羊耳蒜(还阳,石米,小石枣子);Farges Twayblade,Small Liparis ■
232157 Liparis ferruginea Lindl.;锈色羊耳蒜;Rust Liparis,Rustyleaf Twayblade ■
232158 Liparis fimbriata Kerr = Liparis barbata Lindl. ■
232159 Liparis fimbriata Kerr = Liparis wrayi Hook. f. ■
232160 Liparis fissilabris Ts. Tang et F. T. Wang;裂唇羊耳蒜;Splitlip Liparis,Splittinglip Twayblade ■
232161 Liparis fissipetala Finet = Ypsilorchis fissipetala (Finet) Z. J. Liu,S. C. Chen et L. J. Chen ■
232162 Liparis flavescens Lindl.;浅黄羊耳蒜■☆
232163 Liparis foliosa Lindl.;多叶羊耳蒜;Manyleaves Twayblade ■☆
232164 Liparis formosana Rchb. f.;低地羊耳蒜(宝岛羊耳蒜);Taiwan Twayblade ■
232165 Liparis formosana Rchb. f. = Liparis nervosa (Thunb. ex A. Murray) Lindl. ■
232166 Liparis formosana Rchb. f. f. aureo-variegata K. Nakaj.;黄斑宝岛羊耳蒜■
232167 Liparis formosana Rchb. f. f. aureo-variegata K. Nakaj. = Liparis nervosa (Thunb. ex A. Murray) Lindl. ■
232168 Liparis formosana Rchb. f. var. hachijoensis (Nakai) Ohwi;八丈岛羊耳蒜■☆
232169 Liparis fujisanensis F. Maek. ex Konta et S. Matsumoto;富士山羊耳蒜■☆
232170 Liparis gerrardii Rchb. f. = Liparis bowkeri Harv. ■☆
232171 Liparis gibbosa Finet;大苞羊耳蒜;Largebract Liparis, Largebract Twayblade ■
232172 Liparis gigantea C. L. Tso = Liparis nigra Seidenf. ■
232173 Liparis giraldiana Kraenzl. = Liparis campylostalix Rchb. f. ■
232174 Liparis giraldiana Kraenzl. ex Diels = Liparis japonica (Miq.) Maxim. ■
232175 Liparis glossula Rchb. f.;方唇羊耳蒜;Squarelip Liparis, Squarelip Twayblade ■
232176 Liparis goodyeroides Schltr.;斑叶兰羊耳蒜■☆
232177 Liparis gracilenta Dandy;细黏羊耳蒜■☆
232178 Liparis gracilipes Schltr.;细梗羊耳蒜■☆
232179 Liparis gracilis Rolfe = Liparis gracilenta Dandy ■☆
232180 Liparis grossa Rchb. f.;恒春羊耳蒜;Hengchun Liparis, Hengchun Twayblade ■
232181 Liparis guineensis Lindl. = Liparis nervosa (Thunb.) Lindl. ■
232182 Liparis hachijoensis Nakai = Liparis formosana Rchb. f. var. hachijoensis (Nakai) Ohwi ■☆
232183 Liparis hainanensis Ts. Tang et F. T. Wang;海南羊耳蒜;Hainan Liparis,Hainan Twayblade ■
232184 Liparis hainanensis Ts. Tang et F. T. Wang = Liparis balansae Gagnep. ■
232185 Liparis hallei Szlach.;哈勒羊耳蒜■☆
232186 Liparis hemipilioides Schltr.;舌喙兰羊耳蒜■☆
232187 Liparis henrici Schltr.;昂里克羊耳蒜■☆
232188 Liparis henryi Rolfe;具棱羊耳蒜(齿唇羊耳蒜);Henry Twayblade ■
232189 Liparis henryi Rolfe = Liparis nigra Seidenf. ■
232190 Liparis hensoaensis Kudo;日月潭羊耳蒜;Riyuetan Liparis, Riyuetan Twayblade ■
232191 Liparis hildebrandtiana Schltr. = Liparis ochracea Ridl. ■☆
232192 Liparis hookeri Ridl. = Liparis elliptica Wight ■
232193 Liparis hostifolia (Koidz.) Koidz. ex Nakai;玉簪叶羊耳蒜■☆
232194 Liparis hostifolia Koidz. = Liparis hostifolia (Koidz.) Koidz. ex Nakai ■☆
232195 Liparis imerinense Schltr.;伊梅里纳羊耳蒜■☆
232196 Liparis inaperta Finet;长苞羊耳蒜;Longbract Liparis, Longbract Twayblade ■
232197 Liparis japonica (Miq.) Maxim.;羊耳蒜(长梗羊耳蒜,长穗羊耳蒜,地仙桃,独脚莲,鸡心七,亮水珠,石火枣,算盘七,雪散草,珍珠七);Japan Liparis,Japanese Twayblade ■
232198 Liparis jumelleana Schltr.;朱迈尔羊耳蒜■☆
232199 Liparis kamerunensis Schltr.;喀麦隆羊耳蒜■☆
232200 Liparis kawakamii Hayata;凹唇羊耳蒜;Concavelip Liparis, Concavelip Twayblade ■
232201 Liparis kawakamii Hayata = Liparis nakaharai Hayata ■
232202 Liparis keitaoensis Hayata;溪头羊耳蒜■
232203 Liparis keitaoensis Hayata = Liparis cordifolia Hook. f. ■
232204 Liparis khasiana (Hook. f.) Ts. Tang et F. T. Wang = Liparis nervosa (Thunb. ex A. Murray) Lindl. ■
232205 Liparis koreana (Nakai) Nakai ex W. T. Lee;朝鲜羊耳蒜■☆
232206 Liparis krameri Franch. et Sav.;尾唇羊耳蒜(毛唇羊耳蒜);Hairlip Liparis,Hairlip Twayblade ■
232207 Liparis krameri Franch. et Sav. f. albomarginata J. Ohara;白边尾唇羊耳蒜■☆
232208 Liparis krameri Franch. et Sav. f. viridis Makino;绿尾唇羊耳蒜■☆
232209 Liparis krameri Franch. et Sav. var. sasakii (Hayata) T. Hashim.;佐佐木羊耳蒜■
232210 Liparis krameri Franch. et Sav. var. sasakii (Hayata) T. Hashim. = Liparis sasakii Hayata ■
232211 Liparis krameri Franch. et Sav. var. shichitoana Ohwi;席希特羊耳蒜■☆
232212 Liparis krameri Franch. et Sav. var. viridis Makino = Liparis krameri Franch. et Sav. ■
232213 Liparis krempfii Gagnep. = Dienia ophrydis (J. König) Ormerod et Seidenf. ■
232214 Liparis krempfii Gagnep. = Malaxis latifolia Sm. ■
232215 Liparis kumokiri F. Maek.;雪散草(淡绿羊耳蒜);Twayblade ■
232216 Liparis kumokiri F. Maek. = Liparis campylostalix Rchb. f. ■
232217 Liparis kwangtungensis Schltr.;广东羊耳蒜;Guangdong Liparis,Guangdong Twayblade,Kwangtung Twayblade ■
232218 Liparis lancifolia Hook. f. = Liparis bootanensis Griff. ■
232219 Liparis latialata Mansf.;宽翅羊耳蒜■☆
232220 Liparis latifolia (Blume) Lindl.;宽叶羊耳蒜(大叶羊耳蒜);Broadleaf Liparis,Broadleaf Twayblade ■
232221 Liparis latilabris Rolfe;阔唇羊耳蒜;Broadlip Liparis,Broadlip Twayblade ■
232222 Liparis laurisilvatica Fukuy.;月桂羊耳蒜■
232223 Liparis laurisilvatica Fukuy. = Liparis cespitosa (Thouars) Lindl. ■
232224 Liparis letouzeyana Szlach. et Olszewski;勒图羊耳蒜■☆
232225 Liparis liliifolia (L.) Rich. ex Lindl.;百合叶羊耳蒜(羊耳

蒜); Brown Wide-lip Orchid, Large Twayblade, Lily Twayblade, Lilyleaf Twayblade, Lily-leaved Twayblade, Mauve Sleekwort, Purple Twayblade ■☆

232226 Liparis liliifolia (L.) Rich. ex Lindl. f. viridiflora Wadmond = Liparis liliifolia (L.) Rich. ex Lindl. ■☆

232227 Liparis listeroides Schltr.;对叶兰羊耳蒜■☆

232228 Liparis lngipes Lindl. = Liparis viridiflora (Blume) Lindl. ■

232229 Liparis loeselii (L.) Rich.;洛氏羊耳蒜(廖氏羊耳蒜); Bog Twayblade, Fen Orchid, Green Twayblade, Loesel Liparis, Loesel Twayblade, Loesel's Liparis, Loesel's Twayblade ■☆

232230 Liparis longipes Lindl. = Liparis condylobulbon Rchb. f. ■

232231 Liparis longipes Lindl. = Liparis viridiflora (Blume) Lindl. ■

232232 Liparis longipetala Ridl.;长瓣羊耳蒜■☆

232233 Liparis longiscapa (Rolfe ex Downie) Gagnep. = Liparis odorata (Willd.) Lindl. ■

232234 Liparis longiscapa (Rolfe ex Downie) Gagnep. et Guillaumin = Liparis odorata (Willd.) Lindl. ■

232235 Liparis lutea Ridl.;黄羊耳蒜■☆

232236 Liparis luteola Lindl.;黄花羊耳蒜; Yellow Liparis, Yellowflower Twayblade ■

232237 Liparis macrantha Hook. f. = Liparis distans C. B. Clarke ■

232238 Liparis macrantha Rolfe = Liparis gigantea C. L. Tso ■

232239 Liparis macrantha Rolfe = Liparis nigra Seidenf. ■

232240 Liparis macrantha Rolfe var. sootenzanensis (Fukuy.) S. S. Ying = Liparis sootenzanensis Fukuy. ■

232241 Liparis makinoana Schltr. = Liparis sasakii Hayata ■

232242 Liparis makinoana Schltr. var. koreana Nakai = Liparis koreana (Nakai) Nakai ex W. T. Lee ■☆

232243 Liparis malleiformis W. W. Sm. = Liparis stricklandiana Rchb. f. ■

232244 Liparis mannii Rchb. f.;三裂羊耳蒜; Trilobed Liparis, Trilobed Twayblade ■

232245 Liparis molendinacea G. Will.;风车羊耳蒜■☆

232246 Liparis nakaharai Hayata = Liparis distans C. B. Clarke ■

232247 Liparis neglecta Schltr. = Liparis bowkeri Harv. ■☆

232248 Liparis nepalensis Lindl. = Liparis petiolata (D. Don) P. F. Hunt et Summerh. ■

232249 Liparis nephrocardia Schltr.;肾心羊耳蒜■☆

232250 Liparis nervosa (Thunb. ex A. Murray) Lindl. = Liparis nervosa (Thunb.) Lindl. ■

232251 Liparis nervosa (Thunb. ex A. Murray) Lindl. var. formosana (Rchb. f.) Hiroe = Liparis nervosa (Thunb. ex A. Murray) Lindl. ■

232252 Liparis nervosa (Thunb.) Lindl.;见血清(矮儿胖,矮胖儿,白石笋,半边兰,倒岩提,风帽羊耳兰,黑兰,红花羊耳蒜,见血莲,见血青,立地好,马料草,脉羊耳兰,脉羊耳蒜,毛慈姑,肉龙箭,肉螃蟹,山葱,石虾公,铁爬树,铁耙梳,岩芋,羊耳兰,野猪胆草,走子草); Nerved Twayblade, Nervose Liparis, Tall Liparis ■

232253 Liparis nigra Seidenf.;紫花羊耳蒜(大花羊耳蒜,石裂风); Purple Liparis, Purpleflower Twayblade ■

232254 Liparis nigra Seidenf. var. hensoaensis (Kudo) S. S. Ying = Liparis hensoaensis Kudo ■

232255 Liparis nigra Seidenf. var. sootenzanensis (Fukuy.) Tang S. Liu et H. J. Su = Liparis sootenzanensis Fukuy. ■

232256 Liparis nikkoensis Nakai;能高羊耳蒜■

232257 Liparis nokoensis Fukuy. = Liparis nakaharai Hayata ■

232258 Liparis nyassana Schltr. = Liparis nervosa (Thunb.) Lindl. ■

232259 Liparis nyikana G. Will.;尼卡羊耳蒜■☆

232260 Liparis ochracea Ridl.;淡黄褐羊耳蒜■☆

232261 Liparis odorata (Willd.) Lindl.;香花羊耳蒜(倒苞羊耳蒜,二仙桃,化痰清,鸡心七,绿蟾蜍花,绿叶绿花,水竹花,仙鹅抱蛋); Fragrant Liparis, Fragrant Twayblade, Olivecoloured Twayblade ■

232262 Liparis odorata (Willd.) Lindl. = Liparis paradoxa (Lindl.) Rchb. f. ■

232263 Liparis odorata (Willd.) Lindl. var. longiscapa Rolfe ex Downie = Liparis odorata (Willd.) Lindl. ■

232264 Liparis olivacea Lindl. = Liparis odorata (Willd.) Lindl. ■

232265 Liparis olivacea Lindl. ex Wall. = Liparis odorata (Willd.) Lindl. ■

232266 Liparis oppositifolia Szlach.;对叶羊耳蒜■

232267 Liparis ornithorrhynchos Ridl.;鸟嘴羊耳蒜■☆

232268 Liparis oxyphylla Schltr. = Liparis distans C. B. Clarke ■

232269 Liparis panduriformis H. Perrier;琴形羊耳蒜■☆

232270 Liparis pappei Lindl. ex Harv. = Liparis capensis Lindl. ■☆

232271 Liparis paradoxa (Lindl.) Rchb. f. = Liparis odorata (Willd.) Lindl. ■

232272 Liparis paradoxa (Lindl.) Rchb. f. var. parishii Hook. f. = Liparis odorata (Willd.) Lindl. ■

232273 Liparis parishii (Hook. f.) Hook. f. = Liparis odorata (Willd.) Lindl. ■

232274 Liparis parva Ridl.;较小羊耳蒜■☆

232275 Liparis parviflora (Blume) Lindl.;小花羊耳蒜; Small-flowered Twayblade ■

232276 Liparis pauciflora Rolfe = Liparis campylostalix Rchb. f. ■

232277 Liparis pauciflora Rolfe = Liparis japonica (Miq.) Maxim. ■

232278 Liparis pauliana Hand.-Mazz.;长唇羊耳蒜; Longlip Liparis, Longlip Twayblade ■

232279 Liparis pectinifera Ridl. = Liparis wrayi Hook. f. ■

232280 Liparis pendula Lindl. = Liparis viridiflora (Blume) Lindl. ■

232281 Liparis pentagonalis Szlach. = Liparis suborbicularis Summerh. ■☆

232282 Liparis perpusilla Hook. f.;极小羊耳蒜(细瓣羊耳蒜); Verysmall Twayblade ■

232283 Liparis perrieri Schltr.;佩里耶羊耳蒜■☆

232284 Liparis petiolata (D. Don) P. F. Hunt et Summerh.;柄叶羊耳蒜(具梗钻花兰); Petiolate Acianthus, Petiolate Liparis, Petioled Twayblade ■

232285 Liparis piriformis Szlach. = Liparis sootenzanensis Fukuy. ■

232286 Liparis platybolba Hayata = Liparis elliptica Wight ■

232287 Liparis platybulba Hayata;平球羊耳蒜■

232288 Liparis platybulba Hayata = Liparis viridiflora (Blume) Lindl. ■

232289 Liparis platyglossa Schltr.;阔舌羊耳蒜; Broadlip Twayblade ■☆

232290 Liparis platyrachis Hook. f.;宽花羊耳蒜(小花羊耳蒜); Smallflower Liparis, Smallflower Twayblade ■

232291 Liparis pleistantha Schltr. = Liparis viridiflora (Blume) Lindl. ■

232292 Liparis plicata Franch. et Sav.;一叶羊耳蒜■

232293 Liparis plicata Franch. et Sav. = Liparis bootanensis Griff. ■

232294 Liparis plicata Franch. et Sav. var. kawakamii (Hayata) S. S. Ying = Liparis kawakamii Hayata ■

232295 Liparis pterostyloides Szlach. = Liparis bootanensis Griff. ■

232296 Liparis pulchella Hook. f. = Liparis petiolata (D. Don) P. F. Hunt et Summerh. ■

232297 Liparis pumila Aver.;中越羊耳蒜■

232298 Liparis puncticulata Ridl.;小斑羊耳蒜■☆

232299 Liparis purpurascens Lindl. = Liparis salassia (Pers.)

Summerh. ■☆
232300 Liparis purseglovei Summerh. = Liparis bowkeri Harv. ■☆
232301 Liparis pusilla Ridl. = Liparis caespitosa (Thouars) Lindl. ■
232302 Liparis pygmaea King et Pantl.;华西羊耳蒜■
232303 Liparis rectangularis H. Perrier;直角羊耳蒜■☆
232304 Liparis reflexa Lindl.;反曲瓣羊耳蒜;Reflexed Twayblade ■☆
232305 Liparis regnieri Finet;翼蕊羊耳蒜;Regnier Liparis, Regnier Twayblade ■
232306 Liparis remota J. L. Stewart et Schelpe;稀疏羊耳蒜■☆
232307 Liparis resupinata Ridl.;蕊丝羊耳蒜;Resupinate Twayblade, Thrum Liparis ■
232308 Liparis rivalis Schltr.;溪边羊耳蒜■☆
232309 Liparis rizalensis Ames = Liparis grossa Rchb. f. ■
232310 Liparis rockii Ormerod;罗克羊耳蒜(若氏羊耳蒜)■
232311 Liparis rosseelii Stévart;罗西尔羊耳蒜■☆
232312 Liparis rostrata Rchb. f.;齿突羊耳蒜;Beak-shaped Twayblade, Rostrate Liparis ■
232313 Liparis rufina (Ridl.) Rchb. f. ex Rolfe = Liparis nervosa (Thunb.) Lindl. ■
232314 Liparis rungweensis Schltr.;伦圭羊耳蒜■☆
232315 Liparis rupicola Schltr. = Liparis rungweensis Schltr. ■☆
232316 Liparis ruwenzoriensis Rolfe = Liparis bowkeri Harv. ■☆
232317 Liparis ruybarretto S. Y. Hu et Barretto = Liparis bootanensis Griff. ■
232318 Liparis sachalinensis Nakai;库页羊耳蒜■☆
232319 Liparis salassia (Pers.) Summerh.;萨拉斯羊耳蒜■☆
232320 Liparis saltucola Kerr = Liparis bistriata Parl. et Rchb. f. ■
232321 Liparis sambiranoensis Schltr.;桑比拉诺羊耳蒜■☆
232322 Liparis sasakii Hayata;阿里山羊耳蒜(尾唇羊耳蒜,新羊耳兰,紫红花羊耳蒜,紫花羊耳蒜);Alishan Liparis, Alishan Twayblade, Makino Liparis ■
232323 Liparis sasakii Hayata = Liparis krameri Franch. et Sav. var. sasakii (Hayata) T. Hashim. ■
232324 Liparis sasakii Hayata = Liparis krameri Franch. et Sav. ■
232325 Liparis sassandrae A. Chev. = Kornasia chevalieri (Summerh.) Szlach. ■☆
232326 Liparis seidenfadeniana Szlach.;管花羊耳蒜;Tubeflower Liparis, Tubeflower Twayblade ■
232327 Liparis sekiteiensis Kudo ex Masam. = Liparis cordifolia Hook. f. ■
232328 Liparis shaoshunia S. S. Ying = Liparis henryi Rolfe ■
232329 Liparis siamensis Rolfe ex Downie;滇南羊耳蒜;S. Yunnan Liparis, S. Yunnan Twayblade ■
232330 Liparis sikkimensis Lucksom et S. Kumar = Liparis somai Hayata ■
232331 Liparis simeonis Schltr. = Liparis odorata (Willd.) Lindl. ■
232332 Liparis simondii Gagnep. = Liparis viridiflora (Blume) Lindl. ■
232333 Liparis somai Hayata;台湾羊耳蒜(高士佛羊耳蒜);Taiwan Liparis, Taiwan Twayblade ■
232334 Liparis sootenzanensis Fukuy.;插天山羊耳蒜;Chatianshan Liparis, Chatianshan Twayblade ■
232335 Liparis sparsiflora Aver.;疏花羊耳蒜■
232336 Liparis spathulata Lindl. = Liparis viridiflora (Blume) Lindl. ■
232337 Liparis stenophylla Schltr.;窄叶羊耳蒜■☆
232338 Liparis stolzii Schltr.;斯托尔兹羊耳蒜■☆
232339 Liparis stricklandiana Rchb. f.;扇唇羊耳蒜(连珠兰,绿花羊耳蒜);Fanlip Liparis, Greenflower Twayblade ■
232340 Liparis stricklandiana Rchb. f. var. lonigbracteata S. C. Chen = Liparis stricklandiana Rchb. f. ■
232341 Liparis suborbicularis Summerh.;亚圆形羊耳蒜■☆
232342 Liparis subplicata Ts. Tang et F. T. Wang;折脉羊耳蒜;Subplicate Twayblade ■
232343 Liparis subplicata Ts. Tang et F. T. Wang = Liparis bootanensis Griff. ■
232344 Liparis superposita Ormerod;云南羊耳蒜■
232345 Liparis sutepensis Rolfe ex Downie = Liparis tschangii Schltr. ■
232346 Liparis taiwaniana Hayata = Liparis distans C. B. Clarke ■
232347 Liparis taiwaniana Hayata = Liparis nakaharai Hayata ■
232348 Liparis taronensis S. C. Chen;独龙羊耳蒜;Dulong Liparis, Dulong Twayblade ■
232349 Liparis taronensis S. C. Chen = Liparis petiolata (D. Don) P. F. Hunt et Summerh. ■
232350 Liparis tateishii Kudo = Liparis grossa Rchb. f. ■
232351 Liparis teniana Kraenzl. = Liparis odorata (Willd.) Lindl. ■
232352 Liparis teniana Schltr. = Liparis odorata (Willd.) Lindl. ■
232353 Liparis tenii Schltr. = Liparis odorata (Willd.) Lindl. ■
232354 Liparis tixieri Guillaumin = Liparis sootenzanensis Fukuy. ■
232355 Liparis togashii Tuyama et H. Hara = Liparis perpusilla Hook. f. ■
232356 Liparis tonkinensis Gagnep. = Liparis odorata (Willd.) Lindl. ■
232357 Liparis tridens Kraenzl.;三齿羊耳蒜■☆
232358 Liparis trulliformis Schltr.;杓羊耳蒜■☆
232359 Liparis truncata F. Maek. ex T. Hashim.;截形羊耳蒜■☆
232360 Liparis tschangii Schltr.;折苞羊耳蒜(滇羊耳蒜,西藏羊耳兰,羊耳兰);Flexbract Liparis, Flexbract Twayblade ■
232361 Liparis turfosa Gagnep. = Dienia ophrydis (J. König) Ormerod et Seidenf. ■
232362 Liparis turfosa Gagnep. = Malaxis latifolia Sm. ■
232363 Liparis uchiyanae Schltr. = Liparis bootanensis Griff. ■
232364 Liparis viridiflora (Blume) Lindl.;长茎羊耳蒜(长柄羊耳兰,长脚羊耳兰,淡绿羊耳蒜,多花羊耳蒜,石蒜头,石鸭儿,羊耳蒜);Fen Orchid, Longstem Liparis, Longstem Twayblade ■
232365 Liparis weberbaueriana Kraenzl. = Lisowskia weberbaueriana (Kraenzl.) Szlach. ■☆
232366 Liparis welwitschii Rchb. f.;韦尔羊耳蒜■☆
232367 Liparis wightii Rchb. f. = Liparis elliptica Wight ■
232368 Liparis winkleri Schltr. = Liparis platyglossa Schltr. ■☆
232369 Liparis wrayi Hook. f. = Liparis barbata Lindl. ■
232370 Liparis xanthina Ridl.;黄色羊耳蒜■☆
232371 Liparis yakusimensis Masam. = Liparis auriculata Blume ex Miq. ■
232372 Liparis yuana Ormerod = Liparis campylostalix Rchb. f. ■
232373 Liparis yunnanensis Rolfe = Liparis distans C. B. Clarke ■
232374 Liparis zaratananae Schltr.;萨拉坦羊耳蒜■☆
232375 Liparophyllum Hook. f. (1847);亮叶睡菜属■☆
232376 Lipeocercis Nees = Andropogon L. (保留属名)■
232377 Lipeocercis Nees = Lepeocercis Trin. ■
232378 Liphaemus Post et Kuntze = Leiphaimos Cham. et Schltdl. ■☆
232379 Liphonoglossa Torr. = Siphonoglossa Oerst. ●☆
232380 Lipocarpha R. Br. (1818)(保留属名);湖瓜草属(胡瓜草属);Lakemelongrass, Lipocarpha ■
232381 Lipocarpha abietina Goetgh.;冷杉湖瓜草■☆
232382 Lipocarpha albiceps Ridl.;白头湖瓜草■☆
232383 Lipocarpha argentea (Vahl) R. Br. = Lipocarpha chinensis (Osbeck) J. Kern. ■
232384 Lipocarpha argentea (Vahl) R. Br. = Lipocarpha senegalensis

(Lam.) Dandy ■
232385 Lipocarpha aristulata (Coville) G. C. Tucker;芒湖瓜草■☆
232386 Lipocarpha atra Ridl.;黑湖瓜草■☆
232387 Lipocarpha atra Ridl. var. barteri (C. B. Clarke) J. Raynal = Lipocarpha barteri C. B. Clarke ■☆
232388 Lipocarpha atropurpurea Boeck. = Lipocarpha tenera Boeck. ■
232389 Lipocarpha barteri C. B. Clarke;巴特湖瓜草■☆
232390 Lipocarpha bawangensis R. H. Miao;坝王湖瓜草;Bawangling Lipocarpha ■
232391 Lipocarpha chinensis (Osbeck) J. Kern.;华湖瓜草(湖瓜草,野葱草,银穗湖瓜草,中华湖瓜草);China Lakemelongrass, Chinese Lipocarpha ■
232392 Lipocarpha chinensis (Osbeck) Ts. Tang et F. T. Wang = Lipocarpha chinensis (Osbeck) J. Kern. ■
232393 Lipocarpha comosa J. Raynal;簇毛湖瓜草■☆
232394 Lipocarpha constricta Goetgh.;缢缩湖瓜草■☆
232395 Lipocarpha crassicuspis (J. Raynal) Goetgh.;粗凸头湖瓜草■☆
232396 Lipocarpha drummondii (Nees) G. C. Tucker;德拉蒙德湖瓜草(杜氏湖瓜草);Drummond's Half-chaff Sedge ■☆
232397 Lipocarpha echinus J. Raynal;刺湖瓜草■☆
232398 Lipocarpha filiformis (Vahl) Kunth;丝状湖瓜草■☆
232399 Lipocarpha gracilis (Pers.) Nees;纤细湖瓜草■☆
232400 Lipocarpha hemisphaerica (Roth) Goetgh.;半球湖瓜草■☆
232401 Lipocarpha isolepis (Nees) R. W. Haines = Lipocarpha hemisphaerica (Roth) Goetgh. ■☆
232402 Lipocarpha kernii (Raymond) Goetgh.;克恩湖瓜草■☆
232403 Lipocarpha maculata (Michx.) Torr.;斑点湖瓜草;Lipocarpha ■☆
232404 Lipocarpha micrantha (Vahl) G. C. Tucker;小花湖瓜草;Small-flowered Hemicarpha ■☆
232405 Lipocarpha microcephala (R. Br.) Kunth;小头湖瓜草(湖瓜草,华湖瓜草,银穗湖瓜草)■
232406 Lipocarpha microcephala (R. Br.) Kunth = Lipocarpha chinensis (Osbeck) J. Kern. ■
232407 Lipocarpha minima Cherm. = Lipocarpha nana (A. Rich.) Cherm. ■☆
232408 Lipocarpha monocephala Turrill = Lipocarpha hemisphaerica (Roth) Goetgh. ■☆
232409 Lipocarpha monostachya Gross et Mattf.;单穗湖瓜草■☆
232410 Lipocarpha multibracteata C. B. Clarke = Ascolepis pusilla Ridl. ■☆
232411 Lipocarpha nana (A. Rich.) Cherm.;矮小湖瓜草■☆
232412 Lipocarpha nana (A. Rich.) J. Raynal = Lipocarpha nana (A. Rich.) Cherm. ■☆
232413 Lipocarpha occidentalis (A. Gray) G. C. Tucker;西方湖瓜草■☆
232414 Lipocarpha paradoxa Cherm. = Alinula paradoxa (Cherm.) Goetgh. et Vorster ■☆
232415 Lipocarpha perspicua S. S. Hooper;透明湖瓜草■☆
232416 Lipocarpha prieuriana Steud.;普里厄湖瓜草■☆
232417 Lipocarpha prieuriana Steud. var. crassicuspis J. Raynal = Lipocarpha crassicuspis (J. Raynal) Goetgh. ■☆
232418 Lipocarpha pulcherrima Ridl. = Lipocarpha nana (A. Rich.) Cherm. ■☆
232419 Lipocarpha pulcherrima Ridl. f. luxurians Merxm. = Lipocarpha nana (A. Rich.) Cherm. ■☆
232420 Lipocarpha purpureolutea Ridl. = Lipocarpha albiceps Ridl. ■☆
232421 Lipocarpha rehmannii (Ridl.) Goetgh.;拉赫曼湖瓜草;Rehman's Halfchaff Sedge ■☆
232422 Lipocarpha robinsonii J. Raynal;鲁滨逊湖瓜草■☆
232423 Lipocarpha senegalensis (Lam.) Dandy;银穗湖瓜草(疳积草,湖瓜草,钮草,七子关);Smallhead Lakemelongrass, Smallhead Lipocarpha ■
232424 Lipocarpha senegalensis (Lam.) Dandy = Lipocarpha chinensis (Osbeck) J. Kern. ■
232425 Lipocarpha senegalensis (Lam.) T. Durand et H. Durand = Lipocarpha chinensis (Osbeck) J. Kern. ■
232426 Lipocarpha tenera Boeck.;细秆湖瓜草;Tenuous Lipocarpha, Thinculm Lakemelongrass ■
232427 Lipocarpha thermalis J. Raynal;温泉湖瓜草■☆
232428 Lipocarpha triceps (Lam.) Nees = Lipocarpha filiformis (Vahl) Kunth ■☆
232429 Lipocarpha triceps (Roxb.) Nees var. latinux Kük. = Lipocarpha abietina Goetgh. ■☆
232430 Lipochaeta DC. (1836);缺毛菊属■☆
232431 Liponeuron Schott, Nyman et Kotschy = Viscaria Röhl. ■☆
232432 Lipophragma Schott et Kotschy ex Boiss. = Aethionema R. Br. ■☆
232433 Lipophyllum Miers = Clusia L. ●☆
232434 Lipostoma D. Don = Coccocypselum P. Browne(保留属名)●☆
232435 Lipotactes (Blume) Rchb. = Phthirusa Mart. ●☆
232436 Lipotriche Less. = Lipochaeta DC. ■☆
232437 Lipotriche R. Br. = Melanthera Rohr ■●☆
232438 Lipotriche brownei DC. = Melanthera scandens (Schumach. et Thonn.) Roberty ■☆
232439 Lipozygis E. Mey. = Lotononis (DC.) Eckl. et Zeyh. (保留属名) ■
232440 Lipozygis argentea Meisn. = Lotononis pungens Eckl. et Zeyh. ■☆
232441 Lipozygis brachyloba E. Mey. = Lotononis parviflora (P. J. Bergius) D. Dietr. ■☆
232442 Lipozygis calycina E. Mey. = Lotononis calycina (E. Mey.) Benth. ●☆
232443 Lipozygis corymbosa E. Mey. = Lotononis corymbosa (E. Mey.) Benth. ●☆
232444 Lipozygis erubescens E. Mey. = Lotononis pumila Eckl. et Zeyh. ●☆
232445 Lipozygis falcata E. Mey. = Lotononis falcata (E. Mey.) Benth. ●☆
232446 Lipozygis humifusa E. Mey. = Lotononis decumbens (Thunb.) B. -E. van Wyk ■●☆
232447 Lipozygis kraussiana Meisn. = Lotononis pungens Eckl. et Zeyh. ■☆
232448 Lipozygis mollis E. Mey. = Lotononis mollis (E. Mey.) Benth. ■●☆
232449 Lipozygis peduncularis E. Mey. = Lotononis involucrata (P. J. Bergius) Benth. subsp. peduncularis (E. Mey.) B. -E. van Wyk ■☆
232450 Lipozygis pentaphylla E. Mey. = Lotononis pentaphylla (E. Mey.) Benth. ■☆
232451 Lipozygis radula E. Mey. = Lotononis decumbens (Thunb.) B. -E. van Wyk ■●☆
232452 Lipozygis tenella E. Mey. = Lotononis tenella (E. Mey.) Eckl. et Zeyh. ●☆
232453 Lipozygis umbellata (L.) E. Mey. = Lotononis umbellata (L.)

Benth. ●☆
232454 Lippaya Endl. = Dentella J. R. Forst. et G. Forst. ■
232455 Lippayaceae Meisn. = Rubiaceae Juss.(保留科名)●■
232456 Lippia Houst. ex L. = Lippia L. ●■☆
232457 Lippia L.(1753);甜舌草属(过江藤属,棘枝属,里皮亚属);Lippia,Oregano ●■☆
232458 Lippia abyssinica (Otto et F. Dietr.) Cufod.;阿比西尼亚甜舌草■☆
232459 Lippia abyssinica (Otto et F. Dietr.) Cufod. var. pubescens (Moldenke) Moldenke = Lippia abyssinica (Otto et F. Dietr.) Cufod. ■☆
232460 Lippia adoensis Hochst. ex Walp.;阿多甜舌草■☆
232461 Lippia adoensis Hochst. var. multicaulis Hiern = Lippia plicata Baker ■☆
232462 Lippia adoensis Hochst. var. pubescens Moldenke = Lippia abyssinica (Otto et F. Dietr.) Cufod. ■☆
232463 Lippia africana Moldenke = Lippia rehmannii H. Pearson ●☆
232464 Lippia africana Moldenke var. sessilis ? = Lippia savoryi Meikle ●☆
232465 Lippia africana Moldenke var. villosa ? = Lippia woodii Moldenke ■●☆
232466 Lippia alba (Mill.) N. E. Br. = Lippia alba (Mill.) N. E. Br. ex Britton et Rose ●☆
232467 Lippia alba (Mill.) N. E. Br. ex Britton et Rose;白甜舌草(白棘枝)●☆
232468 Lippia asperifolia Rich. = Lippia javanica (Burm. f.) Spreng. ■●☆
232469 Lippia baumii Gürke;鲍姆甜舌草■☆
232470 Lippia baumii Gürke var. nyassensis R. Fern.;尼亚萨甜舌草■☆
232471 Lippia baumii Gürke var. nyikensis R. Fern.;尼卡甜舌草■☆
232472 Lippia bazeiana H. Pearson = Lippia rehmannii H. Pearson ●☆
232473 Lippia burtonii Baker = Lantana trifolia L. f. congolensis (Moldenke) R. Fern. ●☆
232474 Lippia caffra Sond. = Lantana rugosa Thunb. ●☆
232475 Lippia callensii Moldenke;卡伦斯甜舌草■☆
232476 Lippia canescens Kunth;匍匐甜舌草(匍匐里皮亚);Creeping Lippia ●☆
232477 Lippia canescens Kunth = Phyla canescens (Kunth) Greene ●☆
232478 Lippia capensis (Thunb.) Spreng. = Lippia alba (Mill.) N. E. Br. ex Britton et Rose ●☆
232479 Lippia centaurea A. Chev.;矢车菊甜舌草■☆
232480 Lippia chevalieri Moldenke;舍瓦利耶甜舌草■☆
232481 Lippia chinensis Lour. = Phyla nodiflora (L.) Greene ■
232482 Lippia citriodora (Lam.) Kunth = Aloysia citriodora Paláu ●☆
232483 Lippia citriodora (Paláu) Kunth;柠檬过江藤(防臭木,轮叶橙香木,柠檬棘枝,柠檬马鞭木,三叶过江藤,香水木);Large Mouse-ear, Lemon Beebrush, Lemon Plant, Lemon Tree, Lemon Verbena Lippia, Lemon Verbena, Lemon-scented Verbena, Lemon-verbena Lippia, Orange Willow, Shedand Mouse-ear Hawkweed, Shrubby Verbena ●☆
232484 Lippia citriodora (Paláu) Kunth = Pilosella flagellaris (Willd.) P. D. Sell et C. West ■☆
232485 Lippia cuneifolia Sessé et Moc.;楔叶过江藤;Fogfruit ●☆
232486 Lippia dauensis (Chiov.) Chiov.;达瓦甜舌草■☆
232487 Lippia dulcis Trevir.;甜舌草;Aztec Sweet Herb ■☆
232488 Lippia geminata Kunth;双生甜舌草■☆
232489 Lippia gossweileri S. Moore;戈斯甜舌草■☆
232490 Lippia grandifolia Hochst. ex Walp. = Lippia abyssinica (Otto et F. Dietr.) Cufod. ■☆
232491 Lippia grandifolia Hochst. ex Walp. var. longipedunculata Moldenke = Lippia abyssinica (Otto et F. Dietr.) Cufod. ■☆
232492 Lippia graveolens Kunth;烈味甜舌草(烈味棘枝);Mexican Oregano, Oregano, Redbrush, Scented Lippia ■☆
232493 Lippia hispida R. D. Good;硬毛甜舌草■☆
232494 Lippia javanica (Burm. f.) Spreng.;爪哇甜舌草(爪哇里皮亚);Fever Tree ■●☆
232495 Lippia javanica Spreng. = Lippia javanica (Burm. f.) Spreng. ■●☆
232496 Lippia lanceolata Michx.;剑叶甜舌草(剑叶里皮亚);Fogfruit ■☆
232497 Lippia lanceolata Michx. = Phyla lanceolata (Michx.) Greene ■☆
232498 Lippia lanceolata Michx. var. recognita Fernald et Griscom = Phyla lanceolata (Michx.) Greene ■☆
232499 Lippia ligustrina (Lag.) Britton;女贞甜舌草;Whitebrush ●☆
232500 Lippia lupuliformis Moldenke = Lantana rugosa Thunb. ●☆
232501 Lippia mexicana G. L. Nesom;墨西哥甜舌草(墨西哥棘枝,甜过江藤)●☆
232502 Lippia montevidensis Spreng. = Lantana montevidensis (Spreng.) Briq. ●
232503 Lippia multiflora Moldenke;多花过江藤(多花棘枝);Gambian Bush Tea, Gambinn Bush Tea ●☆
232504 Lippia multiflora Moldenke var. pubescens ? = Lippia savoryi Meikle ●☆
232505 Lippia nigeriensis Moldenke = Lippia rugosa A. Chev. ●☆
232506 Lippia nigeriensis Moldenke var. brevipedunculata ? = Lippia savoryi Meikle ●☆
232507 Lippia nodiflora (L.) Michx. = Phyla nodiflora (L.) Greene ■
232508 Lippia nodiflora (L.) Rich. = Phyla nodiflora (L.) Greene ■
232509 Lippia nodiflora (L.) Rich. ex Michx. = Phyla nodiflora (L.) Greene ■
232510 Lippia nodiflora L. subsp. canescens (Kunth) Pott.-Alap. = Phyla filiformis (Schrad.) Meikle ■☆
232511 Lippia nodiflora L. var. suborbicularis L. Chevall. = Phyla nodiflora (L.) Greene ■
232512 Lippia oligophylla Baker = Haumaniastrum villosum (Benth.) A. J. Paton ●☆
232513 Lippia ovata L. = Microdon capitatus (P. J. Bergius) Levyns ●☆
232514 Lippia pearsonii Moldenke;皮尔逊过江藤●☆
232515 Lippia pearsonii Moldenke var. sessilis ? = Hyptis baumii Gürke ■
232516 Lippia plicata Baker;折叠过江藤■☆
232517 Lippia plicata Baker var. acuminata Moldenke = Lippia plicata Baker ■☆
232518 Lippia plicata Baker var. parvifolia Moldenke = Lippia plicata Baker ■☆
232519 Lippia praecox Mildbr. ex Moldenke = Lippia baumii Gürke ■☆
232520 Lippia rehmannii H. Pearson;拉赫曼过江藤●☆
232521 Lippia repens Hort. = Phyla nodiflora (L.) Greene var. rosea (D. Don) Moldenke ■☆
232522 Lippia rugosa A. Chev.;皱褶过江藤●☆
232523 Lippia savoryi Meikle;萨沃里过江藤●☆

232524 Lippia scaberrima Sond.;粗糙甜舌草●☆
232525 Lippia scabra Hochst. = Lippia alba (Mill.) N. E. Br. ex Britton et Rose ●☆
232526 Lippia schimperi Walp. = Lantana ukambensis (Vatke) Verdc. ●☆
232527 Lippia schliebenii Moldenke = Lantana trifolia L. ●☆
232528 Lippia sidoides Cham.;拟黄花稔过江藤●☆
232529 Lippia somalensis Vatke;索马里甜舌草●☆
232530 Lippia stoechadifolia (L.) Kunth;黄衣草叶甜舌草●☆
232531 Lippia strobiliformis Moldenke = Lippia plicata Baker ■☆
232532 Lippia triphylla (L'Hér.) Kuntze;三叶甜舌草(三叶过江藤) ●☆
232533 Lippia triphylla (L'Hér.) Kuntze = Aloysia citriodora Paláu ●☆
232534 Lippia ukambensis Vatke = Lantana ukambensis (Vatke) Verdc. ●☆
232535 Lippia umbellata Cav.;伞花甜舌草●☆
232536 Lippia volkii Moldenke = Lippia pearsonii Moldenke ●☆
232537 Lippia whytei Moldenke = Lippia javanica (Burm. f.) Spreng. ■●☆
232538 Lippia wilmsii H. Pearson;维尔姆斯过江藤●☆
232539 Lippia wilmsii H. Pearson var. villosa (Moldenke) Moldenke = Lippia woodii Moldenke ■●☆
232540 Lippia woodii Moldenke;伍得甜舌草■●☆
232541 Lippomuellera Kuntze = Agastachys R. Br. ●☆
232542 Lipschitziella Kamelin = Jurinea Cass. ●■
232543 Lipskya (Koso-Pol.) Nevski(1937);里普斯基草属■☆
232544 Lipskya Nevski = Lipskya (Koso-Pol.) Nevski ■☆
232545 Lipskya Nevski = Schrenkia Fisch. et C. A. Mey. ■
232546 Lipskya insignis (Lipsky) Nevski;里普斯基草■☆
232547 Lipskyella Juz. (1937);里普斯基菊属■☆
232548 Lipskyella annua (C. Winkl.) Juz.;里普斯基菊■☆
232549 Lipusa Alef. = Phaseolus L. ■
232550 Liquidambar L. (1753);枫香树属(枫香属);Sweet Gum, Sweet Gum Tree, Sweetgum ●
232551 Liquidambar acalycina Hung T. Chang;缺萼枫香树(缺萼枫香,山枫香);Acalycine Sweetgum, Calyxless Sweetgum, Chinese Sweetgum ●
232552 Liquidambar acerifolia Maxim. = Liquidambar formosana Hance ●
232553 Liquidambar altingiana Blume = Altingia excelsa Noronha ●
232554 Liquidambar barbata Stokes = Liquidambar styraciflua L. ●
232555 Liquidambar chinensis Champ. = Altingia chinensis (Champ.) Oliv. ex Hance ●
232556 Liquidambar edentata Merr. = Acer tutcheri Duthie ●
232557 Liquidambar formosana Hance;枫香树(白胶香,百日柴,边柴,槟树,大叶枫,杜东,枫,枫树,枫香,枫香木,枫仔树,枫子树,红枫,鸡枫树,鸡爪枫,九空子,九孔子,狼目,狼眼,六六通,路路通,三角枫,摄子,台湾枫香树,洋樟木);Beautiful Sweetgum, Chinese Liquidambar, Formosa Gum Tree, Formosan Gum, Formosan Sweet Gum, Formosan Sweetgum, Fragrant Maple, Marvelin Hair ●
232558 Liquidambar formosana Hance var. monticola Rehder et E. H. Wilson;山枫香树;Montane Sweetgum ●
232559 Liquidambar gummifera Salisb. = Liquidambar styraciflua L. ●
232560 Liquidambar macrophylla Oerst. = Liquidambar styraciflua L. ●
232561 Liquidambar maximowiczii Miq. = Liquidambar formosana Hance ●
232562 Liquidambar orientalis Mill.;苏合香(东方枫香);Balm of Gilead, Chinese Sweet Gum, Genuine Storax Tree, Levant Storax, Lordwood, Oriental Sweet Gum, Oriental Sweetgum, Storax, Turkish Liquidambar ●
232563 Liquidambar peregrina L. = Comptonia peregrina (L.) J. M. Coult. ●☆
232564 Liquidambar rosthornii Diels = Acer sinense Pax ●
232565 Liquidambar styraciflua L.;美国枫香(北美枫香树,北美苏合香,缎胡桃,鳄鱼木,枫香,褐松,红糖香树,胶皮枫香树,胶皮糖香树,美国枫香树,美洲枫香,糖胶树,糖香树,甜枫);Alligator Tree, American Red Gum, American Storax, American Sweet Gum, Benzoin Sweetgum, Bilsted, Hazel Pine, Liquid Amber, Liquid Storax, Liquidambar, Red Gum, Redgum, Sap Gum, Sapgum, Satin Walnut, Starleaf Gum, Sweet Gum, Sweetgum, Yellow Gum ●
232566 Liquidambar styraciflua L. 'Aurea';金叶胶皮枫香树●☆
232567 Liquidambar styraciflua L. 'Burgundy';暗红胶皮枫香树●☆
232568 Liquidambar styraciflua L. 'Festival';节日胶皮枫香树●☆
232569 Liquidambar styraciflua L. 'Golden Treasure';金色珍品胶皮枫香树●☆
232570 Liquidambar styraciflua L. 'Gumball';口香糖球胶皮枫香树;Gumball Sweetgum ●☆
232571 Liquidambar styraciflua L. 'Lane Roberts';莱恩·罗伯茨胶皮枫香树(兰罗伯特胶皮枫香树)●☆
232572 Liquidambar styraciflua L. 'Palo Arto';帕洛·阿尔托胶皮枫香树●☆
232573 Liquidambar styraciflua L. 'Rotundiloba';圆裂片胶皮枫香树;Seedless Sweetgum ●☆
232574 Liquidambar styraciflua L. 'Variegata';黄斑胶皮枫香树●☆
232575 Liquidambar styraciflua L. 'Worplesdon';沃尔普勒斯登胶皮枫香树●☆
232576 Liquidambar styraciflua L. var. mexicana Oerst. = Liquidambar styraciflua L. ●
232577 Liquidambar taiwaniana Hance = Liquidambar formosana Hance ●
232578 Liquidambar tonkinensis Chev. = Liquidambar formosana Hance ●
232579 Liquidambaraceae Bromhead = Altingiaceae Lindl.(保留科名)●
232580 Liquidambaraceae Pfeiff.;枫香树科(枫香科)●
232581 Liquidambaraceae Pfeiff. = Altingiaceae Lindl.(保留科名)●
232582 Liquiritia Medik. = Glycyrrhiza L. ■
232583 Liquirttta Medik. = Glycyrrhiza L. ■
232584 Lirayea Pierre = Afromendoncia Gilg ●☆
232585 Lirayea Pierre = Mendoncia Vell. ex Vand. ●☆
232586 Liriaceae Batsch = Liliaceae Juss.(保留科名)■●
232587 Liriaceae Batsch ex Borkh. = Liliaceae Juss.(保留科名)■●
232588 Liriactis Raf. = Tulipa L. ■
232589 Liriamus Raf. = Crinum L. ■
232590 Lirianthe Spach = Magnolia L. ●
232591 Lirianthe Spach(1839);长喙木兰属●
232592 Lirianthe albosericea (Chun et C. H. Tsoong) N. H. Xia et C. Y. Wu;绢毛木兰(梭叶树);Sericeous Magnolia ●
232593 Lirianthe championii (Benth.) N. H. Xia et C. Y. Wu;香港木兰(香港玉兰);Champion Magnolia, Hongkong Magnolia ●◇
232594 Lirianthe coco (Lour.) N. H. Xia et C. Y. Wu;夜香木兰(广东合欢花,合欢花,假厚朴,木莲,香港木兰,香港玉兰,夜合,夜合花);China Magnolia, Chinese Magnolia, Coco Magnolia, Night-closing Flower ●
232595 Lirianthe delavayi (Franch.) N. H. Xia et C. Y. Wu;山玉兰(波罗花,波罗树,山菠萝,土厚朴,野厚朴,野玉兰,优昙花);Chinese Evergreen Magnolia, Delavay Magnolia ●
232596 Lirianthe fistulosa (Finet et Gagnep.) N. H. Xia et C. Y. Wu;

显脉木兰;Nervose Magnolia ●
232597 Lirianthe fujianensis N. H. Xia et C. Y. Wu;福建木兰●
232598 Lirianthe henryi (Dunn) N. H. Xia et C. Y. Wu;思茅玉兰(大叶木兰,大叶玉兰);Henry Magnolia ●◇
232599 Lirianthe odoratissima (Y. W. Law et R. Z. Zhou) N. H. Xia et C. Y. Wu;馨香木兰(馨香玉兰);Fragrant Magnolia, Machfragrant Magnolia ●◇
232600 Liriodendraceae F. A. Barkley = Magnoliaceae Juss.(保留科名)●
232601 Liriodendraceae F. A. Barkley;鹅掌楸科●
232602 Liriodendron L. (1753);鹅掌楸属;Tulip Tree, Tuliptree, Tulip-tree, White Wood, Yellow Poplar ●
232603 Liriodendron chinensis (Hemsl.) Sarg.;鹅掌楸(凹朴皮,鬼头木,鬼子树,马挂木,马挂树,马褂木,马褂树,楸树,双飘树,野厚朴,遮阳树);China Tuliptree, Chinese Tulip Tree, Chinese Tuliptree, Chinese Tulip-tree ●
232604 Liriodendron coco Lour. = Lirianthe coco (Lour.) N. H. Xia et C. Y. Wu ●
232605 Liriodendron coco Lour. = Magnolia coco (Lour.) DC. ●
232606 Liriodendron figo Lour. = Michelia figo (Lour.) Spreng. ●
232607 Liriodendron liliiflora Steud. = Houpoea obovata (Thunb.) N. H. Xia et C. Y. Wu ●
232608 Liriodendron procera Salisb. = Liriodendron tulipifera L. ●
232609 Liriodendron tulipifera L.;北美鹅掌楸(鹅掌楸,美国白木,美国鹅掌楸);American Tulip Tree, American Whitewood, Banana Shrub, Bois-jaune, Canary Whitewood, Canoe-wood, Lyre-tree, Port Wine Magnolia, Saddle-tree, Tulip Poplar, Tulip Tree, Tulip, Tulip-poplar, Tuliptree, Tulip-tree, White Oak, White Poplar, White Wood, Whitewood, Yellow Poplar, Yellow-poplar ●
232610 Liriodendron tulipifera L. 'Aureomarginata';金边北美鹅掌楸●☆
232611 Liriodendron tulipifera L. 'Fastigiata';帚状北美鹅掌楸;Fastigiate Tulip Tree ●☆
232612 Liriodendron tulipifera L. var. chinensis Hemsl. = Liriodendron chinensis (Hemsl.) Sarg. ●
232613 Liriodendron tulipifera L. var. sinensis Diels = Liriodendron chinensis (Hemsl.) Sarg. ●
232614 Liriodendrum L. = Liriodendron L. ●
232615 Lirio-narcissus Heist. = Amaryllis L.(保留属名)■☆
232616 Liriope Herb. = Liriopsis Rchb. ■☆
232617 Liriope Lour. (1790);山麦冬属(麦冬属,麦门冬属,土麦冬属);Lily Turf, Lilyturf, Lily-turf, Liriope ■
232618 Liriope Salisb. = Reineckea Kunth(保留属名)■
232619 Liriope angustissima Ohwi;细叶麦门冬(细叶小麦门冬);Thinleaf Liriope ■
232620 Liriope angustissima Ohwi = Liriope graminifolia (L.) Baker ■
232621 Liriope cernua (Koidz.) Masam. = Liriope minor (Maxim.) Makino ■
232622 Liriope crassuscula Ohwi = Liriope graminifolia (L.) Baker ■
232623 Liriope graminifolia (L.) Baker;禾叶山麦冬(大麦冬,禾叶冬,禾叶土麦冬,麦门冬,细叶麦门冬);Grassleaf Liriope ■
232624 Liriope graminifolia (L.) Baker var. densifolia Maxim. ex Baker = Liriope muscari (Decne.) L. H. Bailey ■
232625 Liriope graminifolia (L.) Baker var. minor (Maxim.) Baker = Liriope minor (Maxim.) Makino ■
232626 Liriope graminifolia Baker = Liriope spicata (Thunb.) Lour. ■
232627 Liriope kansuensis (Batalin) C. H. Wright;甘肃山麦冬(甘肃麦冬,甘肃土麦冬,麦葱子);Gansu Liriope, Kansu Liriope ■
232628 Liriope koreana Nakai;朝鲜山麦冬■☆
232629 Liriope longipedicellata F. T. Wang et Ts. Tang;长梗山麦冬;Longpedicel Liriope ■
232630 Liriope minor (Maxim.) Makino;矮小山麦冬(矮山麦冬,矮小土麦冬,甘肃山麦冬,小麦冬,小麦门冬);Dwarf Liriope ■
232631 Liriope muscari (Decne.) L. H. Bailey;阔叶山麦冬(大麦冬,大叶麦冬,短葶山麦冬,阔叶麦冬,阔叶麦门冬,阔叶土麦冬,麦棕子);Big Blue Lilyturf, Blue Lily-turf, Blue Liriope, Broadleaf Liriope, Lily Turf, Liriope, Muscar Liriope ■
232632 Liriope muscari (Decne.) L. H. Bailey 'Majestic';宏大阔叶山麦冬■☆
232633 Liriope muscari (Decne.) L. H. Bailey var. angustissima (Ohwi) S. S. Ying = Liriope angustissima Ohwi ■
232634 Liriope muscari (Decne.) L. H. Bailey var. communis (Maxim.) P. S. Hsu et L. C. Li = Liriope muscari (Decne.) L. H. Bailey ■
232635 Liriope muscari (Decne.) L. H. Bailey var. communis (Maxim.) P. S. Hsu et L. C. Li;阔叶短葶山麦冬■
232636 Liriope muscari (Decne.) L. H. Bailey var. exiliflora (L. H. Bailey) H. Hara;疏花山麦冬;Lax Liriope ■☆
232637 Liriope muscari (Decne.) L. H. Bailey var. variegata (L. H. Bailey) H. Hara;花叶山麦冬(金边山麦冬);Variegated Broadleaf Liriope, Variegated Liriope ■☆
232638 Liriope platyphylla F. T. Wang et Ts. Tang = Liriope muscari (Decne.) L. H. Bailey ■
232639 Liriope platyphylla F. T. Wang et Ts. Tang var. variegata Hort. = Liriope muscari (Decne.) L. H. Bailey var. variegata (L. H. Bailey) H. Hara ■☆
232640 Liriope spicata (Thunb.) Lour.;山麦冬(爱韭,不死草,大麦冬,大叶麦冬,节菖蒲,兰草花,绿草,马韭,麦冬,麦门东,麦门冬,猫儿眼睛,门冬,仆垒,忍凌,山韭菜,松寿兰,穗花麦冬草,土麦冬,小麦冬,羊韭,羊蓍,野兰草,禹葭,禹韭,禹余粮);Creeping Lilyturf, Creeping Lily-turf, Creeping Liriope, Silver Dragon, Spike Lilyturf ■
232641 Liriope spicata (Thunb.) Lour. f. koreana (Palib.) H. Hara = Liriope spicata (Thunb.) Lour. ■
232642 Liriope spicata (Thunb.) Lour. var. densiflora C. H. Wright = Liriope muscari (Decne.) L. H. Bailey ■
232643 Liriope spicata (Thunb.) Lour. var. densifolia (Maxim. ex Baker) C. H. Wright = Liriope muscari (Decne.) L. H. Bailey ■
232644 Liriope spicata (Thunb.) Lour. var. humilis F. Z. Li;低矮山麦冬;Low Liriope ■
232645 Liriope spicata (Thunb.) Lour. var. humilis F. Z. Li = Liriope spicata (Thunb.) Lour. ■
232646 Liriope spicata (Thunb.) Lour. var. latifolia Franch. = Liriope muscari (Decne.) L. H. Bailey ■
232647 Liriope spicata (Thunb.) Lour. var. minor (Maxim.) C. H. Wright = Liriope minor (Maxim.) Makino ■
232648 Liriope spicata (Thunb.) Lour. var. prolifera Y. T. Ma;湖北麦冬;Hubei Liriope ■
232649 Liriope spicata (Thunb.) Lour. var. prolifera Y. T. Ma = Liriope spicata (Thunb.) Lour. ■
232650 Liriope yingdeensis R. H. Miao;英德山麦冬;Yingde Liriope ■
232651 Liriope yingdeensis R. H. Miao = Liriope muscari (Decne.) L. H. Bailey ■
232652 Liriopogon Raf. = Tulipa L. ■

232653 Liriopsis Rchb. = Urceolina Rchb. (保留属名)■☆
232654 Liriopsis Spach = Michelia L. ●
232655 Liriopsis fuscata (Andréws) Spach = Michelia figo (Lour.) Spreng. ●
232656 Liriosma Poepp. (1843); 百合犀属■☆
232657 Liriosma Poepp. et Endl. = Dulacia Vell. ■☆
232658 Liriosma Poepp. et Endl. = Liriosma Poepp. ■☆
232659 Liriosma ovata Miers; 卵形百合犀■☆
232660 Liriothamnus Schltr. = Trachyandra Kunth(保留属名)■☆
232661 Liriothamnus adamsonii Compton = Trachyandra adamsonii (Compton) Oberm. ■☆
232662 Liriothamnus involucratus (Baker) Schltr. = Trachyandra involucrata (Baker) Oberm. ■☆
232663 Lirium Scop. = Lilium L. ■
232664 Lisaea Boiss. (1844); 里萨草属■☆
232665 Lisaea armena Schischk.; 里萨草■☆
232666 Lisaea grandiflora Boiss. = Lisaea heterocarpa (DC.) Boiss. ■☆
232667 Lisaea heterocarpa (DC.) Boiss.; 异果里萨草■☆
232668 Lisianthius P. Browne = Lisianthus P. Browne ■☆
232669 Lisianthius carinatus Desr. = Tachiadenus carinatus (Desr.) Griseb. ●☆
232670 Lisianthius trinervis Desr. = Ornichia trinervis (Desr.) Klack. ●☆
232671 Lisianthius tubiflorus Thouars ex Roem. et Schult. = Tachiadenus tubiflorus (Thouars ex Roem. et Schult.) Griseb. ●☆
232672 Lisianthus L. = Lisianthus P. Browne ■☆
232673 Lisianthus P. Browne(1756); 光花龙胆属■☆
232674 Lisianthus Vell. = Metternichia J. C. Mikan ●☆
232675 Lisianthus alatus Aubl.; 翅光花龙胆■☆
232676 Lisianthus albus Spruce ex Progel; 白花龙胆■☆
232677 Lisianthus angustifolius Mart.; 窄叶光花龙胆■☆
232678 Lisianthus aphyllus Vell.; 无叶光花龙胆■☆
232679 Lisianthus breviflorus Benth.; 短花光花龙胆■☆
232680 Lisianthus cordifolius L.; 心叶光花龙胆■☆
232681 Lisianthus crassicaulis M. Martens et Galeotti; 粗茎光花龙胆■☆
232682 Lisianthus glaucifolius Nutt.; 灰绿叶光花龙胆■☆
232683 Lisianthus grandiflorus Willd. ex Griseb.; 大光花龙胆■☆
232684 Lisianthus laxiflorus Urb.; 疏光花龙胆■☆
232685 Lisianthus leucanthus Lyall ex Griseb.; 白光花龙胆■☆
232686 Lisianthus longiflorus Boj. ex Griseb.; 长光花龙胆■☆
232687 Lisianthus longifolius L.; 长叶光花龙胆■☆
232688 Lisianthus russellianum Hook. = Eustoma russellianum Griseb. ■☆
232689 Lisimachia Neck. = Lysimachia L. ●■
232690 Lisionotus Rchb. = Lysionotus D. Don ●
232691 Lisionotus longisepala H. W. Li = Hemiboepsis longisepala (H. W. Li) W. T. Wang ●■
232692 Lisowskia Szlach. (1995); 利索兰属■☆
232693 Lisowskia katangensis (Summerh.) Szlach.; 加丹加利兰■☆
232694 Lisowskia prorepens (Kraenzl.) Szlach.; 匍匐利兰■☆
232695 Lisowskia weberbaueriana (Kraenzl.) Szlach.; 韦氏利兰■☆
232696 Lissanthe R. Br. (1810); 黄精石南属●☆
232697 Lissanthe brevistyla A. R. Bean; 短柱黄精石南●☆
232698 Lissanthe ciliata R. Br.; 缘毛黄精石南●☆
232699 Lissanthe intermedia A. Cunn. ex DC.; 间型黄精石南●☆
232700 Lissanthe montana R. Br.; 山地黄精石南●☆
232701 Lissanthe mucronata DC.; 钝尖黄精石南●☆
232702 Lissera Adans. ex Fourr. = Genista L. ●
232703 Lissera Adans. ex Fourr. = Listera R. Br. (保留属名)■
232704 Lissera Fourr. = Genista L. ●
232705 Lissera Fourr. = Listera R. Br. (保留属名)■
232706 Lissocarpa Benth. (1876); 光果属(尖药属)●☆
232707 Lissocarpa benthamii Gürke; 本氏光果●☆
232708 Lissocarpa guianensis Gleason; 圭亚那光果●☆
232709 Lissocarpa stenocarpa Steyerm.; 窄光果●☆
232710 Lissocarpaceae Gilg(1924)(保留科名); 光果科(尖药科)●☆
232711 Lissocarpaceae Gilg(保留科名) = Ebenaceae Gürke(保留科名)●
232712 Lissocarpus Post et Kuntze = Lissocarpa Benth. ●☆
232713 Lissochilos Bartl. = Eulophia R. Br. (保留属名)■
232714 Lissochilos Bartl. = Lissochilus R. Br. (废弃属名)■
232715 Lissochilus R. Br. (废弃属名) = Eulophia R. Br. (保留属名)■
232716 Lissochilus abyssinicus (A. Rich.) T. Durand et Schinz = Eulophia streptopetala (Lindl.) Lindl. ■☆
232717 Lissochilus aequalis Lindl. = Eulophia parviflora (Lindl.) A. V. Hall ■☆
232718 Lissochilus affinis Rendle = Eulophia livingstoniana (Rchb. f.) Summerh. ■☆
232719 Lissochilus amabilis Schltr. = Eulophia cucullata (Afzel. ex Sw.) Steud. ■☆
232720 Lissochilus amblyosepalus Schltr. = Eulophia amblyosepala (Schltr.) Butzin ■☆
232721 Lissochilus ambongensis (Schltr.) H. Perrier = Oeceoclades perrieri (Schltr.) Garay et P. Taylor ■☆
232722 Lissochilus ambrensis H. Perrier = Oeceoclades ambrensis (H. Perrier) Bosser et Morat ■☆
232723 Lissochilus analamerensis H. Perrier = Oeceoclades analamerensis (H. Perrier) Garay et P. Taylor ■☆
232724 Lissochilus analavelensis H. Perrier = Oeceoclades analavelensis (H. Perrier) Garay et P. Taylor ■☆
232725 Lissochilus andersonii Rolfe = Eulophia flavopurpurea (Rchb. f.) Rolfe ■☆
232726 Lissochilus angolensis (Rchb. f.) Rchb. f. = Eulophia angolensis (Rchb. f.) Summerh. ■☆
232727 Lissochilus antennisepalus Rchb. f. = Eulophia caricifolia (Rchb. f.) Summerh. var. antennisepala (Rchb. f.) Geerinck ■☆
232728 Lissochilus antunesii Rolfe = Eulophia angolensis (Rchb. f.) Summerh. ■☆
232729 Lissochilus arenarius Lindl. = Eulophia cucullata (Afzel. ex Sw.) Steud. ■☆
232730 Lissochilus aurantiacus Rchb. f. = Eulophia schweinfurthii Kraenzl. ■☆
232731 Lissochilus barombensis Kraenzl. = Oeceoclades saundersiana (Rchb. f.) Garay et P. Taylor ■☆
232732 Lissochilus beravensis (Rchb. f.) H. Perrier = Eulophia beravensis Rchb. f. ■☆
232733 Lissochilus boinensis (Schltr.) H. Perrier = Oeceoclades boinensis (Schltr.) Garay et P. Taylor ■☆
232734 Lissochilus bouliawongo (Rchb. f.) Rchb. f. = Eulophia bouliawongo (Rchb. f.) J. Raynal ■☆
232735 Lissochilus brevisepalus Rendle = Eulophia speciosa (R. Br. ex Lindl.) Bolus ■☆

232736 Lissochilus buchananii Rchb. f. = Eulophia angolensis (Rchb. f.) Summerh. ■☆

232737 Lissochilus calopterus Rchb. f. = Eulophia caloptera (Rchb. f.) Summerh. ■☆

232738 Lissochilus caricifolius Rchb. f. = Eulophia caricifolia (Rchb. f.) Summerh. ■☆

232739 Lissochilus carsonii Rolfe = Eulophia streptopetala (Lindl.) Lindl. ■☆

232740 Lissochilus clitellifer Rchb. f. = Eulophia clitellifera (Rchb. f.) Bolus ■☆

232741 Lissochilus cochlearis Schltr. = Eulophia pyrophila (Rchb. f.) Summerh. ■☆

232742 Lissochilus corbisieri De Wild. = Eulophia flavopurpurea (Rchb. f.) Rolfe ■☆

232743 Lissochilus cornigerus Rendle = Eulophia livingstoniana (Rchb. f.) Summerh. ■☆

232744 Lissochilus decaryanus (H. Perrier) H. Perrier = Oeceoclades decaryana (H. Perrier) Garay et P. Taylor ■☆

232745 Lissochilus deschampsii De Wild. = Eulophia schweinfurthii Kraenzl. ■☆

232746 Lissochilus dilectus Rchb. f. = Eulophia cucullata (Afzel. ex Sw.) Steud. ■☆

232747 Lissochilus dispersus (N. E. Br.) Rolfe = Eulophia speciosa (R. Br. ex Lindl.) Bolus ■☆

232748 Lissochilus ecalcaratus (Schltr.) H. Perrier = Graphorkis ecalcarata (Schltr.) Summerh. ■☆

232749 Lissochilus elatus Rolfe = Eulophia bouliawongo (Rchb. f.) J. Raynal ■☆

232750 Lissochilus elegantulus Schltr. = Eulophia schweinfurthii Kraenzl. ■☆

232751 Lissochilus eleogenus Schltr. = Eulophia horsfallii (Bateman) Summerh. ■☆

232752 Lissochilus elliotii (Rolfe) H. Perrier = Oeceoclades sclerophylla (Rchb. f.) Garay et P. Taylor ■☆

232753 Lissochilus endlichianus Kraenzl. = Eulophia endlichiana (Kraenzl.) Butzin ■☆

232754 Lissochilus erythraeae Rolfe = Eulophia streptopetala (Lindl.) Lindl. ■☆

232755 Lissochilus eylesii Rendle = Eulophia angolensis (Rchb. f.) Summerh. ■☆

232756 Lissochilus fallax Rchb. f. = Eulophia livingstoniana (Rchb. f.) Summerh. ■☆

232757 Lissochilus faradjensis De Wild. = Eulophia livingstoniana (Rchb. f.) Summerh. ■☆

232758 Lissochilus flavus (Lindl.) Schltr. = Eulophia flava (Lindl.) Hook. f. ■

232759 Lissochilus flexuosus Schltr. = Eulophia clitellifera (Rchb. f.) Bolus ■☆

232760 Lissochilus fridericii Rchb. f. = Eulophia fridericii (Rchb. f.) A. V. Hall ■☆

232761 Lissochilus galbanus (Ridl.) H. Perrier = Eulophiella galbana (Ridl.) Bosser et Morat ■☆

232762 Lissochilus giganteus Welw. ex Rchb. f. = Eulophia bouliawongo (Rchb. f.) J. Raynal ■☆

232763 Lissochilus gracilior Rendle = Eulophia livingstoniana (Rchb. f.) Summerh. ■☆

232764 Lissochilus gracilior Rendle var. angusta Rendle = Eulophia livingstoniana (Rchb. f.) Summerh. ■☆

232765 Lissochilus gracillimus (Schltr.) H. Perrier = Oeceoclades gracillima (Schltr.) Garay et P. Taylor ■☆

232766 Lissochilus grandidieri (H. Perrier) H. Perrier = Eulophia grandidieri H. Perrier ■☆

232767 Lissochilus graniticus Rchb. f. = Eulophia streptopetala (Lindl.) Lindl. ■☆

232768 Lissochilus grantii Rchb. f. = Eulophia streptopetala (Lindl.) Lindl. ■☆

232769 Lissochilus heteroglossus Rchb. f. = Eulophia pyrophila (Rchb. f.) Summerh. ■☆

232770 Lissochilus heudelotii Rchb. f. = Eulophia cristata (Afzel. ex Sw.) Steud. ■☆

232771 Lissochilus hologlossus (Schltr.) H. Perrier = Eulophia hologlossa Schltr. ■☆

232772 Lissochilus holubii Rolfe = Eulophia schweinfurthii Kraenzl. ■☆

232773 Lissochilus homblei De Wild. = Eulophia speciosa (R. Br. ex Lindl.) Bolus ■☆

232774 Lissochilus horsfallii Bateman = Eulophia horsfallii (Bateman) Summerh. ■☆

232775 Lissochilus humbertii H. Perrier = Oeceoclades humbertii (H. Perrier) Bosser et Morat ■☆

232776 Lissochilus ibityensis (Schltr.) H. Perrier = Eulophia ibityensis Schltr. ■☆

232777 Lissochilus johnsonii Rolfe = Eulophia flavopurpurea (Rchb. f.) Rolfe ■☆

232778 Lissochilus johnstonii Rolfe = Eulophia schweinfurthii Kraenzl. ■☆

232779 Lissochilus jumelleanus (Schltr.) Schltr. = Eulophia livingstoniana (Rchb. f.) Summerh. ■☆

232780 Lissochilus kassnerianus Kraenzl. = Eulophia cucullata (Afzel. ex Sw.) Steud. ■☆

232781 Lissochilus katangensis De Wild. = Eulophia katangensis (De Wild.) De Wild. ■☆

232782 Lissochilus katentaniensis De Wild. = Eulophia angolensis (Rchb. f.) Summerh. ■☆

232783 Lissochilus keilianus Kraenzl. = Eulophia keiliana (Kraenzl.) Butzin ■☆

232784 Lissochilus kirkii Rolfe = Eulophia streptopetala (Lindl.) Lindl. ■☆

232785 Lissochilus kisanfuensis De Wild. = Eulophia mumbwaensis Summerh. ■☆

232786 Lissochilus kraenzlinii Rolfe = Eulophia orthoplectra (Rchb. f.) Summerh. ■☆

232787 Lissochilus kranzlinii H. Perrier = Eulophia rutenbergiana Kraenzl. ■☆

232788 Lissochilus krebsii Rchb. f. = Eulophia streptopetala (Lindl.) Lindl. ■☆

232789 Lissochilus krebsii Rchb. f. var. purpuratus Ridl. = Eulophia streptopetala (Lindl.) Lindl. ■☆

232790 Lissochilus lacteus Kraenzl. = Eulophia flavopurpurea (Rchb. f.) Rolfe ■☆

232791 Lissochilus laggiarae Schltr. = Eulophia livingstoniana (Rchb. f.) Summerh. ■☆

232792 Lissochilus latifolius Schltr. = Eulophia fridericii (Rchb. f.) A. V. Hall ■☆

232793 Lissochilus latus Rolfe = Eulophia angolensis (Rchb. f.) Summerh. ■☆

232794 Lissochilus laurentii De Wild. = Eulophia laurentii (De Wild.) Summerh. ■☆
232795 Lissochilus leendertziae Schltr. = Eulophia tuberculata Bolus ■☆
232796 Lissochilus leopoldii Kraenzl. = Eulophia latilabris Summerh. ■☆
232797 Lissochilus leucanthus Kraenzl. = Eulophia speciosa (R. Br. ex Lindl.) Bolus ■☆
232798 Lissochilus lindleyanus Rchb. f. = Eulophia angolensis (Rchb. f.) Summerh. ■☆
232799 Lissochilus livingstonianus Rchb. f. = Eulophia livingstoniana (Rchb. f.) Summerh. ■☆
232800 Lissochilus lonchophyllus (Rchb. f.) H. Perrier = Oeceoclades lonchophylla (Rchb. f.) Garay et P. Taylor ■☆
232801 Lissochilus longifolius Benth. = Eulophia caricifolia (Rchb. f.) Summerh. ■☆
232802 Lissochilus macer (Ridl.) H. Perrier = Eulophia macra Ridl. ■☆
232803 Lissochilus macranthus Lindl. = Eulophia bouliawongo (Rchb. f.) J. Raynal ■☆
232804 Lissochilus madagascariensis Kraenzl. = Eulophia reticulata Ridl. ■☆
232805 Lissochilus maestus Merxm. = Eulophia pyrophila (Rchb. f.) Summerh. ■☆
232806 Lissochilus mahonii Rolfe = Eulophia mahonii (Rolfe) A. D. Hawkes ■☆
232807 Lissochilus malanganus Rchb. f. = Eulophia malangana (Rchb. f.) Summerh. ■☆
232808 Lissochilus malangensis Rchb. f. = Eulophia livingstoniana (Rchb. f.) Summerh. ■☆
232809 Lissochilus mechowii Rchb. f. = Eulophia orthoplectra (Rchb. f.) Summerh. var. rugulosa (Summerh.) Geerinck ■☆
232810 Lissochilus medemiae (Schltr.) H. Perrier = Graphorkis medemiae (Schltr.) Summerh. ■☆
232811 Lissochilus mediocris Rendle = Eulophia livingstoniana (Rchb. f.) Summerh. ■☆
232812 Lissochilus megistophyllus (Rchb. f.) H. Perrier = Eulophia megistophylla Rchb. f. ■☆
232813 Lissochilus micranthus Kraenzl. = Eulophia streptopetala Lindl. var. stenophylla (Summerh.) P. J. Cribb ■☆
232814 Lissochilus microceras Rchb. f. = Eulophia pyrophila (Rchb. f.) Summerh. ■☆
232815 Lissochilus milanjianus Rendle = Eulophia orthoplectra (Rchb. f.) Summerh. ■☆
232816 Lissochilus mildbraedii Kraenzl. = Eulophia angolensis (Rchb. f.) Summerh. ■☆
232817 Lissochilus millsonii Rolfe = Eulophia flavopurpurea (Rchb. f.) Rolfe ■☆
232818 Lissochilus monoceras Kraenzl. = Eulophia calantha Schltr. ■☆
232819 Lissochilus monteiroi Rolfe = Eulophia cucullata (Afzel. ex Sw.) Steud. ■☆
232820 Lissochilus monticola Rendle = Eulophia orthoplectra (Rchb. f.) Summerh. ■☆
232821 Lissochilus morrumbalaensis De Wild. = Eulophia streptopetala (Lindl.) Lindl. ■☆
232822 Lissochilus nervosus (H. Perrier) H. Perrier = Eulophia nervosa H. Perrier ■☆
232823 Lissochilus nyasae Rolfe = Eulophia latilabris Summerh. ■☆
232824 Lissochilus oatesii Rolfe = Eulophia streptopetala (Lindl.) Lindl. ■☆
232825 Lissochilus oliverianus Rchb. f. = Eulophia streptopetala (Lindl.) Lindl. ■☆
232826 Lissochilus orthoplectrus Rchb. f. = Eulophia orthoplectra (Rchb. f.) Summerh. ■☆
232827 Lissochilus paivaeanus Rchb. f. = Eulophia streptopetala (Lindl.) Lindl. ■☆
232828 Lissochilus palmicolus (H. Perrier) H. Perrier = Paralophia palmicola (H. Perrier) P. J. Cribb ●☆
232829 Lissochilus paludicola Rchb. f. = Eulophia angolensis (Rchb. f.) Summerh. ■☆
232830 Lissochilus panduratus (Rolfe) H. Perrier = Oeceoclades pandurata (Rolfe) Garay et P. Taylor ■☆
232831 Lissochilus paniculatus (Rolfe) H. Perrier = Oeceoclades calcarata (Schltr.) Garay et P. Taylor ■☆
232832 Lissochilus papilionaceus Rendle = Eulophia streptopetala (Lindl.) Lindl. ■☆
232833 Lissochilus parviflorus Lindl. = Eulophia parviflora (Lindl.) A. V. Hall ■☆
232834 Lissochilus parvulus Rendle = Eulophia parvula (Rendle) Summerh. ■☆
232835 Lissochilus perrieri (Schltr.) H. Perrier = Eulophia perrieri Schltr. ■☆
232836 Lissochilus petiolatus (Schltr.) H. Perrier = Oeceoclades petiolata (Schltr.) Garay et P. Taylor ■☆
232837 Lissochilus pileatus (Ridl.) H. Perrier = Eulophia pileata Ridl. ■☆
232838 Lissochilus plantagineus (Thouars) H. Perrier = Eulophia plantaginea (Thouars) Rolfe ex Hochr. ■☆
232839 Lissochilus platypetalus Lindl. = Eulophia tuberculata Bolus ■☆
232840 Lissochilus platypterus Rchb. f. = Eulophia angolensis (Rchb. f.) Summerh. ■☆
232841 Lissochilus porphyroglossus Rchb. f. = Eulophia horsfallii (Bateman) Summerh. ■☆
232842 Lissochilus pulchellus Rendle = Eulophia clitellifera (Rchb. f.) Bolus ■☆
232843 Lissochilus pulcher (Thouars) H. Perrier = Eulophia pulchra (Thouars) Lindl. ■
232844 Lissochilus pulcher (Thouars) Summerh. = Eulophia pulchra (Thouars) Lindl. ■
232845 Lissochilus pulcher Schltr. = Eulophia orthoplectra (Rchb. f.) Summerh. ■☆
232846 Lissochilus purpuratus Lindl. = Eulophia cristata (Afzel. ex Sw.) Steud. ■☆
232847 Lissochilus pyrophilus Rchb. f. = Eulophia pyrophila (Rchb. f.) Summerh. ■☆
232848 Lissochilus quadrilobus (Schltr.) H. Perrier = Oeceoclades quadriloba (Schltr.) Garay et P. Taylor ■☆
232849 Lissochilus ramosus (Ridl.) H. Perrier = Eulophia ramosa Ridl. ■☆
232850 Lissochilus rehmannii Rolfe = Eulophia clitellifera (Rchb. f.) Bolus ■☆
232851 Lissochilus rendlei Rolfe = Eulophia speciosa (R. Br. ex Lindl.) Bolus ■☆
232852 Lissochilus roseolabius Schltr. = Eulophia fridericii (Rchb. f.)

A. V. Hall ■☆
232853 Lissochilus roseus Lindl. = Eulophia horsfallii (Bateman) Summerh. ■☆
232854 Lissochilus rueppelii Rchb. f. = Eulophia streptopetala (Lindl.) Lindl. ■☆
232855 Lissochilus rutenbergianus Kraenzl. = Eulophia livingstoniana (Rchb. f.) Summerh. ■☆
232856 Lissochilus ruwenzoriensis Rendle = Eulophia streptopetala (Lindl.) Lindl. ■☆
232857 Lissochilus saccatus Rendle = Eulophia orthoplectra (Rchb. f.) Summerh. ■☆
232858 Lissochilus sandersonii Rchb. f. = Eulophia horsfallii (Bateman) Summerh. ■☆
232859 Lissochilus sapinii De Wild. = Eulophia speciosa (R. Br. ex Lindl.) Bolus ■☆
232860 Lissochilus sceptrus Schltr. = Eulophia horsfallii (Bateman) Summerh. ■☆
232861 Lissochilus schweinfurthii Rchb. f. = Eulophia latilabris Summerh. ■☆
232862 Lissochilus seleensis De Wild. = Eulophia seleensis (De Wild.) Butzin ■☆
232863 Lissochilus seretii De Wild. = Eulophia flavopurpurea (Rchb. f.) Rolfe ■☆
232864 Lissochilus shirensis Rendle = Eulophia streptopetala (Lindl.) Lindl. ■☆
232865 Lissochilus smithii Rolfe = Eulophia schweinfurthii Kraenzl. ■☆
232866 Lissochilus spatulifer (H. Perrier) H. Perrier = Oeceoclades spathulifera (H. Perrier) Garay et P. Taylor ■☆
232867 Lissochilus speciosus R. Br. ex Lindl. = Eulophia speciosa (R. Br. ex Lindl.) Bolus ■☆
232868 Lissochilus streptopetalus (Lindl.) Lindl. = Eulophia streptopetala (Lindl.) Lindl. ■☆
232869 Lissochilus stuhlmannii Kraenzl. = Eulophia streptopetala (Lindl.) Lindl. ■☆
232870 Lissochilus stylites Rchb. f. = Eulophia cucullata (Afzel. ex Sw.) Steud. ■☆
232871 Lissochilus subintegrus De Wild. = Eulophia latilabris Summerh. ■☆
232872 Lissochilus tenuissimus A. Chev. = Eulophia monile Rchb. f. var. brevipetala (Rolfe) Perez-Vera ■☆
232873 Lissochilus transvaalensis Rolfe = Eulophia horsfallii (Bateman) Summerh. ■☆
232874 Lissochilus ugandae Rolfe = Eulophia angolensis (Rchb. f.) Summerh. ■☆
232875 Lissochilus ukingensis Schltr. = Eulophia streptopetala (Lindl.) Lindl. ■☆
232876 Lissochilus uliginosus Rolfe = Eulophia cristata (Afzel. ex Sw.) Steud. ■☆
232877 Lissochilus validus Rendle = Eulophia angolensis (Rchb. f.) Summerh. ■☆
232878 Lissochilus vermiculatus De Wild. = Eulophia schweinfurthii Kraenzl. ■☆
232879 Lissochilus verrucosus Rolfe = Eulophia tuberculata Bolus ■☆
232880 Lissochilus volkensii Rolfe = Eulophia speciosa (R. Br. ex Lindl.) Bolus ■☆
232881 Lissochilus wakefieldii Rchb. f. et S. Moore = Eulophia speciosa (R. Br. ex Lindl.) Bolus ■☆
232882 Lissochilus welwitschii Rchb. f. = Eulophia horsfallii (Bateman) Summerh. ■☆
232883 Lissochilus wendlandianus (Kraenzl.) H. Perrier = Eulophia wendlandiana Kraenzl. ■☆
232884 Lissochilus wilsonii Rolfe = Eulophia caricifolia (Rchb. f.) Summerh. ■☆
232885 Lissospermum Bremek. = Strobilanthes Blume •■
232886 Lissostylis (R. Br.) Spach = Grevillea R. Br. ex Knight(保留属名)•
232887 Lissostylis (R. Br.) Spach = Lysanthe Salisb ex Knight(废弃属名)•
232888 Listera Adans.(废弃属名)= Genista L. •
232889 Listera Adans.(废弃属名)= Listera R. Br.(保留属名)■
232890 Listera R. Br.(1813)(保留属名);对叶兰属(双叶兰属);Listera, Twayblade, Twayblade Orchid ■
232891 Listera R. Br.(保留属名)= Neottia Guett.(保留属名)■
232892 Listera × veltmanii Case;费尔对叶兰;Veltman's Listera ■☆
232893 Listera auriculata Wiegand;耳状对叶兰;Auricled Twayblade ■☆
232894 Listera australis Lindl.;澳洲对叶兰;Australian Listera, Southern Twayblade ■☆
232895 Listera bambusetorum Hand.-Mazz. = Neottia bambusetorum (Hand.-Mazz.) Szlach. ■
232896 Listera biflora Schltr. = Neottia biflora (Schltr.) Szlach. ■
232897 Listera borealis Morong;北方对叶兰;Northern Twayblade ■☆
232898 Listera brachybotryosa Ts. Tang et F. T. Wang = Listera pinetorum Lindl. ■
232899 Listera brachybotryosa Ts. Tang et F. T. Wang = Neottia pinetorum (Lindl.) Szlach. ■
232900 Listera brevicaulis King et Pantl. = Neottia brevicaulis (King et Pantl.) Szlach. ■
232901 Listera brevidens Nevski;短齿对叶兰■☆
232902 Listera bungeana Y. Yabe = Listera puberula Maxim. ■
232903 Listera caurina Piper;西北对叶兰;Northwest Twayblade ■☆
232904 Listera convallarioides (Sw.) Elliott;宽叶对叶兰;Broad-leaved Twayblade, Broad-lipped Twayblade ■☆
232905 Listera cordata (L.) R. Br.;小二叶兰;Heart-leaf Twayblade, Heart-leaved Twayblade, Lesser Twayblade, Northern Listera ■☆
232906 Listera cordata (L.) R. Br. subsp. japonica (H. Hara) F. Maek. = Listera cordata (L.) R. Br. var. japonica H. Hara ■☆
232907 Listera cordata (L.) R. Br. var. chlorantha Beauverd = Listera cordata (L.) R. Br. ■☆
232908 Listera cordata (L.) R. Br. var. japonica H. Hara;日本小二叶兰■☆
232909 Listera cordata (L.) R. Br. var. nephrophylla (Rydb.) Hultén;肾叶二叶兰;Western Heart-leaved Twayblade ■☆
232910 Listera deltoidea Fukuy.;三角对叶兰(三角双叶兰);Triangle Listera ■
232911 Listera deltoidea Fukuy. = Listera suzukii Masam. ■
232912 Listera deltoidea Fukuy. = Neottia suzukii (Masam.) Szlach. ■
232913 Listera divaricata Panigrahi et P. Taylor = Neottia divaricata (Panigrahi et P. Taylor) Szlach. ■
232914 Listera eschscholziana Cham. = Listera convallarioides (Sw.) Elliott ■☆
232915 Listera fangii Ts. Tang et F. T. Wang ex S. C. Chen et G. H. Zhu = Neottia fangii (Ts. Tang et F. T. Wang ex S. C. Chen et G. H. Zhu) S. C. Chen ■
232916 Listera grandiflora Rolfe = Neottia wardii (Rolfe) Szlach. ■

232917 Listera grandiflora Rolfe var. megalochila S. C. Chen = Neottia chenii S. W. Gale et P. J. Cribb ■
232918 Listera inayatii Duthie = Neottia inayatii (Duthie) Beauverd ■☆
232919 Listera japonica Blume;日本对叶兰(日本双叶兰,小双叶兰);Japan Listera,Japanese Listera ■
232920 Listera japonica Blume = Neottia japonica (M. Furuse) K. Inoue ■
232921 Listera japonica Blume f. albostriata (Masam.) Masam.;白毛日本对叶兰■
232922 Listera japonica Blume f. longifolia Nackej.;长叶日本对叶兰■
232923 Listera japonica Blume f. viridis (Hiyama) Y. Kobay.;绿花日本对叶兰■
232924 Listera kashmiriana Duthie = Neottia inayatii (Duthie) Beauverd ■☆
232925 Listera kuanshanensis H. J. Su;关山双叶兰;Guanshan Listera ■
232926 Listera kuanshanensis H. J. Su = Neottia kuanshanensis (H. J. Su) T. C. Hsu et S. W. Chung ■
232927 Listera lindleyana (Decne.) King et Pantl. = Neottia listeroides Lindl. ■
232928 Listera lindleyana Decne. = Neottia listeroides Lindl. ■
232929 Listera longicaulis King et Pantl. = Neottia longicaulis (King et Pantl.) Szlach. ■
232930 Listera macrantha Fukuy.;长唇对叶兰(长舌双叶兰,大花双叶兰);Longlip Listera ■
232931 Listera macrantha Fukuy. = Neottia formosana S. C. Chen,S. W. Gale et P. J. Cribb ■
232932 Listera maculata (Ts. Tang et F. T. Wang) K. Y. Lang = Listera puberula Maxim. var. maculata (Ts. Tang et F. T. Wang) S. C. Chen et Y. B. Luo ■
232933 Listera major Nakai = Listera puberula Maxim. ■
232934 Listera makinoana Ohwi;青二叶兰;Makino Listera ■☆
232935 Listera megalochila (S. C. Chen) S. C. Chen et G. H. Zhu = Neottia chenii S. W. Gale et P. J. Cribb ■
232936 Listera meifongensis H. J. Su et C. Y. Hu;梅峰双叶兰;Meifeng Listera ■
232937 Listera meifongensis H. J. Su et C. Y. Hu = Neottia meifongensis (H. J. Su et C. Y. Hu) T. C. Hsu et S. W. Chung ■
232938 Listera micrantha Lindl. = Neottia karoana Szlach. ■
232939 Listera microphylla S. C. Chen et Y. B. Luo = Neottia microphylla (S. C. Chen et Y. B. Luo) S. C. Chen,S. W. Gale et P. J. Cribb ■
232940 Listera morrisonicola Hayata = Neottia morrisonicola (Hayata) Szlach. ■
232941 Listera mucronata Panigrahi et J. J. Wood = Listera puberula Maxim. ■
232942 Listera mucronata Panigrahi et J. J. Wood = Neottia mucronata (Panigrahi et J. J. Wood) Szlach. ■
232943 Listera nanchuanica S. C. Chen = Neottia nanchuanica (S. C. Chen) Szlach. ■
232944 Listera nankomontana Fukuy. = Neottia nankomontana (Fukuy.) Szlach. ■
232945 Listera nephrophylla Rydb. = Listera cordata (L.) R. Br. var. nephrophylla (Rydb.) Hultén ■☆
232946 Listera nipponica Makino;深山二叶兰;Nipponese Listera ■☆
232947 Listera nipponica Makino f. albovariegata Masam. et Satomi;白斑深山二叶兰■☆
232948 Listera nipponica Makino f. viridis Masam. et Satomi;绿花深山二叶兰■☆
232949 Listera oblata S. C. Chen = Neottia oblata (S. C. Chen) Szlach. ■
232950 Listera ovata (L.) R. Br.;卵叶对叶兰(卵圆对叶兰,欧洲对叶兰);Adder's Spit, Adder's Tongue, Bifoil, Bird's Nest, Common Twayblade, Double-leaf, Egg-shaped Twayblade, Herb Bifoil, Lady's Tresses, Man Orchid, Martagon, Ovateleaf Listera, Sweethearts, Twayblade, Twyblade ■
232951 Listera ovata R. Br. = Listera ovata (L.) R. Br. ■
232952 Listera pinetorum Lindl. = Listera macrantha Fukuy. ■
232953 Listera pinetorum Lindl. = Neottia pinetorum (Lindl.) Szlach. ■
232954 Listera pseudonipponica Fukuy. = Neottia pseudonipponica (Fukuy.) Szlach. ■
232955 Listera puberula Maxim. = Neottia puberula (Maxim.) Szlach. ■
232956 Listera puberula Maxim. var. maculata (Ts. Tang et F. T. Wang) S. C. Chen et Y. B. Luo = Neottia puberula Maxim. var. maculata (Ts. Tang et F. T. Wang) S. C. Chen,S. W. Gale et P. J. Cribb ■
232957 Listera reniformis D. Don = Habenaria reniformis (D. Don) Hook. f. ■
232958 Listera retusa Suksd. = Listera caurina Piper ■☆
232959 Listera savatieri Maxim. ex Kom. = Listera puberula Maxim. ■
232960 Listera savatieri Maxim. ex Kom. var. maculata Tang et F. T. Wang = Neottia puberula Maxim. var. maculata (Ts. Tang et F. T. Wang) S. C. Chen,S. W. Gale et P. J. Cribb ■
232961 Listera savatieri Maxim. ex Kom. var. maculata Ts. Tang et F. T. Wang = Listera puberula Maxim. var. maculata (Ts. Tang et F. T. Wang) S. C. Chen et Y. B. Luo ■
232962 Listera shaoii S. S. Ying = Listera japonica Blume ■
232963 Listera shaoii S. S. Ying = Neottia japonica (M. Furuse) K. Inoue ■
232964 Listera shikokiana Makino = Listera japonica Blume ■
232965 Listera shikokiana Makino = Neottia japonica (M. Furuse) K. Inoue ■
232966 Listera smallii Wiegand;斯莫尔对叶兰;Appalachian Twayblade, Kidney-leaf Twayblade ■☆
232967 Listera smithii Schltr. = Neottia smithii (Schltr.) Szlach. ■
232968 Listera suzukii Masam. = Neottia suzukii (Masam.) Szlach. ■
232969 Listera taiwaniana S. S. Ying = Listera morrisonicola Hayata ■
232970 Listera taiwaniana S. S. Ying = Neottia morrisonicola (Hayata) Szlach. ■
232971 Listera taizaneneis Fukuy. = Neottia taizanensis (Fukuy.) Szlach. ■
232972 Listera tianschanica Grubov = Neottia tianschanica (Grubov) Szlach. ■
232973 Listera uraiensis S. S. Ying = Listera suzukii Masam. ■
232974 Listera uraiensis S. S. Ying = Neottia suzukii (Masam.) Szlach. ■
232975 Listera veltmanii Case;费尔特曼对叶兰;Veltman's Listera ■☆
232976 Listera wardii Rolfe = Listera grandiflora Rolfe ■
232977 Listera wardii Rolfe = Neottia wardii (Rolfe) Szlach. ■
232978 Listera yatabei Makino = Listera puberula Maxim. ■
232979 Listera yuana Ts. Tang et F. T. Wang = Listera pinetorum Lindl. ■
232980 Listera yuana Ts. Tang et F. T. Wang = Neottia pinetorum (Lindl.) Szlach. ■
232981 Listera yunnanensie S. C. Chen = Neottia yunnanensis (S. C. Chen) Szlach. ■
232982 Listeria Neck. ex Raf. = Oldenlandia L. ●■
232983 Listeria Spreng. = Listera R. Br.(保留属名)■

232984 Listia E. Mey. = Lotononis (DC.) Eckl. et Zeyh. (保留属名)■
232985 Listrobanthes Bremek. = Strobilanthes Blume ●■
232986 Listrostachys Rchb. = Listrostachys Rchb. f. ■☆
232987 Listrostachys Rchb. f. (1852);铲穗兰属■☆
232988 Listrostachys acuminata Rolfe = Cyrtorchis arcuata (Lindl.) Schltr. subsp. variabilis Summerh. ■☆
232989 Listrostachys amaniensis Kraenzl. = Rangaeris amaniensis (Kraenzl.) Summerh. ■☆
232990 Listrostachys arcuata (Lindl.) Rchb. f. = Cyrtorchis arcuata (Lindl.) Schltr. ■☆
232991 Listrostachys ashantensis (Lindl.) Rchb. f. = Diaphananthe bidens (Sw. ex Pers.) Schltr. ■☆
232992 Listrostachys batesii Rolfe = Bolusiella batesii (Rolfe) Schltr. ■☆
232993 Listrostachys behnickiana Kraenzl. = Listrostachys pertusa (Lindl.) Rchb. f. ■☆
232994 Listrostachys bidens (Sw.) Rolfe = Diaphananthe bidens (Sw. ex Pers.) Schltr. ■☆
232995 Listrostachys bistorta (Rolfe) Rolfe = Homocolleticon ringens (Rchb. f.) Szlach. et Olszewski ■☆
232996 Listrostachys braunii T. Durand et Schinz = Ancistrorhynchus metteniae (Kraenzl.) Summerh. ■☆
232997 Listrostachys brownii Rolfe;布朗铲穗兰■☆
232998 Listrostachys capitata (Lindl.) Rchb. f. = Ancistrorhynchus capitatus (Lindl.) Summerh. ■☆
232999 Listrostachys caudata (Lindl.) Rchb. f. = Plectrelminthus caudatus (Lindl.) Summerh. ■☆
233000 Listrostachys cephalotes Rchb. f. = Ancistrorhynchus cephalotes (Rchb. f.) Summerh. ■☆
233001 Listrostachys cirrhosa Kraenzl. = Tridactyle bicaudata (Lindl.) Schltr. ■☆
233002 Listrostachys clandestina (Lindl.) Rolfe = Ancistrorhynchus clandestinus (Lindl.) Schltr. ■☆
233003 Listrostachys clavata Rendle = Angraecum multinominatum Rendle ■☆
233004 Listrostachys colara A. Chev. = Rangaeris rhipsalisocia (Rchb. f.) Summerh. ■☆
233005 Listrostachys cordatiglandula De Wild. = Rangaeris rhipsalisocia (Rchb. f.) Summerh. ■☆
233006 Listrostachys dactyloceras Rchb. f. = Podangis dactyloceras (Rchb. f.) Schltr. ■☆
233007 Listrostachys droogmansiana De Wild. = Homocolleticon monteriroae (Rchb. f.) Szlach. et Olszewski ■☆
233008 Listrostachys durandiana Kraenzl. = Ancistrorhynchus clandestinus (Lindl.) Schltr. ■☆
233009 Listrostachys engleriana (Kraenzl.) Kraenzl. = Rangaeris muscicola (Rchb. f.) Summerh. ■☆
233010 Listrostachys erythraeae Rolfe = Cyrtorchis erythraeae (Rolfe) Schltr. ■☆
233011 Listrostachys falcata De Wild. = Diaphananthe fragrantissima (Rchb. f.) Schltr. ■☆
233012 Listrostachys filiformis Kraenzl. = Nephrangis filiformis (Kraenzl.) Summerh. ■☆
233013 Listrostachys fimbriata (Rendle) Kraenzl. = Tridactyle bicaudata (Lindl.) Schltr. ■☆
233014 Listrostachys fimbriata Rolfe = Diaphananthe fragrantissima (Rchb. f.) Schltr. ■☆
233015 Listrostachys floribunda Rolfe = Rangaeris muscicola (Rchb. f.) Summerh. ■☆
233016 Listrostachys forcipata Kraenzl. = Podangis dactyloceras (Rchb. f.) Schltr. ■☆
233017 Listrostachys fragrantissima Rchb. f. = Diaphananthe fragrantissima (Rchb. f.) Schltr. ■☆
233018 Listrostachys gabonensis Rolfe = Rhipidoglossum rutilum (Rchb. f.) Schltr. ■☆
233019 Listrostachys gentilii De Wild. = Ancistrorhynchus capitatus (Lindl.) Summerh. ■☆
233020 Listrostachys glomerata (Ridl.) Rolfe = Ancistrorhynchus cephalotes (Rchb. f.) Summerh. ■☆
233021 Listrostachys graminifolia Kraenzl. = Ypsilopus longifolius (Kraenzl.) Summerh. ■☆
233022 Listrostachys hamata Rolfe = Cyrtorchis hamata (Rolfe) Schltr. ■☆
233023 Listrostachys hookeri Rolfe = Homocolleticon ringens (Rchb. f.) Szlach. et Olszewski ■☆
233024 Listrostachys ichneumonea (Lindl.) Rchb. f. = Chamaeangis ichneumonea (Lindl.) Schltr. ■☆
233025 Listrostachys ignoti Kraenzl. = Homocolleticon ringens (Rchb. f.) Szlach. et Olszewski ■☆
233026 Listrostachys imbricata Rolfe = Bolusiella maudiae (Bolus) Schltr. ■☆
233027 Listrostachys injoloensis De Wild. = Homocolleticon injoloensis (De Wild.) Szlach. et Olszewski ■☆
233028 Listrostachys iridifolia Rolfe = Bolusiella iridifolia (Rolfe) Schltr. ■☆
233029 Listrostachys jenischiana Rchb. f. = Listrostachys pertusa (Lindl.) Rchb. f. ■☆
233030 Listrostachys kindtiana De Wild. = Tridactyle tridactylites (Rolfe) Schltr. ■☆
233031 Listrostachys kirkii Rolfe = Diaphananthe fragrantissima (Rchb. f.) Schltr. ■☆
233032 Listrostachys lecomtei Finet = Chamaeangis lecomtei (Finet) Schltr. ■☆
233033 Listrostachys linearifolia De Wild. = Tridactyle filifolia (Schltr.) Schltr. ■☆
233034 Listrostachys longissima Kraenzl. = Diaphananthe bidens (Sw. ex Pers.) Schltr. ■☆
233035 Listrostachys maialis A. Chev. = Cyrtorchis arcuata (Lindl.) Schltr. subsp. variabilis Summerh. ■☆
233036 Listrostachys margaritae De Wild. = Rhipidoglossum rutilum (Rchb. f.) Schltr. ■☆
233037 Listrostachys metteniae Kraenzl. = Ancistrorhynchus metteniae (Kraenzl.) Summerh. ■☆
233038 Listrostachys monodon (Lindl.) Rchb. f. = Diaphananthe bidens (Sw. ex Pers.) Schltr. ■☆
233039 Listrostachys monteiroae Rchb. f. = Homocolleticon monteriroae (Rchb. f.) Szlach. et Olszewski ■☆
233040 Listrostachys multiflora Rolfe = Rhipidoglossum rutilum (Rchb. f.) Schltr. ■☆
233041 Listrostachys muscicola (Rchb. f.) Rolfe = Rangaeris muscicola (Rchb. f.) Summerh. ■☆
233042 Listrostachys mystacioides Kraenzl. = Diaphananthe bidens (Sw. ex Pers.) Schltr. ■☆
233043 Listrostachys papagayi Rchb. f. = Diaphananthe papagayi

(Rchb. f.) Schltr. ■☆

233044 Listrostachys parviflora (Thouars) S. Moore = Angraecopsis parviflora (Thouars) Schltr. ■☆

233045 Listrostachys pellucida (Lindl.) Rchb. f. = Diaphananthe pellucida (Lindl.) Schltr. ■☆

233046 Listrostachys pertusa (Lindl.) Rchb. f.;孔洞铲穗兰■☆

233047 Listrostachys polydactyla Kraenzl. = Rhipidoglossum polydactylum (Kraenzl.) Garay ■☆

233048 Listrostachys polystachys Rchb. f. = Oeoniella polystachys (Thouars) Schltr. ■☆

233049 Listrostachys pulchella Kraenzl. = Mystacidium pulchellum (Kraenzl.) Schltr. ■☆

233050 Listrostachys pynaertii De Wild. = Chamaeangis odoratissima (Rchb. f.) Schltr. ■☆

233051 Listrostachys refracta Kraenzl. = Ancistrorhynchus refractus (Kraenzl.) Summerh. ■☆

233052 Listrostachys rhipsalisocia (Rchb. f.) Rolfe = Rangaeris rhipsalisocia (Rchb. f.) Summerh. ■☆

233053 Listrostachys ringens Rchb. f. = Homocolleticon ringens (Rchb. f.) Szlach. et Olszewski ■☆

233054 Listrostachys saxicola Kraenzl. = Podangis dactyloceras (Rchb. f.) Schltr. ■☆

233055 Listrostachys scheffleriana Kraenzl. = Diaphananthe xanthopollinia (Rchb. f.) Summerh. ■☆

233056 Listrostachys sedenii Rchb. f. = Cyrtorchis arcuata (Lindl.) Schltr. subsp. variabilis Summerh. ■☆

233057 Listrostachys solheidii De Wild. = Rangaeris muscicola (Rchb. f.) Summerh. ■☆

233058 Listrostachys subulata (Lindl.) Rchb. f. = Angraecum subulatum Lindl. ■☆

233059 Listrostachys tenerrima Kraenzl. = Rhipidoglossum mildbraedii (Kraenzl.) Garay ■☆

233060 Listrostachys thonneriana Kraenzl. = Diaphananthe pellucida (Lindl.) Schltr. ■☆

233061 Listrostachys trachypa Kraenzl. = Rangaeris rhipsalisocia (Rchb. f.) Summerh. ■☆

233062 Listrostachys trifurca (Rchb. f.) Finet = Angraecopsis trifurca (Rchb. f.) Schltr. ■☆

233063 Listrostachys urostachya Kraenzl. = Chamaeangis odoratissima (Rchb. f.) Schltr. ■☆

233064 Listrostachys vandaeformis Kraenzl. = Diaphananthe vandaeformis (Kraenzl.) Schltr. ■☆

233065 Listrostachys vesicata (Lindl.) Rchb. f. = Chamaeangis vesicata (Lindl.) Schltr. ■☆

233066 Listrostachys virgula (Kraenzl.) Rolfe = Tridactyle virgula (Kraenzl.) Schltr. ■☆

233067 Listrostachys welwitschii Rchb. f. = Diaphananthe welwitschii (Rchb. f.) Schltr. ■☆

233068 Listrostachys whytei Rolfe = Cyrtorchis arcuata (Lindl.) Schltr. subsp. whytei (Rolfe) Summerh. ■☆

233069 Listrostachys zenkeri Kraenzl. = Bolusiella zenkeri (Kraenzl.) Schltr. ■☆

233070 Lisyanthus Aubl. = Lisianthus P. Browne ■☆

233071 Lita Schreb. = Voyria Aubl. ■☆

233072 Litanthes Lindl. = Litanthus Harv. ■☆

233073 Litanthus Harv. (1844);小茎风信子属■☆

233074 Litanthus pusillus Harv.;小茎风信子■☆

233075 Litanthus pusillus Harv. = Drimia uniflora J. C. Manning et Goldblatt ■☆

233076 Litanum Nieuwl. = Talinum Adans. (保留属名)■●

233077 Litchi Sonn. (1782);荔枝属;Leechee,Lichee,Litchi,Lychee ●

233078 Litchi chinensis Sonn.;荔枝(茘,侧生,赪乱珠,赪蛇珠,赤芝,大荔,丹荔,丹芝,飣坐真人,蜂衣仙子,福果,甘露水,甘液,桂芝,海山仙人,红皱,火山荔,火芝,金芝,菌芝,勒荔,雷芝,离支,离芝,离枝,丽枝,荔果,荔锦,荔支,荔枝果,荔子,欐枝,琼珠,山芝,神芝,十八娘,天垢子,天芝,五德子,缃枝,燕胎子,玉晴子,元红,垣衣,皱玉天浆,朱柹,紫囊,紫芝);Leechee,Leechee Litchi Nut,Lichee,Litchi,Lychee,Lytchee ●

233079 Litchi chinensis Sonn. var. euspontanea H. H. Hsue;野生荔枝;Wild Lychee ●

233080 Litchi chinensis Sonn. var. euspontanea H. H. Hsue = Litchi chinensis Sonn. ●

233081 Litchi chinensis Sonn. var. javensis Leenh.;爪哇荔枝●☆

233082 Litchi litchi Britton = Litchi chinensis Sonn. ●

233083 Litchi philippinensis Radlk. ex Whitford;菲岛荔枝;Philippine Lychee ●☆

233084 Litchi sinensis Sonn. = Litchi chinensis Sonn. ●

233085 Lithachne P. Beauv. (1812);石稃禾属■☆

233086 Lithachne axillaris P. Beauv.;石稃禾■☆

233087 Lithachne pauciflora (Sw.) P. Beauv.;少花石稃禾■☆

233088 Lithacne Poir. = Olyra L. ■☆

233089 Lithagrostis Gaertn. = Coix L. ●■

233090 Lithagrostis lacryma-jobi (L.) Gaertn. = Coix lacryma-jobi L. ●■

233091 Lithagrostis lacryma-jobi Gaertn. = Coix lacryma-jobi L. ●■

233092 Lithanthus Pfeiff. = Litanthus Harv. ■☆

233093 Lithobium Bong. (1838);石地野牡丹属☆

233094 Lithobium cordatum Bong.;石地野牡丹☆

233095 Lithocardium Kuntze = Cordia L. (保留属名)●

233096 Lithocarpos Targ. -Toz. = Attalea Kunth ●☆

233097 Lithocarpos Targ. -Toz. ex Steud. = Attalea Kunth ●☆

233098 Lithocarpus Blume ex Pfeiff. = Styrax L. ●

233099 Lithocarpus Blume(1826);石栎属(椆属,柯属,苦扁桃叶石栎属,石柯属);Tan Oak,Tanbark Oak,Tanoak,Tan-oak ●

233100 Lithocarpus Steud. = Attalea Kunth ●☆

233101 Lithocarpus Steud. = Lithocarpos Targ. -Toz. ●☆

233102 Lithocarpus affinis C. C. Huang = Lithocarpus confinis C. C. Huang ex Y. C. Hsu et H. Wei Jen ●

233103 Lithocarpus amoenus Chun et C. C. Huang;愉柯(喜悦石栎,愉椆,悦柯);Cheeful Tanoak,Lovely Tanoak ●

233104 Lithocarpus amygdalifolius (V. Naray. ex Forbes et Hemsl.) Hayata;杏叶柯(红椆,苦扁桃叶石栎,岭梅,校力,校栎,校栗,杏叶椆,杏叶木姜子,杏叶石栎);Amygdalata Leaved Tanoak, Apricotleaf Tanoak,Apricot-leaved Tanoak ●

233105 Lithocarpus amygdalifolius (V. Naray. ex Forbes et Hemsl.) Hayata var. praecipitiorum Chun = Lithocarpus amygdalifolius (V. Naray. ex Forbes et Hemsl.) Hayata ●

233106 Lithocarpus amygdalifolius (V. Naray. ex Forbes et Hemsl.) Hayata var. praecipitiorum Chun;崖柯(陡崖杏叶柯)●

233107 Lithocarpus amygdalifolius (V. Naray.) Hayata = Lithocarpus amygdalifolius (V. Naray. ex Forbes et Hemsl.) Hayata ●

233108 Lithocarpus amygdalifolius (V. Naray.) Hayata var. praecipitiorum Chun = Lithocarpus amygdalifolius (V. Naray. ex Forbes et Hemsl.) Hayata ●

233109 Lithocarpus anisobalanos Chun et F. C. How = Lithocarpus cyrtocarpus (Drake) A. Camus ●

233110 Lithocarpus annamensis (Hickel et A. Camus) A. Camus = Lithocarpus mekongensis (A. Camus) C. C. Huang et Y. T. Chang ●

233111 Lithocarpus apricus C. C. Huang et Y. T. Chang;向阳柯;Sun-loving Tanoak,Sunny Tanoak ●

233112 Lithocarpus arcuala (Spreng.) C. C. Huang et Y. T. Chang;小箱柯(小箱椆,小箱石栎);Smallbox Tanoak,Tanoak ●

233113 Lithocarpus areca (Hickel et A. Camus) A. Camus;槟榔柯(槟榔椆,槟榔石栎,长果石栎,米哥);Betlnutpalm Tanoak,Betlnut-palm Tanoak,Pinang Tanoak ●◇

233114 Lithocarpus arisanensis (Hayata) Hayata = Lithocarpus hancei (Benth.) Rehder ●

233115 Lithocarpus attenuatus (V. Naray.) Rehder;尖叶柯(尖叶椆,尖叶石栎);Sharpleaf Tanoak,Sharp-leaved Tanoak ●

233116 Lithocarpus bacgiangensis (Hickel et A. Camus) A. Camus;茸果柯(茸果椆,茸果石栎);Tomentosefruit Tanoak,Tomentose-fruited Tanoak,Velvetfruit Tanoak ●

233117 Lithocarpus balansae (Drake) A. Camus;猴面柯(猴面椆,猴面石栎);Balanse Tan Oak,Balanse Tanoak,Monkeyface Tanoak ●

233118 Lithocarpus baviensis (Drake) A. Camus = Lithocarpus truncatus (King) Rehder var. baviensis (Drake) A. Camus ●

233119 Lithocarpus bonnetii (Hickel et A. Camus) A. Camus;帽柯;Bonnet Tanoak ●

233120 Lithocarpus brachyacanthus (Hayata) Koidz. = Castanopsis eyrei (Champ.) Tutcher ●

233121 Lithocarpus brachystachyus Chun;短穗柯(短穗石栎);Shortspike Tanoak,Shortspiked Tanoak ●◇

233122 Lithocarpus brevicaudatus (V. Naray.) Hayata;岭南柯(大叶杜仔,杜仔,短尾柯,短尾叶石栎,笠柴,岭南石柯,岭南石栎,绵槠,胖椆,槠栎);Shortcaudate Tanoak,Shortcaudated Tanoak,Shorttail Tanoak,Short-tailed Leaf Tanoak ●

233123 Lithocarpus brevicaudatus (V. Naray.) Hayata var. pinnativena (Yamam.) Suzuki ex Masam. = Lithocarpus brevicaudatus (V. Naray.) Hayata ●

233124 Lithocarpus brevicaudatus (V. Naray.) Hayata var. pinnativenus Yamam. = Lithocarpus brevicaudatus (V. Naray.) Hayata ●

233125 Lithocarpus brunneus Rehder = Lithocarpus taitoensis (Hayata) Hayata ●

233126 Lithocarpus calathiformis (V. Naray.) A. Camus = Castanopsis calathiformis (V. Naray.) Rehder et P. Wilson ●

233127 Lithocarpus calolepis Y. C. Hsu et H. Wei Jen;美苞柯(美苞石栎);Beautybract Tanoak,Prettybract Tanoak,Pretty-scaled Tanoak ●

233128 Lithocarpus calophyllus Chun ex C. C. Huang et Y. T. Chang;美叶柯(红叶橡,黄背栎,黄椆,美叶椆,美叶石栎);Beautiful Tanoak,Pretty Leaf Tan Oak,Prettyleaf Tanoak,Pretty-leaved Tanoak ●

233129 Lithocarpus cambodiensis A. Camus = Lithocarpus farinulentus (Hance) A. Camus ●

233130 Lithocarpus carolinae (V. Naray.) Rehder;红心柯;Carolina Tanoak,Redheart Tanoak ●

233131 Lithocarpus castanopsifolius (Hayata) Hayata = Lithocarpus lepidocarpus (Hayata) Hayata ●

233132 Lithocarpus castanopsisifolius (Hayata) Hayata;槠叶石栎(鬼栎,鬼石栎);Devil Tanoak ●

233133 Lithocarpus castanopsisifolius (Hayata) Hayata = Lithocarpus amygdalifolius (V. Naray. ex Forbes et Hemsl.) Hayata ●

233134 Lithocarpus castanopsisifolius (Hayata) Hayata = Lithocarpus lepidocarpus (Hayata) Hayata ●

233135 Lithocarpus cathayanus (Seemen) Rehder = Lithocarpus truncatus (King) Rehder ●

233136 Lithocarpus caudatilimbus (Merr.) A. Camus;尾叶柯(尾叶石栎);Caudateleaf Tanoak,Caudate-leaved Tanoak,Tailleaf Tanoak ●

233137 Lithocarpus cerebrinus (Hickel et A. Camus) A. Camus = Castanopsis cerebrina (Hickel et A. Camus) Barnett ●

233138 Lithocarpus cheliensis (Hu) A. Camus = Lithocarpus fohaiensis (Hu) A. Camus ●

233139 Lithocarpus chienchuanensis Hu = Lithocarpus variolosus (Franch.) Chun ●

233140 Lithocarpus chifui Chun et Tsiang;粤北柯(粤北椆,粤北石栎);Chifu Tanoak,N. Guangdong Tanoak ●

233141 Lithocarpus chinensis (Abel) A. Camus = Castanopsis sclerophylla (Lindl.) Schottky ●

233142 Lithocarpus chiungchungensis Chun et P. C. Tam;琼中柯(琼中石栎);Qiongzhong Tanoak ●

233143 Lithocarpus chrysocomus Chun et Tsiang;金毛柯(黄椆,金毛石栎);Golden Hairy Tan Oak,Goldenhair Tanoak,Goldenhairy Tanoak,Golden-hairy Tanoak ●

233144 Lithocarpus chrysocomus Chun et Tsiang var. zhangpingensis Q. F. Zheng = Lithocarpus chrysocomus Chun et Tsiang ●

233145 Lithocarpus chrysocomus Chun et Tsiang var. zhangpingensis Q. F. Zheng;漳平金毛榕;Zhangping Goldenhairy Tanoak ●

233146 Lithocarpus chrysocomus var. zhangpingensis Q. F. Zheng = Lithocarpus chrysocomus Chun et Tsiang ●

233147 Lithocarpus cinereus Chun et C. C. Huang;炉灰柯;Ash Tanoak,Ash-coloured Tanoak ●

233148 Lithocarpus cleistocarpus (Seemen) Rehder et E. H. Wilson;包槲柯(包果柯,包果石栎,包石栎,椆钩栎,猪栎树);Closedfruit Tanoak,Closed-fruited Tanoak,Wrapfruit Tanoak ●

233149 Lithocarpus cleistocarpus (Seemen) Rehder et E. H. Wilson var. fangiana A. Camus = Lithocarpus cleistocarpus (Seemen) Rehder et E. H. Wilson var. omeiensis W. P. Fang ●

233150 Lithocarpus cleistocarpus (Seemen) Rehder et E. H. Wilson var. omeiensis W. P. Fang;峨眉包槲柯(峨眉包果柯);Emei Closedfruit Tanoak,Omei Closedfruit Tanoak ●

233151 Lithocarpus collettii (King ex Hook. f.) A. Camus;格林柯(细柄柯,细柄石栎);Collett Tanoak ●

233152 Lithocarpus confinis C. C. Huang ex Y. C. Hsu et H. Wei Jen;窄叶柯(长叶栎,窄叶椆,窄叶石栎);Narrowleaf Tanoak,Narrow-leaved Tanoak ●

233153 Lithocarpus corneus (Lour.) Rehder;烟斗柯(滇粤石栎,后大埔柯,后大埔石栎,怀集柯,黄槠,黄槠,石柯,石锥,烟斗石栎,烟斗子);Horny Tanoak,Pipe Tanoak,Tsang Tanoak ●

233154 Lithocarpus corneus (Lour.) Rehder = Pasania cornea (Lour.) J. C. Liao ●

233155 Lithocarpus corneus (Lour.) Rehder var. angustifolius C. C. Huang et Y. T. Chang;窄叶烟斗柯(窄叶烟斗椆);Narrowleaf Horny Tanoak,Narrowleaf Pipe Tanoak ●

233156 Lithocarpus corneus (Lour.) Rehder var. fructuosus C. C. Huang et Y. T. Chang;多果烟斗柯;Manyfruit Horny Tanoak ●

233157 Lithocarpus corneus (Lour.) Rehder var. hainanensis (Merr.) C. C. Huang et Y. T. Chang;海南烟斗柯;Hainan Horny Tanoak ●

233158 Lithocarpus corneus (Lour.) Rehder var. hemisphaericus (Drake) Hickel et A. Camus;大烟斗石栎(大烟斗柯);Big Pipe Tanoak,Hemisphaeric Horny Tanoak ●

233159 Lithocarpus corneus (Lour.) Rehder var. rhytidophyllus C. C. Huang et Y. T. Chang;皱叶烟斗柯;Winkledleaf Horny Tanoak ●

233160 Lithocarpus corneus (Lour.) Rehder var. zonatus C. C. Huang et Y. T. Chang;环鳞烟斗柯;Cyclicscale Horny Tanoak, Cyclicscale Pipe Tanoak ●

233161 Lithocarpus craibianus Barnett;白穗柯(白穗椆,白穗石栎,木都,乳状石栎);Craib Tanoak, Whitespike Tanoak ●

233162 Lithocarpus crassifolius A. Camus;硬叶柯(闭壳椆,闭壳石栎);Closesheath Tanoak, Cryptic Fruit Tanoak, Hardleaf Tanoak, Thick-leaved Tanoak ●

233163 Lithocarpus cryptocarpus A. Camus = Lithocarpus cyrtocarpus (Drake) A. Camus ●

233164 Lithocarpus cucullatus C. C. Huang et Y. T. Chang;风兜柯;Cucullate Tanoak, Hood-shaped Tanoak, Pocket Tanoak ●

233165 Lithocarpus cuneiformis A. Camus = Lithocarpus hancei (Benth.) Rehder ●

233166 Lithocarpus cuneiformis A. Camus = Lithocarpus harlandii (Hance) Rehder ●

233167 Lithocarpus cuneiformis A. Camus = Pasania harlandii (Hance) Oerst. ●

233168 Lithocarpus cyrtocarpus (Drake) A. Camus;鱼篮柯(老鼠兀,椆针树,鱼篮椆,鱼篮石栎);Bentfruit Tanoak, Bent-fruited Tanoak, Bladder-fruited Tanoak, Cryptic-fruited Tanoak ●

233169 Lithocarpus damiaoshanicus C. C. Huang et Y. T. Chang;大苗山柯;Damiaoshan Tanoak ●

233170 Lithocarpus dealbatus (Hook. f. et Thomson ex DC.) Rehder = Lithocarpus dealbatus (Hook. f. et Thomson ex Miq.) Rehder ●

233171 Lithocarpus dealbatus (Hook. f. et Thomson ex DC.) Rehder subsp. mannii Y. C. Hsu et H. Wei Jen = Lithocarpus thomsonii (Miq.) Rehder ●

233172 Lithocarpus dealbatus (Hook. f. et Thomson ex DC.) Rehder suhsp. mannii Y. C. Hsu et H. Wei Jen var. yunnanensis A. Camus = Lithocarpus talangensis C. C. Huang et Y. T. Chang ●

233173 Lithocarpus dealbatus (Hook. f. et Thomson ex DC.) Rehder var. yunnanensis A. Camus = Lithocarpus talangensis C. C. Huang et Y. T. Chang ●

233174 Lithocarpus dealbatus (Hook. f. et Thomson ex Miq.) Rehder;白皮柯(白背石栎,白柯,白栎,白皮椆,滇石栎,甜茶,砚山石栎,野槟榔,猪栎);White Tanoak, Whitebark Tanoak, White-barked Tanoak ●

233175 Lithocarpus dealbatus (Hook. f. et Thomson ex Miq.) Rehder var. yunnanensis A. Camus = Lithocarpus talangensis C. C. Huang et Y. T. Chang ●

233176 Lithocarpus densiflorus (Hook. et Arn.) Rehder;密花石栎(密花石柯);Denseflower Tanoak, Tan Oak, Tanbark Oak, Tan-bark Oak, Tanbark-oak, Tanoak ●☆

233177 Lithocarpus densiflorus (Hook. et Arn.) Rehder var. echinoides (R. Br.) Abrams;刺密花石栎;Dwarf Tanbark ●☆

233178 Lithocarpus densiflorus (Hook. et Arn.) Rehder var. echinoides Abrams = Lithocarpus densiflorus (Hook. et Arn.) Rehder var. echinoides (R. Br.) Abrams ●☆

233179 Lithocarpus dictyoneuron Chun;皱叶石栎(两广皱叶椆,南川柯,显脉柯);Netvein Tanoak, Net-veined Tanoak ●

233180 Lithocarpus dictyoneuron Chun = Lithocarpus rosthornii (Schottky) Barnett ●

233181 Lithocarpus dodonaeifolius (Hayata) Hayata;柳叶柯(车桑子叶柯,柳叶石栎);Dodonaea-leaf Tanoak, Hopsedbush-leaved Tanoak, Willowleaf Tanoak ●

233182 Lithocarpus dodonaeifolius (Hayata) Hayata = Pasania dodonaeifolia Hayata ●

233183 Lithocarpus dulongensis H. Li et Y. C. Hsu;独龙石栎;Dulong Anoak ●

233184 Lithocarpus dulongensis H. Li et Y. C. Hsu = Lithocarpus pachyphyllus (Kurz) Rehder var. fruticosus (G. Watt ex King) A. Camus ●

233185 Lithocarpus dunnii F. P. Metcalf = Cyclobalanopsis jenseniana (Hand. -Mazz.) W. C. Cheng et T. Hong ex Q. F. Zheng ●

233186 Lithocarpus echinocupula A. Camus = Lithocarpus echinotholus (Hu) Chun et C. C. Huang ex Y. C. Hsu et H. Wei Jen ●

233187 Lithocarpus echinocupula Hu ex A. Camus = Lithocarpus echinotholus (Hu) Chun et C. C. Huang ex Y. C. Hsu et H. Wei Jen ●

233188 Lithocarpus echinophorus (Hickel et A. Camus) A. Camus;壶壳柯(壶斗柯,壶斗石栎,壶壳椆,壶壳石栎);Kettlecupule Tanoak, Kettle-cupuled Tanoak, Potsheath Tanoak ●◇

233189 Lithocarpus echinophorus (Hickel et A. Camus) A. Camus var. bidoupensis A. Camus;金平柯(金平石栎);Jinping Tanoak ●

233190 Lithocarpus echinophorus (Hickel et A. Camus) A. Camus var. chapensis A. Camus;沙坝柯;Shaba Tanoak ●

233191 Lithocarpus echinotholus (Hu) Chun et C. C. Huang = Lithocarpus echinotholus (Hu) Chun et C. C. Huang ex Y. C. Hsu et H. Wei Jen ●

233192 Lithocarpus echinotholus (Hu) Chun et C. C. Huang ex Y. C. Hsu et H. Wei Jen;刺壳柯(刺斗石栎,刺壳椆,刺壳石栎,黄麻栗,闹头);Spinesheath Tanoak, Spinycupule Tanoak, Spiny-cupuled Tanoak ●

233193 Lithocarpus edulis (Makino) Nakai;日本石柯(可食石栎);Japanese False Oak, Japanese Glabrous Lithocarpus, Japanese Tanoak ●☆

233194 Lithocarpus elaeagnifolius (Seemen) Chun;胡颓子叶柯(胡颓子柯);Elaeagnus-leaf Tanoak, Elaeagnus-leaved Tanoak ●

233195 Lithocarpus elatus (Hickel et A. Camus) A. Camus = Lithocarpus lycoperdon (V. Naray.) A. Camus ●

233196 Lithocarpus elegans (Blume) Hatus. ex Soepadmo;粗穗石栎(粗穗柯);Elegant Tanoak ●☆

233197 Lithocarpus elegens Y. C. Hsu et H. Wei Jen = Lithocarpus grandifolius (D. Don) S. N. Biswas ●

233198 Lithocarpus elizabethae (Tutcher) Rehder;厚斗柯(贵州石栎,厚斗石栎);Thickcupule Tanoak, Thick-cupuled Tanoak ●

233199 Lithocarpus ellipticus F. P. Metcalf = Lithocarpus uvariifolius (Hance) Rehder var. ellipticus (F. P. Metcalf) C. C. Huang et Y. T. Chang ●

233200 Lithocarpus ellipticus F. P. Metcalf var. glabratus F. P. Metcalf = Lithocarpus corneus (Lour.) Rehder ●

233201 Lithocarpus elmerrillii Chun;万宁柯(万宁石栎);Elmerrill Tanoak, Wanning Tanoak ●

233202 Lithocarpus eremiticus Chun et C. C. Huang = Lithocarpus balansae (Drake) A. Camus ●

233203 Lithocarpus eremiticus Chun et C. C. Huang ex Y. C. Hsu et H. W. Jen = Lithocarpus balansae (Drake) A. Camus ●

233204 Lithocarpus eriobotryoides C. C. Huang et Y. T. Chang;枇杷叶柯(枇杷叶椆);Loquatleaf Tanoak, Loquat-leaved Tanoak ●

233205 Lithocarpus eyrei (Champ. ex Benth.) Rehder = Castanopsis eyrei (Champ. ex Benth.) Tutcher ●

233206 Lithocarpus eyrei (Champ.) Rehder = Castanopsis eyrei

(Champ.) Tutcher ●

233207 Lithocarpus fangii (Hu et W. C. Cheng) C. C. Huang et Y. T. Chang;川柯(川椆,川黔石栎,川石栎);Fang Tanoak ●

233208 Lithocarpus farinulentus (Hance) A. Camus;易武柯;Yiwu Tanoak ●

233209 Lithocarpus fenestratus (Roxb.) Rehder;泥椎柯(华南椆,华南柯,华南石栎,灰栎,泥柯,泥锥椆,泥锥石栎,铁青冈);Fenestrate Tanoak,Mud Tanoak ●

233210 Lithocarpus fenestratus (Roxb.) Rehder = Lithocarpus trachycarpus (Hickel et A. Camus) A. Camus ●

233211 Lithocarpus fenestratus (Roxb.) Rehder var. brachycarpus A. Camus;短穗华南石栎(短穗泥椆,短穗泥柯);Shortfruit Tanoak ●

233212 Lithocarpus fenestratus (Roxb.) Rehder var. brachycarpus A. Camus = Lithocarpus fenestratus (Roxb.) Rehder ●

233213 Lithocarpus fenzelianus A. Camus;红柯(红椆,琼崖石栎);Fenzel Tanoak ●

233214 Lithocarpus fissus (Champ. ex Benth.) A. Camus = Castanopsis fissa (Champ. ex Benth.) Rehder et E. H. Wilson ●

233215 Lithocarpus fissus (Champ. ex Benth.) A. Camus subsp. tunkinensis (Drake) A. Camus = Castanopsis fissa (Champ. ex Benth.) Rehder et E. H. Wilson ●

233216 Lithocarpus floccosus C. C. Huang et Y. T. Chang;卷毛柯(卷毛椆,卷毛石栎,柯);Frizzle Tanoak,Rollhairy Tanoak,Roll-hairy Tanoak ●

233217 Lithocarpus fohaiensis (Hu) A. Camus;勐海柯(勐海石栎);Menghai Tanoak ●

233218 Lithocarpus fordianus (Hemsl.) Chun;密脉柯(密脉石栎,密腺石栎,黔粤石栎);Ford Tanoak,Veiny Tanoak ●

233219 Lithocarpus formosanus (V. Naray. ex Forbes et Hemsl.) Hayata;台湾石栎(红校欑,柳叶柯,台湾椆,台湾柯);Taiwan Tanoak ●

233220 Lithocarpus formosanus (V. Naray. ex Forbes et Hemsl.) Hayata = Pasania formosana (V. Naray. ex Forbes et Hemsl.) Schottky ●

233221 Lithocarpus formosanus (V. Naray.) Hayata = Lithocarpus formosanus (V. Naray. ex Forbes et Hemsl.) Hayata ●

233222 Lithocarpus gagnepainianus A. Camus = Lithocarpus pseudoreinwardtii (Drake) A. Camus ●

233223 Lithocarpus gaoligongensis C. C. Huang et Y. T. Chang;高黎贡柯(老姆猪栎);Gaoligong Tanoak ●

233224 Lithocarpus garrettianus (Craib) A. Camus;望楼柯;Garrett's Tanoak ●

233225 Lithocarpus gelinicus C. C. Huang et Y. T. Chang = Lithocarpus collettii (King ex Hook. f.) A. Camus ●

233226 Lithocarpus glaber (Thunb. ex A. Murray) Nakai = Lithocarpus glaber (Thunb.) Nakai ●

233227 Lithocarpus glaber (Thunb. ex A. Murray) Nakai = Pasania glabra (Thunb.) Oerst. ●

233228 Lithocarpus glaber (Thunb.) Nakai;柯(椆,椆树,栲树,柯树,木奴树,石栎,石栗,石头树,台东石栎,珠子栎,槠子,子弹石栎);Glabrous Tanoak,Glabrous Tan-oak,Smoothleaf Tanoak,Smooth-leaved Tanoak,Tan Oak,Tanoak ●

233229 Lithocarpus glaber (Thunb.) Nakai = Pasania glabra (Thunb. ex Murray) Oerst. ●

233230 Lithocarpus glaber (Thunb.) Nakai var. szechuanicus W. P. Fang = Lithocarpus fangii (Hu et W. C. Cheng) C. C. Huang et Y. T. Chang ●

233231 Lithocarpus grandicupula Y. C. Hsu,P. S. Ho et Q. Z. Dong;大斗石栎;Big-cupula Tanoak ●

233232 Lithocarpus grandicupula Y. C. Hsu,P. S. Ho et Q. Z. Dong = Lithocarpus truncatus (King) Rehder ●

233233 Lithocarpus grandifolius (D. Don) S. N. Biswas;耳叶柯(粗穗柯,粗穗石栎,大叶椆,耳叶椆,耳叶石栎);Big-leaved Tanoak,Earleaf Tanoak,Largeleaf Tanoak ●

233234 Lithocarpus grandifolius (D. Don) S. N. Biswas var. brevipetiolatus ? = Lithocarpus elegans (Blume) Hatus. ex Soepadmo ●☆

233235 Lithocarpus gymnocarpus A. Camus;假鱼篮柯(假鱼篮椆,假鱼篮石栎);False Bentfruit Tanoak,Nakedfruit Tanoak,Naked-fruited Tanoak ●

233236 Lithocarpus haipinii Chun;庵耳石栎(庵耳椆,耳柯);Haipin Tanoak ●

233237 Lithocarpus hamata A. Camus = Lithocarpus echinotholus (Hu) Chun et C. C. Huang ex Y. C. Hsu et H. Wei Jen ●

233238 Lithocarpus hancei (Benth.) Rehder;硬斗柯(棒椆,赤皮杠,短尾柯,酒枹,岭南柯,三斗柯,三斗石栎,石山槁,硬斗石栎,硬壳椆,硬壳柯,硬壳石栎,油叶杜);Hance Tanoak ●

233239 Lithocarpus hancei (Benth.) Rehder = Pasania hancei (Benth.) Schottky ●

233240 Lithocarpus handelianus A. Camus;瘤果柯(大叶石栎,大叶橡,瘤果石栎);Handel's Tanoak,Tumorfruit Tanoak ●

233241 Lithocarpus harlandii (Hance) Rehder;港柯(大武柯,东南石栎,短尾叶石栎,加拉段柯,岭南柯,绵椆,绵柯);Harland Tanoak ●

233242 Lithocarpus harlandii (Hance) Rehder = Pasania harlandii (Hance) Oerst. ●

233243 Lithocarpus harlandii (Hance) Rehder var. integrifolia (Dunn) A. Camus = Lithocarpus harlandii (Hance) Rehder ●

233244 Lithocarpus harlandii C. C. Huang et Y. T. Chang = Lithocarpus calolepis Y. C. Hsu et H. Wei Jen ●

233245 Lithocarpus hemisphaericus (Drake) Barnett = Lithocarpus corneus (Lour.) Rehder var. zonatus C. C. Huang et Y. T. Chang ●

233246 Lithocarpus henryi (Seemen) Rehder et E. H. Wilson;绵柯(菠萝树,椆壳栎,椆木,大青冈,灰柯,绵石栎,绵槠,青皮刚);Grey Tanoak,Henry Tanoak,Oak ●

233247 Lithocarpus himalaicus C. C. Huang et Y. T. Chang;细柄柯(细柄石栎);Himalaya Tanoak,Himalayan Tanoak,Thickstalk Tanoak ●

233248 Lithocarpus himalaicus C. C. Huang et Y. T. Chang = Lithocarpus collettii (King ex Hook. f.) A. Camus ●

233249 Lithocarpus hingdongensis Y. C. Hsu et H. J. Qian = Lithocarpus hancei (Benth.) Rehder ●

233250 Lithocarpus houanglipinensis A. Camus = Lithocarpus hypoglaucus (Hu) C. C. Huang ex Y. C. Hsu et H. Wei Jen ●

233251 Lithocarpus howii Chun;梨果柯(梨果石栎,山林春木);How Tanoak,Pome Tanoak ●◇

233252 Lithocarpus hui A. Camus = Lithocarpus variolosus (Franch.) Chun ●

233253 Lithocarpus hunanensis C. C. Huang et Y. T. Chang;湘西柯;Hunan Tanoak ●

233254 Lithocarpus hypoglaucus (Hu) C. C. Huang ex Y. C. Hsu et H. Wei Jen;灰背叶柯(粉背石栎,粉背叶椆,灰背叶椆);Glaucousback Tanoak,Glaucous-backed Tanoak,Greyback Tanoak ●

233255 Lithocarpus hypophaeus (Hayata) Hayata = Cyclobalanopsis hypophaea (Hayata) Kudo ●

233256 Lithocarpus hypoviridis Y. C. Hsu,B. S. Sun et H. J. Qian;绿背

石栎;Greenback Tanoak ●

233257 Lithocarpus hypoviridis Y. C. Hsu, B. S. Sun et H. J. Qian = Lithocarpus pachyphyllus (Kurz) Rehder var. fruticosus (G. Watt ex King) A. Camus ●

233258 Lithocarpus impressivenus (Hayata) Hayata = Lithocarpus brevicaudatus (V. Naray.) Hayata ●

233259 Lithocarpus impressivenus (Hayata) Hayata var. falcatocaudata Yamam. = Lithocarpus brevicaudatus (V. Naray.) Hayata ●

233260 Lithocarpus irwinii (Hance) Rehder;广南柯(港柯);Guangnan Tanoak, Irwin's Tanoak ●◇

233261 Lithocarpus iteaphylloides Chun;珠眼柯(柄眼柯,珠眼石栎);Sweetspireleaf Tanoak ●

233262 Lithocarpus iteaphylloides Chun = Lithocarpus iteaphyllus (Hance) Rehder ●

233263 Lithocarpus iteaphyllus (Hance) Rehder;鼠刺叶柯;Sweetspireleaf Tanoak, Sweetspireleaved Tanoak ●

233264 Lithocarpus ithyphyllus Chun ex Hung T. Chang;挺叶柯(咸鱼柯,咸鱼石栎,线叶椆);Electleaf Tanoak, Elongateleaf Tanoak, Straight-leaved Tanoak ●

233265 Lithocarpus iwuensis C. C. Huang et Y. T. Chang = Lithocarpus farinulentus (Hance) A. Camus ●

233266 Lithocarpus jenkinsii (Benth.) C. C. Huang et Y. T. Chang;盈江柯;Yingjiang Tanoak ●

233267 Lithocarpus jingdongensis Y. C. Hsu et H. J. Qian;景东石栎;Jingdong Tanoak ●

233268 Lithocarpus jingdongensis Y. C. Hsu et H. J. Qian = Lithocarpus hancei (Benth.) Rehder ●

233269 Lithocarpus kawakamii (Hayata) Hayata;大叶石栎(齿叶柯,川上柯,川上氏石栎,大叶栲栗,大叶柯,大叶校栗,卡瓦石栎,台湾柯);Kawakami Tanoak, Toothleaf Tanoak ●

233270 Lithocarpus kawakamii (Hayata) Hayata = Pasania kawakamii (Hayata) Schottky ●

233271 Lithocarpus kawakamii (Hayata) Hayata var. chiaratuangensis J. C. Liao = Lithocarpus harlandii (Hance) Rehder ●

233272 Lithocarpus kawakamii (Hayata) Hayata var. chiaratuangensis J. C. Liao = Pasania kawakamii (Hayata) Schottky var. chiaratuangensis J. C. Liao ●

233273 Lithocarpus kawakamii Hayata = Castanopsis kawakamii Hayata ●◇

233274 Lithocarpus kawakamii Hayata var. chiaratuangensis J. C. Liao = Lithocarpus harlandii (Hance) Rehder ●

233275 Lithocarpus kawakamii Hayata var. chiaratuangensis J. C. Liao = Pasania harlandii (Hance) Oerst. ●

233276 Lithocarpus kiangsiensis Hu et F. H. Chen = Lithocarpus cleistocarpus (Seemen) Rehder et E. H. Wilson ●

233277 Lithocarpus kodaihoensis (Hayata) Hayata = Lithocarpus corneus (Lour.) Rehder ●

233278 Lithocarpus konishii (Hayata) Hayata;油叶柯(樫仔,细叶杜仔,小西氏石栎,油叶椆,油叶杜仔,油叶石栎);Konishi Tanoak, Oilleaf Tanoak ●

233279 Lithocarpus konishii (Hayata) Hayata = Pasania konishii (Hayata) Schottky ●

233280 Lithocarpus kontumensis A. Camus;鳞叶石栎;Scaleleaf Tanoak ●

233281 Lithocarpus kontumensis A. Camus = Lithocarpus tenuilimbus Hung T. Chang ●

233282 Lithocarpus krempfii (Hickel et A. Camus) A. Camus = Lithocarpus lycoperdon (V. Naray.) A. Camus ●

233283 Lithocarpus kwangtungensis Hung T. Chang = Lithocarpus uvariifolius (Hance) Rehder var. ellipticus (F. P. Metcalf) C. C. Huang et Y. T. Chang ●

233284 Lithocarpus laetus Chun et C. C. Huang = Lithocarpus laetus Chun et C. C. Huang ex Y. C. Hsu et H. W. Jen ●

233285 Lithocarpus laetus Chun et C. C. Huang ex Y. C. Hsu et H. W. Jen;屏边柯(屏边石栎);Agreeable Tanoak, Pingbian Tanoak ●

233286 Lithocarpus laoticus (Hickel et A. Camus) A. Camus;老挝柯(滇南石栎,老挝椆);Laos Tanoak ●

233287 Lithocarpus lepidocarpus (Hayata) Hayata;鬼石柯(鬼石栎);Scalefruit Tanoak, Scaly-fruit Tanoak, Scaly-fruited Tanoak ●

233288 Lithocarpus lepidophyllus C. C. Huang et Y. T. Chang = Lithocarpus lycoperdon (V. Naray.) A. Camus ●

233289 Lithocarpus leucodermis Chun et C. C. Huang;白枝柯;White-branched Tanoak, White-branches Tanoak, Whitetwig Tanoak ●

233290 Lithocarpus leucostachys Hu = Lithocarpus craibianus Barnett ●

233291 Lithocarpus leucostachyus A. Camus = Lithocarpus variolosus (Franch.) Chun ●

233292 Lithocarpus levis Chun et C. C. Huang;滑壳柯(无鳞柯);Scaleless Tanoak, Smooth Tanoak ●◇

233293 Lithocarpus licentii A. Camus = Lithocarpus silvicolarum (Hance) Chun ●

233294 Lithocarpus listeri (King) Grierson et D. G. Long;谊柯;Friendship Tanoak, Lister's Tanoak ●

233295 Lithocarpus litseifolius (Hance) Chun;木姜叶柯(大青风,大叶椆子,多穗椆,多穗柯,多穗石柯,刚板栗,灰椆,姜叶柯,绵柯,绵石栎,绵槠,木姜叶石栎,青皮刚,甜茶,椆栗,椆木,羊角栎);Litseleaf Tanoak, Litse-leaved Tanoak ●

233296 Lithocarpus litseifolius (Hance) Chun var. pubescens C. C. Huang et Y. T. Chang;毛枝木姜叶柯(毛棱叶柯,毛枝姜叶柯);Pubescest Litseleaf Tanoak ●

233297 Lithocarpus longanoides C. C. Huang et Y. T. Chang;龙眼柯;Dragon-eyes Tanoak, Longan-like Tanoak, Longanoid Tanoak, Longanshape Tanoak ●

233298 Lithocarpus longicaudata (Hayata) Hayata = Castanopsis carlesii (Hemsl.) Hayata ●

233299 Lithocarpus longinux (Hu) Chun ex Y. C. Hsu et H. W. Jen = Lithocarpus areca (Hickel et A. Camus) A. Camus ●◇

233300 Lithocarpus longipedicellatus (Hickel et A. Camus) A. Camus;柄果柯(柄果椆,柄果石栎,长柄石栎,旦仔椆,姜椆,罗汉柯,山椆,五指山椆,珠果柯);Longpedicel Tanoak, Long-pediceled Tanoak, Longstalk Tanoak, Stalkfruited Tanoak ●

233301 Lithocarpus luchunensis Y. C. Hsu et H. W. Jen = Lithocarpus balansae (Drake) A. Camus ●

233302 Lithocarpus lutchuensis Koidz. = Lithocarpus balansae (Drake) A. Camus ●

233303 Lithocarpus lutchunensis Y. C. Hsu et H. Wei Jen;禄春石栎(绿春石栎);Luchun Tanoak ●

233304 Lithocarpus lutchunensis Y. C. Hsu et H. Wei Jen = Lithocarpus balansae (Drake) A. Camus ●

233305 Lithocarpus lycoperdon (V. Naray.) A. Camus;香菌柯(香菌椆,香菌石栎);Lycoperdon Tanoak, Mushroom Tanoak ●

233306 Lithocarpus macilentus Chun et C. C. Huang;粉叶柯(粉叶椆,瘦柯);Powderleaf Tanoak, Powdery-leaved Tanoak ●

233307 Lithocarpus magneinii (Hickel et A. Camus) A. Camus;黑家柯(白毛柯,白毛石栎,黑家椆);Black Home Tanoak, Magnein Tanoak ●

233308 Lithocarpus mairei (Schottky) Rehder;光叶柯(光叶椆,光叶石栎);Maire Tanoak,Nakedleaf Tanoak ●

233309 Lithocarpus mannii C. C. Huang et Y. T. Chang;杯斗滇石栎(白粉毛柯);Mann Tanoak ●

233310 Lithocarpus mannii C. C. Huang et Y. T. Chang = Lithocarpus thomsonii (Miq.) Rehder ●

233311 Lithocarpus matsudai Hayata = Lithocarpus hancei (Benth.) Rehder ●

233312 Lithocarpus megalophyllus Rehder et E. H. Wilson;大叶柯(大叶椆,大叶石栎,洪雅石栎);Bigleaf Tanoak,Big-leaved Tanoak ●

233313 Lithocarpus megastachys (Hickel et A. Camus) A. Camus;大穗椆(大穗石栎);Big-spiked Tanoak ●

233314 Lithocarpus mekongensis (A. Camus) C. C. Huang et Y. T. Chang;澜沧柯(澜沧椆,湄公椆,茸果柯);Lancang Tanoak,Mekong Tanoak ●

233315 Lithocarpus melanochromus Chun et Tsiang ex C. C. Huang et Y. T. Chang;黑柯(黑枝椆,黑枝柯,黑枝石栎);Black Tanoak,Blackbranch Tanoak,Black-branched Tanoak ●

233316 Lithocarpus mianningensis Hu;冕宁柯(临沧石栎,冕宁椆,冕宁石栎,缅宁柯);Mianning Tanoak ●

233317 Lithocarpus microspermus A. Camus;小果柯(小果椆,小果石栎);Littlefruit Tanoak,Little-fruited Tanoak,Smallfruit Tanoak ●

233318 Lithocarpus microspermus A. Camus subsp. mekongensis A. Camus = Lithocarpus mekongensis (A. Camus) C. C. Huang et Y. T. Chang ●

233319 Lithocarpus mucronatus (Hickel et A. Camus) A. Camus = Lithocarpus litseifolius (Hance) Chun ●

233320 Lithocarpus mupingensis (Rehder et E. H. Wilson) A. Camus = Lithocarpus hancei (Benth.) Rehder ●

233321 Lithocarpus naiadarum (Hance) Chun;水仙柯(水仙椆);Naias Tanoak ●

233322 Lithocarpus nakaii Hayata = Lithocarpus taitoensis (Hayata) Hayata ●

233323 Lithocarpus nantoensis (Hayata) Hayata;南投柯(白校力,黄肉杜,南投石栎);Nanto Tanoak,Nantou Tanoak ●

233324 Lithocarpus nantoensis (Hayata) Hayata = Pasania nantoensis (Hayata) Schottky ●

233325 Lithocarpus nariakii (Hayata) Sasaki = Lithocarpus silvicolarum (Hance) Chun ●

233326 Lithocarpus nariakii (Hayata) Sasaki ex Kudo = Lithocarpus silvicolarum (Hance) Chun ●

233327 Lithocarpus neotsangii A. Camus = Lithocarpus haipinii Chun ●

233328 Lithocarpus nitidinux (Hu) Chun ex C. C. Huang et Y. T. Chang;光果柯(亮果柯);Nitidfruit Tanoak,Shining-nuted Tanoak,Smooth-fruit Tanoak ●

233329 Lithocarpus oblanceolatus C. C. Huang et Y. T. Chang;峨眉柯(倒披针叶柯);Emei Tanoak,Oblanceolate Tanoak,Omei Tanoak ●

233330 Lithocarpus obovatilimbus Chun;卵叶柯(倒卵叶石栎,卵叶石栎);Obovate-leaed Tanoak,Obovateleaf Tanoak,Ovateleaf Tanoak ●

233331 Lithocarpus obscurus C. C. Huang et Y. T. Chang;墨脱柯(墨脱石栎);Motuo Tanoak ●

233332 Lithocarpus oleifolius A. Camus;榄叶柯(榄叶椆,榄叶石栎);Olive Tanoak,Oliveleaf Tanoak,Olive-leaved Tanoak ●

233333 Lithocarpus omeiensis A. Camus = Lithocarpus hancei (Benth.) Rehder ●

233334 Lithocarpus pachylepis A. Camus;厚鳞柯(厚鳞椆,厚鳞石栎,捻碇果,辗垫果);Thickscale Tanoak,Thick-scaled Tanoak ●

233335 Lithocarpus pachyphylloides Y. C. Hsu,B. S. Sun et H. J. Qian;倒卵叶石栎;Obovate Tanoak ●

233336 Lithocarpus pachyphylloides Y. C. Hsu,B. S. Sun et H. J. Qian = Lithocarpus crassifolius A. Camus ●

233337 Lithocarpus pachyphyllus (Kurz) Rehder;厚叶柯(厚叶椆,厚叶石栎);Thickleaf Tanoak,Thick-leaved Tanoak ●

233338 Lithocarpus pachyphyllus (Kurz) Rehder var. fruticosus (G. Watt ex King) A. Camus;顺宁厚叶柯(绿背石栎,顺宁厚叶石栎);Shunning Tanoak ●

233339 Lithocarpus paihengii Chun et Tsiang;大叶苦柯(大叶板,大叶苦椆,大叶苦石栎,大叶苦锥,苦锥树);Bigleaf Bitter Tanoak,Paiheng Tanoak ●

233340 Lithocarpus pakhaensis A. Camus;滇南柯(滇南椆,滇南石栎);Pakha Tanoak,S. Yunnan Tanoak,South Yunnan Tanoak ●

233341 Lithocarpus paniculatus Hand. -Mazz.;圆锥柯(圆锥椆,圆锥石栎);Panicle Tanoak,Taper Tanoak ●

233342 Lithocarpus parkinsonii A. Camus = Lithocarpus jenkinsii (Benth.) C. C. Huang et Y. T. Chang ●

233343 Lithocarpus pasania C. C. Huang et Y. T. Chang;石柯(椆柯);Stone Tanoak ●

233344 Lithocarpus petelotii A. Camus;星毛柯(星毛椆,星毛石栎);Petelot Tanoak,Starhair Tanoak ●

233345 Lithocarpus phansipanensis A. Camus;桂南柯;S. Guangxi Tanoak,Shangsi Tanoak ●

233346 Lithocarpus pleiocarpus A. Camus = Lithocarpus megalophyllus Rehder et E. H. Wilson ●

233347 Lithocarpus podocarpus Chun = Lithocarpus longipedicellatus (Hickel et A. Camus) A. Camus ●

233348 Lithocarpus polystachyus (DC.) Rehder;多穗柯(多穗石柯,多穗石栎,甜茶);Manyspike Tanoak ●

233349 Lithocarpus propinquus C. C. Huang et Y. T. Chang;三柄果柯(三柄柯);Close-relative Tanoak,Neighbouring Tanoak ●

233350 Lithocarpus pseudoreinwardtii (Drake) A. Camus;单果柯(单果椆,单果石栎);Monofruit Tanoak,Onefruit Tanoak,Single-fruited Tanoak ●

233351 Lithocarpus pseudovestitus A. Camus;毛果柯(姜磨椆,毛果椆,毛果栎,毛果石栎,毛绒石柯,密果椆,五指山椆,细叶椆);Hairfruit Tanoak,Hairyfruit Tanoak,Hairy-fruited Tanoak ●

233352 Lithocarpus pseudoxizangensis Z. K. Zhou et H. Sun;假西藏柯(假西藏石栎);False Xizang Tanoak ●

233353 Lithocarpus qinzhouicus C. C. Huang et Y. T. Chang;钦州柯;Qinzhou Tanoak ●◇

233354 Lithocarpus quercifolius C. C. Huang et Y. T. Chang;栎叶柯(栎叶椆,栎叶石栎);Oakleaf Tanoak,Oak-leaved Tanoak ●

233355 Lithocarpus quercifolius Hickel et A. Camus = Lithocarpus quercifolius C. C. Huang et Y. T. Chang ●

233356 Lithocarpus randaiensis (Hayata) Hayata = Castanopsis uraiana (Hayata) Kaneh. et Hatus. ●

233357 Lithocarpus rhabdostachyus (Hickel et A. Camus) A. Camus;毛枝柯(棒序柯,毛枝椆,毛枝石栎);Clubbedspike Tanoak,Clubbed-spike Tanoak,Hairtwig Tanoak ●

233358 Lithocarpus rhombocarpus (Hayata) Hayata = Lithocarpus taitoensis (Hayata) Hayata ●

233359 Lithocarpus rosthornii (Schottky) Barnett;南川柯(菱果石栎,南川椆,南川石栎,皱叶石栎);Rosthorn Tanoak,S. Sichuan Tanoak ●

233360 Lithocarpus shinsuiensis Hayata et Kaneh.;浸水营柯(浸水营石栎,台南石栎);Jinshoei Tanoak,Jinshuiying Tanoak,Tainan

Tanoak ●

233361 Lithocarpus shinsuiensis Hayata et Kaneh. = Pasania shinsuiensis (Hayata et Kaneh.) Nakai ●

233362 Lithocarpus shipingensis C. C. Huang et Y. T. Chang = Lithocarpus talangensis C. C. Huang et Y. T. Chang ●

233363 Lithocarpus shunningensis Hu;顺宁石栎;Shunning Tanoak ●

233364 Lithocarpus shunningensis Hu = Lithocarpus xylocarpus (Kurz) Markgr. ●

233365 Lithocarpus silvicolarum (Hance) Chun;犁耙柯(杯果,杯楣,姜锥,犁耙石栎,坡曾);Woodland Tanoak,Wood-land Tanoak,Woods Tanoak ●

233366 Lithocarpus skanianus (Dunn) Rehder;滑皮柯(滑皮椆,滑皮石栎);V. Naray Tanoak ●

233367 Lithocarpus solerianus Rehder;索莱尔石栎●☆

233368 Lithocarpus sphaerocarpus (Hickel et A. Camus) A. Camus;球壳柯(球果椆,球果柯,球果石栎);Coneshape Tanoak,Cone-shape Tanoak ●

233369 Lithocarpus spicatus (Sm.) Rehder et E. H. Wilson = Lithocarpus grandifolius (D. Don) S. N. Biswas ●

233370 Lithocarpus spicatus (Sm.) Rehder et E. H. Wilson = Lithocarpus megalophyllus Rehder et E. H. Wilson ●

233371 Lithocarpus spicatus (Sm.) Rehder et E. H. Wilson var. brevipetiolata (DC.) Rehder et E. H. Wilson = Lithocarpus grandifolius (D. Don) S. N. Biswas ●

233372 Lithocarpus spicatus (Sm.) Rehder et E. H. Wilson var. mupinensis Rehder et E. H. Wilson = Lithocarpus hancei (Benth.) Rehder ●

233373 Lithocarpus spicatus (Sm.) Rehder et E. H. Wilson var. yunnanensis Schottky = Lithocarpus hypoglaucus (Hu) C. C. Huang ex Y. C. Hsu et H. Wei Jen ●

233374 Lithocarpus stipitatus (Hayata) Koidz. = Castanopsis carlesii (Hemsl.) Hayata ●

233375 Lithocarpus stipitatus Hayata ex Koidz. = Castanopsis carlesii (Hemsl.) Hayata ●

233376 Lithocarpus subreticulatus (Hayata) Hayata = Lithocarpus hancei (Benth.) Rehder ●

233377 Lithocarpus suishaensis Kaneh. et Yamam. = Lithocarpus taitoensis (Hayata) Hayata ●

233378 Lithocarpus synbalanos (Hance) Chun;合斗柯(合斗椆,合斗石栎,红肉杜,菱果柯,菱果石栎,南川椆,南川石栎,皱叶石栎);Gathercupule Tanoak,Rosthorn Tanoak,S. Sichuan Tanoak ●

233379 Lithocarpus synbalanos (Hance) Chun = Lithocarpus litseifolius (Hance) Chun ●

233380 Lithocarpus synbalanos (Hance) Chun = Pasania synbalanos (Hance) Schottky ●

233381 Lithocarpus synbalanos (Hance) Chun var. pubescens Hickel et A. Camus;毛枝合斗石栎(毛枝合斗柯);Hairybranch Cathercupule Tanoak ●

233382 Lithocarpus tabularis Y. C. Hsu et H. Wei Jen;平头柯(平头椆,平头石栎);Table Tanoak,Tabular Tanoak ●

233383 Lithocarpus taitoensis (Hayata) Hayata;菱果柯(红肉杜,台东石栎);Rhambic-nut Tanoak,Taidong Tanoak,Waterchestnut Tanoak ●

233384 Lithocarpus taitoensis (Hayata) Hayata = Pasania taitoensis (Hayata) J. C. Liao ●

233385 Lithocarpus talangensis C. C. Huang et Y. T. Chang;石屏柯(石坪柯);Shiping Tanoak,Talang Tanoak ●

233386 Lithocarpus tapintzensis A. Camus = Lithocarpus dealbatus (Hook. f. et Thomson ex DC.) Rehder ●

233387 Lithocarpus tenuilimbus Hung T. Chang;薄叶柯(薄叶椆,薄叶石栎);Thinleaf Tanoak,Thin-leaved Tanoak ●

233388 Lithocarpus tephrocarpus (Drake) A. Camus;灰壳柯(灰壳椆,灰壳石栎);Greycupule Tanoak,Grey-cupuled Tanoak,Greyfruit Tanoak ●

233389 Lithocarpus ternaticupulus (Hayata) Hayata;三果柯(赤皮杜仔,红肉杜,三斗石栎,三果石栎);Nanban Tanoak,Threefruit Tanoak ●

233390 Lithocarpus ternaticupulus (Hayata) Hayata = Lithocarpus hancei (Benth.) Rehder ●

233391 Lithocarpus ternaticupulus (Hayata) Hayata var. arisanensis f. matsudae (Hayata) Liao = Lithocarpus hancei (Benth.) Rehder ●

233392 Lithocarpus ternaticupulus (Hayata) Hayata var. shinsuiensis (Hayata et Kaneh.) Nakai = Lithocarpus shinsuiensis Hayata et Kaneh. ●

233393 Lithocarpus ternaticupulus (Hayata) Hayata var. subreticulata (Hayata) J. C. Liao = Lithocarpus hancei (Benth.) Rehder ●

233394 Lithocarpus thalassicus (Hance) Rehder = Lithocarpus glaber (Thunb.) Nakai ●

233395 Lithocarpus thomsonii (Miq.) Rehder;潞西柯(白粉毛柯);Thomson Tanoak ●

233396 Lithocarpus trachycarpus (Hickel et A. Camus) A. Camus;糙果柯;Coarsefruit Tanoak,Rough-fruited Tanoak ●

233397 Lithocarpus trachycarpus (Hickel et A. Camus) A. Camus var. jakhuangensis Hu ex A. Camus = Lithocarpus trachycarpus (Hickel et A. Camus) A. Camus ●

233398 Lithocarpus trachycarpus (Hickel et A. Camus) A. Camus var. jankangensis A. Camus = Lithocarpus trachycarpus (Hickel et A. Camus) A. Camus ●

233399 Lithocarpus tremulus Chun = Lithocarpus taitoensis (Hayata) Hayata ●

233400 Lithocarpus triqueter (Hickel et A. Camus) A. Camus;棱果柯(棱果椆,棱果石栎);Ribfruit Tanoak,Trianglefruit Tanoak,Triquetrous Tanoak ●

233401 Lithocarpus truncatus (King) Rehder;截果柯(截果石栎,截头柯,截头石栎);Cutfruit Tanoak,Truncatefruit Tanoak,Truncate-fruited Tanoak ●

233402 Lithocarpus truncatus (King) Rehder var. baviensis (Drake) A. Camus;小截果柯(滇南柯);Small Cutfruit Tanoak ●

233403 Lithocarpus tsangii A. Camus;怀集柯●

233404 Lithocarpus tsangii A. Camus = Lithocarpus corneus (Lour.) Rehder ●

233405 Lithocarpus tubulosus (Hickel et A. Camus) A. Camus;壶嘴柯(壶斗柯);Spout Tanoak,Tubular Tanoak,Tubule Tanoak ●

233406 Lithocarpus uncinatus A. Camus = Lithocarpus cyrtocarpus (Drake) A. Camus ●

233407 Lithocarpus uraianus (Hayata) Hayata;淋漓柯●

233408 Lithocarpus uraianus (Hayata) Hayata = Castanopsis uraiana (Hayata) Kaneh. et Hatus. ●

233409 Lithocarpus uvariifolius (Hance) Rehder;紫玉盘柯(饭箩楮,马驿树,桐叶柯,紫玉盘石栎);Uvariafolious Tanoak,Uvarialeaf Tanoak ●

233410 Lithocarpus uvariifolius (Hance) Rehder var. ellipticus (F. P. Metcalf) C. C. Huang et Y. T. Chang;卵叶玉盘柯;Ovateleaf Tanoak ●

233411 Lithocarpus variolosus (Franch.) Chun;多变柯(多变石栎,麻子壳柯);Smallpox Tanoak,Varied Tanoak,Variole Tanoak ●

233412 Lithocarpus variolosus (Franch.) Chun subsp. shunningensis (Hu) A. Camus = Lithocarpus shunningensis Hu ●
233413 Lithocarpus variolosus (Franch.) Chun subsp. shunningensis A. Camus = Lithocarpus pachyphyllus (Kurz) Rehder var. fruticosus (G. Watt ex King) A. Camus ●
233414 Lithocarpus vestirus (Hickel et A. Camus) A. Camus = Lithocarpus mekongensis (A. Camus) C. C. Huang et Y. T. Chang ●
233415 Lithocarpus viridis (Schottky) Rehder = Lithocarpus dealbatus (Hook. f. et Thomson ex Miq.) Rehder ●
233416 Lithocarpus viridis Rehder et E. H. Wilson;箭杆石栎(箭杆柯,雅州石栎);Green Tanoak,Greenleaf Tanoak ●
233417 Lithocarpus wangianus A. Camus = Lithocarpus hypoglaucus (Hu) C. C. Huang ex Y. C. Hsu et H. Wei Jen ●
233418 Lithocarpus wenxianensis Y. J. Zhang, Z. X. Peng et G. L. Zhang;文县石栎;Wenxian Tanoak ●
233419 Lithocarpus woonyoungii Hu = Lithocarpus pachyphyllus (Kurz) Rehder ●
233420 Lithocarpus xizangensis C. C. Huang et Y. T. Chang;西藏柯(西藏椆,西藏石栎);Xizang Tanoak ●
233421 Lithocarpus xylocarpus (Kurz) Markgr.;木果柯(木果石栎,木壳椆,木壳柯,木壳石栎);Woodfruit Tanoak, Woodycupule Tanoak,Woody-cupuled Tanoak ●
233422 Lithocarpus yanshanensis Hu = Lithocarpus dealbatus (Hook. f. et Thomson ex DC.) Rehder ●
233423 Lithocarpus yongfuensis Q. F. Zheng;永福柯;Yongfu Tanoak ●
233424 Lithocaulon P. R. O. Bally = Pseudolithos P. R. O. Bally ■☆
233425 Lithocaulon cubiforme P. R. O. Bally = Pseudolithos cubiformis (P. R. O. Bally) P. R. O. Bally ■☆
233426 Lithocaulon sphaericum P. R. O. Bally = Pseudolithos migiurtinus (Chiov.) P. R. O. Bally ■☆
233427 Lithocnide Raf. = Rousselia Gaudich. ■☆
233428 Lithocnides B. D. Jacks. = Lithocnide Raf. ■☆
233429 Lithocnides Raf. = Rousselia Gaudich. ■☆
233430 Lithococca Small ex Rydb. = Heliotropium L. ●■
233431 Lithodia Blume = Strobilocarpus Klotzsch ●☆
233432 Lithodora Griseb. (1844);木紫草属(石松花属)●☆
233433 Lithodora Griseb. = Lithospermum L. ■
233434 Lithodora diffusa (Lag.) I. M. Johnst.;匍卧木紫草(平卧紫草);Gentian Blue Gromwell,Lithodora ●☆
233435 Lithodora diffusa (Lag.) I. M. Johnst.'Grace Ward';格瑞斯伍德匍卧木紫草●☆
233436 Lithodora diffusa (Lag.) I. M. Johnst.'Heavenly Blue';天蓝匍卧木紫草●☆
233437 Lithodora diffusa (Lag.) I. M. Johnst. = Lithospermum diffusum Lag. ●☆
233438 Lithodora fruticosa (L.) Grisch.;灌木石松花●☆
233439 Lithodora hancockianum (Oliv.) Hand.-Mazz. = Lithospermum hancockianum Oliv. ■
233440 Lithodora hispidula (Sm.) Griseb.;细毛木紫草●☆
233441 Lithodora hispidula (Sm.) Griseb. subsp. cyrenaica (Pamp.) Brullo et Furnari;昔兰尼木紫草●☆
233442 Lithodora moroccana I. M. Johnst.;摩洛哥木紫草●☆
233443 Lithodora oleifolia Griseb.;榄叶木紫草●☆
233444 Lithodora prostrata (Loisel.) Griseb.;平卧木紫草●☆
233445 Lithodora prostrata (Loisel.) Griseb. subsp. lusitanica (Samp.) Valdés;葡萄牙平卧木紫草●☆
233446 Lithodora rosmarinifolia (Ten.) I. M. Johnst.;迷迭香叶木紫草●☆
233447 Lithodora zahnii I. M. Johnst.;扎氏木紫草●☆
233448 Lithodraba Boelcke = Xerodraba Skottsb. ■●☆
233449 Lithofragma Nutt. = Lithophragma (Nutt.) Torr. et A. Gray(保留属名)■☆
233450 Lithoon Nevski = Astragalus L. ●■
233451 Lithophila Sw. (1788);岩苋属■☆
233452 Lithophila muscoides Sw.;岩苋■☆
233453 Lithophragma (Nutt.) Torr. et A. Gray(1840)(保留属名);林星花属■☆
233454 Lithophragma Nutt. = Lithophragma (Nutt.) Torr. et A. Gray (保留属名)■☆
233455 Lithophragma Torr. et A. Gray = Lithophragma (Nutt.) Torr. et A. Gray(保留属名)■☆
233456 Lithophragma parviflora Nutt. ex Torr. et Gray;林星花;Prairie Star,Woodland Star ■☆
233457 Lithophytum Brandegee = Plocosperma Benth. ●☆
233458 Lithoplis Raf. = Rhamnus L. ●
233459 Lithops N. E. Br. (1922);生石花属(石头花属);Flowering Stones,Living Stones,Living-stones,Stone Plant,Stoneface ■☆
233460 Lithops alpina Dinter;高山生石花■☆
233461 Lithops alpina Dinter = Lithops pseudotruncatella (A. Berger) N. E. Br. ■☆
233462 Lithops annae de Boer = Lithops gesinae de Boer ■☆
233463 Lithops archerae de Boer = Lithops pseudotruncatella (A. Berger) N. E. Br. subsp. archerae (de Boer) D. T. Cole ■☆
233464 Lithops aucampiae L. Bolus;日轮生石花(日轮玉)■☆
233465 Lithops aucampiae L. Bolus var. koelemanii (de Boer) D. T. Cole = Lithops aucampiae L. Bolus ■☆
233466 Lithops aucampiae L. Bolus var. koelemanii (de Boer) de Boer;赤阳玉■☆
233467 Lithops aurantiaca L. Bolus = Lithops hookeri (A. Berger) Schwantes ■☆
233468 Lithops bella N. E. Br.;琥珀生石花(琥珀玉,黄琥珀)■☆
233469 Lithops bella N. E. Br. = Lithops karasmontana (Dinter et Schwantes) N. E. Br. subsp. bella (N. E. Br.) D. T. Cole ■☆
233470 Lithops bella N. E. Br. var. eberlanzii (Dinter et Schwantes) de Boer et Boom = Lithops karasmontana (Dinter et Schwantes) N. E. Br. subsp. eberlanzii (Dinter et Schwantes) D. T. Cole ■☆
233471 Lithops bella N. E. Br. var. eberlanzii (Dinter et Schwantes) de Boer et Boom;福寿玉■☆
233472 Lithops bella N. E. Br. var. lericheana (Dinter et Schwantes) de Boer et Boom = Lithops karasmontana (Dinter et Schwantes) N. E. Br. ■☆
233473 Lithops brevis L. Bolus;惜春生石花(惜春玉)■☆
233474 Lithops brevis L. Bolus = Lithops dinteri Schwantes ■☆
233475 Lithops bromfieldii L. Bolus;石榴生石花(七宝玉)■☆
233476 Lithops bromfieldii L. Bolus f. sulphurea Y. Shimada = Lithops bromfieldii L. Bolus ■☆
233477 Lithops bromfieldii L. Bolus var. glaudinae (de Boer) D. T. Cole = Lithops bromfieldii L. Bolus ■☆
233478 Lithops bromfieldii L. Bolus var. insularis (L. Bolus) B. Fearn = Lithops bromfieldii L. Bolus ■☆
233479 Lithops bromfieldii L. Bolus var. mennellii (L. Bolus) B. Fearn = Lithops bromfieldii L. Bolus ■☆
233480 Lithops christinae de Boer = Lithops schwantesii Dinter ■☆
233481 Lithops chrysocephala Nel;黄头生石花(大理生石花)■☆

233482 Lithops chrysocephala Nel = Lithops julii (Dinter et Schwantes) N. E. Br. ■☆

233483 Lithops comptonii L. Bolus;太古生石花(太古玉)■☆

233484 Lithops comptonii L. Bolus f. amethystina (de Boer) B. Fearn = Lithops divergens L. Bolus ■☆

233485 Lithops comptonii L. Bolus var. divergens (L. Bolus) B. Fearn = Lithops divergens L. Bolus ■☆

233486 Lithops comptonii L. Bolus var. viridis (H. A. Lückh.) B. Fearn = Lithops viridis H. A. Lückh. ■☆

233487 Lithops comptonii L. Bolus var. weberi (Nel) D. T. Cole = Lithops comptonii L. Bolus ■☆

233488 Lithops dabneri L. Bolus = Lithops hookeri (A. Berger) Schwantes ■☆

233489 Lithops damarana (N. E. Br.) N. E. Br. = Lithops karasmontana (Dinter et Schwantes) N. E. Br. ■☆

233490 Lithops deboeri Schwantes;传法玉■☆

233491 Lithops dendritica Nel = Lithops pseudotruncatella (A. Berger) N. E. Br. subsp. dendritica (Nel) D. T. Cole ■☆

233492 Lithops dinteri Schwantes;神笛生石花(神笛玉)■☆

233493 Lithops dinteri Schwantes subsp. multipunctata (de Boer) D. T. Cole;多斑生石花■☆

233494 Lithops dinteri Schwantes var. brevis (L. Bolus) B. Fearn = Lithops dinteri Schwantes ■☆

233495 Lithops dinteri Schwantes var. marthae (Loesch et Tischer) B. Fearn = Lithops schwantesii Dinter ■☆

233496 Lithops dinteri Schwantes var. multipunctata de Boer = Lithops dinteri Schwantes subsp. multipunctata (de Boer) D. T. Cole ■☆

233497 Lithops diutina L. Bolus = Lithops marmorata (N. E. Br.) N. E. Br. ■☆

233498 Lithops divergens L. Bolus;宝翠生石花(宝翠玉)■☆

233499 Lithops divergens L. Bolus var. amethystina de Boer = Lithops divergens L. Bolus ■☆

233500 Lithops dorotheae Nel;丽虹生石花(丽红玉,丽虹玉);Living Stones ■☆

233501 Lithops eberlanzii (Dinter et Schwantes) N. E. Br. = Lithops karasmontana (Dinter et Schwantes) N. E. Br. subsp. eberlanzii (Dinter et Schwantes) D. T. Cole ■☆

233502 Lithops edithiae N. E. Br. = Lithops karasmontana (Dinter et Schwantes) N. E. Br. subsp. eberlanzii (Dinter et Schwantes) D. T. Cole ■☆

233503 Lithops eksteeniae L. Bolus = Lithops dorotheae Nel ■☆

233504 Lithops elevata L. Bolus = Lithops optica (Marloth) N. E. Br. ■☆

233505 Lithops elisabethiae Dinter = Lithops pseudotruncatella (A. Berger) N. E. Br. ■☆

233506 Lithops elisae de Boer = Lithops marmorata (N. E. Br.) N. E. Br. ■☆

233507 Lithops erniana Tischer ex H. Jacobsen = Lithops karasmontana (Dinter et Schwantes) N. E. Br. subsp. eberlanzii (Dinter et Schwantes) D. T. Cole ■☆

233508 Lithops erniana Tischer ex H. Jacobsen var. aiaisensis de Boer = Lithops karasmontana (Dinter et Schwantes) N. E. Br. ■☆

233509 Lithops erniana Tischer ex H. Jacobsen var. witputzensis de Boer = Lithops karasmontana (Dinter et Schwantes) N. E. Br. subsp. eberlanzii (Dinter et Schwantes) D. T. Cole ■☆

233510 Lithops erniana Tischer ex Jacobsen;英瑠生石花(英留玉,英瑠玉)■☆

233511 Lithops erniana Tischer ex Jacobsen var. aiaisensis de Boer;巴里玉■☆

233512 Lithops framesii L. Bolus = Lithops marmorata (N. E. Br.) N. E. Br. ■☆

233513 Lithops francisci (Dinter et Schwantes) N. E. Br.;古典生石花(古典玉)■☆

233514 Lithops francisci (Dinter et Schwantes) N. E. Br. var. annae (de Boer) B. Fearn = Lithops gesinae de Boer ■☆

233515 Lithops francisci N. E. Br. = Lithops francisci (Dinter et Schwantes) N. E. Br. ■☆

233516 Lithops friedrichiae (Dinter) N. E. Br. = Conophytum friedrichiae (Dinter) Schwantes ■☆

233517 Lithops fulleri (N. E. Br.) N. E. Br. = Lithops julii (Dinter et Schwantes) N. E. Br. subsp. fulleri (N. E. Br.) B. Fearn ■☆

233518 Lithops fulleri N. E. Br. = Lithops julii (Dinter et Schwantes) N. E. Br. subsp. fulleri (N. E. Br.) B. Fearn ■☆

233519 Lithops fulleri N. E. Br. var. brunnea de Boer = Lithops julii (Dinter et Schwantes) N. E. Br. subsp. fulleri (N. E. Br.) B. Fearn ■☆

233520 Lithops fulleri N. E. Br. var. chrysocephala (Nel) de Boer = Lithops julii (Dinter et Schwantes) N. E. Br. ■☆

233521 Lithops fulleri N. E. Br. var. ochracea de Boer = Lithops hallii de Boer ■☆

233522 Lithops fulleri N. E. Br. var. rouxii (de Boer) D. T. Cole = Lithops julii (Dinter et Schwantes) N. E. Br. subsp. fulleri (N. E. Br.) B. Fearn ■☆

233523 Lithops fulleri N. E. Br. var. tapscottii L. Bolus = Lithops julii (Dinter et Schwantes) N. E. Br. subsp. fulleri (N. E. Br.) B. Fearn ■☆

233524 Lithops fulviceps (N. E. Br.) N. E. Br.;微纹生石花(微纹玉)■☆

233525 Lithops fulviceps (N. E. Br.) N. E. Br. var. lactinea D. T. Cole = Lithops fulviceps (N. E. Br.) N. E. Br. ■☆

233526 Lithops gesinae de Boer;源氏玉■☆

233527 Lithops gesinae de Boer var. annae (de Boer) D. T. Cole = Lithops gesinae de Boer ■☆

233528 Lithops gesinae de Boer var. annae (de Boer) de Boer et Boom;花轮玉■☆

233529 Lithops geyeri Nel;盖耶尔生石花■☆

233530 Lithops glaudinae de Boer = Lithops bromfieldii L. Bolus ■☆

233531 Lithops gracilidelineata Dinter;荒玉生石花(荒玉)■☆

233532 Lithops gracilidelineata Dinter subsp. brandbergensis (de Boer) D. T. Cole;布兰德山生石花■☆

233533 Lithops gracilidelineata Dinter var. waldronae de Boer = Lithops gracilidelineata Dinter ■☆

233534 Lithops gulielmi L. Bolus = Lithops schwantesii Dinter ■☆

233535 Lithops halenbergensis Tischer;哈伦生石花■☆

233536 Lithops hallii de Boer;霍尔生石花■☆

233537 Lithops hallii de Boer var. ochracea (de Boer) D. T. Cole = Lithops hallii de Boer ■☆

233538 Lithops helmutii L. Bolus;青磁生石花(青磁玉)■☆

233539 Lithops herrei L. Bolus;澄青生石花(澄青玉)■☆

233540 Lithops herrei L. Bolus f. albiflora H. Jacobsen = Lithops marmorata (N. E. Br.) N. E. Br. ■☆

233541 Lithops herrei L. Bolus var. geyeri (Nel) de Boer et Boom;双眸玉■☆

233542 Lithops herrei L. Bolus var. geyeri (Nel) de Boer et Boom = Lithops geyeri Nel ■☆

233543 Lithops herrei L. Bolus var. plena ? = Lithops herrei L. Bolus ■☆
233544 Lithops hillii L. Bolus = Lithops geyeri Nel ■☆
233545 Lithops hookeri (A. Berger) Schwantes;胡克生石花■☆
233546 Lithops hookeri (A. Berger) Schwantes var. dabneri (L. Bolus) D. T. Cole = Lithops hookeri (A. Berger) Schwantes ■☆
233547 Lithops hookeri (A. Berger) Schwantes var. elephina (D. T. Cole) D. T. Cole = Lithops hookeri (A. Berger) Schwantes ■☆
233548 Lithops hookeri (A. Berger) Schwantes var. lutea (de Boer) D. T. Cole = Lithops hookeri (A. Berger) Schwantes ■☆
233549 Lithops hookeri (A. Berger) Schwantes var. marginata (Nel) D. T. Cole = Lithops hookeri (A. Berger) Schwantes ■☆
233550 Lithops hookeri (A. Berger) Schwantes var. subfenestrata (de Boer) D. T. Cole = Lithops hookeri (A. Berger) Schwantes ■☆
233551 Lithops hookeri (A. Berger) Schwantes var. susannae (D. T. Cole) D. T. Cole = Lithops hookeri (A. Berger) Schwantes ■☆
233552 Lithops inae Nel = Lithops verruculosa Nel ■☆
233553 Lithops inornata Dinter ex Jacobsen;钟乳生石花(钟乳玉)■☆
233554 Lithops insularis L. Bolus;鸣弦生石花(鸣弦玉)■☆
233555 Lithops insularis L. Bolus = Lithops bromfieldii L. Bolus ■☆
233556 Lithops jacobseniana Schwantes = Lithops karasmontana (Dinter et Schwantes) N. E. Br. ■☆
233557 Lithops julii (Dinter et Schwantes) N. E. Br.;寿丽生石花(寿丽玉)■☆
233558 Lithops julii (Dinter et Schwantes) N. E. Br. subsp. fulleri (N. E. Br.) B. Fearn;福来玉(富勒生石花)■☆
233559 Lithops julii (Dinter et Schwantes) N. E. Br. var. brunnea de Boer = Lithops julii (Dinter et Schwantes) N. E. Br. subsp. fulleri (N. E. Br.) B. Fearn ■☆
233560 Lithops julii (Dinter et Schwantes) N. E. Br. var. littlewoodii de Boer = Lithops julii (Dinter et Schwantes) N. E. Br. ■☆
233561 Lithops julii (Dinter et Schwantes) N. E. Br. var. reticulata Tischer ex de Boer = Lithops julii (Dinter et Schwantes) N. E. Br. ■☆
233562 Lithops julii (Dinter et Schwantes) N. E. Br. var. rouxii (de Boer) D. T. Cole = Lithops julii (Dinter et Schwantes) N. E. Br. subsp. fulleri (N. E. Br.) B. Fearn ■☆
233563 Lithops julii (Dinter et Schwantes) N. E. Br. var. rouxii de Boer = Lithops julii (Dinter et Schwantes) N. E. Br. subsp. fulleri (N. E. Br.) B. Fearn ■☆
233564 Lithops karasmontana (Dinter et Schwantes) N. E. Br.;花纹生石花(花纹玉)■☆
233565 Lithops karasmontana (Dinter et Schwantes) N. E. Br. subsp. bella (N. E. Br.) D. T. Cole;雅致生石花■☆
233566 Lithops karasmontana (Dinter et Schwantes) N. E. Br. subsp. eberlanzii (Dinter et Schwantes) D. T. Cole;埃伯生石花■☆
233567 Lithops karasmontana (Dinter et Schwantes) N. E. Br. var. aiaisensis (de Boer) D. T. Cole = Lithops karasmontana (Dinter et Schwantes) N. E. Br. ■☆
233568 Lithops karasmontana (Dinter et Schwantes) N. E. Br. var. lericheana (Dinter et Schwantes) D. T. Cole = Lithops karasmontana (Dinter et Schwantes) N. E. Br. ■☆
233569 Lithops karasmontana (Dinter et Schwantes) N. E. Br. var. mickbergensis (Dinter) de Boer et Boom = Lithops karasmontana (Dinter et Schwantes) N. E. Br. ■☆
233570 Lithops karasmontana (Dinter et Schwantes) N. E. Br. var. mickbergensis (Dinter) de Boer et Boom;美薰玉■☆
233571 Lithops karasmontana (Dinter et Schwantes) N. E. Br. var. opalina (Dinter) de Boer et Boom = Lithops karasmontana (Dinter et Schwantes) N. E. Br. ■☆
233572 Lithops karasmontana (Dinter et Schwantes) N. E. Br. var. opalina (Dinter) de Boer et Boom;白薰玉■☆
233573 Lithops karasmontana (Dinter et Schwantes) N. E. Br. var. summitatum (Dinter) de Boer et Boom = Lithops karasmontana (Dinter et Schwantes) N. E. Br. ■☆
233574 Lithops karasmontana (Dinter et Schwantes) N. E. Br. var. summitatum (Dinter) de Boer et Boom;荣玉■☆
233575 Lithops karasmontana (Dinter et Schwantes) N. E. Br. var. tischeri D. T. Cole = Lithops karasmontana (Dinter et Schwantes) N. E. Br. ■☆
233576 Lithops koelemanii de Boer = Lithops aucampiae L. Bolus ■☆
233577 Lithops kuibisensis Dinter ex H. Jacobsen = Lithops schwantesii Dinter ■☆
233578 Lithops kunjasensis Dinter = Lithops schwantesii Dinter ■☆
233579 Lithops lactea Schick et Tischer = Lithops julii (Dinter et Schwantes) N. E. Br. ■☆
233580 Lithops lateritia Dinter;天来生石花■☆
233581 Lithops lateritia Dinter = Lithops karasmontana (Dinter et Schwantes) N. E. Br. ■☆
233582 Lithops lericheana (Dinter et Schwantes) N. E. Br. = Lithops karasmontana (Dinter et Schwantes) N. E. Br. ■☆
233583 Lithops lericheana Dinter et Schwantes = Lithops karasmontana (Dinter et Schwantes) N. E. Br. ■☆
233584 Lithops lesliei (N. E. Br.) N. E. Br.;紫勳生石花(紫勳)■☆
233585 Lithops lesliei (N. E. Br.) N. E. Br. 'Albiflora';白花紫勳生石花■☆
233586 Lithops lesliei (N. E. Br.) N. E. Br. 'Albiflora' = Lithops lesliei (N. E. Br.) N. E. Br. ■☆
233587 Lithops lesliei (N. E. Br.) N. E. Br. f. minor (de Boer) B. Fearn = Lithops lesliei (N. E. Br.) N. E. Br. ■☆
233588 Lithops lesliei (N. E. Br.) N. E. Br. subsp. burchellii D. T. Cole;伯切尔生石花■☆
233589 Lithops lesliei (N. E. Br.) N. E. Br. var. hornii de Boer = Lithops lesliei (N. E. Br.) N. E. Br. ■☆
233590 Lithops lesliei (N. E. Br.) N. E. Br. var. luteoviridis de Boer = Lithops lesliei (N. E. Br.) N. E. Br. ■☆
233591 Lithops lesliei (N. E. Br.) N. E. Br. var. maraisii de Boer = Lithops lesliei (N. E. Br.) N. E. Br. ■☆
233592 Lithops lesliei (N. E. Br.) N. E. Br. var. mariae D. T. Cole = Lithops lesliei (N. E. Br.) N. E. Br. ■☆
233593 Lithops lesliei (N. E. Br.) N. E. Br. var. minor de Boer = Lithops lesliei (N. E. Br.) N. E. Br. ■☆
233594 Lithops lesliei (N. E. Br.) N. E. Br. var. rubrobrunnea de Boer = Lithops lesliei (N. E. Br.) N. E. Br. ■☆
233595 Lithops lesliei (N. E. Br.) N. E. Br. var. venteri (Nel) de Boer et Boom = Lithops lesliei (N. E. Br.) N. E. Br. ■☆
233596 Lithops lineata Nel = Lithops ruschiorum (Dinter et Schwantes) N. E. Br. ■☆
233597 Lithops localis (N. E. Br.) Schwantes;丽春玉■☆
233598 Lithops lydiae H. Jacobsen = Lithops fulviceps (N. E. Br.) N. E. Br. ■☆
233599 Lithops marginata Nel = Lithops hookeri (A. Berger) Schwantes ■☆
233600 Lithops marlothii N. E. Br. = Conophytum pellucidum Schwantes ■☆

233601 Lithops marmorata (N. E. Br.) N. E. Br.;大理石生石花■☆
233602 Lithops marmorata (N. E. Br.) N. E. Br. var. elisae (de Boer) D. T. Cole = Lithops marmorata (N. E. Br.) N. E. Br. ■☆
233603 Lithops marmorata N. E. Br.;圣典玉(茧形玉)■☆
233604 Lithops marthae Loesch. et Tischer = Lithops marthae Loesch. et Tischer ex Jacobsen ■☆
233605 Lithops marthae Loesch. et Tischer = Lithops schwantesii Dinter ■☆
233606 Lithops marthae Loesch. et Tischer ex Jacobsen;绚烂生石花(绚烂玉)■☆
233607 Lithops maughanii N. E. Br. = Lithops julii (Dinter et Schwantes) N. E. Br. subsp. fulleri (N. E. Br.) B. Fearn ■☆
233608 Lithops mennellii L. Bolus;雀卵生石花(雀卵玉)■☆
233609 Lithops mennellii L. Bolus = Lithops bromfieldii L. Bolus ■☆
233610 Lithops meyeri L. Bolus;菊水生石花(菊水玉)■☆
233611 Lithops mickbergensis Dinter = Lithops karasmontana (Dinter et Schwantes) N. E. Br. ■☆
233612 Lithops mundtii Tischer = Lithops pseudotruncatella (A. Berger) N. E. Br. ■☆
233613 Lithops nelii Schwantes = Lithops ruschiorum (Dinter et Schwantes) N. E. Br. ■☆
233614 Lithops olivacea L. Bolus;蓝玉■☆
233615 Lithops olivacea L. Bolus var. nebrownii D. T. Cole = Lithops olivacea L. Bolus ■☆
233616 Lithops opalina Dinter = Lithops karasmontana (Dinter et Schwantes) N. E. Br. ■☆
233617 Lithops optica (Marloth) N. E. Br.;大内生石花(大内玉)■☆
233618 Lithops optica (Marloth) N. E. Br. f. rubra (Tischer) H. Jacobsen = Lithops optica (Marloth) N. E. Br. ■☆
233619 Lithops optica (Marloth) N. E. Br. f. rubra (Tischer) Rowley;红大内玉■☆
233620 Lithops otzeniana Nel;大津绘■☆
233621 Lithops otzeniana Nel var. weberi (Nel) B. Fearn = Lithops comptonii L. Bolus ■☆
233622 Lithops peersii L. Bolus = Lithops localis (N. E. Br.) Schwantes ■☆
233623 Lithops pillansii L. Bolus = Lithops ruschiorum (Dinter et Schwantes) N. E. Br. ■☆
233624 Lithops pseudotruncatella (A. Berger) N. E. Br.;生石花(曲玉,石头花);Living-stones ■☆
233625 Lithops pseudotruncatella (A. Berger) N. E. Br. f. albiflora H. Jacobsen = Lithops pseudotruncatella (A. Berger) N. E. Br. ■☆
233626 Lithops pseudotruncatella (A. Berger) N. E. Br. f. mundtii (Tischer) H. Jacobsen = Lithops pseudotruncatella (A. Berger) N. E. Br. ■☆
233627 Lithops pseudotruncatella (A. Berger) N. E. Br. f. waldronae (de Boer) B. Fearn = Lithops gracilidelineata Dinter ■☆
233628 Lithops pseudotruncatella (A. Berger) N. E. Br. subsp. archerae (de Boer) D. T. Cole;阿谢尔生石花■☆
233629 Lithops pseudotruncatella (A. Berger) N. E. Br. subsp. dendritica (Nel) D. T. Cole;树状生石花■☆
233630 Lithops pseudotruncatella (A. Berger) N. E. Br. var. alpina (Dinter) Boom = Lithops pseudotruncatella (A. Berger) N. E. Br. ■☆
233631 Lithops pseudotruncatella (A. Berger) N. E. Br. var. alta Tischer = Lithops pseudotruncatella (A. Berger) N. E. Br. ■☆
233632 Lithops pseudotruncatella (A. Berger) N. E. Br. var. archerae (de Boer) D. T. Cole = Lithops pseudotruncatella (A. Berger) N. E. Br. subsp. archerae (de Boer) D. T. Cole ■☆
233633 Lithops pseudotruncatella (A. Berger) N. E. Br. var. brandbergensis de Boer = Lithops gracilidelineata Dinter subsp. brandbergensis (de Boer) D. T. Cole ■☆
233634 Lithops pseudotruncatella (A. Berger) N. E. Br. var. dendritica (Nel) de Boer et Boom = Lithops pseudotruncatella (A. Berger) N. E. Br. subsp. dendritica (Nel) D. T. Cole ■☆
233635 Lithops pseudotruncatella (A. Berger) N. E. Br. var. dendritica (Nel) de Boer et Boom;瑞光玉■☆
233636 Lithops pseudotruncatella (A. Berger) N. E. Br. var. edithiae (N. E. Br.) de Boer et Boom = Lithops pseudotruncatella (A. Berger) N. E. Br. ■☆
233637 Lithops pseudotruncatella (A. Berger) N. E. Br. var. edithiae (N. E. Br.) de Boer et Boom;白蜡石■☆
233638 Lithops pseudotruncatella (A. Berger) N. E. Br. var. elisabethae (Dinter) de Boer et Boom = Lithops pseudotruncatella (A. Berger) N. E. Br. ■☆
233639 Lithops pseudotruncatella (A. Berger) N. E. Br. var. elisabethae (Dinter) de Boer et Boom;玛瑙玉■☆
233640 Lithops pseudotruncatella (A. Berger) N. E. Br. var. gracilidelineata (Dinter) B. Fearn = Lithops gracilidelineata Dinter ■☆
233641 Lithops pseudotruncatella (A. Berger) N. E. Br. var. mundtii (Tischer) H. Jacobsen = Lithops pseudotruncatella (A. Berger) N. E. Br. ■☆
233642 Lithops pseudotruncatella (A. Berger) N. E. Br. var. mundtii (Tischer) Tischer ex Jacobs;红玉■☆
233643 Lithops pseudotruncatella (A. Berger) N. E. Br. var. pulmonuncula (Dinter et Jacobs) Dinter et Jacobs;福音玉■☆
233644 Lithops pseudotruncatella (A. Berger) N. E. Br. var. riehmerae D. T. Cole = Lithops pseudotruncatella (A. Berger) N. E. Br. ■☆
233645 Lithops rubra (Tischer) N. E. Br. = Lithops optica (Marloth) N. E. Br. ■☆
233646 Lithops rugosa Dinter = Lithops schwantesii Dinter ■☆
233647 Lithops ruschiorum (Dinter et Schwantes) N. E. Br.;鲁施生石花■☆
233648 Lithops ruschiorum (Dinter et Schwantes) N. E. Br. var. lineata (Nel) D. T. Cole = Lithops ruschiorum (Dinter et Schwantes) N. E. Br. ■☆
233649 Lithops ruschiorum (Dinter et Schwantes) N. E. Br. var. nelii (Schwantes) de Boer et Boom = Lithops ruschiorum (Dinter et Schwantes) N. E. Br. ■☆
233650 Lithops ruschiorum N. E. Br.;瑠蝶生石花(留蝶玉,瑠蝶玉)■☆
233651 Lithops salicola L. Bolus;夫人生石花(李夫人)■☆
233652 Lithops schickiana Dinter = Lithops francisci (Dinter et Schwantes) N. E. Br. ■☆
233653 Lithops schlechteri L. Bolus;秀丽生石花■☆
233654 Lithops schwantesii Dinter;招福生石花(招福玉)■☆
233655 Lithops schwantesii Dinter var. christinae (de Boer) B. Fearn = Lithops schwantesii Dinter ■☆
233656 Lithops schwantesii Dinter var. gebseri de Boer;吉福玉■☆
233657 Lithops schwantesii Dinter var. kunjasensis (Dinter) de Boer et Boom = Lithops schwantesii Dinter ■☆
233658 Lithops schwantesii Dinter var. kunjasensis (Dinter) de Boer et Boom;公爵玉■☆

233659 Lithops schwantesii Dinter var. marthae (Loesch et Tischer) D. T. Cole = Lithops schwantesii Dinter ■☆
233660 Lithops schwantesii Dinter var. nutupsdriftensis de Boer = Lithops schwantesii Dinter ■☆
233661 Lithops schwantesii Dinter var. rugosa (Dinter) de Boer et Boom;黑耀玉■☆
233662 Lithops schwantesii Dinter var. rugosa (Dinter) de Boer et Boom = Lithops schwantesii Dinter ■☆
233663 Lithops schwantesii Dinter var. triebneri (L. Bolus) de Boer et Boom = Lithops schwantesii Dinter ■☆
233664 Lithops schwantesii Dinter var. triebneri (L. Bolus) de Boer et Boom;大公爵■☆
233665 Lithops schwantesii Dinter var. urikosensis (Dinter) de Boer et Boom = Lithops schwantesii Dinter ■☆
233666 Lithops schwantesii Dinter var. urikosensis (Dinter) de Boer et Boom;碧龙玉■☆
233667 Lithops steineckiana Tischer;翠蛾■☆
233668 Lithops streyi Schwantes = Lithops gracilidelineata Dinter ■☆
233669 Lithops summitatum Dinter = Lithops karasmontana (Dinter et Schwantes) N. E. Br. ■☆
233670 Lithops terricolor N. E. Br. = Lithops localis (N. E. Br.) Schwantes ■☆
233671 Lithops translucens L. Bolus = Lithops herrei L. Bolus ■☆
233672 Lithops triebneri L. Bolus = Lithops schwantesii Dinter ■☆
233673 Lithops turbiniformis (Haw.) N. E. Br.;露美生石花(露美玉);Stoneface ■☆
233674 Lithops umdausensis L. Bolus;圣寿生石花■☆
233675 Lithops umdausensis L. Bolus = Lithops marmorata (N. E. Br.) N. E. Br. ■☆
233676 Lithops urikosensis Dinter = Lithops schwantesii Dinter ■☆
233677 Lithops vallis-mariae (Dinter et Schwantes) N. E. Br.;碧赐生石花(碧赐玉)■☆
233678 Lithops vallis-mariae (Dinter et Schwantes) N. E. Br. var. margarethae de Boer = Lithops vallis-mariae (Dinter et Schwantes) N. E. Br. ■☆
233679 Lithops venteri Nel = Lithops lesliei (N. E. Br.) N. E. Br. ■☆
233680 Lithops verruculosa Nel;小疣生石花■☆
233681 Lithops verruculosa Nel var. glabra de Boer = Lithops verruculosa Nel ■☆
233682 Lithops verruculosa Nel var. inae (Nel) de Boer et Boom = Lithops verruculosa Nel ■☆
233683 Lithops villetii L. Bolus;丽典生石花(丽典玉)■☆
233684 Lithops viridis H. A. Luckh.;美梨玉■☆
233685 Lithops weberi Nel = Lithops comptonii L. Bolus ■☆
233686 Lithops werneri Schwantes et H. Jacobsen;维尔纳生石花■☆
233687 Lithosanthes A. Rich. = Litosanthes Blume ●
233688 Lithosciadium Turcz. (1844);石蛇床属■
233689 Lithosciadium kamelinii (V. M. Vinogr.) Pimenov ex Gubanov;石蛇床■
233690 Lithosciadium multicaule Turcz. = Cnidium multicaule (Turcz.) Ledeb. ■☆
233691 Lithosciadtum Turcz. = Cnidium Cusson ex Juss. ■
233692 Lithospermum L. (1753);紫草属;Gromwell,Puccoon ■
233693 Lithospermum affine A. DC.;近缘紫草■☆
233694 Lithospermum afromontanum Weim.;非洲山地紫草■☆
233695 Lithospermum ambiguum R. Br.;可疑紫草■☆
233696 Lithospermum angustifolium Forssk. = Moltkiopsis ciliata (Forssk.) I. M. Johnst. ■☆
233697 Lithospermum angustifolium Michx. = Lithospermum incisum Lehm. ■☆
233698 Lithospermum angustifolium Sessé et Moc.;印度紫草;Indian Paint,Narrow-leaf Gromwell,Puccoon ■☆
233699 Lithospermum apulum (L.) Vahl = Neatostema apulum (L.) I. M. Johnst. ■☆
233700 Lithospermum arvense L.;田紫草(大紫草,地仙桃,麦家公);Bastard Alkanet,Bastard-alkanet,Clove Bush,Corn Gromwell,Field Gromwell,Gromwell Corn Cockle,Iron-weed,Wheat Thief,Wheat-thief ■
233701 Lithospermum arvense L. = Buglossoides arvense (L.) I. M. Johnst. ■
233702 Lithospermum arvense L. var. coerulescens DC. = Lithospermum incrassatum Guss. ■☆
233703 Lithospermum arvense L. var. incrassatum (Guss.) Batt. = Lithospermum incrassatum Guss. ■☆
233704 Lithospermum arvense L. var. punctatum Batt. = Lithospermum arvense L. ■
233705 Lithospermum callosum Vahl = Moltkiopsis ciliata (Forssk.) I. M. Johnst. ■☆
233706 Lithospermum callosum Vahl var. asperrimum Bornm. = Moltkiopsis ciliata (Forssk.) I. M. Johnst. ■☆
233707 Lithospermum canescens (Michx.) Lehm.;灰毛紫草;American Alkanet,Hoary Puccoon,Indian Paint,Orange Puccoon,Puccoon,Red Root,Spring Puccoon,Stoneseed Gronwell,Yellow Puccoon ■☆
233708 Lithospermum caroliniense (Walter ex J. F. Gmel.) MacMill.;卡罗来纳紫草;Carolina Puccoon,Hairy Puccoon,Plains Puccoon ■☆
233709 Lithospermum caroliniense (Walter ex J. F. Gmel.) MacMill. subsp. croceum (Fernald) Cusick;毛卡罗来纳紫草;Carolina Puccoon,Hairy Puccoon,Plains Puccoon ■☆
233710 Lithospermum caroliniense (Walter ex J. F. Gmel.) MacMill. var. croceum (Fernald) Cronquist = Lithospermum caroliniense (Walter ex J. F. Gmel.) MacMill. subsp. croceum (Fernald) Cusick ■☆
233711 Lithospermum chazaliei H. Boissieu = Echiochilon chazaliei (H. Boissieu) I. M. Johnst. ■☆
233712 Lithospermum chinense Hook. et Arn. = Heliotropium strigosum Willd. ■
233713 Lithospermum ciliatum Forssk. = Moltkiopsis ciliata (Forssk.) I. M. Johnst. ■☆
233714 Lithospermum cinereum A. DC.;灰色紫草■☆
233715 Lithospermum consobrinum Pomel = Lithodora fruticosa (L.) Griseb. ●☆
233716 Lithospermum cornutum Ledeb. = Arnebia decumbens (Vent.) Coss. et Kralik ●■
233717 Lithospermum croceum Fernald;红花紫草;Indian Paint,Red Root ■☆
233718 Lithospermum croceum Fernald = Lithospermum caroliniense (Walter ex J. F. Gmel.) MacMill. subsp. croceum (Fernald) Cusick ■☆
233719 Lithospermum davuricum (Sims) Lehm. = Mertensia davurica (Sims) G. Don ■
233720 Lithospermum davuricum Lehm. = Mertensia davurica (Sims) G. Don ■

233721 Lithospermum decumbens Vent. = Arnebia decumbens (Vent.) Coss. et Kralik ●■

233722 Lithospermum diffusum Lag. = Lithodora diffusa (Lag.) I. M. Johnst. ●☆

233723 Lithospermum diffusum Lag. = Lithodora prostrata (Loisel.) Griseb. subsp. lusitanica (Samp.) Valdés ●☆

233724 Lithospermum diffusum Lag. var. micranthum Faure et Maire = Lithodora moroccana I. M. Johnst. ●☆

233725 Lithospermum diffusum Lag. var. suavis Pau et Font Quer = Lithodora moroccana I. M. Johnst. ●☆

233726 Lithospermum digynum Forssk. = Heliotropium digynum (Forssk.) C. Chr. ■☆

233727 Lithospermum dinteri Schinz = Lithospermum cinereum A. DC. ■☆

233728 Lithospermum dispermum L. f. = Rochelia disperma (L. f.) Hochr. ■

233729 Lithospermum diversifolium A. DC.;异叶紫草■☆

233730 Lithospermum ericetorum Salzm. = Lithodora prostrata (Loisel.) Griseb. ●☆

233731 Lithospermum erythrorhizon Siebold et Zucc.;紫草(长花滇紫草,茈,茈草,大紫草,地血,滇紫草,红条紫草,假紫草,藐,内蒙紫草,瑜茅,软紫草,山紫草,天山紫草,新藏假紫草,鸦衔草,鸦御草,硬紫草,哲磨,紫芙,紫草茸,紫丹,紫芙,紫果,紫列,紫血);Gromwell,Puccoon,Redroot Gromwell ■

233732 Lithospermum euchromon Royle = Arnebia euchroma (Royle) I. M. Johnst. ■

233733 Lithospermum flexuosum Lehm.;之字紫草■☆

233734 Lithospermum fruticosum L. = Lithodora fruticosa (L.) Griseb. ●☆

233735 Lithospermum fruticosum L. var. consobrinum (Pomel) Maire = Lithodora fruticosa (L.) Griseb. ●☆

233736 Lithospermum fruticosum L. var. erectum (Coss.) Rouy = Lithodora fruticosa (L.) Griseb. ●☆

233737 Lithospermum fruticosum L. var. micranthum (Faure et Maire) Maire = Lithodora moroccana I. M. Johnst. ●☆

233738 Lithospermum fruticosum L. var. prostratum (Loisel.) Maire = Lithodora prostrata (Loisel.) Griseb. ●☆

233739 Lithospermum fruticosum L. var. suavis Pau et Font Quer = Lithodora moroccana I. M. Johnst. ●☆

233740 Lithospermum gasparrinii Guss. = Lithospermum incrassatum Guss. ■☆

233741 Lithospermum gmelinii (Michx.) Hitchc. = Lithospermum caroliniense (Walter ex J. F. Gmel.) MacMill. subsp. croceum (Fernald) Cusick ■☆

233742 Lithospermum guttatum (Bunge) I. M. Johnst. = Arnebia guttata Bunge ■

233743 Lithospermum hancockianum Oliv.;石生紫草(云南紫草);Hancock Gromwell,Yunnan Gromwell ■

233744 Lithospermum hirsutum E. Mey. ex A. DC.;粗毛紫草■☆

233745 Lithospermum hispidissimum Sieber ex Lehm. = Arnebia hispidissima (Sieber ex Lehm.) DC. ■☆

233746 Lithospermum hispidulum Sm. = Lithodora hispidula (Sm.) Griseb. ●☆

233747 Lithospermum hispidulum Sm. var. cyrenaicum Pamp. = Lithodora hispidula (Sm.) Griseb. subsp. cyrenaica (Pamp.) Brullo et Furnari ●☆

233748 Lithospermum hispidum Ruiz et Pav. = Amsinckia calycina (Moris) Chater ■☆

233749 Lithospermum incisum Lehm.;狭叶紫草;Fringed Puccoon, Narrowleaf Stoneseed, Narrow-leaved Gromwell, Narrow-leaved Puccoon,Puccoon,Yellow Puccoon ■☆

233750 Lithospermum incrassatum Guss.;粗紫草■☆

233751 Lithospermum inornatum A. DC. = Lithospermum cinereum A. DC. ■☆

233752 Lithospermum kotschyi Boiss. et Hohen. = Echiochilon kotschyi (Boiss. et Hohen.) I. M. Johnst. ■☆

233753 Lithospermum latifolium Forssk.;美洲紫草(野紫草);American Gromwell,Broad-leaved Gromwell,Puccoon ■☆

233754 Lithospermum lehmanii Tineo = Alkanna tinctoria Tausch ●☆

233755 Lithospermum linearifolium Goldie = Lithospermum incisum Lehm. ■☆

233756 Lithospermum lusitanicum Samp. = Lithodora prostrata (Loisel.) Griseb. subsp. lusitanica (Samp.) Valdés ●☆

233757 Lithospermum mairei H. Lév. = Lithospermum hancockianum Oliv. ■

233758 Lithospermum mandanense Spreng. = Lithospermum incisum Lehm. ■☆

233759 Lithospermum microspermum Boiss. = Mairetis microsperma (Boiss.) I. M. Johnst. ■☆

233760 Lithospermum officinale L.;药用紫草(白果紫草,小花紫草,珍珠透骨草);Common Gromwell,Cromwell,European Gromwell, European Stoneseed, Grey Millet, Grey Myle, Greymill, Gromaly, Gromvel, Gromwell, Ground-hale, Grumbell, Grummel, Littlewale, Lythewale, Lythewale Lichwale, Our Lady's Tears, Pearl Plant, Smallflower Gromwell, Stone Millet, Stone Switch, Stone-switch, Stony-hard,Sunnan-corn ■

233761 Lithospermum officinale L. = Lithospermum erythrorhizon Siebold et Zucc. ■

233762 Lithospermum officinale L. subsp. erythrorhizon (Siebold et Zucc.) Hand.-Mazz. = Lithospermum erythrorhizon Siebold et Zucc. ■

233763 Lithospermum officinale L. var. abyssinicum (Vatke) Engl. = Lithospermum afromontanum Weim. ■☆

233764 Lithospermum officinale L. var. stewartii Kazmi = Lithospermum officinale L. ■

233765 Lithospermum orientale (L.) L. = Alkanna orientalis (L.) Boiss. ●☆

233766 Lithospermum pallasii Ledeb. = Mertensia pallassii (Ledeb.) G. Don ■

233767 Lithospermum papillosum Thunb.;乳头紫草■☆

233768 Lithospermum permixtum Schultz = Lithospermum incrassatum Guss. ■☆

233769 Lithospermum persicum Gaudin = Echiochilon persicum (Burm. f.) I. M. Johnst. ●☆

233770 Lithospermum prostratum Loisel. = Lithodora prostrata (Loisel.) Griseb. ●☆

233771 Lithospermum prostratum Loisel. = Lithospermum diffusum Lag. ●☆

233772 Lithospermum purpureocaeruleum L.;蓝紫草;Blue Gromwell, Blue Stoneweed,Creeping Gromwell,Purple Gromwell,Walking-stick Plant ■☆

233773 Lithospermum retortum Pall. = Rochelia bungei Trautv. ■

233774 Lithospermum rosmarinifolium Sessé et Moc.;迷迭香叶紫草■☆

233775 Lithospermum rosmarinifolium Ten. = Lithodora rosmarinifolia

(Ten.) I. M. Johnst. ●☆
233776 Lithospermum rucerale Douglas ex Lehm.;北美紫草■☆
233777 Lithospermum scabrum Thunb.;粗糙紫草■☆
233778 Lithospermum sibiricum (L.) Lehm. = Mertensia sibirica (L.) G. Don ■
233779 Lithospermum sibiricum Lehm. = Mertensia sibirica (L.) G. Don ■
233780 Lithospermum sibthorpianum Griseb.;西布索普紫草■☆
233781 Lithospermum szechenyi (Kanitz) I. M. Johnst. = Arnebia szechenyi Kanitz ■
233782 Lithospermum tenuiflorum L. f.;细花紫草■☆
233783 Lithospermum tenuiflorum L. f. = Buglossoides tenuiflora (L. f.) I. M. Johnst. ■☆
233784 Lithospermum tschimganicum B. Fedtsch.;天山紫草■☆
233785 Lithospermum tschimganicum B. Fedtsch. = Arnebia tschimganica (B. Fedtsch.) G. L. Zhu ■
233786 Lithospermum zollingeri A. DC.;梓木草(地仙桃,接骨仙桃,琉璃草,马非,猫舌头草);Zollinger Gromwell ■
233787 Lithospermum zollingeri A. DC. f. albidum (Honda) H. Hara;白梓木草■☆
233788 Lithothamnus Zipp. ex Span. = Ehretia P. Browne ●
233789 Lithoxylon Endl. = Actephila Blume ●
233790 Lithraea Miers = Lithraea Miers ex Hook. et Arn. ●☆
233791 Lithraea Miers ex Hook. et Arn. (1833);南美漆属(南美洲漆属)●☆
233792 Lithraea brasiliensis Marchand;巴西南美漆●☆
233793 Lithraea caustica (Molina) Hook. et Arn.;南美漆●☆
233794 Lithraea caustica Hook. et Arn. = Lithraea caustica (Molina) Hook. et Arn. ●☆
233795 Lithraea molleoides (Vell.) Engl.;默尔椴;Aroeira Blanca ●☆
233796 Lithraea ternifolia (Gillies ex Hook.) F. A. Barkley;细叶南美漆●☆
233797 Lithrum Huds. = Lythrum L. ●■
233798 Litocarpus L. Bolus = Aptenia N. E. Br. ●☆
233799 Litocarpus cordifolius (L. f.) L. Bolus = Aptenia cordifolia (L. f.) Schwantes ■
233800 Litogyne Harv. (1863);凹托菊属●☆
233801 Litogyne Harv. = Epaltes Cass. ■
233802 Litogyne gariepina (DC.) Anderb.;凹托菊■☆
233803 Litogyne glabra Harv. = Litogyne gariepina (DC.) Anderb. ■☆
233804 Litogyne scabra Harv. = Litogyne gariepina (DC.) Anderb. ■☆
233805 Litonia Pritz. = Littonia Hook. ■☆
233806 Litophila Sw. = Alternanthera Forssk. ■
233807 Litophila Sw. = Lithophila Sw. ■☆
233808 Litorella Asch. = Littorella P. J. Bergius ■☆
233809 Litosanthes Blume(1823);石核木属(壶冠木属);Litosanthus ●
233810 Litosanthes biermannii (King ex Hook. f.) Deb et Gagnep. = Lasianthus biermannii King ex Hook. f. ●
233811 Litosanthes biflora Blume;石核木(壶冠木);Biflorous Litosanthus,Twoflower Litosanthus ●
233812 Litosanthes biflora Blume = Lasianthus biflorus (Blume) Gangop. et Chakrab. ●
233813 Litosanthes gracilis King et Gamble = Litosanthes biflora Blume ●
233814 Litosanthes micranthus (Hook. f.) Deb et Gangop. = Lasianthus micranthus Hook. f. ●
233815 Litosiphon Pierre ex A. Chev. = Lovoa Harms ●☆
233816 Litosiphon Pierre ex Harms = Lovoa Harms ●☆
233817 Litothamnus R. M. King et H. Rob. (1979);滨菊木属●☆
233818 Litothamnus ellipticus R. M. King et H. Rob.;滨菊木●☆
233819 Litothamnus nitidus (DC.) W. C. Holmes;光亮滨菊木●☆
233820 Litrea Phil. = Litria G. Don ●☆
233821 Litria G. Don = Lithraea Miers ex Hook. et Arn. ●☆
233822 Litrisa Small = Carphephorus Cass. ■☆
233823 Litrisa Small (1924);松边菊属(松鞭菊属);Pineland Chaffhead ■☆
233824 Litrisa carnosa Small;松边菊(松鞭菊)■☆
233825 Litsaea Juss. = Litsea Lam. (保留属名)●
233826 Litsaea consimilis (Nees) Nees = Neolitsea pallens (D. Don) Momiy. et H. Hara ●
233827 Litsea Lam. (1792)(保留属名);木姜子属;Litse,Litsea ●
233828 Litsea aciculata Blume = Neolitsea aciculata (Blume) Koidz. ●
233829 Litsea acuminata (Blume) Sa. Kurata = Actinodaphne acuminata (Blume) Meisn. ●
233830 Litsea acutivena Hayata;尖叶木姜子(长果木姜子,虎皮楠,黄桂,黄肉楠,尖脉木姜子,金楠,毛叉树,锐脉木姜子,竹叶楠);Long Drupe Actinodaphne, Long Drupe Litsea, Longfruit Actinodaphne, Longfruited Actinodaphne, Sharpvein Litse, Sharp-veined Litse ●
233831 Litsea aestivalis (L.) Fernald;夏木姜子;Pond-spice ●☆
233832 Litsea akoensis Hayata;屏东木姜子(台湾木姜子,早田氏木姜子,竹头角木姜子);Hayata Litsea, Pingdong Litse, Pingdong Litsea, Pingtung Litsea, Taiwan Litse ●
233833 Litsea akoensis Hayata f. hayatae (Kaneh.) S. S. Ying = Litsea akoensis Hayata ●
233834 Litsea akoensis Hayata f. hayatae (Kaneh.) S. S. Ying = Litsea hayatae Kaneh. ●
233835 Litsea akoensis Hayata var. chitouchiaoensis J. C. Liao;竹头角木姜子●
233836 Litsea akoensis Hayata var. chitouchiaoensis J. C. Liao = Litsea akoensis Hayata ●
233837 Litsea akoensis Hayata var. chitouchiaoensis J. C. Liao = Litsea hayatae Kaneh. ●
233838 Litsea akoensis Hayata var. hayatae (Kaneh.) J. C. Liao = Litsea akoensis Hayata ●
233839 Litsea akoensis Hayata var. hayatae (Kaneh.) J. C. Liao = Litsea hayatae Kaneh. ●
233840 Litsea akoensis Hayata var. sasakii (Kamik.) J. C. Liao;浸水营木姜子(白鳞木姜子,林氏木姜子,狭叶木姜子,佐佐木氏黄肉楠,佐佐木氏木姜子);Lin's Litse, Sasaki Actinodaphne, Sasaki's Litse, Whitescale Litse ●
233841 Litsea albescens (Hook. f.) D. G. Long;白叶木姜子●
233842 Litsea amara Blume = Litsea umbellata (Lour.) Merr. ●
233843 Litsea anningheensis N. Chao et J. S. Liu;安宁木姜子;Anning Litse ●
233844 Litsea atrata S. K. Lee;黑果木姜子(黑木姜子);Black Litse, Blackened Litse, Blackfruit Litse, Black-fruited Litse, Darkleaf Litse, Dark-leaved Litse ●
233845 Litsea atrata S. K. Lee = Litsea salicifolia (Roxb. ex Nees) Hook. f. ●
233846 Litsea aurata Hayata = Neolitsea aurata (Hayata) Koidz. ●
233847 Litsea auriculata S. S. Chien et W. C. Cheng;天目木姜子(芭蕉杨);Tianmu Litse, Tianmu Mountain Litse, Tianmushan Litse ●
233848 Litsea balansae Lecomte;假辣子(米粮价);Balansa's Litse ●

233849 Litsea baviensis Lecomte;大萼木姜子(白肚槁,白面槁,红干,黄槁,毛丹,托壳果,香椒槁);Bigcalyx Litse,Big-sepalous Litse ●

233850 Litsea baviensis Lecomte var. szemois (H. Liu) C. K. Allen = Litsea pierrei Lecomte var. szemaois H. Liu ●◇

233851 Litsea baviensis Lecomte var. szemois (H. Liu) C. K. Allen = Litsea szemaois (H. Liu) J. Li et H. W. Li ●◇

233852 Litsea baviensis Lecomte var. venulosa H. Liu = Litsea yunnanensis Yen C. Yang et P. H. Huang ●

233853 Litsea beilschmiediifolia H. W. Li;琼楠叶木姜子(琼樟叶木姜子);Slugwoodleaf Litse,Slugwood-leaved Litse ●

233854 Litsea biflora H. P. Tsui;双花木姜子(少花木姜子,双少花木姜子);Biflower Litse ●

233855 Litsea brevipetiolata Lecomte = Litsea verticillata Hance ●

233856 Litsea brideliifolia Hayata = Litsea glutinosa (Lour.) C. B. Rob. var. brideliifolia (Hand. -Mazz.) L. C. Wang ●

233857 Litsea cangyuanensis J. Li et H. W. Li;沧源木姜子●

233858 Litsea cavaleriei H. Lév. = Lindera communis Hemsl. ●

233859 Litsea chaffonjonii H. Lév. = Symplocos stellaris Brand ●

233860 Litsea chartacea (Nees) Hook. f.;纸叶木姜子;Paperleaf Litse ●

233861 Litsea chengshuzhii H. P. Tsui;树志木姜子;Chengshuzhi Litse ●

233862 Litsea chenii H. Liu = Litsea veitchiana Gamble et H. Liu ●

233863 Litsea chinensis Blume = Litsea rotundifolia (Nees) Hemsl. var. oblongifolia (Nees) Allen ●

233864 Litsea chinpingensis Yen C. Yang et P. H. Huang;金平木姜子;Jinping Litse ●

233865 Litsea chunii W. C. Cheng;高山木姜子(木姜子,木香木姜子);Chun Litse ●

233866 Litsea chunii W. C. Cheng var. latifolia (Yen C. Yang) H. S. Kung;大叶高山木姜子(大叶木姜子);Broadleaf Litse ●

233867 Litsea chunii W. C. Cheng var. likiangensis Yen C. Yang et P. H. Huang;丽江高山木姜子(丽江木姜子);Lijiang Chun Litse,Lijiang Litse ●

233868 Litsea chunii W. C. Cheng var. longipedicellata Yen C. Yang = Litsea chunii W. C. Cheng ●

233869 Litsea chunii W. C. Cheng var. longipedicellata Yen C. Yang f. latifolia Yen C. Yang = Litsea chunii W. C. Cheng var. latifolia (Yen C. Yang) H. S. Kung ●

233870 Litsea citrata Blume = Litsea cubeba (Lour.) Pers. ●

233871 Litsea citriodora (Siebold et Zucc.) Hatus. = Litsea cubeba (Lour.) Pers. ●

233872 Litsea coelestis H. P. Tsui;蓝叶木姜子;Blue-leaf Litse ●

233873 Litsea confertiflora (Meisn.) Kosterm. = Parasassafras confertiflorum (Meisn.) D. G. Long ●

233874 Litsea confertifolia Hemsl. = Neolitsea confertifolia (Hemsl.) Merr. ●

233875 Litsea consimilis (Nees) Nees = Neolitsea pallens (D. Don) Momiy. et H. Hara ●

233876 Litsea coreana H. Lév.;朝鲜木姜子(虎皮斑木姜子,鹿皮斑黄肉楠);Korea Litse,Korean Litse ●

233877 Litsea coreana H. Lév. = Machilus thunbergii Siebold et Zucc. ●

233878 Litsea coreana H. Lév. var. lanuginosa (Migo) Yen C. Yang et P. H. Huang;毛豹皮樟(老鹰茶);Hairy Korean Litse,Hairyback Korean Litse ●

233879 Litsea coreana H. Lév. var. mushaensis (Hayata) J. C. Liao = Actinodaphne mushaensis (Hayata) Hayata ●

233880 Litsea coreana H. Lév. var. sinensis (Allen) Yen C. Yang et P. H. Huang;豹皮樟(白柴,剥皮枫,豺皮樟,过山香,花壳柴,山肉桂,香叶子,扬子黄肉楠);Chinese Litse ●

233881 Litsea coreana H. Lév. var. wolongensis N. Chao et G. T. Gong;卧龙豹皮樟;Wolong Chinese Litse ●

233882 Litsea cubeba (Lour.) Pers.;山鸡椒(白金箭,毕澄茄,毕茄,毕茄子,沉茄,呈茄子,澄茄,澄茄子,臭山胡椒,臭油果树,臭樟子,豆豉姜,过山香,满山香,美辣伤,木姜子,木浆子,毗陵茄子,枪子蕴,赛樟树,赛梓树,山苍树,山苍子,山番椒,山胡椒,山姜子,土澄茄,香落叶,香树子,香叶);Aromatic Litse,Cubeb Litse,Fragrant Litse,Mountain Spicy Litse,Mountain Spicy Tree ●

233883 Litsea cubeba (Lour.) Pers. f. obtusifolia Yen C. Yang et P. H. Huang = Litsea cubeba (Lour.) Pers. ●

233884 Litsea cubeba (Lour.) Pers. var. formosana (Nakai) Yen C. Yang et P. H. Huang;毛山鸡椒(台湾山鸡椒);Taiwan Litse,Taiwan Spicy Litse ●

233885 Litsea cubeba (Lour.) Pers. var. obtusifolia Yen C. Yang et P. H. Huang;钝叶山鸡椒;Obtuseleaf Litse ●

233886 Litsea cupularis Hemsl. = Actinodaphne cupularis (Hemsl.) Gamble ●

233887 Litsea deccanensis Gamble;德干木姜子●☆

233888 Litsea depressa H. P. Tsui;扁果木姜子;Flettened Litse ●

233889 Litsea dielsii (H. Lév.) H. Lév. = Litsea cubeba (Lour.) Pers. ●

233890 Litsea dielsii H. Lév. = Litsea cubeba (Lour.) Pers. ●

233891 Litsea dilleniifolia P. Y. Pai et P. H. Huang;五桠果叶木姜子;Dillenialeaf Litse,Dillenia-leaved Litse,Largeleaf Litse ●◇

233892 Litsea dolichocarpa Hayata = Actinodaphne acuminata (Blume) Meisn. ●

233893 Litsea dolichocarpa Hayata = Litsea acutivena Hayata ●

233894 Litsea dunniana H. Lév.;出蕊木姜子;Dunn Litse ●

233895 Litsea elliptica Blume;椭圆木姜子●☆

233896 Litsea elongata (Nees) Hook. f. var. acutivena (Hayata) S. S. Ying = Litsea acutivena Hayata ●

233897 Litsea elongata (Nees) Hook. f. var. mushaensis (Hayata) J. C. Liao = Actinodaphne mushaensis (Hayata) Hayata ●

233898 Litsea elongata (Nees) Hook. f. var. suberosa (Yen C. Yang et P. H. Huang) N. Chao et J. S. Liu = Litsea suberosa Yen C. Yang et P. H. Huang ●

233899 Litsea elongata (Wall. ex Nees) Benth. et Hook. f.;黄丹木姜子(长叶木姜子,打色眼树,红刨楠,红由,黄壳兰,黄壳楠,毛丹,毛丹公,野枇杷木);Elongate Litse ●

233900 Litsea elongata (Wall. ex Nees) Benth. et Hook. f. var. acutivena (Hayata) S. S. Ying = Litsea acutivena Hayata ●

233901 Litsea elongata (Wall. ex Nees) Benth. et Hook. f. var. faberi (Hemsl.) Yen C. Yang et P. H. Huang;石木姜子(石桢楠);Faber Litse ●

233902 Litsea elongata (Wall. ex Nees) Benth. et Hook. f. var. mushaensis (Hayata) J. C. Liao = Litsea coreana H. Lév. var. mushaensis (Hayata) J. C. Liao ●

233903 Litsea elongata (Wall. ex Nees) Benth. et Hook. f. var. subverticillata (Yen C. Yang) Yen C. Yang et P. H. Huang;近轮叶木姜子;Whorlleaf Elangate Litse ●

233904 Litsea esquirolii (H. Lév.) Allen = Litsea kobuskiana C. K. Allen ●

233905 Litsea esquirolii (H. Lév.) C. K. Allen = Litsea kobuskiana C. K. Allen ●

233906 Litsea esquirolii H. Lév. = Lindera communis Hemsl. ●

233907 Litsea euosma W. W. Sm.;清香木姜子;Fourflower Litse,Four-

flowered Litse, Spice Litse, Tetrafloriferous Litse ●
233908 Litsea euosma W. W. Sm. = Litsea mollis Hemsl. ●
233909 Litsea faberi Hemsl. = Litsea elongata (Wall. ex Nees) Benth. et Hook. f. var. faberi (Hemsl.) Yen C. Yang et P. H. Huang ●
233910 Litsea faberi Hemsl. f. dolichophylla Yen C. Yang = Litsea elongata (Wall. ex Nees) Benth. et Hook. f. var. faberi (Hemsl.) Yen C. Yang et P. H. Huang ●
233911 Litsea faberi Hemsl. var. ganchuensis H. Liu = Litsea kobuskiana C. K. Allen ●
233912 Litsea forrestii Diels;滇西木姜子(长梗木姜子);Forrest Litse, Longstalk Litse ●
233913 Litsea forrestii Diels = Litsea rubescens Lecomte ●
233914 Litsea foveola Kosterm.;蜂窝木姜子;Foveolate Litse, Honeycomb Litse, Pitted-leaf Litse ●
233915 Litsea foveolata (Merrill) Kosterm. = Cinnamomum foveolatum (Merr.) H. W. Li et J. Li ●
233916 Litsea foveolata Yen C. Yang et P. H. Huang = Litsea foveola Kosterm. ●
233917 Litsea fruticosa (Hemsl.) Gamble = Lindera fruticosa Hemsl. ●
233918 Litsea fruticosa (Hemsl.) Gamble = Lindera neesiana (Nees) Kurz ●
233919 Litsea fruticosa (Hemsl.) Gamble = Neocinnamomum fargesii (Lecomte) Kosterm. ●
233920 Litsea garciae Vidal;兰屿木姜子(川上氏木姜子);Garrett's Litse, Lanyu Litse, Lanyu Litsea, Philippine Litse ●
233921 Litsea garrettii Gamble = Litsea martabanica (Kurz) Hook. f. ●
233922 Litsea garrettii Gamble var. longistaminata H. Liu = Litsea longistaminata (H. Liu) Kosterm. ●
233923 Litsea geniculata (Walter) G. Nicholson = Litsea aestivalis (L.) Fernald ●☆
233924 Litsea glauca Siebold = Neolitsea sericea (Blume) Koidz. ●◇
233925 Litsea glauca Siebold = Symplocos glauca (Thunb.) Koidz. ●
233926 Litsea glaucescens Kunth;粉绿木姜子●☆
233927 Litsea globosa Yen C. Yang et P. H. Huang = Litsea sinoglobosa J. Li et H. W. Li ●
233928 Litsea glutinosa (Lour.) C. B. Rob.;潺槁木姜子(残槁蔃,潺槁木,潺槁木姜,潺槁树,潺果,潺树,大疳根,厚皮楠,胶樟,美大喊,楠木根,牛耳枫,青胶木,青金树,青桐胶,青野槁,三苦花,山加龙,山胶木,树仲,香胶木,野果木,油槁,油槁树);Adhesive Litse, Gluey Bark Litse, Gluey Litse, Pond Litse, Pond Spice ●
233929 Litsea glutinosa (Lour.) C. B. Rob. var. brachyphylla (Hand.-Mazz.) L. C. Wang = Litsea glutinosa (Lour.) C. B. Rob. var. brideliifolia (Hand.-Mazz.) L. C. Wang ●
233930 Litsea glutinosa (Lour.) C. B. Rob. var. brideliifolia (Hand.-Mazz.) L. C. Wang;白野槁树(厚叶樟,青椰槁木,野胶树,圆尾槁);Bridelialeaf Litse ●
233931 Litsea glutinosa (Lour.) C. B. Rob. var. brideliifolia (Hayata) Merr. = Litsea glutinosa (Lour.) C. B. Rob. var. brideliifolia (Hand.-Mazz.) L. C. Wang ●
233932 Litsea gongshanensis H. W. Li;贡山木姜子;Gongshan Litse ●
233933 Litsea gracilipes Hemsl. = Neolitsea wushanica (Chun) Merr. ●
233934 Litsea greenmaniana C. K. Allen;华南木姜子;Greenman Litse, S. China Litse ●
233935 Litsea greenmaniana C. K. Allen var. angustifolia Yen C. Yang et P. H. Huang = Litsea greenmaniana C. K. Allen ●
233936 Litsea greenmaniana C. K. Allen var. angustifolia Yen C. Yang et P. H. Huang;狭叶华南木姜子;Narrowleaf Greenman Litse ●
233937 Litsea hayatae Kaneh.;台湾木姜子●
233938 Litsea hayatae Kaneh. = Litsea akoensis Hayata ●
233939 Litsea hexantha Juss. = Litsea umbellata (Lour.) Merr. ●
233940 Litsea honghoensis H. Liu;红河木姜子(文山木姜子);Honghe Litse ●
233941 Litsea hunanensis Yen C. Yang et P. H. Huang;湖南木姜子;Hunan Litse ●
233942 Litsea hupehana Hemsl.;湖北木姜子;Hubei Litse ●
233943 Litsea hupehana Hemsl. var. longifolia Lecomte = Actinodaphne lecomtei C. K. Allen ●
233944 Litsea hypoleucophylla (Hayata) T. S. Liu et J. C. Liao = Litsea rotundifolia (Nees) Hemsl. var. oblongifolia (Nees) Allen ●
233945 Litsea hypophaea Hayata;黄肉树;Hypodulloured Litse ●
233946 Litsea hypophaea Hayata = Litsea acutivena Hayata ●
233947 Litsea ichangensis Gamble;宜昌木姜子(狗酱子树,老姜子);Yichang Litse ●
233948 Litsea iteodaphne Gamble f. chinensis Allen = Litsea variabilis Hemsl. f. chinensis (Allen) Yen C. Yang et P. H. Huang ●
233949 Litsea japonica (Thunb.) Juss.;日本木姜子;Japan Litse, Japanese Litse ●☆
233950 Litsea kangdingensis H. S. Kung;康定木姜子;Kangding Litse ●
233951 Litsea kangdingensis H. S. Kung = Litsea pungens Hemsl. ●
233952 Litsea kawakamii Hayata = Litsea garciae Vidal ●
233953 Litsea khasyana Meisn.;喀西木姜子;Khasyan Litse ●
233954 Litsea kingii Hook. f.;印滇木姜子(秃净木姜子,秃净山鸡椒);King Litse ●
233955 Litsea kingii Hook. f. = Litsea cubeba (Lour.) Pers. ●
233956 Litsea kobuskiana C. K. Allen;安顺木姜子;Anshun Litse ●
233957 Litsea konishii Hayata = Neolitsea konishii (Hayata) Kaneh. et Sasaki ●
233958 Litsea kostermansii C. E. Chang = Actinodaphne pedicellata Hayata ex Matsum. et Hayata ●
233959 Litsea kostermansii C. E. Chang = Litsea hypophaea Hayata ●
233960 Litsea kotoensis (Hayata) Kaneh. = Neolitsea villosa (Blume) Merr. ●
233961 Litsea kotoensis Hayata ex Kaneh. = Neolitsea kotoensis (Hayata) Kaneh. et Sasaki ●
233962 Litsea krukovii Kosterm. = Actinodaphne pedicellata Hayata ex Matsum. et Hayata ●
233963 Litsea krukovii Kosterm. = Litsea hypophaea Hayata ●
233964 Litsea krukovii Kosterm. = Litsea taiwaniana Kamik. ●
233965 Litsea kwangsiensis Yen C. Yang et P. H. Huang;红楠刨;Guangxi Litse ●
233966 Litsea kwangtungensis Hung T. Chang;广东木姜子;Guangdong Litse, Kwangtung Litse ●
233967 Litsea lancifolia (Roxb. ex Nees) Benth. et Hook. f. ex Fern.-Vill.;剑叶木姜子(箭叶木姜子,六驳);Lanceleaf Litse, Lance-leaved Litse ●
233968 Litsea lancifolia (Roxb. ex Nees) Benth. et Hook. f. ex Fern.-Vill. var. ellipsoidea Yen C. Yang et P. H. Huang;椭圆果剑叶木姜子(椭圆果木姜子);Ellipsoid Lanceleaf Litse, Ellipsoidal-fruit Litse ●
233969 Litsea lancifolia (Roxb. ex Nees) Benth. et Hook. f. ex Fern.-Vill. var. pedicellata Hook. f.;有梗剑叶木姜子(有梗木姜子);Pedicellate Litse ●
233970 Litsea lancilimba Merr.;大果木姜子(八角带,假檬果,毛丹丹,青吐八角,青吐木);Bigfruit Litse, Big-fruited Litse, Longleaf Litse ●

233971 Litsea lanuginosa (Nees) Nees = Neolitsea cuipala (D. Don) Kosterm. ●☆

233972 Litsea laxiflora Hemsl. = Sassafras tsumu (Hemsl.) Hemsl. ●

233973 Litsea leefeana Merr.;李氏木姜子●☆

233974 Litsea liboshengii H. P. Tsui;勃生木姜子;Libosheng's Litse ●

233975 Litsea lii C. E. Chang;大武山木姜子(李氏木姜子);Dawushan Litse,Li's Litse ●

233976 Litsea lii C. E. Chang = Litsea pseudoelongata H. Liu ●

233977 Litsea lii C. E. Chang var. nunkao-tahangensis (J. C. Liao) J. C. Liao;能汉木姜子●

233978 Litsea lii C. E. Chang var. nunkao-tahangensis (J. C. Liao) J. C. Liao = Litsea pseudoelongata H. Liu ●

233979 Litsea linii C. E. Chang;白鳞木姜子●

233980 Litsea linii C. E. Chang = Litsea akoensis Hayata var. sasakii (Kamik.) J. C. Liao ●

233981 Litsea litseifolia (Allen) Yen C. Yang et P. H. Huang;海南木姜子(木姜叶黄肉楠);Hainan Litse ●

233982 Litsea liyuyingi H. Liu;圆锥木姜子;Liyuying's Litse ●

233983 Litsea longipetiolata Lecomte = Litsea populifolia (Hemsl.) Gamble ●

233984 Litsea longistaminata (H. Liu) Kosterm.;长蕊木姜子;Longstamen Litse,Long-stamened Litse ●

233985 Litsea longistaminata (H. Liu) Kosterm. var. pubescens H. P. Tsui;柔毛长蕊木姜子;Pubescent Longstamen Litse ●

233986 Litsea longistaminata (H. Liu) Kosterm. var. pubescens H. P. Tsui = Litsea longistaminata (H. Liu) Kosterm. ●

233987 Litsea machiloides Yen C. Yang et P. H. Huang;润楠叶木姜子;Machilus Leaf Litse,Machilusleaf Litse,Machilus-leaved Litse ●

233988 Litsea maclurei Merr. = Litsea baviensis Lecomte ●

233989 Litsea magnoliifolia Yen C. Yang et P. H. Huang = Litsea semecarpifolia (Wall. ex Nees) Hook. f. ●

233990 Litsea martabanica (Kurz) Hook. f.;滇藏木姜子(滇南木姜子);Garrett Litse,S. Yunnan Litse ●

233991 Litsea merrilliana C. K. Allen = Litsea pedunculata (Diels) Yen C. Yang et P. H. Huang ●

233992 Litsea microcarpa Yen C. Yang = Litsea moupinensis Lecomte ●

233993 Litsea mishmiensis Hook. f.;米什米木姜子;Mishmi Litse ●

233994 Litsea mollifolia Chun = Litsea mollis Hemsl. ●

233995 Litsea mollifolia Chun var. glabrata (Diels) Chun = Litsea cubeba (Lour.) Pers. ●

233996 Litsea mollis Hemsl.;毛叶木姜子(毕澄茄,大木姜,狗胡椒,猴香子,毛叶木姜,木香子,青冈楠树,山胡椒,香桂子,野木姜子);Hairyleaf Litse,Hairy-leaved Litse ●

233997 Litsea mollis Hemsl. var. glabrata Diels = Litsea cubeba (Lour.) Pers. ●

233998 Litsea monantha Yen C. Yang et P. H. Huang = Dodecadenia grandiflora Nees ●

233999 Litsea monopetala (Roxb.) Pers.;假柿木姜子(假沙梨,假柿树,接口木,毛黄木,毛蜡树,母猪槁,木浆子,纳槁,山菠萝树,山口羊,水冬瓜);Persimmon-leaved Litse,Rustyhairy Litse,Rusty-hairy Litse ●

234000 Litsea morrisonensis Hayata;玉山木姜子(玉山黄肉楠);Morrison Actinodaphne,Mt. Morrison Actinodaphne,Yushan Actinodaphne,Yushan Litse ●

234001 Litsea morrisonensis Hayata = Actinodaphne morrisonensis (Hayata) Hayata ●

234002 Litsea morrisonensis Hayata var. lii (C. E. Chang) S. S. Ying = Litsea pseudoelongata H. Liu ●

234003 Litsea moupinensis Lecomte;宝兴木姜子(吃木姜,老哇皮,木姜子);Moupin Litse ●

234004 Litsea moupinensis Lecomte var. glabrescens H. S. Kung;峨眉木姜子(无毛宝兴木姜子);Emei Litse ●

234005 Litsea moupinensis Lecomte var. glabrescens H. S. Kung = Litsea moupinensis Lecomte ●

234006 Litsea moupinensis Lecomte var. szechuanica (Allen) Yen C. Yang et P. H. Huang;四川木姜子(马木姜子);Sichuan Litse ●

234007 Litsea multiumbellata Lecomte = Litsea verticillata Hance ●

234008 Litsea multiumbellata Lecomte f. annamensis H. Liu = Litsea verticillata Hance ●

234009 Litsea mushaensis Hayata = Actinodaphne mushaensis (Hayata) Hayata ●

234010 Litsea mushaensis Hayata = Litsea coreana H. Lév. var. mushaensis (Hayata) J. C. Liao ●

234011 Litsea nakaii Hayata;长果木姜子;Longfruit Litse ●

234012 Litsea nakaii Hayata = Litsea acutivena Hayata ●

234013 Litsea nantoensis Hayata = Actinodaphne acuminata (Blume) Meisn. ●

234014 Litsea nantoensis Hayata = Actinodaphne nantoensis (Hayata) Hayata ●

234015 Litsea napoensis D. Fang;多蕊木姜子;Napo Litse ●

234016 Litsea napoensis D. Fang = Litsea yunnanensis Yen C. Yang et P. H. Huang ●

234017 Litsea nunkao-tahangensis J. C. Liao = Litsea pseudoelongata H. Liu ●

234018 Litsea oblonga (Nees) Hook. f. var. albescens Hook. f. = Litsea albescens (Hook. f.) D. G. Long ●

234019 Litsea obovata (Nees) Nees = Actinodaphne obovata (Nees) Blume ●

234020 Litsea obovata Hayata = Litsea akoensis Hayata ●

234021 Litsea obovata Hayata = Litsea hayatae Kaneh. ●

234022 Litsea obovata Nees = Actinodaphne obovata (Nees) Blume ●

234023 Litsea oligophlebia Hung T. Chang;少脉木姜子;Fewvein Litse,Oligo-vened Litse ●

234024 Litsea oreophila Hook. f. = Litsea sericea (Nees) Hook. f. ●

234025 Litsea orientalis C. E. Chang = Litsea coreana H. Lév. ●

234026 Litsea panamonja (Nees) Hook. f.;香花木姜子;Fragrant Litse ●

234027 Litsea pedicellata (Hayata ex Matsum. et Hayata) Hatus. = Actinodaphne pedicellata Hayata ex Matsum. et Hayata ●

234028 Litsea pedicellata (Hayata) Hatus. = Litsea hypophaea Hayata ●

234029 Litsea pedicellata (Hayata) Hatus. = Litsea taiwaniana Kamik. ●

234030 Litsea pedicellata (Hayata) Hutus. = Actinodaphne pedicellata Hayata ex Matsum. et Hayata ●

234031 Litsea pedunculata (Diels) Yen C. Yang et P. H. Huang;红皮木姜子(青香树);Redbark Litse,Red-barked Litse ●

234032 Litsea pedunculata (Diels) Yen C. Yang et P. H. Huang var. pubescens Yen C. Yang et P. H. Huang;毛红皮木姜子;Pubescent Redbark Litse ●

234033 Litsea perrottetii (Blume) Villar;菲律宾木姜子(白达木,佩罗特木姜子);Bacan,Baticuling,Kubilan,Philippin Litsea ●

234034 Litsea pierrei Lecomte;越南木姜子;Viet Nam Litse,Vietnam Litse ●☆

234035 Litsea pierrei Lecomte var. lobata (Lecomte) Allen = Litsea vang Lecomte var. lobata Lecomte ●

234036 Litsea pierrei Lecomte var. szemaois H. Liu = Litsea szemaois

(H. Liu) J. Li et H. W. Li ●◇

234037 Litsea pittosporifolia Yen C. Yang et P. H. Huang;海桐叶木姜子; Pittosporumleaf Litse, Pittosporum-leaved Litse, Seatungleaf Litse ●

234038 Litsea playfairii Hemsl. = Lindera aggregata (Sims) Kosterm. var. playfairii (Hemsl.) H. P. Tsui ●

234039 Litsea polyantha Juss. = Litsea monopetala (Roxb.) Pers. ●

234040 Litsea polyantha Juss. f. glabra H. Liu = Litsea atrata S. K. Lee ●

234041 Litsea polyantha Juss. f. glabra H. Liu = Litsea salicifolia (Roxb. ex Nees) Hook. f. ●

234042 Litsea populifolia (Hemsl.) Gamble;杨叶木姜子(老鸦皮); Poplarleaf Litse, Poplar-leaved Litse ●

234043 Litsea pseudoelongata H. Liu;竹叶木姜子(柳叶樟,山古羊,竹叶松);Bambooleaf Litse, Bamboo-leaved Litse ●

234044 Litsea pulchella Meisn. = Neolitsea pulchella (Meisn.) Merr. ●

234045 Litsea pungens Hemsl.;木姜子(陈茄子,豆豉姜,过山香,猴香子,滑叶树,黄花子,腊梅柴,辣姜子,兰香树,木香子,木樟子,山苍子,山胡椒,山姜子,生姜材,香桂子);Pungent Litse ●

234046 Litsea reticulata Benth. et Hook. f. ex F. Muell.;网状木姜子●☆

234047 Litsea rotundifolia (Nees) Hemsl.;圆叶豹皮樟; Roundleaf Litse, Round-leaved Litse ●

234048 Litsea rotundifolia (Nees) Hemsl. var. oblongifolia (Nees) Allen;矩圆豹皮樟(白背黄肉楠,白背木姜子,白叶仔,豹皮黄肉楠,假面果,椭圆叶木姜子,硬钉树,圆叶木姜子); Leopard Camphor, Oblongleaf Litse, White-hypophyllous Litsea ●

234049 Litsea rotundifolia (Nees) Hemsl. var. ovatifolia Yen C. Yang et P. H. Huang;卵叶豹皮樟;Ovateleaf Litse ●

234050 Litsea rotundifolia Hemsl. = Litsea rotundifolia (Nees) Hemsl. ●

234051 Litsea rubescens Lecomte;红叶木姜子(大山胡椒,鸡油果,假山胡椒,辣姜子,木姜树,泡香樟,青皮树,山胡椒,山茴香,野春桂,野木姜,野气辣子,叶上花,油炸条,樟木果);Reddish Litse, Redleaf Litse, Red-leaved Litse ●

234052 Litsea rubescens Lecomte f. nanchuanensis Yen C. Yang = Litsea rubescens Lecomte ●

234053 Litsea rubescens Lecomte var. yunnanensis Lecomte;滇木姜子; Yunnan Redleaf Litse ●

234054 Litsea salicifolia (Roxb. ex Nees) Hook. f.;黑木姜子●

234055 Litsea salicifolia f. glabra (H. Liu) C. K. Allen = Litsea salicifolia (Roxb. ex Nees) Hook. f. ●

234056 Litsea salicifolia Hook. f. f. glabra (H. Liu) Allen = Litsea atrata S. K. Lee ●

234057 Litsea sasakii Kamik. = Litsea akoensis Hayata var. sasakii (Kamik.) J. C. Liao ●

234058 Litsea sebifera Pers. = Litsea glutinosa (Lour.) C. B. Rob. ●

234059 Litsea sebifera Pers. var. brachyphylla Hand. -Mazz. = Litsea glutinosa (Lour.) C. B. Rob. var. brideliifolia (Hand. -Mazz.) L. C. Wang ●

234060 Litsea semecarpifolia (Wall. ex Nees) Hook. f.;玉兰叶木姜子;Magnolia Leaf Litse, Magnolialeaf Litse, Magnolia-leaved Litse ●

234061 Litsea sericea (Nees) Hook. f.;绢毛木姜子(钩樟,绢丝楠); Sericeous Litse, Sericeous-leaf Litse ●

234062 Litsea sericea (Nees) Hook. f. var. trichocarpa Yen C. Yang = Litsea veitchiana Gamble et H. Liu var. trichocarpa (Yen C. Yang) H. W. Kung ●

234063 Litsea shweliensis W. W. Sm. = Actinodaphne confertiflora Meisn. ●

234064 Litsea shweliensis W. W. Sm. = Parasassafras confertiflorum (Meisn.) D. G. Long ●

234065 Litsea sinoglobosa J. Li et H. W. Li;圆果木姜子; Roundfruit Litse, Round-fruited Litse ●

234066 Litsea solomnense Allen;所罗门木姜子●☆

234067 Litsea subcoriacea Yen C. Yang et P. H. Huang;桂北木姜子; Leathery Litse, Leathery-leaf Litse ●

234068 Litsea subcoriacea Yen C. Yang et P. H. Huang var. stenophylla Yen C. Yang et P. H. Huang = Litsea subcoriacea Yen C. Yang et P. H. Huang ●

234069 Litsea subcoriacea Yen C. Yang et P. H. Huang var. stenophylla Yen C. Yang et P. H. Huang;狭叶桂北木姜子; Narrowleaf Leathery Litse, Narrowleaf Leathery-leaf Litse, Narrowleaf Litse ●

234070 Litsea suberosa Yen C. Yang et P. H. Huang;栓皮木姜子; Corkbarked Litse, Cork-barked Litse ●

234071 Litsea subverticillata Yen C. Yang = Litsea elongata (Wall. ex Nees) Benth. et Hook. f. var. subverticillata (Yen C. Yang) Yen C. Yang et P. H. Huang ●

234072 Litsea subverticillata Yen C. Yang = Litsea elongata (Wall. ex Nees) Benth. et Hook. f. ●

234073 Litsea szechuanica C. K. Allen = Litsea moupinensis Lecomte var. szechuanica (Allen) Yen C. Yang et P. H. Huang ●

234074 Litsea szemaois (H. Liu) J. Li et H. W. Li;思茅木姜子;Simao Litse ●◇

234075 Litsea taiwaniana Kamik.;台湾黄肉楠(黄肉树,台湾木姜子,铁屎楠,小梗黄肉楠,小梗木姜子); Pedicellate Actinodaphne, Taiwan Actinodaphne ●

234076 Litsea taiwaniana Kamik. = Litsea hypophaea Hayata ●

234077 Litsea taronensis H. W. Li;独龙木姜子; Dulong Litse, Taron Litse ●

234078 Litsea tibetana Yen C. Yang et P. H. Huang;西藏木姜子;Tibet Litse, Xizang Litse ●

234079 Litsea tomentosa Blume;绒毛木姜子●☆

234080 Litsea tomentosa Heyne ex Wall. = Litsea deccanensis Gamble ●☆

234081 Litsea touyunensis H. Lév. = Lindera megaphylla Hemsl. f. trichoclada (Rehder) W. C. Cheng ●

234082 Litsea touyunensis H. Lév. = Lindera megaphylla Hemsl. ●

234083 Litsea tsinlingensis Yen C. Yang et P. H. Huang;秦岭木姜子; Qinling Litse ●

234084 Litsea turfosa Kosterm.;泥沼木姜子;Marshy Litse ●

234085 Litsea umbellata (Lour.) Merr.;伞花木姜子(米打东); Umbellateflower Litse, Umbrella-flower Litsea, Umbrella-flowered Litse ●

234086 Litsea umbrosa (Lour.) Merr. var. consimilis (Nees) Hook. f. = Neolitsea pallens (D. Don) Momiy. et H. Hara ●

234087 Litsea umbrosa Nees var. consimilis (Nees) Hook. f. = Neolitsea pallens (D. Don) Momiy. et H. Hara ●

234088 Litsea undulatifolia H. Lév. = Neolitsea undulatifolia (H. Lév.) C. K. Allen ●

234089 Litsea vang Lecomte;薄托木姜子(越南木姜子); Cochin-China Litse, Thin Fruit-cup Litse, Vang Litse ●

234090 Litsea vang Lecomte var. lobata Lecomte;沧源薄托木姜子(沧源木姜子);Lobed Thin Fruit-cup Litse ●

234091 Litsea variabilis Hemsl.;黄椿木姜子(大烂花,阁力,黄肚槁,黄心槁,尖尾树,尖尾樟);Variable Litse, Varied Litse ●

234092 Litsea variabilis Hemsl. f. chinensis (Allen) Yen C. Yang et P. H. Huang;华南刺木姜子(雄鸡树);Chinese Varied Litse ●

234093 Litsea variabilis Hemsl. var. obloaga Lecomte;毛黄椿木姜子;

Oblong Qruis Varied Litse ●
234094 Litsea variabilis Hemsl. var. tonkinensis Lecomte = Litsea variabilis Hemsl. var. oblonga Lecomte ●
234095 Litsea veitchiana Gamble et H. Liu;钝叶木姜子(木香木姜子,木香子);Bluntleaf Litse, Veitch's Litse ●
234096 Litsea veitchiana Gamble et H. Liu var. trichocarpa (Yen C. Yang) H. W. Kung;毛果钝叶木姜子(毛果木姜子);Hairyfruit Veitch's Litse ●
234097 Litsea verticillata Gamble et H. Liu f. annamensis (H. Liu) C. K. Allen = Litsea verticillata Gamble et H. Liu ●
234098 Litsea verticillata Hance;轮叶木姜子(川掌莲,大王托,大五托,跌打老,槁木姜,槁树,过山风,红番鹅树,牛拉力,铁打王,五叉虎,五指姜,五指青,英雄箭);Whorlleaf Litse, Whorl-leaved Litse ●
234099 Litsea verticillata Hance f. annamensis (H. Liu) C. K. Allen = Litsea verticillata Hance ●
234100 Litsea verticillata Hance var. brevipes Merr. = Litsea verticillata Hance ●
234101 Litsea verticillata Hance var. brevipes Merr. et F. P. Metcalf = Litsea verticillata Hance ●
234102 Litsea verticillata Hance var. brevipetiolata (Lecomte) C. K. Allen = Litsea verticillata Hance ●
234103 Litsea verticillifolia Yen C. Yang et P. H. Huang;琼南木姜子;S. Hainan Litse, South Hainan Litse ●
234104 Litsea vibrepetiolata Lecomte = Litsea verticillata Hance ●
234105 Litsea villosa Blume = Neolitsea villosa (Blume) Merr. ●
234106 Litsea viridis H. Liu;干香柴;Green Litse ●
234107 Litsea wenshanensis Hu = Litsea honghoensis H. Liu ●
234108 Litsea wilsonii Gamble;绒叶木姜子;E. H. Wilson Litse, Wilson Litse ●
234109 Litsea wushanica Chun = Neolitsea wushanica (Chun) Merr. ●
234110 Litsea yaoshanensis Yen C. Yang et P. H. Huang;瑶山木姜子;Yaoshan Litse ●
234111 Litsea yunnanensis Yen C. Yang et P. H. Huang;云南木姜子(黄心木);Yunnan Litse ●
234112
Litsea zeylanica Nees = Neolitsea zeylanica (Nees et T. Nees) Merr. ●
234113 Litsea zeylanica Nees et T. Nees = Neolitsea zeylanica (Nees et T. Nees) Merr. ●
234114 Litsea zeylanica Nees et T. Nees var. chinensis Benth. = Neolitsea pulchella (Meisn.) Merr. ●
234115 Litsea zeylanica Nees var. chinensis Benth. et Hook. f. = Neolitsea pulchella (Meisn.) Merr. ●
234116 Litsea zuccarinii Kosterm. = Litsea coreana H. Lév. ●
234117 Littaea Briga. ex Tagl. = Agave L. ■
234118 Littaea Tagl. = Agave L. ■
234119 Littanella Roth = Littorella P. J. Bergius ■☆
234120 Littlea Dumort. = Agave L. ■
234121 Littlea Dumort. = Littaea Brign. ex Tagl. ■
234122 Littledalea Hemsl. (1896);扇穗茅属;Littledalea ■
234123 Littledalea alaica (Korsh.) Petr. ex Kom. = Littledalea alaica (Korsh.) Petr. ex Nevski ■
234124 Littledalea alaica (Korsh.) Petr. ex Nevski;帕米尔扇穗茅;Panir Littledalea ■
234125 Littledalea przevalskyi Tzvelev;泽沃扇穗茅(寡穗茅);Przevalsky Littledalea ■
234126 Littledalea racemosa Keng;扇穗茅;Racemosa Littledalea ■
234127 Littledalea tibetica Hemsl.;藏扇穗茅■
234128 Littledalea tibetica Hemsl. var. paucispica Keng;寡穗茅■
234129 Littledalea tibetica Hemsl. var. paucispica Keng = Littledalea przevalskyi Tzvelev ■
234130 Littonia Hook. (1853);利顿百合属(黄嘉兰属,攀百合属);Littonia ■☆
234131 Littonia Hook. f. = Littonia Hook. ■☆
234132 Littonia baudii A. Terracc. = Gloriosa superba L. var. graminifolia (Franch.) Hoenselaar ■☆
234133 Littonia flavovirens Dammer;黄绿利顿百合■☆
234134 Littonia grandiflora De Wild. et T. Durand;大花利顿百合■☆
234135 Littonia hardeggeri Beck = Littonia revoilii Franch. ■☆
234136 Littonia lindenii Baker;林登利顿百合■☆
234137 Littonia littonioides (Welw. ex Baker) K. Krause;普通利顿百合■☆
234138 Littonia minor Deflers = Littonia revoilii Franch. ■☆
234139 Littonia modesta Hook.;利顿百合(黄嘉兰,攀百合);Climbing Bellflower ■☆
234140 Littonia obscura Baker = Littonia revoilii Franch. ■☆
234141 Littonia revoilii Franch.;雷瓦尔利顿百合■☆
234142 Littonia rigidifolia Bredell;硬叶利顿百合■☆
234143 Littonia welwitschii Benth. = Littonia littonioides (Welw. ex Baker) K. Krause ■☆
234144 Littorella Ehrh. = Littorella P. J. Bergius ■☆
234145 Littorella P. J. Bergius = Plantago L. ■●
234146 Littorella P. J. Bergius (1768);海车前属(小利顿百合属);Shoreweed ■☆
234147 Littorella americana Fernald;北美小利顿百合;American Littorella ■☆
234148 Littorella americana Fernald = Littorella uniflora (L.) Asch. var. americana (Fernald) Gleason ■☆
234149 Littorella lacustris L. = Littorella uniflora (L.) Asch. ■☆
234150 Littorella uniflora (L.) Asch.;单花小利顿百合(单花海车前);European Shoreweed, Plantain Shore Weed, Plantain Shoreweed, Shore Weed, Shoreweed ■☆
234151 Littorella uniflora (L.) Asch. var. americana (Fernald) Gleason;美洲单花利顿百合;American Shoreweed, Plantain Shoreweed, Shoreweed ■☆
234152 Littorellaceae Gray = Plantaginaceae Juss.(保留科名)■
234153 Litwinowia Woronow = Euclidium W. T. Aiton(保留属名)■
234154 Litwinowia Woronow (1931);脱喙荠属(脱喙芥属);Litwinowia ■
234155 Litwinowia tatarica (Willd.) Woronow = Euclidium tenuissimum (Pall.) B. Fedtsch. ■
234156 Litwinowia tatarica (Willd.) Woronow = Litwinowia tenuissima (Pall.) Woronow ex Pavlov ■
234157 Litwinowia tenuissima (Pall.) N. Busch = Litwinowia tenuissima (Pall.) Woronow ex Pavlov ■
234158 Litwinowia tenuissima (Pall.) Woronow ex Pavlov;脱喙荠(脱喙芥);Slender Litwinowia ■
234159 Litwinowia tenuissima (Pall.) Woronow ex Pavlov = Euclidium tenuissimum (Pall.) B. Fedtsch. ■
234160 Liuguishania Z. J. Liu et J. N. Zhang = Cymbidium Sw. ■
234161 Liuguishania taiwanensis Z. J. Liu et J. N. Zhang = Cymbidium ensifolium (L.) Sw. ■
234162 Livistona R. Br. (1810);蒲葵属;Cabbage Palm, Fan Palm, Fanpalm, Fan-palm, Footstool Palm, Fountain Palm, Livistona ●

234163 Livistona alfredii F. Muell.;粗枝蒲葵;Millstream Palm ●☆
234164 Livistona altissima Zoll.;高背蒲葵;Most Loftily Fanpalm ●
234165 Livistona altissima Zoll. = Livistona rotundifolia (Lam.) Mart. ●
234166 Livistona australis (R. Br.) Mart.;澳洲蒲葵(澳大利亚蒲葵);Australian Cabbage Palm, Australian Cabbage-palm, Australian Fan Palm, Australian Fanpalm, Australian Fan-palm, Cabbage Palm, Cabbage Tree Palm, Gippsland Fountain Palm, Gippsland Fountain-palm, Gippsland Palm ●☆
234167 Livistona boninensis Nakai;小笠原蒲葵(无人岛蒲葵)●☆
234168 Livistona carinensis (Chiov.) J. Dransf. et N. W. Uhl;卡林蒲葵●☆
234169 Livistona chinensis (Jacq.) R. Br. = Livistona chinensis (Jacq.) R. Br. ex Mart. ●
234170 Livistona chinensis (Jacq.) R. Br. ex Mart.;蒲葵(葵,葵扇木,葵扇叶,葵树,木葵,蓬扇树,扇叶葵,铁力木,余蒲葵);Bourbon Palm, Chinese Fan Palm, Chinese Fanpalm, Chinese Fan-palm, Chinese Fountain Palm, Chinese Fountain-palm, Chinese Livistona, Fanpalm, Fountain Palm, Fountain-palm ●
234171 Livistona chinensis (Jacq.) R. Br. ex Mart. var. boninensis Becc. = Livistona boninensis Nakai ●☆
234172 Livistona chinensis (Jacq.) R. Br. ex Mart. var. subglobosa (Mart.) Becc. = Livistona subglobosa Mart. ●
234173 Livistona chinensis Mart. = Livistona chinensis (Jacq.) R. Br. ex Mart. ●
234174 Livistona cochinchinensis Mart. = Livistona hoogendorpii Teijsm. ex Teijsm. et Binn. ●
234175 Livistona decipiens Becc.;迷惑蒲葵(垂裂蒲葵,裂叶蒲葵);Deceptive Fan Palm, Deceptive Fanpalm, Ribbon Fan Palm, Weeping Cabbage Palm ●☆
234176 Livistona drudei F. Muell.;裂叶蒲葵●☆
234177 Livistona fengkaiensis X. W. Wei et M. Y. Xiao;封开蒲葵;Fengkai Fan Palm, Fengkai Fanpalm ●
234178 Livistona fengkaiensis X. W. Wei et M. Y. Xiao = Livistona saribus (Lour.) Merr. ex A. Chev. ●◇
234179 Livistona fulva Rodd;硬叶蒲葵;Blackdown Fan Palm ●☆
234180 Livistona hasseltii (Hassk.) Hassk. ex H. Wendl.;何氏蒲葵(霍根氏蒲葵)●☆
234181 Livistona hoogendorpii Teijsm. ex Teijsm. et Binn.;霍根氏蒲葵(何氏蒲葵);Hoogendorp Livistona, Malayan Fan Palm ●
234182 Livistona humilis R. Br.;矮蒲葵(矮小蒲葵);Low Livistona, Sand Palm ●☆
234183 Livistona jenkinsiana Griff.;杰钦氏蒲葵;Jenkins Livistona ●
234184 Livistona kingiana Becc.;庆氏蒲葵;King Fan Palm, King Fanpalm ●☆
234185 Livistona mariae F. Muell.;红叶蒲葵(马利蒲葵);Central Australian Cabbage Palm, Central Australian Fan Palm, Red-leafed Palm ●☆
234186 Livistona mauritiana Wall. ex Voigt = Livistona chinensis (N. J. Jacq.) R. Br. ex Mart. ●
234187 Livistona merrillii Becc.;迈氏蒲葵(梅里蒲葵)●☆
234188 Livistona muelleri F. M. Bailey;小花蒲葵;Cape York Palm, Dwarf Fan Palm ●☆
234189 Livistona olivaeformis Mart. = Livistona chinensis (Jacq.) R. Br. ex Mart. ●
234190 Livistona rotundifolia (Lam.) Mart.;圆叶蒲葵;Footstool Palm, Footstool-palm, Java Fan Palm, Java Fan-palm, Round-leaf Fountain Palm, Saribu Palm ●
234191 Livistona saribus (Lour.) Merr. ex A. Chev.;大叶蒲葵(大蒲葵,亮果蒲葵);Bigleaf Fanpalm, Big-leaved Livistona, Taraw Palm ●◇
234192 Livistona sinensis Griff. = Livistona chinensis (Jacq.) R. Br. ex Mart. ●
234193 Livistona speciosa Kurz;美丽蒲葵(香蒲葵);Beautiful Fan Palm, Beautiful Fanpalm, Beautiful Livistona ●
234194 Livistona subglobosa Mart.;近球蒲葵(蒲葵,扇叶蒲葵);Fan Palm ●
234195 Livistona tahanensis Becc.;塔汉蒲葵;Tahan Fan Palm, Tahan Fanpalm ●☆
234196 Livistona tonkinensis Magalon;东京蒲葵●☆
234197 Livistona woodfordii Ridl.;棉毛蒲葵●☆
234198 Lizeron Raf. = Convolvulus L. ■●
234199 Llagunoa Ruiz et Pav. (1794);利亚无患子属●☆
234200 Llagunoa nitida Ruiz et Pav.;利亚无患子●☆
234201 Llagunoa prunifolia Kunth;李叶利亚无患子●☆
234202 Llanosia Blanco = Ternstroemia Mutis ex L. f. (保留属名)●
234203 Llavea Liebm. = Neopringlea S. Watson ●☆
234204 Llavea Planch. ex Pfeiff. = Meliosma Blume ●
234205 Llerasia Triana (1858);点腺菀属●☆
234206 Llerasia hypoleuca (Turcz.) Cuatrec.;里白点腺菀●☆
234207 Llerasia lehmannii (Hieron.) Cuatrec.;莱氏点腺菀●☆
234208 Llewelynia Pittier = Henriettea DC. ●☆
234209 Lloydia Benth. et Hook. f. = Lloydia Salisb. ex Rchb. (保留属名)■
234210 Lloydia Delile = Loydia Delile ■
234211 Lloydia Neck. = Lloydia Salisb. ex Rchb. (保留属名)■
234212 Lloydia Neck. = Printzia Cass. (保留属名)■●☆
234213 Lloydia Rchb. = Lloydia Salisb. ex Rchb. (保留属名)■
234214 Lloydia Salisb. ex Rchb. (1830)(保留属名);洼瓣花属(萝蒂属);Alp Lily, Alplily, Alp-lily, Snowdon Lily ■
234215 Lloydia Salisb. ex Rchb. f. = Lloydia Salisb. ex Rchb. (保留属名)■
234216 Lloydia alpina Salisb. = Lloydia serotina (L.) Salisb. ex Rchb. ■
234217 Lloydia delavayi Franch.;黄洼瓣花;Yellow Alplily ■
234218 Lloydia filiformis Franch. = Lloydia yunnanensis Franch. ■
234219 Lloydia flavonutans H. Hara;平滑洼瓣花;Smooth Alplily ■
234220 Lloydia forrestii Diels = Lloydia oxycarpa Franch. ■
234221 Lloydia forrestii Diels var. psilostemon Hand. -Mazz. = Lloydia oxycarpa Franch. ■
234222 Lloydia graeca (L.) Endl. subsp. trinervia (Viv.) Maire et Weiller = Gagea trinervia (Viv.) Greuter ■☆
234223 Lloydia himalensis Royle = Lloydia serotina (L.) Salisb. ex Rchb. ■
234224 Lloydia ixiolirioides Baker ex Oliv.;紫斑洼瓣花(兜瓣萝蒂);Purplespot Alplily ■
234225 Lloydia mairei H. Lév. = Lloydia yunnanensis Franch. ■
234226 Lloydia melanantha H. Lév. = Iphigenia indica Kunth ■
234227 Lloydia montana (Dammer) P. C. Kuo = Lloydia tibetica Baker ex Oliv. ■
234228 Lloydia oxycarpa Franch.;尖果洼瓣花;Sharpfruit Alplily ■
234229 Lloydia rubroviridis (Boiss. et Kotschy) Baker;红绿洼瓣花■☆
234230 Lloydia serotina (L.) Rchb. = Lloydia serotina (L.) Salisb. ex Rchb. ■
234231 Lloydia serotina (L.) Rchb. f. parva C. Marquand et Airy Shaw = Lloydia serotina (L.) Salisb. ex Rchb. var. parva (C. Marquand et

Airy Shaw) H. Hara ■

234232 Lloydia serotina (L.) Rchb. var. parva (C. Marquand et Airy Shaw) H. Hara = Lloydia serotina (L.) Salisb. ex Rchb. var. parva (C. Marquand et Airy Shaw) H. Hara ■

234233 Lloydia serotina (L.) Rchb. var. unifolia Franch. = Lloydia serotina (L.) Rchb. ■

234234 Lloydia serotina (L.) Salisb. ex Rchb.;洼瓣花(迟熟萝蒂,晚熟洼瓣花);Common Alpine-lily,Common Alplily,Snowdon Lily ■

234235 Lloydia serotina (L.) Salisb. ex Rchb. f. parva C. Marquand et Airy Shaw = Lloydia serotina (L.) Rchb. var. parva (C. Marquand et Airy Shaw) H. Hara ■

234236 Lloydia serotina (L.) Salisb. ex Rchb. subsp. flava Calder et R. L. Taylor = Lloydia serotina (L.) Salisb. ex Rchb. var. flava (Calder et R. L. Taylor) B. Boivin ■☆

234237 Lloydia serotina (L.) Salisb. ex Rchb. var. flava (Calder et R. L. Taylor) B. Boivin;昆士兰洼瓣花;Golden Alpine-lily ■☆

234238 Lloydia serotina (L.) Salisb. ex Rchb. var. parva (C. Marquand et Airy Shaw) H. Hara;矮小洼瓣花(小洼瓣花);Little Common Alplily,Small Common Alplily ■

234239 Lloydia serotina (L.) Salisb. ex Rchb. var. unifolia Franch. = Lloydia serotina (L.) Salisb. ex Rchb. ■

234240 Lloydia szechenyiana Engl. = Gagea pauciflora Turcz. ■

234241 Lloydia tibetica Baker ex Oliv.;西藏洼瓣花(高山萝蒂,狗牙贝,光慈姑,光慈菇,胡连,胡莲,尖贝,尖贝母);Tibet Alplily,Xizang Alplily ■

234242 Lloydia tibetica Baker ex Oliv. var. lutescens Franch. = Lloydia tibetica Baker ex Oliv. ■

234243 Lloydia tibetica Baker ex Oliv. var. purpurascens Franch. = Lloydia ixiolirioides Baker ex Oliv. ■

234244 Lloydia triflora (Ledeb.) Baker;三花洼瓣花(三花顶冰花,三花萝蒂);Threeflower Gagea ■

234245 Lloydia trinervia (Viv.) Coss. = Gagea trinervia (Viv.) Greuter ■☆

234246 Lloydia yanyuanensis S. Yun Liang;盐源洼瓣花;Yanyuan Alplily ■

234247 Lloydia yanyuanensis S. Yun Liang = Lloydia yunnanensis Franch. ■

234248 Lloydia yunnanensis Franch.;云南洼瓣花;Yunnan Alplily ■

234249 Lloydia yunnanensis S. Yun Liang = Lloydia yunnanensis Franch. ■

234250 Lloyidia Steud. = Lloydia Salisb. ex Rchb.(保留属名)■

234251 Loasa Adans.(1763);刺莲花属;Chile Nettle ■●☆

234252 Loasa vulcanica André;白花刺莲花;Volcanica Loasa ■☆

234253 Loasaceae Dumort. = Loasaceae Juss.(保留科名)●■☆

234254 Loasaceae Juss.(1804)(保留科名);刺莲花科(硬毛草科)●■☆

234255 Loasaceae Juss. ex DC. = Loasaceae Juss.(保留科名)●■☆

234256 Loasaceae Spreng. = Loasaceae Juss.(保留科名)●■☆

234257 Loasella Baill.(1887);小刺莲花属■☆

234258 Loasella Baill. = Eucnide Zucc. ■☆

234259 Loasella Baill. = Sympetaleia A. Gray ■☆

234260 Loasella rupestris Baill.;小刺莲花■☆

234261 Lobadium Raf. = Rhus L. ●

234262 Lobake Raf. = Jacquemontia Choisy ☆

234263 Lobanilia Radcl.-Sm.(1989);洛班大戟属●☆

234264 Lobanilia luteobrunnea (Baker) Radcl.-Sm.;洛班大戟●☆

234265 Lobaria Haw.(1821);疗肺虎耳草属■☆

234266 Lobaria Haw. = Saxifraga L. ■

234267 Lobaria cernua (L.) Haw. = Saxifraga cernua L. ■

234268 Lobaria cuneifolia Haw.;楔叶疗肺虎耳草■☆

234269 Lobaria pulmonaria (L.) Hoffm.;疗肺虎耳草;Aiktan,Crottle,Hazel,Hazel Crottle,Hazel-raw,Lung Moss,Lungwort,Lungwort Crottle,Lungwort Sticta,Oak Lung,Oak Rags,Oak-rag,Rags ■☆

234270 Lobaria sibirica (L.) Haw. = Saxifraga sibirica L. ■

234271 Lobbia Planch. = Thottea Rottb. ●

234272 Lobeira Alexander = Disocactus Lindl. ●☆

234273 Lobeira Alexander = Nopalxochia Britton et Rose ■

234274 Lobelia Adans. = Scaevola L.(保留属名)●■

234275 Lobelia L.(1753);半边莲属(山梗菜属);Cardinal Flower,Lobelia ●■

234276 Lobelia Mill. = Scaevola L.(保留属名)●■

234277 Lobelia × speciosa Sweet;美丽半边莲;Cardinal Flower,Hybrid Cardinal Flower ■☆

234278 Lobelia aberdarica R. E. Fr. et T. C. E. Fr.;阿伯德尔半边莲■☆

234279 Lobelia acrochila (E. Wimm.) E. B. Knox = Lobelia rhynchopetalum (Hochst. ex A. Rich.) Hemsl. ■☆

234280 Lobelia acutangula (C. Presl) A. DC. = Lobelia flaccida (C. Presl) A. DC. ■☆

234281 Lobelia acutidens Hook. f.;尖半边莲■☆

234282 Lobelia affinis Wall. = Lobelia zeylanica L. ■

234283 Lobelia affinis Wall. var. lobbiana C. B. Clarke = Lobelia zeylanica L. var. lobbiana (Hook. f. et Thomson) Y. S. Lian ■

234284 Lobelia afromontana T. C. E. Fr. = Lobelia cymbalarioides Engl. ■☆

234285 Lobelia alata Labill. = Lobelia anceps L. f. ■☆

234286 Lobelia alata Labill. var. minor (Sond.) E. Wimm. = Lobelia anceps L. f. ■☆

234287 Lobelia alata Labill. var. ottoniana (C. Presl) E. Wimm. = Lobelia anceps L. f. ■☆

234288 Lobelia alata Labill. var. rudatisii (Schltr.) E. Wimm. = Lobelia anceps L. f. ■☆

234289 Lobelia albomaculata E. Wimm. = Lobelia neumannii T. C. E. Fr. ■☆

234290 Lobelia alsinoides Lam. = Lobelia chevalieri Danguy ■

234291 Lobelia alsinoides Lam. subsp. hancei (H. Hara) Lammers;假半边莲(紫菀莲);Fake Lobelia,Hance Lobelia ■

234292 Lobelia alsinoides Lam. var. cantonensis (E. Wimm. ex Danguy) E. Wimm. = Lobelia alsinoides Lam. subsp. hancei (H. Hara) Lammers ■

234293 Lobelia alsinoides Lam. var. cantonensis E. Wimm. = Lobelia hancei H. Hara ■

234294 Lobelia alsinoides Lam. var. hancei (Hara) Lammers = Lobelia hancei H. Hara ■

234295 Lobelia altimontis E. Wimm. = Lobelia erinus L. ■

234296 Lobelia amaroensis E. Wimm. = Lobelia neumannii T. C. E. Fr. ■☆

234297 Lobelia anceps L. f.;二棱半边莲■☆

234298 Lobelia anceps L. f. f. ugandensis E. Wimm. = Lobelia flaccida (C. Presl) A. DC. subsp. granvikii (T. C. E. Fr.) Thulin ■☆

234299 Lobelia anceps L. f. var. asperulata (Klotzsch) E. Wimm. = Lobelia fervens Thunb. ■☆

234300 Lobelia anceps L. f. var. minor Sond. = Lobelia anceps L. f. ■☆

234301 Lobelia anceps L. f. var. recurvata E. Wimm. = Lobelia fervens Thunb. subsp. recurvata (E. Wimm.) Thulin ■☆
234302 Lobelia angolensis Engl. et Diels;安哥拉半边莲■☆
234303 Lobelia angulata G. Forst.;狭叶半边莲(铜锤玉带草)■☆
234304 Lobelia aphylla Nutt. = Apteria aphylla (Nutt.) Barnhart ex Small ■☆
234305 Lobelia ardisiandroides Schltr.;紫金花半边莲■☆
234306 Lobelia aspera Spreng. = Monopsis simplex (L.) E. Wimm. ■☆
234307 Lobelia asperulata Klotzsch = Lobelia fervens Thunb. ■☆
234308 Lobelia bambuseti R. E. Fr. et T. C. E. Fr.;邦布塞特半边莲■☆
234309 Lobelia baoulensis A. Chev. = Lobelia djurensis Engl. et Diels ■☆
234310 Lobelia barbata Warb. = Lobelia zeylanica L. ■
234311 Lobelia barkerae E. Wimm.;巴尔凯拉半边莲■☆
234312 Lobelia baumannii Engl.;鲍曼半边莲■☆
234313 Lobelia baumannii Engl. f. alba E. Wimm. = Lobelia baumannii Engl. ■☆
234314 Lobelia baumannii Engl. var. cuneata E. Wimm. = Lobelia baumannii Engl. ■☆
234315 Lobelia baumannii Engl. var. kummeriae (Engl.) E. Wimm.;库迈半边莲■☆
234316 Lobelia begonifolia Wall. = Lobelia angulata G. Forst. ■☆
234317 Lobelia begonifolia Wall. = Pratia nummularia (Lam.) A. Br. et Asch. ■
234318 Lobelia bellidiflora L. f. = Lobelia erinus L. ■
234319 Lobelia bellidifolia L. f. f. stricta Zahlbr. = Lobelia flaccida (C. Presl) A. DC. ■☆
234320 Lobelia bellidifolia L. f. var. hirsuta A. DC. = Lobelia flaccida (C. Presl) A. DC. ■☆
234321 Lobelia benguellensis Hiern = Lobelia erinus L. ■
234322 Lobelia bequaertii De Wild. = Lobelia deckenii (Asch.) Hemsl. subsp. bequaertii (De Wild.) Mabb. ■☆
234323 Lobelia bergiana Cham. = Grammatotheca bergiana (Cham.) C. Presl ■☆
234324 Lobelia bicolor Sims = Lobelia erinus L. ■
234325 Lobelia bifida Thunb. = Wimmerella bifida (Thunb.) Serra, M. B. Crespo et Lammers ■☆
234326 Lobelia boivinii Sond.;博伊文半边莲■☆
234327 Lobelia boninensis Koidz.;小笠原半边莲■☆
234328 Lobelia borleana E. Wimm. = Lobelia livingstoniana R. E. Fr. ■☆
234329 Lobelia bracteata Small = Lobelia spicata Lam. ■☆
234330 Lobelia brassiana E. Wimm. = Lobelia trullifolia Hemsl. ■☆
234331 Lobelia brevisepala (Y. S. Lian) Lammers;短萼紫锤草;Shortsepal Pratia ■
234332 Lobelia breynii Lam. = Monopsis lutea (L.) Urb. ■☆
234333 Lobelia breynii Lam. var. bragae Engl. = Monopsis decipiens (Sond.) Thulin ■☆
234334 Lobelia broussonetia Bory = Wahlenbergia lobelioides (L. f.) Link ■☆
234335 Lobelia buchananii Baker = Lobelia trullifolia Hemsl. ■☆
234336 Lobelia bulbosa L. = Cyphia bulbosa (L.) P. J. Bergius ■☆
234337 Lobelia burttii E. A. Bruce = Lobelia deckenii (Asch.) Hemsl. subsp. burttii (E. A. Bruce) Mabb. ■☆
234338 Lobelia burttii E. A. Bruce subsp. meruensis E. B. Knox = Lobelia deckenii (Asch.) Hemsl. subsp. burttii (E. A. Bruce) Mabb. ■☆
234339 Lobelia burttii E. A. Bruce subsp. telmaticola E. B. Knox = Lobelia deckenii (Asch.) Hemsl. subsp. burttii (E. A. Bruce) Mabb. ■☆
234340 Lobelia butaguensis De Wild. = Lobelia molleri Henriq. ■☆
234341 Lobelia caerulea Sims = Lobelia tomentosa L. f. ■☆
234342 Lobelia caerulea Sims f. procera (C. Presl) E. Wimm. = Lobelia tomentosa L. f. ■☆
234343 Lobelia caerulea Sims var. macularis (C. Presl) E. Wimm. = Lobelia tomentosa L. f. ■☆
234344 Lobelia caespitosa Blume = Lobelia chinensis Lour. ■
234345 Lobelia campanulata Lam. = Monopsis debilis (L. f.) C. Presl var. gracilis (C. Presl) Phillipson ■☆
234346 Lobelia campanuloides Thunb. = Lobelia chinensis Lour. ■
234347 Lobelia camtschatica Pall. ex Roem. et Schult. = Lobelia sessilifolia Lamb. ■
234348 Lobelia capensis E. Wimm. = Lobelia limosa (Adamson) E. Wimm. ■☆
234349 Lobelia capillifolia (C. Presl) A. DC.;细叶半边莲■☆
234350 Lobelia capillipes Schltr. = Lobelia pinifolia L. ■☆
234351 Lobelia cardinalis L.;红花半边莲(红花山梗菜,红花泽桔梗,心脏叶半边莲);Cardinal Flower, Cardinalflower, Cardinal-flower, Indian Pink, Red Betty ■☆
234352 Lobelia cardinalis L. f. alba (Eaton) H. St. John = Lobelia cardinalis L. ■☆
234353 Lobelia cardinalis L. f. rosea H. St. John = Lobelia cardinalis L. ■☆
234354 Lobelia carnosula Hook. et Arn. = Porterella carnosula Hook. et Arn. ■☆
234355 Lobelia chamaedryfolia (C. Presl) A. DC.;石蚕叶半边莲■☆
234356 Lobelia chamaedryfolia (C. Presl) A. DC. var. confinis E. Wimm. = Lobelia goetzei Diels ■☆
234357 Lobelia chamaepitys Lam. var. ceratophylla (C. Presl) E. Wimm.;角叶半边莲■☆
234358 Lobelia cheiranthus L. = Manulea cheiranthus (L.) L. ■☆
234359 Lobelia cheranganiensis Thulin;切兰加尼半边莲■☆
234360 Lobelia chevalieri Danguy;短柄半边莲(棱茎半边莲,三角半边莲);Shortstalk Lobelia ■
234361 Lobelia chilawana Schinz = Lobelia erinus L. ■
234362 Lobelia chinensis Hance = Lobelia hancei H. Hara ■
234363 Lobelia chinensis Lour.;半边莲(白腊滑草,半边花,半边菊,半边旗,半畔花,半畔莲,半片花,长虫草,吹血草,翠蝶花,单片莲,单片芽,腹水草,疳积草,瓜仁草,急解索,箭豆草,金鸡舌,金菊草,镰么仔草,镰么子草,绵蜂草,奶儿草,奶浆草,片花莲,偏莲,山梗菜,蛇脷草,蛇利草,蛇舌草,蛇啄草,水仙花草,顺风旗,蜈蚣草,细米草,小急解索,小莲花草,鱼尾花,紫花莲);China Lobelia, Chinese Lobelia, Creeping Lobelia, Edging Lobelia ■
234364 Lobelia chinensis Lour. = Lobelia alsinoides Lam. ■
234365 Lobelia chinensis Lour. f. lactiflora (Hisauti) H. Hara;乳花半边莲■☆
234366 Lobelia chinensis Lour. f. plena (Makino) H. Hara;重瓣半边莲■☆
234367 Lobelia chinensis Lour. var. cantonensis E. Wimm. ex Danguy = Lobelia alsinoides Lam. subsp. hancei (H. Hara) Lammers ■
234368 Lobelia chinensis Lour. var. cantonensis E. Wimm. ex Danguy = Lobelia chevalieri Danguy ■
234369 Lobelia chinensis Lour. var. cantonensis E. Wimm. ex Danguy =

Lobelia hancei H. Hara ■
234370 Lobelia chireensis A. Rich.;希雷半边莲■☆
234371 Lobelia cinerea Thunb. = Wahlenbergia albicaulis (Sond.) Lammers ■☆
234372 Lobelia clavata E. Wimm.;密毛山梗菜(白毛大将军,大将军);Clavate Lobelia ■
234373 Lobelia cobaltica S. Moore;科博尔特山梗菜■☆
234374 Lobelia cochlearifolia Diels;螺叶山梗菜■☆
234375 Lobelia coddii Compton = Monopsis malvacea E. Wimm. ■☆
234376 Lobelia colorata Wall.;狭叶山梗菜(红根一枝花);Narrowleaf Lobelia ■
234377 Lobelia colorata Wall. subsp. guizhouensis T. J. Zhang et S. Q. Tong;贵州山梗菜;Guizhou Lobelia ■
234378 Lobelia colorata Wall. subsp. taliensis (Diels) T. J. Zhang et S. Q. Tong = Lobelia taliensis Diels ■
234379 Lobelia colorata Wall. var. baculus E. Wimm.;思茅狭叶山梗菜(地莴笋,独脚一枝箭,红杆一枝蒿,红根一枝花,软骨草,水将军,水莴苣,水莴笋,思茅山梗菜,胃软草,小桃树);Setulose Lobelia, Water Lettuce ■
234380 Lobelia colorata Wall. var. baculus E. Wimm. = Lobelia colorata Wall. ■
234381 Lobelia colorata Wall. var. dsolinhoensis E. Wimm.;长萼狭叶山梗菜(左林河水莴笋);Longcalyx Lobelia, Zuolinhe Water Lobelia ■
234382 Lobelia colorata Wall. var. dsolinhoensis E. Wimm. = Lobelia colorata Wall. ■
234383 Lobelia comosa L.;簇毛山梗菜■☆
234384 Lobelia comosa L. var. foliosa E. Wimm.;多叶山梗菜■☆
234385 Lobelia comosa L. var. microdon (C. Presl) E. Wimm.;小齿半边莲■☆
234386 Lobelia comosa L. var. secundata (Sond.) E. Wimm.;单侧山梗菜■☆
234387 Lobelia comptonii E. Wimm.;考姆山梗菜■☆
234388 Lobelia coronopifolia L.;臭荠叶山梗菜■☆
234389 Lobelia coronopifolia L. var. caerulea (Sims) Sond. = Lobelia tomentosa L. f. ■☆
234390 Lobelia coronopifolia L. var. macularis (C. Presl) Sond. = Lobelia tomentosa L. f. ■☆
234391 Lobelia corymbosa Graham = Lobelia jasionoides (A. DC.) E. Wimm. ■☆
234392 Lobelia crenata Thunb. = Cyphia crenata (Thunb.) C. Presl ■☆
234393 Lobelia cuneifolia Link et Otto;楔叶半边莲■☆
234394 Lobelia cuneifolia Link et Otto var. hirsuta (C. Presl) E. Wimm.;粗毛半边莲■☆
234395 Lobelia cymbalarioides Engl.;船状山梗菜■☆
234396 Lobelia cyphioides Harv;莎草半边莲■☆
234397 Lobelia dasyphylla E. Wimm.;毛叶山梗菜■☆
234398 Lobelia davidii Franch.;江南山梗菜(穿耳草,节节花,苦菜,偏杆草,少花大将军,野靛);David Lobelia, Fewflower Lobelia ■
234399 Lobelia davidii Franch. var. congenita E. Wimm. = Lobelia davidii Franch. ■
234400 Lobelia davidii Franch. var. dolichothyrsa (Diels) E. Wimm. = Lobelia davidii Franch. ■
234401 Lobelia davidii Franch. var. glaberrima E. Wimm. = Lobelia davidii Franch. ■
234402 Lobelia davidii Franch. var. handelii (E. Wimm.) E. Wimm. = Lobelia pleotricha Diels var. handelii (E. Wimm.) C. Y. Wu ■
234403 Lobelia davidii Franch. var. handelii (E. Wimm.) E. Wimm. = Lobelia pleotricha Diels ■
234404 Lobelia davidii Franch. var. kwangsiensis (E. Wimm.) Y. S. Lian = Lobelia davidii Franch. ■
234405 Lobelia davidii Franch. var. kwangxiensis (E. Wimm.) Y. S. Lian;广西山梗菜(广西大将军);Guangxi Lobelia, Kwangsi Lobelia ■
234406 Lobelia davidii Franch. var. pleotricha (Diels) E. Wimm. = Lobelia pleotricha Diels ■
234407 Lobelia davidii Franch. var. sichuanensis Y. S. Lian;四川山梗菜;Sichuan Lobelia ■
234408 Lobelia davidii Franch. var. sichuanensis Y. S. Lian = Lobelia davidii Franch. ■
234409 Lobelia dealbata E. Wimm. = Lobelia molleri Henriq. ■☆
234410 Lobelia debilis L. f. = Monopsis debilis (L. f.) C. Presl ■☆
234411 Lobelia decipiens Sond. = Monopsis decipiens (Sond.) Thulin ■☆
234412 Lobelia deckenii (Asch.) Hemsl.;德肯半边莲■☆
234413 Lobelia deckenii (Asch.) Hemsl. subsp. bequaertii (De Wild.) Mabb.;贝卡尔半边莲■☆
234414 Lobelia deckenii (Asch.) Hemsl. subsp. burttii (E. A. Bruce) Mabb.;伯特山梗菜■☆
234415 Lobelia deckenii (Asch.) Hemsl. subsp. elgonensis (R. E. Fr. et T. C. E. Fr.) Mabb.;埃尔贡山梗菜■☆
234416 Lobelia deckenii (Asch.) Hemsl. subsp. keniensis (R. E. Fr. et T. C. E. Fr.) Mabb.;科尼山梗菜■☆
234417 Lobelia deckenii (Asch.) Hemsl. var. cacuminum R. E. Fr. et T. C. E. Fr. = Lobelia deckenii (Asch.) Hemsl. ■☆
234418 Lobelia deckenii (Asch.) Hemsl. var. tayloriana (Baker f.) E. Wimm. = Lobelia deckenii (Asch.) Hemsl. ■☆
234419 Lobelia decurrens Roth = Lobelia heyneana Roem. et Schult. ■
234420 Lobelia dekindtiana Engl. = Lobelia angolensis Engl. et Diels ■☆
234421 Lobelia depressa L. f. = Monopsis debilis (L. f.) C. Presl var. depressa (L. f.) Phillipson ■☆
234422 Lobelia depressa L. f. var. dregeana (Sond.) E. Wimm. = Lobelia angolensis Engl. et Diels ■☆
234423 Lobelia depressa L. f. var. linearifolia E. Wimm. = Lobelia angolensis Engl. et Diels ■☆
234424 Lobelia depressa L. f. var. seineri (Schltr.) E. Wimm. = Lobelia angolensis Engl. et Diels ■☆
234425 Lobelia dichroma Schltr.;二色山梗菜■☆
234426 Lobelia digitata Thunb. = Cyphia digitata (Thunb.) Willd. ■☆
234427 Lobelia disperma E. Wimm. = Unigenes humifusa A. DC. ■☆
234428 Lobelia dissecta M. B. Moss;深裂山梗菜■☆
234429 Lobelia djurensis Engl. et Diels;于拉山梗菜■☆
234430 Lobelia dobrowskyoides Diels = Monopsis decipiens (Sond.) Thulin ■☆
234431 Lobelia dodiana E. Wimm.;多德山梗菜■☆
234432 Lobelia dodiana E. Wimm. = Lobelia quadrisepala (R. D. Good) E. Wimm. ■☆
234433 Lobelia dodiana E. Wimm. var. radicans (Schönland) E. Wimm. = Lobelia zwartkopensis E. Wimm. ■☆
234434 Lobelia dolichopus Schltr.;长足山梗菜■☆
234435 Lobelia dolichothyrsa Diels = Lobelia davidii Franch. ■
234436 Lobelia doniana Skottsb.;微齿山梗菜;Don Lobelia ■
234437 Lobelia dortmanna L.;道氏山梗菜;Dagger Plant, Water

Gladiole, Water Lobelia ■☆
234438 Lobelia dregeana (C. Presl) A. DC.;德雷半边莲■☆
234439 Lobelia eckloniana (C. Presl) A. DC.;埃氏半边莲■☆
234440 Lobelia elgonensis R. E. Fr. et T. C. E. Fr. = Lobelia deckenii (Asch.) Hemsl. subsp. elgonensis (R. E. Fr. et T. C. E. Fr.) Mabb. ■☆
234441 Lobelia erecta Hook. f. et Thomson = Lobelia davidii Franch. ■
234442 Lobelia erectiuscula H. Hara;直立山梗菜(滇黔山梗菜,马波罗,野莴笋,竹叶草);Erect Lobelia, Standing Lobelia ■
234443 Lobelia erectiuscula H. Hara = Lobelia davidii Franch. ■
234444 Lobelia ericetorum DC. = Lobelia linearis Thunb. ■☆
234445 Lobelia ericoides (C. Presl) D. Dietr. = Monopsis lutea (L.) Urb. ■☆
234446 Lobelia erinoides Thunb. = Grammatotheca bergiana (Cham.) C. Presl ■☆
234447 Lobelia erinus L.;翠蝶花(长梗半边莲,南非山梗菜,山梗菜);Bluebelia, Edging Lobelia, Garden Lobelia, Lobelia ■
234448 Lobelia erinus L. 'Blue Cascade';蓝色小瀑布南非山梗菜■☆
234449 Lobelia erinus L. 'Cambridge Blue';剑桥蓝南非山梗菜■☆
234450 Lobelia erinus L. 'Cascade';南非山梗菜■☆
234451 Lobelia erinus L. 'Colour Cascade';彩色小瀑布南非山梗菜■☆
234452 Lobelia erinus L. 'Crystal Palace';水晶宫南非山梗菜■☆
234453 Lobelia erinus L. 'Red Cascade';红色小瀑布南非山梗菜■☆
234454 Lobelia erinus L. 'Sapphire';蓝宝石南非山梗菜■☆
234455 Lobelia erinus L. = Lobelia chinensis Lour. ■
234456 Lobelia erinus L. var. bellidifolia (L. f.) Sond. = Lobelia erinus L. ■
234457 Lobelia erinus L. var. grandiflora Paxton = Lobelia erinus L. ■
234458 Lobelia erinus L. var. schrankii (Sweet) E. Wimm. = Lobelia erinus L. ■
234459 Lobelia erinus L. var. subvillosa E. Wimm. = Lobelia erinus L. ■
234460 Lobelia erinus Thunb. = Lobelia chinensis Lour. ■
234461 Lobelia erlangeriana Engl.;厄兰格半边莲■☆
234462 Lobelia esterhuyseniae E. Wimm. = Lobelia comptonii E. Wimm. ■☆
234463 Lobelia euphrasioides (C. Presl) Steud. = Monopsis lutea (L.) Urb. ■☆
234464 Lobelia eurypoda E. Wimm.;宽梗山梗菜■☆
234465 Lobelia exilis Hochst. ex A. Rich.;瘦小山梗菜■☆
234466 Lobelia exilis Hochst. ex A. Rich. var. pusilla E. Wimm.;微小山梗菜■☆
234467 Lobelia fangiana (E. Wimm.) S. Y. Hu;峨眉紫锤草;Fang Pratia ■
234468 Lobelia fenniae T. C. E. Fr. = Lobelia telekii Schweinf. ■☆
234469 Lobelia fervens Thunb.;光亮山梗菜■☆
234470 Lobelia fervens Thunb. subsp. recurvata (E. Wimm.) Thulin;反折山梗菜■☆
234471 Lobelia fervens Thunb. var. asperulata (Klotzsch) Sond. = Lobelia fervens Thunb. ■☆
234472 Lobelia filiformis Lam.;线形山梗菜■☆
234473 Lobelia filiformis Lam. f. albiflora E. Wimm. = Lobelia erinus L. ■
234474 Lobelia filiformis Lam. f. multipilis E. Wimm. = Lobelia erinus L. ■
234475 Lobelia filiformis Lam. f. muzandazora E. Wimm. = Lobelia erinus L. ■
234476 Lobelia filiformis Lam. f. rusticana E. Wimm. = Lobelia flaccida (C. Presl) A. DC. ■☆
234477 Lobelia filiformis Lam. var. krebsiana (A. DC.) E. Wimm. = Lobelia flaccida (C. Presl) A. DC. ■☆
234478 Lobelia filiformis Lam. var. natalensis (A. DC.) E. Wimm. = Lobelia erinus L. ■
234479 Lobelia filipes E. Wimm.;线梗山梗菜■☆
234480 Lobelia flaccida (C. Presl) A. DC.;柔软山梗菜■☆
234481 Lobelia flaccida (C. Presl) A. DC. subsp. granvikii (T. C. E. Fr.) Thulin;格兰维克山梗菜■☆
234482 Lobelia flaccida (C. Presl) A. DC. subsp. mossiana (R. D. Good) Thulin;莫西山梗菜■☆
234483 Lobelia flaccida (C. Presl) A. DC. var. hirsuta (A. DC.) E. Wimm. = Lobelia flaccida (C. Presl) A. DC. ■☆
234484 Lobelia flaccida (C. Presl) A. DC. var. scabripes (C. Presl) E. Wimm. = Lobelia flaccida (C. Presl) A. DC. ■☆
234485 Lobelia flaccida (C. Presl) A. DC. var. stricta (Zahlbr.) E. Wimm. = Lobelia flaccida (C. Presl) A. DC. ■☆
234486 Lobelia flava (C. Presl) D. Dietr. = Monopsis flava (C. Presl) E. Wimm. ■☆
234487 Lobelia floridana Chapm.;佛罗里达山梗菜;Florida Lobelia ■☆
234488 Lobelia fluviatilis R. Br. = Laurentia fluviatilis (R. Br.) E. Wimm. ■☆
234489 Lobelia foliiformis T. J. Zhang et D. Y. Hong;叶苞山梗菜(苞叶山梗菜);Leafbract Lobelia ■
234490 Lobelia fonticola Engl. et Gilg = Monopsis zeyheri (Sond.) Thulin ■☆
234491 Lobelia fossarum E. Wimm. = Lobelia taliensis Diels ■
234492 Lobelia fulgens Willd. = Lobelia splendens Humb. et Bonpl. ex Willd. ■☆
234493 Lobelia galeopsoides Engl. et Diels = Dielsantha galeopsoides (Engl. et Diels) E. Wimm. ■☆
234494 Lobelia galpinii Schltr. var. dentosa E. Wimm. = Lobelia dregeana (C. Presl) A. DC. ■☆
234495 Lobelia genistoides (C. Presl) A. DC. = Lobelia patula L. f. ■☆
234496 Lobelia gerardii Sauv. 'Vedrariensis';贝德拉山梗菜■☆
234497 Lobelia giberroa Hemsl.;吉贝山梗菜■☆
234498 Lobelia giberroa Hemsl. subsp. squarrosa (Baker f.) Mabb.;粗鳞山梗菜■☆
234499 Lobelia giberroa Hemsl. var. intermedia (Hauman) Robyns = Lobelia giberroa Hemsl. ■☆
234500 Lobelia giberroa Hemsl. var. iringensis E. Wimm. = Lobelia giberroa Hemsl. ■☆
234501 Lobelia giberroa Hemsl. var. longibracteata Hauman = Lobelia giberroa Hemsl. ■☆
234502 Lobelia giberroa Hemsl. var. mionandra Wimm. = Lobelia giberroa Hemsl. ■☆
234503 Lobelia giberroa Hemsl. var. ulugurensis (Engl.) Hauman = Lobelia giberroa Hemsl. ■☆
234504 Lobelia giberroa Hemsl. var. usafuensis (Engl.) Hauman = Lobelia giberroa Hemsl. subsp. squarrosa (Baker f.) Mabb. ■☆
234505 Lobelia giberroa Hemsl. var. volkensii (Engl.) Hauman = Lobelia giberroa Hemsl. ■☆
234506 Lobelia giftbergensis E. Phillips = Wimmerella bifida (Thunb.) Serra, M. B. Crespo et Lammers ■☆
234507 Lobelia gilgii Engl.;吉尔格半边莲■☆
234508 Lobelia gilletii De Wild.;吉勒特半边莲■☆

234509 Lobelia glaucoleuca Schltr. = Lobelia setacea Thunb. ■☆
234510 Lobelia goetzei Diels;格兹半边莲■☆
234511 Lobelia goodii E. Wimm. = Lobelia jasionoides (A. DC.) E. Wimm. ■☆
234512 Lobelia graciliflora E. Wimm. = Lobelia goetzei Diels ■☆
234513 Lobelia gracillima Welw. ex Hiern;纤细半边莲■☆
234514 Lobelia graniticola E. Wimm.;花岗岩半边莲■☆
234515 Lobelia granvikii T. C. E. Fr. = Lobelia flaccida (C. Presl) A. DC. subsp. granvikii (T. C. E. Fr.) Thulin ■☆
234516 Lobelia gratioloides Roxb. = Lobelia alsinoides Lam. ■
234517 Lobelia gratioloides Roxb. ex C. Presl = Lobelia alsinoides Lam. ■
234518 Lobelia gregoriana Baker f. = Dendrosenecio keniensis (Baker f.) Mabb. ■☆
234519 Lobelia gregoriana Baker f. subsp. elgonensis (R. E. Fr. et T. C. E. Fr.) E. B. Knox = Lobelia deckenii (Asch.) Hemsl. subsp. elgonensis (R. E. Fr. et T. C. E. Fr.) Mabb. ■☆
234520 Lobelia hainanensis E. Wimm.;海南半边莲;Hainan Lobelia ■
234521 Lobelia hancei H. Hara = Lobelia alsinoides Lam. subsp. hancei (H. Hara) Lammers ■
234522 Lobelia hancei H. Hara = Lobelia chevalieri Danguy ■
234523 Lobelia handelii E. Wimm. = Lobelia pleotricha Diels var. handelii (E. Wimm.) C. Y. Wu ■
234524 Lobelia handelii E. Wimm. = Lobelia pleotricha Diels ■
234525 Lobelia hartlaubii Buchenau;哈特尔半边莲■☆
234526 Lobelia hereroensis Schinz;赫雷罗半边莲■☆
234527 Lobelia heyneana Roem. et Schult.;翅茎半边莲;Heyne Lobelia ■
234528 Lobelia heyneana Roem. et Schult. var. inconspicua (A. Rich.) E. Wimm. = Lobelia inconspicua A. Rich. ■☆
234529 Lobelia heyneana Roem. et Schult. var. intercedens E. Wimm. = Lobelia intercedens (E. Wimm.) Thulin ■☆
234530 Lobelia heyneana Roem. et Schult. var. viridissima E. Wimm. = Lobelia heyneana Roem. et Schult. ■
234531 Lobelia hirsuta L. f. = Lobelia neglecta Roem. et Schult. ■☆
234532 Lobelia hirta Wall. = Lobelia zeylanica L. ■
234533 Lobelia holstii Engl.;霍尔半边莲■☆
234534 Lobelia holstii Engl. f. minor ? = Lobelia holstii Engl. ■☆
234535 Lobelia holstii Engl. var. subhirsuta E. Wimm. = Lobelia goetzei Diels ■☆
234536 Lobelia horsfieldiana Miq. = Lobelia angulata G. Forst. ■☆
234537 Lobelia horsfieldiana Miq. = Pratia nummularia (Lam.) A. Br. et Asch. ■
234538 Lobelia humboldtiana Willd. ex Schult. = Triodanis biflora (Ruiz et Pav.) Greene ■
234539 Lobelia humpatensis E. Wimm.;洪帕塔半边莲■☆
234540 Lobelia humulis Klotzsch = Lobelia fervens Thunb. ■☆
234541 Lobelia hybrida C. Y. Wu;杂种大将军;Hybrid Lobelia ■
234542 Lobelia hybrida C. Y. Wu = Lobelia taliensis Diels ■
234543 Lobelia ilysanthoides Schltr. = Lobelia inconspicua A. Rich. ■☆
234544 Lobelia incisa (C. Presl) D. Dietr. = Lobelia pubescens Aiton var. incisa (C. Presl) Sond. ■☆
234545 Lobelia incisa Thunb. = Cyphia incisa (Thunb.) Willd. ■☆
234546 Lobelia inconspicua A. Rich.;显著半边莲■☆
234547 Lobelia inflata L.;北美山梗菜(祛痰菜);Asthma Weed, Bladder Pod, Emetic Weed, Eyebright, Gagroot, Indian Tobacco, Indian Tobacco Lobelia, Indian Tobacco-lobelia, Indian-tabacco, Inflated Lobelia, Low Belia, Pukeweed, Wild Tobacco, Yomitwort ■☆
234548 Lobelia ingrata E. Wimm. = Lobelia lasiocalycina E. Wimm. ■☆
234549 Lobelia intercedens (E. Wimm.) Thulin;中间半边莲■☆
234550 Lobelia intermedia Hauman = Lobelia giberroa Hemsl. ■☆
234551 Lobelia intertexta Baker = Lobelia trullifolia Hemsl. ■☆
234552 Lobelia intertexta Baker f. arida E. Wimm. = Lobelia trullifolia Hemsl. ■☆
234553 Lobelia intertexta Baker var. diversifolia E. Wimm. = Lobelia trullifolia Hemsl. ■☆
234554 Lobelia isotomoides E. Wimm. = Lobelia stenosiphon (Adamson) E. Wimm. ■☆
234555 Lobelia iteophylla C. Y. Wu;柳叶山梗菜(柳叶大将军);Willowleaf Lobelia ■
234556 Lobelia jasionoides (A. DC.) E. Wimm.;菊头桔梗山梗菜■☆
234557 Lobelia jasionoides (A. DC.) E. Wimm. var. sparsiflora (Sond.) E. Wimm.;稀花菊头桔梗山梗菜■☆
234558 Lobelia javanica Thunb. = Lobelia angulata G. Forst. ■☆
234559 Lobelia javanica Thunb. = Pratia nummularia (Lam.) A. Br. et Asch. ■
234560 Lobelia johnstonii C. H. Wright;约翰斯顿山梗菜■☆
234561 Lobelia jugosa S. Moore = Lobelia erinus L. ■
234562 Lobelia kalmii L.;溪山梗菜;Bog Lobelia, Brook Lobelia, Fen Lobelia, Kalm's Lobelia, Ontario Lobelia ■☆
234563 Lobelia kalmii L. f. leucantha Rouleau = Lobelia kalmii L. ■☆
234564 Lobelia kalmii L. var. strictiflora Rydb. = Lobelia kalmii L. ■☆
234565 Lobelia kamerunensis Hutch. et Dalziel = Lobelia rubescens De Wild. ■☆
234566 Lobelia karisimbensis R. E. Fr. et T. C. E. Fr. = Lobelia stuhlmannii Schweinf. ex Stuhlmann ■☆
234567 Lobelia kassneri E. Wimm. = Lobelia lasiocalycina E. Wimm. ■☆
234568 Lobelia keilhackii E. Wimm. = Lobelia erinus L. ■
234569 Lobelia keniensis R. E. Fr. et T. C. E. Fr. = Lobelia deckenii (Asch.) Hemsl. subsp. keniensis (R. E. Fr. et T. C. E. Fr.) Mabb. ■☆
234570 Lobelia kilimandscharica Engl. = Wahlenbergia pusilla Hochst. ex A. Rich. ■☆
234571 Lobelia kinangopia E. Wimm. = Lobelia neumannii T. C. E. Fr. ■☆
234572 Lobelia kirkii R. E. Fr.;柯克山梗菜■☆
234573 Lobelia kirkii R. E. Fr. var. microphylla Schltr. = Lobelia kirkii R. E. Fr. ■☆
234574 Lobelia kiwuensis Engl. = Lobelia minutula Engl. ■☆
234575 Lobelia knysnensis Schltr. = Lobelia flaccida (C. Presl) A. DC. var. stricta (Zahlbr.) E. Wimm ■☆
234576 Lobelia kohautiana Vatke = Lobelia erinus L. ■
234577 Lobelia krebsiana A. DC. = Lobelia flaccida (C. Presl) A. DC. ■☆
234578 Lobelia krookii Zahlbr. = Lobelia erinus L. ■
234579 Lobelia kummeriae Engl. = Lobelia baumannii Engl. var. kummeriae (Engl.) E. Wimm. ■☆
234580 Lobelia kundelungensis Thulin;昆德龙半边莲■☆
234581 Lobelia kwangsiensis E. Wimm. = Lobelia davidii Franch. var. kwangxiensis (E. Wimm.) Y. S. Lian ■
234582 Lobelia kwangsiensis E. Wimm. = Lobelia davidii Franch. ■
234583 Lobelia lanuriensis De Wild. = Lobelia stuhlmannii Schweinf. ex Stuhlmann ■☆
234584 Lobelia lanuriensis De Wild. var. ericeti Hauman = Lobelia stuhlmannii Schweinf. ex Stuhlmann ■☆

234585 Lobelia lanuriensis De Wild. var. kahuzica Humbert = Lobelia stuhlmannii Schweinf. ex Stuhlmann ■☆
234586 Lobelia lanuriensis De Wild. var. karisimbensis (R. E. Fr. et T. C. E. Fr.) Hauman = Lobelia stuhlmannii Schweinf. ex Stuhlmann ■☆
234587 Lobelia lasiantha (C. Presl) A. DC. = Lobelia linearis Thunb. ■☆
234588 Lobelia lasiocalycina E. Wimm.;西方毛萼山梗菜■☆
234589 Lobelia laurentioides Schltr.;同瓣花半边莲■☆
234590 Lobelia lavandulacea Klotzsch = Lobelia erinus L. ■
234591 Lobelia laxa MacOwan;疏松半边莲■☆
234592 Lobelia laxiflora Kunth;猩红半边莲;Looseflower Lobelia, Mexican Lobelia Bush, Torch Lobelia ●☆
234593 Lobelia ledermannii Schltr. = Lobelia sapinii De Wild. ■☆
234594 Lobelia lelyana E. Wimm. = Lobelia sapinii De Wild. ■☆
234595 Lobelia lepida E. Wimm.;鳞半边莲■☆
234596 Lobelia leptocarpa Griess. = Lobelia thermalis Thunb. ■☆
234597 Lobelia limosa (Adamson) E. Wimm.;湿地半边莲■☆
234598 Lobelia linarioides (C. Presl) A. DC. = Lobelia flaccida (C. Presl) A. DC. ■☆
234599 Lobelia lindblomii Mildbr.;林德布卢姆半边莲■☆
234600 Lobelia lindblomii Mildbr. var. nanella ? = Lobelia lindblomii Mildbr. ■☆
234601 Lobelia linearis Thunb.;线状山梗菜■☆
234602 Lobelia linearis Thunb. var. gloveri Schltr. = Lobelia linearis Thunb. ■☆
234603 Lobelia linearis Thunb. var. pinnata Schltr. = Lobelia linearis Thunb. ■☆
234604 Lobelia lingulata E. Wimm.;舌状半边莲■☆
234605 Lobelia lisowskii Thulin;利索半边莲■☆
234606 Lobelia livingstoniana R. E. Fr.;利文斯顿半边莲■☆
234607 Lobelia lobata E. Wimm.;浅裂半边莲■☆
234608 Lobelia lobbiana Hook. f. et Thomson = Lobelia zeylanica L. var. lobbiana (Hook. f. et Thomson) Y. S. Lian ■
234609 Lobelia lobbiana Hook. f. et Thomson = Lobelia zeylanica L. ■
234610 Lobelia longiflora L. = Hippobroma longiflora (L.) G. Don ■
234611 Lobelia longipilosa E. Wimm. = Lobelia cobaltica S. Moore ■☆
234612 Lobelia longiracemosa R. D. Good = Lobelia anceps L. f. ■☆
234613 Lobelia longisepala E. Wimm.;长萼野烟■☆
234614 Lobelia longisepala Engl.;长萼山梗菜■☆
234615 Lobelia loochooensis Koidz.;琉球山梗菜■☆
234616 Lobelia lukwangulensis Engl.;卢夸古尔半边莲■☆
234617 Lobelia lutea L. = Monopsis lutea (L.) Urb. ■☆
234618 Lobelia lydenburgensis E. Wimm. = Lobelia erinus L. ■
234619 Lobelia lythroides Diels = Lobelia angolensis Engl. et Diels ■☆
234620 Lobelia madagascariensis Roem. et Schult. = Lobelia fervens Thunb. ■☆
234621 Lobelia maranguensis Engl. = Lobelia inconspicua A. Rich. ■☆
234622 Lobelia mearnsii De Wild. = Lobelia fervens Thunb. ■☆
234623 Lobelia melleri Hemsl. = Lobelia trullifolia Hemsl. ■☆
234624 Lobelia melleri Hemsl. f. pilosula E. Wimm. = Lobelia trullifolia Hemsl. ■☆
234625 Lobelia melleri Hemsl. var. grossidens E. Wimm. = Lobelia flaccida (C. Presl) A. DC. subsp. granvikii (T. C. E. Fr.) Thulin ■☆
234626 Lobelia melleri Hemsl. var. pulchra E. Wimm. = Lobelia trullifolia Hemsl. ■☆
234627 Lobelia melleri Hemsl. var. trichella E. Wimm. = Lobelia trullifolia Hemsl. ■☆
234628 Lobelia melliana E. Wimm.;线萼山梗菜(大种半边莲,东南半边莲,东南山梗菜,韶关大将军,狭萼半边莲);Mell Lobelia ■
234629 Lobelia melsetteria E. Wimm. = Lobelia erinus L. ■
234630 Lobelia micrantha Hook. = Lobelia heyneana Roem. et Schult. ■
234631 Lobelia microdon (C. Presl) A. DC. = Lobelia comosa L. var. microdon (C. Presl) E. Wimm. ■☆
234632 Lobelia mildbraedii Engl.;米尔德半边莲■☆
234633 Lobelia mildbraedii Engl. f. acutifolia E. Wimm. = Lobelia mildbraedii Engl. ■☆
234634 Lobelia mildbraedii Engl. var. robynsii E. Wimm. = Lobelia mildbraedii Engl. ■☆
234635 Lobelia milneana E. Wimm. = Lobelia trullifolia Hemsl. subsp. minor Thulin ■☆
234636 Lobelia minutidentata Engl. et Gilg = Lobelia angolensis Engl. et Diels ■☆
234637 Lobelia minutula Engl.;弱小山梗菜■☆
234638 Lobelia minutula Engl. f. latifolia E. Wimm. = Lobelia minutula Engl. ■☆
234639 Lobelia minutula Engl. var. kiwuensis (Engl.) E. Wimm. = Lobelia minutula Engl. ■☆
234640 Lobelia minutula Engl. var. rugegensis (T. C. E. Fr.) E. Wimm. = Lobelia minutula Engl. ■☆
234641 Lobelia molleri Henriq.;默勒半边莲■☆
234642 Lobelia molleri Henriq. f. latifolia E. Wimm. = Lobelia molleri Henriq. ■☆
234643 Lobelia molleri Henriq. var. butaguensis (De Wild.) E. Wimm. ex Robyns = Lobelia molleri Henriq. ■☆
234644 Lobelia montaguensis E. Wimm. = Lobelia erinus L. ■
234645 Lobelia montana Reinw. ex Blume = Pratia montana (Reinw. ex Blume) Hassk. ■
234646 Lobelia morogoroensis E. B. Knox et Pócs;莫罗戈罗半边莲■☆
234647 Lobelia mossiana R. D. Good = Lobelia flaccida (C. Presl) A. DC. subsp. mossiana (R. D. Good) Thulin ■☆
234648 Lobelia mukuluensis De Wild. = Monopsis stellarioides (C. Presl) Urb. subsp. schimperiana (Urb.) Thulin ■☆
234649 Lobelia mundtiana Cham. = Lobelia thermalis Thunb. ■☆
234650 Lobelia muscoides Cham.;帚状半边莲■☆
234651 Lobelia nannae T. C. E. Fr.;南纳半边莲■☆
234652 Lobelia natalensis A. DC. = Lobelia erinus L. ■
234653 Lobelia neglecta Roem. et Schult.;忽视半边莲■☆
234654 Lobelia neumannii T. C. E. Fr.;诺伊曼半边莲■☆
234655 Lobelia nuda Hemsl. = Lobelia erinus L. ■
234656 Lobelia nuda Hemsl. f. hirtella E. Wimm. = Lobelia erinus L. ■
234657 Lobelia nuda Hemsl. var. rosulata (S. Moore) E. Wimm. = Lobelia erinus L. ■
234658 Lobelia nummularia Lam. = Lobelia angulata G. Forst. ■☆
234659 Lobelia nummularia Lam. = Pratia nummularia (Lam.) A. Br. et Asch. ■
234660 Lobelia nuttallii Roem. et Schult.;纳特半边莲尔;Nuttall's Lobelia ■☆
234661 Lobelia nuzana E. Wimm. = Lobelia erinus L. ■
234662 Lobelia nyassae Engl. = Lobelia trullifolia Hemsl. ■☆
234663 Lobelia nyikensis Baker = Lobelia trullifolia Hemsl. ■☆
234664 Lobelia obliqua Buch. -Ham. ex D. Don = Lobelia angulata G. Forst. ■☆

234665 Lobelia obliqua Buch. -Ham. ex D. Don = Pratia nummularia (Lam.) A. Br. et Asch. ■

234666 Lobelia odontoptera Schltr. = Lobelia fervens Thunb. ■☆

234667 Lobelia odontoptera Schltr. var. depilis E. Wimm. = Lobelia fervens Thunb. ■☆

234668 Lobelia oligantha C. Y. Wu = Lobelia davidii Franch. ■

234669 Lobelia omeiensis E. Wimm. = Lobelia fangiana (E. Wimm.) S. Y. Hu ■

234670 Lobelia omeiensis E. Wimm. = Pratia fangiana E. Wimm. ■

234671 Lobelia omphalodoides Schltr. = Lobelia dregeana (C. Presl) A. DC. ■☆

234672 Lobelia oppositifolia Spreng. ex A. DC. = Wahlenbergia procumbens (Thunb.) A. DC. ■☆

234673 Lobelia orabensis Dinter = Lobelia dregeana (C. Presl) A. DC. ■☆

234674 Lobelia oranjensis E. Wimm. = Lobelia erinus L. ■

234675 Lobelia orbiculata E. Wimm. = Lobelia flaccida (C. Presl) A. DC. subsp. granvikii (T. C. E. Fr.) Thulin ■☆

234676 Lobelia orbiculata E. Wimm. f. subcuneata ? = Lobelia flaccida (C. Presl) A. DC. subsp. granvikii (T. C. E. Fr.) Thulin ■☆

234677 Lobelia oreas E. Wimm. = Lobelia flaccida (C. Presl) A. DC. ■☆

234678 Lobelia ovina E. Wimm.;羊山梗菜■☆

234679 Lobelia paludigena Thulin;沼泽山梗菜■☆

234680 Lobelia palustris Kerr = Lobelia colorata Wall. var. baculus E. Wimm. ■

234681 Lobelia palustris Kerr = Lobelia colorata Wall. ■

234682 Lobelia paniculata L. = Wahlenbergia exilis A. DC. ■☆

234683 Lobelia parvifolia P. J. Bergius = Wahlenbergia parvifolia (P. J. Bergius) Lammers ■☆

234684 Lobelia parvisepala E. Wimm. = Lobelia erinus L. ■

234685 Lobelia patula L. f.;张开山梗菜■☆

234686 Lobelia patula L. f. var. pteropoda (C. Presl) Sond. = Lobelia pteropoda (C. Presl) A. DC. ■☆

234687 Lobelia pedicellata Diels = Lobelia gracillima Welw. ex Hiern ■☆

234688 Lobelia pentheri E. Wimm. = Lobelia flaccida (C. Presl) A. DC. ■☆

234689 Lobelia perrieri E. Wimm.;佩里耶山梗菜■☆

234690 Lobelia petersiana Klotzsch = Lobelia fervens Thunb. ■☆

234691 Lobelia petiolata Hauman;柄叶山梗菜■☆

234692 Lobelia phyteuma L. = Cyphia phyteuma (L.) Willd. ■☆

234693 Lobelia pilosa Schltr. = Lobelia cuneifolia Link et Otto var. hirsuta (C. Presl) E. Wimm. ■☆

234694 Lobelia pinifolia L.;松叶山梗菜■☆

234695 Lobelia pinifolia L. var. laricina E. Wimm. = Lobelia tomentosa L. f. ■☆

234696 Lobelia pleotricha Diels;毛萼山梗菜(毛萼半边莲,毛萼大将军);Hairycalyx Lobelia ■

234697 Lobelia pleotricha Diels var. cacumiflora Y. S. Lian;少花山梗菜;Fewflower Hairycalyx Lobelia,Fewflower Lobelia ■

234698 Lobelia pleotricha Diels var. cacumiflora Y. S. Lian = Lobelia pleotricha Diels ■

234699 Lobelia pleotricha Diels var. handelii (E. Wimm.) C. Y. Wu;毛瓣山梗菜(山鸡腿,紫花大将军);Handel Hairycalyx Lobelia ■

234700 Lobelia pleotricha Diels var. handelii (E. Wimm.) C. Y. Wu = Lobelia pleotricha Diels ■

234701 Lobelia plumierii L. = Scaevola plumieri (L.) Vahl ■☆

234702 Lobelia polyodon E. Wimm. = Lobelia erinus L. ■

234703 Lobelia preslii A. DC.;普雷尔山梗菜■☆

234704 Lobelia procumbens (C. Presl) A. DC. = Lobelia erinus L. ■

234705 Lobelia pterocaulon Klotzsch = Lobelia fervens Thunb. ■☆

234706 Lobelia pteropoda (C. Presl) A. DC.;翅梗山梗菜■☆

234707 Lobelia puberula Michx.;微毛山梗菜;Big Blue Lobelia,Blue Cardinal Flower,Downy Lobelia,Purple Dewdrop ■☆

234708 Lobelia pubescens Aiton;短柔毛山梗菜■☆

234709 Lobelia pubescens Aiton var. incisa (C. Presl) Sond.;锐裂山梗菜■☆

234710 Lobelia pubescens Aiton var. rotundifolia E. Wimm.;圆叶山梗菜■☆

234711 Lobelia pubescens Aiton var. simplex Kuntze = Lobelia erinus L. ■

234712 Lobelia pumila Burm. f. = Mazus pumilus (Burm. f.) Steenis ■

234713 Lobelia purpurascens Wall. = Lobelia colorata Wall. ■

234714 Lobelia pygmaea Thunb. = Wimmerella pygmaea (Thunb.) Serra, M. B. Crespo et Lammers ■☆

234715 Lobelia pyramidalis Wall.;塔花山梗菜(大本山梗菜,抛根筒,铁栏杆,野烟,野烟子菜);Pyramidal Lobelia ■

234716 Lobelia pyramidalis Wall. = Lobelia doniana Skottsb. ■

234717 Lobelia quadrisepala (R. D. Good) E. Wimm.;萼山梗菜■☆

234718 Lobelia quarreana E. Wimm.;卡雷半边莲■☆

234719 Lobelia radicans Thunb. = Lobelia chinensis Lour. ■

234720 Lobelia raridentata E. Wimm. = Lobelia erinus L. ■

234721 Lobelia reflexisepala Lammers;西藏紫锤草;Tibet Pratia, Xizang Purplehammer ■

234722 Lobelia reinekeana E. Wimm. = Lobelia flaccida (C. Presl) A. DC. ■☆

234723 Lobelia reinwardtiana (C. Presl) A. DC. = Lobelia zeylanica L. ■

234724 Lobelia repens Thunb. = Lobelia anceps L. f. ■☆

234725 Lobelia repens Thunb. f. ugandensis E. Wimm. = Lobelia anceps L. f. ■☆

234726 Lobelia rhodesica R. E. Fr. = Lobelia trullifolia Hemsl. subsp. rhodesica (R. E. Fr.) Thulin ■☆

234727 Lobelia rhynchopetalum (Hochst. ex A. Rich.) Hemsl.;喙瓣山梗菜■☆

234728 Lobelia rhynchopetalum Hemsl. subsp. callosomarginata E. Wimm. = Lobelia rhynchopetalum (Hochst. ex A. Rich.) Hemsl. ■☆

234729 Lobelia rhynchopetalum Hemsl. var. acrochilus E. Wimm. = Lobelia rhynchopetalum (Hochst. ex A. Rich.) Hemsl. ■☆

234730 Lobelia rivalis E. Wimm.;溪边山梗菜■☆

234731 Lobelia rosulata S. Moore = Lobelia erinus L. ■

234732 Lobelia rubescens De Wild.;变红山梗菜■☆

234733 Lobelia rubrimaris E. Wimm. = Lobelia neumannii T. C. E. Fr. ■☆

234734 Lobelia rudatisii Schltr. = Lobelia anceps L. f. ■☆

234735 Lobelia rugegensis T. C. E. Fr. = Lobelia minutula Engl. ■☆

234736 Lobelia salicifolia Fisch. = Lobelia sessilifolia Lamb. ■

234737 Lobelia salicifolia Fisch. ex Trautv. = Lobelia sessilifolia Lamb. ■

234738 Lobelia saliensis E. Wimm. = Lobelia trullifolia Hemsl. ■☆

234739 Lobelia saligna Fisch. = Lobelia sessilifolia Lamb. ■

234740 Lobelia sancta Thulin;神圣山梗菜■☆

234741 Lobelia sapinii De Wild.;萨潘半边莲■☆

234742 Lobelia scabra Thunb. = Monopsis scabra (Thunb.) Urb. ■☆

234743 Lobelia scabripes (C. Presl) A. DC. = Lobelia flaccida (C. Presl) A. DC. ■☆

234744 Lobelia schimperi Hochst. ex A. Rich.;欣珀半边莲■☆

234745 Lobelia schrankii Sweet = Lobelia erinus L. ■

234746 Lobelia scioensis Chiov. = Lobelia holstii Engl. ■☆

234747 Lobelia scoparia Buchinger ex C. Krauss = Lobelia capillifolia (C. Presl) A. DC. ■☆

234748 Lobelia secunda L. f. = Wimmerella secunda (L. f.) Serra, M. B. Crespo et Lammers ■☆

234749 Lobelia seguinii H. Lév. et Vaniot;大本山梗菜■

234750 Lobelia seguinii H. Lév. et Vaniot var. arakana E. Wimm. = Lobelia pyramidalis Wall. ■

234751 Lobelia seguinii H. Lév. et Vaniot var. doniana (Skottsb.) E. Wimm. = Lobelia doniana Skottsb. ■

234752 Lobelia seguinii L. f. f. brevisepala E. Wimm. = Lobelia seguinii H. Lév. et Vaniot ■

234753 Lobelia seguinii L. f. f. longisepala E. Wimm. = Lobelia seguinii H. Lév. et Vaniot ■

234754 Lobelia seineri Schltr. = Lobelia angolensis Engl. et Diels ■☆

234755 Lobelia senegalensis A. DC.;塞内加尔山梗菜■☆

234756 Lobelia senegalensis A. DC. = Lobelia erinus L. ■

234757 Lobelia senegalensis A. DC. var. subaspera E. Wimm. = Lobelia erinus L. ■

234758 Lobelia senegalensis A. DC. var. turgida (E. Wimm.) E. Wimm. = Lobelia erinus L. ■

234759 Lobelia sequinii H. Lév. et Vaniot;西南山梗菜(彪蚌法,大本山梗菜,大将军,红麻波罗,红麻菠萝,红雪柳,红野莴笋,麻菠萝,蒙自苣,破天菜,气死名医草,铁栏杆,野莴笋,野烟,野叶烟,野叶子烟);Seguin Lobelia ■

234760 Lobelia sequinii H. Lév. et Vaniot f. brevisepala E. Wimm.;短萼西南山梗菜(短萼山梗菜)■☆

234761 Lobelia sequinii H. Lév. et Vaniot f. longisepala E. Wimm.;长萼西南山梗菜(长萼山梗菜)■☆

234762 Lobelia sequinii H. Lév. et Vaniot var. arakana E. Wimm. = Lobelia pyramidalis Wall. ■

234763 Lobelia sequinii H. Lév. et Vaniot var. doniana (Skottsb.) E. Wimm. = Lobelia doniana Skottsb. ■

234764 Lobelia serpens Lam.;蛇形半边莲■☆

234765 Lobelia serrata Meyen;齿山梗菜■☆

234766 Lobelia sessilifolia Lamb.;山梗菜(半边莲,大半边莲,大种半边莲,对节白,红雪柳,节节花,苦菜,水白菜,水苋菜,天竹七,无柄叶山梗菜);Sessile Lobelia ■

234767 Lobelia sessilifolia Lamb. f. leucantha H. Hara;白花山梗菜■☆

234768 Lobelia sessilifolia Lamb. var. latifolia ? = Lobelia sessilifolia Lamb. ■

234769 Lobelia setacea Thunb.;刚毛半边莲■☆

234770 Lobelia setacea Thunb. var. dissectifolia E. Wimm.;深裂刚毛山梗菜■☆

234771 Lobelia sichuanensis Y. S. Lian = Lobelia davidii Franch. var. sichuanensis Y. S. Lian ■

234772 Lobelia simplex L. = Monopsis simplex (L.) E. Wimm. ■☆

234773 Lobelia simsii Sweet = Lobelia coronopifolia L. ■☆

234774 Lobelia siphilitica L.;美国山梗菜;Blue Cardinal Flower, Blue Lobelia, Great Blue Lobelia, Great Lobelia ■☆

234775 Lobelia siphilitica L. f. albiflora Britton = Lobelia siphilitica L. ■☆

234776 Lobelia siphilitica L. f. purpurea E. J. Palmer et Steyerm. = Lobelia siphilitica L. ■☆

234777 Lobelia siphilitica L. var. alba ?;白色美国山梗菜;White Great Lobelia ■☆

234778 Lobelia siphilitica L. var. hybrida Hook. = Lobelia speciosa Sweet ■☆

234779 Lobelia siphilitica L. var. ludoviciana A. DC.;蓝色美国山梗菜;Great Blue Lobelia ■☆

234780 Lobelia sonderi Zahlbr. = Lobelia angolensis Engl. et Diels ■☆

234781 Lobelia spartioides (C. Presl) D. Dietr. = Lobelia linearis Thunb. ■☆

234782 Lobelia spathopetala Diels;匙瓣山梗菜■☆

234783 Lobelia spathulata R. D. Good = Lobelia jasionoides (A. DC.) E. Wimm. ■☆

234784 Lobelia speciosa Sweet;杂种山梗菜;Hybrid Cardinal Flower ■☆

234785 Lobelia spicata Lam.;穗花半边莲;Pale Spike Lobelia, Palespike Lobelia, Pale-spike Lobelia, Spiked Lobelia ■☆

234786 Lobelia spicata Lam. var. campanulata McVaugh = Lobelia spicata Lam. ■☆

234787 Lobelia spicata Lam. var. hirtella A. Gray;毛穗花半边莲;Hairy Pale-spike Lobelia, Pale-spike Lobelia, Spiked Lobelia ■☆

234788 Lobelia spicata Lam. var. hirtella A. Gray = Lobelia spicata Lam. ■☆

234789 Lobelia spicata Lam. var. originalis McVaugh = Lobelia spicata Lam. ■☆

234790 Lobelia spicata Lam. var. parviflora A. Gray = Lobelia spicata Lam. ■☆

234791 Lobelia splendens Humb. et Bonpl. ex Willd.;光泽山梗菜(华丽山梗菜)■☆

234792 Lobelia squarrosa Baker f. = Lobelia giberroa Hemsl. subsp. squarrosa (Baker f.) Mabb. ■☆

234793 Lobelia stellarioides (C. Presl) Hemsl. = Monopsis stellarioides (C. Presl) Urb. ■☆

234794 Lobelia stenocarpa E. Wimm.;窄果山梗菜■☆

234795 Lobelia stenosiphon (Adamson) E. Wimm.;窄管山梗菜■☆

234796 Lobelia stipularis Roth = Lobelia alsinoides Lam. ■

234797 Lobelia stolzii Schltr. = Lobelia welwitschii Engl. et Diels ■☆

234798 Lobelia stricklandiae Gilliland;斯特里克兰半边莲■☆

234799 Lobelia stricklandiae Gilliland f. uncinata E. Wimm. = Lobelia stricklandiae Gilliland ■☆

234800 Lobelia strictiflora (Rydb.) Lunell = Lobelia kalmii L. ■☆

234801 Lobelia stuhlmannii Schweinf. ex Stuhlmann;斯图尔曼半边莲■☆

234802 Lobelia stuhlmannii Schweinf. ex Stuhlmann var. lanuriensis (De Wild.) Hauman = Lobelia stuhlmannii Schweinf. ex Stuhlmann ■☆

234803 Lobelia suavibracteata Hauman = Lobelia mildbraedii Engl. ■☆

234804 Lobelia subcuneata Miq. = Lobelia zeylanica L. ■

234805 Lobelia subincisa Wall. = Lobelia heyneana Roem. et Schult. ■

234806 Lobelia subulata Klotzsch = Lobelia fervens Thunb. ■☆

234807 Lobelia succulenta Blume;肉半边莲;Fleshy Lobelia ■

234808 Lobelia succulenta Blume = Lobelia zeylanica L. ■

234809 Lobelia succulenta Blume var. lobbiana E. Wimm. = Lobelia zeylanica L. var. lobbiana (Hook. f. et Thomson) Y. S. Lian ■

234810 Lobelia sutherlandii E. Wimm. = Lobelia flaccida (C. Presl) A. DC. ■☆

234811 Lobelia sylvatica Fourc. = Lobelia cuneifolia Link et Otto var. hirsuta (C. Presl) E. Wimm. ■☆

234812 Lobelia sylvicola Lejoly et Lisowski;林地山梗菜■☆
234813 Lobelia syphilitica L.;蓝山梗菜;Blue Cardinal Flower, Great Blue Lobelia, Great Lobelia, Large Blue Lobelia ■☆
234814 Lobelia taccada Gaertn. = Scaevola sericea Vahl ●■
234815 Lobelia taccada Gaertn. = Scaevola taccada (Gaertn.) Roxb. ●■
234816 Lobelia taliensis Diels;大理山梗菜(大理大将军,红雪柳,紫燕草);Dali Lobelia ■
234817 Lobelia tayloriana Baker f. = Lobelia deckenii (Asch.) Hemsl. ■☆
234818 Lobelia telekii Schweinf.;泰莱吉半边莲■☆
234819 Lobelia tenella Thunb. = Monopsis unidentata (Aiton) E. Wimm. ■☆
234820 Lobelia tenerrima Chiov. = Lobelia exilis Hochst. ex A. Rich. ■☆
234821 Lobelia terminalis C. B. Clarke;顶花半边莲;Topflower Lobelia ■
234822 Lobelia thermalis Thunb.;温泉半边莲■☆
234823 Lobelia thermalis Thunb. var. pungens E. Wimm. = Lobelia thermalis Thunb. ■☆
234824 Lobelia thomensis Engl. et Diels = Lobelia molleri Henriq. ■☆
234825 Lobelia thorelii E. Wimm. = Lobelia terminalis C. B. Clarke ■
234826 Lobelia thuliniana E. B. Knox;图林半边莲■☆
234827 Lobelia tibetica W. L. Zheng;西藏半边莲;Tibet Lobelia, Xizang Lobelia ■
234828 Lobelia tomentosa L. f.;绒毛半边莲■☆
234829 Lobelia transvaalensis Schltr. = Lobelia erinus L. ■
234830 Lobelia trialata Buch.-Ham. ex G. Don = Lobelia heyneana Roem. et Schult. ■
234831 Lobelia trialata Buch.-Ham. ex G. Don var. asiatica Chiov. = Lobelia heyneana Roem. et Schult. ■
234832 Lobelia trialata Buch.-Ham. ex G. Don var. grandiflora Chiov. = Lobelia fervens Thunb. ■☆
234833 Lobelia trialata Buch.-Ham. ex G. Don var. umbrosa (Hochst. ex Hemsl.) Chiov. = Lobelia heyneana Roem. et Schult. ■
234834 Lobelia trialata Ham. ex D. Don = Lobelia heyneana Roem. et Schult. ■
234835 Lobelia trialata Ham. ex D. Don var. asiatica Chiov = Lobelia heyneana Roem. et Schult. ■
234836 Lobelia triangullata Roxb. = Lobelia alsinoides Lam. ■
234837 Lobelia trierarchi Good = Lobelia erinus L. ■
234838 Lobelia trigona Roxb. = Lobelia alsinoides Lam. ■
234839 Lobelia trigona Roxb. = Lobelia chevalieri Danguy ■
234840 Lobelia trigona Yamam. = Lobelia hancei H. Hara ■
234841 Lobelia trigonocaulis F. Muell.;澳洲半边莲;Forest Lobelia ■☆
234842 Lobelia tripartita Thulin;三深裂山梗菜■☆
234843 Lobelia triquetra L. = Lobelia comosa L. ■☆
234844 Lobelia triquetra L. var. secundata Sond. = Lobelia comosa L. var. secundata (Sond.) E. Wimm. ■☆
234845 Lobelia trullifolia Hemsl.;沬叶山梗菜■☆
234846 Lobelia trullifolia Hemsl. f. glabricalycina E. Wimm. = Lobelia trullifolia Hemsl. ■☆
234847 Lobelia trullifolia Hemsl. subsp. minor Thulin;小沬叶山梗菜■☆
234848 Lobelia trullifolia Hemsl. subsp. pinnatifida Thulin;羽裂沬叶山梗菜■☆
234849 Lobelia trullifolia Hemsl. subsp. rhodesica (R. E. Fr.) Thulin;罗得西亚半边莲■☆
234850 Lobelia trullifolia Hemsl. var. saliensis (E. Wimm.) E. Wimm. = Lobelia trullifolia Hemsl. ■☆
234851 Lobelia tsotsorogensis Bremek. et Oberm. = Lobelia angolensis Engl. et Diels ■☆
234852 Lobelia tupa L.;美洲山梗菜(血红山梗菜)■☆
234853 Lobelia turgida E. Wimm. = Lobelia erinus L. ■
234854 Lobelia tysonii E. Phillips = Lobelia erinus L. ■
234855 Lobelia uliginosa E. Wimm.;沼泽半边莲■☆
234856 Lobelia ulugurensis Engl. ex R. E. Fr. et T. C. E. Fr. = Lobelia giberroa Hemsl. ■☆
234857 Lobelia umbrosa Hochst. ex Hemsl. = Lobelia heyneana Roem. et Schult. ■
234858 Lobelia unamata E. Wimm. = Lobelia gilgii Engl. ■☆
234859 Lobelia unidentata W. T. Aiton = Monopsis unidentata (Aiton) E. Wimm. ■☆
234860 Lobelia urens L.;石南山梗菜;Acrid Lobelia, Heath Lobelia ■☆
234861 Lobelia usafuensis Engl. = Lobelia giberroa Hemsl. subsp. squarrosa (Baker f.) Mabb. ■☆
234862 Lobelia usambarensis Engl. = Lobelia trullifolia Hemsl. ■☆
234863 Lobelia usambarensis Engl. var. calantha E. Wimm. = Lobelia trullifolia Hemsl. ■☆
234864 Lobelia usambarensis Engl. var. hispidella E. Wimm. = Lobelia trullifolia Hemsl. ■☆
234865 Lobelia utshungwensis R. E. Fr. et T. C. E. Fr. = Lobelia mildbraedii Engl. ■☆
234866 Lobelia utshungwensis R. E. Fr. et T. C. E. Fr. var. congolensis Humbert = Lobelia mildbraedii Engl. ■☆
234867 Lobelia valida L. Bolus;强壮山梗菜;Heath Lobelia, Lobelia ■☆
234868 Lobelia variifolia Sims = Monopsis variifolia (Sims) Urb. ■☆
234869 Lobelia violaceo-aurantiaca De Wild. = Monopsis stellarioides (C. Presl) Urb. subsp. schimperiana (Urb.) Thulin ■☆
234870 Lobelia volkensii Engl. = Lobelia giberroa Hemsl. ■☆
234871 Lobelia volkensii Engl. var. ulugurensis ? = Lobelia giberroa Hemsl. ■☆
234872 Lobelia volubilis Burm. f. = Cyphia volubilis (Burm. f.) Willd. ■☆
234873 Lobelia wallichiana Hook. f. et Thomson = Lobelia pyramidalis Wall. ■
234874 Lobelia wallichii Steud. = Lobelia colorata Wall. ■
234875 Lobelia welwitschii Engl. et Diels;韦尔半边莲■☆
234876 Lobelia welwitschii Engl. et Diels var. albiflora Hiern = Lobelia welwitschii Engl. et Diels ■☆
234877 Lobelia wentzeliana Engl. = Lobelia trullifolia Hemsl. ■☆
234878 Lobelia wildii E. Wimm. = Lobelia erinus L. ■
234879 Lobelia wildii E. Wimm. var. arcana ? = Lobelia erinus L. ■
234880 Lobelia wilmsiana Diels = Lobelia flaccida (C. Presl) A. DC. ■☆
234881 Lobelia wollastonii Baker f.;沃拉斯顿半边莲■☆
234882 Lobelia wollastonii Baker f. var. scaettana Hauman = Lobelia wollastonii Baker f. ■☆
234883 Lobelia zeyheri Sond. = Monopsis zeyheri (Sond.) Thulin ■☆
234884 Lobelia zeylanica L.;卵叶半边莲(半边旗,大肉半边莲,肉半边莲,疏毛半边莲,圆叶山梗菜);Fleshy Lobelia, Srilanka Lobelia ■
234885 Lobelia zeylanica L. var. lobbiana (Hook. f. et Thomson) Y. S. Lian;大花卵叶半边莲(大花半边莲,大叶肉半边莲);Bigflower Fleshy Lobelia ■

234886 Lobelia zeylanica L. var. lobbiana (Hook. f. et Thomson) Y. S. Lian = Lobelia zeylanica L. ■

234887 Lobelia zombaensis E. Wimm. = Lobelia trullifolia Hemsl. ■☆

234888 Lobelia zwartkopensis E. Wimm.;兹瓦尔半边莲■☆

234889 Lobeliaceae Bonpl. = Campanulaceae Juss.(保留科名)■●

234890 Lobeliaceae Juss.(1813)(保留科名);山梗菜科(半边莲科);Lobelia Family ■

234891 Lobeliaceae Juss.(保留科名) = Campanulaceae Juss.(保留科名)■●

234892 Lobeliaceae R. Br. = Lobeliaceae Juss.(保留科名)■

234893 Lobeliaceae R. Br. = Rubiaceae Juss.(保留科名)●■

234894 Lobia O. F. Cook = Chamaedorea Willd.(保留属名)●☆

234895 Lobirebutia Frič = Echinopsis Zucc. ●

234896 Lobirebutia Frič. = Lobivia Britton et Rose ■

234897 Lobirota Dulac = Ramonda Pers. ■☆

234898 Lobirota Dulac = Ramonda Rich.(保留属名)■☆

234899 Lobivia Britton et Rose = Echinopsis Zucc. ●

234900 Lobivia Britton et Rose(1922);丽花球属(丽花属);Cob Cactus ■

234901 Lobivia allegraiana Backeb.;艳红仙人球(绯丽丸,菲丽丸)■

234902 Lobivia arachnacantha Buining et F. Ritter = Echinopsis arachnacantha (Buining et F. Ritter) H. ■☆

234903 Lobivia argentea Backeb.;嚜桃球(嚜桃丸)■☆

234904 Lobivia aurea Backeb.;黄丽花球■☆

234905 Lobivia aurea Backeb. var. elegans Backeb.;雅致黄丽花球■☆

234906 Lobivia backebergii (Werderm.) Backeb. = Echinopsis backebergii Werderm. ■

234907 Lobivia bermaniana Backeb.;朱丽■☆

234908 Lobivia binghamiana Backeb.;丹丽球(丹丽丸)■☆

234909 Lobivia boliviensis Britton et Rose;桃丽球(桃丽丸)■☆

234910 Lobivia breviflora Backeb.;短轮球(短轮丸)■☆

234911 Lobivia caespitosa (J. A. Purpus) Britton et Rose;洋丽球(洋丽丸)■☆

234912 Lobivia carminantha Backeb.;紫艳球(紫艳丸)■☆

234913 Lobivia chrysantha (Werderm.) Backeb.;妖丽球(妖丽丸)■☆

234914 Lobivia chrysantha (Werderm.) Backeb. var. hossei (Werderm.) Backeb.;橙盛球(橙盛丸)■☆

234915 Lobivia chrysocheta (Werderm.) Wessner;单头丽花球■☆

234916 Lobivia cinnabarina (Hook.) Britton et Rose = Echinopsis cinnabarina (Hook.) Labour. ■

234917 Lobivia cylindrica Backeb.;黄华球(黄华丸)■☆

234918 Lobivia densispina Werderm. ex Backeb. et F. M. Knuth;密刺丽花球■☆

234919 Lobivia drijveriana Backeb.;黄聚球(黄聚丸)■☆

234920 Lobivia fallax Oehme;迷惑丽花球■☆

234921 Lobivia famatimensis (Speg.) Britton et Rose;美花仙人球(阳盛球,阳盛丸)■

234922 Lobivia famatimensis (Speg.) Britton et Rose var. aurantiaca (Wessner) Backeb.;橙红球(橙红丸)■☆

234923 Lobivia famatimensis (Speg.) Britton et Rose var. densispina (Werderm.) Backeb.;喇叭仙人球(白丽丸)■

234924 Lobivia famatimensis (Speg.) Britton et Rose var. leucomalla (Wessner) Backeb.;莳绘球(莳绘丸)■☆

234925 Lobivia famatimensis Britton et Rose var. albiflora (Wessner) Krainz;雪莲球(雪莲丸)■☆

234926 Lobivia haageana Backeb.;黄牡丹球(黄牡丹丸);Yellow Cob Cactus ■

234927 Lobivia hastifera Werderm.;莲华球(莲华丸)■☆

234928 Lobivia hermanniana Backeb.;朱丽球(朱丽丸);Hermann Cob Cactus ■

234929 Lobivia hertrichiana Backeb.;绯盛丸(芙蓉仙人球,朱丽球)■☆

234930 Lobivia higginsiana Backeb.;橙艳球(橙艳丸)■☆

234931 Lobivia hwertrichiana Backeb.;芙蓉仙人球■

234932 Lobivia incaica Backeb.;绯艳球(绯艳丸)■☆

234933 Lobivia jajoana Backeb.;红笠球(红丽球,红笠丸);Red Cob Cactus ■

234934 Lobivia kuehnrichii Frič;霹雳■☆

234935 Lobivia lateritia Britton et Rose;秀丽球(秀丽丸)■☆

234936 Lobivia leucorhodon Backeb.;粉红丸(紫艳丸);Lobivia ■☆

234937 Lobivia leucoviolacea Backeb.;白薰球(白薰丸)■☆

234938 Lobivia marsoneri (Werderm.) Backeb.;马氏丽花球■☆

234939 Lobivia mistiensis (Werderm. et Backeb.) Backeb.;桃笠球(桃笠丸)■☆

234940 Lobivia nealeana Backeb.;芳姬球(芳姬丸)■☆

234941 Lobivia nigricans Wessner;藤娘■☆

234942 Lobivia pampana Britton et Rose;多籽丽花球■☆

234943 Lobivia peclardiana Krainz;脂粉球(脂粉丸)■☆

234944 Lobivia pentlandii (Hook.) Britton et Rose = Echinopsis pentlandii Salm-Dyck ■☆

234945 Lobivia planiceps Backeb.;焰莲球(焰莲丸)■☆

234946 Lobivia polycephala Backeb.;朱艳球(朱艳丸)■☆

234947 Lobivia pseudocachensis Backeb.;绯沙球(绯沙丸)■☆

234948 Lobivia pseudocachensis Backeb. var. cinnabarina Backeb.;红姬球(红姬丸)■☆

234949 Lobivia pugionacantha (Rose et Boed.) Backeb.;刀刺球(美容球,美容丸)■

234950 Lobivia rebutioides Backeb.;艳姬球(艳姬丸)■☆

234951 Lobivia rebutioides Backeb. var. chlorogona (Wessner) Backeb.;赫阳球(赫阳丸)■☆

234952 Lobivia rossii (Boed.) Boed. ex Backeb. et F. M. Knuth;歌姬球(歌姬丸)■☆

234953 Lobivia rubescens Backeb.;黄饰球(黄饰丸)■☆

234954 Lobivia saltensis Britton et Rose;凄丽球(凄丽丸)■☆

234955 Lobivia sanguiniflora Backeb.;赤丽球(赤丽丸)■☆

234956 Lobivia sanguiniflora Backeb. var. breviflora (Backeb.) Rausch = Lobivia breviflora Backeb. ■☆

234957 Lobivia schneideriana Backeb.;红艳球(红艳丸)■☆

234958 Lobivia schreiteri S. A. Cast.;姬丽球(姬丽丸)■☆

234959 Lobivia scoparia Werderm. ex Backeb. et F. M. Knuth;橙映球(橙映丸)■☆

234960 Lobivia shaferi Britton et Rose;金笠球(金笠丸)■☆

234961 Lobivia silvestrii (Speg.) Rowley;林白檀(白檀)■☆

234962 Lobivia stilowiana Backeb.;花扇球(花扇丸)■☆

234963 Lobivia tegeleriana Backeb. = Acantholobivia tegeleriana (Backeb). Backeb. ■☆

234964 Lobivia tiegeliana Wessner;无忧华(艳玉)■☆

234965 Lobivia varians Backeb.;桃艳球(桃艳丸)■☆

234966 Lobivia wegheiana Backeb.;紫丽球(紫丽丸)■☆

234967 Lobivia winteriana F. Ritter;牡丹球■☆

234968 Lobivia wrightiana Backeb.;桃轮球(桃轮丸)■☆

234969 Lobivia zecheri Rausch;翟氏丽花球■☆

234970 Lobiviopsis Frič = Echinopsis Zucc. ●

234971 Lobiviopsis Frič ex Kreuz. = Echinopsis Zucc. ●

234972 Lobocarpus Wight et Arn. = Glochidion J. R. Forst. et G. Forst. (保留属名)●

234973 Lobogyna Post et Kuntze = Lobogyne Schltr. ■

234974 Lobogyne Schltr. = Appendicula Blume ■

234975 Lobomon Raf. = Amphicarpaea Elliott ex Nutt.(保留属名)■

234976 Lobophyllum F. Muell. = Coldenia L. ■

234977 Lobophyllum tetrandrum F. Muell. = Coldenia procumbens L. ■

234978 Lobopogon Schltdl. = Brachyloma Sond. ●☆

234979 Loboptera Colla = Columnea L. ●■☆

234980 Lobostema Spreng. = Lobostemon Lehm. ■☆

234981 Lobostemon Lehm. (1830);裂蕊紫草属■☆

234982 Lobostemon acutissimus H. Buek;尖裂蕊紫草■☆

234983 Lobostemon alopecuroideus (DC. et A. DC.) C. H. Wright = Echiostachys spicatus (Burm. f.) Levyns ■☆

234984 Lobostemon argenteus (P. J. Bergius) H. Buek;银白裂蕊紫草■☆

234985 Lobostemon bolusii Levyns = Lobostemon capitatus (L.) H. Buek ■☆

234986 Lobostemon breviflorus DC. et A. DC. = Lobostemon trichotomus (Thunb.) A. DC. ■☆

234987 Lobostemon capitatus (L.) H. Buek;头状裂蕊紫草■☆

234988 Lobostemon capitiformis A. DC. = Lobostemon capitatus (L.) H. Buek ■☆

234989 Lobostemon caudatus H. Buek = Echiostachys spicatus (Burm. f.) Levyns ■☆

234990 Lobostemon cephaloideus DC. et A. DC. = Lobostemon capitatus (L.) H. Buek ■☆

234991 Lobostemon cinereus DC. et A. DC.;灰裂蕊紫草■☆

234992 Lobostemon collinus Schltr. ex C. H. Wright;山丘裂蕊紫草■☆

234993 Lobostemon cryptocephalum Baker = Buchnera cryptocephala (Baker) Philcox ■☆

234994 Lobostemon curvifolius H. Buek;弯叶裂蕊紫草■☆

234995 Lobostemon daltonii Buys;多尔顿裂蕊紫草■☆

234996 Lobostemon diversifolius H. Buek = Lobostemon echioides Lehm. ■☆

234997 Lobostemon dregei DC. et A. DC. = Lobostemon glaucophyllus (Jacq.) H. Buek ■☆

234998 Lobostemon echioides Lehm.;刺裂蕊紫草■☆

234999 Lobostemon ecklonianus H. Buek = Echiostachys ecklonianus (H. Buek) Levyns ■☆

235000 Lobostemon elongatus H. Buek = Lobostemon echioides Lehm. ■☆

235001 Lobostemon eriostachyus H. Buek = Echiostachys spicatus (Burm. f.) Levyns ■☆

235002 Lobostemon falcatus Druce = Lobostemon glaucophyllus (Jacq.) H. Buek ■☆

235003 Lobostemon fastigiatus H. Buek = Lobostemon echioides Lehm. ■☆

235004 Lobostemon ferocissimus (Andréws) A. DC. = Lobostemon argenteus (P. J. Bergius) H. Buek ■☆

235005 Lobostemon ferocissimus (Andréws) A. DC. var. albicalyx C. H. Wright = Lobostemon stachydeus DC. et A. DC. ■☆

235006 Lobostemon formosus (Pers.) H. Buek = Lobostemon regulareflorus (Ker Gawl.) Buys ■☆

235007 Lobostemon fruticosus (L.) H. Buek;灌木状裂蕊紫草;Eight-day Healing Bush ■☆

235008 Lobostemon fruticosus (L.) H. Buek var. bergianus A. DC. = Lobostemon fruticosus (L.) H. Buek ■☆

235009 Lobostemon galpinii C. H. Wright = Echiostachys ecklonianus (H. Buek) Levyns ■☆

235010 Lobostemon glaber (Thunb.) A. DC. = Lobostemon glaucophyllus (Jacq.) H. Buek ■☆

235011 Lobostemon glaber (Vahl) H. Buek;无毛裂蕊紫草■☆

235012 Lobostemon glaucophyllus (Jacq.) H. Buek;灰绿叶裂蕊紫草■☆

235013 Lobostemon gracilis Levyns;纤细裂蕊紫草■☆

235014 Lobostemon grandiflorus (Andréws) Levyns = Lobostemon regulareflorus (Ker Gawl.) Buys ■☆

235015 Lobostemon hispidus (Thunb.) DC. et A. DC. = Lobostemon glaber (Vahl) H. Buek ■☆

235016 Lobostemon horridus Levyns;多刺裂蕊紫草■☆

235017 Lobostemon hottentoticus Levyns;霍屯督裂蕊紫草■☆

235018 Lobostemon inconspicuus Levyns = Lobostemon capitatus (L.) H. Buek ■☆

235019 Lobostemon laevigatus (L.) H. Buek;光滑裂蕊紫草■☆

235020 Lobostemon lasiophyllus DC. et A. DC. = Lobostemon fruticosus (L.) H. Buek ■☆

235021 Lobostemon latifolius H. Buek = Echiostachys spicatus (Burm. f.) Levyns ■☆

235022 Lobostemon lehmannianus H. Buek = Lobostemon echioides Lehm. ■☆

235023 Lobostemon lithospermoides (S. Moore) Baker = Echiochilon arenarium (I. M. Johnst.) I. M. Johnst. ■☆

235024 Lobostemon lucidus (Lehm.) H. Buek;光亮裂蕊紫草■☆

235025 Lobostemon magnisepalum N. E. Br. = Lobostemon curvifolius H. Buek ■☆

235026 Lobostemon marlothii Levyns;马洛斯裂蕊紫草■☆

235027 Lobostemon microphyllus H. Buek = Lobostemon echioides Lehm. ■☆

235028 Lobostemon montanus H. Buek;山地裂蕊紫草■☆

235029 Lobostemon montanus H. Buek var. minor C. H. Wright = Lobostemon argenteus (P. J. Bergius) H. Buek ■☆

235030 Lobostemon muirii Levyns;缪里裂蕊紫草■☆

235031 Lobostemon nitidus C. H. Wright = Lobostemon echioides Lehm. ■☆

235032 Lobostemon obovatus DC. et A. DC. = Lobostemon fruticosus (L.) H. Buek ■☆

235033 Lobostemon obtusifolius DC. et A. DC. = Lobostemon trigonus (Thunb.) H. Buek ■☆

235034 Lobostemon paniculatus (Thunb.) H. Buek;圆锥裂蕊紫草■☆

235035 Lobostemon paniculiformis DC. et A. DC.;锥形裂蕊紫草■☆

235036 Lobostemon pearsonii Levyns;皮尔逊裂蕊紫草■☆

235037 Lobostemon pilicaulis C. H. Wright = Lobostemon argenteus (P. J. Bergius) H. Buek ■☆

235038 Lobostemon pubiflorus C. H. Wright = Lobostemon echioides Lehm. ■☆

235039 Lobostemon regulareflorus (Ker Gawl.) Buys;对称花裂蕊紫草■☆

235040 Lobostemon rosmarinifolius (Vahl) DC. et A. DC.;迷迭香叶裂蕊紫草■☆

235041 Lobostemon sanguineus Schltr.;血红裂蕊紫草■☆

235042 Lobostemon scaber (Thunb.) A. DC. = Lobostemon fruticosus (L.) H. Buek ■☆

235043 Lobostemon somalensis Franch. = Echiochilon longiflorum

Benth. ■☆
235044 Lobostemon sphaerocephalus (Vahl) H. Buek = Lobostemon capitatus (L.) H. Buek ■☆
235045 Lobostemon spicatus H. Buek = Echiostachys incanus (Thunb.) Levyns ■☆
235046 Lobostemon splendens H. Buek = Echiostachys incanus (Thunb.) Levyns ■☆
235047 Lobostemon sprenglianus H. Buek = Lobostemon montanus H. Buek ■☆
235048 Lobostemon stachydeus DC. et A. DC.;穗状裂蕊紫草■☆
235049 Lobostemon strigosus (Lehm.) H. Buek;糙伏毛裂蕊紫草■☆
235050 Lobostemon swartzii (Lehm.) H. Buek = Lobostemon glaucophyllus (Jacq.) H. Buek ■☆
235051 Lobostemon thunbergianus H. Buek = Lobostemon trigonus (Thunb.) H. Buek ■☆
235052 Lobostemon thymelioideus DC. et A. DC. = Lobostemon trichotomus (Thunb.) A. DC. ■☆
235053 Lobostemon thymelioideus DC. et A. DC. var. longifolius ? = Lobostemon trichotomus (Thunb.) A. DC. ■☆
235054 Lobostemon thymelioideus DC. et A. DC. var. setulosus ? = Lobostemon trichotomus (Thunb.) A. DC. ■☆
235055 Lobostemon thymelioideus DC. et A. DC. var. thymelioides ? = Lobostemon trichotomus (Thunb.) A. DC. ■☆
235056 Lobostemon trichotomus (Thunb.) A. DC.;毛片裂蕊紫草■☆
235057 Lobostemon trigonus (Thunb.) H. Buek;三角裂蕊紫草■☆
235058 Lobostemon verrucosus (Thunb.) H. Buek = Lobostemon trichotomus (Thunb.) A. DC. ■☆
235059 Lobostemon virgatus H. Buek = Lobostemon echioides Lehm. ■☆
235060 Lobostemon viridi-argenteus H. Buek = Echiostachys incanus (Thunb.) Levyns ■☆
235061 Lobostemon wurmbii DC. et A. DC. = Lobostemon trichotomus (Thunb.) A. DC. ■☆
235062 Lobostemon zeyheri H. Buek = Lobostemon argenteus (P. J. Bergius) H. Buek ■☆
235063 Lobostephanus N. E. Br. = Emicocarpus K. Schum. et Schltr. ■☆
235064 Lobostephanus palmatus N. E. Br. = Emicocarpus fissifolius K. Schum. et Schltr. ■☆
235065 Lobularia Desv. (1815)(保留属名);香雪球属;Spice Snowball, Sweet Alison, Sweet Alyson, Sweet Alyssum, Sweetalyssum ■
235066 Lobularia Desv. (保留属名) = Koniga Adans. ■
235067 Lobularia arabica (Boiss.) Muschl.;阿拉伯香雪球■☆
235068 Lobularia canariensis (DC.) L. Borgen;加那利香雪球■☆
235069 Lobularia canariensis (DC.) L. Borgen subsp. fruticosa (Webb) L. Borgen;灌状加那利香雪球■☆
235070 Lobularia canariensis (DC.) L. Borgen subsp. intermedia (Webb) L. Borgen;间型加那利香雪球■☆
235071 Lobularia canariensis (DC.) L. Borgen subsp. marginata (Webb) L. Borgen;具边加那利香雪球■☆
235072 Lobularia canariensis (DC.) L. Borgen subsp. microsperma L. Borgen;小籽加那利香雪球■☆
235073 Lobularia canariensis (DC.) L. Borgen subsp. palmensis (Christ) L. Borgen;帕尔马香雪球■☆
235074 Lobularia canariensis (DC.) L. Borgen subsp. rosula-venti (Svent.) L. Borgen;莲座加那利香雪球■☆
235075 Lobularia canariensis (DC.) L. Borgen subsp. spathulata (J. A. Schmidt) L. Borgen;匙形加那利香雪球■☆
235076 Lobularia canariensis (DC.) L. Borgen subsp. succulenta L. Borgen;多汁加那利香雪球■☆
235077 Lobularia intermedia Webb = Lobularia canariensis (DC.) L. Borgen subsp. intermedia (Webb) L. Borgen ■☆
235078 Lobularia intermedia Webb = Lobularia intermedia Webb et Berthel. ■☆
235079 Lobularia intermedia Webb var. argyrea Pit. = Lobularia canariensis (DC.) L. Borgen subsp. intermedia (Webb) L. Borgen ■☆
235080 Lobularia intermedia Webb var. brunonis ? = Lobularia canariensis (DC.) L. Borgen subsp. intermedia (Webb) L. Borgen ■☆
235081 Lobularia intermedia Webb var. elongata Pit. = Lobularia canariensis (DC.) L. Borgen subsp. intermedia (Webb) L. Borgen ■☆
235082 Lobularia intermedia Webb var. gracilis ? = Lobularia canariensis (DC.) L. Borgen subsp. intermedia (Webb) L. Borgen ■☆
235083 Lobularia intermedia Webb var. intricata Pit. = Lobularia canariensis (DC.) L. Borgen subsp. intermedia (Webb) L. Borgen ■☆
235084 Lobularia intermedia Webb var. normalis ? = Lobularia canariensis (DC.) L. Borgen subsp. intermedia (Webb) L. Borgen ■☆
235085 Lobularia intermedia Webb var. palmensis ? = Lobularia canariensis (DC.) L. Borgen subsp. intermedia (Webb) L. Borgen ■☆
235086 Lobularia intermedia Webb var. subspinescens Pit. = Lobularia canariensis (DC.) L. Borgen subsp. intermedia (Webb) L. Borgen ■☆
235087 Lobularia libyca (Viv.) Meisn.;利比亚香雪球■☆
235088 Lobularia marginata (Coss.) Christ = Lobularia canariensis (DC.) L. Borgen subsp. marginata (Webb) L. Borgen ■☆
235089 Lobularia marginata Webb et Berthel. var. bollei H. Christ = Lobularia canariensis (DC.) L. Borgen subsp. marginata (Webb) L. Borgen ■☆
235090 Lobularia maritima (L.) Desv.;香雪球(海滨庭荠);Alisson, Alyssum, Anise, Bordering, Edging, Head-dog, Heal-bite, Heal-dog, Lady's Needlework, Madderwort, Madwort, Sea Alyssum, Seaside Lobularia, Seedling, Snow-drift, Snow-on-the-mountain, Spice Snowball, Sweet Alice, Sweet Alison, Sweet Alyssum, Sweet-alyssum, Tasmanian Snow Gum, White Money ■
235091 Lobularia maritima (L.) Desv. 'Little Dorrit';小多丽特香雪球■☆
235092 Lobularia maritima (L.) Desv. 'Wonderland';仙境香雪球■☆
235093 Lobularia maritima (L.) Desv. var. rosula-venti Svent. = Lobularia canariensis (DC.) L. Borgen subsp. rosula-venti (Svent.) L. Borgen ■☆
235094 Lobularia maritima (L.) Desv. var. rosula-venti Svent. = Lobularia maritima (L.) Desv. ■
235095 Lobularia palmensis H. Christ = Lobularia canariensis (DC.) L. Borgen subsp. palmensis (Christ) L. Borgen ■☆
235096 Locandi Adans. (废弃属名) = Quassia L. ●☆
235097 Locandi Adans. (废弃属名) = Samadera Gaertn. (保留属名) ●☆

235098 Locandia Kuatze = Locandi Adans. (废弃属名)●☆

235099 Locardi Steud. = Locandi Adans. (废弃属名)●☆

235100 Locella Tiegh. = Taxillus Tiegh. ●

235101 Locellaria Welw. = Bauhinia L. ●

235102 Locellaria bauhinioides Welw. = Piliostigma thonningii (Schumach.) Milne-Redh. ■☆

235103 Locellaria bowkeri (Harv.) A. Schmitz = Bauhinia bowkeri Harv. ●☆

235104 Locellaria tomentosa (L.) A. Schmitz = Bauhinia tomentosa L. ●

235105 Lochemia Arn. = Melochia L. (保留属名)●■

235106 Locheria Neck. = Verbesina L. (保留属名)●■☆

235107 Locheria Regel = Achimenes Pers. (保留属名)■☆

235108 Lochia Balf. f. (1884);指甲木属●☆

235109 Lochia parvibracta M. G. Gilbert = Gymnocarpos parvibractus (M. G. Gilbert) Petruss. et Thulin ●☆

235110 Lochia parvibracteata M. G. Gilbert;小苞指甲木●☆

235111 Lochmocydia Mart. ex DC. = Cuspidaria DC. (保留属名)●☆

235112 Lochmocydia Mart. ex DC. = Piriadacus Pichon ●☆

235113 Lochmocydia Mart. ex DC. = Saldanhaea Bureau ●☆

235114 Lochnera Endl. = Catharanthus G. Don ●■

235115 Lochnera Rchb. = Catharanthus G. Don ●■

235116 Lochnera Rchb. ex Endl. = Catharanthus G. Don ●■

235117 Lochnera lancea (Bojer ex A. DC.) K. Schum. = Catharanthus lanceus (Bojer ex A. DC.) Pichon ■☆

235118 Lochnera longifolia Pichon = Catharanthus longifolius (Pichon) Pichon ■☆

235119 Lochnera rosea (L.) Rchb. = Catharanthus roseus (L.) G. Don ■

235120 Lochnera rosea (L.) Rchb. ex Endl. = Catharanthus roseus (L.) G. Don ■

235121 Lochnera rosea (L.) Rchb. ex Endl. var. alba (G. Don) Hubbard = Catharanthus roseus (L.) G. Don ■

235122 Lochnera rosea (L.) Rchb. ex Endl. var. flava Tsiang = Catharanthus roseus (L.) G. Don ■

235123 Lochnera rosea (L.) Rchb. ex K. Schum. = Catharanthus roseus (L.) G. Don ■

235124 Lochnera rosea (L.) Rchb. var. alba Hubb. = Catharanthus roseus (L.) G. Don 'Albus' ●

235125 Lochnera rosea (L.) Rchb. var. tiara Tsiang = Catharanthus roseus (L.) G. Don 'Flavus' ●

235126 Lochnera rosea (L.) Spach = Catharanthus roseus (L.) G. Don ■

235127 Lochnera scitula Pichon = Catharanthus scitulus (Pichon) Pichon ■☆

235128 Lochnera trichophylla (Baker) Pichon = Catharanthus trichophyllus (Baker) Pichon ■☆

235129 Lochneria Fabr. = Sisymbrella Spach ■☆

235130 Lochneria Scop. = Perinkara Adans. + Malnaregam Adans (废弃属名)●

235131 Lockhartia Hook. (1827);洛克兰属;Lockhartia, Treat Orchid, Trick ■☆

235132 Lockhartia acuta Rchb. f.;急尖洛克兰;Acute Lockhartia ■☆

235133 Lockhartia amoena Endress et Rchb. f.;可爱洛克兰;Pleasant Lockhartia ■☆

235134 Lockhartia elegans Hook.;雅致洛克兰;Elegant Lockhartia ■☆

235135 Lockhartia micrantha Rchb. f.;小花洛克兰;Littleflower Lockhartia ■☆

235136 Locusta Medik. = Valerianella Mill. ■

235137 Locusta Riv. ex Medik. = Valerianella Mill. ■

235138 Loddigesia Sims = Hypocalyptus Thunb. ■☆

235139 Loddigesia oxalidifolia Sims = Hypocalyptus oxalidifolius (Sims) Baill. ●☆

235140 Lodhra (G. Don) Guill. = Symplocos Jacq. ●

235141 Lodhra Guill. = Symplocos Jacq. ●

235142 Lodhra crassifolia (Benth.) Miers = Symplocos crassifolia Benth. ●

235143 Lodhra crassifolia (Benth.) Miers = Symplocos lucida (Thunb.) Siebold et Zucc. ●

235144 Lodhra crataegioides Decne. = Symplocos paniculata (Thunb.) Miq. ●

235145 Lodhra ferruginea Miers = Symplocos cochinchinensis (Lour.) S. Moore ●

235146 Lodhra javanica Miers = Symplocos cochinchinensis (Lour.) S. Moore ●

235147 Lodhra microphylla Miers = Symplocos lancifolia Siebold et Zucc. ●

235148 Lodia Mosco et Zanov. (2000);墨西哥金琥属●

235149 Lodia Mosco et Zanov. = Echinocactus Link et Otto ●

235150 Lodicularia P. Beauv. = Hemarthria R. Br. ■

235151 Lodoicea Comm. (1805);海椰子属(大实榈属,复椰子属,巨籽棕属,罗多椰子属);Double Coconut ●☆

235152 Lodoicea Comm. ex DC. = Lodoicea Labill. ●☆

235153 Lodoicea Comm. ex J. St. -Hil. = Lodoicea Comm. ●☆

235154 Lodoicea Comm. ex Labill. = Lodoicea Comm. ●☆

235155 Lodoicea Labill. = Lodoicea Comm. ●☆

235156 Lodoicea Labill. ex DC. = Lodoicea Comm. ●☆

235157 Lodoicea callipyge Comm. ex J. St. -Hil. = Lodoicea maldivica (J. F. Gmel.) Pers. ex H. Wendl. ●☆

235158 Lodoicea maldivica (J. F. Gmel.) Pers. ex H. Wendl. = Lodoicea sechellarum Labill. ●☆

235159 Lodoicea sechellarum Labill.;海椰子;Coco-de-mer, Double Coconut, Maldive Nut, Sea Coconut, Seychelles Coconut, Seychelles Nut ●☆

235160 Loeffinglia Augier = Loefflingia Neck. ■☆

235161 Loefflingia Neck. = Loeflingia L. ■☆

235162 Loefgrenianthus Hoehne(1927);勒夫兰属■☆

235163 Loeflinga R. Hedw. = Loeflingia L. ■☆

235164 Loeflingia L. (1753);沙刺花属■☆

235165 Loeflingia baetica Lag. = Loeflingia hispanica L. subsp. baetica (Lag.) Maire ■☆

235166 Loeflingia baetica Lag. subsp. vaucheri (Briq.) Galán-Mera, Molina Abril et ard. Rosc. = Loeflingia hispanica L. subsp. vaucheri (Briq.) Maire et Weiller ■☆

235167 Loeflingia hispanica L.;西班牙沙刺花■☆

235168 Loeflingia hispanica L. subsp. baetica (Lag.) Maire;伯蒂卡沙刺花■☆

235169 Loeflingia hispanica L. subsp. pentandra (Cav.) Rivas Mart. = Loeflingia hispanica L. ■☆

235170 Loeflingia hispanica L. subsp. vaucheri (Briq.) Maire et Weiller = Loeflingia vaucheri Briq. ■☆

235171 Loeflingia hispanica L. var. faurei Maire = Loeflingia hispanica L. ■☆

235172 Loeflingia hispanica L. var. micrantha (Boiss. et Reut.) Maire = Loeflingia hispanica L. ■☆

235173 Loeflingia hispanica L. var. saharae Batt. = Loeflingia hispanica L. ■☆
235174 Loeflingia hispanica L. var. transiens Maire = Loeflingia hispanica L. ■☆
235175 Loeflingia indica Retz. = Polycarpon prostratum (Forssk.) Asch. et Schweinf. ■
235176 Loeflingia micrantha Boiss. et Reut. = Loeflingia hispanica L. subsp. baetica (Lag.) Maire ■☆
235177 Loeflingia pentandra Cav. = Loeflingia hispanica L. ■☆
235178 Loeflingia pentandra Cav. var. vaucheri (Briq.) Pau = Loeflingia vaucheri Briq. ■☆
235179 Loeflingia pusilla Curran = Loeflingia squarrosa Nutt. ■☆
235180 Loeflingia ramosissima Weinm. = Cardionema ramosissima (Weinm.) A. Nelson et J. F. Macbr. ■☆
235181 Loeflingia squarrosa Nutt.;粗糙沙刺花■☆
235182 Loeflingia squarrosa Nutt. subsp. artemisiarum Barneby et Twisselm. = Loeflingia squarrosa Nutt. ■☆
235183 Loeflingia squarrosa Nutt. subsp. cactorum Barneby et Twisselm. = Loeflingia squarrosa Nutt. ■☆
235184 Loeflingia squarrosa Nutt. subsp. texana (Hook.) Barneby et Twisselm. = Loeflingia squarrosa Nutt. ■☆
235185 Loeflingia squarrosa Nutt. var. artemisiarum (Barneby et Twisselm.) Dorn = Loeflingia squarrosa Nutt. ■☆
235186 Loeflingia tavaresiana Samp. = Loeflingia hispanica L. subsp. baetica (Lag.) Maire ■☆
235187 Loeflingia texana Hook. = Loeflingia squarrosa Nutt. ■☆
235188 Loeflingia vaucheri Briq.;沃谢沙刺花■☆
235189 Loehnera rosea Rchb. = Catharanthus roseus (L.) G. Don ■
235190 Loerzingia Airy Shaw(1963);勒尔大戟属●☆
235191 Loerzingia thyrsiflora Airy Shaw;勒尔大戟●☆
235192 Loeselia L. (1753);络西花属■●☆
235193 Loeselia caerulea (Cav.) G. Don;蓝络西花■☆
235194 Loeselia mexicana (Lam.) Brand;墨西哥络西花■☆
235195 Loeseliastrum (Brand) Timbrook = Langloisia Greene ■☆
235196 Loeseliastrum (Brand) Timbrook(1986);小络西花属■☆
235197 Loeseliastrum schottii (Torr.) Timbrook;小络西花■☆
235198 Loesenera Harms(1897);西非豆属■☆
235199 Loesenera gabonensis Pellegr.;加蓬西非豆■☆
235200 Loesenera talbotii Baker f.;塔尔博特西非豆■☆
235201 Loesenera walkeri (A. Chev.) J. Léonard;沃克西非豆■☆
235202 Loeseneriella A. C. Sm. (1941);翅子藤属(扇蒴藤属);Loeseneriella, Webseedvine ●
235203 Loeseneriella africana (Willd.) N. Hallé;非洲翅子藤●☆
235204 Loeseneriella africana (Willd.) N. Hallé var. obtusifolia (Roxb.) N. Hallé;钝叶非洲翅子藤●☆
235205 Loeseneriella africana (Willd.) N. Hallé var. richardiana (Cambess.) N. Hallé;理查德翅子藤●☆
235206 Loeseneriella africana (Willd.) N. Hallé var. schweinfurthiana (Loes.) N. Hallé = Loeseneriella africana (Willd.) N. Hallé ●☆
235207 Loeseneriella africana (Willd.) N. Hallé var. togoensis (Loes.) N. Hallé;多哥翅子藤●☆
235208 Loeseneriella apiculata (Welw. ex Oliv.) N. Hallé ex R. Wilczek;细尖翅子藤●☆
235209 Loeseneriella apocynoides (Welw. ex Oliv.) N. Hallé ex J. Raynal;罗布麻翅子藤●☆
235210 Loeseneriella apocynoides (Welw. ex Oliv.) N. Hallé ex J. Raynal var. guineensis (Hutch. et M. B. Moss) N. Hallé;几内亚翅子藤●☆
235211 Loeseneriella camerunica (Loes.) N. Hallé;喀麦隆翅子藤●☆
235212 Loeseneriella clematoides (Loes.) R. Wilczek ex N. Hallé;铁线莲翅子藤●☆
235213 Loeseneriella concinna A. C. Sm.;程香仔树;Fairy Loeseneriella, Fairy Webseedvine ●
235214 Loeseneriella crenata (Klotzsch) R. Wilczek = Loeseneriella crenata (Klotzsch) R. Wilczek ex N. Hallé ●☆
235215 Loeseneriella crenata (Klotzsch) R. Wilczek ex N. Hallé;圆齿翅子藤●☆
235216 Loeseneriella crenata (Klotzsch) R. Wilczek ex N. Hallé var. loandensis (Exell) N. Hallé;罗安达翅子藤●☆
235217 Loeseneriella crenata (Klotzsch) R. Wilczek ex N. Hallé var. rubiginosa (H. Perrier) N. Hallé;锈红圆齿翅子藤●☆
235218 Loeseneriella ectypetala N. Hallé;瓣翅子藤●☆
235219 Loeseneriella griseoramula S. Y. Pao;灰枝翅子藤;Greybranch Loeseneriella, Grey-branch Loeseneriella, Greybranch Webseedvine ●
235220 Loeseneriella guineensis (Hutch. et M. B. Moss) N. Hallé = Loeseneriella apocynoides (Welw. ex Oliv.) N. Hallé ex J. Raynal var. guineensis (Hutch. et M. B. Moss) N. Hallé ●☆
235221 Loeseneriella indochinensis Tardieu = Loeseneriella africana (Willd.) N. Hallé var. obtusifolia (Roxb.) N. Hallé ●☆
235222 Loeseneriella iotricha (Loes.) N. Hallé;堇毛翅子藤●☆
235223 Loeseneriella lenticellata C. Y. Wu;皮孔翅子藤;Lenticel Loeseneriella, Lenticel Webseedvine ●
235224 Loeseneriella merrilliana A. C. Sm.;翅子藤;Common Loeseneriella, Common Webseedvine ●
235225 Loeseneriella ritschardii R. Wilczek = Prionostemma delagoensis (Loes.) N. Hallé var. ritschardii (R. Wilczek) N. Hallé ●☆
235226 Loeseneriella rowlandii (Loes.) N. Hallé;罗兰翅子藤●☆
235227 Loeseneriella rubiginosa (H. Perrier) N. Hallé;锈红翅子藤●☆
235228 Loeseneriella urceolus (Tul.) N. Hallé;耳翅子藤●☆
235229 Loeseneriella yaundina (Loes.) N. Hallé = Loeseneriella yaundina (Loes.) N. Hallé ex R. Wilczek ●☆
235230 Loeseneriella yaundina (Loes.) N. Hallé ex R. Wilczek;亚温德翅子藤●☆
235231 Loeseneriella yunnanensis (Hu) A. C. Sm.;云南翅子藤;Yunnan Loeseneriella, Yunnan Webseedvine ●
235232 Loethainia Heynh. = Wiborgia Thunb. (保留属名) ■☆
235233 Loethainia obcordata (P. J. Bergius) Heynh. = Wiborgia obcordata (P. J. Bergius) Thunb. ■☆
235234 Loethainia sericea (Thunb.) Heynh. = Wiborgia sericea Thunb. ■☆
235235 Loevigia H. Karst. et Triana = Monochaetum (DC.) Naudin(保留属名)●☆
235236 Loevigia Triana = Monochaetum (DC.) Naudin(保留属名)●☆
235237 Loewia Urb. (1897);洛钟花属●☆
235238 Loewia glutinosa Urb.;黏性洛钟花●☆
235239 Loewia glutinosa Urb. var. glabra Roti Mich. = Loewia glutinosa Urb. ●☆
235240 Loewia microphylla (Chiov.) Roti Mich. = Loewia glutinosa Urb. ●☆
235241 Loewia tanaensis Urb.;塔纳洛钟花●☆
235242 Loewia thomasii (Urb.) J. Lewis = Turnera thomasii (Urb.) Story ■☆
235243 Loezelia Adans. = Loeselia L. ■●☆

235244 Logania J. F. Ginel. = Loghania Scop.(废弃属名)●☆
235245 Logania J. F. Ginel. = Souroubea Aubl. ●☆
235246 Logania R. Br.(1810)(保留属名);洛氏马钱属(蜂窝子属)■☆
235247 Logania dentata(Elmer)Hayata = Hemiphragma heterophyllum Wall. var. dentatum(Elmer)T. Yamaz. ■
235248 Logania floribunda R. Br.;多花洛氏马钱■☆
235249 Logania latifolia R. Br.;宽叶洛氏马钱■☆
235250 Loganiaceae Mart. = Loganiaceae R. Br. ex Mart.(保留科名)●■
235251 Loganiaceae R. Br. ex Mart.(1827)(保留科名);马钱科(断肠草科,马钱子科);Logania Family ●■
235252 Loganiaceae R. Br. ex Mart.(保留科名)= Lobeliaceae Juss.(保留科名)■
235253 Logfia Cass.(1819);绒菊属;Cottonrose,Cottonweed,Fluffweed ■☆
235254 Logfia Cass. = Filago L.(保留属名)■
235255 Logfia arizonica(A. Gray)Holub;亚利桑那绒菊;Arizona Cottonrose ■☆
235256 Logfia arvensis(L.)Holub = Filago arvensis L. ■
235257 Logfia californica(Nutt.)Holub = Logfia filaginoides(Hook. et Arn.)Morefield ■☆
235258 Logfia clementei(Willk.)Holub = Filago clementei Willk. ■☆
235259 Logfia depressa(A. Gray)Holub;凹绒菊;Dwarf Cottonrose, Hierba Limpia,Spreading Cottonrose ■☆
235260 Logfia dichotoma Pomel = Filago clementei Willk. ■☆
235261 Logfia filaginoides(Hook. et Arn.)Morefield;加州絮菊;California Cottonrose,Californica Fluffweed,Fluffweed ■☆
235262 Logfia gallica(L.)Coss. et Germ.;钻叶絮菊;Daggerleaf Cottonrose, Narrow Cudweed, Narrow Fluffweed, Narrowleaf Cottonrose,Narrow-leaved Cudweed ■☆
235263 Logfia gallica(L.)Coss. et Germ. = Filago gallica L. ■☆
235264 Logfia gallica Coss. et Germ. = Filago gallica L. ■☆
235265 Logfia gallica Coss. et Germ. = Logfia gallica(L.)Coss. et Germ. ■☆
235266 Logfia heterantha(Raf.)Holub = Filago heterantha(Raf.)Guss. ■☆
235267 Logfia minima(Sm.)Dumort.;小絮菊(纤细絮菊);Cudweed, Filewort, Least Cudweed, Little Cottonrose, Slender Cudweed,Slender Fluffweed,Small Cudweed ■☆
235268 Logfia minima Dumort. = Filago minima Fr. ■☆
235269 Logfia spicata Pomel = Filago heterantha(Raf.)Guss. ■☆
235270 Loghania Scop.(废弃属名)= Logania R. Br.(保留属名)■☆
235271 Loghania Scop.(废弃属名)= Souroubea Aubl. ●☆
235272 Logia Mutis = Calceolaria L.(保留属名)■●☆
235273 Loheria Merr.(1910);洛尔紫金牛属●☆
235274 Loheria bracteata Merr.;洛尔紫金牛●☆
235275 Loheria crassifolia(Merr.)B. C. Stone;厚叶洛尔紫金牛●☆
235276 Loheria magnifolia Quisumb.;大叶洛尔紫金牛●☆
235277 Loheria sessilifolia Mez;无梗洛尔紫金牛●☆
235278 Loiseleria Rchb. = Rhododendron L. ●
235279 Loiseleuria Desv.(1813)(保留属名);平铺杜鹃属(对叶杜鹃属,卢氏杜鹃属);Alpine-azalea,Azalea,Trailing Azalea ●☆
235280 Loiseleuria Desv.(保留属名)= Kalmia L. ●
235281 Loiseleuria Desv. ex Loisel. = Kalmia L. ●
235282 Loiseleuria Desv. ex Loisel. = Loiseleuria Desv.(保留属名)●☆
235283 Loiseleuria procumbens(L.)Desv. ex Loisel.;平铺杜鹃(对叶杜鹃,卢氏杜鹃);Alpine Azalea, Alpine-Azalea, Mountain Azalea,Trailing Azalea,Wild Azalea ●☆
235284 Loiseleuria procumbens(L.)Desv. ex Loisel. = Azalea procumbens L. ●☆
235285 Loiseleuria procumbens(L.)Desv. ex Loisel. = Chamaecistus procumbens(L.)Kuntze ●☆
235286 Loiseleuria procumbens(L.)Desv. ex Loisel. = Rhododendron procumbens(L.)A. W. Wood ●☆
235287 Loiseleuria procumbens(L.)Desv. ex Loisel. f. rubra Hayashi;红平铺杜鹃●☆
235288 Loiseleuria procumbens(L.)Desv. ex Loisel. f. watanabeana Yanagita;渡边平铺杜鹃●☆
235289 Lojaconoa Bobrov = Trifolium L. ■
235290 Lojaconoa Gand. = Festuca L. ■
235291 Lolanara Raf. = Mammea L. ●
235292 Lolanara Raf. = Ochrocarpos Thouars ●
235293 Lolanara odorata Raf. = Mammea odorata(Raf.)Kosterm. ●☆
235294 Loliaceae Link = Gramineae Juss.(保留科名)■●
235295 Loliaceae Link = Poaceae Barnhart(保留科名)■●
235296 Loliolum Krecz. et Bobr. = Nardurus(Bluff,Nees et Schauer)Rchb. ■
235297 Loliolum V. I. Krecz. et Bobrov(1934);东方鼠茅属■☆
235298 Loliolum orientale(Boiss.)V. I. Krecz. et Bobrov = Loliolum subulatum(Banks et Sol.)Eig ■☆
235299 Loliolum subulatum(Banks et Sol.)Eig;东方鼠茅■☆
235300 Lolium L.(1753);黑麦草属(毒麦属);Rye Grass,Ryegrass, Rye-grass ■
235301 Lolium × hybridum Hausskn.;杂种黑麦草■☆
235302 Lolium arundinaceum(Schreb.)Darbysh. = Festuca arundinacea Schreb. ■
235303 Lolium arvense With.;田野黑麦草(野黑麦草)■
235304 Lolium canariense Steud.;加那利黑麦草■☆
235305 Lolium cuneatum Nevski = Lolium temulentum L. ■
235306 Lolium gaudinii Parl. = Lolium multiflorum Lam. ■
235307 Lolium giganteum(L.)Darbysh. = Festuca gigantea(L.)Vill. ■
235308 Lolium italicum A. Br. = Lolium multiflorum Lam. ■
235309 Lolium linicola Sond. = Lolium remotum Schrank ■
235310 Lolium loliaceum(Bory et Chaub.)Hand.-Mazz.;南方黑麦草■☆
235311 Lolium loliaceum(Bory et Chaub.)Hand.-Mazz. = Lolium rigidum Gaudin subsp. lepturoides(Boiss.)Sennen et Mauricio ■☆
235312 Lolium loliaceum(Bory et Chaub.)Hand.-Mazz. = Lolium rigidum Gaudin ■
235313 Lolium lowei Menezes;洛氏黑麦草■☆
235314 Lolium mazzetianum(E. B. Alexeev)Darbysh. = Festuca mazzetiana E. B. Alexeev ■
235315 Lolium multiflorum Lam.;多花黑麦草(鼠麦,意大利黑麦草);Italian Ray Grass, Italian Rye, Italian Ryegrass, Italian Rye-grass,Italy Ryegrass,Manyflower Ryegrass ■
235316 Lolium multiflorum Lam. = Lolium perenne L. subsp. multiflorum(Lam.)Husn. ■☆
235317 Lolium multiflorum Lam. f. microstachyum Uechtr. = Lolium multiflorum Lam. ■
235318 Lolium multiflorum Lam. f. ramosum Guss. = Lolium multiflorum Lam. ■

235319 Lolium multiflorum Lam. subsp. gaudini (Parl.) Schinz et Keller = Lolium multiflorum Lam. ■

235320 Lolium multiflorum Lam. subsp. italicum (A. Braun) Schinz et Keller = Lolium multiflorum Lam. ■

235321 Lolium multiflorum Lam. var. aristatum (Willd.) Maire et Weiller = Lolium multiflorum Lam. ■

235322 Lolium multiflorum Lam. var. diminutum Mutel = Lolium perenne L. subsp. multiflorum (Lam.) Husn. ■☆

235323 Lolium multiflorum Lam. var. diminutum Mutel = Lolium perenne L. ■

235324 Lolium multiflorum Lam. var. gaudini (Parl.) Asch. et Graeb. = Lolium multiflorum Lam. ■

235325 Lolium multiflorum Lam. var. laeviculme Maire = Lolium multiflorum Lam. ■

235326 Lolium multiflorum Lam. var. latifolium Maire = Lolium multiflorum Lam. ■

235327 Lolium multiflorum Lam. var. lepturoides (Boiss.) Trab. = Lolium rigidum Gaudin ■

235328 Lolium multiflorum Lam. var. muticum DC. = Lolium perenne L. subsp. multiflorum (Lam.) Husn. ■☆

235329 Lolium multiflorum Lam. var. ramosum Guss. ex Arcang. = Lolium perenne L. subsp. multiflorum (Lam.) Husn. ■☆

235330 Lolium multiflorum Lam. var. rigidum (Gaudin) Trab. = Lolium rigidum Gaudin ■

235331 Lolium multiflorum Lam. var. siculum (Parl.) Maire = Lolium multiflorum Lam. ■

235332 Lolium multiflorum Lam. var. submuticum Mutel = Lolium multiflorum Lam. ■

235333 Lolium parabolicae Samp. = Lolium rigidum Gaudin ■

235334 Lolium perenne L.;黑麦草(多年黑麦草);Annual Ryegrass, Aye-no Bent, Ayver, Common Rye-grass, Cranops, Crop, Does-my-mother-want-me, Eaver, Eever, English Rye Grass, English Ryegrass, Every-grass, Great Darnel, Hearer Hayver, Heaver Hayver, Italian Rye Grass, Italian Ryegrass, Iver, Love-me-not Love-me, Perennial Rye Grass, Perennial Ryegrass, Perennial Rye-grass, Pickpocket, Ray-grass, Red Darnel, Red Ray, Rye-grass, Seeds, Sids, Soldiers-sailors-tinkers-tai Lors, Tinker-tailor Grass, Wall Barley, What's-your-sweetheart, White Nonesuch, Yes-or-no ■

235335 Lolium perenne L. subsp. multiflorum (Lam.) Husn.;意大利黑麦草;Annual Ryegrass, Italian Rye Grass, Italian Ryegrass ■☆

235336 Lolium perenne L. subsp. multiflorum (Lam.) Husn. = Lolium multiflorum Lam. ■

235337 Lolium perenne L. subsp. remotum (Schrank) Á. Löve et D. Löve = Lolium remotum Schrank ■

235338 Lolium perenne L. subsp. rigidum (Gaudin) Á. Löve et D. Löve = Lolium rigidum Gaudin ■

235339 Lolium perenne L. var. aristatum Willd. = Lolium perenne L. ■

235340 Lolium perenne L. var. cristatum Pers. ex B. D. Jacks. = Lolium perenne L. ■

235341 Lolium perenne L. var. italicum (A. Braun) Coss. et Trab. = Lolium multiflorum Lam. ■

235342 Lolium perenne L. var. italicum (A. Braun) Parn. = Lolium perenne L. ■

235343 Lolium perenne L. var. multiflorum (Lam.) Coss. et Durieu = Lolium multiflorum Lam. ■

235344 Lolium perenne L. var. multiflorum (Lam.) Parn. = Lolium perenne L. subsp. multiflorum (Lam.) Husn. ■☆

235345 Lolium perenne L. var. multiflorum Parn. = Lolium perenne L. ■

235346 Lolium perenne L. var. rigidum (Gaudin) Coss. et Durieu = Lolium rigidum Gaudin ■

235347 Lolium perenne L. var. scabriculme Maire = Lolium perenne L. ■

235348 Lolium perenne L. var. tenue (L.) Schrad. = Lolium perenne L. ■

235349 Lolium persicum Boiss. = Lolium persicum Boiss. et Hohen. ■

235350 Lolium persicum Boiss. et Hohen. = Lolium persicum Boiss. et Hohen. ex Boiss. ■

235351 Lolium persicum Boiss. et Hohen. ex Boiss.;欧黑麦草(欧毒麦);Persian Darnel, Persian Ryegrass ■

235352 Lolium pratense (Huds.) Darbysh. = Festuca pratensis Huds. ■

235353 Lolium remotum Schrank;疏花黑麦草(散黑麦草,疏离黑麦草,细穗毒麦);Flaxfield Rye-grass, Hardy Rye Grass, Hardy Ryegrass, Hardy Rye-grass ■

235354 Lolium rigidum Gaudin;硬黑麦草(瑞士黑麦草,硬直黑麦草);Mediterranean Rye-grass, Rye Grass, Swiss Ryegrass, Wimmera Ryegrass ■

235355 Lolium rigidum Gaudin subsp. lepturoides (Boiss.) Sennen et Mauricio;细尾硬黑麦草■☆

235356 Lolium rigidum Gaudin subsp. maroccanum Sennen et Mauricio = Lolium rigidum Gaudin ■

235357 Lolium rigidum Gaudin var. atherophorum Maire = Lolium rigidum Gaudin ■

235358 Lolium rigidum Gaudin var. compressum (Boiss. et Heldr.) Boiss. = Lolium rigidum Gaudin ■

235359 Lolium rigidum Gaudin var. corsicum Briq. = Lolium rigidum Gaudin ■

235360 Lolium rigidum Gaudin var. lepturoides (Boiss.) Fiori = Lolium rigidum Gaudin subsp. lepturoides (Boiss.) Sennen et Mauricio ■☆

235361 Lolium rigidum Gaudin var. loliaceum (Bory et Chaub.) Halácsy = Lolium rigidum Gaudin subsp. lepturoides (Boiss.) Sennen et Mauricio ■☆

235362 Lolium rigidum Gaudin var. maritimum (Godr.) Briq. = Lolium rigidum Gaudin ■

235363 Lolium rigidum Gaudin var. oliganthum (Godr.) Maire et Weiller = Lolium rigidum Gaudin subsp. lepturoides (Boiss.) Sennen et Mauricio ■☆

235364 Lolium rigidum Gaudin var. strictum J. Presl et C. Presl = Lolium rigidum Gaudin ■

235365 Lolium rigidum Gaudin var. subteres Maire et Weiller = Lolium rigidum Gaudin ■

235366 Lolium rigidum Gaudin var. tenue (Guss.) Durand et Schinz = Lolium rigidum Gaudin ■

235367 Lolium rigidum Gaudin var. teres (H. Lindb.) Maire = Lolium rigidum Gaudin ■

235368 Lolium saxatile H. Scholz et S. Scholz;岩栖黑麦草■☆

235369 Lolium strictum J. Presl et C. Presl = Lolium rigidum Gaudin ■

235370 Lolium strictum J. Presl et C. Presl var. tenue (Guss.) Godr. = Lolium rigidum Gaudin ■

235371 Lolium subulatum Vis. = Lolium rigidum Gaudin subsp. lepturoides (Boiss.) Sennen et Mauricio ■☆

235372 Lolium subulatum Vis. = Lolium rigidum Gaudin ■

235373 Lolium temulentum L.;毒麦;Bearded Darnel, Bearded Rye-grass, Bragge, Cheat, Cock-grass, Cockle, Cranops, Crop, Darnel, Darnel Rye Grass, Darnel Ryegrass, Darnel Rye-grass, Devon Eaver, Dornel, Dragge, Drake, Drank, Drank Drunk, Dravick, Drawk, Droke,

Drunk, Drunken Plant, Eaver, Gith, Hardhead, Ivray, Jerlin, Jum, Lover's Steps, Ray-grass, Riely, Rivery, Sturdy, Tares, Wall Barley, Way Bennett, Wild Rye-grass, Wray ■
235374 Lolium temulentum L. f. arvense (With.) Junge = Lolium temulentum L. ■
235375 Lolium temulentum L. subsp. arvense (With.) Tzvelev = Lolium arvense With. ■
235376 Lolium temulentum L. subsp. remotum (Schrank) Á. Löve et D. Löve = Lolium remotum Schrank ■
235377 Lolium temulentum L. var. arvense (With.) Lilj. = Lolium arvense With. ■
235378 Lolium temulentum L. var. arvense Lilj. = Lolium arvense With. ■
235379 Lolium temulentum L. var. leptochaeton A. Braun = Lolium temulentum L. ■
235380 Lolium temulentum L. var. macrochaeton A. Braun = Lolium temulentum L. ■
235381 Lolium temulentum L. var. speciosum (Koch) Coss. et Durieu = Lolium temulentum L. ■
235382 Lolium teres H. Lindb. = Lolium rigidum Gaudin ■
235383 Lolium trabutii Hochr. = Lolium perenne L. ■
235384 Lomake Raf. = Stachytarpheta Vahl(保留属名)■●
235385 Lomandra Labill. (1805);点柱花属;Iron Grass ■●☆
235386 Lomandra longifolia Labill.;长叶点柱花;Mat Rush, Spiny-headed Mat-rush ■☆
235387 Lomandra obliqua (Thunb.) J. F. Macbr.;斜叶点柱花;Fish Bones ■☆
235388 Lomandraceae Lotsy = Dasypogonaceae Dumort. ■☆
235389 Lomandraceae Lotsy = Laxmanniaceae Bubani ■
235390 Lomandraceae Lotsy = Xanthorrhoeaceae Dumort.(保留科名)●■☆
235391 Lomandraceae Lotsy(1911);点柱花科(朱蕉科)●■
235392 Lomanodia Raf.(废弃属名) = Astronidium A. Gray(保留属名)●☆
235393 Lomanthera Raf. = Tetrazygia Rich. ex DC. ●☆
235394 Lomanthes Raf.(废弃属名) = Genesiphylla L'Hér. ●■
235395 Lomanthes Raf.(废弃属名) = Phyllanthus L. ●■
235396 Lomanthus B. Nord. et Pelser = Senecio L. ■●
235397 Lomanthus B. Nord. et Pelser(2009);美洲千里光属■●☆
235398 Lomaresis Raf. = Ornithogalum L. ■
235399 Lomaspora (DC.) Steud. = Arabis L. ●■
235400 Lomastelma Raf. = Acmena DC. ●☆
235401 Lomastelma Raf. = Syzygium R. Br. ex Gaertn.(保留属名)●
235402 Lomatia R. Br. (1810)(保留属名);扭瓣花属(火把花属,洛马底木属,洛马木属,洛马山龙眼属,洛美塔属);Lomatia ●☆
235403 Lomatia alnifolia Poepp. ex Meisn.;桤叶扭瓣花(桤叶洛马木,桤叶洛美塔)●☆
235404 Lomatia bidwillii Hogg = Akania bidwillii (Hogg) Mabb. ●☆
235405 Lomatia dentata R. Br.;具齿扭瓣花(齿状洛马龙眼,具齿洛马木,具齿洛美塔)●☆
235406 Lomatia ferruginea R. Br.;锈毛扭瓣花(蕨叶洛马木,蕨叶洛美塔,罗马提亚,洛马底木,洛马木,锈色洛马山龙眼)●☆
235407 Lomatia fraxinifolia F. Muell. ex Benth.;白蜡叶洛马木(白蜡叶洛美塔,灰叶洛美塔);Ashleaf Lomatia ●☆
235408 Lomatia hirsuta (Lam.) Diels;粗毛扭瓣花(粗毛洛马山龙眼,粗硬毛洛马木,粗硬毛洛美塔);Hirsute Lomatia ●☆
235409 Lomatia ilicifolia R. Br.;冬青叶扭瓣花(冬青叶洛马木,冬青叶洛美塔);Hollyleaf Lomatia, Hollyleafed Lomatia ●☆
235410 Lomatia myricoides (C. F. Gaertn.) Domin;湿生扭瓣花(湿生洛马木,湿生洛美塔);River Lomatia ●☆
235411 Lomatia polymorpha R. Br.;艳丽扭瓣花(艳丽洛马木,艳丽洛美塔)●☆
235412 Lomatia silaifolia R. Br.;芹叶扭瓣花(变叶洛马木,变叶洛美塔,胡椒虎耳草叶洛美塔,皱波落木洛美塔);Crinkle Bush, Crinklebush Lomatia, Native Parsley, Wild Parsley ●☆
235413 Lomatia tinctoria (Labill.) R. Br.;直枝洛马木(直枝洛美塔);Guitar Plant ●☆
235414 Lomatium Raf. (1819);北美前胡属(狭缝芹属)■☆
235415 Lomatium ambiguum (Nutt.) J. M. Coult. et Rose;可疑北美前胡;Cous root ■☆
235416 Lomatium californicum (Nutt.) Mathias et Constance;加州北美前胡(加州狭缝芹)■☆
235417 Lomatium dissectum (Nutt.) Mathias et Constance;深裂北美前胡;Cough Root ■☆
235418 Lomatium foeniculaceum (Nutt.) J. M. Coult. et Rose;毛北美前胡;Hairy Parsley ■☆
235419 Lomatium foeniculaceum (Nutt.) J. M. Coult. et Rose var. daucifolium (Nutt. ex Torr. et A. Gray) Cronq. = Lomatium foeniculaceum (Nutt.) J. M. Coult. et Rose ■☆
235420 Lomatium suksdorfii J. M. Coult. et Rose;北美前胡(狭缝芹)■☆
235421 Lomatocarpa Pimenov(1982);节果芹属■
235422 Lomatocarpa afghanica (Rech. f.) Pimenov = Ligusticum afghanicum Rech. f. ■☆
235423 Lomatocarpa albomarginata (Schrenk) Pimenov et Lavrova = Neogaya simplex Meisn. ■
235424 Lomatocarpa korovinii Pimenov = Meum alatum Korovin ■☆
235425 Lomatocarpa steineri (Podlech) Pimenov = Ligusticum steineri Podlech ■☆
235426 Lomatocarum Fisch. et C. A. Mey. = Carum L. ■
235427 Lomatogoniopsis T. N. Ho et S. W. Liu(1980);辐花属(幅花属);Lomatogoniopsis ■★
235428 Lomatogoniopsis alpina T. N. Ho et S. W. Liu;辐花;Alpine Lomatogoniopsis ■
235429 Lomatogoniopsis galeiformis T. N. Ho et S. W. Liu;盔形辐花;Galeate Lomatogoniopsis, Galeate Spokeflower ■
235430 Lomatogoniopsis ovatifolia T. N. Ho et S. W. Liu;卵叶辐花;Ovateleaved Lomatogoniopsis, Ovateleaved Spokeflower ■
235431 Lomatogonium A. Braun(1830);肋柱花属(侧蕊属);Felwort ■
235432 Lomatogonium bellum (Hemsl.) Harry Sm.;美丽肋柱花;Beautiful Felwort ■
235433 Lomatogonium brachyantherum (C. B. Clarke) Fernald;短药肋柱花;Shortanther Felwort ■
235434 Lomatogonium caeruleum (Royle) Harry Sm. ex B. L. Burtt;喜马拉雅肋柱花■
235435 Lomatogonium carinthiacum (Wulfen) Rchb.;肋柱花(加地侧蕊,加地肋柱花,卡林肋柱花);Common Felwort ■
235436 Lomatogonium carinthiacum (Wulfen) Rchb. var. cordifolium (Franch.) Harry Sm. = Lomatogonium cordifolium (Franch.) H. W. Li ex T. N. Ho ■
235437 Lomatogonium chilaiense C. H. Chen et J. C. Wang;奇莱肋柱花■
235438 Lomatogonium chinense (Bunge) Fr.;侧蕊肋柱花■
235439 Lomatogonium chumbicum (Burkill) Harry Sm.;亚东肋柱花;Chumbi Felwort ■
235440 Lomatogonium coeruleum (Burkill) Harry Sm.;蓝肋柱花■☆

235441 Lomatogonium cordifolium (Franch.) H. W. Li ex T. N. Ho;心叶肋柱花;Heartleaf Felwort ■

235442 Lomatogonium cuneifolium Harry Sm. = Lomatogonium oreocharis (Diels) Marquand ■

235443 Lomatogonium delioideum (Burkill) C. Marquand = Lomatogonium macranthum (Diels et Gilg) Fernald ■

235444 Lomatogonium diffusum (Maxim.) Fernald = Lomatogonium thomsonii (C. B. Clarke) Fernald ■

235445 Lomatogonium forrestii (Balf. f.) Fernald;云南肋柱花;Yunnan Felwort ■

235446 Lomatogonium forrestii (Balf. f.) Fernald var. bonatianum (Burkill) T. N. Ho;云贵肋柱花;Bonat Yunnan Felwort ■

235447 Lomatogonium forrestii (Balf. f.) Fernald var. densiflorum S. W. Liu et T. N. Ho;苍山肋柱花(密花肋柱花,天山肋柱花);Denseflower Yunnan Felwort ■

235448 Lomatogonium gamosepalum (Burkill) Harry Sm.;合萼肋柱花;Unitedsepal Felwort ■

235449 Lomatogonium graciliflorum Harry Sm.;细花肋柱花;Thinflower Felwort ■

235450 Lomatogonium lijiangense T. N. Ho;丽江肋柱花;Lijiang Felwort ■

235451 Lomatogonium lloydioides (Burkill) Harry Sm. ex Chater;岗巴肋柱花;Gangba Felwort ■

235452 Lomatogonium longifolium Harry Sm.;长叶肋柱花;Longleaved Felwort ■

235453 Lomatogonium lubahnianum (Vatke) Fernald = Swertia rosulata (Baker) Klack. ■☆

235454 Lomatogonium macranthum (Diels et Gilg) Fernald;大花肋柱花;Bigflower Felwort ■

235455 Lomatogonium micranthum Harry Sm.;小花肋柱花;Smallflowered Felwort ■

235456 Lomatogonium oreocharis (Diels) Marquand;圆叶肋柱花;Roundleaved Felwort ■

235457 Lomatogonium perenne T. N. Ho et S. W. Liu ex J. X. Yang;宿根肋柱花;Perennial Felwort ■

235458 Lomatogonium rotatum (L.) Fr. ex Fernald = Lomatogonium rotatum (L.) Fr. ex Nyman ■

235459 Lomatogonium rotatum (L.) Fr. ex Fernald var. aurantiacum Y. Z. Zao = Lomatogonium rotatum (L.) Fr. ex Nyman var. aurantiacum Y. Z. Zao ■

235460 Lomatogonium rotatum (L.) Fr. ex Fernald var. floribundum (Franch.) T. N. Ho = Lomatogonium rotatum (L.) Fr. ex Nyman var. floribundum (Franch.) T. N. Ho ■

235461 Lomatogonium rotatum (L.) Fr. ex Nyman;辐状肋柱花(辐花侧蕊,肋柱花,小花肋柱花);Marsh Felwort ■

235462 Lomatogonium rotatum (L.) Fr. ex Nyman var. aurantiacum Y. Z. Zao;橙黄肋柱花■

235463 Lomatogonium rotatum (L.) Fr. ex Nyman var. floribundum (Franch.) T. N. Ho;密序肋柱花;Flowery Marsh Felwort ■

235464 Lomatogonium saccatum Harry Sm.;囊腺肋柱花;Cystoidglandula Felwort ■

235465 Lomatogonium saccatum Harry Sm. = Lomatogonium forrestii (Balf. f.) Fernald ■

235466 Lomatogonium sikkimense (Burkill) Harry Sm.;锡金肋柱花;Sikkim Felwort ■

235467 Lomatogonium stapfii (Burkill) Harry Sm.;垂花肋柱花;Droopingflower Felwort ■

235468 Lomatogonium tenellum (Rottb.) Á. Löve et D. Löve = Comastoma tenellum (Rottb.) Toyok. ■

235469 Lomatogonium tenellum (Rottb.) Börner = Comastoma tenellum (Rottb.) Toyok. ■

235470 Lomatogonium thomsonii (C. B. Clarke) Fernald;铺散肋柱花;Thomson Felwort ■

235471 Lomatogonium zhongdianense S. W. Liu et T. N. Ho;中甸肋柱花;Zhongdian Felwort ■

235472 Lomatolepis Cass. = Launaea Cass. ■

235473 Lomatolepis glomerata Cass. = Launaea capitata (Spreng.) Dandy ■☆

235474 Lomatophyllum Willd. (1811);拟芦荟属■☆

235475 Lomatophyllum orientale H. Perrier;东方拟芦荟■☆

235476 Lomatophyllum purpureum T. Durand et Schinz;紫色拟芦荟■☆

235477 Lomatopodium Fisch. et C. A. Mey. = Seseli L. ■

235478 Lomatozona Baker(1876);缘泽兰属■●☆

235479 Lomax Luer = Physosiphon Lindl. ■☆

235480 Lomax Luer = Pleurothallis R. Br. ■☆

235481 Lomaxeta Raf. = Polypteris Nutt. ■☆

235482 Lombardochloa Roseng. et B. R. Arill. = Briza L. ■

235483 Lomelosia Raf. (1838);洛梅续断属■☆

235484 Lomelosia Raf. = Scabiosa L. ●■

235485 Lomelosia argentea (L.) Greuter et Burdet;银白洛梅续断■☆

235486 Lomelosia crenata (Cirillo) Greuter et Burdet;圆齿洛梅续断■☆

235487 Lomelosia graminifolia (L.) Greuter et Burdet;禾叶洛梅续断■☆

235488 Lomelosia oberti-manettii (Pamp.) Greuter et Burdet;奥伯特洛梅续断■☆

235489 Lomelosia olivieri (Coult.) Greuter et Burdet = Scabiosa olivieri Coult. ■

235490 Lomelosia palaestina (L.) Raf.;洛梅续断■☆

235491 Lomelosia prolifera (L.) Greuter et Burdet;多育洛梅续断;Carmel Daisy ■☆

235492 Lomelosia robertii (Barratte) Greuter et Burdet;罗伯特洛梅续断■☆

235493 Lomelosia simplex (Desf.) Raf.;简单洛梅续断■☆

235494 Lomelosia simplex (Desf.) Raf. subsp. dentata (Jord. et Fourr.) Greuter et Burdet;具齿简单洛梅续断■☆

235495 Lomelosia stellata (L.) Raf.;星芒洛梅续断■☆

235496 Lomenia Pourr. = Watsonia Mill. (保留属名)■☆

235497 Lomenia borbonica Pourr. = Watsonia borbonica (Pourr.) Goldblatt ■☆

235498 Lomentaceae R. Br. = Leguminosae Juss. (保留科名)●■

235499 Lomeria Raf. = Cestrum L. ●

235500 Lomilis Raf. = Hamamelis L. ●

235501 Lommelia Willis = Louvelia Jum. et H. Perrier ●☆

235502 Lomoplis Raf. = Mimosa L. ●■

235503 Lonas Adans. (1763);罗纳菊属(黄藿香属);African Daisy, Lonas, Yellow Ageratum ■☆

235504 Lonas annua (L.) Vines et Druce;罗纳菊(黄藿香);African Daisy, Annual Lonas ■☆

235505 Lonas inodora Gaertn. = Lonas annua (L.) Vines et Druce ■☆

235506 Lonchanthera Less. ex Baker = Stenachaenium Benth. ■☆

235507 Lonchestigma Dunal = Dorystigma Miers ●☆

235508 Lonchestigma Dunal = Jaborosa Juss. ●☆

235509 Lonchitis Bubani = Serapias L. (保留属名)■☆
235510 Lonchitis L. (1902);矛籽兰属(龙齐兰属)■☆
235511 Lonchitis cordigera Bubani;矛籽兰■☆
235512 Lonchitis longipetala Bubani;长瓣矛籽兰■☆
235513 Lonchocarpus Kunth(1824)(保留属名);矛果豆属(合生果属,尖荚豆属,矛英木属,梭果豆属);Barbasco,Haiari,Lancepod,Timbo ●■☆
235514 Lonchocarpus affinis De Wild. = Craibia affinis (De Wild.) De Wild. ●☆
235515 Lonchocarpus argenteus A. Chev. = Xeroderris stuhlmannii (Taub.) Mendonça et E. P. Sousa ●☆
235516 Lonchocarpus barlassinae Chiov. = Philenoptera eriocalyx (Harms) Schrire ●☆
235517 Lonchocarpus barteri Benth. = Millettia barteri (Benth.) Dunn ●☆
235518 Lonchocarpus brachybotrys Dunn = Philenoptera eriocalyx (Harms) Schrire ●☆
235519 Lonchocarpus brachypterus Benth. = Leptoderris brachyptera (Benth.) Dunn ■☆
235520 Lonchocarpus bussei Harms = Philenoptera bussei (Harms) Schrire ●☆
235521 Lonchocarpus capassa Klotz ex Rolfe;卡巴萨树;Lance Tree,Rain Tree ●☆
235522 Lonchocarpus capassa Rolfe = Philenoptera violacea (Klotzsch) Schrire ●☆
235523 Lonchocarpus chrysophyllus Kleinh.;黄叶矛果豆●☆
235524 Lonchocarpus comosus Micheli = Millettia comosa (Micheli) Hauman ●☆
235525 Lonchocarpus crassifolius Harms = Craibia brevicaudata (Vatke) Dunn subsp. baptistarum (Büttner) J. B. Gillett ●☆
235526 Lonchocarpus cyanescens (Schumach. et Thonn.) Benth. = Philenoptera cyanescens (Schumach. et Thonn.) Roberty ●☆
235527 Lonchocarpus cyanescens Benth.;约鲁巴矛果豆;Indigo Vine,Yoruba Wild Indigo ●☆
235528 Lonchocarpus deguelioides Harms = Craibia brevicaudata (Vatke) Dunn ●☆
235529 Lonchocarpus dewevrei Micheli = Millettia versicolor Welw. ex Baker ●☆
235530 Lonchocarpus domingensis (Pers.) DC.;栽培矛果豆(土明原树)●☆
235531 Lonchocarpus domingensis DC. = Lonchocarpus domingensis (Pers.) DC. ●☆
235532 Lonchocarpus dubius De Wild. = Craibia affinis (De Wild.) De Wild. ●☆
235533 Lonchocarpus eriocalyx Harms = Philenoptera eriocalyx (Harms) Schrire ●☆
235534 Lonchocarpus fasciculatus Benth. = Leptoderris fasciculata (Benth.) Dunn ■☆
235535 Lonchocarpus fischeri Harms = Philenoptera bussei (Harms) Schrire ●☆
235536 Lonchocarpus goossensii Hauman = Millettia goossensii (Hauman) Polhill ●☆
235537 Lonchocarpus griffonianus (Baill.) Dunn = Millettia griffoniana Baill. ●☆
235538 Lonchocarpus hedyosmus Miq.;香甜合生果●☆
235539 Lonchocarpus hockii De Wild. = Philenoptera katangensis (De Wild.) Schrire ●☆
235540 Lonchocarpus ichthyoctonus ? = Lonchocarpus madagascariensis (Vatke) Polhill ●☆
235541 Lonchocarpus kanurii Brenan et J. B. Gillett = Philenoptera kanurii (Brenan et J. B. Gillett) Schrire ●☆
235542 Lonchocarpus katangensis De Wild. = Philenoptera katangensis (De Wild.) Schrire ●☆
235543 Lonchocarpus laurentii De Wild. = Craibia laurentii (De Wild.) De Wild. ●☆
235544 Lonchocarpus laxiflorus Guillaumin et Perr. = Philenoptera laxiflora (Guillaumin et Perr.) Roberty ●☆
235545 Lonchocarpus laxiflorus Guillaumin et Perr. var. sericeus Baker = Philenoptera nelsii (Schinz) Schrire ●☆
235546 Lonchocarpus longistylus Pittier;长花柱矛果豆●☆
235547 Lonchocarpus lucens Scott-Elliot = Millettia lucens (Scott-Elliot) Dunn ●☆
235548 Lonchocarpus macrostachyus Hook. f. = Millettia chrysophylla Dunn ●☆
235549 Lonchocarpus macrothyrsus Harms = Leptoderris macrothyrsa (Harms) Dunn ■☆
235550 Lonchocarpus madagascariensis (Vatke) Polhill = Philenoptera madagascariensis (Vatke) Schrire ●☆
235551 Lonchocarpus martynii A. C. Sm.;马丁矛果豆●☆
235552 Lonchocarpus menyharthii Schinz = Philenoptera bussei (Harms) Schrire ●☆
235553 Lonchocarpus mossambicensis Sims = Millettia stuhlmannii Taub et Dunn ●☆
235554 Lonchocarpus multifolius Dunn = Millettia rhodantha Baill. ●☆
235555 Lonchocarpus nelsii (Schinz) Heering et Grimme subsp. katangensis (De Wild.) Mendonça et E. C. Sousa = Philenoptera katangensis (De Wild.) Schrire ●☆
235556 Lonchocarpus nelsii (Schinz) Schinz ex Heering et Grimme = Philenoptera nelsii (Schinz) Schrire ●☆
235557 Lonchocarpus neuroscapha Benth.;矛果豆(合生果)●☆
235558 Lonchocarpus nicou (Aubl.) DC. et A. Chev.;尼科矛果豆;Timbo ●☆
235559 Lonchocarpus pallescens Welw. ex Baker = Philenoptera pallescens (Welw. ex Baker) Schrire ●☆
235560 Lonchocarpus pallescens Welw. ex Baker var. gossweileri Baker f. = Philenoptera pallescens (Welw. ex Baker) Schrire ●☆
235561 Lonchocarpus pallescens Welw. ex Baker var. pubescens Baker f. = Philenoptera katangensis (De Wild.) Schrire ●☆
235562 Lonchocarpus paullinioides Baker = Disynstemon paullinioides (Baker) M. Pelt. ■☆
235563 Lonchocarpus peckoltii Wawra;佩科矛果豆●☆
235564 Lonchocarpus philenoptera Benth.;喜翼矛果豆●☆
235565 Lonchocarpus philenoptera Benth. = Philenoptera laxiflora (Guillaumin et Perr.) Roberty ●☆
235566 Lonchocarpus polystachyus Baker = Lonchocarpus madagascariensis (Vatke) Polhill ●☆
235567 Lonchocarpus punctatus Kunth;斑点矛果豆;Dotted Lancepod ●☆
235568 Lonchocarpus scheffleri Harms ex Baker f. = Philenoptera eriocalyx (Harms) Schrire ●☆
235569 Lonchocarpus sericeus (Poir.) Kunth = Lonchocarpus sericeus (Poir.) Kunth ex DC. ●☆
235570 Lonchocarpus sericeus (Poir.) Kunth ex DC.;绢毛矛果豆(塞内加尔矛果豆);Savonette,Senegal Lilac ●☆

235571 Lonchocarpus sophiae Kotschy et Peyr. = Philenoptera laxiflora (Guillaumin et Perr.) Roberty ●☆
235572 Lonchocarpus speciosus Bolus = Bolusanthus speciosus (Bolus) Harms ●☆
235573 Lonchocarpus spruceanus Benth.;斯普鲁矛果豆●☆
235574 Lonchocarpus staudtii Harms = Andira inermis (W. Wright) DC. ●☆
235575 Lonchocarpus theuszii Büttner = Millettia teuszii (Büttner) De Wild. ●☆
235576 Lonchocarpus velutinus Benth.;短绒毛矛果豆●☆
235577 Lonchocarpus violaceus (Klotzsch) Oliv. = Philenoptera violacea (Klotzsch) Schrire ●☆
235578 Lonchocarpus violaceus Benth.;堇色矛果豆(臭木)●☆
235579 Lonchocarpus wentzelianus Harms = Craibia brevicaudata (Vatke) Dunn subsp. baptistarum (Büttner) J. B. Gillett ●☆
235580 Lonchocarpus zimmermannii Harms = Craibia zimmermannii (Harms) Dunn ●☆
235581 Lonchomera Hook. f. et Thomson = Mezzettia Becc. ●☆
235582 Lonchophaca Rydb. = Astragalus L. ●■
235583 Lonchophora Durieu = Matthiola W. T. Aiton(保留属名)■●
235584 Lonchophora kralikii (Pomel) Jafri = Matthiola kralikii Pomel ■☆
235585 Lonchophyllum Ehrh. = Cephalanthera Rich. ■
235586 Lonchophyllum Ehrh. = Serapias L.(保留属名)■☆
235587 Lonchostephus Tul. (1852);矛冠草属■☆
235588 Lonchostephus elegans Tul.;矛冠草■☆
235589 Lonchostigma Post et Kuntze = Jaborosa Juss. ●☆
235590 Lonchostigma Post et Kuntze = Lonchestigma Dunal ●☆
235591 Lonchostoma Wikstr. (1818)(保留属名);矛口树属●☆
235592 Lonchostoma acutiflorum Wikstr. = Lonchostoma myrtoides (Vahl) Pillans ●☆
235593 Lonchostoma esterhuyseniae Strid;埃斯特矛口树●☆
235594 Lonchostoma monogynum (Vahl) Pillans;单蕊矛口树●☆
235595 Lonchostoma monostylis Sond. = Lonchostoma monogynum (Vahl) Pillans ●☆
235596 Lonchostoma myrtoides (Vahl) Pillans;香桃木矛口树●☆
235597 Lonchostoma obtusiflorum Wikstr. = Lonchostoma pentandrum (Thunb.) Druce ●☆
235598 Lonchostoma pentandrum (Thunb.) Druce;五蕊矛口树●☆
235599 Lonchostoma purpureum Pillans;紫矛口树●☆
235600 Lonchostoma quadrifidum (Kuntze) K. Schum. = Campylostachys cernua (L. f.) Kunth ●☆
235601 Lonchostylis Torr. = Rhynchospora Vahl(保留属名)■
235602 Loncodllis Raf. = Eriospermum Jacq. ex Willd. ■☆
235603 Loncomelos Raf. (1837);长梗风信子属■☆
235604 Loncomelos Raf. = Ornithogalum L. ■
235605 Loncomelos brachystachys (K. Koch) Speta;短穗长梗风信子■☆
235606 Loncomelos brachystylum (Zahar.) Speta;短柱长梗风信子■☆
235607 Loncomelos fuscescens (Boiss. et Gaill.) Speta;褐长梗风信子■☆
235608 Loncomelos japonicum Raf.;日本长梗风信子■☆
235609 Loncomelos latifolium Raf.;宽叶长梗风信子■☆
235610 Loncomelos purpureum Raf.;紫长梗风信子■☆
235611 Loncoperis Raf. = Carex L. ■
235612 Loncostemon Raf. = Allium L. ■
235613 Loncoxis Raf. = Ornithogalum L. ■
235614 Londesia Fisch. et C. A. Mey. (1836);绒藜属(龙得藜属,毛被藜属);Finehairgoosefoot ■
235615 Londesia Fisch. et C. A. Mey. = Bassia All. ■●
235616 Londesia Fisch. et C. A. Mey. = Kirilowia Bunge ■
235617 Londesia Kar. et Kit. ex Moq. = Kirilowia Bunge ■
235618 Londesia eriantha Fisch. et C. A. Mey.;绒藜;Finehairgoosefoot ■
235619 Longchampia Willd. = Asteropterus Adans. ●☆
235620 Longchampia Willd. = Leysera L. ■●☆
235621 Longchampia capillifolia Willd. = Leysera leyseroides (Desf.) Maire ●☆
235622 Longetia Baill. = Austrobuxus Miq. ●☆
235623 Longiphylis Thouars = Bulbophyllum Thouars(保留属名)■
235624 Longiphylis Thouars = Cirrhopetalum Lindl.(保留属名)■
235625 Longiviola Gand. = Viola L. ■●
235626 Lonicera Boehm. = Psittacanthus Mart. ●☆
235627 Lonicera Gaertn. = Dendrophthoe Mart. ●
235628 Lonicera Gaertn. = Loranthus Jacq.(保留属名)●
235629 Lonicera Gaertn. = Loranthus L.(废弃属名)●
235630 Lonicera L. (1753);忍冬属(金银花属);Honey Suckle, Honeysuckle, Lonicera, Woodbine ●■
235631 Lonicera Plum. ex Gaertn. = Dendrophthoe Mart. ●
235632 Lonicera acrophila H. Lév. = Lonicera lanceolata Wall. ●
235633 Lonicera acuminata Wall.;淡红忍冬(阿里山忍冬,巴东忍冬,肚子银花,光冠忍冬,黄毛忍冬,渐尖叶金银花,金银花,忍冬花,石山金银花,双花,野金银花);Acuminateleaf Honeysuckle, Acuminate-leaved Honeysuckle, Henry Honeysuckle, Lightred Honeysuckle ●■
235634 Lonicera acuminata Wall. var. depilata P. S. Hsu et H. J. Wang;无毛淡红忍冬;Glabrous Henry Honeysuckle ●■
235635 Lonicera acuminata Wall. var. japonica ? = Lonicera affinis Hook. et Arn. ●☆
235636 Lonicera adenophora Franch. = Lonicera webbiana Wall. ex DC. ●
235637 Lonicera aemulans Rehder = Lonicera szechuangica Batalin ●
235638 Lonicera aemulans Rehder = Lonicera tangutica Maxim. ●
235639 Lonicera affinis Hook. et Arn.;滨忍冬●☆
235640 Lonicera affinis Hook. et Arn. var. angustifolia Hayata = Lonicera acuminata Wall. ●■
235641 Lonicera affinis Hook. et Arn. var. hypoglauca (Miq.) Rehder = Lonicera hypoglauca Miq. ●
235642 Lonicera affinis Hook. et Arn. var. hypoglauca Rehder = Lonicera hypoglauca Miq. ●■
235643 Lonicera affinis Hook. et Arn. var. mollissima Blume ex Maxim. = Lonicera hypoglauca Miq. ●■
235644 Lonicera affinis Hook. et Arn. var. mollissima Makino;红星忍冬●■
235645 Lonicera affinis Hook. et Arn. var. mollissima Makino = Lonicera hypoglauca Miq. ●■
235646 Lonicera affinis Hook. et Arn. var. pseudohypoglauca Hatus.;假粉绿滨忍冬●☆
235647 Lonicera affinis Hook. et Arn. var. pubescens Maxim. = Lonicera hypoglauca Miq. ●■
235648 Lonicera affinis Hook. et Arn. var. sempervillosa Hayata = Lonicera japonica Thunb. ●■
235649 Lonicera albertii Regel;沼生忍冬;Albert Honeysuckle, Marshy Honeysuckle ●
235650 Lonicera albiflora Torr. et Gray;白花忍冬;Southwestern White Honeysuckle ●☆

235651 Lonicera alpigena L.；高山忍冬；Alpine Spirea, Alps Honeysuckle, Cherry Woodbine, Cherry-woodbine ●☆

235652 Lonicera alpigena L. = Lonicera webbiana Wall. ex DC. ●

235653 Lonicera alpigena L. subsp. glehnii (F. Schmidt) H. Hara = Lonicera glehnii F. Schmidt ●☆

235654 Lonicera alpigena L. subsp. glehnii (F. Schmidt) H. Hara var. viridissima (Nakai) Nakai ex H. Hara = Lonicera glehnii F. Schmidt ●☆

235655 Lonicera alpigena L. subsp. glehnii (F. Schmidt) H. Hara var. watanabeana (Makino) H. Hara = Lonicera glehnii F. Schmidt ●☆

235656 Lonicera alpigena L. var. phaeantha Rehder = Lonicera webbiana Wall. ex DC. ●

235657 Lonicera alpigena L. var. viridissima ? = Lonicera glehnii F. Schmidt ●☆

235658 Lonicera alpigena L. var. watanabeana (Makino) H. Hara = Lonicera glehnii F. Schmidt ●☆

235659 Lonicera alpigena L. var. webbiana Nichols. = Lonicera webbiana Wall. ex DC. ●

235660 Lonicera alseuosmoides Graebn. = Lonicera acuminata Wall. ●■

235661 Lonicera altaica Pall. = Lonicera caerulea L. var. altaica Pall. ●

235662 Lonicera altmannii Regel et Schmalh. = Lonicera altmannii Regel et Schmalh. ex Regel ●

235663 Lonicera altmannii Regel et Schmalh. ex Regel；截萼忍冬(截基忍冬)；Truncatecalyx Honeysuckle, Truncate-calyxed Honeysuckle ●

235664 Lonicera americana K. Koch = Lonicera italica Schm. ●☆

235665 Lonicera angustifolia Wall. ex DC.；狭叶忍冬；Narrowleaf Honeysuckle, Narrow-leaved Honeysuckle ●

235666 Lonicera angustifolia Wall. ex DC. var. rhododactyla W. W. Sm. = Lonicera myrtillus Hook. f. et Thomson ●

235667 Lonicera anisocalyx Rehder；异萼忍冬；Aniso-sepaled Honeysuckle, Differentcalyx Honeysuckle ●

235668 Lonicera antericana ? = Lonicera etrusca Santi ●☆

235669 Lonicera apodontha Ohwi；无梗忍冬(短梗忍冬,锐叶忍冬)；Stalkless Honeysuckle ●

235670 Lonicera arborea Boiss.；北方忍冬●☆

235671 Lonicera arborea Boiss. var. kabylica Batt. = Lonicera kabylica (Batt.) Rehder ■☆

235672 Lonicera aucherii Jaub. et Spach = Lonicera hypoleuca Miq. ●

235673 Lonicera barbinervis Kom. = Lonicera nigra L. ●

235674 Lonicera bella Zabel；杂交钟花忍冬；Bell's Honeysuckle, Pretty Honeysucle, Showy Bush Honeysuckle, Showy Fly Honeysuckle, White-bell Honeysuckle ●☆

235675 Lonicera bicolor Klotzsch = Lonicera hypoleuca Miq. ●

235676 Lonicera biflora Collett et Hemsl. = Lonicera similis Hemsl. ex Forbes et Hemsl. ●■

235677 Lonicera biflora Desf.；双花忍冬●☆

235678 Lonicera biflora Desf. var. brachytricha Faure et Maire = Lonicera biflora Desf. ●☆

235679 Lonicera biflora Desf. var. longivilla Faure et Maire = Lonicera biflora Desf. ●☆

235680 Lonicera bournei Hemsl. = Lonicera bournei Hemsl. ex Forbes et Hemsl. ●

235681 Lonicera bournei Hemsl. ex Forbes et Hemsl.；西南忍冬；Bourne Honeysuckle, SW. China Honeysuckle ●

235682 Lonicera brandtii Franch. et Sav. = Lonicera tschonoskii Maxim. ●☆

235683 Lonicera brevisepala P. S. Hsu et H. J. Wang；短萼忍冬；Short-calyxed Honeysuckle, Short-sepal Honeysuckle ●◇

235684 Lonicera brownii Carrière；布朗忍冬(喇叭忍冬)；Brown's Honeysuckle, Scarlet Trumpent Honeysuckle ●☆

235685 Lonicera brownii Carrière 'Dropmore Scarlet'；焦普冒猩红布朗忍冬(垂红喇叭忍冬)●☆

235686 Lonicera bubalina L. f. = Burchellia bubalina (L. f.) Sims ●☆

235687 Lonicera buchananii Lace；滇西忍冬；Buchanan Honeysuckle, W. Yunnan Honeysuckle ●■

235688 Lonicera buddleioides P. S. Hsu et S. C. Cheng；醉鱼草状忍冬；Summerlilaclike Honeysuckle, Tutterflybuch-like Honeysuckle ●■

235689 Lonicera bukoensis Nakai = Lonicera ramosissima Franch. et Sav. ex Maxim. ●☆

235690 Lonicera buschiorum Pojark.；布氏忍冬●☆

235691 Lonicera caerulea L.；蓝果忍冬(黑瞎子果,假金银花,蓝靛果,蓝果金银花,蓝靛果忍冬,山金银花,土忍冬,土银花)；Blue Fly Honeysuckle, Blue Honeysuckle, Blue-berried Honeysuckle, Bluefruit Honeysuckle, Deepblue Honeysuckle, Deep-blue Honeysuckle, Mountain Fly Honeysuckle, Sweet-berry Honeysuckle ●

235692 Lonicera caerulea L. subsp. edulis (Regel) Hultén = Lonicera caerulea L. var. edulis Turcz. ex Herder ●

235693 Lonicera caerulea L. subsp. edulis (Regel) Hultén = Lonicera caerulea L. ●

235694 Lonicera caerulea L. subsp. edulis (Regel) Hultén f. longibracteata C. K. Schneid.；长苞蓝靛果●☆

235695 Lonicera caerulea L. subsp. edulis (Regel) Hultén var. emphyllocalyx (Maxim.) Nakai = Lonicera caerulea L. var. edulis Turcz. ex Herder ●

235696 Lonicera caerulea L. subsp. edulis (Regel) Hultén var. venulosa (Maxim.) Rehder；毛蓝靛果●☆

235697 Lonicera caerulea L. subsp. edulis (Turcz. ex Herder) Hultén = Lonicera caerulea L. var. edulis Turcz. ex Herder ●

235698 Lonicera caerulea L. subsp. edulis (Turcz. ex Herder) Hultén = Lonicera caerulea L. ●

235699 Lonicera caerulea L. var. altaica Pall.；阿尔泰忍冬(阿尔泰金银花,蓝果)；Altai Honeysuckle ●

235700 Lonicera caerulea L. var. altaica Pall. = Lonicera caerulea L. ●

235701 Lonicera caerulea L. var. angustifolia Bunge；窄叶蓝靛果忍冬(窄叶蓝果忍冬)；Narrow-leaf Deepblue Honeysuckle ●

235702 Lonicera caerulea L. var. edulis Turcz. ex Herder；蓝靛果(甘肃金银花,蓝靛果忍冬,鸟啄李)；Edible Deepblue Honeysuckle ●

235703 Lonicera caerulea L. var. edulis Turcz. ex Herder = Lonicera caerulea L. ●

235704 Lonicera caerulea L. var. emphyllocalyx ? = Lonicera caerulea L. var. edulis Turcz. ex Herder ●

235705 Lonicera caerulea L. var. glabrescens Rupr.；宽叶蓝靛果忍冬●

235706 Lonicera caerulea L. var. tangutica Maxim. = Lonicera caerulea L. ●

235707 Lonicera caerulea L. var. villosa (Michx.) Torr. et A. Gray = Lonicera villosa (Michx.) Schult. ●☆

235708 Lonicera calcarata Hemsl.；长距忍冬(距花忍冬)；Spurflower Honeysuckle, Spurred-flowered Honeysuckle ●■

235709 Lonicera calvescens (Chun et F. C. How) P. S. Hsu et H. J. Wang；海南忍冬；American Fly-honeysuckle, Hainan Honeysuckle ■

235710 Lonicera canadensis Marshall ex Roem. et Schult.；加拿大忍冬；American Fly Honeysuckle, Early Fly Honeysuckle, Fly Honeysuckle ●

235711 Lonicera canadensis W. Bartram ex Marshall = Lonicera

canadensis Marshall ex Roem. et Schult. ●
235712 Lonicera canescens Schousb. = Lonicera biflora Desf. ●☆
235713 Lonicera caprifolia L.;轮花忍冬(轮叶忍冬,蔓生盘叶忍冬);Caprifoly, Goat Leaf Honeysuckle, Goat-leaf Honeysuckle, Italian Honeysuckle, Italian Woodbine, Pale Perfoliate Honey Suckle, Perfoliate Honeysuckle, Procumbent Honeysuckle, Sweet Honeysuckle ●
235714 Lonicera carnosifolia C. Y. Wu ex P. S. Hsu et H. J. Wang;肉叶忍冬;Fleshy Honeysuckle, Fleshy-leaved Honeysuckle, Succulentleaf Honeysuckle ●■
235715 Lonicera caucasica Pall.;高加索忍冬●☆
235716 Lonicera cavaleriei H. Lév. = Jasminum sinense Hemsl. ●
235717 Lonicera cerasina Maxim.;薄叶忍冬;Thinleaf Honeysuckle ●☆
235718 Lonicera cerasoides Nakai = Lonicera vidalii Franch. et Sav. ●☆
235719 Lonicera chaetocarpa (Batalin ex Rehder) Rehder = Lonicera hispida Pall. ex Roem. et Schult. ●
235720 Lonicera chaetocarpa (Batalin) Rehder = Lonicera hispida Pall. ex Roem. et Schult. ●
235721 Lonicera chamissoi Bunge;千岛忍冬;Chamisso Honeysuckle ●☆
235722 Lonicera chamissoi Bunge f. albiflora H. Hara;白花千岛忍冬 ●☆
235723 Lonicera chamissoi Bunge var. grandifolia ? = Lonicera chamissoi Bunge ●☆
235724 Lonicera chinensis Watson = Lonicera japonica Thunb. var. chinensis (S. Watson) Baker ●■
235725 Lonicera chinensis Watson = Lonicera japonica Thunb. ●■
235726 Lonicera chlamydata W. W. Sm. = Lonicera saccata Rehder ●
235727 Lonicera chlamydata W. W. Sm. = Lonicera tangutica Maxim. ●
235728 Lonicera chlamydophora W. W. Sm. = Lonicera saccata Rehder ●
235729 Lonicera chlamydophora W. W. Sm. = Lonicera tangutica Maxim. ●
235730 Lonicera chrysantha Turcz. ex Ledeb.;金花忍冬(黄花忍冬,黄金银花);Coralline Honeysuckle, Honeysuckle ●
235731 Lonicera chrysantha Turcz. ex Ledeb. subsp. gibbiflora (Rupr.) Kitag. = Lonicera chrysantha Turcz. ex Ledeb. ●
235732 Lonicera chrysantha Turcz. ex Ledeb. subsp. koehneana (Rehder) P. S. Hsu et H. J. Wang;须蕊忍冬(厚毛忍冬,黄金银花,凉粉叶树,陕西金银花,陕西忍冬,神仙叶树);Koehne Honeysuckle ●
235733 Lonicera chrysantha Turcz. ex Ledeb. var. crassipes Nakai;粗柄金花忍冬(扁梗黄花忍冬)●
235734 Lonicera chrysantha Turcz. ex Ledeb. var. longipes Maxim.;长梗金花忍冬(长梗黄花忍冬)●
235735 Lonicera chrysantha Turcz. ex Ledeb. var. longipes Maxim. = Lonicera chrysantha Turcz. ex Ledeb. ●
235736 Lonicera chrysantha Turcz. ex Ledeb. var. subtomentosa Maxim. = Lonicera ruprechtiana Regel ●
235737 Lonicera ciliosa (Pursh) Poir. = Lonicera ciliosa (Pursh) Poir. ex DC. ●☆
235738 Lonicera ciliosa (Pursh) Poir. ex DC.;橙色忍冬;Orange Honeysuckle ●☆
235739 Lonicera ciliosissima C. Y. Wu ex P. S. Hsu et H. J. Wang;长睫毛忍冬;Ciliate Honeysuckle, Longeyelash Honeysuckle, Long-hair Honeysuckle ●
235740 Lonicera cinerea Pojark.;灰毛忍冬;Grey-hair Honeysuckle, Grey-haired Honeysuckle ●
235741 Lonicera codonantha Rehder;钟花忍冬;Bellflower Honeysuckle, Bell-flowered Honeysuckle ●
235742 Lonicera confusa (Sweet) DC.;华南忍冬(大金银花,二宝花,二花,黄鳝花,假金银花,金花,金藤花,金银花,鹭鸶花,毛萼忍冬,忍冬花,山金银花,山银花,双苞花,双花,苏花,土花,土忍冬,土银花,银花,银花藤,左转藤);Wild Honeysuckle ●■
235743 Lonicera confusa (Sweet) DC. var. glabrocalyx R. H. Miao et X. J. Liu;光萼山银花;Glabrous-calyx Wild Honeysuckle ■
235744 Lonicera coreana Nakai = Lonicera fragrantissima Lindl. et Paxton ●
235745 Lonicera crassifolia Batalin;匍匐忍冬;Creeping Honeysuckle, Thick-leaved Honeysuckle ●
235746 Lonicera cyanocarpa Franch.;微毛忍冬(蓝果忍冬);Bluefruit Honeysuckle, Blue-fruited Honeysuckle ●
235747 Lonicera cylindriflora Hand.-Mazz. = Lonicera tangutica Maxim. ●
235748 Lonicera cyrenaica Viv. = Lonicera etrusca Santi ●☆
235749 Lonicera dasystyla Rehder;水忍冬(二宝花,二花,金花,金藤花,金银花,鹭鸶花,毛花柱忍冬,毛柱金银花,忍冬花,双苞花,双花,水银花,苏花,银花);Rough-styled Honeysuckle, Water Honeysuckle ●■
235750 Lonicera davurica Pall. ex Siev. = Viburnum mongolicum (Pall.) Rehder ●
235751 Lonicera decipiens Hook. f. et Thomson = Lonicera lanceolata Wall. ●
235752 Lonicera deflexicalyx Batalin = Lonicera trichosantha Bureau et Franch. var. xerocalyx (Diels) P. S. Hsu et H. J. Wang ●
235753 Lonicera deflexicalyx Batalin = Lonicera trichosantha Bureau et Franch. var. deflexicalyx (Diels) P. S. Hsu et H. J. Wang ●
235754 Lonicera deflexicalyx Batalin var. xerocalyx (Diels) Rehder = Lonicera trichosantha Bureau et Franch. var. xerocalyx (Diels) P. S. Hsu et H. J. Wang ●
235755 Lonicera deflexicalyx Batalin var. xerocalyx (Diels) Rehder = Lonicera trichosantha Bureau et Franch. var. deflexicalyx (Diels) P. S. Hsu et H. J. Wang ●
235756 Lonicera delavayi Franch. = Lonicera similis Hemsl. ex Forbes et Hemsl. ●■
235757 Lonicera demissa Rehder;下垂忍冬●☆
235758 Lonicera demissa Rehder var. borealis H. Hara et M. Kikuchi;北方下垂忍冬●☆
235759 Lonicera depressa Royle = Lonicera myrtillus Hook. f. et Thomson ●
235760 Lonicera dioica L.;微花忍冬(盘叶忍冬,小花忍冬);Glaucous Honeysuckle, Limber Honeysuckle, Mountain Honeysuckle, Red Honeysuckle, Smooth-leaved Honeysuckle, Wild Honeysuckle ●☆
235761 Lonicera dioica L. f. trifolia Vict. et Rolland = Lonicera dioica L. ●☆
235762 Lonicera dioica L. var. glaucescens (Rydb.) Butters;蓝小花忍冬;Wild Honeysuckle ●☆
235763 Lonicera dioica L. var. glaucescens (Rydb.) Butters = Lonicera dioica L. ●☆
235764 Lonicera edulis (Regel) Turcz. ex Freyn = Lonicera caerulea L. subsp. edulis (Regel) Hultén ●
235765 Lonicera edulis Turcz. = Lonicera caerulea L. var. edulis Turcz. ex Herder ●
235766 Lonicera elisae Franch.;北京忍冬(北京金银花,四月红);Beijing Honeysuckle, Peking Honeysuckle ●
235767 Lonicera elliptica Royle = Lonicera hypoleuca Miq. ●

235768 Lonicera emphyllocalyx Maxim. = Lonicera caerulea L. subsp. edulis (Regel) Hultén ●

235769 Lonicera esquirolii H. Lév. = Lonicera macrantha (D. Don) Spreng. var. heterotricha P. S. Hsu et H. J. Wang ●■

235770 Lonicera esquirolii H. Lév. = Lonicera macrantha (D. Don) Spreng. ●■

235771 Lonicera etrusca Santi;杯叶忍冬;Etruscan Honeysuckle ●☆

235772 Lonicera etrusca Santi var. adenantha Hausskn. = Lonicera etrusca Santi ●☆

235773 Lonicera etrusca Santi var. cyrenaica (Viv.) Pamp. = Lonicera etrusca Santi ●☆

235774 Lonicera etrusca Santi var. virescens Maire = Lonicera etrusca Santi ●☆

235775 Lonicera fangii S. S. Chien = Lonicera tangutica Maxim. ●

235776 Lonicera fargesii Franch.;黏毛忍冬;Farges Honeysuckle ●

235777 Lonicera farreri W. W. Sm. = Lonicera litangensis Batalin ●

235778 Lonicera farreri W. W. Sm. = Lonicera szechuangica Batalin ●

235779 Lonicera fauriei H. Lév. et Vaniot = Lonicera japonica Thunb. ●■

235780 Lonicera fengkaiensis R. H. Miao et X. J. Liu;封开忍冬;Fengkai Honeysuckle ●

235781 Lonicera ferdinandii Franch.;葱皮忍冬(波叶忍冬,大葱花皮,大葱皮木,烂皮袄,千层皮,秦岭金银花,秦岭忍冬);Ferdinand Honeysuckle,Wavyleaf Honeysuckle ●

235782 Lonicera ferdinandii Franch. f. beissneriana Zabel = Lonicera ferdinandii Franch. ●

235783 Lonicera ferdinandii Franch. f. franchetii Zabel = Lonicera ferdinandii Franch. ●

235784 Lonicera ferdinandii Franch. f. leycesterioides (Graebn.) Zabel = Lonicera ferdinandii Franch. ●

235785 Lonicera ferdinandii Franch. f. leycesterioides Zabel = Lonicera ferdinandii Franch. ●

235786 Lonicera ferdinandii Franch. f. vesicaria (Kom.) Zabel = Lonicera ferdinandii Franch. ●

235787 Lonicera ferdinandii Franch. f. vesicaria Zabel = Lonicera ferdinandii Franch. ●

235788 Lonicera ferdinandii Franch. var. induta Rehder = Lonicera ferdinandii Franch. ●

235789 Lonicera ferdinandii Franch. var. leycesterioides (Graebn.) Rehder = Lonicera ferdinandii Franch. ●

235790 Lonicera ferruginea Rehder;锈毛忍冬(白花丹,黄毛忍冬,老虎合藤,锈红忍冬);Rustyhair Honeysuckle, Rusty-haired Honeysuckle ●■

235791 Lonicera flava Sims;黄花忍冬;Yellow Honeysuckle ●☆

235792 Lonicera flava Sims var. flavescens (Small) Gleason = Lonicera flava Sims ●☆

235793 Lonicera flavipes Rehder = Lonicera tangutica Maxim. ●

235794 Lonicera floribunda Boiss. et Buhse;繁花忍冬●☆

235795 Lonicera fragilis H. Lév.;短柱忍冬;Fragile Honeysuckle, Shortstyled Honeysuckle ●

235796 Lonicera fragrantissima Lindl. et Paxton;郁香忍冬(四月红,香吉利子,香忍冬);January Jasmine, Reddish-tomentose Honeysuckle,Sweet Breath of Spring,Winter Honeysuckle ●

235797 Lonicera fragrantissima Lindl. et Paxton subsp. phyllocarpa (Maxim.) P. S. Hsu et H. J. Wang;樱桃忍冬;Cherry Honeysuckle, Leaflikefruit Honeysuckle ●

235798 Lonicera fragrantissima Lindl. et Paxton subsp. standishii (Carrière) P. S. Hsu et H. J. Wang;苦糖果(大金银花,狗蛋子,鸡骨头,骆驼布袋,破骨风,山铜盆,神仙豆腐,史氏忍冬,斯坦氏忍冬,小金银花,羊尿泡);Bitter Candy Honeysuckle,Fragrant Winter Honeys,Standish Honeysuckle,Standish's Honeysuckle ●

235799 Lonicera fuchsioides Hemsl. = Lonicera acuminata Wall. ●■

235800 Lonicera fulva Merr. = Lonicera ferruginea Rehder ●■

235801 Lonicera fulvotomentosa P. S. Hsu et S. C. Cheng;黄褐毛忍冬;Fulvotomentose Honeysuckle,Tawnyhair Honeysuckle ●■

235802 Lonicera giraldii Rehder = Lonicera acuminata Wall. ●■

235803 Lonicera giraldii Rehder f. nubium Hand. -Mazz. = Lonicera nubium (Hand. -Mazz.) Hand. -Mazz. ●■

235804 Lonicera glabrata Wall. var. hirticaulis C. Y. Wu et Y. F. Huang;毛茎光叶忍冬(毛枝光叶忍冬)●

235805 Lonicera glandulifera S. S. Chien = Lonicera saccata Rehder ●

235806 Lonicera glandulifera S. S. Chien = Lonicera tangutica Maxim. ●

235807 Lonicera glauca Hook. f. et Thomson = Lonicera semenovii Regel ●

235808 Lonicera glaucescens Rydb.;粉绿忍冬;Donald Honeysuckle ●☆

235809 Lonicera glaucescens Rydb. = Lonicera dioica L. var. glaucescens (Rydb.) Butters ●☆

235810 Lonicera glaucophylla Hook. f. et Thomson = Leycesteria glaucophylla (Hook. f. et Thomson) C. B. Clarke ●

235811 Lonicera glehnii F. Schmidt;虾夷忍冬●☆

235812 Lonicera gracilipes Miq.;莺树(美丽金银花);Honeysuckle ●☆

235813 Lonicera gracilipes Miq. var. glabra Miq.;无毛莺树(驴驮布袋)●☆

235814 Lonicera gracilipes Miq. var. glabra Miq. f. albiflora (Maxim.) Rehder;白花无毛莺树●☆

235815 Lonicera gracilipes Miq. var. glandulosa ?;大萼莺树●☆

235816 Lonicera gracilis Kurz = Leycesteria gracilis (Kurz) Airy Shaw ●

235817 Lonicera graebneri Rehder;短梗忍冬;Graebner Honeysuckle ●

235818 Lonicera griffithii Hook. f. et Thomson;格氏忍冬●☆

235819 Lonicera guebriantiana Hand. -Mazz. = Lonicera tangutica Maxim. ●

235820 Lonicera guillom H. Lév. et Vaniot = Lonicera macrantha (D. Don) Spreng. ●■

235821 Lonicera gynochlamydea Hemsl. ex Forbes et Hemsl.;蕊被忍冬(腺被忍冬);Bilabiate Honeysuckle ●

235822 Lonicera gynopogon H. Lév.;短小忍冬(小花须蕊忍冬)●

235823 Lonicera gynopogon H. Lév. = Lonicera chrysantha Turcz. ex Ledeb. subsp. koehneana (Rehder) P. S. Hsu et H. J. Wang ●

235824 Lonicera harae Makino = Lonicera fragrantissima Lindl. et Paxton ●

235825 Lonicera harae Makino var. tashiroi ? = Lonicera fragrantissima Lindl. et Paxton ●

235826 Lonicera harmsii Graebn. = Lonicera tragophylla Hemsl. ex Forbes et Hemsl. ●■

235827 Lonicera harmsii Graebn. ex Diels = Lonicera tragophylla Hemsl. ex Forbes et Hemsl. ●■

235828 Lonicera heckrottii Osborn;异色忍冬;Everblooming Honeysuckle,Gold Flame Honeysuckle,Goldflame Honeysuckle ●☆

235829 Lonicera heckrottii Osborn 'Gold Flame';金焰异色忍冬●☆

235830 Lonicera hemsleiana (Kuntze) Rehder;倒卵叶忍冬;Hemsley Honeysuckle,Obovate Honeysuckle,Obovateleaf Honeysuckle ●

235831 Lonicera henryi Hemsl.;亨利忍冬(亨利氏忍冬);Henry's Honeysuckle ●☆

235832 Lonicera henryi Hemsl. = Lonicera acuminata Wall. ●■
235833 Lonicera henryi Hemsl. ex Forbes et Hemsl. var. angustifolia (Hayata) Ohwi = Lonicera acuminata Wall. ●■
235834 Lonicera henryi Hemsl. ex Forbes et Hemsl. var. fulvo-villosa Ohwi = Lonicera acuminata Wall. ●■
235835 Lonicera henryi Hemsl. ex Forbes et Hemsl. var. transarianensis (Hayata) Yamam. = Lonicera acuminata Wall. ●■
235836 Lonicera henryi Hemsl. var. angustifolia (Hayata) Ohwi = Lonicera acuminata Wall. ●■
235837 Lonicera henryi Hemsl. var. setuligera W. W. Sm. = Lonicera acuminata Wall. ●■
235838 Lonicera henryi Hemsl. var. subcoriacea Rehder = Lonicera acuminata Wall. ●■
235839 Lonicera henryi Hemsl. var. transarisanensis (Hayata) Yamam. = Lonicera acuminata Wall. ●■
235840 Lonicera henryi Hemsl. var. trichosepala Rehder = Lonicera trichosepala (Rehder) P. S. Hsu ●■
235841 Lonicera heteroloba Batalin;康定忍冬(华西忍冬);Kangding Honeysuckle ●
235842 Lonicera heteroloba Batalin = Lonicera webbiana Wall. ex DC. ●
235843 Lonicera heterophylla Decne.; 异叶忍冬; Differentleaf Honeysuckle,Diverseleaf Honeysuckle,Diverse-leaved Honeysuckle ●
235844 Lonicera heterophylla Decne. var. karelinii (Bunge ex Kir.) Rehder = Lonicera heterophylla Decne. ●
235845 Lonicera heterotricha Pojark. et Zakirov;异毛忍冬●☆
235846 Lonicera hildebrandiana Collett et Hemsl.;大果忍冬(大忍冬); Bigfruit Honeysuckle, Giant Burmese Honeysuckle, Great Burmese Honeysuckle,Hildebrand Honeysuckle ●■
235847 Lonicera hirsuta Eaton;毛忍冬;Hairy Honeysuckle ●☆
235848 Lonicera hirsuta Eaton var. interior Gleason = Lonicera hirsuta Eaton ●☆
235849 Lonicera hirtiflora Champ. = Lonicera macrantha (D. Don) Spreng. ●■
235850 Lonicera hirtiflora Champ. ex Benth. = Lonicera macrantha (D. Don) Spreng. ●
235851 Lonicera hispanica Boiss. et Reut. = Lonicera periclymenum L. subsp. hispanica (Boiss. et Reut.) Nyman ●☆
235852 Lonicera hispida Pall. ex Roem. et Schult.;刚毛忍冬(刺毛金银花,刺毛忍冬,粗毛忍冬,红果忍冬,金银花,硬毛忍冬);Hispid Honeysuckle ●
235853 Lonicera hispida Pall. ex Roem. et Schult. var. anisocalyx (Rehder) B. K. Zhou = Lonicera anisocalyx Rehder ●
235854 Lonicera hispida Pall. ex Roem. et Schult. var. bracteata ?;具苞忍冬●☆
235855 Lonicera hispida Pall. ex Roem. et Schult. var. chaetocarpa Batalin ex Rehder = Lonicera hispida Pall. ex Roem. et Schult. ●
235856 Lonicera hispida Pall. ex Roem. et Schult. var. typica Regel = Lonicera hispida Pall. ex Roem. et Schult. ●
235857 Lonicera hispidula Dougl. ex Lindl. var. californica (Torr. et A. Gray) Rehder;加州刚毛忍冬;Californian Honeysuckle ●☆
235858 Lonicera hopeiensis S. S. Chien = Lonicera serreana Hand.-Mazz. ●
235859 Lonicera humilis Kar. et Kir.;矮小忍冬;Dwarf Honeysuckle, Low Honeysuckle ●
235860 Lonicera hypoglauca Miq.;红腺忍冬(大叶金银花,大银花,二宝花,二花,粉背忍冬,狗牙花,菇腺忍冬,菰腺忍冬,光冠银花,红点金银花,红线忍冬,金花,金藤花,金银花,里白忍冬,鹭鸶花,忍冬花,山银花,双苞花,双花,苏花,腺叶忍冬,银花); Farinose Honeysuckle, Glaucousback Honeysuckle, Glaucous-dorsal Honeysuckle,Red Spot Honeysuckle,Redgland Honeysuckle ●
235861 Lonicera hypoglauca Miq. subsp. nudiflora P. S. Hsu et H. J. Wang;净花红腺忍冬(金银花,净花菰腺忍冬);Smooth-flowered Glaucous-dorsal Honeysuckle ●■
235862 Lonicera hypoleuca Decne.; 白背忍冬; White-back Honeysuckle,White-doesal Honeysuckle ●
235863 Lonicera hypoleuca Nakai = Lonicera tatarinowii Maxim. ●
235864 Lonicera iberica M. Bieb.;短管忍冬●☆
235865 Lonicera iliensis Pojark.;伊犁忍冬●
235866 Lonicera implexa Aiton;缠结忍冬●☆
235867 Lonicera implexa Aiton var. valentina (Pau) Maire = Lonicera implexa Aiton ●☆
235868 Lonicera inconspicua Batalin; 杯萼忍冬; Cup-calyx Honeysuckle,Inconspicuous Honeysuckle ●
235869 Lonicera inconspicua Batalin = Lonicera tangutica Maxim. ●
235870 Lonicera infundibulum Franch. = Lonicera elisae Franch. ●
235871 Lonicera inodora W. W. Sm.; 卵叶忍冬; Ovateleaf Honeysuckle,Scentless Honeysuckle ■
235872 Lonicera insularis Nakai = Lonicera morrowii A. Gray ●
235873 Lonicera interrupta Benth.;丛林忍冬;Chaparral Honeysuckle ●☆
235874 Lonicera involucrata (Rich.) Banks ex Spreng.;总苞忍冬(红苞忍冬,美国狭叶忍冬,狭叶忍冬);Bearberry Honeysuckle,Black Honeysuckle, Black Twinberry, Californian Honeysuckle, Fly Honeysuckle, Pigeon-berry, Swamp Honeysuckle, Twinberry, Twinberry Honeysuckle ●☆
235875 Lonicera involucrata (Richardson) Banks ex Spreng. var. flavescens (Dippel) Rehder = Lonicera involucrata (Rich.) Banks ex Spreng. ●☆
235876 Lonicera italica Schm.;意大利忍冬(芳香忍冬,美国忍冬); Garden Honeysuckle ●☆
235877 Lonicera italics Schm. ex Tausch = Lonicera etrusca Santi ●☆
235878 Lonicera japonica Thunb.;忍冬(茶叶花,缠藤,大薜荔,二宝花,二宝花藤,二花,二花藤,二花秧,二色花藤,过冬藤,环儿花,金钗股,金花,金花藤,金藤花,金银花,金银花草,金银花杆,金银花藤,金银藤,老公须,老翁须,龙爪花,鹭鸶草,鹭鸶花,鹭鸶花藤,鹭鸶藤,蜜桶藤,耐冬,千金藤,忍冬草,忍冬花,忍冬藤,忍寒草,双苞花,双苞藤,双花,双花藤,水杨梅,水杨藤,苏花,苏花藤,甜藤,通灵草,银花,银花藤,银花秧,银藤,由比得,右旋藤,右篆藤,鸳鸯草,鸳鸯藤,子风藤,左缠藤,左扭,左纹藤,左旋藤); Common Garden Honeysuckle, Hall's Honeysuckle, Japan Honeysuckle,Japanese Honeysuckle ●
235879 Lonicera japonica Thunb. 'Aureo-reticulata';黄脉忍冬(金网忍冬);Goldnet Honeysuckle ●☆
235880 Lonicera japonica Thunb. 'Halliana';霍尔忍冬●☆
235881 Lonicera japonica Thunb. ex Murray = Lonicera japonica Thunb. ●
235882 Lonicera japonica Thunb. f. chinensis (S. Watson) H. Hara = Lonicera japonica Thunb. var. chinensis (S. Watson) Baker ●
235883 Lonicera japonica Thunb. f. flexuosa (Thunb.) Zabel;卷曲忍冬●☆
235884 Lonicera japonica Thunb. var. chinensis (P. Watson) Baker = Lonicera japonica Thunb. ●
235885 Lonicera japonica Thunb. var. chinensis (S. Watson) Baker;红白忍冬;Chinese Honeysuckle ●
235886 Lonicera japonica Thunb. var. japonica f. chinensis (P. Watson)

H. Hara = Lonicera japonica Thunb. var. chinensis (P. Watson) Baker ●

235887 Lonicera japonica Thunb. var. miyagusukiana Makino;宫国忍冬●☆

235888 Lonicera japonica Thunb. var. repens (Siebold) Rehder = Lonicera japonica Thunb. f. flexuosa (Thunb.) Zabel ●☆

235889 Lonicera japonica Thunb. var. sempervillosa Hayata = Lonicera japonica Thunb. ●

235890 Lonicera jilongensis P. S. Hsu et H. J. Wang;吉隆忍冬;Jilong Honeysuckle ●

235891 Lonicera kabylica (Batt.) Rehder;卡比利亚忍冬■☆

235892 Lonicera kachkarovii (Batalin) Rehder = Lonicera retusa Franch. ●

235893 Lonicera kaiensis Nakai = Lonicera praeflorens Batalin var. japonica H. Hara ●☆

235894 Lonicera kamtschatica (Sevast.) Pojark.;勘察加忍冬●☆

235895 Lonicera kansuensis (Batalin ex Rehder) Pojark.;甘肃忍冬;Gansu Honeysuckle ●

235896 Lonicera karelinii Bunge ex Kir. = Lonicera heterophylla Decne. ●

235897 Lonicera kawakamii (Hayata) Masam.;玉山忍冬(川上氏金银花,川上氏忍冬);Kawakami Honeysuckle ●

235898 Lonicera koehneana Rehder = Lonicera chrysantha Turcz. ex Ledeb. subsp. koehneana (Rehder) P. S. Hsu et H. J. Wang ●

235899 Lonicera koehneana Rehder var. chrysanthoides Rehder = Lonicera chrysantha Turcz. ex Ledeb. subsp. koehneana (Rehder) P. S. Hsu et H. J. Wang ●

235900 Lonicera koehneana Rehder var. intecta Rehder = Lonicera chrysantha Turcz. ex Ledeb. subsp. koehneana (Rehder) P. S. Hsu et H. J. Wang ●

235901 Lonicera koehneana Rehder var. pallescens Rehder = Lonicera chrysantha Turcz. ex Ledeb. subsp. koehneana (Rehder) P. S. Hsu et H. J. Wang ●

235902 Lonicera konoi Makino;小果忍冬●☆

235903 Lonicera korolkowii Stapf;美丽忍冬;Blueleaf Honeysuckle ●☆

235904 Lonicera korolkowii Stapf 'Blue Velvet';蓝堇美丽忍冬;Blue Velvet Honeysuckl ●☆

235905 Lonicera kungeana K. S. Hao;五台金银花(孔氏忍冬);H. W. Kung Honeysuckle ●

235906 Lonicera kungeana K. S. Hao = Lonicera szechuangica Batalin ●

235907 Lonicera kungeana K. S. Hao = Lonicera tangutica Maxim. ●

235908 Lonicera kurobushiensis Kadota;黑比地忍冬●☆

235909 Lonicera lanata Pojark.;绵毛忍冬■☆

235910 Lonicera lanceolata Wall.;柳叶忍冬(金银花,披针叶忍冬,西藏小叶忍冬,小叶金银花);Willowleaf Honeysuckle, Willow-leaved Honeysuckle ●

235911 Lonicera lanceolata Wall. subsp. nervosa (Maxim.) Y. C. Teng = Lonicera nervosa Maxim. ●

235912 Lonicera lanceolata Wall. var. glabra S. S. Chien ex P. S. Hsu et H. J. Wang;光枝柳叶忍冬;Glabrous Willowleaf Honeysuckle ●

235913 Lonicera ledebourii Eschsch. = Lonicera involucrata (Rich.) Banks ex Spreng. ●☆

235914 Lonicera leptantha Rehder = Lonicera tatarinowii Maxim. ●

235915 Lonicera leycesterioides Graebn. = Lonicera ferdinandii Franch. ●

235916 Lonicera ligustrina Wall.;女贞叶忍冬;Privellike Honeysuckle, Privet-leaved Honeysuckle ●

235917 Lonicera ligustrina Wall. subsp. yunnanensis (Franch.) P. S. Hsu et H. J. Wang = Lonicera ligustrina Wall. var. yunnanensis (Franch.) P. S. Hsu et H. J. Wang ●

235918 Lonicera ligustrina Wall. var. pileata Franch. = Lonicera pileata Oliv. ●

235919 Lonicera ligustrina Wall. var. yunnanensis (Franch.) P. S. Hsu et H. J. Wang;亮叶忍冬;Yunnan Willowleaf Honeysuckle ●

235920 Lonicera limprichtii Pax. et K. Hoffm. = Lonicera retusa Franch. ●

235921 Lonicera linderifolia Maxim.;山胡椒叶忍冬●☆

235922 Lonicera linderifolia Maxim. subsp. konoi (Makino) Kitam. = Lonicera konoi Makino ●☆

235923 Lonicera linderifolia Maxim. var. konoi (Makino) Okuyama = Lonicera konoi Makino ●☆

235924 Lonicera litangensis Batalin;理塘忍冬;Litang Honeysuckle ●

235925 Lonicera longa Rehder = Lonicera tangutica Maxim. ●

235926 Lonicera longiflora (Lindl.) DC.;长花忍冬;Long-flower Honeysuckle, Long-flowered Honeysuckle ●

235927 Lonicera longituba Hung T. Chang ex P. S. Hsu et H. J. Wang;卷瓣忍冬;Longsepal Honeysuckle, Long-tube Honeysuckle, Long-tubed Honeysuckle ●■

235928 Lonicera maackii (Rupr.) Herder f. podocarpa Rehder = Lonicera maackii (Rupr.) Maxim. ●

235929 Lonicera maackii (Rupr.) Maxim.;金银忍冬(短柄忍冬,鸡骨头,鸡骨头树,金银花,金银木,胯把树,马尿树,马氏忍冬,千层皮,王八骨头,小花金银花);Amur Honeysuckle, Bush Honeysuckle, Maack Honeysuckle, Maack's Honeysuckle ●

235930 Lonicera maackii (Rupr.) Maxim. f. podocarpa Franch. ex Rehder = Lonicera maackii (Rupr.) Maxim. ●

235931 Lonicera maackii (Rupr.) Maxim. var. erubescens Rehder;红花金银忍冬;Redflower Maack Honeysuckle ●

235932 Lonicera maackii (Rupr.) Maxim. var. podocarpa Franch. ex Rehder = Lonicera maackii (Rupr.) Maxim. ●

235933 Lonicera maackii (Rupr.) Maxim. var. typica Nakai = Lonicera maackii (Rupr.) Maxim. ●

235934 Lonicera macrantha (D. Don) DC. = Lonicera macrantha (D. Don) Spreng. ●

235935 Lonicera macrantha (D. Don) Spreng.;大花忍冬(大花金银花,大金银花,短尖忍冬,金银花);Largeflower Honeysuckle, Large-flowered Honeysuckle ●

235936 Lonicera macrantha (D. Don) Spreng. var. biflora Collett et Hemsl. = Lonicera similis Hemsl. ex Forbes et Hemsl. ●

235937 Lonicera macrantha (D. Don) Spreng. var. calvescens Chun et F. C. How = Lonicera calvescens (Chun et F. C. How) P. S. Hsu et H. J. Wang ■

235938 Lonicera macrantha (D. Don) Spreng. var. heterotricha P. S. Hsu et H. J. Wang;异毛大花忍冬(短尖忍冬,异毛忍冬);Heterohair Honeysuckle ●

235939 Lonicera macrantha DC. = Lonicera macrantha (D. Don) Spreng. ●■

235940 Lonicera macrantha DC. var. biflora Collett et Hemsl. = Lonicera similis Hemsl. ex Forbes et Hemsl. ●■

235941 Lonicera macranthoides Hand.-Mazz.;灰毡毛忍冬(大金银花,大山花,大银花,灰黏毛忍冬,假大花忍冬,木银花,拟大花忍冬,岩银花,左转藤);Largeflower-like Honeysuckle, Macrofloral Honeysuckle ●■

235942 Lonicera macranthoides Hand.-Mazz. var. heterotricha (P. S. Hsu et H. J. Wang) B. K. Zhou = Lonicera macrantha (D. Don) Spreng. var. heterotricha P. S. Hsu et H. J. Wang ●

235943 Lonicera macrocalyx Nakai = Lonicera gracilipes Miq. var.

glandulosa ? ●☆
235944 Lonicera mairei H. Lév. = Lonicera yunnanensis Franch. ●■
235945 Lonicera maximowiczii (Rupr. ex Maxim.) Rupr. ex Maxim.;紫花忍冬(黑花秸子,麦氏忍冬,紫枝金银花,紫枝忍冬);Maximovicz Honeysuckle ●
235946 Lonicera maximowiczii (Rupr. ex Maxim.) Rupr. ex Maxim. subsp. sachalinensis (F. Schmidt) Nedol. = Lonicera sachalinensis (F. Schmidt) Nakai ●
235947 Lonicera maximowiczii (Rupr. ex Maxim.) Rupr. ex Maxim. var. sachalinensis F. Schmidt = Lonicera sachalinensis (F. Schmidt) Nakai ●
235948 Lonicera maximowiczii (Rupr.) Regel = Lonicera maximowiczii (Rupr. ex Maxim.) Rupr. ex Maxim. ●
235949 Lonicera mebbiana Wall. ex DC. var. lanpingensis Y. C. Tang;兰坪忍冬;Lanping Honeysuckle ●
235950 Lonicera menelii H. Lév. = Phlogacanthus pubinervius T. Anderson ●
235951 Lonicera micrantha Trautv. ex Regel = Lonicera tatarica L. var. micrantha Trautv. ex Regel ●
235952 Lonicera microphylla Willd. ex Roem. et Schult.;小叶忍冬(麻配,小叶金银花);Littleleaf Honeysuckle,Small-leaved Honeysuckle ●
235953 Lonicera minuta Batalin;矮生忍冬;Minute Honeysuckle,Short Honeysuckle ●
235954 Lonicera minutiflora Zabel;小花忍冬;Small-flower Honeysuckle ●☆
235955 Lonicera minutifolia Kitam.;细叶忍冬;Minileaf Honeysuckle,Minute-leaved Honeysuckle,Thin-leaf Honeysuckle ●
235956 Lonicera missionis H. Lév. = Lonicera ligustrina Wall. ●
235957 Lonicera mitis Rehder = Lonicera cyanocarpa Franch. ●
235958 Lonicera mitis Rehder var. hobsonii Rehder = Lonicera cyanocarpa Franch. ●
235959 Lonicera miyagusukiana (Makino) Ohwi = Lonicera japonica Thunb. var. miyagusukiana Makino ●☆
235960 Lonicera mochidzukiana Makino;牧野忍冬●☆
235961 Lonicera mochidzukiana Makino f. filiformis (Koidz.) H. Hara = Lonicera mochidzukiana Makino var. filiformis Koidz. ●☆
235962 Lonicera mochidzukiana Makino var. filiformis Koidz.;丝状忍冬●☆
235963 Lonicera mochidzukiana Makino var. nomurana (Makino) Nakai;乃村忍冬●☆
235964 Lonicera modesta Rehder;下江忍冬(吉利子,素忍冬);Moderate Honeysuckle ●
235965 Lonicera modesta Rehder var. lushanensis Rehder;庐山忍冬(庐山素忍冬);Lushan Honeysuckle ●
235966 Lonicera monantha Nakai = Lonicera subhispida Nakai ●
235967 Lonicera mongolica Gmel. = Viburnum farreri Stearn ●
235968 Lonicera mongolica Pall. = Viburnum mongolicum (Pall.) Rehder ●
235969 Lonicera montigena Rehder = Lonicera hispida Pall. ex Roem. et Schult. ●
235970 Lonicera morrowii A. Gray;莫罗氏忍冬(毒果忍冬,金银木,瓢箪木,日本金银花,日本金银木);Asian Fly Honeysuckle,Bush Honeysuckle,Morrow Honeysuckle,Morrow's Honeysuckle ●
235971 Lonicera morrowii A. Gray f. xanthocarpa (Nash) H. Hara;黄果莫罗氏忍冬●☆
235972 Lonicera morrowii A. Gray var. gamushiensis ? = Lonicera morrowii A. Gray ●
235973 Lonicera mucronata Rehder;短尖忍冬;Mucronate Honeysuckle,Shortpoined Honeysuckle ●
235974 Lonicera multiflora Champ. = Lonicera confusa (Sweet) DC. ●■
235975 Lonicera multiflora Champ. ex Benth. = Lonicera confusa (Sweet) DC. ●■
235976 Lonicera mupinensis Rehder = Lonicera webbiana Wall. ex DC. var. mupinensis (Rehder) P. S. Hsu et H. J. Wang ●
235977 Lonicera musashiensis Hiyama = Lonicera gracilipes Miq. ●☆
235978 Lonicera myrtillus Hook. f. et Thomson;越橘叶忍冬;Wineberryleaf Honeysuckle,Wineberry-leaved Honeysuckle ●
235979 Lonicera myrtillus Hook. f. et Thomson var. cyclophylla Rehder;圆叶忍冬;Round-leaf Honeysuckle ●
235980 Lonicera myrtillus Hook. f. et Thomson var. depressa Rehder = Lonicera myrtillus Hook. f. et Thomson ●
235981 Lonicera nervosa Maxim.;红脉忍冬(红筋叶忍冬,红脉金银花);Redvein Honeysuckle,Red-veined Honeysuckle ●
235982 Lonicera nigra L.;黑果忍冬;Black Honeysuckle,Black-berried Honeysuckle,Black-fruit Honeysuckle,Black-fruited Honeysuckle,St Francis' Wood ●
235983 Lonicera nigra L. var. barbinervis (Kom.) Nakai = Lonicera nigra L. ●
235984 Lonicera nitida E. H. Wilson;黄杨叶忍冬(光亮忍冬);Box Honeysuckle,Japanese Honeysuckle,Wilson's Honeysuckle ●
235985 Lonicera nitida E. H. Wilson 'Baggesen's Gold';匹格森黄金光亮忍冬●☆
235986 Lonicera nitida E. H. Wilson 'Lemon Beauty';橙美人黄杨叶忍冬●☆
235987 Lonicera nitida E. H. Wilson 'Silver Beauty';银美人黄杨叶忍冬●☆
235988 Lonicera nitida E. H. Wilson 'Yunnan';云南光亮忍冬●☆
235989 Lonicera nitida E. H. Wilson = Lonicera ligustrina Wall. var. yunnanensis (Franch.) P. S. Hsu et H. J. Wang ●
235990 Lonicera nomurana Makino = Lonicera mochidzukiana Makino var. nomurana (Makino) Nakai ●☆
235991 Lonicera nubium (Hand. -Mazz.) Hand. -Mazz.;云雾忍冬;Clouded Honeysuckle,Cloudy Honeysuckle,Nubilous Honeysuckle ●■
235992 Lonicera nummulariifolia Jaub. et Spach;铜钱叶忍冬●☆
235993 Lonicera nummulariifolia Jaub. et Spach subsp. occidentalis (Pamp.) Brullo et Furnari;西方铜钱叶忍冬●☆
235994 Lonicera oblata K. S. Hao = Lonicera oblata K. S. Hao ex P. S. Hsu et H. J. Wang ●
235995 Lonicera oblata K. S. Hao ex P. S. Hsu et H. J. Wang;丁香叶忍冬;Lilac-leaved Honeysuckle,Oblate Honeysuckle ●
235996 Lonicera oblongifolia (Goldie) Hook.;长圆叶忍冬;Swamp Fly Honeysuckle,Swamp Fly-honeysuckle ●
235997 Lonicera obscura Collett et Hemsl. = Lonicera bournei Hemsl. ●
235998 Lonicera obscura Hemsl. = Lonicera bournei Hemsl. ex Forbes et Hemsl. ●■
235999 Lonicera oiwakensis Hayata;瘤基忍冬(玉山金银花,追分忍冬);Tumorbase Honeysuckle,Yushan Honeysuckle ●
236000 Lonicera olgae Regel et Schmalh.;奥氏忍冬●☆
236001 Lonicera omeiensis (P. S. Hsu et H. J. Wang) B. K. Zhou = Lonicera similis Hemsl. ex Forbes et Hemsl. var. omeiensis P. S. Hsu et H. J. Wang ●■
236002 Lonicera oreodoxa Harry Sm. ex Rehder;垫状忍冬;Cushion Honeysuckle,Padshaped Honeysuckle ●

236003 Lonicera oresbia W. W. Sm. = Lonicera litangensis Batalin ●
236004 Lonicera oresbia W. W. Sm. = Lonicera szechuangica Batalin ●
236005 Lonicera orientalis Lam. var. kachkarovii Batalin = Lonicera retusa Franch. ●
236006 Lonicera orientalis Lam. var. kansuensis Batalin ex Rehder = Lonicera kansuensis (Batalin ex Rehder) Pojark. ●
236007 Lonicera orientalis M. Bieb.;东亚忍冬●☆
236008 Lonicera orientalis M. Bieb. var. kachkarovii Batalin = Lonicera retusa Franch. ●
236009 Lonicera orientalis M. Bieb. var. kansuensis Batalin ex Rehder = Lonicera kansuensis (Batalin ex Rehder) Pojark. ●
236010 Lonicera orientalis M. Bieb. var. setchuanensis Franch.;四川东亚忍冬(川东亚忍冬)●
236011 Lonicera ovalis Batalin = Lonicera trichosantha Bureau et Franch. ●
236012 Lonicera pallasii Ledeb.;帕氏忍冬●
236013 Lonicera pamirica Poljakov;帕米尔忍冬●☆
236014 Lonicera pampaninii H. Lév.;短柄忍冬(狗爪花,贵州忍冬,山银花,小金银花);Guizhou Honeysuckle, Pampainin Honeysuckle ●■
236015 Lonicera paradoxa Pojark.;奇异忍冬●☆
236016 Lonicera parasitica L. = Elytranthe parasitica (L.) Danser ●
236017 Lonicera parvifolia Hayne = Lonicera myrtillus Hook. f. et Thomson ●
236018 Lonicera parvifolia Hayne var. myrtillus ? = Lonicera myrtillus Hook. f. et Thomson ●
236019 Lonicera pekinensis Rehder = Lonicera elisae Franch. ●
236020 Lonicera penduliflora Pax et K. Hoffm. = Lonicera saccata Rehder ●
236021 Lonicera penduliflora Pax et K. Hoffm. = Lonicera tangutica Maxim. ●
236022 Lonicera periclymenum L.;德国忍冬(缠绕忍冬,普通忍冬,著名忍冬);Bearbind, Benewith, Bind, Bindweed, Bindwood, Binnwood, Bugle-bloom, Caprifoy, Chervell, Common Honeysuckle, Dutch Honeysuckle, Eglantine, European Honeysuckle, Evening Pride, Fairy Trumpets, German Honeysuckle, Goat Tree, Goat's Leaf, Grammer Greygle, Gramophone Horn, Gramophone Horns, Hinnysickle, Honeybind, Honeysuck, Honeysuckle, Irish Vine, Kettle Smock, Kettle-smocks, Lady's Fingers, Lamps of Scent, Lily-among-thorns, Mel-sylvestre, Pride of the Evening, Pride-of-the-evening, Servoile, Suckle-bush, Suckles, Sucklings, Sweet Suckle, Trumpet Flower, Widbin, Widewind, Withywind, Wood Bine, Woodbind, Woodbine, Woodbine Honeysuckle, Woodwind ●☆
236023 Lonicera periclymenum L. 'Belgica';早花德国忍冬;Early Dutch Honeysuckle ●☆
236024 Lonicera periclymenum L. 'G. S. Thomas';黄花德国忍冬;Yellow-flowered Honeysuckle ●☆
236025 Lonicera periclymenum L. 'Graham Thomas';托马斯普通忍冬●☆
236026 Lonicera periclymenum L. 'Serotina';晚花德国忍冬(晚花普通忍冬);Late Dutch Honeysuckle ●☆
236027 Lonicera periclymenum L. subsp. hispanica (Boiss. et Reut.) Nyman;西班牙忍冬●☆
236028 Lonicera periclymenum L. var. glaucohirta Kunze = Lonicera periclymenum L. ●☆
236029 Lonicera periclymenum L. var. hispanica (Boiss. et Reut.) Ball = Lonicera periclymenum L. subsp. hispanica (Boiss. et Reut.) Nyman ●☆
236030 Lonicera periclymenum L. var. longipetiolata Pau = Lonicera periclymenum L. ●☆
236031 Lonicera persica Jaub. et Spach = Lonicera nummulariifolia Jaub. et Spach ●☆
236032 Lonicera persica Jaub. et Spach var. occidentalis Pamp. = Lonicera nummulariifolia Jaub. et Spach subsp. occidentalis (Pamp.) Brullo et Furnari ●☆
236033 Lonicera perulata Rehder;紫药忍冬;Perule Honeysuckle, Scales Honeysuckle ●
236034 Lonicera phyllocarpa Maxim. = Lonicera fragrantissima Lindl. et Paxton subsp. phyllocarpa (Maxim.) P. S. Hsu et H. J. Wang ●
236035 Lonicera pileata Oliv.;蕊帽忍冬;Box-leaved Honeysuckle, Privet Honeysuckle ●
236036 Lonicera pileata Oliv. f. yunnanensis (Franch.) Rehder = Lonicera ligustrina Wall. var. yunnanensis (Franch.) P. S. Hsu et H. J. Wang ●
236037 Lonicera pileata Oliv. var. linearis Rehder;条叶蕊帽忍冬(条叶忍,线叶帽忍冬);Line-leaf Privet Honeysuckle ●
236038 Lonicera pilosa Maxim. = Lonicera strophiophora Franch. ●☆
236039 Lonicera praecox (Kuntze) Rehder = Lonicera elisae Franch. ●
236040 Lonicera praeflorens Batalin;早花忍冬;Earlybloom Honeysuckle, Early-blossoming Honeysuckle, Early-flower Honeysuckle ●
236041 Lonicera praeflorens Batalin var. japonica H. Hara;日本早花忍冬●☆
236042 Lonicera prolifera (G. Kirchn.) Rehder = Lonicera reticulata Champ. ex Benth. ●■
236043 Lonicera prolifera (Kirchn.) Booth ex Rehder = Lonicera reticulata Raf. ●■
236044 Lonicera prolifera (Kirchn.) Booth ex Rehder var. glabra Gleason = Lonicera reticulata Raf. ●■
236045 Lonicera prostrata Rehder;平卧忍冬;Prostrate Honeysuckle ●
236046 Lonicera proterantha Rehder;陕西忍冬;Shaanxi Honeysuckle ●
236047 Lonicera pseudoproterantha Pamp. = Lonicera fragrantissima Lindl. et Paxton subsp. standishii (Carrière) P. S. Hsu et H. J. Wang ●
236048 Lonicera purpurascens Walp.;紫忍冬●☆
236049 Lonicera purpusii Rehder;乳白忍冬(桂香忍冬);Winter Honeysuckle ●☆
236050 Lonicera purpusii Rehder 'Winter Beauty';冬美人桂香忍冬●☆
236051 Lonicera pyrenaica L.;比利牛斯忍冬;Pyrencan Honeysuckle, Pyreness Honeysuckle ●☆
236052 Lonicera quinquelocularis Hardw.;五室忍冬●☆
236053 Lonicera ramosissima Franch. et Sav. ex Maxim.;多枝忍冬●☆
236054 Lonicera ramosissima Franch. et Sav. ex Maxim. f. glabrata (Nakai) H. Hara;光多枝忍冬●☆
236055 Lonicera ramosissima Franch. et Sav. ex Maxim. var. borealis Koidz. = Lonicera ramosissima Franch. et Sav. ex Maxim. f. glabrata (Nakai) H. Hara ●☆
236056 Lonicera ramosissima Franch. et Sav. ex Maxim. var. borealis Koidz. = Lonicera ramosissima Franch. et Sav. ex Maxim. ●☆
236057 Lonicera ramosissima Franch. et Sav. ex Maxim. var. fudzimoriana (Makino) Nakai = Lonicera ramosissima Franch. et Sav. ex Maxim. f. glabrata (Nakai) H. Hara ●☆
236058 Lonicera ramosissima Franch. et Sav. ex Maxim. var. kinkiensis (Koidz.) Ohwi;近畿忍冬●☆

236059 Lonicera ramosissima Franch. et Sav. ex Maxim. var. lasiantha ? = Lonicera ramosissima Franch. et Sav. ex Maxim. ●☆

236060 Lonicera rehderi H. Lév. = Jasminum sinense Hemsl. ●

236061 Lonicera reticulata Champ. = Lonicera rhytidophylla Hand.-Mazz. ●■

236062 Lonicera reticulata Champ. ex Benth. = Lonicera rhytidophylla Hand.-Mazz. ●■

236063 Lonicera reticulata Raf. = Lonicera rhytidophylla Hand.-Mazz. ●■

236064 Lonicera retusa Franch.;凹叶忍冬;Obtuse Honeysuckle, Retuse Cup-calyx Honeysuckle ●

236065 Lonicera rhododendroides Graebn. = Lonicera crassifolia Batalin ●

236066 Lonicera rhytidophylla Hand.-Mazz.;皱叶忍冬(大山花,金银花,土银花,网脉叶忍冬,网腺叶忍冬,腺叶忍冬,左转藤);Grape Honeysuckle, Wrinkled Honeysuckle, Wrinkleleaf Honeysuckle, Wrinkle-leaved Honeysuckle, Yellow Honeysuckle ●■

236067 Lonicera rocheri H. Lév. = Lonicera saccata Rehder ●

236068 Lonicera rockii Rehder = Lonicera litangensis Batalin ●

236069 Lonicera rubropunctata Hayata = Lonicera hypoglauca Miq. ●■

236070 Lonicera rupicola Hook. f. et Thomson;岩生忍冬(西藏忍冬);Cliff Honeysuckle, Tibet Honeysuckle ●

236071 Lonicera rupicola Hook. f. et Thomson subsp. syringantha (Maxim.) Y. C. Tang = Lonicera rupicola Hook. f. et Thomson var. syringantha (Maxim.) Zabel ●

236072 Lonicera rupicola Hook. f. et Thomson subsp. thibetica (Bureau et Franch.) Y. C. Tang = Lonicera rupicola Hook. f. et Thomson ●

236073 Lonicera rupicola Hook. f. et Thomson var. syringantha (Maxim.) Zabel;红花岩生忍冬(丁香忍冬,粉红金银花,红花忍冬); Lilac Honeysuckle, Rock Honeysuckle, Syringa-like Cliff Honeysuckle ●

236074 Lonicera rupicola Hook. f. et Thomson var. thibetica (Bureau et Franch.) Zabel = Lonicera rupicola Hook. f. et Thomson ●

236075 Lonicera rupicola Hook. f. et Thomson var. thibetica Zabel = Lonicera rupicola Hook. f. et Thomson ●

236076 Lonicera ruprechtiana Regel;长白忍冬(辽吉金银花);Changbai Honeysuckle, Manchurian Honeysuckle, Ruprecht Honeysuckle ●

236077 Lonicera ruprechtiana Regel var. calvescens Rehder;光枝长白忍冬;Bald Ruprecht Honeysuckle ●

236078 Lonicera saccata Rehder;袋花忍冬;Pocketflower Honeysuckle, Saccate Honeysuckle, Saccateflower Honeysuckle ●

236079 Lonicera saccata Rehder = Lonicera tangutica Maxim. ●

236080 Lonicera saccata Rehder f. calva Rehder = Lonicera tangutica Maxim. ●

236081 Lonicera saccata Rehder f. wilsonii Rehder = Lonicera saccata Rehder ●

236082 Lonicera saccata Rehder f. wilsonii Rehder = Lonicera tangutica Maxim. ●

236083 Lonicera saccata Rehder var. tangiana (S. S. Chien) P. S. Hsu et H. J. Wang = Lonicera tangutica Maxim. ●

236084 Lonicera saccata Rehder var. tangiana (S. S. Chien) P. S. Hsu et H. J. Wang;毛果袋花忍冬;Tang Honeysuckle ●

236085 Lonicera sachalinensis (F. Schmidt) Nakai;库页忍冬;Sachalin Honeysuckle ●

236086 Lonicera schneideriana Rehder;短苞忍冬;Schneider Honeysuckle, Shortbract Honeysuckle ●

236087 Lonicera schneideriana Rehder = Lonicera tangutica Maxim. ●

236088 Lonicera semenovii Regel;藏西忍冬;Semenov's Honeysuckle, W. Xizang Honeysuckle ●

236089 Lonicera sempervirens L.;贯叶忍冬(穿叶忍冬,贯月忍冬,红忍冬);Coral Honeysuckle, Evergreen Honeysuckle, Honeysuckle, Scarlet Honeysuckle, Trumpet Honey Suckle, Trumpet Honeysuckle ●■

236090 Lonicera sempervirens L.'Blanche Sandman';红花贯叶忍冬;Red-flower Honeysuckle ●☆

236091 Lonicera sempervirens L.'John Clayton';黄花贯叶忍冬;Yellow-flower Honeysuckle ●☆

236092 Lonicera sericea Royle = Lonicera purpurascens Walp. ●☆

236093 Lonicera serpyllifolia Rehder = Lonicera saccata Rehder ●

236094 Lonicera serpyllifolia Rehder = Lonicera tangutica Maxim. ●

236095 Lonicera serreana Hand.-Mazz.;毛药忍冬(山咪咪);Hairyanther Honeysuckle, Hairy-anthered Honeysuckle ●

236096 Lonicera setchuensis (Franch.) Rehder = Lonicera orientalis M. Bieb. var. setchuanensis Franch. ●

236097 Lonicera setifera Franch.;齿叶忍冬;Setose Honeysuckle ●

236098 Lonicera setifera Franch. var. trullifera Rehder = Lonicera setifera Franch. ●

236099 Lonicera shensiensis (Rehder) Rehder = Lonicera tangutica Maxim. ●

236100 Lonicera shensiensis Rehder = Lonicera tangutica Maxim. ●

236101 Lonicera shikokiana Makino = Lonicera cerasina Maxim. ●☆

236102 Lonicera shintenensis Hayata = Lonicera japonica Thunb. ●■

236103 Lonicera similis Hemsl. = Lonicera similis Hemsl. ex Forbes et Hemsl. ●■

236104 Lonicera similis Hemsl. ex Forbes et Hemsl.;细苞忍冬(大金银花,吊子金银花,吊子银花,金银花,山金银花,山银花,细苞金银花,细绒忍冬,细毡毛忍冬,岩银花);Delavay Honeysuckle, Slenderbract Honeysuckle, Slender-bracted Honeysuckle ●■

236105 Lonicera similis Hemsl. ex Forbes et Hemsl. var. delavayi (Franch.) Rehder = Lonicera similis Hemsl. ex Forbes et Hemsl. ●■

236106 Lonicera similis Hemsl. ex Forbes et Hemsl. var. omeiensis P. S. Hsu et H. J. Wang;峨眉忍冬;Emei Honeysuckle ●■

236107 Lonicera similis Hemsl. var. delavayi (Franch.) Rehder = Lonicera similis Hemsl. ex Forbes et Hemsl. ●

236108 Lonicera sinense Jacquem. ex Walp. var. septentrionale Hand.-Mazz. = Jasminum sinense Hemsl. ●

236109 Lonicera spinosa (Decne.) Jacquem. ex Walp.;棘枝忍冬;Spinosy Honeysuckle, Spiny Honeysuckle, Thorntwig Honeysuckle ●

236110 Lonicera spinosa Jacquem. ex Walp. = Lonicera spinosa (Decne.) Jacquem. ex Walp. ●

236111 Lonicera spinosa Jacquem. ex Walp. var. albertii (Regel) Rehder = Lonicera albertii Regel ●

236112 Lonicera standishii Carrière = Lonicera fragrantissima Lindl. et Paxton subsp. standishii (Carrière) P. S. Hsu et H. J. Wang ●

236113 Lonicera standishii Carrière f. lancifolia Rehder;西忍冬;W. China Honeysuckle, West-China Honeysuckle ●

236114 Lonicera standishii Carrière f. lancifolia Rehder = Lonicera fragrantissima Lindl. et Paxton subsp. standishii (Carrière) P. S. Hsu et H. J. Wang ●

236115 Lonicera stenantha Pojark.;细花忍冬●☆

236116 Lonicera stenantha Pojark. var. angustifolia C. Y. Yang et J. H. Fan;细叶细花忍冬(细叶忍冬);Thinleaf Honeysuckle ●

236117 Lonicera stenosiphon Franch.;狭管忍冬;Narrowtube Honeysuckle ●

236118 Lonicera stephanocarpa Franch.；冠果忍冬；Crowned-fruit Honeysuckle, Crown-fruited Honeysuckle ●

236119 Lonicera stipulata Hook. f. et Thomson = Leycesteria stipulata (Hook. f. et Thomson) Fritsch ●

236120 Lonicera strigosiflora C. Y. Wu；心叶忍冬；Heart-leaved Honeysuckle ●

236121 Lonicera strigosiflora C. Y. Wu = Lonicera macrantha (D. Don) Spreng. ●

236122 Lonicera strophiophora Franch.；旋梗忍冬●☆

236123 Lonicera strophiophora Franch. f. glabra (Nakai) H. Hara = Lonicera strophiophora Franch. var. glabra Nakai ●☆

236124 Lonicera strophiophora Franch. f. glabrifolia (Ohwi) H. Hara；光叶旋梗忍冬●☆

236125 Lonicera strophiophora Franch. f. lancifolia Hayashi；线叶旋梗忍冬●☆

236126 Lonicera strophiophora Franch. var. glabra Nakai；无毛旋梗忍冬●☆

236127 Lonicera strophiophora Franch. var. glabrifolia Ohwi = Lonicera strophiophora Franch. f. glabrifolia (Ohwi) H. Hara ●☆

236128 Lonicera subaequalis Rehder；川黔忍冬；Subequal Honeysuckle ●■

236129 Lonicera subdentata Rehder = Lonicera setifera Franch. ●

236130 Lonicera subhispida Nakai；单花忍冬(硬毛忍冬)；Monoflower Honeysuckle, Singleflower Honeysuckle, Single-flowered Honeysuckle, Subhispid Honeysuckle ●

236131 Lonicera sublabiata P. S. Hsu et H. J. Wang；唇花忍冬；Lipflower Honeysuckle, Lipped-flower Honeysuckle, Sublabiate Honeysuckle ●

236132 Lonicera subrotundata C. Y. Yang et J. H. Fan；圆心忍冬；Rotund Honeysuckle ●

236133 Lonicera sullivantii A. Gray = Lonicera reticulata Raf. ●■

236134 Lonicera syringantha Maxim. = Lonicera rupicola Hook. f. et Thomson var. syringantha (Maxim.) Zabel ●

236135 Lonicera syringantha Maxim. subsp. syringantha (Maxim.) Y. C. Tang = Lonicera rupicola Hook. f. et Thomson var. syringantha (Maxim.) Zabel ●

236136 Lonicera syringantha Maxim. var. minor Maxim. = Lonicera rupicola Hook. f. et Thomson var. syringantha (Maxim.) Zabel ●

236137 Lonicera syringatha Maxim. var. wolfii Rehder = Lonicera rupicola Hook. f. et Thomson var. syringantha (Maxim.) Zabel ●

236138 Lonicera szechuangica Batalin；四川忍冬；Sichuan Honeysuckle ●

236139 Lonicera szechuanica Batalin = Lonicera tangutica Maxim. ●

236140 Lonicera taipeiensis P. S. Hsu et H. J. Wang；太白忍冬；Taibaishan Honeysuckle, Taipei Honeysuckle ●

236141 Lonicera taipeiensis P. S. Hsu et H. J. Wang = Lonicera tangutica Maxim. ●

236142 Lonicera tangiana S. S. Chien = Lonicera saccata Rehder var. tangiana (S. S. Chien) P. S. Hsu et H. J. Wang ●

236143 Lonicera tangiana S. S. Chien = Lonicera tangutica Maxim. ●

236144 Lonicera tangutica Maxim.；陇塞忍冬(矮金银花，鬼脸刺，唐古特忍冬)；Blush Honeysuckle, Tangut Honeysuckle ●

236145 Lonicera tangutica Maxim. var. glabra Batalin = Lonicera tangutica Maxim. ●

236146 Lonicera tatarica L.；鞑靼忍冬(桃色忍冬，新疆忍冬)；Tatar Honeysuckle, Tatarian Honeysuckle ●

236147 Lonicera tatarica L. 'Alba'；白花鞑靼忍冬●☆

236148 Lonicera tatarica L. 'Arnold's Red'；阿诺德红鞑靼忍冬●☆

236149 Lonicera tatarica L. 'Hack's Red'；砖红鞑靼忍冬●☆

236150 Lonicera tatarica L. 'Honey Rose'；蜜粉色鞑靼忍冬；Tatarian Honeysuckle ●☆

236151 Lonicera tatarica L. 'Lutea'；黄色鞑靼忍冬●☆

236152 Lonicera tatarica L. 'Rubra' = Lonicera tatarica L. 'Sibirica' ●☆

236153 Lonicera tatarica L. 'Sibirica'；西伯利亚鞑靼忍冬●☆

236154 Lonicera tatarica L. 'Zabelii'；扎布利鞑靼忍冬●☆

236155 Lonicera tatarica L. f. albiflora (DC.) House = Lonicera tatarica L. ●

236156 Lonicera tatarica L. var. alba DC. = Lonicera tatarica L. 'Alba' ●☆

236157 Lonicera tatarica L. var. micrantha Trautv. = Lonicera tatarica L. var. micrantha Trautv. ex Regel ●

236158 Lonicera tatarica L. var. micrantha Trautv. ex Regel；小花新疆忍冬(小花忍冬)；Small-flower Tatarian Honeysuckle ●

236159 Lonicera tatarica L. var. puberula Regel et Winkl. = Lonicera tatarica L. var. micrantha Trautv. ex Regel ●

236160 Lonicera tatarica L. var. xanthocarpa Endl. = Lonicera tatarica L. ●

236161 Lonicera tatarinowii Maxim.；华北忍冬(藏花忍冬，花蕉树，华北金银花，秦氏忍冬)；N. China Honeysuckle, Tatarinow Honeysuckle ●

236162 Lonicera tatarinowii Maxim. var. leptantha (Rehder) Nakai = Lonicera tatarinowii Maxim. ●

236163 Lonicera tatsienensis Franch. = Lonicera heteroloba Batalin ●

236164 Lonicera tatsienensis Franch. = Lonicera webbiana Wall. ex DC. ●

236165 Lonicera telfairii Hook. et Arn. = Lonicera confusa (Sweet) DC. ●■

236166 Lonicera tellmanniana Hort.；台尔曼忍冬；Redgold Honeysuckle ●☆

236167 Lonicera tenuipes Nakai = Lonicera gracilipes Miq. ●☆

236168 Lonicera tenuipes Nakai var. chichibuana ? = Lonicera gracilipes Miq. ●☆

236169 Lonicera tenuipes Nakai var. sphaerocarpa ? = Lonicera gracilipes Miq. ●☆

236170 Lonicera tenuipes Nakai var. subglabra ? = Lonicera gracilipes Miq. ●☆

236171 Lonicera tenuipes Nakai var. tomentosa ? = Lonicera gracilipes Miq. var. glandulosa ? ●☆

236172 Lonicera tenuipes Nakai var. tukubana ? = Lonicera gracilipes Miq. ●☆

236173 Lonicera thibetica Bureau et Franch. = Lonicera rupicola Hook. f. et Thomson ●

236174 Lonicera tianshanica Pojark.；天山忍冬；Tianshan Honeysuckle ●☆

236175 Lonicera tolmatchevii Pojark.；陶氏忍冬●☆

236176 Lonicera tomentella Hook. f. et Thomson；毛冠忍冬；Tomentellate Honeysuckle ●

236177 Lonicera tomentella Hook. f. et Thomson var. conaensis P. S. Hsu et Y. F. Huang = Lonicera tomentella Hook. f. et Thomson ●

236178 Lonicera tomentella Hook. f. et Thomson var. conaensis Y. C. Hsu et Y. F. Huang；错那忍冬；Cuona Tomentellate Honeysuckle ●

236179 Lonicera tomentella Hook. f. et Thomson var. tsarongensis W. W. Sm.；察瓦龙忍冬；Chawalong Tomentellate Honeysuckle ●

236180 Lonicera tragophylla Hemsl. ex Forbes et Hemsl.；盘叶忍冬(大金银花，大叶银花，杜银花，贯叶忍冬，土银花，叶藏花)；China Honeysuckle, Chinese Honeysuckle, Harms Honeysuckle ●■

236181 Lonicera transarisanensis Hayata = Lonicera acuminata Wall. ●■

236182 Lonicera tricalysioides C. T. Wu ex P. S. Hsu et H. J. Wang；赤

水忍冬;Chishui Honeysuckle,Tricalysia-like Honeysuckle ●

236183 Lonicera trichogyne Rehder;毛果忍冬;Hairyfruit Honeysuckle, Hairy-fruited Honeysuckle ●

236184 Lonicera trichogyne Rehder var. aequalia Hand.-Mazz.;山西忍冬;Shanxi Honeysuckle ●

236185 Lonicera trichogyne Rehder var. xerocalyx (Diels) P. S. Hsu et H. J. Wang = Lonicera trichosantha Bureau et Franch. var. xerocalyx (Diels) P. S. Hsu et H. J. Wang ●

236186 Lonicera trichopoda Franch. = Lonicera inconspicua Batalin ●

236187 Lonicera trichopoda Franch. = Lonicera tangutica Maxim. ●

236188 Lonicera trichopoda Franch. var. shensiensis Rehder = Lonicera tangutica Maxim. ●

236189 Lonicera trichosantha Bureau et Franch.;毛花忍冬(干萼忍冬,毛萼忍冬);Hairflower Honeysuckle,Slender Honeysuckle ●

236190 Lonicera trichosantha Bureau et Franch. f. acutiuscula Rehder = Lonicera trichosantha Bureau et Franch. ●

236191 Lonicera trichosantha Bureau et Franch. f. glabrata Rehder = Lonicera trichosantha Bureau et Franch. ●

236192 Lonicera trichosantha Bureau et Franch. var. deflexicalyx (Diels) P. S. Hsu et H. J. Wang = Lonicera trichosantha Bureau et Franch. var. xerocalyx (Diels) P. S. Hsu et H. J. Wang ●

236193 Lonicera trichosantha Bureau et Franch. var. xerocalyx (Diels) P. S. Hsu et H. J. Wang = Lonicera trichosantha Bureau et Franch. var. deflexicalyx (Diels) P. S. Hsu et H. J. Wang ●

236194 Lonicera trichosantha Bureau et Franch. var. xerocalyx (Diels) P. S. Hsu et H. J. Wang;长叶毛花忍冬(干萼忍冬);Bentcalyx Honeysuckle, Longleaf Hairflower Honeysuckle, Long-leaf Slender Honeysuckle ●

236195 Lonicera trichosepala (Rehder) P. S. Hsu;毛萼忍冬;Hairy Sepal Honeysuckle,Hairy-sepaled Honeysuckle ●■

236196 Lonicera tschonoskii Maxim.;须川氏忍冬●☆

236197 Lonicera tubiliflora Rehder; 管花忍冬; Tube-flower Honeysuckle,Tubiflorous Honeysuckle ●

236198 Lonicera turczaninowii Pojark.;图氏忍冬●☆

236199 Lonicera uzenensis Kadota;羽前忍冬●☆

236200 Lonicera vaccinium H. Lév. = Wikstroemia vaccinium (H. Lév.) Rehder ●

236201 Lonicera vegeta Rehder = Lonicera fargesii Franch. ●

236202 Lonicera venulosa Maxim. = Lonicera caerulea L. subsp. edulis (Regel) Hultén var. venulosa (Maxim.) Rehder ●☆

236203 Lonicera vesicaria Kom. = Lonicera ferdinandii Franch. ●

236204 Lonicera vestita W. W. Sm. = Lonicera chrysantha Turcz. ex Ledeb. subsp. koehneana (Rehder) P. S. Hsu et H. J. Wang ●

236205 Lonicera vidalii Franch. et Sav.;大忍冬●☆

236206 Lonicera villosa (Michx.) Schult.;山地忍冬;Hairy Fly-honeysuckle, Mountain Fly Honeysuckle, Mountain Fly-honeysuckle ●☆

236207 Lonicera villosa (Michx.) Schult. var. solonis (Eaton) Fernald;索罗忍冬;Mountain Fly Honeysuckle ●☆

236208 Lonicera virgultorum W. W. Sm.;细柳林忍冬;Manystem Honeysuckle,Shrubby Honeysuckle ●

236209 Lonicera viridiflava Hand.-Mazz. = Lonicera cyanocarpa Franch. ●

236210 Lonicera wardii W. W. Sm. = Lonicera lanceolata Wall. ●

236211 Lonicera watanabeana Makino;骏河忍冬●☆

236212 Lonicera watanabeana Makino = Lonicera glehnii F. Schmidt ●☆

236213 Lonicera watanabeana Makino var. viridissima ? = Lonicera glehnii F. Schmidt ●☆

236214 Lonicera webbiana Wall. ex DC.;华西忍冬(康定忍冬,裂叶忍冬,绿柴忍冬,威氏忍冬);Webb Honeysuckle ●

236215 Lonicera webbiana Wall. ex DC. var. lanpinensis Y. C. Tang = Lonicera webbiana Wall. ex DC. ●

236216 Lonicera webbiana Wall. ex DC. var. mupinensis (Rehder) P. S. Hsu et H. J. Wang;川西忍冬;West Sichuan Webb Honeysuckle ●

236217 Lonicera wightianum Wall. ex DC. = Lonicera ligustrina Wall. ●

236218 Lonicera wolfii (Rehder) K. S. Hao = Lonicera rupicola Hook. f. et Thomson var. syringantha (Maxim.) Zabel ●

236219 Lonicera wolfii K. S. Hao = Lonicera rupicola Hook. f. et Thomson var. syringantha (Maxim.) Zabel ●

236220 Lonicera wulingensis Nakai = Lonicera szechuangica Batalin ●

236221 Lonicera wulingensis Nakai = Lonicera tangutica Maxim. ●

236222 Lonicera xerocalyx Diels = Lonicera trichosantha Bureau et Franch. var. xerocalyx (Diels) P. S. Hsu et H. J. Wang ●

236223 Lonicera xerocalyx Diels = Lonicera trichosantha Bureau et Franch. var. deflexicalyx (Diels) P. S. Hsu et H. J. Wang ●

236224 Lonicera xylosteoides Tausch;密枝忍冬;Fly Honeysuckle ●☆

236225 Lonicera xylosteoides Tausch 'Clavey's Dwarf';菱卵叶忍冬 ●☆

236226 Lonicera xylosteum L.;黄忍冬(低花忍冬,黄粉蝶忍冬,金银花);Dwarf Honeysuckle, European Fly Honeysuckle, European Fly-honeysuckle, Fly Honey Suckle, Fly Honeysuckle, Fly-honeysuckle ●☆

236227 Lonicera xylosteum L. 'Emerald Mound';小黄忍冬;Dwarf European Fly Honeysuckle ●☆

236228 Lonicera xylosteum L. var. chrysantha Regel = Lonicera chrysantha Turcz. ex Ledeb. ●

236229 Lonicera yunnanensis Franch.;云南忍冬;Yunnan Honeysuckle ●■

236230 Lonicera yunnanensis Franch. var. linearifolia C. Y. Wu;线叶云南忍冬;Yunnan Honeysuckle ●■

236231 Lonicera yunnanensis Franch. var. linearifolia C. Y. Wu ex X. W. Li = Lonicera yunnanensis Franch. ●■

236232 Lonicera yunnanensis Franch. var. tenuis Rehder = Lonicera yunnanensis Franch. ●■

236233 Loniceraceae Endl. = Caprifoliaceae Juss.(保留科名)●■

236234 Loniceraceae Vest = Caprifoliaceae Juss.(保留科名)●■

236235 Loniceroides Bullock(1964);忍冬萝藦属■☆

236236 Loniceroides harrisonae Bullock;忍冬萝藦■☆

236237 Lontanus Gaertn. = Lontarus Steck ●

236238 Lontarus Adans. = Borassus L. ●

236239 Lontarus Steck = Borassus L. ●

236240 Loosa Jacq. = Loasa Adans. ■●☆

236241 Lopadocalyx Klotzsch = Olax L. ●

236242 Lopanthus Vitman = Lophanthus J. R. Forst. et G. Forst. ●■

236243 Lopanthus Vitman = Waltheria L. ●■

236244 Lopesia Juss. = Lopezia Cav. ■☆

236245 Lopezia Cav.(1791);宝石冠属;Crown-jewels ■☆

236246 Lopezia coronata Andr.;宝石冠;Crown-jewels ■☆

236247 Lopezia hirsuta Jacq.;有毛宝石冠;Moswuito Flower ■☆

236248 Lopezia lineata Zuccagni;线叶宝石冠■☆

236249 Lopezia longiflora Decne.;长花宝石冠■☆

236250 Lopeziaceae Lilja = Onagraceae Juss.(保留科名)■●

236251 Lophacma Post et Kuntze = Lophacme Stapf ■☆

236252 Lophacme Stapf(1898);糙脊草属■☆
236253 Lophacme digitata Stapf;糙脊草■☆
236254 Lophacme incompletd (Roth) Chiov. = Chloris dolichostachya Lag. ■
236255 Lophacme parva Renvoize et Clayton;较小糙脊草■☆
236256 Lophactis Raf. = Coreopsis L. ●■
236257 Lophalix Raf. = Alloplectus Mart.(保留属名)●■☆
236258 Lophandra D. Don = Erica L. ●☆
236259 Lophanthera A. Juss.(1840)(保留属名);冠药金虎尾属●☆
236260 Lophanthera Raf.(废弃属名) = Lophanthera A. Juss.(保留属名)●☆
236261 Lophanthera Raf.(废弃属名) = Sopubia Buch. -Ham. ex D. Don ■
236262 Lophanthus Adans.(1763);扭藿香属;Giant Hyssop, Gianthyssop, Lophanthus ■●
236263 Lophanthus Adans. = Nepeta L. ■●
236264 Lophanthus Benth. = Agastache J. Clayton ex Gronov. ■
236265 Lophanthus J. R. Forst. et G. Forst. = Waltheria L. ●■
236266 Lophanthus argyi H. Lév. = Agastache rugosa (Fisch. et C. A. Mey.) Kuntze ■
236267 Lophanthus chinensis Benth.;扭藿香;China Gianthyssop, Chinese Lophanthus ■
236268 Lophanthus cyprianii Pavol. = Elsholtzia cypriani (Pavol.) S. Chow ex Y. C. Hsu ■
236269 Lophanthus elegans (Lipsky) Levin;雅致扭藿香;Elegant Lophanthus ■☆
236270 Lophanthus formosanus Hayata = Agastache rugosa (Fisch. et C. A. Mey.) Kuntze ■
236271 Lophanthus krylovii Lipsky;阿尔泰扭藿香;Krylov Gianthyssop, Krylov Lophanthus ■
236272 Lophanthus lipskyanus Ikonn. -Gal. et Nevski;里氏扭藿香;Lipsky Lophanthus ■☆
236273 Lophanthus rugosus Fisch. et C. A. Mey. = Agastache rugosa (Fisch. et C. A. Mey.) Kuntze ■
236274 Lophanthus schrenkii Levin;天山扭藿香;Tianshan Gianthyssop, Tianshan Lophanthus ■
236275 Lophanthus scrophulariifolius (Willd.) Benth. = Agastache scrophulariifolia (Willd.) Kuntze ■☆
236276 Lophanthus scrophulariifolius (Willd.) Benth. var. mollis Fernald = Agastache scrophulariifolia (Willd.) Kuntze ■☆
236277 Lophanthus subnivalis Lipsky;雪地扭藿香;Snowy Lophanthus ■☆
236278 Lophanthus tibeticus C. Y. Wu et Y. C. Huang;西藏扭藿香;Tibet Lophanthus, Xizang Gianthyssop ■
236279 Lophanthus tschimganicus Lipsky;契穆干扭藿香■☆
236280 Lopharina Neck. = Erica L. ●☆
236281 Lophatherum Brongn.(1831);淡竹叶属;Lophather, Lophatherum ■
236282 Lophatherum annulatum Franch. et Sav. = Lophatherum gracile Brongn. ■
236283 Lophatherum elatum Zoll. et Moritzi = Lophatherum gracile Brongn. ■
236284 Lophatherum gracile Brongn.;淡竹叶(长竹叶,淡竹米,地竹,金鸡米,金竹叶,林下竹,迷身草,山冬,山鸡米,山竹叶,碎骨子,土麦冬,野麦冬,竹叶,竹叶麦冬,竹叶门冬青);Common Lophather, Lophatherum ■
236285 Lophatherum gracile Brongn. f. musashiense (Hiyama) T. Koyama;武藏淡竹叶■☆
236286 Lophatherum gracile Brongn. var. elatum (Zoll. et Moritzi) Hack. = Lophatherum gracile Brongn. ■
236287 Lophatherum gracile Brongn. var. elatum Hack.;高淡竹叶(淡竹叶)■☆
236288 Lophatherum gracile Brongn. var. pilosulum (Steud.) Hack. = Lophatherum gracile Brongn. ■
236289 Lophatherum gracile Brongn. var. pilosulum Hack. = Lophatherum gracile Brongn. ■
236290 Lophatherum humile Miq. = Lophatherum gracile Brongn. ■
236291 Lophatherum japonicum (Steud.) Steud. = Lophatherum gracile Brongn. ■
236292 Lophatherum lehmannii Nees ex Steud. = Lophatherum gracile Brongn. ■
236293 Lophatherum multiflorum Steud. = Lophatherum gracile Brongn. ■
236294 Lophatherum pilosulum Steud. = Lophatherum gracile Brongn. ■
236295 Lophatherum sinense Rendle;华淡竹叶(中华淡竹叶);Chinese Lophather ■
236296 Lophatherum sinense Rendle f. leiophyllum T. Koyama;光叶华淡竹叶■☆
236297 Lophatherum zeylanicum Hook. f. = Lophatherum gracile Brongn. ■
236298 Lopherina Juas. = Erica L. ●☆
236299 Lopherina Juas. = Lopharina Neck. ●☆
236300 Lopherina Neck. ex Juas. = Erica L. ●☆
236301 Lopherina Neck. ex Juas. = Lopharina Neck. ●☆
236302 Lophia Desv. = Alloplectus Mart.(保留属名)●■☆
236303 Lophia Desv. ex Ham. = Alloplectus Mart.(保留属名)●■☆
236304 Lophia Desv. ex Ham. = Crantzia Scop.(废弃属名)●■☆
236305 Lophiarella Szlach., Mytnik et Romowicz = Oncidium Sw.(保留属名)■☆
236306 Lophiarella Szlach., Mytnik et Romowicz(2006);美洲瘤瓣兰属■☆
236307 Lophiaris Raf. = Oncidium Sw.(保留属名)■☆
236308 Lophiaris lurida (Lindl.) Braem = Trichocentrum undulatum (Sw.) Ackerman et M. W. Chase ■☆
236309 Lophiaris maculata (Aubl.) Ackerman = Trichocentrum undulatum (Sw.) Ackerman et M. W. Chase ■☆
236310 Lophiocarpaceae Doweld et Reveal(2008);冠果商陆科(南商陆科)■☆
236311 Lophiocarpus (Kunth) Miq. = Sagittaria L. ■
236312 Lophiocarpus (Seub.) Miq. = Sagittaria L. ■
236313 Lophiocarpus Miq. = Sagittaria L. ■
236314 Lophiocarpus Turcz.(1843);冠果商陆属(裂苞鬼椒属)■☆
236315 Lophiocarpus burchellii Hook. f. = Lophiocarpus polystachyus Turcz. ■☆
236316 Lophiocarpus dinteri Engl.;丁特冠果商陆■☆
236317 Lophiocarpus guayanensis (Kunth) Micheli = Sagittaria guyanensis Kunth subsp. lappula (D. Don) Bogin ■
236318 Lophiocarpus lappula (D. Don) Miq. = Sagittaria guyanensis Kunth subsp. lappula (D. Don) Bogin ■
236319 Lophiocarpus latifolius Nowicke;宽叶冠果商陆■☆
236320 Lophiocarpus polystachyus Turcz.;冠果商陆■☆
236321 Lophiocarpus tenuissimus Hook. f.;细冠果商陆■☆
236322 Lophiola Ker Gawl.(1813);北美藜芦属;Golden Crest, Golden-crest ■☆
236323 Lophiola americana (Pursh) A. W. Wood = Lophiola aurea Ker

Gawl. ■☆

236324 Lophiola aurea Ker Gawl.;北美藜芦(黄北美藜芦);Golden Crest,Golden-crest ■☆

236325 Lophiola septentrionalis Fernald = Lophiola aurea Ker Gawl. ■☆

236326 Lophiolaceae Nakai = Haemodoraceae R. Br.(保留科名)■☆

236327 Lophiolaceae Nakai = Melanthiaceae Batsch ex Borkh.(保留科名)■

236328 Lophiolaceae Nakai = Nartheciaceae Small ■

236329 Lophiolaceae Nakai;北美藜芦科■

236330 Lophiolepis (Cass.) Cass. = Cirsium Mill. ■

236331 Lophiolepis Cass. = Cirsium Mill. ■

236332 Lophiolepis dubia Cass. = Cirsium vulgare (Savi) Ten. ■

236333 Lophion Spach = Viola L. ■●

236334 Lophira Banks ex C. F. Gaertn.(1805);红铁木属(非洲栎属);African Oak,Ekki,Kaku Oil,Lophira,Meni Oil,Zawa ●☆

236335 Lophira africana Banks ex G. Don = Lophira alata Banks ex C. F. Gaertn. ●☆

236336 Lophira alata Banks ex C. F. Gaertn.;红铁木(高大红铁木,翼形红铁木);Azob,Bongosei,Eba Ekki Lophira,False Shea,Meni Oil Tree,Winged Lophira ●☆

236337 Lophira alata Banks ex C. F. Gaertn. = Lophira procera A. Chev. ●☆

236338 Lophira barteri Tiegh. = Lophira alata Banks ex C. F. Gaertn. ●☆

236339 Lophira lanceolata Tiegh. ex Keay;剑叶红铁木(剑叶非洲栎)●☆

236340 Lophira macrophylla Tiegh. = Lophira alata Banks ex C. F. Gaertn. ●☆

236341 Lophira procera A. Chev. = Lophira alata Banks ex C. F. Gaertn. ●☆

236342 Lophira simplex G. Don = Lophira alata Banks ex C. F. Gaertn. ●☆

236343 Lophira spathulata Tiegh. = Lophira alata Banks ex C. F. Gaertn. ●☆

236344 Lophira thollonii Tiegh. = Lophira alata Banks ex C. F. Gaertn. ●☆

236345 Lophiraceae Endl.;红铁木科(异金莲木科)●☆

236346 Lophiraceae Endl. = Ochnaceae DC.(保留科名)●■

236347 Lophiraceae Loudon. = Ochnaceae DC.(保留科名)●■

236348 Lophium Steud. = Lophion Spach ■●

236349 Lophium Steud. = Viola L. ■●

236350 Lophobios Raf. = Euphorbia L. ●■

236351 Lophocachrys (W. D. J. Koch ex DC.) Meisn. = Trachymarathrum Tausch ■☆

236352 Lophocachrys W. D. J. Koch ex DC. = Hippomarathrum Link ■☆

236353 Lophocarpinia Burkart(1957);翼荚苏木属●☆

236354 Lophocarpus Boeck. = Neolophocarpus E. G. Camus ■

236355 Lophocarpus Boeck. = Schoenus L. ■

236356 Lophocarpus Link = Froelichia Moench ■☆

236357 Lophocarya Nutt. ex Moq.(1849);冠果藜属●■

236358 Lophocarya Nutt. ex Moq. = Atriplex L. ■●

236359 Lophocarya Nutt. ex Moq. = Obione Gaertn. ■●

236360 Lophocarya spinosa Nutt. ex Moq. = Atriplex canescens (Pursh) Nutt. ●

236361 Lophocereus (A. Berger) Britton et Rose = Pachycereus (A. Berger) Britton et Rose ●

236362 Lophocereus (A. Berger) Britton et Rose(1909);鸡冠柱属● ■☆

236363 Lophocereus Britton et Rose = Lophocereus (A. Berger) Britton et Rose ●■☆

236364 Lophocereus schottii (Engelm.) Britton et Rose = Pachycereus schottii (Engelm.) D. R. Hunt ●☆

236365 Lophochlaena Nees = Pleuropogon R. Br. ■☆

236366 Lophochlaena Post et Kuntze = Lopholaena DC. ■●☆

236367 Lophochloa Rchb. = Rostraria Trin. ■☆

236368 Lophochloa cavanillesii (Trin.) Bor = Trisetaria loeflingiana (L.) Paunero ■☆

236369 Lophochloa clarkeana (Domin) Bor = Rostraria clarkeana (Domin) Holub ■☆

236370 Lophochloa cristata (L.) Hyl. = Rostraria cristata (L.) Tzvelev ■☆

236371 Lophochloa hispida (Savi) Jonsell = Rostraria hispida (Savi) Dogan ■☆

236372 Lophochloa obtusiflora (Boiss.) Gontsch. = Koeleria obtusiflora Boiss. ■☆

236373 Lophochloa phleoides (Vill.) Rchb. = Koeleria phleoides (Vill.) Pers. ■☆

236374 Lophochloa phleoides (Vill.) Rchb. = Rostraria cristata (L.) Tzvelev ■☆

236375 Lophochloa pubescens (Lam.) H. Scholz = Rostraria litorea (All.) Holub ■☆

236376 Lophochloa pumila (Desf.) Bor = Rostraria pumila (Desf.) Tzvelev ■☆

236377 Lophochloa salzmannii (Boiss. et Reut.) H. Scholz = Rostraria salzmannii (Boiss. et Reut.) Holub ■☆

236378 Lophoclinium Endl. = Podotheca Cass.(保留属名)■☆

236379 Lophoglotis Raf. = Sophronitis Lindl. ■☆

236380 Lophoglottis Raf. = Sophronitis Lindl. ■☆

236381 Lophogyne Tul.(1849);冠柱川苔草属■☆

236382 Lopholaena DC.(1838);柔冠菊属■●☆

236383 Lopholaena acutifolia R. E. Fr.;尖叶柔冠菊■☆

236384 Lopholaena alata P. A. Duvign.;翅柔冠菊■☆

236385 Lopholaena bainesii (Oliv. et Hiern) S. Moore = Lopholaena coriifolia (Sond.) E. Phillips et C. A. Sm. ■☆

236386 Lopholaena brevipes E. Phillips et C. A. Sm. = Lopholaena dolichopappa (O. Hoffm.) S. Moore ■☆

236387 Lopholaena cneorifolia (DC.) S. Moore;叶柄花柔冠菊■☆

236388 Lopholaena coriifolia (Sond.) E. Phillips et C. A. Sm.;麝香草叶柔冠菊■☆

236389 Lopholaena disticha (N. E. Br.) S. Moore;二列柔冠菊■☆

236390 Lopholaena dolichopappa (O. Hoffm.) S. Moore;少花柔冠菊■☆

236391 Lopholaena dregeana DC.;德雷柔冠菊■☆

236392 Lopholaena festiva Brusse;华美柔冠菊■☆

236393 Lopholaena longipes (Harv.) Thell.;长梗柔冠菊■☆

236394 Lopholaena pauciflora Thell. = Lopholaena dolichopappa (O. Hoffm.) S. Moore ■☆

236395 Lopholaena phyllodes (Hiern) S. Moore;叶状柔冠菊■☆

236396 Lopholaena platyphylla Benth.;宽叶柔冠菊■☆

236397 Lopholaena randii S. Moore = Lopholaena coriifolia (Sond.) E. Phillips et C. A. Sm. ■☆

236398 Lopholaena segmentata (Oliv.) S. Moore;短裂柔冠菊■☆

236399 Lopholaena trianthema (O. Hoffm.) Burtt;三花柔冠菊■☆

236400 Lopholaena ussanguensis (O. Hoffm.) S. Moore;乌桑古柔冠菊■☆
236401 Lopholepis Decne. (1839);喙颖草属■☆
236402 Lopholoma Cass. = Centaurea L.(保留属名)●■
236403 Lophomyrtus Burret(1941);冠香桃木属(新嘉宝果属)●☆
236404 Lophomyrtus bullata (Sol. ex A. Cunn.) Burret;水泡冠香桃木●☆
236405 Lophomyrtus obcordata (Raoul) Burret;心叶冠香桃木;Rohutu●☆
236406 Lophomyrtus ralphii (Hook. f.) Burret;美丽冠香桃木●☆
236407 Lophomyrtus ralphii (Hook. f.) Burret 'Gloriosa';著名美丽冠香桃木●☆
236408 Lophomyrtus ralphii (Hook. f.) Burret 'Indian Chief';印度大厨美丽冠香桃木●☆
236409 Lophomyrtus ralphii (Hook. f.) Burret 'Kathryn';卡塞琳美丽冠香桃木●☆
236410 Lophomyrtus ralphii (Hook. f.) Burret 'Little Star';小星美丽冠香桃木●☆
236411 Lophomyrtus ralphii (Hook. f.) Burret 'Multicolor';多色美丽冠香桃木●☆
236412 Lophomyrtus ralphii (Hook. f.) Burret 'Pixie';小精灵美丽冠香桃木●☆
236413 Lophopappus Rusby(1894);羽冠钝柱菊属●☆
236414 Lophopetalum Wight ex Arn. (1839);冠瓣属;Crestpetal-tree ●☆
236415 Lophopetalum duperreanum Pierre; 迪佩里冠瓣; Duperre Crestpetal-tree ●☆
236416 Lophopetalum grandiflorum Wight ex Arn. = Euonymus grandiflorus Wall. ●
236417 Lophopetalum lucidum Wight ex M. A. Lawson;亮叶冠瓣●☆
236418 Lophopetalum multinervium Ridl.;多脉冠瓣●☆
236419 Lophopetalum toxicum Loher;菲律宾冠瓣●☆
236420 Lophopetalum wallichii Kurz;沃里赫冠瓣;Wallich Crestpetal-tree ●☆
236421 Lophopetalum wallichii Kurz var. parvifolium Pierre;小叶沃里赫冠瓣●☆
236422 Lophopetalum wightianum Arn.;怀特冠瓣(印度冠瓣);Wight Crestpetal-tree ●☆
236423 Lophophora J. M. Coult. (1894);乌羽玉属(魔根属,冠毛掌属);Mescal Button,Mescal-button,Peyote ●
236424 Lophophora diffusa (Croizat) Bravo;铺散乌羽玉;Peyote ■☆
236425 Lophophora williamisii (Lem.) J. M. Coult.;乌羽玉(老头掌,魔根,仙人萆);Divine Cactus, Dumpling Cactus, Jiculi, Mescal Button, Mescal Button Peyote, Mescal Buttons, Mescal-button, Peyote,Peyoti,Peyotl ■
236426 Lophophora williamsii (Lem. ex Salm-Dyck) J. M. Coult. = Lophophora williamisii (Lem.) J. M. Coult. ■
236427 Lophophyllum Griff. = Cyclea Arn. ex Wight ●■
236428 Lophophytaceae Bromhead = Balanophoraceae Rich.(保留科名)●■
236429 Lophophytaceae Bromhead;裸花菰科■☆
236430 Lophophytaceae Horan. = Balanophoraceae Rich.(保留科名)●■
236431 Lophophytaceae Horan. = Lophophytaceae Bromhead ■
236432 Lophophytum Schott et Endl. (1832);裸花菰属■☆
236433 Lophophytum mirabile Schott et Endl.;裸花菰■☆
236434 Lophopogon Hack. (1887);印马冠草属■☆
236435 Lophopogon intermedium A. Camus = Apocopis intermedia (A. Camus) Chai-Anan ■
236436 Lophopogon truncatiglumis (Benth.) Hack.;印马冠草■☆
236437 Lophopteris Griseb. = Lophopterys A. Juss. ●☆
236438 Lophopterys A. Juss. (1838);冠翅金虎尾属●☆
236439 Lophopteryx Dalla Torre et Harms = Lophopterys A. Juss. ●☆
236440 Lophopyrum Á. Löve = Elymus L. ■
236441 Lophopyrum Á. Löve = Elytrigia Desv. ■
236442 Lophopyrum ponticum (Podp.) Á. Löve = Elymus elongatus (Host) Runemark ■☆
236443 Lophopyrum scirpeum (C. Presl) Á. Löve = Elytrigia scirpea (C. Presl) Holub ■☆
236444 Lophopyxidaceae (Engl.) H. Pfeiff. = Celastraceae R. Br.(保留科名)●
236445 Lophopyxidaceae H. Pfeiff. (1951);五翼果科(冠状果科)●☆
236446 Lophopyxidaceae H. Pfeiff. = Celastraceae R. Br.(保留科名)●
236447 Lophopyxis Hook. f. (1887);五翼果属(冠状果属)●☆
236448 Lophopyxis maingayi Hook. f.;五翼果●☆
236449 Lophoschoenus Stapf = Costularia C. B. Clarke ex Dyer ■☆
236450 Lophosciadium DC. = Ferulago W. D. J. Koch ■☆
236451 Lophospatha Burret = Salacca Reinw. ●
236452 Lophospermum D. Don ex R. Taylor = Lophospermum D. Don ■☆
236453 Lophospermum D. Don(1826);冠籽藤属(冠子藤属)■☆
236454 Lophospermum erubescens D. Don = Kickxia petiolata D. A. Sutton ■☆
236455 Lophospermum erubescens D. Don ex Sweet;冠籽藤;Mexican Twist ■●☆
236456 Lophostachys Pohl(1830-1831);冠穗爵床属☆
236457 Lophostachys floribunda Pohl;冠穗爵床☆
236458 Lophostachys montana Mart. ex Nees;山地冠穗爵床☆
236459 Lophostemon Schott ex Endl. = Lophostemon Schott ●
236460 Lophostemon Schott = Tristania R. Br. ●
236461 Lophostemon Schott(1830);刷盒木属(红胶木属,毛刷木属)●
236462 Lophostemon confertus (R. Br.) Peter G. Wilson et J. T. Waterh.;红胶木(毛刷树,赛桉,刷盒木);Brisbane Box, Brisbane Tristania,Brisbanebox Tristania,Brush Box,Brush Buxus,Brushbox,Brush-box,Brush-box Tree,Red Box,Vinegar Tree ●
236463 Lophostemon confertus (R. Br.) Peter G. Wilson et J. T. Waterh. 'Perth Gold';佩斯金刷盒木(佩斯金毛刷木)●☆
236464 Lophostemon confertus (R. Br.) Peter G. Wilson et J. T. Waterh. 'Variegatus';斑叶刷盒木●☆
236465 Lophostemon suaveolens (Sol. ex Gaertn.) Peter G. Wilson et J. T. Waterh.;沼生刷盒木;Swamp Box,Swamp Turpentine ●☆
236466 Lophostephus Harv. = Anisotoma Fenzl ■☆
236467 Lophostigma Radlk. (1897);冠柱无患子属●☆
236468 Lophostigma plumosum Radlk.;冠柱无患子●☆
236469 Lophostoma (Meisn.) Meisn. (1857);冠口瑞香属●☆
236470 Lophostoma Meisn. = Lophostoma (Meisn.) Meisn. ●☆
236471 Lophostoma calophylloides Meisn.;冠口瑞香●☆
236472 Lophostylis Hochst. = Securidaca L.(保留属名)●
236473 Lophotaenia Griseb. = Malabaila Hoffm. ■☆
236474 Lophothecium Rizzini = Justicia L. ●■
236475 Lophothele O. F. Cook = Chamaedorea Willd.(保留属名)●☆
236476 Lophotocarpus (Kunth) Miq. = Sagittaria L. ■
236477 Lophotocarpus T. Durand = Sagittaria L. ■
236478 Lophotocarpus T. Durand(1888);冠果草属;Lophotocarpus ■
236479 Lophotocarpus californicus J. G. Sm. = Sagittaria montevidensis

Cham. et Schltdl. subsp. calycina (Engelm.) Bogin ■☆
236480 Lophotocarpus calycinus (Engelm.) J. G. Sm. = Sagittaria montevidensis Cham. et Schltdl. subsp. calycina (Engelm.) Bogin ■☆
236481 Lophotocarpus depauperatus J. G. Sm. = Sagittaria montevidensis Cham. et Schltdl. subsp. calycina (Engelm.) Bogin ■☆
236482 Lophotocarpus formosanus Hayata;台湾冠果草(假菱角,土紫菀);Taiwan Lophotocarpus ■
236483 Lophotocarpus formosanus Hayata = Sagittaria guyanensis Kunth subsp. lappula (D. Don) Bogin ■
236484 Lophotocarpus guyanensis (Kunth) J. G. Sm. = Sagittaria guyanensis Kunth ■☆
236485 Lophotocarpus guyanensis (Kunth) J. G. Sm. var. lappula (D. Don) Buchen = Sagittaria guyanensis Kunth subsp. lappula (D. Don) Bogin ■
236486 Lophotocarpus guyanensis (Kunth) T. Durand et Schinz = Sagittaria guyanensis Kunth ■☆
236487 Lophoxera Raf. = Celosia L. ■
236488 Lophoxera Raf. = Iresine P. Browne(保留属名)●■
236489 Lophozonia Turcz. = Nothofagus Blume(保留属名)●☆
236490 Lopimia Mart. (1823);饰锦葵属●☆
236491 Lopimia malacophylla (Link et Otto) Mart.;饰锦葵●☆
236492 Lopimia malacophylla Mart. = Lopimia malacophylla (Link et Otto) Mart. ●☆
236493 Lopriorea Schinz(1911);密头耳叶苋属■●☆
236494 Lopriorea ruspolii (Lopr.) Schinz;密头耳叶苋■☆
236495 Lorandersonia Urbatsch, R. P. Roberts et Neubig(2005);兔菊木属;Rabbitbush ●☆
236496 Lorandersonia baileyi (Wooton et Standl.) Urbatsch, R. P. Roberts et Neubig;贝利兔菊木;Bailey's Rabbitbrush ●☆
236497 Lorandersonia linifolia (Greene) Urbatsch;矛叶兔菊木;Spearleaf Rabbitbrush ●☆
236498 Lorandersonia microcephala (Cronquist) Urbatsch, R. P. Roberts et Neubig;小头兔菊木;Smallhead Heathgoldenrod ●☆
236499 Lorandersonia peirsonii (D. D. Keck) Urbatsch, R. P. Roberts et Neubig;皮尔逊兔菊木;Peirson's Serpentweed ●☆
236500 Lorandersonia pulchella (A. Gray) Urbatsch, R. P. Roberts et Neubig;兔菊木;Southwestern Rabbitbrush ●☆
236501 Lorandersonia salicina (S. F. Blake) Urbatsch, R. P. Roberts et Neubig;柳叶兔菊木;Willow Glowweed ●☆
236502 Lorandersonia spathulata (L. C. Anderson) Urbatsch, R. P. Roberts et Neubig;匙叶兔菊木;Guadalupe Rabbitbrush ●☆
236503 Loranthaceae Juss. (1808)(保留科名);桑寄生科;Mistletoe Family, Scurrula Family ●
236504 Loranthea Steud. = Lorentea Ortega ■●
236505 Loranthea Steud. = Sanvitalia Lam. ■●
236506 Loranthos St. -Lag. = Loranthus Jacq. (保留属名)●
236507 Loranthus Jacq. (1762)(保留属名);桑寄生属(大叶槲寄生属);Loranth, Scurrula ●
236508 Loranthus L. (1753)(废弃属名) = Loranthus Jacq. (保留属名)●
236509 Loranthus L. (1753)(废弃属名) = Psittacanthus Mart. ●☆
236510 Loranthus acaciae Zucc. = Plicosepalus acaciae (Zucc.) Wiens et Polhill ●☆
236511 Loranthus acaciaedetinentis Dinter = Plicosepalus kalachariensis (Schinz) Danser ●☆
236512 Loranthus acacietorum Bullock = Oncocalyx fischeri (Engl.) M. G. Gilbert ●☆
236513 Loranthus adolfi-friderici Engl. et K. Krause = Englerina woodfordioides (Schweinf.) Balle ●☆
236514 Loranthus adpressus (Tiegh.) Lecomte = Helixanthera parasitica Lour. ●
236515 Loranthus alatus De Wild. = Tapinanthus dependens (Engl.) Danser ●☆
236516 Loranthus albidus Blume = Elytranthe albida (Blume) Blume ●
236517 Loranthus albizziae De Wild. = Phragmanthera usuiensis (Oliv.) M. G. Gilbert ●☆
236518 Loranthus albizziae De Wild. var. glabrescentiflorus Balle = Phragmanthera usuiensis (Oliv.) M. G. Gilbert ●☆
236519 Loranthus albizziae De Wild. var. rogersii Sprague = Phragmanthera cornetii (Dewèvre) Polhill et Wiens ●☆
236520 Loranthus albizziae De Wild. var. ternatus Balle = Phragmanthera usuiensis (Oliv.) M. G. Gilbert ●☆
236521 Loranthus alboannulatus Engl. et K. Krause = Agelanthus brunneus (Engl.) Balle et N. Hallé ●☆
236522 Loranthus ambiguus Engl. = Oncella ambigua (Engl.) Tiegh. ●☆
236523 Loranthus ambiguus Engl. var. subacutus ? = Oncella ambigua (Engl.) Tiegh. ●☆
236524 Loranthus amblyphyllus Chiov. = Agelanthus scassellatii (Chiov.) Polhill et Wiens ●☆
236525 Loranthus ampullaceus Roxb. = Macrosolen cochinchinensis (Lour.) Tiegh. ●
236526 Loranthus angiensis De Wild. = Tapinanthus buvumae (Rendle) Danser ●☆
236527 Loranthus angolensis Engl. = Phragmanthera polycrypta (Didr.) Balle ●☆
236528 Loranthus anguliflorus Engl. = Globimetula anguliflora (Engl.) Danser ●☆
236529 Loranthus angustitepalus Engl. = Phragmanthera capitata (Spreng.) Balle ●☆
236530 Loranthus annulatus Engl. et K. Krause = Agelanthus fuellebornii (Engl.) Polhill et Wiens ●☆
236531 Loranthus apodanthus Sprague = Tapinanthus apodanthus (Sprague) Danser ●☆
236532 Loranthus atropurpureus Blume = Scurrula atropurpurea (Blume) Danser ●
236533 Loranthus aurantiaciflorus Brenan = Agelanthus scassellatii (Chiov.) Polhill et Wiens ●☆
236534 Loranthus aurantiacus Engl. = Agelanthus scassellatii (Chiov.) Polhill et Wiens ●☆
236535 Loranthus bagshawei Rendle = Englerina woodfordioides (Schweinf.) Balle ●☆
236536 Loranthus balansae Lecomte = Taxillus balansae (Lecomte) Danser ●
236537 Loranthus balfourianus Diels = Taxillus delavayi (Tiegh.) Danser ●
236538 Loranthus bangwensis Engl. et K. Krause = Tapinanthus bangwensis (Engl. et K. Krause) Danser ●☆
236539 Loranthus batangae Engl. = Phragmanthera batangae (Engl.) Balle ●☆
236540 Loranthus baumii Engl. et Gilg = Phragmanthera baumii (Engl. et Gilg) Polhill et Wiens ●☆
236541 Loranthus becquetii Balle = Agelanthus keilii (Engl. et K. Krause) Polhill et Wiens ●☆

236542 Loranthus belvisii DC. = Tapinanthus belvisii (DC.) Danser ●☆

236543 Loranthus bemarivensis Lecomte = Socratina bemarivensis (Lecomte) Balle ●☆

236544 Loranthus bequaertii De Wild. = Phragmanthera usuiensis (Oliv.) M. G. Gilbert ●☆

236545 Loranthus berliniicola Engl. = Phragmanthera usuiensis (Oliv.) M. G. Gilbert subsp. sigensis (Engl.) Polhill et Wiens ●☆

236546 Loranthus bibracteolatus Hance = Macrosolen bibracteolatus (Hance) Danser ●

236547 Loranthus bicolor Roxb. = Dendrophthoe falcata (L. f.) Ettingsh. ●☆

236548 Loranthus bipindensis Engl. = Globimetula dinklagei (Engl.) Danser ●☆

236549 Loranthus blantyreanus Engl. = Agelanthus pungu (De Wild.) Polhill et Wiens ●☆

236550 Loranthus bogoroensis De Wild. = Phragmanthera usuiensis (Oliv.) M. G. Gilbert ●☆

236551 Loranthus bolusii Sprague = Oncocalyx bolusii (Sprague) Wiens et Polhill ●☆

236552 Loranthus boonei De Wild. = Agelanthus djurensis (Engl.) Polhill et Wiens ●☆

236553 Loranthus bosciae Engl. et K. Krause = Agelanthus discolor (Schinz) Balle ●☆

236554 Loranthus brachyanthus Peter = Englerina triplinervia (Baker et Sprague) Polhill et Wiens ●☆

236555 Loranthus brachyphyllus Peter = Englerina woodfordioides (Schweinf.) Balle ●☆

236556 Loranthus braunii Engl. = Globimetula braunii (Engl.) Danser ●☆

236557 Loranthus braunii Engl. var. descampsii (Engl. ex T. Durand et De Wild.) Sprague = Globimetula braunii (Engl.) Danser ●☆

236558 Loranthus braunii Engl. var. laurentii (Engl. ex T. Durand et De Wild.) Sprague = Globimetula braunii (Engl.) Danser ●☆

236559 Loranthus braunii Engl. var. talbotii S. Moore = Globimetula braunii (Engl.) Danser ●☆

236560 Loranthus braunii Engl. var. unguiformis (Engl.) Sprague = Globimetula braunii (Engl.) Danser ●☆

236561 Loranthus braunii Engl. var. zenkeri (Engl.) Sprague = Globimetula braunii (Engl.) Danser ●☆

236562 Loranthus brazzavillensis De Wild. et T. Durand = Tapinanthus constrictiflorus (Engl.) Danser ●☆

236563 Loranthus brevilobus Engl. et K. Krause = Agelanthus heteromorphus (A. Rich.) Polhill et Wiens ●☆

236564 Loranthus breyeri Bremek. = Agelanthus lugardii (N. E. Br.) Polhill et Wiens ●☆

236565 Loranthus brideliae Balle = Agelanthus schweinfurthii (Engl.) Polhill et Wiens ●☆

236566 Loranthus brideliae Balle var. oblongifolius ? = Agelanthus musozensis (Rendle) Polhill et Wiens ●☆

236567 Loranthus brieyi De Wild. = Phragmanthera brieyi (De Wild.) Polhill et Wiens ●☆

236568 Loranthus brunneus Engl. = Agelanthus brunneus (Engl.) Balle et N. Hallé ●☆

236569 Loranthus brunneus Engl. f. butayei (De Wild.) Balle = Agelanthus brunneus (Engl.) Balle et N. Hallé ●☆

236570 Loranthus brunneus Engl. f. durandii (Engl.) Balle = Agelanthus brunneus (Engl.) Balle et N. Hallé ●☆

236571 Loranthus brunneus Engl. f. thonneri (Engl.) Balle = Agelanthus brunneus (Engl.) Balle et N. Hallé ●☆

236572 Loranthus brunneus Engl. var. butayei (De Wild.) Sprague = Agelanthus brunneus (Engl.) Balle et N. Hallé ●☆

236573 Loranthus brunneus Engl. var. durandii (Engl.) Sprague = Agelanthus brunneus (Engl.) Balle et N. Hallé ●☆

236574 Loranthus brunneus Engl. var. thonneri (Engl.) Sprague = Agelanthus brunneus (Engl.) Balle et N. Hallé ●☆

236575 Loranthus buchholzii Engl. = Agelanthus brunneus (Engl.) Balle et N. Hallé ●☆

236576 Loranthus buchneri Engl. = Tapinanthus buchneri (Engl.) Danser ●☆

236577 Loranthus buchneri Engl. var. gossweileri Sprague = Tapinanthus buchneri (Engl.) Danser ●☆

236578 Loranthus buchwaldii Sprague = Agelanthus validus Polhill et Wiens ●☆

236579 Loranthus buddleioides Desr. = Scurrula buddleioides (Danser) G. Don ●

236580 Loranthus bukobensis Engl. = Phragmanthera usuiensis (Oliv.) M. G. Gilbert ●☆

236581 Loranthus bulawayensis Engl. = Agelanthus pungu (De Wild.) Polhill et Wiens ●☆

236582 Loranthus bumbensis Hiern = Tapinanthus oleifolius (J. C. Wendl.) Danser ●☆

236583 Loranthus buntingii Sprague = Tapinanthus buntingii (Sprague) Danser ●☆

236584 Loranthus burchellii (DC.) Eckl. et Zeyh. = Moquiniella rubra (A. Spreng.) Balle ■☆

236585 Loranthus bussei Sprague = Oliverella bussei (Sprague) Polhill et Wiens ●☆

236586 Loranthus butaguensis De Wild. = Tapinanthus constrictiflorus (Engl.) Danser ●☆

236587 Loranthus butayei De Wild. = Agelanthus brunneus (Engl.) Balle et N. Hallé ●☆

236588 Loranthus buvumae Rendle = Tapinanthus buvumae (Rendle) Danser ●☆

236589 Loranthus callewaertii Balle = Phragmanthera batangae (Engl.) Balle ●☆

236590 Loranthus caloreas Diels = Taxillus caloreas (Diels) Danser ●

236591 Loranthus caloreas Diels var. fargesii Lecomte = Taxillus caloreas (Diels) Danser var. fargesii (Lecomte) H. S. Kiu ●

236592 Loranthus caloreas Diels var. oblongifolius Lecomte = Taxillus kaempferi (DC.) Danser var. grandiflorus H. S. Kiu ●

236593 Loranthus calycinus R. Br. = Oncocalyx schimperi (Hochst. ex A. Rich.) M. G. Gilbert ●☆

236594 Loranthus campestris Engl. = Oliverella hildebrandtii (Engl.) Tiegh. ●☆

236595 Loranthus canescens Burch. = Septulina glauca (Thunb.) Tiegh. ●☆

236596 Loranthus capitatus (Spreng.) Engl. = Phragmanthera capitata (Spreng.) Balle ●☆

236597 Loranthus capitatus (Spreng.) Engl. var. latifolius Engl. ex T. Durand et De Wild. = Phragmanthera capitata (Spreng.) Balle ●☆

236598 Loranthus carsonii Baker et Sprague = Agelanthus pungu (De Wild.) Polhill et Wiens ●☆

236599 Loranthus carvalhi Engl. = Spragueanella rhamnifolia (Engl.)

Balle ●☆

236600 Loranthus cavaleriei H. Lév. = Taxillus limprichtii (Grüning) H. S. Kiu ●

236601 Loranthus ceciliae N. E. Br. = Agelanthus pungu (De Wild.) Polhill et Wiens ●☆

236602 Loranthus ceciliae N. E. Br. var. buchananii Sprague = Agelanthus pungu (De Wild.) Polhill et Wiens ●☆

236603 Loranthus celtidifolius Engl. = Agelanthus scassellatii (Chiov.) Polhill et Wiens ●☆

236604 Loranthus celtidifolius Willd. ex Schult. = Phragmanthera capitata (Spreng.) Balle ●☆

236605 Loranthus celtidiformis Brenan = Agelanthus scassellatii (Chiov.) Polhill et Wiens ●☆

236606 Loranthus chevalieri Engl. et K. Krause = Agelanthus dodoneifolius (DC.) Polhill et Wiens ●☆

236607 Loranthus chinensis Benth. = Scurrula parasitica L. ●

236608 Loranthus chinensis DC. = Taxillus chinensis (DC.) Danser ●

236609 Loranthus chinensis DC. var. formosanus Lecomte = Taxillus pseudochinensis (Yamam.) Danser ●

236610 Loranthus chinensis Diels var. formosanus Lecomte = Scurrula parasitica L. ●

236611 Loranthus chingii W. C. Cheng = Scurrula chingii (W. C. Cheng) H. S. Kiu ●

236612 Loranthus chunguensis R. E. Fr. = Agelanthus subulatus (Engl.) Polhill et Wiens ●☆

236613 Loranthus ciliolatus Engl. et K. Krause = Globimetula oreophila (Oliv.) Danser ●☆

236614 Loranthus cinereus Engl. = Phragmanthera cinerea (Engl.) Balle ●☆

236615 Loranthus cinnameus Hiern = Phragmanthera engleri (Hiern) Polhill et Wiens ●☆

236616 Loranthus cistoides Welw. ex Engl. = Phragmanthera glaucocarpa (Peyr.) Balle ●☆

236617 Loranthus cistoides Welw. ex Engl. var. longiflora Schinz = Phragmanthera glaucocarpa (Peyr.) Balle ●☆

236618 Loranthus coccineus Jack = Helixanthera coccinea (Jack) Danser ●

236619 Loranthus cochinchinensis Lour. = Macrosolen cochinchinensis (Lour.) Tiegh. ●

236620 Loranthus collapsus Lecomte = Bakerella collapsa (Lecomte) Balle ●☆

236621 Loranthus coloreas Diels var. fangesii Lecomte;华中桑寄生●

236622 Loranthus combreticola Lebrun et L. Touss. = Agelanthus combreticola (Lebrun et L. Touss.) Polhill et Wiens ●☆

236623 Loranthus combretoides (Welw. ex Tiegh.) Engl. = Helixanthera mannii (Oliv.) Danser ●☆

236624 Loranthus commersonii Lecomte = Korthalsella commersonii (Tiegh.) Danser ●☆

236625 Loranthus congestus R. Br. = Tapinanthus globiferus (A. Rich.) Tiegh. ●☆

236626 Loranthus conradsii Sprague = Tapinanthus buvumae (Rendle) Danser ●☆

236627 Loranthus constrictiflorus Engl. = Tapinanthus constrictiflorus (Engl.) Danser ●☆

236628 Loranthus constrictiflorus Engl. var. karaguensis Sprague = Tapinanthus constrictiflorus (Engl.) Danser ●☆

236629 Loranthus copaiferae Sprague = Agelanthus copaiferae (Sprague) Polhill et Wiens ●☆

236630 Loranthus cornetii Dewèvre = Phragmanthera cornetii (Dewèvre) Polhill et Wiens ●☆

236631 Loranthus coronatus (Tiegh.) Engl. = Tapinanthus coronatus (Tiegh.) Danser ●☆

236632 Loranthus crassicaulis Engl. = Phragmanthera crassicaulis (Engl.) Balle ●☆

236633 Loranthus crassissimus Engl. = Agelanthus sansibarensis (Engl.) Polhill et Wiens ●☆

236634 Loranthus crataevae Sprague = Agelanthus toroensis (Sprague) Polhill et Wiens ●☆

236635 Loranthus crispatulus Sprague = Tapinanthus buchneri (Engl.) Danser ●☆

236636 Loranthus crispulomarginatus Engl. = Englerina holstii (Engl.) Tiegh. ●☆

236637 Loranthus croceus E. Mey. = Septulina glauca (Thunb.) Tiegh. ●☆

236638 Loranthus croceus R. Br. = Plicosepalus acaciae (Zucc.) Wiens et Polhill ●☆

236639 Loranthus cupulatus DC. = Globimetula cupulata (DC.) Danser ●☆

236640 Loranthus cupulatus DC. var. mayombensis (De Wild.) Balle = Globimetula mayombensis (De Wild.) Danser ●☆

236641 Loranthus curviflorus Benth. ex Oliv. = Plicosepalus curviflorus (Benth. ex Oliv.) Tiegh. ●☆

236642 Loranthus curvirameus Engl. = Oncella curviramea (Engl.) Danser ●☆

236643 Loranthus daibuzanensis Yamam. = Taxillus limprichtii (Grüning) H. S. Kiu ●

236644 Loranthus dekindtianus Engl. = Agelanthus molleri (Engl.) Polhill et Wiens ●☆

236645 Loranthus delavayi (Tiegh.) Engl. = Taxillus delavayi (Tiegh.) Danser ●

236646 Loranthus delavayi Tiegh.;椆树桑寄生(椆寄生,椆叶桑寄生,大渡氏枫寄生,大叶槲寄生,大叶梽寄生,栎树桑寄生);Delavay Scurrula ●

236647 Loranthus delavayi Tiegh. var. latifolius Tiegh. = Loranthus delavayi Tiegh. ●

236648 Loranthus deltae Baker et Sprague = Agelanthus deltae (Baker et Sprague) Polhill et Wiens ●☆

236649 Loranthus demeusei Engl. = Agelanthus djurensis (Engl.) Polhill et Wiens ●☆

236650 Loranthus dependens Engl. = Tapinanthus dependens (Engl.) Danser ●☆

236651 Loranthus descampsii Engl. ex T. Durand et De Wild. = Globimetula braunii (Engl.) Danser ●☆

236652 Loranthus diabuzanensis Yamam. = Taxillus limprichtii (Grüning) H. S. Kiu ●

236653 Loranthus dichrostachydis Chiov. = Oncocalyx fischeri (Engl.) M. G. Gilbert ●☆

236654 Loranthus dichrous Engl. = Agelanthus dichrous (Danser) Polhill et Wiens ●☆

236655 Loranthus dinklagei Engl. = Globimetula dinklagei (Engl.) Danser ●☆

236656 Loranthus dinteri Schinz = Plicosepalus kalachariensis (Schinz) Danser ●☆

236657 Loranthus diplocrater Baker = Bakerella diplocrater (Baker)

Tiegh. ●☆

236658 Loranthus diplocrater Baker var. attenuatus Lecomte = Bakerella diplocrater (Baker) Tiegh. ●☆

236659 Loranthus discolor Engl. = Phragmanthera polycrypta (Didr.) Balle ●☆

236660 Loranthus discolor Schinz = Agelanthus discolor (Schinz) Balle ●☆

236661 Loranthus djurensis Engl. = Agelanthus djurensis (Engl.) Polhill et Wiens ●☆

236662 Loranthus dodensis Engl. et K. Krause = Tapinanthus globiferus (A. Rich.) Tiegh. ●☆

236663 Loranthus dodoneifolius DC. = Agelanthus dodoneifolius (DC.) Polhill et Wiens ●☆

236664 Loranthus dombeyae K. Krause et Dinter = Phragmanthera dombeyae (K. Krause et Dinter) Polhill et Wiens ●☆

236665 Loranthus dregei Eckl. et Zeyh. = Erianthemum dregei (Eckl. et Zeyh.) Tiegh. ●☆

236666 Loranthus dregei Eckl. et Zeyh. f. obtusifolius Engl. = Erianthemum dregei (Eckl. et Zeyh.) Tiegh. ●☆

236667 Loranthus dregei Eckl. et Zeyh. f. subcuneifolius Engl. = Erianthemum dregei (Eckl. et Zeyh.) Tiegh. ●☆

236668 Loranthus dregei Eckl. et Zeyh. var. foliaceus Sprague = Erianthemum dregei (Eckl. et Zeyh.) Tiegh. ●☆

236669 Loranthus dregei Eckl. et Zeyh. var. kerenicus Sprague = Erianthemum dregei (Eckl. et Zeyh.) Tiegh. ●☆

236670 Loranthus dregei Eckl. et Zeyh. var. kilimanjaricus Sprague = Erianthemum dregei (Eckl. et Zeyh.) Tiegh. ●☆

236671 Loranthus dregei Eckl. et Zeyh. var. nyasicus Sprague = Erianthemum dregei (Eckl. et Zeyh.) Tiegh. ●☆

236672 Loranthus dregei Eckl. et Zeyh. var. ovatus Sprague = Erianthemum dregei (Eckl. et Zeyh.) Tiegh. ●☆

236673 Loranthus dregei Eckl. et Zeyh. var. roseus (Klotzsch) Fiori = Erianthemum dregei (Eckl. et Zeyh.) Tiegh. ●☆

236674 Loranthus dregei Eckl. et Zeyh. var. sodenii Engl. = Erianthemum dregei (Eckl. et Zeyh.) Tiegh. ●☆

236675 Loranthus dregei Eckl. et Zeyh. var. subcuneifolius (Engl.) Sprague = Erianthemum dregei (Eckl. et Zeyh.) Tiegh. ●☆

236676 Loranthus dregei Eckl. et Zeyh. var. taborensis (Engl.) Sprague = Erianthemum taborense (Engl.) Tiegh. ●☆

236677 Loranthus dschallensis Engl. = Phragmanthera dschallensis (Engl.) M. G. Gilbert ●☆

236678 Loranthus duclouxii Lecomte = Taxillus sutchuenensis (Lecomte) Danser var. duclouxii (Lecomte) H. S. Kiu ●

236679 Loranthus durandii Engl. = Agelanthus brunneus (Engl.) Balle et N. Hallé ●☆

236680 Loranthus edouardii Balle = Phragmanthera edouardii (Balle) Polhill et Wiens ●☆

236681 Loranthus ehlersii Schweinf. = Englerina woodfordioides (Schweinf.) Balle ●☆

236682 Loranthus elatus Edgew. = Scurrula elata (Edgew.) Danser ●

236683 Loranthus elegans Cham. et Schltdl. = Moquiniella rubra (A. Spreng.) Balle ■☆

236684 Loranthus elegantiflorus Balle = Globimetula elegantiflora (Balle) Balle ●☆

236685 Loranthus elegantissimus Schinz = Oncocalyx welwitschii (Engl.) Polhill et Wiens ●☆

236686 Loranthus elegantulus Engl. = Agelanthus elegantulus (Engl.) Polhill et Wiens ●☆

236687 Loranthus elongatus De Wild. = Globimetula braunii (Engl.) Danser ●☆

236688 Loranthus emarginatus Engl. = Phragmanthera engleri (Hiern) Polhill et Wiens ●☆

236689 Loranthus eminii Engl. = Phragmanthera eminii (Engl.) Polhill et Wiens ●☆

236690 Loranthus eminii Engl. f. cinereus Balle = Phragmanthera eminii (Engl.) Polhill et Wiens ●☆

236691 Loranthus eminii Engl. f. rufescens Balle = Phragmanthera eminii (Engl.) Polhill et Wiens ●☆

236692 Loranthus engleri Hiern = Phragmanthera engleri (Hiern) Polhill et Wiens ●☆

236693 Loranthus englerianus K. Krause et Dinter = Oncocalyx welwitschii (Engl.) Polhill et Wiens ●☆

236694 Loranthus entebbensis Sprague = Agelanthus entebbensis (Sprague) Polhill et Wiens ●☆

236695 Loranthus erectus Engl. = Oedina erecta (Engl.) Tiegh. ●☆

236696 Loranthus erianthus Sprague = Tapinanthus erianthus (Sprague) Danser ●☆

236697 Loranthus erythraeus Sprague = Phragmanthera erythraea (Sprague) M. G. Gilbert ●☆

236698 Loranthus erythrotrichus K. Krause = Agelanthus musozensis (Rendle) Polhill et Wiens ●☆

236699 Loranthus esquirolii H. Lév. = Tolypanthus esquirolii (H. Lév.) Lauener ●

236700 Loranthus estipitatus Danser = Taxillus chinensis (DC.) Danser ●

236701 Loranthus estipitatus Stapf = Taxillus chinensis (DC.) Danser ●

236702 Loranthus estipitatus Stapf var. longiflorus Lecomte = Taxillus limprichtii (Grüning) H. S. Kiu var. longiflorus (Lecomte) H. S. Kiu ●

236703 Loranthus eucalyptoides Peter = Englerina woodfordioides (Schweinf.) Balle ●☆

236704 Loranthus europaeus Jacq.;欧亚桑寄生(北桑寄生,欧桑寄生,欧洲栎桑寄生);Eurasia Scurrula,European Scurrula ●

236705 Loranthus europaeus Jacq. = Loranthus tanakae Franch. et Sav. ●

236706 Loranthus eylesii Sprague = Agelanthus fuellebornii (Engl.) Polhill et Wiens ●☆

236707 Loranthus falcifolius Sprague = Agelanthus falcifolius (Sprague) Polhill et Wiens ●☆

236708 Loranthus falcifolius Sprague var. katangensis Balle = Agelanthus falcifolius (Sprague) Polhill et Wiens ●☆

236709 Loranthus faurotii Franch. = Plicosepalus curviflorus (Benth. ex Oliv.) Tiegh. ●☆

236710 Loranthus ferrugineus Jack = Scurrula ferruginea (Jack) Danser ●

236711 Loranthus findens Sprague = Tapinanthus constrictiflorus (Engl.) Danser ●☆

236712 Loranthus fischeri Engl. = Oncocalyx fischeri (Engl.) M. G. Gilbert ●☆

236713 Loranthus fischeri Engl. var. glabratus ? = Oncocalyx glabratus (Engl.) M. G. Gilbert ●☆

236714 Loranthus flamignii De Wild. = Agelanthus unyorensis (Sprague) Polhill et Wiens ●☆

236715 Loranthus fleckii Schinz = Plicosepalus undulatus (E. Mey. ex Harv.) Tiegh. ●☆

236716 Loranthus fordii Hance = Macrosolen cochinchinensis (Lour.) Tiegh. ●

236717 Loranthus fragilis Sprague = Oncocalyx welwitschii (Engl.) Polhill et Wiens ●☆

236718 Loranthus friesiorum K. Krause = Oncocalyx sulfureus (Engl.) Wiens et Polhill ●☆

236719 Loranthus fuellebornii Engl. = Agelanthus fuellebornii (Engl.) Polhill et Wiens ●☆

236720 Loranthus fulgens Engl. et K. Krause = Globimetula dinklagei (Engl.) Danser ●☆

236721 Loranthus fulvus Engl. = Phragmanthera dombeyae (K. Krause et Dinter) Polhill et Wiens ●☆

236722 Loranthus gabonensis Engl. = Englerina gabonensis (Engl.) Balle ●☆

236723 Loranthus galpinii Schinz ex Sprague = Pedistylis galpinii (Schinz ex Sprague) Wiens ●☆

236724 Loranthus garcianus Engl. = Helixanthera garciana (Engl.) Danser ●☆

236725 Loranthus geminatus Merr. = Macrosolen geminatus (Merr.) Danser ●

236726 Loranthus ghikae Volkens et Schweinf. = Oncocalyx ghikae (Volkens et Schweinf.) M. G. Gilbert ●☆

236727 Loranthus gibbosulus A. Rich. = Plicosepalus acaciae (Zucc.) Wiens et Polhill ●☆

236728 Loranthus gilgii Engl. = Agelanthus glomeratus (Engl.) Polhill et Wiens ●☆

236729 Loranthus giorgii Balle = Agelanthus pungu (De Wild.) Polhill et Wiens ●☆

236730 Loranthus glabratus (Engl.) Sprague = Oncocalyx glabratus (Engl.) M. G. Gilbert ●☆

236731 Loranthus glabriflorus Conrath = Tapinanthus rubromarginatus (Engl.) Danser ●☆

236732 Loranthus glaucescens Engl. et K. Krause = Agelanthus pungu (De Wild.) Polhill et Wiens ●☆

236733 Loranthus glaucocarpus Peyr. = Phragmanthera glaucocarpa (Peyr.) Balle ●☆

236734 Loranthus glaucophyllus Engl. = Tapinanthus glaucophyllus (Engl.) Danser ●☆

236735 Loranthus glaucoviridis Engl. = Agelanthus glaucoviridis (Engl.) Polhill et Wiens ●☆

236736 Loranthus glaucus Thunb. = Septulina glauca (Thunb.) Tiegh. ●☆

236737 Loranthus glaucus Thunb. var. burchellii DC. = Moquiniella rubra (A. Spreng.) Balle ●☆

236738 Loranthus globiferus A. Rich. = Tapinanthus globiferus (A. Rich.) Tiegh. ●☆

236739 Loranthus globiferus A. Rich. var. angustifolius Schweinf. = Tapinanthus globiferus (A. Rich.) Tiegh. ●☆

236740 Loranthus globiferus A. Rich. var. bornuensis Sprague = Tapinanthus globiferus (A. Rich.) Tiegh. ●☆

236741 Loranthus globiferus A. Rich. var. salicifolius Sprague = Tapinanthus globiferus (A. Rich.) Tiegh. ●☆

236742 Loranthus globiferus A. Rich. var. verrucosus (Engl.) Sprague = Tapinanthus globiferus (A. Rich.) Tiegh. ●☆

236743 Loranthus globosus Roxb. = Macrosolen cochinchinensis (Lour.) Tiegh. ●

236744 Loranthus glomeratus Engl. = Agelanthus glomeratus (Engl.) Polhill et Wiens ●☆

236745 Loranthus goetzei Sprague = Agelanthus fuellebornii (Engl.) Polhill et Wiens ●☆

236746 Loranthus gomesii E. A. Bruce = Tapinanthus dependens (Engl.) Danser ●☆

236747 Loranthus gonocladus Baker = Bakerella gonoclada (Baker) Balle ●☆

236748 Loranthus gossweileri Engl. et K. Krause = Phragmanthera capitata (Spreng.) Balle ●☆

236749 Loranthus graciliflorus Roxb. ex Schult. f. = Scurrula parasitica L. var. graciliflora (Wall. ex DC.) H. S. Kiu ●

236750 Loranthus graciliflorus Wall. ex DC. = Scurrula parasitica L. var. graciliflora (Wall. ex DC.) H. S. Kiu ●

236751 Loranthus gracilifolius Roxb. ex Schult.; 小叶桑寄生; Small-leaf Honeysuckle ●☆

236752 Loranthus gracilifolius Schult. = Scurrula parasitica L. ●

236753 Loranthus gracilis Engl. et K. Krause = Tapinanthus buchneri (Engl.) Danser ●☆

236754 Loranthus guerichii Engl. = Phragmanthera guerichii (Engl.) Balle ●☆

236755 Loranthus guizhouensis H. S. Kiu; 南桑寄生(贵州桑寄生); Guizhou Scurrula, Kweizhou Scurrula ●

236756 Loranthus guttatus Sprague = Tapinanthus dependens (Engl.) Danser ●☆

236757 Loranthus heckmannianus Engl. = Englerina heckmanniana (Engl.) Polhill et Wiens ●☆

236758 Loranthus henriquesii Engl. = Agelanthus glomeratus (Engl.) Polhill et Wiens ●☆

236759 Loranthus heterochromus K. Krause = Erianthemum dregei (Eckl. et Zeyh.) Tiegh. ●☆

236760 Loranthus heteromorphus A. Rich. = Agelanthus heteromorphus (A. Rich.) Polhill et Wiens ●☆

236761 Loranthus hexasepalus (Tiegh.) Engl. = Phragmanthera capitata (Spreng.) Balle ●☆

236762 Loranthus heynei DC. = Scurrula buddleioides (Danser) G. Don var. heynei (DC.) H. S. Kiu ●

236763 Loranthus hildebrandtii Engl. = Oliverella hildebrandtii (Engl.) Tiegh. ●☆

236764 Loranthus hirsutiflorus Klotzsch = Erianthemum dregei (Eckl. et Zeyh.) Tiegh. ●☆

236765 Loranthus hirsutissimus Engl. = Phragmanthera nigritana (Hook. f. ex Benth.) Balle ●☆

236766 Loranthus holstii Engl. = Englerina holstii (Engl.) Tiegh. ●☆

236767 Loranthus holstii Engl. var. angustifolius ? = Englerina holstii (Engl.) Tiegh. ●☆

236768 Loranthus holtzii Engl. = Agelanthus elegantulus (Engl.) Polhill et Wiens ●☆

236769 Loranthus homblei De Wild. = Tapinanthus dependens (Engl.) Danser ●☆

236770 Loranthus huillensis Engl. = Helixanthera huillensis (Engl.) Danser ●☆

236771 Loranthus igneus Sprague = Agelanthus igneus (Danser) Polhill et Wiens ●☆

236772 Loranthus ikelembensis De Wild. = Helixanthera mannii (Oliv.) Danser ●☆

236773 Loranthus inaequilaterus Engl. = Englerina inaequilatera (Engl.) Gilli ●☆

236774 Loranthus incanus Schumach. et Thonn. = Phragmanthera capitata (Spreng.) Balle ●☆

236775 Loranthus incanus Schumach. et Thonn. var. albus Sprague = Phragmanthera capitata (Spreng.) Balle ●☆
236776 Loranthus incanus Schumach. et Thonn. var. gossweileri (Engl. et K. Krause) Sprague = Phragmanthera capitata (Spreng.) Balle ●☆
236777 Loranthus incanus Schumach. et Thonn. var. sessilis Sprague = Phragmanthera capitata (Spreng.) Balle ●☆
236778 Loranthus irangensis Engl. = Agelanthus irangensis (Engl.) Polhill et Wiens ●☆
236779 Loranthus irebuensis De Wild. = Phragmanthera batangae (Engl.) Balle ●☆
236780 Loranthus ituriensis De Wild. = Tapinanthus constrictiflorus (Engl.) Danser ●☆
236781 Loranthus ituriensis De Wild. var. desquamatus Balle = Tapinanthus constrictiflorus (Engl.) Danser ●☆
236782 Loranthus juttae Dinter = Agelanthus discolor (Schinz) Balle ●☆
236783 Loranthus kaempferi (DC.) Maxim. = Taxillus kaempferi (DC.) Danser ●
236784 Loranthus kagehensis Engl. = Englerina kagehensis (Engl.) Polhill et Wiens ●☆
236785 Loranthus kalachariensis Schinz = Plicosepalus kalachariensis (Schinz) Danser ●☆
236786 Loranthus kamerunensis Engl. = Phragmanthera kamerunensis (Engl.) Balle ●☆
236787 Loranthus kanguensis Balle = Tapinanthus constrictiflorus (Engl.) Danser ●☆
236788 Loranthus kaoi (J. M. Chao) H. S. Kiu;台中桑寄生(高氏槲寄生,高氏桑寄生);Kao Scurrula ●
236789 Loranthus kapiriensis Balle = Englerina kapiriensis (Balle) Polhill et Wiens ●☆
236790 Loranthus karibibensis Engl. = Oncocalyx welwitschii (Engl.) Polhill et Wiens ●☆
236791 Loranthus kayseri Engl. = Agelanthus kayseri (Engl.) Polhill et Wiens ●☆
236792 Loranthus keilii Engl. et K. Krause = Agelanthus keilii (Engl. et K. Krause) Polhill et Wiens ●☆
236793 Loranthus kelleri Engl. = Oncocalyx kelleri (Engl.) M. G. Gilbert ●☆
236794 Loranthus keniae K. Krause = Agelanthus pennatulus (Sprague) Polhill et Wiens ●☆
236795 Loranthus kerstingii Engl. = Tapinanthus globiferus (A. Rich.) Tiegh. ●☆
236796 Loranthus keudelii Engl. = Agelanthus elegantulus (Engl.) Polhill et Wiens ●☆
236797 Loranthus kihuirensis Engl. = Oncocalyx kelleri (Engl.) M. G. Gilbert ●☆
236798 Loranthus kilimandscharicus Engl. = Agelanthus elegantulus (Engl.) Polhill et Wiens ●☆
236799 Loranthus kimuenzae De Wild. = Tapinanthus constrictiflorus (Engl.) Danser ●☆
236800 Loranthus kirkii Oliv. = Helixanthera kirkii (Oliv.) Danser ●☆
236801 Loranthus kisaguka Engl. et K. Krause = Phragmanthera usuiensis (Oliv.) M. G. Gilbert ●☆
236802 Loranthus kisantuensis De Wild. et T. Durand = Tapinanthus constrictiflorus (Engl.) Danser ●☆
236803 Loranthus kisantuensis De Wild. et T. Durand var. erectilobi Balle = Tapinanthus erectotruncatus Balle ex Polhill et Wiens ●☆
236804 Loranthus kivuensis (Balle) Balle = Globimetula kivuensis (Balle) Wiens et Polhill ●☆
236805 Loranthus knoblecheri Kotschy = Agelanthus dodoneifolius (DC.) Polhill et Wiens ●☆
236806 Loranthus koumensis Sasaki = Loranthus delavayi Tiegh. ●
236807 Loranthus krausei Engl. = Agelanthus krausei (Engl.) Polhill et Wiens ●☆
236808 Loranthus kraussianus Meisn. = Agelanthus kraussianus (Meisn.) Polhill et Wiens ●☆
236809 Loranthus kraussianus Meisn. var. puberulus Sprague = Agelanthus prunifolius (E. Mey. ex Harv.) Polhill et Wiens ●☆
236810 Loranthus kraussianus Meisn. var. transvaalensis Sprague = Agelanthus transvaalensis (Sprague) Polhill et Wiens ●☆
236811 Loranthus kwaiensis Engl. = Englerina kwaiensis (Engl.) Polhill et Wiens ●☆
236812 Loranthus kwangtungensis Merr. = Taxillus limprichtii (Grüning) H. S. Kiu ●
236813 Loranthus laciniatus Engl. = Agelanthus elegantulus (Engl.) Polhill et Wiens ●☆
236814 Loranthus lambertianus Schult.;吉隆桑寄生;Jilong Scurrula, Lambert Scurrula ●
236815 Loranthus lamborayi De Wild. = Tapinanthus globiferus (A. Rich.) Tiegh. ●☆
236816 Loranthus lanceolatus P. Beauv. = Tapinanthus belvisii (DC.) Danser ●☆
236817 Loranthus lanceolatus P. Beauv. var. corniculatus Sprague = Tapinanthus globiferus (A. Rich.) Tiegh. ●☆
236818 Loranthus landanaensis De Wild. = Tapinanthus buchneri (Engl.) Danser ●☆
236819 Loranthus lapathifolius Engl. et K. Krause = Phragmanthera capitata (Spreng.) Balle ●☆
236820 Loranthus lateritiostriatus Engl. et K. Krause = Agelanthus nyasicus (Baker et Sprague) Polhill et Wiens ●☆
236821 Loranthus latibracteatus Engl. = Agelanthus subulatus (Engl.) Polhill et Wiens ●☆
236822 Loranthus laurentii Engl. ex T. Durand et De Wild. = Globimetula braunii (Engl.) Danser ●☆
236823 Loranthus lecardii Engl. = Englerina lecardii (Engl.) Balle ●☆
236824 Loranthus lecomtei (Tiegh.) Engl. = Englerina gabonensis (Engl.) Balle ●☆
236825 Loranthus ledermannii Engl. et K. Krause = Globimetula dinklagei (Engl.) Danser ●☆
236826 Loranthus leonensis Sprague = Phragmanthera leonensis (Sprague) Balle ●☆
236827 Loranthus leptolobus Benth. = Phragmanthera capitata (Spreng.) Balle ●☆
236828 Loranthus levinei Merr. = Taxillus levinei (Merr.) H. S. Kiu ●
236829 Loranthus ligustrinus Wall. = Helixanthera sampsonii (Hance) Danser ●
236830 Loranthus limprichtii Grüning = Taxillus limprichtii (Grüning) H. S. Kiu ●
236831 Loranthus lindensis Sprague = Erianthemum lindense (Sprague) Danser ●☆
236832 Loranthus lineatus Edgew. = Loranthus longiflorus Desr. ●☆
236833 Loranthus lingelsheimii Pax = Tapinanthus globiferus (A. Rich.) Tiegh. ●☆
236834 Loranthus linguiformis Peter = Erianthemum dregei (Eckl. et

Zeyh.) Tiegh. ●☆

236835 Loranthus liquidambaricola Hayata = Taxillus limprichtii (Grüning) H. S. Kiu var. liquidambaricola (Hayata) H. S. Kiu ●

236836 Loranthus liquidambaricola Hayata = Taxillus liquidambaricola (Hayata) Hosok. ●

236837 Loranthus loandensis Engl. et K. Krause = Agelanthus brunneus (Engl.) Balle et N. Hallé ●☆

236838 Loranthus longiflorus Desr.;长花桑寄生●☆

236839 Loranthus longiflorus Desr. = Dendrophthoe falcata (L. f.) Ettingsh. ●☆

236840 Loranthus longifolius Peter = Englerina woodfordioides (Schweinf.) Balle ●☆

236841 Loranthus longipes Baker et Sprague = Agelanthus longipes (Baker et Sprague) Polhill et Wiens ●☆

236842 Loranthus longispicatus var. grandifolius Lecomte = Helixanthera pierrei Danser ●

236843 Loranthus longitubulosus Engl. et K. Krause = Septulina glauca (Thunb.) Tiegh. ●☆

236844 Loranthus lonicerifolius Hayata = Scurrula lonicerifolia (Hayata) Danser ●

236845 Loranthus lonicerifolius Hayata = Scurrula parasitica L. var. lonicerifolius (Hayata) Y. C. Liu ●

236846 Loranthus lonicerifolius Hayata = Taxillus nigrans (Hance) Danser ●

236847 Loranthus loniceroides Burm. = Elytranthe parasitica (L.) Danser ●

236848 Loranthus loniceroides L. = Elytranthe parasitica (L.) Danser ●

236849 Loranthus lugardii N. E. Br. = Agelanthus lugardii (N. E. Br.) Polhill et Wiens ●☆

236850 Loranthus lugardii N. E. Br. var. hirtellus Weim. = Agelanthus lugardii (N. E. Br.) Polhill et Wiens ●☆

236851 Loranthus lujaei De Wild. et T. Durand = Agelanthus djurensis (Engl.) Polhill et Wiens ●☆

236852 Loranthus lukwangulensis Engl. = Englerina inaequilatera (Engl.) Gilli ●☆

236853 Loranthus luluensis Engl. = Englerina luluensis (Engl.) Polhill et Wiens ●☆

236854 Loranthus luteiflorus Engl. et K. Krause = Agelanthus pungu (De Wild.) Polhill et Wiens ●☆

236855 Loranthus luteoaurantiacus De Wild. = Englerina schubotziana (Engl. et K. Krause) Polhill et Wiens ●☆

236856 Loranthus luteoflorus De Wild. = Phragmanthera capitata (Spreng.) Balle ●☆

236857 Loranthus luteostriatus Engl. et K. Krause = Agelanthus nyasicus (Baker et Sprague) Polhill et Wiens ●☆

236858 Loranthus luteovittatus Engl. et K. Krause = Phragmanthera luteovittata (Engl. et K. Krause) Polhill et Wiens ●☆

236859 Loranthus maclurei Merr. = Tolypanthus esquirolii (H. Lév.) Lauener ●

236860 Loranthus maclurei Merr. = Tolypanthus maclurei (Merr.) Danser ●

236861 Loranthus macrosolen Steud. ex A. Rich. = Phragmanthera macrosolen (Steud. ex A. Rich.) M. G. Gilbert ●☆

236862 Loranthus madagascaricus Hochr. = Bakerella gonoclada (Baker) Balle ●☆

236863 Loranthus malacophyllus Engl. et K. Krause = Tapinanthus malacophyllus (Engl. et K. Krause) Danser ●☆

236864 Loranthus malangensis Engl. et K. Krause = Agelanthus brunneus (Engl.) Balle et N. Hallé ●☆

236865 Loranthus mangheensis De Wild. = Tapinanthus constrictiflorus (Engl.) Danser ●☆

236866 Loranthus mannii Oliv. = Helixanthera mannii (Oliv.) Danser ●☆

236867 Loranthus mannii Oliv. f. ikelembensis (De Wild.) Balle = Helixanthera mannii (Oliv.) Danser ●☆

236868 Loranthus mannii Oliv. f. rosaceus (Engl.) Balle = Helixanthera mannii (Oliv.) Danser ●☆

236869 Loranthus mannii Oliv. f. typica Balle = Helixanthera mannii (Oliv.) Danser ●☆

236870 Loranthus mannii Oliv. f. wildemanii (Sprague) Balle = Helixanthera mannii (Oliv.) Danser ●☆

236871 Loranthus mannii Oliv. var. combretoideus Engl. = Helixanthera mannii (Oliv.) Danser ●☆

236872 Loranthus mannii Oliv. var. obtusifolius Engl. = Helixanthera mannii (Oliv.) Danser ●☆

236873 Loranthus marginatus De Wild. = Phragmanthera crassicaulis (Engl.) Balle ●☆

236874 Loranthus matsudae Hayata = Taxillus caloreas (Diels) Danser ●

236875 Loranthus mayombensis De Wild. = Globimetula mayombensis (De Wild.) Danser ●☆

236876 Loranthus mbogaensis De Wild. = Agelanthus djurensis (Engl.) Polhill et Wiens ●☆

236877 Loranthus mechowii Engl. = Tapinanthus mechowii (Engl.) Tiegh. ●☆

236878 Loranthus mechowii Engl. var. welwitschianus ? = Tapinanthus malacophyllus (Engl. et K. Krause) Danser ●☆

236879 Loranthus melanocarpus Balle = Erianthemum melanocarpum (Balle) Wiens et Polhill ●☆

236880 Loranthus menyharthii Engl. et Schinz ex Schinz = Actinanthella menyharthii (Engl. et Schinz ex Schinz) Balle ●☆

236881 Loranthus meridianus (Danser) K. Krause = Plicosepalus meridianus (Danser) Wiens et Polhill ●☆

236882 Loranthus messinensis N. E. Br. = Helixanthera garciana (Engl.) Danser ●☆

236883 Loranthus meyeri C. Presl = Tapinanthus oleifolius (J. C. Wendl.) Danser ●☆

236884 Loranthus meyeri C. Presl var. inachabensis Engl. = Tapinanthus oleifolius (J. C. Wendl.) Danser ●☆

236885 Loranthus micrantherus Engl. = Englerina gabonensis (Engl.) Balle ●☆

236886 Loranthus microcuspis Baker = Bakerella microcuspis (Baker) Tiegh. ●☆

236887 Loranthus microphyllus Engl. = Oncocalyx ugogensis (Engl.) Wiens et Polhill ●☆

236888 Loranthus minor Sprague = Agelanthus gracilis (Toelken et Wiens) Polhill et Wiens ●☆

236889 Loranthus molleri Engl. = Agelanthus molleri (Engl.) Polhill et Wiens ●☆

236890 Loranthus mollissimus Engl. = Tapinanthus mollissimus (Engl.) Danser ●☆

236891 Loranthus moorei Sprague = Agelanthus natalitius (Meisn.) Polhill et Wiens ●☆

236892 Loranthus mortehanii De Wild. = Tapinanthus apodanthus (Sprague) Danser ●☆

236893 Loranthus muerensis Engl. = Englerina muerensis (Engl.) Polhill et Wiens ●☆

236894 Loranthus musozensis Rendle = Agelanthus musozensis (Rendle) Polhill et Wiens ●☆

236895 Loranthus mutabilis Poepp. et Endl = Desmaria mutabilis Tiegh. ●☆

236896 Loranthus mweroensis Baker = Globimetula mweroensis (Baker) Danser ●☆

236897 Loranthus mweroensis Baker var. kivuensis Balle = Globimetula kivuensis (Balle) Wiens et Polhill ●☆

236898 Loranthus myrsinifolius Engl. et K. Krause = Agelanthus myrsinifolius (Engl. et K. Krause) Polhill et Wiens ●☆

236899 Loranthus namaquensis Harv. = Tapinanthus oleifolius (J. C. Wendl.) Danser ●☆

236900 Loranthus namaquensis Harv. var. ligustrifolius Engl. = Tapinanthus oleifolius (J. C. Wendl.) Danser ●☆

236901 Loranthus natalitius Meisn. = Agelanthus natalitius (Meisn.) Polhill et Wiens ●☆

236902 Loranthus natalitius Meisn. var. minor (Harv.) J. M. Wood = Agelanthus gracilis (Toelken et Wiens) Polhill et Wiens ●☆

236903 Loranthus ngamicus Sprague = Erianthemum ngamicum (Sprague) Danser ●☆

236904 Loranthus ngurukizi E. A. Bruce = Plicosepalus meridianus (Danser) Wiens et Polhill ●☆

236905 Loranthus nigrans Hance = Taxillus nigrans (Hance) Danser ●

236906 Loranthus nigrescens De Wild. et T. Durand = Globimetula braunii (Engl.) Danser ●☆

236907 Loranthus nigritanus Hook. f. ex Benth. = Phragmanthera nigritana (Hook. f. ex Benth.) Balle ●☆

236908 Loranthus niitakayamensis Yamam. = Taxillus limprichtii (Grüning) H. S. Kiu ●

236909 Loranthus nitidulus Sprague = Phragmanthera polycrypta (Didr.) Balle ●☆

236910 Loranthus notothixoides Hance = Scurrula notothixoides (Hance) Danser ●

236911 Loranthus nummulariifolius Franch. = Plicosepalus nummulariifolius (Franch.) Wiens et Polhill ●☆

236912 Loranthus nyasicus Baker et Sprague = Agelanthus nyasicus (Baker et Sprague) Polhill et Wiens ●☆

236913 Loranthus nyikensis Sprague = Erianthemum nyikense (Sprague) Danser ●☆

236914 Loranthus oblongifolius A. Rich. = Erianthemum dregei (Eckl. et Zeyh.) Tiegh. ●☆

236915 Loranthus oblongifolius E. Mey. ex Drège = Erianthemum dregei (Eckl. et Zeyh.) Tiegh. ●☆

236916 Loranthus obovatus Peter = Agelanthus zizyphifolius (Engl.) Polhill et Wiens subsp. vittatus (Engl.) Polhill et Wiens ●☆

236917 Loranthus obtusilobus Engl. et K. Krause = Tapinanthus buchneri (Engl.) Danser ●☆

236918 Loranthus occultus Sprague = Erianthemum occultum (Sprague) Danser ●☆

236919 Loranthus ochroleucus Engl. et K. Krause = Englerina ochroleuca (Engl. et K. Krause) Balle ●☆

236920 Loranthus odoratus Wall.;香味桑寄生(桂花树寄生)●

236921 Loranthus odoratus Wall. = Loranthus pseudo-odoratus Lingelsh. ●

236922 Loranthus odoratus Wall. f. hemsleianus Pritz. = Loranthus delavayi Tiegh. ●

236923 Loranthus oehleri Engl. = Agelanthus oehleri (Engl.) Polhill et Wiens ●☆

236924 Loranthus oleifolius (J. C. Wendl.) Cham. et Schltdl. = Tapinanthus oleifolius (J. C. Wendl.) Danser ●☆

236925 Loranthus oleifolius (J. C. Wendl.) Cham. et Schltdl. var. elegans (Cham. et Schltdl.) Harv. = Moquiniella rubra (A. Spreng.) Balle ■☆

236926 Loranthus oleifolius (J. C. Wendl.) Cham. et Schltdl. var. forbesii Sprague = Tapinanthus forbesii (Sprague) Wiens ●☆

236927 Loranthus oleifolius (J. C. Wendl.) Cham. et Schltdl. var. leendertziae Sprague = Tapinanthus quequensis (Weim.) Polhill et Wiens ●☆

236928 Loranthus oleifolius (J. C. Wendl.) Cham. et Schltdl. var. luteus Neusser = Tapinanthus oleifolius (J. C. Wendl.) Danser ●☆

236929 Loranthus opacus Sprague = Globimetula dinklagei (Engl.) Danser ●☆

236930 Loranthus ophiodes Sprague = Tapinanthus ophiodes (Sprague) Danser ●☆

236931 Loranthus oreophilus Oliv. = Globimetula oreophila (Oliv.) Danser ●☆

236932 Loranthus oreophilus Oliv. var. obtusatus Engl. et K. Krause = Globimetula oreophila (Oliv.) Danser ●☆

236933 Loranthus orientalis Engl. = Oliverella hildebrandtii (Engl.) Tiegh. ●☆

236934 Loranthus ostinii Chiov. = Tapinanthus globiferus (A. Rich.) Tiegh. ●☆

236935 Loranthus otaviensis Engl. et K. Krause = Phragmanthera glaucocarpa (Peyr.) Balle ●☆

236936 Loranthus ovalis E. Mey. ex Harv. = Septulina ovalis (E. Mey. ex Harv.) Tiegh. ●☆

236937 Loranthus owatarii Matsum. et Hayata = Loranthus delavayi Tiegh. ●

236938 Loranthus pachycaulis Engl. et K. Krause = Tapinanthus preussii (Engl.) Tiegh. ●☆

236939 Loranthus pachycladus Sprague = Globimetula pachyclada (Sprague) Danser ●☆

236940 Loranthus pallideviridis Engl. et K. Krause = Agelanthus zizyphifolius (Engl.) Polhill et Wiens subsp. vittatus (Engl.) Polhill et Wiens ●☆

236941 Loranthus pallidifolius Engl. et K. Krause = Phragmanthera capitata (Spreng.) Balle ●☆

236942 Loranthus panganensis Engl. = Emelianthe panganensis (Engl.) Danser ●☆

236943 Loranthus parasiticus (L.) Merr. = Scurrula parasitica L. ●

236944 Loranthus parasiticus L. = Elytranthe parasitica (L.) Danser ●

236945 Loranthus parasiticus Merr. = Taxillus chinensis (DC.) Danser ●

236946 Loranthus parviflorus Engl. = Englerina parviflora (Engl.) Balle ●☆

236947 Loranthus patentiflorus Engl. et K. Krause = Helixanthera mannii (Oliv.) Danser ●☆

236948 Loranthus pendens Engl. et K. Krause = Oedina pendens (Engl. et K. Krause) Polhill et Wiens ●☆

236949 Loranthus pennatulus Sprague = Agelanthus pennatulus (Sprague) Polhill et Wiens ●☆

236950 Loranthus pentagonia DC. = Tapinanthus pentagonia (DC.) Tiegh. ●☆

236951 Loranthus pentandrus L. = Dendrophthoe pentandra (L.) Miq. ●

236952 Loranthus pentapetalus Roxb. = Helixanthera parasitica Lour. ●

236953 Loranthus pentheri Schltr. = Plicosepalus kalachariensis (Schinz) Danser ●☆

236954 Loranthus periclymenoides Engl. et K. Krause = Helixanthera periclymenoides (Engl. et K. Krause) Balle ●☆

236955 Loranthus petiolatus De Wild. = Agelanthus djurensis (Engl.) Polhill et Wiens ●☆

236956 Loranthus philippensis Cham. et Schltdl. = Scurrula atropurpurea (Blume) Danser ●

236957 Loranthus philippensis Cham. et Schltdl. var. macroantherus Lecomte = Scurrula atropurpurea (Blume) Danser ●

236958 Loranthus philippinensis Champ. et Schltdl. = Scurrula philippensis (Cham. et Schltdl.) G. Don ●

236959 Loranthus philippinensis Champ. et Schltdl. var. macroanthera Lecomte = Scurrula philippensis (Cham. et Schltdl.) G. Don ●

236960 Loranthus phoebe-formosanae Hayata = Scurrula phoebes-formosanae (Hayata) Danser ●

236961 Loranthus pittospori Rendle = Tapinanthus constrictiflorus (Engl.) Danser ●☆

236962 Loranthus platyphyllus Hochst. ex A. Rich. = Agelanthus platyphyllus (Hochst. ex A. Rich.) Balle ●☆

236963 Loranthus poecilobotrys Werth = Oncella ambigua (Engl.) Tiegh. ●☆

236964 Loranthus poggei Engl. = Tapinanthus constrictiflorus (Engl.) Danser ●☆

236965 Loranthus polycryptus Didr. = Phragmanthera polycrypta (Didr.) Balle ●☆

236966 Loranthus polycryptus Didr. var. discolor Balle = Phragmanthera polycrypta (Didr.) Balle ●☆

236967 Loranthus polygonifolius Engl. = Agelanthus polygonifolius (Engl.) Polhill et Wiens ●☆

236968 Loranthus preussii Engl. = Tapinanthus preussii (Engl.) Tiegh. ●☆

236969 Loranthus prittwitzii Engl. et K. Krause = Agelanthus irangensis (Engl.) Polhill et Wiens ●☆

236970 Loranthus proteicola Engl. = Phragmanthera proteicola (Engl.) Polhill et Wiens ●☆

236971 Loranthus prunifolius E. Mey. ex Harv. = Agelanthus prunifolius (E. Mey. ex Harv.) Polhill et Wiens ●☆

236972 Loranthus pseudochinensis Yamam. = Scurrula phoebes-formosanae (Hayata) Danser ●

236973 Loranthus pseudochinensis Yamam. = Taxillus pseudochinensis (Yamam.) Danser ●

236974 Loranthus pseudo-odoratus Lingelsh.;肖香味桑寄生(华中桑寄生);C. China Scurrula, Central China Scurrula, False-fragrant Scurrula ●

236975 Loranthus pubiflorus Sprague = Tapinanthus belvisii (DC.) Danser ●☆

236976 Loranthus pulcher DC. = Helixanthera pierrei Danser ●

236977 Loranthus pulverulentus Wall. = Scurrula pulverulenta (Wall.) G. Don ●

236978 Loranthus pungu De Wild. = Agelanthus pungu (De Wild.) Polhill et Wiens ●☆

236979 Loranthus pungu De Wild. var. angustifolius ? = Agelanthus pungu (De Wild.) Polhill et Wiens ●☆

236980 Loranthus pungwensis Weim. = Englerina oedostemon (Danser) Polhill et Wiens ●☆

236981 Loranthus quinquangulus Engl. et Schinz = Tapinanthus oleifolius (J. C. Wendl.) Danser ●☆

236982 Loranthus quinquangulus Engl. et Schinz var. pedicellatus Sprague = Tapinanthus oleifolius (J. C. Wendl.) Danser ●☆

236983 Loranthus quinquenervius De Wild. = Agelanthus djurensis (Engl.) Polhill et Wiens ●☆

236984 Loranthus quinquenervius Hochst. = Oncocalyx quinquenervius (Hochst.) Wiens et Polhill ●☆

236985 Loranthus ramulosus Sprague = Englerina ramulosa (Sprague) Polhill et Wiens ●☆

236986 Loranthus redingii De Wild. = Phragmanthera capitata (Spreng.) Balle ●☆

236987 Loranthus regularis Steud. ex Sprague = Phragmanthera regularis (Steud. ex Sprague) M. G. Gilbert ●☆

236988 Loranthus remotus Baker et Sprague = Vanwykia remota (Baker et Sprague) Wiens ●☆

236989 Loranthus rendelii Engl. = Agelanthus elegantulus (Engl.) Polhill et Wiens ●☆

236990 Loranthus rhamnifolius Engl. = Spragueanella rhamnifolia (Engl.) Balle ●☆

236991 Loranthus rhodanthus Chiov. = Agelanthus kayseri (Engl.) Polhill et Wiens ●☆

236992 Loranthus rhodesicus Weim. = Helixanthera garciana (Engl.) Danser ●☆

236993 Loranthus rhododendricola Hayata = Taxillus nigrans (Hance) Danser ●

236994 Loranthus riggenbachii Engl. et K. Krause = Tapinanthus bangwensis (Engl. et K. Krause) Danser ●☆

236995 Loranthus rigidilobus K. Krause = Phragmanthera usuiensis (Oliv.) M. G. Gilbert ●☆

236996 Loranthus rigidissimus Engl. et K. Krause = Globimetula oreophila (Oliv.) Danser ●☆

236997 Loranthus ritozanensis Hayata = Taxillus limprichtii (Grüning) H. S. Kiu ●

236998 Loranthus ritozanensis Hayata = Taxillus ritozanensis (Hayata) S. T. Chiu ●

236999 Loranthus rogersii Sprague ex Burtt Davy = Oncocalyx bolusii (Sprague) Wiens et Polhill ●☆

237000 Loranthus rondensis Engl. = Agelanthus rondensis (Engl.) Polhill et Wiens ●☆

237001 Loranthus rosaceus Engl. = Helixanthera mannii (Oliv.) Danser ●☆

237002 Loranthus roseus Klotzsch = Erianthemum dregei (Eckl. et Zeyh.) Tiegh. ●☆

237003 Loranthus rosiflorus Engl. et K. Krause = Tapinanthus globiferus (A. Rich.) Tiegh. ●☆

237004 Loranthus rubiginosus De Wild. = Phragmanthera cornetii (Dewèvre) Polhill et Wiens ●☆

237005 Loranthus rubiginosus De Wild. var. grandiflorus ? = Phragmanthera cornetii (Dewèvre) Polhill et Wiens ●☆

237006 Loranthus rubripes Engl. et K. Krause = Globimetula rubripes (Engl. et K. Krause) Danser ●☆

237007 Loranthus rubromarginatus Engl. = Tapinanthus rubromarginatus (Engl.) Danser ●☆

237008 Loranthus rubrostamineus Engl. et K. Krause = Helixanthera mannii (Oliv.) Danser ●☆

237009 Loranthus rubroviridis Oliv. = Oliverella rubroviridis Tiegh. ●☆

237010 Loranthus rubroviridis Oliv. var. bechuanica Sprague = Oliverella rubroviridis Tiegh. ●☆

237011 Loranthus rubrovittatus Engl. et K. Krause = Tapinanthus globiferus (A. Rich.) Tiegh. ●☆

237012 Loranthus rufescens DC. = Phragmanthera rufescens (DC.) Balle ●☆

237013 Loranthus rufescens DC. var. pilosus Pax = Phragmanthera regularis (Steud. ex Sprague) M. G. Gilbert ●☆

237014 Loranthus rugegensis Engl. et K. Krause = Englerina woodfordioides (Schweinf.) Balle ●☆

237015 Loranthus rugulosus De Wild. = Tapinanthus buvumae (Rendle) Danser ●☆

237016 Loranthus ruspolii Engl. = Englerina woodfordioides (Schweinf.) Balle ●☆

237017 Loranthus sacleuxii (Tiegh.) Engl. = Oncella ambigua (Engl.) Tiegh. ●☆

237018 Loranthus sadebeckii Engl. = Agelanthus sansibarensis (Engl.) Polhill et Wiens ●☆

237019 Loranthus sagittifolius (Engl.) Sprague = Plicosepalus sagittifolius (Engl.) Danser ●☆

237020 Loranthus sakarensis Engl. = Agelanthus tanganyikae (Engl.) Polhill et Wiens ●☆

237021 Loranthus sambesiacus Engl. et Schinz = Agelanthus sambesiacus (Engl. et Schinz) Polhill et Wiens ●☆

237022 Loranthus sampsonii Hance = Helixanthera sampsonii (Hance) Danser ●

237023 Loranthus sandersonii Harv. ex Benth. et Hook. f. = Helixanthera woodii (Schltr. et K. Krause) Danser ●☆

237024 Loranthus sankuruensis De Wild. = Agelanthus brunneus (Engl.) Balle et N. Hallé ●☆

237025 Loranthus sansibarensis Engl. = Agelanthus sansibarensis (Engl.) Polhill et Wiens ●☆

237026 Loranthus sapinii De Wild. = Agelanthus djurensis (Engl.) Polhill et Wiens ●☆

237027 Loranthus sarertaensis Hutch. et E. A. Bruce = Phragmanthera sarertaensis (Hutch. et E. A. Bruce) M. G. Gilbert ●☆

237028 Loranthus scarlatinus Engl. et K. Krause = Globimetula braunii (Engl.) Danser ●☆

237029 Loranthus scassellatii Chiov. = Agelanthus scassellatii (Chiov.) Polhill et Wiens ●☆

237030 Loranthus scassellatii Chiov. var. glabrescens Pic. Serm. = Agelanthus heteromorphus (A. Rich.) Polhill et Wiens ●☆

237031 Loranthus schelei Engl. = Erianthemum schelei (Engl.) Tiegh. ●☆

237032 Loranthus schimperi Hochst. ex A. Rich. = Oncocalyx schimperi (Hochst. ex A. Rich.) M. G. Gilbert ●☆

237033 Loranthus schimperi Hochst. ex A. Rich. var. parviflorus Hutch. et E. A. Bruce = Oncocalyx schimperi (Hochst. ex A. Rich.) M. G. Gilbert ●☆

237034 Loranthus schlechtendalianus Schult. f. = Moquiniella rubra (A. Spreng.) Balle ■☆

237035 Loranthus schlechteri Engl. = Englerina schlechteri (Engl.) Polhill et Wiens ●☆

237036 Loranthus schubotzianus Engl. et K. Krause = Englerina schubotziana (Engl. et K. Krause) Polhill et Wiens ●☆

237037 Loranthus schweinfurthii Engl. = Agelanthus schweinfurthii (Engl.) Polhill et Wiens ●☆

237038 Loranthus scoriarum W. W. Sm. = Helixanthera scoriara (W. W. Sm.) Danser ●

237039 Loranthus scurrula L. = Scurrula parasitica L. ●

237040 Loranthus scurrula L. var. buddleioides (Desr.) Kurz = Scurrula buddleioides (Danser) G. Don ●

237041 Loranthus scurrula L. var. graciliflorus (Roxb. ex Schult. f.) Kurz = Scurrula parasitica L. var. graciliflora (Wall. ex DC.) H. S. Kiu ●

237042 Loranthus scurrula L. var. graciliflorus (Wall. ex DC.) Kurz = Scurrula parasitica L. var. graciliflora (Wall. ex DC.) H. S. Kiu ●

237043 Loranthus senegalensis De Wild. = Tapinanthus pentagonia (DC.) Tiegh. ●☆

237044 Loranthus sennii Mattei = Agelanthus heteromorphus (A. Rich.) Polhill et Wiens ●☆

237045 Loranthus seraggodostemon Hayata = Taxillus nigrans (Hance) Danser ●

237046 Loranthus seraggodostemon Hayata = Taxillus sutchuenensis (Lecomte) Danser ●

237047 Loranthus seretii De Wild. = Phragmanthera seretii (De Wild.) Balle ●☆

237048 Loranthus sessiliflorus Engl. et K. Krause = Tapinanthus apodanthus (Sprague) Danser ●☆

237049 Loranthus sessilifolius P. Beauv. = Tapinanthus sessilifolius (P. Beauv.) Tiegh. ●☆

237050 Loranthus sigensis Engl. = Phragmanthera usuiensis (Oliv.) M. G. Gilbert subsp. sigensis (Engl.) Polhill et Wiens ●☆

237051 Loranthus somalensis Chiov. = Helixanthera kirkii (Oliv.) Danser ●☆

237052 Loranthus sootepensis Craib = Scurrula sootepensis (Craib) Danser ●

237053 Loranthus soyauxii Engl. = Phragmanthera capitata (Spreng.) Balle ●☆

237054 Loranthus spathulifolius Engl. et K. Krause = Tapinanthus globiferus (A. Rich.) Tiegh. ●☆

237055 Loranthus speciosus F. Dietr. = Tapinanthus oleifolius (J. C. Wendl.) Danser ●☆

237056 Loranthus sphaericocompressus De Wild. = Agelanthus brunneus (Engl.) Balle et N. Hallé ●☆

237057 Loranthus splendens N. E. Br. = Plicosepalus kalachariensis (Schinz) Danser ●☆

237058 Loranthus stefaninii Chiov. = Helixanthera kirkii (Oliv.) Danser ●☆

237059 Loranthus sterculiae Hiern = Phragmanthera sterculiae (Hiern) Polhill et Wiens ●☆

237060 Loranthus stolzii Engl. et K. Krause = Agelanthus nyasicus (Baker et Sprague) Polhill et Wiens ●☆

237061 Loranthus stuhlmannii Engl. = Oncocalyx fischeri (Engl.) M. G. Gilbert ●☆

237062 Loranthus stuhlmannii Engl. var. somalensis Engl. ex Sprague = Oncocalyx fischeri (Engl.) M. G. Gilbert ●☆

237063 Loranthus subalatus De Wild. = Helixanthera subalata (De Wild.) Wiens et Polhill ●☆

237064 Loranthus subcylindricus Sprague = Helixanthera woodii (Schltr. et K. Krause) Danser ●☆

237065 Loranthus sublilacinus Sprague = Helixanthera mannii (Oliv.) Danser ●☆

237066 Loranthus subquadrangularis De Wild. = Englerina

subquadrangularis (De Wild.) Polhill et Wiens ●☆
237067 Loranthus subsericeus Weim. = Erianthemum nyikense (Sprague) Danser ●☆
237068 Loranthus subulatus Engl. = Agelanthus subulatus (Engl.) Polhill et Wiens ●☆
237069 Loranthus sulfureus Engl. = Oncocalyx sulfureus (Engl.) Wiens et Polhill ●☆
237070 Loranthus sutchuenensis Lecomte = Taxillus sutchuenensis (Lecomte) Danser ●
237071 Loranthus swynnertonii Sprague = Englerina swynnertonii (Sprague) Polhill et Wiens ●☆
237072 Loranthus syringifolius Engl. = Tapinanthus constrictiflorus (Engl.) Danser ●☆
237073 Loranthus taborensis Engl. = Erianthemum taborense (Engl.) Tiegh. ●☆
237074 Loranthus talbotiorum Sprague = Phragmanthera talbotiorum (Sprague) Balle ●☆
237075 Loranthus tambermensis Engl. et K. Krause = Agelanthus heteromorphus (A. Rich.) Polhill et Wiens ●☆
237076 Loranthus tanaensis Engl. = Oncocalyx ugogensis (Engl.) Wiens et Polhill ●☆
237077 Loranthus tanakae Franch. et Sav.;北桑寄生(欧洲栎寄生,杏寄生,杏桑寄生,宜枝,枝子);Tanaka Scurrula ●
237078 Loranthus tandrokensis Lecomte = Bakerella tandrokensis (Lecomte) Balle ●☆
237079 Loranthus tanganyikae Engl. = Agelanthus tanganyikae (Engl.) Polhill et Wiens ●☆
237080 Loranthus tenuifolius Engl. = Englerina inaequilatera (Engl.) Gilli ●☆
237081 Loranthus terminaliae Engl. et Gilg = Agelanthus terminaliae (Engl. et Gilg) Polhill et Wiens ●☆
237082 Loranthus ternatus (Tiegh.) Engl. = Helixanthera mannii (Oliv.) Danser ●☆
237083 Loranthus terrestris Hook. f. = Helixanthera terrestris (Hook. f.) Danser ●
237084 Loranthus tessmannii Engl. et K. Krause = Englerina gabonensis (Engl.) Balle ●☆
237085 Loranthus tetrapartitus E. A. Bruce = Helixanthera tetrapartita (E. A. Bruce) Wiens et Polhill ●☆
237086 Loranthus theifer Hayata = Taxillus theifer (Hayata) H. S. Kiu ●
237087 Loranthus thibetensis Lecomte = Taxillus thibetensis (Lecomte) Danser ●
237088 Loranthus thollonii (Tiegh.) Pellegr. = Phragmanthera capitata (Spreng.) Balle ●☆
237089 Loranthus thomasii Engl. = Agelanthus subulatus (Engl.) Polhill et Wiens ●☆
237090 Loranthus thomsonii Sprague = Helixanthera thomsonii (Sprague) Danser ●☆
237091 Loranthus thonneri Engl. = Agelanthus brunneus (Engl.) Balle et N. Hallé ●☆
237092 Loranthus thonningii DC. = Phragmanthera capitata (Spreng.) Balle ●☆
237093 Loranthus thonningii Schumach. et Thonn. = Tapinanthus bangwensis (Engl. et K. Krause) Danser ●☆
237094 Loranthus thorei K. Krause = Agelanthus sansibarensis (Engl.) Polhill et Wiens subsp. montanus Polhill et Wiens ●☆
237095 Loranthus tienyensis H. L. Li = Taxillus balansae (Lecomte) Danser ●
237096 Loranthus togoensis Engl. et K. Krause = Globimetula braunii (Engl.) Danser ●☆
237097 Loranthus toroensis Sprague = Agelanthus toroensis (Sprague) Polhill et Wiens ●☆
237098 Loranthus tricolor Peter = Agelanthus sansibarensis (Engl.) Polhill et Wiens ●☆
237099 Loranthus tricostatus Lecomte = Bakerella tricostata (Lecomte) Balle ●☆
237100 Loranthus trinervius Engl. = Agelanthus djurensis (Engl.) Polhill et Wiens ●☆
237101 Loranthus triplinervius Baker et Sprague = Englerina triplinervia (Baker et Sprague) Polhill et Wiens ●☆
237102 Loranthus truncatus Engl. = Tapinanthus belvisii (DC.) Danser ●☆
237103 Loranthus tschertscherensis Pax = Englerina woodfordioides (Schweinf.) Balle ●☆
237104 Loranthus tschintschochensis Engl. = Tapinanthus buchneri (Engl.) Danser ●☆
237105 Loranthus uelensis Balle = Agelanthus dodoneifolius (DC.) Polhill et Wiens ●☆
237106 Loranthus ugogensis Engl. = Oncocalyx ugogensis (Engl.) Wiens et Polhill ●☆
237107 Loranthus ugogensis Engl. var. ganocalyx Chiov. = Oncocalyx glabratus (Engl.) M. G. Gilbert ●☆
237108 Loranthus uhehensis Engl. = Agelanthus uhehensis (Engl.) Polhill et Wiens ●☆
237109 Loranthus ulugurensis Engl. = Erianthemum schelei (Engl.) Tiegh. ●☆
237110 Loranthus umbellifer Schult. f. = Taxillus umbellifer (Schult.) Danser ●
237111 Loranthus umbelliflorus De Wild. = Englerina woodfordioides (Schweinf.) Balle ●☆
237112 Loranthus undulatus E. Mey. ex Harv. = Plicosepalus undulatus (E. Mey. ex Harv.) Tiegh. ●☆
237113 Loranthus undulatus E. Mey. ex Harv. var. angustior Sprague = Plicosepalus undulatus (E. Mey. ex Harv.) Tiegh. ●☆
237114 Loranthus undulatus E. Mey. ex Harv. var. sagittifolius Engl. = Plicosepalus sagittifolius (Engl.) Danser ●☆
237115 Loranthus unguiformis Engl. = Globimetula braunii (Engl.) Danser ●☆
237116 Loranthus unyorensis Sprague = Agelanthus unyorensis (Sprague) Polhill et Wiens ●☆
237117 Loranthus usambarensis Engl. = Agelanthus subulatus (Engl.) Polhill et Wiens ●☆
237118 Loranthus usuiensis Oliv. = Phragmanthera usuiensis (Oliv.) M. G. Gilbert ●☆
237119 Loranthus usuiensis Oliv. var. longipilosus Engl. et K. Krause = Phragmanthera cornetii (Dewèvre) Polhill et Wiens ●☆
237120 Loranthus usuiensis Oliv. var. maitlandii Sprague = Phragmanthera usuiensis (Oliv.) M. G. Gilbert ●☆
237121 Loranthus vanderystii De Wild. = Tapinanthus ogowensis (Engl.) Danser ●☆
237122 Loranthus variifolius De Wild. = Agelanthus brunneus (Engl.) Balle et N. Hallé ●☆
237123 Loranthus verrucosus Engl. = Tapinanthus globiferus (A. Rich.) Tiegh. ●☆

237124 Loranthus verruculosus Sprague = Agelanthus djurensis (Engl.) Polhill et Wiens ●☆
237125 Loranthus verschuerenii De Wild. = Tapinanthus buchneri (Engl.) Danser ●☆
237126 Loranthus vestitus Wall. = Taxillus vestitus (Wall.) Danser ●
237127 Loranthus villosiflorus Engl. = Agelanthus villosiflorus (Engl.) Polhill et Wiens ●☆
237128 Loranthus viminalis Engl. et K. Krause = Englerina woodfordioides (Schweinf.) Balle ●☆
237129 Loranthus virescens N. E. Br. = Erianthemum virescens (N. E. Br.) Wiens et Polhill ●☆
237130 Loranthus viridiflorus Wall. = Macrosolen cochinchinensis (Lour.) Tiegh. ●
237131 Loranthus viridizonatus Werth = Agelanthus sansibarensis (Engl.) Polhill et Wiens ●☆
237132 Loranthus vittatus Engl. = Agelanthus zizyphifolius (Engl.) Polhill et Wiens subsp. vittatus (Engl.) Polhill et Wiens ●☆
237133 Loranthus volkensii Engl. = Agelanthus sansibarensis (Engl.) Polhill et Wiens ●☆
237134 Loranthus warneckei Engl. = Tapinanthus sessilifolius (P. Beauv.) Tiegh. ●☆
237135 Loranthus welwitschii Engl. = Oncocalyx welwitschii (Engl.) Polhill et Wiens ●☆
237136 Loranthus wentzelianus Engl. = Phragmanthera usuiensis (Oliv.) M. G. Gilbert subsp. sigensis (Engl.) Polhill et Wiens ●☆
237137 Loranthus wildemanii Sprague = Helixanthera mannii (Oliv.) Danser ●☆
237138 Loranthus winkleri Engl. = Tapinanthus bangwensis (Engl. et K. Krause) Danser ●☆
237139 Loranthus woodfordioides Schweinf. = Englerina woodfordioides (Schweinf.) Balle ●☆
237140 Loranthus woodii Schltr. et K. Krause = Helixanthera woodii (Schltr. et K. Krause) Danser ●☆
237141 Loranthus wyliei Sprague = Actinanthella wyliei (Sprague) Wiens ●☆
237142 Loranthus yadoriki Siebold et Zucc. ex Maxim. = Taxillus sutchuenensis (Lecomte) Danser var. duclouxii (Lecomte) H. S. Kiu ●
237143 Loranthus yadoriki Siebold ex Maxim. = Scurrula yadoriki (Siebold ex Maxim.) Danser ●☆
237144 Loranthus yadoriki Siebold ex Maxim. = Taxillus nigrans (Hance) Danser ●
237145 Loranthus yadoriki Siebold ex Maxim. var. hupehanus Lecomte = Taxillus sutchuenensis (Lecomte) Danser var. duclouxii (Lecomte) H. S. Kiu ●
237146 Loranthus yadoriki var. hupehanus Lecomte = Taxillus sutchuenensis (Lecomte) Danser var. duclouxii (Lecomte) H. S. Kiu ●
237147 Loranthus zambesicus Gibbs = Tapinanthus oleifolius (J. C. Wendl.) Danser ●☆
237148 Loranthus zenkeri Engl. = Globimetula braunii (Engl.) Danser ●☆
237149 Loranthus zeyheri Harv. = Agelanthus natalitius (Meisn.) Polhill et Wiens subsp. zeyheri (Harv.) Polhill et Wiens ●☆
237150 Loranthus zeyheri Harv. var. minor ? = Agelanthus natalitius (Meisn.) Polhill et Wiens subsp. zeyheri (Harv.) Polhill et Wiens ●☆
237151 Loranthus zizyphifolius Engl. = Agelanthus zizyphifolius (Engl.) Polhill et Wiens ●☆
237152 Loranthus zygiarum Hiern = Phragmanthera zygiarum (Hiern) Polhill et Wiens ●☆
237153 Lordhowea B. Nord. (1978);豪爵千里光属●☆
237154 Lordhowea insularis (Benth.) B. Nord.;豪爵千里光●☆
237155 Loreia Raf. = Campanula L. ■●
237156 Lorencea Borhidi(2003);危地马拉茜属●☆
237157 Lorentea Lag. = Pectis L. ■☆
237158 Lorentea Ortega = Sanvitalia Lam. ■●
237159 Lorentea atropurpurea Ortega = Sanvitalia procumbens Lam. ■
237160 Lorentea Less = Inula L. ●■
237161 Lorentia Sweet = Lorentea Ortega ■●
237162 Lorentzia Griseb. = Pascalia Ortega ■
237163 Lorentzia Hieron. = Ayenia L. ●☆
237164 Lorentzianthus R. M. King et H. Rob. (1975);柔冠亮泽兰属●☆
237165 Lorentzianthus viscidus (Hook. et Arn.) R. M. King et H. Rob.;柔冠亮泽兰■☆
237166 Lorenzana Walp. = Lorenzanea Liebm. ●
237167 Lorenzanea Liebm. = Meliosma Blume ●
237168 Lorenzeana Benth. et Hook. f. = Lorenzanea Liebm. ●
237169 Lorenzochloa Reeder et C. Reeder = Ortachne Nees ex Steud. ■☆
237170 Loreopsis Raf. = Coreopsis L. ●■
237171 Loretia Duval-Jouve = Festuca L. ■
237172 Loretia Duval-Jouve = Vulpia C. C. Gmel. ■
237173 Loretoa Standl. = Capirona Spruce ■☆
237174 Loreya DC. (1828);洛里野牡丹属●☆
237175 Loreya Post et Kuntze = Campanula L. ■●
237176 Loreya Post et Kuntze = Loreia Raf. ■●
237177 Loreya arborescens DC.;洛里野牡丹●☆
237178 Loricalepis Brade(1938);鳞甲野牡丹属☆
237179 Loricalepis duckei Brade;鳞甲野牡丹☆
237180 Loricaria Wedd. (1856);内卷鼠麹木属●☆
237181 Loricaria colombiana Cuatrec.;哥伦比亚内卷鼠麹木●☆
237182 Loricaria ferruginea Wedd.;锈色内卷鼠麹木●☆
237183 Loricaria lucida Cuatrec.;亮内卷鼠麹木●☆
237184 Loricaria stenophylla Wedd.;窄叶内卷鼠麹木●☆
237185 Loroglossum Rich. = Aceras R. Br. + Himantoglossum Spreng. (保留属名)■☆
237186 Loroglossum Rich. = Aceras R. Br. ■☆
237187 Loroglossum Rich. = Himantoglossum K. Koch ■☆
237188 Loroma O. F. Cook = Archontophoenix H. Wendl. et Drude ●
237189 Loropetalum R. Br. = Loropetalum R. Br. ex Rchb. ●
237190 Loropetalum R. Br. ex Rchb. (1829);檵木属;Loropetal,Loropetalum,White Witch Hazel ●
237191 Loropetalum chinense (R. Br.) Oliv.;檵木(白花树,白清明花,刺木,刺木花,刀烟木,刀胭木,地里爬,柜木,鸡寄,檵柴,檵花,檵树,檵条,坚漆,坚漆花,茧漆,锯木条,罗胭木,满山白,木莲子,山漆柴,闪目木,铁脚柴,铁树子花,土墙花,杨甬书树,鱼骨柴,知微木,纸末花,桎木柴,子树);China Loropetal,Chinese Loropetalum,Fringe Flower,White Witch Hazel ●
237192 Loropetalum chinense (R. Br.) Oliv.'Burgundy';暗红檵木●☆
237193 Loropetalum chinense (R. Br.) Oliv. f. rubrum Hung T. Chang = Loropetalum chinense (R. Br.) Oliv. var. rubrum Yieh ●
237194 Loropetalum chinense (R. Br.) Oliv. var. coloratum C. Q. Huang;彩花檵木;Colorate Chinese Loropetalum,Colorate Loropetal ●

237195 Loropetalum chinense (R. Br.) Oliv. var. rubrum Yieh;红花檵木(红檵木); Fringe Flower, Red Leaf Loropetalum, Redflower Loropetal, Redflower Loropetalum ●

237196 Loropetalum indicum K. Y. Tong = Loropetalum chinense (R. Br.) Oliv. ●

237197 Loropetalum lanceum Hand. -Mazz.;大果檵木;Bigfruit Loropetal, Bigfruit Loropetalum ●

237198 Loropetalum subcapitatum Chun ex Hung T. Chang;大叶檵木;Largeleaf Loropetal, Largeleaf Loropetalum ●

237199 Loropetalum subcapitatum Chun ex Hung T. Chang = Loropetalum chinense (R. Br.) Oliv. ●

237200 Loropetalum subcordatum (Benth.) Oliv. = Tetrathyrium subcordatum Benth. ●◇

237201 Loropetalum subcordatum Oliv. = Loropetalum subcordatum (Benth.) Oliv. ●◇

237202 Loropetalum subcordatum Oliv. = Tetrathyrium subcordatum Benth. ●◇

237203 Lorostelma E. Fourn. (1885);条冠萝藦属☆

237204 Lorostelma struthianthus E. Fourn.;条冠萝藦☆

237205 Lorostemon Ducke(1935);带蕊藤黄属●☆

237206 Lorostemon bombaciflorus Ducke;带蕊藤黄●☆

237207 Lortetia Ser. = Passiflora L. ●■

237208 Lortia Rendle = Monadenium Pax ■☆

237209 Lortia erubescens Rendle = Euphorbia neorubescens Bruyns ●☆

237210 Lotaceae Burnett = Fabaceae Lindl. (保留科名)●■

237211 Lotaceae Burnett = Leguminosae Juss. (保留科名)●■

237212 Lotaceae Oken = Fabaceae Lindl. (保留科名)●■

237213 Lotaceae Oken = Leguminosae Juss. (保留科名)●■

237214 Lotea Medik. = Lotus L. ■

237215 Lothiania Kraenzl. = Porroglossum Schltr. ■☆

237216 Lothoniana Kraenzl. = Porroglossum Schltr. ■☆

237217 Lotodes Kuntze = Psoralea L. ●■

237218 Lotodes corylifolia (L.) Kuntze = Cullen corylifolium (L.) Medik. ■

237219 Lotononis (DC.) Eckl. et Zeyh. (1836)(保留属名);罗顿豆属; Lotonbean, Lotononis ■

237220 Lotononis Eckl. et Zeyh. = Lotononis (DC.) Eckl. et Zeyh. (保留属名)■

237221 Lotononis abyssinica (Hochst. ex A. Rich.) Kotschy = Lotononis platycarpa (Viv.) Pic. Serm. ■☆

237222 Lotononis acocksii B. -E. van Wyk;阿氏罗顿豆■☆

237223 Lotononis acuminata Eckl. et Zeyh.;渐尖罗顿豆■☆

237224 Lotononis acuticarpa B. -E. van Wyk;尖果罗顿豆■☆

237225 Lotononis acutiflora Benth.;尖花罗顿豆■☆

237226 Lotononis adpressa N. E. Br.;匍匐罗顿豆■☆

237227 Lotononis adpressa N. E. Br. subsp. leptantha B. -E. van Wyk;细花罗顿豆■☆

237228 Lotononis affinis Burtt Davy = Lotononis mucronata Conrath ■☆

237229 Lotononis alpina (Eckl. et Zeyh.) B. -E. van Wyk;高山罗顿豆■☆

237230 Lotononis alpina (Eckl. et Zeyh.) B. -E. van Wyk subsp. multiflora (Eckl. et Zeyh.) B. -E. van Wyk;多花罗顿豆■☆

237231 Lotononis ambigua Dümmer = Lotononis pusilla Dümmer ■☆

237232 Lotononis angolensis Welw. ex Baker;安哥拉罗顿豆■☆

237233 Lotononis angustifolia Steud. = Lotononis fastigiata (E. Mey.) B. -E. van Wyk ●☆

237234 Lotononis anthylloides Harv. = Lotononis anthyllopsis B. -E. van Wyk ■☆

237235 Lotononis anthyllopsis B. -E. van Wyk;绒毛花罗顿豆■☆

237236 Lotononis arenicola Schltr.;沙生罗顿豆■☆

237237 Lotononis argentea Eckl. et Zeyh.;银白罗顿豆■☆

237238 Lotononis aristata Schinz = Pearsonia aristata (Schinz) Dümmer ●☆

237239 Lotononis aristata Schinz var. gazensis Baker f. = Pearsonia aristata (Schinz) Dümmer ●☆

237240 Lotononis azurea (Eckl. et Zeyh.) Benth.;天蓝罗顿豆■☆

237241 Lotononis azurea (Eckl. et Zeyh.) Benth. var. lanceolata Harv. = Lotononis azurea (Eckl. et Zeyh.) Benth. ■☆

237242 Lotononis azureoides B. -E. van Wyk;拟天蓝罗顿豆■☆

237243 Lotononis bachmanniana Dümmer;巴克曼罗顿豆■☆

237244 Lotononis bainesii Baker;罗顿豆;Baines Lotononis, Lotonbean ■

237245 Lotononis barberae Dümmer = Lotononis marlothii Engl. ■☆

237246 Lotononis basutica E. Phillips = Lotononis macrosepala Conrath ■☆

237247 Lotononis biflora (Bolus) Dümmer = Lotononis eriocarpa (E. Mey.) B. -E. van Wyk ■☆

237248 Lotononis bolusii Dümmer;博卢斯罗顿豆■☆

237249 Lotononis bolusii Dümmer var. sessilis ? = Lotononis bolusii Dümmer ■☆

237250 Lotononis brachyantha Harms;短花罗顿豆■☆

237251 Lotononis brachyloba (E. Mey.) Benth. = Lotononis parviflora (P. J. Bergius) D. Dietr. ■☆

237252 Lotononis bracteata Benth. = Pearsonia bracteata (Benth.) Polhill ●☆

237253 Lotononis brevicaulis B. -E. van Wyk;短茎罗顿豆■☆

237254 Lotononis brierleyae Baker f. = Lotononis divaricata (Eckl. et Zeyh.) Benth. ■☆

237255 Lotononis buchenroederoides Schltr. = Lotononis carnosa (Eckl. et Zeyh.) Benth. ■☆

237256 Lotononis burchellii Benth.;伯切尔罗顿豆■☆

237257 Lotononis caerulescens (E. Mey.) B. -E. van Wyk;浅蓝罗顿豆■☆

237258 Lotononis calycina (E. Mey.) Benth.;萼状罗顿豆●☆

237259 Lotononis calycina (E. Mey.) Benth. var. acuta Dümmer = Lotononis calycina (E. Mey.) Benth. ●☆

237260 Lotononis calycina (E. Mey.) Benth. var. hirsutissima Dümmer = Lotononis calycina (E. Mey.) Benth. ●☆

237261 Lotononis capnitidis (E. Mey.) Benth. ex Walp.;延胡索罗顿豆■☆

237262 Lotononis carinalis Harv. = Lotononis platycarpa (Viv.) Pic. Serm. ■☆

237263 Lotononis carinata (E. Mey.) Benth.;龙骨状罗顿豆■☆

237264 Lotononis carnosa (Eckl. et Zeyh.) Benth.;肉质罗顿豆■☆

237265 Lotononis carnosa (Eckl. et Zeyh.) Benth. subsp. latifolia B. -E. van Wyk;宽叶肉质罗顿豆■☆

237266 Lotononis clandestina (E. Mey.) Benth. = Lotononis platycarpa (Viv.) Pic. Serm. ■☆

237267 Lotononis clandestina (E. Mey.) Benth. var. steingroeveriana Schinz = Lotononis platycarpa (Viv.) Pic. Serm. ■☆

237268 Lotononis corymbosa (E. Mey.) Benth.;伞形罗顿豆●☆

237269 Lotononis cytisoides (E. Mey.) Benth.;金雀花罗顿豆■☆

237270 Lotononis cytisoides (E. Mey.) Benth. = Lotononis stricta (Eckl. et Zeyh.) B. -E. van Wyk ■☆

237271 Lotononis cytisoides (E. Mey.) Benth. var. brevifolia Eckl. et Zeyh. ex Drège = Lotononis stricta (Eckl. et Zeyh.) B. -E. van Wyk ■☆

237272 Lotononis cytisoides (E. Mey.) Benth. var. sericea Dümmer = Lotononis eriocarpa (E. Mey.) B. -E. van Wyk ■☆

237273 Lotononis dahlgrenii B. -E. van Wyk;达尔罗顿豆■☆

237274 Lotononis debilis (Eckl. et Zeyh.) Benth. = Lotononis umbellata (L.) Benth. ●☆

237275 Lotononis decumbens (Thunb.) B. -E. van Wyk;外倾罗顿豆■●☆

237276 Lotononis decumbens (Thunb.) B. -E. van Wyk subsp. rehmannii (Dümmer) B. -E. van Wyk;雷曼罗顿豆■☆

237277 Lotononis delicatula Bolus ex De Wild. = Lotononis quinata (Thunb.) Benth. ■☆

237278 Lotononis densa (Thunb.) Harv.;密集罗顿豆■☆

237279 Lotononis densa (Thunb.) Harv. subsp. gracilis (E. Mey.) B. -E. van Wyk;纤细密集罗顿豆■☆

237280 Lotononis densa (Thunb.) Harv. subsp. leucoclada (Schltr.) B. -E. van Wyk;白枝密集罗顿豆■☆

237281 Lotononis depressa Eckl. et Zeyh. = Lotononis pungens Eckl. et Zeyh. ■☆

237282 Lotononis desertorum Dümmer = Rothia hirsuta (Guillaumin et Perr.) Baker ■☆

237283 Lotononis dichiloides Sond.;二分罗顿豆■☆

237284 Lotononis dichotoma (Delile) Boiss. = Lotononis platycarpa (Viv.) Pic. Serm. ■☆

237285 Lotononis dichotoma Boiss. = Lotononis platycarpa (Viv.) Pic. Serm. ■☆

237286 Lotononis dieterlenii E. Phillips = Lotononis lotononoides (Scott-Elliot) B. -E. van Wyk ■☆

237287 Lotononis difformis B. -E. van Wyk;不齐罗顿豆■☆

237288 Lotononis digitata Harv.;指裂罗顿豆■☆

237289 Lotononis dinteri Schinz = Lotononis platycarpa (Viv.) Pic. Serm. ■☆

237290 Lotononis divaricata (Eckl. et Zeyh.) Benth.;叉开罗顿豆■☆

237291 Lotononis dregeana Dümmer = Lotononis pusilla Dümmer ■☆

237292 Lotononis elongata (Thunb.) D. Dietr.;伸长罗顿豆■☆

237293 Lotononis eriantha Benth.;毛花罗顿豆■☆

237294 Lotononis eriantha Benth. var. obovata Scott-Elliot = Lotononis corymbosa (E. Mey.) Benth. ●☆

237295 Lotononis eriocarpa (E. Mey.) B. -E. van Wyk;毛果罗顿豆■☆

237296 Lotononis erisemoides (Ficalho et Hiern) Torre = Lotononis calycina (E. Mey.) Benth. ●☆

237297 Lotononis esterhuyseniana B. -E. van Wyk;埃斯特罗顿豆■☆

237298 Lotononis evansiana Burtt Davy;埃文斯罗顿豆■☆

237299 Lotononis excisa (E. Mey.) Steud. = Crotalaria excisa (Thunb.) Baker f. ■☆

237300 Lotononis falcata (E. Mey.) Benth.;镰形罗顿豆●☆

237301 Lotononis fastigiata (E. Mey.) B. -E. van Wyk;帚状罗顿豆●☆

237302 Lotononis filifolia Bolus = Pearsonia sessilifolia (Harv.) Dümmer subsp. filifolia (Bolus) Polhill ●☆

237303 Lotononis filiformis B. -E. van Wyk;丝状罗顿豆●☆

237304 Lotononis flava Dümmer = Lotononis pungens Eckl. et Zeyh. ■☆

237305 Lotononis florifera Dümmer = Lotononis carinata (E. Mey.) Benth. ■☆

237306 Lotononis florifera Dümmer var. major Burtt Davy = Lotononis carinata (E. Mey.) Benth. ■☆

237307 Lotononis foliosa Bolus;多叶罗顿豆■☆

237308 Lotononis fruticoides B. -E. van Wyk;灌木状罗顿豆■☆

237309 Lotononis furcata (Merxm. et A. Schreib.) A. Schreib.;叉分罗顿豆■☆

237310 Lotononis galpinii Dümmer;盖尔罗顿豆■☆

237311 Lotononis galpinii Dümmer var. prostrata ? = Lotononis galpinii Dümmer ■☆

237312 Lotononis genistoides (Fenzl) Benth.;金雀罗顿豆■☆

237313 Lotononis genuflexa (E. Mey.) Benth. = Lotononis divaricata (Eckl. et Zeyh.) Benth. ■☆

237314 Lotononis gerrardii Dümmer = Lotononis mucronata Conrath ■☆

237315 Lotononis glabra (Thunb.) D. Dietr.;光滑罗顿豆■☆

237316 Lotononis glabrescens (Dümmer) B. -E. van Wyk;渐光罗顿豆■☆

237317 Lotononis globulosa B. -E. van Wyk;小球罗顿豆■☆

237318 Lotononis gracilifolia B. -E. van Wyk;细叶罗顿豆■☆

237319 Lotononis gracilis (E. Mey.) Benth.;纤细罗顿豆■☆

237320 Lotononis gracilis (E. Mey.) Benth. = Lotononis densa (Thunb.) Harv. subsp. gracilis (E. Mey.) B. -E. van Wyk ■☆

237321 Lotononis gracilis (E. Mey.) Benth. var. brevipetiolata Dümmer = Lotononis densa (Thunb.) Harv. ■☆

237322 Lotononis grandifolia Bolus = Pearsonia grandifolia (Bolus) Polhill ●☆

237323 Lotononis grandis Dümmer et Jenn.;大罗顿豆■☆

237324 Lotononis harveyi B. -E. van Wyk;哈维罗顿豆●☆

237325 Lotononis haygarthii N. E. Br. = Pearsonia sessilifolia (Harv.) Dümmer subsp. filifolia (Bolus) Polhill ●☆

237326 Lotononis heterophylla (Thunb.) Eckl. et Zeyh. = Lotononis prostrata (L.) Benth. ■☆

237327 Lotononis hirsuta (Thunb.) D. Dietr.;粗毛罗顿豆■☆

237328 Lotononis hirsuta Schinz = Lotononis wilmsii Dümmer ■☆

237329 Lotononis holosericea (E. Mey.) B. -E. van Wyk;全毛罗顿豆■☆

237330 Lotononis humifusa Burch. ex Benth. = Lotononis decumbens (Thunb.) B. -E. van Wyk ■●☆

237331 Lotononis humilior Dümmer = Lotononis macrosepala Conrath ■☆

237332 Lotononis involucrata (P. J. Bergius) Benth.;总苞罗顿豆●☆

237333 Lotononis involucrata (P. J. Bergius) Benth. subsp. bracteata B. -E. van Wyk;苞片指裂罗顿豆■☆

237334 Lotononis involucrata (P. J. Bergius) Benth. subsp. digitata B. -E. van Wyk;指裂总苞罗顿豆■☆

237335 Lotononis involucrata (P. J. Bergius) Benth. subsp. peduncularis (E. Mey.) B. -E. van Wyk;梗花指裂罗顿豆■☆

237336 Lotononis jacottetii (Schinz) B. -E. van Wyk;贾科泰罗顿豆■☆

237337 Lotononis lanceolata (E. Mey.) Benth.;披针形罗顿豆■☆

237338 Lotononis laticeps B. -E. van Wyk;宽头罗顿豆■☆

237339 Lotononis laxa Eckl. et Zeyh.;疏松罗顿豆■☆

237340 Lotononis laxa Eckl. et Zeyh. var. multiflora Dümmer = Lotononis laxa Eckl. et Zeyh. ■☆

237341 Lotononis lenticula (E. Mey.) Benth.;扁豆状罗顿豆■☆

237342 Lotononis leobordea Benth. = Lotononis platycarpa (Viv.) Pic. Serm. ■☆

237343 Lotononis leptoloba Bolus;细裂片罗顿豆■☆

237344 Lotononis leucoclada (Schltr.) Dümmer = Lotononis densa (Thunb.) Harv. subsp. leucoclada (Schltr.) B. -E. van Wyk ■☆

237345 Lotononis linearifolia B. -E. van Wyk;线叶罗顿豆■☆

237346 Lotononis listoides Dinter et Harms = Lotononis marlothii Engl. ■☆
237347 Lotononis longicephala B. -E. van Wyk;长头罗顿豆■☆
237348 Lotononis longiflora Bolus;长花罗顿豆■☆
237349 Lotononis lotoidea (Delile) Batt. = Lotononis platycarpa (Viv.) Pic. Serm. ■☆
237350 Lotononis lotoidea Delile = Lotononis platycarpa (Viv.) Pic. Serm. ■☆
237351 Lotononis lotononoides (Scott-Elliot) B. -E. van Wyk;普通罗顿豆■☆
237352 Lotononis lupinifolia (Boiss.) Benth.;羽扇豆状罗顿豆■☆
237353 Lotononis macra Schltr.;澳非罗顿豆■☆
237354 Lotononis macrocarpa Eckl. et Zeyh.;大果罗顿豆■☆
237355 Lotononis macrosepala Conrath;大萼罗顿豆■☆
237356 Lotononis maculata Dümmer;斑点罗顿豆■☆
237357 Lotononis magnifica B. -E. van Wyk;华丽罗顿豆■☆
237358 Lotononis magnistipulata Dümmer = Argyrolobium lotoides Bunge ex Trautv. ●☆
237359 Lotononis maira K. Schum. = Lotononis macra Schltr. ■☆
237360 Lotononis marginata Schinz = Pearsonia sessilifolia (Harv.) Dümmer subsp. marginata (Schinz) Polhill ●☆
237361 Lotononis marlothii Engl.;马洛斯罗顿豆■☆
237362 Lotononis maroccana Ball;摩洛哥罗顿豆■☆
237363 Lotononis maximiliani Schltr. ex De Wild.;马克西米利亚诺罗顿豆■☆
237364 Lotononis meyeri (C. Presl) B. -E. van Wyk;迈尔罗顿豆■☆
237365 Lotononis micrantha Eckl. et Zeyh. = Lotononis pumila Eckl. et Zeyh. ●☆
237366 Lotononis microphylla Harv. = Lotononis prolifera (E. Mey.) B. -E. van Wyk ■☆
237367 Lotononis minima B. -E. van Wyk;微小罗顿豆■☆
237368 Lotononis minor Dümmer et Jenn.;较小罗顿豆■☆
237369 Lotononis mirabilis Dinter;奇异罗顿豆■☆
237370 Lotononis mollis (E. Mey.) Benth.;柔软罗顿豆■●☆
237371 Lotononis monophylla Harv.;单叶罗顿豆■☆
237372 Lotononis montana Schinz = Lotononis laxa Eckl. et Zeyh. ■☆
237373 Lotononis mucronata Conrath;短尖罗顿豆■☆
237374 Lotononis multiflora Schinz = Pearsonia sessilifolia (Harv.) Dümmer subsp. marginata (Schinz) Polhill ●☆
237375 Lotononis namaquensis Bolus = Lotononis rostrata Benth. subsp. namaquensis (Bolus) B. -E. van Wyk ■☆
237376 Lotononis neglecta Dümmer = Lotononis prolifera (E. Mey.) B. -E. van Wyk ■☆
237377 Lotononis newtonii Dümmer;纽敦罗顿豆■☆
237378 Lotononis nutans B. -E. van Wyk;俯垂罗顿豆■☆
237379 Lotononis oligocephala B. -E. van Wyk;寡头罗顿豆■☆
237380 Lotononis omahekensis Dinter ex A. Schreib. = Indigofera arenophila Schinz ●☆
237381 Lotononis oocarpa Dinter ex Wilman = Lotononis sparsiflora (E. Mey.) B. -E. van Wyk ■☆
237382 Lotononis ornata Dümmer = Lotononis mucronata Conrath ■☆
237383 Lotononis orthorrhiza Conrath = Lotononis calycina (E. Mey.) Benth. ●☆
237384 Lotononis oxyptera (E. Mey.) Benth.;尖齿罗顿豆●☆
237385 Lotononis pachycarpa Dinter ex B. -E. van Wyk;粗果罗顿豆■☆
237386 Lotononis pallens (Eckl. et Zeyh.) Benth.;苍白罗顿豆●☆
237387 Lotononis pallidirosea Dinter et Harms;粉白罗顿豆■☆
237388 Lotononis parviflora (P. J. Bergius) D. Dietr.;小花罗顿豆■☆
237389 Lotononis pauciflora Dümmer = Lotononis carinata (E. Mey.) Benth. ■☆
237390 Lotononis peduncularis (E. Mey.) Benth. = Lotononis involucrata (P. J. Bergius) Benth. subsp. peduncularis (E. Mey.) B. -E. van Wyk ■☆
237391 Lotononis pentaphylla (E. Mey.) Benth.;五叶罗顿豆■☆
237392 Lotononis perplexa (E. Mey.) Eckl. et Zeyh.;缠结罗顿豆■☆
237393 Lotononis persica (Jaub. et Spach) Boiss. = Lotononis platycarpa (Viv.) Pic. Serm. ■☆
237394 Lotononis platycarpa (Viv.) Pic. Serm.;宽果罗顿豆■☆
237395 Lotononis platycarpa (Viv.) Pic. Serm. var. abyssinica (Hochst. ex A. Rich.) Pic. Serm. = Lotononis platycarpa (Viv.) Pic. Serm. ■☆
237396 Lotononis plicata B. -E. van Wyk;折叠罗顿豆■☆
237397 Lotononis polycephala Benth.;多头罗顿豆■☆
237398 Lotononis porrecta (E. Mey.) Benth. = Lotononis platycarpa (Viv.) Pic. Serm. ■☆
237399 Lotononis pottiae Burtt Davy;波蒂罗顿豆■☆
237400 Lotononis procumbens Bolus;平铺罗顿豆■☆
237401 Lotononis prolifera (E. Mey.) B. -E. van Wyk;多育罗顿豆■☆
237402 Lotononis prostrata (L.) Benth.;平卧罗顿豆■☆
237403 Lotononis pulchella (E. Mey.) B. -E. van Wyk;美丽罗顿豆■☆
237404 Lotononis pulchra Dümmer;非洲美丽罗顿豆■☆
237405 Lotononis pumila Eckl. et Zeyh.;矮罗顿豆●☆
237406 Lotononis pungens Eckl. et Zeyh.;锐尖罗顿豆■☆
237407 Lotononis purpurescens B. -E. van Wyk;紫罗顿豆■☆
237408 Lotononis pusilla Dümmer;瘦小罗顿豆■☆
237409 Lotononis quinata (Thunb.) Benth.;五出罗顿豆■☆
237410 Lotononis racemiflora B. -E. van Wyk;总花罗顿豆■☆
237411 Lotononis radula (E. Mey.) Benth. = Lotononis decumbens (Thunb.) B. -E. van Wyk ■●☆
237412 Lotononis rara Dümmer = Lotononis tenella (E. Mey.) Eckl. et Zeyh. ●☆
237413 Lotononis rehmannii Dümmer = Lotononis decumbens (Thunb.) B. -E. van Wyk subsp. rehmannii (Dümmer) B. -E. van Wyk ■☆
237414 Lotononis rigida (E. Mey.) Benth.;坚挺罗顿豆■☆
237415 Lotononis riouxii (Quézel) Dobignard;里乌罗顿豆■☆
237416 Lotononis rogersii Kensit = Pearsonia sessilifolia (Harv.) Dümmer subsp. filifolia (Bolus) Polhill ●☆
237417 Lotononis rosea Dümmer;粉红罗顿豆■☆
237418 Lotononis rostrata Benth.;喙状罗顿豆■☆
237419 Lotononis rostrata Benth. subsp. brachybotrys B. -E. van Wyk;短穗喙状罗顿豆■☆
237420 Lotononis rostrata Benth. subsp. namaquensis (Bolus) B. -E. van Wyk;纳马夸罗顿豆■☆
237421 Lotononis sabulosa T. M. Salter;砂地罗顿豆■☆
237422 Lotononis schlechteri Schinz = Lotononis laxa Eckl. et Zeyh. ■☆
237423 Lotononis schoenfelderi (Dinter ex Merxm. et A. Schreib.) A. Schreib.;舍恩罗顿豆■☆
237424 Lotononis sericoflora Dümmer = Lotononis adpressa N. E. Br. ■☆
237425 Lotononis sericophylla Benth.;绢毛叶罗顿豆■☆
237426 Lotononis serpens (E. Mey.) R. Dahlgren = Lotononis hirsuta

(Thunb.) D. Dietr. ■☆
237427 Lotononis serpentinicola Wild;蛇纹岩罗顿豆■☆
237428 Lotononis sessilifolia Harv. = Pearsonia sessilifolia (Harv.) Dümmer ●☆
237429 Lotononis sparsiflora (E. Mey.) B. -E. van Wyk;稀花罗顿豆■☆
237430 Lotononis speciosa Hutch. = Lotononis longiflora Bolus ■☆
237431 Lotononis sphaerocarpa Boiss. = Lotononis platycarpa (Viv.) Pic. Serm. ■☆
237432 Lotononis spicata Compton;长穗罗顿豆■☆
237433 Lotononis steingroeveriana (Schinz) Dümmer = Lotononis platycarpa (Viv.) Pic. Serm. ■☆
237434 Lotononis stenophylla (Eckl. et Zeyh.) B. -E. van Wyk;窄叶罗顿豆■☆
237435 Lotononis stipularis Schltr. = Lotononis varia (E. Mey.) Steud. ■☆
237436 Lotononis stipulosa Baker f.;小托叶罗顿豆■☆
237437 Lotononis stolzii Harms;斯托尔兹罗顿豆■☆
237438 Lotononis stricta (Eckl. et Zeyh.) B. -E. van Wyk;刚直罗顿豆■☆
237439 Lotononis strigillosa (Merxm. et A. Schreib.) A. Schreib.;糙伏毛罗顿豆■☆
237440 Lotononis subulata B. -E. van Wyk;钻形罗顿豆■☆
237441 Lotononis sutherlandii Dümmer;萨瑟兰罗顿豆■☆
237442 Lotononis swaziensis Bolus = Pearsonia sessilifolia (Harv.) Dümmer subsp. swaziensis (Bolus) Polhill ●☆
237443 Lotononis tenella (E. Mey.) Eckl. et Zeyh.;柔弱罗顿豆●☆
237444 Lotononis tenella (E. Mey.) Eckl. et Zeyh. var. hirsutissima Harv. = Lotononis calycina (E. Mey.) Benth. ●☆
237445 Lotononis tenuipes Burtt Davy = Lotononis pulchra Dümmer ■☆
237446 Lotononis tenuis Baker;细罗顿豆■☆
237447 Lotononis transvaalensis Dümmer = Lotononis carinata (E. Mey.) Benth. ■☆
237448 Lotononis trichodes (E. Mey.) B. -E. van Wyk;毛罗顿豆■☆
237449 Lotononis trichopoda (E. Mey.) Benth. = Lotononis glabra (Thunb.) D. Dietr. ■☆
237450 Lotononis triofolioides Schltr. ex Zahlbr. = Lotononis glabra (Thunb.) D. Dietr. ■☆
237451 Lotononis trisegmentata E. Phillips f. robusta ? = Lotononis sericophylla Benth. ■☆
237452 Lotononis umbellata (L.) Benth.;小伞罗顿豆●☆
237453 Lotononis uniflora Kensit = Pearsonia uniflora (Kensit) Polhill ●☆
237454 Lotononis varia (E. Mey.) Steud.;多态罗顿豆■☆
237455 Lotononis venosa B. -E. van Wyk;多脉罗顿豆■☆
237456 Lotononis versicolor (E. Mey.) Benth. = Lotononis decumbens (Thunb.) B. -E. van Wyk ■●☆
237457 Lotononis vexillata (E. Mey.) Eckl. et Zeyh. = Lotononis prostrata (L.) Benth. ■☆
237458 Lotononis viborgioides Benth.;维堡罗顿豆■☆
237459 Lotononis villosa (E. Mey.) Steud.;长柔毛罗顿豆■☆
237460 Lotononis viminea (E. Mey.) B. -E. van Wyk;软枝罗顿豆■☆
237461 Lotononis virgata B. -E. van Wyk;条纹罗顿豆■☆
237462 Lotononis wilmsii Dümmer;维尔姆斯罗顿豆■☆
237463 Lotononis woodii Bolus = Lotononis laxa Eckl. et Zeyh. ■☆
237464 Lotononis wrightii Harv. = Lebeckia wrightii (Harv.) Bolus ■☆
237465 Lotononis wyliei J. M. Wood = Lotononis eriocarpa (E. Mey.) B. -E. van Wyk ■☆
237466 Lotophyllus Link(废弃属名) = Argyrolobium Eckl. et Zeyh. (保留属名)●☆
237467 Lotophyllus argenteus (L.) Link = Argyrolobium zanonii (Turra) P. W. Ball ●☆
237468 Lotophyllus argenteus (L.) Link subsp. grandiflorus (Boiss. et Reut.) Maire = Argyrolobium zanonii (Turra) P. W. Ball subsp. grandiflorum (Boiss. et Reut.) Greuter ●☆
237469 Lotophyllus argenteus (L.) Link subsp. linnaeanus (Walp.) Maire = Argyrolobium zanonii (Turra) P. W. Ball ●☆
237470 Lotophyllus argenteus (L.) Link subsp. stipulaceus Ball = Argyrolobium zanonii (Turra) P. W. Ball subsp. stipulaceum (Ball) Greuter ●☆
237471 Lotophyllus argenteus (L.) Link var. fallax (Ball) Maire = Argyrolobium zanonii (Turra) P. W. Ball subsp. fallax (Ball) Greuter et Burdet ●☆
237472 Lotos St. -Lag. = Lotus L. ■
237473 Lototrichis Gand. = Lotos St. -Lag. ■
237474 Lotoxalis Small = Oxalis L. ■●
237475 Lotulus Raf. = Lotus L. ■
237476 Lotus L. (1753);百脉根属(牛角花属);Bird's Foot Trefoil, Bird's-foot Trefoil, Bird's-foot-trefoil, Deervetch, Dragon's-teeth, Lotus, Veinyroot ■
237477 Lotus affinis Besser;近缘百脉根■☆
237478 Lotus albus Janka;白百脉根■☆
237479 Lotus allionii Desv. = Lotus cytisoides L. ■☆
237480 Lotus alopecuroides Burm. f. = Indigofera alopecuroides (Burm. f.) DC. ●☆
237481 Lotus alpinus (DC.) Schleich. ex Ramond;高原百脉根;Alp Veinyroot, Alpine Bird's Foot Trefoil ●■
237482 Lotus americana (Nutt.) Bisch. = Lotus unifoliolata (Hook.) Benth. ■☆
237483 Lotus americanus Bisch.;美洲百脉根;Prairie Clover, Spanish Clover☆
237484 Lotus amplexicaulis E. Mey. = Argyrolobium amplexicaule (E. Mey.) Dümmer ●☆
237485 Lotus angustissimus L.;尖齿百脉根;Dwarf Bird's Foot Trefoil, Sharptooth Veinyroot, Slender Bird's-foot Trefoil, Slender Bird's-foot-trefoil ■
237486 Lotus angustissimus L. = Lotus praetermissus Kuprian. ■
237487 Lotus angustissimus L. subsp. palustris (Willd.) Ponert = Lotus palustris Willd. ■☆
237488 Lotus angustissimus L. var. brachycarpus Pau = Lotus angustissimus L. ■
237489 Lotus angustissimus L. var. medius Rouy = Lotus angustissimus L. ■
237490 Lotus anthylloides Vent. = Lotus jacobaeus L. ■☆
237491 Lotus arabicus L.;阿拉伯牛角花;Arab Bird's Foot Trefoil ■☆
237492 Lotus arabicus L. var. torulosus Chiov. = Lotus torulosus (Chiov.) Fiori ■☆
237493 Lotus arabicus L. var. trigonelloides (Webb et Berthel.) Webb et Berthel. = Lotus arabicus L. ■☆
237494 Lotus arabicus L. var. verus Webb et Berthel. = Lotus arabicus L. ■☆
237495 Lotus arborescens Lowe ex Cout.;树状百脉根■☆
237496 Lotus arenarius Brot.;沙地百脉根■☆
237497 Lotus arenarius Brot. var. canescens (Kuntze) Debeaux et =

Lotus arenarius Brot. ■☆

237498 Lotus arenarius Brot. var. minor Lange = Lotus arenarius Brot. ■☆

237499 Lotus arenarius Brot. var. webbii Ball = Lotus dumetorum Webb et R. P. Murray ■☆

237500 Lotus argenteus (Lowe) Menezes;银白百脉根■☆

237501 Lotus arguinensis Maire = Lotus jolyi Batt. ■☆

237502 Lotus assakensis Coss. ex Brand;阿萨克百脉根■☆

237503 Lotus assakensis Coss. ex Brand var. longipes Maire;长梗阿萨克百脉根■☆

237504 Lotus atlanticus Sennen et Mauricio = Tetragonolobus conjugatus (L.) Link subsp. requienii (Sanguin.) E. Domínguez et Galiano ■☆

237505 Lotus atropurpureus DC. = Lotus jacobaeus L. ■☆

237506 Lotus australis Andréws;兰屿百脉根;Australia Bird's Foot Trefoil, Australia Veinyroot ■

237507 Lotus becquetii Boutique;贝凯百脉根■☆

237508 Lotus benoistii (Maire) Lassen;伯诺百脉根■☆

237509 Lotus berthelotii Lowe ex Masf.;贝氏百脉根(伯叟氏百脉根,线裂叶百脉根);Coral Gem, Coral Gem Trefoil, Parrot's Beak ■☆

237510 Lotus berthelotii Masf. var. subglabratus ? = Lotus berthelotii Lowe ex Masf. ■☆

237511 Lotus bertholetii Masf. = Lotus berthelotii Lowe ex Masf. ■☆

237512 Lotus biflorus Desr. = Tetragonolobus biflorus (Desr.) DC. ■☆

237513 Lotus bollei Christ = Lotus purpureus Webb ■☆

237514 Lotus bollei Christ var. argenteus A. Chev. = Lotus purpureus Webb ■☆

237515 Lotus borzii Pit. = Lotus glaucus Dryand. ■☆

237516 Lotus brachycarpus Hochst. et Steud. ex A. Rich. = Lotus quinatus (Forssk.) J. B. Gillett var. brachycarpus (Hochst. et Steud. ex A. Rich.) J. B. Gillett ■☆

237517 Lotus brachycarpus Hochst. et Steud. ex A. Rich. var. montanus (A. Rich.) Cufod. = Lotus quinatus (Forssk.) J. B. Gillett var. brachycarpus (Hochst. et Steud. ex A. Rich.) J. B. Gillett ■☆

237518 Lotus brandianus Harms = Lotus discolor E. Mey. ■☆

237519 Lotus broussonetii DC. = Dorycnium broussonetii Webb et Berthel. ■☆

237520 Lotus brunneri Webb var. pusilla A. Chev. = Lotus purpureus Webb ■☆

237521 Lotus campylocladus Webb et Berthel.;弯枝百脉根■☆

237522 Lotus candidissimus A. Chev. = Lotus purpureus Webb ■☆

237523 Lotus canescens Kunze = Lotus arenarius Brot. ■☆

237524 Lotus capillipes Batt. et Trab. = Lotus jolyi Batt. ■☆

237525 Lotus castellanus Boiss. et Reut.;卡地百脉根■☆

237526 Lotus caucasicus Kuprian.;高加索百脉根■☆

237527 Lotus chazaliei H. Boissieu;沙扎里百脉根■☆

237528 Lotus chazaliei H. Boissieu var. dalmasii Maire = Lotus chazaliei H. Boissieu ■☆

237529 Lotus chazaliei H. Boissieu var. ifniensis (Caball.) Maire = Lotus chazaliei H. Boissieu ■☆

237530 Lotus chazaliei H. Boissieu var. longipes Maire = Lotus chazaliei H. Boissieu ■☆

237531 Lotus clausonis Pomel = Lotus palustris Willd. ■☆

237532 Lotus collinus (Boiss.) Heldr. var. cinerascens Emb. et Maire = Lotus longisiliquosus R. Roem. ■☆

237533 Lotus collinus (Boiss.) Heldr. var. microphyllus Maire et Sennen = Lotus longisiliquosus R. Roem. ■☆

237534 Lotus commutatus Guss. = Lotus creticus L. ■☆

237535 Lotus compactus Chrtkova = Lotus schimperi Steud. ■☆

237536 Lotus conjugatus L. = Tetragonolobus conjugatus (L.) Link ■☆

237537 Lotus conjugatus L. subsp. requienii (Sanguin.) Greuter = Tetragonolobus conjugatus (L.) Link subsp. requienii (Sanguin.) E. Domínguez et Galiano ■☆

237538 Lotus corniculata L. var. arvensis (Schkuhr) Ser. ex DC. = Lotus corniculatus L. ■

237539 Lotus corniculatus L.;百脉根(柏脉根,斑鸠窝,大酸米草,地羊鹊,都草,黄瓜草,黄花草,黄金花,金花菜,绿豆秋儿,牛角花,三月黄花,酸米子,乌趾草,五叶草,小花生藤);Bacon-and-eggs, Biddy, Biddy's Eyes, Bird's Foot Trefoil, Bird's Claws, Bird's Eye, Bird's Foot, Bird's Foot Clover, Bird's Foot Deervetch, Bird's-foot, Bird's-foot Clover, Bird's-foot Deervetch, Bird's-foot Deer-Vetch, Birdsfoot Trefoil, Bird's-foot Trefoil, Bird's-foot-trefoil, Bloom-fell, Boots-and-shoes, Boxing Gloves, Bread-and-cheese, Bunny Rabbits, Bunny Rabbit's Ear, Bunny Rabbit's Ears, Butter Flower, Butter Jags, Butter-and-eggs, Buttered Eggs, Cammock, Cat Pea, Cat Puddish, Catcluke, Catluke, Cat's Claws, Cat's Clover, Cat's Paw, Catten Clover, Cheese, Cheese-cake, Cheese-cake Grass, Cockle, Cocks-and-hens, Cock-upon-perch, Common Bird's-foot Trefoil, Common Bird's-foot-trefoil, Craa's Foot, Craa's Foot Craa-taes, Crow Foot, Crow Toe, Crow Toes, Crowfoot, Cuckoo's Stockings, Dead Man's Fingers, Devil's Claws, Devil's Fingers, Double Lady's Fingers-and-thumbs, Eggs and Bacon, Eggs-and-bacon, Eggs-and-collops, Fellbloom, Fell-bloom, Fingers-and-thumbs, Fingers-and-toes, Five Fingers, Five-fingers, God Almighty's Flower, God Almighty's Thumb-and-finger, God Almighty's Thumbs-and-fingers, God's Fingers-and-thumbs, Golden Midnight, Golden Slipper, Grandmother's Slipper, Grandmother's Toenails, Granny's Slipper, Granny's Slippers, Ground Honeysuckle, Hen-and-chickens, Honeysuckle, Hop-o'-my-thumb, Jack-jump-about, King's Fingers, Kitty-two-shoes, Lady's Boots, Lady's Cushion, Lady's Double Fingers-and-thumbs, Lady's Fingers, Lady's Fingers-and-thumbs, Lady's Glove, Lady's Gloves, Lady's Pincushion, Lady's Shoes, Lady's Shoes-and-stockings, Lady's Slipper, Lady's Thumbs-and-fingers, Lady's Two-shoes, Lamb's Foot, Lamb's Sucklings, Lamb's Toe, Love-entangled, Milkmaids, Old Woman's Toenails, Pattens-and-clogs, Pea Thatch, Pig's Foot, Pig's Pettitoes, Pigtoes, Pincushion, Rosy Morn, Sheep Foot, Shepherd's Purse, Shoes-and-socks, Shoes-and-stocking, Shoes-and-stockings, Thimbles, Thumbs-and-fingers, Tom Thumb, Tom Thumb's Fingers-and-thumbs, Tom Thumb's Honeysuckle, Tommy Tottles, Trefoil, Veinyroot, Wild Thyme, Yellow Clover ■

237540 Lotus corniculatus L. f. hirtellus Nakai;硬毛百脉根■☆

237541 Lotus corniculatus L. subsp. alpinus (DC.) Rothm.;高山百脉根■☆

237542 Lotus corniculatus L. subsp. delortii (Timb.-Lagr.) O. Bolòs et Vigo;德洛尔百脉根■☆

237543 Lotus corniculatus L. subsp. frondosus Freyn = Lotus corniculatus L. var. tenuifolius L. ■

237544 Lotus corniculatus L. subsp. frondosus Freyn = Lotus frondosus (Freyn) Kuprian. ■

237545 Lotus corniculatus L. subsp. japonicus (Regel) H. Ohashi = Lotus corniculatus L. var. japonicus Regel ■

237546 Lotus corniculatus L. subsp. preslii (Ten.) P. Fourn.;普雷尔百脉根■☆

237547 Lotus corniculatus L. subsp. tenuifolius (L.) Freyn = Lotus tenuis Waldst. et Kit. ex Willd. ■

237548 Lotus corniculatus L. subsp. tenuis (Waldst. et Kit. ex Willd.) Briquet = Lotus tenuis Waldst. et Kit. ex Willd. ■

237549 Lotus corniculatus L. var. alpinus Ser. = Lotus alpinus (Ser.) Schleich. ex Ramond ●■

237550 Lotus corniculatus L. var. arvensis (Ser.) Pott. -Alap. = Lotus corniculatus L. ■

237551 Lotus corniculatus L. var. eremanthus Chiov. = Lotus schoelleri Schweinf. ■☆

237552 Lotus corniculatus L. var. filicaulis (Durieu) Brand = Lotus glaber Mill. ■

237553 Lotus corniculatus L. var. hirsutus Koch = Lotus corniculatus L. ■

237554 Lotus corniculatus L. var. japonicus Regel;光叶百脉根(日本百脉根,百脉根);Japanese Bird's Foot Trefoil ■

237555 Lotus corniculatus L. var. japonicus Regel f. versicolor Makino;多色百脉根■☆

237556 Lotus corniculatus L. var. kabylicus Batt. = Lotus corniculatus L. ■

237557 Lotus corniculatus L. var. longisiliquosus (R. Roem.) Brand = Lotus longisiliquosus R. Roem. ■☆

237558 Lotus corniculatus L. var. major (Scop.) Brand = Lotus corniculatus L. ■

237559 Lotus corniculatus L. var. minor Baker = Lotus corniculatus L. var. tenuifolius L. ■

237560 Lotus corniculatus L. var. rostellus (Heldr.) Chrtkova = Lotus corniculatus L. ■

237561 Lotus corniculatus L. var. schoelleri (Schweinf.) Lanza = Lotus schoelleri Schweinf. ■☆

237562 Lotus corniculatus L. var. subtenuis Maire = Lotus corniculatus L. subsp. preslii (Ten.) P. Fourn. ■☆

237563 Lotus corniculatus L. var. tenuifolius (L.) Pamp. = Lotus glaber Mill. ■

237564 Lotus corniculatus L. var. tenuifolius L. = Lotus glaber Mill. ■

237565 Lotus corniculatus L. var. tenuifolius L. = Lotus tenuis Waldst. et Kit. ex Willd. ■

237566 Lotus corniculatus L. var. uliginosus (Schkuhr) Fiori = Lotus pedunculatus Cav. ■☆

237567 Lotus coronillifolius Webb = Lotus purpureus Webb ■☆

237568 Lotus coronillifolius Webb var. argenteus (A. Chev.) Sunding = Lotus purpureus Webb ■☆

237569 Lotus creticus L.;克里特百脉根■☆

237570 Lotus creticus L. subsp. collinus (Boiss.) Briq. = Lotus longisiliquosus R. Roem. ■☆

237571 Lotus creticus L. subsp. commutatus (Guss.) Batt. = Lotus creticus L. ■☆

237572 Lotus creticus L. subsp. cytisoides (L.) Arcang. = Lotus cytisoides L. ■☆

237573 Lotus creticus L. subsp. salzmannii (Boiss. et Reut.) H. Lindb. = Lotus creticus L. ■☆

237574 Lotus creticus L. var. brachytrichus Maire = Lotus creticus L. ■☆

237575 Lotus creticus L. var. carthaginensis (Andrz.) Maire = Lotus creticus L. ■☆

237576 Lotus creticus L. var. collinus (Boiss.) H. Lindb. = Lotus longisiliquosus R. Roem. ■☆

237577 Lotus creticus L. var. cytisoides (L.) Boiss. = Lotus cytisoides L. ■☆

237578 Lotus creticus L. var. micranthus Maire = Lotus creticus L. ■☆

237579 Lotus creticus L. var. patens (C. Presl) Murb. = Lotus creticus L. ■☆

237580 Lotus creticus L. var. prostratus (Desf.) Briq. = Lotus creticus L. ■☆

237581 Lotus cuatrecasasii Sennen et Mauricio = Lotus cytisoides L. ■☆

237582 Lotus cytisoides L.;金雀花状百脉根■☆

237583 Lotus cytisoides L. subsp. collinus (Boiss.) Murb. = Lotus longisiliquosus R. Roem. ■☆

237584 Lotus cytisoides L. subsp. prostratus (Desf.) Maire = Lotus cytisoides L. ■☆

237585 Lotus cytisoides L. var. cinerascens Emb. et Maire = Lotus cytisoides L. ■☆

237586 Lotus cytisoides L. var. micranthus Maire = Lotus cytisoides L. ■☆

237587 Lotus cytisoides L. var. transiens Maire et Sam. = Lotus cytisoides L. ■☆

237588 Lotus cytisoides L. var. viridulus Maire = Lotus cytisoides L. ■☆

237589 Lotus decumbens Poir. = Lotus pedunculatus Cav. ■☆

237590 Lotus deserti Täckh. et Boulos;荒漠百脉根■☆

237591 Lotus dichotomus Delile ex Walp. = Lotononis platycarpa (Viv.) Pic. Serm. ■☆

237592 Lotus diffusus Sol. ex Sm. = Lotus angustissimus L. ■

237593 Lotus discolor E. Mey.;异色百脉根■☆

237594 Lotus discolor E. Mey. subsp. mollis J. B. Gillett;绢毛异色百脉根■☆

237595 Lotus discolor E. Mey. var. cacondensis Hiern ex Baker f. = Lotus discolor E. Mey. ■☆

237596 Lotus discolor E. Mey. var. microcarpus Brand = Lotus goetzei Harms ■☆

237597 Lotus dorycnium L. = Dorycnium pentaphyllum Scop. ■☆

237598 Lotus drepanocarpus Durieu;镰果百脉根■☆

237599 Lotus dumetorum Webb et R. P. Murray;灌丛百脉根■☆

237600 Lotus edulis L.;可食百脉根■☆

237601 Lotus edulis Link. = Lotus tetragonolobus L. ■

237602 Lotus eriophthalmus Webb et Berthel. = Dorycnium eriophthalmum (Webb et Berthel.) Webb et Berthel. ■☆

237603 Lotus eriosolen (Maire) Mader et Podlech;毛百脉根■☆

237604 Lotus erythrorhizus Bolle = Lotus glaucus Dryand. var. erythrorhizus (Bolle) Brand ■☆

237605 Lotus filicaulis Durieu = Lotus glaber Mill. ■

237606 Lotus filiformis P. J. Bergius = Indigofera sarmentosa L. f. ●☆

237607 Lotus floridus (Lowe) Masf. = Lotus glaucus Dryand. ■☆

237608 Lotus friesiorum Harms = Lotus schoelleri Schweinf. ■☆

237609 Lotus frondosus (Freyn) Kuprian.;新疆百脉根;Sinkiang Bird's Foot Trefoil, Xinjiang Bird's Foot Trefoil, Xinjiang Veinyroot ■

237610 Lotus frondosus (Freyn) Kuprian. = Lotus krylovii Schischk. et Serg. ■

237611 Lotus fruticosus L. = Xiphotheca fruticosa (L.) A. L. Schutte et B. -E. van Wyk ■☆

237612 Lotus fruticosus P. J. Bergius = Indigofera mauritanica (L.) Thunb. ●☆

237613 Lotus fruticulosus Coss. = Lotus roudairei Bonnet ■☆

237614 Lotus garcinii DC.;加尔桑百脉根■☆

237615 Lotus gebelia Vent.;盖氏百脉根■☆

237616 Lotus genistoides Webb;金雀百脉根■☆

237617 Lotus glaber Mill.;无毛百脉根;Narrow-leaf Bird's-foot Trefoil, Narrow-leaved Bird's-foot-trefoil ■

237618 Lotus glaucus Dryand.;灰绿百脉根■☆
237619 Lotus glaucus Dryand. subsp. ifniensis Caball. = Lotus chazaliei H. Boissieu ■☆
237620 Lotus glaucus Dryand. var. angustiossimus Pit. = Lotus glaucus Dryand. ■☆
237621 Lotus glaucus Dryand. var. canariensis Brand = Lotus glaucus Dryand. ■☆
237622 Lotus glaucus Dryand. var. erythrorhizus (Bolle) Brand = Lotus glaucus Dryand. ■☆
237623 Lotus glaucus Dryand. var. floridus (Lowe) Brand = Lotus glaucus Dryand. ■☆
237624 Lotus glaucus Dryand. var. leptophyllus Lowe = Lotus glaucus Dryand. ■☆
237625 Lotus glaucus Dryand. var. sessiliflorus (DC.) Pit. = Lotus sessilifolius DC. ■☆
237626 Lotus glaucus Dryand. var. suffruticosus Pit. = Lotus glaucus Dryand. ■☆
237627 Lotus glaucus Dryand. var. villosissimus Pit. = Lotus sessilifolius DC. ■☆
237628 Lotus glaucus Dryand. var. villosus Brand = Lotus glaucus Dryand. ■☆
237629 Lotus glinoides Delile;星粟草百脉根■☆
237630 Lotus glinoides Delile var. multiflorus Sauvage;多花百脉根■☆
237631 Lotus glinoides Delile var. schimperi (Boiss.) Batt. = Lotus glinoides Delile ■☆
237632 Lotus glinoides Delile var. schimperi (Steud.) Batt. = Lotus glinoides Delile ■☆
237633 Lotus glinoides Delile var. typicus Sauvage = Lotus glinoides Delile ■☆
237634 Lotus goetzei Harms;格兹百脉根■☆
237635 Lotus halophilus Boiss. et Spruner;喜盐百脉根■☆
237636 Lotus haydonii (Orcutt) Greene;微小百脉根;Pygmy Deer-weed ■☆
237637 Lotus hebecarpus J. B. Gillett;柔毛果百脉根■☆
237638 Lotus hirsutus L. = Dorycnium hirsutum (L.) Ser. ■☆
237639 Lotus hirtulus Lowe ex Cout. = Lotus purpureus Webb ■☆
237640 Lotus hirtulus Lowe ex Cout. var. laxifolius ? = Lotus purpureus Webb ■☆
237641 Lotus hispidus DC.;粗毛百脉根■☆
237642 Lotus hispidus DC. subsp. angustissimus (L.) Batt. = Lotus angustissimus L. ■
237643 Lotus hispidus DC. subsp. clausonis (Pomel) Batt. = Lotus palustris Willd. ■☆
237644 Lotus hispidus DC. subsp. stagnalis Batt. = Lotus castellanus Boiss. et Reut. ■☆
237645 Lotus hispidus DC. var. internedius Guss. = Lotus hispidus DC. ■☆
237646 Lotus hispidus DC. var. odoratus Schousb. et Brand = Lotus hispidus DC. ■☆
237647 Lotus hispidus DC. var. stagnalis (Batt.) Maire = Lotus hispidus DC. ■☆
237648 Lotus hispidus DC. var. vidalii Pau = Lotus palustris Willd. ■☆
237649 Lotus hispidus Desf. = Lotus subbiflorus Lag. ■☆
237650 Lotus holosericeus Webb et Berthel. = Lotus spartioides Webb et Berthel. ■☆
237651 Lotus humilis Ball = Lotus parviflorus Desf. ■☆
237652 Lotus humistratus Greene;丘陵百脉根;Hill Lotus ☆
237653 Lotus ifniensis Caball. ex Paunero = Lotus assakensis Coss. ex Brand ■☆
237654 Lotus jacobaeus L.;雅各菊百脉根■☆
237655 Lotus jacobaeus L. var. luteus A. Chev. = Lotus jacobaeus L. ■☆
237656 Lotus jacobaeus L. var. villosus A. Chev. = Lotus jacobaeus L. ■☆
237657 Lotus jaegeri Harms = Lotus goetzei Harms ■☆
237658 Lotus japonicus (Regel) K. Larsen = Lotus corniculatus L. var. japonicus Regel ■
237659 Lotus jolyi Batt.;若利百脉根■☆
237660 Lotus jolyi Batt. subsp. battandieri Quézel et Santa = Lotus jolyi Batt. ■☆
237661 Lotus jolyi Batt. var. eriocarpus Maire;毛果百脉根■☆
237662 Lotus jolyi Batt. var. leiocarpus Maire = Lotus jolyi Batt. ■☆
237663 Lotus kabylicus (Batt.) Debeaux = Lotus corniculatus L. ■
237664 Lotus krylovii Schischk. et Serg.;克氏百脉根(细叶百脉根);Krylov Foot Trefoil ■
237665 Lotus krylovii Schischk. et Serg. = Lotus corniculatus L. var. tenuifolius L. ■
237666 Lotus krylovii Schischk. et Serg. = Lotus frondosus (Freyn) Kuprian. ■
237667 Lotus kunkelii (Esteve) Bramwell et D. H. Davis;孔克尔百脉根■☆
237668 Lotus lalambensis Schweinf.;兰布百脉根■☆
237669 Lotus lancerottensis Webb et Berthel.;兰瑟百脉根■☆
237670 Lotus lancerottensis Webb et Berthel. subsp. kunkellii Esteve = Lotus kunkelii (Esteve) Bramwell et D. H. Davis ■☆
237671 Lotus lancerottensis Webb et Berthel. var. erythrorhizus (Bolle) G. Kunkel = Lotus glaucus Dryand. ■☆
237672 Lotus latifolius Brand;宽叶百脉根■☆
237673 Lotus lebrunii Boutique;勒布伦百脉根■☆
237674 Lotus leptophyllus (Lowe) K. Larsen = Lotus tenellus (Lowe) Sandral, A. Santos et D. D. Sokoloff ■☆
237675 Lotus leucophyllus Greene;白叶百脉根;Pale-leaved Deer-weed ☆
237676 Lotus linearis Walp. = Lotus jacobaeus L. ■☆
237677 Lotus longisiliquosus R. Roem.;长果百脉根■☆
237678 Lotus loweanus Webb et Berthel.;洛氏百脉根■☆
237679 Lotus macranthus (Greene) Greene;大花百脉根■☆
237680 Lotus macrocarpus H. Lindb. = Lotus weilleri Maire ■☆
237681 Lotus maculatus Breitf.;斑点百脉根;Parrot's Beak ■☆
237682 Lotus major Scop. = Lotus pedunculatus Cav. ■☆
237683 Lotus makranicus Rech. f. et Esfand.;莫克兰百脉根■☆
237684 Lotus maritimus L. = Tetragonolobus maritimus (L.) Roth ■☆
237685 Lotus maroccanus Ball;摩洛哥百脉根■☆
237686 Lotus maroccanus Ball var. eriosolen Maire = Lotus eriosolen (Maire) Mader et Podlech ■☆
237687 Lotus maroccanus Ball var. simulans Maire = Lotus arenarius Brot. ■☆
237688 Lotus maroccanus Ball var. villosissimus Maire = Lotus maroccanus Ball ■☆
237689 Lotus mascarensis Burch.;马岛百脉根●☆
237690 Lotus mearnsii De Wild. = Lotus schoelleri Schweinf. ■☆
237691 Lotus melilotoides Webb = Lotus jacobaeus L. ■☆
237692 Lotus microphyllus Hook. = Indigofera gracilis Spreng. ●☆
237693 Lotus minor (C. H. Wright) Baker f. = Lotus mlanjeanus J. B.

Gillett ■☆

237694 Lotus mlanjeanus J. B. Gillett;姆兰杰百脉根■☆

237695 Lotus mollissimus S. G. Gmel. ex Ledeb. = Lotus angustissimus L. ■

237696 Lotus montanus A. Rich. = Lotus quinatus (Forssk.) J. B. Gillett var. brachycarpus (Hochst. et Steud. ex A. Rich.) J. B. Gillett ■☆

237697 Lotus mossamedensis Welw. ex Baker = Lotus arabicus L. ■☆

237698 Lotus neglectus (Lowe) Masf. = Lotus lancerottensis Webb et Berthel. ■☆

237699 Lotus noeanus Boiss. = Lotus corniculatus L. var. tenuifolius L. ■

237700 Lotus nubicus Hochst. ex Baker;云雾百脉根■☆

237701 Lotus nyikensis Baker f. = Lotus goetzei Harms ■☆

237702 Lotus oehleri Harms = Lotus goetzei Harms ■☆

237703 Lotus oliveirae A. Chev. = Lotus latifolius Brand ■☆

237704 Lotus ornithopodioides L.;鸟爪百脉根■☆

237705 Lotus oxyphyllus Harms;尖叶百脉根■☆

237706 Lotus pacificus Kramina et D. D. Sokoloff;太平洋百脉根■☆

237707 Lotus paivae (Lowe) Menezes;派瓦百脉根■☆

237708 Lotus palaestinus Boiss. = Lotus tetragonolobus L. ■

237709 Lotus palustris Willd.;沼泽百脉根■☆

237710 Lotus palustris Willd. var. glaberrimus Asch. et Schweinf. = Lotus palustris Willd. ■☆

237711 Lotus parviflorus Desf.;小花百脉根■☆

237712 Lotus parviflorus Desf. = Lotus subbiflorus Lag. ■☆

237713 Lotus pedunculatus Cav.;沼泽牛角花;Big Trefoil, Greater Bird's-foot Trefoil, Greater Bird's-foot-trefoil, Greater Trefoil, Lady's Glove, Lady's Gloves, Large Bird's-foot Trefoil, Large Bird's-foot-trefoil, Wet-land Deer Vetch, Wetland Deervetch ■☆

237714 Lotus pedunculatus Cav. var. major (Ser.) Maire = Lotus pedunculatus Cav. ■☆

237715 Lotus pedunculatus Cav. var. pilosus (Beeke) Brand = Lotus pedunculatus Cav. ■☆

237716 Lotus pedunculatus Cav. var. tenuifolius L. = Lotus pedunculatus Cav. ■☆

237717 Lotus pedunculatus Cav. var. villosus (Thuill.) Maire = Lotus pedunculatus Cav. ■☆

237718 Lotus peliorhynchus Hook. f. = Lotus berthelotii Lowe ex Masf. ■☆

237719 Lotus pentaphyllus Link = Lotus sessilifolius DC. ■☆

237720 Lotus peregrinus L.;外来百脉根■☆

237721 Lotus pilosissimus Sennen et Mauricio = Lotus longisiliquosus R. Roem. ■☆

237722 Lotus pilosus Ball = Lotus parviflorus Desf. ■☆

237723 Lotus platycarpos Viv. = Lotononis platycarpa (Viv.) Pic. Serm. ■☆

237724 Lotus polyphyllos E. D. Clarke;多叶百脉根■☆

237725 Lotus praetermissus Kuprian.;短果百脉根;Shortfruit Bird's Foot Trefoil, Shortfruit Veinyroot ■

237726 Lotus preslii Ten. = Lotus corniculatus L. subsp. preslii (Ten.) P. Fourn. ■☆

237727 Lotus prostratus Desf. = Lotus cytisoides L. ■☆

237728 Lotus prostratus Desf. subsp. cytisoides (L.) Batt. = Lotus cytisoides L. ■☆

237729 Lotus prostratus L. = Lotononis prostrata (L.) Benth. ■☆

237730 Lotus purpureus Webb;紫百脉根■☆

237731 Lotus purshiana Clem. et E. G. Clem. = Lotus unifoliolata (Hook.) Benth. ■☆

237732 Lotus purshiana Clem. et E. G. Clem. var. glaber (Nutt.) Munz = Lotus unifoliolata (Hook.) Benth. ■☆

237733 Lotus purshianus (Benth.) Clem. et E. G. Clem.;草原百脉根;Deer-Vetch, Prairie Trefoil, Spanish Clover, Spanish-clover ■☆

237734 Lotus pusillus Viv. = Lotus halophilus Boiss. et Spruner ■☆

237735 Lotus pusillus Viv. var. vivianii Pamp. = Lotus halophilus Boiss. et Spruner ■☆

237736 Lotus quinatus (Forssk.) J. B. Gillett;五出百脉根■☆

237737 Lotus quinatus (Forssk.) J. B. Gillett var. brachycarpus (Hochst. et Steud. ex A. Rich.) J. B. Gillett;枝果五出百脉根■☆

237738 Lotus racemosus Poir. = Indigofera mauritanica (L.) Thunb. ●☆

237739 Lotus rechingeri Chrtkova = Lotus corniculatus L. ■

237740 Lotus rectus L. = Dorycnium rectum (L.) Ser. ■☆

237741 Lotus rigidus Greene;沙漠百脉根;Desert Rock Pea, Mojave Deer Vetch, Shrubby Deervetch, Wiry Lotus ■☆

237742 Lotus robsonii E. S. Martins et D. D. Sokoloff;罗布森百脉根■☆

237743 Lotus roudairei Bonnet;罗氏百脉根■☆

237744 Lotus salvagensis Murray = Lotus glaucus Dryand. ■☆

237745 Lotus salzmannii Boiss. et Reut. = Lotus creticus L. ■☆

237746 Lotus schimperi Steud.;欣珀百脉根■☆

237747 Lotus schimperi Steud. ex Boiss. = Lotus glinoides Delile ■☆

237748 Lotus schoelleri Schweinf.;舍勒百脉根■☆

237749 Lotus scoparius (Torr. et A. Gray) Ottley;帚状百脉根;Broom Deer-weed, Deerweed ■☆

237750 Lotus sericea Pursh = Lotus unifoliolata (Hook.) Benth. ■☆

237751 Lotus sessilifolius DC.;无柄叶百脉根■☆

237752 Lotus sessilifolius DC. subsp. villosissimus (Pit.) Sandral et D. D. Sokoloff;长柔毛百脉根■☆

237753 Lotus sessilifolius DC. var. pentaphyllus (Link) = Lotus sessilifolius DC. ■☆

237754 Lotus sharifii Rech. f. et Esfand. = Lotus garcinii DC. ■☆

237755 Lotus siliquosus (L.) DC. = Tetragonolobus maritimus (L.) Roth ■☆

237756 Lotus spartioides Webb et Berthel.;绳索百脉根■☆

237757 Lotus spectabilis DC.;壮观百脉根■☆

237758 Lotus stocksii Boiss. = Lotus garcinii DC. ■☆

237759 Lotus strictus Fisch. et C. A. Mey.;直立百脉根■☆

237760 Lotus strigosus (Nutt.) Greene;糙伏毛百脉根;Stiff-haired Lotus ■☆

237761 Lotus suaveolens Pers. = Lotus subbiflorus Lag. ■☆

237762 Lotus subbiflorus Lag.;亚双花百脉根;Hairy Birdsfoot Trefoil, Hairy Bird's-foot Trefoil, Hairy Bird's-foot-trefoil ■☆

237763 Lotus subdigitatus Boutique;指裂百脉根■☆

237764 Lotus tenellus (Lowe) Sandral, A. Santos et D. D. Sokoloff;柔软百脉根■☆

237765 Lotus tenuifolius (L.) C. Presl = Lotus tenuis Waldst. et Kit. ex Willd. ■

237766 Lotus tenuifolius (L.) Rchb. = Lotus corniculatus L. var. tenuifolius L. ■

237767 Lotus tenuis Waldst. et Kit. = Lotus corniculatus L. var. tenuifolius L. ■

237768 Lotus tenuis Waldst. et Kit. ex Willd.;细叶百脉根(金花菜);Littleleaf Deervetch, Slender Bird's Foot Trefoil, Thinleaf Veinyroot ■

237769 Lotus tenuis Waldst. et Kitag. ex Willd. = Lotus corniculatus L.

var. tenuifolius L. ■

237770 Lotus tenuis Waldst. et Kitag. ex Willd. = Lotus glaber Mill. ■

237771 Lotus tetragonolobus L.;翅荚百脉根(翅荚豌豆,欧洲百脉根);Asparagus Pea, Purple Wing Pod Pea, Purple Wing-pod Pea, Square-pod Deerveteh, Winged Lotus, Winged Pea, Wingpod Bird's Foot Trefoil, Wingpod Veinyroot ■

237772 Lotus tetragonolobus L. = Tetragonolobus purpureus Moench ■☆

237773 Lotus tibesticus Maire;提贝斯提百脉根■☆

237774 Lotus tibesticus Maire var. fallax ? = Lotus jolyi Batt. ■☆

237775 Lotus tigrensis Baker = Lotus discolor E. Mey. ■☆

237776 Lotus tomentellus Greene;绒毛百脉根;Hairy Lotus ■☆

237777 Lotus torulosus (Chiov.) Fiori;念珠百脉根■☆

237778 Lotus trigonelloides Webb et Berthel. = Lotus arabicus L. ■☆

237779 Lotus uliginosus Schkuhr = Lotus pedunculatus Cav. ■☆

237780 Lotus uliginosus Schkuhr var. pilosus (Beeke) Brand = Lotus pedunculatus Cav. ■☆

237781 Lotus unifoliolatus (Hook.) Benth.;单叶百脉根;Deer-vetch, Prairie Trefoil, Spanish-clover ■☆

237782 Lotus unifoliolatus (Hook.) Benth. = Lotus purshianus (Benth.) Clem. et E. G. Clem. ■☆

237783 Lotus villicarpus Andr. = Lotus eriosolen (Maire) Mader et Podlech ■☆

237784 Lotus villosus Forssk. = Lotus halophilus Boiss. et Spruner ■☆

237785 Lotus weilleri Maire;韦勒百脉根■☆

237786 Lotus wildii J. B. Gillett;韦尔德百脉根■☆

237787 Lotus wrightii Greene;赖氏百脉根;Wright Lotus ☆

237788 Loucoryne Steud. = Leucocoryne Lindl. ■☆

237789 Loudetia A. Braun = Tristachya Nees ■☆

237790 Loudetia Hochst. = Loudetia Hochst. ex Steud. (保留属名)■☆

237791 Loudetia Hochst. ex A. Braun(废弃属名) = Loudetia Hochst. ex Steud. (保留属名)■☆

237792 Loudetia Hochst. ex A. Braun (废弃属名) = Tristachya Nees ■☆

237793 Loudetia Hochst. ex Steud. (1854)(保留属名);劳德草属■☆

237794 Loudetia acuminata (Stapf) C. E. Hubb. = Loudetia flavida (Stapf) C. E. Hubb. ■☆

237795 Loudetia ambiens (K. Schum.) C. E. Hubb. = Loudetiopsis ambiens (K. Schum.) Conert ■☆

237796 Loudetia angolensis C. E. Hubb.;安哥拉劳德草■☆

237797 Loudetia annua (Stapf) C. E. Hubb.;一年劳德草■☆

237798 Loudetia annua (Stapf) C. E. Hubb. var. cerata (Stapf) Jacq. -Fél.;角一年劳德草■☆

237799 Loudetia anomala C. E. Hubb. et Schweick. = Danthoniopsis ramosa (Stapf) Clayton ■☆

237800 Loudetia arundinacea (A. Rich.) Steud. var. hensii (De Wild.) Pic. Serm. = Loudetia arundinacea (Hochst. ex A. Rich.) Steud. ■☆

237801 Loudetia arundinacea (A. Rich.) Steud. var. trichantha (Peter) Hutch. = Loudetia arundinacea (Hochst. ex A. Rich.) Steud. ■☆

237802 Loudetia arundinacea (Hochst. ex A. Rich.) Steud.;苇状劳德草■☆

237803 Loudetia baldwinii C. E. Hubb. = Loudetiopsis baldwinii (C. E. Hubb.) J. B. Phipps ■☆

237804 Loudetia bequaertii (De Wild.) C. E. Hubb. = Tristachya hubbardiana Conert ■☆

237805 Loudetia bidentata Berhaut = Loudetia annua (Stapf) C. E. Hubb. ■☆

237806 Loudetia camerunensis (Stapf) C. E. Hubb. = Loudetia simplex (Nees) C. E. Hubb. ■☆

237807 Loudetia capillipes C. E. Hubb. = Loudetiopsis capillipes (C. E. Hubb.) Conert ■☆

237808 Loudetia coarctata (A. Camus) C. E. Hubb.;密集劳德草■☆

237809 Loudetia crassipes C. E. Hubb. = Loudetia lanata (Stent et J. M. Rattray) C. E. Hubb. ■☆

237810 Loudetia cuanzensis Lubke et J. B. Phipps;宽扎劳德草■☆

237811 Loudetia demeusei (De Wild.) C. E. Hubb.;迪米劳德草■☆

237812 Loudetia densispica (Rendle) C. E. Hubb.;密穗劳德草■☆

237813 Loudetia echinulata C. E. Hubb.;小刺劳德草■☆

237814 Loudetia elegans Hochst. ex A. Braun = Loudetia simplex (Nees) C. E. Hubb. ■☆

237815 Loudetia eriopoda C. E. Hubb. = Loudetia arundinacea (Hochst. ex A. Rich.) Steud. ■☆

237816 Loudetia esculenta C. E. Hubb.;苏丹劳德草■☆

237817 Loudetia esculenta C. E. Hubb. = Tristachya esculenta (C. E. Hubb.) Conert ■☆

237818 Loudetia falcipes C. E. Hubb. = Loudetiopsis falcipes (C. E. Hubb.) J. B. Phipps ■☆

237819 Loudetia filifolia Schweick.;线叶劳德草■☆

237820 Loudetia flavida (Stapf) C. E. Hubb.;浅黄劳德草■☆

237821 Loudetia furtiva Jacq. -Fél.;隐匿劳德草■☆

237822 Loudetia glabrata (K. Schum.) C. E. Hubb. = Loudetiopsis glabrata (K. Schum.) Conert ■☆

237823 Loudetia gossweileri C. E. Hubb. = Loudetia densispica (Rendle) C. E. Hubb. ■☆

237824 Loudetia grisea (K. Schum.) Pilg. = Loudetia arundinacea (Hochst. ex A. Rich.) Steud. ■☆

237825 Loudetia hitchcockii C. E. Hubb. = Tristachya lualabaensis (De Wild.) J. B. Phipps ■☆

237826 Loudetia hordeiformis (Stapf) C. E. Hubb.;大麦劳德草■☆

237827 Loudetia jaegeriana A. Camus;耶格劳德草■☆

237828 Loudetia kagerensis (K. Schum.) C. E. Hubb. ex Hutch.;卡盖拉劳德草■☆

237829 Loudetia lanata (Stent et J. M. Rattray) C. E. Hubb.;绵毛劳德草■☆

237830 Loudetia longipes C. E. Hubb. = Loudetia lanata (Stent et J. M. Rattray) C. E. Hubb. ■☆

237831 Loudetia migiurtina (Chiov.) C. E. Hubb.;米朱蒂劳德草■☆

237832 Loudetia pedicellata (Stent) Chippind.;梗花劳德草■☆

237833 Loudetia pennata (Chiov.) C. E. Hubb. = Loudetia flavida (Stapf) C. E. Hubb. ■☆

237834 Loudetia phragmitoides (Peter) C. E. Hubb.;芦苇劳德草■☆

237835 Loudetia pratii Jacq. -Fél.;普拉塔劳德草■☆

237836 Loudetia pusilla Chiov. = Trichopteryx stolziana Henrard ■☆

237837 Loudetia ramosa (Stapf) C. E. Hubb. = Danthoniopsis ramosa (Stapf) Clayton ■☆

237838 Loudetia simplex (Nees) C. E. Hubb.;单枝劳德草■☆

237839 Loudetia simulans C. E. Hubb. = Danthoniopsis simulans (C. E. Hubb.) Clayton ■☆

237840 Loudetia stipoides (Hack.) Conert = Loudetia simplex (Nees) C. E. Hubb. ■☆

237841 Loudetia superba De Not. = Tristachya superba (De Not.) Schweinf. et Asch. ■☆

237842 Loudetia ternata (Stapf) C. E. Hubb. = Loudetiopsis ambiens (K. Schum.) Conert ■☆

237843 Loudetia thomasii C. E. Hubb. = Loudetia arundinacea (Hochst. ex A. Rich.) Steud. ■☆
237844 Loudetia thoroldii C. E. Hubb. = Loudetiopsis thoroldii (C. E. Hubb.) J. B. Phipps ■☆
237845 Loudetia tisserantii C. E. Hubb.;蒂斯朗特劳德草■☆
237846 Loudetia togoensis (Pilg.) C. E. Hubb.;多哥劳德草■☆
237847 Loudetia trigemina C. E. Hubb. = Loudetiopsis trigemina (C. E. Hubb.) Conert ■☆
237848 Loudetia vanderystii (De Wild.) C. E. Hubb.;范德劳德草■☆
237849 Loudetia villosipes C. E. Hubb. = Loudetiopsis glabrata (K. Schum.) Conert ■☆
237850 Loudetiopsis Conert(1957);拟劳德草属■☆
237851 Loudetiopsis ambiens (K. Schum.) Conert;围绕拟劳德草■☆
237852 Loudetiopsis baldwinii (C. E. Hubb.) J. B. Phipps;鲍德温拟劳德草■☆
237853 Loudetiopsis capillipes (C. E. Hubb.) Conert;发梗拟劳德草■☆
237854 Loudetiopsis chevalieri (Stapf) Conert;舍瓦利耶拟劳德草■☆
237855 Loudetiopsis chrysothrix (Nees) Conert;金毛拟劳德草■☆
237856 Loudetiopsis falcipes (C. E. Hubb.) J. B. Phipps;镰梗拟劳德草■☆
237857 Loudetiopsis fulva (C. E. Hubb.) Conert = Loudetiopsis chrysothrix (Nees) Conert ■☆
237858 Loudetiopsis glabrata (K. Schum.) Conert;光滑拟劳德草■☆
237859 Loudetiopsis glabrinodis (C. E. Hubb.) Conert = Loudetiopsis kerstingii (Pilg.) Conert ■☆
237860 Loudetiopsis kerstingii (Pilg.) Conert;克斯廷拟劳德草■☆
237861 Loudetiopsis occidentalis (Jacq. -Fél.) Clayton;西方拟劳德草■☆
237862 Loudetiopsis pobeguinii (Jacq. -Fél.) Clayton;波别拟劳德草■☆
237863 Loudetiopsis purpurea (C. E. Hubb.) Conert = Loudetiopsis tristachyoides (Trin.) Conert ■☆
237864 Loudetiopsis ternata (Stapf) Conert = Loudetiopsis ambiens (K. Schum.) Conert ■☆
237865 Loudetiopsis thoroldii (C. E. Hubb.) J. B. Phipps;索罗尔德拟劳德草■☆
237866 Loudetiopsis trigemina (C. E. Hubb.) Conert;三对拟劳德草■☆
237867 Loudetiopsis tristachyoides (Trin.) Conert;三穗拟劳德草■☆
237868 Loudetiopsis villosipes (C. E. Hubb.) Conert = Loudetiopsis glabrata (K. Schum.) Conert ■☆
237869 Loudonia Bert. ex Hook. et Arn. = Adesmia DC. (保留属名) ■☆
237870 Loudonia Lindl. = Glischrocaryon Endl. ■☆
237871 Louichea L'Hér. = Pteranthus Forssk. ■☆
237872 Louiseania Carrière = Prunus L. ●
237873 Louisia Rchb. f. = Luisia Gaudich. ■
237874 Louisiella C. E. Hubb. et J. Léonard(1952);海绵杆属■☆
237875 Louisiella fluitans C. E. Hubb. et J. Léonard;海绵杆■☆
237876 Louradia Leman = Lavradia Vell. ex Vand. ●
237877 Lourea Desv. = Christia Moench ■●
237878 Lourea J. St. -Hil. = Maughania J. St. -Hil. ●■
237879 Lourea Kumh = Bagassa Aubl. ●☆
237880 Lourea Kumh = Laurea Gaudich. ●☆
237881 Lourea Neck. = Christia Moench ■●
237882 Lourea Neck. ex Desv. = Christia Moench ■●
237883 Lourea Neck. ex J. St. -Hil. = Christia Moench ■●
237884 Lourea campanulata (Wall.) Benth. = Christia campanulata (Wall.) Thoth. ●
237885 Lourea campanulata Benth. = Christia campanulata (Benth.) Thoth. ●
237886 Lourea campanulata Wall. = Christia campanulata (Wall.) Thoth. ●
237887 Lourea constricta C. K. Schneid. = Christia constricta (C. K. Schneid.) T. C. Chen ■●
237888 Lourea obcordata (Poir.) Desv. = Christia obcordata (Poir.) Bakh. f. ex Meeuwen ■
237889 Lourea vespertilionis (L. f.) Desv. = Christia vespertilionis (L. f.) Bakh. f. ■
237890 Loureira Cav. = Jatropha L. (保留属名) ●■
237891 Loureira Meisn. = Glycosmis Corrêa(保留属名) ●
237892 Loureira Raeusch. = Cassine L. (保留属名) ●☆
237893 Loureira Raeusch. = Elaeodendron J. Jacq. ●☆
237894 Loureiroa Post et Kuntze = Loureira Cav. ●■
237895 Loureiroa Post et Kuntze = Loureira Raeusch. ●☆
237896 Lourteigia R. M. King et H. Rob. (1971);毛背柄泽兰属■☆
237897 Lourteigia ballotifolia (Kunth) R. M. King et H. Rob.;毛背柄泽兰■☆
237898 Lourteigia microphylla (L. f.) R. M. King et H. Rob.;小叶毛背柄泽兰■☆
237899 Lourtella S. A. Graham, Baas et Tobe(1987);秘鲁千屈菜属●☆
237900 Lourtella resinosa S. A. Graham, Baas et Tobe;秘鲁千屈菜●☆
237901 Lourya Baill. = Peliosanthes Andréws ■
237902 Louteridium S. Watson(1888);卢太爵床属☆
237903 Louteridium brevicalyx Rzed.;短萼卢太爵床☆
237904 Louteridium donnell-smithii S. Watson;卢太爵床☆
237905 Louteridium mexicanum Standl.;墨西哥卢太爵床☆
237906 Louvelia Jum. et H. Perrier = Ravenea H. Wendl. ex C. D. Bouché ●☆
237907 Louvelia Jum. et H. Perrier(1912);卢韦尔椰属(老维榈属,罗维列椰属)●☆
237908 Louvelia albicans Jum.;白卢韦尔椰●☆
237909 Louvelia albicans Jum. = Ravenea albicans (Jum.) Beentje ●☆
237910 Louvelia madagascariensis Jum. et H. Perrier;卢韦尔椰●☆
237911 Louvelia madagascariensis Jum. et H. Perrier = Ravenea louvelii Beentje ●☆
237912 Lovanafia M. Peltier = Dicraeopetalum Harms ●☆
237913 Lovanafia capuroniana M. Pelt. = Dicraeopetalum capuronianum (M. Pelt.) Yakovlev ●☆
237914 Lovanafia mahafaliensis M. Pelt. = Dicraeopetalum mahafaliense (M. Pelt.) Yakovlev ●☆
237915 Lovoa Harms(1896);虎斑楝属●☆
237916 Lovoa angulata Harms;窄叶虎斑楝●☆
237917 Lovoa brachysiphon Sprague = Lovoa trichilioides Harms ●☆
237918 Lovoa brownii Sprague;乌云干达虎斑楝●☆
237919 Lovoa brownii Sprague = Lovoa trichilioides Harms ●☆
237920 Lovoa budongensis Sprague = Lovoa trichilioides Harms ●☆
237921 Lovoa corbisieriana Staner = Lovoa trichilioides Harms ●☆
237922 Lovoa klaineana Pierre ex Sprague = Lovoa trichilioides Harms ●☆
237923 Lovoa leplaeana Staner = Lovoa trichilioides Harms ●☆
237924 Lovoa mildbraedii Harms;米氏虎斑楝●☆

237925 Lovoa pynaertii De Wild. = Lovoa trichilioides Harms ●☆

237926 Lovoa swynnertonii Baker f.;肯尼亚虎斑楝●☆

237927 Lovoa trichilioides Harms;虎斑楝;African Golden Walnut, African Walnut, Apopo, Benin Walnut, Bibolo, Congo Wood, Embero, Emero, Eyan, Nigerian Golden Walnut, Tiger Wood, Tigerwood ●☆

237928 Lovoma Willis = Archontophoenix H. Wendl. et Drude ●

237929 Lovoma Willis = Loroma O. F. Cook ●

237930 Lowea Lindl. = Hulthemia Dumort. ●☆

237931 Lowea Lindl. = Rosa L. ●

237932 Lowellia A. Gray = Thymophylla Lag. ●■☆

237933 Lowellia aurea A. Gray = Thymophylla aurea (A. Gray) Greene ■☆

237934 Lowia Scort. (1886);娄氏兰花蕉属■

237935 Lowia Scort. = Orchidantha N. E. Br. ■

237936 Lowia longiflora Scort.;娄氏兰花蕉■☆

237937 Lowiaceae Ridl. (1924)(保留科名);娄氏兰花蕉科(兰花蕉科);Lowia Family ■

237938 Lowianthus Becc. = Vanda Jones ex R. Br. ■

237939 Lowiorchis Szlach. (2004);娄氏兰属■☆

237940 Lowiorchis Szlach. = Cynorkis Thouars ■☆

237941 Loxania Tiegh. = Cladocolea Tiegh. ●☆

237942 Loxania Tiegh. = Loranthus Jacq. (保留属名)●

237943 Loxanisa Raf. = Carex L. ■

237944 Loxanthera (Blume) Blume (1730);斜药桑寄生属●☆

237945 Loxanthera Blume = Loxanthera (Blume) Blume ●☆

237946 Loxanthera Tiegh. = Loxanthera (Blume) Blume ●☆

237947 Loxanthera speciosa Blume;斜药桑寄生●☆

237948 Loxanthes Raf. = Aphyllon Mitch. ■

237949 Loxanthes Raf. = Orobanche L. ■

237950 Loxanthes Salisb. (1866);斜花石蒜属■☆

237951 Loxanthes Salisb. = Nerine Herb. (保留属名)■☆

237952 Loxanthes flexuosa Salisb.;斜花石蒜■☆

237953 Loxanthocereus Backeb. = Borzicactus Riccob. ■☆

237954 Loxanthocereus Backeb. = Cleistocactus Lem. ●☆

237955 Loxanthus Nees = Phlogacanthus Nees ●■

237956 Loxidium Vent. = Swainsona Salisb. ●■☆

237957 Loxocalyx Hemsl. (1890);斜萼草属;Obliquecalyxweed ■★

237958 Loxocalyx ambiguus (Makino) Makino;可疑斜萼草■☆

237959 Loxocalyx ambiguus (Makino) Makino var. laciniatus H. Hara;剑叶可疑斜萼草■☆

237960 Loxocalyx quinquenervius Hand.-Mazz.;五脉斜萼草;Fivenerved Obliquecalyxweed ■

237961 Loxocalyx urticifolius Hemsl.;斜萼草(佛座);Nettleleaf Obliquecalyxweed ■

237962 Loxocalyx urticifolius Hemsl. var. decemnervius C. Y. Wu et H. W. Li;十脉斜萼草■

237963 Loxocalyx vaniotiana H. Lév. = Paraphlomis javanica (Blume) Prain var. coronata (Vaniot) C. Y. Wu et H. W. Li ■

237964 Loxocarpus R. Br. (1839);肿蒴苣苔属■☆

237965 Loxocarpus alata R. Br.;肿蒴苣苔■☆

237966 Loxocarya R. Br. (1810);斜核草属■☆

237967 Loxocarya albipes J. S. Pate et K. A. Meney;白梗斜核草■☆

237968 Loxocarya cinerea R. Br.;斜核草■☆

237969 Loxocarya densa (Lehm. et Nees) Benth.;密集斜核草■☆

237970 Loxocarya pubescens (R. Br.) Benth.;毛斜核草■☆

237971 Loxococcus H. Wendl. et Drude (1875);歪果片棕属(海椰子属,倾果榈属,岩槟榔属,岩山椰属);Loxococcus ●☆

237972 Loxococcus rupicola H. Wendl. et Drude;歪果片棕;Dotalu Palm ●☆

237973 Loxodera Launert (1963);曲芒草属■☆

237974 Loxodera bovonei (Chiov.) Launert;博奥曲芒草■☆

237975 Loxodera caespitosa (C. E. Hubb.) Simon;丛生曲芒草■☆

237976 Loxodera epectinata (Napper) Launert = Loxodera caespitosa (C. E. Hubb.) Simon ■☆

237977 Loxodera ledermannii (Pilg.) Clayton;莱德曲芒草■☆

237978 Loxodera rhytachnoides (Launert) Clayton;皱颖曲芒草■☆

237979 Loxodera rigidiuscula Launert = Loxodera bovonei (Chiov.) Launert ■☆

237980 Loxodera strigosa (Gledhill) Clayton;糙伏毛曲芒草■☆

237981 Loxodiscus Hook. f. (1857);斜盘无患子属●☆

237982 Loxodiscus coriaceus Hook. f.;斜盘无患子●☆

237983 Loxodon Cass. = Chaptalia Vent. (保留属名)■☆

237984 Loxodora Launert = Loxodera Launert ■☆

237985 Loxoma Garay = Loxomorchis Rauschert ■☆

237986 Loxoma Garay = Smithsonia C. J. Saldanha ■☆

237987 Loxomorchis Rauschert = Smithsonia C. J. Saldanha ■☆

237988 Loxonia Jack (1823);斜叶苣苔属■☆

237989 Loxonia discolor Jack;异色斜叶苣苔■☆

237990 Loxonia hirsuta Jack;毛斜叶苣苔■☆

237991 Loxophyllum Blume = Loxonia Jack ■☆

237992 Loxoptera O. E. Schulz = Cremolobus DC. ■☆

237993 Loxoptera O. E. Schulz (1933);斜翼芥属■☆

237994 Loxoptera stenophylla (Muschl.) O. E. Schulz;斜翼芥■☆

237995 Loxoptera stenophylla O. E. Schulz = Loxoptera stenophylla (Muschl.) O. E. Schulz ■☆

237996 Loxopterygium Hook. f. (1862);歪翅漆属(红坚木属);Loxopterygium ●☆

237997 Loxopterygium lorentzii Griseb.;歪翅漆(红坚木);Lorentz Loxopterygium ●☆

237998 Loxopterygium sagotii Hook. f.;蛇木歪翅漆●☆

237999 Loxospermum Hochst. = Trifolium L. ■

238000 Loxospermum calocephalum (Fresen.) Hochst. = Trifolium calocephalum Fresen. ■☆

238001 Loxostachys Peter = Cyrtococcum Stapf ■

238002 Loxostachys Peter = Pseudechinolaena Stapf ■

238003 Loxostachys lachnantha Peter = Cyrtococcum trigonum (Retz.) A. Camus ■☆

238004 Loxostemon Hook. f. et Thomson = Cardamine L. ■

238005 Loxostemon Hook. f. et Thomson (1861);弯蕊芥属;Curvedstamencress ■

238006 Loxostemon axillus Y. C. Lan et T. Y. Cheo;腋生弯蕊芥;Axillary Curvedstamencress ■

238007 Loxostemon axillus Y. C. Lan et T. Y. Cheo = Cardamine simplex Hand.-Mazz. ■

238008 Loxostemon delavayi Franch.;宽翅弯蕊芥(宽翅碎米荠,弯蕊芥);Delavay Curvedstamencress ■

238009 Loxostemon delavayi Franch. = Cardamine franchetiana Diels ■

238010 Loxostemon granulifer (Franch.) O. E. Schulz = Cardamine granulifera (Franch.) Diels ■

238011 Loxostemon granuliferus (Franch.) O. E. Schulz;三叶弯蕊芥(弯蕊石蕊芥);Threeleaves Curvedstamencress, Trifolious Curvedstamencress ■

238012 Loxostemon granuliferus (Franch.) O. E. Schulz = Cardamine granulifera (Franch.) Diels ■

238013 Loxostemon incanus R. C. Fang ex T. Y. Cheo et Y. C. Lan;灰毛弯蕊芥;Greyhair Curvedstamencress ■

238014 Loxostemon incanus R. C. Fang ex T. Y. Cheo et Y. C. Lan = Cardamine loxostemonoides O. E. Schulz ■

238015 Loxostemon loxostemonoides (O. E. Schulz) Y. C. Lan et T. Y. Cheo;弯蕊碎米荠(大花弯蕊芥,灰毛弯蕊芥);Greyhair Curvedstamencress,Largeflower Curvedstamencress ■

238016 Loxostemon loxostemonoides (O. E. Schulz) Y. C. Lan et T. Y. Cheo = Cardamine loxostemonoides O. E. Schulz ■

238017 Loxostemon pulchellus Hook. f. et Thomson;弯蕊芥(细巧碎米荠);Curvedstamencress,Showy Curvedstamencress ■

238018 Loxostemon pulchellus Hook. f. et Thomson = Cardamine pulchella (Hook. f. et Thomson) Al-Shehbaz et G. Yan ■

238019 Loxostemon purpurascens (O. E. Schulz) R. C. Fang ex Y. C. Lan et T. Y. Cheo = Cardamine purpurascens (O. E. Schulz) Al-Shehbaz,T. Y. Cheo,L. L. Lou et G. Yang ■

238020 Loxostemon purpurascens (O. E. Schulz) R. C. Fang ex Y. C. Lan et T. Y. Cheo;紫花弯蕊芥(紫花碎米荠);Purple Curvedstamencress ■

238021 Loxostemon repens (Franch.) Hand. -Mazz.;匍匐弯蕊芥(匍匐碎米荠);Creeping Curvedstamencress ■

238022 Loxostemon repens (Franch.) Hand. -Mazz. = Cardamine repens (Franch.) Diels ■

238023 Loxostemon smithii O. E. Schulz;白花弯蕊芥(宽翅碎米荠);Smith Curvedstamencress,White Curvedstamencress ■

238024 Loxostemon smithii O. E. Schulz = Cardamine franchetiana Diels ■

238025 Loxostemon smithii O. E. Schulz var. glabrescens O. E. Schulz = Cardamine franchetiana Diels ■

238026 Loxostemon smithii O. E. Schulz var. wenchuanensis Y. C. Lan et T. Y. Cheo = Cardamine trifoliolata Hook. f. et Thomson ■

238027 Loxostemon smithii O. E. Schulz var. wenchuanensis Y. C. Lan et T. Y. Cheo;汶川弯蕊芥;Wenchuan Curvedstamencress,Wenchuan Smith Curvedstamencress ■

238028 Loxostemon stenolobus (Hemsl.) Y. C. Lan et T. Y. Cheo;狭叶弯蕊芥(狭叶碎米荠);Narrowlobe Curvedstamencress ■

238029 Loxostemon stenolobus (Hemsl.) Y. C. Lan et T. Y. Cheo = Cardamine stenoloba Hemsl. ■

238030 Loxostigma C. B. Clarke(1883);紫花苣苔属(斜柱苣苔属);Loxostigma ■

238031 Loxostigma aureum Dunn = Didissandra macrosiphon (Hance) W. T. Wang ■

238032 Loxostigma begoniifolium (H. Lév.) J. Anthony = Didissandra begoniifolia H. Lév. ■

238033 Loxostigma brevipetiolatum W. T. Wang et K. Y. Pan;短柄紫花苣苔;Shortpetiolate Loxostigma,Short-stalk Loxostigma ■

238034 Loxostigma cavaleriei (H. Lév. et Vaniot) B. L. Burtt;滇黔紫花苣苔;Cavalerie Loxostigma ■

238035 Loxostigma fimbrisepalum K. Y. Pan;齿萼紫花苣苔;Fimbrisepal Loxostigma,Toothsepal Loxostigma ●

238036 Loxostigma forrestii J. Anthony = Loxostigma mekongense (Franch.) B. L. Burtt ■

238037 Loxostigma glabrifolium D. Fang et K. Y. Pan;光叶紫花苣苔;Hairlessleaf Loxostigma,Smooth-leaf Loxostigma ■

238038 Loxostigma griffithii (Wight) C. B. Clarke;紫花苣苔(石参,石豇豆,斜柱苣苔,岩参);Griffith Loxostigma ■

238039 Loxostigma kurzii (C. B. Clarke) B. L. Burtt = Briggsia kurzii (C. B. Clarke) W. E. Evans ■

238040 Loxostigma mekongense (Franch.) B. L. Burtt;澜沧紫花苣苔;Lancang Loxostigma,Lancangjiang Loxostigma ■

238041 Loxostigma musetorum H. W. Li;蕉林紫花苣苔;Bananaforest Loxostigma ■

238042 Loxostigma sesamoides Hand. -Mazz. = Staurogyne sesamoides (Hand. -Mazz.) B. L. Burtt ■

238043 Loxostylis A. Spreng. = Loxostylis A. Spreng. ex Rchb. ●☆

238044 Loxostylis A. Spreng. ex Rchb. (1830);斜柱漆属●☆

238045 Loxostylis alata A. Spreng. ex Rchb.;斜柱漆●☆

238046 Loxothysanus B. L. Rob. (1907);斜苏菊属●☆

238047 Loxothysanus filipes B. L. Rob.;丝梗斜苏菊●☆

238048 Loxothysanus sinuatus (Less.) B. L. Rob.;斜苏菊●☆

238049 Loxotis (R. Br.) Benth. = Rhynchoglossum Blume(保留属名)■

238050 Loxotis R. Br. = Rhynchoglossum Blume(保留属名)■

238051 Loxotis R. Br. ex Benth. = Rhynchoglossum Blume(保留属名)■

238052 Loxotis obliqua (Wall.) Benth. = Rhynchoglossum obliquum Blume ■

238053 Loxotrema Raf. = Carex L. ■

238054 loxylon pomiferum Raf. = Maclura pomifera (Raf.) C. K. Schneid. ●

238055 Loydia Delile = Beckeropsis Fig. et De Not. ■

238056 Loydia Delile = Pennisetum Rich. ■

238057 Lozanella Greenm. (1905);对叶榆属(对叶山黄麻属)●☆

238058 Lozanella trematoides Greenm.;对叶榆●☆

238059 Lozania S. Mutis ex Caldas(1810);洛赞裂蕊树属●☆

238060 Lozania bipinnata L. B. Sm.;双羽洛赞裂蕊树●☆

238061 Lozania glabrata A. H. Gentry;光洛赞裂蕊树●☆

238062 Lozania grandiflora Schult.;大花洛赞裂蕊树●☆

238063 Lozania montana Standl.;山地洛赞裂蕊树●☆

238064 Lozoste rotundifolia Nees = Litsea rotundifolia (Nees) Hemsl. ●

238065 Lubaria Pittier(1929);卢巴尔芸香属●☆

238066 Lubaria aroensis Pittier;卢巴尔芸香●☆

238067 Lubinia Comm. ex Vent. = Lysimachia L. ●■

238068 Lubinia Vent. = Lysimachia L. ●■

238069 Lubtnia Comm. ex Vent. = Lysimachia L. ●■

238070 Lucaea Kunth = Arthraxon P. Beauv. ■

238071 Lucaea Kunth(1831);路开草属■☆

238072 Lucaea gracilis Kunth;路开草■☆

238073 Lucaea junghuhnii Steud. = Arthraxon typicus (Büse) Koord. ■

238074 Lucaea schimperi (Hochst. ex A. Rich.) Steud. = Arthraxon lancifolius (Trin.) Hochst. ■

238075 Lucaea typica Büse = Arthraxon typicus (Büse) Koord. ■

238076 Lucaya Britton et Rose = Acacia Mill. (保留属名)●■

238077 Luchia Steud. = Elodea Michx. ■☆

238078 Lucianea Eudl. = Lucinaea DC. ■☆

238079 Lucilia Cass. (1817);长毛紫绒草属■☆

238080 Lucilia acutifolia Sch. Bip. ex Baker;尖叶长毛紫绒草■☆

238081 Lucilia alpina (Poepp. et Endl.) Cabrera;高山长毛紫绒草■☆

238082 Lucilia microphylla Cass.;小叶长毛紫绒草■☆

238083 Lucilia nitens Less.;亮长毛紫绒草■☆

238084 Lucilia nivea (Phil.) Cabrera;雪白长毛紫绒草■☆

238085 Luciliocline Anderb. et S. E. Freire(1991);尾药紫绒草属■☆

238086 Luciliocline burkartii (Cabr.) Anderb. et S. E. Freire;尾药紫绒草■☆

238087 Luciliocline longifolia (Cuatrec. et Aristeg.) M. O. Dillon et Sagást.;长叶尾药紫绒草■☆

238088 Luciliodes (Less.) Kuntze = Amphiglossa DC. ■☆
238089 Luciliopsis Wedd. = Chaetanthera Ruiz et Pav. ■☆
238090 Luciliopsis Wedd. = Cuatrecasasiella H. Rob. ■☆
238091 Lucinaea DC. (1830);狄安娜茜属■☆
238092 Lucinaea Leandro ex Pfeiff. = Anchietea A. St. -Hil. ■☆
238093 Lucinaea acutifolia Valeton;尖叶狄安娜茜■☆
238094 Lucinaea monantha Merr. et L. M. Perry;山地狄安娜茜■☆
238095 Lucinaea monocephala Merr.;单头狄安娜茜■☆
238096 Lucinaea parvifolia W. W. Sm.;小叶狄安娜茜■☆
238097 Lucinaea polysperma K. Schum.;多籽狄安娜茜■☆
238098 Luciola Sm. = Luzula DC. (保留属名)■
238099 Luckhoffia A. C. White et B. Sloane = Stapelia L. (保留属名)■
238100 Luculia Sweet(1826);滇丁香属;Luculia, Yunnanclave ●
238101 Luculia grandifolia Ghose;大花滇丁香;Largeflower Luculia ●☆
238102 Luculia gratissima (Wall.) Sweet;馥郁滇丁香;Fragrant Luculia, Fragrant Yunnanclave ●
238103 Luculia gratissima (Wall.) Sweet = Wendlandia ligustriana (Wall.) Wall. ●
238104 Luculia intermedia Hutch. = Luculia pinciana Hook. ●
238105 Luculia intermedia Hutch. var. pubescens W. C. Chen = Luculia pinciana Hook. var. pubescens (W. C. Chen) W. C. Chen ●
238106 Luculia pinciana Hook.;滇丁香(矮生滇丁香,藏滇丁香,丁香,丁香花,桂丁香,酒瓶花,露球花,满山香,屏滇丁香,小黄树,野丁香,中型滇丁香);Intermediate Luculia, Xizang Luculia, Yunnanclave ●
238107 Luculia pinciana Hook. var. pubescens (W. C. Chen) W. C. Chen;毛滇丁香;Pubescent Xizang Luculia, Pubescent Yunnanclave ●
238108 Luculia yunnanensis Hu;鸡冠滇丁香;Cocksomb Yunnanclave, Yunnan Luculia ●
238109 Lucuma Molina = Pouteria Aubl. ●
238110 Lucuma Molina(1782);蛋黄果属(果榄属,鸡蛋果属,路库玛属);Egg-fruit, Lucuma ●
238111 Lucuma caimito Roem.;凯密特鸡蛋果(秘鲁蛋黄果);Abiu, Albiu ●☆
238112 Lucuma campechiana Kunth = Pouteria campechiana (Kunth) Baehni ●☆
238113 Lucuma glycyphloea Mart. et Eichler ex Miq.;甜皮鸡蛋果●☆
238114 Lucuma lasiocarpa A. DC.;毛果鸡蛋果●☆
238115 Lucuma mammosa Gaertn.;美洲蛋黄果(多乳头鸡蛋果);Mamey Colorado, Mamey Sapote, Marmalade-plum, Sapote ●☆
238116 Lucuma multiflora A. DC. = Pouteria multiflora Eyma ●☆
238117 Lucuma nervosa A. DC.;蛋黄果(鸡蛋果);Canistel, Eggfruit, Egg-fruit, Eggfruit Tree, Eggfruit-lucuma, Sapote Borracho, Ti-es ●
238118 Lucuma paradoxa (C. F. Gaertn.) A. DC. = Vitellaria paradoxa C. F. Gaertn. ●
238119 Lucuma salicifolia Kunth;柳叶鸡蛋果●☆
238120 Lucya DC. (1830)(保留属名);四蕊茜属■☆
238121 Lucya tetrandra (L.) K. Schum.;四蕊茜■☆
238122 Luddemania Rchb. f. = Lueddemannia Rchb. f. ■☆
238123 Ludekia Ridsdale(1979);婆罗洲茜属●☆
238124 Ludekia bernardoi (Merr.) Ridsdale;婆罗洲茜●☆
238125 Ludemania Rchb. f. = Acineta Lindl. ■☆
238126 Ludia Comm. ex Juss. (1789);卢迪木属●☆
238127 Ludia ambrensis Perr. = Ludia mauritiana J. F. Gmel. ●☆
238128 Ludia bivalvis Clos = Ludia mauritiana J. F. Gmel. ●☆
238129 Ludia mauritiana J. F. Gmel.;微花卢迪木●☆
238130 Ludia ovalifolia Lam. ex Tul. = Ludia mauritiana J. F. Gmel. ●☆
238131 Ludia sessiliflora Lam. = Ludia mauritiana J. F. Gmel. ●☆
238132 Ludia tuberculata Jacq. = Ludia mauritiana J. F. Gmel. ●☆
238133 Ludisia A. Rich. (1825);血叶兰属;Ludisia ■
238134 Ludisia dawsoniana (H. Low ex Rchb. f.) Aver. = Ludisia discolor (Ker Gawl.) A. Rich. ■
238135 Ludisia discolor (Ker Gawl.) A. Rich.;血叶兰(黑玛兰,石蚕,石上藕,异色血叶兰,银线莲,真金草);Black jewel Orchid, Discolor Ludisia, Discolour Haemaria ■
238136 Ludisia furetii Blume = Ludisia discolor (Ker Gawl.) A. Rich. ■
238137 Ludisia odorata Blume = Ludisia discolor (Ker Gawl.) A. Rich. ■
238138 Ludisia otletae (Rolfe) Averyanov = Ludisia discolor (Ker Gawl.) A. Rich. ■
238139 Ludolfia Adans. = Tetragonia L. ●■
238140 Ludolfia Willd. = Arundinaria Michx. ●
238141 Ludolfia glaucescens Willd. = Bambusa multiplex (Lour.) Raeusch. ex Schult. et Schult. f. ●
238142 Ludolphia Willd. = Arundinaria Michx. ●
238143 Ludovia Brongn. (1861)(保留属名);全叶巴拿马草属■☆
238144 Ludovia Pers. (废弃属名) = Carludovica Ruiz et Pav. ●■
238145 Ludovia Pers. (废弃属名) = Ludovia Brongn. (保留属名)■☆
238146 Ludovia lancifolia Brongn.;全叶巴拿马草■☆
238147 Ludovica Vieill. ex Guillaumin = Bikkiopsis Brongn. et Gris ●☆
238148 Ludovicia Coss. = Hammatolobium Fenzl ■☆
238149 Ludovicia kremeriana Coss. = Tripodion kremerianum (Coss.) Lassen ■☆
238150 Ludwigia L. (1753);丁香蓼属(水丁香属,水龙属);False Loosestrife, Hampshire-purslane, Primrose Willow, Seedbox, Water Primrose, Water-primrose ●■
238151 Ludwigia abyssinica A. Rich.;阿比西尼亚丁香蓼■☆
238152 Ludwigia adscendens (L.) H. Hara;上举丁香蓼(白花水龙,草里银钗,过江藤,过塘蛇,水龙,鱼鳔草,鱼鳞草,玉钗草,猪肥草)■
238153 Ludwigia adscendens (L.) H. Hara subsp. diffusa (Forssk.) P. H. Raven;松散丁香蓼■☆
238154 Ludwigia adscendens (L.) H. Hara subsp. stipulacea (Ohwi) H. Hara = Ludwigia peploides (Kunth) P. H. Raven subsp. stipulacea (Ohwi) P. H. Raven ■
238155 Ludwigia adscendens (L.) H. Hara var. diffusa (Forssk.) Hara = Ludwigia adscendens (L.) H. Hara subsp. diffusa (Forssk.) P. H. Raven ■☆
238156 Ludwigia adscendens (L.) H. Hara var. stipulacea (Ohwi) H. Hara = Ludwigia peploides (Kunth) P. H. Raven subsp. stipulacea (Ohwi) P. H. Raven ■
238157 Ludwigia adscendens (L.) H. Hara var. stipulacea (Ohwi) H. Hara = Ludwigia taiwanensis C. I. Peng ■
238158 Ludwigia affinis (DC.) Hara;近缘丁香蓼■☆
238159 Ludwigia africana (Brenan) H. Hara;非洲丁香蓼■☆
238160 Ludwigia alternifolia L.;互生叶丁香蓼;Bushy Seedbox, False-loosestrife, Rattlebox, Seedbox, Seed-box, Square-pod Water-primrose ■☆
238161 Ludwigia alternifolia L. var. pubescens E. J. Palmer et Steyerm. = Ludwigia alternifolia L. ■☆
238162 Ludwigia anastomosans (DC.) Hara;巴西丁香蓼●☆
238163 Ludwigia arcuata Walter;拱丁香蓼;Piedmont Primrose Willow ■☆

238164 Ludwigia brenanii Hara;布雷南丁香蓼■☆

238165 Ludwigia caryophylla (Lam.) Merr. et F. P. Metcalf = Ludwigia perennis L. ■

238166 Ludwigia decurrens Walter;翼叶丁香蓼;Erect Primrose Willow, Wing-leaved Primrose-willow ■☆

238167 Ludwigia epilobioides Maxim.;黄花水丁香(丁香蓼,红豇豆,假柳叶菜,柳叶菜状丁香蓼);Swamp Dragon ■

238168 Ludwigia epilobioides Maxim. subsp. greatrexii (H. Hara) P. H. Raven;毛盘黄花水丁香■

238169 Ludwigia epilobioides Maxim. subsp. greatrexii (H. Hara) P. H. Raven = Ludwigia epilobioides Maxim. ■

238170 Ludwigia erecta (L.) H. Hara;直立丁香蓼■☆

238171 Ludwigia glandulosa Walter;腺点丁香蓼;False Loosestrife ■☆

238172 Ludwigia grandiflora (Michx.) Greuter et Burdet;大花丁香蓼;Largeflower Primrose Willow, Large-flower Primrose-willow, Water Purslane ■☆

238173 Ludwigia grandiflora Zardini, H. Y. Gu, et P. H. Raven = Ludwigia grandiflora (Michx.) Greuter et Burdet ■☆

238174 Ludwigia greatrexii (H. Hara) H. Hara = Ludwigia epilobioides Maxim. ■

238175 Ludwigia greatrexii (H. Hara) H. Hara = Ludwigia epilobioides Maxim. subsp. greatrexii (H. Hara) P. H. Raven ■

238176 Ludwigia hexapetala (Hook. et Arn.) Zardini, H. Y. Gu et P. H. Raven;六瓣丁香蓼;Sixpetal Primrose Willow ■☆

238177 Ludwigia humbertii Robyns et Lawalrée = Ludwigia perennis L. ■

238178 Ludwigia hyssopifolia (G. Don) Exell;线叶丁香蓼(草龙,水仙桃,田石梅,细叶水丁香,针筒草)■

238179 Ludwigia jussiaeoides Desr. = Ludwigia perennis L. ■

238180 Ludwigia leptocarpa (Nutt.) H. Hara;细果丁香蓼;Anglestem Primrose Willow, Hairy Primrose Willow ■☆

238181 Ludwigia linearis Walter;美洲线叶丁香蓼;Narrow-leaved Water Primrose ■☆

238182 Ludwigia linifolia Poir. = Ludwigia perennis L. ■

238183 Ludwigia longifolia (DC.) H. Hara;长叶丁香蓼;Longleaf Primrose-willow, Primrose Willow ■☆

238184 Ludwigia micrantha (Kunze) H. Hara = Ludwigia hyssopifolia (G. Don) Exell ■

238185 Ludwigia microcarpa Michx.;小果丁香蓼;Water Purslane ■☆

238186 Ludwigia natans Elliott = Ludwigia repens J. Forst. ■☆

238187 Ludwigia nesaeoides Perr. = Ludwigia perennis L. ■

238188 Ludwigia octovalvis (Jacq.) P. H. Raven;毛草龙(草里金钗,草龙,化骨溶,火龙,假木瓜,扫锅草,水灯香,水丁香,水龙,水石榴,水仙桃,水香蕉,水秧草,锁匙筒,田浮草,香须公,针筒刺);Kamole, Lantern Seedbox, Mexican Primrosewillow, Primrose Willow ■

238189 Ludwigia octovalvis (Jacq.) P. H. Raven subsp. brevisepala (Brenan) P. H. Raven = Ludwigia octovalvis (Jacq.) P. H. Raven ■

238190 Ludwigia octovalvis (Jacq.) P. H. Raven subsp. sessiliflora (Micheli) P. H. Raven;无柄毛草龙■

238191 Ludwigia ovalis Miq.;卵叶丁香蓼(矮水龙,卵叶水丁香);Ovateleaf False Loosestrife, Ovateleaf Seedbox, Ovate-leaf Seedbox ■

238192 Ludwigia palustris (L.) Elliott;沼泽丁香蓼(沼生丁香蓼);Hampshire Purslane, Hampshire-purslane, Marsh Purslane, Marsh Seed-box, Water Purslane, Water Seedbox, Water-purslane ■

238193 Ludwigia palustris (L.) Elliott = Ludwigia ovalis Miq. ■

238194 Ludwigia palustris (L.) Elliott var. americana (DC.) Fernald et Griscom = Ludwigia palustris (L.) Elliott ■

238195 Ludwigia palustris (L.) Elliott var. americana (DC.) Fernald et Griscom f. elongata Fassett = Ludwigia palustris (L.) Elliott ■

238196 Ludwigia palustris (L.) Elliott var. nana Fernald et Griscom = Ludwigia palustris (L.) Elliott ■

238197 Ludwigia palustris (L.) Elliott var. ovalis (Miq.) H. Lév. = Ludwigia ovalis Miq. ■

238198 Ludwigia palustris (L.) Elliott var. pacifica Fernald et Griscom = Ludwigia palustris (L.) Elliott ■

238199 Ludwigia palustris (Miq.) H. Lév. = Ludwigia ovalis Miq. ■

238200 Ludwigia parviflora Roxb.;小花丁香蓼■

238201 Ludwigia parviflora Roxb. = Ludwigia epilobioides Maxim. subsp. greatrexii (H. Hara) P. H. Raven ■

238202 Ludwigia parviflora Roxb. = Ludwigia perennis L. ■

238203 Ludwigia peploides (Kunth) P. H. Raven;扩散丁香蓼;Creeping Primrose Willow, Floating Primrose Willow ■☆

238204 Ludwigia peploides (Kunth) P. H. Raven subsp. montevidensis (Spreng.) P. H. Raven;蒙得维的亚丁香蓼;Floating Primrose-willow ■☆

238205 Ludwigia peploides (Kunth) P. H. Raven subsp. stipulacea (Ohwi) P. H. Raven = Ludwigia taiwanensis C. I. Peng ■

238206 Ludwigia peploides (Kunth) P. H. Raven subsp. stipulacea (Ohwi) P. H. Raven;黄花水龙(过江龙,水龙)■

238207 Ludwigia perennis L.;细花丁香蓼(小花水丁香);Pinkleaf False Loosestrife, Pinkleaf Seedbox ■

238208 Ludwigia peruviana (L.) H. Hara;秘鲁丁香蓼;Peruvian Primrose Willow ■☆

238209 Ludwigia polycarpa Short et R. Peter = Ludwigia peruviana (L.) H. Hara ■☆

238210 Ludwigia polycarpa Short et R. Peter ex Torr. et A. Gray;多果丁香蓼;False-loosestrife, Top-pod Water-primrose, Water Purslane ■☆

238211 Ludwigia prostrata Roxb.;丁香蓼(丁子蓼,红豇豆,红麻草,红麻叶,喇叭草,山鼠瓜,水丁香,水冬瓜,水黄麻,水苴仔,水硼砂,水蓬砂,水杨柳,水油麻,田蓼草,小疔药,小石榴树,小石榴叶,针筒草);Climbing Seedbox ■

238212 Ludwigia prostrata Roxb. = Ludwigia epilobioides Maxim. ■

238213 Ludwigia pubescens (L.) H. Hara = Ludwigia octovalvis (Jacq.) P. H. Raven ■

238214 Ludwigia pubescens (L.) H. Hara var. brevisepala (Brenan) Hiern = Ludwigia octovalvis (Jacq.) P. H. Raven ■

238215 Ludwigia pubescens (L.) H. Hara var. linearis (Willd.) A. Fern. et R. Fern. = Ludwigia octovalvis (Jacq.) P. H. Raven ■

238216 Ludwigia pubescens (L.) H. Hara var. sessiliflora (Micheli ex Mart.) H. Hara = Ludwigia octovalvis (Jacq.) P. H. Raven ■

238217 Ludwigia pubescens (L.) H. Hara var. villosa (Lam.) H. Hara = Ludwigia octovalvis (Jacq.) P. H. Raven ■

238218 Ludwigia pulvinaris Gilg = Ludwigia senegalensis (DC.) Troch. ■☆

238219 Ludwigia pulvinaris Gilg subsp. lobayensis P. H. Raven = Ludwigia senegalensis (DC.) Troch. ■☆

238220 Ludwigia repens (L.) Sw. = Ludwigia repens J. Forst. ■☆

238221 Ludwigia repens J. Forst.;美洲丁香蓼;Red Ludwigia, Water Purslane ■☆

238222 Ludwigia senegalensis (DC.) Troch.;塞内加尔丁香蓼■☆

238223 Ludwigia stenorraphe (Brenan) H. Hara;热非丁香蓼■☆

238224 Ludwigia stenorraphe (Brenan) H. Hara subsp. macrosepala (Brenan) P. H. Raven;大萼热非丁香蓼■☆

238225 Ludwigia stenorraphe (Brenan) H. Hara subsp. reducta (Brenan) P. H. Raven;退缩热非丁香蓼■☆

238226 Ludwigia stenorraphe (Brenan) H. Hara subsp. speciosa (Brenan) P. H. Raven;美丽热非丁香蓼■☆

238227 Ludwigia stipulacea (Ohwi) Ohwi = Ludwigia peploides (Kunth) P. H. Raven subsp. stipulacea (Ohwi) P. H. Raven ■

238228 Ludwigia stolonifera (Guillaumin et Perr.) P. H. Raven = Ludwigia adscendens (L.) H. Hara subsp. diffusa (Forssk.) P. H. Raven ■☆

238229 Ludwigia suffruticosa Walter;灌木丁香蓼;Shrubby Primrose Willow☆

238230 Ludwigia taiwanensis C. I. Peng;台湾水龙草(过江龙,过江藤,黄花水龙,水江龙,水龙,台湾水龙);Taiwan False Loosestrife, Taiwan Seedbox, Yellowflower False Loosestrife ■

238231 Ludwigiantha (Torr. et A. Gray) Small = Ludwigia L. ●■

238232 Lueckelia Jenny = Polycycnis Rchb. f. ■☆

238233 Lueckelia Jenny(1954);巴西白鸟兰属■☆

238234 Lueddemannia Rchb. f. (1854);卢氏兰属■☆

238235 Lueddemannia lehmannii Rchb. f.;卢氏兰■☆

238236 Luederitzia K. Schum. (1888);吕德锦葵属☆

238237 Luederitzia K. Schum. = Pavonia Cav. (保留属名)●■☆

238238 Luederitzia pentaptera K. Schum. = Pavonia rehmannii Szyszyl. ●☆

238239 Luederitzia pirottae A. Terracc. = Pavonia pirottae (A. Terracc.) Chiov. ●☆

238240 Luehea F. W. Schmidt(废弃属名) = Luehea Willd. (保留属名)●☆

238241 Luehea F. W. Schmidt(废弃属名) = Stilbe P. J. Bergius ●☆

238242 Luehea Willd. (1801)(保留属名);马鞭椴属(李海木属);Whiptree ●☆

238243 Luehea candida Mart.;四瓣裂马鞭椴●☆

238244 Luehea divaricata Mart.;马鞭椴(庐椅木)●☆

238245 Luehea seemanii Triana et Planch.;西曼马鞭椴(西曼李海木)●☆

238246 Luehea speciosa Willd.;美丽马鞭椴(美丽李海木);Luehea ●☆

238247 Lueheopsis Burret(1926);拟马鞭椴属●☆

238248 Lueheopsis flavescens Burret;拟马鞭椴●☆

238249 Lueranthos Szlach. et Marg. (1979);厄瓜多尔吕兰属■☆

238250 Lueranthos Szlach. et Marg. = Pleurothallis R. Br. ■☆

238251 Luerella Braas = Masdevallia Ruiz et Pav. ■☆

238252 Luerssenia Kuntze = Cuminum L. ■

238253 Luerssenidendron Domin = Acradenia Kippist ●☆

238254 Luetkea Bong. = Eriogynia Hook. ●☆

238255 Luetzelburgia Harms(1922);吕策豆属■☆

238256 Luetzelburgia pallidiflora (Rizzini) H. C. Lima;苍白吕策豆■☆

238257 Luffa Mill. (1754);丝瓜属;Dishcloth Gourd, Dish-cloth Gourd, Dishclothgourd, Loofah, Rag Gourd, Towel Gourd, Towelgourd, Vegetable Sponge, Vegetable-sponge ■

238258 Luffa acutangula (L.) Roxb.;广东丝瓜(番瓜,棱角丝瓜,蛮瓜,十角丝瓜,雨伞瓜,粤丝瓜);Sing-kwa, Sing-kwa of China, Singkwa Towelgourd, Sing-kwa Towelgourd, Sinqua, Sinqua Melon ■

238259 Luffa acutangula (L.) Roxb. var. amara (Roxb.) Clarke = Luffa amara Wall. et G. Don ■☆

238260 Luffa acutangula (L.) Roxb. var. subangualta (Miq.) Cogn. = Luffa acutangula (L.) Roxb. ■

238261 Luffa aegyptiaca Mill.;丝瓜(布瓜,菜瓜,纯阳瓜,倒阳菜,纺线,缣瓜,蛮瓜,绵瓜,坭瓜,砌瓜,水瓜,天吊瓜,天罗,天罗布瓜,天罗瓜,天罗絮,天丝瓜,天鲺,洗锅罗瓜,絮瓜,虞刺);Bath Sponge, Dishcloth Gourd, Dish-cloth Gourd, Dishrag Gourd, Dish-rag Gourd, Loofah, Luffa, Sponge Gourd, Strainer Vine, Suakwa Towelgourd, Suakwa Vegetable Sponge, Suakwa Vegetablesponge, Towel Gourd, Vegetable Sponge, Washrag Gourd, Washrag Sponge ■

238262 Luffa aegyptica Mill. = Luffa cylindrica (L.) M. Roem. ■☆

238263 Luffa amara Roxb. = Luffa acutangula (L.) Roxb. var. amara (Roxb.) Clarke ■☆

238264 Luffa amara Wall. et G. Don;苦丝瓜■☆

238265 Luffa batesii C. H. Wright = Cogniauxia podolaena Baill. ■☆

238266 Luffa caledonica Sond. = Peponium caledonicum (Sond.) Engl. ■☆

238267 Luffa cordifolia Blume = Thladiantha cordifolia (Blume) Cogn. ■

238268 Luffa cylindrica (L.) M. Roem.;柱丝瓜■☆

238269 Luffa cylindrica (L.) M. Roem. var. agrestis Berhaut = Luffa cylindrica (L.) M. Roem. ■☆

238270 Luffa cylindrica Roem. = Luffa aegyptiaca Mill. ■

238271 Luffa echinata Roxb.;刺丝瓜(有刺丝瓜)■☆

238272 Luffa fluminensis Roem. = Luffa acutangula (L.) Roxb. ■

238273 Luffa foetida Cav. = Luffa acutangula (L.) Roxb. ■

238274 Luffa gosa Ham. = Luffa acutangula (L.) Roxb. ■

238275 Luffa graveolens Roxb.;烈香丝瓜■☆

238276 Luffa operculata (L.) Cogn.;有盖丝瓜■☆

238277 Luffa pentandra (L.) Cogn. = Luffa cylindrica (L.) M. Roem. ■☆

238278 Luffa purgens Mart. = Luffa operculata (L.) Cogn. ■☆

238279 Luffa racemosa Roxb. = Luffa cylindrica (L.) M. Roem. ■☆

238280 Luffa scabra Schumach. et Thonn. = Luffa cylindrica (L.) M. Roem. ■☆

238281 Luffa sphaerica Sond. = Lagenaria sphaerica (Sond.) Naudin ■☆

238282 Luffa subangulata Miq. = Luffa cylindrica (L.) M. Roem. ■☆

238283 Luffa tuberosa Roxb. = Momordica cymbalaria Hook. f. ■☆

238284 Luffa variegata Cogn. = Lemurosicyos variegata (Cogn.) Rabenant. ■☆

238285 Lugaion Raf. = Cytisus Desf. (保留属名)●

238286 Lugaion Raf. = Genista L. ●

238287 Lugoa DC. (1838);卢格菊属■●☆

238288 Lugoa DC. = Gonospermum Less. ■●☆

238289 Lugoa revoluta (C. Sm.) DC.;卢格菊■●☆

238290 Lugonia Wedd. (1859);卢贡萝藦属☆

238291 Lugonia lysimachioides Wedd.;卢贡萝藦☆

238292 Lugonia micrantha Malme ex R. E. Fr.;小花卢贡萝藦☆

238293 Luhea A. DC. = Luehea Willd. (保留属名)●☆

238294 Luhea A. DC. = Stilbe P. J. Bergius ●☆

238295 Luina Benth. (1873);卢那菊属(覆旋花属)■●☆

238296 Luina hypoleuca Benth.;卢那菊;Silvery Luina ■☆

238297 Luina nardosmia (A. Gray) Cronquist = Cacaliopsis nardosmia (A. Gray) A. Gray ■☆

238298 Luina nardosmia (A. Gray) Cronquist var. glabrata (Piper) Cronquist = Cacaliopsis nardosmia (A. Gray) A. Gray ■☆

238299 Luina serpentina Cronquist;蛇形卢那菊■☆

238300 Luina stricta (Greene) B. L. Rob. = Rainiera stricta (Greene) Greene ■☆

238301 Luisia Gaudich. (1829);钗子股属(金钗兰属);Luisia ■

238302 Luisia alpina (Lindl.) Lindl. = Vanda alpina Lindl. ■

238303 Luisia alpina Lindl. = Vanda alpina Lindl. ■

238304 Luisia amesiana Rolfe;阿麦斯钗子股■☆

238305 Luisia anteniifera Blume;鳞角钗子股■☆
238306 Luisia bicaudata Thwaites = Diploprora championii (Lindl. ex Benth.) Hook. f. ■
238307 Luisia boninensis Schltr.;小笠原钗子股■☆
238308 Luisia botanensis Fukuy. = Luisia teres (Thunb.) Blume ■
238309 Luisia brachystachys (Lindl.) Blume;小花钗子股(短穗花钗子股);Shortspike Luisia ■
238310 Luisia cordata Fukuy.;心唇金钗兰(圆叶钗子股);Roundleaf Luisia ■
238311 Luisia filiformis Hook. f.;长瓣钗子股;Filiform Luisia ■
238312 Luisia hancockii Rolfe;纤叶钗子股(钗子股,吊竹,寄生兰,鹿角草,牛角兰,牛角树,树兰,岩吊兰,岩香,樟兰,浙江钗子股);Hancock Luisia ■
238313 Luisia longispica Z. H. Tsi et S. C. Chen;长穗钗子股;Longspike Luisia ■
238314 Luisia macrotis Rchb. f.;紫唇钗子股■
238315 Luisia magniflora Z. H. Tsi et S. C. Chen;大花钗子股;Bigflower Luisia ■
238316 Luisia megasepala Hayata;台湾金钗兰;Taiwan Luisia ■
238317 Luisia megasepala Hayata = Luisia teres (Thunb. ex A. Murray) Blume ■
238318 Luisia morsei Rolfe;钗子股(虫寄生,大羊角,礓竹,海斑虎,金钗股,金环草,龙须草,三十根,树葱,松寄生,檀香线,锡朋草);Morse Luisia ■
238319 Luisia ramosii Ames;宽瓣钗子股;Ramos Luisia ■
238320 Luisia siamensis Rolfe ex Downie = Luisia brachystachys (Lindl.) Blume ■
238321 Luisia teres (Thunb. ex A. Murray) Blume = Luisia teres (Thunb.) Blume ■
238322 Luisia teres (Thunb.) Blume;叉唇钗子股(棒兰,钗子股,金钗兰,牡丹金钗兰,日本钗子股,小黄草,岩豇豆,羊棍子,圆柱钗子股);Forklip Luisia ■
238323 Luisia teres (Thunb.) Blume var. botanensis (Fukuy.) T. P. Lin = Luisia teres (Thunb. ex A. Murray) Blume ■
238324 Luisia teretifolia Gaudich.;柱叶钗子股(棒叶钗子股,大树葱,金钗股,圆柱叶钗子股);Teretelaef Luisia ■☆
238325 Luisia teretifolia Rolfe = Luisia teretifolia Gaudich. ■☆
238326 Luisia tonkinensis Schltr. = Luisia morsei Rolfe ■
238327 Luisia trichorhiza (Hook.) Blume;短穗钗子股;Hairy-root Luisia ■
238328 Luisia trichorhiza (Hook.) Blume = Luisia filiformis Hook. f. ■
238329 Luisia zeylanica Lindl.;印缅钗子股(大树葱,平棍子,树葱,锡兰钗子股,岩江豆);Ceylon Luisia ■
238330 Luisia zollingeri Rchb. f.;长叶钗子股;Longleaf Luisia ■
238331 Luisia zollingeri Rchb. f. = Luisia brachystachys (Lindl.) Blume ■
238332 Luisiopsis C. S. Kumar et P. C. S. Kumar = Saccolabium Blume (保留属名)■
238333 Luisiopsis C. S. Kumar et P. C. S. Kumar(2005);阿萨姆囊唇兰属■
238334 Lulia Zardini(1980);扁果菊属●■☆
238335 Lulia nervosa (Less.) Zardini;扁果菊●■☆
238336 Luma A. Gray(1853);鲁玛木属(龙袍木属);Luma ●☆
238337 Luma apiculata (DC.) Burret;褐皮鲁玛木(尖叶龙袍木);Collimamol, Palo Calorado, Temu ●☆
238338 Luma apiculata (DC.) Burret 'Glanleam Gold';格兰利姆金尖叶龙袍木●☆
238339 Luma cheken A. Gray;小鲁玛木;Chequen ●☆
238340 Luma chequen F. Phil.;龙袍木●☆
238341 Lumanaja Blanco = Homonoia Lour. ●
238342 Lumbricidia Vell. = Andira Lam. (保留属名)●☆
238343 Lumnitzera J. Jacq. ex Spreng. = Basilicum Moench ■
238344 Lumnitzera J. Jacq. ex Spreng. = Moschosma Rchb. ■
238345 Lumnitzera Willd. (1803);榄李属;Lumnitzera ●
238346 Lumnitzera coccinea (Gaudich.) Wight et Arn. = Lumnitzera racemosa Willd. ●
238347 Lumnitzera coccinea Wight et Arn. = Lumnitzera racemosa Willd. ●
238348 Lumnitzera fastigiata (Roth) Spreng. = Salvia plebeia R. Br. ■
238349 Lumnitzera fastigiata Spreng. = Salvia plebeia R. Br. ■
238350 Lumnitzera littorea (Jacq.) Voigt;红榄李(红花榄李);Red Lumnitzera ●◇
238351 Lumnitzera purpurea (Gaudich.) C. Presl = Lumnitzera littorea (Jacq.) Voigt ●◇
238352 Lumnitzera purpurea Gaudich. = Lumnitzera littorea (Jacq.) Voigt ●◇
238353 Lumnitzera racemosa Gaudich. var. pubescens Koord. et Valeton = Lumnitzera racemosa Willd. ●
238354 Lumnitzera racemosa Willd.;榄李(海滩疤,深红榄李,滩疤树);Lumnitzera, Racemose Lumnitzera ●
238355 Lumnitzera rosea (Gaudich.) C. Presl = Lumnitzera racemosa Willd. ●
238356 Lumnitzera rubicunda Spreng. = Orthosiphon rubicundus (D. Don) Benth. ■
238357 Lumnitzeria fastigiata (Roth) Spreng. = Salvia plebeia R. Br. ■
238358 Lunana Blanco ex Endl. = Lunasia Blanco ●☆
238359 Lunana Endl. = Lunanea DC. (废弃属名)●☆
238360 Lunanaea Endl. = Lunanea DC. (废弃属名)●☆
238361 Lunanea DC. (废弃属名) = Cola Schott et Endl. (保留属名) ●☆
238362 Lunanea DC. (废弃属名) = Lunania Hook. (保留属名)●☆
238363 Lunania Hook. (1844)(保留属名);卢南木属●☆
238364 Lunania Raf. = Heteranthera Ruiz et Pav. (保留属名)■☆
238365 Lunania Raf. = Triexastima Raf. ■☆
238366 Lunania mexicana Brandegee;墨西哥卢南木■☆
238367 Lunania parviflora Spruce ex Benth.;小花卢南木■☆
238368 Lunania tenuifolia Urb. et Ekman;细叶卢南木■☆
238369 Lunaria L. (1753);缎花属(便士花属,新月花属,银扇草属);Honesty, Honesty Plant, Money Plant, Moonwort, Satin Flower ■☆
238370 Lunaria Tourn. ex L. = Lunaria L. ■☆
238371 Lunaria annua L.;缎花(便士花,和田草,苦月桔,银扇草,紫香银扇草);Annual Honesty, Biennial Moonwort, Bolbonac, Common Moonwort, Dollar Plant, Dollarplant, Grandmother's Spectacles, Great Lunary, Honesty, Judas Pence, Lady's Locket, Love-lies-bleeding, Lunary, Maiden's Honesty, Money Flower, Money Plant, Money Pockets, Money-in-both-pockets, Money-in-every-pocket, Money-in-your-pocket, Moneywort, Moon Flower, Moons, Moonwort, Old Woman's Penny, Paper Flower, Pennies, Penny Flower, Pennywort, Peter's Pence, Polly Pods, Pricksong-wort, Satin, Satin Flower, Satinflower, Satinpod, Shabub, Shepherd's Purse, Shillings, Silks And SATINS, Silks-and-satins, Silver Dollar, Silver Moons, Silver Penny, Silver Plate, Silver Shilling Flower, Silverleaf, Speck, True Love, Two-in-a-purse Pennies, Two-pennies-in-a-purse, Unshoe-the-horse,

Venus' Looking Glass, White Satin ■☆
238372 Lunaria annua L. 'Variegata';花叶银扇草■☆
238373 Lunaria biennis Moench;二年生缎花;Honesty ■☆
238374 Lunaria biennis Moench = Lunaria annua L. ■☆
238375 Lunaria diffusa Thunb. = Heliophila diffusa (Thunb.) DC. ■☆
238376 Lunaria japonica Miq. = Eutrema wasabii (Siebold) Maxim. ■
238377 Lunaria libyca Viv. = Lobularia libyca (Viv.) Meisn. ■☆
238378 Lunaria parviflora Delile = Savignya parviflora (Delile) Webb ■☆
238379 Lunaria rediviva L.;宿根缎花(缎花,宿根银扇草);Perennial Honesty ■☆
238380 Lunasia Blanco(1837);月芸香属(月橘属)●☆
238381 Lunasia amara Blanco;苦月芸香(苦月橘)●☆
238382 Lunasia quercifolia K. Schum. et Lauterb.;栎叶月芸香(栎叶月橘)●☆
238383 Lundellia Léonard = Holographis Nees ■☆
238384 Lundellia argyrea Léonard = Holographis argyrea (Léonard) T. F. Daniel ■☆
238385 Lundellianthus H. Rob. (1978);联托菊属●☆
238386 Lundellianthus petenensis H. Rob.;联托菊●☆
238387 Lundia DC. (1838)(保留属名);伦德紫葳属●☆
238388 Lundia Puerari ex DC. = Lundia DC. (保留属名)●☆
238389 Lundia Schumach. (废弃属名) = Lundia DC. (保留属名)●☆
238390 Lundia colombiana Dugand;哥伦比亚伦德紫葳●☆
238391 Lundia mangiferoides Puer. ex DC.;伦德紫葳●☆
238392 Lundin Puerari ex DC. = Buchanania Spreng. ●
238393 Lundin Schum. et Thonn. = Oncoba Forssk. ●
238394 Lundinia B. Nord. (2006);铅色尾药菊属●☆
238395 Lundinia plumbea (Griseb.) B. Nord.;铅色尾药菊■☆
238396 Lunella Nieuwl. = Besseya Rydb. ■
238397 Lungia Steud. = Hermbstaedtia Rchb. ■●☆
238398 Lungia Steud. = Langia Endl. ■●☆
238399 Luntia Neck. = Luutia Neck. ●
238400 Luntia Neck. ex Raf. = Croton L. ●
238401 Luorea Neck. ex J. St. -Hil. (废弃属名) = Flemingia Roxb. ex W. T. Aiton(保留属名)●■
238402 Luorea Neck. ex J. St. -Hil. (废弃属名) = Maughania J. St. -Hil. ●■
238403 Lupatorium (DC.) Raf. = Eupatorium L. ■●
238404 Lupatorium Raf. = Eupatorium L. ■●
238405 Lupinaster Adans. = Trifolium L. ■
238406 Lupinaster Buxb. ex Heist. = Trifolium L. ■
238407 Lupinaster Fabr. (1759);野火萩属■☆
238408 Lupinaster Fabr. = Trifolium L. ■
238409 Lupinaster africanus (Ser.) Eckl. et Zeyh. = Trifolium africanum Ser. ■☆
238410 Lupinaster albus Link = Trifolium lupinaster L. var. albiflorum Ser. ■
238411 Lupinaster burchellianus (Ser.) Eckl. et Zeyh. = Trifolium burchellianum Ser. ■☆
238412 Lupinaster exmius (Steph.) Bobrov = Trifolium eximium Stephan ex Ser. ■
238413 Lupinaster hirsutus C. Presl = Trifolium africanum Ser. ■☆
238414 Lupinaster pentaphyllus Moench. = Trifolium lupinaster L. ■
238415 Lupinaster purpurascens Fisch. ex DC. = Trifolium lupinaster L. ■
238416 Lupinophyllum Gillett ex Hutch. = Tephrosia Pers. (保留属名)●■
238417 Lupinophyllum Hutch. = Tephrosia Pers. (保留属名)●■
238418 Lupinophyllum lupinifolium (DC.) Hutch. = Tephrosia lupinifolia DC. ●☆
238419 Lupinus L. (1753);羽扇豆属;Lupin, Lupine ●■
238420 Lupinus albifrons Benth.;白花羽扇豆●☆
238421 Lupinus albus L.;白羽扇豆(白花羽扇豆);Egyptian Lupin, White Lupin, White Lupine ■
238422 Lupinus angustifolius L.;狭叶羽扇豆(羽扇豆,窄叶羽扇豆);Blue Lupin, Blue Lupine, Narrowleaf Lupine, Narrow-leaved Lupin ■
238423 Lupinus angustifolius L. subsp. brachystachys Batt. et Trab. = Lupinus angustifolius L. ■
238424 Lupinus angustifolius L. subsp. linifolius (Roth) Batt. et Trab. = Lupinus angustifolius L. ■
238425 Lupinus angustifolius L. subsp. reticulatus (Desv.) Arcang.;网狭叶羽扇豆■☆
238426 Lupinus angustifolius L. var. cryptanthus ? = Lupinus angustifolius L. ■
238427 Lupinus angustifolius L. var. linifolius (Roth) Batt. = Lupinus angustifolius L. ■
238428 Lupinus angustifolius L. var. reticulatus (Desv.) Rouy = Lupinus angustifolius L. ■
238429 Lupinus angustifolius L. var. typicus Fiori = Lupinus angustifolius L. ■
238430 Lupinus arboreus Sims;树状羽扇豆(加州羽扇豆,木羽扇豆,树羽扇豆);Tree Lupin, Tree Lupine, Yellow Tree Lupin ●☆
238431 Lupinus arcticus S. Watson;北极羽扇豆■☆
238432 Lupinus argenteus Pursh;银毛羽扇豆;Silvery Lupin, Silvery Lupine, Wolfbean ■☆
238433 Lupinus argenteus Pursh var. stenophyllus (Rydb.) Davis;狭叶银毛羽扇豆(狭叶银白羽扇豆)■☆
238434 Lupinus arizonicus (S. Watson) S. Watson;亚利桑那羽扇豆;Arizona Lupine ■☆
238435 Lupinus atlanticus Gladst. = Lupinus arizonicus (S. Watson) S. Watson ■☆
238436 Lupinus bicolor Lindl.;二色羽扇豆;Miniature Lupine ■☆
238437 Lupinus burkei S. Watson;布氏羽扇豆;Burke's Lupine ■☆
238438 Lupinus caudatus Kellogg;尾状羽扇豆;Kellogg's Spurred Lupin ■☆
238439 Lupinus chamissonis Eschsch.;白面羽扇豆;Whiteface Lupine ■☆
238440 Lupinus cochinchinensis Lour. = Crotalaria retusa L. ■
238441 Lupinus cosentinii Guss.;科森廷羽扇豆■☆
238442 Lupinus densiflorus Benth.;密花羽扇豆;Rose Lupin ■☆
238443 Lupinus diffusus Nutt.;广布羽扇豆;Spreading Lupine ■☆
238444 Lupinus digitatus Forssk.;指裂羽扇豆(埃及羽扇豆);Egyptian Lupine ■
238445 Lupinus douglasii J. Agardh;疏花羽扇豆;Douglas Spurred Lupin ■☆
238446 Lupinus ehrenbergii Schltr. = Lupinus mexicanus Cerv. ex Lag. ■☆
238447 Lupinus grandifolius Lindl. ex Agardh = Lupinus polyphyllus Lindl. ■
238448 Lupinus hartwegii Lindl.;双景羽扇豆(二色羽扇豆,哈氏羽扇豆,墨西哥羽扇豆);Hartweg Lupine ■
238449 Lupinus havardii S. Watson;北美羽扇豆;Chisos Bluebonnet ■☆
238450 Lupinus hirsutus L.;褐毛羽扇豆(毛升藤,羽扇豆);Blue

Lupine, European Blue Lupin, European Blue Lupine ■
238451 Lupinus hirsutus L. = Lupinus micranthus Guss. ■
238452 Lupinus hirsutus L. var. micranthus (Guss.) Boiss. = Lupinus micranthus Guss. ■
238453 Lupinus hirsutus L. var. pumilus Coste = Lupinus micranthus Guss. ■
238454 Lupinus hispanicus Boiss. et Reut.;西班牙羽扇豆■☆
238455 Lupinus hispanicus Boiss. et Reut. subsp. bicolor (Merino) Gladst.;二色西班牙羽扇豆■☆
238456 Lupinus hybridus Lem.;杂种羽扇豆;Hybrid Lupine ■☆
238457 Lupinus incanus Graham;大叶羽扇豆(大叶团扇豆);Bigleaf Lupine, Largeleaf Lupine ■
238458 Lupinus latifolius J. Agardh = Lupinus latifolius Lindl. ex J. Agardh ■☆
238459 Lupinus latifolius Lindl. ex J. Agardh;宽叶羽扇豆;Broad-leaved Lupin ■☆
238460 Lupinus leucophyllus Douglas ex Lindl.;白叶羽扇豆;Woolly-leaved Lupin ■☆
238461 Lupinus littoralis Douglas ex Lindl.;海滨羽扇豆;Chenook Liquorice ■☆
238462 Lupinus longifolius Abrams;长叶羽扇豆;Longleaf Lupine ■☆
238463 Lupinus luteus L.;黄花羽扇豆(黄羽扇豆);European Yellow Lupin, European Yellow Lupine, Spanish Violet, Sweet Lupin, Virginia Rose, Yellow Lupine, Yenow Lupin ■
238464 Lupinus luthereaui Maire = Lupinus digitatus Forssk. ■
238465 Lupinus mexicanus Cerv. ex Lag.;墨西哥羽扇豆■☆
238466 Lupinus micranthus Douglas ex Lindl. = Lupinus micranthus Guss. ■
238467 Lupinus micranthus Guss.;羽扇豆(毛羽扇豆,美国羽扇豆);Blue Lupine, Little Lupine, Lupine ■
238468 Lupinus mutabilis Sweet;南美羽扇豆(杂色升藤,杂色羽扇豆);Pearl Lupin, South American Lupine, Tarhui, Tarwi ■
238469 Lupinus nanus Douglas ex Benth.;倭羽扇豆(矮性升藤);Common Dwarf Lupine, Sky Lupine ■
238470 Lupinus nanus Douglas ex Benth. albus Orcutt = Lupinus albus L. ■
238471 Lupinus niger Pharm. ex Wehmer;黑羽扇豆■☆
238472 Lupinus nootkatensis Donn ex Sims;野羽扇豆;Nootka Lupin, Scottish Lupin, Wild Lupin, Wild Lupine ■☆
238473 Lupinus perennis L.;宿根羽扇豆;Blue Bean, Common Wild Lupine, Perennial Lupine, Sun Dial Lupine, Sundial Lupine, Wild Bean, Wild Lupin, Wild Lupine ■
238474 Lupinus perennis L. var. occidentalis S. Watson;西方宿根羽扇豆;Wild Lupine ■☆
238475 Lupinus pilosus Murray;疏毛羽扇豆■☆
238476 Lupinus pilosus Murray subsp. luthereaui Maire = Lupinus digitatus Forssk. ■
238477 Lupinus pilosus Murray subsp. tassilicus (Maire) Quézel et Santa = Lupinus digitatus Forssk. ■
238478 Lupinus pilosus Murray var. cosentinii (Guss.) Briq. = Lupinus cosentinii Guss. ■☆
238479 Lupinus pilosus Murray var. nitidus Emb. = Lupinus atlanticus Gladst. ■☆
238480 Lupinus pilosus Murray var. velutinus (Pau) Maire = Lupinus cosentinii Guss. ■☆
238481 Lupinus polyphyllus Lindl.;多叶羽扇豆(宿根羽扇豆,羽扇豆);Big-leaf Lupine, Garden Lupin, Large-leaved Lupine, Leafy Lupine, Manyleaves Lupine, Washington Lupine ■
238482 Lupinus pubescens Benth.;毛羽扇豆;Hair Lupine, Pubescent Lupine ■
238483 Lupinus pusillus Pursh;小羽扇豆;Low Lupin, Small Lupine ■☆
238484 Lupinus regalis Bergmans;大王羽扇豆;Russell Lupin ■☆
238485 Lupinus sericeus Pursh;光滑羽扇豆;Silky Lupin, Silky Lupine ■☆
238486 Lupinus somaliensis Baker;索马里羽扇豆■☆
238487 Lupinus sparsiflorus Benth.;莫哈韦羽扇豆;Coulter's Lupine, Mojave Lupine ■☆
238488 Lupinus subcarnosus;得州羽扇豆;Texas Bluebonnet ■☆
238489 Lupinus succulentus Douglas ex K. Koch;洞叶羽扇豆;Arroyo Lupine, Hollowleaf Annual Lupine ■☆
238490 Lupinus tassilicus Maire = Lupinus digitatus Forssk. ■
238491 Lupinus termis Forssk. = Lupinus albus L. ■
238492 Lupinus thermis Gasp.;埃及羽扇豆■☆
238493 Lupinus tirfoliolatus Cav. = Cyamopsis tetragonoloba (L.) Taub. ■
238494 Lupinus varius L. = Lupinus pilosus Murray ■☆
238495 Lupinus velutinus Pau = Lupinus cosentinii Guss. ■☆
238496 Lupinus villosus Willd.;多毛羽扇豆;Hairy Lupine, Lady Lupine ■☆
238497 Lupsia Neck. = Galactites Moench(保留属名)■☆
238498 Lupulaceae Link = Cannabaceae Martinov(保留科名)■
238499 Lupulaceae Schultz Sch. = Cannabaceae Martinov(保留科名)■
238500 Lupularia (Ser. ex DC.) Opiz = Lupulina Noulet ●■
238501 Lupularia (Ser. ex DC.) Opiz = Medicago L.(保留属名)●■
238502 Lupularia (Ser. ex DC.) Opiz = Medicula Medik. ●■
238503 Lupularia (Ser.) Opiz = Lupulina Noulet ●■
238504 Lupularia Opiz = Lupulina Noulet ●■
238505 Lupulina Noulet = Medicago L.(保留属名)●■
238506 Lupulina Noulet = Medicula Medik. ●■
238507 Lupulus Kuntze = Gouania Jacq. ●
238508 Lupulus Mill. = Humulus L. ■
238509 Lupulus Tourn. ex Mill. = Humulus L. ■
238510 Luronium Raf.(1840);欧泽泻属(艾泻属);Floating Water Plantain, Floating Water-plantain ■☆
238511 Luronium natans Raf.;欧泽泻;Floating Water Plantain, Floating Water-plantain ■☆
238512 Luscadium Endl. = Croton L. ●
238513 Luscadium Endl. = Lascadium Raf. ●
238514 Lusekia Opiz = Salix L.(保留属名)●
238515 Lussa Rumph. = Brucea J. F. Mill.(保留属名)●
238516 Lussacia Spreng. = Gaylussacia Kunth(保留属名)●☆
238517 Lussaria Raf. = Brucea J. F. Mill.(保留属名)●
238518 Lustrinia Raf. = Justicia L. ●■
238519 Lusuriaga Pers. = Luzuriaga Ruiz et Pav.(保留属名)■☆
238520 Luteidiscus H. St. John = Tetramolopium Nees ●☆
238521 Luteola Mill. = Reseda L. ■
238522 Luthera Sch. Bip. = Krigia Schreb.(保留属名)■☆
238523 Lutkea Steud. = Luetkea Bong. ●☆
238524 Lutrostylis G. Don = Ehretia P. Browne ●
238525 Lutzia Gand.(1923);金盘芥属■☆
238526 Lutzia Gand. = Alyssoides Mill. ■●☆
238527 Lutzia australis Gand.;澳洲金盘芥■☆
238528 Lutzia fruticosa Gand.;金盘芥■☆

238529 Luutia Neck. = Croton L. ●

238530 Luvunga (Roxb.) Buch. -Ham. ex Wight et Arn. (1834);三叶藤橘属;Luvunga, Orangevine, Vineorange ●

238531 Luvunga Buch. -Ham. = Luvunga (Roxb.) Buch. -Ham. ex Wight et Arn. ●

238532 Luvunga Buch. -Ham. ex Wight et Arn. = Luvunga (Roxb.) Buch. -Ham. ex Wight et Arn. ●

238533 Luvunga eleutherandra Dalzell;散花三叶藤橘●☆

238534 Luvunga nitida Pierre;光三叶藤橘;Shining Luvunga ●

238535 Luvunga nitida Pierre = Luvunga scandens (Roxb.) Buch. -Ham. ex Wight et Arn. ●

238536 Luvunga scandens (Roxb.) Buch. -Ham. ex Wight et Arn.;三叶藤橘(鲁望橘);India Orangevine, Indian Luvunga, Indian Orangevine, Vineorange ●

238537 Luxemburgia A. St. -Hil. (1822);曲药金莲木属●☆

238538 Luxemburgia angustifolia Planch.;窄叶曲药金莲木●☆

238539 Luxemburgia bracteata Dwyer;具苞曲药金莲木●☆

238540 Luxemburgia elegans Dwyer;雅致曲药金莲木●☆

238541 Luxemburgia major Beauverd;大曲药金莲木●☆

238542 Luxemburgia octandra A. St. -Hil.;八蕊曲药金莲木●☆

238543 Luxemburgia polyandra A. St. -Hil.;多蕊曲药金莲木●☆

238544 Luxemburgia speciosa A. St. -Hil.;美丽曲药金莲木●☆

238545 Luxemburgia villosa Dwyer;毛曲药金莲木●☆

238546 Luxemburgiaceae Soler. = Ochnaceae DC. (保留科名)●■

238547 Luxemburgiaceae Soler. = Sauvagesiaceae Dumort. ●■

238548 Luxemburgiaceae Tiegh. = Ochnaceae DC. (保留科名)●■

238549 Luxemburgiaceae Tiegh. = Sauvagesiaceae Dumort. ●■

238550 Luxemburgiaceae Tiegh. ex Soler = Ochnaceae DC. (保留科名)●■

238551 Luxemburgiaceae Tiegh. ex Soler = Sauvagesiaceae Dumort. ●■

238552 Luzama Luer = Masdevallia Ruiz et Pav. ■☆

238553 Luzama Luer(2006);美洲细瓣兰属■☆

238554 Luziola Juss. (1789);水卢禾属■☆

238555 Luziola arctica Blytt;极地水卢禾■☆

238556 Luziola fluitans (Michx.) Terrell et H. Rob.;水卢禾;Water Grass ■☆

238557 Luziola fragilis Swallen;脆水卢禾■☆

238558 Luziola gracillima Prodoehl;纤细水卢禾■☆

238559 Luziola micrantha (Schrad. ex Kunth) Benth.;小花水卢禾■☆

238560 Luziola peruviana Döll ex J. F. Gmel.;秘鲁水卢禾;Peruvian Watergrass ■☆

238561 Luzonia Elmer(1907);吕宋豆属■☆

238562 Luzonia purpurea Elmer;吕宋豆■☆

238563 Luzula DC. (1805)(保留属名);地杨梅属;Wood Rush, Woodrush, Wood-rush ■

238564 Luzula abyssinica Parl.;阿比西尼亚地杨梅■☆

238565 Luzula acuminata Raf.;尖叶地杨梅;Forest Wood-rush, Hairy Wood Rush ■☆

238566 Luzula acuminata Raf. var. carolinae (S. Watson) Fernald;卡罗来纳地杨梅■☆

238567 Luzula africana Drège ex Steud.;非洲地杨梅■☆

238568 Luzula albida (Hoffm.) DC. = Luzula luzuloides (Lam.) Dandy et Wilmott ■☆

238569 Luzula alpestris L. subsp. multiflora (Ehrh.) Buchenau = Luzula multiflora (Retz.) Lej. ■

238570 Luzula angustifolia K. Koch;狭叶地杨梅■☆

238571 Luzula arctica Blytt;北极地杨梅;Arctic Wood Rush ■☆

238572 Luzula arcuata (Wahlenb.) Sw.;弓形地杨梅;Arctic Woodrush, Curved Wood Rush, Curved Wood-rush ■☆

238573 Luzula arcuata (Wahlenb.) Sw. subsp. unalaschkensis (Buchenau) Hultén;勘察加地杨梅;Kamtschatka Woodrush ■☆

238574 Luzula arcuata (Wahlenb.) Sw. var. kamtschadalorum Sam. = Luzula arcuata (Wahlenb.) Sw. subsp. unalaschkensis (Buchenau) Hultén ■☆

238575 Luzula arcuata (Wahlenb.) Sw. var. unalaschkensis Buchenau = Luzula arcuata (Wahlenb.) Sw. subsp. unalaschkensis (Buchenau) Hultén ■☆

238576 Luzula atlantica Braun-Blanq.;大西洋地杨梅■☆

238577 Luzula badia K. F. Wu;栗花地杨梅;Redbrown Woodrush ■

238578 Luzula beeringiana Gjaerev. = Luzula kjellmanniana Miyabe et Kudo ■☆

238579 Luzula beringensis Tolm. = Luzula arcuata (Wahlenb.) Sw. subsp. unalaschkensis (Buchenau) Hultén ■☆

238580 Luzula bomiensis K. F. Wu;波密地杨梅;Bomi Woodrush ■

238581 Luzula bulbosa (A. W. Wood) Smyth = Luzula campestris (L.) DC. ■

238582 Luzula bulbosa (A. W. Wood) Smyth et L. C. R. Smyth = Luzula campestris (L.) DC. ■

238583 Luzula campestris (L.) DC.;地杨梅;Black Headed Grass, Blackcap, Bulbous Wood Rush, Chimney Sweep, Chimney Sweeper, Chimney Sweepers, Common Wood-rush, Crowfoot, Cuckoo-grass, Field Wood Rush, Field Woodrush, Field Wood-rush, Good Friday Grass, Gypsy, Hair-beard, Peeseweep Grass, Smuts, Sweep, Sweep's Brush, Sweet Bent, Wood Rush, Woodrush ■

238584 Luzula campestris (L.) DC. subsp. mannii (Buchenau) Weim. = Luzula mannii (Buchenau) Kirschner et Cheek ■☆

238585 Luzula campestris (L.) DC. subsp. multiflora (Ehrh.) Buch. = Luzula multiflora (Ehrh.) Lej. ■

238586 Luzula campestris (L.) DC. var. bulbosa A. W. Wood = Luzula campestris (L.) DC. ■

238587 Luzula campestris (L.) DC. var. columbiana H. St. John = Luzula comosa E. Mey. ■☆

238588 Luzula campestris (L.) DC. var. comosa (E. Mey.) Fernald et Wiegand = Luzula comosa E. Mey. ■☆

238589 Luzula campestris (L.) DC. var. frigida Buchenau = Luzula multiflora (Ehrh.) Lej. subsp. frigida (Buchenau) V. I. Krecz. ■

238590 Luzula campestris (L.) DC. var. gracilis S. Carter = Luzula mannii (Buchenau) Kirschner et Cheek subsp. gracilis (S. Carter) Kirschner et Cheek ■☆

238591 Luzula campestris (L.) DC. var. macrantha (S. Watson) Fernald et Wiegand = Luzula comosa E. Mey. ■☆

238592 Luzula campestris (L.) DC. var. mannii Buchenau = Luzula mannii (Buchenau) Kirschner et Cheek ■☆

238593 Luzula campestris (L.) DC. var. multiflora (Retz.) Celak. = Luzula multiflora (Ehrh.) Lej. ■

238594 Luzula campestris (L.) DC. var. multiflora (Retz.) Coss. et Durieu = Luzula multiflora (Retz.) Lej. ■

238595 Luzula campestris (L.) DC. var. pallescens Wahlenb. = Luzula pallescens (Wahlenb.) Sw. ■

238596 Luzula campestris (L.) DC. var. sudetica L. = Luzula orestera Sharsm. ■☆

238597 Luzula campestris L. var. capitata Miq. = Luzula capitata (Miq.) Miq. ex Kom. ■☆

238598 Luzula campestris L. var. congesta Smiley = Luzula orestera

Sharsm. ■☆
238599 Luzula canariensis Poir.;加那利地杨梅■☆
238600 Luzula capitata (Miq.) Miq. ex Kom.;头状地杨梅(地杨梅)■☆
238601 Luzula capitata (Miq.) Miq. ex Kom. var. lanigera Nakai = Luzula capitata (Miq.) Miq. ex Kom. ■☆
238602 Luzula carolinae S. Watson = Luzula acuminata Raf. var. carolinae (S. Watson) Fernald ■☆
238603 Luzula carolinae S. Watson var. saltuensis (Fernald) Fernald = Luzula acuminata Raf. ■☆
238604 Luzula chinensis N. E. Br. = Luzula effusa Buchenau var. chinensis (N. E. Br.) K. F. Wu ■
238605 Luzula comosa E. Mey.;多毛地杨梅■☆
238606 Luzula comosa E. Mey. var. congesta (Thuill.) S. Watson = Luzula comosa E. Mey. ■☆
238607 Luzula comosa E. Mey. var. laxa Buchenau = Luzula comosa E. Mey. ■☆
238608 Luzula comosa E. Mey. var. macrantha S. Watson = Luzula comosa E. Mey. ■☆
238609 Luzula comosa E. Mey. var. subsessilis S. Watson = Luzula comosa E. Mey. ■☆
238610 Luzula confusa Lindb.;多变地杨梅(抬头地杨梅);Heath Woodrush,Northern Wood Rush ■
238611 Luzula divaricata S. Watson;叉开地杨梅■☆
238612 Luzula echinata (Small) Fernald et Wiegand = Luzula campestris (L.) DC. ■
238613 Luzula echinata (Small) Herm.;具刺地杨梅■☆
238614 Luzula effusa Buchenau;散序地杨梅(散穗地杨梅,中国地杨梅);Loosely Woodrush ■
238615 Luzula effusa Buchenau var. chinensis (N. E. Br.) K. F. Wu;中国地杨梅;China Woodrush ■
238616 Luzula elata Satake;大地杨梅■☆
238617 Luzula elata Satake var. nasuensis Satake;那须地杨梅■☆
238618 Luzula formosana Ohwi = Luzula plumosa E. Mey. ■
238619 Luzula forsteri (Sm.) DC.;福氏地杨梅;Forster Woodrush, Forster's Wood Rush,Forster's Wood-rush,Narrnw-lenved Woodrush, Sourthern Woodrush,Southern Wood-rush ■☆
238620 Luzula forsteri DC. = Luzula forsteri (Sm.) DC. ■☆
238621 Luzula frigida (Buchenau) Sam. = Luzula multiflora (Ehrh.) Lej. subsp. frigida (Buchenau) V. I. Krecz. ■
238622 Luzula frigida (Buchenau) Sam. ex Lindm. = Luzula multiflora (Ehrh.) Lej. subsp. frigida (Buchenau) V. I. Krecz. ■
238623 Luzula graeca Kunth = Luzula nodulosa (Bory et Chaub.) E. Mey. ■☆
238624 Luzula groenlandica Böcher;绿地地杨梅;Greenland Wood Rush ■☆
238625 Luzula hispanica Chrtek et Krisa;西班牙地杨梅■☆
238626 Luzula hitchcockii Hamet-Ahti;希契科克地杨梅;Hitchcock's Wood Rush ■☆
238627 Luzula inaequalis K. F. Wu;异被地杨梅;Unequal-perianth Woodrush ■
238628 Luzula intermedia (Thuill.) A. Nelson = Luzula comosa E. Mey. ■☆
238629 Luzula japonica Buchenau;日本地杨梅;Japanese Woodrush ■☆
238630 Luzula japonica Buchenau = Luzula plumosa E. Mey. ■
238631 Luzula jilongensis K. F. Wu;西藏地杨梅;Jilong Woodrush ■
238632 Luzula jimboi Miyabe et Kudo;吉姆地杨梅■☆
238633 Luzula jimboi Miyabe et Kudo subsp. atrotepala Z. Kaplan;日本吉姆地杨梅■☆
238634 Luzula johnstonii Buchenau;约翰斯顿地杨梅■☆
238635 Luzula kamtschadalorum (Sam.) Gorodkov ex Krylov = Luzula arcuata (Wahlenb.) Sw. subsp. unalaschkensis (Buchenau) Hultén ■☆
238636 Luzula kamtschadolarum (Sam.) Gorodkov = Luzula arcuata (Wahlenb.) Sw. subsp. unalaschkensis (Buchenau) Hultén ■☆
238637 Luzula kjellmanniana Miyabe et Kudo;谢尔地杨梅■☆
238638 Luzula kobayasii Satake = Luzula multiflora (Retz.) Lej. subsp. kobayasii (Satake) Hultén ■☆
238639 Luzula lutescens (Koidz.) Kirschner et Miyam.;黄地杨梅■☆
238640 Luzula luzuloides (Lam.) Dandy et Wilmott;欧洲地杨梅;European Wood Rush,Forest Wood Rush,Oak-forest Wood Rush, Oakforest Woodrush,Oak-forest Wood-rush,White Wood-rush ■☆
238641 Luzula macrocarpa (Buchenau) Nakai = Luzula rufescens Fisch. ex E. Mey. var. macrocarpa Buchenau ■
238642 Luzula macrocarpa (Buchenau) Nakai = Luzula rufescens Fisch. ex E. Mey. ■
238643 Luzula mannii (Buchenau) Kirschner et Cheek;曼氏地杨梅■☆
238644 Luzula mannii (Buchenau) Kirschner et Cheek subsp. gracilis (S. Carter) Kirschner et Cheek;纤细曼氏地杨梅■☆
238645 Luzula melanocarpa (Michx.) Desv.;黑果地杨梅■☆
238646 Luzula multiflora (Ehrh.) DC. subsp. kjellmanniana (Miyabe et Kudo) Tolm. = Luzula kjellmanniana Miyabe et Kudo ■☆
238647 Luzula multiflora (Ehrh.) Lej.;多花地杨梅(山间地杨梅,野高粱);Common Wood Rush,Flowery Woodrush,Heath Wood-rush, Manyflower Woodrush ■
238648 Luzula multiflora (Ehrh.) Lej. subsp. comosa (E. Mey.) Hultén = Luzula comosa E. Mey. ■☆
238649 Luzula multiflora (Ehrh.) Lej. subsp. congesta (Thuill.) Hyl. = Luzula comosa E. Mey. ■☆
238650 Luzula multiflora (Ehrh.) Lej. subsp. frigida (Buchenau) V. I. Krecz.;硬秆地杨梅(硬杆地杨梅);Rigid Manyflower Woodrush ■
238651 Luzula multiflora (Ehrh.) Lej. subsp. kjellmanniana (Miyabe et Kudo) Tolm. = Luzula kjellmanniana Miyabe et Kudo ■☆
238652 Luzula multiflora (Ehrh.) Lej. subsp. occidentalis V. I. Krecz. = Luzula multiflora (Ehrh.) Lej. ■
238653 Luzula multiflora (Ehrh.) Lej. subsp. occidentalis V. I. Krecz. = Luzula multiflora (Ehrh.) Lej. subsp. frigida (Buchenau) V. I. Krecz. ■
238654 Luzula multiflora (Ehrh.) Lej. var. bulbosa (A. W. Wood) F. J. Herm. = Luzula campestris (L.) DC. ■
238655 Luzula multiflora (Ehrh.) Lej. var. fusconigra Celak. = Luzula multiflora (Ehrh.) Lej. subsp. frigida (Buchenau) V. I. Krecz. ■
238656 Luzula multiflora (Ehrh.) Lej. var. lutescens (Koidz.) Satake = Luzula lutescens (Koidz.) Kirschner et Miyam. ■☆
238657 Luzula multiflora (Ehrh.) Lej. var. tenuis Satake;细地杨梅■☆
238658 Luzula multiflora (Ehrh.) Lej. var. tenuis Satake = Luzula campestris (L.) DC. ■
238659 Luzula multiflora (Retz.) Lej. = Luzula campestris (L.) DC. ■
238660 Luzula multiflora (Retz.) Lej. subsp. kobayasii (Satake) Hultén;东亚地杨梅■☆
238661 Luzula multiflora (Retz.) Lej. var. acadiensis Fernald = Luzula multiflora (Retz.) Lej. ■

238662 Luzula nemorosa (Pollard) E. Mey. = Luzula luzuloides (Lam.) Dandy et Wilmott ■☆
238663 Luzula nemorosa E. Mey.;林生地杨梅;Grove Wood Rush, Grove Wood-rush ■☆
238664 Luzula nipponica (Satake) Kirschner et Miyam.;本州地杨梅 ■☆
238665 Luzula nivalis (Laest.) Beurl. = Luzula arctica Blytt ■☆
238666 Luzula nivalis (Laest.) Beurl. var. latifolia (Kjellm.) Sam. = Luzula kjellmanniana Miyabe et Kudo ■☆
238667 Luzula nivalis Laest.;雪线地杨梅■☆
238668 Luzula nivea Baumg.;白穗地杨梅;Snow-white Wood-rush, Snowy Wood-rush ■☆
238669 Luzula nodulosa (Bory et Chaub.) E. Mey.;多节地杨梅■☆
238670 Luzula nodulosa (Bory et Chaub.) E. Mey. var. mauretanica Maire et Trab. = Luzula nodulosa (Bory et Chaub.) E. Mey. ■☆
238671 Luzula oligantha Sam.;华北地杨梅;Fewflower Woodrush, N. China Woodrush ■
238672 Luzula oligantha Sam. var. sudeticoides P. Y. Fu et Y. A. Chen;短序长白地杨梅;Shortspike Woodrush ■
238673 Luzula orestera Sharsm.;高山地杨梅■☆
238674 Luzula pallescens (Wahlenb.) Besser = Luzula pallidula Kirschner ■☆
238675 Luzula pallescens (Wahlenb.) Sw.;淡花地杨梅(锈地杨梅);Fen Woodrush, Lightcolour Woodrush, Pale Woodrush ■
238676 Luzula pallescens (Wahlenb.) Sw. var. castanescens K. F. Wu;安图地杨梅;Antu Woodrush ■
238677 Luzula pallidula Kirschner;苍白地杨梅;Fen Wood-rush ■☆
238678 Luzula parviflora (Ehrh.) Desv.;小花地杨梅(单花地杨梅);Millet Woodrush, Smallflower Woodrush, Small-flowered Wood Rush, Small-flowered Wood-rush ■
238679 Luzula parviflora (Ehrh.) Desv. var. jezoensis Satake = Luzula piperi (Coville) M. E. Jones ■☆
238680 Luzula parviflora (Ehrh.) Desv. var. melanocarpa (Michx.) Buchenau = Luzula parviflora (Ehrh.) Desv. ■
238681 Luzula pilosa (L.) Willd.;长毛地杨梅;Hairy Wood Rush, Hairy Woodrush, Pilose Woodrush ■☆
238682 Luzula pilosa Willd. = Luzula pilosa (L.) Willd. ■☆
238683 Luzula pilosa Willd. var. plumosa (E. Mey.) Franch. = Luzula plumosa E. Mey. ■
238684 Luzula piperi (Coville) M. E. Jones;北海道地杨梅;Piper's Wood Rush ■☆
238685 Luzula plumosa E. Mey.;羽状地杨梅(台湾地杨梅,台湾糠星草,羽毛地杨梅);Feathery Woodrush ■
238686 Luzula plumosa E. Mey. subsp. dilatata Z. Kaplan;膨大羽状地杨梅■☆
238687 Luzula plumosa E. Mey. var. brevipes (Franch. et Sav.) Ebinger = Luzula plumosa E. Mey. ■
238688 Luzula plumosa E. Mey. var. macrocarpa (Buchenau) Ohwi = Luzula plumosa E. Mey. ■
238689 Luzula pseudoluzula-sudetica V. I. Krecz.;假苏底提地杨梅 ■☆
238690 Luzula rufescens Fisch. ex E. Mey.;火红地杨梅;Redden Woodrush, Rusty Wood Rush ■
238691 Luzula rufescens Fisch. ex E. Mey. var. macrocarpa Buchenau;大果地杨梅;Bigfruit Redden Woodrush ■
238692 Luzula saltuensis Fernald = Luzula acuminata Raf. ■☆
238693 Luzula seubertii Lowe;佐伊贝特地杨梅■☆
238694 Luzula sibirica V. I. Krecz.;西伯利亚地杨梅;Siberian Woodrush ■
238695 Luzula sichuanensis K. F. Wu;四川地杨梅;Sichuan Woodrush ■
238696 Luzula spadicea (All.) DC. var. subcongesta S. Watson = Luzula subcongesta (S. Watson) Jeps. ■☆
238697 Luzula spicata (L.) DC.;穗花地杨梅(低头地杨梅,穗地杨梅);Spike Woodrush, Spiked Wood Rush, Spiked Woodrush ■
238698 Luzula spicata (L.) DC. subsp. nevadensis P. Monts. = Luzula hispanica Chrtek et Krisa ■☆
238699 Luzula spicata (L.) DC. var. erecta E. Mey. = Luzula abyssinica Parl. ■☆
238700 Luzula subcapitata (Rydb.) H. D. Harr.;亚头形地杨梅■☆
238701 Luzula subcongesta (S. Watson) Jeps.;亚密地杨梅■☆
238702 Luzula subpilosa (Gilib.) Krecz.;稀毛地杨梅■☆
238703 Luzula subpilosa (Gilib.) V. I. Krecz. = Luzula campestris (L.) DC. ■
238704 Luzula subsessilis Buchenau = Luzula comosa E. Mey. ■☆
238705 Luzula sudetica (Willd.) DC. var. frigida (Buchenau) Fernald = Luzula multiflora (Ehrh.) Lej. subsp. frigida (Buchenau) V. I. Krecz. ■
238706 Luzula sudetica DC.;苏底提地杨梅;Sudetic Wood Rush ■☆
238707 Luzula sudetica DC. var. nipponica Satake = Luzula nipponica (Satake) Kirschner et Miyam. ■☆
238708 Luzula sudetica DC. var. nipponica Satake = Luzula oligantha Sam. ■
238709 Luzula sylvatica (Huds.) Gaudin;森林地杨梅;Great Wood Rush, Great Woodrush, Great Wood-rush, Greater Woodrush, Greater Wood-rush, Shadow Grass, Shaking Shadow, Trembling Shadow, Wood Blades ■☆
238710 Luzula sylvatica (Huds.) Gaudin 'Aureomarginata' = Luzula sylvatica (Huds.) Gaudin 'Marginata' ■☆
238711 Luzula sylvatica (Huds.) Gaudin 'Marginata';花边森林地杨梅■☆
238712 Luzula taiwaniana Satake;台湾地杨梅;Taiwan Woodrush, Wood Rush ■
238713 Luzula tundricola Gorodkov = Luzula kjellmanniana Miyabe et Kudo ■☆
238714 Luzula unalaschkensis (Buchenau) Satake = Luzula arcuata (Wahlenb.) Sw. subsp. unalaschkensis (Buchenau) Hultén ■☆
238715 Luzula unalaschkensis (Buchenau) Satake subsp. kamtschdalorum (Sam.) Tolm. = Luzula arcuata (Wahlenb.) Sw. subsp. unalaschkensis (Buchenau) Hultén ■☆
238716 Luzula volkensii Buchenau = Luzula abyssinica Parl. ■☆
238717 Luzula wahlenbergii Rupr.;云间地杨梅(瓦氏地杨梅);Wahlenberg Wood Rush, Wahlenberg's Wood Rush, Wahlenberg's Wood-rush, Yunjian Woodrush ■
238718 Luzula wahlenbergii Rupr. subsp. piperi (Coville) Hultén = Luzula piperi (Coville) M. E. Jones ■☆
238719 Luzuriaga R. Br. = Geitonoplesium A. Cunn. ex R. Br. ●☆
238720 Luzuriaga Ruiz et Pav. (1802)(保留属名);萎瓣花属■☆
238721 Luzuriaga radicans Ruiz et Pav.;萎瓣花■☆
238722 Luzuriagaceae Dostal = Philesiaceae Dumort. (保留科名)●■☆
238723 Luzuriagaceae Dostal(1850);萎瓣花科(菝葜木科)■☆
238724 Luzuriagaceae Lotsy = Luzuriagaceae Dostal ■☆
238725 Luzuriagaceae Lotsy = Philesiaceae Dumort. (保留科名)●■☆
238726 Lyallia Hook. f. (1847);无苞石竹属●☆
238727 Lyallia kerguelensis Hook. f.;无苞石竹●☆

238728 Lyauteya Maire = Cytisopsis Jaub. et Spach ■☆
238729 Lyauteya ahmedii (Batt. et Pit.) Maire = Cytisopsis ahmedii (Batt. et Pit.) Lassen ■☆
238730 Lycapsus Phil. (1870);细裂菊属■●☆
238731 Lycapsus tenuifolius Phil.;细裂菊■●☆
238732 Lycaste Lindl. (1843);公主兰属(薄叶兰属,丽卡斯特兰属,捧心兰属);Lycaste,Lycaste Orchid ■☆
238733 Lycaste aromatica Lindl.;芳香公主兰(芳香薄叶兰);Aromatic Lycaste ■☆
238734 Lycaste barringtoniae (Sm.) Lindl.;巴氏公主兰(巴氏薄叶兰);Barrington Lycaste ■☆
238735 Lycaste campbellii C. Schweinf.;卡姆氏公主兰(卡姆氏薄叶兰);Campbell Lycaste ■☆
238736 Lycaste candida Lindl.;白花公主兰(白花薄叶兰);Reinweisse Lycaste,Whiteflower Lycaste ■☆
238737 Lycaste ciliata Veitch;缘毛公主兰(缘毛薄叶兰);Ciliate Lycaste ■☆
238738 Lycaste costata (Lindl.) Lindl.;中脉公主兰(中脉薄叶兰);Ribbed Lycaste ■☆
238739 Lycaste crinita Lindl.;长毛公主兰(长毛薄叶兰);Longhairy Lycaste ■☆
238740 Lycaste cruenta Lindl.;血红公主兰(红斑薄叶兰,血红薄叶兰);Bloodred Lycaste ■☆
238741 Lycaste deppei Lindl.;德氏公主兰(德氏薄叶兰);Deppe's Lycaste ■☆
238742 Lycaste fulvescens Hook.;暗黄公主兰(暗黄薄叶兰);Daekyellow Lycaste ■☆
238743 Lycaste gigantea Lindl.;大公主兰(大薄叶兰);Gigantic Lycaste ■☆
238744 Lycaste lanipes Lindl.;绵毛柄公主兰(绵毛柄薄叶兰);Cottonystalk Lycaste ■☆
238745 Lycaste lasioglossa Rchb. f.;毛舌公主兰(毛舌薄叶兰);Hairy Tongue Lycaste ■☆
238746 Lycaste macrobulbon Lindl.;大茎公主兰(大茎薄叶兰);Bigbulb Lycaste ■☆
238747 Lycaste macrophylla Lindl.;大叶公主兰(大叶薄叶兰);Largeleaf Lycaste ■☆
238748 Lycaste powellii Schltr.;波氏公主兰(波氏薄叶兰);Powell Lycaste ■☆
238749 Lycaste skinneri (Lindl.) Lindl.;斯氏公主兰(斯氏薄叶兰);Skinner's Lycaste ■☆
238750 Lycaste skinneri Lindl. = Lycaste skinneri (Lindl.) Lindl. ■☆
238751 Lycaste tricolor Rchb. f.;三色公主兰(三色薄叶兰);Tricolor Lycaste ■☆
238752 Lycaste virginalis (Scheidw.) Linden;洁白公主兰(洁白薄叶兰);Purestwhite Lycaste ■☆
238753 Lycaste virginalis (Scheidw.) Linden = Lycaste skinneri (Lindl.) Lindl. ■☆
238754 Lychnanthos S. G. Gmel. = Cucubalus L. ■
238755 Lychnantjus C. C. Gmel. = Lychnanthos S. G. Gmel. ■
238756 Lychnidaceae Döll = Caryophyllaceae Juss.(保留科名)■●
238757 Lychnidaceae Lilja = Caryophyllaceae Juss.(保留科名)■●
238758 Lychnidea Burm. = Manulea L.(保留属名)■●☆
238759 Lychnidea Burm. f. = Manulea L.(保留属名)■●☆
238760 Lychnidea Hill = Phlox L. ■
238761 Lychnidea Moench = Manulea L.(保留属名)■●☆
238762 Lychnidea tomentosa (L.) Moench = Manulea tomentosa (L.) L. ■☆
238763 Lychnidia Pomel = Lychnis L.(废弃属名)■
238764 Lychnidia coeli-rosa (L.) Pomel = Silene coeli-rosa (L.) A. Braun ■
238765 Lychniothyrsus Lindau(1914);猩红爵床属■☆
238766 Lychniothyrsus albus (Nees) Bremek.;白猩红爵床■☆
238767 Lychniothyrsus mollis Lindau;柔软猩红爵床■☆
238768 Lychniothyrsus tetragonus (Link) Bremek.;四角猩红爵床■☆
238769 Lychnis L.(废弃属名)= Silene L.(保留属名)■
238770 Lychnis × loveae B. Boivin = Silene latifolia (Mill.) Rendle et Britten ■
238771 Lychnis adenantha (Franch.) Diels = Silene asclepiadea Franch. ■
238772 Lychnis affinis J. Vahl ex Fr. = Silene involucrata (Cham. et Schltdl.) Bocquet ■☆
238773 Lychnis affinis J. Vahl ex Fr. var. triflora (R. Br. ex Sommerf.) Hart = Silene sorensenis (B. Boivin) Bocquet ■☆
238774 Lychnis alaschanica Maxim. = Silene alaschanica (Maxim.) Bocquet ■
238775 Lychnis alba Mill. = Silene latifolia (Mill.) Rendle et Britten subsp. alba (Mill.) Greuter et Burdet ■
238776 Lychnis alba Mill. = Silene latifolia (Mill.) Rendle et Britten ■
238777 Lychnis alpina L. = Silene suecica (Lodd.) Greuter et Burdet ■☆
238778 Lychnis alpina L. = Viscaria alpina (L.) G. Don ■☆
238779 Lychnis apetala L. = Melandrium apetalum (L.) Fenzl ex Ledeb. ■
238780 Lychnis apetala L. = Silene gonosperma (Rupr.) Bocquet ■
238781 Lychnis apetala L. subsp. arctica Hultén = Silene uralensis (Rupr.) Bocquet ■☆
238782 Lychnis apetala L. subsp. attenuata (Farr) Maguire = Silene uralensis (Rupr.) Bocquet ■☆
238783 Lychnis apetala L. subsp. montana (S. Watson) Maguire = Silene hitchguirei Bocquet ■☆
238784 Lychnis apetala L. var. arctica (Fr.) Macoun et Holm = Silene uralensis (Rupr.) Bocquet ■☆
238785 Lychnis apetala L. var. attenuata (Farr) C. L. Hitchc. = Silene uralensis (Rupr.) Bocquet ■☆
238786 Lychnis apetala L. var. elatior Regel = Silene involucrata (Cham. et Schltdl.) Bocquet ■☆
238787 Lychnis apetala L. var. glabra Regel = Silene uralensis (Rupr.) Bocquet ■☆
238788 Lychnis apetala L. var. involucrata Cham. et Schltdl. = Silene involucrata (Cham. et Schltdl.) Bocquet ■☆
238789 Lychnis apetala L. var. kingii (S. Watson) S. L. Welsh = Silene kingii (S. Watson) Bocquet ■☆
238790 Lychnis apetala L. var. macrosperma (A. E. Porsild) B. Boivin = Silene uralensis (Rupr.) Bocquet subsp. porsildii Bocquet ■☆
238791 Lychnis apetala L. var. montana (S. Watson) C. L. Hitchc. = Silene hitchguirei Bocquet ■☆
238792 Lychnis apetala L. var. nutans B. Boivin = Silene uralensis (Rupr.) Bocquet ■☆
238793 Lychnis apetala L. var. pallida Edgew. et Hook. f. = Silene himalayensis (Edgew.) Majumdar ■
238794 Lychnis atsaensis C. Marquand = Silene atsaensis (C. Marquand) Bocquet ■
238795 Lychnis attenuata Farr = Silene uralensis (Rupr.) Bocquet ■☆

238796 Lychnis bhutanica W. W. Sm. = Silene indica Roxb. ex Otth var. bhutanica (W. W. Sm.) Bocquet ■

238797 Lychnis brachycalyx Raup = Silene involucrata (Cham. et Schltdl.) Bocquet ■☆

238798 Lychnis brachypetala Fisch. ex Hornem. = Silene songarica (Fisch., C. A. Mey. et Avé-Lall.) Bocquet ■

238799 Lychnis brachypetala Hornem. = Silene songarica (Fisch., C. A. Mey. et Avé-Lall.) Bocquet ■

238800 Lychnis bungeana (D. Don) Fisch. ex Lindl. = Lychnis senno Siebold et Zucc. ■

238801 Lychnis bungeana (D. Don) Fisch. ex Lindl. = Silene bungeana (D. Don) H. Ohashi et H. Nakai ■

238802 Lychnis californica S. Watson = Silene sargentii S. Watson ■☆

238803 Lychnis cashmeriana Royle ex Benth. = Silene cashmeriana (Royle ex Benth.) Majumdar ■

238804 Lychnis chalcedonica L. = Silene chalcedonica (L.) E. H. L. Krause ■

238805 Lychnis ciliata Wall. = Silene indica Roxb. ex Otth ■

238806 Lychnis coeli-rosa (L.) Desr. = Silene coeli-rosa (L.) A. Braun ■

238807 Lychnis coeli-rosa (L.) Desr. var. aspera (DC.) Ball = Silene coeli-rosa (L.) A. Braun ■

238808 Lychnis cognata Maxim. = Silene cognata (Maxim.) H. Ohashi et H. Nakai ■

238809 Lychnis coriacea Moench = Lychnis coronaria (L.) Desr. ■

238810 Lychnis coronaria (L.) Desr. = Silene coronaria (L.) Clairv. ■

238811 Lychnis coronaria (L.) Murray = Silene coronaria (L.) Clairv. ■

238812 Lychnis coronata Thunb. = Silene banksia (Meerb.) Mabberly ■

238813 Lychnis coronata Thunb. ex Murray = Lychnis coronata Thunb. ■

238814 Lychnis coronata Thunb. var. verticillata Makino = Silene sinensis (Lour.) H. Ohashi et H. Nakai f. verticillata (Makino) H. Ohashi et H. Nakai ■☆

238815 Lychnis davidii Franch. = Silene davidii (Franch.) Oxelman et Liden ■

238816 Lychnis dawsonii (B. L. Rob.) J. P. Anderson = Silene ostenfeldii (A. E. Porsild) J. K. Morton ■☆

238817 Lychnis delavayi (Franch.) Diels = Silene delavayi Franch. ■

238818 Lychnis dioica L. = Silene dioica (L.) Clairv. ■☆

238819 Lychnis diurna Sibth. = Silene dioica (L.) Clairv. ■☆

238820 Lychnis divaricata Rchb. = Silene latifolia (Mill.) Rendle et Britten ■

238821 Lychnis drummondii (Hook.) S. Watson = Silene drummondii Hook. ■☆

238822 Lychnis drummondii (Hook.) S. Watson var. striata (Rydb.) Maguire = Silene drummondii Hook. subsp. striata (Rydb.) J. K. Morton ■☆

238823 Lychnis drummondii Hook. var. heterochroma B. Boivin = Silene drummondii Hook. subsp. striata (Rydb.) J. K. Morton ■☆

238824 Lychnis elata S. Watson = Silene scouleri Hook. subsp. hallii (S. Watson) C. L. Hitchc. et Maguire ■☆

238825 Lychnis flos-cuculi L. = Silene flos-cuculi (L.) Greuter et Burdet ■☆

238826 Lychnis flos-jovis (L.) Desr. = Silene flos-jovis (L.) Greuter et Burdet ■☆

238827 Lychnis fulgens Fisch. = Lychnis cognata Maxim. ■

238828 Lychnis fulgens Fisch. = Silene cognata (Maxim.) H. Ohashi et H. Nakai ■

238829 Lychnis fulgens Fisch. ex Spreng. = Silene fulgens (Fisch. ex Spreng.) E. H. L. Krause ■

238830 Lychnis fulgens Fisch. var. cognata (Maxim.) Regel = Silene cognata (Maxim.) H. Ohashi et H. Nakai ■

238831 Lychnis fulgens Fisch. var. cognata Regel = Lychnis cognata Maxim. ■

238832 Lychnis fulgens Fisch. var. cognata Regel = Silene cognata (Maxim.) H. Ohashi et H. Nakai ■

238833 Lychnis fulgens Fisch. var. wilfordii Regel = Lychnis wilfordii (Regel) Maxim. ■

238834 Lychnis fulgens Fisch. var. wilfordii Regel = Silene wilfordii (Regel) H. Ohashi et H. Nakai ■

238835 Lychnis furcata (Raf.) Fernald = Silene involucrata (Cham. et Schltdl.) Bocquet ■☆

238836 Lychnis furcata (Raf.) Fernald subsp. elatior (Regel) Maguire = Silene involucrata (Cham. et Schltdl.) Bocquet ■☆

238837 Lychnis gillettii B. Boivin = Silene involucrata (Cham. et Schltdl.) Bocquet ■☆

238838 Lychnis githago (L.) Scop. = Agrostemma githago L. ■

238839 Lychnis githago Scop. = Agrostemma githago L. ■

238840 Lychnis glandulosa Maxim. = Silene yetii Bocquet ■

238841 Lychnis gracillima (Rohrb.) Makino = Silene gracillima Rohrb. ■☆

238842 Lychnis grandiflora Jacq. = Lychnis coronata Thunb. ex Murray ■

238843 Lychnis haageana Vilm. = Silene bungeana (D. Don) H. Ohashi et H. Nakai ■

238844 Lychnis himalayensis (Rohrb.) Edgew. = Silene himalayensis (Edgew.) Majumdar ■

238845 Lychnis himalayensis (Rohrb.) Edgew. et Hook. f. = Silene himalayensis (Edgew.) Majumdar ■

238846 Lychnis indica (Roxb. ex Otth) Benth. = Silene indica Roxb. ex Otth ■

238847 Lychnis kialensis (F. N. Williams) H. Lév. = Silene kialensis (F. N. Williams) Liden et Oxelman ■

238848 Lychnis kialensis (Williams) H. Lév. = Silene kialensis Rohrb. ■

238849 Lychnis kialensis (Williams) H. Lév. = Silene nepalensis Majumdar var. kialensis (F. N. Williams) C. L. Tang ■

238850 Lychnis kingii S. Watson = Silene kingii (S. Watson) Bocquet ■☆

238851 Lychnis kiusiana Makino = Silene kiusiana (Makino) H. Ohashi et H. Nakai ■☆

238852 Lychnis laciniata Lam. = Lychnis wilfordii (Regel) Maxim. ■

238853 Lychnis laciniata Lam. = Silene wilfordii (Regel) H. Ohashi et H. Nakai ■

238854 Lychnis laciniata Lam. var. mandshurica Maxim. = Lychnis wilfordii (Regel) Maxim. ■

238855 Lychnis laciniata Lam. var. mandshurica Maxim. = Silene wilfordii (Regel) H. Ohashi et H. Nakai ■

238856 Lychnis laeta Aiton = Silene laeta (Aiton) Godr. ■☆

238857 Lychnis loveae B. Boivin = Silene latifolia (Mill.) Rendle et Britten ■

238858 Lychnis loveae B. Boivin = Silene latifolia (Mill.) Rendle et Britten subsp. alba (Mill.) Greuter et Burdet ■

238859 Lychnis macrocarpa Boiss. et Reut. = Silene latifolia (Mill.) Rendle et Britten ■

238860 Lychnis macrorhiza Royle ex Benth. = Silene himalayensis

(Edgew.) Majumdar ■
238861 Lychnis macrorhiza Royle ex Benth. = Silene nigrescens (Edgew.) Majumdar ■
238862 Lychnis macrosperma (A. E. Porsild) J. P. Anderson = Silene uralensis (Rupr.) Bocquet subsp. porsildii Bocquet ■☆
238863 Lychnis miqueliana Rohrb. = Silene miqueliana (Rohrb.) H. Ohashi et H. Nakai ■☆
238864 Lychnis miqueliana Rohrb. f. argyrata M. Mizush. = Silene miqueliana (Rohrb.) H. Ohashi et H. Nakai f. argyrata (M. Mizush.) H. Ohashi et H. Nakai ■☆
238865 Lychnis miqueliana Rohrb. f. plena (Makino) Okuyama = Silene miqueliana (Rohrb.) H. Ohashi et H. Nakai f. plena (Makino) H. Ohashi et H. Nakai ■☆
238866 Lychnis mongolica Maxim. = Silene songarica (Fisch., C. A. Mey. et Avé-Lall.) Bocquet ■
238867 Lychnis montana S. Watson = Silene hitchguirei Bocquet ■☆
238868 Lychnis multicaulis Wall. = Silene nepalensis Majumdar ■
238869 Lychnis multicaulis Wall. ex Benth. = Silene nepalensis Majumdar ■
238870 Lychnis namlaensis Marquand = Silene namlaensis (C. Marquand) Bocquet ■
238871 Lychnis nesophila T. Holm = Silene uralensis (Rupr.) Bocquet ■☆
238872 Lychnis nigrescens Edgew. = Silene nigrescens (Edgew.) Majumdar ■
238873 Lychnis nigrescens Edgew. var. edinb Staff. = Silene chodatii Bocquet var. pygmaea Bocquet ■
238874 Lychnis noctiflora Schreb. = Silene noctiflora L. ■
238875 Lychnis nuda S. Watson = Silene nuda (S. Watson) C. L. Hitchc. et Maguire ■☆
238876 Lychnis nutans Royle ex Benth. = Silene indica Roxb. ex Otth ■
238877 Lychnis officinalis (L.) Scop. = Saponaria officinalis L. ■
238878 Lychnis officinalis Scop. = Saponaria officinalis L. ■
238879 Lychnis ostenfeldii (A. E. Porsild) B. Boivin = Silene ostenfeldii (A. E. Porsild) J. K. Morton ■☆
238880 Lychnis parryi S. Watson = Silene parryi (S. Watson) C. L. Hitchc. et Maguire ■☆
238881 Lychnis pratensis Raf. = Silene latifolia (Mill.) Rendle et Britten subsp. alba (Mill.) Greuter et Burdet ■
238882 Lychnis pratensis Raf. = Silene latifolia Poir. subsp. alba (Mill.) Greuter et Burdet ■
238883 Lychnis pudica B. Boivin = Silene drummondii Hook. ■☆
238884 Lychnis pulchra Willd. ex Schltdl. et Cham. = Silene laciniata Cav. ■☆
238885 Lychnis pumila Royle ex Benth. = Silene gonosperma (Rupr.) Bocquet ■
238886 Lychnis rubra (Weigel) Patze, E. Mey. et Elkan = Silene dioica (L.) Clairv. ■☆
238887 Lychnis rubricalyx Marquand = Silene rubricalyx (C. Marquand) Bocquet ■
238888 Lychnis saponaria Jess. = Saponaria officinalis L. ■
238889 Lychnis schalcedonica L. = Silene chalcedonica (L.) E. H. L. Krause ■
238890 Lychnis scopulorum (Franch.) Diels = Silene scopulorum Franch. ■
238891 Lychnis senno Siebold et Zucc. = Silene bungeana (D. Don) H. Ohashi et H. Nakai ■
238892 Lychnis sibirica L. = Silene linnaeana Volosch. ■
238893 Lychnis sieboldii Van Houtte = Silene sieboldii (Van Houtte) H. Ohashi et H. Nakai ■☆
238894 Lychnis soczavianum (Schischk.) J. P. Anderson = Silene uralensis (Rupr.) Bocquet ■☆
238895 Lychnis sordida Kar. et Kir. = Silene karekirii Bocquet ■
238896 Lychnis sorensenis B. Boivin = Silene sorensenis (B. Boivin) Bocquet ■☆
238897 Lychnis stellarioides Maxim. = Silene gracillima Rohrb. ■☆
238898 Lychnis stellata L. var. scabrella (Nieuwl.) E. J. Palmer et Steyerm. = Silene stellata (L.) W. T. Aiton var. scabrella (Nieuwl.) E. J. Palmer et Steyerm. ■☆
238899 Lychnis striata Rydb. = Silene drummondii Hook. subsp. striata (Rydb.) J. K. Morton ■☆
238900 Lychnis suecica Lodd. = Silene suecica (Lodd.) Greuter et Burdet ■☆
238901 Lychnis taimyrense (T. Tolm.) Polunin = Silene ostenfeldii (A. E. Porsild) J. K. Morton ■☆
238902 Lychnis tayloriae B. L. Rob. = Silene involucrata (Cham. et Schltdl.) Bocquet subsp. tenella (Tolm.) Bocquet ■☆
238903 Lychnis triflora R. Br. ex Sommerf. = Silene sorensenis (B. Boivin) Bocquet ■☆
238904 Lychnis triflora R. Br. ex Sommerf. subsp. dawsonii (B. L. Rob.) Maguire = Silene ostenfeldii (A. E. Porsild) J. K. Morton ■☆
238905 Lychnis triflora R. Br. ex Sommerf. var. dawsonii B. L. Rob. = Silene ostenfeldii (A. E. Porsild) J. K. Morton ■☆
238906 Lychnis triflora R. Br. ex Sommerf. var. elatior (Regel) B. Boivin = Silene involucrata (Cham. et Schltdl.) Bocquet ■☆
238907 Lychnis tristis Bunge = Silene bungei Bocquet ■
238908 Lychnis vespertina Sibth. = Silene latifolia (Mill.) Rendle et Britten subsp. alba (Mill.) Greuter et Burdet ■
238909 Lychnis vespertina Sibth. = Silene latifolia (Mill.) Rendle et Britten ■
238910 Lychnis viscaria L. 'Splendens Plena'; 艳重瓣洋剪秋罗■☆
238911 Lychnis viscaria L. = Silene viscaria (L.) Jess. ■☆
238912 Lychnis viscaria L. = Viscaria vulgaris Röhl. ■☆
238913 Lychnis viscosa Scop. = Silene viscaria (L.) Jess. ■☆
238914 Lychnis wardii Marquand = Silene wardii (C. Marquand) Bocquet ■
238915 Lychnis wilfordii (Regel) Maxim. = Silene wilfordii (Regel) H. Ohashi et H. Nakai ■
238916 Lychnis yunnanensis Baker f. = Silene linnaeana Volosch. ■
238917 Lychniscabiosa Fabr. = Knautia L. ■☆
238918 Lychnitis Fourr. = Verbascum L. ■●
238919 Lychnocephaliopsis Sch. Bip. ex Baker = Lychnocephalus Mart. ex DC. ●☆
238920 Lychnocephalus Mart. ex DC. = Lychnophora Mart. ●☆
238921 Lychnodiscus Radlk. (1878); 灯盘无患子属●☆
238922 Lychnodiscus brevibracteatus Fouilloy; 短苞灯盘无患子●☆
238923 Lychnodiscus cerospermus Radlk. var. mortehanii (De Wild.) Hauman; 莫特汉灯盘无患子●☆
238924 Lychnodiscus cerospermus Radlk. var. pedicellaris (Radlk.) Hauman; 梗花灯盘无患子●☆
238925 Lychnodiscus grandifolius Radlk.; 大叶灯盘无患子●☆
238926 Lychnodiscus mortehanii De Wild. = Lychnodiscus cerospermus Radlk. var. mortehanii (De Wild.) Hauman ●☆
238927 Lychnodiscus multinervis Radlk.; 多脉灯盘无患子●☆

238928 Lychnodiscus papillosus Radlk.;乳头灯盘无患子●☆

238929 Lychnodiscus pedicellaris Radlk. = Lychnodiscus cerospermus Radlk. var. pedicellaris (Radlk.) Hauman ●☆

238930 Lychnodiscus reticulatus Radlk.;网状灯盘无患子●☆

238931 Lychnodiscus reticulatus Radlk. var. brevibracteatus Pellegr. = Lychnodiscus brevibracteatus Fouilloy ●☆

238932 Lychnoides Fabr. = Silene L.(保留属名)■

238933 Lychnophora Mart.(1822);灯头菊属●☆

238934 Lychnophora brunioides Mart.;灯头菊●☆

238935 Lychnophoriopsis Sch. Bip.(1863);穗序灯头菊属●☆

238936 Lychnophoriopsis Sch. Bip. = Lychnophora Mart. ●☆

238937 Lychnophoriopsis heterotheca Sch. Bip.;穗序灯头菊●☆

238938 Lyciaceae Raf. = Solanaceae Juss.(保留科名)●■

238939 Lycianthes (Dunal) Hassl.(1917)(保留属名);红丝线属; Lycianthes, Red Silkyarn ●■

238940 Lycianthes Hassl. = Lycianthes (Dunal) Hassl.(保留属名)●■

238941 Lycianthes asarifolia (Kunth et Bouché) Bitter;姜叶红丝线; Gingerleaf☆

238942 Lycianthes biflora (Lour.) Bitter;红丝线(耳钩草,红丝绒,红头耳钩草,猫耳草,猫耳朵,毛药,钮扣子,衫钮子,十萼茄,双花红丝线,双花龙葵,血见愁,野灯笼花,野花毛辣角,野苦菜); Biflorous Lycianthes, Biflower Nightshade, Koto Nightshade, Twoflower Lycianthes, Twoflower Red Silkyarn ●

238943 Lycianthes biflora (Lour.) Bitter subsp. hupehensis Bitter = Lycianthes hupehensis (Bitter) C. Y. Wu et S. C. Huang ●

238944 Lycianthes biflora (Lour.) Bitter subsp. lysimachioides (Wall.) Debeaux = Lycianthes lysimachioides (Wall.) Bitter ■

238945 Lycianthes biflora (Lour.) Bitter subsp. yunnanensis Bitter = Lycianthes yunnanensis (Bitter) C. Y. Wu et S. C. Huang ●

238946 Lycianthes biflora (Lour.) Bitter var. glabra (Koidz. ex Hatus.) Hatus. = Lycianthes boninensis Bitter ●

238947 Lycianthes biflora (Lour.) Bitter var. glabra Hatus. = Lycianthes biflora (Lour.) Bitter ●

238948 Lycianthes biflora (Lour.) Bitter var. kotoensis Y. C. Liu et C. H. Ou = Lycianthes biflora (Lour.) Bitter ●

238949 Lycianthes biflora (Lour.) Bitter var. kotoensis Y. C. Liu et C. H. Ou = Lycianthes laevis (Dunal) Bitter var. kotoensis (Y. C. Liu et C. H. Ou) T. Yamaz. ●

238950 Lycianthes biflora (Lour.) Bitter var. subtusochracea Bitter;密毛红丝线(白毛藤); Densehairy Lycianthes, Densehairy Red Silkyarn ●

238951 Lycianthes boninensis Bitter;小笠原红丝线(黄细辛叶茄)●

238952 Lycianthes debilissima (Merr.) Chun = Lycianthes lysimachioides (Wall.) Bitter ■

238953 Lycianthes debilissima (Merr.) Chun = Lycianthes lysimachioides (Wall.) Bitter var. sinensis Bitter ■

238954 Lycianthes hupehensis (Bitter) C. Y. Wu et S. C. Huang;鄂红丝线; Hubei Lycianthes, Hubei Red Silkyarn, Hupeh Lycianthes ●

238955 Lycianthes laevis (Dunal) Bitter;缺齿红丝线; Smooth Lycianthes ■

238956 Lycianthes laevis (Dunal) Bitter var. kotoensis (Y. C. Liu et C. H. Ou) T. Yamaz.;台湾缺齿红丝线(红头耳钩草,日本缺齿红丝线)●

238957 Lycianthes lysimachioides (Wall.) Bitter;单花红丝线(佛葵,红丝线,蔓茄,锈草); Oneflower Lycianthes, Oneflower Red Silkyarn, Uniflorous Lycianthes ■

238958 Lycianthes lysimachioides (Wall.) Bitter = Lycianthes biflora (Lour.) Bitter subsp. lysimachioides (Wall.) Debeaux ■

238959 Lycianthes lysimachioides (Wall.) Bitter var. caulorrhiza (Dunal) Bitter;茎根红丝线; Stemroot Lycianthes, Stemroot Red Silkyarn ■

238960 Lycianthes lysimachioides (Wall.) Bitter var. cordifolia C. Y. Wu et S. C. Huang;心叶单花红丝线(心叶红丝线); Cordateleaf Lycianthes, Heartleaf Red Silkyarn ■

238961 Lycianthes lysimachioides (Wall.) Bitter var. emeiensis Z. Y. Zhu;峨眉红丝线■

238962 Lycianthes lysimachioides (Wall.) Bitter var. formosana Bitter;台湾红丝线; Taiwan Lycianthes, Taiwan Red Silkyarn ■

238963 Lycianthes lysimachioides (Wall.) Bitter var. formosana Bitter = Lycianthes lysimachioides (Wall.) Bitter ■

238964 Lycianthes lysimachioides (Wall.) Bitter var. formosana Bitter = Lycianthes lysimachioides (Wall.) Bitter var. sinensis Bitter ■

238965 Lycianthes lysimachioides (Wall.) Bitter var. purpuriflora C. Y. Wu et S. C. Huang;紫单花红丝线; Purple Red Silkyarn, Purpleflower Lycianthes ■

238966 Lycianthes lysimachioides (Wall.) Bitter var. rotundifolia C. Y. Wu et S. C. Huang;圆叶单花红丝线; Roundleaf Lycianthes, Roundleaf Red Silkyarn ■

238967 Lycianthes lysimachioides (Wall.) Bitter var. sinensis Bitter;中华红丝线; China Red Silkyarn, Chinese Lycianthes ■

238968 Lycianthes macrodon (Wall.) Bitter;大齿红丝线; Bigtooth Lycianthes, Bigtooth Red Silkyarn, Big-toothed Lycianthes ●

238969 Lycianthes macrodon (Wall.) Bitter var. manipurensis Bitter;曼尼浦红丝线; Manipur Lycianthes, Manipur Red Silkyarn ●

238970 Lycianthes macrodon (Wall.) Bitter var. mollitersetosa Bitter;软刚毛红丝线; Softsetose Lycianthes, Softsetose Red Silkyarn ●

238971 Lycianthes macrodon (Wall.) Bitter var. sikkimensis Bitter;锡金红丝线; Sikkim Lycianthes, Sikkim Red Silkyarn ●

238972 Lycianthes marlipoensis C. Y. Wu et S. C. Huang;麻栗坡红丝线; Malipo Lycianthes, Malipo Red Silkyarn ●

238973 Lycianthes moziniana (Poir.) Bitter;墨西哥红丝线; Tlanochtle ●☆

238974 Lycianthes neesiana (Wall. ex Nees) D'Arcy et Zhi Y. Zhang;截萼红丝线(疏齿红丝线,疏齿截萼红丝线,疏果截萼红丝线); Fewfruit Lycianthes, Fewfruit Red Silkyarn, Remotetooth Lycianthes, Remotetooth Red Silkyarn, Truncatecalyx Lycianthes, Truncatecalyx Red Silkyarn, Truncate-calyxed Lycianthes ●

238975 Lycianthes rantonnei (Carrière) Bitter;巴拉圭红丝线; Blue Potato Bush, Paraguay Nightshade ●■☆

238976 Lycianthes shunningensis C. Y. Wu et S. C. Huang;顺宁红丝线; Shunning Lycianthes, Shunning Red Silkyarn ●

238977 Lycianthes solitaria C. Y. Wu et A. M. Lu;单果红丝线; Singlefruit Lycianthes, Singlefruit Red Silkyarn ●■

238978 Lycianthes subtruncata (Wall. ex Dunal) Bitter = Lycianthes neesiana (Wall. ex Nees) D'Arcy et Zhi Y. Zhang ●

238979 Lycianthes subtruncata (Wall. ex Dunal) Bitter var. paucicarpa C. Y. Wu et S. C. Huang = Lycianthes neesiana (Wall. ex Nees) D'Arcy et Zhi Y. Zhang ●

238980 Lycianthes subtruncata (Wall. ex Dunal) Bitter var. remotidens Bitter = Lycianthes neesiana (Wall. ex Nees) D'Arcy et Zhi Y. Zhang ●

238981 Lycianthes subtruncata (Wall.) Bitter = Lycianthes neesiana (Wall. ex Nees) D'Arcy et Zhi Y. Zhang ●

238982 Lycianthes subtruncata (Wall.) Bitter var. paucicarpa C. Y. Wu

et S. C. Huang = Lycianthes neesiana (Wall. ex Nees) D'Arcy et Zhi Y. Zhang ●
238983 Lycianthes subtruncata (Wall.) Bitter var. remotidens Bitter = Lycianthes neesiana (Wall. ex Nees) D'Arcy et Zhi Y. Zhang ●
238984 Lycianthes yunnanensis (Bitter) C. Y. Wu et S. C. Huang;滇红丝线;Yunnan Lycianthes, Yunnan Red Silkyarn ●
238985 Lycimnia Hance = Melodinus J. R. Forst. et G. Forst. ●
238986 Lycimnia suaveolens Hance = Melodinus suaveolens Champ. ex Benth. ●
238987 Lyciodes Kuntze = Bumelia Sw. (保留属名)●☆
238988 Lyciodes Kuntze = Sideroxylon L. ●☆
238989 Lycioplesium Miers = Acnistus Schott ●☆
238990 Lyciopsis (Boiss.) Schweinf. = Euphorbia L. ●■
238991 Lyciopsis Schweinf. = Euphorbia L. ●■
238992 Lyciopsis Spach = Fuchsia L. ●■
238993 Lycioserissa Roem. et Schult. = Canthium Lam. ●
238994 Lycioserissa Roem. et Schult. = Plectronia L. ●☆
238995 Lycioserissa capensis (Thunb.) Roem. et Schult. = Canthium inerme (L. f.) Kuntze ●☆
238996 Lycium L. (1753); 枸杞属; Asse's Box Tree, Barbary Matrimony-vine, Box Thorn, Boxthorn, Box-thorn, Chinese Wolfberry, Desert Thorn, Matrimony Vine, Matrimonyvine, Matrimony-vine, Pricklybox, Squawbush, Tea-plant, Wolfberry ●
238997 Lycium abeliaeflorum Rchb. = Lycium shawii Roem. et Schult. ●☆
238998 Lycium acutifolium E. Mey. ex Dunal;尖叶枸杞●☆
238999 Lycium afrum L.;小果枸杞(非洲枸杞);Kaffir Thorn ●☆
239000 Lycium albiflorum Dammer = Lycium shawii Roem. et Schult. ●☆
239001 Lycium amoenum Dammer;可爱枸杞●☆
239002 Lycium anatolicum A. Baytop et R. R. Mill.;安纳枸杞●☆
239003 Lycium andersonii A. Gray;安得生枸杞;Anderson Lycium, Anderson Wolfberry, Boxthorn ●☆
239004 Lycium annatum Griff. = Lycium ruthenicum Murray ●
239005 Lycium arabicum Schweinf. ex Boiss.;阿拉伯枸杞;Arabian Wolfberry ●☆
239006 Lycium arabicum Schweinf. ex Boiss. = Lycium shawii Roem. et Schult. ●☆
239007 Lycium arenicola Miers;沙生枸杞●☆
239008 Lycium austrinum Miers = Lycium oxycarpum Dunal ●☆
239009 Lycium bachmannii Dammer = Lycium afrum L. ●☆
239010 Lycium barbarum Dunal = Lycium depressum Stocks subsp. angustifolium Schönb. -Tem. ●☆
239011 Lycium barbarum L.;宁夏枸杞(白疙针,地骨,地骨子,地节,地铺,地仙公,地仙苗,狗奶子,苟起,苟起子,枸地牙子,枸杞菜,枸杞豆,枸杞果,枸茄茄,枸蹄子,红耳堕根,红耳坠,红榴根皮,尖叶枸杞,津枸杞,杞子,山枸杞,山杞子,天精,天精草,甜菜,西枸杞,血枸子,血杞子,中宁枸杞);Argyll's Tea Tree, Barbary Wolfberry, Box-thorn, Chinese Box Thorn, Chinese Box-thorn, Chinese Matrimony Vine, Duke of Argyll's Teaplant, Duke of Argyll's Tea-tree, Duke Tea Tree, Matrimony Vine, Matrimonyvine, Matrimony-vine ●
239012 Lycium barbarum L. var. auranticarpum K. F. Ching;黄果枸杞;Yellow Wolfberry, Yellow-fruited Wolfberry ●
239013 Lycium barbarum L. var. chinense (Mill.) Aiton = Lycium chinense Mill. ●
239014 Lycium barbarum Mill. = Lycium shawii Roem. et Schult. ●☆
239015 Lycium barbatum Murray = Canthium inerme (L. f.) Kuntze ●☆
239016 Lycium berlandieri Dunal;贝氏枸杞;Berlandier Wolfberry ●☆
239017 Lycium bosciifolium Schinz;鸭叶枸杞●☆
239018 Lycium brevipes Benth.;短梗枸杞●☆
239019 Lycium caespitosum Dinter et Dammer = Lycium cinereum Thunb. ●☆
239020 Lycium campanulatum E. Mey. ex C. H. Wright = Lycium amoenum Dammer ●☆
239021 Lycium chinense Mill.;枸杞(地辅,地骨,地节,地铺,地仙公,地仙苗,狗底耳,狗地芽,狗忌,狗奶子,狗牙根,苟起,枸棘,枸棘子,枸檵,枸奶子,枸杞菜,枸杞子,枸牙子,红耳堕根,红榴根皮,苦杞,牛吉力,杞根,却老,却暑,山枸杞,山杞子,天精,天精草,甜菜,甜菜仔,甜菜子,托盧,西王母杖,羊乳);China Wolfberry, Chinese Desert-thorn, Chinese Matrimony Vine, Chinese Matrimonyvine, Chinese Matrimony-vine, Chinese Tea-plant, Chinese Wolfberry, Halfwood, Tea Tree, Tea-tree ●
239022 Lycium chinense Mill. var. ovatum (Poir.) C. K. Schneid. = Lycium chinense Mill. ●
239023 Lycium chinense Mill. var. potaninii (Pojark.) A. M. Lu;北方枸杞(西北枸杞);Northern Wolfberry ●
239024 Lycium cinereum Thunb.;灰枸杞●☆
239025 Lycium colletioides Dammer = Lycium pumilum Dammer ●☆
239026 Lycium cooperi A. Gray;桃色枸杞;Peach Thorn, Peach-thorn ●☆
239027 Lycium cordatum Mill. = Carissa bispinosa (L.) Desf. ex Brenan ●☆
239028 Lycium cufodontii Lanza;卡佛枸杞●☆
239029 Lycium cylindricum Kuang et A. M. Lu;柱筒枸杞;Cylindric Wolfberry, Cylindrical Wolfberry ●
239030 Lycium dasystemum Pojark.;新疆枸杞(红枝枸杞,毛蕊枸杞);Hairystamen Wolfberry, Hairy-stamened Wolfberry, Xinjiang Wolfberry ●
239031 Lycium dasystemum Pojark. var. rubricaulium A. M. Lu;红枝枸杞;Redbranch Wolfberry ●
239032 Lycium dasystemum Pojark. var. rubricaulium A. M. Lu = Lycium dasystemum Pojark. ●
239033 Lycium decumbens Welw. ex Hiern;外倾枸杞●☆
239034 Lycium depressum Stocks;凹陷枸杞●☆
239035 Lycium depressum Stocks subsp. angustifolium Schönb. -Tem.;窄叶凹陷枸杞●☆
239036 Lycium dinteri Dammer = Lycium pilifolium C. H. Wright ●☆
239037 Lycium dunaloides Dammer = Lycium bosciifolium Schinz ●☆
239038 Lycium echinatum Dunal = Lycium horridum Thunb. ●☆
239039 Lycium edgeworthii Dunal;埃奇沃斯枸杞●☆
239040 Lycium edgeworthii Miers = Lycium ruthenicum Murray ●
239041 Lycium eenii S. Moore;埃恩枸杞●☆
239042 Lycium ellenbeckii Dammer;埃伦枸杞●☆
239043 Lycium elliotii Dammer = Lycium acutifolium E. Mey. ex Dunal ●☆
239044 Lycium emarginatum Dammer = Lycium bosciifolium Schinz ●☆
239045 Lycium engleri Dammer = Lycium cinereum Thunb. ●☆
239046 Lycium europaeum L.;欧洲枸杞;Box-thorn, Common Matrimonyvine, Desert Thorn, European Boxthorn, European Wolfberry ●
239047 Lycium europaeum L. var. ramulosum (Dunal) Fiori = Lycium europaeum L. ●
239048 Lycium ferocissimum Miers;杂乱枸杞;African Box Thorn, African Boxthorn ●☆

239049 Lycium flexicaule Pojark.;弯茎枸杞(柔茎枸杞)●

239050 Lycium foetidum L. f. = Serissa japonica (Thunb.) Thunb. ●

239051 Lycium foliosum Stocks = Lycium ruthenicum Murray ●

239052 Lycium fremontii A. Gray;弗里蒙特枸杞;Fremont Lycium, Wolfberry, Fremont Thornbush ●☆

239053 Lycium grevilleanum Gillies ex Miers;格氏枸杞;Grecille Wolfberry ●☆

239054 Lycium griseolum Koidz. = Lycium sandwicense A. Gray ●☆

239055 Lycium halimifolium Mill.;滨藜叶枸杞(欧枸杞,欧洲枸杞);Common Matrimony Vine, Duke of Argyll's Tea Plant, Matrimony Vine, Saltbushleaf Wolfberry, Tea Plant ●

239056 Lycium halimifolium Mill. = Lycium barbarum L. ●

239057 Lycium hantamense A. M. Venter;汉塔姆枸杞●☆

239058 Lycium hirsutum Dunal;粗毛枸杞●☆

239059 Lycium horridum Thunb.;多刺枸杞●☆

239060 Lycium indicum Wight = Lycium edgeworthii Dunal ●☆

239061 Lycium inerme L. f. = Canthium inerme (L. f.) Kuntze ●☆

239062 Lycium intricatum Boiss.;缠结枸杞●☆

239063 Lycium intricatum Boiss. subsp. pujosii Sauvage;皮若斯枸杞●☆

239064 Lycium intricatum Boiss. var. angustifolium Maire = Lycium intricatum Boiss. ●☆

239065 Lycium jaegeri Dammer;耶格枸杞●☆

239066 Lycium japonicum Thunb. = Serissa japonica (Thunb.) Thunb. ●

239067 Lycium karasbergense L. Bolus = Lycium pumilum Dammer ●☆

239068 Lycium kopetdaghi Pojark.;科佩特枸杞●☆

239069 Lycium kraussii Dunal = Lycium horridum Thunb. ●☆

239070 Lycium lanceolatum Veill. = Lycium barbarum L. ●

239071 Lycium lancifolium Dammer = Lycium eenii S. Moore ●☆

239072 Lycium leptacanthum C. H. Wright = Lycium horridum Thunb. ●☆

239073 Lycium makranicum Schönb. -Tem.;莫克兰枸杞●☆

239074 Lycium marlothii Dammer = Lycium tetrandrum Thunb. ●☆

239075 Lycium mascarenense A. M. Venter et A. J. Scott;马斯克林枸杞●☆

239076 Lycium mediterraneum Dunal = Lycium europaeum L. ●

239077 Lycium mediterraneum Dunal subvar. leptophyllum ? = Lycium shawii Roem. et Schult. ●☆

239078 Lycium mediterraneum Dunal var. cinnamomeum ? = Lycium shawii Roem. et Schult. ●☆

239079 Lycium mediterraneum Dunal var. leucocladum ? = Lycium shawii Roem. et Schult. ●☆

239080 Lycium mediterraneum Dunal var. ramulosum ? = Lycium schweinfurthii Dammer ●☆

239081 Lycium megistocarpum Dunal var. ovatum (Poir.) Dunal = Lycium chinense Mill. ●

239082 Lycium megistocarpum Dunal var. ovatum Dunal = Lycium chinense Mill. ●

239083 Lycium merkeri Dammer;默克枸杞●☆

239084 Lycium minutiflorum Dammer = Lycium horridum Thunb. ●☆

239085 Lycium namaquense Dammer = Lycium bosciifolium Schinz ●☆

239086 Lycium omahekense Dammer = Lycium horridum Thunb. ●☆

239087 Lycium orientale Miers = Lycium shawii Roem. et Schult. ●☆

239088 Lycium ovatum Poir. = Lycium chinense Mill. ●

239089 Lycium ovinum Dammer = Lycium shawii Roem. et Schult. ●☆

239090 Lycium oxycarpum Dunal;尖果枸杞●☆

239091 Lycium oxycladum Miers = Lycium horridum Thunb. ●☆

239092 Lycium pallidum Miers;灰白枸杞(海滨枸杞,美国枸杞);Boxthorn, Courtship-and-matrimony, Desert Thorn, Matrimony Vine, Pale Wolfberry, Pallid Wolfberry, Rabbit Thorn, Rabbit-thorn, Tomathlo, Tomatillo ●☆

239093 Lycium pauciflorum Dammer = Lycium bosciifolium Schinz ●☆

239094 Lycium pendulinum Miers = Lycium acutifolium E. Mey. ex Dunal ●☆

239095 Lycium persicum Miers var. cinereum Bornm. = Lycium shawii Roem. et Schult. ●☆

239096 Lycium persicum Miers var. leptophyllum (Dunal) Bornm. = Lycium shawii Roem. et Schult. ●☆

239097 Lycium pilifolium C. H. Wright;帽叶枸杞●☆

239098 Lycium pilosum Dammer = Lycium hirsutum Dunal ●☆

239099 Lycium potaninii Pojark. = Lycium chinense Mill. var. potaninii (Pojark.) A. M. Lu ●

239100 Lycium prunus-spinosa Dunal = Lycium cinereum Thunb. ●☆

239101 Lycium pumilum Dammer;矮枸杞●☆

239102 Lycium rhombifolium (Moench) Dippel ex Dosch et Scriba = Lycium chinense Mill. ●

239103 Lycium rhombifolium Dippel = Lycium chinense Mill. ●

239104 Lycium richii A. Gray;瑞奇枸杞;Rich Wolfberry ●☆

239105 Lycium roridum Miers = Lycium cinereum Thunb. ●☆

239106 Lycium ruthenicum Murray;黑果枸杞(俄罗斯枸杞);Black Fruit Wolfberry, Blackfruit Wolfberry, Black-fruited Wolfberry, Russian Box-thorn, Russian Boxthoru ●

239107 Lycium salinicola I. Verd. = Lycium pumilum Dammer ●☆

239108 Lycium sandwicense A. Gray;桑威奇枸杞●☆

239109 Lycium schaeferi Dammer = Lycium bosciifolium Schinz ●☆

239110 Lycium schizocalyx C. H. Wright;裂萼枸杞●☆

239111 Lycium schweinfurthii Dammer;施韦枸杞●☆

239112 Lycium schweinfurthii Dammer var. aschersonii (Dammer) Feinbrun = Lycium schweinfurthii Dammer ●☆

239113 Lycium shawii Roem. et Schult.;肖氏枸杞●☆

239114 Lycium shawii Roem. et Schult. var. leptophyllum (Dunal) Täckh. et Boulos = Lycium shawii Roem. et Schult. ●☆

239115 Lycium sinense Gren. = Lycium chinense Mill. ●

239116 Lycium sinense Gren. et Godron = Lycium chinense Mill. ●

239117 Lycium somalense Dammer = Lycium shawii Roem. et Schult. ●☆

239118 Lycium squarrosum Dammer = Lycium bosciifolium Schinz ●☆

239119 Lycium tataricum Pall. = Lycium ruthenicum Murray ●

239120 Lycium tenue Willd. = Lycium acutifolium E. Mey. ex Dunal ●☆

239121 Lycium tenuiramosum Dammer;细枝枸杞●☆

239122 Lycium tetrandrum Thunb.;四蕊枸杞●☆

239123 Lycium torreyi A. Gray;托里枸杞;Squaw Thorn, Squaw-thorn ●☆

239124 Lycium trewianum Roem. et Schult. = Lycium chinense Mill. ●

239125 Lycium trothae Dammer = Lycium eenii S. Moore ●☆

239126 Lycium truncatum Y. C. Wang;截萼枸杞;Truncatecalyx Wolfberry, Truncate-calyxed Wolfberry ●

239127 Lycium turbinatum Veill. = Lycium barbarum L. ●

239128 Lycium turcomanicum Turcz.;土库曼枸杞(宁夏枸杞);Turcoman Wolfberry ●

239129 Lycium turcomanicum Turcz. ex Boiss. = Lycium dasystemum Pojark. ●

239130 Lycium turcomanicum Turcz. ex Miers = Lycium depressum Stocks ●☆

239131 Lycium villosum Schinz;长柔毛枸杞●☆
239132 Lycium vulgare Dunal = Lycium barbarum L. ●
239133 Lycium woodii Dammer = Lycium cinereum Thunb. ●☆
239134 Lycium yunnanense Kuang et A. M. Lu;云南枸杞;Yunnan Wolfberry ●
239135 Lycocarpus O. E. Schulz(1924);狼果芥属■☆
239136 Lycocarpus fugax (Lag.) O. E. Schulz;狼果芥■☆
239137 Lycochloa Sam. (1933);叙利亚狼草属■☆
239138 Lycochloa avenacea Sam.;叙利亚狼草■☆
239139 Lycoctonum Fourr. = Aconitum L. ■
239140 Lycoctonum barbatum (Pers.) Nakai = Aconitum barbatum Patrin ex Pers. ■
239141 Lycoctonum kirinense (Nakai) Nakai = Aconitum kirinense Nakai ■
239142 Lycoctonum kirinense (Nakai) Nakai var. villipes Nakai = Aconitum kirinense Nakai ■
239143 Lycoctonum loczyanum (Rapaics) Nakai = Aconitum loczyanum Rapaics ■☆
239144 Lycoctonum ochranthum (C. A. Mey.) Nakai = Aconitum barbatum Patrin ex Pers. var. puberulum Ledeb. ■
239145 Lycoctonum shanxiense Nakai = Aconitum sinomontanum Nakai ■
239146 Lycoctonum sibiricum (Poir.) Nakai = Aconitum barbatum Patrin ex Pers. var. hispidum DC. ■
239147 Lycoctonum sinomontanum (Nakai) Nakai = Aconitum sinomontanum Nakai ■
239148 Lycomela Fabr. = Lycopersicon Mill. ■
239149 Lycomela Heist. ex Fabr. = Lycopersicon Mill. ■
239150 Lycomormium Rchb. f. (1852);狼花兰属■☆
239151 Lycomormium minus Kraenzl.;小狼花兰■☆
239152 Lycomormium squalidum Rchb. f.;狼花兰■☆
239153 Lycoparsicum Hill = Lycopersicon Mill. ■
239154 Lycopersicon Mill. (1754);番茄属;Tomato ■
239155 Lycopersicon Mill. = Solanum L. ●■
239156 Lycopersicon cerasiforme Dunal = Lycopersicon esculentum Mill. var. cerasiforme (Dunal) A. Gray ■
239157 Lycopersicon esculentum Mill.;番茄(番李子,番柿,蕃柿,甘仔蜜,红耳仔蜜,金橘,六月柿,西红柿,喜报三元,小番茄,小金瓜,小西红柿,洋柿子);Amorous Apple, Apple of Love, Balsam Apple, Common Tomato, Garden Tomato, Gold Apple, Jew's Ear, Love Apple, Love-apple, Omato, Paradise Apple, Tomato ■
239158 Lycopersicon esculentum Mill. var. cerasiforme (Dunal) A. Gray;樱桃小番茄(圣女果,仙女果,樱桃小西红柿);Cherry Tomato, Garden Tomato ■
239159 Lycopersicon esculentum Mill. var. cerasiforme Hort. = Lycopersicon esculentum Mill. var. cerasiforme (Dunal) A. Gray ■
239160 Lycopersicon esculentum Mill. var. pyriforme Alef.;梨果番茄■☆
239161 Lycopersicon humboldtii (Willd.) Dunal;洪堡番茄■☆
239162 Lycopersicon lycopersicum (L.) H. Karst. = Lycopersicon esculentum Mill. ■
239163 Lycopersicon peruvianum (L.) Mill.;秘鲁番茄■☆
239164 Lycopersicon pimpinellifolium (Jusl.) Mill. = Lycopersicon pimpinellifolium (L.) Mill. ■☆
239165 Lycopersicon pimpinellifolium (L.) Mill.;芹叶番茄;Currant Tomato ■☆
239166 Lycopersicum Hill = Lycopersicon Mill. ■
239167 Lycopsis L. (1753);狼紫草属;Ablfgromwell, Lycopsis, Wild Bugloss ■
239168 Lycopsis L. = Anchusa L. ■
239169 Lycopsis aegyptiaca L. = Anchusa aegyptiaca (L.) A. DC. ■☆
239170 Lycopsis arvensis L. = Anchusa arvensis (L.) M. Bieb. ■☆
239171 Lycopsis arvensis L. subsp. orientalis (L.) Kuntze = Anchusa arvensis (L.) M. Bieb. subsp. orientalis (L.) Nordh. ■
239172 Lycopsis arvensis L. subsp. orientalis (L.) Kuntze = Anchusa ovata Lehm. ■
239173 Lycopsis arvensis L. subsp. orientalis Kuntze = Anchusa ovata Lehm. ■
239174 Lycopsis calycina Roem. et Schult. = Nonea calycina (Roem. et Schult.) Selvi et Bigazzi et al. ■☆
239175 Lycopsis caspica (Willd.) Lehm. = Nonea caspica (Willd.) G. Don ■
239176 Lycopsis caspica Lehm. = Nonea caspica (Willd.) G. Don ■
239177 Lycopsis micrantha Ledeb. = Anchusa ovata Lehm. ■
239178 Lycopsis orientalis L. = Anchusa arvensis (L.) M. Bieb. subsp. orientalis (L.) Nordh. ■
239179 Lycopsis orientalis L. = Anchusa ovata Lehm. ■
239180 Lycopsis picta Lehm. = Nonea caspica (Willd.) G. Don ■
239181 Lycopsis pulla L. = Nonea pulla (L.) DC. ■☆
239182 Lycopsis taurica Stev. = Anchusa ovata Lehm. ■
239183 Lycopsis vesicaria L. = Nonea vesicaria (L.) Rchb. ■☆
239184 Lycopus L. (1753);地笋属(地瓜儿苗属,泽兰属);Bugleweed, Gypsywort ■
239185 Lycopus Tourn. ex L. = Lycopus L. ■
239186 Lycopus americanus Muhl. ex W. P. C. Barton;美洲地笋;American Bugleweed, American Water-horehound, Common Water-horehound, Cut-leaved Bugleweed, Water Horehound ■☆
239187 Lycopus americanus Muhl. ex W. P. C. Barton var. longii Benner = Lycopus americanus Muhl. ex W. P. C. Barton ■☆
239188 Lycopus americanus Muhl. ex W. P. C. Barton var. scabrifolius Fernald = Lycopus americanus Muhl. ex W. P. C. Barton ■☆
239189 Lycopus amplectens Raf.;北美地笋;Sessile-leaved Water Horehound ■☆
239190 Lycopus angustus Makino = Lycopus lucidus Turcz. ex Benth. var. maackianus Maxim. ex Herder ■
239191 Lycopus angustus Makino = Lycopus maackianus (Maxim. ex Herder) Makino ■
239192 Lycopus arvensis L.;野地笋■☆
239193 Lycopus asper Greene;粗糙地笋;Bugleweed, Crow Potato, Rough Bugleweed, Rough Water-horehound ■☆
239194 Lycopus cavaleriei H. Lév.;小叶地笋(朝鲜地瓜儿苗);Korea Bugleweed ■
239195 Lycopus coreanus H. Lév. = Lycopus cavaleriei H. Lév. ■
239196 Lycopus coreanus H. Lév. = Lycopus uniflorus Michx. ■☆
239197 Lycopus coreanus H. Lév. var. cavaleriei (H. Lév.) C. Y. Wu et H. W. Li = Lycopus cavaleriei H. Lév. ■
239198 Lycopus coreanus H. Lév. var. ramosissimus (Makino) Nakai = Lycopus ramosissimus (Makino) Makino ■
239199 Lycopus diantherus Buch. -Ham. = Mosla dianthera (Buch. -Ham. ex Roxb.) Maxim. ■
239200 Lycopus diantherus Buch. -Ham. ex Roxb. = Mosla dianthera (Buch. -Ham. ex Roxb.) Maxim. ■
239201 Lycopus europacus L. var. sinensis H. Lév. = Lycopus cavaleriei H. Lév. ■
239202 Lycopus europaeus L.;欧地笋(欧地瓜儿苗);Egyptian's

Herb, European Bugleweed, Gipsywort, Gypsyweed, Gypsywort, Gypsy-wort, Marsh Horehound, Water Horehound ■
239203 Lycopus europaeus L. = Lycopus cavaleriei H. Lév. ■
239204 Lycopus europaeus L. subsp. mollis (A. Kern.) Rothm. ex Skalicky = Lycopus europaeus L. ■
239205 Lycopus europaeus L. var. exaltatus (L. f.) Hook. f.;深裂欧地笋(高地笋)■
239206 Lycopus europaeus L. var. mollis (A. Kern.) Briq. = Lycopus europaeus L. ■
239207 Lycopus europaeus L. var. sinensis H. Lév. = Lycopus cavaleriei H. Lév. ■
239208 Lycopus exaltatus L. f. = Lycopus europaeus L. var. exaltatus (L. f.) Hook. f. ■
239209 Lycopus formosanus (Hayata) Sasaki = Lycopus lucidus Turcz. ex Benth. var. hirtus Regel ■
239210 Lycopus formosanus Sasaki = Lycopus lucidus Turcz. ex Benth. var. hirtus Regel ■
239211 Lycopus hirtellus Kom.;毛地笋■☆
239212 Lycopus japonicus Matsum. et Kudo = Lycopus cavaleriei H. Lév. ■
239213 Lycopus japonicus Matsum. et Kudo = Lycopus ramosissimus (Makino) Makino ■
239214 Lycopus kurilensis Prob. = Lycopus ramosissimus (Makino) Makino var. japonicus (Matsum. et Kudo) Kitam. ■
239215 Lycopus lucidus Turcz. ex Benth.;地笋(白湾地笋,白湾笋草,捕斗蛇草,草泽兰,地参,地蚕子,地瓜,地瓜儿,地瓜儿苗,地环秧,地六溜秧,地藕,地笋子,方梗泽兰,风药,甘露秧,旱藕,红梗草,虎兰,虎蒲,接古草,九畹菜,龙枣,毛叶地瓜草,毛叶地笋,奶孩儿,欧地瓜儿苗,蛇王草,蛇王菊,水三七,水香,提娄,狭叶地瓜儿苗,香芦子,小泽兰,野三七,泽兰);Shiny Bugleweed ■
239216 Lycopus lucidus Turcz. ex Benth. f. angustifolius ? = Lycopus maackianus (Maxim.) Makino ■
239217 Lycopus lucidus Turcz. ex Benth. f. hirtus (Regel) Kitag. = Lycopus lucidus Turcz. ex Benth. var. hirtus Regel ■
239218 Lycopus lucidus Turcz. ex Benth. subsp. americanus (A. Gray) Hultén = Lycopus asper Greene ■☆
239219 Lycopus lucidus Turcz. ex Benth. var. americanus A. Gray = Lycopus asper Greene ■☆
239220 Lycopus lucidus Turcz. ex Benth. var. formosanus Hayata = Lycopus lucidus Turcz. ex Benth. ■
239221 Lycopus lucidus Turcz. ex Benth. var. genuinus Hayata = Lycopus lucidus Turcz. ex Benth. ■
239222 Lycopus lucidus Turcz. ex Benth. var. hirtus Regel;硬毛地笋(矮地瓜苗,捕斗蛇草,草泽兰,地瓜儿苗,地环,地环秧,地环子,地喇叭,地溜秧,地瘤,地罗子,地牛七,地藕,地人参,地石蚕,地笋,地笋子,方梗草,方梗泽兰,风药,甘露秧,甘露子,观音笋,旱藕,红梗草,虎兰,虎蒲,假油麻,接骨草,棱草,龙枣,麻泽兰,毛地笋草,毛叶地瓜儿苗,毛叶地瓜苗儿,毛叶地笋,奶孩儿,山螺丝,蛇王草,蛇王菊,水香,田螺菜,土人参,小泽兰,洋参,野地藕,野麻花,野生地,叶地瓜儿苗,银条菜,硬毛地瓜儿苗,泽兰,竹节草);Hirsute Shiny Bugleweed ■
239223 Lycopus lucidus Turcz. ex Benth. var. hirtus Regel = Lycopus lucidus Turcz. ex Benth. ■
239224 Lycopus lucidus Turcz. ex Benth. var. maackianus Maxim. ex Herder;异叶地笋(矮地瓜儿苗,狭叶地瓜儿苗);Rattlesnake-weed ■
239225 Lycopus lucidus Turcz. ex Benth. var. maackianus Maxim. ex Herder = Lycopus maackianus (Maxim. ex Herder) Makino ■
239226 Lycopus lucidus Turcz. ex Benth. var. taiwanensis Hayata;台湾地瓜儿苗;Taiwan Bugleweed ■
239227 Lycopus lucidus Turcz. ex Benth. var. typicus Korsh. = Lycopus lucidus Turcz. ex Benth. ■
239228 Lycopus maackianus (Maxim. ex Herder) Kom. var. ramosissimus Makino = Lycopus cavaleriei H. Lév. ■
239229 Lycopus maackianus (Maxim. ex Herder) Makino = Lycopus lucidus Turcz. ex Benth. var. maackianus Maxim. ex Herder ■
239230 Lycopus maackianus (Maxim.) Makino = Lycopus lucidus Turcz. ex Benth. var. maackianus Maxim. ex Herder ■
239231 Lycopus maackianus (Maxim.) Makino = Lycopus ramosissimus (Makino) Makino ■
239232 Lycopus maackianus (Maxim.) Makino var. ramosissimus Makino = Lycopus cavaleriei H. Lév. ■
239233 Lycopus maackinus Kom. = Lycopus cavaleriei H. Lév. ■
239234 Lycopus mollis A. Kern. = Lycopus europaeus L. ■
239235 Lycopus parviflorus Maxim.;小花地笋(小花地瓜儿苗);Littleflower Bugleweed ■
239236 Lycopus parviflorus Maxim. = Lycopus uniflorus Michx. ■☆
239237 Lycopus pinnatifidus Pall. = Lycopus europaeus L. var. exaltatus (L. f.) Hook. f. ■
239238 Lycopus ramosissimus (Makino) Makino;朝鲜地瓜儿苗■
239239 Lycopus ramosissimus (Makino) Makino = Lycopus cavaleriei H. Lév. ■
239240 Lycopus ramosissimus (Makino) Makino var. japonicus (Matsum. et Kudo) Kitam. = Lycopus ramosissimus (Makino) Makino ■
239241 Lycopus rubellus Moench;浅红地笋;Water Horehound ■☆
239242 Lycopus rubellus Moench var. arkansanus (Fresen.) Benner = Lycopus rubellus Moench ■☆
239243 Lycopus rubellus Moench var. lanceolatus Benner = Lycopus rubellus Moench ■☆
239244 Lycopus sinuatus Elliott = Lycopus americanus Muhl. ex W. P. C. Barton ■☆
239245 Lycopus sinuatus Regel = Lycopus lucidus Turcz. ex Benth. var. maackianus Maxim. ex Herder ■
239246 Lycopus uniflorus Michx.;单花地笋;Northern Bugleweed, Northern Water-horehound, One-flowered Horehound ■☆
239247 Lycopus uniflorus Michx. var. parviflorus (Maxim.) Kitag. = Lycopus uniflorus Michx. ■☆
239248 Lycopus virginicus L.;维吉尼亚地笋(美洲地笋);Bugle Weed, Bugleweed, Gypsyweed, Northern Bugleweed, Sweet Bugle, Virginia Bugleweed, Virginia Horehound, Virginia Water Horehound, Virginia Water-horehound, Virginiahorehound, Water Bugle ■☆
239249 Lycopus virginicus L. = Lycopus parviflorus Maxim. ■
239250 Lycopus virginicus L. var. parviflorus (Maxim.) Makino = Lycopus parviflorus Maxim. ■
239251 Lycopus virginicus L. var. pauciflorus Benth.;疏花美洲地笋■☆
239252 Lycopus virginicus L. var. pauciflorus Benth. = Lycopus uniflorus Michx. ■☆
239253 Lycoris Herb. (1821);石蒜属;Cluster-Amaryllis, Lycoris, Stonegarlic ■
239254 Lycoris africana M. Roem.;非洲石蒜;Golden Hurricane Lily, Golden Spider Lily ■☆
239255 Lycoris albiflora Koidz.;乳白石蒜(小金梅笹);Milky Stonegarlic, Whiteflower Lycoris ■

239256 Lycoris anhuiensis Y. Hsu et Q. J. Fan;安徽石蒜;Anhui Lycoris,Anhui Stonegarlic ■

239257 Lycoris aurea (L'Hér.) Herb.;忽地笑(大一枝箭,独脚蒜头,独蒜,黄花石蒜,黄龙爪,金灯花,老鸦蒜,龙爪花,鹿葱,石蒜,铁色箭,脱叶换锦,岩大蒜,祖先花);Golden Hurricane Lily,Golden Lycoris,Golden Spider Lily,Golden Stonegarlic,Golden-lily,Naked Lily,Spider Lily ■

239258 Lycoris caldwellii Traub;短蕊石蒜;Shortstamen Lycoris,Shortstamen Stonegarlic ■

239259 Lycoris chinensis Traub;中国石蒜;Chinese Lycoris,Chinese Stonegarlic ■

239260 Lycoris guaogxiensis Y. Hsu et Q. J. Fan;广西石蒜;Guangxi Lycoris,Guangxi Stonegarlic ■

239261 Lycoris houdyshelii Traub;江苏石蒜;Jiangsu Lycoris,Jiangsu Stonegarlic ■

239262 Lycoris incarnata Comes ex Sprenger;香石蒜;Flesg-coloured Lycoris,Fragrant Stonegarlic ■

239263 Lycoris koreana Nakai = Lycoris sanguinea Maxim. var. koreana (Nakai) T. Koyama ■☆

239264 Lycoris longituba Y. Hsu et Q. J. Fan;长筒石蒜;Longtube Lycoris,Longtube Stonegarlic ■

239265 Lycoris longituba Y. Hsu et Q. J. Fan var. flava Y. Hsu et X. L. Huang;黄长筒石蒜;Yellow Longtube Lycoris,Yellow Longtube Stonegarlic ■

239266 Lycoris radiata (L'Hér.) Herb.;石蒜(彼岸花,避蛇生,独蒜,鬼蒜,红花石蒜,忽地笑,花叶不相见,九层蒜,老鸦蒜,龙爪草,龙爪花,曼珠沙华,婆婆酸,山蒜,秃蒜,乌蒜,野独蒜,野蒜,野蒜子,一枝箭,银锁匙,蟑螂花);Magic Lily,Naked Lily,Red Spider Lily,Short Tube Lycoris,Shorttube Lycoris,Spider Lily,Stonegarlic ■

239267 Lycoris radiata (L'Hér.) Herb. f. bicolor N. Yonez.;二色石蒜 ■☆

239268 Lycoris radiata (L'Hér.) Herb. var. kazukoana N. Yonez.;胜子石蒜■☆

239269 Lycoris radiata (L'Hér.) Herb. var. pumila Grey;小石蒜■☆

239270 Lycoris rosea Traub et Moldenke;玫瑰石蒜;Rose Lycoris,Rose Stonegarlic ■

239271 Lycoris sanguinea Maxim.;铁色箭;Orange Lycoris ■

239272 Lycoris sanguinea Maxim. f. albiflora Honda;白花铁色箭■☆

239273 Lycoris sanguinea Maxim. f. plena T. Yamaz.;重瓣铁色箭■☆

239274 Lycoris sanguinea Maxim. var. kiushiana (Makino) Makino ex Akasawa;日本铁色箭■☆

239275 Lycoris sanguinea Maxim. var. kiushiana (Makino) Makino ex Akasawa f. albovirescens E. Doi ex Akasawa;白花日本铁色箭■☆

239276 Lycoris sanguinea Maxim. var. koreana (Nakai) T. Koyama;朝鲜铁色箭■☆

239277 Lycoris shaanxiensis Y. Hsu et Z. B. Hu;陕西石蒜;Shaanxi Lycoris,Shaanxi Stonegarlic ■

239278 Lycoris sprengeri Comes ex Baker;换锦花;Sprenger Lycoris,Sprenger Stonegarlic ■

239279 Lycoris sprengeri Comes ex Baker = Lycoris incarnata Comes ex Sprenger ■

239280 Lycoris squamigera Maxim.;鹿葱(老和尚头,夏水仙,紫花石蒜);Autumn Lycoris,Deeronion Stonegarlic,Hardy Cluster Amaryllis,Magic Lily,Naked Lily,Ressurection Lily,Spider Lily ■

239281 Lycoris straminea Lindl.;稻草石蒜;Strawa Lycoris,Strawyellow Stonegarlic ■

239282 Lycoris traubii W. Hayw.;特劳布石蒜■☆

239283 Lycoseris Cass.(1824);狼菊木属●☆

239284 Lycoseris boliviana Britton;玻利维亚狼菊木●☆

239285 Lycoseris grandis Benth.;大狼菊木●☆

239286 Lycoseris latifolia Benth.;宽叶狼菊木●☆

239287 Lycoseris macrocephala Greenm.;大头狼菊木●☆

239288 Lycoseris minor K. Egerod;小狼菊木●☆

239289 Lycoseris oblongifolia Rusby;矩圆叶狼菊木●☆

239290 Lycoseris trinervis (D. Don) S. F. Blake;三脉狼菊木●☆

239291 Lycotts Hoffmanns. = Arctotis L. ●■☆

239292 Lycurus Kunth(1816);狼尾禾属■☆

239293 Lycurus muticus Spreng. = Elionurus muticus (Spreng.) Kuntze ■☆

239294 Lycurus setosus (Nutt.) C. Reeder;狼尾禾■☆

239295 Lydaea Molina = Kageneckia Ruiz et Pav. ●☆

239296 Lydea Molina = Kageneckia Ruiz et Pav. ●☆

239297 Lydea Molina = Lydaea Molina ●☆

239298 Lydenburgia N. Robson = Catha Forssk. ex Scop.(废弃属名)●

239299 Lydenburgia N. Robson = Gymnosporia (Wight et Arn.) Benth. et Hook. f.(保留属名)●

239300 Lydenburgia N. Robson(1965);莱登卫矛属●☆

239301 Lydenburgia abbottii (A. E. van Wyk et M. Prins) Steenkamp, A. E. van Wyk et M. Prins;阿博特莱登卫矛●☆

239302 Lydenburgia cassinoides N. Robson;莱登卫矛●☆

239303 Lygalon Raf. = Genista L. ●

239304 Lygalon Raf. = Lugaion Raf. ●

239305 Lygeum L. = Lygeum Loefl. ex L. ■☆

239306 Lygeum Loefi. ex L.(1754);利坚草属■☆

239307 Lygeum Post et Kuntze = Cytisus Desf.(保留属名)●

239308 Lygeum Post et Kuntze = Genista L. ●

239309 Lygeum Post et Kuntze = Lugaion Raf. ●

239310 Lygeum spartum L.;利坚草;Albardine,Esparto Grass,Esparto-grass ■☆

239311 Lygeum spartum L. var. longispathum Trab. = Lygeum spartum L. ■☆

239312 Lygia Fasano = Thymelaea Mill.(保留属名)●■

239313 Lygia passerina (L.) Fasano = Thymelaea passerina (L.) Coss. et Germ. ■

239314 Lyginia R. Br.(1810);澳灯草属■☆

239315 Lyginia barbara R. Br.;澳灯草■☆

239316 Lyginiaceae B. G. Briggs et L. A. S. Johnson = Anarthriaceae D. F. Cutler et Airy Shaw ●☆

239317 Lyginiaceae B. G. Briggs et L. A. S. Johnson;澳灯草科■☆

239318 Lygisma Hook. f.(1883);折冠藤属;Lygisma ■

239319 Lygisma inflexum (Costantin) Kerr;折冠藤;Inflexed Lygisma ■

239320 Lygistum P. Browne et Boehm.(废弃属名) = Manettia Mutis ex L.(保留属名)●■☆

239321 Lygistum P. Browne(废弃属名) = Manettia Mutis ex L.(保留属名)●■☆

239322 Lygodesmia D. Don(1829);紫茵苣属;Skeletonplant,Rush Pink ■☆

239323 Lygodesmia aphylla (Nutt.) DC.;无叶紫茵苣;Roserush ■☆

239324 Lygodesmia aphylla (Nutt.) DC. var. texana Torr. et A. Gray = Lygodesmia texana (Torr. et A. Gray) Greene ex Small ■☆

239325 Lygodesmia arizonica Tomb = Lygodesmia grandiflora (Nutt.) Torr. et A. Gray var. arizonica (Tomb) S. L. Welsh ■☆

239326 Lygodesmia dianthopsis (D. C. Eaton) Tomb = Lygodesmia grandiflora (Nutt.) Torr. et A. Gray var. dianthopsis (D. C. Eaton)

S. L. Welsh ■☆
239327 Lygodesmia doloresensis Tomb = Lygodesmia grandiflora (Nutt.) Torr. et A. Gray var. doloresensis (Tomb) S. L. Welsh ■☆
239328 Lygodesmia exigua (A. Gray) A. Gray = Prenanthella exigua Rydb. ■☆
239329 Lygodesmia grandiflora (Nutt.) Torr. et A. Gray;大花紫莴苣;Largeflower Skeletonplant ■☆
239330 Lygodesmia grandiflora (Nutt.) Torr. et A. Gray var. arizonica (Tomb) S. L. Welsh;亚利桑那紫莴苣;Arizona Skeletonplant ■☆
239331 Lygodesmia grandiflora (Nutt.) Torr. et A. Gray var. dianthopsis (D. C. Eaton) S. L. Welsh;石竹紫莴苣■☆
239332 Lygodesmia grandiflora (Nutt.) Torr. et A. Gray var. doloresensis (Tomb) S. L. Welsh;多洛雷斯紫莴苣;Dolores River Skeletonplant ■☆
239333 Lygodesmia grandiflora (Nutt.) Torr. et A. Gray var. stricta Maguire = Lygodesmia grandiflora (Nutt.) Torr. et A. Gray ■☆
239334 Lygodesmia juncea (Pursh) D. Don ex Hook.;粗壮紫莴苣;Rush Skeletonplant, Skeleton Plant ■☆
239335 Lygodesmia juncea (Pursh) D. Don ex Hook. var. dianthopsis D. C. Eaton = Lygodesmia grandiflora (Nutt.) Torr. et A. Gray var. dianthopsis (D. C. Eaton) S. L. Welsh ■☆
239336 Lygodesmia juncea (Pursh) Hook. var. rostrata A. Gray = Shinnersoseris rostrata (A. Gray) Tomb ■☆
239337 Lygodesmia ramosissima Greenm.;佩科斯紫莴苣;Pecos River Skeletonplant ■☆
239338 Lygodesmia rostrata (A. Gray) A. Gray = Shinnersoseris rostrata (A. Gray) Tomb ■☆
239339 Lygodesmia spinosa Nutt. = Pleiacanthus spinosus (Nutt.) Rydb. ■☆
239340 Lygodesmia texana (Torr. et A. Gray) Greene ex Small;得州紫莴苣;Skeleton Plant, Texas Skeletonplant ■☆
239341 Lygodisodea Ruiz et Pav. = Paederia L.(保留属名)●■
239342 Lygodisodeaceae Bartl. = Rubiaceae Juss.(保留科名)●■
239343 Lygodysodea Roem. et Schult. = Lygodisodea Ruiz et Pav. ●■
239344 Lygoplis Raf. = Lygos Adans.(废弃属名)●☆
239345 Lygoplis Raf. = Retama Raf.(保留属名)●☆
239346 Lygos Adans.(废弃属名)= Genista L. ●
239347 Lygos Adans.(废弃属名)= Retama Raf.(保留属名)●☆
239348 Lygos monosperma (L.) Heywood = Retama monosperma (L.) Boiss. ●☆
239349 Lygos raetam (Forssk.) Heywood = Retama raetam (Forssk.) Webb ●☆
239350 Lygos sphaerocarpa (L.) Heywood = Retama sphaerocarpa (L.) Boiss. ●☆
239351 Lygurus D. Dietr. = Lycurus Kunth ■☆
239352 Lygustrum Gilib. = Ligustrum L. ●
239353 Lygynia Steud. = Lyginia R. Br. ■☆
239354 Lymanbensonia Kimnach = Lepismium Pfeiff. ●☆
239355 Lymanbensonia Kimnach(1984);小花刺苇属■☆
239356 Lymanbensonia micrantha (Vaupel) Kimnach;小花刺苇■☆
239357 Lymania Read(1984);异多穗凤梨属■☆
239358 Lymania corallina (Beer) Read;异多穗凤梨■☆
239359 Lymnophila Blume = Limnophila R. Br.(保留属名)■
239360 Lyncea Cham. et Schltdl. = Melasma P. J. Bergius ■
239361 Lyndenia Miq. = Lijndenia Zoll. et Moritzi ●☆
239362 Lyndenia Miq. = Memecylon L. ●
239363 Lyonella Raf. = Polygonella Michx. ■☆
239364 Lyonetia Wlllk. = Anthemis L. ■
239365 Lyonetia Wlllk. = Lyonnetia Cass. ■
239366 Lyonettia Endl. = Lyonetia Wlllk. ■
239367 Lyonia Elliott = Macbridea Raf. ●■
239368 Lyonia Elliott = Metastelma R. Br. ●☆
239369 Lyonia Nutt.(1818)(保留属名);南烛属(綠木属,米饭花属,珍珠花属);Lyonia ●
239370 Lyonia Raf.(废弃属名)= Lyonia Nutt.(保留属名)●
239371 Lyonia Raf.(废弃属名)= Polygonella Michx. ■☆
239372 Lyonia Rchb. = Cassandra D. Don ●
239373 Lyonia annamensis (Dop) Merr. = Lyonia ovalifolia (Wall.) Drude var. rubrovenia (Merr.) Judd ●
239374 Lyonia annamensis (Dop) Merr. = Lyonia rubrovenia (Merr.) Chun ●
239375 Lyonia bracteata (W. W. Sm.) Chun = Vaccinium mandarinorum Diels ●
239376 Lyonia compta (W. W. Sm. et Jeffrey) Hand.-Mazz.;秀丽珍珠花(美花米饭花);Beautiful Lyonia, Compte Lyonia, Pretty Lyonia ●
239377 Lyonia compta (W. W. Sm. et Jeffrey) Hand.-Mazz. var. stenantha Hand.-Mazz. = Lyonia ovalifolia (Wall.) Drude var. lanceolata (Wall.) Hand.-Mazz. ●
239378 Lyonia doyonensis (Hand.-Mazz.) Hand.-Mazz.;圆叶南烛(团叶南烛,圆叶米饭花,圆叶珍珠花);Round Leaves Lyonia, Roundleaf Lyonia, Round-leaved Lyonia ●
239379 Lyonia ferruginea (Walter) Nutt.;锈色南烛;Rusty-coloured Lyonia ●☆
239380 Lyonia formosa (Wall.) Hand.-Mazz. = Pieris formosa (Wall.) D. Don ●
239381 Lyonia fruticosa (Michx.) G. S. Torr. ex B. L. Rob.;灌木南烛 ●☆
239382 Lyonia huiana Fang = Pieris formosa (Wall.) D. Don ●
239383 Lyonia lanceolata Wall. = Lyonia ovalifolia (Wall.) Drude var. lanceolata (Wall.) Hand.-Mazz. ●
239384 Lyonia ligustrina (L.) DC.;女贞叶南烛(女贞状南烛);He-huckleberry, Lyonia, Male Berry, Maleberry ●☆
239385 Lyonia lucida (Lam.) K. Koch;亮叶南烛;Fetter Bush, Fetterbush, Fetterbush Lyonia, Pink Fetterbush ●☆
239386 Lyonia lucida K. Koch = Lyonia lucida (Lam.) K. Koch ●☆
239387 Lyonia macrocalyx (Anthony) Airy Shaw;大萼珍珠花(大萼米饭花,大萼米饭树);Big-calyx Lyonia, Big-calyxed Lyonia ●
239388 Lyonia mariana (L.) D. Don;女神南烛(马里亚纳南烛);Stagger Bush, Staggerbush ●☆
239389 Lyonia neziki Nakai et H. Hara = Lyonia ovalifolia (Wall.) Drude subsp. neziki (Nakai et H. Hara) H. Hara ●☆
239390 Lyonia obliquinervis (Merr. et Chun) Chun ex P. C. Tam = Lyonia ovalifolia (Wall.) Drude var. lanceolata (Wall.) Hand.-Mazz. ●
239391 Lyonia ovalifolia (Wall.) Drude;珍珠花(饱饭花,狗胡椒,綠木,亮子药,卵叶马醉木,卵叶南烛,米饭花,南烛,牛筋,牛屎柴,牛醉木,泡饭花,山胡椒,台湾白珠树,乌饭草,小豆柴,小米柴);Common Lyonia, Ovate Leaves Lyonia, Ovate-leaved Lyonia, Tibet Lyonia ●
239392 Lyonia ovalifolia (Wall.) Drude subsp. neziki (Nakai et H. Hara) H. Hara;小果珍珠花(白心木,黑胡椒,綠木,日本南烛,山胡椒,椭叶南烛,椭圆马醉木,小果米饭花,小果南烛);Littlefruit Lyonia ●☆
239393 Lyonia ovalifolia (Wall.) Drude var. doyonensis (Hand.-

Mazz.) Judd = Lyonia doyonensis (Hand. -Mazz.) Hand. -Mazz. ●

239394 Lyonia ovalifolia (Wall.) Drude var. elliptica (Siebold et Zucc.) Hand. -Mazz. = Lyonia ovalifolia (Wall.) Drude subsp. neziki (Nakai et H. Hara) H. Hara ●☆

239395 Lyonia ovalifolia (Wall.) Drude var. elliptica (Siebold et Zucc.) Hand. -Mazz.;台湾珍珠花(小果珍珠花)●

239396 Lyonia ovalifolia (Wall.) Drude var. formosana (Komatsu) T. Yamaz. = Lyonia ovalifolia (Wall.) Drude var. elliptica (Siebold et Zucc.) Hand. -Mazz. ●

239397 Lyonia ovalifolia (Wall.) Drude var. hebecarpa (Franch. ex Forbes et Hemsl.) Chun;毛果珍珠花(毛果米饭花,毛果南烛);Hairyfruit Lyonia ●

239398 Lyonia ovalifolia (Wall.) Drude var. lanceolata (Wall.) Hand. -Mazz.;狭叶珍珠花(长叶南烛,灯笼草,披针叶米饭花,披针叶南烛,锐叶南烛,烧香树,狭叶南烛);Lanceolateleaf Tibet Lyonia, Narrowleaf Lyonia ●

239399 Lyonia ovalifolia (Wall.) Drude var. rubrovenia (Merr.) Judd;红脉珍珠花(红脉南烛);Red-nerved Lyonia, Redvein Lyonia ●

239400 Lyonia ovalifolia (Wall.) Drude var. rubrovenia (Merr.) Judd = Lyonia rubrovenia (Merr.) Chun ●

239401 Lyonia ovalifolia (Wall.) Drude var. sphaerantha (Hand. -Mazz.) Hand. -Mazz. = Lyonia villosa (Hook. f. ex C. B. Clarke) Hand. -Mazz. var. sphaerantha (Hand. -Mazz.) Hand. -Mazz. ●

239402 Lyonia ovalifolia (Wall.) Drude var. tomentosa (W. P. Fang) C. Y. Wu;绒毛珍珠花●

239403 Lyonia polita (W. W. Sm. et Jeffrey) Chun = Pieris japonica (Thunb.) D. Don ex G. Don ●

239404 Lyonia popovii (Palib.) Chun = Pieris japonica (Thunb.) D. Don ex G. Don ●

239405 Lyonia rubrovenia (Merr.) Chun = Lyonia ovalifolia (Wall.) Drude var. rubrovenia (Merr.) Judd ●

239406 Lyonia villosa (Hook. f. ex C. B. Clarke) Hand. -Mazz.;毛叶南烛(亮子药,毛叶米饭花,毛叶珍珠花,疏毛南烛,小豆柴,小米紫,野胡椒,油萝树);Hairleaf Lyonia, Hairy Lyonia, Hairyleaf Lyonia, Hairy-leaved Lyonia ●

239407 Lyonia villosa (Hook. f. ex C. B. Clarke) Hand. -Mazz. var. pubescens (Franch.) Judd = Lyonia villosa (Hook. f. ex C. B. Clarke) Hand. -Mazz. ●

239408 Lyonia villosa (Hook. f. ex C. B. Clarke) Hand. -Mazz. var. pubescens (Franch.) Judd;毛脉珍珠花;Pubescent Hairyleaf Lyonia ●

239409 Lyonia villosa (Hook. f. ex C. B. Clarke) Hand. -Mazz. var. sphaerantha (Hand. -Mazz.) Hand. -Mazz.;光叶珍珠花(球花毛叶珍珠花)●

239410 Lyonnetia Cass. = Anthemis L. ■

239411 Lyonothamnus A. Gray(1885);铁蔷薇属(卡特莱纳铁木属);Catalina Ironwood ●☆

239412 Lyonothamnus asplenifolius Greene;蕨叶铁蔷薇(蕨叶卡特莱纳铁木,铁角蕨叶卡特莱纳铁木);Santa Cruz Island Ironwood ●☆

239413 Lyonothamnus floribundus A. Gray;铁蔷薇(卡特莱纳铁木);Catalina Ironwood ●☆

239414 Lyonothamnus floribundus A. Gray f. asplenifolius Franceschi = Lyonothamnus asplenifolius Greene ●☆

239415 Lyonothamnus floribundus A. Gray subsp. asplenifolius (Greene) P. H. Raven = Lyonothamnus asplenifolius Greene ●☆

239416 Lyonothamnus floribundus A. Gray var. asplenifolius Brandegee = Lyonothamnus asplenifolius Greene ●☆

239417 Lyonsia R. Br. = Parsonsia R. Br.(保留属名)●

239418 Lyonsia Raf. = Lyonia Elliott ●☆

239419 Lyonsia Raf. = Metastelma R. Br. ●☆

239420 Lyperanthus R. Br.(1810);蕨叶梅属■☆

239421 Lyperanthus suaveolens R. Br.;褐蕨叶梅;Brown Beaks ■☆

239422 Lyperia Benth.(1836);南非苦玄参属■☆

239423 Lyperia Benth. = Sutera Roth ■●☆

239424 Lyperia Salisb. = Fritillaria L. ■

239425 Lyperia Salisb. = Theresia K. Koch ■

239426 Lyperia acutiloba Pilg. = Jamesbrittenia acutiloba (Pilg.) Hilliard ■☆

239427 Lyperia amplexicaulis Benth. = Jamesbrittenia amplexicaulis (Benth.) Hilliard ■☆

239428 Lyperia antirrhinoides (L. f.) Hilliard;金鱼草苦玄参■☆

239429 Lyperia argentea (L. f.) Benth. = Jamesbrittenia argentea (L. f.) Hilliard ■☆

239430 Lyperia aspalathoides Benth. = Jamesbrittenia aspalathoides (Benth.) Hilliard ■☆

239431 Lyperia atropurpurea Benth. = Jamesbrittenia atropurpurea (Benth.) Hilliard ■☆

239432 Lyperia breviflora Schltr. = Jamesbrittenia breviflora (Schltr.) Hilliard ■☆

239433 Lyperia burkeana Benth. = Jamesbrittenia burkeana (Benth.) Hilliard ■☆

239434 Lyperia canescens Benth. = Jamesbrittenia canescens (Benth.) Hilliard ■☆

239435 Lyperia confusa Dinter = Jamesbrittenia canescens (Benth.) Hilliard var. seineri (Pilg.) Hilliard ■☆

239436 Lyperia corymbosa (Marloth et Engl.) N. E. Br. = Camptoloma rotundifolia Benth. ■☆

239437 Lyperia crassicaulis Benth. = Jamesbrittenia crassicaulis (Benth.) Hilliard ■☆

239438 Lyperia crocea Eckl. ex Benth. = Jamesbrittenia atropurpurea (Benth.) Hilliard ■☆

239439 Lyperia cuneata Benth. = Jamesbrittenia argentea (L. f.) Hilliard ■☆

239440 Lyperia diandra E. Mey. = Lyperia violacea (Link ex Jaroscz) Benth. ■☆

239441 Lyperia dinteri Diels ex Pilg. = Jamesbrittenia huillana (Diels) Hilliard ■☆

239442 Lyperia elegantissima Schinz = Jamesbrittenia elegantissima (Schinz) Hilliard ■☆

239443 Lyperia filicaulis Benth. = Jamesbrittenia filicaulis (Benth.) Hilliard ■☆

239444 Lyperia foliolosa Benth. = Jamesbrittenia foliolosa (Benth.) Hilliard ■☆

239445 Lyperia formosa Hilliard;美丽苦玄参■☆

239446 Lyperia fragrans Benth. = Lyperia lychnidea (L.) Druce ■☆

239447 Lyperia fruticosa Benth. = Jamesbrittenia fruticosa (Benth.) Hilliard ■☆

239448 Lyperia glutinosa Benth. = Jamesbrittenia glutinosa (Benth.) Hilliard ■☆

239449 Lyperia grandiflora Galpin = Jamesbrittenia grandiflora (Galpin) Hilliard ■☆

239450 Lyperia incisa (Thunb.) Benth. = Jamesbrittenia incisa (Thunb.) Hilliard ●☆

239451 Lyperia integerrima Benth. = Jamesbrittenia integerrima

(Benth.) Hilliard ■☆
239452 Lyperia kraussiana (Bernh.) Benth. = Jamesbrittenia kraussiana (Bernh.) Hilliard ■☆
239453 Lyperia kraussiana (Bernh.) Benth. var. latifolia Benth. = Jamesbrittenia argentea (L. f.) Hilliard ■☆
239454 Lyperia litoralis Schinz = Jamesbrittenia fruticosa (Benth.) Hilliard ■☆
239455 Lyperia longituba Dinter = Jamesbrittenia huillana (Diels) Hilliard ■☆
239456 Lyperia lychnidea (L.) Druce;剪秋罗苦玄参■☆
239457 Lyperia macrocarpa Benth. = Lyperia lychnidea (L.) Druce ■☆
239458 Lyperia major Pilg. = Jamesbrittenia major (Pilg.) Hilliard ■☆
239459 Lyperia micrantha Klotzsch = Jamesbrittenia micrantha (Klotzsch) Hilliard ■☆
239460 Lyperia microphylla (L. f.) Benth. = Jamesbrittenia microphylla (L. f.) Hilliard ■☆
239461 Lyperia mollis Benth. = Jamesbrittenia pinnatifida (L. f.) Hilliard ■☆
239462 Lyperia multifida Benth. = Jamesbrittenia aurantiaca (Burch.) Hilliard ■☆
239463 Lyperia pallida Pilg. = Jamesbrittenia pallida (Pilg.) Hilliard ■☆
239464 Lyperia pedicellata Klotzsch = Jamesbrittenia micrantha (Klotzsch) Hilliard ■☆
239465 Lyperia pedunculata (Andréws) Benth. = Jamesbrittenia argentea (L. f.) Hilliard ■☆
239466 Lyperia phlogiflora Benth. = Jamesbrittenia phlogiflora (Benth.) Hilliard ■☆
239467 Lyperia pilgeriana Dinter = Jamesbrittenia pilgeriana (Dinter) Hilliard ■☆
239468 Lyperia pinnatifida (L. f.) Benth. = Jamesbrittenia pinnatifida (L. f.) Hilliard ■☆
239469 Lyperia pinnatifida (L. f.) Benth. var. canescens Benth. = Jamesbrittenia filicaulis (Benth.) Hilliard ■☆
239470 Lyperia pinnatifida (L. f.) Benth. var. macrophylla Benth. = Jamesbrittenia aurantiaca (Burch.) Hilliard ■☆
239471 Lyperia pinnatifida (L. f.) Benth. var. microphylla Benth. = Jamesbrittenia albanensis Hilliard ■☆
239472 Lyperia pinnatifida (L. f.) Benth. var. subbipinnatisecta Benth. = Jamesbrittenia filicaulis (Benth.) Hilliard ■☆
239473 Lyperia pinnatifida (L. f.) Benth. var. subcanescens Benth. = Jamesbrittenia foliolosa (Benth.) Hilliard ■☆
239474 Lyperia pinnatifida (L. f.) Benth. var. visco-pubescens Benth. = Jamesbrittenia filicaulis (Benth.) Hilliard ■☆
239475 Lyperia punicea N. E. Br. = Jamesbrittenia breviflora (Schltr.) Hilliard ■☆
239476 Lyperia racemosa Benth. = Jamesbrittenia racemosa (Benth.) Hilliard ■☆
239477 Lyperia seineri Pilg. = Jamesbrittenia canescens (Benth.) Hilliard var. seineri (Pilg.) Hilliard ■☆
239478 Lyperia simplex Benth. = Lyperia tristis (L. f.) Benth. ■☆
239479 Lyperia squarrosa Pilg. = Jamesbrittenia integerrima (Benth.) Hilliard ■☆
239480 Lyperia stricta Benth. = Jamesbrittenia stricta (Benth.) Hilliard ■☆
239481 Lyperia tenuiflora Benth.;细花苦玄参■☆
239482 Lyperia tenuifolia Bernh. = Jamesbrittenia tenuifolia (Bernh.) Hilliard ■☆
239483 Lyperia tomentosa Pilg. = Jamesbrittenia thunbergii (G. Don) Hilliard ■☆
239484 Lyperia tortuosa Benth. = Jamesbrittenia tortuosa (Benth.) Hilliard ■☆
239485 Lyperia tristis (L. f.) Benth.;暗淡苦玄参■☆
239486 Lyperia violacea (Link ex Jaroscz) Benth.;堇色苦玄参■☆
239487 Lyperia zambesica R. E. Fr. = Jamesbrittenia zambesica (R. E. Fr.) Hilliard ■☆
239488 Lyperodendron Willd. ex Meisn. = Coccoloba P. Browne(保留属名)●
239489 Lyprolepis Steud. = Kyllinga Rottb.(保留属名)■
239490 Lyraea Lindl. = Bulbophyllum Thouars(保留属名)■
239491 Lyriloma Schltdl. = Lysiloma Benth. ●☆
239492 Lyriodendron DC. = Liriodendron L. ●
239493 Lyrionotus K. Scbum. = Lysionotus D. Don ●
239494 Lyrocarpa Hook. et Harv. (1845);琴果芥属■☆
239495 Lyrocarpa coulteri Hook. et Harv.;琴果芥■☆
239496 Lyrocarpa linearifolia Rollins;线叶琴果芥■☆
239497 Lyrocarpus Post et Kuntze = Lyrocarpa Hook. et Harv. ■☆
239498 Lyrochilus Szlach. (2008);巴西狭喙兰属■☆
239499 Lyrochilus Szlach. = Stenorrhynchos Rich. ex Spreng. ■☆
239500 Lyroglossa Schltr. = Stenorrhynchos Rich. ex Spreng. ■☆
239501 Lyrolepis Rech. f. = Carlina L. ■●
239502 Lysanthe Salisb ex Knight(废弃属名) = Grevillea R. Br. ex Knight(保留属名)●
239503 Lysanthe Salisb. = Grevillea R. Br. ex Knight(保留属名)●
239504 Lysanthe Salisb. ex Knight = Grevillea R. Br. ex Knight(保留属名)●
239505 Lysiana Tiegh. (1894);露西寄生属●☆
239506 Lysiana casuarinae (Miq.) Tiegh.;露西寄生●☆
239507 Lysiana linearifolia Tiegh.;线叶露西寄生●☆
239508 Lysianthima Adans. = Lisianthus P. Browne ■☆
239509 Lysias Salisb = Platanthera Rich.(保留属名)■
239510 Lysias Salisb. ex Rydb. = Platanthera Rich.(保留属名)■
239511 Lysias hookeriana (Torr. ex A. Gray) Rydb. = Platanthera hookeri (Torr. ex A. Gray) Lindl. ■☆
239512 Lysias macrophylla (Goldie) House = Platanthera macrophylla (Goldie) P. M. Br. ■☆
239513 Lysias orbiculata (Pursh) Rydb. = Platanthera orbiculata (Pursh) Lindl. ■☆
239514 Lysicarpus F. Muell. (1858);琴果桃金娘属●☆
239515 Lysicarpus ternifolius F. Muell.;琴果桃金娘●☆
239516 Lysichiton Schott(1857);沼芋属(观音莲属,水芭蕉属);Lysidice, Skunk Cabbage, Skunk-cabbage ■☆
239517 Lysichiton americanum Hultén et H. St. John;黄苞沼芋(美洲观音莲);American Skunk-cabbage, Skunk Cabbage, Skunk-cabbage, Yellow Skunk-cabbage ■☆
239518 Lysichiton camtschatcense (L.) Schott;勘察加沼芋(观音莲);Asian Skunk-cabbage ■☆
239519 Lysichitum Schott = Lysichiton Schott ■☆
239520 Lysichitum camtschatcense (L.) Schott = Lysichiton camtschatcense (L.) Schott ■☆
239521 Lysichlamys Compton = Euryops (Cass.) Cass. ●■☆
239522 Lysichlamys erecta Compton = Euryops erectus (Compton) B. Nord. ●☆

239523 Lysichlamys muirii (C. A. Sm.) Compton = Euryops muirii C. A. Sm. ●☆

239524 Lysiclesia A. C. Sm. = Orthaea Klotzsch ●☆

239525 Lysidice Hance(1867);仪花属(广檀木属,龙眼参属,麻黏木属,麻轧木属,铁罗伞属,仪花木属);Lysidice ●

239526 Lysidice brevicalyx C. F. Wei;短萼仪花(麻轧木);Shortcalyx Lysidice,Short-calyxed Lysidice ●

239527 Lysidice rhodostegia Hance;仪花(单刀根,广檀木,红花树,假格木,假花,龙眼参,麻乱木,麻糖木,铁罗伞);Redbracted Lysidice,Red-bracted Lysidice ●

239528 Lysidice rhodostegia Hance = Lysidice brevicalyx C. F. Wei ●

239529 Lysiella Rydb. = Platanthera Rich.(保留属名)■

239530 Lysiella nevskii Aver. = Platanthera minutiflora Schltr. ■

239531 Lysiella obtusata (Banks ex Pursh) Rydb. = Platanthera obtusata (Banks ex Pursh) Lindl. ■☆

239532 Lysiella oligantha (Turcz.) Nevski;寡花舌唇兰■☆

239533 Lysiloma Benth. (1844);马肉豆属(大托叶合欢属,平荚木属)●☆

239534 Lysiloma acapulcensis (Kunth) Benth.;阿卡马肉豆(阿卡平荚木)●☆

239535 Lysiloma acapulcensis Benth. = Lysiloma acapulcensis (Kunth) Benth. ●☆

239536 Lysiloma bahamensis Benth.;马肉豆●☆

239537 Lysiloma divaricata (Briq.) J. F. Macbr.;极叉马肉豆(极叉平荚木)●☆

239538 Lysiloma latisiliqua Benth.;宽长果马肉豆;Sabicu ●☆

239539 Lysiloma microphyllum Benth.;小叶马肉豆●☆

239540 Lysiloma sabicu Benth.;萨比库马肉豆;Horseflesh Mahogany ●☆

239541 Lysiloma watsonii Rose;沙地马肉豆;Desert Fern,Feather Bush ●☆

239542 Lysima Medik. = Lysimachia L. ●■

239543 Lysimachia L. (1753);珍珠菜属(过路黄属,假珍珠菜属,排草属,香草属,星宿菜属);Loosestrife,Pearweed,Spicegrass,Yellow Loosestrife ●■

239544 Lysimachia acroadenia Maxim.;银铃花(野靛)■☆

239545 Lysimachia africana Engl.;非洲珍珠菜■☆

239546 Lysimachia albescens Franch.;云南过路黄;Yunnan Loosestrife ■

239547 Lysimachia alfredii Hance;广西过路黄(斑筒花,斗笠花,虎头黄,立莲花,笠麻花,时花草,四叶一枝花);Alfred Loosestrife,Guangxi Loosestrife ■

239548 Lysimachia alfredii Hance var. chrysosplenioides (Hand.-Mazz.) F. H. Chen et C. M. Hu;小广西过路黄;Small Guangxi Loosestrife ■

239549 Lysimachia alpestris Champ. ex Benth.;香港过路黄(无茎过路黄);Alpine Loosestrife,Hongkong Loosestrife ■

239550 Lysimachia alternifolia Wall.;互生珍珠菜(互生叶珍珠菜);Alternate-leaved Loosestrife ■☆

239551 Lysimachia ambigua C. Y. Wu = Lysimachia hemslei Franch. ■

239552 Lysimachia angustifolia Lam. = Lysimachia lanceolata Walter ■☆

239553 Lysimachia ardisioides Masam.;台湾排香(假排草);Taiwan Loosestrife ■

239554 Lysimachia argentata L. H. Bailey = Lysimachia pseudohenryi Pamp. ■

239555 Lysimachia aspera Hand.-Mazz.;短枝香草;Shortbranch Spicegrass ■

239556 Lysimachia auriculata Hemsl.;耳叶珍珠菜(耳叶排草,二郎箭);Earleaf Pearweed ■

239557 Lysimachia baoxingensis (F. H. Chen et C. M. Hu) C. M. Hu;宝兴过路黄;Baoxing Loosestrife ■

239558 Lysimachia barystachys Bunge;重穗排草(红丝麻,红丝毛,虎尾草,狼巴草,狼尾巴草,狼尾巴花,狼尾草,狼尾花,狼尾珍珠菜,鹭鸶莲,青柱莲,青桩莲,酸溜子,靴经草,血经草,重穗珍珠菜);Heavespike Loosestrife,Manchurian Yellow Loosestrife,Tigertail Grass ■

239559 Lysimachia biflora C. Y. Wu;双花香草(对花对叶排草);Twoflower Loosestrife,Twoflower Spicegrass ■

239560 Lysimachia bodinieri Petitm. = Lysimachia paridiformis Franch. ■

239561 Lysimachia brachyandra F. H. Chen et Q. M. Hu;短蕊香草;Shortstamen Spicegrass ■

239562 Lysimachia bracteata Forrest = Lysimachia hemslei Franch. ■

239563 Lysimachia breviflora C. M. Hu;短花珍珠菜;Shortflower Pearweed ■

239564 Lysimachia brittenii R. Knuth;展枝过路黄;Britbean Loosestrife ■

239565 Lysimachia brunelloides Pax et K. Hoffm. = Lysimachia melampyroides Knuth var. brunelloides (Pax et K. Hoffm.) F. H. Chen et C. M. Hu ■

239566 Lysimachia candida Lindl.;泽珍珠菜(白水花,单条草,灵疾草,水硼砂,田菊,小硼砂,星宿菜,泽星宿菜,泽珍珠梅);White Pearweed ■

239567 Lysimachia candida Lindl. subsp. oppositifolia R. Knuth = Lysimachia stenosepala Hemsl. ■

239568 Lysimachia candida Lindl. var. depauperata Merr. = Lysimachia candida Lindl. ■

239569 Lysimachia candida Lindl. var. leucantha (Miq.) Makino = Lysimachia leucantha Miq. ■

239570 Lysimachia candida Lindl. var. microphylla Franch. = Lysimachia parvifolia Franch. ■

239571 Lysimachia capillipes Hemsl.;细梗香草(合血香,满山香,毛柄珍珠菜,排草,排草香,排香,排香草,麝香排草,香草,香排草);Hairystalk Spicegrass ■

239572 Lysimachia capillipes Hemsl. var. cavaleriei (H. Lév.) Hand.-Mazz.;石山细梗香草;Cavalerie Spicegrass ■

239573 Lysimachia carinata Y. Y. Fang et C. Z. Cheng;阳朔过路黄;Yangshuo Loosestrife ■

239574 Lysimachia cauliflora C. Y. Wu;茎花香草(茎花排草);Stemflower Spicegrass ■

239575 Lysimachia cephalantha R. Knuth = Lysimachia phyllocephala Hand.-Mazz. ■

239576 Lysimachia cephalantha R. Knuth = Lysimachia remota Petitm. ■

239577 Lysimachia chapaensis Merr.;近总序香草;Racemiformis Spicegrass ■

239578 Lysimachia chekiangensis C. C. Wu;浙江过路黄;Zhejiang Loosestrife ■

239579 Lysimachia chenopodioides Watt ex Hook. f.;藜状珍珠菜;Goosefootlike Pearweed ■

239580 Lysimachia chikungensis Bailey;长穗珍珠菜;Longspike Loosestrife,Longspike Pearweed ■

239581 Lysimachia chingshuiensis C. I. Peng et C. M. Hu;清水山过路黄;Qingshui Loosestrife ■

239582 Lysimachia christinae Hance;过路黄(白侧耳根,白耳草,半池莲,遍地黄,遍地金钱,遍地香,钵儿草,川金钱草,穿墙草,寸骨七,寸金丹,大过路黄,大金钱草,大连钱草,大叶金钱草,地钱儿,地蜈蚣,对坐草,对座草,肺风草,风草,过墙风,胡薄荷,黄疸草,江苏金钱草,金钱艾,金钱薄荷,金钱草,金钱肺筋草,九里香,连钱草,临时救,路边黄,马蹄草,马蹄筋骨草,蛮子草,破铜钱,铺地莲,千年冷,乳香藤,神仙对坐草,神仙对座草,十八缺草,水侧耳根,四川大金钱草,四川金钱草,四方雷公根,藤藤侧耳根,铁凿草,铁凿王,铜钱草,铜钱花,透骨草,透骨风,透骨消,团经药,蜈蚣草,仙人对坐草,小过路黄,小茄,巡骨风,延地蜈蚣,野薄荷,野花生,一串钱,一面锣,真金草,走游草);Christina Loosestrife ■

239583 Lysimachia christinae Hance var. intermedia Pamp. = Lysimachia christinae Hance ■

239584 Lysimachia christinae Hance var. pubescens Franch.;多毛过路黄;Pubescent Christina Loosestrife ■

239585 Lysimachia christinae Hance var. pubescens Franch. = Lysimachia christinae Hance ■

239586 Lysimachia christinae Hance var. typica Franch. = Lysimachia christinae Hance ■

239587 Lysimachia chrysosplenioides Hand.-Mazz. = Lysimachia alfredii Hance var. chrysosplenioides (Hand.-Mazz.) F. H. Chen et C. M. Hu ■

239588 Lysimachia chungdienensis C. Y. Wu;中甸珍珠菜(中甸星宿菜);Chungtien Loosestrife,Zhongdian Pearweed ■

239589 Lysimachia ciliata L.;睫毛珍珠菜;Ciliate Steironema,Fringed Loosestrife,Hairy Loosestrife ■☆

239590 Lysimachia ciliata L. var. validula (Greene ex Wooton et Standl.) Kearney et Peebles;粗壮睫毛珍珠菜■☆

239591 Lysimachia circaeoides Hemsl.;露珠珍珠菜(大红袍,大散血,对叶红线草,黄金楼,见缝合,沙红三七,水红袍,退血草,苋菜三七);Circaeashape Pearweed ■

239592 Lysimachia circaeoides Hemsl. var. lyratifolia Hand.-Mazz. = Lysimachia circaeoides Hemsl. ■

239593 Lysimachia circaeoides Hemsl. var. silvestrii Pamp. = Lysimachia silvestrii (Pamp.) Hand.-Mazz. ■

239594 Lysimachia clethroides Duby;矮桃(矮脚荷,白花蓼草,白花药,扯根菜,赤脚草,大红袍,大酸米草,调经草,高脚酸味草,狗尾巴,狗尾巴草,狗尾巴花,过路红,荷树草,红根草,红梗草,红丝毛,红头绳,虎尾珍珠菜,黄参草,活血莲,金鸡土下黄,九节莲,狼尾巴花,狼尾草,狼尾珍珠菜,劳伤药,蓼子草,毛狗尾巴,散血草,山地榆,山高粱,山马尾,山酸汤杆,伸筋散,水荷子,酸罐罐,通筋草,兔儿尾苗,尾脊草,阉鸡尾,野荷子,野七里香,珍珠菜,珍珠草);Clethra Loosestrife, Dwarfflower Loosestrife, Gooseneck Loosestrife, Gooseneck Yellow Loosestrife, White Loosestrife ■

239595 Lysimachia clethroides Duby f. semiplena (Honda) H. Hara;半重瓣矮桃■☆

239596 Lysimachia confertifolia C. Y. Wu = Lysimachia petelotii Merr. ■

239597 Lysimachia congestiflora Hemsl.;临时救(丛生花珍珠菜,大疮药,风寒草,过路黄,红头绳,黄花草,黄花珠,九莲灯,聚花过路黄,爬地黄,匍地龙,台湾珍珠菜,瞎眼蛇药,小风寒,小过路黄);Denseflower Loosestrife,Golden Globes ■

239598 Lysimachia congestiflora Hemsl. var. atronervata C. C. Wu = Lysimachia congestiflora Hemsl. ■

239599 Lysimachia congestiflora Hemsl. var. kwangdongensis Hand.-Mazz. = Lysimachia kwangdongensis (Hand.-Mazz.) C. M. Hu ■

239600 Lysimachia consobrina Hance = Lysimachia decurrens G. Forst. ■

239601 Lysimachia cordifolia Hand.-Mazz.;心叶香草;Heartleaf Spicegrass ■

239602 Lysimachia crassifolia C. Z. Gao et D. Fang;厚叶香草(四棱牡丹);Thickleaf Spicegrass ■

239603 Lysimachia crispidens (Hance) Hemsl.;异花珍珠菜;Warytooth Loosestrife ■

239604 Lysimachia crista-galli Pamp. ex Hand.-Mazz.;距萼过路黄;Spursepal Loosestrife ■

239605 Lysimachia davurica Ledeb. = Lysimachia vulgaris L. var. davurica (Ledeb.) R. Knuth ■

239606 Lysimachia debilis Wall.;南亚过路黄;Weak Loosestrife ■

239607 Lysimachia debilis Wall. = Lysimachia japonica Thunb. ■

239608 Lysimachia decurrens G. Forst.;延叶珍珠菜(白当归,黑疔草,马兰花,狮子草,下延叶排草,异叶珍珠菜);Decurrent Pearweed ■

239609 Lysimachia decurrens G. Forst. var. acroadenia Makino = Lysimachia acroadenia Maxim. ■☆

239610 Lysimachia decurrens G. Forst. var. brunelloides (Pax et K. Hoffm.) Hand.-Mazz. = Lysimachia melampyroides Knuth var. brunelloides (Pax et K. Hoffm.) F. H. Chen et C. M. Hu ■

239611 Lysimachia decurrens G. Forst. var. eulecurrens R. Knuth = Lysimachia decurrens G. Forst. ■

239612 Lysimachia decurrens G. Forst. var. platypetala R. Knuth = Lysimachia platypetala Franch. ■

239613 Lysimachia decurrens G. Forst. var. recurvata Matsum. = Lysimachia decurrens G. Forst. ■

239614 Lysimachia delavayi Franch.;金江珍珠菜(丽江假露珠草,丽江星宿菜);Delavay Pearweed ■

239615 Lysimachia deltoidea Wight;三角叶过路黄;Deltoid Loosestrife,Triangleleaf Loosestrife ■

239616 Lysimachia deltoidea Wight var. brunnelloides (Pax et K. Hoffm.) Hand.-Mazz. = Lysimachia melampyroides Knuth var. brunelloides (Pax et K. Hoffm.) F. H. Chen et C. M. Hu ■

239617 Lysimachia deltoidea Wight var. cinerascens Franch.;小寸金黄(小茄);Ashgrey Loosestrife ■

239618 Lysimachia deltoidea Wight var. glabra Bonati = Lysimachia engleri R. Knuth var. glabra (Bonati) F. H. Chen et C. M. Hu ■

239619 Lysimachia deltoidea Wight var. typica R. Knuth = Lysimachia remota Petitm. ■

239620 Lysimachia drymarifolia Franch.;锈毛过路黄(长梗过路黄);Rustyhair Loosestrife ■

239621 Lysimachia drymarifolia Franch. var. grandiflora Bonati = Lysimachia drymarifolia Franch. ■

239622 Lysimachia dubia Sol. = Lysimachia dubia Willd. ■☆

239623 Lysimachia dubia Willd.;可疑过路黄■☆

239624 Lysimachia duclouxii Bonati = Lysimachia albescens Franch. ■

239625 Lysimachia dushanensis F. H. Chen et C. M. Hu;独山香草;Dushan Spicegrass,Tushan Loosestrife ■

239626 Lysimachia engleri R. Knuth;思茅香草(思茅过路黄);Engler Spicegrass ■

239627 Lysimachia engleri R. Knuth var. glabra (Bonati) F. H. Chen et C. M. Hu;小思茅香草;Glabrous Spicegrass ■

239628 Lysimachia ephemerum L.;欧珍珠菜(一日花珍珠菜)■☆

239629 Lysimachia erosipetala F. H. Chen et C. M. Hu;尖瓣过路黄;Sharppetal Loosestrife ■

239630 Lysimachia esquirolii (H. Lév.) Lauener = Lysimachia fooningensis C. Y. Wu ■

239631 Lysimachia esquirolii Bonati;长柄过路黄;Longstalk Loosestrife ■

239632 Lysimachia esquirolii Bonati = Lysimachia pseudohenryi Pamp. ■

239633 Lysimachia evalvis Wall.;不裂果香草(无瓣珍珠菜);

Indehiscentfruit Spicegrass, Valveless Loosestrife ■

239634 Lysimachia evalvis Wall. = Lysimachia lancifolia Craib ■

239635 Lysimachia excisa Hand. -Mazz.;短柱珍珠菜;Shortstigma Pearweed ■

239636 Lysimachia fargesii Franch. = Lysimachia christinae Hance ■

239637 Lysimachia filipes C. Z. Gao et D. Fang;纤柄香草(排草);Thinstipe Spicegrass ■

239638 Lysimachia fistulosa Hand. -Mazz.;管茎过路黄(头顶一枝花);Tubestem Loosestrife ■

239639 Lysimachia fistulosa Hand. -Mazz. var. wulingensis F. H. Chen et C. M. Hu;五岭管茎过路黄;Lingnan Loosestrife ■

239640 Lysimachia foenum-graecum Hance;灵香草(矮荷子,矮桃草,拔血红,百煎草,赤脚草,大田基黄,丹阳香,地木回,定经草,多揭罗,广灵香,广零陵香,红灯心,红根草,红根排草,红根子,红梗草,红脚菜,红筋草,红筋子,红七草,红气根,红头绳,红香子,黄脚鸡,黄陵草,黄零草,黄鳅窜,黄鳝草,蕙,蕙草,假辣蓼,尖叶子,金鸡脚,灵草,苓香,铃铃香,铃子草,铃子香,陵草,陵陵香,陵子香,零草,零陵香,零零香,零香草,令令香,麻雀利,满山香,闹虫草,泥鳅菜,排草,平南香,驱蛔虫草,散血草,师香草,石苜蓿,使香,水柯,田岸柴,蛙霓草,芜草,香草,星宿菜,醒头香,血丝草,熏,熏草,熏香,熏衣草,芫香,燕草,云香草);Fragrant Loosestrife, Strongfragrant Spicegrass ■

239641 Lysimachia fooningensis C. Y. Wu;富宁香草;Funing Spicegrass ■

239642 Lysimachia fordiana Oliv.;大叶过路黄(大叶排草);Ford Loosestrife ■

239643 Lysimachia formosana Honda;蓬莱珍珠菜(蓬莱珍)■

239644 Lysimachia formosana Honda = Lysimachia remota Petitm. ■

239645 Lysimachia fortunei Maxim.;红根草(矮荷子,矮桃草,拔血红,百煎草,赤脚草,大田基黄,大叶田基黄,地木回,定经草,红灯心,红根排草,红根子,红梗草,红梗排草,红脚菜,红脚兰,红筋草,红七草,红气根,红头绳,红香子,黄脚鸡,黄鳅窜,黄鳝草,假辣蓼,金鸡脚,流民草,拢血红,麻疯草,麻雀利,泥鳅菜,散血草,水柯,宿星菜,酸菜草,田岸柴,瓦霓草,星宿菜,星宿草,血丝草,沼虎尾);Fortune Loosestrife, Redroot Loosestrife ■

239646 Lysimachia fortunei Maxim. var. pubescens Pamp. = Lysimachia fortunei Maxim. ■

239647 Lysimachia fragrans Hayata = Lysimachia capillipes Hemsl. ■

239648 Lysimachia fragrans Hayata = Lysimachia navillei (H. Lév.) Hand. -Mazz. var. hainanensis F. H. Chen et C. M. Hu ●■

239649 Lysimachia fragrans Hayata = Lysimachia petelotii Merr. ■

239650 Lysimachia franchetii R. Knuth = Lysimachia hemslei Franch. ■

239651 Lysimachia fukienensis Hand. -Mazz.;福建过路黄(福建排草);Fujian Loosestrife, Fukien Loosestrife ■

239652 Lysimachia garrettii H. R. Fletcher;南香草;Garrett Loosestrife ■

239653 Lysimachia garrettii H. R. Fletcher = Lysimachia jingdongensis F. H. Chen et C. M. Hu ■

239654 Lysimachia garrettii H. R. Fletcher = Lysimachia microcarpa C. Y. Wu ■

239655 Lysimachia garrettii H. R. Fletcher = Lysimachia sikokiana Miq. ■

239656 Lysimachia glanduliflora Hanelt;縫瓣珍珠菜;Glandular Dotted Pearweed ■

239657 Lysimachia glandulosa R. Knuth = Lysimachia alternifolia Wall. ■☆

239658 Lysimachia glandulosa R. Knuth = Lysimachia chenopodioides Watt ex Hook. f. ■

239659 Lysimachia glandulosa R. Knuth = Lysimachia christinae Hance ■

239660 Lysimachia glaucina Franch.;灰叶珍珠菜(苍白过路黄,高粱草);Greyleaf Pearweed ■

239661 Lysimachia graminica Hance;金爪儿(红苦藤菜,金瓜儿,雷公须,路边黄,爬地黄,枪伤药,五星黄,小救驾,小苦藤菜,小茄);Striate Loosestrife ■

239662 Lysimachia graminica Hance var. major Pamp. = Lysimachia graminica Hance ■

239663 Lysimachia grandiflora (Franch.) Hand. -Mazz.;大花排草(大花香草);Bigflower Spicegrass ■

239664 Lysimachia gymnocephala Hand. -Mazz.;裸头过路黄(对生黄花叶,路旁双叶草);Nakedhead Spicegrass ■

239665 Lysimachia gymnocephala Hand. -Mazz. = Lysimachia congestiflora Hemsl. ■

239666 Lysimachia hemslei Franch.;叶苞过路黄;Franchet Loosestrife, Leafbract Loosestrife ■

239667 Lysimachia hemsleiana Maxim.;点腺过路黄(少女排草);Hemsle Loosestrife ■

239668 Lysimachia henryi Hemsl.;宜昌过路黄(柳叶落地梅);Henry Loosestrife, Yichang Loosestrife ■

239669 Lysimachia henryi Hemsl. var. guizhoensis C. M. Hu;贵州过路黄;Guizhou Loosestrife ■

239670 Lysimachia heterobotrys F. H. Chen et C. M. Hu;邕宁香草;Yongning Spicegrass ■

239671 Lysimachia heterogenea Klatt;黑腺珍珠菜(满天星);Blackglandule Pearweed ■

239672 Lysimachia heterophylla D. Don = Lysimachia pyramidalis Wall. ■☆

239673 Lysimachia hui Diels ex Hand. -Mazz.;胡氏排草(地黄花草,黄花草,黄花珠,九连灯,九莲灯,临时救,铺地黄,匍地龙);Hu Loosestrife ■

239674 Lysimachia hui Diels ex Hand. -Mazz. = Lysimachia congestiflora Hemsl. ■

239675 Lysimachia hui Hand. -Mazz. = Lysimachia fortunei Maxim. ■

239676 Lysimachia huitsunae S. S. Chien;白花过路黄;Whiteflower Loosestrife ■

239677 Lysimachia humifusa R. Knuth = Lysimachia parvifolia Franch. ■

239678 Lysimachia hupehensis Pamp. = Lysimachia crispidens (Hance) Hemsl. ■

239679 Lysimachia hybrida Michx.;杂种过路黄;Lance-leaved Loosestrife, Loosestrife, Lowland Yellow Loosestrife, Mississippi-valley Loosestrife, River Loosestrife ■☆

239680 Lysimachia hypericoides Hemsl.;巴山过路黄(红毛对筋草);Bashan Loosestrife, St. Johnswort-like Loosestrife ■

239681 Lysimachia inaperta C. M. Hu et F. N. Wei;长萼香草;Longcalyx Spicegrass ■

239682 Lysimachia inconspicua Miq. = Lysimachia candida Lindl. ■

239683 Lysimachia insignis Hemsl.;三叶香草(八爪金龙,跌打鼠,节骨草,节骨风,解毒草,奇异排草,三块瓦,三叶排草,三叶珍珠草,三张叶,三支叶);Threeleaf Spicegrass ■

239684 Lysimachia insignis Hemsl. f. flaviflora Lock. = Lysimachia insignis Hemsl. ■

239685 Lysimachia involucrata Hemsl. = Lysimachia rubiginosa Hemsl. ■

239686 Lysimachia iteophylla C. Y. Wu = Lysimachia henryi Hemsl. ■

239687 Lysimachia japonica Thunb.;小茄(日本珍珠菜,似茄排草);Japan Loosestrife, Japanese Loosestrife, Japanese Yellow Loosestrife ■

239688 Lysimachia japonica Thunb. = Lysimachia siamensis Bonati ■

239689 Lysimachia japonica Thunb. f. subsessilis (F. Maek. ex H. Hara) Murata;无柄小茄■☆

239690 Lysimachia japonica Thunb. subsp. papuana (S. Moore) Y. J. Nasir;巴布亚香草■☆

239691 Lysimachia japonica Thunb. var. cephalantha Franch. = Lysimachia congestiflora Hemsl. ■

239692 Lysimachia japonica Thunb. var. formosana (Honda) S. S. Ying = Lysimachia remota Petitm. ■

239693 Lysimachia japonica Thunb. var. minutissima Masam.;微小茄■☆

239694 Lysimachia japonica Thunb. var. papuana S. Moore = Lysimachia japonica Thunb. subsp. papuana (S. Moore) Y. J. Nasir ■☆

239695 Lysimachia japonica Thunb. var. thunbergii ? = Lysimachia japonica Thunb. ■

239696 Lysimachia javanica Blume;爪哇珍珠菜(蛮刀背);Javan Loosestrife ■

239697 Lysimachia javanica Blume var. formosana (Honda) S. S. Ying = Lysimachia japonica Thunb. ■

239698 Lysimachia jiangxiensis C. M. Hu;江西珍珠菜;Jiangxi Pearlweed ■

239699 Lysimachia jingdongensis F. H. Chen et C. M. Hu;景东香草(小果排草,小果香草);Jingdong Spicegrass ■

239700 Lysimachia klattiana Hance;轮叶过路黄(黄开口,见血住,克氏排草,老虎脚迹草,轮叶排草);Whorlleaf Loosestrife ■

239701 Lysimachia klattiana Hance var. pseudoklattiana Bonati = Lysimachia henryi Hemsl. ■

239702 Lysimachia kwangdongensis (Hand. -Mazz.) C. M. Hu;广东临时救;Guangdong Loosestrife,Kwangtung Loosestrife ■

239703 Lysimachia lanceolata Walter;剑叶珍珠菜;Lance-leaved Loosestrife,Loosestrife ■☆

239704 Lysimachia lanceolata Walter var. angustifolia (Lam.) A. Gray = Lysimachia lanceolata Walter ■☆

239705 Lysimachia lancifolia Craib;长叶香草(长叶排香);Longleaf Spicegrass ■

239706 Lysimachia latronum H. Lév. et Vaniot = Lysimachia christinae Hance ■

239707 Lysimachia laxa Baudo;多枝香草(多枝排草,分枝珍珠菜);Loose Spicegrass,Ramose Loosestrife ■

239708 Lysimachia legendrei Bonati = Lysimachia christinae Hance ■

239709 Lysimachia leschenaultii Duby;莱氏珍珠菜;Leschenault Loosestrife ■☆

239710 Lysimachia leucantha Miq.;湿地珍珠菜(白花珍珠菜)■

239711 Lysimachia leveillei Petitm. = Lysimachia deltoidea Wight var. cinerascens Franch. ■

239712 Lysimachia lichiangensis Forrest;丽江珍珠菜(丽江珍珠梅);Lijiang Loosestrife,Likiang Loosestrife,White Loosestrife ■

239713 Lysimachia lichiangensis Forrest var. robusta C. Y. Wu = Lysimachia lichiangensis Forrest ■

239714 Lysimachia limprichtii Pax et K. Hoffm. = Lysimachia omeiensis Hemsl. ■

239715 Lysimachia linearifolia Griff. ex Kurz;线叶珍珠菜;Linearifolious Loosestrife ■

239716 Lysimachia lineariloba Hook. et Arn. = Lysimachia mauritiana Lam. ■

239717 Lysimachia linguiensis C. Z. Gao;临桂香草(乌龟草);Lingui Spicegrass ■

239718 Lysimachia liui F. H. Chen;红头索;Red Pearlweed ■

239719 Lysimachia liukiuensis Hatus.;琉球珍珠菜■☆

239720 Lysimachia lobelioides Wall.;长蕊珍珠菜(八面风,白花丹,刀口药,地胡椒,狗咬药,旱仙桃,花白丹,花被单,花汗菜,假半枝莲,乳肿药);Longstamen Pearlweed ■

239721 Lysimachia longifolia Pursh = Lysimachia quadriflora Sims ■☆

239722 Lysimachia longipes Hemsl.;长梗过路黄(长梗排草);Longstalk Loosestrife ■

239723 Lysimachia longipes Hemsl. f. simplicicaulis S. S. Chien = Lysimachia longipes Hemsl. ■

239724 Lysimachia longisepala G. Forrest = Lysimachia hemslei Franch. ■

239725 Lysimachia longshengensis G. Z. Li et S. C. Tang = Lycianthes lysimachioides (Wall.) Bitter ■

239726 Lysimachia lychnoides F. H. Chen et C. M. Hu;假琴叶过路黄;False Lyrateleaf Loosestrife ■

239727 Lysimachia mauritiana Lam.;滨海珍珠菜(滨海珍珠草,滨排草,茅毛珍珠菜);Maurit Pearlweed ■

239728 Lysimachia mauritiana Lam. f. rorea (Masam.) Okuyama;粉滨海珍珠菜■☆

239729 Lysimachia mauritiana Lam. var. rubida (Koidz.) T. Yamaz.;红滨海珍珠菜■☆

239730 Lysimachia mauritiana Lam. var. taiwaniana S. S. Ying = Lysimachia mauritiana Lam. ■

239731 Lysimachia medogensis F. H. Chen et C. M. Hu;墨脱珍珠菜;Motuo Pearlweed ■

239732 Lysimachia melampyroides Knuth;山萝过路黄(女娄菜过路黄);Cowwheat-like Loosestrife ■

239733 Lysimachia melampyroides Knuth var. amplexicaulis F. H. Chen et C. M. Hu;抱茎山萝过路黄;Amplexicaul Cowwheat-like Loosestrife ■

239734 Lysimachia melampyroides Knuth var. brunelloides (Pax et K. Hoffm.) F. H. Chen et C. M. Hu;小山萝过路黄;Small Cowwheat-like Loosestrife ■

239735 Lysimachia microcarpa C. Y. Wu;小果香草(小果排草);Smallfruit Spicegrass ■

239736 Lysimachia microcarpa C. Y. Wu = Lysimachia jingdongensis F. H. Chen et C. M. Hu ■

239737 Lysimachia microcarpa C. Y. Wu var. eglandulosa C. Y. Wu;无腺小果香草;Glanduleless Smallfruit Spicegrass ■

239738 Lysimachia millietii (H. Lév.) Hand. -Mazz.;兴义香草(小花星宿草);Xingyi Spicegrass ■

239739 Lysimachia miltandra Franch. = Lysimachia stenosepala Hemsl. ■

239740 Lysimachia miyiensis Y. Y. Fang et C. Z. Cheng;米易过路黄;Miyi Loosestrife ■

239741 Lysimachia monnieri L. = Bacopa floribunda (R. Br.) Wettst. ■

239742 Lysimachia monnieri L. = Bacopa monnieri (L.) Pennell ■

239743 Lysimachia moupinensis (Franch.) R. Knuth = Lysimachia omeiensis Hemsl. ■

239744 Lysimachia moupinensis R. Knuth = Lysimachia omeiensis Hemsl. ■

239745 Lysimachia nanchuanensis C. Y. Wu;南川过路黄;S. Sichuan Loosestrife ■

239746 Lysimachia nanpingensis F. H. Chen et C. M. Hu;南平过路黄;Nanping Loosestrife ■

239747 Lysimachia navillei (H. Lév.) Hand. -Mazz.;木茎香草;Naville Spicegrass ●■

239748 Lysimachia navillei (H. Lév.) Hand. -Mazz. var. hainanensis F. H. Chen et C. M. Hu;海南木茎香草(海南木茎排草);Hainan

Naville Spicegrass ●■

239749 Lysimachia nebeliana Gilg = Lysimachia mauritiana Lam. ■

239750 Lysimachia nemora L.；黄木茎香草（丛林珍珠菜）；Mary's Clover, St Columcille's Plant, Star-flower, Wood Loosestrife, Wood Moneywort, Wood Pimpernel, Yellow Pimpernel ●☆

239751 Lysimachia nemora L. var. moupinensis Franch. = Lysimachia omeiensis Hemsl. ■

239752 Lysimachia nigrolineata Hemsl. = Lysimachia graminica Hance ■

239753 Lysimachia nigro-punctata Masam.；黑点珍珠菜；Black-punctated Spicegrass ■

239754 Lysimachia nigro-punctata Masam. = Lysimachia congestiflora Hemsl. ■

239755 Lysimachia nummularia L.；铜钱珍珠菜（草甸排草，串钱草，钱叶珍珠菜，铜钱叶草）；Creeping Charley, Creeping Jane, Creeping Jenny, Creeping Loosestrife, Creeping-charlie, Creeping-jenny, Herb Twopence, Jenny Creeper, Loosestrife, Meadow Runagates, Moneywort, Motherwort, Pennies-and-happenies, Pennywort, Rambling Sailor, Running Jenny, Strings-of-sovereigns, Wandering Jenny, Wandering Sailor, Wandering Tinker, Yellow Myrtle ■☆

239756 Lysimachia nummularia L. 'Aurea'；金色铜钱珍珠菜■☆

239757 Lysimachia nutans Nees；俯垂珍珠菜■☆

239758 Lysimachia nutantiflora F. H. Chen et C. M. Hu；垂花香草；Nutantflower Spicegrass ■

239759 Lysimachia obovata Buch. -Ham. = Lysimachia candida Lindl. ■

239760 Lysimachia obovata Buch. -Ham. ex Wall.；倒卵形珍珠菜；Obovate Loosestrife ■☆

239761 Lysimachia ohsumiensis H. Hara；日本珍珠菜■☆

239762 Lysimachia omeiensis Hemsl.；峨眉过路黄；Emei Loosestrife, Omei Amplexicaul ■

239763 Lysimachia ophelioides Hemsl.；琴叶过路黄；Lyrateleaf Loosestrife ■

239764 Lysimachia orbicularis F. H. Chen et C. M. Hu；圆瓣珍珠菜；Roundpetal Loosestrife ■

239765 Lysimachia otophora C. Y. Wu；耳柄过路黄（耳柄假獐牙菜）；Earstalk Loosestrife ■

239766 Lysimachia ovalifolia Pax et K. Hoffm. = Lysimachia hemslei Franch. ■

239767 Lysimachia ovalifolia W. L. Sha = Lysimachia capillipes Hemsl. var. cavaleriei (H. Lév.) Hand. -Mazz. ■

239768 Lysimachia ovatifolia W. L. Sha；卵叶香草；Ovateleaf Loosestrife ■

239769 Lysimachia paludicola Hemsl. = Lysimachia heterogenea Klatt ■

239770 Lysimachia paridiformis Franch.；落地梅（四大块瓦，四儿风，四块瓦，四片瓦，四叶黄，小叶星宿菜，重楼排草）；Parisshape Loosestrife ■

239771 Lysimachia paridiformis Franch. var. elliptica Forb. et Hemsl. = Lysimachia paridiformis Franch. ■

239772 Lysimachia paridiformis Franch. var. elliptica Franch. = Lysimachia paridiformis Franch. ■

239773 Lysimachia paridiformis Franch. var. stenophylla Franch.；狭叶落地梅（背花草，灯台草，公接骨丹，惊风草，惊风伞，惊风散，破凉伞，伞叶排草，四块瓦，狭叶排草，小凉伞，一把伞，追风伞，追风散）；Narrowleaf Loosestrife, Umbellateleaf Loosestrife ■

239774 Lysimachia parviflora Baker = Lysimachia ruhmeriana Vatke ■☆

239775 Lysimachia parvifolia Franch.；小叶珍珠菜（小叶过路黄，小叶星宿菜）；Littleleaf Pearweed ■

239776 Lysimachia patungensis Hand. -Mazz.；巴东过路黄（大四块瓦，铺地黄）；Badong Loosestrife, Patung Loosestrife ■

239777 Lysimachia patungensis Hand. -Mazz. f. glabrifolia C. M. Hu；光叶巴东过路黄；Smoothleaf Badong Loosestrife ■

239778 Lysimachia pauciflora C. Y. Wu = Lysimachia taliensis Bonati ■

239779 Lysimachia paxiana R. Knuth = Lysimachia auriculata Hemsl. ■

239780 Lysimachia peduncalaris Wall. ex Kurz；假过路黄（总花珍珠菜）；False Loosestrife, Peduneled Loosestrife ■

239781 Lysimachia pentapetala Bunge；狭叶珍珠菜（珍珠菜）；Fivepetal Pearweed ■

239782 Lysimachia perfoliata Hand. -Mazz.；贯叶过路黄；Perfoliate Loosestrife ■

239783 Lysimachia petelotii Merr.；阔叶假排草；Petelot Sikok Loosestrife ■

239784 Lysimachia petelotii Merr. = Lysimachia sikokiana Miq. var. petelotii (Merr.) C. M. Hu ■

239785 Lysimachia petitmenginii Bonati = Lysimachia hemslei Franch. ■

239786 Lysimachia phyllocephala Hand. -Mazz.；叶头过路黄（大过路黄，姜花草，聚叶珍珠菜，四大天王，四块瓦，痰药，头叶过路黄）；Headleaf Loosestrife ■

239787 Lysimachia phyllocephala Hand. -Mazz. var. polycephala (S. S. Chien) F. H. Chen et C. M. Hu；短毛叶头过路黄；Manyhead Headleaf Loosestrife ■

239788 Lysimachia physaloides C. Y. Wu et C. Chen；金平香草；Physalislike Spicegrass ■

239789 Lysimachia pilophora (Honda) Honda；毛梗过路黄■☆

239790 Lysimachia pittosporoides C. Y. Wu；海桐状香草；Seatunglike Spicegrass ■

239791 Lysimachia platypetala Franch.；阔瓣珍珠菜；Broadpetal Pearweed ■

239792 Lysimachia plicata Franch. ex R. Knuth = Lysimachia engleri R. Knuth var. glabra (Bonati) F. H. Chen et C. M. Hu ■

239793 Lysimachia polycephala S. S. Chien = Lysimachia phyllocephala Hand. -Mazz. var. polycephala (S. S. Chien) F. H. Chen et C. M. Hu ■

239794 Lysimachia procumbens Baudo；平铺珍珠菜；Golden Globes ■☆

239795 Lysimachia producta (A. Gray) Fernald；伸展珍珠菜；Loosestrife ■☆

239796 Lysimachia prolifera Klatt；多育星宿菜；Proliferous Loosestrife ■

239797 Lysimachia pseudohenryi Pamp.；疏头过路黄；False Henry Loosestrife ■

239798 Lysimachia pseudotrichopoda Hand. -Mazz.；鄂西香草；Falsehairstalk Loosestrife, W. Hubei Spicegrass ■

239799 Lysimachia pterantha Hemsl.；翅萼过路黄；Wingcalyx Loosestrife ■

239800 Lysimachia pterantha Hemsl. var. baoxingensis F. H. Chen et C. M. Hu；宝兴翅萼过路黄；Baoxing Loosestrife ■

239801 Lysimachia pterantha Hemsl. var. baoxingensis F. H. Chen et C. M. Hu = Lysimachia baoxingensis (F. H. Chen et C. M. Hu) C. M. Hu ■

239802 Lysimachia pteranthoides Bonati；川西过路黄；W. Sichuan Loosestrife, Winged-flowered-like Loosestrife ■

239803 Lysimachia pumila (Baudo) Franch.；矮星宿菜；Dwarf Loosestrife ■

239804 Lysimachia punctata L.；斑点珍珠菜（黄排草）；Dotted Loosestrife, Garden Loosestrife, Large Yellow Loosestrife, Loosestrife, Spotted Loosestrife, Whorled Loosestrife, Yellow Loosestrife ■☆

239805 Lysimachia punctata L. var. verticillata (M. Bieb.) Klatt =

Lysimachia punctata L. ■☆

239806 Lysimachia punctatilimba C. Y. Wu; 点叶落地梅; Variegatedleaf Loosestrife ■

239807 Lysimachia pyramidalis Wall.; 尖塔珍珠菜; Pyramidal Loosestrife ■☆

239808 Lysimachia qimenensis X. H. Guo, X. P. Zhang et J. W. Shao; 祁门过路黄; Qimen Loosestrife ■

239809 Lysimachia quadriflora Sims; 光滑珍珠菜; Loosestrife, Narrow-leaved Loosestrife, Smooth Loosestrife ■☆

239810 Lysimachia quadrifolia L.; 螺纹珍珠菜(十字草); Four-leaved Loosestrife, Whorled Loosestrife, Whorled Yellow Loosestrife ■☆

239811 Lysimachia quartiniana A. Rich. = Anagallis serpens Hochst. ex DC. ■☆

239812 Lysimachia racemiflora Bonati; 总花珍珠菜; Racemiform Pearweed ■

239813 Lysimachia radicans Hook.; 匍匐珍珠菜; Creeping Loosestrife ■☆

239814 Lysimachia ramosa Wall.; 分枝珍珠菜(多枝香草); Ramose Loosestrife ■☆

239815 Lysimachia ramosa Wall. = Lysimachia laxa Baudo ■

239816 Lysimachia ramosa Wall. = Lysimachia petelotii Merr. ■

239817 Lysimachia ramosa Wall. ex Duby = Lysimachia laxa Baudo ■

239818 Lysimachia ramosa Wall. var. grandiflora Franch. = Lysimachia grandiflora (Franch.) Hand.-Mazz. ■

239819 Lysimachia recurvata (Matsum.) Masam. = Lysimachia decurrens G. Forst. ■

239820 Lysimachia reflexiloba Hand.-Mazz.; 折瓣珍珠菜; Reflexpetal Pearweed ■

239821 Lysimachia remota Petitm.; 疏节过路黄(蓬莱珍珠菜, 疏花过路黄); Laxenode Loosestrife, Laxflower Loosestrife ■

239822 Lysimachia remota Petitm. var. lushanensis F. H. Chen et C. M. Hu; 庐山疏节过路黄; Lushan Loosestrife ■

239823 Lysimachia robusta Hand.-Mazz.; 粗壮珍珠菜; Strong Pearweed ■

239824 Lysimachia roseola F. H. Chen et C. M. Hu; 粉红珍珠菜; Pink Pearweed ■

239825 Lysimachia rosthorniana Hand.-Mazz. = Lysimachia fukienensis Hand.-Mazz. ■

239826 Lysimachia rubida Koidz. = Lysimachia mauritiana Lam. var. rubida (Koidz.) T. Yamaz. ■☆

239827 Lysimachia rubiginosa Hemsl.; 显苞过路黄; Rustcoloured Loosestrife ■

239828 Lysimachia rubiginosa Hemsl. var. glabra Franch. = Lysimachia rubiginosa Hemsl. ■

239829 Lysimachia rubinervis F. H. Chen et C. M. Hu; 紫脉过路黄; Violetvein Loosestrife ■

239830 Lysimachia rubroglandulosa C. Y. Wu; 红腺过路黄; Redglandule Loosestrife ■

239831 Lysimachia rubroglandulosa C. Y. Wu = Lysimachia congestiflora Hemsl. ■

239832 Lysimachia rufipilosa Y. Y. Fang et C. Z. Zheng; 红毛过路黄; Redhair Loosestrife ■

239833 Lysimachia ruhmeriana Vatke; 鲁曼珍珠菜■☆

239834 Lysimachia rupestris F. H. Chen et C. M. Hu; 龙津过路黄; Longjin Loosestrife ■

239835 Lysimachia saganeitensis Schweinf. ex Pax et R. Knuth; 瑟格呐伊提珍珠菜■☆

239836 Lysimachia salicifolia F. Muell. ex Benth.; 柳过路黄; Purple Loosestrife ■☆

239837 Lysimachia sarmentosa C. Y. Wu = Lysimachia trichopoda Franch. var. sarmentosa (C. Y. Wu) F. H. Chen et C. M. Hu ■

239838 Lysimachia saurauifolia S. S. Ying = Rhynchotechum formosanum Hatus. ●

239839 Lysimachia saxicola Chun et F. Chun; 岩居香草; Rock Spicegrass ■

239840 Lysimachia saxicola Chun et F. Chun var. minor C. F. Liang ex F. H. Chen et C. M. Hu; 小岩居香草■

239841 Lysimachia scapiflora C. M. Hu, Z. R. Xu et F. P. Chen; 葶花香草; Scapeflower Loosestrife ■

239842 Lysimachia sciadantha C. Y. Wu; 伞花落地梅(十大天王); Umbrellaflower Loosestrife ■

239843 Lysimachia sciadophylla F. H. Chen et C. M. Hu; 黔阳过路黄; Umbrellaleaf Loosestrife ■

239844 Lysimachia secunda Buch.-Ham. et D. Don = Lysimachia lobelioides Wall. ■

239845 Lysimachia shimianensis F. H. Chen et C. M. Hu; 石棉过路黄; Shimian Loosestrife ■

239846 Lysimachia siamensis Bonati; 泰国过路黄; Thailand Loosestrife ■

239847 Lysimachia sikokiana Miq.; 假排草(排草); Sikok Loosestrife ■

239848 Lysimachia sikokiana Miq. = Lysimachia ardisioides Masam. ■

239849 Lysimachia sikokiana Miq. subsp. petelotii (Merr.) C. M. Hu = Lysimachia petelotii Merr. ■

239850 Lysimachia sikokiana Miq. var. petelotii (Merr.) C. M. Hu = Lysimachia petelotii Merr. ■

239851 Lysimachia silvestrii (Pamp.) Hand.-Mazz.; 北延叶珍珠菜(假延叶珍珠菜); Northern Decurrentleaf Loosestrife, Silvestri Loosestrife ■

239852 Lysimachia similis W. L. Sha; 天峨香草; Tian'e Spicegrass ■

239853 Lysimachia similis W. L. Sha = Lysimachia petelotii Merr. ■

239854 Lysimachia simulans Hemsl.; 相仿珍珠菜(波缘珍珠菜, 香草)■

239855 Lysimachia simulans Hemsl. = Lysimachia ardisioides Masam. ■

239856 Lysimachia sinica Miq. = Lysimachia decurrens G. Forst. ■

239857 Lysimachia smithiana Craib = Lysimachia congestiflora Hemsl. ■

239858 Lysimachia solaniflora C. Y. Wu; 茄花香草; Eggplant-flower Spicegrass ■

239859 Lysimachia solaniflora C. Y. Wu = Lysimachia petelotii Merr. ■

239860 Lysimachia solanoides Hand.-Mazz. = Lysimachia navillei (H. Lév.) Hand.-Mazz. ●■

239861 Lysimachia stellarioides Hand.-Mazz.; 茂汶过路黄(背花草, 高坡酸, 筷子草, 退血草); Stellarialike Loosestrife ■

239862 Lysimachia stenosepala Hemsl.; 线药珍珠菜(满天星, 水疗药, 水伤药, 狭萼珍珠菜, 腺药珍珠菜, 血经草); Narrosepal Pearweed ■

239863 Lysimachia stenosepala Hemsl. var. flavescens F. H. Chen et C. M. Hu; 云贵腺药珍珠菜; Yellowish Narrosepal Pearweed ■

239864 Lysimachia stigmatosa F. H. Chen et C. M. Hu; 大叶珍珠菜(大叶星宿菜); Bigleaf Pearweed ■

239865 Lysimachia stolonifera Migo = Lysimachia parvifolia Franch. ■

239866 Lysimachia stricta Aiton var. ovata E. L. Rand et Redfield = Lysimachia terrestris (L.) Britton, Sterns et Poggenb. ■☆

239867 Lysimachia subracemosa C. Y. Wu = Lysimachia chapaensis Merr. ■

239868 Lysimachia subverticillata C. Y. Wu; 轮花香草(近轮花排草); Whorlflower Spicegrass ■

239869 Lysimachia sutchuenensis Bonati = Lysimachia pseudohenryi Pamp. ■

239870 Lysimachia taiwaniana Suzuki = Lysimachia congestiflora Hemsl. ■
239871 Lysimachia taiwaniana Suzuki ex M. T. Kao = Lysimachia congestiflora Hemsl. ■
239872 Lysimachia taiwaniana T. Suzuki ex T. C. Kao;台湾珍珠菜■
239873 Lysimachia taiwaniana T. Suzuki ex T. C. Kao = Lysimachia congestiflora Hemsl. ■
239874 Lysimachia taliensis Bonati;大理珍珠菜(少花假露珍珠菜);Dali Pearweed,Fewflower Loosestrife ■
239875 Lysimachia taliensis Bonati var. breviloba C. Y. Wu = Lysimachia taliensis Bonati ■
239876 Lysimachia tanakae Maxim.;山地珍珠菜;Tanaka Spicegrass ■☆
239877 Lysimachia tashiroi Makino;田代氏珍珠菜■☆
239878 Lysimachia tengyuehensis Hand. -Mazz.;腾冲过路黄(尖叶子打虫药,四大天王,四先,腾冲落地梅);Tengchong Loosestrife ■
239879 Lysimachia terrestris (L.) Britton,Sterns et Poggenb.;林地珍珠菜;Bulb-bearing Loose Strife,Bulbil Loosestrife,Lake Loosestrife,Swamp Candles,Swamp Loosestrife,Swamp-candles,Terrestrial Loosestrife,Yellow Loosestrife ■☆
239880 Lysimachia terrestris (L.) Britton,Sterns et Poggenb. var. ovata (E. L. Rand et Redfield) Fernald = Lysimachia terrestris (L.) Britton,Sterns et Poggenb. ■☆
239881 Lysimachia thyrsiflora L.;球尾花(腋花珍珠菜);Swamp Loosestrife,Thyrse Loosestrife,Thyrse-flowerod Loosestrife,Tufted Loosestrife,Water Loosestrife ■
239882 Lysimachia thyrsiflora L. = Naumbergia thyrsiflora (L.) Rchb. ■
239883 Lysimachia tianyangensis D. Fang et C. Z. Gao;田阳香草;Tianyang Spicegrass ■
239884 Lysimachia tienmushanensis Migo;天目珍珠菜;Tianmu Pearweed ■
239885 Lysimachia trichopoda Franch.;蔓延香草(毛梗排草);Hairystalk Pearweed ■
239886 Lysimachia trichopoda Franch. var. sarmentosa (C. Y. Wu) F. H. Chen et C. M. Hu;长萼蔓延香草■
239887 Lysimachia trientaloides Hemsl. = Lysimachia paridiformis Franch. var. stenophylla Franch. ■
239888 Lysimachia tsaii C. M. Hu;波缘珍珠菜;Tsai Pearweed ■
239889 Lysimachia tsarongensis Hand. -Mazz.;藏珍珠菜;Tibet Pearweed,Xizang Pearweed ■
239890 Lysimachia unguiculata Diels = Lysimachia pentapetala Bunge ■
239891 Lysimachia verticillaris Spreng.;轮生珍珠菜■☆
239892 Lysimachia verticillata M. Bieb. = Lysimachia punctata L. ■☆
239893 Lysimachia violascens Franch.;大花珍珠菜;Violet Pearweed ■
239894 Lysimachia violascens Franch. var. robusta (C. Y. Wu) C. M. Hu = Lysimachia lichiangensis Forrest ■
239895 Lysimachia violascens Franch. var. xerophila (C. Y. Wu) C. M. Hu;千生珍珠菜■
239896 Lysimachia vittiformis F. H. Chen et C. M. Hu;条叶香草;Beltlike Spicegrass ■
239897 Lysimachia volkensii Engl.;福尔珍珠菜■☆
239898 Lysimachia vulgaris L.;毛黄连花(黄连花,黄莲花,刘海节菊,杨柳花);Common Yellow Loosestrife,Creeping Jenny,Garden Yellow Loosestrife,Golden Loosestrife,Herb Willow,Loose-strife,Willowherb,Willow-wort,Wood Pimpernel,Yellow Loosestrife,Yellow Rocket,Yellow Saugh,Yellow Willow-weed ■
239899 Lysimachia vulgaris L. subsp. davurica (Ledeb.) Tatew. = Lysimachia davurica Ledeb. ■
239900 Lysimachia vulgaris L. subsp. davurica (Ledeb.) Tatew. = Lysimachia vulgaris L. var. davurica (Ledeb.) R. Knuth ■
239901 Lysimachia vulgaris L. var. davurica (Ledeb.) R. Knuth f. latifolia Korsh.;宽叶黄连花■☆
239902 Lysimachia vulgaris L. var. davurica (Ledeb.) R. Kunth;黄连花(黄莲花,硫黄草,柳杨花);Dahurian Loosestrife ■
239903 Lysimachia vulgaris L. var. davurica R. Knuth = Lysimachia davurica Ledeb. ■
239904 Lysimachia wilsonii Hemsl.;川香草(川假露珠草);E. H. Wilson Loosestrife ■
239905 Lysimachia woodii Schltr. ex Pax et R. Knuth = Lysimachia ruhmeriana Vatke ■☆
239906 Lysimachia yingdeensis F. H. Chen et G. M. Hu;英德过路黄;Yingde Loosestrife ■
239907 Lysimachia yunnanensis Franch. = Lysimachia albescens Franch. ■
239908 Lysimachiaceae Juss.;珍珠菜科■
239909 Lysimachiaceae Juss. = Myrsinaceae R. Br.(保留科名)●
239910 Lysimachiaceae Juss. = Primulaceae Batsch ex Borkh.(保留科名)●■
239911 Lysimachiopsis A. Heller = Lysimachia L. ●■
239912 Lysimachiopsis A. Heller(1897);类珍珠菜属■☆
239913 Lysimachiopsis daphnoides A. Heller;类珍珠菜■☆
239914 Lysimachusa Pohl = Lysimachia L. ●■
239915 Lysimandra (Endl.) Rchb. = Lysimachia L. ●■
239916 Lysimandra (Endl.) Rchb. = Steironema Raf. ■☆
239917 Lysimandra Rchb. = Lysimachia L. ●■
239918 Lysimnia Raf. = Brassavola R. Br.(保留属名)■☆
239919 Lysinema R. Br.(1810);芫石南属●☆
239920 Lysinema ciliatum R. Br.;芫石南●☆
239921 Lysinema elegans Sond.;雅致芫石南●☆
239922 Lysinemaceae Rchb. = Epacridaceae R. Br.(保留科名)●☆
239923 Lysinotus Low = Lysionotus D. Don ●
239924 Lysionothus D. Dietr. = Lysionotus D. Don ●
239925 Lysionotis G. Don = Lysionotus D. Don ●
239926 Lysionotus D. Don(1822);吊石苣苔属(石吊兰属);Lysionotus ●
239927 Lysionotus aechynanthoides W. T. Wang;桂黔吊石苣苔(山接风,五加皮);Guangxi-Guizhou Lysionotus,Guiqian Lysionotus ●
239928 Lysionotus angustisepalus W. T. Wang = Lysionotus levipes (C. B. Clarke) B. L. Burtt ●
239929 Lysionotus apicidens (Hance) T. Yamaz. = Lysionotus pauciflorus Maxim. ●
239930 Lysionotus atropurpureus Hara;深紫吊石苣苔;Dark-purple Lysionotus,Deeppurple Lysionotus ●
239931 Lysionotus atropurpureus Hara = Lysionotus himalayensis (H. Lév.) W. T. Wang et Z. Y. Li ●
239932 Lysionotus australis C. Y. Wu et H. W. Li;南方吊石苣苔●
239933 Lysionotus brachycarpus Rehder = Lysionotus heterophyllus Franch. ●
239934 Lysionotus carnosus Hemsl.;蒙自吊石苣苔(肉叶吊石苣苔,岩豇豆,岩泽兰);Fleshy Lysionotus,Mengzi Lysionotus ●
239935 Lysionotus carnosus Hemsl. = Lysionotus pauciflorus Maxim. ●
239936 Lysionotus cavaleriei H. Lév.;石豇豆;Cavalerie Lysionotus ●
239937 Lysionotus cavaleriei H. Lév. = Lysionotus pauciflorus Maxim. var. indutus Chun ex W. T. Wang ●

239938 Lysionotus cavaleriei H. Lév. = Lysionotus pauciflorus Maxim. ●

239939 Lysionotus chingii Chun ex W. T. Wang;攀缘吊石苣苔;Ching Lysionotus,Climbing Lysionotus ●

239940 Lysionotus denticulosus W. T. Wang;多齿吊石苣苔;Manytooth Lysionotus ●

239941 Lysionotus forestii W. W. Sm.;滇西吊石苣苔;Forrest Lysionotus,W. Yunnan Lysionotus ●

239942 Lysionotus gamosepalus W. T. Wang;合萼吊石苣苔;Gamosepal Lysionotus,United-sepal Lysionotus ●

239943 Lysionotus gracilipes C. E. C. Fisch. = Lysionotus pubescens C. B. Clarke ●

239944 Lysionotus gracilis W. W. Sm.;纤细吊石苣苔;Thin Lysionotus ●

239945 Lysionotus hainanensis Merr. et Chun;海南吊石苣苔;Hainan Lysionotus ●

239946 Lysionotus hainanensis Merr. et Chun = Lysionotus pauciflorus Maxim. ●

239947 Lysionotus heterophyllus Franch.;异叶吊石苣苔;Diversifolious Lysionotus ●

239948 Lysionotus heterophyllus Franch. var. lasianthus W. T. Wang;毛花吊石苣苔(龙胜吊石苣苔,细萼吊石苣苔);Hairy-flower Fewflower Lysionotus,Thin-calyx Lysionotus ●

239949 Lysionotus heterophyllus Franch. var. mollis W. T. Wang;毛叶吊石苣苔;Hairy-leaf Lysionotus ●

239950 Lysionotus himalayensis (H. Lév.) W. T. Wang et Z. Y. Li = Lysionotus serratus D. Don ●

239951 Lysionotus ikedae Hatus. = Lysionotus pauciflorus Maxim. var. ikedae (Hatus.) W. T. Wang ●

239952 Lysionotus involucratus Franch.;圆苞吊石苣苔;Involucrate Lysionotus ●

239953 Lysionotus kwangsiensis W. T. Wang;广西吊石苣苔;Guangxi Lysionotus,Kwangsi Lysionotus ●

239954 Lysionotus levipes (C. B. Clarke) B. L. Burtt;狭萼吊石苣苔;Narrow-sepal Lysionotus ●

239955 Lysionotus longipedunculatus (W. T. Wang) W. T. Wang;长梗吊石苣苔;Long-pedicel Lysionotus,Longpeduncle Lysionotus ●

239956 Lysionotus longisepala H. W. Li;长萼吊石苣苔(密序苣苔);Hemiboeopsis,Longcalyx Lysionotus,Longsepal Lysionotus ●■

239957 Lysionotus longisepala H. W. Li = Hemiboepsis longisepala (H. W. Li) W. T. Wang ●■

239958 Lysionotus metuoensis W. T. Wang;墨脱吊石苣苔;Motuo Lysionotus ●

239959 Lysionotus microphyllus W. T. Wang;小叶吊石苣苔;Littleleaf Lysionotus ●

239960 Lysionotus microphyllus W. T. Wang var. omeiensis (W. T. Wang) W. T. Wang;峨眉吊石苣苔;Emei Lysionotus,Omei Lysionotus ●

239961 Lysionotus mollifolia W. T. Wang = Anna mollifolia (W. T. Wang) W. T. Wang et K. Y. Pan ■

239962 Lysionotus montanus T. C. Kao et Devol = Lysionotus pauciflorus Maxim. ●

239963 Lysionotus montatus T. C. Kao ex T. C. Kao et DeVol. = Lysionotus pauciflorus Maxim. ●

239964 Lysionotus oblongifolius W. T. Wang;长圆吊石苣苔;Oblong-leaf Lysionotus ●

239965 Lysionotus omeiensis W. T. Wang = Lysionotus microphyllus W. T. Wang var. omeiensis (W. T. Wang) W. T. Wang ●

239966 Lysionotus ophiorrhizoides Hemsl. = Anna ophiorrhizoides (Hemsl.) B. L. Burtt et R. A. Davidson ■

239967 Lysionotus pauciflorus Maxim.;吊石苣苔(巴岩草,白棒头,产后茶,大姜豆,地枇杷,肺红草,蜂子花,赶山艽,高山吊石苣苔,高山石吊兰,瓜子菜,瓜子草,黑乌骨,接骨生,蒙自吊石苣苔,千锤打,肉叶吊石苣苔,山泽兰,石吊兰,石花,石豇豆,石三七,石杨梅,石泽兰,台湾石吊兰,条枝草,小泽兰,岩茶,岩豇豆,岩罗汉,岩石兰,岩头三七,岩泽兰,竹勿刺);Alpine Lysionotus,Fewflower Lysionotus,Lysionotus,Mount Lysionotus,Pauciflorous Lysionotus ●

239968 Lysionotus pauciflorus Maxim. var. ikedae (Hatus.) W. T. Wang;兰屿吊石苣苔(兰屿石吊兰);Lanyu Lysionotus ●

239969 Lysionotus pauciflorus Maxim. var. ikedae (Hatus.) W. T. Wang = Lysionotus ikedae Hatus. ●

239970 Lysionotus pauciflorus Maxim. var. indutus Chun ex W. T. Wang;灰叶吊石苣苔;Grey-leaf Fewflower Lysionotus ●

239971 Lysionotus pauciflorus Maxim. var. lancifolius W. T. Wang;披针叶吊石苣苔;Lancileaf Fewflower Lysionotus ●

239972 Lysionotus pauciflorus Maxim. var. lancifolius W. T. Wang = Lysionotus pauciflorus Maxim. ●

239973 Lysionotus pauciflorus Maxim. var. lasianthus W. T. Wang = Lysionotus heterophyllus Franch. var. lasianthus W. T. Wang ●

239974 Lysionotus pauciflorus Maxim. var. latifolius W. T. Wang;宽叶吊石苣苔(岩泽兰);Broad-leaf Fewflower Lysionotus ●

239975 Lysionotus pauciflorus Maxim. var. linearis Rehder;条叶吊石苣苔;Narrow-leaf Fewflower Lysionotus ●

239976 Lysionotus pauciflorus Maxim. var. linearis Rehder = Lysionotus pauciflorus Maxim. ●

239977 Lysionotus petelotii Pellegr.;细萼吊石苣苔;Petelot Lysionotus,Smallcalyx Lysionotus,Thin-calyx Lysionotus ●

239978 Lysionotus pterocaulis (C. Y. Wu ex W. T. Wang) H. W. Li = Lysionotus serratus D. Don var. pterocaulis C. Y. Wu et W. T. Wang ●

239979 Lysionotus pubescens C. B. Clarke;毛枝吊石苣苔;Hairbranch Lysionotus,Ward Lysionotus ●

239980 Lysionotus sangzhiensis W. T. Wang;桑植吊石苣苔;Sangzhi Lysionotus ●

239981 Lysionotus serratus D. Don;齿叶吊石苣苔(苦浆苔,青竹标,石光棍,苏叶草,岩参);Tooth-leaf Lysionotus ●

239982 Lysionotus serratus D. Don var. pterocaulis C. Y. Wu et W. T. Wang;翅茎吊石苣苔(齿叶石苣苔,岩参);Wingedstem Lysionotus ●

239983 Lysionotus sesilifolius Hand.-Mazz.;短柄吊石苣苔;Sessile-leaved Lysionotus,Sessileaf Lysionotus,Short-stalk Lysionotus ●

239984 Lysionotus sulphureoides H. W. Li et Yuan X. Lu;保山吊石苣苔;Baoshan Lysionotus ●

239985 Lysionotus sulphureus Hand.-Mazz.;黄花吊石苣苔;Yellow Lysionotus,Yellow-flower Lysionotus ●

239986 Lysionotus ternifolia Wall. = Lysionotus serratus D. Don ●

239987 Lysionotus wardii W. W. Sm. = Lysionotus pubescens C. B. Clarke ●

239988 Lysionotus warleyensis J. Willm. = Lysionotus pauciflorus Maxim. ●

239989 Lysionotus willmottiae Hort. = Lysionotus pauciflorus Maxim. ●

239990 Lysionotus wilsonii Kraenzl. = Lysionotus pauciflorus Maxim. ●

239991 Lysionotus wilsonii Rehder;川西吊石苣苔;E. H. Wilson Lysionotus,Wilson Lysionotus ●

239992 Lysiopetalum K. Schum. = Lysiosepalum F. Muell. ●☆

239993 Lysiopetalum Willis = Lysiosepalum F. Muell. ●☆

239994 Lysiosepalum F. Muell. (1859);离萼梧桐属●☆

239995 Lysiosepalum barryanum F. Muell. ;离萼梧桐●☆
239996 Lysiosepalum rugosum Benth. ;皱离萼梧桐●☆
239997 Lysiostyles Benth. (1846);离柱旋花属■☆
239998 Lysiostyles scandens Benth. ;离柱旋花■☆
239999 Lysiphyllum (Benth.) de Wit = Bauhinia L. ●
240000 Lysiphyllum hookeri (F. Muell.) Pedley = Bauhinia hookeri F. Muell. ●☆
240001 Lysipoma Spreng. = Lysipomia Kunth ■☆
240002 Lysipomia Kunth(1819);离盖桔梗属■☆
240003 Lysipomia acaulis Kunth;离盖桔梗■☆
240004 Lysipomia multiflora McVaugh;多花离盖桔梗■☆
240005 Lysis (Bando) Kuntze = Lysimachia L. ●■
240006 Lysis Kuntze = Lysimachia L. ●■
240007 Lysisepalum Post et Kuntze = Lysiosepalum F. Muell. ●☆
240008 Lysistemma Steetz = Vernonia Schreb. (保留属名)●■
240009 Lysistigma Schott = Taccarum Brongn. ex Schott ■☆
240010 Lysistigma Schott(1862);离柱南星属■☆
240011 Lysistigma peregrinum Schott;离柱南星■☆
240012 Lysistylis Post et Kuntze = Lysiostyles Benth. ■☆
240013 Lyssanthe D. Dietr. = Lissanthe R. Br. ●☆
240014 Lyssanthe Endl. = Grevillea R. Br. ex Knight(保留属名)●
240015 Lyssanthe Endl. = Lysanthe Salisb. ●
240016 Lytanthus Wettst. = Globularia L. ●☆
240017 Lytanthus amygdalifolius (Webb) Wettst. = Globularia amygdalifolia Webb ●☆
240018 Lythastrum Hill = Lythrum L. ●■
240019 Lythospermum Luce = Lithospermum L. ■
240020 Lythraceae J. St. -Hil. (1805)(保留科名);千屈菜科;Loosestrife Family, Loose-strife Family, Purple Loosestrife Family ■●
240021 Lythron St. -Lag. = Lythrum L. ●■
240022 Lythropsis Welw. ex Koehne = Lythrum L. ●■
240023 Lythropsis Welw. ex Koehne(1881);类千屈菜属■☆
240024 Lythropsis peploides Welw. ex Koehne;类千屈菜■☆
240025 Lythrum L. (1753);千屈菜属;Loose Strife, Loosestrife, Loose-strife, Lythrum, Purple Loosestrife, Winged Loosestrife ●■
240026 Lythrum acutangulum Lag. ;棱角千屈菜■☆
240027 Lythrum alatum Pursh;具翅千屈菜(乳柳);Winged Loosestrife, Winged Lythrum ■☆
240028 Lythrum alatum Pursh var. lanceolatum (Elliott) A. Gray;线叶具翅千屈菜;Winged Loosestrife ■☆
240029 Lythrum altissimum Pomel = Lythrum salicaria L. ■
240030 Lythrum anceps (Koehne) Makino;光千屈菜(日本千屈菜);Twoedged Loosestrife ■
240031 Lythrum anceps (Koehne) Makino = Lythrum salicaria L. ■
240032 Lythrum anceps (Koehne) Makino = Lythrum virgatum L. ■
240033 Lythrum argyi H. Lév. = Lythrum salicaria L. ■
240034 Lythrum baeticum Gonz. Albo ex Silvestre;伯蒂卡千屈菜■☆
240035 Lythrum bicolor Batt. et Pit. = Lythrum acutangulum Lag. ■☆
240036 Lythrum biflorum (DC.) J. Gay = Lythrum borysthenicum (Schrank) Litv. ■☆
240037 Lythrum biflorum (DC.) J. Gay var. aurantium (Emb. et Maire) Maire = Lythrum borysthenicum (Schrank) Litv. ■☆
240038 Lythrum biflorum (DC.) J. Gay var. australe (Roem. et Schult.) Emb. et Maire = Lythrum borysthenicum (Schrank) Litv. ■☆
240039 Lythrum biflorum (DC.) J. Gay var. hispidulum (Durieu) Emb. et Maire = Lythrum borysthenicum (Schrank) Litv. ■☆
240040 Lythrum borysthenicum (Schrank) Litv. = Middendorfia borysthenica (M. Bieb.) Trautv. ■☆
240041 Lythrum californicum Torr. et A. Gray;加州千屈菜■☆
240042 Lythrum dacotanum Nieuwl. = Lythrum alatum Pursh ■☆
240043 Lythrum flexuosum Lag. = Lythrum acutangulum Lag. ■☆
240044 Lythrum fruticosum L. = Woodfordia fruticosa (L.) Kurz ●
240045 Lythrum graefferi Ten. = Lythrum junceum Banks et Sol. ■☆
240046 Lythrum hunteri DC. = Woodfordia fruticosa (L.) Kurz ●
240047 Lythrum hyssopifolium L. ;斐梭浦千屈菜;Grass Poly, Hyssop Loosestrife, Hyssop Lythrum ■☆
240048 Lythrum hyssopifolium L. subsp. thymifolia (L.) Batt. = Lythrum thymifolium L. ■☆
240049 Lythrum hyssopifolium L. var. grandiflorum Clary = Lythrum hyssopifolium L. ■☆
240050 Lythrum intermedium Fisch. ex Colla;中型千屈菜(无毛千屈菜);Intermediate Loosestrife ■
240051 Lythrum intermedium Ledeb. = Lythrum salicaria L. ■
240052 Lythrum intermedium Ledeb. ex Colla = Lythrum salicaria L. ■
240053 Lythrum junceum Banks et Sol. ;灯芯草千屈菜;False Grass-poly ■☆
240054 Lythrum komarovii Muravj. ;科马罗夫千屈菜■☆
240055 Lythrum lineare L. ;线叶千屈菜;Narrow-leaved Loosestrife ■☆
240056 Lythrum linifolium Kar. et Kir. ;亚麻叶千屈菜■☆
240057 Lythrum maritimum Cham. et Schltdl. ;海滨千屈菜;Pukamole ■☆
240058 Lythrum meonanthum Steud. = Lythrum junceum Banks et Sol. ■☆
240059 Lythrum nanum Kar. et Kir. ;矮千屈菜■☆
240060 Lythrum nummulariifolium Loisel. = Lythrum borysthenicum (Schrank) Litv. ■☆
240061 Lythrum nummulariifolium Loisel. var. aurantium Emb. et Maire = Lythrum borysthenicum (Schrank) Litv. ■☆
240062 Lythrum nummulariifolium Loisel. var. australe (Roem. et Schult.) Koehne = Lythrum borysthenicum (Schrank) Litv. ■☆
240063 Lythrum nummulariifolium Loisel. var. hispidulum (Durieu) Maire = Lythrum borysthenicum (Schrank) Litv. ■☆
240064 Lythrum petiolatum L. = Cuphea petiolata (L.) Koehne ●
240065 Lythrum portula (L.) D. A. Webb;匙叶千屈菜;Marsh-purslane, Peplis Purslane, Spatulaleaf Loosestrife, Water Purslane, Water-purslane ■☆
240066 Lythrum rigidulum Sond. = Nesaea rigidula (Sond.) Koehne ■☆
240067 Lythrum rotundifolium Hochst. ex A. Rich. ;圆叶千屈菜■☆
240068 Lythrum salicaria L. ;千屈菜(败毒草,败毒莲,对牙草,对叶莲,河西柳,狼尾巴花,铁菱角,蜈蚣草,紫蒿子);Blooming Sally, Common Loosestrife, Emmet's Stalk, Flowering Sally, Herb Twopence, Iron-hard, Long Purples, Purple Loose Strife, Purple Loosestrife, Purple Lythrum, Purple Strife Loose, Purple Willowherb, Purple-grass, Purple-spiked Loosestrife, Ragged Robin, Red Loosestrife, Red Sally, Round Tower, Round Towers, Soldiers, Spiked Loosestrife, Willow-strife ■
240069 Lythrum salicaria L. 'Feuerkerze';火烛千屈菜■☆
240070 Lythrum salicaria L. 'Firecandle' = Lythrum salicaria L. 'Feuerkerze' ■☆
240071 Lythrum salicaria L. 'Robert';罗伯特千屈菜■☆
240072 Lythrum salicaria L. f. glabrum (Ledeb.) Koehne;无毛千屈菜(光千屈菜)■☆

240073 Lythrum salicaria L. subsp. anceps (Koehne) H. Hara = Lythrum anceps (Koehne) Makino ■
240074 Lythrum salicaria L. var. anceps Koehne = Lythrum anceps (Koehne) Makino ■
240075 Lythrum salicaria L. var. anceps Koehne = Lythrum salicaria L. ■
240076 Lythrum salicaria L. var. glabrum Ledeb. = Lythrum intermedium Fisch. ex Colla ■
240077 Lythrum salicaria L. var. glabrum Ledeb. = Lythrum salicaria L. ■
240078 Lythrum salicaria L. var. gracilior Turcz. = Lythrum salicaria L. ■
240079 Lythrum salicaria L. var. intermedium (Ledeb. ex Colla) Koehne = Lythrum salicaria L. ■
240080 Lythrum salicaria L. var. intermedium (Ledeb.) Koehne = Lythrum intermedium Fisch. ex Colla ■
240081 Lythrum salicaria L. var. intermedium (Ledeb.) Koehne = Lythrum salicaria L. ■
240082 Lythrum salicaria L. var. mairei H. Lév. = Lythrum salicaria L. ■
240083 Lythrum salicaria L. var. tomentosum (DC.) DC. = Lythrum salicaria L. ■
240084 Lythrum salicaria L. var. vulgare DC. = Lythrum salicaria L. ■
240085 Lythrum salzmannii Jord. = Lythrum tribracteatum Spreng. ■☆
240086 Lythrum schelkovnikovi Sosn.;塞氏千屈菜■☆
240087 Lythrum silenoides Boiss. et Noë;蝇子草千屈菜■☆
240088 Lythrum theodori Sosn.;蔡氏千屈菜■☆
240089 Lythrum thesioides M. Bieb.;百蕊草千屈菜■☆
240090 Lythrum thymifolium L.;百里香叶千屈菜;Thymeleaf Loosestrife ■☆
240091 Lythrum tomentosum L. = Lythrum salicaria L. ■
240092 Lythrum tomentosum Mill. = Lythrum salicaria L. ■
240093 Lythrum tribracteatum Salzm. = Lythrum tribracteatum Spreng. ■☆
240094 Lythrum tribracteatum Spreng.;三苞片千屈菜;Threebract Loosestrife ■☆
240095 Lythrum tribracteatum Spreng. var. candollei Koehne = Lythrum tribracteatum Spreng. ■☆
240096 Lythrum tribracteatum Spreng. var. majus (DC.) Maire = Lythrum tribracteatum Spreng. ■☆
240097 Lythrum tribracteatum Spreng. var. salzmannii (Jord.) Koehne = Lythrum tribracteatum Spreng. ■☆
240098 Lythrum triflorum L. f. = Nesaea triflora (L. f.) Kunth ■☆
240099 Lythrum verticillatum L. = Decodon verticillatus (L.) Elliott ■☆
240100 Lythrum virgatum L.;帚枝千屈菜(多枝千屈菜);European Wand Loosestrife, Loosestrife, Slender Loosestrife, Wand Lythrum ■
240101 Lythrum virgatum L. 'Rose Queen';玫瑰皇后帚枝千屈菜(玫瑰皇后多枝千屈菜)■☆
240102 Lythrum virgatum L. 'The Rocket';火箭帚枝千屈菜(火箭多枝千屈菜)■☆
240103 Lythrum virgatum L. = Lythrum anceps (Koehne) Makino ■
240104 Lythrum volgense D. A. Webb = Peplis alternifolia M. Bieb. ■
240105 Lytocaryum Toledo(1944);小穴椰子属(裂果椰属,小穴棕属)●☆
240106 Lytocaryum weddellianum (H. Wendl.) Toledo;小穴椰子●☆
240107 Lytogomphus Jungh. = Rhopalocnemis Jungh. ■
240108 Lytogomphus Jungh. ex Gopp. = Rhopalocnemis Jungh. ■
240109 Lytrostylis Wittst. = Ehretia P. Browne ●
240110 Lytrostylis Wittst. = Lutrostylis G. Don ●
240111 Lytrum Vill. = Lythrum L. ●■
240112 Maackia Rupr. (1856);马鞍树属(高丽槐属);Maackia, Saddletree ●
240113 Maackia Rupr. et Maxim. = Maackia Rupr. ●
240114 Maackia amurensis Rupr. et Maxim.;朝鲜槐(高丽槐,怀槐,黄色木,毛叶朝鲜槐,毛叶高丽槐,毛叶怀槐,山槐);Amur Maackia, Amur Saddletree, Hairleaf Amur Saddletree ●
240115 Maackia amurensis Rupr. et Maxim. subsp. buergeri (Maxim.) Kitam. = Maackia amurensis Rupr. et Maxim. ●
240116 Maackia amurensis Rupr. et Maxim. var. buergeri (Maxim.) C. K. Schneid. = Maackia amurensis Rupr. et Maxim. ●
240117 Maackia amurensis Rupr. et Maxim. var. typica C. K. Schneid. = Maackia amurensis Rupr. et Maxim. ●
240118 Maackia australis (Dunn) Takeda;华南马鞍树;Austral Maackia, S. China Saddletree ●
240119 Maackia buergeri (Maxim.) Tatew. = Maackia amurensis Rupr. et Maxim. var. buergeri (Maxim.) C. K. Schneid. ●
240120 Maackia chekiangensis S. S. Chien;浙江马鞍树(浙怀槐);Zhejiang Maackia, Zhejiang Saddletree ●◇
240121 Maackia chinensis Takeda = Maackia hupehensis Takeda ●
240122 Maackia ellipticocarpa Merr.;香港马鞍树;Elliptic-fruited Maackia, Hongkong Maackia, Hongkong Saddletree ●
240123 Maackia fauriei (H. Lév.) Takeda = Maackia floribunda (Miq.) Takeda ●
240124 Maackia floribunda (Miq.) Takeda;多花马鞍树(台湾马鞍树,岛槐);Flowery Saddletree, Manyflower Maackia, Multiflorous Maackia, Taiwan Maackia ●
240125 Maackia floribunda (Miq.) Takeda = Maackia amurensis Rupr. et Maxim. ●
240126 Maackia floribunda (Miq.) Takeda f. pubescens (Koidz.) Kitam. = Maackia amurensis Rupr. et Maxim. ●
240127 Maackia honanensis L. H. Bailey = Maackia tenuifolia (Hemsl.) Hand.-Mazz. ●
240128 Maackia hupehensis Takeda;马鞍树(臭槐,槐树,山槐,山油皂);China Saddletree, Chinese Maackia ●
240129 Maackia hwashanensis W. T. Wang ex C. W. Chang;华山马鞍树(臭槐);Huashan Maackia, Huashan Mountain Maackia, Huashan Saddletree ●
240130 Maackia taiwanensis Hoshi et H. Ohashi;台湾马鞍树(岛槐)●
240131 Maackia tashiroi (Yatabe) Makino;岛槐;Tashiro Maackia, Tashiro Saddletree ●☆
240132 Maackia tashiroi (Yatabe) Makino = Maackia floribunda (Miq.) Takeda ●
240133 Maackia tenuifolia (Hemsl.) Hand.-Mazz.;光叶马鞍树(铜身铁骨,野豆);Fineleaf Maackia, Fineleaf Saddletree, Fine-leaved Maackia ●
240134 Maasa Roem. et Schult. = Maesa Forssk. ●
240135 Maasia Mols, Kessler et Rogstad = Polyalthia Blume ●
240136 Maasia Mols, Kessler et Rogstad(2008);马来暗罗属(鸡爪树属)●
240137 Maba J. R. Forst. et G. Forst. (1775);象牙树属●
240138 Maba J. R. Forst. et G. Forst. = Diospyros L. ●
240139 Maba abyssinica Hiern = Diospyros abyssinica (Hiern) F. White ●☆
240140 Maba alboflavescens Gürke = Diospyros alboflavescens (Gürke) F. White ●☆
240141 Maba bequaertii De Wild. = Diospyros iturensis (Gürke) Letouzey et F. White ●☆

240142 Maba bicolor Mildbr. = Diospyros cinnabarina (Gürke) F. White ●☆
240143 Maba bipindensis Gürke = Diospyros piscatoria Gürke ●☆
240144 Maba buxifolia (Rottb.) Juss. = Diospyros ferrea (Willd.) Bakh. ●
240145 Maba chrysantha J. D. Kenn. = Diospyros piscatoria Gürke ●☆
240146 Maba chrysocarpa Louis ex R. Germ. et Evrard = Diospyros chrysocarpa F. White ●☆
240147 Maba cinnabarina Gürke = Diospyros cinnabarina (Gürke) F. White ●☆
240148 Maba cooperi Hutch. et Dalziel = Diospyros cooperi (Hutch. et Dalziel) F. White ●☆
240149 Maba coriacea Cummins = Diospyros canaliculata De Wild. ●☆
240150 Maba cytantha Pierre ex A. Chev. = Diospyros iturensis (Gürke) Letouzey et F. White ●☆
240151 Maba elliotii Hiern = Diospyros elliotii (Hiern) F. White ●☆
240152 Maba enosmia Mildbr. = Diospyros iturensis (Gürke) Letouzey et F. White ●☆
240153 Maba ferrea (Willd.) Aubrév. = Diospyros ferrea (Willd.) Bakh. ●
240154 Maba fragrans Hiern ex Greves = Diospyros virgata (Gürke) Brenan ●☆
240155 Maba gavi Aubrév. et Pellegr. = Diospyros cooperi (Hutch. et Dalziel) F. White ●☆
240156 Maba gossweileri Greves = Polyalthia suaveolens Engl. et Diels ●☆
240157 Maba graboensis Aubrév. = Diospyros vignei F. White ●☆
240158 Maba iturensis Gürke = Diospyros iturensis (Gürke) Letouzey et F. White ●☆
240159 Maba kamerunensis Gürke = Diospyros hoyleana F. White ●☆
240160 Maba lancea Hiern = Diospyros heudelotii Hiern ●☆
240161 Maba laurentii De Wild. = Diospyros iturensis (Gürke) Letouzey et F. White ●☆
240162 Maba lujae De Wild. = Diospyros deltoidea F. White ●☆
240163 Maba mannii Hiern = Diospyros elliotii (Hiern) F. White ●☆
240164 Maba mildbraedii Gürke = Euclea racemosa Murray subsp. schimperi (A. DC.) F. White ●☆
240165 Maba mualala Welw. ex Hiern = Diospyros abyssinica (Hiern) F. White ●☆
240166 Maba natalensis Harv. = Diospyros natalensis (Harv.) Brenan ●☆
240167 Maba nutans Hiern = Diospyros canaliculata De Wild. ●☆
240168 Maba oblongicarpa Gürke = Isolona zenkeri Engl. ●☆
240169 Maba quiloensis Hiern = Diospyros quiloensis (Hiern) F. White ●☆
240170 Maba ripicola Mildbr. = Diospyros iturensis (Gürke) Letouzey et F. White ●☆
240171 Maba scabra Chiov. = Diospyros scabra (Chiov.) Cufod. ●☆
240172 Maba secundiflora Hutch. = Diospyros ferrea (Willd.) Bakh. ●
240173 Maba soubreana (F. White) Aubrév. = Diospyros soubreana F. White ●☆
240174 Maba soubreana A. Chev. = Diospyros soubreana F. White ●☆
240175 Maba sudanensis A. Chev. = Chrysobalanus icaco L. subsp. atacorensis (A. Chev.) F. White ●☆
240176 Maba ubanghensis A. Chev. = Diospyros abyssinica (Hiern) F. White ●☆
240177 Maba virgata Gürke = Diospyros virgata (Gürke) Brenan ●☆
240178 Maba warneckei Gürke = Diospyros abyssinica (Hiern) F. White ●☆
240179 Maba xylopiifolia Mildbr. = Diospyros piscatoria Gürke ●☆
240180 Maba zenkeri Gürke = Diospyros zenkeri (Gürke) F. White ●☆
240181 Mabea Aubl. (1775);马比戟属●☆
240182 Mabea angustifolia Spruce ex Benth.;狭叶马比戟●☆
240183 Mabea elata Steyerm.;高马比戟●☆
240184 Mabea floribunda Jabl.;繁花马比戟●☆
240185 Mabea linearifolia Jabl.;线叶马比戟●☆
240186 Mabea longibracteata Esser;长苞马比戟●☆
240187 Mabea macrocalyx Esser;大萼马比戟●☆
240188 Mabea microcarpa Pittier;小果马比戟●☆
240189 Mabea montana Müll. Arg.;山地马比戟●☆
240190 Mabea nitida Benth.;光亮马比戟●☆
240191 Mabea occidentalis Benth.;西方马比戟●☆
240192 Mabea orbiculata Jabl.;圆马比戟●☆
240193 Mabea ovata H. J. Esser;卵形马比戟●☆
240194 Mabea pallida Müll. Arg.;苍白马比戟●☆
240195 Mabea paniculata Spruce ex Benth.;圆锥马比戟●☆
240196 Mabea parvifolia Pax et K. Hoffm.;小叶马比戟●☆
240197 Mabea rhynchophylla Diels;喙叶马比戟●☆
240198 Mabola Raf. = Diospyros L. ●
240199 Maborea Aubl. = Phyllanthus L. ●■
240200 Mabrya Elisens(1985);马布里玄参属■☆
240201 Mabrya acerifolia (Pennell) Elisens;尖叶马布里玄参■☆
240202 Mabrya erecta (Hemsl.) Elisens;直立马布里玄参■☆
240203 Mabrya flaviflora (I. M. Johnst.) D. A. Sutton;黄花马布里玄参■☆
240204 Mabrya geniculata (B. L. Rob. et Fernald) Elisens;膝曲马布里玄参■☆
240205 Maburea Maas(1992);圭亚那铁青树属●☆
240206 Maburnia Thouars = Burmannia L. ■
240207 Macadamia F. Muell. (1858);澳洲坚果属(澳洲胡桃属,昆士兰山龙眼属);Australnut,Bopplefnuts,Macadamia,Macadamia Nut,Queensland Nut ●
240208 Macadamia alticola Capuron = Malagasia alticola (Capuron) L. A. S. Johnson et B. G. Briggs ●☆
240209 Macadamia integrifolia Maiden et Betche;全缘叶澳洲坚果(澳洲核桃,澳洲胡桃,澳洲坚果,澳洲栗);Australian Nut,Macadamia Nut,Queensland Nut,Smooth-shelled Macadamia Mut ●☆
240210 Macadamia ternifolia F. Muell.;澳洲坚果(澳洲胡桃,昆士兰栗,昆士兰龙眼,昆士兰山龙眼,三叶坚果,夏威夷果,小坚果);Australian Hazel Nut, Australian Nut, Bush Nut, Macadamia Nut, Macadamla,Queensland Nut,Queensland-nut,Queensland-nut Tree, Small-fruit Queensland Nut, Small-nut, Terrateleaf Australnut, Terrateleaf Macadamia ●
240211 Macadamia ternifolia F. Muell. var. integrifolia Maiden et Betche = Macadamia integrifolia Maiden et Betche ●☆
240212 Macadamia tetraphylla L. A. S. Johnson;四叶澳洲坚果;Bopple Nut, Fourleaved Australnut, Four-leaved Macadamia, Macadamia, Macadamia Nut,Queensland Nut,Tetra-leaved Queensland Nut ●
240213 Macaglia Rich. ex Vahl(废弃属名) = Aspidosperma Mart. et Zucc.(保留属名)●☆
240214 Macahanea Aubl. = ? Salacia L.(保留属名)●
240215 Macairea DC. (1828);马卡野牡丹属●☆
240216 Macairea adenostemon DC.;马卡野牡丹●☆
240217 Macairea albiflora Cogn.;白花马卡野牡丹●☆

240218 Macairea aspera N. E. Br.;粗糙马卡野牡丹●☆
240219 Macairea axilliflora Wurdack;腋花马卡野牡丹●☆
240220 Macairea lasiophylla (Benth.) Wurdack;毛叶马卡野牡丹●☆
240221 Macairea linearis Gleason;线形马卡野牡丹●☆
240222 Macairea rosea Cogn. ex Hoehne;粉红马卡野牡丹●☆
240223 Macairea rotundifolia Cogn. ex Hoehne;圆叶马卡野牡丹●☆
240224 Macananga Rchb. = Macaranga Thouars ●
240225 Macania Blanco = Platymitra Boerl. ●☆
240226 Macaranga Thouars(1806);血桐属;Macaranga ●
240227 Macaranga adenantha Gagnep.;盾叶木;Peldate-leaved Macaranga, Shieldleaf Macaranga ●
240228 Macaranga adenantha Gagnep. = Macaranga indica Wight ●
240229 Macaranga andamanica Kurz;轮苞血桐(安达曼血桐);Andaman Macaranga, Croizat Macaranga, Ringbract Macaranga ●
240230 Macaranga andersonii Craib = Macaranga kurzii (Kuntze) Pax et K. Hoffm. ●
240231 Macaranga angolensis (Müll. Arg.) Müll. Arg.;安哥拉血桐●☆
240232 Macaranga apicifera Beille = Macaranga heudelotii Baill. ●☆
240233 Macaranga auriculata (Merr.) Airy Shaw;耳果血桐(刺果血桐);Auriculate Macaranga, Earfruit Macaranga ●
240234 Macaranga auriculata (Merr.) Airy Shaw = Macaranga lowii King ex Hook. f. ●
240235 Macaranga bachmannii Pax = Macaranga capensis (Baill.) Benth. ex Sim ●☆
240236 Macaranga balansae Gagnep. = Macaranga sampsonii Hance ●
240237 Macaranga barteri Müll. Arg.;巴特血桐●☆
240238 Macaranga beillei Prain;贝勒血桐●☆
240239 Macaranga bracteata Merr.;大苞血桐;Bigbract Macaranga, Bigbracted Macaranga, Bracteate Macaranga ●
240240 Macaranga bracteata Merr. = Macaranga andamanica Kurz ●
240241 Macaranga brandisii King ex Hook. f. = Macaranga andamanica Kurz ●
240242 Macaranga brevipetiolata Airy Shaw;短柄盾叶木●☆
240243 Macaranga calophylla Pax = Macaranga schweinfurthii Pax ●☆
240244 Macaranga capensis (Baill.) Benth. ex Sim;好望角血桐●☆
240245 Macaranga capensis (Baill.) Benth. ex Sim var. kilimandscharica (Pax) Friis et M. G. Gilbert;基利血桐●☆
240246 Macaranga chatiniana (Baill.) Müll. Arg. = Macaranga denticulata (Blume) Müll. Arg. ●
240247 Macaranga chevalieri Beille = Macaranga poggei Pax ●☆
240248 Macaranga conglomerata Brenan;聚集血桐●☆
240249 Macaranga dawei Prain;道氏血桐●☆
240250 Macaranga denticulata (Blume) Müll. Arg.;中平树(灯笼树,饭包树,赖麻,牢麻,美幢档);Denticulate Macaranga ●
240251 Macaranga denticulata (Blume) Müll. Arg. var. pustulata (King ex Hook. f.) Chakrab. et M. G. Gangop. = Macaranga pustulata King ex Hook. f. ●
240252 Macaranga denticulata (Blume) Müll. Arg. var. zollingeri Müll. Arg. = Macaranga denticulata (Blume) Müll. Arg. ●
240253 Macaranga dipterocarpifolia Merr. = Macaranga sinensis (Baill.) Müll. Arg. ●
240254 Macaranga ebolowana Pax et K. Hoffm.;埃博洛瓦血桐●☆
240255 Macaranga echinocarpa Baker;刺血桐(软刺血桐);Prickly-fruited Macaranga ●☆
240256 Macaranga esquirolii (H. Lév.) Rehder;灰岩血桐(香糖树);Esquirol Macaranga, Limestone Macaranga ●
240257 Macaranga esquirolii (H. Lév.) Rehder = Macaranga andamanica Kurz ●
240258 Macaranga gabunica Prain;加蓬血桐●☆
240259 Macaranga gilletii De Wild. = Macaranga poggei Pax ●☆
240260 Macaranga glaberrima (Hassk.) Airy Shaw;光叶血桐;Glabrous Macaranga ●☆
240261 Macaranga gmelinifolia King ex Hook. f. = Macaranga pustulata King ex Hook. f. ●
240262 Macaranga guignardii Beille = Macaranga angolensis (Müll. Arg.) Müll. Arg. ●☆
240263 Macaranga gummiflua (Miq.) Müll. Arg. = Macaranga denticulata (Blume) Müll. Arg. ●
240264 Macaranga gummiflua Miq. = Macaranga denticulata (Blume) Müll. Arg. ●
240265 Macaranga hemsleyana Pax et K. Hoffm.;山中平树(海南血桐);Haihan Macaranga, Hemsley Macaranga ●
240266 Macaranga hemsleyana Pax et K. Hoffm. = Macaranga sampsonii Hance ●
240267 Macaranga henricorum Hemsl. = Macaranga denticulata (Blume) Müll. Arg. ●
240268 Macaranga henryi (Pax et K. Hoffm.) Rehder;草鞋木(草鞋叶,大戟解毒树,入骨风,鞋底叶树,血桐);Henry Macaranga, Strawsandal Macaranga ●
240269 Macaranga heterophylla (Müll. Arg.) Müll. Arg.;互叶血桐●
240270 Macaranga heudelotii Baill. = Macaranga barteri Müll. Arg. ●☆
240271 Macaranga heudelotii Baill. var. nitida Beille = Macaranga barteri Müll. Arg. ●☆
240272 Macaranga indica Wight;印度血桐(野刺桐);India Macaranga, Indian Macaranga ●
240273 Macaranga inopinata Prain = Macaranga capensis (Baill.) Benth. ex Sim ●☆
240274 Macaranga kampotensis Gagnep. = Macaranga andamanica Kurz ●
240275 Macaranga kilimandscharica Pax = Macaranga capensis (Baill.) Benth. ex Sim var. kilimandscharica (Pax) Friis et M. G. Gilbert ●☆
240276 Macaranga kilimandscharica Pax subsp. giordanoi Cufod. = Macaranga capensis (Baill.) Benth. ex Sim var. kilimandscharica (Pax) Friis et M. G. Gilbert ●☆
240277 Macaranga klaineana Pierre ex Prain;克莱恩血桐●☆
240278 Macaranga kurzii (Kuntze) Pax et K. Hoffm.;尾叶血桐(滇桂血桐,团叶子,细毛叶树);Kurz Macaranga, Tailleaf Macaranga ●
240279 Macaranga lancifolia Pax = Macaranga barteri Müll. Arg. ●☆
240280 Macaranga laurentii De Wild. = Macaranga poggei Pax ●☆
240281 Macaranga lecomtei Beille = Macaranga schweinfurthii Pax ●☆
240282 Macaranga ledermanniana Pax = Macaranga spinosa Müll. Arg. ●☆
240283 Macaranga letestui Pellegr.;莱泰斯图血桐●☆
240284 Macaranga longipetiolata De Wild.;长梗血桐●☆
240285 Macaranga lophostigma Chiov. = Macaranga capensis (Baill.) Benth. ex Sim var. kilimandscharica (Pax) Friis et M. G. Gilbert ●☆
240286 Macaranga lowii King ex Hook. f.;刺果血桐●
240287 Macaranga lowii King ex Hook. f. = Macaranga auriculata (Merr.) Airy Shaw ●
240288 Macaranga lowii King ex Hook. f. var. kostermansii Airy Shaw = Macaranga lowii King ex Hook. f. ●
240289 Macaranga magnistipulosa Pax;大托叶血桐●☆
240290 Macaranga mellifera Prain;蜜血桐●☆

240291 Macaranga membranacea Kurz = Macaranga kurzii (Kuntze) Pax et K. Hoffm. ●
240292 Macaranga mildbraediana Pax = Macaranga angolensis (Müll. Arg.) Müll. Arg. ●☆
240293 Macaranga mildbraediana Pax et K. Hoffm. = Macaranga capensis (Baill.) Benth. ex Sim var. kilimandscharica (Pax) Friis et M. G. Gilbert ●☆
240294 Macaranga mollis Pax = Macaranga angolensis (Müll. Arg.) Müll. Arg. ●☆
240295 Macaranga molliuscula Kurz = Macaranga tanarius (L.) Müll. Arg. ●
240296 Macaranga monandra Müll. Arg.;单蕊血桐●☆
240297 Macaranga montana (K. Heyne) Pax et K. Hoffm.;山地血桐;Montane Macaranga ●☆
240298 Macaranga multiglandulosa Pax et K. Hoffm. = Macaranga capensis (Baill.) Benth. ex Sim ●☆
240299 Macaranga neomildbreadiana Lebrun = Macaranga capensis (Baill.) Benth. ex Sim var. kilimandscharica (Pax) Friis et M. G. Gilbert ●☆
240300 Macaranga nyassae Pax et K. Hoffm. = Macaranga capensis (Baill.) Benth. ex Sim var. kilimandscharica (Pax) Friis et M. G. Gilbert ●☆
240301 Macaranga occidentalis (Müll. Arg.) Müll. Arg.;西方血桐●☆
240302 Macaranga paxii Prain;帕克斯血桐●☆
240303 Macaranga peltata Müll. Arg.;盾血桐●
240304 Macaranga perakensis Hook. f. = Macaranga denticulata (Blume) Müll. Arg. ●
240305 Macaranga pierreana Prain;皮埃尔血桐●☆
240306 Macaranga pleiostemona Pax et K. Hoffm.;多蕊血桐●☆
240307 Macaranga poggei Pax;波格血桐●☆
240308 Macaranga poggei Pax var. chevalieri (Beille) Prain;舍瓦利耶血桐●☆
240309 Macaranga poilanei Gagnep. = Macaranga auriculata (Merr.) Airy Shaw ●
240310 Macaranga poilanei Gagnep. = Macaranga lowii King ex Hook. f. ●
240311 Macaranga preussii Pax = Macaranga occidentalis (Müll. Arg.) Müll. Arg. ●☆
240312 Macaranga pustulata King ex Hook. f.;泡腺血桐(黄背血桐);Bullate Macaranga,Pustulate Macaranga ●
240313 Macaranga pynaertii De Wild. = Macaranga spinosa Müll. Arg. ●☆
240314 Macaranga quinquelobata Beille = Macaranga heterophylla (Müll. Arg.) Müll. Arg. ●
240315 Macaranga rosea Pax = Macaranga schweinfurthii Pax ●☆
240316 Macaranga rosuliflora Croizat = Macaranga andamanica Kurz ●
240317 Macaranga rowlandii Prain = Macaranga barteri Müll. Arg. ●☆
240318 Macaranga ruwenzorica Pax = Macaranga capensis (Baill.) Benth. ex Sim ●☆
240319 Macaranga saccifera Pax;囊状血桐●☆
240320 Macaranga sampsonii Hance;鼎湖血桐(两广血桐,沙氏野桐);Dinghu Macaranga,Sampson Macaranga,Sampson's Macaranga ●
240321 Macaranga schweinfurthii Pax;施韦血桐●☆
240322 Macaranga sinensis (Baill.) Müll. Arg.;台湾血桐(红肉橙兰,华血桐);Chinese Macaranga,Taiwan Macaranga ●
240323 Macaranga spinosa Müll. Arg.;具刺血桐●☆
240324 Macaranga staudtii Pax;施陶血桐●☆
240325 Macaranga tanarius (L.) Müll. Arg.;血桐(橙栏,橙栏面头果,橙桐,大有树,流血树,流血桐,帐篷树);Common Macaranga,Macaranga,Parasol Leaf Tree ●
240326 Macaranga tanarius (L.) Müll. Arg. var. brevibracteata Müll. Arg. = Macaranga tanarius (L.) Müll. Arg. ●
240327 Macaranga tchibangensis Pellegr.;奇班加血桐●☆
240328 Macaranga thonneri De Wild. = Alchornea laxiflora (Benth.) Pax et K. Hoffm. ●☆
240329 Macaranga trigonostemonoides Croizat;卵苞血桐;Ovatebract Macaranga ●
240330 Macaranga trigonostemonoides Croizat = Macaranga andamanica Kurz ●
240331 Macaranga truncata Müll. Arg. = Macaranga denticulata (Blume) Müll. Arg. ●
240332 Macaranga usambarica Pax et K. Hoffm. = Macaranga capensis (Baill.) Benth. ex Sim ●☆
240333 Macaranga vanderystii De Wild.;范德血桐●☆
240334 Macaranga vermoesenii De Wild.;韦尔蒙森血桐●☆
240335 Macaranga wallichii Baill. = Macaranga denticulata (Blume) Müll. Arg. ●
240336 Macaranga zenkeri Pax = Macaranga monandra Müll. Arg. ●☆
240337 Macarenia P. Royen(1951);哥伦比亚苔草属■☆
240338 Macarenia clavigera P. Royen;哥伦比亚苔草■☆
240339 Macarisia Thouars(1805);马岛红树属●☆
240340 Macarisia klaineana Pierre = Anopyxis klaineana (Pierre) Engl. ●☆
240341 Macarisia pyramidata Thouars;马岛红树●☆
240342 Macarisiaceae J. Agardh = Macharisiaceae J. Agardh ●
240343 Macarisiaceae J. Agardh = Rhizophoraceae Pers.(保留科名)●
240344 Macarthuria Endl. = Macarthuria Hugel ex Endl. ■☆
240345 Macarthuria Hugel ex Endl.(1837);无叶粟草属■●☆
240346 Macarthuria australis Hugel ex Endl.;无叶粟草■☆
240347 Macbridea Elliott ex Nutt.(1818);麦克草属■☆
240348 Macbridea Raf. = Cynanchum L. ●■
240349 Macbridea pulchra Elliott ex Nutt.;麦克草■☆
240350 Macbrideina Standl.(1929);麦克茜属☆
240351 Macbrideina peruviana Standl.;麦克茜☆
240352 Macclellandia Wight = Pemphis J. R. Forst. et G. Forst. ●
240353 Maccoya F. Muell. = Rochelia Rchb.(保留属名)■
240354 Maccraithea M. A. Clem. et D. L. Jones = Dendrobium Sw.(保留属名)■
240355 Macdonaldia Gunn. ex Lindl. = Thelymitra J. R. Forst. et G. Forst. ■☆
240356 Macdonaldia Lindl. = Thelymitra J. R. Forst. et G. Forst. ■☆
240357 Macdougalia A. Heller = Hymenoxys Cass. ■☆
240358 Macdougalia A. Heller(1898);麦克菊属■☆
240359 Macdougalia bigelovii A. Heller;麦克菊■☆
240360 Macdougalia bigelovii A. Heller = Actinella bigelovii A. Gray ■☆
240361 Macdougalia bigelovii A. Heller = Hymenoxys bigelovii (A. Gray) K. L. Parker ■☆
240362 Macella C. Koch = Jaegeria Kunth ■☆
240363 Macella K. Koch = Jaegeria Kunth ■☆
240364 Maceria DC. ex Meisn. = Ghinia Schreb. ■●☆
240365 Macfadyena A. DC.(1845);猫爪藤属●
240366 Macfadyena coccinea Miers = Dolichandra cynanchioides Cham. ●☆
240367 Macfadyena dentata Burtt et Schum. = Macfadyena unguis-cati

(L.) A. H. Gentry ●

240368 Macfadyena unguis-cati (L.) A. H. Gentry;猫爪藤(猫爪花,三爪藤);Cat's-claw,Catclawvine,Cat's Claw Trumpet,Cat's Claw Vine,Cat's-claw Vine,Yellow Trumpet Vine ●

240369 Macfadyena unguis-cati (L.) A. H. Gentry = Bignonia unguis-cati L. ●

240370 Macgregoria F. Muell. (1874);马克草属■☆

240371 Macgregoria racemigera F. Muell.;马克草■☆

240372 Macgregorianthus Merr. = Enkleia Griff. ■☆

240373 Machadoa Welw. ex Benth. et Hook. f. = Adenia Forssk. ●

240374 Machadoa Welw. ex Hook. f. = Adenia Forssk. ●

240375 Machadoa huillensis Welw. = Adenia huillensis (Welw.) A. Fern. et R. Fern. ●☆

240376 Machaeranthera Nees(1832);蒿菀属(剑药菊属);Tansyaster ■☆

240377 Machaeranthera alta ?;黏蒿菀(粘剑药菊);Purple Aster,Tansy Aster,Viscid Aster ■☆

240378 Machaeranthera ammophila Reveal = Arida arizonica (R. C. Jacks. et R. R. Johnson) D. R. Morgan et R. L. Hartm. ■☆

240379 Machaeranthera annua (Rydb.) Shinners = Rayjacksonia annua (Rydb.) R. L. Hartm. et M. A. Lane ■☆

240380 Machaeranthera arida B. L. Turner et D. B. Horne = Arida arizonica (R. C. Jacks. et R. R. Johnson) D. R. Morgan et R. L. Hartm. ■☆

240381 Machaeranthera arizonica R. C. Jacks. et R. R. Johnson = Arida arizonica (R. C. Jacks. et R. R. Johnson) D. R. Morgan et R. L. Hartm. ■☆

240382 Machaeranthera asteroides (Torr.) Greene = Dieteria asteroides Torr. ■☆

240383 Machaeranthera asteroides (Torr.) Greene var. glandulosa B. L. Turner = Dieteria asteroides Torr. var. glandulosa (B. L. Turner) D. R. Morgan et R. L. Hartm. ■☆

240384 Machaeranthera asteroides (Torr.) Greene var. lagunensis (D. D. Keck) B. L. Turner = Dieteria asteroides Torr. var. lagunensis (D. D. Keck) D. R. Morgan et R. L. Hartm. ■☆

240385 Machaeranthera aurea (A. Gray) Shinners = Rayjacksonia aurea (A. Gray) R. L. Hartm. et M. A. Lane ■☆

240386 Machaeranthera bigelovii (A. Gray) Greene;毕氏蒿菀;Purple Tansy Aster,Sticky Aster ■☆

240387 Machaeranthera bigelovii (A. Gray) Greene = Dieteria bigelovii (A. Gray) D. R. Morgan et R. L. Hartm. ■☆

240388 Machaeranthera bigelovii (A. Gray) Greene var. commixta (Greene) B. L. Turner = Dieteria bigelovii (A. Gray) D. R. Morgan et R. L. Hartm. var. commixta (Greene) D. R. Morgan et R. L. Hartm. ■☆

240389 Machaeranthera bigelovii (A. Gray) Greene var. mucronata (Greene) B. L. Turner = Dieteria bigelovii (A. Gray) D. R. Morgan et R. L. Hartm. var. mucronata (Greene) D. R. Morgan et R. L. Hartm. ■☆

240390 Machaeranthera blephariphylla (A. Gray) Shinners = Xanthisma blephariphyllum (A. Gray) D. R. Morgan et R. L. Hartm. ●☆

240391 Machaeranthera boltoniae (Greene) B. L. Turner et D. B. Horne = Psilactis asteroides A. Gray ■☆

240392 Machaeranthera brevilingulata (Sch. Bip. ex Hemsl.) B. L. Turner et D. B. Horne = Psilactis brevilingulata Sch. Bip. ex Hemsl. ■☆

240393 Machaeranthera canescens (Pursh) A. Gray = Dieteria canescens (Pursh) Nutt. ■☆

240394 Machaeranthera canescens (Pursh) A. Gray subsp. ziegleri Munz = Dieteria canescens (Pursh) Nutt. var. ziegleri (Munz) D. R. Morgan et R. L. Hartm. ■☆

240395 Machaeranthera canescens (Pursh) A. Gray var. ambigua B. L. Turner = Dieteria canescens (Pursh) Nutt. var. ambigua (B. L. Turner) D. R. Morgan et R. L. Hartm. ■☆

240396 Machaeranthera canescens (Pursh) A. Gray var. aristata (Eastw.) B. L. Turner = Dieteria canescens (Pursh) Nutt. var. aristata (Eastw.) D. R. Morgan et R. L. Hartm. ■☆

240397 Machaeranthera canescens (Pursh) A. Gray var. commixta (Greene) S. L. Welsh = Dieteria bigelovii (A. Gray) D. R. Morgan et R. L. Hartm. var. commixta (Greene) D. R. Morgan et R. L. Hartm. ■☆

240398 Machaeranthera canescens (Pursh) A. Gray var. glabra A. Gray = Dieteria canescens (Pursh) Nutt. var. glabra (A. Gray) D. R. Morgan et R. L. Hartm. ■☆

240399 Machaeranthera canescens (Pursh) A. Gray var. incana (Lindl.) A. Gray = Dieteria canescens (Pursh) Nutt. var. incana (Lindl.) D. R. Morgan et R. L. Hartm. ■☆

240400 Machaeranthera canescens (Pursh) A. Gray var. leucanthemifolia (Greene) S. L. Welsh = Dieteria canescens (Pursh) Nutt. var. leucanthemifolia (Greene) D. R. Morgan et R. L. Hartm. ■☆

240401 Machaeranthera canescens (Pursh) A. Gray var. nebraskana B. L. Turner = Dieteria canescens (Pursh) Nutt. var. nebraskana (B. L. Turner) D. R. Morgan et R. L. Hartm. ■☆

240402 Machaeranthera canescens (Pursh) A. Gray var. sessiliflora (Nutt.) B. L. Turner = Dieteria canescens (Pursh) Nutt. var. sessiliflora (Nutt.) D. R. Morgan et R. L. Hartm. ■☆

240403 Machaeranthera canescens (Pursh) A. Gray var. shastensis (A. Gray) B. L. Turner = Dieteria canescens (Pursh) Nutt. var. shastensis (A. Gray) D. R. Morgan et R. L. Hartm. ■☆

240404 Machaeranthera canescens (Pursh) A. Gray var. ziegleri (Munz) B. L. Turner = Dieteria canescens (Pursh) Nutt. var. ziegleri (Munz) D. R. Morgan et R. L. Hartm. ■☆

240405 Machaeranthera carnosa (A. Gray) G. L. Nesom = Arida carnosa (A. Gray) D. R. Morgan et R. L. Hartm. ■☆

240406 Machaeranthera carnosa (A. Gray) G. L. Nesom var. intricata (A. Gray) G. L. Nesom = Arida carnosa (A. Gray) D. R. Morgan et R. L. Hartm. ■☆

240407 Machaeranthera cognata (H. M. Hall) Cronquist et D. D. Keck = Xylorhiza cognata (H. M. Hall) T. J. Watson ●☆

240408 Machaeranthera coloradoensis (A. Gray) Osterh. = Xanthisma coloradoense (A. Gray) D. R. Morgan et R. L. Hartm. ■☆

240409 Machaeranthera coloradoensis (A. Gray) Osterh. var. brandegeei (Rydb.) T. J. Watson ex R. L. Hartm. = Xanthisma coloradoense (A. Gray) D. R. Morgan et R. L. Hartm. ■☆

240410 Machaeranthera commixta Greene = Dieteria bigelovii (A. Gray) D. R. Morgan et R. L. Hartm. var. commixta (Greene) D. R. Morgan et R. L. Hartm. ■☆

240411 Machaeranthera confertifolia (Cronquist) Cronquist = Xylorhiza confertifolia (Cronquist) T. J. Watson ●☆

240412 Machaeranthera coulteri (A. Gray) B. L. Turner et D. B. Horne var. arida (B. L. Turner et D. B. Horne) B. L. Turner = Arida arizonica (R. C. Jacks. et R. R. Johnson) D. R. Morgan et R. L.

Hartm. ■☆

240413 Machaeranthera cronquistii (S. L. Welsh et N. D. Atwood) Cronquist = Xylorhiza cronquistii S. L. Welsh et N. D. Atwood ●☆

240414 Machaeranthera divaricata (Nutt.) Greene = Dieteria canescens (Pursh) Nutt. ■☆

240415 Machaeranthera gentryi (Standl.) R. C. Jacks. ex B. L. Turner = Psilactis gentryi (Standl.) D. R. Morgan ■☆

240416 Machaeranthera glabriuscula (Nutt.) Cronquist et D. D. Keck = Xylorhiza glabriuscula Nutt. ●☆

240417 Machaeranthera glabriuscula (Nutt.) Cronquist et D. D. Keck var. confertifolia Cronquist = Xylorhiza confertifolia (Cronquist) T. J. Watson ●☆

240418 Machaeranthera glabriuscula (Nutt.) Cronquist et D. D. Keck var. villosa (Nutt.) Cronquist et D. D. Keck = Xylorhiza glabriuscula Nutt. ●☆

240419 Machaeranthera gracilis (Nutt.) Shinners;纤细蒿菀;Yellow Spiny Daisy ■☆

240420 Machaeranthera gracilis (Nutt.) Shinners = Xanthisma gracile (Nutt.) D. R. Morgan et R. L. Hartm. ■☆

240421 Machaeranthera grindelioides (Nutt.) Shinners = Xanthisma grindelioides (Nutt.) D. R. Morgan et R. L. Hartm. ■☆

240422 Machaeranthera grindeloides (Nutt.) Shinners var. depressa (Maguire) Cronquist et D. D. Keck = Xanthisma grindelioides (Nutt.) D. R. Morgan et R. L. Hartm. var. depressum (Maguire) D. R. Morgan et R. L. Hartm. ■☆

240423 Machaeranthera gypsitherma G. L. Nesom, Vorobik et R. L. Hartm. = Arida blepharophylla (A. Gray) D. R. Morgan et R. L. Hartm. ■☆

240424 Machaeranthera gypsophila B. L. Turner = Xanthisma gypsophilum (B. L. Turner) D. R. Morgan et R. L. Hartm. ●☆

240425 Machaeranthera havardii (Waterf.) Shinners = Xanthisma viscidum (Wooton et Standl.) D. R. Morgan et R. L. Hartm. ■☆

240426 Machaeranthera heterocarpa R. L. Hartm. et M. A. Lane = Psilactis heterocarpa (R. L. Hartm. et M. A. Lane) D. R. Morgan ■☆

240427 Machaeranthera humilis (A. Gray) Standl. = Machaeranthera tagetina Greene ■☆

240428 Machaeranthera incana (Lindl.) Greene = Dieteria canescens (Pursh) Nutt. var. incana (Lindl.) D. R. Morgan et R. L. Hartm. ■☆

240429 Machaeranthera juncea (Greene) Shinners = Xanthisma junceum (Greene) D. R. Morgan et R. L. Hartm. ●☆

240430 Machaeranthera kingii (D. C. Eaton) Cronquist et D. D. Keck = Herrickia kingii (D. C. Eaton) Brouillet ■☆

240431 Machaeranthera kingii (D. C. Eaton) Cronquist et D. D. Keck var. barnebyana S. L. Welsh et Goodrich = Herrickia kingii (D. C. Eaton) Brouillet, Urbatsch et R. P. Roberts var. barnebyana (S. L. Welsh et Goodrich) Brouillet ■☆

240432 Machaeranthera laetevirens Greene = Dieteria canescens (Pursh) Nutt. ■☆

240433 Machaeranthera lagunensis D. D. Keck = Dieteria asteroides Torr. var. lagunensis (D. D. Keck) D. R. Morgan et R. L. Hartm. ■☆

240434 Machaeranthera latifolia A. Nelson = Dieteria canescens (Pursh) Nutt. ■☆

240435 Machaeranthera leucanthemifolia (Greene) Greene = Dieteria canescens (Pursh) Nutt. var. leucanthemifolia (Greene) D. R. Morgan et R. L. Hartm. ■☆

240436 Machaeranthera linearifolia (T. J. Watson) Cronquist = Xylorhiza linearifolia (T. J. Watson) G. L. Nesom ●☆

240437 Machaeranthera linearis Greene = Dieteria canescens (Pursh) Nutt. var. glabra (A. Gray) D. R. Morgan et R. L. Hartm. ■☆

240438 Machaeranthera mexicana B. L. Turner et D. B. Horne = Psilactis gentryi (Standl.) D. R. Morgan ■☆

240439 Machaeranthera mucronata Greene = Dieteria bigelovii (A. Gray) D. R. Morgan et R. L. Hartm. var. mucronata (Greene) D. R. Morgan et R. L. Hartm. ■☆

240440 Machaeranthera orcuttii (Vasey et Rose) Cronquist et D. D. Keck = Xylorhiza orcuttii (Vasey et Rose) Greene ●☆

240441 Machaeranthera parviflora A. Gray = Arida parviflora (A. Gray) D. R. Morgan et R. L. Hartm. ■☆

240442 Machaeranthera phyllocephala (DC.) Shinners = Rayjacksonia phyllocephala (DC.) R. L. Hartm. et M. A. Lane ■☆

240443 Machaeranthera phyllocephala (DC.) Shinners var. megacephala (Nash) Shinners = Rayjacksonia phyllocephala (DC.) R. L. Hartm. et M. A. Lane ■☆

240444 Machaeranthera pinnatifida (Hook.) Shinners = Xanthisma spinulosum (Pursh) D. R. Morgan et R. L. Hartm. ●■☆

240445 Machaeranthera pinnatifida (Hook.) Shinners subsp. gooddingii (A. Nelson) B. L. Turner et R. L. Hartm. = Xanthisma spinulosum (Pursh) D. R. Morgan et R. L. Hartm. var. gooddingii (A. Nelson) D. R. Morgan et R. L. Hartm. ●☆

240446 Machaeranthera pinnatifida (Hook.) Shinners var. chihuahuana B. L. Turner et R. L. Hartm. = Xanthisma spinulosum (Pursh) D. R. Morgan et R. L. Hartm. var. chihuahuanum (B. L. Turner et R. L. Hartm.) D. R. Morgan et R. L. Hartm. ■☆

240447 Machaeranthera pinnatifida (Hook.) Shinners var. glaberrima (Rydb.) B. L. Turner et R. L. Hartm. = Xanthisma spinulosum (Pursh) D. R. Morgan et R. L. Hartm. var. glaberrimum (Rydb.) D. R. Morgan et R. L. Hartm. ■☆

240448 Machaeranthera pinnatifida (Hook.) Shinners var. gooddingii (A. Nelson) B. L. Turner et R. L. Hartm. = Xanthisma spinulosum (Pursh) D. R. Morgan et R. L. Hartm. var. gooddingii (A. Nelson) D. R. Morgan et R. L. Hartm. ●☆

240449 Machaeranthera pinnatifida (Hook.) Shinners var. paradoxa B. L. Turner et R. L. Hartm. = Xanthisma spinulosum (Pursh) D. R. Morgan et R. L. Hartm. var. paradoxum (B. L. Turner et R. L. Hartm.) D. R. Morgan et R. L. Hartm. ■☆

240450 Machaeranthera pulverulenta (Nutt.) Greene = Dieteria canescens (Pursh) Nutt. ■☆

240451 Machaeranthera ramosa A. Nelson;分枝蒿菀;Tansy Aster ■☆

240452 Machaeranthera rigida Greene = Dieteria canescens (Pursh) Nutt. var. aristata (Eastw.) D. R. Morgan et R. L. Hartm. ■☆

240453 Machaeranthera riparia (Kunth) A. G. Jones = Arida riparia (Kunth) D. R. Morgan et R. L. Hartm. ■☆

240454 Machaeranthera sessiliflora (Nutt.) Greene = Dieteria canescens (Pursh) Nutt. var. sessiliflora (Nutt.) D. R. Morgan et R. L. Hartm. ■☆

240455 Machaeranthera shastensis A. Gray = Dieteria canescens (Pursh) Nutt. var. shastensis (A. Gray) D. R. Morgan et R. L. Hartm. ■☆

240456 Machaeranthera sonorae (A. Gray) Stucky = Arida riparia (Kunth) D. R. Morgan et R. L. Hartm. ■☆

240457 Machaeranthera tagetina Greene;岩地蒿菀(岩地剑药菊);Mesa Tansyaster ■☆

240458 Machaeranthera tanacetifolia (Kunth) Nees;艾菊叶蒿菀(艾菊

叶剑药菊）；Tansy Aster, Tahoka Daisy, Tahoka-daisy, Tahotta Daisy, Tansy Leaf Aster, Tansy-aster, Tansyleaf Aster ■☆
240459 Machaeranthera tanacetifolia Kunth var. humilis A. Gray = Machaeranthera tagetina Greene ■☆
240460 Machaeranthera tenuis（S. Watson）B. L. Turner et D. B. Horne = Psilactis tenuis S. Watson ■☆
240461 Machaeranthera tephrodes（A. Gray）Greene = Dieteria asteroides Torr. ■☆
240462 Machaeranthera texensis（R. C. Jacks.）Shinners = Xanthisma spinulosum（Pursh）D. R. Morgan et R. L. Hartm. ●■☆
240463 Machaeranthera tortifolia（Torr. et A. Gray）Cronquist et D. D. Keck；北美蒿菀（北美剑药菊）；Mojave Aster ■☆
240464 Machaeranthera tortifolia（Torr. et A. Gray）Cronquist et D. D. Keck var. imberbis Cronquist = Xylorhiza tortifolia（Torr. et A. Gray）Greene var. imberbis（Cronquist）T. J. Watson ●☆
240465 Machaeranthera tortifolia（Torr. et A. Gray）Cronquist et D. D. Keck = Xylorhiza tortifolia（Torr. et A. Gray）Greene ●☆
240466 Machaeranthera venusta（M. E. Jones）Cronquist et D. D. Keck = Xylorhiza venusta（M. E. Jones）A. Heller ●■☆
240467 Machaeranthera viscida（Wooton et Standl.）R. L. Hartm. = Xanthisma viscidum（Wooton et Standl.）D. R. Morgan et R. L. Hartm. ■☆
240468 Machaeranthera viscosa（Nutt.）Greene = Dieteria canescens（Pursh）Nutt. ■☆
240469 Machaeranthera wrightii（A. Gray）Cronquist et D. D. Keck；赖氏蒿菀；Big Bend Aster ■☆
240470 Machaeranthera wrightii（A. Gray）Cronquist et D. D. Keck = Xylorhiza wrightii（A. Gray）Greene ●■☆
240471 Machaerina Post et Kuntze = Lepidosperma Labill. ■
240472 Machaerina Post et Kuntze = Macherina Nees ■
240473 Machaerina Vahl（1805）；剑叶莎属（剑叶莎草属）■
240474 Machaerina brevistigma（Nakai ex Tuyama）T. Koyama = Machaerina rubiginosa（Sol. ex G. Forst.）T. Koyama ■
240475 Machaerina ensigera（Hance）T. Koyama；剑叶莎■
240476 Machaerina flexuosa（Boeck.）Kern；之字剑叶莎■☆
240477 Machaerina flexuosa（Boeck.）Kern subsp. polyanthemum（Kük.）Lye；多花之字剑叶莎■☆
240478 Machaerina glomerata（Gaudich.）T. Koyama；球状剑叶莎■☆
240479 Machaerina myriantha（Chun et F. C. How）Y. C. Tang；多花剑叶莎■
240480 Machaerina nipponensis（Ohwi）Ohwi et T. Koyama = Machaerina rubiginosa（Sol. ex G. Forst.）T. Koyama ■
240481 Machaerina rubiginosa（Sol. ex G. Forst.）T. Koyama；圆叶剑叶莎；Golden Sword ■
240482 Machaerina rubiginosa（Sol. ex G. Forst.）T. Koyama var. nipponensis（Ohwi）T. Koyama = Machaerina rubiginosa（Sol. ex G. Forst.）T. Koyama ■
240483 Machaerina sucinonux T. Koyama = Machaerina glomerata（Gaudich.）T. Koyama ■☆
240484 Machaerium Pers.（1807）（保留属名）；军刀豆属；Palisander ●☆
240485 Machaerium bolivianum Gand.；玻利维亚军刀豆●☆
240486 Machaerium brachycarpum Pittier；短果军刀豆●☆
240487 Machaerium brasiliense Vogel；巴西军刀豆木●☆
240488 Machaerium floribundum Benth.；多花军刀豆●☆
240489 Machaerium glabrum Vogel；光秃军刀豆●☆
240490 Machaerium guanaiense Rusby ex Rudd；圭亚那军刀豆●☆
240491 Machaerium intermedium Pittier；间型军刀豆●☆
240492 Machaerium lanceolatum（Vell.）J. F. Macbr.；披针叶军刀豆●☆
240493 Machaerium latifolium Rusby；宽叶军刀豆●☆
240494 Machaerium lunatum（L. f.）Ducke；非洲军刀豆●☆
240495 Machaerium macrophyllum Benth.；大叶军刀豆●☆
240496 Machaerium microphyllum Standl.；小叶军刀豆●☆
240497 Machaerium nictitans Benth.；闪烁军刀豆●☆
240498 Machaerium obovatum Kuhlm. et Hoehne；倒卵叶军刀豆●☆
240499 Machaerium ovalifolium Glaz. ex Rudd；卵叶军刀豆●☆
240500 Machaerium oxyphyllum Gand.；尖叶军刀豆●☆
240501 Machaerium pedicellatum Vogel；有柄军刀豆●☆
240502 Machaerium scleroxylon Tul.；硬木军刀豆●☆
240503 Machaerium stenophyllum Pittier；窄叶军刀豆●☆
240504 Machaerium tomentosum Glaz.；毛军刀豆●☆
240505 Machaerium villosulum Mart.；长毛军刀豆●☆
240506 Machaerocarpus Small = Damasonium Mill. ■
240507 Machaerocarpus Small（1909）；剑果泽泻属（美国星果泻属）■☆
240508 Machaerocarpus californicus（Torr.）Small；剑果泽泻■☆
240509 Machaerocarpus californicus（Torr.）Small = Damasonium californicum Torr. ■☆
240510 Machaerocereus Britton et Rose = Stenocereus（A. Berger）Riccob.（保留属名）●☆
240511 Machaerocereus Britton et Rose（1920）；短剑仙人柱属（刀仙影掌属）■☆
240512 Machaerocereus eruca（Brandegee）Britton et Rose；入鹿；Creeping Devil, Creeping Devil Cactus ■☆
240513 Machaerocereus eruca Britton et Rose = Machaerocereus eruca（Brandegee）Britton et Rose ■☆
240514 Machaerocereus gummosus（Engelm.）Britton et Rose；当麻阁■☆
240515 Machaerophorus Schltdl. = Mathewsia Hook. et Arn. ■☆
240516 Machairophyllum Schwantes（1927）；剑叶玉属■☆
240517 Machairophyllum acuminatum L. Bolus = Machairophyllum bijliae（N. E. Br.）L. Bolus ■☆
240518 Machairophyllum albidum（L.）Schwantes；白剑叶玉■☆
240519 Machairophyllum baxteri L. Bolus = Machairophyllum bijliae（N. E. Br.）L. Bolus ■☆
240520 Machairophyllum bijliae（N. E. Br.）L. Bolus；毕氏剑叶玉■☆
240521 Machairophyllum brevifolium L. Bolus；短叶剑叶玉■☆
240522 Machairophyllum cookii（L. Bolus）Schwantes = Machairophyllum albidum（L.）Schwantes ■☆
240523 Machairophyllum latifolium L. Bolus = Machairophyllum brevifolium L. Bolus ■☆
240524 Machairophyllum stayneri L. Bolus；斯泰纳剑叶玉■☆
240525 Machairophyllum stenopetalum L. Bolus = Machairophyllum bijliae（N. E. Br.）L. Bolus ■☆
240526 Machairophyllum vanbredai L. Bolus = Machairophyllum bijliae（N. E. Br.）L. Bolus ■☆
240527 Machanaea Steud. = Macahanea Aubl. ●
240528 Machaonia Bonpl.（1806）；马雄茜属■☆
240529 Machaonia Humb. et Bonpl. = Machaonia Bonpl. ■☆
240530 Machaonia acuminata Humb. et Bonpl.；渐尖马雄茜■☆
240531 Machaonia brasiliensis Cham. et Schltdl.；巴西马雄茜■☆
240532 Machaonia floribunda Greenm.；多花马雄茜■☆
240533 Machaonia grandis Wernham；大马雄茜■☆

240534 Machaonia micrantha Borhidi et M. Fernandez;小花马雄茜■☆
240535 Machaonia minutifolia Britton et P. Wilson;小叶马雄茜■☆
240536 Machaonia pauciflora Urb.;少花马雄茜■☆
240537 Machaonia pubescens Borhidi et M. Fernandez;毛马雄茜■☆
240538 Macharina Steud. = Cladium P. Browne ■
240539 Macharina Steud. = Machaerina Vahl ■
240540 Macharisia Plinch. ex Hook. f. = Ixonanthes Jack ●
240541 Macharisia Spreng. = Macarisia Thouars ●☆
240542 Macharisiaceae J. Agardh = Rhizophoraceae Pers.(保留科名)●
240543 Machelia kachirachirai Kaneh. et Yamam. = Magnolia kachirachirai (Kaneh. et Yamam.) Dandy ●
240544 Macherina Nees = Lepidosperma Labill. ■
240545 Machilis DC. = Cotula L. ■
240546 Machilus Desr. = Persea Mill.(保留属名)●
240547 Machilus Nees = Machilus Rumph. ex Nees ●
240548 Machilus Nees = Persea Mill.(保留属名)●
240549 Machilus Rumph. = Neolitsea (Benth. et Hook. f.) Merr.(保留属名)●
240550 Machilus Rumph. ex Nees (1831);润楠属(桢楠属);Machilus, Nanmu ●
240551 Machilus acuminatissima (Hayata) Kaneh.;尖叶楠木(大树林楠,樟叶楠);Acuminate-leaf Machilus ●
240552 Machilus acuminatissima (Hayata) Kaneh. = Cinnamomum philippinense (Merr.) C. E. Chang ●
240553 Machilus acuminatissima (Hayata) Kaneh. = Machilus philippinense Merr. ●
240554 Machilus acuminatissima (Hayata) Kaneh. var. tasulinensis J. C. Liao = Cinnamomum philippinense (Merr.) C. E. Chang ●
240555 Machilus arisanensis (Hayata) Hayata = Machilus thunbergii Siebold et Zucc. ●
240556 Machilus austroguizhouensis S. K. Lee et F. N. Wei;黔南润楠;South Guizhou Machilus ●◇
240557 Machilus bombycina King ex Hook. f. = Machilus gamblei King ex Hook. f. ●
240558 Machilus bonii Lecomte;枇杷叶润楠(枇杷润楠);Bon's Machilus, Loquat-leaf Machilus ●◇
240559 Machilus boninensis Koidz.;小笠原润楠●☆
240560 Machilus bournei Hemsl. = Phoebe bournei (Hemsl.) Yen C. Yang ●
240561 Machilus bracteata Lecomte = Machilus yunnanensis Lecomte ●
240562 Machilus breviflora (Benth.) Hemsl.;短序润楠(白皮槁,白橡果,短序桢楠,狭叶香港楠木,野荷树);Shortinflorescence Machilus, Short-inflorescenced Machilus ●
240563 Machilus calcicola S. K. Lee et C. J. Qi;灰岩润楠;Calcicolous Machilus ●
240564 Machilus camphorata H. Lév. = Cinnamomum foveolatum (Merr.) H. W. Li et J. Li ●
240565 Machilus cathayensis Chun ex Hung T. Chang = Machilus kwangtungensis Yen C. Yang ●
240566 Machilus cavaleriei (H. Lév.) H. Lév.;安顺润楠;Cavalerie's Machilus ●
240567 Machilus chayuensis S. K. Lee;察隅润楠;Chayu Machilus, Zayu Machilus ●
240568 Machilus chekiangensis S. K. Lee;浙江润楠;Zhejiang Machilus ●
240569 Machilus chienkweiensi S. K. Lee;黔桂润楠;Guizhou-Guangxi Machilus, Qian-Gui Machilus ●
240570 Machilus chinensis (Champ. ex Benth.) Hemsl.;华润楠(八角楠,黄槁,荔枝槁,山椒果,香港楠木,桢楠);China Machilus, Chinese Machilus, Hong Kong Machilus ●
240571 Machilus chrysotricha H. W. Li;黄毛润楠;Yellowhair Machilus, Yellow-haired Machilus ●
240572 Machilus chuanchienensis S. K. Lee;川黔润楠;Sichuan-Guizhou Machilus ●
240573 Machilus cicatricosa S. K. Lee;刻节润楠(刻节桢楠);Cicatrical Machilus, Scarred Machilus ●
240574 Machilus comphorata H. Lév. = Cinnamomum caudiferum Kosterm. ●
240575 Machilus daozhenensis Y. K. Li;道真润楠;Daozhen Machilus ●
240576 Machilus decursinervis Chun;基脉润楠(香皮树,基脉楠);Baselvein Machilus, Basel-veined Machilus ●
240577 Machilus dinganensis S. K. Lee et F. N. Wei;定安润楠;Ding'an Machilus ●
240578 Machilus dominii H. Lév. = Cinnamomum glanduliferum (Wall.) Nees ●
240579 Machilus dumicola (W. W. Sm.) H. W. Li;灌丛润楠;Bushy Machilus ●
240580 Machilus dunniana H. Lév. = Nothaphoebe cavaleriei (H. Lév.) Yen C. Yang ●◇
240581 Machilus duthiei King ex Hook. f.;长柄润楠●
240582 Machilus faberi Hemsl. = Phoebe faberi (Hemsl.) Chun ●
240583 Machilus fasciculata H. W. Li;簇序润楠;Fasciculate Machilus ●
240584 Machilus foonchewii S. K. Lee;琼桂润楠(宽昭润楠,宽昭桢楠);Foonchew Machilus ●
240585 Machilus formosana Hayata = Phoebe formosana (Matsum. et Hayata) Hayata ●
240586 Machilus formosana Hayata ex Matsum. et Hayata = Phoebe formosana (Matsum. et Hayata) Hayata ●
240587 Machilus fukienensis Hung T. Chang;福建润楠(闽润楠);Fujian Machilus, Fukien Machilus ●
240588 Machilus gamblei King ex Hook. f.;黄心树(蹄状黄心树,新心树);Gamble Machilus, Silk-like Machilus, Silky Machilus ●
240589 Machilus glabrophylla J. F. Zuo;光叶润楠●
240590 Machilus glaucescens (Nees) H. W. Li;软毛润楠(粉绿润楠,柔毛润楠);Villose Machilus ●
240591 Machilus glaucifolia S. K. Lee et F. N. Wei;粉叶润楠;Glaucous Leaf Machilus, Glaucous-leaved Machilus ●◇
240592 Machilus gongshanensis H. W. Li;贡山润楠;Gongshan Machilus ●
240593 Machilus gracillima Chun;柔弱润楠(蒙口楠);Slender Machilus ●
240594 Machilus grandibracteata S. K. Lee et F. N. Wei;大苞润楠●
240595 Machilus grijsii Hance;黄绒润楠(黄楠,黄桢楠,香槁树);Grijs Machilus ●
240596 Machilus hainanensis Merr. = Actinodaphne pilosa (Lour.) Merr. ●
240597 Machilus henryi Hemsl. = Phoebe tavoyana (Meisn.) Hook. f. ●
240598 Machilus holadena H. Liu;全腺润楠;Glandular Machilus, Hologlandular Machilus, Whole-gland Machilus ●
240599 Machilus ichangensis Rehder et E. H. Wilson;宜昌润楠(大叶楠,红楠,竹叶楠);Yichang Machilus ●
240600 Machilus ichangensis Rehder et E. H. Wilson var. leiophylla Hand. -Mazz.;滑叶宜昌润楠(滑叶润楠);Smoothleaf Machilus ●
240601 Machilus ichangensis Rehder et E. H. Wilson var. synechothrix Hand. -Mazz. = Machilus yunnanensis Lecomte ●

240602　Machilus ichangensis Rehder et E. H. Wilson var. synechothrix Hand. -Mazz. = Machilus longipedicellata Lecomte ●

240603　Machilus japonica Siebold et Zucc. = Machilus japonica Siebold et Zucc. ex Meisn. ●

240604　Machilus japonica Siebold et Zucc. ex Meisn.；日本润楠(长叶润楠,臭尿楠,大叶楠,假长叶楠,日本红楠,日本桢楠,细叶楠)；Japan Machilus,Japanese Machilus,Narrow-leaved Nanmu ●

240605　Machilus japonica Siebold et Zucc. ex Meisn. var. kusanoi (Hayata) J. C. Liao;大叶润楠(大润楠,大叶楠,楠仔);Bigleaf Machilus,Kusano Namu,Large-leaved Machilus,Large-leaved Nanmu ●

240606　Machilus kobu Maxim.；辛夷润楠●☆

240607　Machilus konishii Hayata = Nothaphoebe konishii (Hayata) Hayata ●

240608　Machilus kurzii King ex Hook. f.；秃枝润楠；Glabrous Kurz Machilus ●

240609　Machilus kusanoi Hayata = Machilus japonica Siebold et Zucc. ex Meisn. var. kusanoi (Hayata) J. C. Liao ●

240610　Machilus kwangtungensis Yen C. Yang；广东润楠；Guangdong Machilus,Kwangtung Machilus ●

240611　Machilus kwangtungensis Yen C. Yang var. sanduensis Y. K. Li；三都润楠；Sandu Machilus ●

240612　Machilus kwangtungensis Yen C. Yang var. sanduensis Y. K. Li = Machilus kwangtungensis Yen C. Yang ●

240613　Machilus kwashotensis Hayata = Machilus thunbergii Siebold et Zucc. ●

240614　Machilus lenticellata S. K. Lee et F. N. Wei；疣序润楠；Lenticellate Machilus ●

240615　Machilus leptophylla Hand. -Mazz.；薄叶润楠(薄叶桢楠,长叶润楠,大叶楠,荷树,华东楠,华润楠,落叶润楠,落叶桢楠)；Greater Nan,Thinleaf Machilus,Thin-leaved Machilus ●

240616　Machilus levinei Merr. = Machilus phoenicis Dunn ●

240617　Machilus liangkwangensis (Chun) Kosterman = Machilus robusta W. W. Sm. ●

240618　Machilus liangkwangensis Chun = Machilus robusta W. W. Sm. ●

240619　Machilus lichuanensis W. C. Cheng = Machilus lichuanensis W. C. Cheng ex S. K. Lee et al. ●

240620　Machilus lichuanensis W. C. Cheng ex S. K. Lee et al.；利川润楠；Lichuan Machilus ●

240621　Machilus lipoensis C. S. Chao ex X. H. Song；荔波润楠；Libo Machilus ●

240622　Machilus lipoensis C. S. Chao ex X. H. Song = Machilus glaucifolia S. K. Lee et F. N. Wei ●◇

240623　Machilus litseifolia S. K. Lee；木姜叶润楠(木姜润楠)；Litseleaf Machilus,Litse-leaved Machilus ●

240624　Machilus lohuiensis S. K. Lee；乐会润楠；Lehui Machilus,Lohui Machilus ●

240625　Machilus longifolia Blume；长叶润楠(臭尿楠)；Longleaf Machilus ●☆

240626　Machilus longifolia Blume = Actinodaphne acuminata (Blume) Meisn. ●

240627　Machilus longipaniculata Hayata = Machilus zuihoensis Hayata ●

240628　Machilus longipedicellata Lecomte；长梗润楠(树八咱,臭樟树)；Longpedicel Machilus,Long-pediceled Machilus ●

240629　Machilus longipedicellata Lecomte = Machilus yunnanensis Lecomte ●

240630　Machilus longipedicellata Lecomte var. synechothrix (Hand. -Mazz.) Hand. -Mazz. = Machilus yunnanensis Lecomte ●

240631　Machilus longipedicellata Lecomte var. synechothrix (Hand. -Mazz.) Hand. -Mazz. = Machilus longipedicellata Lecomte ●

240632　Machilus longipedunculata S. K. Lee et F. N. Wei；长序润楠；Longipedunculate Machilus ●

240633　Machilus longipedunculata S. K. Lee et F. N. Wei = Machilus chienkweiensi S. K. Lee ●

240634　Machilus longipes Hung T. Chang；东莞润楠(长梗楠)；Long-stalk Machilus,Long-stalked Machilus ●

240635　Machilus longisepala Hayata = Machilus zuihoensis Hayata ●

240636　Machilus macrantha Nees；大花润楠●☆

240637　Machilus macrophylla Hemsl. = Phoebe chinensis Chun ●

240638　Machilus macrophylla Hemsl. var. arisanensis Hayata = Machilus thunbergii Siebold et Zucc. ●

240639　Machilus mairei H. Lév. = Nothaphoebe cavaleriei (H. Lév.) Yen C. Yang ●◇

240640　Machilus mangdangshanensis Q. F. Zhang；芒砀山润楠(芒荡山润楠)；Mangdangshan Machilus ●

240641　Machilus mekongensis Diels = Cinnamomum glanduliferum (Wall.) Nees ●

240642　Machilus melanophylla H. W. Li；暗叶润楠；Blackleaf Machilus,Dark-leaf Machilus,Dark-leaved Machilus ●

240643　Machilus miaoshanensis F. N. Wei et C. Q. Lin；苗山润楠；Miaoshan Machilus Machilus ●

240644　Machilus micrantha Hayata = Cinnamomum micranthum (Hayata) Hayata ●

240645　Machilus microcarpa Hemsl.；小果润楠(大树药,毛楠,润楠)；Littlefruit Machilus,Little-fruited Machilus ●

240646　Machilus microcarpa Hemsl. var. omeiensis S. K. Lee；峨眉润楠(峨眉小果润楠)；Emei Machilus,Omei Machilus ●

240647　Machilus minkweiensis S. K. Lee；闽桂润楠；Fujian-Guangxi Machilus ●

240648　Machilus minutiloba S. K. Lee；雁荡润楠；Minilobe Machilus,Minute-lobed Machilus,Yandang Machilus ●◇

240649　Machilus monticola S. K. Lee；尖峰润楠(尖峰桢楠)；Jianfengling Machilus ●◇

240650　Machilus multinervia H. Liu；多脉润楠；Manyvein Machilus,Multivein Machilus ●

240651　Machilus mushaensis F. Y. Lu = Machilus zuihoensis Hayata var. mushaensis (F. Y. Lu) Y. C. Liu ●

240652　Machilus nakao S. K. Lee；纳槁润楠(纳槁,纳槁桢楠)；Nakao Machilus ●

240653　Machilus nanchnanensis N. Chao；南川润楠；Nanchuan Machilus ●

240654　Machilus nanmu (Oliv.) Gamble = Phoebe zhennan S. K. Lee et F. N. Wei ●◇

240655　Machilus nanmu (Oliv.) Hemsl. = Phoebe nanmu (Oliv.) Gamble ●◇

240656　Machilus nanshoensis Kaneh. = Machilus thunbergii Siebold et Zucc. ●

240657　Machilus neurantha Hemsl. = Phoebe neurantha (Hemsl.) Gamble ●

240658　Machilus obovatifolia (Hayata) Kaneh. et Sasaki；倒卵叶润楠(倒卵叶楠,恒春桢楠)；Obovateleaf Machilus,Obovate-leaved Machilus ●

240659　Machilus obscurinervia S. K. Lee；隐脉润楠；Obscurevein Machilus,Obscure-veined Machilus ●

240660　Machilus oculodracontis Chun；龙眼润楠(龙眼楠)；Dragoneye

Machilus, Dragon-eye Machilus ●
240661 Machilus odoratissima (Wall. ex Nees) Nees = Persea odoratissima (Nees) Kosterm. ●☆
240662 Machilus odoratissima Nees = Persea odoratissima (Nees) Kosterm. ●☆
240663 Machilus oreophila Hance; 建润楠(建楠, 水楠); Montane Machilus, Mountain Machilus ●
240664 Machilus ovatiloba S. K. Lee; 糙枝润楠(粗枝润楠); Ovate-lobed Machilus, Rough-branch Machilus, Ruggedshoot Machilus ●
240665 Machilus pachyclada D. Fang; 肥枝润楠(粗枝润楠); Thick-branch Machilus ●
240666 Machilus pachyclada D. Fang = Machilus submurtinervia Y. K. Li ●
240667 Machilus parabreviflora Hung T. Chang; 赛短花润楠(赛短花楠); Parashortiflowered Machilus, S. Guangxi Machilus, South Guangxi Machilus ●
240668 Machilus parviflora Meisn.; 小花润楠; Littleflower Machilus ●☆
240669 Machilus pauhoi Kaneh.; 刨花润楠(白楠木, 美人柴, 刨花, 刨花楠, 黏柴, 真楠木); Baohua Machilus, Chinese Bandoline Wood, Pauho Machilus ●
240670 Machilus philippinense Merr. = Cinnamomum philippinense (Merr.) C. E. Chang ●
240671 Machilus phoenicis Dunn; 凤凰润楠(硬叶润楠); Datepalm Machilus, Phoenician Machilus, Phoenix Machilus ●
240672 Machilus pilosa (Lour.) Nees = Actinodaphne pilosa (Lour.) Merr. ●
240673 Machilus pingii W. C. Cheng ex Yen C. Yang; 润楠; Ping Machilus ●
240674 Machilus pingii W. C. Cheng ex Yen C. Yang = Machilus nanmu (Oliv.) Hemsl. ●◇
240675 Machilus platycarpa Chun; 扁果润楠(扁果楠); Flatenfruit Machilus, Flaten-fruited Machilus ●
240676 Machilus platyphylla Diels = Cinnamomum platyphyllum (Diels) C. K. Allen ●◇
240677 Machilus polyneura Hung T. Chang = Machilus kwangtungensis Yen C. Yang ●
240678 Machilus polyneura Hung T. Chang = Machilus pauhoi Kaneh. ●
240679 Machilus pomifera (Kosterm.) S. K. Lee; 梨润楠(厚壳槁, 尖尾槁, 梨果楠, 梨桢楠, 香皮槁); Pear Machilus ●
240680 Machilus pseudokobu Koidz.; 假辛夷润楠●☆
240681 Machilus pseudolongifolia Hayata = Machilus japonica Siebold et Zucc. ex Meisn. ●
240682 Machilus pseudolongifolia Hayata = Machilus zuihoensis Hayata var. mushaensis (F. Y. Lu) Y. C. Liu ●
240683 Machilus pseudolongifolia Hayata = Machilus zuihoensis Hayata ●
240684 Machilus pubescens Blume = Persea blumei Kosterm. ●☆
240685 Machilus pyramidalis H. W. Li; 塔序润楠; Pyramidal Machilus ●
240686 Machilus rehderi C. K. Allen; 狭叶润楠; Rehder Machilus ●
240687 Machilus reticulata K. M. Lan; 网脉润楠; Reticulate-nerve Machilus ●
240688 Machilus reticulata S. K. Lee et F. N. Wei = Machilus glabrophylla J. F. Zuo ●
240689 Machilus robusta W. W. Sm.; 粗壮润楠(两广楠); Strong Machilus ●
240690 Machilus rufipes H. W. Li; 红梗润楠; Redstalk Machilus, Red-stalked Machilus ●
240691 Machilus salicina Hance; 柳叶润楠(柳叶桢楠, 水边楠); Willowleaf Machilus, Willow-leaved Machilus ●
240692 Machilus salicina Hance var. glabra C. K. Allen ex Tanaka et Odash. = Machilus salicina Hance ●
240693 Machilus salicoides S. K. Lee; 华蓥润楠; Willow Machilus, Willow-like Machilus ●◇
240694 Machilus sericea Blume = Persea bombycina (King ex Hook. f.) Kosterm. ●
240695 Machilus sheareri Hemsl. = Phoebe sheareri (Hemsl.) Gamble ●
240696 Machilus shiwandashanica Hung T. Chang; 十万大山润楠; Shiwandashan Machilus ●
240697 Machilus shweliensis W. W. Sm.; 瑞丽润楠(瑞丽楠); Ruili Machilus ●
240698 Machilus sichourensis H. W. Li; 西畴润楠; Xichou Machilus ●
240699 Machilus sichuanensis N. Chao ex S. K. Lee; 四川润楠; Sichuan Machilus ●◇
240700 Machilus suaveolens S. K. Lee; 芳槁润楠(芳槁桢楠); Fragrant Machilus, Sweet Machilus ●
240701 Machilus suaveolens S. K. Lee = Machilus gamblei King ex Hook. f. ●
240702 Machilus submurtinervia Y. K. Li; 册亨润楠; Ceheng Machilus ●
240703 Machilus suffrutescens Hayata = Machilus obovatifolia (Hayata) Kaneh. et Sasaki ●
240704 Machilus taiwanensis Kamik. = Machilus thunbergii Siebold et Zucc. ●
240705 Machilus tavoyana Meisn. = Phoebe tavoyana (Meisn.) Hook. f. ●
240706 Machilus tenuipilis H. W. Li; 细毛润楠; Slender-hiared Machilus, Thinhair Machilus ●
240707 Machilus thunbergii Siebold et Zucc.; 红润楠(阿里山楠, 阿里山楠木, 白漆柴, 鼻涕楠, 钓樟, 红楠, 楠柴, 楠木, 楠仔, 楠仔木, 楠紫, 刨叶, 乌樟, 小楠, 小楠木, 小叶楠, 黏柴, 猪脚楠, 猪脚子); Alishan Machilus, Common Machilus, Lishan Machilus, Red Nanmu, Tabu-no-ki Tree, Thunberg Nanmu ●
240708 Machilus thunbergii Siebold et Zucc. var. japonica (Siebold et Zucc.) Yatabe = Machilus japonica Siebold et Zucc. ex Meisn. ●
240709 Machilus thunbergii Siebold et Zucc. var. kwashotensis (Hayata) Yamam. = Machilus thunbergii Siebold et Zucc. ●
240710 Machilus thunbergii Siebold et Zucc. var. trochodendroides Masam. = Machilus thunbergii Siebold et Zucc. ●
240711 Machilus velutina Champ. ex Benth.; 绒毛润楠(猴高铁, 猴槁铁, 猴哥铁, 掠头柴, 牛铰铁树, 绒毛桢楠, 绒楠, 山枇杷, 香槁树, 香胶木, 野枇杷); Tomentose Machilus, Velutinous Machilus, Woolly Machilus ●
240712 Machilus velutina Champ. ex Benth. var. longipedunculata C. J. Qi; 长梗绒毛润楠; Longipedunculate Machilus ●
240713 Machilus velutinoides S. K. Lee et F. N. Wei; 东兴润楠; Dongxing Machilus, Velvetyoid Machilus ●
240714 Machilus verruculosa H. W. Li; 疣枝润楠; Verruculose Machilus, Warty Twig Machilus Machilus ●
240715 Machilus versicolora S. K. Lee et F. N. Wei; 黄枝润楠; Yellow-branch Machilus, Yellow-branched Machilus ●
240716 Machilus villosa (Roxb.) Hook. f.; 柔毛润楠; Villose Machilus ●
240717 Machilus villosa (Roxb.) Hook. f. = Machilus glaucescens (Nees) H. W. Li ●
240718 Machilus viridis Hand.-Mazz.; 绿叶润楠; Green Machilus, Green-leaf Machilus, Green-leaved Machilus ●

240719 Machilus wangchiana Chun;信宜润楠(黄志楠);Xinyi Machilus ●
240720 Machilus wenchangensis G. A. Fu et X. J. Hong;文昌润楠(厚壳槁,文昌公坡);Wenchang Machilus ●
240721 Machilus wenchangensis G. A. Fu et X. J. Hong = Machilus lohuiensis S. K. Lee ●
240722 Machilus wenshanensis H. W. Li;文山润楠;Wenshan Machilus ●
240723 Machilus yunnanensis Lecomte;滇润楠(白香樟,臭樟,滇楠,滇桢楠,冻青叶,狗爪樟,铁香樟,香桂子,有苞润楠,有苞桢楠,云南楠木);Bracteate Machilus,Yunnan Machilus ●
240724 Machilus yunnanensis Lecomte var. duclouxii Lecomte = Machilus yunnanensis Lecomte ●
240725 Machilus yunnanensis Lecomte var. tibetana S. K. Lee;西藏润楠;Tibet Machilus,Xizang Machilus ●
240726 Machilus zuihoensis Hayata;香润楠(臭屎楠,瑞芳楠,细叶楠,香楠);Fragrant Machilus,Incense Machilus,Incense Nanmu,Narrow-leaved Machilus,Narrow-leaved Namu,Zuiho Machilus ●
240727 Machilus zuihoensis Hayata f. longipaniculata (Hayata) Tang S. Liu et J. C. Liao = Machilus zuihoensis Hayata ●
240728 Machilus zuihoensis Hayata var. mushaensis (F. Y. Lu) Y. C. Liu;青叶润楠(青叶楠,雾社桢楠);Musha Machilus,Wushe Machilus ●
240729 Machlis DC. = Cotula L. ■
240730 Machura Steud. = Maclura Nutt.(保留属名)●
240731 Macielia Vand. = Cordia L.(保留属名)●
240732 Macintyria F. Muell. = Xanthophyllum Roxb.(保留属名)●
240733 Mackaia Gray(废弃属名)= Mackaya Harv.(保留属名)●☆
240734 Mackaya Don = Erythropalum Blume ●
240735 Mackaya Harv.(1859)(保留属名);号角花属(马卡亚木属);Mackaya ●☆
240736 Mackaya bella Harv.;号角花(马卡亚木);Forest Bell Bush,Handsome Mackaya ●☆
240737 Mackeea H. E. Moore = Kentiopsis Brongn. ●☆
240738 Mackeea H. E. Moore(1978);粗壮椰属●☆
240739 Mackeea magnifica H. E. Moore.;粗壮椰●☆
240740 Mackenia Harv. = Schizoglossum E. Mey. ■☆
240741 Mackenziea Nees = Strobilanthes Blume ●■
240742 Mackinlaya F. Muell.(1864);参棕属●☆
240743 Mackinlaya macrosciadea (F. Muell.) F. Muell.;参棕●☆
240744 Mackinlayaceae Doweld;参棕科●☆
240745 Mackleya Walp. = Macleaya R. Br. ■
240746 Macklotia Pfeiff. = Macklottia Korth. ●☆
240747 Macklottia Korth. = Leptospermum J. R. Forst. et G. Forst.(保留属名)●☆
240748 Maclaudia Venter et R. L. Verh.(1994);几内亚夹竹桃属●☆
240749 Maclaya Bernh. = Macleaya R. Br. ■
240750 Macleania Hook.(1837);蜂鸟花属(蜂鸟莓属,麦克勒木属);Macleania ●☆
240751 Macleania benthamiana Walp.;本瑟姆蜂鸟花●☆
240752 Macleania bullata Yeo;泡状蜂鸟花●☆
240753 Macleania cordifolia Benth.;心叶蜂鸟花●☆
240754 Macleania hirtiflora (Benth.) A. C. Sm.;毛花蜂鸟花●☆
240755 Macleania insignis M. Martens et Galeotti;白顶蜂鸟花(心叶麦克勒木);Remarkable Macleania ●☆
240756 Macleania macrantha Benth.;大花蜂鸟花●☆
240757 Macleania mollis A. C. Sm.;柔滑蜂鸟花●☆
240758 Macleania pentaptera Hoerold;疏枝蜂鸟花(疏枝麦克勒木);Five-winged Macleania ●☆
240759 Macleania poortmannii Drake;普尔蜂鸟花●☆
240760 Macleania rupestris (Kunth) A. C. Sm.;蜂鸟花●☆
240761 Macleania stricta A. C. Sm.;直立蜂鸟花●☆
240762 Mac-Leaya Benth. et Hook. f. = Mac-Leayia Montrouz. ●■
240763 Macleaya R. Br.(1826);博落回属;Plume Poppy,Plumepoppy,Plume-poppy,Tree-celandine ■
240764 Macleaya × kewensis Turrill;杂种博落回;Hybrid Plume-poppy ■☆
240765 Macleaya cordata (Willd.) R. Br.;博落回(边天蒿,波罗筒,勃勃回,勃勒回,勃逻回,勃洛筒,博勒回,博落筒,大黄,大叶莲,滚地龙,哈哈筒,号角斗竹,号筒草,号筒杆,号筒梗,号筒管,号筒青,号筒树,猢狲竹,黄薄荷,黄杨杆,角罗吹,救命王,空洞草,喇叭筒,落回,泡通珠,三钱三,山号筒,山火筒,山麻骨,山梧桐,通大海,通天大黄,通心竹,土霸王,亚麻筒,野麻杆,羽状美罂粟);Pink Plumepoppy,Plume Poppy,Plumepoppy,Plume-poppy,Tree Celandine ■
240766 Macleaya cordata (Willd.) R. Br. f. glabra H. Ohba;光博落回■☆
240767 Macleaya cordata (Willd.) R. Br. f. koaraii Takeda et Honda;古赖博落回■☆
240768 Macleaya cordata (Willd.) R. Br. var. yedoensis (André) Fedde = Macleaya cordata (Willd.) R. Br. ■
240769 Macleaya microcarpa (Maxim.) Fedde;小果博落回(吹火筒,黄浆苔,黄婆娘,泡桐杆,野狐杆,野麻子);Smallfruit Plumepoppy ■
240770 Macleaya microcarpa (Maxim.) Fedde 'Coral Plume';单籽小果博落回;One-seeded Plume Poppy ■☆
240771 Macleaya microcarpa (Maxim.) Fedde 'Coral Plume' = Macleaya microcarpa (Maxim.) Fedde 'Kelway's Coral Plume' ■☆
240772 Macleaya microcarpa (Maxim.) Fedde 'Kelway's Coral Plume';珊瑚羽小果博落回■☆
240773 Macleaya yedoensis André = Macleaya cordata (Willd.) R. Br. ■
240774 Mac-leayia Montrouz. = Cassia L.(保留属名)●■
240775 Mac-Leayia Montrouz. = Cassia L.(保留属名)●■
240776 Macledium Cass.(1825);肖木菊属●☆
240777 Macledium Cass. = Dicoma Cass. ●☆
240778 Macledium auriculatum (Hutch. et B. L. Burtt) S. Ortiz;耳形肖木菊●☆
240779 Macledium burmanni Cass. = Macledium spinosum (L.) S. Ortiz ●☆
240780 Macledium ellipticum (G. V. Pope) S. Ortiz;椭圆肖木菊●☆
240781 Macledium gossweileri (S. Moore) S. Ortiz;戈斯肖木菊●☆
240782 Macledium grandidieri (Drake) S. Ortiz;格氏肖木菊●☆
240783 Macledium humile (Lawalrée) S. Ortiz;矮小肖木菊●☆
240784 Macledium kirkii (Harv.) S. Ortiz;柯克肖木菊●☆
240785 Macledium kirkii (Harv.) S. Ortiz subsp. vaginatum (O. Hoffm.) S. Ortiz;具鞘肖木菊●☆
240786 Macledium latifolium (DC.) S. Ortiz;宽叶肖木菊●☆
240787 Macledium nanum (Welw. ex Hiern) S. Ortiz;矮肖木菊●☆
240788 Macledium oblongum (Lawalrée et Mvukiy.) S. Ortiz;矩圆肖木菊●☆
240789 Macledium plantaginifolium (O. Hoffm.) S. Ortiz;车前叶肖木菊●☆
240790 Macledium poggei (O. Hoffm.) S. Ortiz;波格肖木菊●☆
240791 Macledium pretoriense (C. A. Sm.) S. Ortiz;比勒陀利亚肖木菊●☆
240792 Macledium relhanioides (Less.) S. Ortiz;鼠麴木肖木菊●☆

240793 Macledium salignum (Lawalrée) S. Ortiz;柳肖木菊●☆
240794 Macledium sessiliflorum (Harv.) S. Ortiz;无梗花肖木菊●☆
240795 Macledium sessiliflorum (Harv.) S. Ortiz subsp. stenophyllum (G. V. Pope) S. Ortiz;窄叶无梗花肖木菊●☆
240796 Macledium sessiliflorum (Harv.) S. Ortiz var. membranaceum (S. Moore) S. Ortiz;膜质无梗花肖木菊●☆
240797 Macledium speciosum (DC.) S. Ortiz;美丽肖木菊●☆
240798 Macledium spinosum (L.) S. Ortiz;具刺肖木菊●☆
240799 Macledium zeyheri (Sond.) S. Ortiz;泽赫肖木菊●☆
240800 Macledium zeyheri (Sond.) S. Ortiz subsp. argyrophyllum (Oliv.) S. Ortiz;银叶肖木菊●☆
240801 Macledium zeyheri (Sond.) S. Ortiz subsp. thyrsiflorum (Klatt) Netnou;聚伞肖木菊●☆
240802 Maclelandia Wight = Macclellandia Wight ●
240803 Maclelandia Wight = Pemphis J. R. Forst. et G. Forst. ●
240804 Maclenia Dumort. = Cattleya Lindl. ■
240805 Macleya Rchb. = Macleaya R. Br. ■
240806 Maclura Nutt. (1818)(保留属名);橙桑属(面包刺属,桑橙属,柘橙属,柘果树属,柘树属,柘属);Bowwood, Osage Orange, Osage-orange ●
240807 Maclura africana (Bureau) Corner;非洲橙桑●☆
240808 Maclura amboinensis Blume;景东柘;Jingdong Cudrania ●
240809 Maclura amboinensis Blume = Cudrania amboinensis (Blume) Miq. ●
240810 Maclura aurantiaca Nutt. = Maclura pomifera (Raf.) C. K. Schneid. ●
240811 Maclura brasiliensis Endl.;巴西橙桑●☆
240812 Maclura chlorocarpa Liebm. = Maclura tinctoria (L.) D. Don ex Steud. ●☆
240813 Maclura cochinchinensis (Lour.) Corner;构棘(川破石,穿破石,刺格,刺桑,大力黄,地棉根,饭团簕,黄龙退壳,黄龙脱壳,黄桑木,黄蛇,金蝉退壳,金腰带,拉牛入石,奴柘,奴柘刺,千层皮,千重皮,牵牛入石,锐刺柘橙,山荔枝,山荔子,台湾柘树,限支,限枝,葨芝,小柘树,越南橙桑,柘树);Cochinchina Cudrania, Cochin-china Cudrania, Cochinchinense Osage Orange, Cockspur Thorn, Oriental Cudrania, Vietnam Cudrania ●
240814 Maclura cochinchinensis (Lour.) Corner = Cudrania cochinchinensis (Lour.) Kudo et Masam. ●
240815 Maclura cochinchinensis (Lour.) Corner var. gerontogea (Siebold et Zucc.) H. Ohashi = Cudrania cochinchinensis (Lour.) Kudo et Masam. ●
240816 Maclura cochinchinensis (Lour.) Corner var. pubescens (Trécul) Corner = Cudrania pubescens Trécul ●
240817 Maclura cochinchinensis (Lour.) Corner var. pubescens (Trécul) Corner = Maclura pubescens (Trécul) Z. K. Zhou et M. G. Gilbert ●
240818 Maclura excelsa (Welw.) Bureau = Milicia excelsa (Welw.) C. C. Berg ●☆
240819 Maclura excelsa Bureau = Milicia excelsa (Welw.) C. C. Berg ●☆
240820 Maclura fruticosa (Roxb.) Corner;藤柘(柘麻,柘藤);Fruticose Cudrania ●
240821 Maclura fruticosa (Roxb.) Corner = Cudrania fruticosa (Roxb.) Wight ex Kurz ●
240822 Maclura gerontogea Siebold et Zucc. = Maclura cochinchinensis (Lour.) Corner ●
240823 Maclura jingdongensis S. S. Chang = Cudrania amboinensis (Blume) Miq. ●
240824 Maclura mora Griseb. = Maclura tinctoria (L.) D. Don ex Steud. ●☆
240825 Maclura plumerii (Spreng.) D. Don ex Steud. = Maclura tinctoria (L.) D. Don ex Steud. ●☆
240826 Maclura polyneura Miq. = Maclura tinctoria (L.) D. Don ex Steud. ●☆
240827 Maclura pomifera (Raf.) B. L. Rob. = Maclura pomifera (Raf.) C. K. Schneid. ●
240828 Maclura pomifera (Raf.) C. K. Schneid.;橙桑(奥塞奇橙,奥塞奇木,弓木,面包刺,面包树,桑橙,树篱苹果,柘橙,柘果,柘果树);Bow Wood, Bowwood, Bow-wood, Hedge Apple, Hedge-apple, Hedge-ball, Horse Apple, Mock Orange, Osage, Osage Orange, Osageorange, Osage-orange ●
240829 Maclura pubescens (Trécul) Z. K. Zhou et M. G. Gilbert;毛柘藤(穿破石,黄桑,柔毛柘);Pubescent Cudrania ●
240830 Maclura regia (A. Chev.) Corner = Milicia regia (A. Chev.) C. C. Berg ●☆
240831 Maclura sempervirens Ten. = Maclura tinctoria (L.) D. Don ex Steud. ●☆
240832 Maclura sieberi Blume = Maclura tinctoria (L.) D. Don ex Steud. ●☆
240833 Maclura subintegerrima Miq. = Maclura tinctoria (L.) D. Don ex Steud. ●☆
240834 Maclura tinctoria (L.) D. Don ex Steud.;染用橙桑(染用桑橙);Fustic ●☆
240835 Maclura tinctoria (L.) D. Don ex Steud. var. affinis (Miq.) Bureau = Maclura tinctoria (L.) D. Don ex Steud. ●☆
240836 Maclura tinctoria (L.) D. Don ex Steud. var. ovata Bureau = Maclura tinctoria (L.) D. Don ex Steud. ●☆
240837 Maclura tinctoria (L.) D. Don ex Steud. var. polyneura (Miq.) Bureau = Maclura tinctoria (L.) D. Don ex Steud. ●☆
240838 Maclura tinctoria (L.) D. Don ex Steud. var. subcuneata Bureau = Maclura tinctoria (L.) D. Don ex Steud. ●☆
240839 Maclura tinctoria (L.) D. Don ex Steud. var. subintegerrima Miq. = Maclura tinctoria (L.) D. Don ex Steud. ●☆
240840 Maclura tinctoria (L.) D. Don ex Steud. var. zanthoxylon (L.) Bureau = Maclura tinctoria (L.) D. Don ex Steud. ●☆
240841 Maclura tinctoria (L.) Steud. = Maclura tinctoria (L.) D. Don ex Steud. ●☆
240842 Maclura tricuspidata Carrière;柘树(穿破石,刺钉,大丁癀,黄疸树,黄了刺,黄桑,黄蛇根,灰桑,灰桑树,鸡头桑,九重皮,老虎肝,棉柘,奴柘,山荔枝,文章树,野荔枝,野梅子,痄刺,痄腮树,柘,柘刺,柘骨针,柘木,柘桑,柘子);Cudrania, Cudrania Tree, Storehousebush, Tricuspid Cudrania ●
240843 Maclura tricuspidata Carrière = Cudrania tricuspidata (Carrière) Bureau ●
240844 Maclura triloba Hance = Cudrania tricuspidata (Carrière) Bureau ●
240845 Maclura trilobata Rojas Acosta = Maclura tinctoria (L.) D. Don ex Steud. ●☆
240846 Maclura velutina Blume = Maclura tinctoria (L.) D. Don ex Steud. ●☆
240847 Maclura zanthoxylon (L.) Endl. = Maclura tinctoria (L.) D. Don ex Steud. ●☆
240848 Maclurea Raf. = Maclura Nutt. (保留属名)●
240849 Macluria Raf. = Maclura Nutt. (保留属名)●

240850 Maclurochloa K. M. Wong(1993);山藤竹属●☆
240851 Maclurochloa montana (Ridl.) K. M. Wong;山藤竹●☆
240852 Maclurodendron T. G. Hartley(1982);贡甲属●
240853 Maclurodendron oligophlebia (Merr.) T. G. Hartley = Acronychia oligophlebia Merr. ●
240854 Maclurodendron parviflorum T. G. Hartley;小花贡甲●☆
240855 Maclurodendron pubescens T. G. Hartley;毛贡甲●☆
240856 Maclurolyra C. E. Calderón et Soderstr. (1973);巴拿马禾属;Maclurolyra ■☆
240857 Maclurolyra tecta C. E. Calderón et Soderstr.;巴拿马禾;Concealed Maclurolyra ■☆
240858 Macnabia Benth. = Macnabia Benth. ex Endl. ●☆
240859 Macnabia Benth. ex Endl. = Nabea Lehm. ex Klotzsch ●☆
240860 Macodes (Blume) Lindl. (1840);金丝叶兰属(宝石兰属)■☆
240861 Macodes Lindl. = Macodes (Blume) Lindl. ■☆
240862 Macodes petola (Blume) Lindl.;镭射宝石兰■☆
240863 Macodes tabiyahanensis (Hayata) S. S. Ying = Cheirostylis tabiyahanensis (Hayata) Pearce et Cribb ■
240864 Macodes tabiyahanensis (Hayata) S. S. Ying = Zeuxine tabiyahanensis (Hayata) Hayata ■
240865 Macoubea Aubl. (1775);热美竹桃属●☆
240866 Macoubea guianensis Aubl.;圭亚那热美竹桃●☆
240867 Macoucoua Aubl. = Ilex L. ●
240868 Macounastrum Small = Koenigia L. ■
240869 Macowania Oliv. (1870);单头鼠麹木属●☆
240870 Macowania abyssinica (Sch. Bip. ex Walp.) B. L. Burtt;阿比西尼亚单头鼠麹木●☆
240871 Macowania conferta (Benth.) E. Phillips;密集单头鼠麹木●☆
240872 Macowania corymbosa M. D. Hend.;伞序单头鼠麹木●☆
240873 Macowania deflexa Hilliard et B. L. Burtt;外折单头鼠麹木●☆
240874 Macowania ericifolia (Forssk.) B. L. Burtt et Grau;毛叶单头鼠麹木●☆
240875 Macowania glandulosa N. E. Br.;具腺单头鼠麹木●☆
240876 Macowania hamata Hilliard et B. L. Burtt;顶钩单头鼠麹木●☆
240877 Macowania pinifolia (N. E. Br.) Kroner;松叶单头鼠麹木●☆
240878 Macowania pulvinaris N. E. Br.;垫状单头鼠麹木●☆
240879 Macowania revoluta Oliv.;外卷单头鼠麹木●☆
240880 Macowania sororis Compton;堆积单头鼠麹木●☆
240881 Macowania styphelioides (DC.) Kroner = Arrowsmithia styphelioides DC. ●☆
240882 Macowania tenuifolia M. D. Hend.;细叶单头鼠麹木●☆
240883 Macphersonia Blume(1849);麦克无患子属●☆
240884 Macphersonia acutifoliola Hemsl. = Macphersonia gracilis O. Hoffm. ●☆
240885 Macphersonia cauliflora Radlk.;茎花麦克无患子●☆
240886 Macphersonia chapelieri (Baill.) Capuron;沙普无患子●☆
240887 Macphersonia gracilis O. Hoffm.;纤细麦克无患子●☆
240888 Macphersonia gracilis O. Hoffm. var. hildebrandtii (O. Hoffm.) Capuron;希尔德无患子●☆
240889 Macphersonia hildebrandtii O. Hoffm. = Macphersonia gracilis O. Hoffm. var. hildebrandtii (O. Hoffm.) Capuron ●☆
240890 Macphersonia hildebrandtii O. Hoffm. = Macphersonia gracilis O. Hoffm. ●☆
240891 Macphersonia laevis Radlk. = Macphersonia gracilis O. Hoffm. ●☆
240892 Macphersonia macrocarpa Choux;大果麦克无患子●☆
240893 Macphersonia macrophylla Oliv. = Macphersonia cauliflora Radlk. ●☆
240894 Macphersonia madagascariensis Blume;马岛麦克无患子●☆
240895 Macphersonia pteridophylla Baill. = Macphersonia madagascariensis Blume ●☆
240896 Macqueria Comm. ex Kunth = Fagara L. (保留属名)●
240897 Macquinia Steud. = Loranthus Jacq. (保留属名)●
240898 Macquinia Steud. = Moquinia DC. (保留属名)●☆
240899 Macrachaenium Hook. f. (1846);鞘叶钝柱菊属■☆
240900 Macrachaenium gracile Hook. f.;鞘叶钝柱菊■☆
240901 Macradenia R. Br. (1822);大腺兰属(长盘兰属)■☆
240902 Macradenia amazonica Mansf.;大腺兰■☆
240903 Macradenia lutescens R. Br.;黄大腺兰■☆
240904 Macradenia multiflora (Kraenzl.) Cogn.;多花大腺兰■☆
240905 Macradenia polystachya Spreng.;多穗大腺兰■☆
240906 Macradenia tridentata C. Schweinf.;三蕊大腺兰■☆
240907 Macraea Hook. f. (1847);麦克雷菊属●■☆
240908 Macraea Hook. f. = Lipochaeta DC. ■☆
240909 Macraea Lindl. = Viviania Cav. ■☆
240910 Macraea Wight = Phyllanthus L. ●■
240911 Macraea laricifolia Hook. f.;麦克雷菊●■☆
240912 Macraea myrtifolia Wight = Phyllanthus myrtifolius (Wight) Müll. Arg. ●
240913 Macrandria (Wight et Arn.) Meisn. = Hedyotis L. (保留属名)●■
240914 Macrandria Meisn. = Hedyotis L. (保留属名)●■
240915 Macranthera Nutt. = Macranthera Nutt. ex Benth. ■☆
240916 Macranthera Nutt. ex Benth. (1835);大药玄参属■☆
240917 Macranthera Torr. ex Benth. = Macranthera Nutt. ex Benth. ■☆
240918 Macranthera fuschioides Nutt. ex Benth.;大药玄参■☆
240919 Macranthisiphon Bureau ex K. Schum. (1894);大管花葳属●☆
240920 Macranthisiphon longiflorus Bureau ex K. Schum.;大管花葳●☆
240921 Macranthosiphon Post et Kuntze = Macranthisiphon Bureau ex K. Schum. ●☆
240922 Macranthus Lour. = Marcanthus Lour. ●■
240923 Macranthus Lour. = Mucuna Adans. (保留属名)●■
240924 Macranthus cochinchinensis Lour. = Mucuna pruriens (L.) DC. var. utilis (Wall. ex Wight) Baker ex Burck ■
240925 Macreightia A. DC. = Diospyros L. ●
240926 Macria (E. Mey.) Spach = Selago L. ●☆
240927 Macria Spach = Selago L. ●☆
240928 Macria Tenure = Cordia L. (保留属名)●
240929 Macrobalanus (Oerst.) O. Schwarz = Quercus L. ●
240930 Macroberlinia (Harms) Hauman = Berlinia Sol. ex Hook. f. (保留属名)●☆
240931 Macroberlinia (Harms) Hauman(1952);大鞋木属(大鞋木豆属)●☆
240932 Macroberlinia bracteosa (Benth.) Hauman;多苞片大鞋木(多苞片大鞋木豆,多苞鞋木)●☆
240933 Macroberlinia bracteosa (Benth.) Hauman = Berlinia bracteosa Benth. ●☆
240934 Macrobia (Webb et Berthel.) G. Kunkel = Aichryson Webb et Berthel. ■☆
240935 Macrobiota Pllger = Microbiota Kom. ●☆
240936 Macroblepharus Phil. = Eragrostis Wolf ■
240937 Macrobriza (Tzvelev) Tzvetev = Briza L. ■

240938 Macrocalyx Costantin et J. Poiss. (1908);大萼锦葵属■☆
240939 Macrocalyx Costantin et J. Poiss. = Megistostegium Hochr. ●☆
240940 Macrocalyx Miers ex Lindl. = ? Cephaelis Sw.(保留属名)●
240941 Macrocalyx Tiegh. = Aetanthus (Eichler) Engl. ●☆
240942 Macrocalyx Tiegh. = Psittacanthus Mart. ●☆
240943 Macrocalyx Trew = Colpophyllos Trew ■☆
240944 Macrocalyx Trew = Ellisia L.(保留属名)■☆
240945 Macrocalyx tomentosa Costantin et J. Poiss.;大萼锦葵■☆
240946 Macrocapnos Royle ex Lindl. = Dactylicapnos Wall.(废弃属名)■
240947 Macrocapnos Royle ex Lindl. = Dicentra Bernh.(保留属名)■
240948 Macrocarpaea (Griseb.) Gilg(1895);大果龙胆属●☆
240949 Macrocarpaea Gilg = Macrocarpaea (Griseb.) Gilg ●☆
240950 Macrocarpaea acuminata Weaver;渐尖大果龙胆●☆
240951 Macrocarpaea affinis Ewan;近缘大果龙胆●☆
240952 Macrocarpaea angustifolia J. S. Pringle;窄叶大果龙胆●☆
240953 Macrocarpaea bangiana Gilg;班氏大果龙胆●☆
240954 Macrocarpaea calophylla Gilg;美叶大果龙胆●☆
240955 Macrocarpaea cinchonifolia (Gilg) Weaver;金鸡纳叶大果龙胆●☆
240956 Macrocarpaea glabra Gilg;光大果龙胆●☆
240957 Macrocarpaea macrophylla (Kunth) Gilg;大叶大果龙胆●☆
240958 Macrocarpaea micrantha Gilg;小花大果龙胆●☆
240959 Macrocarpaea pachyphylla Gilg;厚叶大果龙胆●☆
240960 Macrocarpaea polyantha Gilg;多花大果龙胆●☆
240961 Macrocarpaea salicifolia Ewan;柳叶大果龙胆●☆
240962 Macrocarphus Nutt. = Chaenactis DC. ■●☆
240963 Macrocarphus douglasii (Hook.) Nutt. = Chaenactis douglasii (Hook.) Hook. et Arn. ■☆
240964 Macrocarpium (Spach) Nakai = Cornus L. ●
240965 Macrocarpium (Spach) Nakai(1909);大果山茱萸属(山茱萸属)●
240966 Macrocarpium Nakai = Macrocarpium (Spach) Nakai ●
240967 Macrocarpium chinense (Wangerin) Hutch. = Cornus chinensis Wangerin ●
240968 Macrocarpium chinense (Wangerin) Hutch. f. jinyangense W. K. Hu = Cornus chinensis Wangerin ●
240969 Macrocarpium chinense (Wangerin) Hutch. f. longipedunculatum W. P. Fang et W. K. Hu = Cornus chinensis Wangerin ●
240970 Macrocarpium chinense (Wangerin) Hutch. f. microcarpum W. K. Hu. = Cornus chinensis Wangerin ●
240971 Macrocarpium mas (L.) Nakai = Cornus mas L. ●☆
240972 Macrocarpium microcarpum W. K. Hu = Cornus chinensis Wangerin ●
240973 Macrocarpium officinale (Siebold et Zucc.) Nakai = Cornus officinalis Siebold et Zucc. ●
240974 Macrocatalpa (Griseb.) Britton = Catalpa Scop. ●
240975 Macrocatalpa Britton = Catalpa Scop. ●
240976 Macrocaulon N. E. Br. = Carpanthea N. E. Br. ■☆
240977 Macrocentrum Hook. f. (1867);大距野牡丹属■☆
240978 Macrocentrum Phil. = Habenaria Willd. ■
240979 Macrocentrum angustifolium Gleason;窄叶大距野牡丹■☆
240980 Macrocentrum gracile Wurdack;细大距野牡丹■☆
240981 Macrocentrum latifolium Wurdack;宽叶大距野牡丹■☆
240982 Macrocentrum longidens (Cleason) Wurdack;长齿大距野牡丹■☆
240983 Macrocentrum parviflorum Hook. f.;小花大距野牡丹■☆
240984 Macrocephalus Lindl. = Chaenactis DC. ■●☆
240985 Macrocephalus Lindl. = Macrocarphus Nutt. ■●☆
240986 Macroceratides Raddi = Mucuna Adans.(保留属名)●■
240987 Macroceratium (DC.) Rchb. = Andrzeiowskia Rchb. ■☆
240988 Macroceratium Rchb. = Andrzeiowskia Rchb. ■☆
240989 Macrochaeta Steud. = Pennisetum Rich. ■
240990 Macrochaetium Steud. = Cyathocoma Nees ■☆
240991 Macrochaetium Steud. = Tetraria P. Beauv. ■☆
240992 Macrochaetium dregei Steud. = Cyathocoma hexandra (Nees) Browning ■☆
240993 Macrochaetium ecklonii (Nees) Levyns = Cyathocoma ecklonii Nees ■☆
240994 Macrochaetium hexandrum (Nees) Pfeiff. = Cyathocoma hexandra (Nees) Browning ■☆
240995 Macrochilus C. Presl = Cyanea Gaudich. ●☆
240996 Macrochilus Knowles et Westc. = Miltonia Lindl.(保留属名)■☆
240997 Macrochiton (Blume) M. Roem. = Dysoxylum Blume ●
240998 Macrochiton M. Roem. = Dysoxylum Blume ●
240999 Macrochlaena Hand. -Mazz. (1933);大苞芹属■☆
241000 Macrochlaena Hand. -Mazz. = Nothosmyrnium Miq. ■
241001 Macrochlaena glaucocarpa Hand. -Mazz.;大苞芹■
241002 Macrochlaena glaucocarpa Hand. -Mazz. = Nothosmyrnium japonicum Miq. ■
241003 Macrochlamys Decne. = Alloplectus Mart.(保留属名)●■☆
241004 Macrochlamys Decne. = Drymonia Mart. ●☆
241005 Macrochloa Kunth = Stipa L. ■
241006 Macrochloa Kunth(1829);肖针茅属■☆
241007 Macrochloa antiatlantica (Barrena, D. Rivera, Alcaraz et Obón) H. Scholz et Valdés;安蒂肖针茅■☆
241008 Macrochloa arenaria (Brot.) Kunth;沙地肖针茅■☆
241009 Macrochloa gigantea (Link) Hack. = Macrochloa arenaria (Brot.) Kunth ■☆
241010 Macrochloa gigantea (Link) Hack. var. maroccana Pau et Font Quer = Macrochloa arenaria (Brot.) Kunth ■☆
241011 Macrochloa tenacissima (L.) Kunth;强黏肖针茅■☆
241012 Macrochloa tenacissima (L.) Kunth subsp. gabesensis (Moraldo et al.) H. Scholz et Valdés;加蓬强黏肖针茅■☆
241013 Macrochordion de Vriese = Aechmea Ruiz et Pav.(保留属名)■☆
241014 Macrochordium Beer = Macrochordion de Vriese ■☆
241015 Macrocladus Griff. = Orania Zipp. ●☆
241016 Macroclinidium Maxim. (1871);大托帚菊属●■☆
241017 Macroclinidium Maxim. = Pertya Sch. Bip. ●■
241018 Macroclinidium koribanum Nakai = Pertya koribana (Nakai) Makino et Nemoto ●☆
241019 Macroclinidium rigidulum (Miq.) Makino = Pertya rigidula (Miq.) Makino ●☆
241020 Macroclinidium robustum Maxim.;大托帚菊●■☆
241021 Macroclinidium robustum Maxim. = Pertya robusta (Maxim.) Makino ●☆
241022 Macroclinidium robustum Maxim. var. kiushianum (Kitam.) Honda = Pertya robusta (Maxim.) Makino var. kiushiana Kitam. ●☆
241023 Macroclinidium suzukii (Kitam.) Kitam. ex H. Hara = Pertya suzukii Kitam. ●☆
241024 Macroclinidium trilobum Makino = Pertya triloba (Makino)

Makino ●☆
241025 Macroclinium Barb. Rodr. = Notylia Lindl. ■☆
241026 Macroclinium Barb. Rodr. ex Pfltz. = Notylia Lindl. ■☆
241027 Macroclinium Barb. Rodr. ex Pfltz. = Ornithocephalus Hook. ■☆
241028 Macrocllnium Barb. Rodr. = Ornithocephalus Hook. ■☆
241029 Macrocnemia Lindl. = Chrysopsis (Nutt.) Elliott(保留属名) ■☆
241030 Macrocnemia Lindl. = Macronema Nutt. ■☆
241031 Macrocnemum P. Browne(1756);大节茜属●☆
241032 Macrocnemum cubense Griseb.;古巴大节茜●☆
241033 Macrocnemum glabratum Bartl. ex DC.;光大节茜●☆
241034 Macrocnemum hirsutum Rusby;粗毛大节茜●☆
241035 Macrocnemum jamaicense L.;大节茜●☆
241036 Macrocnemum longifolium A. Rich.;长叶大节茜●☆
241037 Macrocnemum microcarpum Ruiz et Pav.;小果大节茜●☆
241038 Macrocnemum obovatum Ruiz ex Standl.;倒卵形大节茜●☆
241039 Macrocneumum Vand. = Remijia DC. ●☆
241040 Macrococculus Becc. (1877);大防己属●☆
241041 Macrococculus pomiferus Becc.;大防己●☆
241042 Macrocroton Klotzsch = Croton L. ●
241043 Macrocymbium Walp. = Erythrina L. ●■
241044 Macrodendron Taub. = Quiina Aubl. ●☆
241045 Macrodiervilla Nakai = Wagneria Lem. ●☆
241046 Macrodiervilla Nakai(1936);大黄锦带属●☆
241047 Macrodiervilla middendorffiana (Carrière) Nakai;大黄锦带●☆
241048 Macrodiervina Nakai = Weigela Thunb. ●
241049 Macrodiscus Bureau = Distictis Mart. ex Meisn. ●☆
241050 Macroditassa Malme = Ditassa R. Br. ●☆
241051 Macrogyne Link et Otto = Aspidistra Ker Gawl. ●■
241052 Macrogyne convallariefolia Link et Otto = Aspidistra lurida Ker Gawl. ■
241053 Macrohasseltia L. O. Williams(1961);大哈氏椴属●☆
241054 Macrohasseltia macroterantha (Standl. et L. O. Williams) L. O. Williams;大哈氏椴●☆
241055 Macrolenes Naudin = Macrolenes Naudin ex Miq. ●☆
241056 Macrolenes Naudin ex Miq. (1850);大毛野牡丹属●☆
241057 Macrolenes muscosa (Blume) Bakh. f.;大毛野牡丹●☆
241058 Macrolepis A. Rich. = Bulbophyllum Thouars(保留属名)■
241059 Macrolinum Klotzsch = Simocheilus Klotzsch ●☆
241060 Macrolinum Rchb. = Reinwardtia Dumort. ●
241061 Macrolinum ciliatum Klotzsch = Erica paucifolia (J. C. Wendl.) E. G. H. Oliv. subsp. ciliata (Klotzsch) E. G. H. Oliv. ●☆
241062 Macrolinum paucifolium (J. C. Wendl.) Klotzsch = Erica paucifolia (J. C. Wendl.) E. G. H. Oliv. ●☆
241063 Macrolobium Schreb. (1789)(保留属名);大瓣苏木属(巨瓣苏木属)●☆
241064 Macrolobium Zipp. ex Miq. = Afzelia Sm. (保留属名)●
241065 Macrolobium acuminatum De Wild. = Anthonotha acuminata (De Wild.) J. Léonard ●☆
241066 Macrolobium aylmeri Hutch. et Dalziel = Gilbertiodendron aylmeri (Hutch. et Dalziel) J. Léonard ●☆
241067 Macrolobium bambolense Louis = Gilbertiodendron ogoouense (Pellegr.) J. Léonard ●☆
241068 Macrolobium barbulatum Pellegr. = Gilbertiodendron barbulatum (Pellegr.) J. Léonard ●☆
241069 Macrolobium benthamii Baker f. = Gilbertiodendron stipulaceum (Benth.) J. Léonard ●☆
241070 Macrolobium bifolium Pers.;二叶大瓣苏木●☆
241071 Macrolobium bijugum Colebr. = Intsia bijuga (Colebr.) Kuntze ●☆
241072 Macrolobium bilineatum Hutch. et Dalziel = Gilbertiodendron bilineatum (Hutch. et Dalziel) J. Léonard ●☆
241073 Macrolobium bonnivairi De Wild. = Anthonotha pynaertii (De Wild.) Exell et Hillc. ●☆
241074 Macrolobium brachystegioides Harms = Gilbertiodendron brachystegioides (Harms) J. Léonard ●☆
241075 Macrolobium brachystegioides Harms var. sulfureum Pellegr. = Gilbertiodendron ogoouense (Pellegr.) J. Léonard ●☆
241076 Macrolobium brieyi De Wild. = Anthonotha brieyi (De Wild.) J. Léonard ●☆
241077 Macrolobium chevalieri Harms = Gilbertiodendron ivorense (A. Chev.) J. Léonard ●☆
241078 Macrolobium chrysophylloides Hutch. et Dalziel = Anthonotha fragrans (Baker f.) Exell et Hillc. ●☆
241079 Macrolobium cladanthum Harms = Anthonotha cladantha (Harms) J. Léonard ●☆
241080 Macrolobium coeruleoides De Wild. = Paramacrolobium coeruleum (Taub.) J. Léonard ●☆
241081 Macrolobium coeruleum (Taub.) Harms = Paramacrolobium coeruleum (Taub.) J. Léonard ●☆
241082 Macrolobium conchyliophorum Pellegr. = Englerodendron conchyliophorum (Pellegr.) Breteler ●☆
241083 Macrolobium crassifolium A. Chev.;厚叶大瓣苏木■☆
241084 Macrolobium dawei Hutch. et Dalziel = Paramacrolobium coeruleum (Taub.) J. Léonard ●☆
241085 Macrolobium demonstrans (Baill.) Oliv. = Gilbertiodendron demonstrans (Baill.) J. Léonard ●☆
241086 Macrolobium dewevrei De Wild. = Gilbertiodendron dewevrei (De Wild.) J. Léonard ●☆
241087 Macrolobium dinklagei Harms = Gilbertiodendron demonstrans (Baill.) J. Léonard ●☆
241088 Macrolobium diphyllum Harms = Pellegriniodendron diphyllum (Harms) J. Léonard ■☆
241089 Macrolobium ecoucense Pellegr. = Gilbertiodendron ogoouense (Pellegr.) J. Léonard ●☆
241090 Macrolobium elongatum Hutch. = Anthonotha elongata (Hutch.) J. Léonard ●☆
241091 Macrolobium ernae Dinkl. = Triplisomeris ernae (Dinkl.) Aubrév. et Pellegr. ●☆
241092 Macrolobium explicans (Baill.) Keay = Triplisomeris explicans (Baill.) Aubrév. et Pellegr. ●☆
241093 Macrolobium ferrugineum Harms = Anthonotha ferruginea (Harms) J. Léonard ●☆
241094 Macrolobium fragrans Baker f. = Anthonotha fragrans (Baker f.) Exell et Hillc. ●☆
241095 Macrolobium gilletii De Wild. = Anthonotha gilletii (De Wild.) J. Léonard ●☆
241096 Macrolobium graciliflorum Harms = Anthonotha graciliflora (Harms) J. Léonard ●☆
241097 Macrolobium grandiflorum De Wild. = Gilbertiodendron grandiflorum (De Wild.) J. Léonard ●☆
241098 Macrolobium grandistipulatum De Wild. = Gilbertiodendron grandistipulatum (De Wild.) J. Léonard ●☆
241099 Macrolobium heudelotii Planch. ex Benth. = Triplisomeris

explicans (Baill.) Aubrév. et Pellegr. ●☆
241100 Macrolobium imenoense Pellegr. = Gilbertiodendron imenoense (Pellegr.) J. Léonard ●☆
241101 Macrolobium isopetalum (Harms) Aubrév. et Pellegr. var. macranthum J. Léonard = Anthonotha isopetala (Harms) J. Léonard ●☆
241102 Macrolobium isopetalum Harms = Anthonotha isopetala (Harms) J. Léonard ●☆
241103 Macrolobium ivorense (A. Chev.) Pellegr. = Gilbertiodendron ivorense (A. Chev.) J. Léonard ●☆
241104 Macrolobium klainei Pierre ex Pellegr. = Gilbertiodendron klainei (Pierre ex Pellegr.) J. Léonard ●☆
241105 Macrolobium lamprophyllum Harms = Anthonotha lamprophylla (Harms) J. Léonard ●☆
241106 Macrolobium laurentii De Wild. = Brachystegia laurentii (De Wild.) Louis ex Hoyle ●☆
241107 Macrolobium lebrunii J. Léonard = Anthonotha lebrunii (J. Léonard) J. Léonard ●☆
241108 Macrolobium leptorrhachis Harms = Anthonotha leptorrhachis (Harms) J. Léonard ●☆
241109 Macrolobium leptorrhachis Harms var. nigericum Baker f. = Anthonotha nigerica (Baker f.) J. Léonard ●☆
241110 Macrolobium le-testui Pellegr. = Gilbertiodendron grandistipulatum (De Wild.) J. Léonard ●☆
241111 Macrolobium limba Scott-Elliot = Gilbertiodendron limba (Scott-Elliot) J. Léonard ●☆
241112 Macrolobium limosum Pellegr. = Gilbertiodendron limosum (Pellegr.) J. Léonard ●☆
241113 Macrolobium macrophyllum J. F. Macbr.;大叶大瓣苏木●☆
241114 Macrolobium malchairii De Wild. = Anthonotha pynaertii (De Wild.) Exell et Hillc. ●☆
241115 Macrolobium mayombense Pellegr. = Gilbertiodendron mayombense (Pellegr.) J. Léonard ●☆
241116 Macrolobium ngouniense Pellegr. = Gilbertiodendron ngounyense (Pellegr.) J. Léonard ●☆
241117 Macrolobium nigericum (Baker f.) J. Léonard = Anthonotha nigerica (Baker f.) J. Léonard ●☆
241118 Macrolobium noldeae Rossberg = Anthonotha noldeae (Rossberg) Exell et Hillc. ●☆
241119 Macrolobium obanense Baker f. = Anthonotha obanensis (Baker f.) J. Léonard ●☆
241120 Macrolobium obliquum Stapf = Gilbertiodendron obliquum (Stapf) J. Léonard ●☆
241121 Macrolobium ogoouense Pellegr. = Gilbertiodendron ogoouense (Pellegr.) J. Léonard ●☆
241122 Macrolobium pachyanthum Harms = Gilbertiodendron pachyanthum (Harms) J. Léonard ●☆
241123 Macrolobium palisotii Benth. = Anthonotha macrophylla P. Beauv. ●☆
241124 Macrolobium preussii Harms = Gilbertiodendron preussii (Harms) J. Léonard ●☆
241125 Macrolobium pynaertii De Wild. = Anthonotha pynaertii (De Wild.) Exell et Hillc. ●☆
241126 Macrolobium quadrifolium Harms = Gilbertiodendron quadrifolium (Harms) J. Léonard ●☆
241127 Macrolobium reticulatum Hutch. = Pellegriniodendron diphyllum (Harms) J. Léonard ■☆
241128 Macrolobium sargosii (Pellegr.) Pellegr. = Anthonotha sargosii (Pellegr.) J. Léonard ●☆
241129 Macrolobium splendidum (A. Chev. ex Hutch. et Dalziel) Pellegr. = Gilbertiodendron splendidum (A. Chev. ex Hutch. et Dalziel) J. Léonard ●☆
241130 Macrolobium stephanii A. Chev. = Neochevalierodendron stephanii (A. Chev.) J. Léonard ■☆
241131 Macrolobium stipulaceum Benth. = Anthonotha stipulacea (Benth.) J. Léonard ●☆
241132 Macrolobium straussianum Harms = Gilbertiodendron straussianum (Harms) J. Léonard ●☆
241133 Macrolobium triplisomere Pellegr. = Triplisomeris pellegrinii Aubrév. ●☆
241134 Macrolobium trunciflorum Harms = Anthonotha trunciflora (Harms) J. Léonard ●☆
241135 Macrolobium unijugum Pellegr. = Gilbertiodendron unijugum (Pellegr.) J. Léonard ●☆
241136 Macrolobium vignei Hoyle = Anthonotha vignei (Hoyle) J. Léonard ●☆
241137 Macrolobium zenkeri Harms = Gilbertiodendron zenkeri (Harms) J. Léonard ●☆
241138 Macrolomia Schrad. ex Nees = Scleria P. J. Bergius ■
241139 Macrolotus Harms = Argyrolobium Eckl. et Zeyh.(保留属名)●☆
241140 Macrolotus rivaei Harms = Argyrolobium fischeri Taub. ●☆
241141 Macromeles Koidz. = Eriolobus (DC.) M. Roem. ●
241142 Macromeles Koidz. = Malus Mill. ●
241143 Macromeles formosana Koidz. = Sorbus formosanus (Koidz.) S. S. Ying ●
241144 Macromeria D. Don(1832);巨花紫草属■☆
241145 Macromeria alba G. L. Nesom;白巨花紫草■☆
241146 Macromeria longiflora D. Don;巨花紫草■☆
241147 Macromeria viridiflora DC.;绿巨花紫草■☆
241148 Macromerum Burch. = Cadaba Forssk. ●☆
241149 Macromiscus Turcz. = Aeschynomene L. ●■
241150 Macromyrtus Miq. = Syzygium R. Br. ex Gaertn.(保留属名)●
241151 Macronax Raf. = Arundinaria Michx. ●
241152 Macronema Nutt. = Chrysopsis (Nutt.) Elliott(保留属名)■☆
241153 Macronema Nutt. = Ericameria Nutt. ●☆
241154 Macronema aberrans A. Nelson = Triniteurybia aberrans (A. Nelson) Brouillet, Urbatsch et R. P. Roberts ■☆
241155 Macronema discoidea Nutt. = Ericameria discoidea (Nutt.) G. L. Nesom ●☆
241156 Macronema lineare Rydb. = Ericameria linearis (Rydb.) R. P. Roberts et Urbatsch ●☆
241157 Macronema obovatum Rydb. = Ericameria obovata (Rydb.) G. L. Nesom ●☆
241158 Macronema suffruticosum Nutt. = Ericameria suffruticosa (Nutt.) G. L. Nesom ●☆
241159 Macronyx Dalzell = Tephrosia Pers.(保留属名)●■
241160 Macropanax Miq. (1856);大参属;Bigginseng, Big-ginseng ●
241161 Macropanax chienii G. Hoo;显脉大参(钱氏大参);Chien Bigginseng, Chien Big-ginseng, Showvein Bigginseng ●
241162 Macropanax concinnus Miq. = Macropanax undulatus (Wall.) Seem. ●
241163 Macropanax decandrus G. Hoo; 十蕊大参; Decastamen Bigginseng, Tenstamen Bigginseng, Ten-stamened Big-ginseng ●
241164 Macropanax dispermus (Blume) Kuntze;大参(粗齿大参,油散

木);Bigginseng,Common Bigginseng,Dispermous Big-ginseng ●
241165 Macropanax dispermus (Blume) Kuntze var. integer C. B. Shang = Macropanax dispermus (Blume) Kuntze ●
241166 Macropanax floribundus Miq. = Macropanax dispermus (Blume) Kuntze ●
241167 Macropanax floribundus Miq. = Macropanax oreophilus Miq. ●
241168 Macropanax formosanus (Hayata) H. L. Li = Sinopanax formosanus (Hayata) H. L. Li ●
241169 Macropanax glomerulatus (Blume) Miq. = Brassaiopsis glomerulata (Blume) Regel ●
241170 Macropanax glomerulatus Miq. = Brassaiopsis glomerulata (Blume) Regel ●
241171 Macropanax oreophilus Miq. = Macropanax dispermus (Blume) Kuntze ●
241172 Macropanax parviflorus G. Hoo = Macropanax undulatus (Wall. ex G. Don) Seem. ●
241173 Macropanax parviflorus G. Hoo et C. J. Tseng;小花大参;Small-flowered Big-ginseng ●
241174 Macropanax parviflorus G. Hoo et C. J. Tseng = Macropanax undulatus (Wall.) Seem. ●
241175 Macropanax paucinervus C. B. Shang;疏脉大参;Loosevein Bigginseng,Paucinerved Big-ginseng ●
241176 Macropanax rosthornii (Harms) C. Y. Wu ex G. Hoo;短梗大参(合柱梁王茶,接骨丹,节梗大参,卢氏梁王茶,七角风,七角枫,七叶风,七叶莲,千豆豉干,五爪金);Rosthorn Bigginseng, Rosthorn Big-ginseng ●
241177 Macropanax serratifolius K. M. Feng et Y. R. Li;粗齿大参;Serate Bigginseng ●
241178 Macropanax serratifolius K. M. Feng et Y. R. Li = Macropanax dispermus (Blume) Kuntze ●
241179 Macropanax undulatus (Wall. ex G. Don) Seem.;波缘大参(光缘大参,光缘大葠,小花大参,小羊角兰,优美大参);Little-flower Bigginseng, Smallflower Bigginseng, Undulate Bigginseng, Undulate Big-ginseng ●
241180 Macropanax undulatus (Wall. ex G. Don) Seem. var. simplex H. L. Li = Macropanax undulatus (Wall. ex G. Don) Seem. ●
241181 Macropanax undulatus (Wall.) Seem. = Macropanax undulatus (Wall. ex G. Don) Seem. ●
241182 Macropanax undulatus (Wall.) Seem. var. simplex H. L. Li;单序波缘大参;Simple Undulate Bigginseng ●
241183 Macropelma K. Schum. (1895);大梗萝藦属■☆
241184 Macropelma angustifolium K. Schum. = Sacleuxia salicina Baill. ■☆
241185 Macropelma angustifolium Schum.;大梗萝藦■☆
241186 Macropeplus Perkins(1898);巴西高原桂属●☆
241187 Macropeplus ligustrinus (Tul.) Perkins;巴西高原桂●☆
241188 Macropetalum Burch. ex Decne. (1844);大瓣萝藦属■☆
241189 Macropetalum burchellii Decne.;大瓣萝藦■☆
241190 Macropetalum burchellii Decne. = Brachystelma burchellii (Decne.) Peckover ■☆
241191 Macropetalum burchellii Decne. var. grandiflora N. E. Br. = Brachystelma burchellii (Decne.) Peckover ■☆
241192 Macropharynx Rusby(1927);大喉夹竹桃属●☆
241193 Macropharynx fistulosa Rusby;大喉夹竹桃●☆
241194 Macrophloga Becc. = Chrysalidocarpus H. Wendl. + Neodypsis Baill. ●☆
241195 Macrophloga Becc. = Chrysalidocarpus H. Wendl. ●
241196 Macrophloga Becc. = Dypsis Noronha ex Mart. ●☆
241197 Macrophloga decipiens (Becc.) Becc. = Dypsis decipiens (Becc.) Beentje et J. Dransf. ●☆
241198 Macrophora Raf. = Passiflora L. ●■
241199 Macrophragma Pierre = Anisocycla Baill. ●☆
241200 Macrophthalma Gasp. = Ficus L. ●
241201 Macrophthalma elastica (Roxb.) Gasp. = Ficus elastica Roxb. ●
241202 Macrophthalmia Gasp. = Ficus L. ●
241203 Macropidia Harv. = Macropidia J. Drumm. ex Harv. ■☆
241204 Macropidia J. Drumm. ex Harv. (1855);黑袋鼠爪属;Black Kangaroo-paw ■☆
241205 Macropidia J. Drumm. ex Harv. = Anigozanthos Labill. ■☆
241206 Macropidia fuliginosa (Hook.) Druce;黑袋鼠爪;Black Kangaroo Paw,Black Kangaroo-paw ■☆
241207 Macropidia fuliginosa Druce = Macropidia fuliginosa (Hook.) Druce ■☆
241208 Macropiper Miq. (1840);卡瓦胡椒属(大胡椒属,大洋胡椒属);Macropiper ●☆
241209 Macropiper Miq. = Piper L. ●■
241210 Macropiper excelsum (G. Forst.) Miq.;新西兰卡瓦胡椒(大胡椒,高大胡椒);Kava, Kawakawa, Kawa-Kawa, Pepper Tree, Pepper-tree ●☆
241211 Macropiper excelsum (G. Forst.) Miq. 'Variegatum';斑叶新西兰卡瓦胡椒(斑叶大胡椒)●☆
241212 Macropiper melchior Sykes;厚叶卡瓦胡椒(厚叶大胡椒)●☆
241213 Macroplacis Blume = Ewyckia Blume ●
241214 Macroplacis Blume = Kibessia DC. ●
241215 Macroplatis Triana = Macroplacis Blume ●
241216 Macroplectrum Pfitzer = Angraecum Bory ■
241217 Macroplectrum Pfitzer(1889);星花兰属■☆
241218 Macroplectrum baronii Finet = Angraecum baronii (Finet) Schltr. ■☆
241219 Macroplectrum calceolus (Thouars) Finet = Angraecum calceolus Thouars ■☆
241220 Macroplectrum didieri Baill. ex Finet = Angraecum didieri (Baill. ex Finet) Schltr. ■☆
241221 Macroplectrum gladiifolium (Thouars) Pfitzer ex Finet = Angraecum mauritianum (Poir.) Frapp. ■☆
241222 Macroplectrum humblotii Finet = Angraecum humblotianum Schltr. ■☆
241223 Macroplectrum implicatum (Thouars) Finet = Angraecum implicatum Thouars ■☆
241224 Macroplectrum leonis (Rchb. f.) Finet = Angraecum leonis (Rchb. f.) André ■☆
241225 Macroplectrum madagascariense Finet = Angraecum madagascariense (Finet) Schltr. ■☆
241226 Macroplectrum ochraceum (Ridl.) Finet = Angraecum ochraceum (Ridl.) Schltr. ■☆
241227 Macroplectrum pectinatum (Thouars) Finet = Angraecum pectinatum Thouars ■☆
241228 Macroplectrum ramosum Finet = Angraecum conchoglossum Schltr. ■☆
241229 Macroplectrum sesquipedale (Thouars) Pfitzer = Angraecum sesquipedale Thouars ■☆
241230 Macroplectrum sesquipedale Pfitzer;星花兰■
241231 Macroplectrum sesquipedale Pfitzer = Angraecum sesquipedale Thouars ■☆

241232 Macropodandra Gilg = Notobuxus Oliv. ●☆
241233 Macropodandra acuminata Gilg = Buxus acutata Friis ●☆
241234 Macropodanthus L. O. Williams(1938);长梗花兰属■☆
241235 Macropodanthus philippinensis L. O. Williams;长梗花兰■☆
241236 Macropodia Benth. = Macropidia J. Drumm. ex Harv. ■☆
241237 Macropodiella Engl. (1926);拟长柄芥属■☆
241238 Macropodiella garrettii (C. H. Wright) C. Cusset;加勒特拟长柄芥■☆
241239 Macropodiella hallaei C. Cusset;哈勒拟长柄芥■☆
241240 Macropodiella heteromorpha (Baill.) C. Cusset;异形拟长柄芥■☆
241241 Macropodiella macrothyrsa (G. Taylor) C. Cusset;大序拟长柄芥■☆
241242 Macropodiella mildbraedii Engl. = Macropodiella heteromorpha (Baill.) C. Cusset ■☆
241243 Macropodiella pellucida (Engl.) C. Cusset;透明拟长柄芥■☆
241244 Macropodiella taylorii (W. J. de Wilde et Guillaumet) C. Cusset;泰勒拟长柄芥■☆
241245 Macropodina R. M. King et H. Rob. (1972);粗柄泽兰属(宽柄泽兰属)●☆
241246 Macropodina blumenavii (Hier.) R. M. King et H. Rob.;粗柄泽兰●☆
241247 Macropodium Aiton = Macropodium R. Br. ■
241248 Macropodium R. Br. (1812);长柄芥属(古芥属);Macropodium ■
241249 Macropodium nivale (Pall.) R. Br.;长柄芥(古芥);Common Macropodium,Macropodium ■
241250 Macropodium pterospermum F. Schmidt;翅籽长柄芥■☆
241251 Macropsidium Blume = Myrtus L. ●
241252 Macropsychanthus Harms = Macropsychanthus Harms ex K. Schum. et Lauterb. ■☆
241253 Macropsychanthus Harms ex K. Schum. et Lauterb. (1900);大蝶花豆属■☆
241254 Macropsychanthus ferrugineus Merr.;锈色大蝶花豆■☆
241255 Macropteranthes F. Muell. = Macropteranthes F. Muell. ex Benth. ●☆
241256 Macropteranthes F. Muell. ex Benth. (1863);大翼花属●☆
241257 Macropteranthes kekwickii F. Muell.;大翼花●☆
241258 Macroptilium (Benth.) Urb. (1928);大翼豆属(赛刍豆属);Largewing Bean,Largewingbean ■
241259 Macroptilium Urb. = Macroptilium (Benth.) Urb. ■
241260 Macroptilium atropurpureum (DC.) Urb. = Macroptilium atropurpureum (Sessé et Moc. ex DC.) Urb. ■
241261 Macroptilium atropurpureum (Sessé et Moc. ex DC.) Urb.;紫花大翼豆(赛刍豆);Purple Flower Bean,Purple Largewingbean ■
241262 Macroptilium gibbosifolium (Ortega) A. Delgado;变叶大翼豆;Variableleaf Bushbean ■☆
241263 Macroptilium lathyroides (L.) Urb.;大翼豆(宽翼豆);Largewingbean, Murray Phasemy Bean, Phasemy Bean, Wild Bushbean ■
241264 Macroptilium lathyroides (L.) Urb. var. semierectus (L.) Urb. = Macroptilium lathyroides (L.) Urb. ■
241265 Macrorhamnus Baill. = Colubrina Rich. ex Brongn. (保留属名)●
241266 Macrorhamnus decipiens Baill. = Colubrina decipiens (Baill.) Capuron ●☆
241267 Macrorhamnus humbertii H. Perrier = Colubrina humbertii (H. Perrier) Capuron ●☆
241268 Macrorhamnus louvelii H. Perrier = Bathiorhamnus louvelii (H. Perrier) Capuron ●☆
241269 Macrorhamnus sphaerocarpa H. Perrier = Colubrina decipiens (Baill.) Capuron ●☆
241270 Macrorhynchus Less. (1832);大喙菊属■☆
241271 Macrorhynchus Less. = Krigia Schreb. (保留属名)■☆
241272 Macrorhynchus Less. = Troximon Gaertn. ■☆
241273 Macrorhynchus angustifolius Kellogg = Agoseris retrorsa (Benth.) Greene ■☆
241274 Macrorhynchus chilensis Less.;大喙菊■☆
241275 Macrorhynchus harfordii Kellogg = Agoseris hirsuta (Hook.) Greene ■☆
241276 Macrorhynchus heterophyllus Nutt. = Agoseris heterophylla (Nutt.) Greene ■☆
241277 Macrorhynchus purpureus A. Gray = Agoseris aurantiaca (Hook.) Greene var. purpurea (A. Gray) Cronquist ■☆
241278 Macrorhynchus retrorsus Benth. = Agoseris retrorsa (Benth.) Greene ■☆
241279 Macrorungia C. B. Clarke. = Anisotes Nees(保留属名)●☆
241280 Macrorungia C. B. Clarke. = Symplectochilus Lindau ●☆
241281 Macrorungia batesii Wernham = Anisotes macrophyllus (Lindau) Heine ●☆
241282 Macrorungia formosissima (Klotzsch) C. B. Clarke = Anisotes formosissimus (Klotzsch) Milne-Redh. ●☆
241283 Macrorungia galpinii Baden = Metarungia galpinii (Baden) Baden ●☆
241284 Macrorungia longistrobus C. B. Clarke = Metarungia longistrobus (C. B. Clarke) Baden ●☆
241285 Macrorungia macrophylla (Lindau) C. B. Clarke = Anisotes macrophyllus (Lindau) Heine ●☆
241286 Macrorungia pubinervia (T. Anderson) C. B. Clarke = Metarungia pubinervia (T. Anderson) Baden ●☆
241287 Macrosamanea Britton et Rose = Albizia Durazz. ●
241288 Macrosamanea Britton et Rose ex Britton et Killip = Macrosamanea Britton et Rose ●☆
241289 Macrosamanea Britton et Rose(1936);大雨树属(大雨豆属)●☆
241290 Macrosamanea pedicellaris (DC.) Kleinh.;花梗大雨树(花梗大雨豆木)●☆
241291 Macroscapa Kellogg = Dichelostemma Kunth ■☆
241292 Macroscapa Kellogg ex Curran = Stropholirion Torr. ■☆
241293 Macroscapa volubilis Kellogg = Dichelostemma volubile (Kellogg) A. Heller ■☆
241294 Macroscepis Kunth(1819);大苞萝藦属●☆
241295 Macroscepis obovata Kunth;大苞萝藦●☆
241296 Macrosciadium V. N. Tikhom. et Lavrova(1988);大伞芹属■☆
241297 Macrosciadium alatum (M. Bieb.) V. N. Tikhom. et Lavrova;大伞芹■☆
241298 Macroselinum Schur = Peucedanum L. ■
241299 Macroselinum latifolium Schur;大蛇床■☆
241300 Macrosema Steven = Astragalus L. ●■
241301 Macrosepalum Regel et Schmalh. = Sedum L. ●■
241302 Macrosiphon Hochst. = Rhamphicarpa Benth. ■☆
241303 Macrosiphon Miq. = Hindsia Benth. ex Lindl. ●☆
241304 Macrosiphon elongatus Hochst. = Rhamphicarpa elongata (Hochst.) O. J. Hansen ■☆
241305 Macrosiphon fistulosus Hochst. = Rhamphicarpa fistulosa

(Hochst.) Benth. ■☆

241306 Macrosiphonia Müll. Arg. (1860)(保留属名);大管夹竹桃属●☆

241307 Macrosiphonia Post et Kuntze = Dionysia Fenzl ■☆

241308 Macrosiphonia Post et Kuntze = Macrosiphonia Müll. Arg. (保留属名)●☆

241309 Macrosiphonia Post et Kuntze = Macrosyphonia Duby(废弃属名)●☆

241310 Macrosiphonia brachysiphon A. Gray;短管大管夹竹桃;Rock Trumpet ●☆

241311 Macrosiphonia lanuginosa (M. Martens et Galeotti) Hemsl.;大管夹竹桃;Plateau Rocktrumpet ●☆

241312 Macrosiphonia longiflora (Desf.) Müll. Arg.;长花大管夹竹桃●☆

241313 Macrosolen (Blume) Rchb. (1841);鞘花属(大管花属);Macrosolen, Sheathflower ●

241314 Macrosolen Blume = Macrosolen (Blume) Rchb. ●

241315 Macrosolen avenis (Blume) Danser;印尼鞘花(大管花寄生);Veinless Sheathflower ●

241316 Macrosolen bibracteolatus (Hance) Danser;双花鞘花(八角寄生,二苞鞘花,杉木鞘花,双苞鞘花,双壳寄生,松木鞘花);Bibracteolate Elytranthe, Bibracteolate Macrosolen ●

241317 Macrosolen cochinchinensis (Lour.) Tiegh.;鞘花(八角鞘花,八角鞘花寄生,枫木寄生,枫木鞘花,枫鞘花,寄生果,杉寄生,松寄生,樟木寄生);Cochinchina Elytranthe, Cochinchinese Elytranthe, Cochinchinese Macrosolen, Cochin-chinese Macrosolen, Ford Elytranthe, Sheathflower ●

241318 Macrosolen fordii (Hance) Danser = Macrosolen cochinchinensis (Lour.) Tiegh. ●

241319 Macrosolen geminatus (Merr.) Danser;勐腊鞘花;Corky Macrosolen, Mengla Macrosolen, Mengla Sheathflower ●

241320 Macrosolen parasiticus (L.) Danser = Elytranthe parasitica (L.) Danser ●

241321 Macrosolen robinsonii (Gamble) Danser;短序鞘花(管花寄生);Robinson Macrosolen, Robinson Sheathflower ●

241322 Macrosolen suberosus (Lauterb.) Danser = Macrosolen geminatus (Merr.) Danser ●

241323 Macrosolen tricolor (Lecomte) Danser;三色鞘花;Tricolor Macrosolen, Tricolor Sheathflower ●

241324 Macrospermum Steud. = Macrosporum DC. ■☆

241325 Macrospermum Steud. = Sobolewskia M. Bieb. ■☆

241326 Macrosphyra Hook. f. (1873);大槌茜属●☆

241327 Macrosphyra brachysiphon Wernham;短管大槌茜●☆

241328 Macrosphyra brachystylis Hiern;短柱大槌茜●☆

241329 Macrosphyra longistyla (DC.) Hiern;长柱大槌茜●☆

241330 Macrosphyra paleacea (A. Rich.) K. Schum. = Macrosphyra longistyla (DC.) Hiern ●☆

241331 Macrosphyra redingii De Wild. = Calochone redingii (De Wild.) Keay ●☆

241332 Macrosporum DC. = Sobolewskia M. Bieb. ■☆

241333 Macrostachya A. Rich. = Enteropogon Nees ■

241334 Macrostachya Hochst. ex A. Rich. = Chloris Sw. ●■

241335 Macrostegia Nees = Vitex L. ●

241336 Macrostegia Turcz. = Pimelea Banks ex Gaertn. (保留属名)●☆

241337 Macrostelia Hochr. (1952);大柱锦葵属●☆

241338 Macrostelia involucrata Hochr.;大柱锦葵●☆

241339 Macrostema Pers. = Calboa Cav. ●■

241340 Macrostema Pers. = Ipomoea L. (保留属名)●■

241341 Macrostema Pers. = Quamoclit Mill. ■

241342 Macrostemma Sweet ex Steud. = Fuchsia L. ●■

241343 Macrostemon Boriss. = Veronica L. ■

241344 Macrostepis Thouars = Beclardia A. Rich. ■☆

241345 Macrostepis Thouars = Epidendrum L. (保留属名)■☆

241346 Macrostigma Hook. = Stylobasium Desf. ●☆

241347 Macrostigma Kunth = Tupistra Ker Gawl. ■

241348 Macrostigma Kunth(1849);大柱百合属■☆

241349 Macrostigma tupistroides Kunth;大柱百合■☆

241350 Macrostigmatella Rauschert = Eigia Soják ■☆

241351 Macrostigmatella Rauschert = Stigmatella Eig ■☆

241352 Macrostoma Hedw. = Ipomoea L. (保留属名)●■

241353 Macrostoma Hedw. = Macrostema Pers. ■

241354 Macrostoma Hedw. = Quamoclit Mill. ■

241355 Macrostomium Blume = Dendrobium Sw. (保留属名)■

241356 Macrostomum Benth. et Hook. f. = Macrostomium Blume ■

241357 Macrostylis Bartl. et H. L. Wendl. (1824);大柱芸香属●☆

241358 Macrostylis Breda = Corymborkis Thouars ■

241359 Macrostylis barbigera (L. f.) Bartl. et H. L. Wendl.;髯毛大柱芸香●☆

241360 Macrostylis cassiopoides (Turcz.) I. Williams;决明大柱芸香●☆

241361 Macrostylis cassiopoides (Turcz.) I. Williams subsp. dregeana (Sond.) I. Williams;德雷大柱芸香●☆

241362 Macrostylis cauliflora I. Williams;茎花大柱芸香●☆

241363 Macrostylis crassifolia Sond.;厚叶大柱芸香●☆

241364 Macrostylis crassifolia Sond. var. affinis ? = Macrostylis crassifolia Sond. ●☆

241365 Macrostylis decipiens E. Mey. ex Sond.;迷惑大柱芸香●☆

241366 Macrostylis hirta E. Mey. ex Sond.;多毛大柱芸香●☆

241367 Macrostylis hirta E. Mey. ex Sond. var. glabrata Sond. = Macrostylis hirta E. Mey. ex Sond. ●☆

241368 Macrostylis lanceolata Bartl. et H. L. Wendl. = Macrostylis villosa (Thunb.) Sond. ●☆

241369 Macrostylis ovata Sond. = Macrostylis tenuis E. Mey. ex Sond. ●☆

241370 Macrostylis patersoniae Schönland = Acmadenia obtusata (Thunb.) Bartl. et H. L. Wendl. ●☆

241371 Macrostylis ramulosa I. Williams;多枝大柱芸香●☆

241372 Macrostylis tenuis E. Mey. ex Sond.;粗鳞大柱芸香●☆

241373 Macrostylis villosa (Thunb.) Sond.;长柔毛大柱芸香●☆

241374 Macrostylis villosa (Thunb.) Sond. subsp. minor I. Williams;小长柔毛大柱芸香●☆

241375 Macrostylis villosa (Thunb.) Sond. var. glabrata Sond. = Macrostylis villosa (Thunb.) Sond. ●☆

241376 Macrosyphonia Duby(废弃属名) = Dionysia Fenzl ■☆

241377 Macrosyphonia Duby(废弃属名) = Macrosiphonia Müll. Arg. (保留属名)●☆

241378 Macrosyringion Rothm. (1943);肖疗齿草属■☆

241379 Macrosyringion Rothm. = Odontites Ludw. ■

241380 Macrosyringion longiflorum (Vahl) Rothm.;长花肖疗齿草■☆

241381 Macrothyrsus Spach = Aesculus L. ●

241382 Macrotis Raf. = Cimicifuga L. ●■

241383 Macrotis Raf. = Macrotrys Raf. ●■

241384 Macrotomia DC. = Arnebia Forssk. ●■

241385 Macrotomia DC. = Macrotomia DC. ex Meisn. ●☆
241386 Macrotomia DC. ex Meisn. (1840);軟紫草属;Prophet Flower ●☆
241387 Macrotomia DC. ex Meisn. = Arnebia Forssk. ●■
241388 Macrotomia benthamii DC. ex Meisn.;本瑟姆軟紫草●☆
241389 Macrotomia benthamii DC. ex Meisn. = Arnebia benthami (Wall. ex G. Don) I. M. Johnst. ■☆
241390 Macrotomia cephalotes Boiss.;大头軟紫草●☆
241391 Macrotomia densiflora (Ledeb.) J. F. Macbr.;密花軟紫草●☆
241392 Macrotomia echioides (L.) Boiss. = Arnebia pulchra (Willd. ex Roem. et Schult.) J. R. Edm. ■☆
241393 Macrotomia endochroma Hook. f. et Thomson ex Hend. et Hume = Arnebia euchroma (Royle) Johnst. ■
241394 Macrotomia euchroma (Royle) Paulsen = Arnebia euchroma (Royle) Johnst. ■
241395 Macrotomia guttata (Bunge) Farr. = Arnebia guttata Bunge ■
241396 Macrotomia perennis Boiss. = Arnebia euchroma (Royle) Johnst. ■
241397 Macrotomia tschimganica (B. Fedtsch.) Popov. ex Zakirrov = Arnebia tschimganica (B. Fedtsch.) G. L. Zhu ■
241398 Macrotomia ugamensis Popov;乌噶姆軟紫草●☆
241399 Macrotonica Steud. = Macrotomia DC. ●☆
241400 Macrotorus Perkins(1898);巴西囊桂属●☆
241401 Macrotorus utriculatus (Mart.) Perkins;巴西囊桂●☆
241402 Macrotropis DC. = Ormosia Jacks.(保留属名)●
241403 Macrotropis ernarginata Walp. = Ormosia emarginata (Hook. et Arn.) Benth. ●
241404 Macrotrullion Klotzsch = Clitoria L. ●
241405 Macrotrys Raf. = Cimicifuga L. ●■
241406 Macrotybus Dulac = Douglasia Lindl.(保留属名)■☆
241407 Macrotybus Dulac = Vitaliana Sesl.(废弃属名)■☆
241408 Macrotyloma (Wight et Arn.) Verdc.(1970)(保留属名);硬皮豆属(长硬皮豆属);Hardbean,Macrotyloma ■
241409 Macrotyloma africanum (R. Wilczek) Verdc.;非洲硬皮豆■☆
241410 Macrotyloma axillare (E. Mey.) Verdc.;腋花硬皮豆■☆
241411 Macrotyloma axillare (E. Mey.) Verdc. var. glabrum ?;光滑腋花硬皮豆■☆
241412 Macrotyloma axillare (E. Mey.) Verdc. var. macranthum (Brenan) Verdc.;小腋花硬皮豆■☆
241413 Macrotyloma axillare Verdc. = Macrotyloma axillare (E. Mey.) Verdc. ■☆
241414 Macrotyloma bieense (Torre) Verdc.;比耶硬皮豆■☆
241415 Macrotyloma biflorum (Schumach. et Thonn.) Hepper;双花硬皮豆■☆
241416 Macrotyloma brevicaule (Baker) Verdc.;短茎硬皮豆■☆
241417 Macrotyloma chrysanthum (A. Chev.) Verdc. = Macrotyloma biflorum (Schumach. et Thonn.) Hepper ■☆
241418 Macrotyloma chrysanthum (A. Chev.) Verdc. var. occidentalis (Harms) Verdc. = Macrotyloma biflorum (Schumach. et Thonn.) Hepper ■☆
241419 Macrotyloma coddii Verdc.;科德硬皮豆■☆
241420 Macrotyloma daltonii (Webb) Verdc.;多尔顿硬皮豆■☆
241421 Macrotyloma decipiens Verdc.;迷惑硬皮豆■☆
241422 Macrotyloma densiflorum (Welw. ex Baker) Verdc.;密花硬皮豆■☆
241423 Macrotyloma densiflorum (Welw. ex Baker) Verdc. var. longicalyx Verdc.;长萼密花硬皮豆■☆
241424 Macrotyloma dewildemanianum (R. Wilczek) Verdc.;德怀尔德曼硬皮豆■☆
241425 Macrotyloma ellipticum (R. E. Fr.) Verdc.;椭圆硬皮豆■☆
241426 Macrotyloma fimbriatum (Harms) Verdc.;流苏硬皮豆■☆
241427 Macrotyloma geocarpum (Harms) Maréchal et Baudet;地果硬皮豆;Ground Bean,Kersting's Groundnut ■☆
241428 Macrotyloma geocarpum (Harms) Maréchal et Baudet var. tisserantii (Pellegr.) Maréchal et Baudet;蒂塞硬皮豆■☆
241429 Macrotyloma hockii (De Wild.) Verdc.;霍克硬皮豆■☆
241430 Macrotyloma kassaiense (R. Wilczek) Verdc. = Macrotyloma rupestre (Welw. ex Baker) Verdc. ■☆
241431 Macrotyloma katangense (De Wild.) Verdc. = Macrotyloma stipulosum (Welw. ex Baker) Verdc. ■☆
241432 Macrotyloma maranguense (Taub.) Verdc.;马兰古硬皮豆■☆
241433 Macrotyloma oliganthum (Brenan) Verdc.;寡花硬皮豆■☆
241434 Macrotyloma prostratum Verdc.;平卧硬皮豆■☆
241435 Macrotyloma rupestre (Welw. ex Baker) Verdc.;岩生硬皮豆■☆
241436 Macrotyloma schweinfurthii Verdc.;施韦硬皮豆■☆
241437 Macrotyloma stenophyllum (Harms) Verdc.;窄叶硬皮豆■☆
241438 Macrotyloma stipulosum (Welw. ex Baker) Verdc.;托叶硬皮豆■☆
241439 Macrotyloma tenuiflorum (Micheli) Verdc.;细花硬皮豆■☆
241440 Macrotyloma uniflorum (Lam.) Verdc.;硬皮豆(长硬皮豆,单花镰扁豆);Hardbean, Horse Gram, Horsegram, Madras Bean, Oneflower Macrotyloma ■
241441 Macrotyloma uniflorum (Lam.) Verdc. var. benadirianum (Chiov.) Verdc.;贝纳迪尔硬皮豆■☆
241442 Macrotyloma uniflorum (Lam.) Verdc. var. stenocarpum (Brenan) Verdc.;窄果硬皮豆■☆
241443 Macrotyloma uniflorum (Lam.) Verdc. var. verrucosum Verdc.;多疣硬皮豆■☆
241444 Macrotys DC. = Cimicifuga L. ●■
241445 Macrotys DC. = Macrotrys Raf. ●■
241446 Macroule Pierce = Ormosia Jacks.(保留属名)●
241447 Macroule balansae (Drake) Yakovlev = Ormosia balansae Drake ●
241448 Macrozamia Miq. (1842);叠鳞苏铁属(大苏铁属,大泽米属,鬼苏铁属);Macrozamia,Queensland Nut ●☆
241449 Macrozamia communis L. A. S. Johnson;澳洲大泽米(澳洲苏铁,鬼凤尾蕉,普通大泽米);Australian Macrozamia,Burrawang ●☆
241450 Macrozamia concinna D. L. Jones;雅致大泽米●☆
241451 Macrozamia conferta D. L. Jones et P. I. Forst.;密叶大泽米●☆
241452 Macrozamia dyeri C. A. Gardner;戴尔大泽米;Dyer Macrozamia ●☆
241453 Macrozamia flexuosa C. Moore;扭曲大泽米●☆
241454 Macrozamia heteromera C. Moore;多裂大泽米●☆
241455 Macrozamia litoralis Liebm. = Dioon edule Lindl. ●☆
241456 Macrozamia lucida L. A. S. Johnson;光亮大泽米(光亮苏铁)●☆
241457 Macrozamia miquelii A. DC.;米奇苏铁(米氏大泽米);Miquel Macrozamia ●☆
241458 Macrozamia moorei F. Muell. ex C. Moore;摩耳苏铁(摩耳大苏铁,摩瑞大泽米,摩瑞苏铁);Giant Burrawang, Moore Macrozamia, Zamia Palm ●☆
241459 Macrozamia mountperiensis F. M. Bailey;派瑞大泽米●☆
241460 Macrozamia pauli-guilielmi Hill et F. Muell. ex F. Muell.;弗氏

大泽米●☆
241461 Macrozamia pectinata Liebm. = Dioon edule Lindl. ●☆
241462 Macrozamia platyrhachis F. M. Bailey;阔轴大泽米●☆
241463 Macrozamia reidlei (Gaudich.) C. A. Gardner;瑞德大泽米(大苏铁,光亮大泽米,亮叶叠鳞苏铁);Burrawang, By-Yu, Zamia Palm ●☆
241464 Macrozamia secunda C. Moore;塞空达苏铁;Secund Macrozamia ●☆
241465 Macrozamia spiralis (Salisb.) Miq.;旋叶苏铁(辐射大泽米,螺旋大泽米,螺旋鬼苏铁,螺状大泽米);Burrawang, Spiral Macrozamia ●☆
241466 Macrozamia spiralis Miq. = Macrozamia spiralis (Salisb.) Miq. ●☆
241467 Macrozanonia (Cogn.) Cogn. = Alsomitra (Blume) M. Roem. ■☆
241468 Macrozanonia Cogn. = Alsomitra (Blume) M. Roem. ■☆
241469 Macrura (Kraenzl.) Szlach. et Sawicka = Habenaria Willd. ■
241470 Macubea J. St. -Hil. = Macoubea Aubl. ●☆
241471 Macucua J. F. Gmel. = Ilex L. ●
241472 Macucua J. F. Gmel. = Macoucoua Aubl. ●
241473 Macuillamia Raf. = Bacopa Aubl. (保留属名)■
241474 Macuillamia rotundifolia (Michx.) Raf. = Bacopa rotundifolia (Michx.) Wettst. ■☆
241475 Maculigilia V. E. Grant = Gilia Ruiz et Pav. ■●☆
241476 Maculigilia V. E. Grant(1999);斑点吉莉花属■●☆
241477 Macuna Marcgr. ex Scop. = Mucuna Adans. (保留属名)●■
241478 Macuna Scop. = Mucuna Adans. (保留属名)●■
241479 Macvaughiella R. M. King et H. Rob. (1968);对角菊属■●☆
241480 Macvaughiella R. M. King et H. Rob. = Eupatorium L. ■●
241481 Macvaughiella mexicana (Sch. Bip.) R. M. King et H. Rob.;对角菊■●☆
241482 Madacarpus Wight = Senecio L. ■●
241483 Madagasikaria C. Davis(2002);马岛木属●☆
241484 Madagasikaria andersonii C. C. Davis;马岛木●☆
241485 Madagaster G. L. Nesom(1993);马岛菀属●☆
241486 Madagaster andohahelensis (Humbert) G. L. Nesom;安杜哈赫尔马岛菀●☆
241487 Madagaster madagascariensis (Humbert) G. L. Nesom;马岛菀●☆
241488 Madagaster mandrarensis (Humbert) G. L. Nesom;曼德拉马岛菀●☆
241489 Madagaster saboureaui (Humbert) G. L. Nesom;萨布罗马岛菀●☆
241490 Madagaster senecionoides (Baker) G. L. Nesom;千里光马岛菀●☆
241491 Madaractis DC. = Senecio L. ■●
241492 Madaria DC. = Madia Molina ■☆
241493 Madariopsis Nutt. = Madaria DC. ■☆
241494 Madaroglossa DC. = Layia Hook. et Arn. ex DC. (保留属名)■☆
241495 Madaroglossa carnosa Nutt. = Layia carnosa (Nutt.) Torr. et A. Gray ■☆
241496 Madaroglossa hieracioides DC. = Layia hieracioides (DC.) Hook. et Arn. ■☆
241497 Madarosperma Benth. = Tassadia Decne. ●☆
241498 Maddenia Hook. f. et Thomson(1854);臭樱属(假稠李属);Madden Cherry, Maddencherry, Madden-cherry, Maddenia, Stinkcherry ●
241499 Maddenia fujianensis Y. T. Chang;福建假稠李;Fujian Maddencherry, Fujian Maddenia, Fujian Stinkcherry ●
241500 Maddenia himalaica Hook. f. et Thomson;喜马拉雅臭樱;Himalayan Maddencherry, Himalayan Maddenia, Himalayas Stinkcherry ●
241501 Maddenia himalaica Hook. f. et Thomson var. glabrifolia H. Hara = Maddenia himalaica Hook. f. et Thomson ●
241502 Maddenia hypoleuca Koehne;臭樱(假稠李);Madden Cherry, Maddencherry, Madden-cherry, Stinkcherry ●
241503 Maddenia hypoxantha Koehne;四川臭樱;Sichuan Maddencherry, Sichuan Madden-cherry, Sichuan Stinkcherry ●
241504 Maddenia incisoserrata Te T. Yu et T. C. Ku;锐齿臭樱;Incisoserrate Stinkcherry, Slashed-serrate Maddencherry, Slashed-serrate Madden-cherry ●
241505 Maddenia pedicellata Hook. f. = Cerasus cerasoides (D. Don) Sokoloff ●
241506 Maddenia pedicellata Hook. f. = Prunus cerasoides Buch. -Ham. ex D. Don ●
241507 Maddenia wilsonii Koehne;华西臭樱(川西假稠李);E. H. Wilson Maddenia, E. H. Wilson Stinkcherry, Wilson Maddenia ●
241508 Maddenia wilsonii Koehne var. hypoxantha (Koehne) Te T. Yu et C. L. Li;脱毛川西假稠李●
241509 Madea Sol. ex DC. = Boltonia L'Hér. ■☆
241510 Madhuca Buch. -Ham. ex J. F. Gmel. (1791);紫荆木属(木花生属,子京属);Illipe, Illipe Nut, Madhuca ●
241511 Madhuca J. F. Gmel. = Madhuca Buch. -Ham. ex J. F. Gmel. ●
241512 Madhuca butyracea (Roxb.) J. F. Macbr. = Diploknema butyraceum (Roxb.) H. J. Lam. ●
241513 Madhuca hainanensis Chun et F. C. How;海南紫荆木(海南马胡卡,刷空母树,铁色,子京木);Hainan Madhuca ●◇
241514 Madhuca indica J. F. Gmel.;印度紫荆木(长叶紫荆木,宽叶雾冰藜,阔叶雾冰藜,美果);Butter Tree, Illipe Butter Tree, Indian Madhuca, Mahua ●☆
241515 Madhuca indica J. F. Gmel. = Madhuca longifolia (König) J. F. Macbr. ●☆
241516 Madhuca longifolia (König) J. F. Macbr.;长叶紫荆木(长叶马府树);Mahua, Mahwa, Mi, Moa, Mohwa, Mowa ●☆
241517 Madhuca longifolia (L.) J. F. Macbr. = Madhuca longifolia (König) J. F. Macbr. ●☆
241518 Madhuca neriifolia H. J. Lam.;夹竹桃叶紫荆木●☆
241519 Madhuca pasquieri (Dubard) H. J. Lam.;紫荆木(出奶木,滇木花生,滇紫荆木,海胡卡,马胡卡,木花生,帕氏紫荆木,肉花生,铁色,子京木);Pasquier Madhuca, Peanut Madhuca ●◇
241520 Madhuca philippinensis Merr.;菲律宾紫荆木(菲律宾子京)●☆
241521 Madhuca subquincuncialis H. J. Lam et Kerpel = Madhuca pasquieri (Dubard) H. J. Lam. ●◇
241522 Madhuca utilis H. J. Lam;良木紫荆木(良木子京)●☆
241523 Madia Molina(1782);星草菊属(麻迪菊属);Madia, Tarweed ■☆
241524 Madia anomala Greene;畸星草菊■☆
241525 Madia bolanderi (A. Gray) A. Gray = Kyhosia bolanderi (A. Gray) B. G. Baldwin ■☆
241526 Madia capitata Nutt. = Madia sattva Molina ■☆
241527 Madia elegans D. Don = Madia elegans D. Don ex Lindl. ■☆
241528 Madia elegans D. Don ex Lindl.;美洲星草菊(美洲麻迪菊);

Common Madia, Tarweed ■☆
241529 Madia elegans D. Don ex Lindl. subsp. densifolia (Greene) D. D. Keck = Madia elegans D. Don ex Lindl. ■☆
241530 Madia elegans D. Don subsp. vernalis D. D. Keck = Madia elegans D. Don ex Lindl. ■☆
241531 Madia elegans D. Don subsp. wheeleri (A. Gray) D. D. Keck = Madia elegans D. Don ex Lindl. ■☆
241532 Madia exigua (Sm.) A. Gray;柔弱星草菊(柔弱麻迪菊)■☆
241533 Madia glomerata Hook.;团集星草菊(团集麻迪菊);Mountain Tarweed, Stinking Tarweed ■☆
241534 Madia gracilis (Sm.) D. D. Keck;纤细星草菊(纤细麻迪菊);Gumweed ■☆
241535 Madia gracilis (Sm.) D. D. Keck subsp. collina D. D. Keck = Madia gracilis (Sm.) D. D. Keck ■☆
241536 Madia gracilis (Sm.) D. D. Keck subsp. pilosa D. D. Keck = Madia gracilis (Sm.) D. D. Keck ■☆
241537 Madia hallii D. D. Keck = Harmonia hallii (D. D. Keck) B. G. Baldwin ■☆
241538 Madia madioides (Nutt.) Greene = Anisocarpus madioides Nutt. ■☆
241539 Madia minima (A. Gray) D. D. Keck = Hemizonella minima (A. Gray) A. Gray ■☆
241540 Madia nutans (Greene) D. D. Keck = Harmonia nutans (Greene) B. G. Baldwin ■☆
241541 Madia radiata Kellogg;辐射星草菊(辐射麻迪菊)■☆
241542 Madia rammii Greene = Jensia rammii (Greene) B. G. Baldwin ■☆
241543 Madia sativa Molina;星草菊(麻迪菊);Chile Tarweed, Chilean Tarweed, Coast Tarweed, Tarweed ■☆
241544 Madia stebbinsii T. W. Nelson et J. P. Nelson = Harmonia stebbinsii (T. W. Nelson et J. P. Nelson) B. G. Baldwin ■☆
241545 Madia subspicata D. D. Keck;穗状星草菊(近穗状麻迪菊)■☆
241546 Madia yosemitana Parry ex A. Gray = Jensia yosemitana (Parry ex A. Gray) B. G. Baldwin ■☆
241547 Madiaceae A. Heller = Asteraceae Bercht. et J. Presl(保留科名)●■
241548 Madiaceae A. Heller = Compositae Giseke(保留科名)●■
241549 Madiola A. St. -Hil. = Modiola Moench ■☆
241550 Madisonia Luer = Pleurothallis R. Br. ■☆
241551 Madisonia Luer(2004);巴西腋花兰属■☆
241552 Madisonia kerrii (Braga) Luer;巴西腋花兰■☆
241553 Madlabium Hedge(1998);旱林灌属●☆
241554 Madlabium magenteum Hedge;旱林灌●☆
241555 Madocarpus Post et Kuntze = Madacarpus Wight ■●
241556 Madocarpus Post et Kuntze = Senecio L. ■●
241557 Madorella Nutt. = Madia Molina ■☆
241558 Madorius Kuntze = Calotropis R. Br. ●
241559 Madorius Rumph. = Calotropis R. Br. ●
241560 Madorius Rumph. ex Kuntze = Calotropis R. Br. ●
241561 Madortus Kuntze = Calotropis R. Br. ●
241562 Madronella Greene = Monardella Benth. ■☆
241563 Madronella Mill. = Monardella Benth. ■☆
241564 Madvigia Liebm. = Cryptanthus Otto et A. Dietr. (保留属名) ■☆
241565 Maecharanthera Pritz. = Aster L. ●■
241566 Maecharanthera Pritz. = Machaeranthera Nees ■☆
241567 Maedougalia A. Heller = Hymenoxys Cass. ■☆
241568 Maelenia Dumort. = Cattleya Lindl. ■
241569 Maeranthus Benth. et Hook. f. = Marcanthus Lour. ●■
241570 Maeranthus Benth. et Hook. f. = Mucuna Adans. (保留属名) ●■
241571 Maerlensia Vell. = Corchorus L. ■●
241572 Maerua Forssk. (1775);忧花属;Maerua ●☆
241573 Maerua acuminata Oliv.;渐尖忧花●☆
241574 Maerua aethiopica (Fenzl) Oliv.;埃塞俄比亚忧花●☆
241575 Maerua albomarginata Gilg et Gilg-Ben. = Maerua oblongifolia (Forssk.) A. Rich. ●☆
241576 Maerua amphilahensis A. Terracc. = Maerua oblongifolia (Forssk.) A. Rich. ●☆
241577 Maerua angolensis DC.;安哥拉忧花●☆
241578 Maerua angolensis DC. var. africana Kers;非洲忧花●☆
241579 Maerua angolensis DC. var. socotrana (Schweinf. ex Balf. f.) Kers;索科特拉忧花●☆
241580 Maerua angolensis DC. var. socotrana Schweinf. ex Balf. f. = Maerua angolensis DC. var. socotrana (Schweinf. ex Balf. f.) Kers ●☆
241581 Maerua angustifolia (Harv.) Schinz = Maerua gilgii Schinz ●☆
241582 Maerua angustifolia A. Rich. = Maerua oblongifolia (Forssk.) A. Rich. ●☆
241583 Maerua angustifolia Schinz = Maerua juncea Pax ●☆
241584 Maerua arabica J. F. Gmel. = Maerua thomsonii T. Anderson ●☆
241585 Maerua arenaria (DC.) Hook. f. et Thomson;沙地忧花●☆
241586 Maerua arenicola Gilg = Maerua schinzii Pax ●☆
241587 Maerua baillonii Hadj-Moust.;巴隆忧花●☆
241588 Maerua becquetii Wilczek;贝凯忧花●☆
241589 Maerua bequaertii De Wild. = Maerua triphylla A. Rich. var. pubescens (Klotzsch) DeWolf ●☆
241590 Maerua boranensis Chiov.;博兰忧花●☆
241591 Maerua brevipetiolata Killick;短梗忧花●☆
241592 Maerua brunnescens Wild;浅褐忧花●☆
241593 Maerua bukobensis Gilg et Gilg-Ben. = Maerua angolensis DC. ●☆
241594 Maerua bussei (Gilg et Gilg-Ben.) R. Wilczek;布瑟忧花●☆
241595 Maerua buxifolia (Welw. ex Oliv.) Gilg et Gilg-Ben.;黄杨叶忧花●☆
241596 Maerua cafra (DC.) Pax;开菲尔忧花●☆
241597 Maerua calantha Gilg;丽忧花●☆
241598 Maerua calophylla Gilg = Maerua triphylla A. Rich. var. calophylla (Gilg) DeWolf ●☆
241599 Maerua campicola Gilg et Gilg-Ben. = Maerua triphylla A. Rich. var. johannis (Volkens et Gilg) DeWolf ●☆
241600 Maerua camporum Gilg et Gilg-Ben. = Maerua oblongifolia (Forssk.) A. Rich. ●☆
241601 Maerua candida Gilg;纯白忧花●☆
241602 Maerua caudata Pax;尾状忧花●☆
241603 Maerua cerasicarpa Gilg = Maerua aethiopica (Fenzl) Oliv. ●☆
241604 Maerua crassifolia Forssk.;厚叶忧花●☆
241605 Maerua crassifolia Forssk. var. buxifolia (Welw. ex Oliv.) Hiern = Maerua buxifolia (Welw. ex Oliv.) Gilg et Gilg-Ben. ●☆
241606 Maerua currorii Hook. f. = Maerua angolensis DC. ●☆
241607 Maerua cylindricarpa Gilg et Gilg-Ben. = Maerua triphylla A. Rich. var. pubescens (Klotzsch) DeWolf ●☆
241608 Maerua cylindrocarpa Hadj-Moust.;柱果忧花●☆
241609 Maerua dasyura Gilg et Gilg-Ben. = Maerua oblongifolia

(Forssk.) A. Rich. ●☆

241610 Maerua deckenii (Chiov.) Chiov. = Maerua denhardtiorum Gilg ●☆

241611 Maerua decumbens (Brongn.) DeWolf;外倾忧花●☆

241612 Maerua denhardtiorum Gilg;热非忧花●☆

241613 Maerua descampsii De Wild.;德康忧花●☆

241614 Maerua de-waillyi Aubrév. et Pellegr.;瓦伊忧花●☆

241615 Maerua dolichobotrys Gilg et Gilg-Ben.;长穗忧花●☆

241616 Maerua duchesnei (De Wild.) F. White;迪谢纳忧花●☆

241617 Maerua edulis (Gilg et Gilg-Ben.) DeWolf;可食忧花●☆

241618 Maerua elegans Wilczek;雅致忧花●☆

241619 Maerua emarginata Schinz = Maerua angolensis DC. ●☆

241620 Maerua eminii Pax;埃明忧花●☆

241621 Maerua endlichii Gilg et Gilg-Ben.;恩德忧花●☆

241622 Maerua erlangeriana Gilg et Gilg-Ben.;厄兰格忧花●☆

241623 Maerua erythrantha Gilg et Gilg-Ben. = Maerua triphylla A. Rich. var. johannis (Volkens et Gilg) DeWolf ●☆

241624 Maerua erythreae Gilg et Gilg-Ben. ex Engl. = Maerua dolichobotrys Gilg et Gilg-Ben. ●☆

241625 Maerua exasperata Chiov.;粗糙忧花●☆

241626 Maerua filiformis Drake;线叶忧花●☆

241627 Maerua flagellaris (Oliv.) Gilg et Gilg-Ben. = Maerua juncea Pax ●☆

241628 Maerua flagellaris (Oliv.) Gilg et Gilg-Ben. subsp. crustata Wild = Maerua juncea Pax subsp. crustata (Wild) Wild ●☆

241629 Maerua floribunda Fenzl = Maerua angolensis DC. ●☆

241630 Maerua floribunda Sim = Maerua nervosa (Hochst.) Oliv. ●☆

241631 Maerua friesii Gilg et Gilg-Ben.;弗里斯忧花●☆

241632 Maerua gilgiana De Wild.;吉尔格忧花●☆

241633 Maerua gilgii Schinz;吉氏忧花●☆

241634 Maerua gillettii Kers;吉莱特忧花●☆

241635 Maerua glauca Chiov.;灰绿忧花●☆

241636 Maerua goetzeana Gilg = Maerua triphylla A. Rich. var. johannis (Volkens et Gilg) DeWolf ●☆

241637 Maerua gorinii Chiov. = Maerua glauca Chiov. ●☆

241638 Maerua grandiflora Pax = Ritchiea reflexa (Thonn.) Gilg et Gilg-Ben. ●☆

241639 Maerua grantii Oliv.;格兰特忧花●☆

241640 Maerua guerichii Pax = Maerua juncea Pax ●☆

241641 Maerua harmsiana Gilg = Maerua parvifolia Pax ●☆

241642 Maerua hirtella Chiov. = Maerua crassifolia Forssk. ●☆

241643 Maerua hirticaulis Gilg et Gilg-Ben. = Maerua parvifolia Pax ●☆

241644 Maerua hoehnelii Gilg et Gilg-Ben. = Maerua triphylla A. Rich. var. johannis (Volkens et Gilg) DeWolf ●☆

241645 Maerua holstii Pax;霍尔忧花●☆

241646 Maerua homblei De Wild.;洪布勒忧花●☆

241647 Maerua humbertii Hadj-Moust.;亨伯特忧花●☆

241648 Maerua indica (Roxb.) Sweet;印度忧花●☆

241649 Maerua insignis Pax = Ritchiea capparoides (Andréws) Britten ●☆

241650 Maerua intricata Kers;缠结忧花●☆

241651 Maerua jasminifolia Gilg et Gilg-Ben. = Maerua triphylla A. Rich. ●☆

241652 Maerua johannis Volkens et Gilg = Maerua triphylla A. Rich. var. johannis (Volkens et Gilg) DeWolf ●☆

241653 Maerua juncea Pax;灯芯草忧花●☆

241654 Maerua juncea Pax subsp. crustata (Wild.) Wild.;硬壳忧花●☆

241655 Maerua kaessneri Gilg et Gilg-Ben.;卡斯纳忧花●☆

241656 Maerua kassakalla De Wild. = Maerua juncea Pax ●☆

241657 Maerua kirkii (Oliv.) F. White;柯克忧花●☆

241658 Maerua lanzae Fiori = Maerua oblongifolia (Forssk.) A. Rich. ●☆

241659 Maerua lanzae Gilg et Gilg-Ben. = Maerua oblongifolia (Forssk.) A. Rich. ●☆

241660 Maerua legatii Burtt Davy = Maerua parvifolia Pax ●☆

241661 Maerua lucida Hochst. ex A. Rich. = Maerua angolensis DC. ●☆

241662 Maerua macrantha Gilg;大花忧花●☆

241663 Maerua macrocarpa Chiov. = Maerua denhardtiorum Gilg ●☆

241664 Maerua maschonica Gilg = Maerua juncea Pax ●☆

241665 Maerua meyeri-johannis Gilg = Maerua crassifolia Forssk. ●☆

241666 Maerua mildbraedii Gilg et Gilg-Ben. = Maerua triphylla A. Rich. var. pubescens (Klotzsch) DeWolf ●☆

241667 Maerua monticola Gilg et Gilg-Ben. = Maerua friesii Gilg et Gilg-Ben. ●☆

241668 Maerua mungaii Beentje;穆氏忧花●☆

241669 Maerua nana Polhill;矮小忧花●☆

241670 Maerua nervosa (Hochst.) Oliv.;多脉忧花●☆

241671 Maerua nervosa (Hochst.) Oliv. var. flagellaris Oliv. = Maerua juncea Pax ●☆

241672 Maerua nuda Scott-Elliot;裸忧花●☆

241673 Maerua oblongifolia (Forssk.) A. Rich.;矩圆叶忧花●☆

241674 Maerua ovalifolia Cambess. = Maerua arenaria (DC.) Hook. f. et Thomson ●☆

241675 Maerua pachystigma Gilg et Gilg-Ben. = Maerua triphylla A. Rich. var. johannis (Volkens et Gilg) DeWolf ●☆

241676 Maerua paniculata Wild;圆锥忧花●☆

241677 Maerua parvifolia Pax;小叶忧花●☆

241678 Maerua paxii Schinz = Maerua schinzii Pax ●☆

241679 Maerua pedunculosa (Hochst.) Sim = Maerua racemulosa (A. DC.) Gilg et Gilg-Ben. ●☆

241680 Maerua pirottae Gilg = Maerua triphylla A. Rich. var. calophylla (Gilg) DeWolf ●☆

241681 Maerua polyandra R. A. Graham;多蕊忧花●☆

241682 Maerua prittwitzii Gilg et Gilg-Ben.;普里特忧花●☆

241683 Maerua pseudopetalosa (Gilg et Gilg-Ben.) DeWolf;假瓣忧花●☆

241684 Maerua pubescens (Klotzsch) Gilg = Maerua triphylla A. Rich. var. pubescens (Klotzsch) DeWolf ●☆

241685 Maerua puccionii Chiov.;普乔尼忧花●☆

241686 Maerua purpurascens Thulin;紫瓣忧花●☆

241687 Maerua pygmaea Gilg = Ritchiea pygmaea (Gilg) DeWolf ●☆

241688 Maerua racemosa Lanza = Maerua oblongifolia (Forssk.) A. Rich. ●☆

241689 Maerua racemosa Vahl;总花忧花●☆

241690 Maerua racemulosa (A. DC.) Gilg et Gilg-Ben.;小总花忧花●☆

241691 Maerua retusa Gilg = Maerua triphylla A. Rich. var. johannis (Volkens et Gilg) DeWolf ●☆

241692 Maerua retusa Hochst. ex A. Rich. = Maerua angolensis DC. ●☆

241693 Maerua rhodesiana Wild = Maerua prittwitzii Gilg et Gilg-Ben. ●☆

241694 Maerua rigida R. Br. = Maerua crassifolia Forssk. ●☆

241695 Maerua rigida R. Br. var. buxifolia Welw. ex Oliv. = Maerua buxifolia (Welw. ex Oliv.) Gilg et Gilg-Ben. ●☆

241696 Maerua robynsii Wilczek;罗宾斯忧花●☆

241697 Maerua rogeonii A. Chev. = Maerua oblongifolia (Forssk.) A. Rich. ●☆

241698 Maerua rosmarinoides (Sond.) Gilg et Gilg-Ben.;迷迭香叶忧花●☆

241699 Maerua salicifolia Wild;柳叶忧花●☆

241700 Maerua scabra Cambess. = Maerua arenaria (DC.) Hook. f. et Thomson ●☆

241701 Maerua scandens (Klotzsch) Gilg;攀缘忧花●☆

241702 Maerua scebelensis Chiov. = Maerua oblongifolia (Forssk.) A. Rich. ●☆

241703 Maerua schinzii Pax;欣兹忧花●☆

241704 Maerua schliebenii Gilg et Gilg-Ben.;施利本忧花●☆

241705 Maerua senegalensis R. Br. ex A. Rich. = Maerua angolensis DC. ●☆

241706 Maerua sessiliflora Gilg;无梗忧花●☆

241707 Maerua skeneae Briq. = Maerua parvifolia Pax ●☆

241708 Maerua socotrana (Schweinf. ex Balf. f.) Gilg = Maerua angolensis DC. var. socotrana (Schweinf. ex Balf. f.) Kers ●☆

241709 Maerua somalensis Pax;索马里忧花●☆

241710 Maerua sphaerocarpa Gilg = Maerua triphylla A. Rich. var. calophylla (Gilg) DeWolf ●☆

241711 Maerua sphaerogyna Gilg et Gilg-Ben. = Maerua aethiopica (Fenzl) Oliv. ●☆

241712 Maerua stenogyna Gilg et Gilg-Ben. = Maerua triphylla A. Rich. var. johannis (Volkens et Gilg) DeWolf ●☆

241713 Maerua stuhlmannii Pax = Maerua eminii Pax ●☆

241714 Maerua subcordata (Gilg) DeWolf;亚心形忧花●☆

241715 Maerua thomsonii T. Anderson;托马森忧花●☆

241716 Maerua tomentosa Pax = Maerua angolensis DC. ●☆

241717 Maerua trachycarpa Gilg = Maerua triphylla A. Rich. ●☆

241718 Maerua trichocarpa Gilg et Gilg-Ben. = Maerua crassifolia Forssk. ●☆

241719 Maerua trichophylla Gilg = Maerua parvifolia Pax ●☆

241720 Maerua triphylla (Thunb.) T. Durand et Schinz = Maerua cafra (DC.) Pax ●☆

241721 Maerua triphylla A. Rich.;三叶忧花●☆

241722 Maerua triphylla A. Rich. var. calophylla (Gilg) DeWolf;美三叶忧花●☆

241723 Maerua triphylla A. Rich. var. johannis (Volkens et Gilg) DeWolf;约翰三叶忧花●☆

241724 Maerua triphylla A. Rich. var. pubescens (Klotzsch) DeWolf;短柔毛忧花●☆

241725 Maerua uguenensis Gilg = Maerua crassifolia Forssk. ●☆

241726 Maerua undulata (Zeyh. ex Eckl. et Zeyh.) T. Durand et Schinz = Maerua racemulosa (A. DC.) Gilg et Gilg-Ben. ●☆

241727 Maerua uniflora Vahl = Maerua crassifolia Forssk. ●☆

241728 Maerua urophylla Gilg = Maerua acuminata Oliv. ●☆

241729 Maerua variifolia Gilg et Gilg-Ben. = Maerua triphylla A. Rich. ●☆

241730 Maerua virgata Gilg = Maerua oblongifolia (Forssk.) A. Rich. ●☆

241731 Maerua vitisidaeifolia Chiov. = Maerua triphylla A. Rich. var. johannis (Volkens et Gilg) DeWolf ●☆

241732 Maerua welwitschii Gilg et Gilg-Ben. = Maerua buxifolia (Welw. ex Oliv.) Gilg et Gilg-Ben. ●☆

241733 Maerua woodii (Oliv.) T. Durand et Schinz = Bachmannia woodii (Oliv.) Gilg ●☆

241734 Maesa Forssk. (1775);杜茎山属(山桂花属);Maesa ●

241735 Maesa acuminatissima Merr.;米珍果(尖叶杜茎山);Acuminate Maesa ●

241736 Maesa alnifolia Harv.;桤叶杜茎山●☆

241737 Maesa ambigua C. Y. Wu et C. Chen;坚髓杜茎山;Hardpith Maesa, Hard-pithed Maesa ●

241738 Maesa angolensis Gilg = Maesa lanceolata Forssk. ●☆

241739 Maesa argentea (Wall.) A. DC.;银叶杜茎山(观音树,银花杜茎山);Silveryleaf Maesa, Silvery-leaved Maesa ●

241740 Maesa argentea (Wall.) A. DC. var. kwangsiensis Hand.-Mazz. = Maesa montana A. DC. ●

241741 Maesa augustini (Nakai) Tuyama = Maesa perlaria (Lour.) Merr. var. formosana (Mez) Yuen P. Yang ●

241742 Maesa aurea H. Lév. = Symplocos cochinchinensis (Lour.) S. Moore var. laurina (Retz.) Raizada ●

241743 Maesa balansae Mez;顶花杜茎山;Topflower Maesa, Top-flowered Maesa ●

241744 Maesa bequaertii De Wild. = Maesa lanceolata Forssk. var. rufescens (A. DC.) Taton ●☆

241745 Maesa bequaertii De Wild. = Maesa welwitschii Gilg ●☆

241746 Maesa blind H. Lév. = Rhamnus hemsleyana C. K. Schneid. ●

241747 Maesa bodinieri H. Lév. et Vaniot = Symplocos cochinchinensis (Lour.) S. Moore var. laurina (Retz.) Raizada ●

241748 Maesa brevipaniculata (C. Y. Wu et C. Chen) Pipoly et C. Chen;短序杜茎山(短序小叶杜茎山);Shortpanicle Maesa ●

241749 Maesa butaguensis De Wild. = Maesa lanceolata Forssk. var. mildbraedii (Gilg et G. Schellenb.) Lebrun ●☆

241750 Maesa castaneifolia Mez = Maesa montana A. DC. ●

241751 Maesa cavaleriei H. Lév. = Maesa japonica (Thunb.) Moritzi ex Zoll. ●

241752 Maesa cavinervis C. Chen;凹脉杜茎山;Concavevein Maesa, Concave-veined Maesa, Sunkenvein Maesa ●

241753 Maesa chisia Buch.-Ham. ex D. Don;密腺杜茎山(灰叶杜茎山);Greyleaf Maesa, Grey-leaved Maesa, Nectary Maesa ●

241754 Maesa chisia D. Don = Maesa chisia Buch.-Ham. ex D. Don ●

241755 Maesa confusa (C. M. Hu) Pipoly et C. Chen;紊纹杜茎山(保亭杜茎山);Baoting Maesa ●

241756 Maesa consanguinea Merr.;拟杜茎山;Consanguineous Maesa, Similar Japan Maesa ●

241757 Maesa consanguinea Merr. var. confusa C. M. Hu = Maesa confusa (C. M. Hu) Pipoly et C. Chen ●

241758 Maesa cordifolia Baker = Maesa lanceolata Forssk. var. rufescens (A. DC.) Taton ●☆

241759 Maesa coriacea Champ. = Maesa japonica (Thunb.) Moritzi ex Zoll. ●

241760 Maesa coriacea Champ. var. gracilis Benth. = Maesa japonica (Thunb.) Moritzi ex Zoll. ●

241761 Maesa densistriata C. Chen et C. M. Hu;灰叶杜茎山(密叶杜茎山);Densestriped Maesa ●

241762 Maesa depauperata Diels = Vaccinium laetum Diels ●

241763 Maesa djalonis A. Chev. = Maesa lanceolata Forssk. var. rufescens (A. DC.) Taton ●☆

241764 Maesa doraena Blume ex Siebold et Zucc. = Maesa japonica (Thunb.) Moritzi ex Zoll. ●

241765 Maesa dunniana H. Lév. = Maesa japonica (Thunb.) Moritzi ex Zoll. ●
241766 Maesa elmerii Mez;菲律宾山桂花;Elmer Macrozamia ●
241767 Maesa elongata Mez = Maesa montana A. DC. ●
241768 Maesa esquirolii H. Lév. = Maesa japonica (Thunb.) Moritzi ex Zoll. ●
241769 Maesa formosana Mez = Maesa montana A. DC. ●
241770 Maesa formosana Mez = Maesa perlaria (Lour.) Merr. var. formosana (Mez) Yuen P. Yang ●
241771 Maesa henryi Hu = Maesa montana A. DC. ●
241772 Maesa hirsuta Chun = Maesa insignis Chun ●
241773 Maesa hirsuta E. Walker = Maesa insignis Chun ●
241774 Maesa hupehensis Rehder;湖北杜茎山(长叶杜茎山);Hubei Maesa, Hupeh Maesa ●
241775 Maesa indica (Roxb.) A. DC.;包疮叶(大白饭果,甲满,两面青,千年树,小姑娘茶,洋辣子);India Maesa, Indian Maesa ●
241776 Maesa indica (Roxb.) A. DC. = Maesa montana A. DC. ●
241777 Maesa indica (Roxb.) A. DC. var. retusa Hand. -Mazz. = Maesa rugosa C. B. Clarke ●
241778 Maesa indica (Roxb.) Wall. = Maesa acuminatissima Merr. ●
241779 Maesa insignis Chun;毛穗杜茎山;Hairspike Maesa, Hairy-spiked Maesa ●
241780 Maesa japonica (Thunb.) Moritzi et Zoll. var. elongata Mez = Maesa hupehensis Rehder ●
241781 Maesa japonica (Thunb.) Moritzi ex Zoll.;杜茎山(白花茶,白茅茶,杜恒山,金沙根,六角草,山桂花,山茄子,水麻叶,踏天桥,土恒山);Japan Maesa, Japanese Maesa ●
241782 Maesa japonica (Thunb.) Moritzi ex Zoll. f. elongata (Mez) Makino = Maesa japonica (Thunb.) Moritzi ex Zoll. ●
241783 Maesa japonica (Thunb.) Moritzi ex Zoll. f. elongata Makino = Maesa hupehensis Rehder ●
241784 Maesa japonica (Thunb.) Moritzi ex Zoll. f. gracilis (Benth.) Nakai = Maesa japonica (Thunb.) Moritzi ex Zoll. ●
241785 Maesa japonica (Thunb.) Moritzi ex Zoll. f. gracilis Nakai = Maesa japonica (Thunb.) Moritzi ex Zoll. ●
241786 Maesa japonica (Thunb.) Moritzi ex Zoll. f. latifolia (Miq. ex Mez) Nakai = Maesa japonica (Thunb.) Moritzi ex Zoll. ●
241787 Maesa kamerunensis Mez = Maesa lanceolata Forssk. var. rufescens (A. DC.) Taton ●☆
241788 Maesa kivuensis Taton;基伍杜茎山●☆
241789 Maesa labordei H. Lév. = Maesa japonica (Thunb.) Moritzi ex Zoll. ●
241790 Maesa lanceolata Forssk.;剑叶杜茎山(狭叶密花树)●☆
241791 Maesa lanceolata Forssk. var. djalonis (A. Chev.) Jacq. -Fél. = Maesa lanceolata Forssk. var. rufescens (A. DC.) Taton ●☆
241792 Maesa lanceolata Forssk. var. golungensis Hiern = Maesa lanceolata Forssk. var. rufescens (A. DC.) Taton ●☆
241793 Maesa lanceolata Forssk. var. mildbraedii (Gilg et G. Schellenb.) Lebrun = Maesa lanceolata Forssk. ●☆
241794 Maesa lanceolata Forssk. var. rufescens (A. DC.) Taton = Maesa lanceolata Forssk. ●☆
241795 Maesa lanyuensis Yuen P. Yang;兰屿山桂花;Lanyu Maesa ●
241796 Maesa laxiflora Pit.;疏花杜茎山;Laxiflorous Maesa, Looseflower Maesa ●
241797 Maesa longilanceolata C. Chen;长叶杜茎山;Longelanceolate Maesa ●
241798 Maesa macilenta E. Walker;细梗杜茎山;Meagre Maesa, Slenderstalk Maesa, Smallstipe Maesa ●
241799 Maesa macilentoides C. Chen;薄叶杜茎山;Meagre-like Maesa, Thinleaf Maesa ●
241800 Maesa macrophylla C. B. Clarke;大叶杜茎山;Largeleaf Maesa ●☆
241801 Maesa manipurensis Mez;隐纹杜茎山;Manipur Maesa ●
241802 Maesa marionae Merr.;毛脉杜茎山;Hairyvein Maesa, Hairy-veined Maesa ●
241803 Maesa martinii H. Lév. = Maesa montana A. DC. ●
241804 Maesa membranacea A. DC.;腺叶杜茎山(膜叶杜茎山);Glandleaf Maesa, Membranousleaf Maesa, Membranous-leaved leaf Maesa ●
241805 Maesa mildbraedii Gilg et G. Schellenb. = Maesa lanceolata Forssk. ●☆
241806 Maesa mollis A. DC. = Maesa permollis Kurz ●
241807 Maesa mollissima Wall. = Maesa permollis Kurz ●
241808 Maesa montana A. DC.;山地杜茎山(白胡椒,白子木,大叶良箭,杜宏山,观音茶,金珠柳,普洱茶,野兰);Goldenpearl Maesa, Mountain Maesa, Mountainous Maesa, Mounte Maesa ●
241809 Maesa montana A. DC. var. elongata A. DC. = Maesa montana A. DC. ●
241810 Maesa montana Mez var. formosana (Mez) T. Yamaz. = Maesa perlaria (Lour.) Merr. var. formosana (Mez) Yuen P. Yang ●
241811 Maesa myrsinoides H. Lév. = Ilex metabaptista Loes. var. myrsinoides (H. Lév.) Rehder ●
241812 Maesa nuda Hutch. et Dalziel;裸杜茎山●☆
241813 Maesa ovata A. DC. = Maesa ramentacea (Roxb.) A. DC. ●
241814 Maesa palustris Hochst. = Maesa lanceolata Forssk. ●☆
241815 Maesa parvifolia A. DC.;小叶杜茎山(小种茶);Littleleaf Maesa, Little-leaved Maesa ●
241816 Maesa parvifolia A. DC. var. brevipaniculata C. Y. Wu et C. Chen = Maesa brevipaniculata (C. Y. Wu et C. Chen) Pipoly et C. Chen ●
241817 Maesa perlaria (Lour.) Merr.;毛叶杜茎山(丁药,恒春山桂花,鲫鱼胆,空心花,冷饭果,嫩肉木,野黑胡椒);Cruian Gall, Pear Maesa, Pearly-shing Maesa, Treasure Maesa ●
241818 Maesa perlaria (Lour.) Merr. var. formosana (Mez) Yuen P. Yang;台湾山桂花●
241819 Maesa permollis Kurz;毛杜茎山;Hairy Maesa ●
241820 Maesa picta Hochst.;彩色杜茎山●☆
241821 Maesa picta Hochst. = Maesa lanceolata Forssk. ●☆
241822 Maesa prodigiosa C. Chen = Maesa chisia Buch. -Ham. ex D. Don ●
241823 Maesa quintasii Gilg = Maesa lanceolata Forssk. var. rufescens (A. DC.) Taton ●☆
241824 Maesa ramentacea (Roxb.) A. DC.;秤杆树(接骨钻,冷饭果,冷饭团);Ramentaceous Maesa ●
241825 Maesa randaiensis Hayata = Maesa japonica (Thunb.) Moritzi ex Zoll. ●
241826 Maesa reticulata C. Y. Wu;网脉杜茎山;Reticulate-nerved Maesa, Retinerve Maesa ●
241827 Maesa retusa Hand. -Mazz. = Maesa rugosa C. B. Clarke ●
241828 Maesa rufescens A. DC. = Maesa lanceolata Forssk. ●☆
241829 Maesa rufo-velutina De Wild. = Maesa lanceolata Forssk. var. rufescens (A. DC.) Taton ●☆
241830 Maesa rugosa C. B. Clarke;皱叶杜茎山;Wrinkledleaf Maesa, Wrinkle-leaved Maesa ●

241831 Maesa rugosa C. B. Clarke var. griffithii C. B. Clarke = Maesa rugosa C. B. Clarke ●

241832 Maesa ruwenzoriensis De Wild. = Maesa lanceolata Forssk. var. mildbraedii (Gilg et G. Schellenb.) Lebrun ●☆

241833 Maesa salicifolia Walker; 柳叶杜茎山; Willowleaf Maesa, Willow-leaved Maesa ●

241834 Maesa scandens H. Lév. = Trachelospermum axillare Hook. f. ●

241835 Maesa schweinfurthii Mez = Maesa welwitschii Gilg ●☆

241836 Maesa serratodentata De Wild. = Maesa lanceolata Forssk. var. rufescens (A. DC.) Taton ●☆

241837 Maesa sinensis A. DC. = Maesa perlaria (Lour.) Merr. ●

241838 Maesa singuliflora H. Lév. = Quercus phillyraeoides A. Gray ●

241839 Maesa striata Mez var. opaca Pit. ; 纹果杜茎山; Striatefruit Maesa, Striate-fruited Maesa ●

241840 Maesa striata Mez var. opaca Pit. = Maesa acuminatissima Merr. ●

241841 Maesa subrotunda C. Y. Wu et C. Chen; 圆叶杜茎山(得意旦); Roundleaf Maesa, Round-leaved Maesa ●

241842 Maesa subrotunda C. Y. Wu et C. Chen = Maesa membranacea A. DC. ●

241843 Maesa taiheizanensis Sasaki = Maesa japonica (Thunb.) Moritzi ex Zoll. ●

241844 Maesa tenera Mez; 软弱杜茎山(鲫鱼胆, 台湾山桂花); Slender Maesa, Taiwan Maesa, Weak Maesa ●

241845 Maesa tenera Mez = Maesa montana A. DC. ●

241846 Maesa tenera Mez = Maesa perlaria (Lour.) Merr. var. formosana (Mez) Yuen P. Yang ●

241847 Maesa tonkinensis Mez = Maesa perlaria (Lour.) Merr. ●

241848 Maesa vestita Jacq. -Fél. ; 包被杜茎山●☆

241849 Maesa welwitschii Gilg; 韦氏杜茎山●☆

241850 Maesa wilsonii Rehder = Maesa hupehensis Rehder ●

241851 Maesa zenkeri Gilg = Maesa welwitschii Gilg ●☆

241852 Maesaceae (A. DC.) Anderb. , B. Ståhl et Källersjö(2000); 杜茎山科●

241853 Maesaceae Anderb. = Maesaceae (A. DC.) Anderb. , B. Ståhl et Källersjö ●

241854 Maesaceae Anderb. , B. Ståhl et Källersjö = Maesaceae (A. DC.) Anderb. , B. Ståhl et Källersjö ●

241855 Maesobotrya Benth. (1879); 杜茎大戟属●☆

241856 Maesobotrya barteri (Baill.) Hutch. ; 巴特杜茎大戟●☆

241857 Maesobotrya barteri (Baill.) Hutch. var. sparsiflora (Scott-Elliot) Keay; 稀花巴特杜茎大戟●☆

241858 Maesobotrya bertramiana Büttner; 贝特拉姆杜茎大戟●☆

241859 Maesobotrya bipindensis (Pax) Hutch. ; 比平迪大戟●☆

241860 Maesobotrya brevispicata Pax = Maesobotrya barteri (Baill.) Hutch. ●☆

241861 Maesobotrya dissitiflora Pax = Maesobotrya barteri (Baill.) Hutch. ●☆

241862 Maesobotrya dusenii (Pax) Hutch. = Maesobotrya klaineana (Pierre) J. Léonard ●☆

241863 Maesobotrya edulis Hutch. et Dalziel = Maesobotrya barteri (Baill.) Hutch. var. sparsiflora (Scott-Elliot) Keay ●☆

241864 Maesobotrya fallax Pax et K. Hoffm. ; 迷惑杜茎大戟●☆

241865 Maesobotrya floribunda Benth. ; 繁花杜茎大戟●☆

241866 Maesobotrya floribunda Benth. var. hirtella (Pax) Pax et K. Hoffm. = Maesobotrya floribunda Benth. ●☆

241867 Maesobotrya floribunda Benth. var. schweinfurthii (Pax) Pax et K. Hoffm. = Maesobotrya floribunda Benth. ●☆

241868 Maesobotrya floribunda Benth. var. sparsiflora (Scott-Elliot) Pax et K. Hoffm. = Maesobotrya barteri (Baill.) Hutch. var. sparsiflora (Scott-Elliot) Keay ●☆

241869 Maesobotrya floribunda Benth. var. vermeulenii (De Wild.) J. Léonard = Maesobotrya vermeulenii (De Wild.) J. Léonard ●☆

241870 Maesobotrya floribunda Benth. var. villosa J. Léonard = Maesobotrya villosa (J. Léonard) J. Léonard ●☆

241871 Maesobotrya glabrata (Hutch.) Exell; 光滑杜茎大戟●☆

241872 Maesobotrya griffoniana (Baill.) Hutch. ; 格里丰杜茎大戟●☆

241873 Maesobotrya hirtella Pax = Maesobotrya floribunda Benth. ●☆

241874 Maesobotrya intermedia Pax et K. Hoffm. = Maesobotrya klaineana (Pierre) J. Léonard ●☆

241875 Maesobotrya klaineana (Pierre) J. Léonard; 克莱恩杜茎大戟●☆

241876 Maesobotrya klaineana Pierre = Maesobotrya klaineana (Pierre) J. Léonard ●☆

241877 Maesobotrya longipes (Pax) Hutch. ; 长梗杜茎大戟●☆

241878 Maesobotrya oblonga Hutch. = Antidesma oblongum (Hutch.) Keay ●☆

241879 Maesobotrya pauciflora Pax; 少花杜茎大戟●☆

241880 Maesobotrya pierlotii J. Léonard; 皮氏杜茎大戟●☆

241881 Maesobotrya purseglovei Verdc. ; 帕斯格洛夫杜茎大戟●☆

241882 Maesobotrya pynaertii (De Wild.) Pax et K. Hoffm. ; 皮那杜茎大戟●☆

241883 Maesobotrya reflexa Baker; 反折杜茎大戟●☆

241884 Maesobotrya rufinervis Pierre ex Pax et K. Hoffm. = Maesobotrya barteri (Baill.) Hutch. var. sparsiflora (Scott-Elliot) Keay ●☆

241885 Maesobotrya sapinii De Wild. = Maesobotrya bertramiana Büttner ●☆

241886 Maesobotrya sapinii De Wild. var. brevipetiolata ? = Maesobotrya bertramiana Büttner ●☆

241887 Maesobotrya scariosa Pax et K. Hoffm. = Maesobotrya longipes (Pax) Hutch. ●☆

241888 Maesobotrya sparsiflora (Scott-Elliot) Hutch. = Maesobotrya barteri (Baill.) Hutch. var. sparsiflora (Scott-Elliot) Keay ●☆

241889 Maesobotrya stapfiana Beille = Protomegabaria stapfiana (Beille) Hutch. ●☆

241890 Maesobotrya staudtii (Pax) Hutch. ; 施陶杜茎大戟●☆

241891 Maesobotrya tsoukensis Pellegr. = Maesobotrya bertramiana Büttner ●☆

241892 Maesobotrya vermeulenii (De Wild.) J. Léonard; 韦尔默朗杜茎大戟●☆

241893 Maesobotrya villosa (J. Léonard) J. Léonard; 长柔毛杜茎大戟●☆

241894 Maesoluma Baill. = Pouteria Aubl. ●

241895 Maesopsis Engl. (1895); 杜茎鼠李属(类杜茎鼠李属)●☆

241896 Maesopsis eminii Engl. ; 杜茎鼠李; Musizi, Umbrella-tree ●☆

241897 Maesopsis eminii Engl. subsp. berchemioides (Pierre) N. Hallé; 勾儿茶杜茎鼠李●☆

241898 Maesopsis stuhlmannii Engl. = Macaranga monandra Müll. Arg. ●☆

241899 Maeviella Rossow(1985); 罗索婆婆纳属■☆

241900 Maeviella cochlearia (Huber) Rossow; 罗索婆婆纳■☆

241901 Mafekingia Baill. = Raphionacme Harv. ■☆

241902 Mafekingia parquetina Baill. = Raphionacme hirsuta (E. Mey.) R. A. Dyer ■☆

241903 Maferria C. Cusset = Farmeria Willis ex Trimen ■☆

241904 Maferria C. Cusset(1992);印度川苔草属■☆
241905 Mafureira Bertol. = Trichilia P. Browne(保留属名)●
241906 Maga Urb. = Montezuma DC. ●☆
241907 Magadania Pimenov et Lavrova(1985);俄东草属■☆
241908 Magadania victoris Pimenov et Lavrova;俄东草■☆
241909 Magalhaensia Post et Kuntze = Drimys J. R. Forst. et G. Forst. (保留属名)●☆
241910 Magalhaensia Post et Kuntze = Magallana Cav. ■☆
241911 Magalhaensia Post et Kuntze = Magellania Comm. ex Lam. ●☆
241912 Magallana Cav. (1798);阿根廷旱金莲属■☆
241913 Magallana Cav. = Tropaeolum L. ■
241914 Magallana Comm. ex DC. = Drimys J. R. Forst. et G. Forst. (保留属名)●☆
241915 Magallana Comm. ex DC. = Magellania Comm. ex Lam. ●☆
241916 Magastachya P. Beauv. = Eragrostis P. Beauv. ■
241917 Magastachya P. Beauv. = Eragrostis Wolf ■
241918 Magastachya P. Beauv. = Megastachya P. Beauv. ■☆
241919 Magdalenaea Brade(1935);马格寄生属●☆
241920 Magdalenaea limae Brade;马格寄生●☆
241921 Magdaris Raf. = Trochiscanthes W. D. J. Koch ■☆
241922 Magellana Poir. = Magallana Cav. ■☆
241923 Magellania Comm. ex Lam. = Drimys J. R. Forst. et G. Forst. (保留属名)●☆
241924 Maghania Steud. = Maughania J. St. -Hil. ●■
241925 Magnistipula Engl. (1905);大托叶金壳果属●☆
241926 Magnistipula bangweolensis (R. E. Fr.) R. A. Graham = Magnistipula butayei De Wild. subsp. bangweolensis (R. E. Fr.) F. White ●☆
241927 Magnistipula butayei De Wild.;布塔耶大托叶金壳果●☆
241928 Magnistipula butayei De Wild. subsp. bangweolensis (R. E. Fr.) F. White;班韦金壳果●☆
241929 Magnistipula butayei De Wild. subsp. glabriuscula Champl.;光滑大托叶金壳果●☆
241930 Magnistipula butayei De Wild. subsp. greenwayi (Brenan) F. White;格林韦大托叶金壳果●☆
241931 Magnistipula butayei De Wild. subsp. ituriensis Champl.;伊图里金壳果●☆
241932 Magnistipula butayei De Wild. subsp. montana (Hauman) F. White;山地大托叶金壳果●☆
241933 Magnistipula butayei De Wild. subsp. sargosii (Pellegr.) F. White;萨尔大托叶金壳果●☆
241934 Magnistipula butayei De Wild. subsp. tisserantii (Aubrév. et Pellegr.) F. White;蒂斯朗金壳果●☆
241935 Magnistipula butayei De Wild. subsp. transitoria F. White = Magnistipula butayei De Wild. subsp. glabriuscula Champl. ●☆
241936 Magnistipula butayei De Wild. subsp. youngii (Mendes) F. White;扬氏金壳果●☆
241937 Magnistipula butayei De Wild. var. greenwayi (Brenan) R. A. Graham = Magnistipula butayei De Wild. subsp. greenwayi (Brenan) F. White ●☆
241938 Magnistipula cerebriformis (Capuron) F. White;脑状大托叶金壳果●☆
241939 Magnistipula conrauana Engl.;康氏金壳果●☆
241940 Magnistipula cuneatifolia Hauman;楔叶大托叶金壳果●☆
241941 Magnistipula cupheiflora Mildbr. subsp. leonensis F. White;莱昂大托叶金壳果●☆
241942 Magnistipula eglandulosa (Greenway) R. A. Graham = Magnistipula sapinii De Wild. ●☆
241943 Magnistipula fleuryana (A. Chev.) Hauman = Magnistipula zenkeri Engl. ●☆
241944 Magnistipula glaberrima Engl.;无毛大托叶金壳果●☆
241945 Magnistipula katangensis (Hauman) Mendes = Magnistipula butayei De Wild. subsp. bangweolensis (R. E. Fr.) F. White ●☆
241946 Magnistipula pallidiflora Engl. = Magnistipula zenkeri Engl. ●☆
241947 Magnistipula sapinii De Wild.;萨潘大托叶金壳果●☆
241948 Magnistipula tessmannii (Engl.) Prance;泰斯曼大托叶金壳果●☆
241949 Magnistipula youngii Mendes = Magnistipula butayei De Wild. subsp. youngii (Mendes) F. White ●☆
241950 Magnistipula zenkeri Engl.;岑克尔金壳果●☆
241951 Magnolia L. (1753);木兰属;Cucumber Tree, Cucumber-tree, Magnolia, Yulan;北美洲东部至威尼斯,西印度●
241952 Magnolia 'Freeman';弗里曼木兰;Freeman Magnolia ●☆
241953 Magnolia × alba (DC.) Figlar = Michelia alba DC. ●
241954 Magnolia × hybrida Dippel.;杂种木兰;Hybrid Magnolias ●☆
241955 Magnolia × kewensis Pearce;邱园木兰●☆
241956 Magnolia × loebneri Kache;洛氏玉兰(劳尔本木兰);Loebner Magnolia ●☆
241957 Magnolia × loebneri Kache 'Leonard Messel';伦纳德·麦瑟尔劳尔本木兰(伦纳德·麦瑟尔洛氏玉兰)●☆
241958 Magnolia × loebneri Kache 'Merrill';美尼尔洛氏玉兰(麦利尔劳尔本木兰)●☆
241959 Magnolia × loebneri Kache 'Star Bright';星光洛氏玉兰(星光劳尔本木兰)●☆
241960 Magnolia × proctoriana Rehder;小叶木兰●☆
241961 Magnolia × soulangeana Soul. -Bod. = Yulania × soulangeana (Soul. -Bod.) D. L. Fu ●
241962 Magnolia acuminata (L.) L.;尖叶木兰(黄瓜树,黄花木兰,渐尖木兰);Cucumber Magnolia, Cucumber Tree, Cucumber-tree ●☆
241963 Magnolia acuminata (L.) L. subsp. cordata (Michx.) E. Murray = Magnolia acuminata (L.) L. ●☆
241964 Magnolia acuminata (L.) L. var. alabamensis Ashe = Magnolia acuminata (L.) L. ●☆
241965 Magnolia acuminata (L.) L. var. cordata (Michx.) Ser. = Magnolia acuminata (L.) L. ●☆
241966 Magnolia acuminata (L.) L. var. ludoviciana Sarg. = Magnolia acuminata (L.) L. ●☆
241967 Magnolia acuminata (L.) L. var. ozarkensis Ashe = Magnolia acuminata (L.) L. ●☆
241968 Magnolia acuminata (L.) L. var. subcordata (Spach) Dandy = Magnolia acuminata (L.) L. ●☆
241969 Magnolia alba DC.;白兰花;White Magnolia ●☆
241970 Magnolia albosericea Chun et C. H. Tsoong = Lirianthe albosericea (Chun et C. H. Tsoong) N. H. Xia et C. Y. Wu ●
241971 Magnolia alexandrina Steud. = Yulania denudata (Desr.) D. L. Fu ●
241972 Magnolia amabilis Y. K. Sima et Y. H. Wang = Michelia amabilis (Y. K. Sima et Y. H. Wang) Y. M. Shui ●
241973 Magnolia amabilis Y. K. Sima et Y. H. Wang = Michelia yunnanensis Franch. ex Finet et Gagnep. ●
241974 Magnolia amoena W. C. Cheng 'Changhua';长花木兰●☆
241975 Magnolia amoena W. C. Cheng = Yulania amoena (W. C. Cheng) D. L. Fu ●◇

241976 Magnolia angustioblonga (Y. W. Law et Y. F. Wu) Figlar = Michelia angustioblonga Y. W. Law et Y. F. Wu ●

241977 Magnolia annonifolia Salisb. = Michelia figo (Lour.) Spreng. ●

241978 Magnolia aromatica (Dandy) V. S. Kumar = Manglietia aromatica Dandy ●◇

241979 Magnolia ashei Weath.; 阿什木兰(阿希木兰); Ashe Magnolia, Ashe's Magnolia, Sandhill Magnolia ●☆

241980 Magnolia aulacosperma Rehder et E. H. Wilson = Magnolia biondii Pamp. ●

241981 Magnolia aulacosperma Rehder et E. H. Wilson = Yulania biondii (Pamp.) D. L. Fu ●

241982 Magnolia auricularis Salisb. = Magnolia fraseri Walter ●☆

241983 Magnolia auriculata W. Bartram = Magnolia fraseri Walter ●☆

241984 Magnolia auriculata W. Bartram var. pyramidata (W. Bartram) Nutt. = Magnolia pyramidata Bartram ex Pursh ●☆

241985 Magnolia australis Ashe = Magnolia virginiana L. ●☆

241986 Magnolia australis Ashe var. parva (Ashe) Ashe = Magnolia virginiana L. ●☆

241987 Magnolia axilliflora (T. B. Chao, T. X. Zhang et J. T. Gao) T. B. Chao var. alba T. B. Chao, Y. H. Ren et J. T. Gao; 白腋花玉兰●

241988 Magnolia axilliflora (T. B. Chao, T. X. Zhang et J. T. Gao) T. B. Chao var. multipetala T. B. Chao, Y. H. Ren et J. T. Gao; 多被腋花玉兰●

241989 Magnolia axilliflora (T. B. Chao, T. X. Zhang et J. T. Gao) T. B. Chao = Magnolia biondii Pamp. var. axilliflora T. B. Chao, T. X. Zhang et J. T. Gao ●

241990 Magnolia baillonii Pierre = Paramichelia baillonii (Pierre) Hu ●◇

241991 Magnolia baillonii Pierre var. bailingia Y. K. Sima et H. Jiang; 白领合果含笑; Bailing Magnolia ●

241992 Magnolia baillonii Pierre var. bailingia Y. K. Sima et H. Jiang = Paramichelia baillonii (Pierre) Hu ●◇

241993 Magnolia balansae A. DC. = Michelia balansae (A. DC.) Dandy ●

241994 Magnolia bawangensis Law; 霸王岭木兰●

241995 Magnolia biloba (Rehder et E. H. Wilson) W. C. Cheng = Magnolia officinalis Rehder et E. H. Wilson subsp. biloba (Rehder et E. H. Wilson) W. C. Cheng et Y. W. Law ●

241996 Magnolia biondii Pamp. = Yulania biondii (Pamp.) D. L. Fu ●

241997 Magnolia biondii Pamp. var. axilliflora T. B. Chao, T. X. Zhang et J. T. Gao = Yulania biondii (Pamp.) D. L. Fu ●

241998 Magnolia biondii Pamp. var. axilliflora T. B. Chao, T. X. Zhang et J. T. Gao; 腋花望春玉兰; Axillary Biond's Magnolia ●

241999 Magnolia biondii Pamp. var. flava T. B. Chao, J. T. Gao et Y. H. Ren; 春花望春玉兰; Yellow Biond's Magnolia ●

242000 Magnolia biondii Pamp. var. flava T. B. Chao, T. X. Zhang et J. T. Gao = Yulania biondii (Pamp.) D. L. Fu ●

242001 Magnolia biondii Pamp. var. latipetala T. B. Chao et J. T. Gao; 宽被望春玉兰; Broad-petal Biond's Magnolia ●

242002 Magnolia biondii Pamp. var. latitepala T. B. Chao et J. T. Gao = Yulania biondii (Pamp.) D. L. Fu ●

242003 Magnolia biondii Pamp. var. multialabastra T. B. Chao, J. T. Gao et Y. H. Ren = Yulania biondii (Pamp.) D. L. Fu ●

242004 Magnolia biondii Pamp. var. multialabastra T. B. Chao, J. T. Gao et Y. H. Ren; 猴背子望春玉兰; Many-flowerbuds Biond's Magnolia ●

242005 Magnolia biondii Pamp. var. ovata T. B. Chao et T. X. Zhang; 桃实望春玉兰; Ovate Biond's Magnolia ●

242006 Magnolia biondii Pamp. var. ovata T. B. Chao et T. X. Zhang = Yulania biondii (Pamp.) D. L. Fu ●

242007 Magnolia biondii Pamp. var. parvialabatra T. B. Chao, Y. H. Ren et J. T. Gao; 小蕾望春玉兰; Samll-flowerbuds Biond's Magnolia ●

242008 Magnolia biondii Pamp. var. planities T. B. Chao et Y. C. Qiao; 平枝望春玉兰; Flatbranch Biond's Magnolia ●

242009 Magnolia biondii Pamp. var. planities T. B. Chao et Y. Z. Qiao = Yulania biondii (Pamp.) D. L. Fu ●

242010 Magnolia biondii Pamp. var. purpura T. B. Chao, S. Y. Wang et Y. C. Qiao; 紫色望春玉兰; Purple Biond's Magnolia ●

242011 Magnolia biondii Pamp. var. purpurascens Y. W. Law et Z. Y. Gao; 紫望春玉兰; Purpurascent Biond's Magnolia ●

242012 Magnolia campbellii Hook. f. et Thomson 'Charles Raffill'; 拉菲尔·查尔斯滇藏木兰(查尔斯拉菲尔滇藏木兰)●☆

242013 Magnolia campbellii Hook. f. et Thomson 'Darjeeling'; 大吉岭滇藏木兰●☆

242014 Magnolia campbellii Hook. f. et Thomson 'Kew's Surprise'; 邱园奇葩滇藏木兰●☆

242015 Magnolia campbellii Hook. f. et Thomson = Yulania campbellii (Hook. f. et Thomson) D. L. Fu ●

242016 Magnolia campbellii Hook. f. et Thomson subsp. mollicomata (W. W. Sm.) G. H. Johnstone = Yulania campbellii (Hook. f. et Thomson) D. L. Fu ●

242017 Magnolia campbellii Hook. f. et Thomson var. mollicomata (W. W. Sm.) F. S. Ward = Yulania campbellii (Hook. f. et Thomson) D. L. Fu ●

242018 Magnolia candollii (Blume) H. Keng var. obovata (Korth.) Noot. = Talauma hodgsonii Hook. f. et Thomson ●

242019 Magnolia carpunii M. S. Romanov et A. V. Bobrov = Lirianthe delavayi (Franch.) N. H. Xia et C. Y. Wu ●

242020 Magnolia cathayana D. L. Fu et T. B. Chao = Houpoea officinalis (Rehder et E. H. Wilson) N. H. Xia et C. Y. Wu ●

242021 Magnolia cathcartii (Hook. f. et Thomson) Noot. = Alcimandra cathcarti (Hook. f. et Thomson) Dandy ●◇

242022 Magnolia cavaleriei (Finet et Gagnep.) Figlar = Michelia cavaleriei Finet et Gagnep. ●

242023 Magnolia caveana (Hook. f. et Thomson) D. C. S. Raju et M. P. Nayar = Manglietia caveana Hook. f. et Thomson ●◇

242024 Magnolia champaca (L.) Baill. ex Pierre = Michelia champaca L. ●

242025 Magnolia champaca L. var. pubinervia (Blume) Figlar et Noot. = Michelia champaca L. var. pubinervia (Blume) Miq. ●

242026 Magnolia championii Benth. = Lirianthe championii (Benth.) N. H. Xia et C. Y. Wu ●◇

242027 Magnolia championii Benth. subsp. fistulosa (Finet et Gagnep.) J. Li = Lirianthe fistulosa (Finet et Gagnep.) N. H. Xia et C. Y. Wu ●

242028 Magnolia chapensis (Dandy) Sima = Michelia chapaensis Dandy ●

242029 Magnolia chevalieri (Dandy) V. S. Kumar = Manglietia chevalieri Dandy ●

242030 Magnolia chingii Dandy; 桂南木莲(大叶花,假厚朴,仁昌木莲); Ching Magnolia ●

242031 Magnolia citriodora Steud. = Yulania denudata (Desr.) D. L. Fu ●

242032 Magnolia coco (Lour.) DC. = Lirianthe coco (Lour.) N. H. Xia et C. Y. Wu ●

242033 Magnolia compressa Maxim. = Michelia compressa (Maxim.)

Sarg. ●

242034 Magnolia conifera (Dandy) V. S. Kumar = Manglietia chingii Dandy ●

242035 Magnolia conifera (Dandy) V. S. Kumar var. chingii (Dandy) V. S. Kumar = Manglietia chingii Dandy ●

242036 Magnolia conspicua Salisb. = Magnolia denudata Desr. ex Lam. ●

242037 Magnolia conspicua Salisb. = Yulania denudata (Desr.) D. L. Fu ●

242038 Magnolia conspicua Salisb. var. emarginata Finet et Gagnep. = Magnolia sargentiana Rehder et E. H. Wilson ●

242039 Magnolia conspicua Salisb. var. emarginata Finet et Gagnep. = Yulania sargentiana (Rehder et E. H. Wilson) D. L. Fu ●

242040 Magnolia conspicua Salisb. var. fargesii Finet et Gagnep. = Magnolia biondii Pamp. ●

242041 Magnolia conspicua Salisb. var. fargesii Finet et Gagnep. = Yulania biondii (Pamp.) D. L. Fu ●

242042 Magnolia conspicua Salisb. var. purpurascens Maxim. = Yulania denudata (Desr.) D. L. Fu ●

242043 Magnolia cordata Michx.; 球冠木兰; Yellow Cucumber Tree ●☆

242044 Magnolia cordata Michx. = Magnolia acuminata (L.) L. ●☆

242045 Magnolia coriacea (Hung T. Chang et B. L. Chen) Figlar = Michelia coriacea Hung T. Chang et B. L. Chen ●

242046 Magnolia crassipes (Y. W. Law) V. S. Kumar = Manglietia crassipes Y. W. Law ●◇

242047 Magnolia cyathiformis Rinz ex K. Koch = Yulania denudata (Desr.) D. L. Fu ●

242048 Magnolia cylindrica E. H. Wilson = Yulania cylindrica (E. H. Wilson) D. L. Fu ●◇

242049 Magnolia dandyi Gagnep. = Manglietia dandyi (Gagnep.) Dandy ●◇

242050 Magnolia dawsoniana Rehder et E. H. Wilson = Yulania dawsoniana (Rehder et E. H. Wilson) D. L. Fu ●◇

242051 Magnolia decidua (Q. Y. Zheng) V. S. Kumar = Manglietia decidua Q. Y. Zheng ●◇

242052 Magnolia delavayi Franch. = Lirianthe delavayi (Franch.) N. H. Xia et C. Y. Wu ●

242053 Magnolia denudata Desr. = Magnolia denudata Desr. ex Lam. ●

242054 Magnolia denudata Desr. = Yulania denudata (Desr.) D. L. Fu ●

242055 Magnolia denudata Desr. ex Lam. 'Feihuang'; 飞黄玉兰●☆

242056 Magnolia denudata Desr. ex Lam. = Magnolia heptapeta (Buc'hoz) Dandy ●

242057 Magnolia denudata Desr. ex Lam. = Yulania denudata (Desr.) D. L. Fu ●

242058 Magnolia denudata Desr. ex Lam. var. angustipetala T. B. Chao et Z. S. Chun; 窄被玉兰; Narrow-petal Magnolia ●

242059 Magnolia denudata Desr. ex Lam. var. dilutipurascens Z. W. Xia et Z. Z. Zhao; 淡紫玉兰●

242060 Magnolia denudata Desr. ex Lam. var. emarginata Pamp. = Magnolia sargentiana Rehder et E. H. Wilson ●

242061 Magnolia denudata Desr. ex Lam. var. fargesii Pamp. = Magnolia biondii Pamp. ●

242062 Magnolia denudata Desr. ex Lam. var. purpurascens (Maxim.) Rehder et E. H. Wilson = Magnolia sprengeri Pamp. ●

242063 Magnolia denudata Desr. ex Lam. var. purpurascens Rehder et E. H. Wilson = Magnolia sprengeri Pamp. ●

242064 Magnolia denudata Desr. ex Lam. var. pyramidalis T. B. Chao et Z. X. Chen; 塔形玉兰; Pyramidal Magnolia ●

242065 Magnolia denudata Desr. ex Lam. var. pyriformis T. D. Yang et T. C. Cui; 玉灯玉兰(玉灯木兰)●

242066 Magnolia denudata Desr. var. angustitepala T. B. Chao et Zhi X. Chen = Yulania denudata (Desr.) D. L. Fu ●

242067 Magnolia denudata Desr. var. elongata Rehder et E. H. Wilson = Yulania sprengeri (Pamp.) D. L. Fu ●

242068 Magnolia denudata Desr. var. emarginata (Finet et Gagnep.) Pamp. = Yulania sargentiana (Rehder et E. H. Wilson) D. L. Fu ●

242069 Magnolia denudata Desr. var. fargesii (Finet et Gagnep.) Pamp. = Yulania biondii (Pamp.) D. L. Fu ●

242070 Magnolia denudata Desr. var. purpurascens Rehder et E. H. Wilson = Yulania sprengeri (Pamp.) D. L. Fu ●

242071 Magnolia denudata Desr. var. pyramidalis T. B. Chao et Zhi X. Chen = Yulania denudata (Desr.) D. L. Fu ●

242072 Magnolia denudata Desr. var. pyriformis T. D. Yang et T. C. Cui = Yulania denudata (Desr.) D. L. Fu ●

242073 Magnolia dianica Sima et Figlar = Michelia yunnanensis Franch. ex Finet et Gagnep. ●

242074 Magnolia diva Stapf = Magnolia sprengeri Pamp. ●

242075 Magnolia diva Stapf ex Dandy = Magnolia sprengeri Pamp. ●

242076 Magnolia diva Stapf ex Millais = Yulania sprengeri (Pamp.) D. L. Fu ●

242077 Magnolia doltsopa (Buch.-Ham. ex DC.) Figlar = Michelia doltsopa Buch.-Ham. ex DC. ●

242078 Magnolia dorsopurpurea Makino = Magnolia soulangeana Soul.-Bod. ●

242079 Magnolia duclouxii (Finet et Gagnep.) Hu = Manglietia duclouxii Finet et Gagnep. ●

242080 Magnolia elliptigemmata C. L. Guo et L. L. Huang = Yulania elliptigemmata (C. L. Guo et L. L. Huang) N. H. Xia ●

242081 Magnolia elliptilimba (B. L. Chen et Noot.) Figlar = Michelia sphaerantha C. Y. Wu ex Y. W. Law et Y. F. Wu ●

242082 Magnolia elliptilimba Y. W. Law et Z. Y. Gao; 椭圆叶玉兰(椭蕾玉兰); Elliptic-leaf Magnolia, Elliptic-leaved Magnolia ●

242083 Magnolia elliptilimba Y. W. Law et Z. Y. Gao = Magnolia zenii W. C. Cheng ●◇

242084 Magnolia elliptilimba Y. W. Law et Z. Y. Gao = Yulania zenii (W. C. Cheng) D. L. Fu ●◇

242085 Magnolia elongata (Rehder et E. H. Wilson) Millais = Yulania sprengeri (Pamp.) D. L. Fu ●

242086 Magnolia emarginata (Finet et Gagnep.) W. C. Cheng = Magnolia sargentiana Rehder et E. H. Wilson ●

242087 Magnolia emarginata (Finet et Gagnep.) W. C. Cheng = Yulania sargentiana (Rehder et E. H. Wilson) D. L. Fu ●

242088 Magnolia excelsa Wall. = Michelia doltsopa Buch.-Ham. ex DC. ●

242089 Magnolia excelsa Wall. = Michelia elegans Y. W. Law et Y. F. Wu ●

242090 Magnolia fargesii (Finet et Gagnep.) W. C. Cheng = Magnolia biondii Pamp. ●

242091 Magnolia fargesii (Finet et Gagnep.) W. C. Cheng = Yulania biondii (Pamp.) D. L. Fu ●

242092 Magnolia ferruginea Z. Collins ex Raf. = Magnolia grandiflora L. ●

242093 Magnolia figlarii V. S. Kumar = Manglietia szechuanica Hu ●

242094 Magnolia figo (Lour.) DC. = Michelia figo (Lour.) Spreng. ●

242095 Magnolia figo (Lour.) DC. var. crassipes (Y. W. Law) Figlar et Noot. = Michelia crassipes Y. W. Law ●

242096 Magnolia figo DC.;香蕉木兰;Banana Shrub ●☆

242097 Magnolia fistulosa (Finet et Gagnep.) Dandy = Lirianthe fistulosa (Finet et Gagnep.) N. H. Xia et C. Y. Wu ●

242098 Magnolia fistulosa (Finet et Gagnep.) Dandy = Magnolia paenetalauma Dandy ●

242099 Magnolia flaviflora (Y. W. Law et Y. F. Wu) Figlar = Michelia flaviflora Y. W. Law et Y. F. Wu ●

242100 Magnolia floribunda (Finet et Gagnep.) Figlar = Michelia floribunda Finet et Gagnep. ●

242101 Magnolia foetida (L.) Sarg. = Magnolia grandiflora L. ●

242102 Magnolia fordiana (Oliv.) Hu = Manglietia fordiana (Hemsl.) Oliv. ●

242103 Magnolia fordiana (Oliv.) Hu var. calcarea (X. H. Song) V. S. Kumar = Manglietia calcarea X. H. Song ●◇

242104 Magnolia fordiana (Oliv.) Hu var. forrestii (W. W. Sm. ex Dandy) V. S. Kumar = Manglietia forrestii W. W. Sm. ex Dandy ●

242105 Magnolia fordiana (Oliv.) Hu var. kwangtungensis (Merr.) V. S. Kumar = Manglietia kwangtungensis (Merr.) Dandy ●

242106 Magnolia foveolata (Merr. ex Dandy) Figlar = Michelia foveolata Merr. ex Dandy ●

242107 Magnolia fragrans Raf. = Magnolia virginiana L. ●☆

242108 Magnolia fraseri Salisb. = Magnolia fraseri Walter ●☆

242109 Magnolia fraseri Salisb. var. pyramidata (W. Bartram) Pamp. = Magnolia pyramidata Bartram ex Pursh ●☆

242110 Magnolia fraseri Walter;弗氏木兰(弗拉氏木兰,弗雷泽木兰,福拉瑟木兰);Ear-leafed Magnolia, Fraser Magnolia, Fraser's Magnolia, Mountain Magnolia, Umbrella-tree ●☆

242111 Magnolia fraseri Walter subsp. pyramidata (W. Bartram) E. Murray = Magnolia pyramidata Bartram ex Pursh ●☆

242112 Magnolia frondosa Salisb. = Magnolia tripetala L. ●☆

242113 Magnolia fujianensis (Q. F. Zheng) Figlar = Michelia fujianensis Q. F. Zheng ●◇

242114 Magnolia fujianensis R. Z. Zhou = Lirianthe fujianensis N. H. Xia et C. Y. Wu ●

242115 Magnolia fulva (Hung T. Chang et B. L. Chen) Figlar = Michelia fulva Hung T. Chang et B. L. Chen ●

242116 Magnolia fulva (Hung T. Chang et B. L. Chen) Figlar var. calcicola (C. Y. Wu ex Y. H. Law et Y. F. Wu) Sima et Hong Yu = Michelia fulva Hung T. Chang et B. L. Chen ●

242117 Magnolia funiushanensis T. B. Chao, J. T. Gao et Y. H. Ren;伏牛玉兰;Funiushan Magnolia ●

242118 Magnolia funiushanensis T. B. Chao, J. T. Gao et Y. H. Ren = Yulania biondii (Pamp.) D. L. Fu ●

242119 Magnolia funiushanensis T. B. Chao, J. T. Gao et Y. H. Ren var. purpurea T. B. Chao et J. T. Gao = Yulania biondii (Pamp.) D. L. Fu ●

242120 Magnolia funiushanensis T. B. Chao, J. T. Gao et Y. H. Ren var. purpurea T. B. Chao et J. T. Gao;紫金伏牛玉兰;Purple Funiushan Magnolia ●

242121 Magnolia fuscata Andréws = Michelia figo (Lour.) Spreng. ●

242122 Magnolia fuscata Andréws var. annonifolia (Salisb.) DC. = Michelia figo (Lour.) Spreng. ●

242123 Magnolia fuscata Andréws var. hebeclada DC. = Michelia figo (Lour.) Spreng. ●

242124 Magnolia fuscata Andréws var. parviflora (Blume) Steud. = Michelia figo (Lour.) Spreng. ●

242125 Magnolia garrettii (Craib) V. S. Kumar = Manglietia garrettii Craib ●

242126 Magnolia glauca (L.) L. = Magnolia virginiana L. ●☆

242127 Magnolia glauca (L.) L. var. pumila Nutt. = Magnolia virginiana L. ●☆

242128 Magnolia glauca L. = Magnolia virginiana L. ●☆

242129 Magnolia glauca Thunb. = Houpoea obovata (Thunb.) N. H. Xia et C. Y. Wu ●

242130 Magnolia glaucophylla Sima et Hong Yu = Michelia fulva Hung T. Chang et B. L. Chen ●

242131 Magnolia globosa Hook. f. et Thomson subsp. wilsonii (Finet et Gagnep.) J. Li = Oyama wilsonii (Finet et Gagnep.) N. H. Xia et C. Y. Wu ●

242132 Magnolia globosa Hook. f. et Thomson var. sinensis Rehder et E. H. Wilson = Oyama sinensis (Rehder et E. H. Wilson) N. H. Xia et C. Y. Wu ●◇

242133 Magnolia globosa Hook. f. et Thomson var. sinensis Rehder et E. H. Wilson = Magnolia sinensis (Rehder et E. H. Wilson) Stapf ●◇

242134 Magnolia globosa Rehder et E. H. Wilson = Oyama globosa (Hook. f. et Thomson) N. H. Xia et C. Y. Wu ●

242135 Magnolia grandiflora L.;荷花木兰(大花木兰,广玉兰,荷花玉兰,泰山木兰,洋玉兰);Big Laurel, Bull Bay, Evergreen Magnolia, Great Laurel Magnolia, Large Magnolia, Laucel Magnolia, Laucel-leaved Magnolia, Laurel Magnolia, Laurier Tulipier, Little Gem Magnolia, Loblolly, Loblolly Magnolia, Lotus Magnolia, Southern Magnolia ●

242136 Magnolia grandiflora L.'Bull';公牛广玉兰;Bull Bay ●☆

242137 Magnolia grandiflora L.'Exmouth';艾斯莫斯广玉兰(埃城荷花玉兰)●☆

242138 Magnolia grandiflora L.'Ferruginea';锈色广玉兰(锈色荷花玉兰)●☆

242139 Magnolia grandiflora L.'Goliath';巨人广玉兰●☆

242140 Magnolia grandiflora L.'Little Gem';小宝石广玉兰●☆

242141 Magnolia grandiflora L.'Victoria';矮生广玉兰;Dwarf Southern Magnolia ●☆

242142 Magnolia grandis (Hu et W. C. Cheng) V. S. Kumar = Manglietia grandis Hu et W. C. Cheng ●◇

242143 Magnolia guangxiensis (Y. W. Law et R. Z. Zhou) Sima = Michelia guangxiensis Y. W. Law et R. Z. Zhou ●

242144 Magnolia hebecarpa (C. Y. Wu et Y. W. Law) V. S. Kumar = Manglietia ventii N. V. Tiep ●

242145 Magnolia henryi Dunn = Lirianthe henryi (Dunn) N. H. Xia et C. Y. Wu ●◇

242146 Magnolia heptapeta (Buc'hoz) Dandy = Magnolia denudata Desr. ex Lam. ●

242147 Magnolia heptapeta (Buc'hoz) Dandy = Yulania denudata (Desr.) D. L. Fu ●

242148 Magnolia heptapeta (Buc'hoz) Dandy f. purpurascens (Maxim.) H. Ohba = Magnolia denudata Desr. ex Lam. var. purpurascens (Maxim.) Rehder et E. H. Wilson ●☆

242149 Magnolia hodgsonii (Hook. f. et Thomson) H. Keng = Talauma hodgsonii Hook. f. et Thomson ●

242150 Magnolia hongheensis (Y. M. Shui et W. H. Chen) V. S. Kumar = Manglietia hongheensis Y. M. Shui et W. H. Chen ●

242151 Magnolia honogi P. Parm. = Houpoea obovata (Thunb.) N. H. Xia et C. Y. Wu ●

242152 Magnolia hononensis B. C. Ding et T. B. Chao;河南玉兰;Henan Magnolia ●

242153 Magnolia hookeri (Cubitt et W. W. Sm.) D. C. S. Raju et M. P. Nayar = Manglietia hookeri Cubitt et W. W. Sm. ●

242154 Magnolia hoonokii Siebold = Houpoea obovata (Thunb.) N. H. Xia et C. Y. Wu ●

242155 Magnolia hypolampra (Dandy) Figlar = Michelia gioi (A. Chev.) Sima et Hong Yu ●◇

242156 Magnolia hypoleuca Siebold et Zucc. = Houpoea obovata (Thunb.) N. H. Xia et C. Y. Wu ●

242157 Magnolia hypoleuca Siebold et Zucc. = Magnolia officinalis Rehder et E. H. Wilson ●

242158 Magnolia hypoleuca Siebold et Zucc. var. concolor Siebold et Zucc. = Houpoea obovata (Thunb.) N. H. Xia et C. Y. Wu ●

242159 Magnolia ingrata (B. L. Chen et S. C. Yang) Figlar = Michelia fulva Hung T. Chang et B. L. Chen ●

242160 Magnolia insignis Wall. = Manglietia insignis (Wall.) Blume ●◇

242161 Magnolia insignis Wall. = Parakmeria yunnanensis Hu ●◇

242162 Magnolia insignis Wall. var. angustifolia (Hook. f. et Thomson) H. J. Chowdhery et P. Daniel = Parakmeria yunnanensis Hu ●◇

242163 Magnolia insignis Wall. var. latifolia (Hook. f. et Thomson) H. J. Chowdhery et P. Daniel = Parakmeria yunnanensis Hu ●◇

242164 Magnolia insignis Wall. var. latifolia Hook. f. et Thomson = Parakmeria yunnanensis Hu ●◇

242165 Magnolia jiangxiensis (Hung T. Chang et B. L. Chen) Figlar = Michelia chapaensis Dandy ●

242166 Magnolia jigongshanensis T. B. Chao et al. = Yulania jigongshanensis (T. B. Chao et al.) D. L. Fu ●

242167 Magnolia kachirachirai (Kaneh. et Yamam.) Dandy = Parakmeria kachirachirai (Kaneh. et Yamam.) Y. W. Law ●

242168 Magnolia kisopa (Buch.-Ham. ex DC.) Figlar = Michelia kisopa Buch.-Ham. ex DC. ●◇

242169 Magnolia kobus DC.;日本辛夷(日本木兰,生庭,辛夷,辛夷木兰,皱叶木兰);Japanese Magnolia, Kobus Magnolia, Wrinkleleaf Magnolia ●

242170 Magnolia kobus DC. = Magnolia praecocossima Koidz. ●

242171 Magnolia kobus DC. var. borealis Sarg.;虾夷辛夷;North Japanese Magnolia ●☆

242172 Magnolia kobus DC. var. stellata (Siebold et Zucc.) Blackburn;星状日本辛夷●☆

242173 Magnolia kwangsiensis Figlar et Noot. = Woonyoungia septeatrionalia (Dandy) Y. W. Law ●

242174 Magnolia kwangtungensis Merr. = Manglietia kwangtungensis (Merr.) Dandy ●

242175 Magnolia lacei (W. W. Sm.) Figlar = Michelia lacei W. W. Sm. ●◇

242176 Magnolia lacunosa Raf. = Magnolia grandiflora L. ●

242177 Magnolia laevifolia (Y. W. Law et Y. F. Wu) Noot. = Michelia yunnanensis Franch. ex Finet et Gagnep. ●

242178 Magnolia lanuginosa (Wall.) Figlar et Noot. = Michelia velutina DC. ●

242179 Magnolia leveilleana (Dandy) Figlar = Michelia leveilleana Dandy ●

242180 Magnolia liliifera (L.) Baill. var. obovata (Korth.) Govaerts = Talauma hodgsonii Hook. f. et Thomson ●

242181 Magnolia liliifera Baill. var. championii (Benth.) Pamp. = Lirianthe championii (Benth.) N. H. Xia et C. Y. Wu ●◇

242182 Magnolia liliifera Baill. var. taliensis (W. W. Sm.) Pamp. = Oyama wilsonii (Finet et Gagnep.) N. H. Xia et C. Y. Wu ●

242183 Magnolia liliiflora Desr. 'Hongyuanbao';红元宝玉兰●☆

242184 Magnolia liliiflora Desr. 'Nigra';黑紫紫玉兰●☆

242185 Magnolia liliiflora Desr. = Magnolia quinquepeta (Buc' hoz) Dandy ●

242186 Magnolia liliiflora Desr. = Yulania liliiflora (Desr.) D. L. Fu ●

242187 Magnolia liliiflora Desr. var. taliensis (W. W. Sm.) Pamp. = Magnolia wilsonii (Finet et Gagnep.) Rehder ●

242188 Magnolia lilliflora Desr. var. championii Pamp. = Magnolia championii Benth. ●◇

242189 Magnolia longipedunculata (Q. W. Zeng et Y. W. Law) V. S. Kumar = Manglietia longipedunculata Q. W. Zeng et Y. W. Law ●

242190 Magnolia lotungensis Chun et C. H. Tsoong = Parakmeria lotungensis (Chun et C. H. Tsoong) Y. W. Law ●

242191 Magnolia lucida (B. L. Chen et S. C. Yang) V. S. Kumar = Manglietia lucida B. L. Chen et S. C. Yang ●

242192 Magnolia macclurei (Dandy) Figlar = Michelia macclurei Dandy ●

242193 Magnolia macrophylla Michx.;大叶木兰(大叶厚朴,美国大叶木兰,美洲木兰);Bigleaf Magnolia, Big-leaf Magnolia, Large-leaved Cucumber Tree, Largeleaved Cucumber-tree, Silverleaf Magnolia, Umbrella Tree, Umbrella-tree ●☆

242194 Magnolia macrophylla Michx. subsp. ashei (Weath.) Spongberg;艾氏大叶木兰●☆

242195 Magnolia macrophylla Michx. subsp. ashei (Weath.) Spongberg = Magnolia ashei Weath. ●☆

242196 Magnolia macrophylla Michx. var. ashei (Weath.) D. L. Johnson = Magnolia ashei Weath. ●☆

242197 Magnolia macrophylla Michx. var. pyramidata Nutt. = Magnolia pyramidata Bartram ex Pursh ●☆

242198 Magnolia maguanica Hung T. Chang et B. L. Chen = Parakmeria yunnanensis Hu ●◇

242199 Magnolia manipurensis Watt ex Brandis = Michelia doltsopa Buch.-Ham. ex DC. ●

242200 Magnolia martinii H. Lév. = Michelia martinii (H. Lév.) Dandy ●

242201 Magnolia masticata (Dandy) Figlar = Michelia masticata Dandy ●

242202 Magnolia maudiae (Dunn) Figlar = Michelia maudiae Dunn ●

242203 Magnolia maudiae (Dunn) Figlar var. hunanensis (C. L. Peng et L. H. Yan) Sima = Michelia cavaleriei Finet et Gagnep. ●

242204 Magnolia maudiae (Dunn) Figlar var. platypetala (Hand.-Mazz.) Sima = Michelia cavaleriei Finet et Gagnep. var. platypetala (Hand.-Mazz.) N. H. Xia ●

242205 Magnolia mediocris (Dandy) Figlar = Michelia mediocris Dandy ●

242206 Magnolia megaphylla (Hu et W. C. Cheng) V. S. Kumar = Manglietia dandyi (Gagnep.) Dandy ●◇

242207 Magnolia membranacea P. Parm. = Michelia champaca L. ●

242208 Magnolia michauxiana DC. = Magnolia macrophylla Michx. ●☆

242209 Magnolia microcarpa (B. L. Chen et S. C. Yang) Sima = Michelia chapaensis Dandy ●

242210 Magnolia microtricha (Hand.-Mazz.) Figlar = Michelia floribunda Finet et Gagnep. ●

242211 Magnolia mollicomata W. W. Sm. = Magnolia camphellii Hook. f. et Thomson ●

242212 Magnolia mollicomata W. W. Sm. = Yulania campbellii (Hook. f. et Thomson) D. L. Fu ●

242213 Magnolia moto (Dandy) V. S. Kumar = Manglietia kwangtungensis (Merr.) Dandy ●

242214 Magnolia multiflora M. C. Wang et C. L. Min = Yulania multiflora (M. C. Wang et C. L. Min) D. L. Fu ●

242215 Magnolia mulunica Y. W. Law et Q. W. Zeng;木论木兰;Mulun Magnolia ●

242216 Magnolia mulunica Y. W. Law et Q. W. Zeng = Lirianthe championii (Benth.) N. H. Xia et C. Y. Wu ●◇

242217 Magnolia mutabilis Regel;变色木兰(变色玉兰);Changed Magnolia ●☆

242218 Magnolia nicholsoniana Rehder et E. H. Wilson = Magnolia wilsonii (Finet et Gagnep.) Rehder ●

242219 Magnolia nicholsoniana Rehder et E. H. Wilson = Oyama wilsonii (Finet et Gagnep.) N. H. Xia et C. Y. Wu ●

242220 Magnolia nitida W. W. Sm.;亮叶木兰;Glossy Magnolia ●☆

242221 Magnolia nitida W. W. Sm. = Parakmeria nitida (W. W. Sm.) Y. W. Law ●

242222 Magnolia nitida W. W. Sm. var. lotungensis (Chun et C. H. Tsoong) B. L. Chen et Noot. = Parakmeria lotungensis (Chun et C. H. Tsoong) Y. W. Law ●

242223 Magnolia nitida W. W. Sm. var. robusta B. L. Chen et Noot. = Parakmeria nitida (W. W. Sm.) Y. W. Law ●

242224 Magnolia obovalifolia (C. Y. Wu et Y. W. Law) V. S. Kumar = Manglietia obovalifolia C. Y. Wu et Y. W. Law ●

242225 Magnolia obovata Thunb. = Houpoea obovata (Thunb.) N. H. Xia et C. Y. Wu ●

242226 Magnolia obovata Thunb. = Magnolia hypoleuca Siebold et Zucc. ●

242227 Magnolia obovata Thunb. var. denudata (Desr.) DC. = Magnolia denudata Desr. ex Lam. ●

242228 Magnolia obovata Thunb. var. denudata (Desr.) DC. = Yulania denudata (Desr.) D. L. Fu ●

242229 Magnolia obovata Thunb. var. liliflora (Desr.) DC. = Magnolia liliiflora Desr. ●

242230 Magnolia odora (Chun) Figlar et Noot. = Tsoongiodendron odorum Chun ●

242231 Magnolia odoratissima Y. W. Law et R. Z. Zhou = Lirianthe odoratissima (Y. W. Law et R. Z. Zhou) N. H. Xia et C. Y. Wu ●◇

242232 Magnolia officinalis Rehder et E. H. Wilson = Houpoea officinalis (Rehder et E. H. Wilson) N. H. Xia et C. Y. Wu ●

242233 Magnolia officinalis Rehder et E. H. Wilson subsp. biloba (Rehder et E. H. Wilson) Y. W. Law = Houpoea officinalis (Rehder et E. H. Wilson) N. H. Xia et C. Y. Wu ●

242234 Magnolia officinalis Rehder et E. H. Wilson subsp. biloba (Rehder et E. H. Wilson) W. C. Cheng et Y. W. Law;凹叶厚朴(百合,赤朴,川朴,调羹花,厚皮,厚朴,厚朴花,厚实,烈朴,庐山厚朴,温朴,重皮,紫油厚朴);Concaveleaf Magnolia, Twolobed Officinal Magnolia ●

242235 Magnolia officinalis Rehder et E. H. Wilson var. biloba Rehder et E. H. Wilson = Houpoea officinalis (Rehder et E. H. Wilson) N. H. Xia et C. Y. Wu ●

242236 Magnolia officinalis Rehder et E. H. Wilson var. biloba Rehder et E. H. Wilson = Magnolia officinalis Rehder et E. H. Wilson subsp. biloba (Rehder et E. H. Wilson) W. C. Cheng et Y. W. Law ●

242237 Magnolia officinalis Rehder et E. H. Wilson var. glabra D. L. Fu et al. = Houpoea officinalis (Rehder et E. H. Wilson) N. H. Xia et C. Y. Wu ●

242238 Magnolia officinalis Rehder et E. H. Wilson var. pubescens C. Y. Deng;毛芽木兰●

242239 Magnolia officinalis Rehder et E. H. Wilson var. pubescens C. Y. Deng = Houpoea officinalis (Rehder et E. H. Wilson) N. H. Xia et C. Y. Wu ●

242240 Magnolia omeiensis (W. C. Cheng) Dandy = Parakmeria omeiensis W. C. Cheng ●◇

242241 Magnolia opipara (Hung T. Chang et B. L. Chen) Sima = Michelia opipara Hung T. Chang et B. L. Chen ●

242242 Magnolia ovoidea (Hung T. Chang et B. L. Chen) V. S. Kumar = Manglietia ovoidea Hung T. Chang et B. L. Chen ●

242243 Magnolia oyama Mill. = Oyama sieboldii (K. Koch) N. H. Xia et C. Y. Wu ●

242244 Magnolia paenetalauma Dandy;长叶木兰(长叶玉兰,含笑花木,水铁罗木);Longleaf Magnolia, Long-leaved Magnolia ●

242245 Magnolia paenetalauma Dandy = Lirianthe championii (Benth.) N. H. Xia et C. Y. Wu ●◇

242246 Magnolia parviflora Blume = Michelia figo (Lour.) Spreng. ●

242247 Magnolia parviflora Blume var. wilsonii Finet et Gagnep. = Oyama wilsonii (Finet et Gagnep.) N. H. Xia et C. Y. Wu ●

242248 Magnolia parviflora Siebold et Zucc. = Magnolia sieboldii K. Koch ●

242249 Magnolia parviflora Siebold et Zucc. = Oyama sieboldii (K. Koch) N. H. Xia et C. Y. Wu ●

242250 Magnolia parviflora Siebold et Zucc. var. wilsonii Finet et Gagnep. = Magnolia wilsonii (Finet et Gagnep.) Rehder ●

242251 Magnolia parvifolia DC. = Michelia figo (Lour.) Spreng. ●

242252 Magnolia phanerophlebia B. L. Chen = Lirianthe fistulosa (Finet et Gagnep.) N. H. Xia et C. Y. Wu ●

242253 Magnolia phellocarpa (King) H. J. Chowdhery et P. Daniel = Paramichelia baillonii (Pierre) Hu ●◇

242254 Magnolia pilocarpa Z. Z. Zhao et Z. W. Xie = Yulania pilocarpa (Z. Z. Zhao et Z. W. Xie) D. L. Fu ●

242255 Magnolia plena C. L. Peng et L. H. Yan = Yulania liliiflora (Desr.) D. L. Fu ●

242256 Magnolia polytepala Y. W. Law et al. = Yulania liliiflora (Desr.) D. L. Fu ●

242257 Magnolia praecocissima Koidz. var. borealis (Sarg.) Koidz. = Magnolia kobus DC. var. borealis Sarg. ●☆

242258 Magnolia praecocossima Koidz. = Magnolia kobus DC. ●

242259 Magnolia precia Corrêa ex Vent. = Magnolia denudata Desr. ex Lam. ●

242260 Magnolia pseudokobus C. Abe et Akasawa;假日本辛夷●☆

242261 Magnolia pterocarpa Roxb.;翅果木兰●☆

242262 Magnolia pumila Andréws = Lirianthe coco (Lour.) N. H. Xia et C. Y. Wu ●

242263 Magnolia pumila Andréws = Magnolia coco (Lour.) DC. ●

242264 Magnolia pumila Andréws var. championii (Benth.) Finet et Gagnep. = Lirianthe championii (Benth.) N. H. Xia et C. Y. Wu ●◇

242265 Magnolia pumila Andréws var. championii Finet et Gagnep. = Magnolia championii Benth. ●◇

242266 Magnolia purpurea Curtis = Magnolia liliiflora Desr. ●

242267 Magnolia pyramidata Bartram ex Pursh;塔形木兰;Mountain Magnolia, Pyramid Magnolia, Southern Cucumbertree ●☆

242268 Magnolia pyramidata W. Bartram = Magnolia pyramidata Bartram ex Pursh ●☆

242269 Magnolia quinquepeta (Buc'hoz) Dandy = Magnolia liliiflora Desr. ●

242270 Magnolia quinquepeta (Buc'hoz) Dandy = Yulania liliiflora (Desr.) D. L. Fu ●
242271 Magnolia rostrata W. W. Sm. = Houpoea rostrata (W. W. Sm.) N. H. Xia et C. Y. Wu ●◇
242272 Magnolia rufibarbata (Dandy) V. S. Kumar = Manglietia rufibarbata Dandy ●◇
242273 Magnolia rufisyncarpa Y. W. Law et al. = Parakmeria yunnanensis Hu ●◇
242274 Magnolia salicifolia (Siebold et Zucc.) Maxim.;柳叶玉兰(柳叶木兰,日本毛木兰);Anise, Willow-leaf Magnolia, Willow-leaved Magnolia ●☆
242275 Magnolia salicifolia Maxim. = Magnolia salicifolia (Siebold et Zucc.) Maxim. ●☆
242276 Magnolia sargentiana Rehder et E. H. Wilson = Yulania sargentiana (Rehder et E. H. Wilson) D. L. Fu ●
242277 Magnolia sargentiana Rehder et E. H. Wilson var. robusta Rehder et E. H. Wilson = Magnolia sargentiana Rehder et E. H. Wilson ●
242278 Magnolia sargentiana Rehder et E. H. Wilson var. robusta Rehder et E. H. Wilson = Yulania sargentiana (Rehder et E. H. Wilson) D. L. Fu ●
242279 Magnolia shangpaensis Hu;福贡玉兰(福贡木兰,上帕玉兰);Fugong Magnolia ●
242280 Magnolia shangpaensis Hu = Parakmeria yunnanensis Hu ●◇
242281 Magnolia shangsiensis Y. W. Law et al. = Lirianthe championii (Benth.) N. H. Xia et C. Y. Wu ●◇
242282 Magnolia sharpii Miranda;窄冠木兰●☆
242283 Magnolia shiluensis (Chun et Y. F. Wu) Figlar = Michelia shiluensis Chun et Y. F. Wu ●
242284 Magnolia sieboldii K. Koch = Oyama sieboldii (K. Koch) N. H. Xia et C. Y. Wu ●
242285 Magnolia sieboldii K. Koch subsp. japonica K. Ueda;日本天女木兰●☆
242286 Magnolia sieboldii K. Koch subsp. sinensis (Rehder et E. H. Wilson) Spongberg = Oyama sinensis (Rehder et E. H. Wilson) N. H. Xia et C. Y. Wu ●◇
242287 Magnolia sieboldii K. Koch subsp. sinensis (Rehder et E. H. Wilson) Spongberg = Magnolia sinensis (Rehder et E. H. Wilson) Stapf ●◇
242288 Magnolia sinensis (Rehder et E. H. Wilson) Stapf = Oyama sinensis (Rehder et E. H. Wilson) N. H. Xia et C. Y. Wu ●◇
242289 Magnolia sinensis (Rehder et E. H. Wilson) Stapf var. petrosa Y. W. Law et M. J. Chia;棱子皮●
242290 Magnolia sinica (Y. W. Law) Noot. = Manglietiastrum sinicum Y. W. Law ●◇
242291 Magnolia sinostellata P. L. Chiu et Z. H. Chen;景宁木兰(华星花木兰,新星木兰);Jingning Magnolia ●
242292 Magnolia sinostellata P. L. Chiu et Z. H. Chen = Yulania stellata (Maxim.) N. H. Xia ●
242293 Magnolia soulangeana Soul. -Bod. 'Alba Superba';白顶二乔玉兰●☆
242294 Magnolia soulangeana Soul. -Bod. 'Alba' = Magnolia soulangeana Soul. -Bod. 'Alba Superba' ●☆
242295 Magnolia soulangeana Soul. -Bod. 'Alexandrina';亚历山大二乔玉兰●☆
242296 Magnolia soulangeana Soul. -Bod. 'Bruzzonii';布鲁祖尼二乔玉兰(布罗宗二乔玉兰)●☆
242297 Magnolia soulangeana Soul. -Bod. 'Burgundy';暗红二乔玉兰●☆
242298 Magnolia soulangeana Soul. -Bod. 'Changchun';常春二乔●
242299 Magnolia soulangeana Soul. -Bod. 'Danxin';丹馨二乔●
242300 Magnolia soulangeana Soul. -Bod. 'Etienne Soulange-Bodin';紫白二乔玉兰●☆
242301 Magnolia soulangeana Soul. -Bod. 'Hongxia';红霞二乔●
242302 Magnolia soulangeana Soul. -Bod. 'Hongyun';红运二乔●
242303 Magnolia soulangeana Soul. -Bod. 'Lennei Alba';拉内白二乔玉兰●☆
242304 Magnolia soulangeana Soul. -Bod. 'Lennei';拉内二乔玉兰(伦纳河二乔玉兰)●☆
242305 Magnolia soulangeana Soul. -Bod. 'Meili';美丽二乔●
242306 Magnolia soulangeana Soul. -Bod. 'Picture';美花二乔玉兰●☆
242307 Magnolia soulangeana Soul. -Bod. 'Platypetala';阔瓣二乔●
242308 Magnolia soulangeana Soul. -Bod. 'Rustica Rubra';鲁斯提卡·卢布拉二乔玉兰(紫红二乔玉兰)●☆
242309 Magnolia soulangeana Soul. -Bod. 'Verbanica';马鞭草二乔玉兰●☆
242310 Magnolia soulangeana Soul. -Bod. 'Zixia';紫霞二乔●
242311 Magnolia soulangeana Soul. -Bod. = Yulania × soulangeana (Soul. -Bod.) D. L. Fu ●
242312 Magnolia sphaerantha (C. Y. Wu ex Z. S. Yue) Sima = Michelia sphaerantha C. Y. Wu ex Y. W. Law et Y. F. Wu ●
242313 Magnolia splendens Urb.;波多黎各玉兰;Laurel Sabino ●☆
242314 Magnolia sprengeri Pamp. 'Diva' = Magnolia sprengeri Pamp. var. diva Stapf ●☆
242315 Magnolia sprengeri Pamp. 'Wakehurst';卫克哈斯特武当玉兰●☆
242316 Magnolia sprengeri Pamp. = Yulania sprengeri (Pamp.) D. L. Fu ●
242317 Magnolia sprengeri Pamp. var. diva Stapf;迪瓦武当木兰●☆
242318 Magnolia sprengeri Pamp. var. diva Stapf = Magnolia sprengeri Pamp. ●
242319 Magnolia sprengeri Pamp. var. diva Stapf = Yulania sprengeri (Pamp.) D. L. Fu ●
242320 Magnolia sprengeri Pamp. var. elongata (Rehder et E. H. Wilson) Stapf;白花湖北玉兰●
242321 Magnolia sprengeri Pamp. var. elongata (Rehder et E. H. Wilson) Stapf = Yulania sprengeri (Pamp.) D. L. Fu ●
242322 Magnolia stellata (Siebold et Zucc.) Maxim. = Magnolia tomentosa Thunb. ●
242323 Magnolia stellata Maxim. = Yulania stellata (Maxim.) N. H. Xia ●
242324 Magnolia suaveolens ?;智利木兰;Chilean Jasmine ●☆
242325 Magnolia talaumoides Dandy = Lirianthe fistulosa (Finet et Gagnep.) N. H. Xia et C. Y. Wu ●
242326 Magnolia taliensis W. W. Sm. = Magnolia wilsonii (Finet et Gagnep.) Rehder ●
242327 Magnolia taliensis W. W. Sm. = Oyama wilsonii (Finet et Gagnep.) N. H. Xia et C. Y. Wu ●
242328 Magnolia tenuicarpella Hung T. Chang = Lirianthe championii (Benth.) N. H. Xia et C. Y. Wu ●◇
242329 Magnolia tenuicarpella Hung T. Chang = Magnolia paenetalauma Dandy ●
242330 Magnolia tibetica V. S. Kumar = Manglietia caveana Hook. f. et Thomson ●◇
242331 Magnolia tomentosa Thunb.;星花木兰(日本毛木兰,日本玉兰,星花玉兰,星玉兰);Star Magnolia, Star-flowered Magnolia,

Starry Magnolia, Tomentose Magnolia ●
242332 Magnolia tomentosa Thunb. = Edgeworthia chrysantha Lindl. ●
242333 Magnolia tripetala L.;三瓣玉兰(三瓣木兰,窄瓣木兰);Cucumber Tree, Elkwood, Japanese Magnolia, Umbrella Magnolia, Umbrella Tree, Umbrella-tree ●☆
242334 Magnolia tsarongensis W. W. Sm. = Oyama globosa (Hook. f. et Thomson) N. H. Xia et C. Y. Wu ●
242335 Magnolia tsarongensis W. W. Sm. et Forrest = Magnolia globosa Hook. f. et Thomson ●
242336 Magnolia umbrella Desr. = Magnolia tripetala L. ●☆
242337 Magnolia umbrella Desr. var. tripetala (L.) P. Parm. = Magnolia tripetala L. ●☆
242338 Magnolia velutina (DC.) Figlar = Michelia velutina DC. ●
242339 Magnolia ventii (N. V. Tiep) V. S. Kumar = Manglietia ventii N. V. Tiep ●
242340 Magnolia verecunda Koidz. = Oyama sieboldii (K. Koch) N. H. Xia et C. Y. Wu ●
242341 Magnolia virginiana L.;沼地玉兰(弗吉尼亚木兰,灰玉兰,维州木兰,沼生木兰);Beaver Tree, Castor Wood, Elk-bark, Laurel Magnolia, Magnolia Laurel, Southern Sweet Bay, Swamp Bay, Swamp Laurel, Swamp Magnolia, Swamp Sassafras, Swampbay, Swamp-bay, Sweet Bay, Sweet Bay Magnolia, Sweet Magnolia, Sweetbay, Sweetbay Magnolia, White Bay ●☆
242342 Magnolia virginiana L. subsp. australis (Sarg.) A. E. Murray;澳洲木兰●☆
242343 Magnolia virginiana L. subsp. australis (Sarg.) A. E. Murray = Magnolia virginiana L. ●☆
242344 Magnolia virginiana L. var. acuminata L. = Magnolia acuminata (L.) L. ●☆
242345 Magnolia virginiana L. var. australis Sarg. = Magnolia virginiana L. ●☆
242346 Magnolia virginiana L. var. foetida L. = Magnolia grandiflora L. ●
242347 Magnolia virginiana L. var. glauca L. = Magnolia virginiana L. ●☆
242348 Magnolia virginiana L. var. grisea L. = Magnolia virginiana L. ●☆
242349 Magnolia virginiana L. var. parva Ashe = Magnolia virginiana L. ●☆
242350 Magnolia virginiana L. var. tripetala L. = Magnolia tripetala L. ●☆
242351 Magnolia watsonii Hook. f. = Magnolia wieseneri Carrière ●☆
242352 Magnolia wieseneri Carrière;沃森木兰(玉水);Watson's Magnolia ●☆
242353 Magnolia wilsonii (Finet et Gagnep.) Rehder = Oyama wilsonii (Finet et Gagnep.) N. H. Xia et C. Y. Wu ●
242354 Magnolia wilsonii (Finet et Gagnep.) Rehder f. nicholsoniana (Rehder et E. H. Wilson) Rehder = Oyama wilsonii (Finet et Gagnep.) N. H. Xia et C. Y. Wu ●
242355 Magnolia wilsonii (Finet et Gagnep.) Rehder f. nicholsoniana (Rehder et E. H. Wilson) Rehder = Magnolia wilsonii (Finet et Gagnep.) Rehder ●
242356 Magnolia wilsonii (Finet et Gagnep.) Rehder f. taliensis (W. W. Sm.) Rehder = Oyama wilsonii (Finet et Gagnep.) N. H. Xia et C. Y. Wu ●
242357 Magnolia wilsonii (Finet et Gagnep.) Rehder var. petrosa Y. W. Law et M. J. Chia;枝子皮(龙女花);Rocky E. H. Wilson Magnolia ●
242358 Magnolia wilsonii (Finet et Gagnep.) Rehder var. taliensis (W. W. Sm.) Rehder = Magnolia wilsonii (Finet et Gagnep.) Rehder ●
242359 Magnolia wufengensis L. Y. Ma et L. R. Wang = Yulania sprengeri (Pamp.) D. L. Fu ●
242360 Magnolia wufengensis L. Y. Ma et L. R. Wang var. multitepala L. Y. Ma et L. R. Wang = Yulania sprengeri (Pamp.) D. L. Fu ●
242361 Magnolia wugangensis T. B. Chao, W. B. Sun et Zhi X. Chen;舞钢玉兰;Wugang Magnolia ●
242362 Magnolia xanthantha (C. Y. Wu ex Y. W. Law et Y. F. Wu) Figlar = Michelia xanthantha C. Y. Wu ex Y. W. Law et Y. F. Wu ●
242363 Magnolia yulan Desf. = Magnolia denudata Desr. ex Lam. ●
242364 Magnolia yulan Desf. = Yulania denudata (Desr.) D. L. Fu ●
242365 Magnolia yulan Desf. var. soulangeana (Soul. -Bod.) Lindl. = Yulania × soulangeana (Soul. -Bod.) D. L. Fu ●
242366 Magnolia yunnanensis (Hu) Noot. = Parakmeria yunnanensis Hu ●◇
242367 Magnolia yunnanensis Hu = Parakmeria yunnanensis Hu ●◇
242368 Magnolia yuyuanensis (Y. W. Law) V. S. Kumar = Manglietia fordiana (Hemsl.) Oliv. ●
242369 Magnolia zenii W. C. Cheng = Yulania zenii (W. C. Cheng) D. L. Fu ●◇
242370 Magnoliaceae Juss. (1789)(保留科名);木兰科;Magnolia Family ●
242371 Magnusia Klotzsch = Begonia L. ●■
242372 Magodendron Vink(1957);新几内亚山榄属●☆
242373 Magodendron venefici (C. T. White et W. D. Francis) Vink;新几内亚山榄●☆
242374 Magonaea G. Don = Magonia A. St. -Hil. ●☆
242375 Magonia A. St. -Hil. (1824);马贡无患子属●☆
242376 Magonia Vell. = Ruprechtia C. A. Mey. ●☆
242377 Magonia glabrata A. St. -Hil.;马贡无患子●☆
242378 Magostan Adans. = Garcinia L. ●
242379 Maguirea A. D. Hawkes = Dieffenbachia Schott ●■
242380 Maguireanthus Wurdack(1964);马圭尔野牡丹属☆
242381 Maguireanthus ayangannae Wurdack;马圭尔野牡丹☆
242382 Maguireocharis Steyerm. (1972);瓜亚纳茜属☆
242383 Maguireocharis neblinae Steyerm.;瓜亚纳茜☆
242384 Maguireothamnus Steyerm. (1964);马圭尔茜属●☆
242385 Maguireothamnus jauaensis (Steyerm.) Steyerm.;马圭尔茜●☆
242386 Magydaris W. D. J. Koch = Magydaris W. D. J. Koch ex DC. ■☆
242387 Magydaris W. D. J. Koch ex DC. (1829);马吉草属■☆
242388 Magydaris panacifolia (Vahl) Lange;独活叶马吉草■☆
242389 Magydaris panacina DC. = Magydaris panacifolia (Vahl) Lange ■☆
242390 Magydaris pastinacea (Lam.) Fiori;马吉草■☆
242391 Magydaris tomentosa (Desf.) DC. = Magydaris pastinacea (Lam.) Fiori ■☆
242392 Mahafalia Jum. et H. Perrier(1911);马哈夫萝藦属■☆
242393 Mahafalia nodosa Jum. et H. Perrier = Cynanchum arenarium Jum. et H. Perrier ●☆
242394 Mahagoni Adans. = Swietenia Jacq. ●
242395 Maharanga A. DC. (1846);胀萼紫草属■
242396 Maharanga bicolor (Wall. et G. Don) A. DC.;二色胀萼紫草(二色滇紫草);Bicolor Onosma, Bicolored Onosma ■
242397 Maharanga dumetorum (I. M. Johnst.) I. M. Johnst.;丛林胀萼

紫草(丛林滇紫草);Jugly Onosma,Thicked Onosma ■
242398 Maharanga emodii (Wall.) A. DC.;污花胀萼紫草(污花滇紫草);Dirtyflower Onosma,Emod Onosma ■
242399 Maharanga lycopsioides (C. E. C. Fisch.) I. M. Johnst.;宽胀萼紫草(假狼紫草,宽萼滇紫草);Broad Sepal Onosma,Broadcalyx Onosma ■
242400 Maharanga microstoma (I. M. Johnst.) I. M. Johnst.;镇康胀萼紫草(小喉滇紫草,镇康滇紫草);Littlemouth Onosma,Zhenkang Onosma ■
242401 Mahawoa Schltr. (1916);马哈沃萝藦属☆
242402 Mahawoa montana Schltr.;马哈沃萝藦☆
242403 Mahea Pierre = Manilkara Adans.(保留属名)●
242404 Mahea natalensis Pierre ex L. Planch. = Manilkara discolor (Sond.) J. H. Hemsl. ●☆
242405 Mahernia L. = Hermannia L. ●☆
242406 Mahernia abyssinica Hochst. ex Harv. = Hermannia stellulata (Harv.) K. Schum. ●☆
242407 Mahernia auricoma Szyszyl. = Hermannia auricoma (Szyszyl.) K. Schum. ●☆
242408 Mahernia betonicifolia (Eckl. et Zeyh.) Harv. = Hermannia geniculata Eckl. et Zeyh. ●☆
242409 Mahernia bipinnata L. var. acutifolia Harv. = Hermannia diffusa L. f. ●☆
242410 Mahernia bipinnata L. var. glandulosa Harv. = Hermannia diffusa L. f. ●☆
242411 Mahernia burchellii Sweet = Hermannia burchellii (Sweet) I. Verd. ●☆
242412 Mahernia chrysantha Turcz. = Hermannia gerrardii Harv. ●☆
242413 Mahernia cordata E. Mey. ex E. Phillips = Hermannia cordata (E. Mey. ex E. Phillips) De Winter ●☆
242414 Mahernia dryadiphylla Eckl. et Zeyh. = Hermannia muricata Eckl. et Zeyh. ●☆
242415 Mahernia elliottiana Harv. = Hermannia elliottiana (Harv.) K. Schum. ●☆
242416 Mahernia erodioides Burch. ex DC. = Hermannia erodioides (Burch. ex DC.) Kuntze ●☆
242417 Mahernia erodioides Burch. ex DC. var. latifolia Harv. = Hermannia depressa N. E. Br. ●☆
242418 Mahernia exappendiculata Mast. = Hermannia exappendiculata (Mast.) K. Schum. ●☆
242419 Mahernia glabrata (L. f.) Cav. = Hermannia glabrata L. f. ●☆
242420 Mahernia grandiflora DC. var. burchellii Harv. = Hermannia burchellii (Sweet) I. Verd. ●☆
242421 Mahernia grandistipula Buchinger ex Hochst. = Hermannia grandistipula (Buchinger ex Hochst.) K. Schum. ●☆
242422 Mahernia heterophylla Cav. = Hermannia heterophylla (Cav.) Thunb. ●☆
242423 Mahernia lacera E. Mey. = Hermannia lacera (E. Mey. ex Harv.) Fourc. ●☆
242424 Mahernia linearis Harv. = Hermannia glabrata L. f. ●☆
242425 Mahernia linnaeoides Burch. ex DC. = Hermannia linnaeoides (Burch. ex DC.) K. Schum. ●☆
242426 Mahernia macowanii Szyszyl. = Hermannia gerrardii Harv. ●☆
242427 Mahernia marginata Turcz. = Hermannia marginata (Turcz.) Pillans ●☆
242428 Mahernia multifida Harv. = Hermannia abrotanoides Schrad. ●☆
242429 Mahernia nana Eckl. et Zeyh. = Hermannia cernua Thunb. ●☆
242430 Mahernia natalensis Szyszyl. = Hermannia oblongifolia (Harv.) Hochr. ●☆
242431 Mahernia oblongifolia Harv. = Hermannia oblongifolia (Harv.) Hochr. ●☆
242432 Mahernia ovata E. Mey. ex Turcz. = Hermannia grossularifolia L. ●☆
242433 Mahernia parviflora Eckl. et Zeyh. = Hermannia parviflora (Eckl. et Zeyh.) K. Schum. ●☆
242434 Mahernia pilosula Harv. = Hermannia diffusa L. f. ●☆
242435 Mahernia pilosula Harv. var. latifolia ? = Hermannia diffusa L. f. ●☆
242436 Mahernia pulchella (L. f.) Cav. = Hermannia pulchella L. f. ●☆
242437 Mahernia resedifolia Burch. ex DC. = Hermannia erodioides (Burch. ex DC.) Kuntze ●☆
242438 Mahernia saccifera Turcz. = Hermannia saccifera (Turcz.) K. Schum. ●☆
242439 Mahernia scabra Eckl. et Zeyh. = Hermannia lacera (E. Mey. ex Harv.) Fourc. ●☆
242440 Mahernia scoparia Eckl. et Zeyh. = Hermannia linifolia Burm. f. ●☆
242441 Mahernia sisymbriifolia Turcz. = Hermannia sisymbriifolia (Turcz.) Hochr. ●☆
242442 Mahernia stellulata Harv. = Hermannia stellulata (Harv.) K. Schum. ●☆
242443 Mahernia stricta E. Mey. ex Turcz. = Hermannia stricta (E. Mey. ex Turcz.) Harv. ●☆
242444 Mahernia tomentosa Harv. = Hermannia lancifolia Szyszyl. ●☆
242445 Mahernia tomentosa Turcz. = Hermannia tomentosa (Turcz.) Schinz ex Engl. ●☆
242446 Mahernia vernicata Burch. = Hermannia pulchella L. f. ●☆
242447 Mahernia veronicifolia Eckl. et Zeyh. = Hermannia veronicifolia (Eckl. et Zeyh.) Hochr. ●☆
242448 Mahernia verticillata L. = Hermannia pinnata L. ●☆
242449 Mahernia vesicaria (Cav.) DC. = Hermannia grossularifolia L. ●☆
242450 Mahernia violacea Burch. ex DC. = Hermannia violacea (Burch. ex DC.) K. Schum. ●☆
242451 Mahoberberis × aquicandidula Jensen;弱小十大功劳小檗;Weak Mahobarnerry ●☆
242452 Mahoberberis × aquisargentii Jensen;强壮十大功劳小檗;Vigorous Mahobarnerry ●☆
242453 Mahoberberis × miethkeana Melander et Eade;米思克十大功劳小檗;Miethke Mahobarnerry ●☆
242454 Mahoberberis neubertii C. K. Schneid.;纽伯特十大功劳小檗(功劳小檗);Neubert Mahobarnerry ●☆
242455 Mahoe Hillebr. = Alectryon Gaertn. ●☆
242456 Mahometa DC. = Monarrhenus Cass. ●■☆
242457 Mahonia L. = Mahonia Nutt.(保留属名)●
242458 Mahonia Nutt. (1818)(保留属名);十大功劳属;Holly Grape,Holly-leaved Barberry,Mahonia,Oregon-grape,Orenge Grape ●
242459 Mahonia × aldenhamensis Ahrendt;阿尔登哈姆十大功劳;Aldenham Mahonia ●☆
242460 Mahonia × convoluta Ahrendt;卷叶十大功劳;Convolute Mahonia ●☆
242461 Mahonia × decumbens Stace;外倾十大功劳;Newmarket Oregon-grape ●☆

242462 Mahonia × herveyi Ahrendt;赫维十大功劳;Hervey Mahonia ●☆

242463 Mahonia × media C. D. Brickell;居间十大功劳(间型十大功劳,中间十大功劳);Intermediate Mahonia,Media Mahonia ●☆

242464 Mahonia × media C. D. Brickell 'Arthur Menzies';阿瑟·孟席斯居间十大功劳●☆

242465 Mahonia × media C. D. Brickell 'Buckland';巴克兰间型十大功劳(巴克兰德居间十大功劳)●☆

242466 Mahonia × media C. D. Brickell 'Charity';博爱居间十大功劳●☆

242467 Mahonia × media C. D. Brickell 'Winter Sun';冬季阳光居间十大功劳●☆

242468 Mahonia × moseri Ahrendt;莫泽十大功劳;Moser Mahonia ●☆

242469 Mahonia × undulata Ahrendt;波叶十大功劳;Undulate Mahonia ●☆

242470 Mahonia acanthifolia G. Don = Mahonia napaulensis DC. ●

242471 Mahonia acanthifolia Wall. ex G. Don = Mahonia napaulensis DC. ●

242472 Mahonia alexandri C. K. Schneid. = Mahonia oiwakensis Hayata ●

242473 Mahonia amplectens Eastw.;抱持十大功劳;Amplectant Mahonia ●☆

242474 Mahonia amplectens Eastw. = Berberis amplectens (Eastw.) L. C. Wheeler ●☆

242475 Mahonia andrieuxii (Hook. et Arn.) Fedde;安德里欧克斯十大功劳;Andrieux Mahonia ●☆

242476 Mahonia angustifolia (Hartw.) Fedde;狭叶十大功劳;Narrow-leaved Mahonia ●☆

242477 Mahonia annamica Gagnep.;越南十大功劳;Annam Mahonia,Viatnam ●☆

242478 Mahonia aquifolium (Pursh) Nutt.;冬青叶十大功劳(冬青叶小檗);Ash Barberry,Berberry,Holly Mahonia,Hollyleaf Barberry Hollyleaf Mahonia,Hollyleaved Barberry,Holly-leaved Barberry,Mountain Grape,Mountain Mahonia,Oregon Grape,Oregon Grape Holly,Oregon Holly Grape,Oregon-grape,Rocky Mountain Grape,Tall Oregon Grape ●☆

242479 Mahonia aquifolium (Pursh) Nutt. = Berberis aquifolium Pursh ●☆

242480 Mahonia aquifolium Nutt. 'Compacta';簇生冬青叶十大功劳;Compact Oregon Grape ●☆

242481 Mahonia aquifolium Nutt. 'Green Ripple';绿波冬青叶十大功劳●☆

242482 Mahonia aquifolium Nutt. = Mahonia aquifolium (Pursh) Nutt. ●☆

242483 Mahonia aquifolium Nutt. var. juglandifolia Jouin;胡桃叶十大功劳(胡桃叶冬青十大功劳);Walnut-leaved Mahonia ●☆

242484 Mahonia aquifolium Nutt. var. lyallii Ahrendt;莱雅尔十大功劳(莱雅尔冬青叶十大功劳);Lyaall Hollyleaf Mahonia ●☆

242485 Mahonia arguta Hutch.;锐齿十大功劳;Sharp-toothed Mahonia ●☆

242486 Mahonia aristulata Ahrendt;小芒十大功劳;Aristulate Mahonia ●☆

242487 Mahonia bealei (Fortune) Carrière;阔叶十大功劳(刺黄柏,刺黄连,刺黄芩,老鼠刺,十大功劳,石黄连,土黄柏,土黄连);Beale Mahonia,Beale's Barberry,Broadleaf Mahonia,Leatherleaf Mahonia,Leather-leaf Mahonia,Leather-leaved Mahonia ●

242488 Mahonia bealei (Fortune) Carrière = Berberis bealei Fortune ●

242489 Mahonia bealei (Fortune) Carrière var. planifolia (Hook. f.) Ahrendt = Mahonia bealei (Fortune) Carrière ●

242490 Mahonia bealei (Fortune) Carrière var. planifolia Hook. f. et Thomson = Mahonia bealei (Fortune) Carrière ●

242491 Mahonia bealei (Fortune) Carrière var. planifolia Hook. f. et Thomson;扁阔叶十大功劳;Plane Leatherleaf Mahonia ●

242492 Mahonia berberidifolia P. K. Hsiao et Y. S. Wang = Mahonia eurybracteata Fedde ●

242493 Mahonia bijuga Hand.-Mazz.;西昌十大功劳;Bijugate Mahonia ●

242494 Mahonia bodinieri Gagnep.;小果十大功劳(巴东十大功劳,博迪尼埃十大功劳,贵州十大功劳,莱维尔十大功劳,三叉华南十大功劳,十大功劳);Bodinier Mahonia,Leveille Mahonia,Littlefruit Mahonia,Trifurcate Japanese Mahonia ●

242495 Mahonia borealis Takeda;北方十大功劳;Northern Mahonia ●☆

242496 Mahonia borealis Takeda var. parryi Ahrendt = Mahonia duclouxiana Gagnep. ●

242497 Mahonia bracteolata Takeda;具苞十大功劳(鹤庆十大功劳,兰叶十大功劳,蓝叶十大功劳,小苞十大功劳,中甸十大功劳);Bluish-gray Mahonia,Bracteolate Mahonia,Zhongdian Mahonia ●

242498 Mahonia bracteolata Takeda var. zhongdianensis S. Y. Bao = Mahonia bracteolata Takeda ●

242499 Mahonia breviracema Y. S. Wang et P. K. Hsiao;短序十大功劳;Short-inflorescenced Mahonia,Short-raceme Mahonia ●

242500 Mahonia caelicolor S. Y. Bao = Mahonia oiwakensis Hayata ●

242501 Mahonia caesia C. K. Schneid. = Mahonia bracteolata Takeda ●

242502 Mahonia calamicaulis Spare et C. E. C. Fisch.;西藏十大功劳(芦茎十大功劳);Reed-stemmed Mahonia ●

242503 Mahonia calamicaulis Spare et C. E. C. Fisch. subsp. kingdon-wardiana (Ahrendt) T. S. Ying et Boufford;察隅十大功劳(金顿沃尔德十大功劳);Kingdon-ward Mahonia ●

242504 Mahonia californica (Jeps.) Ahrendt;加里福尼亚十大功劳;California Mahonia ●☆

242505 Mahonia cardiophylla T. S. Ying et Boufford;宜章十大功劳;Yizhang Mahonia ●

242506 Mahonia chiapensis Lundell;恰帕斯十大功劳;Chiapas Mahonia ●☆

242507 Mahonia chochoco (Schltdl.) Fedde;乔乔卡拉十大功劳(十大功劳);Chochocala Mahonia ●☆

242508 Mahonia conferta Takeda;密叶十大功劳(刺黄连,十大功劳);Crowed-leaved Mahonia,Densileaf Mahonia ●

242509 Mahonia confusa Sprague = Mahonia eurybracteata Fedde ●

242510 Mahonia confusa Sprague var. bournei Ahrendt = Mahonia eurybracteata Fedde subsp. ganpinensis (H. Lév.) T. S. Ying et Boufford ●

242511 Mahonia confusa Sprague var. bournei Ahrendt = Mahonia ganpinensis (H. Lév.) Fedde ●

242512 Mahonia decipiens C. K. Schneid.;鄂西十大功劳(刺黄连);Deceptive Mahonia ●

242513 Mahonia dictiota (Jeps.) Fedde;网状十大功劳;Net-veined Mahonia,Veined Holly Grape ●☆

242514 Mahonia dictyota (Jeps.) Fedde = Berberis dictyota Jeps. ●☆

242515 Mahonia discolorifolia Ahrendt = Mahonia oiwakensis Hayata ●

242516 Mahonia dolichostylis Takeda = Mahonia duclouxiana Gagnep. ●

242517 Mahonia duclouxiana Gagnep.;长柱十大功劳(刺黄柏,大黄连,大黄十大功劳,滇刺黄柏,滇刺黄连,黄苞十大功劳,黄十大功劳,黄叶十大功劳,昆明十大功劳,牛肋巴刺,帕里北方十大功劳,全缘黄叶十大功劳,十大功劳,泰国十大功劳,锡拉昆明十大功劳,细叶十大功劳,鸭脚黄连);Ducloux Mahonia,Entire-leaved Yellow Mahonia,Hila Ducloux Mahonia,Longistyled Mahonia,Long-style Mahonia, Maire Mahonia, Parry Northern Mahonia, Siam Mahonia,Yellow Mahonia,Yellow-leaved Mahonia ●

242518 Mahonia duclouxiana Gagnep. var. hilaica Ahrendt = Mahonia duclouxiana Gagnep. ●

242519 Mahonia ehrenbergii (Kunze) Fedde;埃伦泊格十大功劳;Ehrenberg Mahonia ●☆

242520 Mahonia elegans (H. Lév.) Rehder = Mahonia bodinieri Gagnep. ●

242521 Mahonia elegans Rehder = Mahonia bodinieri Gagnep. ●

242522 Mahonia eurybracteata Fedde;宽苞十大功劳(刺黄柏,刺黄芩,湖北十大功劳,华中十大功劳,黄连竹,水黄连,土黄芩,小檗叶十大功劳);Barberry-leaf Mahonia,Barberry-leaved Mahonia,Broad-bracteate Mahonia,Confused Mahonia,Hubei Mahonia ●

242523 Mahonia eurybracteata Fedde subsp. ganpinensis (H. Lév.) T. S. Ying et Boufford = Mahonia ganpinensis (H. Lév.) Fedde ●

242524 Mahonia eurybracteata Fedde subsp. ganpinensis (H. Lév.) T. S. Ying et Boufford;安坪十大功劳●

242525 Mahonia eutriphylla Fedde;真三叶十大功劳;Tree-leaved Mahonia ●☆

242526 Mahonia fargesii Takeda = Mahonia sheridaniana C. K. Schneid. ●

242527 Mahonia fascicularis DC. = Mahonia pinnata (Lag.) Fedde ●☆

242528 Mahonia feddei Ahrendt;费德十大功劳;Fedde Mahonia ●☆

242529 Mahonia flavida C. K. Schneid. = Mahonia duclouxiana Gagnep. ●

242530 Mahonia flavida C. K. Schneid. f. integrifolia Hand. -Mazz. = Mahonia duclouxiana Gagnep. ●

242531 Mahonia flavida C. K. Schneid. f. integrifoliola Hand. -Mazz. = Mahonia duclouxiana Gagnep. ●

242532 Mahonia fordii C. K. Schneid.;北江十大功劳(福特十大功劳,广东十大功劳,山黄连);Ford Mahonia ●

242533 Mahonia fortunei (Lindl.) Fedde = Mahonia fortunei (Lindl.) Fedde ex C. K. Schneid. ●

242534 Mahonia fortunei (Lindl.) Fedde ex C. K. Schneid.;十大功劳(刺黄连,刀瓜山树,福氏十大功劳,黄连,猫儿头,木黄连,山黄连,四川十大功劳,西风竹,细叶十大功劳,狭叶十大功劳,竹叶黄连);China Mahonia, Chinese Mahonia, Fortune Mahonia, Holly Grape,Sichuan Mahonia ●

242535 Mahonia fortunei (Lindl.) Fedde ex C. K. Schneid. var. szechuanica Ahrendt = Mahonia fortunei (Lindl.) Fedde ex C. K. Schneid. ●

242536 Mahonia fremontii (Torr.) Fedde;弗里蒙特十大功劳;Desert Mahonia,Fremont Mahonia ●☆

242537 Mahonia fremontii (Torr.) Fedde = Berberis fremontii Torr. ●☆

242538 Mahonia ganpinensis (H. Lév.) Fedde;甘平十大功劳(刺黄柏,湖北十大功劳,无柄刺黄柏,无柄湖北十大功劳);Bourne Confused Mahonia,Ganping Mahonia ●

242539 Mahonia ganpinensis (H. Lév.) Fedde = Mahonia eurybracteata Fedde subsp. ganpinensis (H. Lév.) T. S. Ying et Boufford ●

242540 Mahonia ganpinensis (H. Lév.) Fedde var. confusa (Sprague) C. K. Schneid. = Mahonia eurybracteata Fedde ●

242541 Mahonia glumacea DC. = Mahonia nervosa (Pursh) Nutt. ●☆

242542 Mahonia gracilipes (Oliv.) Fedde;刺黄柏(刺黄芩,近三脉十大功劳,老鼠刺,木黄连,山黄芩,细柄刺黄柏,细柄十大功劳,细梗十大功劳,野黄芩);Slender-stalk Mahonia, Slender-stalked Mahonia,Subtrinerved Mahonia,Subtriplinerved Mahonia ●

242543 Mahonia gracilipes C. K. Schneid. var. epruinosa T. S. Ying;刺黄连(刺黄柏);Eprinose Mahonia ●

242544 Mahonia gracilipes C. K. Schneid. var. rhombica Z. F. Pan et Z. P. Song;菱叶刺黄柏;Rhomboidal Mahonia ●

242545 Mahonia gracilipes C. K. Schneid. var. rhombica Z. F. Pan et Z. P. Song = Mahonia gracilipes (Oliv.) Fedde ●

242546 Mahonia gracilis (Hartw.) Fedde;纤细十大功劳;Slender Mahonia ●☆

242547 Mahonia griffithii Takeda = Mahonia napaulensis DC. ●

242548 Mahonia haematocarpa (Wooton) Fedde;红果十大功劳;Red-fruit Mahonia ●☆

242549 Mahonia haematocarpa (Wooton) Fedde = Berberis haematocarpa Wooton ●☆

242550 Mahonia hainanensis C. M. Hu,Ze X. Li et F. W. Xing;海南十大功劳;Hainan Mahonia ●

242551 Mahonia hainanensis C. M. Hu, Ze X. Li et F. W. Xing = Mahonia oiwakensis Hayata ●

242552 Mahonia hainanensis H. L. Xia = Mahonia oiwakensis Hayata ●

242553 Mahonia hancockiana Takeda;蒙自十大功劳(滇南十大功劳,土黄连,有刺黄连);Hancock Mahonia ●

242554 Mahonia hartwegii (Benth.) Fedde;哈特韦格十大功劳;Hartweg Mahonia ●☆

242555 Mahonia hicksii Ahrendt;希克斯十大功劳;Hicks Mahonia ●☆

242556 Mahonia higginsiae (Munz) Ahrendt;希金斯十大功劳;Higgins Mahonia ●☆

242557 Mahonia higginsiae (Munz) Ahrendt = Berberis higginsiae Munz ●☆

242558 Mahonia huiliensis Hand. -Mazz. = Mahonia sheridaniana C. K. Schneid. ●

242559 Mahonia hypoleuca Takeda;白背十大功劳(刺黄连);Pale Mahonia,White-backed Mahonia ●

242560 Mahonia ilicina Schltdl.;墨西哥冬青十大功劳;Mexico Holly Mahonia ●☆

242561 Mahonia imbricata T. S. Ying et Boufford;遵义十大功劳;Imbricate Mahonia ●

242562 Mahonia incerta Fedde;不定十大功劳;Uncertain Mahonia ●☆

242563 Mahonia japonica (Thunb.) DC.;日本十大功劳(刺黄柏,刺黄连,大土黄连,华南十大功劳,黄柏,黄柏刺,黄连,老鼠子刺,尼泊尔小檗,十大功劳,石黄连,台湾十大功劳,天鼠刺,土黄柏,土黄连);Japanese Mahonia,Nepal Barberry,S. China Mahonia ●

242564 Mahonia japonica (Thunb.) DC. 'Bealei' = Mahonia bealei (Fortune) Carrière ●

242565 Mahonia japonica (Thunb.) DC. var. bealei Fedde = Mahonia bealei (Fortune) Carrière ●

242566 Mahonia japonica (Thunb.) DC. var. gracillima Fedde = Mahonia japonica (Thunb.) DC. ●

242567 Mahonia japonica (Thunb.) DC. var. planifolia (Hook. f.) H. Lév. = Mahonia bealei (Fortune) Carrière ●

242568 Mahonia japonica (Thunb.) DC. var. trifurca (Lindl. et Paxton) Ahrendt = Mahonia bodinieri Gagnep. ●

242569 Mahonia japonica (Thunb.) DC. var. trifurca (Loudon) Ahrendt = Mahonia bodinieri Gagnep. ●

242570 Mahonia japonica Thunb. var. bealei (Fortune) Fedde = Mahonia bealei (Fortune) Carrière ●

242571 Mahonia jaunsarensis Ahrendt;江萨十大功劳;Jausar Mahonia ●☆

242572 Mahonia johnstonii (Standl. et Steyerm.) Standl. et Steyerm.;约翰斯顿十大功劳;Johnston. Mahonia ●☆

242573 Mahonia klossii Baker f.;克罗斯十大功劳;Kloss Mahonia ●☆

242574 Mahonia knightii Lindl. = Berberis knightii (Lindl.) K. Koch ●☆

242575 Mahonia lanceolata (Benth.) Fedde;披针叶十大功劳;Lanceolare-leaved Mahonia ●☆

242576 Mahonia leptodonta Gagnep.;细齿十大功劳;Thin-toothed Mahonia ●

242577 Mahonia leschenaultii (Wall. ex Wight et Arn.) Takeda = Mahonia napaulensis DC. ●

242578 Mahonia leschenaultii (Wall.) Takeda = Mahonia napaulensis DC. ●

242579 Mahonia leveilleana C. K. Schneid. = Mahonia bodinieri Gagnep. ●

242580 Mahonia lomariifolia Takeda;乌毛蕨叶十大功劳●☆

242581 Mahonia lomariifolia Takeda = Mahonia oiwakensis Hayata ●

242582 Mahonia lomariifolia Takeda var. estylis C. Y. Wu ex S. Y. Bao = Mahonia oiwakensis Hayata ●

242583 Mahonia longibracteata Takeda;长苞十大功劳(大黄连,牛肋巴刺);Long-bracteate Mahonia,Longibracteate Mahonia ●

242584 Mahonia longipes (Standl.) Standl.;长柄十大功劳;Long-stalk Mahonia ●☆

242585 Mahonia longlinensis Y. S. Wang et P. K. Hsiao = Mahonia napaulensis DC. ●

242586 Mahonia magnifica Ahrendt;大十大功劳;Magnificent Mahonia ●☆

242587 Mahonia mairei Takeda = Mahonia duclouxiana Gagnep. ●

242588 Mahonia manipurensis Takeda = Mahonia napaulensis DC. ●

242589 Mahonia miccia Buch. -Ham. ex D. Don = Mahonia napaulensis DC. ●

242590 Mahonia microphylla T. S. Ying et G. R. Long;小叶十大功劳;Little-leaf Mahonia ●

242591 Mahonia microphylla T. S. Ying et G. R. Long subsp. ganpinensis (H. Lév.) T. S. Ying et G. R. Long = Mahonia ganpinensis (H. Lév.) Fedde ●

242592 Mahonia monyulensis Ahrendt;门隅十大功劳;Monyul Mahonia ●

242593 Mahonia moranensis (Schult. et Schult. f.) I. M. Johnst.;莫兰十大功劳;Moran Mahonia ●☆

242594 Mahonia morrisonensis Takeda = Mahonia oiwakensis Hayata ●

242595 Mahonia muelleri I. M. Johnst.;米勒十大功劳;Mueller Mahonia ●☆

242596 Mahonia nana (Greene) Fedde;落基山矮十大功劳;Rocky Mts. Dwarf Mahonia ●☆

242597 Mahonia napaulensis DC.;尼泊尔十大功劳(波密十大功劳,川陕十大功劳,刺叶十大功劳,滇刺黄柏,多叶刺黄柏,格里菲斯十大功劳,黄连,莱施纳德十大功劳,老鼠簕叶十大功劳,隆林十大功劳,曼尼普洱十大功劳,尼泊尔黄柏,怒江十大功劳,十大功劳,锡金十大功劳);Acanthu-leaved Mahonia,Bomi Mahonia,Griffith Mahonia,Leschenault Mahonia,Longlin Mahonia,Manipue Mahonia,Nepal Mahonia,Salween Mahonia,Sikkim Mahonia ●

242598 Mahonia napaulensis DC. var. leschenaultii (Wall. ex Wight et Arn.) Fedde = Mahonia napaulensis DC. ●

242599 Mahonia nepalensis DC. ex Dippel = Mahonia napaulensis DC. ●

242600 Mahonia nepalensis DC. var. pycnophylla Fedde = Mahonia pycnophylla (Fedde) Takeda ●☆

242601 Mahonia nepalensis DC. var. roxburghii DC. = Mahonia roxburghii (DC.) Takeda ●☆

242602 Mahonia nervosa (Pursh) Nutt.;脉叶十大功劳(喀斯特十大功劳);Cascades Mahonia,Longleaf Mahonia,Oregon Grape ●☆

242603 Mahonia nervosa (Pursh) Nutt. = Berberis nervosa Pursh ●☆

242604 Mahonia nervosa (Pursh) Nutt. var. mendocinensis (Roof) Roof = Berberis nervosa Pursh ●☆

242605 Mahonia nevinii (A. Gray) Fedde;文内十大功劳;Nervin's Mahonia ●☆

242606 Mahonia nevinii (A. Gray) Fedde = Berberis nevinii A. Gray ●☆

242607 Mahonia nitens C. K. Schneid.;亮叶十大功劳(斯科克十大功劳,苏氏十大功劳,岩紫黄,岩紫十大功劳);Schoch Mahonia,Shining Mahonia ●

242608 Mahonia oiwakensis Hayata;阿里山十大功劳(长小叶十大功劳,二色叶十大功劳,海岛十大功劳,蓝果十大功劳,十大功劳,台湾十大功劳,无柱十大功劳,异色叶十大功劳,玉山十大功劳,追分十大功劳);Alishan Mahonia,Discolorleaved Mahonia,Discolour-leaved Mahonia,Lomaria-leaved Mahonia,Styleless Mahonia,Two-colour Leaf Mahonia,Yushan Mahonia ●

242609 Mahonia pachakshirensis Ahrendt = Mahonia polyodonta Fedde ●

242610 Mahonia pallida (Hartw.) Fedde;苍白十大功劳;Pallid Mahonia ●☆

242611 Mahonia paniculata Oerst.;圆锥十大功劳;Paniculate Mahonia ●☆

242612 Mahonia paucijuga C. Y. Wu ex S. Y. Bao;景东十大功劳;Jingdong Mahonia ●

242613 Mahonia paxii Fedde;帕克斯十大功劳;Pax Mahonia ●☆

242614 Mahonia philippinsnsis Takeda;菲律宾十大功劳;Philippine Mahonia ●☆

242615 Mahonia pinifolia Lundell;松叶十大功劳;Pine-leaved Mahonia ●☆

242616 Mahonia pinifolia Lundell var. coahuilensis (C. H. Müll.) Ahrendt;科阿韦拉松叶十大功劳;Coahuila Pine-leaved Mahonia ●☆

242617 Mahonia pinnata (Lag.) Fedde;丛生十大功劳;California Holly Mahonia,California Mahonia,Cluster Mahonia ●☆

242618 Mahonia pinnata (Lag.) Fedde = Berberis pinnata Lag. ●☆

242619 Mahonia piperiana Abrams;皮帕十大功劳;Piper Mahonia ●☆

242620 Mahonia polyodonta Fedde;多齿十大功劳(川滇十大功劳,川西十大功劳,峨眉十大功劳,墨脱十大功劳);Many-toothed Mahonia,Medog Mahonia,Pachakshir Mahonia,Polydentate Mahonia,Veitch Mahonia ●

242621 Mahonia pomensis Ahrendt = Mahonia napaulensis DC. ●

242622 Mahonia pumila (Greene) Fedde;矮十大功劳;Dwarf Mahonia,Pygmy Mahonia ●☆

242623 Mahonia pycnophylla (Fedde) Takeda;阿萨姆密叶十大功劳;Assam Dense-leaved Mahonia ●☆

242624 Mahonia quinquefolia (Standl.) Standl.;五叶十大功劳;Five-leaved Mahonia ●☆

242625 Mahonia repens (Lindl.) G. Don;匍匐十大功劳;Creeping Mahonia,Dwarf Oregon Grape,Holly Grape ●☆

242626 Mahonia repens (Lindl.) G. Don 'Denver Strain';丹佛家系匍匐十大功劳●☆

242627 Mahonia repens (Lindl.) G. Don var. macrocarpa Jouin;大果匍匐十大功劳;Bigberry Creeping Mahonia ●☆

242628 Mahonia repens (Lindl.) G. Don var. rotundifolia Fedde;圆叶匍匐十大功劳;Roundleaf Creeping Mahonia ●☆

242629 Mahonia repens (Lindl.) G. Don var. subcordata Rehder;近心叶匍匐十大功劳;Lapleaf Creeping Mahonia ●☆

242630 Mahonia reticulinervia C. Y. Wu ex S. Y. Bao = Mahonia retinervis P. K. Hsiao et Y. S. Wang ●

242631 Mahonia retinervis P. K. Hsiao et Y. S. Wang;网脉十大功劳;Net-veined Mahonia, Reticulate Mahonia ●

242632 Mahonia roxburghii (DC.) Takeda;罗克斯伯十大功劳;Roxburgh Mahonia ●☆

242633 Mahonia salweenensis Ahrendt = Mahonia napaulensis DC. ●

242634 Mahonia schiedeana (Schltdl.) Fedde;希德十大功劳;Schiede Mahonia ●☆

242635 Mahonia schochii C. K. Schneid. ex Hand. -Mazz. = Mahonia nitens C. K. Schneid. ●

242636 Mahonia setosa Gagnep.;刺齿十大功劳(针刺叶十大功劳);Setose Mahonia ●

242637 Mahonia shenii Chun;光叶十大功劳(半覆瓦十大功劳,北江十大功劳,城口十大功劳,独龙十大功劳,木黄连,木黄莲,全缘十大功劳,沈氏十大功劳,苏氏十大功劳,土黄连,无刺十大功劳);Chengkou Mahonia, Shen's Mahonia ●

242638 Mahonia sheridaniana C. K. Schneid.;谢氏十大功劳(长阳十大功劳,川滇十大功劳,刺黄连,刺黄芩,大叶刺黄柏,法杰斯十大功劳,会理十大功劳,老鼠刺);Changyang Mahonia, Ferges Mahonia, Huili Mahonia, Sheridan Mahonia ●

242639 Mahonia siamensis Takeda = Mahonia duclouxiana Gagnep. ●

242640 Mahonia sikkimensis Takeda = Mahonia napaulensis DC. ●

242641 Mahonia simonsii Takeda;西蒙斯十大功劳;Simons Mahonia ●☆

242642 Mahonia sonnei Abrams;内华达十大功劳;Sonne's Mahonia ●☆

242643 Mahonia sonnei Abrams = Berberis repens Lindl. ●☆

242644 Mahonia subimbricata Chun et F. Chun;半覆瓦十大功劳(近覆瓦状十大功劳,靖西十大功劳);Subinbricated Mahonia ●

242645 Mahonia subintegrifolia Fedde;近全缘叶十大功劳;Nearly Entire-leaved Mahonia ●☆

242646 Mahonia subtriplinervis (Franch.) Fedde = Mahonia gracilipes (Oliv.) Fedde ●

242647 Mahonia sumatrensis Merr.;苏门答腊十大功劳;Sumatra Mahonia ●☆

242648 Mahonia swaseyi (Buckley ex M. J. Young) Fedde = Berberis swaseyi Buckley ex M. J. Young ●☆

242649 Mahonia swaseyi (Buckley) Fedde;斯瓦塞十大功劳(蓝十大功劳);Swasey Mahonia ●☆

242650 Mahonia taronensis Hand. -Mazz.;独龙十大功劳;Dulong Mahonia, Taron Mahonia ●

242651 Mahonia tenuifolia (Lindl.) Loudon ex Steud.;薄叶十大功劳;Thin-leaved Mahonia ●☆

242652 Mahonia tikushiensis Hayata = Mahonia japonica (Thunb.) DC. ●

242653 Mahonia toluacensis (Bean) Ahrendt;托卢卡十大功劳;Toluca Mahonia ●☆

242654 Mahonia trifolialata (Moric.) Fedde;三小叶十大功劳(三叶十大功劳);Mexican Barberry, Trifolialate Mahonia ●☆

242655 Mahonia trifolialata (Moric.) Fedde var. glauca I. M. Johnst.;粉绿三小叶十大功劳;Glaucous Trifolialate Mahonia ●☆

242656 Mahonia trifoliolata (Moric.) Fedde = Berberis trifoliolata Moric. ●☆

242657 Mahonia veitchiorum (Hemsl. et E. H. Wilson) C. K. Schneid. = Mahonia polyodonta Fedde ●

242658 Mahonia veitchiorum (Hemsl. et E. H. Wilson) C. K. Schneid. var. kingdon-wardiana Ahrendt = Mahonia calamicaulis Spare et C. E. C. Fisch. subsp. kingdon-wardiana (Ahrendt) T. S. Ying et Boufford ●

242659 Mahonia volcania Standl. et Steyerm.;沃坎十大功劳;Volcan Mahonia ●☆

242660 Mahonia wagneri (Jouin) Rehder;瓦格纳十大功劳(瓦格十大功劳);Wagner Mahonia ●☆

242661 Mahonia wagneri Dippel;瓦氏十大功劳;Wagner Mahonia ●☆

242662 Mahonia zemanii C. K. Schneid. = Mahonia eurybracteata Fedde ●

242663 Mahonia zimapana Fedde;齐马潘十大功劳;Zimapan Mahonia ●☆

242664 Mahurea Aubl. (1775);马胡藤黄属●☆

242665 Mahurea palustris Aubl.;马胡藤黄●☆

242666 Mahya Cordem. = Lepechinia Willd. ●■☆

242667 Maia Salisb. = Maianthemum F. H. Wigg. (保留属名) ■

242668 Maianthemum F. H. Wigg. (1780) (保留属名);舞鹤草属(午鹤草属);Beadruby, Bead-ruby, False Lily-of-the-valley, May Lily ■

242669 Maianthemum Weber = Maianthemum F. H. Wigg. (保留属名) ■

242670 Maianthemum Weber ex F. H. Wigg. = Maianthemum F. H. Wigg. (保留属名) ■

242671 Maianthemum atropurpureum (Franch.) LaFrankie;高大鹿药;High Deerdrug, High False Solomonseal ■

242672 Maianthemum bifolium (L.) F. W. Schmidt;舞鹤草(二叶舞鹤草,双叶舞鹤草,午鹤草);Adder's-tongue, Dwarf Solomon's-seal, May Lily, One-blade, Twoleaf Beadruby, Two-leaved Bead-ruby ■

242673 Maianthemum bifolium (L.) F. W. Schmidt var. dilatatum A. W. Wood = Maianthemum dilatatum (A. W. Wood) A. Nelson et J. F. Macbr. ■☆

242674 Maianthemum bifolium (L.) F. W. Schmidt var. kamtschaticum (J. F. Gmel.) Jeps. = Maianthemum dilatatum (A. W. Wood) A. Nelson et J. F. Macbr. ■☆

242675 Maianthemum canadense Desf.;加拿大舞鹤草;Canada Bead-ruby, Canada Mayflower, Canadian Beadruby, Canadian False Lily-of-the-valley, Canadian Mayflower, Canadian May-lily, False Lily of the Valley, False Lily-of-the-valley, Scurvy-berries, Two-leaved False Solomon's Seal, Two-leaved Solomon's-seal, Wild Lily-of-the-valley ■☆

242676 Maianthemum canadense Desf. var. interius Fernald;毛加拿大舞鹤草;Canada Mayflower, Wild Lily-of-the-valley ■☆

242677 Maianthemum canadense Desf. var. interius Fernald = Maianthemum canadense Desf. ■☆

242678 Maianthemum canadense Desf. var. pubescens Gates et Ehlers = Maianthemum canadense Desf. var. interius Fernald ■☆

242679 Maianthemum dahuricum (Turcz. ex Fisch. et C. A. Mey.) LaFrankie;兴安鹿药;Dahur Deerdrug, Dahurian False Solomonseal ■

242680 Maianthemum dilatatum (A. W. Wood) A. Nelson et J. F. Macbr.;阔叶舞鹤草(舞鹤草);Dilated Beadruby, False Lily-of-the-valley, May-lily, Wild Lily-of-the-valley ■☆

242681 Maianthemum dulongense H. Li;独龙鹿药;Dulong Beadruby ■

242682 Maianthemum dulongense H. Li = Maianthemum fusciduliflorum (Kawano) S. C. Chen et Kawano ■

242683 Maianthemum formosanum (Hayata) LaFrankie;台湾鹿药(鹿药);Taiwan Beadruby ■

242684 Maianthemum forrestii (W. W. Sm.) LaFrankie;抱茎鹿药;Clasping False Solomonseal, Forrest Deerdrug ■

242685 Maianthemum fusciduliflorum (Kawano) S. C. Chen et Kawano;褐花鹿药;Fuscescent Beadruby ■

242686 Maianthemum fuscum (Wall.) LaFrankie;西南鹿药;Dullbrown Deerdrug, Dullbrown False Solomonseal ■

242687 Maianthemum gongshanense (S. Yun Liang) H. Li;贡山鹿药;Gongshan Deerdrug, Gongshan False Solomonseal ■

242688 Maianthemum henryi (Baker) LaFrankie;管花鹿药(鄂西鹿药,螃蟹七,少穗花,少穗鹿药,铁拐子,窝尔白三七);Henry Deerdrug, Henry False Solomonseal ■

242689 Maianthemum henryi (Baker) LaFrankie var. szechuanicum (F. T. Wang et Ts. Tang) H. Li = Maianthemum szechuanicum (F. T. Wang et Ts. Tang) H. Li ■

242690 Maianthemum intermedium Vorosch.;中间舞鹤草■☆

242691 Maianthemum japonicum (A. Gray) LaFrankie;鹿药(白窝儿七,九层楼,磨盘七,盘龙七,螃蟹七,偏头七,山糜子,山靡子,狮子七,台湾鹿药,铁拐子,铁梳子,土飞七,小鹿药);Japan Deerdrug, Japanese False Solomonseal, Taiwan Deerdrug, Taiwan False Solomonseal ■

242692 Maianthemum kamtschaticum (J. F. Gmel.) Nakai = Maianthemum dilatatum (A. W. Wood) A. Nelson et J. F. Macbr. ■☆

242693 Maianthemum lichiangense (W. W. Sm.) LaFrankie;丽江鹿药;Lijiang Deerdrug, Lijiang False Solomonseal, Likiang False Solomonseal ■

242694 Maianthemum nanchuanense H. Li et J. L. Huang;南川鹿药;Nanchuan Beadruby, Nanchuan Deerdrug, Nanchuan False Solomonseal ■

242695 Maianthemum oleraceum (Baker) LaFrankie;长柱鹿药;Longstyle Deerdrug, Longstyle False Solomonseal ■

242696 Maianthemum oleraceum (Baker) LaFrankie var. acuminatum (F. T. Wang et Ts. Tang) Noltie = Maianthemum oleraceum (Baker) LaFrankie ■

242697 Maianthemum paniculatum (E. Martens et Galeotti) LaFrankie;圆锥鹿药■

242698 Maianthemum purpureum (Wall.) LaFrankie;紫花鹿药(中甸鹿药,紫鹿药);Purpleflower Deerdrug, Purpleflower False Solomonseal, Zhongdian Deerdrug, Zhongdian False Solomonseal ■

242699 Maianthemum racemosum (L.) Link;总状鹿药;American Spider, American Spikenard, False Lily of the Valley, False Solomon's Seal, False Spider, False Spikenard, Large False Solomon's-seal, Solomon's-plume, Wild Spider, Wild Spikenard ■☆

242700 Maianthemum racemosum (L.) Link subsp. amplexicaule (Nutt.) LaFrankie;抱茎总状鹿药;Fat Solomon ■☆

242701 Maianthemum stellatum (L.) Link;星状鹿药;Little False Solomon's-seal, Spikenard, Starflower Solomon's-seal, Starry False Solomon's Seal, Starry False Solomon's-seal ■☆

242702 Maianthemum stenolobum (Franch.) S. C. Chen et Kawano;少叶鹿药;Fewleaf Deerdrug, Fewleaf False Solomonseal ■

242703 Maianthemum szechuanicum (F. T. Wang et Ts. Tang) H. Li;四川鹿药;Sichuan Deerdrug, Sichuan False Solomonseal, Szechwan False Solomonseal ■

242704 Maianthemum tatsienense (Franch.) LaFrankie;窄瓣鹿药;Narrowpetal Deerdrug, Paniculate False Solomonseal ■

242705 Maianthemum tatsienense (Franch.) LaFrankie var. stenolobum (Franch.) H. Li = Maianthemum stenolobum (Franch.) S. C. Chen et Kawano ■

242706 Maianthemum trifolium (L.) Slobada;三叶鹿药(三瓣鹿药);False Mayflower, Labrador Deerdrug, Labrador False Solomonseal, Swamp False Solomon's-seal, Three-leaf Solomon's-plume, Three-leaf Solomon's-seal, Three-leaved False Solomon's Seal ■

242707 Maianthemum tubiferum (Batalin) LaFrankie;合瓣鹿药(小地肥枝);Sympetalous Deerdrug, Sympetalous False Solomonseal ■

242708 Maianthemum wardii (W. W. Sm.) H. Li = Maianthemum atropurpureum (Franch.) LaFrankie ■

242709 Maidenia Domin = Dominia Fedde ■☆

242710 Maidenia Domin = Uldinia J. M. Black ■☆

242711 Maidenia Rendle(1916);迈东水鳖属(迈东藻属,美顿藻属)■☆

242712 Maidenia rubra Rendle;迈东水鳖(迈东藻)■☆

242713 Maierocactus E. C. Rost = Astrophytum Lem. ●

242714 Maieta Aubl. (1775);五月花属●☆

242715 Maieta guianensis Aubl.;五月花●☆

242716 Maihuenia (F. A. C. Weber) K. Schum. = Maihuenia (Phil. ex F. A. C. Weber) K. Schum. ●☆

242717 Maihuenia (Phil. ex F. A. C. Weber) K. Schum. (1898);狼牙棒属(麦壶尼亚属,拟叶仙人掌属)●☆

242718 Maihuenia Phil. = Maihuenia (F. A. C. Weber) K. Schum. ●☆

242719 Maihuenia poeppigi Speg.;狼牙棒(笛吹);Chupa Sangre, Espina Del Guanaco ●☆

242720 Maihueniopsis Speg. (1925);雄叫武者属■☆

242721 Maihueniopsis Speg. = Opuntia Mill. ●

242722 Maihueniopsis molfinoi Speg.;雄叫武者■☆

242723 Mailelou Adans. = Vitex L. ●

242724 Maillardia Frapp. et Duch. = Trophis P. Browne(保留属名)●☆

242725 Maillardia Frapp. ex Duch. = Trophis P. Browne(保留属名)●☆

242726 Maillea Parl. = Phleum L. ■

242727 Mainea Vell. = Trigonia Aubl. ●☆

242728 Maingaya Oliv. (1873);马来檵木属●☆

242729 Maingaya malayana Oliv.;马来檵木●☆

242730 Mairania Bubani = Arctostaphylos Adans. (保留属名)●☆

242731 Mairania Bubani = Mairrania Neck. ex Desv. ●☆

242732 Mairania Desv. = Arctostaphylos Adans. (保留属名)●☆

242733 Mairania alpina (L.) Desv. = Arctous alpinus (L.) Nied. ●

242734 Maireana Moq. (1840);蓝澳藜属■●☆

242735 Maireana Moq. = Kochia Roth ●■

242736 Maireana pyramidata (Benth.) Paul G. Wilson;塔蓝澳藜;Black Bush ■☆

242737 Maireana sedifolia (F. Muell.) Paul G. Wilson;蓝澳藜;Blue bush, Bluebush ■☆

242738 Mairella A. Lév. = Phelypaea L. ■☆

242739 Mairella H. Lév. = Mandragora L. ■

242740 Mairella yunnanensis H. Lév. = Mandragora caulescens C. B. Clarke ■

242741 Maireria Scop. = Maripa Aubl. ■☆

242742 Maireria Scop. = Mouroucoa Aubl. ■☆

242743 Mairetis I. M. Johnst. (1953);迈雷紫草属■☆

242744 Mairetis microsperma (Boiss.) I. M. Johnst.;迈雷紫草■☆

242745 Mairia Nees(1832);曲毛菀属■☆

242746 Mairia burchellii DC. = Zyrphelis burchellii (DC.) Kuntze ■☆

242747 Mairia coriacea Bolus;革质曲毛菀■☆

242748 Mairia corymbosa Harv. = Gymnostephium papposum G. L. Nesom ■☆

242749 Mairia crenata (Thunb.) Nees;圆齿曲毛菀■☆
242750 Mairia decumbens Schltr. = Aster decumbens (Schltr.) G. L. Nesom ■☆
242751 Mairia ecklonis (DC.) Sond. = Zyrphelis ecklonis (DC.) Kuntze ●☆
242752 Mairia felicioides Hutch. et Corbishley = Felicia ovata (Thunb.) Compton ●☆
242753 Mairia foliosa Harv. = Zyrphelis foliosa (Harv.) Kuntze ■☆
242754 Mairia hirsuta DC.;曲毛菀■☆
242755 Mairia lasiocarpa DC. = Zyrphelis lasiocarpa (DC.) Kuntze ■☆
242756 Mairia microcephala (Less.) DC. = Zyrphelis microcephala (Less.) Nees ■☆
242757 Mairia montana Schltr. = Zyrphelis montana (Schltr.) G. L. Nesom ■☆
242758 Mairia perezioides (Less.) Nees = Zyrphelis perezioides (Less.) G. L. Nesom ■☆
242759 Mairia taxifolia (L.) DC. = Zyrphelis taxifolia (L.) Nees ■☆
242760 Mairrania Neck. = Arctostaphylos Adans.(保留属名)●☆
242761 Mairrania Neck. ex Desv. = Arctostaphylos Adans.(保留属名)●☆
242762 Mais Adans. = Zea L. ■
242763 Maizilla Schltdl. = Paspalanthium Desv. ■
242764 Maizilla Schltdl. = Paspalum L. ■
242765 Maja Klotzsch = Cuphea Adans. ex P. Browne ●■
242766 Maja Post et Kuntze = Maia Salisb. ■
242767 Maja Post et Kuntze = Maianthemum F. H. Wigg.(保留属名)■
242768 Maja Wedd. = Pterygopappus Hook. f. ■☆
242769 Majaca Post et Kuntze = Mayaca Aubl. ■☆
242770 Majana Kuntze = Coleus Lour. ●■
242771 Majana Rumph. = Coleus Lour. ●■
242772 Majana Rumph. ex Kuntze = Coleus Lour. ●■
242773 Majana amboinica (Lour.) Kuntze = Plectranthus amboinicus (Lour.) Spreng. ■☆
242774 Majanthemum F. H. Wigg. = Maianthemum F. H. Wigg.(保留属名)■
242775 Majanthemum Kuntze = Convallaria L. ■
242776 Majanthemum Sieg. = Convallaria L. ■
242777 Majanthemum Sieg. ex Kuntze = Convallaria L. ■
242778 Majanthemum dilatatum (A. W. Wood) A. Nelson et J. F. Macbr. = Maianthemum dilatatum (A. W. Wood) A. Nelson et J. F. Macbr. ■☆
242779 Majepea Kuntze = Linociera Sw. ex Schreb.(保留属名)●
242780 Majepea Kuntze = Mayepea Aubl.(废弃属名)●
242781 Majepea Post et Kuntze = Chionanthus L. ●
242782 Majera Karat. ex Peter = Evolvulus L. ●■
242783 Majeta Post et Kuntze = Maieta Aubl. ●☆
242784 Majidea J. Kirk = Majidea J. Kirk ex Oliv. ●☆
242785 Majidea J. Kirk ex Oliv.(1871);马吉木属(马杰木属)●☆
242786 Majidea cyanosperma (A. Chev.) Radlk. = Majidea fosteri (Sprague) Radlk. ●☆
242787 Majidea fosteri (Sprague) Radlk.;福斯特马吉木(福斯特马杰木)●☆
242788 Majidea fosteri Radlk. = Majidea fosteri (Sprague) Radlk. ●☆
242789 Majidea multijuga (Radlk.) Radlk. = Majidea fosteri (Sprague) Radlk. ●☆
242790 Majidea zanguebarica Kirk ex Oliv.;赞古马吉木●☆
242791 Majodendrum Post et Kuntze = Mayodendron Kurz ●
242792 Majorana Mill.(1754)(保留属名);大伞草属(茉乔栾那属);Marjorana ■☆
242793 Majorana Mill.(保留属名)= Origanum L. ●■
242794 Majorana Rupp. = Majorana Mill.(保留属名)■☆
242795 Majorana Rupp. = Origanum L. ●■
242796 Majorana hortensis Moench = Origanum majorana L. ■
242797 Majorana leptoclados Rech. f.;细枝大伞草■☆
242798 Majorana mexicana M. Martens et Galeotti;墨西哥大伞草■☆
242799 Majorana micrantha Briq.;小花大伞草■☆
242800 Majorana microphylla Benth.;小叶大伞草■☆
242801 Majorana onites Benth. = Origanum onites L. ●☆
242802 Majorana tenuifolia Gray;细叶大伞草■☆
242803 Makokoa Baill. = Octolepis Oliv. ●☆
242804 Malabaila Hoffm.(1814);马拉巴草属■☆
242805 Malabaila Tausch = Grafia Rchb. ■
242806 Malabaila Tausch = Pleurospermum Hoffm. ■
242807 Malabaila abyssinica Boiss.;阿比西尼亚马拉巴草■☆
242808 Malabaila abyssinica Boiss. = Heracleum abyssinicum (Boiss.) C. Norman ■☆
242809 Malabaila atropurpurea (Steud. ex A. Rich.) Vatke = Erythroselinum atropurpureum (Steud. ex A. Rich.) Chiov. ■☆
242810 Malabaila dasyantha Fisch. et C. A. Mey. ex K. Koch;毛花马拉巴草■☆
242811 Malabaila dasycarpa (Regel et Schmalh.) Schischk. = Semenovia dasycarpa (Regel et Schmalh.) Korovin ex Pimenov et V. N. Tikhom. ■
242812 Malabaila elgonense H. Wolff = Heracleum elgonense (H. Wolff) Bullock ■☆
242813 Malabaila graveolens Hoffm.;烈味马拉巴草■☆
242814 Malabaila kirungae Engl. = Heracleum abyssinicum (Boiss.) C. Norman ■☆
242815 Malabaila lefebvrioides Engl. = Erythroselinum atropurpureum (Steud. ex A. Rich.) Chiov. ■☆
242816 Malabaila numidica Coss. = Malabaila suaveolens (Delile) Coss. ■☆
242817 Malabaila obtusifolia Boiss.;钝叶马拉巴草■☆
242818 Malabaila orientalis Benth. et Hook. f.;东方马拉巴草■☆
242819 Malabaila platyptera Boiss.;宽翅马拉巴草■☆
242820 Malabaila quarrei C. Norman = Peucedanum quarrei (C. Norman) M. Hiroe ■☆
242821 Malabaila rivae Engl. = Heracleum abyssinicum (Boiss.) C. Norman ■☆
242822 Malabaila stolzii Engl. et H. Wolff = Heracleum abyssinicum (Boiss.) C. Norman ■☆
242823 Malabaila suaveolens (Delile) Coss.;芳香马拉巴草■☆
242824 Malabaila suaveolens (Delile) Coss. var. numidica (Coss.) Maire = Malabaila suaveolens (Delile) Coss. ■☆
242825 Malabaila sulcata Boiss.;纵沟马拉巴草■☆
242826 Malabathris Raf. = Melastoma L. ●■
242827 Malabathris Raf. = Otanthera Blume ●
242828 Malabathrum Burm. = Cinnamomum Schaeff.(保留属名)●
242829 Malacantha Pierre = Pouteria Aubl. ●
242830 Malacantha Pierre(1891);马拉山榄属●☆
242831 Malacantha acutifolia A. Chev. = Pouteria alnifolia (Baker) Roberty ●☆
242832 Malacantha alnifolia (Baker) Pierre = Pouteria alnifolia

(Baker) Roberty ●☆
242833 Malacantha alnifolia (Baker) Pierre var. sacleuxii (Lecomte) J. H. Hemsl. = Pouteria alnifolia (Baker) Roberty var. sacleuxii (Lecomte) L. Gaut. ●☆
242834 Malacantha azaguieana (J. Miège) Baehni = Chrysophyllum azaguieanum J. Miège ●☆
242835 Malacantha centralis A. Chev. = Pouteria alnifolia (Baker) Roberty ●☆
242836 Malacantha ferrugineo-tomentosa (Engl.) Engl. = Pouteria alnifolia (Baker) Roberty ●☆
242837 Malacantha heudelotiana Pierre = Pouteria alnifolia (Baker) Roberty ●☆
242838 Malacantha obtusa C. H. Wright = Pouteria alnifolia (Baker) Roberty ●☆
242839 Malacantha sacleuxii Lecomte = Pouteria alnifolia (Baker) Roberty var. sacleuxii (Lecomte) L. Gaut. ●☆
242840 Malacantha superba Vermoesen = Pouteria superba (Vermoesen) L. Gaut. ●☆
242841 Malacantha warneckeana Engl. = Pouteria alnifolia (Baker) Roberty ●☆
242842 Malacarya Raf. = Spirostylis Raf. ■☆
242843 Malacarya Raf. = Thalia L. ■☆
242844 Malaccotristicha C. Cusset et G. Cusset = Tristicha Thouars ■☆
242845 Malaccotristicha C. Cusset et G. Cusset(1988);马六甲三列苔草属■☆
242846 Malaccotristicha malayana (J. Dransf. et Whitmore) C. Cusset et G. Cusset;马六甲三列苔草■☆
242847 Malaceae Small ex Britton = Malaceae Small(保留科名)●
242848 Malaceae Small(1903)(保留科名);苹果科;Apple Family ●
242849 Malaceae Small(保留科名) = Rosaceae Juss.(保留科名)●■
242850 Malacha Hassk. = Malachra L. ■●☆
242851 Malachadenia Lindl. = Bulbophyllum Thouars(保留属名)■
242852 Malache B. Vogel(废弃属名) = Pavonia Cav.(保留属名)●■☆
242853 Malache repanda (Roxb. ex Sm.) Kuntze = Urena repanda Roxb. ■
242854 Malache schimperiana Kuntze var. obtusiloba Hiern = Pavonia urens Cav. var. obtusiloba (Hiern) Brenan ●☆
242855 Malachium Fr. = Myosoton Moench ■
242856 Malachium Fr. ex Rchb. = Myosoton Moench ■
242857 Malachium aquaticum (L.) Fr. = Myosoton aquaticum (L.) Moench ■
242858 Malachium aquaticum (L.) Fr. = Stellaria aquatica (L.) Scop. ■☆
242859 Malachochaete Benth. et Hook. = Malacochaete Nees ■
242860 Malachochaete Benth. et Hook. = Scirpus L.(保留属名)■
242861 Malachochaete Nees = Malacochaete Nees ■
242862 Malachochaete Nees = Scirpus L.(保留属名)■
242863 Malachodendraceae J. Agardh = Theaceae Mirb.(保留科名)●
242864 Malachodendron Mitch. = Stewartia L. ●
242865 Malachodendron Mitch. = Stuartia L'Hér. ●
242866 Malachra L.(1767);马拉葵属;Wild Ochre, Wild Okra ■●☆
242867 Malachra alceifolia Jacq.;蜀葵叶马拉葵■☆
242868 Malachra alceifolia Jacq. var. fasciata (Jacq.) A. Robyns = Malachra fasciata Jacq. ■☆
242869 Malachra capitata (L.) L.;旋葵■☆
242870 Malachra capitata L. = Malachra capitata (L.) L. ■☆
242871 Malachra fasciata Jacq.;簇生马拉葵■☆
242872 Malachra fasciata Jacq. var. leariloba (Turcz.) Gurke = Malachra fasciata Jacq. ■☆
242873 Malachra hispida Guillaumin et Perr. = Malachra capitata (L.) L. ■☆
242874 Malachra radiata (L.) L.;辐射马拉葵■☆
242875 Malacion St. -Lag. = Malachium Fr. ■
242876 Malacion St. -Lag. = Myosoton Moench ■
242877 Malacmaea Griseb. = Bunchosia Rich. ex Kunth ●☆
242878 Malacocarpus Fisch. et C. A. Mey.(1843);望峰玉属■☆
242879 Malacocarpus Fisch. et C. A. Mey. = Peganum L. ●■
242880 Malacocarpus Salm-Dyck = Parodia Speg.(保留属名)●
242881 Malacocarpus Salm-Dyck = Wigginsia D. M. Porter ■☆
242882 Malacocarpus arechavaletai A. Berger;绮罗玉■☆
242883 Malacocarpus corynodes Salm-Dyck;望峰玉■☆
242884 Malacocarpus erinaceus Lem. ex C. F. Först. = Parodia erinacea (Haw.) N. P. Taylor ■☆
242885 Malacocarpus leucocarpus (Arechav.) Backeb.;白果望峰玉■☆
242886 Malacocarpus macracanthus (Arechav.) Herter;秀剑球(小花望峰玉,秀剑丸)■☆
242887 Malacocarpus macrogonus (Arechav.) Herter;金鹰球(金鹰丸)■☆
242888 Malacocarpus nigrispinus (Schum.) Britton et Rose;黑刺望峰玉■☆
242889 Malacocarpus scopa (Spreng.) Britton et Rose = Notocactus scopa (Link et Otto) A. Berger ■
242890 Malacocarpus sessiliflorus (Mackie) Backeb.;四刺玉■☆
242891 Malacocarpus tephracanthus (Link et Otto) K. Schum.;正美球(正美丸)■☆
242892 Malacocarpus turbinatus (Arechav.) Herter;富美球(富美丸)日:フミマル■☆
242893 Malacocarpus vorwerkianus (Werderm.) Backeb.;白剑玉■☆
242894 Malacocephalus Tausch = Centaurea L.(保留属名)●■
242895 Malacocera R. H. Anderson(1926);角果澳藜属●☆
242896 Malacocera biflora Ising;双花角果澳藜●☆
242897 Malacocera gracilis Chinnock;细角果澳藜●☆
242898 Malacocera tricornis R. H. Anderson;角果澳藜●☆
242899 Malacochaete Nees = Pterolepis Schrad.(废弃属名)●■☆
242900 Malacochaete Nees = Scirpus L.(保留属名)■
242901 Malacochaete pterolepis Nees = Schoenoplectus subulatus (Vahl) Lye ■
242902 Malacoides Fabr. = Malope L. ■☆
242903 Malacolepis A. A. Hener = Malacothrix DC. ■☆
242904 Malacolepis coulteri (Harv. et A. Gray) A. Heller = Malacothrix coulteri Harv. et A. Gray ■☆
242905 Malacomeles (Decne.) Engl.(1897);软果栒子属●☆
242906 Malacomeles (Decne.) Engl. = Amelanchier Medik. ●
242907 Malacomeles (Decne.) G. N. Jones = Malacomeles (Decne.) Engl. ●☆
242908 Malacomeles denticulata (Kunth) G. N. Jones;小齿软果栒子●☆
242909 Malacomeles nervosa (Decne.) G. N. Jones;多脉软果栒子●☆
242910 Malacomeles paniculata (Rehder) J. B. Phipps;圆锥软果栒子●☆
242911 Malacomeris Nutt. = Malacothrix DC. ■☆
242912 Malacomeris incanus Nutt. = Malacothrix incana (Nutt.) Torr.

et A. Gray ■☆

242913 Malacothamnus Greene(1906);软锦葵属●☆

242914 Malacothamnus aboriginum Greene;软锦葵●☆

242915 Malacothamnus chilensis (Gay) Krapov.;智利软锦葵●☆

242916 Malacothamnus densiflorus Greene;密花软锦葵●☆

242917 Malacothamnus fasciculatus Greene;簇生软锦葵●☆

242918 Malacothamnus foliosus (S. Watson) Kearney;多叶软锦葵●☆

242919 Malacothamnus gracilis (Eastw.) Kearney;细软锦葵●☆

242920 Malacothamnus niveus (Eastw.) Kearney;显脉软锦葵●☆

242921 Malacothamnus orbiculatus Greene;圆软锦葵●☆

242922 Malacothamnus paniculatus (A. Gray) Kearney;圆锥软锦葵●☆

242923 Malacothrix DC. (1838);软毛蒲公英属(沙蒲公英属);Desert Dandelion, Desertdandelion ■☆

242924 Malacothrix arachnoidea E. A. McGregor = Malacothrix saxatilis (Nutt.) Torr. et A. Gray var. arachnoidea (E. A. McGregor) E. W. Williams ■☆

242925 Malacothrix blairii (Munz et I. M. Johnst.) Munz et I. M. Johnst. = Munzothamnus blairii (Munz et I. M. Johnst.) P. H. Raven ●☆

242926 Malacothrix californica DC.;加州软毛蒲公英;California Desertdandelion, Desert Dandelion ■☆

242927 Malacothrix californica DC. var. glabrata A. Gray ex D. C. Eaton = Malacothrix glabrata (A. Gray ex D. C. Eaton) A. Gray ■☆

242928 Malacothrix clevelandii A. Gray;克利夫兰软毛蒲公英;Cleveland's Desertdandelion ■☆

242929 Malacothrix clevelandii A. Gray var. stebbinsii (W. S. Davis et P. H. Raven) Cronquist = Malacothrix stebbinsii W. S. Davis et P. H. Raven ■☆

242930 Malacothrix commutata Torr. et A. Gray = Malacothrix saxatilis (Nutt.) Torr. et A. Gray var. commutata (Torr. et A. Gray) Ferris ■☆

242931 Malacothrix coulteri (Harv. et A. Gray) A. Heller var. cognata Jeps. = Malacothrix coulteri Harv. et A. Gray ■☆

242932 Malacothrix coulteri Harv. et A. Gray;北美软毛蒲公英;Snake's Head, Snake's Head Desertdandelion, Snake-head ■☆

242933 Malacothrix coulteri Harv. et A. Gray var. cognata Jeps. = Malacothrix coulteri Harv. et A. Gray ■☆

242934 Malacothrix fendleri A. Gray;芬氏软毛蒲公英;Fendler's Desertdandelion ■☆

242935 Malacothrix floccifera (DC.) S. F. Blake;小花软毛蒲公英;Woolly Desertdandelion ■☆

242936 Malacothrix foliosa A. Gray;繁叶软毛蒲公英;Leafy Desertdandelion ■☆

242937 Malacothrix foliosa A. Gray subsp. crispifolia W. S. Davis;波叶软毛蒲公英■☆

242938 Malacothrix foliosa A. Gray subsp. philbrickii W. S. Davis;菲尔软毛蒲公英;Philbrick's Desertdandelion ■☆

242939 Malacothrix foliosa A. Gray subsp. polycephala W. S. Davis;多头繁叶软毛蒲公英;Many-head Desertdandelion ■☆

242940 Malacothrix foliosa A. Gray var. indecora (Greene) E. W. Williams = Malacothrix indecora Greene ■☆

242941 Malacothrix foliosa A. Gray var. squalida (Greene) E. W. Williams = Malacothrix squalida Greene ■☆

242942 Malacothrix glabrata (A. Gray ex D. C. Eaton) A. Gray;光软毛蒲公英;Desert Dandelion, Smooth Desertdandelion ■☆

242943 Malacothrix implicata Eastw. = Malacothrix saxatilis (Nutt.) Torr. et A. Gray var. implicata (Eastw.) H. M. Hall ■☆

242944 Malacothrix incana (Nutt.) Torr. et A. Gray;沙丘软毛蒲公英;Dune Malacothrix, Dunedelion ■☆

242945 Malacothrix incana (Nutt.) Torr. et A. Gray var. succulenta (Elmer) E. W. Williams = Malacothrix incana (Nutt.) Torr. et A. Gray ■☆

242946 Malacothrix indecora Greene;圣克鲁斯软毛蒲公英;Santa Cruz Island Desertdandelion ■☆

242947 Malacothrix insularis Greene var. squalida (Greene) Ferris = Malacothrix squalida Greene ■☆

242948 Malacothrix junakii W. S. Davis;朱奈克软毛蒲公英;Junak's Desertdandelion ■☆

242949 Malacothrix obtusa Benth. = Malacothrix floccifera (DC.) S. F. Blake ■☆

242950 Malacothrix parviflora Benth. = Malacothrix floccifera (DC.) S. F. Blake ■☆

242951 Malacothrix phaeocarpa W. S. Davis;戴维斯软毛蒲公英;Davis' Desertdandelion ■☆

242952 Malacothrix platyphylla A. Gray = Atrichoseris platyphylla (A. Gray) A. Gray ■☆

242953 Malacothrix runcinata A. Nelson = Malacothrix sonchoides (Nutt.) Torr. et A. Gray ■☆

242954 Malacothrix saxatilis (Nutt.) Torr. et A. Gray;岩地软毛蒲公英;Cliff Desertdandelion ■☆

242955 Malacothrix saxatilis (Nutt.) Torr. et A. Gray var. altissima (Greene) Ferris = Malacothrix saxatilis (Nutt.) Torr. et A. Gray var. tenuifolia (Nutt.) A. Gray ■☆

242956 Malacothrix saxatilis (Nutt.) Torr. et A. Gray var. arachnoidea (E. A. McGregor) E. W. Williams;蛛丝软毛蒲公英;Carmel Valley Malacothrix ■☆

242957 Malacothrix saxatilis (Nutt.) Torr. et A. Gray var. commutata (Torr. et A. Gray) Ferris;多变软毛蒲公英■☆

242958 Malacothrix saxatilis (Nutt.) Torr. et A. Gray var. implicata (Eastw.) H. M. Hall;缠结软毛蒲公英■☆

242959 Malacothrix saxatilis (Nutt.) Torr. et A. Gray var. tenuifolia (Nutt.) A. Gray;纤细岩地软毛蒲公英■☆

242960 Malacothrix senecioides Reiche = Malacothrix clevelandii A. Gray ■☆

242961 Malacothrix sonchoides (Nutt.) Torr. et A. Gray;千里光软毛蒲公英;Sow-thistle Desertdandelion ■☆

242962 Malacothrix sonorae W. S. Davis et P. H. Raven;索诺软毛蒲公英;Sonoran Desertdandelion ■☆

242963 Malacothrix squalida Greene;岛生软毛蒲公英;Island Desertdandelion, Santa Cruz Desertdandelion ■☆

242964 Malacothrix stebbinsii W. S. Davis et P. H. Raven;斯特宾斯软毛蒲公英;Stebbins' Desertdandelion ■☆

242965 Malacothrix succulenta Elmer = Malacothrix incana (Nutt.) Torr. et A. Gray ■☆

242966 Malacothrix torreyi A. Gray;托里软毛蒲公英;Torrey's Desertdandelion ■☆

242967 Malacoxylum Jacq. = Cissus L. ●

242968 Malacurus Nevski = Leymus Hochst. ■

242969 Malacurus Nevski(1934);肖赖草属■☆

242970 Malacurus lanatus (Korsh.) Nevski;肖赖草■☆

242971 Malagasia L. A. S. Johnson et B. G. Briggs(1975);马拉山龙眼属●☆

242972 Malagasia alticola (Capuron) L. A. S. Johnson et B. G. Briggs;

马拉山龙眼●☆

242973 Malaisia Blanco = Trophis P. Browne(保留属名)●☆

242974 Malaisia Blanco(1837);牛筋藤属(盘龙木属);Malaisia, Strengthvine, Strength-vine ●

242975 Malaisia scandens (Lour.) Planch.;牛筋藤(包饭果藤,偻稗子藤,饭果藤,谷沙藤,马来藤,盘龙木,鹊鸪藤,蛙皮藤); Malaisia, Strengthvine, Strength-vine ●

242976 Malaisia tortuosa Blanco;台湾牛筋藤;Taiwan Strengthvine ●

242977 Malaisia tortuosa Blanco = Malaisia scandens (Lour.) Planch. ●

242978 Malanea Aubl.(1775);马拉茜属●☆

242979 Malanea microphylla Standl. et Steyerm.;小叶马拉茜●☆

242980 Malanea nitida Desr.;光亮马拉茜●☆

242981 Malanea spicata Müll. Arg. ex Glaz.;穗马拉茜●☆

242982 Malania Chun et S. K. Lee ex S. K. Lee = Malania Chun et S. K. Lee ●★

242983 Malania Chun et S. K. Lee(1980);蒜头果属(马兰木属); Garlicfruit, Malania ●★

242984 Malania oleifera Chun et S. K. Lee;蒜头果(猴子果,马兰木,山桐果);Garlicfruit, Oil Malania, Oily Malania ●◇

242985 Malania sieboldii Kuntze = Malania oleifera Chun et S. K. Lee ●◇

242986 Malanthos Stapf = Catanthera F. Muell. ●☆

242987 Malanthos Stapf = Hederella Stapf ●☆

242988 Malaparius Miq. = ? Pterocarpus Jacq.(保留属名)●

242989 Malapoenna Adans.(废弃属名)= Litsea Lam.(保留属名)●

242990 Malapoenna sieboldii Kuntze = Neolitsea sericea (Blume) Koidz. ●◇

242991 Malasma Scop. = Melasma P. J. Bergius ■

242992 Malasptnaea C. Presl = Aegiceras Gaertn. ●

242993 Malaxis Sol. ex Sw.(1788);原沼兰属(软叶兰属,小林兰属,沼兰属); Addermonth Orchid, Adder's Mouth, Adder's-Mouth Orchid, Bogorchis ■

242994 Malaxis abieticola Salazar et Soto Arenas;细花沼兰;Slender-flowered Malaxis ■☆

242995 Malaxis acuminata D. Don = Crepidium acuminatum (D. Don) Szlach. ■

242996 Malaxis acuminata D. Don f. biloba (Lindl.) Tuyama = Crepidium acuminatum (D. Don) Szlach. ■

242997 Malaxis acuminata D. Don var. biloba (Lindl.) Ames = Crepidium acuminatum (D. Don) Szlach. ■

242998 Malaxis allanii S. Y. Hu et Barretto = Crepidium acuminatum (D. Don) Szlach. ■

242999 Malaxis allanii S. Y. Hu et Barretto = Malaxis acuminata D. Don ■

243000 Malaxis angustifolia Blume = Liparis caespitosa (Thouars) Lindl. ■

243001 Malaxis anthropophora (Lindl.) Rchb. f. = Oberonia anthropophora Lindl. ■

243002 Malaxis arisanensis (Hayata) S. Y. Hu = Malaxis monophylla (L.) Sw. ■

243003 Malaxis atrorubra (H. Perrier) Summerh.;深红沼兰■☆

243004 Malaxis bahanensis (Hand.-Mazz.) Ts. Tang et F. T. Wang = Crepidium bahanense (Hand.-Mazz.) S. C. Chen et J. J. Wood ■

243005 Malaxis bancanoides Ames = Crepidium bancanoides (Ames) Szlach. ■

243006 Malaxis bayardii Fernald;巴亚尔沼兰;Bayard's Malaxis ■☆

243007 Malaxis biaurita (Lindl.) Kuntze = Crepidium biauritum (Lindl.) Szlach. ■

243008 Malaxis biloba (Lindl.) Ames = Crepidium acuminatum (D. Don) Szlach. ■

243009 Malaxis biloba (Lindl.) Ames = Malaxis acuminata D. Don ■

243010 Malaxis boninensis (Koidz.) Nackej.;小笠原沼兰■☆

243011 Malaxis brachypoda (A. Gray) Fernald;北美沼兰;White Adder's-mouth ■☆

243012 Malaxis brachypoda (A. Gray) Fernald = Malaxis monophylla (L.) Sw. var. brachypoda (A. Gray) F. J. A. Morris et E. A. Eames ■☆

243013 Malaxis brevicaulis (Schltr.) S. Y. Hu = Crepidium biauritum (Lindl.) Szlach. ■

243014 Malaxis brevicaulis (Schltr.) S. Y. Hu = Malaxis biaurita (Lindl.) Kuntze ■

243015 Malaxis brevifolia (Lindl.) Rchb. f. = Oberonia disticha (Lam.) Schltr. ■☆

243016 Malaxis caespitosa Thouars = Liparis caespitosa (Thouars) Lindl. ■

243017 Malaxis calophylla (Rchb. f.) Kuntze = Crepidium calophyllum (Rchb. f.) Szlach. ■

243018 Malaxis calophylla (Rchb. f.) Kuntze var. brachycheila (Hook. f.) Ts. Tang et F. T. Wang = Crepidium calophyllum (Rchb. f.) Szlach. ■

243019 Malaxis calophylla (Rchb. f.) Kuntze var. brachycheila (Hook. f.) Ts. Tang et F. T. Wang = Malaxis calophylla (Rchb. f.) Kuntze ■

243020 Malaxis carnosula (Rolfe ex Downie) Seidenf. et Smitinand = Dienia ophrydis (J. König) Ormerod et Seidenf. ■

243021 Malaxis caulescens (Lindl.) Rchb. f. = Oberonia caulescens Lindl. ex Wall. ■

243022 Malaxis cernua Willd. = Geodorum densiflorum (Lam.) Schltr. ■

243023 Malaxis cespitosa Thouars = Liparis cespitosa (Thouars) Lindl. ■

243024 Malaxis chevalieri Summerh. = Kornasia chevalieri (Summerh.) Szlach. ■☆

243025 Malaxis commelinifolia (Zoll.) Kuntze;鸭趾草叶沼兰; Dayflower-leaf Addermouth Orchid ■

243026 Malaxis concava Seidenf. = Crepidium concavum (Seidenf.) Szlach. ■

243027 Malaxis congesta (Lindl.) Deb = Dienia ophrydis (J. König) Ormerod et Seidenf. ■

243028 Malaxis copelandii Ames;圆钝沼兰(圆唇软叶兰);Copeland Addermonth Orchid, Copeland Bogorchis ■

243029 Malaxis cordifolia Ames et C. Schweinf = Liparis petiolata (D. Don) P. F. Hunt et Summerh. ■

243030 Malaxis correana W. P. C. Barton = Liparis liliifolia (L.) Rich. ex Lindl. ■☆

243031 Malaxis corymbosa (S. Watson) Kuntze;伞房沼兰■☆

243032 Malaxis cylindrostachya (Lindl.) Kuntze = Dienia cylindrostachya Lindl. ■

243033 Malaxis cylindrostachys (Rchb. f.) Kuntze = Dienia cylindrostachya Lindl. ■

243034 Malaxis denticulata (Wight) Rchb. f. = Oberonia mucronata (D. Don) Ormerod et Seidenf. ■

243035 Malaxis diphyllos Cham. = Malaxis monophylla (L.) Sw. ■

243036 Malaxis discolor (Lindl.) Kuntze;二色沼兰;Discolor Addermonth Orchid ■

243037 Malaxis ensiformis Sm. = Oberonia ensiformis (Sm.) Lindl. ■

243038 Malaxis finetii (Gagnep.) Ts. Tang et F. T. Wang = Crepidium finetii (Gagnepa.) S. C. Chen et J. J. Wood ■

243039 Malaxis flavescens Thouars = Liparis flavescens Lindl. ■☆

243040 Malaxis floridana (Chapm.) Kuntze = Malaxis spicata Sw. ■☆

243041 Malaxis francoisii (H. Perrier) Summerh.;法兰西斯沼兰■☆

243042 Malaxis hahajimensis S. Kobay.;母岛沼兰■☆

243043 Malaxis hainanensis Ts. Tang et F. T. Wang = Crepidium hainanense (Ts. Tang et F. T. Wang) S. C. Chen et J. J. Wood ■

243044 Malaxis hirschbergii Summerh. = Kornasia maclaudii (Finet) Szlach. ■☆

243045 Malaxis insularis Ts. Tang et F. T. Wang = Crepidium insulare (Ts. Tang et F. T. Wang) S. C. Chen et J. J. Wood ■

243046 Malaxis iridifolia (Roxb. ex Lindl.) Rchb. f. = Oberonia iridifolia Roxb. ex Lindl. ■

243047 Malaxis iridifolia (Roxb.) Rchb. f. = Oberonia mucronata (D. Don) Ormerod et Seidenf. ■

243048 Malaxis japonica Maxim. = Oberonia japonica (Maxim.) Makino ■

243049 Malaxis jenkinsiana (Griff. ex Lindl.) Rchb. f. = Oberonia jenkinsiana Griff. ex Lindl. ■

243050 Malaxis katangensis Summerh. = Lisowskia katangensis (Summerh.) Szlach. ■☆

243051 Malaxis katangensis Summerh. var. pygmaea (Summerh.) P. J. Cribb;矮小沼兰■☆

243052 Malaxis katochilos (Schltr.) Summerh. = Lisowskia prorepens (Kraenzl.) Szlach. ■☆

243053 Malaxis khasiana (Hook. f.) Kuntze = Crepidium khasianum (Hook. f.) Szlach. ■

243054 Malaxis kizanensis (Masam.) Hatus. = Malaxis latifolia Sm. ■

243055 Malaxis kizanensis (Masam.) S. S. Ying = Malaxis latifolia Sm. ■

243056 Malaxis kizanensis (Masam.) S. Y. Hu = Dienia ophrydis (J. König) Ormerod et Seidenf. ■

243057 Malaxis kizanensis (Masam.) S. Y. Hu = Malaxis latifolia Sm. ■

243058 Malaxis latifolia Blume = Liparis latifolia (Blume) Lindl. ■

243059 Malaxis latifolia Sm. = Dienia ophrydis (J. König) Ormerod et Seidenf. ■

243060 Malaxis latifolia Sm. = Malaxis ophrydis (J. König) Ormerod ■

243061 Malaxis latifolia Sm. var. nana S. S. Ying = Dienia ophrydis (J. König) Ormerod et Seidenf. ■

243062 Malaxis latifolia Sm. var. nana S. S. Ying = Malaxis latifolia Sm. ■

243063 Malaxis liliifolia (L.) Sw. = Liparis liliifolia (L.) Rich. ex Lindl. ■☆

243064 Malaxis liparidioides (Schltr.) Ts. Tang et F. T. Wang = Crepidium purpureum (Lindl.) Szlach. ■

243065 Malaxis liparidioides (Schltr.) Ts. Tang et F. T. Wang = Malaxis purpurea (Lindl.) Kuntze ■

243066 Malaxis longifolia Barton = Liparis loeselii (L.) Rich. ■☆

243067 Malaxis longifolia W. P. C. Barton = Liparis liliifolia (L.) Rich. ex Lindl. ■☆

243068 Malaxis macgregorii Ames = Crepidium matsudae (Yamam.) Szlach. ■

243069 Malaxis mackinnonii (Duthie) Ames = Crepidium mackinnonii (Duthie) Szlach. ■

243070 Malaxis maclaudii (Finet) Summerh. = Kornasia maclaudii (Finet) Szlach. ■☆

243071 Malaxis madagascariensis (Klinge) Summerh.;马岛沼兰■☆

243072 Malaxis matsudai (Yamam.) Hatus. = Malaxis macgregorii Ames ■

243073 Malaxis matsudai (Yamam.) Hatus. ex K. Nakaj. = Crepidium matsudai (Yamam.) Szlach. ■

243074 Malaxis matsudai (Yamam.) S. S. Ying = Malaxis matsudai (Yamam.) Hatus. ■

243075 Malaxis matsudai (Yamam.) S. Y. Hu = Malaxis matsudai (Yamam.) Hatus. ■

243076 Malaxis melanotoessa Summerh.;黑沼兰■☆

243077 Malaxis metallica (Rchb. f.) Kuntze;金光沼兰;Golden-light Addermonth Orchid ■☆

243078 Malaxis micrantha (Summerh.) W. Sanford = Orestias micrantha Summerh. ■☆

243079 Malaxis microtatantha (Schltr.) Ts. Tang et F. T. Wang = Oberonioides microtatantha (Schltr.) Szlach. ■

243080 Malaxis miyakei (Schltr.) Nackej. = Malaxis bancanoides Ames ■

243081 Malaxis miyakei (Schltr.) S. S. Ying = Malaxis bancanoides Ames ■

243082 Malaxis miyakei (Schltr.) Ts. Tang et F. T. Wang = Crepidium bancanoides (Ames) Szlach. ■

243083 Malaxis miyakei (Schltr.) Ts. Tang et F. T. Wang = Malaxis bancanoides Ames ■

243084 Malaxis monophylla (L.) Sw.;原沼兰(单叶软叶兰,二片一条枪,夹叶一颗珠,台湾小柱兰,小柱兰,一叶兰,云南沼兰,沼兰);Adder's-mouth Orchid, Bogorchis, Eurasian White Adder's-mouth, Sheath Addermonth Orchid, Single-leaved Bog Orchid, White Adder's-mouth ■

243085 Malaxis monophylla (L.) Sw. var. brachypoda (A. Gray) F. J. A. Morris et E. A. Eames;短距沼兰;North American White Adder's-mouth, White Adder's-mouth ■☆

243086 Malaxis monophyllos (L.) Sw. var. diphyllos (Cham.) Luer = Malaxis monophylla (L.) Sw. ■

243087 Malaxis montana (Rothr.) Kuntze = Malaxis soulei L. O. Williams ■☆

243088 Malaxis muscifera (Lindl.) Kuntze;苔地原沼兰(苔地沼兰)■☆

243089 Malaxis muscifera (Lindl.) Kuntze var. stelostachya Ts. Tang et F. T. Wang = Malaxis monophylla (L.) Sw. ■

243090 Malaxis myosurus (G. Forst.) E. C. Parish et Rchb. f. = Oberonia myosurus (G. Forst.) Lindl. ■☆

243091 Malaxis myriantha (Lindl.) Rchb. f. = Oberonia acaulis Griff. ■

243092 Malaxis nervosa (Thunb. ex A. Murray) Sw. = Liparis nervosa (Thunb. ex A. Murray) Lindl. ■

243093 Malaxis nervosa (Thunb.) Sw. = Liparis nervosa (Thunb.) Lindl. ■

243094 Malaxis obcordata (Lindl.) Rchb. f. = Oberonia obcordata Lindl. ■

243095 Malaxis odorata Willd. = Liparis odorata (Willd.) Lindl. ■

243096 Malaxis ophioglossoides Muhl. ex Willd. = Malaxis unifolia Michx. ■☆

243097 Malaxis ophrydis (J. König) Ormerod = Dienia ophrydis (J. König) Ormerod et Seidenf. ■

243098 Malaxis orbicularis (W. W. Sm. et Jeffrey) Ts. Tang et F. T. Wang = Crepidium orbiculare (W. W. Sm. et Jeffrey) Seidenf. ■

243099 Malaxis ovalisepala (J. J. Sm.) Seidenf. = Crepidium ovalisepalum (J. J. Sm.) Szlach. ■

243100 Malaxis paludosa (L.) Sw. = Hammarbya paludosa (L.) Kuntze ■☆

243101 Malaxis parvissima S. Y. Hu = Malaxis latifolia Sm. ■

243102 Malaxis parvissima S. Y. Hu et Barretto = Dienia ophrydis (J. König) Ormerod et Seidenf. ■

243103 Malaxis physuroides (Schltr.) Summerh.;钳唇原沼兰(钳唇沼兰)■☆

243104 Malaxis pierrei (Finet) Tang et F. T. Wang = Crepidium acuminatum (D. Don) Szlach. ■

243105 Malaxis pierrei (Finet) Ts. Tang et F. T. Wang = Malaxis acuminata D. Don ■

243106 Malaxis porphyrea (Ridl.) Kuntze;紫色原沼兰(紫沼兰)■☆

243107 Malaxis prorepens (Kraenzl.) Summerh. = Lisowskia prorepens (Kraenzl.) Szlach. ■☆

243108 Malaxis purpurea (Lindl.) Kuntze = Crepidium purpureum (Lindl.) Szlach. ■

243109 Malaxis purpurescens Thouars = Liparis salassia (Pers.) Summerh. ■☆

243110 Malaxis pusilla Rolfe = Malaxis microtatantha (Schltr.) Ts. Tang et F. T. Wang ■

243111 Malaxis pygmaea Summerh. = Malaxis katangensis Summerh. var. pygmaea (Summerh.) P. J. Cribb ■☆

243112 Malaxis pyrulifera (Lindl.) Rchb. f. = Oberonia pyrulifera Lindl. ■

243113 Malaxis ramosii Ames = Crepidium ramosii (Ames) Szlach. ■

243114 Malaxis rizalensis Ames = Malaxis purpurea (Lindl.) Kuntze ■

243115 Malaxis roohutuensis (Fukuy.) K. Nakajima = Crepidium bancanoides (Ames) Szlach. ■

243116 Malaxis roohutuensis (Fukuy.) S. S. Ying;紫背原沼兰(紫背小柱兰,紫背沼兰);Purpleback Addermonth Orchid, Purpleback Bogorchis ■

243117 Malaxis roohutuensis (Fukuy.) S. Y. Hu = Malaxis bancanoides Ames ■

243118 Malaxis roohutuensis (Fukuy.) S. Y. Hu = Malaxis roohutuensis (Fukuy.) S. S. Ying ■

243119 Malaxis rufilabris (Lindl.) Hook. f. = Oberonia rufilabris Lindl. ■

243120 Malaxis rufilabris (Lindl.) Rchb. f. = Oberonia rufilabris Lindl. ■

243121 Malaxis schliebenii (Mansf.) Summerh. = Kornasia schliebenii (Mansf.) Szlach. ■☆

243122 Malaxis shuicae S. S. Ying = Dienia ophrydis (J. König) Ormerod et Seidenf. ■

243123 Malaxis shuicae S. S. Ying = Malaxis latifolia Sm. ■

243124 Malaxis siamensis (Rolfe ex Downie) Seidenf. et Smitinand = Crepidium acuminatum (D. Don) Szlach. ■

243125 Malaxis siamensis (Rolfe ex Downie) Seidenf. et Smitinand = Malaxis acuminata D. Don ■

243126 Malaxis sichuanica Ts. Tang et F. T. Wang = Crepidium sichuanicum (Ts. Tang et F. T. Wang) S. C. Chen et J. J. Wood ■

243127 Malaxis sichuanica Ts. Tang et F. T. Wang ex S. C. Chen = Crepidium sichuanicum (Ts. Tang et F. T. Wang) S. C. Chen et J. J. Wood ■

243128 Malaxis sikkimensis (Lindl.) Rchb. f. = Oberonia acaulis Griff. ■

243129 Malaxis soulei L. O. Williams;索尔原沼兰(索尔沼兰);Mountain Malaxis ■☆

243130 Malaxis spicata Sw.;穗花原沼兰(穗花沼兰);Florida Adder's-mouth, Spicate Addermonth Orchid ■☆

243131 Malaxis stelidostachya (Rchb. f.) Kuntze = Orestias stelidostachya (Rchb. f.) Summerh. ■☆

243132 Malaxis stolzii (Schltr.) Summerh. = Lisowskia weberbaueriana (Kraenzl.) Szlach. ■☆

243133 Malaxis sutepensis (Rolfe ex Downie) Seidenf. et Smitinand = Crepidium biauritum (Lindl.) Szlach. ■

243134 Malaxis sutepensis (Rolfe) Seidenf. et Smitinand = Malaxis biaurita (Lindl.) Kuntze ■

243135 Malaxis szemaoensis Ts. Tang et F. T. Wang = Crepidium ovalisepalum (J. J. Sm.) Szlach. ■

243136 Malaxis szemaoensis Ts. Tang et F. T. Wang = Malaxis ovalisepala (J. J. Sm.) Seidenf. ■

243137 Malaxis tairukouensis S. S. Ying = Malaxis microtatantha (Schltr.) Ts. Tang et F. T. Wang ■

243138 Malaxis tairukouensis S. S. Ying = Oberonioides microtatantha (Schltr.) Szlach. ■

243139 Malaxis taiwaniana S. S. Ying = Malaxis monophylla (L.) Sw. ■

243140 Malaxis tenuis (S. Watson) Ames = Malaxis abieticola Salazar et Soto Arenas ■☆

243141 Malaxis thlaspiformis A. Rich. et Galeotti = Malaxis unifolia Michx. ■☆

243142 Malaxis unifolia Michx.;单花原沼兰(单花沼兰);Green Adder's-mouth ■☆

243143 Malaxis unifolia Michx. f. bifolia Mousley = Malaxis unifolia Michx. ■☆

243144 Malaxis viridiflora Blume = Liparis viridiflora (Blume) Lindl. ■

243145 Malaxis wallichii (Lindl.) Deb = Crepidium acuminatum (D. Don) Szlach. ■

243146 Malaxis weberbaueriana (Kraenzl.) Summerh. = Lisowskia weberbaueriana (Kraenzl.) Szlach. ■☆

243147 Malaxis wendtii Salazar;文特原沼兰(文特沼兰)■☆

243148 Malaxis yunnanensis (Schltdl.) Ts. Tang et F. T. Wang = Malaxis monophylla (L.) Sw. ■

243149 Malaxis yunnanensis (Schltr.) Ts. Tang et F. T. Wang;云南原沼兰(云南沼兰);Addermonth Orchid ■

243150 Malaxis yunnanensis (Schltr.) Ts. Tang et F. T. Wang = Malaxis monophylla (L.) Sw. ■

243151 Malaxis yunnanensis (Schltr.) Ts. Tang et F. T. Wang var. nematophylla Ts. Tang et F. T. Wang = Malaxis monophylla (L.) Sw. ■

243152 Malbrancia Neck. = Rourea Aubl.(保留属名)●

243153 Malchomla Sang. = Malcolmia W. T. Aiton(保留属名)■

243154 Malcolmia R. Br. = Malcolmia W. T. Aiton(保留属名)■

243155 Malcolmia Spreng. = Malcolmia W. T. Aiton(保留属名)■

243156 Malcolmia W. T. Aiton(1812)('Malcomia')(保留属名);涩荠属(离蕊芥属,马尔康草属,马康草属,涩芥属);Malcolm Stock, Malcolmia, Virginia Stock ■

243157 Malcolmia aculeolata (Boiss.) Boiss. = Torularia aculeolata (Boiss.) O. E. Schulz ■☆

243158 Malcolmia aegyptiaca Spreng. = Eremobium aegyptiacum (Spreng.) Hochr. ■☆

243159 Malcolmia aegyptiaca Spreng. subsp. diffusa (Decne.) Maire = Eremobium aegyptiacum (Spreng.) Hochr. ■☆

243160 Malcolmia aegyptiaca Spreng. subsp. longisiliqua (Coss.) Maire = Eremobium longisiliquum (Coss.) Boiss. ■☆

243161 Malcolmia aegyptiaca Spreng. var. albiflora Maire = Eremobium longisiliquum (Coss.) Boiss. ■☆

243162 Malcolmia aegyptiaca Spreng. var. dasycarpa Batt. = Eremobium longisiliquum (Coss.) Boiss. ■☆

243163 Malcolmia aegyptiaca Spreng. var. longisiliqua (Coss.) Maire = Eremobium longisiliquum (Coss.) Boiss. ■☆

243164 Malcolmia africana (L.) R. Br.;涩荠(大麦荠菜,蒺兀萝卜,离蕊芥,马尔康草,麦拉拉,千果草,涩芥,葶苈子,硬果涩荠,硬毛涩荠,窄瓣涩荠,紫花芥);Africa Malcolmia, African Malcolmia, African Mustard, Hairyfruit African Malcolmia, Narrowpetal African Malcolmia ■

243165 Malcolmia africana (L.) R. Br. var. calycina (Sennen) Maire = Malcolmia africana (L.) R. Br. ■

243166 Malcolmia africana (L.) R. Br. var. divaricata Fisch. = Malcolmia africana (L.) R. Br. ■

243167 Malcolmia africana (L.) R. Br. var. intermedia ? = Malcolmia africana (L.) R. Br. ■

243168 Malcolmia africana (L.) R. Br. var. korshinskyi Vassilcz. = Malcolmia africana (L.) R. Br. ■

243169 Malcolmia africana (L.) R. Br. var. stenopetala Bernh. ex Fisch. et C. A. Mey. = Malcolmia africana (L.) R. Br. ■

243170 Malcolmia africana (L.) R. Br. var. stenopetala Claus = Malcolmia africana (L.) R. Br. ■

243171 Malcolmia africana (L.) R. Br. var. trichocarpa (Boiss. et Buhse) Boiss. = Malcolmia africana (L.) R. Br. ■

243172 Malcolmia arenaria (Desf.) DC.;沙地涩荠■☆

243173 Malcolmia arenaria (Desf.) DC. var. biloba (Pomel) Batt. = Malcolmia arenaria (Desf.) DC. ■☆

243174 Malcolmia arenaria (Desf.) DC. var. versicolor (Pomel) Batt. = Malcolmia arenaria (Desf.) DC. ■☆

243175 Malcolmia behboudiana Rech. f. et Esfand.;邦奇涩荠■☆

243176 Malcolmia biloba Pomel = Malcolmia arenaria (Desf.) DC. ■☆

243177 Malcolmia brevipes (Kar. et Kir.) Boiss. = Neotorularia bracteata (S. L. Yang) C. H. An ■

243178 Malcolmia brevipes (Kar. et Kir.) Boiss. = Neotorularia brevipes (Kar. et Kir.) Hedge et J. Léonard ■

243179 Malcolmia brevipes (Kar. et Kir.) Boiss. = Torularia bracteata S. L. Yang ■

243180 Malcolmia broussonetii DC.;布鲁索内涩荠■☆

243181 Malcolmia broussonetii DC. subsp. mamorensis H. Lindb. = Malcolmia broussonetii DC. ■☆

243182 Malcolmia broussonetii DC. var. canescens Maire = Malcolmia broussonetii DC. ■☆

243183 Malcolmia broussonetii DC. var. tricolor Emb. et Maire = Malcolmia broussonetii DC. ■☆

243184 Malcolmia bucharica Vassilcz.;布哈尔涩荠■☆

243185 Malcolmia calycina Sennen = Malcolmia africana (L.) R. Br. ■

243186 Malcolmia confusa Boiss. = Maresia nana (DC.) Batt. ■☆

243187 Malcolmia contortuplicata (Stephan) Boiss. var. curvata Freyn et Sint. = Malcolmia scorpioides (Bunge) Boiss. ■

243188 Malcolmia crenulata (C. A. Mey.) Vassilcz.;细圆齿涩荠■☆

243189 Malcolmia divaricata (Fisch.) Fisch. = Malcolmia africana (L.) R. Br. ■

243190 Malcolmia doumetiana (Coss.) Rouy = Maresia doumetiana (Coss.) Batt. ■☆

243191 Malcolmia grandiflora (Bunge) Kuntze;大花涩荠■☆

243192 Malcolmia heterophylla Caball. = Malcolmia arenaria (Desf.) DC. ■☆

243193 Malcolmia hispida Litv.;刚毛涩荠;Hispid Malcolmia ■

243194 Malcolmia humilis C. H. An = Malcolmia scorpioides (Bunge) Boiss. ■

243195 Malcolmia karelinii Lipsky;短梗涩荠;Shortstalk Malcolmia ■

243196 Malcolmia karelinii Lipsky var. lasiocarpa Lipsky = Malcolmia karelinii Lipsky ■

243197 Malcolmia lacera (L.) DC. = Malcolmia triloba (L.) Spreng. ■☆

243198 Malcolmia lacera (L.) DC. subsp. broussonetii (DC.) Greuter et Burdet = Malcolmia broussonetii DC. ■☆

243199 Malcolmia lacera (L.) DC. var. broussonetii (DC.) Ball = Malcolmia broussonetii DC. ■☆

243200 Malcolmia lacera (L.) DC. var. patula Ball = Malcolmia broussonetii DC. ■☆

243201 Malcolmia laxa (Lam.) DC. = Malcolmia africana (L.) R. Br. ■

243202 Malcolmia littorea (L.) R. Br.;海岸涩荠■☆

243203 Malcolmia littorea (L.) R. Br. var. goffartii Batt. et Jahand. = Malcolmia littorea (L.) R. Br. ■☆

243204 Malcolmia littorea (L.) R. Br. var. lingulata H. Lindb. = Malcolmia littorea (L.) R. Br. ■☆

243205 Malcolmia littorea (L.) R. Br. var. multicaulis (Pomel) Maire = Malcolmia littorea (L.) R. Br. ■☆

243206 Malcolmia littorea (L.) R. Br. var. sinuata Rouy et Foucaud = Malcolmia littorea (L.) R. Br. ■☆

243207 Malcolmia littorea (L.) R. Br. var. spathulata Camus = Malcolmia littorea (L.) R. Br. ■☆

243208 Malcolmia malcolmioides (Coss. et Durieu) Greuter et Burdet = Maresia malcolmioides (Coss. et Durieu) Pomel ■☆

243209 Malcolmia maritima (L.) R. Br.;海滨涩荠;Children of Israel, Hundreds-and-thousands, Israelites, Little-and-pretty, Mahon Stock, Mother-of-thousands, Nancy Pretty, Nancy-pretty, None-so-pretty, Pretty-and-little, Searocket, Small-and-pretty, Tens-o'-thousands, Virginia Stock, Virginian Stock, William-and-Mary ■☆

243210 Malcolmia maritima R. Br. = Malcolmia maritima (L.) R. Br. ■☆

243211 Malcolmia mongolica Maxim. = Neotorularia korolkowii (Regel et Schmalh.) Hedge et J. Léonard ■

243212 Malcolmia multicaulis Pomel = Malcolmia littorea (L.) R. Br. ■☆

243213 Malcolmia multisiliqua Vassilcz. = Malcolmia scorpioides (Bunge) Boiss. ■

243214 Malcolmia nana (DC.) Boiss. = Maresia nana (DC.) Batt. ■☆

243215 Malcolmia pamirica Botsch. et Vved. = Malcolmia strigosa Cambess. ■☆

243216 Malcolmia parviflora DC. = Malcolmia ramosissima (Desf.) Thell. ■☆

243217 Malcolmia parviflora DC. var. brachypoda Emb. et Maire = Malcolmia ramosissima (Desf.) Thell. ■☆

243218 Malcolmia parviflora DC. var. leiocarpa Maire = Malcolmia ramosissima (Desf.) Thell. ■☆

243219 Malcolmia parviflora DC. var. pachystylis Maire = Malcolmia ramosissima (Desf.) Thell. ■☆

243220 Malcolmia patula DC. = Malcolmia triloba (L.) Spreng. ■☆

243221 Malcolmia patula DC. subsp. broussonetii (DC.) Maire = Malcolmia broussonetii DC. ■☆

243222 Malcolmia patula DC. var. bicolor Maire = Malcolmia triloba (L.) Spreng. ■☆

243223 Malcolmia patula DC. var. canescens Maire = Malcolmia triloba

(L.) Spreng. ■☆
243224 Malcolmia patula DC. var. longifolia Pau = Malcolmia triloba (L.) Spreng. ■☆
243225 Malcolmia patula DC. var. tricolor Emb. et Maire = Malcolmia triloba (L.) Spreng. ■☆
243226 Malcolmia perennans Maxim. = Neotorularia humilis (C. A. Mey.) Hedge et J. Léonard ■
243227 Malcolmia pygmaea (DC.) Boiss. = Maresia pygmaea (DC.) O. E. Schulz ■☆
243228 Malcolmia pyramidum C. Presl = Eremobium longisiliquum (Coss.) Boiss. ■☆
243229 Malcolmia ramosissima (Desf.) Thell.;多枝涩荠■☆
243230 Malcolmia scorpioides (Bunge) Boiss.;卷果涩荠(小涩荠);Scorpioid Malcolmia, Scorpionlike Malcolmia, Small Malcolmia ■
243231 Malcolmia scorpioides (Bunge) Boiss. var. curvata (Freyn et Sintenis) Vassilcz. = Malcolmia scorpioides (Bunge) Boiss. ■
243232 Malcolmia scorpiuroides (Boiss.) Freyn = Torularia torulosa (Desf.) O. E. Schulz ■
243233 Malcolmia stenopetala (Bernh. ex Fisch. et C. A. Mey.) Bernh. ex Ledeb. = Malcolmia africana (L.) R. Br. ■
243234 Malcolmia stricta Cambess. = Crucihimalaya stricta (Cambess.) Al-Shehbaz, O'Kane et R. A. Price ■
243235 Malcolmia strigosa Cambess.;糙涩荠■☆
243236 Malcolmia taraxacifolia (Balb.) DC. = Malcolmia africana (L.) R. Br. ■
243237 Malcolmia taraxacifolia DC. = Malcolmia africana (L.) R. Br. ■
243238 Malcolmia torulosa (Desf.) Boiss. = Neotorularia torulosa (Desf.) Hedge et J. Léonard ■
243239 Malcolmia torulosa (Desf.) Boiss. = Torularia torulosa (Desf.) O. E. Schulz ■
243240 Malcolmia torulosa (Desf.) Boiss. var. contortuplicata ? = Torularia dentata (Freyn et Sint.) Kitam. ■☆
243241 Malcolmia trichocarpa (Boiss. et Buhse) Botsch. = Malcolmia africana (L.) R. Br. var. trichocarpa (Boiss. et Buhse) Boiss. ■
243242 Malcolmia trichocarpa Boiss. et Buhse = Malcolmia africana (L.) R. Br. ■
243243 Malcolmia trichocarpa Boiss. ex Baker;毛果涩荠■☆
243244 Malcolmia triloba (L.) Spreng.;三裂涩荠■☆
243245 Malcolmia triloba (L.) Spreng. subsp. broussonetii (DC.) Díez-Garretas et Asensi = Malcolmia broussonetii DC. ■☆
243246 Malcolmia turkestanica Litv.;土耳其斯坦涩荠■☆
243247 Malcolmia versicolor Pomel = Malcolmia arenaria (Desf.) DC. ■☆
243248 Malcomia R. Br. = Malcolmia W. T. Aiton(保留属名)■
243249 Malcomia maritima R. Br. = Malcolmia maritima R. Br. ■☆
243250 Malea Lundell(1943);马莱杜鹃属●☆
243251 Malea pilosa Lundell;马莱杜鹃●☆
243252 Malephora N. E. Br. (1927);蔓舌草属■☆
243253 Malephora crassa (L. Bolus) Jacobsen et Schwantes;橙花蔓舌草(宝华);Coppery Mesemb, Crocea Iceplant, Ice Plant ■☆
243254 Malephora crocea (Jacq.) Schwantes = Malephora crassa (L. Bolus) Jacobsen et Schwantes ■☆
243255 Malephora crocea (Jacq.) Schwantes var. purpureo-crocea (Haw.) H. Jacobsen = Malephora purpureo-crocea (Haw.) Schwantes ■☆
243256 Malephora engleriana (Dinter et A. Berger) Schwantes;恩氏蔓舌草■☆
243257 Malephora flavocrocea (Haw.) Jacobsen et Schwantes;黄蔓舌草■☆
243258 Malephora framesii (L. Bolus) Jacobsen et Schwantes;弗雷斯蔓舌草■☆
243259 Malephora herrei (Schwantes) Schwantes;赫勒蔓舌草■☆
243260 Malephora latipetala (L. Bolus) Jacobsen et Schwantes;阔瓣蔓舌草■☆
243261 Malephora lutea (Haw.) Schwantes;岩山吹■☆
243262 Malephora luteola (Haw.) Schwantes;小岩山吹;Rocky Point Ice Plant ■☆
243263 Malephora luteola Schwantes = Malephora luteola (Haw.) Schwantes ■☆
243264 Malephora mollis (Aiton) N. E. Br.;柔软蔓舌草■☆
243265 Malephora ochracea (A. Berger) H. E. K. Hartmann;淡黄褐蔓舌草■☆
243266 Malephora purpureocrocea (Haw.) Schwantes;花园蔓舌草(花园)■☆
243267 Malephora smithii (L. Bolus) H. E. K. Hartmann;史密斯蔓舌草■☆
243268 Malephora thunbergii (Haw.) Schwantes;通贝里蔓舌草■☆
243269 Malephora uitenhagensis (L. Bolus) Jacobsen et Schwantes;埃滕哈赫蔓舌草■☆
243270 Malephora verruculoides (Sond.) Schwantes;小疣蔓舌草■☆
243271 Malesherbia Ruiz et Pav. (1794);离柱草属(离柱属,玉冠草属)●■☆
243272 Malesherbia thyrsiflora Ruiz et Pav.;离柱■☆
243273 Malesherbiaceae D. Don(1827)(保留科名);离柱科(玉冠草科)■☆
243274 Malicope Vitman = Melicope J. R. Forst. et G. Forst. ●
243275 Malidra Raf. = Syzygium R. Br. ex Gaertn. (保留属名)●
243276 Maliga B. D. Jacks. = Allium L. ■
243277 Maliga B. D. Jacks. = Maligia Raf. ■
243278 Maligia Raf. = Allium L. ■
243279 Malinvaudia E. Fourn. (1885);马林萝藦属☆
243280 Malinvaudia capitata E. Fourn.;马林萝藦☆
243281 Maliortea W. Watson = Malortiea H. Wendl. ●☆
243282 Maliortea W. Watson = Reinhardtia Liebm. ●☆
243283 Mallea A. Juss. = Cipadessa Blume ●
243284 Malleastrum (Baill.) J. -F. Leroy(1964);槌楝属●☆
243285 Malleastrum gracile J. -F. Leroy;细槌楝●☆
243286 Malleastrum minutifoliolatum J. -F. Leroy;小托叶槌楝●☆
243287 Malleola J. J. Sm. et Schltr. (1913);小槌兰属(马里奥兰属);Gavelstyle Orchis, Malleola ■
243288 Malleola J. J. Sm. et Schltr. ex Schltr. = Malleola J. J. Sm. et Schltr. ■
243289 Malleola dentifera J. J. Sm.;小槌兰(马里奥兰);Common Malleola, Tooth Gavelstyle Orchis ■
243290 Malleostemon J. W. Green(1983);槌蕊桃金娘属●☆
243291 Malleostemon hursthousei (W. Fitzg.) J. W. Green;槌蕊桃金娘●☆
243292 Malleostemon roseus (E. Pritz.) J. W. Green;粉红槌蕊桃金娘●☆
243293 Mallingtonia Willd. = Millingtonia L. f. ●
243294 Mallinoa J. M. Coult. = Ageratina Spach ●■
243295 Mallococca J. R. Forst. et G. Forst. = Grewia L. ●
243296 Mallogonum (E. Mey. ex Fenzl) Rchb. = Psammotropha Eckl. et Zeyh. ●☆

243297 Mallogonum (Fenzl) Rchb. = Psammotropha Eckl. et Zeyh. ●☆
243298 Mallogonum Rchb. = Psammotropha Eckl. et Zeyh. ●☆
243299 Mallophora Endl. (1838);毛梗马鞭草属●☆
243300 Mallophora corymbosa Endl.;毛梗马鞭草●☆
243301 Mallophora globiflora Endl.;珠芽毛梗马鞭草●☆
243302 Mallophyton Wurdack(1964);软毛野牡丹属☆
243303 Mallophyton chimantense Wurdack;软毛野牡丹☆
243304 Mallostoma H. Karst. = Arcytophyllum Willd. ex Schult. et Schult. f. ●☆
243305 Mallota (A. DC.) Willis = Tournefortia L. ●■
243306 Mallotonia (Griseb.) Britton(1915);鼠麹紫丹属;Iodine Bush ●☆
243307 Mallotonia Britton = Mallotonia (Griseb.) Britton ●☆
243308 Mallotonia gnaphalodes (L.) Britton;鼠麹紫丹;Iodine Bush ●☆
243309 Mallotonia gnaphalodes (L.) Britton = Tournefortia gnaphalodes (L.) Roem. et Schult. ●☆
243310 Mallotonia gnaphalodes Britton = Mallotonia gnaphalodes (L.) Britton ●☆
243311 Mallotopus Franch. et Sav. (1878);毛梗菊属☆
243312 Mallotopus Franch. et Sav. = Arnica L. ●■☆
243313 Mallotopus japonicus Franch. et Sav.;毛梗菊☆
243314 Mallotopus japonicus Franch. et Sav. = Arnica mallotopus Makino ●☆
243315 Mallotus Lour. (1790);野桐属(白背藤属);Japanese Spurge Shrub, Mallotus, Wildtung ●
243316 Mallotus affinis Merr. = Macaranga lowii King ex Hook. f. ●
243317 Mallotus albus (Roxb. ex Jack) Müll. Arg. = Mallotus paniculatus (Lam.) Müll. Arg. ●
243318 Mallotus alternifolius Merr. = Mallotus oblongifolius (Miq.) Müll. Arg. ●
243319 Mallotus anomalus Merr. et Chun;锈毛野桐;Abnormal Mallotus, Rusthair Wildtung, Rusty-hairy Mallotus ●
243320 Mallotus apelta (Lour.) Müll. Arg.;白背叶(白背木,白背娘,白背桐,白吊粟,白鹤树,白林树,白毛树,白帽顶,白面风,白面虎,白面戟,白面筒,白膜叶,白匏仔,白泡树,白朴树,白楸,白楸叶,白肉白匏子,白桃叶,白小娘,白叶仔,赤芽槲,赤芽楸,吊粟,谷皮柴,假苎叶,酒药子树,木梗天青地白,楸,橡皮柴,野芙蓉,野桐,野梧桐,叶下白);White Leaf-back Mallotus, White-back Leaf Mallotus, Whitebackleaf Wildtung, White-back-leaved Tree ●
243321 Mallotus apelta (Lour.) Müll. Arg. var. chinensis (Geiseler) Pax et K. Hoffm. = Mallotus paxii Pamp. ●
243322 Mallotus apelta (Lour.) Müll. Arg. var. kwangsiensis F. P. Metcalf;广西白背叶;Guangxi Wildtung, Kwangsi Wildtung ●
243323 Mallotus apelta (Lour.) Müll. Arg. var. tenuifolius (Pax) Pax et K. Hoffm. = Mallotus japonicus (L. f.) Müll. Arg. var. floccosus (Müll. Arg.) S. M. Hwang ●
243324 Mallotus apelta Müll. Arg. = Mallotus paxii Pamp. ●
243325 Mallotus auriculatus Merr. = Macaranga auriculata (Merr.) Airy Shaw ●
243326 Mallotus auriculatus Merr. = Macaranga lowii King ex Hook. f. ●
243327 Mallotus barbatus (Wall.) Müll. Arg.;毛桐(沉沙木,大毛桐子,盾叶野桐,谷栗麻,红吊福,红妇娘木,红毛桐子,红帽顶,黄花叶,糠皮树,毛果桐,毛桐子,毛叶子,野枇杷,猪肚木,猪糠树,紫糠木);Barbate Mallotus, Barbate Wildtung ●
243328 Mallotus barbatus (Wall.) Müll. Arg. var. congestus F. P. Metcalf;密序野桐;Dense-flower Barbate Mallotus ●
243329 Mallotus barbatus (Wall.) Müll. Arg. var. congestus F. P. Metcalf = Mallotus barbatus (Wall.) Müll. Arg. ●
243330 Mallotus barbatus (Wall.) Müll. Arg. var. croizatianus (F. P. Metcalf) S. M. Hwang = Mallotus barbatus (Wall.) Müll. Arg. ●
243331 Mallotus barbatus (Wall.) Müll. Arg. var. croizatianus (F. P. Metcalf) S. M. Hwang;两广野桐;Croizat's Barbate Mallotus ●
243332 Mallotus barbatus (Wall.) Müll. Arg. var. hubeiensis S. M. Hwang;湖北野桐;Hubei Mallotus, Hubei Wildtung ●
243333 Mallotus barbatus (Wall.) Müll. Arg. var. hubeiensis S. M. Hwang = Mallotus barbatus (Wall.) Müll. Arg. ●
243334 Mallotus barbatus (Wall.) Müll. Arg. var. pedicellaris Croizat;长梗野桐;Longstalk Barbate Mallotus ●
243335 Mallotus barbatus (Wall.) Müll. Arg. var. pedicellaris Croizat = Mallotus barbatus (Wall.) Müll. Arg. ●
243336 Mallotus beillei A. Chev. ex Hutch. et Dalziel = Mallotus oppositifolius (Geiseler) Müll. Arg. ●☆
243337 Mallotus buettneri Pax = Mallotus subulatus Müll. Arg. ●☆
243338 Mallotus capensis (Baill.) Müll. Arg. = Macaranga capensis (Baill.) Benth. ex Sim ●☆
243339 Mallotus castanopsis F. P. Metcalf = Mallotus paxii Pamp. var. castanopsis (F. P. Metcalf) S. M. Hwang ●
243340 Mallotus cavaleriei H. Lév. = Discocleidion rufescens (Franch.) Pax et K. Hoffm. ●
243341 Mallotus chevalieri Beille = Mallotus oppositifolius (Geiseler) Müll. Arg. ●☆
243342 Mallotus chinensis Lour. ex Müll. Arg. = Mallotus paniculatus (Lam.) Müll. Arg. ●
243343 Mallotus chrysocarpus Pamp. = Mallotus repandus (Willd.) Müll. Arg. var. chrysocarpus (Pamp.) S. M. Hwang ●
243344 Mallotus cochinchinensis Lour. = Mallotus paniculatus (Lam.) Müll. Arg. ●
243345 Mallotus columnaris Warb. = Mallotus oblongifolius (Miq.) Müll. Arg. ●
243346 Mallotus conspurcatus Croizat;桂野桐;Guangxi Mallotus, Guangxi Wildtung ●
243347 Mallotus contubernalis Hance;腺叶石岩枫●
243348 Mallotus contubernalis Hance = Mallotus repandus (Willd.) Müll. Arg. ●
243349 Mallotus contubernalis Hance = Mallotus repandus (Willd.) Müll. Arg. var. chrysocarpus (Pamp.) S. M. Hwang ●
243350 Mallotus contubernalis Hance var. chrysocarpus (Pamp.) Hand.-Mazz. = Mallotus repandus (Willd.) Müll. Arg. var. chrysocarpus (Pamp.) S. M. Hwang ●
243351 Mallotus croizatians F. P. Metcalf = Mallotus barbatus (Wall.) Müll. Arg. var. croizatianus (F. P. Metcalf) S. M. Hwang ●
243352 Mallotus decipiens Müll. Arg.;短柄野桐(假野桐);Puzzled Mallotus, Shortstalk Wildtung ●
243353 Mallotus dunnii F. P. Metcalf;南平野桐;Dunn Mallotus, Nanping Wildtung ●
243354 Mallotus eberhardtii Gagnep. = Mallotus esquirolii H. Lév. ●
243355 Mallotus esquirolii H. Lév.;长叶野桐(粗齿野桐,思茅野桐);Esquirol's Mallotus, Longleaf Wildtung ●
243356 Mallotus esquirolii H. Lév. = Mallotus barbatus (Wall.) Müll. Arg. ●
243357 Mallotus ferruginrus (Roxb.) Müll. Arg. = Mallotus tetracoccus (Roxb.) Kurz ●
243358 Mallotus floribundus (Blume) Müll. Arg.;多花野桐;

Manyflower Mallotus, Manyflower Wildtung ●

243359 Mallotus formosanus Hayata = Mallotus paniculatus (Lam.) Müll. Arg. ●

243360 Mallotus formosanus Hayata = Mallotus paniculatus (Lam.) Müll. Arg. var. formosanus (Hayata) Hurus. ●

243361 Mallotus furetianus Müll. Arg. = Mallotus oblongifolius (Miq.) Müll. Arg. ●

243362 Mallotus garrettii Airy Shaw; 粉叶野桐; Garrett Mallotus, Paleleaf Wildtung ●

243363 Mallotus grossedentatus Merr. et Chun = Mallotus esquirolii H. Lév. ●

243364 Mallotus hainanensis S. M. Hwang; 海南野桐; Hainan Mallotus, Hainan Wildtung ●

243365 Mallotus hainanensis S. M. Hwang = Mallotus yunnanensis Pax et K. Hoffm. ●

243366 Mallotus helferi Müll. Arg. = Mallotus oblongifolius (Miq.) Müll. Arg. ●

243367 Mallotus henryi Pax et K. Hoffm. = Macaranga henryi (Pax et K. Hoffm.) Rehder ●

243368 Mallotus hookerianus (Seem.) Müll. Arg.; 粗毛野桐; Hooker Mallotus, Hooker Wildtung ●

243369 Mallotus illudens Croizat; 微果野桐(假新妇木, 小果野桐); Small-fruited Mallotus ●

243370 Mallotus illudens Croizat = Mallotus repandus (Willd.) Müll. Arg. var. chrysocarpus (Pamp.) S. M. Hwang ●

243371 Mallotus japonicus (L. f.) Müll. Arg.; 野梧桐(白匏子, 白肉, 赤芽槲, 赤芽楸, 大白匏仔, 楸, 楸树, 日本野桐, 山桐子, 上白木, 野桐); Japan Wildtung, Japanese Mallotus ●

243372 Mallotus japonicus (L. f.) Müll. Arg. var. floccosus (Müll. Arg.) S. M. Hwang; 野桐(薄叶野桐, 臭樟木, 大马桑叶, 狗尾巴树, 黄栗树); Thinleaf Mallotus, Thin-leaf Mallotus, Wildtung ●

243373 Mallotus japonicus (L. f.) Müll. Arg. var. ochraceo-albidus (Müll. Arg.) S. M. Hwang = Mallotus japonicus (Thunb.) Müll. Arg. var. oreophilus (Müll. Arg.) S. M. Hwang ●

243374 Mallotus japonicus (L. f.) Müll. Arg. var. oreophilus (Müll. Arg.) S. M. Hwang; 绒毛野桐(黄白尼泊尔野桐) ●

243375 Mallotus japonicus (Thunb. ex L. f.) Müll. Arg. = Mallotus japonicus (L. f.) Müll. Arg. ●

243376 Mallotus japonicus (Thunb.) Müll. Arg. = Mallotus japonicus (L. f.) Müll. Arg. ●

243377 Mallotus japonicus (Thunb.) Müll. Arg. var. angustata ? = Mallotus japonicus (Thunb.) Müll. Arg. ●

243378 Mallotus japonicus (Thunb.) Müll. Arg. var. floccosus (Müll. Arg.) S. M. Hwang = Mallotus japonicus (L. f.) Müll. Arg. var. floccosus (Müll. Arg.) S. M. Hwang ●

243379 Mallotus japonicus (Thunb.) Müll. Arg. var. ochraceo-albidus (Müll. Arg.) S. M. Hwang = Mallotus japonicus (Thunb.) Müll. Arg. var. oreophilus (Müll. Arg.) S. M. Hwang ●

243380 Mallotus japonicus (Thunb.) Müll. Arg. var. oreophilus (Müll. Arg.) S. M. Hwang = Mallotus japonicus (L. f.) Müll. Arg. var. oreophilus (Müll. Arg.) S. M. Hwang ●

243381 Mallotus kweichowensis Lauener et W. T. Wang = Mallotus millietii H. Lév. ●

243382 Mallotus lappaceus Müll. Arg.; 刺果野桐(对叶野桐); Bur-like Mallotus ●

243383 Mallotus leveileanus Fedde = Mallotus barbatus (Wall.) Müll. Arg. ●

243384 Mallotus lianus Croizat; 东南野桐(河口野桐, 红背野桐, 黄粟树, 野宿合, 直果野桐); Li's Mallotus, Lian Mallotus, NE. China Wildtung ●

243385 Mallotus lotingensis F. P. Metcalf; 罗定野桐; Luoding Mallotus, Luoding Wildtung ●

243386 Mallotus lotingensis F. P. Metcalf = Mallotus barbatus (Wall.) Müll. Arg. var. congestus F. P. Metcalf ●

243387 Mallotus luchenensis F. P. Metcalf = Mallotus barbatus (Wall.) Müll. Arg. ●

243388 Mallotus maclurei Merr. = Mallotus oblongifolius (Miq.) Müll. Arg. ●

243389 Mallotus melleri Müll. Arg. = Neoboutonia melleri (Müll. Arg.) Prain ●☆

243390 Mallotus metcalfianus Croizat; 褐毛野桐; Brown-hair Mallotus, Brownhair Wildtung, Metcalf Mallotus ●

243391 Mallotus microcarpus Pax et K. Hoffm.; 小果野桐; Littlefruit Mallotus, Smallfruit Wildtung, Small-fruited Wildtung ●

243392 Mallotus millietii H. Lév.; 崖豆藤野桐(滇黔野桐, 崖豆藤); Milliet Wildtung ●

243393 Mallotus millietii H. Lév. var. atricha Croizat = Mallotus millietii H. Lév. ●

243394 Mallotus mollissimus (Geiseler) Airy Shaw; 柔毛野桐(柔毛楸) ●☆

243395 Mallotus moluccanus (L.) Müll. Arg.; 虫屎野桐(巴豆南, 白树仔, 虫屎); Molucca Mallotus ●

243396 Mallotus multiglandulosus (Reinw. ex Blume) Humsawa = Melanolepis multiglandulosa (Reinw. ex Blume) Rchb. f. et Zoll. ●

243397 Mallotus multiglandulosus (Reinw. ex Blume) Hurus.; 多腺桐; Manyglandular Mallotus ●

243398 Mallotus muricatus (Wight) Müll. Arg.; 粗糙野桐 ●☆

243399 Mallotus nepalensis Müll. Arg.; 尼泊尔野桐(臭樟木, 大马桑叶, 毛桐, 山桐子); Nepal Mallotus ●

243400 Mallotus nepalensis Müll. Arg. = Mallotus japonicus (L. f.) Müll. Arg. var. floccosus (Müll. Arg.) S. M. Hwang ●

243401 Mallotus nepalensis Müll. Arg. var. floccosus Müll. Arg. = Macaranga pustulata King ex Hook. f. ●

243402 Mallotus nepalensis Müll. Arg. var. kwangtungensis Croizat = Mallotus japonicus (L. f.) Müll. Arg. var. oreophilus (Müll. Arg.) S. M. Hwang ●

243403 Mallotus nepalensis Müll. Arg. var. ochraceo-albidus (Müll. Arg.) Pax et K. Hoffm. = Mallotus japonicus (L. f.) Müll. Arg. var. oreophilus (Müll. Arg.) S. M. Hwang ●

243404 Mallotus nero-cavaleriei H. Lév. = Cladostachys frutescens D. Don ●

243405 Mallotus oblongifolius (Miq.) Müll. Arg.; 山苦茶(鹧鸪茶); Long-leaved Mallotus, Oblong-leaf Mallotus, Wild Bittertea ●

243406 Mallotus oblongifolius (Miq.) Müll. Arg. = Mallotus peltatus (Geiseler) Müll. Arg. ●

243407 Mallotus oblongifolius (Miq.) Müll. Arg. var. helferi (Müll. Arg.) Pax et K. Hoffm. = Mallotus oblongifolius (Miq.) Müll. Arg. ●

243408 Mallotus odoratus Elmer = Mallotus oblongifolius (Miq.) Müll. Arg. ●

243409 Mallotus oppositifolius (Geiseler) Müll. Arg.; 对叶野桐 ●☆

243410 Mallotus oppositifolius (Geiseler) Müll. Arg. f. glabratus (Müll. Arg.) Pax; 无毛对叶野桐 ●☆

243411 Mallotus oppositifolius (Geiseler) Müll. Arg. f. lindicus Radcl.-Sm. = Mallotus oppositifolius (Geiseler) Müll. Arg. var. lindicus

(Radcl. -Sm.) Radcl. -Sm. ●☆

243412 Mallotus oppositifolius (Geiseler) Müll. Arg. f. polycytotrichus Radcl. -Sm.;多毛对叶野桐●☆

243413 Mallotus oppositifolius (Geiseler) Müll. Arg. var. glabratus Müll. Arg. = Mallotus oppositifolius (Geiseler) Müll. Arg. f. glabratus (Müll. Arg.) Pax ●☆

243414 Mallotus oppositifolius (Geiseler) Müll. Arg. var. integrifolius Müll. Arg. = Mallotus oppositifolius (Geiseler) Müll. Arg. f. glabratus (Müll. Arg.) Pax ●☆

243415 Mallotus oppositifolius (Geiseler) Müll. Arg. var. lindicus (Radcl. -Sm.) Radcl. -Sm.;印度对叶野桐●☆

243416 Mallotus oppositifolius (Geiseler) Müll. Arg. var. pubescens Pax = Mallotus oppositifolius (Geiseler) Müll. Arg. ●☆

243417 Mallotus oreophilus Müll. Arg. = Mallotus japonicus (L. f.) Müll. Arg. var. oreophilus (Müll. Arg.) S. M. Hwang ●

243418 Mallotus oreophilus Müll. Arg. subsp. latifolius Boufford et T. S. Ying;肾叶野桐;Broad-leaved Mallotus ●

243419 Mallotus pallidus (Airy Shaw) Airy Shaw;樟叶野桐;Pale Mallotus, Pale Wildtung ●

243420 Mallotus paniculatus (Lam.) Müll. Arg.;白楸(白背桐,白鹤草,白帽顶,白匏仔,白匏子,白叶仔,白叶子,狗蓝麻,黄背桐,交趾野桐,力树,帽顶,穗花山桐,台湾白匏子);Panicled Mallotus, Panicled Wildtung, Turn-in-the Wind ●

243421 Mallotus paniculatus (Lam.) Müll. Arg. f. formosanus (Hayata) S. S. Ying = Mallotus paniculatus (Lam.) Müll. Arg. ●

243422 Mallotus paniculatus (Lam.) Müll. Arg. var. formosanus (Hayata) Hurus. = Mallotus paniculatus (Lam.) Müll. Arg. ●

243423 Mallotus paniculatus (Lam.) Müll. Arg. var. formosanus (Hayata) Hurus.;台湾白匏子●

243424 Mallotus paxii Pamp.;红叶野桐(白背娘,白桐子,哈罗皮,庐山野桐,山桐子);Pax's Mallotus, Redleaf Wildtung Lushan Wildtung ●

243425 Mallotus paxii Pamp. var. castanopsis (F. P. Metcalf) S. M. Hwang;粟果野桐;Evergreenchinkain Mallotus ●

243426 Mallotus peltatus (Geiseler) Müll. Arg.;盾状野桐●

243427 Mallotus philippensis (Lam.) Müll. Arg.;粗糠柴(菲岛藤,菲律宾野桐,红果果,黄藤树,假桂树,唠哩仔,痢灵树,吕宋楸,山荔枝,香桂树,香楸藤,香檀);Kamala, Kamala Tree, Kamalatree, Kamala-tree, Monkey Face Tree, Monkey-face Tree, Philippine Wildtung, Red Kamala, Turn-in-the-wind ●

243428 Mallotus philippensis (Lam.) Müll. Arg. var. menglianensis C. Y. Wu ex S. M. Hwang;孟连野桐;Menglian Kamalatree, Menglian Wildtung ●

243429 Mallotus philippensis (Lam.) Müll. Arg. var. reticulatus (Dunn) F. P. Metcalf = Mallotus reticulatus Dunn ●

243430 Mallotus playfarii Hemsl. = Mallotus tiliifolius (Blume) Müll. Arg. ●

243431 Mallotus populifolius Hemsl. = Macaranga hemsleyana Pax et K. Hoffm. ●

243432 Mallotus populifolius Hemsl. = Macaranga sampsonii Hance ●

243433 Mallotus preussii Pax = Tetracarpidium conophorum (Müll. Arg.) Hutch. et Dalziel ●☆

243434 Mallotus proterianus (Miq.) Müll. Arg. = Mallotus oblongifolius (Miq.) Müll. Arg. ●

243435 Mallotus pseudoverticillatus Merr. = Lasiococca comberi Haines var. pseudoverticillata (Merr.) H. S. Kiu ●

243436 Mallotus puberulus Hook. f. = Mallotus oblongifolius (Miq.) Müll. Arg. ●

243437 Mallotus repandus (Willd.) Müll. Arg.;石岩枫(白檀香,雌雄草,大角藤,大力王,倒挂茶,倒挂金钩,倒挂藤,粪箕藤,杠香藤,钩藤,黄豆树,鸡骨树,鸡啼香,糠木麻,扛香藤,梨头枫,黎头枫,木贼枫藤,山龙眼,万刺藤);Cliff Maple, Creeping Mallotus, Creepy Mallotus ●

243438 Mallotus repandus (Willd.) Müll. Arg. var. chrysocarpus (Pamp.) S. M. Hwang = Mallotus repandus (Willd.) Müll. Arg. ●

243439 Mallotus repandus (Willd.) Müll. Arg. var. chrysocarpus (Pamp.) S. M. Hwang;杠香藤(倒挂藤,腺叶石岩枫);Yellow-fruit Creeping Mallotus ●

243440 Mallotus repandus (Willd.) Müll. Arg. var. megaphyllus Croizat;大叶石岩枫;Bigleaf Creeping Mallotus ●

243441 Mallotus repandus Müll. Arg. = Mallotus repandus (Willd.) Müll. Arg. var. chrysocarpus (Pamp.) S. M. Hwang ●

243442 Mallotus reticulatus Dunn;网脉野桐;Netvein Wildtung, Reticulate Mallotus ●

243443 Mallotus roxburghianus Müll. Arg.;圆叶野桐;Round-leaf Mallotus, Roundleaf Wildtung, Roxburgh Mallotus ●

243444 Mallotus roxburghianus Müll. Arg. var. glabra Dunn = Mallotus dunnii F. P. Metcalf ●

243445 Mallotus speciosus (Müll. Arg.) Pax et K. Hoffm. = Sumbaviopsis albicans (Blume) J. J. Sm. ●

243446 Mallotus stewardii Merr. ex F. P. Metcalf = Mallotus paxii Pamp. ●

243447 Mallotus subulatus Müll. Arg.;钻形野桐●☆

243448 Mallotus taoyuanensis C. L. Peng et L. H. Yan;桃源野桐●

243449 Mallotus tenuifolius Pax = Mallotus japonicus (L. f.) Müll. Arg. var. floccosus (Müll. Arg.) S. M. Hwang ●

243450 Mallotus tenuifolius Pax var. floccosus (Müll. Arg.) Croizat = Mallotus japonicus (L. f.) Müll. Arg. var. floccosus (Müll. Arg.) S. M. Hwang ●

243451 Mallotus tenuifolius Pax var. subjaponicus Croizat = Mallotus japonicus (L. f.) Müll. Arg. var. floccosus (Müll. Arg.) S. M. Hwang ●

243452 Mallotus tetracoccus (Roxb.) Kurz;四果野桐;Basswood Leaved Mallotus, Fourfruit Wildtung, Four-fruits Mallotus, Tetracoccous Mallotus ●

243453 Mallotus tiliifolius (Blume) Müll. Arg.;椴叶野桐(台湾野桐);Lime-leaved Mallotus, Linden-leaf Mallotus, Lindenleaf Wildtung, Taiwan Mallotus ●

243454 Mallotus tsiangii Merr. et Chun = Macaranga auriculata (Merr.) Airy Shaw ●

243455 Mallotus tsiangii Merr. et Chun = Macaranga lowii King ex Hook. f. ●

243456 Mallotus yifungensis Hu et F. H. Chen = Croton lachnocarpum Benth. ●

243457 Mallotus yunnanensis Pax et K. Hoffm.;云南野桐;Yunnan Mallotus, Yunnan Wildtung ●

243458 Mallotus yunnanensis Pax et K. Hoffm. = Mallotus hainanensis S. M. Hwang ●

243459 Mallugo lotoides (L.) Kuntze = Glinus lotoides L. ■

243460 Mallugo oppositifolius L. = Glinus oppositifolius (L.) Aug. DC. ■

243461 Malmea R. E. Fr. (1905);马尔木属(马米木属)●☆

243462 Malmea depressa (Baill.) R. E. Fr.;马尔木(平马米木)●☆

243463 Malmeanthus R. M. King et H. Rob. (1980);羽脉亮泽兰属●☆

243464 Malmeanthus catharinensis R. M. King et H. Rob.;羽脉亮泽兰●☆
243465 Malnaregam Adans(废弃属名) = Atalantia Corrêa(保留属名)●
243466 Malnerega Raf. = Atalantia Corrêa(保留属名)●
243467 Malnerega Raf. = Malnaregam Adans(废弃属名)●
243468 Malocchia Savi = Canavalia Adans.(保留属名)●■
243469 Malocopsis Walp. = Anisodontea C. Presl ●■☆
243470 Malocopsis Walp. = Malvastrum A. Gray(保留属名)●■
243471 Malocopsis Walp. = Malveopsis C. Presl(废弃属名)●■
243472 Malope L.(1753);马络葵属(马类普属);Malope ■☆
243473 Malope asterotricha Pomel = Malope malacoides L. subsp. asterotricha (Pomel) Quézel et Santa ex Greuter et Burdet ■☆
243474 Malope laevigata Pomel = Malope malacoides L. subsp. laevigata (Pomel) Quézel et Santa ex Greuter et Burdet ■☆
243475 Malope malacoides L.;马络葵■☆
243476 Malope malacoides L. subsp. asterotricha (Pomel) Quézel et Santa ex Greuter et Burdet;星毛马络葵■☆
243477 Malope malacoides L. subsp. hispida (Boiss. et Reut.) H. Lindb. = Malope malacoides L. subsp. stipulacea (Cav.) H. Lindb. ■☆
243478 Malope malacoides L. subsp. laevigata (Pomel) Quézel et Santa ex Greuter et Burdet;光滑马络葵■☆
243479 Malope malacoides L. subsp. stellipilis (Boiss. et Reut.) Murb.;小星毛马络葵■☆
243480 Malope malacoides L. subsp. stipulacea (Cav.) H. Lindb.;托叶马络葵■☆
243481 Malope malacoides L. subsp. tripartita (Boiss. et Reut.) Maire;三深裂马络葵■☆
243482 Malope malacoides L. var. hispida (Boiss. et Reut.) Murb. = Malope malacoides L. ■☆
243483 Malope malacoides L. var. intermedia (Batt.) Jahand. et Maire = Malope malacoides L. ■☆
243484 Malope malacoides L. var. murbeckii Pott. -Alap. = Malope malacoides L. ■☆
243485 Malope malacoides L. var. pomariensis Faure et Maire = Malope malacoides L. ■☆
243486 Malope rhodoleuca Maire;红白马络葵■☆
243487 Malope stipulacea Cav. = Malope malacoides L. subsp. stipulacea (Cav.) H. Lindb. ■☆
243488 Malope stipulacea Cav. var. asterotricha (Pomel) Batt. = Malope malacoides L. subsp. asterotricha (Pomel) Quézel et Santa ex Greuter et Burdet ■☆
243489 Malope stipulacea Cav. var. hispida (Boiss. et Reut.) Batt. = Malope malacoides L. subsp. stipulacea (Cav.) H. Lindb. ■☆
243490 Malope stipulacea Cav. var. intermedia Batt. = Malope malacoides L. subsp. stipulacea (Cav.) H. Lindb. ■☆
243491 Malope stipulacea Cav. var. laevigata (Pomel) Batt. = Malope malacoides L. subsp. laevigata (Pomel) Quézel et Santa ex Greuter et Burdet ■☆
243492 Malope stipulacea Cav. var. stellipilis (Boiss. et Reut.) Batt. = Malope malacoides L. subsp. stellipilis (Boiss. et Reut.) Murb. ■☆
243493 Malope stipulacea Cav. var. tripartita (Boiss. et Reut.) Batt. = Malope malacoides L. subsp. tripartita (Boiss. et Reut.) Maire ■☆
243494 Malope trifida Cav.;三裂马络葵(马洛葵);Mallow, Three-lobed Malope ■☆
243495 Malope vidalii (Pau) Molero et J. M. Monts.;维达尔马络葵■☆
243496 Malortiea H. Wendl. = Reinhardtia Liebm. ●☆
243497 Malortieaceae O. F. Cook = Arecaceae Bercht. et J. Presl(保留科名)●
243498 Malortieaceae O. F. Cook = Palmae Juss.(保留科名)●
243499 Malosma (Nutt.) Raf. = Rhus L. ●
243500 Malosma Engl. = Rhus L. ●
243501 Malosma laurina (Nutt.) Nutt. ex Abrams = Rhus laurina Nutt. ex Torr. et Gray ●☆
243502 Malouetia A. DC.(1844);马鲁木属(马鲁梯木属)●☆
243503 Malouetia africana K. Schum. = Malouetia heudelotii A. DC. ●☆
243504 Malouetia asiatica Siebold et Zucc. = Trachelospermum asiaticum (Siebold et Zucc.) Nakai ●
243505 Malouetia barbata J. Ploeg;髯毛马鲁木(髯毛马鲁梯木)●☆
243506 Malouetia bequaertiana Woodson;马鲁木(马鲁梯木);Bequaert Malouetia ●☆
243507 Malouetia brachyloba Pichon;短裂马鲁木(短裂马鲁梯木);Shortlobe Malouetia ●☆
243508 Malouetia brachyloba Pichon = Malouetia bequaertiana Woodson ●☆
243509 Malouetia heudelotii A. DC.;非洲马鲁木(非洲马鲁梯木)●☆
243510 Malouetia mildbraedii (Gilg et Stapf) J. Ploeg;米氏马鲁木(米氏马鲁梯木)●☆
243511 Malouetia nitida Spruce ex Müll. Arg.;光马鲁木(光马鲁梯木)●☆
243512 Malouetia tamaquarina A. DC.;塔马马鲁木(塔马马鲁梯木);Tamaquar Malouetia ●☆
243513 Malouetiella Pichon = Malouetia A. DC. ●☆
243514 Malouetiella Pichon(1952);小马鲁木属●☆
243515 Malouetiella mildbraedii (Gilg et Stapf) Pichon = Malouetia mildbraedii (Gilg et Stapf) J. Ploeg ●☆
243516 Malouetiella parviflora Pichon = Malouetia mildbraedii (Gilg et Stapf) J. Ploeg ●☆
243517 Malperia S. Watson(1889);棕巾菊属;Brownturbans ■☆
243518 Malperia tenuis S. Watson;棕巾菊;Brownturbans ■☆
243519 Malpighia L.(1753);金虎尾属(黄褥花属);Malpighia ●
243520 Malpighia Plum. ex L. = Malpighia L. ●
243521 Malpighia alternifolia Schumach. et Thonn. = Acridocarpus alternifolius (Schumach. et Thonn.) Nied. ●☆
243522 Malpighia angustifolia Juss.;狭叶金虎尾●☆
243523 Malpighia coccigera L.;金虎尾(刺叶黄褥花,冬青叶金虎尾,红花金虎尾,栎叶樱桃);Kermes Oak-leaved Barbados Cherry, Malpighia, Miniature Holly, Sigapore Holly ●
243524 Malpighia coccigera L. var. microphylla Nied. = Malpighia coccigera L. ●
243525 Malpighia emarginata DC.;无边金虎尾;Barbados Cherry ●☆
243526 Malpighia glabra L.;光滑金虎尾(巴佩岛樱桃,巴佩道樱桃,黄褥花,榴叶黄褥花,平滑金虎尾,石榴叶金虎尾,维他金英,文西黄褥花);Acerola, Barbados Cherry, Glabrous Malpighia, Purpleleaf Malpighia, West Indian Cherry ●
243527 Malpighia mexicana A. Juss.;墨西哥金虎尾(墨西哥黄褥花,墨西哥樱桃);Mexican Malpighia ●
243528 Malpighia punicifolia L. = Malpighia glabra L. ●
243529 Malpighia urens L.;螫毛金虎尾;Cowhage, Stinging Cherry ●☆
243530 Malpighiaceae Juss.(1789)(保留科名);金虎尾科(黄褥花科);Malpighia Family ●
243531 Malpighiantha Rojas(1897);马尔花属●☆
243532 Malpighiodes Nied. = Mascagnia (Bertero ex DC.) Colla ●☆

243533 Malpighiodes Nied. = Tetrapteris Cav. + Diplopterys A. Juss. ●☆

243534 Malpigiantha Rojas = Malpighiantha Rojas ●☆

243535 Maltebrunia Kunth(1829);六蕊禾属■☆

243536 Maltebrunia gabonensis C. E. Hubb.;加蓬六蕊禾■☆

243537 Maltebrunia letestui (Koechlin) Koechlin;勒泰斯蒂六蕊禾■☆

243538 Maltebrunia prehensilis Nees = Prosphytochloa prehensilis (Nees) Schweick. ■☆

243539 Maltebrunia schliebenii (Pilg.) C. E. Hubb.;施利本六蕊禾■☆

243540 Malteburnia Steud. = Maltebrunia Kunth ■☆

243541 Malthewsia Steud. et Hochst. ex Steud. = Mathewsia Hook. et Arn. ■☆

243542 Malulucban Blanco = Champereia Griff. ●

243543 Malus Mill.(1754);苹果属(海棠属,山荆子属);Apple, Apple Tree, Apple-tree, Crabapple, Crab-apple, Flowering-crab ●

243544 Malus × moerlandsii Doorenbos;莫兰德斯海棠●☆

243545 Malus × purpurea (Barbier et Cie) Rehder;紫花海棠(紫海棠);Purple Crab ●☆

243546 Malus × purpurea (Barbier et Cie) Rehder 'Aldenhamensis';阿尔登哈蒙紫花海棠●☆

243547 Malus × purpurea (Barbier et Cie) Rehder 'Eleyi';阿勒伊紫花海棠●☆

243548 Malus × purpurea (Barbier et Cie) Rehder 'Lemoinei';雷尼奥内紫花海棠●☆

243549 Malus acerba Mérat;酸苹果;Paradise Apple ●☆

243550 Malus angustifolia (Aiton) Michx.;狭叶苹果;Common Apple, Narrow-leaved Crab Apple, Southern Crab Apple, Southern Crabapple, Southern Crab-apple, Wild Crab ●☆

243551 Malus asiatica Nakai;花红(椤,黑林檎,红林檎,花红果,金林檎,来禽,联珠果,林禽,林檎,蜜果,蜜林檎,楸子,沙果,水林檎,文林果,文林郎果,五色林檎,五色柰,朱柰);China Pearleaf Crabapple, Chinese Pearleaf Crab-apple, Chinese Pear-leaved Crab-apple ●

243552 Malus asiatica Nakai var. argutiserrata Hu et F. H. Chen = Malus asiatica Nakai ●

243553 Malus asiatica Nakai var. argutiserrata Hu et F. H. Chen = Malus doumeri (Bois) A. Chev. ●

243554 Malus asiatica Nakai var. argutiserrata Hu et F. H. Chen = Malus melliana (Hand.-Mazz.) Rehder ●

243555 Malus baccata (L.) Borkh.;山荆子(林荆子,山丁子,山定子); Purple Crab, Siberian Crab, Siberian Crab Apple, Siberian Crabapple, Siberian Crab-apple ●

243556 Malus baccata (L.) Borkh. 'Jackii';杰克山荆子●☆

243557 Malus baccata (L.) Borkh. 'Midwest';中西部山荆子●☆

243558 Malus baccata (L.) Borkh. 'Walters';瓦尔特山荆子; Siberian Crabapple ●☆

243559 Malus baccata (L.) Borkh. f. gordjevii Skvortsov;圆锥果山荆子;Gordjev Siberian Crabapple ●

243560 Malus baccata (L.) Borkh. f. gracilis Rehder = Malus baccata (L.) Borkh. ●

243561 Malus baccata (L.) Borkh. f. gracilis Rehder = Malus baccata (L.) Borkh. var. gracilis (Rehder) T. C. Ku ●

243562 Malus baccata (L.) Borkh. f. pyriformis Skvortsov;梨形果山荆子;Pyriform Siberian Crabapple ●

243563 Malus baccata (L.) Borkh. f. villosa Skvortsov;扁圆果山荆子; Villose Siberian Crabapple ●

243564 Malus baccata (L.) Borkh. subsp. himalaica (Maxim.) Likhonos = Malus rockii Rehder ●

243565 Malus baccata (L.) Borkh. subsp. mandshurica (Kom.) Likhonos = Malus mandshurica (Maxim.) Kom. ex Juz. ●

243566 Malus baccata (L.) Borkh. subsp. sikkimensis (Wenz.) Likhonos = Malus sikkimensis (Wenz.) Koehne ●

243567 Malus baccata (L.) Borkh. subsp. toringo (Siebold) Koidz. = Malus sieboldii (Regel) Rehder ●

243568 Malus baccata (L.) Borkh. subsp. toringo (Siebold) Koidz. = Malus toringo (Siebold) Siebold ex de Vriese ●

243569 Malus baccata (L.) Borkh. var. gracilis (Rehder) T. C. Ku;垂枝山荆子;Slender Siberian Crabapple ●

243570 Malus baccata (L.) Borkh. var. gracilis Rehder = Malus baccata (L.) Borkh. f. gracilis Rehder ●

243571 Malus baccata (L.) Borkh. var. himalaica (Maxim.) C. K. Schneid.;喜马拉雅山荆子;Himalayan Siberian Crabapple ●

243572 Malus baccata (L.) Borkh. var. himalaica (Maxim.) C. K. Schneid. = Malus rockii Rehder ●

243573 Malus baccata (L.) Borkh. var. jinxianensis (J. Q. Deng et J. Y. Hong) C. Y. Li = Malus jinxianensis J. Q. Deng et J. Y. Hong ●

243574 Malus baccata (L.) Borkh. var. latifolia Skvortsov;阔叶山荆子;Broadleaf Siberian Crabapple ●

243575 Malus baccata (L.) Borkh. var. mandshurica (Maxim.) C. K. Schneid. = Malus mandshurica (Maxim.) Kom. ex Juz. ●

243576 Malus baccata (L.) Borkh. var. nikkoensis Asami = Malus baccata (L.) Borkh. ●

243577 Malus baccata (L.) Borkh. var. sibirica (Maxim.) C. K. Schneid. = Malus baccata (L.) Borkh. ●

243578 Malus baccata (L.) Borkh. var. silvatica Skvortsov;椭圆叶山荆子;Elliptic-leaf Siberian Crabapple ●

243579 Malus centralasiatica Vassilcz. = Malus transitoria (Batalin) C. K. Schneid. var. centralasiatica (V. N. Vassil.) Te T. Yu ●

243580 Malus cerasifera Spach;樱桃苹果●

243581 Malus communis Desf. = Malus sylvestris Mill. ●☆

243582 Malus communis Poir. = Malus pumila Mill. ●

243583 Malus coronaria (L.) Mill.;加兰苹果(美国海棠,美国山楂子);American Crabapple, American Sweet Crabapple, Garland Crab Apple, Garland Crabapple, Garland-tree, Sweet Crab, Sweet Crab Apple, Sweet Crabapple, Wild Crab, Wild Sweet Crab Apple, Wild Sweet Crabapple, Wild Sweet Crab-apple ●☆

243584 Malus coronaria (L.) Mill. 'Charlottae';夏洛特加兰苹果(夏洛特美国海棠,夏洛特美国山楂子)●☆

243585 Malus coronaria (L.) Mill. var. angustifolia (Aiton) Ponomar.;狭叶加兰苹果(狭叶美国山楂子);Narroeleaf Crabapple ●☆

243586 Malus coronaria (L.) Mill. var. dasycalyx Rehder;毛萼加兰苹果(毛萼美国山楂子);Thickcalyx Crabapple ●☆

243587 Malus coronaria (L.) Mill. var. dasycalyx Rehder = Malus coronaria (L.) Mill. ●☆

243588 Malus daochengensis C. L. Li;稻城海棠;Daocheng Apple, Daocheng Crabapple ●

243589 Malus dasyphylla Borkh.;西洋毡绒苹果;Thickleaf Crabapple ●

243590 Malus dasyphylla Borkh. = Malus pumila Mill. ●

243591 Malus dasyphylla Borkh. var. domestica Koidz. = Malus pumila Mill. ●

243592 Malus docynioides C. K. Schneid. = Docynia indica (Wall.) Decne. ●

243593 Malus domestica (Borkh.) Borkh. = Malus pumila Mill. ●
243594 Malus domestica Borkh. 'Bramley's Seedling';大苹果苗苹果●☆
243595 Malus domestica Borkh. 'Cox's Orange Pippin';考克斯橙苹果●☆
243596 Malus domestica Borkh. 'Gala';嘎拉苹果●☆
243597 Malus domestica Borkh. 'Golden Delicious';金冠苹果●☆
243598 Malus domestica Borkh. 'James Grieve';詹姆斯·克利夫苹果●☆
243599 Malus domestica Borkh. 'Pacific Rose';宁静的玫瑰苹果●☆
243600 Malus domestica Borkh. 'Red Delicious';红元帅苹果●☆
243601 Malus domestica Borkh. = Malus pumila Mill. ●
243602 Malus domestica Borkh. subsp. prunifolia (Willd.) Likhonos = Malus prunifolia (Willd.) Borkh. ●
243603 Malus domestica Borkh. subsp. pumila (Mill.) Likhonos = Malus pumila Mill. ●
243604 Malus domestica Borkh. var. asiatica (Nakai) Ponomar. = Malus asiatica Nakai ●
243605 Malus domestica Borkh. var. halliana (Koehne) Likhonos = Malus halliana Koehne ●
243606 Malus domestica Borkh. var. hupehensis (Pamp.) Likhonos = Malus hupehensis (Pamp.) Rehder ●
243607 Malus domestica Borkh. var. micromalus (Makino) Likhonos = Malus micromalus Makino ●
243608 Malus domestica Borkh. var. rinki (Koidz.) Ohle = Malus asiatica Nakai ●
243609 Malus domestica Borkh. var. spectabilis (Aiton) Likhonos = Malus spectabilis (Aiton) Borkh. ●
243610 Malus doumeri (Bois) A. Chev.;台湾林檎(海梨,涩梨,山仙查,山仙楂,山楂,台湾海棠,台湾苹果);Doumer Crabapple, Formosan Apple, Taiwan Apple, Taiwan Crabapple ●
243611 Malus doumeri (Bois) A. Chev. var. formosana (Kawak. et Koidz. ex Hayata) S. S. Ying = Malus doumeri (Bois) A. Chev. ●
243612 Malus dulcissima Borkh. var. asiatica Koidz. = Malus asiatica Nakai ●
243613 Malus dulcissima Borkh. var. rinki Koidz. = Malus asiatica Nakai ●
243614 Malus dulcissima Koidz. var. rinki (Koidz.) Koidz. = Malus asiatica Nakai ●
243615 Malus florentina C. K. Schneid.;意大利海棠(多花海棠);Balkan Crabapple, Italian Crabapple ●☆
243616 Malus floribunda Borkh. var. parkmanii Koidz. = Malus halliana Koehne ●
243617 Malus floribunda Siebold ex Van Houtte;多花海棠(海棠,日本海棠);Flowering Crab-apple, Japanese Crab, Japanese Crabapple, Japanese Flowering Crab Apple, Japanese Flowering Crabapple, Japanese Flowering Crab-apple, Manyflower Apple, Showy Crab Apple, Showy Crabapple ●☆
243618 Malus floribunda Siebold ex Van Houtte var. parkmanni Koehne = Malus halliana Koehne ●
243619 Malus formosana (Kawak. et Koidz. ex Hayata) Kawak. et Koidz. = Malus doumeri (Bois) A. Chev. ●
243620 Malus formosana (Kawak. et Koidz.) Kawak. et Koidz. = Malus doumeri (Bois) A. Chev. ●
243621 Malus formosana Kawak. et Koidz. = Malus doumeri (Bois) A. Chev. ●
243622 Malus fusca (Raf.) C. K. Schneid.;奥里根海棠(俄勒冈海棠);Oregon Crab Apple, Oregon Crabapple, Pacific Crabapple ●☆
243623 Malus halliana Koehne;垂丝海棠;Filamental Flowering Crab, Flowering Crab-apple, Hall Crab Apple, Hall's Crabapple ●
243624 Malus halliana Koehne f. parkmanii (Temple) Rehder;重瓣垂丝海棠(帕克玛尼垂丝海棠);Parkman Crabapple, Parkman's Hall Crabapple ●
243625 Malus halliana Koehne f. pendula (Koidz.) Ohwi;垂枝垂丝海棠;Pendulous Hall's Crabapple ●☆
243626 Malus halliana Koehne var. spontanea (Makino) Koidz. = Malus spontanea (Makino) Makino ●
243627 Malus halliana Koehne var. spontanea Rehder = Malus spontanea (Makino) Makino ●
243628 Malus hartwigi Koehne;全缘叶海棠;Hartwig Crabapple ●☆
243629 Malus honanensis Rehder;河南海棠(大叶毛楂,冬绿茶,牧孤梨,山里锦);Henan Crabapple, Honan Crabapple ●
243630 Malus hupehensis (Pamp.) Rehder;湖北海棠(茶海棠,花红茶,秋子,楸子,小石枣,野海棠,野花红);China Crab Apple, Chinese Crab Apple, Hubei Crabapple, Hupeh Crab, Hupeh Crab Apple, Hupeh Crabapple, Tea Crabapple ●
243631 Malus hupehensis (Pamp.) Rehder 'Donald';唐纳德湖北海棠●☆
243632 Malus hupehensis (Pamp.) Rehder var. mengshanensis G. Z. Qian et W. H. Shao;沂蒙山苹果●
243633 Malus hupehensis (Pamp.) Rehder var. pingyiensis Tsiang = Malus hupehensis (Pamp.) Rehder var. mengshanensis G. Z. Qian et W. H. Shao ●
243634 Malus hupehensis (Pamp.) Rehder var. rosea (Rehder) Rehder;樱桃海棠;Rose Hubei Crabapple ●
243635 Malus hybrida Desf.;杂种苹果;Crabapples, Hybrid Crabapples ●☆
243636 Malus ioensis (A. W. Wood) Britton;衣阿华苹果(衣阿华海棠);Iowa Crab, Iowa Crabapple, Prairie Crab, Prairie Crab Apple, Prairie Crabapple, Prairie Crab-apple, Wild Crab ●☆
243637 Malus ioensis (A. W. Wood) Britton 'Plena';重瓣衣阿华海棠;Bechtel Crab, Bechtel's Crab ●☆
243638 Malus ioensis (A. W. Wood) Britton var. bushii Rehder = Malus ioensis (A. W. Wood) Britton ●☆
243639 Malus ioensis (A. W. Wood) Britton var. palmeri Rehder = Malus ioensis (A. W. Wood) Britton ●☆
243640 Malus jinxianensis J. Q. Deng et J. Y. Hong;金县山荆子(金县荆子);Jinxian Crabapple ●
243641 Malus kaido Dippel = Malus micromalus Makino ●
243642 Malus kansuensis (Batalin) C. K. Schneid.;陇东海棠(大石枣,甘肃海棠);Gansu Apple, Gansu Crabapple, Kansu Crab Apple, Kansu Crabapple ●
243643 Malus kansuensis (Batalin) C. K. Schneid. f. calva Rehder = Malus kansuensis (Batalin) C. K. Schneid. var. calva (Rehder) T. C. Ku et Spongberg ●
243644 Malus kansuensis (Batalin) C. K. Schneid. var. calva (Rehder) T. C. Ku et Spongberg;光叶陇东海棠(光海棠);Naked Gansu Apple ●
243645 Malus komarovii (Sarg.) Rehder;山楂海棠(薄叶山楂,山苹果);Komarov Apple ●◇
243646 Malus komarovii (Sarg.) Rehder var. funiushanensis S. Y. Wang = Malus komarovii (Sarg.) Rehder ●◇
243647 Malus laosensis (Cardot) A. Chev. = Malus doumeri (Bois) A. Chev. ●

243648 Malus leiocalyca S. Z. Huang;光萼海棠;Glabroussepal Apple ●
243649 Malus mandshurica (Maxim.) Kom. ex Juz.;毛山荆子(东北山荆子,辽山荆子,棠梨木);Hairy Apple ●
243650 Malus matsumurae Koidz. = Malus asiatica Nakai ●
243651 Malus melliana (Hand.-Mazz.) Rehder;尖嘴林檎(麦氏海棠,锐齿亚洲海棠);Mell Apple ●
243652 Malus melliana (Hand.-Mazz.) Rehder = Malus doumeri (Bois) A. Chev. ●
243653 Malus microcarpa A. Sav. var. kaido (Siebold) Carrière = Malus micromalus Makino ●
243654 Malus microcarpa A. Sav. var. spectabilis (Aiton) Carrière = Malus spectabilis (Aiton) Borkh. ●
243655 Malus microcarpa Makino var. kaido Carrière = Malus microcarpa Makino ●
243656 Malus microcarpa Makino var. spectabilis Carrière = Malus spectabilis (Aiton) Borkh. ●
243657 Malus micromalus Makino;西府海棠(八棱海棠,海红,海棠,海棠梨,红林檎,黄林檎,七厘子,实海棠,棠蒸梨,小果海棠,子母海棠);Flowering Crab, Kaido Crab-apple, Midget Crab Apple, Midget Crabapple, Small Fruit Crab Apple ●
243658 Malus muliensis T. C. Ku;木里海棠;Muli Apple, Muli Crabapple ●
243659 Malus niedzwedzkiana Dieck ex Koehne;红脉苹果(宝石苹果,红肉苹果,酸苹果);Russian Purple Crab ●
243660 Malus niedzwetzkyana Dieck ex Koehne = Malus pumila Mill. ●
243661 Malus ombrophila Hand.-Mazz.;沧江海棠;Cangjiang Apple, Cangjiang River Apple ●
243662 Malus orientalis Uglitzk. ex Juz.;东方苹果;Oriental Apple ●☆
243663 Malus pallasiana Juz. = Malus baccata (L.) Borkh. ●
243664 Malus praecox (Pall.) Borkh.;早苹果;Precocious Apple ●☆
243665 Malus prattii (Hemsl.) C. K. Schneid.;西蜀海棠(川滇海棠);Pratt Crabapple ●
243666 Malus prattii C. K. Schneid. = Malus ombrophila Hand.-Mazz. ●
243667 Malus prunifolia (Willd.) Borkh.;楸子(海红,海棠果,林檎,苹果,山楂,紫梨);China Apple, Chinese Apple, Crabapple, Pearleaf Crabapple, Pear-leaved Crab Apple, Pear-leaved Crabapple, Peking Flowering Crab, Plum Leaved Apple, Plum-leaf Crab, Plumleaf Crabapple, Plum-leaved Apple, Purple Crab ●
243668 Malus prunifolia (Willd.) Borkh. 'Fastigiata';帚状海棠果 ●☆
243669 Malus prunifolia (Willd.) Borkh. 'Pendula';垂枝海棠果●☆
243670 Malus prunifolia (Willd.) Borkh. var. grandiflora Asami;大花楸子●☆
243671 Malus prunifolia (Willd.) Borkh. var. obliquipedicellata X. W. Li et J. W. Sun;歪把海棠;Obliquepedicellate Apple ●
243672 Malus prunifolia (Willd.) Borkh. var. ringo (Siebold ex Koehne) Asami;林戈苹果●☆
243673 Malus prunifolia (Willd.) Borkh. var. rinki (Koidz.) Rehder = Malus asiatica Nakai ●
243674 Malus prunifolia Borkh. var. rinki (Koidz.) Rehder = Malus asiatica Nakai ●
243675 Malus pumila Mill.;苹果(超凡子,丹柰,林檎,陵果,绿柰,柰,柰子,频婆,平波,平果,素柰,天然子,文林郎果,西洋苹果);Apple, Apple Tree, Common Apple, Common Apple Tree, Crab Apple, Crabapple, Crab-apple, Cultivated Apple, Dwarf Apple, Paradise Apple, Scrump ●
243676 Malus pumila Mill. 'Niedzwetzkyana' = Malus niedzwedzkiana Dieck ex Koehne ●
243677 Malus pumila Mill. = Malus sylvestris Mill. ●☆
243678 Malus pumila Mill. var. asiatica (Nakai) Koidz. = Malus asiatica Nakai ●
243679 Malus pumila Mill. var. domestica (Borkh.) C. K. Schneid. = Malus pumila Mill. ●
243680 Malus pumila Mill. var. domestica C. K. Schneid. = Malus pumila Mill. ●
243681 Malus pumila Mill. var. niedzwedzkiana (Dieck) C. K. Schneid. = Malus niedzwedzkiana Dieck ex Koehne ●
243682 Malus pumila Mill. var. paradisiaca C. K. Schneid.;乐园苹果;Paradise Apple, Paradisiacal Apple ●☆
243683 Malus pumila Mill. var. rinki Koidz. = Malus asiatica Nakai ●
243684 Malus ringo Siebold ex Koehne = Malus prunifolia (Willd.) Borkh. var. ringo (Siebold ex Koehne) Asami ●☆
243685 Malus robusta Rehder;粗壮海棠●☆
243686 Malus robusta Rehder 'Yellow Sibirian';西伯利亚黄果●☆
243687 Malus rockii Rehder;丽江山荆子(喜马拉雅山荆子);Rock Apple ●
243688 Malus rockii Rehder = Malus baccata (L.) Borkh. ●
243689 Malus sachalinensis (Kom.) Juz. = Malus baccata (L.) Borkh. ●
243690 Malus sargentii Rehder;萨金特海棠(刺海棠);Sargent Crabapple, Sargent's Crabapple ●☆
243691 Malus sargentii Rehder 'Candymint';繁花萨金特海棠;Flowering Crabapple ●☆
243692 Malus sargentii Rehder 'Rosea';玫瑰红萨金特海棠●☆
243693 Malus scheideckeri Wittm.;粗糙海棠;Scheidecker Apple ●☆
243694 Malus sibirica Borkh. = Malus baccata (L.) Borkh. ●
243695 Malus sieboldii (Regel) Rehder = Malus toringo (Siebold) Siebold ex de Vriese ●
243696 Malus sieboldii (Regel) Rehder var. toringo (K. Koch) Siebold ex C. K. Schneid. = Malus sieboldii (Regel) Rehder ●
243697 Malus sieboldii (Regel) Rehder var. zumi (Matsum.) Asami = Malus zumi (Matsum.) Rehder ●☆
243698 Malus sieversii (Ledeb.) Roem.;新疆野苹果(塞威苹果,塞威氏苹果);Sievers Apple, Xinjiang Wild Apple ●◇
243699 Malus sikkimensis (Wenz.) Koehne;锡金海棠●
243700 Malus silvestris Mill. = Malus sylvestris Mill. ●
243701 Malus silvestris Mill. subsp. mitis Mansf. = Malus pumila Mill. ●
243702 Malus spectabilis (Aiton) Borkh.;海棠花(海红,海棠);Asiatic Apple, China Flowering Crabapple, Chinese Crab-apple, Chinese Flowering Apple, Chinese Flowering Crab Apple, Chinese Flowering Crabapple, Chinese Flowering Crab-apple ●
243703 Malus spectabilis (Aiton) Borkh. 'Riversii';莱维斯海棠(西府海棠)●☆
243704 Malus spectabilis (Aiton) Borkh. var. albi-plena Schelle;白海棠(粉红海棠,重瓣白海棠);White Chinese Flowering Crabapple ●
243705 Malus spectabilis (Aiton) Borkh. var. kaido Siebold = Malus micromalus Makino ●
243706 Malus spectabilis (Aiton) Borkh. var. micromalus Koidz. = Malus micromalus Makino ●
243707 Malus spectabilis (Aiton) Borkh. var. riversii (Kirchn.) Rehder;红海棠(白色海棠,重瓣粉海棠,重瓣红海棠);Rivers' Chinese Flowering Crabapple ●
243708 Malus spectabilis Borkh. var. kaido Siebold = Malus micromalus

Makino ●

243709 Malus spectabilis Borkh. var. micromalus (Makino) Koidz. = Malus micromalus Makino ●

243710 Malus spontanea (Makino) Makino;白花垂丝海棠;White-flower Hall Crabapple ●

243711 Malus sylvestris Mill.;野苹果(苹果,西洋苹果);Apple, Bittersgall, Codlins, Coling, Crab, Crab Apple, Crab Stock, Crabapple, Crab-apple, European Crabapple, Grab, Grab-apple, Gribble, Grindstone Apple, Hangdowns, Koling, Scrab Tree, Scrabs, Scrog, Sour Grabs, Stub Apple, Stub-apple, Varges, Wharre, Wild Apple, Wild Apple Tree, Wild Crabapple, Wilding Tree ●☆

243712 Malus sylvestris Mill. = Malus pumila Mill. ●

243713 Malus sylvestris Mill. subsp. mitis Mansf. = Malus pumila Mill. ●

243714 Malus sylvestris Mill. subsp. paradisiaca (L.) Soó = Malus pumila Mill. var. paradisiaca C. K. Schneid. ●☆

243715 Malus theifera Rehder = Malus hupehensis (Pamp.) Rehder ●

243716 Malus toringo (K. Koch) Carrière = Malus sieboldii (Regel) Rehder ●

243717 Malus toringo (Siebold) Siebold ex de Vriese;三叶海棠(裂叶海棠,山茶果,山楂子,野黄子);Japanese Crab, Siebold Crabapple, Toringo Crab Apple, Toringo Crabapple, Toringo Crab-apple ●

243718 Malus toringo (Siebold) Siebold ex de Vriese var. sargentii (Rehder) C. K. Schneid. = Malus toringo (Siebold) Siebold ex de Vriese ●

243719 Malus toringo (Siebold) Siebold ex de Vriese var. zumi (Matsum.) H. Hara = Malus zumi (Matsum.) Rehder ●☆

243720 Malus toringo Carrière = Malus sieboldii (Regel) Rehder ●

243721 Malus toringo Siebold = Malus sieboldii (Regel) Rehder ●

243722 Malus toringoides (Rehder) Hughes;变叶海棠(大白石枣);Cutleaf Crabapple, Cut-leaved Crabapple ●

243723 Malus transitoria (Batalin) C. K. Schneid.;花叶海棠(变叶海棠,花叶杜梨,马杜梨,涩枣子,细弱海棠,小白石枣);Tibetan Crabapple ●

243724 Malus transitoria (Batalin) C. K. Schneid. var. centralasiatica (V. N. Vassil.) Te T. Yu;长圆果花叶海棠●

243725 Malus transitoria (Batalin) C. K. Schneid. var. glabrescens Te T. Yu et T. C. Ku;少毛花叶海棠;Glabrescent Apple ●

243726 Malus transitoria (Batalin) C. K. Schneid. var. toringoides Rehder = Malus toringoides (Rehder) Hughes ●

243727 Malus transitoria C. K. Schneid. var. toringoides Rehder = Malus toringoides (Rehder) Hughes ●

243728 Malus trilobata C. K. Schneid.;三裂海棠●☆

243729 Malus tschonoskii (Maxim.) C. K. Schneid.;灰叶海棠(日本海棠);Pillar Apple ●☆

243730 Malus turkmenorum Juz. et Popov;土库曼苹果●☆

243731 Malus xiaojinensis W. C. Cheng et Tsiang;小金海棠;Xiaojin Crabapple ●

243732 Malus yunnanensis (Franch.) C. K. Schneid.;滇池海棠(云南海棠,云南山楂);Yunnan Crab Apple, Yunnan Crabapple ●

243733 Malus yunnanensis (Franch.) C. K. Schneid. var. veitchii (Osborn) Rehder;川鄂滇池海棠(红叶海棠,魏氏云南海棠);Veitch's Yunnan Crabapple ●

243734 Malus yunnanensis (Franch.) C. K. Schneid. var. veitchii (Veitch) Rehder = Malus yunnanensis (Franch.) C. K. Schneid. var. veitchii (Osborn) Rehder ●

243735 Malus zumi (Matsum.) Rehder;祖米海棠(杂种海棠);Toringa Crabapple, Zum Crabapple ●☆

243736 Malus zumi (Matsum.) Rehder 'Calocarpa';艳果杂种海棠●☆

243737 Malus zumi (Matsum.) Rehder = Malus toringo (Siebold) Siebold ex de Vriese var. zumi (Matsum.) H. Hara ●☆

243738 Malva L. (1753);锦葵属;Cheeses, Curled Mallow, Mallow, Musk Mallow ■

243739 Malva abyssinica A. Braun = Malva verticillata L. ■

243740 Malva aegyptia L.;埃及锦葵■☆

243741 Malva aegyptia L. subsp. iljinii Pamp. = Althaea ludwigii L. ■☆

243742 Malva aegyptia L. subsp. leiocarpa Iljin = Malva aegyptia L. ■☆

243743 Malva aegyptia L. var. armeniaca (Iljin) Maire et Weiller = Malva aegyptia L. ■☆

243744 Malva aegyptia L. var. libyca (Pomel) Batt. = Malva aegyptia L. ■☆

243745 Malva aegyptia L. var. triphylla Maire = Malva aegyptia L. ■☆

243746 Malva alcea L.;裂叶锦葵(小锦葵);Greater Musk-mallow, Hollyhock Mallow, Mallow, Vervain Mallow ■☆

243747 Malva ambigua Guss.;可疑锦葵■☆

243748 Malva americana L. = Malvastrum americanum (L.) Torr. ■

243749 Malva anomala Link et Otto = Anisodontea anomala (Link et Otto) Bates ●☆

243750 Malva armeniaca Iljin;亚美尼亚锦葵■☆

243751 Malva asperrima Jacq. = Anisodontea bryoniifolia (L.) D. M. Bates ●☆

243752 Malva bakeri Molero et J. M. Monts. = Lavatera microphylla Baker f. ■☆

243753 Malva balsamica Jacq. = Anisodontea scabrosa (L.) D. M. Bates ●☆

243754 Malva biflora Desr. = Anisodontea biflora (Desr.) Bates ●☆

243755 Malva bonariensis Cav. = Sphaeralcea bonariensis (Cav.) Griseb. ■☆

243756 Malva borealis Wallman = Malva rotundifolia L. ■

243757 Malva bryoniifolia L. = Anisodontea bryoniifolia (L.) D. M. Bates ●☆

243758 Malva bucharica Iljin;布哈尔锦葵■☆

243759 Malva calycina Cav. = Anisodontea scabrosa (L.) D. M. Bates ●☆

243760 Malva canariensis M. F. Ray = Lavatera acerifolia Cav. ■☆

243761 Malva capensis L.;好望角锦葵■☆

243762 Malva capensis L. = Anisodontea capensis (L.) D. M. Bates ●☆

243763 Malva capensis L. var. scabrosa (L.) L. = Anisodontea scabrosa (L.) D. M. Bates ●☆

243764 Malva caroliniana L. = Modiola caroliniana (L.) G. Don ■☆

243765 Malva carpimfolia Desr. = Malvastrum coromandelianum (L.) Garcke ●■

243766 Malva cathayensis M. G. Gilbert, Y. Tang et Dorr;华锦葵■

243767 Malva chinensis Mill. = Malva verticillata L. ■

243768 Malva coromandeliana L. = Malvastrum coromandelianum (L.) Garcke ●■

243769 Malva coronata Pomel = Malva parviflora L. ■

243770 Malva cretica Cav.;克里特锦葵■☆

243771 Malva crispa (L.) L.;冬葵(东葵,冬寒菜,冬寒苋菜,葵菜,蕲菜,皱叶锦葵,皱叶野葵);Curled Mallow, Curly Mallow ■

243772 Malva crispa (L.) L. = Malva verticillata L. var. crispa L. ■

243773 Malva crispa (L.) L. = Malva verticillata L. ■

243774 Malva dendromorpha M. F. Ray = Lavatera arborea L. ●■

243775 Malva dendromorpha M. F. Ray = Malva eriocalyx (Steud.) Molero et J. M. Monts. ●■

243776 Malva dilleniana Eckl. et Zeyh. = Anisodontea capensis (L.) D. M. Bates ●☆

243777 Malva divaricata Andréws = Anisodontea capensis (L.) D. M. Bates ●☆

243778 Malva durieuri Spach = Lavatera mauritanica Durieu ■☆

243779 Malva elata Pomel = Hermannia modesta (Ehrenb.) Planch. ●☆

243780 Malva elegans Cav. = Anisodontea elegans (Cav.) Bates ●☆

243781 Malva erecta Gilib.;高锦葵■☆

243782 Malva eriocalyx (Steud.) Molero et J. M. Monts. = Lavatera arborea L. ●■

243783 Malva excisa Rchb.;缺刻锦葵■☆

243784 Malva fragrans Jacq. = Anisodontea scabrosa (L.) D. M. Bates ●☆

243785 Malva fruticosa P. J. Bergius = Anisodontea fruticosa (P. J. Bergius) Bates ●☆

243786 Malva glutinosa Desr. = Anisodontea scabrosa (L.) D. M. Bates ●☆

243787 Malva grossheimii Iljin;高氏锦葵■☆

243788 Malva grosulariifolia Cav. = Anisodontea scabrosa (L.) D. M. Bates ●☆

243789 Malva gymnocarpa Pomel = Malva sylvestris L. ■

243790 Malva hispanica L.;西班牙锦葵■☆

243791 Malva hispida C. Presl = Anisodontea biflora (Desr.) Bates ●☆

243792 Malva julii Spreng. = Anisodontea julii (Burch. ex DC.) Bates ●☆

243793 Malva leiocarpa Iljin;光果锦葵■☆

243794 Malva libyca Pomel = Malva aegyptia L. ■☆

243795 Malva lignescens Iljin = Malva pusilla Sm. ■

243796 Malva linnaei M. F. Ray = Lavatera cretica L. ■☆

243797 Malva mauritania L.;地中海锦葵(锦葵);Mediterranean Tree Mallow, Mediterranean Tree-mallow ■☆

243798 Malva mauritiana L. = Malva sylvestris L. ■

243799 Malva mauritiana L. var. sinensis DC. = Malva cathayensis M. G. Gilbert, Y. Tang et Dorr ■

243800 Malva microcarpa Pers.;小果锦葵■☆

243801 Malva mohileviensis Downar;北锦葵;Mohilevi Mallow ■☆

243802 Malva mohileviensis Downar = Malva verticillata L. ■

243803 Malva moschata L.;香锦葵(麝香锦葵);Burtons, Curled Mallow, Musk Mallow, Musk Plant, Musk Rose, Musk-mallow ■☆

243804 Malva neglecta Wallr. = Malva rotundifolia L. ■

243805 Malva nicaeensis All.;尼加锦葵;Bull Mallow, French Mallow ■☆

243806 Malva officinalis L.;药用锦葵;Officinale Mallow ■☆

243807 Malva orbiculata Pomel;圆锦葵■☆

243808 Malva oxyloba Boiss.;尖裂锦葵■☆

243809 Malva pamiroalaica Iljin;帕米尔锦葵■☆

243810 Malva parviflora L.;小花锦葵(毛冬苋菜,棋盘菜,乳痈药,天葵,菟葵,萕,野葵);Cheeseweed, Cheeseweed Mallow, Egyptian Mallow, Least Mallow, Little Mallow, Small-flowered Mallow, Small-fruited Mallow ■

243811 Malva parviflora L. subsp. oxyloba (Boiss.) Batt. = Malva oxyloba Boiss. ■☆

243812 Malva parviflora L. var. coronata (Pomel) Batt. = Malva parviflora L. ■

243813 Malva parviflora L. var. cristata Boiss.;冠状锦葵■☆

243814 Malva parviflora L. var. flexuosa (Hornem.) DC. = Malva parviflora L. ■

243815 Malva parviflora L. var. microcarpa (Pers.) Loscos = Malva microcarpa Pers. ■☆

243816 Malva parviflora L. var. trichocarpa Maire et Sennen = Malva parviflora L. ■

243817 Malva parviflora L. var. velutina (J. A. Schmidt) A. Chev.;短绒毛锦葵■☆

243818 Malva plebeja Steven;普通锦葵■☆

243819 Malva plicata Thunb. = Anisodontea bryoniifolia (L.) D. M. Bates ●☆

243820 Malva pseudolavatera Webb et Berthel.;假花葵锦葵■☆

243821 Malva pulchella Bernh.;美丽锦葵■☆

243822 Malva pulchella Bernh. = Malva verticillata L. ■

243823 Malva pusilla Sm.;圆叶锦葵(狗干粮,金爬齿,金钱根,烧饼花,苏黄耆,土黄芪,托盘果,托盘棵,献干粮,小锦葵,野锦葵);Billy Buttons, Cheese, Cheeses, Common Mallow, Doll Cheese, Doll Cheeses, Dutch Cheese, Dwarf Mallow, Fairy Cheese, Low Mallow, Pellas, Round-leaved Mallow, Running Mallow, Wayside Mallow ■

243824 Malva pusilla Sm. = Malva rotundifolia L. ■

243825 Malva reflexa J. C. Wendl. = Anisodontea reflexa (J. C. Wendl.) Bates ●☆

243826 Malva retusa Cav. = Anisodontea scabrosa (L.) D. M. Bates ●☆

243827 Malva rhombifolia (L.) E. H. L. Krause = Sida rhombifolia L. ●

243828 Malva rotundifolia L. = Malva neglecta Wallr. ■

243829 Malva rotundifolia L. = Malva pusilla Sm. ■

243830 Malva rotundifolia L. var. intermedia Ball = Malva neglecta Wallr. ■

243831 Malva ruderalis Blume = Malvastrum coromandelianum (L.) Garcke ●■

243832 Malva scabrosa L. = Anisodontea scabrosa (L.) D. M. Bates ●☆

243833 Malva sinensis Cav.;锦葵(华锦葵,金钱紫花葵,荆葵,棋盘花,钱葵,淑气花,俗气花,小白淑气花,小钱花,小熟季花);China Mallow, Chinese Mallow ■

243834 Malva sinensis Cav. = Malva cathayensis M. G. Gilbert, Y. Tang et Dorr ■

243835 Malva spicata L. = Malvastrum americanum (L.) Torr. ■

243836 Malva stellata Thunb. = Anisodontea bryoniifolia (L.) D. M. Bates ●☆

243837 Malva stricta Jacq. = Anisodontea scabrosa (L.) D. M. Bates ●☆

243838 Malva subacaulis Maire;近无茎锦葵■☆

243839 Malva subovata (A. DC.) Molero et J. M. Monts. = Lavatera maritima Gouan ●☆

243840 Malva sylvestris L.;欧锦葵(冬葵菜,冬葵子,锦葵,旋节花,芘芣,小叔敬花,小黍菊);Billy Buttons, Bread-and-cheese, Bread-and-cheese-and-cider, Bread-and-cheese-and-kisses, Bull's Eyes, Butter-and-cheese, Chakky Cheese, Cheese, Cheese Flower, Cheese Log, Cheese-cake Flower, Cheese-log, Chock Cheese, Chock-cheese, Chokky-cheese, Chuckenwort, Chueky Cheese, Common Mallow, Custard Cheese, Custard-cheese, Fairy Cheese, Flibberty-gibbet, Flower-of-an-hour, French Mallow, Frog Cheese, Good-night-at-noon, High Mallow, Hock, Hockherb, Hock-leaf, Horse Buttons, Jack

Cheese, Jack's Cheeses, Jacky Cheese, Jacky's Cheese, Lady's Cheese, Loaves-of-bread, Male Nettle, Mallow, Mallow Hock, Mallow-hock, Mallus, Mally, Maule Maul, Mauve, Maws, Old Man's Bread-and-cheese, Pancake Plant, Pans-and-cakes, Pick Cheese, Pick-a-cheese, Rags-and-tatters, Round Dock, Tab Mallow, Truckles of Cheese, Truckles-of-cheese, Wild Mallow ■

243841 Malva sylvestris L. subsp. mauritiana (L.) Thell. = Malva sylvestris L. ■

243842 Malva sylvestris L. subsp. subacaulis (Maire) Maire = Malva subacaulis Maire ■☆

243843 Malva sylvestris L. var. ambigua (Guss.) Rouy = Malva sylvestris L. ■

243844 Malva sylvestris L. var. hirsuta (C. Presl) Batt. = Malva sylvestris L. ■

243845 Malva sylvestris L. var. latiloba Celak. = Malva sylvestris L. ■

243846 Malva sylvestris L. var. mauritiana (L.) Boiss. = Malva mauritania L. ■☆

243847 Malva sylvestris L. var. mauritiana (L.) Boiss. = Malva sylvestris L. ■

243848 Malva sylvestris L. var. mauritiana (L.) Boiss. = Malva sylvestris L. var. mauritiana Mill. ■

243849 Malva sylvestris L. var. mauritiana L. = Malva sinensis Cav. ■

243850 Malva sylvestris L. var. mauritiana Mill.;大花葵(锦葵,小蜀葵);Tree Mallow ■

243851 Malva sylvestris L. var. mauritiana Mill. = Malva sylvestris L. ■

243852 Malva sylvestris L. var. tomentella Presl = Malva sylvestris L. ■

243853 Malva tournefortiana L.;图内福尔锦葵■☆

243854 Malva tournefortiana L. var. dissectifolia Maire = Malva tournefortiana L. ■☆

243855 Malva tournefortiana L. var. subintegrifolia Maire et Weiller = Malva tournefortiana L. ■☆

243856 Malva triangulata Leavenw. = Callirhoe triangulata (Leavenw.) A. Gray ●☆

243857 Malva tricuspidata R. Br. = Malvastrum coromandelianum (L.) Garcke ●■

243858 Malva tricuspidatum (R. Br.) A. Gray = Malvastrum coromandelianum (L.) Garcke ●■

243859 Malva tridactylites Cav. = Anisodontea fruticosa (P. J. Bergius) Bates ●☆

243860 Malva triloba Thunb. = Anisodontea triloba (Thunb.) Bates ●☆

243861 Malva velutina J. A. Schmidt = Malva parviflora L. var. velutina (J. A. Schmidt) A. Chev. ■☆

243862 Malva verticillata L.;野葵(阿郁,凹子,巴巴叶,把把叶,春葵,冬寒菜,冬葵,冬葵菜,冬葵苗,冬苋菜,荷叶花,滑菜,滑肠菜,滑滑菜,滑葵,茴菜,金钱紫花葵,金线钱葵,揆葵,葵,葵菜,露葵,旅葵,轮叶蜀葵,马蹄菜,芪菜,芪菜巴巴,芪菜巴巴叶,芪菜粑粑叶,芪葵叶,其菜,奇菜,棋盘菜,棋盘叶,荠菜,荠菜粑粑,茄菜,邱葵,土黄芪,菟葵,卫足,响菇菜,向日葵,小蜀葵,鸭脚葵,野苋菜);Chinese Mallow, Cluster Mallow, Clustered Mallow, Curled Mallow, Curly Mallow, Whorled Mallow ■

243863 Malva verticillata L. subsp. chinensis (Mill.) Tzvelev = Malva verticillata L. ■

243864 Malva verticillata L. var. chinensis (Mill.) S. Y. Hu = Malva verticillata L. ■

243865 Malva verticillata L. var. crispa L. = Malva crispa (L.) L. ■

243866 Malva verticillata L. var. rafiqii Abedin;中华野葵(华野葵,棋盘菜,乳痈药,天葵,菟葵);China Cluster Mallow, Chinese Cluster Mallow ■

243867 Malva vidalii (Pau) Molero et J. M. Monts. = Lavatera vidalii Pau ●☆

243868 Malva villosa Thunb. = Anisodontea biflora (Desr.) Bates ●☆

243869 Malva virgata Murray = Anisodontea capensis (L.) D. M. Bates ●☆

243870 Malva viscosa Salisb. = Anisodontea scabrosa (L.) D. M. Bates ●☆

243871 Malva wigandii (Alef.) M. F. Ray = Lavatera maritima Gouan ●☆

243872 Malvaceae Adans. = Malvaceae Juss.(保留科名)●■

243873 Malvaceae Juss.(1789)(保留科名);锦葵科;Mallow Family ●■

243874 Malvalthaea Iljin;药锦葵属■☆

243875 Malvalthaea transcaucasica (Sosn.) Iljin;药锦葵■☆

243876 Malvania Fabr. = Sida L. ●■

243877 Malvastrum A. Gray (1849)(保留属名);赛葵属;Cluster Mallow, False Mallow, Falsemallow, Overmallow, Rock Mallow ●■

243878 Malvastrum albens Harv. = Anisodontea biflora (Desr.) Bates ●☆

243879 Malvastrum alexandri Baker f. = Anisodontea alexandri (Baker f.) Bates ●☆

243880 Malvastrum americanum (L.) Torr.;穗花赛葵;America Overmallow, American Falsemallow ■

243881 Malvastrum angustifolium (Harv.) Stapf = Anisodontea scabrosa (L.) D. M. Bates ●☆

243882 Malvastrum asperrimum (Jacq.) A. Gray et Harv. = Anisodontea bryoniifolia (L.) D. M. Bates ●☆

243883 Malvastrum asperrimum (Jacq.) A. Gray et Harv. var. stellatum (Thunb.) Harv. = Anisodontea bryoniifolia (L.) D. M. Bates ●☆

243884 Malvastrum bryoniifolium (L.) A. Gray et Harv. = Anisodontea bryoniifolia (L.) D. M. Bates ●☆

243885 Malvastrum burchellii Baker f. = Anisodontea scabrosa (L.) D. M. Bates ●☆

243886 Malvastrum calycinum (Cav.) A. Gray et Harv. = Anisodontea scabrosa (L.) D. M. Bates ●☆

243887 Malvastrum campanulatum G. Nicholson;星葵■☆

243888 Malvastrum capense (L.) A. Gray et Harv. = Anisodontea capensis (L.) D. M. Bates ●☆

243889 Malvastrum capense (L.) A. Gray et Harv. var. glabrescens Harv. = Anisodontea capensis (L.) D. M. Bates ●☆

243890 Malvastrum carpinifolium (L. f.) A. Gray = Malvastrum coromandelianum (L.) Garcke ●■

243891 Malvastrum carpinifolium (L. f.) A. Gray = Sida acuta Burm. f. ●■

243892 Malvastrum coccineum (Nutt.) A. Gray;绯红赛葵;Red False Mallow ■☆

243893 Malvastrum coromandelianum (L.) Garcke;赛葵(大叶黄花猛,黄花草,黄花棉,山黄麻,山桃仔,山桃子);Broomweed, Coromadel Coast Falsemallow, Overmallow, Threelobe False Mallow, Threelobe False-mallow, Ulm-leaved Falsemallow ●■

243894 Malvastrum dissectum Harv. = Anisodontea dissecta (Harv.) Bates ●☆

243895 Malvastrum divaricatum (Andréws) A. Gray et Harv. = Anisodontea capensis (L.) D. M. Bates ●☆

243896 Malvastrum fragrans (Jacq.) A. Gray et Harv. = Anisodontea scabrosa (L.) D. M. Bates ●☆

243897 Malvastrum grosulariifolium (Cav.) A. Gray et Harv. = Anisodontea scabrosa (L.) D. M. Bates ●☆

243898 Malvastrum hispidum (Pursh) Hochr.; 毛赛葵; Yellow False Mallow ■☆

243899 Malvastrum pappei Baker f. = Anisodontea procumbens (Harv.) Bates ●☆

243900 Malvastrum peruvianum (L.) Gray; 秘鲁赛葵■☆

243901 Malvastrum procumbens Harv. = Anisodontea procumbens (Harv.) Bates ●☆

243902 Malvastrum puniceum Jesson = Anisodontea scabrosa (L.) D. M. Bates ●☆

243903 Malvastrum racemosum Harv. = Anisodontea racemosa (Harv.) Bates ■☆

243904 Malvastrum retusum Baker f. = Anisodontea scabrosa (L.) D. M. Bates ●☆

243905 Malvastrum riparium Hutch. = Anisodontea scabrosa (L.) D. M. Bates ●☆

243906 Malvastrum rotundifolium A. Gray; 圆叶赛葵; Desert Five-spot ■☆

243907 Malvastrum ruderale Hance = Malvastrum coromandelianum (L.) Garcke ●■

243908 Malvastrum ruderale Hance ex Walp. = Malvastrum coromandelianum (L.) Garcke ●■

243909 Malvastrum scabrosum (L.) Stapf = Anisodontea scabrosa (L.) D. M. Bates ●☆

243910 Malvastrum setosum Harv. = Anisodontea setosa (Harv.) Bates ●☆

243911 Malvastrum spicatum (L.) A. Gray = Malvastrum americanum (L.) Torr. ■

243912 Malvastrum spicatum (L.) A. Gray var. mollissima A. Chev. = Malvastrum americanum (L.) Torr. ■

243913 Malvastrum strictum (Jacq.) A. Gray et Harv. = Anisodontea scabrosa (L.) D. M. Bates ●☆

243914 Malvastrum tricuspidatum (R. Br.) A. Gray = Malvastrum coromandelianum (L.) Garcke ●■

243915 Malvastrum tricuspidatum A. Gray = Malvastrum coromandelianum (L.) Garcke ●■

243916 Malvastrum tridactylites (Cav.) A. Gray et Harv. = Anisodontea fruticosa (P. J. Bergius) Bates ●☆

243917 Malvastrum tridactylites (Cav.) A. Gray et Harv. var. glabrum Harv. = Anisodontea fruticosa (P. J. Bergius) Bates ●☆

243918 Malvastrum tridactylites (Cav.) A. Gray et Harv. var. puberulum Harv. = Anisodontea fruticosa (P. J. Bergius) Bates ●☆

243919 Malvastrum tridactylites (Cav.) A. Gray et Harv. var. stellatum Harv. = Anisodontea fruticosa (P. J. Bergius) Bates ●☆

243920 Malvastrum trilobatum Baker f. = Anisodontea scabrosa (L.) D. M. Bates ●☆

243921 Malvastrum trilobum (Thunb.) Garcke = Anisodontea triloba (Thunb.) Bates ●☆

243922 Malvastrum virgatum (Murray) A. Gray et Harv. = Anisodontea capensis (L.) D. M. Bates ●☆

243923 Malvastrum virgatum (Murray) A. Gray et Harv. var. dillenianum (Eckl. et Zeyh.) Harv. = Anisodontea capensis (L.) D. M. Bates ●☆

243924 Malvaviscus Adans. = Malvaviscus Fabr. ●

243925 Malvaviscus Cav. = Malvaviscus Fabr. ●

243926 Malvaviscus Dill. ex Adans. = Malvaviscus Fabr. ●

243927 Malvaviscus Fabr. (1759); 悬铃花属(卷瓣朱槿属); Waxmallow ●

243928 Malvaviscus Fabr. = Hibiscus L. + Ketmia Mill. + Malvaviscus Adans. ●

243929 Malvaviscus arboreus Cav.; 悬铃花(姬扶桑,姬芙蓉,卷瓣朱槿,南美朱槿,小扶桑,小悬铃花,重瓣朱槿); Sleepy Mallow, South American Waxmallow, Tree Waxmallow, Turk's Cap, Turk's Turban, Wax Mallow, Waxmallow ●

243930 Malvaviscus arboreus Cav. 'Variegata'; 宫粉悬铃花●☆

243931 Malvaviscus arboreus Cav. subsp. penduliflorus (DC.) Hadač = Malvaviscus penduliflorus DC. ●

243932 Malvaviscus arboreus Cav. var. drummondii (Torr. et A. Gray) Schery; 小悬铃花(小扶桑,小红袍); Drummond Waxmallow, Mexican Turk's Cap, Sleepy Hibiscus, Small Waxmallow ●

243933 Malvaviscus arboreus Cav. var. drummondii Schery = Malvaviscus arboreus Cav. var. drummondii (Torr. et A. Gray) Schery ●

243934 Malvaviscus arboreus Cav. var. mexicanus Schltdl. 'Pink'; 粉色悬铃花●☆

243935 Malvaviscus arboreus Cav. var. penduliflorus (DC.) Schery = Malvaviscus penduliflorus DC. ●

243936 Malvaviscus arboreus Cav. var. penduliflorus (Moc. et Sessé ex DC.) Schery = Malvaviscus penduliflorus DC. ●

243937 Malvaviscus arboreus Schery var. mexicanus Schltdl. 'Pink' = Malvaviscus arboreus Cav. var. mexicanus Schltdl. 'Pink' ●☆

243938 Malvaviscus brevipes Benth.; 短梗悬铃花●☆

243939 Malvaviscus coccineus Medik. = Hibiscus coccineus (Medik.) Walter ●

243940 Malvaviscus coccineus Medik. = Malvaviscus arboreus Cav. ●

243941 Malvaviscus drummondii Gard = Malvaviscus arboreus Cav. var. drummondii (Torr. et A. Gray) Schery ●

243942 Malvaviscus drummondii Torr. et A. Gray = Malvaviscus arboreus Cav. var. drummondii (Torr. et A. Gray) Schery ●

243943 Malvaviscus elegans Linden et Planch.; 雅致悬铃花●☆

243944 Malvaviscus grandiflorus Kunth; 大花悬铃花(康查蒂悬铃花); Largeflower Waxmallow ●☆

243945 Malvaviscus leucocarpus Planch. et Linden ex Triana et Planch.; 白果悬铃花●☆

243946 Malvaviscus longifolius Garcke; 长叶悬铃花●☆

243947 Malvaviscus mollis DC.; 大轮姬芙蓉; Pubescnt Waxmallow ●☆

243948 Malvaviscus multiflorus (A. St. -Hil.) Spach; 多花悬铃花●☆

243949 Malvaviscus palmanus Pittier et Donn. Sm.; 墨西哥悬铃花; Mexican Turk's Cap, Sleepy Hibiscus ●☆

243950 Malvaviscus penduliflorus DC. = Malvaviscus penduliflorus Moc. et Sessé ex DC. ●

243951 Malvaviscus penduliflorus Moc. et Sessé ex DC.; 垂花悬铃花(悬铃花,重瓣悬铃花); Carsinal's Hat, Mazapan, Sleeping Hibiscus, Sleeping Waxmallow, Turk's Cap, Weeping Waxmallow ●

243952 Malvaviscus penduliflorus Moc. et Sessé ex DC. = Malvaviscus arboreus Cav. var. penduliflorus (Moc. et Sessé ex DC.) Schery ●

243953 Malvaviscus populneus (L.) Gaertn. = Thespesia populnea (L.) Sol. ex Corrêa ●

243954 Malvaviscus populneus Gaertn. = Thespesia populnea (L.) Sol. ex Corrêa ●

243955 Malvaviscus williamsii Ulbr.; 威氏悬铃花●☆

243956 Malvella Jaub. et Spach (1855); 小锦葵属■☆

243957 Malvella lepidota (A. Gray) Fryxell; 小锦葵; Scurfymallow ☆

243958 Malvella sherardiana Jaub. et Spach; 谢氏小锦葵■☆

243959 Malveopsis C. Presl(废弃属名) = Anisodontea C. Presl ●■☆

243960 Malveopsis C. Presl(废弃属名) = Malvastrum A. Gray(保留属名)●■

243961 Malveopsis albens (Harv.) Kuntze = Anisodontea biflora (Desr.) Bates ●☆

243962 Malveopsis asperrima (Jacq.) Kuntze = Anisodontea bryoniifolia (L.) D. M. Bates ●☆

243963 Malveopsis bryoniifolia (L.) Kuntze = Anisodontea bryoniifolia (L.) D. M. Bates ●☆

243964 Malveopsis dissecta (Harv.) Kuntze = Anisodontea dissecta (Harv.) Bates ●☆

243965 Malveopsis setosa (Harv.) Kuntze = Anisodontea setosa (Harv.) Bates ●☆

243966 Malvinda Boehm. = Sida L. ●■

243967 Malya Opiz = Ventenata Koeler(保留属名)■☆

243968 Mamboga Blanco(废弃属名) = Mitragyna Korth.(保留属名)●

243969 Mamei Mill. = Mammea L. ●

243970 Mamillaria F. Rchb. = Mammillaria Haw.(保留属名)●

243971 Mamillaria tuberculosa Engelm. = Coryphantha tuberculosa (Engelm.) A. Berger ■☆

243972 Mamillariaceae (Rchb.) Dostal = Cactaceae Juss.(保留科名)●■

243973 Mamillariaceae Dostal = Cactaceae Juss.(保留科名)●■

243974 Mamillopsis (E. Morren) F. A. C. Weber ex Britton et Rose (1923);月宫殿属;Mammillopsis ■

243975 Mamillopsis E. Morren ex Britton et Rose = Mammillaria Haw.(保留属名)●

243976 Mamillopsis F. A. C. Weber = Mamillopsis (E. Morren) F. A. C. Weber ex Britton et Rose ■

243977 Mamillopsis senilis (Lodd.) F. A. C. Weber;月宫殿;Senile Mammillopsis ■

243978 Mammariella J. Shafer = Mammillaria Haw.(保留属名)●

243979 Mammea L. (1753);黄果木属(格脉树属,黄果藤黄属,曼密苹果属,曼密属);Mamey,Mammea,Mammee,Mammey ●

243980 Mammea africana G. Don = Mammea africana Sabine ●☆

243981 Mammea africana Sabine;非洲黄果藤黄;African Mammey Apple ●☆

243982 Mammea americana L.;美洲黄果木(马来苹果,马来杏,马米苹果,马米杏,曼密苹果,美洲曼密苹果,牛油果);American Mammea,Apricot of San Domingo,Mamey,Mammea Apple,Mammee Apple,Mammee-apple,Mammey,St. Domingo Apricot,Wild Apricot ●☆

243983 Mammea asiatica L. = Barringtonia asiatica (L.) Kurz ●

243984 Mammea ebboro Pierre = Mammea africana Sabine ●☆

243985 Mammea gilletii De Wild. = Mammea africana Sabine ●☆

243986 Mammea giorgiana De Wild. = Mammea africana Sabine ●☆

243987 Mammea longifolia (Wight) Planch. et Triana;长叶黄果木(长叶马米苹果,长叶曼密苹果);Long-leaf Mammea ●☆

243988 Mammea odorata (Raf.) Kosterm.;香黄果木●☆

243989 Mammea usambarensis Verdc.;乌桑巴拉黄果木●☆

243990 Mammea yunnanensis (H. L. Li) Kosterm.;黄果木(格脉树);Yunnan Mammea ●

243991 Mammea yunnanensis (H. L. Li) Kosterm. = Ochrocarpus yunnanensis H. L. Li ●◇

243992 Mammea yunnanensis (H. L. Li) W. C. Ko = Mammea yunnanensis (H. L. Li) Kosterm. ●

243993 Mammilaria Torr. et A. Gray = Mammillaria Haw.(保留属名)●

243994 Mammillaria Haw. (1812)(保留属名);银毛球属(老头掌属,乳突球属);Cactus,Chilita,Globe Cactus,Mammillaria,Pincution,Pincution Cactus,Strawberry Cactus ●

243995 Mammillaria Stackh.(废弃属名) = Mammillaria Haw.(保留属名)●

243996 Mammillaria acanthophlegma Lehm.;改春球(改春丸,黑尖丸);Spring-twist Cactus ■☆

243997 Mammillaria albescens Tiegel;唐琴球(唐琴丸);Whitesh Cactus ■☆

243998 Mammillaria albicans A. Berger;白天球(白天丸)■☆

243999 Mammillaria albicoma Boed.;白羊球(白羊丸)■☆

244000 Mammillaria albiflora (Werderm.) Backeb.;白鹭;Whiteflower Cactus ■☆

244001 Mammillaria albilanata Backeb.;希望球(白绣球,希望丸);Pincushion Cactus ■☆

244002 Mammillaria applanata Engelm. = Mammillaria applanata Engelm. ex Salm-Dyck ■☆

244003 Mammillaria applanata Engelm. ex Salm-Dyck;照星;Flattened Cactus ■☆

244004 Mammillaria armillata K. Brandegee;若紫;Armillate Cactus ■☆

244005 Mammillaria aureilanata Backeb.;舞星(姬衣)■☆

244006 Mammillaria aurihamata Boed.;仙丽球(仙丽丸)■☆

244007 Mammillaria barbata Engelm.;髯毛球■☆

244008 Mammillaria baumii Boed.;棉花球(芳香球,棉花丸);Baum Cactus ■☆

244009 Mammillaria bella Backeb.;美丽球(美丽丸);Handsome Cactus ■☆

244010 Mammillaria bicolor Lehm.;变色仙人球(双色仙人球);Two-coloured Cactus ■☆

244011 Mammillaria blossfeldiana Boed.;绫衣(风流丸);Blossfeld Cactus ■☆

244012 Mammillaria bocasana Poselg.;天鹅绒球(高砂,绢疣仙人球,棉花球,绒毛球);Powder Puff Cactus,Powder-puff Cactus,Snowball Cactus ■☆

244013 Mammillaria bocasana Poselg. subsp. eschauzieri (J. M. Coult.) W. A. Fitz Maur. et B. Fitz Maur.;埃氏天鹅绒球;Eschauzier's Pincushion ■☆

244014 Mammillaria boedekeriana Quehl;鲍金龙(紫金龙);Boedeker Cactus ■☆

244015 Mammillaria bombycina Quehl;丰明球(白疣仙人球,丰明丸,绢丸);Nipple Cactus,Silky Pincution ■☆

244016 Mammillaria brauneana Boed.;恋山彦(短刺仙人球,鱼情丸)■☆

244017 Mammillaria camptotricha Dams;琴丝球(琴丝丸,曲刺仙人球)■☆

244018 Mammillaria candida Scheidw.;雪白球(雪白丸);Snowball Pincution ■☆

244019 Mammillaria candida Scheidw. var. rosea (Salm-Dyck) K. Schelle;满月■☆

244020 Mammillaria canelensis R. T. Craig;唐金球■☆

244021 Mammillaria carmenae Castañeda;卡姬球■☆

244022 Mammillaria carnea Zucc;火焰球■☆

244023 Mammillaria carretii Rebut ex K. Schum.;银星■☆

244024 Mammillaria celsiana Lem.;疣粒仙人球(黄神丸,黄神球)■☆

244025 Mammillaria centraliplumosa Fittkan;羽心乳突球■☆

244026 Mammillaria centricirrha Lem.;金刚球(金刚丸,旋刺仙人

球);Middetendril Pincution ■☆

244027 Mammillaria centricirrha Lem. = Mammillaria magnimamma Haw. ■☆

244028 Mammillaria centricirrha Lem. var. divergens K. Schum.;金华山■☆

244029 Mammillaria centricirrha Lem. var. krameri K. Schum.;银华山■☆

244030 Mammillaria chapinensis Eichler et Quehl;红金刚(紫金刚)■☆

244031 Mammillaria chionocephala J. A. Purpus;雪头球(雪头丸)■☆

244032 Mammillaria chlorantha Engelm. = Coryphantha chlorantha (Engelm.) Britton et Rose ■☆

244033 Mammillaria coahuilensis (Boed.) Moran;关白■☆

244034 Mammillaria collina J. A. Purpus;丘楼球(丘楼丸)■☆

244035 Mammillaria collinsii (Britton et Rose) Orcutt;慧星仙人球(光伦丸,红金刚)■☆

244036 Mammillaria columbiana Salm-Dyck;宫粉仙人球(哥伦比亚乳突球,昆仑丸)■☆

244037 Mammillaria compressa DC.;白龙球(白龙丸);Compressed Pincution, Mother of Hundreds, Pincushion Cactus ■☆

244038 Mammillaria compressa DC. var. fulvispina (K. Schum.) Borg;褐刺白龙球■☆

244039 Mammillaria compressa DC. var. longiseta (Muehlenpf.) Borg;长刺白龙球■☆

244040 Mammillaria compressa DC. var. rubrispina Borg;红刺白龙球■☆

244041 Mammillaria compressa DC. var. triacantha (DC.) Borg;三刺白龙球■☆

244042 Mammillaria confusa Orcutt;东风球(东风丸,红鹤,甲府丸);Confused Cactus ■☆

244043 Mammillaria conoidea DC. = Neolloydia conoidea (DC.) Britton et Rose ●☆

244044 Mammillaria conspicua J. A. Purpus;双刺红毛柱■☆

244045 Mammillaria cowperae Shurly;菊慈童■☆

244046 Mammillaria crocidata Lem.;绵球(密腋刺球,绵丸)■☆

244047 Mammillaria crucigera Mart. et Otto;白云球(白绫,白绫丸,白雪,白云丸,妖月丸)■☆

244048 Mammillaria dasyacantha Engelm. = Coryphantha dasyacantha (Engelm.) Orcutt ■☆

244049 Mammillaria dealbata A. Dietr.;黑骑士;Dealbate Cactus ■☆

244050 Mammillaria decipiens Scheidw.;迷惑乳突球(三保之松)■☆

244051 Mammillaria deherdtiana Farwig;黛荷乳突球■☆

244052 Mammillaria densispina (J. M. Coult.) Orcutt;金织球(金球)■☆

244053 Mammillaria denudata (Engelm.) A. Berger;光辉仙人球;Denudate Cactus ■☆

244054 Mammillaria dioica K. Brandegee;单独球(单独丸);California Fishhook Cactus, Strawberry Cactus ■☆

244055 Mammillaria discolor Haw.;五彩球(二色猪笼簕,五彩丸,异色球,异色丸);Two-colours Cactus ■☆

244056 Mammillaria dixanthocentron Backeb.;黄神球■☆

244057 Mammillaria dumetorum J. A. Purpus;明月;Thornbush Cactus ■☆

244058 Mammillaria echinus Engelm. = Coryphantha echinus (Engelm.) Britton et Rose ■☆

244059 Mammillaria egregia Backeb.;日幡球(日幡丸)■☆

244060 Mammillaria eichlamii Quehl;高崎球(黄毛长钩球);Eichlam Cactus ■☆

244061 Mammillaria elegans DC.;雪月花(黑刺月花);Elegant Cactus ■☆

244062 Mammillaria elongata DC.;金筒球(金刺球,金毛球,金毛丸,金铜毬,金星仙人球,猪笼簕);Brain Cactus, Gold Lace Cactus, Golden Stars, Golden-star Cactus, Lace Cactus, Lady Fingers ■☆

244063 Mammillaria elongata DC. f. echinata (DC.) Schelle;黄金球(黄金丸);Echinate Cactus ■☆

244064 Mammillaria elongata DC. var. anguinea K. Schum.;蛇状金筒球;Anguineal Cactus ■☆

244065 Mammillaria elongata DC. var. echinata K. Schum.;刺金筒球■☆

244066 Mammillaria elongata DC. var. minima (Rchb.) Schelle;小金筒球;Least Cactus ■☆

244067 Mammillaria elongata DC. var. rufocrocea (Salm-Dyck) K. Schum.;褐刺金筒球(红黄球)■☆

244068 Mammillaria elongata DC. var. stella-aurata K. Schum.;金星金筒球(金刺猪笼簕,金光星球)■☆

244069 Mammillaria elongata DC. var. subcrocea (DC.) Salm-Dyck;金毛球■☆

244070 Mammillaria elongata DC. var. tenuis K. Schum.;细长金筒球;Slender Cactus ■☆

244071 Mammillaria eriacantha Link et Otto ex Pfeiff.;黄大臣;Erianthous Cactus ■☆

244072 Mammillaria evermanniana Orcutt;秀彩球(怪光丸);Emermann Cactus ■☆

244073 Mammillaria fasciculata Engelm.;丛立仙人球;Fascicular Cactus ■☆

244074 Mammillaria fasciculata Engelm. ex S. Watson = Echinocereus fasciculatus (Engelm. ex S. Watson) L. D. Benson ●☆

244075 Mammillaria flavovirens Salm-Dyck;凉装球(凉装丸);Yellowish-green Cactus ■☆

244076 Mammillaria formosa Galeotti ex Scheidw.;美形球(美丽猪笼簕)■☆

244077 Mammillaria fuauxiana Backeb.;白绣球(白绣丸,银铃丸)■☆

244078 Mammillaria fuliginosa Salm-Dyck;烟球■☆

244079 Mammillaria fuscata Pfeiff.;褐乳球■☆

244080 Mammillaria gatesii M. E. Jones;峻盛球(峻盛丸);Gates Cactus ■☆

244081 Mammillaria geminispina Haw.;白玉兔(香炉峰);Double-spines Pincution, Pincushion Cactus, Twospine Pincution ■☆

244082 Mammillaria geminispina Haw. var. nobilis (Pfeiff.) Backeb.;白神球(白神丸);Noble Cactus ■☆

244083 Mammillaria gigantea Hildm. ex K. Schum.;永春球(永春丸);Gigant Cactus ■☆

244084 Mammillaria glochidiata Mart.;钩刺球;Hamosespine Cactus ■☆

244085 Mammillaria gracilis Pfeiff.;银毛球(白翁球,银刺球,银毛丸);Slender Pincution, Thimble Cactus ■☆

244086 Mammillaria gracilis Pfeiff. var. fragilis A. Berger;脆银刺球■☆

244087 Mammillaria grahamii Engelm.;格拉姆银毛球;Arizona Fishhook Cactus, Choyita, Fishhook Cactus, Fishhook Pincushion Cactus, Graham's Fishhook Cactus, Graham's Nipple Cactus, Pitahayita ■☆

244088 Mammillaria grahamii Engelm. var. oliviae (Orcutt) L. D. Benson = Mammillaria grahamii Engelm. ■☆

244089 Mammillaria guelzowiana Werderm. ;丽光殿■☆

244090 Mammillaria guerreronis (Bravo) Boed. ;利久球(君丽球,君丽丸,利久丸)■☆

244091 Mammillaria gummifera Engelm. ;群美球(美星丸,群美丸,群魅丸);Gum-bearing Cactus ■☆

244092 Mammillaria gummifera Engelm. var. applanata (Engelm.) L. D. Benson = Mammillaria heyderi Muehlenpf. ■☆

244093 Mammillaria gummifera Engelm. var. hemispherica (Engelm.) L. D. Benson = Mammillaria heyderi Muehlenpf. ■☆

244094 Mammillaria gummifera Engelm. var. macdougalii (Rose) L. D. Benson = Mammillaria macdougalii Rose ■☆

244095 Mammillaria gummifera Engelm. var. meiacantha (Engelm.) L. D. Benson = Mammillaria meiacantha Engelm. ■☆

244096 Mammillaria haageana Pfeiff. ;日月球(日月,日月丸);Pincushion Cactus ■☆

244097 Mammillaria hahniana Werderm. et Backeb. ;玉翁(玉翁殿,玉仙人球);Old Lady Cactus, Oldlady Cactus, Old-lady Cactus, Old-woman Cactus ■☆

244098 Mammillaria hahniana Werderm. et Backeb. var. werdermanniana F. Schmoll ex R. T. Craig;新平和;Werdermann Cactus ■☆

244099 Mammillaria halbingeri Boed. ;丽神球(丽神丸);Harbinger Cactus ■☆

244100 Mammillaria hamiltonhoytea (Bravo) Werderm. ;锦织球■☆

244101 Mammillaria harborii Werderm. ;香仙人球;Harbor Cactus ■☆

244102 Mammillaria heidiae Kraina;海地乳突球■☆

244103 Mammillaria hernandezii Glass et R. A. Foster;哈尔乳突球■☆

244104 Mammillaria herrerae Werderm. ;白鸟银毛球(白鸟);Herrer Cactus ■☆

244105 Mammillaria heyderi Muehlenpf. ;御幸球(御光丸,御幸丸);Heyder Cactus, Heyder's Nipple Cactus, Little Nipple Cactus ■☆

244106 Mammillaria heyderi Muehlenpf. var. applanata (Engelm.) L. D. Benson = Mammillaria heyderi Muehlenpf. ■☆

244107 Mammillaria heyderi Muehlenpf. var. bullingtoniana Castetter;布林银毛球;Cream Cactus ■☆

244108 Mammillaria heyderi Muehlenpf. var. hemispherica Engelm. = Mammillaria heyderi Muehlenpf. ■☆

244109 Mammillaria heyderi Muehlenpf. var. macdougalii (Rose) L. D. Benson = Mammillaria macdougalii Rose ■☆

244110 Mammillaria heyderi Muehlenpf. var. meiacantha (Engelm.) L. D. Benson = Mammillaria meiacantha Engelm. ■☆

244111 Mammillaria hidalgensis J. A. Purpus;穗高球(穗高丸);Hidalg Cactus ■☆

244112 Mammillaria hoffmannseggii Hoffmanns. ;如月球(如月丸);Hoffmannsegg Cactus ■☆

244113 Mammillaria humboldtii Ehrenb. ;春星球(春星,春星丸);Humboldt Cactus ■☆

244114 Mammillaria hybrida Elegans;杂交白玉兔■☆

244115 Mammillaria ingens Backeb. ;隐元球(大球,隐元丸)■☆

244116 Mammillaria insularis H. E. Gates ex Shurly;峻美球(峻美丸)■☆

244117 Mammillaria jaliscana (Britton et Rose) Boed. ;夜栗鼠球(夜栗鼠丸)■☆

244118 Mammillaria johnstonii Orcutt;枪骑球(枪骑丸);Johnston Cactus ■☆

244119 Mammillaria johnstonii Orcutt var. sancarlensis R. T. Craig;雷鸟球(雷鸟丸);Sancarl Cactus ■☆

244120 Mammillaria karwinskiana Mart. ;荒凉球(荒凉丸)■☆

244121 Mammillaria kewensis Salm-Dyck;墨司;Kew Cactus ■☆

244122 Mammillaria klissingiana Boed. ;翁玉;Klissing Cactus ■☆

244123 Mammillaria kunzeana Boed. et Quehl. ;端红仙人球(丹顶丸,瑞红仙人球);Kuntze Cactus ■☆

244124 Mammillaria lanata (Britton et Rose) Orcutt;多毛仙人球(幸福丸);Lanate Cactus, Lanise Cactus, Old-lady Cactus ■☆

244125 Mammillaria lanigera Repp. ;绵毛乳突球■☆

244126 Mammillaria lasiacantha Engelm. ;高尔夫银毛球(毛刺乳突球);Golf Ball Cactus, Golf Ball Pincushion Cactus, Lacespine Nipple Cactus ■☆

244127 Mammillaria laui D. R. Hunt;劳依氏乳突球■☆

244128 Mammillaria lenta K. Brandegee;姬星球(姬星);Pliant Cactus ■☆

244129 Mammillaria leptacantha (A. B. Lau) Repp. ;柔刺乳突球■☆

244130 Mammillaria lewisiana H. E. Gates;丽芝球(丰云丸,丽云丸,丽芝丸);Lewis Cactus ■☆

244131 Mammillaria lloydii Orcutt;星恋;Lloyd Cactus ■☆

244132 Mammillaria longicoma A. Berger;雪衣(白毛钩球);Longehairy Cactus ■☆

244133 Mammillaria longiflora (Britton et Rose) A. Berger;长花乳突球■☆

244134 Mammillaria longimamma DC. ;长突仙人掌(长绵毛乳突球,金星)■☆

244135 Mammillaria longimamma DC. var. sphaerica (A. Dietr.) K. Brandegee;光刺乳秃球(八角仙人掌,光刺长突球)■☆

244136 Mammillaria longimamma DC. var. sphaerica (A. Dietr.) K. Brandegee = Mammillaria sphaerica A. Dietr. ■☆

244137 Mammillaria macdougalii Rose;大幸球(大幸丸);Cream Cactus, Macdougal Cactus ■☆

244138 Mammillaria macromeris Engelm. = Coryphantha macromeris (Engelm.) Lem. ■☆

244139 Mammillaria magallanii Schmoll;魔美球■☆

244140 Mammillaria magnifica Buchenau;美大乳突球■☆

244141 Mammillaria magnimamma Haw. ;梦幻城(梦幻丸,魔美丸)■☆

244142 Mammillaria mainiae K. Brandegee;逆时针银毛球(麦安乃乳突球)■☆

244143 Mammillaria maritima (G. E. Linds.) D. R. Hunt;寂寞球(海彦)■☆

244144 Mammillaria marksiana Krainz;金洋球■☆

244145 Mammillaria martinezii Backeb. ;月笛球(月笛丸);Martinez Cactus ■☆

244146 Mammillaria mazatlanensis K. Schum. ex Gürke;红刺仙人球(绯绒);Mazatlan Cactus ■☆

244147 Mammillaria meiacantha Engelm. ;黑龙球(黑龙丸,小刺乳突球);Nipple Cactus ■☆

244148 Mammillaria melanacantha Foerster;紫山球(忧愁丸,紫山丸)■☆

244149 Mammillaria mendeliana (Bravo) Werderm. ;鹤棠球(鹤棠丸);Mendel Cactus ■☆

244150 Mammillaria mercadensis (Britton et Rose) Patoni;鸠目球(鸠目丸)■☆

244151 Mammillaria meridiorosei Castetter, P. Pierce et K. H. Sehwer. = Mammillaria wrightii Engelm. var. wilcoxii (Toumey ex K. Schum.) T. Marshall ■☆

244152 Mammillaria microcarpa Engelm. ;小果银毛球(芳明殿,丰明殿);Fishhook Cactus, Small-fruited Cactus ■☆

244153 Mammillaria microcarpa Engelm. = Mammillaria grahamii Engelm. ■☆
244154 Mammillaria microhelia Werderm.;朝雾■☆
244155 Mammillaria microhelia Werderm. var. microheliopsis (Werderm.) Backeb.;似朝雾(清凉殿,夕雾)■☆
244156 Mammillaria micromeris Engelm. = Epithelantha micromeris (Engelm.) F. A. C. Weber ex Britton et Rose ■
244157 Mammillaria microthele Muehlenpf.;小瘤乳突球■☆
244158 Mammillaria moelleriana Boed.;紫光球(紫光丸)■☆
244159 Mammillaria muehlenpfordtii Foerster;明耀球(明耀丸,穆氏乳突球);Muehlenpfordt Cactus ■☆
244160 Mammillaria multiceps Salm-Dyck;绒毛球;Manyhead Pincution ■☆
244161 Mammillaria multiceps Salm-Dyck = Mammillaria prolifera (Mill.) Haw. var. texana (Engelm.) Borg ■☆
244162 Mammillaria mundtii K. Schum.;口球(口丸);Mundt Cactus ■☆
244163 Mammillaria mystax Pfeiff.;贵宝球(多仔钩球)■☆
244164 Mammillaria napina J. A. Purpus;白豹球(白豹丸)■☆
244165 Mammillaria nejapensis R. T. Craig et E. Y. Dawson;绵毛仙人球;Nejap Cactus ■☆
244166 Mammillaria nellieae (Croizat) Croizat = Coryphantha minima Baird ■☆
244167 Mammillaria neocoronaria F. M. Knuth;光环球(光环丸)■☆
244168 Mammillaria neomystax Backeb.;白鸠球(白鸠丸,东洋丸)■☆
244169 Mammillaria neopalmeri R. T. Craig;春朗球(春朗丸);Neopalmer Cactus ■☆
244170 Mammillaria nickelsiae K. Brandegee = Coryphantha nickelsiae (K. Brandegee) Britton et Rose ■☆
244171 Mammillaria nivosa Link ex Pfeiff.;金银司(积雪丸,金银车积雪球);Snowy Cactus ■☆
244172 Mammillaria nunezii (Britton et Rose) Orcutt;龙女球■☆
244173 Mammillaria obconella Scheidw.;噶雅凤球■☆
244174 Mammillaria obscura Hildm. var. galeottii Salm-Dyck ex C. F. Först.;雅凤球(雅凤丸);Galeott Cactus ■☆
244175 Mammillaria occidentalis (Britton et Rose) Boed.;西方乳突球■☆
244176 Mammillaria ochoterenae Werderm.;红叶山■☆
244177 Mammillaria orcuttii Boed.;黑紫龙;Orcutt Cactus ■☆
244178 Mammillaria orestera L. D. Benson = Mammillaria viridiflora (Britton et Rose) Boed. ■☆
244179 Mammillaria ortiz-rubiona Werderm.;望月■☆
244180 Mammillaria pacifica (H. E. Gates) Boed.;葛饰球(葛饰丸)■☆
244181 Mammillaria papyracantha Engelm. = Sclerocactus papyracanthus (Engelm.) N. P. Taylor ●☆
244182 Mammillaria parkinsonii C. Ehrenb.;白王球(白剑仙人球,白王丸);Owl's Eyes,Owl's Eyes Cactus,Parkinson Pincution ■☆
244183 Mammillaria parkinsonii C. Ehrenb. var. brevispina R. T. Craig;短刺白王球(翁玉)■☆
244184 Mammillaria pectinata Engelm. = Coryphantha echinus (Engelm.) Britton et Rose ■☆
244185 Mammillaria pectinifera F. A. C. Weber;类白斜子(白斜子);Conchilinque ■☆
244186 Mammillaria peninsularis Orcutt;三崎之松■☆
244187 Mammillaria pennispinosa Krainz;阳炎■☆
244188 Mammillaria perbella Hildm. ex Schum.;大福球(大福丸,华丽乳突球,美丽仙人球)■☆
244189 Mammillaria petterssonii Hildm.;女神■☆
244190 Mammillaria phymatothele O. Berg;白髯玉■☆
244191 Mammillaria pilispina J. A. Purpus;琴丽球(琴丽丸,紫雏丸)■☆
244192 Mammillaria plumosa F. A. C. Weber;白星(羽刺仙人球);Feather Cactus,Reathery Pincution ■☆
244193 Mammillaria polyedra Mart.;秀眉球(多边乳突球,秀眉丸)■☆
244194 Mammillaria polygona Salm-Dyck;云峰乳球■☆
244195 Mammillaria polythele Mart.;多粒球(多粒丸)■☆
244196 Mammillaria pottsii Scheer ex Salm-Dyck;狐尾银毛球(大和锦);Fox-tail Cactus, Pott's Mammillaria, Rattail Cactus, Rat-tail Nipple Cactus ■☆
244197 Mammillaria pringlei (J. M. Coult.) K. Brandegee;照光球(照光丸);Pringle Pincution ■☆
244198 Mammillaria prolifera (Mill.) Haw.;黄毛球(多子仙人球,松霞);Little Candles,Little-candles,Silver Cluster Cactus,Strawberry Cactus ■☆
244199 Mammillaria prolifera (Mill.) Haw. var. haitiensis (K. Schum.) Borg;海地黄毛球(金松玉,银毛松霞,银霞)■☆
244200 Mammillaria prolifera (Mill.) Haw. var. mexicana Grossh.;金花仙人球■☆
244201 Mammillaria prolifera (Mill.) Haw. var. multiceps (Salm-Dyck) Borg;多头黄毛球(春霞,红毛球)■☆
244202 Mammillaria prolifera (Mill.) Haw. var. texana (Engelm.) Borg;得州银毛球(多头松霞);Grape Cactus,Hair-covered Cactus,Texas Nipple Cactus ■☆
244203 Mammillaria pusilla DC.;老头掌(黄矮球,灰毛掌)■☆
244204 Mammillaria pusilla DC. var. texana Engelm. = Mammillaria prolifera (Mill.) Haw. var. texana (Engelm.) Borg ■☆
244205 Mammillaria pygmaea A. Berger;绿星■☆
244206 Mammillaria pyrrhocephala Scheidw.;赤头球(赤头丸)■☆
244207 Mammillaria recurvata Engelm. = Coryphantha recurvata (Engelm.) Britton et Rose ■
244208 Mammillaria rekoi (Britton et Rose) Vaupel;莱氏乳突球■☆
244209 Mammillaria rettigiana Boed.;积雪球(积雪丸)■☆
244210 Mammillaria rhodantha Link et Otto;绒仙人球(朝日球,朝日丸)■☆
244211 Mammillaria ritteriana Boed.;离照球(离照丸)■☆
244212 Mammillaria robustispina Schott ex Engelm. = Coryphantha robustispina (Schott ex Engelm.) Britton et Rose ■☆
244213 Mammillaria roseoalba Boed.;粉红球(光虹球,光虹丸)■☆
244214 Mammillaria rubida Fritz Schwarz;雪梦球(初梦丸,雪梦丸)■☆
244215 Mammillaria ruestii Quehl;路氏乳突球■☆
244216 Mammillaria runyonii (Britton et Rose) Boed. = Mammillaria meiacantha Engelm. ■☆
244217 Mammillaria saboae Glass;沙氏乳突球■☆
244218 Mammillaria sanluisensis Shurly;黄梅球(黄梅丸)■☆
244219 Mammillaria sartorii J. A. Purpus;星世界■☆
244220 Mammillaria schelhasii Pfeiff.;彩钩球(彩钩丸,斯氏乳突球)■☆
244221 Mammillaria schiedeana Ehrenb.;明星球(明星)■☆
244222 Mammillaria schumannii Hildm.;蓬莱宫■☆
244223 Mammillaria seideliana Quehl;大正球■☆

244224 Mammillaria sempervivi DC. var. caput-medusae (Otto) Backeb.;怪神球(怪神丸,莲华球)■☆
244225 Mammillaria senilis Lodd. = Mamillopsis senilis (Lodd.) F. A. C. Weber ■
244226 Mammillaria sheldonii (Britton et Rose) Boed.;谢尔登银毛球;Sheldon's Pincushion ■☆
244227 Mammillaria simplex Haw.;单衣球(单衣丸)■☆
244228 Mammillaria simpsonii (Engelm.) M. E. Jones = Pediocactus simpsonii (Engelm.) Britton et Rose ●☆
244229 Mammillaria solisioides Backeb.;假白斜子(篦齿刺乳突球);Pitayita ■☆
244230 Mammillaria sphacelata Mart.;白星山■☆
244231 Mammillaria sphaerica A. Dietr.;羽衣;Longmamma Nipple Cactus ■☆
244232 Mammillaria spinosissima Lem var. auricoma (A. Dietr.) Gürke;源平球(白美人,源平丸)■☆
244233 Mammillaria spinosissima Lem var. pretiosa (Ehrenb.) Borg;白美人;Valuable Spiny Pincution ■☆
244234 Mammillaria spinosissima Lem.;锦球(白绢丸,锦丸,锚猩猩丸,猩猩球,猩猩丸,源平丸);Most-spiny Pincution ■☆
244235 Mammillaria spinosissima Lem. f. brunnea (Salm-Dyck) Gürke;猩猩球(猩猩丸)■☆
244236 Mammillaria standleyi Orcuttey 富鹤球(富鹤丸);Standley Pincution ■☆
244237 Mammillaria subangularis DC.;白龙仙人球■☆
244238 Mammillaria subdurispina Schwarz;静月球(静月丸,星影丸)■☆
244239 Mammillaria sulcata Engelm. = Coryphantha sulcata (Engelm.) Britton et Rose ■☆
244240 Mammillaria supertexta Mart.;雪笛球(雪笛,雪笛丸)■☆
244241 Mammillaria surculosa Boed.;麒麟仙人球(大花钩刺乳突球,银琥)■☆
244242 Mammillaria tetracantha Salm-Dyck = Mammillaria tetrancistra Engelm. Salm-Dyck ex Pfeiff. ■☆
244243 Mammillaria tetrancistra Engelm. Salm-Dyck ex Pfeiff.;星月夜;California Pincushion, Common Fishhook Cactus ■☆
244244 Mammillaria theresae Cutak Mammillaria theresae Cutak;黛丝疣球■☆
244245 Mammillaria thornberi Orcutt;托恩银毛球;Clustered Fish-hook Pincushion, Thornber's Nipple Cactus ■☆
244246 Mammillaria tolimensis R. T. Craig;青龙球(青龙丸)■☆
244247 Mammillaria tolimensis R. T. Craig var. brevispina R. T. Craig;短刺青龙球(短刺青龙丸)■☆
244248 Mammillaria trichacantha K. Schum.;玉天龙■☆
244249 Mammillaria uberiformis Zucc. = Dolichothele uberiformis (Schum.) Britton et Rose ■☆
244250 Mammillaria uncinata Zucc. ex Pfeiff.;金刚石■☆
244251 Mammillaria vagaspina R. T. Craig;断琴球(断琴丸)■☆
244252 Mammillaria vaupelii Tiegel;月饰球(金箭,月饰丸)■☆
244253 Mammillaria viereckii Boed.;京美人■☆
244254 Mammillaria viperina J. A. Purpus;都鸟球(都鸟)■☆
244255 Mammillaria viridiflora (Britton et Rose) Boed.;绿花银毛球;Green Flower Nipple Cactus ■☆
244256 Mammillaria voburnensis Scheer;紫球■☆
244257 Mammillaria wilcoxii Toumey ex K. Schum. = Mammillaria wrightii Engelm. var. wilcoxii (Toumey ex K. Schum.) T. Marshall ■☆
244258 Mammillaria wildii A. Dietr.;七七子球(高御座,七七子丸,玉七七子)■☆
244259 Mammillaria winteriae Boed.;大疣球(大疣丸)■☆
244260 Mammillaria woburnensis Scheer;金刚仙人球(紫丸)■☆
244261 Mammillaria woodsii R. T. Craig;雾栖球(乌兹氏疣球,雾栖丸)■☆
244262 Mammillaria wrightii Engelm.;赖特银毛球;Wright's Fishhook Cactus ■☆
244263 Mammillaria wrightii Engelm. var. wilcoxii (Toumey ex K. Schum.) T. Marshall;威尔银毛球;Wilcox's Fishhook Cactus ■☆
244264 Mammillaria zacatecasensis Shurly;酒仙球(酒仙丸)■☆
244265 Mammillaria zeilmanniana Boed.;月影球(月影丸);Mammillaria, Rose Pincushion ■☆
244266 Mammillaria zephyranthoides Scheidw.;千秋球(短花乳突球,千秋丸)■☆
244267 Mammillaria zeyeriana F. Haage ex K. Schum.;银灯妃■☆
244268 Mammillaria zuccariniana Mart.;芙蓉球(初雁,芙蓉丸,流丽丸);Zuccarini Pincution ■☆
244269 Mammilloydia Buxb. (1951);白毛球属(类银毛球属)●☆
244270 Mammilloydia candida (Scheidw.) Buxb.;白毛球;Snowball Cactus ■☆
244271 Mamorea de la Sota = Thismia Griff. ■
244272 Mampata Adans. ex Steud. = Parinari Aubl. ●☆
244273 Manabea Aubl. = Aegiphila Jacq. ●■☆
244274 Managa Aubl. = Salacia L. (保留属名)●
244275 Managa Aubl. et Hallier f. = Salacia L. (保留属名)●
244276 Mananthes Bremek. (1948);野靛棵属;Mananthes ●■
244277 Mananthes Bremek. = Justicia L. ●■
244278 Mananthes acutangula (H. S. Lo et D. Fang) C. Y. Wu et C. C. Hu;棱茎野靛棵;Acutangular Mananthes ■
244279 Mananthes amblyosepala (D. Fang et H. S. Lo) C. Y. Wu et C. C. Hu;钝萼野靛棵(钝萼爵床)●
244280 Mananthes austroguangxiensis (H. S. Lo et D. Fang) C. Y. Wu et C. C. Hu;桂南野靛棵;S. Guangxi Mananthes ■
244281 Mananthes austroguangxiensis (H. S. Lo et D. Fang) C. Y. Wu et C. C. Hu f. albinervia (H. S. Lo et D. Fang) C. Y. Wu et C. C. Hu = Mananthes austroguanxiensis (H. S. Lo et D. Fang) C. Y. Wu et C. C. Hu ■
244282 Mananthes austroguangxiensis (H. S. Lo et D. Fang) C. Y. Wu et C. C. Hu f. albinervia (D. Fang et H. S. Lo) C. Y. Wu et C. C. Hu;白脉野靛棵(白脉爵床);Whit-veined Mananthes ■
244283 Mananthes austrosinensis (H. S. Lo) C. Y. Wu et C. C. Hu;华南野靛棵;S. China Mananthes ■
244284 Mananthes cardiophylla (D. Fang et H. S. Lo) C. Y. Wu et C. C. Hu;心叶野靛棵;Heartleaf Mananthes ■
244285 Mananthes cardiophylla (H. S. Lo) C. Y. Wu et C. C. Hu = Mananthes cardiophylla (D. Fang et H. S. Lo) C. Y. Wu et C. C. Hu ■
244286 Mananthes damingensis H. S. Lo;大明野靛棵;Daming Mananthes ■
244287 Mananthes ferruginea (H. S. Lo et D. Fang) C. Y. Wu et C. C. Hu;锈背野靛棵;Rustback Mananthes ■
244288 Mananthes kampotensis (Benoist) C. Y. Wu et C. C. Hu;那坡野靛棵;Napo Mananthes ●
244289 Mananthes latiflora (Hemsl.) C. Y. Wu et C. C. Hu;紫苞野靛棵(阔苞花,紫苞爵床);Broadleaf Mananthes ●
244290 Mananthes leptostachya (Hemsl.) H. S. Lo;南岭野靛棵(南方野靛棵,细穗爵床);Nanling Mananthes ■

244291 Mananthes lianshanica H. S. Lo;广东野靛棵;Guangdong Mananthes,Kwangtung Mananthes ■
244292 Mananthes maguanensis Y. M. Shui et W. H. Chen;长序野靛棵;Magan Mananthes ■
244293 Mananthes microdonta (W. W. Sm.) C. Y. Wu et C. C. Hu;小齿野靛棵;Smalltooth Mananthes ●■
244294 Mananthes panduriformis (Benoist) C. Y. Wu et C. C. Hu;琴叶野靛棵;Panduriform Mananthes ●
244295 Mananthes patentiflora (Hemsl.) Bremek.;野靛棵;Spreading Mananthes ■
244296 Mananthes pseudospicata (H. S. Lo et D. Fang) C. Y. Wu et C. C. Hu;黄花野靛棵;Yellowflower Mananthes ■
244297 Mananthes tubiflora C. Y Wu ex Y. M. Shui et W. H. Chen;管花野靛棵;Tubilarflower Mananthes ■
244298 Mananthes vasculosa (Nees) Bremek.;滇野靛棵(龙州野靛棵);Yunnan Mananthes ●
244299 Manaosella J. C. Gomes(1949);宽紫葳属●☆
244300 Manaosella platidactyla (Barb. Rodr.) J. C. Gomes;宽紫葳●☆
244301 Mancanilla Adans. = Mancanilla Mill. ●☆
244302 Mancanilla Mill. = Hippomane L. ●☆
244303 Mancanilla Plum. ex Adans. = Mancanilla Mill. ●☆
244304 Mancinella Tussac = Hippomane L. ●☆
244305 Mancinella Tussac = Mancanilla Mill. ●☆
244306 Mancoa Raf.(废弃属名) = Hilleria Vell. ■●☆
244307 Mancoa Raf.(废弃属名) = Mancoa Wedd.(保留属名)■☆
244308 Mancoa Wedd.(1859)(保留属名);矮人芥属■☆
244309 Mancoa bracteata (S. Watson) Rollins;具苞矮人芥■☆
244310 Mancoa foliosa (Wedd.) O. E. Schulz;多叶矮人芥■☆
244311 Mancoa laevis Wedd.;平滑矮人芥■☆
244312 Mancoa laxa Rollins;松散矮人芥■☆
244313 Mancoa mexicana Gilg et Muschl.;墨西哥矮人芥■☆
244314 Mancoa minima Rollins;小矮人芥■☆
244315 Mandarus Raf. = Bauhinia L. ●
244316 Mandelorna Steud. = Vetiveria Bory ex Lem. ■
244317 Mandelorna insignis Steud. = Chrysopogon nigritanus (Benth.) Veldkamp ■☆
244318 Mandenovia Alava(1973);曼德草属■☆
244319 Mandenovia komarovii (Manden.) Alava;曼德草■☆
244320 Mandevilla Lindl.(1840);文藤属(喇叭藤属,曼德藤属,曼德维拉属,飘香藤属,红蝉花属);Mandevilla ●
244321 Mandevilla × amabilis Dress;可家文藤(可家曼德维拉);Mandevilla ●☆
244322 Mandevilla alboviridis (Rusby) Woodson;淡绿文藤●☆
244323 Mandevilla angustifolia (Malme) Woodson;狭叶文藤●☆
244324 Mandevilla boliviensis (Hook. f.) Woodson;玻利维亚文藤(玻利维亚喇叭藤,玻利维亚飘香藤)●☆
244325 Mandevilla erecta (Vell.) Woodson;直立文藤●☆
244326 Mandevilla glabra N. E. Br.;光文藤●☆
244327 Mandevilla laxa (Ruiz et Pav.) Woodson;文藤(飘香藤,智利素馨);Chilean Jasmine ●
244328 Mandevilla sanderi (Hemsl.) Woodson;红蝉花(喇叭藤);Sander Mandevilla ●☆
244329 Mandevilla splendens (Hook. f.) Woodson;艳花文藤(艳花飘香藤);Dipladenia,Mandevilla,Red Riding Hood ●☆
244330 Mandevilla stephanotidifolia Woodson ex Roem. et Schult.;冠叶文藤(冠叶曼德藤)●☆
244331 Mandevilla suaveolens Lindl. = Mandevilla laxa (Ruiz et Pav.) Woodson ●
244332 Mandioca Link = Manihot Mill. ●■
244333 Mandirola Decne. = Achimenes Pers.(保留属名)■☆
244334 Mandirola Decne. = Gloxinia L'Hér. ■☆
244335 Mandonia Hassk. = Neomandonia Hutch. ■
244336 Mandonia Hassk. = Skofitzia Hassk. et Kanitz ■
244337 Mandonia Hassk. = Tradescantia L. ■
244338 Mandonia Sch. Bip. = Hieracium L. ■
244339 Mandonia Wedd. = Tridax L. ■●
244340 Mandragora L.(1753);茄参属(毒茄参属,曼陀茄属,向阳花属);Enchanter's Nightshade,Mandrake ■
244341 Mandragora autumnalis Bertol.;秋茄参■☆
244342 Mandragora betacea Sendtn. = Cyphomandra betacea (Cav.) Sendtn. ●
244343 Mandragora caulescens C. B. Clarke;茄参(曼陀茄,天上一枝龙,向阳花,野洋芋);Caulescent Mandrake ■
244344 Mandragora chinghaiensis Kuang et A. M. Lu;青海茄参;Chinghai Mandrake,Qinghai Mandrake ■
244345 Mandragora chinghaiensis Kuang et A. M. Lu = Mandragora caulescens C. B. Clarke ■
244346 Mandragora officinalis L.;药用茄参(毒茄参,茄参);Alruna,Devil's Apple,Devil's Candles,Love Apple,Mandragon,Mandrake,Medicinal Mandrake,Satan's Apple ■☆
244347 Mandragora shebbearei C. E. C. Fisch. = Przewalskia tangutica Maxim. ■
244348 Mandragora tibetica Grubov = Mandragora caulescens C. B. Clarke ■
244349 Mandragora turcomanica Mizg.;狼毒茄;Soma,White Mandragora ■☆
244350 Manduyta Comm. ex Steud. = Mauduita Comm. ex DC. ●☆
244351 Manduyta Comm. ex Steud. = Quassia L. ●☆
244352 Manduyta Comm. ex Steud. = Samadera Gaertn.(保留属名)●☆
244353 Manekia Trel.(1927);海地草胡椒属●☆
244354 Manekia urbani Trel.;海地草胡椒●☆
244355 Manettia Adans. = Aridaria N. E. Br. ●☆
244356 Manettia Boehm.(废弃属名) = Manettia Mutis ex L.(保留属名)●■☆
244357 Manettia Boehm.(废弃属名) = Selago L. ●☆
244358 Manettia Mutis ex L.(1771)(保留属名);蔓炎花属(马内蒂属);Manettia ●■☆
244359 Manettia bicolor Paxton = Manettia inflata Sprague ●☆
244360 Manettia bicolor Paxton = Manettia luteo-rubra Benth. ●☆
244361 Manettia coccinea Willd.;红蔓炎花(红马内蒂)●☆
244362 Manettia cordifolia Mart.;蔓炎花;Firecracker Vine ●☆
244363 Manettia glabra Cham. et Schltdl.;光滑蔓炎花■☆
244364 Manettia inflata Sprague;巴西蔓炎花;Brazilian Firecracker,Brazilian Firecracker Vine ●☆
244365 Manettia inflata Sprague = Manettia luteo-rubra Benth. ●☆
244366 Manettia lanceolata (Forssk.) Vahl = Pentas lanceolata (Forssk.) K. Schum. ●■
244367 Manettia luteo-rubra Benth.;双色蔓炎花;Candy Corn Vine ●☆
244368 Manfreda Salisb.(1866);雷曼草属■☆
244369 Manfreda Salisb. = Agave L. ■
244370 Manfreda longiflora (Rose) Verh.-Will.;长花雷曼草;Runyon's Huaco ■☆

244371 Manfreda maculosa Rose;得州雷曼草;Amole Plant,Huaco,Soap Plant,Spice-lily,Texas Tuberose,Wild-tuberose ■☆
244372 Manfreda sileri Verh. -Will.;赛勒雷曼草■☆
244373 Manfreda tamazunchalensis Matuda = Manfreda variegata (Jacobi) Rose ■☆
244374 Manfreda variegata (Jacobi) Rose;雷曼草;Amole,Huaco ■☆
244375 Manfreda virginica (L.) Rose = Manfreda virginica (L.) Salisb. ex Rose ■☆
244376 Manfreda virginica (L.) Rose var. tigrina (Engelm.) Rose = Manfreda virginica (L.) Salisb. ex Rose ■☆
244377 Manfreda virginica (L.) Salisb. ex Rose;弗州雷曼草;False Aloe,Rattlesnake Master,Virginian Agave ■☆
244378 Manfreda xilitlensis Matuda = Manfreda variegata (Jacobi) Rose ■☆
244379 Manga Noronha = Mangas Adans. ●
244380 Manga Noronha = Mangifera L. ●
244381 Manganaroa Speg. = Acacia Mill.(保留属名)●■
244382 Mangas Adans. = Mangifera L. ●
244383 Mangenotia Pichon(1954);芒热诺草属☆
244384 Mangenotia eburnea Pichon;芒热诺草☆
244385 Mangiaceae Raf. = Rhizophoraceae Pers.(保留科名)●
244386 Mangifera L.(1753);杧果属(芒果属,檬果属,漆果属);Mango ●
244387 Mangifera africana Oliv. = Irvingia gabonensis (Aubry-Lecomte ex O'Rorke) Baill. ●☆
244388 Mangifera altissima Blanco;菲律宾杧果;Pahutan Mango ●☆
244389 Mangifera austroyunnanensis Hu = Mangifera indica L. ●
244390 Mangifera caesia Jack;芳香杧果(粗糙杧果);Bauno,Binjai,Kemang ●☆
244391 Mangifera caloneura Kurz;美脉杧果●☆
244392 Mangifera camptosperma Pierre;弯子杧果;Bowedseed Mango ●☆
244393 Mangifera foetida Blume;烈味杧果;Ambatjang Mango,Bachang Mango ●☆
244394 Mangifera gabonensis Aubry-Lecomte ex O'Rorke = Irvingia gabonensis (Aubry-Lecomte ex O'Rorke) Baill. ●☆
244395 Mangifera glauca Rottb. = Cassine glauca (Rottb.) Kuntze ●☆
244396 Mangifera hiemalis J. Y. Liang;冬杧果(冬芒果);Winter Mango ●
244397 Mangifera indica L.;杧果(庵罗果,鸡腰果,麻檬果,麻蒙果,马蒙,芒果,莽果,檬果,蜜望,蜜望子,抹猛果,沙果梨,楼,楼仔,望果,香盖);Amara,Amba,Common Mango,Mango ●
244398 Mangifera indica L. 'Bowen Special' = Mangifera indica L. 'Kensington Pride' ●☆
244399 Mangifera indica L. 'Kensington Pride';肯瑟通·普赖德杧果●☆
244400 Mangifera indica L. 'Pride of Bowen' = Mangifera indica L. 'Kensington Pride' ●☆
244401 Mangifera indica L. 'Tommy Atkins';英国士兵杧果●☆
244402 Mangifera indica L. 'Wdward';爱德华杧果●☆
244403 Mangifera laurina Blume;月桂杧果;Monjet Mango ●☆
244404 Mangifera longipes Griff.;长梗杧果;Longipediceleed Mango,Longpedicel Mango ●
244405 Mangifera occidentalis ?;西方杧果;Cashew Apple ●☆
244406 Mangifera odorata Griff.;香杧果;Apple Mango,Bumbum Mango,Kurwini Mango ●☆
244407 Mangifera persiciformis C. Y. Wu et T. L. Ming;扁桃杧果(扁桃,酸果,桃状杧果,天桃木);Peachform Mango,Peach-formed Mango ●
244408 Mangifera pinnata L. f. = Spondias pinnata (L. f.) Kurz ●
244409 Mangifera siamensis Warb. ex Craib;泰国杧果;Tailand Mango ●
244410 Mangifera sylvatica Roxb.;林生杧果(扁桃,野杧果);Nepal Mango ●◇
244411 Mangifera zeylanica Hook. f.;斯里兰卡杧果●☆
244412 Mangium Rumph. ex Scop. = Rhizophora L. ●
244413 Mangium Scop. = Mangle Adans. ●
244414 Mangium caseolare Rumph. = Sonneratia caseolaris (L.) Engl. ●
244415 Mangle Adans. = Rhizophora L. ●
244416 Mangles DC. = Mangle Adans. ●
244417 Mangles Plum. ex DC. = Mangle Adans. ●
244418 Manglesia Endl. = Grevillea R. Br. ex Knight(保留属名)●
244419 Manglesia Lindl. = Beaufortia R. Br. ●☆
244420 Manglietia Blume(1823);木莲属;Manglietia,Woodlotus ●
244421 Manglietia albistaminea Y. W. Lam.,R. Z. Zhou et X. S. Qin;白蕊木莲;Whitestamen Manglietia ●
244422 Manglietia albistaminea Y. W. Lam.,R. Z. Zhou et X. S. Qin = Manglietia fordiana (Hemsl.) Oliv. var. hainanensis (Dandy) N. H. Xia ●
244423 Manglietia aromatica Dandy;香木莲(红花香木莲);Fragrant Manglietia,Fragrant Woodlotus ●◇
244424 Manglietia calcarea X. H. Song;石山木莲;Calcicolous Manglietia,Calcicolous Woodlotus ●◇
244425 Manglietia caveana Hook. f. et Thomson;西藏木莲;Small-leaved Manglietia,Tibet Manglietia,Xizang Manglietia,Xizang Woodlotus ●◇
244426 Manglietia chevalieri Dandy;睦南木莲;Munan Manglietia,Munan Woodlotus ●
244427 Manglietia chingii Dandy;万山木莲(桂南木莲,仁昌木莲,山厚朴,细柄木);Ching Manglietia,S. Guangxi Woodlotus ●
244428 Manglietia conifera Dandy;球形木莲●☆
244429 Manglietia conifera Dandy subsp. chingii (Dandy) J. Li = Manglietia chingii Dandy ●
244430 Manglietia crassipes Y. W. Law;粗梗木莲(粗柄木莲);Thick-footed Manglietia,Thick-stalk Manglietia,Thickstalk Woodlotus ●◇
244431 Manglietia dandyi (Gagnep.) Dandy;大叶木莲(大毛叶木莲,大叶木兰);Largeleaf Manglietia,Largeleaf Woodlotus,Megaphyllous Manglietia ●◇
244432 Manglietia decidua Q. Y. Zheng;落叶木莲(姑大);Deciduous Manglietia ●◇
244433 Manglietia duclouxii Finet et Gagnep.;盐津木莲(川滇木莲,古蔺厚朴);Chuandian Woodlotus,Ducloux Manglietia ●
244434 Manglietia fordiana (Hemsl.) Oliv.;木莲(黄心树,山厚朴);Ford Manglietia,Ford Woodlotus ●
244435 Manglietia fordiana (Hemsl.) Oliv. var. hainanensis (Dandy) N. H. Xia;海南木莲(龙楠,龙楠树,绿兰,绿楠);Hainan Manglietia,Hainan Woodlotus ●
244436 Manglietia fordiana Oliv. var. calcarea (X. H. Song) B. L. Chen et Noot. = Manglietia calcarea X. H. Song ●◇
244437 Manglietia fordiana Oliv. var. forrestii (W. W. Sm. ex Dandy) B. L. Chen et Noot. = Manglietia forrestii W. W. Sm. ex Dandy ●
244438 Manglietia fordiana Oliv. var. kwangtungensis (Merr.) B. L. Chen et Noot. = Manglietia kwangtungensis (Merr.) Dandy ●
244439 Manglietia forrestii W. W. Sm. ex Dandy;滇桂木莲(佛氏木兰);Forrest Manglietia,Forrest Woodlotus ●

244440 Manglietia garrettii Craib;泰国木莲;Garrett's Manglietia, Woodlotus ●

244441 Manglietia glauca Blume;灰木莲;Grey Manglietia, Grey Woodlotus ●☆

244442 Manglietia glaucifolia Y. W. Law et Y. F. Wu;苍背木莲;Glaucous-leaf Manglietia, Grey-leaved Manglietia, Paleleaf Woodlotus ●

244443 Manglietia globosa Hung T. Chang;球果木莲;Globose-fruit Manglietia, Globose-fruit Woodlotus ●

244444 Manglietia grandis Hu et W. C. Cheng;大果木莲;Bigfruit Manglietia, Bigfruit Woodlotus, Big-fruited Manglietia ●◇

244445 Manglietia hainanensis Dandy = Manglietia fordiana (Hemsl.) Oliv. var. hainanensis (Dandy) N. H. Xia ●

244446 Manglietia hebecarpa C. Y. Wu et Y. W. Law = Manglietia ventii N. V. Tiep ●

244447 Manglietia hongheensis Y. M. Shui et W. H. Chen;红河木莲;Honghe Manglietia ●

244448 Manglietia hookeri Cubitt et W. W. Sm.;中缅木莲;Hooker Manglietia, Sino-Buema Woodlotus ●

244449 Manglietia insignis (Wall.) Blume;红花木莲(红色木莲,木莲花,西昌厚朴,显著木莲,小叶子厚朴,盈江木莲,枝子皮);Red Woodlotus, Red-flower Manglietia, Red-flowered Manglietia ●◇

244450 Manglietia insignis (Wall.) Blume var. angustifolia Hook. f. et Thomson = Parakmeria yunnanensis Hu ●◇

244451 Manglietia kwangtungensis (Merr.) Dandy;广东木莲(毛桃木莲,山枇杷);Guangdong Manglietia, Guangdong Woodlotus, Kwangtung Manglietia ●

244452 Manglietia longipedunculata Q. W. Zeng et Y. W. Law;长梗木莲●

244453 Manglietia lucida B. L. Chen et S. C. Yang;亮叶木莲;Shining Manglietia ●

244454 Manglietia maguanica Hung T. Chang et B. L. Chen;马关木莲;Maguan Manglietia ●

244455 Manglietia megaphylla Hu et W. C. Cheng;大毛叶木莲(大叶木兰,大叶木莲);Largeleaf Manglietia, Largeleaf Woodlotus, Megaphyllous Manglietia ●◇

244456 Manglietia megaphylla Hu et W. C. Cheng = Manglietia dandyi (Gagnep.) Dandy ●◇

244457 Manglietia microtricha Y. W. Law = Manglietia caveana Hook. f. et Thomson ●◇

244458 Manglietia moto Dandy;毛桃木莲;Moto Manglietia, Moto Woodlotus ●

244459 Manglietia moto Dandy = Manglietia kwangtungensis (Merr.) Dandy ●

244460 Manglietia oblonga Y. W. Law et al.;椭圆叶木莲●

244461 Manglietia obovalifolia C. Y. Wu et Y. W. Law;倒卵叶木莲(卵叶木莲);Obovate-leaf Manglietia, Ovateleaf Woodlotus ●

244462 Manglietia ovoidea Hung T. Chang et B. L. Chen;卵果木莲;Ovaid Manglietia ●

244463 Manglietia pachyphylla Hung T. Chang;厚叶木莲;Thickleaf Woodlotus, Thick-leaved Manglietia ●◇

244464 Manglietia patungensis Hu;巴东木莲;Badong Manglietia, Badong Woodlotus, Patung Manglietia ●◇

244465 Manglietia pubipetala Q. W. Zeng = Manglietia rufibarbata Dandy ●◇

244466 Manglietia rufibarbata Dandy;毛瓣木莲(锈毛木莲);Rusthair Woodlotus, Rusty-hair Manglietia ●◇

244467 Manglietia sinica (Y. W. Law) B. L. Chen et Noot. = Manglietiastrum sinicum Y. W. Law ●◇

244468 Manglietia sinoconifa F. N. Wei;那坡木莲;Napo Manglietia ●

244469 Manglietia sinoconifera F. N. Wei = Manglietia dandyi (Gagnep.) Dandy ●◇

244470 Manglietia sumatrana Miq.;印尼木莲●☆

244471 Manglietia szechuanica Hu;四川木莲(柴厚朴,厚朴花,瓢儿花);Sichuan Manglietia, Sichuan Woodlotus, Szechwan Manglietia ●

244472 Manglietia tenuifolia Hung T. Chang et B. L. Chen;薄叶木莲;Thinleaf Manglietia ●

244473 Manglietia tenuifolia Hung T. Chang et B. L. Chen = Manglietia caveana Hook. f. et Thomson ●◇

244474 Manglietia tenuipes Dandy = Manglietia chingii Dandy ●

244475 Manglietia ventii N. V. Tiep;毛果木莲;Hairfruit Woodlotus, Hairy-fruit Manglietia ●

244476 Manglietia wangii Hu et Chun = Lirianthe henryi (Dunn) N. H. Xia et C. Y. Wu ●◇

244477 Manglietia wangii Hu et Chun = Magnolia henryi Dunn ●◇

244478 Manglietia yunnanensis Hu;滇木兰;Yunnan Manglietia, Yunnan Woodlotus ●

244479 Manglietia yuyuanensis Y. W. Law;乳源木莲(木莲,木莲果,狭叶木莲);Ruyuan Manglietia, Ruyuan Woodlotus ●

244480 Manglietia yuyuanensis Y. W. Law = Manglietia fordiana (Hemsl.) Oliv. ●

244481 Manglietia zhengyiana N. H. Xia;锈毛木莲●

244482 Manglietiastrum Y. W. Law = Magnolia L. ●

244483 Manglietiastrum Y. W. Law = Manglietia Blume ●

244484 Manglietiastrum Y. W. Law = Pachylarnax Dandy ●

244485 Manglietiastrum Y. W. Law (1979);华盖木属;Canopytree, Manglietiastrum ●★

244486 Manglietiastrum sinicum Y. W. Law;华盖木(缎子绿豆树);Canopytree, Chinese Manglietiastrum ●◇

244487 Manglilla Juss. = Rapanea Aubl. ●

244488 Manglilla maximowiczii Koidz. = Myrsine maximowiczii (Koidz.) E. Walker ●☆

244489 Manglilla okabeana Koidz. = Myrsine maximowiczii (Koidz.) E. Walker ●☆

244490 Mangonia Schott (1857);芒贡南星属■☆

244491 Mangonia tweedieana Schott;芒贡南星■☆

244492 Mangostana Gaertn. = Garcinia L. ●

244493 Mangostana Rumph. ex Gaertn. = Garcinia L. ●

244494 Mangostana garcinia Gaertn. = Garcinia mangostana L. ●

244495 Manicaria Gaertn. (1791);袖棕属(袋苞椰子属,曼尼卡榈属,袖苞椰属);Sea Nut Palm, Sleeve Palm ●☆

244496 Manicaria plukenetii Griseb. et H. Wendl.;袖棕;Timite Palm ●☆

244497 Manicaria saccifera Gaertn.;囊状袖棕;Bussu Palm, Temiche Cap ●☆

244498 Manicariaceae O. F. Cook = Arecaceae Bercht. et J. Presl (保留科名) ●

244499 Manicariaceae O. F. Cook = Palmae Juss. (保留科名) ●

244500 Manihot Boehm. = Jatropha L. (保留属名) ●■

244501 Manihot Mill. (1754);木薯属;Cassava, Ceara Rubber, Manioc, Maniot ●■

244502 Manihot Mill. = Jatropha L. (保留属名) ●■

244503 Manihot aipi Pohl = Manihot palmata Müll. Arg. var. aipi (Pohl) Müll. Arg. ●☆

244504 Manihot dichotoma Ule;二歧木薯●☆

244505 Manihot dulcis (J. F. Gmel.) Pax = Manihot esculenta Crantz ●☆

244506 Manihot dulcis Baill.;甜木薯;Sweet Cassava ●

244507 Manihot esculenta Crantz;木薯(食用树薯,树番薯,树葛,树薯);Bitter Cassava,Brazil Arrowroot,Brazilian Arrowroot,Cassareep,Cassava,Common Cassava,Gari,Mandioca,Manioc,Paril Arrowroot,Rio Arrowroot,Tapioca,Tapioca Plant,Yuca ●☆

244508 Manihot esculenta Crantz var. variegata Hort.;变叶树薯(斑叶树薯,花叶木薯,花叶树薯);Variegated Manioc ●

244509 Manihot glaziovii Müll. Arg.;木薯胶(木薯橡胶,萨拉橡胶树,萨拉橡皮树);Canra Rubber,Ceara Rubber,Ceara Rubber Plant,Ceara Rubber Tree, Ceara Rubber-plant, Ceara Rubbertree, Ceararubber Tree, Ceara-rubber Tree, Glaziov Cassava, Manihot Caoutchouc,Manisoba ●

244510 Manihot grahamii Hook.;格拉姆木薯;Graham's Manihot ●☆

244511 Manihot lourieri Pohl;美叶木薯;Lourier Cassava ●☆

244512 Manihot palmata Müll. Arg.;巴西木薯(甜大薯);Aipi Cussawa,Palmate Cassava,Sweet Cassawa ●☆

244513 Manihot palmata Müll. Arg. var. aipi (Pohl) Müll. Arg. = Manihot palmata Müll. Arg. ●☆

244514 Manihot teissonnieri A. Chev.;泰索尼木薯●☆

244515 Manihot utilissima Pohl;食用树薯●

244516 Manihot utilissima Pohl = Manihot esculenta Crantz ●☆

244517 Manihot utilissima Pohl f. lancifolia Roberty;剑叶食用树薯●☆

244518 Manihotoides D. J. Rogers et Appan(1973);拟木薯属●☆

244519 Manihotoides pauciflora (Brandegee) D. J. Rogers et Appan;拟木薯●☆

244520 Manilkara Adans.(1763)(保留属名);铁线子属(人心果属);Balata ●

244521 Manilkara Adans. et Gilly = Manilkara Adans.(保留属名)●

244522 Manilkara Aubrév. = Manilkara Adans.(保留属名)●

244523 Manilkara achras (Mill.) Fosberg = Manilkara zapota (L.) P. Royen ●

244524 Manilkara adolfi-friedericii (Engl. et K. Krause) H. J. Lam;弗里德里西铁线子●☆

244525 Manilkara altissima (Engl.) H. J. Lam = Manilkara discolor (Sond.) J. H. Hemsl. ●☆

244526 Manilkara angolensis (Engl.) Lecomte ex Pellegr. = Manilkara obovata (Sabine et G. Don) J. H. Hemsl. ●☆

244527 Manilkara argentea Pierre ex Dubard = Manilkara obovata (Sabine et G. Don) J. H. Hemsl. ●☆

244528 Manilkara aubrevillei Sillans;奥布铁线子●☆

244529 Manilkara bequaertii (De Wild.) H. J. Lam;贝卡尔铁线子●☆

244530 Manilkara bidentata (A. DC.) A. Chev.;子弹木(巴拿马铁线子,重齿铁线子);Ausubo, Balata, Balata Gum, Bullet Wood, Common Balata ●☆

244531 Manilkara boivinii Aubrév.;博伊文铁线子●☆

244532 Manilkara bojeri (A. DC.) H. J. Lam = Labramia bojeri A. DC. ●☆

244533 Manilkara capuronii Aubrév.;凯普伦铁线子●☆

244534 Manilkara chicle (Pittier) Gilly;蔡克铁线子;Crown Gum ●☆

244535 Manilkara concolor (Harv.) Gerstner;同色铁线子●☆

244536 Manilkara cordifolia P. Royen = Faucherea parvifolia Lecomte ●☆

244537 Manilkara costata (M. Hartog ex Baill.) Dubard = Labramia costata (M. Hartog ex Baill.) Aubrév. ●☆

244538 Manilkara cuneifolia (Baker) Dubard;楔叶铁线子●☆

244539 Manilkara cuneifolia (Baker) Dubard = Manilkara obovata (Sabine et G. Don) J. H. Hemsl. ●☆

244540 Manilkara cuneifolia Dubard = Manilkara cuneifolia (Baker) Dubard ●☆

244541 Manilkara dahomeyensis Pierre ex A. Chev. = Englerophytum oblanceolatum (S. Moore) T. D. Penn. ●☆

244542 Manilkara dawei (Stapf) Chiov.;道氏铁线子●☆

244543 Manilkara densiflora Dale = Manilkara mochisia (Baker) Dubard ●☆

244544 Manilkara densiflora Dale var. paolii (Chiov.) Cufod. = Manilkara mochisia (Baker) Dubard ●☆

244545 Manilkara discolor (Sond.) J. H. Hemsl.;异色铁线子●☆

244546 Manilkara doeringii (Engl. et K. Krause) H. J. Lam;多林铁线子●☆

244547 Manilkara eickii (Engl.) H. J. Lam = Manilkara discolor (Sond.) J. H. Hemsl. ●☆

244548 Manilkara fasciculata (Warb.) H. J. Lam et Maas Geest.;簇生铁线子●☆

244549 Manilkara fischeri (Engl.) H. J. Lam;菲舍尔铁线子●☆

244550 Manilkara frondosa (Hiern) H. J. Lam;多叶铁线子●☆

244551 Manilkara hexandra (Roxb.) Dubard;铁线子(铁色);Palu, Sixstamen Balata,Six-stamened Balata ●

244552 Manilkara huberi (Ducke) Standl.;圭亚那铁线子●☆

244553 Manilkara ilendensis (Engl.) H. J. Lam;伊伦德铁线子●☆

244554 Manilkara jaimiqui (C. Wright ex Griseb.) Dubard;古巴铁线子●☆

244555 Manilkara kauki (L.) Dubard;印尼铁线子●☆

244556 Manilkara kribensis (Engl.) H. J. Lam;凯里卜铁线子●☆

244557 Manilkara lacera (Baker) Dubard;撕裂铁线子●☆

244558 Manilkara lacera (Baker) Dubard = Manilkara obovata (Sabine et G. Don) J. H. Hemsl. ●☆

244559 Manilkara lacera Dubard = Manilkara lacera (Baker) Dubard ●☆

244560 Manilkara laciniata (Lecomte) P. Royen = Faucherea laciniata Lecomte ●☆

244561 Manilkara letestui Aubrév. et Pellegr.;莱泰斯图铁线子●☆

244562 Manilkara letouzeyi Aubrév. = Manilkara obovata (Sabine et G. Don) J. H. Hemsl. ●☆

244563 Manilkara longistyla (De Wild.) C. M. Evrard;长柱铁线子●☆

244564 Manilkara macaulayae (Hutch. et Corbishley) H. J. Lam = Manilkara mochisia (Baker) Dubard ●☆

244565 Manilkara maclaudii Pierre ex Lecomte = Manilkara obovata (Sabine et G. Don) J. H. Hemsl. ●☆

244566 Manilkara maclaudii Pierre ex Lecomte var. membranacea ? = Manilkara obovata (Sabine et G. Don) J. H. Hemsl. ●☆

244567 Manilkara matanou Aubrév. et Pellegr. = Manilkara obovata (Sabine et G. Don) J. H. Hemsl. ●☆

244568 Manilkara menyhartii (Engl.) H. J. Lam = Manilkara mochisia (Baker) Dubard ●☆

244569 Manilkara microphylla Aubrév. et Pellegr.;小叶铁线子●☆

244570 Manilkara mochisia (Baker) Dubard;莫基铁线子●☆

244571 Manilkara multinervis (Baker) Dubard = Manilkara obovata (Sabine et G. Don) J. H. Hemsl. ●☆

244572 Manilkara multinervis (Baker) Dubard subsp. argentea (Pierre) Aubrév. = Manilkara obovata (Sabine et G. Don) J. H. Hemsl. ●☆

244573 Manilkara multinervis (Baker) Dubard subsp. atacorensis A.

Chev. ex Aubrév. = Manilkara obovata (Sabine et G. Don) J. H. Hemsl. ●☆

244574 Manilkara multinervis (Baker) Dubard subsp. lacera (Baker) Aubrév. = Manilkara obovata (Sabine et G. Don) J. H. Hemsl. ●☆

244575 Manilkara multinervis (Baker) Dubard subsp. letouzeyi (Aubrév.) Aubrév. = Manilkara obovata (Sabine et G. Don) J. H. Hemsl. ●☆

244576 Manilkara multinervis (Baker) Dubard subsp. matanou (Aubrév.) Aubrév. = Manilkara obovata (Sabine et G. Don) J. H. Hemsl. ●☆

244577 Manilkara multinervis (Baker) Dubard subsp. schweinfurthii (Engl.) J. H. Hemsl. = Manilkara obovata (Sabine et G. Don) J. H. Hemsl. ●☆

244578 Manilkara multinervis (Baker) Dubard subsp. sylvestris (Aubrév. et Pellegr.) Aubrév. = Manilkara obovata (Sabine et G. Don) J. H. Hemsl. ●☆

244579 Manilkara multinervis (Baker) Dubard var. poissonii Dubard = Manilkara obovata (Sabine et G. Don) J. H. Hemsl. ●☆

244580 Manilkara natalensis (Pierre ex Planch.) Dubard = Manilkara discolor (Sond.) J. H. Hemsl. ●☆

244581 Manilkara nato-lahy P. Royen = Faucherea hexandra (Lecomte) Lecomte ●☆

244582 Manilkara nicholsonii A. E. van Wyk;尼克尔森铁线子●☆

244583 Manilkara obovata (Sabine et G. Don) J. H. Hemsl.;倒卵铁线子;African Pear ●☆

244584 Manilkara pellegriniana Tisser. et Sillans;佩尔格兰铁线子●☆

244585 Manilkara perrieri Aubrév.;佩里耶铁线子●☆

244586 Manilkara pobeguinii Pierre ex Dubard;波别铁线子●☆

244587 Manilkara propinqua (S. Moore) H. J. Lam = Manilkara obovata (Sabine et G. Don) J. H. Hemsl. ●☆

244588 Manilkara remotifolia Pierre ex Dubard;疏叶铁线子●☆

244589 Manilkara sahafarensis Aubrév.;萨哈法里铁线子●☆

244590 Manilkara sansibarensis (Engl.) Dubard;桑给巴尔铁线子●☆

244591 Manilkara schweinfurthii (Engl.) Dubard = Manilkara obovata (Sabine et G. Don) J. H. Hemsl. ●☆

244592 Manilkara schweinfurthii (Engl.) Dubard var. chevalieri Dubard = Manilkara obovata (Sabine et G. Don) J. H. Hemsl. ●☆

244593 Manilkara seretii (De Wild.) H. J. Lam;赛雷铁线子●☆

244594 Manilkara spectabilis (Pittier) Standl.;显著铁线子●☆

244595 Manilkara spiculosa (Hutch. et Corbishley) H. J. Lam = Manilkara mochisia (Baker) Dubard ●☆

244596 Manilkara suarezensis Capuron ex Aubrév.;苏亚雷斯铁线子●☆

244597 Manilkara sublacera A. Chev. = Manilkara obovata (Sabine et G. Don) J. H. Hemsl. ●☆

244598 Manilkara sulcata (Engl.) Dubard;纵沟铁线子●☆

244599 Manilkara sulcata (Engl.) Dubard var. sacleuxii Dubard = Manilkara sulcata (Engl.) Dubard ●☆

244600 Manilkara sylvestris Aubrév. et Pellegr. = Manilkara obovata (Sabine et G. Don) J. H. Hemsl. ●☆

244601 Manilkara tampoloensis Aubrév.;唐波勒铁线子●☆

244602 Manilkara thouvenotii (Lecomte) P. Royen = Faucherea thouvenotii Lecomte ●☆

244603 Manilkara umbraculigera (Hutch. et Corbishley) H. J. Lam = Manilkara mochisia (Baker) Dubard ●☆

244604 Manilkara welwitschii (Engl.) Dubard = Manilkara obovata (Sabine et G. Don) J. H. Hemsl. ●☆

244605 Manilkara zapota (L.) P. Royen;人心果(甜榄,铁线子,吴凤柿);Beef Apple,Chewinggum-tree,Chicle,Chiku,Chile-tree,Heart Balata,Marmalade-plum,Naseberry,Nispero,Sapodilla,Sapodilla Chicle Tree,Sapodilla Plum,Sapote ●

244606 Manilkara zapota (L.) P. Royen = Achras zapota L. ●

244607 Manilkara zapotilla (Jacq.) Gilly = Manilkara zapota (L.) P. Royen ●

244608 Manilkara zenkeri Lecomte ex Aubrév. et Pellegr.;岑克尔铁线子●☆

244609 Manilkariopsis (Gilly) Lundell = Manilkara Adans.(保留属名)●

244610 Maniltoa Scheff. (1876);马尼尔豆属■☆

244611 Maniltoa brevipes A. C. Sm.;短梗马尼尔豆■☆

244612 Maniltoa floribunda A. C. Sm.;多叶马尼尔豆■☆

244613 Maniltoa grandiflora Scheff.;大花马尼尔豆■☆

244614 Maniltoa minor A. C. Sm.;小马尼尔豆■☆

244615 Maniltoa urophylla Harms;尾叶马尼尔豆■☆

244616 Manisuris L.(废弃属名)= Rottboellia L. f.(保留属名)■

244617 Manisuris L. f. = Hackelochloa Kuntze ■

244618 Manisuris L. f. = Rytilix Raf. ■

244619 Manisuris altissima (Poir.) Hitchc. = Hemarthria altissima (Poir.) Stapf et C. E. Hubb. ■

244620 Manisuris compressa (L. f.) Kuntze = Hemarthria compressa (L. f.) R. Br. ■

244621 Manisuris cylindrica (Michx.) Kuntze = Coelorachis cylindrica (Michx.) Nash ■☆

244622 Manisuris exaltata (L. f.) Kuntze = Rottboellia cochinchinensis (Lour.) Clayton ■

244623 Manisuris exaltata (L. f.) Kuntze = Rottboellia exaltata (L.) L. f. ■

244624 Manisuris fasciculata (Lam.) Hitchc. = Hemarthria altissima (Poir.) Stapf et C. E. Hubb. ■

244625 Manisuris granularis (L.) L. f. = Hackelochloa granularis (L.) Kuntze ■

244626 Manisuris myurus L.;高臭草(罗氏草)■☆

244627 Manisuris polystachya P. Beauv. = Hackelochloa granularis (L.) Kuntze ■

244628 Manisuris porifera Hack. = Hackelochloa porifera (Hack.) Rhind ■

244629 Manisuris protensa (Nees ex Steud.) Hitchcock = Hemarthria vaginata Büse ■

244630 Manisuris protensa (Steud.) Hitchc. = Hemarthria protensa Steud. ■

244631 Manitia Giseke = Globba L. ■

244632 Manlilia Salisb. = Polyxena Kunth ■☆

244633 Manna D. Don = Alhagi Adans. ●

244634 Manna hebraica D. Don = Alhagi maurorum Medik. subsp. graecorum (Boiss.) Awmack et Lock ●☆

244635 Mannagettaea Harry Sm. (1933);豆列当属;Beanbroomrape,Mannagettaea ■

244636 Mannagettaea hummelii Harry Sm.;矮生豆列当;Dwarf Beanbroomrape,Dwarf Mannagettaea ■

244637 Mannagettaea ircutensis Popov;中亚豆列当■

244638 Mannagettaea ircutensis Popov = Mannagettaea hummelii Harry Sm. ■

244639 Mannagettaea labiata Harry Sm.;豆列当;Labiate Beanbroomrape,Labiate Mannagettaea ■

244640 Mannaphorus Raf. = Fraxinus L. ●
244641 Mannaphorus Raf. = Ornus Boehm. ●
244642 Mannia Hook. f. = Pierreodendron Engl. ●☆
244643 Mannia Hook. f. = Quassia L. ●☆
244644 Mannia africana Hook. f. = Pierreodendron africanum (Hook. f.) Little ●☆
244645 Mannia kerstingii (Engl.) Harms ex Engl. = Pierreodendron kerstingii (Engl.) Little ●☆
244646 Mannia letestui Pellegr. = Iridosma letestui (Pellegr.) Aubrév. et Pellegr. ●☆
244647 Mannia simaroubopsis Pellegr. = Pierreodendron kerstingii (Engl.) Little ●☆
244648 Mannia zaizou Aubrév. = Gymnostemon zaizou Aubrév. et Pellegr. ●☆
244649 Manniella Rchb. f. (1881);美非黄花兰属■☆
244650 Manniella americana C. Schweinf. et Garay = Helonoma americana (C. Schweinf. et Garay) Garay ■☆
244651 Manniella cypripedioides Salazar, T. Franke, Zapfack et Beenken;喀麦隆美非黄花兰■☆
244652 Manniella gustavi Rchb. f.;美非黄花兰■☆
244653 Manniella hongkongensis S. Y. Hu et Barretto = Pelexia obliqua (J. J. Sm.) Garay ■
244654 Manniophyton Müll. Arg. (1864);项圈大戟属☆
244655 Manniophyton africanum Müll. Arg. = Manniophyton fulvum Müll. Arg. ☆
244656 Manniophyton angustifolium Baill. = Crotonogyne parvifolia Prain ●☆
244657 Manniophyton chevalieri Beille = Manniophyton fulvum Müll. Arg. ☆
244658 Manniophyton fulvum Müll. Arg.;非洲项圈大戟;Gasso Nut☆
244659 Manniophyton tricuspe Pierre ex A. Chev. = Manniophyton fulvum Müll. Arg. ☆
244660 Manniophyton wildemanii Beille = Manniophyton fulvum Müll. Arg. ☆
244661 Mannopappus B. D. Jacks. = Helichrysum Mill. (保留属名)●■
244662 Mannopappus B. D. Jacks. = Manopappus Sch. Bip. ●■
244663 Mannopappus Sch. Bip. (1988);圈毛菊属■☆
244664 Manoao Molloy(1995);银松属;New Zealand Silver Pine, Silver Pine ●☆
244665 Manoao colensoi (Hook.) Molloy;银松(新西兰银松);New Zealand Silver Pine, Silver Pine ●☆
244666 Manochlaenia Börner = Carex L. ■
244667 Manochlamys Aellen = Exomis Fenzl ex Moq. ●☆
244668 Manochlamys Aellen(1939);肖叉枝滨藜属●☆
244669 Manochlamys albicans (Aiton) Aellen;肖叉枝滨藜●☆
244670 Manoelia Bowdich = Withania Pauquy(保留属名)●■
244671 Manoellia Rchb. = Manoelia Bowdich ●■
244672 Manoellia Rchb. = Withania Pauquy(保留属名)●■
244673 Manoellia pallida Bowdich et T. E. Bowdich = Withania somnifera (L.) Dunal ●■
244674 Manongarivea Choux = Lepisanthes Blume ●
244675 Manopappus Sch. Bip. = Helichrysum Mill. (保留属名)●■
244676 Manostachya Bremek. (1952);松穗茜属■☆
244677 Manostachya juncoides (K. Schum.) Bremek.;灯芯草松穗茜■☆
244678 Manostachya staelioides (K. Schum.) Bremek.;施泰茜松穗茜■☆
244679 Manostachya ternifolia E. S. Martins;三出叶松穗茜■☆
244680 Manotes Sol. ex Planch. (1850);宽耳藤属●☆
244681 Manotes altiscandens Gilg = Manotes griffoniana Baill. ●☆
244682 Manotes aschersoniana Gilg = Manotes expansa Sol. ex Planch. ●☆
244683 Manotes brevistyla Gilg = Manotes expansa Sol. ex Planch. ●☆
244684 Manotes cabrae De Wild. et T. Durand = Manotes expansa Sol. ex Planch. ●☆
244685 Manotes expansa Sol. ex Planch.;扩展宽耳藤●☆
244686 Manotes griffoniana Baill.;格利宽耳藤●☆
244687 Manotes laurentii De Wild. = Manotes griffoniana Baill. ●☆
244688 Manotes leptothyrsa Gilg = Manotes expansa Sol. ex Planch. ●☆
244689 Manotes lomamiensis Troupin;洛马米宽耳藤●☆
244690 Manotes longiflora Baker = Manotes expansa Sol. ex Planch. ●☆
244691 Manotes macrantha (Gilg) G. Schellenb.;大花宽耳藤●☆
244692 Manotes macrophylla Hiern = Aganope lucida (Welw. ex Baker) Polhill ■☆
244693 Manotes moandensis De Wild. = Manotes expansa Sol. ex Planch. ●☆
244694 Manotes palisotii Planch. = Rourea thomsonii (Baker) Jongkind ●☆
244695 Manotes pruinosa Gilg = Manotes expansa Sol. ex Planch. ●☆
244696 Manotes racemosa (Don) Gilg = Cnestis racemosa Don ●☆
244697 Manotes rosea G. Schellenb. = Manotes griffoniana Baill. ●☆
244698 Manotes rubiginosa G. Schellenb. = Manotes griffoniana Baill. ●☆
244699 Manotes sanguineoarillata Gilg = Manotes expansa Sol. ex Planch. ●☆
244700 Manotes soyauxii G. Schellenb.;索亚宽耳藤●☆
244701 Manotes staudtii Gilg = Connarus griffonianus Baill. ●☆
244702 Manotes tessmannii G. Schellenb. = Manotes griffoniana Baill. ●☆
244703 Manotes tomentosa Gilg = Manotes griffoniana Baill. ●☆
244704 Manotes zenkeri Gilg ex G. Schellenb. = Manotes griffoniana Baill. ●☆
244705 Manothrix Miers(1878);疏毛夹竹桃属●☆
244706 Manothrix nodosa Miers;节疏毛夹竹桃●☆
244707 Manothrix valida Miers;疏毛夹竹桃●☆
244708 Mansana J. F. Gmel. = Ziziphus Mill. ●
244709 Mansoa DC. (1838);蒜葡萄属●☆
244710 Mansoa alliacea (Lam.) A. H. Gentry;蒜葡萄;Garlicvine ●☆
244711 Mansoa hymenaea (DC.) A. H. Gentry;膜质蒜葡萄;Membranous Garlicvine ●☆
244712 Mansoa standleyi (Steyerm.) A. H. Gentry;斯坦德利蒜葡萄●☆
244713 Mansonia J. R. Drumm. = Mansonia J. R. Drumm. ex Prain ●☆
244714 Mansonia J. R. Drumm. ex Prain(1905);曼森梧桐属●☆
244715 Mansonia altissima (A. Chev.) A. Chev.;大曼森梧桐;Aprono ●☆
244716 Mansonia altissima (A. Chev.) A. Chev. var. kamerunica Jacq. -Fél.;喀麦隆曼森梧桐●☆
244717 Mansonia altissima A. Chev. = Mansonia altissima (A. Chev.) A. Chev. ●☆
244718 Mansonia diatomanthera Brenan;药曼森梧桐●☆
244719 Mansonia nymphiifolia Mildbr.;睡莲叶曼森梧桐●☆
244720 Mantalania Capuron ex J. -F. Leroy(1973);曼塔茜属●☆
244721 Mantalania longipedunculata De Block et A. P. Davis;曼塔茜●☆

244722 Manteia Raf. = Rubus L. ●■
244723 Mantisalca Cass. (1818); 落刺菊属■☆
244724 Mantisalca amberboides (Caball.) Maire; 珀菊状落刺菊■☆
244725 Mantisalca delestrei (Spach) Briq. et Cavill.; 德莱斯特落刺菊■☆
244726 Mantisalca duriaei (Spach) Briq. et Cavill.; 杜里奥落刺菊■☆
244727 Mantisalca duriaei (Spach) Briq. et Cavill. var. tenella (Spach) Bonnet et Barratte = Mantisalca duriaei (Spach) Briq. et Cavill. ■☆
244728 Mantisalca salmantica (L.) Briq. et Cavill.; 落刺菊; Dagger Flower, Dagger-flower ■☆
244729 Mantisalca salmantica (L.) Briq. et Cavill. var. biennis Maire = Mantisalca salmantica (L.) Briq. et Cavill. ■☆
244730 Mantisalca salmantica (L.) Briq. et Cavill. var. leptoloncha (Spach) Ball = Mantisalca salmantica (L.) Briq. et Cavill. ■☆
244731 Mantisia Sims(1810); 螳螂姜属■☆
244732 Mantisia saltatoria Sims; 螳螂姜■☆
244733 Mantodda Adans. = Smithia Aiton(保留属名)●■
244734 Manulea L. (1767)(保留属名); 手玄参属■●☆
244735 Manulea acutiloba Hilliard; 尖浅裂手玄参■☆
244736 Manulea adenocalyx Hilliard; 腺萼手玄参■☆
244737 Manulea aequipetala Sternb. = Sutera foetida Roth ■☆
244738 Manulea aethiopica (L.) Thunb. = Sutera aethiopica (L.) Kuntze ■☆
244739 Manulea alternifolia Pers. = Sutera foetida Roth ■☆
244740 Manulea altissima L. f.; 高大手玄参■☆
244741 Manulea altissima L. f. subsp. glabricaulis (Hiern) Hilliard; 光茎手玄参■☆
244742 Manulea altissima L. f. subsp. longifolia (Benth.) Hilliard; 长叶手玄参■☆
244743 Manulea altissima L. f. var. glabricaulis Hiern = Manulea altissima L. f. subsp. glabricaulis (Hiern) Hilliard ■☆
244744 Manulea altissima L. f. var. longifolia (Benth.) Hiern = Manulea altissima L. f. subsp. longifolia (Benth.) Hilliard ■☆
244745 Manulea androsacea E. Mey. ex Benth.; 点地梅手玄参■☆
244746 Manulea angolensis Diels = Manulea parviflora Benth. ■☆
244747 Manulea angustifolia Link et Otto = Manulea rubra (P. J. Bergius) L. f. ■☆
244748 Manulea annua (Hiern) Hilliard; 一年手玄参■☆
244749 Manulea antirrhinoides L. f. = Lyperia antirrhinoides (L. f.) Hilliard ■☆
244750 Manulea arabidea Schltr. ex Hiern; 阿拉伯手玄参■☆
244751 Manulea argentea L. f. = Jamesbrittenia argentea (L. f.) Hilliard ■☆
244752 Manulea aridicola Hilliard; 旱生手玄参■☆
244753 Manulea atropurpurea (Benth.) Kuntze = Jamesbrittenia atropurpurea (Benth.) Hilliard ■☆
244754 Manulea augei (Hiern) Hilliard; 奥格手玄参■☆
244755 Manulea bellidifolia Benth.; 雅叶手玄参■☆
244756 Manulea benthamiana Hiern = Manulea adenocalyx Hilliard ■☆
244757 Manulea buchneroides Hilliard et B. L. Burtt; 布赫纳手玄参■☆
244758 Manulea buchubergensis Dinter ex Range = Zaluzianskya benthamiana Walp. ■☆
244759 Manulea burchellii Hiern; 伯切尔手玄参■☆
244760 Manulea caerulea L. f. = Sutera caerulea (L. f.) Hiern ■☆
244761 Manulea calciphila Hilliard; 喜岩手玄参■☆
244762 Manulea caledonica Hilliard; 卡利登手玄参■☆
244763 Manulea campanulata (Benth.) Kuntze = Sutera campanulata (Benth.) Kuntze ■☆
244764 Manulea campestris Hiern = Manulea gariepina Benth. ■☆
244765 Manulea capensis (L.) Thunb. = Polycarena capensis (L.) Benth. ■☆
244766 Manulea capillaris L. f. = Phyllopodium capillare (L. f.) Hilliard ■☆
244767 Manulea capitata L. f. = Phyllopodium heterophyllum (L. f.) Benth. ■☆
244768 Manulea cephalotes Thunb.; 头状手玄参■☆
244769 Manulea cheiranthus L.; 手花手玄参■☆
244770 Manulea chrysantha Hilliard; 金花手玄参■☆
244771 Manulea cinerea Hilliard; 灰色手玄参■☆
244772 Manulea conferta Pilg.; 密集手玄参■☆
244773 Manulea cordata Thunb. = Sutera cordata (Thunb.) Kuntze ■☆
244774 Manulea corymbosa L. f.; 伞序手玄参■☆
244775 Manulea crassifolia Benth.; 厚叶手玄参■☆
244776 Manulea crassifolia Benth. subsp. thodeana (Diels) Hilliard; 索德手玄参■☆
244777 Manulea crystallina Weinm. = Lyperia violacea (Link ex Jaroscz) Benth. ■☆
244778 Manulea cuneifolia L. f. = Phyllopodium cuneifolium (L. f.) Benth. ■☆
244779 Manulea decipiens Hilliard; 迷惑手玄参■☆
244780 Manulea densiflora Benth. = Manulea cephalotes Thunb. ■☆
244781 Manulea derustiana Hilliard; 德卢斯特手玄参■☆
244782 Manulea deserticola Hilliard; 荒漠手玄参■☆
244783 Manulea dinteri Pilg. = Manulea dubia (V. Naray.) Overkott ex Rössler ■☆
244784 Manulea divaricata Thunb. = Zaluzianskya divaricata (Thunb.) Walp. ■☆
244785 Manulea dregei Hilliard et B. L. Burtt; 德雷手玄参■☆
244786 Manulea dubia (V. Naray.) Overkott ex Rössler; 可疑手玄参■☆
244787 Manulea elliotensis Overkott ex Jacot Guillaumin = Manulea paniculata Benth. ■☆
244788 Manulea exaltata Benth. = Manulea virgata Thunb. ■☆
244789 Manulea exigua Hilliard; 小手玄参■☆
244790 Manulea flanaganii Hilliard; 弗拉纳根手玄参■☆
244791 Manulea floribunda (Benth.) Kuntze = Sutera floribunda (Benth.) Kuntze ■☆
244792 Manulea foetida (Andréws) Pers. = Sutera foetida Roth ■☆
244793 Manulea foliolosa (Benth.) Kuntze = Jamesbrittenia foliolosa (Benth.) Hilliard ■☆
244794 Manulea fragrans Schltr.; 芳香手玄参■☆
244795 Manulea gariepina Benth.; 加里普手玄参■☆
244796 Manulea gariepina Benth. subsp. campestris (Hiern) Rössler = Manulea gariepina Benth. ■☆
244797 Manulea gariepina Benth. subsp. namibensis Rössler = Manulea namibensis (Rössler) Hilliard ■☆
244798 Manulea glandulosa E. Phillips; 具腺手玄参■☆
244799 Manulea gracillima Dinter ex Range = Manulea namibensis (Rössler) Hilliard ■☆
244800 Manulea halimifolia (Benth.) Kuntze = Sutera halimifolia (Benth.) Kuntze ■☆
244801 Manulea heterophylla L. f. = Phyllopodium heterophyllum (L.

f.) Benth. ■☆
244802 Manulea hirta Gaertn. = Manulea cheiranthus (L.) L. ■☆
244803 Manulea hispida Thunb. = Sutera hispida (Thunb.) Druce ■☆
244804 Manulea incana Thunb.;灰毛手玄参■☆
244805 Manulea incisiflora Hiern = Manulea silenoides E. Mey. ex Benth. ■☆
244806 Manulea indiana Lour. = Adenosma indiana (Lour.) Merr. ■
244807 Manulea integrifolia L. f. = Sutera integrifolia (L. f.) Kuntze ■☆
244808 Manulea intertexta Herb. = Cromidon decumbens (Thunb.) Hilliard ■☆
244809 Manulea juncea Benth.;灯芯草手玄参■☆
244810 Manulea karrooica Hilliard;卡卢手玄参■☆
244811 Manulea kraussiana (Bernh.) Kuntze = Jamesbrittenia kraussiana (Bernh.) Hilliard ■☆
244812 Manulea latiloba Hilliard;宽裂手玄参■☆
244813 Manulea leiostachys Benth.;光穗手玄参■☆
244814 Manulea leiostachys Drège = Manulea leiostachys Benth. ■☆
244815 Manulea leptosiphon Thell.;细管手玄参■☆
244816 Manulea lichnidea (L.) Desr. = Lyperia lychnidea (L.) Druce ■☆
244817 Manulea limonioides Conrath = Manulea parviflora Benth. var. limonioides (Conrath) Hilliard ■☆
244818 Manulea linearifolia Hilliard;线叶手玄参■☆
244819 Manulea linifolia Thunb. = Sutera uncinata (Desr.) Hilliard ■☆
244820 Manulea linifolia Thunb. var. integerrima (Benth.) Kuntze = Jamesbrittenia integerrima (Benth.) Hilliard ■☆
244821 Manulea longifolia Benth. = Manulea altissima L. f. subsp. longifolia (Benth.) Hilliard ■☆
244822 Manulea microphylla L. f. = Jamesbrittenia microphylla (L. f.) Hilliard ■☆
244823 Manulea minor Diels;较小手玄参■☆
244824 Manulea minuscula Dinter ex Range = Manulea minuscula Hilliard ■☆
244825 Manulea minuscula Hilliard;稍小手玄参■☆
244826 Manulea montana Hilliard;山地手玄参■☆
244827 Manulea multifida (Benth.) Kuntze = Jamesbrittenia aurantiaca (Burch.) Hilliard ■☆
244828 Manulea multispicata Hilliard;多穗手玄参■☆
244829 Manulea namaquana L. Bolus = Manulea dubia (V. Naray.) Overkott ex Rössler ■☆
244830 Manulea namibensis (Rössler) Hilliard;纳米布手玄参■☆
244831 Manulea natalensis Bernh. ex Krauss = Manulea parviflora Benth. ■☆
244832 Manulea nervosa E. Mey. ex Benth.;多脉手玄参■☆
244833 Manulea obovata Benth.;倒卵手玄参■☆
244834 Manulea obtusa Hiern;钝手玄参■☆
244835 Manulea oppositiflora Vent. = Sutera hispida (Thunb.) Druce ■☆
244836 Manulea oppositiflora Vent. var. angustifolia Kuntze = Sutera halimifolia (Benth.) Kuntze ■☆
244837 Manulea ovatifolia Hilliard;卵叶手玄参■☆
244838 Manulea paniculata Benth.;圆锥手玄参■☆
244839 Manulea parviflora Benth.;小花手玄参■☆
244840 Manulea parviflora Benth. var. limonioides (Conrath) Hilliard;柑果子手玄参■☆
244841 Manulea paucibarbata Hilliard;稀毛手玄参■☆
244842 Manulea pedunculata (Andréws) Pers. = Jamesbrittenia argentea (L. f.) Hilliard ■☆
244843 Manulea pillansii Hilliard;皮朗斯手玄参■☆
244844 Manulea pinnatifida L. f. = Jamesbrittenia pinnatifida (L. f.) Hilliard ■☆
244845 Manulea plantaginis L. f. = Cromidon plantaginis (L. f.) Hilliard ■☆
244846 Manulea platystigma Hilliard et B. L. Burtt;宽柱头手玄参■☆
244847 Manulea plurirosulata Hilliard;多莲座手玄参■☆
244848 Manulea polyantha (Benth.) Kuntze = Sutera polyantha (Benth.) Kuntze ■☆
244849 Manulea psilostoma Hilliard;裸口手玄参■☆
244850 Manulea pusilla E. Mey. ex Benth.;微小手玄参■☆
244851 Manulea pusilla E. Mey. ex Benth. var. insigniflora Diels = Manulea fragrans Schltr. ■☆
244852 Manulea ramulosa Hilliard;多枝手玄参■☆
244853 Manulea revoluta Thunb. = Sutera revoluta (Thunb.) Kuntze ■☆
244854 Manulea rhodantha Hilliard;粉红花手玄参■☆
244855 Manulea rhodantha Hilliard subsp. aurantiaca Hilliard;橙色手玄参■☆
244856 Manulea rhodesiana S. Moore = Manulea parviflora Benth. ■☆
244857 Manulea rhynchantha Link = Manulea cheiranthus (L.) L. ■☆
244858 Manulea rigida Benth.;硬手玄参■☆
244859 Manulea robusta Pilg.;粗壮手玄参■☆
244860 Manulea rotata Desr. = Sutera caerulea (L. f.) Hiern ■☆
244861 Manulea rubra (P. J. Bergius) L. f.;红手玄参■☆
244862 Manulea scabra H. L. Wendl. ex Steud = Manulea altissima L. f. ■☆
244863 Manulea schaeferi Pilg.;谢弗手玄参■☆
244864 Manulea silenoides E. Mey. ex Benth.;蝇子草手玄参■☆
244865 Manulea silenoides E. Mey. ex Benth. var. minor Benth. ex Hiern = Manulea silenoides E. Mey. ex Benth. ■☆
244866 Manulea simpliciflora Thell. = Manulea burchellii Hiern ■☆
244867 Manulea stellata Benth.;星状手玄参■☆
244868 Manulea tenella Hilliard;柔弱手玄参■☆
244869 Manulea thodeana Diels = Manulea crassifolia Benth. subsp. thodeana (Diels) Hilliard ■☆
244870 Manulea thunbergii G. Don = Jamesbrittenia thunbergii (G. Don) Hilliard ■☆
244871 Manulea thyrsiflora L. f.;聚伞手玄参■☆
244872 Manulea thyrsiflora L. f. var. albiflora Kuntze = Manulea paniculata Benth. ■☆
244873 Manulea thyrsiflora L. f. var. versicolor Kuntze = Sutera floribunda (Benth.) Kuntze ■☆
244874 Manulea tomentosa (L.) L.;绒毛手玄参■☆
244875 Manulea tomentosa Benth. = Jamesbrittenia thunbergii (G. Don) Hilliard ■☆
244876 Manulea uncinata Desr. = Sutera uncinata (Desr.) Hilliard ■☆
244877 Manulea villosa Pers. = Polycarena capensis (L.) Benth. ■☆
244878 Manulea violacea Link ex Jaroscz = Lyperia violacea (Link ex Jaroscz) Benth. ■☆
244879 Manulea virgata Thunb.;条纹手玄参■☆
244880 Manulea viscosa (Aiton) Willd. = Sutera caerulea (L. f.) Hiern ■☆
244881 Manuleopsis Thell. = Manuleopsis Thell. ex Schinz ●☆

244882 Manuleopsis Thell. ex Schinz(1915);拟手玄参属●☆
244883 Manuleopsis dinteri Thell.;拟手玄参●☆
244884 Manuleopsis karasmontana Dinter ex Schinz et Thell. = Antherothamnus pearsonii N. E. Br. ●☆
244885 Manungala Blanco = Quassia L. ●☆
244886 Manungala Blanco = Samadera Gaertn. (保留属名)●☆
244887 Manyonia H. Rob. (1866);凸肋斑鸠菊属■☆
244888 Manyonia H. Rob. = Vernonia Schreb. (保留属名)●■
244889 Manyonia peculiaris (Verdc.) H. Rob.;凸肋斑鸠菊■☆
244890 Manyonia peculiaris (Verdc.) H. Rob. = Vernonia peculiaris Verdc. ■☆
244891 Maoutia Montrouz. = Oxera Labill. ●☆
244892 Maoutia Wedd. (1860);水丝麻属(里白苎苧麻属,沃麻属);Maoutia ●
244893 Maoutia puya (Hook.) Wedd.;水丝麻(白山麻柳,翻白叶,翻白叶麻,三元麻,野麻山麻);Common Maoutia, Maoutia ●
244894 Maoutia puya (Wall. ex Wedd.) Wedd. = Maoutia puya (Hook.) Wedd. ●
244895 Maoutia setosa Wedd.;兰屿水丝麻(兰屿里白苎麻);Lanyu Maoutia, Setose Maoutia ●
244896 Mapa Vell. = Petiveria L. ■●☆
244897 Mapania Aubl. (1775);擂鼓艻属(擂鼓笃属);Drumprickle, Mapania ■
244898 Mapania africana Boeck.;非洲擂鼓艻■☆
244899 Mapania africana Boeck. subsp. filipes (J. Raynal) Simpson;线梗非洲擂鼓艻■☆
244900 Mapania africana Boeck. subsp. occidentalis J. Raynal = Mapania mangenotiana Lorougnon ■☆
244901 Mapania africana Boeck. var. filipes J. Raynal = Mapania africana Boeck. subsp. filipes (J. Raynal) Simpson ■☆
244902 Mapania amplivaginata K. Schum.;具鞘擂鼓艻■☆
244903 Mapania aschersoniana (Boeck.) H. Pfeiff. = Mapania soyauxii (Boeck.) H. Pfeiff. ■☆
244904 Mapania baldwinii Nelmes;巴氏擂鼓艻■☆
244905 Mapania bieleri De Wild. = Mapania mannii C. B. Clarke subsp. bieleri (De Wild.) J. Raynal ex D. A. Simpson ■☆
244906 Mapania comoensis A. Chev. ex Hutch. et Dalziel = Mapania baldwinii Nelmes ■☆
244907 Mapania cuspidata (Miq.) Uittien;尖擂鼓艻■☆
244908 Mapania deistelii K. Schum.;戴斯泰尔擂鼓艻■☆
244909 Mapania dolichopoda Ts. Tang et F. T. Wang;长秆擂鼓艻;Longstem Mapania, Longstock Drumprickle ■
244910 Mapania dolichopoda Ts. Tang et F. T. Wang = Mapania wallichii C. B. Clarke ■
244911 Mapania dolichostachya K. Schum. = Mapania africana Boeck. ■☆
244912 Mapania dwanensis Cherm. = Mapania soyauxii (Boeck.) H. Pfeiff. ■☆
244913 Mapania ferruginea Ridl.;锈色擂鼓艻■☆
244914 Mapania ferruginea Ridl. var. subcomposita C. B. Clarke = Mapania subcomposita (C. B. Clarke) C. B. Clarke ■☆
244915 Mapania gabonica Cherm. = Mapania sylvatica Aubl. subsp. gabonica (Cherm.) Simpson ■☆
244916 Mapania hainanensis Merr. = Hypolytrum hainanense (Merr.) Ts. Tang et F. T. Wang ■
244917 Mapania ivorensis (J. Raynal) J. Raynal;伊沃里擂鼓艻■☆
244918 Mapania liberiensis Simpson;利比里亚擂鼓艻■☆
244919 Mapania linderi Hutch. ex Nelmes;林德擂鼓艻■☆
244920 Mapania longa Groff = Mapania dolichopoda Ts. Tang et F. T. Wang ■
244921 Mapania macrantha (Boeck.) H. Pfeiff.;大花擂鼓艻■☆
244922 Mapania macrantha (Boeck.) H. Pfeiff. subsp. ivorensis J. Raynal = Mapania ivorensis (J. Raynal) J. Raynal ■☆
244923 Mapania macrantha (Boeck.) H. Pfeiff. var. minor Nelmes = Mapania minor (Nelmes) J. Raynal ■☆
244924 Mapania mangenotiana Lorougnon;芒热诺擂鼓艻■☆
244925 Mapania mannii C. B. Clarke;曼氏擂鼓艻■☆
244926 Mapania mannii C. B. Clarke subsp. bieleri (De Wild.) J. Raynal ex D. A. Simpson;比勒尔擂鼓艻■☆
244927 Mapania mildbraedii Graebn. = Mapania amplivaginata K. Schum. ■☆
244928 Mapania minor (Nelmes) J. Raynal;小擂鼓艻■☆
244929 Mapania monosperma (Jacq. -Fél.) Maguire et Koyama = Mapania amplivaginata K. Schum. ■☆
244930 Mapania oblonga C. B. Clarke = Mapania amplivaginata K. Schum. ■☆
244931 Mapania oblonga C. B. Clarke var. elliptica ? = Mapania amplivaginata K. Schum. ■☆
244932 Mapania pubisquama Cherm.;毛鳞擂鼓艻■☆
244933 Mapania purpuriceps (C. B. Clarke) J. Raynal;紫头擂鼓艻■☆
244934 Mapania pynaertii De Wild. = Hypolytrum pynaertii (De Wild.) Nelmes ■☆
244935 Mapania raynaliana Simpson;雷纳尔擂鼓艻■☆
244936 Mapania rhynchocarpa Lorougnon et J. Raynal;喙果擂鼓艻■☆
244937 Mapania scaberrima (Boeck.) C. B. Clarke = Hypolytrum scaberrimum Boeck. ■☆
244938 Mapania sinensis Uittien;华擂鼓艻(擂鼓荔);China Drumprickle, Chinese Mapania ■
244939 Mapania soyauxii (Boeck.) H. Pfeiff.;索亚擂鼓艻■☆
244940 Mapania subcomposita (C. B. Clarke) C. B. Clarke;复合擂鼓艻■☆
244941 Mapania subcomposita C. B. Clarke var. purpuriceps ? = Mapania purpuriceps (C. B. Clarke) J. Raynal ■☆
244942 Mapania superba C. B. Clarke = Mapania macrantha (Boeck.) H. Pfeiff. ■☆
244943 Mapania sylvatica Aubl.;林地擂鼓艻■☆
244944 Mapania sylvatica Aubl. subsp. gabonica (Cherm.) Simpson;加蓬擂鼓艻■☆
244945 Mapania testui Cherm.;泰斯蒂擂鼓艻■☆
244946 Mapania wallichii C. B. Clarke;单穗擂鼓荔■
244947 Mapaniaceae Shipunov = Cyperaceae Juss. (保留科名)■
244948 Mapaniopsis C. B. Clarke(1908);拟擂鼓艻属■☆
244949 Mapaniopsis effusa C. B. Clarke;拟擂鼓艻■☆
244950 Mapira Adans. = Olyra L. ■☆
244951 Mapouria Aubl. = Psychotria L. (保留属名)●
244952 Mapouria flaviflora (Hiern) Bremek. = Psychotria eminiana (Kuntze) E. M. Petit ●☆
244953 Mapouria lomamiensis (Bremek.) Bremek. = Psychotria eminiana (Kuntze) E. M. Petit ●☆
244954 Mappa A. Juss. = Macaranga Thouars ●
244955 Mappa angolensis Müll. Arg. = Macaranga angolensis (Müll. Arg.) Müll. Arg. ●☆
244956 Mappa capensis Baill. = Macaranga capensis (Baill.) Benth. ex Sim ●☆

244957 Mappa chatiniana Baill. = Macaranga denticulata (Blume) Müll. Arg. ●

244958 Mappa denticulata Blume = Macaranga denticulata (Blume) Müll. Arg. ●

244959 Mappa fastuosa Lindl. = Homalanthus fastuosus (Lindau) Fern. -Vill. ●

244960 Mappa heterophylla Müll. Arg. = Macaranga heterophylla (Müll. Arg.) Müll. Arg. ●

244961 Mappa moluccana Wight = Macaranga tanarius (L.) Müll. Arg. ●

244962 Mappa occidentalis Müll. Arg. = Macaranga occidentalis (Müll. Arg.) Müll. Arg. ●■☆

244963 Mappa sinensis Baill. = Macaranga sinensis (Baill.) Müll. Arg. ●

244964 Mappa tanarius (L.) Blume = Macaranga tanarius (L.) Müll. Arg. ●

244965 Mappa tomentosa Blume = Macaranga tanarius (L.) Müll. Arg. ●

244966 Mappia Fabr. = Sideritis L. ■●

244967 Mappia Habl. ? ex Ledeb. = Crucianella L. ●■☆

244968 Mappia Heist. ex Adans. = Satureja L. ●■

244969 Mappia Heist. ex Fabr. (废弃属名) = Cunila L. (保留属名) ●☆

244970 Mappia Heist. ex Fabr. (废弃属名) = Mappia Jacq. (保留属名) ●☆

244971 Mappia Jacq. (1797)(保留属名);马普木属(马比木属)●☆

244972 Mappia Jacq. et Baehni = Mappia Jacq. (保留属名)●☆

244973 Mappia Schreb. = Doliocarpus Rol. ●☆

244974 Mappia Schreb. = Soramia Aubl. ●☆

244975 Mappia insularis (Matsum.) Hatus. = Nothapodytes nimmoniana (J. Graham) Mabb. ●

244976 Mappia obtusifolia Merr. = Nothapodytes obtusifolia (Merr.) Howard ●

244977 Mappia ovata Miers = Nothapodytes foetida (Wight) Sleumer ●

244978 Mappia ovata Miers = Nothapodytes nimmoniana (J. Graham) Mabb. ●

244979 Mappia ovata Miers var. insularis Matsum. = Nothapodytes foetida (Wight) Sleumer ●

244980 Mappia ovata Miers var. insularis Matsum. = Nothapodytes nimmoniana (J. Graham) Mabb. ●

244981 Mappia pittosporoides Oliv. = Nothapodytes pittosporoides (Oliv.) Sleumer ●

244982 Mappia racemosa Jacq.;马普木●☆

244983 Mappia senegalensis (Juss.) Baill. = Icacina oliviformis (Poir.) J. Raynal ●☆

244984 Mappianthus Hand. -Mazz. (1921);定心藤属(甜果藤属);Mappianthus, Quietvein ●

244985 Mappianthus iodoides Hand. -Mazz.;定心藤(冻骨风,风药,黄狗骨,黄九牛,黄马胎,黄钻,马比花,麦撇花藤,藤蛇总管,甜果藤,铜钻);Common Mappianthus, Common Quietvein ●

244986 Maprounea Aubl. (1775);马龙戟属■☆

244987 Maprounea africana Müll. Arg.;非洲马龙戟■☆

244988 Maprounea africana Müll. Arg. var. gracilis Pax et K. Hoffm.;细非洲马龙戟■☆

244989 Maprounea brideloides Pierre ex Prain = Maprounea membranacea Pax et K. Hoffm. ■☆

244990 Maprounea gracilis (Pax et K. Hoffm.) Dewèvre ex Prain = Maprounea africana Müll. Arg. var. gracilis Pax et K. Hoffm. ■☆

244991 Maprounea guianensis Aubl.;圭亚那马龙戟■☆

244992 Maprounea membranacea Pax et K. Hoffm.;膜质马龙戟■☆

244993 Maprounea obtusa Pax = Maprounea africana Müll. Arg. ■☆

244994 Maprounea vaccinioides Pax = Maprounea africana Müll. Arg. ■☆

244995 Mapuria J. F. Gmel. = Mapouria Aubl. ●

244996 Mapuria J. F. Gmel. = Psychotria L. (保留属名)●

244997 Maquira Aubl. (1775);箭毒桑属(马基桑属,马奎桑属)●☆

244998 Maquira coriacea (H. Karst.) C. C. Berg;革质箭毒桑(革质马基桑,革质马奎桑)●☆

244999 Maquira sclerophylla (Ducke) C. C. Berg;硬叶箭毒桑(硬叶马基桑,硬叶马奎桑)●☆

245000 Maracanthus Kuijt = Oryctina Tiegh. ●☆

245001 Marah Kellogg(1873);马拉瓜属■☆

245002 Marah macrocarpus (Greene) Greene;大果马拉瓜■☆

245003 Marah major Dunn;大马拉瓜■☆

245004 Marah micranthus Dunn;小花马拉瓜■☆

245005 Marah minima Kellogg;小马拉瓜■☆

245006 Marah watsonii (Cogn.) Greene;瓦氏马拉瓜■☆

245007 Marahuacaea Maguire(1984);耳叶偏穗草属■☆

245008 Marahuacaea schomburgkii (Maguire) Maguire;耳叶偏穗草■☆

245009 Maralia Thouars = Polyscias J. R. Forst. et G. Forst. ●

245010 Maralia madagascariensis DC. = Polyscias maralia (Roem. et Schult.) Bernardi ●☆

245011 Marama Raf. = Graptophyllum Nees ●

245012 Maraniona C. E. Hughes, G. P. Lewis, Daza et Reynel(2004);拉文豆属☆

245013 Maranta L. (1753);竹芋属;Arrowroot, Arrow-root, Prayer-plant ■

245014 Maranta arundinacea L.;竹芋(粉薯,结粉,金笋,山百合);Ara-root, Arrowroot, Arrow-root, Bermuda, Bermuda Arrowroot, Obedience Plant, Saint Vincent Arrow-root, St. Vincent Arrowroot, West Indian Arrrowroot ■

245015 Maranta arundinacea L. var. variegata Hort.;斑叶竹芋(白斑叶竹芋);Variegated Bermuda Arrowroot ■☆

245016 Maranta bicolor Ker Gawl.;花叶竹芋;Twocolor Arrowroot ■

245017 Maranta brachystachys Benth. = Sarcophrynium brachystachyum (Benth.) K. Schum. ■☆

245018 Maranta cuspidata Roscoe = Marantochloa cuspidata (Roscoe) Milne-Redh. ■☆

245019 Maranta galanga L. = Alpinia galanga (L.) Willd. ■

245020 Maranta kerchoviana Hort. = Maranta leuconeura E. Morren var. kerchoviana E. Morren ■☆

245021 Maranta leopardina W. Bull = Calathea leopardina (W. Bull) Regel ■☆

245022 Maranta leuconeura E. Morren;白脉竹芋(豹纹竹芋);Banded Arrowroot, Prayer Plant, Rabbit Tracks ■

245023 Maranta leuconeura E. Morren 'Erythroneura';红脉竹芋;Herringbone Plant ■☆

245024 Maranta leuconeura E. Morren 'Tricolor' = Maranta leuconeura E. Morren 'Erythroneura' ■☆

245025 Maranta leuconeura E. Morren var. erythroneura G. S. Bunting = Maranta leuconeura E. Morren 'Erythroneura' ■☆

245026 Maranta leuconeura E. Morren var. kerchoveana E. Morren;克氏白脉竹芋(暗褐斑竹芋,豹纹竹芋,大叶白脉竹芋);Kerchov Arrowroot, Rabbit Tracks ■☆

245027 Maranta leuconeura E. Morren var. massangeana K. Schum.;马桑白脉竹芋(豹纹白脉竹芋,豹纹竹芋);Massang Arrowroot ■

245028 Maranta makoyana (E. Morren) Hort. = Calathea makoyana (E. Morren) E. Morren ■

245029 Maranta malaccensis Burm. = Alpinia malaccensis (Burm.) Roscoe ■
245030 Maranta massangeana Hort. = Maranta leuconeura E. Morren ■
245031 Maranta ornata Lindl. = Calathea ornata (Lem.) Körn. ■
245032 Maranta picta Hort. = Calathea picta Hook. f. ■☆
245033 Maranta princeps Lindl. = Calathea princeps (Lindl.) Regel ■☆
245034 Maranta splendida Lem. = Calathea splendida (Lem.) Corrêa ■☆
245035 Maranta sylvatica Roscoe ex Sm. = Maranta arundinacea L. ■
245036 Maranta vandenheckei Regel = Calathea picturata K. Koch et Linden var. vandenheckei Regel ■☆
245037 Maranta zebrina Sims = Calathea zebrina (Sims) Lindl. ■
245038 Marantaceae Petersen = Marantaceae R. Br. (保留科名) ■●
245039 Marantaceae R. Br. (1814) (保留科名); 竹芋科(苳叶科,柊叶科); Arrowroot Family, Maranta Family, Prayer-plant Family ■●
245040 Maranthes Blume(1825); 萎花属●☆
245041 Maranthes aubrevillei (Pellegr.) Prance; 奥氏萎花●☆
245042 Maranthes chrysophylla (Oliv.) Prance = Parinari chrysophylla Oliv. ●☆
245043 Maranthes chrysophylla (Oliv.) Prance subsp. coriacea F. White; 革质萎花●☆
245044 Maranthes corymbosa Blume; 伞序萎花●☆
245045 Maranthes floribunda (Baker) F. White = Parinari floribunda Baker ●☆
245046 Maranthes gabunensis (Engl.) Prance; 加蓬萎花(加本萎花) ●☆
245047 Maranthes glabra (Oliv.) Prance = Parinari glabra Oliv. ●☆
245048 Maranthes goetzeniana (Engl.) Prance = Parinari goetzeniana Engl. ●☆
245049 Maranthes kerstingii (Engl.) Prance = Parinari kerstingii Engl. ●☆
245050 Maranthes polyandra (Benth.) Prance; 多蕊萎花●☆
245051 Maranthes polyandra (Benth.) Prance = Parinari polyandra Benth. ●☆
245052 Maranthes polyandra (Benth.) Prance subsp. floribunda (Baker) Prance = Maranthes floribunda (Baker) F. White ●☆
245053 Maranthes robusta (Oliv.) Prance = Parinari robusta Oliv. ●☆
245054 Maranthes sanagensis F. White; 萨纳加萎花●☆
245055 Maranthus Rchb. = Maranthes Blume ●☆
245056 Marantochloa Brongn. ex Gris(1860); 萎草属■☆
245057 Marantochloa congensis (K. Schum.) J. Léonard et Mullend.; 刚果萎草■☆
245058 Marantochloa congensis (K. Schum.) J. Léonard et Mullend. var. microphylla Koechlin = Marantochloa microphylla (Koechlin) Dhetchuvi ■☆
245059 Marantochloa congensis (K. Schum.) J. Léonard et Mullend. var. nitida J. Léonard et Mullend.; 亮刚果萎草■☆
245060 Marantochloa congensis (K. Schum.) J. Léonard et Mullend. var. pubescens (Loes.) J. Léonard et Mullend.; 毛刚果萎草■☆
245061 Marantochloa cordifolia (K. Schum.) Koechlin; 心形萎草■☆
245062 Marantochloa cuspidata (Roscoe) Milne-Redh.; 骤尖萎草■☆
245063 Marantochloa filipes (Benth.) Hutch.; 线梗萎草■☆
245064 Marantochloa flexuosa (Benth.) Hutch. = Marantochloa cuspidata (Roscoe) Milne-Redh. ■☆
245065 Marantochloa hensii (Baker) Pellegr. = Marantochloa mannii (Benth.) Milne-Redh. ■☆
245066 Marantochloa holostachya (Baker) Hutch. = Marantochloa monophylla (K. Schum.) D'Orey ■☆
245067 Marantochloa inaequilatera (Baker) Hutch. = Marantochloa congensis (K. Schum.) J. Léonard et Mullend. var. pubescens (Loes.) J. Léonard et Mullend. ■☆
245068 Marantochloa leucantha (K. Schum.) Milne-Redh.; 白花萎草■☆
245069 Marantochloa leucantha (K. Schum.) Milne-Redh. var. lasiocolea (K. Schum.) Koechlin; 毛鞘白花萎草■☆
245070 Marantochloa mannii (Benth.) Milne-Redh.; 曼氏萎草■☆
245071 Marantochloa microphylla (Koechlin) Dhetchuvi; 小叶萎草■☆
245072 Marantochloa mildbraedii Loes. ex Koechlin; 米尔德萎草■☆
245073 Marantochloa monophylla (K. Schum.) D'Orey; 单叶萎草■☆
245074 Marantochloa monophylla (K. Schum.) D'Orey var. holostachya (Baker) D'Orey = Marantochloa monophylla (K. Schum.) D'Orey ■☆
245075 Marantochloa oligantha (K. Schum.) Milne-Redh. = Marantochloa filipes (Benth.) Hutch. ■☆
245076 Marantochloa purpurea (Ridl.) Milne-Redh.; 紫萎草■☆
245077 Marantochloa ramosissima (Benth.) Hutch.; 多枝萎草■☆
245078 Marantochloa similis (Gagnep.) Pellegr.; 相似萎草■☆
245079 Marantochloa sulphurea (Baker) Koechlin; 硫色萎草■☆
245080 Marantochloa ubangiensis (Gagnep.) Pellegr. = Marantochloa congensis (K. Schum.) J. Léonard et Mullend. var. pubescens (Loes.) J. Léonard et Mullend. ■☆
245081 Marantodes (A. DC.) Kuntze = Labisia Lindl. (保留属名) ■●☆
245082 Marantodes (A. DC.) Post et Kuntze = Labisia Lindl. (保留属名) ■●☆
245083 Marantopsis Körn. = Stromanthe Sond. ■☆
245084 Marara H. Karst. = Aiphanes Willd. ●☆
245085 Mararungia Scop. = Clerodendrum L. ●■
245086 Mararungia Scop. = Marurang Rumph. ex Adans. ●
245087 Marasmodes DC. (1838); 黏肋菊属■☆
245088 Marasmodes adenosolen Harv. = Cymbopappus adenosolen (Harv.) B. Nord. ■☆
245089 Marasmodes duemmeri Bolus ex Hutch.; 黏肋菊■☆
245090 Marasmodes oligocephala DC.; 寡头黏肋菊■☆
245091 Marasmodes polycephala DC.; 多头黏肋菊■☆
245092 Marasmodes polycephala DC. var. oligocephala (DC.) Harv. = Marasmodes oligocephala DC. ■☆
245093 Marasmodes undulata Compton; 波状黏肋菊■☆
245094 Marathraceae Dumort. = Podostemaceae Rich. ex Kunth(保留科名) ■
245095 Marathroideum Gand. = Seseli L. ■
245096 Marathrum Bonpl. (1806); 翼肋果属■☆
245097 Marathrum Humb. et Bonpl. = Marathrum Bonpl. ■☆
245098 Marathrum Link = Seseli L. ■
245099 Marathrum Raf. = Musineon Raf. ex DC. ■☆
245100 Marathrum foeniculaceum Bonpl.; 翼肋果■☆
245101 Marcania J. B. Imlay(1939); 泰国大花爵床属■☆
245102 Marcania grandiflora J. B. Imlay; 泰国大花爵床■☆
245103 Marcanilla Steud. = Hippomane L. ●☆
245104 Marcanilla Steud. = Mancanilla Mill. ●☆
245105 Marcanthus Lour. = Macranthus Lour. ●■
245106 Marcanthus Lour. = Mucuna Adans. (保留属名) ●■
245107 Marcanthus cochinchinensis Lour. = Mucuna pruriens (L.)

DC. var. utilis (Wall. ex Wight) Baker ex Burck ■
245108 Marcelia Cass. = Anthemis L. ■
245109 Marcelia Cass. = Chamaemelum Mill. ■
245110 Marcellia Baill. = Marcelliopsis Schinz ■●☆
245111 Marcellia Mart. ex Choisy = Exogonium Choisy ■☆
245112 Marcellia bainesii (Hook. f.) C. B. Clarke = Leucosphaera bainesii (Hook. f.) Gilg ●☆
245113 Marcellia denudata (Hook. f.) Lopr. = Marcelliopsis denudata (Hook. f.) Schinz ■☆
245114 Marcellia dinteri Schinz = Marcelliopsis denudata (Hook. f.) Schinz ■☆
245115 Marcellia leptacantha Peter = Volkensinia prostrata (Volkens ex Gilg) Schinz ■☆
245116 Marcellia mirabilis Baill. = Marcelliopsis welwitschii (Hook. f.) Schinz ■☆
245117 Marcellia prostrata (Volkens ex Gilg) C. B. Clarke = Volkensinia prostrata (Volkens ex Gilg) Schinz ■☆
245118 Marcellia sericea (Schinz) C. B. Clarke = Sericorema sericea (Schinz) Lopr. ●☆
245119 Marcellia splendens Schinz = Marcelliopsis splendens (Schinz) Schinz ■☆
245120 Marcellia tomentosa (Volkens ex Lopr.) C. B. Clarke = Dasysphaera tomentosa Volkens ex Lopr. ■☆
245121 Marcellia welwitschii (Hook. f.) Lopr. = Marcelliopsis welwitschii (Hook. f.) Schinz ■☆
245122 Marcelliopsis Schinz(1934);显柱苋属■●☆
245123 Marcelliopsis denudata (Hook. f.) Schinz;显柱苋■☆
245124 Marcelliopsis splendens (Schinz) Schinz;纤细显柱苋■☆
245125 Marcelliopsis welwitschii (Hook. f.) Schinz;韦氏显柱苋■☆
245126 Marcetella Svent. = Bencomia Webb et Berthel. ●☆
245127 Marcetella maderensis (Bornm.) Svent. = Bencomia maderensis Bornm. ■☆
245128 Marcetia DC. (1828);马尔塞野牡丹属●☆
245129 Marcetia alba Ule;白马尔塞野牡丹●☆
245130 Marcetia grandiflora Markgr.;大花马尔塞野牡丹●☆
245131 Marcetia macrophylla Wurdack;大叶马尔塞野牡丹●☆
245132 Marcetia parvifolia Brade;小叶马尔塞野牡丹●☆
245133 Marcgravia L. (1753);附生藤属●☆
245134 Marcgravia umbellata L.;附生藤●☆
245135 Marcgraviaceae Bercht. et J. Presl(1820)(保留科名);蜜囊花科(附生藤科)●☆
245136 Marcgraviaceae Choisy = Marcgraviaceae Bercht. et J. Presl(保留科名)●■☆
245137 Marcgraviaceae Juss. ex DC. = Marcgraviaceae Bercht. et J. Presl(保留科名)●■☆
245138 Marcgraviastrum (Wittm. ex Szyszyl.) de Roon et S. Dressler (1997);小附生藤属●☆
245139 Marchalanthus Nutt. ex Pfeiff. = Andrachne L. ●☆
245140 Marchandora Pierre = Mangifera L. ●
245141 Marcielia Steud. = Cordia L. (保留属名)●
245142 Marcielia Steud. = Macielia Vand. ●
245143 Marckea A. Rich. = Markea Rich. ●☆
245144 Marconia Mattei = Pavonia Cav. (保留属名)●■☆
245145 Marconia benadirensis Mattei = Pavonia propinqua Garcke ●☆
245146 Marconia minor Mattei = Pavonia propinqua Garcke ●☆
245147 Marcorella (Neck. ex G. Don) Raf. = Colubrina Rich. ex Brongn. (保留属名)●
245148 Marcorella Neck. = Colubrina Rich. ex Brongn. (保留属名)●
245149 Marcuccia Becc. = Enicosanthum Becc. ●☆
245150 Marenga Endl. = Aframomum K. Schum. ■☆
245151 Marenga Endl. = Marogna Salisb. ■
245152 Marenopuntia Backeb. (1950);群龙掌属(群龙属)●☆
245153 Marenopuntia Backeb. = Grusonia F. Rchb. ex K. Schum. ■☆
245154 Marenopuntia Backeb. = Opuntia Mill. ●
245155 Marenopuntia marenae (S. H. Parsons) Backeb.;群龙●☆
245156 Marenteria Thouars = Uvaria L. ●
245157 Maresia Pomel(1874);梅尔芥属■☆
245158 Maresia binervis Pomel = Maresia nana (DC.) Batt. ■☆
245159 Maresia doumetiana (Coss.) Batt.;多麦梅尔芥■☆
245160 Maresia doumetiana (Coss.) Batt. var. cydmica Pamp. = Maresia doumetiana (Coss.) Batt. ■☆
245161 Maresia doumetiana (Coss.) Batt. var. leiocarpa O. E. Schulz = Maresia doumetiana (Coss.) Batt. ■☆
245162 Maresia doumetiana (Coss.) Batt. var. trichocarpa Maire = Maresia doumetiana (Coss.) Batt. ■☆
245163 Maresia malcolmioides (Coss. et Durieu) Pomel;涩荠梅尔芥■☆
245164 Maresia nana (DC.) Batt.;矮梅尔芥■☆
245165 Maresia nana (DC.) Batt. var. dasycarpa Maire = Maresia nana (DC.) Batt. ■☆
245166 Maresia nana (DC.) Batt. var. leiocarpa O. E. Schulz = Maresia nana (DC.) Batt. ■☆
245167 Maresia pygmaea (DC.) O. E. Schulz;小梅尔芥■☆
245168 Mareya Baill. (1860);马莱戟属■☆
245169 Mareya acuminata Prain;渐尖马莱戟■☆
245170 Mareya brevipes Pax;短梗马莱戟■☆
245171 Mareya congolensis (J. Léonard) J. Léonard;刚果马莱戟■☆
245172 Mareya leonensis (Benth.) Baill. = Mareya micrantha (Benth.) Müll. Arg. ■☆
245173 Mareya longifolia Pax;长叶马莱戟■☆
245174 Mareya longifolia Pax = Mareyopsis longifolia (Pax) Pax et K. Hoffm. ■☆
245175 Mareya micrantha (Benth.) Müll. Arg.;小花马莱戟■☆
245176 Mareya micrantha (Benth.) Müll. Arg. subsp. congolensis J. Léonard = Mareya congolensis (J. Léonard) J. Léonard ■☆
245177 Mareya micrantha (Benth.) Müll. Arg. var. genuina Müll. Arg. = Mareya micrantha (Benth.) Müll. Arg. ■☆
245178 Mareya micrantha (Benth.) Müll. Arg. var. leonensis Benth. = Mareya micrantha (Benth.) Müll. Arg. ■☆
245179 Mareya micrantha (Benth.) Müll. Arg. var. nitida Beille = Mareya micrantha (Benth.) Müll. Arg. ■☆
245180 Mareya micrantha Müll. Arg. = Mareya micrantha (Benth.) Müll. Arg. ■☆
245181 Mareya spicata Baill. = Mareya micrantha (Benth.) Müll. Arg. ■☆
245182 Mareya spicata Baill. var. leonensis (Benth.) Pax et K. Hoffm. = Mareya micrantha (Benth.) Müll. Arg. ■☆
245183 Mareya spicata Baill. var. micrantha (Benth.) Pax et K. Hoffm. = Mareya micrantha (Benth.) Müll. Arg. ■☆
245184 Mareyopsis Pax et K. Hoffm. (1919);拟马莱戟属■☆
245185 Mareyopsis longifolia (Pax) Pax et K. Hoffm.;长叶拟马莱戟■☆
245186 Mareyopsis oligogyna Breteler;寡头拟马莱戟■☆
245187 Margacola Buckley = Trichocoronis A. Gray ■☆

245188 Margaranthus Schltdl. (1838);珍珠茄属☆
245189 Margaranthus sotanaceus Schltdl.;珍珠茄☆
245190 Margaretta Oliv. (1875);珍珠萝藦属■☆
245191 Margaretta cornetii Dewèvre = Margaretta rosea Oliv. subsp. bidens Bullock ■☆
245192 Margaretta cornetii Dewèvre var. pallida De Wild. = Margaretta rosea Oliv. subsp. bidens Bullock ■☆
245193 Margaretta decipiens Schltr. = Margaretta rosea Oliv. subsp. bidens Bullock ■☆
245194 Margaretta distincta N. E. Br. = Pachycarpus distinctus (N. E. Br.) Bullock ■☆
245195 Margaretta holstii K. Schum. = Margaretta rosea Oliv. subsp. bidens Bullock ■☆
245196 Margaretta inopinata Hutch. = Margaretta rosea Oliv. ■☆
245197 Margaretta ledermannii Schltr. = Margaretta rosea Oliv. ■☆
245198 Margaretta orbicularis N. E. Br. = Margaretta rosea Oliv. subsp. bidens Bullock ■☆
245199 Margaretta passargei K. Schum. = Margaretta rosea Oliv. ■☆
245200 Margaretta pulchella Schltr. = Margaretta rosea Oliv. ■☆
245201 Margaretta rosea Oliv.;珍珠萝藦■☆
245202 Margaretta rosea Oliv. subsp. bidens Bullock;双齿珍珠萝藦■☆
245203 Margaretta rosea Oliv. subsp. occidentalis Goyder;西部珍珠萝藦■☆
245204 Margaretta rosea Oliv. subsp. whytei (K. Schum.) Mwany.;怀特珍珠萝藦■☆
245205 Margaretta verdickii De Wild. = Margaretta rosea Oliv. subsp. bidens Bullock ■☆
245206 Margaretta whytei K. Schum. = Margaretta rosea Oliv. subsp. whytei (K. Schum.) Mwany. ■☆
245207 Margaripes DC. ex Steud. = Anaphalis DC. ●■
245208 Margaris DC. = Symphoricarpos Duhamel ●
245209 Margaris Griseb. = Margaritopsis Sauvalle ●☆
245210 Margarita Gaudin = Aster L. ●■
245211 Margarita Gaudin = Bellidastrum Scop. ●■
245212 Margaritaria L. f. (1782);蓝子木属(贵戟属,珍珠戟属,紫黄属)●
245213 Margaritaria Opiz = Anaphalis DC. ●■
245214 Margaritaria discoidea (Baill.) G. L. Webster;圆盘蓝子木(圆盘状贵戟)●☆
245215 Margaritaria discoidea (Baill.) G. L. Webster f. glabra Radcl.-Sm.;光圆盘蓝子木●☆
245216 Margaritaria discoidea (Baill.) G. L. Webster subsp. nitida (Pax) G. L. Webster = Margaritaria discoidea (Baill.) G. L. Webster var. fagifolia (Pax) Radcl.-Sm. ●☆
245217 Margaritaria discoidea (Baill.) G. L. Webster var. fagifolia (Pax) Radcl.-Sm.;亮圆盘蓝子木●☆
245218 Margaritaria discoidea (Baill.) G. L. Webster var. nitida (Pax) Radcl.-Sm. = Margaritaria discoidea (Baill.) G. L. Webster var. fagifolia (Pax) Radcl.-Sm. ●☆
245219 Margaritaria discoidea (Baill.) G. L. Webster var. triplosphaera Radcl.-Sm.;三球圆盘蓝子木●☆
245220 Margaritaria indica (Dalzell) Airy Shaw;蓝子木(刺格,印度叶下珠,紫黄);Indian Leafflower, Indian Underleaf Pearl ●
245221 Margaritaria nobilis L.;珍子木(蓝子木);Famous Leafflower, Noble Leafflower ●☆
245222 Margaritolobium Harms(1923);委珠豆属■☆
245223 Margaritolobium luteum Harms;委珠豆■☆
245224 Margaritopsis Sauvalle = Margaritopsis Wright. ●☆
245225 Margaritopsis Wright. (1869);珍珠茜属●☆
245226 Margaritopsis acuifolia Sauvalle;珍珠茜●☆
245227 Margarocarpus Wedd. = Pouzolzia Gaudich. ●■
245228 Margarocarpus procridioides Wedd. = Pouzolzia parasitica (Forssk.) Schweinf. ●☆
245229 Margarocarpus schimperianus Wedd. = Pouzolzia guineensis Benth. ●☆
245230 Margarocarpus vimineus Wedd. = Pouzolzia sanguinea (Blume) Merr. ●
245231 Margarospermum (Rchb.) Opiz = Aegonychon Gray ■
245232 Margarospermum (Rchb.) Opiz = Lithospermum L. ■
245233 Margarospermum arvense (L.) Decne. = Buglossoides arvense (L.) I. M. Johnst. ■
245234 Margarospermum officinale (L.) Decne. = Lithospermum officinale L. ■
245235 Margbensonia A. V. Bobrov et Melikyan = Podocarpus Pers.(保留属名)●
245236 Margbensonia chingiana (S. Y. Hu) A. V. Bobrov et Melikyan = Podocarpus macrophyllus (Thunb.) D. Don var. chingii N. E. Gray ●
245237 Margbensonia forrestii (Craib et W. W. Sm.) A. V. Bobrov et Melikyan = Podocarpus forrestii Craib et W. W. Sm. ●
245238 Margbensonia macrophylla (Thunb.) A. V. Bobrov et Melikyan = Podocarpus macrophyllus (Thunb.) D. Don ●
245239 Margbensonia maki (Siebold et Zucc.) A. V. Bobrov et Melikyan = Podocarpus macrophyllus (Thunb.) D. Don var. maki (Siebold) Endl. ●
245240 Margbensonia neriifolia (D. Don) A. V. Bobrov et Melikyan = Podocarpus neriifolius D. Don ●
245241 Margelliantha P. J. Cribb(1979);马吉兰属■☆
245242 Margelliantha burttii (Summerh.) P. J. Cribb;伯特马吉兰■☆
245243 Margelliantha caffra (Bolus) P. J. Cribb et J. L. Stewart = Diaphananthe caffra (Bolus) H. P. Linder ■☆
245244 Margelliantha clavata P. J. Cribb;棒状马吉兰■☆
245245 Margelliantha globularis P. J. Cribb;球马吉兰■☆
245246 Margelliantha leedalii P. J. Cribb;里氏马吉兰■☆
245247 Marggravia Willd. = Marcgravia L. ●☆
245248 Marginatocereus (Backeb.) Backeb. (1942);白云阁属(云阁属)●☆
245249 Marginatocereus (Backeb.) Backeb. = Cereus Mill. ●
245250 Marginatocereus (Backeb.) Backeb. = Pachycereus (A. Berger) Britton et Rose ●
245251 Marginatocereus Backeb. = Pachycereus (A. Berger) Britton et Rose ●
245252 Marginatocereus marginatus (DC.) Backeb.;白云阁(望云柱);Organ-pipe Cactus ●☆
245253 Margotia Boiss. (1838);马戈特草属■☆
245254 Margotia Boiss. = Elaeoselinum W. D. J. Koch ex DC. ■☆
245255 Margotia gummifera (Desf.) Lange;马戈特草■☆
245256 Margotia laserpitioides Boiss. = Margotia gummifera (Desf.) Lange ■☆
245257 Margyricarpus Ruiz et Pav. (1794);珍珠果属(银珠果属);Pearl Fruit ●☆
245258 Margyricarpus pinnatus (Lam.) Kuntze = Margyricarpus setosus (Lam.) Kuntze ●☆
245259 Margyricarpus setosus (Lam.) Kuntze;珍珠果(银珠果);Pearl

Berry, Pearl Fruit ●☆
245260 Maria-Antonia Parl. = Crotalaria L. ●■
245261 Mariacantha Bubani = Silybum Vaill. (保留属名) ■
245262 Marialva Vand. = Tovomita Aubl. ●☆
245263 Marialvaea Mart. = Marialva Vand. ●☆
245264 Mariana Hill(废弃属名) = Silybum Adans. ■
245265 Mariana Hill(废弃属名) = Silybum Vaill. (保留属名) ■
245266 Mariana mariana (L.) Hill = Silybum marianum (L.) Gaertn. ■
245267 Marianthemum Schrank = Campanula L. ■●
245268 Marianthus Hügel = Marianthus Hügel ex Endl. ●☆
245269 Marianthus Hügel ex Endl. (1837); 马利花属; Marianthus ●☆
245270 Marianthus Hügel ex Endl. = Billardiera Sm. ●■☆
245271 Marianthus candidus Hügel; 白马利花●☆
245272 Marianthus erubescens Putt.; 变红马利花; Becomingred Marianthus ●☆
245273 Marianthus ringens F. Muell.; 张口马利花; Gaping Marianthus ●☆
245274 Mariarisqueta Guinea = Cheirostylis Blume ■
245275 Mariarisqueta divina Guinea = Cheirostylis divina (Guinea) Summerh. ■☆
245276 Marica Ker Gawl. = Neomarica Sprague ■☆
245277 Marica Schreb. = Cipura Aubl. ■☆
245278 Marica californica Ker Gawl. = Sisyrinchium californicum Dryand. ■☆
245279 Mariera Walp. = Moriera Boiss. ■☆
245280 Marignia Comm. ex Kunth = Protium Burm. f. (保留属名) ●
245281 Marila Sw. (1788); 同花木属●☆
245282 Marila alternifolia Triana et Planch.; 异叶同花木●☆
245283 Marila biflora Urb.; 双花同花木●☆
245284 Marila laxiflora Rusby; 疏花同花木●☆
245285 Marila ovalifolia Ruiz et Pav.; 卵叶同花木●☆
245286 Marila parviflora A. H. Gentry; 小花同花木●☆
245287 Marila tomentosa Poepp. et Endl.; 毛同花木●☆
245288 Marilaunidium Kuntze = Nama L. (保留属名) ■
245289 Marina Liebm. (1854); 海豆属■☆
245290 Marina chrysorhiza (A. Gray) Barneby; 黄根海豆■☆
245291 Marina minor (Rose) Barneby; 小海豆■☆
245292 Marina parryi (A. Gray) Barneby; 海豆; Parry Dalea ■☆
245293 Marinellia Bubani = Melampyrum L. ■
245294 Maripa Aubl. (1775); 马利旋花属■☆
245295 Maripa acuminata Rusby; 渐尖马利旋花■☆
245296 Maripa axilliflora Mart.; 腋花马利旋花■☆
245297 Maripa colombiana Gleason; 哥伦比亚马利旋花■☆
245298 Maripa cordifolia Klotzsch; 心叶马利旋花■☆
245299 Maripa densiflora Benth.; 密花马利旋花■☆
245300 Maripa fasciculata Ooststr.; 簇生马利旋花■☆
245301 Maripa glabra Choisy; 光马利旋花■☆
245302 Maripa paniculata Barb. Rodr.; 圆锥马利旋花■☆
245303 Maripa pauciflora D. F. Austin; 少花马利旋花■☆
245304 Maripa tenuis Ducke; 细马利旋花■☆
245305 Mariposa (A. W. Wood) Hoover = Calochortus Pursh ■☆
245306 Mariposa argillosa Hoover = Calochortus argillosus (Hoover) Zebell et P. L. Fiedler ■☆
245307 Mariposa catalinae (S. Watson) Hoover = Calochortus catalinae S. Watson ■☆
245308 Mariposa clavata (S. Watson) Hoover = Calochortus clavatus S. Watson ■☆
245309 Mariposa clavata Hoover var. pallida Hoover = Calochortus clavatus S. Watson var. pallidus (Hoover) P. L. Fiedler et Zebell ■☆
245310 Mariposa clavata Hoover var. recurvifolia Hoover = Calochortus clavatus S. Watson var. recurvifolius (Hoover) P. L. Fiedler et Zebell ■☆
245311 Mariposa leichtlinii (Hook. f.) Hoover = Calochortus leichtlinii Hook. f. ■☆
245312 Mariposa lutea (Douglas ex Lindl.) Hoover = Calochortus luteus Douglas ex Lindl. ■☆
245313 Mariposa macrocarpa (Douglas) Hoover = Calochortus macrocarpus Douglas ■☆
245314 Mariposa simulans Hoover = Calochortus simulans (Hoover) Munz ■☆
245315 Mariposa splendens (Douglas ex Benth.) Hoover = Calochortus splendens Douglas ex Benth. ■☆
245316 Mariposa superba (Purdy ex J. T. Howell) Hoover = Calochortus superbus Purdy ex J. T. Howell ■☆
245317 Mariposa venusta (Douglas ex Benth.) Hoover = Calochortus venustus Douglas ex Benth. ■☆
245318 Mariscopsis Cherm. = Queenslandiella Domin ■☆
245319 Mariscopsis hyalinus (Vahl) Ballard = Queenslandiella hyalina (Vahl) F. Ballard ■☆
245320 Mariscopsis suaveolens Cherm. = Queenslandiella hyalina (Vahl) F. Ballard ■☆
245321 Marisculus Goetgh. = Alinula J. Raynal ■☆
245322 Marisculus peteri (Kük.) Goetgh. = Alinula peteri (Kük.) Goetgh. et Vorster ■☆
245323 Mariscus Ehrh. = Schoenus L. ■
245324 Mariscus Gaertn. = Mariscus Vahl(保留属名) ■
245325 Mariscus Gaertn. = Rhynchospora Vahl(保留属名) ■
245326 Mariscus Gaertn. = Schoenus L. ■
245327 Mariscus Haller = Mariscus Vahl(保留属名) ■
245328 Mariscus Haller ex Kuntze = Mariscus Vahl(保留属名) ■
245329 Mariscus Scop. (废弃属名) = Cladium P. Browne ■
245330 Mariscus Scop. (废弃属名) = Mariscus Vahl(保留属名) ■
245331 Mariscus Scop. (废弃属名) = Schoenus L. ■
245332 Mariscus Vahl(1805)(保留属名); 砖子苗属(穿鱼草属); Saw Grass, Sawgrass, Twig Rush ■
245333 Mariscus Vahl(保留属名) = Cyperus L. ■
245334 Mariscus Zinn = Mariscus Vahl(保留属名) ■
245335 Mariscus aggregatus Willd. = Cyperus aggregatus (Willd.) Endl. ■☆
245336 Mariscus alba-sanguineus (Kük.) Napper; 白血红砖子苗■☆
245337 Mariscus albescens Gaudich. = Cyperus javanicus Houtt. ■
245338 Mariscus albescens Gaudich. = Mariscus javanicus (Houtt.) Merr. et F. P. Metcalf ■
245339 Mariscus albomarginatus C. B. Clarke = Cyperus indecorus Kunth var. inflatus (C. B. Clarke) Kük. ■☆
245340 Mariscus albomarginatus C. B. Clarke var. binucifera ? = Cyperus indecorus Kunth ■☆
245341 Mariscus albopilosus C. B. Clarke; 白毛砖子苗■☆
245342 Mariscus alpestris (K. Schum.) C. B. Clarke; 高山砖子苗■☆
245343 Mariscus amauropus (Steud.) Cufod.; 无梗砖子苗■☆
245344 Mariscus amauropus (Steud.) Cufod. var. friesii (Kük.) Cufod.; 弗里斯砖子苗■☆
245345 Mariscus amomodorus (K. Schum.) Cufod.; 热非砖子苗■☆
245346 Mariscus amomodorus (K. Schum.) Cufod. var. bulbocaulis

(Boeck.) Cufod.;球茎砖子苗■☆
245347 Mariscus amomodorus (K. Schum.) Cufod. var. mollipes (C. B. Clarke) Cufod.;毛梗砖子苗■☆
245348 Mariscus amomodorus (K. Schum.) Cufod. var. paolii (Chiov.) Cufod.;保尔砖子苗■☆
245349 Mariscus angularis Turrill = Cyperus macrocarpus (Kunth) Boeck. ■☆
245350 Mariscus aristatus (Rottb.) Cherm. = Mariscus squarrosus (L.) C. B. Clarke ■☆
245351 Mariscus aristatus (Rottb.) Ts. Tang et F. T. Wang;具芒鳞砖子苗(具芒砖子苗,芒鳞砖子苗);Awned Gyperus, Awned Sawgrass, Awnedscale Sawgrass, Bearded Flat Sedge, Umbrella Sedge ■
245352 Mariscus aristatus (Rottb.) Ts. Tang et F. T. Wang = Cyperus squarrosus L. ■☆
245353 Mariscus asper Liebm. = Cyperus mutisii (Kunth) Andersson ■☆
245354 Mariscus assimilis (Steud.) C. B. Clarke = Courtoisina assimilis (Steud.) Maquet ■☆
245355 Mariscus assimilis (Steud.) Podlech = Courtoisina assimilis (Steud.) Maquet ■☆
245356 Mariscus aster (C. B. Clarke) Kük.;星砖子苗■☆
245357 Mariscus atrosanguineus Hochst. ex A. Rich. = Mariscus bulbocaulis Hochst. ex A. Rich. var. atrosanguineus (Hochst. ex A. Rich.) C. B. Clarke ■☆
245358 Mariscus baoulensis Hutch. = Cyperus baoulensis Kük. ■☆
245359 Mariscus bequaertii Cherm. = Mariscus ferrugineoviridis (C. B. Clarke) Cherm. ■☆
245360 Mariscus binucifer (C. B. Clarke) C. B. Clarke = Cyperus indecorus Kunth ■☆
245361 Mariscus boeckeleri C. B. Clarke = Mariscus amomodorus (K. Schum.) Cufod. var. bulbocaulis (Boeck.) Cufod. ■☆
245362 Mariscus bojeri C. B. Clarke ex T. Durand et Schinz = Mariscus rubrotinctus Cherm. ■☆
245363 Mariscus bracheilema Steud. = Cyperus croceus Vahl ■☆
245364 Mariscus brittonii C. B. Clarke = Cyperus croceus Vahl ■☆
245365 Mariscus bulbocaulis Hochst. ex A. Rich. = Mariscus amomodorus (K. Schum.) Cufod. var. bulbocaulis (Boeck.) Cufod. ■☆
245366 Mariscus bulbocaulis Hochst. ex A. Rich. var. atrosanguineus (Hochst. ex A. Rich.) C. B. Clarke;暗血红球茎砖子苗■☆
245367 Mariscus bulbosus Steud. = Mariscus bulbocaulis Hochst. ex A. Rich. ■☆
245368 Mariscus californicus (S. Watson) Fernald = Cladium californicum (S. Watson) O' Neill ■☆
245369 Mariscus capensis (Steud.) Schrad. = Cyperus capensis (Steud.) Endl. ■☆
245370 Mariscus chaetophyllus Chiov.;毛叶砖子苗■☆
245371 Mariscus chionocephalus Chiov.;雪头砖子苗■☆
245372 Mariscus chrysocephalus K. Schum.;金头砖子苗■☆
245373 Mariscus circumclusus C. B. Clarke;阿比西尼亚砖子苗■☆
245374 Mariscus coloratus (Vahl) Nees = Mariscus dubius (Rottb.) Kük. ex C. E. C. Fisch. subsp. coloratus (Vahl) Lye ■☆
245375 Mariscus coloratus (Vahl) Nees var. macrocephalus C. B. Clarke = Mariscus dubius (Rottb.) Kük. ex C. E. C. Fisch. subsp. macrocephalus (C. B. Clarke) J. -P. Lebrun et Stork ■☆
245376 Mariscus compactus (Retz.) Druce;密穗砖子苗(大香附子,砖子苗);Compact Sawgrass, Conferted Sawgrass ■
245377 Mariscus compactus (Retz.) Druce = Cyperus compactus Retz. ■
245378 Mariscus compactus (Retz.) Druce var. macrostachys (Boeck.) F. C. How ex Ts. Tang et F. T. Wang;大密穗砖子苗;Large Compact Sawgrass ■
245379 Mariscus compactus (Retz.) Druce var. macrostachys (Boeck.) F. C. How = Mariscus compactus (Retz.) Druce var. macrostachys (Boeck.) F. C. How ex Ts. Tang et F. T. Wang ■
245380 Mariscus concinnus C. B. Clarke;整洁砖子苗■☆
245381 Mariscus congestus (Vahl) C. B. Clarke = Cyperus congestus Vahl ■☆
245382 Mariscus congestus (Vahl) C. B. Clarke var. brevis (Boeck.) C. B. Clarke = Cyperus brevis Boeck. ■☆
245383 Mariscus congestus (Vahl) C. B. Clarke var. glanduliferus C. B. Clarke = Cyperus congestus Vahl ■☆
245384 Mariscus congestus (Vahl) C. B. Clarke var. grandiceps (Kük.) Podlech = Cyperus congestus Vahl ■☆
245385 Mariscus congestus (Vahl) C. B. Clarke var. pseudonatalensis (Kük.) Podlech = Cyperus congestus Vahl ■☆
245386 Mariscus cooperi C. B. Clarke = Cyperus congestus Vahl ■☆
245387 Mariscus cufodontii Chiov.;卡佛砖子苗■☆
245388 Mariscus cupreus Hochst. ex T. Durand et Schinz = Mariscus richardii Steud. ■☆
245389 Mariscus curtisii C. B. Clarke = Cyperus ovatus Baldwin ■☆
245390 Mariscus cylindricus Elliott = Cyperus retrorsus Chapm. ■☆
245391 Mariscus cylindristachyus Steud. = Cyperus cyperoides (L.) Kuntze subsp. flavus Lye ■☆
245392 Mariscus cyperinus (Retz.) Vahl;莎草砖子苗(莎状砖子苗);Cyperus-like Sawgrass, Galinglelike Sawgrass, Old World Flatsedge ■
245393 Mariscus cyperinus Vahl = Cyperus cyperinus (Vahl) Suringar ■
245394 Mariscus cyperinus Vahl = Mariscus cyperinus (Retz.) Vahl ■
245395 Mariscus cyperinus Vahl var. bengalensis C. B. Clarke;孟加拉砖子苗(孟加拉国砖子苗);Bengalese Cyperus-like Sawgrass ■
245396 Mariscus cyperoides (L.) Urb. = Cyperus cyperoides (L.) Kuntze ■☆
245397 Mariscus cyperoides (L.) Urb. = Mariscus sumatrensis (Retz.) J. Raynal ■
245398 Mariscus cyperoides (Roxb.) A. Dietr. = Courtoisina cyperoides (Roxb.) Soják ■
245399 Mariscus cyperoides (Roxb.) A. Dietr. subsp. africanus (Kük.) Podlech = Courtoisina cyperoides (Roxb.) Soják ■
245400 Mariscus cyperoides A. Dietr. = Courtoisina cyperoides (A. Dietr.) Soják ■
245401 Mariscus deciduus (Boeck.) C. B. Clarke = Cyperus deciduus Boeck. ■☆
245402 Mariscus dissitiflorus (Torr.) C. B. Clarke = Cyperus thyrsiflorus Jungh. ■☆
245403 Mariscus diurensis (Boeck.) C. B. Clarke var. longistolon (Peter et Kük.) Podlech = Pycreus longistolon (Peter et Kük.) Napper ■☆
245404 Mariscus drakensbergensis Vorster = Cyperus solidus Kunth ■☆
245405 Mariscus dregeanus Kunth;德雷砖子苗■☆
245406 Mariscus dregeanus Kunth = Mariscus dubius (Rottb.) Kük. ■
245407 Mariscus dubius (Rottb.) Kük. = Mariscus dubius (Rottb.) Kük. ex C. E. C. Fisch. ■
245408 Mariscus dubius (Rottb.) Kük. ex C. E. C. Fisch.;鳞茎砖子苗■

245409 Mariscus dubius (Rottb.) Kük. ex C. E. C. Fisch. = Cyperus dubius Rottb. ■
245410 Mariscus dubius (Rottb.) Kük. ex C. E. C. Fisch. subsp. coloratus (Vahl) Lye;着色疑惑砖子苗■☆
245411 Mariscus dubius (Rottb.) Kük. ex C. E. C. Fisch. subsp. macrocephalus (C. B. Clarke) J. -P. Lebrun et Stork;大头疑惑砖子苗■☆
245412 Mariscus dubius (Rottb.) Kük. var. coloratus (Vahl) Cufod. = Mariscus dubius (Rottb.) Kük. ex C. E. C. Fisch. subsp. coloratus (Vahl) Lye ■☆
245413 Mariscus dubius (Rottb.) Kük. var. macrocephalus (C. B. Clarke) Chiov. = Mariscus dubius (Rottb.) Kük. ex C. E. C. Fisch. subsp. macrocephalus (C. B. Clarke) J. -P. Lebrun et Stork ■☆
245414 Mariscus durus (Kunth) C. B. Clarke = Cyperus durus Kunth ■☆
245415 Mariscus elatior (Kunth) C. B. Clarke = Cyperus solidus Kunth ■☆
245416 Mariscus elephantinus C. B. Clarke = Cyperus elephantinus (C. B. Clarke) Kük. ■☆
245417 Mariscus eurystachys (Ridl.) C. B. Clarke;宽穗砖子苗■☆
245418 Mariscus ferax (Rich.) C. B. Clarke = Cyperus odoratus L. ■
245419 Mariscus ferax (Rich.) C. B. Clarke = Torulinium odoratum (L.) S. S. Hooper ■
245420 Mariscus ferax C. B. Clarke = Torulinium ferax (Rich.) Ham. ■
245421 Mariscus ferrugineoviridis (C. B. Clarke) Cherm.;锈绿砖子苗■☆
245422 Mariscus filiculmis (Vahl) T. Koyama = Cyperus lupulinus (Spreng.) Marcks subsp. macilentus (Fernald) Marcks ■☆
245423 Mariscus filiforme (Sw.) Roem. et Schult. = Cyperus filiformis Sw. ■☆
245424 Mariscus firmipes C. B. Clarke;硬梗砖子苗■☆
245425 Mariscus flabelliformis Kunth;扇状砖子苗■☆
245426 Mariscus flabelliformis Kunth var. aximensis (C. B. Clarke) S. S. Hooper;阿克西姆砖子苗■☆
245427 Mariscus flavus Vahl;黄砖子苗■☆
245428 Mariscus flavus Vahl = Cyperus aggregatus (Willd.) Endl. ■☆
245429 Mariscus flavus Vahl var. humilis C. B. Clarke;低矮黄砖子苗■☆
245430 Mariscus floridensis C. B. Clarke = Cyperus filiformis Sw. ■☆
245431 Mariscus foliosissimus Steud.;密叶砖子苗■☆
245432 Mariscus foliosus C. B. Clarke;多叶砖子苗■☆
245433 Mariscus globifer C. B. Clarke;球砖子苗■☆
245434 Mariscus goniobolbos Cherm. var. perrieri (Cherm.) Cherm. = Mariscus pseudovestitus C. B. Clarke var. perrieri (Cherm.) Podlech ■☆
245435 Mariscus gregorii C. B. Clarke;格雷戈尔砖子苗■☆
245436 Mariscus gueinzii C. B. Clarke;吉内斯砖子苗■☆
245437 Mariscus hainanensis Chun et F. C. How;海南砖子苗;Hainan Sawgrass ■
245438 Mariscus hamulosus (M. Bieb.) S. S. Hooper;钩砖子苗■☆
245439 Mariscus hemisphaericus (Boeck.) C. B. Clarke;半球砖子苗■☆
245440 Mariscus hirtellus Chiov.;多毛砖子苗■☆
245441 Mariscus hochstetteri Walp. = Mariscus bulbocaulis Hochst. ex A. Rich. var. atrosanguineus (Hochst. ex A. Rich.) C. B. Clarke ■☆
245442 Mariscus huarmensis Kunth = Cyperus odoratus L. ■
245443 Mariscus huarmensis Kunth = Torulinium odoratum (L.) S. S. Hooper ■
245444 Mariscus humilis Zeyh. ex Schrad. = Cyperus tabularis Schrad. ■☆
245445 Mariscus impubes (Steud.) Napper = Mariscus richardii Steud. ■☆
245446 Mariscus indecorus (Kunth) Podlech;装饰砖子苗■☆
245447 Mariscus indecorus (Kunth) Podlech var. decurvatus (C. B. Clarke) Podlech = Cyperus indecorus Kunth var. decurvatus (C. B. Clarke) Kük. ■☆
245448 Mariscus indecorus (Kunth) Podlech var. inflatus (C. B. Clarke) Podlech = Cyperus indecorus Kunth ■☆
245449 Mariscus indecorus (Kunth) Podlech var. namaquensis (Kük.) Podlech = Cyperus indecorus Kunth var. namaquensis Kük. ■☆
245450 Mariscus inflatus C. B. Clarke = Cyperus indecorus Kunth ■☆
245451 Mariscus intricatus (L.) Cufod.;缠结砖子苗■☆
245452 Mariscus involutus C. B. Clarke = Cyperus solidus Kunth ■☆
245453 Mariscus javanicus (Houtt.) Merr. et F. P. Metcalf;羽状穗砖子苗(羽穗砖子苗,爪哇莎草,爪哇砖子苗);Java Sawgrass, Javanese Flatsedge ■
245454 Mariscus javanicus (Houtt.) Merr. et F. P. Metcalf = Cyperus javanicus Houtt. ■
245455 Mariscus karisimbiensis Cherm.;卡里辛比砖子苗■☆
245456 Mariscus keniensis (Kük.) S. S. Hooper = Cyperus keniensis Kük. ■☆
245457 Mariscus kerstenii (Boeck.) C. B. Clarke;克斯滕砖子苗■☆
245458 Mariscus kraussii Hochst. = Cyperus dubius Rottb. ■
245459 Mariscus laevis Kunth = Cyperus aggregatus (Willd.) Endl. ■☆
245460 Mariscus laxiflorus Turrill = Cyperus turrillii Kük. ■☆
245461 Mariscus ligularis (L.) Urb.;舌状砖子苗■☆
245462 Mariscus litoreus C. B. Clarke = Cyperus ovatus Baldwin ■☆
245463 Mariscus longibracteatus Cherm.;长苞砖子苗■☆
245464 Mariscus longibracteatus Cherm. var. keniensis (Kük.) Maquet = Mariscus rubrotinctus Cherm. ■☆
245465 Mariscus luridus C. B. Clarke;灰黄砖子苗■☆
245466 Mariscus luteus (Boeck.) C. B. Clarke = Mariscus foliosus C. B. Clarke ■☆
245467 Mariscus luzuliformis (Boeck.) C. B. Clarke;地杨梅砖子苗■☆
245468 Mariscus macer Kunth = Cyperus cyperoides (L.) Kuntze subsp. pseudoflavus (Kük.) Lye ■☆
245469 Mariscus macrocarpus Kunth = Cyperus macrocarpus (Kunth) Boeck. ■☆
245470 Mariscus macropus (Boeck.) C. B. Clarke = Cyperus submacropus Kük. ■☆
245471 Mariscus macropus C. B. Clarke;大足砖子苗■☆
245472 Mariscus macropus C. B. Clarke var. albescens (Chiov.) Cufod.;灰白大足砖子苗■☆
245473 Mariscus maderaspatanus (Willd.) Napper;马德拉斯砖子苗■☆
245474 Mariscus magnus C. B. Clarke;大砖子苗■☆
245475 Mariscus malawicus J. Raynal = Alinula malawica (J. Raynal) Goetgh. et Vorster ■☆
245476 Mariscus manimae (Kunth) C. B. Clarke = Cyperus manimae Kunth ■☆
245477 Mariscus mariscoides (Muhl.) Kuntze = Cladium mariscoides (Muhl.) Torr. ■☆

245478 Mariscus maritimus C. B. Clarke;滨海砖子苗■☆
245479 Mariscus marlothii (Boeck.) C. B. Clarke = Cyperus marlothii Boeck. ■☆
245480 Mariscus microbolbos (C. B. Clarke) Vorster;小砖子苗■☆
245481 Mariscus microcephalus J. Presl et C. Presl = Mariscus compactus (Retz.) Druce ■
245482 Mariscus mollipes C. B. Clarke var. bulbocaulis (Boeck.) Podlech = Mariscus amomodorus (K. Schum.) Cufod. var. bulbocaulis (Boeck.) Cufod. ■☆
245483 Mariscus moniliferus Chiov.;串珠砖子苗■☆
245484 Mariscus monospermus S. M. Hwang;单子砖子苗;Monoseed Sawgrass ■
245485 Mariscus mutisii Kunth = Cyperus mutisii (Kunth) Andersson ■☆
245486 Mariscus myrmecias (Ridl.) C. B. Clarke;蚂蚁砖子苗■☆
245487 Mariscus nogalensis Chiov. = Cyperus giolii Chiov. var. nogalensis (Chiov.) Kük. ■☆
245488 Mariscus nossibeensis Steud. = Cyperus cyperoides (L.) Kuntze ■☆
245489 Mariscus nyasensis Podlech;尼亚斯砖子苗■☆
245490 Mariscus oblonginux C. B. Clarke = Mariscus amomodorus (K. Schum.) Cufod. ■☆
245491 Mariscus obsoletenervosus (Peter et Kük.) Greenway;隐脉砖子苗■☆
245492 Mariscus ovularis (Michx.) Vahl = Cyperus echinatus (L.) A. W. Wood ■☆
245493 Mariscus owanii (Boeck.) C. B. Clarke = Cyperus owanii Boeck. ■☆
245494 Mariscus pallens Liebm. = Cyperus thyrsiflorus Jungh. ■☆
245495 Mariscus paniceus Boeck. = Mariscus steudelianus (Boeck.) Cufod. ■☆
245496 Mariscus paolii (Chiov.) Chiov. = Mariscus amomodorus (K. Schum.) Cufod. var. paolii (Chiov.) Cufod. ■☆
245497 Mariscus paradoxus (Cherm.) Cherm. = Alinula paradoxa (Cherm.) Goetgh. et Vorster ■☆
245498 Mariscus pedunculatus (R. Br.) T. Koyama = Cyperus pedunculatus (R. Br.) J. Kern ■
245499 Mariscus pedunculatus (R. Br.) T. Koyama = Remirea maritima Aubl. ■
245500 Mariscus pennatus (Lam.) Domin = Mariscus javanicus (Houtt.) Merr. et F. P. Metcalf ■
245501 Mariscus perrieri Cherm. = Mariscus pseudovestitus C. B. Clarke var. perrieri (Cherm.) Podlech ■☆
245502 Mariscus peteri (Kük.) Goetgh. = Alinula peteri (Kük.) Goetgh. et Vorster ■☆
245503 Mariscus philippensis Steud. = Mariscus sumatrensis (Retz.) J. Raynal var. microstachys (Kük.) L. K. Dai ■
245504 Mariscus phillipsiae C. B. Clarke;菲利砖子苗■☆
245505 Mariscus pilosulus (K. Schum.) C. B. Clarke;疏毛砖子苗■☆
245506 Mariscus plateilema Steud. var. atrosanguineus (Hochst. ex A. Rich.) Steud. = Mariscus bulbocaulis Hochst. ex A. Rich. var. atrosanguineus (Hochst. ex A. Rich.) C. B. Clarke ■☆
245507 Mariscus polyphyllus Steud. = Mariscus sumatrensis (Retz.) J. Raynal ■
245508 Mariscus pratensis (Boeck.) Cufod.;草原砖子苗■☆
245509 Mariscus procerus A. Rich. = Mariscus richardii Steud. ■☆
245510 Mariscus pseudoflavus C. B. Clarke = Cyperus cyperoides (L.) Kuntze subsp. pseudoflavus (Kük.) Lye ■☆
245511 Mariscus pseudopilosus C. B. Clarke = Mariscus socialis (C. B. Clarke) S. S. Hooper ■☆
245512 Mariscus pseudovestitus C. B. Clarke = Cyperus pseudovestitus (C. B. Clarke) Kük. ■☆
245513 Mariscus pseudovestitus C. B. Clarke var. perrieri (Cherm.) Podlech = Cyperus pseudovestitus (C. B. Clarke) Kük. var. perrieri (Cherm.) Kük. ■☆
245514 Mariscus psilostachys C. B. Clarke;光穗砖子苗■☆
245515 Mariscus pubens (Kük.) Podlech;短柔毛砖子苗■☆
245516 Mariscus pubescens J. Presl et C. Presl = Cyperus dentoniae G. C. Tucker ■☆
245517 Mariscus quarrei Cherm. = Mariscus steudelianus (Boeck.) Cufod. ■☆
245518 Mariscus radians (Nees et Meyen) Ts. Tang et F. T. Wang;辐射砖子苗;Radial Sawgrass, Radiant Galingale, Radiant Sawgrass ■
245519 Mariscus radians (Nees et Meyen) Ts. Tang et F. T. Wang = Cyperus radians Nees et Meyen ex Kunth ■
245520 Mariscus radians (Nees et Meyen) Ts. Tang et F. T. Wang var. floribundus (E. G. Camus) S. M. Huang;多花砖子苗■
245521 Mariscus radiatus Hochst. = Cyperus macrocarpus (Kunth) Boeck. ■☆
245522 Mariscus rehmannianus C. B. Clarke = Cyperus indecorus Kunth var. decurvatus (C. B. Clarke) Kük. ■☆
245523 Mariscus remotus C. B. Clarke;稀疏砖子苗■☆
245524 Mariscus retrorsus (Chapm.) C. B. Clarke = Cyperus retrorsus Chapm. ■☆
245525 Mariscus rhodesicus Podlech;罗得西亚砖子苗■☆
245526 Mariscus richardii Steud.;高大砖子苗■☆
245527 Mariscus riparius Schrad. = Cyperus thunbergii Vahl ■☆
245528 Mariscus riparius Schrad. var. robustior C. B. Clarke = Cyperus thunbergii Vahl ■☆
245529 Mariscus rubrotinctus Cherm.;红砖子苗■☆
245530 Mariscus rufus Kunth = Mariscus ligularis (L.) Urb. ■☆
245531 Mariscus schimperi Hochst. ex Steud.;欣珀砖子苗■☆
245532 Mariscus schimperi Hochst. ex Steud. var. viridis (Kük.) Cufod.;绿欣珀砖子苗■☆
245533 Mariscus schweinfurthii Chiov.;施韦砖子苗■☆
245534 Mariscus schweinitzii (Torr.) T. Koyama = Cyperus schweinitzii Torr. ■☆
245535 Mariscus scleropodus (Chiov.) Cufod.;坚梗砖子苗■☆
245536 Mariscus sieberianus (Nees) K. Schum. = Mariscus umbellatus Vahl ■
245537 Mariscus sieberianus C. B. Clarke = Cyperus cyperoides (L.) Kuntze ■☆
245538 Mariscus sieberianus Nees ex C. B. Clarke = Mariscus sumatrensis (Retz.) J. Raynal ■
245539 Mariscus sieberianus Nees ex C. B. Clarke var. khasianus C. B. Clarke = Mariscus sumatrensis (Retz.) J. Raynal var. khasianus (C. B. Clarke) C. Y. Wu ex Karthik. ■
245540 Mariscus sieberianus Nees ex C. B. Clarke var. subcompositus C. B. Clarke = Mariscus sumatrensis (Retz.) J. Raynal var. subcompositus (C. B. Clarke) Karthik. ■
245541 Mariscus sieberianus Nees ex Steud. = Mariscus sumatrensis (Retz.) J. Raynal ■
245542 Mariscus sieberianus Nees ex Steud. var. polyphyllus (Steud.) C. B. Clarke = Mariscus steudelianus (Boeck.) Cufod. ■☆

245543 Mariscus sieberianus Nees var. evolutior C. B. Clarke = Mariscus sumatrensis (Retz.) J. Raynal var. evolutior (C. B. Clarke) C. Y. Wu ex Karthik. ■
245544 Mariscus socialis (C. B. Clarke) S. S. Hooper;群生砖子苗■☆
245545 Mariscus solidus (Kunth) Vorster = Cyperus solidus Kunth ■☆
245546 Mariscus somaliensis C. B. Clarke;索马里砖子苗■☆
245547 Mariscus soyauxii (Boeck.) C. B. Clarke;索亚砖子苗■☆
245548 Mariscus squarrosus (L.) C. B. Clarke = Cyperus squarrosus L. ■☆
245549 Mariscus squarrosus (L.) C. B. Clarke = Mariscus aristatus (Rottb.) Ts. Tang et F. T. Wang ■
245550 Mariscus stenolepis (Torr.) C. B. Clarke = Cyperus strigosus L. ■☆
245551 Mariscus steudelianus (Boeck.) Cufod.;斯托砖子苗■☆
245552 Mariscus stolonifer C. B. Clarke;匍匐砖子苗■☆
245553 Mariscus stramineo-ferrugineus (Kük.) Napper;草黄砖子苗■☆
245554 Mariscus strigosus (L.) C. B. Clarke = Cyperus strigosus L. ■☆
245555 Mariscus sublimis C. B. Clarke = Cyperus cyperoides (L.) Kuntze ■☆
245556 Mariscus sumatrensis (Retz.) J. Raynal;砖子苗(大香附子,假香附,三棱草);Common Sawgrass,Sawgrass ■
245557 Mariscus sumatrensis (Retz.) J. Raynal = Cyperus cyperoides (L.) Kuntze ■☆
245558 Mariscus sumatrensis (Retz.) J. Raynal var. evolutior (C. B. Clarke) C. Y. Wu ex Karthik.;展穗砖子苗;Spreadspike Sawgrass ■
245559 Mariscus sumatrensis (Retz.) J. Raynal var. khasianus (C. B. Clarke) C. Y. Wu ex Karthik.;喀西砖子苗;Kasi Sawgrass ■
245560 Mariscus sumatrensis (Retz.) J. Raynal var. microstachys (Kük.) L. K. Dai;小穗砖子苗;Smallspike Sawgrass ■
245561 Mariscus sumatrensis (Retz.) J. Raynal var. subcompositus (C. B. Clarke) Karthik. = Mariscus umbellatus Vahl var. subcompositus (C. B. Clarke) Ts. Tang et F. T. Wang ■
245562 Mariscus sumatrensis (Retz.) T. Koyama = Mariscus sumatrensis (Retz.) J. Raynal ■
245563 Mariscus sumatrensis (Retz.) T. Koyama var. evolutior (C. B. Clarke) C. Y. Wu = Mariscus sumatrensis (Retz.) J. Raynal var. evolutior (C. B. Clarke) C. Y. Wu ex Karthik. ■
245564 Mariscus sumatrensis (Retz.) T. Koyama var. khasianus (C. B. Clarke) C. Y. Wu = Mariscus sumatrensis (Retz.) J. Raynal var. khasianus (C. B. Clarke) C. Y. Wu ex Karthik. ■
245565 Mariscus sumatrensis (Retz.) T. Koyama var. macrocarpus (Kunth) Maquet = Mariscus macrocarpus Kunth ■☆
245566 Mariscus tabularis (Schrad.) C. B. Clarke = Cyperus tabularis Schrad. ■☆
245567 Mariscus taylori C. B. Clarke;泰勒砖子苗■☆
245568 Mariscus taylori C. B. Clarke var. groteanus (Kük.) Napper;格罗特砖子苗■☆
245569 Mariscus tenuis (Sw.) C. B. Clarke = Mariscus flabelliformis Kunth ■☆
245570 Mariscus tetragonus (Elliott) C. B. Clarke = Cyperus tetragonus Elliott ■☆
245571 Mariscus thunbergii (Vahl) Schrad. = Cyperus thunbergii Vahl ■☆
245572 Mariscus trialatus (Boeck.) Ts. Tang et F. T. Wang;三翅秆砖子苗;Threewinged Sawgrass,Threewingedculm Sawgrass ■
245573 Mariscus tribrachiatus Liebm. = Cyperus thyrsiflorus Jungh. ■☆
245574 Mariscus trinervis C. B. Clarke = Mariscus socialis (C. B. Clarke) S. S. Hooper ■☆
245575 Mariscus uitenhagensis Steud.;埃滕哈赫砖子苗■☆
245576 Mariscus umbellatus (Rottb.) Vahl = Mariscus sumatrensis (Retz.) J. Raynal ■
245577 Mariscus umbellatus (Rottb.) Vahl var. cyperinus (Retz.) E. G. Camus = Mariscus cyperinus (Retz.) Vahl ■
245578 Mariscus umbellatus (Rottb.) Vahl var. evolutior (C. B. Clarke) E. G. Camus = Mariscus sumatrensis (Retz.) J. Raynal var. evolutior (C. B. Clarke) C. Y. Wu ex Karthik. ■
245579 Mariscus umbellatus (Rottb.) Vahl var. microstachya (Kük.) Ts. Tang et F. T. Wang = Mariscus sumatrensis (Retz.) J. Raynal var. microstachys (Kük.) L. K. Dai ■
245580 Mariscus umbellatus (Rottb.) Vahl var. subcompositus (C. B. Clarke) Ts. Tang et F. T. Wang = Mariscus sumatrensis (Retz.) J. Raynal var. subcompositus (C. B. Clarke) Karthik. ■
245581 Mariscus umbellatus Vahl = Mariscus sumatrensis (Retz.) J. Raynal ■
245582 Mariscus umbellatus Vahl var. evolutior (C. B. Clarke) Ts. Tang et F. T. Wang = Mariscus sumatrensis (Retz.) J. Raynal var. evolutior (C. B. Clarke) C. Y. Wu ■
245583 Mariscus umbellatus Vahl var. microstachys (Kük.) E. G. Camus = Mariscus sumatrensis (Retz.) J. Raynal var. microstachys (Kük.) L. K. Dai ■
245584 Mariscus umbellatus Vahl var. sieberianus (Nees ex C. B. Clarke) E. G. Camus = Mariscus sumatrensis (Retz.) J. Raynal ■
245585 Mariscus umbellatus Vahl var. subcompositus (C. B. Clarke) Ts. Tang et F. T. Wang;复出穗砖子苗;Composite Spike Sawgrass ■
245586 Mariscus umbilensis (Boeck.) C. B. Clarke;翁比尔砖子苗■☆
245587 Mariscus umbilensis (Kuntze) C. B. Clarke ex S. Watson = Cyperus owanii Boeck. ■☆
245588 Mariscus uniflorus Steud. = Cyperus retroflexus Buckley ■☆
245589 Mariscus vestitus (Hochst. ex Krauss) C. B. Clarke;覆被砖子苗■☆
245590 Mariscus vestitus (Hochst. ex Krauss) C. B. Clarke var. decurvata C. B. Clarke = Cyperus indecorus Kunth var. decurvatus (C. B. Clarke) Kük. ■☆
245591 Maritimocereus Akers = Cleistocactus Lem. ●☆
245592 Maritimocereus Akers et Buining = Borzicactus Riccob. ■☆
245593 Maritinocereus Akers et Buining = Maritimocereus Akers et Buining ■☆
245594 Marizia Gand. = Daveaua Willk. ex Mariz ■☆
245595 Marjorana G. Don = Majorana Mill.(保留属名)■☆
245596 Marjorana G. Don = Origanum L. ●■
245597 Markea Rich.(1792);马尔茄属●☆
245598 Markea neurantha Hemsl.;脉花马尔茄●☆
245599 Markhamia Seem. = Markhamia Seem. ex Baill. ●
245600 Markhamia Seem. ex Baill.(1888);猫尾木属●
245601 Markhamia Seem. ex Baill. = Dolichandrone (Fenzl) Seem.(保留属名)●
245602 Markhamia acuminata (Klotzsch) K. Schum.;尖叶猫尾木●☆
245603 Markhamia acuminata (Klotzsch) K. Schum. = Markhamia zanzibarica (Bojer ex DC.) K. Schum. ●☆
245604 Markhamia acuminata (Klotzsch) K. Schum. = Spathodea acuminata Klotzsch ●☆
245605 Markhamia caudafelina (Hance) Craib = Dolichandrone caudafelina (Hance) Benth. et Hook. f. ●

245606 Markhamia cauda-felina (Hance) Sprague = Markhamia stipulata (Wall.) Seem. ex K. Schum. var. kerrii Sprague ●
245607 Markhamia hildebrandtii (Baker) Sprague = Markhamia lutea (Benth.) K. Schum. ●☆
245608 Markhamia hildebrandtii Sprague = Dolichandrone hildebrandtii Baker ●☆
245609 Markhamia indica P. H. Ho = Markhamia stipulata (Wall.) Seem. ex K. Schum. ●
245610 Markhamia infundibuliformis K. Schum.;漏斗状猫尾木●☆
245611 Markhamia infundibuliformis K. Schum. = Markhamia zanzibarica (Bojer ex DC.) K. Schum. ●☆
245612 Markhamia lanata K. Schum.;绵毛猫尾木●☆
245613 Markhamia lanata K. Schum. = Markhamia obtusifolia (Baker) Sprague ●☆
245614 Markhamia lutea (Benth.) K. Schum.;黄猫尾木●☆
245615 Markhamia lutea K. Schum. = Dolichandrone lutea Seem. ●☆
245616 Markhamia obtusifolia (Baker) Sprague = Dolichandrone obtusifolia Baker ●☆
245617 Markhamia obtusifolia Sprague = Dolichandrone obtusifolia Baker ●☆
245618 Markhamia paucifoliata De Wild.;寡小叶猫尾木●☆
245619 Markhamia paucifoliata De Wild. = Markhamia obtusifolia (Baker) Sprague ●☆
245620 Markhamia pierrei Dop;皮氏猫尾木●☆
245621 Markhamia platycalyx (Baker) Sprague = Markhamia lutea (Benth.) K. Schum. ●☆
245622 Markhamia platycalyx Sprague = Dolichandrone platycalyx Baker ●☆
245623 Markhamia puberula (Klotzsch) K. Schum. = Markhamia zanzibarica (Bojer ex DC.) K. Schum. ●☆
245624 Markhamia puberula K. Schum. = Dolichandrone puberulum Klotzsch ●☆
245625 Markhamia sansibarica K. Schum. ex Engl. = Dolichandrone zanzibaricum (Bojer ex DC.) K. Schum. ●☆
245626 Markhamia sessilis Sprague = Markhamia tomentosa (Benth.) K. Schum. ex Engl. ●☆
245627 Markhamia stenocarpa (Welw. ex Seem.) K. Schum. = Markhamia zanzibarica (Bojer ex DC.) K. Schum. ●☆
245628 Markhamia stenocarpa K. Schum. = Dolichandrone stenocarpa Seem. ●☆
245629 Markhamia stipulata (Wall.) Seem. ex K. Schum.;西南猫尾木(马尔哈米,猫尾树,托叶猫尾木,西南猫尾树);Stipulata Dolichandrone,SW. China Cattailtree ●
245630 Markhamia stipulata (Wall.) Seem. ex K. Schum. = Dolichandrone stipulata (Wall.) Benth. et Hook. f. ●
245631 Markhamia stipulata (Wall.) Seem. ex K. Schum. var. caudafelina (Hance) Sant. = Markhamia caudafelina (Hance) Craib ●
245632 Markhamia stipulata (Wall.) Seem. ex K. Schum. var. kerrii Sprague = Dolichandrone stipulata (Wall.) Benth. et Hook. f. var. kerrii (Sprague) C. Y. Wu et W. C. Yin ●
245633 Markhamia stipulata (Wall.) Seem. ex K. Schum. var. velutina (Kurz) Sprague = Dolichandrone stipulata (Wall.) Benth. et Hook. f. var. velutina (Kurz) C. B. Clarke ●
245634 Markhamia stipulata Seem. ex K. Schum. var. caudafelina (Hance) Santisuk = Markhamia stipulata (Wall.) Seem. ex K. Schum. var. kerrii Sprague ●
245635 Markhamia stipulata Seem. ex K. Schum. var. pierrei (Dop) Santisuk = Markhamia pierrei Dop ●☆
245636 Markhamia stipulata Seem. ex K. Schum. var. velutina (Kurz) Sprague = Markhamia stipulata (Wall.) Seem. ex K. Schum. ●
245637 Markhamia tomentosa (Benth.) K. Schum. ex Engl.;绒毛猫尾木●☆
245638 Markhamia tomentosa (Benth.) K. Schum. ex Engl. var. gracilis Sprague = Markhamia tomentosa (Benth.) K. Schum. ex Engl. ●☆
245639 Markhamia tomentosa K. Schum. ex Engl. = Dolichandrone tomentosum Benth. ●☆
245640 Markhamia verdickii De Wild. = Markhamia obtusifolia (Baker) Sprague ●☆
245641 Markhamia zanzibarica (Bojer ex DC.) K. Schum. = Dolichandrone zanzibaricum (Bojer ex DC.) K. Schum. ●☆
245642 Markhamia zanzibarica K. Schum. = Dolichandrone zanzibaricum (Bojer ex DC.) K. Schum. ●☆
245643 Markleya Bondar = Maximiliana Mart.(保留属名)●
245644 Marlea Roxb. = Alangium Lam.(保留属名)●
245645 Marlea affinis Decne. = Alangium chinense (Lour.) Harms ●
245646 Marlea barbata R. Br. = Alangium barbatum (R. Br.) Baill. ex Kuntze ●
245647 Marlea begoniifolia Roxb. = Alangium chinense (Lour.) Harms ●
245648 Marlea begoniifolia Roxb. var. alpina Clarke = Alangium alpinum (C. B. Clarke) W. W. Sm. et Cave ●
245649 Marlea bodinieri H. Lév. = Alangium faberi Oliv. ●
245650 Marlea cavaleriei H. Lév. = Gardneria multiflora Makino ●
245651 Marlea macrophylla Siebold et Zucc. = Alangium platanifolium (Siebold et Zucc.) Harms ●
245652 Marlea platanifolia Siebold et Zucc. = Alangium platanifolium (Siebold et Zucc.) Harms ●
245653 Marlea platanifolia Siebold et Zucc. var. macrophylla Miq. = Alangium platanifolium (Siebold et Zucc.) Harms var. trilobum (Miq.) Ohwi ●
245654 Marlea platanifolia Siebold et Zucc. var. triloba Miq. = Alangium platanifolium (Siebold et Zucc.) Harms var. trilobum (Miq.) Ohwi ●
245655 Marlea premnifolia (Ohwi) Honda = Alangium premnifolium Ohwi ●
245656 Marlea sikkimensis W. W. Sm. = Alangium alpinum (C. B. Clarke) W. W. Sm. et Cave ●
245657 Marlea sinica Nakai = Alangium platanifolium (Siebold et Zucc.) Harms ●
245658 Marlea tomentosa Endl. ex Hassk. = Alangium chinense (Lour.) Harms ●
245659 Marlea tomentosa Hassk. = Alangium chinense (Lour.) Harms ●
245660 Marlea tomentosa Hassk. = Alangium kurzii Craib ●
245661 Marlierea Cambess. (1833);马利埃木属●☆
245662 Marlierea Cambess. ex A. St. -Hil. = Marlierea Cambess. ●☆
245663 Marlierea acuminata O. Berg;渐尖马利埃木●☆
245664 Marlierea acuminatissima (O. Berg) D. Legrand;尖马利埃木●☆
245665 Marlierea affinis (O. Berg) D. Legrand;近缘马利埃木●☆
245666 Marlierea ferruginea (Poir.) McVaugh;锈色马利埃木●☆
245667 Marlierea grandifolia O. Berg;大叶马利埃木●☆
245668 Marlierea guyanensis D. Legrand;圭亚那马利埃木●☆
245669 Marlierea laevigata (DC.) Kiaersk.;平滑马利埃木●☆
245670 Marlierea montana (Aubl.) Amshoff;山地马利埃木●☆
245671 Marlierea ovata (O. Berg) Nied.;卵形马利埃木●☆
245672 Marlierea parviflora O. Berg;小花马利埃木●☆

245673 Marlierea parvifolia O. Berg;小叶马利埃木●☆
245674 Marlierea silvatica Kiaersk.;林地马利埃木●☆
245675 Marlieriopsis Kiaersk. = Blepharocalyx O. Berg ●☆
245676 Marlothia Engl. = Helinus E. Mey. ex Endl.(保留属名)●☆
245677 Marlothia spartioides Engl. = Helinus spartioides (Engl.) Schinz ex Engl. ●☆
245678 Marlothiella H. Wolff(1912);马劳斯草属■☆
245679 Marlothiella gummifera H. Wolff;马劳斯草■☆
245680 Marlothistella Schwantes = Ruscus L. ●
245681 Marlothistella stenophylla (L. Bolus) S. A. Hammer;狭叶肖假叶树●☆
245682 Marlothistella uniondalensis Schwantes;肖假叶树●☆
245683 Marmaroxylon Killip = Pithecellobium Mart.(保留属名)●
245684 Marmaroxylon Killip ex Record = Marmaroxylon Killip ●☆
245685 Marmaroxylon Killip(1940);大理石豆属●☆
245686 Marmaroxylon racemosum (Ducke) Killip;大理石豆●☆
245687 Marmorites Benth.(1833);扭连钱属;Phyllophyton ■
245688 Marmorites Benth. = Nepeta L. ■●
245689 Marmoritis Post et Kuntze = Marmorites Benth. ■
245690 Marmoritis Post et Kuntze = Nepeta L. ■●
245691 Marmoritis complanata (Dunn) A. L. Budantzev;扭连钱;Complanate Phyllophyton ■
245692 Marmoritis complanata (Dunn) A. L. Budantzev = Phyllophyton complanatum (Dunn) Kudo ■
245693 Marmoritis decolorans (Hemsl.) H. W. Li;褪色扭连钱;Decolor Phyllophyton ■
245694 Marmoritis decolorans (Hemsl.) H. W. Li = Phyllophyton decolorans (Hemsl.) Kudo ■
245695 Marmoritis nivalis (Jacq. ex Benth.) Hedge;雪地扭连钱(雪荆芥);Iceland Phyllophyton, Snow Phyllophyton, Snowy Nepeta ■
245696 Marmoritis nivalis (Jacq. ex Benth.) Hedge = Phyllophyton nivale (Jacq. ex Benth.) C. Y. Wu ■
245697 Marmoritis pharica (Prain) A. L. Budantzev;帕里扭连钱■
245698 Marmoritis pharica (Prain) A. L. Budantzev = Phyllophyton pharicum (Prain) Kudo ■
245699 Marmoritis rotundifolia Benth.;圆叶扭连钱(西藏扭连钱);Tibet Phyllophyton ■
245700 Marniera Backeb. = Epiphyllum Haw. ●
245701 Marniera Backeb. = Selenicereus (A. Berger) Britton et Rose ●
245702 Marogna Salisb. = Amomum Roxb.(保留属名)■
245703 Marojejya Humbert(1955);玛瑙椰子属(大叶棕属,马岛椰属,玛瑙椰属,密序椰属)●☆
245704 Marojejya darianii J. Dransf. et N. W. Uhl;达玛瑙椰子●☆
245705 Marojejya insignis Humbert;玛瑙椰子●☆
245706 Maropsis Pomel = Marrubium L. ■
245707 Maropsis deserti (Noë) Pomel = Marrubium deserti (Noë) Coss. ■☆
245708 Maropsis deserti Pomel = Marrubium deserti (Noë) Coss. ■☆
245709 Marottia Raf. = Hydnocarpus Gaertn. ●
245710 Marquartia Hassk. = Pandanus Parkinson ex Du Roi ●■
245711 Marquartia Vogel = Millettia Wight et Arn.(保留属名)●■
245712 Marquesia Gilg(1908);马氏龙脑香属(马格非洲香属)●☆
245713 Marquesia acuminata (Gilg) R. E. Fr.;尖马氏龙脑香●☆
245714 Marquesia excelsa (Pierre) R. E. Fr.;马氏龙脑香●☆
245715 Marquesia macroura Gilg;大尾马氏龙脑香●☆
245716 Marquesia noldeae Mildbr. = Marquesia acuminata (Gilg) R. E. Fr. ●☆
245717 Marquisia A. Rich. = Coprosma J. R. Forst. et G. Forst. ●☆
245718 Marquisia A. Rich. ex DC. = Coprosma J. R. Forst. et G. Forst. ●☆
245719 Marrhubium Delarbre = Marrubium L. ■
245720 Marrubiastrum Moench = Sideritis L. ■●
245721 Marrubiastrum Ség. = Leonurus L. ■
245722 Marrubiastrum Tourn. ex Moench = Sideritis L. ■●
245723 Marrubium L.(1753);欧夏至草属(夏至草属);Hoarhound, Horehound, White Horehound ■
245724 Marrubium africanum (Litard. et Maire) Humbert = Marrubium litardierei Marmey ■☆
245725 Marrubium africanum L. = Ballota africana (L.) Benth. ■☆
245726 Marrubium alternidens Rech. f.;互齿欧夏至草;Alternatetooth Hoarhound ■☆
245727 Marrubium alyssoides Pomel;庭荠夏至草■☆
245728 Marrubium alysson L.;庭芥夏至草■☆
245729 Marrubium alysson L. var. lanatum ? = Marrubium alysson L. ■☆
245730 Marrubium apulum Ten. = Marrubium vulgare L. ■
245731 Marrubium aschersonii Magnus;阿舍森夏至草■☆
245732 Marrubium atlanticum Batt.;大西洋欧夏至草■☆
245733 Marrubium candidissimum L.;银欧夏至草;Silver Horehound ■☆
245734 Marrubium candidissimum L. subsp. africanum Litard. et Maire = Marrubium litardierei Marmey ■☆
245735 Marrubium deserti (Noë) Coss.;荒漠欧夏至草■☆
245736 Marrubium deserti Noë = Marrubium deserti (Noë) Coss. ■☆
245737 Marrubium echinatum Ball;具刺欧夏至草■☆
245738 Marrubium eriostachyum Benth. = Lagopsis eriostachya (Benth.) Ikonn. -Gal. ex Knorring ■
245739 Marrubium flavum Walp. = Lagopsis flava Kar. et Kir. ■
245740 Marrubium goktschaicum N. P. Popov;哥萨克欧夏至草;Goktschaic Hoarhound ■☆
245741 Marrubium guilliermondii Emb. = Marrubium supinum L. ■☆
245742 Marrubium heterocladum Emb. et Maire;互枝欧夏至草■☆
245743 Marrubium heterocladum Emb. et Maire var. microdontum Sauvage = Marrubium heterocladum Emb. et Maire ■☆
245744 Marrubium incanum Desr.;灰毛欧夏至草■☆
245745 Marrubium incisum Benth. = Lagopsis supina (Stephan ex Willd.) Ikonn. -Gal. ex Knorring ■
245746 Marrubium indicum (L.) Burm. = Epimeredi indica (L.) Rothm. ■
245747 Marrubium lanatum Benth.;绵毛欧夏至草;Cottony Hoarhound ■☆
245748 Marrubium leonuroides Desr.;益母草状夏至草;Motherwortlike Hoarhound ■☆
245749 Marrubium litardierei Marmey;利塔欧夏至草■☆
245750 Marrubium microphyllum Desr. = Otostegia fruticosa (Forssk.) Schweinf. ex Penz. subsp. schimperi (Benth.) Sebald ●☆
245751 Marrubium multibracteatum Humbert et Maire;多苞欧夏至草■☆
245752 Marrubium multibracteatum Humbert et Maire subsp. ayachicum (Humbert) Dobignard = Marrubium multibracteatum Humbert et Maire ■☆
245753 Marrubium multibracteatum Humbert et Maire var. ayachicum Humbert = Marrubium multibracteatum Humbert et Maire ■☆
245754 Marrubium nanum Knorring;矮欧夏至草;Dwarf Hoarhound ■☆

245755 Marrubium paniculatum Desr.;锥花欧夏至草■☆
245756 Marrubium parviflorum Fisch. et C. A. Mey.;小花欧夏至草;Littleflower Hoarhound ■☆
245757 Marrubium peregrinum L.;外来欧夏至草(外来夏至草,洋欧夏至草);Peregrine Hoarhound ■☆
245758 Marrubium persicum C. A. Mey.;波斯欧夏至草;Persian Hoarhound ■☆
245759 Marrubium plumosum C. A. Mey.;羽状欧夏至草;Feathered Hoarhound ■☆
245760 Marrubium praecox Janka;早生欧夏至草(早夏至草);Early Hoarhound ■☆
245761 Marrubium propinquum Fisch. et C. A. Mey.;接近欧夏至草;Near Hoarhound ■☆
245762 Marrubium pseudo-alysson Batt. = Marrubium alyssoides Pomel ■☆
245763 Marrubium pseudodictamnus L. = Ballota pseudodictamnus (L.) Benth. ■☆
245764 Marrubium purpureum Bunge;紫欧夏至草;Purple Hoarhound ■☆
245765 Marrubium supinum (Willd.) Hu ex C. P'ei = Lagopsis supina (Stephan ex Willd.) Ikonn. -Gal. ex Knorring ■
245766 Marrubium supinum L.;仰卧欧夏至草■☆
245767 Marrubium supinum L. var. boissieri Rouy = Marrubium supinum L. ■☆
245768 Marrubium supinum L. var. guillermondii (Emb.) Maire = Marrubium supinum L. ■☆
245769 Marrubium turkeviczii Knorring;突氏欧夏至草;Turkevicz Hoarhound ■☆
245770 Marrubium vulgare L.;欧夏至草(白夏至草,普通夏至草,夏至草);Common Hoarhound, Common Horehound, False Dittany, Haryhound, Hoarhound, Horehound, Horone, Houndsbane, Madweed, Marrube, Marvel, Maurole, Mawroll, White Hoarhound, White Horehound ■
245771 Marrubium vulgare L. var. apulum (Ten.) Halácsy = Marrubium vulgare L. ■
245772 Marrubium vulgare L. var. lanatum Benth. = Marrubium vulgare L. ■
245773 Marrubium werneri Maire = Marrubium litardierei Marmey ■☆
245774 Marrubium womnowii Popov;沃氏欧夏至草■☆
245775 Marsana Sonn. = Murraya J. König ex L. (保留属名)●
245776 Marschallia Bartl. = Marshallia Schreb. (保留属名)■☆
245777 Marsdenia R. Br. (1810)(保留属名);牛奶菜属(牛弥菜属,牛奶藤属);Condorvine, Madagascar Rubber, Marsdenia, Milkgreens ●
245778 Marsdenia abyssinica (Hochst.) Schltr. = Dregea abyssinica (Hochst.) K. Schum. ●☆
245779 Marsdenia abyssinica (Hochst.) Schltr. f. complicata Bullock = Dregea abyssinica (Hochst.) K. Schum. ●☆
245780 Marsdenia acuta (Thunb.) Tanaka = Marsdenia tomentosa C. Morren et Decne. ●
245781 Marsdenia alata Tsiang = Marsdenia hainanensis Tsiang var. alata (Tsiang) Tsiang et P. T. Li ●
245782 Marsdenia alata Tsiang = Marsdenia hainanensis Tsiang ●
245783 Marsdenia angolensis N. E. Br. = Gongronema angolense (N. E. Br.) Bullock ●☆
245784 Marsdenia australis (R. Br.) Druce;南方牛奶菜;Bush Banana ●☆
245785 Marsdenia balansae Costantin = Marsdenia schneideri Tsiang ●
245786 Marsdenia batesii S. Moore = Anisopus mannii N. E. Br. ●☆
245787 Marsdenia bicoronata K. Schum. = Anisopus mannii N. E. Br. ●☆
245788 Marsdenia brachyloba M. G. Gilbert et P. T. Li;短裂牛奶菜;Short-lobed Marsdenia ●
245789 Marsdenia cambodiensis Costantin;柬埔寨牛奶菜●
245790 Marsdenia cambodiensis Costantin = Marsdenia lachnostoma Benth. ●
245791 Marsdenia carnea Woodson;红肉牛奶菜;Fleshcoloured Condorvine, Fleshcoloured Milkgreens ●
245792 Marsdenia carnea Woodson = Marsdenia yaungpiensis Tsiang et P. T. Li ●
245793 Marsdenia carnea Woodson = Marsdenia yunnanensis (H. Lév.) Woodson ●
245794 Marsdenia castillonii Lillo ex T. Mey.;阿根廷牛奶菜●☆
245795 Marsdenia cavaleriei (H. Lév.) Hand. -Mazz. ex Woodson;灵药牛奶菜;Marsdenia ●
245796 Marsdenia cinerascens R. Br.;灰牛奶菜●☆
245797 Marsdenia crinita Oliv. = Dregea crinita (Oliv.) Bullock ●☆
245798 Marsdenia cundurango Rchb. f.;南美牛奶藤(康德郎,南美牛奶);Condor Vine, Condurango, Eagle Vine ●☆
245799 Marsdenia cynanchoides Schltr. = Gongronema taylorii (Schltr. et Rendle) Bullock ●☆
245800 Marsdenia dregea (Harv.) Schltr. = Dregea floribunda E. Mey. ●☆
245801 Marsdenia erecta R. Br.;直立牛奶菜●☆
245802 Marsdenia exellii C. Norman;埃克塞尔牛奶菜●☆
245803 Marsdenia floribunda (Brongn.) Schltr.;繁花牛奶菜(簇蜡花,多花黑鳗藤,非洲茉莉,非洲茉莉花,蜡花黑鳗藤);Bridal Flower, Bridal Wreath, Chaplet Flower, Clustered Wax Flower, Flowery Jasminanthes, Madagascar Chaplet Flower, Madagascar Jasmine, Stephanotis, Wax Flower ●☆
245804 Marsdenia floribunda (E. Mey.) N. E. Br. = Marsdenia floribunda (Brongn.) Schltr. ●☆
245805 Marsdenia formosana Masam.;台湾牛奶菜;Formosan Condorvine, Taiwan Condorvine, Taiwan Milkgreens ●
245806 Marsdenia gazensis S. Moore = Gongronema gazense (S. Moore) Bullock ●☆
245807 Marsdenia glabra Costantin;光叶牛奶菜(光牛奶菜,光叶蓝叶菜,光叶蓝叶藤);Glabrous-leaf Marsdenia, Glabrous-leaf Milkgreens ●
245808 Marsdenia glabriflora Benth. = Gongronema latifolium Benth. ●☆
245809 Marsdenia glabriflora Benth. var. orbicularis N. E. Br. = Gongronema latifolium Benth. ●☆
245810 Marsdenia globifera Tsiang;球花牛奶菜(大白药);Globose Marsdenia, Globose Milkgreens ●
245811 Marsdenia globifera Tsiang = Marsdenia tinctoria R. Br. ●
245812 Marsdenia glomerata Tsiang;团花牛奶菜;Glomerate Condorvine, Glomerate Milkgreens ●
245813 Marsdenia gondarensis Chiov. = Gongronema angolense (N. E. Br.) Bullock ●☆
245814 Marsdenia griffithii Hook. f.;大白药(白药牛奶菜,大掰角牛,大对节生,蛆藤,小白解,小白前,小白药);Griffith Condorvine, Griffith Marsdenia, Griffith Milkgreens ●
245815 Marsdenia hainanensis Tsiang;海南牛奶菜;Hainan Condorvine, Hainan Marsdenia, Hainan Milkgreens ●
245816 Marsdenia hainanensis Tsiang var. alata (Tsiang) Tsiang et P.

T. Li;翅叶牛奶菜;Wingedleaf Hainan Marsdenia, Wingedleaf Hainan Milkgreens ●

245817 Marsdenia hainanensis Tsiang var. alata (Tsiang) Tsiang et P. T. Li = Marsdenia hainanensis Tsiang ●

245818 Marsdenia hamiltonii Wight;印度牛奶菜●☆

245819 Marsdenia incisa P. T. Li et Y. H. Li;裂冠牛奶菜;Cuted Marsdenia, Cuted Milkgreens ●

245820 Marsdenia iriomotensis Masam. = Marsdenia formosana Masam. ●

245821 Marsdenia koi Tsiang;大叶牛奶菜(圆头牛奶菜,云南牛奶菜);H. T. Tsai Marsdenia, Ko Condorvine, Ko Marsdenia, Tsai Milkgreens, Yunnan Marsdenia, Yunnan Milkgreens ●

245822 Marsdenia lachnostoma Benth.;毛喉牛奶菜;Hairythroat Marsdenia, Hairythroat Milkgreens, Hairy-throated Condorvine ●

245823 Marsdenia lata Tsiang = Marsdenia hainanensis Tsiang ●

245824 Marsdenia latifolia (Benth.) K. Schum. = Gongronema latifolium Benth. ●☆

245825 Marsdenia leonensis Benth. = Gongronema latifolium Benth. ●☆

245826 Marsdenia longipes W. T. Wang ex Tsiang et P. T. Li;百灵草(长柄牛奶藤,出浆藤,小掰角,小白药,小对节生,小爬角,云百部,云南百部);Longstalk Marsdenia, Longstalk Milkgreens, Long-stalked Condorvine ●

245827 Marsdenia macrantha (Klotzsch) Schltr. = Dregea macrantha Klotzsch ●☆

245828 Marsdenia macrobracteata Y. M. Shui et W. H. Chen;大苞牛奶菜;Largebract Marsdenia ●

245829 Marsdenia medogensis P. T. Li;墨脱牛奶菜;Motuo Marsdenia, Motuo Milkgreens ●

245830 Marsdenia officinalis Tsiang et P. T. Li;药用牛奶菜(海枫藤,海枫屯);Medicinal Condorvine, Medicinal Marsdenia, Medicinal Milkgreens ●

245831 Marsdenia oreophila W. W. Sm.;喙柱牛奶菜(白麻藤,背痛药);Beakstyle Marsdenia, Beakstyle Milkgreens, Beak-styled Condorvine ●

245832 Marsdenia oreophila W. W. Sm. var. glabrifolia W. T. Wang;光叶山地牛奶菜(藤子杜仲)●

245833 Marsdenia profusa N. E. Br. = Tylophora sylvatica Decne. ●☆

245834 Marsdenia pseudotinctoria Tsiang;假牛奶菜(假蓝叶藤);False Tinctorial Marsdenia, False-tinctorial Condorvine, Falsetinctorial Milkgreens ●

245835 Marsdenia pulchella Hand.-Mazz.;美蓝叶藤;Beautiful Condorvine, Beautiful Milkgreens, Pretty Condorvine ●

245836 Marsdenia racemosa K. Schum. = Gongronema latifolium Benth. ●☆

245837 Marsdenia reichenbachii Triana;李氏牛奶菜●☆

245838 Marsdenia rhynchogyna K. Schum. = Anisopus mannii N. E. Br. ●☆

245839 Marsdenia rostrata R. Br.;喙牛奶菜●☆

245840 Marsdenia rostrifera N. E. Br. = Anisopus mannii N. E. Br. ●☆

245841 Marsdenia rubicunda (K. Schum.) N. E. Br. = Dregea rubicunda K. Schum. ●☆

245842 Marsdenia rubicunda N. E. Br.;红色牛奶菜●☆

245843 Marsdenia schimperi Decne. = Dregea schimperi (Decne.) Bullock ●☆

245844 Marsdenia schneideri Tsiang;四川牛奶菜;Schneider Condorvine, Schneider Milkgreens, Sichuan Marsdenia ●

245845 Marsdenia sinensis Hemsl.;牛奶菜(白杜仲,婆婆针线包,三百银);China Milkgreens, Chinese Condorvine, Chinese Marsdenia ●

245846 Marsdenia spissa S. Moore = Dregea abyssinica (Hochst.) K. Schum. ●☆

245847 Marsdenia stefaninii Chiov. = Dregea stelostigma (K. Schum.) Bullock ●☆

245848 Marsdenia stelostigma K. Schum. = Dregea stelostigma (K. Schum.) Bullock ●☆

245849 Marsdenia stenantha Hand.-Mazz.;狭花牛奶菜(小叶黑鳗藤);Narrowflower Marsdenia, Narrowflower Milkgreens, Narrow-flowered Condorvine, Smallleaf Stephanotis ●

245850 Marsdenia sylvestris (Retz.) P. I. Forst.;林地牛奶菜●

245851 Marsdenia taylorii Schltr. et Rendle = Gongronema taylorii (Schltr. et Rendle) Bullock ●☆

245852 Marsdenia tenacissima (Roxb.) Moon;通关藤(白暗消,扁藤,大白楷,大苦藤,地甘草,黄桧,黄木香,癞藤子,勒藤,奶浆藤,通关散,通光散,通光藤,乌骨藤,下奶藤);Tenacious Condorvine, Tenacious Marsdenia, Tenacious Milkgreens ●

245853 Marsdenia tenii M. G. Gilbert et P. T. Li;绒毛牛奶菜;Hairy Marsdenia, Hairy Milkgreens ●

245854 Marsdenia tinctoria R. Br.;蓝叶藤(染色牛奶菜,绒毛芙蓉兰,肖牛耳菜,肖牛耳藤,羊角豆);Java Indigo, Tinctorial Condorvine, Tinctorial Marsdenia, Tinctorial Milkgreens ●

245855 Marsdenia tinctoria R. Br. var. brevis Costantin;短序蓝叶藤;Short Tinctorial Marsdenia, Short Tinctorial Milkgreens ●

245856 Marsdenia tinctoria R. Br. var. brevis Costantin = Marsdenia tinctoria R. Br. ●

245857 Marsdenia tinctoria R. Br. var. tomentosa (E. Morren et Decne.) Masam. = Marsdenia tinctoria R. Br. ●

245858 Marsdenia tinctoria R. Br. var. tomentosa (E. Morren et Decne.) Masam.;绒毛蓝叶藤(绒毛芙蓉兰);Tomentose Condorvine, Tomentose Tinctorial Marsdenia, Tomentose Tinctorial Milkgreens ●

245859 Marsdenia tinctoria R. Br. var. tomentosa Masam. ex Tsiang et P. T. Li = Marsdenia tinctoria R. Br. ●

245860 Marsdenia tomentosa C. Morren et Decne.;假防己(萝藦,牛奶菜);Fake Orientvine, Tomentose Condorvine, Tomentose Marsdenia ●

245861 Marsdenia tsaiana Tsiang = Marsdenia koi Tsiang ●

245862 Marsdenia umbellifera K. Schum. = Stigmatorhynchus umbelliferus (K. Schum.) Schltr. ●☆

245863 Marsdenia urceolata Decne. = Dischidanthus urceolatus (Decne.) Tsiang ●■

245864 Marsdenia volubilis (L. f.) Cooke = Wattakaka volubilis (L. f.) Stapf ●

245865 Marsdenia xuanenensis Z. E. Chao et Y. M. Wang;宣恩牛奶菜;Xuanen Marsdenia, Xuanen Milkgreens ●

245866 Marsdenia xuanenensis Z. E. Chao et Y. M. Wang = Marsdenia yunnanensis (H. Lév.) Woodson ●

245867 Marsdenia yaungpiensis Tsiang et P. T. Li;漾濞牛奶菜;Yangbi Marsdenia, Yangbi Milkgreens ●

245868 Marsdenia yaungpiensis Tsiang et P. T. Li = Marsdenia sinensis Hemsl. ●

245869 Marsdenia yuei M. G. Gilbert et P. T. Li;临沧牛奶菜;Lincang Marsdenia, Lincang Milkgreens ●

245870 Marsdenia yunnanensis (H. Lév.) Woodson;云南牛奶菜(漾濞牛奶菜);Yunnan Condorvine, Yunnan Marsdenia, Yunnan Milkgreens ●

245871 Marsdenia zambesiaca Schltr. = Dregea macrantha Klotzsch ●☆

245872 Marsea Adans. = Baccharis L.(保留属名)●■☆

245873 Marsea aegyptiaca (L.) Hiern = Conyza aegyptiaca (L.) Aiton ■

245874 Marsea boranensis S. Moore = Conyza boranensis (S. Moore) Cufod. ■☆
245875 Marsea celebris S. Moore = Conyza steudelii Sch. Bip. ex A. Rich. ■☆
245876 Marsea ruwenzoriensis S. Moore = Conyza ruwenzoriensis (S. Moore) R. E. Fr. ■☆
245877 Marsea spartioides (O. Hoffm.) Hiern = Nidorella spartioides (O. Hoffm.) Cronquist ■☆
245878 Marsea stricta (Willd.) Hiern = Conyza stricta Willd. ex DC. ■
245879 Marsea variegata (Sch. Bip. ex A. Rich.) S. Moore = Conyza variegata Sch. Bip. ex A. Rich. ■☆
245880 Marsesina Raf. = Capparis L. ●
245881 Marshallfieldia J. F. Macbr. = Adelobotrys DC. ●☆
245882 Marshallia J. F. Gmel. = Homalium Jacq. ●
245883 Marshallia J. F. Gmel. = Lagunezia Scop. ●
245884 Marshallia J. F. Gmel. = Marshallia Schreb.(保留属名)■☆
245885 Marshallia J. F. Gmel. = Racoubea Aubl. ●
245886 Marshallia Schreb.(1791)(保留属名);马歇尔菊属(芭拉扣属);Barbara's Buttons ■☆
245887 Marshallia caespitosa Nutt. ex DC.;芭芭拉马歇尔菊;Barbara's Buttons ■☆
245888 Marshallia caespitosa Nutt. ex DC. var. signata Beadle et F. E. Boynton = Marshallia caespitosa Nutt. ex DC. ■☆
245889 Marshallia graminifolia (Walter) Small;禾叶马歇尔菊(禾叶芭拉扣);Grass-leaf Barbara's Button, Marshallia ■☆
245890 Marshallia graminifolia (Walter) Small subsp. tenuifolia (Raf.) L. Watson = Marshallia graminifolia (Walter) Small ■☆
245891 Marshallia grandiflora Beadle et Boynton;大花马歇尔菊■☆
245892 Marshallia lacinarioides Small = Marshallia graminifolia (Walter) Small ■☆
245893 Marshallia obovata (Walter) Beadle et F. E. Boynton;倒卵叶马歇尔菊■☆
245894 Marshallia obovata (Walter) Beadle et F. E. Boynton var. platyphylla (M. A. Curtis) Beadle et F. E. Boynton = Marshallia obovata (Walter) Beadle et F. E. Boynton ■☆
245895 Marshallia obovata (Walter) Beadle et F. E. Boynton var. scaposa Channell = Marshallia obovata (Walter) Beadle et F. E. Boynton ■☆
245896 Marshallia trinervia (Walter) Trel.;三脉马歇尔菊■☆
245897 Marshallia williamsonii Small = Marshallia graminifolia (Walter) Small ■☆
245898 Marshalljohnstonia Henrickson(1976);肉叶苣属●☆
245899 Marshalljohnstonia gypsophila Henrickson;肉叶苣■☆
245900 Marshallocereus Backeb. = Lemaireocereus Britton et Rose ●☆
245901 Marshallocereus Backeb. = Stenocereus (A. Berger) Riccob.(保留属名)●☆
245902 Marshallocereus thurberi (Engelm.) Backeb. = Stenocereus thurberi (Engelm.) Buxb. ●☆
245903 Marsippospermum Desv.(1809);囊子草属■☆
245904 Marsippospermum calyculatum Desv.;囊子草■☆
245905 Marsippospermum gracile Phil.;细囊子草■☆
245906 Marsippospermum grandiflorum Hook.;大花囊子草■☆
245907 Marssonia H. Karst. = Napeanthus Gardner ■☆
245908 Marsupianthes Rchb. = Marsypianthes Mart. ex Benth. ●■☆
245909 Marsupiaria Hoehne = Maxillaria Ruiz et Pav. ■☆
245910 Marsypianthes Mart. ex Benth.(1833);囊花属●■☆
245911 Marsypianthes foliolosa Benth.;囊花●■☆
245912 Marsypianthus Bartl. = Marsypianthes Mart. ex Benth. ●■☆
245913 Marsypianthus Benth. = Marsypianthes Mart. ex Benth. ●■☆
245914 Marsypocarpus Neck. = Capsella Medik.(保留属名)■
245915 Marsypopetalum Scheff.(1870);亮脉木属●☆
245916 Marsypopetalum pallidum (Blume) Kurz;亮脉木●☆
245917 Marsyrocarpus Steud. = Capsella Medik.(保留属名)■
245918 Marsyrocarpus Steud. = Marsypocarpus Neck. ■
245919 Martagon (Rchb.) Opiz = Lilium L. ■
245920 Martagon Wolf = Lilium L. ■
245921 Martellidendron (Pic. Serm.) Callm. et Chassot(2003);马尔泰利木属●☆
245922 Martellidendron androcephalanthos (Martelli) Callm. et Chassot;马达加斯加马尔泰利木●☆
245923 Martellidendron cruciatum (Pic. Serm.) Callm. et Chassot;十字形马尔泰利木●☆
245924 Martellidendron karaka (Martelli) Callm.;卡拉卡马尔泰利木●☆
245925 Martellidendron kariangense (Huynh) Callm.;卡里安加马尔泰利木●☆
245926 Martellidendron masoalense (Laivao et Callm.) Callm. et Chassot;马苏阿拉马尔泰利木●☆
245927 Martensia Giseke = Alpinia Roxb.(保留属名)■
245928 Martensia aquatica Raeusch. = Alpinia aquatica (König) Roscoe ■
245929 Martha F. Müll. = Posoqueria Aubl. ●☆
245930 Marthella Urb.(1903);马萨玉簪属■☆
245931 Marthella trinitatis Urb.;马萨玉簪■☆
245932 Martia Benth. = Martiodendron Gleason ●☆
245933 Martia Benth. = Martiusia Benth. ●☆
245934 Martia Lacerda ex J. A. Schmidt = Brunfelsia L.(保留属名)●
245935 Martia Leandro = Clitoria L. ●
245936 Martia Leandro = Martiusia Schult. ●
245937 Martia Spreng. = Elodes Adans. ■●
245938 Martia Spreng. = Hypericum L. ■●
245939 Martia Valeton = Pleurisanthes Baill. ●☆
245940 Martia Valeton = Valetonia T. Durand ●☆
245941 Marticorenia Crisci(1974);堇花钝柱菊属■☆
245942 Marticorenia foliosa (Phil.) Crisci;堇花钝柱菊■☆
245943 Martiella Tiegh. = Loranthus Jacq.(保留属名)●
245944 Martiella Tiegh. = Psittacanthus Mart. ●☆
245945 Martinella Baill.(1888);马丁紫葳属●☆
245946 Martinella H. Lév. = Neomartinella Pilg. ■★
245947 Martinella obovata (Kunth) Bureau et Schum.;马丁紫葳●☆
245948 Martinella violifolia H. Lév. = Neomartinella violifolia (H. Lév.) Pilg. ■
245949 Martinella violifolia H. Lév. = Neomartinella yungshunensis (W. T. Wang) Al-Shehbaz ■
245950 Martineria Pfeiff. = Kielmeyera Mart. et Zucc. ●☆
245951 Martineria Pfeiff. = Martinieria Vell. ●☆
245952 Martinezia Ruiz et Pav.(废弃属名) = Euterpe Mart.(保留属名)●☆
245953 Martinezia Ruiz et Pav.(废弃属名) = Prestoea Hook. f.(保留属名)●☆
245954 Martinezia caryotifolia Kunth = Aiphanes caryotifolia H. Wendl. ●☆
245955 Martinezia erosa Linden = Aiphanes erosa (Linden) Burret ●☆
245956 Martinia Vaniot = Aster L. ●■

245957 Martinia Vaniot = Asteromoea Blume ●■
245958 Martinia Vaniot = Kalimeris (Cass.) Cass. ■
245959 Martinia polymorpha Vaniot = Kalimeris indica (L.) Sch. Bip. var. polymorpha (Vaniot) Kitam. ■
245960 Martiniera Guill. = Wendtia Meyen(保留属名)■☆
245961 Martinieria Vell. = Kielmeyera Mart. et Zucc. ●☆
245962 Martinieria Walp. = Martiniera Guill. ■☆
245963 Martinieria Walp. = Wendtia Meyen(保留属名)■☆
245964 Martinsia Godr. = Boreava Jaub. et Spach ■☆
245965 Martiodendron Gleason(1935);马蒂豆属(马蹄豆属,南美马蹄豆属)●☆
245966 Martiodendron excelsum Gleason;大马蒂豆(大马蹄豆)●☆
245967 Martiusa Benth. et Hook. f. = Martiodendron Gleason ●☆
245968 Martiusa Benth. et Hook. f. = Martiusia Benth. ●☆
245969 Martiusa physalodes Schult. = Clitoria falcata Lam. ●
245970 Martiusella Pierre = Chrysophyllum L. ●
245971 Martiusia Benth. = Martiodendron Gleason ●☆
245972 Martiusia Lag. = Jungia L. f. (保留属名)■●☆
245973 Martiusia Schult. = Clitoria L. ●
245974 Martiusia Schult. = Martia Leandro ●
245975 Martretia Beille(1907);马特雷大戟属☆
245976 Martretia quadricornis Beille;马特雷大戟☆
245977 Martynia L. (1753);角胡麻属;Elephant's-trunk, Martynia, Unicornplant, Unicorn-plant ■
245978 Martynia Moon = Strobilanthes Blume ●■
245979 Martynia annua L.;角胡麻;Elephant's-trunk, Martynia, Unicornplant, Unicorn-plant ■
245980 Martynia diandra Gloxin = Martynia annua L. ■
245981 Martynia fragrans Lindl. = Proboscidea fragrans (Lindl.) Decne. ■☆
245982 Martynia fragrans Lindl. = Proboscidea louisianica (Mill.) Thell. subsp. fragrans (Lindl.) Bretting ■☆
245983 Martynia longiflora Royen = Rogeria longiflora (Royen) J. Gay ex DC. ■☆
245984 Martynia louisiana Lindl. = Martynia annua L. ■
245985 Martynia louisianica Mill. = Proboscidea louisianica (Mill.) Thell. ■
245986 Martynia lutea Lindl. = Ibicella lutea (Lindl.) Van Eselt. ■☆
245987 Martynia lutea Lindl. = Proboscidea lutea (Lindl.) Stapf ■☆
245988 Martynia proboscidea Gloxin = Martynia annua L. ■
245989 Martynia proboscidea Gloxin = Proboscidea louisianica (Mill.) Thell. ■
245990 Martynia zanguebaria Lour. = Dicerocaryum zanguebarium (Lour.) Merr. ■☆
245991 Martyniaceae Horan. (1847)(保留科名);角胡麻科;Martynia Family, Unicornplant Family, Unicorn-plant Family ■
245992 Martyniaceae Stapf = Martyniaceae Horan. (保留科名)■
245993 Marubium Roth = Marrubium L. ■
245994 Marulea Schrad. ex Moldenke = Chascanum E. Mey. (保留属名)●☆
245995 Marum Mill. = Origanum L. ●■
245996 Marumia Blume = Macrolenes Naudin ex Miq. ●☆
245997 Marumia Reinw. = Saurauia Willd. (保留属名)●
245998 Marumia Reinw. ex Blume = Saurauia Willd. (保留属名)●
245999 Marungala Blanco = Quassia L. ●☆
246000 Marupa Miers = Quassia L. ●☆
246001 Marurang Adans. = Clerodendrum L. ●■
246002 Marurang Adans. = Marurang Rumph. ex Adans. ●■
246003 Marurang Rumph. ex Adans. = Clerodendrum L. ●■
246004 Maruta (Cass.) Gray = Anthemis L. ■
246005 Maruta Cass. = Anthemis L. ■
246006 Maruta cotula (L.) DC. = Anthemis cotula L. ■
246007 Maruta cotula DC. = Anthemis cotula L. ■
246008 Maruta foetida (Lam.) Cass. = Anthemis cotula L. ■
246009 Maruta foetida Cass. = Anthemis cotula L. ■
246010 Marywildea A. V. Bobrov et Melikyan = Araucaria Juss. ●
246011 Marywildea A. V. Bobrov et Melikyan(2006);澳杉属●☆
246012 Marzaria Raf. = Macleaya R. Br. ■
246013 Masakia Nakai = Euonymus L. (保留属名)●
246014 Masakia japonica (Thunb.) Nakai = Euonymus japonicus Thunb. ●
246015 Masakla (Nakai) Nakai = Euonymus L. (保留属名)●
246016 Mascagnia (Bertero ex DC.) Colla = Mascagnia Bertero ●☆
246017 Mascagnia (DC.) Colla = Mascagnia Bertero ●☆
246018 Mascagnia Bertero ex Colla = Mascagnia Bertero ●☆
246019 Mascagnia Bertero(1824);马斯木属●☆
246020 Mascagnia lilacina (S. Watson) Nied.;马斯木;Lilac Orchid Vine ●☆
246021 Mascagnia macradena Nied.;大腺马斯木●☆
246022 Mascagnia macroptera (DC.) Nied.;大翅马斯木;Gallinita, Yellow Orchid Vine ●☆
246023 Mascalanthus Raf. = Andrachne L. ●☆
246024 Mascalanthus Raf. = Maschalanthus Nutt. ●☆
246025 Mascarena L. H. Bailey = Hyophorbe Gaertn. ●
246026 Mascarena L. H. Bailey(1942);棍棒椰子属(酒瓶椰子属)●☆
246027 Mascarena lagenicaulis (Mart.) L. H. Bailey = Hyophorbe lagenicaulis (L. H. Bailey) H. E. Moore ●
246028 Mascarena verschaffeltii (H. Wendl.) L. H. Bailey;棍棒椰子(纺锤棕);Spindlepalm ●☆
246029 Mascarena verschaffeltii (H. Wendl.) L. H. Bailey = Hyophorbe verschaffeltii H. Wendl. ●☆
246030 Mascarenhasia A. DC. (1844);马氏夹竹桃属;Madagascar Rubber ●☆
246031 Mascarenhasia anceps Boivin ex Jum. = Mascarenhasia arborescens A. DC. ●☆
246032 Mascarenhasia angustifolia A. DC. = Mascarenhasia arborescens A. DC. ●☆
246033 Mascarenhasia angustifolia A. DC. var. keraudreniana Markgr. = Mascarenhasia arborescens A. DC. ●☆
246034 Mascarenhasia arborea Boivin ex Dubard = Mascarenhasia arborescens A. DC. ●☆
246035 Mascarenhasia arborescens A. DC.;树状马氏夹竹桃●☆
246036 Mascarenhasia arborescens A. DC. f. longifolia (Jum.) Jum. et H. Perrier = Mascarenhasia arborescens A. DC. ●☆
246037 Mascarenhasia arborescens A. DC. subsp. angustifolia (A. DC.) Boiteau = Mascarenhasia arborescens A. DC. ●☆
246038 Mascarenhasia arborescens A. DC. var. anceps (Boivin ex Jum.) Lassia = Mascarenhasia arborescens A. DC. ●☆
246039 Mascarenhasia arborescens A. DC. var. boivinii (Dubard) Markgr. = Mascarenhasia arborescens A. DC. ●☆
246040 Mascarenhasia arborescens A. DC. var. comorensis Markgr. = Mascarenhasia arborescens A. DC. ●☆
246041 Mascarenhasia arborescens A. DC. var. coriacea (Dubard)

Lassia = Mascarenhasia arborescens A. DC. ●☆
246042 Mascarenhasia arborescens A. DC. var. gracilis Markgr. = Mascarenhasia arborescens A. DC. ●☆
246043 Mascarenhasia arborescens A. DC. var. longifolia (Jum.) Lassia = Mascarenhasia arborescens A. DC. ●☆
246044 Mascarenhasia barabanja Dubard = Mascarenhasia arborescens A. DC. ●☆
246045 Mascarenhasia boivinii Dubard = Mascarenhasia arborescens A. DC. ●☆
246046 Mascarenhasia brevituba Vatke = Mascarenhasia lanceolata A. DC. ●☆
246047 Mascarenhasia coriacea Dubard = Mascarenhasia arborescens A. DC. ●☆
246048 Mascarenhasia curnowiana Mast. = Alafia thouarsii Roem. et Schult. ●☆
246049 Mascarenhasia elastica K. Schum. = Mascarenhasia arborescens A. DC. ●☆
246050 Mascarenhasia fischeri K. Schum. = Mascarenhasia arborescens A. DC. ●☆
246051 Mascarenhasia geayi Costantin et Poiss. = Mascarenhasia lisianthiflora A. DC. ●☆
246052 Mascarenhasia gerrardiana Baker = Alafia thouarsii Roem. et Schult. ●☆
246053 Mascarenhasia grandidieri Dubard = Mascarenhasia arborescens A. DC. ●☆
246054 Mascarenhasia havetii A. DC.;阿韦马氏夹竹桃●☆
246055 Mascarenhasia humblotii Dubard = Mascarenhasia lisianthiflora A. DC. ●☆
246056 Mascarenhasia kidroa Costantin et Poiss. = Mascarenhasia lisianthiflora A. DC. ●☆
246057 Mascarenhasia lanceolata A. DC.;剑叶马氏夹竹桃●☆
246058 Mascarenhasia lisianthiflora A. DC.;光花马氏夹竹桃●☆
246059 Mascarenhasia lisianthiflora A. DC. subsp. geayi (Costantin et Poiss.) Boiteau = Mascarenhasia lisianthiflora A. DC. ●☆
246060 Mascarenhasia lisianthiflora A. DC. subsp. macrocalyx (Baker) Boiteau = Mascarenhasia lisianthiflora A. DC. ●☆
246061 Mascarenhasia lisianthiflora A. DC. var. baronica Dubard = Mascarenhasia lisianthiflora A. DC. ●☆
246062 Mascarenhasia lisianthiflora A. DC. var. hybrida Dubard = Mascarenhasia lisianthiflora A. DC. ●☆
246063 Mascarenhasia lisianthiflora A. DC. var. pubescens Dubard = Mascarenhasia lisianthiflora A. DC. ●☆
246064 Mascarenhasia longifolia Jum. = Mascarenhasia arborescens A. DC. ●☆
246065 Mascarenhasia macrocalyx Baker = Mascarenhasia lisianthiflora A. DC. ●☆
246066 Mascarenhasia macrosiphon Baker;大管马氏夹竹桃●☆
246067 Mascarenhasia mangorensis Jum. et H. Perrier = Mascarenhasia macrosiphon Baker ●☆
246068 Mascarenhasia maroana Aug. DC. = Mascarenhasia havetii A. DC. ●☆
246069 Mascarenhasia micrantha Baker = Mascarenhasia arborescens A. DC. ●☆
246070 Mascarenhasia pallida Dubard = Mascarenhasia lisianthiflora A. DC. ●☆
246071 Mascarenhasia parvifolia Dubard = Mascarenhasia lanceolata A. DC. ●☆
246072 Mascarenhasia perrieri Lassia = Mascarenhasia lisianthiflora A. DC. ●☆
246073 Mascarenhasia phyllocalyx Dubard = Mascarenhasia lisianthiflora A. DC. ●☆
246074 Mascarenhasia rosea Baker = Mascarenhasia lanceolata A. DC. ●☆
246075 Mascarenhasia rubra Jum. et H. Perrier;红马氏夹竹桃●☆
246076 Mascarenhasia rutenbergiana Vatke = Mascarenhasia lisianthiflora A. DC. ●☆
246077 Mascarenhasia sessilifolia Scott-Elliot ex Dubard = Mascarenhasia arborescens A. DC. ●☆
246078 Mascarenhasia speciosa Scott-Elliot;美丽马氏夹竹桃●☆
246079 Mascarenhasia speciosa Scott-Elliot var. dextra Dubard = Mascarenhasia speciosa Scott-Elliot ●☆
246080 Mascarenhasia speciosa Scott-Elliot var. havetii (A. DC.) Boiteau = Mascarenhasia havetii A. DC. ●☆
246081 Mascarenhasia tampinensis Pichon;淡边马氏夹竹桃●☆
246082 Mascarenhasia tenuifolia Dubard = Mascarenhasia lisianthiflora A. DC. ●☆
246083 Mascarenhasia thiryana Pierre ex Dubard = Mascarenhasia havetii A. DC. ●☆
246084 Mascarenhasia utilis Baker = Mascarenhasia lanceolata A. DC. ●☆
246085 Mascarenhasia variegata Britten et Rendle = Mascarenhasia arborescens A. DC. ●☆
246086 Mascarenhasia velutina Jum. = Mascarenhasia lisianthiflora A. DC. ●☆
246087 Maschalanthe Blume = Axanthes Blume ●
246088 Maschalanthe Blume = Urophyllum Jack ex Wall. ●
246089 Maschalanthus Nutt. = Andrachne L. ●☆
246090 Maschalanthus Nutt. = Savia Willd. ●☆
246091 Maschalocephalus Gilg et K. Schum. (1900);空头草属■☆
246092 Maschalocephalus dinklagei Gilg et K. Schum.;空头草■☆
246093 Maschalocorymbus Bremek. (1940);空序茜属●☆
246094 Maschalocorymbus corymbosus (Blume) Bremek.;空序茜●☆
246095 Maschalocorymbus grandifolius (Ridl.) Bremek.;大叶空序茜●☆
246096 Maschalocorymbus villosus (Jack ex Wall.) Bremek.;黏空序茜●☆
246097 Maschalodesme K. Schum. et Lauterb. = Maschalodesme Lauterb. et K. Schuma. ●☆
246098 Maschalodesme Lauterb. et K. Schuma. (1900);空链茜属●☆
246099 Maschalodesme arborea K. Schum. et Lauterb.;空链茜●☆
246100 Maschalorymbus Bremek. = Urophyllum Jack ex Wall. ●
246101 Masdevallia Ruiz et Pav. (1794);细瓣兰属(尾萼兰属);Masdevallia, Masdevallia Orchid ■☆
246102 Masdevallia amabilia Rchb. f.;可爱细瓣兰;Amiable Masdevallia ■☆
246103 Masdevallia bella Rchb. f.;美丽细瓣兰;Fair Masdevallia ■☆
246104 Masdevallia caudata Lindl.;尾状细瓣兰;Caudate Masdevallia ■☆
246105 Masdevallia coccinea Lindl.;绯红细瓣兰(暗红尾萼兰);Masdevallia Orchid, Scarlet Masdevallia ■☆
246106 Masdevallia davisii Rchb. f.;戴维斯细瓣兰■☆
246107 Masdevallia elephanticeps Rchb. f.;象头细瓣兰;Elephant Head Masdevallia ■☆
246108 Masdevallia floribunda Lindl.;多花细瓣兰;Manyflowers

Masdevallia ■☆
246109 Masdevallia houtteana Rchb. f. ;豪氏细瓣兰■☆
246110 Masdevallia infracta Lindl. ;红斑尾萼兰■☆
246111 Masdevallia leontoglossa Rchb. f. ; 狮舌细瓣兰; Liontongue Masdevallia ■☆
246112 Masdevallia macrura Rchb. f. ;长尾细瓣兰■☆
246113 Masdevallia melanopus Rchb. f. ; 黑柄细瓣兰; Black-stalk Masdevallia ■☆
246114 Masdevallia mooreana Rchb. f. ;莫氏细瓣兰■☆
246115 Masdevallia muscosa Rchb. f. = Porroglossum echidnum (Rchb. f.) Garay ■☆
246116 Masdevallia pachyantha Rchb. f. ; 厚花细瓣兰; Thick-flower Masdevallia ■☆
246117 Masdevallia polysticta Rchb. f. ; 多斑细瓣兰; Manyspot Masdevallia ■☆
246118 Masdevallia racemosa Lindl. ; 总状花细瓣兰; Racemose Masdevallia ■☆
246119 Masdevallia rosea Lindl. ;玫瑰红细瓣兰;Rosered Masdevallia ■☆
246120 Masdevallia tovarensis Rchb. f. ;托瓦尔尾萼兰■☆
246121 Masdevallia wageneriana Linden;淡黄尾萼兰■☆
246122 Masdevalliantha (Luer) Szlach. et Marg. (2002);马斯兰属■☆
246123 Masdevalliantha (Luer) Szlach. et Marg. = Pleurothallis R. Br. ■☆
246124 Masema Dulac = Valerianella Mill. ■
246125 Masmenia F. K. Mey. = Thlaspi L. ■
246126 Masoala Jum. (1933);多梗苞椰属(非洲榈属,梅索拉椰属) ●☆
246127 Masoala kona Beentje;考那多梗苞椰(考那非洲榈)●☆
246128 Masoala madagascariensis Jum. ;多梗苞椰(非洲榈)●☆
246129 Maspeton Raf. = Opopanax W. D. J. Koch ■☆
246130 Massangea E. Morren = Guzmania Ruiz et Pav. ■☆
246131 Massartina Maire = Elizaldia Willk. ●☆
246132 Massartina titsiana Maire = Nonea calycina (Roem. et Schult.) Selvi et Bigazzi et al. ■☆
246133 Massia Balansa = Eriachne R. Br. ■
246134 Massoia Becc. = Cryptocarya R. Br. (保留属名)●
246135 Massonia Thunb. ex Houtt. (1780);马森风信子属■☆
246136 Massonia Thunb. ex L. f. = Massonia Thunb. ex Houtt. ■☆
246137 Massonia angustifolia L. f. = Massonia echinata L. f. ■☆
246138 Massonia bolusiae W. F. Barker = Massonia echinata L. f. ■☆
246139 Massonia bowkeri Baker = Massonia jasminiflora Burch. ex Baker ■☆
246140 Massonia burchellii Baker = Daubenya zeyheri (Kunth) J. C. Manning et A. M. Van der Merwe ■☆
246141 Massonia comata Burch. ex Baker = Daubenya comata (Burch. ex Baker) J. C. Manning et A. M. Van der Merwe ■☆
246142 Massonia corymbosa (L.) Ker Gawl. = Lachenalia corymbosa (L.) J. C. Manning et Goldblatt ■☆
246143 Massonia depressa Houtt. ;凹陷马森风信子■☆
246144 Massonia echinata L. f. ;具刺马森风信子■☆
246145 Massonia ensifolia (Thunb.) Ker Gawl. = Polyxena ensifolia (Thunb.) Schönland ■☆
246146 Massonia grandiflora Lindl. = Massonia depressa Houtt. ■☆
246147 Massonia heterandra (F. M. Leight.) Jessop = Massonia pygmaea Kunth ■☆
246148 Massonia huttonii Baker;赫顿马森风信子■☆
246149 Massonia jasminiflora Burch. ex Baker;茉莉花马森风信子■☆
246150 Massonia lanceolata Thunb. = Massonia echinata L. f. ■☆
246151 Massonia latifolia L. f. = Massonia depressa Houtt. ■☆
246152 Massonia longipes Baker = Massonia echinata L. f. ■☆
246153 Massonia marginata Willd. ex Kunth = Daubenya marginata (Willd. ex Kunth) J. C. Manning et A. M. Van der Merwe ■☆
246154 Massonia odorata Hook. f. = Polyxena ensifolia (Thunb.) Schönland ■☆
246155 Massonia pedunculata Baker = Daubenya zeyheri (Kunth) J. C. Manning et A. M. Van der Merwe ■☆
246156 Massonia pustulata Jacq. ;泡状马森风信子■☆
246157 Massonia pygmaea Kunth;矮小马森风信子■☆
246158 Massonia rugulosa Licht. ex Kunth = Daubenya marginata (Willd. ex Kunth) J. C. Manning et A. M. Van der Merwe ■☆
246159 Massonia sessiliflora (Dinter) U. Müll. -Doblies et D. Müll. -Doblies;无花梗马森风信子■☆
246160 Massonia uniflora Banks ex Ker Gawl. ;单花马森风信子■☆
246161 Massonia violacea Andréws = Polyxena ensifolia (Thunb.) Schönland ■☆
246162 Massonia zeyheri Kunth = Daubenya zeyheri (Kunth) J. C. Manning et A. M. Van der Merwe ■☆
246163 Massounia Thunb. = Massonia Thunb. ex L. f. ■☆
246164 Massovia Benth. et Hook. f. = Massowia K. Koch ■☆
246165 Massovia Benth. et Hook. f. = Spathiphyllum Schott ■☆
246166 Massowia C. Koch = Massowia K. Koch ■☆
246167 Massowia C. Koch = Spathiphyllum Schott ■☆
246168 Massowia K. Koch = Spathiphyllum Schott ■☆
246169 Massula Dulac = Typha L. ■
246170 Massularia (K. Schum.) Hoyle(1937);块茜属●☆
246171 Massularia acuminata (G. Don) Bullock ex Hoyle;块茜●☆
246172 Massularia acuminata (G. Don) Hoyle = Massularia acuminata (G. Don) Bullock ex Hoyle ●☆
246173 Mastacanthus Endl. = Caryopteris Bunge ●
246174 Mastacanthus sinensis (Lour.) Endl. ex Walp. = Caryopteris incana (Houtt.) Miq. ■
246175 Mastersia Benth. (1865);闭荚藤属(闭豆藤属);Mastersia ●
246176 Mastersia assamica Benth. ;闭荚藤(闭豆藤);Mastersia ●
246177 Mastersia bakeri (Koord.) Backers;巴氏闭荚藤●☆
246178 Mastersiella Gilg-Ben. (1930);小闭荚藤属●☆
246179 Mastersiella browniana (Mast.) Gilg-Ben. = Restio debilis Nees ■☆
246180 Mastersiella diffusa (Mast.) Gilg-Ben. = Restio versatilis H. P. Linder ■☆
246181 Mastersiella digitata (Thunb.) Gilg-Ben. ;指裂小闭荚藤●☆
246182 Mastersiella foliosa (Mast.) Gilg-Ben. = Anthochortus graminifolius (Kunth) H. P. Linder ●☆
246183 Mastersiella hyalina (Mast.) Gilg-Ben. = Calopsis hyalina (Mast.) H. P. Linder ■☆
246184 Mastersiella laxiflora (Nees) Gilg-Ben. = Anthochortus laxiflorus (Nees) H. P. Linder ■☆
246185 Mastersiella purpurea (Pillans) H. P. Linder;紫小闭荚藤●☆
246186 Mastersiella spathulata (Pillans) H. P. Linder;匙形小闭荚藤 ●☆
246187 Mastichina Mill. = Satureja L. ●■
246188 Mastichina Mill. = Thymus L. ●
246189 Mastichodendron (Engl.) H. J. Lam = Sideroxylon L. ●☆
246190 Mastichodendron Jacq. ex R. Hedw. = Mastichodendron

(Engl.) H. J. Lam ●☆

246191 Mastichodendron R. Hedw. = Mastichodendron (Engl.) H. J. Lam ●☆

246192 Mastichodendron oxyacantha (Baill.) Baehni = Sideroxylon oxyacanthum Baill. ●☆

246193 Mastichodendron rubroscostatum (Jum. et H. Perrier) Baehni = Capurodendron rubrocostatum (Jum. et H. Perrier) Aubrév. ●☆

246194 Mastichodendron wightianum (Hook. et Arn.) P. Royen = Sinosideroxylon wightianum (Hook. et Arn.) Aubrév. ●

246195 Mastigion Garay, Hamer et Siegerist = Cirrhopetalum Lindl. (保留属名)■

246196 Mastigion Garay, Hamer et Siegerist(1994);鞭兰属■☆

246197 Mastigloscleria B. D. Jacks. = Mastigoscleria Nees ■

246198 Mastigloscleria B. D. Jacks. = Scleria P. J. Bergius ■

246199 Mastigophorus Cass. = Nassauvia Comm. ex Juss. ●☆

246200 Mastigosciadium Rech. f. et Kuber(1964);鞭伞芹属■☆

246201 Mastigosciadium hysteranthum Rech. f. et Kuber;鞭伞芹■☆

246202 Mastigoscleria Nees = Scleria P. J. Bergius ■

246203 Mastigostyla I. M. Johnst. (1928);鞭柱鸢尾属■☆

246204 Mastigostyla boliviensis (R. C. Foster) Goldblatt;玻利维亚鞭柱鸢尾■☆

246205 Mastigostyla brachiandra Ravenna;短蕊鞭柱鸢尾■☆

246206 Mastigostyla brevicaulis (Baker) R. C. Foster;短茎鞭柱鸢尾■☆

246207 Mastigostyla gracilis R. C. Foster;细鞭柱鸢尾■☆

246208 Mastigostyla major Ravenna;大鞭柱鸢尾■☆

246209 Mastixia Blume(1826);单室茱萸属;Mastixia ●

246210 Mastixia alternifolia Merr. et Chun;互生单室茱萸;Alternateleaf Mastixia ●

246211 Mastixia alternifolia Merr. et Chun = Mastixia pentandra Blume subsp. cambodiana (Pierre) K. M. Matthew ●

246212 Mastixia cambodiana Pierre = Mastixia pentandra Blume subsp. cambodiana (Pierre) K. M. Matthew ●

246213 Mastixia caudatilinba C. Y. Wu ex Soong;长尾单室茱萸;Caudate Mastixia, Longtail Mastixia ●

246214 Mastixia chinensis Merr. = Mastixia pentandra Blume subsp. chinensis (Merr.) K. M. Matthew ●

246215 Mastixia euonymoides Prain et Craib;八蕊单室茱萸;Eightstamen Mastixia ●

246216 Mastixia parviflora H. Zhu;小花单室茱萸;Small-flower Mastixia ●☆

246217 Mastixia pentandra Blume;五蕊单室茱萸;Fivestamen Mastixia, Pentandrous Fivestamen ●

246218 Mastixia pentandra Blume subsp. cambodiana (Pierre) K. M. Matthew;单室茱萸;Cambodia Mastixia ●

246219 Mastixia pentandra Blume subsp. chinensis (Merr.) K. M. Matthew;云南单室茱萸;Chinese Mastixia ●

246220 Mastixia philippinensis Wangerin;菲律宾单室茱萸●☆

246221 Mastixia trichophylla W. P. Fang ex Soong;毛叶单室茱萸;Hairleaf Mastixia, Hairy-leaf Mastixia, Hairy-leaved Mastixia ●

246222 Mastixiaceae Calest. = Cornaceae Bercht. et J. Presl(保留科名)●■

246223 Mastixiaceae Tiegh.;单室茱萸科(马蹄参科)●

246224 Mastixiaceae Tiegh. = Cornaceae Bercht. et J. Presl(保留科名)●■

246225 Mastixiaceae Tiegh. = Nyssaceae Juss. ex Dumort. (保留科名)●

246226 Mastixiodendron Melch. (1925);鞭茜木属●☆

246227 Mastixiodendron pachyclados Melch.;鞭茜木●☆

246228 Mastostigma Stocks = Glossonema Decne. ■☆

246229 Mastostigma varians Stocks = Glossonema varians (Stocks) Hook. f. ■☆

246230 Mastosuke Raf. = Ficus L. ●

246231 Mastosuke Raf. = Urostigma Gasp. ●

246232 Mastosyce Post et Kuntze = Ficus L. ●

246233 Mastosyce Post et Kuntze = Mastosuke Raf. ●

246234 Mastrucium Cass. = Serratula L. ■

246235 Mastrucium pinnatifidum Cass. = Serratula coronata L. ■

246236 Mastrutium Endl. = Mastrucium Cass. ■

246237 Mastrutium Endl. = Serratula L. ■

246238 Masturcium Kitag. = Mastrucium Cass. ■

246239 Masturcium Kitag. = Serratula L. ■

246240 Mastyxia Spach = Mastixia Blume ●

246241 Masus G. Don = Mazus Lour. ■

246242 Mataiba R. Hedw. = Matayba Aubl. ●☆

246243 Matalea A. Gray = Matelea Aubl. ●☆

246244 Matamoria La Llave = Elephantopus L. ■

246245 Mataxa Spreng. = Lasiospermum Lag. ■☆

246246 Mataxa capensis Spreng. = Lasiospermum bipinnatum (Thunb.) Druce ■☆

246247 Matayba Aubl. (1775);马泰木属●☆

246248 Matayba adenanthera Radlk.;腺药马泰木●☆

246249 Matayba affinis Steyerm.;近缘马泰木●☆

246250 Matayba atropurpurea Radlk.;暗紫马泰木●☆

246251 Matayba boliviana Radlk.;玻利维亚马泰木●☆

246252 Matayba denticulata Radlk.;小齿马泰木●☆

246253 Matayba discolor Radlk.;异色马泰木●☆

246254 Matayba domingensis Radlk.;马泰木●☆

246255 Matayba elegans Radlk.;雅致马泰木●☆

246256 Matayba falcata T. Durand ex Drake.;镰形马泰木●☆

246257 Matayba glaberrima Radlk.;光马泰木●☆

246258 Matayba heterophylla Radlk.;互叶马泰木●☆

246259 Matayba longipes Radlk.;长梗马泰木●☆

246260 Matayba macrocarpa Gereau;大果马泰木●☆

246261 Matayba mexicana Radlk.;墨西哥马泰木●☆

246262 Matayba mollis Radlk.;软马泰木●☆

246263 Matayba oligandra Sandwith;寡蕊马泰木●☆

246264 Matayba oppositifolia Britton;对叶马泰木●☆

246265 Matayba punctata Radlk.;斑点马泰木●☆

246266 Mateatia Vell. = Sterculia L. ●

246267 Matelea Aubl. (1775);马特莱萝藦属(马泰萝藦属)●☆

246268 Matelea baldwyniana (Sweet) Woodson;巴尔马特莱萝藦(巴尔马泰萝藦);Climbing Milkweed ●☆

246269 Matelea carolinensis (Jacq.) Woodson;攀缘马特莱萝藦(攀缘马泰萝藦);Climbing Milkweed ●☆

246270 Matelea crenata (Vail) Woodson;圆齿马特莱萝藦(圆齿马泰萝藦)●☆

246271 Matelea decipiens (Alexander) Woodson;迷惑马特莱萝藦(迷惑马泰萝藦);Climbing Milkweed ■☆

246272 Matelea gonocarpa (Walter) Shinners = Gonolobus suberosus (L.) W. T. Aiton ●☆

246273 Matelea obliqua (Jacq.) Woodson;倾斜马特莱萝藦(倾斜马泰萝藦);Climbing Milkweed ■☆

246274 Matelea suberos (L.) Shinners = Gonolobus suberosus (L.) W. T. Aiton ●☆

246275 Matella Bartl. = Matelea Aubl. ●☆
246276 Materana Pax et K. Hoffm. = Caperonia A. St. -Hil. ■☆
246277 Materana Pax et K. Hoffm. = Meterana Raf. ■☆
246278 Mathaea Vell. = Schwenckia L. ■●☆
246279 Mathea Vell. = Mathaea Vell. ■●☆
246280 Mathewsia Hook. et Arn. (1833);马修斯芥属(马修芥属)■☆
246281 Mathewsia angustifolia Phil.;窄叶马修斯芥■☆
246282 Mathewsia boliviana Gilg et Muschl.;玻利维亚马修斯芥■☆
246283 Mathewsia densifolia Rollins;密叶马修斯芥■☆
246284 Mathewsia nivea O. E. Schulz;雪白马修斯芥■☆
246285 Mathiasella Constance et C. L. Hitchc. (1954);马赛厄斯草属■☆
246286 Mathiasella buplcuroidcs Constance et C. L. Hitchc.;马赛厄斯草■☆
246287 Mathieua Klotzsch = Eucharis Planch. et Linden(保留属名)■☆
246288 Mathieua Klotzsch(1853);肖亚马孙石蒜属■☆
246289 Mathieua galanthoides Klotzsch;肖亚马孙石蒜■☆
246290 Mathiola DC. = Guettarda L. ●
246291 Mathiola R. Br. = Matthiola W. T. Aiton(保留属名)■●
246292 Mathiola W. T. Aiton = Matthiola W. T. Aiton(保留属名)■●
246293 Mathiolaria Chevall. = Matthiola W. T. Aiton(保留属名)■●
246294 Mathiolaria F. F. Chevall. = Matthiola W. T. Aiton(保留属名)■●
246295 Mathurina Balf. f. (1876);罗岛时钟花属●☆
246296 Mathurina penduliflora Balf. f.;罗岛时钟花●☆
246297 Matisia Bonpl. (1805);无隔囊木棉属●☆
246298 Matisia Humb. et Bonpl. = Matisia Bonpl. ●☆
246299 Matisia cordata Bonpl.;无隔囊木棉●☆
246300 Matonia Rosc. ex Sm. = Elettaria Maton ■
246301 Matonia Sm. = Elettaria Maton ■
246302 Matonia Stephenson et J. M. Churchill = Elettaria Maton ■
246303 Matourea Aubl. = Stemodia L. (保留属名)■☆
246304 Matpania Gagnep. = Bouea Meisn. ●
246305 Matrella Pers. = Zoysia Willd. (保留属名)■
246306 Matricaria Haller ex Scop. = Matricaria L. ■
246307 Matricaria L. (1753);母菊属;Camomile, Chamomile, Mamdaisy, Matricary, Mayweed, Wild Chamomile ■
246308 Matricaria acutiloba (DC.) Harv. = Myxopappus acutilobus (DC.) Källersjö ■☆
246309 Matricaria africana P. J. Bergius = Oncosiphon africanum (P. J. Bergius) Källersjö ■☆
246310 Matricaria albida (DC.) Fenzl ex Harv. = Foveolina dichotoma (DC.) Källersjö ■☆
246311 Matricaria albidiformis Thell. = Foveolina albidiformis (Thell.) Källersjö ■☆
246312 Matricaria ambigua (Ledeb.) Krylov = Tripleurospermum ambiguum (Ledeb.) Franch. et Sav. ■
246313 Matricaria ambigua (Ledeb.) Krylov = Tripleurospermum maritimum (L.) W. D. J. Koch subsp. phaeocephalum (Rupr.) Hämet-Ahti ■☆
246314 Matricaria ambigua Ledeb. = Tripleurospermum tetragonospermum (F. Schmidt) Pobed. ■
246315 Matricaria ambigua Maxim. ex Kom.;大花母菊;Bigflower Mamdaisy, Largeflower Mamdaisy ■☆
246316 Matricaria andreae E. Phillips = Cotula andreae (E. Phillips) Bremer et Humphries ■☆
246317 Matricaria asteroides L. = Boltonia asteroides (L.) L'Hér. ■☆
246318 Matricaria aurea (Loefl.) Sch. Bip.;黄母菊■☆
246319 Matricaria aurea (Loefl.) Sch. Bip. var. calva Batt. = Matricaria aurea (Loefl.) Sch. Bip. ■☆
246320 Matricaria aurea Sch. Bip. = Matricaria aurea (Loefl.) Sch. Bip. ■☆
246321 Matricaria bipinnata (Thunb.) Spreng. = Lasiospermum bipinnatum (Thunb.) Druce ■☆
246322 Matricaria cantoniensis Lour. = Aster indicus L. ■
246323 Matricaria cantoniensis Lour. = Kalimeris indica (L.) Sch. Bip. ■
246324 Matricaria capensis L. = Oncosiphon africanum (P. J. Bergius) Källersjö ■☆
246325 Matricaria capitellata Batt. et Pit.;小头母菊■☆
246326 Matricaria chamomilla L. = Matricaria recutita L. ■
246327 Matricaria chamomilla L. = Tripleurospermum limosum (Maxim.) Pobed. ■
246328 Matricaria chamomilla L. var. coronata (J. Gay) Coss. et Germ. = Matricaria recutita L. ■
246329 Matricaria chamomilla L. var. coronata J. Gay ex Boiss. = Matricaria recutita L. var. coronata (Boiss.) Halácsy ■
246330 Matricaria chamomilla L. var. recutita (L.) Fiori = Matricaria recutita (L.) Rauschert ■
246331 Matricaria coronaria (L.) Desr. = Chrysanthemum coronarium L. ■
246332 Matricaria courrantiana DC.;库伦母菊;Crown Mayweed ■☆
246333 Matricaria courrantiana DC. = Matricaria recutita L. ■
246334 Matricaria dichotoma (DC.) Fenzl ex Harv. = Foveolina dichotoma (DC.) Källersjö ■☆
246335 Matricaria discoidea DC. = Matricaria matricarioides (Less.) Ced. Porter ex Britton ■
246336 Matricaria eximia Hort.;小母菊■☆
246337 Matricaria fuscata (Desf.) Ball = Heteromera fuscata (Desf.) Pomel ■☆
246338 Matricaria glabra Lag. = Otospermum glabrum (Lag.) Willk. ■☆
246339 Matricaria glabrata (Thunb.) DC. = Oncosiphon africanum (P. J. Bergius) Källersjö ■☆
246340 Matricaria globifera (Thunb.) Fenzl ex Harv. = Oncosiphon piluliferum (L. f.) Källersjö ■☆
246341 Matricaria grandiflora (Thunb.) Fenzl ex Harv. = Oncosiphon grandiflorum (Thunb.) Källersjö ■☆
246342 Matricaria graveolens (Pursh) Asch. = Matricaria discoidea DC. ■
246343 Matricaria graveolens (Pursh) Asch. var. discoidea Gay = Matricaria discoidea DC. ■
246344 Matricaria hirsutifolia S. Moore = Foveolina dichotoma (DC.) Källersjö ■☆
246345 Matricaria hirta (Thunb.) DC. = Oncosiphon africanum (P. J. Bergius) Källersjö ■☆
246346 Matricaria hispida Vatke = Gyrodoma hispida (Vatke) Wild ■☆
246347 Matricaria indica (L.) Des Moul. = Dendranthema indicum (L.) Des Moul. ■
246348 Matricaria indica (L.) Desr. = Dendranthema indicum (L.) Des Moul. ■
246349 Matricaria inodora L. = Matricaria maritima L. ■☆
246350 Matricaria inodora L. = Matricaria perforata Mérat ■☆

246351 Matricaria inodora L. = Tripleurospermum inodorum (L.) Sch. Bip. ■

246352 Matricaria inodora L. = Tripleurospermum limosum (Maxim.) Pobed. ■

246353 Matricaria inodora L. = Tripleurospermum maritimum (L.) W. D. J. Koch ■☆

246354 Matricaria inodora L. var. phaeocephala Rupr. = Tripleurospermum maritimum (L.) W. D. J. Koch subsp. phaeocephalum (Rupr.) Hämet-Ahti ■☆

246355 Matricaria latifolia Gilib. = Pyrethrum parthenium (L.) Sm. ■

246356 Matricaria ledebourii (Sch. Bip.) Schischk. = Cancrinia discoides (Ledeb.) Poljakov ex Tzvelev ■

246357 Matricaria leucanthemum (L.) Desr. = Leucanthemum vulgare Lam. ■

246358 Matricaria limosa (Maxim.) Kudo = Tripleurospermum limosum (Maxim.) Pobed. ■

246359 Matricaria mabigua Maxim. ex Kom. = Tripleurospermum tetragonospermum (F. Schmidt) Pobed. ■

246360 Matricaria maritima L. = Tripleurospermum maritimum (L.) W. D. J. Koch ■☆

246361 Matricaria maritima L. subsp. inodora (L.) Clapham = Matricaria maritima L. ■☆

246362 Matricaria maritima L. subsp. inodora (L.) Clapham = Tripleurospermum maritimum (L.) W. D. J. Koch ■☆

246363 Matricaria maritima L. subsp. inodora (L.) Soó = Tripleurospermum inodorum (L.) Sch. Bip. ■

246364 Matricaria maritima L. subsp. limosa (Maxim.) Kitam. = Tripleurospermum limosum (Maxim.) Pobed. ■

246365 Matricaria maritima L. subsp. phaeocephala (Rupr.) Rauschert = Tripleurospermum maritimum (L.) W. D. J. Koch subsp. phaeocephalum (Rupr.) Hämet-Ahti ■☆

246366 Matricaria maritima L. var. agrestis (Knaf) Wilmott = Matricaria maritima L. ■☆

246367 Matricaria maritima L. var. agrestis (Knaf) Wilmott = Matricaria perforata Mérat ■☆

246368 Matricaria maritima L. var. agrestis (Knaf) Wilmott = Tripleurospermum inodorum (L.) Sch. Bip. ■

246369 Matricaria maritima L. var. agrestis (Knaf) Wilmott = Tripleurospermum maritimum (L.) W. D. J. Koch ■☆

246370 Matricaria maritima L. var. inodora (L.) Soó = Tripleurospermum inodorum (L.) Sch. Bip. ■

246371 Matricaria maritima L. var. phaeocephala (Rupr.) Rauschert = Tripleurospermum maritimum (L.) W. D. J. Koch subsp. phaeocephalum (Rupr.) Hämet-Ahti ■☆

246372 Matricaria maroccana Ball = Aaronsohnia pubescens (Desf.) K. Bremer et Humphries subsp. maroccana (Ball) Förther et Podlech ■☆

246373 Matricaria matricarioides (Less.) Ced. Porter = Matricaria discoidea DC. ■

246374 Matricaria matricarioides (Less.) Ced. Porter = Matricaria matricarioides (Less.) Ced. Porter ex Britton ■

246375 Matricaria matricarioides (Less.) Ced. Porter ex Britton;同花母菊(香母菊);Disc Camomile, Disc Mayweed, Homoflower Mamdaisy, Pineapple Mayweed, Pineapple Weed, Pineappleweed, Pineapple-weed, Rayless Chamomile, Rayless Mayweed ■

246376 Matricaria matricarioides (Less.) Ced. Porter ex Britton = Matricaria discoidea DC. ■

246377 Matricaria multiflora Fenzl ex Harv. = Oncosiphon schlechteri (Bolus ex Schltr.) Källersjö ■☆

246378 Matricaria multiflora Fenzl ex Harv. = Oncosiphon suffruticosum (L.) Källersjö ■☆

246379 Matricaria nigellifolia DC.;黑种草叶母菊;Staggers Weed ■☆

246380 Matricaria nigellifolia DC. var. tenuior DC. = Cotula nigellifolia (DC.) K. Bremer et Humphries var. tenuior (DC.) Herman ■☆

246381 Matricaria occidentalis Greene;西方母菊;Valley Mayweed ■☆

246382 Matricaria otaviensis Dinter = Rennera eenii (S. Moore) Källersjö ■☆

246383 Matricaria parthenium L. = Pyrethrum parthenium (L.) Sm. ■

246384 Matricaria perforata Mérat;无味母菊;Scentless False Chamomile ■☆

246385 Matricaria perforata Mérat = Matricaria inodora L. ■☆

246386 Matricaria perforata Mérat = Matricaria maritima L. ■☆

246387 Matricaria perforata Mérat = Tripleurospermum inodorum (L.) Sch. Bip. ■

246388 Matricaria perforata Mérat = Tripleurospermum maritimum (L.) W. D. J. Koch ■☆

246389 Matricaria pilifera Thell. = Cymbopappus piliferus (Thell.) B. Nord. ■☆

246390 Matricaria pilulifera (L. f.) Druce = Oncosiphon piluliferum (L. f.) Källersjö ■☆

246391 Matricaria pinnatifida Klatt = Anisopappus pinnatifidus (Klatt) O. Hoffm. ex Hutch. ■☆

246392 Matricaria praecox Poir.;早母菊;Precocious Matricary, Precocious Mayweed ■☆

246393 Matricaria pubescens (Desf.) Sch. Bip. = Aaronsohnia pubescens (Desf.) K. Bremer et Humphries ■☆

246394 Matricaria pubescens (Desf.) Sch. Bip. = Chamomilla pubescens (Desf.) Alavi ■☆

246395 Matricaria pubescens (Desf.) Sch. Bip. subsp. maroccana (Ball) Maire = Aaronsohnia pubescens (Desf.) K. Bremer et Humphries subsp. maroccana (Ball) Förther et Podlech ■☆

246396 Matricaria recutita (L.) Rauschert;母菊(欧药菊,欧洲菊,去皮母菊,洋甘菊,野菊花);Camomile, False Chamomile, German Chamomile, Mayweed, Sweet False Chamomile, Wild Camomile ■

246397 Matricaria recutita L. = Matricaria recutita (L.) Rauschert ■

246398 Matricaria recutita L. var. coronata (Boiss.) Halácsy = Matricaria recutita L. ■

246399 Matricaria rotundifolium Poir.;圆叶滨菊■☆

246400 Matricaria sabulosa Wolley-Dod = Oncosiphon sabulosum (Wolley-Dod) Källersjö ■☆

246401 Matricaria schinziana Thell. = Foveolina schinziana (Thell.) Källersjö ■☆

246402 Matricaria schlechteri Bolus ex Schltr. = Oncosiphon schlechteri (Bolus ex Schltr.) Källersjö ■☆

246403 Matricaria segetum (L.) Schrank = Chrysanthemum segetum L. ■

246404 Matricaria suaveolens (Pursh) Buchenau = Matricaria discoidea DC. ■

246405 Matricaria suaveolens (Pursh) Buchenau = Matricaria matricarioides (Less.) Ced. Porter ex Britton ■

246406 Matricaria suaveolens L. = Matricaria recutita L. ■

246407 Matricaria tchihatchewii (Boiss.) Voss;草地母菊;Turfing Daisy ■☆

246408 Matricaria tenella DC. = Foveolina tenella (DC.) Källersjö ■☆

246409 Matricaria tetragonosperma (F. Schmidt) H. Hara et Kitam. = Tripleurospermum tetragonospermum (F. Schmidt) Pobed. ■

246410 Matricaria tridentata (Delile) Hoffm. = Chlamydophora tridentata (Delile) Less. ■☆

246411 Matricaria tzvelevii Pobed.;采氏母菊■☆

246412 Matricaria zuurbergensis Oliv. = Hilliardia zuurbergensis (Oliv.) B. Nord. ●☆

246413 Matricariaceae Voigt = Asteraceae Bercht. et J. Presl(保留科名)●■

246414 Matricariaceae Voigt = Compositae Giseke(保留科名)●■

246415 Matricarioides (Less.) Spach = Tanacetum L. ■●

246416 Matricarioides Spach = Tanacetum L. ■●

246417 Matricaris limosa (Maxim.) Kudo = Tripleurospermum limosum (Maxim.) Pobed. ■

246418 Matsumurella Makino = Galeobdolon Adans. ■

246419 Matsumurella Makino = Lamium L. ■

246420 Matsumurella Makino(1915);松村草属■☆

246421 Matsumurella tuberifera (Makino) Makino = Galeobdolon tuberiferum (Makino) C. Y. Wu ■

246422 Matsumurella tuberifera (Makino) Makino = Lamium tuberiferum (Makino) Ohwi ■

246423 Matsumuria Hemsl. = Titanotrichum Soler. ■

246424 Matsumuria oldhamii (Hemsl.) Hemsl. = Titanotrichum oldhamii (Hemsl.) Soler. ■

246425 Mattfeldanthus H. Rob. et R. M. King(1979);尾药斑鸠菊属●☆

246426 Mattfeldanthus mutisioides H. Rob. et R. M. King;尾药斑鸠菊●☆

246427 Mattfeldia Urb. (1931);三脉藤菊属●☆

246428 Mattfeldia triplinervis Urb.;三脉藤菊■☆

246429 Matthaea Blume(1856);圣马太属●☆

246430 Matthaea Post et Kuntze = Mathaea Vell. ■●☆

246431 Matthaea Post et Kuntze = Schwenckia L. ■●☆

246432 Matthaea sancta Blume;圣马太●☆

246433 Matthewsia Rchb. = Mathewsia Hook. et Arn. ■☆

246434 Matthiola DC. = Guettarda L. ●

246435 Matthiola L.(废弃属名) = Guettarda L. ●

246436 Matthiola L.(废弃属名) = Matthiola W. T. Aiton(保留属名)■●

246437 Matthiola R. Br. = Matthiola W. T. Aiton(保留属名)■●

246438 Matthiola W. T. Aiton(1812)('Mathiola')(保留属名);紫罗兰属;Gilliflower,Stock ■●

246439 Matthiola albicaulis Boiss.;白茎紫罗兰■☆

246440 Matthiola annua (L.) Sweet = Matthiola incana (L.) R. Br. ■

246441 Matthiola annua Sweet = Matthiola incana (L.) R. Br. ■

246442 Matthiola anoplia Pomel = Matthiola lunata DC. ■☆

246443 Matthiola bicornis (Sibth. et Sm.) DC.;双角紫罗兰;Night Scented Stock,Night-scented Stock,Two-horned Stock ■☆

246444 Matthiola bicornis (Sibth. et Sm.) DC. = Matthiola longipetala (Vent.) Markgr. ■☆

246445 Matthiola bolleana Christ = Matthiola fruticulosa (L.) Maire ●☆

246446 Matthiola bucharica Czerniak.;布哈尔紫罗兰■☆

246447 Matthiola chenopodifolia Fisch. et C. A. Mey.;藜叶紫罗兰■☆

246448 Matthiola chorassanica Bunge ex Boiss.;伊朗紫罗兰;Iran Stock ■

246449 Matthiola clausonis Pomel = Matthiola lunata DC. ■☆

246450 Matthiola daghestanica (Conti) N. Busch;达赫斯坦紫罗兰■☆

246451 Matthiola dentate Parsa = Diceratella canescens (Boiss.) Boiss. ■☆

246452 Matthiola dimolehensis Baker f. = Diceratella revoilii (Franch.) Jonsell ■☆

246453 Matthiola elliptica R. Br. ex DC. = Diceratella elliptica (R. Br. ex DC.) Jonsell ■☆

246454 Matthiola erlangeriana Engl.;厄兰格紫罗兰■☆

246455 Matthiola farinosa Bunge;被粉紫罗兰■☆

246456 Matthiola fischeri Ledeb. = Diptychocarpus strictus (Fisch. ex M. Bieb.) Trautv. ■

246457 Matthiola flavida Boiss.;淡黄紫罗兰■☆

246458 Matthiola flavida Boiss. var. integrifolia (Kom.) O. E. Schulz = Matthiola flavida Boiss. ■☆

246459 Matthiola flavida Boiss. var. integrifolia (Kom.) O. E. Schulz = Matthiola chorassanica Bunge ex Boiss. ■

246460 Matthiola fragrans Bunge;馥郁紫罗兰■☆

246461 Matthiola fruticulosa (L.) Maire;灌木紫罗兰;Sad Stock ●☆

246462 Matthiola fruticulosa (L.) Maire var. bolleana (Christ) Sunding = Matthiola fruticulosa (L.) Maire ●☆

246463 Matthiola fruticulosa (L.) Maire var. coronopifolia (Sibth. et Sm.) Batt. = Matthiola fruticulosa (L.) Maire ●☆

246464 Matthiola fruticulosa (L.) Maire var. glabricaulis Maire = Matthiola fruticulosa (L.) Maire ●☆

246465 Matthiola fruticulosa (L.) Maire var. lateritia Jahand. et Maire = Matthiola fruticulosa (L.) Maire ●☆

246466 Matthiola fruticulosa (L.) Maire var. major Batt. = Matthiola fruticulosa (L.) Maire ●☆

246467 Matthiola fruticulosa (L.) Maire var. pulcherrima Maire et Wilczek = Matthiola fruticulosa (L.) Maire ●☆

246468 Matthiola fruticulosa (L.) Maire var. purpurea (Emb. et Maire) Emb. et Maire = Matthiola fruticulosa (L.) Maire ●☆

246469 Matthiola fruticulosa (L.) Maire var. robusta (Maire) Maire = Matthiola fruticulosa (L.) Maire ●☆

246470 Matthiola fruticulosa (L.) Maire var. sicula Conti = Matthiola fruticulosa (L.) Maire ●☆

246471 Matthiola fruticulosa (L.) Maire var. stenocarpa (Pau et Font Quer) Maire = Matthiola fruticulosa (L.) Maire ●☆

246472 Matthiola fruticulosa (L.) Maire var. stenopetala (Pomel) Batt. = Matthiola fruticulosa (L.) Maire ●☆

246473 Matthiola fruticulosa (L.) Maire var. telum (Pomel) Batt. = Matthiola fruticulosa (L.) Maire ●☆

246474 Matthiola fruticulosa (L.) Maire var. thessala (Boiss. et Orph.) Conti = Matthiola fruticulosa (L.) Maire ●☆

246475 Matthiola glandulosa Pomel = Matthiola lunata DC. ■☆

246476 Matthiola glandulosa Vis. = Matthiola sinuata (L.) R. Br. subsp. glandulosa (Vis.) Vierh. ■☆

246477 Matthiola glutinosa Jafri;黏性紫罗兰■☆

246478 Matthiola incana (L.) R. Br.;紫罗兰(香瓜对,小花紫罗兰,紫罗兰花);Annual Stock,Blue Stock Gilliflower,Brompton Stock,Castle Gilliflower,Common Stock,Garden Hoary,Garnesie Violet,Gilawfer,Gillyflower,Hoary Stock,Hopes,Jelly-flower,Jilloffer,Jilloffer Stock,Perennial Stock,Queen Stock,Sinnegar,Slnnegar,Stock,Stock Gilliflower,Stock Gillover,Ten Weeks Stock,Ten-week Stock,Tenweeks Stock,White Wallflower,Zinegar ■

246479 Matthiola incana (L.) R. Br. 'Annua';夏紫罗兰;Annual Stock,Crimsons,Incanous Stock ■

246480 Matthiola incana (L.) R. Br. = Matthiola incana (L.) W. T.

Aiton ■

246481 Matthiola incana (L.) R. Br. subsp. cyrenaica Brullo et Furnari;昔兰尼紫罗兰■☆

246482 Matthiola incana (L.) W. T. Aiton 'Annua';单年紫罗兰■

246483 Matthiola incana (L.) W. T. Aiton 'Autmnalis';秋紫罗兰■

246484 Matthiola incana (L.) W. T. Aiton 'Hiberna';冬紫罗兰■

246485 Matthiola incana (L.) W. T. Aiton = Matthiola incana (L.) R. Br. ■

246486 Matthiola incana (L.) W. T. Aiton var. annua (L.) Voss = Matthiola incana (L.) W. T. Aiton 'Annua' ■

246487 Matthiola integrifolia Kom.;全叶紫罗兰■☆

246488 Matthiola integrifolia Kom. = Matthiola chorassanica Bunge ex Boiss. ■

246489 Matthiola integrifolia Kom. = Matthiola flavida Boiss. ■☆

246490 Matthiola kralikii Pomel;克拉里紫罗兰■☆

246491 Matthiola linearis Delile = Eremobium longisiliquum (Coss.) Boiss. ■☆

246492 Matthiola livida (Delile) DC. = Matthiola longipetala (Vent.) DC. subsp. livida (Delile) Maire ■☆

246493 Matthiola livida (Delile) Maire var. morocera H. Christ = Matthiola longipetala (Vent.) DC. subsp. livida (Delile) Maire ■☆

246494 Matthiola longipetala (Vent.) DC.;香紫罗兰(尖紫罗兰);Longepetal Stock, Night Scented Stock, Night-scented Stock ■☆

246495 Matthiola longipetala (Vent.) DC. subsp. bicornis (Sibth. et Sm.) P. W. Ball = Matthiola bicornis (Sibth. et Sm.) DC. ■☆

246496 Matthiola longipetala (Vent.) DC. subsp. hirta (Conti) Greuter et Burdet;毛香紫罗兰■☆

246497 Matthiola longipetala (Vent.) DC. subsp. kralikii (Pomel) Maire = Matthiola kralikii Pomel ■☆

246498 Matthiola longipetala (Vent.) DC. subsp. livida (Delile) Maire;铅色香紫罗兰■☆

246499 Matthiola longipetala (Vent.) DC. subsp. pumilio (Sibth. et Sm.) P. W. Ball = Matthiola longipetala (Vent.) DC. subsp. hirta (Conti) Greuter et Burdet ■☆

246500 Matthiola longipetala (Vent.) DC. subsp. viridis (Conti) Maire;绿花香紫罗兰■☆

246501 Matthiola longipetala (Vent.) DC. var. adenocarpa Maire = Matthiola longipetala (Vent.) DC. subsp. viridis (Conti) Maire ■☆

246502 Matthiola longipetala (Vent.) DC. var. basiceras (Coss. et Kralik) Maire = Matthiola kralikii Pomel ■☆

246503 Matthiola longipetala (Vent.) DC. var. desertorum Conti = Matthiola kralikii Pomel ■☆

246504 Matthiola longipetala (Vent.) DC. var. eglandulosa Maire = Matthiola longipetala (Vent.) DC. subsp. viridis (Conti) Maire ■☆

246505 Matthiola longipetala (Vent.) DC. var. incisa (Conti) Maire = Matthiola longipetala (Vent.) DC. subsp. livida (Delile) Maire ■☆

246506 Matthiola longipetala (Vent.) Markgr. = Matthiola longipetala (Vent.) DC. ■☆

246507 Matthiola lunata DC.;新月紫罗兰■☆

246508 Matthiola lunata DC. var. anoplia (Pomel) Maire = Matthiola lunata DC. ■☆

246509 Matthiola lunata DC. var. clausonis (Pomel) Maire = Matthiola lunata DC. ■☆

246510 Matthiola lunata DC. var. glandulosa (Pomel) Batt. = Matthiola lunata DC. ■☆

246511 Matthiola lunata DC. var. phlox (Didr.) Coss. = Matthiola lunata DC. ■☆

246512 Matthiola maderensis Lowe;梅德紫罗兰■☆

246513 Matthiola maroccana Coss.;摩洛哥紫罗兰■☆

246514 Matthiola maroccana Coss. var. brachycarpa Maire = Matthiola maroccana Coss. ■☆

246515 Matthiola maroccana Coss. var. puberula Maire = Matthiola maroccana Coss. ■☆

246516 Matthiola masguindalii Pau;马斯古紫罗兰■☆

246517 Matthiola montana Pomel = Matthiola fruticulosa (L.) Maire ●☆

246518 Matthiola nudicaulis (L.) Trautv. = Parrya nudicaulis (L.) Regel ■

246519 Matthiola odorata Bunge var. stricta Conti = Matthiola flavida Boiss. ■☆

246520 Matthiola odorata Bunge var. thibetana Conti = Matthiola flavida Boiss. ■☆

246521 Matthiola odoratissima (Pall.) R. Br.;芳香紫罗兰(香紫罗兰);Fragrant Stock ■

246522 Matthiola oxyceras DC. = Matthiola longipetala (Vent.) DC. ■☆

246523 Matthiola oxyceras DC. f. stenocarpa Pau et Font Quer = Matthiola fruticulosa (L.) Maire ●☆

246524 Matthiola oxyceras DC. var. basiceras Coss. et Kralik = Matthiola kralikii Pomel ■☆

246525 Matthiola oxyceras DC. var. livida (Delile) Conti = Matthiola longipetala (Vent.) DC. subsp. livida (Delile) Maire ■☆

246526 Matthiola parviflora (Schousb.) R. Br.;小花紫罗兰■☆

246527 Matthiola perennis Conti var. anremerica (Litard. et Maire) Maire = Matthiola scapifera Humbert ■☆

246528 Matthiola perennis Conti var. occidentalis Maire = Matthiola scapifera Humbert ■☆

246529 Matthiola phlox Didr. = Matthiola lunata DC. ■☆

246530 Matthiola porphyrantha Rech. f., Aellen et Esfand. = Matthiola chenopodiifolia Fisch. et C. A. Mey. ■☆

246531 Matthiola pseudoxyceras Conti = Matthiola bicornis (Sibth. et Sm.) DC. ■☆

246532 Matthiola pseudoxyceras Conti var. basiceras (Coss. et Kralik) Conti = Matthiola kralikii Pomel ■☆

246533 Matthiola pseudoxyceras Conti var. incisa Delile = Matthiola longipetala (Vent.) DC. subsp. livida (Delile) Maire ■☆

246534 Matthiola pseudoxyceras Conti var. perennis E. A. Durand et Barratte = Matthiola kralikii Pomel ■☆

246535 Matthiola pseudoxyceras Conti var. viridis Conti = Matthiola longipetala (Vent.) DC. subsp. viridis (Conti) Maire ■☆

246536 Matthiola pumilio (Sibth. et Sm.) DC. subsp. hirta Conti = Matthiola longipetala (Vent.) DC. subsp. hirta (Conti) Greuter et Burdet ■☆

246537 Matthiola pumilio (Sibth. et Sm.) DC. var. aegyptiaca Conti = Matthiola longipetala (Vent.) DC. subsp. hirta (Conti) Greuter et Burdet ■☆

246538 Matthiola pumilio (Sibth. et Sm.) DC. var. cyrenaica Conti = Matthiola longipetala (Vent.) DC. subsp. hirta (Conti) Greuter et Burdet ■☆

246539 Matthiola pumilio (Sibth. et Sm.) DC. var. pseudolunata Maire et Weiller = Matthiola longipetala (Vent.) DC. subsp. hirta (Conti) Greuter et Burdet ■☆

246540 Matthiola pumilio (Sibth. et Sm.) DC. var. pusilla Pamp. = Matthiola longipetala (Vent.) DC. subsp. hirta (Conti) Greuter et

Burdet ■☆

246541 Matthiola pumilio (Sibth. et Sm.) DC. var. stenopetala Maire et Weiller = Matthiola longipetala (Vent.) DC. subsp. hirta (Conti) Greuter et Burdet ■☆

246542 Matthiola puntensis Hedge et A. G. Mill.;蓬特紫罗兰■☆

246543 Matthiola rivae Engl. = Matthiola erlangeriana Engl. ■☆

246544 Matthiola robusta Bunge;粗壮紫罗兰■☆

246545 Matthiola runcinata Regel;倒齿紫罗兰■☆

246546 Matthiola scapifera Humbert;花茎紫罗兰■☆

246547 Matthiola sinuata (L.) R. Br.;海滨紫罗兰;Sea Stock ■☆

246548 Matthiola sinuata (L.) R. Br. subsp. glandulosa (Vis.) Vierh.;具腺紫罗兰■☆

246549 Matthiola sinuata (L.) R. Br. var. numidica Coss. = Matthiola sinuata (L.) R. Br. ■☆

246550 Matthiola sinuata R. Br. = Matthiola sinuata (L.) R. Br. ■☆

246551 Matthiola smithii Baker f. = Diceratella smithii (Baker f.) Jonsell ■☆

246552 Matthiola stelligera Sond. = Matthiola torulosa (Thunb.) DC. ■☆

246553 Matthiola stenopetala Pomel = Matthiola fruticulosa (L.) Maire ●☆

246554 Matthiola stoddartii Bunge;新疆紫罗兰;Stoddart Stock ■

246555 Matthiola superba Conti;华美紫罗兰■☆

246556 Matthiola tatarica (Pall.) DC.;鞑靼紫罗兰;Tatar Stock ■☆

246557 Matthiola telum Pomel = Matthiola fruticulosa (L.) Maire ●☆

246558 Matthiola tenera Rech. f. = Matthiola chorassanica Bunge ex Boiss. ■

246559 Matthiola torulosa (Thunb.) DC.;结节紫罗兰■☆

246560 Matthiola tricuspidata (L.) R. Br.;三尖紫罗兰■☆

246561 Matthiola tricuspidata (L.) R. Br. var. glandulosa (Faure et Maire) Maire = Matthiola tricuspidata (L.) R. Br. ■☆

246562 Matthiola tristis (L.) R. Br.;暗色紫罗兰■☆

246563 Matthiola tristis (L.) R. Br. = Matthiola fruticulosa (L.) Maire ●☆

246564 Matthiola tristis (L.) R. Br. var. coronopifolia Conti = Matthiola fruticulosa (L.) Maire ●☆

246565 Matthiola tristis (L.) R. Br. var. lateritia Jahand. et Maire = Matthiola fruticulosa (L.) Maire ●☆

246566 Matthiola tristis (L.) R. Br. var. purpurea Emb. et Maire = Matthiola fruticulosa (L.) Maire ●☆

246567 Matthiola tristis (L.) R. Br. var. robusta Maire = Matthiola fruticulosa (L.) Maire ●☆

246568 Matthiola tristis (L.) R. Br. var. stenopetala (Pomel) Batt. = Matthiola fruticulosa (L.) Maire ●☆

246569 Matthiola tristis (L.) R. Br. var. thessala Conti = Matthiola fruticulosa (L.) Maire ●☆

246570 Matthisonia Lindl. = Matthiola W. T. Aiton(保留属名)■●

246571 Matthissonia Raddi = Schwenckia L. ■●☆

246572 Mattia Schult. = Rindera Pall. ■

246573 Mattia gymnandra Coss. = Cynoglossum gymnandrum (Coss.) Greuter et Burdet ■☆

246574 Mattia himalayensis Klotzsch = Mattiastrum himalayense (Klotzsch) Brand ■

246575 Mattiastrum (Boiss.) Brand = Paracaryum (A. DC.) Boiss. ●■☆

246576 Mattiastrum (Boiss.) Brand(1915);盘果草属;Mattiastrum ■

246577 Mattiastrum Brand = Mattiastrum (Boiss.) Brand ■

246578 Mattiastrum himalayense (Klotzsch) Brand;盘果草;Common Mattiastrum ■

246579 Mattiola Sang. = Matthiola W. T. Aiton(保留属名)■●

246580 Mattonia Endl. = Elettaria Maton ■

246581 Mattonia Endl. = Matonia Rosc. ex Sm. ■

246582 Mattuschkaea Schreb. = Perama Aubl. ●☆

246583 Mattuschkea Batsch = Mattuschkaea Schreb. ●☆

246584 Mattuschkea Batsch = Perama Aubl. ●☆

246585 Mattuschkia J. F. Gmel. = Saururus L. ■

246586 Mattuskea Raf. = Mattuschkaea Schreb. ●☆

246587 Mattuskea Raf. = Perama Aubl. ●☆

246588 Matucana Britton et Rose = Borzicactus Riccob. ■☆

246589 Matucana Britton et Rose = Oreocereus (A. Berger) Riccob. ●

246590 Matucana Britton et Rose(1922);白仙玉属;Matucana ●☆

246591 Matucana aurantiaca (Vaupel) Buxb. = Submatucana aurantiaca (Vaupel) Backeb. ■☆

246592 Matucana aureiflora F. Ritter;黄花白仙玉■☆

246593 Matucana crinifera F. Ritter;细仙玉;Crinite Matucana ■☆

246594 Matucana currundayensis F. Ritter;登仙玉■☆

246595 Matucana haynei Britton et Rose;白仙玉;Hayne Matucana ■☆

246596 Matucana intertexta F. Ritter;纠结白仙玉■☆

246597 Matucana krahnii (Donald) Bregman;克氏白仙玉■☆

246598 Matucana madisoniorum (Hutchison) G. D. Rowley;奇仙玉■☆

246599 Matucana oreodoxa (F. Ritter) Slaba;山景白仙玉■☆

246600 Matucana paucicostata F. Ritter;少脉白仙玉■☆

246601 Matucana ritteri Buining;文鼎玉(涡潮);Ritter Matucana ■☆

246602 Matucana weberbaueri (Vaupel) Backeb.;多花白仙玉■☆

246603 Matucana yanganucensis Rauh et Backeb.;盛仙玉(曲仙玉) ■☆

246604 Matudacalamus F. Maek. = Aulonemia Goudot ●☆

246605 Matudaea Lundell(1940);多蕊蚊母属●☆

246606 Matudaea hirsuta Lundell;多蕊蚊母●☆

246607 Matudaea trinervia Lundell;三脉多蕊蚊母●☆

246608 Matudanthus D. R. Hunt(1978);松田花属■☆

246609 Matudanthus nanus (M. Martens et Galeotti) D. R. Hunt;松田花■☆

246610 Matudina R. M. King et H. Rob. (1973);繁花泽兰属●☆

246611 Matudina corvi (McVaugh) R. M. King et H. Rob.;繁花泽兰 ■☆

246612 Maturea Post et Kuntze = Matourea Aubl. ■☆

246613 Maturea Post et Kuntze = Stemodia L. (保留属名)■☆

246614 Maturna Raf. = Gomesa R. Br. ■☆

246615 Mauchartia Neck. = Apium L. ■

246616 Mauchla Kuntze = Bradburia Torr. et A. Gray(保留属名)■☆

246617 Mauduita Comm. ex DC. = Quassia L. ●☆

246618 Mauduyta Comm. ex Endl. = Quassia L. ●☆

246619 Mauduyta Endl. = Mauduita Comm. ex DC. ●☆

246620 Mauduyta Endl. = Quassia L. ●☆

246621 Maughania J. St. -Hil. = Flemingia Roxb. ex W. T. Aiton(保留属名)●■

246622 Maughania N. E. Br. = Diplosoma Schwantes ■☆

246623 Maughania N. E. Br. = Maughaniella L. Bolus ■☆

246624 Maughaniella L. Bolus = Diplosoma Schwantes ■☆

246625 Maughaniella luckhoffii (L. Bolus) L. Bolus = Diplosoma luckhoffii (L. Bolus) Schwantes ex Ihlenf. ■☆

246626 Mauhlia Dahl. = Agapanthus L'Hér. (保留属名)■☆

246627 Mauhlia africana (L.) Dahl = Agapanthus africanus (L.)

Hoffmanns. ■☆
246628 Mauhlia ensifolia Thunb. = Polyxena ensifolia (Thunb.) Schönland ■☆
246629 Mauhlia linearis Thunb. = Agapanthus africanus (L.) Hoffmanns. ■☆
246630 Maukschia Heuff. = Carex L. ■
246631 Mauloutchia (Baill.) Warb. (1896);马罗蔻木属●☆
246632 Mauloutchia (Baill.) Warb. = Brochoneura Warb. ●☆
246633 Mauloutchia Warb. = Brochoneura Warb. ●☆
246634 Mauloutchia Warb. = Mauloutchia (Baill.) Warb. ●☆
246635 Mauloutchia capuronii Sauquet;凯普伦马罗蔻木●☆
246636 Mauloutchia chapelieri (Baill.) Warb.;马罗蔻木●☆
246637 Mauloutchia coriacea Capuron;革质马罗蔻木●☆
246638 Mauloutchia heckelii Capuron;赫克尔马罗蔻木●☆
246639 Mauloutchia humblotii (H. Perrier) Capuron;洪布马罗蔻木●☆
246640 Mauloutchia parvifolia Capuron;小叶马罗蔻木●☆
246641 Mauloutchia sambiranensis (Capuron) Sauquet;桑比朗马罗蔻木●☆
246642 Maundia F. Muell. (1858);分果草属(弯喙果属)■☆
246643 Maundia triglochinoides F. Muell.;分果草■☆
246644 Maundiaceae Nakai = Juncaginaceae Rich. (保留科名)■
246645 Maundiaceae Nakai;分果草科■☆
246646 Mauneia Thouars = ? Ludia Comm. ex Juss. ●☆
246647 Maurandella (A. Gray) Rothm. (1943);小蔓桐花属■☆
246648 Maurandella (A. Gray) Rothm. = Epixiphium (Engelm. ex A. Gray) Munz. ■☆
246649 Maurandella antirrhiniflora (Humb. et Bonpl. ex Willd.) Rothm.;小蔓桐花(蔓桐花);Blue Maurandya, Roving Sailor, Snapdragon Vine, Twining Snapdragon ■☆
246650 Maurandia Ortega = Maurandya Ortega ■☆
246651 Maurandya Ortega(1797);蔓桐花属(毛籽草属);Maurandia ■☆
246652 Maurandya antirrhinifolia Humb. et Bonpl. ex Willd. = Maurandella antirrhiniflora (Humb. et Bonpl. ex Willd.) Rothm. ■☆
246653 Maurandya barclaiana Lindl.;瓜叶蔓桐花;Mexican Viper ■☆
246654 Maurandya erubescens (D. Don) A. Gray;淡红蔓桐花■☆
246655 Maurandya juncea Benth.;灯芯草蔓桐花■☆
246656 Maurandya lophosperma L. H. Bailey;冠籽蔓桐花■☆
246657 Maurandya petrophila Coville et C. V. Morton;喜岩蔓桐花;Rock Maurandya ■☆
246658 Maurandya scandens Pers.;攀缘蔓桐花;Bastard Foxglove ■☆
246659 Maurandya wislizeni Engelm.;威氏蔓桐花;Baloonbush ■☆
246660 Mauranthe O. F. Cook = Chamaedorea Willd. (保留属名)●☆
246661 Mauranthemum Vogt et Oberpr. (1995);白舌菊属■☆
246662 Mauranthemum decipiens (Pomel) Vogt et Oberpr.;迷惑白舌菊■☆
246663 Mauranthemum gaetulum (Batt.) Vogt et Oberpr.;盖图拉白舌菊■☆
246664 Mauranthemum geslinii (Coss.) Benth. et Hook. f. = Mecomischus halimifolius (Munby) Hochr. ■☆
246665 Mauranthemum paludosum (Poir.) Vogt et Oberpr.;白舌菊;Mini Marguerite ■☆
246666 Mauranthemum reboudianum (Pomel) Vogt et Oberpr.;雷博白舌菊■☆
246667 Mauria Kunth(1824);毛里漆属●☆
246668 Mauria heterophylla Kunth;异叶毛里漆●☆
246669 Mauria membranifolia Barfod et Holm-Niels.;膜叶毛里漆●☆
246670 Mauria puberula Tul.;毛里漆●☆
246671 Mauritia L. f. (1782);毛瑞榈属(单干鳞果棕属,毛芮蒂榈属,莫氏榈属,毛瑞特榈属,湿地榈属);Mauritia, Moriche Palm, Wine Palm ●☆
246672 Mauritia flexuosa L. f.;毛瑞榈;Aguaje, Altai Palm, Fibre Mauritia, Ita Palm, Miriti Palm, Tree-of-life ●☆
246673 Mauritia pumila Wallace;小毛瑞榈●☆
246674 Mauritia vinifera Mart.;葡萄毛瑞榈;Murity Palm, Wine Mauritia ●☆
246675 Mauritiella Burret(1935);拟毛瑞榈属(巴西榈属,根刺鳞果棕属,南美榈属)●☆
246676 Mauritiella armata Burret;刺拟毛瑞榈●☆
246677 Maurocena Adans. = Maurocenia Mill. ●☆
246678 Maurocenia Kuntze = Turpinia Vent. (保留属名)●
246679 Maurocenia Mill. (1754);单室卫矛属●☆
246680 Maurocenia arguta Kuntze = Turpinia arguta (Lindl.) Seem. ●
246681 Maurocenia capensis Sond.;好望角单室卫矛;Hottentot Cherry ●☆
246682 Maurocenia capensis Sond. = Maurocenia frangula Mill. ●☆
246683 Maurocenia cochinchinensis (Lour.) Kuntze = Turpinia cochinchinensis (Lour.) Merr. ●
246684 Maurocenia frangula Mill. = Maurocenia frangularia (L.) Mill. ●☆
246685 Maurocenia frangularia (L.) Mill.;脆单室卫矛●☆
246686 Maurocenia frangularia Willd. = Maurocenia frangula Mill. ●☆
246687 Maurocenia schinziana Loes. = Cassine parvifolia Sond. ●☆
246688 Mausolea Bunge ex Podlech = Artemisia L. ●■
246689 Mausolea Bunge ex Podlech = Mausolea Bunge ex Poljakov ●☆
246690 Mausolea Bunge ex Poljakov = Artemisia L. ●■
246691 Mausolea Bunge ex Poljakov(1961);绵果蒿属●☆
246692 Mausolea Poljakov = Artemisia L. ●■
246693 Mausolea Poljakov = Mausolea Bunge ex Poljakov ●☆
246694 Mausolea eriocarpa (Bunge) Poljakov;绵果蒿■☆
246695 Mavaelia Trimen = Podostemum Michx. ■☆
246696 Mavia G. Bertol. = Erythrophleum Afzel. ex G. Don ●
246697 Maxburretia Furtado(1941);隐药棕属(马伯乐棕属,岩棕属);Maxburretia ●☆
246698 Maxburretia rupicola (Ridl.) Furtado;隐药棕(马伯乐棕);Rock Maxburretia ●☆
246699 Maxia O. Nilsson = Montia L. ■☆
246700 Maxia O. Nilsson(1967);短柱水繁缕属■☆
246701 Maxia howellii (S. Watson) ö. Nilsson;短柱水繁缕■☆
246702 Maxia howellii (S. Watson) ö. Nilsson = Montia howellii S. Watson ■☆
246703 Maxillaria Poepp. et Endl. = Maxillaria Ruiz et Pav. ■☆
246704 Maxillaria Ruiz et Pav. (1794);鳃兰属(颚唇兰属,腋唇兰属);Maxillaria ■☆
246705 Maxillaria Ruiz et Pav. = Lycaste Lindl. ■☆
246706 Maxillaria alba (Hook.) Lindl.;白花鳃兰;Whiteflower Maxillaria ■☆
246707 Maxillaria camaridii Rchb. f.;卡氏鳃兰;Camarid Maxillaria ■☆
246708 Maxillaria coccinea (Jacq.) L. O. Williams;绯红鳃兰;Scarlet Maxillaria ■☆
246709 Maxillaria conferta (Griseb.) C. Schweinf. ex León = Maxillaria parviflora (Poepp. et Endl.) Garay ■☆

246710 Maxillaria crassifolia (Lindl.) Rchb. f.;厚叶鲲兰;Thickleaf Maxillaria ■☆
246711 Maxillaria fucata Rchb. f.;有色鲲兰;Colored Maxillaria ■☆
246712 Maxillaria goeringii Rchb. f. = Cymbidium goeringii (Rchb. f.) Rchb. f. ■
246713 Maxillaria grandiflora (Kunth) Lindl.;大鲲兰;Largeflower Maxillaria ■☆
246714 Maxillaria longisepala Rolfe;长萼鲲兰;Longsepal Maxillaria ■☆
246715 Maxillaria luteo-alba Lindl.;黄白鲲兰;Yellowish-white Maxillaria ■☆
246716 Maxillaria nigrescens Lindl.;暗花鲲兰■☆
246717 Maxillaria parviflora (Poepp. et Endl.) Garay;小花鲲兰■☆
246718 Maxillaria picta Hook.;彩斑鲲兰(彩斑颚唇兰);Painted Maxillaria ■☆
246719 Maxillaria porphyrostele Rchb. f.;紫柱颚唇兰■☆
246720 Maxillaria punctata Lodd.;斑点鲲兰;Punctate Maxillaria ■☆
246721 Maxillaria ringens Rchb. f.;张口鲲兰;Gaping Maxillaria ■☆
246722 Maxillaria rufescens Lindl.;四棱鲲兰;Quadrangular Stem Maxillaria ■☆
246723 Maxillaria sanderiana Rchb. f.;大花鲲兰;Largeflower Maxillaria ■☆
246724 Maxillaria seidelii Pabst;塞氏鲲兰■☆
246725 Maxillaria sessilis (Sw.) Fawc. et Rendle = Maxillaria crassifolia (Lindl.) Rchb. f. ■☆
246726 Maxillaria setigera Lindl.;刚毛鲲兰;Bristle Maxillaria ■☆
246727 Maxillaria tenuifolia Lindl.;细叶鲲兰(细叶颚唇兰);Fineleaf Maxillaria ■☆
246728 Maxillaria variabilis Bateman ex Lindl.;多姿鲲兰■☆
246729 Maxillariella M. A. Blanco et Carnevali = Maxillaria Ruiz et Pav. ■☆
246730 Maxillariella M. A. Blanco et Carnevali(2007);小鲲兰属■☆
246731 Maximiliana Mart.(1824)(保留属名);马氏椰子属(巴西棕榈属,长叶椰子属,麻克西米属,马克西米里椰子属,摩帝椰子属);Maximiliana ●
246732 Maximiliana Mart.(保留属名) = Attalea Kunth ●☆
246733 Maximiliana maripa (Corrêa) Drude;巴西棕榈;Brazilian Maximiliana, Kokerite ●☆
246734 Maximiliana maripa Drude = Maximiliana maripa (Corrêa) Drude ●☆
246735 Maximiliana regia Mart.;马氏椰子(马克西米里椰子);Regal Maximiliana ●
246736 Maximiliana regia Mart. = Maximiliana maripa (Corrêa) Drude ●☆
246737 Maximilianea Mart.(废弃属名) = Maximiliana Mart.(保留属名)●
246738 Maximilianea Mart. et Schrank = Cochlospermum Kunth(保留属名)●☆
246739 Maximilianea Rchb. = Maximiliana Mart.(保留属名)●
246740 Maximiliania Endl. = Cochlospermum Kunth(保留属名)●☆
246741 Maximiliania Endl. = Maximilianea Mart. et Schrank ●☆
246742 Maximoviczia A. P. Khokhr. = Scirpus L.(保留属名)■
246743 Maximoviczіella A. P. Khokhr. = Scirpus L.(保留属名)■
246744 Maximovitzia Benth. et Hook. f. = Maximowiczia Rupr. ●
246745 Maximovitzia Benth. et Hook. f. = Schisandra Michx.(保留属名)●
246746 Maximowasia Kuntze = Cryptospora Kar. et Kir. ■
246747 Maximowiczia Cogn. = Ibervillea Greene ■☆
246748 Maximowiczia Khokhr. = Scirpus L.(保留属名)■
246749 Maximowiczia Rupr. = Schisandra Michx.(保留属名)●
246750 Maximowiczia amurensis Rupr. = Schisandra chinensis (Turcz.) Baill. ●
246751 Maximowiczia chinensis (Turcz.) Rupr. ex Maxim. = Schisandra chinensis (Turcz.) Baill. ●
246752 Maximowiczia chinensis Rupr. ex Maxim. = Schisandra chinensis (Turcz.) Baill. ●
246753 Maximowicziella A. P. Khokhr.(1989);马氏莎草属■
246754 Maximowicziella A. P. Khokhr. = Scirpus L.(保留属名)■
246755 Maximowicziella japonica (Maxim.) A. P. Khokhr. = Scirpus maximowiczii C. B. Clarke ■
246756 Maximowicziella japonica (Maxim.) M. S. Novoselova = Eriophorum japonicum Maxim ■
246757 Maximowicziella japonica (Maxim.) M. S. Novoselova = Maximoviczia japonica (Maxim.) A. P. Khokhr. ■
246758 Maximowicziella japonica (Maxim.) M. S. Novoselova = Scirpus maximowiczii C. B. Clarke ■
246759 Maxwellia Baill.(1871);马梧桐属●☆
246760 Maxwellia lepidota Baill.;马梧桐●☆
246761 Mayaca Aubl.(1775);三蕊细叶草属(炭沼藓草属);Pool Moss ■☆
246762 Mayaca aubletii Michx.;奥氏三蕊细叶草■☆
246763 Mayaca baumii Gürke;鲍姆三蕊细叶草■☆
246764 Mayaca caroliniana Gand. = Mayaca aubletii Michx. ■☆
246765 Mayaca fluviatilis Aubl.;三蕊细叶草;Bog Moss ■☆
246766 Mayaca longipes Gand. = Mayaca aubletii Michx. ■☆
246767 Mayacaceae Kunth(1842)(保留科名);三蕊细叶草科(花水藓科);Mayaca Family, Bog-moss Family ■☆
246768 Mayanaea Lundell = Orthion Standl. et Steyerm. ■☆
246769 Mayanaea Lundell(1974);玛雅堇属■☆
246770 Mayanaea caudata (Lundell) Lundell;玛雅堇■☆
246771 Mayanthemum DC. = Maianthemum F. H. Wigg.(保留属名)■
246772 Mayanthus Raf. = Smilacina Desf.(保留属名)■
246773 Maycockia A. DC. = Condylocarpon Desf. ●☆
246774 Maydaceae Herter = Gramineae Juss.(保留科名)■●
246775 Maydaceae Herter = Poaceae Barnhart(保留科名)■●
246776 Maydaceae Martinov = Gramineae Juss.(保留科名)■●
246777 Maydaceae Martinov = Poaceae Barnhart(保留科名)■●
246778 Mayepea Aubl.(废弃属名) = Chionanthus L. ●
246779 Mayepea Aubl.(废弃属名) = Linociera Sw. ex Schreb.(保留属名)●
246780 Mayepea africana Welw. ex Knobl. = Chionanthus africanus (Welw. ex Knobl.) Stearn ●☆
246781 Mayepea mannii (Soler.) Knobl. = Chionanthus mannii (Soler.) Stearn ●☆
246782 Mayepea nilotica (Oliv.) Knobl. = Chionanthus niloticus (Oliv.) Stearn ●☆
246783 Mayepea welwitschii Knobl. = Olea capensis L. subsp. welwitschii (Knobl.) Friis et P. S. Green ●☆
246784 Mayeta Juss. = Maieta Aubl. ●☆
246785 Mayna Aubl.(1775);迈纳木属●☆
246786 Mayna Schltdl. = Meyna Roxb. ex Link ●
246787 Mayna grandiflora (Spruce ex Eichler) R. E. Schult.;大花迈纳木●☆
246788 Mayna laxiflora Benth.;疏花迈纳木●☆

246789 Mayna longifolia Poepp. et Endl.;长叶迈纳木●☆

246790 Mayna microphylla Warb.;小叶迈纳木●☆

246791 Mayodendron Kurz = Radermachera Zoll. et Moritzi ●

246792 Mayodendron Kurz(1875);火烧花属(火把花属,缅木属);Mayodendron,Fireflower ●

246793 Mayodendron igneum (Kurz) Kurz;火烧花(炮仗花);Brightred Fireflower,Brightred Mayodendron,Bright-red Mayodendron ●

246794 Mays Mill. = Zea L. ■

246795 Mays Tourn. ex Gaertn. = Zea L. ■

246796 Maytenus Molina(1782);美登木属(裸实属,美登卫矛属);Chile Mayten Tree,Mayten ●

246797 Maytenus abbottii A. E. van Wyk;阿巴特美登木●☆

246798 Maytenus acuminata (L. f.) Loes.;渐尖美登木●☆

246799 Maytenus acuminata (L. f.) Loes. = Gymnosporia acuminata (L. f.) Szyszyl. ●☆

246800 Maytenus albata (N. E. Br.) Ernst Schmidt et Jordaan;白美登木●☆

246801 Maytenus amaniensis (Loes.) Loes. = Maytenus acuminata (L. f.) Loes. ●☆

246802 Maytenus annobonensis (Loes. et Mildbr.) Exell;安诺本美登木●☆

246803 Maytenus aquifolia Mart.;刺叶美登木●☆

246804 Maytenus arborea H. Shao;树状美登木;Tree Mayten ●

246805 Maytenus arbutifolia (Hochst. ex A. Rich.) R. Wilczek;浆果鹃叶美登木●☆

246806 Maytenus arbutifolia (Hochst. ex A. Rich.) R. Wilczek = Gymnosporia arbutifolia (Hochst. ex A. Rich.) Loes. ●☆

246807 Maytenus arbutifolia (Hochst. ex A. Rich.) R. Wilczek var. sidamoensis Sebsebe = Gymnosporia arbutifolia (Hochst. ex A. Rich.) Loes. subsp. sidamoensis (Sebsebe) Jordaan ●☆

246808 Maytenus arguta (Loes.) N. Robson = Gymnosporia gracilipes (Welw. ex Oliv.) Loes. subsp. arguta (Loes.) Jordaan ●☆

246809 Maytenus arillata C. Y. Cheng = Maytenus royleana (Wall.) Cufod. ●

246810 Maytenus arillata C. Y. Cheng et Y. Shen;被子裸实;Arillate Mayten ●

246811 Maytenus arillata C. Y. Cheng et Y. Shen = Maytenus royleana (Wall.) Cufod. ●

246812 Maytenus austroyunnanensis S. J. Pei et Y. H. Li;滇南美登木(厚果美登木);S. Yunnan Mayten,South Yunnan Mayten,Southern Yunnan Mayten,Thick-fruit Mayten ●

246813 Maytenus bachmannii (Loes.) Marais = Gymnosporia bachmannii Loes. ●☆

246814 Maytenus baumii (Loes.) Exell et Mendonça = Gymnosporia senegalensis (Lam.) Loes. ●☆

246815 Maytenus berberoides (W. W. Sm.) S. J. Pei et Y. H. Li = Gymnosporia berberoides W. W. Sm. ●

246816 Maytenus berberoides (W. W. Sm.) S. J. Pei et Y. H. Li var. acutissima S. J. Pei et Y. H. Li = Gymnosporia orbiculata (C. Y. Wu ex S. J. Pei et Y. H. Li) Q. R. Liu et Funston ●

246817 Maytenus boaria Molina;智利美登木(美登木,智利裸实);Chile Mayten,Maiten,Maiten Mayten,Mayten ●☆

246818 Maytenus buchananii (Loes.) R. Wilczek = Gymnosporia buchananii Loes. ●☆

246819 Maytenus bukobina (Loes.) Loes. = Maytenus acuminata (L. f.) Loes. ●☆

246820 Maytenus bushimanii ?;布士曼美登木●☆

246821 Maytenus canariensis (Loes.) G. Kunkel et Sunding;加那利美登木;Canary Mayten ●☆

246822 Maytenus capitata (E. Mey. ex Sond.) Marais = Gymnosporia capitata (E. Mey. ex Sond.) Loes. ●☆

246823 Maytenus castellii (Pic. Serm.) Cufod. = Maytenus gracilipes (Welw. ex Oliv.) Exell subsp. arguta (Loes.) Sebsebe ●☆

246824 Maytenus chasei N. Robson;蔡斯美登木●☆

246825 Maytenus chuchuhuasha Raym. -Hamet et Colas.;丘丘美登木●☆

246826 Maytenus confertiflora J. Y. Luo et X. X. Chen;密花美登木;Crow-flower Mayten,Crow-flowered Mayten,Denseflower Mayten ●

246827 Maytenus cordata (E. Mey. ex Sond.) Loes.;心形美登木●☆

246828 Maytenus cymosa (Sol.) Exell = Gymnosporia buxifolia (L.) Szyszyl. ●☆

246829 Maytenus deflexa (Sprague) E. Schmidt bis et Jordaan;外折美登木●☆

246830 Maytenus diversicymosa S. J. Pei et Y. H. Li;异序美登木(异型美登木);Diverse-cymose Mayten,Diversicymose Mayten ●

246831 Maytenus diversifolia (Maxim.) Ding Hou = Gymnosporia diversifolia Maxim. ●

246832 Maytenus drummondii N. Robson et Sebsebe = Gymnosporia drummondii (N. Robson et Sebsebe) Jordaan ●☆

246833 Maytenus dryandri (Lowe) Loes. = Maytenus umbellata (R. Br.) Mabb. ●☆

246834 Maytenus dryandri (Lowe) Loes. var. canariensis Loes. = Maytenus canariensis (Loes.) G. Kunkel et Sunding ●☆

246835 Maytenus edgari Exell et Mendonça = Gymnosporia buchananii Loes. ●☆

246836 Maytenus ellenbeckii (Loes.) Cufod. = Maytenus gracilipes (Welw. ex Oliv.) Exell subsp. arguta (Loes.) Sebsebe ●☆

246837 Maytenus emarginata (Willd.) Ding Hou = Gymnosporia emarginata (Willd.) Thwaites ●

246838 Maytenus engleriana (Loes.) Cufod. var. macrantha ? = Gymnosporia arbutifolia (Hochst. ex A. Rich.) Loes. ●☆

246839 Maytenus esquirolii (H. Lév.) C. Y. Cheng = Gymnosporia esquirolii H. Lév. ●

246840 Maytenus fasciculata (Tul.) Loes. = Maytenus undata (Thunb.) Blakelock ●☆

246841 Maytenus flaccidissima C. Y. Cheng et Y. Shen;柔垂美登木;Flaccidest Mayten ●

246842 Maytenus floribunda Reissek;多花美登木●☆

246843 Maytenus garanbiensis C. E. Chang;光叶美登木●

246844 Maytenus garanbiensis C. E. Chang = Gymnosporia diversifolia Maxim. ●

246845 Maytenus garanbiensis C. E. Chang = Maytenus diversifolia (Maxim.) Ding Hou ●

246846 Maytenus gracilipes (Welw. ex Oliv.) Exell = Gymnosporia gracilipes (Welw. ex Oliv.) Loes. ●☆

246847 Maytenus gracilipes (Welw. ex Oliv.) Exell subsp. arguta (Loes.) Sebsebe = Gymnosporia gracilipes (Welw. ex Oliv.) Loes. subsp. arguta (Loes.) Jordaan ●☆

246848 Maytenus graciliramula S. J. Pei et Y. H. Li = Maytenus thyrsiflora S. J. Pei et Y. H. Li ●

246849 Maytenus guangnanensis H. Shao;广南美登木(细梗美登木);Guangnan Mayten ●

246850 Maytenus guangxiensis C. Y. Cheng et W. L. Sha;广西美登木(陀螺钮);Guangxi Mayten ●

246851 Maytenus hainanensis (Merr. et Chun) C. Y. Cheng;海南美登木(海南裸实);Hainan Mayten ●

246852 Maytenus harenensis Sebsebe = Gymnosporia harenensis (Sebsebe) Jordaan ●☆

246853 Maytenus heterophylla (Eckl. et Zeyh.) N. Robson;异叶美登木;Diverseleaf Mayten ●☆

246854 Maytenus heterophylla (Eckl. et Zeyh.) N. Robson subsp. arenaria N. Robson = Gymnosporia arenicola Jordaan ●☆

246855 Maytenus heterophylla (Eckl. et Zeyh.) N. Robson subsp. glauca N. Robson = Gymnosporia glaucophylla Jordaan ●☆

246856 Maytenus hookeri Loes.;美登木(梅丹,云南美登木);Hooker Mayten, Mayten ●

246857 Maytenus hookeri Loes. var. longiradiata S. J. Pei et Y. H. Li;云南美登木(长梗美登木,云南长梗美登木);Long-radiate Hooker Mayten ●

246858 Maytenus huillensis (Welw. ex Oliv.) Szyszyl. = Maytenus undata (Thunb.) Blakelock ●☆

246859 Maytenus ilicifolia Mart. ex Reissek;冬青叶美登木;Hollyleaf Mayten, Holly-leaf Mayten ●☆

246860 Maytenus ilicifolia Mart. ex Reissek = Maytenus officinalis Mabb. ●☆

246861 Maytenus ilicina (Burch.) Loes.;冬青美登木●☆

246862 Maytenus inflata S. J. Pei et Y. H. Li;胀果美登木;Inflate Mayten, Sweellfruit Mayten ●

246863 Maytenus jinyangensis C. Yu Chang = Gymnosporia jinyangensis (C. Yu Cheng) Q. R. Liu et Funston ●

246864 Maytenus keniensis (Loes.) N. Robson et Sebsebe = Gymnosporia keniensis (Loes.) Jordaan ●☆

246865 Maytenus krukovii A. C. Sm.;克鲁美登木●☆

246866 Maytenus kwangsiensis C. Y. Cheng et W. L. Sha = Maytenus guangxiensis C. Y. Cheng et W. L. Sha ●

246867 Maytenus laevis Reissek;平滑美登木;Smooth Mayten ●☆

246868 Maytenus lancifolia (Thonn.) Loes. = Maytenus undata (Thunb.) Blakelock ●☆

246869 Maytenus lepidota (Loes.) Robyns et Lawalrée = Gymnosporia acuminata (L. f.) Szyszyl. ●☆

246870 Maytenus lepidota (Loes.) Robyns et Lawalrée var. kilimandscharica ? = Gymnosporia acuminata (L. f.) Szyszyl. ●☆

246871 Maytenus longlinensis C. Y. Cheng et W. L. Sha = Gymnosporia graciliramula (S. J. Pei et Y. H. Li) Q. R. Liu et Funston ●

246872 Maytenus longlinensis C. Yu Cheng et W. L. Sha;隆林美登木(细梗美登木);Longlin Mayten ●

246873 Maytenus lucida (L.) Loes.;光亮美登木●☆

246874 Maytenus luteola (Delile) Andréws = Maytenus undata (Thunb.) Blakelock ●☆

246875 Maytenus macrocarpa Briq.;大果美登木●☆

246876 Maytenus magellanica Hook. f.;红花美登木;Redflower Mayten ●☆

246877 Maytenus masindei Gereau = Gymnosporia masindei (Gereau) Jordaan ●☆

246878 Maytenus mengziensis H. Shao;蒙自美登木;Mengzi Mayten ●

246879 Maytenus monodii Exell;莫诺美登木●☆

246880 Maytenus mossambicensis (Klotzsch) Blakelock;莫桑比克美登木●☆

246881 Maytenus mossambicensis (Klotzsch) Blakelock var. ambonensis (Loes.) N. Robson = Gymnosporia gracilis Loes. ●☆

246882 Maytenus mossambicensis (Klotzsch) Blakelock var. rubra (Harv.) Blakelock = Gymnosporia rubra (Harv.) Loes. ●☆

246883 Maytenus mossambicensis (Klotzsch) Blakelock var. stolzii N. Robson = Gymnosporia harveyana Loes. subsp. stolzii (N. Robson) Jordaan ●☆

246884 Maytenus myrsinoides Reissek;铁仔美登木●☆

246885 Maytenus nemorosa (Eckl. et Zeyh.) Marais = Gymnosporia nemorosa (Eckl. et Zeyh.) Szyszyl. ●☆

246886 Maytenus nguruensis N. Robson et Sebsebe = Gymnosporia nguruensis (N. Robson et Sebsebe) Jordaan ●☆

246887 Maytenus nyassica Gilli;尼亚萨美登木●☆

246888 Maytenus obbadiensis (Chiov.) Cufod. = Gymnosporia obbiadensis Chiov. ●☆

246889 Maytenus obscura (A. Rich.) Cufod. = Gymnosporia obscura (A. Rich.) Loes. ●☆

246890 Maytenus obtusifolia Mart.;钝叶美登木(钝叶美登卫矛)●☆

246891 Maytenus officinails Mabb.;药用美登木●☆

246892 Maytenus oleoides (Lam.) Loes.;木犀榄美登木●☆

246893 Maytenus oleosa A. E. van Wyk et R. H. Archer;油美登木●☆

246894 Maytenus oligantha C. Y. Cheng et W. L. Sha;少花美登木;Few-flowered Mayten ●

246895 Maytenus oligantha C. Y. Cheng et W. L. Sha = Gymnosporia graciliramula (S. J. Pei et Y. H. Li) Q. R. Liu et Funston ●

246896 Maytenus oligantha C. Y. Cheng et W. L. Sha = Maytenus longlinensis C. Yu Chang et W. L. Sha ●

246897 Maytenus orbiculata C. Y. Wu = Gymnosporia orbiculata (C. Y. Wu ex S. J. Pei et Y. H. Li) Q. R. Liu et Funston ●

246898 Maytenus orbiculata C. Y. Wu ex S. J. Pei et Y. H. Li = Gymnosporia orbiculata (C. Y. Wu ex S. J. Pei et Y. H. Li) Q. R. Liu et Funston ●

246899 Maytenus ovata (Wall. ex Wight et Arn.) Loes.;卵叶美登木;Ovate-leaf Mayten ●☆

246900 Maytenus ovata (Wall. ex Wight et Arn.) Loes. pubescens (Schweinf.) Blakelock = Gymnosporia buchananii Loes. ●☆

246901 Maytenus ovata (Wall. ex Wight et Arn.) Loes. var. arguta (Loes.) Blakelock = Maytenus gracilipes (Welw. ex Oliv.) Exell subsp. arguta (Loes.) Sebsebe ●☆

246902 Maytenus oxycarpa N. Robson = Gymnosporia oxycarpa (N. Robson) Jordaan ●☆

246903 Maytenus pachycarpa S. J. Pei et Y. H. Li;厚果美登木;Thick-fruited Mayten ●

246904 Maytenus pachycarpa S. J. Pei et Y. H. Li = Maytenus austroyunnanensis S. J. Pei et Y. H. Li ●

246905 Maytenus parviflora (Vahl) Sebsebe;小花美登木●☆

246906 Maytenus parviflora (Vahl) Sebsebe = Gymnosporia parviflora (Vahl) Chiov. ●☆

246907 Maytenus peduncularis (Sond.) Loes.;梗花美登木●☆

246908 Maytenus phyllanthoides Benth.;叶下珠状美登木;Gutta-percha Mayten, Mangle Dulce, Phyllanthus-like Mayten ●☆

246909 Maytenus polyacantha (Sond.) Marais = Gymnosporia polyacantha (Sond.) Szyszyl. ●☆

246910 Maytenus procumbens (L. f.) Loes.;平铺美登木●☆

246911 Maytenus pseudoracemosa S. J. Pei et Y. H. Li = Gymnosporia graciliramula (S. J. Pei et Y. H. Li) Q. R. Liu et Funston ●

246912 Maytenus pseudoracemosa S. J. Pei et Y. H. Li = Maytenus jinyangensis C. Yu Chang ●

246913 Maytenus pseudoracemosa S. J. Pei et Y. H. Li = Maytenus sinomontana C. Y. Cheng ●

246914 Maytenus pseudoracemosa S. J. Pei et Y. H. Li = Maytenus thyrsiflora S. J. Pei et Y. H. Li ●
246915 Maytenus pubescens N. Robson = Gymnosporia pubescens (N. Robson) Jordaan ●☆
246916 Maytenus punctata Sebsebe = Gymnosporia punctata (Sebsebe) Jordaan ●☆
246917 Maytenus rhodesica Exell = Maytenus acuminata (L. f.) Loes. ●☆
246918 Maytenus richardsiae N. Robson et Sebsebe = Gymnosporia richardsiae (N. Robson et Sebsebe) Jordaan ●☆
246919 Maytenus royleana (Wall. ex Lawson) Cufod. = Gymnosporia royleana Wall. ex M. A. Lawson ●
246920 Maytenus royleana (Wall. ex M. A. Lawson) Cufod. = Gymnosporia royleana Wall. ex M. A. Lawson ●
246921 Maytenus royleana (Wall.) Cufod. = Gymnosporia royleana Wall. ex M. A. Lawson ●
246922 Maytenus royleana Lawson = Maytenus royleanus (Wall. ex Lawson) Cufod. ●
246923 Maytenus rufa (Wall. ex Roxb.) D. C. S. Raju et Babu = Gymnosporia rufa (Wall.) M. A. Lawson ●
246924 Maytenus rufa (Wall.) Cufod. Gymnosporia rufa (Wall.) M. A. Lawson ●
246925 Maytenus scutiodus Lourteig et O'Donnell = Maytenus scutioides (Griseb.) Lourteig et O'Donell ●☆
246926 Maytenus scutioides (Griseb.) Lourteig et O'Donell;盾状美登木●☆
246927 Maytenus senegalensis (Lam.) Exell;塞内加尔美登木;Confetti Tree,Senegal Mayten ●☆
246928 Maytenus senegalensis (Lam.) Exell = Gymnosporia senegalensis (Lam.) Loes. ●☆
246929 Maytenus senegalensis (Lam.) Exell subsp. europaea (Boiss.) Güemes et M. B. Crespo;欧洲美登木●☆
246930 Maytenus serrata (Hochst. ex A. Rich.) R. Wilczek;齿叶美登木;Serrate Leaf Mayten,Serrate-leaved Mayten ●☆
246931 Maytenus serrata (Hochst. ex A. Rich.) R. Wilczek = Gymnosporia serrata (Hochst. ex A. Rich.) Loes. ●☆
246932 Maytenus serrata (Hochst. ex A. Rich.) R. Wilczek var. gracilipes (Welw. ex Oliv.) Wilczek = Gymnosporia gracilipes (Welw. ex Oliv.) Loes. ●☆
246933 Maytenus shuangjianensis S. J. Pei et Y. H. Li;双江美登木;Shuangjiang Mayten ●
246934 Maytenus shuangjianensis S. J. Pei et Y. H. Li = Maytenus austroyunnanensis S. J. Pei et Y. H. Li ●
246935 Maytenus sinomontana C. Y. Cheng = Maytenus jinyangensis C. Yu Chang ●
246936 Maytenus somalensis (Loes.) Cufod. = Gymnosporia somalensis Loes. ●☆
246937 Maytenus tenuispina (Sond.) Marais = Gymnosporia tenuispina (Sond.) Szyszyl. ●☆
246938 Maytenus thyrsiflora S. J. Pei et Y. H. Li;长序美登木;Longflower Mayten,Thyrseflower Mayten,Thyrse-flowered Mayten ●
246939 Maytenus thyrsiflora S. J. Pei et Y. H. Li = Gymnosporia graciliramula (S. J. Pei et Y. H. Li) Q. R. Liu et Funston ●
246940 Maytenus tiaoloshanensis (Chun et F. C. How) C. Y. Cheng = Gymnosporia tiaoloshanensis Chun et F. C. How ●
246941 Maytenus trichotoma Turcz.;三出美登木;Forked Mayten ●☆
246942 Maytenus trilocularis (Hayata) C. Y. Cheng = Maytenus emarginata (Willd.) Ding Hou ●
246943 Maytenus umbellata (R. Br.) Mabb.;小伞美登木●☆
246944 Maytenus undata (Thunb.) Blakelock;具尾美登木●☆
246945 Maytenus vanwykii R. H. Archer = Gymnosporia vanwykii (R. H. Archer) Jordaan ●☆
246946 Maytenus variabilis (Hemsl.) C. Y. Cheng = Gymnosporia variabilis (Hemsl.) Loes. ●
246947 Maytenus variabilis (Hemsl.) Loes. = Maytenus variabilis (Hemsl.) C. Y. Cheng ●
246948 Maytenus variabilis (Hemsl.) Loes. var. inermis (C. Y. Cheng et W. L. Sha) H. Shao = Maytenus variabilis (Hemsl.) O. Loes. inermis C. Y. Cheng et W. L. Sha ●
246949 Maytenus variabilis (Hemsl.) O. Loes. inermis C. Y. Cheng et W. L. Sha;广西刺茶(疏刺刺茶);Unarmed Variable Mayten ●
246950 Maytenus variabilis (Hemsl.) O. Loes. inermis C. Y. Cheng et W. L. Sha = Maytenus variabilis (Hemsl.) C. Y. Cheng ●
246951 Maytenus verrucosa E. Mey. ex Sond. = Putterlickia verrucosa (E. Mey. ex Sond.) Szyszyl. ●☆
246952 Maytenus vitis-idaca Griseb.;藤状美登木;Vine-like Mayten ●☆
246953 Maytenus wallichiana (Spreng.) D. C. S. Raju et Babu;瓦尔美登木●☆
246954 Maytenus welwitschiana Exell et Mendonça;韦尔美登木●☆
246955 Maytenus yimenensis H. Shao;易门美登木;Yimen Mayten ●
246956 Maytenus zeyheri (Sond.) Loes. = Maytenus undata (Thunb.) Blakelock ●☆
246957 Mayzea Raf. = Zea L. ■
246958 Mazaea Krug et Urb. (1897);马萨茜属●☆
246959 Mazaea Krug et Urb. = Neomazaea Krug et Urb. ●☆
246960 Mazaea phialanthoides (Griseb.) Krug et Urb.;马萨茜●☆
246961 Mazeutoxeron Labill. = Correa Andréws(保留属名)●☆
246962 Mazinna Spach = Jatropha L.(保留属名)●■
246963 Mazinna Spach = Mozinna Ortega ●■
246964 Mazus Lour. (1790);通泉草属;Mazus ■
246965 Mazus alpinus Masam.;高山通泉草;Alpine Mazus ■
246966 Mazus angusticalyx P. C. Tsoong;狭萼通泉草;Narrowcalyx Mazus ■
246967 Mazus angusticalyx P. C. Tsoong = Mazus spicatus Vaniot ■
246968 Mazus bodinieri Bonati = Mazus spicatus Vaniot ■
246969 Mazus caducifer Hance;早落通泉草;Deciduous Mazus ■
246970 Mazus cavaleriei Bonati;平坝通泉草;Pingba Mazus ■
246971 Mazus celsioides Hand. -Mazz.;琴叶通泉草;Violinleaf Mazus ■
246972 Mazus crassifolius P. C. Tsoong;厚叶通泉草;Thickleaf Mazus ■
246973 Mazus crassifolius P. C. Tsoong = Mazus omeiensis H. L. Li ■
246974 Mazus delavayi Bonati = Mazus goodenifolius (Hornem.) Pennell ■
246975 Mazus delavayi Bonati = Mazus pumilus (Burm. f.) Steenis var. delavayi (Bonati) T. L. Chin ex D. Y. Hong ■
246976 Mazus delavayi Bonati = Mazus pumilus (Burm. f.) Steenis ■
246977 Mazus fargesii Bonati = Mazus miquelii Makino ■
246978 Mazus fauriei Bonati;台湾通泉草(佛氏通泉草);Taiwan Mazus ■
246979 Mazus fukienensis P. C. Tsoong;福建通泉草;Fujian Mazus,Fukien Mazus ■
246980 Mazus goodenifolius (Hornem.) Pennell;薄叶通泉草;Thin-leaved Mazus ■
246981 Mazus gracilis Hemsl.;纤细通泉草(细梗通泉草,噎嗝草);

Thin Mazus ■

246982 Mazus henryi P. C. Tsoong;长柄通泉草(亨氏通泉草);Henry Mazus,Longstalk Mazus ■

246983 Mazus henryi P. C. Tsoong var. elatior P. C. Tsoong;高茎长柄通泉草;Tall Henry Mazus ■

246984 Mazus henryi P. C. Tsoong var. elatior P. C. Tsoong = Mazus henryi P. C. Tsoong ■

246985 Mazus humilis Hand. -Mazz.;低矮通泉草;Dwarf Mazus ■

246986 Mazus japonicus (Thunb.) Kuntze = Mazus pumilus (Burm. f.) Steenis ■

246987 Mazus japonicus (Thunb.) Kuntze f. senanense Asai;信浓通泉草■☆

246988 Mazus japonicus (Thunb.) Kuntze var. delavayi (Bonati) P. C. Tsoong = Mazus pumilus (Burm. f.) Steenis ■

246989 Mazus japonicus (Thunb.) Kuntze var. delavayi (Bonati) P. C. Tsoong = Mazus pumilus (Burm. f.) Steenis var. delavayi (Bonati) T. L. Chin ex D. Y. Hong ■

246990 Mazus japonicus (Thunb.) Kuntze var. leucanthus X. D. Dong et J. H. Li;白花通泉草;Whiteflower Mazus ■

246991 Mazus japonicus (Thunb.) Kuntze var. macrocalyx (Bonati) P. C. Tsoong = Mazus pumilus (Burm. f.) Steenis var. delavayi (Bonati) C. Y. Wu ■

246992 Mazus japonicus (Thunb.) Kuntze var. macrocalyx (Bonati) P. C. Tsoong = Mazus pumilus (Burm. f.) Steenis ■

246993 Mazus japonicus (Thunb.) Kuntze var. macrocalyx (Bonati) P. C. Tsoong = Mazus pumilus (Burm. f.) Steenis var. macrocalyx (Bonati) T. Yamaz. ■

246994 Mazus japonicus (Thunb.) Kuntze var. tenuiracemus Hayata ex Makino et Nemoto = Mazus fauriei Bonati ■

246995 Mazus japonicus (Thunb.) Kuntze var. wangii (H. L. Li) P. C. Tsoong = Mazus pulchellus Hemsl. var. wangii (H. L. Li) C. Y. Wu ■

246996 Mazus japonicus (Thunb.) Kuntze var. wangii (H. L. Li) P. C. Tsoong = Mazus pumilus (Burm. f.) Steenis var. wangii (H. L. Li) T. L. Chin ex D. Y. Hong ■

246997 Mazus japonicus Bonati = Mazus miquelii Makino ■

246998 Mazus japonicus Bonati = Mazus pumilus (Burm. f.) Steenis ■

246999 Mazus japonicus Bonati var. tenuiracemus Hayata ex Makino et Nemoto = Mazus fauriei Bonati ■

247000 Mazus kweichowensis P. C. Tsoong et H. P. Yang;贵州通泉草;Guizhou Mazus,Kweichow Mazus ■

247001 Mazus lanceifolius Hemsl.;狭叶通泉草;Lanceolateleaf Mazus ■

247002 Mazus lecomtei Bonati;莲座叶通泉草(莲座通泉草,小仙桃,小仙桃草);Lecomte Mazus ■

247003 Mazus lecomtei Bonati var. ramosus Bonati = Mazus lecomtei Bonati ■

247004 Mazus longipes Bonati;长蔓通泉草;Longvine Mazus ■

247005 Mazus macranthus Diels;大花通泉草;Bigflower Mazus ■

247006 Mazus macrocalyx Bonati = Mazus pulchellus Hemsl. var. macrocalyx (Bonati) T. Yamaz. ■

247007 Mazus macrocalyx Bonati = Mazus pumilus (Burm. f.) Steenis var. macrocalyx (Bonati) T. Yamaz. ■

247008 Mazus miquelii Makino;匍茎通泉草(米舅通泉草,葡萄通泉草,乌子草,野田菜);Creeping Mazus,Maiquel Mazus,Miquel's Mazus ■

247009 Mazus miquelii Makino f. albiflorus (Makino) Makino;白花匍茎通泉草■☆

247010 Mazus miquelii Makino f. contractus (Makino) Sugim. ex T. Yamaz.;紧缩通泉草■☆

247011 Mazus miquelii Makino f. roseus (Honda) Nakai;粉花匍茎通泉草■☆

247012 Mazus miquelii Makino f. rotundifolius (Franch. et Sav.) T. Yamaz.;圆叶匍茎通泉草■☆

247013 Mazus miquelii Makino var. contractus Makino = Mazus miquelii Makino f. contractus (Makino) Sugim. ex T. Yamaz. ■☆

247014 Mazus miquelii Makino var. stolonifer (Maxim.) Nakai = Mazus miquelii Makino ■

247015 Mazus miquelii Makino var. stolonifer Nakai = Mazus miquelii Makino ■

247016 Mazus nerrifolius H. L. Li = Mazus omeiensis H. L. Li ■

247017 Mazus oliganthus H. L. Li;稀花通泉草;Looseflower Mazus ■

247018 Mazus omeiensis H. L. Li;峨眉通泉草(岩白翠);Emei Mazus,Omei Mazus ■

247019 Mazus pinnatus Wall. = Ellisiophyllum pinnatum (Wall.) Makino ■

247020 Mazus procumbens Hemsl.;长匍通泉草;Procumbent Mazus ■

247021 Mazus pulchellus Hemsl.;美丽通泉草;Beautiful Mazus ■

247022 Mazus pulchellus Hemsl. var. macrocalyx (Bonati) T. Yamaz. = Mazus pumilus (Burm. f.) Steenis var. macrocalyx (Bonati) T. Yamaz. ■

247023 Mazus pulchellus Hemsl. var. primuliforrnis Bonati = Mazus pulchellus Hemsl. ■

247024 Mazus pulchellus Hemsl. var. wangii (H. L. Li) C. Y. Wu;匍茎美丽通泉草(铺生通泉草,匍茎通泉草);Wang's Japanese Mazus ■

247025 Mazus pumilus (Burm. f.) Steenis;通泉草(白花草,大萼日本通泉草,多枝通泉草,鹅肠草,虎仔草,尖板猫儿草,里山通泉草,六角定经草,绿兰花,绿蓝花,猫脚迹,脓泡药,石淋草,汤湿草,五瓣梅,野田菜,猪胡椒);Asian Mazus,Branchy Mazus,Delavay Mazus,Divided-by-the-brook,Japan Mazus,Japanese Mazus,Swamp Mazus ■

247026 Mazus pumilus (Burm. f.) Steenis var. delavayi (Bonati) C. Y. Wu = Mazus pumilus (Burm. f.) Steenis ■

247027 Mazus pumilus (Burm. f.) Steenis var. delavayi (Bonati) T. L. Chin ex D. Y. Hong;多枝通泉草■

247028 Mazus pumilus (Burm. f.) Steenis var. macrocalyx (Bonati) T. Yamaz.;大萼通泉草■

247029 Mazus pumilus (Burm. f.) Steenis var. wangii (H. L. Li) T. L. Chin ex D. Y. Hong = Mazus pulchellus Hemsl. var. wangii (H. L. Li) C. Y. Wu ■

247030 Mazus reptans N. E. Br.;细叶通泉草;Creeping Mazus,White Creeping Mazus ■☆

247031 Mazus rockii H. L. Li;丽江通泉草;Rock Mazus ■

247032 Mazus rugosus Lour. = Mazus miquelii Makino ■

247033 Mazus rugosus Lour. = Mazus pumilus (Burm. f.) Steenis ■

247034 Mazus rugosus Lour. var. stolonifer Maxim. = Mazus miquelii Makino ■

247035 Mazus saltuarius Hand. -Mazz.;林地通泉草;Woodland Mazus ■

247036 Mazus simadus Masam. = Mazus stachydifolius (Turcz.) Maxim. ■

247037 Mazus solanifolius P. C. Tsoong et H. P. Yang;茄叶通泉草;Eggplantleaf Mazus,Nightshadeleaf Mazus ■

247038 Mazus spicatus Vaniot;毛果通泉草;Hairyfruit Mazus ■

247039 Mazus stachydifolius (Turcz.) Maxim.;水苏叶通泉草(弹刀子菜,弹刀子菜花,四叶细辛);Betonyleaf Mazus ■

247040 Mazus stolonifer (Maxim.) Makino = Mazus miquelii Makino ■

247041 Mazus stolonifer Makino = Mazus miquelii Makino ■

247042 Mazus stolonifer Makino var. tabokuensis Masam. = Mazus fauriei Bonati ■
247043 Mazus surculosus D. Don;西藏通泉草;Tibetan Mazus,Xizang Mazus ■
247044 Mazus taibokuensis Masam. = Mazus fauriei Bonati ■
247045 Mazus tainanensis C. X. Xie;台南通泉草■
247046 Mazus vandellioides Hance ex Hemsl. = Mazus pumilus (Burm. f.) Steenis ■
247047 Mazus villosus Hemsl. = Mazus stachydifolius (Turcz.) Maxim. ■
247048 Mazus wangii H. L. Li = Mazus pumilus (Burm. f.) Steenis var. wangii (H. L. Li) T. L. Chin ex D. Y. Hong ■
247049 Mazus wilsonii Bonati = Mazus fargesii Bonati ■
247050 Mazus wilsonii Bonati = Mazus miquelii Makino ■
247051 Mazus xiuningensis X. H. Guo et X. L. Liu;休宁通泉草;Xiuning Mazus ■
247052 Mazus yakushimensis Sugim. ex T. Yamaz. = Mazus goodenifolius (Hornem.) Pennell ■
247053 Mazzenia Iljin = Dolomiaea DC. ■
247054 Mazzenia salwinensis (Hand. -Mazz.) Iljin = Dolomiaea salwinensis (Hand. -Mazz.) C. Shih ■
247055 Mazzettia Iljin = Dolomiaea DC. ■
247056 Mazzettia Iljin = Vladimirea Iljin ■
247057 Mazzettia Iljin(1955);怒江川木香属■
247058 Mazzettia salwinensis (Hand. -Mazz.) Iljin = Dolomiaea salwinensis (Hand. -Mazz.) C. Shih ■
247059 Mcvaughia W. R. Anderson(1979);麦克木属●☆
247060 Mcvaughia bahiana W. R. Anderson;麦克木●☆
247061 Meadia Catesby ex Mill. = Dodecatheon L. ■☆
247062 Meadia Mill. = Dodecatheon L. ■☆
247063 Mearnsia Merr. = Metrosideros Banks ex Gaertn. (保留属名)●☆
247064 Mebora Steud. = Meborea Aubl. ●■
247065 Mebora Steud. = Phyllanthus L. ●■
247066 Meborea Aubl. = Phyllanthus L. ●■
247067 Meboreaceae Raf. = Euphorbiaceae Juss. (保留科名)●■
247068 Mecardonia Ruiz et Pav. (1794);麦卡婆婆纳属■☆
247069 Mecardonia Ruiz et Pav. = Bacopa Aubl. (保留属名)■
247070 Mecardonia acuminata (Walter) Small;麦卡婆婆纳■☆
247071 Mecardonia procumbens (Mill.) Small = Bacopa procumbens (Mill.) Greenm. ■☆
247072 Mecardonia pubescens Rossow;毛麦卡婆婆纳■☆
247073 Mecardonia tenuis Small;细麦卡婆婆纳■☆
247074 Mecardonia viridis Small;绿麦卡婆婆纳■☆
247075 Mechowia Schinz(1893);光被苋属■☆
247076 Mechowia grandiflora Schinz;大花光被苋■☆
247077 Mechowia redactifolia C. C. Towns.;光被苋■☆
247078 Meciclis Raf. = Coryanthes Hook. ■☆
247079 Meckelia (Mart. ex A. Juss.) Griseb. = Spachea A. Juss. ●☆
247080 Meckelia Mart. ex A. Juss. = Spachea A. Juss. ●☆
247081 Meclatis Spach = Clematis L. ●■
247082 Meclatis orientalis (L.) Spach = Clematis orientalis L. ●
247083 Mecomischus Coss. et Durieu ex Benth. et Hook. f. (1873);星毛菊属■☆
247084 Mecomischus Coss. ex Benth. et Hook. f. = Mecomischus Cosson et Durieu ex Benth. et Hook. f. ■☆
247085 Mecomischus halimifolius (Munby) Hochr.;滨藜叶星毛菊■☆
247086 Mecomischus halimifolius Hochr. var. latifolius Maire = Mecomischus halimifolius (Munby) Hochr. ■☆
247087 Mecomischus pedunculatus (Coss. et Durieu) Oberpr. et Greuter;梗花星毛菊■☆
247088 Meconella Nutt. (1838);小罂粟属■☆
247089 Meconella Nutt. ex Torr. et A. Gray = Meconella Nutt. ■☆
247090 Meconella californica Torr. et Frém.;加州小罂粟■☆
247091 Meconella denticulata Greene;齿小罂粟■☆
247092 Meconella linearis (Benth.) A. Nelson et J. F. Macbr. = Hesperomecon linearis (Benth.) Greene ■☆
247093 Meconella linearis (Benth.) A. Nelson et J. F. Macbr. var. pulchellum (Greene) Jeps. = Hesperomecon linearis (Benth.) Greene ■☆
247094 Meconella oregana Nutt. = Meconella oregana Nutt. ex Torr. et A. Gray ■☆
247095 Meconella oregana Nutt. ex Torr. et A. Gray;西方小罂粟(加州小罂粟,小罂粟)■☆
247096 Meconella oregana Nutt. var. californica (Torr. et Frém.) Jeps. = Meconella californica Torr. et Frém. ■☆
247097 Meconella oregana Nutt. var. denticulata (Greene) Jeps. = Meconella denticulata Greene ■☆
247098 Meconia Hook. f. et Thoms. = ? Meconella Nutt. ■☆
247099 Meconopsis R. Vig. (1814);绿绒蒿属;Blue Poppy,Blue Tibetan Poppy,Meconopsis,Welsh Poppy ■
247100 Meconopsis Vig. ex DC. = Meconopsis R. Vig. ■
247101 Meconopsis × sheldonii G. Taylor;蓝花绿绒蒿■☆
247102 Meconopsis × sheldonii G. Taylor 'Branklyn';布朗克林蓝花绿绒蒿■☆
247103 Meconopsis × sheldonii G. Taylor 'Slieve Donard';斯利夫·唐纳德蓝花绿绒蒿■☆
247104 Meconopsis aculeata Royle;皮刺绿绒蒿;Aculeate Meconopsis,Prickle Meconopsis ■
247105 Meconopsis aculeata Royle var. typica Prain = Meconopsis aculeata Royle ■
247106 Meconopsis argemonantha Prain;白花绿绒蒿;White Meconopsis,Whiteflower Meconopsis ■
247107 Meconopsis baileyi Prain et Kingdon-Ward = Meconopsis betonicifolia Franch. ■
247108 Meconopsis barbiseta C. Y. Wu et H. Chuang;久治绿绒蒿;Bristle Meconopsis ■
247109 Meconopsis betonicifolia Franch.;藿香叶绿绒蒿(藿香绿绒蒿);Betonyleaf Meconopsis,Blue Poppy,Blue Tibetan Poppy,Himalayan Blue Poppy,Himalayan Poppy,Poppywort ■
247110 Meconopsis biloba L. Z. An;二裂绿绒蒿■
247111 Meconopsis brevistyla (Prain) Kingdon-Ward = Meconopsis integrifolia (Maxim.) Franch. ■
247112 Meconopsis brevistyla Kingdon-Ward = Meconopsis integrifolia (Maxim.) Franch. ■
247113 Meconopsis cambrica (L.) Vig.;西欧绿绒蒿;Indian Poppy,Welsh Poppy,Yellow Tulip,Yellow Wild Bastard Poppy ■☆
247114 Meconopsis cambrica Vig. = Meconopsis cambrica (L.) Vig. ■☆
247115 Meconopsis cawdoriana Kingdon-Ward = Meconopsis speciosa Prain ■
247116 Meconopsis chelidonifolia Bureau et Franch.;椭果绿绒蒿(都辣,断肠草,蒿枝七,黄花绿绒蒿,裂叶蒿,拟千金子,银乌);Celandineleaf Meconopsis,Chinese Poppy,Ellipticfruit Meconopsis ■
247117 Meconopsis compta Prain = Meconopsis lyrata (Cummins et

Prain) Fedde ■

247118 Meconopsis concinna Prain;优雅绿绒蒿;Elegant Meconopsis ■

247119 Meconopsis delavayi (Franch.) Franch. et Prain;长果绿绒蒿(鸦片花);Delavay Meconopsis, Longfruit Meconopsis ■

247120 Meconopsis discigera Prain;毛盘绿绒蒿;Hairydisk Meconopsis ■

247121 Meconopsis eximia Prain = Meconopsis lancifolia (Franch.) Franch. ex Prain ■

247122 Meconopsis florindae Kingdon-Ward;西藏绿绒蒿;Tibet Meconopsis, Xizang Meconopsis ■

247123 Meconopsis forrestii Prain;丽江绿绒蒿;Forrest Meconopsis, Lijiang Meconopsis ■

247124 Meconopsis georgei G. Taylor;黄花绿绒蒿;Yellow Meconopsis, Yellowflower Meconopsis ■

247125 Meconopsis gracilipes G. Taylor;细梗绿绒蒿;Thinstalk Meconopsis ■

247126 Meconopsis grandis Prain;大花绿绒蒿;Bigflower Meconopsis, Largeflower Meconopsis ■

247127 Meconopsis harleyana G. Taylor;园艺绿绒蒿;Harley Meconopsis ■☆

247128 Meconopsis henrici Bureau et Franch.;川西绿绒蒿(蓝花绿绒蒿);Henric Meconopsis, W. Sichuan Meconopsis ■

247129 Meconopsis henrici Bureau et Franch. var. psilonomma (Farrer) G. Taylor = Meconopsis henrici Bureau et Franch. ■

247130 Meconopsis heterophylla Benth. = Stylomecon heterophylla G. Taylor ■☆

247131 Meconopsis horridula Hook. f. et Thomson;多刺绿绒蒿(刺儿思,毛瓣草);Blue Chinese Poppy, Spiny Meconopsis ■

247132 Meconopsis horridula Hook. f. et Thomson var. racemosa (Maxim.) Prain = Meconopsis racemosa Maxim. ■

247133 Meconopsis horridula Hook. f. et Thomson var. rudis Prain = Meconopsis rudis Prain ■

247134 Meconopsis horridula Hook. f. et Thomson var. rudis Prain = Meconopsis horridula Hook. f. et Thomson ■

247135 Meconopsis horridula Hook. f. et Thomson var. rudis Prain = Meconopsis racemosa Maxim. ■

247136 Meconopsis horridula Hook. f. et Thomson var. spinulifera L. H. Zhou = Meconopsis racemosa Maxim. var. spinulifera (L. H. Zhou) C. Y. Wu et H. Chuang. ■

247137 Meconopsis horridula Hook. f. et Thomson var. typica Prain = Meconopsis horridula Hook. f. et Thomson ■

247138 Meconopsis impedita Prain;滇西绿绒蒿;W. Yunnan Meconopsis, West Yunnan Meconopsis ■

247139 Meconopsis integrifolia (Maxim.) Franch.;全缘叶绿绒蒿(黄芙蓉,黄牡丹,鹿耳草,绿绒蒿,毛瓣绿绒蒿,全缘绿绒蒿,鸦片花);Entire Meconopsis, Lampshade Poppy, Yellow Chinese Poppy ■

247140 Meconopsis integrifolia (Maxim.) Franch. subsp. lijiangensis Grey-Wilson;垂花全缘叶绿绒蒿■

247141 Meconopsis integrifolia (Maxim.) Franch. var. souliei Fedde = Meconopsis integrifolia (Maxim.) Franch. ■

247142 Meconopsis integrifolia (Maxim.) Franch. var. uniflora C. Y. Wu et H. Chuang;轮叶绿绒蒿(全缘叶绿绒蒿);Uniflorous Meconopsis ■

247143 Meconopsis lancifolia (Franch.) Franch. ex Prain;长叶绿绒蒿;Lanceleaf Meconopsis, Longleaf Meconopsis ■

247144 Meconopsis lancifolia (Franch.) Franch. ex Prain var. concinna (Prain) G. Taylor = Meconopsis concinna Prain ■

247145 Meconopsis lancifolia (Franch.) Franch. ex Prain var. solitariifolia Fedde = Meconopsis lancifolia (Franch.) Franch. ex Prain ■

247146 Meconopsis latifolia (Prain) Prain;宽叶绿绒蒿■☆

247147 Meconopsis leonticifolia Hand.-Mazz. = Meconopsis venusta Prain ■

247148 Meconopsis lepida Prain = Meconopsis lancifolia (Franch.) Franch. ex Prain ■

247149 Meconopsis longipetiolata G. Taylor = Meconopsis paniculata (D. Don) Prain ■

247150 Meconopsis lyrata (Cummins et Prain) Fedde;琴叶绿绒蒿;Lyrateleaf Meconopsis ■

247151 Meconopsis napaulensis DC. = Meconopsis paniculata (D. Don) Prain ■

247152 Meconopsis neglecta G. Taylor;忽视绿绒蒿■☆

247153 Meconopsis nyingchiensis L. H. Zhou;林芝绿绒蒿;Linzhi Meconopsis ■

247154 Meconopsis nyingchiensis L. H. Zhou = Meconopsis simplicifolia (G. Don) Walp. ■

247155 Meconopsis oliverana Taylor;柱果绿绒蒿(黄鸦片草);Oliver Meconopsis, Stylefruit Meconopsis ■

247156 Meconopsis ouvrardiana Hand.-Mazz. = Meconopsis speciosa Prain ■

247157 Meconopsis paniculata (D. Don) Prain;锥花绿绒蒿(尼泊尔绿绒蒿,山莴笋,圆锥绿绒蒿);Nepal Meconopsis, Panicle Meconopsis, Satin Poppy ■

247158 Meconopsis paniculata (D. Don) Prain var. elata Prain = Meconopsis paniculata (D. Don) Prain ■

247159 Meconopsis pinnatifolia C. Y. Wu et H. Chuang;吉隆绿绒蒿;Jilong Meconopsis, Pinnateleaf Meconopsis ■

247160 Meconopsis polygonoides (Prain) Prain = Meconopsis lyrata (Cummins et Prain) Fedde ■

247161 Meconopsis prattii (Prain) Prain;草甸绿绒蒿■

247162 Meconopsis prattii (Prain) Prain = Meconopsis horridula Hook. f. et Thomson ■

247163 Meconopsis prattii (Prain) Prain = Meconopsis racemosa Maxim. ■

247164 Meconopsis primulina Prain;报春绿绒蒿;Primrose Meconopsis ■

247165 Meconopsis pseudohorridula C. Y. Wu et H. Chuang;拟多刺绿绒蒿;Falsespiny Meconopsis ■

247166 Meconopsis pseudointegrifolia Prain var. brevistyla Prain = Meconopsis integrifolia (Maxim.) Franch. ■

247167 Meconopsis pseudointegrigolia Prain;横断山绿绒蒿■

247168 Meconopsis pseudointegrigolia Prain = Meconopsis integrifolia (Maxim.) Franch. ■

247169 Meconopsis pseudovenusta G. Taylor;拟秀丽绿绒蒿;Falsebeautiful Meconopsis ■

247170 Meconopsis psilonomma Farrer = Meconopsis henrici Bureau et Franch. ■

247171 Meconopsis punicea Maxim.;红花绿绒蒿;Red Meconopsis, Redflower Meconopsis ■

247172 Meconopsis punicea Maxim. f. albiflora L. H. Zhou;白红花绿绒蒿;Whiteflower Meconopsis ■

247173 Meconopsis punicea Maxim. var. elliptica Z. J. Cui et Y. S. Lian = Meconopsis punicea Maxim. ■

247174 Meconopsis punicea Maxim. var. glabra M. Z. Lu et Y. S. Lian = Meconopsis punicea Maxim. ■

247175 Meconopsis quintuplinervia Regel;五脉绿绒蒿(绿绒蒿,毛果

七,毛叶兔耳风,五脉叶绿绒蒿,野毛金莲);Fivevein Meconopsis, Harebell Poppy ■

247176 Meconopsis quintuplinervia Regel var. glabra M. C. Wang et P. H. Yang;光果五脉绿绒蒿;Glabrous Meconopsis ■

247177 Meconopsis racemosa Maxim.;总状绿绒蒿(刺参,红毛洋参,鸡脚参,条参,雪参);Raceme Meconopsis ■

247178 Meconopsis racemosa Maxim. var. spinulifera (L. H. Zhou) C. Y. Wu et H. Chuang.;刺瓣绿绒蒿;Spine-pataled Meconopsis ■

247179 Meconopsis rudis Prain = Meconopsis racemosa Maxim. ■

247180 Meconopsis simplicifolia (G. Don) Walp.;单叶绿绒蒿;Simpleleaf Meconopsis ■

247181 Meconopsis simplicifolia (G. Don) Walp. = Meconopsis quintuplinervia Regel ■

247182 Meconopsis simplicifolia G. Don = Meconopsis quintuplinervia Regel ■

247183 Meconopsis sinomaculata Grey-Wilson;杯状花绿绒蒿■

247184 Meconopsis sinuata Prain var. latifolia Prain = Meconopsis latifolia (Prain) Prain ■☆

247185 Meconopsis sinuata Prain var. prattii Prain = Meconopsis horridula Hook. f. et Thomson ■

247186 Meconopsis sinuata Prain var. prattii Prain = Meconopsis prattii (Prain) Prain ■

247187 Meconopsis sinuata Prain var. prattii Prain = Meconopsis racemosa Maxim. ■

247188 Meconopsis smithiana (Hand. -Mazz.) G. Taylor ex Hand. -Mazz.;贡山绿绒蒿;Smith Meconopsis ■

247189 Meconopsis smithiana (Hand. -Mazz.) Taylor ex Hand. -Mazz. = Cremanthodium smithianum (Hand. -Mazz.) Hand. -Mazz. ■

247190 Meconopsis speciosa Prain;美丽绿绒蒿;Fair Meconopsis, Showy Meconopsis ■

247191 Meconopsis superba King ex Prain;高茎绿绒蒿;Tall Meconopsis, Tallstem Meconopsis ■

247192 Meconopsis torquata Prain;毛瓣绿绒蒿;Hairypetal Meconopsis ■

247193 Meconopsis venusta Prain;秀丽绿绒蒿;Beautiful Meconopsis, Pretty Meconopsis ■

247194 Meconopsis violacea Kingdon-Ward;紫花绿绒蒿;Purple Flower Meconopsis, Purple Meconopsis ■

247195 Meconopsis wallichii Hook. = Meconopsis napaulensis DC. ■

247196 Meconopsis wallichii Hook. var. fuscopurpurea ? = Meconopsis napaulensis DC. ■

247197 Meconopsis wilsonii Grey-Wilson;尼泊尔绿绒蒿■

247198 Meconopsis wilsonii Grey-Wilson subsp. australis Grey-Wilson;南方尼泊尔绿绒蒿■

247199 Meconopsis wumungensis K. M. Feng e, C. Y. Wu et H. Chuang;乌蒙绿绒蒿;Wumeng Meconopsis, Wumung Meconopsis ■

247200 Meconopsis zangnanensis L. H. Zhou;藏南绿绒蒿;S. Xizang Meconopsis, Smallleaf Meconopsis ■

247201 Meconostigma Schott = Philodendron Schott(保留属名)■●

247202 Meconostigma Schott ex B. D. Jacks. = Philodendron Schott(保留属名)■●

247203 Mecopodum D. L. Jones et M. A. Clem.;澳洲韭兰属■☆

247204 Mecopus A. W. Benn. (1840);长柄荚属;Longstalk-pod, Mecopus ■

247205 Mecopus nidulans A. W. Benn.;长柄荚;Common Mecopus, Longstalk-pod ■

247206 Mecosa Blume = Platanthera Rich.(保留属名)■

247207 Mecoschistum Dulac = Lobelia L. ●■

247208 Mecoschistum urens (L.) Dulac = Lobelia urens L. ■☆

247209 Mecostylis Kurz ex Teijsm. et Binn. = Macaranga Thouars ●

247210 Mecranium Hook. f. (1867);麦克野牡丹属●☆

247211 Mecranium acuminatum (DC.) Skean;尖麦克野牡丹●☆

247212 Mecranium alpestre Urb. et Ekman;高山麦克野牡丹●☆

247213 Mecranium integrifolium Triana;全缘麦克野牡丹●☆

247214 Mecranium latifolium Cogn.;宽叶麦克野牡丹●☆

247215 Mecranium multiflorum Triana;多花麦克野牡丹●☆

247216 Mecranium obtusifolium Cogn.;钝叶麦克野牡丹●☆

247217 Mecranium ovatum Cogn.;卵形麦克野牡丹●☆

247218 Mecranium salicifolium Urb.;柳叶麦克野牡丹●☆

247219 Medea Klotzsch = Croton L. ●

247220 Medemia Württemb. ex H. Wendl. (1881);阔叶榈属(北非棕属,阔叶葵属,阔叶棕属,尼罗棕属)●☆

247221 Medemia abiadensis H. Wendl. = Medemia argun (Mart.) Württemb. ex H. Wendl. ●☆

247222 Medemia argun (C. Mart.) Württemb. = Medemia argun (Mart.) Württemb. ex H. Wendl. ●☆

247223 Medemia argun (Mart.) Württemb. ex H. Wendl.;阔叶榈●☆

247224 Medemia nobilis (Hildebrandt et H. Wendl.) Drude = Bismarckia nobilis Hildebrandt et H. Wendl. ●☆

247225 Medeola L. (1753);美地草属(美地属,七筋菇属);Indian Cucumber-root, Medeola ■☆

247226 Medeola angustifolia Mill. = Asparagus asparagoides (L.) Druce ■☆

247227 Medeola asparagoides L. = Asparagus asparagoides (L.) Druce ■☆

247228 Medeola virginiana L.;弗州美地草(美地,七筋菇);Cucumber Root, Indian Cucumber Root, Indian Cucumber-root ■☆

247229 Medeolaceae (S. Watson) Takht. = Convallariaceae L. ■

247230 Medeolaceae Takht. (1987);美地草科(美地科,七筋菇科)■

247231 Medeolaceae Takht. = Convallariaceae L. ■

247232 Medeolaceae Takht. = Liliaceae Juss.(保留科名)■●

247233 Mediasia Pimenov = Seseli L. ■

247234 Mediasia Pimenov(1974);梅迪亚什草属■☆

247235 Mediasia macrophylla (Regel et Schmalh.) Pimenov;梅迪亚什草■☆

247236 Medica Cothen. = Dombeya Cav.(保留属名)●☆

247237 Medica Cothen. = Tourrettia Foug.(保留属名)■☆

247238 Medica Mill. = Medicago L.(保留属名)●■

247239 Medicago L. (1753)(保留属名);苜蓿属;Alfalfa, Fingers-and-thumbs, Medic, Medick ●■

247240 Medicago aculeata Gaertn. var. turbinata (L.) Thell. = Medicago turbinata (L.) All. ■☆

247241 Medicago afghanica Vassilicz. = Medicago sativa L. ■

247242 Medicago agrestis Ten.;田地苜蓿■☆

247243 Medicago agrestis Ten. = Medicago rigidula (L.) All. ■☆

247244 Medicago alaschanica Vassilcz.;阿拉善苜蓿;Alashan Medic ■

247245 Medicago apiculata Willd. = Medicago polymorpha L. ■

247246 Medicago arabica (L.) Huds.;褐斑苜蓿(阿拉伯苜蓿,斑点苜蓿);Bar Clover, Brownblotch Medic, Bur Clover, Calvary Clover, Cogweed, Devil's Clover, Heart Clover, Heart Medick, Heart Trefoil, Heart-liver, Purple-grass, Spotted Bur Clover, Spotted Burr Medic, Spotted Clover, Spotted Grass, Spotted Medic, Spotted Medick, St. Mawe's Clover ■

247247 Medicago arabica (L.) Huds. var. longispina Rouy = Medicago arabica (L.) Huds. ■

247248 Medicago arabica (L.) Huds. var. maculata (Willd.) Maire = Medicago arabica (L.) Huds. ■

247249 Medicago arborea L.;木本苜蓿;Moon Trefoil, Tree Alfalfa, Tree Medic, Tree Medick, Tree-like Medic, Woody Medic ●

247250 Medicago arborescens C. Presl = Medicago arborea L. ●

247251 Medicago archiducis-nicolai Sirj.;青海苜蓿(藏青胡卢巴,藏青胡芦巴,短镰荚苜蓿,华西苜蓿,矩镰果苜蓿,矩镰荚苜蓿);Qinghai Medic, Rectanglesickle Medic ■

247252 Medicago arcuata (C. A. Mey.) Trautv. = Trigonella arcuata C. A. Mey. ■

247253 Medicago aschersoniana Urb. = Medicago laciniata (L.) Mill. var. brachycantha Boiss. ■☆

247254 Medicago aschersoniana Urb. = Medicago laciniata (L.) Mill. ■☆

247255 Medicago aschersoniana Urb. var. brachyacantha (Boiss.) Urb. = Medicago laciniata (L.) Mill. var. brachycantha Boiss. ■☆

247256 Medicago aschersoniana Urb. var. brachyacantha (Boiss.) Urb. = Medicago laciniata (L.) Mill. ■☆

247257 Medicago asiatica Sinskaya;亚洲苜蓿;Asia Medic ■☆

247258 Medicago asiatica Sinskaya subsp. sinensis Sinskaya = Medicago sativa L. ■

247259 Medicago beipinensis Vassilcz. = Medicago sativa L. ■

247260 Medicago borealis Grossh.;北苜蓿■☆

247261 Medicago cancellata M. Bieb.;筛孔状苜蓿■☆

247262 Medicago ciliaris (L.) All.;缘毛苜蓿■☆

247263 Medicago ciliaris (L.) All. = Medicago intertexta (L.) Mill. ■☆

247264 Medicago circinnata L. = Hymenocarpos circinnatus (L.) Savi ■☆

247265 Medicago coerulea Less. ex Nyman;蓝苜蓿■☆

247266 Medicago connivans Trautv. var. genuina Trautv. = Trigonella cancellata Desf. ■

247267 Medicago corniculata Trautv. = Trigonella balansae Boiss. et Reut. ■☆

247268 Medicago coronata (L.) Bartal.;冠苜蓿■☆

247269 Medicago coronata Desr. = Medicago coronata (L.) Bartal. ■☆

247270 Medicago corrugata Durieu = Medicago italica (Mill.) Fiori ■☆

247271 Medicago cretacea M. Bieb.;白垩苜蓿■☆

247272 Medicago cupianiana Guss. = Medicago lupulina L. ■

247273 Medicago cylindracea DC. = Medicago littoralis Loisel. ■☆

247274 Medicago cyrenaea Maire et Weiller;昔兰尼苜蓿■☆

247275 Medicago daghestanica Rupr. ex Boiss.;达赫斯坦苜蓿■☆

247276 Medicago denticulata Willd. = Medicago polymorpha L. ■

247277 Medicago denticulata Willd. var. brevispina Benth. = Medicago polymorpha L. var. brevispina (Benth.) Heyn ■

247278 Medicago denticulata Willd. var. reticulata (Benth.) Batt. = Medicago polymorpha L. ■

247279 Medicago denticulata Willd. var. vulgaris Benth. = Medicago polymorpha L. var. vulgaris (Benth.) Heyn ■

247280 Medicago depressa Jord. = Medicago rigidula (L.) All. ■☆

247281 Medicago disciformis DC.;盘苜蓿■☆

247282 Medicago echinus DC.;刺苜蓿;Calvary Clover ■☆

247283 Medicago echinus DC. = Medicago intertexta (L.) Mill. ■☆

247284 Medicago edgeworthii Sirj. = Medicago edgeworthii Sirj. ex Hand. -Mazz. ■

247285 Medicago edgeworthii Sirj. ex Hand. -Mazz.;毛荚苜蓿(毛果胡卢巴,毛果胡芦巴);Hairpod Medic, Hairy-pod Medic ■

247286 Medicago edgeworthii Sirj. ex Hand. -Mazz. = Trigonella pubescens Edgew. ex Baker ■

247287 Medicago elegans Willd. = Medicago rugosa Desr. ■☆

247288 Medicago falcata L. = Medicago sativa L. subsp. falcata (L.) Arcang. ■

247289 Medicago falcata L. subsp. erecta Kotov = Medicago falcata L. var. romanica (Brandza) Hayek ■

247290 Medicago falcata L. subsp. romanica (Brandza) Schwartz et Klink. = Medicago falcata L. var. romanica (Brandza) Hayek ■

247291 Medicago falcata L. var. romanica (Brandza) Hayek;草原苜蓿(罗马苜蓿);Grassland Medic ■

247292 Medicago fischeriana (Ser.) Trautv.;菲舍尔苜蓿■☆

247293 Medicago gerardii Waldst. et Kit. ex Willd.;杰勒德苜蓿■☆

247294 Medicago gerardii Willd. = Medicago gerardi Waldst. et Kit. ex Willd. ■☆

247295 Medicago gerardii Willd. = Medicago rigidula (L.) All. ■☆

247296 Medicago germana Jord. = Medicago rigidula (L.) All. ■☆

247297 Medicago glomerata Balb.;团集苜蓿■☆

247298 Medicago glutinosa M. Bieb.;高加索苜蓿;Caucasia Medic ■☆

247299 Medicago gordeievii Kom. = Trifolium gordejevii (Kom.) Z. Wei ■

247300 Medicago heldreichii E. Small;海氏苜蓿;Heldreich's Alfalfa ■☆

247301 Medicago helix Willd. = Medicago italica (Mill.) Fiori ■☆

247302 Medicago helix Willd. var. laevis (Desf.) Ball = Medicago italica (Mill.) Fiori ■☆

247303 Medicago helix Willd. var. spinulosa Moris = Medicago italica (Mill.) Fiori ■☆

247304 Medicago hemicycla Grossh.;半环苜蓿■☆

247305 Medicago heterocarpa Durieu;异果苜蓿■☆

247306 Medicago hispida Gaertn. = Medicago polymorpha L. ■

247307 Medicago hispida Gaertn. var. apiculata (Willd.) Burnat = Medicago polymorpha L. ■

247308 Medicago hispida Gaertn. var. brachyacantha Lowe = Medicago polymorpha L. ■

247309 Medicago hispida Gaertn. var. confinis (Koch) Burnat = Medicago polymorpha L. ■

247310 Medicago hispida Gaertn. var. denticulata (Willd.) Burnat = Medicago polymorpha L. ■

247311 Medicago hispida Gaertn. var. lappacea (Desr.) Burnat = Medicago polymorpha L. ■

247312 Medicago hispida Gaertn. var. longispina Urb. = Medicago polymorpha L. ■

247313 Medicago hispida Gaertn. var. macracantha (Lowe) Briq. = Medicago polymorpha L. ■

247314 Medicago hispida Gaertn. var. microdon (Ehrenb.) Vis. = Medicago polymorpha L. ■

247315 Medicago hispida Gaertn. var. reticulata (Benth.) Batt. = Medicago polymorpha L. ■

247316 Medicago hypogaea E. Small;地下苜蓿■☆

247317 Medicago intertexta (L.) Mill.;络合苜蓿;Calvary Clover ■☆

247318 Medicago intertexta (L.) Mill. var. ciliaris (L.) Heyn = Medicago intertexta (L.) Mill. ■☆

247319 Medicago intertexta (L.) Mill. var. echinus (Lam.) Burnat = Medicago intertexta (L.) Mill. ■☆

247320 Medicago italica (Mill.) Fiori;意大利苜蓿■☆

247321 Medicago italica (Mill.) Fiori subsp. corrugata (Durieu) Nègre = Medicago italica (Mill.) Fiori ■☆

247322 Medicago italica (Mill.) Fiori subsp. helix (Willd.) Emb. et Maire = Medicago italica (Mill.) Fiori ■☆

247323 Medicago italica (Mill.) Fiori subsp. lenticularis (Desr.) Urb. = Medicago italica (Mill.) Fiori ■☆

247324 Medicago italica (Mill.) Fiori subsp. maroccana Nègre = Medicago italica (Mill.) Fiori ■☆

247325 Medicago italica (Mill.) Fiori subsp. obscura (Retz.) Maire et Weiller = Medicago italica (Mill.) Fiori ■☆

247326 Medicago italica (Mill.) Fiori subsp. striata (Bastard) Greuter et Burdet;条纹意大利苜蓿■☆

247327 Medicago italica (Mill.) Fiori subsp. tornata (L.) Emb. et Maire;旋苜蓿■

247328 Medicago italica (Mill.) Fiori var. aculeata Maire = Medicago italica (Mill.) Fiori ■☆

247329 Medicago italica (Mill.) Fiori var. inermis (Urb.) Emb. et Maire = Medicago italica (Mill.) Fiori ■☆

247330 Medicago italica (Mill.) Fiori var. laevis (Desf.) Maire et Weiller = Medicago italica (Mill.) Fiori ■☆

247331 Medicago italica (Mill.) Fiori var. laevis Emb. et Maire = Medicago italica (Mill.) Fiori ■☆

247332 Medicago italica (Mill.) Fiori var. lenticularis (Desr.) Nègre = Medicago italica (Mill.) Fiori ■☆

247333 Medicago italica (Mill.) Fiori var. muricata (All.) Fiori = Medicago italica (Mill.) Fiori ■☆

247334 Medicago italica (Mill.) Fiori var. obscura (Retz.) Nègre = Medicago italica (Mill.) Fiori ■☆

247335 Medicago italica (Mill.) Fiori var. spinosa (Guss.) Fiori = Medicago italica (Mill.) Fiori ■☆

247336 Medicago juliae Sennen et Mauricio = Medicago murex Willd. ■☆

247337 Medicago laciniata (L.) Mill.;裂叶苜蓿;Cutleaf Medick, Tattered Medick ■☆

247338 Medicago laciniata (L.) Mill. subsp. schimperiana P. Fourn. = Medicago laciniata (L.) Mill. ■☆

247339 Medicago laciniata (L.) Mill. var. brachyacantha Boiss. = Medicago laciniata (L.) Mill. ■☆

247340 Medicago laciniata (L.) Mill. var. brachycantha Boiss.;短花裂叶苜蓿■☆

247341 Medicago laciniata (L.) Mill. var. brevispina Benth. = Medicago laciniata (L.) Mill. ■☆

247342 Medicago laciniata (L.) Mill. var. intermedia Nègre = Medicago laciniata (L.) Mill. ■☆

247343 Medicago laciniata (L.) Mill. var. leonis Sennen et Mauricio = Medicago laciniata (L.) Mill. ■☆

247344 Medicago laciniata (L.) Mill. var. longispina Benth. = Medicago laciniata (L.) Mill. ■☆

247345 Medicago laciniata (L.) Mill. var. micrechinus Maire = Medicago laciniata (L.) Mill. ■☆

247346 Medicago laciniata (L.) Mill. var. saharae Nègre = Medicago laciniata (L.) Mill. ■☆

247347 Medicago laciniata L. = Medicago laciniata (L.) Mill. ■☆

247348 Medicago laevis Desf. = Medicago italica (Mill.) Fiori ■☆

247349 Medicago laevis Desf. var. dicycla Maire = Medicago italica (Mill.) Fiori ■☆

247350 Medicago lanigera Winkl. et B. Fedtsch.;绵毛苜蓿■☆

247351 Medicago lappacea Desr. = Medicago polymorpha L. ■

247352 Medicago lappacea Desr. subsp. denticulata (Willd.) Nyman = Medicago polymorpha L. ■

247353 Medicago lappacea Desr. var. denticulata Urb. = Medicago polymorpha L. ■

247354 Medicago lappacea Desr. var. longispina Urb. = Medicago polymorpha L. ■

247355 Medicago lappacea Desr. var. microcarpa Urb. = Medicago polymorpha L. ■

247356 Medicago lappacea Desr. var. pentacycla Gren. et Godr. = Medicago polymorpha L. ■

247357 Medicago leonis Sennen et Mauricio = Medicago laciniata (L.) Mill. ■☆

247358 Medicago lesinsii E. Small = Medicago heterocarpa Durieu ■☆

247359 Medicago littoralis Loisel.;海岸苜蓿■☆

247360 Medicago littoralis Loisel. var. breviseta DC. = Medicago littoralis Loisel. ■☆

247361 Medicago littoralis Loisel. var. inermis Moris = Medicago littoralis Loisel. ■☆

247362 Medicago littoralis Loisel. var. longiseta DC. = Medicago littoralis Loisel. ■☆

247363 Medicago littoralis Loisel. var. rouyana Fiori = Medicago littoralis Loisel. ■☆

247364 Medicago littoralis Loisel. var. rugulosa Batt. = Medicago littoralis Loisel. ■☆

247365 Medicago littoralis Rohde ex Loisel. = Medicago littoralis Loisel. ■☆

247366 Medicago lupulina L.;天蓝苜蓿(斑鸠,地梭罗,黑荚苜蓿,接筋草,金花菜,老蜗生,青酒缸,清酒缸,三三光,天蓝,丫雀扭,野花生,杂花苜蓿);Black Grass, Black Hay, Black Meddick, Black Medic, Black Medick, Black Nonesuch, Black Trefoil, Blackseed, Brimstone, Dog Clover, Fairy Cheesecake, Fairy Cheese-cake, Fellbloom, Fingers-and-thumbs, Hop Clover, Hop Medic, Hop Medick, Hop Medick Shamrock, Horned Clover, Lamb's Toe, Mustard-tips, Natural Grass, Nonesuch, Sainfoin, Shamrock, Small Clover, Water Medick, Yellow Clover, Yellow Trefoil ■

247367 Medicago lupulina L. subsp. cupaniana (Guss.) Batt. = Medicago lupulina L. var. cupaniana (Guss.) Boiss. ■

247368 Medicago lupulina L. subsp. eurasiatica Braun-Blanq. = Medicago lupulina L. ■

247369 Medicago lupulina L. var. canescens Moris = Medicago lupulina L. ■

247370 Medicago lupulina L. var. cinerea Alleiz. = Medicago lupulina L. ■

247371 Medicago lupulina L. var. cupianiana (Guss.) Boiss. = Medicago lupulina L. ■

247372 Medicago lupulina L. var. eriocarpa (Rouy et Foucaud) Maire = Medicago lupulina L. ■

247373 Medicago lupulina L. var. glandulosa Mert. et W. D. J. Koch = Medicago lupulina L. ■

247374 Medicago lupulina L. var. glandulosa Neilr. = Medicago lupulina L. ■

247375 Medicago maculata Hook. et Arn. = Medicago arabica (L.) Huds. ■

247376 Medicago maculata Sibth. = Medicago arabica (L.) Huds. ■

247377 Medicago maculata Willd. = Medicago arabica (L.) Huds. ■

247378 Medicago marina L.;滨海苜蓿;Sea Medick ■☆

247379 Medicago media Pers. = Medicago varia Martyn ■
247380 Medicago minima (L.) Bartal. = Medicago minima (L.) Grufberg ■
247381 Medicago minima (L.) Grufberg;小苜蓿;Bur Medick,Burr Medic,Little Medic,Prickly Medick,Small Bur Clover,Small Medick ■
247382 Medicago minima (L.) Grufberg var. brevispina Benth.;短刺花苜蓿;Short-spine Medick ■
247383 Medicago minima (L.) L. = Medicago minima (L.) Grufberg ■
247384 Medicago minima (L.) L. var. compacta Neyraut = Medicago minima (L.) Grufberg ■
247385 Medicago minima (L.) L. var. hirsuta (All.) Fiori = Medicago minima (L.) Grufberg ■
247386 Medicago minima (L.) L. var. longiseta DC. = Medicago minima (L.) Grufberg ■
247387 Medicago minima (L.) L. var. pulchella Lowe = Medicago minima (L.) Grufberg ■
247388 Medicago minima (L.) L. var. recta (Desf.) Burnat = Medicago minima (L.) Grufberg ■
247389 Medicago minima (L.) Lam. = Medicago minima (L.) Grufberg ■
247390 Medicago monantha (C. A. Mey.) Trautv. = Trigonella monantha C. A. Mey. subsp. noeana (Boiss.) Hub.-Mor. ■☆
247391 Medicago monantha Blatt.;单花苜蓿;Medick ■☆
247392 Medicago monantha Blatt. = Medicago laciniata (L.) Mill. var. brachycantha Boiss. ■☆
247393 Medicago monspeliaca Trautv.;毛苜蓿;Hairy Medick ■☆
247394 Medicago morisiana Jord. = Medicago rigidula (L.) All. ■☆
247395 Medicago murex Willd.;紫鱼苜蓿■☆
247396 Medicago murex Willd. var. aculeata Urb. = Medicago murex Willd. ■☆
247397 Medicago murex Willd. var. aculeata Urb. subvar. sphaerica Urb.;球形紫鱼苜蓿■☆
247398 Medicago murex Willd. var. breviseta Rouy et Foucaud = Medicago murex Willd. ■☆
247399 Medicago murex Willd. var. inermis (Guss.) Urb.;无刺紫鱼苜蓿■☆
247400 Medicago murex Willd. var. ovata (Carmign.) Urb. = Medicago murex Willd. ■☆
247401 Medicago murex Willd. var. sphaerocarpa (Bertol.) Urb. = Medicago murex Willd. ■☆
247402 Medicago nigra Krock. = Medicago polymorpha L. ■
247403 Medicago obscura Retz. = Medicago italica (Mill.) Fiori ■☆
247404 Medicago obscura Retz. subsp. helix (Willd.) Batt. = Medicago italica (Mill.) Fiori ■☆
247405 Medicago obscura Retz. var. lenticularis Urb. = Medicago italica (Mill.) Fiori ■☆
247406 Medicago obscura Retz. var. tornata (L.) Batt. = Medicago italica (Mill.) Fiori subsp. tornata (L.) Emb. et Maire ■
247407 Medicago orbicularis (L.) Bartal.;杯形苜蓿(蜗壳苜蓿);Blackdisk Medick,Button Clover,Orbicular Medic ■☆
247408 Medicago orbicularis (L.) Bartal. var. applanata (Willd.) Nègre = Medicago orbicularis (L.) Bartal. ■☆
247409 Medicago orbicularis (L.) Bartal. var. biancae (Tod.) Urb. = Medicago orbicularis (L.) Bartal. ■☆
247410 Medicago orbicularis (L.) Bartal. var. catholica Nègre = Medicago orbicularis (L.) Bartal. ■☆
247411 Medicago orbicularis (L.) Bartal. var. macrocarpa Rouy = Medicago orbicularis (L.) Bartal. ■☆
247412 Medicago orbicularis (L.) Bartal. var. marginata (Willd.) Benth. = Medicago orbicularis (L.) Bartal. ■☆
247413 Medicago orbicularis (L.) Bartal. var. pilosa Benth. = Medicago orbicularis (L.) Bartal. ■☆
247414 Medicago orbicularis All. = Medicago orbicularis (L.) Bartal. ■☆
247415 Medicago orthoceras (Kar. et Kir.) Trautv. = Trigonella orthoceras Kar. et Kir. ■
247416 Medicago ovalis (Boiss.) Urb. = Trigonella ovalis Boiss. ■☆
247417 Medicago oxalioides Schur = Medicago arabica (L.) Huds. ■
247418 Medicago papillosa Boiss.;乳头苜蓿■☆
247419 Medicago pentacycla DC.;五轮苜蓿■☆
247420 Medicago pentacycla DC. = Medicago polymorpha L. ■
247421 Medicago plagiospira Durieu = Medicago soleirolii Duby ■☆
247422 Medicago platycarpos (L.) Trautv.;阔荚苜蓿(宽果胡卢巴,宽荚苜蓿);Broadpod Medic ■
247423 Medicago polyceratia (L.) Trautv. = Trigonella polyceratia L. ■☆
247424 Medicago polychroa Grossh.;多色苜蓿■☆
247425 Medicago polymorpha L.;南苜蓿(斑鸠,草头,刺球苜蓿,黄花草子,金花菜,麦旋子,母齐头,木粟,牧宿,苜蓿);Bur Clover,Bur Medick,Burclover,California Bur Clover,California Burclover,California Bur-clover,Hairy Medick,Manyform Medic,Toothed Burr Medic,Toothed Medick ■
247426 Medicago polymorpha L. subsp. brevispina (Benth.) Heyn;短刺南苜蓿■☆
247427 Medicago polymorpha L. subsp. polycarpa (Willd.) Romero Zarco = Medicago polymorpha L. ■
247428 Medicago polymorpha L. var. arabica L. = Medicago arabica (L.) Huds. ■
247429 Medicago polymorpha L. var. brevispina (Benth.) Heyn;光果南苜蓿;Glabrous-fruited Medick ■
247430 Medicago polymorpha L. var. brevispina Heyn = Medicago polymorpha L. ■
247431 Medicago polymorpha L. var. confinis (W. D. J. Koch) Dikli?;毗邻苜蓿■☆
247432 Medicago polymorpha L. var. laciniata L. = Medicago laciniata (L.) Mill. ■☆
247433 Medicago polymorpha L. var. minima L. = Medicago minima (L.) Grufberg ■
247434 Medicago polymorpha L. var. orbicularis L. = Medicago orbicularis (L.) Bartal. ■☆
247435 Medicago polymorpha L. var. vulgaris (Benth.) Heyn;刺果南苜蓿;Spine-fruited Medick ■
247436 Medicago polymorpha L. var. vulgaris (Benth.) Shinners = Medicago polymorpha L. ■
247437 Medicago praecox DC.;早花苜蓿(早苜蓿);Early Medick,Earlybloom Medic,Early-ripe Medic ■
247438 Medicago procumbens Besser;平铺苜蓿;Procumbent Medick ■☆
247439 Medicago pseudogranatensis Blatt. = Medicago laciniata (L.) Mill. var. brachycantha Boiss. ■☆
247440 Medicago pubescens (Edgew. ex Baker) Sirj. = Medicago edgeworthii Sirj. ex Hand.-Mazz. ■
247441 Medicago radiata L.;辐射苜蓿■☆
247442 Medicago reticulata Benth. = Medicago polymorpha L. ■

247443 Medicago rigidula (L.) All.;硬苜蓿;Tifton Burclover ■☆

247444 Medicago rigidula (L.) All. var. agrestis (Ten.) Burnat = Medicago rigidula (L.) All. ■☆

247445 Medicago rigidula (L.) All. var. germana (Jord.) Rouy = Medicago rigidula (L.) All. ■☆

247446 Medicago rigidula (L.) All. var. minor (Ser.) = Medicago rigidula (L.) All. ■☆

247447 Medicago romanica Brandza = Medicago falcata L. subsp. romanica (Brandza) Schwartz et Klink. ■

247448 Medicago romanica Brandza = Medicago falcata L. var. romanica (Brandza) Hayek ■

247449 Medicago rotata Boiss.;射线苜蓿■☆

247450 Medicago rugosa Desr.;褶皱苜蓿;Wrinkled Medick ■☆

247451 Medicago rupestris M. Bieb.;岩岸苜蓿■☆

247452 Medicago ruthenica (L.) Trautv.;花苜蓿(扁豆子,扁宿豆,扁蓿豆,苜蓿草,透骨草,野苜蓿,杂花苜蓿);Russian Fenugreek, Ruthenia Medic ■

247453 Medicago ruthenica (L.) Trautv. var. chinensis Sirj.;华苜蓿;Chinese Medick ■

247454 Medicago ruthenica (L.) Trautv. var. latifolia Freyn;宽叶苜蓿;Broadleaf Medick ■

247455 Medicago ruthenica (L.) Trautv. var. oblongifolia Freyn;椭叶苜蓿■

247456 Medicago sativa L.;紫苜蓿(风光,风光草,怀风,连枝草,木粟,牧宿,牧蓿,苜蓿,土黄耆,蓿草,紫花苜蓿);Alfalfa, Blue Alfalfa, Burgundy Hay, Great Trefoil, Greek Alfalfa, Holy Hay, Lucerne, Lucifer, Medick Fodder, Medick-fodder, Purple Medick, Sainfoin, Snail Clover ■

247457 Medicago sativa L. subsp. falcata (L.) Arcang.;镰状紫苜蓿(豆豆苗,黄花苜蓿,连生花,镰荚苜蓿,苜蓿,野苜蓿);Alfalfa, Sickle Alfalfa, Sickle Medic, Siekle Medick, Yellow Alfalfa, Yellow Medick, Yellow Sickle Medic ■

247458 Medicago sativa L. subsp. falcata (L.) Arcang. = Medicago falcata L. ■

247459 Medicago sativa L. subsp. microcarpa Urb.;小果紫苜蓿■

247460 Medicago sativa L. subsp. varia (Martyn) Arcang. = Medicago varia Martyn ■

247461 Medicago sativa L. var. gaetula Urb. = Medicago sativa L. ■

247462 Medicago sativa L. var. integrifoliota C. W. Chang;酸节草;Entire-leaved Medick ■

247463 Medicago sauvagei Nègre;索瓦热苜蓿■☆

247464 Medicago sauvagei Nègre var. recta ? = Medicago sauvagei Nègre ■☆

247465 Medicago sauvagei Nègre var. uncinata ? = Medicago sauvagei Nègre ■☆

247466 Medicago savia L. subsp. falcata (L.) Arcang. = Medicago falcata L. ■

247467 Medicago saxatilis M. Bieb.;石生苜蓿;Saxatile Medick ■☆

247468 Medicago schischkinii Sumner;新疆苜蓿;Schischkin Medick, Xinjiang Medic ■

247469 Medicago scutellata (L.) Mill.;盾状苜蓿(蜗牛草);Snail Medick ■☆

247470 Medicago secundiflora Durieu;侧花苜蓿■☆

247471 Medicago sibirica DC.;西伯利亚苜蓿■☆

247472 Medicago sirjearwii Hand. -Mazz. = Medicago archiducis-nicolai Sirj. ■

247473 Medicago soleirolii Duby;苏氏苜蓿■☆

247474 Medicago sphaerocarpa Bertol. = Medicago murex Willd. ■☆

247475 Medicago striata Bastard = Medicago italica (Mill.) Fiori subsp. striata (Bastard) Greuter et Burdet ■☆

247476 Medicago suffruticosa DC.;灌木苜蓿●☆

247477 Medicago suffruticosa DC. subsp. leiocarpa (Benth.) Urb. = Medicago suffruticosa DC. ●☆

247478 Medicago suffruticosa DC. subsp. maroccana (Batt.) Jahand. et Maire = Medicago suffruticosa DC. ●☆

247479 Medicago suffruticosa DC. var. glabrescens Nègre = Medicago suffruticosa DC. subsp. leiocarpa (Benth.) Urb. ●☆

247480 Medicago suffruticosa DC. var. maroccana Batt. = Medicago suffruticosa DC. ●☆

247481 Medicago suffruticosa DC. var. villosa Benth. = Medicago suffruticosa DC. ●☆

247482 Medicago tenoreana Ser.;泰诺雷苜蓿■☆

247483 Medicago tianschanica Vassilcz. = Medicago varia Martyn ■

247484 Medicago tibetana (Alef.) Vassilcz. = Medicago sativa L. ■

247485 Medicago tornata (L.) Mill. = Medicago italica (Mill.) Fiori subsp. tornata (L.) Emb. et Maire ■

247486 Medicago trautvetterii Sumnev.;特劳特苜蓿■☆

247487 Medicago tribuloides Desr. = Medicago truncatula Gaertn. ■☆

247488 Medicago tribuloides Desr. var. longeaculeata Ball = Medicago truncatula Gaertn. ■☆

247489 Medicago tribuloides Desr. var. narbonensis Ser.;纳博苜蓿■☆

247490 Medicago tribuloides Desr. var. retiuscula Rouy = Medicago truncatula Gaertn. ■☆

247491 Medicago tribuloides Desr. var. subinermis Bég. et Vacc. = Medicago truncatula Gaertn. ■☆

247492 Medicago tribuloides Desr. var. uncinata Rouy = Medicago truncatula Gaertn. ■☆

247493 Medicago truncatula Gaertn.;平截苜蓿;Strong-spined Medick ■☆

247494 Medicago truncatula Gaertn. var. breviaculeata Urb. = Medicago truncatula Gaertn. ■☆

247495 Medicago truncatula Gaertn. var. fontqueri Nègre = Medicago truncatula Gaertn. ■☆

247496 Medicago truncatula Gaertn. var. laciniata Batt. = Medicago truncatula Gaertn. ■☆

247497 Medicago truncatula Gaertn. var. narbonensis (Ser.) Thell. = Medicago truncatula Gaertn. ■☆

247498 Medicago truncatula Gaertn. var. rugosissima Maire et Weiller = Medicago truncatula Gaertn. ■☆

247499 Medicago tuberculata (Retz.) Willd. = Medicago turbinata (L.) All. ■☆

247500 Medicago tuberculata (Retz.) Willd. var. spinulosa (DC.) Fiori = Medicago turbinata (L.) All. ■☆

247501 Medicago tuberculata (Retz.) Willd. var. vulgaris Moris = Medicago turbinata (L.) All. ■☆

247502 Medicago turbinata (L.) All. = Medicago turbinata Willd. ■☆

247503 Medicago turbinata (L.) All. var. cylindracea Nègre = Medicago turbinata (L.) All. ■☆

247504 Medicago turbinata (L.) All. var. muricata (Benth.) Boiss. = Medicago turbinata (L.) All. ■☆

247505 Medicago turbinata (L.) All. var. sphaerocarpos Nègre = Medicago turbinata (L.) All. ■☆

247506 Medicago turbinata Willd.;南方苜蓿;Southern Medick ■☆

247507 Medicago varia Martyn;杂交苜蓿(天山苜蓿,杂色苜蓿,中间

苜蓿);Bastard Lucerne, Changeable Medic, Hybrid Alfalfa, Hybrid Medic, Sand Lucerne ■
247508 Medicago varia Martyn = Medicago sativa L. subsp. varia (Martyn) Arcang. ■
247509 Medicago vassilczenkoi Vorosch.;辽西苜蓿;Vassilczenko Medic ■
247510 Medicago virescens Grossh.;浅绿苜蓿■☆
247511 Medicago virginica L. = Lespedeza virginica (L.) Britton ●☆
247512 Medicasia Willk. = Medicusia Moench ■
247513 Medicasia Willk. = Pieris D. Don ●
247514 Medicia Gardner ex Champ. = Gelsemium Juss. ●
247515 Medicia elegans Gardner et Champ. = Gelsemium elegans (Gardner et Champ.) Benth. ●
247516 Medicosma Hook. f. (1862);橘香木属●☆
247517 Medicosma elliptica T. G. Hartley;椭圆橘香木●☆
247518 Medicosma glandulosa T. G. Hartley;腺点橘香木●☆
247519 Medicosma gracilis T. G. Hartley;细橘香木●☆
247520 Medicosma obovata T. G. Hartley;倒卵橘香木●☆
247521 Medicosma parvifolia T. G. Hartley;小叶橘香木●☆
247522 Medicosma sessiliflora (C. T. White) T. G. Hartley;无梗橘香木●☆
247523 Medicula Medik. = Medicago L. (保留属名)●■
247524 Medicusia Moench = Picris L. ■
247525 Medinilla Gaudich. = Medinilla Gaudich. ex DC. ●
247526 Medinilla Gaudich. ex DC. (1828);酸脚杆属(蔓野牡丹属,美蒂花属,美丁花属,野牡丹藤属);Medinilla ●
247527 Medinilla acutissimifolia H. Perrier;尖叶酸脚杆●☆
247528 Medinilla africana Cogn. = Ochthocharis dicellandroides (Gilg) Hansen et Wickens ●☆
247529 Medinilla afromontana J. -P. Lebrun et Taton = Medinilla mannii Hook. f. ●☆
247530 Medinilla albiflora H. Perrier;白花酸脚杆●☆
247531 Medinilla ambrensis Jum. et H. Perrier;昂布尔酸脚杆●☆
247532 Medinilla amplexicaulis Baker = Medinilla cordifolia Roxb. ●☆
247533 Medinilla angustifolia Jum. et H. Perrier;窄叶酸脚杆●☆
247534 Medinilla ankaizinensis H. Perrier;安凯济纳酸脚杆●☆
247535 Medinilla arboricola F. C. How;附生美丁花(附生美蒂花);Epiphytic Medinilla, Parasitic Medinilla, Treed Medinilla ●
247536 Medinilla ascendens Jum. et H. Perrier;上升酸脚杆●☆
247537 Medinilla assamica (C. B. Clarke) C. Chen;顶花酸脚杆(美丁花,牛皮草,酸藤子);Assam Medinilla, Spire Medinilla, Topflower Anplectrum, Topflower Medinilla ●
247538 Medinilla baroni Baker;巴龙酸脚杆●☆
247539 Medinilla caerulescens Guillaumin = Medinilla septentrionalis (W. W. Sm.) H. L. Li ●
247540 Medinilla caerulescens Guillaumin var. nuda Craib = Medinilla septentrionalis (W. W. Sm.) H. L. Li ●
247541 Medinilla campanulata Jum. et H. Perrier;风铃草状酸脚杆●☆
247542 Medinilla chapelieri Cogn.;沙普酸脚杆●☆
247543 Medinilla chermezonii H. Perrier;谢尔默宗酸脚杆●☆
247544 Medinilla cordifera Jum. et H. Perrier = Medinilla sedifolia Jum. et H. Perrier ●☆
247545 Medinilla cordifolia Roxb.;心叶酸脚杆●☆
247546 Medinilla coronata Regalado = Carionia elegans Naudin ●☆
247547 Medinilla coursiana H. Perrier;库尔斯酸脚杆●☆
247548 Medinilla cucullata H. Perrier;僧帽状酸脚杆●☆
247549 Medinilla cummingii Naudin;卡氏酸脚杆;Cuming's Medinilla ●☆
247550 Medinilla cymosa Jum. et H. Perrier;聚伞酸脚杆●☆
247551 Medinilla decaryi H. Perrier;德卡里酸脚杆●☆
247552 Medinilla divaricata Baker;叉开酸脚杆●☆
247553 Medinilla elongata Cogn. = Gravesia elongata (Cogn.) H. Perrier ●☆
247554 Medinilla emarginata Craib = Medinilla rubicunda (Jack) Blume var. tibetica C. Chen ●
247555 Medinilla engleri Gilg;恩格勒酸脚杆●☆
247556 Medinilla entii E. Hossain = Medinilla mannii Hook. f. ●☆
247557 Medinilla ericarum Jum. et H. Perrier;毛果酸脚杆●☆
247558 Medinilla erythrophylla Lindl.;红叶酸脚杆(红豆酸脚杆);Redleaf Medinilla, Red-leaved Medinilla ●
247559 Medinilla erythrophylla Wall. ex Lindl. = Medinilla rubicunda (Jack) Blume var. tibetica C. Chen ●
247560 Medinilla falcata H. Perrier;镰形酸脚杆●☆
247561 Medinilla fasciculata Baker;簇生酸脚杆●☆
247562 Medinilla fengii (S. Y. Hu) C. Y. Wu et C. Chen;酸果酸脚杆(酸果,西畴酸脚杆);Feng Medinilla ●
247563 Medinilla flagellifera Jum. et H. Perrier;鞭状酸脚杆●☆
247564 Medinilla formosana Hayata;台湾野牡丹藤(蔓野牡丹,台湾酸脚杆);Formosan Medinilla, Taiwan Medinilla ●
247565 Medinilla formosana Hayata var. hayatana (H. Keng) S. S. Ying = Medinilla hayataiana H. Keng ●
247566 Medinilla fuligineoglandulifera C. Chen;细点酸脚杆(细美酸脚杆);Soóty-glandular Medinilla ●
247567 Medinilla fuligineoglandulifera C. Chen = Medinilla rubicunda (Jack) Blume var. tibetica C. Chen ●
247568 Medinilla glomerata Jum. et H. Perrier;团集酸脚杆●☆
247569 Medinilla hainanensis Merr. et Chun;海南美丁花;Hainan Medinilla ●
247570 Medinilla hainanensis Merr. et Chun = Medinilla rubicunda (Jack) Blume var. tibetica C. Chen ●
247571 Medinilla hayataiana H. Keng;糠秕酸脚杆(兰屿野牡丹藤,野牡丹藤,早田氏蔓野牡丹);Hayata Medinilla ●
247572 Medinilla himalayana Hook. f. ex Triana;锥序酸脚杆;Himalayan Medinilla, Himalayas Medinilla ●
247573 Medinilla humbertiana H. Perrier;亨伯特酸脚杆●☆
247574 Medinilla humblotii Cogn.;洪布酸脚杆●☆
247575 Medinilla ibityensis H. Perrier;伊比提酸脚杆●☆
247576 Medinilla intermedia H. Perrier;间型酸脚杆●☆
247577 Medinilla ivohibeensis H. Perrier;伊武希贝酸脚杆●☆
247578 Medinilla kawakamii Hayata = Medinilla hayataiana H. Keng ●
247579 Medinilla lanceata (M. P. Nayar) C. Chen;酸脚杆;Common Medinilla, Lance Medinilla ●
247580 Medinilla lanceolata Baker;披针形酸脚杆●☆
247581 Medinilla leptophylla Baker;细叶酸脚杆●☆
247582 Medinilla linearifolia Baker;线叶酸脚杆●☆
247583 Medinilla longifolia Jum. et H. Perrier;长叶酸脚杆●☆
247584 Medinilla lophoclada Baker;冠枝酸脚杆●☆
247585 Medinilla luchuenensis C. Y. Wu et C. Chen;禄春酸脚杆;Luchun Medinilla ●
247586 Medinilla luchuenensis C. Y. Wu et C. Chen = Medinilla himalayana Hook. f. ex Triana ●
247587 Medinilla macrophylla Jum. et H. Perrier;大叶酸脚杆●☆
247588 Medinilla macropoda Jum. et H. Perrier = Gravesia macropoda (Jum. et H. Perrier) H. Perrier ●☆
247589 Medinilla magnifica Lindl.;粉苞酸脚杆(宝莲灯,宝莲花);

Medinilla ●☆
247590 Medinilla mandrakensis H. Perrier;曼德拉卡酸脚杆●☆
247591 Medinilla mannii Hook. f.;曼氏酸脚杆●☆
247592 Medinilla masoalensis Jum. et H. Perrier;马苏阿拉酸脚杆●☆
247593 Medinilla matitanensis Jum. et H. Perrier;马蒂坦酸脚杆●☆
247594 Medinilla micrantha Jum. et H. Perrier;小花酸脚杆●☆
247595 Medinilla micranthera Jum. et H. Perrier;小药酸脚杆●☆
247596 Medinilla mirabilis (Gilg) Jacq. -Fél.;奇异酸脚杆●☆
247597 Medinilla nana S. Y. Hu;矮酸脚杆;Dwarf Medinilla ●
247598 Medinilla nervosa Cogn. = Gravesia laxiflora (Naudin) Baill. ●☆
247599 Medinilla oblongifolia Cogn.;矩圆叶酸脚杆●☆
247600 Medinilla occidentalis Naudin;西方酸脚杆●☆
247601 Medinilla ovata Jum. et H. Perrier;卵叶酸脚杆●☆
247602 Medinilla pachyphylla Jum. et H. Perrier;厚叶酸脚杆●☆
247603 Medinilla papillosa Baker;乳头酸脚杆●☆
247604 Medinilla papillosa Baker var. ramosissima Jum. et H. Perrier = Medinilla papillosa Baker ●☆
247605 Medinilla parvifolia Baker;小叶酸脚杆●☆
247606 Medinilla pendens Jum. et H. Perrier;彭达酸脚杆●☆
247607 Medinilla petelotii Merr.;沙巴酸脚杆;Petelot Medinilla ●
247608 Medinilla prostrata Jum. et H. Perrier;平卧酸脚杆●☆
247609 Medinilla quadrangularis Jum. et H. Perrier;棱角酸脚杆●☆
247610 Medinilla quartzitarum Jum. et H. Perrier;阔茨酸脚杆●☆
247611 Medinilla radicans Blume = Medinilla arboricola F. C. How ●
247612 Medinilla radiciflora C. Y. Wu = Medinilla lanceata (M. P. Nayar) C. Chen ●
247613 Medinilla radiciflora C. Y. Wu ex C. Chen = Medinilla lanceata (M. P. Nayar) C. Chen ●
247614 Medinilla rotundiflora H. Perrier;圆叶酸脚杆●☆
247615 Medinilla rubella H. Perrier;微红酸脚杆●☆
247616 Medinilla rubicunda (Jack) Blume var. tibetica C. Chen;红花酸脚杆(墨脱酸脚杆);Motuo Medinilla, Tibetica Medinilla ●
247617 Medinilla rubicunda Blume = Medinilla erythrophylla Lindl. ●
247618 Medinilla rubicunda Blume var. tibetica C. Chen = Medinilla rubicunda (Jack) Blume var. tibetica C. Chen ●
247619 Medinilla rubrinervia Jum. et H. Perrier;红脉酸脚杆●☆
247620 Medinilla rubripes Jum. et H. Perrier = Gravesia rubripes (Jum. et H. Perrier) H. Perrier ■☆
247621 Medinilla sarcorhiza (Baill.) Cogn.;肉根酸脚杆●☆
247622 Medinilla sedifolia Jum. et H. Perrier;景天叶酸脚杆●☆
247623 Medinilla septentrionalis (W. W. Sm.) H. L. Li;北酸脚杆(黄稔根,酸接木,藤稔);Northern Medinilla ●
247624 Medinilla sphaerocarpa Hochr.;球果酸脚杆●☆
247625 Medinilla spirei Guillaumin = Medinilla assamica (C. B. Clarke) C. Chen ●
247626 Medinilla subcordata Cogn.;近心形酸脚杆●☆
247627 Medinilla taiwaniana Yuen P. Yang et H. Y. Liu = Medinilla fengii (S. Y. Hu) C. Y. Wu et C. Chen ●
247628 Medinilla taiwaniana Yuen P. Yang et H. Y. Liu = Pachycentria formosana Hayata ●
247629 Medinilla tetragona Cogn.;四角酸脚杆●☆
247630 Medinilla torrentum Jum. et H. Perrier;托尔酸脚杆●☆
247631 Medinilla triangularis Jum. et H. Perrier;三角酸脚杆●☆
247632 Medinilla tsaii H. L. Li = Medinilla petelotii Merr. ●
247633 Medinilla tsinjoarivensis H. Perrier;钦祖阿里武酸脚杆●☆
247634 Medinilla tuberosa Jum. et H. Perrier;块状酸脚杆●☆
247635 Medinilla uncidens Jum. et H. Perrier;钩齿酸脚杆●☆
247636 Medinilla venosa Blume;多脉黏酸脚杆;Holdtight Medinilla ●☆
247637 Medinilla viguieri H. Perrier;维基耶酸脚杆●☆
247638 Medinilla violacea Jum. et H. Perrier = Gravesia medinilloides H. Perrier ●☆
247639 Medinilla viscoides (Lindl.) Triana;黏酸脚杆●☆
247640 Medinilla yunnanensis H. L. Li;滇酸脚杆;Yunnan Medinilla ●
247641 Medinilla yunnanensis H. L. Li = Medinilla rubicunda (Jack) Blume var. tibetica C. Chen ●
247642 Medinillopsis Cogn. (1891);类酸脚杆属●☆
247643 Medinillopsis Cogn. = Plethiandra Hook. f. ●☆
247644 Medinillopsis beccariana Cogn.;类酸脚杆●☆
247645 Mediocactus Britton et Rose = Disocactus Lindl. ●☆
247646 Mediocactus Britton et Rose = Hylocereus (A. Berger) Britton et Rose ●
247647 Mediocactus Britton et Rose = Selenicereus (A. Berger) Britton et Rose ●
247648 Mediocactus Britton et Rose(1920);硬刺柱属■●☆
247649 Mediocactus coccineus (DC.) Britton et Rose;绯红硬刺柱■☆
247650 Mediocactus megalanthus (K. Schum. ex Vaupel) Britton et Rose;大花硬刺柱■☆
247651 Mediocalcar J. J. Sm. (1900);石榴兰属■☆
247652 Mediocalcar alpinum J. J. Sm.;高山石榴兰■☆
247653 Mediocalcar angustifolium Gilli;窄叶石榴兰■☆
247654 Mediocalcar bicolor J. J. Sm.;二色石榴兰■☆
247655 Mediocalcar bifolium J. J. Sm.;双叶石榴兰■☆
247656 Mediocalcar latifolium Schltr.;宽叶石榴兰■☆
247657 Mediocalcar montanum Ridl.;山地石榴兰■☆
247658 Mediocalcar stenopetalum Schltr.;窄瓣石榴兰■☆
247659 Mediocalcar uniflorum Schltr.;单花石榴兰■☆
247660 Mediocalcas Willis = Mediocalcar J. J. Sm. ■☆
247661 Mediocereus Frič et Kreuz. = Disocactus Lindl. ●☆
247662 Mediocereus Frič et Kreuz. = Hylocereus (A. Berger) Britton et Rose ●
247663 Mediocereus Frič et Kreuz. = Mediocactus Britton et Rose ■●☆
247664 Mediolobivia Backeb. (1934);肖丽花球属■☆
247665 Mediolobivia Backeb. = Rebutia K. Schum. ●
247666 Mediolobivia elegans Backeb. = Rebutia aureiflora Backeb. subsp. elegans (Backeb.) Donald ■☆
247667 Mediolobivia haefneriana Cullmann;晓映球(晓映丸)■☆
247668 Mediolobivia neopygmaea Backeb.;美桃球(美桃丸)■☆
247669 Mediolobivia nigricans (Wessner) Krainz;黑映球(黑映丸)■☆
247670 Mediolobivia pectinata Backeb. ex Krainz;花稚儿■☆
247671 Mediolobivia pectinata Backeb. ex Krainz var. atrovirens (Backeb.) Backeb.;绿绮球(绿绮丸)■☆
247672 Mediolobivia pectinata Backeb. ex Krainz var. orurensis (Backeb.) Backeb.;红唇球(红唇丸)■☆
247673 Mediolobivia pygmaea (R. E. Fr.) Backeb. = Rebutia pygmaea (R. E. Fr.) Britton et Rose ●☆
247674 Mediolobivia schmiedcheniana (U. Köhler) Krainz;金笠仙人球(华宝丸)■☆
247675 Mediorebutia Frič = Rebutia K. Schum. ●
247676 Medium Fisch. ex A. DC. = Campanula L. ■●
247677 Medium Opiz = Campanula L. ■●
247678 Mediusella (Cavaco) Dorr(1973);由叶苞杯花属●☆
247679 Mediusella bernieri (Baill.) Dorr;由叶苞杯花●☆

247680 Medora Kunth = Smilacina Desf.(保留属名)■

247681 Medora divaricata Kunth = Maianthemum fuscum (Wall.) LaFrankie ■

247682 Medranoa Urbatsch et R. P. Roberts(2004);多枝木黄花属●☆

247683 Medranoa parrasana (S. F. Blake) Urbatsch et R. P. Roberts;多枝木黄花●☆

247684 Medusa Lour. = Rinorea Aubl.(保留属名)●

247685 Medusaea Rchb. = Euphorbia L. ●■

247686 Medusaea Rchb. = Medusea Haw. ●■

247687 Medusagynaceae Engl. et Gilg(1924)(保留科名);环柱树科(伞果树科,水母柱科)●☆

247688 Medusagyne Baker(1877);环柱树属●☆

247689 Medusagyne oppositifolia Baker;环柱树●☆

247690 Medusandra Brenan(1952);毛丝花属●☆

247691 Medusandra mpomiana Letouzey et Satabié;喀麦隆毛丝花●☆

247692 Medusandra richardsiana Brenan;毛丝花●☆

247693 Medusandraceae Brenan(1952)(保留科名);毛丝花科●☆

247694 Medusanthera Seem.(1864);神药茱萸属●☆

247695 Medusanthera australis (C. T. White) R. A. Howard;澳洲神药茱萸●☆

247696 Medusanthera glabra (Merr.) R. A. Howard;光神药茱萸●☆

247697 Medusanthera gracilis (King) Sleumer;细神药茱萸●☆

247698 Medusanthera laxiflora (Miers) R. A. Howard;疏花神药茱萸●☆

247699 Medusanthera ovata R. A. Howard;卵形神药茱萸●☆

247700 Medusather (Griseb.) Candargy = Cuviera DC.(保留属名)■☆

247701 Medusather (Griseb.) Candargy = Hordelymus (Jess.) Jess. ex Harz ■☆

247702 Medusather Candargy = Hordelymus (Jess.) Jess. ex Harz ■☆

247703 Medusea Haw. = Euphorbia L. ●■

247704 Medusogyna Post et Kuntze = Medusagyne Baker ●☆

247705 Medusorchis Szlach. = Habenaria Willd. ■

247706 Medusorchis polytricha (Rolfe) Szlach. = Habenaria polytricha Rolfe ■

247707 Medusula Pers. = Medusa Lour. ●

247708 Medusula Pers. = Rinorea Aubl.(保留属名)●

247709 Medyphylla Opiz = Astragalus L. ●■

247710 Meeboldia H. Wolff = Sinodielsia H. Wolff ■

247711 Meeboldia H. Wolff(1924);滇芹属(藏香芹属,藏香叶芹属);Sinodielsia ■

247712 Meeboldia Pax et K. Hoffm. = Boscia Lam. ex J. St. -Hil.(保留属名)■☆

247713 Meeboldia Pax et K. Hoffm. = Hypselandra Pax et K. Hoffm. ■☆

247714 Meeboldia achilleifolia (DC.) P. K. Mukh. et Constance = Meeboldia achilleifolia (Wall. ex DC.) Mukh. et Constance ■

247715 Meeboldia achilleifolia (Wall. ex DC.) Mukh. et Constance;蓍叶滇芹(蓍叶藏香芹)■

247716 Meeboldia yunnanensis (H. Wolff) Constance et F. T. Pu;滇芹(藏香叶芹,滇藁本,黄藁本,昆明芹,秦归);Common Sinodielsia ■

247717 Meeboldina Suess.(1943);米波草属■☆

247718 Meeboldina denmarkica Suess.;米波草■☆

247719 Meehania Britton ex Small et Vaill. = Meehania Britton ■

247720 Meehania Britton(1894);龙头草属;Dragonheadsage,Meehania ■

247721 Meehania cordata (Nutt.) Britton;心形龙头草■☆

247722 Meehania faberi (Hemsl.) C. Y. Wu;肉叶龙头草(肉叶美汉花,铁板青);Faber Dragonheadsage,Faber Meehania ■

247723 Meehania fargesii (H. Lév.) C. Y. Wu;华西龙头草(红紫苏,华西美汉花,水升麻);Farges Dragonheadsage,Farges Meehania ■

247724 Meehania fargesii (H. Lév.) C. Y. Wu var. obtusata Tao Chen;钝齿华西龙头草(钝齿龙头草);Obtusetooth Farges Meehania ■

247725 Meehania fargesii (H. Lév.) C. Y. Wu var. pedunculata (Hemsl.) C. Y. Wu;梗花华西龙头草(发口菜,山苏麻,疏麻菜);Pedunculate Farges Meehania ■

247726 Meehania fargesii (H. Lév.) C. Y. Wu var. pinetorum (Hand. -Mazz.) C. Y. Wu;松林华西龙头草(松林龙头草)■

247727 Meehania fargesii (H. Lév.) C. Y. Wu var. radicans (Vaniot) C. Y. Wu;走茎华西龙头草(红紫苏,木犀臭,走茎龙头草);Creeping Farges Meehania ■

247728 Meehania henryi (Hemsl.) Y. Z. Sun ex C. Y. Wu;龙头草(长穗美汉花,鲤鱼);Henry Dragonheadsage,Henry Meehania ■

247729 Meehania henryi (Hemsl.) Y. Z. Sun ex C. Y. Wu var. kaitcheensis (H. Lév.) C. Y. Wu;长叶龙头草■

247730 Meehania henryi (Hemsl.) Y. Z. Sun ex C. Y. Wu var. stachydifolia (H. Lév.) C. Y. Wu;圆基叶龙头草■

247731 Meehania montis-koyae Ohwi;木屋龙头草■☆

247732 Meehania pinetorum (Hand. -Mazz.) Kudo = Meehania fargesii (H. Lév.) C. Y. Wu var. pinetorum (Hand. -Mazz.) C. Y. Wu ■

247733 Meehania pinfaensis (H. Lév.) Y. Z. Sun ex C. Y. Wu;狭叶龙头草(狭叶美汉花);Narrowleaf Dragonheadsage, Narrowleaf Meehania ■

247734 Meehania radicans (Vaniot) A. L. Budantzev = Meehania fargesii (H. Lév.) C. Y. Wu var. radicans (Vaniot) C. Y. Wu ■

247735 Meehania reticifolium (Vaniot) A. L. Budantzev var. typica f. radicans (Dunn) Hand. -Mazz. = Meehania fargesii (H. Lév.) C. Y. Wu var. radicans (Vaniot) C. Y. Wu ■

247736 Meehania urticifolia (Miq.) Kom. = Meehania urticifolia (Miq.) Makino ■

247737 Meehania urticifolia (Miq.) Kom. var. faberi (Hemsl.) Kudo = Meehania faberi (Hemsl.) C. Y. Wu ■

247738 Meehania urticifolia (Miq.) Kom. var. typica Kudo = Meehania urticifolia (Miq.) Makino ■

247739 Meehania urticifolia (Miq.) Makino;荨麻叶龙头草(美汉花,芝麻花);Nettleleaf Dragonheadsage,Nettleleaf Meehania ■

247740 Meehania urticifolia (Miq.) Makino = Meehania fargesii (H. Lév.) C. Y. Wu ■

247741 Meehania urticifolia (Miq.) Makino f. leucantha H. Hara;白花荨麻叶龙头草■

247742 Meehania urticifolia (Miq.) Makino f. rosea J. Ohara = Meehania urticifolia (Miq.) Makino f. rubra T. B. Lee ■

247743 Meehania urticifolia (Miq.) Makino f. rubra T. B. Lee;红花荨麻叶龙头草■

247744 Meehania urticifolia (Miq.) Makino var. angustifolia f. racemosa (Dunn) Hand. -Mazz. = Meehania fargesii (H. Lév.) C. Y. Wu var. pedunculata (Hemsl.) C. Y. Wu ■

247745 Meehania urticifolia (Miq.) Makino var. faberi (Hemsl.) Kudo = Meehania faberi (Hemsl.) C. Y. Wu ■

247746 Meehania urticifolia (Miq.) Makino var. henryi (Hemsl.) Kudo = Meehania henryi (Hemsl.) Y. Z. Sun ex C. Y. Wu ■

247747 Meehania urticifolia (Miq.) Makino var. montis-koyae (Ohwi) Ohwi = Meehania montis-koyae Ohwi ■☆

247748 Meehania urticifolia (Miq.) Makino var. pinetorum Hand. -Mazz. = Meehania fargesii (H. Lév.) C. Y. Wu var. pinetorum (Hand. -Mazz.) C. Y. Wu ■

247749 Meehania urticifolia (Miq.) Makino var. typica f. normalis (Dunn) Hand.-Mazz. = Meehania fargesii (H. Lév.) C. Y. Wu ■
247750 Meehaniopsis Kudo = Glechoma L.(保留属名)■
247751 Meehaniopsis Kudo(1929);假龙头草属(活血丹属)■
247752 Meehaniopsis biondiana (Diels) Kudo = Glechoma biondiana (Diels) C. Y. Wu et C. Chen var. glabrescens C. Y. Wu et C. Chen ■
247753 Meehaniopsis biondiana (Diels) Kudo = Glechoma biondiana (Diels) C. Y. Wu et C. Chen ■
247754 Meeonopsis horridula Hook. f. et Thomson = Meconopsis racemosa Maxim. ■
247755 Meerburgia Moench = Pollichia Aiton(保留属名)●☆
247756 Meesia Gaertn. = Campylospermum Tiegh. ●
247757 Meesia Gaertn. = Ouratea Aubl.(保留属名)●
247758 Meesia serrata Gaertn. = Campylospermum serratum (Gaertn.) Bittrich et M. C. E. Amaral ●
247759 Meesia serrata Gaertn. = Gomphia serrata (Gaertn.) Kanis ●
247760 Meesia striata Tiegh. = Gomphia serrata (Gaertn.) Kanis ●
247761 Megabaria Pierre ex De Wild. = Spondianthus Engl. ●☆
247762 Megabaria Pierre ex Hutch. = Spondianthus Engl. ●☆
247763 Megabaria obovata Pierre ex Hutch. = Protomegabaria stapfiana (Beille) Hutch. ●☆
247764 Megabaria trillesii Pierre ex Hutch. = Spondianthus preussii Engl. subsp. glaber (Engl.) J. Léonard et Nkounkou ●☆
247765 Megabotrya Hance = Evodia J. R. Forst. et G. Forst. ●
247766 Megabotrya meliifolia Hance ex Walp. = Evodia glabrifolia (Champ. ex Benth.) C. C. Huang ●
247767 Megacarpaea DC. (1821);高河菜属;Megacarpaea ■
247768 Megacarpaea angulata DC. = Megacarpaea megalocarpa (Fisch. ex DC.) Schischk. ex B. Fedtsch. ■
247769 Megacarpaea bifida Benth.;双裂高河菜■☆
247770 Megacarpaea delavayi Franch.;高河菜;Delavay Megacarpaea ■
247771 Megacarpaea delavayi Franch. f. angustisecta O. E. Schulz = Megacarpaea delavayi Franch. ■
247772 Megacarpaea delavayi Franch. f. microphylla O. E. Schulz = Megacarpaea delavayi Franch. ■
247773 Megacarpaea delavayi Franch. f. pallidiflora O. E. Schulz = Megacarpaea delavayi Franch. ■
247774 Megacarpaea delavayi Franch. var. grandiflora O. E. Schulz;长瓣高河菜;Largeflower Delavay Megacarpaea ■
247775 Megacarpaea delavayi Franch. var. grandiflora O. E. Schulz = Megacarpaea delavayi Franch. ■
247776 Megacarpaea delavayi Franch. var. minor W. W. Sm.;矮高河菜;Dwarf Delavay Megacarpaea ■
247777 Megacarpaea delavayi Franch. var. minor W. W. Sm. = Megacarpaea delavayi Franch. ■
247778 Megacarpaea delavayi Franch. var. minor W. W. Sm. f. microphylla O. E. Schulz;小叶高河菜(高河菜);Small-leaved Megacarpaea ■
247779 Megacarpaea delavayi Franch. var. minor W. W. Sm. f. pallidiflora O. E. Schulz;白花高河菜;Pale-flowered Megacarpaea ■
247780 Megacarpaea delavayi Franch. var. pinnatifida Danguy;短羽裂高河菜;Pinnatifid Delavay Megacarpaea ■
247781 Megacarpaea delavayi Franch. var. pinnatifida Danguy = Megacarpaea delavayi Franch. ■
247782 Megacarpaea gigantea Regel;巨高河菜■☆
247783 Megacarpaea iliensis Golosk. et Vassilcz.;伊犁高河菜■☆
247784 Megacarpaea laciniata DC. = Megacarpaea megalocarpa (Fisch. ex DC.) Schischk. ex B. Fedtsch. ■
247785 Megacarpaea megalocarpa (Fisch. et DC.) Fedtsch. ex B. Fedtsch. = Megacarpaea megalocarpa (Fisch. ex DC.) Schischk. ex B. Fedtsch. ■
247786 Megacarpaea megalocarpa (Fisch. ex DC.) Schischk. ex B. Fedtsch.;大果高河菜;Bigfruit Megacarpaea ■
247787 Megacarpaea mugodzharica Golosk. et Vassilcz. = Megacarpaea megalocarpa (Fisch. ex DC.) Schischk. ex B. Fedtsch. ■
247788 Megacarpaea orbiculata B. Fedtsch.;圆高河菜■☆
247789 Megacarpaea polyandra Benth. = Megacarpaea polyandra Benth. ex Madden ■
247790 Megacarpaea polyandra Benth. ex Madden;多蕊高河菜;Manystamen Megacarpaea ■
247791 Megacarpaea schugnanica B. Fedtsch.;舒格南高河菜■☆
247792 Megacarpha Hochst. = Oxyanthus DC. ■☆
247793 Megacarpha pyriformis Hochst. = Oxyanthus pyriformis (Hochst.) Skeels ■☆
247794 Megacarpus Post et Kuntze = Megacarpaea DC. ■
247795 Megacatyon Boiss. = Echium L. ●■
247796 Megaclinium Lindl. = Bulbophyllum Thouars(保留属名)■
247797 Megaclinium angustum Rolfe = Bulbophyllum velutinum (Lindl.) Rchb. f. ■☆
247798 Megaclinium arnoldianum De Wild. = Bulbophyllum velutinum (Lindl.) Rchb. f. ■☆
247799 Megaclinium buchenavianum Kraenzl. = Bulbophyllum calyptratum Kraenzl. ■☆
247800 Megaclinium bufo Lindl. = Bulbophyllum bufo (Lindl.) Rchb. f. ■☆
247801 Megaclinium clarkei Rolfe = Bulbophyllum scaberulum (Rolfe) Bolus ■☆
247802 Megaclinium colubrinum Rchb. f. = Bulbophyllum colubrinum (Rchb. f.) Rchb. f. ■☆
247803 Megaclinium congolense De Wild. = Bulbophyllum congolense (De Wild.) De Wild. ■☆
247804 Megaclinium deistelianum Kraenzl. = Bulbophyllum bufo (Lindl.) Rchb. f. ■☆
247805 Megaclinium djumaense De Wild. = Bulbophyllum maximum (Lindl.) Rchb. f. ■☆
247806 Megaclinium eburneum Pfitzer ex Kraenzl. = Bulbophyllum scaberulum (Rolfe) Bolus ■☆
247807 Megaclinium endotrachys Kraenzl. = Bulbophyllum falcatum (Lindl.) Rchb. f. ■
247808 Megaclinium falcatum Lindl. = Bulbophyllum falcatum (Lindl.) Rchb. f. ■
247809 Megaclinium fuerstenbergianum De Wild. = Bulbophyllum scaberulum (Rolfe) Bolus var. fuerstenbergianum (De Wild.) J. J. Verm. ■☆
247810 Megaclinium gentilii De Wild. = Bulbophyllum bufo (Lindl.) Rchb. f. ■☆
247811 Megaclinium hebetatum Kraenzl. = Bulbophyllum imbricatum Lindl. var. purpureum W. Sanford ■☆
247812 Megaclinium hemirhachis Pfitzer = Bulbophyllum falcatum (Lindl.) Rchb. f. ■
247813 Megaclinium imbricatum (Lindl.) Rolfe = Bulbophyllum imbricatum Lindl. ■☆
247814 Megaclinium imschootianum Rolfe = Bulbophyllum colubrinum (Rchb. f.) Rchb. f. ■☆

247815 Megaclinium lasianthum Kraenzl. = Bulbophyllum velutinum (Lindl.) Rchb. f. ■☆

247816 Megaclinium ledermannii Kraenzl. = Bulbophyllum imbricatum Lindl. var. purpureum W. Sanford ■☆

247817 Megaclinium lepturum Kraenzl. = Bulbophyllum calyptratum Kraenzl. ■☆

247818 Megaclinium leucorhachis Rolfe = Bulbophyllum imbricatum Lindl. var. luteum W. Sanford ■☆

247819 Megaclinium lindleyi Rolfe = Bulbophyllum calyptratum Kraenzl. ■☆

247820 Megaclinium lutescens Rolfe = Bulbophyllum falcipetalum Lindl. ■

247821 Megaclinium maximum Lindl. = Bulbophyllum maximum (Lindl.) Rchb. f. ■☆

247822 Megaclinium melanorrhachis Rchb. f. = Bulbophyllum velutinum (Lindl.) Rchb. f. ■☆

247823 Megaclinium melleri Hook. f. = Bulbophyllum sandersonii (Hook. f.) Rchb. f. ■☆

247824 Megaclinium millenii Rolfe = Bulbophyllum velutinum (Lindl.) Rchb. f. ■☆

247825 Megaclinium minor De Wild. = Bulbophyllum sandersonii (Hook. f.) Rchb. f. subsp. stenopetalum (Kraenzl.) J. J. Verm. ■☆

247826 Megaclinium minutum Rolfe = Bulbophyllum velutinum (Lindl.) Rchb. f. ■☆

247827 Megaclinium minutum Rolfe var. purpureum De Wild. = Bulbophyllum velutinum (Lindl.) Rchb. f. ■☆

247828 Megaclinium nummularium Kraenzl. = Bulbophyllum nummularium (Kraenzl.) Rolfe ■☆

247829 Megaclinium oxypterum Lindl. = Bulbophyllum maximum (Lindl.) Rchb. f. var. oxypterum (Lindl.) Pérez-Vera ■☆

247830 Megaclinium oxypterum Lindl. var. mozambicense Finet = Bulbophyllum maximum (Lindl.) Rchb. f. ■☆

247831 Megaclinium platyrhachis Rolfe = Bulbophyllum maximum (Lindl.) Rchb. f. ■☆

247832 Megaclinium pobeguinii Finet = Bulbophyllum scaberulum (Rolfe) Bolus ■☆

247833 Megaclinium purpuratum Lindl. = Bulbophyllum maximum (Lindl.) Rchb. f. ■☆

247834 Megaclinium purpureorachis De Wild. = Bulbophyllum purpureorhachis (De Wild.) Schltr. ■☆

247835 Megaclinium pusillum Rolfe = Bulbophyllum sandersonii (Hook. f.) Rchb. f. ■☆

247836 Megaclinium sandersonii Hook. = Bulbophyllum sandersonii (Hook. f.) Rchb. f. ■☆

247837 Megaclinium scaberulum Rolfe = Bulbophyllum scaberulum (Rolfe) Bolus ■☆

247838 Megaclinium strobiliferum (Kraenzl.) Rolfe = Bulbophyllum imbricatum Lindl. var. luteum W. Sanford ■☆

247839 Megaclinium tentaculigerum (Rchb. f.) T. Durand et Schinz = Bulbophyllum sandersonii (Hook. f.) Rchb. f. ■☆

247840 Megaclinium triste Rolfe = Bulbophyllum imbricatum Lindl. var. purpureum W. Sanford ■☆

247841 Megaclinium ugandae Rolfe = Bulbophyllum falcatum (Lindl.) Rchb. f. ■

247842 Megaclinium velutinum Lindl. = Bulbophyllum velutinum (Lindl.) Rchb. f. ■☆

247843 Megacodon (Hemsl.) Harry Sm. (1936);大钟花属; Megacodon ■

247844 Megacodon stylophorus (C. B. Clarke) Harry Sm.;大钟花; Common Megacodon, Megacodon ■

247845 Megacodon stylophorus (C. B. Clarke) Harry Sm. = Gentiana venosa Hemsl. ■

247846 Megacodon venosus (Hemsl.) Harry Sm.;川东大钟花; Nervose Megacodon ■

247847 Megacodon venosus (Hemsl.) Harry Sm. = Gentiana venosa Hemsl. ■

247848 Megacorax S. González et W. L. Wagner(2002);墨西哥柳叶菜属■☆

247849 Megadendron Miers = Barringtonia J. R. Forst. et G. Forst.(保留属名)●

247850 Megadenia Maxim.(1889);双果荠属(大腺芥属);Megadenia ■

247851 Megadenia bardunovii Popov = Megadenia pygmaea Maxim. ■

247852 Megadenia pygmaea Maxim.;双果荠(大腺芥);Dwarf Megadenia ■

247853 Megadenia speluncarum Vorob. = Megadenia pygmaea Maxim. ■

247854 Megadenia speluncarum Vorob., Vorosch. et Gorovoj = Megadenia pygmaea Maxim. ■

247855 Megadenus Raf. = Eleocharis R. Br. ■

247856 Megahertzia A. S. George et B. Hyland(1995);澳东北山龙眼属●☆

247857 Megahertzia amplexicaulis A. S. George et B. Hyland;澳东北山龙眼●☆

247858 Megalachne Steud.(1854);毛颖托禾属■☆

247859 Megalachne Thwaites = Eriachne R. Br. ■

247860 Megalachne berteroniana Steud.;毛颖托禾■☆

247861 Megaleranthis Ohwi = Eranthis Salisb.(保留属名)■

247862 Megaleranthis Ohwi(1935);大菟葵属■☆

247863 Megaleranthis saniculifolia Ohwi;大菟葵■☆

247864 Megaliabum Rydb. = Liabum Adans. ■●☆

247865 Megalobivia Y. Ito = Echinopsis Zucc. ●

247866 Megalobivia Y. Ito = Soehrensia Backeb. ■☆

247867 Megalochlamys Lindau(1899);大被爵床属●☆

247868 Megalochlamys hamata (Klotzsch) Vollesen;顶钩大被爵床●☆

247869 Megalochlamys kenyensis Vollesen;肯尼亚大被爵床●☆

247870 Megalochlamys linifolia (Lindau) Lindau;亚麻叶大被爵床●☆

247871 Megalochlamys marlothii (Engl.) Lindau;马洛斯大被爵床●☆

247872 Megalochlamys ogadenensis Vollesen;欧加登大被爵床●☆

247873 Megalochlamys revoluta (Lindau) Vollesen;外卷大被爵床●☆

247874 Megalochlamys revoluta (Lindau) Vollesen subsp. cognata (N. E. Br.) Vollesen;近缘大被爵床●☆

247875 Megalochlamys strobilifera C. B. Clarke = Megalochlamys hamata (Klotzsch) Vollesen ●☆

247876 Megalochlamys tanaensis Vollesen;塔纳大被爵床●☆

247877 Megalochlamys tanzaniensis Vollesen;坦桑尼亚大被爵床●☆

247878 Megalochlamys trinervia (C. B. Clarke) Vollesen;三脉大被爵床●☆

247879 Megalochlamys violacea (Vahl) Vollesen;堇色大被爵床●☆

247880 Megalodonta Greene = Bidens L. ■●

247881 Megalodonta Greene(1901);水金盏属;Beck's Water-marigold, Beggar's Ticks, Bur Marigold ■☆

247882 Megalodonta beckii (Torr. ex Spreng.) Greene;水金盏(拜克鬼针草);Beck's Beggarticks, Water Beggar-ticks, Water Marigold, Water-marigold ■☆

247883 Megalodonta beckii (Torr. ex Spreng.) Greene = Bidens beckii

Torr. ex Spreng. ■☆
247884 Megalodonta beckii (Torr.) Greene = Megalodonta beckii (Torr. ex Spreng.) Greene ■☆
247885 Megalolobivia Y. Ito = Megalobivia Y. Ito ■☆
247886 Megalolobivia Y. Ito = Soehrensia Backeb. ■☆
247887 Megalonium (A. Berger) G. Kunkel = Aeonium Webb et Berthel. ●■☆
247888 Megalopanax Ekman = Megalopanax Ekman ex Harms ●☆
247889 Megalopanax Ekman ex Harms(1924);古巴五加属●☆
247890 Megalopanax rex Ekman;古巴五加●☆
247891 Megaloprotachne C. E. Hubb. (1929);红褐长毛草属■☆
247892 Megaloprotachne albescens C. E. Hubb.;红褐长毛草■☆
247893 Megaloprotachne glabrescens Roiv. = Megaloprotachne albescens C. E. Hubb. ■☆
247894 Megalopus K. Schum. = Camptopus Hook. f. ●
247895 Megalopus K. Schum. = Psychotria L. (保留属名)●
247896 Megalopus goetzei K. Schum. = Psychotria megalopus Verdc. ●☆
247897 Megalorchis H. Perrier(1937);大兰属■☆
247898 Megalorchis regalis (Schltr.) H. Perrier;大兰■☆
247899 Megalostoma Léonard(1940);大口爵床属☆
247900 Megalostoma viridescens Léonard;大口爵床☆
247901 Megalostylis S. Moore(1916);大柱戟属☆
247902 Megalostylis poeppigii S. Moore;大柱戟☆
247903 Megalotheca F. Muell. = Restio Rottb. (保留属名)■☆
247904 Megalotheca Welw. ex O. Hoffm. = Erythrocephalum Benth. ■●☆
247905 Megalotheca dianthiflorum Welw. = Erythrocephalum dianthiflorum (Welw.) O. Hoffm. ■☆
247906 Megalotropis Griff. = Butea Roxb. ex Willd. (保留属名)●
247907 Megalotus Garay(1972);大耳兰属■☆
247908 Megalotus bifidus (Lindl.) Garay;大耳兰■☆
247909 Megaphrynium Milne-Redh. (1952);大柊叶属■☆
247910 Megaphrynium distans Hepper;远离大柊叶■☆
247911 Megaphrynium gabonense Koechlin;加蓬大柊叶■☆
247912 Megaphrynium macrostachyum (Benth.) Milne-Redh.;大穗大柊叶■☆
247913 Megaphrynium trichogynum Koechlin;毛蕊大柊叶■☆
247914 Megaphrynium velutinum (Baker) Koechlin;短绒毛大柊叶■☆
247915 Megaphyllaea Hemsl. = Chisocheton Blume ●
247916 Megaphyllum Spruce ex Baill. = Pentagonia Benth. (保留属名)■☆
247917 Megapleilis Raf. (废弃属名) = Rechsteineria Regel(保留属名)■☆
247918 Megapleilis Raf. (废弃属名) = Sinningia Nees ●■☆
247919 Megapterium Spach = Oenothera L. ●■
247920 Megarrhena Schrad. ex Nees = Androtrichum (Brongn.) Brongn. ■☆
247921 Megarrhena Schrad. ex Nees = Comostemum Nees ■☆
247922 Megarrhiza Torr. et A. Gray = Echinocystis Torr. et A. Gray(保留属名)■☆
247923 Megarrhiza Torr. et A. Gray = Marah Kellogg ■☆
247924 Megarrhiza Torr. et A. Gray(1860);大根瓜属(大根属)■☆
247925 Megarrhiza californica Torr.;加州大根瓜(加州大根)■☆
247926 Megarrhiza gilensis S. Watson;吉伦大根瓜(吉伦大根,苦根)■☆
247927 Megascepasma Post et Kuntze = Megaskepasma Lindau ●☆
247928 Megasea Haw. = Bergenia Moench(保留属名)■
247929 Megasea ciliata Haw. = Bergenia ciliata (Haw.) Sternb. ■☆
247930 Megaskepasma Lindau(1897);大被木属(美佳木属,美佳斯卡帕木属);Brazilian Red Cloak ●☆
247931 Megaskepasma erythrochlamys Lindau;大被木(美佳木,美佳斯卡帕木);Brazilian Red Cloak ●☆
247932 Megastachya P. Beauv. (1812);大穗画眉草属■☆
247933 Megastachya P. Beauv. = Eragrostis Wolf ■
247934 Megastachya ciliaris (L.) P. Beauv. = Eragrostis ciliaris (L.) R. Br. ■
247935 Megastachya madagascariensis (Lam.) Chase = Megastachya mucronata (Poir.) P. Beauv. ■☆
247936 Megastachya maxima Bojer = Megastachya mucronata (Poir.) P. Beauv. ■☆
247937 Megastachya mucronata (Poir.) P. Beauv.;锐大穗画眉草■☆
247938 Megastachya papposa Roem. et Schult. = Eragrostis papposa (Roem. et Schult.) Steud. ■☆
247939 Megastegia G. Don = Brongniartia Kunth ●☆
247940 Megastigma Hook. f. (1862);大柱头芸香属●☆
247941 Megastigma skinneri Hook. f.;大柱头芸香●☆
247942 Megastoma (Benth. et Hook. f.) Bonnet et Barratte = Ogastemma Brummitt ■☆
247943 Megastoma (Benth.) Bonnet et Barratte = Ogastemma Brummitt ■☆
247944 Megastoma Coss. et Durieu = Eritrichium Schrad. ex Gaudin ■
247945 Megastoma Coss. et Durieu = Ogastemma Brummitt ■☆
247946 Megastoma Coss. et Durieu ex Benth. et Hook. f. = Eritrichium Schrad. ex Gaudin ■
247947 Megastoma Coss. et Durieu ex Benth. et Hook. f. = Ogastemma Brummitt ■☆
247948 Megastoma pusillum Coss. et Durieu ex Bonnet et Barratte = Ogastemma pusillum (Coss. et Durieu ex Bonnet et Barratte) Brummitt ■☆
247949 Megastylis (Schltr.) Schltr. (1911);大柱兰属■☆
247950 Megastylis Schltr. = Megastylis (Schltr.) Schltr. ■☆
247951 Megastylis elliptica (R. Br.) Szlach. et Rutk.;椭圆大柱兰■☆
247952 Megastylis gigas (Rchb. f.) Schltr.;巨大柱兰■☆
247953 Megastylis glandulosus Schltr.;多腺大柱兰■☆
247954 Megastylis montana (Schltr.) Schltr.;山地大柱兰■☆
247955 Megathyrsus (Pilg.) B. K. Simon et S. W. L. Jacobs = Panicum L. ■
247956 Megathyrsus (Pilg.) B. K. Simon et S. W. L. Jacobs(2003);热美黍属■☆
247957 Megathyrsus maximus (Jacq.) B. K. Simon et S. W. L. Jacobs = Panicum maximum Jacq. ■
247958 Megatritheca Cristóbal(1965);三囊梧桐属●☆
247959 Megatritheca devredii (R. Germ.) Cristóbal;德夫雷三囊梧桐●☆
247960 Megatritheca grossedenticulata (M. Bodard et Pellegr.) Cristóbal;三囊梧桐●☆
247961 Megema Luer = Masdevallia Ruiz et Pav. ■☆
247962 Megema Luer(2006);新细瓣兰属■☆
247963 Megista Fourr. = Physalis L. ■
247964 Megistostegium Hochr. (1916);大盖锦葵属●☆
247965 Megistostegium microphyllum Hochr.;小叶大盖锦葵●☆
247966 Megistostegium nodulosum Hochr.;大盖锦葵●☆
247967 Megistostigma Hook. f. (1887);大柱藤属(巨头藤属);Big-

styled Vine, Bigstylevine, Megistostigma ■
247968 Megistostigma malaccense Hook. f.; 大柱藤; Malacca Megistostigma ■☆
247969 Megistostigma yunnanensis Croizat; 云南大柱藤(巨头藤); Yunnan Bigstylrvine ■
247970 Megopiza B. D. Jacks. = Megozipa Raf. ■
247971 Megopiza B. D. Jacks. = Utricularia L. ■
247972 Megotigea Raf. (废弃属名) = Helicodiceros Schott(保留属名) ■☆
247973 Megotris Raf. = Megotrys Raf. ●■
247974 Megotrys Raf. = Cimicifuga L. ●■
247975 Megotrys Raf. = Macrotrys Raf. ●■
247976 Megozipa Raf. = Utricularia L. ■
247977 Megozipa macrorhiza (J. Le Conte) Raf. = Utricularia vulgaris L. subsp. macrorhiza (J. Le Leconte) R. T. Clausen ■
247978 Megyathus Raf. = Salvia L. ●■
247979 Mehraea Á. Löve et D. Löve = Gentiana L. ■
247980 Meialisa Raf. = Adriana Gaudich. ●☆
247981 Meiandra Markgr. = Alloneuron Pilg. ☆
247982 Meiapinon Raf. = Mollugo L. ■
247983 Meibomia Adans. = Desmodium Desv. (保留属名) ●■
247984 Meibomia Fabr. = Desmodium Desv. (保留属名) ●■
247985 Meibomia Heist. ex Adans. = Desmodium Desv. (保留属名) ●■
247986 Meibomia Heist. ex Fabr. (废弃属名) = Desmodium Desv. (保留属名) ●■
247987 Meibomia acuminata (Michx.) S. F. Blake = Desmodium glutinosum (Muhl. ex Willd.) A. W. Wood ●☆
247988 Meibomia bracteosa (Michx.) Kuntze = Desmodium cuspidatum (Muhl. ex Willd.) DC. ex Loudon ●☆
247989 Meibomia canadensis (L.) Kuntze = Desmodium canadense (L.) DC. ●☆
247990 Meibomia cuspidata (Muhl. ex Willd.) Schindl. = Desmodium cuspidatum (Muhl. ex Willd.) DC. ex Loudon ●☆
247991 Meibomia dillenii (Darl.) Kuntze = Desmodium paniculatum (L.) DC. var. dillenii (Darl.) Isely ●☆
247992 Meibomia grandiflora (DC.) Kuntze = Desmodium cuspidatum (Muhl. ex Willd.) DC. ex Loudon ●☆
247993 Meibomia grandiflora (Walter) Kuntze var. chandonnetii Lunell = Desmodium glutinosum (Muhl. ex Willd.) A. W. Wood ●☆
247994 Meibomia huillensis Welw. ex Hiern = Droogmansia megalantha (Taub.) De Wild. var. pilosa ? ■☆
247995 Meibomia illinoensis (A. Gray) Kuntze = Desmodium illinoense A. Gray ●☆
247996 Meibomia kurziana Kuntze = Phyllodium kurzianum (Kuntze) H. Ohashi ●
247997 Meibomia longifolia (Torr. et A. Gray) Vail = Desmodium cuspidatum (Muhl. ex Willd.) DC. ex Loudon var. longifolium (Torr. et A. Gray) B. G. Schub. ●☆
247998 Meibomia monosperma (Baker) Kuntze = Leptodesmia congesta Benth. ex Baker f. ●☆
247999 Meibomia nudiflora (L.) Kuntze = Desmodium nudiflorum (L.) DC. ●☆
248000 Meibomia nudiflora (L.) Kuntze f. foliolata Farw. = Desmodium nudiflorum (L.) DC. ●☆
248001 Meibomia purpurea (Mill.) Vail ex Small = Desmodium tortuosum (Sw.) DC. ●■
248002 Meibomia radiata (Baker) Kuntze = Leptodesmia congesta Benth. ex Baker f. ●☆
248003 Meibomia sinuatum (Miq.) Kuntze = Desmodium sequax Wall. ●
248004 Meibomia zonata (Miq.) Kuntze = Desmodium zonatum Miq. ●
248005 Meiemianthera Raf. = Cytisus Desf. (保留属名) ●
248006 Meiena Raf. = Dendrophthoe Mart. ●
248007 Meineckia Baill. (1858); 梅氏大戟属 ■☆
248008 Meineckia acuminata (Verdc.) Brunel ex Radcl. -Sm.; 渐尖梅氏大戟 ■☆
248009 Meineckia fruticans (Pax) G. L. Webster; 灌木状梅氏大戟 ■☆
248010 Meineckia fruticans (Pax) G. L. Webster var. engleri ?; 恩格勒梅氏大戟 ■☆
248011 Meineckia grandiflora (Verdc.) Brunel ex Radcl. -Sm.; 大花梅氏大戟 ■☆
248012 Meineckia nguruensis (Radcl. -Sm.) Brunel ex Radcl. -Sm.; 恩古鲁梅氏大戟 ■☆
248013 Meineckia ovata (E. A. Bruce) Brunel ex Radcl. -Sm.; 卵形梅氏大戟 ■☆
248014 Meineckia paxii Brunel ex Radcl. -Sm.; 帕克斯梅氏大戟 ■☆
248015 Meineckia phyllanthoides Baill.; 叶花梅氏大戟 ■☆
248016 Meineckia phyllanthoides Baill. subsp. capillariformis (Vatke et Pax) G. L. Webster; 细毛梅氏大戟 ■☆
248017 Meineckia phyllanthoides Baill. subsp. somalensis (Pax) G. L. Webster; 索马里梅氏大戟 ■☆
248018 Meineckia phyllanthoides Baill. subsp. trichopoda (Müll. Arg.) G. L. Webster; 毛梗梅氏大戟 ■☆
248019 Meineckia stipularis (Radcl. -Sm.) Brunel ex Radcl. -Sm.; 托叶梅氏大戟 ■☆
248020 Meineckia uzungwaensis (Radcl. -Sm.) Radcl. -Sm.; 乌尊季沃梅氏大戟 ■☆
248021 Meineckia vestita G. L. Webster; 包被梅氏大戟 ■☆
248022 Meinnandra Gauba = Valantia L. ■☆
248023 Meinoctes F. Muell. = Haloragis J. R. Forst. et G. Forst. ■●
248024 Meinoctes F. Muell. = Meionectes R. Br. ■●
248025 Meiocarpidium Engl. et Diels(1900); 贫果木属 ●☆
248026 Meiocarpidium lepidotum (Oliv.) Engl. et Diels; 贫果木 ●☆
248027 Meiocarpidium ugandense Bagsh. et Baker f. = Uvaria schweinfurthii Engl. et Diels ●☆
248028 Meiogyne Miq. (1865); 鹿茸木属; Meiogyne ●
248029 Meiogyne hainanensis (Merr.) Tien Ban = Chieniodendron hainanense (Merr.) Tsiang et P. T. Li ●
248030 Meiogyne hainanensis (Merr.) Tien Ban = Oncodostigma hainanense (Merr.) Tsiang et P. T. Li ●◇
248031 Meiogyne kwangtungensis P. T. Li; 鹿茸木(广东鹿茸木); Guangdong Meiogyne, Kwangtung Meiogyne ●
248032 Meiogyne maclurei (Merr.) J. Sinclair = Fissistigma maclurei Merr. ●
248033 Meiogyne maclurei (Merr.) J. Sinclair = Oncodostigma hainanense (Merr.) Tsiang et P. T. Li ●◇
248034 Meioluma Baill. = Micropholis (Griseb.) Pierre ●☆
248035 Meiomeria Standl. = Chenopodium L. ■●
248036 Meionandra Gauba = Valantia L. ■☆
248037 Meionectes R. Br. = Haloragis J. R. Forst. et G. Forst. ■●
248038 Meionula Raf. = Utricularia L. ■
248039 Meioperis Raf. = Passiflora L. ●■
248040 Meiosperma Raf. = Justicia L. ●■
248041 Meiostemon Exell et Stace = Combretum Loefl. (保留属名) ●
248042 Meiostemon Exell et Stace(1966); 小蕊使君子属 ●☆

248043 Meiostemon tetrandrus (Exell) Exell et Stace;小蕊使君子●☆
248044 Meiostemon tetrandrus (Exell) Exell et Stace subsp. australis Exell;南方小蕊使君子●☆
248045 Meiota O. F. Cook = Chamaedorea Willd.(保留属名)●☆
248046 Meiracyllium Rchb. f.(1854);伏兰属■☆
248047 Meiracyllium trinasutum Rchb. f.;伏兰■☆
248048 Meisneria DC. = Siphanthera Pohl ■☆
248049 Meissarrhena R. Br. = Anticharis Endl. ■●☆
248050 Meistera Giseke(废弃属名) = Amomum Roxb.(保留属名)■
248051 Meistera Gmel. = Meisteria Scop. ●☆
248052 Meisteria Scop. = Pacourina Aubl. ■☆
248053 Meisteria Scop. = Poraqueiba Aubl. ●☆
248054 Meisteria Scop. ex J. F. Gmelin = Poraqueiba Aubl. ●☆
248055 Meisteria Siebold et Zucc. = Enkianthus Lour. ●
248056 Meizotropis Voigt = Butea Roxb. ex Willd.(保留属名)●
248057 Mekistus Lour. ex Gomes = Quisqualis L. ●
248058 Mekistus sinensis Lour. ex Gomes = Quisqualis indica L. ●
248059 Melachna Nees = Melachne Schrad. ex Schult. f. ■
248060 Melachne Schrad. = Gahnia J. R. Forst. et G. Forst. ■
248061 Melachne Schrad. ex Schult. f. = Gahnia J. R. Forst. et G. Forst. ■
248062 Melachone Gilli = Amaracarpus Blume ●☆
248063 Melachrus Post et Kuntze = Melichrus R. Br. ●☆
248064 Meladendron Molina = Heliotropium L. ●■
248065 Meladendron St. -Lag. = Melaleuca L.(保留属名)●
248066 Meladenia Turcz. = Cullen Medik. ●■
248067 Meladerma Kerr(1938);黑皮萝藦属●☆
248068 Meladerma insularum (King et Gamble) Kerr;黑皮萝藦●☆
248069 Melaenacrauls Roem. et Schult. = Ficinia Schrad.(保留属名)■☆
248070 Melalema Hook. f. = Senecio L. ■●
248071 Melaleuca Blanco = Bombax L.(保留属名)●
248072 Melaleuca L.(1767)(保留属名);白千层属(千皮层属);Bottle Brush, Bottle-brush, Cajeput, Cajuput, Honey Myrtle, Melaleuca, Paperbark, Tasmanian Honey Myrtle ●
248073 Melaleuca acerosa (Colla) G. Don;针叶白千层;Acerose Melaleuca ●☆
248074 Melaleuca acuminata F. Muell.;尖叶白千层;Mallee Honey-myrtle ●☆
248075 Melaleuca alternifolia Cheel;香白千层(互叶白千层);Narrow-leaf Paper-bark, Snow in Summer, Tea Tree, Tea-tree ●☆
248076 Melaleuca armillaris Sm.;下垂白千层(茂树,雪香木);Bracelet Honey Myrtle, Drooping Melaleuca, Giant Honey-myrtle ●☆
248077 Melaleuca bracteata F. Muell.;湿生白千层(苞片白千层);Black Tea-tree, River Tea-tree ●☆
248078 Melaleuca bracteata F. Muell. 'Golden Gem';金宝石湿生白千层●☆
248079 Melaleuca bracteata F. Muell. 'Revolution Gold';金色革命湿生白千层●☆
248080 Melaleuca bracteata F. Muell. 'Revolution Green';绿色革命湿生白千层●☆
248081 Melaleuca cajuputi Powell;卡氏白千层;Cajuput Oil ●☆
248082 Melaleuca cajuputi Powell = Melaleuca leucadendron (L.) L. ●
248083 Melaleuca cajuputi Powell subsp. cumingiana (Turcz.) Barlow;库明白千层●
248084 Melaleuca calothamnoides F. Muell.;狭叶白千层;Narrowleaf Melaleuca ●☆
248085 Melaleuca citrina Turcz.;拱枝白千层;Citrine Melaleuca ●☆
248086 Melaleuca coccinea A. S. George;亮红白千层;Goldfieds Bottlebush ●☆
248087 Melaleuca cumingiana Turcz. = Melaleuca cajuputi Powell subsp. cumingiana (Turcz.) Barlow ●
248088 Melaleuca cuticularis Labill.;沼生白千层;Saltwater Paperbark ●☆
248089 Melaleuca decora Britten;美丽白千层;Snowy Fleece Tree, White Cloud Tree ●☆
248090 Melaleuca decussata R. Br.;丁香色白千层(对生叶白千层);Cross-leaf Honey-myrtle, Lilac Melaleuca ●☆
248091 Melaleuca diosmifolia R. Br.;逸香木叶白千层;Diosma-leaved Honey Myrtle, Green Honey Myrtle ●☆
248092 Melaleuca elliptica Labill.;椭圆叶白千层(桃香木);Granite Bottlebrnsh, Granite Honey-myrtle ●☆
248093 Melaleuca ericifolia Sm.;石楠叶白千层;Heath Melaleuca, Swamp Paperbark ●☆
248094 Melaleuca erubescens Otto;低枝白千层●☆
248095 Melaleuca fulgens R. Br.;猩红白千层;Scarlet Honey Myrtle, Scarlet Honey-myrtle ●☆
248096 Melaleuca genistifolia Sm.;金雀叶白千层●☆
248097 Melaleuca gibbosa Labill.;细枝白千层;Slender Honey Myrtle ●☆
248098 Melaleuca huegelii Endl.;海滨白千层;Chenille Honey Myrtle ●☆
248099 Melaleuca hypericifolia Sm.;金丝桃叶白千层(短叶白千层);Dotted Melaleuca, Hillock Bush ●☆
248100 Melaleuca incana R. Br.;灰叶白千层;Gray Honey Myrtle ●☆
248101 Melaleuca lanceolata Otto;球冠白千层;Black Tea-tree, Moonah ●☆
248102 Melaleuca lateritia Otto = Melaleuca lateritia Otto et A. Dietr. ●☆
248103 Melaleuca lateritia Otto et A. Dietr.;砖红花白千层;Robin Red Breast Bush, Robin Red Breast Melaleuca, Robin-redbreast Bush ●☆
248104 Melaleuca leucadendron (L.) L.;白千层(千层皮,脱皮树,玉树);Bottle Brush, Bottle-brush, Cajeput, Cajeput Tree, Cajeputtree, Cajuput, Cajuput Tree, Paper-bark, Pune-tree, Punk Tree, River Tea Tree, Swamp Tea Tree, Weeping Paperbark, White Tea Tree, White Tree ●
248105 Melaleuca linarifolia Sm.;线叶白千层(柳穿鱼叶白千层);Cajeput Tree, Flaxleaf Paperbark, Flax-leafed Paperbark, Linearifolious Melaleuca, Snow in Summer, Snow-in-summer ●☆
248106 Melaleuca linarifolia Sm. = Melaleuca alternifolia Cheel ●☆
248107 Melaleuca megacephala F. Muell.;大头白千层;Megaheaded Melaleuca ●☆
248108 Melaleuca nesophila F. Muell.;粉红花白千层(茶香木);Pink Melaleuca, Showy Honey Myrtle, Western Tea-myrtle ●☆
248109 Melaleuca nodosa Sm.;细叶白千层;Ball Honey Myrtle, Prickly-leaf Paperbark ●☆
248110 Melaleuca parviflora Lindl.;小花白千层(细花白千层);Littleflower Melaleuca, Little-flowered Melaleuca ●☆
248111 Melaleuca preissiana Schauer = Melaleuca parviflora Lindl. ●☆
248112 Melaleuca pubescens Schauer = Melaleuca lanceolata Otto ●☆
248113 Melaleuca quadrifaria F. Muell.;阔叶白千层;Broad-leafed Paperbark ●☆
248114 Melaleuca quinquenervia (Cav.) S. T. Blake;五脉白千层(白千层,白油树);Bottlebrush, Broad-leaf Paperbark, Broadleaf Paperbark, Broad-leaf Paper-bark, Cajeput Tree, Cajeput-tree, Fivevein

Melaleuca, Melaleuca, Niaouli Oil, Paper Bark, Paperbark, Paperbark, Paperbark Tree, Paper-bark Tree, Punktree ●☆

248115 Melaleuca radula Lindl.;优雅白千层;Graceful Honey Myrtle ●☆

248116 Melaleuca spathulata Schauer;匙叶白千层●☆

248117 Melaleuca squamea Labill. = Melaleuca squarrosa Sm. ●☆

248118 Melaleuca squarrosa Sm.;卵叶白千层(甜香白千层);Scented Paperbark, Scented Paper-bark ●☆

248119 Melaleuca styphelioides Sm.;刺叶白千层;Prickly Paperbark, Prickly-leaf Paperbark, Prickly-leaved Tea Tree ●☆

248120 Melaleuca suberosa (Schauer) C. A. Gardner;软枝白千层;Cork-bark Honey Myrtle ●☆

248121 Melaleuca symphyocarpa F. Muell.;聚果白千层●☆

248122 Melaleuca tamariscina Hook.;垂枝白千层;Weeping Bottlebush ●☆

248123 Melaleuca thymifolia Sm.;百里香叶白千层;Thyme Honey Myrtle, Thyme Honeymyrtle, Thyme-leaf Melaleuca ●☆

248124 Melaleuca uncinata R. Br.;弯叶白千层(具钩白千层);Broom Honey Myrtle ●☆

248125 Melaleuca viridiflora Sol. ex Gaertn.;绿花白千层(白树,白树油);Broad-leafed Paperbark, Green-flower Melaleuca ●

248126 Melaleuca wilsonii F. Muell.;威氏白千层;E. H. Wilson Melaleuca ●☆

248127 Melaleucaceae Rchb. = Lecythidaceae A. Rich.(保留科名) + Myrtaceae Juss.(保留科名)●

248128 Melaleucaceae Rchb. = Lecythidaceae + Myrtaceae Juss.(保留科名)●

248129 Melaleucaceae Vest = Myrtaceae Juss.(保留科名)●

248130 Melaleucaceae Vest;白千层科●

248131 Melaleucon St. -Lag. = Melaleuca L.(保留属名)●

248132 Melampirum Neck. = Melampyrum L. ■

248133 Melampodium L.(1753);黑柄菊属(黑足菊属,皇帝菊属,美兰菊属);Melampodium ■●

248134 Melampodium americanum L.;美洲黑柄菊■☆

248135 Melampodium appendiculatum B. L. Rob.;附垂黑柄菊■☆

248136 Melampodium australe Loefl. = Acanthospermum australe (Loefl.) Kuntze ■

248137 Melampodium cinereum DC.;灰黑柄菊■☆

248138 Melampodium cinereum DC. var. hirtellum Stuessy = Melampodium cinereum DC. ■☆

248139 Melampodium cinereum DC. var. ramosissimum (DC.) A. Gray = Melampodium cinereum DC. ■☆

248140 Melampodium divaricatum (Rich.) DC.;叉黑柄菊(皇帝菊,沼泽黑柄菊);Melampodium ■

248141 Melampodium leucanthum Torr. et A. Gray;白花黑柄菊;Blackfoot Daisy ■☆

248142 Melampodium longicorne A. Gray;长角黑柄菊■☆

248143 Melampodium longipilum B. L. Rob.;长毛黑柄菊(长毛黑足菊,长毛买兰坡草)■☆

248144 Melampodium paludosum Kunth = Melampodium divaricatum (Rich.) DC. ■

248145 Melampodium perfoliatum (Cav.) Kunth;贯叶黑柄菊;Perfoliate Blackfoot ■☆

248146 Melampodium ruderale Sw. = Eleutheranthera ruderalis (Sw.) Sch. Bip. ■☆

248147 Melampodium sericeum Lag.;绢毛黑柄菊;Rough Blackfoot ■☆

248148 Melampodium strigosum Stuessy;糙毛黑柄菊■☆

248149 Melampyraceae Lindl. = Melampyraceae Rich. ex Hook. et Lindl. ■

248150 Melampyraceae Lindl. = Orobanchaceae Vent.(保留科名)●■

248151 Melampyraceae Lindl. = Scrophulariaceae Juss.(保留科名)●■

248152 Melampyraceae Rich. ex Hook. et Lindl.;山罗花科■

248153 Melampyraceae Rich. ex Hook. et Lindl. = Orobanchaceae Vent.(保留科名)●■

248154 Melampyraceae Rich. ex Hook. et Lindl. = Scrophulariaceae Juss.(保留科名)●■

248155 Melampyrum L.(1753);山罗花属(山萝花属);Cow Wheat, Cowwheat, Cow-wheat ■

248156 Melampyrum alboffianum P. Beauv.;阿氏山罗花■☆

248157 Melampyrum americanum Michx.;美洲山罗花■☆

248158 Melampyrum americanum Michx. = Melampyrum lineare Desr. var. americanum (Michx.) P. Beauv. ■☆

248159 Melampyrum aphraditis S. B. Zhou et X. H. Guo;天柱山罗花;Tianzhushan Cowwheat ■

248160 Melampyrum arcuatum Nakai = Melampyrum laxum Miq. var. arcuatum (Nakai) Soó ■☆

248161 Melampyrum arvense L.;野山罗花;Cow-wheat, Field Cow-wheat, Poverty-weed, Purple Cow-wheat ■☆

248162 Melampyrum australe (Nakai) Nakai ex Tuyama = Melampyrum laxum Miq. ■

248163 Melampyrum australe (Nakai) Nakai ex Tuyama f. edentatum ? = Melampyrum laxum Miq. f. edentatum (Tuyama) T. Yamaz. ■☆

248164 Melampyrum caucasicum Bunge;高加索山罗花■☆

248165 Melampyrum chinense Dahl. ex Loes. = Melampyrum klebelsbergianum Soó ■

248166 Melampyrum chlorostachyum Beauverd;绿穗山罗花■☆

248167 Melampyrum ciliare Miq. = Melampyrum roseum Maxim. var. japonicum Franch. et Sav. ■☆

248168 Melampyrum cristatum L.;鸡冠山罗花;Crested Cow-wheat ■☆

248169 Melampyrum elatius Reut.;高山罗花■☆

248170 Melampyrum herbichii Wol.;海尔山罗花■☆

248171 Melampyrum klebelsbergianum Soó;滇川山罗花;Klebelsberg Cowwheat ■

248172 Melampyrum laciniatum Kosh. et V. J. Zinger;撕裂山罗花■☆

248173 Melampyrum latifolium (Barton) Muhl. ex Britton = Melampyrum lineare Desr. var. latifolium Barton ■☆

248174 Melampyrum latifolium Nakai = Melampyrum setaceum (Maxim. ex Palib.) Nakai var. nakaianum (Tuyama) T. Yamaz. ■☆

248175 Melampyrum laxum Miq.;圆苞山罗花;Lax Cowwheat, Roundbract Cowwheat ■

248176 Melampyrum laxum Miq. f. australe Nakai = Melampyrum laxum Miq. ■

248177 Melampyrum laxum Miq. f. edentatum (Tuyama) T. Yamaz.;无齿圆苞山罗花■☆

248178 Melampyrum laxum Miq. f. leucanthum T. Yamaz.;白花圆苞山罗花■☆

248179 Melampyrum laxum Miq. var. arcuatum (Nakai) Soó;弓形圆苞山罗花■☆

248180 Melampyrum laxum Miq. var. henryanum P. Beauv. = Melampyrum roseum Maxim. var. obtusifolium (Bonati) D. Y. Hong ■

248181 Melampyrum laxum Miq. var. nikkoense P. Beauv.;日光山罗花■☆

248182 Melampyrum laxum Miq. var. nikkoense P. Beauv. f. albiflorum

H. Hara;白花日光山罗花■☆
248183 Melampyrum laxum Miq. var. obtusifolium (Bonati) Beauverd = Melampyrum roseum Maxim. var. obtusifolium (Bonati) D. Y. Hong ■
248184 Melampyrum laxum Miq. var. yakusimense (Tuyama) Kitam.; 屋久岛山罗花■☆
248185 Melampyrum lineare Desr.;线叶山罗花;American Cow-wheat, Cow Wheat, Cow-wheat, Narrow-leaved Cow-wheat ■☆
248186 Melampyrum lineare Desr. var. americanum (Michx.) P. Beauv.;美洲线叶山罗花; American Cow-wheat, Narrow-leaved Cow-wheat ■☆
248187 Melampyrum lineare Desr. var. latifolium Barton;宽叶山罗花; Cow-wheat ■☆
248188 Melampyrum macranthum Murata;大花山罗花■☆
248189 Melampyrum nemorosum L.;蓝山罗花;Blue Cow-wheat, Blue Cowwheat ■☆
248190 Melampyrum obtusifolium Bonati = Melampyrum roseum Maxim. var. obtusifolium (Bonati) D. Y. Hong ■
248191 Melampyrum obtusifolium Bonati ex Pamp. = Melampyrum roseum Maxim. var. obtusifolium (Bonati) D. Y. Hong ■
248192 Melampyrum ovalifolium Nakai = Melampyrum roseum Maxim. var. ovalifolium (Nakai) Nakai ex P. Beauv. ■
248193 Melampyrum pratense L.;草地山罗花;Baby's Rattle, Common Cow-wheat, Cow Wheat, Cow-wheat, Henpenny, Monkey Mint ■☆
248194 Melampyrum pratense L. = Melampyrum roseum Maxim. ■
248195 Melampyrum roseum Maxim.;山罗花(山萝花);Rose Cowwheat ■
248196 Melampyrum roseum Maxim. f. albiflorum Nakai;白花山罗花■☆
248197 Melampyrum roseum Maxim. subsp. hirsutum (Beauverd) Soó = Melampyrum roseum Maxim. ■
248198 Melampyrum roseum Maxim. subsp. hirsutum Soó = Melampyrum roseum Maxim. ■
248199 Melampyrum roseum Maxim. subsp. japonicum (Franch. et Sav.) Nakai = Melampyrum roseum Maxim. var. japonicum Franch. et Sav. ■☆
248200 Melampyrum roseum Maxim. var. hirsutum P. Beauv. = Melampyrum roseum Maxim. ■
248201 Melampyrum roseum Maxim. var. japonicum Franch. et Sav.;日本山罗花;Japanese Rose Cowwheat ■☆
248202 Melampyrum roseum Maxim. var. japonicum Franch. et Sav. f. leucanthum Nakai;白花日本山罗花■☆
248203 Melampyrum roseum Maxim. var. obtusifolium (Bonati) D. Y. Hong;钝叶山罗花;Obtuseleaf Cow-wheat ■
248204 Melampyrum roseum Maxim. var. ovalifolium (Nakai) Nakai ex P. Beauv.;卵叶山罗花;Ovalleaf Cow-wheat ■
248205 Melampyrum roseum Maxim. var. ovalifolium (Nakai) Nakai ex P. Beauv. f. albiflorum (P. Beauv.) Nakai;白花卵叶山罗花■☆
248206 Melampyrum roseum Maxim. var. setaceum Maxim. ex Palib. = Melampyrum setaceum (Maxim. ex Palib.) Nakai ■
248207 Melampyrum saxosum Baumg.;岩石山罗花■☆
248208 Melampyrum setaceum (Maxim. ex Palib.) Nakai;狭叶山罗花;Narrowleaf Rose Cowwheat ■
248209 Melampyrum setaceum (Maxim. ex Palib.) Nakai = Melampyrum roseum Maxim. var. setaceum Maxim. ex Palib. ■
248210 Melampyrum setaceum (Maxim. ex Palib.) Nakai var. nakaianum (Tuyama) T. Yamaz.;中井氏山罗花■☆
248211 Melampyrum sylvaticum L.;林地山罗花;Horse Flower, Small Cow-wheat, Wood Cow-wheat ■☆
248212 Melampyrum yakusimense Tuyama = Melampyrum laxum Miq. var. yakusimense (Tuyama) Kitam. ■☆
248213 Melampyrum yezoense T. Yamaz.;北海道山罗花■☆
248214 Melanaeranis Rchb. = Ficinia Schrad.(保留属名)■☆
248215 Melanaeranis Rchb. = Melancranis Vahl(废弃属名)■☆
248216 Melananthera Michx. = Melanthera Rohr ■●☆
248217 Melananthus Walp. (1850);黑花茄属☆
248218 Melananthus dipyrenoides Walp.;黑花茄☆
248219 Melananthus fasciculatus Soler.;簇生黑花茄☆
248220 Melananthus multiflorus Carvalho;多花黑花茄☆
248221 Melanaton Raf. = Melanoselinum Hoffm. ●☆
248222 Melanaton Raf. = Thapsia L. ■☆
248223 Melanchrysum Cass. = Gazania Gaertn.(保留属名)●■☆
248224 Melanchrysum rigens (L.) Cass. = Gazania rigens (L.) Gaertn. ■☆
248225 Melancium Naudin(1862);巴东瓜属■☆
248226 Melancium campestre Naudin;巴东瓜■☆
248227 Melancranis Vahl(废弃属名) = Ficinia Schrad.(保留属名)■☆
248228 Melancranis clandestina (Steud.) Kuntze = Ficinia clandestina (Steud.) Boeck. ■☆
248229 Melancranis contorta (Nees) Kuntze = Ficinia stolonifera Boeck. ■☆
248230 Melancranis gracilis (Schrad.) Kuntze = Ficinia gracilis Schrad. ■☆
248231 Melancranis nigrescens Schrad. = Ficinia nigrescens (Schrad.) J. Raynal ■☆
248232 Melancranis radiata Vahl = Ficinia brevifolia Kunth ■☆
248233 Melancranis tenuis Kunth = Ficinia tenuis (Kunth) C. B. Clarke ■☆
248234 Melancranis zeyheri Kuntze = Ficinia gracilis Schrad. ■☆
248235 Melandrium Röhl. (1812);女娄菜属;Melandrium ■
248236 Melandrium Röhl. = Silene L.(保留属名)■
248237 Melandrium Röhl. = Vaccaria Wolf ■
248238 Melandrium adenanthum (Franch.) Hand.-Mazz. = Silene asclepiadea Franch. ■
248239 Melandrium adenophorum Schischk.;腺点女娄菜■☆
248240 Melandrium aespitosum Williams = Silene davidii (Franch.) Oxelman et Liden ■
248241 Melandrium affine (J. Vahl ex Fr.) J. Vahl;近缘女娄菜■☆
248242 Melandrium affine (J. Vahl ex Fr.) J. Vahl = Silene involucrata (Cham. et Schltdl.) Bocquet ■☆
248243 Melandrium affine (J. Vahl ex Fr.) J. Vahl subsp. tenellum Tolm. = Silene involucrata (Cham. et Schltdl.) Bocquet subsp. tenella (Tolm.) Bocquet ■☆
248244 Melandrium affine J. Vahl = Melandrium affine (J. Vahl ex Fr.) J. Vahl ■☆
248245 Melandrium affine var. brachycalyx (Raup) Hultén = Silene involucrata (Cham. et Schltdl.) Bocquet ■☆
248246 Melandrium akinfievii (Schmalh.) Schischk.;阿肯女娄菜■☆
248247 Melandrium alaschanicum (Maxim.) Y. Z. Zhao = Silene alaschanica (Maxim.) Bocquet ■
248248 Melandrium album (Mill.) Garcke;白女娄菜■☆
248249 Melandrium album (Mill.) Garcke = Silene latifolia (Mill.) Rendle et Britten subsp. alba (Mill.) Greuter et Burdet ■

248250 Melandrium album (Mill.) Garcke = Silene latifolia (Mill.) Rendle et Britten ■

248251 Melandrium album (Mill.) Garcke subsp. divaricatum (Rchb.) Grande = Silene latifolia (Mill.) Rendle et Britten ■

248252 Melandrium angustiflorum (Rupr.) Walp.;窄花女娄菜■☆

248253 Melandrium angustiflorum (Rupr.) Walp. subsp. tenellum (Tolm.) Kozhanchikov = Silene involucrata (Cham. et Schltdl.) Bocquet subsp. tenella (Tolm.) Bocquet ■☆

248254 Melandrium apertum Pax et K. Hoffm. = Silene himalayensis (Edgew.) Majumdar ■

248255 Melandrium apetalum (L.) Fenzl ex Ledeb.;无瓣女娄菜(小瓣女娄菜,隐瓣蝇子草);Hiddenpetal Catchfly ■

248256 Melandrium apetalum (L.) Fenzl ex Ledeb. = Silene gonosperma (Rupr.) Bocquet ■

248257 Melandrium apetalum (L.) Fenzl ex Ledeb. = Silene uralensis (Rupr.) Bocquet ■☆

248258 Melandrium apetalum (L.) Fenzl ex Ledeb. f. okadae Makino = Silene uralensis (Rupr.) Bocquet ■☆

248259 Melandrium apetalum (L.) Fenzl ex Ledeb. subsp. arcticum (Fr.) Hultén = Silene uralensis (Rupr.) Bocquet ■☆

248260 Melandrium apetalum (L.) Fenzl subsp. arcticum (Fr.) Hultén = Silene uralensis (Rupr.) Bocquet ■☆

248261 Melandrium apetalum (L.) Fenzl subsp. attenuatum (Farr) H. Hara = Silene uralensis (Rupr.) Bocquet ■☆

248262 Melandrium apetalum (L.) Fenzl subsp. ogilviense A. E. Porsild = Silene uralensis (Rupr.) Bocquet subsp. ogilviensis (A. E. Porsild) D. F. Brunt. ■☆

248263 Melandrium apetalum (L.) Fenzl var. glabrum (Regel) Hultén = Silene uralensis (Rupr.) Bocquet ■☆

248264 Melandrium apetalum (L.) Fenzl var. himalayense Rohrb. = Silene himalayensis (Edgew.) Majumdar ■

248265 Melandrium apetalum Fenzl = Silene himalayensis (Edgew.) Majumdar ■

248266 Melandrium apetalum Fenzl subsp. attenuatum (Farr) H. Hara = Silene uralensis (Rupr.) Bocquet ■☆

248267 Melandrium apetalum Fenzl var. glabrum (Regel) Hultén = Silene uralensis (Rupr.) Bocquet ■☆

248268 Melandrium apetalum Fenzl var. himalayense Rohrb. = Silene himalayensis (Edgew.) Majumdar ■

248269 Melandrium apricum (Turcz. ex Fisch. et C. A. Mey.) Rohrb.;女娄菜(大叶金石榴,对叶菜,对叶草,罐罐花,莫尔蝇子草,女萎菜,台湾蝇子草,桃色女娄菜,王不留行,小猪耳朵,野罂粟);Sunny Catchfly, Sunny Melandrium, Sunward Melandrium, Taiwan Catchfly ■

248270 Melandrium apricum (Turcz. ex Fisch. et C. A. Mey.) Rohrb. = Silene aprica Turcz. ex Fisch. et C. A. Mey. ■

248271 Melandrium apricum (Turcz. ex Fisch. et C. A. Mey.) Rohrb. f. leucanthum Sakata;白花女娄菜■☆

248272 Melandrium apricum (Turcz. ex Fisch. et C. A. Mey.) Rohrb. subsp. oldhamianum (Miq.) Kitag. = Silene aprica Turcz. ex Fisch. et C. A. Mey. var. oldhamiana (Miq.) C. Y. Wu ■

248273 Melandrium apricum (Turcz. ex Fisch. et C. A. Mey.) Rohrb. subsp. oldhamianum (Miq.) Kitag. = Silene aprica Turcz. ex Fisch. et C. A. Mey. ■

248274 Melandrium apricum (Turcz. ex Fisch. et C. A. Mey.) Rohrb. var. firmum (Siebold et Zucc.) Rohr. = Silene firma Siebold et Zucc. ■

248275 Melandrium apricum (Turcz. ex Fisch. et C. A. Mey.) Rohrb. var. firmum f. pubescens Makino = Silene firma Siebold et Zucc. ■

248276 Melandrium apricum (Turcz. ex Fisch. et C. A. Mey.) Rohrb. var. oldhamianum (Miq.) Y. C. Chu = Silene aprica Turcz. ex Fisch. et C. A. Mey. var. oldhamiana (Miq.) C. Y. Wu ■

248277 Melandrium apricum (Turcz. ex Fisch. et C. A. Mey.) Rohrb. var. oldhamianum (Miq.) Y. C. Chu = Silene aprica Turcz. ex Fisch. et C. A. Mey. ■

248278 Melandrium apricum (Turcz.) Rohrb. subsp. oldhamianum (Miq.) Kitag. = Silene aprica Turcz. ex Fisch. et C. A. Mey. ■

248279 Melandrium apricum (Turcz.) Rohrb. var. firmum (Siebold et Zucc.) Rohrb. = Silene firma Siebold et Zucc. ■

248280 Melandrium apricum (Turcz.) Rohrb. var. firmum (Siebold et Zucc.) Rohrb. f. pubescens Makino = Silene firma Siebold et Zucc. ■

248281 Melandrium apricum (Turcz.) Rohrb. var. oldhamianum (Miq.) Y. C. Chu = Silene aprica Turcz. ex Fisch. et C. A. Mey. ■

248282 Melandrium asclepiadeum (Franch.) Hand.-Mazz. = Silene indica Roxb. ex Otth var. bhutanica (W. W. Sm.) Bocquet ■

248283 Melandrium asclepiadeum (Franch.) Hand.-Mazz. ex Pax et K. Hoffm. = Silene asclepiadea Franch. ■

248284 Melandrium astrachanicum Pacz.;阿斯特拉哈女娄菜■☆

248285 Melandrium atrocastaneum (Diels) Hand.-Mazz. = Silene atrocastanea Diels ■

248286 Melandrium atsaense (C. Marquand) Pax et K. Hoffm. = Silene atsaensis (C. Marquand) Bocquet ■

248287 Melandrium auritipetalum Y. Z. Zhao et P. Ma;耳瓣女娄菜;Earpetal Melandrium ■

248288 Melandrium auritipetalum Y. Z. Zhao et P. Ma = Silene songarica (Fisch., C. A. Mey. et Avé-Lall.) Bocquet ■

248289 Melandrium baicalense (Sukaczev) Tolm. = Silene songarica (Fisch., C. A. Mey. et Avé-Lall.) Bocquet ■

248290 Melandrium baicalense Sukaczev ex Tolm. = Silene songarica (Fisch., C. A. Mey. et Avé-Lall.) Bocquet ■

248291 Melandrium balansae Boiss.;巴兰女娄菜■☆

248292 Melandrium batangense (H. Limpr.) Pax et K. Hoffm. = Silene batangensis H. Limpr. ■

248293 Melandrium bilinguum (W. W. Sm.) Pax et K. Hoffm. = Silene bilingua W. W. Sm. ■

248294 Melandrium boissieri Schischk.;布瓦西耶女娄菜■☆

248295 Melandrium boissieri Schischk. = Silene latifolia (Mill.) Rendle et Britten ■

248296 Melandrium boissieri Schischk. = Silene pratensis (Raf.) Gren. et Godr. subsp. divaricata (Rchb.) McNeill et H. C. Prent. ■

248297 Melandrium brachypetalum (Fisch. ex Hornem.) Fenzl = Silene songarica (Fisch., C. A. Mey. et Avé-Lall.) Bocquet ■

248298 Melandrium brachypetalum (Hornem.) Fenzl;兴安女娄菜;Shortpetal Melandrium ■

248299 Melandrium brachypetalum (Hornem.) Fenzl = Silene songarica (Fisch., C. A. Mey. et Avé-Lall.) Bocquet ■

248300 Melandrium brachypetalum (Hornem.) Fenzl var. tibetanum Rohrb. = Silene nepalensis Majumdar ■

248301 Melandrium caespitosum F. N. Williams = Silene davidii (Franch.) Oxelman et Liden ■

248302 Melandrium caespitosum F. N. Williams = Silene kantzeensis C. L. Tang ■

248303 Melandrium capitatum Kom. ex Mori = Silene capitata Kom. ■

248304 Melandrium cardiopetalum (Franch.) Hand.-Mazz. = Silene cardiopetala Franch. ■

248305 Melandrium cashmerianum (Royle ex Benth.) Walp. = Silene cashmeriana (Royle ex Benth.) Majumdar ■

248306 Melandrium chungtienense (W. W. Sm.) Pax et K. Hoffm. = Silene chungtienensis W. W. Sm. ■

248307 Melandrium dawsonii (B. L. Rob.) Hultén = Silene ostenfeldii (A. E. Porsild) J. K. Morton ■☆

248308 Melandrium delavayi (Franch.) Hand. -Mazz. = Silene delavayi Franch. ■

248309 Melandrium dingriense Y. W. Tsui et P. Ke ex L. H. Zhou = Silene cashmeriana (Royle ex Benth.) Majumdar ■

248310 Melandrium dioicum (L.) Coss. et Germ. = Silene dioica (L.) Clairv. ■☆

248311 Melandrium dioicum (L.) Coss. et Germ. subsp. alba (Mill.) D. Löve = Silene latifolia (Mill.) Rendle et Britten ■

248312 Melandrium dioicum Coss. et Germ.;异株女娄菜;Biddy's Eyes,Billy Buttons,Bull's Eyes,Devil's Flower,Dolly Winter,Flare's Eyes,Fleabite,Geuky Flower,Granfer Griggle,Granfer Jan,Granfer-greygles,Granfer-griggles,Gypsy Flower,Hare's Eye,Indy,Jack-by-the-hedge,Jack-in-the-hedge,Jack-in-the-lantern,Johnny Woods,Kettle-smocks,Lousy Bed,Lousy Beds,Poor Jane,Red Bird's Eyes,Red Granfer-greygles,Red Jack,Red Jane,Robin's Eyes,Scalded Apple,Wild Geranium ■☆

248313 Melandrium dioicum Coss. et Germ. subsp. rubrum (Weigel) D. Löve = Silene dioica (L.) Clairv. ■☆

248314 Melandrium diurnum Fr. = Silene dioica (L.) Clairv. ■☆

248315 Melandrium divaricatum (Rchb.) Fenzl = Silene latifolia (Mill.) Rendle et Britten ■

248316 Melandrium drummondii (Hook.) Porsild = Silene drummondii Hook. ■☆

248317 Melandrium erubescens Schischk.;变红女娄菜■☆

248318 Melandrium fedtschenkoanum (Preobr.) Schischk.;范氏女娄菜■☆

248319 Melandrium ferganicum (Preobr.) Schischk.;费尔干女娄菜■☆

248320 Melandrium fimbriatum (Wall. ex Benth.) Walp. = Silene multifurcata C. L. Tang ■

248321 Melandrium firmum (Siebold et Zucc.) Rohrb. = Silene firma Siebold et Zucc. ■

248322 Melandrium firmum (Siebold et Zucc.) Rohrb. f. pubescens (Makino) Makino = Silene firma Siebold et Zucc. var. pubescens (Makino) M. Mizush. ■

248323 Melandrium firmum (Siebold et Zucc.) Rohrb. f. pubescens (Makino) Makino = Silene firma Siebold et Zucc. ■

248324 Melandrium firmum (Siebold et Zucc.) Rohrb. f. pubescens Makino = Silene firma Siebold et Zucc. ■

248325 Melandrium firmum (Siebold et Zucc.) Rohrb. var. pubescens (Makino) Y. Z. Zhao = Silene firma Siebold et Zucc. ■

248326 Melandrium furcatum (Raf.) Hadac = Silene involucrata (Cham. et Schltdl.) Bocquet ■☆

248327 Melandrium glabellum Ohwi = Silene glabella (Ohwi) S. S. Ying et Alp. ■

248328 Melandrium glabellum Ohwi = Silene morrisonmontana (Hayata) Ohwi et H. Ohashi var. glabella (Ohwi) Ohwi et H. Ohashi ■

248329 Melandrium glandulosum (Maxim.) F. N. Williams = Silene muliensis C. Y. Wu ■

248330 Melandrium glandulosum (Maxim.) F. N. Williams = Silene yetii Bocquet ■

248331 Melandrium glandulosum (Maxim.) F. N. Williams var. hexapetalum Y. W. Tsui et L. H. Zhou = Silene nangqenensis C. L. Tang ■

248332 Melandrium glandulosum (Maxim.) F. N. Williams var. longistylum Y. W. Tsui et L. H. Zhou = Silene nangqenensis C. L. Tang ■

248333 Melandrium gomolangmaense Y. W. Tsui et P. Ke ex L. H. Zhou = Silene himalayensis (Edgew.) Majumdar ■

248334 Melandrium gracile Tolm.;纤细女娄菜■☆

248335 Melandrium grandiflorum (Franch.) Y. W. Tsui = Silene gonosperma (Rupr.) Bocquet ■

248336 Melandrium grandiflorum (Franch.) Y. W. Tsui = Silene grandiflora Franch. ■

248337 Melandrium griffithii (Boiss.) Rohrb. = Silene suaveolens Turcz. ex Kar. et Kir. ■

248338 Melandrium hailaricum Baranov = Lychnis sibirica L. ■

248339 Melandrium hailaricum Baranov = Silene linnaeana Volosch. ■

248340 Melandrium hidaka-alpinum Miyabe et Tatew. = Silene hidaka-alpina (Miyabe et Tatew.) Ohwi et H. Ohashi ■☆

248341 Melandrium himalayense (Rohrb.) Y. Z. Zhao = Silene himalayensis (Edgew.) Majumdar ■

248342 Melandrium illinoense Rohrb. = Silene regia Sims ■☆

248343 Melandrium indicum (Roxb. ex Otth) Walp. = Silene indica Roxb. ex Otth ■

248344 Melandrium integripetalum L. H. Zhou = Silene zhoui C. Y. Wu ■

248345 Melandrium integripetalum L. H. Zhou et C. Y. Wu = Silene zhoui C. Y. Wu ■

248346 Melandrium irikutense Kitag. = Silene songarica (Fisch.,C. A. Mey. et Avé-Lall.) Bocquet ■

248347 Melandrium keiskei (Miq.) Ohwi = Silene keiskei Miq. ■☆

248348 Melandrium keiskei (Miq.) Ohwi var. akaisialpinum T. Yamaz. = Silene akaisialpina (T. Yamaz.) H. Ohashi,Tateishi et H. Nakai ■☆

248349 Melandrium keiskei (Miq.) Ohwi var. minus Takeda = Silene keiskei Miq. var. minor (Takeda) Ohwi et H. Ohashi ■☆

248350 Melandrium keiskei (Miq.) Ohwi var. minus Takeda f. albescens (Takeda) Honda = Silene keiskei Miq. var. minor (Takeda) Ohwi et H. Ohashi f. albescens (Takeda) H. Ohashi, Tateishi et H. Nakai ■☆

248351 Melandrium kermesinum (W. W. Sm.) Hand. -Mazz. = Silene asclepiadea Franch. ■

248352 Melandrium kialense F. N. Williams = Silene kialensis (F. N. Williams) Liden et Oxelman ■

248353 Melandrium kialense F. N. Williams = Silene nepalensis Majumdar var. kialensis (F. N. Williams) C. L. Tang ■

248354 Melandrium kingii (S. Watson) Tolm. = Silene kingii (S. Watson) Bocquet ■☆

248355 Melandrium laciniatum (Cav.) Rohrb. = Silene laciniata Cav. ■☆

248356 Melandrium laciniatum (Cav.) Rohrb. var. greggii (A. Gray) Rohrb. = Silene laciniata Cav. subsp. greggii (A. Gray) C. L. Hitchc. et Maguire ■☆

248357 Melandrium lankongense (Franch.) Hand. -Mazz. = Silene viscidula Franch. ■

248358 Melandrium latifolium (Poir.) Maire = Silene latifolia (Mill.)

Rendle et Britten ■

248359 Melandrium lhassanum F. N. Williams = Silene lhassana (F. N. Williams) Majumdar ■

248360 Melandrium lichiangense (W. W. Sm.) Hand. -Mazz. = Silene lichiangensis W. W. Sm. ■

248361 Melandrium lomalasinense Engl. = Silene lomalasinense (Engl.) T. M. Harris et Goyder ■☆

248362 Melandrium longipes Hand. -Mazz. = Silene melanantha Franch. ■

248363 Melandrium macrocarpum (Boiss.) Willk. = Silene latifolia (Mill.) Rendle et Britten ■

248364 Melandrium macrorhizum (Royle ex Benth.) Walp. = Silene himalayensis (Edgew.) Majumdar ■

248365 Melandrium macrorhizum Walp. = Silene nigrescens (Edgew.) Majumdar subsp. latifolia Bocquet ■

248366 Melandrium macrorihzum Walp. = Silene namlaensis (C. Marquand) Bocquet ■

248367 Melandrium macrorihzum Walp. = Silene nigrescens (Edgew.) Majumdar ■

248368 Melandrium macrospermum A. E. Porsild = Silene uralensis (Rupr.) Bocquet subsp. porsildii Bocquet ■☆

248369 Melandrium melananthum (Franch.) Hand. -Mazz. = Silene melanantha Franch. ■

248370 Melandrium mongolicum (Maxim.) Grubov = Silene songarica (Fisch., C. A. Mey. et Avé-Lall.) Bocquet ■

248371 Melandrium morrison-montanum Hayata = Silene morrison-montana (Hayata) Ohwi et Ohashi ■

248372 Melandrium morrison-montanum Hayata = Silene morrisonmontana (Hayata) Ohwi et H. Ohashi ■

248373 Melandrium morrison-montanum Hayata var. glabellum (Ohwi) Ohwi = Silene morrisonmontana (Hayata) Ohwi et H. Ohashi var. glabella (Ohwi) Ohwi et H. Ohashi ■

248374 Melandrium morrison-montanum Hayata var. glabellum Ohwi = Silene glabella (Ohwi) S. S. Ying et Alp. ■

248375 Melandrium multicaule (Wall. ex Benth.) Walp. = Silene nepalensis Majumdar ■

248376 Melandrium multifurcatum (C. L. Tang) Kozhevn. = Silene multifurcata C. L. Tang ■

248377 Melandrium namlaense (C. Marquand) Pax et K. Hoffm. = Silene namlaensis (C. Marquand) Bocquet ■

248378 Melandrium napuligerum (Franch.) Hand. -Mazz. = Silene napuligera Franch. ■

248379 Melandrium neocaespitosum Y. W. Tsui ex L. H. Zhou = Silene caespitella F. N. Williams ■

248380 Melandrium nigrescens (Edgew.) F. N. Williams = Silene namlaensis (C. Marquand) Bocquet ■

248381 Melandrium nigrescens (Edgew.) F. N. Williams = Silene nigrescens (Edgew.) Majumdar ■

248382 Melandrium noctiflorum (L.) Fr.;腋花女娄菜;Nightflower Melandrium, Night-flowering Catchfly ■

248383 Melandrium noctiflorum (L.) Fr. = Silene noctiflora L. ■

248384 Melandrium nutans (Royle ex Benth.) Walp. = Silene indica Roxb. ex Otth var. bhutanica (W. W. Sm.) Bocquet ■

248385 Melandrium nyalamense L. H. Zhou = Silene cashmeriana (Royle ex Benth.) Majumdar ■

248386 Melandrium oblanceolatum (W. W. Sm.) Hand. -Mazz. = Silene oblanceolata W. W. Sm. ■

248387 Melandrium odenanthum (Franch.) Hand. -Mazz. = Silene asclepiadea Franch. ■

248388 Melandrium oldhamianum (C. Marquand) Rohrb. = Silene aprica Turcz. ex Fisch. et C. A. Mey. var. oldhamiana (Miq.) C. Y. Wu ■

248389 Melandrium oldhamianum (C. Marquand) Rohrb. = Silene aprica Turcz. ex Fisch. et C. A. Mey. ■

248390 Melandrium olgae Maxim.;奥氏女娄菜■☆

248391 Melandrium orientalimongolicum (Kozhevn.) Y. Z. Zhao = Silene orientalimongolica Kozhevn. ■

248392 Melandrium ostenfeldii A. E. Porsild = Silene ostenfeldii (A. E. Porsild) J. K. Morton ■☆

248393 Melandrium ovalifolium Regel et Schmalh.;卵叶女娄菜■☆

248394 Melandrium platypetalum (Bureau et Franch.) F. N. Williams = Silene platypetala Bureau et Franch. ■

248395 Melandrium platypetalum (Bureau et Franch.) F. N. Williams = Silene principis Oxelman et Liden ■

248396 Melandrium platypetalum F. N. Williams = Silene principis Oxelman et Liden ■

248397 Melandrium platyphyllum (Franch.) Hand. -Mazz. = Silene platyphylla Franch. ■

248398 Melandrium praticola (W. W. Sm.) Pax et K. Hoffm. = Silene platyphylla Franch. ■

248399 Melandrium pumilum (Benth.) Walp. = Silene gonosperma (Rupr.) Bocquet ■

248400 Melandrium puranense L. H. Zhou = Silene puranensis (L. H. Zhou) C. Y. Wu et H. Chuang ■

248401 Melandrium qomolangmaense Y. W. Tsui et P. Ke ex L. H. Zhou = Silene himalayensis (Edgew.) Majumdar ■

248402 Melandrium quadrilobum (Turcz. ex Kar. et Kir.) Schischk. = Silene quadriloba Turcz. ex Kar. et Kir. ■

248403 Melandrium reginum (Sims) A. Braun = Silene regia Sims ■☆

248404 Melandrium rotundifolium (Nutt.) Rohrb. = Silene rotundifolia Nutt. ■☆

248405 Melandrium rubicundum (Franch.) Hand. -Mazz. = Silene napuligera Franch. ■

248406 Melandrium rubicundum (Franch.) Hand. -Mazz. = Silene rubicunda Franch. ■

248407 Melandrium rubicundum Hand. -Mazz. = Silene napuligera Franch. ■

248408 Melandrium rubricalyx (C. Marquand) Pax et K. Hoffm. = Silene rubricalyx (C. Marquand) Bocquet ■

248409 Melandrium rubricalyx C. Marquand = Silene rubricalyx (C. Marquand) Bocquet ■

248410 Melandrium rubrum (Weigel) Garcke = Silene dioica (L.) Clairv. ■☆

248411 Melandrium rubrum Garcke;红女娄菜;Bachelor's Buttons, Billy Buttons, Bird's Eye, Bob Robin, Bobby Hood, Bonfire, Botcher's Blood, Bull Rattle, Bull's Eyes, Butcher's Blood, Cancer, Cock, Cock Robin, Cuckoo Spit, Cuckoo-pint, Cuckoo-spit, Darmell Goddard, Drunkards, Fairy Flax, Fingers-and-thumbs, Gdgson, Goose-and-gander, Indian Pink, Kettle Smock, Lousy Soldier's Buttons, Mary Jane, Mintdrop, Mother-dee, Plum Pudding, Poor Robin, Pudding, Red Bird's Eye, Red Butcher, Red Campion, Red Mintdrop, Red Riding Hood, Red Robin, Red Robin Hood, Red Soldiers, Red Wolf, Rob Roy, Robin, Robin Flower, Robin Redbreast, Robin-in-the-hedge, Robin-in-the-house, Robin-run-the-hedge, Robin's Eye, Robin's Flower, Round Robin, Sailor Buttons, Sailor's Buttons, Soldier

Buttons, Soldier's Buttons, Sweet Willie, Wake Robin, Wake-robin, Water Poppy, Wild Rose Campion ■
248412 Melandrium rubrum Garcke = Lychnis dioica L. ■☆
248413 Melandrium sachalinense (F. Schmidt) Schischk.;库页女娄菜■☆
248414 Melandrium scopulorum (Franch.) Hand. -Mazz. = Silene scopulorum Franch. ■
248415 Melandrium seoulense (Nakai) Nakai = Silene seoulensis Nakai ■
248416 Melandrium sibiricum (L.) A. Braun = Silene linnaeana Volosch. ■
248417 Melandrium sibiricum A. Braun = Silene linnaeana Volosch. ■
248418 Melandrium sibiricum A. Braun = Silene sibirica Pers. ■
248419 Melandrium soczavianum Schischk.;索契夫女娄菜■☆
248420 Melandrium soczavianum Schischk. = Silene uralensis (Rupr.) Bocquet subsp. porsildii Bocquet ■☆
248421 Melandrium songaricum Fisch. = Silene songarica (Fisch., C. A. Mey. et Avé-Lall.) Bocquet ■
248422 Melandrium songaricum Fisch., C. A. Mey. et Avé-Lall. = Silene songarica (Fisch., C. A. Mey. et Avé-Lall.) Bocquet ■
248423 Melandrium sordidum (Kar. et Kir.) Rohrb.;紫萼女娄菜(污浊女娄菜);Dirty Melandrium ■
248424 Melandrium sordidum (Kar. et Kir.) Rohrb. = Silene karekirii Bocquet ■
248425 Melandrium souliei F. N. Williams = Silene himalayensis (Edgew.) Majumdar ■
248426 Melandrium suaveolens (Turcz. ex Kar. et Kir.) Schischk. = Silene suaveolens Turcz. ex Kar. et Kir. ■
248427 Melandrium sylvestre Röhl.;林地女娄菜■☆
248428 Melandrium syngei Turrill = Silene syngei (Turrill) T. M. Harris et Goyder ■☆
248429 Melandrium taimyrense Tolm.;太米尔女娄菜■☆
248430 Melandrium taimyrensis Tolm. = Silene involucrata (Cham. et Schltdl.) Bocquet subsp. tenella (Tolm.) Bocquet ■☆
248431 Melandrium tatarinowii (Regel) Y. W. Tsui = Silene tatarinowii Regel ■
248432 Melandrium tayloriae (B. L. Rob.) Tolm. = Silene involucrata (Cham. et Schltdl.) Bocquet subsp. tenella (Tolm.) Bocquet ■☆
248433 Melandrium tayloriae (B. L. Rob.) Tolm. var. glabrum Hultén = Silene involucrata (Cham. et Schltdl.) Bocquet subsp. tenella (Tolm.) Bocquet ■☆
248434 Melandrium tenellum (Cham. et Schltdl.) Tolm. = Silene involucrata (Cham. et Schltdl.) Bocquet subsp. tenella (Tolm.) Bocquet ■☆
248435 Melandrium tenellum (Tolm.) Tolm.;细女娄菜;Slender Melandrium ■
248436 Melandrium transalpinum Hayata = Silene morrison-montana (Hayata) Ohwi et H. Ohashi ■
248437 Melandrium transalpinum Hayata = Silene transalpine (Hayata) S. S. Ying ■
248438 Melandrium triflorum (R. Br. ex Sommerf.) J. Vahl = Silene sorensenis (B. Boivin) Bocquet ■☆
248439 Melandrium triste (Bunge) Fenzl ex Ledeb. = Silene bungei Bocquet ■
248440 Melandrium triste (Regel) Fenzl ex Ledeb.;角齿女娄菜;Bitter-dull Melandrium, Sad Melandrium ■
248441 Melandrium triste (Regel) Fenzl ex Ledeb. = Silene bungei Bocquet ■
248442 Melandrium triste Fenzl ex Ledeb. = Silene bungei Bocquet ■
248443 Melandrium undulatum (Aiton) Rohrb. = Silene undulata Aiton ■
248444 Melandrium verrucosoalatum Y. Z. Zhao et P. Ma;瘤翅女娄菜;Verrucosewing Melandrium ■
248445 Melandrium verrucosoalatum Y. Z. Zhao et P. Ma = Silene karekirii Bocquet ■
248446 Melandrium vesiculiforme Hayata = Silene morrisonmontana (Hayata) Ohwi et H. Ohashi ■
248447 Melandrium virginicum (L.) A. Braun = Silene virginica L. ■☆
248448 Melandrium viscidulum (Franch.) F. N. Williams = Silene lhassana (F. N. Williams) Majumdar ■
248449 Melandrium viscidulum (Franch.) F. N. Williams = Silene viscidula Franch. ■
248450 Melandrium viscidulum (Franch.) F. N. Williams var. szechuanense (F. N. Williams) Hand. -Mazz. = Silene szechuanense F. N. Williams ■
248451 Melandrium viscidulum (Franch.) F. N. Williams var. szechuanense (Williams) Hand. -Mazz. = Silene asclepiadea Franch. ■
248452 Melandrium viscidulum (Franch.) F. N. Williams var. szechuanensis (F. N. Williams) Hand. -Mazz. = Silene asclepiadea Franch. ■
248453 Melandrium viscosum (L.) Celak.;黏女娄菜;Viscid Melandrium, Viscous Melandrium ■
248454 Melandrium viscosum (L.) Celak. = Silene lhassana (F. N. Williams) Majumdar ■
248455 Melandrium viscosum (L.) Celak. f. quadrilobum Krylov = Silene quadriloba Turcz. ex Kar. et Kir. ■
248456 Melandrium viscosum (L.) Celak. f. suaveolens Krylov = Silene suaveolens Turcz. ex Kar. et Kir. ■
248457 Melandrium wardii (C. Marquand) Pax et K. Hoffm. = Silene wardii (C. Marquand) Bocquet ■
248458 Melandrium xainzaense L. H. Zhou = Silene caespitella F. N. Williams ■
248459 Melandrium xainzaense L. H. Zhou = Silene nepalensis Majumdar ■
248460 Melandrium yanoei (Makino) F. N. Williams = Silene yanoei Makino ■☆
248461 Melandrium zhongbaense L. H. Zhou = Silene zhongbaensis (L. H. Zhou) C. Y. Wu et C. L. Tang ■
248462 Melandrum Blytt = Melandrium Röhl. ■
248463 Melandryum Rchb. = Melandrium Röhl. ■
248464 Melandryum Rchb. = Silene L. (保留属名)■
248465 Melanea Pers. = Malanea Aubl. ●☆
248466 Melanenthera Link = Melanthera Rohr ■●☆
248467 Melanidion Greene = Christolea Cambess. ■
248468 Melanidion Greene = Smelowskia C. A. Mey. ex Ledebour(保留属名)■
248469 Melanium P. Browne = Cuphea Adans. ex P. Browne ●■
248470 Melanix Raf. = Salix L. (保留属名)●
248471 Melanobatus Greene = Rubus L. ●■
248472 Melanocarpum Hook. f. (1880);黑果苋属■☆
248473 Melanocarpum Hook. f. = Pleuropetalum Hook. f. ●☆
248474 Melanocarpum sprucei Hook. f.;黑果苋■☆
248475 Melanocarya Turcz. = Euonymus L. (保留属名)●
248476 Melanocenchris Nees(1841);黑黍草属■☆

248477 Melanocenchris abyssinica (R. Br. ex Fresen.) Hochst.;阿比西尼亚黑黍草■☆
248478 Melanocenchris jacquemontii Jaub. et Spach;雅克蒙黑黍草■☆
248479 Melanocenchris plumosa (Steud.) Hochst. = Melanocenchris abyssinica (R. Br. ex Fresen.) Hochst. ■☆
248480 Melanocenchris royleana Nees ex Steud. = Melanocenchris jacquemontii Jaub. et Spach ■☆
248481 Melanochyla Hook. f. (1876);黑漆属●☆
248482 Melanochyla angustifolia Hook. f.;窄叶黑漆●☆
248483 Melanochyla densiflora King;密花黑漆●☆
248484 Melanochyla ferruginea Merr.;锈色黑漆●☆
248485 Melanochyla minutiflora Ding Hou;小花黑漆●☆
248486 Melanochyla montana Kochummen;山地黑漆●☆
248487 Melanochyla tomentosa Engl.;毛黑漆●☆
248488 Melanococca Blume = Rhus L. ●
248489 Melanocommia Ridl. = Semecarpus L. f. ●
248490 Melanodendron DC. (1836);黑菀木属●☆
248491 Melanodendron integrifolium DC.;黑菀木●☆
248492 Melanodiscus Radlk. = Glenniea Hook. f. ●☆
248493 Melanodiscus africanus Radlk. = Glenniea africana (Radlk.) Leenh. ●☆
248494 Melanodiscus oblongus Radlk. ex Taub. = Glenniea africana (Radlk.) Leenh. ●☆
248495 Melanodiscus unijugatus Pellegr. = Glenniea unijugata (Pellegr.) Leenh. ●☆
248496 Melanodiscus venulosus Bullock ex Dale et Greenway = Stadmannia oppositifolia Lam. ●☆
248497 Melanolepis Rchb. f. et Zoll. (1856);墨鳞木属(暗鳞木属,虫屎属,墨鳞属);Blackscale,Melanolepis ●
248498 Melanolepis moluccanus Pax et K. Hoffm. = Melanolepis multiglandulosa (Reinw. ex Blume) Rchb. f. et Zoll. ●
248499 Melanolepis multiglandulosa (Reinw. ex Blume) Hurus. = Melanolepis multiglandulosa (Reinw. ex Blume) Rchb. f. et Zoll. ●
248500 Melanolepis multiglandulosa (Reinw. ex Blume) Rchb. f. et Zoll.;墨鳞木(虫屎,墨鳞);Blackscale,Common Melanolepis ●
248501 Melanoleuca St.-Lag. = Melaleuca L. (保留属名)●
248502 Melanoloma Cass. = Centaurea L. (保留属名)●■
248503 Melanoloma atlantis (Maire et Weiller) Fern. Casas et Susanna = Centaurea atlantis Maire et Weiller ■☆
248504 Melanoloma gattefossei (Maire) Fern. Casas et Susanna = Centaurea gattefossei Maire ■☆
248505 Melanophylla Baker(1884);番茱萸属(黑叶树属)●☆
248506 Melanophylla alnifolia Baker;桤叶番茱萸●☆
248507 Melanophylla angustior McPherson et Rabenant.;狭番茱萸●☆
248508 Melanophylla aucubifolia Baker;针叶番茱萸●☆
248509 Melanophylla capuronii Rabenant. = Melanophylla alnifolia Baker ●☆
248510 Melanophylla crenata Baker;圆齿番茱萸●☆
248511 Melanophylla humbertiana Rabenant. = Melanophylla aucubifolia Baker ●☆
248512 Melanophylla humblotii Drake = Melanophylla aucubifolia Baker ●☆
248513 Melanophylla longipetala Rabenant. = Melanophylla crenata Baker ●☆
248514 Melanophylla madagascariensis Rabenant.;马岛番茱萸●☆
248515 Melanophylla modestei G. E. Schatz,Lowry et A.-E. Wolf;适度番茱萸●☆
248516 Melanophylla pachypoda Airy Shaw = Melanophylla madagascariensis Rabenant. ●☆
248517 Melanophylla perrieri Rabenant.;佩里耶番茱萸●☆
248518 Melanophyllaceae Takht. = Cornaceae Bercht. et J. Presl(保留科名)●■
248519 Melanophyllaceae Takht. = Melanophyllaceae Takht. ex Airy Shaw ●☆
248520 Melanophyllaceae Takht. = Torricelliaceae Hu ●
248521 Melanophyllaceae Takht. ex Airy Shaw = Cornaceae Bercht. et J. Presl(保留科名)●■
248522 Melanophyllaceae Takht. ex Airy Shaw(1972);番茱萸科●☆
248523 Melanopsidium Cels ex Colla = Billiottia DC. ●☆
248524 Melanopsidium Colla = Billiottia DC. ●☆
248525 Melanopsidium Poit. ex DC. = Alibertia A. Rich. ex DC. ●☆
248526 Melanorrhoea Wall. (1829);缅甸漆木属(缅甸漆属)●☆
248527 Melanorrhoea Wall. = Gluta L. ●
248528 Melanorrhoea aptera King;无翅缅甸漆木●☆
248529 Melanorrhoea curtisii ?;婆罗洲漆木;Bornean Rosewood,Singapore Mahogany ●☆
248530 Melanorrhoea glabra Wall.;光缅甸漆木●☆
248531 Melanorrhoea laccifera Pierre = Gluta laccifera (Pierre) Ding Hou ●
248532 Melanorrhoea laurifolia Evrard;桂叶缅甸漆木●☆
248533 Melanorrhoea macrocarpa Engl.;大果缅甸漆木●☆
248534 Melanorrhoea pubescens Ridl.;毛缅甸漆木●☆
248535 Melanorrhoea speciosa Ridl.;美丽缅甸漆木●☆
248536 Melanorrhoea tricolor Ridl.;三色缅甸漆木●☆
248537 Melanorrhoea usitata Wall.;缅甸漆木(缅甸漆)●☆
248538 Melanorrhoea wallichii Hook. f.;沃利克缅甸漆木(瓦氏黑罂漆木)●☆
248539 Melanortocarya Selvi,Bigazzi,Hilger et Papini = Lycopsis L. ■
248540 Melanortocarya Selvi,Bigazzi,Hilger et Papini(2006);黑紫草属●☆
248541 Melanoschoenos Ség. = Schoenus L. ■
248542 Melanosciadium H. Boissieu (1902);紫伞芹属(茵芹属);Melanosciadium,Shadecelery ■★
248543 Melanosciadium pimpinelloideum H. Boissieu;紫伞芹(山羌活,水独活);Common Melanosciadium,Shadecelery ■
248544 Melanoselinon Raf. = Melanoselinum Hoffm. ●☆
248545 Melanoselinum Hoffm. (1814);黑蛇床属●☆
248546 Melanoselinum Hoffm. = Thapsia L. ■☆
248547 Melanoselinum annuum (Bég.) A. Chev. = Tornabenea annua Bég. ■☆
248548 Melanoselinum bischoffii (J. A. Schmidt) A. Chev. = Tornabenea insularis (Webb) Webb ■☆
248549 Melanoselinum decipiens (Schrad. et J. C. Wendl.) Hoffm.;迷惑黑蛇床■☆
248550 Melanoselinum hirtum (J. A. Schmidt) A. Chev. = Tornabenea insularis (Webb) Webb ■☆
248551 Melanoselinum insulare (Webb) A. Chev. = Tornabenea insularis (Webb) Webb ■☆
248552 Melanoselinum tenuissimum A. Chev. = Tornabenea tenuissima (A. Chev.) A. Hansen et Sunding ■☆
248553 Melanoseris Decne. = Lactuca L. ■
248554 Melanoseris lyrata Decne. = Mulgedium lessertianum (Wall. ex C. B. Clarke) DC. ■
248555 Melanoseris saxatilis Edgew. = Cephalorrhynchus saxatilis

(Edgew.) C. Shih ■
248556 Melanosinapis Schimp. et Spenn. = Brassica L. ■●
248557 Melanospermum Hilliard(1989);墨子玄参属■☆
248558 Melanospermum foliosum (Benth.) Hilliard;多叶墨子玄参■☆
248559 Melanospermum rudolfii Hilliard;鲁道夫墨子玄参■☆
248560 Melanospermum rupestre (Hiern) Hilliard;岩生墨子玄参■☆
248561 Melanospermum swazicum Hilliard;斯威士墨子玄参■☆
248562 Melanospermum transvaalense (Hiern) Hilliard;德兰士瓦墨子玄参■☆
248563 Melanostachya B. G. Briggs et L. A. S. Johnson(1998);黑穗帚灯草属■☆
248564 Melanostachya ustulata (F. Muell. ex Ewart et Sharman) B. G. Briggs et L. A. S. Johnson;黑穗帚灯草■☆
248565 Melanosticta DC. = Hoffmannseggia Cav.(保留属名)■☆
248566 Melanosticta burchellii DC. = Hoffmannseggia burchellii (DC.) Benth. ex Oliv. ■☆
248567 Melanosticta sandersonii Harv. = Hoffmannseggia sandersonii (Harv.) Engl. ■☆
248568 Melanoxylon Schott = Melanoxylum Schott ●☆
248569 Melanoxylum Schott(1822);黑苏木属●☆
248570 Melanoxylum braunum Schott;黑苏木;Brauna ●☆
248571 Melanoxylum speciosum Benoist;美丽黑苏木●☆
248572 Melanthaceae R. Br. = Liliaceae Juss.(保留科名)■●
248573 Melanthaceae R. Br. = Melanthiaceae Batsch ex Borkh.(保留科名)■
248574 Melanthera Rohr(1792);墨药菊属(肖金腰箭属)■●☆
248575 Melanthera abyssinica (Sch. Bip. ex A. Rich.) Vatke;阿比西尼亚墨药菊■☆
248576 Melanthera acuminata S. Moore = Melanthera pungens Oliv. et Hiern ■☆
248577 Melanthera albinervia O. Hoffm. = Melanthera pungens Oliv. et Hiern var. albinervia (O. Hoffm.) Beentje ■☆
248578 Melanthera albinervia O. Hoffm. subsp. acuminata (S. Moore) Wild = Melanthera pungens Oliv. et Hiern ■☆
248579 Melanthera angustifolia Gilli;窄叶墨药菊■☆
248580 Melanthera aspera (Jacq.) Small = Melanthera nivea (L.) Small ■☆
248581 Melanthera baumii O. Hoffm. = Melanthera triternata (Klatt) Wild ■☆
248582 Melanthera biflora (L.) Wild;双花墨药菊■☆
248583 Melanthera brownei (DC.) Sch. Bip. = Melanthera scandens (Schumach. et Thonn.) Roberty ■☆
248584 Melanthera carpenteri Small = Melanthera nivea (L.) Small ■☆
248585 Melanthera chevalieri O. Hoffm. = Melanthera elliptica O. Hoffm. ■☆
248586 Melanthera cinerea Schweinf.;灰色墨药菊■☆
248587 Melanthera cuanzensis Hiern = Melanthera scandens (Schumach. et Thonn.) Roberty subsp. madagascariensis (Baker) Wild ■☆
248588 Melanthera cuanzensis Hiern var. altior ? = Melanthera scandens (Schumach. et Thonn.) Roberty subsp. madagascariensis (Baker) Wild ■☆
248589 Melanthera deltoidea Michx. = Melanthera nivea (L.) Small ■☆
248590 Melanthera djalonensis A. Chev. = Melanthera abyssinica (Sch. Bip. ex A. Rich.) Vatke ■☆
248591 Melanthera elegans C. D. Adams = Aspilia elegans (C. D. Adams) J. -P. Lebrun et Stork ■☆
248592 Melanthera elliptica O. Hoffm.;椭圆墨药菊■☆
248593 Melanthera felicis C. D. Adams;多育墨药菊■☆
248594 Melanthera gossweileri S. Moore = Melanthera pungens Oliv. et Hiern var. albinervia (O. Hoffm.) Beentje ■☆
248595 Melanthera hastata Michx. = Melanthera nivea (L.) Small ■☆
248596 Melanthera ligulata Small = Melanthera nivea (L.) Small ■☆
248597 Melanthera madagascariensis Baker = Melanthera scandens (Schumach. et Thonn.) Roberty subsp. madagascariensis (Baker) Wild ■☆
248598 Melanthera marlothiana O. Hoffm. = Melanthera triternata (Klatt) Wild ■☆
248599 Melanthera monochaeta Hiern = Melanthera triternata (Klatt) Wild ■☆
248600 Melanthera nivea (L.) Small;雪白墨药菊■☆
248601 Melanthera parvifolia Small;小花墨药菊■☆
248602 Melanthera pungens Oliv. et Hiern;刺墨药菊■☆
248603 Melanthera pungens Oliv. et Hiern var. albinervia (O. Hoffm.) Beentje;白脉刺墨药菊■☆
248604 Melanthera radiata Small = Melanthera parvifolia Small ■☆
248605 Melanthera rhombifolia O. Hoffm. et Muschl.;菱形墨药菊■☆
248606 Melanthera richardsiae Wild;理查兹墨药菊■☆
248607 Melanthera rivicola Muschl. ex Dinter = Melanthera triternata (Klatt) Wild ■☆
248608 Melanthera robinsonii Wild;鲁滨逊墨药菊■☆
248609 Melanthera scaberrima Hiern;粗糙墨药菊■☆
248610 Melanthera scaberrima Hiern var. angustifolia S. Moore = Melanthera scandens (Schumach. et Thonn.) Roberty subsp. madagascariensis (Baker) Wild ■☆
248611 Melanthera scandens (Schumach. et Thonn.) Roberty;攀缘墨药菊■☆
248612 Melanthera scandens (Schumach. et Thonn.) Roberty subsp. dregei (DC.) Wild;德雷攀缘墨药菊■☆
248613 Melanthera scandens (Schumach. et Thonn.) Roberty subsp. madagascariensis (Baker) Wild;马岛攀缘墨药菊■☆
248614 Melanthera scandens (Schumach. et Thonn.) Roberty subsp. subsimplicifolia Wild;单叶攀缘墨药菊■☆
248615 Melanthera schinziana S. Moore = Melanthera triternata (Klatt) Wild ■☆
248616 Melanthera seineri Muschl. ex Dinter = Melanthera triternata (Klatt) Wild ■☆
248617 Melanthera sokodensis Muschl. ex Hutch. et Dalziel = Melanthera abyssinica (Sch. Bip. ex A. Rich.) Vatke ■☆
248618 Melanthera swynnertonii S. Moore = Melanthera scandens (Schumach. et Thonn.) Roberty subsp. madagascariensis (Baker) Wild ■☆
248619 Melanthera tithonioides Aké Assi = Melanthera rhombifolia O. Hoffm. et Muschl. ■☆
248620 Melanthera triternata (Klatt) Wild;三出墨药菊■☆
248621 Melanthera ugandensis S. Moore = Melanthera pungens Oliv. et Hiern ■☆
248622 Melanthera varians Hiern = Melanthera triternata (Klatt) Wild ■☆
248623 Melanthes Blume = Breynia J. R. Forst. et G. Forst.(保留属名)●
248624 Melanthesa Blume = Breynia J. R. Forst. et G. Forst.(保留属

名)●

248625 Melanthesa Blume = Melanthes Blume ●

248626 Melanthesa chinensis Blume = Breynia fruticosa (L.) Hook. f. ●

248627 Melanthesiopsis Benth. et Hook. f. = Breynia J. R. Forst. et G. Forst. (保留属名)●

248628 Melanthesiopsis Benth. et Hook. f. = Melanthes Blume ●

248629 Melanthesopsis Benth. et Hook. f. = Breynia J. R. Forst. et G. Forst. (保留属名)●

248630 Melanthesopsis Müll. Arg. = Breynia J. R. Forst. et G. Forst. (保留属名)●

248631 Melanthesopsis Müll. Arg. = Melanthes Blume ●

248632 Melanthesopsis fruticosa (L.) Müll. Arg. = Breynia fruticosa (L.) Hook. f. ●

248633 Melanthesopsis patens (Roxb.) Müll. Arg. = Breynia retusa (Dennst.) Alston ●

248634 Melanthiaceae Batsch = Liliaceae Juss. (保留科名)■●

248635 Melanthiaceae Batsch = Melanthiaceae Batsch ex Borkh. (保留科名)■

248636 Melanthiaceae Batsch ex Borkh. (1797)(保留科名);黑药花科(藜芦科)■

248637 Melanthium Kunth = Dipidax Lawson ex Salisb. ■☆

248638 Melanthium L. (1753);黑药花属;Bunch-flower ■☆

248639 Melanthium L. = Zigadenus Michx. ■

248640 Melanthium Medik. = Nigella L. ■

248641 Melanthium aethiopicum Desv. = Baeometra uniflora (Jacq.) G. J. Lewis ■☆

248642 Melanthium bergii Schltdl. = Onixotis punctata (L.) Mabb. ■☆

248643 Melanthium capense L. = Androcymbium capense (L.) K. Krause ■☆

248644 Melanthium capense Willd. = Onixotis punctata (L.) Mabb. ■☆

248645 Melanthium ciliatum L. f. = Onixotis punctata (L.) Mabb. ■☆

248646 Melanthium cochinchinenwsis Lour. = Asparagus cochinchinensis (Lour.) Merr. ■

248647 Melanthium densum Desr. = Zigadenus densus (Desr.) Fernald ■☆

248648 Melanthium dispersum Small = Melanthium virginicum L. ■☆

248649 Melanthium eucomoides Jacq. = Androcymbium eucomoides (Jacq.) Willd. ■☆

248650 Melanthium garnotianum Kunth = Onixotis punctata (L.) Mabb. ■☆

248651 Melanthium glaucum Nutt. = Zigadenus elegans Pursh subsp. glaucus (Nutt.) Hultén ■☆

248652 Melanthium glaucum Nutt. = Zigadenus elegans Pursh ■☆

248653 Melanthium gracile Desv. = Onixotis punctata (L.) Mabb. ■☆

248654 Melanthium gramineum Cav. = Androcymbium gramineum (Cav.) J. F. Macbr. ■☆

248655 Melanthium hybridum Hort.; 杂种黑药花; Broad-leaved Bunchflower ■☆

248656 Melanthium junceum Jacq. = Onixotis stricta (Burm. f.) Wijnands ■☆

248657 Melanthium latifolium Desr.; 宽叶黑药花; Crisped Bunch-flower, Slender Bunch-flower ■☆

248658 Melanthium longiflorum (Willd.) Ker Gawl. = Wurmbea dolichantha B. Nord. ■☆

248659 Melanthium marginatum Desr. = Wurmbea marginata (Desr.) B. Nord. ■☆

248660 Melanthium monopetalum L. f. = Wurmbea monopetala (L. f.) B. Nord. ■☆

248661 Melanthium muscitoxicum Walter = Amianthium muscaetoxicum (Walter) A. Gray ■☆

248662 Melanthium parviflorum (Michx.) S. Watson; 小花黑药花; Appalachian Bunch-flower ■☆

248663 Melanthium punctatum Cav. = Androcymbium gramineum (Cav.) J. F. Macbr. ■☆

248664 Melanthium punctatum L. = Onixotis punctata (L.) Mabb. ■☆

248665 Melanthium racemosum Michx. = Melanthium latifolium Desr. ■☆

248666 Melanthium racemosum Walter = Tofieldia racemosa (Walter) Britton, Sterns et Poggenb. ■☆

248667 Melanthium racemosum Walter = Triantha racemosa (Walter) Small ■☆

248668 Melanthium rubicundum Willd. = Onixotis punctata (L.) Mabb. ■☆

248669 Melanthium secundum Desv. = Onixotis punctata (L.) Mabb. ■☆

248670 Melanthium sibiricum L. = Zigadenus sibiricus (L.) A. Gray ■

248671 Melanthium spicatum Burm. f. = Wurmbea spicata (Burm. f.) T. Durand et Schinz ■☆

248672 Melanthium tenue Hook. f. = Wurmbea tenuis (Hook. f.) Baker ■☆

248673 Melanthium triquetrum L. f. = Onixotis stricta (Burm. f.) Wijnands ■☆

248674 Melanthium tubiflorum Sol. ex Baker = Wurmbea dolichantha B. Nord. ■☆

248675 Melanthium undulatum (Willd.) J. W. Loudon = Ornithoglossum undulatum Sweet ■☆

248676 Melanthium uniflorum Jacq. = Baeometra uniflora (Jacq.) G. J. Lewis ■☆

248677 Melanthium virginicum L.; 黑药花; Bunch Flower, Bunchflower, Virginia Bunch-flower ■☆

248678 Melanthium viride L. f. = Ornithoglossum viride (L. f.) W. T. Aiton ■☆

248679 Melanthium woodii (Robbins ex A. W. Wood) Bodkin;伍德黑药花;Ozark Bunch-flower, Wood's Bunch-flower ■☆

248680 Melanthium woodii (Robbins ex A. W. Wood) Bodkin = Veratrum woodii Robbins ex A. Wood ■☆

248681 Melanthium wurmbeum Thunb. = Wurmbea capensis Thunb. ■☆

248682 Melanthos Post et Kuntze = Catanthera F. Muell. ●☆

248683 Melanthos Post et Kuntze = Malanthos Stapf ●☆

248684 Melanthus Weigel = Melianthus L. ●☆

248685 Melargyra Raf. = Spergularia (Pers.) J. Presl et C. Presl(保留属名)■

248686 Melarhiza Kellogg = Wyethia Nutt. ■☆

248687 Melasanthus Pohl = Stachytarpheta Vahl(保留属名)■●

248688 Melascus Raf. = Calonyction Choisy ■

248689 Melascus Raf. = Ipomoea L. (保留属名)●■

248690 Melasma P. J. Bergius = Alectra Thunb. ■

248691 Melasma P. J. Bergius (1767); 肖黑蒴属; Blackcapsule, Melasma ■

248692 Melasma arvense (Benth.) Hand. -Mazz. = Alectra arvensis (Benth.) Merr. ■

248693 Melasma asperrimum (Benth.) Engl. = Alectra asperrima

Benth. ■☆
248694 Melasma atrosanguineum Hiern = Alectra atrosanguinea (Hiern) Hemsl. ■☆
248695 Melasma barbatum Hiern = Alectra sessiliflora (Vahl) Kuntze ■☆
248696 Melasma brevipedicellatum Lisowski et Mielcarek;短梗黑蒴■☆
248697 Melasma calycinum (Hiern) Hemsl.;萼状黑蒴■☆
248698 Melasma capense (Thunb.) Hiern = Alectra capensis Thunb. ■☆
248699 Melasma cordatum (Benth.) Engl. = Alectra sessiliflora (Vahl) Kuntze var. senegalensis (Benth.) Hepper ■☆
248700 Melasma dentatum (Benth.) K. Schum.;尖齿黑蒴■☆
248701 Melasma hippocrepandrum Hiern = Alectra vogelii Benth. ■☆
248702 Melasma indicum (Benth.) Wettst. = Alectra sessiliflora (Vahl) Kuntze var. monticola (Engl.) Melch. ■☆
248703 Melasma indicum (Benth.) Wettst. var. monticola Engl. = Alectra sessiliflora (Vahl) Kuntze var. monticola (Engl.) Melch. ■☆
248704 Melasma indicum Hiern = Alectra lancifolia Hemsl. ■☆
248705 Melasma luridum (Harv.) Hiern = Alectra lurida Harv. ■☆
248706 Melasma natalense Hiern = Alectra natalensis (Hiern) Melch. ■☆
248707 Melasma nyassense Melch.;尼亚萨黑蒴■☆
248708 Melasma orobanchoides (Benth.) Engl. = Alectra orobanchoides Benth. ■☆
248709 Melasma ovatum E. Mey. ex Benth. = Melasma scabrum P. J. Bergius var. ovatum (E. Mey. ex Benth.) Hiern ■☆
248710 Melasma parviflorum K. Schum. = Alectra orobanchoides Benth. ■☆
248711 Melasma pictum Hiern = Alectra picta (Hiern) Hemsl. ■☆
248712 Melasma rigidum Hiern = Alectra rigida (Hiern) Hemsl. ■☆
248713 Melasma scabrum P. J. Bergius;粗糙肖黑蒴■☆
248714 Melasma scabrum P. J. Bergius var. ovatum (E. Mey. ex Benth.) Hiern;椭圆粗糙黑蒴■☆
248715 Melasma sessiliflorum (Vahl) Hiern = Alectra sessiliflora (Vahl) Kuntze ■☆
248716 Melasma welwitschii Hiern = Alectra orobanchoides Benth. ■☆
248717 Melasma zeyheri Hook. = Graderia scabra (L. f.) Benth. ■☆
248718 Melasphaerula Ker Gawl. (1803);尖瓣菖蒲属■☆
248719 Melasphaerula graminea (L.) Ker Gawl. = Melasphaerula ramosa (L.) N. E. Br. ■☆
248720 Melasphaerula graminea Ker Gawl. = Melasphaerula ramosa (L.) N. E. Br. ■☆
248721 Melasphaerula ramosa (L.) Klatt = Melasphaerula ramosa (L.) N. E. Br. ■☆
248722 Melasphaerula ramosa (L.) N. E. Br.;尖瓣菖蒲(薄黄姬菖蒲,多枝鸢尾)■☆
248723 Melasphaerula ramosa Klatt = Melasphaerula ramosa (L.) N. E. Br. ■☆
248724 Melastoma Burm. = Melastoma L. ●■
248725 Melastoma Burm. ex L. = Melastoma L. ●■
248726 Melastoma L. (1753);野牡丹属;Melastoma ●■
248727 Melastoma affine D. Don;多花野牡丹(爆肚叶,催生药,地拈,基尖叶野牡丹,近缘野牡丹,酒瓶果,兰屿野牡丹,老鼠丁根,山甜娘,水石榴,瓮登木,乌提子,野广石榴,炸腰果);Manyflowers Melastoma,Multiflorous Melastoma ●
248728 Melastoma affine D. Don = Melastoma malabathricum L. ●
248729 Melastoma afzelianum D. Don = Dissotis multiflora (Sm.) Triana ●☆
248730 Melastoma albiflorum G. Don = Tristemma albiflorum (G. Don) Benth. ●☆
248731 Melastoma barbatum Wall. = Diplectria barbata (Wall. ex C. B. Clarke) Franken et M. C. Roos ●■
248732 Melastoma candidum D. Don;野牡丹(豹牙兰,豹牙郎木,赤牙郎,大金香炉,倒罐草,地茄,高脚地稔,高脚稔,高脚山落苏,罐罐草,红暴牙郎,活血丹,金鸡腿,金石榴,老虎杆,痢疾罐,毛张口,毛足杆,牛母稔,埔笔,山石榴,小毛香,野石榴,哑口巴,炸腰果,毡子杆,猪古稔,猪牯稔,猪母稔,猪乸草,猪乸稔);Asian Melastome, Common Melastoma, Indian Rhododendron, White Melastoma ●
248733 Melastoma candidum D. Don = Melastoma malabathricum L. ●
248734 Melastoma candidum D. Don f. albiflorum J. C. Ou;白花野牡丹●
248735 Melastoma candidum D. Don var. alessandrense S. Kobay.;亚里亚山德里亚野牡丹●☆
248736 Melastoma candidum D. Don var. nobotan Makino = Melastoma candidum D. Don ●
248737 Melastoma capitata Vahl = Melastomastrum capitatum (Vahl) A. Fern. et R. Fern. ●☆
248738 Melastoma cavaleriei H. Lév. = Melastoma normale D. Don ●
248739 Melastoma cavaleriei H. Lév. et Vaniot = Melastoma malabathricum L. ●
248740 Melastoma cernuum Roxb. = Oxyspora cernua (Roxb.) Hook. f. et Thomson ex Triana ●
248741 Melastoma chrysophyllum Desr. = Rousseauxia chrysophylla (Desr.) DC. ●☆
248742 Melastoma corymbosa Sims = Amphiblemma cymosum (Schrad. et J. C. Wendl.) Naudin ●☆
248743 Melastoma cymosum Schrad. et J. C. Wendl. = Amphiblemma cymosum (Schrad. et J. C. Wendl.) Naudin ●☆
248744 Melastoma decemfidum Roxb. = Melastoma sanguineum Sims ●
248745 Melastoma decemfidum Roxb. ex Jack = Melastoma sanguineum Sims ●
248746 Melastoma decumbens P. Beauv. = Heterotis decumbens (P. Beauv.) Jacq. -Fél. ●☆
248747 Melastoma dendrisetosum C. Chen;枝毛野牡丹;Branched-setose Melastoma,Branchhair Melastoma ●
248748 Melastoma dodecandrum Lour.;地稔(矮脚埔梨,波罗罂子,玻璃罐,倒藤王不留,地红花,地吉桃,地脚稔,地兰子,地菍,地枇杷,地葡萄,地蒲根,地茄,地茄子,地稔藤,地石榴,地樱子,古柑,红地茄,金头石榴,苦含,库卢子,落地稔,猫儿眼睛草,毛冬瓜,铺地锦,铺地稔,埔淡,山地菍,山地稔,山辣茄,水汤泡,提脚龙,土茄子,野落苏,紫茄子);Twelvestamen Melastoma, Twelve-stamened Melastoma ●■
248749 Melastoma erythrophylla Wall. = Medinilla erythrophylla Lindl. ●
248750 Melastoma esquirolii H. Lév. = Melastoma malabathricum L. ●
248751 Melastoma esquirolii H. Lév. = Melastoma normale D. Don ●
248752 Melastoma hirta L. = Clidemia hirta (L.) D. Don ●
248753 Melastoma imbricatum Wall.;大野牡丹(大暴牙郎);Imbricate Melastoma ●
248754 Melastoma intermedium Dunn;细叶野牡丹(铺地莲,铺地稔,山石榴,水社野牡丹,小叶野牡丹);Intermediate Melastoma, Kudo Melastoma ●■
248755 Melastoma involucratum D. Don = Tristemma involucratum (D. Don) Benth. ●☆

248756 Melastoma kudoi Sasaki = Melastoma intermedium Dunn ●■

248757 Melastoma leonensis Lodd. ex Steud. = Amphiblemma cymosum (Schrad. et J. C. Wendl.) Naudin ●☆

248758 Melastoma macrocarpon D. Don = Melastoma candidum D. Don ●

248759 Melastoma madagascariensis D. Don = Dichaetanthera madagascariensis Triana ●☆

248760 Melastoma mairei H. Lév. = Osbeckia mairei Craib ●

248761 Melastoma mairei H. Lév. = Osbeckia stellata Buch. -Ham. ex Ker Gawl. ●

248762 Melastoma malabathricum L.;印度野牡丹(基尖叶野牡丹,马拉野牡丹);Indian Rhododendron,Malabar Melastome ●

248763 Melastoma malabathricum L. subsp. normale (D. Don) K. Mey. = Melastoma malabathricum L. ●

248764 Melastoma nobotan Blume = Melastoma candidum D. Don ●

248765 Melastoma normale D. Don;展毛野牡丹(白暴牙郎,白爆牙郎,豹牙郎,暴牙郎,大金香炉,灌灌黄,黑口莲,鸡头肉,假豆稔,老虎杆,麻叶花,毛稔,石老虎,肖野牡丹,洋松子,野牡丹,喳吧叶,渣腰花,炸腰抱,毡帽泡花,张口叭,正常野牡丹,猪姑稔);Patent-haired Melastoma,Patent-hairy Melastoma ●

248766 Melastoma normale D. Don = Melastoma malabathricum L. ●

248767 Melastoma penicillatum Naudin;紫毛野牡丹;Purplehair Melastoma,Purple-haired Melastoma,Purple-hairy Melastoma ●

248768 Melastoma pentapetalum (Toyoda) T. Yamaz. et Toyoda = Melastoma tetramerum Hayata var. pentapetalum Toyoda ●☆

248769 Melastoma plumosum D. Don = Heterotis rotundifolia (Sm.) Jacq. -Fél. ●☆

248770 Melastoma polyanthum Blume = Melastoma affine D. Don ●

248771 Melastoma polyanthum Blume = Melastoma malabathricum L. ●

248772 Melastoma prostratum Thonn. = Heterotis prostrata (Thonn.) Benth. ●☆

248773 Melastoma pulchellum Roxb. = Osbeckia rostrata D. Don ●

248774 Melastoma repens Desr. = Melastoma affine D. Don ●

248775 Melastoma repens Desr. = Melastoma dodecandrum Lour. ●■

248776 Melastoma rubicundum Jack = Medinilla rubicunda (Jack) Blume var. tibetica C. Chen ●

248777 Melastoma rugosum Roxb. ex C. B. Clarke = Melastoma dodecandrum Lour. ●■

248778 Melastoma sanguineum Sims;毛稔(豹牙郎,豺狗舌,赤芳郎,大红英,红爆牙狼,红花野牡丹,红毛将军,红心埔笔,黄狸胆,开口枣,毛菍,毛野牡丹,山喙,射牙郎,甜娘,亭娘,雉头叶,猪母稔);Bloodred Melastoma,Blood-red Melastoma,Fox-tongued Melastoma,Red Melastome ●

248779 Melastoma sanguineum Sims var. latisepalumC. Chen;宽萼毛稔(宽萼毛菍);Broad-sepal Melastoma ●

248780 Melastoma scaberrima (Hayata) Y. P. Yang et H. Y. Liu;糙叶耳药花●

248781 Melastoma scaberrima (Hayata) Y. P. Yang et H. Y. Liu = Melastoma intermedium Dunn ●■

248782 Melastoma septemnervium Lour. = Melastoma candidum D. Don ●

248783 Melastoma sessilis Schumach. et Thonn. = Tristemma hirtum P. Beauv. ●☆

248784 Melastoma subtriplinervia Link et Otto = Heterocentron subtriplinervium (Link et Otto) A. Braun et C. D. Bouché ■☆

248785 Melastoma suffruticosum Merr. = Melastoma intermedium Dunn ●■

248786 Melastoma tetramerum Hayata;四数野牡丹●☆

248787 Melastoma tetramerum Hayata var. pentapetalum Toyoda;五瓣野牡丹●☆

248788 Melastoma theifolium G. Don = Melastomastrum theifolium (G. Don) A. Fern. et R. Fern. ●☆

248789 Melastoma vagans Roxb. = Oxyspora vagans (Roxb.) Wall. ●

248790 Melastomaceae Juss. = Melastomataceae Juss.(保留科名)●■

248791 Melastomastrum Naudin(1850);小野牡丹属●☆

248792 Melastomastrum afzelii (Hook. f.) A. Fern. et R. Fern.;阿芙泽尔小野牡丹●☆

248793 Melastomastrum afzelii (Hook. f.) A. Fern. et R. Fern. var. lecomteanum (Hutch. et Dalziel) Jacq. -Fél.;勒孔特小野牡丹●☆

248794 Melastomastrum afzelii (Hook. f.) A. Fern. et R. Fern. var. paucistellatum (Stapf) Jacq. -Fél.;寡星小野牡丹●☆

248795 Melastomastrum autranianum (Cogn.) A. Fern. et R. Fern. var. latibracteatum (De Wild.) Jacq. -Fél.;宽苞小野牡丹●☆

248796 Melastomastrum capitatum (Vahl) A. Fern. et R. Fern.;头状小野牡丹●☆

248797 Melastomastrum capitatum (Vahl) A. Fern. et R. Fern. var. barteri (Hook. f.) A. Fern. et R. Fern. = Melastomastrum capitatum (Vahl) A. Fern. et R. Fern. ●☆

248798 Melastomastrum capitatum (Vahl) A. Fern. et R. Fern. var. silvaticum Jacq. -Fél.;林地头状小野牡丹●☆

248799 Melastomastrum capitatum (Vahl) A. Fern. et R. Fern. var. vogelii (Benth.) A. Fern. et R. Fern. = Melastomastrum capitatum (Vahl) A. Fern. et R. Fern. ●☆

248800 Melastomastrum cornifolium (Benth.) Jacq. -Fél.;角叶小野牡丹●☆

248801 Melastomastrum schlechteri (Gilg) A. Fern. et R. Fern. = Melastomastrum segregatum (Benth.) A. Fern. et R. Fern. ●☆

248802 Melastomastrum segregatum (Benth.) A. Fern. et R. Fern.;隔离小野牡丹●☆

248803 Melastomastrum theifolium (G. Don) A. Fern. et R. Fern.;茶叶小野牡丹●☆

248804 Melastomastrum theifolium (G. Don) A. Fern. et R. Fern. var. controversum (A. Chev. et Jacq. -Fél.) Jacq. -Fél.;疑惑小野牡丹●☆

248805 Melastomastrum theifolium (G. Don) A. Fern. et R. Fern. var. controversum (A. Chev. et Jacq. -Fél.) Jacq. -Fél. = Tristemma controversa A. Chev. et Jacq. -Fél. ●☆

248806 Melastomataceae Juss. (1789)(保留科名);野牡丹科;Melastoma Family ●■

248807 Melathallus Pierre = Ilex L. ●

248808 Melaxis Smith ex Steud. = Liparis Rich.(保留属名)■

248809 Melaxis Steud. = Liparis Rich.(保留属名)■

248810 Melchiora Kobuski = Balthasaria Verdc. ●☆

248811 Melchiora Kobuski(1956);肖长管山茶属●☆

248812 Melchiora intermedia (Boutique et Troupin) Kobuski = Melchiora schliebenii (Melch.) Kobuski var. intermedia (Boutique et Troupin) Kobuski ●☆

248813 Melchiora mannii (Oliv.) Kobuski;曼氏肖长管山茶●☆

248814 Melchiora schliebenii (Melch.) Kobuski = Balthasaria schliebenii (Melch.) Verdc. ●☆

248815 Melchiora schliebenii (Melch.) Kobuski var. glabra (Verdc.) Kobuski;光滑肖长管山茶●☆

248816 Melchiora schliebenii (Melch.) Kobuski var. greenwayi (Verdc.) Kobuski;格林韦肖长管山茶●☆

248817 Melchiora schliebenii (Melch.) Kobuski var. intermedia (Boutique et Troupin) Kobuski;间型肖长管山茶●☆

248818 Meleagrinex Arruda ex H. Kost. = Sapindus L.(保留属名)●

248819 Melenomphale Raf. = Melomphis Raf. ■☆

248820 Melenomphale Raf. = Ornithogalum L. ■
248821 Melfona Raf. = Cuphea Adans. ex P. Browne ●■
248822 Melhania Forssk. (1775);梅蓝属;Melhania ●■
248823 Melhania abyssinica A. Rich.;阿比西尼亚梅蓝;Abyssinia Melhania ●☆
248824 Melhania abyssinica A. Rich. = Melhania ovata (Cav.) Spreng. ●☆
248825 Melhania acuminata Mast.;渐尖梅蓝●☆
248826 Melhania albicans Baker f. = Melhania burchellii DC. ●☆
248827 Melhania albiflora (Hiern) Exell et Mendonça ex Hill et Salisb.;白花梅蓝●☆
248828 Melhania amboensis Schinz;安博梅蓝●☆
248829 Melhania angustifolia K. Schum.;窄叶梅蓝●☆
248830 Melhania annua Thulin;一年梅蓝■☆
248831 Melhania beguinotii Cufod.;贝吉诺特梅蓝●☆
248832 Melhania bolusii Burtt Davy = Melhania virescens (K. Schum.) K. Schum. ●☆
248833 Melhania bracteosa (Guillaumin et Perr.) Boiss. = Melhania denhamii R. Br. ●☆
248834 Melhania burchellii DC.;伯切尔梅蓝●☆
248835 Melhania cannabina Wight ex Mast.;大麻梅蓝(拟大麻梅蓝);Hemp Melhania ●☆
248836 Melhania carrissoi Exell et Mendonça;卡里索梅蓝●☆
248837 Melhania chinensis H. H. Hsue = Melhania hamiltoniana Wall. ●◇
248838 Melhania chrysantha E. Mey. = Hermannia geniculata Eckl. et Zeyh. ●☆
248839 Melhania chrysantha E. Mey. ex Turcz. = Hermannia geniculata Eckl. et Zeyh. ●☆
248840 Melhania coriacea Chiov.;革质梅蓝●☆
248841 Melhania cyclophylla Hochst. ex Mast. = Melhania rotundata Hochst. ex Mast. ●☆
248842 Melhania damarana Harv.;达马尔梅蓝●☆
248843 Melhania dehnhardtii K. Schum.;德恩哈特梅蓝●☆
248844 Melhania denhamii R. Br.;德纳姆梅蓝●☆
248845 Melhania denhamii R. Br. var. benadirensis Chiov.;贝纳迪尔梅蓝●☆
248846 Melhania denhamii R. Br. var. grandibracteata K. Schum. = Melhania phillipsiae Baker f. ●☆
248847 Melhania didyma Eckl. et Zeyh.;双梅蓝●☆
248848 Melhania didyma Eckl. et Zeyh. var. linearifolia (Sond.) Szyszyl. = Melhania prostrata DC. ●☆
248849 Melhania engleriana K. Schum.;恩格勒梅蓝●☆
248850 Melhania ferruginea A. Rich. = Melhania velutina Forssk. ●☆
248851 Melhania fiorii Chiov. = Melhania phillipsiae Baker f. ●☆
248852 Melhania forbesii Planch. ex Mast.;福布斯梅蓝●☆
248853 Melhania futteyporensis Munro ex Mast.;印度梅蓝●☆
248854 Melhania grandibracteata (K. Schum.) K. Schum. = Melhania phillipsiae Baker f. ●☆
248855 Melhania griquensis Bolus;格里夸梅蓝●☆
248856 Melhania griquensis Bolus var. virescens K. Schum. = Melhania virescens (K. Schum.) K. Schum. ●☆
248857 Melhania hamiltoniana Wall.;梅蓝;Common Melhania ●◇
248858 Melhania hiranensis Thulin;希兰梅蓝●☆
248859 Melhania incana B. Heyne ex Wight et Arn.;灰毛梅蓝●☆
248860 Melhania incana B. Heyne var. albiflora Hiern = Melhania albiflora (Hiern) Exell et Mendonça ex Hill et Salisb. ●☆
248861 Melhania incana K. Heyne;灰白毛梅蓝(灰白梅蓝);Greywhitehair Melhania ●☆
248862 Melhania integra I. Verd.;全缘梅蓝●☆
248863 Melhania kelleri Schinz;凯勒梅蓝●☆
248864 Melhania laurifolia Bojer = Dombeya laurifolia (Bojer) Baill. ●☆
248865 Melhania leucantha E. Mey. = Melhania didyma Eckl. et Zeyh. ●☆
248866 Melhania linearifolia Sond. = Melhania prostrata DC. ●☆
248867 Melhania muricata Balf. f.;粗糙梅蓝●☆
248868 Melhania ovata (Cav.) Spreng.;卵叶梅蓝●☆
248869 Melhania ovata (Cav.) Spreng. var. montana K. Schum.;山地卵叶梅蓝●☆
248870 Melhania ovata (Cav.) Spreng. var. oblongata (Hochst.) K. Schum. = Melhania ovata (Cav.) Spreng. ●☆
248871 Melhania parviflora Chiov.;小花梅蓝●☆
248872 Melhania parvifolia Chiov. = Melhania muricata Balf. f. ●☆
248873 Melhania phillipsiae Baker f.;菲利梅蓝●☆
248874 Melhania polygama I. Verd.;多蕊梅蓝●☆
248875 Melhania polyneura K. Schum.;多脉梅蓝●☆
248876 Melhania prostrata DC.;平卧梅蓝●☆
248877 Melhania quercifolia Thulin;栎叶梅蓝●☆
248878 Melhania randii Baker f.;兰德梅蓝●☆
248879 Melhania rehmannii Szyszyl.;拉赫曼梅蓝●☆
248880 Melhania rotundata Hochst. ex Mast.;圆齿梅蓝●☆
248881 Melhania rupestris Schinz = Melhania rehmannii Szyszyl. ●☆
248882 Melhania somalensis Baker f.;索马里梅蓝●☆
248883 Melhania steudneri Schweinf. = Melhania incana B. Heyne ex Wight et Arn. ●☆
248884 Melhania stipulosa J. R. I. Wood;托叶梅蓝●☆
248885 Melhania suluensis Gerstner;苏卢梅蓝●☆
248886 Melhania taylori Baker f.;泰勒梅蓝●☆
248887 Melhania tomentosa Stocks ex Mast.;茸毛梅蓝;Tomentose Melhania ●☆
248888 Melhania tomentosa Stocks ex Mast. = Melhania futteyporensis Munro ex Mast. ●☆
248889 Melhania transvaalensis Szyszyl.;德兰士瓦梅蓝●☆
248890 Melhania velutina Forssk.;短绒毛梅蓝●☆
248891 Melhania virescens (K. Schum.) K. Schum.;浅绿梅蓝●☆
248892 Melhania zavattarii Cufod.;扎瓦梅蓝●☆
248893 Melia L. (1753);楝属;Bead Tree, Beadtree, Bead-tree, Chinaberry, China-berry, Melia, Texas Umbrella Tree ●
248894 Melia azadirachta L. = Azadirachta indica A. Juss. ●☆
248895 Melia azedarach L.;楝(翠树,花心树,火稔树,苦辣树,苦楝,苦楝树,苦楝子,苦苓,楝树,楝枣树,楝枣子,森树,双白皮,洋花森,紫花树);Arbor Sancta, Azedarach, Bakain, Bakain Cedar, Bakain Mahogany, Bead Tree, Calm Lilac, Cape Lilac, Ceylon Cedar, Ceylon Mahogany, China Berry, China Berry Tree, China Pride, China Tree, Chinaberry, Chinaberry Tree, China-berry Tree, Chinaberrytree, Chinaberry-tree, China-tree, Chinese Berry, Chinese Tree, Indian Bead-tree, Indian Lilac, Lunumidella, Lunumidena Cedar, Lunumidena Mahogany, Margosa Tree, Melia, Neem Tree, Persian Lilac, Pride of China, Pride of India, Pride of Persia, Pride-of-India, White Cedar ●
248896 Melia azedarach L. 'Albiflora';白花楝;Whiteflower Melia ●☆
248897 Melia azedarach L. f. albiflora Makino = Melia azedarach L. 'Albiflora' ●☆

248898 Melia azedarach L. f. albiflora Makino = Melia azedarach L. ●
248899 Melia azedarach L. nothovar. intermedia (Makino) Makino;全叶楝●
248900 Melia azedarach L. nothovar. intermedia (Makino) Makino = Melia azedarach L. ●
248901 Melia azedarach L. subvar. intermedia Makino = Melia azedarach L. ●
248902 Melia azedarach L. var. intermedia (Makino) Makino = Melia azedarach L. ●
248903 Melia azedarach L. var. japonica Makino;日本苦楝(日本楝);Japanese China-berry-tree ●
248904 Melia azedarach L. var. japonica Makino = Melia azedarach L. ●
248905 Melia azedarach L. var. semperflorens ? = Melia azedarach L. ●
248906 Melia azedarach L. var. subtripinnata Miq. = Melia azedarach L. ●
248907 Melia azedarach L. var. toosendan (Siebold et Zucc.) Makino = Melia azedarach L. ●
248908 Melia azedarach L. var. toosendan (Siebold et Zucc.) Makino = Melia toosendan Siebold et Zucc. ●
248909 Melia azedarach L. var. umbraculifera G. W. Knox;得州楝;Texas Umbrella Tree ●☆
248910 Melia baccifera Roth. = Cipadessa baccifera (Roth) Miq. ●
248911 Melia chinensis Siebold ex Miq. = Melia toosendan Siebold et Zucc. ●
248912 Melia composita Benth. = Melia azedarach L. ●
248913 Melia dubia Cav.;南岭楝树(岭南楝树);Ceylon Mahogany, Doubtful China Tree, Doubtful Chinaberry ●
248914 Melia dubia Cav. = Melia azedarach L. ●
248915 Melia excelsa Jack = Azadirachta excelsa (Jack) Jacobs ●☆
248916 Melia indica Brand. = Azadirachta indica A. Juss. ●☆
248917 Melia indica L.;印度楝●☆
248918 Melia japonica G. Don var. semperflorens Makino = Melia azedarach L. ●
248919 Melia japonica Hassk. = Melia azedarach L. ●
248920 Melia japonica Hassk. var. albiflora ? = Melia azedarach L. ●
248921 Melia japonica Hassk. var. semperflorens ? = Melia azedarach L. ●
248922 Melia javanica M. Roem.;爪哇楝●☆
248923 Melia koetjape Burm. f. = Sandoricum koetjape (Burm. f.) Merr. ●☆
248924 Melia orientalis M. Roem. = Melia azedarach L. ●
248925 Melia toosendan Siebold et Zucc.;川楝(川苦,川楝实,川楝树,川楝子,大果苦楝,金铃子,苦楝子,练实,楝实,楝子,仁枣,森树,土楝子,土仙丹);Sichuan Chinaberry, Sichuan China-berry, Sichuan Melia, Szechwan Chinaberry, Tuxiandan Melia ●
248926 Melia toosendan Siebold et Zucc. = Melia azedarach L. var. toosendan (Siebold et Zucc.) Makino ●
248927 Melia toosendan Siebold et Zucc. = Melia azedarach L. ●
248928 Melia volkensis Gurke;沃肯楝●☆
248929 Meliaceae Juss. (1789)(保留科名);楝科;China Tree Family, Chinaberry Family, Mahogany Family ●
248930 Meliadelpha Radlk. = Dysoxylum Blume ●
248931 Meliandra Ducke = Votomita Aubl. ●☆
248932 Melianthaceae Bercht. et Presl = Melianthaceae Horan.(保留科名)●☆
248933 Melianthaceae Handbuch = Melianthaceae Horan.(保留科名)●☆
248934 Melianthaceae Horan. (1834)(保留科名);蜜花科(假栾树科,羽叶树科)●☆
248935 Melianthaceae Link = Melianthaceae Horan.(保留科名)●☆
248936 Melianthus L. (1753);蜜花属(假栾树属,麦利安木属);Cape Honey-flower, Honeyflower, Honey-flower, Hooey Bush ●☆
248937 Melianthus comosus Vahl;簇毛蜜花●☆
248938 Melianthus dregeanus Sond.;德雷蜜花●☆
248939 Melianthus dregeanus Sond. subsp. insignis (Kuntze) S. A. Tansley;显著德雷蜜花●☆
248940 Melianthus dregeanus Sond. var. insignis (Kuntze) E. Phillips et Hofmeyr = Melianthus dregeanus Sond. subsp. insignis (Kuntze) S. A. Tansley ●☆
248941 Melianthus elongatus Wijnands;小叶蜜花(小叶麦利安木);Minor Melianthus ●☆
248942 Melianthus gariepinus Merxm. et Rössler = Melianthus pectinatus Harv. subsp. gariepinus (Merxm. et Rössler) S. A. Tansley ●☆
248943 Melianthus insignis Kuntze = Melianthus dregeanus Sond. subsp. insignis (Kuntze) S. A. Tansley ●☆
248944 Melianthus major L.;大蜜花(粗枝麦利安木,假栾树,蜜花);Cape Honey Flower, Cape Honey-flower, Honey Bush, Honey Flower, Honeybush, Honey-flower ●☆
248945 Melianthus minor L. = Melianthus elongatus Wijnands ●☆
248946 Melianthus pectinatus Harv.;篦状蜜花●☆
248947 Melianthus pectinatus Harv. subsp. gariepinus (Merxm. et Rössler) S. A. Tansley;加里普蜜花●☆
248948 Melianthus villosus Bolus;长毛蜜花●☆
248949 Melica L. (1753);臭草属(肥马草属,擎谷草属);Melic, Melic Grass, Melicgrass, Melic-grass, Melick, Onion Grass, Oniongrass, Onion-grass, Stinkinggrass ■
248950 Melica alpina G. Don ex D. Don;山地臭草■☆
248951 Melica altissima L.;西伯利亚臭草(高臭草);Siberian Melic, Siberian Melicgrass, Siberian Melick, Tall Melick ■
248952 Melica altissima L. 'Atropurpurea';深紫西伯利亚臭草■
248953 Melica altissima L. f. interrupta (Rchb.) Papp = Melica altissima L. ■
248954 Melica altissima L. var. atropurpurea Papp = Melica altissima L. 'Atropurpurea' ■
248955 Melica altissima L. var. atropurpurea Papp = Melica altissima L. ■
248956 Melica altissima L. var. interrupta Rchb. = Melica altissima L. ■
248957 Melica altissima L. var. transsilvanica (Schur) Schur = Melica transsilvanica Schur ■
248958 Melica arrecta Kuntze;直立臭草■☆
248959 Melica aspera Desf. = Melica minuta L. ■☆
248960 Melica atropatana Schischk.;阿特罗臭草■☆
248961 Melica bolusii Stapf = Melica racemosa Thunb. ■☆
248962 Melica breviflora Boiss.;短花臭草■
248963 Melica breviflora Boiss. = Melica jacquemontii Decne. ■
248964 Melica breviflora Boiss. = Melica persica Kunth ■
248965 Melica brevifolia Stapf = Melica racemosa Thunb. ■☆
248966 Melica bromoides Bol. ex A. Gray;雀麦状臭草;Bromeform Melic ■
248967 Melica caffrorum Schrad. = Melica racemosa Thunb. ■☆
248968 Melica callosa (Turcz. ex Griseb.) Ohwi = Schizachne callosa (Turcz. ex Griseb.) Ohwi ■
248969 Melica callosa (Turcz. ex Griseb.) Ohwi = Schizachne purpurascens (Torr.) Swallen subsp. callosa (Turcz. ex Griseb.) T. Koyama et Kawano ■

248970 Melica callosa (Turcz.) Ohwi = Schizachne callosa (Turcz. ex Griseb.) Ohwi ■
248971 Melica canariensis Hempel;加那利臭草■☆
248972 Melica canescens (Regel) Lavrenko = Melica persica Kunth ■
248973 Melica canescens (Regel) Lavrenko ex Nevski = Melica persica Kunth subsp. canescens (Regel) Davis ■
248974 Melica caricina d'Urv. = Melica transsilvanica Schur ■
248975 Melica ciliata L.;丝毛臭草(克里木臭草,小穗臭草);Crimean Melick,Hairy Melic Grass,Silkyspike Melic ■
248976 Melica ciliata L. subsp. magnolii (Gren. et Godr.) K. Richt. = Melica magnolii Gren. et Godr. ■
248977 Melica ciliata L. subsp. taurica (K. Koch) Tzvelev = Melica ciliata L. ■
248978 Melica ciliata L. subsp. taurica (K. Koch) Tzvelev = Melica taurica K. Koch ■
248979 Melica ciliata L. subsp. transsilvanica (Schur) Celak. = Melica transsilvanica Schur ■
248980 Melica ciliata L. var. brachyantha Hack. = Melica ciliata L. ■
248981 Melica ciliata L. var. elata Trab. = Melica magnolii Gren. et Godr. ■
248982 Melica ciliata L. var. glauca (Schultz) Richt. = Melica ciliata L. ■
248983 Melica ciliata L. var. major Ball = Melica magnolii Gren. et Godr. ■
248984 Melica ciliata L. var. nebrodensis (Parl.) Coss. et Durieu = Melica ciliata L. ■
248985 Melica ciliata L. var. rupestris Batt. et Trab. = Melica ciliata L. ■
248986 Melica ciliata L. var. taurica (K. Koch) Griseb. = Melica ciliata L. ■
248987 Melica ciliata L. var. transsilvanica (Schur) Hack. = Melica transsilvanica Schur ■
248988 Melica ciliata L. var. vulgaris Coss. et Durieu = Melica ciliata L. ■
248989 Melica cupani Guss. = Melica persica Kunth ■
248990 Melica cupani Guss. var. breviflora (Boiss.) Boiss. = Melica persica Kunth ■
248991 Melica cupani Guss. var. canescens Regel = Melica canescens (Regel) Lavrenko ex Nevski ■
248992 Melica cupani Guss. var. canescens Regel = Melica persica Kunth subsp. canescens (Regel) Davis ■
248993 Melica cupani Guss. var. canescens Regel = Melica persica Kunth ■
248994 Melica cupani Guss. var. hoenackeri Boiss. = Melica humilis Boiss. ■☆
248995 Melica cupani Guss. var. hohenackeri Regel = Melica persica Kunth ■
248996 Melica cupani Guss. var. inaequiglumis (Boiss.) Regel = Melica persica Kunth ■
248997 Melica cupani Guss. var. minor Ball = Melica humilis Boiss. ■☆
248998 Melica cupani Guss. var. vestita Boiss. = Melica persica Kunth ■
248999 Melica cyrenaica Viv. = Melica minuta L. ■☆
249000 Melica decumbens Thunb.;外倾臭草■☆
249001 Melica dendroides Lehm. = Melica decumbens Thunb. ■☆
249002 Melica digitata Roxb. = Chloris dolichostachya Lag. ■
249003 Melica duthicana Hack. ex Papp. = Melica scaberrima (Nees ex Steud.) Hook. f. ■
249004 Melica effusa (L.) Salisb. = Milium effusum L. ■
249005 Melica eupani var. pannosa (Boiss.) Boiss. = Melica persica Kunth ■
249006 Melica falx L. f. = Harpochloa falx (L. f.) Kuntze ■☆
249007 Melica flava Z. L. Wu = Melica subflava Z. L. Wu ■
249008 Melica flavescens Simonk.;黄臭草■☆
249009 Melica flavescens Simonov. = Melica flavescens Simonk. ■☆
249010 Melica glauca F. W. Schultz;灰蓝臭草■☆
249011 Melica glaucescens Steud. = Melica persica Kunth ■
249012 Melica gmelini Turcz. ex Trin.;东北臭草;Northeast Melic ■
249013 Melica gmelini Turcz. ex Trin. = Melica turczaninoviana Ohwi ■
249014 Melica gracilis Aitch. et Hemsl. = Melica secunda Regel ■
249015 Melica grandiflora (Hack.) Koidz.;大花臭草(柴达木臭草,直穗臭草);Largeflower Melic,Largeflower Stinkinggrass ■
249016 Melica guruguensis Sennen et Mauricio = Melica minuta L. ■☆
249017 Melica hohenackeri Boiss. = Melica persica Kunth ■
249018 Melica humilis Boiss.;低矮臭草■☆
249019 Melica inaequiglumis Boiss. = Melica persica Kunth ■
249020 Melica jacquemontii Decne. = Melica persica Kunth ■
249021 Melica jacquemontii Decne. subsp. canescens (Regel) Bor = Melica canescens (Regel) Lavrenko ex Nevski ■
249022 Melica jacquemontii Decne. subsp. canescens (Regel) Bor = Melica persica Kunth subsp. canescens (Regel) Davis ■
249023 Melica jacquemontii Decne. subsp. canescens (Regel) Bor = Melica persica Kunth ■
249024 Melica jacquemontii Decne. subsp. hohenackeri (Boiss.) Bor = Melica persica Kunth ■
249025 Melica komarovii Luchnik;鞘翅臭草■
249026 Melica komarovii Luchnik = Melica grandiflora (Hack.) Koidz. ■
249027 Melica kotschyi Hochst. ex Steud. = Melica persica Kunth ■
249028 Melica kozlovii Tzvelev;柴达木臭草■
249029 Melica kozlovii Tzvelev = Melica grandiflora (Hack.) Koidz. ■
249030 Melica kumana Honda = Melica onoei Franch. et Sav. ■
249031 Melica lanata Hochst. ex Steud. = Melica persica Kunth ■
249032 Melica lappacea (L.) Raspail = Centotheca lappacea (L.) Desv. ■
249033 Melica latifolia Roxb. = Thysanolaena latifolia (Roxb. ex Hornem.) Honda ■
249034 Melica latifolia Roxb. = Thysanolaena maxima (Roxb.) Kuntze ■
249035 Melica latifolia Roxb. ex Hornem. = Thysanolaena latifolia (Roxb. ex Hornem.) Honda ■
249036 Melica longiligulata Z. L. Wu;长舌臭草;Longtongue Melic ■
249037 Melica magnolii Gren. et Godr.;马氏臭草;Magnol Melic ■
249038 Melica major Sibth. et Sm. = Melica minuta L. ■☆
249039 Melica matsummurae Hack. = Melica onoei Franch. et Sav. ■
249040 Melica matsumurae Hack. = Melica onoei Franch. et Sav. ■
249041 Melica micrantha Boiss. et Hohen. = Melica taurica K. Koch ■
249042 Melica micrantha Boiss. et Hohen. var. inaequiglumis (Boiss.) Griseb. = Melica persica Kunth ■
249043 Melica minor Hack.;小臭草■☆
249044 Melica minuta L.;微小臭草■☆
249045 Melica minuta L. subsp. arrecta (Kunze) Breistr. = Melica arrecta Kuntze ■☆
249046 Melica minuta L. var. cyrenaica Maire et Weiller = Melica minuta L. ■☆
249047 Melica minuta L. var. latifolia Coss. et Durieu = Melica arrecta Kuntze ■☆
249048 Melica minuta L. var. pyramidalis (Lam.) Trab. = Melica

minuta L. ■☆
249049 Melica minuta L. var. saxatilis (Sibth. et Sm.) Coss. = Melica minuta L. ■☆
249050 Melica minuta L. var. vulgaris Coss. = Melica minuta L. ■☆
249051 Melica munroi Boiss = Melica secunda Regel ■
249052 Melica neesii Stapf = Melica decumbens Thunb. ■☆
249053 Melica nitens (Scribn.) Nutt. ex Piper;三花臭草;Ladd's Favorite, Tall Melic Grass, Three-flowered Melic Grass ■☆
249054 Melica nutans L.;垂穗臭草(垂臭草,俯垂臭草);Melick, Mountain Melic, Mountain Melick, Nodding Melic, Nodding Melick, Tall Melic Grass, Three-flowered Melic Grass ■
249055 Melica nutans L. f. argyrolepis (Kom.) Kitag. = Melica grandiflora (Hack.) Koidz. ■
249056 Melica nutans L. f. pillata Papp = Melica nutans L. ■
249057 Melica nutans L. subsp. grandiflora (Koidz.) T. Koyama = Melica grandiflora (Hack.) Koidz. ■
249058 Melica nutans L. var. argyrolepis Kom. = Melica grandiflora (Hack.) Koidz. ■
249059 Melica nutans L. var. grandiflora (Koidz.) Hack. = Melica grandiflora (Hack.) Koidz. ■
249060 Melica onoei Franch. et Sav.;广序臭草(华北臭草,日本臭草,小野臭草);Broadspike Melic, Broadspike Stinkinggrass ■
249061 Melica onoei Franch. et Sav. var. pilosura Papp;毛叶臭草■
249062 Melica ovalis Nees = Melica racemosa Thunb. ■☆
249063 Melica pannosa Boiss. = Melica persica Kunth ■
249064 Melica pappiana Hempel;北臭草■
249065 Melica penicillaris Boiss.;帚状臭草■☆
249066 Melica persica Kunth;伊朗臭草(波斯臭草,西北臭草,詹氏臭草);Northwest Melic, Persian Melic ■
249067 Melica persica Kunth subsp. canescens (Regel) Davis;毛鞘臭草■
249068 Melica persica Kunth subsp. canescens (Regel) Davis = Melica canescens (Regel) Lavrenko ex Nevski ■
249069 Melica persica Kunth subsp. inaequiglumis (Boiss) Bor = Melica persica Kunth ■
249070 Melica persica Kunth var. scabra Papp;粗糙波斯臭草(紫堇臭草)■
249071 Melica persica Kunth var. vestida Boiss.;黄紫臭草■
249072 Melica picta K. Koch;画臭草(有色臭草);Painted Melic ■☆
249073 Melica picta K. Koch f. pilosa C. Papp;毛画臭草■☆
249074 Melica polyantha Keng = Melica przewalskyi Roshev. ■
249075 Melica przewalskyi Roshev.;甘肃臭草(勃氏臭草);Przewalsk Stinkinggrass ■
249076 Melica pumila Stapf = Melica racemosa Thunb. ■☆
249077 Melica purpurascens (Torr.) Hitchc. = Schizachne purpurascens (Torr.) Swallen ■☆
249078 Melica pyramidalis Lam. = Melica minuta L. ■☆
249079 Melica qinghaiensis W. Hempel = Melica subflava Z. L. Wu ■
249080 Melica racemosa Thunb.;总花臭草■☆
249081 Melica radula Franch.;细叶臭草;Slenderleaf Melic ■
249082 Melica ramosa Thunb. = Ehrharta ramosa (Thunb.) Thunb. ■☆
249083 Melica scaberrima (Nees ex Steud.) Hook. f.;糙臭草■
249084 Melica scaberrima (Nees ex Steud.) Hook. f. var. micrantha Hook. f. = Melica onoei Franch. et Sav. ■
249085 Melica scabrosa Trin.;臭草(肥马草,金丝草,猫毛草,毛臭草,枪草);Hairy Rough Melic, Rough Melic, Rough Stinkinggrass ■
249086 Melica scabrosa Trin. var. limprichtii Papp = Melica scabrosa Trin. ■
249087 Melica scabrosa Trin. var. puberula Papp = Melica scabrosa Trin. ■
249088 Melica scabrosa Trin. var. radula (Franch.) Papp = Melica radula Franch. ■
249089 Melica schuetzeana Hempel;藏东臭草;E. Xizang Melic ■
249090 Melica secunda Regel;偏穗臭草(侧花臭草);Secundflower Melic ■
249091 Melica secunda Regel var. interrupta Hack. = Melica secunda Regel ■
249092 Melica sibirica Lam. = Melica altissima L. ■
249093 Melica sinica Ohwi = Melica radula Franch. ■
249094 Melica smithii (Porter ex A. Gray) Vasey;史密斯臭草;Smith's Melic Grass ■☆
249095 Melica spinosa Munro ex Boiss. = Melica secunda Regel ■
249096 Melica subflava Z. L. Wu;黄穗臭草;Yellowspike Melic ■
249097 Melica tangutorum Tzvelev;青甘臭草■
249098 Melica taurica C. Koch = Melica taurica K. Koch ■
249099 Melica taurica K. Koch = Melica ciliata L. ■
249100 Melica taylorii Hempel;高山臭草;Alpine Melic ■
249101 Melica teneriffae H. Christ;特纳臭草■☆
249102 Melica tibetica Roshev.;藏臭草;Tibet Melic, Xizang Stinkinggrass ■
249103 Melica trachyantha Boiss. = Melica persica Kunth ■
249104 Melica transsilvanica Schur;德兰臭草(穿林臭草);Transsylvania Melic, Transylvanian Melick ■
249105 Melica turczaninoviana Ohwi;大臭草;Big Stinkinggrass, Turczaninov Melic ■
249106 Melica uniflora Retz.;独花臭草(单花臭草);Uniflored Melic, Wood Melick ■☆
249107 Melica uniflora Retz. f. glabra Papp = Melica pappiana Hempel ■
249108 Melica uniflora Retz. var. leiophylla Maire et Weiller = Melica uniflora Retz. ■☆
249109 Melica vestita Boiss. = Melica persica Kunth ■
249110 Melica virgata Turcz. ex Trin.;抱草;Virgate Melic ■
249111 Melica yajiangensis Z. L. Wu;雅江臭草;Yajiang Stinkinggrass ■
249112 Melicaceae Martinov = Gramineae Juss.(保留科名)■●
249113 Melicaceae Martinov = Poaceae Barnhart(保留科名)■●
249114 Melicaceae Martinov;臭草科■
249115 Melicho Salisb. = Haemanthus L. ■
249116 Melichrus R. Br. (1810);环腺石南属●☆
249117 Melichrus rotatus R. Br.;环腺石南●☆
249118 Meliclis Raf. = Coryanthes Hook. ■☆
249119 Melicocca L. = Melicoccus L. ●
249120 Melicocca L. = Melicoccus P. Browne ●
249121 Melicocca bijuga (Jacq.) L. = Melicoccus bijugata Jacq. ●☆
249122 Melicocca bijuga L. = Melicoccus bijuga L. ●
249123 Melicoccus L. = Melicoccus P. Browne ●
249124 Melicoccus P. Browne(1756);蜜莓属(米里无患子属,蜜果属);Honeyberry ●
249125 Melicoccus bijuga L.;蜜莓(麻蒙气洛,蜜果);Genip-tree, Mamoncillo, Mamoncillo Spunish-lime Honeyberry, Spunish-lime ●
249126 Melicoccus bijugata Jacq.;两对蜜果(二对米里无患子);Genip, Honeyberry, Mamoncillo, Quenepa, Spanish Lime ●☆
249127 Melicope J. R. Forst. et G. Forst. (1775);蜜茱萸属(三脚鳖属);Melicope ●
249128 Melicope awandan (Hatus.) Ohwi et Hatus. = Melicope

triphylla (Lam.) Merr. ●
249129 Melicope bakeri T. G. Hartley;贝克蜜茱萸●☆
249130 Melicope chapelieri (Baill.) T. G. Hartley;沙普蜜茱萸●☆
249131 Melicope chunii (Merr.) T. G. Hartley;海南蜜茱萸●
249132 Melicope confusa (Merr.) Tang S. Liu = Evodia lunurankenda (Gaertn.) Merr. ●
249133 Melicope confusa (Merr.) Tang S. Liu = Melicope semecarpifolia (Merr.) T. G. Hartley ●
249134 Melicope curranii Merr. = Melicope triphylla (Lam.) Merr. ●
249135 Melicope decaryana (H. Perrier) T. G. Hartley;德卡里蜜茱萸●☆
249136 Melicope densiflora Merr. = Melicope triphylla (Lam.) Merr. ●
249137 Melicope discolor (Baker) T. G. Hartley;异色蜜茱萸●☆
249138 Melicope elleryana (F. Muell.) T. G. Hartley;粉红蜜茱萸;Pink-flowered Doughwood, Pink-flowered Korkwood ●☆
249139 Melicope erythrococca (F. Muell.) Benth.;亮叶蜜茱萸;Tingletongue ●☆
249140 Melicope floribunda (Baker) T. G. Hartley;多花蜜茱萸●☆
249141 Melicope gjellerupii Lauterb. = Melicope triphylla (Lam.) Merr. ●
249142 Melicope glomerata (Craib) T. G. Hartley;密果蜜茱萸●
249143 Melicope grisea (Planch.) T. G. Hartley;灰色蜜茱萸●☆
249144 Melicope grisea (Planch.) T. G. Hartley var. crassifolia (Nakai) Yonek.;密叶灰色蜜茱萸●☆
249145 Melicope indica Wight;印度蜜茱萸●☆
249146 Melicope kanehirae Hatus. = Melicope triphylla (Lam.) Merr. ●
249147 Melicope leratii Guillaumin;莱拉蜜茱萸●☆
249148 Melicope lunu-ankenda (Gaertn.) T. G. Hartley;三刈叶蜜茱萸●
249149 Melicope luzonensis Engl. ex Perkins = Melicope triphylla (Lam.) Merr. ●
249150 Melicope madagascariensis (Baker) T. G. Hartley;马岛蜜茱萸●☆
249151 Melicope magnifolia (Baill.) T. G. Hartley;大叶蜜茱萸●☆
249152 Melicope mahonyi F. M. Bailey = Melicope triphylla (Lam.) Merr. ●
249153 Melicope mindanaensis Elmer = Melicope triphylla (Lam.) Merr. ●
249154 Melicope monophylla Merr. = Melicope triphylla (Lam.) Merr. ●
249155 Melicope monophylla Merr. var. glabra Elmer = Melicope triphylla (Lam.) Merr. ●
249156 Melicope nishimurae (Koidz.) T. Yamaz.;西村氏蜜茱萸●☆
249157 Melicope nitida Merr. = Melicope triphylla (Lam.) Merr. ●
249158 Melicope obtusa Merr. = Melicope triphylla (Lam.) Merr. ●
249159 Melicope octandra Druce;钟花蜜茱萸●☆
249160 Melicope odorata Elmer = Melicope triphylla (Lam.) Merr. ●
249161 Melicope patulinervia (Merr. et Chun) C. C. Huang;蜜茱萸;Common Melicope, Spreading Melicope, Spreadvein Melicope ●
249162 Melicope pteleifolia (Champ. ex Benth.) T. G. Hartley;三脚鳖(三椏苦)●
249163 Melicope quadrilocularis (Hook. et Arn.) T. G. Hartley;无毛蜜茱萸●☆
249164 Melicope rupestris Lauterb. = Melicope triphylla (Lam.) Merr. ●
249165 Melicope sambiranensis (H. Perrier) T. G. Hartley;桑比朗蜜茱萸●☆
249166 Melicope semecarpifolia (Merr.) T. G. Hartley;山刈叶(台湾蜜茱萸);Confuse Melicope ●
249167 Melicope ternata J. R. Forst. et G. Forst.;美叶蜜茱萸;Wharangi ●☆
249168 Melicope triphylla (Lam.) Merr.;三叶蜜茱萸(假三脚鳖,假山脚鳖);Threeleaf Melicope, Trifoliate Melicope ●
249169 Melicope tsaratananensis (Capuron) T. G. Hartley;察拉塔纳纳蜜茱萸●☆
249170 Melicope viticina (Wall. ex Kurz) T. G. Hartley;单叶蜜茱萸●
249171 Melicopsidium Baill. = Cossinia Comm. ex Lam. ●☆
249172 Melicytus J. R. Forst. et G. Forst. (1775);蜜花堇属(麦利奇木属,蜜罐花属)●☆
249173 Melicytus crassifolius Hook. f.;黄蜜花堇(黄蜜罐花)●☆
249174 Melicytus lanceolatus Hook. f.;垂枝蜜花堇(垂枝麦利奇木);Mahoe Wao ●☆
249175 Melicytus ramiflorus J. R. Forst. et G. Forst.;尖叶蜜花堇(尖叶麦利奇木,蜜罐花);Hinahina, Mahoe, Whitewood, Whiteywood ●☆
249176 Melidiscus Raf. = Cleome L. ●■
249177 Melidora Noronha ex Salisb. = Enkianthus Lour. ●
249178 Melientha Pierre(1888);麦里山柚子属●☆
249179 Melientha acuminata Merr.;尖麦里山柚子●☆
249180 Melientha longistaminea W. Z. Li = Champereia longistaminea (W. Z. Li) D. D. Tao ●
249181 Melientha suavis Pierre;麦里山柚子(芳香麦里山柚子)●☆
249182 Melilobus Mitch. = Gleditsia L. ●
249183 Melilota Medik. = Melilotus (L.) Mill. ■
249184 Melilothus Hornem. = Melilota Medik. ■
249185 Melilotoides Fabr. = Trigonella L. ■
249186 Melilotoides Heist. ex Fabr. = Medicago L. (保留属名)●■
249187 Melilotoides archiducis-nicolai (Sirj.) Yakovlev = Medicago archiducis-nicolai Sirj. ■
249188 Melilotoides platycarpos (L.) Soják = Medicago platycarpos (L.) Trautv. ■
249189 Melilotoides pubescens (Edgew. ex Baker) Yakovlev = Medicago edgeworthii Sirj. ex Hand. -Mazz. ■
249190 Melilotoides ruthenica (L.) Soják = Medicago ruthenica (L.) Trautv. ■
249191 Melilotoides ruthenica (L.) Soják var. inschanica H. C. Fu et Y. Q. Jiang;阴山扁蓿豆■
249192 Melilotoides ruthenica (L.) Soják var. liaoxiensis (P. Y. Fu et Y. A. Chen) H. C. Fu et Y. Q. Jiang = Pocockia liaosiensis P. Y. Fu et Y. A. Chen ■
249193 Melilotoides ruthenica (L.) Soják var. liaoxiensis (P. Y. Fu et Y. A. Chen) H. C. Fu et Y. Q. Jiang;辽西扁蓿豆;Liaoxi Melicope ■
249194 Melilotoides ruthenica (L.) Soják var. oblongifolia (Freyn) H. C. Fu et Y. Q. Jiang = Medicago ruthenica (L.) Trautv. var. oblongifolia Freyn ■
249195 Melilotoides ruthenica (L.) Yakovlev = Medicago ruthenica (L.) Trautv. ■
249196 Melilotoides tibetica (Vassilcz.) Yakovlev = Medicago edgeworthii Sirj. ex Hand. -Mazz. ■
249197 Melilotus (L.) Mill. (1754);草木犀属(草木樨属);Meliot, Sweet Clover, Sweetclover ■
249198 Melilotus Mill. = Melilotus (L.) Mill. ■
249199 Melilotus abyssinicus Baker = Melilotus elegans Salzm. ex Ser. ■☆
249200 Melilotus agrarius Desf. = Trifolium campestre Schreb. ■
249201 Melilotus albus Desr. = Melilotus albus Medik. ex Desr. ■
249202 Melilotus albus Medik. = Melilotus albus Medik. ex Desr. ■

249203 Melilotus albus Medik. ex Desr.;白花草木犀(白草木犀,白甜车轴草,白香草木犀,金花草);Bokhara Clover, Sweet Clover, White Clover, White Meliot, White Sweet Clover, White Sweetclover, White Sweet-clover ■
249204 Melilotus albus Medik. var. annuus Coe = Melilotus albus Medik. ex Desr. ■
249205 Melilotus altissimus Thuill.;高草木犀(黄草木犀,黄香草木犀);Common Tall Meliot, Golden Melilot, Hart's Clover, King's Clover, Tall Melilot, Tall Yellow Sweetclover, Tall Yellow Sweet-clover, Wild Gold Chain, Wild Laburnum, Yellow Melliot ■☆
249206 Melilotus arvensis Wallr. = Melilotus officinalis (L.) Pall. ■
249207 Melilotus brachystachys Bunge = Melilotus dentatus (Waldst. et Kit.) Pers. ■
249208 Melilotus caeruleus Desr.;瑞士草木犀;Garden Balsam, Garden Clover, Garden Trifoly, Old Sow, Swiss Melilot ■☆
249209 Melilotus compactus Guss. = Melilotus sulcatus Desf. ■☆
249210 Melilotus compactus Guss. subsp. leiospermus (Pomel) Batt. = Melilotus segetalis (Brot.) Ser. ■☆
249211 Melilotus creticus (L.) Desr.;克里特草木犀■☆
249212 Melilotus dentatus (Waldst. et Kit.) Pers.;细齿草木犀(臭苜蓿,马层);Dentated Melilot, Tooth Sweetclover, Toothed Sweetclover ■
249213 Melilotus dentatus (Waldst. et Kit.) Pers. subsp. sibirica (O. E. Schulz) Sav.;西伯利亚草木犀;Siberia Sweetclover, Siberian Sweetclover ■
249214 Melilotus elegans Salzm. ex Ser.;雅致草木犀■☆
249215 Melilotus emodii Graham = Trigonella emodii Benth. ■
249216 Melilotus graveolens Bunge = Melilotus officinalis (L.) Pall. ■
249217 Melilotus hirsutus Lipsky;毛草木犀■☆
249218 Melilotus indicus (L.) All.;印度草木犀(小花草木犀,野苜蓿);Annual Yellow Clover, Annual Yellow Sweetclover, Hexham Scout, India Sweetclover, Indian Sweet-clover, King Island Melilot, Small Melilot, Small-flowered Melilot, Sour Clover, Sour-clover, Stinking Clover, Sweet Clover ■
249219 Melilotus infestus Guss.;有害草木犀■☆
249220 Melilotus infestus Guss. var. rigidus (Pomel) Batt. = Melilotus infestus Guss. ■☆
249221 Melilotus italicus (L.) Lam.;意大利草木犀■☆
249222 Melilotus leiospermus Pomel = Melilotus segetalis (Brot.) Ser. ■☆
249223 Melilotus macrocarpus Coss. et Durieu;大果草木犀■☆
249224 Melilotus macrostachys Pomel = Melilotus infestus Guss. ■☆
249225 Melilotus messanensis (L.) All.;西西里草木犀;Sicilian Melilot ■☆
249226 Melilotus messanensis All. = Melilotus messanensis (L.) All. ■☆
249227 Melilotus neapolitanus Ten. = Melilotus neapolitanus Ten. ex Guss. ■☆
249228 Melilotus neapolitanus Ten. ex Guss.;那波里草木犀■☆
249229 Melilotus occidentalis Nutt. ex Torr. et A. Gray;西方草木犀■☆
249230 Melilotus officinalis (L.) Desf. = Melilotus officinalis (L.) Pall. ■
249231 Melilotus officinalis (L.) Medik. = Melilotus officinalis (L.) Pall. ■
249232 Melilotus officinalis (L.) Pall.;草木犀(白花草木犀,白香草木犀,败毒草,辟汗草,草木樨,臭苜蓿,蓛萩,黄花草木犀,黄零陵香,黄甜车轴草,黄香草木犀,鸡虱子草,鸡头花草,金花草,马层子,墨里老笃,品川萩,散血草,蛇蜕草,省头草,铁扫把,香马料,野长生果,野木犀,野苜蓿,印度草木犀);Common Field Melilot, Corona Regis, Daghestan Sweetclover, Hart Claver, Hart's Clover, Hart's Tree, Heartwort, Horse's Tooth, King's Crown, Melilot, Melilot Trefoil, Melilot-trefoil, Plaister Clover, Ribbed Melilot, Sweet Lucerne, White Sweet Clover, Whuttle-grass, Wild Laburnum, Yellow Melilot, Yellow Sweet Clover, Yellow Sweetclover, Yellow Sweet-clover ■
249233 Melilotus officinalis (L.) Pall. f. suaveolens (Ledeb.) H. Ohashi et Tateishi = Melilotus officinalis (L.) Pall. ■
249234 Melilotus officinalis (L.) Pall. subsp. albus (Medik.) H. Ohashi et Tateishi = Melilotus albus Medik. ex Desr. ■
249235 Melilotus officinalis (L.) Pall. subsp. albus (Medik.) H. Ohashi et Tateishi f. suaveolens (Ledeb.) H. Ohashi et Tateishi = Melilotus officinalis (L.) Pall. ■
249236 Melilotus officinalis (L.) Pall. subsp. suaveolens (Ledeb.) H. Ohashi = Melilotus officinalis (L.) Pall. ■
249237 Melilotus officinalis (L.) Pall. var. micranthus O. E. Schulz;小花草木犀■☆
249238 Melilotus parviflorus Desf. = Melilotus indicus (L.) All. ■
249239 Melilotus physocarpus Pomel = Melilotus macrocarpus Coss. et Durieu ■☆
249240 Melilotus polonicus Pers.;波兰草木犀■☆
249241 Melilotus rigidus Pomel = Melilotus infestus Guss. ■☆
249242 Melilotus segetalis (Brot.) Ser.;稻田草木犀■☆
249243 Melilotus segetalis (Brot.) Ser. var. leiosperma (Pomel) Maire = Melilotus segetalis (Brot.) Ser. ■☆
249244 Melilotus segetalis (Brot.) Ser. var. salzmannii O. E. Schulz = Melilotus segetalis (Brot.) Ser. ■☆
249245 Melilotus serratifolius Täckh. et Boulos;齿叶草木犀■☆
249246 Melilotus siculus (Turra) Vitman ex B. D. Jacks. = Melilotus messanensis (L.) All. ■☆
249247 Melilotus siculus (Turra) Vitman ex B. D. Jacks. var. stoechadica O. E. Schulz = Melilotus siculus (Turra) Vitman ex B. D. Jacks. ■☆
249248 Melilotus siculus Vitman = Melilotus siculus (Turra) Vitman ex B. D. Jacks. ■☆
249249 Melilotus speciosus Durieu;美丽草木犀■☆
249250 Melilotus suaveolens Ledeb. = Melilotus officinalis (L.) Pall. ■
249251 Melilotus sulcatus Desf.;沟草木犀;Furrowed Melilot, Mediterranean Sweetclover ■☆
249252 Melilotus sulcatus Desf. subsp. brachystachys Maire = Melilotus sulcatus Desf. ■☆
249253 Melilotus sulcatus Desf. subsp. segetalis (Brot.) P. Fourn. = Melilotus segetalis (Brot.) Ser. ■☆
249254 Melilotus sulcatus Desf. var. angustifolius Willk. = Melilotus sulcatus Desf. ■☆
249255 Melilotus sulcatus Desf. var. compactus Salzm. = Melilotus sulcatus Desf. ■☆
249256 Melilotus sulcatus Desf. var. latifolius Willk. = Melilotus sulcatus Desf. ■☆
249257 Melilotus sulcatus Desf. var. libanoticus Ser. = Melilotus sulcatus Desf. ■☆
249258 Melilotus sulcatus Desf. var. major Cambess. = Melilotus sulcatus Desf. ■☆
249259 Melilotus sulcatus Desf. var. salzmanni O. E. Schulz = Melilotus sulcatus Desf. ■☆
249260 Melilotus tauricus (M. Bieb.) Ser.;克里木草木犀■☆

249261 Melilotus tauricus DC. = Melilotus tauricus (M. Bieb.) Ser. ■☆
249262 Melilotus vulgaris Willd.;普通草木犀■☆
249263 Melilotus wolgicus Poir.;伏尔加草木犀;Volga Sweetclover ■☆
249264 Melinia Decne. (1844);苹果萝藦属■☆
249265 Melinia angustifolia (Torr.) A. Gray;狭叶苹果萝藦■☆
249266 Melinia angustifolia A. Gray = Melinia angustifolia (Torr.) A. Gray ■☆
249267 Melinia atropurpurea Malme;暗紫苹果萝藦■☆
249268 Melinia mexicana Brandegee;墨西哥苹果萝藦■☆
249269 Melinia micrantha (Malme) Krapov. et Caceres;小花苹果萝藦■☆
249270 Melinis P. Beauv. (1812);糖蜜草属;Honeygrass, Melinis ■
249271 Melinis affinis Mez = Melinis repens (Willd.) Zizka subsp. grandiflora (Hochst.) Zizka ■☆
249272 Melinis ambigua Hack.;可疑糖蜜草■☆
249273 Melinis ambigua Hack. subsp. longicauda (Mez) Zizka;长尾可疑糖蜜草■☆
249274 Melinis amethystea (Franch.) Zizka;紫晶糖蜜草■☆
249275 Melinis angolensis Rendle;安哥拉糖蜜草■☆
249276 Melinis argentea Mez = Melinis repens (Willd.) Zizka ■
249277 Melinis ascendens Mez;上升糖蜜草■☆
249278 Melinis bachmannii Mez = Melinis nerviglumis (Franch.) Zizka ■☆
249279 Melinis bertlingii Mez = Melinis repens (Willd.) Zizka subsp. grandiflora (Hochst.) Zizka ■☆
249280 Melinis biaristata (Rendle) Stapf et C. E. Hubb.;双芒糖蜜草■☆
249281 Melinis brachyrhynchus Mez = Melinis repens (Willd.) Zizka ■
249282 Melinis chaetophora Mez = Melinis longiseta (A. Rich.) Zizka subsp. bellespicata (Rendle) Zizka ■☆
249283 Melinis congesta Mez = Melinis repens (Willd.) Zizka ■
249284 Melinis denudata Mez = Melinis subglabra Mez ■☆
249285 Melinis diminuta Mez = Melinis ambigua Hack. ■☆
249286 Melinis drakensbergensis (C. E. Hubb. et Schweick.) Clayton;德拉肯斯糖蜜草■☆
249287 Melinis effusa (Rendle) Stapf;开展糖蜜草■☆
249288 Melinis ejubata Mez = Melinis repens (Willd.) Zizka subsp. grandiflora (Hochst.) Zizka ■☆
249289 Melinis eylesii Stapf et C. E. Hubb. = Melinis ambigua Hack. ■☆
249290 Melinis goetzenii Mez = Melinis ambigua Hack. subsp. longicauda (Mez) Zizka ■☆
249291 Melinis gossweileri C. E. Hubb.;戈斯糖蜜草■☆
249292 Melinis gracilis Pilg. = Melinis tenuissima Stapf ■☆
249293 Melinis hirsuta Mez = Melinis ambigua Hack. ■☆
249294 Melinis inamoena Pilg. = Melinis ambigua Hack. ■☆
249295 Melinis intermedia Stapf et C. E. Hubb. = Melinis ambigua Hack. ■☆
249296 Melinis leucantha (A. Rich.) Chiov. = Tricholaena teneriffae (L. f.) Link ■☆
249297 Melinis longicauda (Mez) Mez ex Stapf et C. E. Hubb. = Melinis ambigua Hack. subsp. longicauda (Mez) Zizka ■☆
249298 Melinis longiseta (A. Rich.) Zizka;长刚毛糖蜜草■☆
249299 Melinis longiseta (A. Rich.) Zizka subsp. bellespicata (Rendle) Zizka;丽穗糖蜜草■☆
249300 Melinis macrochaeta Stapf et C. E. Hubb.;大毛糖蜜草■☆
249301 Melinis maitlandii Stapf et C. E. Hubb. = Melinis minutiflora P. Beauv. ■
249302 Melinis merkeri Mez = Melinis subglabra Mez ■☆
249303 Melinis minutiflora P. Beauv.;糖蜜草;Efwatakala, Efwatakala Grass, Honeygrass, Honey-grass, Molasses Grass, Molassesgrass, Molasses-grass ■
249304 Melinis minutiflora P. Beauv. f. aristata Chiov. = Melinis ambigua Hack. ■☆
249305 Melinis minutiflora P. Beauv. var. biaristata Rendle = Melinis biaristata (Rendle) Stapf et C. E. Hubb. ■☆
249306 Melinis minutiflora P. Beauv. var. effusa Rendle = Melinis effusa (Rendle) Stapf ■☆
249307 Melinis minutiflora P. Beauv. var. inermis (Döll) Rendle = Melinis minutiflora P. Beauv. ■
249308 Melinis minutiflora P. Beauv. var. pilosa Stapf = Melinis minutiflora P. Beauv. ■
249309 Melinis mollis Stapf et C. E. Hubb. = Melinis ambigua Hack. ■☆
249310 Melinis monachne (Trin.) Pilg. = Tricholaena monachne (Trin.) Stapf et C. E. Hubb. ■☆
249311 Melinis muenzneri Mez = Melinis nerviglumis (Franch.) Zizka ■☆
249312 Melinis mutica Mez = Melinis repens (Willd.) Zizka subsp. grandiflora (Hochst.) Zizka ■☆
249313 Melinis nerviglumis (Franch.) Zizka;脉颖糖蜜草■☆
249314 Melinis nigricans Mez = Melinis repens (Willd.) Zizka subsp. nigricans (Mez) Zizka ■
249315 Melinis nitens Mez = Melinis repens (Willd.) Zizka ■
249316 Melinis nyassana Mez = Melinis nerviglumis (Franch.) Zizka ■☆
249317 Melinis otaviensis Mez = Melinis repens (Willd.) Zizka subsp. grandiflora (Hochst.) Zizka ■☆
249318 Melinis pallida Stapf et C. E. Hubb. = Melinis ambigua Hack. ■☆
249319 Melinis paupera Mez = Melinis repens (Willd.) Zizka ■
249320 Melinis pulchra Mez = Melinis repens (Willd.) Zizka subsp. grandiflora (Hochst.) Zizka ■☆
249321 Melinis purpurea Stapf et C. E. Hubb. = Melinis minutiflora P. Beauv. ■
249322 Melinis rangei Mez = Melinis repens (Willd.) Zizka subsp. grandiflora (Hochst.) Zizka ■☆
249323 Melinis repens (Willd.) Zizka;䌷匐糖蜜草(红毛草);Natal Grass, Repent Honeygrass, Repent Melinis, Rose Natal Grass, Ruby Grass ■
249324 Melinis repens (Willd.) Zizka subsp. grandiflora (Hochst.) Zizka;大花䌷匐糖蜜草■☆
249325 Melinis repens (Willd.) Zizka subsp. nigricans (Mez) Zizka;黑䌷匐糖蜜草■
249326 Melinis rosea (Nees) Hack. = Rhynchelytrum repens (Willd.) C. E. Hubb. ■
249327 Melinis rupicola (Rendle) Zizka;岩生糖蜜草■☆
249328 Melinis scabrida (K. Schum.) Hack.;微糙糖蜜草■☆
249329 Melinis secunda Mez = Melinis longiseta (A. Rich.) Zizka subsp. bellespicata (Rendle) Zizka ■☆
249330 Melinis seineri Mez = Melinis repens (Willd.) Zizka subsp. grandiflora (Hochst.) Zizka ■☆
249331 Melinis somalensis Mez = Tricholaena teneriffae (L. f.) Link ■☆

249332 Melinis stolzii Mez = Melinis repens (Willd.) Zizka ■

249333 Melinis subglabra Mez;近光糖蜜草■☆

249334 Melinis tanatricha (Rendle) Zizka;长毛糖蜜草■☆

249335 Melinis teneriffae (L. f.) Hack. = Tricholaena teneriffae (L. f.) Link ■☆

249336 Melinis tenuinervis Stapf = Melinis minutiflora P. Beauv. ■

249337 Melinis tenuissima Stapf;极细糖蜜草■☆

249338 Melinis tenuissima Stapf var. abyssinica ? = Melinis tenuissima Stapf ■☆

249339 Melinis tomentosa Rendle;绒毛糖蜜草■☆

249340 Melinis trichotoma Mez = Tricholaena monachne (Trin.) Stapf et C. E. Hubb. ■☆

249341 Melinis ugandensis Mez = Melinis repens (Willd.) Zizka ■

249342 Melinis vestita (Balf. f.) Chiov. = Tricholaena vestita (Balf. f.) Stapf et C. E. Hubb. ■☆

249343 Melinis villosipes Mez = Melinis nerviglumis (Franch.) Zizka ■☆

249344 Melinis welwitschii Rendle;韦尔糖蜜草■☆

249345 Melinonia Brongn. = Pitcairnia L'Hér.(保留属名)■☆

249346 Melinospermum Walp. = Dichilus DC. ■☆

249347 Melinum Link = Zizania L. ■

249348 Melinum Medik. = Salvia L. ●■

249349 Melioblustis C. Muell. = Cryptocoryne Fisch. ex Wydler ●■

249350 Melioblustis C. Muell. = Myrioblastus Wall. ex Griff. ●■

249351 Meliocarpus Boiss. = Heptaptera Margot et Reut. ■☆

249352 Meliopsis Rchb. = Fraxinus L. ●

249353 Melioschinzia K. Schum. = Chisocheton Blume ●

249354 Melio-Schinzia K. Schum. = Chisocheton Blume ●

249355 Meliosma Blume(1823);泡花树属;Meliosma ●

249356 Meliosma affinis Merr. = Meliosma thorelii Lecomte ●

249357 Meliosma alba (Schltdl.) Walp.;珂南树(白泡花树);Bean Meliosma, Whitish Meliosma ●

249358 Meliosma alba (Schltdl.) Walp. = Meliosma beaniana Rehder et E. H. Wilson ●

249359 Meliosma angustifolia Merr.;狭叶泡花树(香椿木,鹧鸪木);Narrowleaf Meliosma, Narrow-leaved Meliosma ●

249360 Meliosma arnottiana (Wight) Walp.;南亚泡花树;Arnott Meliosma, Southern Asian Meliosma ●

249361 Meliosma arnottiana (Wight) Walp. subsp. oldhamii (Maxim.) H. Ohba var. hachijoensis (Nakai) H. Ohba = Meliosma hachijoensis Nakai ●☆

249362 Meliosma arnottiana (Wight) Walp. subsp. oldhamii (Maxim.) H. Ohba = Meliosma oldhamii Siebold et Zucc. ●

249363 Meliosma arnottiana (Wight) Walp. var. oldhamii (Maxim.) H. Ohba = Meliosma oldhamii Siebold et Zucc. ●

249364 Meliosma arnottiana Walp. = Meliosma arnottiana (Wight) Walp. ●

249365 Meliosma beaniana Rehder et E. H. Wilson = Meliosma alba (Schltdl.) Walp. ●

249366 Meliosma bifida Y. W. Law;双裂泡花树;Bifid Meliosma, Double-lobe Meliosma, Dual-split Meliosma ●

249367 Meliosma brasiliensis Urb.;巴西白泡花树●☆

249368 Meliosma buchananifolia Merr. = Meliosma thorelii Lecomte ●

249369 Meliosma callicarpifolia Hayata;紫珠叶泡花树(紫珠叶泡花);Beautyberryleaf Meliosma, Beauty-berry-leaved Meliosma, Purplepearlleaf Meliosma ●

249370 Meliosma cavaleriei H. Lév. = Ampelopsis chaffanjonii (H. Lév. et Vaniot) Rehder ●

249371 Meliosma costata Cufod. = Meliosma velutina Rehder et E. H. Wilson ●

249372 Meliosma crassifolia Hand.-Mazz. = Meliosma angustifolia Merr. ●

249373 Meliosma cuneifolia Franch.;泡花树(黑果木,黑木,降龙木,灵寿茨,龙须木,山漆槁);Cuneateleaf Meliosma, Cuneate-leaved Meliosma, Meliosma ●

249374 Meliosma cuneifolia Franch. var. glabriuscula Cufod.;光叶泡花树;Glabrous-leaf Meliosma ●

249375 Meliosma cuneifolia Franch. var. multinervia (Beusekom) Y. W. Law ex C. Y. Chang = Meliosma cuneifolia Franch. var. glabriuscula Cufod. ●

249376 Meliosma depauperata Chun ex F. C. How = Meliosma longipes Merr. ●

249377 Meliosma dilatata Diels = Meliosma parviflora Lecomte ●

249378 Meliosma dilleniifolia (Wall. ex Wight et Arn.) Walp.;重齿泡花树;Dillenia-leaved Meliosma, Double-serrate Meliosma, Dualtooth Meliosma ●

249379 Meliosma dilleniifolia (Wall. ex Wight et Arn.) Walp. subsp. cuneifolia var. multinernia Beus = Meliosma cuneifolia Franch. var. glabriuscula Cufod. ●

249380 Meliosma dilleniifolia (Wall. ex Wight et Arn.) Walp. subsp. cuneifolia (Franch.) Beusekom = Meliosma cuneifolia Franch. ●

249381 Meliosma dilleniifolia (Wall. ex Wight et Arn.) Walp. subsp. flexuosa (Pamp.) Beusekom = Meliosma flexuosa Pamp. ●

249382 Meliosma dilleniifolia (Wall. ex Wight et Arn.) Walp. subsp. tenuis (Maxim.) Beusekom = Meliosma tenuis Maxim. ●☆

249383 Meliosma dilleniifolia (Wall. ex Wight et Arn.) Walp. var. multinervia Beusekom = Meliosma cuneifolia Franch. var. glabriuscula Cufod. ●

249384 Meliosma donnaiensis Gagnep. = Meliosma paupera Hand.-Mazz. ●

249385 Meliosma dumicola W. W. Sm.;灌丛泡花树(丛林泡花树);Shrubby Meliosma ●

249386 Meliosma dumicola W. W. Sm. var. serrata Vidal = Meliosma dumicola W. W. Sm. ●

249387 Meliosma fischeriana Rehder et E. H. Wilson = Meliosma yunnanensis Franch. ●

249388 Meliosma flexuosa Pamp.;垂枝泡花树(大毛青冈,紫珠草);Flexuous Meliosma ●

249389 Meliosma fordii Hemsl. = Meliosma fordii Hemsl. ex Forbes et Hemsl. ●

249390 Meliosma fordii Hemsl. ex Forbes et Hemsl.;香皮树(钝叶泡花树,过家见,过假麻);Ford Meliosma, Spicebark Meliosma ●

249391 Meliosma fordii Hemsl. ex Forbes et Hemsl. var. sinii (Diels) Y. W. Law;辛氏泡花树(香花泡花树);Sin Meliosma ●

249392 Meliosma forrestii W. W. Sm. = Meliosma thomsonii King ex Brandis ●

249393 Meliosma glandulosa Cufod.;腺毛泡花树;Glandular Meliosma ●

249394 Meliosma glomerulata Rehder et E. H. Wilson = Meliosma rigida Siebold et Zucc. ●

249395 Meliosma hachijoensis Nakai;八丈岛泡花树●☆

249396 Meliosma hainanensis F. C. How = Meliosma fordii Hemsl. ex Forbes et Hemsl. ●

249397 Meliosma henryi Diels;贵州泡花树;Guizhou Meliosma, Henry Meliosma ●

249398 Meliosma henryi Diels subsp. mannii (Lace) Beusekom = Meliosma thorelii Lecomte •

249399 Meliosma henryi Diels subsp. thorelii (Lecomte) Beusekom = Meliosma thorelii Lecomte •

249400 Meliosma kirhii Hemsl. et E. H. Wilson = Meliosma rhoifolia Maxim. var. barbulata (Cufod.) Y. W. Law •

249401 Meliosma kirkii Hemsl. et E. H. Wilson;山青木;Kirk Meliosma •

249402 Meliosma laui Merr.;华南泡花树(刘氏泡花树);Lau Meliosma, S. China Meliosma •

249403 Meliosma laui Merr. var. megaphylla H. W. Li;大叶泡花树;Bigleaf Meliosma •

249404 Meliosma laui Merr. var. megaphylla H. W. Li ex S. K. Chen = Meliosma laui Merr. •

249405 Meliosma lepidota Blume subsp. dumicola (W. W. Sm.) Beusekom = Meliosma dumicola W. W. Sm. •

249406 Meliosma lepidota Blume subsp. longipes (Merr.) Beusekom = Meliosma longipes Merr. •

249407 Meliosma lepidota Blume subsp. squamulata (Hance) Beusekom = Meliosma squamulata Hance •

249408 Meliosma longicalyx Lecomte = Meliosma veitchiorum Hemsl. •

249409 Meliosma longipes Merr.;疏枝泡花树;Longstalk Meliosma, Long-stalked Meliosma •

249410 Meliosma lutchuensis Koidz. = Meliosma squamulata Hance •

249411 Meliosma mairei Cufod. = Meliosma cuneifolia Franch. var. glabriuscula Cufod. •

249412 Meliosma mannii Lace;泸水泡花树;Mann Meliosma •☆

249413 Meliosma mannii Lace = Meliosma thorelii Lecomte •

249414 Meliosma myriantha Siebold et Zucc.;多花泡花树(泡花树,清风树,山东泡花树);Manyflower Meliosma, Multiflowered Meliosma •

249415 Meliosma myriantha Siebold et Zucc. f. leucocarpa Sugim.;白果多花泡花树•☆

249416 Meliosma myriantha Siebold et Zucc. var. discolor Dunn;异色泡花树;Diversecolor Meliosma •

249417 Meliosma myriantha Siebold et Zucc. var. pilosa (Lecomte) Y. W. Law;柔毛泡花树;Pilose Meliosma •

249418 Meliosma myriantha Siebold et Zucc. var. pilosa Beusekom = Meliosma myriantha Siebold et Zucc. var. pilosa (Lecomte) Y. W. Law •

249419 Meliosma myriantha Siebold et Zucc. var. stewardii (Merr.) Beusekom = Meliosma myriantha Siebold et Zucc. var. discolor Dunn •

249420 Meliosma myriantha subsp. pilosa (Lecomte) Beusekom = Meliosma myriantha Siebold et Zucc. var. pilosa (Lecomte) Y. W. Law •

249421 Meliosma obtusa Merr. et Chun = Meliosma fordii Hemsl. ex Forbes et Hemsl. •

249422 Meliosma oldhamii Maxim. var. hachijoensis (Nakai) Jotani et H. Ohba = Meliosma hachijoensis Nakai •☆

249423 Meliosma oldhamii Maxim. var. rhoifolia (Maxim.) Hatus. = Meliosma oldhamii Siebold et Zucc. •

249424 Meliosma oldhamii Siebold et Zucc.;红枝柴(红柴枝,南京珂楠树,羽叶泡花树);Oldham Meliosma •

249425 Meliosma oldhamii Siebold et Zucc. var. glandulifera Cufod.;有腺泡花树(腺毛泡花树);Glandular Meliosma •

249426 Meliosma oldhamii Siebold et Zucc. var. sinensis (Nakai) Cufod.;髯毛泡花树(红枝柴);China Oldham Meliosma •

249427 Meliosma oldhamii Siebold et Zucc. var. sinensis (Nakai) Cufod. = Meliosma oldhamii Siebold et Zucc. •

249428 Meliosma pannosa Hand. -Mazz. = Meliosma rigida Siebold et Zucc. var. pannosa (Hand. -Mazz.) Y. W. Law •

249429 Meliosma parviflora Lecomte;细花泡花树(细叶泡花树);Littleflower Meliosma, Small-flowered Meliosma •

249430 Meliosma patens Hemsl. = Meliosma rigida Siebold et Zucc. •

249431 Meliosma paupera Hand. -Mazz.;狭序泡花树;Narrowspike Meliosma, Narrow-spiked Meliosma •

249432 Meliosma paupera Hand. -Mazz. var. repandoserrata Merr. = Meliosma paupera Hand. -Mazz. •

249433 Meliosma pendens Rehder et E. H. Wilson = Meliosma flexuosa Pamp. •

249434 Meliosma pilosa Lecomte = Meliosma myriantha Siebold et Zucc. var. pilosa (Lecomte) Y. W. Law •

249435 Meliosma pinnata (Roxb.) Maxim.;羽叶泡花树;Pinnate Meliosma, Pinnatileaf Meliosma •

249436 Meliosma pinnata (Roxb.) Maxim. subsp. barbulata (Cufod.) Beusekom ex Welzen = Meliosma rhoifolia Maxim. var. barbulata (Cufod.) Y. W. Law •

249437 Meliosma pinnata (Roxb.) Maxim. var. oldhamii (Maxim.) Beusekom = Meliosma oldhamii Siebold et Zucc. •

249438 Meliosma pinnata (Roxb.) Walp. subsp. arnottiana (Wight) Beusekom;山猪肉•

249439 Meliosma pinnata (Roxb.) Walp. subsp. arnottiana (Wight) Beusekom var. oldhamii (Maxim.) Beusekom = Meliosma oldhamii Siebold et Zucc. •

249440 Meliosma pinnata Roxb. ex Maxim. var. oldhamii (Maxim.) Beusekom = Meliosma oldhamii Siebold et Zucc. •

249441 Meliosma platypoda Rehder et E. H. Wilson = Meliosma cuneifolia Franch. •

249442 Meliosma pseudopaupera Cufod. = Meliosma fordii Hemsl. ex Forbes et Hemsl. •

249443 Meliosma pseudopaupera Cufod. var. pubisepala F. C. How = Meliosma fordii Hemsl. ex Forbes et Hemsl. •

249444 Meliosma pungens Walp. = Meliosma rigida Siebold et Zucc. •

249445 Meliosma rhoifolia Maxim.;漆叶泡花树(南京柯楠树,山猪肉);Lacquerleaf Meliosma, Ruseleaf Meliosma, Sumac-leaved Meliosma, Varnish Tree-leaved Meliosma, Varnish-tree-leaved Meliosma •

249446 Meliosma rhoifolia Maxim. = Meliosma oldhamii Siebold et Zucc. •

249447 Meliosma rhoifolia Maxim. subsp. barbulata Cufod. = Meliosma rhoifolia Maxim. var. barbulata (Cufod.) Y. W. Law •

249448 Meliosma rhoifolia Maxim. var. barbulata (Cufod.) Y. W. Law;腋毛泡花树;Axillary-hair Meliosma •

249449 Meliosma rigida Siebold et Zucc.;笔罗子(笔罗泡花,粗糠柴,花木香,加曹翅,毛鼻良,山枇杷,野枇杷);Stiffleaf Meliosma, Stiff-leaved Meliosma •

249450 Meliosma rigida Siebold et Zucc. var. pannosa (Hand. -Mazz.) Y. W. Law;毡毛泡花树;Pannose Meliosma •

249451 Meliosma rigida Siebold et Zucc. var. patens (Hemsl.) Cufod. = Meliosma rigida Siebold et Zucc. •

249452 Meliosma simplicifolia (Roxb.) Walp.;单叶泡花树;Simpleleaf Meliosma, Simple-leaved Meliosma •

249453 Meliosma simplicifolia (Roxb.) Walp. subsp. fordii (Hemsl.) Beusekom = Meliosma fordii Hemsl. ex Forbes et Hemsl. •

249454 Meliosma simplicifolia (Roxb.) Walp. subsp. fruticosa (Blume) Beusekom = Meliosma callicarpifolia Hayata •

249455 Meliosma simplicifolia (Roxb.) Walp. subsp. laui (Merr.) Beusekom = Meliosma laui Merr. ●

249456 Meliosma simplicifolia (Roxb.) Walp. subsp. rigida (Siebold et Zucc.) Beusekom = Meliosma rigida Siebold et Zucc. ●

249457 Meliosma simplicifolia (Roxb.) Walp. subsp. thomsonii (King ex Brandis) Beusekom = Meliosma thomsonii King ex Brandis ●

249458 Meliosma simplicifolia (Roxb.) Walp. subsp. yunnanensis (Franch.) Beusekom = Meliosma yunnanensis Franch. ●

249459 Meliosma simplicifolia Walp. = Meliosma thorelii Lecomte ●

249460 Meliosma sinensis Nakai = Meliosma oldhamii Siebold et Zucc. ●

249461 Meliosma sinii Diels = Meliosma fordii Hemsl. ex Forbes et Hemsl. var. sinii (Diels) Y. W. Law ●

249462 Meliosma sinii Diels = Meliosma fordii Hemsl. ex Forbes et Hemsl. ●

249463 Meliosma squamulata Hance;樟叶泡花树(饼汁树,绿樟,野木棉);China Meliosma,Chinese Meliosma ●

249464 Meliosma stewardii Merr. = Meliosma myriantha Siebold et Zucc. var. discolor Dunn ●

249465 Meliosma subverticilaris Rehder et E. H. Wilson;巫溪泡花树;Wuxi Meliosma ●

249466 Meliosma subverticilaris Rehder et E. H. Wilson = Meliosma thomsonii King ex Brandis ●

249467 Meliosma tenuiflora Miq. = Meliosma tenuis Maxim. ●☆

249468 Meliosma tenuis Maxim.;小泡花树●☆

249469 Meliosma thomsonii King ex Brandis;西南泡花树;Thomson Meliosma ●

249470 Meliosma thomsonii King ex Brandis var. trichocarpa (Hand.-Mazz.) C. Y. Wu et S. K. Chen;毛果泡花树;Hairy-fruit Meliosma ●

249471 Meliosma thomsonii var. trichocarpa (Hand.-Mazz.) C. Y. Wu et S. K. Chen = Meliosma thomsonii King ex Brandis ●

249472 Meliosma thorelii Lecomte;山樣叶泡花树(罗壳木);Buchanania Meliosma,Buchanania-leaf Meliosma,Thorel Meliosma ●

249473 Meliosma trichocarpa Hand.-Mazz.;贞丰泡花树(毛果泡花树);Zhenfeng Meliosma ●

249474 Meliosma trichocarpa Hand.-Mazz. = Meliosma thomsonii King ex Brandis ●

249475 Meliosma tsangtakii Merr. = Meliosma dumicola W. W. Sm. ●

249476 Meliosma veitchiorum Hemsl.;暖木;Veitch Meliosma ●

249477 Meliosma velutina Rehder et E. H. Wilson;毛泡花树(绒毛泡花树);Velutinous Meliosma ●

249478 Meliosma wallichii Planch. = Meliosma oldhamii Siebold et Zucc. ●

249479 Meliosma wallichii Planch. ex Hook. f.;贡山泡花树;Gongshan Meliosma ●

249480 Meliosma wallichii Planch. ex Hook. f. = Meliosma arnottiana (Wight) Walp. ●

249481 Meliosma xichouensis H. W. Li;西畴泡花树;Xichou Meliosma ●

249482 Meliosma yunnanensis Franch.;云南泡花树(峨眉泡花树);Yunnan Meliosma ●

249483 Meliosma yunnanensis Franch. var. fischeriana (Rehder et E. H. Wilson) C. Y. Chang = Meliosma yunnanensis Franch. ●

249484 Meliosmaceae Endl.;泡花树科●

249485 Meliosmaceae Endl. = Sabiaceae Blume(保留科名)●

249486 Meliosmaceae Meisn. = Sabiaceae Blume(保留科名)●

249487 Meliotus Steud. = Melilotus (L.) Mill. ■

249488 Meliphlea Zucc. = Phymosia Desv. ex Ham. ●☆

249489 Melisitus Medik. = Melissitus Medik. ■☆

249490 Melisitus Medik. = Trigonella L. ■

249491 Melissa L. (1753);蜜蜂花属(滇荆芥属);Balm,Balm Mint ■

249492 Melissa Tourn. ex L. = Melissa L. ■

249493 Melissa abyssinica Hochst. = Clinopodium abyssinicum (Hochst. ex Benth.) Kuntze ■☆

249494 Melissa axillaris (Benth.) Bakh. f.;蜜蜂花(鼻血草,滇荆芥,蜂草,红活美,荆芥,山薄荷,水风轮,土荆芥,小薄荷,小方秆草);Axillary Balm ■

249495 Melissa candidissima Munby = Calamintha candidissima (Munby) Benth. ■☆

249496 Melissa cretica L. = Clinopodium gracile (Benth.) Matsum. ■

249497 Melissa cretica Lour. = Perilla frutescens (L.) Britton ■

249498 Melissa debilis (Bunge) Benth. = Calamintha debilis (Bunge) Benth. ■

249499 Melissa flava Benth.;黄蜜蜂花(香蜂花);Yellow Balm ■

249500 Melissa hirsuta Blume = Melissa axillaris (Benth.) Bakh. f. ■

249501 Melissa maxima Ard. = Perilla frutescens (L.) Britton ■

249502 Melissa nepalensis (D. Don) Benth. = Mosla dianthera (Buch.-Ham. ex Roxb.) Maxim. ■

249503 Melissa nepalensis Benth. = Mosla dianthera (Buch.-Ham. ex Roxb.) Maxim. ■

249504 Melissa officinalis L.;香蜂花;Balm, Balm Gentle, Balme, Barm-leaf Barm, Bawm, Bee Balm, Common Balm, Cure-all, Honey-plant, Lemon Balm, Lemon Mint, Lemonbalm, Pimentary, Sweet Balm, Tea Balm, Teabalm ■

249505 Melissa officinalis L. subsp. altissima (Sibth. et Sm.) Arcang.;高香蜂花■☆

249506 Melissa officinalis L. var. variegata Hort.;白斑香蜂花■☆

249507 Melissa parviflora Benth.;小叶蜜蜂花;Small-leaf Balm ■

249508 Melissa parviflora Benth. = Melissa axillaris (Benth.) Bakh. f. ■

249509 Melissa parviflora Benth. var. purpurea Hayata = Melissa axillaris (Benth.) Bakh. f. ■

249510 Melissa pulegioides (L.) L. = Hedeoma pulegioides (L.) Pers. ■☆

249511 Melissa repens (Buch.-Ham. ex D. Don) Benth. = Clinopodium repens (D. Don) Vell. ■

249512 Melissa repens Benth. = Clinopodium repens (D. Don) Vell. ■

249513 Melissa yunnanensis C. Y. Wu et Y. C. Huang;云南蜜蜂花(云南蜂花);Yunnan Balm ■

249514 Melissaceae Bercht. et J. Presl = Labiatae Juss.(保留科名)●■

249515 Melissaceae Bercht. et J. Presl = Lamiaceae Martinov(保留科名)●■

249516 Melissitus Medik. (1789);陀罗果花苜蓿属■☆

249517 Melissitus Medik. = Trigonella L. ■

249518 Melissitus karkarensis (Semen. ex Vassilcz.) Golosk. = Medicago platycarpos (L.) Trautv. ■

249519 Melissitus platycarpa (L.) Golosk. = Medicago platycarpos (L.) Trautv. ■

249520 Melissitus pubescens (Edgew. et Baker) Latsch.;毛陀罗果花苜蓿■☆

249521 Melissitus ruthenica (L.) Latsch. = Medicago ruthenica (L.) Trautv. ■

249522 Melissitus ruthenica (L.) Peschkova = Trigonella ruthenica L. ■

249523 Melissitus ruthenica (L.) Peschkova var. inschanica (H. C. Fu et Y. Q. Jiang) H. C. Fu et Y. Q. Jiang = Melilotoides ruthenica (L.) Soják var. inschanica H. C. Fu et Y. Q. Jiang ■

249524 Melissitus ruthenica (L.) Peschkova var. liaoxiensis (P. Y. Fu

et Y. A. Chen) H. C. Fu et Y. Q. Jiang = Melilotoides ruthenica (L.) Soják var. liaoxiensis (P. Y. Fu et Y. A. Chen) H. C. Fu et Y. Q. Jiang ■
249525 Melissitus ruthenica (L.) Peschkova var. oblongifolia (Fr.) H. C. Fu et Y. Q. Jiang = Melilotoides ruthenica (L.) Soják var. oblongifolia (Freyn) H. C. Fu et Y. Q. Jiang ■
249526 Melissophyllon Adans. = Melissophyllum Hill ■☆
249527 Melissophyllon Adans. = Melittis L. ■☆
249528 Melissophyllum Hill = Melittis L. ■☆
249529 Melissopsis Sch. Bip. ex Baker = Ageratum L. ■●
249530 Melistaurum J. R. Forst. et G. Forst. = Casearia Jacq. ●
249531 Melitella Sommier = Crepis L. ■
249532 Melitella pusilla Sommier = Crepis pusilla (Sommier) Merxm. ■☆
249533 Melittacanthus S. Moore(1906);蜂刺爵床属☆
249534 Melittacanthus divaricatus S. Moore;蜂刺爵床☆
249535 Melittaceae Martinov = Labiatae Juss.(保留科名)●■
249536 Melittaceae Martinov = Lamiaceae Martinov(保留科名)●■
249537 Melittaceae Martinov;欧洲蜜蜂花科●■
249538 Melittidaceae Martinov = Labiatae Juss.(保留科名)●■
249539 Melittidaceae Martinov = Lamiaceae Martinov(保留科名)●■
249540 Melittis L.(1753);欧洲蜜蜂花属(异香草属);Bastard Balm, Melittis ■☆
249541 Melittis japonica Thunb. = Rehmannia japonica (Thunb.) Makino ex T. Yamaz. ■☆
249542 Melittis melissophyllum L.;欧洲蜜蜂花(蜜蜂花叶异香草,异香草);Balm of Gilead, Balmleaf Melittis, Balm-leaved Archangel, Bastard Balm, Baum-leaf, Honey-balm ■☆
249543 Mella Vand. = Bacopa Aubl.(保留属名)■
249544 Mella floribunda (R. Br.) Pennell = Bacopa floribunda (R. Br.) Wettst. ■
249545 Mellera S. Moore(1879);梅莱爵床属☆
249546 Mellera angustata Lindau;窄梅莱爵床☆
249547 Mellera briartii De Wild. et T. Durand;布里亚特梅莱爵床☆
249548 Mellera lobulata S. Moore;小裂片梅莱爵床☆
249549 Mellera nyassana S. Moore;尼亚斯梅莱爵床☆
249550 Mellera parvifolia Lindau;小花梅莱爵床■☆
249551 Mellera submutica C. B. Clarke var. grandiflora De Wild. = Onus submuticus (C. B. Clarke) Gilli ■☆
249552 Mellichampia A. Gray = Cynanchum L. ●■
249553 Mellichampia A. Gray ex S. Watson = Cynanchum L. ●■
249554 Melligo Raf. = Salvia L. ●■
249555 Melliniella Harms(1914);小花链荚豆属■☆
249556 Melliniella micrantha Harms;小花链荚豆■☆
249557 Melliodendron Hand. -Mazz.(1922);鸭头梨属(陀螺果属,鸦头梨属);Melliodendron, Topfruit ●★
249558 Melliodendron jifungensum Hu = Melliodendron xylocarpum Hand. -Mazz. ●
249559 Melliodendron wangianum Hu = Melliodendron xylocarpum Hand. -Mazz. ●
249560 Melliodendron xylocarpum Hand. -Mazz.;鸭头梨(白花树,秤砣果,冬瓜木,水冬瓜,陀螺果,乌果,鸦头梨);Topfruit, Wang Topfruit, Woodyfruit Melliodendron, Woody-fruited Melliodendron ●
249561 Mellissia Hook. f.(1867);梅利斯茄属☆
249562 Mellissia begoniifolia (Roxb.) Hook. f.;梅利斯茄☆
249563 Mellitis Scop. = Melittis L. ■☆
249564 Melloa Bureau(1868);梅洛紫葳属●☆
249565 Melloa populifolia Bur. ex Benth. et Hook. f.;梅洛紫葳●☆
249566 Mellobium A. Juss. = Melolobium Eckl. et Zeyh. ■☆
249567 Mellobium Rchb. = Mellobium A. Juss. ■☆
249568 Mellobium Rchb. = Melolobium Eckl. et Zeyh. ■☆
249569 Melloca Lindl. = Ullucus Caldas ■☆
249570 Mellolobium Rchb. = Melolobium Eckl. et Zeyh. ■☆
249571 Mellonia Gasp. = Cucurbita L. ■
249572 Melo L. = Cucumis L. ■
249573 Melo Mill. = Cucumis L. ■
249574 Melo flexuosus Sageret = Cucumis melo L. ■
249575 Melo sativus Sageret = Cucumis melo L. ■
249576 Melocactus Boehm.(废弃属名)= Mammillaria Haw.(保留属名)●
249577 Melocactus Boehm.(废弃属名)= Melocactus Link et Otto(保留属名)●
249578 Melocactus Link et Otto(1827)(保留属名);花座球属;Melocactus, Melon Cactus, Turk's Cap, Turk's Cap Cactus ●
249579 Melocactus actinacanthus Areces = Melocactus matanzanus Leon ●☆
249580 Melocactus amoenus (Hoffm.) Pfeiff.;层云球(层云);Pleasant Melocactus ●
249581 Melocactus azureus Buining et Brederoo;蓝云;Turk's Cap Cactus ●☆
249582 Melocactus bahiensis (Britton et Rose) Luetzelb.;凉云(辉云,拟巴西花座球);Cabeca De Frade ●☆
249583 Melocactus communis (Aiton) Link et Otto = Melocactus intortus (Mill.) Urb. ●
249584 Melocactus concinnus Buining et Brederoo;姬云●☆
249585 Melocactus conoideus Buining et Brederoo;圆锥花座球●☆
249586 Melocactus curvispinus Pfeiff.;飞云(飞云球,弯刺花座球)●☆
249587 Melocactus curvispinus Pfeiff. subsp. caesius (H. L. Wendl.) N. P. Taylor;青飞云●☆
249588 Melocactus deinacanthus Buining et Brederoo;晚刺花座球;Wonderfully Bristled Turk's-cap Cactus ●☆
249589 Melocactus glaucescens Buining et Brederoo;苍白花座球●☆
249590 Melocactus intortus (Mill.) Urb.;彩云球(彩云,光云球,赫云);Melon Cactus, Turk's Cap, Turk's Cap Cactus ●
249591 Melocactus lobelii Suringar;朗云●☆
249592 Melocactus macrocanthus Link et Otto;赫云●☆
249593 Melocactus matanzanus Leon;古巴花座球(美层云,魔云);Dwarf Turk's Cap Cactus ●☆
249594 Melocactus maxonii (Rose) Gurke;丛云球;Maxon Melocactus ●
249595 Melocactus melocactoides DC.;晓云●☆
249596 Melocactus microcephalus Miq.;黄金云●☆
249597 Melocactus neryi K. Schum.;卷云球(卷云);Brazil Melocactus, Nery Melocactus ●
249598 Melocactus oaxacensis (Britton et Rose) Backeb. = Melocactus curvispinus Pfeiff. ●☆
249599 Melocactus oreas Miq.;乱云球;Sun Melocactus ●
249600 Melocactus paucispinus G. Heimen et R. Paul ?;疏刺花座球●☆
249601 Melocactus peruvianus Vaupel;华云●☆
249602 Melocactus peruvianus Vaupel var. lurinensis Rauh et Backeb.;紫云●☆
249603 Melocactus violaceus Pfeiff.;赏云(翠云)●☆
249604 Melocalamus Benth. = Dinochloa Büse ●

249605 Melocalamus Benth. et Hook. f. (1883);梨藤竹属(梨果竹属,思摩竹属);Climbing Apple Bamboo, Pearbamboovine, Climbing-bamboo ●
249606 Melocalamus arrectus T. P. Yi;澜沧梨藤竹;Erect Climbing-bamboo,Lancang Climbing Apple Bamboo,Lancang Pearbamboovine ●
249607 Melocalamus baccifer (Roxb.) Kurz;梨果竹●
249608 Melocalamus compactiflorus (Kurz) Benth. et Hook. f.;梨藤竹;Climbing Apple Bamboo,Dense-flowered Climbing-bamboo ●
249609 Melocalamus compactiflorus (Kurz) Benth. et Hook. f. var. fimbriatus (J. R. Xue et C. M. Hui) D. Z. Li et Z. H. Guo;流苏梨藤竹;Fimbriate Climbing Apple Bamboo,Fimbriate Climbing-bamboo ●
249610 Melocalamus elevatissimus J. R. Xue et T. P. Yi;西藏梨藤竹;Xizang Climbing Apple Bamboo, Xizang Climbing-bamboo, Xizang Pearbamboovine ●
249611 Melocalamus fimbriatus J. R. Xue et C. M. Hui = Melocalamus compactiflorus (Kurz) Benth. et Hook. f. var. fimbriatus (J. R. Xue et C. M. Hui) D. Z. Li et Z. H. Guo ●
249612 Melocalamus scandens J. R. Xue et C. M. Hui;大吊竹;Climbing-bamboo ●
249613 Melocalamus yunnanensis (T. H. Wen) T. P. Yi = Neomicrocalamus yunnanensis (T. H. Wen) Ohrnb. ●
249614 Melocanna Trin. (1820);梨竹属(梨果竹属);Melocanna, Pearbamboo ●
249615 Melocanna arundina C. E. Parkinson = Melocanna humilis Kurz ●
249616 Melocanna baccifera (Roxb.) Kurz = Melocanna baccifera (Roxb.) Kurz ex Skeels ●☆
249617 Melocanna baccifera (Roxb.) Kurz ex Skeels;象鼻竹(梨果竹);Bacca Pearbamboo, Bacciferous Melocanna, Bangladesh Bamboo,Berry Bamboo,Pear Bamboo,Pear-shaped Fruit Melocanna, Terai Bamboo,West-bengal Bamboo ●☆
249618 Melocanna bambusoides Trin. = Melocanna baccifera (Roxb.) Kurz ex Skeels ●☆
249619 Melocanna brachyclada Kurz = Schizostachyum brachycladum (Kurz) Kurz ●
249620 Melocanna humilis Kurz;梨竹;Apple Bamboo, Burmese Bamboo,Low-growing Melocanna ●
249621 Melocanna virgata Munro = Cephalostachyum virgatum (Munro) Kurz ●
249622 Melocarpum (Engl.) Beier et Thulin(2003);苹果蒺藜属■☆
249623 Melocarpum hildebrandtii (Engl.) Beier et Thulin;希尔德苹果蒺藜■☆
249624 Melocarpum robecchii (Engl.) Beier et Thulin;罗贝克苹果蒺藜■☆
249625 Melocarpus Post et Kuntze = Meliocarpus Boiss. ■☆
249626 Melocarpus Post et Kuntze = Prangos Lindl. ■☆
249627 Melochia L. (1753)(保留属名);马松子属(野路葵属);Melochia ●■
249628 Melochia Rottb. = Melochia L. ●■
249629 Melochia bracteosa F. Hoffm.;多苞片马松子■☆
249630 Melochia compacta Hochr.;密集马松子■☆
249631 Melochia compacta Hochr. var. villosissima (C. Presl) B. C. Stone;毛密集马松子■☆
249632 Melochia concatenata L. = Melochia corchorifolia L. ●■
249633 Melochia corchorifolia L.;马松子(假络麻,木达地黄,野路葵,野棉花秸);Chocolate Weed,Chocolateweed,Juteleaf Melochia ●■
249634 Melochia cordata Burm. f. = Sida cordata (Burm. f.) Borss. Waalk. ●■
249635 Melochia cordata Burm. f. = Sida javensis Cav. ●■
249636 Melochia nodiflora Sw.;节花马松子■☆
249637 Melochia odorata L. f. = Melochia compacta Hochr. var. villosissima (C. Presl) B. C. Stone ■☆
249638 Melochia pyramidata L.;尖塔马松子;Pyramidate Melochia ■☆
249639 Melochia rhodocalyx K. Koch et C. D. Bouché;红萼马松子■☆
249640 Melochia spicata (L.) Fryxell = Malvastrum americanum (L.) Torr. ■
249641 Melochia umbellata (Houtt.) Stapf;伞形马松子;Hierba Del Soldado ●☆
249642 Melochia velutina Wall. ex Bedd.;毡毛马松子;Velvety Melochia ■☆
249643 Melochia villosa (Mill.) Fawc. et Rendle;柔毛马松子■☆
249644 Melochia villosissima Merr. = Melochia compacta Hochr. var. villosissima (C. Presl) B. C. Stone ■☆
249645 Melochiaceae J. Agardh = Malvaceae Juss.(保留科名)●■
249646 Melochiaceae J. Agardh = Sterculiaceae Vent.(保留科名)●■
249647 Melochiaceae J. Agardh;马松子科●■
249648 Melodinus J. R. Forst. et G. Forst. (1775);山橙属;Fieldorange,Melodinus ●
249649 Melodinus angustifolius Hayata;台湾山橙(山橙,细叶山橙);Narrowleaved Fieldorange, Narrowleaved Melodinus, Narrow-leaved Melodinus ●
249650 Melodinus australis Maiden et Betche;南山橙(澳洲山橙);Southern Fieldorange,Southern Melodinus ●☆
249651 Melodinus axillaris W. T. Wang ex Tsiang et P. T. Li;腋花山橙;Axillary Melodinus,Axillaryflower Fieldorange ●
249652 Melodinus bodinieri H. Lév. = Trachelospermum bodinieri (H. Lév.) Woodson ex Rehder ●
249653 Melodinus cavaleriei H. Lév. = Trachelospermum asiaticum (Siebold et Zucc.) Nakai ●
249654 Melodinus celastroides Baill.;南蛇藤状山橙;Bittersweed-like Melodinus ●☆
249655 Melodinus chaffanjonii H. Lév. = Trachelospermum axillare Hook. f. ●
249656 Melodinus chajyhjonii H. Lév. = Trachelospermum axillare Hook. f. ●
249657 Melodinus chinensis P. T. Li et Z. R. Xu;荔波山橙(贵州山橙);Chinese Melodinus,Fieldorange ●
249658 Melodinus cochinchinensis (Lour.) Merr.;思茅山橙(岩山枝);Henry Fieldorange,Henry Melodinus,Viet Nam Melodinus ●
249659 Melodinus duclouxii H. Lév. = Jasminum duclouxii (H. Lév.) Rehder ●
249660 Melodinus dunnii H. Lév. = Trachelospermum dunnii (H. Lév.) H. Lév. ●
249661 Melodinus edulis H. Lév. = Melodinus fusiformis Champ. ex Benth. ●
249662 Melodinus esquirolii H. Lév. = Melodinus fusiformis Champ. ex Benth. ●
249663 Melodinus flavus H. Lév. = Melodinus fusiformis Champ. ex Benth. ●
249664 Melodinus fusiformis Champ. ex Benth.;尖山橙(贵州山橙,黄狗合藤,鸡腿果,哼头果,乳汁藤,石芽枫,藤皮黄,竹藤);Fusiform Fieldorange,Fusiform Melodinus ●
249665 Melodinus hemsleyanus Diels;川山橙;Hemsley Melodinus, Sichuan Fieldorange ●
249666 Melodinus henryi Craib = Melodinus cochinchinensis (Lour.)

Merr. ●

249667 Melodinus khasianus Hook. f. ;景东山橙;Khasia Fieldorange, Khasia Melodinus ●

249668 Melodinus khasianus sensu Woodson = Melodinus hemsleyanus Diels ●

249669 Melodinus laetus Champ. ex Benth. = Melodinus suaveolens Champ. ex Benth. ●

249670 Melodinus magnificus Tsiang;茶藤(大山橙,大山藤);Magnificent Fieldorange, Magnificent Melodinus ●

249671 Melodinus monogynus sensu Benth. = Melodinus suaveolens Champ. ex Benth. ●

249672 Melodinus monogynus sensu Schneid. = Melodinus hemsleyanus Diels ●

249673 Melodinus morsei Tsiang;龙州山橙;Longzhou Fieldorange, Longzhou Melodinus, Morse Melodinus ●

249674 Melodinus scandens J. R. Forst. et G. Forst. ;攀缘山橙;Scandent Fieldorange, Scandent Melodinus ●☆

249675 Melodinus seguini Woodson = Melodinus hemsleyanus Diels ●

249676 Melodinus seguinii H. Lév. ;贵州山橙;Guizhou Fieldorange, Guizhou Melodinus, Seguin Melodinus ●

249677 Melodinus seguinii H. Lév. = Melodinus fusiformis Champ. ex Benth. ●

249678 Melodinus seguinii Woodson = Melodinus hemsleyanus Diels ●

249679 Melodinus suaveolens Champ. ex Benth. ;山橙(猴子果,猢狲果,马骝橙藤,马骝果,马骝藤,屈头鸡,山大哥);Fragrant Fieldorange, Fragrant Melodinus ●

249680 Melodinus tenuicaudatus Tsiang et P. T. Li;薄叶山橙;Thinleaf Fieldorange, Thinleaf Melodinus, Thin-leaved Melodinus ●

249681 Melodinus wrightioides Hand. -Mazz. = Melodinus fusiformis Champ. ex Benth. ●

249682 Melodinus yunnanensis Tsiang et P. T. Li;云南山橙(雷打果);Thnderstruck Fieldorange, Yunnan Melodinus ●

249683 Melodorum (Dunal) Hook. f. et Thomson = Fissistigma Griff. ●

249684 Melodorum Hook. f. et Thomson = Fissistigma Griff. ●

249685 Melodorum Hook. f. et Thomson = Melodorum (Dunal) Hook. f. et Thomson ●

249686 Melodorum Lour. (1790);金帽花属●☆

249687 Melodorum Lour. = Polyalthia Blume + Mitrephora (Blume) Hook. f. et Thomson ●

249688 Melodorum africanum Benth. = Xylopia africana (Benth.) Oliv. ●☆

249689 Melodorum arboreum Lour. ;金帽花●☆

249690 Melodorum balansae A. DC. = Fissistigma balansae (A. DC.) Merr. ●

249691 Melodorum chloroneurum Hand. -Mazz. = Fissistigma chloroneurum (Hand. -Mazz.) Chun ●

249692 Melodorum glaucescens Hance = Fissistigma glaucescens (Hance) Merr. ●

249693 Melodorum gracile (Engl. et Diels) Verdc. = Sphaerocoryne gracilis (Engl. et Diels) Verdc. ●☆

249694 Melodorum gracile (Engl. et Diels) Verdc. subsp. englerianum (Exell et Mendonça) Verdc. = Sphaerocoryne gracilis (Engl. et Diels) Verdc. subsp. engleriana (Exell et Mendonça) Verdc. ●☆

249695 Melodorum latifolium (Dunn) Hook. f. et Thomson = Fissistigma latifolium (Dunn) Merr. ●

249696 Melodorum lodhamii Hemsl. = Fissistigma oldhamii (Hemsl.) Merr. ●

249697 Melodorum maclurei (Merr.) Ast = Fissistigma maclurei Merr. ●

249698 Melodorum minuticalyx McGregor et W. W. Sm. = Fissistigma minuticalyx (McGregor et W. W. Sm.) Chatterjee ●

249699 Melodorum minuticalyx McGregor et W. W. Sm. = Fissistigma polyanthoides (A. DC.) Merr. ●

249700 Melodorum oldhamii Hemsl. = Fissistigma oldhamii (Hemsl.) Merr. ●

249701 Melodorum pallens Finet et Gagnep. = Fissistigma pallens (Finet et Gagnep.) Merr. ●

249702 Melodorum poilanei Ast = Fissistigma poilanei (Ast) Tsiang et P. T. Li ●

249703 Melodorum polyanthoides A. DC. = Fissistigma polyanthoides (A. DC.) Merr. ●

249704 Melodorum polyanthum Hook. f. et Thomson = Fissistigma polyanthum (Hook. f. et Thomson) Merr. ●

249705 Melodorum retusum H. Lév. = Fissistigma retusum (H. Lév.) Rehder ●

249706 Melodorum subglabrum Ban = Uvaria tonkinensis Finet et Gagnep. ●

249707 Melodorum tonkinense Finet et Gagnep. = Fissistigma tonkinense (Finet et Gagnep.) Merr. ●

249708 Melodorum uonicum Dunn = Fissistigma uonicum (Dunn) Merr. ●

249709 Melodorum vietnamense Ban = Uvaria tonkinensis Finet et Gagnep. ●

249710 Melodorum vietnamense Ban var. calcareum Ban = Uvaria tonkinensis Finet et Gagnep. ●

249711 Melodorum wallichii Hook. f. et Thomson = Fissistigma wallichii (Hook. f. et Thomson) Merr. ●

249712 Melolobium Eckl. et Zeyh. (1836);警惕豆属■☆

249713 Melolobium accedens Burtt Davy = Melolobium microphyllum (L. f.) Eckl. et Zeyh. ■☆

249714 Melolobium adenodes Eckl. et Zeyh. ;腺齿警惕豆■☆

249715 Melolobium aethiopicum (L.) Druce;埃塞俄比亚警惕豆■☆

249716 Melolobium alpinum Eckl. et Zeyh. ;高山警惕豆■☆

249717 Melolobium brachycarpum Harms = Melolobium macrocalyx Dümmer ■☆

249718 Melolobium burchellii N. E. Br. = Melolobium microphyllum (L. f.) Eckl. et Zeyh. ■☆

249719 Melolobium calycinum Benth. ;萼状警惕豆■☆

249720 Melolobium canaliculatum (E. Mey.) Benth. = Melolobium stipulatum (Thunb.) Harv. ■☆

249721 Melolobium candicans (E. Mey.) Eckl. et Zeyh. ;变白警惕豆■☆

249722 Melolobium canescens (E. Mey.) Benth. ;灰白警惕豆■☆

249723 Melolobium cernuum (L.) Eckl. et Zeyh. = Melolobium aethiopicum (L.) Druce ■☆

249724 Melolobium collinum Eckl. et Zeyh. = Melolobium adenodes Eckl. et Zeyh. ■☆

249725 Melolobium decorum Dümmer = Melolobium candicans (E. Mey.) Eckl. et Zeyh. ■☆

249726 Melolobium decumbens (E. Mey.) Burtt Davy = Melolobium microphyllum (L. f.) Eckl. et Zeyh. ■☆

249727 Melolobium glanduliferum Dümmer = Melolobium microphyllum (L. f.) Eckl. et Zeyh. ■☆

249728 Melolobium humile Eckl. et Zeyh. ;矮小警惕豆■☆

249729 Melolobium involucratum (Thunb.) C. H. Stirt. = Polhillia

involucrata (Thunb.) B.-E. van Wyk et A. L. Schutte ●☆
249730 Melolobium karasbergense L. Bolus = Melolobium adenodes Eckl. et Zeyh. ■☆
249731 Melolobium macrocalyx Dümmer;大萼警惕豆■☆
249732 Melolobium macrocalyx Dümmer var. longifolium ?;长叶大萼警惕豆■☆
249733 Melolobium microphyllum (L. f.) Eckl. et Zeyh.;小叶大萼警惕豆■☆
249734 Melolobium mixtum Dümmer = Melolobium microphyllum (L. f.) Eckl. et Zeyh. ■☆
249735 Melolobium obcordatum Harv.;倒心形警惕豆■☆
249736 Melolobium parviflorum Benth. = Melolobium candicans (E. Mey.) Eckl. et Zeyh. ■☆
249737 Melolobium peglerae Dümmer = Melolobium alpinum Eckl. et Zeyh. ■☆
249738 Melolobium psammophilum Harms = Melolobium macrocalyx Dümmer ■☆
249739 Melolobium squarrosum Eckl. et Zeyh. = Melolobium candicans (E. Mey.) Eckl. et Zeyh. ■☆
249740 Melolobium stenophyllum Harms = Melolobium macrocalyx Dümmer var. longifolium ? ■☆
249741 Melolobium stipulatum (Thunb.) Harv.;托叶警惕豆■☆
249742 Melolobium subspicatum Conrath;穗状警惕豆■☆
249743 Melolobium villosum Harms = Melolobium calycinum Benth. ■☆
249744 Melolobium viscidulum (E. Mey.) Steud.;微黏警惕豆■☆
249745 Melolobium wilmsii Harms;维尔姆斯警惕豆■☆
249746 Melomphis Raf. (1837);叠叶风信子属■☆
249747 Melomphis Raf. = Ornithogalum L. ■
249748 Melomphis arabica (L.) Raf.;阿拉伯叠叶风信子■☆
249749 Meloneura Raf. = Utricularia L. ■
249750 Meloneura striatula (Sm.) Barnhart = Utricularia striatula J. Sm. ■
249751 Melongena Mill. = Solanum L. ●■
249752 Melongena Tourn. ex Mill. = Solanum L. ●■
249753 Melopepo Mill. = Cucurbita L. ■
249754 Melorima Raf. = Fritillaria L. ■
249755 Melosmon Raf. = Teucrium L. ●■
249756 Melosperma Benth. (1846);苹果婆婆纳属●☆
249757 Melosperma andicola Benth.;苹果婆婆纳●☆
249758 Melosperma angustifolia Phil.;窄叶苹果婆婆纳●☆
249759 Melospermum Scortech. ex King = Walsura Roxb. ●
249760 Melothria L. (1753);白果瓜属(马㼎儿属);Melothria ■
249761 Melothria L. = Zehneria Endl. ■
249762 Melothria abyssinica Naudin ex Sprenger = Zehneria scabra (L. f.) Sond. ●☆
249763 Melothria acutifolia Cogn. = Zehneria marlothii (Cogn.) R. Fern. et A. Fern. ■☆
249764 Melothria altaeoides (Ser.) Nakai = Mukia maderaspatana (L.) M. Roem. ■
249765 Melothria amplexicaulis (Lam.) Cogn. = Solena amplexicaulis (Lam.) Gandhi ■
249766 Melothria amplexicaulis Cogn. = Solena amplexicaulis (Lam.) Gandhi ■
249767 Melothria angolensis (Hook. f.) Cogn. = Zehneria angolensis Hook. f. ■☆
249768 Melothria angustifolia Cogn. = Zehneria minutiflora (Cogn.) C. Jeffrey ■☆
249769 Melothria antunesii Harms et Gilg = Zehneria racemosa Hook. f. ■☆
249770 Melothria argyi H. Lév. = Zehneria indica (Lour.) Rabenant. ■
249771 Melothria argyrea A. Zimm. = Zehneria scabra (L. f.) Sond. var. argyrea (A. Zimm.) C. Jeffrey ●☆
249772 Melothria assamica Chakr. = Mukia javanica (Miq.) C. Jeffrey ■
249773 Melothria assamica Chakr. var. scabra Chakr. = Mukia javanica (Miq.) C. Jeffrey ■
249774 Melothria bicirrhosa C. B. Clarke = Schizopepon bicirrhosus (C. B. Clarke) C. Jeffrey ■
249775 Melothria bodinieri H. Lév. = Zehneria bodinieri (H. Lév.) W. J. de Wilde et Duyfjes ■
249776 Melothria bodinieri H. Lév. = Zehneria maysorensis (Wight et Arn.) Arn. ■
249777 Melothria breyeri Burtt Davy = Cucumis cinereus (Cogn.) Ghebret. et Thulin ■☆
249778 Melothria capillacea (Schumach.) Cogn. = Zehneria capillacea (Schumach.) C. Jeffrey ■☆
249779 Melothria cinerea (Cogn.) A. Meeuse = Cucumella cinerea (Cogn.) C. Jeffrey ■☆
249780 Melothria cinerea (Cogn.) A. Meeuse = Cucumis cinereus (Cogn.) Ghebret. et Thulin ■☆
249781 Melothria ciprianii Pic. Serm. = Zehneria scabra (L. f.) Sond. ●☆
249782 Melothria cogniauxiana De Wild. = Zehneria minutiflora (Cogn.) C. Jeffrey ■☆
249783 Melothria cordata (Thunb.) Cogn. = Zehneria scabra (L. f.) Sond. ●☆
249784 Melothria cordifolia Hook. f. = Zehneria gilletii (De Wild.) C. Jeffrey ■☆
249785 Melothria delavayi Cogn. = Solena delavayi (Cogn.) C. Y. Wu ■
249786 Melothria delavayi Cogn. = Solena heterophylla Lour. ■
249787 Melothria deltoidea (Schumach. et Thonn.) Benth. = Zehneria hallii C. Jeffrey ■☆
249788 Melothria deltoidea (Schumach.) Benth. = Zehneria thwaitesii (Schweinf.) C. Jeffrey ■☆
249789 Melothria elliotiana Cogn. = Zehneria polycarpa (Cogn.) Rabenant. ●☆
249790 Melothria emirnensis Baker = Zehneria emirnensis (Baker) Rabenant. ■☆
249791 Melothria fernandensis Hutch. et Dalziel = Zehneria scabra (L. f.) Sond. ●☆
249792 Melothria fimbristipula (Kotschy et Peyr.) Roberty = Ctenolepis cerasiformis (Stocks) Hook. f. ■☆
249793 Melothria floribunda Cogn. = Zehneria minutiflora (Cogn.) C. Jeffrey ■☆
249794 Melothria foetidissima (Jacq.) Roberty = Kedrostis foetidissima (Jacq.) Cogn. ■☆
249795 Melothria formosana Hayata = Neoachmandra japonica (Thunb.) W. J. de Wilde et Duyfjes ■
249796 Melothria formosana Hayata = Zehneria formosana (Hayata) S. S. Ying ■
249797 Melothria formosana Hayata = Zehneria indica (Lour.) Rabenant. ■
249798 Melothria formosana Hayata = Zehneria japonica (Thunb. ex A. Murray) H. Y. Liu ■

249799 Melothria friesiana Harms = Zehneria minutiflora (Cogn.) C. Jeffrey ■☆
249800 Melothria gilgiana Cogn. = Zehneria scabra (L. f.) Sond. ●☆
249801 Melothria gilletii De Wild. = Zehneria gilletii (De Wild.) C. Jeffrey ■☆
249802 Melothria gourmaensis A. Chev. = Zehneria thwaitesii (Schweinf.) C. Jeffrey ■☆
249803 Melothria guamensis Merr. = Zehneria guamensis (Merr.) Fosberg ■
249804 Melothria hederacea (Sond.) Cogn. = Kedrostis nana (Lam.) Cogn. ■☆
249805 Melothria heterophylla (Lour.) Cogn. = Solena amplexicaulis (Lam.) Gandhi ■
249806 Melothria hispidula Burtt Davy = Cucumis cinereus (Cogn.) Ghebret. et Thulin ■☆
249807 Melothria indica Lour. = Neoachmandra japonica (Thunb.) W. J. de Wilde et Duyfjes ■
249808 Melothria indica Lour. = Zehneria indica (Lour.) Rabenant. ■
249809 Melothria japonica (Thunb.) Maxim. ex Cogn. = Neoachmandra japonica (Thunb.) W. J. de Wilde et Duyfjes ■
249810 Melothria japonica (Thunb.) Maxim. ex Cogn. = Zehneria indica (Lour.) Rabenant. ■
249811 Melothria japonica (Thunb.) Maxim. ex Cogn. var. major ? = Zehneria japonica (Thunb.) H. Y. Liu ■
249812 Melothria javanica (Miq.) Cogn. = Mukia javanica (Miq.) C. Jeffrey ■
249813 Melothria kelungensis (Hayata) Hayata ex Makino et Nemoto = Zehneria guamensis (Merr.) Fosberg ■
249814 Melothria kelungensis (Hayata) Hayata ex Makino et Nemoto = Zehneria mucronata (Blume) Miq. ■
249815 Melothria ledermannii Cogn.;莱德白果瓜■☆
249816 Melothria leucocarpa (Blume) Cogn. = Zehneria indica (Lour.) Rabenant. ■
249817 Melothria leucocarpa (Blume) Cogn. var. rubella Gagnep. = Neoachmandra japonica (Thunb.) W. J. de Wilde et Duyfjes ■
249818 Melothria leucocarpa (Blume) Cogn. var. rubella Gagnep. = Zehneria indica (Lour.) Rabenant. ■
249819 Melothria liukiuensis Nakai = Zehneria guamensis (Merr.) Fosberg ■
249820 Melothria liukiuensis Nakai = Zehneria liukiuensis (Nakai) C. Jeffrey ex E. Walker ■
249821 Melothria longepedunculata Hochst. ex Cogn. = Zehneria scabra (L. f.) Sond. ●☆
249822 Melothria louisii Robyns = Zehneria scabra (L. f.) Sond. ●☆
249823 Melothria lucida (Naudin) Cogn. = Zehneria maysorensis (Wight et Arn.) Arn. ■
249824 Melothria maderaspatana (L.) Cogn. = Cucumis maderaspatanus L. ■
249825 Melothria maderaspatana (L.) Cogn. = Mukia maderaspatana (L.) M. Roem. ■
249826 Melothria mairei H. Lév. = Thladiantha pustulata (H. Lév.) C. Jeffrey ex A. M. Lu et Zhi Y. Zhang ■
249827 Melothria mannii Cogn. = Zehneria scabra (L. f.) Sond. ●☆
249828 Melothria marginata (Blume) Cogn. = Scopellaria marginata (Blume) W. J. de Wilde et Duyfjes ■
249829 Melothria marginata (Blume) Cogn. = Zehneria marginata (Blume) Rabenant. ■
249830 Melothria marginata Rabenant.;具缘白果瓜■☆
249831 Melothria marlothii Cogn. = Zehneria marlothii (Cogn.) R. Fern. et A. Fern. ■☆
249832 Melothria maysorensis (Wight et Arn.) Chang = Zehneria maysorensis (Wight et Arn.) Arn. ■
249833 Melothria membranifolia Cogn. = Zehneria scabra (L. f.) Sond. ●☆
249834 Melothria microsperma (Hook. f.) Cogn. = Zehneria microsperma Hook. f. ■☆
249835 Melothria mildbraedii Gilg et Cogn. = Corallocarpus wildii C. Jeffrey ■☆
249836 Melothria minutiflora Cogn. = Zehneria minutiflora (Cogn.) C. Jeffrey ■☆
249837 Melothria mucronata (Blume) Cogn. = Zehneria maysorensis (Wight et Arn.) Arn. ■
249838 Melothria mucronata (Blume) Cogn. = Zehneria mucronata (Blume) Miq. ■
249839 Melothria obtusiloba (Sond.) Cogn. = Kedrostis foetidissima (Jacq.) Cogn. ■☆
249840 Melothria odorata (Hook. f. et Thomson ex Benth.) Hook. f. et Thomson ex C. B. Clarke = Zehneria indica (Lour.) Rabenant. ■
249841 Melothria pallidinervia Harms = Zehneria pallidinervia (Harms) C. Jeffrey ■☆
249842 Melothria parvifolia Cogn. = Zehneria parvifolia (Cogn.) J. H. Ross ■☆
249843 Melothria pendula L.;下垂白果瓜(垂瓜果);Creeping Cucumber ■☆
249844 Melothria peneyana (Naudin) Cogn. = Zehneria peneyana (Naudin) Asch. et Schweinf. ■☆
249845 Melothria perpusilla (Blume) Cogn.;细长白果瓜■☆
249846 Melothria perpusilla (Blume) Cogn. var. deltifrons Ohwi = Zehneria maysorensis (Wight et Arn.) Arn. ■
249847 Melothria perpusilla (Blume) Cogn. var. deltifrons Ohwi = Zehneria perpusilla (Blume) Bole et M. R. Almeida var. deltifrons (Ohwi) H. Ohba ■
249848 Melothria perpusilla (Blume) Cogn. var. subtruncata Cogn. = Zehneria bodinieri (H. Lév.) W. J. de Wilde et Duyfjes ■
249849 Melothria perpusilla (Blume) Cogn. var. subtruncata Cogn. = Zehneria maysorensis (Wight et Arn.) Arn. ■
249850 Melothria polycarpa Cogn. = Zehneria polycarpa (Cogn.) Rabenant. ●☆
249851 Melothria pulchra Buscal. et Muschl. = Zehneria scabra (L. f.) Sond. ●☆
249852 Melothria punctata (Thunb.) Cogn. = Zehneria scabra (L. f.) Sond. ●☆
249853 Melothria punctata Cogn.;斑点白果瓜■☆
249854 Melothria pustulata H. Lév. = Thladiantha pustulata (H. Lév.) C. Jeffrey ex A. M. Lu et Zhi Y. Zhang ■
249855 Melothria racemosa (Hook. f.) Cogn. = Zehneria racemosa Hook. f. ■☆
249856 Melothria regelii Naudin = Zehneria japonica (Thunb.) H. Y. Liu ■
249857 Melothria rostrata Cogn. = Zehneria minutiflora (Cogn.) C. Jeffrey ■☆
249858 Melothria rutenbergiana Cogn. = Zehneria rutenbergiana (Cogn.) Rabenant. ■☆
249859 Melothria scrobiculata (A. Rich.) Cogn. = Zehneria scabra (L.

f.) Sond. ●☆
249860 Melothria stolzii Cogn. = Zehneria minutiflora (Cogn.) C. Jeffrey ■☆
249861 Melothria thwaitesii Schweinf. = Zehneria thwaitesii (Schweinf.) C. Jeffrey ■☆
249862 Melothria tomentosa Cogn. = Zehneria scabra (L. f.) Sond. ●☆
249863 Melothria touchamensis H. Lév. = Luffa cylindrica (L.) M. Roem. ■☆
249864 Melothria touchanensis H. Lév. = Gymnopetalum chinense (Lour.) Merr. ■
249865 Melothria triangularis Benth. = Zehneria capillacea (Schumach.) C. Jeffrey ■☆
249866 Melothria tridactyla Hook. f. = Zehneria thwaitesii (Schweinf.) C. Jeffrey ■☆
249867 Melothria velutina (Arn.) Cogn. = Zehneria scabra (L. f.) Sond. ●☆
249868 Melothria violifolia H. Lév. = Codonopsis micrantha Chipp ■
249869 Melothria viridis A. Zimm. = Zehneria emirnensis (Baker) Rabenant. ■☆
249870 Melothria wallichii C. B. Clarke = Zehneria wallichii (C. B. Clarke) C. Jeffrey ■
249871 Melothrianthus Mart. Crov. (1954);白果花属■☆
249872 Melothrianthus smilacifolius (Cogn.) Mart. Crov.;白果花■☆
249873 Melothrix M. A. Lawson = Melothria L. ■
249874 Melotria P. Browne = Melothrix M. A. Lawson ■
249875 Meltrema Raf. = Carex L. ■
249876 Meluchia Medik. = Melochia L. (保留属名)●■
249877 Melvilla A. Anderson = Cuphea Adans. ex P. Browne ●■
249878 Melvilla A. Anderson ex Lindl. = Cuphea Adans. ex P. Browne ●■
249879 Melvilla A. Anderson ex Raf. = Cuphea Adans. ex P. Browne ●■
249880 Memaecylum Mitch. = Epigaea L. ●☆
249881 Memecyclanthus Guillaum. = Memecylanthus Gilg et Schltr. ●☆
249882 Memecylaceae DC.;谷木科●
249883 Memecylaceae DC. = Melastomataceae Juss. (保留科名)●■
249884 Memecylanthus Gilg et Schltr. = Periomphale Baill. ●☆
249885 Memecylanthus Gilg et Schltr. = Wittsteinia F. Muell. ●☆
249886 Memecylon L. (1753);谷木属(羊角扭属);Memecylon ●
249887 Memecylon aberrans H. Perrier;异常谷木●☆
249888 Memecylon acrogenum R. D. Stone;顶生谷木●☆
249889 Memecylon acutifolium De Wild. = Warneckea acutifolia (De Wild.) Jacq. -Fél. ●☆
249890 Memecylon adamii Jacq. -Fél. = Memecylon englerianum Cogn. ●☆
249891 Memecylon aequidianum Jacq. -Fél.;等谷木●☆
249892 Memecylon affine Merr.;兰屿羊角扭;Lanyu Memecylon ●
249893 Memecylon afzelii G. Don;阿芙泽尔谷木●☆
249894 Memecylon afzelii G. Don var. amoenum Jacq. -Fél.;秀丽谷木●☆
249895 Memecylon afzelii G. Don var. pedunculatum Jacq. -Fél.;梗花阿芙泽尔谷木●☆
249896 Memecylon aggregatum A. Fern. et R. Fern. = Warneckea reygaertii (De Wild.) Jacq. -Fél. ●☆
249897 Memecylon alatum Aug. DC.;具翅谷木●☆
249898 Memecylon alleizettei H. Perrier;阿雷谷木●☆
249899 Memecylon amaniensis (Gilg) A. Fern. et R. Fern. = Warneckea amaniensis Gilg ●☆
249900 Memecylon angolense Exell = Warneckea sapinii (De Wild.) Jacq. -Fél. ●☆
249901 Memecylon ankarense H. Perrier;安卡拉谷木●☆
249902 Memecylon applanatum Baker f. = Memecylon lateriflorum (G. Don) Bremek. ●☆
249903 Memecylon arcuato-marginatum Gilg ex Engl.;弓边谷木●☆
249904 Memecylon arcuato-marginatum Gilg ex Engl. var. simulans Jacq. -Fél.;相似谷木●☆
249905 Memecylon australe Gilg et Schltr. ex Engl. = Memecylon natalense Markgr. ●☆
249906 Memecylon aylmeri Hutch. et Dalziel;艾梅谷木●☆
249907 Memecylon bachmannii Engl.;巴克曼谷木●☆
249908 Memecylon bakerianum Cogn.;贝克谷木●☆
249909 Memecylon bakerianum Hutch. et Dalziel = Eugenia talbotii Keay ●☆
249910 Memecylon barteri Hook. f. = Lijndenia barteri (Hook. f.) K. Bremer ●☆
249911 Memecylon batekeanum R. D. Stone et G. Walp.;巴泰凯谷木●☆
249912 Memecylon bebaiense Gilg ex Engl. = Warneckea bebaiensis (Gilg ex Engl.) Jacq. -Fél. ●☆
249913 Memecylon bequaertii De Wild. = Lijndenia bequaertii (De Wild.) Borhidi ●☆
249914 Memecylon bernieri Cogn.;伯尼尔谷木●☆
249915 Memecylon bipindense Gilg ex A. Fern. et R. Fern. = Memecylon candidum Gilg ●☆
249916 Memecylon blakeoides G. Don = Spathandra blakeoides (G. Don) Jacq. -Fél. ●☆
249917 Memecylon boinense H. Perrier;博伊纳谷木●☆
249918 Memecylon boonei De Wild. = Warneckea pulcherrima (Gilg) Jacq. -Fél. ●☆
249919 Memecylon brenanii A. Fern. et R. Fern. = Lijndenia brenanii (A. Fern. et R. Fern.) Jacq. -Fél. ●☆
249920 Memecylon buchananii Gilg = Warneckea sansibarica (Taub.) Jacq. -Fél. var. buchananii (Gilg) A. Fern. et R. Fern. ●☆
249921 Memecylon buchananii Gilg var. maritimum A. Fern. et R. Fern. = Warneckea sansibarica (Taub.) Jacq. -Fél. ●☆
249922 Memecylon buxifolium Blume;黄杨叶谷木●☆
249923 Memecylon caeruleum Jack;天蓝谷木(蓝谷木,美锡兰树);Sky-blue Memecylon ●
249924 Memecylon calophyllum Gilg;美叶谷木●☆
249925 Memecylon candidum Gilg;纯白谷木●☆
249926 Memecylon capense Eckl. et Zeyh. = Eugenia capensis (Eckl. et Zeyh.) Harv. ●☆
249927 Memecylon cardiophyllum Cogn.;心叶谷木●☆
249928 Memecylon celastrinum Kurz;蛇藤谷木●
249929 Memecylon cinnamomoides G. Don = Warneckea cinnamomoides (G. Don) Jacq. -Fél. ●☆
249930 Memecylon claessensii De Wild. = Memecylon myrianthum Gilg ●☆
249931 Memecylon coeruleo-violaceum Gilg ex Engl. = Warneckea reygaertii (De Wild.) Jacq. -Fél. ●☆
249932 Memecylon collinum Jacq. -Fél.;山丘谷木●☆
249933 Memecylon congolense A. Fern. et R. Fern. = Warneckea congolensis (A. Fern. et R. Fern.) Jacq. -Fél. ●☆
249934 Memecylon corymbiforme H. Perrier;伞状谷木●☆
249935 Memecylon cyaneum De Wild. = Lijndenia jasminoides (Gilg)

Borhidi ●☆

249936 Memecylon cyanocarpum C. Y. Wu = Memecylon cyanocarpum C. Y. Wu ex C. Chen ●

249937 Memecylon cyanocarpum C. Y. Wu ex C. Chen;蓝果谷木;Blue-fruit Memecylon,Blue-fruited Memecylon,Cyanofruit Memecylon ●

249938 Memecylon cyanocarpum Gilg = Memecylon flavovirens Baker ●☆

249939 Memecylon dasyanthum Gilg et Ledermann ex Engl.;毛花谷木●☆

249940 Memecylon delphinense H. Perrier;德尔芬谷木●☆

249941 Memecylon deminutum Brenan;缩小谷木●☆

249942 Memecylon dinklagei Gilg ex Engl. = Lijndenia barteri (Hook. f.) K. Bremer ●☆

249943 Memecylon donianum Planch. = Memecylon lateriflorum (G. Don) Bremek. ●☆

249944 Memecylon dumosum Naudin = Memecylon buxifolium Blume ●☆

249945 Memecylon edule Roxb.;可食谷木●☆

249946 Memecylon edule Roxb. var. scutellata C. B. Clarke = Memecylon scutellatum (Lour.) Naudin ●

249947 Memecylon edule Roxb. var. scutellatum (Lour.) Triana = Memecylon scutellatum (Lour.) Hook. et Arn. ●

249948 Memecylon eduliforme Aug. DC.;拟可食谷木●☆

249949 Memecylon eduliforme Aug. DC. var. tampinense H. Perrier = Memecylon eduliforme Aug. DC. ●☆

249950 Memecylon eglandulosum H. Perrier;无腺谷木●☆

249951 Memecylon engleri Gilg = Medinilla engleri Gilg ●☆

249952 Memecylon englerianum Cogn.;恩氏谷木●☆

249953 Memecylon englerianum Cogn. var. occidentale Jacq. -Fél.;西方谷木●☆

249954 Memecylon erubescens Gilg = Warneckea erubescens (Gilg) Jacq. -Fél. ●☆

249955 Memecylon erythranthum Gilg;红花谷木●☆

249956 Memecylon exellii A. Fern. et R. Fern.;埃克塞尔谷木●☆

249957 Memecylon fasciculare (Planch. ex Benth.) Naudin = Warneckea fascicularis (Planch. ex Benth.) Jacq. -Fél. ●☆

249958 Memecylon fernandesiorum Jacq. -Fél.;费尔南谷木●☆

249959 Memecylon fernandianum Gilg ex Engl. = Warneckea membranifolia (Hook. f.) Jacq. -Fél. ●☆

249960 Memecylon flavovirens Baker;黄绿谷木●☆

249961 Memecylon fleuryi Jacq. -Fél. = Spathandra blakeoides (G. Don) Jacq. -Fél. var. fleuryi (Jacq. -Fél.) Jacq. -Fél. ●☆

249962 Memecylon floribundum Blume; 多花谷木; Many-flower Memecylon, Multiflorous Memecylon ●

249963 Memecylon fosteri Hutch. et Dalziel = Warneckea fosteri (Hutch. et Dalziel) Jacq. -Fél. ●☆

249964 Memecylon fragrans A. Fern. et R. Fern. = Lijndenia fragrans (A. Fern. et R. Fern.) Borhidi ●☆

249965 Memecylon gabonense (Pierre ex A. Chev.) Gilg ex Engl. = Warneckea pulcherrima (Gilg) Jacq. -Fél. ●☆

249966 Memecylon galeatum H. Perrier;盔谷木●☆

249967 Memecylon germainii A. Fern. et R. Fern.;杰曼谷木●☆

249968 Memecylon gilgianum Exell = Lijndenia jasminoides (Gilg) Borhidi ●☆

249969 Memecylon gilletii De Wild. = Warneckea gilletii (De Wild.) Jacq. -Fél. ●☆

249970 Memecylon golaense Baker f. = Warneckea golaensis (Baker f.) Jacq. -Fél. ●☆

249971 Memecylon gossweileri Gilg ex Engl. = Memecylon flavovirens Baker ●☆

249972 Memecylon grandifolium Naudin;大叶谷木●☆

249973 Memecylon greenwayi Brenan = Lijndenia greenwayii (Brenan) Borhidi ●☆

249974 Memecylon griseo-violaceum Gilg et Ledermann ex Engl.;灰堇谷木●☆

249975 Memecylon guineense Keay = Warneckea guineensis (Keay) Jacq. -Fél. ●☆

249976 Memecylon hainanense Merr. et Chun; 海南谷木; Hainan Memecylon ●

249977 Memecylon hedbergorum Borhidi = Warneckea hedbergiorum (Borhidi) Borhidi ●☆

249978 Memecylon heinsenii Gilg = Warneckea erubescens (Gilg) Jacq. -Fél. ●☆

249979 Memecylon heterophyllum Gilg = Lijndenia jasminoides (Gilg) Borhidi ●☆

249980 Memecylon huillense A. Fern. et R. Fern.;威拉谷木●☆

249981 Memecylon humbertii H. Perrier;亨伯特谷木●☆

249982 Memecylon hylophyllum Gilg = Memecylon virescens Hook. f. ●☆

249983 Memecylon impressivenum R. D. Stone;陷脉谷木●☆

249984 Memecylon insulare A. Fern. et R. Fern.;海岛谷木●☆

249985 Memecylon interjectum R. D. Stone;间型谷木●☆

249986 Memecylon jasminoides Gilg = Lijndenia jasminoides (Gilg) Borhidi ●☆

249987 Memecylon johnstonii Gilg ex Engl. = Memecylon zenkeri Gilg ●☆

249988 Memecylon klaineanum Jacq. -Fél.;克莱恩谷木●☆

249989 Memecylon lanceolatum Blanco; 狭叶谷木(革叶羊角扭); Lanceolate Memecylon, Spoonleaf Memecylon ●

249990 Memecylon lanceolatum Blanco var. monocarpum C. Chen;单果狭叶谷木;Singlefruit Privetleaf Memecylon ●

249991 Memecylon lateriflorum (G. Don) Bremek.;侧花谷木●☆

249992 Memecylon laurentii De Wild.;洛朗谷木●☆

249993 Memecylon laurifolium Naudin = Memecylon floribundum Blume ●

249994 Memecylon leucocarpum Gilg = Warneckea membranifolia (Hook. f.) Jacq. -Fél. ●☆

249995 Memecylon liberiae Gilg ex Engl.;利比里亚谷木●☆

249996 Memecylon ligustrifolium Champ. ex Benth.;谷木(角木,壳木,女贞叶谷木,山稔子,鱼木,子棱木,子棱木山梨子,子楝树); Privet-leaf Memecylon, Privet-leaved Memecylon ●

249997 Memecylon ligustrifolium Champ. ex Benth. var. monocarpum C. Chen;单果谷木;One-fruit Privetleaf Memecylon ●

249998 Memecylon longicauda Gilg = Warneckea membranifolia (Hook. f.) Jacq. -Fél. ●☆

249999 Memecylon longicuspe Baker;长尖谷木●☆

250000 Memecylon longipetalum H. Perrier;长瓣谷木●☆

250001 Memecylon lopezianum A. Chev. = Syzygium guineense (Willd.) DC. ●☆

250002 Memecylon louvelianum H. Perrier;卢韦尔谷木●☆

250003 Memecylon luchuenense C. Chen; 禄春谷木; Luchun Memecylon ●

250004 Memecylon lutambense Markgr. = Warneckea sansibarica (Taub.) Jacq. -Fél. ●☆

250005 Memecylon machairacme Gilg = Memecylon virescens Hook. f. ●☆

250006 Memecylon macranthum Jacq. -Fél. ;大花谷木●☆
250007 Memecylon macrodendron Gilg ex Engl. ;大齿谷木●☆
250008 Memecylon magnifoliatum A. Fern. et R. Fern. ;大小叶谷木●☆
250009 Memecylon mandrarense H. Perrier;曼德拉谷木●☆
250010 Memecylon mannii Hook. f. = Spathandra blakeoides (G. Don) Jacq. -Fél. ●☆
250011 Memecylon matitanense H. Perrier;马蒂坦谷木●☆
250012 Memecylon mayumbense Exell = Memecylon laurentii De Wild. ●☆
250013 Memecylon meiklei Keay = Warneckea guineensis (Keay) Jacq. -Fél. ●☆
250014 Memecylon melindense A. Fern. et R. Fern. = Warneckea sansibarica (Taub.) Jacq. -Fél. ●☆
250015 Memecylon membranifolium Hook. f. = Warneckea membranifolia (Hook. f.) Jacq. -Fél. ●☆
250016 Memecylon memecyloides (Benth.) Exell = Warneckea memecyloides (Benth.) Jacq. -Fél. ●☆
250017 Memecylon microphyllum Gilg = Warneckea microphylla (Gilg) Borhidi ●☆
250018 Memecylon millenii Gilg = Spathandra blakeoides (G. Don) Jacq. -Fél. ●☆
250019 Memecylon minimifolium H. Perrier;微小谷木●☆
250020 Memecylon mocquerysii Aug. DC. ;莫克里斯谷木●☆
250021 Memecylon mouririfolium Brenan = Warneckea mouririfolia (Brenan) Borhidi ●☆
250022 Memecylon mouririoides Jacq. -Fél. ;野牡丹谷木●☆
250023 Memecylon myrianthum Gilg;繁花谷木●☆
250024 Memecylon myrtilloides Markgr. ;黑果越橘谷木●☆
250025 Memecylon nanum A. Chev. = Warneckea membranifolia (Hook. f.) Jacq. -Fél. ●☆
250026 Memecylon natalense Markgr. ;纳塔尔谷木●☆
250027 Memecylon ngouniense Jacq. -Fél. ;恩古涅谷木●☆
250028 Memecylon nigrescens Hook. et Arn. ;黑叶谷木;Black-leaf Memecylon,Black-leaved Memecylon,Migrescent Memecylon ●
250029 Memecylon nitidulum Cogn. = Spathandra blakeoides (G. Don) Jacq. -Fél. ●☆
250030 Memecylon nodosum (Engl.) Gilg ex Engl. ;结节谷木●☆
250031 Memecylon nodosum (Engl.) Gilg ex Engl. var. stenophyllum Jacq. -Fél. ;窄叶结节谷木●☆
250032 Memecylon normandii Jacq. -Fél. ;诺曼德谷木●☆
250033 Memecylon obanense Baker f. = Memecylon englerianum Cogn. ●☆
250034 Memecylon oblongifolium Cogn. ;矩圆叶谷木●☆
250035 Memecylon occultum Jacq. -Fél. ;隐蔽谷木●☆
250036 Memecylon octocostatum Merr. et Chun;棱果谷木;Eight Ribbed Memecylon,Eight-ribbed Memecylon,Ribfruit Memecylon,Ridgyfruit Memecylon ●
250037 Memecylon ogowense A. Chev. = Spathandra blakeoides (G. Don) Jacq. -Fél. ●☆
250038 Memecylon oleifolium Baker = Memecylon bakerianum Cogn. ●☆
250039 Memecylon oreophilum Gilg et Ledermann ex Engl. = Warneckea cinnamomoides (G. Don) Jacq. -Fél. ●☆
250040 Memecylon oubanguianum Jacq. -Fél. ;乌班吉谷木●☆
250041 Memecylon pauciflorum Blume;少花谷木(赤楠);Few-flower Memecylon,Pauciflorous Memecylon ●
250042 Memecylon perrieri Danguy;佩里耶谷木●☆
250043 Memecylon polyanthemos Hook. f. ;丰花谷木●☆
250044 Memecylon polyanthum H. L. Li;滇谷木;Manyflower Memecylon,Yunnan Memecylon ●
250045 Memecylon polyneuron Gilg;多脉谷木●☆
250046 Memecylon procteri A. Fern. et R. Fern. = Lijndenia procteri (A. Fern. et R. Fern.) Borhidi ●☆
250047 Memecylon pseudoangulatum H. Perrier = Memecylon eduliforme Aug. DC. ●☆
250048 Memecylon pseudomyrtiforme H. Perrier;假香桃木叶谷木●☆
250049 Memecylon pterocarpum H. Perrier;翅果谷木●☆
250050 Memecylon pterocladum R. D. Stone;翅枝谷木●☆
250051 Memecylon pulcherrimum Gilg = Warneckea pulcherrima (Gilg) Jacq. -Fél. ●☆
250052 Memecylon purpureo-coeruleum Gilg = Spathandra blakeoides (G. Don) Jacq. -Fél. ●☆
250053 Memecylon pynaertii De Wild. = Lijndenia barteri (Hook. f.) K. Bremer ●☆
250054 Memecylon ramosum Jacq. -Fél. ;分枝谷木●☆
250055 Memecylon rauschianum Gilg et Ledermann ex Engl. = Memecylon candidum Gilg ●☆
250056 Memecylon reygaertii De Wild. = Warneckea reygaertii (De Wild.) Jacq. -Fél. ●☆
250057 Memecylon roseum H. Perrier;粉红谷木●☆
250058 Memecylon salicifolium Jacq. -Fél. ;柳叶谷木●☆
250059 Memecylon sambiranense H. Perrier;桑比朗谷木●☆
250060 Memecylon sansibaricum Taub. = Warneckea sansibarica (Taub.) Jacq. -Fél. ●☆
250061 Memecylon sansibaricum Taub. var. buchanani (Gilg) A. Fern. et R. Fern. = Warneckea sansibarica (Taub.) Jacq. -Fél. var. buchananii (Gilg) A. Fern. et R. Fern. ●☆
250062 Memecylon sansibaricum Taub. var. maritimum (A. Fern. et R. Fern.) A. Fern. et R. Fern. = Warneckea sansibarica (Taub.) Jacq. -Fél. ●☆
250063 Memecylon sapinii De Wild. = Warneckea sapinii (De Wild.) Jacq. -Fél. ●☆
250064 Memecylon schliebenii Markgr. = Warneckea schliebenii (Markgr.) Jacq. -Fél. ●☆
250065 Memecylon scutellatum (Lour.) Hook. et Arn. ;细叶谷木(苦脚树,螺丝木,铁木,铁树,小叶谷木,小叶壳木,羊角,羊角扭,羊脚,硬造);Littleleaf Memecylon,Little-leaved Memecylon ●
250066 Memecylon scutellatum (Lour.) Naudin = Memecylon scutellatum (Lour.) Hook. et Arn. ●
250067 Memecylon scutellatum Hook. et Arn. = Memecylon ligustrifolium Champ. ex Benth. ●
250068 Memecylon semseii A. Fern. et R. Fern. = Lijndenia semseii (A. Fern. et R. Fern.) Borhidi ●☆
250069 Memecylon sessile A. Chev. = Warneckea guineensis (Keay) Jacq. -Fél. ●☆
250070 Memecylon sessile A. Chev. ex Hutch. et Dalziel = Warneckea guineensis (Keay) Jacq. -Fél. ●☆
250071 Memecylon sessilicarpum A. Fern. et R. Fern. = Warneckea sessilicarpa (A. Fern. et R. Fern.) Jacq. -Fél. ●☆
250072 Memecylon simii Stapf = Memecylon lateriflorum (G. Don) Bremek. ●☆
250073 Memecylon spathandra Blume = Spathandra blakeoides (G. Don) Jacq. -Fél. ●☆
250074 Memecylon stolzii Engl. = Warneckea sansibarica (Taub.)

Jacq. -Fél. var. buchananii (Gilg) A. Fern. et R. Fern. ●☆
250075 Memecylon strumosum Naudin;多疣谷木●☆
250076 Memecylon strychnoides Baker = Spathandra blakeoides (G. Don) Jacq. -Fél. ●☆
250077 Memecylon strychnoides Gilg = Lijndenia jasminoides (Gilg) Borhidi ●☆
250078 Memecylon subsessile H. Perrier;近无柄谷木●☆
250079 Memecylon superbum A. Fern. et R. Fern. = Warneckea superba (A. Fern. et R. Fern.) Jacq. -Fél. ●☆
250080 Memecylon tamifolium Gilg ex De Wild. et T. Durand = Warneckea cinnamomoides (G. Don) Jacq. -Fél. ●☆
250081 Memecylon teitense Wickens;泰塔谷木●☆
250082 Memecylon tenuifolium H. Perrier;瘦叶谷木●☆
250083 Memecylon tessmannii Gilg ex Engl. = Spathandra blakeoides (G. Don) Jacq. -Fél. ●☆
250084 Memecylon tetrapterum Cogn.;四翅谷木●☆
250085 Memecylon thouarsianum Naudin;图氏谷木●☆
250086 Memecylon thouvenotii Danguy;图弗诺谷木●☆
250087 Memecylon torrei A. Fern. et R. Fern.;托雷谷木●☆
250088 Memecylon ulopterum DC.;卷翅谷木●☆
250089 Memecylon ulopterum DC. var. oblongifolia Cogn. = Memecylon ulopterum DC. ●☆
250090 Memecylon umbellatum Burm. f.;伞谷木●☆
250091 Memecylon uniflorum Exell = Warneckea bebaiensis (Gilg ex Engl.) Jacq. -Fél. ●☆
250092 Memecylon urschii H. Perrier;乌尔施谷木●☆
250093 Memecylon verruculosum Brenan;小疣谷木●☆
250094 Memecylon virescens Hook. f.;浅绿谷木●☆
250095 Memecylon viride Hutch. et Dalziel;绿谷木●☆
250096 Memecylon viridifolium Exell = Memecylon virescens Hook. f. ●☆
250097 Memecylon vogelii Naudin = Warneckea memecyloides (Benth.) Jacq. -Fél. ●☆
250098 Memecylon walikalense A. Fern. et R. Fern. = Warneckea walikalensis (A. Fern. et R. Fern.) Jacq. -Fél. ●☆
250099 Memecylon wilwerthii De Wild. = Lijndenia jasminoides (Gilg) Borhidi ●☆
250100 Memecylon xiphophyllum R. D. Stone;剑叶谷木●☆
250101 Memecylon yangambense A. Fern. et R. Fern. = Warneckea yangambensis (A. Fern. et R. Fern.) Jacq. -Fél. ●☆
250102 Memecylon zambeziense A. Fern. et R. Fern.;赞比西谷木●☆
250103 Memecylon zenkeri Gilg;岑克尔谷木●☆
250104 Memora Miers(1863);腺萼紫葳属●☆
250105 Memora adenophora Sandwith;腺梗腺萼紫葳●☆
250106 Memora albiflora (DC.) Miers;白花腺萼紫葳●☆
250107 Memora axillaris K. Schum.;腋生腺萼紫葳●☆
250108 Memora cladotricha Sandwith;毛枝腺萼紫葳●☆
250109 Memora crassifolia Miers;厚叶腺萼紫葳●☆
250110 Memora diffusa Miers;铺散腺萼紫葳●☆
250111 Memora glaberrima (Cham.) K. Schum.;光腺萼紫葳●☆
250112 Memora mollis A. H. Gentry;软腺萼紫葳●☆
250113 Memora ovata (Mart., Bureau et K. Schum.) Sprague et Sandwith;卵腺萼紫葳●☆
250114 Memora pubescens K. Schum.;毛腺萼紫葳●☆
250115 Memorialis (Benn.) Wedd. = Gonostegia Turcz. ●■
250116 Memorialis Buch. -Ham. = Gonostegia Turcz. ●■
250117 Memorialis Buch. -Ham. = Pouzolzia Gaudich. ●■
250118 Memorialis Buch. -Ham. ex Wedd. = Hyrtanandra Miq. ●■
250119 Memorialis Buch. -Ham. ex Wedd. = Pouzolzia Gaudich. ●■
250120 Memorialis ciliaris Buch. -Ham. = Gonostegia pentandra (Roxb.) Miq. ●
250121 Memorialis hirta (Blume ex Hassk.) Wedd. = Gonostegia hirta (Blume ex Hassk.) Miq. ■
250122 Memorialis hirta (Blume) Wedd. = Gonostegia hirta (Blume) Miq. ■
250123 Memorialis hispida Buch. -Ham. ex Wall. = Gonostegia hirta (Blume) Miq. ■
250124 Memorialis matsudae Yamam. = Gonostegia matsudae (Yamam.) Yamam. et Masam. ●■
250125 Memorialis matsudae Yamam. = Gonostegia parvifolia (Wight) Miq. ●■
250126 Memorialis neurocarpa Yamam. = Gonostegia matsudae (Yamam.) Yamam. et Masam. ●■
250127 Memorialis parvifolia (Wight) Wedd. = Gonostegia parvifolia (Wight) Miq. ●■
250128 Memorialis pentandra (Roxb.) Wedd. = Gonostegia pentandra (Roxb.) Miq. ●
250129 Memorialis pentandra (Roxb.) Wedd. = Pouzolzia pentandra (Roxb.) Benn. ●☆
250130 Memorialis pentandra (Roxb.) Wedd. var. akoensis Yamam. = Gonostegia pentandra (Roxb.) Miq. var. akoensis (Yamam.) Yamam. et Masam. ■
250131 Memorialis pentandra (Roxb.) Wedd. var. akoensis Yamam. = Gonostegia pentandra (Roxb.) Miq. ●
250132 Memorialis pentandra (Roxb.) Wedd. var. hypericifolia (Blume) Wedd. = Gonostegia pentandra (Roxb.) Miq. var. hypericifolia (Blume) Masam. ●
250133 Memorialis pentandra (Roxb.) Wedd. var. hypericifolia (Blume) Wedd. = Gonostegia pentandra (Roxb.) Miq. ●
250134 Memorialis quinquenervis Buch. -Ham. = Gonostegia hirta (Blume ex Hassk.) Miq. ■
250135 Memycylon Griff. = Memecylon L. ●
250136 Menabea Baill. (1890);梅纳贝萝藦属●☆
250137 Menabea Baill. = Pervillaea Decne. ●☆
250138 Menabea Baill. = Toxocarpus Wight et Arn. ●
250139 Menabea enenata Bainon;梅纳萝藦●☆
250140 Menadena Raf. = Maxillaria Ruiz et Pav. ■☆
250141 Menadenium Raf. = Zygosepalum Rchb. f. ■☆
250142 Menadenium Raf. ex Cogn. = Zygosepalum Rchb. f. ■☆
250143 Menais Loefl. (1758);南美五加属●☆
250144 Menais blanda Blanco;南美五加●☆
250145 Menalia Noronha = Kibara Endl. ●☆
250146 Menandra Gronov. = Crocanthemum Spach ●☆
250147 Menanthos St. -Lag. = Menyanthes L. ■
250148 Menarda Comm. ex A. Juss. = Phyllanthus L. ●■
250149 Mendevilla Poit. = Mandevilla Lindl. ●
250150 Mendezia DC. = Spilanthes Jacq. ■
250151 Mendocina Walp. = Mendoncaea Post et Kuntze ●☆
250152 Mendoncaea Post et Kuntze = Mendoncia Vell. ex Vand. ●☆
250153 Mendoncella A. D. Hawkes = Galeottia A. Rich. et Galeotti ●☆
250154 Mendoncella A. D. Hawkes(1964);小对叶藤属●☆
250155 Mendoncella acuminata (C. Schweinf.) Garay;尖小对叶藤●☆
250156 Mendoncella negrensis (Schltr.) A. D. Hawkes;小对叶藤●☆
250157 Mendoncia Vand. = Mendoncia Vell. ex Vand. ●☆

250158 Mendoncia Vell. ex Vand. (1788);对叶藤属●☆
250159 Mendoncia combretoides (A. Chev.) Benoist;风车子对叶藤●☆
250160 Mendoncia cowanii (S. Moore) Benoist;考恩对叶藤●☆
250161 Mendoncia flagellaris (Baker) Benoist;鞭状对叶藤●☆
250162 Mendoncia floribunda (Pierre) Benoist = Mendoncia lindaviana (Gilg) Benoist ●☆
250163 Mendoncia gilgiana (Lindau) Benoist;吉尔对叶藤●☆
250164 Mendoncia gilgiana (Lindau) Benoist var. tisserantii Benoist = Mendoncia gilgiana (Lindau) Benoist ●☆
250165 Mendoncia iodioides (S. Moore) Heine = Mendoncia phytocrenoides (Gilg) Benoist var. ioides (S. Moore) Heine ●☆
250166 Mendoncia letestui Benoist = Mendoncia phytocrenoides (Gilg) Benoist var. ioides (S. Moore) Heine ●☆
250167 Mendoncia lindaviana (Gilg) Benoist;林达对叶藤●☆
250168 Mendoncia phytocrenoides (Gilg) Benoist;非洲对叶藤●☆
250169 Mendoncia phytocrenoides (Gilg) Benoist var. ioides (S. Moore) Heine;毒箭对叶藤●☆
250170 Mendoncia vinciflora Benoist;野豌豆对叶藤●☆
250171 Mendonciaceae Bremek.;对叶藤科●☆
250172 Mendonciaceae Bremek. = Acanthaceae Juss. (保留科名)●■
250173 Mendoni Adans. = Gloriosa L. ■
250174 Mendoravia Capuron(1968);门氏豆属(门多豆属)●☆
250175 Mendoravia dumaziana Capuron;门氏豆●☆
250176 Mendozia Ruiz et Pav. = Mendoncia Vell. ex Vand. ●☆
250177 Meneghinia Endl. = Arnebia Forssk. ●■
250178 Meneghinia Endl. = Strobila G. Don ●■
250179 Meneghinia Vis. = Niphaea Lindl. ■☆
250180 Menendezia Britton = Tetrazygia Rich. ex DC. ●☆
250181 Menepetalum Loes. (1906);月瓣卫矛属●☆
250182 Menepetalum schlechteri Loes.;月瓣卫矛●☆
250183 Menephora Raf. = Paphiopedilum Pfitzer(保留属名)■
250184 Menestoria DC. (1830);月茜属●☆
250185 Menestoria DC. = Mussaenda L. ●■
250186 Menestoria DC. = Mycetia Reinw. ●
250187 Menestoria DC. = Randia L. ●
250188 Menestoria hameliae DC.;月茜☆
250189 Menestoria rigida DC.;硬月茜☆
250190 Menestrata Vell. = Persea Mill. (保留属名)●
250191 Menetho Raf. = Frankenia L. ●■
250192 Menezesiella Chiron et V. P. Castro = Oncidium Sw. (保留属名)■☆
250193 Menezesiella Chiron et V. P. Castro(2006);巴西金蝶兰属■☆
250194 Mengea Schauer = Amaranthus L. ■
250195 Mengea californica Moq. = Amaranthus californicus (Moq.) S. Watson ■☆
250196 Menianthes Neck. = Menyanthes L. ■
250197 Menianthus Gouan = Menianthes Neck. ■
250198 Menichea Sonn. = Barringtonia J. R. Forst. et G. Forst. (保留属名)●
250199 Menicosta Blume = Sabia Colebr. ●
250200 Menicosta D. Dietr. = Meniscosta Blume ●
250201 Menicosta D. Dietr. = Sabia Colebr. ●
250202 Meninia Fua ex Hook. f. = Phlogacanthus Nees ●■
250203 Meniocus Desv. (1815);月眼芥属(异庭芥属)■☆
250204 Meniocus Desv. = Alyssum L. ■●
250205 Meniocus aureus Fenzl;黄月眼芥■☆
250206 Meniocus australasicus Turcz. = Alyssum linifolium Stephan ex Willd. ■
250207 Meniocus filifolius Jaub. et Spach;线叶月眼芥■☆
250208 Meniocus grandiflorus Jaub. et Spach;大花月眼芥■☆
250209 Meniocus linifolius (Steph. ex Willd.) DC. = Alyssum linifolium Stephan ex Willd. ■
250210 Meniocus linifolius (Willd.) DC.;亚麻叶月眼芥■☆
250211 Meniocus serpyllifolius Desv.;月眼芥■☆
250212 Meniscogyne Gagnep. (1928);月果麻属(假楼梯草属)■☆
250213 Meniscogyne Gagnep. = Lecanthus Wedd. ■
250214 Meniscogyne petelotii Gagnep.;月果麻■☆
250215 Meniscogyne petelotii Gagnep. = Lecanthus petelotii (Gagnep.) C. J. Chen ■
250216 Meniscosta Blume = Sabia Colebr. ●
250217 Menispermaceae Juss. (1789)(保留科名);防己科;Moonseed Family ●■
250218 Menispermum L. (1753);蝙蝠葛属;Batkudze, Moonseed, Moonseed Vine ●■
250219 Menispermum L. = Cocculus DC. (保留属名)●
250220 Menispermum acutum Thunb. = Sinomenium acutum (Thunb.) Rehder et E. H. Wilson ●
250221 Menispermum canadense L.;加拿大蝙蝠葛(加防己);American Sarsaparilla, Canada Moonseed, Canadian Moonseed, Common Moonseed, Monuseed Sarsaparilla, Moon Seed, Moonseed, Moonseed Sarsaparilla, Moonwort, Texas Moonseed, Vine Maple, Yellow Parilla, Yellow Sarsapar Illa ●☆
250222 Menispermum capense Thunb. = Cissampelos torulosa E. Mey. ex Harv. ●☆
250223 Menispermum carolinum L. = Cocculus carolinus (L.) DC. ●☆
250224 Menispermum chinense Kundu et S. Guha = Menispermum dauricum DC. ■
250225 Menispermum chinense L.;中国蝙蝠葛;China Batkudze, Chinese Moonseed ■
250226 Menispermum columba Roxb. = Jateorhiza palmata (Lam.) Miers ●☆
250227 Menispermum crispum L. = Tinospora crispa (L.) Hook. f. et Thomson ■
250228 Menispermum dauricum DC.;蝙蝠葛(北豆根,北山豆根,蝙蝠藤,大叶马兜铃,防己葛,防己藤,狗骨头,狗葡萄,狗葡萄秧,狗屎豆,光光叶,光光喳,汉防己,黄根,黄根藤,黄藤根,黄条香,金葛子,金丝钓葫芦,金线吊蛤蟆,苦豆根,马串铃,磨石豆,宁巴,爬山秧子,山地瓜秧,山豆根,山豆根秧,山豆秧根,山花子,什子苗,小葛香,小青藤,杨柳子棵,野豆根,野鸡豆子);Asiatic Moonseed, Dahurian Moonseed, Daur Batkudze, Daur Moonseed ■
250229 Menispermum dauricum DC. f. pilosum (C. K. Schneid.) Kitag.;毛蝙蝠葛■☆
250230 Menispermum dauricum DC. f. pilosum (C. K. Schneid.) Kitag. = Menispermum dauricum DC. ■
250231 Menispermum dauricum DC. var. pauciflorum Franch. = Menispermum dauricum DC. ■
250232 Menispermum dauricum DC. var. pilosum C. K. Schneid. = Menispermum dauricum DC. ■
250233 Menispermum diversifolium Gagnep. = Sinomenium acutum (Thunb.) Rehder et E. H. Wilson ●
250234 Menispermum diversifolium Gagnep. var. molle Gagnep. = Sinomenium acutum (Thunb.) Rehder et E. H. Wilson ●
250235 Menispermum diversifolium Gagnep. var. molle Prantl =

Sinomenium acutum (Thunb.) Rehder et E. H. Wilson ●
250236 Menispermum glaucum Lam. = Pericampylus glaucus (Lam.) Merr. ●
250237 Menispermum hirsutum L. = Cocculus hirsutus (L.) Diels ●☆
250238 Menispermum japonicum Thunb. = Stephania japonica (Thunb.) Miers ●■
250239 Menispermum leaeba Delile = Cocculus pendulus (J. R. Forst. et G. Forst.) Diels ●☆
250240 Menispermum lyonii Pursh = Calycocarpum lyonii (Pursh) A. Gray ●☆
250241 Menispermum malabaricum Lam. = Tinospora sinensis (Lour.) Merr. ■
250242 Menispermum miersii Kundu et S. Guha = Menispermum dauricum DC. ■
250243 Menispermum orbiculatum L. = Cocculus orbiculatus (L.) DC. ●
250244 Menispermum palmatum Lam. = Jateorhiza palmata (Lam.) Miers ●☆
250245 Menispermum tomentosum (Colebr.) Roxb. = Tinospora sinensis (Lour.) Merr. ■
250246 Menispermum trilobum Thunb. = Cocculus orbiculatus (L.) DC. ●
250247 Menispermum villosum Lam. = Cocculus hirsutus (L.) Diels ●☆
250248 Menisperrnum japonicum Thunb. = Stephania japonica (Thunb. ex A. Murray) Miers ●■
250249 Menitskia (Krestovsk.) Krestovsk. (2006);西藏水苏属■
250250 Menitskia (Krestovsk.) Krestovsk. = Stachys L. ●■
250251 Menkea Lehm. (1843);门克芥属■☆
250252 Menkea australis Lehm.;门克芥■☆
250253 Menkea lutea E. A. Shaw;黄门克芥■☆
250254 Menkenia Bubani = Lathyrus L. ■
250255 Menkenia Bubani = Orobus L. ■
250256 Mennichea Steud. = Barringtonia J. R. Forst. et G. Forst. (保留属名)●
250257 Mennichea Steud. = Menichea Sonn. ●
250258 Menoceras (R. Br.) Lindl. = Velleia Sm. ■☆
250259 Menoceras Lindl. = Velleia Sm. ■☆
250260 Menodora Bonpl. (1812);月囊木犀属●☆
250261 Menodora Humb. et Bonpl. = Menodora Bonpl. ●☆
250262 Menodora africana Hook.;非洲月囊木犀●☆
250263 Menodora heterophylla Moric. ex DC.;互叶月囊木犀●☆
250264 Menodora heterophylla Moric. ex DC. var. australis Steyerm.;南方互叶月囊木犀●☆
250265 Menodora juncea Harv.;灯芯草月囊木犀●☆
250266 Menodora longiflora A. Gray;长花月囊木犀;Showy Menodora ●☆
250267 Menodora scabra A. Gray;粗糙月囊木犀;Rough Menodora, Yellow Menodora ●☆
250268 Menodoropsis (A. Gray) Small = Menodora Humb. et Bonpl. ●☆
250269 Menodoropsis Small = Menodora Humb. et Bonpl. ●☆
250270 Menomphalus Pomel = Centaurea L. (保留属名)●■
250271 Menonvillea DC. = Menonvillea R. Br. ex DC. ■●☆
250272 Menonvillea R. Br. ex DC. (1821);梅农芥属■●☆
250273 Menonvillea alata Rollins;翅梅农芥■☆
250274 Menonvillea aptera Phil.;无翅梅农芥■☆
250275 Menonvillea filifolia Fisch. et C. A. Mey.;线叶梅农芥■☆
250276 Menonvillea macrocarpa (I. M. Johnst.) Rollins;大果梅农芥■☆
250277 Menonvillea parviflora Phil.;小花梅农芥■☆
250278 Menonvillea robustula Steud.;粗壮梅农芥■☆
250279 Menophora Post et Kuntze = Menephora Raf. ■
250280 Menophora Post et Kuntze = Paphiopedilum Pfitzer(保留属名)■
250281 Menophyla Raf. = Rumex L. ■●
250282 Menospermum Post et Kuntze = Menispermum L. ●■
250283 Menotriche Steetz = Wedelia Jacq. (保留属名)■●
250284 Menotriche strigosa Steetz = Aspilia mossambicensis (Oliv.) Wild ■☆
250285 Menstruocalamus T. P. Yi = Chimonobambusa Makino ●
250286 Menstruocalamus sichuanensis (T. P. Yi) T. P. Yi = Chimonobambusa sichuanensis (T. P. Yi) T. H. Wen ●
250287 Mentha L. (1753);薄荷属;Garden Mint, Mint, Spearmint ■●
250288 Mentha alaica Boriss.;阿莱薄荷■☆
250289 Mentha alopecuroides Hull = Mentha sylvestris L. ■☆
250290 Mentha alopecuroides Hull = Mentha villosa Huds. ■☆
250291 Mentha aquatica L.;水薄荷(水生薄荷,香草);Bat-in-water, Bergamot Mint, Bishopweed, Bishopwort, Brookmint, Capitate Mint, Fish Mint, Hairy Mint, Horse Mint, Lemon Mint, Lilac-flower, Marsh Mint, Mint, Mint of Life, Red Mint, Water Mint, White Water Mint, Wild Mint, Wild Peppermint ■☆
250292 Mentha aquatica L. 'Citrata' = Mentha citrata Ehrh. ■☆
250293 Mentha aquatica L. var. crispa (L.) Benth. = Mentha piperita L. ■
250294 Mentha arvensis L.;田野薄荷(近谷薄荷);American Wild Mint, Apple Mint, Corn Mint, Field Mint, Lamb's Tongue, Wild Mint ■
250295 Mentha arvensis L. = Mentha canadensis L. ■
250296 Mentha arvensis L. = Mentha haplocalyx Briq. ■
250297 Mentha arvensis L. f. chinensis Debeaux = Mentha canadensis L. ■
250298 Mentha arvensis L. f. glabra (Benth.) A. Stewart = Mentha arvensis L. ■
250299 Mentha arvensis L. f. villosa ? = Mentha arvensis L. ■
250300 Mentha arvensis L. subsp. borealis (Michx.) Roy L. Taylor et MacBryde = Mentha canadensis L. ■
250301 Mentha arvensis L. subsp. haplocalyx (Briq.) Briq. = Mentha canadensis L. ■
250302 Mentha arvensis L. subsp. haplocalyx Briq. = Mentha canadensis L. ■
250303 Mentha arvensis L. subsp. haplocalyx Briq. var. sachalinensis Briq. = Mentha arvensis L. subsp. piperascens (Malinv. ex Holmes) H. Hara ■
250304 Mentha arvensis L. subsp. haplocalyx Briq. var. sachalinensis Briq. = Mentha sachalinensis (Briq. ex Miyabe et Miyake) Kudo ■
250305 Mentha arvensis L. subsp. haplocalyx Briq. var. sachalinensis Briq. ex Miyabe et Miyake = Mentha sachalinensis (Briq. ex Miyabe et Miyake) Kudo ■
250306 Mentha arvensis L. subsp. piperascens (Malinv. ex Holmes) H. Hara = Mentha canadensis L. var. piperascens (Malinv. ex Holmes) H. Hara ■
250307 Mentha arvensis L. var. canadensis (L.) Maxim. = Mentha canadensis L. ■
250308 Mentha arvensis L. var. canadensis Maxim. = Mentha canadensis L. ■
250309 Mentha arvensis L. var. formosana Kitam. = Mentha canadensis

L. var. piperascens (Malinv. ex Holmes) H. Hara ■

250310 Mentha arvensis L. var. glabrata (Benth.) Fernald = Mentha canadensis L. ■

250311 Mentha arvensis L. var. haplocalyx (Briq.) Briq. = Mentha canadensis L. ■

250312 Mentha arvensis L. var. lanata Piper = Mentha canadensis L. ■

250313 Mentha arvensis L. var. malinvaudi (H. Lév.) C. Y. Wu et H. W. Li;龙脑薄荷■

250314 Mentha arvensis L. var. piperascens Holmes = Mentha sachalinensis (Briq. ex Miyabe et Miyake) Kudo ■

250315 Mentha arvensis L. var. piperascens Malinv. ex Holmes = Mentha canadensis L. var. piperascens (Malinv. ex Holmes) H. Hara ■

250316 Mentha arvensis L. var. piperascens Malinv. ex Holmes = Mentha haplocalyx Briq. var. piperascens (Malinv. ex Holmes) C. Y. Wu et H. W. Li ■

250317 Mentha arvensis L. var. sachalinensis ? = Mentha arvensis L. subsp. piperascens (Malinv. ex Holmes) H. Hara ■

250318 Mentha arvensis L. var. sachalinensis ? = Mentha sachalinensis (Briq. ex Miyabe et Miyake) Kudo ■

250319 Mentha arvensis L. var. villosa (Benth.) S. R. Stewart = Mentha canadensis L. ■

250320 Mentha arvensis L. var. villosa (Benth.) S. R. Stewart f. glabrata (Benth.) S. R. Stewart = Mentha arvensis L. ■

250321 Mentha arvensis L. var. villosa (Benth.) S. R. Stewart f. glabrata (Benth.) S. R. Stewart = Mentha canadensis L. ■

250322 Mentha arvensis L. var. vulgaris Benth.;苏薄荷■

250323 Mentha asiatica Boriss.;假薄荷(香薷草,亚洲薄荷);Asia Mint,Asian Mint ■

250324 Mentha auricularia L. = Pogostemon auricularius (L.) Hassk. ■

250325 Mentha australis R. Br.;南方薄荷;Southern Mint ■☆

250326 Mentha austriaca Jacq.;奥地利薄荷;Austrian Mint ■☆

250327 Mentha baicalensis Georgi = Elsholtzia ciliata (Thunb. ex Murray) Hyl. ■

250328 Mentha blanda DC. = Elsholtzia stachyodes (Link) C. Y. Wu ■

250329 Mentha blanda Wall. ex Hook. = Elsholtzia blanda Benth. ■

250330 Mentha cablin Blanco = Pogostemon cablin (Blanco) Benth. ●■

250331 Mentha canadensis L.;加拿大薄荷(薄荷,单列萼薄荷,加拿大田野薄荷);American Mint,American Wild Mint,Canadian Mint,Field Mint,Japanese Mint,Mountain Tea,Tale Mint,Tule Mint,Wild Mint ■

250332 Mentha canadensis L. var. piperascens (Malinv. ex Holmes) H. Hara = Mentha arvensis L. subsp. piperascens (Malinv. ex Holmes) H. Hara ■

250333 Mentha canadensis L. var. retrorsa J. L. Liu;西昌野薄荷;Xichang Mint ■

250334 Mentha capensis (L.) Huds. subsp. bouvieri Briq. = Mentha longifolia (L.) Huds. subsp. capensis (Thunb.) Briq. ■

250335 Mentha capensis Thunb. = Mentha longifolia (L.) Huds. subsp. capensis (Thunb.) Briq. ■

250336 Mentha cardiaca Baker = Mentha gentilis L. ■☆

250337 Mentha cardiaca J. Gerard ex Baker;苏格兰留兰香(苏格兰薄荷)■☆

250338 Mentha cardiaca J. Gerard ex Baker = Mentha gracilis Sole ■☆

250339 Mentha caucasica (Briq.) Vorosch.;高加索薄荷;Caucasia Mint ■☆

250340 Mentha cervina L.;黄褐薄荷■☆

250341 Mentha citrata Ehrh.;柠檬薄荷(橘味薄荷,留兰香,柠檬留兰香);Basil-smelling Mint,Bergamot Mint,Eau-de-cologne Mint,Lemon Mint,Orange Mint ■☆

250342 Mentha citrata Ehrh. = Mentha aquatica L. 'Citrata' ■☆

250343 Mentha citrata Ehrh. = Mentha aquatica L. ■☆

250344 Mentha citrata Ehrh. = Mentha gentilis L. ■☆

250345 Mentha citrata Ehrh. = Mentha piperita L. ■

250346 Mentha cordifolia Opiz ex Fresen. = Mentha villosa Huds. ■☆

250347 Mentha crispa L.;皱叶薄荷;Crisped Mint,Crispleaf Mint,Curled Mint,Curly Mint ■☆

250348 Mentha crispa L. = Mentha piperita L. ■

250349 Mentha crispata Schrad. ex Willd.;皱叶留兰香(香花菜,皱叶薄荷,皱叶留香);Wrinkledleaf Mint ■

250350 Mentha cristata Buch.-Ham. ex D. Don = Elsholtzia ciliata (Thunb. ex Murray) Hyl. ■

250351 Mentha cunninghamii Benth.;毛利薄荷;Maori Mint ■☆

250352 Mentha daghestanica Boriss.;达赫斯坦薄荷■☆

250353 Mentha dahurica Fisch. ex Benth.;兴安薄荷;Dahur Mint,Dahurian Mint ■

250354 Mentha darvasica Boriss.;达尔瓦斯薄荷■☆

250355 Mentha didyma L. = Monarda didyma L. ■

250356 Mentha dumetorum Schult. = Mentha piperita L. ■

250357 Mentha dumetorum Schult. var. natalensis Briq. = Mentha aquatica L. ■☆

250358 Mentha fistulosa L. = Monarda fistulosa L. ■

250359 Mentha foetens Wall. ex Benth. = Elsholtzia stachyodes (Link) C. Y. Wu ■

250360 Mentha foetida Burm. f. = Pogostemon auricularius (L.) Hassk. ■

250361 Mentha gattefossei Maire;加特福塞薄荷■☆

250362 Mentha gentilis L.;光叶薄荷;American Apple Mint,Bergamot Mint,Bushy Mint,Corn Mint,Field Mint,Ginger Mint,Golden Apple Mint,Mint,Pea Mint,Peppermint,Red Mint,Scotch Mint,Wild Mint ■☆

250363 Mentha gentilis L. = Mentha arvensis L. ■

250364 Mentha gentilis L. var. cardiaca (J. Gerard ex Baker) B. Boivin = Mentha gracilis Sole ■☆

250365 Mentha glabrior (Hook.) Rydb. = Mentha canadensis L. ■

250366 Mentha gracilis R. Br. 'Variegata';花叶纤细薄荷■☆

250367 Mentha gracilis R. Br. = Mentha gracilis Sole ■☆

250368 Mentha gracilis Sole;纤细薄荷(纤细留兰香);Bushy Mint,Ginger Mint,Gracile Mint,Little-leaved Mint,Red Mint,Scotch Mint ■☆

250369 Mentha gracilis Sole = Mentha arvensis L. ■

250370 Mentha haplocalyx (Briq.) Briq. ex Nakai;薄荷(菝葀,菝苔,般荷,冰喉尉,薄荷草,薄苛,卜荷,卜可,冬苏,番荷,番荷菜,蕃荷菜,古尔蒂,杭薄荷,鸡苏,家薄荷,见肿消,接骨草,金线薄荷,龙脑薄荷,猫儿薄荷,南薄荷,蔢荷,人丹草,仁膜,升阳菜,石薄荷,水薄荷,水益母,苏薄荷,太仓薄荷,田野薄荷,土薄荷,苋桥薄荷,香薷草,兴安薄荷,野薄荷,野仁丹草,夜息花,夜息香,英生,鱼香草);Field Mint,Mint,Wild Mint ■

250371 Mentha haplocalyx (Briq.) Briq. ex Nakai var. nipponensis Matsum. et Kudo = Mentha canadensis L. var. piperascens (Malinv. ex Holmes) H. Hara ■

250372 Mentha haplocalyx Briq. = Mentha canadensis L. ■

250373 Mentha haplocalyx Briq. f. alba X. L. Liu et X. H. Guo = Mentha canadensis L. ■

250374 Mentha haplocalyx Briq. var. alba X. L. Liu et X. H. Guo =

Mentha canadensis L. ■
250375 Mentha haplocalyx Briq. var. piperascens (Malinv. ex Holmes) C. Y. Wu et H. W. Li = Mentha haplocalyx Briq. var. piperascens (Malinv.) C. Y. Wu et H. W. Li ■
250376 Mentha haplocalyx Briq. var. piperascens (Malinv.) C. Y. Wu et H. W. Li;家薄荷;Cultivated Mint,Japanese Mint ■
250377 Mentha haplocalyx Briq. var. sachalinensis Briq. ex Kudo = Mentha sachalinensis (Briq. ex Miyabe et Miyake) Kudo ■
250378 Mentha haplocalyxoides K. M. Dai;平叶留兰香■☆
250379 Mentha incisa Wall. ex Benth. = Elsholtzia stachyodes (Link) C. Y. Wu ■
250380 Mentha interrupta Boriss.;间断薄荷■☆
250381 Mentha japonica (Miq.) Makino;日本薄荷;Japan Mint ■☆
250382 Mentha japonica (Miq.) Makino f. prostrata Sugim.;平卧日本薄荷■☆
250383 Mentha kopetdaghensis Boriss.;科佩特薄荷■☆
250384 Mentha lapponica Wahlenb.;拉普兰薄荷■☆
250385 Mentha longifolia (L.) Huds.;欧薄荷(长叶薄荷);Balm Mint,Horse Mint,Horsemint,Pennyroyal,Sharp-toothed Mint,Water Mint,Wavy Mint,White Woolly Mint,Wild Mint,Woodland Mint ■
250386 Mentha longifolia (L.) Huds. subsp. bouvieri (Briq.) Briq. = Mentha longifolia (L.) Huds. subsp. capensis (Thunb.) Briq. ■
250387 Mentha longifolia (L.) Huds. subsp. capensis (Thunb.) Briq.;地中海薄荷(欧薄荷)■
250388 Mentha longifolia (L.) Huds. subsp. minutiflora (Borbás) Briq.;细花欧薄荷;Thinflower Horse Mint ■
250389 Mentha longifolia (L.) Huds. subsp. polyadena (Briq.) Briq.;多腺欧薄荷■☆
250390 Mentha longifolia (L.) Huds. subsp. schimperi (Briq.) Briq. = Mentha longifolia (L.) Huds. ■
250391 Mentha longifolia (L.) Huds. subsp. typhoides (Briq.) Harley;香蒲欧薄荷■☆
250392 Mentha longifolia (L.) Huds. subsp. wissii (Launert) Codd;维斯欧薄荷■☆
250393 Mentha longifolia (L.) Huds. var. candicans (Mill.) Rouy = Mentha longifolia (L.) Huds. ■
250394 Mentha longifolia (L.) Huds. var. cooperi Briq. ex T. Cooke = Mentha longifolia (L.) Huds. subsp. capensis (Thunb.) Briq. ■
250395 Mentha longifolia (L.) Huds. var. doratophylla Briq. = Mentha longifolia (L.) Huds. subsp. capensis (Thunb.) Briq. ■
250396 Mentha longifolia (L.) Huds. var. mollissima (Borkh.) Rouy = Mentha longifolia (L.) Huds. ■
250397 Mentha longifolia (L.) Huds. var. obscuriceps Briq. = Mentha longifolia (L.) Huds. subsp. capensis (Thunb.) Briq. ■
250398 Mentha longifolia (L.) Huds. var. salicina (Burch. ex Benth.) Briq. = Mentha longifolia (L.) Huds. subsp. capensis (Thunb.) Briq. ■
250399 Mentha longifolia (L.) Huds. var. undulata (Willd.) Fiori = Mentha longifolia (L.) Huds. ■
250400 Mentha micrantha Fisch.;小花薄荷■☆
250401 Mentha microphylla K. Koch;小叶薄荷■☆
250402 Mentha niliaca Jacq.;埃及薄荷;Egyptian Mint ■☆
250403 Mentha niliaca Jacq. = Mentha rotundifolia (L.) Huds. ■
250404 Mentha niliaca Jacq. = Mentha sylvestris L. ■☆
250405 Mentha ovata Cav. = Elsholtzia ciliata (Thunb. ex Murray) Hyl. ■
250406 Mentha pamiroalaica Boriss.;帕米尔薄荷■☆
250407 Mentha paniculata Roxb. = Elsholtzia stachyodes (Link) C. Y. Wu ■
250408 Mentha parietariifolia Steud. = Mentha arvensis L. ■
250409 Mentha patrini Lepech. = Elsholtzia ciliata (Thunb. ex Murray) Hyl. ■
250410 Mentha patrinii (Lepech.) Garcke = Elsholtzia ciliata (Thunb. ex Murray) Hyl. ■
250411 Mentha patrinii Lepech. = Elsholtzia ciliata (Thunb. ex Murray) Hyl. ■
250412 Mentha patrinii Lepech. = Elsholtzia cristata Willd. ■
250413 Mentha pedunculata Hu et H. T. Tsai = Mentha canadensis L. ■
250414 Mentha penardii (Briq.) Rydb. = Mentha canadensis L. ■
250415 Mentha perilloides Lam. = Perilla frutescens (L.) Britton ■
250416 Mentha piperata L. = Mentha piperita L. ■
250417 Mentha piperi L. var. citrata (Ehrh.) B. Boivin = Mentha aquatica L. ■☆
250418 Mentha piperi L. var. citrata (Ehrh.) B. Boivin = Mentha aquatica L. 'Citrata' ■☆
250419 Mentha piperi L. var. citrata (Ehrh.) B. Boivin = Mentha citrata Ehrh. ■☆
250420 Mentha piperita L.;辣薄荷(欧薄荷,英国薄荷);Balm Mint,Basil-smelling Mint,Black Pepper Mint,Black Peppermint,Brandy Mint,Curled Mint,Lamb Mint,Pepper Mint,Peppermint ■
250421 Mentha piperita L. 'Variegata';斑叶辣薄荷;Variegata Spearmint ■☆
250422 Mentha piperita L. f. pallescens Camus;苍白辣薄荷;White Mint ■☆
250423 Mentha piperita L. f. rubescens Camus;红辣薄荷(黑辣薄荷);Black Mint ■☆
250424 Mentha piperita L. subsp. citrata (Ehrh.) Briq. = Mentha aquatica L. ■☆
250425 Mentha piperita L. subsp. citrata (Ehrh.) Briq. = Mentha aquatica L. 'Citrata' ■☆
250426 Mentha piperita L. subsp. citrata (Ehrh.) Briq. = Mentha citrata Ehrh. ■☆
250427 Mentha piperita L. var. citrata (Ehrh.) Briq. = Mentha citrata Ehrh. ■☆
250428 Mentha piperita L. var. citriodora G. Mey.;柠檬辣薄荷■☆
250429 Mentha piperita L. var. officinalis Sole;白辣薄荷(白欧薄荷);Black Peppermint,White Mint ■☆
250430 Mentha piperita L. var. piperascens ?;椒样辣薄荷■☆
250431 Mentha piperita L. var. vulgaris Sole;黑辣薄荷(黑欧薄荷);Black Mint,White Peppermint ■☆
250432 Mentha pulegium L.;唇萼薄荷(胡薄荷,欧亚薄荷,沼泽薄荷);Brotherwort,Churchwort,Dwarf Dwostle,Flea Mint,Gibraltar Mint,Hop Marjoram,Lily-royal,Lurgadish,Lurgeydish,Lurkeydish,Lurk-in-ditch,Orgal,Organ,Organ-herb,Organy,Pale Mint,Pennyroyal,Pennyroyal Mint,Peppermint,Poley,Pudding-grass,Pudding-herb,Puliall-royal,Run-by-tile-ground,Turkey-dish,Whirl Mint,Whirl-mint ■
250433 Mentha pulegium L. var. gibraltarica (Willd.) Batt. = Mentha pulegium L. ■
250434 Mentha pulegium L. var. pulegioides Halácsy = Mentha pulegium L. ■
250435 Mentha pulegium L. var. villosa Benth. = Mentha pulegium L. ■
250436 Mentha quadrifolia D. Don = Dysophylla cruciata Benth. ■
250437 Mentha requienii Benth.;科西嘉薄荷;Corsica mint,Corsican Mint,Creeping Mint,Creme-de-menthe Mint,Spanish Mint ■☆

250438 Mentha reticulosa Hance = Perilla frutescens (L.) Britton var. crispa (Benth.) W. Deane ex Bailey ■
250439 Mentha rotundifolia (L.) Huds.;杂种圆叶薄荷(白香菜,狗肉香,留兰香,土薄荷,血香菜,鱼香草,圆叶留兰香);Apple Mint, Apple-scented Mint, Egyptian Mint, False Apple-mint, Horse Mint, Monk's Herb, Pineapple Mint, Round-leaved Mint, Silver Apple Mint, Wild Mint, Woolly Mint ■
250440 Mentha rotundifolia (L.) Huds. var. variegata ?;斑点圆叶薄荷;Pineapple Mint ■☆
250441 Mentha rotundifolia Huds. = Mentha rotundifolia (L.) Huds. ■
250442 Mentha rubra Huds.;红薄荷■☆
250443 Mentha sachalinensis (Briq. ex Miyabe et Miyake) Kudo;东北薄荷(薄荷叶,兴安薄荷,野薄荷,英生);Kuyedao Mint, Sachalin Mint ■
250444 Mentha sachalinensis (Briq. ex Miyabe et Miyake) Kudo = Mentha canadensis L. var. piperascens (Malinv. ex Holmes) H. Hara ■
250445 Mentha sachalinensis (Briq. ex Miyabe et Miyake) Kudo f. arguta (Kitag.) Y. C. Chu = Mentha sachalinensis (Briq. ex Miyabe et Miyake) Kudo ■
250446 Mentha sachalinensis (Briq.) Kudo var. arguta Kitag. = Mentha sachalinensis (Briq. ex Miyabe et Miyake) Kudo ■
250447 Mentha salicina Burch. ex Benth. = Mentha longifolia (L.) Huds. subsp. capensis (Thunb.) Briq. ■
250448 Mentha sativa L. = Mentha verticillata L. ■☆
250449 Mentha smithiana Graham;史密斯薄荷;Smith's Mint, Tall Mint ■☆
250450 Mentha spicata L.;留兰香(狗肉香,狗肉香菜,假薄荷,绿薄荷,青薄荷,土薄荷,香薄荷,香花菜,血香菜,鱼香,鱼香菜,鱼香草);Baume, Brandy Mint, Brown Mint, Curly-leaf Mint, Fish Mint, Garden Mint, Green Mint, Hart Mint, Heartmint, Lady's Mint, Lamb Mint, Lamb-lakins, Lammint, Mackerel Mint, Pea Mint, Peppermint, Sage of Bethlehem, Spear Mint, Spearmint, Spire Mint ■
250451 Mentha spicata L. var. crispa Benth. = Mentha spicata L. ■
250452 Mentha spicata L. var. longifolia L. = Mentha longifolia (L.) Huds. ■
250453 Mentha spicata L. var. spandana (Briq.) K. M. Tai;小叶留兰香■☆
250454 Mentha spicata L. var. viridis L. = Mentha spicata L. ■
250455 Mentha stellata Buch.-Ham. ex Roxb. = Eusteralis stellata (Lour.) Panigrahi ■
250456 Mentha stellata Lour. = Dysophylla stellata (Lour.) Benth. ■
250457 Mentha suaveolens Ehrh.;圆叶薄荷(香薄荷);Apple Mint, Apple-mint, Round-leaved Mint, Suaveolent Mint, Woolly Mint ■
250458 Mentha suaveolens Ehrh. 'Variegata';花叶香薄荷;Pineapple Mint, Variegated Apple Mint ■☆
250459 Mentha sylvestris L.;森林薄荷;Large Apple Mint, Woodsmint ■☆
250460 Mentha sylvestris L. = Mentha longifolia (L.) Huds. ■
250461 Mentha sylvestris L. subsp. polyadena Briq. = Mentha longifolia (L.) Huds. subsp. polyadena (Briq.) Briq. ■☆
250462 Mentha sylvestris L. var. noulettiana (Timb.-Lagr.) Batt. = Mentha longifolia (L.) Huds. ■
250463 Mentha vagans Boriss.;灰薄荷;Grey Mint ■
250464 Mentha verticillata D. Don = Eusteralis stellata (Lour.) Panigrahi ■
250465 Mentha verticillata L.;轮生薄荷(灰薄荷);Whorled Mint ■☆
250466 Mentha verticillata L. var. peduncularis (Boreau) Rouy = Mentha verticillata L. ■☆
250467 Mentha verticillata Roxb. = Dysophylla stellata (Lour.) Benth. ■
250468 Mentha villosa Huds.;心叶薄荷(毛薄荷,心叶留兰香);Apple-mint, Cordate-leaved Mint, Foxtail Mint, Hairy Mint, Winter Mint, Woolly Mint ■☆
250469 Mentha villosa Huds. 'Alopecuroides';鲍氏心叶薄荷;Bowles' Mint ■☆
250470 Mentha viridis (L.) L. = Mentha spicata L. ■
250471 Mentha viridis (L.) L. var. crispa Benth. = Mentha spicata L. ■
250472 Mentha viridis L. = Mentha spicata L. ■
250473 Mentha wissii Launert = Mentha longifolia (L.) Huds. subsp. wissii (Launert) Codd ■☆
250474 Menthaceae Burnett = Labiatae Juss.(保留科名)●■
250475 Menthaceae Burnett = Lamiaceae Martinov(保留科名)●■
250476 Menthaceae Burnett;薄荷科●■
250477 Menthella Pirard = Audibertia Benth. ●■
250478 Menthella Pirard = Mentha L. ■●
250479 Mentocalyx N. E. Br. = Gibbaeum Haw. ex N. E. Br. ●☆
250480 Mentodendron Lundell = Pimenta Lindl. ●☆
250481 Mentzelia L. (1753);门泽草属(耀星花属);Blazing Star, Blazing-star, Mentzelia ●■☆
250482 Mentzelia Plum. ex L. = Mentzelia L. ●■☆
250483 Mentzelia albescens (Gillies et Arn.) Griseb.;苍白门泽草;Blazing Star, Stickleaf ■☆
250484 Mentzelia involucrata S. Watson;总苞门泽草;White-braced Stick-leaf ■☆
250485 Mentzelia laevicaulis Torr. et A. Gray;光茎门泽草;Blazing Star ■☆
250486 Mentzelia lindleyi Torr. et A. Gray;黄花门泽草(黄花门采丽);Blazing Star ■☆
250487 Mentzelia multiflora (Nutt.) A. Gray;繁花门泽草;Stickleaf ■☆
250488 Mentzelia nuda (Pursh) Torr. et A. Gray;沙地门泽草;Sand Lily ■☆
250489 Mentzelia oligosperma Nutt. ex Sims;少籽门泽草;Blazing Star, Stickleaf ■☆
250490 Mentzelia tiehmii N. H. Holmgren et P. K. Holmgren;蒂氏门泽草;Tiehm's Blazing Star ■☆
250491 Menyanthaceae Bercht. et Presl = Menyanthaceae Dumort.(保留科名)■
250492 Menyanthaceae Dumort.(1829)(保留科名);睡菜科(荇菜科);Bogbean Family, Buckbean Family ■
250493 Menyanthes L. (1753);睡菜属;Bog Bean, Bogbean, Buck Bean, Buckbean, Buck-bean ■
250494 Menyanthes cristata Roxb. = Nymphoides coreana (H. Lév.) H. Hara ■
250495 Menyanthes cristata Roxb. = Nymphoides cristata (Roxb.) Kuntze ■
250496 Menyanthes cristata Roxb. = Nymphoides hydrophylla (Lour.) Kuntze ■
250497 Menyanthes hydrophylla Lour. = Nymphoides hydrophylla (Lour.) Kuntze ■
250498 Menyanthes indica L. = Nymphoides indica (L.) Kuntze ■
250499 Menyanthes nymphoides L. = Nymphoides peltata (S. G. Gmel.) Kuntze ■
250500 Menyanthes ovata L. f. = Villarsia capensis (Houtt.) Merr. ■☆
250501 Menyanthes palustris Gray = Menyanthes trifoliata L. ■

250502 Menyanthes trifoliata L.;睡菜(绰菜,过江龙,瞑菜,水胡豆,醉草);Bean Trefoil, Beckbean, Bog Bean, Bog Hop, Bog Nut, Bog Trefoil, Bogbane, Bogbean, Bog-bean, Brookbean, Buck Bean, Buckbean, Bug Bean, Common Bog Bean, Common Bogbean, Common Buckbean, Craw-shaw, Doudlar, Goat's Bean, Lubber-lub, Marsh Claver, Marsh Cleavers, Marsh Clover, Marsh Trefoil, Ram Gall, Ram-gall, Scurvy Bean, Threefold, Trefold, Water Trefoil, White Fluff, White Trefoil ■

250503 Menyanthes trifoliata L. var. minor Raf. = Menyanthes trifoliata L. ■

250504 Menzelia Schreb. = Mentzelia L. ●■☆

250505 Menziesia Sm. (1791);仿杜鹃属(璎珞杜鹃属);Menziesia, Mock Azalea, Skunkbush ●☆

250506 Menziesia aleutica Spreng. = Phyllodoce aleutica (Spreng.) A. Heller ●☆

250507 Menziesia ciliicalyx (Miq.) Maxim.;毛萼仿杜鹃(璎珞杜鹃);Ciliate Calyx Mock Azalea ●☆

250508 Menziesia ciliicalyx (Miq.) Maxim. = Menziesia multiflora Maxim. ●☆

250509 Menziesia ciliicalyx (Miq.) Maxim. var. akiensis Hiyama;秋仿杜鹃●☆

250510 Menziesia ciliicalyx (Miq.) Maxim. var. lasiostipes Ohwi;光梗仿杜鹃●☆

250511 Menziesia ciliicalyx (Miq.) Maxim. var. multiflora (Maxim.) Makino = Menziesia multiflora Maxim. ●☆

250512 Menziesia coerulea Sw. = Phyllodoce caerulea (L.) Bab. ●◇

250513 Menziesia ferruginea Sm.;锈毛仿杜鹃(锈叶仿杜鹃);Fool's Huckleb Erry, Fool's Huckleberry, Mock Azalea, Rusty Leaf, Rustyleaf, Rustyleaf Mock Azalea, Western Minniebush ●☆

250514 Menziesia goyozanensis M. Kikuchi;五叶山仿杜鹃●☆

250515 Menziesia kamadae Mochizuki;釜田仿杜鹃●☆

250516 Menziesia katsumatae M. Tash. et H. Hatta;胜氏仿杜鹃●☆

250517 Menziesia katsumatae M. Tash. et H. Hatta f. duplex (Satomi et M. Hashim.) Satomi;重瓣胜氏仿杜鹃●☆

250518 Menziesia lasiophylla Nakai;光叶仿杜鹃●☆

250519 Menziesia lasiophylla Nakai f. bicolor (Makino) Hiyama;二色光叶仿杜鹃●☆

250520 Menziesia multiflora Maxim.;多花仿杜鹃●☆

250521 Menziesia multiflora Maxim. f. brevicalyx Hiyama;短萼仿杜鹃●☆

250522 Menziesia multiflora Maxim. var. bicolor (Makino) Ohwi = Menziesia lasiophylla Nakai f. bicolor (Makino) Hiyama ●☆

250523 Menziesia multiflora Maxim. var. longicalyx Kitam. = Menziesia multiflora Maxim. ●☆

250524 Menziesia multiflora Maxim. var. purpurea (Makino) Ohwi = Menziesia lasiophylla Nakai ●☆

250525 Menziesia multiflora Maxim. var. purpurea (Makino) Ohwi f. bicolor (Makino) T. Yamaz. = Menziesia lasiophylla Nakai f. bicolor (Makino) Hiyama ●☆

250526 Menziesia multiflora Maxim. var. purpurea (Makino) Ohwi f. glabrescens (Nakai) Ohwi;无毛多花仿杜鹃●☆

250527 Menziesia multiflora Maxim. var. tsuchiyae Hiyama;土谷仿杜鹃●☆

250528 Menziesia pentandra Maxim.;五蕊仿杜鹃;Five Stamems Mock Azalea ●☆

250529 Menziesia pentandra Maxim. var. bicolor (Makino) Ohwi;二色五蕊仿杜鹃●☆

250530 Menziesia pentandra Maxim. var. purpurea (Makino) Ohwi;紫色五蕊仿杜鹃●☆

250531 Menziesia pilosa (Michx.) Juss.;疏毛仿杜鹃;Miniebush ●☆

250532 Menziesia purpurea Maxim.;紫红仿杜鹃;Purplish Red Mock Azalea ●☆

250533 Menziesia yakushimensis M. Tash. et H. Hatta;屋久岛仿杜鹃●☆

250534 Menziesiaceae Klotzsch = Ericaceae Juss.(保留科名)●

250535 Menziesiaceae Klotzsch;仿杜鹃科●☆

250536 Meon Raf. = Meum Mill. ■☆

250537 Meonitis Raf. = Meon Raf. ■☆

250538 Meonitis Raf. = Meum Mill. ■☆

250539 Meopsis (Calest.) Koso-Pol. = Daucus L. ■

250540 Meopsis Koso-Pol. = Daucus L. ■

250541 Meoschium P. Beauv. = Ischaemum L. ■

250542 Meoschium arnottianum Nees = Ischaemum rugosum Salisb. ■

250543 Meoschium griffithii Nees et Arn. = Ischaemum rugosum Salisb. ■

250544 Meoschium lodiculare Nees = Ischaemum barbatum Retz. ■

250545 Meoschium meyenianum Nees = Ischaemum barbatum Retz. ■

250546 Meoschium royleanum Nees ex Steud. = Ischaemum rugosum Salisb. ■

250547 Meoschium rugosum (Salisb.) Nees = Ischaemum rugosum Salisb. ■

250548 Mephitidia Reinw. ex Blume = Lasianthus Jack(保留属名)●

250549 Mephitidia balansae Drake = Lasianthus micranthus Hook. f. ●

250550 Mephitidia chinensis Champ. = Lasianthus chinensis (Champ.) Benth. ●

250551 Mephitidia chrysoneura Korth. = Lasianthus chrysoneurus (Korth.) Miq. ●

250552 Mephitidia formosensis (Matsum.) Nakai = Lasianthus formosensis Matsum. ●

250553 Mephitidia formosensis (Matsum.) Nakai var. hirsuta (Matsum.) Nakai = Lasianthus curtisii King et Gamble ●

250554 Mephitidia hispidulus Drake = Lasianthus hispidulus (Drake) Pit. ●

250555 Mephitidia japonica (Miq.) Nakai = Lasianthus japonicus Miq. ●

250556 Mephitidia lucida (Blume) DC. = Lasianthus lucidus Blume ●

250557 Mephitidia nigrocarpa (Masam.) Masam. = Lasianthus obliquinervis Merr. ●

250558 Mephitidia obscura Blume ex DC. = Lasianthus obscurus (Blume ex DC.) Miq. ●

250559 Mephitidia odajimae Masam. = Lasianthus chinensis (Champ.) Benth. ●

250560 Mephitidia taiheizanensis Matsum. et Suzuki = Lasianthus japonicus Miq. ●

250561 Mephitidia tashiroi (Matsum.) Nakai = Lasianthus fordii Hance ●

250562 Mephitidia wallichii Wight et Arn. = Lasianthus wallichii (Wight et Arn.) Wight ●

250563 Meranthera Tiegh. = Loranthus Jacq.(保留属名)●

250564 Meranthera Tiegh. = Psittacanthus Mart. ●☆

250565 Merathrepta Raf. = Danthonia DC.(保留属名)■

250566 Meratia A. DC. = Moritzia DC. ex Meisn. ■☆

250567 Meratia Cass. = Delilia Spreng. ■☆

250568 Meratia Cass. = Elvira Cass. ■☆

250569 Meratia Loisel.(废弃属名)= Chimonanthus Lindl.(保留属名)●★

250570 Meratia fragrans Loisel. = Chimonanthus praecox (L.) Link ●
250571 Meratia nitens (Oliv.) Rehder et E. H. Wilson = Chimonanthus nitens Oliv. ●
250572 Meratia praecox (L.) Rehder et E. H. Wilson = Chimonanthus praecox (L.) Link ●
250573 Meratia yunnanensis (Sm.) Hu = Chimonanthus praecox (L.) Link ●
250574 Mercadoa Naves = Doryxylon Zoll. ●☆
250575 Merciera A. DC. (1830);梅西尔桔梗属●☆
250576 Merciera azurea Schltr.;天蓝梅西尔桔梗●☆
250577 Merciera brevifolia A. DC.;短叶梅西尔桔梗●☆
250578 Merciera brevifolia A. DC. var. leptoloba (A. DC.) Sond. = Merciera leptoloba A. DC. ●☆
250579 Merciera eckloniana H. Buek;埃氏梅西尔桔梗●☆
250580 Merciera heteromorpha H. Buek = Carpacoce heteromorpha (H. Buek) L. Bolus ●☆
250581 Merciera leptoloba A. DC.;细裂片梅西尔桔梗●☆
250582 Merciera muraltioides Schltr. = Merciera brevifolia A. DC. ●☆
250583 Merciera tenuifolia (L. f.) A. DC.;细叶梅西尔桔梗●☆
250584 Merciera tenuifolia (L. f.) A. DC. var. azurea (Schltr.) Adamson = Merciera azurea Schltr. ●☆
250585 Merciera tenuifolia (L. f.) A. DC. var. candolleana Sond. = Merciera tenuifolia (L. f.) A. DC. ●☆
250586 Merciera tenuifolia (L. f.) A. DC. var. eckloniana (H. Buek) Sond. = Merciera eckloniana H. Buek ●☆
250587 Merciera tenuifolia (L. f.) A. DC. var. thunbergiana Sond. = Merciera tenuifolia (L. f.) A. DC. ●☆
250588 Merciera tetraloba C. N. Cupido;四裂梅西尔桔梗●
250589 Merciera vaginata Adamson = Carpacoce heteromorpha (H. Buek) L. Bolus ●☆
250590 Merckia Fisch. ex Cham. et Schltdl. = Wilhelmsia Rchb. ■☆
250591 Merckia physodes (DC.) Fisch. ex Cham. et Schltdl. = Wilhelmsia physodes (Fisch. ex Ser.) McNeill ■☆
250592 Merckia physodes (Fisch. ex Ser.) Fisch. ex Cham. et Schltdl. = Wilhelmsia physodes (Fisch. ex Ser.) McNeill ■☆
250593 Mercklinta Regel = Hakea Schrad. ●☆
250594 Mercurialaceae Bercht. et J. Presl = Mercurialaceae Martinov ■
250595 Mercurialaceae Martinov = Euphorbiaceae Juss.(保留科名)●■
250596 Mercurialaceae Martinov;山靛科■
250597 Mercurialis L. (1753);山靛属;Mercury ■
250598 Mercurialis acanthocarpa H. Lév. = Speranskia cantonensis (Hance) Pax et K. Hoffm. ■
250599 Mercurialis ambigua L. f.;可疑山靛■☆
250600 Mercurialis annua L.;一年生山靛(法国山靛);Annual Mercury, Baron's Mercury, Boy's Mercury, Boys-and-girls, French Mercury, Garden Mercury, Girl's Mercury, Girps Mercury, Herb Mercury, Herb-mercury, Maiden Mercury, Sea Spinach ■☆
250601 Mercurialis annua L. subsp. ambigua (L. f.) Arcang. = Mercurialis ambigua L. f. ■☆
250602 Mercurialis annua L. var. ambigua (L. f.) Duby = Mercurialis ambigua L. f. ■☆
250603 Mercurialis annua L. var. huetii (Hanry) Müll. Arg. = Mercurialis huetii Hanry ■☆
250604 Mercurialis bupleuroides Meisn. = Adenocline pauciflora Turcz. ■☆
250605 Mercurialis canariensis Obbard et S. A. Harris;加那利山靛■☆
250606 Mercurialis elliptica Poir.;椭圆山靛■☆
250607 Mercurialis elliptica Poir. var. leiogyna Maire et Wilczek = Mercurialis elliptica Poir. ■☆
250608 Mercurialis elliptica Poir. var. trichogyna Maire et Wilczek = Mercurialis elliptica Poir. ■☆
250609 Mercurialis huetii Hanry;于氏山靛■☆
250610 Mercurialis leiocarpa Siebold et Zucc.;山靛(大青,方茎草);Smoothfruit Mercury ■
250611 Mercurialis leiocarpa Siebold et Zucc. var. transmorrisonensis (Hayata) H. Keng = Mercurialis leiocarpa Siebold et Zucc. ■
250612 Mercurialis leiocarpa Siebold et Zucc. var. trichocarpa W. T. Wang = Mercurialis leiocarpa Siebold et Zucc. ■
250613 Mercurialis ovata Sternb. et Hoppe;卵叶山靛■☆
250614 Mercurialis perennis L.;多年生山靛(狗山靛);Adder's Meat, Boggart Posy, Boggart-flower, Bristol Weed, Cheadle, Dog Flower, Dog's Cole, Dog's Medicine, Dog's Mercury, Green Waves, Herb Mercury, Kentish Balsam, Papwort, Smerewort, Snake's Flower, Snake's Food, Snake's Meat, Snake's Victuals, Snakeweed, Town-weed ■☆
250615 Mercurialis procumbens L. = Leidesia procumbens (L.) Prain ■☆
250616 Mercurialis pumila Sond. = Seidelia pumila (Sond.) Baill. ■☆
250617 Mercurialis reverchonii Rouy;勒韦雄山靛■☆
250618 Mercurialis reverchonii Rouy var. riatarum Maire = Mercurialis reverchonii Rouy ■☆
250619 Mercurialis reverchonii Rouy var. serratifolia (Ball) Maire = Mercurialis reverchonii Rouy ■☆
250620 Mercurialis serrata Meisn. = Adenocline pauciflora Turcz. ■☆
250621 Mercurialis serratifolia (Ball) Pau = Mercurialis reverchonii Rouy ■☆
250622 Mercurialis transmorrisonensis Hayata = Mercurialis leiocarpa Siebold et Zucc. ■
250623 Mercurialis violifolia Kunze = Adenocline violifolia (Kunze) Prain ■☆
250624 Mercuriastrum Fabr. = Acalypha L. ●■
250625 Mercuriastrum Heist. ex Fabr. = Acalypha L. ●■
250626 Merendera Ramond = Colchicum L. ■
250627 Merendera Ramond(1801);长瓣秋水仙属(买润得拉花属) ■☆
250628 Merendera abyssinica A. Rich. = Merendera schimperiana Hochst. ■☆
250629 Merendera aitchisonii Hook. f. = Colchicum aitchisonii (Hook. f.) Nasir ■☆
250630 Merendera bulbocodium Balb. = Merendera montana Lange ■☆
250631 Merendera candidissima Miscz. ex Grossh.;白长瓣秋水仙■☆
250632 Merendera caucasica M. Bieb.;高加索长瓣秋水仙■☆
250633 Merendera eichleri (Regel) Boiss.;爱氏长瓣秋水仙■☆
250634 Merendera filifolia Cambess.;丝叶长瓣秋水仙(丝叶秋水仙) ■☆
250635 Merendera filifolia Cambess. var. atlantica Chabert = Merendera filifolia Cambess. ■☆
250636 Merendera hissarica Regel;希萨尔长瓣秋水仙(希萨尔秋水仙)■☆
250637 Merendera jolantae Czerniak.;约氏长瓣秋水仙(买润得拉花) ■☆
250638 Merendera linifolia Munby = Merendera filifolia Cambess. ■☆
250639 Merendera longifolia Hutch. = Merendera schimperiana Hochst. ■☆

250640 Merendera longispatha Hochst. = Merendera schimperiana Hochst. ■☆

250641 Merendera montana Lange;长瓣秋水仙■☆

250642 Merendera persica sensu Hook. f. = Colchicum aitchisonii (Hook. f.) Nasir ■☆

250643 Merendera pyrenaica Cambage;比利牛斯长瓣秋水仙(比利牛斯秋水仙)■☆

250644 Merendera raddeana Regel;拉特长瓣秋水仙(拉特买润得拉花)■☆

250645 Merendera robusta Bunge;春花长瓣秋水仙■☆

250646 Merendera schimperiana Hochst.;欣珀长瓣秋水仙(欣珀秋水仙)■☆

250647 Merendera sobolifera Fisch. et C. A. Mey.;地中海长瓣秋水仙■☆

250648 Merendera trigyna Woronow;三花柱长瓣秋水仙(三花柱买润得拉花);Trigynous Mercury ■☆

250649 Merenderaceae Mirb. = Colchicaceae DC.(保留科名)■

250650 Meresaldia Bullock(1965);米尔萝藦属■☆

250651 Meriana Trew(废弃属名) = Meriania Sw.(保留属名)●☆

250652 Meriana Trew(废弃属名) = Watsonia Mill.(保留属名)■☆

250653 Meriana Vell. = Evolvulus L. ●■

250654 Meriana Vent. = Meriania Sw.(保留属名)●☆

250655 Meriandra Benth.(1829);中雄草属;Meriandra ●☆

250656 Meriandra bengalensis (J. König ex Roxb.) Benth.;孟加拉中雄草;Bengal Meriandra ■☆

250657 Meriandra bengalensis (Roxb.) Benth. = Meriandra bengalensis (J. König ex Roxb.) Benth. ■☆

250658 Meriandra bengalensis Benth. = Meriandra bengalensis (J. König ex Roxb.) Benth. ■☆

250659 Meriandra dianthera (Roth) Briq. = Meriandra bengalensis (J. König ex Roxb.) Benth. ■☆

250660 Meriandra strobilifera Benth.;球穗中雄草;Strobile Meriandra ■☆

250661 Meriania Sw.(1797)(保留属名);梅里野牡丹属●☆

250662 Meriania arborea Triana;乔木梅里野牡丹●☆

250663 Meriania aurata C. Ulloa, D. Fernández et D. A. Neill;黄梅里野牡丹●☆

250664 Meriania bifrons Naudin;双花梅里野牡丹●☆

250665 Meriania boliviensis Cogn.;玻利维亚梅里野牡丹●☆

250666 Meriania cordifolia Cogn.;心叶梅里野牡丹●☆

250667 Meriania cuneifolia Gleason;楔叶梅里野牡丹●☆

250668 Meriania ferruginea Suess.;锈色梅里野牡丹●☆

250669 Meriania glabra Triana;光梅里野牡丹●☆

250670 Meriania leucantha Sw.;白花梅里野牡丹●☆

250671 Meriania longifolia (Naudin) Cogn.;长叶梅里野牡丹●☆

250672 Meriania longipes Triana;长梗梅里野牡丹●☆

250673 Meriania macrantha Linden ex Planch.;大花梅里野牡丹●☆

250674 Meriania nana Naudin;矮梅里野牡丹●☆

250675 Meriania pallida Gleason;苍白梅里野牡丹●☆

250676 Meriania paniculata Triana;圆锥梅里野牡丹●☆

250677 Meriania parviflora D. Don;小花梅里野牡丹●☆

250678 Meriania rigida Triana;硬梅里野牡丹●☆

250679 Meriania rosea Tuss.;粉红梅里野牡丹●☆

250680 Meriania tomentosa (Cogn.) Wurdack;毛梅里野牡丹●☆

250681 Merianthera Kuhlm.(1935);梅药野牡丹属●☆

250682 Merianthera pulchra Kuhlm.;梅药野牡丹●☆

250683 Mericarpaea Boiss.(1843);双果茜属■☆

250684 Mericarpaea vaillantioides Boiss.;双果茜■☆

250685 Mericocalyx Bamps = Otiophora Zucc. ■☆

250686 Mericocalyx devredianus Bamps = Otiophora lebruniana (Bamps) Robbr. et Puff var. devrediana (Bamps) Robbr. et Puff ■☆

250687 Mericocalyx lebrunianus Bamps = Otiophora lebruniana (Bamps) Robbr. et Puff ■☆

250688 Merida Neck. = Meridiana L. f. ■

250689 Merida Neck. = Portulaca L. ■

250690 Meridiana Hill(废弃属名) = Gazania Gaertn.(保留属名)●■☆

250691 Meridiana L. f. = Portulaca L. ■

250692 Meridiana L. f. = Trianthema L. ■

250693 Meridiana canescens (Harv.) Kuntze = Gazania krebsiana Less. subsp. serrulata (DC.) Rössler ■☆

250694 Meridiana krebsiana (Less.) Kuntze = Gazania krebsiana Less. ■☆

250695 Meridiana lineariloba (DC.) Kuntze = Gazania krebsiana Less. ■☆

250696 Meridiana mucronata (DC.) Kuntze = Gazania krebsiana Less. ■☆

250697 Meridiana oxyloba (DC.) Kuntze = Gazania krebsiana Less. ■☆

250698 Meridiana pygmaea (Sond.) Kuntze = Gazania krebsiana Less. subsp. serrulata (DC.) Rössler ■☆

250699 Meridiana quadrifida Poir. = Portulaca quadrifida L. ■

250700 Meridiana serrulata (DC.) Kuntze = Gazania krebsiana Less. subsp. serrulata (DC.) Rössler ■☆

250701 Meridiana splendens Kuntze = Gazania rigens (L.) Gaertn. ■☆

250702 Meridiana tesselata Hill = Gazania rigens (L.) Gaertn. ■☆

250703 Meridiana uniflora (L. f.) Kuntze = Gazania rigens (L.) Gaertn. var. uniflora (L. f.) Rössler ■☆

250704 Meridiana varians (DC.) Kuntze = Gazania krebsiana Less. ■☆

250705 Merimea Cambess. = Bergia L. ●■

250706 Meringogyne H. Wolff = Angoseseli Chiov. ■☆

250707 Meringogyne mossamedensis (Welw. ex Hiern) H. Wolff = Angoseseli mossamedensis (Welw. ex Hiern) C. Norman ■☆

250708 Meringurus Murb. = Gaudinia P. Beauv. ■☆

250709 Meringurus africanus Murb. = Gaudinia fragilis (L.) P. Beauv. ■☆

250710 Merinthopodium Donn. Sm. = Markea Rich. ●☆

250711 Meriolix Raf. = Oenothera L. ●■

250712 Meriolix Raf. ex Endl. = Calylophus Spach ■☆

250713 Meriolix intermedia Rydb. ex Small = Calylophus serrulatus (Nutt.) P. H. Raven ■☆

250714 Meriolix oblanceolata Rydb. = Calylophus serrulatus (Nutt.) P. H. Raven ■☆

250715 Meriolix serrulata (Nutt.) Walp. = Calylophus serrulatus (Nutt.) P. H. Raven ■☆

250716 Merione Sahsb. = Dioscorea L.(保留属名)■

250717 Merisachne Steud. = Triplasis P. Beauv. ■☆

250718 Merisma Tiegh. = Merismia Tiegh. ●☆

250719 Merismia Tiegh. = Loranthus Jacq.(保留属名)●

250720 Merismia Tiegh. = Psittacanthus Mart. ●☆

250721 Merismostigma S. Moore = Coelospermum Blume ●

250722 Merista Banks et Sol. ex A. Cunn. = Myrsine L. ●

250723 Meristostigma A. Dietr. = Lapeyrousia Pourr. ■☆

250724 Meristostigma laxum (Thunb.) A. Dietr. = Freesia laxa (Thunb.) Goldblatt et J. C. Manning ■☆

250725 Meristostylis Klotzsch = Kalanchoe Adans. ●■

250726 Meristostylis brachycalyx Klotzsch = Kalanchoe rotundifolia (Haw.) Haw. ■☆

250727 Meristostylis macrocalyx Klotzsch = Kalanchoe lanceolata (Forssk.) Pers. ■☆

250728 Meristotropis Fisch. et C. A. Mey. (1843);异甘草属■☆

250729 Meristotropis Fisch. et C. A. Mey. = Glycyrrhiza L. ■

250730 Meristotropis erythrocarpa Vassilcz.;红果异甘草■☆

250731 Meristotropis paucifoliolata (Hance) Kruganova = Glycyrrhiza inflata Batalin ■

250732 Meristotropis triphylla (Fisch. et C. A. Mey.) Fisch. et C. A. Mey. = Glycyrrhiza triphylla Fisch. et C. A. Mey. ■☆

250733 Meristotropis triphylla Fisch. et C. A. Mey.;三叶异甘草■☆

250734 Meristotropis xanthioides Vassilcz.;黄异甘草■☆

250735 Merizadenia Miers = Tabernaemontana L. ●

250736 Merkia Rchb. = Merckia Fisch. ex Cham. et Schltdl. ■☆

250737 Merkia Rchb. = Wilhelmsia Rchb. ■☆

250738 Merkusia de Vriese = Scaevola L. (保留属名)●■

250739 Merleta Raf. = Croton L. ●

250740 Merope M. Roem. (1846);三角橘属●☆

250741 Merope Wedd. = Gnaphalium L. ■

250742 Merope argentea Wedd.;三角橘●☆

250743 Merophragma Dulac = Telephium L. ■☆

250744 Merostachys Nakai = Meterostachys Nakai ■☆

250745 Merostachys Spreng. (1824);偏穗竹属●☆

250746 Merostachys multiramea Hack.;多枝偏穗竹;Brazilian Bamboo ●☆

250747 Merostela Pierre = Aglaia Lour. (保留属名)●

250748 Merremia Dennst. = Merremia Dennst. ex Endl. (保留属名)●■

250749 Merremia Dennst. ex Endl. (1841)(保留属名);鱼黄草属(菜栾藤属,盒果藤属);Boxfruitvine, Merremia, Operculina ●■

250750 Merremia Dennst. ex Hallier f. = Merremia Dennst. ex Endl. (保留属名)●■

250751 Merremia aegyptia (L.) Urb.;埃及鱼黄草■☆

250752 Merremia alata Rendle = Operculina macrocarpa (L.) Urb. ■☆

250753 Merremia alatipes Dammer = Merremia tridentata (L.) Hallier f. subsp. alatipes (Dammer) Verdc. ■☆

250754 Merremia ampelophylla Hallier f.;蛇葡萄叶鱼黄草■☆

250755 Merremia ampelophylla Hallier f. subsp. obtusa Verdc. = Merremia obtusa (Verdc.) Thulin ■☆

250756 Merremia angustifolia (Jacq.) Hallier f. = Merremia tridentata (L.) Hallier f. var. angustifolia (Jacq.) Ooststr. ■☆

250757 Merremia angustifolia (Jacq.) Hallier f. var. ambigua Hallier f. = Merremia tridentata (L.) Hallier f. var. angustifolia (Jacq.) Ooststr. ■☆

250758 Merremia aurea (Kellogg) O'Donell;黄鱼黄草;Yellow Morning Glory ■☆

250759 Merremia bipinnatipartita (Engl.) Hallier f.;双羽裂鱼黄草 ■☆

250760 Merremia boisiana (Gagnep.) Ooststr.;金钟藤(多花山猪菜,假白薯);Bois' Merremia ●■

250761 Merremia boisiana (Gagnep.) Ooststr. var. fulvopilosa (Gagnep.) Ooststr.;黄毛金钟藤(白九前);Yellow-hair Bois' Merremia ●■

250762 Merremia boisiana (Gagnep.) Ooststr. var. rufopilosa (Gagnep.) C. Y. Wu = Merremia boisiana (Gagnep.) Ooststr. var. fulvopilosa (Gagnep.) Ooststr. ●■

250763 Merremia bowieana Rendle = Convolvulus capensis Burm. f. ■☆

250764 Merremia caespitosa (Roxb.) Hallier f. = Merremia hirta (L.) Merr. ■

250765 Merremia caloxantha (Diels) Staples et R. C. Fang;美花鱼黄草■

250766 Merremia candeoi (A. Terracc.) Sebsebe;坎代奥鱼黄草■☆

250767 Merremia chryseides (Ker Gawl.) Hallier f. = Merremia hederacea (Burm. f.) Hallier f. ■

250768 Merremia cissoides (Griseb.) Hallier f.;常春藤鱼黄草■☆

250769 Merremia cliffordii Hutch. et E. A. Bruce = Merremia gorinii Chiov. ■☆

250770 Merremia collina S. Y. Liu;丘陵鱼黄草■

250771 Merremia convolvulacea Dennst. ex Hallier f. = Merremia hederacea (Burm. f.) Hallier f. ■

250772 Merremia cordata C. Y. Wu et R. C. Fang;心叶山土瓜;Heartleaf Merremia ■

250773 Merremia decurrens (Hand.-Mazz.) H. S. Kiu = Merremia hirta (L.) Merr. ■

250774 Merremia dimoprhophylla (Verdc.) Sebsebe subsp. ogadensis Sebsebe = Merremia ampelophylla Hallier f. ■☆

250775 Merremia dimorphophylla (Verdc.) Sebsebe = Merremia ampelophylla Hallier f. ■☆

250776 Merremia discoidesperma (J. D. Sm.) O'Donell;盘籽鱼黄草;Mary's Bean ■☆

250777 Merremia dissecta (Jacq.) Hallier f.;多裂鱼黄草;Alamo Vine, Dissected Merremia ■

250778 Merremia ellenbeckii Pilg.;埃伦鱼黄草■☆

250779 Merremia emarginata (Burm. f.) Hallier f.;肾叶山猪菜;Emarginate Merremia ■

250780 Merremia gallabatensis Hallier f.;加拉巴特鱼黄草■☆

250781 Merremia gemella (Burm. f.) Hallier f.;金花鱼黄草(菜栾藤);Twin Merremia ■

250782 Merremia gemella (Burm. f.) Hallier f. = Merremia hederacea (Burm. f.) Hallier f. ■

250783 Merremia geophiloides A. Chev. = Ipomoea obscura (L.) Ker Gawl. ■

250784 Merremia gorinii Chiov.;毛萼鱼黄草■☆

250785 Merremia gregorii Rendle = Merremia ampelophylla Hallier f. ■☆

250786 Merremia guerichiana Engl. ex Hallier f. = Merremia guerichii A. Meeuse ■☆

250787 Merremia guerichii A. Meeuse;盖里克鱼黄草■☆

250788 Merremia hainanensis H. S. Kiu;海南山猪菜;Hainan Merremia ■

250789 Merremia hastata (Desr.) Hallier f. = Xenostegia tridentata (L.) D. F. Austin et Staples ■

250790 Merremia hastata Hallier f. = Xenostegia tridentata (L.) D. F. Austin et Staples ■

250791 Merremia hastifolia A. Chev. = Ipomoea marginata (Desr.) Verdc. ■

250792 Merremia hederacea (Burm. f.) Hallier f.;金花菜栾藤(蛤仔藤,广西百仔,犁壁草,犁头网,篱栏,篱栏网,篱栏子,篱网藤,卵叶菜栾藤,卵叶姬旋花,茉栾藤,三裂叶鸡矢藤,小花山猪菜,鱼黄草,鱼网草);Ivylike Merremia ■

250793 Merremia hederacea (Burm. f.) Hallier f. var. radicans (Blume) F. Y. Lu = Merremia gemella (Burm. f.) Hallier f. ■

250794 Merremia hirta (L.) Merr.;毛山猪菜(变叶姬旋花,九里草,毛菜栾藤,宿苞山猪菜,万丈丝,五月艾);Hairy Merremia ■

250795 Merremia hornbyi Verdc.;赫恩比鱼黄草■☆

250796 Merremia hungaiensis (Lingelsh. et Borza) R. C. Fang;山土瓜(地瓜,滇木瓜,滇土瓜,红土瓜,山红苕,山萝卜,土蛋,土瓜,野红苕,野土瓜藤);Tuberous Merremia ■

250797 Merremia hungaiensis (Lingelsh. et Borza) R. C. Fang var. linifolia (C. C. Huang ex C. Y. Wu et H. W. Li) R. C. Fang = Merremia hungaiensis (Lingelsh. et Borza) R. C. Fang var. linifolia (C. C. Huang) R. C. Fang ■

250798 Merremia hungaiensis (Lingelsh. et Borza) R. C. Fang var. linifolia (C. C. Huang) R. C. Fang;线叶山土瓜;Linearifolious Tuberous Merremia ■

250799 Merremia kentrocaulos (C. B. Clarke) Hallier f.;刺茎鱼黄草■☆

250800 Merremia kentrocaulos (C. B. Clarke) Hallier f. var. pinnatifida N. E. Br.;羽裂鱼黄草■☆

250801 Merremia linearifolia R. C. Fang;线叶鱼黄草■☆

250802 Merremia lobata Verdc. = Merremia ellenbeckii Pilg. ■☆

250803 Merremia longipedunculata (C. Y. Wu) R. C. Fang;长梗山土瓜;Longpeduncle Merremia ■

250804 Merremia macrocarpa (L.) Roberty;大果鱼黄草■☆

250805 Merremia malvifolia Rendle;锦葵叶鱼黄草■☆

250806 Merremia mammosa (Lour.) Hallier f.;乳头鱼黄草■☆

250807 Merremia medium (L.) Hallier f.;中间鱼黄草■☆

250808 Merremia multisecta Hallier f.;多全裂鱼黄草■☆

250809 Merremia obtusa (Verdc.) Thulin;钝鱼黄草■☆

250810 Merremia palmata Hallier f.;掌裂鱼黄草■☆

250811 Merremia pedata (Choisy) Hallier f. var. gracilis Hallier f. = Merremia semisagitta (Peter) Dandy var. gracilis (Hallier f.) Verdc. ■☆

250812 Merremia peltata (L.) Merr.;盾状鱼黄草■☆

250813 Merremia pentaphylla (L.) Hallier f. = Merremia aegyptia (L.) Urb. ■☆

250814 Merremia pes-draconis Hallier f. = Merremia xanthophylla (Hochst.) Hallier f. ■☆

250815 Merremia pes-draconis Hallier f. var. nigerica Rendle;尼日利亚鱼黄草■☆

250816 Merremia pinnata (Hochst. ex Choisy) Hallier f.;羽状鱼黄草■☆

250817 Merremia porrecta Pilg.;外伸鱼黄草■☆

250818 Merremia pterygocaulos (Choisy) Hallier f.;翼茎鱼黄草■☆

250819 Merremia pterygocaulos (Choisy) Hallier f. var. tomentosa Hallier f. = Merremia pterygocaulos (Choisy) Hallier f. ■☆

250820 Merremia quercifolia Hallier f.;栎叶鱼黄草■☆

250821 Merremia quinata (R. Br.) Ooststr.;指叶山猪菜(掌叶姬旋花);Finngerleaf Merremia ■

250822 Merremia quinquefolia (Griseb.) Hallier f.;五叶鱼黄草■☆

250823 Merremia sapinii De Wild.;萨潘鱼黄草■☆

250824 Merremia semisagitta (Peter) Dandy;半箭鱼黄草■☆

250825 Merremia semisagitta (Peter) Dandy subsp. dimorphophylla Verdc. = Merremia ampelophylla Hallier f. ■☆

250826 Merremia semisagitta (Peter) Dandy subsp. subpalmata (Verdc.) Verdc.;掌裂半箭鱼黄草■☆

250827 Merremia semisagitta (Peter) Dandy subsp. tenuisecta Verdc.;细裂半箭鱼黄草■☆

250828 Merremia semisagitta (Peter) Dandy var. gracilis (Hallier f.) Verdc.;纤细半箭鱼黄草■☆

250829 Merremia semisagitta (Peter) Dandy var. reducta Verdc.;退缩鱼黄草■☆

250830 Merremia setisepala Verdc. = Merremia gorinii Chiov. ■☆

250831 Merremia sibirica (L.) Hallier f.;北鱼黄草(北菜栾藤,铃铛子,西伯利亚番薯,西伯利亚牵牛,西伯利亚香薯,西伯利亚鱼黄草,小瓠花,钻之灵);Siberia Merremia, Siberian Merremia, Siberian Morningglory ■

250832 Merremia sibirica (L.) Hallier f. var. jiuhuaensis B. A. Shen et X. L. Liu;九华鱼黄草;Jiuhuashan Merremia ■

250833 Merremia sibirica (L.) Hallier f. var. macrosperma C. C. Huang ex C. Y. Wu et H. W. Li;大籽鱼黄草;Bigseed Merremia ■

250834 Merremia sibirica (L.) Hallier f. var. trichosperma C. C. Huang ex C. Y. Wu et H. W. Li;毛籽鱼黄草■

250835 Merremia sibirica (L.) Hallier f. var. vesiculosa C. Y. Wu;囊毛鱼黄草■

250836 Merremia similis Elmer;红花姬旋花;Redflower Merremia, Similar Merremia ■

250837 Merremia somalensis (Vatke) Hallier f.;索马里鱼黄草■☆

250838 Merremia spongiosa Rendle;海绵鱼黄草■☆

250839 Merremia stellata Rendle;星状鱼黄草■☆

250840 Merremia subpalmata Verdc. = Merremia semisagitta (Peter) Dandy subsp. subpalmata (Verdc.) Verdc. ■☆

250841 Merremia tridentata (L.) Hallier f. = Xenostegia tridentata (L.) D. F. Austin et Staples ■

250842 Merremia tridentata (L.) Hallier f. subsp. alatipes (Dammer) Verdc. = Xenostegia tridentata (L.) D. F. Austin et Staples subsp. alatipes (Dammer) Lejoly et Lisowski ■☆

250843 Merremia tridentata (L.) Hallier f. subsp. angustifolia (Jacq.) Ooststr. = Xenostegia tridentata (L.) D. F. Austin et Staples ■

250844 Merremia tridentata (L.) Hallier f. subsp. angustifolia (Jacq.) Ooststr.;狭叶鱼黄草■☆

250845 Merremia tridentata (L.) Hallier f. subsp. hastata (Desr.) Ooststr. = Merremia tridentata (L.) Hallier f. var. angustifolia (Jacq.) Ooststr. ■☆

250846 Merremia tridentata (L.) Hallier f. subsp. hastata (Hallier f.) Ooststr. = Xenostegia tridentata (L.) D. F. Austin et Staples ■

250847 Merremia tridentata (L.) Hallier f. subsp. hastata (Hallier f.) Ooststr.;尖萼鱼黄草■☆

250848 Merremia tridentata (L.) Hallier f. var. angustifolia (Jacq.) Ooststr. = Xenostegia tridentata (L.) D. F. Austin et Staples subsp. angustifolia (Jacq.) Lejoly et Lisowski ■☆

250849 Merremia truncata Verdc.;平截姬旋花■☆

250850 Merremia tuberosa (L.) Rendle;姬旋花(块茎牵牛花,块状番薯,木玫瑰);Brazilian Jalap, Ceylon Morningglory, Ceylon Morning-glory, Wood Rose, Wooden Rose, Wood-rose, Yellow Morning Glory ■

250851 Merremia turpethum (L.) Bojer = Convolvulus turpethum L. ■

250852 Merremia turpethum (L.) Bojer = Operculina turpetha (L.) Silva Manso ■

250853 Merremia umbellata (L.) Hallier f.;伞花鱼黄草(广东博罗鸡矢藤,毛姬旋花,伞花菜栾藤,伞花茉莉藤);Umbellate Merremia, Umbrella Merremia ■

250854 Merremia umbellata (L.) Hallier f. subsp. orientalis (Hallier f.) Ooststr.;山猪菜(假番薯,假红薯,山猪菜藤,土瓜藤,小薯藤,野薯藤);Oriental Merremia ■

250855 Merremia umbellata (L.) Hallier f. var. orientalis Hallier f. = Merremia umbellata (L.) Hallier f. subsp. orientalis (Hallier f.)

Ooststr. ■
250856 Merremia verdcourtiana Lejoly et Lisowski;韦尔德鱼黄草■☆
250857 Merremia verecunda Rendle;羞涩鱼黄草■☆
250858 Merremia verruculosa S. Y. Liu;疣萼鱼黄草;Verrucolose Merremia ■
250859 Merremia vitifolia (Burm. f.) Hallier f.;掌叶鱼黄草(红藤,黄花牵牛,假番薯,毛牵牛,毛五爪龙,五爪龙,掌叶菜栾藤,掌叶山猪菜);Palmleaf Merremia ■
250860 Merremia wilsonii Verdcourt = Merremia hungaiensis (Lingelsh. et Borza) R. C. Fang ■
250861 Merremia xanthophylla (Hochst.) Hallier f.;黄叶姬旋花■☆
250862 Merremia yunnanensis (Courchet et Gagnep.) R. C. Fang;蓝花土瓜(白云瓜,山萝卜);Yunnan Merremia ■
250863 Merremia yunnanensis (Courchet et Gagnep.) R. C. Fang var. glabrescens (C. Y. Wu) R. C. Fang;近无毛蓝花土瓜■
250864 Merremia yunnanensis (Courchet et Gagnep.) R. C. Fang var. pallescens (C. Y. Wu) R. C. Fang;红花土瓜■
250865 Merretia Sol. ex Marchand = Corynocarpus J. R. Forst. et G. Forst. ●☆
250866 Merrettia Sol. ex Engl. = Corynocarpus J. R. Forst. et G. Forst. ●☆
250867 Merrillanthus Chun et Tsiang(1941);驼峰藤属;Humpvine, Merrillanthus ●★
250868 Merrillanthus hainanensis Chun et Tsiang;驼峰藤;Hainan Humpvine, Hainan Merrillanthus ●◇
250869 Merrillia Swingle(1919);美栌木属(美莉橘属);Merrillia ●☆
250870 Merrillia caloxylon Swingle;美栌木(美莉橘);Merrillia ●☆
250871 Merrilliodendron Kaneh. (1934);梅乐木属●☆
250872 Merrilliodendron rotense Kaneh.;梅乐木●☆
250873 Merrilliopanax H. L. Li(1942);常春木属(枫叶参属,梁王茶属,梅乐参属);Eversspringtree, Merrilliopanax ●
250874 Merrilliopanax alpinus (C. B. Clarke) C. B. Shang;高山长春木(西藏长春木);Alpine Merrilliopanax, Tibet Merrilliopanax ●
250875 Merrilliopanax chinensis H. L. Li = Merrilliopanax listeri (King) H. L. Li ●◇
250876 Merrilliopanax listeri (King) H. L. Li;常春木(长梗常春木,长果柄常春木);Chinese Merrilliopanax, Everspringtree, Lister Everspringtree, Lister Merrilliopanax ●◇
250877 Merrilliopanax membranifolius (W. W. Sm.) C. B. Shang;长梗常春木(长果柄常春木,单叶常春木);Membranous Merrilliopanax ●
250878 Merrilliopanax tibetanus C. Y. Wu et S. K. Wu = Merrilliopanax alpinus (C. B. Clarke) C. B. Shang ●
250879 Merrittia Merr. (1910);锐裂菊属■☆
250880 Merrittia Merr. = Blumea DC. (保留属名)■●
250881 Merrittia benguetensis Merr.;锐裂菊■☆
250882 Mertensia Kunth = Celtis L. ●
250883 Mertensia Roth(1797)(保留属名);滨紫草属(滨瓣庆属);Blue Bell, Bluebells, Oyster Plant, Smooth Lungwort ■
250884 Mertensia Roth(保留属名) = Pseudomertensia Riedl ■
250885 Mertensia asiatica (Takeda) O. Macbr. = Mertensia maritima (L.) Gray subsp. asiatica Takeda ■☆
250886 Mertensia brasiliensis Gardner = Celtis brasiliensis (Gardner) Planch. ●☆
250887 Mertensia ciliata G. Don;缘毛滨紫草;Mountain Bluebell ■☆
250888 Mertensia davurica (Sims) G. Don;长筒滨紫草(滨紫草);Longtube Bluebells ■
250889 Mertensia denticulare Ledeb. = Mertensia sibirica (L.) G. Don ■
250890 Mertensia dshagastanica Regel;蓝花滨紫草■
250891 Mertensia echioides Benth. ex C. B. Clarke;蓝蓟滨紫草■☆
250892 Mertensia jenissejenais Popov;热尼斯滨紫草■☆
250893 Mertensia kamczatica (Turcz.) DC.;勘察加滨紫草■☆
250894 Mertensia maritima (L.) Gray;滨紫草;Gromwell, Lightwort, Northern Shorewort, Oyster Leaf, Oyster Plant, Oyster-leaf, Sea Lungwort, Seaside Smooth Gromwell, Smooth Lungwort ■☆
250895 Mertensia maritima (L.) Gray subsp. asiatica Takeda;亚洲滨紫草;Asia Bluebells ■☆
250896 Mertensia maritima (L.) Gray subsp. asiatica Takeda f. albiflora H. Hara;白花亚洲滨紫草■☆
250897 Mertensia maritima (L.) Gray var. asiatica (Takeda) Kitag. = Mertensia maritima (L.) Gray subsp. asiatica Takeda ■☆
250898 Mertensia meyeriana J. F. Macbr.;短花滨紫草;Meyen Bluebells ■
250899 Mertensia ochroleuca Ikonm-Gal. = Mertensia davurica (Sims) G. Don ■
250900 Mertensia pallassii (Ledeb.) G. Don;薄叶滨紫草;Pallass Bluebells ■
250901 Mertensia palmeri A. Nelson et J. F. Macbr. = Mertensia paniculata (Aiton) G. Don ■☆
250902 Mertensia paniculata (Aiton) G. Don;高滨紫草;Northern Bluebells, Panicled Bluebell, Tall Lungwort ■☆
250903 Mertensia pilosa DC. = Mertensia paniculata (Aiton) G. Don ■☆
250904 Mertensia popovii Rubtzov = Mertensia meyeriana J. F. Macbr. ■
250905 Mertensia pterocarpa (Turcz.) Tatew. et Ohwi;翼果滨紫草■☆
250906 Mertensia pterocarpa (Turcz.) Tatew. et Ohwi var. yezoensis Tatew. et Ohwi;北海道滨紫草■☆
250907 Mertensia pubescens (Willd.) DC.;毛滨紫草■☆
250908 Mertensia pulmonarioides Roth;美国滨紫草■☆
250909 Mertensia rivularis (Turcz.) DC.;溪畔紫草■☆
250910 Mertensia serrulata (Turcz.) DC.;细齿滨紫草■☆
250911 Mertensia sibirica (L.) G. Don;大叶滨紫草;Siberia Bluebells ■
250912 Mertensia stylosa (Fisch.) DC.;长柱滨紫草■☆
250913 Mertensia tarbagataica B. Fedtsch.;塔城滨紫草(浅裂滨紫草)■
250914 Mertensia virginica (L.) Pers. ex Link;弗州滨紫草(维吉尼亚滨紫草);Bluebell, Bluebells, Cow Slip, Cowslip, Eastern Bluebells, False Bluebell, Mertensia, Roanoke Bells, Virginia Bluebells, Virginia Cowslip ■☆
250915 Merumea Steyerm. (1972);梅鲁茜属☆
250916 Merumea coccocypseloides Steyerm.;梅鲁茜☆
250917 Merumea plicata Steyerm.;圭亚那梅鲁茜☆
250918 Merwia B. Fedtsch. = Ferula L. ■
250919 Merwilla Speta(1998);蓝被风信子属■☆
250920 Merwilla dracomontana (Hilliard et B. L. Burtt) Speta;德拉科蓝被风信子■☆
250921 Merwilla natalensis (Planch.) Speta = Merwilla plumbea (Lindl.) Speta ■☆
250922 Merwilla plumbea (Lindl.) Speta;纳塔尔蓝被风信子■☆
250923 Merwiopsis Saphina = Platytaenia Nevski et Vved. ■☆
250924 Merwiopsis Saphina(1975);中亚宽带芹属■☆
250925 Merwiopsis goloskokovii (Korovin) Saphina;拟阿魏■☆
250926 Merxmuellera Conert = Rytidosperma Steud. ■☆
250927 Merxmuellera Conert(1970);肖皱籽草属■☆
250928 Merxmuellera arundinacea (P. J. Bergius) Conert;苇状肖皱籽草■☆
250929 Merxmuellera aureocephala (J. G. Anderson) Conert;黄头肖皱

籽草■☆
250930 Merxmuellera cincta (Nees) Conert;围绕肖皱籽草■☆
250931 Merxmuellera cincta (Nees) Conert subsp. sericea N. P. Barker;绢毛围绕肖皱籽草■☆
250932 Merxmuellera davyi (C. E. Hubb.) Conert = Rytidosperma davyi (C. E. Hubb.) Cope ■☆
250933 Merxmuellera decora (Nees) Conert;装饰肖皱籽草■☆
250934 Merxmuellera disticha (Nees) Conert = Rytidosperma disticha (Nees) Cope ■☆
250935 Merxmuellera drakensbergensis (Schweick.) Conert;德拉肯斯肖皱籽草■☆
250936 Merxmuellera dura (Stapf) Conert;硬肖皱籽草■☆
250937 Merxmuellera lupulina (Thunb.) Conert;狼肖皱籽草■☆
250938 Merxmuellera macowanii (Stapf) Conert;麦克欧文肖皱籽草■☆
250939 Merxmuellera papposa (Nees) Conert;冠毛肖皱籽草■☆
250940 Merxmuellera rangei (Pilg.) Conert;朗格肖皱籽草■☆
250941 Merxmuellera rufa (Nees) Conert;浅红肖皱籽草■☆
250942 Merxmuellera setacea N. P. Barker;刚毛肖皱籽草■☆
250943 Merxmuellera stereophylla (J. G. Anderson) Conert;硬叶肖皱籽草■☆
250944 Merxmuellera stricta (Schrad.) Conert;刚直肖皱籽草■☆
250945 Meryta J. R. Forst. et G. Forst. (1775);澳洲常春木属(麦利塔木属)●☆
250946 Meryta angustifolia Seem.;狭叶澳洲常春木(狭叶麦利塔木);Narrowlef Meryta ●☆
250947 Meryta denhamii Seem.;浓密澳洲常春木(浓密麦利塔木)●☆
250948 Meryta latifolia Seem.;阔叶澳洲常春木(阔叶麦利塔木);Broad-leafed Meryta ●☆
250949 Meryta sinclairii Seem.;心叶澳洲常春木(密脉麦利塔木);Puka, Pukanui ●☆
250950 Mesadenella Pabst et Garay = Stenorrhynchos Rich. ex Spreng. ■☆
250951 Mesadenia Raf. = Arnoglossum Raf. ■☆
250952 Mesadenia Raf. = Frasera Walter ■●
250953 Mesadenia Raf. = Senecio L. ■●
250954 Mesadenia angustifolia Rydb. = Arnoglossum ovatum (Walter) H. Rob. ■☆
250955 Mesadenia atriplicifolia (L.) Raf. = Arnoglossum atriplicifolium (L.) H. Rob. ■☆
250956 Mesadenia decomposita (A. Gray) Standl. = Psacalium decompositum (A. Gray) H. Rob. et Brettell ■☆
250957 Mesadenia dentata Raf. = Arnoglossum ovatum (Walter) H. Rob. ■☆
250958 Mesadenia difformis Small = Arnoglossum diversifolium (Torr. et A. Gray) H. Rob. ■☆
250959 Mesadenia diversifolia (Torr. et A. Gray) Greene = Arnoglossum diversifolium (Torr. et A. Gray) H. Rob. ■☆
250960 Mesadenia elliottii R. M. Harper = Arnoglossum ovatum (Walter) H. Rob. ■☆
250961 Mesadenia floridana (A. Gray) Greene = Arnoglossum floridanum (A. Gray) H. Rob. ■☆
250962 Mesadenia lanceolata (Nutt.) Raf. = Arnoglossum ovatum (Walter) H. Rob. ■☆
250963 Mesadenia lanceolata (Nutt.) Raf. var. virescens R. M. Harper = Arnoglossum ovatum (Walter) H. Rob. ■☆
250964 Mesadenia maxima R. M. Harper = Arnoglossum ovatum (Walter) H. Rob. ■☆
250965 Mesadenia muhlenbergii (Sch. Bip.) Rydb. = Arnoglossum reniforme (Hook.) H. Rob. ■☆
250966 Mesadenia ovata (Walter) Raf. = Arnoglossum ovatum (Walter) H. Rob. ■☆
250967 Mesadenia plantaginea (Raf.) Raf. = Arnoglossum plantagineum Raf. ■☆
250968 Mesadenia pulverulenta Raf. = Arnoglossum atriplicifolium (L.) H. Rob. ■☆
250969 Mesadenia reniformis (Hook.) Raf. = Arnoglossum reniforme (Hook.) H. Rob. ■☆
250970 Mesadenia rotundifolia Raf. = Arnoglossum atriplicifolium (L.) H. Rob. ■☆
250971 Mesadenia similis Small = Arnoglossum atriplicifolium (L.) H. Rob. ■☆
250972 Mesadenia sulcata (Fernald) Small = Arnoglossum sulcatum (Fernald) H. Rob. ■☆
250973 Mesadenia tuberosa (Nutt.) Britton = Arnoglossum plantagineum Raf. ■☆
250974 Mesadenus Schltr. (1920);间腺兰属■☆
250975 Mesadenus Schltr. = Brachystele Schltr. ■☆
250976 Mesadenus lucayanus (Britton) Schltr.;北美间腺兰■☆
250977 Mesanchum Dulac = Crassula L. ●■☆
250978 Mesanchum Dulac = Tillaea L. ■
250979 Mesandrinia Raf. = Bivonea Raf. (废弃属名)●■
250980 Mesandrinia Raf. = Jatropha L. (保留属名)●■
250981 Mesanthemum Körn. (1856);间花谷精草属■☆
250982 Mesanthemum africanum Moldenke;非洲间花谷精草■☆
250983 Mesanthemum albidum Lecomte;白间花谷精草■☆
250984 Mesanthemum angustitepalum Kimpouni;窄瓣间花谷精草■☆
250985 Mesanthemum auratum Lecomte;金色谷精草■☆
250986 Mesanthemum bennae Jacq. -Fél.;本纳间花谷精草■☆
250987 Mesanthemum chilloui Moldenke = Eriocaulon plumale N. E. Br. subsp. kindiae (Lecomte) Meikle ■☆
250988 Mesanthemum cupricola Kimpouni;喜铜间花谷精草■☆
250989 Mesanthemum erici-rosenii R. E. Fr. = Mesanthemum radicans (Benth.) Körn. ■☆
250990 Mesanthemum glabrum Kimpouni;光滑间花谷精草■☆
250991 Mesanthemum hirsutulum Moldenke = Mesanthemum albidum Lecomte ■☆
250992 Mesanthemum jaegeri Jacq. -Fél.;耶格尔间花谷精草■☆
250993 Mesanthemum necopinatum Moldenke = Eriocaulon plumale N. E. Br. subsp. jaegeri (Moldenke) Meikle ■☆
250994 Mesanthemum pilosum Kimpouni;疏毛间花谷精草■☆
250995 Mesanthemum prescottianum (Bong.) Körn.;普雷斯科特间花谷精草■☆
250996 Mesanthemum radicans (Benth.) Körn.;具根间花谷精草■☆
250997 Mesanthemum reductum H. E. Hess;退缩间花谷精草■☆
250998 Mesanthemum rosenii Pax = Eriocaulon rosenii (Pax) Lye ■☆
250999 Mesanthemum rubrum Moldenke = Mesanthemum auratum Lecomte ■☆
251000 Mesanthemum rutenbergianum Körn.;鲁滕贝格间花谷精草■☆
251001 Mesanthemum tuberosum Lecomte = Mesanthemum prescottianum (Bong.) Körn. ■☆
251002 Mesanthemum variabile Kimpouni;易变间花谷精草■☆

251003 Mesanthophora H. Rob. (1992);间生瘦片菊属■☆
251004 Mesanthophora brunneri H. Rob.;间生瘦片菊■☆
251005 Mesanthus Nees = Cannomois P. Beauv. ex Desv. ■☆
251006 Mesanthus macrocarpus Nees = Cannomois parviflora (Thunb.) Pillans ■☆
251007 Mesaulosperma Soóten = Itoa Hemsl. ●
251008 Mesaulosperma vieillardii (Gagnep.) Slooten = Itoa orientalis Hemsl. ●
251009 Mesaulosperma vieillardii Slooten = Itoa orientalis Hemsl. ●
251010 Mesechinopsis Y. Ito = Echinopsis Zucc. ●
251011 Mesechinopsis ancistrophora (Speg.) Y. Ito = Echinopsis ancistrophora Speg. ■☆
251012 Mesechites Müll. Arg. (1860);肖蛇木属●☆
251013 Mesechites angustifolius Miers;窄叶肖蛇木●☆
251014 Mesechites linearifolius Miers;线叶肖蛇木●☆
251015 Mesechites roseus Miers;粉红肖蛇木●☆
251016 Mesembrianthemum Spreng. = Mesembryanthemum L. (保留属名)■●
251017 Mesembrianthemum spectabile Haw. = Lampranthus spectabilis (Haw.) N. E. Br. ■☆
251018 Mesembrianthus Raf. = Mesembrianthemum Spreng. ■●
251019 Mesembrianthus Raf. = Mesembryanthus Neck. ■
251020 Mesembryaceae Dumort. = Aizoaceae Martinov(保留科名)●■
251021 Mesembryanthemaceae Fenzl = Aizoaceae Martinov(保留科名)●■
251022 Mesembryanthemaceae Fenzl = Mesembryanthemaceae Philib. (保留科名)●■
251023 Mesembryanthemaceae Fenzl = Metasequoiaceae Hu et W. C. Cheng ●
251024 Mesembryanthemaceae Philib. (1800)(保留科名);龙须海棠科(日中花科)●■
251025 Mesembryanthemum L. (1753)(保留属名);龙须海棠属(覆盆花属,龙船海棠属,琴爪菊属,日中花属,松叶菊属);Chilean Fig, Diamond Plant, Fig Marigold, Figmarigold, Iceplant, Mesembryanthemum, Oscularis ■●
251026 Mesembryanthemum aberdeenense L. Bolus = Delosperma aberdeenense (L. Bolus) L. Bolus ■☆
251027 Mesembryanthemum abruptum A. Berger = Octopoma abruptum (A. Berger) N. E. Br. ●☆
251028 Mesembryanthemum abyssinicum Pax = Delosperma schimperi (Engl.) H. E. K. Hartmann et Niesler ■☆
251029 Mesembryanthemum abyssinicum Regel = Delosperma abyssinicum (Regel) Schwantes ■☆
251030 Mesembryanthemum acinaciforme Gouan = Carpobrotus acinaciformis (L.) L. Bolus ●☆
251031 Mesembryanthemum acinaciforme L. = Carpobrotus acinaciformis (L.) L. Bolus ●☆
251032 Mesembryanthemum acinaciforme L. var. purpureum ? = Carpobrotus acinaciformis (L.) L. Bolus ●☆
251033 Mesembryanthemum acrosepalum L. Bolus = Lampranthus acrosepalus (L. Bolus) L. Bolus ■☆
251034 Mesembryanthemum aculeatum N. E. Br. = Ruschia spinosa (L.) Dehn ●☆
251035 Mesembryanthemum acuminatum Haw. = Phyllobolus splendens (L.) Gerbaulet ●☆
251036 Mesembryanthemum acutangulum Haw. = Ruschia acutangula (Haw.) Schwantes ●☆
251037 Mesembryanthemum acutifolium L. Bolus = Lampranthus acutifolius (L. Bolus) N. E. Br. ■☆
251038 Mesembryanthemum acutipetalum N. E. Br. = Khadia acutipetala (N. E. Br.) N. E. Br. ●☆
251039 Mesembryanthemum acutisepalum A. Berger = Psilocaulon junceum (Haw.) Schwantes ■☆
251040 Mesembryanthemum acutum Haw. = Cephalophyllum subulatoides (Haw.) N. E. Br. ■☆JP
251041 Mesembryanthemum adscendens Haw. = Glottiphyllum longum (Haw.) N. E. Br. ■
251042 Mesembryanthemum aduncum Haw. = Lampranthus aduncus (Haw.) N. E. Br. ■☆
251043 Mesembryanthemum aduncum Jacq. = Ruschia schollii (Salm-Dyck) Schwantes ●☆
251044 Mesembryanthemum aestivum L. Bolus = Lampranthus aestivus (L. Bolus) L. Bolus ■☆
251045 Mesembryanthemum aggregatum Haw. ex N. E. Br. = Conophytum piluliforme (N. E. Br.) N. E. Br. ■☆
251046 Mesembryanthemum agninum Haw. = Stomatium agninum (Haw.) Schwantes ■☆
251047 Mesembryanthemum agninum Haw. var. integrifolium Salm-Dyck = Stomatium agninum (Haw.) Schwantes ■☆
251048 Mesembryanthemum aitonis Jacq.;埃顿日中花■☆
251049 Mesembryanthemum alatum (L. Bolus) L. Bolus = Mesembryanthemum guerichianum Pax ■☆
251050 Mesembryanthemum albatum L. Bolus = Juttadinteria albata (L. Bolus) L. Bolus ■☆
251051 Mesembryanthemum albertense N. E. Br. = Conophytum truncatum (Thunb.) N. E. Br. ■☆
251052 Mesembryanthemum albertiniense L. Bolus = Jordaaniella dubia (Haw.) H. E. K. Hartmann ■☆
251053 Mesembryanthemum albescens N. E. Br. = Conophytum bilobum (Marloth) N. E. Br. ■☆
251054 Mesembryanthemum albicaule Haw. = Phyllobolus splendens (L.) Gerbaulet ●☆
251055 Mesembryanthemum albicute N. E. Br. = Ruschia bolusiae Schwantes ●☆
251056 Mesembryanthemum albidum L. = Machairophyllum albidum (L.) Schwantes ■☆
251057 Mesembryanthemum albiflorum L. Bolus = Drosanthemum albiflorum (L. Bolus) Schwantes ●☆
251058 Mesembryanthemum albinatum Haw. = Rabiea albinota (Haw.) N. E. Br. ■☆
251059 Mesembryanthemum albipunctum Haw. = Rabiea albipuncta (Haw.) N. E. Br. ■☆
251060 Mesembryanthemum alboroseum L. Bolus = Leipoldtia alborosea (L. Bolus) H. E. K. Hartmann et Stüber ●☆
251061 Mesembryanthemum album L. Bolus = Oscularia alba (L. Bolus) H. E. K. Hartmann ●☆
251062 Mesembryanthemum alkalifugum Dinter = Mesembryanthemum barklyi N. E. Br. ■☆
251063 Mesembryanthemum aloides Haw. = Nananthus aloides (Haw.) Schwantes ■☆
251064 Mesembryanthemum alstonii Marloth = Cephalophyllum alstonii Marloth ex L. Bolus ■☆
251065 Mesembryanthemum altile N. E. Br. = Conophytum ficiforme (Haw.) N. E. Br. ■☆

251066 Mesembryanthemum amicorum L. Bolus = Ruschia amicorum (L. Bolus) Schwantes ●☆

251067 Mesembryanthemum amoenum Salm-Dyck ex DC. = Lampranthus amoenus (Salm-Dyck ex DC.) N. E. Br. ■☆

251068 Mesembryanthemum amplectens L. Bolus = Aspazoma amplectens (L. Bolus) N. E. Br. ■☆

251069 Mesembryanthemum amplexicaule L. Bolus = Leipoldtia schultzei (Schltr. et Diels) Friedrich ●☆

251070 Mesembryanthemum ampliatum (L. Bolus) N. E. Br. = Ruschia ampliata L. Bolus ●☆

251071 Mesembryanthemum anatomicum Haw. = Sceletium emarcidum (Thunb.) L. Bolus ex H. Jacobsen ●☆

251072 Mesembryanthemum anatomicum Haw. var. emarcidum (Thunb.) DC. = Sceletium emarcidum (Thunb.) L. Bolus ex H. Jacobsen ●☆

251073 Mesembryanthemum anatomicum Haw. var. fragile ? = Sceletium emarcidum (Thunb.) L. Bolus ex H. Jacobsen ●☆

251074 Mesembryanthemum anceps Haw. = Erepsia anceps (Haw.) Schwantes ●☆

251075 Mesembryanthemum androsaceum (Marloth et Schwantes) N. E. Br. = Antimima androsacea (Marloth et Schwantes) H. E. K. Hartmann ■☆

251076 Mesembryanthemum androsaceum Marloth ex Schwantes = Antimima androsacea (Marloth et Schwantes) H. E. K. Hartmann ■☆

251077 Mesembryanthemum anemoniflorum L. Bolus = Jordaaniella dubia (Haw.) H. E. K. Hartmann ■☆

251078 Mesembryanthemum angelicae Dinter et Schwantes = Conophytum angelicae (Dinter et Schwantes) N. E. Br. ■☆

251079 Mesembryanthemum angulipes L. Bolus = Gibbaeum angulipes (L. Bolus) N. E. Br. ■☆

251080 Mesembryanthemum angustipetalum L. Bolus = Vanzijlia annulata (A. Berger) L. Bolus ■☆

251081 Mesembryanthemum angustum Haw. = Glottiphyllum cruciatum (Haw.) N. E. Br. ■☆

251082 Mesembryanthemum angustum Haw. var. heterophyllum ? = Glottiphyllum longum (Haw.) N. E. Br. ■

251083 Mesembryanthemum annulatum A. Berger = Vanzijlia annulata (A. Berger) L. Bolus ■☆

251084 Mesembryanthemum annuum L. Bolus = Mesembryanthemum stenandrum (L. Bolus) L. Bolus ■☆

251085 Mesembryanthemum anotomicum Haw.;明松叶菊;Anotom Figmarigold ■☆

251086 Mesembryanthemum apetalum L. f. = Dorotheanthus apetalus (L. f.) N. E. Br. ■☆

251087 Mesembryanthemum apiatum N. E. Br. = Conophytum bilobum (Marloth) N. E. Br. ■☆

251088 Mesembryanthemum apiculatum Kensit = Braunsia apiculata (Kensit) L. Bolus ●☆

251089 Mesembryanthemum apiculatum Kensit var. mutica L. Bolus = Braunsia maximilianii (Schltr. et A. Berger) Schwantes ●☆

251090 Mesembryanthemum apodanthum Schltr. et Diels;无梗日中花 ●☆

251091 Mesembryanthemum approximatum L. Bolus = Ruschia approximata (L. Bolus) Schwantes ●☆

251092 Mesembryanthemum apricum A. Berger = Leipoldtia schultzei (Schltr. et Diels) Friedrich ●☆

251093 Mesembryanthemum aquosum L. Bolus = Mesembryanthemum hypertrophicum Dinter ■☆

251094 Mesembryanthemum arboriforme Burch. = Mestoklema arboriforme (Burch.) N. E. Br. ex Glen ●☆

251095 Mesembryanthemum arenosum L. Bolus = Lampranthus arenosus (L. Bolus) L. Bolus ■☆

251096 Mesembryanthemum arenosum Schinz = Brownanthus arenosus (Schinz) Ihlenf. et Bittrich ●☆

251097 Mesembryanthemum argenteum L. Bolus = Lampranthus argenteus (L. Bolus) L. Bolus ■☆

251098 Mesembryanthemum aridum Moench = Sceletium tortuosum (L.) N. E. Br. ●☆

251099 Mesembryanthemum aristulatum Sond. = Antimima aristulata (Sond.) Chess. et G. F. Sm. ■☆

251100 Mesembryanthemum armatum (L. Bolus) N. E. Br. = Arenifera stylosa (L. Bolus) H. E. K. Hartmann ■☆

251101 Mesembryanthemum articulatum Thunb. = Psilocaulon articulatum (Thunb.) N. E. Br. ■☆

251102 Mesembryanthemum asperulum Salm-Dyck = Drosanthemum asperulum (Salm-Dyck) Schwantes ●☆

251103 Mesembryanthemum asperum Haw. = Erepsia aspera (Haw.) L. Bolus ●☆

251104 Mesembryanthemum assimile N. E. Br. = Conophytum ficiforme (Haw.) N. E. Br. ■☆

251105 Mesembryanthemum astridae Dinter = Titanopsis hugo-schlechteri (Tischer) Dinter et Schwantes ■☆

251106 Mesembryanthemum atratum (L. Bolus) N. E. Br. = Ruschia atrata L. Bolus ●☆

251107 Mesembryanthemum atrocinctum N. E. Br. = Antimima saturata (L. Bolus) H. E. K. Hartmann ●☆

251108 Mesembryanthemum attenuatum Haw. = Drosanthemum attenuatum (Haw.) Schwantes ●☆

251109 Mesembryanthemum augeiforme Schwantes = Conophytum chauviniae (Schwantes) S. A. Hammer ■☆

251110 Mesembryanthemum aurantiacum DC. = Lampranthus glaucoides (Haw.) N. E. Br. ■☆

251111 Mesembryanthemum aurantium Haw. = Lampranthus glaucoides (Haw.) N. E. Br. ■☆

251112 Mesembryanthemum auratum Sond. = Phyllobolus nitidus (Haw.) Gerbaulet ●☆

251113 Mesembryanthemum aureum L. = Lampranthus aureus (L.) N. E. Br. ■☆

251114 Mesembryanthemum aureum Thunb. = Phyllobolus nitidus (Haw.) Gerbaulet ●☆

251115 Mesembryanthemum ausanum Dinter et A. Berger = Prenia tetragona (Thunb.) Gerbaulet ■☆

251116 Mesembryanthemum ausense L. Bolus = Juttadinteria ausensis (L. Bolus) Schwantes ■☆

251117 Mesembryanthemum austricola L. Bolus = Lampranthus austricola (L. Bolus) L. Bolus ■☆

251118 Mesembryanthemum barbatum L. = Trichodiadema barbatum (L.) Schwantes ●☆

251119 Mesembryanthemum barklyi N. E. Br.;巴克利日中花■☆

251120 Mesembryanthemum barklyi N. E. Br. var. obtusifolium L. Bolus = Mesembryanthemum barklyi N. E. Br. ■☆

251121 Mesembryanthemum barnardii (L. Bolus) N. E. Br. = Ruschia barnardii L. Bolus ■☆

251122 Mesembryanthemum beetzii Dinter = Stoeberia beetzii (Dinter) Dinter et Schwantes ●☆

251123 Mesembryanthemum bellidiflorum L. = Acrodon bellidiflorus (L.) N. E. Br. ■☆

251124 Mesembryanthemum bellidiflorum L. var. glaucescens Haw. = Acrodon bellidiflorus (L.) N. E. Br. ■☆

251125 Mesembryanthemum bellidiflorum L. var. simplex DC. = Acrodon subulatus (Mill.) N. E. Br. ■☆

251126 Mesembryanthemum bellidiflorum L. var. striatum Haw. = Acrodon bellidiflorus (L.) N. E. Br. ■☆

251127 Mesembryanthemum bellidiflorum L. var. subulatum (Mill.) Haw. = Acrodon subulatus (Mill.) N. E. Br. ■☆

251128 Mesembryanthemum bellidiflorum L. var. viride Haw. = Acrodon bellidiflorus (L.) N. E. Br. ■☆

251129 Mesembryanthemum bellidiforme Burm. f. = Dorotheanthus bellidiformis (Burm. f.) N. E. Br. ■☆

251130 Mesembryanthemum bellum (N. E. Br.) Dinter = Lithops karasmontana (Dinter et Schwantes) N. E. Br. subsp. bella (N. E. Br.) D. T. Cole ■☆

251131 Mesembryanthemum bergerianum Dinter = Hereroa hesperantha (Dinter et A. Berger) Dinter et Schwantes ■☆

251132 Mesembryanthemum beswickii L. Bolus = Khadia beswickii (L. Bolus) N. E. Br. ●☆

251133 Mesembryanthemum bibracteatum Haw. = Cheiridopsis rostrata (L.) N. E. Br. ■☆

251134 Mesembryanthemum bicolor L. = Lampranthus bicolor (L.) N. E. Br. ■☆

251135 Mesembryanthemum bicorne Sond. = Psilocaulon bicorne (Sond.) Schwantes ■☆

251136 Mesembryanthemum bidentatum Haw. = Glottiphyllum difforme (L.) N. E. Br. ■☆

251137 Mesembryanthemum bifidum Haw. = Cheiridopsis rostrata (L.) N. E. Br. ■☆

251138 Mesembryanthemum bifoliatum L. Bolus = Ottosonderia monticola (Sond.) L. Bolus ●☆

251139 Mesembryanthemum biforme N. E. Br. = Antimima biformis (N. E. Br.) H. E. K. Hartmann ■☆

251140 Mesembryanthemum bigibberatum Haw. = Glottiphyllum difforme (L.) N. E. Br. ■☆

251141 Mesembryanthemum bilobum Marloth = Conophytum bilobum (Marloth) N. E. Br. ■☆

251142 Mesembryanthemum binum L. Bolus = Braunsia maximilianii (Schltr. et A. Berger) Schwantes ●☆

251143 Mesembryanthemum binum N. E. Br. = Braunsia bina (N. E. Br.) Schwantes ●☆

251144 Mesembryanthemum blandum Haw. = Lampranthus blandus (Haw.) Schwantes ■☆

251145 Mesembryanthemum blandum Haw. var. curviflorum (Haw.) A. Berger = Lampranthus curviflorus (Haw.) H. E. K. Hartmann ■☆

251146 Mesembryanthemum bolusii Hook. f. = Pleiospilos bolusii (Hook. f.) N. E. Br. ■☆

251147 Mesembryanthemum bosscheanum A. Berger = Faucaria bosscheana (A. Berger) Schwantes ■☆

251148 Mesembryanthemum brachiatum Aiton = Aptenia geniculiflora (L.) Bittrich ex Gerbaulet ■☆

251149 Mesembryanthemum brachyandrum L. Bolus = Lampranthus brachyandrus (L. Bolus) N. E. Br. ■☆

251150 Mesembryanthemum bracteatum Aiton = Erepsia bracteata (Aiton) Schwantes ■☆

251151 Mesembryanthemum brakdamense L. Bolus = Ruschia brakdamensis (L. Bolus) L. Bolus ■☆

251152 Mesembryanthemum breve L. Bolus = Mesembryanthemum crystallinum L. ■

251153 Mesembryanthemum brevicaule Haw. = Conicosia pugioniformis (L.) N. E. Br. ■☆

251154 Mesembryanthemum brevicolle N. E. Br. = Antimima brevicollis (N. E. Br.) H. E. K. Hartmann ■☆

251155 Mesembryanthemum brevifolium Aiton = Drosanthemum brevifolium (Aiton) Schwantes ●☆

251156 Mesembryanthemum brevipes Schltr. = Argyroderma fissum (Haw.) L. Bolus ●☆

251157 Mesembryanthemum britteniae L. Bolus = Leipoldtia schultzei (Schltr. et Diels) Friedrich ●☆

251158 Mesembryanthemum brownii Hook. f. = Lampranthus brownii (Hook. f.) N. E. Br. ■☆

251159 Mesembryanthemum brunnthaleri A. Berger = Delosperma brunnthaleri (A. Berger) Schwantes ■☆

251160 Mesembryanthemum buchubergense Dinter ex Range = Brownanthus pubescens (N. E. Br. ex C. A. Maass) Bullock ●☆

251161 Mesembryanthemum bulbosum Haw. = Trichodiadema intonsum (Haw.) Schwantes ●☆

251162 Mesembryanthemum caducum Aiton = Mesembryanthemum nodiflorum L. ■☆

251163 Mesembryanthemum caespitosum L. Bolus = Lampranthus caespitosus (L. Bolus) N. E. Br. ■☆

251164 Mesembryanthemum caespitosum L. Bolus. f. luxurians ? = Lampranthus caespitosus (L. Bolus) N. E. Br. ■☆

251165 Mesembryanthemum calcaratum Wolley-Dod = Lampranthus calcaratus (Wolley-Dod) N. E. Br. ■☆

251166 Mesembryanthemum calcareum Marloth = Titanopsis calcarea (Marloth) Schwantes ■☆

251167 Mesembryanthemum calcicola L. Bolus = Ruschia calcicola (L. Bolus) L. Bolus ●☆

251168 Mesembryanthemum calculus A. Berger = Conophytum calculus (A. Berger) N. E. Br. ■☆

251169 Mesembryanthemum calendulaceum Haw. = Carpanthea pomeridiana (L.) N. E. Br. ■☆

251170 Mesembryanthemum calycinum Haw. = Drosanthemum calycinum (Haw.) Schwantes ●☆

251171 Mesembryanthemum campestre Burch. = Ruschia campestris (Burch.) Schwantes ●☆

251172 Mesembryanthemum canaliculatum Haw. = Phyllobolus canaliculatus (Haw.) Bittrich ●☆

251173 Mesembryanthemum candidissimum (Haw.) N. E. Br. = Cheiridopsis denticulata (Haw.) N. E. Br. ■☆

251174 Mesembryanthemum candollii Haw. = Carpanthea pomeridiana (L.) N. E. Br. ■☆

251175 Mesembryanthemum caninum Haw. = Carruanthus ringens (L.) Boom ■☆

251176 Mesembryanthemum caninum Haw. var. paucidentatum Salm-Dyck = Carruanthus ringens (L.) Boom ■☆

251177 Mesembryanthemum caninum Haw. var. vulpinum ? = Carruanthus ringens (L.) Boom ■☆

251178 Mesembryanthemum canonotatum L. Bolus = Ruschia canonotata

(L. Bolus) Schwantes ●☆

251179 Mesembryanthemum canum A. Berger = Deilanthe peersii (L. Bolus) N. E. Br. ■☆

251180 Mesembryanthemum canum Haw. = Pleiospilos compactus (Aiton) Schwantes subsp. canus (Haw.) H. E. K. Hartmann et Liede ■☆

251181 Mesembryanthemum capillaceum L. Bolus = Lampranthus capillaceus (L. Bolus) N. E. Br. ■☆

251182 Mesembryanthemum capillare L. = Drosanthemum capillare (Thunb.) Schwantes ●☆

251183 Mesembryanthemum capitatum Haw. = Conicosia pugioniformis (L.) N. E. Br. ■☆

251184 Mesembryanthemum capitatum Haw. var. ramigerum ? = Conicosia pugioniformis (L.) N. E. Br. ■☆

251185 Mesembryanthemum capornii L. Bolus = Ruschia capornii (L. Bolus) L. Bolus ●☆

251186 Mesembryanthemum capornii L. Bolus f. ferum ? = Ruschia capornii (L. Bolus) L. Bolus ●☆

251187 Mesembryanthemum capornii L. Bolus var. longifolium ? = Ruschia capornii (L. Bolus) L. Bolus ●☆

251188 Mesembryanthemum carneum Haw. = Phyllobolus spinuliferus (Haw.) Gerbaulet ●☆

251189 Mesembryanthemum caroli L. Bolus = Ruschia caroli (L. Bolus) Schwantes ●☆

251190 Mesembryanthemum carolinense L. Bolus = Khadia carolinensis (L. Bolus) L. Bolus ●☆

251191 Mesembryanthemum caroli-schmidtii Dinter et A. Berger = Cheiridopsis caroli-schmidtii (Dinter et A. Berger) N. E. Br. ■☆

251192 Mesembryanthemum catervum N. E. Br. = Conophytum truncatum (Thunb.) N. E. Br. subsp. viridicatum (N. E. Br.) S. A. Hammer ■☆

251193 Mesembryanthemum caudatum L. Bolus = Phyllobolus caudatus (L. Bolus) Gerbaulet ●☆

251194 Mesembryanthemum caulescens Mill.; 覆盆花; Common Oscularis ●☆

251195 Mesembryanthemum caulescens Mill. = Oscularia caulescens (Mill.) Schwantes ●☆

251196 Mesembryanthemum cauliculatum Haw. = Cephalophyllum diversiphyllum (Haw.) H. E. K. Hartmann ■☆

251197 Mesembryanthemum cedarbergense L. Bolus = Oscularia cedarbergensis (L. Bolus) H. E. K. Hartmann ●☆

251198 Mesembryanthemum chauviniae Schwantes = Conophytum chauviniae (Schwantes) S. A. Hammer ■☆

251199 Mesembryanthemum chilense Molina;智利日中花;Sea Fig ■☆

251200 Mesembryanthemum chilense Molina = Carpobrotus chilensis (Molina) N. E. Br. ●☆

251201 Mesembryanthemum chrysoleucum Schltr. = Monilaria chrysoleuca (Schltr.) Schwantes ■☆

251202 Mesembryanthemum chrysum L. Bolus = Mesembryanthemum excavatum L. Bolus ■☆

251203 Mesembryanthemum cigarettiferum A. Berger = Cheiridopsis namaquensis (Sond.) H. E. K. Hartmann ■☆

251204 Mesembryanthemum ciliatum Aiton = Brownanthus vaginatus (Lam.) Chess. et M. Pignal ●☆

251205 Mesembryanthemum ciliolatum N. E. Br. = Antimima dasyphylla (Schltr.) H. E. K. Hartmann ■☆

251206 Mesembryanthemum cinctum L. Bolus = Ruschia cincta (L. Bolus) L. Bolus ■☆

251207 Mesembryanthemum cinereum Marloth = Namibia cinerea (Marloth) Dinter et Schwantes ■☆

251208 Mesembryanthemum citrinum L. Bolus = Lampranthus citrinus (L. Bolus) L. Bolus ■☆

251209 Mesembryanthemum clausum Dinter = Eberlanzia clausa (Dinter) Schwantes ■☆

251210 Mesembryanthemum clavatum Haw. = Dorotheanthus clavatus (Haw.) Struck ■☆

251211 Mesembryanthemum clavatum Jacq. = Aridaria noctiflora (L.) Schwantes subsp. defoliata (Haw.) Gerbaulet ●☆

251212 Mesembryanthemum clavifolium L. Bolus = Jordaaniella clavifolia (L. Bolus) H. E. K. Hartmann ■☆

251213 Mesembryanthemum clavulatum A. Berger = Psilocaulon subnodosum (A. Berger) N. E. Br. ■☆

251214 Mesembryanthemum cleistum (L. Bolus) N. E. Br. = Eberlanzia sedoides (Dinter et A. Berger) Schwantes ●☆

251215 Mesembryanthemum clivorum N. E. Br. = Mitrophyllum clivorum (N. E. Br.) Schwantes ●☆

251216 Mesembryanthemum coccineum Haw. = Lampranthus coccineus (Haw.) N. E. Br. ■☆

251217 Mesembryanthemum cognatum N. E. Br. = Mitrophyllum clivorum (N. E. Br.) Schwantes ●☆

251218 Mesembryanthemum collinum Sond. = Drosanthemum collinum (Sond.) Schwantes ●☆

251219 Mesembryanthemum coloratum N. E. Br. = Ruschia versicolor L. Bolus ●☆

251220 Mesembryanthemum commutatum A. Berger = Phyllobolus grossus (Aiton) Gerbaulet ■☆

251221 Mesembryanthemum compactum Aiton = Pleiospilos compactus (Aiton) Schwantes ■☆

251222 Mesembryanthemum compressum Haw. = Ruschia virgata (Haw.) L. Bolus ●☆

251223 Mesembryanthemum comptonii L. Bolus = Oscularia comptonii (L. Bolus) H. E. K. Hartmann ●☆

251224 Mesembryanthemum comptonii L. Bolus var. roseum ? = Oscularia comptonii (L. Bolus) H. E. K. Hartmann ●☆

251225 Mesembryanthemum comptum N. E. Br. = Antimima concinna (L. Bolus) H. E. K. Hartmann ■☆

251226 Mesembryanthemum concavum Haw. = Sceletium tortuosum (L.) N. E. Br. ●☆

251227 Mesembryanthemum concinnum N. E. Br. = Titanopsis schwantesii (Dinter ex Schwantes) Schwantes ■☆

251228 Mesembryanthemum condensum N. E. Br. = Antimima condensa (N. E. Br.) H. E. K. Hartmann ■☆

251229 Mesembryanthemum confusum Dinter = Cephalophyllum confusum (Dinter) Dinter et Schwantes ■☆

251230 Mesembryanthemum congestum Salm-Dyck = Ruschia congesta (Salm-Dyck) L. Bolus ●☆

251231 Mesembryanthemum connatum (L. Bolus) N. E. Br. = Octopoma connatum (L. Bolus) L. Bolus ●☆

251232 Mesembryanthemum conspicuum Haw. = Lampranthus conspicuus (Haw.) N. E. Br. ■☆

251233 Mesembryanthemum constrictum L. Bolus = Leipoldtia schultzei (Schltr. et Diels) Friedrich ●☆

251234 Mesembryanthemum convexum L. Bolus = Lampranthus convexus (L. Bolus) L. Bolus ■☆

251235 Mesembryanthemum cookii L. Bolus = Machairophyllum albidum (L.) Schwantes ■☆

251236 Mesembryanthemum cooperi Hook. f. = Delosperma cooperi (Hook. f.) L. Bolus ■☆

251237 Mesembryanthemum copiosum L. Bolus = Oscularia copiosa (L. Bolus) H. E. K. Hartmann ●☆

251238 Mesembryanthemum copticum L. = Aizoon hispanicum L. ■☆

251239 Mesembryanthemum coralliflorum Salm-Dyck = Lampranthus coralliflorus (Salm-Dyck) Schwantes ■☆

251240 Mesembryanthemum corallinum Thunb. = Brownanthus corallinus (Thunb.) Ihlenf. et Bittrich ●☆

251241 Mesembryanthemum coralloides DC. = Brownanthus corallinus (Thunb.) Ihlenf. et Bittrich ●☆

251242 Mesembryanthemum cordifolium L. f. = Aptenia cordifolia (L. f.) Schwantes ■

251243 Mesembryanthemum coriarium Burch. ex N. E. Br. = Psilocaulon coriarium (Burch. ex N. E. Br.) N. E. Br. ■☆

251244 Mesembryanthemum corniculatum L. = Cephalophyllum corniculatum (L.) Schwantes ■☆

251245 Mesembryanthemum coruscans Haw. = Conicosia pugioniformis (L.) N. E. Br. ■☆

251246 Mesembryanthemum crassicaule Haw. = Sceletium crassicaule (Haw.) L. Bolus ●☆

251247 Mesembryanthemum crassifolium L. = Disphyma crassifolium (L.) L. Bolus ■☆

251248 Mesembryanthemum crassipes Marloth = Aloinopsis spathulata (Thunb.) L. Bolus ■☆

251249 Mesembryanthemum crassulifolium N. E. Br. = Eberlanzia sedoides (Dinter et A. Berger) Schwantes ●☆

251250 Mesembryanthemum crassulinum Spreng. = Delosperma crassuloides (Haw.) L. Bolus ■☆

251251 Mesembryanthemum crassuloides Haw. = Delosperma crassuloides (Haw.) L. Bolus ■☆

251252 Mesembryanthemum crassum L. Bolus = Ruschia crassa (L. Bolus) Schwantes ●☆

251253 Mesembryanthemum crateriforme L. Bolus = Argyroderma crateriforme (L. Bolus) N. E. Br. ●☆

251254 Mesembryanthemum criniflorum L. f. = Dorotheanthus bellidiformis (Burm. f.) N. E. Br. ■☆

251255 Mesembryanthemum crinifolium L. f.;利文斯顿日中花;Livingstone Daisy ■☆

251256 Mesembryanthemum crispum Haw.;皱褶日中花■☆

251257 Mesembryanthemum croceum Jacq. = Malephora crocea (Jacq.) Schwantes ■☆

251258 Mesembryanthemum croceum Jacq. var. flavo-croceum (Haw.) DC. = Malephora flavo-crocea (Haw.) Jacobsen et Schwantes ■☆

251259 Mesembryanthemum croceum Jacq. var. purpureo-croceum (Haw.) DC. = Malephora purpureo-crocea (Haw.) Schwantes ■☆

251260 Mesembryanthemum cruciatum Haw. = Glottiphyllum cruciatum (Haw.) N. E. Br. ■☆

251261 Mesembryanthemum cryocalyx L. Bolus = Mesembryanthemum longistylum DC. ■☆

251262 Mesembryanthemum cryptanthum Hook. f.;隐花日中花■☆

251263 Mesembryanthemum cryptopodium Kensit = Gibbaeum nuciforme (Haw.) Glen et H. E. K. Hartmann ■☆

251264 Mesembryanthemum crystallino-papillosum Bolus ex Fedde et J. Schust. = Phyllobolus oculatus (N. E. Br.) Gerbaulet ●☆

251265 Mesembryanthemum crystallinum L.;冰叶日中花(冰花);Common Ice-plant, Common Ice-plant, Crystaleaf Figmarigold, Crystalline, Crystalline iceplant, Hottentot Fig, Ice Plant, Ice-plant, Sea Fig, Spangled Bean, Spangled Beau ■

251266 Mesembryanthemum crystallinum L. var. grandiflorum Eckl. et Zeyh. = Mesembryanthemum guerichianum Pax ■☆

251267 Mesembryanthemum crystallophanes Eckl. et Zeyh. = Mesembryanthemum aitonis Jacq. ■☆

251268 Mesembryanthemum cultratum Salm-Dyck = Glottiphyllum longum (Haw.) N. E. Br. ■

251269 Mesembryanthemum cupreum L. Bolus = Cephalophyllum caespitosum H. E. K. Hartmann ■☆

251270 Mesembryanthemum cupulatum L. Bolus = Ruschia cupulata (L. Bolus) Schwantes ●☆

251271 Mesembryanthemum curtophyllum L. Bolus = Cephalophyllum curtophyllum (L. Bolus) Schwantes ■☆

251272 Mesembryanthemum curtum Haw. = Ruschia curta (Haw.) Schwantes ●☆

251273 Mesembryanthemum curviflorum Haw. = Lampranthus curviflorus (Haw.) H. E. K. Hartmann ■☆

251274 Mesembryanthemum curvifolium Haw. = Lampranthus curvifolius (Haw.) N. E. Br. ■☆

251275 Mesembryanthemum curvifolium Haw. var. minus Salm-Dyck = Lampranthus flexifolius (Haw.) N. E. Br. ■☆

251276 Mesembryanthemum cyathiforme L. Bolus = Lampranthus cyathiformis (L. Bolus) N. E. Br. ■☆

251277 Mesembryanthemum cylindricum Haw. = Calamophyllum cylindricum (Haw.) Schwantes ■☆

251278 Mesembryanthemum cymbifolium Haw. = Ruschia cymbifolia (Haw.) L. Bolus ●☆

251279 Mesembryanthemum cymosum L. Bolus = Ruschia cymosa (L. Bolus) Schwantes ●☆

251280 Mesembryanthemum dactylinum Welw. ex Oliv. = Opophytum dactylinum (Welw. ex Oliv.) N. E. Br. ■☆

251281 Mesembryanthemum damaranum N. E. Br. = Lithops karasmontana (Dinter et Schwantes) N. E. Br. ■☆

251282 Mesembryanthemum dasyphyllum Schltr. = Antimima dasyphylla (Schltr.) H. E. K. Hartmann ■☆

251283 Mesembryanthemum dealbatum N. E. Br. = Dracophilus dealbatus (N. E. Br.) Walgate ■☆

251284 Mesembryanthemum debile Haw. = Lampranthus debilis (Haw.) N. E. Br. ■☆

251285 Mesembryanthemum deceptum N. E. Br. = Ruschia cymbifolia (Haw.) L. Bolus ●☆

251286 Mesembryanthemum decipiens Haw. = Cephalophyllum loreum (L.) Schwantes ■☆

251287 Mesembryanthemum decorum N. E. Br. = Trichodiadema decorum (N. E. Br.) Stearn ex H. Jacobsen ●☆

251288 Mesembryanthemum decurrens (L. Bolus) N. E. Br. = Ruschia decurrens L. Bolus ●☆

251289 Mesembryanthemum decussatum Thunb. = Aptenia geniculiflora (L.) Bittrich ex Gerbaulet ■☆

251290 Mesembryanthemum deflectum N. E. Br. = Ruschia decumbens L. Bolus ●☆

251291 Mesembryanthemum deflexum Aiton = Lampranthus deflexus (Aiton) N. E. Br. ■☆

251292 Mesembryanthemum defoliatum Haw. = Aridaria noctiflora (L.)

Schwantes subsp. defoliata (Haw.) Gerbaulet ●☆

251293 Mesembryanthemum dejagerae (L. Bolus) L. Bolus = Mesembryanthemum stenandrum (L. Bolus) L. Bolus ■☆

251294 Mesembryanthemum dekenahi N. E. Br. = Antimima dekenahi (N. E. Br.) H. E. K. Hartmann ■☆

251295 Mesembryanthemum delaetianum Dinter = Dracophilus delaetianus (Dinter) Dinter et Schwantes ■☆

251296 Mesembryanthemum delicatulum L. Bolus = Drosanthemum delicatulum (L. Bolus) Schwantes ●☆

251297 Mesembryanthemum deliciosum L. Bolus = Carpobrotus deliciosus (L. Bolus) L. Bolus ●☆

251298 Mesembryanthemum deltoides L. = Oscularia deltoides (L.) Schwantes ●☆

251299 Mesembryanthemum deltoides L. var. majus Weston = Oscularia major (Weston) Schwantes ●☆

251300 Mesembryanthemum deltoides L. var. muricatum (Haw.) A. Berger = Oscularia deltoides (L.) Schwantes ●☆

251301 Mesembryanthemum deltoides L. var. pedunculatum N. E. Br. = Oscularia pedunculata (N. E. Br.) Schwantes ●☆

251302 Mesembryanthemum deltoides L. var. simplex DC. = Oscularia caulescens (Mill.) Schwantes ●☆

251303 Mesembryanthemum delum L. Bolus = Phyllobolus delus (L. Bolus) Gerbaulet ■☆

251304 Mesembryanthemum densifolium L. Bolus = Lampranthus densifolius (L. Bolus) L. Bolus ■☆

251305 Mesembryanthemum densipetalum L. Bolus = Lampranthus densipetalus (L. Bolus) L. Bolus ■☆

251306 Mesembryanthemum densum Haw. = Trichodiadema densum (Haw.) Schwantes ●☆

251307 Mesembryanthemum denticulatum Haw. = Cheiridopsis denticulata (Haw.) N. E. Br. ■☆

251308 Mesembryanthemum denticulatum Haw. var. candidissimum ? = Cheiridopsis denticulata (Haw.) N. E. Br. ■☆

251309 Mesembryanthemum denticulatum Haw. var. canum ? = Cheiridopsis denticulata (Haw.) N. E. Br. ■☆

251310 Mesembryanthemum denticulatum Haw. var. glaucum ? = Cheiridopsis denticulata (Haw.) N. E. Br. ■☆

251311 Mesembryanthemum dependens L. Bolus = Lampranthus dependens (L. Bolus) L. Bolus ■☆

251312 Mesembryanthemum depressum Haw. = Glottiphyllum depressum (Haw.) N. E. Br. ■☆

251313 Mesembryanthemum depressum Haw. var. lividum ? = Glottiphyllum depressum (Haw.) N. E. Br. ■☆

251314 Mesembryanthemum derenbergiana Dinter = Ebracteola derenbergiana (Dinter) Dinter et Schwantes ■☆

251315 Mesembryanthemum derenbergiana Dinter var. interioris ? = Ebracteola derenbergiana (Dinter) Dinter et Schwantes ■☆

251316 Mesembryanthemum derenbergianum Dinter = Ebracteola derenbergiana (Dinter) Dinter et Schwantes ■☆

251317 Mesembryanthemum deserticola Marloth = Juttadinteria deserticola (Marloth) Schwantes ■☆

251318 Mesembryanthemum dichroum Rolfe = Ruschia dichroa (Rolfe) L. Bolus ●☆

251319 Mesembryanthemum difforme L. = Glottiphyllum difforme (L.) N. E. Br. ■☆

251320 Mesembryanthemum difforme Thunb. = Cheiridopsis namaquensis (Sond.) H. E. K. Hartmann ■☆

251321 Mesembryanthemum diffusum L. Bolus = Lampranthus diffusus (L. Bolus) N. E. Br. ■☆

251322 Mesembryanthemum digitatum Aiton = Dactylopsis digitata (Aiton) N. E. Br. ■☆

251323 Mesembryanthemum digitiforme Thunb. = Dactylopsis digitata (Aiton) N. E. Br. ■☆

251324 Mesembryanthemum dilatatum Haw. = Ruschia haworthii Jacobsen et G. D. Rowley ■☆

251325 Mesembryanthemum dimidiatum Haw. = Carpobrotus dimidiatus (Haw.) L. Bolus ●☆

251326 Mesembryanthemum diminutum Haw. = Cephalophyllum subulatoides (Haw.) N. E. Br. ■☆

251327 Mesembryanthemum diminutum Haw. var. cauliculatum (Haw.) Haw. = Cephalophyllum diversiphyllum (Haw.) H. E. K. Hartmann ■☆

251328 Mesembryanthemum diminutum Haw. var. pallidum ? = Cephalophyllum subulatoides (Haw.) N. E. Br. ■☆

251329 Mesembryanthemum dimorphum Welw. ex Oliv. = Psilocaulon dimorphum (Welw. ex Oliv.) N. E. Br. ■☆

251330 Mesembryanthemum dinterae Dinter = Chasmatophyllum musculinum (Haw.) Dinter et Schwantes ●☆

251331 Mesembryanthemum dinteri Engl. = Psilocaulon dinteri (Engl.) Schwantes ■☆

251332 Mesembryanthemum diplosum N. E. Br. = Ruschia patens L. Bolus ■☆

251333 Mesembryanthemum dissimile N. E. Br. = Cephalophyllum corniculatum (L.) Schwantes ■☆

251334 Mesembryanthemum dissitum N. E. Br. = Mitrophyllum dissitum (N. E. Br.) Schwantes ●☆

251335 Mesembryanthemum distans L. Bolus = Antimima distans (L. Bolus) H. E. K. Hartmann ■☆

251336 Mesembryanthemum divergens Kensit = Antegibbaeum fissoides (Haw.) Schwantes ex C. Weber ■☆

251337 Mesembryanthemum diversifolium Haw. = Cephalophyllum diversiphyllum (Haw.) H. E. K. Hartmann ■☆

251338 Mesembryanthemum diversipapillosum A. Berger = Brownanthus arenosus (Schinz) Ihlenf. et Bittrich ●☆

251339 Mesembryanthemum diversiphyllum Haw. = Cephalophyllum diversiphyllum (Haw.) H. E. K. Hartmann ■☆

251340 Mesembryanthemum diversiphyllum Haw. var. congestum Salm-Dyck = Cephalophyllum diversiphyllum (Haw.) H. E. K. Hartmann ■☆

251341 Mesembryanthemum dolabriforme L. = Rhombophyllum dolabriforme (L.) Schwantes ●☆

251342 Mesembryanthemum dolomiticum Dinter = Antimima dolomitica (Dinter) H. E. K. Hartmann ■☆

251343 Mesembryanthemum dregeanum Sond. = Lampranthus dregeanus (Sond.) N. E. Br. ■☆

251344 Mesembryanthemum drepanophyllum Schltr. et A. Berger = Esterhuysenia drepanophylla (Schltr. et A. Berger) H. E. K. Hartmann ●☆

251345 Mesembryanthemum dressianum J. W. Ingram = Ruschia rigens L. Bolus ■☆

251346 Mesembryanthemum dubitans L. Bolus = Phiambolia unca (L. Bolus) Klak ■☆

251347 Mesembryanthemum dubium Haw. = Jordaaniella dubia (Haw.) H. E. K. Hartmann ■☆

251348 Mesembryanthemum dulce L. Bolus = Lampranthus dulcis (L. Bolus) L. Bolus ■☆

251349 Mesembryanthemum dumosum N. E. Br. = Ruschia virens L. Bolus ●☆

251350 Mesembryanthemum dunense Sond. = Erepsia dunensis (Sond.) Klak ●☆

251351 Mesembryanthemum dyeri (L. Bolus) N. E. Br. = Rhombophyllum albanense (L. Bolus) H. E. K. Hartmann ●☆

251352 Mesembryanthemum ebracteatum Pax ex Schltr. et Diels = Cephalophyllum ebracteatum (Pax ex Schltr. et Diels) Dinter et Schwantes ■☆

251353 Mesembryanthemum echinatum Lam. = Delosperma echinatum (Lam.) Schwantes ■☆

251354 Mesembryanthemum ecklonis Salm-Dyck = Delosperma ecklonis (Salm-Dyck) Schwantes ■☆

251355 Mesembryanthemum edentulum Haw. = Ruschia edentula (Haw.) L. Bolus ●☆

251356 Mesembryanthemum edule Haw. var. flavum (L.) Moss = Carpobrotus edulis (L.) N. E. Br. ●☆

251357 Mesembryanthemum edule L.; 食用日中花(冰花果); Edible Figmarigold, Fig Marigold, Hottentot Fig, Kaffir Fig ■

251358 Mesembryanthemum edule L. = Carpobrotus edulis (L.) N. E. Br. ●☆

251359 Mesembryanthemum edwardsiae L. Bolus = Lampranthus edwardsiae (L. Bolus) L. Bolus ■☆

251360 Mesembryanthemum egregium L. Bolus = Lampranthus egregius (L. Bolus) L. Bolus ■☆

251361 Mesembryanthemum elegans Jacq. = Lampranthus elegans (Jacq.) Schwantes ■☆

251362 Mesembryanthemum elineatum (L. Bolus) N. E. Br. = Ruschia elineata L. Bolus ●☆

251363 Mesembryanthemum elishae N. E. Br. = Conophytum bilobum (Marloth) N. E. Br. var. elishae (N. E. Br.) S. A. Hammer ■☆

251364 Mesembryanthemum elizae Dinter et A. Berger = Juttadinteria deserticola (Marloth) Schwantes ■☆

251365 Mesembryanthemum elongatum Eckl. et Zeyh. = Aptenia haeckeliana (A. Berger) Bittrich ex Gerbaulet ■☆

251366 Mesembryanthemum elongatum Haw. = Conicosia elongata (Haw.) N. E. Br. ■☆

251367 Mesembryanthemum elongatum Haw. var. fusiforme ? = Conicosia elongata (Haw.) N. E. Br. ■☆

251368 Mesembryanthemum elongatum Haw. var. grandiflorum ? = Conicosia elongata (Haw.) N. E. Br. ■☆

251369 Mesembryanthemum elongatum Haw. var. minus ? = Conicosia elongata (Haw.) N. E. Br. ■☆

251370 Mesembryanthemum emarcidum Thunb. = Sceletium emarcidum (Thunb.) L. Bolus ex H. Jacobsen ●☆

251371 Mesembryanthemum emarginatoides Haw. = Lampranthus emarginatoides (Haw.) N. E. Br. ■☆

251372 Mesembryanthemum emarginatum L. = Lampranthus emarginatus (L.) N. E. Br. ■☆

251373 Mesembryanthemum englerianum Dinter et A. Berger = Malephora engleriana (Dinter et A. Berger) Schwantes ■☆

251374 Mesembryanthemum englishiae L. Bolus = Prenia englishiae (L. Bolus) Gerbaulet ■☆

251375 Mesembryanthemum enorme N. E. Br. = Antimima tuberculosa (L. Bolus) H. E. K. Hartmann ■☆

251376 Mesembryanthemum erectum Haw. = Mesembryanthemum fastigiatum Thunb. ■☆

251377 Mesembryanthemum erectum L. Bolus = Ruschia erecta (L. Bolus) Schwantes ●☆

251378 Mesembryanthemum erigeriflorum Jacq. = Drosanthemum erigeriflorum (Jacq.) Stearn ●☆

251379 Mesembryanthemum eurystigmatum Gerbaulet; 宽柱头日中花 ■☆

251380 Mesembryanthemum evolutum N. E. Br. = Antimima evoluta (N. E. Br.) H. E. K. Hartmann ●☆

251381 Mesembryanthemum exacutum N. E. Br. = Ruschia acuminata L. Bolus ●☆

251382 Mesembryanthemum excavatum L. Bolus; 凹陷日中花 ■☆

251383 Mesembryanthemum exiguum N. E. Br. = Cheiridopsis namaquensis (Sond.) H. E. K. Hartmann ■☆

251384 Mesembryanthemum exile N. E. Br. = Ruschia gracilis L. Bolus ●☆

251385 Mesembryanthemum expansum L. = Sceletium expansum (L.) L. Bolus ●☆

251386 Mesembryanthemum explanatum L. Bolus; 扩张松叶菊 ■☆

251387 Mesembryanthemum explanatum L. Bolus = Lampranthus explanatus (L. Bolus) N. E. Br. ■☆

251388 Mesembryanthemum falcatum L. = Lampranthus falcatus (L.) N. E. Br. ■☆

251389 Mesembryanthemum falcatum L. var. galpinii L. Bolus = Lampranthus falcatus (L.) N. E. Br. ■☆

251390 Mesembryanthemum falciforme Haw. = Lampranthus falciformis (Haw.) N. E. Br. ■☆

251391 Mesembryanthemum fastigiatum Haw. = Phyllobolus splendens (L.) Gerbaulet ●☆

251392 Mesembryanthemum fastigiatum Haw. var. reflexum (Haw.) Haw. = Phyllobolus splendens (L.) Gerbaulet ●☆

251393 Mesembryanthemum fastigiatum Thunb.; 帚状松叶菊 ■☆

251394 Mesembryanthemum felinum (L.) Weston = Faucaria felina (L.) Schwantes ■☆

251395 Mesembryanthemum fenchelii Schinz = Mesembryanthemum guerichianum Pax ■☆

251396 Mesembryanthemum fergusoniae (L. Bolus) N. E. Br. = Antimima fergusoniae (L. Bolus) H. E. K. Hartmann ■☆

251397 Mesembryanthemum fergusoniae L. Bolus = Lampranthus fergusoniae L. Bolus ■☆

251398 Mesembryanthemum ferrugineum Schwantes = Lithops lesliei (N. E. Br.) N. E. Br. ■☆

251399 Mesembryanthemum festivum N. E. Br. = Ruschia festiva (N. E. Br.) Schwantes ●☆

251400 Mesembryanthemum fibuliforme Haw. = Conophytum fibuliforme (Haw.) N. E. Br. ■☆

251401 Mesembryanthemum ficiforme Haw. = Conophytum ficiforme (Haw.) N. E. Br. ■☆

251402 Mesembryanthemum filamentosum DC. = Erepsia forficata (L.) Schwantes ●☆

251403 Mesembryanthemum filicaule Haw. = Lampranthus filicaulis (Haw.) N. E. Br. ■☆

251404 Mesembryanthemum filiforme Thunb. = Galenia filiformis (Thunb.) N. E. Br. ●☆

251405 Mesembryanthemum filipetalum (L. Bolus) N. E. Br. = Ruschia filipetala L. Bolus ●☆

251406 Mesembryanthemum fimbriatum Sond. = Conophytum truncatum (Thunb.) N. E. Br. ■☆

251407 Mesembryanthemum firmum N. E. Br. = Ruschia brevipes L. Bolus ●☆

251408 Mesembryanthemum fissoides Haw. = Antegibbaeum fissoides (Haw.) Schwantes ex C. Weber ■☆

251409 Mesembryanthemum fissum Haw. = Argyroderma fissum (Haw.) L. Bolus ●☆

251410 Mesembryanthemum flaccidum Jacq. = Saphesia flaccida (Jacq.) N. E. Br. ●☆

251411 Mesembryanthemum flavo-croceum (Haw.) Haw. = Malephora flavo-crocea (Haw.) Jacobsen et Schwantes ■☆

251412 Mesembryanthemum flavum Haw. = Drosanthemum flavum (Haw.) Schwantes ●☆

251413 Mesembryanthemum flexifolium Haw. = Lampranthus flexifolius (Haw.) N. E. Br. ■☆

251414 Mesembryanthemum flexile Haw. = Lampranthus flexilis (Haw.) N. E. Br. ■☆

251415 Mesembryanthemum flexuosum Haw. = Phyllobolus splendens (L.) Gerbaulet ●☆

251416 Mesembryanthemum floribundum Haw. = Drosanthemum floribundum (Haw.) Schwantes ●☆

251417 Mesembryanthemum floriferum N. E. Br. = Eberlanzia schneideriana (A. Berger) H. E. K. Hartmann ●☆

251418 Mesembryanthemum flos-solis A. Berger = Dorotheanthus bellidiformis (Burm. f.) N. E. Br. ■☆

251419 Mesembryanthemum foliosum Haw. = Ruschia foliosa (Haw.) Schwantes ●☆

251420 Mesembryanthemum forficatum L. = Erepsia forficata (L.) Schwantes ●☆

251421 Mesembryanthemum formosulum N. E. Br. = Antimima peersii (L. Bolus) H. E. K. Hartmann ■☆

251422 Mesembryanthemum formosum Haw. = Lampranthus formosus (Haw.) N. E. Br. ■☆

251423 Mesembryanthemum forskahlii Hochst. ex Boiss. = Mesembryanthemum cryptanthum Hook. f. ■☆

251424 Mesembryanthemum forskhalii Boiss. = Opophytum forskhalii (Boiss.) N. E. Br. ■☆

251425 Mesembryanthemum fourcadei (L. Bolus) N. E. Br. = Ruschia fourcadei L. Bolus ■☆

251426 Mesembryanthemum fourcadei L. Bolus = Drosanthemum fourcadei (L. Bolus) Schwantes ●☆

251427 Mesembryanthemum fragrans Salm-Dyck = Glottiphyllum depressum (Haw.) N. E. Br. ■☆

251428 Mesembryanthemum framesii (L. Bolus) N. E. Br. = Ruschia framesii L. Bolus ■☆

251429 Mesembryanthemum framesii L. Bolus = Lampranthus framesii (L. Bolus) N. E. Br. ■☆

251430 Mesembryanthemum francisci Dinter et Schwantes = Lithops francisci (Dinter et Schwantes) N. E. Br. ■☆

251431 Mesembryanthemum fraternum N. E. Br. = Conophytum fraternum (N. E. Br.) N. E. Br. ■☆

251432 Mesembryanthemum fredericii L. Bolus = Ruschia fredericii (L. Bolus) L. Bolus ■☆

251433 Mesembryanthemum friedrichiae Dinter = Conophytum friedrichiae (Dinter) Schwantes ■☆

251434 Mesembryanthemum frithii L. Bolus = Peersia frithii (L. Bolus) L. Bolus ●☆

251435 Mesembryanthemum frutescens L. Bolus = Stoeberia frutescens (L. Bolus) Van Jaarsv. ●☆

251436 Mesembryanthemum fulviceps N. E. Br. = Lithops fulviceps (N. E. Br.) N. E. Br. ■☆

251437 Mesembryanthemum fulvum Haw. = Aridaria noctiflora (L.) Schwantes subsp. straminea (Haw.) Gerbaulet ●☆

251438 Mesembryanthemum furvum L. Bolus = Lampranthus furvus (L. Bolus) N. E. Br. ■☆

251439 Mesembryanthemum fusiforme Haw. = Conicosia elongata (Haw.) N. E. Br. ■☆

251440 Mesembryanthemum galpiniae L. Bolus = Lampranthus galpiniae (L. Bolus) L. Bolus ■☆

251441 Mesembryanthemum galpinii (L. Bolus) L. Bolus = Mesembryanthemum stenandrum (L. Bolus) L. Bolus ■☆

251442 Mesembryanthemum gaussenii Leredde = Mesembryanthemum cryptanthum Hook. f. ■☆

251443 Mesembryanthemum geminatum Haw. = Braunsia geminata (Haw.) L. Bolus ●☆

251444 Mesembryanthemum geminatum Jacq. = Ruschia geminiflora (Haw.) Schwantes ■☆

251445 Mesembryanthemum geminiflorum Haw. = Ruschia geminiflora (Haw.) Schwantes ■☆

251446 Mesembryanthemum geminum (L. Bolus) N. E. Br. = Cerochlamys gemina (L. Bolus) H. E. K. Hartmann ■☆

251447 Mesembryanthemum geniculiflorum L. = Aptenia geniculiflora (L.) Bittrich ex Gerbaulet ■☆

251448 Mesembryanthemum gessertianum Dinter et A. Berger = Psilocaulon gessertianum (Dinter et A. Berger) Dinter et Schwantes ■☆

251449 Mesembryanthemum gibbosum Haw. = Gibbaeum gibbosum (Haw.) N. E. Br. ■☆

251450 Mesembryanthemum giffenii L. Bolus = Drosanthemum giffenii (L. Bolus) Schwantes ●☆

251451 Mesembryanthemum giffenii L. Bolus var. intertextum ? = Drosanthemum giffenii (L. Bolus) Schwantes ●☆

251452 Mesembryanthemum gigas Dinter = Stoeberia gigas (Dinter) Dinter et Schwantes ●☆

251453 Mesembryanthemum glabrum Aiton = Hymenogyne glabra (Aiton) Haw. ■☆

251454 Mesembryanthemum glaciale Haw. = Mesembryanthemum crystallinum L. ■

251455 Mesembryanthemum glareosum A. Berger = Psilocaulon salicornioides (Pax) Schwantes ■☆

251456 Mesembryanthemum glaucoides Haw. = Lampranthus glaucoides (Haw.) N. E. Br. ■☆

251457 Mesembryanthemum glaucum L. = Lampranthus glaucus (L.) N. E. Br. ■☆

251458 Mesembryanthemum glaucum L. var. tortuosum Salm-Dyck = Lampranthus glaucus (L.) N. E. Br. ■☆

251459 Mesembryanthemum glebula Schwantes = Conophytum minimum (Haw.) N. E. Br. ■☆

251460 Mesembryanthemum globosum L. Bolus = Lampranthus globosus L. Bolus ■☆

251461 Mesembryanthemum globosum N. E. Br. = Conophytum globosum (N. E. Br.) N. E. Br. ■☆

251462 Mesembryanthemum glomeratum L. = Lampranthus glomeratus

(L.) N. E. Br. ■☆

251463 Mesembryanthemum godmaniae L. Bolus = Lampranthus godmaniae (L. Bolus) L. Bolus ■☆

251464 Mesembryanthemum goodiae (L. Bolus) N. E. Br. = Ruschia goodiae L. Bolus ■☆

251465 Mesembryanthemum gracile Haw. = Erepsia gracilis (Haw.) L. Bolus ●☆

251466 Mesembryanthemum gracilipes L. Bolus = Lampranthus gracilipes (L. Bolus) N. E. Br. ■☆

251467 Mesembryanthemum gracistylum L. Bolus = Conophytum bilobum (Marloth) N. E. Br. subsp. gracilistylum (L. Bolus) S. A. Hammer ■☆

251468 Mesembryanthemum gramineum Haw. = Dorotheanthus apetalus (L. f.) N. E. Br. ■☆

251469 Mesembryanthemum grandiflorum Haw. = Glottiphyllum grandiflorum (Haw.) N. E. Br. ■☆

251470 Mesembryanthemum grandiflorum Schinz ex Range = Mesembryanthemum guerichianum Pax ■☆

251471 Mesembryanthemum grandifolium Schinz = Mesembryanthemum guerichianum Pax ■☆

251472 Mesembryanthemum graniticum L. Bolus = Antimima granitica (L. Bolus) H. E. K. Hartmann ■☆

251473 Mesembryanthemum granulatum N. E. Br. = Hereroa granulata (N. E. Br.) Dinter et Schwantes ■☆

251474 Mesembryanthemum granulicaule Haw. = Psilocaulon granulicaule (Haw.) Schwantes ■☆

251475 Mesembryanthemum gratum N. E. Br. = Conophytum jucundum (N. E. Br.) N. E. Br. ■☆

251476 Mesembryanthemum griquense L. Bolus = Ruschia griquensis (L. Bolus) Schwantes ●☆

251477 Mesembryanthemum griseum L. Bolus = Ruschia grisea (L. Bolus) Schwantes ●☆

251478 Mesembryanthemum grossum Aiton = Phyllobolus grossus (Aiton) Gerbaulet ■☆

251479 Mesembryanthemum guerichianum Pax;宽萼日中花■☆

251480 Mesembryanthemum guthriae L. Bolus = Oscularia guthriae (L. Bolus) H. E. K. Hartmann ●☆

251481 Mesembryanthemum gymnocladum Schltr. et Diels = Brownanthus arenosus (Schinz) Ihlenf. et Bittrich ●☆

251482 Mesembryanthemum haeckelianum A. Berger = Aptenia haeckeliana (A. Berger) Bittrich ex Gerbaulet ■☆

251483 Mesembryanthemum halenbergense Dinter et Schwantes = Conophytum halenbergense (Dinter et Schwantes) N. E. Br. ■☆

251484 Mesembryanthemum hamatile (L. Bolus) N. E. Br. = Antimima hamatilis (L. Bolus) H. E. K. Hartmann ■☆

251485 Mesembryanthemum hamatum L. Bolus = Ruschia hamata (L. Bolus) Schwantes ●☆

251486 Mesembryanthemum hantamense Engl. = Antimima hantamensis (Engl.) H. E. K. Hartmann et Stüber ■☆

251487 Mesembryanthemum haworthii Haw. = Lampranthus haworthii (Haw.) N. E. Br. ■☆

251488 Mesembryanthemum heathii N. E. Br. = Gibbaeum heathii (N. E. Br.) L. Bolus ■☆

251489 Mesembryanthemum hebes N. E. Br. = Ruschia obtusa L. Bolus ■☆

251490 Mesembryanthemum helianthoides Aiton = Apatesia helianthoides (Aiton) N. E. Br. ■☆

251491 Mesembryanthemum helianthoides Aiton var. glabrum Sond. = Apatesia helianthoides (Aiton) N. E. Br. ■☆

251492 Mesembryanthemum helianthoides Aiton var. glaucum Sond. ex H. Jacobsen = Apatesia helianthoides (Aiton) N. E. Br. ■☆

251493 Mesembryanthemum henricii L. Bolus = Lampranthus henricii (L. Bolus) N. E. Br. ■☆

251494 Mesembryanthemum herrei (Schwantes) N. E. Br. = Antimima herrei (Schwantes) H. E. K. Hartmann ■☆

251495 Mesembryanthemum herrei L. Bolus = Ruschia sandbergensis L. Bolus ●☆

251496 Mesembryanthemum hesperanthum Dinter et A. Berger = Hereroa hesperantha (Dinter et A. Berger) Dinter et Schwantes ■☆

251497 Mesembryanthemum hesperanthum L. Bolus = Mesembryanthemum longistylum DC. ■☆

251498 Mesembryanthemum heteropetalum Haw. = Erepsia heteropetala (Haw.) Schwantes ●☆

251499 Mesembryanthemum hexamerum (L. Bolus) N. E. Br. = Ruschia hexamera L. Bolus ●☆

251500 Mesembryanthemum hiemale L. Bolus = Lampranthus hiemalis (L. Bolus) L. Bolus ■☆

251501 Mesembryanthemum hirsutum Haw. = Trichodiadema hirsutum (Haw.) Stearn ●☆

251502 Mesembryanthemum hirtellum Haw. = Drosanthemum hirtellum (Haw.) Schwantes ●☆

251503 Mesembryanthemum hirtum N. E. Br. = Delosperma hirtum (N. E. Br.) Schwantes ■☆

251504 Mesembryanthemum hispidum L. = Drosanthemum hispidum (L.) Schwantes ●☆

251505 Mesembryanthemum hispidum L. var. pallidum Haw. = Drosanthemum floribundum (Haw.) Schwantes ●☆

251506 Mesembryanthemum hispidum L. var. platypetalum Haw. = Drosanthemum hispidum (L.) Schwantes ●☆

251507 Mesembryanthemum hispifolium Haw. = Drosanthemum hispifolium (Haw.) Schwantes ●☆

251508 Mesembryanthemum hollandii L. Bolus = Lampranthus hollandii (L. Bolus) L. Bolus ■☆

251509 Mesembryanthemum hookeri A. Berger = Lithops hookeri (A. Berger) Schwantes ■☆

251510 Mesembryanthemum horizontale Haw. = Aridaria noctiflora (L.) Schwantes subsp. defoliata (Haw.) Gerbaulet ●☆

251511 Mesembryanthemum horridum Koutnik et Lavis = Mesembryanthemum guerichianum Pax ■☆

251512 Mesembryanthemum hospitale Dinter = Ruschia spinosa (L.) Dehn ●☆

251513 Mesembryanthemum hugo-schlechteri Tischer = Titanopsis hugo-schlechteri (Tischer) Dinter et Schwantes ■☆

251514 Mesembryanthemum humifusum Aiton = Dorotheanthus apetalus (L. f.) N. E. Br. ■☆

251515 Mesembryanthemum humile L. Bolus = Lampranthus perreptans L. Bolus ●☆

251516 Mesembryanthemum hurlingii L. Bolus = Lampranthus hurlingii (L. Bolus) L. Bolus ■☆

251517 Mesembryanthemum hutchinsonii (L. Bolus) N. E. Br. = Amphibolia laevis (Aiton) H. E. K. Hartmann ●☆

251518 Mesembryanthemum hybridum Haw.;杂种日中花●☆

251519 Mesembryanthemum hypertrophicum Dinter;肥大日中花■☆

251520 Mesembryanthemum imbricans Haw. = Lampranthus imbricans

(Haw.) N. E. Br. ■☆

251521 Mesembryanthemum imbricatum Haw. = Ruschia imbricata (Haw.) Schwantes ■☆

251522 Mesembryanthemum imbricatum Haw. var. rubrum ? = Ruschia imbricata (Haw.) Schwantes ■☆

251523 Mesembryanthemum impressum (L. Bolus) J. W. Ingram = Ruschia impressa L. Bolus ■☆

251524 Mesembryanthemum inaequale Haw. = Lampranthus inaequalis (Haw.) N. E. Br. ■☆

251525 Mesembryanthemum inclaudens Haw. = Erepsia inclaudens (Haw.) Schwantes ■

251526 Mesembryanthemum inclusum L. Bolus = Octopoma inclusum (L. Bolus) N. E. Br. ●☆

251527 Mesembryanthemum incomptum Haw. = Delosperma incomptum (Haw.) L. Bolus ■☆

251528 Mesembryanthemum incomptum Salm-Dyck subsp. ecklonis = Delosperma invalidum (N. E. Br.) H. E. K. Hartmann ■☆

251529 Mesembryanthemum inconspicuum Haw. = Lampranthus inconspicuus (Haw.) Schwantes ■☆

251530 Mesembryanthemum incurvatum (L. Bolus) N. E. Br. = Ruschia incurvata L. Bolus ●☆

251531 Mesembryanthemum incurvum Haw. = Lampranthus incurvus (Haw.) Schwantes ■☆

251532 Mesembryanthemum indecorum L. Bolus = Ruschia indecora (L. Bolus) Schwantes ●☆

251533 Mesembryanthemum induratum L. Bolus = Ruschia indurata (L. Bolus) Schwantes ●☆

251534 Mesembryanthemum inflexum Haw. = Lampranthus glomeratus (L.) N. E. Br. ■☆

251535 Mesembryanthemum inornatum L. Bolus = Mesembryanthemum nodiflorum L. ■☆

251536 Mesembryanthemum insigne Schltr. = Erepsia insignis (Schltr.) Schwantes ●☆

251537 Mesembryanthemum insititium Willd. = Malephora purpureo-crocea (Haw.) Schwantes ■☆

251538 Mesembryanthemum insolitum L. Bolus = Juttadinteria deserticola (Marloth) Schwantes ■☆

251539 Mesembryanthemum inspersum N. E. Br. = Cheiridopsis rostrata (L.) N. E. Br. ■☆

251540 Mesembryanthemum integrum L. Bolus = Smicrostigma viride (Haw.) N. E. Br. ●☆

251541 Mesembryanthemum intermedium L. Bolus = Drosanthemum intermedium (L. Bolus) L. Bolus ●☆

251542 Mesembryanthemum intervallare L. Bolus = Mossia intervallaris (L. Bolus) N. E. Br. ■☆

251543 Mesembryanthemum intonsum Haw. = Trichodiadema intonsum (Haw.) Schwantes ●☆

251544 Mesembryanthemum intonsum Haw. var. album ? = Trichodiadema orientale L. Bolus ■☆

251545 Mesembryanthemum intonsum Haw. var. rubicundum ? = Trichodiadema intonsum (Haw.) Schwantes ●☆

251546 Mesembryanthemum intransparens L. Bolus;透明日中花■☆

251547 Mesembryanthemum intransparens L. Bolus = Mesembryanthemum guerichianum Pax ■☆

251548 Mesembryanthemum intransparens L. Bolus var. laxum (L. Bolus) L. Bolus = Mesembryanthemum guerichianum Pax ■☆

251549 Mesembryanthemum intricatum N. E. Br. = Ruschia intricata (N. E. Br.) H. E. K. Hartmann et Stüber ●☆

251550 Mesembryanthemum introrsum Haw. ex Hook. f. = Trichodiadema introrsum (Haw. ex Hook. f.) Niesler ■☆

251551 Mesembryanthemum invalidum N. E. Br. = Delosperma invalidum (N. E. Br.) H. E. K. Hartmann ■☆

251552 Mesembryanthemum iteratum N. E. Br. = Ruschia britteniae L. Bolus ■☆

251553 Mesembryanthemum ivori N. E. Br. = Antimima ivori (N. E. Br.) H. E. K. Hartmann ■☆

251554 Mesembryanthemum johannis-winkleri Dinter et Schwantes = Conophytum pageae (N. E. Br.) N. E. Br. ■☆

251555 Mesembryanthemum jucundum N. E. Br. = Conophytum jucundum (N. E. Br.) N. E. Br. ■☆

251556 Mesembryanthemum jugiferum N. E. Br. = Conophytum ficiforme (Haw.) N. E. Br. ■☆

251557 Mesembryanthemum julii Dinter et Schwantes = Lithops julii (Dinter et Schwantes) N. E. Br. ■☆

251558 Mesembryanthemum junceum Haw. = Psilocaulon junceum (Haw.) Schwantes ■☆

251559 Mesembryanthemum junceum Haw. var. pauciflorum Sond. = Psilocaulon junceum (Haw.) Schwantes ■☆

251560 Mesembryanthemum juritzii L. Bolus = Carpobrotus dimidiatus (Haw.) L. Bolus ●☆

251561 Mesembryanthemum juttae Dinter et A. Berger = Synaptophyllum juttae (Dinter et A. Berger) N. E. Br. ■☆

251562 Mesembryanthemum karasmontanum Dinter et Schwantes = Lithops karasmontana (Dinter et Schwantes) N. E. Br. ■☆

251563 Mesembryanthemum karrooense L. Bolus = Mesembryanthemum guerichianum Pax ■☆

251564 Mesembryanthemum karrooicum L. Bolus = Ruschia karrooica (L. Bolus) L. Bolus ■☆

251565 Mesembryanthemum klaverense L. Bolus = Antimima klaverensis (L. Bolus) H. E. K. Hartmann ■☆

251566 Mesembryanthemum klinghardtianum Dinter = Delosperma klinghardtianum (Dinter) Schwantes ■☆

251567 Mesembryanthemum knysnanum L. Bolus = Ruschia knysnana (L. Bolus) L. Bolus ●☆

251568 Mesembryanthemum kolbei L. Bolus = Jacobsenia kolbei (L. Bolus) L. Bolus et Schwantes ●☆

251569 Mesembryanthemum kovisimontanum Dinter = Juttadinteria simpsonii (Dinter) Schwantes ■☆

251570 Mesembryanthemum kuntzei Schinz = Brownanthus kuntzei (Schinz) Ihlenf. et Bittrich ●☆

251571 Mesembryanthemum labyrintheum N. E. Br. = Conophytum minimum (Haw.) N. E. Br. ■☆

251572 Mesembryanthemum lacerum Haw. = Erepsia lacera (Haw.) Liede ●☆

251573 Mesembryanthemum lacunatum N. E. Br. = Eberlanzia schneideriana (A. Berger) H. E. K. Hartmann ●☆

251574 Mesembryanthemum laetum L. Bolus = Lampranthus laetus (L. Bolus) L. Bolus ■☆

251575 Mesembryanthemum laeve Aiton = Amphibolia laevis (Aiton) H. E. K. Hartmann ●☆

251576 Mesembryanthemum laevigatum Haw. = Carpobrotus acinaciformis (L.) L. Bolus ●☆

251577 Mesembryanthemum lanceolatum Haw. = Mesembryanthemum aitonis Jacq. ■☆

251578 Mesembryanthemum lanceum Thunb. = Prenia pallens (Aiton) N. E. Br. subsp. lancea (Thunb.) Gerbaulet ●☆

251579 Mesembryanthemum lapidiforme Marloth = Didymaotus lapidiformis (Marloth) N. E. Br. ■☆

251580 Mesembryanthemum latens N. E. Br. = Ruschia inconspicua L. Bolus ●☆

251581 Mesembryanthemum latisepalum (L. Bolus) L. Bolus = Mesembryanthemum guerichianum Pax ■☆

251582 Mesembryanthemum latum Haw. = Glottiphyllum longum (Haw.) N. E. Br. ■

251583 Mesembryanthemum lavisii L. Bolus = Lampranthus lavisii (L. Bolus) L. Bolus ■☆

251584 Mesembryanthemum lawsonii L. Bolus = Antimima lawsonii (L. Bolus) H. E. K. Hartmann ■☆

251585 Mesembryanthemum laxifolium L. Bolus = Lampranthus laxifolius (L. Bolus) N. E. Br. ■☆

251586 Mesembryanthemum laxipetalum (L. Bolus) N. E. Br. = Ruschia laxipetala L. Bolus ●☆

251587 Mesembryanthemum laxum L. Bolus = Lampranthus sublaxus L. Bolus ■☆

251588 Mesembryanthemum laxum Willd. = Ruschia laxa (Willd.) Schwantes ■☆

251589 Mesembryanthemum leave Thunb. = Malephora thunbergii (Haw.) Schwantes ■☆

251590 Mesembryanthemum lectum N. E. Br. = Cheiridopsis robusta (Haw.) N. E. Br. ■☆

251591 Mesembryanthemum lehmanni Eckl. et Zeyh. = Corpuscularia lehmannii (Eckl. et Zeyh.) Schwantes ●☆

251592 Mesembryanthemum leightoniae L. Bolus = Lampranthus leightoniae (L. Bolus) L. Bolus ■☆

251593 Mesembryanthemum leipoldtii (L. Bolus) N. E. Br. = Antimima leipoldtii (L. Bolus) H. E. K. Hartmann ■☆

251594 Mesembryanthemum leipoldtii L. Bolus = Lampranthus leipoldtii (L. Bolus) L. Bolus ■☆

251595 Mesembryanthemum lene N. E. Br. = Ruschia mollis Schwantes ■☆

251596 Mesembryanthemum lepidum Haw. = Lampranthus productus (Haw.) N. E. Br. ■☆

251597 Mesembryanthemum leptosepalum L. Bolus = Lampranthus leptosepalus (L. Bolus) L. Bolus ■☆

251598 Mesembryanthemum lericheanum Dinter et Schwantes = Lithops karasmontana (Dinter et Schwantes) N. E. Br. ■☆

251599 Mesembryanthemum lerouxiae L. Bolus = Ruschia lerouxiae (L. Bolus) L. Bolus ■☆

251600 Mesembryanthemum lesliei N. E. Br. = Lithops lesliei (N. E. Br.) N. E. Br. ■☆

251601 Mesembryanthemum leucantherum L. Bolus = Antimima leucanthera (L. Bolus) H. E. K. Hartmann ■☆

251602 Mesembryanthemum leviculum N. E. Br. = Conophytum minimum (Haw.) N. E. Br. ■☆

251603 Mesembryanthemum levynsiae L. Bolus = Antimima pumila (L. Bolus ex Fedde et C. Schust.) H. E. K. Hartmann ■☆

251604 Mesembryanthemum lewisae L. Bolus = Lampranthus lewisiae (L. Bolus) L. Bolus ■☆

251605 Mesembryanthemum liberale L. Bolus = Lampranthus liberalis (L. Bolus) L. Bolus ■☆

251606 Mesembryanthemum liebendalense L. Bolus = Mesembryanthemum stenandrum (L. Bolus) L. Bolus ■☆

251607 Mesembryanthemum limbatum N. E. Br. = Antimima limbata (N. E. Br.) H. E. K. Hartmann ■☆

251608 Mesembryanthemum lindequistii Engl. = Aridaria noctiflora (L.) Schwantes ●☆

251609 Mesembryanthemum linearifolium L. Bolus = Mesembryanthemum longistylum DC. ■☆

251610 Mesembryanthemum lineolatum Haw. = Ruschia lineolata (Haw.) Schwantes ■☆

251611 Mesembryanthemum linguaeforme Haw. = Glottiphyllum depressum (Haw.) N. E. Br. ■☆

251612 Mesembryanthemum linguaeforme Haw. var. rufescens ? = Glottiphyllum depressum (Haw.) N. E. Br. ■☆

251613 Mesembryanthemum lingueforme Haw.;菊莲华■

251614 Mesembryanthemum linguiforme (L.) N. E. Br. var. scalpratum A. Berger = Glottiphyllum linguiforme (L.) N. E. Br. ■☆

251615 Mesembryanthemum linguiforme L. = Glottiphyllum linguiforme (L.) N. E. Br. ■☆

251616 Mesembryanthemum linguiforme L. var. adscendens (Haw.) A. Berger = Glottiphyllum longum (Haw.) N. E. Br. ■

251617 Mesembryanthemum linguiforme L. var. angustum (Haw.) A. Berger = Glottiphyllum depressum (Haw.) N. E. Br. ■☆

251618 Mesembryanthemum linguiforme L. var. cultratum (Salm-Dyck) A. Berger = Glottiphyllum longum (Haw.) N. E. Br. ■

251619 Mesembryanthemum linguiforme L. var. depressum (Haw.) A. Berger = Glottiphyllum longum (Haw.) N. E. Br. ■

251620 Mesembryanthemum linguiforme L. var. fragrans (Salm-Dyck) A. Berger = Glottiphyllum depressum (Haw.) N. E. Br. ■☆

251621 Mesembryanthemum linguiforme L. var. grandiflorum (Haw.) A. Berger = Glottiphyllum grandiflorum (Haw.) N. E. Br. ■☆

251622 Mesembryanthemum linguiforme L. var. longum (Haw.) A. Berger = Glottiphyllum longum (Haw.) N. E. Br. ■

251623 Mesembryanthemum linguiforme L. var. obliquum (Willd.) A. Berger = Glottiphyllum longum (Haw.) N. E. Br. ■

251624 Mesembryanthemum linguiforme L. var. pustulatum (Haw.) A. Berger = Glottiphyllum longum (Haw.) N. E. Br. ■

251625 Mesembryanthemum linguiforme L. var. uncatum (Haw.) A. Berger = Glottiphyllum longum (Haw.) N. E. Br. ■

251626 Mesembryanthemum litorale Kensit = Delosperma litorale (Kensit) L. Bolus ■☆

251627 Mesembryanthemum longifolium L. Bolus = Astridia longifolia (L. Bolus) L. Bolus ■☆

251628 Mesembryanthemum longipapillatum (L. Bolus) L. Bolus = Mesembryanthemum stenandrum (L. Bolus) L. Bolus ■☆

251629 Mesembryanthemum longipes (L. Bolus) N. E. Br. = Antimima longipes (L. Bolus) Dehn ■☆

251630 Mesembryanthemum longisepalum L. Bolus = Hammeria meleagris (L. Bolus) Klak ■☆

251631 Mesembryanthemum longispinulum Haw. = Phyllobolus grossus (Aiton) Gerbaulet ■☆

251632 Mesembryanthemum longistamineum L. Bolus = Lampranthus longistamineus (L. Bolus) N. E. Br. ■☆

251633 Mesembryanthemum longistylum DC.;长柱日中花■☆

251634 Mesembryanthemum longistylum L. Bolus = Lampranthus altistylus N. E. Br. ■☆

251635 Mesembryanthemum longum Haw. = Glottiphyllum longum (Haw.) N. E. Br. ■

251636 Mesembryanthemum longum Haw. var. declive ? = Glottiphyllum depressum (Haw.) N. E. Br. ■☆

251637 Mesembryanthemum longum Haw. var. flaccidum ? = Glottiphyllum depressum (Haw.) N. E. Br. ■☆

251638 Mesembryanthemum longum Haw. var. uncatum ? = Glottiphyllum longum (Haw.) N. E. Br. ■

251639 Mesembryanthemum loratum Haw. = Prenia pallens (Aiton) N. E. Br. ■☆

251640 Mesembryanthemum loreum L. = Cephalophyllum loreum (L.) Schwantes ■☆

251641 Mesembryanthemum louiseae L. Bolus = Mesembryanthemum aitonis Jacq. ■☆

251642 Mesembryanthemum lucidum Haw. = Glottiphyllum longum (Haw.) N. E. Br. ■

251643 Mesembryanthemum luederitzii Engl. = Drosanthemum luederitzii (Engl.) Schwantes ●☆

251644 Mesembryanthemum lunatum Willd. = Oscularia lunata (Willd.) H. E. K. Hartmann ●☆

251645 Mesembryanthemum lunulatum A. Berger = Lampranthus lunulatus (A. Berger) L. Bolus ■☆

251646 Mesembryanthemum lupinum Haw. = Faucaria felina (L.) Schwantes ■☆

251647 Mesembryanthemum luteolum Haw. = Malephora luteola (Haw.) Schwantes ■☆

251648 Mesembryanthemum luteoviride Haw. = Gibbaeum gibbosum (Haw.) N. E. Br. ■☆

251649 Mesembryanthemum luteum Haw. = Malephora lutea (Haw.) Schwantes ■☆

251650 Mesembryanthemum macellum N. E. Br. = Delosperma macellum (N. E. Br.) N. E. Br. ■☆

251651 Mesembryanthemum macowanii L. Bolus = Ruschia macowanii (L. Bolus) Schwantes ●☆

251652 Mesembryanthemum macradenium L. Bolus = Peersia macradenia (L. Bolus) L. Bolus ●☆

251653 Mesembryanthemum macrocalyx Kensit = Erepsia dunensis (Sond.) Klak ●☆

251654 Mesembryanthemum macrocarpum A. Berger = Lampranthus macrocarpus (A. Berger) N. E. Br. ■☆

251655 Mesembryanthemum macrophyllum L. Bolus = Mesembryanthemum barklyi N. E. Br. ■☆

251656 Mesembryanthemum macrorrhizum Haw. = Delosperma aberdeenense (L. Bolus) L. Bolus ■☆

251657 Mesembryanthemum macrosepalum L. Bolus = Lampranthus macrosepalus (L. Bolus) L. Bolus ■☆

251658 Mesembryanthemum macrostigma L. Bolus = Mesembryanthemum guerichianum Pax ■☆

251659 Mesembryanthemum maculatum Haw. = Drosanthemum maculatum (Haw.) Schwantes ●☆

251660 Mesembryanthemum magnificum L. Bolus = Lampranthus magnificus (L. Bolus) N. E. Br. ■☆

251661 Mesembryanthemum magniflorum L. Bolus = Mesembryanthemum guerichianum Pax ■☆

251662 Mesembryanthemum magnipunctatum Haw. = Pleiospilos compactus (Aiton) Schwantes subsp. canus (Haw.) H. E. K. Hartmann et Liede ■☆

251663 Mesembryanthemum mahonii N. E. Br. = Delosperma mahonii (N. E. Br.) N. E. Br. ■☆

251664 Mesembryanthemum maleolens (L. Bolus) N. E. Br. = Antimima maleolens (L. Bolus) H. E. K. Hartmann ■☆

251665 Mesembryanthemum malleoliforme Schwantes = Conophytum truncatum (Thunb.) N. E. Br. ■☆

251666 Mesembryanthemum mallesoniae L. Bolus = Esterhuysenia drepanophylla (Schltr. et A. Berger) H. E. K. Hartmann ■☆

251667 Mesembryanthemum margaretae Schwantes = Lapidaria margaretae (Schwantes) Dinter et Schwantes ■☆

251668 Mesembryanthemum mariae L. Bolus = Lampranthus mariae (L. Bolus) L. Bolus ■☆

251669 Mesembryanthemum marianae L. Bolus = Ruschia marianae (L. Bolus) Schwantes ■☆

251670 Mesembryanthemum marinum A. Berger ex Engl. = Psilocaulon dinteri (Engl.) Schwantes ■☆

251671 Mesembryanthemum maritimum L. Bolus = Jordaaniella dubia (Haw.) H. E. K. Hartmann ■☆

251672 Mesembryanthemum maritimum L. Bolus = Lampranthus falciformis (Haw.) N. E. Br. ■☆

251673 Mesembryanthemum marlothii Pax = Brownanthus marlothii (Pax) Schwantes ●☆

251674 Mesembryanthemum marmoratum N. E. Br. = Lithops marmorata (N. E. Br.) N. E. Br. ■☆

251675 Mesembryanthemum martleyi L. Bolus = Lampranthus martleyi (L. Bolus) L. Bolus ■☆

251676 Mesembryanthemum mathewsii L. Bolus = Braunsia geminata (Haw.) L. Bolus ●☆

251677 Mesembryanthemum matutinum L. Bolus = Lampranthus matutinus (L. Bolus) N. E. Br. ■☆

251678 Mesembryanthemum maximiliani Schltr. et A. Berger = Braunsia maximilianii (Schltr. et A. Berger) Schwantes ●☆

251679 Mesembryanthemum maximum Haw. = Ruschia maxima (Haw.) L. Bolus ●☆

251680 Mesembryanthemum medium Haw. = Glottiphyllum longum (Haw.) N. E. Br. ■

251681 Mesembryanthemum megarhizum G. Don = Mestoklema tuberosum (L.) N. E. Br. ex Glen ●☆

251682 Mesembryanthemum melanospermum A. Berger = Aptenia geniculiflora (L.) Bittrich ex Gerbaulet ■☆

251683 Mesembryanthemum melanospermum Dinter = Phyllobolus melanospermus (Dinter et Schwantes) Gerbaulet ●☆

251684 Mesembryanthemum meleagris L. Bolus = Hammeria meleagris (L. Bolus) Klak ■☆

251685 Mesembryanthemum mellei L. Bolus = Carpobrotus mellei (L. Bolus) L. Bolus ●☆

251686 Mesembryanthemum mentiens A. Berger = Psilocaulon coriarium (Burch. ex N. E. Br.) N. E. Br. ■☆

251687 Mesembryanthemum meyeri (Schwantes) N. E. Br. = Antimima papillata (L. Bolus) H. E. K. Hartmann ■☆

251688 Mesembryanthemum micans L. = Drosanthemum micans (L.) Schwantes ●☆

251689 Mesembryanthemum micranthon Haw. = Psilocaulon parviflorum (Jacq.) Schwantes ■☆

251690 Mesembryanthemum microphyllum Haw. = Antimima microphylla (Haw.) Dehn ■☆

251691 Mesembryanthemum microspermum Dinter et Derenb. = Dinteranthus microspermus (Dinter et Derenb.) Schwantes ■☆

251692 Mesembryanthemum microstigma L. Bolus = Lampranthus

microstigma (L. Bolus) N. E. Br. ■☆
251693 Mesembryanthemum middlemostii L. Bolus = Lampranthus middlemostii (L. Bolus) L. Bolus ■☆
251694 Mesembryanthemum minimum Haw. = Conophytum minimum (Haw.) N. E. Br. ■☆
251695 Mesembryanthemum minusculum N. E. Br. = Conophytum minusculum (N. E. Br.) N. E. Br. ■☆
251696 Mesembryanthemum minusculum Schwantes = Conophytum truncatum (Thunb.) N. E. Br. ■☆
251697 Mesembryanthemum minutiflorum Schwantes = Conophytum pageae (N. E. Br.) N. E. Br. ■☆
251698 Mesembryanthemum minutum Haw. = Conophytum minutum (Haw.) N. E. Br. ■☆
251699 Mesembryanthemum mirabile N. E. Br. = Trichodiadema mirabile (N. E. Br.) Schwantes ■☆
251700 Mesembryanthemum miserum L. Bolus = Ruschia misera (L. Bolus) L. Bolus ■☆
251701 Mesembryanthemum mitratum Marloth = Mitrophyllum mitratum (Marloth) Schwantes ●☆
251702 Mesembryanthemum modestum Dinter et A. Berger = Psammophora modesta (Dinter et A. Berger) Dinter et Schwantes ■☆
251703 Mesembryanthemum molle A. Berger = Ruschia mollis Schwantes ■☆
251704 Mesembryanthemum molle Aiton = Malephora mollis (Aiton) N. E. Br. ■☆
251705 Mesembryanthemum mollissimum Dinter ex Friedrich = Mesembryanthemum pellitum Friedrich ■☆
251706 Mesembryanthemum moniliforme Thunb. = Monilaria moniliformis (Thunb.) Ihlenf. et S. Jörg. ■☆
251707 Mesembryanthemum montaguense L. Bolus = Lampranthus montaguensis (L. Bolus) L. Bolus ■☆
251708 Mesembryanthemum montanum Schltr. = Erepsia heteropetala (Haw.) Schwantes ●☆
251709 Mesembryanthemum monticola L. Bolus = Lampranthus stenus (Haw.) N. E. Br. ■☆
251710 Mesembryanthemum monticola Sond. = Ottosonderia monticola (Sond.) L. Bolus ●☆
251711 Mesembryanthemum montis-draconis Dinter = Dracophilus dealbatus (N. E. Br.) Walgate ■☆
251712 Mesembryanthemum montis-moltkei Dinter = Ebracteola montis-moltkei (Dinter) Dinter et Schwantes ■☆
251713 Mesembryanthemum mucronatum Haw. = Antimima mucronata (Haw.) H. E. K. Hartmann ■☆
251714 Mesembryanthemum mucroniferum Haw. = Ruschia spinosa (L.) Dehn ●☆
251715 Mesembryanthemum mucronulatum Dinter = Psilocaulon articulatum (Thunb.) N. E. Br. ■☆
251716 Mesembryanthemum muelleri L. Bolus = Ruschia muelleri (L. Bolus) Schwantes ■☆
251717 Mesembryanthemum muirianum L. Bolus = Ruschia muiriana (L. Bolus) Schwantes ●☆
251718 Mesembryanthemum muirii L. Bolus = Carpobrotus muirii (L. Bolus) L. Bolus ●☆
251719 Mesembryanthemum multiceps Salm-Dyck = Bergeranthus multiceps (Salm-Dyck) Schwantes ■☆
251720 Mesembryanthemum multiflorum Haw. = Ruschia multiflora (Haw.) Schwantes ■☆
251721 Mesembryanthemum multiflorum Haw. var. rubrum (Haw.) Haw. = Ruschia imbricata (Haw.) Schwantes ■☆
251722 Mesembryanthemum multipunctatum Salm-Dyck = Cheiridopsis rostrata (L.) N. E. Br. ■☆
251723 Mesembryanthemum multiradiatum Jacq. = Lampranthus multiradiatus (Jacq.) N. E. Br. ■☆
251724 Mesembryanthemum multiseriatum L. Bolus = Lampranthus multiseriatus (L. Bolus) N. E. Br. ■☆
251725 Mesembryanthemum munitum L. Bolus = Ruschia intricata (N. E. Br.) H. E. K. Hartmann et Stüber ●☆
251726 Mesembryanthemum muricatum Haw. = Oscularia deltoides (L.) Schwantes ●☆
251727 Mesembryanthemum murinum Haw. = Stomatium murinum (Haw.) Schwantes ■☆
251728 Mesembryanthemum musculinum Haw. = Chasmatophyllum musculinum (Haw.) Dinter et Schwantes ●☆
251729 Mesembryanthemum mustelinum Haw. = Chasmatophyllum musculinum (Haw.) Dinter et Schwantes ●☆
251730 Mesembryanthemum mutabile Haw. = Erepsia forficata (L.) Schwantes ●☆
251731 Mesembryanthemum mutans L. Bolus = Lampranthus mutans (L. Bolus) N. E. Br. ■☆
251732 Mesembryanthemum muticum (L. Bolus) N. E. Br. = Antimima mutica (L. Bolus) H. E. K. Hartmann ■☆
251733 Mesembryanthemum nakurense Engl. = Delosperma nakurense (Engl.) Herre ■☆
251734 Mesembryanthemum namaquanum (L. Bolus) N. E. Br. = Amphibolia rupis-arcuatae (Dinter) H. E. K. Hartmann ●☆
251735 Mesembryanthemum namaquense Sond. = Cheiridopsis namaquensis (Sond.) H. E. K. Hartmann ■☆
251736 Mesembryanthemum namibense Marloth = Brownanthus namibensis (Marloth) Bullock ●☆
251737 Mesembryanthemum nanum Schltr. = Oophytum nanum (Schltr.) L. Bolus ■☆
251738 Mesembryanthemum nardouwense L. Bolus = Lampranthus nardouwensis (L. Bolus) L. Bolus ■☆
251739 Mesembryanthemum nationiae N. E. Br. = Khadia acutipetala (N. E. Br.) N. E. Br. ●☆
251740 Mesembryanthemum neethlingiae L. Bolus = Delosperma neethlingiae (L. Bolus) Schwantes ■☆
251741 Mesembryanthemum neilsoniae (L. Bolus) L. Bolus = Mesembryanthemum guerichianum Pax ■☆
251742 Mesembryanthemum nevillei N. E. Br. = Conophytum obcordellum (Haw.) N. E. Br. ■☆
251743 Mesembryanthemum nissenii Dinter = Psammophora nissenii (Dinter) Dinter et Schwantes ●☆
251744 Mesembryanthemum nitidum Haw. = Phyllobolus nitidus (Haw.) Gerbaulet ●☆
251745 Mesembryanthemum niveum (L. Bolus) N. E. Br. = Ruschia rupicola (Engl.) Schwantes ●☆
251746 Mesembryanthemum nobile Haw. = Pleiospilos compactus (Aiton) Schwantes subsp. canus (Haw.) H. E. K. Hartmann et Liede ■☆
251747 Mesembryanthemum noctiflorum L.; 夜花日中花■☆
251748 Mesembryanthemum noctiflorum L. = Aridaria noctiflora (L.) Schwantes ●☆

251749 Mesembryanthemum noctiflorum L. var. elatum Haw. = Aridaria noctiflora (L.) Schwantes ●☆

251750 Mesembryanthemum noctiflorum L. var. fulvum (Haw.) Salm-Dyck = Aridaria noctiflora (L.) Schwantes subsp. straminea (Haw.) Gerbaulet ●☆

251751 Mesembryanthemum noctiflorum L. var. phoeniceum Haw. = Aridaria noctiflora (L.) Schwantes ●☆

251752 Mesembryanthemum noctiflorum L. var. stramineum (Haw.) Haw. = Aridaria noctiflora (L.) Schwantes subsp. straminea (Haw.) Gerbaulet ●☆

251753 Mesembryanthemum nodiflorum L.; 节花日中花; Slenderleaf Iceplant, Slender-leaved Iceplant ■☆

251754 Mesembryanthemum nodosum A. Berger = Dicrocaulon nodosum (A. Berger) N. E. Br. ■☆

251755 Mesembryanthemum nothum N. E. Br. = Phyllobolus splendens (L.) Gerbaulet ●☆

251756 Mesembryanthemum nubigenum Schltr. = Delosperma nubigenum (Schltr.) L. Bolus ■☆

251757 Mesembryanthemum nuciforme Haw. = Gibbaeum nuciforme (Haw.) Glen et H. E. K. Hartmann ■☆

251758 Mesembryanthemum nudicaule A. Berger = Erepsia aspera (Haw.) L. Bolus ●☆

251759 Mesembryanthemum obconellum Haw. = Conophytum obcordellum (Haw.) N. E. Br. ■☆

251760 Mesembryanthemum obconicum L. Bolus = Lampranthus obconicus (L. Bolus) L. Bolus ■☆

251761 Mesembryanthemum obcordellum Haw. = Conophytum obcordellum (Haw.) N. E. Br. ■☆

251762 Mesembryanthemum obliquum Willd. = Glottiphyllum longum (Haw.) N. E. Br. ■

251763 Mesembryanthemum obmetale N. E. Br. = Conophytum minimum (Haw.) N. E. Br. ■☆

251764 Mesembryanthemum obtusum Haw. = Antegibbaeum fissoides (Haw.) Schwantes ex C. Weber ■☆

251765 Mesembryanthemum ochraceum A. Berger = Malephora ochracea (A. Berger) H. E. K. Hartmann ■☆

251766 Mesembryanthemum octojuge L. Bolus = Octopoma octojuge (L. Bolus) N. E. Br. ●☆

251767 Mesembryanthemum octonarium L. Bolus = Enarganthe octonaria (L. Bolus) N. E. Br. ●☆

251768 Mesembryanthemum oculatum N. E. Br. = Phyllobolus oculatus (N. E. Br.) Gerbaulet ●☆

251769 Mesembryanthemum odontocalyx Schltr. et Diels = Ruschia odontocalyx (Schltr. et Diels) Schwantes ■☆

251770 Mesembryanthemum odoratum L. Bolus = Hereroa odorata (L. Bolus) L. Bolus ●☆

251771 Mesembryanthemum odoratum N. E. Br. = Conophytum ficiforme (Haw.) N. E. Br. ■☆

251772 Mesembryanthemum oehleri Engl. = Delosperma oehleri (Engl.) Herre ■☆

251773 Mesembryanthemum oligandrum Kunze = Dorotheanthus apetalus (L. f.) N. E. Br. ■☆

251774 Mesembryanthemum olivaceum Schltr. = Phyllobolus tenuiflorus (Jacq.) Gerbaulet ●☆

251775 Mesembryanthemum optatum N. E. Br. = Pleiospilos compactus (Aiton) Schwantes ■☆

251776 Mesembryanthemum opticum Marloth = Lithops optica (Marloth) N. E. Br. ■☆

251777 Mesembryanthemum opticum Marloth var. rubrum Tischer = Lithops optica (Marloth) N. E. Br. ■☆

251778 Mesembryanthemum opulentum L. Bolus = Ruschia virgata (Haw.) L. Bolus ●☆

251779 Mesembryanthemum orpenii N. E. Br. = Prepodesma orpenii (N. E. Br.) N. E. Br. ■☆

251780 Mesembryanthemum otzenianum Dinter = Lampranthus otzenianus (Dinter) Friedrich ■☆

251781 Mesembryanthemum ovatum Thunb. = Mesembryanthemum aitonis Jacq. ■☆

251782 Mesembryanthemum oviforme N. E. Br. = Oophytum oviforme (N. E. Br.) N. E. Br. ■☆

251783 Mesembryanthemum oxysepalum Schltr. = Erepsia oxysepala (Schltr.) L. Bolus ●☆

251784 Mesembryanthemum paardebergense L. Bolus = Oscularia paardebergensis (L. Bolus) H. E. K. Hartmann ●☆

251785 Mesembryanthemum pachyphyllum L. Bolus = Cerochlamys pachyphylla (L. Bolus) L. Bolus ■☆

251786 Mesembryanthemum pachypodium Kensit = Gibbaeum pachypodium (Kensit) L. Bolus ■☆

251787 Mesembryanthemum pachypus L. Bolus = Mesembryanthemum fastigiatum Thunb. ■☆

251788 Mesembryanthemum pageae N. E. Br. = Conophytum pageae (N. E. Br.) N. E. Br. ■☆

251789 Mesembryanthemum pageanum L. Bolus = Delosperma pageanum (L. Bolus) Schwantes ■☆

251790 Mesembryanthemum pakhuisense L. Bolus = Lampranthus pakhuisensis (L. Bolus) L. Bolus ■☆

251791 Mesembryanthemum pallens Aiton = Prenia pallens (Aiton) N. E. Br. ■☆

251792 Mesembryanthemum pallescens Haw. = Prenia pallens (Aiton) N. E. Br. ■☆

251793 Mesembryanthemum pallidum L. Bolus = Lampranthus dilutus N. E. Br. ■☆

251794 Mesembryanthemum pallidum N. E. Br. = Conophytum ficiforme (Haw.) N. E. Br. ■☆

251795 Mesembryanthemum palustre L. Bolus = Lampranthus palustris (L. Bolus) L. Bolus ■☆

251796 Mesembryanthemum pansifolium N. E. Br. = Amphibolia laevis (Aiton) H. E. K. Hartmann ●☆

251797 Mesembryanthemum papillatum (L. Bolus) N. E. Br. = Antimima papillata (L. Bolus) H. E. K. Hartmann ■☆

251798 Mesembryanthemum papuliferum DC. = Mesembryanthemum fastigiatum Thunb. ■☆

251799 Mesembryanthemum papulosum L. f. = Cleretum papulosum (L. f.) L. Bolus ■☆

251800 Mesembryanthemum paripetalum L. Bolus = Ruschia paripetala (L. Bolus) L. Bolus ■☆

251801 Mesembryanthemum parvibracteatum (L. Bolus) N. E. Br. = Eberlanzia parvibracteata (L. Bolus) H. E. K. Hartmann ●☆

251802 Mesembryanthemum parviflorum Haw. = Ruschia parviflora Schwantes ■☆

251803 Mesembryanthemum parviflorum Jacq. = Psilocaulon parviflorum (Jacq.) Schwantes ■☆

251804 Mesembryanthemum parvifolium Haw. = Drosanthemum parvifolium (Haw.) Schwantes ●☆

251805 Mesembryanthemum parvipapillatum L. Bolus = Mesembryanthemum guerichianum Pax ■☆

251806 Mesembryanthemum parvipetalum N. E. Br. = Conophytum obcordellum (Haw.) N. E. Br. ■☆

251807 Mesembryanthemum parvulum Schltr. = Cephalophyllum parvulum (Schltr.) H. E. K. Hartmann ■☆

251808 Mesembryanthemum parvum N. E. Br. = Antimima pusilla (Schwantes) H. E. K. Hartmann ■☆

251809 Mesembryanthemum patersoniae L. Bolus = Delosperma patersoniae (L. Bolus) L. Bolus ■☆

251810 Mesembryanthemum patulum Haw. = Erepsia patula (Haw.) Schwantes ■☆

251811 Mesembryanthemum paucandrum L. Bolus = Mesembryanthemum nodiflorum L. ■☆

251812 Mesembryanthemum pauciflorum L. Bolus = Lampranthus pauciflorus (L. Bolus) N. E. Br. ■☆

251813 Mesembryanthemum paucifolium L. Bolus = Lampranthus paucifolius (L. Bolus) N. E. Br. ■☆

251814 Mesembryanthemum pauper Dinter = Drosanthemum pauper (Dinter) Dinter et Schwantes ●☆

251815 Mesembryanthemum pauxillum N. E. Br. = Conophytum minimum (Haw.) N. E. Br. ■☆

251816 Mesembryanthemum paxianum Schltr. et Diels = Drosanthemum luederitzii (Engl.) Schwantes ●☆

251817 Mesembryanthemum paxii Engl. = Drosanthemum luederitzii (Engl.) Schwantes ●☆

251818 Mesembryanthemum peacockiae L. Bolus = Lampranthus peacockiae (L. Bolus) L. Bolus ■☆

251819 Mesembryanthemum pearsonii N. E. Br. = Argyroderma pearsonii (N. E. Br.) Schwantes ●☆

251820 Mesembryanthemum peersii L. Bolus = Lampranthus peersii (L. Bolus) N. E. Br. ■☆

251821 Mesembryanthemum pellanum N. E. Br. = Ruschia muricata L. Bolus ■☆

251822 Mesembryanthemum pellitum Friedrich;遮皮日中花■☆

251823 Mesembryanthemum pentagonum L. Bolus = Erepsia pentagona (L. Bolus) L. Bolus ●☆

251824 Mesembryanthemum perfoliatum Mill. = Ruschia perfoliata (Mill.) Schwantes ●☆

251825 Mesembryanthemum perforatum (L. Bolus) N. E. Br. = Antimima perforata (L. Bolus) H. E. K. Hartmann ■☆

251826 Mesembryanthemum perlatum Dinter = Mesembryanthemum guerichianum Pax ■☆

251827 Mesembryanthemum perpusillum Haw. = Conophytum minimum (Haw.) N. E. Br. ■☆

251828 Mesembryanthemum persistens L. Bolus = Phiambolia persistens (L. Bolus) Klak ■☆

251829 Mesembryanthemum perspicuum A. Berger = Lampranthus schlechteri (Zahlbr.) L. Bolus ■☆

251830 Mesembryanthemum perviride Haw. = Gibbaeum gibbosum (Haw.) N. E. Br. ■☆

251831 Mesembryanthemum pfeilii Engl. = Prenia tetragona (Thunb.) Gerbaulet ■☆

251832 Mesembryanthemum phillipsii L. Bolus = Braunsia maximilianii (Schltr. et A. Berger) Schwantes ●☆

251833 Mesembryanthemum phylicoides (L. Bolus) N. E. Br. = Ruschia phylicoides L. Bolus ■☆

251834 Mesembryanthemum pictum N. E. Br. = Conophytum minimum (Haw.) N. E. Br. ■☆

251835 Mesembryanthemum pillansii Kensit = Erepsia pillansii (Kensit) Liede ■☆

251836 Mesembryanthemum pilosulum N. E. Br. = Gibbaeum pilosulum (N. E. Br.) N. E. Br. ■☆

251837 Mesembryanthemum pilosum Haw. = Carpanthea pomeridiana (L.) N. E. Br. ■☆

251838 Mesembryanthemum piluliforme N. E. Br. = Conophytum piluliforme (N. E. Br.) N. E. Br. ■☆

251839 Mesembryanthemum pingue L. Bolus = Mesembryanthemum guerichianum Pax ■☆

251840 Mesembryanthemum pinnatifidum L. f. = Aethephyllum pinnatifidum (L. f.) N. E. Br. ■☆

251841 Mesembryanthemum pinnatum Thunb. = Aethephyllum pinnatifidum (L. f.) N. E. Br. ■☆

251842 Mesembryanthemum piquetbergense L. Bolus = Oscularia piquetbergensis (L. Bolus) H. E. K. Hartmann ●☆

251843 Mesembryanthemum pisiforme Haw. = Monilaria pisiformis (Haw.) Schwantes ■☆

251844 Mesembryanthemum pisinnum N. E. Br. = Conophytum truncatum (Thunb.) N. E. Br. subsp. viridicatum (N. E. Br.) S. A. Hammer ■☆

251845 Mesembryanthemum pittenii L. Bolus = Lampranthus vanputtenii (L. Bolus) N. E. Br. ■☆

251846 Mesembryanthemum placitum N. E. Br. = Conophytum ficiforme (Haw.) N. E. Br. ■☆

251847 Mesembryanthemum planum L. Bolus = Hallianthus planus (L. Bolus) H. E. K. Hartmann ■☆

251848 Mesembryanthemum platycalyx L. Bolus = Cephalophyllum curtophyllum (L. Bolus) Schwantes ■☆

251849 Mesembryanthemum plenifolium N. E. Br. = Phyllobolus splendens (L.) Gerbaulet ●☆

251850 Mesembryanthemum plenum L. Bolus = Lampranthus plenus (L. Bolus) L. Bolus ■☆

251851 Mesembryanthemum pole-evansii N. E. Br. = Dinteranthus pole-evansii (N. E. Br.) Schwantes ■☆

251852 Mesembryanthemum politum L. Bolus = Erepsia polita (L. Bolus) L. Bolus ■☆

251853 Mesembryanthemum polyanthon Haw. = Lampranthus polyanthon (Haw.) N. E. Br. ■☆

251854 Mesembryanthemum polypetalum A. Berger et Schltr. = Erepsia polypetala (A. Berger et Schltr.) L. Bolus ■☆

251855 Mesembryanthemum pomeridianum L. = Carpanthea pomeridiana (L.) N. E. Br. ■☆

251856 Mesembryanthemum pomeridianum L. Bolus = Mesembryanthemum stenandrum (L. Bolus) L. Bolus ■☆

251857 Mesembryanthemum pomonae Dinter = Namibia pomonae (Dinter) Dinter et Schwantes ex Walgate ■☆

251858 Mesembryanthemum pottsii L. Bolus = Delosperma pottsii (L. Bolus) L. Bolus ■☆

251859 Mesembryanthemum praecipitatum L. Bolus = Lampranthus praecipitatus (L. Bolus) L. Bolus ■☆

251860 Mesembryanthemum praecox L. Bolus = Lampranthus maturus N. E. Br. ■☆

251861 Mesembryanthemum praecultum N. E. Br. = Drosanthemum praecultum (N. E. Br.) Schwantes ●☆

251862 Mesembryanthemum praepingue Haw. = Glottiphyllum cruciatum (Haw.) N. E. Br. ■☆

251863 Mesembryanthemum pressum N. E. Br. = Cheiridopsis robusta (Haw.) N. E. Br. ■☆

251864 Mesembryanthemum primivernum L. Bolus = Oscularia primiverna (L. Bolus) H. E. K. Hartmann ■☆

251865 Mesembryanthemum primulinum L. Bolus = Cephalophyllum loreum (L.) Schwantes ■☆

251866 Mesembryanthemum prismaticum Schwantes = Tanquana prismatica (Schwantes) H. E. K. Hartmann et Liede ■☆

251867 Mesembryanthemum procumbens Haw. = Jordaaniella dubia (Haw.) H. E. K. Hartmann ■☆

251868 Mesembryanthemum productum Haw. = Lampranthus productus (Haw.) N. E. Br. ■☆

251869 Mesembryanthemum productum Haw. var. purpureum L. Bolus = Lampranthus productus (Haw.) N. E. Br. ■☆

251870 Mesembryanthemum prominulum L. Bolus = Lampranthus prominulus (L. Bolus) L. Bolus ■☆

251871 Mesembryanthemum promontorii L. Bolus = Lampranthus promontorii (L. Bolus) N. E. Br. ■☆

251872 Mesembryanthemum pronum N. E. Br. = Ruschia radicans L. Bolus ■☆

251873 Mesembryanthemum propinquum N. E. Br. = Antimima propinqua (N. E. Br.) H. E. K. Hartmann ■☆

251874 Mesembryanthemum prostratum (L. Bolus) N. E. Br. = Antimima prostrata (L. Bolus) H. E. K. Hartmann ■☆

251875 Mesembryanthemum proximum N. E. Br. = Mitrophyllum dissitum (N. E. Br.) Schwantes ●☆

251876 Mesembryanthemum pruinosum Thunb. = Delosperma echinatum (Lam.) Schwantes ■☆

251877 Mesembryanthemum pseudoausanum Dinter = Prenia tetragona (Thunb.) Gerbaulet ■☆

251878 Mesembryanthemum pseudorupicola Dinter = Ruschia barnardii L. Bolus ■☆

251879 Mesembryanthemum puberulum Dinter ex Range = Cheiridopsis caroli-schmidtii (Dinter et A. Berger) N. E. Br. ■☆

251880 Mesembryanthemum pubescens Haw. = Gibbaeum pubescens (Haw.) N. E. Br. ■☆

251881 Mesembryanthemum pugioniforme L. = Conicosia pugioniformis (L.) N. E. Br. ■☆

251882 Mesembryanthemum pugioniforme L. var. bienne Haw. = Conicosia pugioniformis (L.) N. E. Br. ■☆

251883 Mesembryanthemum pugioniforme L. var. carneum Haw. = Conicosia pugioniformis (L.) N. E. Br. ■☆

251884 Mesembryanthemum pugioniforme L. var. purpureum Haw. = Conicosia pugioniformis (L.) N. E. Br. ■☆

251885 Mesembryanthemum pulverulentum Haw. = Drosanthemum pulverulentum (Haw.) Schwantes ●☆

251886 Mesembryanthemum pumilum (L. Bolus) N. E. Br. = Antimima pumila (L. Bolus ex Fedde et C. Schust.) H. E. K. Hartmann ■☆

251887 Mesembryanthemum pumilum L. Bolus ex Fedde et Schuster = Antimima pumila (L. Bolus ex Fedde et C. Schust.) H. E. K. Hartmann ■☆

251888 Mesembryanthemum punctatum Haw. = Cephalophyllum subulatoides (Haw.) N. E. Br. ■☆

251889 Mesembryanthemum punctulatum L. Bolus = Ruschia punctulata (L. Bolus) L. Bolus ex H. E. K. Hartmann ●☆

251890 Mesembryanthemum pungens A. Berger = Ruschia pungens (A. Berger) H. Jacobsen ●☆

251891 Mesembryanthemum puniceum Jacq. = Lampranthus emarginatus (L.) N. E. Br. ■☆

251892 Mesembryanthemum purpurascens Salm-Dyck = Cheiridopsis rostrata (L.) N. E. Br. ■☆

251893 Mesembryanthemum purpureo-album Haw. = Cephalophyllum purpureo-album (Haw.) Schwantes ■☆

251894 Mesembryanthemum purpureo-croceum Haw. = Malephora purpureo-crocea (Haw.) Schwantes ■☆

251895 Mesembryanthemum purpureo-croceum Haw. var. flavo-croceum ? = Malephora flavo-crocea (Haw.) Jacobsen et Schwantes ■☆

251896 Mesembryanthemum purpureo-roseum L. Bolus = Mesembryanthemum guerichianum Pax ■☆

251897 Mesembryanthemum purpureostylum L. Bolus = Acrodon purpureostylus (L. Bolus) Burgoyne ■☆

251898 Mesembryanthemum purpusii Schwantes = Conophytum truncatum (Thunb.) N. E. Br. ■☆

251899 Mesembryanthemum pusillum N. E. Br. = Conophytum minimum (Haw.) N. E. Br. ■☆

251900 Mesembryanthemum pustulatum Haw. = Glottiphyllum longum (Haw.) N. E. Br. ■

251901 Mesembryanthemum pustulatum Haw. var. lividum Salm-Dyck = Glottiphyllum longum (Haw.) N. E. Br. ■

251902 Mesembryanthemum puttkamerianum Dinter et A. Berger = Hereroa puttkameriana (Dinter et A. Berger) Dinter et Schwantes ■☆

251903 Mesembryanthemum pygmaeum Haw. = Antimima pygmaea (Haw.) H. E. K. Hartmann ■☆

251904 Mesembryanthemum pyrodorum Diels = Chasmatophyllum musculinum (Haw.) Dinter et Schwantes ●☆

251905 Mesembryanthemum pyropeum Haw. = Dorotheanthus clavatus (Haw.) Struck ■☆

251906 Mesembryanthemum quadrifidum Haw. = Cheiridopsis rostrata (L.) N. E. Br. ■☆

251907 Mesembryanthemum quaesitum N. E. Br. = Conophytum quaesitum (N. E. Br.) N. E. Br. ■☆

251908 Mesembryanthemum quarziticum Dinter = Antimima quarzitica (Dinter) H. E. K. Hartmann ■☆

251909 Mesembryanthemum quinangulatum L. Bolus = Mesembryanthemum guerichianum Pax ■☆

251910 Mesembryanthemum racemosum N. E. Br. = Erepsia bracteata (Aiton) Schwantes ●☆

251911 Mesembryanthemum radiatum Haw. = Erepsia bracteata (Aiton) Schwantes ●☆

251912 Mesembryanthemum ramosissimum Schltr. = Drosanthemum ramosissimum (Schltr.) L. Bolus ●☆

251913 Mesembryanthemum ramulosum Haw. = Cheiridopsis rostrata (L.) N. E. Br. ■☆

251914 Mesembryanthemum rangei Engl. = Cephalophyllum ebracteatum (Pax ex Schltr. et Diels) Dinter et Schwantes ■☆

251915 Mesembryanthemum rectum Haw. = Mesembryanthemum fastigiatum Thunb. ■☆

251916 Mesembryanthemum recumbens N. E. Br. = Chasmatophyllum musculinum (Haw.) Dinter et Schwantes ●☆

251917 Mesembryanthemum recurvum Haw. = Ruschia schollii (Salm-Dyck) Schwantes ●☆

251918 Mesembryanthemum recurvum L. Bolus = Lampranthus recurvus Schwantes ■☆

251919 Mesembryanthemum recurvum Moench = Ruschia recurva (Moench) H. E. K. Hartmann ●☆

251920 Mesembryanthemum reductum N. E. Br. = Ruschia nana L. Bolus ●☆

251921 Mesembryanthemum reflexum Haw. = Phyllobolus splendens (L.) Gerbaulet ●☆

251922 Mesembryanthemum rehmannii Schinz = Aizoanthemum rehmannii (Schinz) H. E. K. Hartmann ■☆

251923 Mesembryanthemum rehneltianum A. Berger = Hereroa rehneltiana (A. Berger) Dinter et Schwantes ■☆

251924 Mesembryanthemum relaxatum Willd. = Prenia pallens (Aiton) N. E. Br. ■☆

251925 Mesembryanthemum renniei L. Bolus = Ebracteola montis-moltkei (Dinter) Dinter et Schwantes ■☆

251926 Mesembryanthemum reptans Aiton = Lampranthus reptans (Aiton) N. E. Br. ■☆

251927 Mesembryanthemum resurgens Kensit = Phyllobolus resurgens (Kensit) Schwantes ●☆

251928 Mesembryanthemum retroversum Kensit = Diplosoma retroversum (Kensit) Schwantes ■☆

251929 Mesembryanthemum rheolens L. Bolus = Dracophilus dealbatus (N. E. Br.) Walgate ■☆

251930 Mesembryanthemum rhodanthum L. Bolus = Mesembryanthemum guerichianum Pax ■☆

251931 Mesembryanthemum rhomboideum Salm-Dyck = Rhombophyllum rhomboideum (Salm-Dyck) Schwantes ●☆

251932 Mesembryanthemum rhopalophyllum Schltr. et Diels = Fenestraria rhopalophylla (Schltr. et Diels) N. E. Br. ■☆

251933 Mesembryanthemum rigidicaule Haw. = Ruschia rigidicaulis (Haw.) Schwantes ●☆

251934 Mesembryanthemum rigidum Haw. = Ruschia rigida (Haw.) Schwantes ●☆

251935 Mesembryanthemum ringens L. = Carruanthus ringens (L.) Boom ■☆

251936 Mesembryanthemum robustum Haw. = Cheiridopsis robusta (Haw.) N. E. Br. ■☆

251937 Mesembryanthemum rogersii Schönland et A. Berger = Delosperma rogersii (Schönland et A. Berger) L. Bolus ■☆

251938 Mesembryanthemum roseatum N. E. Br. = Drosanthemum pulverulentum (Haw.) Schwantes ●☆

251939 Mesembryanthemum roseolum N. E. Br. = Antimima roseola (N. E. Br.) H. E. K. Hartmann ■☆

251940 Mesembryanthemum roseum Willd. = Lampranthus roseus (Willd.) Schwantes ■☆

251941 Mesembryanthemum rostellum Haw. = Ruschia rostella (Haw.) Schwantes ■●☆

251942 Mesembryanthemum rostratoides Haw. = Cheiridopsis rostrata (L.) N. E. Br. ■☆

251943 Mesembryanthemum rostratum L. = Cheiridopsis rostrata (L.) N. E. Br. ■☆

251944 Mesembryanthemum rostratum L. var. bibracteatum Salm-Dyck ex H. Jacobsen = Cheiridopsis rostrata (L.) N. E. Br. ■☆

251945 Mesembryanthemum rostratum L. var. brevibracteatum Salm-Dyck = Cheiridopsis rostrata (L.) N. E. Br. ■☆

251946 Mesembryanthemum rosulatum Kensit = Aloinopsis rosulata (Kensit) Schwantes ■☆

251947 Mesembryanthemum rubricaule Haw. = Ruschia rubricaulis (Haw.) L. Bolus ●☆

251948 Mesembryanthemum rubrocinctum Haw. = Carpobrotus acinaciformis (L.) L. Bolus ●☆

251949 Mesembryanthemum rubrolineatum N. E. Br. = Aloinopsis rubrolineata (N. E. Br.) Schwantes ■☆

251950 Mesembryanthemum rubroluteum L. Bolus = Lampranthus rubroluteus (L. Bolus) L. Bolus ■☆

251951 Mesembryanthemum rubroroseum L. Bolus = Mesembryanthemum guerichianum Pax ■☆

251952 Mesembryanthemum rubrum L. Bolus = Astridia rubra (L. Bolus) L. Bolus ●☆

251953 Mesembryanthemum rufescens Haw. = Glottiphyllum depressum (Haw.) N. E. Br. ■☆

251954 Mesembryanthemum rugulosum A. Berger ex Range = Eberlanzia schneideriana (A. Berger) H. E. K. Hartmann ●☆

251955 Mesembryanthemum rupestre L. Bolus = Lampranthus rupestris (L. Bolus) N. E. Br. ■☆

251956 Mesembryanthemum rupicola Engl. = Ruschia rupicola (Engl.) Schwantes ●☆

251957 Mesembryanthemum rupis-arcuatae Dinter = Amphibolia rupis-arcuatae (Dinter) H. E. K. Hartmann ●☆

251958 Mesembryanthemum rurale N. E. Br. = Ruschia ruralis (N. E. Br.) Schwantes ■☆

251959 Mesembryanthemum ruschianum Dinter = Ruschia ruschiana (Dinter) Dinter et Schwantes ●☆

251960 Mesembryanthemum ruschiorum Dinter et Schwantes = Lithops ruschiorum (Dinter et Schwantes) N. E. Br. ■☆

251961 Mesembryanthemum rustii A. Berger = Lampranthus rustii (A. Berger) N. E. Br. ■☆

251962 Mesembryanthemum sabulicola Dinter = Ruschia sabulicola Dinter ■☆

251963 Mesembryanthemum sabulosum Schltr. = Lampranthus schlechteri (Zahlbr.) L. Bolus ■☆

251964 Mesembryanthemum sabulosum Thunb. = Apatesia sabulosa (Thunb.) L. Bolus ■☆

251965 Mesembryanthemum salicola L. Bolus = Lampranthus salicola (L. Bolus) L. Bolus ■☆

251966 Mesembryanthemum salicornioides Pax = Psilocaulon salicornioides (Pax) Schwantes ■☆

251967 Mesembryanthemum salmii Haw. = Glottiphyllum salmii (Haw.) N. E. Br. ■☆

251968 Mesembryanthemum salmoneum Haw. = Phyllobolus canaliculatus (Haw.) Bittrich ●☆

251969 Mesembryanthemum salteri L. Bolus = Lampranthus salteri (L. Bolus) L. Bolus ■☆

251970 Mesembryanthemum sarcocalycanthum Dinter et A. Berger = Mesembryanthemum cryptanthum Hook. f. ■☆

251971 Mesembryanthemum sarmentosum Haw. = Ruschia sarmentosa (Haw.) Schwantes ■☆

251972 Mesembryanthemum sarmentosum Haw. var. rigidius Salm-Dyck = Ruschia sarmentosa (Haw.) Schwantes ■☆

251973 Mesembryanthemum saturatum L. Bolus = Lampranthus saturatus (L. Bolus) N. E. Br. ■☆

251974 Mesembryanthemum saxetanum N. E. Br. = Conophytum loeschianum Tischer ■☆

251975 Mesembryanthemum saxicola (L. Bolus) N. E. Br. = Antimima saxicola (L. Bolus) H. E. K. Hartmann ■☆

251976 Mesembryanthemum scabrum L. = Lampranthus scaber (L.) N. E. Br. ■☆

251977 Mesembryanthemum scalpratum Haw. = Glottiphyllum linguiforme (L.) N. E. Br. ■☆

251978 Mesembryanthemum scapiger Haw. = Bergeranthus scapiger (Haw.) N. E. Br. ■☆

251979 Mesembryanthemum schenckii Schinz = Brownanthus vaginatus (Lam.) Chess. et M. Pignal subsp. schenckii (Schinz) Chess. et M. Pignal ●☆

251980 Mesembryanthemum schimperi Engl. = Delosperma schimperi (Engl.) H. E. K. Hartmann et Niesler ■☆

251981 Mesembryanthemum schinzianum Dinter ex Range = Cheiridopsis robusta (Haw.) N. E. Br. ■☆

251982 Mesembryanthemum schlechteri Zahlbr. = Lampranthus schlechteri (Zahlbr.) L. Bolus ■☆

251983 Mesembryanthemum schlichtianum Sond. = Brownanthus arenosus (Schinz) Ihlenf. et Bittrich ●☆

251984 Mesembryanthemum schneiderianum A. Berger = Eberlanzia schneideriana (A. Berger) H. E. K. Hartmann ●☆

251985 Mesembryanthemum schoenlandianum Schltr. = Drosanthemum schoenlandianum (Schltr.) L. Bolus ●☆

251986 Mesembryanthemum schollii Salm-Dyck = Ruschia schollii (Salm-Dyck) Schwantes ●☆

251987 Mesembryanthemum schollii Salm-Dyck var. caledonicum L. Bolus = Ruschia schollii (Salm-Dyck) Schwantes ●☆

251988 Mesembryanthemum schuhmannianum Schltr. = Drosanthemum longipes (L. Bolus) H. E. K. Hartmann ●☆

251989 Mesembryanthemum schultzei Schltr. et Diels = Leipoldtia schultzei (Schltr. et Diels) Friedrich ●☆

251990 Mesembryanthemum schwantesii Dinter ex Schwantes = Titanopsis schwantesii (Dinter ex Schwantes) Schwantes ■☆

251991 Mesembryanthemum scintillans Dinter = Phyllobolus oculatus (N. E. Br.) Gerbaulet ●☆

251992 Mesembryanthemum scitulum N. E. Br. = Conophytum minimum (Haw.) N. E. Br. ■☆

251993 Mesembryanthemum scutatum L. Bolus = Monilaria scutata (L. Bolus) Schwantes ■☆

251994 Mesembryanthemum secundum Thunb. = Psilocaulon articulatum (Thunb.) N. E. Br. ■☆

251995 Mesembryanthemum sedentiflorum L. Bolus = Mesembryanthemum guerichianum Pax ■☆

251996 Mesembryanthemum sedoides Dinter et A. Berger = Eberlanzia sedoides (Dinter et A. Berger) Schwantes ●☆

251997 Mesembryanthemum semicylindricum Haw. = Glottiphyllum difforme (L.) N. E. Br. ■☆

251998 Mesembryanthemum semidentatum Haw. = Ruschia semidentata (Haw.) Schwantes ●☆

251999 Mesembryanthemum semidentatum Salm-Dyck = Ruschia semidentata (Haw.) Schwantes ●☆

252000 Mesembryanthemum separatum N. E. Br. = Zeuktophyllum calycinum (L. Bolus) H. E. K. Hartmann ●☆

252001 Mesembryanthemum serpens L. Bolus = Lampranthus serpens (L. Bolus) L. Bolus ■☆

252002 Mesembryanthemum serratulum (Haw.) Schwantes = Ruschia serrulata (Haw.) Schwantes ●☆

252003 Mesembryanthemum serratum L. = Circandra serrata (L.) N. E. Br. ■☆

252004 Mesembryanthemum serrulatum Haw. = Ruschia serrulata (Haw.) Schwantes ●☆

252005 Mesembryanthemum sessile Thunb. = Ruschia sessilis (Thunb.) H. E. K. Hartmann ●☆

252006 Mesembryanthemum sessiliflorum Aiton = Cleretum papulosum (L. f.) L. Bolus ■☆

252007 Mesembryanthemum sessiliflorum Aiton var. luteum Haw. = Cleretum papulosum (L. f.) L. Bolus ■☆

252008 Mesembryanthemum setosum (L. Bolus) L. Bolus = Mesembryanthemum guerichianum Pax ■☆

252009 Mesembryanthemum setuliferum N. E. Br. = Trichodiadema setuliferum (N. E. Br.) Schwantes ■☆

252010 Mesembryanthemum shandii N. E. Br. = Gibbaeum shandii N. E. Br. ■☆

252011 Mesembryanthemum sibbettii L. Bolus = Neohenricia sibbettii (L. Bolus) L. Bolus ■☆

252012 Mesembryanthemum signatum N. E. Br. = Conophytum minimum (Haw.) N. E. Br. ■☆

252013 Mesembryanthemum simile Sond. = Psilocaulon junceum (Haw.) Schwantes ■☆

252014 Mesembryanthemum simile Sond. var. namaquense ? = Psilocaulon junceum (Haw.) Schwantes ■☆

252015 Mesembryanthemum simpsonii Dinter = Juttadinteria simpsonii (Dinter) Schwantes ■☆

252016 Mesembryanthemum simulans Marloth = Pleiospilos simulans (Marloth) N. E. Br. ■☆

252017 Mesembryanthemum sinuosum L. Bolus = Phyllobolus sinuosus (L. Bolus) Gerbaulet ●☆

252018 Mesembryanthemum sinus-redfordiani Dinter = Psilocaulon salicornioides (Pax) Schwantes ■☆

252019 Mesembryanthemum sladenianum L. Bolus = Prenia sladeniana (L. Bolus) L. Bolus ■☆

252020 Mesembryanthemum sociorum L. Bolus = Lampranthus sociorum (L. Bolus) N. E. Br. ■☆

252021 Mesembryanthemum socium N. E. Br. = Argyroderma fissum (Haw.) L. Bolus ●☆

252022 Mesembryanthemum solidum L. Bolus = Antimima solida (L. Bolus) H. E. K. Hartmann ●☆

252023 Mesembryanthemum solutifolium A. Berger = Brownanthus marlothii (Pax) Schwantes ●☆

252024 Mesembryanthemum sororium N. E. Br. = Pleiospilos compactus (Aiton) Schwantes subsp. sororius (N. E. Br.) H. E. K. Hartmann et Liede ■☆

252025 Mesembryanthemum spathulatum L. Bolus = Lampranthus otzenianus (Dinter) Friedrich ■☆

252026 Mesembryanthemum spathulatum Thunb. = Aloinopsis spathulata (Thunb.) L. Bolus ■☆

252027 Mesembryanthemum speciosum Haw. = Drosanthemum speciosum (Haw.) Schwantes ●☆

252028 Mesembryanthemum spectabile Haw. = Lampranthus spectabilis (Haw.) N. E. Br. ■☆

252029 Mesembryanthemum spinescens Pax = Ruschia divaricata L. Bolus ●☆

252030 Mesembryanthemum spiniforme Haw. = Lampranthus spiniformis (Haw.) N. E. Br. ■☆

252031 Mesembryanthemum spinosum L. = Ruschia spinosa (L.) Dehn ●☆

252032 Mesembryanthemum spinosum L. var. micranthum Pax = Ruschia spinosa (L.) Dehn ●☆

252033 Mesembryanthemum spinuliferum Haw. = Phyllobolus spinuliferus (Haw.) Gerbaulet ●☆

252034 Mesembryanthemum spinuliforme Harv. et Sond. = Phyllobolus spinuliferus (Haw.) Gerbaulet ●☆

252035 Mesembryanthemum splendens L. = Phyllobolus splendens (L.) Gerbaulet ●☆

252036 Mesembryanthemum spongiosum L. Bolus = Jordaaniella spongiosa (L. Bolus) H. E. K. Hartmann ■☆

252037 Mesembryanthemum squamulosum (Dinter) Dinter ex Range = Mesembryanthemum barklyi N. E. Br. ■☆

252038 Mesembryanthemum squamulosum (L. Bolus) L. Bolus = Mesembryanthemum guerichianum Pax ■☆

252039 Mesembryanthemum stanleyi L. Bolus = Chasmatophyllum stanleyi (L. Bolus) H. E. K. Hartmann ●☆

252040 Mesembryanthemum stayneri L. Bolus = Lampranthus stayneri (L. Bolus) N. E. Br. ■☆

252041 Mesembryanthemum steenbergense L. Bolus = Oscularia steenbergensis (L. Bolus) H. E. K. Hartmann ●☆

252042 Mesembryanthemum steingröveri Pax = Ruschia rupicola (Engl.) Schwantes ●☆

252043 Mesembryanthemum stellans (L. Bolus) N. E. Br. = Antimima hantamensis (Engl.) H. E. K. Hartmann et Stüber ■☆

252044 Mesembryanthemum stellatum Mill.; 仙人掌松叶菊; Starry Figmarigold, Stellate Figmarigold ■☆

252045 Mesembryanthemum stellatum Mill. = Trichodiadema barbatum (L.) Schwantes ●☆

252046 Mesembryanthemum stelligerum Haw. = Trichodiadema barbatum (L.) Schwantes ●☆

252047 Mesembryanthemum stenandrum (L. Bolus) L. Bolus; 窄蕊日中花■☆

252048 Mesembryanthemum stenopetalum L. Bolus = Lampranthus stenopetalus (L. Bolus) N. E. Br. ■☆

252049 Mesembryanthemum stenophyllum L. Bolus = Marlothistella stenophylla (L. Bolus) S. A. Hammer ●☆

252050 Mesembryanthemum stenum Haw. = Lampranthus stenus (Haw.) N. E. Br. ■☆

252051 Mesembryanthemum stephanii Schwantes = Lampranthus stephanii (Schwantes) Schwantes ■☆

252052 Mesembryanthemum stipulaceum L. = Lampranthus stipulaceus (L.) N. E. Br. ■☆

252053 Mesembryanthemum stokoei L. Bolus = Esterhuysenia stokoei (L. Bolus) H. E. K. Hartmann ●☆

252054 Mesembryanthemum stramineum Haw. = Aridaria noctiflora (L.) Schwantes subsp. straminea (Haw.) Gerbaulet ●☆

252055 Mesembryanthemum stratum L. Bolus = Mesembryanthemum aitonis Jacq. ■☆

252056 Mesembryanthemum striatum Haw. = Drosanthemum striatum (Haw.) Schwantes ●☆

252057 Mesembryanthemum striatum Haw. var. pallens ? = Drosanthemum pallens (Haw.) Schwantes ●

252058 Mesembryanthemum strubeniae L. Bolus = Ruschia strubeniae (L. Bolus) Schwantes ●☆

252059 Mesembryanthemum strumosum Haw. = Trichodiadema strumosum (Haw.) L. Bolus ■☆

252060 Mesembryanthemum styliferum (L. Bolus) N. E. Br. = Arenifera stylosa (L. Bolus) H. E. K. Hartmann ■☆

252061 Mesembryanthemum stylosum N. E. Br. = Conophytum bilobum (Marloth) N. E. Br. ■☆

252062 Mesembryanthemum suaveolens L. Bolus = Phyllobolus lignescens (L. Bolus) Gerbaulet ●☆

252063 Mesembryanthemum suaveolens Schwantes = Stomatium suaveolens Schwantes ■☆

252064 Mesembryanthemum suavissimum Dinter = Juttadinteria ausensis (L. Bolus) Schwantes ■☆

252065 Mesembryanthemum suavissimum L. Bolus = Lampranthus suavissimus L. Bolus ■☆

252066 Mesembryanthemum suavissimum L. Bolus f. ferum ? = Lampranthus suavissimus L. Bolus ■☆

252067 Mesembryanthemum suavissimum L. Bolus var. oculatum ? = Lampranthus suavissimus L. Bolus ■☆

252068 Mesembryanthemum subaequale L. Bolus = Lampranthus subaequalis (L. Bolus) L. Bolus ■☆

252069 Mesembryanthemum subalatum Haw. = Carpobrotus acinaciformis (L.) L. Bolus ●☆

252070 Mesembryanthemum subalbum N. E. Br. = Argyroderma subalbum (N. E. Br.) N. E. Br. ●☆

252071 Mesembryanthemum subcompressum Haw. = Drosanthemum subcompressum (Haw.) Schwantes ●☆

252072 Mesembryanthemum subglobosum Haw. = Drosanthemum capillare (Thunb.) Schwantes ●☆

252073 Mesembryanthemum subglobosum L. Bolus = Lampranthus subrotundus L. Bolus ■☆

252074 Mesembryanthemum subincanum Haw. = Delosperma subincanum (Haw.) Schwantes ■☆

252075 Mesembryanthemum sublunatum N. E. Br. = Ruschia stricta L. Bolus ●☆

252076 Mesembryanthemum subnodosum A. Berger = Psilocaulon subnodosum (A. Berger) N. E. Br. ■☆

252077 Mesembryanthemum subrigidum L. Bolus = Mesembryanthemum guerichianum Pax ■☆

252078 Mesembryanthemum subrisum N. E. Br. = Conophytum pageae (N. E. Br.) N. E. Br. ■☆

252079 Mesembryanthemum subspinosum Kuntze = Drosanthemum subspinosum (Kuntze) H. E. K. Hartmann ●☆

252080 Mesembryanthemum subtereticaule L. Bolus = Mesembryanthemum guerichianum Pax ■☆

252081 Mesembryanthemum subulatoides Haw. = Cephalophyllum subulatoides (Haw.) N. E. Br. ■☆

252082 Mesembryanthemum subulatum Mill. = Acrodon subulatus (Mill.) N. E. Br. ■☆

252083 Mesembryanthemum succulentum (L. Bolus) N. E. Br. = Amphibolia succulenta (L. Bolus) H. E. K. Hartmann ●☆

252084 Mesembryanthemum succumbens Dinter = Schwantesia succumbens (Dinter) Dinter ■☆

252085 Mesembryanthemum sulcatum Haw. = Phyllobolus splendens (L.) Gerbaulet ●☆

252086 Mesembryanthemum superans L. Bolus = Oscularia superans (L. Bolus) H. E. K. Hartmann ■☆

252087 Mesembryanthemum suppositum L. Bolus = Zeuktophyllum suppositum (L. Bolus) N. E. Br. ■☆

252088 Mesembryanthemum surrectum Haw. = Glottiphyllum surrectum (Haw.) L. Bolus ■☆

252089 Mesembryanthemum sutherlandii Hook. f. = Delosperma sutherlandii (Hook. f.) N. E. Br. ■☆

252090 Mesembryanthemum swartbergense L. Bolus = Lampranthus swartbergensis (L. Bolus) N. E. Br. ■☆

252091 Mesembryanthemum taurinum Haw. = Glottiphyllum depressum (Haw.) N. E. Br. ■☆

252092 Mesembryanthemum taylori N. E. Br. = Corpuscularia taylori (N. E. Br.) Schwantes ●☆

252093 Mesembryanthemum taylorianum Dinter et Schwantes = Conophytum taylorianum (Dinter et Schwantes) N. E. Br. ■☆

252094 Mesembryanthemum tenellum Haw. = Ruschia tenella (Haw.) Schwantes ■☆

252095 Mesembryanthemum tenue Haw. = Psilocaulon parviflorum (Jacq.) Schwantes ■☆

252096 Mesembryanthemum tenuicaule A. Berger = Erepsia gracilis (Haw.) L. Bolus ●☆

252097 Mesembryanthemum tenuiflorum Jacq. = Phyllobolus tenuiflorus (Jacq.) Gerbaulet ●☆

252098 Mesembryanthemum tenuifolium L. = Lampranthus tenuifolius (L.) N. E. Br. ■☆

252099 Mesembryanthemum teretifolium Haw. = Calamophyllum teretifolium (Haw.) Schwantes ■☆

252100 Mesembryanthemum teretiusculum Haw. = Calamophyllum teretiusculum (Haw.) Schwantes ■☆

252101 Mesembryanthemum testaceum Haw. = Delosperma testaceum (Haw.) Schwantes ■☆

252102 Mesembryanthemum testiculare Aiton = Argyroderma testiculare (Aiton) N. E. Br. ●☆

252103 Mesembryanthemum testiculatum Jacq. = Argyroderma testiculare (Aiton) N. E. Br. ●☆

252104 Mesembryanthemum tetragonum Thunb. = Prenia tetragona (Thunb.) Gerbaulet ■☆

252105 Mesembryanthemum thecatum N. E. Br. = Conophytum minutum (Haw.) N. E. Br. ■☆

252106 Mesembryanthemum thermarum L. Bolus = Oscularia thermarum (L. Bolus) H. E. K. Hartmann ■☆

252107 Mesembryanthemum theurkauffii (Maire) Maire = Mesembryanthemum cryptanthum Hook. f. ■☆

252108 Mesembryanthemum thunbergii Haw. = Malephora thunbergii (Haw.) Schwantes ■☆

252109 Mesembryanthemum tigrinum Haw. = Faucaria tigrina (Haw.) Schwantes ■☆

252110 Mesembryanthemum tinctum L. Bolus = Meyerophytum meyeri (Schwantes) Schwantes ●☆

252111 Mesembryanthemum torquatum Haw. = Drosanthemum floribundum (Haw.) Schwantes ●☆

252112 Mesembryanthemum tortuosum L.; 扭曲松叶菊; Tortuous Figmarigold ■☆

252113 Mesembryanthemum tortuosum L. = Sceletium tortuosum (L.) N. E. Br. ●☆

252114 Mesembryanthemum tradescantioides A. Berger = Delosperma tradescantioides (A. Berger) L. Bolus ■☆

252115 Mesembryanthemum transvaalense Rolfe = Nananthus vittatus (N. E. Br.) Schwantes ■☆

252116 Mesembryanthemum trichosanthum A. Berger = Phyllobolus viridiflorus (Aiton) Gerbaulet ●☆

252117 Mesembryanthemum trichotomum Thunb. = Phyllobolus trichotomus (Thunb.) Gerbaulet ●☆

252118 Mesembryanthemum tricolor Willd. = Dorotheanthus clavatus (Haw.) Struck ■☆

252119 Mesembryanthemum tricolor Willd. var. album Haw. = Dorotheanthus clavatus (Haw.) Struck ■☆

252120 Mesembryanthemum tricolor Willd. var. roseum Haw. = Dorotheanthus clavatus (Haw.) Struck ■☆

252121 Mesembryanthemum tricolorum Haw. = Cephalophyllum tricolorum (Haw.) Schwantes ■☆

252122 Mesembryanthemum triflorum (L. Bolus) N. E. Br. = Ruschia triflora L. Bolus ●☆

252123 Mesembryanthemum tripolium L. = Skiatophytum tripolium (L.) L. Bolus ■☆

252124 Mesembryanthemum triquetrum (L. Bolus) N. E. Br. = Antimima triquetra (L. Bolus) H. E. K. Hartmann ■☆

252125 Mesembryanthemum triticiforme L. Bolus = Ruschia cradockensis (Kuntze) H. E. K. Hartmann et Stüber subsp. triticiformis (L. Bolus) H. E. K. Hartmann et Stüber ●☆

252126 Mesembryanthemum trothai Engl. = Psilocaulon salicornioides (Pax) Schwantes ■☆

252127 Mesembryanthemum truncatellum Haw. = Conophytum truncatum (Thunb.) N. E. Br. ■☆

252128 Mesembryanthemum truncatellum Hook. f. = Lithops hookeri (A. Berger) Schwantes ■☆

252129 Mesembryanthemum truncatum Thunb. = Conophytum truncatum (Thunb.) N. E. Br. ■☆

252130 Mesembryanthemum tuberculatum Mill. = Cheiridopsis rostrata (L.) N. E. Br. ■☆

252131 Mesembryanthemum tuberculosum Rolfe = Faucaria tuberculosa (Rolfe) Schwantes ■☆

252132 Mesembryanthemum tuberosum L. = Mestoklema tuberosum (L.) N. E. Br. ex Glen ●☆

252133 Mesembryanthemum tugwelliae L. Bolus = Bijlia tugwelliae (L. Bolus) S. A. Hammer ■☆

252134 Mesembryanthemum tuitum N. E. Br. = Ruschia intricata (N. E. Br.) H. E. K. Hartmann et Stüber ●☆

252135 Mesembryanthemum tulbaghense A. Berger = Lampranthus tulbaghensis (A. Berger) N. E. Br. ■☆

252136 Mesembryanthemum tulbaghense L. Bolus = Lampranthus argillosus L. Bolus ■☆

252137 Mesembryanthemum tumidulum Haw. = Ruschia tumidula (Haw.) Schwantes ●☆

252138 Mesembryanthemum turbinatum Jacq. = Lampranthus turbinatus (Jacq.) N. E. Br. ■☆

252139 Mesembryanthemum turrigerum N. E. Br. = Conophytum turrigerum (N. E. Br.) N. E. Br. ■☆

252140 Mesembryanthemum uitenhagense L. Bolus = Ruschia uitenhagensis (L. Bolus) Schwantes ●☆

252141 Mesembryanthemum umbellatum L. = Ruschia umbellata (L.) Schwantes ●☆

252142 Mesembryanthemum umbelliflorum Jacq. = Phyllobolus splendens (L.) Gerbaulet ●☆

252143 Mesembryanthemum uncatum (Haw.) Salm-Dyck = Glottiphyllum longum (Haw.) N. E. Br. ■

252144 Mesembryanthemum uncatum Salm-Dyck = Glottiphyllum

longum (Haw.) N. E. Br. ■

252145 Mesembryanthemum uncinatum L. = Ruschia uncinata (L.) Schwantes ●☆

252146 Mesembryanthemum uncinellum Haw. = Ruschia uncinata (L.) Schwantes ●☆

252147 Mesembryanthemum uncum L. Bolus = Phiambolia unca (L. Bolus) Klak ■☆

252148 Mesembryanthemum uncum L. Bolus var. gydouwense L. Bolus = Phiambolia unca (L. Bolus) Klak ■☆

252149 Mesembryanthemum unidens Haw. = Ruschia unidens (Haw.) Schwantes ●☆

252150 Mesembryanthemum uniflorum L. Bolus = Lampranthus uniflorus (L. Bolus) L. Bolus ■☆

252151 Mesembryanthemum urbanianum Schltr. = Erepsia urbaniana (Schltr.) Schwantes ■☆

252152 Mesembryanthemum utile L. Bolus = Stoeberia utilis (L. Bolus) Van Jaarsv. ●☆

252153 Mesembryanthemum uviforme Haw. = Conophytum uviforme (Haw.) N. E. Br. ■☆

252154 Mesembryanthemum vaginatum Haw. = Ruschia vaginata Schwantes ●☆

252155 Mesembryanthemum vaginatum Haw. var. acutangulum A. Berger = Ruschia acutangula (Haw.) Schwantes ●☆

252156 Mesembryanthemum vaginatum Haw. var. curtum (Haw.) A. Berger = Ruschia curta (Haw.) Schwantes ●☆

252157 Mesembryanthemum vaginatum Lam. = Brownanthus vaginatus (Lam.) Chess. et M. Pignal ●☆

252158 Mesembryanthemum valens N. E. Br. = Ruschia glauca L. Bolus ●☆

252159 Mesembryanthemum validum Salm-Dyck = Cephalophyllum corniculatum (L.) Schwantes ■☆

252160 Mesembryanthemum vallis-mariae Dinter et Schwantes = Lithops vallis-mariae (Dinter et Schwantes) N. E. Br. ■☆

252161 Mesembryanthemum vanputtenii L. Bolus = Lampranthus vanputtenii (L. Bolus) N. E. Br. ■☆

252162 Mesembryanthemum vanzijliae L. Bolus = Lampranthus vanzijliae (L. Bolus) N. E. Br. ■☆

252163 Mesembryanthemum variabile Haw. = Lampranthus variabilis (Haw.) N. E. Br. ■☆

252164 Mesembryanthemum varians Haw. = Sceletium varians (Haw.) Gerbaulet ●☆

252165 Mesembryanthemum variifolium N. E. Br. = Ruschia diversifolia L. Bolus ●☆

252166 Mesembryanthemum velutinum Dinter = Astridia velutina Dinter ■☆

252167 Mesembryanthemum velutinum L. Bolus = Gibbaeum velutinum (L. Bolus) Schwantes ■☆

252168 Mesembryanthemum ventricosum L. Bolus = Antimima ventricosa (L. Bolus) H. E. K. Hartmann ■☆

252169 Mesembryanthemum verecundum L. Bolus = Lampranthus verecundus (L. Bolus) N. E. Br. ■☆

252170 Mesembryanthemum vermeuleniae L. Bolus = Ebracteola wilmaniae (L. Bolus) Glen ■☆

252171 Mesembryanthemum vernae Dinter et A. Berger = Malephora engleriana (Dinter et A. Berger) Schwantes ■☆

252172 Mesembryanthemum vernale L. Bolus = Lampranthus vernalis (L. Bolus) L. Bolus ■☆

252173 Mesembryanthemum vernicolor L. Bolus = Oscularia vernicolor (L. Bolus) H. E. K. Hartmann ●☆

252174 Mesembryanthemum verruculatum L. = Scopelogena verruculata (L.) L. Bolus ●☆

252175 Mesembryanthemum verruculoides (Sond.) Schwantes ex H. Jacobsen = Malephora verruculoides (Sond.) Schwantes ■☆

252176 Mesembryanthemum verruculoides Sond. = Malephora verruculoides (Sond.) Schwantes ■☆

252177 Mesembryanthemum verruculoides Sond. var. minus ? = Malephora verruculoides (Sond.) Schwantes ■☆

252178 Mesembryanthemum verruculosum (L. Bolus) N. E. Br. = Antimima verruculosa (L. Bolus) H. E. K. Hartmann ■☆

252179 Mesembryanthemum versicolor Haw. = Lampranthus emarginatus (L.) N. E. Br. ■☆

252180 Mesembryanthemum vescum N. E. Br. = Cheiridopsis namaquensis (Sond.) H. E. K. Hartmann ■☆

252181 Mesembryanthemum vespertinum A. Berger = Bergeranthus vespertinus (A. Berger) Schwantes ■☆

252182 Mesembryanthemum viatorum L. Bolus = Antimima viatorum (L. Bolus) Klak ■☆

252183 Mesembryanthemum victoris L. Bolus = Ruschia victoris (L. Bolus) L. Bolus ■☆

252184 Mesembryanthemum vigilans L. Bolus = Mesembryanthemum longistylum DC. ■☆

252185 Mesembryanthemum villiersii L. Bolus = Lampranthus villiersii (L. Bolus) L. Bolus ■☆

252186 Mesembryanthemum vinaceum L. Bolus = Delosperma vinaceum (L. Bolus) L. Bolus ■☆

252187 Mesembryanthemum violaceum DC.; 紫花松叶菊; Violet Figmarigold ■☆

252188 Mesembryanthemum violaceum DC. = Lampranthus violaceus (DC.) Schwantes ■☆

252189 Mesembryanthemum virens Salm-Dyck = Lampranthus erratus N. E. Br. ■☆

252190 Mesembryanthemum virgatum Haw. = Ruschia virgata (Haw.) L. Bolus ●☆

252191 Mesembryanthemum viride Haw. = Smicrostigma viride (Haw.) N. E. Br. ●☆

252192 Mesembryanthemum viridicatum N. E. Br. = Conophytum truncatum (Thunb.) N. E. Br. subsp. viridicatum (N. E. Br.) S. A. Hammer ■☆

252193 Mesembryanthemum viridiflorum Aiton = Phyllobolus viridiflorus (Aiton) Gerbaulet ●☆

252194 Mesembryanthemum vittatum N. E. Br. = Nananthus vittatus (N. E. Br.) Schwantes ■☆

252195 Mesembryanthemum vulpinum Haw. = Carruanthus ringens (L.) Boom ■☆

252196 Mesembryanthemum watermeyeri L. Bolus = Lampranthus watermeyeri (L. Bolus) N. E. Br. ■☆

252197 Mesembryanthemum weigangianum Dinter = Leipoldtia weigangiana (Dinter) Dinter et Schwantes ●☆

252198 Mesembryanthemum wettsteinii A. Berger = Conophytum wettsteinii (A. Berger) N. E. Br. ■☆

252199 Mesembryanthemum wilmaniae L. Bolus = Ebracteola wilmaniae (L. Bolus) Glen ■☆

252200 Mesembryanthemum wittebergense L. Bolus = Antimima wittebergensis (L. Bolus) H. E. K. Hartmann ■☆

252201 Mesembryanthemum woodburniae L. Bolus = Lampranthus

woodburniae (L. Bolus) N. E. Br. ■☆
252202 Mesembryanthemum wordsworthiae L. Bolus = Lampranthus wordsworthiae (L. Bolus) N. E. Br. ●☆
252203 Mesembryanthemum zeyheri Salm-Dyck = Lampranthus zeyheri (Salm-Dyck) N. E. Br. ■☆
252204 Mesembryanthemum zygophylloides L. Bolus = Drosanthemum zygophylloides (L. Bolus) L. Bolus ●☆
252205 Mesembryanthes Stokes = Mesembryanthemum L. (保留属名) ■●
252206 Mesembryanthus Neck. = Mesembryanthemum L. (保留属名) ■●
252207 Mesembryum Adans. = Mesembryanthemum L. (保留属名) ■●
252208 Mesibovia P. M. Wells et R. S. Hill(1989);澳洲罗汉松属●☆
252209 Mesicera Raf. = Habenaria Willd. ■
252210 Mesocapparis (Eichler) Cornejo et Iltis = Capparis L. ●
252211 Mesocapparis (Eichler) Cornejo et Iltis(2008);巴西山柑属●
252212 Mesocentron Cass. = Centaurea L. (保留属名) ●■
252213 Mesocentron Cass. = Eriopha Hill ●■
252214 Mesoceras Post et Kuntze = Habenaria Willd. ■
252215 Mesoceras Post et Kuntze = Mesicera Raf. ■
252216 Mesochloa Raf. = Zephyranthes Herb. (保留属名) ■
252217 Mesoclastes Lindl. = Luisia Gaudich. ■
252218 Mesoclastes brachystachys Lindl. = Luisia brachystachys (Lindl.) Blume ■
252219 Mesodactylis Wall. = Apostasia Blume ■
252220 Mesodactylis deflexa Wall. = Apostasia wallichii R. Br. ■
252221 Mesodactylus Endl. = Apostasia Blume ■
252222 Mesodactylus Post et Kuntze = Apostasia Blume ■
252223 Mesodactylus Post et Kuntze = Mesodactylis Wall. ■
252224 Mesodetra Raf. = Helenium L. ■
252225 Mesodiscus Raf. = Cryptotaenia DC. (保留属名) ■
252226 Mesoglossum Halb. (1982);半舌兰属■☆
252227 Mesoglossum londesboroughianum (Rchb. f.) Halb.;半舌兰■☆
252228 Mesogramma DC. (1838);芹叶千里光属■☆
252229 Mesogramma DC. = Senecio L. ■●
252230 Mesogramma apiifolium DC.;芹叶千里光■☆
252231 Mesogyne Engl. (1894);大苞桑属●☆
252232 Mesogyne henriquesii Engl. = Mesogyne insignis Engl. ●☆
252233 Mesogyne insignis Engl.;大苞桑●☆
252234 Mesoligus Raf. = Aster L. ●■
252235 Mesomelaena Nees = Gymnoschoenus Nees ■☆
252236 Mesomelaena Nees(1846);间黑莎属■☆
252237 Mesomelaena graciliceps (C. B. Clarke) K. L. Wilson;细头间黑莎■☆
252238 Mesomelaena preissii Nees;间黑莎■☆
252239 Mesomora Nieuwl. et Lunell = Chamaepericlymenum Asch. et Graebn. ■
252240 Mesona Blume = Platostoma P. Beauv. ■☆
252241 Mesona Blume (1826);凉粉草属(仙草属,仙人冻属);Jellygrass,Mesona ■
252242 Mesona chinensis Benth.;凉粉草(草粿草,仙草,仙草舅,仙人伴,仙人拌,仙人草,仙人冻,薪草);China Jellygrass,Chinese Mesona ■
252243 Mesona elegans Hayata = Mesona chinensis Benth. ■
252244 Mesona parviflora (Benth.) Briq.;小花凉粉草;Littleflower Jellygrass,Littleflower Mesona ■
252245 Mesona parviflora (Benth.) Briq. = Mesona chinensis Benth. ■
252246 Mesona procumbens Hemsl.;仙草舅■
252247 Mesona procumbens Hemsl. = Mesona chinensis Benth. ■
252248 Mesona prunnelloides Hemsl. = Nosema cochinchinensis (Lour.) Merr. ■
252249 Mesona wallichiana Benth. = Mesona parviflora (Benth.) Briq. ■
252250 Mesonephelium Pierre = Nephelium L. ●
252251 Mesoneuris A. Gray = Senecio L. ■●
252252 Mesoneurum DC. = Mezoneuron Desf. ●
252253 Mesopanax R. Vig. = Dendropanax Decne. et Planch. ●
252254 Mesopanax R. Vig. = Oreopanax Decne. et Planch. ●☆
252255 Mesopanax R. Vig. = Schefflera J. R. Forst. et G. Forst. (保留属名) ●
252256 Mesoptera Hook. f. (1873)(保留属名);肖疱茜属●☆
252257 Mesoptera Hook. f. (保留属名) = Psydrax Gaertn. ●☆
252258 Mesoptera Raf. (废弃属名) = Liparis Rich. (保留属名) ■
252259 Mesoptera Raf. (废弃属名) = Mesoptera Hook. f. (保留属名) ●☆
252260 Mesoptera maingayi Hook. f.;肖疱茜●☆
252261 Mesoreanthus Greene = Pleiocardia Greene ■☆
252262 Mesoreanthus Greene = Streptanthus Nutt. ■☆
252263 Mesosetum Steud. (1854);梅索草属■☆
252264 Mesosetum acuminatum Swallen;渐尖梅索草■☆
252265 Mesosetum discolor Mez;异色梅索草■☆
252266 Mesosetum elegans Swallen;雅致梅索草■☆
252267 Mesosetum latifolium Swallen;宽叶梅索草■☆
252268 Mesosetum longifolium Swallen;长叶梅索草■☆
252269 Mesosetum molle Swallen;柔软梅索草■☆
252270 Mesosetum multicaule Swallen;多茎梅索草■☆
252271 Mesosetum pubescens Swallen;毛梅索草■☆
252272 Mesosetum tenue Renvoize et Filg.;细梅索草■☆
252273 Mesosphaerum P. Browne(废弃属名) = Hyptis Jacq. (保留属名) ●■
252274 Mesosphaerum brevipes (Poit.) Kuntze = Hyptis brevipes Poit. ■
252275 Mesosphaerum suaveolens (L.) Kuntze = Hyptis suaveolens (L.) Poit. ●■
252276 Mesosphaerum suaveolens (Poit.) Kuntze = Hyptis suaveolens (L.) Poit. ●■
252277 Mesospinidium Rchb. f. (1852);间刺兰属■☆
252278 Mesospinidium aurantiacum Rchb. f. = Ada aurantiaca Lindl. ■☆
252279 Mesospinidium densiflorum Rchb. f.;密花间刺兰■☆
252280 Mesospinidium Rchb. f. = Cochlioda rosea (Lindl.) Benth. et Hook. f. ■☆
252281 Mesospinidium roseum (Lindl.) Rchb. f.;粉红间刺兰■☆
252282 Mesospinidium sanguineum Rchb. f.;血红间刺兰■☆
252283 Mesospinidium sanguineum Rchb. f. = Cochlioda sanguinea (Rchb. f.) Benth. et Hook. f. ■☆
252284 Mesostemma Vved. = Stellaria L. ■
252285 Mesostemma martjanovii (Krylov) Ikonn. = Stellaria martjanovii Krylov ■
252286 Mesotricha Stschegl. = Astroloma R. Br. ●☆
252287 Mespilaceae Schultz Sch. = Rosaceae Juss. (保留科名) ●■
252288 Mespilodaphne Nees = Ocotea Aubl. ●☆
252289 Mespilophora Neck. = Mespilus L. ●☆
252290 Mespilus Bosc ex Spach = Mespilus L. ●☆
252291 Mespilus L. (1753);欧楂属(欧海棠属);Medlar,Mespil ●☆
252292 Mespilus acuminata Lodd. = Cotoneaster acuminatus Lindl. ●

252293 Mespilus affinis (Lindl.) D. Don = Cotoneaster affinis Lindl. ●
252294 Mespilus affinis D. Don = Cotoneaster affinis Lindl. ●
252295 Mespilus amelanchier L. = Amelanchier ovalis Medik. ●☆
252296 Mespilus amelanchier L. = Amelanchier rotundifolia (Lam.) Dum. Cours. ●☆
252297 Mespilus arborea F. Michx. = Amelanchier arborea (F. Michx.) Fernald ●
252298 Mespilus bengalensis Roxb. = Eriobotrya bengalensis (Roxb.) Hook. f. ●
252299 Mespilus calpodendron Ehrh. = Crataegus calpodendron (Ehrh.) Medik. ●☆
252300 Mespilus cotoneaster L. = Cotoneaster integerrimus Medik. ●
252301 Mespilus cotoneaster L. var. niger Wahlb. = Cotoneaster melanocarpus Fisch. ex Loudon ●
252302 Mespilus crenulata D. Don = Pyracantha crenulata (D. Don) M. Roem. ●
252303 Mespilus cuila Buch. -Ham. = Eriobotrya elliptica Lindl. ●
252304 Mespilus flabellata Bosc ex Spach = Crataegus flabellata (Bosc ex Spach) Rydb. ●☆
252305 Mespilus germanica L.; 欧楂(欧海棠,欧楂果); Dutch Medlar, Hose-doup, How-doup, Medlar, Medlar-tree, Mespil, Minshull Crab, Open-arce, Open-arse, Open-ass, Opener, Opyman ●☆
252306 Mespilus germanica L. 'Breda Giant';大布莱达欧楂●☆
252307 Mespilus germanica L. 'Dutch';荷兰欧楂●☆
252308 Mespilus germanica L. 'Large Russian';大俄罗斯欧楂●☆
252309 Mespilus germanica L. 'Nottingham';诺丁汉欧楂●☆
252310 Mespilus germanica L. 'Royal';皇家欧楂●☆
252311 Mespilus germanica L. 'Stoneless';无籽欧楂●☆
252312 Mespilus japonica Thunb. = Eriobotrya japonica (Thunb. ex Murray) Lindl. ●
252313 Mespilus korolkowii Asch. et Graebn. = Crataegus pinnatifida Bunge var. major N. E. Br. ●
252314 Mespilus loureiroi Kostel. = Pyracantha atalantioides (Hance) Stapf ●
252315 Mespilus monogyna Willd. = Crataegus monogyna Jacq. ●☆
252316 Mespilus pinnatifida K. Koch = Crataegus pinnatifida Bunge ●
252317 Mespilus pinnatifida K. Koch f. songarica Asch. et Graebn. = Crataegus pinnatifida Bunge ●
252318 Mespilus pinnatifida K. Koch var. songarica (Dippel) Asch. et Graebn. = Crataegus pinnatifida Bunge ●
252319 Mespilus pruinosa H. Wendl. = Crataegus pruinosa (H. L. Wendl.) K. Koch ●☆
252320 Mespilus purpurea Poir. = Crataegus sanguinea Pall. ●
252321 Mespilus pyracantha L. = Pyracantha coccinea M. Roem. ●☆
252322 Mespilus racemiflora Desf. = Cotoneaster racemiflorus (Desf.) K. Koch ●☆
252323 Mespilus sanguinea Spach = Crataegus sanguinea Pall. ●
252324 Mespilus sieboldii Blume = Rhaphiolepis umbellata (Thunb.) Makino ●
252325 Mespilus sinensis Poir. = Raphiolepis indica (L.) Lindl. ●
252326 Mespilus vulgaris Rchb. = Mespilus germanica L. ●☆
252327 Messanthemum Pritz. = Mesanthemum Körn. ■☆
252328 Messermidia Raf. = Messerschmidia L. ex Hebenstr. ●■
252329 Messerschmidia Hebenstr. = Argusia Boehm. ●■
252330 Messerschmidia Hebenstr. = Messerschmidia L. ex Hebenstr. ●■
252331 Messerschmidia Hebenstr. = Tournefortia L. ●■
252332 Messerschmidia L. = Messerschmidia L. ex Hebenstr. ●■
252333 Messerschmidia L. ex Hebenstr. (1763);砂引草属(白水草属);Messerschmidia ●■
252334 Messerschmidia L. ex Hebenstr. = Argusia Boehm. ●■
252335 Messerschmidia L. ex Hebenstr. = Tournefortia L. ●■
252336 Messerschmidia Roem. et Schult. = Tournefortia L. ●■
252337 Messerschmidia angustifolia Lam. = Ceballosia fruticosa (L. f.) G. Kunkel ex Förther ●☆
252338 Messerschmidia argentea (L. f.) I. M. Johnst. = Argusia argentea (L. f.) Heine ●
252339 Messerschmidia argentea (L. f.) I. M. Johnst. = Heliotropium foertherianum Diane et Hilger ●
252340 Messerschmidia argentea (L. f.) I. M. Johnst. = Tournefortia argentea L. f. ●
252341 Messerschmidia arguzia L. = Tournefortia sibirica L. ●■
252342 Messerschmidia fruticosa L. f. = Ceballosia fruticosa (L. f.) G. Kunkel ex Förther ●☆
252343 Messerschmidia fruticosa L. f. var. angustifolia DC. = Ceballosia fruticosa (L. f.) G. Kunkel ex Förther ●☆
252344 Messerschmidia sibirica (L.) L. = Heliotropium japonicum A. Gray ■☆
252345 Messerschmidia sibirica (L.) L. = Tournefortia sibirica L. ●■
252346 Messerschmidia sibirica (L.) L. subsp. angustior (DC.) Kitag. = Tournefortia sibirica L. var. angustior (DC.) G. L. Chu et M. G. Gibert ●■
252347 Messerschmidia sibirica (L.) L. var. angustior (DC.) W. T. Wang = Tournefortia sibirica L. var. angustior (DC.) G. L. Chu et M. G. Gibert ●■
252348 Messerschmidia sibirica (L.) L. var. latifolia (DC.) H. Hara = Tournefortia sibirica L. ●■
252349 Messerschmidia sibirica (L.) L. var. rosmarinifolia (Turcz.) Popov = Tournefortia sibirica L. var. angustior (DC.) G. L. Chu et M. G. Gibert ●■
252350 Messerschmidia sibirica L. = Tournefortia sibirica L. ●■
252351 Messerschmidia sibirica L. subsp. angustior (DC.) W. T. Wang = Tournefortia sibirica L. var. angustior (DC.) G. L. Chu et M. G. Gibert ●■
252352 Messerschmidia sibirica L. var. angustior (DC.) W. T. Wang = Tournefortia sibirica L. var. angustior (DC.) G. L. Chu et M. G. Gibert ●■
252353 Messerschmidia sibirica L. var. latifolia (DC.) Hara = Tournefortia sibirica L. ●■
252354 Messerschmidia sibirica L. var. rosmarinifolia (Turcz.) Popov = Tournefortia sibirica L. var. angustior (DC.) G. L. Chu et M. G. Gibert ●■
252355 Messerschmidtia G. Don = Messerschmidia L. ex Hebenstr. ●■
252356 Messersmidia L. = Argusia Boehm. ●■
252357 Messersmidia L. = Tournefortia L. ●■
252358 Mesterna Adans. = Guidonia P. Browne ●☆
252359 Mesterna Adans. = Laetia Loefl. ex L. (保留属名)●☆
252360 Mestoklema N. E. Br. = Mestoklema N. E. Br. ex Glen ●☆
252361 Mestoklema N. E. Br. ex Glen (1981);密枝玉属;Mestoklema ●☆
252362 Mestoklema albanicum N. E. Br. ex Glen;阿尔邦密枝玉●☆
252363 Mestoklema arboriforme (Burch.) N. E. Br. ex Glen;树状密枝玉●☆
252364 Mestoklema copiosum N. E. Br. ex Glen;丰富密枝玉●☆
252365 Mestoklema elatum N. E. Br. ex Glen;高密枝玉●☆
252366 Mestoklema tuberosum (L.) N. E. Br. ex Glen; 密枝玉;

Mestoklema ●☆
252367 Mestoklema tuberosum (L.) N. E. Br. ex Glen var. macrorrhizum (Haw.) N. E. Br. ex Glen = Mestoklema tuberosum (L.) N. E. Br. ex Glen ●☆
252368 Mestotes Sol. ex DC. = Dichapetalum Thouars ●
252369 Mesua L. (1753); 铁力木属; Ceylon Iron Wood, Indian Rose Chestnut, Iron Wood, Kayea, Mesua, Naga-sar ●
252370 Mesua ferrea L.; 铁力木(铁棱,铁栗木); Ceylon Ironwood, Ceylon Wood, Common Mesua, Gangaw, Gaugau, Indian Rose Chestnut, Ironwood, Penaga Lili, Rose Chestnut ●
252371 Mesua nagassarium (Burm. f.) Kosterm. = Mesua ferrea L. ●
252372 Mesua roxburghii Wight = Mesua ferrea L. ●
252373 Mesuaceae Bercht. et J. Presl = Clusiaceae Lindl. (保留科名) ●■
252374 Mesuaceae Bercht. et J. Presl = Guttiferae Juss. (保留科名) ●■
252375 Mesyniopsis W. A. Weber = Linum L. ●■
252376 Mesyniopsis W. A. Weber(1991); 北美亚麻属 ●■
252377 Mesynium Raf. = Linum L. ●■
252378 Meta-aletris Masam. = Aletris L. ■
252379 Metabasis DC. = Hypochaeris L. ■
252380 Metabletaceae Dulac = Portulacaceae Juss. (保留科名) ■●
252381 Metabolos Blume = Hedyotis L. (保留属名) ●■
252382 Metabolus A. Rich. = Hedyotis L. (保留属名) ●■
252383 Metabolus A. Rich. = Metabolos Blume ●■
252384 Metabolus laevigatus DC. = Hedyotis philippensis (Willd. ex Spreng.) Merr. ex C. B. Rob. ■
252385 Metabolus lineatus Bartl. = Hedyotis costata (Roxb.) Kurz ■
252386 Metabriggsia W. T. Wang (1983); 单座苣苔属; Metabriggsia ■★
252387 Metabriggsia ovalifolia W. T. Wang; 单座苣苔(半座苣苔); Metabriggsia ■
252388 Metabriggsia purpureotineta W. T. Wang; 紫叶单座苣苔; Purpleleaf Metabriggsia ■
252389 Metachilum Lindl. = Appendicula Blume ■
252390 Metachilus Post et Kuntze = Appendicula Blume ■
252391 Metachilus Post et Kuntze = Metachilum Lindl. ■
252392 Metadacrydium Baum.-Bod. = Metadacrydium Baum.-Bod. ex Melikyan et A. V. Bobrov ●☆
252393 Metadacrydium Baum.-Bod. ex Melikyan et A. V. Bobrov = Dacrydium Sol. ex J. Forst. ●
252394 Metadacrydium Baum.-Bod. ex Melikyan et A. V. Bobrov (2000); 新喀陆均松属 ●☆
252395 Metadina Bakh. f. (1970); 黄棉木属(黄棉树属); Metadina, Yellowcotton ●
252396 Metadina trichotoma (Zoll. et Moritzi) Bakh. f.; 黄棉木(黄凿,黄泽木); Polycephalous Adina, Trichotomous Metadina, Yellowcotton ●
252397 Metaeritrichium W. T. Wang (1980); 颈果草属; Neckfruitgrass ■★
252398 Metaeritrichium microuloides W. T. Wang; 颈果草; Microula-like Neckfruitgrass ■
252399 Metagnanthus Endl. = Athanasia L. ●☆
252400 Metagnathus Benth. et Hook. f. = Metagnanthus Endl. ●☆
252401 Metagonia Nutt. = Vaccinium L. ●
252402 Metalasia R. Br. (1817); 密头帚鼠麴属 ●☆
252403 Metalasia acuta P. O. Karis; 尖密头帚鼠麴 ●☆
252404 Metalasia adunca Less.; 钩状密头帚鼠麴 ●☆
252405 Metalasia agathosmoides Pillans; 香芸木密头帚鼠麴 ●☆
252406 Metalasia albescens P. O. Karis; 微白密头帚鼠麴 ●☆
252407 Metalasia alfredii Pillans; 艾尔密头帚鼠麴 ●☆
252408 Metalasia aristata DC. = Metalasia densa (Lam.) P. O. Karis ●☆
252409 Metalasia aurea D. Don; 黄密头帚鼠麴 ●☆
252410 Metalasia barnardii L. Bolus = Metalasia muraltiifolia DC. ●☆
252411 Metalasia bodkinii L. Bolus; 博德金密头帚鼠麴 ●☆
252412 Metalasia bolusii L. Bolus = Metalasia capitata (Lam.) Less. ●☆
252413 Metalasia brevifolia (Lam.) Levyns; 短叶密头帚鼠麴 ●☆
252414 Metalasia caespitosa Levyns = Metalasia pulchella (Cass.) P. O. Karis ●☆
252415 Metalasia calcicola P. O. Karis; 钙生密头帚鼠麴 ●☆
252416 Metalasia capitata (Lam.) Less.; 头状密头帚鼠麴 ●☆
252417 Metalasia cephalotes (Thunb.) Less.; 澳非密头帚鼠麴 ●☆
252418 Metalasia cephalotes DC. = Metalasia seriphiifolia DC. ●☆
252419 Metalasia cephalotes Less. = Metalasia cephalotes (Thunb.) Less. ●☆
252420 Metalasia cephalotes Levyns = Metalasia cephalotes (Thunb.) Less. ●☆
252421 Metalasia compacta Zeyh. ex Sch. Bip.; 紧密密头帚鼠麴 ●☆
252422 Metalasia concinna Harv. = Metalasia fastigiata (Thunb.) D. Don ●☆
252423 Metalasia confusa Pillans; 混乱密头帚鼠麴 ●☆
252424 Metalasia cymbifolia Harv.; 舟叶密头帚鼠麴 ●☆
252425 Metalasia decora L. Bolus = Metalasia cymbifolia Harv. ●☆
252426 Metalasia densa (Lam.) P. O. Karis; 密集密头帚鼠麴 ●☆
252427 Metalasia depressa Harv. = Metalasia divergens (Thunb.) D. Don ●☆
252428 Metalasia distans (Schrank) DC.; 远离密头帚鼠麴 ●☆
252429 Metalasia divergens (Thunb.) D. Don; 稍叉密头帚鼠麴 ●☆
252430 Metalasia divergens (Thunb.) D. Don subsp. fusca P. O. Karis; 棕色密头帚鼠麴 ●☆
252431 Metalasia dregeana DC.; 德雷密头帚鼠麴 ●☆
252432 Metalasia erectifolia Pillans; 直立叶密头帚鼠麴 ●☆
252433 Metalasia ericoides Sieber ex DC. = Metalasia muricata (L.) D. Don ●☆
252434 Metalasia erubescens DC.; 变红密头帚鼠麴 ●☆
252435 Metalasia erubescens DC. var. gemmulifera Harv. = Metalasia brevifolia (Lam.) Levyns ●☆
252436 Metalasia fasciculata (P. J. Bergius) D. Don = Metalasia brevifolia (Lam.) Levyns ●☆
252437 Metalasia fastigiata (Thunb.) D. Don; 帚状密头帚鼠麴 ●☆
252438 Metalasia galpinii L. Bolus; 盖尔密头帚鼠麴 ●☆
252439 Metalasia gnaphalodes Druce = Metalasia pulcherrima Less. f. pallescens (Harv.) P. O. Karis ●☆
252440 Metalasia humilis P. O. Karis; 低矮密头帚鼠麴 ●☆
252441 Metalasia imbricata (P. J. Bergius) Harv. = Lachnospermum imbricatum (P. J. Bergius) Hilliard ●☆
252442 Metalasia incurva Pillans = Metalasia phillipsii L. Bolus subsp. incurva (Pillans) P. O. Karis ●☆
252443 Metalasia intermedia DC. = Metalasia brevifolia (Lam.) Levyns ●☆
252444 Metalasia inversa P. O. Karis; 倒垂密头帚鼠麴 ●☆
252445 Metalasia juniperoides Pillans; 刺柏状密头帚鼠麴 ●☆
252446 Metalasia lichtensteinii Less.; 利希滕密头帚鼠麴 ●☆
252447 Metalasia luteola P. O. Karis; 淡黄密头帚鼠麴 ●☆

252448 Metalasia massonii S. Moore;马森密头帚鼠麹●☆
252449 Metalasia montana P. O. Karis;山地密头帚鼠麹●☆
252450 Metalasia muraltiifolia DC.;厚壁密头帚鼠麹●☆
252451 Metalasia muricata (L.) D. Don;粗糙密头帚鼠麹●☆
252452 Metalasia nitidula Harv. = Metalasia erubescens DC. ●☆
252453 Metalasia octoflora DC.;八花密头帚鼠麹●☆
252454 Metalasia oligocephala P. O. Karis;稀头帚鼠麹●☆
252455 Metalasia pallida Bolus;灰白密头帚鼠麹●☆
252456 Metalasia phillipsii L. Bolus;菲利密头帚鼠麹●☆
252457 Metalasia phillipsii L. Bolus subsp. incurva (Pillans) P. O. Karis;内曲菲利密头帚鼠麹●☆
252458 Metalasia plicata P. O. Karis;折叠密头帚鼠麹●☆
252459 Metalasia polyanthos (Thunb.) D. Don = Metalasia densa (Lam.) P. O. Karis ●☆
252460 Metalasia pulchella (Cass.) P. O. Karis;美丽密头帚鼠麹●☆
252461 Metalasia pulcherrima Eckl. ex Harv. = Stoebe gomphrenoides P. J. Bergius ●☆
252462 Metalasia pulcherrima Less.;极美密头帚鼠麹●☆
252463 Metalasia pulcherrima Less. f. pallescens (Harv.) P. O. Karis;变苍白密头帚鼠麹●☆
252464 Metalasia pulcherrima Less. var. pallescens Harv. = Metalasia pulcherrima Less. f. pallescens (Harv.) P. O. Karis ●☆
252465 Metalasia pungens D. Don;锐尖密头帚鼠麹●☆
252466 Metalasia quinqueflora DC.;五花密头帚鼠麹●☆
252467 Metalasia rhoderioides T. M. Salter;粉红密头帚鼠麹●☆
252468 Metalasia riparia T. M. Salter;河岸密头帚鼠麹●☆
252469 Metalasia rogersii S. Moore;罗杰斯密头帚鼠麹●☆
252470 Metalasia schlechteri L. Bolus = Planea schlechteri (L. Bolus) P. O. Karis ■☆
252471 Metalasia seriphiifolia DC.;绢蒿叶密头帚鼠麹●☆
252472 Metalasia seriphioides D. Don = Trichogyne ambigua (L.) Druce ■☆
252473 Metalasia serrata P. O. Karis;具齿密头帚鼠麹●☆
252474 Metalasia serrulata P. O. Karis;小齿密头帚鼠麹●☆
252475 Metalasia speciosa Hutch. = Metalasia fastigiata (Thunb.) D. Don ●☆
252476 Metalasia stricta Less. = Metalasia densa (Lam.) P. O. Karis ●☆
252477 Metalasia strictifolia Bolus;直花密头帚鼠麹●☆
252478 Metalasia tenuifolia DC.;细花密头帚鼠麹●☆
252479 Metalasia tenuis P. O. Karis;细密头帚鼠麹●☆
252480 Metalasia tricolor Pillans;三色密头帚鼠麹●☆
252481 Metalasia trivialis P. O. Karis;三脉密头帚鼠麹●☆
252482 Metalasia umbellata (L. f.) D. Don = Lachnospermum umbellatum (L. f.) Pillans ●☆
252483 Metalasia umbellata Cass. = Metalasia muricata (L.) D. Don ●☆
252484 Metalasia umbelliformis P. O. Karis;伞花密头帚鼠麹●☆
252485 Metalasia uniflora D. Don = Lachnospermum imbricatum (P. J. Bergius) Hilliard ●☆
252486 Metalasia virgata Compton = Lachnospermum imbricatum (P. J. Bergius) Hilliard ●☆
252487 Metalasia xanthocephala T. M. Salter = Metalasia octoflora DC. ●☆
252488 Metalepis Griseb. (1866);后鳞萝藦属■☆
252489 Metalepis albiflora Urb.;白花后鳞萝藦■☆
252490 Metalepis brasiliensis Morillo;巴西后鳞萝藦■☆
252491 Metalepis cubensis Griseb.;古巴后鳞萝藦■☆
252492 Metalonicera M. Wang et A. G. Gu = Lonicera L. ●■
252493 Metanarthecium Maxim. (1867);狐尾草属■☆
252494 Metanarthecium Maxim. = Aletris L. ■
252495 Metanarthecium formosanum Hayata = Aletris glabra Bureau et Franch. ■
252496 Metanarthecium luteo-viride Maxim.;狐尾草■☆
252497 Metanemone W. T. Wang (1980);毛茛莲花属;Metanemone ■★
252498 Metanemone ranunculoides W. T. Wang;毛茛莲花;Buttercuplike Metanemone, Metanemone ■
252499 Metapanax J. Wen et Frodin = Nothopanax Miq. ●
252500 Metapanax J. Wen et Frodin = Panax L. ■
252501 Metapanax davidii (Franch.) Frodin = Metapanax davidii (Franch.) Frodin ex J. Wen et Frodin ●
252502 Metapanax davidii (Franch.) Frodin ex J. Wen et Frodin = Nothopanax davidii (Franch.) Harms ex Diels ●
252503 Metapanax davidii (Franch.) J. Wen et Frodin = Metapanax davidii (Franch.) Frodin ex J. Wen et Frodin ●
252504 Metapanax delavayi (Franch.) Frodin ex J. Wen et Frodin = Nothopanax delavayi (Franch.) Harms ex Diels ●
252505 Metapanax delavayi (Franch.) Frodin ex J. Wen et Frodin var. longicaudatus (K. M. Feng) R. Li et H. Li = Nothopanax davidii (Franch.) Harms ex Diels var. longicaudatus K. M. Feng ●
252506 Metapetrocosmea W. T. Wang (1981);盾叶苣苔属;Metapetrocosmea ■★
252507 Metapetrocosmea peltata W. T. Wang;盾叶苣苔(盾叶石蝴蝶,盾叶悬崖苣苔);Metapetrocosmea, Peltate-leaf Petrocosmea ■☆
252508 Metaplexis R. Br. (1810);萝藦属;Metaplexis ●■
252509 Metaplexis cavaleriei H. Lév. = Marsdenia cavaleriei (H. Lév.) Hand. -Mazz. ex Woodson ●
252510 Metaplexis cavaleriei H. Lév. = Marsdenia tenacissima (Roxb.) Moon ●
252511 Metaplexis chinensis Bunge = Metaplexis japonica (Thunb.) Makino ●■
252512 Metaplexis chinensis Decne. = Metaplexis japonica (Thunb.) Makino ●■
252513 Metaplexis hemsleyana Oliv.;华萝藦(倒插花,萝藦藤,奶浆草,奶浆藤,小隔山草);Hemsley Metaplexis ●■
252514 Metaplexis japonica (Thunb.) Makino;萝藦(白环藤,斑风藤,飞来鹤,过路黄,哈喇瓢,合钵儿,鹤光飘,鹤瓢棵,鸡肠,浆罐头,苦丸,赖瓜瓢,老鸹瓢,老人瓢,蔓藤草,奶合藤,奶浆草,奶浆藤,婆婆针袋儿,婆婆针托儿,婆婆针线包,千层须,青小布,雀瓢,乳浆藤,水皮花,天将果,天浆壳,土古藤,芄兰,细丝藤,熏桑,羊角,羊角菜,羊奶棵,羊婆奶,洋飘飘,斫合子);Japanese Metaplexis, Rough Potato ●■
252515 Metaplexis japonica (Thunb.) Makino f. albiflora Honda;白花萝藦■☆
252516 Metaplexis japonica (Thunb.) Makino var. platyloba Hand. -Mazz. = Metaplexis hemsleyana Oliv. ●■
252517 Metaplexis rostellam Turcz. = Metaplexis hemsleyana Oliv. ●■
252518 Metaplexis sinensis (Hemsl.) Hu = Metaplexis hemsleyana Oliv. ●■
252519 Metaplexis stauntonii Roem. et Schult. = Metaplexis japonica (Thunb.) Makino ●■
252520 Metaplexis stauntonii Schult. = Metaplexis japonica (Thunb.) Makino ●■

252521 Metaporana N. E. Br. (1914);伴孔旋花属●☆
252522 Metaporana angolensis N. E. Br. = Seddera schizantha Hallier f. ●☆
252523 Metaporana conica Verdc.;圆锥伴孔旋花●☆
252524 Metaporana densiflora (Hallier f.) N. E. Br.;密花叶伴孔旋花●☆
252525 Metaporana parvifolia (K. Afzel.) Verdc.;小叶伴孔旋花●☆
252526 Metaporana sericosepala Verdc.;绢萼伴孔旋花●☆
252527 Metaporana verdcourtii Deroin;韦尔德伴孔旋花●☆
252528 Metarungia Baden(1984);类孩儿草属●☆
252529 Metarungia galpinii (Baden) Baden;盖尔类孩儿草●☆
252530 Metarungia longistrobus (C. B. Clarke) Baden;长旋类孩儿草●☆
252531 Metarungia pubinervia (T. Anderson) Baden;毛脉类孩儿草●☆
252532 Metasasa W. T. Lin = Acidosasa C. D. Chu et C. S. Chao ex P. C. Keng ●★
252533 Metasasa W. T. Lin(1988);异枝竹属;Metasasa ●★
252534 Metasasa albo-farinosa W. T. Lin;白环异枝竹;White-mealy Metasasa,White-ring Metasasa ●
252535 Metasasa albo-farinosa W. T. Lin = Acidosasa nanunica (McClure) C. S. Chao et G. Y. Yang ●
252536 Metasasa carinana W. T. Lin;异枝竹;Carinate Metasasa, Metasasa ●
252537 Metasasa carinana W. T. Lin = Acidosasa nanunica (McClure) C. S. Chao et G. Y. Yang ●
252538 Metasequoia Hu et W. C. Cheng (1948);水杉属;Dawn Redwood ●★
252539 Metasequoia Miki(废弃属名) = Metasequoia Hu et W. C. Cheng ●★
252540 Metasequoia glyptostroboides Hu et W. C. Cheng;水杉(丛枝水杉);Dawn Cypress, Dawn Redwood, Fossil Tree, Shui-Hsa, Water Fir, Water Larch ●◇
252541 Metasequoia glyptostroboides Hu et W. C. Cheng 'White Spot';白斑水杉;Dawn Redwood ●
252542 Metasequoia glyptostroboides Hu et W. C. Cheng var. caespitosa Y. H. Long et Y. Wu = Metasequoia glyptostroboides Hu et W. C. Cheng ●◇
252543 Metasequoiaceae Hu et W. C. Cheng = Cupressaceae Gray(保留科名)●
252544 Metasequoiaceae Hu et W. C. Cheng = Taxodiaceae Saporta(保留科名)●
252545 Metasequoiaceae Hu et W. C. Cheng;水杉科●
252546 Metasequoiaceae S. Miki ex Hu et W. C. Cheng = Metasequoiaceae Hu et W. C. Cheng ●
252547 Metasocratea Dugand = Socratea H. Karst. ●☆
252548 Metastachydium Airy Shaw = Metastachydium Airy Shaw ex C. Y. Wu et H. W. Li ■
252549 Metastachydium Airy Shaw ex C. Y. Wu et H. W. Li(1975);箭叶水苏属;Arrowleafbetony ■
252550 Metastachydium sagittatum (Regel) C. Y. Wu et H. W. Li;箭叶水苏;Arrowleafbetony ■
252551 Metastachys (Benth.) Tiegh. = Macrosolen (Blume) Rchb. ●
252552 Metastachys (Benth.) Tiegh. = Tristerix Mart. ●
252553 Metastachys Knorring = Metastachydium Airy Shaw ex C. Y. Wu et H. W. Li ■
252554 Metastachys Tiegh. = Loranthus Jacq. (保留属名)●
252555 Metastachys sagittata (Regel) Knorring = Metastachydium sagittatum (Regel) C. Y. Wu et H. W. Li ■
252556 Metastelma R. Br. (1810);异冠藤属●☆
252557 Metastelma costatum (E. Mey.) D. Dietr. = Parapodium costatum E. Mey. ●☆
252558 Metastelma schlechtendalii Decne.;施勒异冠藤●☆
252559 Metastevia Grashoff(1975);毛喉菊属■☆
252560 Metastevia hintonii Grashoff;毛喉菊■☆
252561 Metathlaspi E. H. L. Krause = Aetheonema Rchb. ●
252562 Metathlaspi E. H. L. Krause = Iberis L. ●■
252563 Metathlaspi E. H. L. Krause = Thlaspi L. ■
252564 Metatrophis F. Br. (1935);波岛麻属■☆
252565 Metatrophis margaretae F. Br.;波岛麻■☆
252566 Metaxanthus Walp. = Metazanthus Meyen ■●
252567 Metaxanthus Walp. = Senecio L. ■●
252568 Metazanthus Meyen = Senecio L. ■●
252569 Metcalfia Conert(1960);梅特草属■☆
252570 Metcalfia mexicana (Scribn.) Conert;梅特草■☆
252571 Meteorina Cass. = Dimorphotheca Moench ■●☆
252572 Meteorina Cass. = Dimorphotheca Vaill. (保留属名)■●☆
252573 Meteoromyrtus Gamble(1918);雅桃木属●☆
252574 Meteoromyrtus wynaadensis Gamble;雅桃木●☆
252575 Meteorus Lour. = Barringtonia J. R. Forst. et G. Forst. (保留属名)●
252576 Meterana Raf. = Caperonia A. St. -Hil. ■☆
252577 Meterostachys Nakai(1935)('Merostachys');四国瓦花属■☆
252578 Meterostachys sikokianus (Makino) Nakai;四国瓦花(四国瓦松)■☆
252579 Metharme Phil. = Metharme Phil. ex Engl. ●☆
252580 Metharme Phil. ex Engl. (1890);毛被蒺藜属●☆
252581 Metharme lanata Phil.;毛被蒺藜●☆
252582 Methonica Gagnebin = Gloriosa L. ■
252583 Methonica Tourn. ex Crantz = Methonica Gagnebin ■
252584 Methonica grandiflora Hook. = Gloriosa superba L. ■
252585 Methonica petersiana Klotzsch ex Garcke = Gloriosa speciosa (Hochst.) Engl. ■☆
252586 Methonicaceae E. Mey. = Liliaceae Juss. (保留科名)■●
252587 Methonicaceae Trautv. = Melanthiaceae Batsch ex Borkh. (保留科名)■
252588 Methorium Schotr et Endl. = Helicteres L. ●
252589 Methyscophyllum Eckl. et Zeyh. = Catha Forssk. ●
252590 Methyscophyllum glaucum Eckl. et Zeyh. = Catha edulis (Vahl) Forssk. ex Endl. ●
252591 Methysticodendron R. E. Schult. = Brugmansia Pers. ●
252592 Methysticum Raf. = Piper L. ●■
252593 Metopium P. Browne(1756);毒漆树属●☆
252594 Metopium brownei Urb.;黑毒漆树●☆
252595 Metopium toxiferum (L.) Krug et Urb.;毒漆树;Coral Sumach, Doctor's Gum, Hog Gum, Poison Wood ●☆
252596 Metoxypetalum Morillo = Macroscepis Kunth ●☆
252597 Metoxypetalum Morillo(1994);新尖瓣花属●☆
252598 Metrocynia Thouars = Cynometra L. ●☆
252599 Metrocynia commersonii DC. = Cynometra commersoniana Baill. ●☆
252600 Metrodorea A. St. -Hil. (1825);囊髓香属●☆
252601 Metrodorea brevifolia Engl.;短叶囊髓香●☆
252602 Metrodorea flavida K. Krause;黄囊髓香●☆

252603 Metrodorea gracilis K. Schum.;纤细囊髓香●☆
252604 Metrodorea mollis Taub.;柔软囊髓香●☆
252605 Metrodorea nigra A. St. -Hil.;囊髓香●☆
252606 Metrodorea pubescens A. St. -Hil. et Tul.;毛囊髓香●☆
252607 Metrosideros Banks ex Gaertn. (1788)(保留属名);新西兰圣诞树属(铁心木属);Bottle-brush, Iron Tree, Iron-tree, Rata Tree, Rata-tree ●☆
252608 Metrosideros angustifolia (L.) Sm.;窄叶新西兰圣诞树●☆
252609 Metrosideros boninensis (Hayata ex Koidz.) Tuyama;小笠原新西兰圣诞树●☆
252610 Metrosideros carminea W. R. B. Oliv.;亮红新西兰圣诞树;Akakura, Rata Vine ●☆
252611 Metrosideros carminea W. R. B. Oliv. 'Carousel';旋转木马亮红新西兰圣诞树●☆
252612 Metrosideros carminea W. R. B. Oliv. 'Ferris Wheel';费里斯转轮亮红新西兰圣诞树●☆
252613 Metrosideros excelsa Sol. ex Gaertn.;新西兰圣诞树(毛背铁心木);Christmas Tree, New Zealand Christmas Tree, New Zealand Christmas-tree, Pohutukawa, Variegated New Zealand Christmas Tree ●☆
252614 Metrosideros excelsa Sol. ex Gaertn. 'Aureus';金叶新西兰圣诞树●☆
252615 Metrosideros excelsa Sol. ex Gaertn. 'Fire Mountain';火山新西兰圣诞树●☆
252616 Metrosideros glomulifera Sm. = Syncarpia glomulifera (Sm.) Nied. ●☆
252617 Metrosideros gummifera Gaertn. = Eucalyptus gummifera (Gaertn.) Hochr. ●
252618 Metrosideros kermadecensis W. R. B. Oliv.;凯尔新西兰圣诞树;Kermadec Pohutukawa ●☆
252619 Metrosideros kermadecensis W. R. B. Oliv. 'Red and Gold';红与黄凯尔新西兰圣诞树●☆
252620 Metrosideros kermadecensis W. R. B. Oliv. 'Variegatus';斑叶凯尔新西兰圣诞树●☆
252621 Metrosideros nervulosa C. Moore et F. Muell.;豪勋爵新西兰圣诞树;Lord Howe Mountain Rose ●☆
252622 Metrosideros petiolata Koord.;叶柄铁心木●☆
252623 Metrosideros polymorpha Gaudich.;多型新西兰圣诞树;Ohi's Lehua ●☆
252624 Metrosideros queenslandica L. S. Sm.;昆士兰新西兰圣诞树;Queensland Golden Myrtle ●☆
252625 Metrosideros robusta A. Cunn.;硬新西兰圣诞树(铁心木);Northern Rata, Rata ●☆
252626 Metrosideros speciosa Sims = Callistemon speciosus (Sims) DC. ●
252627 Metrosideros tomentosa A. Rich.;绒毛铁心木;Christmas-tree of New Zealand ●☆
252628 Metrosideros umbellata Cav.;艳丽新西兰圣诞树;Southern Rata ●☆
252629 Metrosideros vera Roxb.;铁心木●☆
252630 Metroxilon Welw. = Metroxylon Rottb. (保留属名)●
252631 Metroxylon Rottb. (1783)(保留属名);西谷椰子属(砂谷椰属,西谷椰属,西谷棕属,西壳叶属,西米椰子属);Ivory nut Palm, Ivory-nut Palm, Sago Palm ●
252632 Metroxylon Spreng. = Raphia P. Beauv. ●
252633 Metroxylon amicarum (H. Wendl.) Becc.;西米椰子;Caroline Ivory Nut Palm, Carolines Ivory Nut Palm, Ivory Nut Palm, Polynesian Ivory Nut Palm ●☆
252634 Metroxylon rumphii Mart.;西壳椰子(刺西米椰子,鲁氏西谷椰子,西谷椰子,西米椰子);Rumphius Sago Palm, Sago Palm, Spiny Sago, Spiny Sago Palm ●
252635 Metroxylon rumphii Mart. = Metroxylon sagu Rottb. ●
252636 Metroxylon sagu Rottb.;西米棕(沙孤米,莎木面,西谷椰子,西国米);Common Sago Palm, Sago Palm, Smooth Sago Palm ●
252637 Metroxylon salomonense (Warb.) Becc.;所罗门谷椰;Salomon Sago Palm ●☆
252638 Metroxylon viniferum Spreng. = Raphia vinifera P. Beauv. ●
252639 Mettenia Griseb. (1859);梅滕大戟属☆
252640 Mettenia acutifolia Britton et P. Wilson;尖叶梅滕大戟☆
252641 Mettenia cordifolia Urb.;心叶梅滕大戟☆
252642 Mettenia globosa Griseb.;球形梅滕大戟☆
252643 Mettenia lepidota Urb.;小鳞梅滕大戟☆
252644 Mettenia oblongata Alain;矩圆梅滕大戟☆
252645 Metteniusa H. Karst. (1860);管花木属●☆
252646 Metteniusa edulis H. Karst.;管花木●☆
252647 Metteniusaceae H. Karst. (1860);管花木科●☆
252648 Metteniusaceae H. Karst. = Alangiaceae DC. (保留科名)●
252649 Metteniusaceae H. Karst. ex Schnizl. = Metteniusaceae H. Karst. ●☆
252650 Metternichia J. C. Mikan(1823);梅廷茄属●☆
252651 Metternichia affinis C. Presl;近缘梅廷茄☆
252652 Metternichia megalandra Dunal;大蕊梅廷茄☆
252653 Metternichia principis;梅廷茄☆
252654 Metula Tiegh. = Phragmanthera Tiegh. ●☆
252655 Metula Tiegh. = Tapinanthus (Blume) Rchb. (保留属名)●☆
252656 Metula angolensis (Engl.) Tiegh. = Phragmanthera polycrypta (Didr.) Balle ●☆
252657 Metzleria Sond. = Lobelia L. ●■
252658 Metzleria Sond. = Mezleria C. Presl ●■
252659 Metzleria dregeana Sond. = Lobelia angolensis Engl. et Diels ■☆
252660 Meum Mill. (1754);欧香叶芹属(秃钱芹属,针刺草属);Baldmoney, Spicknel, Spignel ■☆
252661 Meum alatum Korovin;翅欧香叶芹■☆
252662 Meum athamanticum Jacq.;欧香叶芹(针刺草);Badminnie, Bald, Baldemoyne, Bawdmoney, Bawdringie, Bawd's Penny, Bearwort, Dutch Dill, Howka, Meon, Meu, Mew Meu, Michen, Micken, Moiken, Speknel, Spicknel, Spignel, Spignel-meu, Spikenel ■☆
252663 Meum atlanticum Batt. = Meum athamanticum Jacq. ■☆
252664 Meum foeniculum (L.) Spreng. = Foeniculum vulgare (L.) Mill. ■
252665 Mexacanthus T. F. Daniel(1981);墨西哥刺爵床属☆
252666 Mexacanthus mcvaughii T. F. Daniel;墨西哥刺爵床☆
252667 Mexerion G. L. Nesom(1990);匍茎紫绒草属■☆
252668 Mexerion mexicanum G. L. Nesom;匍茎紫绒草■☆
252669 Mexianthus B. L. Rob. (1928);墨西哥花属(墨花菊属)■☆
252670 Mexianthus mexicanus B. L. Rob.;墨西哥花(墨花菊)■☆
252671 Mexicoa Garay = Oncidium Sw. (保留属名)■☆
252672 Mexicoa Garay(1974);墨西哥兰属■☆
252673 Mexicoa ghiesbreghtiana (A. Rich. et Galeotti) Garay;墨西哥兰■☆
252674 Meximalva Fryxell(1975);墨西哥锦葵属●☆
252675 Meximalva filipes (A. Gray) Fryxell;线梗墨西哥锦葵●☆
252676 Meximalva venusta (Schlecht.) Fryxell;墨西哥锦葵●☆

252677 Mexipedium V. A. Albert et M. W. Chase (1992); 墨西哥靴兰属■☆
252678 Mexipedium xerophyticum (Soto Arenas, Salazar et Hágsater) V. A. Albert et M. W. Chase; 墨西哥靴兰■☆
252679 Mexotis Terrell et H. Rob. = Houstonia L. ■☆
252680 Meyenia Backeb. = Weberbauerocereus Backeb. ●☆
252681 Meyenia Nees = Thunbergia Retz. (保留属名) ●■
252682 Meyenia Nees (1832); 迈恩爵床属●☆
252683 Meyenia Post et Kuntze = Meyna Roxb. ex Link ●
252684 Meyenia Schltdl. = Cestrum L. ●
252685 Meyenia Schltdl. = Habrothamnus Endl. ●
252686 Meyenia erecta Benth. = Thunbergia erecta (Benth.) T. Anderson ●
252687 Meyenia hawtayneana Nees; 迈恩爵床●☆
252688 Meyeniaceae Sreemadh. = Acanthaceae Juss. (保留科名) ●■
252689 Meyeniaceae Sreemadh. = Thunbergiaceae Tiegh. ●■
252690 Meyera Adans. = Holosteum L. ■
252691 Meyera Schreb. = Enydra Lour. ■
252692 Meyera fluctusns (Lour.) Spreng. = Enydra fluctuans Lour. ■
252693 Meyera guineensis Spreng. = Enydra radicans (Willd.) Lack ■☆
252694 Meyerafra Kuntze = Astephania Oliv. ■☆
252695 Meyeria DC. = Calea L. ●■☆
252696 Meyerocactus Doweld = Echinocactus Link et Otto ●
252697 Meyerophytum Schwantes (1927); 丝毛玉属●☆
252698 Meyerophytum globosum (L. Bolus) Ihlenf.; 球形丝毛玉●☆
252699 Meyerophytum meyeri (Schwantes) Schwantes; 迈尔丝毛玉●☆
252700 Meyerophytum meyeri (Schwantes) Schwantes var. holgatense L. Bolus = Meyerophytum meyeri (Schwantes) Schwantes ●☆
252701 Meyerophytum microstigma (L. Bolus) L. Bolus = Dicrocaulon microstigma (L. Bolus) Ihlenf. ■☆
252702 Meyerophytum primosii (L. Bolus) L. Bolus = Dicrocaulon microstigma (L. Bolus) Ihlenf. ■☆
252703 Meyerophytum tinctum (L. Bolus) Schwantes = Meyerophytum meyeri (Schwantes) Schwantes ●☆
252704 Meyna Roxb. ex Link (1820); 琼梅属; Meyna ●
252705 Meyna hainanensis Merr.; 琼梅; Hainan Meyna ●
252706 Meyna pubescens Robyns; 毛琼梅●☆
252707 Meyna spinosa Roxb. ex Link; 刺琼梅; Spinous Meyna ●☆
252708 Meyna tetraphylla (Schweinf. ex Hiern) Robyns; 四叶琼梅●☆
252709 Meynia Schult. = Meyna Roxb. ex Link ●
252710 Mezereum C. A. Mey. = Daphne L. ●
252711 Mezia Kuntze = Mezilaurus Kuntze ex Taub. ●☆
252712 Mezia Kuntze = Neosilvia Pax ●☆
252713 Mezia Schwacke = Mezia Schwacke ex Nied. ●☆
252714 Mezia Schwacke ex Engl. et Prantl = Mezia Schwacke ex Nied. ●☆
252715 Mezia Schwacke ex Nied. (1890); 梅茨木属●☆
252716 Mezia includens (Benth.) Cuatrec.; 梅茨木●☆
252717 Meziella Schindl. (1905); 梅茨仙草属■☆
252718 Meziella Schindl. = Haloragis J. R. Forst. et G. Forst. ■●
252719 Meziella trifida (Nees) Schindl.; 梅茨仙草■☆
252720 Meziera Baker = Begonia L. ●■
252721 Meziera Baker = Mezierea Gaudich. ●■
252722 Mezierea Gaudich. = Begonia L. ●■
252723 Mezierea molleri C. DC. = Begonia molleri (C. DC.) Warb. ■☆
252724 Mezilaurus Kuntze = Mezilaurus Kuntze ex Taub. ●☆
252725 Mezilaurus Kuntze ex Taub. (1892); 热美樟属(南美月桂属) ●☆
252726 Mezilaurus Taub. = Mezilaurus Kuntze ex Taub. ●☆
252727 Mezilaurus ita-uba (Meisn. ex DC.) Taub. ex Mez; 亚马孙热美樟●☆
252728 Mezilaurus lindaviana Schwacke et Mez; 林氏热美樟(林达热美樟)●☆
252729 Mezilaurus navalium Taub. ex Mez; 拉瓦热美樟●☆
252730 Meziothamnus Harms = Abromeitiella Mez ■☆
252731 Mezleria C. Presl = Lobelia L. ●■
252732 Mezleria filicaulis Sond. = Lobelia zwartkopensis E. Wimm. ■☆
252733 Mezleria limosa Adamson = Lobelia limosa (Adamson) E. Wimm. ■☆
252734 Mezleria quadrisepala R. D. Good = Lobelia quadrisepala (R. D. Good) E. Wimm. ■☆
252735 Mezleria stenosiphon Adamson = Lobelia stenosiphon (Adamson) E. Wimm. ■☆
252736 Mezobromelia L. B. Sm. (1935); 麦穗凤梨属■☆
252737 Mezobromelia bicolor L. B. Sm.; 二色麦穗凤梨■☆
252738 Mezobromelia fulgens L. B. Sm.; 麦穗凤梨■☆
252739 Mezochloa Butzin = Alloteropsis J. Presl ex C. Presl ■
252740 Mezochloa aubertii (Mez) Butzin = Alloteropsis paniculata (Benth.) Stapf ■☆
252741 Mezoneuron Desf. (1818); 见血飞属; Mezoneuron ●
252742 Mezoneuron Desf. = Caesalpinia L. ●
252743 Mezoneuron angolense Welw. ex Oliv.; 安哥拉见血飞●☆
252744 Mezoneuron benthamianum Baill.; 本瑟姆见血飞●☆
252745 Mezoneuron cuculatum (Roxb.) Wight et Arn.; 见血飞(大见血飞, 麻药, 印度见血飞); Cuculate Caesalpinia, Cuculate Mezoneuron, Hood-shaped Caesalpinia ●
252746 Mezoneuron cuculatum (Roxb.) Wight et Arn. = Caesalpinia cuculata Roxb. ●
252747 Mezoneuron cuculatum (Roxb.) Wight et Arn. var. grandis ? = Caesalpinia cuculata Roxb. ●
252748 Mezoneuron enneaphyllum (Roxb.) Wight et Arn.; 九羽见血飞; Enneaphyllous Caesalpinia, Nineleaf Caesalpinia, Nine-leaved Caesalpinia ●
252749 Mezoneuron enneaphyllum (Roxb.) Wight et Arn. = Caesalpinia enneaphylla Roxb. ●
252750 Mezoneuron hildebrandtii Vatke = Caesalpinia hildebrandtii (Vatke) Baill. ●☆
252751 Mezoneuron hymenocarpum Prain = Caesalpinia hymenocarpa (Prain) Hattink ●
252752 Mezoneuron pubescens Desf.; 柔毛见血飞; Pubescent Mezoneuron ●
252753 Mezoneuron sinense Hemsl. = Caesalpinia sinensis (Hemsl.) J. E. Vidal ●
252754 Mezoneuron sinense Hemsl. ex Forbes et Hemsl.; 华见血飞(百刺藤, 鄂西云实, 鸡嘴簕, 见血飞, 南茄, 石南龙, 鸭嘴簕, 药王子); China Caesalpinia, China Mezoneuron, Chinese Caesalpinia, Chinese Mezoneuron, Cockbillthorn, Tsoong Caesalpinia ●■
252755 Mezoneuron sinense Hemsl. ex Forbes et Hemsl. = Caesalpinia sinense (Hemsl. ex Forbes et Hemsl.) J. E. Vidal ●
252756 Mezoneuron sinense Hemsl. ex Forbes et Hemsl. var. parvifolium Hemsl. = Caesalpinia sinense (Hemsl. ex Forbes et Hemsl.) J. E. Vidal ●
252757 Mezoneuron sinense Hemsl. var. parvifolium Hemsl. =

Caesalpinia sinensis (Hemsl.) J. E. Vidal ●

252758 Mezoneuron sumatranum (Roxb.) Wight et Arn. ex Voigt;苏门答腊见血飞;Sumatra Mezoneuron ●

252759 Mezoneuron welwitschianum Oliv. = Caesalpinia welwitschiana (Oliv.) Brenan ●☆

252760 Mezoneurum DC. = Mezoneuron Desf. ●

252761 Mezoneurum Desf. = Mezoneuron Desf. ●

252762 Mezoneurum cucullatum (Roxb.) Wight et Arn. = Caesalpinia cucullata Roxb. ●

252763 Mezoneurum cucullatum (Roxb.) Wight et Arn. = Mezoneuron cuculatum (Roxb.) Wight et Arn. ●

252764 Mezoneurum enneaphyllum (Roxb.) Wight et Arn. = Caesalpinia enneaphylla Roxb. ●

252765 Mezoneurum enneaphyllum (Roxb.) Wight et Arn. ex Benth. = Caesalpinia enneaphylla Roxb. ●

252766 Mezoneurum hypmenocarpum Wight et Arn. = Caesalpinia hymenocarpa (Prain) Hattink ●

252767 Mezoneurum sumatranum Wight et Arn. = Mezoneuron sumatranum (Roxb.) Wight et Arn. ex Voigt ●

252768 Mezonevron Desf. = Mezoneuron Desf. ●

252769 Mezzettia Becc. (1871);马来番荔枝属(单心依兰属,梅泽木属)●☆

252770 Mezzettia leptopoda (Hook. f. et Thomson) King;马来亚番荔枝(细柄梅泽木)●☆

252771 Mezzettiopsis Ridl. (1912);蚁花属;Antflower, Mezzettiopsis ●

252772 Mezzettiopsis Ridl. = Orophea Blume ●

252773 Mezzettiopsis creaghii Ridl.;蚁花;Creagh Antflower, Creagh Mezzettiopsis ●

252774 Miagia Raf. = Arundinaria Michx. ●

252775 Miagia Raf. = Miegia Pers. ●

252776 Miagrum Crantz = Myagrum L. ■☆

252777 Mialisa Post et Kuntze = Adriana Gaudich. ●☆

252778 Mialisa Post et Kuntze = Meialisa Raf. ●☆

252779 Miangis Thouars = Angraecopsis Kraenzl. ■☆

252780 Miangis Thouars = Angraecum Bory ■

252781 Miapinon Post et Kuntze = Meiapinon Raf. ■

252782 Miapinon Post et Kuntze = Mollugo L. ■

252783 Mibora Adans. (1763);小丝茎草属;Early Sand-grass, Mibora ■☆

252784 Mibora maroccana (Maire) Maire;非洲小丝茎草■☆

252785 Mibora minima (L.) Desv.;小丝茎草;Early Sandgrass, Early Sand-grass ■☆

252786 Micadania R. Br. = Butyrospermum Kotschy ●

252787 Micagrostis Juss. = Mibora Adans. ■☆

252788 Micalia Raf. = Escobedia Ruiz et Pav. ■☆

252789 Micambe Adans. = Cleome L. ●■

252790 Micania D. Dietr. = Mikania Willd. (保留属名)■

252791 Michauxia L'Hér. (1788)(保留属名);米氏桔梗属■☆

252792 Michauxia L'Hér. ex Aiton = Michauxia L'Hér. (保留属名)■☆

252793 Michauxia Neck. = Relhania L'Hér. (保留属名)●☆

252794 Michauxia Post et Kuntze = Michoxia Vell. ●

252795 Michauxia Post et Kuntze = Ternstroemia Mutis ex L. f. (保留属名)●

252796 Michauxia Salisb. = Franklinia W. Bartram ex Marshall ●☆

252797 Michauxia Salisb. = Gordonia J. Ellis(保留属名)●

252798 Michauxia campanuloides L'Hér.;米氏桔梗■☆

252799 Michauxia laevigata Vent.;平滑米氏桔梗■☆

252800 Michelaria Dumort. = Bromus L. (保留属名)■

252801 Michelia Adans. = Pontederia L. ■☆

252802 Michelia Kuntze = Barringtonia J. R. Forst. et G. Forst. (保留属名)●

252803 Michelia L. (1753);含笑属(乌心石属);Banana Shrub, Michelia ●

252804 Michelia T. Durand = Lophotocarpus (Kunth) Miq. ■

252805 Michelia T. Durand = Sagittaria L. ■

252806 Michelia × longifolia Blume = Michelia alba DC. ●

252807 Michelia aenea Dandy;铜色含笑;Cupi-coloured Michelia ●

252808 Michelia aenea Dandy = Michelia foveolata Merr. ex Dandy ●

252809 Michelia alba DC.;白兰(白含笑,白兰花,白缅花,白玉兰,黄桷兰,缅桂花,木笔,玉兰);Bailan, Champacany-puti, White Michelia, White Sade Orchid Tree ●

252810 Michelia amabilis (Y. K. Sima et Y. H. Wang) Y. M. Shui;蔼和含笑;Amaible Michelia ●

252811 Michelia amoena Q. F. Zheng et M. M. Lin;悦色含笑●

252812 Michelia amoena Q. F. Zheng et M. M. Lin = Michelia skinneriana Dunn ●

252813 Michelia angustioblonga Y. W. Law et Y. F. Wu;狭叶含笑;Angustifoliate Michelia, Narrowleaf Michelia ●

252814 Michelia aurantiaca Wall. = Michelia champaca L. ●

252815 Michelia baillonii (Pierre) Finet et Gagnep. = Paramichelia baillonii (Pierre) Hu ●◇

252816 Michelia baillonii Finet et Gagnep. = Paramichelia baillonii (Pierre) Hu ●◇

252817 Michelia balansae (A. DC.) Dandy;苦梓含笑(八角苦梓,春花苦梓,苦梓,绿楠);Balanse Michelia ●

252818 Michelia balansae (A. DC.) Dandy var. appressipubescens Y. W. Law;细毛苦梓含笑(细毛含笑,细毛苦梓);Appressipubescent Michelia, Thinhair Balansa Michelia ●

252819 Michelia balansae (A. DC.) Dandy var. appressipubescens Y. W. Law = Michelia balansae (A. DC.) Dandy ●

252820 Michelia balansae (A. DC.) Dandy var. brevipes B. L. Chen;短柄苦梓含笑(短柄含笑);Shortstalk Balanse Michelia ●

252821 Michelia balansae (A. DC.) Dandy var. brevipes B. L. Chen = Michelia balansae (A. DC.) Dandy ●

252822 Michelia baviensis Finet et Gagnep. = Michelia balansae (A. DC.) Dandy ●

252823 Michelia blumei Steud. = Michelia champaca L. ●

252824 Michelia bodinieri (H. Lév.) Dandy = Michelia martinii (H. Lév.) H. Lév. ●

252825 Michelia bodinieri Finet et Gagnep.;黄心夜合;Bodinier Michelia ●

252826 Michelia bodinieri Finet et Gagnep. = Michelia balansae (A. DC.) Dandy ●

252827 Michelia bodinieri Finet et Gagnep. = Michelia martinii (H. Lév.) H. Lév. ●

252828 Michelia brachyandra B. L. Chen et S. C. Yang;老君山含笑;Laojunshan Michelia ●

252829 Michelia brachyandra B. L. Chen et S. C. Yang = Michelia chapaensis Dandy ●

252830 Michelia brevipes Y. K. Li et X. M. Wang;短梗含笑;Shortstalk Michelia ●

252831 Michelia brevipes Y. K. Li et X. M. Wang = Michelia crassipes Y. W. Law ●

252832 Michelia calcicola C. Y. Wu ex Y. W. Law et Y. F. Wu;灰岩含

笑(石灰含笑);Calcarious Michelia,Limestone Michelia ●

252833 Michelia calcicola C. Y. Wu ex Y. W. Law et Y. F. Wu = Michelia fulva Hung T. Chang et B. L. Chen ●

252834 Michelia calcuttensis P. Parm. = Michelia doltsopa Buch. -Ham. ex DC. ●

252835 Michelia caloptila Y. W. Law et Y. F. Wu;美毛含笑;Beautyhair Michelia,Pretty Michelia ●

252836 Michelia caloptila Y. W. Law et Y. F. Wu = Michelia fujianensis Q. F. Zheng ●◇

252837 Michelia cathcarti Hook. f. et Thomson = Alcimandra cathcarti (Hook. f. et Thomson) Dandy ●◇

252838 Michelia cavaleriei Finet et Gagnep.;平伐含笑;Cavalerie Michelia ●

252839 Michelia cavaleriei Finet et Gagnep. var. platypetala (Hand.-Mazz.) N. H. Xia;阔瓣含笑(广东香子,阔瓣白兰花,云山白兰花);Broadpetal Michelia,Broad-petaled Michelia ●

252840 Michelia cavaleriei H. Lév. = Michelia leveilleana Dandy ●

252841 Michelia champaca L.;黄兰(白玉兰,大黄桂,冠诸香,黄角兰,黄角栏,黄兰花,黄缅桂,黄缅花,黄玉兰,金厚朴,玉兰花,旃簸迦,薝蔔,薝棘,瞻博,瞻簸迦);Chamac Michelia,Champa,Champac Michelia,Champaca,Champak,Fragrant Champaca,Golden Champaca,Oulia Champ,Sapu,Yellow Jade Orchid Tree ●

252842 Michelia champaca L. = Magnolia champaca (L.) Baill. ex Pierre ●

252843 Michelia champaca L. var. pubinervia (Blume) Miq.;毛叶脉黄兰●

252844 Michelia chapaensis Dandy;乐昌含笑(景烈含笑,南子香,沙巴含笑);Chapa Michelia,Lechang Michelia,Shaba Michelia,Tso Michelia ●

252845 Michelia chartacea B. L. Chen et S. C. Yang;麻栗坡含笑;Malipo Michelia ●

252846 Michelia chartacea B. L. Chen et S. C. Yang = Michelia chapaensis Dandy ●

252847 Michelia chingii W. C. Cheng = Michelia maudiae Dunn ●

252848 Michelia chongjiangensis Y. K. Li et X. M. Wang = Michelia leveilleana Dandy ●

252849 Michelia compressa (Maxim.) Sarg.;台湾含笑(黄心树,台湾白兰花,乌心石);Formosan Michelia,Taiwan Michelia ●

252850 Michelia compressa (Maxim.) Sarg. var. angustifolia Makino;细叶乌心石;Narrowleaf Michelia ●

252851 Michelia compressa (Maxim.) Sarg. var. formosana Kaneh.;乌心石(台湾白兰花,台湾乌心石)●

252852 Michelia compressa (Maxim.) Sarg. var. formosana Kaneh. = Michelia compressa (Maxim.) Sarg. ●

252853 Michelia compressa (Maxim.) Sarg. var. formosana Kaneh. = Michelia formosana (Kaneh.) Masam. et Suzuki ●

252854 Michelia compressa (Maxim.) Sarg. var. lanyuensis S. Y. Lu;兰屿乌心石●

252855 Michelia compressa (Maxim.) Sarg. var. latifolia Okuyama;宽叶乌心石●☆

252856 Michelia constricta Dandy = Michelia chapaensis Dandy ●

252857 Michelia coriacea Hung T. Chang et B. L. Chen;西畴含笑;Xichou Michelia ●

252858 Michelia crassipes Y. W. Law;紫花含笑(粗柄含笑);Purple Michelia,Purpleflower Michelia,Purple-flowered Michelia ●

252859 Michelia dandyi Hu = Michelia yunnanensis Franch. ex Finet et Gagnep. ●

252860 Michelia doltsopa Buch. -Ham. ex DC.;南亚含笑;Michelia,S. Asia Michelia,South Asia Michelia,Sweet Michelia ●

252861 Michelia doltsopa Buch. -Ham. ex DC. 'Silver Cloud';银云南亚含笑●☆

252862 Michelia doltsopa Buch. -Ham. ex DC. subsp. kisopa (Buch. -Ham. ex DC.) J. Li = Michelia kisopa Buch. -Ham. ex DC. ●◇

252863 Michelia elegans Y. W. Law et Y. F. Wu;雅致含笑;Elegant Michelia ●

252864 Michelia elliptilimba B. L. Chen et Noot = Michelia sphaerantha C. Y. Wu ex Y. W. Law et Y. F. Wu ●

252865 Michelia euononymoides Burm. f. = Michelia champaca L. ●

252866 Michelia excelsa (Wall.) Blume ex Wight = Michelia doltsopa Buch. -Ham. ex DC. ●

252867 Michelia excelsa Blume ex Wight = Michelia doltsopa Buch. -Ham. ex DC. ●

252868 Michelia fallax Dandy = Michelia cavaleriei Finet et Gagnep. ●

252869 Michelia figo (Lour.) Spreng.;含笑(茶莲木,含笑花);Banana Magnolia,Banana Michelia,Banana Shrub,Figo Michelia,Port Wine Magnolia,Port-wine Magnolia ●

252870 Michelia figo (Lour.) Spreng. var. crassipes (Y. W. Law) B. L. Chen et Noot. = Michelia crassipes Y. W. Law ●

252871 Michelia flaviflora Y. W. Law et Y. F. Wu;素黄含笑;Flaviflower Michelia,Yellow Michelia ●

252872 Michelia floribunda Finet et Gagnep.;多花含笑;Flowery Michelia,Manyflower Michelia,Multiflorous Michelia ●

252873 Michelia formosana (Kaneh.) Masam. et Suzuki = Michelia compressa (Maxim.) Sarg. ●

252874 Michelia foveolata Merr. ex Dandy;金叶含笑;Foveolate Michelia,Goldenleaf Michelia ●

252875 Michelia foveolata Merr. ex Dandy var. cinerascens Y. W. Law et Y. F. Wu = Michelia foveolata Merr. ex Dandy ●

252876 Michelia foveolata Merr. ex Dandy var. cinerascens Y. W. Law et Y. F. Wu;灰毛含笑;Greyhairy Michelia ●

252877 Michelia foveolata Merr. ex Dandy var. xiangnanensis C. L. Peng et L. H. Yan = Michelia foveolata Merr. ex Dandy ●

252878 Michelia fujianensis Q. F. Zheng;福建含笑;Fujian Michelia ●◇

252879 Michelia fulgens Dandy;亮叶含笑;Brightleaf Michelia,Shinyleaf Michelia,Shiny-leaved Michelia ●

252880 Michelia fulgens Dandy = Michelia foveolata Merr. ex Dandy ●

252881 Michelia fulva Hung T. Chang et B. L. Chen;棕毛含笑;Browhair Michelia ●

252882 Michelia fuscata (Andréws) Blume = Michelia figo (Lour.) Spreng. ●

252883 Michelia fuscata Blume = Michelia figo (Lour.) Spreng. ●

252884 Michelia fuscata Blume ex Wall. = Michelia figo (Lour.) Spreng. ●

252885 Michelia gioi (A. Chev.) Sima et Hong Yu;香子含笑(八角香兰,黑枝苦梓,乔盖裂木,乔氏盖裂木,香子楠);Fragrant Michelia ●◇

252886 Michelia glabririma Hung T. Chang;秃含笑;Glabrous Michelia ●

252887 Michelia guangdongensis Y. H. Yan et al.;广东含笑●

252888 Michelia guangxiensis Y. W. Law et R. Z. Zhou;广西含笑●

252889 Michelia hedyosperma Y. W. Law = Michelia gioi (A. Chev.) Sima et Hong Yu ●◇

252890 Michelia hunanensis C. L. Peng et L. H. Yan = Michelia cavaleriei Finet et Gagnep. ●

252891 Michelia hypolampra Dandy = Michelia gioi (A. Chev.) Sima et Hong Yu ●◇
252892 Michelia ingrata B. L. Chen et S. C. Yang;金花含笑;Goldenflower Michelia ●
252893 Michelia ingrata B. L. Chen et S. C. Yang = Michelia fulva Hung T. Chang et B. L. Chen ●
252894 Michelia iteophylla C. Y. Wu ex Y. W. Law et Y. F. Wu;鼠刺含笑;Iteoleaf Michelia, Willowleaf Michelia ●
252895 Michelia jiangxiensis Hung T. Chang et B. L. Chen = Michelia chapaensis Dandy ●
252896 Michelia jiangxiensis Hung T. Chang et B. L. Chen ex B. L. Chen;江西含笑;Jiangxi Michelia ●
252897 Michelia kachirachirai Kaneh. et Yamam. = Parakmeria kachirachirai (Kaneh. et Yamam.) Y. W. Law ●
252898 Michelia kerrii Craib = Michelia floribunda Finet et Gagnep. ●
252899 Michelia kisopa Buch. -Ham. ex DC.;西藏含笑(藏含笑,喜马拉雅含笑);Tibet Michelia, Xizang Michelia ●◇
252900 Michelia lacei W. W. Sm.;壮丽含笑;Glory Michelia, Lace Michelia ●◇
252901 Michelia laevifolia Y. W. Law et Y. F. Wu;溜叶含笑;Smooth-leaf Michelia ●
252902 Michelia laevifolia Y. W. Law et Y. F. Wu = Michelia yunnanensis Franch. ex Finet et Gagnep. ●
252903 Michelia lanceolata E. H. Wilson = Michelia velutina DC. ●
252904 Michelia lanuginosa Wall. = Michelia velutina DC. ●
252905 Michelia leveilleana Dandy;长柄含笑;Long-pedicel Michelia Michelia, Longstalk Michelia ●
252906 Michelia linyaoensis D. C. Zhang et S. B. Zhou = Michelia skinneriana Dunn ●
252907 Michelia longifolia Blume;长叶含笑(白玉兰,银厚朴,玉兰);Longleaf Michelia, Tjempaka Petih ●☆
252908 Michelia longifolia Blume = Michelia champaca L. ●
252909 Michelia longifolia Blume var. racemosa Blume = Michelia alba DC. ●
252910 Michelia longipetiolata C. Y. Wu ex Y. W. Law et Y. F. Wu = Michelia leveilleana Dandy ●
252911 Michelia longistamina Y. W. Law = Michelia martinii (H. Lév.) H. Lév. ●
252912 Michelia longistaminata Y. W. Law;长蕊含笑;Long-calyx Michelia, Longstamen Michelia, Long-stamened Michelia ●◇
252913 Michelia longistyla Y. W. Law et Y. F. Wu;长柱含笑;Long-style Michelia ●
252914 Michelia longistyla Y. W. Law et Y. F. Wu = Michelia foveolata Merr. ex Dandy ●
252915 Michelia macclurei Dandy;醉香含笑(火力楠);Macclure Michelia ●
252916 Michelia macclurei Dandy var. sublanea Dandy;展毛含笑●
252917 Michelia macclurei Dandy var. sublanea Dandy = Michelia macclurei Dandy ●
252918 Michelia macei W. W. Sm.;马氏含笑●☆
252919 Michelia macrophylla D. Don = Magnolia pterocarpa Roxb. ●☆
252920 Michelia magnifica Hu = Michelia lacei W. W. Sm. ●◇
252921 Michelia manipurensis G. Watt ex Brandis = Michelia doltsopa Buch. -Ham. ex DC. ●
252922 Michelia manipurensis Watt et Brandis = Michelia doltsopa Buch. -Ham. ex DC. ●
252923 Michelia martinii (H. Lév.) Dandy = Michelia martinii (H. Lév.) H. Lév. ●
252924 Michelia martinii (H. Lév.) H. Lév.;黄心含笑(黄花夜合,黄心夜合,马氏含笑);Martin Michelia ●
252925 Michelia masticata Dandy;屏边含笑●
252926 Michelia maudiae Dunn;深山含笑(光叶白兰花,莫氏含笑,深山含笑花);Maudia Michelia ●
252927 Michelia mediocris Dandy;白花含笑(吊鳞苦梓,苦子,苦梓);Whiteflower Michelia, White-flowered Michelia ●
252928 Michelia mediocris Dandy var. angustifolia G. A. Fu;狭叶白花含笑(狭叶含笑);Narrowleaf Whiteflower Michelia ●
252929 Michelia mediocris Dandy var. angustifolia G. A. Fu = Michelia mediocris Dandy ●
252930 Michelia microcarpa B. L. Chen et S. C. Yang;小果含笑●
252931 Michelia microcarpa B. L. Chen et S. C. Yang = Michelia chapaensis Dandy ●
252932 Michelia microtricha Hand. -Mazz.;小毛含笑;Littlehair Michelia ●
252933 Michelia microtricha Hand. -Mazz. = Michelia floribunda Finet et Gagnep. ●
252934 Michelia multitepala R. Z. Zhou et S. G. Jian = Michelia macclurei Dandy ●
252935 Michelia nilagirica Zenker;印度含笑●☆
252936 Michelia nitida B. L. Chen = Michelia coriacea Hung T. Chang et B. L. Chen ●
252937 Michelia oblongifolia Hung T. Chang et B. L. Chen;矩叶含笑;Oblongleaf Michelia ●
252938 Michelia oblongifolia Hung T. Chang et B. L. Chen = Michelia foveolata Merr. ex Dandy ●
252939 Michelia odora (Chun) Noot. et B. L. Chen = Tsoongiodendron odorum Chun ●
252940 Michelia opipara Hung T. Chang et B. L. Chen;马关含笑;Maguan Michelia ●
252941 Michelia pachycarpa Y. W. Law et R. Z. Zhou;厚果含笑;Thick-fruit Michelia ●◇
252942 Michelia pachycarpa Y. W. Law et R. Z. Zhou = Michelia lacei W. W. Sm. ●◇
252943 Michelia parviflora Deless. = Michelia figo (Lour.) Spreng. ●
252944 Michelia phellocarpa (King) Finet et Gagnep. = Paramichelia baillonii (Pierre) Hu ●◇
252945 Michelia pilifera Bakh. f.;南洋含笑花;Piliferous Michelia ●
252946 Michelia pilifera Bakh. f. = Michelia champaca L. ●
252947 Michelia platypetala Hand. -Mazz. = Michelia cavaleriei Finet et Gagnep. var. platypetala (Hand. -Mazz.) N. H. Xia ●
252948 Michelia polyneura C. Y. Wu ex Y. W. Law et Y. F. Wu;多脉含笑;Manyvein Michelia, Veiny Michelia ●
252949 Michelia polyneura C. Y. Wu ex Y. W. Law et Y. F. Wu = Michelia coriacea Hung T. Chang et B. L. Chen ●
252950 Michelia pubinervia Blume = Michelia champaca L. var. pubinervia (Blume) Miq. ●
252951 Michelia rheedii Wight = Michelia champaca L. ●
252952 Michelia rubriflora Y. W. Law et R. Z. Zhou = Michelia mediocris Dandy ●
252953 Michelia septipetala Z. L. Nong;七瓣含笑;Sevenpetal Michelia ●
252954 Michelia septipetala Z. L. Nong = Michelia fujianensis Q. F. Zheng ●◇
252955 Michelia shiluensis Chun et Y. F. Wu;石碌含笑;Shilu Michelia ●
252956 Michelia sinensis Hemsl. = Michelia wilsonii Finet et Gagnep. ●◇

252957 Michelia sinensis Hemsl. et E. H. Wilson = Michelia wilsonii Finet et Gagnep. ●◇
252958 Michelia skinneriana Dunn；野含笑；Skinner Michelia，Wild Michelia ●
252959 Michelia sphaerantha C. Y. Wu ex Y. W. Law et Y. F. Wu；球花含笑；Ballflower Michelia，Globose-flower Michelia ●
252960 Michelia suaveolens Pers. = Michelia champaca L. ●
252961 Michelia subulifera Dandy = Michelia mediocris Dandy ●
252962 Michelia szechuanica Dandy = Michelia wilsonii Finet et Gagnep. subsp. szechuanica (Dandy) J. Li ●
252963 Michelia taiwaniana Masam. = Michelia compressa (Maxim.) Sarg. ●
252964 Michelia tignifera Dandy = Michelia lacei W. W. Sm. ●◇
252965 Michelia tonkinensis A. Chev. = Michelia balansae (A. DC.) Dandy ●
252966 Michelia tripetala L.；三瓣含笑●☆
252967 Michelia tsiampacca Blume = Michelia champaca L. ●
252968 Michelia tsiampacca Blume var. blumei Moritzi = Michelia champaca L. ●
252969 Michelia tsoi Dandy = Michelia chapaensis Dandy ●
252970 Michelia uniflora Dandy = Michelia lacei W. W. Sm. ●◇
252971 Michelia velutina Blume = Michelia champaca L. ●
252972 Michelia velutina DC.；绒叶含笑；Velutinous Michelia ●
252973 Michelia wardii Dandy = Michelia doltsopa Buch. -Ham. ex DC. ●
252974 Michelia wilsonii Finet et Gagnep.；峨眉含笑；E. H. Wilson Michelia，Wilson Michelia ●◇
252975 Michelia wilsonii Finet et Gagnep. subsp. szechuanica (Dandy) J. Li；川含笑（四川含笑）；Sichuan Michelia，Szechwan Michelia ●
252976 Michelia xanthantha C. Y. Wu ex Y. W. Law et Y. F. Wu；黄花含笑；Yellowanther Michelia，Yellowflower Michelia ●
252977 Michelia xinningia Y. W. Law et R. Z. Zhou = Michelia cavaleriei Finet et Gagnep. ●
252978 Michelia yulan (Desf.) Kostel. = Yulania denudata (Desr.) D. L. Fu ●
252979 Michelia yunnanensis Franch. ex Finet et Gagnep.；云南含笑（皮袋香，山辛夷，山枝子，山栀子，羊皮袋）；Yunnan Banana Shrub，Yunnan Michelia ●
252980 Michelia yunnanensis Franch. ex Finet et Gagnep. subsp. glabrifolia Y. K. Li et J. F. Zuo = Michelia yunnanensis Franch. ex Finet et Gagnep. ●
252981 Michelia yunnanensis Franch. ex Finet et Gagnep. var. angustifolia Finet et Gagnep. = Michelia yunnanensis Franch. ex Finet et Gagnep. ●
252982 Micheliella Briq. (1897)；小含笑属●☆
252983 Micheliella Briq. = Collinsonia L. ■☆
252984 Micheliella Briq. = Hypogon Raf. ■☆
252985 Micheliella anisata Briq.；小含笑（茴芹小含笑）●☆
252986 Micheliella verticillata Briq.；轮生小含笑●☆
252987 Micheliopsis H. Keng = Magnolia L. ●
252988 Micheliopsis H. Keng = Parakmeria Hu et W. C. Cheng ●★
252989 Micheliopsis kachirachirai (Kaneh. et Yamam.) H. Keng = Parakmeria kachirachirai (Kaneh. et Yamam.) Y. W. Law ●
252990 Michelsonia Hauman = Tetraberlinia (Harms) Hauman ●☆
252991 Michelsonia Hauman (1952)；米氏豆属（米奇豆属，米切尔森豆属）●☆
252992 Michelsonia microphylla (Troupin) Hauman；小叶米氏豆（小叶米奇豆木，小叶米切尔森豆）●☆
252993 Michelsonia polyphylla (Harms) Hauman；多叶米氏豆（多叶米奇豆木，多叶米切尔森豆）●☆
252994 Michelsonia polyphylla (Harms) Hauman = Tetraberlinia polyphylla (Harms) J. Léonard ●☆
252995 Michiea F. Muell. = Coleanthera Stschegl. ●☆
252996 Micholitzia N. E. Br. (1909)；扇叶藤属；Micholitzia ■
252997 Micholitzia N. E. Br. = Dischidia R. Br. ●■
252998 Micholitzia obcordata N. E. Br.；扇叶藤（澜沧球兰）；Lancang Waxplant，Lantsang Waxplant ●
252999 Micholitzia obcordata N. E. Br. = Hoya lantsangensis Tsiang et P. T. Li ●
253000 Michoxia Vell. = Ternstroemia Mutis ex L. f.（保留属名）●
253001 Micklethwaitia G. P. Lewis et Schrire = Cynometra L. ●☆
253002 Micklethwaitia G. P. Lewis et Schrire (2004)；热非茎花豆属●☆
253003 Miconia Ruiz et Pav. (1794)（保留属名）；米氏野牡丹属（米孔丹属）；Bush Currant，Miconia ●☆
253004 Miconia africana (Jacq. -Fél.) Jacq. -Fél. = Leandra quinquedentata (DC.) Cogn. ●☆
253005 Miconia albicans (Sw.) Triana；白米氏野牡丹（白米孔丹）●☆
253006 Miconia bullata Triana；小泡米氏野牡丹■☆
253007 Miconia calvescens DC.；米氏野牡丹；Miconia，Velvet Tree ●☆
253008 Miconia flammea Casar.；焰米氏野牡丹●☆
253009 Miconiaceae K. Koch = Melastomataceae Juss.（保留科名）●■
253010 Miconiaceae K. Koch；米氏野牡丹科●■
253011 Miconiaceae Mart. = Melastomataceae Juss.（保留科名）●■
253012 Miconiastrum Naudin = Tetrazygia Rich. ex DC. ●☆
253013 Miconiastrum Naudin (1851)；类米氏野牡丹属●☆
253014 Miconiastrum lambertianum Naudin；类米氏野牡丹●☆
253015 Micractis DC. (1836)；白盘菊属■☆
253016 Micractis DC. = Sigesbeckia L. ■
253017 Micractis abyssinica (Sch. Bip.) Chiov. = Micractis bojeri DC. ■☆
253018 Micractis bojeri DC.；白盘菊■☆
253019 Micractis discoidea (Vatke) D. L. Schulz；盘状白盘菊■☆
253020 Micractis drosocephala Chiov.；头白盘菊■☆
253021 Micractis schimperi Chiov. = Micractis discoidea (Vatke) D. L. Schulz ■☆
253022 Micradenia (DC.) Miers = Dipladenia A. DC. ●
253023 Micradenia Miers = Dipladenia A. DC. ●
253024 Micraea Miers = Ruellia L. ■●
253025 Micraeschynanthus Ridl. (1925)；小芒毛苣苔属■☆
253026 Micraeschynanthus dischidioides Ridl.；小芒毛苣苔■☆
253027 Micragrostis Post et Kuntze = Mibora Adans. ■☆
253028 Micragrostis Post et Kuntze = Micagrostis Juss. ■☆
253029 Micraira F. Muell. (1866)；小钻叶草属■☆
253030 Micraira multinervia Lazarides；多脉小钻叶草■☆
253031 Micraira subulifolia F. Muell.；小钻叶草■☆
253032 Micraira tenuis Lazarides；细小钻叶草■☆
253033 Micrampelis Raf.（废弃属名）= Echinocystis Torr. et A. Gray（保留属名）■☆
253034 Micrampelis lobata (Michx.) Greene = Echinocystis echinata (Muhl.) Vassilcz. ■☆
253035 Micrandra Benn. et R. Br. = Hevea Aubl. ●
253036 Micrandra Benn. et R. Br. = Micrandra Benth.（保留属名）●☆
253037 Micrandra Benth. (1854)（保留属名）；小雄戟属（小雄属）；

Micrandra ●☆
253038 Micrandra R. Br. (废弃属名) = Hevea Aubl. ●
253039 Micrandra R. Br. (废弃属名) = Micrandra Benth. (保留属名) ●☆
253040 Micrandra australis (R. E. Schult.) R. E. Schult.;澳洲小雄戟 ●☆
253041 Micrandra elata Müll. Arg.; 高小雄戟(高小雄); Tall Micrandra ●☆
253042 Micrandra glabra (R. E. Schult.) R. E. Schult.;光小雄戟●☆
253043 Micrandra heterophylla J. Poiss.;互叶小雄戟●☆
253044 Micrandra major Baill.;大小雄戟●☆
253045 Micrandra minor Benth.;矮小雄戟●☆
253046 Micrandropsis W. A. Rodrigues(1973);类小雄戟属●☆
253047 Micrandropsis scleroxylon (W. A. Rodrigues) W. A. Rodrigues;类小雄戟●☆
253048 Micrangelia Fourr. = Selinum L. (保留属名) ■
253049 Micrantha Dvorák = Hesperis L. ■
253050 Micranthea A. Juss. = Micrantheum Desf. ●☆
253051 Micranthea Panch. ex Baill. = Phyllanthus L. ●■
253052 Micrantheaceae J. Agardh = Euphorbiaceae Juss. (保留科名) ●■
253053 Micrantheaceae J. Agardh = Picrodendraceae Small(保留科名) ●☆
253054 Micranthella Naudin = Tibouchina Aubl. ●■☆
253055 Micranthemum Endl. = Micrantheum C. Presl ■
253056 Micranthemum Endl. = Trifolium L. ■
253057 Micranthemum Michx. (1803) (保留属名);小药玄参属■☆
253058 Micranthemum indicum Hook. f. et Thomson;印度小药玄参■☆
253059 Micranthemum micranthum Wood;小花小药玄参■☆
253060 Micranthemum multiflorum Wright;多花小药玄参■☆
253061 Micranthemum orbiculatum Michx.;小药玄参■☆
253062 Micranthemum punctatum Wright;斑点小药玄参■☆
253063 Micranthera A. Juss. = Micranthemum Michx. (保留属名) ■☆
253064 Micranthera Choisy = Tovomita Aubl. ●☆
253065 Micranthera Choisy(1823);小药藤黄属●■☆
253066 Micranthera Planch. ex Baill. = Phyllanthus L. ●■
253067 Micranthera clusioides Choisy;小药藤黄●■☆
253068 Micranthes Bertol. = Hoslundia Vahl ●☆
253069 Micranthes Haw. (1812);小花虎耳草属■☆
253070 Micranthes Haw. = Saxifraga L. ■
253071 Micranthes aestivalis (Fisch. et C. A. Mey.) Small = Saxifraga nelsoniana D. Don ■
253072 Micranthes atrata (Engl.) Losinsk. = Saxifraga atrata Engl. ■
253073 Micranthes birostris (Engl. et Irmsch.) Losinsk. = Saxifraga davidii Franch. ■
253074 Micranthes clavistaminea (Engl. et Irmsch.) Losinsk. = Saxifraga clavistaminea Engl. et Irmsch. ■
253075 Micranthes davidii (Franch.) Losinsk. = Saxifraga davidii Franch. ■
253076 Micranthes divaricata (Engl. et Irmsch.) Losinsk. = Saxifraga divaricata Engl. et Irmsch. ■
253077 Micranthes leptarrhenifolia (Engl. et Irmsch.) Losinsk. = Saxifraga davidii Franch. ■
253078 Micranthes lumpuensis (Engl.) Losinsk. = Saxifraga lumpuensis Engl. ■
253079 Micranthes melanocentra (Franch.) Losinsk. = Saxifraga melanocentra Franch. ■
253080 Micranthes montana Small;山地小花虎耳草■☆
253081 Micranthes nelsoniana (D. Don) Small = Saxifraga nelsoniana D. Don ■
253082 Micranthes pallida Losinsk.;苍白小花虎耳草■☆
253083 Micranthes pallidiformis (Engl.) Losinsk. = Saxifraga pallida Wall. ex Ser. ■
253084 Micranthes parvifolia Small;小叶小花虎耳草■☆
253085 Micranthes parvula (Engl. et Irmsch.) Losinsk. = Saxifraga parvula Engl. et Irmsch. ■
253086 Micranthes pensylvanica (L.) Haw. = Saxifraga pensylvanica L. ■
253087 Micranthes pseudopallida (Engl. et Irmsch.) Losinsk. = Saxifraga melanocentra Franch. ■
253088 Micranthes ptillida (Wall. ex Ser.) Losinsk. = Saxifraga pallida Wall. ex Ser. ■
253089 Micrantheum C. Presl = Trifolium L. ■
253090 Micrantheum Desf. (1818);欧洲小花大戟属●☆
253091 Micrantheum ericoides Desf.;欧洲小花大戟●☆
253092 Micranthocereus Backeb. (1938);丽装翁属(小花仙人柱属,小花柱属)●☆
253093 Micranthocereus polyanthus (Werderm.) Backeb.;丽装翁●☆
253094 Micranthocereus violaciflorus Buining;紫花仙人柱●☆
253095 Micranthos St. -Lag. = Micranthus (Pers.) Eckl. (保留属名) ■☆
253096 Micranthus (Pers.) Eckl. (1827) (保留属名);小花鸢尾属■☆
253097 Micranthus Eckl. = Micranthus (Pers.) Eckl. (保留属名) ■☆
253098 Micranthus J. C. Wendl. (废弃属名) = Micranthus (Pers.) Eckl. (保留属名) ■☆
253099 Micranthus J. C. Wendl. (废弃属名) = Phaulopsis Willd. (保留属名) ■
253100 Micranthus Lour. = Marcanthus Lour. ●■
253101 Micranthus Lour. = Mucuna Adans. (保留属名) ●■
253102 Micranthus Raf. = Micranthemum Michx. (保留属名) ■☆
253103 Micranthus Roth = Rotala L. ■
253104 Micranthus alopecuroides (L.) Rothm.;看麦娘小花鸢尾■☆
253105 Micranthus angolanus (S. Moore) Kuntze = Phaulopsis angolana S. Moore ■☆
253106 Micranthus barteri (T. Anderson) Kuntze = Phaulopsis barteri T. Anderson ■☆
253107 Micranthus hensii Lindau = Phaulopsis micrantha (Benth.) C. B. Clarke ■☆
253108 Micranthus imbricatus (Forssk.) Kuntze = Phaulopsis imbricata (Forssk.) Sweet ■
253109 Micranthus junceus (Baker) N. E. Br.;灯芯草小花鸢尾■☆
253110 Micranthus longifolius (Sims) Kuntze = Phaulopsis barteri T. Anderson ■☆
253111 Micranthus microphyllus T. Anderson ex Kuntze = Phaulopsis angolana S. Moore ■☆
253112 Micranthus obliquus (T. Anderson ex S. Moore) Kuntze = Phaulopsis micrantha (Benth.) C. B. Clarke ■☆
253113 Micranthus oppositifolius H. Wendl. var. longifolius (Thomson ex C. B. Clarke) Benoist = Phaulopsis imbricata (Forssk.) Sweet ■
253114 Micranthus oppositifolius J. C. Wendl. = Phaulopsis oppositifolius (J. C. Wendl.) Lindau ■
253115 Micranthus plantagineus (Aiton) Eckl. = Micranthus alopecuroides (L.) Rothm. ■☆

253116 Micranthus plantagineus (Aiton) Eckl. var. junceus Baker = Micranthus junceus (Baker) N. E. Br. ■☆

253117 Micranthus poggei Lindau = Phaulopsis imbricata (Forssk.) Sweet subsp. poggei (Lindau) Manktelow ■☆

253118 Micranthus silvestris Lindau = Phaulopsis angolana S. Moore ■☆

253119 Micranthus togoensis Lindau = Phaulopsis barteri T. Anderson ■☆

253120 Micranthus tubulosus (Burm. f.) N. E. Br.;管状小花鸢尾■☆

253121 Micrargeria Benth. (1846);银寄生属■☆

253122 Micrargeria barteri V. Naray. = Micrargeria filiformis (Schumach. et Thonn.) Hutch. et Dalziel ■☆

253123 Micrargeria filiformis (Schumach. et Thonn.) Hutch. et Dalziel;线形小本氏寄生■☆

253124 Micrargeria formosana (Hayata) Hayata = Melasma arvense (Benth.) Hand.-Mazz. ■

253125 Micrargeria pulchella A. Chev.;美丽小本氏寄生■☆

253126 Micrargeria scopiformis (Klotzsch) Engl. = Micrargeria filiformis (Schumach. et Thonn.) Hutch. et Dalziel ■☆

253127 Micrargeria sopubioides S. Moore;短冠本氏寄生■☆

253128 Micrargeriella R. E. Fr. (1916);小银寄生属■☆

253129 Micrargeriella aphylla R. E. Fr.;拟小本氏寄生■☆

253130 Micrasepalum Urb. (1913);小萼茜属■☆

253131 Micrasepalum eritrichoides Urb.;小萼茜■☆

253132 Micraster Harv. = Brachystelma R. Br. (保留属名)■

253133 Micraster pulchellus Harv. = Brachystelma pulchellum (Harv.) Schltr. ■☆

253134 Micrauchenia Froel. = Dubyaea DC. ■

253135 Micrechites Miq. (1857);小花藤属;Micrechites ●

253136 Micrechites Miq. = Ichnocarpus R. Br. (保留属名)●■

253137 Micrechites baillonii Pierre = Ichnocarpus polyanthus (Blume) P. I. Forst. ●

253138 Micrechites elliptica Hook. f. = Ichnocarpus polyanthus (Blume) P. I. Forst. ●

253139 Micrechites elliptica Hook. f. var. scortechinii King et Gamble = Ichnocarpus polyanthus (Blume) P. I. Forst. ●

253140 Micrechites formicina Tsiang et P. T. Li = Anodendron formicinum (Tsiang et P. T. Li) D. J. Middleton ●

253141 Micrechites jacquetii Pierre = Ichnocarpus jacquetii (Pierre ex Spire) D. J. Middleton ●

253142 Micrechites lachnocarpa Tsiang = Ichnocarpus polyanthus (Blume) P. I. Forst. ●

253143 Micrechites lachnocarpa Tsiang et P. T. Li = Ichnocarpus polyanthus (Blume) P. I. Forst. ●

253144 Micrechites malipoensis Tsiang et P. T. Li = Ichnocarpus malipoensis (Tsiang et P. T. Li) D. J. Middleton ●

253145 Micrechites malipoensis Tsiang et P. T. Li var. parvifolia Tsiang et P. T. Li = Ichnocarpus polyanthus (Blume) P. I. Forst. ●

253146 Micrechites napeensis Quintaret = Urceola napeensis (Quintaret) D. J. Middleton ●

253147 Micrechites polyantha (Blume) Miq. = Ichnocarpus polyanthus (Blume) P. I. Forst. ●

253148 Micrechites radicans Markgr. = Ichnocarpus polyanthus (Blume) P. I. Forst. ●

253149 Micrechites rehderiana Tsiang = Ichnocarpus polyanthus (Blume) P. I. Forst. ●

253150 Micrechites scortechinii (King et Gamble) Ridl. = Ichnocarpus polyanthus (Blume) P. I. Forst. ●

253151 Micrechites sinensis Markgr. = Ichnocarpus frutescens (L.) W. T. Aiton ●

253152 Micrelium Forssk. = Eclipta L. (保留属名)■

253153 Micrelus Post et Kuntze = Bischofia Blume ●

253154 Micrelus Post et Kuntze = Microelus Wight et Arn. ●

253155 Microbahia Cockerell = Syntrichopappus A. Gray ■☆

253156 Microbambus K. Schum. = Guaduella Franch. ■☆

253157 Microbambus macrostachys K. Schum. = Guaduella macrostachys (K. Schum.) Pilg. ■☆

253158 Microberlinia A. Chev. (1946);小鞋木豆属;Zebrano, Zebrawood, Zingana ●☆

253159 Microberlinia bisulcata A. Chev.;二沟槽小鞋木豆●☆

253160 Microberlinia brazzavillensis A. Chev.;布拉柴维尔小鞋木豆;Zingana ●☆

253161 Microbignonia Kraenzl. = Doxantha Miers ●☆

253162 Microbignonia Kraenzl. = Macfadyena A. DC. ●

253163 Microbiota Kom. (1923);俄罗斯柏属(小柏属,小侧柏属);Russian Cypress, Siberian Cypress ●☆

253164 Microbiota decuasata Kom.;俄罗斯柏(小侧柏);Cypress, Russian Arborvitae, Russian Cypress, Siberian Carpet Cypress, Siberian Carpet Grass, Siberian Cypress ●☆

253165 Microbiotaceae Nakai = Cupressaceae Gray(保留科名)●

253166 Microblepharis (Wight et Arn.) M. Roem. (1846);小百簕花属●☆

253167 Microblepharis (Wight et Arn.) M. Roem. = Adenia Forssk. ●

253168 Microblepharis M. Roem. = Microblepharis (Wight et Arn.) M. Roem. ●

253169 Microblepharis M. Roem. = Modecca Lam. ●

253170 Microblepharis wightiana (Wall. ex Wight et Arn.) M. Roem. = Adenia wightiana (Wall. ex Wight et Arn.) M. Roem. subsp. africana W. J. de Wilde ●☆

253171 Microblepharis wightiana M. Roem.;小百簕花●☆

253172 Microbriza Nicora et Rugolo = Microbriza Parodi ex Nicora et Rugolo ■☆

253173 Microbriza Parodi ex Nicora et Rugolo(1981);小凌风草属■☆

253174 Microbriza brachychaeta (Ekman) Parodi ex Nicora et Rúgolo;短毛小凌风草■☆

253175 Microbriza poaemorpha (C. Presl) Parodi ex Nicora et Rúgolo;小凌风草■☆

253176 Microcachryaceae A. V. Bobrov et Kostr. = Podocarpaceae Endl. (保留科名)●

253177 Microcachrydaceae Doweld et Reveal = Podocarpaceae Endl. (保留科名)●

253178 Microcachrys Hook. f. (1845);匍匐松属;Creeping Pine, Microcachrys ●☆

253179 Microcachrys tetragona (Hook.) Hook. f.;匍匐松;Creeping Pine ●☆

253180 Microcaella Hochst. ex A. Rich. = Microcoelia Lindl. ■☆

253181 Microcala Hoffmanns. et Link = Cicendia Adans. ■☆

253182 Microcala filiformis (L.) Hoffmanns. et Link = Cicendia filiformis (L.) Delarbre ■☆

253183 Microcalamus Franch. (1889);小苇草属■☆

253184 Microcalamus Gamble = Bambusa Schreb. (保留属名)●

253185 Microcalamus Gamble = Neomicrocalamus P. C. Keng ●

253186 Microcalamus Gamble = Racemobambos Holttum ●

253187 Microcalamus aspidistrula Stapf = Microcalamus barbinodis

Franch. ■☆
253188 Microcalamus barbinodis Franch.;小苇草■☆
253189 Microcalamus convallarioides Stapf = Microcalamus barbinodis Franch. ■☆
253190 Microcalamus glaber Stapf = Microcalamus barbinodis Franch. ■☆
253191 Microcalamus prainii Gamble = Neomicrocalamus prainii (Gamble) P. C. Keng ●
253192 Microcalamus prainii Gamble = Racemobambos prainii (Gamble) P. C. Keng et T. H. Wen ●
253193 Microcalia A. Rich. = Lagenophora Cass. (保留属名)■●
253194 Microcardamum O. E. Schulz = Hornungia Rchb. ■
253195 Microcardamum O. E. Schulz(1928);小碎米荠属■☆
253196 Microcardamum tenue O. E. Schulz;小碎米荠■☆
253197 Microcarpaea R. Br. (1810);小果草属(微果草属);Microcarp, Microcarpaea ■
253198 Microcarpaea R. Br. = Peplidium Delile ■
253199 Microcarpaea alterniflora Blume = Microcarpaea minima (Jos. König ex Retz.) Merr. ■
253200 Microcarpaea minima (Jos. König ex Retz.) Merr.;小果草(微果草,小叶胡麻草);Small Microcarp, Small Microcarpaea ■
253201 Microcarpaea muscosa R. Br. = Microcarpaea minima (Jos. König ex Retz.) Merr. ■
253202 Microcarpaea spathulatum Hook. = Glossostigma diandrum (L.) Kuntze ■☆
253203 Microcaryum I. M. Johnst. (1924);微果紫草属(微果草属,微核草属);Microcaryum ■
253204 Microcaryum pygmaeum (C. B. Clarke) I. M. Johnst.;微果紫草;Dwarf Microcaryum ■
253205 Microcaryum trichocarpum Hand.-Mazz. = Lasiocaryum trichocarpum (Hand.-Mazz.) I. M. Johnst. ■
253206 Microcasia Becc. = Bucephalandra Schott ■☆
253207 Microcephala Pobed. (1961);小头菊属■☆
253208 Microcephala lamellata (Bunge) Pobed.;小头菊■☆
253209 Microcephala subglobosa (Krasch.) Pobed.;亚球形小头菊■☆
253210 Microcephala turcomanica (Winkl.) Pobed.;土库曼小头菊■☆
253211 Microcephalum Sch. Bip. ex Klatt = Gymnolomia Kunth ■☆
253212 Microcerasus M. Room. = Prunus L. ●
253213 Microcerasus japonica (Thunb.) M. Roem. = Cerasus japonica (Thunb.) Loisel. ●
253214 Microcerasus tomentosa (Thunb.) Eremin et Juschev = Cerasus tomentosa (Thunb.) Wall. ●
253215 Microchaeta Nutt. = Lipochaeta DC. ■☆
253216 Microchaeta Rchb. = Rhynchospora Vahl(保留属名)■
253217 Microchaete Benth. = Monticalia C. Jeffrey ■☆
253218 Microchaete Benth. = Senecio L. ■●
253219 Microcharis Benth. (1865);小木蓝属●☆
253220 Microcharis Benth. = Indigofera L. ●■
253221 Microcharis ammophila (Thulin) Schrire;喜沙肖木蓝●☆
253222 Microcharis angolensis Baker;安哥拉肖木蓝●☆
253223 Microcharis annua (Milne-Redh.) Schrire;一年肖木蓝■☆
253224 Microcharis aphylla (R. Vig.) Schrire, Du Puy et Labat;无叶肖木蓝●☆
253225 Microcharis asparagoides (Taub.) Schrire;天门冬肖木蓝●☆
253226 Microcharis brevistaminea (J. B. Gillett) Schrire;短肖木蓝●☆
253227 Microcharis buchneri (Taub.) Schrire;布赫纳肖木蓝●☆
253228 Microcharis butayei (De Wild.) Schrire;布塔耶肖木蓝●☆
253229 Microcharis cana (Thulin) Schrire;灰色肖木蓝●☆
253230 Microcharis cufodontii (Chiov.) Schrire;卡佛肖木蓝●☆
253231 Microcharis disjuncta (J. B. Gillett) Schrire var. fallax ?;迷惑肖木蓝●☆
253232 Microcharis ephemera (J. B. Gillett) Schrire;短命肖木蓝●☆
253233 Microcharis galpinii N. E. Br.;盖尔肖木蓝●☆
253234 Microcharis gyrata (Thulin) Schrire;拳卷肖木蓝●☆
253235 Microcharis karinensis (Thulin) Schrire;卡林肖木蓝●☆
253236 Microcharis kucharii (Thulin) Schrire;库哈尔肖木蓝●☆
253237 Microcharis latifolia Benth.;宽叶肖木蓝●☆
253238 Microcharis longicalyx (J. B. Gillett) Schrire;长萼肖木蓝●☆
253239 Microcharis microcharoides (Taub.) Schrire;普通肖木蓝●☆
253240 Microcharis microcharoides (Taub.) Schrire var. latestipulata (J. B. Gillett) Schrire;宽托叶肖木蓝●☆
253241 Microcharis nematophylla Thulin;蠕虫叶肖木蓝●☆
253242 Microcharis omissa Thulin;奥米萨肖木蓝●☆
253243 Microcharis phyllogramme (R. Vig.) Schrire, Du Puy et Labat;纹叶肖木蓝●☆
253244 Microcharis praetermissa (Baker f.) Schrire;疏忽肖木蓝●☆
253245 Microcharis pseudoindigofera Merxm. = Microcharis galpinii N. E. Br. ●☆
253246 Microcharis remotiflora (Taub. ex Baker f.) Schrire;疏花肖木蓝●☆
253247 Microcharis sessilis (Thulin) Schrire;无柄肖木蓝●☆
253248 Microcharis spathulata (J. B. Gillett) Schrire;匙形肖木蓝●☆
253249 Microcharis stipulosa (Chiov.) Schrire;托叶肖木蓝●☆
253250 Microcharis tenella Benth.;柔弱肖木蓝●☆
253251 Microcharis tenuirostris (Thulin) Schrire;细喙肖木蓝●☆
253252 Microcharis tisserantii (Pellegr.) Schrire;蒂斯朗特肖木蓝●☆
253253 Microcharis tritoides (Baker) Schrire;索马里肖木蓝●☆
253254 Microcharis tritoides (Baker) Schrire subsp. obbiadensis (Chiov.) Schrire;奥比亚德肖木蓝●☆
253255 Microcharis wajirensis (J. B. Gillett) Schrire;瓦吉尔肖木蓝●☆
253256 Microcharis welwitschii (Baker) Schrire;韦尔肖木蓝●☆
253257 Microchilus C. Presl = Erythrodes Blume ■
253258 Microchilus blumei (Lindl.) D. Dietr. = Erythrodes blumei (Lindl.) Schltr. ■
253259 Microchites Rolfe = Micrechites Miq. ●
253260 Microchlaena Kuntze = Ehrharta Thunb. (保留属名)■☆
253261 Microchlaena Post et Kuntze = Microlaena R. Br. ■☆
253262 Microchlaena Wight et Arn. = Eriolaena DC. ●
253263 Microchlaena Wight et Arn. = Schillera Rchb. ●
253264 Microchlaena quinquelocularis Wight et Arn. = Eriolaena quinquelocularis (Wight et Arn.) Wight ●
253265 Microchlaena spectabilis (DC.) Endl. ex Walp. = Eriolaena spectabilis (DC.) Planch. ex Hook. f. ●
253266 Microchloa R. Br. (1810);小草属;Microchloa, Minigrass ■
253267 Microchloa abyssinica Desv. = Microchloa kunthii Desv. ■
253268 Microchloa altera (Rendle) Stapf;热非小草■☆
253269 Microchloa altera (Rendle) Stapf var. nelsonii Stapf = Microchloa altera (Rendle) Stapf ■☆
253270 Microchloa annua (Kupicha et Cope) Cope;一年小草■☆
253271 Microchloa caffra Nees = Microchloa kunthii Desv. ■
253272 Microchloa elongata R. Br. = Microchloa indica (L. f.) P.

Beauv. var. kunthii (Desv.) B. S. Sun et Z. H. Hu ■
253273 Microchloa ensifolia Rendle;剑叶小草■☆
253274 Microchloa fibrosa (C. E. Hubb.) Pilg. = Brachyachne fulva Stapf ■☆
253275 Microchloa fulva (Stapf) Pilg. = Brachyachne fulva Stapf ■☆
253276 Microchloa indica (L. f.) P. Beauv.;小草(印度小草);India Minigrass,Indian Microchloa ■
253277 Microchloa indica (L. f.) P. Beauv. var. kunthii (Desv.) B. S. Sun et Z. H. Hu;长穗小草(小草);Kunth Microchloa, Kunth Minigrass ■
253278 Microchloa indica P. Beauv. = Microchloa indica (L. f.) P. Beauv. ■
253279 Microchloa kunthii Desv. = Microchloa indica (L. f.) P. Beauv. var. kunthii (Desv.) B. S. Sun et Z. H. Hu ■
253280 Microchloa obtusiflora Benth. = Brachyachne obtusiflora (Benth.) C. E. Hubb. ■☆
253281 Microchloa patentiflora Stent et J. M. Rattray = Brachyachne patentiflora (Stent et J. M. Rattray) C. E. Hubb. ■☆
253282 Microchloa setacea R. Br. = Microchloa indica (L. f.) P. Beauv. ■
253283 Microchonea Pierre = Trachelospermum Lem. ●
253284 Microcitrus Swingle(1915);指橘属(澳橘檬属,澳洲指橘属,手指柚属);Australian Wild Lime,Finger-lime ●☆
253285 Microcitrus australasica (F. Muell.) Swingle;指橘(澳橘檬,澳指檬,澳洲小柚,手指柚);Australian Finger Lime, Australian Finger-lime, Common Finger-lime, Faustrimedin, Finger-lime, Microcitrus ●☆
253286 Microcitrus australasica (F. Muell.) Swingle var. sanguinea (Bailey) Swingle;红皮指橘;Red-pulp Australian Finger-lime ●☆
253287 Microcitrus australasica Swingle = Microcitrus australasica (F. Muell.) Swingle ●☆
253288 Microcitrus australis (Planch.) Swingle;圆果指橘;Australian Round Wild Lime ●☆
253289 Microcitrus garrawayae (Bailey) Swingle;戈鲁威氏澳洲指橘;Garroway's Australian Wild Lime ●☆
253290 Microcitrus inodora (Bailey) Swingle;无香指橘;Large-leaf Australian wild lime,Queensland Wild Lime ●☆
253291 Microcitrus maideniana (Domin) Swingle;美登氏澳洲指橘;Maiden's Australian Wild Lime ●☆
253292 Microcitrus papuana Winters;布朗河指橘;Brown River Finger ●☆
253293 Microcitrus warburgiana Tanaka;新几内亚指橘;New Guinea Wild Lime ●☆
253294 Microclisia Benth. = Pleogyne Miers ex Benth. ●☆
253295 Microcnemum Ung. -Sternb. (1876);小花盐角草属■☆
253296 Microcnemum coralloides (Loscos et Pardo) Buen;小花盐角草 ■☆
253297 Micrococca Benth. (1849);小果大戟属●☆
253298 Micrococca capensis (Baill.) Prain;好望角小果大戟●☆
253299 Micrococca holstii (Pax) Prain;霍尔小果大戟●☆
253300 Micrococca mercurialis (L.) Benth.;山靛小果大戟●☆
253301 Micrococca oligandra (Müll. Arg.) Prain;寡蕊小果大戟●☆
253302 Micrococca scariosa Prain;干膜质小果大戟●☆
253303 Micrococca volkensii (Pax) Prain;福尔小果大戟●☆
253304 Micrococcus Beckm. = Microcos Burm. ex L. ●
253305 Micrococos Phil. = Jubaea Kunth ●☆
253306 Microcodon A. DC. (1830);小钟桔梗属■☆
253307 Microcodon depressum A. DC. = Wahlenbergia hispidula (Thunb.) A. DC. ■☆
253308 Microcodon glomeratum A. DC.;团集小钟桔梗■☆
253309 Microcodon hispidulum (Thunb.) Sond. = Wahlenbergia hispidula (Thunb.) A. DC. ■☆
253310 Microcodon lineare (L. f.) H. Buek;线形小钟桔梗■☆
253311 Microcodon longebracteatum H. Buek = Treichelia longebracteata (H. Buek) Vatke ■☆
253312 Microcodon sparsiflorum A. DC.;稀花小钟桔梗■☆
253313 Microcoecia Hook. f. = Elvira Cass. ■☆
253314 Microcoelia Hochst. ex Rich. = Angraecum Bory ■
253315 Microcoelia Lindl. (1830);球距兰属■☆
253316 Microcoelia aphylla (Thouars) Summerh.;无叶球距兰■☆
253317 Microcoelia bieleri (De Wild.) Summerh. = Microcoelia caespitosa (Rolfe) Summerh. ■☆
253318 Microcoelia bulbocalcarata L. Jonss.;乌干达球距兰■☆
253319 Microcoelia caespitosa (Rolfe) Summerh.;丛生球距兰■☆
253320 Microcoelia conica (Schltr.) Summerh. = Solenangis conica (Schltr.) L. Jonss. ■☆
253321 Microcoelia corallina Summerh.;珊瑚状球距兰■☆
253322 Microcoelia deflexicalcarata (De Wild.) Summerh. = Chauliodon deflexicalcaratum (De Wild.) L. Jonss. ■☆
253323 Microcoelia eriocosma Summerh. = Microcoelia stolzii (Schltr.) Summerh. ■☆
253324 Microcoelia exilis Lindl.;瘦小球距兰■☆
253325 Microcoelia friesii (Schltr.) Summerh. = Microcoelia koehleri (Schltr.) Summerh. ■☆
253326 Microcoelia globulosa (Ridl.) L. Jonss.;小球球距兰■☆
253327 Microcoelia guyoniana (Rchb. f.) Summerh. = Microcoelia globulosa (Ridl.) L. Jonss. ■☆
253328 Microcoelia hirschbergii Summerh.;希施贝格球距兰■☆
253329 Microcoelia koehleri (Schltr.) Summerh.;克勒球距兰■☆
253330 Microcoelia konduensis (De Wild.) Summerh.;孔杜球距兰 ■☆
253331 Microcoelia leptostele (Summerh.) L. Jonss.;细柱球距兰■☆
253332 Microcoelia leptostele (Summerh.) L. Jonss. subsp. cordatilabia Szlach. et Olszewski;心唇细柱球距兰■☆
253333 Microcoelia macrorrhynchia (Schltr.) Summerh.;大喙球距兰 ■☆
253334 Microcoelia megalorrhiza (Rchb. f.) Summerh.;大根球距兰 ■☆
253335 Microcoelia microglossa Summerh.;小舌球距兰■☆
253336 Microcoelia micropetala (Schltr.) Summerh. = Microcoelia caespitosa (Rolfe) Summerh. ■☆
253337 Microcoelia moreauae L. Jonss.;莫罗球距兰■☆
253338 Microcoelia nyungwensis L. Jonss.;尼永圭球距兰■☆
253339 Microcoelia obovata Summerh.;倒卵球距兰■☆
253340 Microcoelia ornithocephala P. J. Cribb;鸟头球距兰■☆
253341 Microcoelia pachystemma Summerh. = Microcoelia koehleri (Schltr.) Summerh. ■☆
253342 Microcoelia physophora (Rchb. f.) Summerh.;囊状球距兰■☆
253343 Microcoelia sanfordii L. Jonss.;桑福德球距兰■☆
253344 Microcoelia smithii (Rolfe) Summerh.;史密斯球距兰■☆
253345 Microcoelia stolzii (Schltr.) Summerh.;斯托尔兹球距兰■☆
253346 Microcoelum Burret et Potztal = Lytocaryum Toledo ●☆
253347 Microcoelum Burret et Potztal (1956);韦德尔棕属;Weddel Palm ●☆

253348 Microcoelum weddellianum (H. Wendl.) H. E. Moore;韦德尔棕;Weddel Palm ●☆
253349 Microconomorpha (Mez) Lundell = Cybianthus Mart.(保留属名)●☆
253350 Microcorys R. Br. (1810);小兜草属●☆
253351 Microcorys barbata R. Br.;小兜草●☆
253352 Microcorys brevidens Benth.;短齿小兜草●☆
253353 Microcorys elliptica B. J. Conn;椭圆小兜草●☆
253354 Microcorys glabra Benth.;光小兜草●☆
253355 Microcorys longifolia Benth.;长叶小兜草●☆
253356 Microcorys obovata Benth.;倒卵小兜草●☆
253357 Microcorys parvifolia Benth.;小叶小兜草●☆
253358 Microcorys purpurea R. Br.;紫小兜草●☆
253359 Microcorys tenuifolia Benth.;细叶小兜草●☆
253360 Microcos Burm. ex L. = Microcos L. ●
253361 Microcos L. (1753);破布叶属(布渣叶属);Microcos ●
253362 Microcos L. = Grewia L. ●
253363 Microcos adolfi-friderici (Burret) Burret = Grewia oligoneura Sprague ●☆
253364 Microcos africana (Hook. f.) Burret = Grewia hookerana Exell et Mendonça ●☆
253365 Microcos calymmatosepala (K. Schum.) Burret = Grewia calymmatosepala K. Schum. ●☆
253366 Microcos cerasifera Chiov. = Grewia cerasifera (Chiov.) Thulin ●☆
253367 Microcos chungii (Merr.) Chun;海南破布叶(海南破布木);Chung Microcos ●
253368 Microcos conocarpa (K. Schum.) Burret = Grewia conocarpa K. Schum. ●☆
253369 Microcos conocarpoides (Burret) Burret = Grewia conocarpoides Burret ●☆
253370 Microcos coriacea (Mast.) Burret = Grewia coriacea Mast. ●☆
253371 Microcos drummondiana (Sprague) Burret = Grewia africana Mill. var. drummondiana (Sprague) Burret ●☆
253372 Microcos floribunda (Mast.) Burret = Grewia floribunda Mast. ●☆
253373 Microcos gossweileri Burret = Grewia gossweileri (Burret) Exell ●☆
253374 Microcos heterotricha Burret = Grewia transzambesica Wild ●☆
253375 Microcos hirta Burret;多毛破布叶●☆
253376 Microcos iodocarpa Burret = Grewia brunnea K. Schum. ●☆
253377 Microcos malacocarpa (Mast.) Burret = Grewia malacocarpa Mast. ●☆
253378 Microcos malacocarpoides (De Wild.) Louis = Grewia malacocarpoides De Wild. ●☆
253379 Microcos microdelphys K. Schum. = Grewia seretii De Wild. ●☆
253380 Microcos microthyrsa (K. Schum. ex Burret) Burret = Grewia microthyrsa K. Schum. ex Burret ●☆
253381 Microcos mildbraedii (Burret) Burret = Grewia mildbraedii Burret ●☆
253382 Microcos mortehanii (De Wild.) Burret = Grewia mildbraedii Burret ●☆
253383 Microcos nervosa (Lour.) S. Y. Hu = Microcos paniculata L. ●
253384 Microcos oligoneura (Sprague) Burret = Grewia oligoneura Sprague ●☆
253385 Microcos paniculata L.;破布叶(包蔽木,崩补叶,剥果木,布包木,布渣,布渣叶,狗具木,瓜剥木,火布麻,解宝,烂布渣,麻布叶,泡卜布,破布木,破布树,山茶叶,蓑叶子,蘼宝);Panicilate Microcos ●
253386 Microcos paniculata L. = Grewia microcos L. ●
253387 Microcos paniculata sensu Burret = Microcos stauntoniana G. Don ●
253388 Microcos pinnatifida (Mast.) Burret = Grewia pinnatifida Mast. ●☆
253389 Microcos semlikiensis (De Wild.) Burret = Grewia seretii De Wild. ●☆
253390 Microcos seretii (De Wild.) Burret = Grewia seretii De Wild. ●☆
253391 Microcos stauntoniana G. Don;毛破布叶(毛破布木);Staunton's Microcos ●
253392 Microcos ugandensis (Sprague) Burret = Grewia ugandensis Sprague ●☆
253393 Microculcas Peter = Gonatopus Hook. f. ex Engl. ■☆
253394 Microcybe Turcz. (1852);小囊芸香属●☆
253395 Microcybe albiflora Turcz.;白花小囊芸香●☆
253396 Microcybe multiflora Turcz.;多花小囊芸香●☆
253397 Microcybe pauciflora Turcz.;少花小囊芸香●☆
253398 Microcycadaceae Tarbaeva = Zamiaceae Rchb. ●☆
253399 Microcycas (Miq.) A. DC. (1868);小苏铁属●☆
253400 Microcycas A. DC. = Microcycas (Miq.) A. DC. ●☆
253401 Microcycas calocoma (Miq.) A. DC.;小苏铁●☆
253402 Microcycas calocoma A. DC. = Microcycas calocoma (Miq.) A. DC. ●☆
253403 Microdacoides Hua(1906);热非鳞莎草属■☆
253404 Microdactylon Brandegee(1908);小指萝藦属☆
253405 Microdactylon cordatum Brandegee;小指萝藦☆
253406 Microderis D. Don ex Gand. = Crepis L. ■
253407 Microderis DC. = Leontodon L.(保留属名)■☆
253408 Microderis DC. = Picris L. ■
253409 Microdesmis Hook. f. (1848);小盘木属;Microdesmis, Saucerwood ●
253410 Microdesmis Hook. f. ex Hook. = Microdesmis Hook. f. ●
253411 Microdesmis Planch. = Microdesmis Hook. f. ex Hook. ●
253412 Microdesmis camerunensis J. Léonard;喀麦隆小盘木●☆
253413 Microdesmis casearifolia Planch.;小盘木(狗骨树,海南柑);Casearialeaf Microdesmis, Casearia-leaved Microdesmis, Saucerwood ●
253414 Microdesmis casearifolia Planch. f. sinensis Pax;海南柑;Chinese Casearialeaf Microdesmis ●
253415 Microdesmis casearifolia Planch. f. sinensis Pax = Microdesmis casearifolia Planch. ●
253416 Microdesmis haumaniana J. Léonard;豪曼小盘木●☆
253417 Microdesmis kasaiensis J. Léonard;开赛小盘木●☆
253418 Microdesmis keayana J. Léonard;凯伊小盘木●☆
253419 Microdesmis klainei J. Léonard;克莱恩小盘木●☆
253420 Microdesmis philippinensis Elmer = Microdesmis casearifolia Planch. ●
253421 Microdesmis pierlotiana J. Léonard;皮氏小盘木●☆
253422 Microdesmis puberula Hook. f. ex Planch.;微毛小盘木●☆
253423 Microdesmis puberula Hook. f. ex Planch. var. macrocarpa Pax et K. Hoffm.;大果微毛小盘木●☆
253424 Microdesmis zenkeri Pax = Microdesmis puberula Hook. f. ex Planch. ●☆
253425 Microdon Choisy(1823);小齿玄参属●☆
253426 Microdon bosciifolius Dinter;鸭叶小齿玄参●☆

253427 Microdon bracteatus (Thunb.) Hartley = Microdon parviflorus (P. J. Bergius) Hilliard ●☆

253428 Microdon capitatus (P. J. Bergius) Levyns;头状小齿玄参●☆

253429 Microdon cylindricus E. Mey. = Microdon polygaloides (L. f.) Druce ●☆

253430 Microdon dubius (L.) Hilliard;疑惑小齿玄参●☆

253431 Microdon linearis Choisy;线形小齿玄参●☆

253432 Microdon linkii Walp. = Microdon polygaloides (L. f.) Druce ●☆

253433 Microdon lucidus (Vent.) Choisy = Microdon parviflorus (P. J. Bergius) Hilliard ●☆

253434 Microdon nitidus (E. Mey.) Hilliard;光亮小齿玄参●☆

253435 Microdon orbicularis Choisy;圆形小齿玄参●☆

253436 Microdon ovatus (L.) Choisy = Microdon capitatus (P. J. Bergius) Levyns ●☆

253437 Microdon parviflorus (P. J. Bergius) Hilliard;小花小齿玄参●☆

253438 Microdon polygaloides (L. f.) Druce;远志小齿玄参●☆

253439 Microdonta Nutt. = Heterosperma Cav. ■●☆

253440 Microdonta Nutt. = Heterospermum Willd. ■●☆

253441 Microdontocharis Baill. = Eucharis Planch. et Linden(保留属名)■☆

253442 Microdracoides Hua(1906);小龙莎属■☆

253443 Microdracoides squamosus Hua;小龙莎■☆

253444 Microelus Wight et Arn. = Bischofia Blume ●

253445 Microelus roeperianus Wight et Arn. = Bischofia javanica Blume ●

253446 Microepidendrum Brieger = Epidendrum L.(保留属名)■☆

253447 Microepidendrum Brieger ex W. E. Higgins = Epidendrum L.(保留属名)■☆

253448 Microgenetes A. DC. = Phacelia Juss. ■☆

253449 Microgilia J. M. Porter et L. A. Johnson = Gilia Ruiz et Pav. ■●☆

253450 Microglossa DC. (1836);小舌菊属;Microglossa ●

253451 Microglossa DC. = Conyza L. + Psiadia Jacq. ●☆

253452 Microglossa DC. = Conyza Less.(保留属名) + Psiadia Jacq. ●☆

253453 Microglossa afzelii O. Hoffm.;阿芙泽尔小舌菊●☆

253454 Microglossa afzelii O. Hoffm. var. serratifolia C. D. Adams;齿叶阿芙泽尔小舌菊●☆

253455 Microglossa albescens (DC.) C. B. Clarke;白小舌菊;Shrubby Aster ●☆

253456 Microglossa albescens (DC.) C. B. Clarke = Aster albescens (DC.) Wall. ex Hand. -Mazz. ●

253457 Microglossa altissima DC. = Psiadia altissima (DC.) Drake ●☆

253458 Microglossa angolensis Oliv. et Hiern = Conyza pyrrhopappa Sch. Bip. ex A. Rich. ■☆

253459 Microglossa angolensis Oliv. et Hiern var. linearifolia O. Hoffm. = Conyza welwitschii (S. Moore) Wild ●☆

253460 Microglossa brevipetiolata Muschl. = Conyza vernonioides (Sch. Bip. ex A. Rich.) Wild ■☆

253461 Microglossa cabulica (Lindl.) C. B. Clarke = Aster albescens (DC.) Wall. ex Hand. -Mazz. ●

253462 Microglossa caffrorum (Less.) Grau;开菲尔小舌菊●☆

253463 Microglossa caudata O. Hoffm. et Muschl.;尾状小舌菊●☆

253464 Microglossa densiflora Hook. f.;密花小舌菊●☆

253465 Microglossa elliotii S. Moore = Conyza hypoleuca A. Rich. ■☆

253466 Microglossa griffithii C. B. Clarke = Aster albescens (DC.) Wall. ex Hand. -Mazz. ●

253467 Microglossa hispida DC. = Psiadia hispida (DC.) Benth. et Hook. f. ●☆

253468 Microglossa longiradiata Wild;长射线小舌菊●☆

253469 Microglossa mespilifolia (Less.) B. L. Rob.;欧楂叶小舌菊●☆

253470 Microglossa mikanioides Baker = Psiadia lucida (Cass.) Drake ●☆

253471 Microglossa oblongifolia O. Hoffm. = Conyza pyrrhopappa Sch. Bip. ex A. Rich. ■☆

253472 Microglossa oehleri Muschl.;奥勒小舌菊●☆

253473 Microglossa parvifolia O. Hoffm. = Conyza pyrrhopappa Sch. Bip. ex A. Rich. ■☆

253474 Microglossa petiolaris DC. = Microglossa pyrifolia (Lam.) Kuntze ●

253475 Microglossa psiadioides Baker = Conyza hirtella DC. ●☆

253476 Microglossa pyrifolia (Lam.) Kuntze;小舌菊(过山龙,九里明,梨叶小舌菊,蔓绵菜);Pearleaf Microglossa, Pear-leaved Microglossa ●

253477 Microglossa salicifolia Diels = Aster albescens (DC.) Wall. ex Hand. -Mazz. ●

253478 Microglossa sessilifolia DC. = Psiadia lucida (Cass.) Drake ●☆

253479 Microglossa volubilis DC.;缠绕小舌菊;Voluble Microglossa ●

253480 Microglossa volubilis DC. = Microglossa pyrifolia (Lam.) Kuntze ●

253481 Microgyne Cass. = Eriocephalus L. ●☆

253482 Microgyne Less. = Microgynella Grau ■●☆

253483 Microgyne Less. = Vittadinia A. Rich. ■☆

253484 Microgynella Grau = Microgyne Less. ■●☆

253485 Microgynella Grau(1975);网腺层菀属■●☆

253486 Microgynella trifurcata (Less) Grau;网腺层菀■●☆

253487 Microgynoecium Hook. f. (1880);小果滨藜属(小果藜属);Microgynoecium ■

253488 Microgynoecium tibeticum Hook. f.;小果滨藜;Microgynoecium, Tibet Microgynoecium ■

253489 Microhamnus A. Gray = Rhamnella Miq. ●

253490 Microhamnus cavaleriei H. Lév. = Rhamnella martinii (H. Lév.) C. K. Schneid. ●

253491 Microhamnus franguloides Maxim. = Rhamnella franguloides (Maxim.) Weberb. ●

253492 Microhamnus mairei H. Lév. = Berchemia yunnanensis Franch. ●

253493 Microhamnus tangutii H. Lév. = Rhamnella franguloides (Maxim.) Weberb. ●

253494 Microholmesia P. J. Cribb = Angraecopsis Kraenzl. ■☆

253495 Microholmesia P. J. Cribb ex Mabb. = Angraecopsis Kraenzl. ■☆

253496 Microholmesia parva (P. J. Cribb) P. J. Cribb = Angraecopsis parva (P. J. Cribb) P. J. Cribb ■☆

253497 Microjambosa Blume = Syzygium R. Br. ex Gaertn.(保留属名)●

253498 Microkentia H. Wendl. ex Benth. et Hook. f. = Basselinia Vieill. ●☆

253499 Microkentia H. Wendl. ex Hook. f. = Basselinia Vieill. ●☆

253500 Microkoma Lanessan = Microloma R. Br. ■☆

253501 Microlaena R. Br. (1810);小袋禾属■☆

253502 Microlaena R. Br. = Ehrharta Thunb.(保留属名)■☆

253503 Microlaena Wall. = Eriolaena DC. ●

253504 Microlaena Wall. = Schillera Rchb. ●
253505 Microlaena acuminata (R. Br.) Mez;尖小袋禾■☆
253506 Microlaena acuminata Mez = Microlaena acuminata (R. Br.) Mez ■☆
253507 Microlaena micranthera Ohwi;小花小袋禾■☆
253508 Microlaena stipoides (Labill.) R. Br.;小袋禾■☆
253509 Microlaena stipoides (Labill.) R. Br. = Ehrharta stipoides Labill. ■☆
253510 Microlagenaria (C. Jeffrey) A. M. Lu et J. Q. Li = Thladiantha Bunge ■
253511 Microlagenaria (C. Jeffrey) A. M. Lu et J. Q. Li(1993);非洲赤瓟属■
253512 Microlecane Sch. Bip. ex Benth. = Bidens L. ■●
253513 Microlecane Sch. Bip. ex Benth. = Microlecane Sch. Bip. ex Benth. et Hook. f. ■●
253514 Microlecane Sch. Bip. ex Benth. et Hook. f. = Bidens L. ■●
253515 Microlecane abyssinica (Sch. Bip.) Benth. et Hook. f. ex Oliv. et Hiern = Bidens setigera (Sch. Bip. ex Walp.) Sherff ■☆
253516 Microlecane carinata Hutch. = Bidens carinata Cufod. ex Mesfin ■☆
253517 Microlecane occidentalis Hutch. et Dalziel = Bidens occidentalis (Hutch. et Dalziel) Mesfin ■☆
253518 Microlepidium F. Muell. (1853);小鳞独行菜属(小独行菜属)■☆
253519 Microlepidium F. Muell. = Capsella Medik. (保留属名)■
253520 Microlepidium alatum (J. M. Black) E. A. Shaw;翅小鳞独行菜■☆
253521 Microlepidium pilosulum F. Muell.;小鳞独行菜■☆
253522 Microlepis (DC.) Miq. (1840)(保留属名);小鳞野牡丹属●☆
253523 Microlepis Eichw. = Anabasis L. ●■
253524 Microlepis Miq. = Microlepis (DC.) Miq. (保留属名)●☆
253525 Microlepis Schrad. ex Nees = Cryptangium Schrad. + Lagenocarpus Nees ■☆
253526 Microlepis quaternifolia Miq.;小鳞野牡丹●☆
253527 Microlespedeza Makioo = Kummerowia Schindl. ■
253528 Microlespedeza stipulacea (Maxim.) Makino = Kummerowia stipulacea (Maxim.) Makino ■
253529 Microlespedeza stipulacea Makino = Kummerowia stipulacea (Maxim.) Makino ■
253530 Microlespedeza striata (Thunb.) Makino = Kummerowia striata (Thunb.) Schindl. ■
253531 Microliabum Cabrera(1955);光托黄安菊属■●☆
253532 Microliabum humile (Cabrera) Cabrera;光托黄安菊■●☆
253533 Microlicia D. Don(1823);矮野牡丹属●☆
253534 Microlicia acuminata Naudin;渐尖矮野牡丹●☆
253535 Microlicia adenocalyx Cogn.;腺萼矮野牡丹●☆
253536 Microlicia albida Pilg.;白矮野牡丹●☆
253537 Microlicia aurea Wurdack;黄矮野牡丹●☆
253538 Microlicia brevifolia DC.;短叶矮野牡丹●☆
253539 Microlicia elegans Naudin;雅致矮野牡丹●☆
253540 Microlicia fasciculata Mart.;簇生矮野牡丹●☆
253541 Microlicia glabra DC.;光矮野牡丹●☆
253542 Microlicia grandiflora Baill.;大花矮野牡丹●☆
253543 Microlicia leucantha Naudin;白花矮野牡丹●☆
253544 Microlicia macrophylla Naudin;大叶矮野牡丹●☆
253545 Microlicia obtusifolia Cogn. ex R. Romero;钝叶矮野牡丹●☆
253546 Microlobium Liebm. = Apoplanesia C. Presl ■☆
253547 Microlobius C. Presl(1845);小荚豆属☆
253548 Microloma R. Br. (1810);小边萝藦属■☆
253549 Microloma R. Br. = Haemax E. Mey. ■☆
253550 Microloma armatum (Thunb.) Schltr.;具刺小边萝藦■☆
253551 Microloma armatum (Thunb.) Schltr. var. burchellii (N. E. Br.) Bruyns;伯切尔小边萝藦■☆
253552 Microloma burchellii N. E. Br. = Microloma armatum (Thunb.) Schltr. var. burchellii (N. E. Br.) Bruyns ■☆
253553 Microloma calycinum E. Mey.;萼状小边萝藦■☆
253554 Microloma calycinum E. Mey. subsp. flavescens (E. Mey.) Wanntorp = Microloma calycinum E. Mey. ■☆
253555 Microloma calycinum E. Mey. var. falvescens ? = Microloma calycinum E. Mey. ■☆
253556 Microloma campanulatum Wanntorp = Microloma armatum (Thunb.) Schltr. ■☆
253557 Microloma dinteri Schltr. = Microloma armatum (Thunb.) Schltr. ■☆
253558 Microloma dregei (E. Mey.) Wanntorp = Microloma armatum (Thunb.) Schltr. ■☆
253559 Microloma gibbosum N. E. Br. = Microloma sagittatum (L.) R. Br. ■☆
253560 Microloma glabratum E. Mey. = Microloma sagittatum (L.) R. Br. ■☆
253561 Microloma glabratum E. Mey. subsp. subglabratum Wanntorp = Microloma sagittatum (L.) R. Br. ■☆
253562 Microloma hereroense Wanntorp;赫雷罗小边萝藦■☆
253563 Microloma hystricoides Wanntorp = Microloma armatum (Thunb.) Schltr. ■☆
253564 Microloma incanum Decne.;灰毛小边萝藦■☆
253565 Microloma kunjasense Range = Microloma armatum (Thunb.) Schltr. ■☆
253566 Microloma lanatum Wanntorp;绵毛小边萝藦■☆
253567 Microloma lineare R. Br. = Microloma tenuifolium (L.) K. Schum. ■☆
253568 Microloma longitubum Schltr.;长管小边萝藦■☆
253569 Microloma massonii (Schult.) Schltr. = Microloma armatum (Thunb.) Schltr. ■☆
253570 Microloma namaquense Bolus;纳马夸小边萝藦■☆
253571 Microloma penicillatum Schltr.;帚状小边萝藦■☆
253572 Microloma pentheri Gand. = Microloma sagittatum (L.) R. Br. ■☆
253573 Microloma pyrotechnicum (Forssk.) Spreng. = Leptadenia pyrotechnica (Forssk.) Decne. ■☆
253574 Microloma sagittatum (L.) R. Br.;箭头小边萝藦■☆
253575 Microloma sagittatum (L.) R. Br. subsp. pillansii Wanntorp = Microloma sagittatum (L.) R. Br. ■☆
253576 Microloma schaferi Dinter = Microloma penicillatum Schltr. ■☆
253577 Microloma spinosum N. E. Br.;多刺小边萝藦■☆
253578 Microloma spinosum N. E. Br. = Microloma armatum (Thunb.) Schltr. ■☆
253579 Microloma spinosum N. E. Br. subsp. dinteri (Schltr.) Wanntorp = Microloma armatum (Thunb.) Schltr. ■☆
253580 Microloma spinosum N. E. Br. subsp. velutinum Wanntorp = Microloma armatum (Thunb.) Schltr. ■☆
253581 Microloma tenuifolium (L.) K. Schum.;细花小边萝藦■☆
253582 Microloma viridiflorum N. E. Br. = Microloma armatum

(Thunb.) Schltr. var. burchellii (N. E. Br.) Bruyns ■☆
253583 Microlonchoides P. Candargy = Jurinea Cass. ●■
253584 Microlonchus Cass. = Mantisalca Cass. ■☆
253585 Microlonchus Cass. = Oligochaeta (DC.) K. Koch ■
253586 Microlonchus albispinus Bunge = Schischkinia albispina (Bunge) Iljin ■
253587 Microlonchus delestrei Spach = Mantisalca delestrei (Spach) Briq. et Cavill. ■☆
253588 Microlonchus duriaei Spach = Mantisalca duriaei (Spach) Briq. et Cavill. ■☆
253589 Microlonchus duriaei Spach var. tenellus (Spach) Bonnet = Mantisalca duriaei (Spach) Briq. et Cavill. ■☆
253590 Microlonchus gracilis Pomel = Mantisalca salmantica (L.) Briq. et Cavill. ■☆
253591 Microlonchus minimus Boiss. = Oligochaeta minima (Boiss.) Briq. ■
253592 Microlonchus salmanticus (L.) DC. = Mantisalca duriaei (Spach) Briq. et Cavill. ■☆
253593 Microlonchus salmanticus (L.) DC. var. gracilis (Pomel) Batt. = Mantisalca salmantica (L.) Briq. et Cavill. ■☆
253594 Microlonchus salmanticus (L.) DC. var. leptolonchus (Spach) Ball = Mantisalca salmantica (L.) Briq. et Cavill. ■☆
253595 Microlonchus strictus Pomel = Mantisalca duriaei (Spach) Briq. et Cavill. ■☆
253596 Microlonchus tenellus Spach = Mantisalca duriaei (Spach) Briq. et Cavill. ■☆
253597 Microlophium (Spach) Fourr. = Polygala L. ●■
253598 Microlophium Fourr. = Polygala L. ●■
253599 Microlophopsis Czerep. = Schumeria Iljin ■☆
253600 Microlophus Cass. = Centaurea L. (保留属名)●■
253601 Microluma Baill. = Lucuma Molina ●
253602 Microluma Baill. = Pouteria Aubl. ●
253603 Micromeles Decne. = Sorbus L. ●
253604 Micromeles alnifolia (Siebold et Zucc.) Koehne = Aria alnifolia (Siebold et Zucc.) Decne. ●
253605 Micromeles alnifolia (Siebold et Zucc.) Koehne = Sorbus alnifolia (Siebold et Zucc.) K. Koch ●
253606 Micromeles aronioides (Rehder) Kovanda et Challice = Sorbus aronioides Rehder ●
253607 Micromeles caloneura Stapf = Sorbus caloneura (Stapf) Rehder ●
253608 Micromeles castaneifolia Decne. = Sorbus granulosa (Bertol.) Rehder ●
253609 Micromeles corymbifera (Miq.) Kalkman = Sorbus corymbifera (Miq.) T. H. Nguyên et Yakovlev ●
253610 Micromeles decaisneana C. K. Schneid. var. keissleri C. K. Schneid. = Sorbus keissleri (C. K. Schneid.) Rehder ●
253611 Micromeles decaisneana Zabel = Sorbus keissleri (C. K. Schneid.) Rehder ●
253612 Micromeles decaisneana Zabel var. keissleri C. K. Schneid. = Sorbus keissleri (C. K. Schneid.) Rehder ●
253613 Micromeles epidendron (Hand. -Mazz.) Kovanda et Challice = Sorbus epidendron Hand. -Mazz. ●
253614 Micromeles ferruginea (Wenz.) Koehne = Sorbus ferruginea (Wenz.) Rehder ●
253615 Micromeles ferruginea Koehne = Sorbus ferruginea (Wenz.) Rehder ●
253616 Micromeles folgneri C. K. Schneid. = Sorbus folgneri (C. K. Schneid.) Rehder ●
253617 Micromeles granulosa C. K. Schneid. = Sorbus corymbifera (Miq.) T. H. Nguyên et Yakovlev ●
253618 Micromeles granulosa C. K. Schneid. = Sorbus granulosa (Bertol.) Rehder ●
253619 Micromeles hemsleyi C. K. Schneid. = Sorbus hemsleyi (C. K. Schneid.) Rehder ●
253620 Micromeles japonica (Decne.) Koehne = Aria japonica Decne. ●☆
253621 Micromeles keissleri C. K. Schneid. = Sorbus keissleri (C. K. Schneid.) Rehder ●
253622 Micromeles meliosmifolia (Rehder) Kovanda et Challice = Sorbus meliosmifolia Rehder ●
253623 Micromeles rhamnoides Decne. = Sorbus rhamnoides (Decne.) Rehder ●
253624 Micromeles schwerinii C. K. Schneid. = Sorbus hemsleyi (C. K. Schneid.) Rehder ●
253625 Micromeles tiliifolia Koehne = Sorbus alnifolia (Siebold et Zucc.) K. Koch ●
253626 Micromelum Blume(1825)(保留属名);小芸木属(小柑属,小苹果属,小芸香木属);Micromelum ●
253627 Micromelum falcatum (Lour.) Tanaka;大管(白木,搽散,大管,鸡卵黄,假山黄皮,山黄皮,山鸡米,小柑,小郎伞,野黄皮,野黄皮树,野辣椒);Bigtube Micromelum,Falcate Micromelum ●
253628 Micromelum integerrimum (Buch. -Ham.) Wight et Arn. ex Roem.;小芸木(白鸡蛋,半边枫,鸡屎果,鸡屎木,癞蛤蟆跌打,美味草,全缘小苹果,山黄皮,小黄皮,小云木,野茶辣,野黄皮,野辣椒);Entire Micromelum,Entire-leaved Micromelum,Micromelum ●
253629 Micromelum integerrimum (Buch. -Ham.) Wight et Arn. ex Roem. var. mollissimum Tanaka;毛叶小芸木(毛小芸木,月橘);Hairy Entire Micromelum,Hairy Micromelum ●
253630 Micromelum minutum Seem.;小型小芸木●☆
253631 Micromeria Benth. (1829)(保留属名);姜味草属(美味草属,小球花属);Gingersage,Micromeria ■●
253632 Micromeria abyssinica Hochst. ex Benth. = Clinopodium abyssinicum (Hochst. ex Benth.) Kuntze ■☆
253633 Micromeria barceloi Willk. = Micromeria inodora (Desf.) Benth. ■☆
253634 Micromeria barceloi Willk. var. africana Batt. = Micromeria inodora (Desf.) Benth. ■☆
253635 Micromeria barosma (W. W. Sm.) Hand. -Mazz.;小香薷;Small Gingersage,Small Micromeria ■
253636 Micromeria benthamii Webb et Berthel.;本瑟姆姜味草■☆
253637 Micromeria biflora (Buch. -Ham. ex D. Don) Benth.;姜味草(柏枝草,地生姜,桂子香,胡椒草,灵芝草,美味草,香草,小姜草,小香草,小香薷);Twoflower Gingersage,Twoflower Micromeria ●■
253638 Micromeria biflora (Buch. -Ham. ex D. Don) Benth. = Micromeria imbricata (Forssk.) C. Chr. ■☆
253639 Micromeria biflora (Buch. -Ham. ex D. Don) Benth. var. cinereotomentosa (A. Rich.) Chiov. = Micromeria imbricata (Forssk.) C. Chr. ■☆
253640 Micromeria biflora (Buch. -Ham. ex D. Don) Benth. var. hirsuta Fiori = Micromeria imbricata (Forssk.) C. Chr. ■☆
253641 Micromeria biflora (Buch. -Ham. ex D. Don) Benth. var. hispida Kitam. et Murata;毛姜味草;Hispidulous Twoflower Micromeria ●
253642 Micromeria biflora (Buch. -Ham. ex D. Don) Benth. var.

punctata (Benth.) Fiori = Micromeria imbricata (Forssk.) C. Chr. ■☆

253643 Micromeria biflora (Buch.-Ham. ex D. Don) Briq. var. rhoesiaca E. Walther et K. H. Walther = Micromeria imbricata (Forssk.) C. Chr. var. rhodesica (E. Walther et K. H. Walther) Ryding ■☆

253644 Micromeria biflora (Buch.-Ham. ex D. Don) Briq. var. villosa E. Walther et K. H. Walther = Micromeria microphylla (d'Urv.) Benth. var. villosa Benth. ■☆

253645 Micromeria brivesii Batt.;布里夫姜味草■☆

253646 Micromeria capitellata Benth.;小头状姜味草;Capitellate Micromeria ■☆

253647 Micromeria chamissonis Greene;加州小薄荷■☆

253648 Micromeria conferta (Coss.) Stefani;密集姜味草■☆

253649 Micromeria debilis Pomel;弱小姜味草■☆

253650 Micromeria debilis Pomel var. mauritii Sennen = Micromeria debilis Pomel ■☆

253651 Micromeria densiflora Benth. = Micromeria benthamii Webb et Berthel. ■☆

253652 Micromeria douglasii Benth.;道氏姜味草■☆

253653 Micromeria elegans Boriss.;雅致姜味草■☆

253654 Micromeria elliptica K. Koch;椭圆姜味草■☆

253655 Micromeria euosma (W. W. Sm.) C. Y. Wu;清香姜味草(香姜味草);Delicatefragrance Gingersage, Delicatefragrance Micromeria, Fragrant Gingersage, Fragrant Micromeria ■

253656 Micromeria filiformis Benth.;丝状姜味草■☆

253657 Micromeria fontanesii Pomel;丰塔纳姜味草■☆

253658 Micromeria forbesii Benth. = Satureja forbesii (Benth.) Briq. ■☆

253659 Micromeria forbesii Benth. var. altitudinum Bolle = Satureja forbesii (Benth.) Briq. ■☆

253660 Micromeria forbesii Benth. var. inodora J. A. Schmidt = Satureja forbesii (Benth.) Briq. ■☆

253661 Micromeria formosana Marquand;台湾姜味草;Taiwan Gingersage, Taiwan Micromeria ■

253662 Micromeria fruticosa (L.) Druce;灌丛姜味草■☆

253663 Micromeria glabella (Michx.) Benth. var. angustifolia Torr. = Calamintha arkansana (Nutt.) Shinners ■☆

253664 Micromeria glomerata Pérez;团集姜味草■☆

253665 Micromeria graeca (L.) Benth. = Micromeria graeca (L.) Rchb. ■☆

253666 Micromeria graeca (L.) Rchb.;希腊姜味草;Greek Micromeria ■☆

253667 Micromeria grandiflora Killick = Satureja grandibracteata Killick ■☆

253668 Micromeria guichardii (Quézel et Zaffran) Brullo et Furnari;吉夏尔姜味草■☆

253669 Micromeria helianthemifolia Webb et Berthel.;半日花叶姜味草■☆

253670 Micromeria helianthemifolia Webb et Berthel. var. mary-annae Pérez et G. Kunkel = Micromeria helianthemifolia Webb et Berthel. ■☆

253671 Micromeria hochreutineri (Briq.) Maire;霍赫洛伊特姜味草■☆

253672 Micromeria hyssopifolia Webb et Berthel.;神香草叶姜味草■☆

253673 Micromeria hyssopifolia Webb et Berthel. var. glabrescens Pérez = Micromeria hyssopifolia Webb et Berthel. ■☆

253674 Micromeria hyssopifolia Webb et Berthel. var. kuegleri (Bornm.) Pérez = Micromeria hyssopifolia Webb et Berthel. ■☆

253675 Micromeria imbricata (Forssk.) C. Chr.;覆瓦姜味草■☆

253676 Micromeria imbricata (Forssk.) C. Chr. var. rhodesica (E. Walther et K. H. Walther) Ryding;罗得西亚姜味草■☆

253677 Micromeria inodora (Desf.) Benth.;无味姜味草■☆

253678 Micromeria japonica Miq. = Mentha japonica (Miq.) Makino ■☆

253679 Micromeria juliana (L.) Rchb.;尤利姜味草■☆

253680 Micromeria juliana (L.) Rchb. var. conferta Coss. et Daveau = Micromeria juliana (L.) Rchb. ■☆

253681 Micromeria juliana Benth.;葡萄牙姜味草■☆

253682 Micromeria julianoides Webb et Berthel;三柱草姜味草■☆

253683 Micromeria kuegleri Bornm.;屈格勒姜味草■☆

253684 Micromeria lachnophylla Webb et Berthel.;绵毛叶姜味草■☆

253685 Micromeria lanata (Link) Benth.;绵毛姜味草■☆

253686 Micromeria lasiophylla Webb et Berthel.;毛叶姜味草■☆

253687 Micromeria lasiophylla Webb et Berthel. subsp. palmensis (Bolle) Pérez;帕尔马毛叶姜味草■☆

253688 Micromeria lepida Webb et Berthel.;小鳞姜味草■☆

253689 Micromeria lepida Webb et Berthel. subsp. bolleana Pérez;博勒姜味草■☆

253690 Micromeria lepida Webb et Berthel. var. argagae Pérez = Micromeria lepida Webb et Berthel. ■☆

253691 Micromeria lepida Webb et Berthel. var. bolleana Pérez = Micromeria lepida Webb et Berthel. ■☆

253692 Micromeria lepida Webb et Berthel. var. fernandezii Pérez = Micromeria lepida Webb et Berthel. ■☆

253693 Micromeria leucantha Pérez;白花姜味草■☆

253694 Micromeria linkii Webb et Berthel. = Micromeria tenuis (Link) Webb et Berthel. subsp. linkii (Webb et Berthel.) Pérez ■☆

253695 Micromeria longiflora Hochst. ex Baker = Micromeria unguentaria Schweinf. ■☆

253696 Micromeria macrosiphon Coss.;大管姜味草■☆

253697 Micromeria madagascariensis Baker;马岛姜味草■☆

253698 Micromeria marifolia (Willd.) Benth.;芋叶姜味草■☆

253699 Micromeria microphylla (d' Urv.) Benth.;小叶姜味草■☆

253700 Micromeria microphylla (d'Urv.) Benth. var. imbricata Balf. f. = Micromeria imbricata (Forssk.) C. Chr. ■☆

253701 Micromeria microphylla (d'Urv.) Benth. var. remota Balf. f. = Micromeria imbricata (Forssk.) C. Chr. ■☆

253702 Micromeria microphylla (d'Urv.) Benth. var. villosa Benth. = Micromeria microphylla (d'Urv.) Benth. ■☆

253703 Micromeria monantha (Font Quer) R. Morales;单花姜味草■☆

253704 Micromeria nervosa (Desf.) Benth.;具脉姜味草■☆

253705 Micromeria ovata Beck. ex Hook. f. = Micromeria biflora (Buch.-Ham. ex D. Don) Benth. ●■

253706 Micromeria ovata Benth. = Micromeria imbricata (Forssk.) C. Chr. ■☆

253707 Micromeria ovata Benth. var. cinereotomentosa A. Rich. = Micromeria imbricata (Forssk.) C. Chr. ■☆

253708 Micromeria peltieri (Maire) R. Morales;佩尔迪埃姜味草■☆

253709 Micromeria pilosa Benth. = Satureja reptans Killick ■☆

253710 Micromeria pitardii Bornm. = Micromeria benthamii Webb et Berthel. ■☆

253711 Micromeria polioides Webb;拟灰色姜味草■☆

253712 Micromeria punctata Benth. = Micromeria imbricata (Forssk.)

C. Chr. ■☆
253713 Micromeria purtschelleri Gürke = Micromeria imbricata (Forssk.) C. Chr. ■☆
253714 Micromeria quartiniana A. Rich. = Micromeria imbricata (Forssk.) C. Chr. ■☆
253715 Micromeria rivas-martinezii Wildpret;里瓦斯姜味草■☆
253716 Micromeria schimperi Vatke = Micromeria imbricata (Forssk.) C. Chr. ■☆
253717 Micromeria serpyllifolia (M. Bieb.) Boiss.;百里香叶姜味草■
253718 Micromeria sinaica Benth.;西奈姜味草■☆
253719 Micromeria teneriffae (Poir.) Benth.;特纳姜味草■☆
253720 Micromeria teneriffae (Poir.) Benth. var. cordifolia Pérez = Micromeria teneriffae (Poir.) Benth. ■☆
253721 Micromeria tenuis (Link) Webb et Berthel.;细姜味草■☆
253722 Micromeria tenuis (Link) Webb et Berthel. subsp. linkii (Webb et Berthel.) Pérez;林克姜味草■☆
253723 Micromeria tenuis (Link) Webb et Berthel. var. soriae Pérez = Micromeria tenuis (Link) Webb et Berthel. ■☆
253724 Micromeria unguentaria Schweinf.;爪状姜味草■☆
253725 Micromeria varia Benth.;易变姜味草■☆
253726 Micromeria varia Benth. subsp. canariensis Pérez;加那利易变姜味草■☆
253727 Micromeria varia Benth. subsp. gomerensis Pérez;戈梅拉姜味草■☆
253728 Micromeria varia Benth. subsp. hierrensis Pérez;耶罗姜味草■☆
253729 Micromeria varia Benth. subsp. meridialis Pérez;南方易变姜味草■☆
253730 Micromeria varia Benth. subsp. rupestris Webb et Berthel.;岩生易变姜味草■☆
253731 Micromeria varia Benth. subsp. thymoides (Lowe) Pérez;百里香姜味草■☆
253732 Micromeria varia Benth. var. cacuminicolae Pérez = Micromeria varia Benth. ■☆
253733 Micromeria varia Benth. var. thymoides (Sol. ex Lowe) P. Pérez = Micromeria varia Benth. ■☆
253734 Micromeria wardii Marquand et Airy Shaw;西藏姜味草;Ward Micromeria, Xizang Micromelum, Xizang Micromeria ●■
253735 Micromeria weilleri (Maire) R. Morales;韦勒姜味草■☆
253736 Micromonolepis Ulbr. (1934);小单被藜属■☆
253737 Micromonolepis Ulbr. = Monolepis Schrad. ■☆
253738 Micromonolepis pusilla (Torr. ex S. Watson) Ulbr.;小单被藜■☆
253739 Micromyrtus Benth. (1865);小桃金娘属●☆
253740 Micromyrtus ciliata (Sm.) Druce;纤毛小桃金娘;Fringed Heath Myrtle, Fringed Heath-myrtle ●☆
253741 Micromyrtus hexamera Maiden et Betche;六瓣小桃金娘●☆
253742 Micromystria O. E. Schulz = Arabidella (F. Muell.) O. E. Schulz ■☆
253743 Micronema Schott = Micromeria Benth. (保留属名) ■●
253744 Micronoma H. Wendl. ex Benth. et Hook. f. (1883);草地棕属(秘鲁棕属)●☆
253745 Micronychia Oliv. (1881);小爪漆属●☆
253746 Micronychia acuminata Randrian.;渐尖小爪漆●☆
253747 Micronychia danguyana H. Perrier;当吉小爪漆●☆
253748 Micronychia kotozafii Randrian. et Lowry;科托扎夫小爪漆●☆
253749 Micronychia macrophylla H. Perrier;大叶小爪漆●☆
253750 Micronychia madagascariensis Oliv.;马岛小爪漆●☆
253751 Micronychia minutiflora (H. Perrier) Randrian. et Lowry;微花小爪漆●☆
253752 Micronychia striata Randrian. et Lowry;条纹小爪漆●☆
253753 Micropaegma Pichon = Mussatia Bureau ex Baill. ●☆
253754 Micropappus (Sch. Bip.) C. F. Baker = Elephantopus L. ■
253755 Micropapyrus Suess. = Rhynchospora Vahl(保留属名)■
253756 Microparacaryum (Popov ex Riedl) Hilger = Paracaryum (A. DC.) Boiss. ●■☆
253757 Microparacaryum (Popov ex Riedl.) Hilger et Podlech = Paracaryum (A. DC.) Boiss. ●■☆
253758 Micropeplis Bunge = Halogeton C. A. Mey. ■●
253759 Micropeplis Bunge(1852);蛛丝藜属(小盐大戟属,蛛丝蓬属)■☆
253760 Micropeplis arachnoidea (Moq.) Bunge;蛛丝藜■☆
253761 Micropeplis arachnoidea (Moq.) Bunge = Halogeton arachnoides Moq. ■
253762 Micropeplis arachnoidea Bunge = Micropeplis arachnoidea (Moq.) Bunge ■☆
253763 Micropeplis foliosa (L.) G. L. Chu;多叶蛛丝藜■☆
253764 Micropera Lindl. (1832);小袋兰属■
253765 Micropera Lindl. = Aerides Lour. ■
253766 Micropera Lindl. = Camarotis Lindl. ■☆
253767 Micropera poilanei (Guillaumin) Garay;小袋兰■
253768 Micropetalon Pers. = Spergulastrum Michx. ■
253769 Micropetalon Pers. = Stellaria L. ■
253770 Micropetalon Pers. = Stellaria L. ■
253771 Micropetalum Poit. ex Baill. = Amanoa Aubl. ●☆
253772 Micropetalum Spreng. = Micropetalon Pers. ■
253773 Micropetalum Spreng. = Stellaria L. ■
253774 Micropeuce Gordon = Tsuga (Endl.) Carrière ●
253775 Microphacos Rydb. = Astragalus L. ●■
253776 Micropholis (Griseb.) Pierre(1891);小鳞山榄属;Catuaba Herbal ●☆
253777 Micropholis Pierre = Micropholis (Griseb.) Pierre ●☆
253778 Micropholis angolensis Pierre = Chrysophyllum welwitschii Engl. ●☆
253779 Micropholis chrysophylloides Pierre;金叶小鳞山榄●☆
253780 Micropholis eugeniifolia Pierre;山竹子小鳞山榄●☆
253781 Micropholis gardneriana Pierre;巴西小鳞山榄●☆
253782 Micropholis guyanensis Pierre;圭亚那小鳞山榄●☆
253783 Microphyes Phil. (1860);密绒草属■☆
253784 Microphyes litoralis Phil.;密绒草■☆
253785 Microphyes minima (Miers ex Colla) Briq.;小密绒草■☆
253786 Microphyes robusta Ricardi;粗壮密绒草■☆
253787 Microphysa Naudin = Microphysca Naudin ●☆
253788 Microphysa Naudin = Tococa Aubl. ●☆
253789 Microphysa Schrenk(1844);泡果茜草属(泡果茜属)■
253790 Microphysa elongata (Schrenk) Pobed.;泡果茜草■
253791 Microphysa galioides Schrenk = Microphysa elongata (Schrenk) Pobed. ■
253792 Microphysca Naudin = Tococa Aubl. ●☆
253793 Microphytanthe (Schltr.) Brieger = Dendrobium Sw. (保留属名)■
253794 Microphyton Fourr. = Trifolium L. ■
253795 Micropiper Miq. = Peperomia Ruiz et Pav. ■
253796 Micropiper exiguum (Blume) Miq. = Peperomia pellucida

(L.) Kunth ■

253797 Micropiper humile (Vahl) Small = Peperomia humilis (Vahl) A. Dietr. ■☆

253798 Micropiper leptostachyon (Nutt.) Small = Peperomia humilis (Vahl) A. Dietr. ■☆

253799 Micropleura Lag. (1826);小脉芹属■☆

253800 Micropleura flabellifolia Mathias;哥伦比亚小脉芹■☆

253801 Micropleura renifolia Lag.;小脉芹■☆

253802 Microplumeria Baill. (1889);小鸡蛋花属●☆

253803 Microplumeria sprucei Baill.;小鸡蛋花●☆

253804 Micropodium Rchb. = Brassica L. ■●

253805 Micropogon Pfeiff. = Microchloa R. Br. ■

253806 Micropogon Spreng. ex Pfeiff. = ? Microchloa R. Br. ■

253807 Micropora Dalzell = Camarotis Lindl. ■☆

253808 Micropora Dalzell = Micropera Lindl. ■

253809 Micropora Hook. f. = Hexapora Hook. f. ●☆

253810 Micropsis DC. (1836);束衫菊属;Straitjackets ■☆

253811 Micropsis dasycarpa (Griseb.) Beauverd;束衫菊;Bighead Straitjackets ■☆

253812 Microptelea Spach = Ulmus L. ●

253813 Microptelea parvifolia (Jacq.) Spach = Ulmus parvifolia Jacq. ●

253814 Microptelea parvifolia Spach = Ulmus parvifolia Jacq. ●

253815 Micropterum Schwantes = Cleretum N. E. Br. ■☆

253816 Micropterum Schwantes(1928);小翼玉属■☆

253817 Micropterum herrei Schwantes = Cleretum herrei (Schwantes) Ihlenf. et Struck ■☆

253818 Micropterum longipes (L. Bolus) Schwantes = Cleretum papulosum (L. f.) L. Bolus subsp. schlechteri (Schwantes) Ihlenf. et Struck ■☆

253819 Micropterum papulosum (L. f.) Schwantes = Cleretum papulosum (L. f.) L. Bolus ■☆

253820 Micropterum papulosum (L. f.) Schwantes subsp. multiflorum Schwantes = Cleretum papulosum (L. f.) L. Bolus ■☆

253821 Micropterum pinnatifidum (L. f.) Schwantes = Aethephyllum pinnatifidum (L. f.) N. E. Br. ■☆

253822 Micropterum puberulum (Haw.) Schwantes = Mesembryanthemum aitonis Jacq. ■☆

253823 Micropterum schlechteri Schwantes;小翼玉■☆

253824 Micropterum schlechteri Schwantes = Cleretum papulosum (L. f.) L. Bolus subsp. schlechteri (Schwantes) Ihlenf. et Struck ■☆

253825 Micropterum sessiliflorum (Aiton) Schwantes = Cleretum papulosum (L. f.) L. Bolus ■☆

253826 Micropterum sessiliflorum (Aiton) Schwantes var. luteum (Haw.) H. Jacobsen = Cleretum papulosum (L. f.) L. Bolus ■☆

253827 Micropteryx Walp. = Erythrina L. ●■

253828 Micropteryx crista-galli (L.) Walp. = Erythrina crista-galli L. ●

253829 Micropteryx poeppigiana Walp. = Erythrina poeppigiana (Walp.) O. F. Cook ●☆

253830 Micropuntia Daston = Grusonia F. Rchb. ex K. Schum. ■☆

253831 Micropuntia Daston = Opuntia Mill. ●

253832 Micropuntia Daston(1947);群盲象属●☆

253833 Micropuntia barkleyana Daston;群盲象●☆

253834 Micropuntia barkleyana Daston = Grusonia pulchella (Engelm.) H. Rob. ■☆

253835 Micropuntia brachyrhopalica Daston = Grusonia pulchella (Engelm.) H. Rob. ■☆

253836 Micropuntia gracilicylindrica Daston = Grusonia pulchella (Engelm.) H. Rob. ■☆

253837 Micropuntia pygmaea Wiegand et Backeb. = Grusonia pulchella (Engelm.) H. Rob. ■☆

253838 Micropuntia spectatissima Daston = Grusonia pulchella (Engelm.) H. Rob. ■☆

253839 Micropuntia tuberculosirhopalica Wiegand et Backeb. = Grusonia pulchella (Engelm.) H. Rob. ■☆

253840 Micropuntia wiegandii Backeb. = Grusonia pulchella (Engelm.) H. Rob. ■☆

253841 Micropus L. (1753);棉子菊属;Cottonseed, Micrope ■☆

253842 Micropus L. = Cymbolaena Smoljan. ■☆

253843 Micropus amphibolus A. Gray;含糊棉子菊;Mount Diablo Cottonseed ■☆

253844 Micropus bombycinus Lag. = Bombycilaena discolor (Pers.) M. Lainz ■☆

253845 Micropus californicus Fisch. et C. A. Mey.;加州棉子菊;Cottontop, Q-tips, Slender Cottonseed ■☆

253846 Micropus californicus Fisch. et C. A. Mey. var. subvestitus A. Gray;柔滑棉子菊;Silky Cottonseed ■☆

253847 Micropus globiferus Bertero ex DC.;球棉子菊■☆

253848 Micropus longifolius Boiss. et Reut. = Cymbolaena griffithii (A. Gray) Wagenitz ■☆

253849 Micropus supinus L.;棉子菊■☆

253850 Micropyropsis Romero Zarco et Cabezudo(1983);拟小果禾属■☆

253851 Micropyropsis tuberosa Romero Zarco et Cabezudo;拟小果禾■☆

253852 Micropyrum (Gaudin) Link(1844);小果禾属■☆

253853 Micropyrum Link = Micropyrum (Gaudin) Link ■☆

253854 Micropyrum mamoraeum (Maire) Stace;马穆拉小果禾■☆

253855 Micropyrum tenellum (L.) Link;小果禾■☆

253856 Micropyrum tenellum (L.) Link var. aristatum (Tausch) Pilg. = Micropyrum tenellum (L.) Link ■☆

253857 Micropyrum tuberculosum (Moris) Pilg. = Castellia tuberculosa (Moris) Bor ■☆

253858 Micropyxis Duby = Anagallis L. ■

253859 Microrhammus bodinieri H. Lév. = Nyssa sinensis Oliv. ●

253860 Microrhamnus A. Gray = Condalia Cav. (保留属名)●☆

253861 Microrhamnus bodinieri H. Lév. = Nyssa sinensis Oliv. ●

253862 Microrhamnus cavaleriei H. Lév. = Rhamnella martinii (H. Lév.) C. K. Schneid. ●

253863 Microrhamnus franguloides Maxim. = Rhamnella franguloides (Maxim.) Weberb. ●

253864 Microrhamnus mairei H. Lév. = Berchemia yunnanensis Franch. ●

253865 Microrhamnus taquetii H. Lév. = Rhamnella franguloides (Maxim.) Weberb. ●

253866 Microrhinum (Endl.) Fourr. = Chaenorhinum (DC.) Rchb. ■☆

253867 Microrhinum (Endl.) Fourr. = Chaenorrhinum Lange ■☆

253868 Microrhinum Fourr. = Chaenorhinum (DC.) Rchb. ■☆

253869 Microrhinum Fourr. = Chaenorrhinum Lange ■☆

253870 Microrhynchus Less. (1832);小喙菊属■☆

253871 Microrhynchus Less. = Launaea Cass. ■

253872 Microrhynchus bellidifolius (Cass.) DC. = Launaea sarmentosa (Willd.) Kuntze ■

253873 Microrhynchus dregeanus DC. = Launaea sarmentosa (Willd.) Kuntze ■

253874 Microrhynchus fallax Jaub. et Spach = Paramicrorhynchus procumbens (Roxb.) Kirp. ■
253875 Microrhynchus glaber Wight = Launaea acaulis (Roxb.) Babc. ex Kerr ■
253876 Microrhynchus nudicaulis (L.) Less. = Launaea nudicaulis (L.) Hook. f. ■☆
253877 Microrhynchus sarmentosus (Willd.) DC. = Launaea sarmentosa (Willd.) Kuntze ■
253878 Microrphium C. B. Clarke(1906);奥费斯龙胆属●☆
253879 Microrphium pubescens C. B. Clarke;奥费斯龙胆●☆
253880 Microrrhinum (Endl.) Fourr. = Chaenorrhinum Lange ■☆
253881 Microrynchus Sch. Bip. = Launaea Cass. ■
253882 Microrynchus Sch. Bip. = Microrhynchus Less. ■☆
253883 Microsaccus Blume(1825);小囊兰属■☆
253884 Microsaccus brevifolius J. J. Sm.;短叶小囊兰■☆
253885 Microsaccus griffithii (Par. et Rchb. f.) Seidenf.;格氏小囊兰■☆
253886 Microsaccus javensis Blume;小囊兰■☆
253887 Microsaccus virens Hook. f.;绿小囊兰■☆
253888 Microschoenus C. B. Clarke(1894);小赤箭莎属■☆
253889 Microschoenus C. B. Clarke = Juncus L. ■
253890 Microschoenus C. B. Clarke ex Hook. f. = Microschoenus C. B. Clarke ■☆
253891 Microschoenus duthiei C. B. Clarke;小赤箭莎■☆
253892 Microschwenkia Benth. = Melananthus Walp. ☆
253893 Microschwenkia Benth. ex Hemsl. = Melananthus Walp. ☆
253894 Microsciadium Boiss. (1844);小伞芹属■☆
253895 Microsciadium Hook. f. = Azorella Lam. ■☆
253896 Microsciadium Hook. f. = Oschatzia Walp. ■☆
253897 Microsechium Naudin(1866);小胡瓜属■☆
253898 Microsechium helleri (Peyr.) Cogn.;赫勒小胡瓜■☆
253899 Microsechium ruderale Naudin;野生小胡瓜■☆
253900 Microselinum Andrz. = Microselinum Andrz. ex Trautv. ■☆
253901 Microselinum Andrz. ex Trautv. (1883);俄蛇床属■☆
253902 Microsemia Greene = Streptanthus Nutt. ■☆
253903 Microsemia Greene(1904);远志芥属■☆
253904 Microsemia polygaloides Greene;远志芥■☆
253905 Microsemma Labill. = Lethedon Spreng. ●☆
253906 Microsepala Miq. (1861);小萼大戟属■☆
253907 Microsepala Miq. = Baccaurea Lour. ●
253908 Microsepala acuminata Miq.;小萼大戟■☆
253909 Microseris D. Don(1832);橙粉苣属;Silverpuffs ■☆
253910 Microseris acuminata Greene;丘陵橙粉苣;Sierra Foothills Silverpuffs ■☆
253911 Microseris alpestris (A. Gray) Q. Jones ex Cronquist = Nothocalais alpestris (A. Gray) K. L. Chambers ■☆
253912 Microseris aphantocarpha (A. Gray) Sch. Bip. = Microseris douglasii (DC.) Sch. Bip. subsp. tenella (A. Gray) K. L. Chambers ■☆
253913 Microseris aphantocarpha (A. Gray) Sch. Bip. var. elegans (Greene ex A. Gray) Jeps. = Microseris elegans Greene ex A. Gray ■☆
253914 Microseris attenuata Greene = Microseris douglasii (DC.) Sch. Bip. ■☆
253915 Microseris bigelovii (A. Gray) Sch. Bip.;沿海橙粉苣;Coastal Silverpuffs ■☆
253916 Microseris borealis (Bong.) Sch. Bip.;北方橙粉苣;Apargidium,Northern Microseris ■☆
253917 Microseris campestris Greene;平原橙粉苣;San Joaquin Silverpuffs ■☆
253918 Microseris cuspidata (Pursh) Sch. Bip.;骤尖橙粉苣;False Dandelion,Prairie Dandelion,Prairie False Dandelion ■☆
253919 Microseris cuspidata (Pursh) Sch. Bip. = Nothocalais cuspidata (Pursh) Greene ■☆
253920 Microseris decipiens K. L. Chambers = Microseris cuspidata (Pursh) Sch. Bip. ■☆
253921 Microseris douglasii (DC.) Sch. Bip.;道格拉斯橙粉苣;Douglas' Silverpuffs ■☆
253922 Microseris douglasii (DC.) Sch. Bip. subsp. platycarpha (A. Gray) K. L. Chambers;宽果道格拉斯橙粉苣;San Diego Silverpuffs ■☆
253923 Microseris douglasii (DC.) Sch. Bip. subsp. tenella (A. Gray) K. L. Chambers;柔弱道格拉斯橙粉苣;Tender Silverpuffs ■☆
253924 Microseris elegans Greene ex A. Gray;雅致橙粉苣;Elegant Silverpuffs ■☆
253925 Microseris heterocarpa (Nutt.) K. L. Chambers = Stebbinsoseris heterocarpa (Nutt.) K. L. Chambers ■☆
253926 Microseris howellii A. Gray;豪厄尔橙粉苣;Howell's Silverpuffs ■☆
253927 Microseris laciniata (Hook.) Sch. Bip.;撕裂橙粉苣;Cutleaf Silverpuffs,Cut-leaved Silverpuffs ■☆
253928 Microseris laciniata (Hook.) Sch. Bip. subsp. detlingii K. L. Chambers;德特橙粉苣;Detling's Silverpuffs ■☆
253929 Microseris laciniata (Hook.) Sch. Bip. subsp. leptosepala (Nutt.) K. L. Chambers;薄萼橙粉苣;Slender-bracted Silverpuffs ■☆
253930 Microseris laciniata (Hook.) Sch. Bip. subsp. siskiyouensis K. L. Chambers;锡斯基尤橙粉苣;Siskiyou Silverpuffs ■☆
253931 Microseris leptosepala (Nutt.) A. Gray = Microseris laciniata (Hook.) Sch. Bip. subsp. leptosepala (Nutt.) K. L. Chambers ■☆
253932 Microseris lindleyi (DC.) A. Gray = Uropappus lindleyi (DC.) Nutt. ■☆
253933 Microseris linearifolia (Nutt.) Sch. Bip.;线叶橙粉苣;Silver Puffs ■☆
253934 Microseris linearifolia (Nutt.) Sch. Bip. = Uropappus lindleyi (DC.) Nutt. ■☆
253935 Microseris nigrescens L. F. Hend. = Nothocalais nigrescens (L. F. Hend.) A. Heller ■☆
253936 Microseris nutans (Hook.) Sch. Bip.;下垂橙粉苣;Nodding Microseris,Nodding Silverpuffs ■☆
253937 Microseris paludosa (Greene) J. T. Howell;沼地橙粉苣;Marsh Silverpuffs ■☆
253938 Microseris parishii Greene = Microseris douglasii (DC.) Sch. Bip. ■☆
253939 Microseris platycarpha (A. Gray) Sch. Bip. = Microseris douglasii (DC.) Sch. Bip. subsp. platycarpha (A. Gray) K. L. Chambers ■☆
253940 Microseris platycarpha (A. Gray) Sch. Bip. var. parishii (Greene) H. M. Hall = Microseris douglasii (DC.) Sch. Bip. ■☆
253941 Microseris procera (A. Gray) A. Gray = Microseris laciniata (Hook.) Sch. Bip. ■☆
253942 Microseris sylvatica (Benth.) Sch. Bip.;林地橙粉苣;Sylvan Scorzonella,Woodland Silverpuffs ■☆
253943 Microseris tenella (A. Gray) Sch. Bip. = Microseris douglasii

(DC.) Sch. Bip. subsp. tenella (A. Gray) K. L. Chambers ■☆
253944 Microseris tenella (A. Gray) Sch. Bip. var. aphantocarpha (A. Gray) S. F. Blake = Microseris douglasii (DC.) Sch. Bip. subsp. tenella (A. Gray) K. L. Chambers ■☆
253945 Microseris troximoides A. Gray = Nothocalais troximoides (A. Gray) Greene ■☆
253946 Microsideros Baum. -Bod. = Metrosideros Banks ex Gaertn. (保留属名)●☆
253947 Microsisymbrium O. E. Schulz = Caulanthus S. Watson ■☆
253948 Microsisymbrium O. E. Schulz = Guillenia Greene ■☆
253949 Microsisymbrium O. E. Schulz (1924); 小蒜芥属; Microsisymbrium, Smallgarliccress ■
253950 Microsisymbrium angustifolium Jafri = Crucihimalaya wallichii (Hook. f. et Thomson) Al-Shehbaz, O'Kane et R. A. Price ■
253951 Microsisymbrium axillare (Hook. f. et Thomson) O. E. Schulz = Crucihimalaya axillaris (Hook. f. et Thomson) Al-Shehbaz, O'Kane et R. A. Price ■
253952 Microsisymbrium axillare (Hook. f. et Thomson) O. E. Schulz var. brevipedicellatum Jafri = Crucihimalaya axillaris (Hook. f. et Thomson) Al-Shehbaz, O'Kane et R. A. Price ■
253953 Microsisymbrium bracteosum Jafri = Crucihimalaya axillaris (Hook. f. et Thomson) Al-Shehbaz, O'Kane et R. A. Price ■
253954 Microsisymbrium duthiei O. E. Schulz = Crucihimalaya lasiocarpa (Hook. f. et Thomson) Al-Shehbaz, O'Kane et R. A. Price ■
253955 Microsisymbrium griffithianum (Boiss.) O. E. Schulz = Olimarabidopsis pumila (Stephan) Al-Shehbaz, O'Kane et R. A. Price ■
253956 Microsisymbrium minutiflorum (Hook. f. et Thomson) O. E. Schulz; 小花小蒜芥(葶芥); Minuteflower Microsisymbrium, Minuteflower Smallgarliccress ■
253957 Microsisymbrium minutiflorum (Hook. f. et Thomson) O. E. Schulz = Ianhedgea minutiflora (Hook. f. et Thomson) Al-Shehbaz et O'Kane ■
253958 Microsisymbrium minutiflorum (Hook. f. et Thomson) O. E. Schulz var. brevipedicellatum Hedge = Microsisymbrium minutiflorum (Hook. f. et Thomson) O. E. Schulz ■
253959 Microsisymbrium minutiflorum (Hook. f. et Thomson) O. E. Schulz var. dasycarpum O. E. Schulz = Ianhedgea minutiflora (Hook. f. et Thomson) Al-Shehbaz et O'Kane ■
253960 Microsisymbrium pulchellum Rech. f. et Koie = Torularia aculeolata (Boiss.) O. E. Schulz ■☆
253961 Microsisymbrium qingshuiheense Ma et Zong Y. Zhu = Neotorularia qingshuiheense (Ma et Zong Y. Chu) Al-Shehbaz et al. ■
253962 Microsisymbrium taxkorganicum C. H. An; 葱岭小蒜芥; Tashikuergan Microsisymbrium ■
253963 Microsisymbrium taxkorganicum C. H. An = Sisymbriopsis mollipila (Maxim.) Botsch. ■
253964 Microsisymbrium yechengicum C. H. An = Sisymbriopsis yechengica (C. H. An) Al-Shehbaz et al. ■
253965 Microsperma Hook. = Mentzelia L. ●■☆
253966 Microspermia Frič = Parodia Speg. (保留属名)●
253967 Microspermum Lag. (1816); 微子菊属■☆
253968 Microspermum flaccidum Paul G. Wilson; 软微子菊■☆
253969 Microspermum nummulariifolium Lag.; 微子菊■☆
253970 Microsplenium Hook. f. = Machaonia Humb. et Bonpl. ■☆
253971 Microstachys A. Juss. (1824); 肖地阳桃属●☆
253972 Microstachys A. Juss. = Sebastiania Spreng. ●
253973 Microstachys acetosella (Milne-Redh.) Esser; 酸肖地阳桃●☆
253974 Microstachys acetosella (Milne-Redh.) Esser var. linearis (J. Léonard) Radcl. -Sm.; 线状肖地阳桃●☆
253975 Microstachys chamaelea (L.) Müll. Arg.; 矮肖地阳桃●☆
253976 Microstachys dalzielii (Hutch.) Esser; 达尔齐尔肖地阳桃●☆
253977 Microstachys faradianensis (Beille) Esser; 法拉肖地阳桃■☆
253978 Microstegia Pierre ex Harms = Gilletiodendron Vermoesen ●☆
253979 Microstegium Nees ex Lindl. = Microstegium Nees ■
253980 Microstegium Nees (1836); 莠竹属(小幕草属, 莠草属); Microstegium ■
253981 Microstegium arisa-nense (Hayata) A. Camus = Microstegium nudum (Trin.) A. Camus ■
253982 Microstegium aristulatum Robyns et Tournay = Microstegium vimineum (Trin.) A. Camus ■
253983 Microstegium batangense (S. L. Zhong) S. M. Phillips et S. L. Chen; 巴塘莠竹■
253984 Microstegium bequaertii (De Wild.) Henrard = Microstegium vagans (Nees ex Steud.) A. Camus ■
253985 Microstegium biaristatum (Steud.) Keng; 二芒莠竹; Twoawn Microstegium, Two-awned Microstegium ■
253986 Microstegium biaristatum (Steud.) Keng = Microstegium ciliatum (Trin.) A. Camus ■
253987 Microstegium biforme Keng; 二型莠竹; Biforme Microstegium, Two-formed Microstegium ■
253988 Microstegium biforme Keng = Microstegium ciliatum (Trin.) A. Camus ■
253989 Microstegium boreale Ohwi = Microstegium japonicum (Miq.) Koidz. var. boreale (Ohwi) Ohwi ■☆
253990 Microste-gium cantonense (Rendle) A. Camus = Microstegium vimineum (Trin.) A. Camus ■
253991 Microstegium capense (Hochst.) A. Camus = Microstegium nudum (Trin.) A. Camus ■
253992 Microstegium ciliatum (Trin.) A. Camus; 刚莠竹(大种假莠竹); Ciliate Microstegium ■
253993 Microstegium ciliatum (Trin.) A. Camus subsp. integrum (Ohwi) = Microstegium ciliatum (Trin.) A. Camus ■
253994 Microstegium ciliatum (Trin.) A. Camus var. formosanum (Hack.) Honda = Microstegium ciliatum (Trin.) A. Camus ■
253995 Microstegium ciliatum (Trin.) A. Camus var. integrum Ohwi = Microstegium ciliatum (Trin.) A. Camus ■
253996 Microstegium ciliatum (Trin.) A. Camus var. wallichianum (Nees ex Steud.) Honda = Microstegium ciliatum (Trin.) A. Camus ■
253997 Microstegium ciliatum (Trin.) A. Camus var. wallichianum (Nees ex Steud.) Honda; 光叶刚莠竹■
253998 Microstegium ciliatum A. Camus subsp. integrum (Ohwi) T. Koyama = Microstegium ciliatum (Trin.) A. Camus ■
253999 Microstegium ciliatum A. Camus var. formosanum (Hack.) Honda = Microstegium ciliatum (Trin.) A. Camus ■
254000 Microstegium ciliatum A. Camus var. integrum Ohwi = Microstegium ciliatum (Trin.) A. Camus ■
254001 Microstegium delicatulum (Hook. f.) A. Camus; 荏弱莠竹; Weak Microstegium ■
254002 Microstegium dilatatum Koidz.; 大穗莠竹; Bigspike Microstegium ■
254003 Microstegium dilatatum Koidz. = Microstegium vimineum (Trin.) A. Camus ■

254004 Microstegium fasciculatum (L.) Henrard;漫生莠竹(马鹿草,蔓生莠竹);Fascicled Microstegium,Vagabondage Microstegium ■

254005 Microstegium fauriei (Hayata) Honda;法利莠竹(东莠竹);Faurie Microstegium ■

254006 Microstegium fauriei (Hayata) Honda subsp. geniculatum (Hayata) T. Koyama = Microstegium geniculatum (Hayata) Honda ■

254007 Microstegium fauriei (Hayata) Honda var. geniculatum (Hayata) T. Koyama = Microstegium geniculatum (Hayata) Honda ■

254008 Microstegium fauriei Honda subsp. geniculatum (Hayata) T. Koyama = Microstegium geniculatum (Hayata) Honda ■

254009 Microstegium formosanum (Hack.) A. Camus = Microstegium ciliatum (Trin.) A. Camus ■

254010 Microstegium geniculatum (Hayata) Honda;膝曲莠竹(假俭草);Bent-knees Microstegium,Geniculate Microstegium,Kneelike Microstegium ■

254011 Microstegium geniculatum (Hayata) Honda = Microstegium fauriei Honda subsp. geniculatum (Hayata) T. Koyama ■

254012 Microstegium glaberrimum (Honda) Koidz.;短轴莠竹;Shorttaxis Microstegium ■

254013 Microstegium gracile (Ridl.) A. Camus;纤细莠竹☆

254014 Microstegium gratum (Hack.) A. Camus = Microstegium fasciculatum (L.) Henrard ■

254015 Microstegium gratum (Hack.) A. Camus = Microstegium vagans (Nees ex Steud.) A. Camus ■

254016 Microstegium hendersonii (C. E. Hubb.) C. E. Hubb. = Microstegium fauriei (Hayata) Honda subsp. geniculatum (Hayata) T. Koyama ■

254017 Microstegium imberbe (Nees ex Steud.) Tzvelev = Microstegium vimineum (Trin.) A. Camus ■

254018 Microstegium imberbe Nees ex Steud. = Microstegium nodosum (Kom.) Tzvelev ■

254019 Microstegium integrum Ohwi = Microstegium ciliatum (Trin.) A. Camus ■

254020 Microstegium japonicum (Miq.) Koidz.;日本莠竹;Japan Microstegium,Japanese Microstegium ■

254021 Microstegium japonicum (Miq.) Koidz. subsp. somae (Hayata) T. Koyama = Microstegium somae (Hayata) Ohwi ■

254022 Microstegium japonicum (Miq.) Koidz. var. boreale (Ohwi) Ohwi;北方日本莠竹■☆

254023 Microstegium japonicum (Miq.) Koidz. var. somae (Hayata) T. Koyama = Microstegium somae (Hayata) Ohwi ■

254024 Microstegium japonicum Koidz. subsp. somae (Hayata) T. Koyama = Microstegium somae (Hayata) Ohwi ■

254025 Microstegium lanceolatum (Keng) S. M. Phillips et S. L. Chen;披针叶莠竹;Lanceolate Microstegium ■

254026 Microstegium mayebaranum Honda = Microstegium nudum (Trin.) A. Camus ■

254027 Microstegium monanthum (Nees ex Steud.) A. Camus;单花莠竹;Oneflower Microstegium ■

254028 Microstegium monanthum (Nees ex Steud.) A. Camus = Microstegium ciliatum (Trin.) A. Camus ■

254029 Microstegium monanthum (Nees ex Steud.) A. Camus = Microstegium fasciculatum (L.) Henrard ■

254030 Microstegium monanthum A. Camus = Microstegium ciliatum (Trin.) A. Camus ■

254031 Microstegium monanthum A. Camus = Microstegium fasciculatum (L.) Henrard ■

254032 Microstegium monoracemum W. C. Wu;单序莠竹;Onespike Microstegium ■

254033 Microstegium multiciliatum B. S. Sun;多纤毛莠竹;Many-ciliate Microstegium ■

254034 Microstegium nodosum (Kom.) Tzvelev;莠竹;Microstegium ■

254035 Microstegium nodosum (Kom.) Tzvelev = Microstegium vimineum (Trin.) A. Camus ■

254036 Microstegium nudum (Trin.) A. Camus;竹叶茅;Bambooleaf Quitch,Naked Microstegium ■

254037 Microstegium nudum (Trin.) A. Camus subsp. japonicum (Miq.) Tzvelev = Microstegium japonicum (Miq.) Koidz. ■

254038 Microstegium nudum (Trin.) A. Camus var. boreale (Ohwi) Ohwi = Microstegium japonicum (Miq.) Koidz. var. boreale (Ohwi) Ohwi ■☆

254039 Microstegium nudum A. Camus subsp. japonicum (Miq.) Tzvelev = Microstegium japonicum (Miq.) Koidz. ■

254040 Microstegium parceciliatum (Pilg.) Pilg. = Microstegium vagans (Nees ex Steud.) A. Camus ■

254041 Microstegium petiolare (Trin.) Bor;柄莠竹;Petiolar Microstegium ■

254042 Microstegium reticulatum B. S. Sun ex H. Peng et X. Yang;网麦莠竹;Reticulate Microstegium ■

254043 Microstegium somae (Hayata) Ohwi;多芒莠竹(相马莠竹);Manyawn Microstegium ■

254044 Microstegium triaristatum B. M. Yang;茫莠竹■

254045 Microstegium vagans (Nees ex Steud.) A. Camus = Microstegium fasciculatum (L.) Henrard ■

254046 Microstegium vimineum (Trin.) A. Camus;柔枝莠竹(莠竹);Japanese Stilt Grass,Nepalese Browntop,Vimineous Microstegium ■

254047 Microstegium vimineum (Trin.) A. Camus f. polystachyum (Franch. et Sav.) Hiyama = Microstegium vimineum (Trin.) A. Camus ■

254048 Microstegium vimineum (Trin.) A. Camus f. willdenowianum (Nees ex Steud.) Osada = Microstegium ciliatum (Trin.) A. Camus var. wallichianum (Nees ex Steud.) Honda ■

254049 Microstegium vimineum (Trin.) A. Camus subsp. nodosum (Kom.) Tzvelev = Microstegium nodosum (Kom.) Tzvelev ■

254050 Microstegium vimineum (Trin.) A. Camus subsp. nodosum (Kom.) Tzvelev = Microstegium vimineum (Trin.) A. Camus ■

254051 Microstegium vimineum (Trin.) A. Camus var. imberbe (Nees ex Steud.) Honda = Microstegium vimineum (Trin.) A. Camus ■

254052 Microstegium vimineum (Trin.) A. Camus var. imberbe (Nees) Honda = Microstegium nodosum (Kom.) Tzvelev ■

254053 Microstegium vimineum (Trin.) A. Camus var. polystachyum (Franch. et Sav.) Ohwi = Microstegium vimineum (Trin.) A. Camus ■

254054 Microstegium vimineum (Trin.) A. Camus var. willdenowianum (Nees ex Steud.) Sur = Microstegium vimineum (Trin.) A. Camus ■

254055 Microstegium willdenowianum Nees = Microstegium vimineum (Trin.) A. Camus ■

254056 Microstegium willdenowianum Nees ex Steud. = Microstegium vimineum (Trin.) A. Camus ■

254057 Microstegium yunnanense R. J. Yang;云南莠竹;Yunnan Microstegium ■

254058 Microstegium yunnanense R. J. Yang = Microstegium petiolare (Trin.) Bor ■

254059 Microsteira Baker(1883);马岛小金虎尾属●☆

254060 Microsteira curtisii Baker;小马岛金虎尾●☆
254061 Microsteira eriophylla Arènes;毛叶马岛小金虎尾●☆
254062 Microsteira glabrifolia Arènes;光叶马岛小金虎尾●☆
254063 Microsteira glaucifolia Arènes;灰绿叶马岛小金虎尾●☆
254064 Microsteira macrophylla Arènes;大叶马岛小金虎尾●☆
254065 Microsteira microcarpa Arènes;小果马岛小金虎尾●☆
254066 Microsteira paniculata Arènes;圆锥马岛小金虎尾●☆
254067 Microstelma Baill. (1890);小冠萝藦属☆
254068 Microstemma R. Br. (废弃属名) = Brachystelma R. Br. (保留属名)■
254069 Microstemma Rchb. = Lethedon Spreng. ●☆
254070 Microstemma Rchb. = Microsemma Labill. ●☆
254071 Microstemon Engl. = Pentaspadon Hook. f. ●☆
254072 Microstephanus N. E. Br. = Pleurostelma Baill. ■☆
254073 Microstephanus cernuus (Decne.) N. E. Br. = Pleurostelma cernuum (Decne.) Bullock ■☆
254074 Microstephium Less. = Arctotheca J. C. Wendl. ■☆
254075 Microstephium niveum (L. f.) Less. = Arctotheca populifolia (P. J. Bergius) Norl. ■☆
254076 Microstephium populifolium (P. J. Bergius) Druce = Arctotheca populifolia (P. J. Bergius) Norl. ■☆
254077 Microstephtum Less. = Cryptostemma R. Br. ex W. T. Aiton ■☆
254078 Microsteris Greene = Phlox L. ■
254079 Microsteris Greene(1898);小星花荵属■☆
254080 Microsteris gracilis (Douglas ex Benth.) Greene;小星花荵;Slender Phlox ■☆
254081 Microsteris gracilis Greene = Microsteris gracilis (Douglas ex Benth.) Greene ■☆
254082 Microstigma Trautv. (1845);小柱芥属;Microstigma,Styltcress ■
254083 Microstigma Trautv. = Matthiola W. T. Aiton(保留属名)■●
254084 Microstigma brachycarpum Botsch.;短果小柱芥;Shortfruit Microstigma,Shortfruit Styltcress ■
254085 Microstigma deflexum (Bunge) Juz.;急弯小柱芥■☆
254086 Microstigma junatovii Grubov = Microstigma brachycarpum Botsch. ■
254087 Microstira Post et Kuntze = Microsteira Baker ●☆
254088 Microstrobaceae Doweld et Reveal;小果松科●☆
254089 Microstrobilus Bremek. = Strobilanthes Blume ●■
254090 Microstrobos J. Garden et L. A. S. Johnson(1951);小果松属;Little Cone ●☆
254091 Microstrobos fizgeraldii (F. Muell.) J. Garden et L. A. S. Johnson;弗吉拉小果松;Fizgerald Little Cone ●☆
254092 Microstrobos niphophilus J. Garden et L. A. S. Johnson;厚叶小果松;Dwarf Pine ●☆
254093 Microstylis (Nutt.) Eaton = Malaxis Sol. ex Sw. ■
254094 Microstylis (Nutt.) Eaton(1822)(保留属名);小柱兰属(小柱头草属);Adder's-mouth Orchid ■☆
254095 Microstylis Nutt. = Microstylis (Nutt.) Eaton(保留属名)■☆
254096 Microstylis arisanensis Hayata = Malaxis monophylla (L.) Sw. ■
254097 Microstylis atroruber H. Perrier = Malaxis atrorubra (H. Perrier) Summerh. ■☆
254098 Microstylis bahanensis Hand.-Mazz. = Crepidium bahanense (Hand.-Mazz.) S. C. Chen et J. J. Wood ■
254099 Microstylis bahanensis Hand.-Mazz. = Malaxis bahanensis (Hand.-Mazz.) Ts. Tang et F. T. Wang ■
254100 Microstylis biaurita Lindl. = Crepidium biauritum (Lindl.) Szlach. ■
254101 Microstylis biaurita Lindl. = Malaxis biaurita (Lindl.) Kuntze ■
254102 Microstylis biloba Lindl. = Crepidium acuminatum (D. Don) Szlach. ■
254103 Microstylis biloba Lindl. = Malaxis acuminata D. Don ■
254104 Microstylis brachypoda A. Gray = Malaxis monophylla (L.) Sw. var. brachypoda (A. Gray) F. J. A. Morris et E. A. Eames ■☆
254105 Microstylis brevicaulis Schltr. = Crepidium biauritum (Lindl.) Szlach. ■
254106 Microstylis brevicaulis Schltr. = Malaxis biaurita (Lindl.) Kuntze ■
254107 Microstylis calophylla Rchb. f. = Crepidium calophyllum (Rchb. f.) Szlach. ■
254108 Microstylis calophylla Rchb. f. = Malaxis calophylla (Rchb. f.) Kuntze ■
254109 Microstylis carnosula Rolfe ex Downie = Dienia ophrydis (J. König) Ormerod et Seidenf. ■
254110 Microstylis carnosula Rolfe ex Downie = Malaxis latifolia Sm. ■
254111 Microstylis congesta (Lindl.) Rchb. f. = Dienia ophrydis (J. König) Ormerod et Seidenf. ■
254112 Microstylis congesta (Lindl.) Rchb. f. = Malaxis latifolia Sm. ■
254113 Microstylis corymbosa S. Watson = Malaxis corymbosa (S. Watson) Kuntze ■☆
254114 Microstylis cylindrostachya (Lindl.) Rchb. f. = Dienia cylindrostachya Lindl. ■
254115 Microstylis cylindrostachya (Lindl.) Rchb. f. = Malaxis cylindrostachys (Rchb. f.) Kuntze ■
254116 Microstylis cylindrostachya (Lindl.) Rchb. f. = Malaxis monophylla (L.) Sw. ■
254117 Microstylis finetii Gagnep. = Crepidium finetii (Gagnepa.) S. C. Chen et J. J. Wood ■
254118 Microstylis finetii Gagnep. = Malaxis finetii (Gagnep.) Ts. Tang et F. T. Wang ■
254119 Microstylis francoisii H. Perrier = Malaxis francoisii (H. Perrier) Summerh. ■☆
254120 Microstylis grisebachiana Fawc. et Rendle = Malaxis unifolia Michx. ■☆
254121 Microstylis iriomotensis Masam. = Crepidium bancanoides (Ames) Szlach. ■
254122 Microstylis iriomotensis Masam. = Malaxis bancanoides Ames ■
254123 Microstylis japonica Miq. = Liparis japonica (Miq.) Maxim. ■
254124 Microstylis katochilos Schltr. = Lisowskia prorepens (Kraenzl.) Szlach. ■☆
254125 Microstylis khasiana Hook. f. = Crepidium khasianum (Hook. f.) Szlach. ■
254126 Microstylis khasiana Hook. f. = Malaxis khasiana (Hook. f.) Kuntze ■
254127 Microstylis kizanensis Masam. = Dienia ophrydis (J. König) Ormerod et Seidenf. ■
254128 Microstylis kizanensis Masam. = Malaxis latifolia Sm. ■
254129 Microstylis kizanensis Masam. = Malaxis ophrydis (J. König) Ormerod ■
254130 Microstylis latifolia (Sm.) J. J. Sm. = Dienia ophrydis (J. König) Ormerod et Seidenf. ■
254131 Microstylis latifolius (Sm.) J. J. Sm. = Malaxis ophrydis (J. König) Ormerod ■
254132 Microstylis latifolius J. J. Sm. = Malaxis latifolia Sm. ■
254133 Microstylis liparidioides Schltr. = Malaxis purpurea (Lindl.)

Kuntze ■
254134 Microstylis liparioides Schltr. = Crepidium purpureum (Lindl.) Szlach. ■
254135 Microstylis mackinnonii Duthie = Crepidium mackinnonii (Duthie) Szlach. ■
254136 Microstylis mackinnonii Duthie = Malaxis mackinnonii (Duthie) Ames ■
254137 Microstylis madagascariensis Klinge = Malaxis madagascariensis (Klinge) Summerh. ■☆
254138 Microstylis matsudae Yamam. = Crepidium matsudae (Yamam.) Szlach. ■
254139 Microstylis matsudai Yamam. = Malaxis matsudai (Yamam.) Hatus. ■
254140 Microstylis microtatantha Schltr. = Malaxis microtatantha (Schltr.) Ts. Tang et F. T. Wang ■
254141 Microstylis microtatantha Schltr. = Oberonioides microtatantha (Schltr.) Szlach. ■
254142 Microstylis minutiflora Rolfe = Malaxis microtatantha (Schltr.) Ts. Tang et F. T. Wang ■
254143 Microstylis minutiflora Rolfe = Oberonioides microtatantha (Schltr.) Szlach. ■
254144 Microstylis minutiflora Rolfe ex Dunn = Malaxis microtatantha (Schltr.) Ts. Tang et F. T. Wang ■
254145 Microstylis miyakei Schltr. = Crepidium bancanoides (Ames) Szlach. ■
254146 Microstylis miyakei Schltr. = Malaxis bancanoides Ames ■
254147 Microstylis monophylla (L.) Lindl. = Malaxis monophylla (L.) Sw. ■
254148 Microstylis montana Rothr. = Malaxis soulei L. O. Williams ■☆
254149 Microstylis muscifera (Lindl.) Ridl. = Malaxis muscifera (Lindl.) Kuntze ■☆
254150 Microstylis orbicularis W. W. Sm. et Jeffrey = Crepidium orbiculare (W. W. Sm. et Jeffrey) Seidenf. ■
254151 Microstylis orbicularis W. W. Sm. et Jeffrey = Malaxis orbicularis (W. W. Sm. et Jeffrey) Ts. Tang et F. T. Wang ■
254152 Microstylis ovalisepala J. J. Sm. = Crepidium ovalisepalum (J. J. Sm.) Szlach. ■
254153 Microstylis ovalisepala J. J. Sm. = Malaxis ovalisepala (J. J. Sm.) Seidenf. ■
254154 Microstylis physuroides Schltr. = Malaxis physuroides (Schltr.) Summerh. ■☆
254155 Microstylis pierrei Finet = Crepidium acuminatum (D. Don) Szlach. ■
254156 Microstylis pierrei Finet = Malaxis acuminata D. Don ■
254157 Microstylis porphyrea Ridl. = Malaxis porphyrea (Ridl.) Kuntze ■☆
254158 Microstylis prorepens Kraenzl. = Lisowskia prorepens (Kraenzl.) Szlach. ■☆
254159 Microstylis purpurea Lindl. = Crepidium purpureum (Lindl.) Szlach. ■
254160 Microstylis purpurea Lindl. = Malaxis purpurea (Lindl.) Kuntze ■
254161 Microstylis purpurea S. Watson = Malaxis porphyrea (Ridl.) Kuntze ■☆
254162 Microstylis pusilla Rolfe = Malaxis microtatantha (Schltr.) Ts. Tang et F. T. Wang ■
254163 Microstylis pusilla Rolfe = Oberonioides microtatantha (Schltr.) Szlach. ■
254164 Microstylis roohutuensis Fukuy. = Crepidium bancanoides (Ames) Szlach. ■
254165 Microstylis roohutuensis Fukuy. = Malaxis bancanoides Ames ■
254166 Microstylis roohutuensis Fukuy. = Malaxis roohutuensis (Fukuy.) S. S. Ying ■
254167 Microstylis schliebenii Mansf. = Kornasia schliebenii (Mansf.) Szlach. ■☆
254168 Microstylis scottii Hook. f. = Crepidium calophyllum (Rchb. f.) Szlach. ■
254169 Microstylis siamensis Rolfe ex Downie = Crepidium acuminatum (D. Don) Szlach. ■
254170 Microstylis siamensis Rolfe ex Downie = Malaxis acuminata D. Don ■
254171 Microstylis spicata (Sw.) Lindl. = Malaxis spicata Sw. ■☆
254172 Microstylis stelidostachya Rchb. f. = Orestias stelidostachya (Rchb. f.) Summerh. ■☆
254173 Microstylis stolzii Schltr. = Lisowskia weberbaueriana (Kraenzl.) Szlach. ■☆
254174 Microstylis sutepensis Rolfe ex Downie = Crepidium biauritum (Lindl.) Szlach. ■
254175 Microstylis sutepensis Rolfe ex Downie = Malaxis biaurita (Lindl.) Kuntze ■
254176 Microstylis tenebrosa Rolfe ex Downie = Crepidium orbiculare (W. W. Sm. et Jeffrey) Seidenf. ■
254177 Microstylis tenebrosa Rolfe ex Downie = Malaxis orbicularis (W. W. Sm. et Jeffrey) Ts. Tang et F. T. Wang ■
254178 Microstylis tenuis S. Watson = Malaxis abieticola Salazar et Soto Arenas ■☆
254179 Microstylis trigonocardia Schltr. = Crepidium acuminatum (D. Don) Szlach. ■
254180 Microstylis trigonocardia Schltr. = Malaxis acuminata D. Don ■
254181 Microstylis unifolia (Michx.) Britton, Sterns et Poggenb. = Malaxis unifolia Michx. ■☆
254182 Microstylis wallichii Lindl. = Crepidium acuminatum (D. Don) Szlach. ■
254183 Microstylis wallichii Lindl. = Malaxis acuminata D. Don ■
254184 Microstylis wallichii Lindl. var. biloba King et Pantl. = Crepidium purpureum (Lindl.) Szlach. ■
254185 Microstylis wallichii Lindl. var. biloba King et Pantl. = Malaxis purpurea (Lindl.) Kuntze ■
254186 Microstylis wallichii Lindl. var. brachycheila Hook. f. = Crepidium calophyllum (Rchb. f.) Szlach. ■
254187 Microstylis wallichii Lindl. var. brachycheila Hook. f. = Malaxis calophylla (Rchb. f.) Kuntze ■
254188 Microstylis yunnanensis Schltr. = Malaxis monophylla (L.) Sw. ■
254189 Microsyphus C. Presl = Alectra Thunb. ■
254190 Microtaena Hemsl. = Microtoena Prain ■
254191 Microtaena Prain = Microtoena Prain ■
254192 Microtatorchis Schltr. (1905);拟蜘蛛兰属(假蜘蛛兰属,微兰属);Miniorchis ■
254193 Microtatorchis acuminata Schltr.;渐尖拟蜘蛛兰■☆
254194 Microtatorchis alata Ridl.;翅拟蜘蛛兰■☆
254195 Microtatorchis brachyceras Schltr.;短角拟蜘蛛兰■☆
254196 Microtatorchis compacta (Ames) Schltr.;拟蜘蛛兰(假蜘蛛兰,卵叶蜘蛛兰);Miniorchis ■
254197 Microtatorchis flaccida Schltr.;柔软拟蜘蛛兰■☆

254198 Microtatorchis flava J. J. Sm. ;黄拟蜘蛛兰■☆
254199 Microtatorchis javanica J. J. Sm. ;爪哇拟蜘蛛兰■☆
254200 Microtatorchis taiwaniana S. S. Ying = Microtatorchis compacta (Ames) Schltr. ■
254201 Microtea Sw. (1788);美洲商陆属(鬼椒属)■☆
254202 Microtea burchellii (Hook. f.) N. E. Br. = Lophiocarpus polystachyus Turcz. ■☆
254203 Microtea debilis L. = Microtea debilis Sw. ■☆
254204 Microtea debilis Sw. ;柔弱美洲商陆(鬼椒);Weak Jumby Pepper ■☆
254205 Microtea gracilis A. W. Hill = Lophiocarpus polystachyus Turcz. ■☆
254206 Microtea polystachya (Turcz.) N. E. Br. = Lophiocarpus polystachyus Turcz. ■☆
254207 Microtea tenuissima (Hook. f.) N. E. Br. = Lophiocarpus tenuissimus Hook. f. ■☆
254208 Microteaceae Schäferh. et Borsch;美洲商陆科■☆
254209 Microterangis (Schltr.) Senghas;三被兰属■☆
254210 Microterangis Senghas = Microterangis (Schltr.) Senghas ■☆
254211 Microterangis (Schltr.) Senghas = Chamaeangis Schltr. ■☆
254212 Microthea Juss. = Microtea Sw. ■☆
254213 Microtheca Schltr. = Cynorkis Thouars ■☆
254214 Microthelys Garay = Brachystele Schltr. ■☆
254215 Microthlaspi F. K. Mey. = Disynoma Raf. ■☆
254216 Microthlaspi F. K. Mey. = Thlaspi L. ■
254217 Microthlaspi perfoliatum (L.) F. K. Mey. = Thlaspi perfoliatum L. ■
254218 Microthouareia Steud. = Microthuareia Thouars ■
254219 Microthuareia Thouars = Thuarea Pers. ■
254220 Microtidium D. L. Jones et M. A. Clem. (2002);小葱叶兰属■☆
254221 Microtidium D. L. Jones et M. A. Clem. = Microtis R. Br. ■
254222 Microtinus Oersted = Thyrsosma Raf. ●
254223 Microtinus Oersted = Viburnum L. ●
254224 Microtinus odoratissimus (Ker Gawl.) Oerst. = Viburnum odoratissimum Ker Gawl. ●
254225 Microtinus odoratissimus Oerst. = Viburnum odoratissimum Ker Gawl. ●
254226 Microtis R. Br. (1810);葱叶兰属(韭叶兰属);Chiveorchis, Microtis, Onion Orchid ■
254227 Microtis alba R. Br. ;白葱叶兰■☆
254228 Microtis alboviridis R. J. Bates;白绿葱叶兰■☆
254229 Microtis atrata Lindl. ;黑葱叶兰■☆
254230 Microtis formosana Schltr. = Microtis unifolia (J. Forst.) Rchb. f. ■
254231 Microtis oblonga R. S. Rogers;澳洲葱叶兰■☆
254232 Microtis orbicularis R. S. Rogers;圆葱叶兰■☆
254233 Microtis pallida Heynh. ;苍白葱叶兰■☆
254234 Microtis parviflora R. Br. = Microtis unifolia (J. Forst.) Rchb. f. ■
254235 Microtis pulchella R. Br. ;美丽葱叶兰■☆
254236 Microtis taiwanensis Schltr. = Microtis unifolia (J. Forst.) Rchb. f. ■
254237 Microtis truncata R. S. Rogers;平截葱叶兰■☆
254238 Microtis unifolia (J. Forst.) Rchb. f. ;葱叶兰(秤砣草,韭叶兰,双肾草,一根葱,坠桃草);Chiveorchis, Microtis ■
254239 Microtis unifolia J. Forst. = Microtis unifolia (J. Forst.) Rchb. f. ■
254240 Microtis viridis F. Muell. ex Benth. ;绿葱叶兰■☆
254241 Microtoena Prain(1889);冠唇花属;Microtoena ■
254242 Microtoena affinis C. Y. Wu et S. J. Hsuan;相近冠唇花;Affined Microtoena, Similar Microtoena ■
254243 Microtoena albescens C. Y. Wu et S. J. Hsuan;白花冠唇花;White Microtoena, Whiteflower Microtoena ■
254244 Microtoena cymosa Prain = Microtoena insuavis (Hance) Prain ex Briq. ■
254245 Microtoena cymosa Prain = Microtoena patchoulii (C. B. Clarke) C. Y. Wu et S. J. Hsuan ■
254246 Microtoena delavayi Prain;云南冠唇花(野香薷);Delavay Microtoena ■
254247 Microtoena delavayi Prain var. amblyodon C. Y. Wu ex S. J. Hsuan;钝齿云南冠唇花■
254248 Microtoena delavayi Prain var. grandiflora Prain;大花云南冠唇花;Bigflower Delavay Microtoena ■
254249 Microtoena delavayi Prain var. lutea C. Y. Wu ex S. J. Hsuan;黄花云南冠唇花;Yellowflower Delavay Microtoena ■
254250 Microtoena delavayi Prain var. vera Prain = Microtoena delavayi Prain ■
254251 Microtoena esquirolii H. Lév. = Microtoena insuavis (Hance) Prain ex Briq. ■
254252 Microtoena insuavis (Hance) Prain ex Briq. ;冠唇花(广藿香,牙皮弯,野藿香);Common Microtoena ■
254253 Microtoena insuavis (Hance) Prain ex Dunn = Microtoena patchoulii (C. B. Clarke) C. Y. Wu et S. J. Hsuan ■
254254 Microtoena longisepala C. Y. Wu;长萼冠唇花;Longcalyx Microtoena, Longsepal Microtoena ■
254255 Microtoena maireana Hand. -Mazz. ;石山冠唇花;Maire Microtoena, Rockhill Microtoena ■
254256 Microtoena megacalyx C. Y. Wu;大萼冠唇花;Bigcalyx Microtoena ■
254257 Microtoena miyiensis C. Y. Wu et H. W. Li;米易冠唇花;Miyi Microtoena ■
254258 Microtoena mollis H. Lév. ;毛冠唇花;Pubescent Microtoena ■
254259 Microtoena moupinensis (Franch.) Prain;宝兴冠唇花(穆坪冠唇花);Mouping Microtoena ■
254260 Microtoena muliensis C. Y. Wu ex S. J. Hsuan;木里冠唇花;Muli Microtoena ■
254261 Microtoena omeiensis C. Y. Wu et S. J. Hsuan;峨眉冠唇花(大叶紫苏,四棱香,野大麻);Emei Microtoena, Omei Microtoena ■
254262 Microtoena patchoulii (C. B. Clarke) C. Y. Wu et S. J. Hsuan;滇南冠唇花(藿香,香薷,野藿香);Chinese Patchouly, Patchoul Microtoena ■
254263 Microtoena pauciflora C. Y. Wu;少花冠唇花(藿香,疏花藿香);Fewflower Microtoena ■
254264 Microtoena prainiana Diels;南川冠唇花(龙头花);Prain Microtoena ■
254265 Microtoena robusta Hemsl. ;粗壮冠唇花(石姜草);Robust Microtoena ■
254266 Microtoena stenocalyx C. Y. Wu et S. J. Hsuan;狭萼冠唇花;Narrowcalyx Microtoena ■
254267 Microtoena subspicata C. Y. Wu;近穗状冠唇花;Spike Microtoena ■
254268 Microtoena subspicata C. Y. Wu var. intermedia C. Y. Wu et S. J. Hsuan;中间冠唇花;Intermediate Spike Microtoena ■

254269 Microtoena tenuiflora C. Y. Wu; 细花冠唇花; Thinflower Microtoena ■
254270 Microtoena tenuiflora C. Y. Wu = Microtoena delavayi Prain ■
254271 Microtoena urticifolia Hemsl.; 麻叶冠唇花; Nettleleaf Microtoena ■
254272 Microtoena urticifolia Hemsl. = Microtoena omeiensis C. Y. Wu et S. J. Hsuan ■
254273 Microtoena urticifolia Hemsl. var. brecipedunculata C. Y. Wu et S. J. Hsuan;短梗麻叶冠唇花;Shortstalk Nettleleaf Microtoena ■
254274 Microtoena vanchingshanensis C. Y. Wu et S. J. Hsuan;梵净山冠唇花;Fanjingshan Microtoena ■
254275 Microtrema Klotzsch = Erica L. ●☆
254276 Microtrichia DC. = Grangea Adans. ■
254277 Microtrichia perrottetii DC. = Grangea ceruanoides Cass. ■
254278 Microtrichia zavattari Lanza = Nidorella zavattarii (Lanza) Cufod. ■☆
254279 Microtropia Rchb. = Microtropis Wall. ex Meisn. (保留属名)●
254280 Microtropis E. Mey. (废弃属名) = Euchlora Eckl. et Zeyh. ●
254281 Microtropis E. Mey. (废弃属名) = Microtropis Wall. ex Meisn. (保留属名)●
254282 Microtropis Wall. = Microtropis Wall. ex Meisn. (保留属名)●
254283 Microtropis Wall. ex Meisn. (1837)(保留属名);假卫矛属(赛卫矛属);Microtropis ●
254284 Microtropis biflora Merr. et Freeman; 双花假卫矛; Biflorous Microtropis, Twoflower Microtropis ●
254285 Microtropis bivalvis (Jack) Wall.; 丝梗假卫矛; Twovalve Microtropis ●
254286 Microtropis cathayensis Merr. et Freeman = Microtropis paucinerva Merr. et Chun ex Merr. et Freeman ●
254287 Microtropis caudata C. Y. Cheng et T. C. Kao;尖尾假卫矛(尾尖假卫矛);Caudate Microtropis, Tail Microtropis ●
254288 Microtropis confertiflora Merr. et Freeman;团花假卫矛●
254289 Microtropis confertiflora Merr. et Freeman = Microtropis gracilipes Merr. et F. P. Metcalf ●
254290 Microtropis cornuta Nakai = Microtropis japonica (Franch. et Sav.) Hallier f. ●
254291 Microtropis discolor Wall.; 异色假卫矛(赛卫矛); Discolor Microtropis, Diversecolor Microtropis ●
254292 Microtropis fallax Pit.;越南假卫矛;Deceptive Microtropis ●☆
254293 Microtropis fokienensis Dunn; 福建假卫矛(福建赛卫矛); Fokien Microtropis, Fujian Microtropis ●
254294 Microtropis fokienensis Dunn var. longipedunculata W. C. Cheng = Microtropis triflora Merr. et Freeman ●
254295 Microtropis gracilipes Merr. et F. P. Metcalf;密花假卫矛(团花假卫矛); Denseflower Microtropis, Slender-stalk Microtropis, Slender-stalked Microtropis ●
254296 Microtropis gracilipes Merr. et F. P. Metcalf var. parvifolia Merr. et F. P. Metcalf = Microtropis gracilipes Merr. et F. P. Metcalf ●
254297 Microtropis henryi Merr. et Freeman; 滇东假卫矛(蒙自假卫矛);Henry Microtropis ●
254298 Microtropis hexandra Merr. et Freeman;六蕊假卫矛;Sixanther Microtropis, Sixstamen Microtropis, Six-stamen Microtropis ●
254299 Microtropis hirsuta (Thunb.) E. Mey. = Lotononis hirsuta (Thunb.) D. Dietr. ■☆
254300 Microtropis illicifolia (Hayata) Koidz. = Microtropis fokienensis Dunn ●
254301 Microtropis illicifolia (Hayata) Koidz. var. yunnanensis Hu = Microtropis yunnanensis (Hu) C. Y. Cheng et T. C. Kao ex Q. H. Chen ●
254302 Microtropis illicifolia (Hayata) Koidz. var. yunnanensis Hu = Microtropis triflora Merr. et Freeman var. sichuanensis C. Y. Cheng et T. C. Kao ●
254303 Microtropis japonica (Franch. et Sav.) Hallier f.;日本假卫矛(日本赛卫矛,日本福木);Japan Microtropis, Japanese Microtropis ●
254304 Microtropis japonica (Franch. et Sav.) Hallier f. var. sakaguchiana (Koidz.) Hatus. ex Shimabuku; 坂口假卫矛; Sakaguchi Microtropis ●☆
254305 Microtropis kotoensis (Hayata) Koidz. = Microtropis japonica (Franch. et Sav.) Hallier f. ●
254306 Microtropis latifolia Wight ex M. A. Lawson;厚叶假卫矛(广叶假卫矛);Broadleaf Microtropis ●
254307 Microtropis latifolia Wight ex M. A. Lawson = Microtropis obscurinervia Merr. et Freeman ●
254308 Microtropis liukiuensis Koidz. = Microtropis japonica (Franch. et Sav.) Hallier f. ●
254309 Microtropis macrocarpa C. Y. Cheng et T. C. Kao = Microtropis macrophylla Merr. et Freeman ●
254310 Microtropis macrophylla Merr. et Freeman;大叶假卫矛(大果假卫矛); Bigleaf Microtropis, Big-leaved Microtropis, Largeleaf Microtropis ●
254311 Microtropis matsudai (Hayata) Koidz. = Microtropis fokienensis Dunn ●
254312 Microtropis micrantha (Hayata) Koidz.;小花假卫矛(小叶卫矛);Small-flowered Microtropis ●
254313 Microtropis obliquinervia Merr. et Freeman; 斜脉假卫矛; Obliquevein Microtropis, Oblique-vein Microtropis, Obliqui-veined Microtropis ●
254314 Microtropis obscurinervia Merr. et Freeman; 隐脉假卫矛; Hiddenvein Microtropis, Obscure-veined Microtropis ●
254315 Microtropis oligantha Merr. et Freeman;逢春假卫矛(少花假卫矛); Few-flowered Microtropis, Oliganthous Microtropis, Pooranther Microtropis ●
254316 Microtropis osmanthoides (Hand. -Mazz.) Hand. -Mazz.;木犀假卫矛(木樨假卫矛); Osmanther Microtropis, Osmanthus-like Microtropis ●
254317 Microtropis pallens Pierre;淡色假卫矛;Pale Microtropis ●
254318 Microtropis paucinerva Merr. et Chun ex Merr. et Freeman;少脉假卫矛;Few-veined Microtropis, Poorvein Microtropis ●
254319 Microtropis petelotii Merr. et Freeman;广序假卫矛(滇桂假卫矛,沙巴假卫矛);Petelot Microtropis ●
254320 Microtropis pyramidalis C. Y. Cheng et T. C. Kao;塔蕾假卫矛; Pyramidal Microtropis, Pyramidal-bud Microtropis ●
254321 Microtropis reticulata Dunn;网脉假卫矛;Netvein Microtropis, Net-veined Microtropis ●
254322 Microtropis sakaguchiana Koidz. = Microtropis japonica (Franch. et Sav.) Hallier f. var. sakaguchiana (Koidz.) Hatus. ex Shimabuku ●☆
254323 Microtropis sakaguchiana Koidz. = Microtropis japonica (Franch. et Sav.) Hallier f. ●
254324 Microtropis semipaniculata C. Y. Cheng et T. C. Kao;复序假卫矛(复穗假卫矛); Halfpanicle Microtropis, Semipaniculate Microtropis ●
254325 Microtropis sessiliflora Merr. et Freeman;无梗假卫矛;Sessile Microtropis, Sessile-flowered Microtropis ●

254326 Microtropis sessiliflora Merr. et Freeman = Microtropis discolor Wall. ●

254327 Microtropis sphaerocarpa C. Y. Cheng et T. C. Kao;圆果假卫矛;Globose-fruit Microtropis, Roundfruit Microtropis ●

254328 Microtropis submembranacea Merr. et Freeman;灵香假卫矛(膜叶假卫矛);Submembranaceous Microtropis ●

254329 Microtropis tetragona Merr. et Freeman;方枝假卫矛(方茎假卫矛,四棱假卫矛);Four-angled Microtropis, Fourangular Microtropis, Four-angular Microtropis ●

254330 Microtropis thyrsiflora C. Y. Cheng et T. C. Kao;大序假卫矛(大明假卫矛);Thyrse Microtropis, Thyrse-flowered Microtropis ●

254331 Microtropis triflora Merr. et Freeman;三花假卫矛;Three-flower Microtropis, Triflower Microtropis ●

254332 Microtropis triflora Merr. et Freeman var. sichuanensis C. Y. Cheng et T. C. Kao;阔叶三花假卫矛;Sichuan Microtropis ●

254333 Microtropis wui Y. M. Shui et W. H. Chen;征镒假卫矛;Wu Microtropis ●

254334 Microtropis yunnanensis (Hu) C. Y. Cheng et T. C. Kao ex Q. H. Chen;云南假卫矛;Yunnan Microtropis ●

254335 Microula Benth. (1876);微孔草属(裂核草属);Microula ■

254336 Microula benthamii C. B. Clarke = Microula tibetica Benth. ex Maxim. ■

254337 Microula bhutanica (T. Yamaz.) H. Hara;大孔微孔草;Bhutan Microula ■

254338 Microula blepharolepis (Maxim.) I. M. Johnst.;尖叶微孔草;Sharpleaf Microula ■

254339 Microula bothriospermoides W. T. Wang;显序微孔草;Boothriospermumlike Microula ■

254340 Microula bothriospermoides W. T. Wang = Microula younghusbandii Duthie ■

254341 Microula ciliaris (Bureau et Franch.) I. M. Johnst.;巴塘微孔草;Thinhair Microula ■

254342 Microula diffusa (Maxim.) I. M. Johnst.;疏散微孔草(狭叶微孔草);Diffuse Microula, Narrowleaf Microula ■

254343 Microula efoveolata W. T. Wang;无孔微孔草;Efoveotate Microula ■

254344 Microula floribunda W. T. Wang;多花微孔草;Manyflower Microula ■

254345 Microula forrestii (Diels) I. M. Johnst.;丽江微孔草;Forrest Microula ■

254346 Microula hirsuta I. M. Johnst. = Microula forrestii (Diels) I. M. Johnst. ■

254347 Microula hirsuta Johnst. = Microula forrestii (Diels) I. M. Johnst. ■

254348 Microula hispidissima W. T. Wang;密毛微孔草;Densehair Microula, Hispid Microula ■

254349 Microula involucriformis W. T. Wang;总苞微孔草;Involucrate Microula ■

254350 Microula jilungensis W. T. Wang;吉隆微孔草;Jilong Microula, Jilung Microula ■

254351 Microula leiocarpa W. T. Wang;光果微孔草;Smoothfruit Microula ■

254352 Microula longipes W. T. Wang;长梗微孔草;Longstalk Microula ■

254353 Microula longituba W. T. Wang;长筒微孔草;Longtube Microula ■

254354 Microula muliensis W. T. Wang;木里微孔草;Muli Microula ■

254355 Microula myosotidea (Franch.) I. M. Johnst.;鹤庆微孔草;Forgetmenotlike Microula ■

254356 Microula oblongifolia Hand. -Mazz.;长圆微孔草;Oblongate Microula ■

254357 Microula oblongifolia Hand. -Mazz. var. glabrescens W. T. Wang;疏毛长圆微孔草;Poorhair Oblongate Microula ■

254358 Microula ovalifolia (Bureau et Franch.) I. M. Johnst.;卵叶微孔草;Ovateleaf Microula ■

254359 Microula ovalifolia (Bureau et Franch.) I. M. Johnst. var. pubiflora W. T. Wang;毛花卵叶微孔草;Hairflower Ovateleaf Microula, Hairyflower Ovateleaf Microula ■

254360 Microula polygonoides W. T. Wang;蓼状微孔草;Knotweedlike Microula ■

254361 Microula pseudotrichocarpa W. T. Wang;甘青微孔草;Falsehairfruit Microula, Falsehairyfruit Microula ■

254362 Microula pseudotrichocarpa W. T. Wang var. grandiflora W. T. Wang;大花甘青微孔草;Bigflower Falsehairfruit Microula, Largeflower Microula ■

254363 Microula pustulosa (C. B. Clarke) Duthie;小果微孔草;Bullate Microula, Smallfruit Microula ■

254364 Microula pustulosa (C. B. Clarke) Duthie var. setulosa W. T. Wang;刚毛小果微孔草;Setose Smallfruit Microula ■

254365 Microula rockii I. M. Johnst.;柔毛微孔草;Rock Microula ■

254366 Microula sikkimensis (C. B. Clarke) Hemsl.;微孔草;Sikkim Microula ■

254367 Microula spathulatta W. T. Wang;匙叶微孔草;Spoonleaf Microula ■

254368 Microula stenophylla W. T. Wang;狭叶微孔草;Narrowleaf Microula ■

254369 Microula tangutica Maxim.;宽苞微孔草;Broadbract Microula ■

254370 Microula tibetica Benth. ex Maxim.;西藏微孔草;Tibet Microula, Xizang Microula ■

254371 Microula tibetica Benth. ex Maxim. var. laevis W. T. Wang;光果西藏微孔草;Smoothfruit Tibet Microula, Smoothfruit Xizang Microula ■

254372 Microula tibetica Benth. ex Maxim. var. pratensis (Maxim.) W. T. Wang;小花西藏微孔草;Smallflower Tibet Microula, Smallflower Xizang Microula ■

254373 Microula trichocarpa (Maxim.) I. M. Johnst.;长叶微孔草;Hairfruit Microula, Hairyfruit Microula ■

254374 Microula trichocarpa (Maxim.) I. M. Johnst. var. lasiantha W. T. Wang;毛花长叶微孔草;Hairflower Hairfruit Microula ■

254375 Microula trichocarpa (Maxim.) I. M. Johnst. var. macrantha W. T. Wang;大花长叶微孔草;Big Hairfruit Microula ■

254376 Microula turbinata W. T. Wang;长果微孔草;Tubinate Microula ■

254377 Microula younghusbandii Duthie;小微孔草;Small Microula ■

254378 Microuratea Tiegh. = Ouratea Aubl. (保留属名)●

254379 Mictanthes Raf. = ? Aster L. ●■

254380 Mictanthes Raf. = Myctanthes Raf. ●■

254381 Mida A. Cunn. ex Endl. (1837);米达檀属●☆

254382 Mida Endl. = Mida A. Cunn. ex Endl. ●☆

254383 Mida R. Cunn. ex A. Cunn. = Fusanus R. Br. ●☆

254384 Mida salicifolia A. Cunn.;米达檀●☆

254385 Middbergia Schinz ex Pax = Clutia L. ■☆

254386 Middelbergia Schinz ex Pax = Clutia L. ■☆

254387 Middendorfia Trautv. (1842);米德千屈菜属■☆

254388 Middendorfia Trautv. = Lythrum L. ●■

254389 Middendorfia borysthenica (M. Bieb.) Trautv.;第聂伯千屈菜■☆

254390 Middendorfia erecta (Req.) Tacik;直立米德千屈菜■☆
254391 Middendorfia hamulosa Trautv.;钩米德千屈菜■☆
254392 Miediega Bubani = Dorycnium Mill. ●■☆
254393 Miegia Neck. = Hieracium L. ■
254394 Miegia Pers. = Arundinaria Michx. ●
254395 Miegia Schreb. = Remirea Aubl. ■
254396 Miegia maritima (Aubl.) Willd. = Remirea maritima Aubl. ■
254397 Miemianthera Post et Kuntze = Cytisus Desf. (保留属名) ●
254398 Miemianthera Post et Kuntze = Meiemianthera Raf. ●
254399 Miena Post et Kuntze = Dendrophthoe Mart. ●
254400 Miena Post et Kuntze = Meiena Raf. ●
254401 Mieria La Llave = Schkuhria Roth(保留属名) ■☆
254402 Miersia Lindl. (1826);迈尔斯葱属■☆
254403 Miersia chilensis Lindl.;迈尔斯葱■☆
254404 Miersia major Kunth;大迈尔斯葱■☆
254405 Miersia minor Kunth;小迈尔斯葱■☆
254406 Miersiella Urb. (1903);迈尔斯玉簪属;Yellow Wood ■☆
254407 Miersiella umbellata Urb.;迈尔斯玉簪■☆
254408 Miersiophyton Engl. = Rhigiocarya Miers ●☆
254409 Miersiophyton nervosum (Miers) Engl. = Rhigiocarya racemifera Miers ●☆
254410 Migandra O. F. Cook = Chamaedorea Willd. (保留属名) ●☆
254411 Mikania F. W. Schmidt = Lactuca L. ■
254412 Mikania F. W. Schmidt = Mikania Willd. (保留属名) ■
254413 Mikania Neck. = Perebea Aubl. ●☆
254414 Mikania Willd. (1803)(保留属名);假泽兰属(甘藤属,蔓泽兰属,米甘草属,米甘藤属,薇甘菊属,小泽兰属);Climbing Hempweed, Mikania ■
254415 Mikania angustifolia (O. Hoffm.) R. E. Fr. = Mikania sagittifera B. L. Rob. ■☆
254416 Mikania arborea Roxb;树状假泽兰●☆
254417 Mikania asparagoides Licht. ex Less. = Euryops asparagoides (Licht. ex Less.) DC. ●☆
254418 Mikania auriculata (Lam.) Willd. = Senecio deltoideus Less. ■☆
254419 Mikania batatifolia DC.;番薯叶假泽兰■☆
254420 Mikania capensis DC.;好望角假泽兰■☆
254421 Mikania carteri Baker;卡特假泽兰■☆
254422 Mikania chenopodiifolia Willd.;藜叶假泽兰■☆
254423 Mikania chevalieri (C. D. Adams) W. C. Holmes et McDaniel;舍瓦利耶假泽兰■☆
254424 Mikania cordata (Burm. f.) B. L. Rob.;假泽兰(蔓泽兰,米甘草,心形薇甘菊);Heartshape Mikania ■
254425 Mikania cordata (Burm. f.) B. L. Rob. var. chevalieri C. D. Adams = Mikania chevalieri (C. D. Adams) W. C. Holmes et McDaniel ■☆
254426 Mikania cordata (Burm. f.) B. L. Rob. var. indica Kitam.;印度米甘草;Indian Mikania ■
254427 Mikania cordifolia (L. f.) Willd.;心叶假泽兰■☆
254428 Mikania cumingii Sch. Bip. = Ophryosporus cumingii (Sch. Bip.) Benth. et Hook. f. ■☆
254429 Mikania dioscoreifolia DC. = Mikania capensis DC. ■☆
254430 Mikania dioscoreifolia DC. var. bojeri DC. = Mikania capensis DC. ■☆
254431 Mikania dioscoreifolia DC. var. crenata DC. = Mikania capensis DC. ■☆
254432 Mikania floribunda Bojer ex DC. = Mikania capensis DC. ■☆
254433 Mikania glomerata Spreng.;团集假泽兰■☆
254434 Mikania guaco Humb. et Bonpl.;瓜考假泽兰;Guaco ■☆
254435 Mikania hirsutissima DC.;多毛假泽兰■☆
254436 Mikania hookeriana DC.;胡克假泽兰■☆
254437 Mikania laxa A. Chev. = Mikania chevalieri (C. D. Adams) W. C. Holmes et McDaniel ■☆
254438 Mikania micrantha Humb.;小花假泽兰(小花蔓泽兰) ■●
254439 Mikania microptera DC.;小翅假泽兰■☆
254440 Mikania natalensis DC.;纳塔尔假泽兰■☆
254441 Mikania oxyota DC. = Mikania capensis DC. ■☆
254442 Mikania sagittifera B. L. Rob.;箭状假泽兰■☆
254443 Mikania scandens (L.) Willd.;攀缘假泽兰(米甘草,薇甘菊);Climbing Boneset, Climbing Hempweed, Climbing Mikania ■☆
254444 Mikania scandens (L.) Willd. f. angustifolia O. Hoffm. = Mikania sagittifera B. L. Rob. ■☆
254445 Mikania scandens (L.) Willd. var. laciniata Hutch. et Dalziel = Mikania carteri Baker ■☆
254446 Mikania scandens (L.) Willd. var. pubescens (Muhl.) Torr. et A. Gray = Mikania scandens (L.) Willd. ■☆
254447 Mikania scandens Willd. = Mikania cordata (Burm. f.) B. L. Rob. ■
254448 Mikania ternata B. L. Rob.;三裂假泽兰;Ternate Mikania ■☆
254449 Mikania thunbergioides Bojer ex DC. = Mikania capensis DC. ■☆
254450 Mikania tropaeolifolia O. Hoffm. = Mikania carteri Baker ■☆
254451 Mikania volubilis Willd. = Mikania cordata (Burm. f.) B. L. Rob. ■
254452 Mikaniopsis Milne-Redh. (1956);白藤菊属■●☆
254453 Mikaniopsis bambuseti (R. E. Fr.) C. Jeffrey;邦布塞特白藤菊■☆
254454 Mikaniopsis clematoides (Sch. Bip. ex A. Rich.) Milne-Redh.;铁线莲白藤菊■☆
254455 Mikaniopsis kivuensis Lisowski;基伍白藤菊■☆
254456 Mikaniopsis kundelungensis Lisowski;昆德龙白藤菊■☆
254457 Mikaniopsis maitlandii C. D. Adams;梅特兰白藤菊■☆
254458 Mikaniopsis nyungwensis Lisowski;尼永圭白藤菊■☆
254459 Mikaniopsis paniculata Milne-Redh.;圆锥白藤菊■☆
254460 Mikaniopsis rwandensis Lisowski;卢旺达白藤菊■☆
254461 Mikaniopsis tanganyikensis (R. E. Fr.) Milne-Redh.;坦噶尼喀白藤菊■☆
254462 Mikaniopsis tedliei (Oliv. et Hiern) C. D. Adams;特德利白藤菊■☆
254463 Mikaniopsis troupinii Lisowski;特鲁皮尼白藤菊■☆
254464 Mikaniopsis usambarensis (Muschl.) Milne-Redh.;乌桑巴拉白藤菊■☆
254465 Mikrobiota Kom. = Microbiota Kom. ●☆
254466 Mila Britton et Rose(1922);小槌球属(小槌属) ●☆
254467 Mila caespitosa Britton et Rose;群小槌(丛簇小槌) ■☆
254468 Mila kubeana Werderm. et Backeb.;宝小槌■☆
254469 Mila nealeana Backeb.;寿小槌■☆
254470 Mildbraedia Pax(1909);米尔大戟属■☆
254471 Mildbraedia carpinifolia (Pax) Hutch. = Plesiatropha carpinifolia (Pax) Breteler ■☆
254472 Mildbraedia carpinifolia (Pax) Hutch. var. strigosa Radcl. -Sm. = Plesiatropha carpinifolia (Pax) Breteler var. strigosa (A. R. Sm.) Breteler ■☆
254473 Mildbraedia fallax (Pax) Hutch. = Mildbraedia carpinifolia

(Pax) Hutch. ■☆

254474 Mildbraedia klaineana Hutch.;克莱恩米尔大戟■☆

254475 Mildbraedia paniculata Pax = Plesiatropha paniculata (Pax) Breteler ■☆

254476 Mildbraedia paniculata Pax subsp. occidentalis J. Léonard = Plesiatropha paniculata (Pax) Breteler var. occidentalis (J. Léonard) Breteler ■☆

254477 Mildbraediochloa Butzin = Melinis P. Beauv. ■

254478 Mildbraediodendron Harms(1911);米尔木属(麦得木属)●☆

254479 Mildbraediodendron excelsum Harms;米尔木(麦得木)●☆

254480 Mildea Griseb. = Verhuellia Miq. ■☆

254481 Mildea Miq. = Paranephelium Miq. ●

254482 Milhania Neck. = Ipomoea L.(保留属名)●■

254483 Milhania Raf. = Calystegia R. Br.(保留属名)■

254484 Miliaceae Burnett = Gramineae Juss.(保留科名)■●

254485 Miliaceae Burnett = Poaceae Barnhart(保留科名)■●

254486 Miliaceae Link = Gramineae Juss.(保留科名)■●

254487 Miliaceae Link = Poaceae Barnhart(保留科名)■●

254488 Miliarium Moench = Milium L. ■

254489 Miliastrum Fabr. = Setaria P. Beauv.(保留属名)■

254490 Milicia Sim = Maclura Nutt.(保留属名)●

254491 Milicia Sim(1909);密花桑属(米利奇木属)●☆

254492 Milicia africana Sim = Milicia excelsa (Welw.) C. C. Berg ●☆

254493 Milicia excelsa (Welw.) C. C. Berg;高大密花桑(高橙桑,高大米利奇木,高桑橙);African Teak, Africanteak, Counter Wood, Edum, Iroko, Rock Elm, Rockelm, Tall Milicia ●☆

254494 Milicia regia (A. Chev.) C. C. Berg;高贵密花桑(高贵米利奇木);Regal Milicia ●☆

254495 Milium Adans. = Panicum L. ■

254496 Milium L. (1753);粟草属;Millet, Millet Grass, Milletgrass, Millet-grass ■

254497 Milium adscendens Roxb.;尼泊尔粟草■☆

254498 Milium arundinaceum Sibth. et Sm. = Oryzopsis miliacea (L.) Benth. et Hook. f. ex Asch. et Schweinf. ■☆

254499 Milium arundinaceum Sibth. et Sm. = Piptatherum miliaceum (L.) Coss. ■☆

254500 Milium attenuatum Moench = Piptatherum miliaceum (L.) Coss. ■☆

254501 Milium barbipulvinatum Lunell = Panicum barbipulvinatum Nash ■☆

254502 Milium capillare Moench = Panicum capillare L. ■☆

254503 Milium cimicinum L. = Alloteropsis cimicina (L.) Stapf ■

254504 Milium coerulescens Desf. = Piptatherum coerulescens (Desf.) P. Beauv. ■☆

254505 Milium colonum (L.) Moench = Echinochloa colona (L.) Link ■

254506 Milium colonum Moench = Echinochloa colona (L.) Link ■

254507 Milium comosum Poir. = Piptatherum miliaceum (L.) Coss. ■☆

254508 Milium compressum Sw. = Axonopus compressus (Sw.) P. Beauv. ■

254509 Milium confertum Mill. = Milium effusum L. ■

254510 Milium crus-galli (L.) Moench = Echinochloa crus-galli (L.) P. Beauv. ■

254511 Milium digitatum Sw.;指裂粟草■☆

254512 Milium digitatum Sw. = Digitaria sanguinalis (L.) Scop. ■

254513 Milium distichum Muhl. = Paspalum distichum L. ■

254514 Milium dubium Jacquem. ex Hook. f. = Milium effusum L. ■

254515 Milium effusum L.;粟草;American Millet Grass, American Milletgrass, American Millet-grass, Diffuse Millet-grass, Millet-grass, Ornamental Millet, Wood Millet ■

254516 Milium effusum L. 'Aureum';黄粟草(粟草);Golden Millet Grass ■☆

254517 Milium effusum L. f. ciliatum Hiyama;睫毛粟草■☆

254518 Milium effusum L. var. cisatlanticum Fernald = Milium effusum L. ■

254519 Milium filiforme Roxb. = Digitaria longiflora (Retz.) Pers. ■

254520 Milium filiforme Roxb. = Paspalum brevifolium Flugge ■☆

254521 Milium globosum Thunb. = Isachne australis R. Br. ■

254522 Milium globosum Thunb. = Isachne globosa (Thunb.) Kuntze ■

254523 Milium halepense Cav. = Sorghum halepense (L.) Pers. ■

254524 Milium holciforme Spreng. = Oryzopsis holciformis Hack. ■☆

254525 Milium laguchinia Ham. ex Wall. = Eriochloa polystachya Kunth ■☆

254526 Milium laterale Munro ex Regel = Piptatherum laterale (Regel ex Regel) Munro ex Nevski ■

254527 Milium laterale Regel = Oryzopsis lateralis (Regel) Stapf ex Hook. f. ■

254528 Milium laterale Regel = Piptatherum laterale (Regel) Munro ex Nevski ■

254529 Milium latifolium Cav. = Paspalum racemosum Lam. ■☆

254530 Milium latifolium Moench = Panicum latifolium L. ■☆

254531 Milium leibergii Lunell = Panicum Leibergii (Vasey) Scribn. ■☆

254532 Milium montianum Parl. = Milium vernale M. Bieb. subsp. montianum (Parl.) K. Richt. ■☆

254533 Milium nigricans Ruiz et Pav. = Sorghum bicolor (L.) Moench ■

254534 Milium pungens Torr. ex Spreng. = Oryzopsis pungens (Torr. ex Spreng.) Hitchc. ■☆

254535 Milium racemosum Sm. = Oryzopsis racemosa (Sm.) Ricker ex Hitchc. ■☆

254536 Milium ramosum Retz. = Eriochloa polystachya Kunth ■☆

254537 Milium ramosum Retz. = Eriochloa procera (Retz.) C. E. Hubb. ■

254538 Milium sanguinale Roxb. = Digitaria abludens (Roem. et Schult.) Veldkamp ■

254539 Milium scabrum Guss. = Milium vernale M. Bieb. ■

254540 Milium treutleri Kuntze = Aniselytron treutleri (Kuntze) Soják ■

254541 Milium treutleri Kuntze = Aulacolepis treutleri (Kuntze) Hack. ■

254542 Milium vernale M. Bieb.;春粟草;Early Millet, Spring Milletgrass ■

254543 Milium vernale M. Bieb. subsp. montianum (Parl.) K. Richt.;山生粟草■☆

254544 Milium vernale M. Bieb. var. montianum (Parl.) Coss. et Durieu = Milium vernale M. Bieb. subsp. montianum (Parl.) K. Richt. ■☆

254545 Milium virgatum (L.) Lunell = Panicum virgatum L. ■

254546 Miliusa Lesch. ex A. DC. (1832);野独活属(密榴木属,田独活属);Miliusa ●

254547 Miliusa baillonii Pierre;肿瘤野独活;Baillom Miliusa ●

254548 Miliusa balansae Finet et Gagnep.;野独活(密榴木,木吊灯,算盘子密榴木,田独活,铁皮青,细梗密榴木);Balans Miliusa, Chun Miliusa ●

254549 Miliusa bannaensis X. L. Hou;版纳野独活;Banna Miliusa ●

254550 Miliusa chunii W. T. Wang = Miliusa balansae Finet et Gagnep. ●

254551 Miliusa cuneata Craib;楔叶野独活(楔叶密榴木);Cuneateleaf Miliusa,Cuneate-leaved Miliusa ●

254552 Miliusa filipes Merr. et Chun = Miliusa chunii W. T. Wang ●

254553 Miliusa glochidiodes Hand. -Mazz. = Orophea polycarpa A. DC. ●

254554 Miliusa glochidioides Hand. -Mazz. ;广西野独活●

254555 Miliusa glochidioides Hand. -Mazz. = Orophea anceps Pierre ●

254556 Miliusa macrocarpa Hook. f. et Thomson;大果野独活●

254557 Miliusa prolifica (Chun et F. C. How) P. T. Li = Saccopetalum prolificum (Chun et F. C. How) Tsiang ●◇

254558 Miliusa sinensis Finet et Gagnep. ;中华野独活(中华密榴木,中华田独活);China Miliusa,Chinese Miliusa ●

254559 Miliusa tenuistipitata W. T. Wang;云南野独活(短柄密榴木,细柄密榴木);Yunnan Miliusa ●

254560 Miliusa velutina (Dunal) Hook. f. et Thomson;大叶野独活(绒毛野独活);Big-leaved Miliusa ●

254561 Miliusa velutina Hook. f. et Thomson = Miliusa velutina (Dunal) Hook. f. et Thomson ●

254562 Milla Cav. (1794);美拉花属■☆

254563 Milla Vand. = Herpestis C. F. Gaertn. ■

254564 Milla biflora Cav. ; 美拉花; Mexican Star, Mexican Star of Bethlehem ■☆

254565 Milla capitata (Benth.) Baker = Brodiaea capitata Benth. ■☆

254566 Milla capitata (Benth.) Baker = Dichelostemma capitatum (Benth.) A. W. Wood ■☆

254567 Milla capitata (Benth.) Baker var. pauciflora (Torr.) Baker = Dichelostemma capitatum (Benth.) A. W. Wood subsp. pauciflorum (Torr.) Keator ■☆

254568 Milla crocea (A. W. Wood) Baker = Triteleia crocea (A. W. Wood) Greene ■☆

254569 Milla grandiflora (Lindl.) Baker = Triteleia grandiflora Lindl. ■☆

254570 Milla hyacinthina (Lindl.) Baker = Triteleia hyacinthina (Lindl.) Greene ■☆

254571 Milla hyacinthina (Lindl.) Baker var. lactea (Lindl.) Baker = Triteleia hyacinthina (Lindl.) Greene ■☆

254572 Milla ixioides (W. T. Aiton) Baker = Triteleia ixioides (W. T. Aiton) Greene ■☆

254573 Milla laxa (Benth.) Baker = Triteleia laxa Benth. ■☆

254574 Milla peduncularis (Lindl.) Baker = Triteleia peduncularis Lindl. ■☆

254575 Milla uniflora Graham = Tristagma uniflorum (Lindl.) Traub ■☆

254576 Millania Zipp. ex Blume = Pemphis J. R. Forst. et G. Forst. ●

254577 Millea Standl. = Eriotheca Schott et Endl. ●☆

254578 Millea Willd. = Milla Cav. ■☆

254579 Millefolium Hill = Achillea L. ■

254580 Millefolium Mill. = Achillea L. ■

254581 Millefolium Tourn. ex Adans. = Radiola Hill ■☆

254582 Millegrana Adans. = Radiola Hill ■☆

254583 Millegrana Juss. ex Turp. = Cypselea Turpin ■☆

254584 Millegrana radiola (L.) Druce = Radiola linoides Roth ■☆

254585 Millera St. -Lag. = Milleria L. ■☆

254586 Milleria Houst. ex L. = Milleria L. ■☆

254587 Milleria L. (1753);米勒菊属■☆

254588 Milleria biflora L. = Delilia biflora (L.) Kuntze ■☆

254589 Milleria contrayerba Cav. = Flaveria bidentis (L.) Kuntze ■☆

254590 Milleria maculata Mill. ;斑点米勒菊■☆

254591 Milleria quinqueflora L. ;米勒菊■☆

254592 Milletia Meisn. = Millettia Wight et Arn. (保留属名)●■

254593 Milletia lasiopetala (Hayata) Merr. = Millettia pachyloba Drake ●■

254594 Milletia obovata Gagnep. = Millettia pachyloba Drake ●■

254595 Milletia pachyloba Drake var. lasiopetala (Hayata) ? = Millettia pachyloba Drake ●■

254596 Millettia Wight et Arn. (1834)(保留属名);崖豆藤属(鸡血藤属,昆明鸡血藤属,老荆藤属,雷藤属,蕗藤属,崖豆花属);Cliffbean,Indian Beech,Millettia ●■

254597 Millettia aboensis Baker;阿波崖豆藤●☆

254598 Millettia achtenii De Wild. ;阿赫顿崖豆藤●☆

254599 Millettia acuminata (Benth.) Prain;尖叶崖豆藤●☆

254600 Millettia acuticarinata Baker f. ;尖棱崖豆藤●☆

254601 Millettia adenopetala Taub. = Schefflerodendron adenopetalum (Taub.) Harms ●☆

254602 Millettia albiflora Prain = Imbralyx albiflorus (Prain) R. Geesink ●

254603 Millettia amygdalina Baill. = Pongamiopsis amygdalina (Baill.) R. Vig. ●☆

254604 Millettia angustidentata De Wild. ;狭齿崖豆藤●☆

254605 Millettia angustistipellata De Wild. ;窄托叶崖豆藤●☆

254606 Millettia antsahalanbensis Baill. = Mundulea sericea (Willd.) A. Chev. subsp. madagascariensis Du Puy et Labat ●☆

254607 Millettia argyraea T. C. Chen = Callerya dielsiana (Harms) P. K. Lôc ●

254608 Millettia argyraea T. C. Chen = Millettia dielsiana Harms ex Diels ●

254609 Millettia aromatica Dunn;芳香崖豆藤●☆

254610 Millettia atenensis De Wild. = Millettia urophylloides De Wild. var. atenensis (De Wild.) Hauman ●☆

254611 Millettia atite Harms = Millettia thonningii (Schumach. et Thonn.) Baker ●☆

254612 Millettia atropurpurea Benth. ;深紫鸡血藤●☆

254613 Millettia aurea (R. Vig.) Du Puy et Labat;黄崖豆藤●☆

254614 Millettia auriculata Baker ex Brandis; 耳形崖豆藤; Auricled Millettia,Auriculate Millettia ●☆

254615 Millettia auriculata Baker ex Brandis = Millettia extensa Benth. ●☆

254616 Millettia austroyunnanensis Y. Y. Qian;滇南崖豆藤;S. Yunnan Cliffbean,South Yunnan Millettia ●

254617 Millettia baptistarum Büttner = Craibia brevicaudata (Vatke) Dunn subsp. baptistarum (Büttner) J. B. Gillett ●☆

254618 Millettia baronii Drake = Millettia richardiana (Baill.) Du Puy et Labat ●☆

254619 Millettia barteri (Benth.) Dunn;巴特崖豆藤●☆

254620 Millettia bequaertii De Wild. ;贝卡尔崖豆藤●☆

254621 Millettia bibracteolata Pellegr. ;双苞片崖豆藤●☆

254622 Millettia bicolor Dunn;双色崖豆藤●☆

254623 Millettia bipindensis Harms;比平迪崖豆藤●☆

254624 Millettia blinii H. Lév. = Callerya dielsiana (Harms) P. K. Lôc ●

254625 Millettia blinii H. Lév. = Millettia dielsiana Harms ex Diels ●

254626 Millettia bockii Harms ex Diels = Millettia dielsiana Harms ex Diels ●

254627 Millettia bodinieri H. Lév. = Callerya sericosema (Hance) Z. Wei et Pedley ●

254628 Millettia bodinieri H. Lév. = Millettia sericosema Hance ●

254629 Millettia bojeri Vatke = Mundulea barclayi (Telfair ex Hook.) R. Vig. ex Du Puy et Labat ●☆

254630 Millettia bonatiana Pamp. = Callerya bonatiana (Pamp.) P. K. Lôc ●

254631 Millettia breviflora De Wild. = Aganope lucida (Welw. ex Baker) Polhill ■☆

254632 Millettia brevistipellata De Wild. = Millettia eetveldeana (Micheli) Hauman var. brevistipellata (De Wild.) Hauman ●☆

254633 Millettia brunneosericea De Wild. = Millettia comosa (Micheli) Hauman ●☆

254634 Millettia bussei Harms;布瑟崖豆藤●☆

254635 Millettia cabrae De Wild.;卡布拉崖豆藤●☆

254636 Millettia caffra Meisn. = Millettia grandis (E. Mey.) Skeels ●☆

254637 Millettia calabarica Dunn = Millettia barteri (Benth.) Dunn ●☆

254638 Millettia calcarea Z. Wei;云贵崖豆藤●

254639 Millettia capuronii Du Puy et Labat;凯普伦崖豆藤●☆

254640 Millettia cauliflora (Hemsl.) Gagnep. = Fordia cauliflora Hemsl. ●

254641 Millettia cauliflora Gagnep. = Fordia cauliflora Hemsl. ●

254642 Millettia cavaleriei H. Lév. = Campylotropis pinetorum (Kurz) Schindl. subsp. velutina (Dunn) H. Ohashi ●

254643 Millettia cavaleriei H. Lév. = Campylotropis velutina (Dunn) Schindl. ●

254644 Millettia championii Benth. = Callerya championii (Benth.) X. Y. Zhu ●

254645 Millettia champutongensis Hu;菖蒲桶崖豆藤;Changputong Cliffbean,Changputong Millettia ●

254646 Millettia champutongensis Hu = Callerya dielsiana (Harms) P. K. Lôc ●

254647 Millettia champutongensis Hu = Millettia dielsiana Harms ex Diels ●

254648 Millettia chapelieri Baill. = Mundulea chapelieri (Baill.) R. Vig. ex Du Puy et Labat ●☆

254649 Millettia chenkangensis Hu = Millettia pulchra (Benth.) Kurz var. chinensis Dunn ●

254650 Millettia chevalieri Harms = Millettia teuszii (Büttner) De Wild. ●☆

254651 Millettia chinensis Benth. = Wisteria sinensis (Sims) Sweet ●

254652 Millettia chrysophylla Dunn;金叶崖豆藤●☆

254653 Millettia cinerea Benth. = Callerya cinerea (Benth.) Schot ●■

254654 Millettia cinerea Benth. var. yunnanensis Pamp. = Callerya dielsiana (Harms) P. K. Lôc ●

254655 Millettia cinerea Benth. var. yunnanensis Pamp. = Millettia dielsiana Harms ex Diels ●

254656 Millettia claessensi De Wild. = Millettia dubia De Wild. ●☆

254657 Millettia cognata Hance = Millettia reticulata Benth. ■

254658 Millettia comosa (Micheli) Hauman;簇毛崖豆藤●☆

254659 Millettia comosa (Micheli) Hauman var. vermoesenii (De Wild.) Hauman;韦尔蒙森崖豆藤●☆

254660 Millettia congestiflora T. C. Chen = Callerya congestiflora (T. C. Chen) Z. Wei et Pedley ■●

254661 Millettia congolensis De Wild. et T. Durand = Millettia macroura Harms ●☆

254662 Millettia conraui Harms;孔罗崖豆藤●☆

254663 Millettia cubittii Dunn;红河崖豆藤(巴莫崖豆藤);Cubitt Millettia,Honghe Cliffbean ●

254664 Millettia cyanantha Dunn = Millettia dura Dunn ●☆

254665 Millettia demeusei De Wild. = Millettia barteri (Benth.) Dunn ●☆

254666 Millettia dielsiana Harms = Callerya dielsiana (Harms) P. K. Lôc ●

254667 Millettia dielsiana Harms ex Diels = Callerya dielsiana (Harms) P. K. Lôc ●

254668 Millettia dielsiana Harms ex Diels var. heterocarpa (Chun ex T. C. Chen) Z. Wei = Callerya dielsiana (Harms) P. K. Lôc var. heterocarpa (Chun ex T. C. Chen) X. Y. Zhu ex Z. Wei et Pedley ●

254669 Millettia dielsiana Harms ex Diels var. solida T. C. Chen ex Z. Wei = Callerya dielsiana (Harms) P. K. Lôc var. solida (T. C. Chen ex Z. Wei) X. Y. Zhu ex Z. Wei et Pedley ●

254670 Millettia dinklagei Harms;丁克崖豆藤●☆

254671 Millettia discolor De Wild.;异色崖豆藤●☆

254672 Millettia dorwardii Collett et Hemsl. = Callerya dorwardii (Collett et Hemsl.) Z. Wei et Pedley ●

254673 Millettia drastica Welw. ex Baker;热非崖豆藤●☆

254674 Millettia drasticoides De Wild. = Millettia drastica Welw. ex Baker ●☆

254675 Millettia dubia De Wild.;可疑崖豆藤●☆

254676 Millettia duchesnei De Wild.;迪谢纳崖豆藤●☆

254677 Millettia duclouxii Pamp. = Callerya dielsiana (Harms) P. K. Lôc ●

254678 Millettia duclouxii Pamp. = Millettia dielsiana Harms ex Diels ●

254679 Millettia dunniana H. Lév. = Callerya dielsiana (Harms) P. K. Lôc ●

254680 Millettia dunniana H. Lév. = Millettia dielsiana Harms ex Diels ●

254681 Millettia dunnii Merr. = Millettia pachycarpa Benth. ●■

254682 Millettia dura Dunn;硬崖豆藤●☆

254683 Millettia eetveldeana (Micheli) Hauman var. brevistipellata (De Wild.) Hauman;短托叶崖豆藤●☆

254684 Millettia elongatistyla J. B. Gillett;长柱崖豆藤●☆

254685 Millettia elskensii De Wild.;埃尔斯克崖豆藤●☆

254686 Millettia elskensii De Wild. var. stenophylla Hauman;窄叶埃尔斯克崖豆藤●☆

254687 Millettia elskensii De Wild. var. yangambiensis (De Wild.) Hauman;扬甘比崖豆藤●☆

254688 Millettia entadoides Z. Wei;榼藤子崖豆藤;Entadalike Cliffbean,Entada-like Millettia ■

254689 Millettia eriocarpa Dunn;毛果崖豆藤.●☆

254690 Millettia erythrocalyx Gagnep.;红萼崖豆藤;Redcalyx Cliffbean,Red-calyx Millettia,Red-calyxed Millettia ●

254691 Millettia esquirolii H. Lév. = Sophora prazeri Prain var. mairei (Pamp.) P. C. Tsoong ●

254692 Millettia eurybotrya Drake = Callerya eurybotrya (Drake) Schot ●

254693 Millettia exauriculata Hauman;耳状崖豆藤●☆

254694 Millettia extensa (Benth.) Baker;展枝崖豆藤●☆

254695 Millettia extensa Benth. = Millettia extensa (Benth.) Baker ●☆

254696 Millettia ferruginea (Hochst.) Baker;锈色崖豆藤●☆

254697 Millettia fooningensis Hu = Millettia pachycarpa Benth. ●■

254698 Millettia fordii Dunn = Callerya fordii (Dunn) Schot ■●

254699 Millettia fragrantissima H. Lév. = Callerya dielsiana (Harms) P. K. Lôc ●

254700 Millettia fragrantissima H. Lév. = Millettia dielsiana Harms ex

Diels ●
254701 Millettia fulgens Dunn;光亮崖豆藤●☆
254702 Millettia gentiliana H. Lév. = Callerya gentiliana (H. Lév.) Z. Wei et Pedley ●
254703 Millettia gentilii De Wild. = Millettia barteri (Benth.) Dunn ●☆
254704 Millettia giorgii De Wild. = Millettia drastica Welw. ex Baker ●☆
254705 Millettia goetzeana Harms = Millettia impressa Harms subsp. goetzeana (Harms) J. B. Gillett ●☆
254706 Millettia goossensii (Hauman) Polhill;古森斯崖豆藤●☆
254707 Millettia gossweileri Baker f.;戈斯崖豆藤●☆
254708 Millettia gossweileri Baker f. var. melanocarpa Hauman;黑果崖豆藤●☆
254709 Millettia gracilis Welw. ex Baker;纤细崖豆藤●☆
254710 Millettia grandidieri Baill. = Millettia lenneoides Vatke ●☆
254711 Millettia grandis (E. Mey.) Skeels;南非鸡血藤;Ironwood, South African Ironwood, Tree-wisteria, Umzimbeet ●☆
254712 Millettia grandis Skeels = Millettia grandis (E. Mey.) Skeels ●☆
254713 Millettia griffithii Dunn;孟连崖豆藤;Griffith Cliffbean, Griffith Millettia ●
254714 Millettia griffoniana Baill.;格里丰崖豆藤●☆
254715 Millettia harmsiana De Wild.;哈姆斯崖豆藤●☆
254716 Millettia harrowiana (Diels) Z. Wei = Derris harrowiana (Diels) Z. Wei ●
254717 Millettia harrowiana Diels = Derris harrowiana (Diels) Z. Wei ●
254718 Millettia heterocarpa Chun ex T. C. Chen = Callerya dielsiana (Harms) P. K. Lôc var. heterocarpa (Chun ex T. C. Chen) X. Y. Zhu ex Z. Wei et Pedley ●
254719 Millettia heterocarpa Chun ex T. C. Chen = Millettia dielsiana Harms ex Diels var. heterocarpa (Chun ex T. C. Chen) Z. Wei ●
254720 Millettia hirsuta Dunn = Platysepalum hirsutum (Dunn) Hepper ■☆
254721 Millettia hirsutissima Z. Wei = Callerya nitida (Benth.) R. Geesink var. hirsutissima (Z. Wei) X. Y. Zhu ●
254722 Millettia hockii De Wild.;霍克崖豆藤●☆
254723 Millettia hookeriana Taub. = Millettia macrophylla Benth. ●☆
254724 Millettia hypolampra Harms;丽背崖豆藤●☆
254725 Millettia ichthyochtona Drake;闹鱼崖豆藤(扁果崖豆藤,冲天果,冲天子,闹鱼藤);Aboutfish Cliffbean, Fish-cluster Millettia, Naoyu Millettia ●
254726 Millettia impressa Harms;凹陷崖豆藤●☆
254727 Millettia impressa Harms subsp. goetzeana (Harms) J. B. Gillett;格兹凹陷崖豆藤●☆
254728 Millettia inaequalisepala Hauman = Millettia angustidentata De Wild. ●☆
254729 Millettia irvinei Hutch. et Dalziel;多花崖豆藤●☆
254730 Millettia ivorensis A. Chev. = Millettia zechiana Harms ●☆
254731 Millettia japonica (Siebold et Zucc.) A. Gray = Wisteria japonica Siebold et Zucc. ●☆
254732 Millettia japonica (Siebold et Zucc.) A. Gray f. alborosea Sakata = Wisteria japonica Siebold et Zucc. f. alborosea (Sakata) Yonek. ●☆
254733 Millettia japonica (Siebold et Zucc.) A. Gray var. microphylla Makino = Wisteria japonica Siebold et Zucc. f. microphylla (Makino) H. Ohashi ●☆
254734 Millettia kennedyi Hoyle = Millettia dinklagei Harms ●☆
254735 Millettia kiangsiensis Z. Wei = Callerya kiangsiensis (Z. Wei) Z. Wei et Pedley ●
254736 Millettia kiangsiensis Z. Wei f. purpurea Z. H. Cheng = Callerya kiangsiensis (Z. Wei) Z. Wei et Pedley ●
254737 Millettia kiangxiensis Z. Wei var. purpurea Z. H. Cheng;紫花崖豆藤;Purple-flower Cliffbean, Purple-flower Millettia ■
254738 Millettia klainei Dunn;克莱恩崖豆藤●☆
254739 Millettia klainei Dunn var. floribunda Pellegr.;繁花崖豆藤●☆
254740 Millettia kweichouensis Hu = Callerya nitida (Benth.) R. Geesink ●
254741 Millettia kweichowensis Hu;贵州崖豆藤;Guizhou Cliffbean, Guizhou Millettia ●
254742 Millettia kweichowensis Hu = Millettia nitida Benth. ●
254743 Millettia lantsangensis Z. Wei;澜沧崖豆藤;Lancang Cliffbean, Lancang Millettia, Lantsang Millettia ●■
254744 Millettia lasiantha Dunn;毛花崖豆藤●☆
254745 Millettia lasiopetala (Hayata) Merr.;毛瓣鸡血藤(毛蕊鸡血藤);Lasiopetalous Millettia ●
254746 Millettia lasiopetala (Hayata) Merr. = Millettia pachyloba Drake ●■
254747 Millettia laurentii De Wild.;洛朗崖豆藤(非洲崖豆);Laurent Millettia, Wenge ●☆
254748 Millettia lebrunii Hauman;勒布伦崖豆藤●☆
254749 Millettia lecomtei Dunn;勒孔特崖豆藤●☆
254750 Millettia lenneoides Vatke;莱内豆崖豆藤●☆
254751 Millettia leonensis Hepper;莱昂崖豆藤●☆
254752 Millettia leptobotrya Dunn;思茅崖豆藤(,莒根跌打,长序崖豆树,长序崖豆藤,葛根跌打,马鹿花,思茅鸡血藤,思茅崖豆,细花鸡血藤,窄序崖豆藤);Simao Cliffbean, Thin-racemose Millettia, Thin-racemosed Millettia ●
254753 Millettia leptocarpa Dunn;细果崖豆藤●☆
254754 Millettia letestui Pellegr.;莱泰斯图崖豆藤●☆
254755 Millettia leucantha Vatke;白花崖豆藤●☆
254756 Millettia liberica Jongkind;利比里亚崖豆藤●☆
254757 Millettia longipedunculata Z. Wei = Callerya longipedunculata (Z. Wei) X. Y. Zhu ●
254758 Millettia lucens (Scott-Elliot) Dunn;亮崖豆藤●☆
254759 Millettia lundensis E. C. Sousa;隆德崖豆藤●☆
254760 Millettia macrophylla Benth.;大叶崖豆藤●☆
254761 Millettia macrophylla Kurz = Millettia extensa Benth. ●☆
254762 Millettia macrostachya Collett et Hemsl.;大穗崖豆藤;Bigspike Cliffbean, Largespike Millettia, Large-spiked Millettia ●
254763 Millettia macrostachya Collett et Hemsl. var. multifoliolata Y. Y. Qian = Millettia macrostachya Collett et Hemsl. ●
254764 Millettia macroura Harms;大尾崖豆藤●☆
254765 Millettia madagascariensis Vatke = Philenoptera madagascariensis (Vatke) Schrire ●☆
254766 Millettia makondensis Harms;马孔多崖豆藤●☆
254767 Millettia mannii Baker;曼氏崖豆藤●☆
254768 Millettia megasperma (F. Muell.) Benth.;澳洲崖豆藤;Australian Wisteria ●☆
254769 Millettia micans Taub.;弱光泽崖豆藤●☆
254770 Millettia micrantha Harms = Ostryocarpus riparius Hook. f. ●☆
254771 Millettia mildbraedii Harms;米尔德崖豆藤●☆
254772 Millettia monophylla Harms = Eriosema ellipticum Welw. ex Baker ●☆

254773 Millettia mossambicensis J. B. Gillett;莫桑比克崖豆藤●☆
254774 Millettia nitida (Benth.) R. Geesink var. minor Z. Wei = Callerya nitida (Benth.) R. Geesink var. minor (Z. Wei) X. Y. Zhu ●
254775 Millettia nitida Benth. = Callerya nitida (Benth.) R. Geesink ●
254776 Millettia nitida Benth. var. hirsutissima Z. Wei = Callerya nitida (Benth.) R. Geesink var. hirsutissima (Z. Wei) X. Y. Zhu ●
254777 Millettia nitida Benth. var. hirsutissima Z. Wei = Millettia hirsutissima Z. Wei ●
254778 Millettia nitida Benth. var. mollifolia Q. W. Yao;毛亮叶崖豆藤;Hairy Shinyleaf Cliffbean, Hairy Shinyleaf Millettia ●
254779 Millettia nitida Benth. var. obtusifoliolata Hu;钝亮叶崖豆藤;Cliffbean, Obtuse-leaf Millettia ●
254780 Millettia nudiflora Welw. ex Baker;裸花崖豆藤●☆
254781 Millettia nutans Welw. ex E. C. Sousa;俯垂崖豆藤●☆
254782 Millettia nyangensis Pellegr.;尼扬加崖豆藤●☆
254783 Millettia oblata Dunn;扁球形崖豆藤●☆
254784 Millettia oblata Dunn subsp. burttii J. B. Gillett;伯特崖豆藤●☆
254785 Millettia oblata Dunn subsp. intermedia J. B. Gillett;间型崖豆藤●☆
254786 Millettia oblata Dunn subsp. stolzii J. B. Gillett;斯托尔兹崖豆藤●☆
254787 Millettia oblata Dunn subsp. teitensis J. B. Gillett;泰塔崖豆藤●☆
254788 Millettia obovata Gagnep. = Millettia pachyloba Drake ●■
254789 Millettia obtusifoliolata Hu = Callerya dielsiana (Harms) P. K. Lôc ●
254790 Millettia obtusifoliolata Hu = Millettia dielsiana Harms ex Diels ●
254791 Millettia oosperma Dunn = Callerya oosperma (Dunn) Z. Wei et Pedley ●
254792 Millettia oraria (Hance) Dunn;香港崖豆藤(香港蚜豆);Hongkong Cliffbean, Hongkong Millettia ●
254793 Millettia orientalis Du Puy et Labat;东方崖豆藤●☆
254794 Millettia ovalifolia sensu Kurz = Millettia peguensis Ali ●☆
254795 Millettia oyemensis Pellegr.;奥也姆崖豆藤●☆
254796 Millettia pachycarpa Benth.;厚果崖豆藤(冲天子,大藤蕻子,毒鱼藤,厚果鸡血藤,苦蚕子,苦檀子,牛牯大力,日头鸡,少果鸡血藤,台湾大荚藤,台湾鱼藤,土大风子,土甘草,猪腰子);Taiwan Porkkidneybean, Taiwan Whitfordiodendron, Thickfruit Cliffbean, Thick-fruit Millettia, Thick-fruited Millettia ●■
254797 Millettia pachyloba Drake;毛蕊鸡血藤(白药根,毒鱼藤,海南崖豆藤,老藤,雷公藤蹄,毛瓣鸡血藤,毛刀豆,毛蕊崖豆藤,鱼藤);Hairypetal Cliffbean, Thick-lobbed Millettia, Thicklobe Millettia ●■
254798 Millettia pallens Stapf;变苍白崖豆藤●☆
254799 Millettia paucijuga Harms;少轭崖豆藤●☆
254800 Millettia peguensis Ali;勃固崖豆藤●☆
254801 Millettia pendula Benth.;垂序崖豆藤(下垂崖豆);Pendulous Cliffbean, Pendulous Millettia ●
254802 Millettia pilosa Hutch. et Dalziel;疏毛崖豆藤●☆
254803 Millettia pinnata (L.) Panigrahi;羽状崖豆藤(水黄皮);Pongame Oiltree ●
254804 Millettia pinnata (L.) Panigrahi = Pongamia pinnata (L.) Pierre ●
254805 Millettia polyphylla Dunn = Millettia lenneoides Vatke ●☆
254806 Millettia porphyrocalyx Dunn = Millettia warneckei Harms var. porphyrocalyx (Dunn) Hepper ●☆
254807 Millettia psilopetala Harms;裸瓣崖豆藤●☆
254808 Millettia pubinervis Kurz;薄叶崖豆藤;Thinleaf Cliffbean, Thinleaf Millettia, Thin-leaved Millettia ●
254809 Millettia puguensis J. B. Gillett;普古崖豆藤●☆
254810 Millettia pulchra (Benth.) Kurz;印度崖豆藤(柽柳,老秧叶,美花鸡血藤,美花崖豆藤,疏花崖豆藤,疏叶美花崖豆藤,疏叶崖豆藤,印度鸡血藤,印度蚜豆,印度崖豆);India Cliffbean, Indian Cliffbean, Pretty Millettia ●
254811 Millettia pulchra (Benth.) Kurz f. laxior Dunn = Millettia pulchra (Benth.) Kurz var. laxior (Dunn) Z. Wei ●
254812 Millettia pulchra (Benth.) Kurz var. chinensis Dunn;中华崖豆藤(华美花崖豆藤,华南小叶鸡血藤,华南小叶崖豆,华南小叶崖豆藤,狭叶崖豆树);China Cliffbean, Chinese Millettia ●
254813 Millettia pulchra (Benth.) Kurz var. laxior (Dunn) Z. Wei;疏叶鸡血藤(老秧叶,南亚崖豆藤,疏叶美花崖豆藤,疏叶崖豆,疏叶崖豆藤,土甘草,小牛力);Loose-leaf Cliffbean, Loose-leaf Millettia ●
254814 Millettia pulchra (Benth.) Kurz var. microphylla Dunn;台湾小叶鸡血(台湾小叶崖豆,台湾小叶崖豆藤,小叶美花崖豆藤,小叶木藶藤,小叶崖豆藤,小叶鱼藤);Littleleaf Tree Millettia, Small-leaf Cliffbean, Small-leaf Millettia ●
254815 Millettia pulchra (Benth.) Kurz var. parvifolia Z. Wei;景东小叶鸡血藤(景东小叶崖豆,景东小叶崖豆藤);Jingdong Millettia, Jingdong Small-leaf Cliffbean, Jingdong Small-leaf Millettia ●
254816 Millettia pulchra (Benth.) Kurz var. tomentosa Prain;绒叶印度崖豆藤(绒叶崖豆藤,绒叶印度鸡血藤,绒叶印度崖豆);Tomentose Cliffbean, Tomentose Millettia ●
254817 Millettia pulchra (Benth.) Kurz var. typica Dunn = Millettia pulchra (Benth.) Kurz ●
254818 Millettia pulchra (Benth.) Kurz var. typica Dunn f. laxior Dunn = Millettia pulchra (Benth.) Kurz var. laxior (Dunn) Z. Wei ●
254819 Millettia pulchra (Benth.) Kurz var. yunnanensis (Pamp.) Dunn;云南崖豆藤(滇美花崖豆藤,老秧叶,云南鸡血藤,云南山豆藤,云南崖豆);Yunnan Cliffbean, Yunnan Millettia ●
254820 Millettia pyrifolia Vatke = Baphia kirkii Baker ●☆
254821 Millettia reticulata Benth. = Callerya reticulata (Benth.) Schot ■
254822 Millettia reticulata Benth. var. stenophylla Merr. et Chun = Callerya reticulata (Benth.) Schot var. stenophylla (Merr. et Chun) X. Y. Zhu ●
254823 Millettia rhodantha Baill.;粉红花崖豆藤●☆
254824 Millettia richardiana (Baill.) Du Puy et Labat;理查德崖豆藤●☆
254825 Millettia ripicola E. C. Sousa;岩地崖豆藤●☆
254826 Millettia rooseveltii De Wild. = Andira inermis (W. Wright) DC. subsp. rooseveltii (De Wild.) J. B. Gillett ex Polhill ●☆
254827 Millettia rubra De Wild. = Millettia drastica Welw. ex Baker ●☆
254828 Millettia sacleuxii Dunn;萨克勒崖豆藤●☆
254829 Millettia sanagana Harms;萨纳加崖豆藤●☆
254830 Millettia sapindifolia T. C. Chen;无患子叶崖豆藤(广西崖豆藤,无患子叶鸡血藤);Sapindus-leaf Millettia, Soapberryleaf Cliffbean ●■
254831 Millettia sapinii De Wild.;萨潘崖豆藤●☆
254832 Millettia sapinii De Wild. var. longeacuminata ? = Millettia sapinii De Wild. ●☆
254833 Millettia sapinii De Wild. var. subrubrosericea ? = Millettia sapinii De Wild. ●☆
254834 Millettia scabricaulis Franch. = Derris scabricaulis (Franch.)

Gagnep. ex F. C. How ●
254835 Millettia schliebenii Harms;施利本崖豆藤●☆
254836 Millettia scott-elliotii Dunn = Millettia warneckei Harms var. porphyrocalyx (Dunn) Hepper ●☆
254837 Millettia semseii J. B. Gillett;塞姆崖豆藤●☆
254838 Millettia seretii De Wild. = Millettia drastica Welw. ex Baker ●☆
254839 Millettia sericantha Harms;绢毛花崖豆藤●☆
254840 Millettia sericosema Hance = Callerya sericosema (Hance) Z. Wei et Pedley ●
254841 Millettia shunningensis Hu = Callerya dorwardii (Collett et Hemsl.) Z. Wei et Pedley ●
254842 Millettia shunningensis Hu = Millettia dorwardi Collett et Hemsl. ■
254843 Millettia solheidii De Wild. = Millettia dubia De Wild. ●☆
254844 Millettia soyauxii Taub.;索亚崖豆藤●☆
254845 Millettia speciosa Champ. ex Benth. = Callerya speciosa (Champ. ex Benth.) Schot ■●
254846 Millettia speciosa Welw. = Lonchocarpus sericeus (Poir.) Kunth ex DC. ●☆
254847 Millettia sphaerosperma Z. Wei = Callerya sphaerosperma (Z. Wei) Z. Wei et Pedley ●
254848 Millettia stapfiana Dunn = Millettia zechiana Harms ●☆
254849 Millettia stenopetala Harms;窄瓣崖豆藤●☆
254850 Millettia stipellatissima Hauman;小托叶崖豆藤●☆
254851 Millettia stuhlmannii Taub. et Dunn;东非崖豆树(斯图崖豆);Panga-Panga,Pangpanga ●☆
254852 Millettia sutherlandii Harv. = Philenoptera sutherlandii (Harv.) Schrire ●☆
254853 Millettia taiwaniana (Hayata) Hayata = Millettia pachycarpa Benth. ●■
254854 Millettia taiwaniana Hayata;台湾崖豆藤(毒藤,蕾藤,蕗藤,台湾蕾藤,台湾鱼藤,鱼藤);Taiwan Cliffbean,Taiwan Millettia ●
254855 Millettia taiwaniana Hayata = Millettia pachycarpa Benth. ●■
254856 Millettia tanaensis J. B. Gillett;塔纳崖豆藤●☆
254857 Millettia tetraptera Kurz;四翅崖豆;Fourwings Cliffbean,Fourwings Millettia ●
254858 Millettia teuszii (Büttner) De Wild.;托兹崖豆藤●☆
254859 Millettia thollonii Dunn;托伦崖豆藤●☆
254860 Millettia thonneri De Wild.;托内崖豆藤●☆
254861 Millettia thonningii (Schumach. et Thonn.) Baker;索宁崖豆藤●☆
254862 Millettia thonningii Baker = Millettia thonningii (Schumach. et Thonn.) Baker ●☆
254863 Millettia thyrsiflora Benth. = Aganope thyrsiflora (Benth.) Polhill ●
254864 Millettia thyrsiflora Benth. = Derris thyrsiflora Benth. ●
254865 Millettia tsui F. P. Metcalf = Callerya tsui (F. P. Metcalf) Z. Wei et Pedley ■●
254866 Millettia unijuga Gagnep.;三叶崖豆藤;Three-leaf Millettia, Trifoliate Cliffbean,Unijugate Millettia ●
254867 Millettia unijuga Gagnep. = Craspedolobium unijugum (Gagnep.) Z. Wei et Pedley ●
254868 Millettia urophylla Welw. ex Baker = Millettia barteri (Benth.) Dunn ●☆
254869 Millettia urophylloides De Wild.;尾叶崖豆藤●☆
254870 Millettia urophylloides De Wild. var. atenensis (De Wild.) Hauman;阿滕尾叶崖豆藤●☆
254871 Millettia usaramensis Taub.;乌萨拉姆崖豆藤●☆
254872 Millettia usaramensis Taub. subsp. australis J. B. Gillett;乌萨拉姆南方崖豆藤●☆
254873 Millettia usaramensis Taub. var. parvifolia Dunn;小叶崖豆藤●☆
254874 Millettia vanderystii De Wild. = Millettia vankerckhovenii De Wild. ●☆
254875 Millettia vankerckhovenii De Wild.;温氏崖豆藤●☆
254876 Millettia velutina Dunn;绒毛崖豆藤(绒毛崖豆);Floss Cliffbean,Velvet-like Millettia,Velvety Millettia ●
254877 Millettia vermoesenii De Wild. = Millettia comosa (Micheli) Hauman var. vermoesenii (De Wild.) Hauman ●☆
254878 Millettia versicolor Welw. ex Baker;变色崖豆藤●☆
254879 Millettia warneckei Harms;沃内克崖豆藤●☆
254880 Millettia warneckei Harms var. porphyrocalyx (Dunn) Hepper;紫萼沃内克崖豆藤●☆
254881 Millettia wellensii De Wild.;韦伦斯崖豆藤●☆
254882 Millettia yangambiensis De Wild. = Millettia elskensii De Wild. var. yangambiensis (De Wild.) Hauman ●☆
254883 Millettia yunnanensis Pamp. = Millettia pulchra (Benth.) Kurz var. yunnanensis (Pamp.) Dunn ●
254884 Millettia yunnanensis Pamp. var. robusta Pamp. = Millettia velutina Dunn ●
254885 Millettia zechiana Harms;策希崖豆藤●☆
254886 Millettia zenkeriana Harms = Ostryocarpus zenkerianus (Harms) Dunn ■☆
254887 Milligania Hook. f. (1853)(保留属名);米利根草属(密里甘属)■☆
254888 Milligania densiflora Hook. f.;密花米利根草■☆
254889 Milligania longifolia Hook. f.;长叶米利根草■☆
254890 Millina Cass. = Leontodon L. (保留属名)■☆
254891 Millina leontodontoides Cass. = Scorzoneroides cichoriacea (Ten.) Greuter ■☆
254892 Millingtonia L. f. (1782);烟筒花属(老鸦烟筒花属);Chimneyflower,Millingtonia ●
254893 Millingtonia Roxb. = Meliosma Blume ●
254894 Millingtonia Roxb. = Wellingtonia Meisn. ●
254895 Millingtonia Roxb. ex D. Don = Maughania J. St. -Hil. ●■
254896 Millingtonia acuminata Royle = Meliosma simplicifolia (Roxb.) Walp. ●
254897 Millingtonia alba Schltdl. = Meliosma alba (Schltdl.) Walp. ●
254898 Millingtonia arnotiana Wight = Meliosma arnottiana (Wight) Walp. ●
254899 Millingtonia dilleniifolia Wall. ex Wight et Arn. = Meliosma dilleniifolia (Wall. ex Wight et Arn.) Walp. ●
254900 Millingtonia hortensis L. f.;烟筒花(老鸦烟筒花,挪威烟筒花,铜罗汉,姊妹树);Garden Chimneyflower,Garden Millingtonia ●
254901 Millingtonia integrifolia Wall. ex Royle = Meliosma simplicifolia (Roxb.) Walp. ●
254902 Millingtonia pinnata Roxb. = Meliosma pinnata (Roxb.) Maxim. ●
254903 Millingtonia pungens Wall. ex Wight et Arn. = Meliosma simplicifolia (Roxb.) Walp. ●
254904 Millingtonia simplicifolia Roxb. = Meliosma simplicifolia (Roxb.) Walp. ●
254905 Millingtoniaceae Wight et Arn. = Meliosmaceae Endl. ●

254906 Millotia Cass. (1829);单头鼠麹草属■☆
254907 Millotia falcata P. S. Short;镰形单头鼠麹草■☆
254908 Millotia glabra Steetz;光单头鼠麹草■☆
254909 Millotia macrocarpa Schodde;大果单头鼠麹草■☆
254910 Millotia major (Turcz.) P. S. Short;大单头鼠麹草■☆
254911 Millotia pilosa P. S. Short;毛单头鼠麹草■☆
254912 Millotia robusta Steetz;粗壮单头鼠麹草■☆
254913 Millotia tenuifolia Cass.;细叶单头鼠麹草■☆
254914 Millottia Stapf = Millotia Cass. ■☆
254915 Millspaughia B. L. Rob. = Gymnopodium Rolfe ●☆
254916 Milnea Roxb. = Aglaia Lour. (保留属名)●
254917 Miltianthus Bunge(1847);红花蒺藜属☆
254918 Miltianthus portulacoides Bunge;红花蒺藜☆
254919 Miltitzia A. DC. (1845);米氏田梗草属■☆
254920 Miltitzia foliosa Brand;多叶米氏田梗草■☆
254921 Miltitzia lutea A. DC.;黄米氏田梗草■☆
254922 Miltitzia parviflora (A. Gray) Brand;小花米氏田梗草■☆
254923 Miltitzia pinnatifida Osterh.;羽裂米氏田梗草■☆
254924 Miltonia Lindl. (1837)(保留属名);米尔顿兰属(堇花兰属,堇色兰属);Pansy Orchid,Pansy Orchids,Pansy-orchid ■☆
254925 Miltonia × bluntii Rchb. f.;布氏米尔顿兰;Blunt Pansy Orchid ■☆
254926 Miltonia anceps Lindl.;扁平米尔顿兰;Flattened Pansy Orchid ■☆
254927 Miltonia candida Lindl.;白唇米尔顿兰(白米尔顿兰);White Pansy Orchid ■☆
254928 Miltonia clowesii Lindl.;克氏米尔顿兰(横斑米尔顿兰);Clowes Pansy Orchid ■☆
254929 Miltonia cuneata Lindl.;大花米尔顿兰;Largeflower Pansy Orchid ■☆
254930 Miltonia endresii G. Nicholson;恩氏米尔顿兰;Enares Pansy Orchid ■☆
254931 Miltonia flavescens Lindl.;淡黄米尔顿兰;Yellowish Pansy Orchid ■☆
254932 Miltonia hybrida Hort.;堇花米尔顿兰(堇花兰)■☆
254933 Miltonia laevis Rolfe;平滑米尔顿兰;Smooth Pansy Orchid ■☆
254934 Miltonia phalaenopsis G. Nicholson;蝴蝶米尔顿兰;Butter-fly Pansy Orchid ■☆
254935 Miltonia reichenheimii (Linden et Rchb. f.) Rolfe;芮氏米尔顿兰;Reichenheim Pansy Orchid ■☆
254936 Miltonia roezlii G. Nicholson;罗氏米尔顿兰■☆
254937 Miltonia spectabilis Lindl.;美花米尔顿兰;Beautiful Pansy Orchid ■☆
254938 Miltonia stenoglossa Schltr.;狭舌米尔顿兰;Narrow-tongue Pansy Orchid ■☆
254939 Miltonia warszewiczii Rchb. f.;瓦氏米尔顿兰;Warszewicz Pansy Orchid ■☆
254940 Miltonioides Brieger et Lückel = Oncidium Sw. (保留属名) ■☆
254941 Miltoniopsis God. -Leb. (1889);美堇兰属;Miltoniopsis ■☆
254942 Miltoniopsis bismarckii Dodson et D. E. Benn.;美堇兰■☆
254943 Miltus Lour. = Gisekia L. ■
254944 Milula Prain(1895);穗花韭属;Milula ■
254945 Milula spicata Prain;穗花韭;Milula ■
254946 Milulaceae Traub = Alliaceae Borkh. (保留科名)■
254947 Milulaceae Traub;穗花韭科■
254948 Mimaecylon St. -Lag. = Memecylon L. ●
254949 Mimela Phil. = Leucheria Lag. ■☆
254950 Mimetanthe Greene = Mimulus L. ●■
254951 Mimetanthe Greene(1885);毛透骨草属(毛酸浆属)■☆
254952 Mimetanthe pilosa Greene;毛透骨草(毛酸浆)■☆
254953 Mimetes Salisb. (1807);仿龙眼属(米迈特木属)●☆
254954 Mimetes arboreus Rourke;树状仿龙眼●☆
254955 Mimetes argenteus Salisb. ex Knight;银白仿龙眼●☆
254956 Mimetes capitulatus R. Br.;头状仿龙眼●☆
254957 Mimetes chrysanthus Rourke;金花仿龙眼●☆
254958 Mimetes cucullatus (L.) R. Br.;仿龙眼(米迈特木)●☆
254959 Mimetes cucullatus (L.) R. Br. var. hartogii (R. Br.) E. Phillips = Mimetes fimbriifolius Salisb. ex Knight ●☆
254960 Mimetes cucullatus R. Br. = Mimetes cucullatus (L.) R. Br. ●☆
254961 Mimetes fimbriifolius Salisb. ex Knight;流苏仿龙眼●☆
254962 Mimetes hartogii R. Br. = Mimetes fimbriifolius Salisb. ex Knight ●☆
254963 Mimetes hirtus (L.) Salisb. ex Knight;多毛仿龙眼●☆
254964 Mimetes hottentoticus E. Phillips et Hutch.;霍屯督仿龙眼●☆
254965 Mimetes integrus Hutch. = Mimetes splendidus Salisb. ex Knight ●☆
254966 Mimetes lyrigera Salisb. ex Knight = Mimetes cucullatus (L.) R. Br. ●☆
254967 Mimetes nitens (Thunb.) Roem. et Schult. = Mimetes argenteus Salisb. ex Knight ●☆
254968 Mimetes palustris Salisb. ex Knight;沼泽仿龙眼●☆
254969 Mimetes pauciflorus R. Br.;少花仿龙眼(少花米迈特木)●☆
254970 Mimetes purpureus (L.) R. Br. = Diastella proteoides (L.) Druce ●☆
254971 Mimetes saxatilis E. Phillips;岩栖仿龙眼●☆
254972 Mimetes splendidus Salisb. ex Knight;闪光仿龙眼(闪光米迈特木)●☆
254973 Mimetes stokoei E. Phillips et Hutch.;斯托克仿龙眼●☆
254974 Mimetophytum L. Bolus = Mitrophyllum Schwantes ●☆
254975 Mimetophytum crassifolium L. Bolus = Mitrophyllum grande N. E. Br. ●☆
254976 Mimetophytum parvifolium L. Bolus = Mitrophyllum dissitum (N. E. Br.) Schwantes ●☆
254977 Mimophytum Greenm. (1905);脐果紫草属☆
254978 Mimophytum omphalodoides Greenm.;脐果紫草☆
254979 Mimosa L. (1753);含羞草属;Bashfulgrass,Mimosa ●■
254980 Mimosa aculeaticarpa Ortega;刺果含羞草;Wait-a-minute Bush ☆
254981 Mimosa aculeaticarpa Ortega var. biuncifera (Benth.) Barneby;尖果含羞草;Catclaw Mimosa,Wait-a-minute Bush ●☆
254982 Mimosa adianthifolia Schumach. = Albizia adianthifolia (Schumach.) W. Wight ●☆
254983 Mimosa adstringens Schumach. et Thonn. = Acacia nilotica (L.) Willd. ex Delile subsp. adstringens (Schumach. et Thonn.) Roberty ●☆
254984 Mimosa albida Humb. et Bonpl.;微白含羞草●☆
254985 Mimosa alternans M. Vahl ex Benth. = Viguieranthus megalophyllus (R. Vig.) Villiers ●☆
254986 Mimosa amara Roxb. = Albizia amara (Roxb.) Boivin ●☆
254987 Mimosa andringitrensis Vig.;安德林吉特拉山含羞草●☆
254988 Mimosa angustisiliqua Lam. = Desmanthus virgatus (L.) Willd. ●■

254989 Mimosa angustissima Mill. = Acacia angustissima (Mill.) Kuntze ●☆
254990 Mimosa arabica Lam. = Acacia nilotica (L.) Delile ●
254991 Mimosa armata Rottler ex Spreng. = Mimosa hamata Willd. ●☆
254992 Mimosa asak Forssk. = Acacia asak (Forssk.) Willd. ●☆
254993 Mimosa asperata L. = Mimosa pigra L. ●
254994 Mimosa bernieri Drake = Mimosa myriocephala Baker ●☆
254995 Mimosa biglobosa Jacq. = Parkia biglobosa (Jacq.) R. Br. ex G. Don ●☆
254996 Mimosa biglobosa Jacq. = Parkia timoriana (A. DC.) Merr. ●
254997 Mimosa bimucronata (DC.) Kuntze;光荚含羞草(光叶含羞草);Bimucronate Mimosa, Glabrouspod Bashfulgrass, Smooth-leaf Mimosa, Smooth-podded Mimosa ■
254998 Mimosa binervia J. C. Wendl. = Acacia binervia (J. C. Wendl.) J. F. Macbr. ●☆
254999 Mimosa borealis A. Gray;北方含羞草;Fragrant Mimosa, Pink Mimosa ☆
255000 Mimosa bracaatinga Hoehne = Mimosa scabrella Benth. ●☆
255001 Mimosa busseana Harms;布瑟含羞草●☆
255002 Mimosa caesia L. = Acacia caesia (L.) Willd. ●
255003 Mimosa caffra Thunb. = Acacia caffra (Thunb.) Willd. ●☆
255004 Mimosa capensis Burm. f. = Acacia karroo Hayne ●☆
255005 Mimosa capuronii Villiers;凯普伦含羞草●☆
255006 Mimosa catechu L. f. = Acacia catechu (L. f.) Willd. ●
255007 Mimosa chinensis Osbeck = Albizia chinensis (Osbeck) Merr. ●
255008 Mimosa cineraria L. = Prosopis cineraria (L.) Druce ●☆
255009 Mimosa cinerea L. = Dichrostachys cinerea (L.) Wight et Arn. ●
255010 Mimosa concinna Willd. = Acacia concinna (Willd.) DC. ●■
255011 Mimosa concinna Willd. = Acacia sinuata (Lour.) Merr. ●■
255012 Mimosa contortisiliqua Vell. = Enterolobium contortisiliquum (Vell.) Morong ●
255013 Mimosa corniculata Lour. = Albizia corniculata (Lour.) Druce ●
255014 Mimosa cyclocarpa Jacq. = Enterolobium cyclocarpum (Jacq.) Griseb. ●
255015 Mimosa dasyphylla Baker;毛叶含羞草●☆
255016 Mimosa decurrens Bojer ex Benth. = Mimosa suffruticosa (Vatke) Drake ●☆
255017 Mimosa decurrens J. C. Wendl. = Acacia decurrens (J. C. Wendl.) Willd. ●
255018 Mimosa delicatula Baill.;姣美含羞草●☆
255019 Mimosa dinklagei Harms = Albizia dinklagei (Harms) Harms ●☆
255020 Mimosa diplotricha C. Wright ex Sauvalle;双毛含羞草(美洲含羞草);Giant False Sensitive Plant, Giant Sensitive-plant ●■☆
255021 Mimosa diplotricha C. Wright ex Sauvalle var. inermis (Adelb.) Veldkamp;无刺巴西含羞草●
255022 Mimosa diplotricha C. Wright ex Sauvalle var. inermis (Adelb.) Verdc. = Mimosa invisa Mart. var. inermis Gilli ●■
255023 Mimosa distachya Vent. = Paraserianthes lophantha (Willd.) I. C. Nielsen ●☆
255024 Mimosa duclis Roxb. = Pithecellobium dulce (Roxb.) Benth. ●
255025 Mimosa dumetaria Villiers;灌丛含羞草●☆
255026 Mimosa dysocarpa Benth.;柽柳花含羞草;Tamarix-flowering Mimosa, Velvet Pod Mimosa ☆
255027 Mimosa elliptica Benth.;椭圆含羞草●☆
255028 Mimosa farcta Banks et Sol. = Lagonychium farctum (Banks et Sol.) Bobrov ●☆
255029 Mimosa farcta Banks et Sol. = Prosopis farcta (Banks et Sol.) J. F. Macbr. ●☆
255030 Mimosa farnesiana L. = Acacia farnesiana (L.) Willd. ●
255031 Mimosa fera Lour. = Gleditsia fera (Lour.) Merr. ●
255032 Mimosa flava Forssk. = Acacia ehrenbergiana Hayne ●☆
255033 Mimosa gigas L. = Entada gigas (L.) Fawc. et Rendle ●☆
255034 Mimosa glaberrima Schumach. et Thonn. = Albizia glaberrima (Schumach. et Thonn.) Benth. ●☆
255035 Mimosa glauca L. = Acacia glauca (L.) Moench ●
255036 Mimosa glauca L. = Leucaena leucocephala (Lam.) de Wit ●
255037 Mimosa glomerata Forssk. = Dichrostachys cinerea (L.) Wight et Arn. ●
255038 Mimosa grandidieri Baill.;格朗含羞草●☆
255039 Mimosa grandiflora L'Hér. = Calliandra anomala (Kunth) J. F. Macbr. ●☆
255040 Mimosa hamata Willd.;钩状含羞草;Hamate Mimosa ●☆
255041 Mimosa helvilleana Baill. = Mimosa nossibiensis Benth. ●☆
255042 Mimosa hemiendyta Rose et B. L. Rob.;墨西哥含羞草●☆
255043 Mimosa hildebrandtii Drake;希尔德含羞草●☆
255044 Mimosa himalayana Gamble;喜马拉雅含羞草●☆
255045 Mimosa hostilis Benth.;美国含羞草●☆
255046 Mimosa hostilis Benth. = Mimosa tenuiflora (Willd.) Poir. ●☆
255047 Mimosa houstoniana Mill. = Calliandra houstoniana (Mill.) Standl. ●☆
255048 Mimosa houstonii L'Hér. = Calliandra inermis (L.) Druce ●☆
255049 Mimosa illinoensis Michx. = Desmanthus illinoensis (Michx.) MacMill. ex B. L. Rob. et Fernald ■☆
255050 Mimosa incurvata Afzel.;内折含羞草●☆
255051 Mimosa intsia L. = Acacia caesia (L.) Roxb. ex Wall. ●
255052 Mimosa invisa Mart. = Mimosa invisa Mart. ex Colla ●■
255053 Mimosa invisa Mart. ex Colla;巴西含羞草(簕仔树,美洲含羞草,无刺含羞草);Brazil Bashfulgrass, Brazil Mimosa ●■
255054 Mimosa invisa Mart. ex Colla = Mimosa diplotricha C. Wright ex Sauvalle ●■☆
255055 Mimosa invisa Mart. var. inermis Adelb. = Mimosa diplotricha C. Wright ex Sauvalle var. inermis (Adelb.) Verdc. ●■
255056 Mimosa invisa Mart. var. inermis Gilli;无刺含羞草;Spineless Brazil Mimosa ●■
255057 Mimosa invisa Martius = Mimosa diplotricha C. Wright ex Sauvalle ●■☆
255058 Mimosa invisa Martius ex Colla var. inermis Adelb. = Mimosa diplotricha C. Wright ex Sauvalle var. inermis (Adelb.) Veldkamp ●
255059 Mimosa julibrissin Scop. = Albizia julibrissin (Willd.) Durazz. ●
255060 Mimosa juliflora Sw. = Prosopis juliflora (Sw.) DC. ●
255061 Mimosa kalkora Roxb. = Albizia kalkora (Roxb.) Prain ●
255062 Mimosa latisiliqua L. = Leucaena latisiliqua (L.) Gillis ●
255063 Mimosa latispinosa Lam.;宽刺含羞草●☆
255064 Mimosa lebbeck L. = Albizia lebbeck (L.) Benth. ●
255065 Mimosa leucacantha Jacq. = Acacia karroo Hayne ●☆
255066 Mimosa leucocephala Lam. = Leucaena leucocephala (Lam.) de Wit ●
255067 Mimosa levenensis Drake;利文含羞草●☆
255068 Mimosa longifolia Andréws = Acacia longifolia (Andréws) Willd. ●☆
255069 Mimosa lucida Roxb. = Albizia lucidior (Steud.) I. C. Nielsen ex H. Hara ●
255070 Mimosa malacophylla Gray;软叶含羞草●☆

255071 Mimosa manomboensis Lefevre et Labat;马农布含羞草●☆
255072 Mimosa mellifera Vahl = Acacia mellifera (Vahl) Benth. ●
255073 Mimosa miamensis Roxb.;迈阿密含羞草●☆
255074 Mimosa microphylla Dryand.;小叶含羞草;Sensitivebriar☆
255075 Mimosa mossambicensis Brenan;莫桑比克含羞草●☆
255076 Mimosa myriacantha Baker;多刺含羞草●☆
255077 Mimosa myriocephala Baker;多头含羞草●☆
255078 Mimosa natans L. f. = Neptunia oleracea Lour. ■
255079 Mimosa nilotica L. = Acacia nilotica (L.) Willd. ex Delile ●
255080 Mimosa nossibiensis Benth.;诺西波含羞草●☆
255081 Mimosa nutans Pers. = Dichrostachys cinerea (L.) Wight et Arn. var. africana Brenan et Brummitt ●☆
255082 Mimosa nuttallii (DC.) B. L. Turner;纳托尔含羞草;Nuttall's Sensitive-briar, Sensitive-brier, Sensitive-plant ●☆
255083 Mimosa odoratissima L. f. = Albizia odoratissima (L. f.) Benth. ●
255084 Mimosa onilahensis R. Vig.;乌尼拉希含羞草●☆
255085 Mimosa pellita Humb. et Bonpl. ex Willd.;遮皮含羞草●☆
255086 Mimosa pennata L. = Acacia pennata (L.) Willd. ●■
255087 Mimosa pentagona Schumach. et Thonn. = Acacia pentagona (Schumach. et Thonn.) Hook. f. ●☆
255088 Mimosa pernambucana L. = Desmanthus pernambucanus (L.) Thell. ●
255089 Mimosa pigra Humb. et Bonpl. ex Willd.;大含羞草(刺轴含羞草);Catclaw Mimosa, Giant Sensitive Plant ●
255090 Mimosa pigra L. = Mimosa pigra Humb. et Bonpl. ex Willd. ●
255091 Mimosa plena L. = Neptunia plena (L.) Benth. ■
255092 Mimosa polycarpa Kunth;多果含羞草;Manyfruit Mimosa ●☆
255093 Mimosa portoricensis Jacq. = Calliandra portoricensis (Jacq.) Benth. ●☆
255094 Mimosa procera Roxb. = Albizia procera (Roxb.) Benth. ●
255095 Mimosa prostrata Lam. = Neptunia oleracea Lour. ■
255096 Mimosa psoralea (DC.) Benth.;短足含羞草●☆
255097 Mimosa pterocarpa Lam. = Gagnebina pterocarpa (Lam.) Baill. ●☆
255098 Mimosa pudica L.;含羞草(刺含羞草,感应草,呼喝草,见诮草,懼内草,怕丑草,怕羞草,怕痒花,望江南,羞草,知羞草);Action Plant, Humble Plant, Humble-plant, Sensitive Plant, Shame-bush, Shameweed, Shme Plant, Touch-me-not ●■
255099 Mimosa pudica L. var. hispida Brenan;硬毛含羞草●☆
255100 Mimosa pudica L. var. tetrandra (Humb. et Bonpl. ex Willd.) DC.;四蕊含羞草●☆
255101 Mimosa pudica L. var. unijuga (Duchass. et Walp.) Griseb.;成双含羞草;Puahilahila, Shame Plant ●☆
255102 Mimosa quadrivalvis L.;四片含羞草;Bashful Brier, Catclaw Sensitive Brier, Sensitive Brier ■☆
255103 Mimosa quadrivalvis L. var. nuttallii (DC.) Beard ex Barneby = Mimosa nuttallii (DC.) B. L. Turner ●☆
255104 Mimosa reticulata L. = Acacia karroo Hayne ●☆
255105 Mimosa rubicaulis Lam.;红茎含羞草●☆
255106 Mimosa rugata Lam. = Acacia sinuata (Lour.) Merr. ●■
255107 Mimosa saligna Labill. = Acacia saligna (Labill.) H. L. Wendl. ●☆
255108 Mimosa saman (Jacq.) F. Muell. = Samanea saman (Jacq.) Merr. ●
255109 Mimosa saman Jacq. = Samanea saman (Jacq.) Merr. ●
255110 Mimosa saponaria Lour. = Albizia saponaria (Lour.) Blume ex Miq. ●☆
255111 Mimosa scabrella Benth.;糙叶含羞草;Bracaatinga ●☆
255112 Mimosa scandens L. = Entada phaseoloides (L.) Merr. ●
255113 Mimosa senegal L. = Acacia senegal (L.) Willd. ●
255114 Mimosa sepiaria Benth. = Mimosa bimucronata (DC.) Kuntze ■
255115 Mimosa sinuata Lour. = Acacia sinuata (Lour.) Merr. ●■
255116 Mimosa sinuate Lour. = Acacia concinna (Willd.) DC. ●■
255117 Mimosa sirissa Roxb. = Albizia lebbeck (L.) Benth. ●
255118 Mimosa spicata E. Mey. = Adenopodia spicata (E. Mey.) C. Presl ■☆
255119 Mimosa stellata Forssk. = Pterolobium stellatum (Forssk.) Brenan ●☆
255120 Mimosa stephaniana M. Bieb. = Prosopis farcta (Banks et Sol.) J. F. Macbr. ●☆
255121 Mimosa stuhlmannii Harms = Mimosa bimucronata (DC.) Kuntze ■
255122 Mimosa suffruticosa (Vatke) Drake;亚灌木含羞草●☆
255123 Mimosa tamariscina Lam. = Gagnebina pterocarpa (Lam.) Baill. ●☆
255124 Mimosa tanalarum R. Vig.;塔纳尔含羞草●☆
255125 Mimosa taxifolia Pers. = Parkia biglobosa (Jacq.) R. Br. ex G. Don ●☆
255126 Mimosa tenuiflora (Willd.) Poir.;细花含羞草;Tepescohuite ●☆
255127 Mimosa tenuiflora Poir. = Mimosa tenuiflora (Willd.) Poir. ●☆
255128 Mimosa terminalis Salisb. = Acacia terminalis (Salisb.) J. F. Macbr. ●☆
255129 Mimosa tetrandra Humb. et Bonpl. ex Willd. = Mimosa pudica L. var. tetrandra (Humb. et Bonpl. ex Willd.) DC. ●☆
255130 Mimosa tortilis Forssk. = Acacia tortilis (Forssk.) Hayne ●☆
255131 Mimosa uncinata Sessé et Moc.;具钩含羞草●☆
255132 Mimosa unguis-cati L. = Pithecellobium unguis-cati (L.) Benth. ●
255133 Mimosa unijuga Duchass. et Walp. = Mimosa pudica L. var. unijuga (Duchass. et Walp.) Griseb. ●☆
255134 Mimosa uraguensis Hook. et Arn.;乌拉圭含羞草●☆
255135 Mimosa vilersii Drake;维莱尔斯含羞草●☆
255136 Mimosa villosa Sw. = Acacia glauca (L.) Moench ●
255137 Mimosa violacea Bolle = Mimosa mossambicensis Brenan ●☆
255138 Mimosa virgata L. = Desmanthus virgatus (L.) Willd. ●■
255139 Mimosa volubilis Villiers;缠绕含羞草●☆
255140 Mimosa waterlotii R. Vig.;瓦泰洛含羞草●☆
255141 Mimosaceae R. Br. (1814)(保留科名);含羞草科;Australian Blackwood Family, Mimosa Family ●■
255142 Mimosaceae R. Br.(保留科名) = Fabaceae Lindl.(保留科名)●■
255143 Mimosaceae R. Br.(保留科名) = Leguminosae Juss.(保留科名)●■
255144 Mimosopsis Britton et Rose = Mimosa L. ●■
255145 Mimosopsis Britton et Rose(1928);拟含羞草属●■
255146 Mimozyganthus Burkart(1939);龙突含羞木属●☆
255147 Mimozyganthus carinatus (Griseb.) Burkart;龙突含羞木●☆
255148 Mimulicalyx P. C. Tsoong (1979);虾子草属(虾仔草属);Mimulicalyx ■★
255149 Mimulicalyx paludigenus P. C. Tsoong;沼生虾子草;Marshy Mimulicalyx ■
255150 Mimulicalyx rosulatus P. C. Tsoong;虾子草;Rosulate Mimulicalyx ■

255151 Mimulodes (Benth.) Kuntze = Mimetanthe Greene ■☆
255152 Mimulodes (Benth.) Kuntze = Mimulus L. ●■
255153 Mimulopsis Schweinf. (1868);类沟酸浆属■☆
255154 Mimulopsis alpina Chiov.;高山类沟酸浆■☆
255155 Mimulopsis angustata Benoist;狭类沟酸浆■☆
255156 Mimulopsis arborescens C. B. Clarke;树状类沟酸浆■☆
255157 Mimulopsis armata Benoist = Mimulopsis hildebrandtii Lindau ■☆
255158 Mimulopsis bagshawei S. Moore;巴格肖类沟酸浆■☆
255159 Mimulopsis bicalcarata Lindau = Mimulopsis solmsii Schweinf. ■☆
255160 Mimulopsis catatii Benoist;卡他类沟酸浆●☆
255161 Mimulopsis dasyphylla Mildbr.;毛叶类沟酸浆■☆
255162 Mimulopsis elliotii C. B. Clarke;埃利类沟酸浆■☆
255163 Mimulopsis excellens Lindau;优秀类沟酸浆■☆
255164 Mimulopsis glandulosa (Lindau) Baker;具腺类沟酸浆●☆
255165 Mimulopsis glandulosa (Lindau) Bullock = Mimulopsis thomsonii C. B. Clarke ■☆
255166 Mimulopsis hildebrandtii Lindau;希尔德类沟酸浆■☆
255167 Mimulopsis kilimandscharica Lindau;基利类沟酸浆●☆
255168 Mimulopsis longisepala Mildbr.;长萼类沟酸浆■☆
255169 Mimulopsis lyalliana (Nees) Baron;莱尔类沟酸浆●☆
255170 Mimulopsis madagascariensis (Baker) Benoist;马岛类沟酸浆 ■☆
255171 Mimulopsis runssorica Lindau;伦索类沟酸浆■☆
255172 Mimulopsis sesamoides S. Moore;芝麻类沟酸浆●☆
255173 Mimulopsis solmsii Schweinf.;类沟酸浆■☆
255174 Mimulopsis solmsii Schweinf. var. kivuensis (Mildbr.) Troupin;基伍类沟酸浆■☆
255175 Mimulopsis solmsii Schweinf. var. orophila Troupin;喜山类沟酸浆■☆
255176 Mimulopsis spathulata C. B. Clarke;匙形类沟酸浆■☆
255177 Mimulopsis speciosa Baker;美丽类沟酸浆■☆
255178 Mimulopsis thomsonii C. B. Clarke;托马森类沟酸浆■☆
255179 Mimulopsis usumburensis Lindau;乌松布拉类沟酸浆■☆
255180 Mimulopsis velutinella Mildbr.;短绒毛类沟酸浆■☆
255181 Mimulopsis violacea Lindau = Mimulopsis solmsii Schweinf. ■☆
255182 Mimulopsis violacea Lindau subsp. kivuensis Mildbr. = Mimulopsis solmsii Schweinf. var. kivuensis (Mildbr.) Troupin ■☆
255183 Mimulus Adans. = Rhinanthus L. ■
255184 Mimulus L. (1753);沟酸浆属;Mimulus, Monkey Flower, Monkey Musk, Monkeyflower, Monkey-flower, Musk ●■
255185 Mimulus × burnetii ? = Mimulus cupreus Regel ■☆
255186 Mimulus × hybridus Siebert et Voss;杂种沟酸浆;Bush Monkey Flower, Monkey Flower ■☆
255187 Mimulus alatus Aiton;具翼沟酸浆;Sharpwing Monkey Flower, Sharp-winged Monkeyflower, Sharp-winged Monkey-flower, Winged Monkeyflower ■☆
255188 Mimulus alatus Sol. = Mimulus alatus Aiton ■☆
255189 Mimulus angustifolius Hochst. ex A. Rich. = Mimulus gracilis R. Br. ■☆
255190 Mimulus assamicus Griff. = Mimulus nepalensis Benth. ■
255191 Mimulus assamicus Griff. = Mimulus tenellus Bunge var. nepalensis (Benth.) P. C. Tsoong ex H. P. Yang ■
255192 Mimulus aurantiacus Curtis;灌木沟酸浆(橙黄沟酸浆);Bush Monkey Flower, Orange-bush Monkeytlower, Shrubby Musk ●☆
255193 Mimulus bodinieri Vaniot;匍生沟酸浆;Bodinier Monkeyflower ■
255194 Mimulus bracteosa P. C. Tsoong;小苞沟酸浆;Smallbract Monkeyflower ■
255195 Mimulus bracteosa P. C. Tsoong f. salicifolia P. C. Tsoong;柳叶沟酸浆;Willowleaf Monkeyflower ■
255196 Mimulus brevipes A. Gray;短梗沟酸浆;Yellow Monkeyflower ■☆
255197 Mimulus cardinalis Douglas ex Benth.;红花沟酸浆(深红沟酸浆);Cardinal Monkeyflower, Crimson Monkey-flower, Monkeyflower, Red Monkey Flower ■☆
255198 Mimulus cupreus Regel;铜黄沟酸浆;Chilean Monkey-flower, Coppery Monkeytlower ■☆
255199 Mimulus cupriphilus Macnair;加州沟酸浆■☆
255200 Mimulus formosanus Hayata = Mimulus tenellus Bunge var. nepalensis (Benth.) P. C. Tsoong ex H. P. Yang ■
255201 Mimulus fremontii (Benth.) A. Gray;弗雷蒙沟酸浆;Pink Monkeytlower ■☆
255202 Mimulus geyeri Torr. = Mimulus glabratus Kunth var. jamesii (Torr. et A. Gray ex Benth.) A. Gray ■☆
255203 Mimulus glabratus Kunth;无毛沟酸浆;Roundleaf Monkey Flower, Round-leaved Monkey-flower, Yellow Monkey Flower ■☆
255204 Mimulus glabratus Kunth var. fremontii (Benth.) A. L. Grant = Mimulus glabratus Kunth var. jamesii (Torr. et A. Gray ex Benth.) A. Gray ■☆
255205 Mimulus glabratus Kunth var. fremontii (Benth.) A. L. Grant = Mimulus glabratus Kunth ■☆
255206 Mimulus glabratus Kunth var. jamesii (Torr. et A. Gray ex Benth.) A. Gray;詹姆斯沟酸浆;James' Monkey-flower, Round-leaved Monkey-flower ■☆
255207 Mimulus glutinosus J. C. Wendl. = Mimulus aurantiacus Curtis ●☆
255208 Mimulus gracilis R. Br.;纤弱沟酸浆;Slender Monkeyflower ■☆
255209 Mimulus guttatus DC. = Mimulus guttatus Fisch. ex DC. ■☆
255210 Mimulus guttatus Fisch. ex DC.;斑花沟酸浆(斑沟酸浆);Common Monkey Flower, Common Monkeyflower, Gap-mouth, Monkey Blossom, Monkey Cup, Monkey Flower, Monkey Jack, Monkey Musk, Monkey Plant, Monkeytlower, Seep-spring Monkeyflower, Trumpet Cup, Water Musk ■☆
255211 Mimulus inamoenus Greene = Mimulus glabratus Kunth var. jamesii (Torr. et A. Gray ex Benth.) A. Gray ■☆
255212 Mimulus inflatus (Miq.) Nakai = Mimulus nepalensis Benth. ■
255213 Mimulus jamesii Torr. et A. Gray ex Benth. = Mimulus glabratus Kunth var. jamesii (Torr. et A. Gray ex Benth.) A. Gray ■☆
255214 Mimulus jamesii Torr. et A. Gray ex Benth. var. fremontii Benth. = Mimulus glabratus Kunth var. jamesii (Torr. et A. Gray ex Benth.) A. Gray ■☆
255215 Mimulus langsdorfii Donn ex Sims = Mimulus guttatus Fisch. ex DC. ■☆
255216 Mimulus lewisii Pursh;刘易斯沟酸浆;Lewis' Monkeyflower ■☆
255217 Mimulus longiflorus (Nutt.) A. L. Grant ex L. H. Bailey;长花沟酸浆;Salmon Bush Monkey Flower, Yellow Monkey Flower ●☆
255218 Mimulus luteus L.;黄花沟酸浆(黄沟酸浆,黄猴面花,锦花沟酸浆);Blood-drop Emlet, Blood-drop-emlets, Common Monkeyflower, Frog's Mouth, Golden Monkey Flower, Golden Monkeyflower, Golden Monkey-flower, Mask-flower, Monkey Musk, Yellow Monkey Flower, Yellow Monkeyflower, Yellow Musk ■☆

255219 Mimulus luteus L. var. variegatus Hook.;斑叶黄花沟酸浆■☆
255220 Mimulus minthodes Greene = Mimulus ringens L. ■☆
255221 Mimulus moniliformis Greene;串珠沟酸浆■☆
255222 Mimulus moschatus Douglas = Mimulus moschatus Douglas ex Lindl. ■☆
255223 Mimulus moschatus Douglas ex Lindl.;猴面花(麝香沟酸浆);Crowfoot,Musk,Musk Monkeytlower,Musk Plant,Musk-plant,Musky Monkey-flower ■☆
255224 Mimulus nepalensis Benth. = Mimulus tenellus Bunge var. japonicus (Miq.) Hand. -Mazz. ■
255225 Mimulus nepalensis Benth. = Mimulus tenellus Bunge var. nepalensis (Benth.) P. C. Tsoong ex H. P. Yang ■
255226 Mimulus nepalensis Benth. f. maior H. Winkl. = Mimulus tenellus Bunge var. platyphyllus (Franch.) P. C. Tsoong ■
255227 Mimulus nepalensis Benth. f. major H. Winkl. = Mimulus nepalensis Benth. var. procerus (Grant) Hand. -Mazz. ■
255228 Mimulus nepalensis Benth. var. japonicus (Miq.) Miq. ex Maxim. = Mimulus nepalensis Benth. ■
255229 Mimulus nepalensis Benth. var. maior H. Winkl. = Mimulus tenellus Bunge var. platyphyllus (Franch.) P. C. Tsoong ■
255230 Mimulus nepalensis Benth. var. platyphyllus Franch. = Mimulus tenellus Bunge var. platyphyllus (Franch.) P. C. Tsoong ■
255231 Mimulus nepalensis Benth. var. procerus (Grant) Hand. -Mazz. = Mimulus tenellus Bunge var. proceus (Grant) Hand. -Mazz. ■
255232 Mimulus nepalensis Benth. var. procerus Grant = Mimulus tenellus Bunge var. proceus (Grant) Hand. -Mazz. ■
255233 Mimulus orbicularis Wall. et Benth.;圆形沟酸浆;Round Monkeyflower ■☆
255234 Mimulus pallidus Salisb. = Mimulus ringens L. ■☆
255235 Mimulus pilosiusculus Kunth;疏毛沟酸浆■☆
255236 Mimulus reniformis Engelm. ex Benth. = Mimulus glabratus Kunth var. jamesii (Torr. et A. Gray ex Benth.) A. Gray ■☆
255237 Mimulus ringens L.;方茎沟酸浆;Allegheny Monkey Flower,Allegheny Monkey-flower,Lavender Musk,Lavender Water Musk,Monkey Flower,Monkeyflower,Monkey-flower,Square-stemmed Monkey Flower,Square-stemmed Monkeyflower ■☆
255238 Mimulus ringens L. f. roseus Fassett = Mimulus ringens L. ■☆
255239 Mimulus ringens L. var. congesta Farw. = Mimulus ringens L. ■☆
255240 Mimulus ringens L. var. minthodes (Greene) A. L. Grant = Mimulus ringens L. ■☆
255241 Mimulus rupicola Coville et A. L. Grant;岩生沟酸浆;Rock Midget ■☆
255242 Mimulus sessilifolius Maxim.;无柄沟酸浆■☆
255243 Mimulus stolonifer Novopokr.;匍匐沟酸浆■☆
255244 Mimulus szechuanensis P. Y. Pai;四川沟酸浆;Sichuan Monkeyflower,Szechwan Monkeyflower ■
255245 Mimulus szechuanensis P. Y. Pai var. glandulosa P. Y. Pai = Mimulus szechuanensis P. Y. Pai ■
255246 Mimulus tenellus Bunge;沟酸浆;Monkeyflower,Tender Monkeyflower ■
255247 Mimulus tenellus Bunge subsp. nepalensis (Benth.) D. Y. Hong = Mimulus tenellus Bunge var. nepalensis (Benth.) P. C. Tsoong ex H. P. Yang ■
255248 Mimulus tenellus Bunge subsp. nepalensis (Benth.) P. C. Tsoong var. procerus (Grant) D. Y. Hong = Mimulus tenellus Bunge var. proceus (Grant) Hand. -Mazz. ■
255249 Mimulus tenellus Bunge var. japonicus (Miq.) Hand. -Mazz. = Mimulus nepalensis Benth. ■
255250 Mimulus tenellus Bunge var. maior (H. Winkl.) Hand. -Mazz. = Mimulus tenellus Bunge var. platyphyllus (Franch.) P. C. Tsoong ■
255251 Mimulus tenellus Bunge var. nepalensis (Benth.) P. C. Tsoong = Mimulus tenellus Bunge var. japonicus (Miq.) Hand. -Mazz. ■
255252 Mimulus tenellus Bunge var. nepalensis (Benth.) P. C. Tsoong ex H. P. Yang = Mimulus nepalensis Benth. ■
255253 Mimulus tenellus Bunge var. nepalensis (Benth.) P. C. Tsoong ex H. P. Yang;尼泊尔沟酸浆(宽叶沟酸浆,猫眼睛,铺地半枝莲);Nepal Monkeyflower ■
255254 Mimulus tenellus Bunge var. platyphyllus (Franch.) P. C. Tsoong;南红藤(宽叶沟酸浆,猫眼睛);Broadleaf Monkeyflower ■
255255 Mimulus tenellus Bunge var. proceus (Grant) Hand. -Mazz.;高大沟酸浆(宽萼沟酸浆);High Monkeyflower ■
255256 Mimulus tibeticus P. C. Tsoong et H. P. Yang;西藏沟酸浆;Tibet Monkeyflower,Xizang Monkeyflower ■
255257 Mimulus tigrinus Vilm. = Mimulus luteus L. ■☆
255258 Mimulus variegatus Lodd. = Mimulus luteus L. ■☆
255259 Mimulus violaceus Azaola ex Blanco = Torenia violacea (Azaola ex Blanco) Pennell ■
255260 Mimusops L. (1753);子弹木属(牛奶木属,枪弹木属);Bulletwood,Milktree,Milkwood,Mimusops ●☆
255261 Mimusops acutifolia Mildbr.;尖叶牛奶木●☆
255262 Mimusops adolfi-friedericii Engl. et K. Krause = Manilkara adolfi-friedericii (Engl. et K. Krause) H. J. Lam ●☆
255263 Mimusops affinis De Wild.;近缘牛奶木●☆
255264 Mimusops africana (Pierre) Lecomte = Tieghemella africana Pierre ●☆
255265 Mimusops altissima Engl. = Manilkara discolor (Sond.) J. H. Hemsl. ●☆
255266 Mimusops andongensis Hiern;安东牛奶木●☆
255267 Mimusops angolensis Engl.;安哥拉牛奶木●☆
255268 Mimusops angolensis Engl. = Manilkara obovata (Sabine et G. Don) J. H. Hemsl. ●☆
255269 Mimusops angustifolia Bojer;狭叶牛奶木●☆
255270 Mimusops ankaibeensis Capuron;马达加斯加牛奶木●☆
255271 Mimusops atacorensis A. Chev.;圭亚那子弹木●☆
255272 Mimusops atacorensis A. Chev. = Manilkara obovata (Sabine et G. Don) J. H. Hemsl. ●☆
255273 Mimusops bagshawei S. Moore;巴格肖牛奶木●☆
255274 Mimusops bakeri Baill. = Vitellariopsis kirkii (Baker) Dubard ●☆
255275 Mimusops balata Crueg. ex Griseb. = Manilkara bidentata (A. DC.) A. Chev. ●☆
255276 Mimusops batesii Engl. = Neolemonniera batesii (Engl.) Heine ●☆
255277 Mimusops bequaertii De Wild. = Manilkara bequaertii (De Wild.) H. J. Lam ●☆
255278 Mimusops bidentata A. DC. = Manilkara bidentata (A. DC.) A. Chev. ●☆
255279 Mimusops blantyreana Engl.;布兰太尔牛奶木●☆
255280 Mimusops boivinii Hartog ex Pierre = Labramia boivinii (Pierre) Aubrév. ●☆
255281 Mimusops boonei De Wild. = Autranella congolensis (De Wild.) A. Chev. ●☆
255282 Mimusops boonei De Wild. var. abrupte-acuminata ? =

Autranella congolensis (De Wild.) A. Chev. ●☆
255283 Mimusops boonei De Wild. var. acuminata ? = Autranella congolensis (De Wild.) A. Chev. ●☆
255284 Mimusops buchananii Engl. = Manilkara discolor (Sond.) J. H. Hemsl. ●☆
255285 Mimusops busseana Engl. = Mimusops obtusifolia Lam. ●☆
255286 Mimusops caffra E. Mey. ex A. DC.;开菲尔牛奶木●☆
255287 Mimusops capitata Baker = Vitellaria paradoxa C. F. Gaertn. ●
255288 Mimusops chapelieri M. Hartog = Labramia bojeri A. DC. ●☆
255289 Mimusops chevalieri Pierre = Manilkara obovata (Sabine et G. Don) J. H. Hemsl. ●☆
255290 Mimusops clitandrifolia A. Chev. = Neolemonniera clitandrifolia (A. Chev.) Heine ●☆
255291 Mimusops concolor Harv. = Manilkara concolor (Harv.) Gerstner ●☆
255292 Mimusops congolensis De Wild. = Autranella congolensis (De Wild.) A. Chev. ●☆
255293 Mimusops connectens Baill. ex Dubard = Labramia bojeri A. DC. ●☆
255294 Mimusops costata M. Hartog ex Baill. = Labramia costata (M. Hartog ex Baill.) Aubrév. ●☆
255295 Mimusops cuneata Engl. = Vitellariopsis cuneata (Engl.) Aubrév. ●☆
255296 Mimusops cuneifolia Baker = Manilkara obovata (Sabine et G. Don) J. H. Hemsl. ●☆
255297 Mimusops dawei Stapf = Manilkara dawei (Stapf) Chiov. ●☆
255298 Mimusops decorifolia S. Moore = Mimusops zeyheri Sond. ●☆
255299 Mimusops degan Chiov. = Mimusops obtusifolia Lam. ●☆
255300 Mimusops densiflora Baker = Manilkara obovata (Sabine et G. Don) J. H. Hemsl. ●☆
255301 Mimusops densiflora Engl. = Manilkara mochisia (Baker) Dubard ●☆
255302 Mimusops densiflora Engl. var. paolii Chiov. = Manilkara mochisia (Baker) Dubard ●☆
255303 Mimusops dependens Engl. = Mimusops riparia Engl. ●☆
255304 Mimusops discolor (Sond.) Baill. = Manilkara discolor (Sond.) J. H. Hemsl. ●☆
255305 Mimusops dispar N. E. Br. = Vitellariopsis dispar (N. E. Br.) Aubrév. ●☆
255306 Mimusops djalonensis A. Chev. = Manilkara obovata (Sabine et G. Don) J. H. Hemsl. ●☆
255307 Mimusops djave Engl. = Baillonella toxisperma Pierre ●☆
255308 Mimusops djurensis Engl. = Mimusops kummel Bruce ex A. DC. ●☆
255309 Mimusops doeringii Engl. et K. Krause = Manilkara doeringii (Engl. et K. Krause) H. J. Lam ●☆
255310 Mimusops ebolowensis Engl. et K. Krause = Autranella congolensis (De Wild.) A. Chev. ●☆
255311 Mimusops eickii Engl. = Manilkara discolor (Sond.) J. H. Hemsl. ●☆
255312 Mimusops elengii L.;牛奶木(埃郎氏枪弹木,巴西牛奶木,奶油果,牛奶树,牛乳树,牛油果,子弹木);Brazilian Milktree, Bulletwood, Milkwood, Spanish Cherry, Tanjong Tree ●☆
255313 Mimusops fischeri (Engl.) Engl. = Manilkara fischeri (Engl.) H. J. Lam ●☆
255314 Mimusops fragrans (Baker) Engl. = Mimusops kummel Bruce ex A. DC. ●☆
255315 Mimusops frondosa Hiern = Manilkara frondosa (Hiern) H. J. Lam ●☆
255316 Mimusops fruticosa Bojer;灌木牛奶木(灌状牛奶木,灌状子弹木)●☆
255317 Mimusops fruticosa Bojer = Mimusops fruticosa Bojer ex A. DC. ●☆
255318 Mimusops fruticosa Bojer ex A. DC. = Mimusops obtusifolia Lam. ●☆
255319 Mimusops gabonensis L. Gentil;加蓬牛奶木●☆
255320 Mimusops giorgii De Wild.;乔治牛奶木●☆
255321 Mimusops guillotii Hochr. = Labramia costata (M. Hartog ex Baill.) Aubrév. ●☆
255322 Mimusops heckelii (A. Chev.) Hutch. et Dalziel = Tieghemella heckelii (A. Chev.) Pierre ex Dubard ●☆
255323 Mimusops henriquesii Engl. et Warb. = Inhambanella henriquesii (Engl. et Warb.) Dubard ●☆
255324 Mimusops hexandra C. Boutelou ex Bojer;六雄蕊牛奶木(六雄蕊子弹木)●☆
255325 Mimusops hexandra Roxb. = Manilkara hexandra (Roxb.) Dubard ●
255326 Mimusops ilendensis Engl. = Manilkara ilendensis (Engl.) H. J. Lam ●☆
255327 Mimusops kaukii L. = Manilkara kauki (L.) Dubard ●☆
255328 Mimusops kerstingii Engl. = Mimusops kummel Bruce ex A. DC. ●☆
255329 Mimusops kilimandscharica Engl. = Mimusops kummel Bruce ex A. DC. ●☆
255330 Mimusops kilimanensis Engl. = Mimusops obtusifolia Lam. ●☆
255331 Mimusops kirkii Baker = Mimusops obtusifolia Lam. ●☆
255332 Mimusops klaineana Pierre ex Engl. = Lecomtedoxa klaineana (Pierre ex Engl.) Dubard ●☆
255333 Mimusops kribensis Engl. = Manilkara kribensis (Engl.) H. J. Lam ●☆
255334 Mimusops kummel Bruce ex A. DC.;窄萼牛奶木●☆
255335 Mimusops lacera Baker = Manilkara obovata (Sabine et G. Don) J. H. Hemsl. ●☆
255336 Mimusops lacera Baker var. longipetiolata Engl. = Manilkara obovata (Sabine et G. Don) J. H. Hemsl. ●☆
255337 Mimusops lacera Baker var. newtonii Engl. = Manilkara obovata (Sabine et G. Don) J. H. Hemsl. ●☆
255338 Mimusops langenburgiana Engl. = Mimusops kummel Bruce ex A. DC. ●☆
255339 Mimusops laurifolia (Forssk.) Friis;月桂叶牛奶木●☆
255340 Mimusops lecomtei H. J. Lam;勒孔特牛奶木●☆
255341 Mimusops letestui Lecomte = Autranella congolensis (De Wild.) A. Chev. ●☆
255342 Mimusops longipes Baker = Mimusops kummel Bruce ex A. DC. ●☆
255343 Mimusops longistyla De Wild. = Manilkara longistyla (De Wild.) C. M. Evrard ●☆
255344 Mimusops macaulayae Hutch. et Corbishley = Manilkara mochisia (Baker) Dubard ●☆
255345 Mimusops marginata N. E. Br. = Vitellariopsis marginata (N. E. Br.) Aubrév. ●☆
255346 Mimusops mayumbensis Greves;马永巴牛奶木●☆
255347 Mimusops menyhartii Engl. = Manilkara mochisia (Baker) Dubard ●☆

255348 Mimusops micrantha A. Chev. = Synsepalum afzelii (Engl.) T. D. Penn. ●☆
255349 Mimusops mildbraedii Engl. et K. Krause;米尔德牛奶木●☆
255350 Mimusops mochisia Baker = Manilkara mochisia (Baker) Dubard ●☆
255351 Mimusops monroi S. Moore = Mimusops zeyheri Sond. ●☆
255352 Mimusops multinervis Baker = Manilkara obovata (Sabine et G. Don) J. H. Hemsl. ●☆
255353 Mimusops natalensis (Pierre ex L. Planch.) Engl. = Manilkara discolor (Sond.) J. H. Hemsl. ●☆
255354 Mimusops natalensis Schinz = Vitellariopsis marginata (N. E. Br.) Aubrév. ●☆
255355 Mimusops obovata Engl. = Baillonella toxisperma Pierre var. obovata Aubrév. et Pellegr. ●☆
255356 Mimusops obovata Nees ex Sond.;红牛奶木(倒卵子弹木);Red Milkwood ●☆
255357 Mimusops obovata Sond. = Mimusops obovata Nees ex Sond. ●☆
255358 Mimusops obtusifolia Lam.;钝叶牛奶木●☆
255359 Mimusops oleifolia N. E. Br. = Mimusops obovata Nees ex Sond. ●☆
255360 Mimusops pachyclada Baker = Vitellaria paradoxa C. F. Gaertn. ●
255361 Mimusops parvifolia (Nutt.) Radlk. ex Britton;小叶牛奶木(小叶枪弹木)●☆
255362 Mimusops penduliflora Engl.;垂花牛奶木●☆
255363 Mimusops pierreana Engl. = Baillonella toxisperma Pierre var. obovata Aubrév. et Pellegr. ●☆
255364 Mimusops pohlii Engl. = Mimusops kummel Bruce ex A. DC. ●☆
255365 Mimusops propinqua S. Moore = Manilkara obovata (Sabine et G. Don) J. H. Hemsl. ●☆
255366 Mimusops revoluta Hochst. = Mimusops caffra E. Mey. ex A. DC. ●☆
255367 Mimusops riparia Engl.;河岸牛奶木●☆
255368 Mimusops roxburghiana Wight;古巴牛奶树;Roxburgh Milkwood ●☆
255369 Mimusops rudatisii Engl. et K. Krause = Mimusops obovata Nees ex Sond. ●☆
255370 Mimusops sansibarensis Engl. = Manilkara sansibarensis (Engl.) Dubard ●☆
255371 Mimusops schimperi Hochst. ex A. DC. = Mimusops laurifolia (Forssk.) Friis ●☆
255372 Mimusops schimperi Hochst. ex A. Rich. = Mimusops laurifolia (Forssk.) Friis ●☆
255373 Mimusops schinzii Engl. = Vitellariopsis marginata (N. E. Br.) Aubrév. ●☆
255374 Mimusops schliebenii Mildbr. et G. M. Schulze = Mimusops somalensis Chiov. ●☆
255375 Mimusops schweinfurthii Engl. = Manilkara obovata (Sabine et G. Don) J. H. Hemsl. ●☆
255376 Mimusops seretii De Wild. = Manilkara seretii (De Wild.) H. J. Lam ●☆
255377 Mimusops somalensis Chiov.;索马里牛奶木●☆
255378 Mimusops stenosepala Chiov. = Mimusops kummel Bruce ex A. DC. ●☆
255379 Mimusops sulcata Engl. = Manilkara sulcata (Engl.) Dubard ●☆
255380 Mimusops sylvestris S. Moore = Vitellariopsis marginata (N. E. Br.) Aubrév. ●☆
255381 Mimusops thouarsii M. Hartog ex Dubard = Labramia bojeri A. DC. ●☆
255382 Mimusops ubangiensis De Wild. = Chrysophyllum ubangiense (De Wild.) D. J. Harris ●☆
255383 Mimusops ugandensis Stapf = Mimusops bagshawei S. Moore ●☆
255384 Mimusops ugandensis Stapf var. heteroloba ? = Mimusops bagshawei S. Moore ●☆
255385 Mimusops umbraculigera Hutch. et Corbishley = Manilkara mochisia (Baker) Dubard ●☆
255386 Mimusops usambarensis Engl. = Mimusops obtusifolia Lam. ●☆
255387 Mimusops usaramensis Engl. = Mimusops obtusifolia Lam. ●☆
255388 Mimusops useguhensis Engl. = Mimusops riparia Engl. ●☆
255389 Mimusops warneckei Engl. = Mimusops andongensis Hiern ●☆
255390 Mimusops welwitschii Engl. = Manilkara obovata (Sabine et G. Don) J. H. Hemsl. ●☆
255391 Mimusops woodii Engl. = Mimusops obovata Nees ex Sond. ●☆
255392 Mimusops zeyheri Sond.;德兰士瓦牛奶木;Transvaal Red Milkwood ●☆
255393 Mimusops zeyheri Sond. var. laurifolia Engl. = Mimusops zeyheri Sond. ●☆
255394 Mina Cerv. (1824);金鱼花属;Goldfishflower ■
255395 Mina Cerv. = Ipomoea L. (保留属名)●■
255396 Mina La Llave et Lex. = Ipomoea L. (保留属名)●■
255397 Mina cordata Micheli = Mina lobata Cerv. ■
255398 Mina lobata Cerv.;金鱼花(裂叶茑萝);Cypress Vine, Firecracker Vine, Grimson Star Glory, Lobate Goldfishflower, Mina Climber, Mina Lobata, Spanish Flag ■
255399 Mina lobata Cerv. = Ipomoea lobata Thell. ■
255400 Minaea La Llave et Lex. = Mimusops L. ●☆
255401 Minaea Lojac. = Ionopsidium Rchb. ■☆
255402 Minaea Lojac. = Pastorea Tod. ex Bertol. ■
255403 Minaria T. U. P. Konno et Rapini = Astephanus R. Br. ■☆
255404 Minaria T. U. P. Konno et Rapini(2006);巴西无冠萝藦属■☆
255405 Minasia H. Rob. (1992);莲座巴西菊属■☆
255406 Minasia alpestris (Gardner) H. Rob.;莲座巴西菊■☆
255407 Mindium Adans. (废弃属名) = Canarina L. (保留属名)■☆
255408 Mindium Adans. (废弃属名) = Michauxia L'Hér. (保留属名)■☆
255409 Mindium Adans. = Canarina L. (保留属名) + Michauxia L'Hér. (保留属名)■☆
255410 Mindium Raf. = Canarina L. (保留属名)■☆
255411 Minguartia Miers = Minquartia Aubl. ●☆
255412 Minicolumna Brieger = Epidendrum L. (保留属名)■☆
255413 Minjaevia Tzvelev = Silene L. (保留属名)■
255414 Minkelersia M. Martens et Galeotti = Phaseolus L. ■
255415 Minquartia Aubl. (1775);明夸铁青木属●☆
255416 Minquartia guianensis Aubl.;圭亚那明夸铁青木●☆
255417 Mintha St. -Lag. = Minthe St. -Lag. ■●
255418 Minthe St. -Lag. = Mentha L. ■●
255419 Minthostachys (Benth.) Griseb. = Bystropogon L'Hér. (保留属名)●☆
255420 Minthostachys (Benth.) Griseb. = Minthostachys (Benth.) Spach ●☆
255421 Minthostachys (Benth.) Spach(1840);薄荷穗属(薄穗草属)●☆

255422 Minthostachys Bunge = Bystropogon L'Hér.(保留属名)●☆
255423 Minthostachys Spach = Minthostachys (Benth.) Griseb. ●☆
255424 Minthostachys acutifolia Epling;尖叶薄荷穗●☆
255425 Minthostachys diffusa Epling;铺散薄荷穗●☆
255426 Minthostachys fusca Schmidt-Leb.;褐薄荷穗●☆
255427 Minthostachys latifolia Schmidt-Leb.;宽叶薄荷穗●☆
255428 Minthostachys mollis (Benth.) Griseb.;柔软薄荷穗(柔软薄穗草)●☆
255429 Minthostachys ovata (Briq.) Epling;卵叶薄荷穗●☆
255430 Minthostachys salicifolia Epling;柳叶薄荷穗●☆
255431 Minthostachys setosa (Briq.) Epling;刚毛薄荷穗(刚毛薄穗草)●☆
255432 Minthostachys tomentosa (Benth.) Epling;毛薄荷穗(毛薄穗草)●☆
255433 Minthostachys verticillata (Griseb.) Epling;轮生薄荷穗●☆
255434 Mintostachys (Benth.) Spach = Minthostachys (Benth.) Griseb. ●☆
255435 Minuartia L. (1753);米努草属(高山漆姑草属,米钮草属,山漆姑属);Minuartia,Minuartwort,Sabline,Sandwort ■
255436 Minuartia Loefl. ex L. = Minuartia L. ■
255437 Minuartia abchasica Schischk.;阿伯哈斯米努草■☆
255438 Minuartia adenotricha Schischk.;腺毛米钮草■☆
255439 Minuartia aizoides (Boiss.) Bornm.;番杏米努草■☆
255440 Minuartia akinfiewii (Schmalh.) Woronow;阿肯米努草■☆
255441 Minuartia alabamensis J. F. McCormick,Bozeman et Spongberg = Minuartia uniflora (Walter) Mattf. ■☆
255442 Minuartia arctica (Steven ex Ser.) Graebn.;北极米努草;Arctic Minuartia,Arctic Sandwort,Arctic Stitchwort ■
255443 Minuartia arctica (Steven ex Ser.) Graebn. = Arenaria arctica Steven ex Ser. ■☆
255444 Minuartia arctica (Steven ex Ser.) Graebn. var. hondoensis Ohwi = Arenaria arctica Steven ex Ser. var. hondoensis (Ohwi) H. Hara ■☆
255445 Minuartia austromontana S. J. Wolf et Packer;哥伦比亚米努草;Columbian Stitchwort,Rocky Mountain Sandwort ■☆
255446 Minuartia bieberateinii (Rupr.) Schischk.;毕伯氏米努草■☆
255447 Minuartia biflora (L.) Schinz et Thell.;二花米努草(两花米钮草,双花无心菜);Biflower Minuartwort,Mountain Sandwort,Mountain Stitchwort ■
255448 Minuartia biflora (L.) Schinz et Thell. = Arenaria sajanensis Willd. ■
255449 Minuartia brotheriana (Trautv.) Woronow;布拉泽米努草■☆
255450 Minuartia buschiana Schischk.;布什米努草■☆
255451 Minuartia californica (A. Gray) Mattf.;加州;California Sandwort,Long-root,Pine-barren Sandwort,Pine-barren Stitchwort ■☆
255452 Minuartia campestris L.;田野米努草■☆
255453 Minuartia campestris L. subsp. squarrosa Mattf.;粗鳞米努草■☆
255454 Minuartia campestris L. var. squarrosa (Mattf.) Maire = Minuartia campestris L. subsp. squarrosa Mattf. ■☆
255455 Minuartia caucasica (Adam) Mattf.;高加索米努草■☆
255456 Minuartia cismontana Meinke et Zika;山地米努草;Cismontane Minuartia ■☆
255457 Minuartia cumberlandensis (Wofford et Král) McNeill;坎伯兰米努草;Cumberland Stitchwort ■☆
255458 Minuartia dawsonensis (Britton) House;岩地米努草;Minuartie de Dawson,Rock Stitchwort ■☆
255459 Minuartia dawsonensis (Britton) House = Arenaria stricta Michx. subsp. dawsonensis (Britton) Maguire ■☆
255460 Minuartia decumbens T. W. Nelson et J. P. Nelson;铺散米努草■☆
255461 Minuartia dianthifolia (Boiss.) Hand.-Mazz.;石竹叶米努草■☆
255462 Minuartia dichotoma L.;二歧米努草■☆
255463 Minuartia douglasii (Fenzl ex Torr. et A. Gray) Mattf.;道格拉斯米努草;Douglas' Stitchwort ■☆
255464 Minuartia douglasii (Fenzl ex Torr. et A. Gray) Mattf. var. emarginata (H. Sharsm.) McNeill = Minuartia douglasii (Fenzl ex Torr. et A. Gray) Mattf. ■☆
255465 Minuartia drummondii (Shinners) McNeill;德拉蒙德米努草;Drummond's Stitchwort ■☆
255466 Minuartia elegans (Cham. et Schltdl.) Schischk.;雅致米努草;Elegant Stitchwort ■☆
255467 Minuartia ellenbeckii (Engl.) M. G. Gilbert;埃伦米努草■☆
255468 Minuartia filifolia (Forssk.) Mattf.;丝叶米努草■☆
255469 Minuartia filifolia (Forssk.) Mattf. var. erlangeriana (Engl.) Chiov. = Minuartia ellenbeckii (Engl.) M. G. Gilbert ■☆
255470 Minuartia filiorum (Maguire) McNeill = Minuartia macrantha (Rydb.) House ■☆
255471 Minuartia funkii (Jord.) Graebn.;芬克米努草■☆
255472 Minuartia funkii (Jord.) Graebn. var. eriocalyx Maire = Minuartia funkii (Jord.) Graebn. ■☆
255473 Minuartia funkii (Jord.) Graebn. var. leiocalyx Maire = Minuartia funkii (Jord.) Graebn. ■☆
255474 Minuartia geniculata (Poir.) Thell. = Rhodalsine geniculata (Poir.) F. N. Williams ■☆
255475 Minuartia geniculata (Poir.) Thell. var. fontqueri Maire = Rhodalsine geniculata (Poir.) F. N. Williams ■☆
255476 Minuartia geniculata (Poir.) Thell. var. herniariifolia (Desf.) Maire = Rhodalsine geniculata (Poir.) F. N. Williams ■☆
255477 Minuartia geniculata (Poir.) Thell. var. linearifolia Moris = Rhodalsine geniculata (Poir.) F. N. Williams ■☆
255478 Minuartia geniculata (Poir.) Thell. var. maroccana (Batt.) Maire = Rhodalsine geniculata (Poir.) F. N. Williams ■☆
255479 Minuartia geniculata (Poir.) Thell. var. poiretiana Williams = Rhodalsine geniculata (Poir.) F. N. Williams ■☆
255480 Minuartia geniculata (Poir.) Thell. var. procumbens (Vahl) Fiori = Rhodalsine geniculata (Poir.) F. N. Williams ■☆
255481 Minuartia glabra (Michx.) Mattf.;光米努草;Appalachian Stitchwort ■☆
255482 Minuartia glomerata (M. Bieb.) Degen;集球米钮草■☆
255483 Minuartia godfreyi (Shinners) McNeill;戈德米努草;Godfrey's Stitchwort ■☆
255484 Minuartia gracilipes Kom.;丝梗米努草■☆
255485 Minuartia granuliflora (Fenzl) Grossh.;细花米努草■☆
255486 Minuartia groenlandica (Retz.) Ostenf.;山生米努草;Greenland Stitchwort,Mountain Sandwort ■☆
255487 Minuartia groenlandica (Retz.) Ostenf. subsp. glabra (Michx.) Á. Löve et D. Löve = Minuartia glabra (Michx.) Mattf. ■☆
255488 Minuartia hamata (Hausskn. et Bornm.) Mattf.;顶钩米努草■☆
255489 Minuartia helmii (Fisch. ex Ser.) Schischk.;腺毛米努草(亥氏米钮草)■
255490 Minuartia hirsuta Hand.-Mazz.;长毛米努草(长毛米钮草)■☆

255491 Minuartia hispanica L. = Minuartia dichotoma L. ■☆

255492 Minuartia hondoensis (Ohwi) Ohwi = Arenaria arctica Steven ex Ser. var. hondoensis (Ohwi) H. Hara ■☆

255493 Minuartia howellii (S. Watson) Mattf.;豪厄尔米努草;Howell's Stitchwort ■☆

255494 Minuartia hybrida (Vill.) Schischk.;杂种米努草(杂种米钮草);Fine-leaved Sandwort, Hybrid Minuartia ■☆

255495 Minuartia hybrida (Vill.) Schischk. subsp. conferta (Jord.) O. Bolòs et Vigo = Minuartia mediterranea (Link) K. Malý ■☆

255496 Minuartia hybrida (Vill.) Schischk. subsp. munbyi (Boiss.) Greuter et Burdet;芒比米努草■☆

255497 Minuartia imbricata (M. Bieb.) Woronow;覆瓦米努草■☆

255498 Minuartia intermedia (Boiss.) Hand. -Mazz.;全叶米努草■☆

255499 Minuartia jacutica Schischk.;雅库特米努草■☆

255500 Minuartia jooi (Makino) Nakai = Arenaria macrocarpa Pursh var. jooi (Makino) H. Hara ■☆

255501 Minuartia juniperina (L.) Asch. et Graebn.;桧叶高山漆姑草;Juniper-leaf Minuartia ■☆

255502 Minuartia kashmirica (Edgew.) Mattf.;克什米尔米努草;Kashmir Minuartwort ■

255503 Minuartia krascheninnikovii Schischk.;克来氏米钮草■☆

255504 Minuartia kryloviana Schischk.;长冠米努草(新疆米努草);Xinjiang Minuartwort ■

255505 Minuartia laricifolia (L.) Schultz et Thell.;落叶松叶高山漆姑草;Larch-leaf Minuartia ■☆

255506 Minuartia laricina (L.) Mattf.;石米努草(高山米努草,高山漆姑草);Alpine Minuartia, Stone Minuartwort ■

255507 Minuartia laricina (L.) Nakai = Minuartia laricina (L.) Mattf. ■

255508 Minuartia lineata (C. A. Mey.) Bornm.;线形米努草■☆

255509 Minuartia lineata (C. A. Mey.) Bornm. f. kashmirica (Edgew.) R. R. Stewart. = Minuartia kashmirica (Edgew.) Mattf. ■

255510 Minuartia lineata Bornm. f. kashmirica (Edgew.) R. R. Stewart = Minuartia kashmirica (Edgew.) Mattf. ■

255511 Minuartia litorea (Fernald) House = Minuartia dawsonensis (Britton) House ■☆

255512 Minuartia litvinowii Schischk.;短梗米努草(西北米努草);NW. China Minuartwort ■

255513 Minuartia macrantha (Rydb.) House;大花米努草;House's Stitchwort, Large-flower Sandwort ■☆

255514 Minuartia macrocarpa (Pursh) Ostenf.;大果米努草(大果无心菜);Bigfruit Minuartwort, Large-fruited Sandwort, Long-pod Stitchwort ■

255515 Minuartia macrocarpa (Pursh) Ostenf. var. jooi (Makino) H. Hara = Arenaria macrocarpa Pursh var. jooi (Makino) H. Hara ■☆

255516 Minuartia macrocarpa (Pursh) Ostenf. var. koreana (Nakai) H. Hara;长白米努草;Korea Minuartwort ■

255517 Minuartia macrocarpa (Pursh) Ostenf. var. minutiflora Hultén f. yezoalpina (H. Hara) Inagaki et Toyok. = Arenaria macrocarpa Pursh var. yezoalpina (H. Hara) H. Hara ■☆

255518 Minuartia macrocarpa (Pursh) Ostenf. var. yezoalpina H. Hara = Arenaria macrocarpa Pursh var. yezoalpina (H. Hara) H. Hara ■☆

255519 Minuartia mairei Quézel;迈雷米努草■☆

255520 Minuartia marcescens (Fernald) House;蜿蜒米努草;Serpentine Sandwort, Stitchwort Sandwort ■☆

255521 Minuartia maroccana Pau et Font Quer = Rhodalsine geniculata (Poir.) F. N. Williams ■☆

255522 Minuartia mediterranea (Link) K. Malý;地中海米努草■☆

255523 Minuartia meyeri (Boiss.) Bornm.;迈氏米努草■☆

255524 Minuartia michauxii (Fenzl) Farw.;米绍米努草;Michaux's Stitchwort, Rock Sandwort ■☆

255525 Minuartia michauxii (Fenzl) Farw. = Arenaria stricta Michx. ■☆

255526 Minuartia michauxii (Fenzl) Farw. var. texana (Britton) Mattf. = Minuartia michauxii (Fenzl) Farw. ■☆

255527 Minuartia micrantha Schischk.;小花米努草■☆

255528 Minuartia muriculata (Maguire) McNeill = Arenaria muscorum (Fassett) Shinners ■☆

255529 Minuartia muriculata (Maguire) McNeill = Minuartia muscorum (Fassett) Rabeler ■☆

255530 Minuartia muscorum (Fassett) Rabeler;美国南部米努草;Dixie Stitchwort ■☆

255531 Minuartia muscorum (Fassett) Rabeler = Arenaria muscorum (Fassett) Shinners ■☆

255532 Minuartia mutabilis (Lapeyr.) Bech. subsp. harantii Quézel = Minuartia tenuissima (Pomel) Mattf. subsp. harantii (Quézel) Mathez ■☆

255533 Minuartia mutabilis (Lapeyr.) Bech. subsp. numidica Maire = Minuartia tenuissima (Pomel) Mattf. subsp. numidica (Maire) Greuter et Burdet ■☆

255534 Minuartia mutabilis (Lapeyr.) Bech. subsp. rostrata (Pers.) Maire et Weiller = Minuartia tenuissima (Pomel) Mattf. ■☆

255535 Minuartia mutabilis (Lapeyr.) Bech. subsp. stereoneura (Mattf.) Maire = Minuartia stereoneura Mattf. ■☆

255536 Minuartia mutabilis (Lapeyr.) Bech. subsp. tenuissima (Pomel) Maire = Minuartia tenuissima (Pomel) Mattf. ■☆

255537 Minuartia mutabilis (Lapeyr.) Bech. var. atlantica (Ball) Maire = Minuartia tenuissima (Pomel) Mattf. ■☆

255538 Minuartia mutabilis (Lapeyr.) Bech. var. faurei Maire = Minuartia tenuissima (Pomel) Mattf. ■☆

255539 Minuartia mutabilis (Lapeyr.) Bech. var. litardierei Maire = Minuartia tenuissima (Pomel) Mattf. ■☆

255540 Minuartia mutabilis (Lapeyr.) Bech. var. maroccana (Litard. et Maire) Maire = Minuartia tenuissima (Pomel) Mattf. ■☆

255541 Minuartia mutabilis (Lapeyr.) Bech. var. praeruptorum (Emb.) Maire = Minuartia tenuissima (Pomel) Mattf. ■☆

255542 Minuartia nuttallii (Pax) Briq.;纳托尔米努草;Nuttall's Sandwort ■☆

255543 Minuartia nuttallii (Pax) Briq. subsp. fragilis (Maguire et A. H. Holmgren) McNeill = Minuartia nuttallii (Pax) Briq. var. fragilis (Maguire et A. H. Holmgren) Rabeler et R. L. Hartm. ■☆

255544 Minuartia nuttallii (Pax) Briq. subsp. gracilis (B. L. Rob.) McNeill = Minuartia nuttallii (Pax) Briq. var. gracilis (B. L. Rob.) Rabeler et R. L. Hartm. ■☆

255545 Minuartia nuttallii (Pax) Briq. var. fragilis (Maguire et A. H. Holmgren) Rabeler et R. L. Hartm.;脆弱纳托尔米努草;Brittle Sandwort ■☆

255546 Minuartia nuttallii (Pax) Briq. var. gracilis (B. L. Rob.) Rabeler et R. L. Hartm.;纤细纳托尔米努草■☆

255547 Minuartia nuttallii (Pax) Briq. var. gregaria (A. Heller) Rabeler et R. L. Hartm.;聚生纳托尔米努草;Brittle Sandwort ■☆

255548 Minuartia obtusiloba (Rydb.) House;双花米努草;Alpine Stitchwort, Twin-flower Sandwort ■☆

255549 Minuartia oreina (Mattf.) Schischk.;山地毛米努草■☆

255550 Minuartia orthotrichoides Schischk. = Minuartia rossii (R. Br. ex Richardson) Graebn. ■☆
255551 Minuartia paludicola (B. L. Rob.) House = Arenaria paludicola B. L. Rob. ■☆
255552 Minuartia patula (Michx.) Mattf.;皮彻米努草;Pitcher's Stitchwort ■☆
255553 Minuartia patula (Michx.) Mattf. = Arenaria patula Michx. ■☆
255554 Minuartia patula (Michx.) Mattf. var. robusta (Steyerm.) McNeill = Arenaria muscorum (Fassett) Shinners ■☆
255555 Minuartia patula (Michx.) Mattf. var. robusta (Steyerm.) McNeill = Minuartia muscorum (Fassett) Rabeler ■☆
255556 Minuartia picta (Sibth. et Sm.) Bornm.;着色米努草■☆
255557 Minuartia platyphylla (Christ) McNeill;宽叶米努草■☆
255558 Minuartia procumbens (Vahl) Asch. et Graebn. = Rhodalsine geniculata (Poir.) F. N. Williams ■☆
255559 Minuartia procumbens (Vahl) Asch. et Graebn. var. extensa (Dufour) Asch. et Graebn. = Rhodalsine geniculata (Poir.) F. N. Williams ■☆
255560 Minuartia procumbens (Vahl) Asch. et Graebn. var. obovata Lindb. = Rhodalsine geniculata (Poir.) F. N. Williams ■☆
255561 Minuartia pusilla (S. Watson) Mattf.;微小米努草;Annual Sandwort, Dwarf Stitchwort ■☆
255562 Minuartia pusilla (S. Watson) Mattf. var. diffusa (Maguire) McNeill = Minuartia californica (A. Gray) Mattf. ■☆
255563 Minuartia pusilla Schischk. = Minuartia pusilla (S. Watson) Mattf. ■☆
255564 Minuartia recurva (All.) Schultz et Thell.;反曲高山漆姑草;Curved Sandwort, Recurved Minuartia ■☆
255565 Minuartia regeliana (Trautv.) Mattf.;雷氏米努草(光米努草);Minuartwort ■
255566 Minuartia rhodocalyx (Albov) Woronow;粉萼米努草■☆
255567 Minuartia rolfii Nannf. = Minuartia rossii (R. Br. ex Richardson) Graebn. ■☆
255568 Minuartia rosei (Maguire et Barneby) McNeill = Minuartia rossii (R. Br. ex Richardson) Graebn. ■☆
255569 Minuartia rossii (R. Br. ex Richardson) Graebn.;罗斯米努草;Peanut Stitchwort, Ross' Sandwort ■☆
255570 Minuartia rossii (R. Br. ex Richardson) Graebn. subsp. elegans (Cham. et Schltdl.) Rebristaya = Minuartia elegans (Cham. et Schltdl.) Schischk. ■☆
255571 Minuartia rossii (R. Br. ex Richardson) Graebn. var. elegans (Cham. et Schltdl.) Hultén = Minuartia elegans (Cham. et Schltdl.) Schischk. ■☆
255572 Minuartia rossii Nannf. var. orthotrichoides (Schischk.) Hultén = Minuartia rossii (R. Br. ex Richardson) Graebn. ■☆
255573 Minuartia rubella (Wahlenb.) Hiern;红米钮草;Alpine Sandwort, Beautiful Sandwort, Boreal Stitchwort, Mountain Sandwort, Red Sandwort, Reddish Sandwort ■☆
255574 Minuartia schimperi (A. Rich.) Chiov. = Minuartia filifolia (Forssk.) Mattf. ■☆
255575 Minuartia schischkinii Adylov;小米努草;Schischkin Minuartia ■
255576 Minuartia sedoides (L.) Hiern;青苔小米努草;Cyphel, Mossy Cyphel ■☆
255577 Minuartia senneniana Maire et Mauricio = Rhodalsine senneniana (Maire et Mauricio) Greuter et Burdet ■☆
255578 Minuartia setacea (Thuill.) Hayek;棘刺米努草(棘刺米钮草);Cyphel ■☆
255579 Minuartia stereoneura Mattf.;硬脉米努草■☆
255580 Minuartia stolonifera T. W. Nelson et J. P. Nelson;斯科特米努草;Scott Mountain Sandwort, Stolon Sandwort ■☆
255581 Minuartia stricta (Michx.) Hiern = Arenaria stricta Michx. ■☆
255582 Minuartia stricta (Sw.) Hiern;直立米努草(直米钮草);Bog Sandwort, Rock Sandwort, Teesdale Sandwort ■☆
255583 Minuartia stricta Hiern = Minuartia stricta (Sw.) Hiern ■☆
255584 Minuartia taurica (Stev.) Asch. et Graebn.;克里米亚米钮草■☆
255585 Minuartia tenella (J. Gay) Mattf.;柔弱米努草;Slender Sandwort, Slender Stitchwort ■☆
255586 Minuartia tenuifolia (L.) Hiern;细叶米钮草;Fine-leaved Sandwort, Slender Sandwort ■☆
255587 Minuartia tenuifolia (L.) Hiern = Minuartia hybrida (Vill.) Schischk. ■☆
255588 Minuartia tenuifolia (L.) Hiern subsp. mediterranea (Link) Briq. = Minuartia mediterranea (Link) K. Malý ■☆
255589 Minuartia tenuifolia (L.) Hiern subsp. munbyi (Boiss.) Maire = Minuartia hybrida (Vill.) Schischk. subsp. munbyi (Boiss.) Greuter et Burdet ■☆
255590 Minuartia tenuifolia (L.) Hiern var. confertiflora (Fenzl) Briq. = Minuartia mediterranea (Link) K. Malý ■☆
255591 Minuartia tenuifolia (L.) Hiern var. hybrida (Vill.) Briq. = Minuartia hybrida (Vill.) Schischk. ■☆
255592 Minuartia tenuissima (Pomel) Mattf.;纤细米努草■☆
255593 Minuartia tenuissima (Pomel) Mattf. subsp. harantii (Quézel) Mathez;阿朗米努草■☆
255594 Minuartia tenuissima (Pomel) Mattf. subsp. numidica (Maire) Greuter et Burdet;努米底亚米努草■☆
255595 Minuartia turcomanica Schischk.;土库曼米努草(杂米钮草)■
255596 Minuartia turcomanica Schischk. = Minuartia hybrida (Vill.) Schischk. ■☆
255597 Minuartia uniflora (Walter) Mattf.;单花米努草;One-flower Stitchwort ■☆
255598 Minuartia verna (L.) Hiern;春米努草(春高山米努草,春蚤缀,早春米努草);Leadwort, Moss Sandwort, Scotch Moss, Spring Minuartwort, Spring Sandwort, Tufted Sandwort, Vernal Sandwort, Vernal Stitchwort ■
255599 Minuartia verna (L.) Hiern = Arenaria verna L. ■
255600 Minuartia verna (L.) Hiern subsp. caespitosa ?;蓝春米努草;Moss Sandwort ■☆
255601 Minuartia verna (L.) Hiern subsp. kabylica (Pomel) Maire et Weiller;卡比利亚米努草■☆
255602 Minuartia verna (L.) Hiern var. brachypetala (Ball) Maire = Minuartia verna (L.) Hiern ■
255603 Minuartia verna (L.) Hiern var. japonica H. Hara = Arenaria verna L. var. japonica (H. Hara) H. Hara ■☆
255604 Minuartia verna (L.) Hiern var. praeruptorum Emb. = Minuartia verna (L.) Hiern ■
255605 Minuartia vestita (Baker) McNeill;包被米努草■☆
255606 Minuartia viscosa (Schreb.) Schinz et Thell.;黏米钮草■☆
255607 Minuartia webbii McNeil et Bramwell;韦布米努草■☆
255608 Minuartia wiesneri (Stapf) Schischk.;威氏米钮草■☆
255609 Minuartia woronowii Schischk.;沃氏米努草■☆
255610 Minuartia yukonensis Hultén;育空米努草;Yukon Stitchwort ■☆
255611 Minuartiaceae Mart. = Caryophyllaceae Juss.(保留科名)■●

255612 Minuopsis W. A. Weber = Minuartia L. ■
255613 Minuopsis caroliniana (Walter) W. A. Weber = Minuartia californica (A. Gray) Mattf. ■☆
255614 Minuopsis michauxii (Fenzl) W. A. Weber = Arenaria stricta Michx. ■☆
255615 Minuopsis michauxii (Fenzl) W. A. Weber = Minuartia michauxii (Fenzl) Farw. ■☆
255616 Minuopsis nuttallii (Pax) W. A. Weber = Minuartia nuttallii (Pax) Briq. ■☆
255617 Minuopsis pungens (Nutt.) Mattf. = Minuartia nuttallii (Pax) Briq. ■☆
255618 Minuphylis Thouars = Bulbophyllum Thouars(保留属名) ■
255619 Minuria DC. (1836);五裂层菀属■●☆
255620 Minuria annua (Tate) Tate ex J. M. Black;一年五裂层菀■☆
255621 Minuria annua Tate = Minuria annua (Tate) Tate ex J. M. Black ■☆
255622 Minuria leptophylla DC.;细叶五裂层菀■☆
255623 Minuria macrocephala Lander et Barry;大头五裂层菀■☆
255624 Minuria macrorhiza (DC.) Lander;大根五裂层菀■☆
255625 Minuria multiseta P. S. Short;多毛五裂层菀■☆
255626 Minuria rigida J. M. Black;硬五裂层菀■☆
255627 Minuria tenuissima DC.;纤细五裂层菀■☆
255628 Minuriella Tate = Minuria DC. ■●☆
255629 Minurothamnus DC. = Heterolepis Cass. (保留属名) ●☆
255630 Minurothamnus phagnaloides DC. = Heterolepis aliena (L. f.) Druce ●☆
255631 Minutalia Fenzl = Antidesma L. ●
255632 Minutia Vell. (1829);米氏木属●☆
255633 Minutia Vell. = Chionanthus L. ●
255634 Minutia Vell. = Linociera Sw. ex Schreb. (保留属名) ●
255635 Minutia Vell. = Mayepea Aubl. (废弃属名) ●
255636 Minutia trichotoma Vell.;米氏木●☆
255637 Minyranthes Turcz. = Sigesbeckia L. ■
255638 Minyria Post et Kuntze = Minuria DC. ■●☆
255639 Minyrothamnus Post et Kuntze = Heterolepis Cass. (保留属名) ●☆
255640 Minyrothamnus Post et Kuntze = Minurothamnus DC. ●☆
255641 Minythodes Phil. ex Benth. et Hook. f. = Chaetanthera Ruiz et Pav. ■☆
255642 Miocarpidium Post et Kuntze = Meiocarpidium Engl. et Diels ●☆
255643 Miocarpus Naudin = Acisanthera P. Browne ●■☆
255644 Miogyna Post et Kuntze = Meiogyne Miq. ●
255645 Mioluma Post et Kuntze = Meioluma Baill. ●☆
255646 Mioluma Post et Kuntze = Micropholis (Griseb.) Pierre ●☆
255647 Mionandra Griseb. (1874);寡蕊金虎尾属●☆
255648 Mionandra argentea Griseb.;寡蕊金虎尾●☆
255649 Mionectes Post et Kuntze = Haloragis J. R. Forst. et G. Forst. ■●
255650 Mionectes Post et Kuntze = Meionectes R. Br. ■●
255651 Mionula Post et Kuntze = Meionula Raf. ■
255652 Mionula Post et Kuntze = Utricularia L. ■
255653 Mioperis Post et Kuntze = Meioperis Raf. ●■
255654 Mioperis Post et Kuntze = Passiflora L. ●■
255655 Mioptrila Raf. = Cedrela P. Br. + Zanthoxylum L. ●
255656 Miosperma Post et Kuntze = Justicia L. ●■
255657 Miosperma Post et Kuntze = Meiosperma Raf. ●■
255658 Miphragtes Nieuwl. = Phragmites Adans. ■
255659 Miquelia Arn. et Nees = Berghausia Endl. ■
255660 Miquelia Arn. et Nees = Garnotia Brongn. ■
255661 Miquelia Blume(废弃属名) = Miquelia Meisn. (保留属名) ●☆
255662 Miquelia Blume(废弃属名) = Stauranthera Benth. ■
255663 Miquelia Meisn. (1838)(保留属名);米克茱萸属●☆
255664 Miquelia caudata King;米克茱萸●☆
255665 Miquelina Tiegh. = Macrosolen (Blume) Rchb. ●
255666 Miqueliopuntia Frič = Opuntia Mill. ●
255667 Miqueliopuntia Frič ex F. Ritter = Opuntia Mill. ●
255668 Mira Colenso = Mida A. Cunn. ex Endl. ●☆
255669 Mirabella F. Ritter = Cereus Mill. ●
255670 Mirabellia Bertero ex Baill. = Dysopsis Baill. ☆
255671 Mirabilidaceae W. R. B. Oliv. = Nyctaginaceae Juss. (保留科名) ●■
255672 Mirabilis L. (1753);紫茉莉属;Four-o'clock, Four-o'clock Flower, Four-o'clock Plant, Maravilla, Marvel of Peru, Marvel-of-Peru, Umbrellawort ■
255673 Mirabilis Riv. ex L. = Mirabilis L. ■
255674 Mirabilis albida (Walter) Heimerl;白紫茉莉;Pale Umbrellawort, Pale Umbrella-wort, White Four-o'clock ■☆
255675 Mirabilis alipes (S. Watson) Pilz;北美紫茉莉■☆
255676 Mirabilis aspera Greene;白茎紫茉莉;Pale-stemmed Four-o'clock ■☆
255677 Mirabilis aspera Greene = Mirabilis laevis (Benth.) Curran var. villosa (Kellogg) Spellenb. ■☆
255678 Mirabilis austrotexana B. L. Turner;南得州紫茉莉■☆
255679 Mirabilis bigelovii A. Gray;毕氏紫茉莉;Desert Wishbone Bush ■☆
255680 Mirabilis bigelovii A. Gray = Mirabilis laevis (Benth.) Curran var. villosa (Kellogg) Spellenb. ■☆
255681 Mirabilis bigelovii A. Gray var. retrorsa Munz;丫形紫茉莉;Wishbone Bush ■☆
255682 Mirabilis bigelovii var. aspera (Greene) Munz = Mirabilis laevis (Benth.) Curran var. villosa (Kellogg) Spellenb. ■☆
255683 Mirabilis californica A. Gray = Mirabilis laevis (Benth.) Curran var. crassifolia (Choisy) Spellenb. ■☆
255684 Mirabilis californica A. Gray var. aspera (Greene) Jeps. = Mirabilis laevis (Benth.) Curran var. villosa (Kellogg) Spellenb. ■☆
255685 Mirabilis californica A. Gray var. cedrosensis (Standl.) J. F. Macbr. = Mirabilis laevis (Benth.) Curran var. crassifolia (Choisy) Spellenb. ■☆
255686 Mirabilis californica A. Gray var. cordifolia (Dunkle) Dunkle = Mirabilis laevis (Benth.) Curran var. crassifolia (Choisy) Spellenb. ■☆
255687 Mirabilis californica A. Gray var. villosa Kellogg = Mirabilis laevis (Benth.) Curran var. villosa (Kellogg) Spellenb. ■☆
255688 Mirabilis carletonii (Standl.) Standl. = Mirabilis glabra (S. Watson) Standl. ■☆
255689 Mirabilis ciliata (Standl.) Standl. = Mirabilis albida (Walter) Heimerl ■☆
255690 Mirabilis coahuilensis (Standl.) Standl. = Mirabilis albida (Walter) Heimerl ■☆
255691 Mirabilis coccinea (Torr.) Benth. et Hook. f.;猩红紫茉莉;Red Four o'clock, Scarlet Four-o'clock ■☆
255692 Mirabilis comata (Small) Standl. = Mirabilis albida (Walter)

Heimerl ■☆

255693 Mirabilis decumbens (Nutt.) Daniels = Mirabilis linearis (Pursh) Heimerl ■☆

255694 Mirabilis dichotoma L.;二歧紫茉莉;Four-o'clock, Lady of the Night, Lady-of-the-night, Marvel of Peru, Princess Leaf ■☆

255695 Mirabilis diffusa (A. Heller) C. F. Reed = Mirabilis linearis (Pursh) Heimerl ■☆

255696 Mirabilis eutricha Shinners = Mirabilis albida (Walter) Heimerl ■☆

255697 Mirabilis exaltata (Standl.) Standl. = Mirabilis glabra (S. Watson) Standl. ■☆

255698 Mirabilis froebelii (Behr) Greene = Mirabilis multiflora (Torr.) A. Gray var. pubescens S. Watson ■☆

255699 Mirabilis froebelii (Behr) Greene var. glabrata (Standl.) Jeps. = Mirabilis multiflora (Torr.) A. Gray var. pubescens S. Watson ■☆

255700 Mirabilis gausapoides (Standl.) Standl. = Mirabilis linearis (Pursh) Heimerl var. subhispida (Heimerl) Spellenb. ■☆

255701 Mirabilis gigantea (Standl.) Shinners;巨大紫茉莉■☆

255702 Mirabilis glabra (S. Watson) Standl.;无毛紫茉莉■☆

255703 Mirabilis grayana (Standl.) Standl. = Mirabilis albida (Walter) Heimerl ■☆

255704 Mirabilis greenei S. Watson;格林紫茉莉■☆

255705 Mirabilis heimerlii (Standl.) J. F. Macbr. = Mirabilis laevis (Benth.) Curran var. crassifolia (Choisy) Spellenb. ■☆

255706 Mirabilis himalaica (Edgew.) Heimerl = Oxybaphus himalaicus Edgew. ■

255707 Mirabilis himalaica (Edgew.) Heimerl var. chinensis Heimerl = Oxybaphus himalaicus Edgew. var. chinensis (Heimerl) D. Q. Lu ■

255708 Mirabilis hirsuta (Pursh) MacMill.;毛紫茉莉;Hairy Four-o'clock ■☆

255709 Mirabilis hirsuta (Pursh) MacMill. = Mirabilis albida (Walter) Heimerl ■☆

255710 Mirabilis hirsuta (Pursh) MacMill. var. linearis (Pursh) B. Boivin = Mirabilis linearis (Pursh) Heimerl ■☆

255711 Mirabilis jalapa L.;紫茉莉(白花紫茉莉,白胭脂花,北茉莉,草茉莉,丁香叶,粉豆花,粉孩儿,粉糖花,粉团花,粉子头,姑娘花,鬼子茉莉,红胭脂花,花粉头,火炭母草,假天麻,苦丁香,喇叭花,茉尼花,入地老鼠,山胭脂花,水粉花,水粉花头,水粉头,水粉子花,素香,土山柰,未时花,洗澡花,烟粉豆,烟粉豆花,胭脂粉花,胭脂花,野丁香,野茉莉,夜饭花,夜娇娇,夜晚花,煮饭花,状元花);Beauty of the Night, Beauty-of-the-night, Common Four-o'clock, False Jalap, Four-o'clock, Four-o'clock Flower, Four-o'clock Plant, Jalap, Marvel of Peru, Marvel-of-Peru, Peruvian Marvel ■

255712 Mirabilis jalapa L. subsp. lindheimeri Standl. = Mirabilis jalapa L. ■

255713 Mirabilis laevis (Benth.) Curran;平滑紫茉莉■☆

255714 Mirabilis laevis (Benth.) Curran var. cedrosensis (Standl.) Munz = Mirabilis laevis (Benth.) Curran var. crassifolia (Choisy) Spellenb. ■☆

255715 Mirabilis laevis (Benth.) Curran var. cordifolia Dunkle = Mirabilis laevis (Benth.) Curran var. crassifolia (Choisy) Spellenb. ■☆

255716 Mirabilis laevis (Benth.) Curran var. crassifolia (Choisy) Spellenb.;厚叶平滑紫茉莉■☆

255717 Mirabilis laevis (Benth.) Curran var. retrorsa (A. Heller) Jeps.;下垂平滑紫茉莉■☆

255718 Mirabilis laevis (Benth.) Curran var. villosa (Kellogg) Spellenb.;长毛紫茉莉■☆

255719 Mirabilis laevis var. aspera (Greene) Jeps. = Mirabilis laevis (Benth.) Curran var. villosa (Kellogg) Spellenb. ■☆

255720 Mirabilis lanceolata (Rydb.) Standl. = Mirabilis albida (Walter) Heimerl ■☆

255721 Mirabilis latifolia (A. Gray) Diggs, Lipscomb et O' Kennon;宽叶紫茉莉■☆

255722 Mirabilis lindheimeri (Standl.) Shinners = Mirabilis jalapa L. ■

255723 Mirabilis linearis (Pursh) Heimerl;线叶紫茉莉;Narrow-leaved Four-o'clock, Narrow-leaved Umbrellawort, Narrow-leaved Umbrella-wort, Wild Four-o'clock ■☆

255724 Mirabilis linearis (Pursh) Heimerl f. subhispida Heimerl = Mirabilis linearis (Pursh) Heimerl var. subhispida (Heimerl) Spellenb. ■☆

255725 Mirabilis linearis (Pursh) Heimerl var. decipiens (Standl.) S. L. Welsh;怪线叶紫茉莉;Great Basin Naturalist ■☆

255726 Mirabilis linearis (Pursh) Heimerl var. subhispida (Heimerl) Spellenb.;短毛线叶紫茉莉■☆

255727 Mirabilis longiflora L.;长花紫茉莉;Four-o'clock plant, Longflower Four-o'clock, Marvel-of-Peru, Sweet Four-o'clock ■

255728 Mirabilis longiflora L. var. wrightiana (A. Gray ex Britton et Kearney) Kearney et Peebles = Mirabilis longiflora L. ■

255729 Mirabilis longifolia L.;长叶紫茉莉■☆

255730 Mirabilis macfarlanei Constance et Rollins;马克紫茉莉■☆

255731 Mirabilis melanotricha (Standl.) Spellenb.;山地紫茉莉;Mountain Four-o'clock ■☆

255732 Mirabilis multiflora (Torr.) A. Gray;多花紫茉莉;Colorado Four-o'clock, Desert Four-o'clock, Froebel's Four-o'clock, Manyflower Four-o'clock ■☆

255733 Mirabilis multiflora (Torr.) A. Gray var. glandulosa (Standl.) J. F. Macbr.;腺点多花紫茉莉■☆

255734 Mirabilis multiflora (Torr.) A. Gray var. pubescens S. Watson;毛多花紫茉莉■☆

255735 Mirabilis nyctaginea (Michx.) MacMill.;心叶紫茉莉(夜香紫茉莉);Heartleaf Four o'clock, Heart-leaved Umbrellawort, Heart-leaved Umbrella-wort, Wild Four-o'clock ■☆

255736 Mirabilis oblongifolia (A. Gray ex Torr.) Heimerl;长圆叶紫茉莉;Mountain Four o'clock ■☆

255737 Mirabilis oblongifolia (A. Gray) Heimerl = Mirabilis albida (Walter) Heimerl ■☆

255738 Mirabilis odorata L. = Mirabilis jalapa L. ■

255739 Mirabilis oxybaphoides (A. Gray) A. Gray;林地紫茉莉■☆

255740 Mirabilis pauciflora (Buckley) Standl. = Mirabilis albida (Walter) Heimerl ■☆

255741 Mirabilis poebellii ?;巨紫茉莉;Giant Four-o'clock ■☆

255742 Mirabilis pseudaggregata Heimerl = Mirabilis albida (Walter) Heimerl ■☆

255743 Mirabilis pudica Barneby;羞怯紫茉莉■☆

255744 Mirabilis pudica Barneby var. pubescens Kartesz et Gandhi = Mirabilis pudica Barneby ■☆

255745 Mirabilis pumila (Standl.) Standl. = Mirabilis albida (Walter) Heimerl ■☆

255746 Mirabilis retrorsa A. Heller = Mirabilis laevis (Benth.) Curran var. retrorsa (A. Heller) Jeps. ■☆

255747 Mirabilis rotata (Standl.) I. M. Johnst. = Mirabilis texensis (J. M. Coult.) B. L. Turner ■☆

255748 Mirabilis rotundifolia (Greene) Standl.;圆叶紫茉莉■☆

255749 Mirabilis texensis (J. M. Coult.) B. L. Turner;得州紫茉莉■☆

255750 Mirabilis viscosa Cav.;黏紫茉莉■☆

255751 Miracyllium Post et Kuntze = Meiracyllium Rchb. f. ■☆

255752 Miradoria Sch. Bip. ex Benth. et Hook. f. = Microspermum Lag. ■☆

255753 Miraglossum Kupicha(1984);奇舌萝藦属■☆

255754 Miraglossum anomalum (N. E. Br.) Kupicha;异常奇舌萝藦■☆

255755 Miraglossum davyi (N. E. Br.) Kupicha;戴维奇舌萝藦■☆

255756 Miraglossum laeve Kupicha;光滑奇舌萝藦■☆

255757 Miraglossum pilosum (Schltr.) Kupicha;疏毛奇舌萝藦■☆

255758 Miraglossum pulchellum (Schltr.) Kupicha;美丽奇舌萝藦■☆

255759 Miraglossum superbum Kupicha;华美奇舌萝藦■☆

255760 Miraglossum verticillare (Schltr.) Kupicha;轮生奇舌萝藦■☆

255761 Mirandaceltis Sharp = Aphananthe Planch.(保留属名)●

255762 Mirandaceltis Sharp = Gironniera Gaudich. ●

255763 Mirandea Rzed.(1959);安第斯爵床属■☆

255764 Mirandea grisea Rzed.;安第斯爵床■☆

255765 Mirandopsis Szlach. et Marg.(2002);厄瓜多尔腋花兰属■☆

255766 Mirandopsis Szlach. et Marg. = Pleurothallis R. Br. ■☆

255767 Mirandorchis Szlach. et Kras-Lap.(2003);热非玉凤花属■

255768 Mirandorchis Szlach. et Kras-Lap. = Habenaria Willd. ■

255769 Mirasolia Sch. Bip. ex Benth. et Hook. f. = Tithonia Desf. ex Juss. ■☆

255770 Mirasolia Sch. Bip. ex Benth. et Hook. f. = Tithonia Desf. ex Juss. + Gymnolomia Kunth ■☆

255771 Mirasolia diversifolia Hemsl. = Tithonia diversifolia (Hemsl.) A. Gray ●

255772 Mirbelia Sm.(1805);米尔豆属(丽花米尔豆属,米尔贝属);Mirbelia ●☆

255773 Mirbelia angustifolia Graham;窄叶米尔豆●☆

255774 Mirbelia aphylla F. Muell.;无叶米尔豆●☆

255775 Mirbelia densiflora C. A. Gardner;密花米尔豆●☆

255776 Mirbelia dilatata Dryand.;冬青叶米尔豆(冬青叶米尔贝);Holly-leafed Mirbelia ●☆

255777 Mirbelia floribunda Benth.;多花米尔豆●☆

255778 Mirbelia glandiflora Aiton ex Hook.;腺毛花米尔豆(腺毛花米尔贝利豆)●☆

255779 Mirbelia grandiflora Aiton ex Hook.;大花米尔豆●☆

255780 Mirbelia longifolia C. A. Gardner;长叶米尔豆●☆

255781 Mirbelia microphylla (Turcz.) Benth.;小叶米尔豆●☆

255782 Mirbelia multicaulis (Turcz.) Benth.;多茎米尔豆●☆

255783 Mirbelia ovata Meisn.;卵叶米尔豆●☆

255784 Mirbelia reticulata Sm.;网脉米尔豆●☆

255785 Mirbelia rubiifolia G. Don;红叶米尔豆(红叶米尔贝);Red Mirbelia ●☆

255786 Mirbelia speciosa DC.;美丽米尔豆(美丽米尔贝);Specious Mirbelia ●☆

255787 Mirica Nocea = Myrica L. ●

255788 Miricacalia Kitam.(1936);小蟹甲草属■☆

255789 Miricacalia firma (Kom.) Nakai = arasenecio firmus (Kamari) Y. L. Chen ■

255790 Miricacalia makinoana (Yatabe) Kitam.;小蟹甲草■☆

255791 Mirkooa Wight = Ammannia L. ■

255792 Mirkooa (Wight et Arn.) Wight = Ammannia L. ■

255793 Mirmecodia Gaudich. = Myrmecodia Jack ☆

255794 Mirobalanus Rumph. = Phyllanthus L. ●■

255795 Mirobalanus Steud. = Myrobalanus Gaertn. ●

255796 Mirobalanus Steud. = Terminalia L.(保留属名)●

255797 Miroxilum Blauco = Mirobalanus Steud. ●

255798 Miroxylon Scop. = Myroxylon J. R. Forst. et G. Forst.(废弃属名)●

255799 Miroxylon Scop. = Myroxylon L. f.(保留属名)●

255800 Miroxylum Blanco = Miroxylon Scop. ●

255801 Mirtana Pierre = Arcangelisia Becc. ●

255802 Misandra Comm. ex Juss. = Gunnera L. ■☆

255803 Misandra F. Dietr. = Bonapartea Ruiz et Pav. ■☆

255804 Misandra F. Dietr. = Tillandsia L. ■☆

255805 Misandropsis Oerst. = Misanora d'Urv. ■☆

255806 Misanora d'Urv. = Gunnera L. ■☆

255807 Misanora d'Urv. = Misandra Comm. ex Juss. ■☆

255808 Misanteca Cham. et Schltdl. = Licaria Aubl. ●☆

255809 Misanteca Schltdl. et Cham. = Licaria Aubl. ●☆

255810 Misanteca triandra (Sw.) Mez = Licaria triandra (Sw.) Kosterm. ●☆

255811 Misarrhena Post et Kuntze = Anticharis Endl. ■●☆

255812 Misarrhena Post et Kuntze = Meissarrhena R. Br. ■●☆

255813 Misbrookea V. A. Funk(1997);白垫菊属■☆

255814 Misbrookea strigosissima (A. Gray) V. A. Funk;白垫菊■☆

255815 Miscanthidium Stapf = Miscanthus Andersson ■

255816 Miscanthidium capense (Nees) Stapf;好望角白垫菊■☆

255817 Miscanthidium capense (Nees) Stapf = Miscanthus capensis (Nees) Andersson ■☆

255818 Miscanthidium capense (Nees) Stapf = Miscanthus ecklonii (Nees) Mabb. ■☆

255819 Miscanthidium capense (Nees) Stapf var. villosum (Stapf) E. Phillips = Miscanthus capensis (Nees) Andersson ■☆

255820 Miscanthidium erectum Stent et C. E. Hubb. = Miscanthus capensis (Nees) Andersson ■☆

255821 Miscanthidium fuscescens Pilg. = Sorghastrum fuscescens (Pilg.) Clayton ■☆

255822 Miscanthidium gossweileri Stapf = Miscanthus junceus (Stapf) Pilg. ■☆

255823 Miscanthidium gracilius Napper = Sorghastrum pogonostachyum (Stapf) Clayton ■☆

255824 Miscanthidium junceum (Stapf) Stapf = Miscanthus junceus (Stapf) Pilg. ■☆

255825 Miscanthidium sorghum (Nees) Stapf = Miscanthus capensis (Nees) Andersson ■☆

255826 Miscanthidium teretifolium (Stapf) Stapf = Miscanthus junceus (Stapf) Pilg. ■☆

255827 Miscanthus Andersson (1855);芒属(荻属);Awngrass, Eulalia, Maiden Grass, Silver Grass, Silvergrass, Silver-grass, Sword Grass, Swordgrass, Sword-grass ■

255828 Miscanthus boninensis Nakai ex Honda;小笠原芒■☆

255829 Miscanthus brevipilus Hand.-Mazz.;短毛芒;Shorthair Awngrass, Shorthair Silvergrass ■

255830 Miscanthus brevipilus Hand.-Mazz. = Diandranthus brevipilus (Hand.-Mazz.) L. Liou ■

255831 Miscanthus brevipilus Hand.-Mazz. = Miscanthus nudipes (Griseb.) Hack. ■

255832 Miscanthus capensis (Nees) Andersson;好望角芒■☆

255833 Miscanthus capensis Andersson = Erianthus capensis Nees ■☆

255834 Miscanthus changii Y. N. Lee;张氏芒■☆

255835 Miscanthus chejuensis Y. N. Lee;朝鲜芒■☆

255836 Miscanthus chrysander Maxim. ex Makino = Miscanthus sinensis Andersson ■

255837 Miscanthus condensathus Hack. = Miscanthus sinensis Andersson var. condensatus (Hack.) Makino ■

255838 Miscanthus condensatus Hack.;八丈芒■

255839 Miscanthus condensatus Hack. = Miscanthus sinensis Andersson ■

255840 Miscanthus cotulifer (Thunb.) Benth. = Spodiopogon cotulifer (Thunb.) Hack. ■

255841 Miscanthus depauperatus Merr.;菲律宾芒■☆

255842 Miscanthus ecklonii (Nees) Mabb.;埃氏芒■☆

255843 Miscanthus eulalioides Keng;类金茅芒;Eulalia-like Silvergrass ■

255844 Miscanthus eulalioides Keng = Diandranthus eulalioides (Keng) L. Liou ■

255845 Miscanthus eulalioides Keng = Miscanthus nudipes (Griseb.) Hack. ■

255846 Miscanthus flavescens (K. Schum.) Eggeling = Miscanthus violaceus (K. Schum.) Pilg. ■☆

255847 Miscanthus flavidus Honda;黄金芒;Paleyellow Silvergrass ■

255848 Miscanthus flavidus Honda = Miscanthus sinensis Andersson ■

255849 Miscanthus floridulus (Labill.) Warb. ex K. Schum. et Lauterb.;五节芒(巴茅果,董仔,马儿杆,牛草果);Fivenodes Awngrass, Giant Miscanthus, Japanese Silvergrass, Manyflower Silvergrass, Pacific Island Silvergrass ■

255850 Miscanthus formosanus A. Camus = Miscanthus floridulus (Labill.) Warb. ex K. Schum. et Lauterb. ■

255851 Miscanthus gossweileri (Stapf) Pilg. = Miscanthus junceus (Stapf) Pilg. ■☆

255852 Miscanthus intermedius (Honda) Honda;全叶芒■☆

255853 Miscanthus japonicus (Trin.) Andersson = Miscanthus floridulus (Labill.) Warb. ex K. Schum. et Lauterb. ■

255854 Miscanthus japonicus Andersson = Miscanthus floridulus (Labill.) Warb. ex K. Schum. et Lauterb. ■

255855 Miscanthus jinxianensis L. Liou;金县芒;Jinxian Awngrass ■

255856 Miscanthus junceus (Stapf) Pilg.;灯芯草芒■☆

255857 Miscanthus kanehirae Honda = Miscanthus sinensis Andersson ■

255858 Miscanthus kanehirai Honda;金平芒■

255859 Miscanthus kanehirai Honda = Miscanthus flavidus Honda ■

255860 Miscanthus kanehirai Honda = Miscanthus sinensis Andersson ■

255861 Miscanthus lutarioriparius L. Liou ex Renvoize et S. L. Chen;南荻(胖节荻);Riparial Silverreed, Riparian Awngrass, Riparian Silvergrass ■

255862 Miscanthus nepalensis (Trin.) Hack.;尼泊尔芒;Nepal Awngrass, Nepal Silvergrass ■

255863 Miscanthus nepalensis (Trin.) Hack. = Diandranthus nepalensis (Trin.) L. Liou ■

255864 Miscanthus nudipes (Griseb.) Hack. = Diandranthus nudipes (Griseb.) L. Liou ■

255865 Miscanthus nudipes (Griseb.) Hack. subsp. yunnanensis A. Camus = Diandranthus yunnanensis (A. Camus) L. Liou ■

255866 Miscanthus nudipes (Griseb.) Hack. subsp. yunnanensis A. Camus = Miscanthus nudipes (Griseb.) Hack. ■

255867 Miscanthus oligostachyus Stapf;寡穗芒■☆

255868 Miscanthus oligostachyus Stapf f. ciliatus Hiyama;缘毛少穗芒■☆

255869 Miscanthus oligostachyus Stapf subsp. intermedius (Honda) T. Koyama = Miscanthus intermedius (Honda) Honda ■☆

255870 Miscanthus oligostachyus Stapf var. intermedius (Honda) Y. N. Lee = Miscanthus intermedius (Honda) Honda ■☆

255871 Miscanthus oligostachyus Stapf var. shinanoensis Y. N. Lee;信浓芒■☆

255872 Miscanthus paniculatus (B. S. Sun) Renvoize et S. L. Chen;红山茅;Red Awngrass, Red Silvergrass ■

255873 Miscanthus purpurascens Andersson;紫芒(巴茅,荻,荻草,红柴,红刚芦,狼尾巴花,山苇子,野苇子);Amur Silver Grass, Amur Silvergrass, Purple Awngrass, Purple Silvergrass, Sweetcaneflower Silvergrass ■

255874 Miscanthus purpurascens Andersson = Miscanthus sinensis Andersson ■

255875 Miscanthus rufipilus (Steud.) Grassl = Saccharum rufipilum Steud. ■

255876 Miscanthus sacchariflorus (Maxim.) Benth. = Triarrhena sacchariflora (Maxim.) Nakai ■

255877 Miscanthus sacchariflorus (Maxim.) Benth. ex Hook. f. = Miscanthus purpurascens Andersson ■

255878 Miscanthus sacchariflorus (Maxim.) Benth. ex Hook. f. = Triarrhena sacchariflora (Maxim.) Nakai ■

255879 Miscanthus sacchariflorus (Maxim.) Benth. var. gonchaiensis C. Z. Xie f. chuiyeqing C. Z. Xie = Triarrhena lutarioriparia L. Liou var. gongchai L. Liou f. pendulifolia L. Liou ■

255880 Miscanthus sacchariflorus (Maxim.) Benth. var. gonchaiensis C. Z. Xie f. tiegangang C. Z. Xie = Triarrhena lutarioriparia L. Liou var. gongchai L. Liou f. purpureorosa L. Liou ■

255881 Miscanthus sacchariflorus (Maxim.) Benth. var. gonchaiensis C. Z. Xie = Triarrhena lutarioriparia L. Liou var. gongchai L. Liou ■

255882 Miscanthus sacchariflorus (Maxim.) Benth. var. shachaiensis C. Z. Xie f. qingsha C. Z. Xie = Triarrhena lutarioriparia L. Liou var. shachai L. Liou f. qingsha L. Liou ■

255883 Miscanthus sacchariflorus (Maxim.) Benth. var. shachaiensis C. Z. Xie f. zisha C. Z. Xie = Triarrhena lutarioriparia L. Liou var. shachai L. Liou f. zisha L. Liou ■

255884 Miscanthus sacchariflorus (Maxim.) Benth. var. shachaiensis C. Z. Xie = Triarrhena lutarioriparia L. Liou var. shachai L. Liou ■

255885 Miscanthus sacchariflorus (Maxim.) Hack. = Miscanthus sacchariflorus (Maxim.) Benth. ■

255886 Miscanthus sinensis Andersson;芒(八王草,八丈芒,巴茅,芭芒,芭茅黄金芒,笆芒,笆茅,白尖草,创高草,杜荣,度芸,高山鬼芒,高山芒,黄金芒,鸡爪,金平芒,芒草,芒花草,芒茎,苫房草,石芒,台湾芒);Alp Awngrass, Awngrass, Chinese Silver Grass, Chinese Silvergrass, Eulalia, Eulalia Grass, Golden Awngrass, Japanese Silver-grass, Maiden-grass, Plume Grass, Zebra Grass, Zebra-striped Rush ■

255887 Miscanthus sinensis Andersson 'Gracillimus';纤细芒;Maiden Grass ■☆

255888 Miscanthus sinensis Andersson 'Morning Light';晨光芒;Maiden Grass, Morning Light Miscanthus, Variegated Maiden Grass ■☆

255889 Miscanthus sinensis Andersson 'Purpurescens';紫色芒;Flame Grass ■☆

255890 Miscanthus sinensis Andersson 'Strictus';豪猪芒;Porcupine Grass ■☆

255891 Miscanthus sinensis Andersson 'Variegatus';斑叶芒;Eulalia, Striped Japanese Silver-grass, Variegated Japanese Silver Grass, Variegated Miscanthus ■☆

255892 Miscanthus sinensis Andersson 'Yaku Jima'; 矮芒; Dwarf Maiden Grass, Dwarf Miscanthus ■☆

255893 Miscanthus sinensis Andersson 'Zebrinus'; 海岛芒(横斑芒); Zebra Grass ■☆

255894 Miscanthus sinensis Andersson f. gracillimus (Hitchc.) Ohwi = Miscanthus sinensis Andersson 'Gracillimus' ■☆

255895 Miscanthus sinensis Andersson f. purpurascens (Andersson) Nakai = Miscanthus purpurascens Andersson ■

255896 Miscanthus sinensis Andersson f. variegatus (Beal) Nakai; 变色芒■☆

255897 Miscanthus sinensis Andersson f. zebrinus (Beal) Beetle = Miscanthus sinensis Andersson 'Zebrinus' ■☆

255898 Miscanthus sinensis Andersson subsp. condensatus (Hack.) T. Koyama = Miscanthus sinensis Andersson var. condensatus (Hack.) Makino ■

255899 Miscanthus sinensis Andersson subsp. purpurascens (Andersson) Tzvelev = Miscanthus purpurascens Andersson ■

255900 Miscanthus sinensis Andersson subsp. purpurascens (Andersson) Tzvelev = Miscanthus sinensis Andersson ■

255901 Miscanthus sinensis Andersson subsp. purpurascens (Andersson) Tzvelev = Miscanthus sinensis Andersson f. purpurascens (Andersson) Nakai ■

255902 Miscanthus sinensis Andersson var. condensatus (Hack.) Makino = Miscanthus sinensis Andersson ■

255903 Miscanthus sinensis Andersson var. condensatus (Hack.) Makino = Miscanthus condensatus Hack. ■

255904 Miscanthus sinensis Andersson var. formosanus Hack.; 台湾芒■

255905 Miscanthus sinensis Andersson var. formosanus Hack. = Miscanthus sinensis Andersson ■

255906 Miscanthus sinensis Andersson var. gracillimus Hitchc. = Miscanthus sinensis Andersson 'Gracillimus' ■☆

255907 Miscanthus sinensis Andersson var. gracillimus Hitchc. = Miscanthus sinensis Andersson f. gracillimus (Hitchc.) Ohwi ■☆

255908 Miscanthus sinensis Andersson var. purpurascens (Andersson) Matsum. = Miscanthus purpurascens Andersson ■

255909 Miscanthus sinensis Andersson var. purpurascens (Andersson) Matsum. = Miscanthus sinensis Andersson ■

255910 Miscanthus sinensis Andersson var. purpurascens (Andersson) Rendle = Miscanthus sinensis Andersson f. purpurascens (Andersson) Nakai ■

255911 Miscanthus sorghum (Nees) Pilg. = Miscanthus capensis (Nees) Andersson ■☆

255912 Miscanthus szechuanensis Keng = Diandranthus yunnanensis (A. Camus) L. Liou ■

255913 Miscanthus szechuanensis Keng ex S. L. Zhong; 川芒; Sichuan Silvergrass ■

255914 Miscanthus szechuanensis Keng ex S. L. Zhong = Miscanthus nudipes (Griseb.) Hack. ■

255915 Miscanthus taylorii Bor = Diandranthus taylorii (Bor) L. Liou ■

255916 Miscanthus taylorii Bor = Miscanthus nudipes (Griseb.) Hack. ■

255917 Miscanthus teretifolius (Stapf) Pilg. = Miscanthus junceus (Stapf) Pilg. ■☆

255918 Miscanthus tinctorius (Steud.) Hack.; 青茅; Dyeing Silvergrass ■

255919 Miscanthus tinctorius (Steud.) Hack. var. intermedius (Honda) Ohwi = Miscanthus intermedius (Honda) Honda ■☆

255920 Miscanthus transmorrisonensis Hayata; 高山芒; Taiwanese Miscanthus, Transmorrison Silvergrass ■

255921 Miscanthus transmorrisonensis Hayata = Miscanthus sinensis Andersson ■

255922 Miscanthus violaceus (K. Schum.) Pilg.; 堇色芒■☆

255923 Miscanthus violaceus (K. Schum.) Robyns = Miscanthus violaceus (K. Schum.) Pilg. ■☆

255924 Miscanthus wardii Bor = Miscanthus nudipes (Griseb.) Hack. ■

255925 Miscanthus yunnanensis (A. Camus) Keng = Diandranthus yunnanensis (A. Camus) L. Liou ■

255926 Miscanthus yunnanensis (A. Camus) Keng = Miscanthus nudipes (Griseb.) Hack. ■

255927 Mischanthus B. D. Jacks. = Miscanthus Andersson ■

255928 Mischanthus Coss. = Mecomischus Coss. ex Benth. et Hook. f. ■☆

255929 Mischarytera (Radlk.) H. Turner(1995); 茎花无患子属●☆

255930 Mischarytera macrobotrys (Merr. et L. M. Perry) H. Turner; 大穗茎花无患子●☆

255931 Mischarytera megaphylla P. I. Forst.; 大叶茎花无患子●☆

255932 Mischobulbon Schltr. = Mischobulbum Schltr. ■

255933 Mischobulbum Schltr. (1911); 球柄兰属(葵兰属); Mischobulbum ■

255934 Mischobulbum Schltr. = Tainia Blume ■

255935 Mischobulbum cordifolium (Hook. f.) Schltr. = Tainia cordifolia Hook. f. ■

255936 Mischobulbum emeiense K. Y. Lang = Tainia emeiensis (K. Y. Lang) Z. H. Tsi ■

255937 Mischobulbum grandiflorum (King et Pantl.) Rolfe; 巨花球柄兰; Giantflower Mischobulbum ■☆

255938 Mischobulbum longiscapum Seidenf. ex H. Turner = Tainia longiscapa (Seidenf. ex H. Turner) J. J. Wood et A. L. Lamb ■

255939 Mischobulbum macranthum (Hook. f.) Rolfe = Tainia macrantha Hook. f. ■

255940 Mischobulbum ovifolium (Z. H. Tsi et S. C. Chen) Aver. = Tainia longiscapa (Seidenf. ex H. Turner) J. J. Wood et A. L. Lamb ■

255941 Mischobulbum scapigerum (Hook. f.) Schltr.; 具花球柄兰; Scapebearing Mischobulbum ■☆

255942 Mischobulbum wrayanum (Hook. f.) Rolfe; 瓦氏球柄兰; Wray Mischobulbum ■☆

255943 Mischocarpus Blume (1825)(保留属名); 柄果木属; Mischocarp, Mischocarpus ●

255944 Mischocarpus albescens S. T. Reynolds; 灰白柄果木●☆

255945 Mischocarpus australis S. T. Reynolds; 澳洲柄果木●☆

255946 Mischocarpus cauliflorus Radlk.; 茎花柄果木●☆

255947 Mischocarpus fuscescens Blume = Mischocarpus pentapetalus (Roxb.) Radlk. ●

255948 Mischocarpus fuscescens Blume var. bonii Lecomte = Xerospermum bonii (Lecomte) Radlk. ●◇

255949 Mischocarpus hainanensis H. S. Lo; 海南柄果木; Hainan Mischocarp, Hainan Mischocarpus ●

255950 Mischocarpus montanus C. T. White; 山地柄果木●☆

255951 Mischocarpus pentapetalus (Roxb.) Radlk.; 褐叶柄果木(假龙眼,五瓣柄果木); Brownleaf Mischocarp, Fivepetal Mischocarpus, Pentapetaled Mischocarp ●

255952 Mischocarpus productus H. L. Li = Mischocarpus pentapetalus (Roxb.) Radlk. ●

255953 Mischocarpus salicifolius Radlk.; 柳叶柄果木●☆

255954 Mischocarpus sundaicus Blume; 柄果木; Malaysian Mischocarpus, Mischocarp, Sunda Mischocarpus ●

255955 Mischocarpus tonkinensis (Pierre) Radlk.;东京柄果木●☆

255956 Mischocodon Radlk. = Mischocarpus Blume(保留属名)●

255957 Mischodon Thwaites(1854);齿梗大戟属☆

255958 Mischodon zeylanicus Thwaites;齿梗大戟☆

255959 Mischogyne Exell(1932);柄蕊木属●☆

255960 Mischogyne elliotianum (Engl. et Diels) R. E. Fr.;柄蕊木●☆

255961 Mischogyne elliotianum (Engl. et Diels) R. E. Fr. var. gabonensis Pellegr. ex Le Thomas;加蓬柄蕊木●☆

255962 Mischogyne elliotianum (Engl. et Diels) R. E. Fr. var. glabra (Keay) Evrard;光柄蕊木●☆

255963 Mischogyne michelioides Exell;拟米歇尔柄蕊木●☆

255964 Mischolobium Post et Kuntze = Dalbergia L. f. (保留属名)●

255965 Mischolobium Post et Kuntze = Miscolobium Vogel ●

255966 Mischopetalum Post et Kuntze = Miscopetalum Haw. ■

255967 Mischopetalum Post et Kuntze = Saxifraga L. ■

255968 Mischophloeus Scheff. (1876);梗皮棕属(柄棕榈属)●☆

255969 Mischophloeus Scheff. = Areca L. ●

255970 Mischophloeus paniculata Scheff.;梗皮棕●☆

255971 Mischopleura Wernham ex Ridl. = Sericolea Schltr. ●☆

255972 Mischospora Boeck. = Fimbristylis Vahl(保留属名)■

255973 Miscodendrum Steud. = Myzodendron Sol. ex DC. ●☆

255974 Miscolobium Vogel = Dalbergia L. f. (保留属名)●

255975 Miscopetalum Haw. = Saxifraga L. ■

255976 Misiessya Wedd. = Leucosyke Zoll. et Moritzi ●

255977 Misipus Raf. = Elaeocarpus L. ●

255978 Misodendraceae J. Agardh(1858)(保留科名);羽毛果科(羽果科)●☆

255979 Misodendron G. Don = Misodendrum Banks ex DC. ●☆

255980 Misodendrum Banks ex DC. (1830);羽毛果属●☆

255981 Misodendrum DC. = Myzodendron Sol. ex DC. ●☆

255982 Misodendrum punctulatum Banks ex DC.;羽毛果●☆

255983 Misopates Raf. (1840);劣参属;Weasel's-snout ■☆

255984 Misopates calycinum (Vent.) Rothm.;萼状劣参;Pale Weasel's-snout ■☆

255985 Misopates chrysothales (Font Quer) Rothm.;摩洛哥劣参■☆

255986 Misopates fontqueri (Emb.) Ibn Tattou = Misopates chrysothales (Font Quer) Rothm. ■☆

255987 Misopates microcarpum (Pomel) D. A. Sutton;小果劣参■☆

255988 Misopates oranense (Faure) D. A. Sutton;奥兰劣参■☆

255989 Misopates orontium (L.) Raf. = Antirrhinum orontium L. ■☆

255990 Misopates orontium (L.) Raf. subsp. gibbosum (Wall.) D. A. Sutton;浅囊劣参■☆

255991 Misopates orontium (L.) Raf. var. foliosum (J. A. Schmidt) Ormonde = Misopates orontium (L.) Raf. ■☆

255992 Misopates orontium (L.) Raf. var. grandiflorum (Chav.) Valdés = Misopates calycinum (Vent.) Rothm. ■☆

255993 Missiessia Benth. et Hook. f. = Missiessya Gaudich. ●

255994 Missiessya Gaudich. = Debregeasia Gaudich. ●

255995 Missiessya Gaudich. = Leucosyke Zoll. et Moritzi ●

255996 Missiessya Wedd. = Debregeasia Gaudich. ●

255997 Missiessya velutina Wedd. = Debregeasia longifolia (Burm. f.) Wedd. ●

255998 Missiessya wallichiana Wedd. = Debregeasia wallichiana (Wedd.) Wedd. ●

255999 Mistralia Fourr. = Daphne L. ●

256000 Mistyllus C. Presl = Trifolium L. ■

256001 Mitchella L. (1753);蔓虎刺属(柔茎属);Creeping Stem, Partridgeberry ■

256002 Mitchella repens L.;美国蔓虎刺(匍匐柔茎);Checkerberry, Creeping Stem, One-berry, Partridge Berry, Partridgeberry, Partridge-berry, Squaw Vine, Turkey-berry, Twin Berry, Twinberry, Two-eyed Berry, Winter Clover ■☆

256003 Mitchella repens L. subsp. undulata (Siebold et Zucc.) H. Hara = Mitchella undulata Siebold et Zucc. ■

256004 Mitchella repens L. var. undulata (Siebold et Zucc.) Makino = Mitchella undulata Siebold et Zucc. ■

256005 Mitchella undulata Siebold et Zucc.;蔓虎刺;Undulate Creeping Stem ■

256006 Mitchella undulata Siebold et Zucc. f. minor (Masam.) Sugim. ex J. Yokoy., T. Fukuda et Tsukaya = Mitchella undulata Siebold et Zucc. ■

256007 Mitchella undulata Siebold et Zucc. var. minor Masam. = Mitchella undulata Siebold et Zucc. ■

256008 Mitcherlichia Klotzsch = Begonia L. ●■

256009 Mitcherlichia Klotzsch = Mitscherlichia Klotzsch ●■

256010 Mitella L. (1753);唢呐草属(帽蒴属);Bishop's Cap, Bishop's-cap, Miterwort, Mitrewort ■

256011 Mitella Tourn. ex L. = Mitella L. ■

256012 Mitella × inamii Ohwi et Okuyama;伊南唢呐草■☆

256013 Mitella breweri A. Gray;布氏唢呐草■☆

256014 Mitella caulescens Nutt. ex Torr. et Gray;茎唢呐草;Caulescent Miterwort ■☆

256015 Mitella diphylla L.;二叶唢呐草;Bishop's Cap, Bishop's-cap, Common Miterwort, Miterwort, Mitrewort, Two-leaf Miterwort, Two-leaved Miterwort ■☆

256016 Mitella diphylla L. f. oppositifolia (Rydb.) Rosend. = Mitella diphylla L. ■☆

256017 Mitella diphylla L. f. triphylla Rosend. = Mitella diphylla L. ■☆

256018 Mitella doiana Ohwi;道氏唢呐草■☆

256019 Mitella formosana (Hayata) Masam.;台湾唢呐草(台湾帽蒴);Taiwan Miterwort ■

256020 Mitella furusei Ohwi;古施唢呐草■☆

256021 Mitella furusei Ohwi var. subramosa Wakab.;多枝古施唢呐草■☆

256022 Mitella integripetala H. Boissieu;全瓣唢呐草;Intermediate Miterwort ■☆

256023 Mitella intermedia Bruhin ex Small et Rydb.;中间唢呐草;Intermediate Miterwort ■☆

256024 Mitella japonica Maxim.;日本唢呐草;Japanese Miterwort ■☆

256025 Mitella japonica Miq. = Mitella formosana (Hayata) Masam. ■

256026 Mitella japonica Miq. var. formosana Hayata = Mitella formosana (Hayata) Masam. ■

256027 Mitella kiusiana Makino;九州唢呐草■☆

256028 Mitella koshiensis Ohwi;高志唢呐草■☆

256029 Mitella koshiensis Ohwi var. furusei (Ohwi) Ohwi = Mitella furusei Ohwi ■☆

256030 Mitella leiopetala Ohwi et Okuyama = Mitella stylosa H. Boissieu ■☆

256031 Mitella makinoi H. Hara = Mitella stylosa H. Boissieu var. makinoi (H. Hara) Wakab. ■☆

256032 Mitella nuda L.;唢呐草;Naked Miterwort, Small Bishop's-cap ■

256033 Mitella nuda L. f. intermedia (Bruhin) Rosend. = Mitella intermedia Bruhin ex Small et Rydb. ■☆

256034 Mitella oppositifolia Rydb. = Mitella diphylla L. ■☆

256035 Mitella ovalis Greene;卵喷呐草;Oval Miterwort ■☆
256036 Mitella pauciflora Rosend.;少花喷呐草■☆
256037 Mitella pentandra Hook.;五蕊喷呐草;Five-point Bishop's-cap, Fivestamen Miterwort ■☆
256038 Mitella stylosa H. Boissieu;存柱喷呐草■☆
256039 Mitella stylosa H. Boissieu var. makinoi (H. Hara) Wakab.;牧野氏喷呐草■☆
256040 Mitella trifida Graham;三裂喷呐草;Trifid Miterwort ■☆
256041 Mitella yoshinagae H. Hara;吉永喷呐草■☆
256042 Mitellastra Howell = Mitella L. ■
256043 Mitellopsis Meisn. = Mitella L. ■
256044 Mitellopsis Meisn. = Ozomelis Raf. ■
256045 Mitellopsis Meisn. = Pectiantia Raf. ■
256046 Mitesia Raf. = Polygonum L.(保留属名)■●
256047 Mithracarpus Rchb. = Mitracarpus Zucc. ex Schult. et Schult. f. ■
256048 Mithridatea Comm. ex Schreb. = Tambourissa Sonn. ●☆
256049 Mithridatium Adans. = Erythronium L. ■
256050 Mitina Adans. = Carlina L. ■●
256051 Mitodendron Walp. = Myzodendron Sol. ex DC. ●☆
256052 Mitolepis Balf. f. (1883);线鳞萝藦属☆
256053 Mitolepis intricata Balf. f.;线鳞萝藦☆
256054 Mitopetalum Blume = Tainia Blume ■
256055 Mitopetalum angustifolium (Lindl.) Blume = Tainia angustifolia (Lindl.) Benth. et Hook. f. ■
256056 Mitopetalum latifolium (Lindl.) Blume = Tainia latifolia (Lindl.) Rchb. f. ■
256057 Mitophyllum Greene = Rhammatophyllum O. E. Schulz ■☆
256058 Mitophyllum Greene(1904);异叶芥属■☆
256059 Mitophyllum O. E. Schulz = Rhammatophyllum O. E. Schulz ■☆
256060 Mitophyllum O. E. Schulz = Streptanthus Nutt. ■☆
256061 Mitophyllum diversifolium Greene;异叶芥■☆
256062 Mitophyllum pachyrhizum (Kar. et Kir.) O. E. Schulz;粗根异叶芥■☆
256063 Mitostax Raf. = Prosopis L. ●
256064 Mitostemma Mast. (1883);线冠莲属●☆
256065 Mitostemma brevifile Gontsch.;短线冠莲●☆
256066 Mitostemma glaziovii Mast.;线冠莲●☆
256067 Mitostigma Blume = Amitostigma Schltr. ■
256068 Mitostigma Decne. (1844);线柱头萝藦属■☆
256069 Mitostigma affine Griseb.;近缘线柱头萝藦■☆
256070 Mitostigma boliviense Schltr.;玻利维亚线柱头萝藦■☆
256071 Mitostigma gracile Blume = Amitostigma gracile (Blume) Schltr. ■
256072 Mitostigma grandiflorum Schltr.;大花线柱头萝藦■☆
256073 Mitostigma niveum Griseb.;雪白线柱头萝藦■☆
256074 Mitostigma parviflorum Malme;小花线柱头萝藦■☆
256075 Mitostigma rhynchophorum Griseb.;喙梗线柱头萝藦■☆
256076 Mitostigma tomentosum Decne.;毛线柱头萝藦■☆
256077 Mitostylis Raf. = Cleome L. ●■
256078 Mitozus Miers = Echites P. Browne ●☆
256079 Mitozus Miers = Mandevilla Lindl. ●
256080 Mitracarpium Benth. = Mitracarpus Zucc. ■
256081 Mitracarpum Zucc. = Mitracarpus Zucc. ■
256082 Mitracarpus Zucc. (1827)('Mitracarpum');盖裂果属(帽果茜属);Mitracarpus ■
256083 Mitracarpus Zucc. ex Schult. et Schult. f. = Mitracarpus Zucc. ■
256084 Mitracarpus brachystigma Urb.;短柱头盖裂果■☆
256085 Mitracarpus brasiliensis M. L. Porto et Waechter;巴西盖裂果■☆
256086 Mitracarpus breviflorus A. Gray;短花盖裂果■☆
256087 Mitracarpus diffusum Cham. et Schltdl.;铺散盖裂果■☆
256088 Mitracarpus dregeanum Sond. = Spermacoce senensis (Klotzsch) Hiern ■☆
256089 Mitracarpus filipes Huber;丝梗盖裂果■☆
256090 Mitracarpus glabrescens (Griseb.) Urb.;光盖裂果■☆
256091 Mitracarpus hirtus (L.) DC. = Mitracarpus villosus (Sw.) DC. ■
256092 Mitracarpus longicalyx E. B. Souza et Sales;长萼盖裂果■☆
256093 Mitracarpus microphyllus Glaz.;小叶盖裂果■☆
256094 Mitracarpus microspermus K. Schum.;小籽盖裂果■☆
256095 Mitracarpus pallidus Hook. et Arn.;苍白盖裂果■☆
256096 Mitracarpus polycladus Urb.;多枝盖裂果■☆
256097 Mitracarpus rigidifolius Standl.;硬叶盖裂果■☆
256098 Mitracarpus scaber Zucc. = Mitracarpus hirtus (L.) DC. ■
256099 Mitracarpus scaber Zucc. = Mitracarpus villosus (Sw.) DC. ■
256100 Mitracarpus senegalensis DC. = Mitracarpus hirtus (L.) DC. ■
256101 Mitracarpus senegalensis DC. = Mitracarpus villosus (Sw.) DC. ■
256102 Mitracarpus verticillatus (Schumach. et Thonn.) Vatke = Mitracarpus hirtus (L.) DC. ■
256103 Mitracarpus verticillatus (Schumach. et Thonn.) Vatke = Mitracarpus villosus (Sw.) DC. ■
256104 Mitracarpus villosus (Sw.) DC.;盖裂果;Villose Mitracarpus ■
256105 Mitracarpus villosus (Sw.) DC. = Mitracarpus hirtus (L.) DC. ■
256106 Mitracme Schnit. = Mitrasacme Labill. ■
256107 Mitragyna Korth. (1839)(保留属名);帽柱木属(帽蕊木属);Mitragyna, Nazingu ●
256108 Mitragyna africana (Willd.) Korth. = Mitragyna inermis (Willd.) K. Schum. ●☆
256109 Mitragyna africana Korth. = Mitragyna inermis (Willd.) K. Schum. ●☆
256110 Mitragyna brunonis (Wall. ex G. Don) Craib = Mitragyna rotundifolia (Roxb.) Kuntze ●
256111 Mitragyna brunonis (Wall.) Craib = Mitragyna rotundifolia (Roxb.) Kuntze ●
256112 Mitragyna chevalieri K. Krause = Hallea stipulosa (DC.) Leroy ●☆
256113 Mitragyna ciliata Aubrév. et Pellegr.;毛帽柱木;African Linden ●☆
256114 Mitragyna ciliata Aubrév. et Pellegr. = Hallea ledermannii (K. Krause) Verdc. ●☆
256115 Mitragyna diversifolia Havil. ex G. Don;异叶帽柱木(黑达龙,帽蕊木);Variable-leaf Mitragyna ●☆
256116 Mitragyna inermis (Willd.) K. Schum.;非洲妇帽柱木(非洲妇帽树);African Women's Hat ●☆
256117 Mitragyna javanica Koord. et Valeton;爪哇帽柱木●☆
256118 Mitragyna ledermannii (K. Krause) Ridsdale = Hallea ledermannii (K. Krause) Verdc. ●☆
256119 Mitragyna macrophylla (DC.) Hiern = Hallea stipulosa (DC.) Leroy ●☆
256120 Mitragyna macrophylla Hiern;大叶帽柱木(非洲帽柱木,托叶帽柱木);Abura Mitragyna, African Linden ●☆
256121 Mitragyna parvifolia (Roxb.) Korth.;小叶帽柱木;Littleleaf

Mitragyna, Smallleaf Mitragyna ●☆
256122 Mitragyna rotundifolia (Roxb.) Kuntze;帽柱木(帽蕊木);Common Mitragyna, Roundleaf Mitragyna ●
256123 Mitragyna rubrostipulacea Havil.;红叶帽柱木(红托叶帽柱木);Red-leaf Mitragyna ●☆
256124 Mitragyna rubrostipulata (K. Schum.) Havil. = Hallea rubrostipulata (K. Schum.) Leroy ●☆
256125 Mitragyna speciosa Korth.;美丽帽柱木;Beautiful Mitragyna ●☆
256126 Mitragyna stipulosa (DC.) Kuntze = Hallea stipulosa (DC.) Leroy ●☆
256127 Mitragyna stipulosa Kuntze = Mitragyna macrophylla Hiern ●☆
256128 Mitragyne Korth. = Mitragyna Korth.(保留属名)●
256129 Mitragyne R. Br.(废弃属名)= Mitragyna Korth.(保留属名)●
256130 Mitragyne R. Br.(废弃属名)= Mitrasacme Labill. ■
256131 Mitranthes O. Berg(1856);帽花木属●☆
256132 Mitranthes browniana (A. DC.) O. Berg;帽花木●☆
256133 Mitranthes cordifolia D. Legrand;心叶帽花木●☆
256134 Mitranthes glabra Proctor;光帽花木●☆
256135 Mitranthes nivea Proctor;雪白帽花木●☆
256136 Mitranthes ovalifolia O. Berg;卵叶帽花木●☆
256137 Mitranthes pilosa Burret;毛帽花木●☆
256138 Mitranthus Hochst. = Lindernia All. ■
256139 Mitranthus latifolius Hochst. = Lindernia nummulariifolia (D. Don) Wettst. ■
256140 Mitrantia Peter G. Wilson et B. Hyland(1988);帽金娘属●☆
256141 Mitrantia bilocularis Peter G. Wilson et B. Hyland;帽金娘●☆
256142 Mitraria Cav.(1801)(保留属名);红钟苣苔属(吊钟苣苔属);Mitraria ●☆
256143 Mitraria J. F. Gmel.(废弃属名)= Barringtonia J. R. Forst. et G. Forst.(保留属名)●
256144 Mitraria J. F. Gmel.(废弃属名)= Commersona Sonn. ●☆
256145 Mitraria J. F. Gmel.(废弃属名)= Mitraria Cav.(保留属名)●☆
256146 Mitraria coccinea Cav.;红钟苣苔(吊钟苣苔)●☆
256147 Mitrasacme Labill.(1805);尖帽草属(光巾草属,姬苗属);Mitrasacme ■
256148 Mitrasacme alsinoides R. Br. = Mitrasacme indica Wight ■
256149 Mitrasacme alsinoides R. Br. var. indica (Wight) H. Hara = Mitrasacme indica Wight ■
256150 Mitrasacme archeri Hook. f. = Schizacme archeri (Hook. f.) Dunlop ■☆
256151 Mitrasacme capillaris Wall. = Mitrasacme pygmaea R. Br. ■
256152 Mitrasacme chinensis Griseb. = Mitrasacme pygmaea R. Br. ■
256153 Mitrasacme gallifolia Masam. et Syozi = Mitrasacme pygmaea R. Br. ■
256154 Mitrasacme indica Wight;尖帽花(光巾草,姬苗,尖帽草);Indian Mitrasacme, Indo Mitrasacme ■
256155 Mitrasacme lutea H. Lév. = Mitrasacme pygmaea R. Br. ■
256156 Mitrasacme montana Hook. f. ex Benth. = Schizacme montana (Hook. f. ex Benth.) Dunlop ■☆
256157 Mitrasacme nudicaulis Blume = Mitrasacme pygmaea R. Br. ■
256158 Mitrasacme nudicaulis Reinw. ex Blume = Arthraxon hispidus (Thunb.) Makino f. brevisetus (Regel) Ohwi ■☆
256159 Mitrasacme polymorpha R. Br. = Mitrasacme pygmaea R. Br. ■
256160 Mitrasacme polymorpha R. Br. var. grandiflora Hemsl. = Mitrasacme pygmaea R. Br. var. grandiflora (Hemsl.) Leenh. ■
256161 Mitrasacme pygmaea R. Br.;水田白(矮形光巾草,短形光巾草,多形姬苗,小姬苗);Dwarf Mitrasacme ■
256162 Mitrasacme pygmaea R. Br. var. confertifolia Tirel;密叶水田白;Denseleaf Dwarf Mitrasacme, Dwarf Mitrasacme ■
256163 Mitrasacme pygmaea R. Br. var. grandiflora (Hemsl.) Leenh.;大花水田白;Bigflower Dwarf Mitrasacme, Largeflower Dwarf Mitrasacme ■
256164 Mitrasacme pygmaea R. Br. var. malaccensis (Wight) Hara = Mitrasacme pygmaea R. Br. ■
256165 Mitrasacme setosa Hance = Mitrasacme indica Wight ■
256166 Mitrasacmopsis Jovet(1935);拟尖帽草属■☆
256167 Mitrasacmopsis quadrivalvis Jovet;拟尖帽草■☆
256168 Mitrastemma Makino = Mitrastemon Makino ■
256169 Mitrastemma kanehirae Yamam. = Mitrastemma yamamotoi Makino ■☆
256170 Mitrastemma kawa-sasakii Hayata = Mitrastemma yamamotoi Makino ■☆
256171 Mitrastemma yamamotoi Makino;帽冠大花草■☆
256172 Mitrastemmataceae Makino = Mitrastemonaceae Makino(保留科名)■
256173 Mitrastemmataceae Makino = Rafflesiaceae Dumort.(保留科名)■
256174 Mitrastemon Makino = Mitrastemma Makino ■
256175 Mitrastemon Makino(1909)('Mitrastemma');帽蕊草属(帽蕊花属,奴草属);Mitrastemon ■
256176 Mitrastemon cochinchinensis Nakai = Mitrastemon yamamotoi Makino ■
256177 Mitrastemon kanehirai Yamam. = Mitrastemon yamamotoi Makino var. kanehirai (Yamam.) Makino ■
256178 Mitrastemon kawa-sasakii Hayata;台湾奴草;Taiwan Mitrastemon ■
256179 Mitrastemon kawa-sasakii Hayata = Mitrastemon yamamotoi Makino ■
256180 Mitrastemon yamamotoi Makino;帽蕊草(奴草);Yamamoto Mitrastemon ■
256181 Mitrastemon yamamotoi Makino f. kawa-sasakii (Hayata) Makino = Mitrastemon yamamotoi Makino ■
256182 Mitrastemon yamamotoi Makino var. kanehirae (Yamam.) Makino;多鳞帽蕊草(菱形奴草);Kanehira Mitrastemon ■
256183 Mitrastemon yamamotoi Makino var. kanehirai (Yamam.) Makino = Mitrastemon kanehirai Yamam. ■
256184 Mitrastemon yamamotoi Makino var. kawa-sasakii (Hayata) Makino = Mitrastemon kawa-sasakii Hayata ■
256185 Mitrastemonaceae Makino = Rafflesiaceae Dumort.(保留科名)■
256186 Mitrastemonaceae Makino(1911)(保留科名);帽蕊草科(帽蕊花科)■
256187 Mitrastigma Harv. = Psydrax Gaertn. ●☆
256188 Mitrastigma lucidum Harv. = Psydrax obovata (Klotzsch ex Eckl. et Zeyh.) Bridson ●☆
256189 Mitrastylus Alm et T. C. E. Fr.(1927);帽柱杜鹃属●☆
256190 Mitrastylus Alm et T. C. E. Fr. = Erica L. ●☆
256191 Mitrastylus parkeri (Baker) Alm et T. C. E. Fr. = Erica parkeri (Baker) Dorr et E. G. H. Oliv. ●☆
256192 Mitrastylus pilosus (Baker) Alm et T. C. E. Fr. = Erica madagascariensis (H. Perrier) Dorr et E. G. H. Oliv. ●☆
256193 Mitratheca K. Schum. = Oldenlandia L. ●■
256194 Mitratheca richardsonioides K. Schum. = Oldenlandia

richardsonioides (K. Schum.) Verdc. ●☆
256195 Mitrella Miq. (1865);银帽花属●☆
256196 Mitrella kentii Miq.;银帽花●☆
256197 Mitreola Boehm. = Ophiorrhiza L. ●■
256198 Mitreola L. (1758);度量草属;Mitreola ■
256199 Mitreola L. ex Schaeff. = Mitreola L. ■
256200 Mitreola bodinieri (H. Lév.) H. Lév. = Mitreola pedicellata Benth. ■
256201 Mitreola crystallina Y. M. Shui;水晶度量草;Crystlline Mitreola ■
256202 Mitreola darrisii (H. Lév.) H. Lév. = Mitreola pedicellata Benth. ■
256203 Mitreola darrisii (H. Lév.) H. Lév. = Mitreola petiolata (J. F. Gmel.) Torr. et A. Gray ■
256204 Mitreola inconspicua Zoll. et Miq. = Mitreola petiolata (J. F. Gmel.) Torr. et A. Gray ■
256205 Mitreola macrophylla D. Fang et D. H. Qin;长叶度量草;Longleaf Mitreola ■
256206 Mitreola oldenlandioides Wall. = Mitreola petiolata (J. F. Gmel.) Torr. et A. Gray ■
256207 Mitreola oldenlandioides Wall. ex A. DC. = Mitreola petiolata (J. F. Gmel.) Torr. et A. Gray ■
256208 Mitreola oldenlandioides Wall. ex G. Don = Mitreola petiolata (J. F. Gmel.) Torr. et A. Gray ■
256209 Mitreola paniculata (Wall. ex G. Don) B. L. Rob. = Mitreola petiolata (J. F. Gmel.) Torr. et A. Gray ■
256210 Mitreola paniculata Wall. ex G. Don = Mitreola petiolata (J. F. Gmel.) Torr. et A. Gray ■
256211 Mitreola paniculata Wall. ex G. Don var. oldenlandioides ? = Mitreola petiolata (J. F. Gmel.) Torr. et A. Gray ■
256212 Mitreola pedicellata Benth.;毛叶度量草(大叶度量草,爬岩烟,水泡草,岩青草,一匹大);Bigleaf Mitreola, Hairyleaf Mitreola ■
256213 Mitreola perrieri Jovet = Mitreola turgida Jovet ■☆
256214 Mitreola petiolata (J. F. Gmel.) Torr. et A. Gray;度量草(光叶度量草);Mitreola, Petiolate Mitreola, Shinyleaf Mitreola ■
256215 Mitreola petiolatoides P. T. Li;小叶度量草;Littleleaf Mitreola, Smallleaf Mitreola ■
256216 Mitreola pingtaoi D. Fang et D. H. Qin;凤山度量草;Fengshan Mitreola ■
256217 Mitreola purpureonervia D. Fang et X. H. Lu;紫脉度量草;Purple-veined Mitreola ■
256218 Mitreola reticulata Tirel;网籽度量草(网子度量草);Netseed Mitreola, Reticulate Mitreola ■
256219 Mitreola spathulifolia D. Fang et L. S. Zhou;匙叶度量草;Spoonleaf Mitreola ■
256220 Mitreola turgida Jovet;佩里耶度量草■☆
256221 Mitrephora (Blume) Hook. f. et Thomson (1855);银钩花属;Mitrephora, Silverhook ●
256222 Mitrephora Hook. f. et Thomson = Mitrephora (Blume) Hook. f. et Thomson ●
256223 Mitrephora alba Ridl.;白银钩花●☆
256224 Mitrephora chrysocarpa Boerl.;金果银钩花●☆
256225 Mitrephora ferruginea Merr.;锈色银钩花●☆
256226 Mitrephora fragrans Merr.;香银钩花●☆
256227 Mitrephora laetica Finet et Gagnep.;柄芽银钩花;Laos Mitrephora ●
256228 Mitrephora leiocarpa W. T. Wang = Goniothalamus leiocarpus (W. T. Wang) P. T. Li ●
256229 Mitrephora longipetala Miq.;长瓣银钩花●☆
256230 Mitrephora macrophylla Oliv.;大叶银钩花●☆
256231 Mitrephora maingayi Hook. f. et Thomson;山蕉;Maingay Mitrephora, Maingay Silverhook ●
256232 Mitrephora micrantha Teijsm. et Binn.;小花银钩花●☆
256233 Mitrephora multiflora Miq.;多花银钩花●☆
256234 Mitrephora multifolia Elmer;多叶银钩花●☆
256235 Mitrephora thorelii Pierre;银钩花(大叶杂古,定春);Thorel Mitrephora, Thorel Silverhook ●
256236 Mitrephora wangii Hu;云南银钩花;Wang Mitrephora, Yunnan Mitrephora, Yunnan Silverhook ●◇
256237 Mitriostigma Hochst. (1842);帽柱茜属●☆
256238 Mitriostigma axillare Hochst.;腋花帽柱茜●☆
256239 Mitriostigma barteri Hook. f. ex Hiern;巴特帽柱茜●☆
256240 Mitriostigma greenwayi Bridson;格林韦帽柱茜●☆
256241 Mitriostigma subpunctatum Hiern = Oxyanthus subpunctatus (Hiern) Keay ■☆
256242 Mitriostigma usambarense Verdc.;乌桑巴拉帽柱茜●☆
256243 Mitrocarpa Torr. ex Steud. = Eleocharis R. Br. ■
256244 Mitrocarpum Hook. = Mitracarpus Zucc. ex Schult. et Schult. f. ■
256245 Mitrocarpus Post et Kuntze = Eleocharis R. Br. ■
256246 Mitrocarpus Post et Kuntze = Mitracarpus Zucc. ex Schult. et Schult. f. ■
256247 Mitrocarpus Post et Kuntze = Mitrocarpa Torr. ex Steud. ■
256248 Mitrocereus (Backeb.) Backeb. (1942);小花翁柱属●☆
256249 Mitrocereus (Backeb.) Backeb. = Pachycereus (A. Berger) Britton et Rose ●
256250 Mitrocereus Backeb. = Pachycereus (A. Berger) Britton et Rose ●
256251 Mitrocereus chrysomallus (Lem.) Backeb.;小花翁柱●☆
256252 Mitrogyna Post et Kuntze = Mitragyna Korth. (保留属名) ●
256253 Mitrogyna Post et Kuntze = Mitragyne R. Br. (废弃属名) ●
256254 Mitrogyna Post et Kuntze = Mitrasacme Labill. ■
256255 Mitrophora Neck. = Fedia Gaertn. (保留属名) ■
256256 Mitrophora Neck. ex Raf. = Fedia Gaertn. (保留属名) ■
256257 Mitrophyllum Schwantes (1926);奇鸟菊属●☆
256258 Mitrophyllum abbreviatum L. Bolus;缩短奇鸟菊●☆
256259 Mitrophyllum clivorum (N. E. Br.) Schwantes;斜生奇鸟菊●☆
256260 Mitrophyllum cognatum Schwantes;相思鸟●☆
256261 Mitrophyllum conradii L. Bolus = Mitrophyllum dissitum (N. E. Br.) Schwantes ●☆
256262 Mitrophyllum crassifolium (L. Bolus) G. D. Rowley = Mitrophyllum grande N. E. Br. ●☆
256263 Mitrophyllum cuspidatum (L. Bolus) de Boer = Mitrophyllum grande N. E. Br. ●☆
256264 Mitrophyllum dissitum (N. E. Br.) Schwantes;幻想鸟●☆
256265 Mitrophyllum dissitum Schwantes = Mitrophyllum dissitum (N. E. Br.) Schwantes ●☆
256266 Mitrophyllum framesii L. Bolus = Mitrophyllum clivorum (N. E. Br.) Schwantes ●☆
256267 Mitrophyllum globosum (L. Bolus) Ihlenf.;球奇鸟菊●☆
256268 Mitrophyllum grande N. E. Br.;大不死鸟●☆
256269 Mitrophyllum karrachabense L. Bolus = Mitrophyllum clivorum (N. E. Br.) Schwantes ●☆
256270 Mitrophyllum meyeri Schwantes;冥想鸟●☆
256271 Mitrophyllum mitratum (Marloth) Schwantes;怪奇鸟●☆
256272 Mitrophyllum mitratum Schwantes = Mitrophyllum mitratum (Marloth) Schwantes ●☆

256273 Mitrophyllum parvifolium (L. Bolus) G. D. Rowley = Mitrophyllum dissitum (N. E. Br.) Schwantes ●☆

256274 Mitrophyllum pillansii N. E. Br. = Mitrophyllum grande N. E. Br. ●☆

256275 Mitrophyllum roseum L. Bolus;粉红奇鸟菊●☆

256276 Mitropsidium Burret = Psidium L. ●

256277 Mitrosacma Post et Kuntze = Mitrasacme Labill. ■

256278 Mitrosicyos Maxim. = Actinostemma Griff. ■

256279 Mitrosicyos lobatus Maxim. = Actinostemma tenerum Griff. ■

256280 Mitrosicyos paniculatus Maxim. = Bolbostemma paniculatum (Maxim.) Franquet ■

256281 Mitrosicyos racemosus Maxim. = Actinostemma tenerum Griff. ■

256282 Mitrospora Nees = Rhynchospora Vahl(保留属名)■

256283 Mitrosttgma Post et Kuntze = Mitrastigma Harv. ●☆

256284 Mitrosttgma Post et Kuntze = Plectronia L. ●☆

256285 Mitrosttgma Post et Kuntze = Psydrax Gaertn. ●☆

256286 Mitrotheca Post et Kuntze = Mitratheca K. Schum. ●■

256287 Mitrotheca Post et Kuntze = Oldenlandia L. ●■

256288 Mitsa Chapel. ex Benth. = Coleus Lour. ●■

256289 Mitscherlichia Klotasch = Begonia L. ●■

256290 Mitscherlichia Kunth = Neea Ruiz et Pav. ●☆

256291 Mitwabachloa Phipps = Zonotriche (C. E. Hubb.) J. B. Phipps ■☆

256292 Mitwabachloa brunnea J. B. Phipps = Zonotriche brunnea (J. B. Phipps) Clayton ■☆

256293 Mitwabochloa J. B. Phipps = Zonotriche (C. E. Hubb.) J. B. Phipps ■☆

256294 Mixandra Pierre = Diploknema Pierre ●

256295 Mixandra Pierre ex L. Planch. = Diploknema Pierre ●

256296 Mixandra butyracea (Roxb.) Pierre ex Dubard = Diploknema butyraceum (Roxb.) H. J. Lam. ●

256297 Mixis Luer = Pleurothallis R. Br. ■☆

256298 Mixis Luer(2004);哥伦比亚腋花兰属■☆

256299 Miyakea Miyabe et Tatew. (1935);全叶白头翁属■☆

256300 Miyakea integrifolia Miyabe et Tatew.;全叶白头翁■☆

256301 Miyamayomena Kitam. (1982);裸菀属;Gymnaster,Nakeaster ■

256302 Miyamayomena Kitam. = Aster L. ●■

256303 Miyamayomena angustifolius (C. C. Chang) Y. L. Chen;狭叶裸菀(窄叶裸菀);Narrowleaf Gymnaster,Narrowleaf Nakeaster ■

256304 Miyamayomena angustifolius Y. L. Chen = Miyamayomena angustifolius (C. C. Chang) Y. L. Chen ■

256305 Miyamayomena koraiensis (Nakai) Kitam. = Aster koraiensis Nakai ■☆

256306 Miyamayomena koraiensis (Nakai) Kitam. subsp. pygmaea (Makino) Kitam. = Aster savatieri Makino var. pygmaeus Makino ■☆

256307 Miyamayomena lushiensis (J. Q. Fu) Y. L. Chen;卢氏裸菀;Lushi Gymnaster,Lushi Nakeaster ■

256308 Miyamayomena piccolii (Hook. f.) Kitam.;裸菀;Nakeaster,Piccol's Gymnaster ■

256309 Miyamayomena savatieri (Makino) Kitam. = Aster savatieri Makino ■☆

256310 Miyamayomena simplex (C. C. Chang) Y. L. Chen;四川裸菀;Annual Saltmarsh Aster, Panicled Aster, Sichuan Gymnaster, Sichuan Nakeaster,Small Saltmarsh Aster ■

256311 Miyamayomena simplex Y. L. Chen = Miyamayomena simplex (C. C. Chang) Y. L. Chen ■

256312 Miyoshia Makino = Petrosavia Becc. ■

256313 Miyoshia sakuraii Makino = Petrosavia sakurai (Makino) J. J. Sm. ex Steenis ■

256314 Miyoshia sinii (K. Krause) Nakai = Petrosavia sinii (K. Krause) Gagnep. ■

256315 Miyoshiaceae Makino = Melanthiaceae Batsch ex Borkh.(保留科名)■

256316 Miyoshiaceae Makino = Petrosaviaceae Hutch.(保留科名)■

256317 Miyoshiaceae Nakai = Melanthiaceae Batsch ex Borkh.(保留科名)■

256318 Mizonia A. Chev. = Pancratium L. ■

256319 Mizonia centralis A. Chev. = Pancratium centrale (A. Chev.) Traub ■☆

256320 Mizotropis Post et Kuntze = Butea Roxb. ex Willd.(保留属名)●

256321 Mizotropis Post et Kuntze = Meizotropis Voigt ●

256322 Mkilua Verdc. (1970);米路木属●☆

256323 Mkilua fragrans Verdc.;米路木●☆

256324 Mnasium Schreb. = Rapatea Aubl. ■☆

256325 Mnasium Stackh. = Ensete Bruce ex Horan. ■

256326 Mnemion Spach = Ion Medik. ■●

256327 Mnemion Spach = Viola L. ■●

256328 Mnemosilla Forssk. = Hypecoum L. ■

256329 Mnesiteon Raf.(废弃属名)= Balduina Nutt.(保留属名)■☆

256330 Mnesiteon Raf.(废弃属名)= Eclipta L.(保留属名)■

256331 Mnesithea Kunth(1829);毛俭草属(三穗茅属);Mnesithea ■

256332 Mnesithea afraurita (Stapf) de Koning et Sosef = Coelorachis afraurita (Stapf) Stapf ■☆

256333 Mnesithea exaltata (L.) Skeels = Ophiuros exaltatus (L.) Kuntze ■

256334 Mnesithea granularis (L.) de Koning et Sosef = Cenchrus granularis L. ■

256335 Mnesithea granularis (L.) de Koning et Sosef = Hackelochloa granularis (L.) Kuntze ■

256336 Mnesithea khasiana (Hack.) de Koning et Sosef;密穗空轴茅;Khasia Mnesithea ■

256337 Mnesithea laevis (Retz.) Kunth;印度毛俭草(假蛇尾草);Smooth Mnesithea ■

256338 Mnesithea laevis (Retz.) Kunth var. chenii (C. C. Hsu) de Koning et Sosef;缚颖假蛇尾草;Chen Mnesithea ■

256339 Mnesithea laevis (Retz.) Kunth var. cochinchinensis (Lour.) de Koning et Sosef = Mnesithea laevis (Retz.) Kunth ■

256340 Mnesithea laevispica (Keng) de Koning et Sosef = Rottboellia laevispica Keng ■

256341 Mnesithea lepidura (Stapf) de Koning et Sosef = Coelorachis lepidura Stapf ■☆

256342 Mnesithea mollicoma (Hance) A. Camus;毛俭草(老鼠草);Hair Mnesithea,Hairy Mnesithea ■

256343 Mnesithea pubescens Ridl. = Mnesithea mollicoma (Hance) A. Camus ■

256344 Mnesithea shimadanus Ohwi et Odash. = Mnesithea laevis Kunth var. chenii (C. C. Hsu) de Koning et Sosef ■

256345 Mnesithea striata (Steud.) de Koning et Sosef = Coelorachis striata (Nees ex Steud.) A. Camus ■

256346 Mnesithea striata (Steud.) de Koning et Sosef var. pubescens (Hack.) S. M. Phillips et S. L. Chen;毛杆空轴茅■

256347 Mnesithea sulcata (Stapf) de Koning et Sosef = Heteropholis sulcata (Stapf) C. E. Hubb. ■☆

256348 Mnesitheon Spreng. = Eclipta L.(保留属名)■

256349 Mnesitheon Spreng. = Mnesiteon Raf.(废弃属名)■

256350 Mnianthus Walp. = Dalzellia Wight ■
256351 Mnianthus Walp. = Terniola Tul. ■
256352 Mniarum J. R. Forst. et G. Forst. = Scleranthus L. ■☆
256353 Mniochloa Chase(1908);藓地禾属■☆
256354 Mniochloa pulchella Chase;藓地禾■☆
256355 Mniodes (A. Gray) Benth. = Mniodes (A. Gray) Benth. et Hook. f. ■☆
256356 Mniodes (A. Gray) Benth. et Hook. f. (1873);垫鼠麹属■☆
256357 Mniodes A. Gray = Mniodes (A. Gray) Benth. et Hook. f. ■☆
256358 Mniodes A. Gray ex Benth. et Hook. f. = Mniodes (A. Gray) Benth. et Hook. f. ■☆
256359 Mniodes andina (A. Gray) A. Gray ex Cuatrec.;垫鼠麹■☆
256360 Mniodes andina A. Gray = Mniodes andina (A. Gray) A. Gray ex Cuatrec. ■☆
256361 Mniopsis Mart. (1823);藓苔草属■☆
256362 Mniopsis Mart. = Crenias A. Spreng. ■☆
256363 Mniopsis scaturigina Mart.;藓苔草■☆
256364 Mniothamnea (Oliv.) Nied. (1891);苔灌木属●☆
256365 Mniothamnea bullata Schltr.;泡状苔灌木●☆
256366 Mniothamnea callunoides (Oliv.) Nied.;帚石南苔灌木●☆
256367 Mniothamnea micrantha Schltr. = Mniothamnea callunoides (Oliv.) Nied. ●☆
256368 Mniothamnea passerinoides C. H. Wright = Raspalia virgata (Brongn.) Pillans ●☆
256369 Mniothamnus Willis = Mniothamnea (Oliv.) Nied. ●☆
256370 Mniothamus Nied. = Berzelia Brongn. ●☆
256371 Mniothamus T. Durand et Jacks. = Mniothamnea (Oliv.) Nied. ●☆
256372 Moacroton Croizat(1945);莫巴豆属●☆
256373 Moacroton cristalensis (Urb.) Croizat;古巴莫巴豆●☆
256374 Moacroton lanceolatus Alain;披针叶莫巴豆●☆
256375 Moacurra Roxb. = Dichapetalum Thouars ●
256376 Moacurra gelonioides Roxb. = Dichapetalum gelonioides (Roxb.) Engl. ●
256377 Mobilabium Rupp(1946);疏唇兰属■☆
256378 Mobilabium hamatum Rupp;疏唇兰■☆
256379 Mocanera Blanco = Dipterocarpus C. F. Gaertn. + Anisoptera Korth. ●☆
256380 Mocanera Juss. = Visnea L. f. ●☆
256381 Mocanera mangachapoi (Blanco) Blanco = Vatica mangachapoi Blanco ●◇
256382 Mocinia DC. = Stifftia J. C. Mikan(保留属名)●☆
256383 Mocinna Benth. = Jatropha L. (保留属名)●■
256384 Mocinna Benth. = Mozinna Ortega ●■
256385 Mocinna Cerv. ex La Llave = Jarilla Rusby ●☆
256386 Mocinna La Llave = Jarilla Rusby ●☆
256387 Mocinna Lag. = Calea L. ●■☆
256388 Mocquerysia Hua(1893);莫克木属●☆
256389 Mocquerysia epipetiola De Wild. = Mocquerysia multiflora Hua ●☆
256390 Mocquerysia multiflora Hua;莫克木●☆
256391 Mocquinia Steud. = Loranthus Jacq. (保留属名)●
256392 Mocquinia Steud. = Moquinia DC. (保留属名)●☆
256393 Modanthos Alef. = Modiola Moench ■☆
256394 Modeca Raf. = Ipomoea L. (保留属名)●■
256395 Modeca Raf. = Modesta Raf. ●■
256396 Modecca Lam. = Adenia Forssk. ●
256397 Modecca aculeata Oliv. = Adenia aculeata (Oliv.) Engl. ●☆
256398 Modecca bracteata Lam. = Trichosanthes tricuspidata Lour. ■
256399 Modecca cardiophylla Mast. = Adenia cardiophylla (Mast.) Engl. ●
256400 Modecca cissampeloides Planch. ex Hook. = Adenia cissampeloides (Planch. ex Hook.) Harms ●☆
256401 Modecca cynanchifolia Benth. = Adenia cynanchifolia (Benth.) Harms ●☆
256402 Modecca digitata Harv. = Adenia digitata (Harv.) Engl. ●☆
256403 Modecca diversifolia Wall. = Adenia wightiana (Wall. ex Wight et Arn.) M. Roem. subsp. africana W. J. de Wilde ●☆
256404 Modecca glauca Schinz = Adenia glauca Schinz ●☆
256405 Modecca gummifera Harv. = Adenia cissampeloides (Planch. ex Hook.) Harms ●☆
256406 Modecca hastata Harv. = Adenia hastata (Harv.) Schinz ●☆
256407 Modecca kirkii Mast. = Adenia kirkii (Mast.) Engl. ●☆
256408 Modecca laevis (Retz.) Kunth = Mnesithea laevis (Retz.) Kunth ■
256409 Modecca lobata Jacq. = Adenia lobata (Jacq.) Engl. ●☆
256410 Modecca mannii Mast. = Adenia lobata (Jacq.) Engl. ●☆
256411 Modecca nicobarica Kurz. = Adenia penangiana (Wall. ex G. Don) J. J. de Wilde ●
256412 Modecca repanda (Burch.) Druce = Adenia repanda (Burch.) Engl. ●☆
256413 Modecca stricta Mast. = Adenia stricta (Mast.) Engl. ●☆
256414 Modecca tenuispira Stapf = Adenia lobata (Jacq.) Engl. ●☆
256415 Modecca trisecta Mast. = Adenia trisecta (Mast.) Engl. ●☆
256416 Modecca welwitschii Mast. = Adenia welwitschii (Mast.) Engl. ●☆
256417 Modecca wightiana Wall. ex Wight et Arn. = Adenia wightiana (Wall. ex Wight et Arn.) M. Roem. subsp. africana W. J. de Wilde ●☆
256418 Modeccaceae Horan. = Passifloraceae Juss. ex Roussel(保留科名)●■
256419 Modeccaceae J. Agardh = Passifloraceae Juss. ex Roussel(保留科名)●■
256420 Modeceopsis Griff. = Erythropalum Blume ●
256421 Modecopsis Griff. = Modeceopsis Griff. ●
256422 Modesta Raf. = Ipomoea L. (保留属名)●■
256423 Modestia Charadze et Tamamsch. = Anacantha (Iljin) Soják ■☆
256424 Modestia Kharadze et Tamamsch. (1956);莫杰菊属■☆
256425 Modestia Kharadze et Tamamsch. = Jurinea Cass. ●■
256426 Modestia darwasica (C. Winkl.) Kharadzeet Tamamsch.;达尔瓦斯莫杰菊■☆
256427 Modestia mira (Iljin) Kharadzeet Tamamsch.;奇异莫杰菊■☆
256428 Modiola Moench(1794);蜗轴草属■☆
256429 Modiola caroliniana (L.) G. Don;蜗轴草■☆
256430 Modiola multifida Moench = Modiola caroliniana (L.) G. Don ■☆
256431 Modiolastrum K. Schum. (1891);肖蜗轴草属■☆
256432 Modiolastrum lateritium (Hook.) Krapov.;肖蜗轴草;Peach Bells,Trailing Mallow ■☆
256433 Modira Raf. = ? Annona L. ●
256434 Moehnia Neck. = Gazania Gaertn. (保留属名)●■☆
256435 Moehringella (Franch.) H. Neumayer = Arenaria L. ■
256436 Moehringella (Franch.) H. Neumayer(1923);小种阜草属■
256437 Moehringella H. Neumayer = Moehringella (Franch.) H.

Neumayer ■
256438 Moehringella linearifolia (Franch.) Neumayer = Arenaria pseudostellaria C. Y. Wu ■
256439 Moehringella roseiflora (Sprague) Neumayer;小种阜草■☆
256440 Moehringella roseiflora (Sprague) Neumayer = Arenaria roseiflora Sprague ■
256441 Moehringia L. (1753);种阜草属(侧花草属,麦灵鸡属,美苓草属,莫石竹属);Caruncleagrass,Moehringia,Moehringie,Sandwort,Three-nerved Sandwort ■
256442 Moehringia alleizettei Batt. = Rhodalsine geniculata (Poir.) F. N. Williams ■☆
256443 Moehringia elongata Schischk.;延长种阜草(雅致种阜草)■☆
256444 Moehringia lateriflora (L.) Fenzl;种阜草(侧花麦灵鸡,莫石竹);Blunt-leaf Sandwort,Blunt-leaved Sandwort,Grove Sandwort,Lateralflower Caruncleagrass,Lateralleaf Moehringia,Wod Sndwort ■
256445 Moehringia lateriflora (L.) Fenzl = Arenaria lateriflora L. ■
256446 Moehringia lateriflora (L.) Fenzl var. angustifolia Regel = Arenaria lateriflora L. ■
256447 Moehringia lateriflora (L.) Fenzl var. angustifolia Regel = Moehringia lateriflora (L.) Fenzl ■
256448 Moehringia linearifolia (Franch.) F. N. Williams = Arenaria pseudostellaria C. Y. Wu ■
256449 Moehringia linearifolia F. N. Williams. = Arenaria pseudostellaria C. Y. Wu ■
256450 Moehringia macrophylla (Hook.) Fenzl;大叶种阜草;Bigleaf Sandwort ■☆
256451 Moehringia macrophylla (Hook.) Fenzl = Arenaria macrophylla Hook. ■☆
256452 Moehringia muscosa L.;苔状种阜草;Mossy Sandwort ■☆
256453 Moehringia pentandra J. Gay = Moehringia trinervia (L.) Clairv. subsp. pentandra (Gay) Nyman ■☆
256454 Moehringia platysperma Maxim. = Moehringia trinervia (L.) Clairv. ■
256455 Moehringia stellarioides Coss.;星状种阜草■☆
256456 Moehringia trinervia (L.) Clairv.;三脉种阜草(安徽繁缕,大子种阜草,三脉麦灵鸡,三脉美苓草);Apetalous Sandwort,Moehringia,Plantain-leaved Chickweed,Three-nerved Sandwort,Threevein,Threevein Caruncleagrass,Three-veined Sandwort ■
256457 Moehringia trinervia (L.) Clairv. subsp. pentandra (Gay) Nyman;五蕊种阜草■☆
256458 Moehringia trinervia (L.) Clairv. var. platysperma (Maxim.) Makino = Moehringia trinervia (L.) Clairv. ■
256459 Moehringia umbrosa (Bunge) Fenzl;新疆种阜草(耐阴美苓草);Xinjiang Caruncleagrass,Xinjiang Moehringia ■
256460 Moelleria Scop. = Casearia Jacq. ●
256461 Moelleria Scop. = Iroucana Aubl. ●
256462 Moenchia Ehrh. (1783)(保留属名);粉卷耳属;Upright Chickweed ■☆
256463 Moenchia Medik. = Allium L. ■
256464 Moenchia Neck. = Cucubalus L. ■
256465 Moenchia Roth = Alyssum L. ■●
256466 Moenchia Steud. = Paspalum L. ■
256467 Moenchia Wender. ex Steud. = Paspalum L. ■
256468 Moenchia erecta (L.) Gaertn. et B. Mey. et Scherb. subsp. octandra (Moris) Cout.;八蕊粉卷耳■☆
256469 Moenchia erecta (L.) P. Gaertn. = Moenchia erecta (L.) P. Gaertn.,B. Mey. et Scherb. ■☆
256470 Moenchia erecta (L.) P. Gaertn.,B. Mey. et Scherb.;粉卷耳;Dwarf Chickweed,Upright Chickweed,Upright Pearlwort ■☆
256471 Moenchia octandra (Moris) Rchb. = Moenchia erecta (L.) Gaertn. et B. Mey. et Scherb. subsp. octandra (Moris) Cout. ■☆
256472 Moerenhoutia Blume = Pterochilus Hook. et Arn. ■☆
256473 Moerenhoutia Blume(1858);穆伦兰属■☆
256474 Moerenhoutia heteromorpha Schltr.;异形穆伦兰■☆
256475 Moerenhoutia laxa Schltr.;松散穆伦兰■☆
256476 Moerenhoutia leucantha Schltr.;白花穆伦兰■☆
256477 Moerhingia L. = Moehringia L. ■
256478 Moerkensteinia Opiz = Senecio L. ■●
256479 Moeroris Raf. = Phyllanthus L. ●■
256480 Moesa Blanco = Maesa Forssk. ●
256481 Moesslera Rchb. = Tittmannia Brongn.(保留属名)●☆
256482 Moesslera lateriflora (Brongn.) Eckl. et Zeyh. = Tittmannia laxa (Thunb.) C. Presl ●☆
256483 Moghamia Steud. = Moghania J. St. -Hil. ●■
256484 Moghania J. St. -Hil. = Flemingia Roxb. ex W. T. Aiton(保留属名)●■
256485 Moghania J. St. -Hil. = Maughania J. St. -Hil. ●■
256486 Moghania bracteata (Roxb.) H. L. Li = Flemingia bracteata (Roxb.) Wight ●
256487 Moghania bracteata (Roxb.) H. L. Li = Flemingia strobilifera (L.) R. Br. ex Aiton ●
256488 Moghania chappar Kuntze = Flemingia chappar Buch. -Ham. ex Benth. ●
256489 Moghania faginea (Guillaumin et Perr.) Kuntze = Flemingia faginea (Guillaumin et Perr.) Baker ●☆
256490 Moghania fluminalis (C. B. Clarke ex Prain) H. L. Li = Flemingia fluminalis C. B. Clarke ex Prain ●
256491 Moghania fruticulosa (Wall. ex Benth.) F. T. Wang et Ts. Tang = Flemingia strobilifera (L.) R. Br. ex Aiton ●
256492 Moghania fruticulosa (Wall. ex Benth.) Mukerjee = Flemingia fruticulosa Wall. ex Benth. ●
256493 Moghania grahamiana (Wight et Arn.) Kuntze = Flemingia grahamiana Wight et Arn. ●
256494 Moghania grahamiana Kuntze = Flemingia grahamiana Wight et Arn. ●
256495 Moghania involucrata Kuntze = Flemingia involucrata Benth. ●
256496 Moghania latifolia (Benth.) Mukerjee = Flemingia latifolia Benth. ●
256497 Moghania lineata Kuntze = Flemingia lineata (L.) Roxb. ex Aiton ●
256498 Moghania macrophylla (Willd.) Kuntze = Flemingia macrophylla (Willd.) Kuntze ex Merr. ●
256499 Moghania paniculata Wall. ex Benth.) Kuntze = Flemingia paniculata Wall. ex Benth. ●
256500 Moghania philippinensis (Merr. et Rolfe) H. L. Li = Flemingia philippinensis Merr. et Rolfe ●
256501 Moghania phursia Kuntze = Flemingia paniculata Wall. ex Benth. ●
256502 Moghania procumbens (Roxb. ex Aiton) Mukerjee = Flemingia procumbens Roxb. ●■
256503 Moghania procumbens (Roxb.) Mukerjee = Flemingia procumbens Roxb. ●■
256504 Moghania prostrata (Roxb. ex Roxb.) Mukerjee = Flemingia prostrata Roxb. f. ex Roxb. ●
256505 Moghania prostrata F. T. Wang et Ts. Tang = Flemingia philippinensis Merr. et Rolfe ●

256506 Moghania rhodocarpa (Baker) Hauman = Flemingia grahamiana Wight et Arn. ●
256507 Moghania rhodocarpa (Baker) Hauman var. hockii (De Wild.) Hauman = Flemingia grahamiana Wight et Arn. ●
256508 Moghania semialata (Roxb. ex Aiton) Mukerjee = Flemingia semialata Roxb. ex Aiton ●
256509 Moghania semialata (Roxb.) Mukerjee = Flemingia semialata Roxb. ●
256510 Moghania stricta Kuntze = Flemingia stricta Roxb. et Aiton ●
256511 Moghania strobilifera (L.) J. St. -Hil. ex Kuntze = Flemingia strobilifera (L.) R. Br. ex Aiton ●
256512 Moghania strobilifera J. St. -Hil. = Flemingia strobilifera (L.) R. Br. ex Aiton ●
256513 Moghania wallichii Kuntze = Flemingia wallichii Wight et Arn. ●
256514 Mogiphanes Mart. = Alternanthera Forssk. ■
256515 Mogoltavia Korovin(1947);莫戈草属■☆
256516 Mogoltavia severzovii (Regel) Korovin;莫戈草■☆
256517 Mogori Adans. = Jasminum L. ●
256518 Mogori Adans. = Nyctanthes L. ●
256519 Mogorium Juss. = Jasminum L. ●
256520 Mogorium Juss. = Mogori Adans. ●
256521 Mohadenium Pax(1894);莫哈大戟属■☆
256522 Mohadenium T. Durand et Jacks. = Monadenium Pax ■☆
256523 Mohadenium coccineum Pax;莫哈大戟■☆
256524 Mohavea A. Gray(1857);莫哈维婆婆纳属■☆
256525 Mohavea breviflora Coville;短花莫哈维婆婆纳;Golden Desert Snapdragon,Lesser Mohavea ■☆
256526 Mohavea confertiflora A. Heller;莫哈维婆婆纳;Ghost Flower ■☆
256527 Moheringia Zumagl. = Moehringia L. ■
256528 Mohlana Mart. = Hilleria Vell. ■●☆
256529 Mohlana nemoralis Mart. = Hilleria latifolia (Lam.) H. Walter ●☆
256530 Mohria Britton = Halesia J. Ellis ex L. (保留属名)●
256531 Mohria Britton = Mohrodendron Britton ●
256532 Mohriaceae C. F. Reed = Styracaceae DC. et Spreng. (保留科名)●
256533 Mohrodendron Britton = Halesia J. Ellis ex L. (保留属名)●
256534 Mokof Adans. (废弃属名) = Ternstroemia Mutis ex L. f. (保留属名)●
256535 Mokofua Kuntze = Mokof Adans. (废弃属名)●
256536 Mokofua Kuntze = Ternstroemia Mutis ex L. f. (保留属名)●
256537 Mokofua japonica (Thunb.) Kuntze = Ternstroemia japonica (Thunb.) Thunb. ●
256538 Moldavica Adans. = Dracocephalum L. (保留属名)■●
256539 Moldavica Fabr. = Dracocephalum L. (保留属名)■●
256540 Moldavica elata Moench = Nepeta sibirica L. ■
256541 Moldavica moldavica (L.) Britton = Dracocephalum moldavicum L. ■
256542 Moldavica parviflora (Nutt.) Britton = Dracocephalum parviflorum Nutt. ■☆
256543 Moldavica punctata Moench = Dracocephalum moldavicum L. ■
256544 Moldavica sibirica (L.) Moench ex Steud. = Nepeta sibirica L. ■
256545 Moldavica sibirica Moench. ex Steud. = Nepeta sibirica L. ■
256546 Moldenhauera Spreng. = Pyrenacantha Wight(保留属名)●
256547 Moldenhawera Schrad. (1802);三苏木属●☆
256548 Moldenhawera blanchetiana Tul.;巴委三苏木●☆
256549 Moldenhaweria Steud. = Moldenhawera Schrad. ●☆
256550 Moldenkea Traub = Hippeastrum Herb. (保留属名)■
256551 Moldenkeanthus Morat = Paepalanthus Kunth(保留属名)■☆
256552 Molina Cav. = Dysopsis Baill. ☆
256553 Molina Cav. = Hiptage Gaertn. (保留属名)●
256554 Molina Gay = Dysopsis Baill. ☆
256555 Molina Giseke = Molinaea Comm. ex Juss. ●☆
256556 Molina Ruiz et Pav. = Baccharis L. (保留属名)●■☆
256557 Molina salicifolia Ruiz et Pav. = Baccharis salicifolia (Ruiz et Pav.) Pers. ●☆
256558 Molinadendron P. K. Endress(1969);美洲蚊母属●☆
256559 Molinadendron guatemalense (Radlk. ex Harms) P. K. Endress;美洲蚊母●☆
256560 Molinaea Bertero = Jubaea Kunth ●☆
256561 Molinaea Comm. ex Brongn. = Retanilla (DC.) Brongn. ●☆
256562 Molinaea Comm. ex Juss. (1789);莫利木属●☆
256563 Molinaea St. -Lag. = Molinia Schrank ■
256564 Molinaea brevipes Radlk.;短梗莫利木●☆
256565 Molinaea campylocarpa Choux = Molinaea retusa Radlk. ●☆
256566 Molinaea petiolaris Radlk.;柄叶莫利木●☆
256567 Molinaea retusa Radlk.;微凹莫利木●☆
256568 Molinaea sessilifolia Capuron;无柄叶莫利木●☆
256569 Molinaea sulcata Radlk.;纵沟莫利木●☆
256570 Molinerella Rouy = Periballia Trin. ■☆
256571 Molineria Colla = Curculigo Gaertn. ■
256572 Molineria Colla(1826);猴子背巾属(大地棕属)■
256573 Molineria Parl. = Molineriella Rouy ■☆
256574 Molineria Parl. = Periballia Trin. ■☆
256575 Molineria australis Paunero = Molineriella minuta (L.) Rouy subsp. australis (Paunero) Rivas Mart. ■☆
256576 Molineria capitulata (Lour.) Herb. = Curculigo capitulata (Lour.) Kuntze ■
256577 Molineria capitulata (Lour.) Herb. = Curculigo recurvata Dryand. ■
256578 Molineria crassifolia Baker = Curculigo crassifolia (Baker) Hook. f. ■
256579 Molineria gracilis (Wall. ex Kurz) Kurz = Curculigo gracilis (Wall. ex Kurz) Hook. f. ■
256580 Molineria gracilis Kurz = Curculigo gracilis (Wall. ex Kurz) Hook. f. ■
256581 Molineria laevis (Brot.) Hack. = Molineriella laevis (Brot.) Rouy ■☆
256582 Molineria latifolia (Dryland. ex W. T. Aiton) Herb. ex Kurz;宽叶猴子背巾(宽叶仙茅,阔叶仙茅);Broadleaf Curculigo ■☆
256583 Molineria minuta (L.) Parl. = Molineriella minuta (L.) Rouy ■☆
256584 Molineria minuta (L.) Parl. var. mutica (Boiss.) Pau = Molineriella minuta (L.) Rouy ■☆
256585 Molineria minuta (L.) Parl. var. sabulicola Braun-Blanq. et Maire = Molineriella minuta (L.) Rouy ■☆
256586 Molineria recurvata (Aiton) Herb. = Curculigo capitulata (Lour.) Kuntze ■
256587 Molineria recurvata Herb. = Curculigo recurvata Dryand. ■
256588 Molineria sulcata Kurz = Curculigo recurvata Dryand. ■
256589 Molineria sumatrana Herb. = Curculigo latifolia Dryand. ■☆
256590 Molineria villosa Kurz = Curculigo latifolia Dryand. ■
256591 Molineriella Rouy = Periballia Trin. ■☆
256592 Molineriella Rouy(1913);肖地中海发草属■☆

256593 Molineriella australis (Paunero) E. Rico = Molineriella minuta (L.) Rouy subsp. australis (Paunero) Rivas Mart. ■☆
256594 Molineriella laevis (Brot.) Rouy;平滑肖地中海发草■☆
256595 Molineriella minuta (L.) Rouy;微小肖地中海发草■☆
256596 Molineriella minuta (L.) Rouy subsp. australis (Paunero) Rivas Mart.;南方微小肖地中海发草■☆
256597 Molinia Schrank(1789);麦氏草属(蓝禾属,蓝天草属);Molinia,Moor Grass,Purple Moor-grass,Variegated Moor Grass ■
256598 Molinia altissima Link = Molinia caerulea (L.) Moench ■☆
256599 Molinia arundinacea Schrank = Molinia caerulea (L.) Moench ■☆
256600 Molinia bertini Carrière = Molinia caerulea (L.) Moench ■☆
256601 Molinia caerulea (L.) Moench;麦氏草(蓝麦氏草,蓝丝草,蓝天草,天蓝麦氏草);Moor Grass,Moor-grass,Purple Moor Grass,Purple Moorgrass,Purple Moor-grass,Sky-blue Hairgrass ■☆
256602 Molinia caerulea (L.) Moench 'Variegata';杂色麦氏草;Variegated Purple Moor-grass ■☆
256603 Molinia caerulea (L.) Moench = Aira caerulea L. ■☆
256604 Molinia caerulea (L.) Moench subsp. altissima (Link) Domin;高大麦氏草■☆
256605 Molinia caerulea (L.) Moench subsp. arundinacea ?;大麦氏草(大蓝麦氏草);Tall Purple Moor Grass ■☆
256606 Molinia caerulea (L.) Moench subsp. arundinacea 'Transparent';透明麦氏草;Tall Purple Moor Grass ■☆
256607 Molinia caerulea (L.) Moench subsp. rivulorum (Pomel) Dobignard;溪边麦氏草■☆
256608 Molinia caerulea (L.) Moench var. africana Maire = Molinia caerulea (L.) Moench subsp. altissima (Link) Domin ■☆
256609 Molinia caerulea (L.) Moench var. altissima (Link.) Dobrescu = Molinia altissima Link ■☆
256610 Molinia caerulea (L.) Moench var. rivulorum (Pomel) Trab. = Molinia caerulea (L.) Moench subsp. rivulorum (Pomel) Dobignard ■☆
256611 Molinia caerulea Moench = Molinia caerulea (L.) Moench ■☆
256612 Molinia fauriei Hack. = Diarrhena fauriei (Hack.) Ohwi ■
256613 Molinia hui Pilg. = Molinia japonica Hack. ■
256614 Molinia japonica Hack. = Moliniopsis japonica (Hack.) Hayata ■
256615 Molinia litoralis Host = Molinia caerulea (L.) Moench ■☆
256616 Molinia maxima Hartm. = Glyceria maxima (Hartm.) Holmb. ■
256617 Molinia olgae Regel = Festuca olgae (Regel) Krivot. ■
256618 Molinia olgae Regel = Leucopoa olgae (Regel) V. I. Krecz. et Bobrov ■
256619 Molinia rivulorum Pomel = Molinia caerulea (L.) Moench subsp. rivulorum (Pomel) Dobignard ■☆
256620 Molinia squarrosa Trin. = Cleistogenes squarrosa (Trin. ex Ledeb.) Keng ■
256621 Molinia squarrosa Trin. ex Ledeb. = Cleistogenes squarrosa (Trin. ex Ledeb.) Keng ■
256622 Molinia sylvatica Link = Molinia caerulea (L.) Moench ■☆
256623 Molinia variabilis Wibel = Molinia caerulea (L.) Moench ■☆
256624 Moliniera Ball = Molineria Parl. ■☆
256625 Moliniera Ball = Periballia Trin. ■☆
256626 Moliniopsis Gand. = Cleistogenes Keng ■
256627 Moliniopsis Gand. = Kengia Packer ■
256628 Moliniopsis Hayata = Molinia Schrank ■
256629 Moliniopsis Hayata(1925);沼原草属■
256630 Moliniopsis hui (Pilg.) Keng = Molinia japonica Hack. ■
256631 Moliniopsis hui (Pilg.) Keng = Moliniopsis japonica (Hack.) Hayata ■
256632 Moliniopsis japonica (Hack.) Hayata;沼原草(拟麦氏草,日本麦氏草)■
256633 Moliniopsis japonica (Hack.) Hayata = Molinia japonica Hack. ■
256634 Moliniopsis varia Schrank = Molinia caerulea (L.) Moench ■☆
256635 Molium Fourr. = Allium L. ■
256636 Molium Fourr. = Moly Mill. ■
256637 Molkenboeria de Vriese = Scaevola L.(保留属名)●■
256638 Molle Mill. = Schinus L. ●
256639 Mollera O. Hoffm. = Calostephane Benth. ■☆
256640 Mollera angolensis O. Hoffm. = Calostephane angolensis (O. Hoffm.) Anderb. ■☆
256641 Mollera huillensis Hiern = Calostephane huillensis (Hiern) Anderb. ■☆
256642 Mollera madagascariensis Humbert = Calostephane madagascariensis (Humbert) Anderb. ■☆
256643 Mollera punctulata Hiern = Calostephane punctulata (Hiern) Anderb. ■☆
256644 Mollia J. F. Gmel.(废弃属名)= Baeckea L. ●
256645 Mollia J. F. Gmel.(废弃属名)= Mollia Mart.(保留属名)●☆
256646 Mollia Mart.(1826)(保留属名);默尔椴属(摩尔椴属)●☆
256647 Mollia Willd. = Polycarpaea Lam.(保留属名)■●
256648 Mollia boliviana Britton;玻利维亚默尔椴●☆
256649 Mollia gracilis Spruce ex Benth.;细默尔椴●☆
256650 Mollia macrophylla Killip et Cuatrec.;大叶默尔椴●☆
256651 Mollia nitida Ducke;光亮默尔椴●☆
256652 Mollia stellata (Willd.) Willd. = Polycarpaea stellata (Willd.) DC. ■☆
256653 Mollinedia Ruiz et Pav.(1794);美洲盖裂桂属●☆
256654 Mollinedia acuminata F. Muell.;渐尖美洲盖裂桂●☆
256655 Mollinedia angustata Lundell;窄美洲盖裂桂●☆
256656 Mollinedia angustifolia F. M. Bailey;狭叶美洲盖裂桂●☆
256657 Mollinedia boliviensis A. DC.;玻利维亚美洲盖裂桂●☆
256658 Mollinedia chrysophylla Perkins;金叶美洲盖裂桂●☆
256659 Mollinedia elegans Tul.;雅致美洲盖裂桂●☆
256660 Mollinedia elliptica A. DC.;椭圆美洲盖裂桂●☆
256661 Mollinedia fasciculata Perkins;簇生美洲盖裂桂●☆
256662 Mollinedia floribunda Tul.;多花美洲盖裂桂●☆
256663 Mollinedia glabricaulis Maguire et Steyerm.;光茎美洲盖裂桂●☆
256664 Mollinedia gracilis Tul.;细美洲盖裂桂●☆
256665 Mollinedia lanceolata Ruiz et Pav.;披针叶美洲盖裂桂●☆
256666 Mollinedia latifolia Tul.;宽叶美洲盖裂桂●☆
256667 Mollinedia lepidota Tul.;小鳞美洲盖裂桂●☆
256668 Mollinedia longipes (Benth.) F. Muell.;长梗美洲盖裂桂●☆
256669 Mollinedia macrophylla (R. Cunn.) Tul.;大叶美洲盖裂桂●☆
256670 Mollinedia mexicana Perkins;墨西哥美洲盖裂桂●☆
256671 Mollinedia micrantha Perkins;小花美洲盖裂桂●☆
256672 Mollinedia nitida Tul.;光亮美洲盖裂桂●☆
256673 Mollinedia obovata (A. DC.) Perkins;倒卵美洲盖裂桂●☆
256674 Mollinedia oligantha Perkins;少花美洲盖裂桂●☆
256675 Mollinedia oligotricha Perkins;寡毛美洲盖裂桂●☆
256676 Mollinedia ovalifolia Tolm.;卵叶美洲盖裂桂●☆

256677 Mollinedia pachysandra Perkins;粗蕊美洲盖裂桂●☆
256678 Mollinedia polyantha Perkins;繁花美洲盖裂桂●☆
256679 Mollinedia polycarpa Mart. ex Tul.;多果美洲盖裂桂●☆
256680 Mollinedia salicifolia Perkins;柳叶美洲盖裂桂●☆
256681 Molloya Meisn. = Grevillea R. Br. ex Knight(保留属名)●
256682 Molloybas D. L. Jones et M. A. Clem. (2002);异铠兰属■☆
256683 Molloybas D. L. Jones et M. A. Clem. = Corybas Salisb. ■
256684 Molluginaceae Bartl. (1825)(保留科名);粟米草科;Carpetweed Family, Mollugo Family ■
256685 Molluginaceae Hutch. = Molluginaceae Bartl. (保留科名)■
256686 Molluginaceae Raf. = Molluginaceae Bartl. (保留科名)■
256687 Molluginaceae Wight = Aizoaceae Martinov(保留科名)●■
256688 Mollugo Fabr. = Galium L. ■●
256689 Mollugo L. (1753);粟米草属;Carpetweed, Carpet-weed ■
256690 Mollugo angustifolia M. G. Gilbert et Thulin;窄叶粟米草■☆
256691 Mollugo bainesii Oliv. = Glinus bainesii (Oliv.) Pax ■☆
256692 Mollugo berteriana Ser. = Mollugo verticillata L. ■
256693 Mollugo cambessidesii (Fenzl) J. M. Coult. = Glinus radiatus (Ruiz et Pav.) Rohrb. ■☆
256694 Mollugo cerviana (L.) Ser. = Mollugo cerviana (L.) Ser. ex DC. ■
256695 Mollugo cerviana (L.) Ser. ex DC.;线叶粟米草(新疆粟米草);Linearleaf Carpetweed, Slender Carpet-weed, Threadstem Carpetweed, Thread-stem Carpet-weed ■
256696 Mollugo cerviana (L.) Ser. ex DC. var. spathulifolia Fenzl;匙叶粟米草■☆
256697 Mollugo cerviana Ser. = Mollugo cerviana (L.) Ser. ex DC. ■
256698 Mollugo costata Y. T. Chang et C. F. Wei = Mollugo verticillata L. ■
256699 Mollugo denticulata Guillaumin et Perr. = Glinus oppositifolius (L.) Aug. DC. ■
256700 Mollugo fragilis Wawra ex Wawra et Peyr.;脆粟米草■☆
256701 Mollugo glinoides A. Rich. = Glinus oppositifolius (L.) Aug. DC. ■
256702 Mollugo glinus A. Rich. = Glinus lotoides L. ■
256703 Mollugo glinus A. Rich. var. dictamoides L. = Glinus lotoides L. ■
256704 Mollugo glinus A. Rich. var. lotoides L. = Glinus lotoides L. ■
256705 Mollugo gracillima Andersson;纤细粟米草;Slender Carpetweed ■☆
256706 Mollugo gracillima Andersson subsp. latifolia J. T. Howell;宽叶纤细粟米草■☆
256707 Mollugo hirta Thunb. = Glinus lotoides L. ■
256708 Mollugo lichtensteiniana Ser. = Adenogramma lichtensteiniana (Schult.) Druce ■☆
256709 Mollugo lotoides (L.) Kuntze = Glinus lotoides L. ■
256710 Mollugo namaquensis Bolus;纳马夸粟米草■☆
256711 Mollugo nudicaulis Lam.;无茎粟米草(裸茎粟米草);Daisy-leaved Chickweed, Stemless Carpetweed ■
256712 Mollugo oppositifolia L. = Glinus oppositifolius (L.) Aug. DC. ■
256713 Mollugo pentaphylla L. = Mollugo stricta L. ■
256714 Mollugo pentaphylla L. var. stricta ? = Mollugo pentaphylla L. ■
256715 Mollugo pusilla (Schltr.) Adamson;微小粟米草■☆
256716 Mollugo radiata Ruiz et Pav. = Glinus radiatus (Ruiz et Pav.) Rohrb. ■☆
256717 Mollugo serrulata Sond. = Glinus oppositifolius (L.) Aug. DC. ■
256718 Mollugo spergula L. = Glinus oppositifolius (L.) Aug. DC. ■
256719 Mollugo stricta L.;粟米草(地麻黄,地杉树,公草,瓜疮草,瓜仔草,米花草,四月飞,鸭脚瓜子,鸭脚瓜子草,鱼籽草,珠儿草);Carpetweed, Fiveleaf Carpetweed, Indian Chickweed, Straight Carpetweed ■
256720 Mollugo stricta L. = Mollugo pentaphylla L. ■
256721 Mollugo suffruticosa Peter = Hypertelis bowkeriana Sond. ■☆
256722 Mollugo tenella Bolus;柔软粟米草■☆
256723 Mollugo tetraphylla L. = Polycarpon teraphyllum (L.) L. ■☆
256724 Mollugo trifolia Schult. = Mollugo pentaphylla L. ■
256725 Mollugo triphylla Lour. = Mollugo pentaphylla L. ■
256726 Mollugo umbellata Ser. = Mollugo cerviana (L.) Ser. ■
256727 Mollugo verticillata L.;种棱粟米草(多棱粟米草,光叶粟米草,轮叶粟米草,米碎草,石盆草);Carpet Weed, Carpetweed, Carpet-weed, Green Carpetweed, Green Carpet-weed, Indian Chickweed, Verticilate Carpetweed ■
256728 Mollugo verticillata L. var. longifolia A. St. -Hil.;长叶种棱粟米草■☆
256729 Mollugo walteri Friedrich;瓦尔特粟米草■☆
256730 Mollugophytum M. E. Jones = Drymaria Willd. ex Roem. et Schult. ■
256731 Molongum Pichon(1948);莫龙木属●☆
256732 Molongum cuneatum (Müll. Arg.) Pichon;莫龙木●☆
256733 Molongum laxum (Benth.) Pichon;松散莫龙木●☆
256734 Molongum lucidum (Kunth) Zarucchi;亮莫龙木●☆
256735 Molongum macrophyllum (Müll. Arg.) Pichon;大叶莫龙木●☆
256736 Molopanthera Turcz. (1848);痕药茜属☆
256737 Molopanthera paniculata Turcz.;痕药茜☆
256738 Molopospermum W. D. J. Koch(1824);痕籽芹属■☆
256739 Molopospermum cicutarium DC. = Molopospermum peloponnesiacum (L.) W. D. J. Koch ■☆
256740 Molopospermum cicutifolium Bubani = Molopospermum peloponnesiacum (L.) W. D. J. Koch ■☆
256741 Molopospermum peloponnesiacum (L.) W. D. J. Koch;痕籽芹;Striped Hemlock ■☆
256742 Molospermum Steud. = Molopospermum W. D. J. Koch ■☆
256743 Molpadia (Cass.) Cass. = Buphthalmum L. ■
256744 Molpadia Cass. = Buphthalmum L. ■
256745 Moltkea Wettst. = Moltkia Lehm. ●■☆
256746 Moltkia Lehm. (1817);弯果紫草属(穆尔特克属);Moltkia ●■☆
256747 Moltkia × intermedia (Froebel) J. W. Ingram;间型弯果紫草●☆
256748 Moltkia callosa (Vahl) Wettst. = Moltkiopsis ciliata (Forssk.) I. M. Johnst. ■☆
256749 Moltkia ciliata (Forssk.) Maire = Moltkiopsis ciliata (Forssk.) I. M. Johnst. ■☆
256750 Moltkia coerulea (Willd.) Lehm.;灰蓝弯果紫草■☆
256751 Moltkia graminifolia Nyman;禾叶弯果紫草●☆
256752 Moltkia petraea (Tratt.) Griseb.;岩生弯果紫草(岩生穆尔特克);Rock-loving Moltkia ●■☆
256753 Moltkia suffruticosa (L.) Hegi;灌木状弯果紫草(亚灌木穆尔特克);Suffruticosa Moltkia ●☆
256754 Moltkiopsis I. M. Johnst. (1953);类弯果紫草属■☆
256755 Moltkiopsis ciliata (Forssk.) I. M. Johnst.;类弯果紫草■☆
256756 Molubda Raf. = Plumbago L. ●■
256757 Molucca Mill. = Moluccella L. ■☆
256758 Moluccella L. (1753);贝壳花属;Molucca Balm ■☆
256759 Moluccella diacanthophyllum Pall. = Lagochilus diacanthophyllus (Pall.) Benth. ■
256760 Moluccella integrifolia R. Br. = Rydingia integrifolia (Benth.)

Scheen et V. A. Albert ■☆

256761 Moluccella laevis L.；贝壳花；Asian Molucca Balm，Bells of Ireland，Bells-of-Ireland，Molucca Balm，Shell Flower，Shellflower，Shell-flower ■☆

256762 Moluccella mongholica Turcz. ex Ledeb. = Lagopsis eriostachya（Benth.）Ikonn.-Gal. ex Knorring ■

256763 Moluccella sinaitica Ehrenb. ex Boiss. = Otostegia fruticosa（Forssk.）Schweinf. ex Penz. subsp. schimperi（Benth.）Sebald ●☆

256764 Moluccella spinosa L.；具刺贝壳花■☆

256765 Molucella Juss. = Moluccella L. ■☆

256766 Moluchia Medik. = Melochia L.（保留属名）●■

256767 Moly Mill. = Allium L. ■

256768 Molyza Salisb. = Moly Mill. ■

256769 Momisia F. Dietr. = Celtis L. ●

256770 Momisia aculeata（Sw.）Klotzsch = Celtis aculeata Sw. ●☆

256771 Momisia chichape Wedd. = Celtis chichape（Wedd.）Miq. ●☆

256772 Momisia crenata Wedd. = Celtis brasiliensis（Gardner）Planch. ●☆

256773 Momisia ehrenbergiana Klotzsch = Celtis ehrenbergiana（Klotzsch）Liebm. ●☆

256774 Momisia flexuosa Wedd. = Celtis brasiliensis（Gardner）Planch. ●☆

256775 Momisia pallida（Torr.）Planch. = Celtis pallida Torr. ●☆

256776 Momisia tarijensis Wedd. = Celtis iguanaea（Jacq.）Sarg. ●☆

256777 Momisia triflora Ruiz ex Klotzsch = Celtis iguanaea（Jacq.）Sarg. ●☆

256778 Mommsenia Urb. et Ekman（1926）；无脉野牡丹属☆

256779 Mommsenia apleura Urb. et Ekman；无脉野牡丹☆

256780 Momordica L.（1753）；苦瓜属；Balsam-apple，Momordica ■

256781 Momordica adoensis A. Rich. = Coccinia adoensis（A. Rich.）Cogn. ■☆

256782 Momordica affinis De Wild. = Momordica parvifolia Cogn. ■☆

256783 Momordica angolensis R. Fern.；安哥拉苦瓜■☆

256784 Momordica angustisepala Harms；狭萼苦瓜■☆

256785 Momordica anigosantha Hook. f. var. trifoliata Cogn. = Momordica friesiorum（Harms）C. Jeffrey ■☆

256786 Momordica balsamina L.；南方苦瓜（香膏苦瓜）；Balsam Apple，Bitter Melon，Southern Balsampear ■☆

256787 Momordica balsamina sensu W. et A. = Momordica dioica Roxb. ex Willd. ■

256788 Momordica bequaertii De Wild. = Momordica pterocarpa A. Rich. ■☆

256789 Momordica boivinii Baill.；博伊文苦瓜■☆

256790 Momordica bracteata Hutch. et Dalziel = Momordica angustisepala Harms ■☆

256791 Momordica bricchettii Chiov. = Momordica macrosperma（Cogn.）Chiov. ■☆

256792 Momordica cabrae（Cogn.）C. Jeffrey；卡布拉苦瓜■☆

256793 Momordica calantha Gilg；美花苦瓜■☆

256794 Momordica calcarata Wall. = Thladiantha cordifolia（Blume）Cogn. ■

256795 Momordica camerounensis Rabenant.；喀麦隆苦瓜■☆

256796 Momordica cardiospermoides Klotzsch；心籽苦瓜■☆

256797 Momordica charantia L.；苦瓜（防羊，红姑娘，红羊，锦荔枝，癞瓜，癞葡萄，凉瓜，菩达，菩蓬，瘷瓜，烛泪瓜）；African Cucumber，Apple of Jerusalem，Balsam Apple，Balsam Pear，Balsampear，Balsam-pear，Bitter Apple，Bitter Cucumber，Bitter Gourd，Bitter Melon，Bitter Momordica，Egusi，Karela，Leprosy Gourd，Maiden's Blush，Wild Apple，Wild Balsam Apple，Wild Balsam-apple，Wild Cucumber ■

256798 Momordica charantia L. var. abbreviata Ser.；短角苦瓜■

256799 Momordica charantia L. var. abbreviata Ser. = Momordica charantia L. ■

256800 Momordica charantia L. var. longirostrata Cogn. = Momordica charantia L. ■

256801 Momordica chinensis Spreng. = Momordica charantia L. ■

256802 Momordica cissoides Benth.；常春藤苦瓜■☆

256803 Momordica clematidea Sond. = Momordica cardiospermoides Klotzsch ■☆

256804 Momordica cochinchinensis（Lour.）Spreng.；木鳖子（臭屎瓜，地桐子，杜表，番木鳖，壳木鳖，老鼠拉冬瓜，漏蓝子，漏苓子，木必子，木鳖，木鳖瓜，木鳖藤，木鳖子霜，木别子，木蟹，糯饭果，霜鳖子，水鳖，藤桐，藤桐子，土木鳖，鸭屎瓜子，正木鳖，子文武）；Cochichina Momordica ■

256805 Momordica cochinchinensis Lour. = Momordica cochinchinensis（Lour.）Spreng. ■

256806 Momordica cogniauxiana De Wild. = Diplocyclos decipiens（Hook. f.）C. Jeffrey ■☆

256807 Momordica cogniauxiana Gilg = Momordica gilgiana Cogn. ■☆

256808 Momordica cordata Cogn. = Momordica multiflora Hook. f. ■☆

256809 Momordica cordifolia E. Mey. ex Sond. = Momordica foetida Schumach. ■☆

256810 Momordica corymbifera Hook. f.；伞序苦瓜■☆

256811 Momordica cucullata Hook. f. = Momordica foetida Schumach. ■☆

256812 Momordica cylindrica L. = Luffa aegyptiaca Mill. ■

256813 Momordica cylindrica L. = Luffa cylindrica（L.）M. Roem. ■☆

256814 Momordica cymbalaria Hook. f.；船状苦瓜■☆

256815 Momordica dioica Roxb. ex Willd.；云南木鳖（异株苦瓜）；Yunnan Momordica ■

256816 Momordica diplotrimera Harms = Momordica enneaphylla Cogn. ■☆

256817 Momordica dissecta Baker；深裂苦瓜■☆

256818 Momordica eberhardtii Gagnep. = Momordica subangulata Blume ■

256819 Momordica elaterium L. = Ecballium elaterium（L.）A. Rich. ■

256820 Momordica enneaphylla Cogn.；九叶苦瓜■☆

256821 Momordica fasciculata Cogn. = Eureiandra fasciculata（Cogn.）C. Jeffrey ■☆

256822 Momordica foetida Schumach.；臭苦瓜；Foetid Momordica ■☆

256823 Momordica friesiorum（Harms）C. Jeffrey；弗里斯苦瓜■☆

256824 Momordica gabonii Cogn. = Momordica multiflora Hook. f. ■☆

256825 Momordica gabonii Cogn. var. lobata Harms = Momordica multiflora Hook. f. ■☆

256826 Momordica gilgiana Cogn.；吉尔格苦瓜■☆

256827 Momordica glabra A. Zimm.；光滑苦瓜■☆

256828 Momordica grandibracteata Gilg = Momordica pterocarpa A. Rich. ■☆

256829 Momordica grosvenorii Swingle = Siraitia grosvenorii（Swingle）C. Jeffrey ex A. M. Lu et Zhi Y. Zhang ■

256830 Momordica henriquesii Cogn.；亨利苦瓜■☆

256831 Momordica hispida Dennst. ex Miq. = Momordica dioica Roxb. ex Willd. ■

256832 Momordica humilis（Cogn.）C. Jeffrey；小苦瓜■☆

256833 Momordica indica L. = Momordica charantia L. ■

256834 Momordica involucrata E. Mey. ex Sond. = Momordica balsamina L. ■☆

256835 Momordica jeffreyana Rabenant.;杰弗里苦瓜■☆

256836 Momordica kirkii (Hook. f.) C. Jeffrey;柯克苦瓜■☆

256837 Momordica lanata Thunb. = Citrullus lanatus (Thunb.) Matsum. et Nakai ■

256838 Momordica laotica Gagnep. = Momordica subangulata Blume ■

256839 Momordica laurentii De Wild. = Momordica multiflora Hook. f. ■☆

256840 Momordica leiocarpa Gilg;光果苦瓜■☆

256841 Momordica littorea Thulin;滨海苦瓜■☆

256842 Momordica luffa L. = Luffa cylindrica (L.) M. Roem. ■☆

256843 Momordica macrantha Gilg = Momordica pterocarpa A. Rich. ■☆

256844 Momordica macrophylla Gage = Momordica cochinchinensis (Lour.) Spreng. ■

256845 Momordica macrosperma (Cogn.) Chiov.;大籽苦瓜■☆

256846 Momordica mannii Hook. f. = Momordica foetida Schumach. ■☆

256847 Momordica marlothii Harms = Momordica repens Bremek. ■☆

256848 Momordica meloniflora Hand.-Mazz. = Momordica cochinchinensis (Lour.) Spreng. ■

256849 Momordica microphylla Chiov. = Momordica rostrata A. Zimm. ■☆

256850 Momordica mixta Roxb. = Momordica cochinchinensis (Lour.) Spreng. ■

256851 Momordica morkorra A. Rich. = Momordica foetida Schumach. ■☆

256852 Momordica multicrenulata Cogn. = Momordica parvifolia Cogn. ■☆

256853 Momordica multiflora Hook. f.;多花苦瓜■☆

256854 Momordica multiflora Hook. f. var. albopilosa Rabenant.;白毛苦瓜■☆

256855 Momordica muricata DC. = Momordica charantia L. ■

256856 Momordica obtusisepala Rabenant.;钝萼苦瓜■☆

256857 Momordica operculata L. = Luffa operculata (L.) Cogn. ■☆

256858 Momordica parvifolia Cogn.;小叶苦瓜■☆

256859 Momordica pauciflora Cogn. ex Harms;少花苦瓜■☆

256860 Momordica pedata L. = Cyclanthera pedata (L.) Schrad. ■

256861 Momordica peteri A. Zimm.;彼得苦瓜■☆

256862 Momordica procera A. Chev. = Cucumeropsis mannii Naudin ■☆

256863 Momordica pterocarpa A. Rich.;翅果苦瓜■☆

256864 Momordica punctata Engl.;斑苦瓜■☆

256865 Momordica pycnantha Harms = Momordica henriquesii Cogn. ■☆

256866 Momordica renigera Cogn. = Momordica dioica Roxb. ex Willd. ■

256867 Momordica renigera G. Don = Momordica subangulata Blume subsp. renigera (G. Don) W. J. de Wilde ■

256868 Momordica repens Bremek.;匍匐苦瓜■☆

256869 Momordica rostrata A. Zimm.;喙苦瓜■☆

256870 Momordica roxburghii G. Don = Momordica dioica Roxb. ex Willd. ■

256871 Momordica runssorica Gilg = Momordica pterocarpa A. Rich. ■☆

256872 Momordica rutshuruensis De Wild. = Momordica pterocarpa A. Rich. ■☆

256873 Momordica schimperiana Naudin = Momordica foetida Schumach. ■☆

256874 Momordica schinzii Cogn. = Momordica balsamina L. ■☆

256875 Momordica schliebenii Harms = Diplocyclos schliebenii (Harms) C. Jeffrey ■☆

256876 Momordica sessilifolia Cogn.;无梗苦瓜■☆

256877 Momordica sicyoides Ser. = Momordica dioica Roxb. ex Willd. ■

256878 Momordica silvatica Jongkind;森林苦瓜■☆

256879 Momordica sinensis Spreng. = Momordica charantia L. ■

256880 Momordica somalensis Chiov. = Eureiandra somalensis (Chiov.) Jeffrey ■☆

256881 Momordica spinosa (Gilg) Chiov.;具刺苦瓜■☆

256882 Momordica stefanii (Chiov.) Cufod. = Momordica sessilifolia Cogn. ■☆

256883 Momordica stephanii (Chiov.) Cufod. var. membranosa ? = Momordica sessilifolia Cogn. ■☆

256884 Momordica subangulata Blume;凹萼木鳖(山苦瓜,野苦瓜);Subangular Momordica ■

256885 Momordica subangulata Blume subsp. renigera (G. Don) W. J. de Wilde;云南凹萼木鳖(云南木鳖)■

256886 Momordica thollonii Cogn. = Momordica charantia L. ■

256887 Momordica tonkinensis Gagnep. = Siraitia siamensis (Craib) C. Jeffrey ex S. Q. Zhong et D. Fang ■

256888 Momordica trifoliolata Hook. f.;三小叶苦瓜■☆

256889 Momordica triloba Wight = Momordica dioica Roxb. ex Willd. ■

256890 Momordica tuberosa (Roxb.) Cogn. = Momordica cymbalaria Hook. f. ■☆

256891 Momordica tuberosa Dennst. ex Miq. = Momordica dioica Roxb. ex Willd. ■

256892 Momordica tubiflora Roxb. = Gymnopetalum chinense (Lour.) Merr. ■

256893 Momordica tubiflora Wall. = Luffa acutangula (L.) Roxb. ■

256894 Momordica umbellata (Klein ex Willd.) Roxb. = Solena amplexicaulis (Lam.) Gandhi ■

256895 Momordica wallichii Roem. = Momordica dioica Roxb. ex Willd. ■

256896 Momordica welwitschii Hook. f.;韦尔苦瓜■☆

256897 Momordica wildemaniana Cogn. = Momordica gilgiana Cogn. ■☆

256898 Mona O. Nilsson = Montia L. ■☆

256899 Mona O. Nilsson(1966);高山水繁缕属■☆

256900 Mona meridensis (Friedrich) Ö. Nilsson;高山水繁缕■☆

256901 Monacanthus G. Don = Catasetum Rich. ex Kunth ■☆

256902 Monacanthus G. Don = Monachanthus Lindl. ■☆

256903 Monacather Benth. = Danthonia DC.(保留属名)■

256904 Monacather Benth. = Monachather Steud. ■☆

256905 Monachanthus Lindl. = Catasetum Rich. ex Kunth ■☆

256906 Monachather Steud.(1854);异扁芒草属■☆

256907 Monachather Steud. = Danthonia DC.(保留属名)■

256908 Monachather paradoxa Steud.;异扁芒草■☆

256909 Monachne P. Beauv. = Eriochloa Kunth + Panicum L. ■

256910 Monachne P. Beauv. = Panicum L. ■

256911 Monachochlamys Baker = Mendoncia Vell. ex Vand. ●☆

256912 Monachochlamys floribunda (Pierre) S. Moore = Mendoncia lindaviana (Gilg) Benoist ●☆

256913 Monachochlamys gilgiana (Lindau) S. Moore = Mendoncia gilgiana (Lindau) Benoist ●☆

256914 Monachochlamys lindaviana (Gilg) S. Moore = Mendoncia lindaviana (Gilg) Benoist ●☆

256915 Monachochlamys phytocrenoides (Gilg) S. Moore = Mendoncia phytocrenoides (Gilg) Benoist ●☆
256916 Monachyron Parl. = Melinis P. Beauv. ■
256917 Monachyron Parl. = Rhynchelytrum Nees ■
256918 Monachyron Parl. ex Hook. f. = Melinis P. Beauv. ■
256919 Monachyron Parl. ex Hook. f. = Rhynchelytrum Nees ■
256920 Monachyron grandiflorum (Hochst.) Martelli = Melinis repens (Willd.) Zizka subsp. grandiflora (Hochst.) Zizka ■☆
256921 Monachyron villosum Parl. = Melinis repens (Willd.) Zizka subsp. grandiflora (Hochst.) Zizka ■☆
256922 Monachyron villosum Parl. = Rhynchelytrum repens (Willd.) C. E. Hubb. ■
256923 Monachyron wightii (Nees et Arn. ex Steud.) Hack. = Rhynchelytrum repens (Willd.) C. E. Hubb. ■
256924 Monactineirma Bory = Passiflora L. ●■
256925 Monactinocephalus Klatt = Inula L. ●■
256926 Monactinocephalus paniculatus Klatt = Inula paniculata (Klatt) Burtt Davy ■☆
256927 Monactis Kunth(1818);寡舌菊属●☆
256928 Monactis anderssonii H. Rob.;安氏寡舌菊●☆
256929 Monactis calycifera Gilli;萼状寡舌菊●☆
256930 Monactis dubia Kunth;寡舌菊●☆
256931 Monactis holwayae S. F. Blake) H. Rob.;豪氏寡舌菊●☆
256932 Monactis kingii H. Rob.;金氏寡舌菊●☆
256933 Monadelphanthus H. Karst. = Capirona Spruce ■☆
256934 Monadenia Lindl. (1835);单腺兰属■☆
256935 Monadenia Lindl. = Disa P. J. Bergius ■☆
256936 Monadenia atrorubens (Schltr.) Rolfe = Disa atrorubens Schltr. ■☆
256937 Monadenia auriculata (Bolus) Rolfe = Disa densiflora (Lindl.) Bolus ■☆
256938 Monadenia basutorum (Schltr.) Rolfe = Disa basutorum Schltr. ■☆
256939 Monadenia bolusiana (Schltr.) Rolfe = Disa bolusiana Schltr. ■☆
256940 Monadenia bracteata (Sw.) T. Durand et Schinz = Disa bracteata Sw. ■☆
256941 Monadenia brevicornis Lindl.;单腺兰■☆
256942
Monadenia brevicornis Lindl. = Disa brevicornis (Lindl.) Bolus ■☆
256943 Monadenia cernua (Thunb.) T. Durand et Schinz = Disa cernua (Thunb.) Sw. ■☆
256944 Monadenia comosa Rchb. f. = Disa comosa (Rchb. f.) Schltr. ■☆
256945 Monadenia conferta (Bolus) Kraenzl. = Disa conferta Bolus ■☆
256946 Monadenia densiflora Lindl. = Disa densiflora (Lindl.) Bolus ■☆
256947 Monadenia ecalcarata G. J. Lewis = Disa ecalcarata (G. J. Lewis) H. P. Linder ■☆
256948 Monadenia inflata Sond. = Disa cernua (Thunb.) Sw. ■☆
256949 Monadenia junodiana Kraenzl. = Disa fragrans Schltr. ■☆
256950 Monadenia lancifolia Sond. = Disa rufescens (Thunb.) Sw. ■☆
256951 Monadenia leptostachya Sond. = Disa rufescens (Thunb.) Sw. ■☆
256952 Monadenia leydenburgensis Kraenzl. = Disa stachyoides Rchb. f. ■☆
256953 Monadenia macrocera Lindl. = Disa rufescens (Thunb.) Sw. ■☆
256954 Monadenia macrostachya Lindl. = Disa macrostachya (Lindl.) Bolus ■☆
256955 Monadenia micrantha Lindl. = Disa bracteata Sw. ■☆
256956 Monadenia multiflora Sond. = Disa densiflora (Lindl.) Bolus ■☆
256957 Monadenia ophrydea Lindl. = Disa ophrydea (Lindl.) Bolus ■☆
256958 Monadenia physodes (Sw.) Rchb. f. = Disa physodes Sw. ■☆
256959 Monadenia prasinata (Ker Gawl.) Lindl. = Disa cernua (Thunb.) Sw. ■☆
256960 Monadenia reticulata (Bolus) T. Durand et Schinz = Disa reticulata Bolus ■☆
256961 Monadenia rufescens (Thunb.) Lindl. = Disa rufescens (Thunb.) Sw. ■☆
256962 Monadenia rufescens Lindl. = Disa comosa (Rchb. f.) Schltr. ■☆
256963 Monadenia sabulosa (Bolus) Kraenzl. = Disa sabulosa Bolus ■☆
256964 Monadenia tenuis (Lindl.) Kraenzl. = Disa tenuis Lindl. ■☆
256965 Monadeniorchis Szlach. et Kras = Cynorkis Thouars ■☆
256966 Monadenium Pax(1894);翡翠塔属(翡翠木属)■☆
256967 Monadenium asperrimum Pax = Monadenium echinulatum Stapf ■☆
256968 Monadenium bianoense Malaisse et Lecron = Euphorbia bianoensis (Malaisse et Lecron) Bruyns ●☆
256969 Monadenium capitatum P. R. O. Bally = Euphorbia neocapitata Bruyns ■☆
256970 Monadenium chevalieri N. E. Br. = Euphorbia chevalieri (N. E. Br.) Bruyns ■☆
256971 Monadenium chevalieri N. E. Br. var. filiforme P. R. O. Bally = Euphorbia filiformis (P. R. O. Bally) Bruyns ■☆
256972 Monadenium chevalieri N. E. Br. var. spathulatum P. R. O. Bally = Euphorbia orobanchoides (P. R. O. Bally) Bruyns var. calycina (P. R. O. Bally) Bruyns☆
256973 Monadenium clarae Malaisse et Lecron = Euphorbia clarae (Malaisse et Lecron) Bruyns ■☆
256974 Monadenium coccineum Pax = Euphorbia neococcinea Bruyns ■☆
256975 Monadenium crenatum N. E. Br. = Euphorbia crenata (N. E. Br.) Bruyns☆
256976 Monadenium crispum N. E. Br. = Euphorbia neocrispa Bruyns ■☆
256977 Monadenium cupricola Malaisse et Lecron = Euphorbia cupricola (Malaisse et Lecron) Bruyns ■☆
256978 Monadenium depauperatum (P. R. O. Bally) S. Carter;萎缩翡翠塔■☆
256979 Monadenium descampsii Pax = Euphorbia descampsii (Pax) Bruyns ■☆
256980 Monadenium dilunguense Malaisse et Lecron = Euphorbia dilunguensis (Malaisse et Lecron) Bruyns ■☆
256981 Monadenium discoideum P. R. O. Bally = Euphorbia discoidea (P. R. O. Bally) Bruyns ■☆
256982 Monadenium echinulatum Stapf = Euphorbia echinulata (Stapf) Bruyns ■☆
256983 Monadenium echinulatum Stapf. f. glabrescens P. R. O. Bally = Monadenium echinulatum Stapf ■☆
256984 Monadenium erubescens (Rendle) N. E. Br. = Euphorbia

neoerubescens Bruyns ■☆

256985 Monadenium fanshawei P. R. O. Bally;范肖翡翠塔■☆

256986 Monadenium filiforme (P. R. O. Bally) S. Carter = Euphorbia filiformis (P. R. O. Bally) Bruyns ■☆

256987 Monadenium friesii N. E. Br. = Euphorbia friesii (N. E. Br.) Bruyns ■☆

256988 Monadenium fwambense N. E. Br. = Euphorbia fwambensis (N. E. Br.) Bruyns ■☆

256989 Monadenium gilletti S. Carter = Euphorbia neogillettii Bruyns ■☆

256990 Monadenium gladiatum (P. R. O. Bally) S. Carter = Euphorbia gladiata (P. R. O. Bally) Bruyns ■☆

256991 Monadenium globosum P. R. O. Bally et S. Carter = Euphorbia bisglobosa Bruyns ■☆

256992 Monadenium goetzei Pax = Euphorbia neogotzei Bruyns ■☆

256993 Monadenium gossweileri N. E. Br. = Euphorbia neogossweileri Bruyns ■☆

256994 Monadenium gracile P. R. O. Bally = Euphorbia neogracilis Bruyns ■☆

256995 Monadenium guentheri Pax var. mammillare P. R. O. Bally = Euphorbia heteropoda Pax ■☆

256996 Monadenium herbaceum Pax = Euphorbia herbacea (Pax) Bruyns ■☆

256997 Monadenium heteropodum (Pax) N. E. Br. = Euphorbia heteropoda Pax ■☆

256998 Monadenium heteropodum (Pax) N. E. Br. var. formosum (P. R. O. Bally) S. Carter = Euphorbia heteropoda Pax var. formosa (P. R. O. Bally) Bruyns ■☆

256999 Monadenium hirsutum P. R. O Bally = Euphorbia pseudohirsuta Bruyns ■☆

257000 Monadenium intermedium P. R. O. Bally = Euphorbia neocrispa Bruyns ■☆

257001 Monadenium invenustum N. E. Br. = Euphorbia invenusta (N. E. Br.) Bruyns ■☆

257002 Monadenium invenustum N. E. Br. var. angustum Bally = Euphorbia invenusta (N. E. Br.) Bruyns var. angusta (P. R. O. Bally) Bruyns ■☆

257003 Monadenium kaessneri N. E. Br. = Euphorbia kaessneri (N. E. Br.) Bruyns ■☆

257004 Monadenium kimberleyanaum G. Will. = Euphorbia kimberleyana (G. Will.) Bruyns ■☆

257005 Monadenium kundelunguense Malaisse = Euphorbia kundelunguensis (Malaisse) Bruyns ■☆

257006 Monadenium laeve Stapf = Euphorbia pseudolaevis Bruyns ■☆

257007 Monadenium laeve Stapf. f. depauperata P. R. O. Bally = Monadenium depauperatum (P. R. O. Bally) S. Carter ■☆

257008 Monadenium letestuanum Denis = Euphorbia letestuana (Denis) Bruyns ■☆

257009 Monadenium letestuanum Denis var. rotundifolium P. R. O. Bally;圆叶翡翠塔■☆

257010 Monadenium letouzeyanum Malaisse;勒图翡翠塔■☆

257011 Monadenium lindenii S. Carter = Euphorbia lindenii (S. Carter) Bruyns ■☆

257012 Monadenium lugardiae N. E. Br. = Euphorbia lugardiae (N. E. Br.) Bruyns ■☆

257013 Monadenium lunulatum Chiov. = Kleinia lunulata (Chiov.) Thulin ■☆

257014 Monadenium mafingensis Hargr. = Euphorbia mafingensis (Hargr.) Bruyns ■☆

257015 Monadenium magnificum E. A. Bruce = Euphorbia magnifica (E. A. Bruce) Bruyns ■☆

257016 Monadenium majus (Pax) N. E. Br. = Euphorbia neoerubescens Bruyns ■☆

257017 Monadenium majus (Pax) N. E. Br. f. floribundum P. R. O. Bally = Euphorbia neoerubescens Bruyns ■☆

257018 Monadenium montanum P. R. O. Bally = Euphorbia neomontana Bruyns ■☆

257019 Monadenium montanum P. R. O. Bally var. rubellum P. R. O. Bally = Euphorbia neorubella Bruyns ■☆

257020 Monadenium nervosum P. R. O. Bally = Euphorbia pseudonervosa Bruyns ■☆

257021 Monadenium nudicaule P. R. O. Bally = Euphorbia pseudonudicaulis Bruyns ■☆

257022 Monadenium orobanchoides P. R. O. Bally = Euphorbia orobanchoides (P. R. O. Bally) Bruyns ☆

257023 Monadenium orobanchoides P. R. O. Bally var. calycinum P. R. O. Bally = Euphorbia orobanchoides (P. R. O. Bally) Bruyns var. calycina (P. R. O. Bally) Bruyns ☆

257024 Monadenium parviflorum N. E. Br. = Euphorbia neoparviflora Bruyns ■☆

257025 Monadenium pedunculatum S. Carter = Euphorbia neopedunculata Bruyns ■☆

257026 Monadenium petiolatum P. R. O. Bally = Euphorbia pseudopetiolata Bruyns ■☆

257027 Monadenium pseudoracemosum P. R. O. Bally = Euphorbia pseudoracemosa (P. R. O. Bally) Bruyns ■☆

257028 Monadenium pseudoracemosum P. R. O. Bally var. lorifolium P. R. O. Bally = Euphorbia pseudoracemosa (P. R. O. Bally) Bruyns var. lorifolia (P. R. O. Bally) Bruyns ■☆

257029 Monadenium pudibundum P. R. O. Bally var. lanatum S. Carter = Euphorbia pudibunda (P. R. O. Bally) Bruyns var. lanata (S. Carter) Bruyns ■☆

257030 Monadenium pudibundum P. R. O. Bally var. rotundifolium Malaisse et Lecron = Euphorbia pudidunda (P. R. O. Bally) Bruyns var. rotundifolia (Malaisse et Lecron) Bruyns ■☆

257031 Monadenium reflexum Chiov. = Euphorbia neoreflexa Bruyns ■☆

257032 Monadenium renneyi S. Carter = Euphorbia renneyi (S. Carter) Bruyns ■☆

257033 Monadenium rhizophorum P. R. O. Bally = Euphorbia rhizophora (P. R. O. Bally) Bruyns ■☆

257034 Monadenium rhizophorum P. R. O. Bally var. stoloniferum ? = Euphorbia neostolonifera Bruyns ■☆

257035 Monadenium ritchiei P. R. O. Bally = Euphorbia ritchiei (P. R. O. Bally) Bruyns ■☆

257036 Monadenium ritchiei P. R. O. Bally subsp. marsabitense S. Carter = Euphorbia ritchiei (P. R. O. Bally) Bruyns subsp. marsabitensis (S. Carter) Bruyns ■☆

257037 Monadenium rubellum (P. R. O. Bally) S. Carter = Euphorbia neorubella Bruyns ■☆

257038 Monadenium rugosum S. Carter = Euphorbia neorugosa Bruyns ■☆

257039 Monadenium schubei Pax var. formosum P. R. O. Bally = Euphorbia heteropoda Pax var. formosa (P. R. O. Bally) Bruyns ■☆

257040 Monadenium shebeliensis M. G. Gilbert = Euphorbia shebeliensis (M. G. Gilbert) Bruyns ■☆
257041 Monadenium simplex Pax = Euphorbia pseudosimplex Bruyns ■☆
257042 Monadenium simplex Pax var. pudibundum (P. R. O. Bally) P. R. O. Bally = Monadenium pudibundum P. R. O. Bally ■☆
257043 Monadenium spectabile S. Carter = Euphorbia spectabilis (S. Carter) Bruyns ■☆
257044 Monadenium spinescens (Pax) P. R. O. Bally = Euphorbia neospinescens Bruyns ■☆
257045 Monadenium spinulosum S. Carter = Euphorbia spinulosa (S. Carter) Bruyns ■☆
257046 Monadenium stapelioides Pax = Euphorbia neostapeliodes Bruyns ■☆
257047 Monadenium stapelioides Pax var. congestus (P. R. O. Bally) S. Carter = Euphorbia neostapeliodes Bruyns var. congesta (P. R. O. Bally) Bruyns ■☆
257048 Monadenium stapelioides Pax. f. congestum P. R. O. Bally = Euphorbia neostapeliodes Bruyns var. congesta (P. R. O. Bally) Bruyns ■☆
257049 Monadenium stellatum P. R. O. Bally = Euphorbia pseudostellata Bruyns ■☆
257050 Monadenium stoloniferum (P. R. O. Bally) S. Carter = Euphorbia neostolonifera Bruyns ■☆
257051 Monadenium subulifolium Chiov. = Kleinia pendula (Forssk.) DC. ■☆
257052 Monadenium succulentum Schweick. = Monadenium stapelioides Pax ■☆
257053 Monadenium torrei L. C. Leach = Euphorbia torrei (L. C. Leach) Bruyns ■☆
257054 Monadenium virgatum P. R. O. Bally = Euphorbia neovirgata Bruyns ■☆
257055 Monadenium yattanum P. R. O. Bally = Euphorbia yattana (P. R. O. Bally) Bruyns ■☆
257056 Monadenium yattanum P. R. O. Bally var. gladiatum P. R. O. Bally = Euphorbia gladiata (P. R. O. Bally) Bruyns ■☆
257057 Monadenus Salisb. = Zigadenus Michx. ■
257058 Monandraira E. Desv. = Deschampsia P. Beauv. ■
257059 Monandriella Engl. = Ledermanniella Engl. ■☆
257060 Monandriella linearifolia Engl. = Ledermanniella monandra C. Cusset ■☆
257061 Monandrodendraceae Barkley = Lacistemataceae Mart.(保留科名)●☆
257062 Monandrodendron Mansf. = Lozania S. Mutis ex Caldas ●☆
257063 Monanthella A. Berger = Rosularia (DC.) Stapf ■
257064 Monanthella A. Berger = Sedum L. ●■
257065 Monanthella A. Berger(1930);小魔南景天属■☆
257066 Monanthella jaccardiana A. Berger;小魔南景天■☆
257067 Monanthemum Griseb. = Piptocarpha Hook. et Arn. ●☆
257068 Monanthemum Scbeele = Morisia J. Gay ■☆
257069 Monanthes Haw.(1821);单花景天属(魔南景天属)■☆
257070 Monanthes adenoscepes Svent.;腺头单花景天■☆
257071 Monanthes agriostaphys (Webb et Berthel.) Christ;田花菊小魔南景天■☆
257072 Monanthes atlantica Ball;大西洋单花景天(大西洋魔南景天)■☆
257073 Monanthes brachycaulon (Webb et Berthel.) Lowe;短茎单花景天■☆
257074 Monanthes brachycaulon (Webb et Berthel.) Lowe var. adenopetala Svent. = Monanthes brachycaulon (Webb et Berthel.) Lowe ■☆
257075 Monanthes brachycaulon (Webb et Berthel.) Lowe var. nivata Svent. = Monanthes brachycaulon (Webb et Berthel.) Lowe ■☆
257076 Monanthes chlorotica Bornm. = Monanthes laxiflora Bolle ■☆
257077 Monanthes dasyphylla Svent.;毛叶单花景天■☆
257078 Monanthes laxiflora Bolle;疏花单花景天(疏花里斯草)■☆
257079 Monanthes laxiflora Bolle var. chlorotica (Bornm.) G. Kunkel = Monanthes laxiflora Bolle ■☆
257080 Monanthes laxiflora Bolle var. eglandulosa Bornm. = Monanthes laxiflora Bolle ■☆
257081 Monanthes laxiflora Bolle var. microbotrys (Bolle et Webb) Burch. = Monanthes laxiflora Bolle ■☆
257082 Monanthes lowei Pérez et Acebes;洛氏单花景天■☆
257083 Monanthes minima (Bolle) Christ;微小单花景天■☆
257084 Monanthes muralis (Bolle) Christ;墙壁单花景天(摩拉里斯草)■☆
257085 Monanthes muralis Christ = Monanthes muralis (Bolle) Christ ■☆
257086 Monanthes pallens (H. Christ) H. Christ;苍白单花景天■☆
257087 Monanthes polyphylla Haw.;多叶单花景天(多叶里斯草)■☆
257088 Monanthes purpurascens (Bolle et Webb) H. Christ;紫单花景天■☆
257089 Monanthes silensis (Praeger) Svent.;蝇子草单花景天■☆
257090 Monanthes subcrassicaulis (Kuntze) Praeger;粗茎单花景天■☆
257091 Monanthes wildpretii Banares et Scholz;维尔德单花景天■☆
257092 Monanthium Ehrh. = Moneses Salisb. ex Gray ■
257093 Monanthium Ehrh. = Pyrola L. ●■
257094 Monanthium Ehrh. ex House = Moneses Salisb. ex Gray ■
257095 Monanthium House = Moneses Salisb. ex Gray ■
257096 Monanthochilus (Schltr.) R. Rice = Sarcochilus R. Br. ■☆
257097 Monanthochilus (Schltr.) R. Rice(2004);新几内亚单花兰属■☆
257098 Monanthochloe Engelm.(1859);单性小穗草属■☆
257099 Monanthochloe australis Speg.;单性小穗草■☆
257100 Monanthocitrus Tanaka(1928);单花橘属●☆
257101 Monanthocitrus cornuta Tanaka;单花橘●☆
257102 Monanthocitrus grandiflora Tanaka;大花单花橘●☆
257103 Monanthos (Schltr.) Brieger = Dendrobium Sw.(保留属名)■
257104 Monanthotaxis Baill.(1890);单花番荔枝属(单花杉属)●☆
257105 Monanthotaxis angustifolia (Exell) Verdc.;窄叶单花杉●☆
257106 Monanthotaxis barteri (Baill.) Verdc.;巴特单花杉●☆
257107 Monanthotaxis bicornis (Boutique) Verdc.;双角单花杉●☆
257108 Monanthotaxis bokoli (De Wild. et T. Durand) Verdc.;博科勒单花杉●☆
257109 Monanthotaxis buchananii (Engl.) Verdc.;布坎南单花杉●☆
257110 Monanthotaxis caffra (Sond.) Verdc.;卡菲尔单花杉●☆
257111 Monanthotaxis capea (E. G. Camus et A. Camus) Verdc.;好望角单花杉●☆
257112 Monanthotaxis cauliflora (Chipp) Verdc.;茎花单花杉●☆
257113 Monanthotaxis chasei (N. Robson) Verdc.;蔡斯单花杉●☆
257114 Monanthotaxis congoensis Baill.;刚果单花杉●☆
257115 Monanthotaxis diclina (Sprague) Verdc.;加蓬单花杉●☆
257116 Monanthotaxis dictyoneura (Diels) Verdc.;指脉单花杉●☆

257117 Monanthotaxis discolor (Diels) Verdc.;异色单花杉●☆
257118 Monanthotaxis elegans (Engl. et Diels) Verdc.;雅致单花杉●☆
257119 Monanthotaxis faulknerae Verdc.;福克纳单花杉●☆
257120 Monanthotaxis ferruginea (Oliv.) Verdc.;锈色单花杉●☆
257121 Monanthotaxis filamentosa (Diels) Verdc.;丝状单花杉●☆
257122 Monanthotaxis foliosa (Engl. et Diels) Verdc.;多叶单花杉●☆
257123 Monanthotaxis foliosa (Engl. et Diels) Verdc. var. ferruginea (Robyns et Ghesq.) Verdc.;锈色多叶单花杉●☆
257124 Monanthotaxis fornicata (Baill.) Verdc.;拱单花杉●☆
257125 Monanthotaxis germainii (Boutique) Verdc.;杰曼单花杉●☆
257126 Monanthotaxis gilletii (De Wild.) Verdc.;吉勒特单花杉●☆
257127 Monanthotaxis glomerulata (Le Thomas) Verdc.;团集单花杉●☆
257128 Monanthotaxis klainei (Engl.) Verdc.;克莱恩单花杉●☆
257129 Monanthotaxis klainei (Engl.) Verdc. var. angustifolia (Boutique) Verdc.;窄叶克莱恩单花杉●☆
257130 Monanthotaxis klainei (Engl.) Verdc. var. lastoursvillensis (Pellegr.) Verdc.;拉斯图维尔单花杉●☆
257131 Monanthotaxis laurentii (De Wild.) Verdc.;洛朗单花杉●☆
257132 Monanthotaxis letestui Pellegr.;莱泰斯图单花杉●☆
257133 Monanthotaxis letestui Pellegr. var. hallei (Le Thomas) Le Thomas;哈勒单花杉●☆
257134 Monanthotaxis letouzeyi (Le Thomas) Verdc.;勒图单花杉●☆
257135 Monanthotaxis littoralis (Bagsh. et Baker f.) Verdc.;滨海单花杉●☆
257136 Monanthotaxis lucidula (Oliv.) Verdc.;光亮单花杉●☆
257137 Monanthotaxis mannii (Baill.) Verdc.;曼氏单花杉●☆
257138 Monanthotaxis mortehanii (De Wild.) Verdc.;莫特汉单花杉●☆
257139 Monanthotaxis nimbana (Schnell) Verdc.;尼恩巴单花杉●☆
257140 Monanthotaxis oligandra Exell;寡蕊单花杉●☆
257141 Monanthotaxis orophila (Boutique) Verdc.;喜山单花杉●☆
257142 Monanthotaxis parvifolia (Oliv.) Verdc.;小叶单花杉●☆
257143 Monanthotaxis parvifolia (Oliv.) Verdc. subsp. kenyensis Verdc.;肯尼亚单花杉●☆
257144 Monanthotaxis pellegrinii Verdc.;佩尔格兰单花杉●☆
257145 Monanthotaxis poggei Engl. et Diels;波格单花杉●☆
257146 Monanthotaxis poggei Engl. et Diels var. latifolia ? = Monanthotaxis poggei Engl. et Diels ●☆
257147 Monanthotaxis schweinfurthii (Engl. et Diels) Verdc.;施韦单花杉●☆
257148 Monanthotaxis schweinfurthii (Engl. et Diels) Verdc. var. seretii (De Wild.) Verdc.;赛雷单花杉●☆
257149 Monanthotaxis schweinfurthii (Engl. et Diels) Verdc. var. tisserantii (Le Thomas) Verdc.;蒂斯朗特单花杉●☆
257150 Monanthotaxis stenosepala (Engl. et Diels) Verdc.;窄萼单花杉●☆
257151 Monanthotaxis trichantha (Diels) Verdc.;毛花单花杉●☆
257152 Monanthotaxis trichocarpa (Engl. et Diels) Verdc.;毛果单花杉●☆
257153 Monanthotaxis vogelii (Hook. f.) Verdc.;沃格尔单花杉●☆
257154 Monanthotaxis whytei (Stapf) Verdc.;怀特单花杉●☆
257155 Monanthus (Schltr.) Brieger = Dendrobium Sw.(保留属名)■
257156 Monanthus (Schltr.) Brieger(1981);新几内亚石斛属■
257157 Monarda L.(1753);美国薄荷属(马薄荷属,香蜂草属);Bee Balm, Beebalm, Bergamot, Horsemint, Horse-Mint, Monarda ■
257158 Monarda bradburiana L. C. Beck;布拉德美国薄荷;Beebalm, Bradbury Beebalm ■☆
257159 Monarda citriodora Cerv. ex Lag.;柠檬美国薄荷;Lemon Beebalm, Lemon Mint, Prairie Bergamot, Wild Bee Balm ■☆
257160 Monarda clinopodia L.;罗勒美国薄荷;Basil Balm, Beebalm ■☆
257161 Monarda didyma L.;美国薄荷;American Mint, Bee Balm, Beebalm, Bee-balm, Bergamot, Burgmott, Fragrant Balm, Mountain Mint, Oswego Tea, Oswegotea, Oswego-tea, Pennsylvania Tea, Red Bergamot, Red Mint, Scarlet Bee Balm, Scarlet Beebalm, Sweet Bergamot ■
257162 Monarda didyma L. 'Alba';白花美国薄荷■
257163 Monarda didyma L. 'Aquarius';宝瓶美国薄荷;Bee Balm ■☆
257164 Monarda didyma L. 'Cambridge Scaelet';剑桥红美国薄荷■
257165 Monarda didyma L. 'Croftway Pink';粉花美国薄荷(粉红花美国薄荷)■
257166 Monarda didyma L. 'Salmonea';鲑花美国薄荷■
257167 Monarda didyma L. 'Sunset';红花美国薄荷■
257168 Monarda didyma L. 'Violacea';堇花美国薄荷■
257169 Monarda fistulosa L.;拟美国薄荷(北美佛手,大花马薄荷,管美国薄荷,管香蜂草,空茎美国薄荷,毛唇美国薄荷,美国薄荷,美洲薄荷);American-like Mint, Bee Balm, Bergamot, Fern Mint, Horse Mint, Horsemint, Mintleaf Bee Balm, Purple Bergamot, Wild Bergamot ■
257170 Monarda fistulosa L. f. albescens Farw. = Monarda fistulosa L. ■
257171 Monarda fistulosa L. subsp. fistulosa var. mollis (L.) Benth. = Monarda fistulosa L. ■
257172 Monarda fistulosa L. var. menthifolia (Graham) Fernald = Monarda fistulosa L. ■
257173 Monarda fistulosa L. var. menthifolia (Graham) Fernald = Monarda menthifolia Graham ■☆
257174 Monarda fistulosa L. var. mollis (L.) Benth. = Monarda fistulosa L. ■
257175 Monarda fistulosa L. var. mollis (L.) Benth. f. albiflora (Farw.) Sherff = Monarda fistulosa L. ■
257176 Monarda fistulosa L. var. pururea Pursh;紫花拟美国薄荷■☆
257177 Monarda fistulosa L. var. rubra A. Gray;红花拟美国薄荷■
257178 Monarda media Willd.;紫色美国薄荷;Purple Bergamot ■☆
257179 Monarda menthifolia Graham = Monarda fistulosa L. var. menthifolia (Graham) Fernald ■☆
257180 Monarda mollis L.;苍白美国薄荷;Blue Horse Mint, Pale Wild Bergamot ■☆
257181 Monarda mollis L. = Monarda fistulosa L. ■
257182 Monarda mollis L. f. albiflora Farw. = Monarda fistulosa L. ■
257183 Monarda pectinata Nutt.;斑点美国薄荷;Plains Beebalm, Spotted Beebalm ■☆
257184 Monarda punctata L.;马薄荷(斑点香蜂草,细斑香蜂草);American Horse Mint, Dotted Beebalm, Horse Mint, Horsemint, Lemon Mint, Lemon Monarda, Pony Bee Balm, Spotted Bee Balm, Spotted Horse Mint ■☆
257185 Monarda punctata L. subsp. occidentalis Epling = Monarda punctata L. ■☆
257186 Monarda punctata L. var. lasiodonta A. Gray = Monarda punctata L. ■☆
257187 Monarda punctata L. var. occidentalis (Epling) Palmer et Steyerm.;东方马薄荷■☆
257188 Monarda punctata L. var. villicaulis (Pennell) E. J. Palmer et

Steyerm. ;斑点马薄荷;Dotted Horsemint, Horsemint ■☆
257189 Monarda repens (G. Forst.) P. Beauv. = Lepturus repens (G. Forst.) R. Br. ■
257190 Monarda russeliana Nutt. ex Sims = Monarda bradburiana L. C. Beck ■☆
257191 Monarda scabra Beck = Monarda fistulosa L. ■
257192 Monardaceae Döll = Labiatae Juss. (保留科名)●■
257193 Monardaceae Döll = Lamiaceae Martinov(保留科名)●■
257194 Monardella Benth. (1834);小美国薄荷属■☆
257195 Monardella exilis Greene; 莫哈维小美国薄荷; Mohave Pennyroyal ■☆
257196 Monardella linoides A. Gray;狭叶小美国薄荷;Narrow-leaved Monardella ■☆
257197 Monardella odoratissima Benth. ;小美国薄荷;Coyote Mint ■☆
257198 Monardella robisonii Epling ex Munz;罗氏小美国薄荷;Rock Pennyroyal ■☆
257199 Monaria Korth. ex Valeton = Erythropalum Blume ●
257200 Monarrhenus Cass. (1817);簇菊木属●■☆
257201 Monarrhenus pinifolius Cass. ;松叶簇菊木●☆
257202 Monarrhenus salicifolius Cass. ;柳叶簇菊木●☆
257203 Monarthrocarpus Merr. = Desmodium Desv. (保留属名)●■
257204 Monastes Raf. = Centranthus Lam. et DC. ■
257205 Monastinocephalus Klatt = Inula L. ●■
257206 Monastinocephalus Klatt = Monactinocephalus Klatt ●■
257207 Monathera Raf. = Ctenium Panz. (保留属名)■☆
257208 Monathera Raf. = Monocera Elliott ■☆
257209 Monavia Adans. = Mimulus L. ●■
257210 Monbin Mill. = Spondias L. ●
257211 Mondia Skeels(1911);蒙迪藤属●☆
257212 Mondia ecornuta (N. E. Br.) Bullock;无角蒙迪藤●☆
257213 Mondia whitei (Hook. f.) Skeels;蒙迪藤●☆
257214 Mondo Adans. (废弃属名) = Ophiopogon Ker Gawl. (保留属名)■
257215 Mondo bockianum (Diels) Farw. = Ophiopogon bockianus Diels ■
257216 Mondo bodinieri (H. Lév.) Farw. = Ophiopogon bodinieri H. Lév. ■
257217 Mondo cavaleriei (H. Lév.) Farw. = Aletris laxiflora Bureau et Franch. ■
257218 Mondo cernum Koidz. = Liriope minor (Maxim.) Makino ■
257219 Mondo clavatum (C. H. Wright ex Oliv.) Farw. = Ophiopogon clarkei Hook. f. ■
257220 Mondo clavatum (C. H. Wright ex Oliv.) Farw. = Ophiopogon clavatus C. H. Wright ex Oliv. ■
257221 Mondo dracaenoides (Baker) Farw. = Ophiopogon dracaenoides (Baker) Hook. f. ■
257222 Mondo dracaenoides (Baker) Farw. var. clarkei (Hook. f.) Farw. = Ophiopogon clarkei Hook. f. ■
257223 Mondo dracaenoides (Baker) Farw. var. reptans (Hook. f.) Farw. = Ophiopogon reptans Hook. f. ■
257224 Mondo fauriei (H. Lév. et Vaniot) Farw. = Liriope spicata (Thunb.) Lour. ■
257225 Mondo formosanum Ohwi = Ophiopogon bodinieri H. Lév. ■
257226 Mondo graminifolium (L.) Koidz. = Liriope graminifolia (L.) Baker ■
257227 Mondo intermedium (D. Don) L. H. Bailey = Ophiopogon intermedius D. Don ■
257228 Mondo japonicum (L. f.) Farw. = Ophiopogon japonicus (L. f.) Ker Gawl. ■
257229 Mondo japonicum (L. f.) Farw. var. griffithii (Baker) Farw. = Ophiopogon intermedius D. Don ■
257230 Mondo japonicum (L. f.) Farw. var. intermedium (D. Don) Farw. = Ophiopogon intermedius D. Don ■
257231 Mondo japonicum (L. f.) Farw. var. umbraticola (Hance) Farw. = Ophiopogon umbraticola Hance ■
257232 Mondo japonicum (L. f.) Farw. var. wallichianum (Kunth) Farw. = Ophiopogon intermedius D. Don ■
257233 Mondo kansuense (Batalin) Farw. = Liriope kansuensis (Batalin) C. H. Wright ■
257234 Mondo planiscapum (Nakai) Bailey = Ophiopogon planiscapus Nakai ■☆
257235 Mondo scabrum Ohwi = Ophiopogon intermedius D. Don ■
257236 Mondo stolonifer (H. Lév. et Vaniot) Farw. = Ophiopogon japonicus (L. f.) Ker Gawl. ■
257237 Mondo tokyoense Nakai = Liriope minor (Maxim.) Makino ■
257238 Mondo umbraticola (Hance) Ohwi = Ophiopogon umbraticola Hance ■
257239 Mondo wallichianum (Kunth) L. H. Bailey = Ophiopogon intermedius D. Don ■
257240 Monebia L'Hér. = Azima Lam. ●
257241 Monechma Hochst. (1841);单头爵床属■●☆
257242 Monechma Hochst. = Justicia L. ●■
257243 Monechma acutum C. B. Clarke;尖单头爵床■☆
257244 Monechma affine Hochst. = Monechma debile (Forssk.) Nees ■☆
257245 Monechma angustissimum S. Moore = Monechma divaricatum (Nees) C. B. Clarke ■☆
257246 Monechma arenicola (Engl.) C. B. Clarke = Monechma cleomoides (S. Moore) C. B. Clarke ■☆
257247 Monechma atherstonei (T. Anderson) C. B. Clarke = Monechma spartioides (T. Anderson) C. B. Clarke ■☆
257248 Monechma australe P. G. Mey. = Monechma genistifolium (Engl.) C. B. Clarke subsp. australe (P. G. Mey.) Munday ■☆
257249 Monechma bracteatum Hochst. = Monechma debile (Forssk.) Nees ■☆
257250 Monechma calcaratum Schinz;距单头爵床■☆
257251 Monechma carrissoi Benoist;卡里索单头爵床■☆
257252 Monechma ciliatum (Jacq.) Milne-Redh. ;缘毛单头爵床●☆
257253 Monechma clarkei Schinz = Justicia guerkeana Schinz ■☆
257254 Monechma cleomoides (S. Moore) C. B. Clarke;白花菜单头爵床■☆
257255 Monechma crassiusculum P. G. Mey. ;厚叶单头爵床■☆
257256 Monechma debile (Forssk.) Nees;细弱单头爵床■☆
257257 Monechma depauperatum (T. Anderson) C. B. Clarke;萎缩单头爵床■☆
257258 Monechma desertorum (Engl.) C. B. Clarke;荒漠单头爵床■☆
257259 Monechma distichotrichum (Lindau) P. G. Mey. ;二列毛单头爵床■☆
257260 Monechma divaricatum (Nees) C. B. Clarke;叉开单头爵床■☆
257261 Monechma eremum S. Moore = Monechma divaricatum (Nees) C. B. Clarke ■☆
257262 Monechma fimbriatum C. B. Clarke = Monechma divaricatum (Nees) C. B. Clarke ■☆

257263 Monechma floridum C. B. Clarke = Monechma divaricatum (Nees) C. B. Clarke ■☆
257264 Monechma foliosum C. B. Clarke;多叶单头爵床■☆
257265 Monechma genistifolium (Engl.) C. B. Clarke;膝叶单头爵床■☆
257266 Monechma genistifolium (Engl.) C. B. Clarke subsp. australe (P. G. Mey.) Munday;南方膝叶单头爵床■☆
257267 Monechma glaucifolium S. Moore;灰绿单头爵床■☆
257268 Monechma grandiflorum Schinz;大花单头爵床■☆
257269 Monechma hereroense (Engl.) C. B. Clarke = Monechma genistifolium (Engl.) C. B. Clarke ■☆
257270 Monechma hispidum Hochst. = Monechma ciliatum (Jacq.) Milne-Redh. ●☆
257271 Monechma incanum (Nees) C. B. Clarke;灰毛单头爵床■☆
257272 Monechma leucoderme (Schinz) C. B. Clarke;白皮单头爵床■☆
257273 Monechma linaria (Nees) C. B. Clarke;线形单头爵床■☆
257274 Monechma lolioides (S. Moore) C. B. Clarke;黑麦单头爵床■☆
257275 Monechma marginatum (Lindau) C. B. Clarke = Monechma depauperatum (T. Anderson) C. B. Clarke ■☆
257276 Monechma molle C. B. Clarke = Monechma mollissimum (Nees) P. G. Mey. ■☆
257277 Monechma mollissimum (Nees) P. G. Mey.;柔软单头爵床■☆
257278 Monechma monechmoides (S. Moore) Hutch. = Monechma debile (Forssk.) Nees ■☆
257279 Monechma namaense (Schinz) C. B. Clarke = Monechma divaricatum (Nees) C. B. Clarke ■☆
257280 Monechma ndellense (Lindau) J. Miège et Heine;恩代尔单头爵床■☆
257281 Monechma nepeta (S. Moore) C. B. Clarke = Monechma divaricatum (Nees) C. B. Clarke ■☆
257282 Monechma nepetoides C. B. Clarke = Monechma divaricatum (Nees) C. B. Clarke ■☆
257283 Monechma platysepalum S. Moore = Justicia platysepala (S. Moore) P. G. Mey. ■☆
257284 Monechma praecox Milne-Redh.;早生单头爵床■☆
257285 Monechma pseudopatulum C. B. Clarke = Monechma spartioides (T. Anderson) C. B. Clarke ■☆
257286 Monechma quintasii Benoist;昆塔斯单头爵床■☆
257287 Monechma rigidum S. Moore;坚挺单头爵床■☆
257288 Monechma robustum Bond;粗壮单头爵床■☆
257289 Monechma salsola (S. Moore) C. B. Clarke;盐单头爵床■☆
257290 Monechma saxatile Munday;岩栖单头爵床■☆
257291 Monechma scabridum (S. Moore) C. B. Clarke = Monechma depauperatum (T. Anderson) C. B. Clarke ■☆
257292 Monechma scabrinerve C. B. Clarke;糙脉单头爵床■☆
257293 Monechma serotinum P. G. Mey.;晚熟单头爵床■☆
257294 Monechma spartioides (T. Anderson) C. B. Clarke;索单头爵床■☆
257295 Monechma spissum C. B. Clarke;密集单头爵床■☆
257296 Monechma subsessile (Oliv.) C. B. Clarke;近无柄单头爵床■☆
257297 Monechma terminale S. Moore = Monechma divaricatum (Nees) C. B. Clarke ■☆
257298 Monechma tettense C. B. Clarke = Monechma debile (Forssk.) Nees ■☆
257299 Monechma troglodytica Chiov. = Monechma debile (Forssk.) Nees ■☆
257300 Monechma ukambense (Lindau) C. B. Clarke;乌卡单头爵床■☆
257301 Monechma varians C. B. Clarke;易变单头爵床■☆
257302 Monechma violaceum (Vahl) Nees = Megalochlamys violacea (Vahl) Vollesen ●☆
257303 Monechma virgultorum S. Moore;条纹单头爵床■☆
257304 Monechma welwitschii C. B. Clarke = Monechma debile (Forssk.) Nees ■☆
257305 Monelasmum Tiegh. = Ouratea Aubl.(保留属名)●
257306 Monelasmum acutum Tiegh. = Campylospermum flavum (Schumach. et Thonn.) Farron ●☆
257307 Monelasmum afzelii (Gilg) Tiegh. = Campylospermum reticulatum (P. Beauv.) Farron var. turnerae (Hook. f.) Farron ●☆
257308 Monelasmum andongense (Hiern) Tiegh. = Ouratea andongensis (Hiern) Exell ●☆
257309 Monelasmum angustifolium (Engl.) Tiegh. = Campylospermum vogelii (Hook. f.) Farron var. angustifolium (Engl.) Farron ●■☆
257310 Monelasmum brachybotrys (Gilg) Tiegh. = Campylospermum glaucum (Tiegh.) Farron ●☆
257311 Monelasmum brunneo-purpureum (Gilg) Tiegh. = Campylospermum reticulatum (P. Beauv.) Farron ●☆
257312 Monelasmum chevalieri Tiegh. = Campylospermum flavum (Schumach. et Thonn.) Farron ●☆
257313 Monelasmum coriaceum Tiegh. = Campylospermum densiflorum (De Wild. et T. Durand) Farron ●☆
257314 Monelasmum costatum Tiegh. = Campylospermum vogelii (Hook. f.) Farron var. costatum (Tiegh.) Farron ●☆
257315 Monelasmum densiflorum (De Wild. et T. Durand) Tiegh. = Campylospermum densiflorum (De Wild. et T. Durand) Farron ●☆
257316 Monelasmum dewevrei (De Wild. et T. Durand) Tiegh. = Campylospermum vogelii (Hook. f.) Farron var. poggei (Engl.) Farron ●☆
257317 Monelasmum discolor Tiegh. = Campylospermum squamosum (DC.) Farron ●☆
257318 Monelasmum djallonense Tiegh. = Campylospermum squamosum (DC.) Farron ●☆
257319 Monelasmum flavum (Schumach. et Thonn.) Tiegh. = Campylospermum flavum (Schumach. et Thonn.) Farron ●☆
257320 Monelasmum flexuosum Tiegh. = Campylospermum squamosum (DC.) Farron ●☆
257321 Monelasmum glaberrimum (P. Beauv.) Tiegh. = Campylospermum glaberrimum (P. Beauv.) Farron ●☆
257322 Monelasmum glaucum Tiegh. = Campylospermum glaberrimum (P. Beauv.) Farron ●☆
257323 Monelasmum glomeratum Tiegh. = Campylospermum vogelii (Hook. f.) Farron var. angustifolium (Engl.) Farron ●■☆
257324 Monelasmum henriquesii Tiegh. = Campylospermum vogelii (Hook. f.) Farron var. molleri (Tiegh.) Farron ●☆
257325 Monelasmum heudelotii Tiegh. = Campylospermum squamosum (DC.) Farron ●☆
257326 Monelasmum klainei Tiegh. = Campylospermum klainei (Tiegh.) Farron ●☆
257327 Monelasmum konakrense Tiegh. = Campylospermum squamosum (DC.) Farron ●☆
257328 Monelasmum laeve (De Wild. et T. Durand) Tiegh. =

Campylospermum laeve (De Wild. et T. Durand) Farron ●☆
257329 Monelasmum laxiflorum (De Wild. et T. Durand) Tiegh. = Campylospermum laxiflorum (De Wild. et T. Durand) Tiegh. ●☆
257330 Monelasmum lecomtei Tiegh. = Campylospermum lecomtei (Tiegh.) Farron ●☆
257331 Monelasmum leroyanum Tiegh. = Ouratea leroyana (Tiegh.) Keay ●☆
257332 Monelasmum maclaudii Tiegh. = Campylospermum squamosum (DC.) Farron ●☆
257333 Monelasmum molleri Tiegh. = Campylospermum vogelii (Hook. f.) Farron var. molleri (Tiegh.) Farron ●☆
257334 Monelasmum nutans (Hiern) Tiegh. = Ouratea nutans (Hiern) Exell ●☆
257335 Monelasmum paroissei Tiegh. = Campylospermum squamosum (DC.) Farron ●☆
257336 Monelasmum pellucidum (De Wild. et T. Durand) Tiegh. = Campylospermum reticulatum (P. Beauv.) Farron ●☆
257337 Monelasmum persistens Tiegh. = Campylospermum squamosum (DC.) Farron ●☆
257338 Monelasmum poggei (Engl.) Tiegh. = Campylospermum vogelii (Hook. f.) Farron var. poggei (Engl.) Farron ●☆
257339 Monelasmum pungens Tiegh. = Campylospermum flavum (Schumach. et Thonn.) Farron ●☆
257340 Monelasmum schlechteri (Gilg) Tiegh. = Campylospermum flavum (Schumach. et Thonn.) Farron ●☆
257341 Monelasmum schoenleinianum (Klotzsch) Tiegh. = Campylospermum schoenleinianum (Klotzsch) Farron ●☆
257342 Monelasmum schweinfurthii (Engl.) Tiegh. = Campylospermum densiflorum (De Wild. et T. Durand) Farron ●☆
257343 Monelasmum sibangense (Gilg) Tiegh. = Campylospermum vogelii (Hook. f.) Farron var. costatum (Tiegh.) Farron ●☆
257344 Monelasmum spiciforme Tiegh. = Campylospermum squamosum (DC.) Farron ●☆
257345 Monelasmum squamosum (DC.) Tiegh. = Campylospermum squamosum (DC.) Farron ●☆
257346 Monelasmum strictum Tiegh. = Campylospermum strictum (Tiegh.) Farron ●☆
257347 Monelasmum sulcatum Tiegh. = Campylospermum laxiflorum (De Wild. et T. Durand) Tiegh. ●☆
257348 Monelasmum thoirei Tiegh. = Campylospermum flavum (Schumach. et Thonn.) Farron ●☆
257349 Monelasmum thomense Tiegh. = Campylospermum vogelii (Hook. f.) Farron var. molleri (Tiegh.) Farron ●☆
257350 Monelasmum turnerae (Hook. f.) Tiegh. = Campylospermum reticulatum (P. Beauv.) Farron var. turnerae (Hook. f.) Farron ●☆
257351 Monelasmum umbricola Tiegh. = Campylospermum umbricola (Tiegh.) Farron ●☆
257352 Monelasmum unilaterale (Gilg) Tiegh. = Campylospermum laxiflorum (De Wild. et T. Durand) Tiegh. ●☆
257353 Monelasmum viride Tiegh. = Campylospermum flavum (Schumach. et Thonn.) Farron ●☆
257354 Monelasmum vogelii (Hook. f.) Tiegh. = Campylospermum vogelii (Hook. f.) Farron ●☆
257355 Monelasum Willis = Monelasmum Tiegh. ●
257356 Monella Herb. = Cyrtanthus Aiton(保留属名)■☆
257357 Monella ochroleuca Herb. = Cyrtanthus ochroleucus (Herb.) Burch. ex Steud. ■☆
257358 Monelytrum Hack. ex Schinz(1888);单生侧茎草属■☆
257359 Monelytrum annuum Gooss. = Monelytrum luederitzianum Hack. ■☆
257360 Monelytrum luederitzianum Hack.;单生侧茎草■☆
257361 Monencyanthes A. Gray = Helipterum DC. ex Lindl. ■☆
257362 Monenteles Labill. = Pterocaulon Elliott ■
257363 Monenteles pterocaulon DC. = Neojeffreya decurrens (L.) Cabrera ■☆
257364 Monenteles redolens DC. = Pterocaulon redolens (G. Forst.) Fern. -Vill. ■
257365 Monerma P. Beauv. = Lepturus R. Br. ■
257366 Monerma cylindrica (Willd.) Coss. et Durieu = Hainardia cylindrica (Willd.) Greuter ■☆
257367 Monerma cylindrica (Willd.) Coss. et Durieu var. gracilis Coss. et Durieu = Monerma cylindrica (Willd.) Coss. et Durieu ■☆
257368 Monerma radicans (Steud.) Hack. = Lepturus radicans (Steud.) A. Camus ■☆
257369 Monerma repens (G. Forst.) P. Beauv. = Lepturus repens (G. Forst.) R. Br. ■
257370 Moneses Salisb. = Moneses Salisb. ex Gray ■
257371 Moneses Salisb. ex Gray(1821);独丽花属(单花鹿蹄草属);Moneses, One-flowered Wintergreen ■
257372 Moneses grandiflora Salisb. = Moneses uniflora (L.) A. Gray ■
257373 Moneses rhombifolia (Hayata) Andres = Moneses uniflora (L.) A. Gray ■
257374 Moneses uniflora (L.) A. Gray;独丽花(单花鹿蹄草,单花锡杖花,独立花);One-flowered Pyrola, One-flowered Shin-leaf, One-flowered Wintergreen, One-flowered Wood-nymph, Single Delight, St. Olaf's Candlesticks, Wood Nymph, Woodnymph One-flowered Shinleaf ■
257375 Monestes Post et Kuntze = Lachenalia J. Jacq. ex Murray ■☆
257376 Monestes Post et Kuntze = Monoestes Salisb. ■☆
257377 Monetaria Bronn = Dalbergia L. f. (保留属名)●
257378 Monetia L'Hér. = Azima Lam. ●
257379 Monetia barlerioides L'Hér. = Azima tetracantha Lam. ●☆
257380 Monfetta Neck. = Mouffetta Neck. ■
257381 Monfetta Neck. = Patrinia Juss. (保留属名)■
257382 Mongesia Miers = Mongezia Vell. ●
257383 Mongezia Vell. = Symplocos Jacq. ●
257384 Mongorium Desf. = Jasminum L. ●
257385 Mongorium Desf. = Mogorium Juss. ●
257386 Monguia Chapel. ex Baill. = Croton L. ●
257387 Moniera B. Juss. = Bacopa Aubl. (保留属名)■
257388 Moniera B. Juss. ex P. Browne = Bacopa Aubl. (保留属名)■
257389 Moniera Loefl. (1758)('Monnieria');莫尼芸香属(蒙尼木属,蒙尼芸香属)●☆
257390 Moniera P. Browne(废弃属名) = Bacopa Aubl. (保留属名)■
257391 Moniera pubescens V. Naray. = Bacopa floribunda (R. Br.) Wettst. ■
257392 Moniera rotundifolia Michx. = Bacopa rotundifolia (Michx.) Wettst. ■☆
257393 Monieraceae Raf. = Scrophulariaceae Juss. (保留科名)●■
257394 Monieria Loefl. = Moniera Loefl. ●☆
257395 Monilaria (Schwantes) Schwantes(1929);碧光环属(鹿角玉属)●☆
257396 Monilaria Schwantes = Monilaria (Schwantes) Schwantes ●☆
257397 Monilaria brevifolia L. Bolus = Dicrocaulon grandiflorum Ihlenf. ■☆

257398 Monilaria chrysoleuca (Schltr.) Schwantes;光淋宝■☆
257399 Monilaria chrysoleuca (Schltr.) Schwantes var. polita (L. Bolus) Ihlenf. et S. Jörg. = Monilaria chrysoleuca (Schltr.) Schwantes ■☆
257400 Monilaria globosa (L. Bolus) L. Bolus = Meyerophytum globosum (L. Bolus) Ihlenf. ●☆
257401 Monilaria luckhoffii L. Bolus = Diplosoma luckhoffii (L. Bolus) Schwantes ex Ihlenf. ■☆
257402 Monilaria microstigma L. Bolus = Dicrocaulon microstigma (L. Bolus) Ihlenf. ■☆
257403 Monilaria moniliformis (Thunb.) Ihlenf. et S. Jörg.;碧光环■☆
257404 Monilaria obconica Ihlenf. et S. Jörg.;倒圆锥碧光环■☆
257405 Monilaria peersii L. Bolus;宝石光■☆
257406 Monilaria peersii L. Bolus = Monilaria moniliformis (Thunb.) Ihlenf. et S. Jörg. ■☆
257407 Monilaria pisiformis (Haw.) Schwantes;贵光玉■☆
257408 Monilaria pisiformis Schwantes = Monilaria pisiformis (Haw.) Schwantes ■☆
257409 Monilaria polita L. Bolus = Monilaria chrysoleuca (Schltr.) Schwantes ■☆
257410 Monilaria primosii L. Bolus = Dicrocaulon microstigma (L. Bolus) Ihlenf. ■☆
257411 Monilaria ramulosa Schwantes;飞火野■☆
257412 Monilaria salmonea L. Bolus;环光宝■☆
257413 Monilaria salmonea L. Bolus = Monilaria chrysoleuca (Schltr.) Schwantes ■☆
257414 Monilaria scutata (L. Bolus) Schwantes;盾形碧光环■☆
257415 Monilaria scutata (L. Bolus) Schwantes subsp. obovata Ihlenf. et S. Jörg.;倒卵盾形碧光环■☆
257416 Monilia Gray = Molinia Schrank ■
257417 Monilicarpa Cornejo et Iltis = Capparis L. ●
257418 Monilicarpa Cornejo et Iltis(2008);珠果山柑属●
257419 Monilifera Adsns. = Osteospermum L. ●■☆
257420 Monilistus Raf. = Populus L. ●
257421 Monilistus monilifera (Aiton) Raf. ex B. D. Jacks. = Populus deltoides Bartram ex Marshall subsp. monilifera (Aiton) Eckenw. ●☆
257422 Monimia Thouars(1804);香材树属(杯轴花属)●☆
257423 Monimia rotundifolia A. Thouars;香材树●☆
257424 Monimiaceae Juss. (1809)(保留科名);香材树科(杯轴花科,黑檫木科,芒籽科,檬立木科,蒙立米科,香材木科,香树木科)●☆
257425 Monimiastrum J. Guého et A. J. Scott(1980);小香材树属●☆
257426 Monimiastrum acutisepalum J. Guého et A. J. Scott;尖萼小香材树●☆
257427 Monimiastrum fasciculatum J. Guého et A. J. Scott;簇生小香材树●☆
257428 Monimiastrum globosum J. Guého et A. J. Scott;小香材树●☆
257429 Monimiopsis Vieill. ex Perkins = Hedycarya J. R. Forst. et G. Forst. ●☆
257430 Monimiopsis Vieill. ex Perkins(1911);类香材树属●☆
257431 Monimiopsis rivularis Vieill. ex Perkins;类香材树●☆
257432 Monimopetalum Rehder(1926);永瓣藤属;Fixed-petal Vine, Monimopetalum ●★
257433 Monimopetalum chinense Rehder;永瓣藤;China Monimopetalum, Chinese Fixed-petal Vine, Chinese Monimopetalum ●◇
257434 Monina Pers. = Monnina Ruiz et Pav. ●☆
257435 Monipsis Raf. = Teucrium L. ●■
257436 Monium Stapf = Anadelphia Hack. ■☆
257437 Monium Stapf et Jacq. -Fél. = Anadelphia Hack. ■☆
257438 Monium congestum Jacq. -Fél. = Anadelphia trepidaria (Stapf) Stapf ■☆
257439 Monium funereum Jacq. -Fél. = Anadelphia funerea (Jacq. -Fél.) Clayton ■☆
257440 Monium macrochaetum Stapf = Anadelphia macrochaeta (Stapf) Clayton ■☆
257441 Monium monianthum Jacq. -Fél. = Anadelphia trepidaria (Stapf) Stapf ■☆
257442 Monium rufum Jacq. -Fél. = Anadelphia trepidaria (Stapf) Stapf ■☆
257443 Monium trepidarium (Stapf) Jacq. -Fél. = Anadelphia trepidaria (Stapf) Stapf ■☆
257444 Monium trichaetum Reznik = Anadelphia trichaeta (Reznik) Clayton ■☆
257445 Monixus Finet = Angraecum Bory ■
257446 Monixus aporum Finet = Angraecum podochiloides Schltr. ■☆
257447 Monixus clavigera (Ridl.) Finet = Angraecum clavigerum Ridl. ■☆
257448 Monixus graminifolius (Ridl.) Finet = Angraecum pauciramosum Schltr. ■☆
257449 Monixus multiflorus (Thouars) Finet = Angraecum multiflorum Thouars ■☆
257450 Monixus polystachys Finet = Oeoniella polystachys (Thouars) Schltr. ■☆
257451 Monixus teretifolius (Ridl.) Finet = Angraecum teretifolium Ridl. ■☆
257452 Monizia Lowe = Melanoselinum Hoffm. ●☆
257453 Monizia Lowe = Thapsia L. ■☆
257454 Monizia Lowe(1856);莫尼草属●☆
257455 Monizia edulis Lowe;莫尼草☆
257456 Monnella Salisb. = Cyrtanthus Aiton(保留属名)■☆
257457 Monnella Salisb. = Monella Herb. ■☆
257458 Monniera Juss. = Monnieria L. ●☆
257459 Monniera Juss. ex P. Browne = Monnieria L. ●☆
257460 Monniera Kuntze = Bacopa Aubl. (保留属名)■
257461 Monniera Post et Kuntze = Bacopa Aubl. (保留属名)■
257462 Monniera africana Pers. = Bacopa monnieri (L.) Pennell ■
257463 Monniera bicolor A. Chev. = Bacopa floribunda (R. Br.) Wettst. ■
257464 Monniera calycina (Benth.) Hiern = Bacopa crenata (P. Beauv.) Hepper ■☆
257465 Monniera calycina (Forssk.) Kuntze = Bacopa monnieri (L.) Pennell ■
257466 Monniera cuneifolia Michx. = Bacopa monnieri (L.) Pennell ■
257467 Monniera decumbens (Fernald) V. Naray. = Bacopa decumbens (Fernald) F. N. Williams ■☆
257468 Monniera floribunda (R. Br.) T. Cooke = Bacopa floribunda (R. Br.) Wettst. ■
257469 Monniera hamiltoniana (Benth.) T. Cooke = Bacopa hamiltoniana (Benth.) Wettst. ■☆
257470 Monniera occultans Hiern = Bacopa occultans (Hiern) Hutch. et Dalziel ■☆
257471 Monniera punctata (Engl.) V. Naray. = Bacopa punctata Engl. ■☆
257472 Monnieria L. = Moniera Loefl. ●☆

257473 Monnieria trifolia L.;莫尼芸香(蒙尼木,三叶蒙尼木,三叶蒙尼芸香)●☆
257474 Monnina Ruiz et Pav. (1798);莫恩远志属(蒙宁草属,莫恩草属)●☆
257475 Monnina angustata Triana et Planch.;狭莫恩远志●☆
257476 Monnina crassifolia Kunth;厚叶莫恩远志(叶蒙宁草)●☆
257477 Monnina cuspidata Benth.;骤尖莫恩远志●☆
257478 Monnina media Ferreyra;中间莫恩远志●☆
257479 Monnina myrtoides Ferreyra et Wurdack;香桃木远志●☆
257480 Monnina nemorosa Kunth;森林莫恩远志●☆
257481 Monnina obovata Chodat et Sodiro;倒卵莫恩远志(倒卵蒙宁草)●☆
257482 Monnina obtusifolia Kunth;钝叶莫恩远志(钝叶蒙宁草)●☆
257483 Monnina pilosa Kunth;毛莫恩远志(毛蒙宁草)●☆
257484 Monnina pseudopilosa Ferreyra;假毛莫恩远志●☆
257485 Monnina pulchra Chodat;美丽莫恩远志(美丽蒙宁草)●☆
257486 Monnina revoluta Kunth;外卷莫恩远志●☆
257487 Monnina salicifolia Ruiz et Pav.;柳叶莫恩远志(柳叶蒙宁草)●☆
257488 Monnina sandemanii Ferreyra;桑氏莫恩远志(桑氏蒙宁草)●☆
257489 Monnina subscandens Triana et Planch.;亚攀缘莫恩远志●☆
257490 Monnina subspeciosa Chodat.;亚美莫恩远志●☆
257491 Monnuria Nees et Mart. = Moniera Loefl. ●☆
257492 Monnuria Nees et Mart. = Monnieria L. ●☆
257493 Monobothrium Hochst. = Swertia L. ■
257494 Monobothrium schimperi Hochst. = Swertia fimbriata (Hochst.) Cufod. ■☆
257495 Monocallis Salisb. = Scilla L. ■
257496 Monocardia Pennell = Bacopa Aubl. (保留属名)■
257497 Monocardia Pennell = Herpestis C. F. Gaertn. ■
257498 Monocarpia Miq. (1865);宽瓣杯萼木属●☆
257499 Monocarpia euneura Miq.;宽瓣杯萼木●☆
257500 Monocaryum (R. Br.) Rchb. = Colchicum L. ■
257501 Monocaryum R. Br. = Colchicum L. ■
257502 Monocelastrus F. T. Wang et Ts. Tang = Celastrus L. (保留属名)●
257503 Monocelastrus F. T. Wang et Ts. Tang (1951);独子藤属;Monocelastrus ●
257504 Monocelastrus monosperma (Roxb.) F. T. Wang et Ts. Tang;独子藤(边沁南蛇藤,单籽南蛇藤,岩风);Bentham Staff-tree, Oneseed Monocelastrus, One-seed Staff-tree, Singleseed Bittersweet ●
257505 Monocelastrus monosperma (Roxb.) F. T. Wang et Ts. Tang = Celastrus monospermus Roxb. ●
257506 Monocelastrus virens F. T. Wang et Ts. Tang = Celastrus virens (F. T. Wang et Ts. Tang) C. Y. Cheng et T. C. Kao ●
257507 Monocephalium S. Moore = Pyrenacantha Wight(保留属名)●
257508 Monocephalium batesii S. Moore = Pyrenacantha staudtii (Engl.) Engl. ●☆
257509 Monocera Elliott = Ctenium Panz. (保留属名)■☆
257510 Monocera Jack = Elaeocarpus L. ●
257511 Monocera multiflora Turcz. = Elaeocarpus multiflorus (Turcz.) Fern. -Vill. ●
257512 Monocera petiolata Jack = Elaeocarpus petiolatus (Jack) Wall. ex Steud. ●
257513 Monoceras Steud. = Velleia Sm. ■☆
257514 Monochaete Döll = Gymnopogon P. Beauv. ■☆
257515 Monochaetum (DC.) Naudin(1845)(保留属名);单毛野牡丹属●☆
257516 Monochaetum Naudin = Monochaetum (DC.) Naudin(保留属名)●☆
257517 Monochaetum album S. Winkl.;白单毛野牡丹●☆
257518 Monochaetum alpestre Naudin;高山单毛野牡丹●☆
257519 Monochaetum angustifolium Cogn.;窄叶单毛野牡丹●☆
257520 Monochaetum brachyurum Naudin;短尾单毛野牡丹●☆
257521 Monochaetum brevifolium Gleason;短叶单毛野牡丹●☆
257522 Monochaetum canescens J. F. Macbr.;银灰单毛野牡丹●☆
257523 Monochaetum ciliatum Gleason;睫毛单毛野牡丹●☆
257524 Monochaetum cinereum Gleason;灰白单毛野牡丹●☆
257525 Monochaetum cordatum Almeda;心叶单毛野牡丹●☆
257526 Monochaetum diffusum Cogn. ex Donn. Sm.;铺散单毛野牡丹●☆
257527 Monochaetum floribundum Naudin;繁花单毛野牡丹●☆
257528 Monochaetum glanduliferum Triana;腺点单毛野牡丹●☆
257529 Monochaetum hartwegianum Naudin;单毛野牡丹●☆
257530 Monochaetum hirtum (H. Karst.) Triana;粗毛单毛野牡丹●☆
257531 Monochaetum intermedium Gleason;间型单毛野牡丹●☆
257532 Monochaetum latifolium Naudin;宽叶单毛野牡丹●☆
257533 Monochaetum laxifolium Gleason;疏叶单毛野牡丹●☆
257534 Monochaetum lineatum (Don.) Naudin;线形单毛野牡丹●☆
257535 Monochaetum multiflorum Naudin;多花单毛野牡丹●☆
257536 Monochaetum pauciflorum Triana.;少花单毛野牡丹●☆
257537 Monochasma Maxim. ex Franch. et Sav. (1878);鹿茸草属;Antlerpilose Grass, Monochasma ■
257538 Monochasma japonicum (Maxim. ex Franch. et Sav.) Makino;日本鹿茸草;Japonese Monochasma ■
257539 Monochasma japonicum (Maxim. ex Franch. et Sav.) Makino = Monochasma sheareri (S. Moore) Maxim. ■
257540 Monochasma japonicum (Maxim.) Makino = Monochasma japonicum (Maxim. ex Franch. et Sav.) Makino ■
257541 Monochasma monantha Hemsl.;单花鹿茸草;Oneflower Monochasma, Singleflower Antlerpilose Grass ■
257542 Monochasma savatieri Franch. ex Maxim.;沙氏鹿茸草(白鸡毛,白龙骨,白路箕,白毛鹿茸草,白山艾,白杉笠,白丝草,白头毛,白头翁,瓜子草,老鼠牙草,六月霜,龙须草,鹿茸草,满山白,毛茵陈,绵毛鹿茸草,瓶儿蜈蚣草,千层矮,千层楼,千年艾,千年春,千年霜,千重塔,山门穹,四季青,土茵陈,牙痛草,鱼鳃草,栀子草);Cottony Antlerpilose Grass, Savatier Monochasma ■
257543 Monochasma sheareri (S. Moore) Maxim.;鹿茸草(栀子草);Antlerpilose Grass, Shearer Monochasma ■
257544 Monochasma sheareri (S. Moore) Maxim. var. japonicum Maxim. = Monochasma sheareri (S. Moore) Maxim. ■
257545 Monochasma sheareri (S. Moore) Maxim. var. japonicum Maxim. ex Franch. et Sav. = Monochasma japonicum (Maxim. ex Franch. et Sav.) Makino ■
257546 Monochila Spach = Goodenia Sm. ●■☆
257547 Monochilon Dulac = Teucrium L. ●■
257548 Monochilus Fisch. et C. A. Mey. (1835);单唇马鞭草属■●☆
257549 Monochilus Wall. ex Lindl. = Zeuxine Lindl. (保留属名)■
257550 Monochilus affinis Lindl. = Zeuxine affinis (Lindl.) Benth. ex Hook. f. ■
257551 Monochilus boryi Rchb. f. = Cheirostylis nuda (Thouars) Ormerod ■☆
257552 Monochilus flavus Wall. ex Lindl. = Zeuxine flava (Wall. ex

Lindl.) Benth. ■

257553 Monochilus galeatus Lindl. = Zeuxine goodyeroides Lindl. ■

257554 Monochilus gloxiniifolius Fisch. et C. A. Mey.;单唇马鞭草■●☆

257555 Monochilus goodyeroides (Lindl.) Lindl. = Zeuxine goodyeroides Lindl. ■

257556 Monochilus gymnochiloides Ridl. = Cheirostylis gymnochiloides (Ridl.) Rchb. f. ■☆

257557 Monochilus gymnochiloides Ridl. = Cheirostylis nuda (Thouars) Ormerod ■☆

257558 Monochilus lepidus Rchb. f. = Cheirostylis lepida (Rchb. f.) Rolfe ■☆

257559 Monochilus nervosus Lindl. = Zeuxine nervosa (Wall. ex Lindl.) Benth. ex C. B. Clarke ■

257560 Monochilus nervosus Wall. ex Lindl. = Zeuxine nervosa (Wall. ex Lindl.) Trimen ■

257561 Monochilus tetrapterus Rchb. f. = Zeuxine tetraptera (Rchb. f.) T. Durand et Schinz ■☆

257562 Monochlaena Cass. = Eriocephalus L. ●☆

257563 Monochlaena racemosus Cass. = Eriocephalus africanus L. var. paniculatus (Cass.) M. A. N. Müll., Herman et Kolberg ●☆

257564 Monochoria C. Presl(1827);雨久花属;Monochoria ■

257565 Monochoria africana (Solms) N. E. Br.;非洲雨久花■☆

257566 Monochoria brevipetiolata Verdc.;短梗雨久花■☆

257567 Monochoria dilatata (Buch.-Ham.) Kunth = Monochoria hastata (L.) Solms ■

257568 Monochoria dilatata Kunth = Monochoria hastata (L.) Solms ■

257569 Monochoria elata Ridl.;高葶雨久花■

257570 Monochoria hastata (L.) Solms;箭叶雨久花(茨菰,慈姑,山芋,烟梦花);Arrowleaf Monochoria ■

257571 Monochoria hastifolia C. Presl = Monochoria hastata (L.) Solms ■

257572 Monochoria korsakowii Regel et Maack;雨久花(浮蔷,福菜,兰鸟花,蓝鸟花,青茨菇花,水白菜,田菜,雨韭);Korsakow Monochoria, Monochoria ■

257573 Monochoria korsakowii Regel et Maack f. albiflora (Makino) Honda;白花雨久花■☆

257574 Monochoria linearis (Hassk.) Miq. = Monochoria vaginalis (Burm. f.) C. Presl ex Kunth ■

257575 Monochoria linearis Miq. = Monochoria vaginalis (Burm. f.) C. Presl ex Kunth ■

257576 Monochoria ovata Kunth = Monochoria vaginalis (Burm. f.) C. Presl ex Kunth ■

257577 Monochoria pauciflora (Blume) Kunth;少花蛇舌草■

257578 Monochoria plantaginea (Roxb.) Kunth = Monochoria vaginalis (Burm. f.) C. Presl ex Kunth ■

257579 Monochoria plantaginea Kunth = Monochoria vaginalis (Burm. f.) C. Presl ex Kunth ■

257580 Monochoria saginata Kunth = Monochoria hastata (L.) Solms ■

257581 Monochoria sagittata (Roxb.) Kunth = Monochoria hastata (L.) Solms ■

257582 Monochoria vaginalis (Burm. f.) C. Presl = Monochoria vaginalis (Burm. f.) C. Presl ex Kunth ■

257583 Monochoria vaginalis (Burm. f.) C. Presl ex Kunth;鸭舌草(肥菜,肥猪菜,肥猪草,合菜,黑菜,薢菜,薢草,薢菜,接水葱,马皮瓜,少花鸭舌草,水锦葵,水玉簪,香头草,鸭儿菜,鸭儿草,鸭儿嘴,鸭脷草,鸭仔菜,鸭嘴菜,猪耳菜,猪耳草,猪耳朵);Ducktongue Monochoria, Heartshape False Pickerelweed, Shearthed Monochoria ■

257584 Monochoria vaginalis (Burm. f.) C. Presl ex Kunth var. korsakowii (Regel et Maack) Solms = Monochoria korsakowii Regel et Maack ■

257585 Monochoria vaginalis (Burm. f.) C. Presl ex Kunth var. pauciflora (Blume) Merr. = Monochoria vaginalis (Burm. f.) C. Presl ex Kunth ■

257586 Monochoria vaginalis (Burm. f.) C. Presl ex Kunth var. plantaginea (Roxb.) Solms = Monochoria vaginalis (Burm. f.) C. Presl ex Kunth ■

257587 Monochoria vaginalis (Burm. f.) C. Presl var. angustifolia G. X. Wang, T. Kusanagi et K. Itoh;狭叶鸭舌草■☆

257588 Monochoria vaginalis (Burm. f.) C. Presl var. korsakowii (Regel et Maack) Solms = Monochoria korsakowii Regel et Maack ■

257589 Monochoria vaginalis (Burm. f.) C. Presl var. pauciflora (Blume) Merr. = Monochoria vaginalis (Burm. f.) C. Presl ex Kunth ■

257590 Monochoria vaginalis (Burm. f.) C. Presl var. plantaginea (Roxb.) Solms = Monochoria vaginalis (Burm. f.) C. Presl ex Kunth ■

257591 Monochoria vaginalis (L.) C. Presl var. africana Solms = Monochoria africana (Solms) N. E. Br. ■☆

257592 Monochoria valida G. X. Wang et Nagam. = Monochoria elata Ridl. ■

257593 Monochosma T. Durand et Jacks. = Monochasma Maxim. ex Franch. et Sav. ■

257594 Monocladus H. C. Chia, H. L. Fung et Y. L. Yang = Bambusa Schreb.(保留属名)●

257595 Monocladus H. C. Chia, H. L. Fung et Y. L. Yang(1988);单枝竹属(异箣竹属,异簕竹属);Singlebamboo, Monocladus ●★

257596 Monocladus amplexicaulis L. C. Chia, H. L. Fung et Y. L. Yang = Bonia amplexicaulis (L. C. Chia et al.) N. H. Xia ●◇

257597 Monocladus levigatus L. C. Chia, H. L. Fung et Y. L. Yang = Bonia levigata (L. C. Chia et al.) N. H. Xia ●

257598 Monocladus megalothyrsus (Hand.-Mazz.) T. P. Yi = Gaoligongshania megathyrsa (Hand.-Mazz.) D. Z. Li, J. R. Xue et N. H. Xia ●

257599 Monocladus parviflosculus W. T. Lin = Bonia parvifloscula (W. T. Lin) N. H. Xia ●

257600 Monocladus saxatilis L. C. Chia, H. L. Fung et Y. L. Yang = Bonia saxatilis (L. C. Chia et al.) N. H. Xia ●

257601 Monocladus saxatilis L. C. Chia, H. L. Fung et Y. L. Yang var. solidus (C. D. Chu et C. S. Chao) L. C. Chia = Bonia saxatilis (L. C. Chia et al.) N. H. Xia var. solida (C. D. Chu et C. S. Chao) D. Z. Li ●

257602 Monocladus solidus (C. D. Chu et C. S. Chao) L. C. Chia = Monocladus saxatilis L. C. Chia, H. L. Fung et Y. L. Yang var. solidus (C. D. Chu et C. S. Chao) L. C. Chia ●

257603 Monocladus triloba W. T. Lin;单苞竹●

257604 Monococcus F. Muell. (1858);单性商陆属●☆

257605 Monococcus echinophorus F. Muell.;单性商陆■☆

257606 Monocodon Salisb. = Fritillaria L. ■

257607 Monocosmia Fenzl(1839);单蕊苋属■☆

257608 Monocosmia corrigioloides Fenzl;单蕊苋■☆

257609 Monocostus K. Schum. (1904);秘鲁闭鞘姜属■☆

257610 Monocostus ulei K. Schum.;秘鲁闭鞘姜■☆

257611 Monocostus uniflorus (Petersen) Maas;单花秘鲁闭鞘姜■☆

257612 Monoculus B. Nord. (2006);单孔菊属■☆
257613 Monoculus hyoseroides (DC.) B. Nord.;翼果苣单孔菊■☆
257614 Monoculus monstruosus (Burm. f.) B. Nord.;单孔菊■☆
257615 Monocyclanthus Keay(1953);单环花属●☆
257616 Monocyclanthus vignei Keay;单环花●☆
257617 Monocyclis Wall. ex Voigt = Walsura Roxb.●
257618 Monocymbium Stapf(1919);单穗草属■☆
257619 Monocymbium ceresiiforme (Nees) Stapf;雀稗叶单穗草■☆
257620 Monocymbium deightonii C. E. Hubb.;戴顿单穗草■☆
257621 Monocymbium deightonii C. E. Hubb. var. tonkoui Jacq. -Fél. = Monocymbium deightonii C. E. Hubb. ■☆
257622 Monocymbium lanceolatum C. E. Hubb.;披针形单穗草■☆
257623 Monocymbium nimbanum Jacq. -Fél. = Monocymbium ceresiiforme (Nees) Stapf ■☆
257624 Monocystis Lindl. = Alpinia Roxb.(保留属名)■
257625 Monodia S. W. L. Jacobs(1985);针茅草属■☆
257626 Monodia stipoides S. W. L. Jacobs;针茅草■☆
257627 Monodiella Maire(1943);小针茅状草属■☆
257628 Monodiella flexuosa Maire;小针茅草■☆
257629 Monodiella flexuosa Maire = Centaurium flexuosum (Maire) Lebrun et Marais ■☆
257630 Monodora Dunal(1817);单兜属(假肉豆蔻属);Monodora ●☆
257631 Monodora angolensis Welw.;安哥拉单兜●☆
257632 Monodora borealis Scott-Elliot = Monodora myristica (Gaertn.) Dunal ●☆
257633 Monodora brevipes Benth.;短梗单兜(短梗假肉豆蔻);Yellow-flowered Nutmeg ●☆
257634 Monodora cabrae De Wild. = Monodora tenuifolia Benth. ●☆
257635 Monodora claessensii De Wild. = Monodora myristica (Gaertn.) Dunal ●☆
257636 Monodora congolana De Wild. et T. Durand = Isolona congolana (De Wild. et T. Durand) Engl. et Diels ●☆
257637 Monodora crispata Engl. et Diels;皱波单兜●☆
257638 Monodora dewevrei De Wild. et T. Durand = Isolona dewevrei (De Wild. et T. Durand) Engl. et Diels ●☆
257639 Monodora durieuxii De Wild. = Monodora angolensis Welw. ●☆
257640 Monodora gibsonii Bullock ex Burtt Davy = Monodora angolensis Welw. ●☆
257641 Monodora grandidieri Baill.;索马里单兜(索马里假肉豆蔻)●☆
257642 Monodora grandiflora Benth.;大花单兜(大花假肉豆蔻)●☆
257643 Monodora grandiflora Benth. = Monodora myristica (Gaertn.) Dunal ●☆
257644 Monodora hexaloba Pierre = Isolona hexaloba (Pierre) Engl. et Diels ●☆
257645 Monodora hirsuta Peter = Monodora grandidieri Baill. ●☆
257646 Monodora junodii Engl. et Diels;朱纳单兜(朱纳假肉豆蔻)●☆
257647 Monodora junodii Engl. et Diels var. macrantha Paiva;大花朱纳单兜(大花朱纳假肉豆蔻)●☆
257648 Monodora laurentii De Wild.;洛朗单兜(洛朗假肉豆蔻)●☆
257649 Monodora letestui Pellegr. = Monodora angolensis Welw. ●☆
257650 Monodora louisii Boutique;路易斯单兜(路易斯假肉豆蔻)●☆
257651 Monodora microcarpa Dunal;小果单兜(小果假肉豆蔻)●☆
257652 Monodora minor Engl. et Diels;小单兜(小假肉豆蔻)●☆
257653 Monodora myristica (Gaertn.) Dunal;木浆果单兜(木浆果假肉豆蔻木,肉豆蔻单兜);African Nutmeg, Calabash Nutmeg, False Nutmeg, West African Nutmeg ●☆
257654 Monodora myristica Blanco = Monodora myristica (Gaertn.) Dunal ●☆
257655 Monodora preussii Engl. et Diels = Monodora brevipes Benth. ●☆
257656 Monodora somalensis Chiov. = Monodora grandidieri Baill. ●☆
257657 Monodora stenopetala Oliv.;狭瓣单兜(狭瓣假肉豆蔻)●☆
257658 Monodora stocksii Sprague = Monodora grandidieri Baill. ●☆
257659 Monodora tenuifolia Benth.;细叶单兜(细叶假肉豆蔻)●☆
257660 Monodora thonneri De Wild. et T. Durand = Isolona thonneri (De Wild. et T. Durand) Engl. et Diels ●☆
257661 Monodora veithii Engl. et Diels = Monodora grandidieri Baill. ●☆
257662 Monodora zenkeri Engl.;岑克尔单兜●☆
257663 Monodoraceae J. Agardh = Annonaceae Juss.(保留科名)●
257664 Monodyas (K. Schum.) Kuntze = Halopegia K. Schum. ■☆
257665 Monodynamis J. F. Gmel. = Usteria Willd. ●☆
257666 Monodynamis iserti J. F. Gmel. = Usteria guineensis Willd. ●☆
257667 Monodynamus Pohl = Anacardium L. ●
257668 Monoestes Salisb. = Lachenalia J. Jacq. ex Murray ■☆
257669 Monogereion G. M. Barroso et R. M. King(1971);三裂尖泽兰属■☆
257670 Monogereion carajensis G. M. Barroso et R. M. King;三裂尖泽兰■☆
257671 Monographidium C. Presl = Cliffortia L. ●☆
257672 Monographidium obcordatum (L. f.) C. Presl = Cliffortia obcordata L. f. ●☆
257673 Monographis Thouars = Graphorkis Thouars(保留属名)■☆
257674 Monographis Thouars = Limodorum Boehm.(保留属名)■☆
257675 Monogynella Des Monl. = Cuscuta L. ■
257676 Monolena Triana = Monolena Triana ex Benth. et Hook. f. ■☆
257677 Monolena Triana ex Benth. et Hook. f. (1867);美洲单毛野牡丹属■☆
257678 Monolena cordifolia Triana;心叶美洲单毛野牡丹■☆
257679 Monolena elliptica L. Uribe;椭圆美洲单毛野牡丹■☆
257680 Monolena lanceolata L. Uribe;披针叶美洲单毛野牡丹■☆
257681 Monolena multiflora R. H. Warner;多花美洲单毛野牡丹■☆
257682 Monolena ovata Cogn.;卵叶美洲单毛野牡丹■☆
257683 Monolepis Schrad. (1831);单被藜属■☆
257684 Monolepis asiatics Fisch. et C. A. Mey.;亚洲单被藜■☆
257685 Monolepis chenopodioides Moq. = Monolepis nuttalliana (Schult. et Schult. f.) Greene ■☆
257686 Monolepis litwinowii Paulsen;利特氏单被藜■☆
257687 Monolepis nuttalliana (Schult. et Schult. f.) Greene;单被藜;Nuttall Povertyweed, Poverty Weed ■☆
257688 Monolepis pusilla Torr. ex S. Watson = Micromonolepis pusilla (Torr. ex S. Watson) Ulbr. ■☆
257689 Monolepis spathulata A. Gray;匙叶单被藜■☆
257690 Monolix Raf. = Callirhoe Nutt. ■●☆
257691 Monolophus Wall. = Kaempferia L. + Caulokaempferia K. Larsen ■
257692 Monolophus Wall. ex Endl. = Kaempferia L. ■
257693 Monolophus coenobialis Hance = Caulokaempferia coenobialis (Hance) K. Larsen ■
257694 Monolophus elegans Wall. = Kaempferia elegans (Wall.) Baker ■
257695 Monolophus yunnanensis (Gagnep.) T. L. Wu =

Caulokaempferia yunnanensis (Gagnep.) R. M. Sm. ■
257696 Monolophus yunnanensis (Gagnep.) T. L. Wu = Pyrgophyllum yunnanense (Gagnep.) T. L. Wu et Z. Y. Chen ■
257697 Monolophus yunnanensis (Gagnep.) T. L. Wu et S. J. Chen = Pyrgophyllum yunnanense (Gagnep.) T. L. Wu et Z. Y. Chen ■
257698 Monolopia DC. (1838);单苞菊属■☆
257699 Monolopia bahiifolia Benth. = Pseudobahia bahiifolia (Benth.) Rydb. ■☆
257700 Monolopia congdonii (A. Gray) B. G. Baldwin;康登单苞菊■☆
257701 Monolopia gracilens A. Gray;细单苞菊■☆
257702 Monolopia heermannii Durand = Pseudobahia heermannii (Durand) Rydb. ■☆
257703 Monolopia lanceolata Nutt.;剑叶单苞菊■☆
257704 Monolopia lutea ?;黄单苞菊;Yellow Lobelia ■☆
257705 Monolopia major DC.;大单苞菊■☆
257706 Monolopia minor DC. = Lasthenia minor (DC.) Ornduff ■☆
257707 Monolopia stricta Crum;条纹单苞菊■☆
257708 Monomeria Lindl. (1830);短瓣兰属;Monomeria, Shortpetal Orchis ■
257709 Monomeria barbata Lindl.;短瓣兰;Shortpetal Monomeria, Shortpetal Orchis ■
257710 Monomeria dichroma (Rolfe) Schltr.;二色短瓣兰;Dichromic Monomeria ■☆
257711 Monomeria punctata (Lindl.) Schltr.;斑点短瓣兰;Punctate Monomeria ■☆
257712 Monomeria rimannii (Rchb. f.) Schltr. = Sunipia rimannii (Rchb. f.) Seidenf. ■
257713 Monomesia Raf. = Coldenia L. ■
257714 Monomesia Raf. = Tiquilia Pers. ■☆
257715 Mononeuria Rchb. = Minuartia L. ■
257716 Monoon Miq. = Polyalthia Blume ●
257717 Monopanax Regel = Oreopanax Decne. et Planch. ●☆
257718 Monopera Barringer(1983);单囊婆婆纳属(单囊玄参属)■☆
257719 Monopera micrantha (Benth.) Barringer;小花单囊婆婆纳■☆
257720 Monopera perennis (Chodat et Hassl.) Barringer;单囊婆婆纳■☆
257721 Monopetalanthus Harms(1897);单瓣豆属●☆
257722 Monopetalanthus breynei Bamps = Bikinia breynei (Bamps) Wieringa ■☆
257723 Monopetalanthus compactus Hutch. ex Lane-Poole = Aphanocalyx microphyllus (Harms) Wieringa subsp. compactus (Hutch. ex Lane-Poole) Wieringa ■☆
257724 Monopetalanthus coriaceus J. Morel ex Aubrév. = Bikinia coriacea (J. Morel ex Aubrév.) Wieringa ■☆
257725 Monopetalanthus durandii F. Hallé et Normand;杜氏单瓣豆●☆
257726 Monopetalanthus durandii F. Hallé et Normand = Bikinia durandii (F. Hallé et Normand) Wieringa ■☆
257727 Monopetalanthus emarginatus Hutch. et Dalziel = Plagiosiphon emarginatus (Hutch. et Dalziel) J. Léonard ■☆
257728 Monopetalanthus evrardii Bamps = Bikinia evrardii (Bamps) Wieringa ■☆
257729 Monopetalanthus hedinii (A. Chev.) Pellegr. = Aphanocalyx hedinii (A. Chev.) Wieringa ●☆
257730 Monopetalanthus heitzii Pellegr.;海茨单瓣豆;Andoung ●☆
257731 Monopetalanthus heitzii Pellegr. = Aphanocalyx heitzii (Pellegr.) Wieringa ■☆
257732 Monopetalanthus jenseniae Gram = Aphanocalyx jenseniae (Gram) Wieringa ■☆
257733 Monopetalanthus ledermannii Harms = Aphanocalyx ledermannii (Harms) Wieringa ■☆
257734 Monopetalanthus leonardii Devred et Bamps = Aphanocalyx richardsiae (J. Léonard) Wieringa ●☆
257735 Monopetalanthus letestui Pellegr.;泰勒单瓣豆●☆
257736 Monopetalanthus letestui Pellegr. = Bikinia letestui (Pellegr.) Wieringa ■☆
257737 Monopetalanthus longiracemosus A. Chev. = Tetraberlinia longiracemosa (A. Chev.) Wieringa ●☆
257738 Monopetalanthus microphyllus Harms = Aphanocalyx microphyllus (Harms) Wieringa ■☆
257739 Monopetalanthus pectinatus A. Chev. = Aphanocalyx pectinatus (A. Chev.) Wieringa ■☆
257740 Monopetalanthus pellegrinii A. Chev.;佩尔单瓣豆●☆
257741 Monopetalanthus pellegrinii A. Chev. = Bikinia pellegrinii (A. Chev.) Wieringa ■☆
257742 Monopetalanthus pteridophyllus Harms = Aphanocalyx pteridophyllus (Harms) Wieringa ■☆
257743 Monopetalanthus richardsiae J. Léonard = Aphanocalyx richardsiae (J. Léonard) Wieringa ■☆
257744 Monopetalanthus trapnellii J. Léonard = Aphanocalyx trapnellii (J. Léonard) Wieringa ■☆
257745 Monophalacrus Cass. = Tessaria Ruiz et Pav. ●☆
257746 Monopholis S. F. Blake = Monactis Kunth ●☆
257747 Monophrynium K. Schum. (1902);单柊叶属■☆
257748 Monophrynium fasciculatum K. Schum.;单柊叶■☆
257749 Monophyllaea R. Br. (1839);独叶苣苔属■☆
257750 Monophyllaea albicalyx A. Weber;白萼独叶苣苔■☆
257751 Monophyllaea glabra Ridl.;光独叶苣苔■☆
257752 Monophyllaea glandulosa B. L. Burtt;多腺独叶苣苔■☆
257753 Monophyllaea glauca C. B. Clarke;灰绿独叶苣苔■☆
257754 Monophyllaea longipes Kraenzl.;长梗独叶苣苔■☆
257755 Monophyllanthe K. Schum. (1902);单叶花属■☆
257756 Monophyllanthe oligophylla K. Schum.;单叶花■☆
257757 Monophyllon Delarbre = Maianthemum F. H. Wigg. (保留属名)■
257758 Monophyllorchis Schltr. (1920);单叶兰属■☆
257759 Monophyllorchis colombiana Schltr.;单叶兰■☆
257760 Monophyllorchis maculata Garay;斑点单叶兰■☆
257761 Monoplectra Raf. = Sesbania Scop. (保留属名)●■
257762 Monoplegma Piper = Oxyrhynchus Brandegee ■☆
257763 Monoploca Bunge = Lepidium L. ■
257764 Monopogon C. Presl = Tristachya Nees ■☆
257765 Monopogon J. Presl et C. Presl = Tristachya Nees ■☆
257766 Monoporandra Thwaites = Stemonoporus Thwaites ●☆
257767 Monoporandra Thwaites(1854);单孔药香属●☆
257768 Monoporandra cordifolia Thwaites;心叶单孔药香●☆
257769 Monoporandra elegans Thwaites;单孔药香●☆
257770 Monoporandra lancifolia Thwaites;剑叶单孔药香●☆
257771 Monoporidium Tiegh. = Ochna L. ●
257772 Monoporina Bercht. et J. Presl = Marila Sw. ●☆
257773 Monoporina J. Presl = Marila Sw. ●☆
257774 Monoporus A. DC. (1841);单孔紫金牛属●☆
257775 Monoporus floribundus Mez;多花单孔紫金牛●☆
257776 Monoporus paludosus A. DC.;单孔紫金牛●☆
257777 Monopsis Salisb. (1817);单桔梗属■☆

257778 Monopsis acrodon E. Wimm.;尖齿单桔梗■☆
257779 Monopsis acrodon E. Wimm. var. herois ? = Monopsis acrodon E. Wimm. ■☆
257780 Monopsis alba Phillipson;白单桔梗■☆
257781 Monopsis arenaria E. Wimm. = Monopsis flava (C. Presl) E. Wimm. ■☆
257782 Monopsis aspera (Spreng.) Urb. = Monopsis simplex (L.) E. Wimm. ■☆
257783 Monopsis belliflora E. Wimm.;雅花单桔梗■☆
257784 Monopsis brevicalyx T. C. E. Fr. = Monopsis stellarioides (C. Presl) Urb. subsp. schimperiana (Urb.) Thulin ■☆
257785 Monopsis campanulata (Lam.) Sond. = Monopsis debilis (L. f.) C. Presl var. gracilis (C. Presl) Phillipson ■☆
257786 Monopsis conspicua Salisb. = Monopsis debilis (L. f.) C. Presl ■☆
257787 Monopsis conspicua Salisb. var. gracilis C. Presl = Monopsis debilis (L. f.) C. Presl var. gracilis (C. Presl) Phillipson ■☆
257788 Monopsis debilis (L. f.) C. Presl;弱小单桔梗■☆
257789 Monopsis debilis (L. f.) C. Presl var. conspicua (Salisb.) E. Wimm. = Monopsis debilis (L. f.) C. Presl ■☆
257790 Monopsis debilis (L. f.) C. Presl var. depressa (L. f.) Phillipson;凹陷单桔梗■☆
257791 Monopsis debilis (L. f.) C. Presl var. gracilis (C. Presl) Phillipson;纤细单桔梗■☆
257792 Monopsis decipiens (Sond.) Thulin;迷惑单桔梗■☆
257793 Monopsis flava (C. Presl) E. Wimm.;鲜黄单桔梗■☆
257794 Monopsis gracilis (C. Presl) A. DC. = Monopsis debilis (L. f.) C. Presl var. gracilis (C. Presl) Phillipson ■☆
257795 Monopsis inconspicua Salisb. = Monopsis debilis (L. f.) C. Presl var. depressa (L. f.) Phillipson ■☆
257796 Monopsis laevicaulis (C. Presl) E. Wimm. = Monopsis unidentata (Aiton) E. Wimm. subsp. laevicaulis (C. Presl) Phillipson ■☆
257797 Monopsis litigiosa Fisch. et E. Mey. = Monopsis simplex (L.) E. Wimm. ■☆
257798 Monopsis lutea (L.) Urb.;黄色单桔梗■☆
257799 Monopsis lutea (L.) Urb. var. ericoides (C. Presl) Urb. = Monopsis lutea (L.) Urb. ■☆
257800 Monopsis lutea (L.) Urb. var. euphrasioides (C. Presl) Urb. = Monopsis lutea (L.) Urb. ■☆
257801 Monopsis lutea (L.) Urb. var. subcoerulea Zahlbr. = Monopsis lutea (L.) Urb. ■☆
257802 Monopsis malvacea E. Wimm.;锦葵单桔梗■☆
257803 Monopsis monantha E. Wimm. = Monopsis debilis (L. f.) C. Presl var. depressa (L. f.) Phillipson ■☆
257804 Monopsis scabra (Thunb.) Urb.;粗糙单桔梗■☆
257805 Monopsis scabra (Thunb.) Urb. var. glabrata (Sond.) Schönland = Monopsis unidentata (Aiton) E. Wimm. subsp. intermedia Phillipson ■☆
257806 Monopsis scabra (Thunb.) Urb. var. subhispida E. Wimm. = Monopsis scabra (Thunb.) Urb. ■☆
257807 Monopsis schimperiana Urb. = Monopsis stellarioides (C. Presl) Urb. subsp. schimperiana (Urb.) Thulin ■☆
257808 Monopsis schimperiana Urb. var. brevifolia Chiov. = Monopsis stellarioides (C. Presl) Urb. subsp. schimperiana (Urb.) Thulin ■☆
257809 Monopsis simplex (L.) E. Wimm.;简单桔梗■☆
257810 Monopsis simplex (L.) E. Wimm. var. conspicua (Salisb.) E. Wimm. = Monopsis debilis (L. f.) C. Presl ■☆
257811 Monopsis stellarioides (C. Presl) Urb.;星状单桔梗■☆
257812 Monopsis stellarioides (C. Presl) Urb. f. violaceo-aurantiaca (De Wild.) E. Wimm. = Monopsis stellarioides (C. Presl) Urb. subsp. schimperiana (Urb.) Thulin ■☆
257813 Monopsis stellarioides (C. Presl) Urb. subsp. schimperiana (Urb.) Thulin;欣珀单桔梗■☆
257814 Monopsis stellarioides (C. Presl) Urb. var. schimperiana (Urb.) E. Wimm. = Monopsis stellarioides (C. Presl) Urb. subsp. schimperiana (Urb.) Thulin ■☆
257815 Monopsis stricta (C. Presl) E. Wimm. = Monopsis unidentata (Aiton) E. Wimm. ■☆
257816 Monopsis unidentata (Aiton) E. Wimm.;单齿单桔梗;Bronze Beauty ■☆
257817 Monopsis unidentata (Aiton) E. Wimm. subsp. intermedia Phillipson;间型单齿单桔梗■☆
257818 Monopsis unidentata (Aiton) E. Wimm. subsp. laevicaulis (C. Presl) Phillipson;光茎单齿单桔梗■☆
257819 Monopsis variifolia (Sims) Urb.;异叶单桔梗■☆
257820 Monopsis zeyheri (Sond.) Thulin;泽赫单桔梗■☆
257821 Monoptera Sch. Bip. (1844);单翅菊属●☆
257822 Monoptera Sch. Bip. = Argyranthemum Webb ex Sch. Bip. ●
257823 Monoptera Sch. Bip. = Chrysanthemum L. (保留属名)■●
257824 Monoptera filifolia Sch. Bip.;单翅菊●☆
257825 Monoptera filifolia Sch. Bip. = Argyranthemum filifolium (Sch. Bip.) Humphries ●☆
257826 Monopteris Klotzsch = Matayba Aubl. ●☆
257827 Monopteris Klotzsch ex Radlk. = Matayba Aubl. ●☆
257828 Monopteryx Spruce = Monopteryx Spruce ex Benth. ●☆
257829 Monopteryx Spruce ex Benth. (1862);单翼豆属●☆
257830 Monopteryx angustifolia Spruce ex Benth.;单翼豆●☆
257831 Monoptilon Torr. et A. Gray = Monoptilon Torr. et A. Gray ex A. Gray ■☆
257832 Monoptilon Torr. et A. Gray ex A. Gray (1845);沙星菊属;Desertstar, Mojave Desert Star ■☆
257833 Monoptilon bellidiforme Torr. et A. Gray;沙星菊;Daisy Desertstar ■☆
257834 Monoptilon bellioides (A. Gray) H. M. Hall;莫哈韦沙星菊;Bristly Desertstar, Mojave Desert Star, Mojave Desertstar ■☆
257835 Monopyle Benth. = Monopyle Moritz ex Benth. et Hook. f. ■☆
257836 Monopyle Moritz ex Benth. = Monopyle Moritz ex Benth. et Hook. f. ■☆
257837 Monopyle Moritz ex Benth. et Hook. f. (1876);单裂苣苔属;Monopyle ■☆
257838 Monopyle angustifolia Fritsch;狭叶单裂苣苔■☆
257839 Monopyle flava Skog;黄单裂苣苔■☆
257840 Monopyle grandiflora Wiehler;大花单裂苣苔■☆
257841 Monopyle leucantha Moritz ex Benth.;白花单裂苣苔■☆
257842 Monopyle macrocarpa Benth.;大果单裂苣苔■☆
257843 Monopyrena Speg. (废弃属名) = Junellia Moldenke (保留属名)●☆
257844 Monopyrena Speg. (废弃属名) = Verbena L. ■●
257845 Monorchis Agosti = Herminium L. ■
257846 Monorchis Ehrh. = Herminium L. ■
257847 Monorchis Ehrh. = Ophrys L. ■☆
257848 Monorchis Ség. = Herminium L. ■
257849 Monorchis alaschanica (Maxim.) O. Schwarz = Herminium

alaschanicum Maxim. ■

257850 Monorchis angustifolia (Lindl.) O. Schwarz = Herminium lanceum (Thunb. ex Sw.) Vuijk ■

257851 Monorchis angustifolia (Lindl.) Schwarz. = Herminium lanceum (Thunb. ex Sw.) Vuijk ■

257852 Monorchis angustilabris (King et Pantl.) O. Schwarz = Herminium angustilabre King et Pantl. ■

257853 Monorchis biporosa (Maxim.) O. Schwarz = Porolabium biporosum (Maxim.) Ts. Tang et F. T. Wang ■

257854 Monorchis coeloceras O. Schwarz = Peristylus coeloceras Finet ■

257855 Monorchis coiloglossa (Schltr.) O. Schwarz = Herminium coiloglossum Schltr. ■

257856 Monorchis ecalcarata (Finet) O. Schwarz = Herminium ecalcaratum (Finet) Schltr. ■

257857 Monorchis fallax (Lindl.) O. Schwarz = Peristylus fallax Lindl. ■

257858 Monorchis forrestii (Schltr.) O. Schwarz = Herminium josephi Rchb. f. ■

257859 Monorchis herminium O. Schwarz = Herminium monorchis (L.) R. Br. ■

257860 Monorchis josephii (Rchb. f.) O. Schwarz = Herminium josephi Rchb. f. ■

257861 Monorchis limprichtii (Schltr.) O. Schwarz = Herminium souliei Schltr. ■

257862 Monorchis minutiflora (Schltr.) O. Schwarz = Herminium lanceum (Thunb. ex Sw.) Vuijk ■

257863 Monorchis neotineoides (Ames et Schltr.) O. Schwarz = Peristylus neotineoides (Ames et Schltr.) K. Y. Lang ■

257864 Monorchis ophioglossoides (Schltr.) O. Schwarz = Herminium ophioglossoides Schltr. ■

257865 Monorchis orbicularis (Hook. f.) O. Schwarz = Herminium orbiculare Hook. f. ■

257866 Monorchis quinqueloba (King et Pantl.) O. Schwarz = Herminium quinquelobum King et Pantl. ■

257867 Monorchis souliei (Finet) O. Schwarz = Herminium souliei Schltr. ■

257868 Monorchis teniana (Kraenzl.) O. Schwarz = Peristylus coeloceras Finet ■

257869 Monorchis yunnanensis (Rolfe) O. Schwarz = Herminium yunnanense Rolfe ■

257870 Monosalpinx N. Hallé(1968);单角茜属☆

257871 Monosalpinx guillaumetii N. Hallé;单角茜☆

257872 Monoschisma Brenan = Pseudopiptadenia Rauschert ■☆

257873 Monosemion Raf. = Amorpha L. ●

257874 Monosepalum Schltr. (1913);单萼兰属■☆

257875 Monosepalum Schltr. = Bulbophyllum Thouars(保留属名)■

257876 Monosepalum dischorense Schltr.;单萼兰■☆

257877 Monosepalum muricatum Schltr.;钝尖单萼兰■☆

257878 Monosis DC. = Vernonia Schreb.(保留属名)●■

257879 Monosoma Griff. = Carapa Aubl. ●☆

257880 Monosoma Griff. = Xylocarpus J. König ●

257881 Monospatha W. T. Lin = Yushania P. C. Keng ●

257882 Monospatha canoviridis (G. H. Ye et Z. P. Wang) W. T. Lin = Yushania canoviridis G. H. Ye et Z. P. Wang ●

257883 Monospatha triloba W. T. Lin = Yushania canoviridis G. H. Ye et Z. P. Wang ●

257884 Monospora Hochst. = Trimeria Harv. ●☆

257885 Monospora grandifolia Hochst. = Trimeria grandifolia (Hochst.) Warb. ●☆

257886 Monospora rotundifolia Hochst. = Trimeria grandifolia (Hochst.) Warb. ●☆

257887 Monostachya Merr. = Rytidosperma Steud. ■☆

257888 Monostemma Turcz. = Cynanchum L. ●■

257889 Monostemon Balansa ex Henrard = Microbriza Parodi ex Nicora et Rugolo ■☆

257890 Monostemon Hack. ex Henrard = Briza L. ■

257891 Monostemon Henrard = Microbriza Parodi ex Nicora et Rugolo ■☆

257892 Monosteria Raf. = Hoppea Willd. ■☆

257893 Monostichanthus F. Muell. = Haplostichanthus F. Muell. ●☆

257894 Monostiche Körn. = Calathea G. Mey. ■

257895 Monostylis Tul. = Apinagia Tul. emend. P. Royen ■☆

257896 Monotaceae (Gilg) Takht. = Dipterocarpaceae Blume(保留科名)●

257897 Monotaceae (Gilg) Takht. = Monotaceae Maury ex Takht. ●☆

257898 Monotaceae J. Agardh = Dipterocarpaceae Blume(保留科名)●

257899 Monotaceae J. Agardh = Monotaceae Maury ex Takht. ●☆

257900 Monotaceae J. Agardh = Monotropaceae Nutt.(保留科名)■

257901 Monotaceae Kosterm. = Monotaceae Maury ex Takht. ●☆

257902 Monotaceae Maury ex Takht. (1987);单列木科●☆

257903 Monotaceae Maury ex Takht. = Dipterocarpaceae Blume(保留科名)●

257904 Monotaceae Takht. = Dipterocarpaceae Blume(保留科名)●

257905 Monotaceae Takht. = Monotaceae Maury ex Takht. ●☆

257906 Monotagma K. Schum. (1902);天鹅绒竹芋属■☆

257907 Monotagma angustissimum Loes.;窄天鹅绒竹芋■☆

257908 Monotagma guianense K. Schum.;圭亚那天鹅绒竹芋■☆

257909 Monotagma laxum (Poepp. et Endl.) K. Schum.;松散天鹅绒竹芋■☆

257910 Monotagma smaragdium K. Schum.;天鹅绒竹芋■☆

257911 Monotagma tomentosum K. Schum.;毛天鹅绒竹芋■☆

257912 Monotassa Salisb. = Urginea Steinh. ■☆

257913 Monotaxis Brongn. (1834);单列大戟属■☆

257914 Monotaxis cuneifolia Klotzsch;楔叶单列大戟☆

257915 Monotaxis gracilis (Müll. Arg.) Baill.;细单列大戟☆

257916 Monotaxis grandiflora Endl.;大花单列大戟☆

257917 Monotaxis linifolia Brongn.;亚麻叶单列大戟☆

257918 Monotaxis macrophylla Benth.;大叶单列大戟☆

257919 Monotaxis megacarpa F. Muell.;大果单列大戟☆

257920 Monoteles Raf. = Bauhinia L. ●

257921 Monotes A. DC. (1868);单列木属(非洲香属)●☆

257922 Monotes acuminatus Gilg = Marquesia acuminata (Gilg) R. E. Fr. ●☆

257923 Monotes adenophyllus Gilg;腺叶单列木●☆

257924 Monotes adenophyllus Gilg subsp. delevoyi (De Wild.) P. A. Duvign.;德氏腺叶单列木●☆

257925 Monotes adenophyllus Gilg subsp. floccosus P. A. Duvign.;丛毛腺叶单列木●☆

257926 Monotes adenophyllus Gilg subsp. homblei (De Wild.) P. A. Duvign.;洪布勒单列木●☆

257927 Monotes africanus A. DC.;单列木●☆

257928 Monotes angolensis De Wild.;安哥拉单列木●☆

257929 Monotes caloneurus Gilg;美脉单列木●☆

257930 Monotes carrissoanus Bancr.;卡里索单列木●☆

257931 Monotes cordatus Hutch. = Monotes discolor R. E. Fr. var.

cordatus (Hutch.) P. A. Duvign. ●☆
257932 Monotes dasyanthus Gilg;毛花单列木●☆
257933 Monotes dawei Bancr.;道氏单列木●☆
257934 Monotes delevoyi De Wild. = Monotes adenophyllus Gilg subsp. delevoyi (De Wild.) P. A. Duvign. ●☆
257935 Monotes discolor R. E. Fr.;异色单列木●☆
257936 Monotes discolor R. E. Fr. var. cordatus (Hutch.) P. A. Duvign.;心形异色单列木●☆
257937 Monotes discolor R. E. Fr. var. lanatus P. A. Duvign.;绵毛单列木●☆
257938 Monotes elegans Gilg;雅致单列木●☆
257939 Monotes engleri Gilg;恩格勒单列木●☆
257940 Monotes gigantophyllus P. A. Duvign.;巨叶单列木●☆
257941 Monotes gilgii Engl. = Monotes hutchinsonianus Exell ●☆
257942 Monotes gilletii De Wild.;吉莱单列木●☆
257943 Monotes glaber Sprague;光单列木;Yellow-weed ●☆
257944 Monotes glandulosissimus Hutch. = Monotes katangensis (De Wild.) De Wild. ●☆
257945 Monotes glandulosus Pierre;具腺单列木●☆
257946 Monotes gossweileri De Wild.;戈斯单列木●☆
257947 Monotes homblei De Wild. = Monotes adenophyllus Gilg subsp. homblei (De Wild.) P. A. Duvign. ●☆
257948 Monotes hutchinsonianus Exell;哈钦森单列木●☆
257949 Monotes hypoleucus (Oliv.) Gilg;白背单列木●☆
257950 Monotes kapiriensis De Wild. = Monotes hypoleucus (Oliv.) Gilg ●☆
257951 Monotes katangensis (De Wild.) De Wild.;加丹加单列木●☆
257952 Monotes kerstingii Gilg;克斯廷单列木●☆
257953 Monotes loandensis Exell;罗安达单列木●☆
257954 Monotes lukuluensis Hutch. = Monotes discolor R. E. Fr. var. cordatus (Hutch.) P. A. Duvign. ●☆
257955 Monotes lutambensis Verdc.;卢塔波单列木●☆
257956 Monotes madagascariensis Humbert;马岛单列木●☆
257957 Monotes magnificus Gilg;华丽单列木●☆
257958 Monotes magnificus Gilg var. glabrescens P. A. Duvign. = Monotes adenophyllus Gilg subsp. delevoyi (De Wild.) P. A. Duvign. ●☆
257959 Monotes magnificus Gilg var. homblei (De Wild.) P. A. Duvign. = Monotes adenophyllus Gilg subsp. homblei (De Wild.) P. A. Duvign. ●☆
257960 Monotes magnificus Gilg var. paucipilosus P. A. Duvign. = Monotes adenophyllus Gilg subsp. delevoyi (De Wild.) P. A. Duvign. ●☆
257961 Monotes magnificus Gilg var. wangenheimianus (Gilg) P. A. Duvign. = Monotes magnificus Gilg ●☆
257962 Monotes noldeae Bancr.;诺尔德单列木●☆
257963 Monotes nyasensis Hutch. ex Bancr. = Monotes africanus A. DC. ●☆
257964 Monotes obliquinervis Hutch. = Monotes katangensis (De Wild.) De Wild. ●☆
257965 Monotes oblongifolius Hutch. = Monotes angolensis De Wild. ●☆
257966 Monotes oxyphyllinus P. A. Duvign.;尖叶单列木●☆
257967 Monotes pearsonii Bancr.;皮尔逊单列木●☆
257968 Monotes pwetoensis Robyns ex P. A. Duvign. = Monotes adenophyllus Gilg subsp. delevoyi (De Wild.) P. A. Duvign. ●☆
257969 Monotes redheadii P. A. Duvign.;雷德黑德单列木●☆
257970 Monotes rubiglans Bancr.;红单列木●☆
257971 Monotes rufotomentosus Gilg;红毛单列木●☆
257972 Monotes sapinii De Wild. = Marquesia macroura Gilg ●☆
257973 Monotes schmitzii P. A. Duvign.;施密茨单列木●☆
257974 Monotes stevensonii Burtt Davy ex Bancr. = Monotes adenophyllus Gilg subsp. delevoyi (De Wild.) P. A. Duvign. ●☆
257975 Monotes thomasii De Wild. = Monotes magnificus Gilg ●☆
257976 Monotes tomentellus Hutch. et Milne-Redh. = Monotes engleri Gilg ●☆
257977 Monotes verdicki De Wild.;韦尔单列木●☆
257978 Monotes wangenheimianus Gilg = Monotes magnificus Gilg ●☆
257979 Monotes xasenguensis Bancr.;沙森盖单列木●☆
257980 Monothactum B. D. Jacks. = Monochaetum (DC.) Naudin(保留属名)●☆
257981 Monotheca A. DC. (1844);肖铁榄属●☆
257982 Monotheca A. DC. = Reptonia A. DC. ●☆
257983 Monotheca A. DC. = Sideroxylon L. ●☆
257984 Monotheca buxifolia (Falc.) A. DC.;黄杨叶肖铁榄●☆
257985 Monotheca mascatensis A. DC. = Monotheca buxifolia (Falc.) A. DC. ●☆
257986 Monotheca mascatensis A. DC. = Sideroxylon mascatense (A. DC.) T. D. Penn. ●☆
257987 Monothecium Hochst. (1842);单室爵床属■☆
257988 Monothecium abbreviatum S. Moore;缩短单室爵床■☆
257989 Monothecium aristatum (Nees) T. Anderson;具芒单室爵床■☆
257990 Monothecium glandulosum (Nees) Hochst.;具腺单室爵床■☆
257991 Monothecium leucopterum Benoist;白翅单室爵床■☆
257992 Monothrix Torr. = Perityle Benth. ●■☆
257993 Monothylacium G. Don = Hoodia Sweet ex Decne. ■☆
257994 Monotoca R. Br. (1810);玉竹石南属●☆
257995 Monotoca elliptica (Sm.) R. Br.;椭圆玉竹石南●☆
257996 Monotoca glauca (Labill.) Druce;灰绿玉竹石南●☆
257997 Monotoca leucantha E. Pritz.;白花玉竹石南●☆
257998 Monotoca linifolia (Rodway) W. M. Curtis;亚麻叶玉竹石南●☆
257999 Monotoca rotundifolia J. H. Willis;圆叶玉竹石南●☆
258000 Monotrema Körn. (1872);单孔偏穗草属■☆
258001 Monotrema aemulans Körn.;单孔偏穗草■☆
258002 Monotrema affine Maguire;近缘单孔偏穗草■☆
258003 Monotrema flavum (Link) Körn.;黄单孔偏穗草■☆
258004 Monotris Lindl. (废弃属名) = Holothrix Rich. ex Lindl. (保留属名)■☆
258005 Monotris secunda Lindl. = Holothrix cernua (Burm. f.) Schelpe ■☆
258006 Monotropa L. (1753);水晶兰属(松下兰属,锡杖花属);Indian Pipe, Indianpine, Indian-pipe, Pinesap, Yellow Bird's-nest ■
258007 Monotropa Nutt. = Monotropa L. ■
258008 Monotropa britonii Small;勃莉脱水晶兰;Briton Indianpine ■☆
258009 Monotropa brittonii Small = Monotropa uniflora L. ■
258010 Monotropa californica Eastw.;加州水晶兰■☆
258011 Monotropa chinensis Koidz. = Hypopitys monotropa Crantz ■
258012 Monotropa chinensis Koidz. = Monotropa hypopithys L. var. hirsuta Roth ■
258013 Monotropa chinensis Koidz. = Monotropa hypopithys L. ■
258014 Monotropa fimbriata A. Gray = Monotropa hypopithys L. ■
258015 Monotropa humilis D. Don = Cheilotheca humilis (D. Don) H.

Keng ■

258016 Monotropa humilis D. Don = Monotropastrum humile (D. Don) H. Hara ■

258017 Monotropa hypophegea Wallr. = Monotropa hypopithys L. ■

258018 Monotropa hypopithys L. = Hypopitys monotropa Crantz ■

258019 Monotropa hypopithys L. f. atricha (Domin) Kitag.;无毛松下兰■☆

258020 Monotropa hypopithys L. f. atricha (Domin) Kitag. = Monotropa hypopithys L. ■

258021 Monotropa hypopithys L. subsp. lanuginosa (Michx.) H. Hara = Monotropa hypopithys L. ■

258022 Monotropa hypopithys L. subvar. atricha ? = Monotropa hypopithys L. ■

258023 Monotropa hypopithys L. subvar. atricha Domin = Monotropa hypopithys L. ■

258024 Monotropa hypopithys L. var. americana (DC.) Domin = Monotropa hypopithys L. ■

258025 Monotropa hypopithys L. var. glaberrima H. Hara = Monotropa hypopithys L. f. atricha (Domin) Kitag. ■☆

258026 Monotropa hypopithys L. var. glaberrima H. Hara = Monotropa hypopithys L. ■

258027 Monotropa hypopithys L. var. glabra Roth = Monotropa hypopithys L. ■

258028 Monotropa hypopithys L. var. glabra Roth subvar. atricha Domin = Monotropa hypopithys L. ■

258029 Monotropa hypopithys L. var. hirsuta Roth = Hypopitys monotropa Crantz var. hirsuta Roth ■

258030 Monotropa hypopithys L. var. hirsuta Roth = Hypopitys monotropa Crantz ■

258031 Monotropa hypopithys L. var. hirsuta Roth = Monotropa hypopithys L. ■

258032 Monotropa hypopithys L. var. hirsuta Roth = Monotropa taiwaniana S. S. Ying ■

258033 Monotropa hypopithys L. var. japonica Franch. et Sav.;日本松下兰■☆

258034 Monotropa hypopithys L. var. japonica Franch. et Sav. = Monotropa hypopithys L. var. hirsuta Roth ■

258035 Monotropa hypopithys L. var. lanuginosa (Michx.) Pursh = Monotropa hypopithys L. var. hirsuta Roth ■

258036 Monotropa hypopithys L. var. latisquama (Rydb.) Kearney et Peebles = Monotropa hypopithys L. ■

258037 Monotropa hypopithys L. var. rubra Farw. = Monotropa hypopithys L. ■

258038 Monotropa lanuginosa Michx. = Monotropa hypopithys L. ■

258039 Monotropa latisquama (Rydb.) Hultén = Monotropa hypopithys L. ■

258040 Monotropa multiflora (Scop.) Fritsch = Monotropa hypopithys L. ■

258041 Monotropa taiwaniana S. S. Ying;台湾锡杖花;Taiwan Indianpine ■

258042 Monotropa taiwaniana S. S. Ying = Monotropa hypopithys L. var. hirsuta Roth ■

258043 Monotropa taiwaniana S. S. Ying = Monotropa hypopithys L. ■

258044 Monotropa uniflora L.;水晶兰(单花锡杖花,梁山草,梦兰花,水兰草,台湾锡杖花,崖姜草,银钥匙);Convulsion Root,Corpse Plant,Fit Plant,Fitsroot,Ghost Flower,Ghostflower,Ice-plant,Indian Pipe,Indianpine,Indian-pipe,Indian's Pipe,Ova-ova,Pine-sap ■

258045 Monotropa uniflora L. var. pentapetala Makino = Cheilotheca humilis (D. Don) H. Keng ■

258046 Monotropa uniflora L. var. pentapetala Makino = Monotropastrum humile (D. Don) H. Hara ■

258047 Monotropa uniflora L. var. tripetala Makino = Cheilotheca humilis (D. Don) H. Keng ■

258048 Monotropa uniflora L. var. tripetala Makino = Monotropastrum humile (D. Don) H. Hara ■

258049 Monotropaceae Nutt.(1818)(保留科名);水晶兰科;Bird's-nest Family,Monotropa Family ■

258050 Monotropaceae Nutt.(保留科名) = Ericaceae Juss.(保留科名)●

258051 Monotropaceae Nutt.(保留科名) = Montiniaceae Nakai(保留科名)●☆

258052 Monotropanthum Andrés = Monotropastrum Andrés ■★

258053 Monotropanthum ampullaceum Andres = Monotropastrum humile (D. Don) H. Hara ■

258054 Monotropastrum Andrés = Cheilotheca Hook. f. ■

258055 Monotropastrum Andrés(1936);沙晶兰属(假水晶兰属,拟水晶兰属);Eremotropa ■★

258056 Monotropastrum ampullaceum (Andres) Andres = Cheilotheca macrocarpa (Andréws) Y. L. Chou ■

258057 Monotropastrum arisanarum Andres = Cheilotheca macrocarpa (Andréws) Y. L. Chou ■

258058 Monotropastrum baranovii Y. L. Chang et Y. L. Chou = Cheilotheca humilis (D. Don) H. Keng var. baranovii (Y. L. Chang et Y. L. Chou) Y. L. Chou ■

258059 Monotropastrum baranovii Y. L. Chang et Y. L. Chou = Cheilotheca humilis (D. Don) H. Keng ■

258060 Monotropastrum baranovii Y. L. Chang et Y. L. Chou = Monotropastrum humile (D. Don) H. Hara ■

258061 Monotropastrum clarkei Andres = Cheilotheca humilis (D. Don) H. Keng ■

258062 Monotropastrum globosum Andres ex H. Hara = Cheilotheca humilis (D. Don) H. Keng ■

258063 Monotropastrum globosum Andres ex H. Hara = Monotropastrum humile (D. Don) H. Hara ■

258064 Monotropastrum globosum Andres ex H. Hara var. baranovii (Y. L. Chang et Y. L. Chou) Y. C. Zhu = Monotropastrum humile (D. Don) H. Hara ■

258065 Monotropastrum globosum Andres ex H. Hara var. pentapetala (Makino) Honda = Cheilotheca humilis (D. Don) H. Keng ■

258066 Monotropastrum globosum Andres ex H. Hara var. pentapetalum (Makino) Honda = Monotropastrum humile (D. Don) H. Hara ■

258067 Monotropastrum globosum Andres ex H. Hara var. tripetalum (Makino) Honda = Cheilotheca humilis (D. Don) H. Keng ■

258068 Monotropastrum globosum Andres ex H. Hara var. tripetalum (Makino) Honda = Monotropastrum humile (D. Don) H. Hara ■

258069 Monotropastrum humile (D. Don) H. Hara;球果假沙晶兰(长白假水晶兰,长白拟水晶兰,东北假水晶兰,球果假水晶兰,球状拟水晶兰,水晶兰,坛果拟水晶兰);Dwarf Cheilotheca ■

258070 Monotropastrum humile (D. Don) H. Hara = Cheilotheca humilis (D. Don) H. Keng ■

258071 Monotropastrum humile (D. Don) H. Hara var. glaberrimum (H. Hara) H. Keng et C. F. Hsieh = Cheilotheca macrocarpa (Andres) Y. L. Chou ■

258072 Monotropastrum humile (D. Don) H. Hara var. glaberrimum H. Hara = Cheilotheca macrocarpa (Andréws) Y. L. Chou ■

258073 Monotropastrum humile (D. Don) H. Hara var. glaberrimum H. Hara = Monotropastrum humile (D. Don) H. Hara ■
258074 Monotropastrum humile (D. Don) H. Hara var. tripetalum (Makino) H. Hara = Monotropastrum humile (D. Don) H. Hara ■
258075 Monotropastrum lungschuanense K. F. Wu = Cheilotheca macrocarpa (Andrews) Y. L. Chou ■
258076 Monotropastrum lungschuanense K. F. Wu = Monotropastrum humile (D. Don) H. Hara ■
258077 Monotropastrum macrocarpum Andres = Cheilotheca macrocarpa (Andrews) Y. L. Chou ■
258078 Monotropastrum macrocarpum Andres = Monotropastrum humile (D. Don) H. Hara ■
258079 Monotropastrum pubescens K. F. Wu = Cheilotheca pubescens (K. F. Wu) Y. L. Chou ■
258080 Monotropastrum pubescens K. F. Wu = Monotropastrum humile (D. Don) H. Hara ■
258081 Monotropastrum pumilum Andres = Monotropastrum humile (D. Don) H. Hara ■
258082 Monotropastrum sciaphilum (Andres) G. D. Wallace;荫生沙晶兰(沙晶兰);Shadeloving Eremotropa ■
258083 Monotropastrum tschanbaischanicum Y. L. Chang = Cheilotheca humilis (D. Don) H. Keng ■
258084 Monotropastrum tschanbaischanicum Y. L. Chang et Y. L. Chou = Cheilotheca humilis (D. Don) H. Keng ■
258085 Monotropastrum tschanbaischanicum Y. L. Chang et Y. L. Chou = Monotropastrum humile (D. Don) H. Hara ■
258086 Monotropastrum tschanbaischanicum Y. L. Chang et Y. L. Chou var. baranovii (Y. L. Chang et Y. L. Chou) Y. L. Chou = Monotropastrum humile (D. Don) H. Hara ■
258087 Monotropastrum uniflora L. = Cheilotheca humilis (D. Don) H. Keng ■
258088 Monotropion St. -Lag. = Monotropa L. ■
258089 Monotropsis Schwein. = Monotropsis Schwein. ex Elliott ●☆
258090 Monotropsis Schwein. ex Elliott(1817);香晶兰属●☆
258091 Monotropsis odorata Schwein.;香晶兰;Sweet Pinesap ●☆
258092 Monoxalis Small = Oxalis L. ■●
258093 Monoxora Wight = Rhodamnia Jack ●
258094 Monroa Torr. = Munroa Torr.(保留属名)■☆
258095 Monrosia Grondona = Polygala L. ●■
258096 Monsonia L. (1767);蒙松草属(多蕊老鹳草属,梦森尼亚属);Dysentery-herb, Monsonia ■●☆
258097 Monsonia alexandraensis R. Knuth = Monsonia grandifolia R. Knuth ■☆
258098 Monsonia angustifolia E. Mey. ex A. Rich.;狭叶蒙松草■☆
258099 Monsonia apiculata E. Mey. = Sarcocaulon salmoniflorum Moffett ■☆
258100 Monsonia asiatica Vicary = Monsonia heliotropioides (Cav.) Boiss. ■☆
258101 Monsonia attenuata Harv.;渐狭蒙松草■☆
258102 Monsonia belfastensis R. Knuth = Monsonia attenuata Harv. ■☆
258103 Monsonia betschuanica R. Knuth = Monsonia burkeana Planch. ex Harv. ■☆
258104 Monsonia biflora DC. = Monsonia burkeana Planch. ex Harv. ■☆
258105 Monsonia biflora DC. var. pygmaea Chiov. = Monsonia angustifolia E. Mey. ex A. Rich. ■☆
258106 Monsonia brevirostrata R. Knuth;短喙蒙松草;Short-fruited Dysentery-herb ■☆
258107 Monsonia burkeana Planch. ex Harv.;双花蒙松草■☆
258108 Monsonia burmannii DC. = Sarcocaulon burmannii (DC.) Sweet ●☆
258109 Monsonia chumbalensis (Munro) Wight = Monsonia senegalensis Guillaumin et Perr. ■☆
258110 Monsonia densiflora Täckh. et Boulos;密花蒙松草■☆
258111 Monsonia depressa Dinter ex Schinz = Monsonia deserticola Dinter ex R. Knuth ■☆
258112 Monsonia deserticola Dinter ex R. Knuth;荒漠蒙松草■☆
258113 Monsonia dregeana C. Presl = Monsonia speciosa L. f. ■☆
258114 Monsonia emarginata (L. f.) L'Hér.;微缺蒙松草■☆
258115 Monsonia filia L. f. = Monsonia lobata Montin ■☆
258116 Monsonia filia Willd. = Monsonia pilosa Willd. ■☆
258117 Monsonia galpinii Schltr. ex R. Knuth;盖尔蒙松草■☆
258118 Monsonia glandulosissima Schinz = Monsonia burkeana Planch. ex Harv. ■☆
258119 Monsonia glauca R. Knuth;灰绿蒙松草■☆
258120 Monsonia grandifolia R. Knuth;大叶蒙松草■☆
258121 Monsonia heliotropioides (Cav.) Boiss.;亚洲蒙松草■☆
258122 Monsonia heliotropioides (Cav.) Boiss. subsp. garamantum Quézel;噶拉门特蒙松草■☆
258123 Monsonia heliotropioides (Cav.) Boiss. var. albiflora Quézel = Monsonia heliotropioides (Cav.) Boiss. ■☆
258124 Monsonia heliotropioides (Cav.) Boiss. var. nivea (Decne.) Guinet et Sauvage = Monsonia nivea (Decne.) Decne. ex Webb ■☆
258125 Monsonia hispida Boiss. = Monsonia heliotropioides (Cav.) Boiss. ■☆
258126 Monsonia keniensis R. Knuth et Mildbr.;肯尼亚蒙松草■☆
258127 Monsonia lanceolata Schinz ex R. Knuth = Monsonia grandifolia R. Knuth ■☆
258128 Monsonia lanuginosa R. Knuth;多绵毛蒙松草■☆
258129 Monsonia lawiana Stocks = Monsonia senegalensis Guillaumin et Perr. ■☆
258130 Monsonia lobata Montin;浅裂蒙松草■☆
258131 Monsonia longipes R. Knuth;长梗蒙松草■☆
258132 Monsonia luederitziana Focke et Schinz;吕德里茨蒙松草■☆
258133 Monsonia macilenta E. Mey. = Sarcocaulon salmoniflorum Moffett ■☆
258134 Monsonia malvaeflora Schinz = Monsonia burkeana Planch. ex Harv. ■☆
258135 Monsonia mossamedensis Welw. ex Oliv. = Sarcocaulon mossamedense (Welw. ex Oliv.) Hiern ●☆
258136 Monsonia multifida E. Mey. = Sarcocaulon multifidum E. Mey. ex R. Knuth ●■☆
258137 Monsonia namaensis Dinter = Monsonia luederitziana Focke et Schinz ■☆
258138 Monsonia natalensis R. Knuth;纳塔尔蒙松草■☆
258139 Monsonia nivea (Decne.) Decne. ex Webb;雪白蒙松草■☆
258140 Monsonia orientaliafricana R. Knuth;东非蒙松草■☆
258141 Monsonia ovata Cav.;多蕊老鹳草;Ovate Monsonia ■☆
258142 Monsonia ovata Cav. = Monsonia emarginata (L. f.) L'Hér. ■☆
258143 Monsonia ovata Cav. subsp. glauca (Knuth) Bowden et T. Müller = Monsonia glauca R. Knuth ■☆
258144 Monsonia ovata Cav. var. biflora Harv. = Monsonia emarginata (L. f.) L'Hér. ■☆
258145 Monsonia parvifolia Schinz;小叶蒙松草■☆

258146 Monsonia patersonii DC. = Sarcocaulon patersonii (DC.) G. Don ●☆
258147 Monsonia pilosa Willd.;疏毛蒙松草■☆
258148 Monsonia praemorsa E. Mey. ex R. Knuth;啮蚀蒙松草■☆
258149 Monsonia pumila Standl.;矮蒙松草■☆
258150 Monsonia rehmii Suess. = Monsonia umbellata Harv. ■☆
258151 Monsonia rudatisii R. Knuth = Monsonia grandifolia R. Knuth ■☆
258152 Monsonia senecioides R. Knuth = Monsonia praemorsa E. Mey. ex R. Knuth ■☆
258153 Monsonia senegalensis Guillaumin et Perr.;塞内加尔蒙松草■☆
258154 Monsonia senegalensis Guillaumin et Perr. var. hirsutissima Harv. = Monsonia parvifolia Schinz ■☆
258155 Monsonia speciosa L. f.;蒙松草(梦森尼亚);Showy Monsonia ■☆
258156 Monsonia stricta R. Knuth = Monsonia glauca R. Knuth ■☆
258157 Monsonia tenuifolia Willd. = Monsonia speciosa L. f. ■☆
258158 Monsonia transvaalensis R. Knuth;德兰士瓦蒙松草■☆
258159 Monsonia trilobata Kers;三裂蒙松草■☆
258160 Monsonia umbellata Harv.;小伞蒙松草■☆
258161 Monssonia L. = Monsonia L. ■●☆
258162 Monstera Adans. (1763)(保留属名);龟背竹属(龟背芋属,蓬莱蕉属);Ceriman, Monstera, Windowleaf ●■
258163 Monstera Adans. = Dracontium L. ■☆
258164 Monstera Schott = Monstera Adans. (保留属名)●■
258165 Monstera acuminata K. Koch;尖叶龟背竹(尖叶龟背芋);Acuminate Ceriman, Shingle Plant ■☆
258166 Monstera adansonii Schott;小龟背竹■☆
258167 Monstera decursiva Schott = Rhaphidophora decursiva (Roxb.) Schott ●■
258168 Monstera deliciosa Liebm.;龟背竹(龟背芋,蓬莱蕉);Breadfruit, Ceriman, Cheeseplant, Mexican Bread Fruit, Mexican Breadfruit, Monstera, Shingle Plant, Split Leaf Philodendron, Swiss Cheese Plant, Swiss-cheese Plant ■
258169 Monstera deliciosa Liebm. 'Borsigiana';小孔龟背竹■
258170 Monstera friedrichsthalii Schott;多孔龟背竹(多孔龟背芋,小龟背竹)■☆
258171 Monstera gigantea Engl. = Monstera tenuis K. Koch ■☆
258172 Monstera gigantea K. Koch ex Ender = Monstera tenuis K. Koch ■☆
258173 Monstera lennea K. Koch = Monstera deliciosa Liebm. ■
258174 Monstera obliqua (Miq.) Walp.;通花龟背竹;Oblique Ceriman ■☆
258175 Monstera obliqua (Miq.) Walp. var. expilata Engl.;窗孔龟背竹(窗孔龟背芋,斜叶龟背竹通花);Oblique-leaf Ceriman ■☆
258176 Monstera occidentalis K. Koch ex Ender;西方龟背竹■☆
258177 Monstera pertusa (L.) de Vriese;孔叶龟背竹;Perforted Ceriman ■☆
258178 Monstera punctulata Schott ex Engl.;星点龟背竹(星点龟背芋);Punctulate Ceriman ■☆
258179 Monstera standleyana G. S. Bunting;翼叶龟背竹(翼叶龟背芋);Standley Ceriman ■☆
258180 Monstera tenuis K. Koch = Monstera trijuga K. Koch ex Ender ■☆
258181 Monstera trijuga K. Koch ex Ender;细龟背竹■☆
258182 Monsteraceae Vines = Araceae Juss. (保留科名)■●
258183 Monstruocalamus T. P. Yi;月月竹属;Monstruocalamus ●
258184 Monstruocalamus sichuanensis (T. P. Yi) T. P. Yi;月月竹;Sichuan Monstruocalamus, Sichuan Sinobambusa, Tangbamboo ●
258185 Montabea Roem. et Schult. = Moutabea Aubl. ●☆
258186 Montagnaea DC. = Montanoa Cerv. ■●☆
258187 Montagueia Baker f. = Polyscias J. R. Forst. et G. Forst. ●
258188 Montalbania Neck. = Clerodendrum L. ●■
258189 Montamans Dwyer(1980);巴拿马茜属☆
258190 Montamans panamensis Dwyer;巴拿马茜☆
258191 Montanoa Cerv. (1825);蒙塔菊属(蒙坦木属,山菊木属,山菊属);Montanoa, Daisy ■●☆
258192 Montanoa affinis S. F. Blake;近缘蒙塔菊■☆
258193 Montanoa angulata V. M. Badillo;窄蒙塔菊■☆
258194 Montanoa arborescens DC.;树状蒙塔菊■☆
258195 Montanoa bipinnatifida (Kunth) K. Koch;墨西哥蒙塔菊(墨西哥蒙坦木,墨西哥山菊木);Mexican Tree Daisy, Mexican Tree-daisy ●☆
258196 Montanoa bipinnatifida K. Koch = Montanoa bipinnatifida (Kunth) K. Koch ●☆
258197 Montanoa elegans K. Koch;雅致蒙塔菊■☆
258198 Montanoa floribunda K. Koch;多花蒙塔菊■☆
258199 Montanoa frutescens Mairet ex DC.;灌木蒙塔菊(灌木山菊);Frutescent Montanoa ●☆
258200 Montanoa gigas Rzed.;巨蒙塔菊■☆
258201 Montanoa grandiflora Benth.;大花蒙塔菊(大花蒙坦木,大花山菊木);Largeflower Montanoa ●■☆
258202 Montanoa hibiscifolia K. Koch;山菊木(蒙坦木);Tree Daisy, Treedaisy ●☆
258203 Montanoa leucantha S. F. Blake;白花蒙塔菊■☆
258204 Montanoa macrolepis B. L. Rob. et Greenm.;大鳞蒙塔菊■☆
258205 Montanoa microcephala Sch. Bip. ex K. Koch;小头蒙塔菊■☆
258206 Montanoa mollissima Brongn.;多毛蒙塔菊(多毛蒙坦木,多毛山菊木);Very Foft-hairy Montanoa ●☆
258207 Montanoa ovalifolia DC.;卵叶蒙塔菊■☆
258208 Montanoa pauciflora Klatt;少花蒙塔菊■☆
258209 Montanoa purpurea Brongn.;紫蒙塔菊■☆
258210 Montanoa quadrangularis Sch. Bip.;棱角山菊木●☆
258211 Montanoa tomentosa Cerv.;巴拉圭蒙塔菊(巴拉圭菊,巴拉圭山菊木,毛蒙塔菊);Tomentose Montanoa ■☆
258212 Montanoa xanthiifolia Sch. Bip.;黄叶蒙塔菊■☆
258213 Montbretia DC. = Crocosmia Planch. ■
258214 Montbretia DC. = Tritonia Ker Gawl. ■
258215 Montbretia abyssinica Hochst. ex A. Rich. = Lapeirousia abyssinica (R. Br. ex A. Rich.) Baker ■☆
258216 Montbretia crocosmiiflora Lemoine = Crocosmia crocosmiflora (Nicholson) N. E. Br. ■
258217 Montbretia gallabatensis Schweinf. = Lapeirousia abyssinica (R. Br. ex A. Rich.) Baker ■☆
258218 Montbretia lacerata (Burm. f.) Baker = Tritonia lacerata (Burm. f.) Klatt ■☆
258219 Montbretia laxifolia Klatt = Tritonia laxifolia (Klatt) Benth. et Hook. f. ■☆
258220 Montbretia pauciflora Baker = Gladiolus floribundus Jacq. ■☆
258221 Montbretia pottsii Baker = Tritonia pottsii (Baker) Baker ■☆
258222 Montbretia pottsii Macnab ex Baker = Crocosmia pottsii (Macnab ex Baker) N. E. Br. ■
258223 Montbretia strictifolia Klatt = Tritonia strictifolia (Klatt) Benth.

ex Klatt ■☆
258224 Montbretiopsis L. Bolus = Tritonia Ker Gawl. ■
258225 Montbretiopsis florentiae (Marloth) L. Bolus = Tritonia florentiae (Marloth) Goldblatt ■☆
258226 Monteiroa Krapov. (1951);蒙泰罗锦葵属●☆
258227 Monteiroa catharinensis Krapov.;蒙泰罗锦葵●☆
258228 Montejacquia Roberty = Jacquinia Choisy ●☆
258229 Montejacquia bifida (Vell.) Roberty = Jacquinia ovalifolia (Vahl) Hallier f. ●☆
258230 Montelia A. Gray = Amaranthus L. ■
258231 Monteverdia A. Rich. = Maytenus Molina ●
258232 Montezuma DC. = Montezuma Moc. et Sessé ex DC. ●☆
258233 Montezuma Moc. et Sessé ex DC. (1824);古巴木棉属●☆
258234 Montezuma cubensis (Britton) Urb.;古巴木棉●☆
258235 Montezuma cubensis Urb. = Montezuma cubensis (Britton) Urb. ●☆
258236 Montezuma speciosissima Moc. et Sessé ex DC.;墨西哥木棉●☆
258237 Montia L. (1753);蒙蒂苋属(水繁缕属,小鸡草属);Blinks, Indian Lettuce, Montia, Water Chickweed ■☆
258238 Montia Mill. = Heliocarpus L. ●■☆
258239 Montia arenicola (L. F. Hend.) Howell = Claytonia arenicola L. F. Hend. ■☆
258240 Montia bostockii (A. E. Porsild) S. L. Welsh;博斯托克蒙蒂苋;Bostock's Montia ■☆
258241 Montia chamissoi (Ledeb. ex Spreng.) Greene;沙米索蒙蒂苋;Chamisso's Montia ■☆
258242 Montia clara ö. Nilsson = Montia fontana L. ■☆
258243 Montia cordifolia (S. Watson) Pax et K. Hoffm.;心叶蒙蒂苋;Broad-leaved Montia ■☆
258244 Montia cordifolia (S. Watson) Pax et K. Hoffm. = Claytonia cordifolia S. Watson ■☆
258245 Montia cordifolia Pax et K. Hoffm. = Montia cordifolia (S. Watson) Pax et K. Hoffm. ■☆
258246 Montia dichotoma (Nutt.) Howell;二歧蒙蒂苋;Dwarf Montia ■☆
258247 Montia diffusa (Nutt.) Greene;铺散蒙蒂苋;Branching Montia ■☆
258248 Montia fontana L.;蒙蒂苋;Blinking Chickweed, Blinking-chickweed, Blinks, Water Blinks, Water Chickweed ■☆
258249 Montia fontana L. subsp. chondrosperma (Fenzl) Walters;软骨籽蒙蒂苋■☆
258250 Montia fontana L. subsp. lamprosperma (Cham.) H. Lindb. = Montia fontana L. ■☆
258251 Montia fontana L. subsp. minor (C. C. Gmel.) Schübl. = Montia fontana L. subsp. chondrosperma (Fenzl) Walters ■☆
258252 Montia fontana L. var. lamprosperma (Cham.) Fenzl = Montia fontana L. ■☆
258253 Montia funstonii Rydb. = Montia fontana L. ■☆
258254 Montia gypsophiloides (Fisch. et C. A. Mey.) Howell = Claytonia gypsophiloides Fisch. et C. A. Mey. ■☆
258255 Montia hallii (A. Gray) Greene = Montia fontana L. ■☆
258256 Montia howellii S. Watson;豪厄尔蒙蒂苋;Howell's Montia ■☆
258257 Montia lamprosperma Cham. = Montia fontana L. ■☆
258258 Montia linearis (Douglas ex Hook.) Greene;线形蒙蒂苋;Narrow-leafed Montia ■☆
258259 Montia minor C. C. Gmel.;小蒙蒂苋■☆
258260 Montia minor C. C. Gmel. = Montia fontana L. subsp. chondrosperma (Fenzl) Walters ■☆
258261 Montia minor C. C. Gmel. = Montia fontana L. ■☆
258262 Montia nevadensis (S. Watson) Jeps. = Claytonia nevadensis S. Watson ■☆
258263 Montia parvifolia (DC.) Greene;小叶蒙蒂苋;Small-leafed Montia, Small-leaved Blinks ■☆
258264 Montia perfoliata (Donn ex Willd.) Howell = Claytonia perfoliata Donn ex Willd. ■☆
258265 Montia perfoliata (Donn ex Willd.) Howell var. depressa (A. Gray) Jeps. = Claytonia rubra (Howell) Tidestr. subsp. depressa (A. Gray) J. M. Mill. et K. L. Chambers ■☆
258266 Montia perfoliata (Donn ex Willd.) Howell var. nubigena (Greene) Jeps. = Claytonia gypsophiloides Fisch. et C. A. Mey. ■☆
258267 Montia perfoliata (Donn ex Willd.) Howell var. parviflora (Douglas ex Hook.) Jeps. = Claytonia parviflora Douglas ex Hook. ■☆
258268 Montia perfoliata (Donn ex Willd.) Howell var. utahensis (Rydb.) Munz = Claytonia parviflora Douglas ex Hook. subsp. utahensis (Rydb.) J. M. Mill. et K. L. Chambers ■☆
258269 Montia rivularis C. C. Gmel. = Montia fontana L. ■☆
258270 Montia rubra Howell = Claytonia rubra (Howell) Tidestr. ■☆
258271 Montia sarmentosa (C. A. Mey.) B. L. Rob. = Claytonia sarmentosa C. A. Mey. ■☆
258272 Montia saxosa (Brandegee) Brandegee ex B. L. Rob. = Claytonia saxosa Brandegee ■☆
258273 Montia sibirica (L.) Howell;西伯利亚蒙蒂苋■☆
258274 Montia spathulata (Douglas ex Hook.) Howell;匙形蒙蒂苋■☆
258275 Montia spathulata (Douglas ex Hook.) Howell var. tenuifolia Munz;细匙叶蒙蒂苋;Narrow-leaved Miner's Lettuce ■☆
258276 Montia spathulata (Douglas ex Hook.) Howell var. viridis Davidson = Claytonia parviflora Douglas ex Hook. subsp. viridis (Davidson) J. M. Mill. et K. L. Chambers ■☆
258277 Montia verna Neck.;春蒙蒂苋;Blinks ■☆
258278 Montia washingtoniana Suksd. = Claytonia washingtoniana (Suksd.) Suksd. ■☆
258279 Montiaceae Dumort. = Portulacaceae Juss.(保留科名)■●
258280 Montiaceae Raf. = Portulacaceae Juss.(保留科名)■●
258281 Montiastrum (A. Gray) Rydb. (1917);肖水繁缕属■☆
258282 Montiastrum (A. Gray) Rydb. = Montia L. ■☆
258283 Montiastrum Rydb. = Montia L. ■☆
258284 Montiastrum Rydb. = Montiastrum (A. Gray) Rydb. ■☆
258285 Montiastrum bostockii (A. E. Porsild) Ö. Nilsson = Montia bostockii (A. E. Porsild) S. L. Welsh ■☆
258286 Montiastrum dichotomum (Nutt.) Rydb. = Montia dichotoma (Nutt.) Howell ■☆
258287 Montiastrum howellii (S. Watson) Rydb. = Montia howellii S. Watson ■☆
258288 Monticalia C. Jeffrey(1992);山蟹甲属■☆
258289 Monticalia angustifolia (Kunth) B. Nord.;窄叶山蟹甲■☆
258290 Monticalia leioclada Cuatrec.;光枝山蟹甲■☆
258291 Monticalia microdon (Wedd.) B. Nord.;小齿山蟹甲■☆
258292 Monticalia nitida (Kunth) C. Jeffrey;亮山蟹甲■☆
258293 Monticalia rigidifolia C. Jeffrey;硬叶山蟹甲■☆
258294 Monticalia trichopus (Benth.) C. Jeffrey;毛梗山蟹甲■☆
258295 Monticalia viridialba Cuatrec.;白绿山蟹甲■☆

258296 Montigena Heenan = Swainsona Salisb. ●■☆
258297 Montigena Heenan(1998);新西兰苦马豆属●■☆
258298 Montinia Thunb.(1776);山醋李属(扁子木属)●☆
258299 Montinia acris L. f. = Montinia caryophyllacea Thunb. ●☆
258300 Montinia caryophyllacea Thunb.;山醋李●☆
258301 Montinia frutescens Gaertn. = Montinia caryophyllacea Thunb. ●☆
258302 Montiniaceae (Engl.) Nakai = Montiniaceae Nakai(保留科名)●☆
258303 Montiniaceae Nakai(1943)(保留科名);山醋李科●☆
258304 Montiniaceae Nakai(保留科名) = Grossulariaceae DC.(保留科名)●
258305 Montiniaceae Nakai(保留科名) = Portulacaceae Juss.(保留科名)■●
258306 Montiopsis Kuntze(1898);肖蒙蒂苋属■☆
258307 Montiopsis boliviana Kuntze;玻利维亚肖蒙蒂苋■☆
258308 Montiopsis capitata (Hook. et Arn.) D. I. Ford;头状肖蒙蒂苋■☆
258309 Montiopsis parviflora (Phil.) D. I. Ford;小花肖蒙蒂苋■☆
258310 Montiopsis trifida (Hook. et Arn.) D. I. Ford;三裂肖蒙蒂苋■☆
258311 Montira Aubl. = Spigelia L. ■☆
258312 Montjolya Friesen = Cordia L.(保留属名)●
258313 Montolivaea Rchb. f.(1881);肖玉凤花属■☆
258314 Montolivaea Rchb. f. = Habenaria Willd. ■
258315 Montolivaea Rydb. = Piperia Rydb. ■☆
258316 Montolivaea aethiopica (Szlach. et Olszewski) Szlach.;埃塞俄比亚肖玉凤花■☆
258317 Montolivaea elegans Rchb. f. = Habenaria montolivaea Kraenzl. ex Engl. ■☆
258318 Montravelia Montrouz. ex P. Beauv. = Deplanchea Vieill. ●☆
258319 Montrichardia Crueg.(1854)(保留属名);山南星属■☆
258320 Montrichardia arborescens (L.) Schott;树状山南星●☆
258321 Montrichardia arborescens Schott = Montrichardia arborescens (L.) Schott ●☆
258322 Montrouzeria Benth. et Hook. f. = Montrouziera Pancher ex Planch. et Triana ●☆
258323 Montrouziera Pancher ex Planch. et Triana(1860);蒙氏藤黄属●☆
258324 Montrouziera Planch. et Triana = Montrouziera Pancher ex Planch. et Triana ●☆
258325 Montrouziera cauliflora Planch. et Triana;茎花蒙氏藤黄●☆
258326 Montrouziera robusta Vieill. ex Pancher et Sebert;粗壮蒙氏藤黄●☆
258327 Montrouziera verticillata Planch. et Triana;轮生蒙氏藤黄●☆
258328 Monttea Gay(1849);蒙特婆婆纳属(蒙特玄参属)●☆
258329 Monttea aphylla (Miers) Hauman;无叶蒙特婆婆纳●☆
258330 Monttea aphylla Hauman = Monttea aphylla (Miers) Hauman ●☆
258331 Monttea chilensis Gay;蒙特婆婆纳●☆
258332 Monustes Raf. = Spiranthes Rich.(保留属名)■
258333 Monustes australis (R. Br.) Raf. = Spiranthes sinensis (Pers.) Ames ■
258334 Monvillea Britton et Rose = Acanthocereus (Engelm. ex A. Berger) Britton et Rose ●☆
258335 Monvillea Britton et Rose = Cereus Mill. ●
258336 Monvillea Britton et Rose(1920);残雪柱属■☆
258337 Monvillea adelmari Rizzini et A. Mattos;残雪柱■☆
258338 Monvillea albicaulis (Britton et Rose) R. Kiesling;白茎残雪柱■☆
258339 Monvillea haageana Backeb.;哈氏残雪柱■☆
258340 Monvillea leucantha F. Ritter;白花残雪柱■☆
258341 Monvillea spegazzinii Britton et Rose;墨残雪■☆
258342 Monypus Raf. = Clematis L. ●■
258343 Moonia Arn.(1836);凸果菊属■☆
258344 Moonia heterophylla Arn.;凸果菊■☆
258345 Moorcroftia Choisy = Argyreia Lour. ●
258346 Moorea Lem.(废弃属名) = Cortaderia Stapf(保留属名)■
258347 Moorea Rolfe = Neomoorea Rolfe ■☆
258348 Mooria Montrouz. = Cloezia Brongn. et Gris ●☆
258349 Moorochloa Veldkamp = Panicum L. ■
258350 Moorochloa eruciformis (Sm.) Veldkamp = Brachiaria eruciformis (Sm.) Griseb. ■
258351 Moorochloa eruciformis (Sm.) Veldkamp = Panicum eruciforme Sm. ■
258352 Mopana Britton et Rose = Caesalpinia L. ●
258353 Mopania Lundell = Manilkara Adans.(保留属名)●
258354 Moparia Britton et Rose = Hoffmannseggia Cav.(保留属名)■☆
258355 Mopex Lour. ex Gomes = Triumfetta Plum. ex L. ●■
258356 Mophiganes Steud. = Alternanthera Forssk. ■
258357 Mophiganes Steud. = Mogiphanes Mart. ■
258358 Moquerysia Hua(1893);多花红木属●☆
258359 Moquilea Aubl. = Licania Aubl. ●☆
258360 Moquinia DC.(1838)(保留属名);南美墨菊属(糙柱菊属,莫昆菊属);Moquinia ●☆
258361 Moquinia Spreng.(废弃属名) = Moquinia DC.(保留属名)●☆
258362 Moquinia Spreng.(废弃属名) = Moquiniella Balle ■☆
258363 Moquinia bojeri DC.;南美墨菊●☆
258364 Moquinia eriosematoides Walp. = Inula cappa (Buch.-Ham.) DC. ●■
258365 Moquinia hypoleuca DC. = Gochnatia hypoleuca (DC.) A. Gray ●☆
258366 Moquinia racemosa (Spreng.) DC.;糙柱南美墨菊(糙柱菊)●☆
258367 Moquinia rubra A. Spreng. = Moquiniella rubra (A. Spreng.) Balle ■☆
258368 Moquinia velutina Bong.;绒毛南美墨菊(莫昆菊);Velutinous Moquinia ■☆
258369 Moquiniella Balle(1954);莫昆金粟兰属■☆
258370 Moquiniella rubra (A. Spreng.) Balle;莫昆金粟兰■☆
258371 Mora Benth. = Mora R. H. Schomb. ex Benth. ●☆
258372 Mora R. H. Schomb. ex Benth.(1839);鳕苏木属●☆
258373 Mora ekmanii Britton et Rose;海地鳕苏木●☆
258374 Mora excelsa Benth.;大鳕苏木●☆
258375 Mora gonggrijpii (Kleinh.) Sandwith;苏里南鳕苏木●☆
258376 Mora megistosperma Britton et Rose;大籽鳕苏木●☆
258377 Mora paraensis Ducke;巴西鳕苏木●☆
258378 Moraceae Gaudich.(1835)(保留科名);桑科;Mulberry Family ●■
258379 Moraceae Link = Moraceae Gaudich.(保留科名)●■
258380 Moraea Mill.(1758)('Morea')(保留属名);肖鸢尾属(梦蕾花属,摩利兰属);Butterfly Iris,Moraea,Peacock Flower ■

258381 Moraea Mill. ex L. = Moraea Mill. (保留属名)■
258382 Moraea africana (L.) Thunb. = Aristea africana (L.) Hoffmanns. ■☆
258383 Moraea albicuspa Goldblatt;白尖肖鸢尾■☆
258384 Moraea albiflora (G. J. Lewis) Goldblatt;白花肖鸢尾■☆
258385 Moraea algoensis Goldblatt;阿尔高肖鸢尾■☆
258386 Moraea alpina Goldblatt;高山肖鸢尾■☆
258387 Moraea alticola Goldblatt;高原肖鸢尾■☆
258388 Moraea amabilis Diels = Moraea tripetala (L. f.) Ker Gawl. ■☆
258389 Moraea andongensis Baker = Ferraria glutinosa (Baker) Rendle ■
258390 Moraea angolensis Goldblatt;安哥拉肖鸢尾■☆
258391 Moraea angulata Goldblatt;棱角肖鸢尾■☆
258392 Moraea angusta (Thunb.) Ker Gawl.;狭肖鸢尾■☆
258393 Moraea apetala L. Bolus = Moraea cooperi Baker ■☆
258394 Moraea aphylla De Wild. = Moraea unifoliata R. C. Foster ■☆
258395 Moraea aphylla L. f. = Bobartia aphylla (L. f.) Ker Gawl. ■☆
258396 Moraea arenaria Baker = Moraea serpentina Baker ■☆
258397 Moraea aristata (D. Delaroche) Asch. et Graebn.;具芒肖鸢尾■☆
258398 Moraea aristea Lam. = Aristea africana (L.) Hoffmanns. ■☆
258399 Moraea arnoldiana De Wild. = Moraea ventricosa Baker var. macrantha (Baker) Geerinck ■☆
258400 Moraea aspera Goldblatt;粗糙肖鸢尾■☆
258401 Moraea atropunctata Goldblatt;暗斑肖鸢尾■☆
258402 Moraea aurantiaca Baker = Ferraria glutinosa (Baker) Rendle ■
258403 Moraea australis (Goldblatt) Goldblatt;澳洲肖鸢尾■☆
258404 Moraea autumnalis (Goldblatt) Goldblatt;秋肖鸢尾■☆
258405 Moraea balenii Stent;巴伦肖鸢尾■☆
258406 Moraea barbigera Salisb. = Moraea tricolor Andréws ■☆
258407 Moraea barkerae Goldblatt;巴尔凯拉肖鸢尾■☆
258408 Moraea barnardiella Goldblatt;小巴纳德肖鸢尾■☆
258409 Moraea barnardii L. Bolus;巴纳德肖鸢尾■☆
258410 Moraea baurii Baker = Moraea huttonii (Baker) Oberm. ■☆
258411 Moraea bella Harms;雅致肖鸢尾■☆
258412 Moraea bellendenii (Sweet) N. E. Br.;贝伦登肖鸢尾■☆
258413 Moraea bellendenii (Sweet) N. E. Br. subsp. cormifera Goldblatt = Moraea tricuspidata (L. f.) G. J. Lewis ■☆
258414 Moraea bequaertii De Wild. = Moraea ventricosa Baker f. bequaertii (De Wild.) Geerinck ■☆
258415 Moraea bicolor Steud.;黄花肖鸢尾;Yellow Moraea ■☆
258416 Moraea bicolor Steud. = Dietes bicolor (Steud.) Sweet ex Klatt ■☆
258417 Moraea bifida (L. Bolus) Goldblatt;双裂肖鸢尾■☆
258418 Moraea bipartita L. Bolus;二深裂肖鸢尾■☆
258419 Moraea bituminosa (L. f.) Ker Gawl.;沥青肖鸢尾■☆
258420 Moraea bolusii Baker;博卢斯肖鸢尾■☆
258421 Moraea bovonei Chiov.;博奥肖鸢尾■☆
258422 Moraea brachygyne (Schltr.) Goldblatt;短蕊肖鸢尾■●☆
258423 Moraea brevifolia Goldblatt;短叶肖鸢尾■☆
258424 Moraea brevistyla (Goldblatt) Goldblatt;短柱肖鸢尾■☆
258425 Moraea brevituba (Goldblatt) Goldblatt;短管肖鸢尾■☆
258426 Moraea britteniae (L. Bolus) Goldblatt;布里滕肖鸢尾■☆
258427 Moraea bulbifera Jacq. = Moraea ramosissima (L. f.) Druce ■☆
258428 Moraea bulbillifera (G. J. Lewis) Goldblatt;球根肖鸢尾■☆
258429 Moraea burchellii Baker = Moraea simulans Baker ■☆
258430 Moraea caerulea Thunb. = Aristea bracteata Pers. ■☆
258431 Moraea calcicola Goldblatt;钙生肖鸢尾■☆
258432 Moraea candelabrum Baker = Ferraria glutinosa (Baker) Rendle ■
258433 Moraea candida Baker = Moraea aristata (D. Delaroche) Asch. et Graebn. ■☆
258434 Moraea carnea Goldblatt;肉色肖鸢尾■☆
258435 Moraea carsonii Baker;卡森肖鸢尾■☆
258436 Moraea cedarmontana (Goldblatt) Goldblatt;锡达蒙特肖鸢尾■☆
258437 Moraea cedarmonticola Goldblatt = Moraea cedarmontana (Goldblatt) Goldblatt ■☆
258438 Moraea ceresiana G. J. Lewis = Moraea unguiculata Ker Gawl. ■☆
258439 Moraea ciliata (L. f.) Ker Gawl.;睫毛肖鸢尾■☆
258440 Moraea ciliata (L. f.) Ker Gawl. var. barbigera (Salisb.) Baker = Moraea tricolor Andréws ■☆
258441 Moraea ciliata (L. f.) Ker Gawl. var. tricolor (Andréws) Baker = Moraea tricolor Andréws ■☆
258442 Moraea citrina (G. J. Lewis) Goldblatt;柠檬肖鸢尾■☆
258443 Moraea cladostachya Baker = Moraea simulans Baker ■☆
258444 Moraea clavata R. C. Foster;棍棒肖鸢尾■☆
258445 Moraea collina Thunb. = Homeria collina Vent. ■☆
258446 Moraea comptonii (L. Bolus) Goldblatt;康普顿肖鸢尾■☆
258447 Moraea confusa G. J. Lewis = Moraea tricuspidata (L. f.) G. J. Lewis ■☆
258448 Moraea contorta Goldblatt;扭曲肖鸢尾■☆
258449 Moraea cookii (L. Bolus) Goldblatt;库克肖鸢尾■☆
258450 Moraea cooperi Baker;库珀肖鸢尾■☆
258451 Moraea corniculata Lam. = Moraea fugax (D. Delaroche) Jacq. ■☆
258452 Moraea crispa (L. f.) Ker Gawl. = Moraea gawleri Spreng. ■☆
258453 Moraea crispa (L. f.) Ker Gawl. var. rectifolia Baker = Moraea gawleri Spreng. ■☆
258454 Moraea crispa Thunb.;皱波肖鸢尾■☆
258455 Moraea culmea Killick = Moraea trifida R. C. Foster ■☆
258456 Moraea curtisae R. C. Foster = Moraea stricta Baker ■☆
258457 Moraea debilis Goldblatt;弱小肖鸢尾■☆
258458 Moraea decussata Klatt = Moraea gawleri Spreng. ■☆
258459 Moraea deltoidea Goldblatt et J. C. Manning;三角肖鸢尾■☆
258460 Moraea demissa Goldblatt;下垂肖鸢尾■☆
258461 Moraea deserticola Goldblatt;荒漠肖鸢尾■☆
258462 Moraea dichotoma Thunb. = Aristea dichotoma (Thunb.) Ker Gawl. ■☆
258463 Moraea diphylla Baker = Moraea fugax (D. Delaroche) Jacq. subsp. filicaulis (Baker) Goldblatt ■☆
258464 Moraea diversifolia Baker = Moraea schimperi (Hochst.) Pic. Serm. ■☆
258465 Moraea dracomontana Goldblatt;德拉科肖鸢尾■☆
258466 Moraea duthieana L. Bolus = Moraea tricolor Andréws ■☆
258467 Moraea edulis (L. f.) Ker Gawl. = Moraea fugax (D. Delaroche) Jacq. ■☆
258468 Moraea edulis Ker Gawl.;香肖鸢尾;Fragrant Moraea ■☆
258469 Moraea edulis L. f. var. gracilis Baker = Moraea gracilenta Goldblatt ■☆
258470 Moraea elegans Jacq. = Homeria elegans (Jacq.) Sweet ■☆
258471 Moraea elliotii Baker;埃利肖鸢尾■☆
258472 Moraea elsiae Goldblatt;埃尔西亚肖鸢尾■☆

258473 Moraea erici-rosenii R. E. Fr. = Moraea natalensis Baker ■☆
258474 Moraea exiliflora Goldblatt;瘦花肖鸢尾■☆
258475 Moraea exilis N. E. Br. = Moraea marionae N. E. Br. ■☆
258476 Moraea falcifolia Klatt;镰叶肖鸢尾■☆
258477 Moraea fasciculata Klatt = Moraea falcifolia Klatt ■☆
258478 Moraea fenestralis (Goldblatt et E. G. H. Oliv.) Goldblatt;窗孔肖鸢尾■☆
258479 Moraea fenestrata (Goldblatt) Goldblatt;小孔肖鸢尾■☆
258480 Moraea fergusoniae L. Bolus;费格森肖鸢尾■☆
258481 Moraea ferrariola Jacq. = Ferraria ferrariola (Jacq.) Willd. ■☆
258482 Moraea filicaulis Baker = Moraea fugax (D. Delaroche) Jacq. subsp. filicaulis (Baker) Goldblatt ■☆
258483 Moraea filiformis L. f. = Bobartia filiformis (L. f.) Ker Gawl. ■☆
258484 Moraea fistulosa (Goldblatt) Goldblatt;管肖鸢尾■☆
258485 Moraea flaccida (Sweet) Steud.;柔软肖鸢尾■☆
258486 Moraea flavescens (Goldblatt) Goldblatt;浅黄肖鸢尾■☆
258487 Moraea flexicaulis Goldblatt;曲茎肖鸢尾■☆
258488 Moraea flexuosa Goldblatt = Moraea flexicaulis Goldblatt ■☆
258489 Moraea flexuosa L. f. = Moraea lewisiae (Goldblatt) Goldblatt ■☆
258490 Moraea fragrans Goldblatt;芳香肖鸢尾■☆
258491 Moraea framesii L. Bolus = Moraea serpentina Baker ■☆
258492 Moraea fugacissima (L. f.) Goldblatt;极早萎肖鸢尾■☆
258493 Moraea fugax (D. Delaroche) Jacq.;早萎肖鸢尾■☆
258494 Moraea fugax (D. Delaroche) Jacq. subsp. filicaulis (Baker) Goldblatt;丝茎早萎肖鸢尾■☆
258495 Moraea fusca Baker = Moraea lurida Ker Gawl. ■☆
258496 Moraea fuscomontana (Goldblatt) Goldblatt;非洲肖鸢尾■☆
258497 Moraea galaxia (L. f.) Goldblatt et J. C. Manning;乳肖鸢尾■☆
258498 Moraea galaxioides Baker = Moraea falcifolia Klatt ■☆
258499 Moraea galpinii (Baker) N. E. Br.;盖尔肖鸢尾■☆
258500 Moraea galpinii (Baker) N. E. Br. subsp. robusta Goldblatt = Moraea robusta (Goldblatt) Goldblatt ■☆
258501 Moraea garipensis Goldblatt;加里普肖鸢尾■☆
258502 Moraea gawleri Spreng.;乔勒肖鸢尾■☆
258503 Moraea gigandra L. Bolus;巨蕊肖鸢尾■☆
258504 Moraea gigantea Klatt = Moraea miniata Andréws ■☆
258505 Moraea glauca J. M. Wood et M. S. Evans = Moraea pallida (Baker) Goldblatt ■☆
258506 Moraea glaucopis (DC.) Baker = Moraea aristata (D. Delaroche) Asch. et Graebn. ■☆
258507 Moraea glaucopis (DC.) Drapiez = Moraea aristata (D. Delaroche) Asch. et Graebn. ■☆
258508 Moraea glaucopis Baker;粉柄肖鸢尾;Glaucous Moraea ■☆
258509 Moraea glutinosa Baker = Ferraria glutinosa (Baker) Rendle ■
258510 Moraea gracilenta Goldblatt;细黏肖鸢尾■☆
258511 Moraea gracilis Baker = Moraea clavata R. C. Foster ■☆
258512 Moraea graminicola Oberm.;草莺肖鸢尾■☆
258513 Moraea graminicola Oberm. subsp. notata Goldblatt;草莺斑纹肖鸢尾■☆
258514 Moraea graniticola Goldblatt;花岗岩肖鸢尾■☆
258515 Moraea hantamensis Klatt = Moraea ciliata (L. f.) Ker Gawl. ■☆
258516 Moraea herrei (L. Bolus) Goldblatt;赫勒肖鸢尾■☆
258517 Moraea hesperantha (Goldblatt) Goldblatt;金花肖鸢尾■☆
258518 Moraea hexaglottis Goldblatt;六舌肖鸢尾■☆
258519 Moraea hiemalis Goldblatt;冬肖鸢尾■☆
258520 Moraea hirsuta (Licht. ex Roem. et Schult.) Ker Gawl. = Moraea papilionacea (L. f.) Ker Gawl. ■☆
258521 Moraea hockii De Wild. = Moraea schimperi (Hochst.) Pic. Serm. ■☆
258522 Moraea homblei De Wild. = Moraea carsonii Baker ■☆
258523 Moraea huttonii (Baker) Oberm.;哈氏肖鸢尾■☆
258524 Moraea inclinata Goldblatt;下倾肖鸢尾■☆
258525 Moraea inconspicua Goldblatt;显著肖鸢尾■☆
258526 Moraea incurva G. J. Lewis;内折肖鸢尾■☆
258527 Moraea indecora Goldblatt;装饰肖鸢尾■☆
258528 Moraea insolens Goldblatt;异常肖鸢尾■☆
258529 Moraea iridioides L.;肖鸢尾(蝴蝶鸢尾,孔雀鸢尾,摩利兰);Butter Flyiris,Iris Moraea ■
258530 Moraea iridioides L. = Dietes iridioides (L.) Sweet ex Klatt ■☆
258531 Moraea iridioides L. var. prolongata Leichtlin;素白肖鸢尾;Purewhite Iris Moraea ■☆
258532 Moraea iringensis Goldblatt;伊林加肖鸢尾■☆
258533 Moraea iriopetala L. f. = Moraea vegeta L. ■☆
258534 Moraea juncea L.;灯芯草肖鸢尾;Rushlike Moraea ■☆
258535 Moraea juncifolia N. E. Br. = Moraea elliotii Baker ■☆
258536 Moraea kamiesensis Goldblatt;卡米斯肖鸢尾■☆
258537 Moraea kamiesmontana (Goldblatt) Goldblatt;卡米斯山肖鸢尾■☆
258538 Moraea karroica Goldblatt;卡罗肖鸢尾■☆
258539 Moraea kitambensis Baker = Ferraria glutinosa (Baker) Rendle ■
258540 Moraea knersvlaktensis Goldblatt;克内肖鸢尾■☆
258541 Moraea lewisiae (Goldblatt) Goldblatt;刘易斯肖鸢尾■☆
258542 Moraea lilacina Goldblatt et J. C. Manning;紫丁香肖鸢尾■☆
258543 Moraea linderi Goldblatt;林德肖鸢尾■☆
258544 Moraea longiaristata Goldblatt;长芒肖鸢尾■☆
258545 Moraea longiflora Ker Gawl.;长花肖鸢尾■☆
258546 Moraea longifolia (Jacq.) Pers.;长叶肖鸢尾■☆
258547 Moraea longifolia (Schneev.) Sweet = Moraea fugax (D. Delaroche) Jacq. ■☆
258548 Moraea longispatha Klatt = Moraea spathulata (L. f.) Klatt ■☆
258549 Moraea longistyla (Goldblatt) Goldblatt;长柱肖鸢尾■☆
258550 Moraea louisabolusiae Goldblatt;路易莎肖鸢尾■☆
258551 Moraea lugens L. f. = Aristea lugens (L. f.) Steud. ■☆
258552 Moraea lugubris (Salisb.) Goldblatt;暗淡肖鸢尾■☆
258553 Moraea lurida Ker Gawl.;灰黄肖鸢尾■☆
258554 Moraea luteoalba (Goldblatt) Goldblatt;黄白肖鸢尾■☆
258555 Moraea macra Schltr. = Moraea elliotii Baker ■☆
258556 Moraea macrantha Baker = Moraea ventricosa Baker var. macrantha (Baker) Geerinck ■☆
258557 Moraea macrocarpa Goldblatt;大果肖鸢尾■☆
258558 Moraea macrochlamys Baker = Moraea ciliata (L. f.) Ker Gawl. ■☆
258559 Moraea macronyx G. J. Lewis;大刺肖鸢尾■☆
258560 Moraea malangensis Baker = Ferraria glutinosa (Baker) Rendle ■
258561 Moraea margaretae Goldblatt;马格丽特肖鸢尾■☆
258562 Moraea marginata J. C. Manning et Goldblatt;具边肖鸢尾■☆
258563 Moraea marionae N. E. Br.;德兰士瓦肖鸢尾■☆
258564 Moraea marlothii (L. Bolus) Goldblatt;马洛斯肖鸢尾■☆
258565 Moraea maximiliani (Schltr.) Goldblatt et J. C. Manning;马克

西米利亚诺肖鸢尾■☆
258566 Moraea mechowii Pax = Moraea textilis (Welw.) Baker ■☆
258567 Moraea mediterranea Goldblatt;地中海肖鸢尾■☆
258568 Moraea melaleuca Thunb. = Aristea lugens (L. f.) Steud. ■☆
258569 Moraea melanops Goldblatt et J. C. Manning;黑肖鸢尾■☆
258570 Moraea miniata Andréws = Homeria lineata Sweet ■☆
258571 Moraea minima Goldblatt;小肖鸢尾■☆
258572 Moraea minor Eckl.;较小肖鸢尾■☆
258573 Moraea mira Klatt = Moraea lugubris (Salisb.) Goldblatt ■☆
258574 Moraea modesta Killick;适度肖鸢尾■☆
258575 Moraea moggii N. E. Br.;莫格肖鸢尾■☆
258576 Moraea moggii N. E. Br. subsp. albescens Goldblatt;白莫格肖鸢尾■☆
258577 Moraea monophylla Baker = Moraea tripetala (L. f.) Ker Gawl. ■☆
258578 Moraea montana Schltr. = Moraea lurida Ker Gawl. ■☆
258579 Moraea monticola Goldblatt;山生肖鸢尾■☆
258580 Moraea mossii N. E. Br. = Moraea stricta Baker ■☆
258581 Moraea muddii N. E. Br.;马德肖鸢尾■☆
258582 Moraea namaquamontana Goldblatt;纳马夸山肖鸢尾■☆
258583 Moraea namaquana (Goldblatt) Goldblatt;纳马夸肖鸢尾■☆
258584 Moraea namibensis Goldblatt;纳米布肖鸢尾■☆
258585 Moraea nana (L. Bolus) Goldblatt et J. C. Manning;矮小肖鸢尾■☆
258586 Moraea natalensis Baker;纳塔尔肖鸢尾■☆
258587 Moraea neglecta G. J. Lewis;忽视肖鸢尾■☆
258588 Moraea neopavonia R. C. Foster;新孔雀肖鸢尾;Peacock Iris ■☆
258589 Moraea neopavonia R. C. Foster = Moraea tulbaghensis L. Bolus ■☆
258590 Moraea nubigena Goldblatt;云雾肖鸢尾■☆
258591 Moraea obtusa N. E. Br. = Moraea angusta (Thunb.) Ker Gawl. ■☆
258592 Moraea ochroleuca (Salisb.) Drapiez;白绿肖鸢尾■☆
258593 Moraea odora Salisb. = Moraea fugax (D. Delaroche) Jacq. ■☆
258594 Moraea odorata G. J. Lewis = Moraea viscaria (L. f.) Ker Gawl. ■☆
258595 Moraea ovalifolia Goldblatt = Moraea galaxia (L. f.) Goldblatt et J. C. Manning ■☆
258596 Moraea ovata Thunb. = Ferraria ovata (Thunb.) Goldblatt et J. C. Manning ■☆
258597 Moraea pallida (Baker) Goldblatt;苍白肖鸢尾■☆
258598 Moraea papilionacea (L. f.) Ker Gawl.;乳突肖鸢尾■☆
258599 Moraea papilionacea (L. f.) Ker Gawl. var. maythamiae G. J. Lewis = Moraea papilionacea (L. f.) Ker Gawl. ■☆
258600 Moraea parva N. E. Br. = Moraea stricta Baker ■☆
258601 Moraea parviflora N. E. Br. = Moraea natalensis Baker ■☆
258602 Moraea patens (Goldblatt) Goldblatt;铺展肖鸢尾■☆
258603 Moraea pavonia (L. f.) Ker Gawl. = Moraea flexicaulis Goldblatt ■☆
258604 Moraea pavonia (L. f.) Ker Gawl. var. lutea (Ker Gawl.) Baker = Moraea bellendenii (Sweet) N. E. Br. ■☆
258605 Moraea pavonia (L. f.) Ker Gawl. var. villosa (Ker Gawl.) Baker = Moraea villosa (Ker Gawl.) Ker Gawl. ■☆
258606 Moraea pavonia Ker Gawl.;孔雀肖鸢尾;Peacock Flower, Peacock Iris, Pretty Moraea ■☆
258607 Moraea pavonia Ker Gawl. var. lutea Hort.;光叶肖鸢尾;Glabrousleaf Moraea ■☆
258608 Moraea pavonia Ker Gawl. var. villosa Hort.;柔毛肖鸢尾;Villous Moraea ■☆
258609 Moraea pendula (Goldblatt) Goldblatt;悬垂肖鸢尾■☆
258610 Moraea pilosa J. C. Wendl. = Moraea papilionacea (L. f.) Ker Gawl. ■☆
258611 Moraea plumaria (Thunb.) Ker Gawl. = Moraea lugubris (Salisb.) Goldblatt ■☆
258612 Moraea polyanthos L. f.;多花肖鸢尾■☆
258613 Moraea polystachya (Thunb.) Ker Gawl.;多穗肖鸢尾;Bluetulip, Manyspike Moraea ■☆
258614 Moraea polystachya (Thunb.) Ker Gawl. var. brevicaulis Stent = Moraea venenata Dinter ■☆
258615 Moraea polystachya Ker Gawl. = Moraea polystachya (Thunb.) Ker Gawl. ■☆
258616 Moraea pritzeliana Diels;普里特肖鸢尾■☆
258617 Moraea pseudospicata Goldblatt;假穗肖鸢尾■☆
258618 Moraea pubiflora N. E. Br.;短毛花肖鸢尾■☆
258619 Moraea pubiflora N. E. Br. subsp. brevistyla Goldblatt = Moraea brevistyla (Goldblatt) Goldblatt ■☆
258620 Moraea punctata Baker = Moraea tripetala (L. f.) Ker Gawl. ■☆
258621 Moraea pusilla Thunb. = Aristea pusilla (Thunb.) Ker Gawl. ■☆
258622 Moraea pyrophila Goldblatt;喜炎肖鸢尾■☆
258623 Moraea radians (Goldblatt) Goldblatt;辐射肖鸢尾■☆
258624 Moraea ramosa (Thunb.) Ker Gawl. = Moraea ramosissima (L. f.) Druce ■☆
258625 Moraea ramosa Ker Gawl.;多枝肖鸢尾;Manyshoot Moraea ■☆
258626 Moraea ramosissima (L. f.) Druce;密枝肖鸢尾■☆
258627 Moraea randii Rendle = Ferraria glutinosa (Baker) Rendle ■
258628 Moraea reflexa Goldblatt;反折肖鸢尾■☆
258629 Moraea regalis Goldblatt et J. C. Manning;王肖鸢尾■☆
258630 Moraea reticulata Goldblatt;网脉肖鸢尾■☆
258631 Moraea revoluta Wright;外卷肖鸢尾■☆
258632 Moraea rigidifolia Goldblatt;挺叶肖鸢尾■☆
258633 Moraea riparia (Goldblatt) Goldblatt;河岸肖鸢尾■☆
258634 Moraea rivularis Schltr. = Moraea huttonii (Baker) Oberm. ■☆
258635 Moraea rivulicola Goldblatt et J. C. Manning;溪边肖鸢尾■☆
258636 Moraea robinsoniana Moore et F. Muell.;罗氏肖鸢尾;Wedding Flower ■☆
258637 Moraea robusta (Goldblatt) Goldblatt;粗壮肖鸢尾■☆
258638 Moraea rogersii Baker = Moraea setifolia (L. f.) Druce ■☆
258639 Moraea rogersii N. E. Br. = Moraea trifida R. C. Foster ■☆
258640 Moraea saxicola Goldblatt;岩栖肖鸢尾■☆
258641 Moraea schimperi (Hochst.) Pic. Serm.;欣珀肖鸢尾■☆
258642 Moraea schlechteri (L. Bolus) Goldblatt;施莱肖鸢尾■☆
258643 Moraea serpentina Baker;蛇形肖鸢尾■☆
258644 Moraea serratostyla (Goldblatt) Goldblatt;齿柱肖鸢尾■☆
258645 Moraea setacea (Thunb.) Ker Gawl. = Geissorhiza setacea (Thunb.) Ker Gawl. ■☆
258646 Moraea setifolia (L. f.) Druce;刚毛肖鸢尾■☆
258647 Moraea simulans Baker;相似肖鸢尾■☆
258648 Moraea sisyrinchium (L.) Ker Gawl.;庭菖蒲肖鸢尾■☆
258649 Moraea sordescens Jacq. = Moraea vegeta L. ■☆
258650 Moraea spathacea (Thunb.) Ker Gawl.;焰苞肖鸢尾(匙叶肖鸢尾);Large Yellow Moraea, Spathaceous Moraea ■☆

258651 Moraea spathacea (Thunb.) Ker Gawl. = Moraea spathulata (L. f.) Klatt ■☆
258652 Moraea spathacea (Thunb.) Ker Gawl. var. galpinii Baker = Moraea galpinii (Baker) N. E. Br. ■☆
258653 Moraea spathacea Thunb. = Bobartia indica L. ■☆
258654 Moraea spathacea Thunb. = Moraea spathacea (Thunb.) Ker Gawl. ■☆
258655 Moraea spathulata (L. f.) Klatt;匙叶肖鸢尾■☆
258656 Moraea spathulata (L. f.) Klatt subsp. autumnalis Goldblatt = Moraea spathulata (L. f.) Klatt ■☆
258657 Moraea spathulata (L. f.) Klatt subsp. saxosa Goldblatt = Moraea spathulata (L. f.) Klatt ■☆
258658 Moraea spathulata (L. f.) Klatt subsp. transvaalensis Goldblatt = Moraea spathulata (L. f.) Klatt ■☆
258659 Moraea speciosa (L. Bolus) Goldblatt;美丽肖鸢尾■☆
258660 Moraea spiralis L. f. = Aristea spiralis (L. f.) Ker Gawl. ■☆
258661 Moraea spithamaea Baker = Ferraria glutinosa (Baker) Rendle ■
258662 Moraea stagnalis (Goldblatt) Goldblatt;沼泽肖鸢尾■☆
258663 Moraea stenocarpa Schltr. = Moraea cooperi Baker ■☆
258664 Moraea stewartae N. E. Br. = Moraea elliotii Baker ■☆
258665 Moraea stricta Baker;刚直肖鸢尾■☆
258666 Moraea sulphurea Baker = Moraea gawleri Spreng. ■☆
258667 Moraea tanzanica Goldblatt;坦桑尼亚肖鸢尾■☆
258668 Moraea tellinii Chiov. = Moraea stricta Baker ■☆
258669 Moraea tenuis Ker Gawl. = Moraea unguiculata Ker Gawl. ■☆
258670 Moraea textilis (Welw.) Baker;编织肖鸢尾■☆
258671 Moraea thomasiae Goldblatt;托马斯肖鸢尾■☆
258672 Moraea thomsonii Baker;托马森肖鸢尾■☆
258673 Moraea torta L. Bolus = Moraea pritzeliana Diels ■☆
258674 Moraea tortilis Goldblatt;螺旋状肖鸢尾■☆
258675 Moraea toxicaria Dinter = Moraea venenata Dinter ■☆
258676 Moraea tricolor Andréws;三色瓣肖鸢尾■☆
258677 Moraea tricuspidata (L. f.) G. J. Lewis;三尖肖鸢尾■☆
258678 Moraea tricuspis (Thunb.) Ker Gawl. = Moraea tricuspidata (L. f.) G. J. Lewis ■☆
258679 Moraea tricuspis (Thunb.) Ker Gawl. var. ocellata D. Don = Moraea aristata (D. Delaroche) Asch. et Graebn. ■☆
258680 Moraea tricuspis Ker Gawl.;三尖瓣肖鸢尾;Threecusp Moraea ■☆
258681 Moraea trifida R. C. Foster;三裂瓣肖鸢尾■☆
258682 Moraea tripetala (L. f.) Ker Gawl.;三瓣肖鸢尾;Dairity Moraea ■☆
258683 Moraea tripetala (L. f.) Ker Gawl. var. jacquinii Schltr. ex G. J. Lewis = Moraea tripetala (L. f.) Ker Gawl. ■☆
258684 Moraea tripetala (L. f.) Ker Gawl. var. mutila (Licht. ex Roem. et Schult.) Baker = Moraea tripetala (L. f.) Ker Gawl. ■☆
258685 Moraea tripetala Ker Gawl. = Moraea tripetala (L. f.) Ker Gawl. ■☆
258686 Moraea tristis (L. f.) Ker Gawl. = Moraea vegeta L. ■☆
258687 Moraea trita N. E. Br. = Moraea stricta Baker ■☆
258688 Moraea tulbaghensis L. Bolus;塔尔巴赫肖鸢尾■☆
258689 Moraea umbellata Thunb.;小伞肖鸢尾■☆
258690 Moraea undulata (L.) Thunb. = Ferraria crispa Burm. ■☆
258691 Moraea undulata Ker Gawl. = Moraea gawleri Spreng. ■☆
258692 Moraea unguicularis Lam. = Tritoniopsis unguicularis (Lam.) G. J. Lewis ■☆
258693 Moraea unguiculata Ker Gawl.;爪状肖鸢尾■☆
258694 Moraea unibracteata Goldblatt;单苞肖鸢尾■☆
258695 Moraea unifoliata R. C. Foster;单小叶肖鸢尾■☆
258696 Moraea upembana Goldblatt;乌彭巴肖鸢尾■☆
258697 Moraea vallisbelli (Goldblatt) Goldblatt;瓦利肖鸢尾■☆
258698 Moraea variabilis (G. J. Lewis) Goldblatt;易变肖鸢尾■☆
258699 Moraea vegeta L.;活泼肖鸢尾■☆
258700 Moraea venenata Dinter;毒肖鸢尾■☆
258701 Moraea ventricosa Baker;偏肿肖鸢尾■☆
258702 Moraea ventricosa Baker f. bequaertii (De Wild.) Geerinck;贝卡尔肖鸢尾■☆
258703 Moraea ventricosa Baker f. verdickii (De Wild.) Geerinck;韦尔肖鸢尾■☆
258704 Moraea ventricosa Baker f. witteana Geerinck;维特肖鸢尾■☆
258705 Moraea ventricosa Baker var. macrantha (Baker) Geerinck;大花毒肖鸢尾■☆
258706 Moraea verdickii De Wild. = Moraea ventricosa Baker f. verdickii (De Wild.) Geerinck ■☆
258707 Moraea verecunda Goldblatt;羞涩肖鸢尾■☆
258708 Moraea versicolor (Salisb. ex Klatt) Goldblatt;变色肖鸢尾■☆
258709 Moraea vespertina Goldblatt et J. C. Manning;夕肖鸢尾■☆
258710 Moraea villosa (Ker Gawl.) Ker Gawl.;长柔毛肖鸢尾■☆
258711 Moraea violacea Baker = Moraea elliotii Baker ■☆
258712 Moraea violacea L. Bolus = Moraea unguiculata Ker Gawl. ■☆
258713 Moraea virgata Jacq.;条纹肖鸢尾■☆
258714 Moraea viscaria (L. f.) Ker Gawl.;黏肖鸢尾■☆
258715 Moraea viscaria (L. f.) Ker Gawl. var. bituminosa (L. f.) Baker = Moraea bituminosa (L. f.) Ker Gawl. ■☆
258716 Moraea vlokii Goldblatt;弗劳克肖鸢尾■☆
258717 Moraea welwitschii Baker = Moraea schimperi (Hochst.) Pic. Serm. ■☆
258718 Moraea zambesiaca Baker = Moraea schimperi (Hochst.) Pic. Serm. ■☆
258719 Moranda Scop. = Pentapetes L. ■●
258720 Morangaya G. D. Rowley = Echinocereus Engelm. ●
258721 Morangaya G. D. Rowley(1974);金字掌属(金字塔属);Snake Cactus ■☆
258722 Morangaya pensilis (K. Brandegee) G. D. Rowley;金字塔掌(金字塔);Snake Cactus ■☆
258723 Moratia H. E. Moore.(1980);橙鞘椰属(莫拉特椰属)●☆
258724 Moratia cerifera H. E. Moore;橙鞘椰●☆
258725 Morawetzia Backeb. = Borzicactus Riccob. ■☆
258726 Morawetzia Backeb. = Oreocereus (A. Berger) Riccob. ●
258727 More Gaertn. ex Radlk. = Dimocarpus Lour. ●
258728 Morea Mill. = Moraea Mill.(保留属名)■
258729 Morelia A. Rich. = Morelia A. Rich. ex DC. ●☆
258730 Morelia A. Rich. ex DC.(1830);莫雷尔茜属●☆
258731 Morelia senegalensis A. Rich. ex DC.;莫雷尔茜●☆
258732 Morella Lour.(1790);肖杨梅属●☆
258733 Morella Lour. = Myrica L. ●
258734 Morella arborea (Hutch.) Cheek;树状肖杨梅●☆
258735 Morella brevifolia (E. Mey. ex C. DC.) Killick;短叶肖杨梅●☆
258736 Morella californica (Cham. et Schltdl.) Wilbur = Myrica californica Champ. et Schltdl. ●☆
258737 Morella caroliniensis (Mill.) Small = Myrica cerifera L. ●☆
258738 Morella caroliniensis Small = Myrica cerifera L. ●☆
258739 Morella cerifera (L.) Small = Myrica cerifera L. ●☆

258740　Morella chimanimaniana Verdc. et Polhill;奇马尼曼肖杨梅●☆
258741　Morella cordifolia (L.) Killick;心叶肖杨梅●☆
258742　Morella diversifolia (Adamson) Killick;异叶肖杨梅●☆
258743　Morella faya Aiton = Myrica faya Aiton ●☆
258744　Morella humilis (Cham. et Schltdl.) Killick;低矮肖杨梅●☆
258745　Morella inodora (W. Bartram) Small = Myrica inodora W. Bartram ●☆
258746　Morella integra (A. Chev.) Killick;全叶肖杨梅●☆
258747　Morella kandtiana (Engl.) Verdc. et Polhill;坎德肖杨梅●☆
258748　Morella kraussiana (Buchinger ex Meisn.) Killick;克劳斯肖杨梅●☆
258749　Morella microbracteata (Weim.) Verdc. et Polhill;微苞肖杨梅●☆
258750　Morella pilulifera (Rendle) Killick;小球肖杨梅●☆
258751　Morella quercifolia (L.) Killick;栎叶肖杨梅●☆
258752　Morella rubra Lour. = Myrica rubra (Lour.) Siebold et Zucc. ●
258753　Morella salicifolia (Hochst. ex A. Rich.) Verdc. et Polhill;柳叶肖杨梅●☆
258754　Morella salicifolia (Hochst. ex A. Rich.) Verdc. et Polhill subsp. meyeri-johannis (Engl.) Verdc. et Polhill;迈尔约翰肖杨梅●☆
258755　Morella salicifolia (Hochst. ex A. Rich.) Verdc. et Polhill subsp. mildbreadii (Engl.) Verdc. et Polhill;米尔肖杨梅●☆
258756　Morella salicifolia (Hochst. ex A. Rich.) Verdc. et Polhill var. goetzei (Engl.) Verdc. et Polhill;格兹肖杨梅●☆
258757　Morella salicifolia (Hochst. ex A. Rich.) Verdc. et Polhill var. kilimandscharica (Engl.) Verdc. et Polhill;基利肖杨梅●☆
258758　Morella serrata (Lam.) Killick;具齿肖杨梅●☆
258759　Morella spathulata (Mirb.) Verdc. et Polhill;匙形肖杨梅●☆
258760　Morelodendron Cavaco et Normand = Pinacopodium Exell et Mendonça ●☆
258761　Morelodendron gabonense Cavaco et Normand = Pinacopodium gabonense (Cavaco et Normand) Normand et Cavaco ●☆
258762　Morelodendron gabonense Cavaco et Normand var. alombiense ? = Pinacopodium congolense (S. Moore) Exell et Mendonça ●☆
258763　Morelosia Lex. = Bourreria P. Browne(保留属名)●☆
258764　Morelotia Gaudich. (1829);莫洛莎属■☆
258765　Morelotia affinis (Brongn.) S. T. Blake;近缘莫洛莎■☆
258766　Morelotia gahniiformis Gaudich.;莫洛莎■☆
258767　Morenia Ruiz et Pav. (废弃属名) = Chamaedorea Willd. (保留属名)●☆
258768　Morenia caudata Burret;尾状魔力棕●☆
258769　Morenia fragrans Ruiz et Pav.;香魔力棕●☆
258770　Morenia integrifolia Trail;全缘魔力棕●☆
258771　Morenia latisecta H. E. Moore = Chamaedorea latisecta (H. E. Moore) A. H. Gentry ●☆
258772　Morenia linearis (Ruiz et Pav.) Burret;线形魔力棕●☆
258773　Morenia macrocarpa Burret;大果魔力棕●☆
258774　Morenia montana (Humb. et Bonpl.) Burret;山地魔力棕●☆
258775　Morenia robusta Burret;粗壮魔力棕●☆
258776　Morenoa La Llave = Ipomoea L. (保留属名)●■
258777　Morettia DC. (1821);莫雷芥属■☆
258778　Morettia canescens Boiss.;灰莫雷芥■☆
258779　Morettia canescens Boiss. var. erecta Maire = Morettia canescens Boiss. ■☆
258780　Morettia canescens Boiss. var. microphylla Batt. = Morettia canescens Boiss. ■☆
258781　Morettia philaeana (Delile) DC.;莫雷芥■☆
258782　Morettia revoilii Franch. = Diceratella revoilii (Franch.) Jonsell ■☆
258783　Morgagnia Bubani = Simethis Kunth(保留属名)■☆
258784　Morgania R. Br. (1810);摩根婆婆纳属■●☆
258785　Morgania R. Br. = Stemodia L. (保留属名)■☆
258786　Morgania aspera Spreng.;粗糙摩根婆婆纳●☆
258787　Morgania caerulea Poir.;蓝摩根婆婆纳●☆
258788　Morgania floribunda Benth.;多花摩根婆婆纳●☆
258789　Morgania pubescens R. Br.;毛摩根婆婆纳■●☆
258790　Moricanda St. -Lag. = Moricandia DC. ■☆
258791　Moricandia DC. (1821);诸葛芥属■☆
258792　Moricandia alypifolia Pomel = Moricandia suffruticosa (Desf.) Coss. et Durieu ●☆
258793　Moricandia arvensis (L.) DC.;诸葛芥;Purple Cabbage, Purple Mistress ■☆
258794　Moricandia arvensis (L.) DC. = Moricandia sinaica (Boiss.) Boiss. ■☆
258795　Moricandia arvensis (L.) DC. subsp. alypifolia (Pomel) Batt. = Moricandia suffruticosa (Desf.) Coss. et Durieu ●☆
258796　Moricandia arvensis (L.) DC. subsp. nitens (Viv.) Maire = Moricandia nitens (Viv.) Durand et Barratte ■☆
258797　Moricandia arvensis (L.) DC. subsp. spinosa (Pomel) Batt. = Moricandia spinosa Pomel ■☆
258798　Moricandia arvensis (L.) DC. subsp. suffruticosa (Desf.) Maire = Moricandia suffruticosa (Desf.) Coss. et Durieu ●☆
258799　Moricandia arvensis (L.) DC. var. fabariifolia Presl = Moricandia arvensis (L.) DC. ■☆
258800　Moricandia arvensis (L.) DC. var. fontanesii Maire et Weiller = Moricandia arvensis (L.) DC. ■☆
258801　Moricandia arvensis (L.) DC. var. garamantum Maire = Moricandia arvensis (L.) DC. ■☆
258802　Moricandia arvensis (L.) DC. var. longirostris (Pomel) Batt. = Moricandia longirostris Pomel ■☆
258803　Moricandia arvensis (L.) DC. var. macrosperma Maire = Moricandia arvensis (L.) DC. ■☆
258804　Moricandia arvensis (L.) DC. var. pallida (Pomel) Batt. = Moricandia arvensis (L.) DC. ■☆
258805　Moricandia arvensis (L.) DC. var. populifolia (Batt.) Maire = Moricandia arvensis (L.) DC. ■☆
258806　Moricandia arvensis (L.) DC. var. robusta Batt. = Moricandia arvensis (L.) DC. ■☆
258807　Moricandia arvensis (L.) DC. var. suffruticosa (Desf.) Batt. = Moricandia suffruticosa (Desf.) Coss. et Durieu ●☆
258808　Moricandia cinerea (Desf.) Coss. = Ammosperma cinereum (Desf.) Baill. ■☆
258809　Moricandia clavata Boiss. et Reut. = Pseuderucaria clavata (Boiss. et Reut.) O. E. Schulz ■☆
258810　Moricandia divaricata Coss. = Moricandia spinosa Pomel ■☆
258811　Moricandia foleyi Batt.;福莱诸葛芥●☆
258812　Moricandia longirostris Pomel;长喙诸葛芥●☆
258813　Moricandia nitens (Viv.) Durand et Barratte;光亮诸葛芥●☆
258814　Moricandia pallida Pomel = Moricandia arvensis (L.) DC. ■☆
258815　Moricandia patula Pomel = Moricandia suffruticosa (Desf.) Coss. et Durieu ●☆
258816　Moricandia populifolia Batt. = Moricandia arvensis (L.) DC. ■☆

258817 Moricandia sinaica (Boiss.) Boiss.;西奈诸葛芥■☆
258818 Moricandia sonchifolia (Bunge) Hook. f. = Orychophragmus violaceus (L.) O. E. Schulz ■
258819 Moricandia sonchifolia Hook. f. = Orychophragmus violaceus (L.) O. E. Schulz ■
258820 Moricandia sonchifolia Hook. f. var. homaeophylla Hance = Orychophragmus violaceus (L.) O. E. Schulz ■
258821 Moricandia spinosa Pomel;具刺诸葛芥■☆
258822 Moricandia suffruticosa (Desf.) Coss. et Durieu;亚灌木诸葛芥●☆
258823 Moricandia teretifolia (Desf.) DC. = Pseuderucaria teretifolia (Desf.) O. E. Schulz ■☆
258824 Moricandia tortuosa (Cambess.) Hook. f. et Thomson = Douepia tortuosa Cambess. ■☆
258825 Moricandia tourneuxii Coss. = Pseuderucaria clavata (Boiss. et Reut.) O. E. Schulz ■☆
258826 Moriera Boiss. (1841);莫里尔芥属(莫里芥属)■☆
258827 Moriera cabulica Boiss.;莫里尔芥■☆
258828 Morierina Vieill. (1865);莫里尔茜属☆
258829 Morierina montana Vieill.;莫里尔茜☆
258830 Morilandia Neck. = Cliffortia L. ●☆
258831 Morina L. (1753);刺续断属(刺参属,蓟叶参属,摩苓草属);Himalayan Whorlflower,Morina,Whorl Flower,Whorlflower ■
258832 Morina alba Hand. -Mazz. = Acanthocalyx alba (Hand. -Mazz.) M. J. Cannon ■
258833 Morina alba Hand. -Mazz. = Morina nepalensis D. Don var. alba (Hand. -Mazz.) Y. C. Tang ex C. H. Hsing ■
258834 Morina betonicoides Benth. = Acanthocalyx nepalensis (D. Don) M. J. Cannon ■
258835 Morina betonicoides Benth. = Morina nepalensis D. Don ■
258836 Morina bracteata C. Y. Cheng et H. B. Chen;宽苞刺续断(宽苞刺参);Bracteate Morina ■
258837 Morina brevifolia Edgew. = Morina coulteriana Royle ■☆
258838 Morina bulleyana Forrest et Diels = Acanthocalyx nepalensis subsp. delavayi (Franch.) D. Y. Hong et Barrie ■
258839 Morina bulleyana Forrest et Diels = Morina nepalensis D. Don var. delavayi (Franch.) C. H. Hsing ■
258840 Morina chinensis (Batalin ex Diels) P. Y. Pai;圆萼刺续断(刺参,华刺参,摩苓草,圆萼刺参,圆萼摩苓草,中国摩苓草);China Morina,Chinese Morina ■
258841 Morina chinensis (Batalin) Diels = Morina chinensis (Batalin ex Diels) P. Y. Pai ■
258842 Morina chlorantha Diels;绿花刺续断(绿花刺参,绿花摩苓草);Greenflower Morina ■
258843 Morina chlorantha Diels var. subintegra Pax et K. Hoffm. = Morina chlorantha Diels ■
258844 Morina chlorantha Diels var. subintegra Pax et K. Hoffm. ex H. Limpr. = Morina chlorantha Diels ■
258845 Morina coulteriana Royle;黄花刺参(刺摩苓草)■
258846 Morina delavayi Franch. = Acanthocalyx nepalensis subsp. delavayi (Franch.) D. Y. Hong et F. Barrie ■
258847 Morina delavayi Franch. = Morina nepalensis D. Don var. delavayi (Franch.) C. H. Hsing ■
258848 Morina kokanica Regel;浩罕刺续断■☆
258849 Morina kokonorica K. S. Hao;青海刺参(刺参,刺摩苓草,小花刺参);Qinghai Morina ■
258850 Morina lehmanniana Bunge;赖氏刺参■
258851 Morina leucoblephara Hand. -Mazz. = Acanthocalyx alba (Hand. -Mazz.) M. J. Cannon ■
258852 Morina leucoblephara Hand. -Mazz. = Morina nepalensis D. Don var. alba (Hand. -Mazz.) Y. C. Tang ex C. H. Hsing ■
258853 Morina longifolia Wall. ex DC.;长叶刺参(长叶刺续断);Longleaf Morina,Whorlflower,Whorl-flower ■
258854 Morina lorifolia C. Y. Cheng et H. B. Chen;窄叶刺参;Narrowleaf Morina ■
258855 Morina lorifolia C. Y. Cheng et H. B. Chen = Morina chinensis (Batalin ex Diels) P. Y. Pai ■
258856 Morina ludlowii (M. J. Cannon) D. Y. Hong et F. Barrie;藏南刺参■
258857 Morina nana Wall. ex Benth. = Acanthocalyx nepalensis (D. Don) M. J. Cannon ■
258858 Morina nana Wall. ex DC. = Morina nepalensis D. Don ■
258859 Morina nepalensis D. Don;刺续断(刺参,刺摩苓草,降扯,摩苓草,水苏叶摩苓草,细花刺参,细叶刺参);Betonylike Morina,Common Morina ■
258860 Morina nepalensis D. Don = Acanthocalyx nepalensis (D. Don) M. J. Cannon ■
258861 Morina nepalensis D. Don subsp. delavayi (Franch.) D. Y. Hong et L. M. Ma = Acanthocalyx nepalensis subsp. delavayi (Franch.) D. Y. Hong et Barrie ■
258862 Morina nepalensis D. Don var. alba (Hand. -Mazz.) Y. C. Tang ex C. H. Hsing;白花刺参(白花刺续断,白花摩苓草,白毛刺参,刺参,刺参摩苓草,鸡刺参);Whiteflower Morina ■
258863 Morina nepalensis D. Don var. delavayi (Franch.) C. H. Hsing;大花刺续断(白仙茅,川参,刺参,刺仙茅,大花刺参,大花摩苓草,黄花摩苓草,鸡刺参,细叶刺参,细叶摩苓草);Largeflower Morina ■
258864 Morina nepalensis D. Don var. delavayi (Franch.) C. H. Hsing = Acanthocalyx nepalensis subsp. delavayi (Franch.) D. Y. Hong et Barrie ■
258865 Morina parviflora Kar. et Kir.;小花刺参(小花刺续断,小花摩苓草);Littleflower Morina,Smallflower Morina ■
258866 Morina parviflora Kar. et Kir. var. chinensis Batalin ex Diels = Morina chinensis (Batalin ex Diels) P. Y. Pai ■
258867 Morina persica L.;波斯刺参■
258868 Morina polyphylla Wall. ex DC.;多叶刺参■
258869 Morinaceae J. Agardh = Morinaceae Raf. ■
258870 Morinaceae Raf. (1820);刺续断科(刺参科,蓟叶参科)■
258871 Morinda L. (1753);巴戟天属(巴戟属,鸡眼藤属,羊角藤属);Indianmulberry,Indian-mulberry,Indian Mulberry ●■
258872 Morinda angolensis (R. D. Good) F. White;安哥拉巴戟天●☆
258873 Morinda angustifolia Roxb.;黄木巴戟(狭叶巴戟,狭叶鸡眼藤);Narrow-leaf Indianmulberry,Narrow-leaved Indian-mulberry ●
258874 Morinda badia Y. Z. Ruan;栗色巴戟;Dull-brown Indianmulberry ■
258875 Morinda batesii Wernham;贝茨巴戟天●☆
258876 Morinda boninensis Ohwi = Morinda umbellata L. subsp. boninensis (Ohwi) T. Yamaz. ●☆
258877 Morinda bracteata Roxb. = Morinda citrifolia L. ●
258878 Morinda brevipes S. Y. Hu;短柄鸡眼藤;Shortstalk Indianmulberry,Short-stalked Indian-mulberry ■
258879 Morinda brevipes S. Y. Hu var. stenophylla Chun et F. C. How;狭叶鸡眼藤(狭叶巴戟天);Narrowleaf Short-stalked Indian-mulberry ■

258880 Morinda callicarpifolia Y. Z. Ruan;紫竹叶巴戟;Callicarpaeleaf Indianmulberry ■

258881 Morinda cinnamomifoliata Y. Z. Ruan;樟叶巴戟;Cinnamonleaf Indianmulberry ■

258882 Morinda citrifolia L.;海滨木巴戟(椿根,海巴戟,海巴戟天,橘叶巴戟,橘叶鸡眼藤,水冬瓜,橄树);Awl,Canary Wood,Indian Mulberry,Indian-mulberry,Turkey Red ●

258883 Morinda citrina Y. Z. Ruan;金叶巴戟;Goldenleaf Indianmulberry ■

258884 Morinda citrina Y. Z. Ruan var. chlorina Y. Z. Ruan;白蕊巴戟;Whitestamen Indianmulberry ■

258885 Morinda cochinchinensis DC.;大果巴戟(黄心藤,酒瓶藤,三角藤);Cochinchina Indianmulberry,Cochin-China Indian-mulberry ●■

258886 Morinda confusa Hutch. = Morinda morindoides (Baker) Milne-Redh. ■☆

258887 Morinda elliptica Ridl.;椭圆巴戟■☆

258888 Morinda esquirolii H. Lév. = Macaranga andamanica Kurz ●

258889 Morinda esquirolii H. Lév. = Macaranga esquirolii (H. Lév.) Rehder ●

258890 Morinda geminata DC.;双巴戟■☆

258891 Morinda hainanensis Merr. et F. C. How;海南巴戟(海南巴戟天);Hainan Indianmulberry ■

258892 Morinda howiana S. Y. Hu;糠藤;How Indianmulberry ■

258893 Morinda hupehensis S. Y. Hu;湖北巴戟;Hubei Indianmulberry ■

258894 Morinda lacunosa King et Gamble;长序羊角藤;Longspike Indianmulberry ■

258895 Morinda leiantha Kurz;顶花木巴戟;Topflower Indianmulberry ●

258896 Morinda litseifolia Y. Z. Ruan;木姜叶巴戟;Litseleaf Indianmulberry ■

258897 Morinda longiflora G. Don;长花木巴戟●

258898 Morinda longissima Y. Z. Ruan;大花木巴戟;Longflower Indianmulberry ●

258899 Morinda lucida A. Gray = Morinda lucida Benth. ●■

258900 Morinda lucida Benth.;亮叶巴戟;Shiny Indianmulberry ●■

258901 Morinda morindoides (Baker) Milne-Redh.;扎伊尔巴戟■☆

258902 Morinda nanlingensis Y. Z. Ruan;南岭鸡眼藤;Nanling Indianmulberry ■

258903 Morinda nanlingensis Y. Z. Ruan var. pauciflora Y. Z. Ruan;少花鸡眼藤;Fewflower Indianmulberry ■

258904 Morinda nanlingensis Y. Z. Ruan var. pilophora Y. Z. Ruan;毛背鸡眼藤;Pilose Indianmulberry ■

258905 Morinda officinalis F. C. How;巴戟天(巴吉,巴吉天,巴棘,巴戟,不凋草,大巴戟,丹田霖雨,黑藤钻,鸡肠风,鸡眼藤,戟天,糠藤,老鼠刺根,连珠巴戟,女本,三角藤,三蔓草,糖藤,兔儿肠,兔仔肠,兔子肠,盐巴戟,叶柳草);Medicinal Indianmulberry,Medicinal Indian-mulberry ●■

◇258906 Morinda officinalis F. C. How 'Uniflora';密梗巴戟天(密梗巴戟)■

258907 Morinda officinalis F. C. How var. hirsuta F. C. How;毛巴戟天(毛巴戟);Hairy Medicinal Indianmulberry ●■

258908 Morinda palmetorum DC. = Psychotria peduncularis (Salisb.) Steyerm. var. palmetorum (DC.) Verdc. ■☆

258909 Morinda panamensis Seem.;巴拿马巴戟■☆

258910 Morinda parvifolia Bartl. ex DC.;百眼藤(大甘草,红珠藤,鸡眼藤,糠藤,泥藤草,爬山虎,土藤,五眼子,细叶巴戟,细叶巴戟天,下山虎,咸鱼头,小叶鸡眼藤,小叶伞花树,小叶羊角藤,猪糠藤);Littleleaf Indianmulberry,Little-leaved Indian-mulberry ●■

258911 Morinda persicifolia Buch.-Ham.;短梗木巴戟;Shortpedicel Indianmulberry ●

258912 Morinda pubiofficinalis Y. Z. Ruan;细毛巴戟;Thinhair Indianmulberry ■

258913 Morinda punctata ?;斑点巴戟■☆

258914 Morinda rojoc Lour.;罗伊巴戟■☆

258915 Morinda rosiflora Y. Z. Ruan;红木巴戟;Rose-flower Indianmulberry ●

258916 Morinda rugulosa Y. Z. Ruan;皱面鸡眼藤;Wrinkl Indianmulberry ■

258917 Morinda scabrifolia Y. Z. Ruan;西南巴戟;SW. China Indianmulberry ■

258918 Morinda shuanghuaensis C. Y. Chen et M. S. Huang;假巴戟(双华巴戟);Shuanghua Indianmulberry ●■

258919 Morinda squarrosa Buch.-Ham. = Morinda angustifolia Roxb. ●

258920 Morinda tinctoria Roxb.;染料鸡眼木(染料鸡眼草);Dyed Morinda,Dyeing Indian-mulberry ●

258921 Morinda tinctoria Roxb. = Morinda leiantha Kurz ●

258922 Morinda trichophylla Merr. = Morinda cochinchinensis DC. ●■

258923 Morinda umbellata L.;印度羊角藤(巴戟天,白面麻,穿骨虫,放筋藤,红头根,鸡眼藤,尖叶羊角扭,建巴戟,牛的藤,牛角藤,三角藤,伞花树,山八角,土巴戟,乌泥藤,乌苑藤,羊角树,羊角藤);Common Indian Mulberry,Common Indian-mulberry ●■

258924 Morinda umbellata L. subsp. boninensis (Ohwi) T. Yamaz.;小笠原羊角藤●☆

258925 Morinda umbellata L. subsp. boninensis (Ohwi) T. Yamaz. var. hahazimensis T. Yamaz.;母岛巴戟天●☆

258926 Morinda umbellata L. subsp. obovata Y. Z. Ruan;羊角藤;Obovate Indianmulberry ■

258927 Morinda undulata Y. Z. Ruan;波叶木巴戟;Undulate Indianmulberry ●

258928 Morinda villosa Hook. f.;须弥巴戟;Villose Indianmulberry ●

258929 Morinda yucatanensis Greenm.;尤卡坦巴戟■☆

258930 Morindopsis Hook. f. (1873);拟巴戟天属●■☆

258931 Morindopsis capillaris Kurz;缅甸拟巴戟天●■☆

258932 Morindopsis laotica Pit.;东南亚拟巴戟天●■☆

258933 Moringa Adans. = Moringa Rheede ex Adans. ●

258934 Moringa Burm. = Guilandina L. ●

258935 Moringa Rheede ex Adans. (1763);辣木属;Horseradish ●

258936 Moringa arabica Pers.;阿拉伯辣木;Arabian Horseradish ●☆

258937 Moringa arborea Verdc.;树辣木●☆

258938 Moringa citrifolia ?;印度辣木;Indian Mulberry ●☆

258939 Moringa concanensis Nimmo ex Dalzell et Gibson;印巴辣木●☆

258940 Moringa drouhardii Jum.;德鲁阿尔辣木●☆

258941 Moringa edulis Medik. = Moringa oleifera Lam. ●

258942 Moringa erecta Salisb. = Moringa oleifera Lam. ●

258943 Moringa hildebrandtii Engl.;希尔德辣木●☆

258944 Moringa longituba Engl.;长管辣木●☆

258945 Moringa oleifera Lam.;辣木(翼籽辣木,印度辣木);Ben,Ben Nut,Ben-nut Tree,Ben-oil Tree,Drumstick Tree,Drumsticks,Horse Radish Tree,Horseradish,Horseradish Tree,Horse-radish Tree,Horseradishtree,Horseradish-tree,Moringo,Never-die ●

258946 Moringa ovalifolia Dinter et A. Berger;卵叶辣木;Phantom Tree ●☆

258947 Moringa ovalifoliolata Dinter et A. Berger;卵小叶辣木●☆

258948 Moringa parviflora Noronha = Moringa oleifera Lam. ●

258949 Moringa peregrina (Forssk.) Fiori;外来辣木●☆

258950 Moringa polygona DC. = Moringa oleifera Lam. ●
258951 Moringa pterygosperma (L.) Gaertn. = Moringa oleifera Lam. ●
258952 Moringa pterygosperma Gaertn. = Moringa oleifera Lam. ●
258953 Moringa pterygosperma Gaertn. = Moringa ovalifolia Dinter et A. Berger ●☆
258954 Moringa pygmaea Verdc.;矮小辣木●☆
258955 Moringa rivae Chiov.;沟辣木●☆
258956 Moringa ruspoliana Engl.;鲁斯波利辣木●☆
258957 Moringa stenopetala (Baker f.) Cufod.;狭瓣辣木●☆
258958 Moringa streptocarpa Chiov. = Moringa stenopetala (Baker f.) Cufod. ●☆
258959 Moringa zeylanica Pers. = Moringa oleifera Lam. ●
258960 Moringaceae Dumort. = Moringaceae Martinov(保留科名)●
258961 Moringaceae Martinov (1820) (保留科名);辣木科;Horseradish Family, Moringa Family ●
258962 Moringaceae R. Br. ex Dumort. = Moringaceae Martinov(保留科名)●
258963 Morisea DC. = Morisia J. Gay ■☆
258964 Morisia J. Gay(1832);矮黄芥属■☆
258965 Morisia Nees = Rhynchospora Vahl(保留属名)■
258966 Morisia Nees = Sphaeroschoenus Arn. ■
258967 Morisia hypogaea J. Gay = Morisia monanthos (Viv.) Barbey ■☆
258968 Morisia monanthos (Viv.) Barbey;矮黄芥■☆
258969 Morisia wallichii Nees = Rhynchospora rubra (Lour.) Makino ■
258970 Morisina DC. = Morisia J. Gay ■☆
258971 Morisonia L. (1753);莫里森山柑属●☆
258972 Morisonia americana L.;美洲莫里森山柑●☆
258973 Morisonia elliptica Rusby;椭圆莫里森山柑●☆
258974 Morisonia multiflora Triana et Planch.;多花莫里森山柑●☆
258975 Morisonia oblongifolia Britton;矩圆叶莫里森山柑●☆
258976 Morithamnus R. M. King, H. Rob. et G. M. Barroso(1979);桑菊木属●☆
258977 Morithamnus crassus R. M. King, H. Rob. et G. M. Barroso;桑菊木●☆
258978 Moritzia DC. ex Meisn. (1840);莫里茨草属■☆
258979 Moritzia Sch. Bip. ex Benth. et Hook. f. = Podocoma Cass. ■☆
258980 Moritzia ciliata DC. ex Meisn.;莫里茨草■☆
258981 Moritzia dasyantha Fresen.;毛花莫里茨草■☆
258982 Moritzia lindenii Benth.;林氏莫里茨草■☆
258983 Morkillia Rose et J. H. Painter(1907);莫基尔蒺藜属●☆
258984 Morkillia acuminata Rose et J. H. Painter;莫基尔蒺藜●■☆
258985 Morkillia mexicana Rose et J. H. Painter;墨西哥莫基尔蒺藜■☆
258986 Morleya Woodson = Mortoniella Woodson ●■☆
258987 Mormodes Lindl. (1836);旋柱兰属;Goblin Orchid ■☆
258988 Mormodes amazonica Brade;亚马孙旋柱兰■☆
258989 Mormodes atropurpurea Lindl.;暗紫旋柱兰■☆
258990 Mormodes barbata Lindl. et Paxton;髯毛旋柱兰■☆
258991 Mormodes buccinatori Lindl.;布氏旋柱兰;Buccinator Goblin Orchid ■☆
258992 Mormodes chrysantha Salazar;金花旋柱兰■☆
258993 Mormodes colossus Rchb. f.;巨大旋柱兰;Giant Goblin Orchid ■☆
258994 Mormodes densiflora F. Miranda;密花旋柱兰■☆
258995 Mormodes elegans F. Miranda;雅致旋柱兰■☆
258996 Mormodes hookeri Lem.;胡克旋柱兰(虎克旋柱兰);Hooker Goblin Orchid ■☆
258997 Mormodes ignea Lindl. et Paxton;火红旋柱兰;Flamered Goblin Orchid ■☆
258998 Mormodes maculata (Klotzsch) L. O. Williams;斑点旋柱兰;Spotted Goblin Orchid ■☆
258999 Mormodes tigrina Barb. Rodr.;虎斑旋柱兰;Tigrine Goblin Orchid ■☆
259000 Mormolyca Fenzl(1850);怪花兰属;Hobgoblin ■☆
259001 Mormolyca charantia Chopin;怪花兰;Carilla ■☆
259002 Mormoraphis Jack ex Wall. = Arthrophyllum Blume ●☆
259003 Morna Lindl. = Waitzia J. C. Wendl. ■☆
259004 Morocarpus Boehm. = Blitum L. ■●
259005 Morocarpus Boehm. = Chenopodium L. ■●
259006 Morocarpus Siebold et Zucc. = Debregeasia Gaudich. ●
259007 Morocarpus belutinus Blume = Debregeasia longifolia (Burm. f.) Wedd. ●
259008 Morocarpus ceylanicus (Hook. f.) Kuntze = Debregeasia wallichiana (Wedd.) Wedd. ●
259009 Morocarpus dichotomus (Blume) Blume = Debregeasia longifolia (Burm. f.) Wedd. ●
259010 Morocarpus foliosus Moench = Chenopodium foliosum (Moench) Asch. ■
259011 Morocarpus leucophyllus (Wedd.) Kuntze = Debregeasia wallichiana (Wedd.) Wedd. ●
259012 Morocarpus longifolius (Burm. f.) Blume = Debregeasia longifolia (Burm. f.) Wedd. ●
259013 Morocarpus longifolius Blume = Debregeasia longifolia (Burm. f.) Wedd. ●
259014 Morocarpus microcephalus Benth. = Oreocnide frutescens (Thunb.) Miq. ●
259015 Morocarpus salicifolius (D. Don) Blume = Debregeasia saeneb (Forssk.) Hepper et J. R. I. Wood ●
259016 Morocarpus velutinus Blume = Debregeasia longifolia (Burm. f.) Wedd. ●
259017 Morocarpus wallichianus (Wedd.) Blume = Debregeasia wallichiana (Wedd.) Wedd. ●
259018 Moroea Franch. et Sav. = Moraea Mill. (保留属名)■
259019 Morolobium Kosterm. = Archidendron F. Muell. ●
259020 Morongia Britton = Mimosa L. ●■
259021 Moronoa Hort. ex Kuntze = Mikania Willd. (保留属名)■
259022 Moronoa Hort. ex Kuntze = Morrenia Hort. ex Kuntze ■
259023 Moronobea Aubl. (1775);默罗藤黄属;Hog Gum ●☆
259024 Moronobea coccinea Aubl.;深红默罗藤黄●☆
259025 Moronobeaceae Miers = Clusiaceae Lindl. (保留科名)●■
259026 Moronobeaceae Miers = Guttiferae Juss. (保留科名)●■
259027 Morophorum Neck. = Morus L. ●
259028 Morphaea Noronha = Fagraea Thunb. ●
259029 Morphixia Ker Gawl. = Ixia L. (保留属名)■☆
259030 Morphixia angustifolia (Andréws) Klatt = Ixia monadelpha D. Delaroche ■☆
259031 Morphixia columellaris (Ker Gawl.) Klatt = Ixia monadelpha D. Delaroche ■☆
259032 Morphixia cooperi Baker = Tritonia cooperi (Baker) Klatt ■☆
259033 Morphixia grandiflora (Andréws) Klatt = Ixia monadelpha D. Delaroche ■☆
259034 Morphixia juncifolia Baker = Thereianthus juncifolius (Baker) G. J. Lewis ■☆

259035 Morphixia lancea (Jacq.) Klatt = Ixia marginifolia (Salisb.) G. J. Lewis ■☆
259036 Morphixia latifolia (Andréws) Klatt = Ixia monadelpha D. Delaroche ■☆
259037 Morphixia monadelpha (D. Delaroche) Klatt = Ixia monadelpha D. Delaroche ■☆
259038 Morphixia nervosa Baker = Tritoniopsis nervosa (Baker) G. J. Lewis ■☆
259039 Morphixia purpurea (Andréws) Klatt = Ixia monadelpha D. Delaroche ■☆
259040 Morphixia trichorhiza Baker = Dierama trichorhizum (Baker) N. E. Br. ■☆
259041 Morrenia Hort. ex Kuntze = Mikania Willd.(保留属名)■
259042 Morrenia Lindl.(1838);乳草属■☆
259043 Morrenia brachystephana Griseb.;阿根廷乳草■☆
259044 Morrenia odorata (Hook. et Arn.) Lindl.;香乳草;Latexplant ■☆
259045 Morrenia odorata Lindl. = Morrenia odorata (Hook. et Arn.) Lindl. ■☆
259046 Morrisiella Aellen = Atriplex L. ■●
259047 Morsacanthus Rizzini(1952);蛰刺爵床属☆
259048 Morsacanthus nemoralis Rizzini;蛰刺爵床☆
259049 Morstdorffia Steud. = Chirita Buch. -Ham. ex D. Don ●■
259050 Morstdorffia Steud. = Liebigia Endl. ●■
259051 Mortonia A. Gray(1852);莫顿草属(莫顿属);Mortonia ●☆
259052 Mortonia effusa Turcz. = Mortonia greggii A. Gray ●☆
259053 Mortonia greggii A. Gray;格氏莫顿草(格雷格莫顿);Gregg Mortonia ●☆
259054 Mortonia scabrella A. Gray var. utahensis Coville ex A. Gray = Mortonia utahensis A. Nelson ●☆
259055 Mortonia sempervirens A. Gray;常绿莫顿草(常绿莫顿);Evergreen Mortonia ●☆
259056 Mortonia utahensis A. Nelson;犹他莫顿草(犹他莫顿);Utah Mortonia ●☆
259057 Mortoniella Woodson(1939);莫顿木属●■☆
259058 Mortoniella pittieri Woodson;小莫顿草●■☆
259059 Mortoniodendron Standl. et Steyerm. (1938);莫顿椴属●☆
259060 Mortoniodendron anisophyllum (Standl.) Standl. et Steyerm.;莫顿椴●☆
259061 Mortoniodendron cauliflorum Al. Rodr.;茎花莫顿椴●☆
259062 Mortoniodendron hirsutum Standl.;毛莫顿椴●☆
259063 Mortoniodendron membranaceum Standl. et Steyerm.;膜质莫顿椴●☆
259064 Morucodon Salisb. = Fritillaria L. ■
259065 Morus L. (1753);桑属;Mulberry ●
259066 Morus acidosa Griff. = Morus australis Poir. ●
259067 Morus alba L.;桑(白桑,黑椹,黄桑,家桑,荆桑,娘仔树,牛耳构树,葚,桑蔗,桑葚,桑树,桑枣,山黄桑树,椹,文武实,乌椹,檿);Russian Mulberry, Silkworm Mulberry, Weeping Mulberry, White Mulberry ●
259068 Morus alba L. 'Pendula';垂枝桑;Pendulous Mulberry ●
259069 Morus alba L. 'Tortusa';龙爪桑;Tortuous Mulberry ●
259070 Morus alba L. 'White Fruiting';白果桑;White-fruited Mulberry ●☆
259071 Morus alba L. f. incurva F. Seym. = Morus alba L. ●
259072 Morus alba L. f. macrophylla (Loudon) C. K. Schneid. = Morus alba L. ●
259073 Morus alba L. f. pendula Dippel = Morus alba L. 'Pendula' ●
259074 Morus alba L. f. skeletoniana (C. K. Schneid.) Rehder = Morus alba L. ●
259075 Morus alba L. var. atropurpurea (Roxb.) Bureau = Morus alba L. ●
259076 Morus alba L. var. bungeana Bureau = Morus alba L. ●
259077 Morus alba L. var. emargenata Y. B. Wu;裂叶桑;Lobed-leaf White Mulberry ●
259078 Morus alba L. var. indica (L.) Bureau = Morus australis Poir. ●
259079 Morus alba L. var. indica Bureau = Morus australis Poir. ●
259080 Morus alba L. var. laevigata Bureau = Morus macroura Miq. ●
259081 Morus alba L. var. laevigata Wall. ex Bureau = Morus macroura Miq. ●
259082 Morus alba L. var. latifolia (Poir.) Bureau = Morus alba L. var. multicaulis (Perr.) Loudon ●
259083 Morus alba L. var. macrophylla Loudon;大叶桑;Bigleaf White Mulberry ●☆
259084 Morus alba L. var. mongolica Bureau = Morus mongolica (Bureau) C. K. Schneid. ●
259085 Morus alba L. var. multicaulis (Perr.) Loudon;鲁桑(白桑,多枝桑,湖桑,女桑);Multicaulis Mulberry ●
259086 Morus alba L. var. nigriformis Bureau = Morus australis Poir. ●
259087 Morus alba L. var. purpurea Bureau = Morus alba L. ●
259088 Morus alba L. var. romana Lodd. = Morus alba L. ●
259089 Morus alba L. var. serrata (Roxb.) Bureau = Morus serrata Roxb. ●
259090 Morus alba L. var. serrata Bureau = Morus serrata Roxb. ●
259091 Morus alba L. var. stylosa Bureau = Morus australis Poir. ●
259092 Morus alba L. var. tatarica (L.) Ser.;俄罗斯桑(鞑靼桑);Russian Mulberry ●☆
259093 Morus alba L. var. tatarica (L.) Ser. = Morus alba L. ●
259094 Morus argutidens Koidz.;尖齿桑●☆
259095 Morus atropurpurea Roxb.;广东桑●
259096 Morus atropurpurea Roxb. = Morus alba L. ●
259097 Morus australis Poir.;鸡桑(八丈桑,蚕仔叶树,剪刀桑,裂叶水桑,桑材仔,桑树,山桑,小桑树,小岩桑,小叶桑,心叶桑,盐桑仔,檿桑,野桑);Anio Mulberry, Chivken Mulberry, Japan Mulberry, Japanese Mulberry, Korean Mulberry, South Mulberry, Taiwan Mulberry ●
259098 Morus australis Poir. 'Unryo';扭曲鸡桑;Contorted Mulberry ●☆
259099 Morus australis Poir. f. dissecta Nakai;裂叶鸡桑(尾叶鸡桑) ●☆
259100 Morus australis Poir. f. maritima (Koidz.) Sa. Kurata;滨海鸡桑●☆
259101 Morus australis Poir. var. hachijoensis (Hotta) Kitam. = Morus kagayamae Koidz. ●
259102 Morus australis Poir. var. hastifolia (F. T. Wang et Ts. Tang ex Z. Y. Cao) Z. Y. Cao = Morus australis Poir. ●
259103 Morus australis Poir. var. hastifolia (Z. Y. Cao) Z. Y. Cao;戟叶鸡桑(戟鸡桑,戟叶桑);Hastate-leaf Japanese Mulberry, Hastateleaf Mulberry ●
259104 Morus australis Poir. var. incisa C. Y. Wu;细裂叶鸡桑(细裂叶桑);Incised Japanese Mulberry ●
259105 Morus australis Poir. var. incisa C. Y. Wu = Morus australis Poir. ●
259106 Morus australis Poir. var. inusitata (H. Lév.) C. Y. Wu;花叶鸡

桑;Inusitate Japanese Mulberry ●
259107 Morus australis Poir. var. inusitata (H. Lév.) C. Y. Wu = Morus australis Poir. ●
259108 Morus australis Poir. var. linearipartita Z. Y. Cao;鸡爪叶桑;Line-parted Japanese Mulberry ●
259109 Morus australis Poir. var. linearipartita Z. Y. Cao = Morus australis Poir. ●
259110 Morus australis Poir. var. oblongifolia Z. Y. Cao = Morus australis Poir. ●
259111 Morus australis Poir. var. oblongufolia C. Y. Wu et Z. Y. Cao;狭叶鸡桑(狭长鸡桑);Oblong-leaf Japanese Mulberry ●
259112 Morus australis Poir. var. trilobata S. S. Chang = Morus trilobata (S. S. Chang) Z. Y. Cao ●
259113 Morus barkamensis S. S. Chang = Morus mongolica (Bureau) C. K. Schneid. var. barkamensis (S. S. Chang) C. Y. Wu et Z. Y. Cao ●
259114 Morus bombycis Koidz. = Morus australis Poir. ●
259115 Morus bombycis Koidz. var. angustifolia Koidz. = Morus australis Poir. ●
259116 Morus bombycis Koidz. var. bifida Koidz. = Morus australis Poir. ●
259117 Morus bombycis Koidz. var. caudatifolia (Koidz.) Koidz.;尾叶鸡桑●☆
259118 Morus bombycis Koidz. var. longistyla Koidz. = Morus australis Poir. ●
259119 Morus bombycis Koidz. var. maritima Koidz. = Morus australis Poir. f. maritima (Koidz.) Sa. Kurata ●☆
259120 Morus bombycis Koidz. var. tiliifolia Koidz. = Morus australis Poir. ●
259121 Morus boninensis Koidz.;小笠原桑●☆
259122 Morus cathayana Hemsl.;华桑(葫芦桑,花桑,麻桑,毛桑);China Mulberry,Chinese Mulberry ●
259123 Morus cathayana Hemsl. var. gongshanensis (Z. Y. Cao) Z. Y. Cao;贡山桑;Gongshan Mulberry ●
259124 Morus cathayana Hemsl. var. japonica (Makino) Koidz. = Morus cathayana Hemsl. ●
259125 Morus cavaleriei H. Lév. = Morus australis Poir. ●
259126 Morus chinensis Lodd. ex Loudon = Morus alba L. var. multicaulis (Perr.) Loudon ●
259127 Morus chinlingensis C. L. Min = Morus cathayana Hemsl. ●
259128 Morus deqinensis S. S. Chang = Morus mongolica (Bureau) C. K. Schneid. ●
259129 Morus deqinensis S. S. Chang = Morus mongolica (Bureau) C. K. Schneid. var. barkamensis (S. S. Chang) C. Y. Wu et Z. Y. Cao ●
259130 Morus diabolica Koidz. = Morus mongolica (Bureau) C. K. Schneid. var. diabolica Koidz. ●
259131 Morus excelsa Welw. = Milicia excelsa (Welw.) C. C. Berg ●☆
259132 Morus formosensis Hotta = Morus australis Poir. ●
259133 Morus gongshanensis Z. Y. Cao = Morus cathayana Hemsl. var. gongshanensis (Z. Y. Cao) Z. Y. Cao ●
259134 Morus gyirongensis S. S. Chang = Morus serrata Roxb. ●
259135 Morus hastifolia F. T. Wang et Ts. Tang ex Z. Y. Cao = Morus australis Poir. ●
259136 Morus hastifolia Z. Y. Cao = Morus australis Poir. var. hastifolia (Z. Y. Cao) Z. Y. Cao ●
259137 Morus indica L.;印度桑;Indian Mulberry ●☆
259138 Morus indica L. = Morus alba L. ●
259139 Morus integrifolia H. Lév. et Vaniot = Cudrania tricuspidata (Carrière) Bureau ex Lavallée ●
259140 Morus integrifolia H. Lév. et Vaniot = Maclura tricuspidata Carrière ●
259141 Morus inusitata H. Lév. = Morus australis Poir. var. inusitata (H. Lév.) C. Y. Wu ●
259142 Morus inusitata H. Lév. = Morus australis Poir. ●
259143 Morus japonica Audib.;日本桑●☆
259144 Morus japonica L. H. Bailey = Morus australis Poir. ●
259145 Morus jinpingensis S. S. Chang = Morus wittiorum Hand. -Mazz. ●
259146 Morus kagayamae Koidz. = Morus australis Poir. ●
259147 Morus lactea (Sim) Mildbr.;乳白桑●☆
259148 Morus lactea (Sim) Mildbr. = Morus mesozygia Stapf ●☆
259149 Morus lactea Mildbr. = Morus lactea (Sim) Mildbr. ●☆
259150 Morus laevigata Wall. ex Brandis = Morus macroura Miq. ●
259151 Morus laevigata Wall. ex Hook. = Morus macroura Miq. ●
259152 Morus latifolia Poir.;阔叶桑(鲁桑);Broadleaf Mulberry ●☆
259153 Morus latifolia Poir. = Morus alba L. var. multicaulis (Perr.) Loudon ●
259154 Morus liboensis S. S. Chang;荔波桑;Libo Mulberry ●◇
259155 Morus longistyla Diels = Morus australis Poir. ●
259156 Morus macroura Miq.;奶桑(长果桑,光叶桑,黄桑);Glabrous-leaved Mulberry ●
259157 Morus macroura Miq. var. mawu (Koidz.) C. Y. Wu et Z. Y. Cao;毛叶奶桑;Hairleaf Mulberry ●
259158 Morus macroura Miq. var. mawu (Koidz.) C. Y. Wu et Z. Y. Cao = Morus macroura Miq. ●
259159 Morus mairei H. Lév. = Acalypha mairei (H. Lév.) C. K. Schneid. ●
259160 Morus mesozygia Stapf;梅索桑●☆
259161 Morus mesozygia Stapf var. colossea A. Chev. = Morus mesozygia Stapf ●☆
259162 Morus mesozygia Stapf var. lactea (Sim) A. Chev. = Morus mesozygia Stapf ●☆
259163 Morus mesozygia Stapf var. sanda A. Chev. = Morus mesozygia Stapf ●☆
259164 Morus microphylla Buckley;小叶桑;Littleleaf Mulberry,Little-leaf Mulberry,Mexican Mulberry,Mountain Mulberry,Texas Mulberry ●☆
259165 Morus mongolica (Bureau) C. K. Schneid.;蒙桑(刺叶桑,崖桑,岩桑);Mexican Mulberry, Mongol Mulberry, Mongolian Mulberry,Texas Mulberry ●
259166 Morus mongolica (Bureau) C. K. Schneid. var. barkamensis (S. S. Chang) C. Y. Wu et Z. Y. Cao = Morus mongolica (Bureau) C. K. Schneid. ●
259167 Morus mongolica (Bureau) C. K. Schneid. var. barkamensis (S. S. Chang) C. Y. Wu et Z. Y. Cao;马尔康桑(德钦桑);Markang Mulberry ●
259168 Morus mongolica (Bureau) C. K. Schneid. var. diabolica Koidz.;山桑(葫芦桑,花桑,黄桑,裂叶蒙桑);Mountainous Mulberry ●
259169 Morus mongolica (Bureau) C. K. Schneid. var. diabolica Koidz. = Morus mongolica (Bureau) C. K. Schneid. ●
259170 Morus mongolica (Bureau) C. K. Schneid. var. hopeiensis S. S. Chang et Y. P. Wu = Morus mongolica (Bureau) C. K. Schneid. ●
259171 Morus mongolica (Bureau) C. K. Schneid. var. hopeiensis S. S. Chang = Morus mongolica (Bureau) C. K. Schneid. ●
259172 Morus mongolica (Bureau) C. K. Schneid. var. longicaudata Z. Y. Cao;尾叶蒙桑;Long-caudate Mulberry ●

259173 Morus mongolica (Bureau) C. K. Schneid. var. longicaudata Z. Y. Cao = Morus mongolica (Bureau) C. K. Schneid. ●
259174 Morus mongolica (Bureau) C. K. Schneid. var. rotundifolia Y. B. Wu;圆叶蒙桑;Round-leaf Mulberry ●
259175 Morus mongolica (Bureau) C. K. Schneid. var. rotundifolia Y. B. Wu = Morus mongolica (Bureau) C. K. Schneid. ●
259176 Morus mongolica (Bureau) C. K. Schneid. var. vestita Rehder = Morus mongolica (Bureau) C. K. Schneid. ●
259177 Morus mongolica (Bureau) C. K. Schneid. var. yunnanensis (Koidz.) C. Y. Wu et Z. Y. Cao = Morus mongolica (Bureau) C. K. Schneid. ●
259178 Morus mongolica (Bureau) C. K. Schneid. var. yunnanensis (Koidz.) C. Y. Wu et Z. Y. Cao;云南桑(滇桑);Yunnan Mulberry ●◇
259179 Morus multicaulis Perrottet = Morus alba L. var. multicaulis (Perr.) Loudon ●
259180 Morus nigra L.;黑桑(黑果桑);American Mulberry, Black Mulberry, Common Mulberry, English Mulberry, Morbeam, Mulberry, Persian Mulberry, Wisdom Tree, Wise Tree ●
259181 Morus nigriformis (Bureau) Koidz. = Morus australis Poir. ●
259182 Morus nobilis C. K. Schneid.;华丽桑;Nobly Mulberry ●☆
259183 Morus notabilis C. K. Schneid.;川桑;Noteworthy Mulberry ●
259184 Morus pabularia Decne. = Morus serrata Roxb. ●
259185 Morus papyrifera L. = Broussonetia papyrifera (L.) L'Hér. ex Vent. ●
259186 Morus rubra L.;美洲红桑(红果桑,红桑,美国桑);American Mulberry, Moral, Red Mulberry ●☆
259187 Morus rubra L. f. atropurpurea F. Seym. = Morus rubra L. ●☆
259188 Morus rubra L. f. laevis F. Seym. = Morus rubra L. ●☆
259189 Morus rubra L. var. japonica Makino = Morus cathayana Hemsl. ●
259190 Morus rubra L. var. tomentosa (Raf.) Bureau = Morus rubra L. ●☆
259191 Morus serrata Roxb.;吉隆桑(西藏桑,细齿桑);Serrate Mulberry ●
259192 Morus stylosa Ser. var. ovalifolia Ser. = Morus australis Poir. ●
259193 Morus tatarica (L.) Ser.;鞑靼桑;Tatar Mulberry ●
259194 Morus tatarica L. = Morus alba L. ●
259195 Morus tiliifolia Makino;椴叶桑;Tilia-leaf Mulberry ●
259196 Morus tiliifolia Makino = Morus cathayana Hemsl. ●
259197 Morus tinctoria L.;黄桑(染料桑,染色桑);Tinctor Mulberry ●
259198 Morus tinctoria L. = Maclura tinctoria (L.) D. Don ex Steud. ●☆
259199 Morus tomentosa Raf. = Morus rubra L. ●☆
259200 Morus trilobata (S. S. Chang) Z. Y. Cao;三裂桑(裂叶桑);Trilobed Mulberry ●
259201 Morus wallichiana Koidz. = Morus macroura Miq. ●
259202 Morus wittiorum Hand.-Mazz.;长穗桑(诙谐桑,黔鄂桑,湘桂桑);Hunan-Kwangsi Mulberry, Wittily Mulberry ●
259203 Morus wittiorum Hand.-Mazz. var. mawu Koidz. = Morus macroura Miq. ●
259204 Morus wittiorum Hand.-Mazz. var. mawu Koidz. = Morus macroura Miq. var. mawu (Koidz.) C. Y. Wu et Z. Y. Cao ●
259205 Morus yunnanensis Koidz. = Morus mongolica (Bureau) C. K. Schneid. var. yunnanensis (Koidz.) C. Y. Wu et Z. Y. Cao ●◇
259206 Morus yunnanensis Koidz. = Morus notabilis C. K. Schneid. ●
259207 Morus zanthoxylon L. = Maclura tinctoria (L.) D. Don ex Steud. ●☆
259208 Morysia Cass. = Athanasia L. ●☆
259209 Morysia acerosa DC. = Phymaspermum acerosum (DC.) Källersjö ■☆
259210 Morysia aspera (Thunb.) Less. = Athanasia dentata (L.) L. ●☆
259211 Morysia dentata (L.) DC. = Athanasia dentata (L.) L. ●☆
259212 Morysia dentata (L.) DC. var. kraussii Sch. Bip. = Athanasia dentata (L.) L. ●☆
259213 Morysia diversifolia Cass. = Athanasia dentata (L.) L. ●☆
259214 Morysia fasciculata Less. = Athanasia vestita (Thunb.) Druce ●☆
259215 Morysia juncea DC. = Athanasia juncea (DC.) D. Dietr. ●☆
259216 Morysia lineariloba DC. = Athanasia pectinata L. f. ●☆
259217 Morysia longifolia (Lam.) Less. = Athanasia linifolia Burm. ●☆
259218 Morysia microcephala DC. = Athanasia microcephala (DC.) D. Dietr. ●☆
259219 Morysia pachyphylla Sch. Bip. = Athanasia dentata (L.) L. ●☆
259220 Morysia pauciflora DC. = Athanasia microcephala (DC.) D. Dietr. ●☆
259221 Morysia spathulata DC. = Athanasia spathulata (DC.) D. Dietr. ●☆
259222 Morysia velutina DC. = Athanasia tomentosa Thunb. ●☆
259223 Mosannona Chatrou(1998);南美番荔枝属●☆
259224 Moscaria Pers. = Moscharia Ruiz et Pav.(保留属名)■☆
259225 Moscatella Adans. = Adoxa L. ■
259226 Moscharea Salisb. = Moscharia Ruiz et Pav.(保留属名)■☆
259227 Moscharea Salisb. = Muscari Mill. ■☆
259228 Moscharia Fabr. = Amberboa (Pers.) Less. ■
259229 Moscharia Forssk.(废弃属名) = Ajuga L. ■●
259230 Moscharia Forssk.(废弃属名) = Moscharia Ruiz et Pav.(保留属名)■☆
259231 Moscharia Ruiz et Pav.(1794)(保留属名);羽叶钝柱菊属■☆
259232 Moscharia Salisb. = Muscari Mill. ■☆
259233 Moscharia Salisb. = Muscarimia Kostel. ex Losinsk. ■☆
259234 Moscharia Tourn. ex Salisb. = Muscarimia Kostel. ex Losinsk. ■☆
259235 Moscharia pinnatifida Ruiz et Pav.;羽叶钝柱菊■☆
259236 Moschatella Scop. = Moschatellina Mill. ■
259237 Moschatellina Haller = Adoxa L. ■
259238 Moschatellina Mill. = Adoxa L. ■
259239 Moschifera Molina = Moscharia Ruiz et Pav.(保留属名)■☆
259240 Moschkowitzia Klotzsch = Begonia L. ●■
259241 Moschopsis Phil.(1865);麝香萼角花属■☆
259242 Moschopsis leyboldi Phil.;麝香萼角花■☆
259243 Moschopsis monocephala Reiche;单头麝香萼角花■☆
259244 Moschopsis spathulata Dusén;小匙麝香萼角花■☆
259245 Moschosma Rchb. = Basilicum Moench ■
259246 Moschosma dimidiata (Schumach. et Thonn.) Benth. = Basilicum polystachyon (L.) Moench ■
259247 Moschosma multiflora Benth. = Tetradenia riparia (Hochst.) Codd ●☆
259248 Moschosma myriostachya Benth. = Tetradenia riparia (Hochst.) Codd ●☆
259249 Moschosma polystachya (L.) Benth. = Basilicum polystachyon (L.) Moench ■
259250 Moschosma polystachya (L.) Benth. var. dimidiata (Schumach.

et Thonn.) Briq. = Basilicum polystachyon (L.) Moench ■
259251 Moschosma polystachya (L.) Benth. var. flaccida (Briq.) Briq. = Basilicum polystachyon (L.) Moench ■
259252 Moschosma polystachya (L.) Benth. var. moschata (R. Br.) Briq. = Basilicum polystachyon (L.) Moench ■
259253 Moschosma polystachya (L.) Benth. var. stereoclada (Briq.) Briq. = Basilicum polystachyon (L.) Moench ■
259254 Moschosma polystahya (L.) Benth. = Basilicum polystachyon (L.) Moench ■
259255 Moschosma riparia Hochst. = Tetradenia riparia (Hochst.) Codd ●☆
259256 Moschosma urticifolia Baker = Tetradenia riparia (Hochst.) Codd ●☆
259257 Moschoxylon Meisn. = Moschoxylum A. Juss. ●
259258 Moschoxylum A. Juss. = Trichilia P. Browne(保留属名)●
259259 Mosdenia Stent(1922);密鳞匍茎草属■☆
259260 Mosdenia leptostachys (Ficalho et Hiern) Clayton;密鳞匍茎草■☆
259261 Mosdenia phleoides (Hack.) Stent = Mosdenia leptostachys (Ficalho et Hiern) Clayton ■☆
259262 Mosdenia transvaalensis Stent = Mosdenia leptostachys (Ficalho et Hiern) Clayton ■☆
259263 Mosdenia waterbergensis Stent = Mosdenia leptostachys (Ficalho et Hiern) Clayton ■☆
259264 Moseleya Hemsl. = Ellisiophyllum Maxim. ■
259265 Moseleya pinnata (Wall. ex Benth.) Hemsl. = Ellisiophyllum pinnatum (Wall. ex Benth.) Makino ■
259266 Moseleya pinnata Hemsl. = Ellisiophyllum pinnatum (Wall.) Makino ■
259267 Mosenia Lindm = Canistrum E. Morren ■☆
259268 Mosenodendron R. E. Fr. = Hornschuchia Nees ●☆
259269 Mosenthinia Kuntze = Glaucium Mill. ■
259270 Mosheovia Eig = Scrophularia L. ■●
259271 Mosiera Small = Eugenia L. ●
259272 Mosiera Small = Myrtus L. ●
259273 Mosiera Small(1933);摩西木属●☆
259274 Mosiera bahamensis (Kiaersk.) Small;摩西木●☆
259275 Mosigta Spreng. = Moscharia Ruiz et Pav. (保留属名)■☆
259276 Mosina Adans. = Ortegia L. ■☆
259277 Moskerion Raf. = Narcissus L. ■
259278 Mosla (Benth.) Buch. -Ham. ex Maxim. (1875);石荠苎属(荠苎属,干汗草属);Mosla ■
259279 Mosla (Benth.) Buch. -Ham. ex Maxim. = Orthodon Benth. et Oliv. ■
259280 Mosla Buch. -Ham. ex Benth. = Mosla (Benth.) Buch. -Ham. ex Maxim. ■
259281 Mosla cavaleriei H. Lév. ;小花荠苎(薄荷,独行千里,痱子草,假芥兰,荆芥,酒饼叶,酒瓶草,七星剑,土荆芥,细叶七星剑,小花石荠苎,小叶不红,小叶荠,小叶荠苎,星色草,野香薷);Cavalerie Mosla ■
259282 Mosla chinensis Maxim. ;石香薷(独行千里,痱子草,干汗草,广香薷,华荠苎,还魂草,辣辣草,凉芥,蓼刀竹,满山香,蜜蜂草,七星剑,荠苎,青香薷,沙药,痧药草,山茵陈,石艾,石苏,石香茅,土黄连,土荆芥,土香草,土香薷,蚊子草,五香草,细香薷,细叶七星剑,细叶香薷,香菜,香草,香茅,香荠,香戎,香茸,香茹,香茹草,香薷,香薷草,小茴香,小香薷,小叶香薷,野荆芥,野香薷,野紫苏,种芥,紫花香茅);China Mosla, Chinese Mosla, Stone Elsholtzia ■
259283 Mosla chinensis Maxim. var. kiangsiensis G. P. Zhu et J. L. Shi;江西香薷;Jiangxi Mosla ■
259284 Mosla dianthera (Buch. -Ham. ex Roxb.) Maxim. ;小鱼荠苎(臭草,粗锯齿荠苎,大叶香薷,痱子草,干汗草,红花月味草,霍乱草,假荆芥,假鱼香,姜芥,荆芥,毛台湾干汗草,热痱草,山苏麻,石荠苎,疏花荠苎,四方草,台湾荠苎,土荆芥,香花草,小本土荆芥,小鱼仙草,野薄荷,野荆芥,野香薷,月味草);Miniature Beefsteak Plant, Miniature Beefsteakplant, Taiwan Mosla, Twoanther Mosla ■
259285 Mosla dianthera (Buch. -Ham. ex Roxb.) Maxim. var. nana (H. Hara) Honda = Mosla hirta (H. Hara) H. Hara ■
259286 Mosla dianthera (Buch. -Ham. ex Roxb.) Maxim. var. nana (H. Hara) Ohwi;毛台湾干汗草■
259287 Mosla dianthera (Buch. -Ham. ex Roxb.) Maxim. var. nana (H. Hara) Ohwi = Mosla dianthera (Buch. -Ham. ex Roxb.) Maxim. ■
259288 Mosla exfoliata (C. Y. Wu) C. Y. Wu et H. W. Li;无叶荠苎;Leafless Mosla ■
259289 Mosla fordii Maxim. = Mosla chinensis Maxim. ■
259290 Mosla formosana Maxim. ;台湾荠苎(台湾干汗草)■
259291 Mosla formosana Maxim. = Mosla dianthera (Buch. -Ham. ex Roxb.) Maxim. ■
259292 Mosla grosseserrata Maxim. ;荠苎(臭苏,粗齿荠苎,青白苏,水苋菜);Largeserrate Mosla ■
259293 Mosla grosseserrata Maxim. = Mosla dianthera (Buch. -Ham. ex Roxb.) Maxim. ■
259294 Mosla hadai Nakai = Mosla japonica (Benth. ex Oliv.) Maxim. var. hadai (Nakai) Honda ■☆
259295 Mosla hangchowensis (Matsuda) C. Y. Wu;杭州石荠苎(杭州荠苎);Hangchow Mosla, Hangzhou Mosla ■
259296 Mosla hangchowensis (Matsuda) C. Y. Wu var. cheteana (Y. Z. Sun ex C. H. Hu) C. Y. Wu et H. W. Li;建德石荠苎;Jiande Mosla ■
259297 Mosla hangchowensis Matsuda = Mosla hangchowensis (Matsuda) C. Y. Wu ■
259298 Mosla hangchowensis Matsuda var. cheteana (Y. Z. Sun ex C. H. Hu) C. Y. Wu et H. W. Li = Mosla hangchowensis (Matsuda) C. Y. Wu var. cheteana (Y. Z. Sun ex C. H. Hu) C. Y. Wu et H. W. Li ■
259299 Mosla hirta (H. Hara) H. Hara;毛石荠苎■☆
259300 Mosla japonica (Benth. ex Oliv.) Maxim. ;日本山紫苏;Japan Mosla, Japanese Mosla ■☆
259301 Mosla japonica (Benth. ex Oliv.) Maxim. f. thymolifera (Makino) T. Yamaz. et Murata = Mosla japonica (Benth. ex Oliv.) Maxim. var. thymolifera (Makino) Kitam. ■☆
259302 Mosla japonica (Benth. ex Oliv.) Maxim. var. hadae (Nakai) Kitam. ;大山紫苏(哈达石荠苎)■☆
259303 Mosla japonica (Benth. ex Oliv.) Maxim. var. hadae (Nakai) Kitam. = Mosla japonica (Benth. ex Oliv.) Maxim. ■☆
259304 Mosla japonica (Benth. ex Oliv.) Maxim. var. hadai (Nakai) Honda = Mosla japonica (Benth. ex Oliv.) Maxim. var. hadae (Nakai) Kitam. ■☆
259305 Mosla japonica (Benth. ex Oliv.) Maxim. var. robusta (Nakai) Ohwi;粗壮日本山紫苏■☆
259306 Mosla japonica (Benth. ex Oliv.) Maxim. var. thymolifera (Makino) Kitam. ;白花日本山紫苏■☆
259307 Mosla japonica Maxim. var. angustifolia Makino = Mosla chinensis Maxim. ■

259308 Mosla lanceolata (Benth.) Maxim. = Mosla dianthera (Buch. -Ham. ex Roxb.) Maxim. ■

259309 Mosla lanceolata (Benth.) Maxim. = Mosla scabra (Thunb.) C. Y. Wu et H. W. Li ■

259310 Mosla leucantha Hayata = Mosla japonica (Benth. ex Oliv.) Maxim. var. thymolifera (Makino) Kitam. ■☆

259311 Mosla leucantha Hayata = Mosla scabra (Thunb.) C. Y. Wu et H. W. Li ■

259312 Mosla leucantha Nakai = Mosla japonica (Benth. ex Oliv.) Maxim. var. thymolifera (Makino) Kitam. ■☆

259313 Mosla longibracteata (C. Y. Wu) C. Y. Wu et H. W. Li;长苞荠苎(土荆芥);Longbract Mosla ■

259314 Mosla longispica (C. Y. Wu) C. Y. Wu et H. W. Li;长穗荠苎;Longspike Mosla ■

259315 Mosla lysimachiiflora Hayata = Mosla dianthera (Buch. -Ham. ex Roxb.) Maxim. ■

259316 Mosla lysimachiiflora Hayata = Mosla formosana Maxim. ■

259317 Mosla methylchavicolifera Fujita;椒香石荠苎■☆

259318 Mosla ocimoides Buch. -Ham. ex Benth. = Mosla dianthera (Buch. -Ham. ex Roxb.) Maxim. ■

259319 Mosla pauciflora (C. Y. Wu) C. Y. Wu et H. W. Li;少花荠苎(少花荠苎);Fewflower Mosla ■

259320 Mosla punctata (Thunb.) Maxim. = Mosla scabra (Thunb.) C. Y. Wu et H. W. Li ■

259321 Mosla punctulata (J. F. Gmel.) Nakai = Mosla scabra (Thunb.) C. Y. Wu et H. W. Li ■

259322 Mosla remotiflora Y. Z. Sun = Mosla dianthera (Buch. -Ham. ex Roxb.) Maxim. ■

259323 Mosla scabra (Thunb.) C. Y. Wu et H. W. Li;石荠苎(凹腺干汗草,白鹤草,斑点石荠苎,北风头上一枝香,不脸草,粗糙荠苎,痱子草,干汗草,鬼香油,红痱子草,荆苏麻,母鸡窝,蜻蜓花,热痱草,沙虫药,水苋菜,天香油,土荆芥,土香茹草,土香薷草,土茵陈,微点荠苎,五香草,狭叶荠苎,香草,香花草,香茹草,小苏金,小鱼仙草,野薄荷,野藿香,野芥菜,野荆芥,野棉花,野升麻,野苏叶,野土荆芥,野香茹,叶进根,月斑草,紫花草);Punctulate Mosla,Scabrous Mosla ■

259324 Mosla soochowensis Matsuda;苏州荠苎(瘀药草,天香油,土荆芥,土香薷,五香草,香草,小叶天香薷,小叶天香油,小叶香薷,野香草);Suchow Mosla,Suzhou Mosla ■

259325 Mosla thymolifera Makino = Mosla japonica (Benth. ex Oliv.) Maxim. var. thymolifera (Makino) Kitam. ■☆

259326 Mosquitoxylum Krug et Urb. (1895);牙买加漆树属;Mosquito Wood ●☆

259327 Mosquitoxylum jamaicense Krug et Urb.;牙买加漆树;Mosquito Wood ●☆

259328 Mossia N. E. Br. (1930);小米玉属■☆

259329 Mossia intervallaris (L. Bolus) N. E. Br.;小米玉■☆

259330 Mossia verdoorniae N. E. Br. = Chasmatophyllum verdoorniae (N. E. Br.) L. Bolus ●☆

259331 Mostacillastrum O. E. Schulz = Sisymbrium L. ■

259332 Mostacillastrum O. E. Schulz(1924);阿根廷大蒜芥属■☆

259333 Mostacillastrum ameghinoi O. E. Schulz;阿根廷大蒜芥■☆

259334 Mostuea Didr. (1853);摩斯马钱属●☆

259335 Mostuea adamii Sillans;阿达姆摩斯马钱●☆

259336 Mostuea amabilis Turrill = Mostuea microphylla Gilg ●☆

259337 Mostuea angolana (S. Moore) Hiern = Mostuea hirsuta (T. Anderson ex Benth. et Hook. f.) Baill. ex Baker ●☆

259338 Mostuea angustifolia Wernham = Mostuea brunonis Didr. ●☆

259339 Mostuea batesii Baker;贝茨摩斯马钱●☆

259340 Mostuea brunonis Didr.;摩斯马钱●☆

259341 Mostuea brunonis Didr. var. fusiformis Leeuwenb.;梭形摩斯马钱●☆

259342 Mostuea brunonis Didr. var. obcordata Leeuwenb.;倒心形摩斯马钱●☆

259343 Mostuea buchholzii Engl. = Mostuea brunonis Didr. ●☆

259344 Mostuea buchholzii Engl. var. angustifolia Pellegr. = Mostuea brunonis Didr. ●☆

259345 Mostuea camporum Gilg = Mostuea brunonis Didr. ●☆

259346 Mostuea congolana (Gilg) Baker = Mostuea hirsuta (T. Anderson ex Benth. et Hook. f.) Baill. ex Baker ●☆

259347 Mostuea densiflora Gilg = Mostuea brunonis Didr. ●☆

259348 Mostuea duchesnei De Wild. = Mostuea brunonis Didr. ●☆

259349 Mostuea fuchsiifolia Baker = Mostuea brunonis Didr. ●☆

259350 Mostuea gabonica Baill. = Mostuea hirsuta (T. Anderson ex Benth. et Hook. f.) Baill. ex Baker ●☆

259351 Mostuea gilletii De Wild. = Mostuea brunonis Didr. ●☆

259352 Mostuea gossweileri Cavaco = Mostuea brunonis Didr. ●☆

259353 Mostuea gracilipes Mildbr. = Mostuea brunonis Didr. ●☆

259354 Mostuea grandiflora Gilg = Mostuea brunonis Didr. ●☆

259355 Mostuea hirsuta (T. Anderson ex Benth. et Hook. f.) Baill. ex Baker;毛摩斯马钱●☆

259356 Mostuea lujae De Wild. et T. Durand = Mostuea brunonis Didr. ●☆

259357 Mostuea lundensis Cavaco = Mostuea brunonis Didr. ●☆

259358 Mostuea madagascarica Baill. = Mostuea brunonis Didr. ●☆

259359 Mostuea megaphylla Good = Mostuea brunonis Didr. ●☆

259360 Mostuea microphylla Gilg;小叶摩斯马钱●☆

259361 Mostuea neurocarpa Gilg;脉果摩斯马钱●☆

259362 Mostuea orientalis Baker = Mostuea brunonis Didr. ●☆

259363 Mostuea periquetii Pellegr. = Mostuea hirsuta (T. Anderson ex Benth. et Hook. f.) Baill. ex Baker ●☆

259364 Mostuea pervilleana Baill. = Mostuea brunonis Didr. ●☆

259365 Mostuea poggeana (Gilg) Baker = Mostuea hirsuta (T. Anderson ex Benth. et Hook. f.) Baill. ex Baker ●☆

259366 Mostuea rubrinervis Engl. = Mostuea brunonis Didr. ●☆

259367 Mostuea schlechteri Gilg ex Schltr. = Mostuea batesii Baker ●☆

259368 Mostuea schumanniana Gilg = Mostuea brunonis Didr. ●☆

259369 Mostuea schweinfurthii (Gilg) Baker = Mostuea hirsuta (T. Anderson ex Benth. et Hook. f.) Baill. ex Baker ●☆

259370 Mostuea sennii Chiov. = Mostuea microphylla Gilg ●☆

259371 Mostuea stimulans A. Chev. = Mostuea batesii Baker ●☆

259372 Mostuea syringaeflora S. Moore = Mostuea microphylla Gilg ●☆

259373 Mostuea taymansiana De Wild. = Mostuea batesii Baker ●☆

259374 Mostuea thomsonii (Oliv.) Benth. = Mostuea brunonis Didr. ●☆

259375 Mostuea ulugurensis Gilg = Mostuea brunonis Didr. ●☆

259376 Mostuea vankerckhoveni De Wild. = Mostuea brunonis Didr. ●☆

259377 Mostuea walleri Baker = Mostuea brunonis Didr. ●☆

259378 Mostuea zenkeri Gilg = Mostuea brunonis Didr. ●☆

259379 Motandra A. DC. (1844);变蕊木属●☆

259380 Motandra altissima Stapf = Motandra guineensis (Thonn.) A. DC. ●☆

259381 Motandra erlangeri K. Schum. = Oncinotis tenuiloba Stapf ●☆

259382 Motandra glabrata Baill. = Oncinotis glabrata (Baill.) Stapf ex Hiern ●☆
259383 Motandra guineensis (Thonn.) A. DC.;几内亚变蕊木●☆
259384 Motandra lujaei De Wild. et T. Durand;卢亚变蕊木●☆
259385 Motandra poecilophylla Wernham;斑叶变蕊木●☆
259386 Motandra pyramidalis Stapf = Motandra guineensis (Thonn.) A. DC. ●☆
259387 Motandra rostrata K. Schum. = Motandra guineensis (Thonn.) A. DC. ●☆
259388 Motandra stapfiana Mildbr. = Motandra poecilophylla Wernham ●☆
259389 Motandra viridiflora K. Schum. = Baissea viridiflora (K. Schum.) de Kruif ●☆
259390 Motandra welwitschiana Baill. = Oncinotis hirta Oliv. ●☆
259391 Motherwellia F. Muell. (1870);马瑟五加属●☆
259392 Motherwellia haplosciadea F. Muell.;马瑟五加●☆
259393 Motleyia J. T. Johanss. (1987);莫特利茜属☆
259394 Motleyia borneensis J. T. Johansson;莫特利茜☆
259395 Mouffetta Neck. = Patrinia Juss. (保留属名)■
259396 Mougeotia Kunth = Melochia L. (保留属名)●■
259397 Moulinsia Blume = Erioglossum Blume ●
259398 Moulinsia Cambess. = Erioglossum Blume ●
259399 Moulinsia Raf. = Aristida L. ■
259400 Moullava Adans. (1763);糖豆属(糖玉米豆属)■☆
259401 Moullava spicata (Dalzell) Nicolson;糖豆■☆
259402 Moultonia Balf. f. et W. W. Sm. = Monophyllaea R. Br. ■☆
259403 Moultonianthus Merr. (1916);莫尔顿木属●☆
259404 Moultonianthus borneensis Merr.;莫尔顿木●☆
259405 Mountnorrisia Szyszyl. = Anneslea Wall. (保留属名)●
259406 Mountnorrisia fragrans (Wall.) Szyszyl. = Anneslea fragrans Wall. ●
259407 Mouquinia eriosematoides Walp. = Duhaldea chinensis DC. ●■
259408 Mourera Aubl. (1775);莫雷苔草属■☆
259409 Mourera fluviatilis Aubl.;莫雷苔草■☆
259410 Mouretia Pit. (1922);牡丽草属;Mouretia ■
259411 Mouretia guangdongensis H. S. Lo;广东牡丽草;Guangdong Mouretia,Kwangtung Mouretia ■
259412 Mouretia tokinensis Pit.;牡丽草■☆
259413 Mouricou Adans. = Erythrina L. ●■
259414 Mouriraceae Gardner = Melastomataceae Juss. (保留科名)●■
259415 Mouriri Aubl. (1775);穆里野牡丹属●☆
259416 Mouriri acutiflora Naudin;尖花穆里野牡丹●☆
259417 Mouriri angustifolia Spruce ex Triana;窄叶穆里野牡丹●☆
259418 Mouriri brevipes Gardner;短梗穆里野牡丹●☆
259419 Mouriri cauliflora DC.;茎花穆里野牡丹●☆
259420 Mouriri crassisepala B. D. Morley;厚萼穆里野牡丹●☆
259421 Mouriri elliptica Mart.;椭圆穆里野牡丹●☆
259422 Mouriri emarginata Griseb.;无边穆里野牡丹●☆
259423 Mouriri floribunda Markgr.;多花穆里野牡丹●☆
259424 Mouriri grandiflora DC.;大花穆里野牡丹●☆
259425 Mouriri parvifolia Benth.;小叶穆里野牡丹●☆
259426 Mouriri pseudogeminata Pittier;假双穆里野牡丹●☆
259427 Mouriria Juss. = Mouriri Aubl. ●☆
259428 Mouririaceae Gardner = Melastomataceae Juss. (保留科名)●■
259429 Mouroucoa Aubl. = Maripa Aubl. ■☆
259430 Moussonia Regel = Isoloma Decne. ●■☆
259431 Moussonia Regel(1847);穆森苣苔属■●☆
259432 Moussonia elegans Decne.;雅致穆森苣苔■☆
259433 Moussonia fruticosa (Brandegee) Wiehler;灌木穆森苣苔●☆
259434 Moussonia purpurea (Poepp.) Hanst.;紫穆森苣苔■☆
259435 Moutabea Aubl. (1775);穆塔卜远志属●☆
259436 Moutabea angustifolia Huber;狭叶穆塔卜远志●☆
259437 Moutabea dibotrya Mart. ex Miq.;双穗穆塔卜远志●☆
259438 Moutabea longifolia Poepp. et Endl.;长叶穆塔卜远志●☆
259439 Moutabea silvatica Taub.;林地穆塔卜远志●☆
259440 Moutabeaceae Endl. = Polygalaceae Hoffmanns. et Link(保留科名)■●
259441 Moutan Rchb. = Paeonia L. ●■
259442 Moutouchi Aubl. = Pterocarpus Jacq. (保留属名)●
259443 Moutouchia Benth. = Moutouchi Aubl. ●
259444 Moutouchia Benth. = Pterocarpus Jacq. (保留属名)●
259445 Moya Griseb. (1874);莫亚卫矛属●☆
259446 Moya Griseb. = Maytenus Molina ●
259447 Moya boliviana (Loes.) Loes.;玻利维亚莫亚卫矛●☆
259448 Moya spinosa Griseb.;莫亚卫矛●☆
259449 Mozaffariania Pimenov et Maassoumi(2002);伊朗灰伞芹属■☆
259450 Mozambe Raf. = Cadaba Forssk. ●☆
259451 Mozartia Urb. = Myrcia DC. ex Guill. ●☆
259452 Mozinna Ortega = Jatropha L. (保留属名)●■
259453 Mozula Raf. = Lythrum L. ●■
259454 Msrtia Leandro = Clitoria L. ●
259455 Msuata O. Hoffm. (1894);叉冠瘦片菊属●☆
259456 Msuata buettneri O. Hoffm.;叉冠瘦片菊■☆
259457 Mtonia Beentje(1999);腺基黄属■☆
259458 Mtonia glandulifera Beentje;腺基黄■☆
259459 Muantijamvella J. B. Phipps = Tristachya Nees ■☆
259460 Muantijamvella huillensis (Rendle) J. B. Phipps = Tristachya huillensis Rendle ■☆
259461 Muantum Pichon = Beaumontia Wall. ●
259462 Muchlenbergia Schreb. (1810) = Muhlenbergia Schreb. ■
259463 Mucizonia (DC.) A. Berger = Mucizonia (DC.) Batt. et Trab. ■☆
259464 Mucizonia (DC.) A. Berger = Sedum L. ●■
259465 Mucizonia (DC.) Batt. et Trab. (1905);黏带景天属■☆
259466 Mucizonia A. Berger = Mucizonia (DC.) A. Berger ■☆
259467 Mucizonia hispida (DC.) A. Berger = Sedum mucizonia (Ortega) Raym. -Hamet ■☆
259468 Mucizonia hispida (DC.) A. Berger subsp. abylaea (Font Quer et Maire) Greuter = Sedum mucizonia (Ortega) Raym. -Hamet subsp. abylaeum (Font Quer et Maire) Spring. ■☆
259469 Mucizonia hispida A. Berger;黏带景天■☆
259470 Muckia Hassk. = Mukia Arn. ■
259471 Mucoa Zarucchi(1988);穆乔夹竹桃属●☆
259472 Mucoa pantchenkoana (Markgr.) Zarucchi;穆乔夹竹桃●☆
259473 Mucronea Benth. (1836);加州刺花蓼属;California Spineflower ■☆
259474 Mucronea Benth. = Chorizanthe R. Br. ex Benth. ■●☆
259475 Mucronea californica Benth.;加州刺花蓼■☆
259476 Mucronea californica Benth. var. suksdorfii (J. F. Macbr.) Goodman = Mucronea californica Benth. ■☆
259477 Mucronea perfoliata (A. Gray) A. Heller;贯叶加州刺花蓼;Perfoliate Spineflower ■☆
259478 Mucronea perfoliata (A. Gray) A. Heller var. opaca Hoover =

Mucronea perfoliata (A. Gray) A. Heller ■☆
259479 Mucuna Adans. (1763)(保留属名);油麻藤属(黎豆属,黧豆属,龙爪豆属,藤豆属,血藤属);Mucuna, Sea Bean, Velvet Bean ●■
259480 Mucuna altissima (Jacq.) DC.;高油麻藤(极高黧豆)■☆
259481 Mucuna altissima Bojer ex Benth. = Mucuna altissima (Jacq.) DC. ■☆
259482 Mucuna atrocarpa F. P. Metcalf = Mucuna pruriens (L.) DC. var. utilis (Wall. ex Wight) Baker ex Burck ■
259483 Mucuna axillaris Baker = Mucuna pruriens (L.) DC. ●■
259484 Mucuna bennetti F. Muell.;红花油麻藤(艳红血藤);New Guinea Creeper ●☆
259485 Mucuna bernieriana Baill. = Mucuna pruriens (L.) DC. ●■
259486 Mucuna birdwoodiana Tutcher;白花油麻藤(大蓝布麻,鸡血藤,鲤鱼藤,雀儿花,血枫藤,血藤);White Mucuna, Whiteflower Mucuna, White-flowered Mucuna ●
259487 Mucuna bracteata DC. ex Kurz;黄毛油麻藤(苞花油麻藤,黄花黧豆,黄毛黎豆,细脉黧豆,瘴气藤);Yellowhair Mucuna ●
259488 Mucuna calophylla W. W. Sm.;美叶油麻藤;Beautiful-leaf Mucuna, Calophyllous Mucuna, Prettyleaf Mucuna ■
259489 Mucuna capitata Wight et Arn.;虎爪豆(富贵豆);Capitate Mucuna ■
259490 Mucuna capitata Wight et Arn. = Mucuna pruriens (L.) DC. var. utilis (Wall. ex Wight) Baker ex Burck ■
259491 Mucuna castanea Merr.;褐毛油麻藤(褐毛黎豆,黑肉风,黑血藤,牛豆,牛藤,油麻藤);Chestnut Mucuna ●■
259492 Mucuna castanea Merr. = Mucuna macrocarpa Wall. ●■
259493 Mucuna championii Benth.;绢毛油麻藤(毒毛麻雀豆,港油麻藤,雀蛋豆,香港油麻藤);Champion Mucuna ●■
259494 Mucuna chienkweiensis G. Z. Li = Dysolobium grande (Benth.) Prain ●
259495 Mucuna cochinchinensis (Lour.) A. Chev. = Mucuna pruriens (L.) DC. var. utilis (Wall. ex Wight) Baker ex Burck ■
259496 Mucuna cochinchinensis L.;热带油麻藤(热带血藤)●☆
259497 Mucuna collettii Lace = Mucuna macrocarpa Wall. ●■
259498 Mucuna coriacea Baker;革质油麻藤■☆
259499 Mucuna coriacea Baker var. glabrialata Hauman = Mucuna glabrialata (Hauman) Verdc. ●☆
259500 Mucuna corvina Gagnep. = Mucuna terrens H. Lév. ●
259501 Mucuna cyclocarpa F. P. Metcalf;闽粤油麻藤(闽油麻藤);Cyclo-fruited Mucuna, Fujian Mucuna, Fukien Mucuna, Ringfruit Mucuna ●
259502 Mucuna cylindrosperma Welw. ex Baker = Physostigma cylindrospermum (Welw. ex Baker) Holmes ■☆
259503 Mucuna deeringiana (Bort) Merr. = Mucuna pruriens (L.) DC. var. utilis (Wall. ex Wight) Baker ex Burck ■
259504 Mucuna erecta Baker = Mucuna stans Welw. ex Baker ■☆
259505 Mucuna esquirolii H. Lév. = Mucuna pruriens (L.) DC. ●■
259506 Mucuna ferox Verdc.;多刺油麻藤●☆
259507 Mucuna ferruginea Matsum. ex Ito et Matsum. = Mucuna macrocarpa Wall. ●■
259508 Mucuna ferruginea Matsum. var. bungoensis (Ohwi) Ohwi = Mucuna macrocarpa Wall. ●■
259509 Mucuna ferruginea Matsum. var. irukanda (Ohwi) Ohwi = Mucuna macrocarpa Wall. ●■
259510 Mucuna ferruginosa Matsum. = Mucuna macrocarpa Wall. ●■
259511 Mucuna flagellipes Hook. f.;鞭状油麻藤●☆
259512 Mucuna gigantea (Willd.) DC.;巨黧豆(大血藤,大油麻藤,恒春血藤);Elephant Mucuna, Giant Mucuna, Hengchun Mucuna, Large-leaved Mucuna ●
259513 Mucuna gigantea (Willd.) DC. = Mucuna macrocarpa Wall. ●■
259514 Mucuna gigantea (Willd.) DC. subsp. quadrialata (Baker) Verdc. = Mucuna gigantea (Willd.) DC. ●
259515 Mucuna gigantea (Willd.) DC. subsp. tashiroi (Hayata) Ohashi et Tateishi = Mucuna gigantea (Willd.) DC. var. tashiroi Wilmot-Dear ●
259516 Mucuna gigantea (Willd.) DC. var. tashiroi Wilmot-Dear;高雄黧豆(大血藤);Tashiro Mucuna ●
259517 Mucuna glabrialata (Hauman) Verdc.;光翅油麻藤●☆
259518 Mucuna grevei Drake = Mucuna gigantea (Willd.) DC. ●
259519 Mucuna hainanensis Hayata;海南油麻藤(海南黧豆,琼油麻藤,水流藤);Hainan Mucuna, Hainan Velvet Bean ●
259520 Mucuna hasjoo Roxb.;日本油麻藤(日本黧豆,野扁豆);Japanese Velvet Bean, Yokohama Bean ■☆
259521 Mucuna homblei De Wild. = Mucuna stans Welw. ex Baker ■☆
259522 Mucuna horrida Baill. = Mucuna paniculata Baker ■☆
259523 Mucuna humblotii Drake;洪布油麻藤■☆
259524 Mucuna imbricata DC. = Mucuna nigricans (Lour.) Steud. ●■
259525 Mucuna interrupta Gagnep.;间序油麻藤;Interrupt Mucuna ●■
259526 Mucuna iriomotensis Ohwi = Mucuna membranacea Hayata ●
259527 Mucuna iriotensis Ohwi = Mucuna membranacea Hayata ●
259528 Mucuna irukanda Ohwi = Mucuna macrocarpa Wall. ●■
259529 Mucuna irukanda Ohwi var. bungoana Ohwi = Mucuna macrocarpa Wall. ●■
259530 Mucuna japonica Nakai = Mucuna sempervirens Hemsl. ex Forbes et Hemsl. ●■
259531 Mucuna lamellata Wilmot-Dear;褶皮油麻藤(宁油麻藤,折皮黧豆,褶皮黧豆);Baohuashan Mucuna, Lamellate Mucuna, Lamellate Velvet Bean ●■
259532 Mucuna longipedicellata Hauman = Mucuna gigantea (Willd.) DC. ●
259533 Mucuna macrobotrys Hance;大球油麻藤(长荚油麻藤);Bigball Mucuna, Long-pod Mucuna, Long-podded Mucuna ●■
259534 Mucuna macrobotrys Hance = Mucuna cyclocarpa F. P. Metcalf ●
259535 Mucuna macrocarpa Wall.;大果油麻藤(长荚油麻藤,大血藤,褐毛黎豆,老鸦花藤,密绒毛油麻藤,青山龙,青山笼,血藤);Bigfruit Mucuna, Big-fruited Mucuna, Large-fruit Mucuna, Rusty-leaf Mucuna ●■
259536 Mucuna mairei H. Lév. = Mucuna sempervirens Hemsl. ex Forbes et Hemsl. ●■
259537 Mucuna manongarivensis Du Puy et Labat;马农加油麻藤●☆
259538 Mucuna martinii H. Lév. et Vaniot = Mucuna pruriens (L.) DC. var. utilis (Wall. ex Wight) Baker ex Burck ■
259539 Mucuna melanocarpa Hochst. ex A. Rich.;黑果油麻藤●☆
259540 Mucuna melanocarpa Hochst. ex A. Rich. var. somalensis Taub. ex Harms = Mucuna melanocarpa Hochst. ex A. Rich. ●☆
259541 Mucuna membranacea Hayata;兰屿血藤;Lanyu Mucuna, Membranousleaf Mucuna, Membranous-leaved Mucuna ●
259542 Mucuna monosperma Roxb.;单籽油麻藤●☆
259543 Mucuna montana Diels = Cochlianthus montanus (Diels) Harms ■
259544 Mucuna myriaptera Baker = Mucuna paniculata Baker ■☆
259545 Mucuna nigricans (Lour.) Steud.;野黧豆(薄叶血藤,淡黑黧豆,兰屿血藤,野黎豆);Black Velnet Bean, Membranous-leaf Mucuna ●■

259546 Mucuna nigricans (Lour.) Steud. = Mucuna membranacea Hayata ●

259547 Mucuna nigricans (Lour.) Steud. var. hongkongensis Wilmot-Dear;香港黎豆;Hong Kong Mucuna ●■

259548 Mucuna nigricans Steud. = Mucuna nigricans (Lour.) Steud. ●■

259549 Mucuna nigricans Steud. var. hainanensis Wilmot-Dear = Mucuna hainanensis Hayata ●

259550 Mucuna nigricans Steud. var. hongkongensis Wilmot-Dear = Mucuna nigricans (Lour.) Steud. var. hongkongensis Wilmot-Dear ●■

259551 Mucuna nivea (Roxb.) DC. = Mucuna pruriens (L.) DC. var. utilis (Wall. ex Wight) Baker ex Burck ■

259552 Mucuna paniculata Baker;圆锥黧豆■☆

259553 Mucuna paohwashanica Ts. Tang et F. T. Wang = Mucuna lamellata Wilmot-Dear ●■

259554 Mucuna pesa De Wild. var. glabrescens Hauman = Mucuna poggei Taub. var. glabrescens (Hauman) Verdc. ■☆

259555 Mucuna poggei Taub.;波格油麻藤■☆

259556 Mucuna poggei Taub. var. glabrescens (Hauman) Verdc.;渐光油麻藤(渐光黧豆)■☆

259557 Mucuna poggei Taub. var. occidentalis Hepper;西方油麻藤(西方黧豆)■☆

259558 Mucuna pruriens (L.) DC.;刺毛黧豆(刺痒黧豆,发痒黧豆,狗爪豆,虎爪豆,黎豆,龙爪黎豆,猫豆);Cow Itch, Cowage, Cowage Velvet Bean, Cowage Velvet-bean, Cowhage, Cowitch, Florida Velvet Bean, Shag Mucuna ●■

259559 Mucuna pruriens (L.) DC. var. utilis (Wall. ex Wight) Baker ex Burck;黧豆(巴山虎豆,白黎豆,狗爪豆,虎豆,狸豆,黎豆,龙爪豆,龙爪黎豆,龙爪黧豆,猫豆,猫爪豆,鼠豆,头花黎豆);Bengal Bean, Deering Velvet Bean, Deering Velvet-bean, Florida Velvet Bean, Florida Velvet Mucuna, Velvet Bean ■

259560 Mucuna pruriens (L.) DC. var. utilis (Wall.) Baker ex Burck = Mucuna pruriens (L.) DC. var. utilis (Wall. ex Wight) Baker ex Burck ■

259561 Mucuna prurita Wight = Mucuna pruriens (L.) DC. ●■

259562 Mucuna quadrialata Baker = Mucuna gigantea (Willd.) DC. ●

259563 Mucuna reticulata Burck;网脉油麻藤●☆

259564 Mucuna rhynchosioides Taub. = Mucuna coriacea Baker ■☆

259565 Mucuna rubro-aurantiaca De Wild. = Mucuna poggei Taub. ■☆

259566 Mucuna sempervirens Hemsl. ex Forbes et Hemsl.;常春油麻藤(长春油麻藤,常春黎豆,常绿黧豆,常绿油麻藤,过山龙,鸡血藤,老鸦藤,老鸦枕头,黎豆藤,棉麻藤,棉藤,牛肠藤,牛麻藤,牛马藤,肉藤,藤花,乌通,油麻藤,油麻血藤);Evergreen Mucuna ●■

259567 Mucuna stans Welw. ex Baker;直立油麻藤●☆

259568 Mucuna suberosa Gagnep. = Mucuna hainanensis Hayata ●

259569 Mucuna subferruginea Hayata = Mucuna macrocarpa Wall. ●■

259570 Mucuna tashiroi Hayata = Mucuna gigantea (Willd.) DC. ●

259571 Mucuna terrens H. Lév.;贵州黧豆;Guizhou Mucuna, Kweichow Mucuna ●

259572 Mucuna toyoshimae Nakai = Mucuna gigantea (Willd.) DC. ●

259573 Mucuna urens (L.) DC.;佛罗里达油麻藤;Donkey Eye Bean, Donkey-eye Bean, Florida Bean, Horse-eye Bean, Mary's Kidney ●☆

259574 Mucuna urens (L.) Medik. = Mucuna urens (L.) DC. ●☆

259575 Mucuna utilis Wall. ex Wight = Mucuna pruriens (L.) DC. var. utilis (Wall. ex Wight) Baker ex Burck ■

259576 Mucuna utilis Wall. ex Wight = Mucuna pruriens (L.) DC. ●■

259577 Mucuna venulosa (Piper) Merr. et F. P. Metcalf = Mucuna bracteata DC. ex Kurz ■

259578 Mucuna wangii Hu;密绒毛油麻藤(大血藤);Wang Mucuna ●■

259579 Mucuna wangii Hu = Mucuna macrocarpa Wall. ●■

259580 Muehlbergella Feer = Edraianthus A. DC. (保留属名)■☆

259581 Muehlbergella Feer(1890);缪氏桔梗属■☆

259582 Muehlbergella oweriana Feer;缪氏桔梗■☆

259583 Muehlbergella oweriana Feer = Edraianthus owerinianus Rupr ■☆

259584 Muehlenbeckia Meisn. (1841)(保留属名);丝藤属(缪氏蓼属,千叶兰属,竹节蓼属);Wire Plants, Wire Shrub, Wire Vine, Wireplant, Wirevine ●☆

259585 Muehlenbeckia adpressa (Labill.) Meisn.;匍匐丝藤;Australian Gooseberry, Climbing Lignum ●☆

259586 Muehlenbeckia astonii Petrie;黄果丝藤;Sston Wire Shrub ●☆

259587 Muehlenbeckia australis (G. Forst.) Meisn.;澳洲丝藤●☆

259588 Muehlenbeckia axillaris (Hook. f.) Endl. = Muehlenbeckia axillaris (Hook. f.) Walp. ●☆

259589 Muehlenbeckia axillaris (Hook. f.) Walp.;白皮丝藤;Creeping Wire Vine, Sprawling Wirevine ●☆

259590 Muehlenbeckia chilensis Meisn.;智利丝藤(智利蓼,智利缪氏蓼)●☆

259591 Muehlenbeckia complexa (A. Cunn.) Meisn.;丛枝竹节蓼;Lacy Wirevine, Maidenhair Vine, Wire Plant, Wire Vine, Wireplant ●☆

259592 Muehlenbeckia complexa Meisn. = Muehlenbeckia complexa (A. Cunn.) Meisn. ●☆

259593 Muehlenbeckia cunninghamii (Meisn.) F. Muell. = Muehlenbeckia florulenta Meisn. ●☆

259594 Muehlenbeckia cunninghamii F. Muell. = Muehlenbeckia florulenta Meisn. ●☆

259595 Muehlenbeckia florulenta Meisn.;多花丝藤●☆

259596 Muehlenbeckia hastulata (Sm.) I. M. Johnst.;戟形丝藤;Wirevine ●☆

259597 Muehlenbeckia platyclada (F. Muell.) Meisn. = Homalocladium platycladum (F. Muell.) L. H. Bailey ●■

259598 Muehlenbeckia sagittifolia (Ortega) Meisn.;箭叶丝藤●☆

259599 Muehlenbergia Schreb. = Muhlenbergia Schreb. ■

259600 Muellera L. f. (1782)(保留属名);缪氏豆属●■☆

259601 Muellera L. f. (保留属名) = Lonchocarpus Kunth(保留属名)●■☆

259602 Muelleramra Kuntze = Pterocladon Hook. f. ●☆

259603 Muelleranthus Hutch. (1964);三小叶豆属■☆

259604 Muelleranthus trifoliolatus (F. Muell. et sine ref.) Hutch.;三小叶豆■☆

259605 Muelleranthus trifoliolatus Hutch. ex A. T. Lee = Muelleranthus trifoliolatus (F. Muell. et sine ref.) Hutch. ■☆

259606 Muellerargia Cogn. (1881);米勒瓜属■☆

259607 Muellerargia jeffreyana Rabenant.;米勒瓜■☆

259608 Muellerina Tiegh. (1895);米勒寄生属●☆

259609 Muellerina celastroides Tiegh.;米勒寄生●☆

259610 Muellerolimon Lincz. (1982);节枝补血草属●☆

259611 Muellerolimon salicorniaceum (F. Muell.) Lincz.;节枝补血草■☆

259612 Muellerothamnus Engl. = Piptocalyx Oliv. ex Benth. (废弃属名)●☆

259613 Muellerothamnus Engl. = Trimenia Seem. (保留属名)●☆

259614　Muenchhausia L. = Lagerstroemia L. ●
259615　Muenchhausia L. ex Murr. = Lagerstroemia L. ●
259616　Muenchhausia L. ex Murr. = Muenchhausia L. ●
259617　Muenchhausia Scop. = Muenchhausia L. ●
259618　Muenchhusia Fabr. = Hibiscus L.（保留属名）●■
259619　Muenchhusia Heist. ex Fabr. = Hibiscus L.（保留属名）●■
259620　Muenteria Seem. = Markhamia Seem. ex Baill. ●
259621　Muenteria Walp. = Aeschrion Vell. ●☆
259622　Muenteria Walp. = Picraena Lindl. ●
259623　Muenteria Walp. = Picrasma Blume ●
259624　Muenteria Walp. = Picrita Sehumacher ●☆
259625　Muenteria lutea（Benth.）Seem. = Markhamia lutea（Benth.）K. Schum. ●☆
259626　Muenteria puberula（Klotzsch）Seem. = Markhamia zanzibarica（Bojer ex DC.）K. Schum. ●☆
259627　Muenteria stenocarpa Welw. ex Seem. = Markhamia zanzibarica（Bojer ex DC.）K. Schum. ●☆
259628　Muenteria tomentosa（Benth.）Seem. = Markhamia tomentosa（Benth.）K. Schum. ex Engl. ●☆
259629　Muenteria zansibarica（Bojer ex DC.）Seem. = Markhamia zanzibarica（Bojer ex DC.）K. Schum. ●☆
259630　Muhlenbergia Schreb.（1789）；乱子草属（鼠茅属）；Hair Grass, Muhly, Muhly Grass ■
259631　Muhlenbergia alpestris Trin.；山鼠茅；Alpine Muhly ■☆
259632　Muhlenbergia ambigua Torr. = Muhlenbergia mexicana（L.）Trin. ■☆
259633　Muhlenbergia arisanensis Hayata = Muhlenbergia huegelii Trin. ■
259634　Muhlenbergia asperifolia（Nees et Meyen ex Trin.）Parodi；碱地乱子草；Alkali Muhly, Scratch Grass, Scratchgrass ■☆
259635　Muhlenbergia asperifolia（Nees et Meyen）Parodi = Muhlenbergia asperifolia（Nees et Meyen ex Trin.）Parodi ■☆
259636　Muhlenbergia baicalensis Trin. ex Turcz.；贝加尔鼠茅；Baical Muhly ■☆
259637　Muhlenbergia brachyphylla Bush = Muhlenbergia bushii R. W. Pohl ■☆
259638　Muhlenbergia brachyphylla Bush f. aristata E. J. Palmer et Steyerm. = Muhlenbergia frondosa（Poir.）Fernald ■☆
259639　Muhlenbergia brasiliensis Steud. = Muhlenbergia huegelii Trin. ■
259640　Muhlenbergia brevifolia（Nutt.）M. E. Jones = Muhlenbergia cuspidata（Torr. ex Hook.）Rydb. ■☆
259641　Muhlenbergia bushii R. W. Pohl；悬垂乱子草；Nodding Muhly ■☆
259642　Muhlenbergia capillaris（Lam.）Trin.；粉毛乱子草；Gulf Muhly, Hair Grass, Muhly Grass, Mule Grass, Pink Hair Grass, Pink Muhly ■☆
259643　Muhlenbergia capillaris Trin. = Muhlenbergia capillaris（Lam.）Trin. ■☆
259644　Muhlenbergia commutata（Scribn.）Bush = Muhlenbergia frondosa（Poir.）Fernald ■☆
259645　Muhlenbergia curtisetosa（Scribn.）Bush；弯毛乱子草；Muhly ■☆
259646　Muhlenbergia curviaristata（Ohwi）Ohwi；弯芒乱子草；Bentawn Muhly, Japanese Bentawn Muhly ■
259647　Muhlenbergia curviaristata（Ohwi）Ohwi f. nipponica（Ohwi）T. Koyama = Muhlenbergia curviaristata（Ohwi）Ohwi var. nipponica Ohwi ■
259648　Muhlenbergia curviaristata（Ohwi）Ohwi var. nipponica（Ohwi）T. Koyama = Muhlenbergia curviaristata（Ohwi）Ohwi ■
259649　Muhlenbergia curviaristata（Ohwi）Ohwi var. nipponica Ohwi；日本弯芒乱子草■
259650　Muhlenbergia curviaristata（Ohwi）Ohwi var. nipponica Ohwi = Muhlenbergia curviaristata（Ohwi）Ohwi ■
259651　Muhlenbergia cuspidata（Torr. ex Hook.）Rydb.；草地乱子草；Plains Muhly, Prairie Muhly, Prairie Satin Grass ■☆
259652　Muhlenbergia dumosa Scribn.；竹叶乱子草；Bamboo Muhly, Faury Bamboo ■☆
259653　Muhlenbergia duthieana Hack.；巴基斯坦乱子草■☆
259654　Muhlenbergia emersleyi Vasey；埃氏乱子草；Bullgrass ■☆
259655　Muhlenbergia erecta Schreb. = Brachyelytrum erectum（Schreb. ex Spreng.）P. Beauv. ■
259656　Muhlenbergia foliosa（Roem. et Schult.）Trin.；繁叶乱子草；Leafy Muehlenbergia ■☆
259657　Muhlenbergia foliosa（Roem. et Schult.）Trin. = Muhlenbergia mexicana（L.）Trin. ■☆
259658　Muhlenbergia foliosa（Roem. et Schult.）Trin. subsp. ambigua（Torr.）Scribn. = Muhlenbergia mexicana（L.）Trin. ■☆
259659　Muhlenbergia foliosa（Roem. et Schult.）Trin. subsp. setiglumis（S. Watson）Scribn. = Muhlenbergia mexicana（L.）Trin. ■☆
259660　Muhlenbergia frondosa（Poir.）Fernald；普通乱子草；Common Satin Grass, Nimble Will, Satin Grass, Wirestem Muhly, Wire-stem Muhly ■☆
259661　Muhlenbergia frondosa（Poir.）Fernald f. commutata（Scribn.）Fernald = Muhlenbergia frondosa（Poir.）Fernald ■☆
259662　Muhlenbergia frondosa（Poir.）Fernald subsp. ramosa（Hack. ex Matsum.）T. Koyama et Kawano = Muhlenbergia ramosa（Hack. ex Matsum.）Makino ■
259663　Muhlenbergia frondosa（Poir.）Fernald var. ramosa（Hack. ex Matsum.）T. Koyama = Muhlenbergia ramosa（Hack. ex Matsum.）Makino ■
259664　Muhlenbergia frondosa Fernald subsp. ramosa（Hack. ex Matsum.）T. Koyama et Kawano = Muhlenbergia ramosa（Hack. ex Matsum.）Makino ■
259665　Muhlenbergia geniculata Nees ex Steud. = Muhlenbergia huegelii Trin. ■
259666　Muhlenbergia glabrifloris Scribn.；光花乱子草；Inland Muhly ■☆
259667　Muhlenbergia glomerata（Willd.）Trin.；沼泽乱子草；Marsh Muhly, Marsh Wild-timothy, Spiked Muhly ■☆
259668　Muhlenbergia glomerata（Willd.）Trin. var. cinnoides（Link）F. J. Herm. = Muhlenbergia glomerata（Willd.）Trin. ■☆
259669　Muhlenbergia hakonensis（Hack. ex Matsum.）Makino；箱根乱子草；Hakone Muhly ■
259670　Muhlenbergia himalayensis Hack. ex Hook. f.；喜马拉雅乱子草；Himalayas Muhly ■
259671　Muhlenbergia huegelii Trin.；乱子草（大乱子草，大鼠茅）；Hugel Muhly ■
259672　Muhlenbergia japonica Steud.；日本乱子草；Japan Muhly, Japanese Muhly ■
259673　Muhlenbergia japonica Steud. var. hakonensis Hack. = Muhlenbergia hakonensis（Hack. ex Matsum.）Makino ■
259674　Muhlenbergia japonica Steud. var. hakonensis Hack. ex Matsum. = Muhlenbergia hakonensis（Hack. ex Matsum.）Makino ■
259675　Muhlenbergia japonica Steud. var. ramosa Hack. ex Matsum. = Muhlenbergia ramosa（Hack. ex Matsum.）Makino ■

259676 Muhlenbergia lindheimeri Hitchc.;林氏乱子草;Big Muhly, Lindheimer's Muhly ■☆

259677 Muhlenbergia longistolon Ohwi = Muhlenbergia huegelii Trin. ■

259678 Muhlenbergia macroura (Kunth) Hitchc.;大尾乱子草■☆

259679 Muhlenbergia mexicana (L.) Trin.;墨西哥乱子草;Leafy Satin Grass, Mexican Muehlenbergia, Mexican Muhly, Wirestem Muhly, Wire-stem Muhly ■☆

259680 Muhlenbergia mexicana (L.) Trin. f. ambigua (Torr.) Fernald = Muhlenbergia mexicana (L.) Trin. ■☆

259681 Muhlenbergia mexicana (L.) Trin. f. commutata (Scribn.) Wiegand = Muhlenbergia frondosa (Poir.) Fernald ■☆

259682 Muhlenbergia mexicana (L.) Trin. f. setiglumis (S. Watson) Fernald = Muhlenbergia mexicana (L.) Trin. ■☆

259683 Muhlenbergia mexicana (L.) Trin. var. filiformis (Willd.) Scribn. = Muhlenbergia mexicana (L.) Trin. ■☆

259684 Muhlenbergia montana Hitchc.;山地乱子草;Mountain Muhly ■☆

259685 Muhlenbergia palustris Scribn. = Muhlenbergia schreberi J. F. Gmel. ■☆

259686 Muhlenbergia pauciflora Buckley;少花乱子草;New Mexican Muhly ■☆

259687 Muhlenbergia porteri Scribn.;树丛乱子草;Bush Muhly ■☆

259688 Muhlenbergia pungens Thunb. ex A. Gray;沙丘乱子草;Purple Hair-grass, Sand-hill Muhly ■☆

259689 Muhlenbergia racemosa (Michx.) Britton, Sterns et Poggenb.;总状乱子草;Marsh Muhly, Racemose Muehlenbergia, Upland Wild-timothy ■☆

259690 Muhlenbergia racemosa (Michx.) Britton, Sterns et Poggenb. var. cinnoides (Link) B. Boivin = Muhlenbergia glomerata (Willd.) Trin. ■☆

259691 Muhlenbergia ramosa (Hack. ex Matsum.) Makino;多枝乱子草;Manybranch Muhly, Ramose Muhly ■

259692 Muhlenbergia ramosa (Hack. ex Matsum.) Makino var. curviaristata Ohwi = Muhlenbergia curviaristata (Ohwi) Ohwi ■

259693 Muhlenbergia ramosa (Hack.) Makino = Muhlenbergia ramosa (Hack. ex Matsum.) Makino ■

259694 Muhlenbergia richardsonis (Trin.) Rydb.;理氏乱子草;Mat Muhly, Richardson's Muehlenbergia, Soft-leaf Muhly ■☆

259695 Muhlenbergia rigens Hitchc.;紫乱子草;Deer Grass, Purple Muhly ■☆

259696 Muhlenbergia schreberi J. F. Gmel.;施氏乱子草;Nimble Will, Nimble-will, Nimble-will Muhly ■☆

259697 Muhlenbergia schreberi J. F. Gmel. = Muhlenbergia curtisetosa (Scribn.) Bush ■☆

259698 Muhlenbergia schreberi J. F. Gmel. var. curtisetosa (Scribn.) Steyerm. et Kucera = Muhlenbergia curtisetosa (Scribn.) Bush ■☆

259699 Muhlenbergia schreberi J. F. Gmel. var. palustris (Scribn.) Scribn. = Muhlenbergia schreberi J. F. Gmel. ■☆

259700 Muhlenbergia sobolifera (Muhl. ex Willd.) Trin.;岩生乱子草;Creeping Muhly, Rock Muhly, Rock Satin Grass ■☆

259701 Muhlenbergia sobolifera (Muhl. ex Willd.) Trin. var. setigera Scribn. = Muhlenbergia sobolifera (Muhl. ex Willd.) Trin. ■☆

259702 Muhlenbergia sobolifera (Muhl.) Trin. f. setigera (Scribn.) Deam = Muhlenbergia sobolifera (Muhl. ex Willd.) Trin. ■☆

259703 Muhlenbergia squarrosa (Trin.) Rydb. = Muhlenbergia richardsonis (Trin.) Rydb. ■☆

259704 Muhlenbergia sylvatica (Torr.) Torr. ex A. Gray = Muhlenbergia duthieana Hack. ■☆

259705 Muhlenbergia sylvatica (Torr.) Torr. ex A. Gray f. attenuata (Scribn.) E. J. Palmer et Steyerm. = Muhlenbergia frondosa (Poir.) Fernald ■☆

259706 Muhlenbergia sylvatica (Torr.) Torr. ex A. Gray f. attenuata (Scribn.) E. J. Palmer et Steyerm. = Muhlenbergia sylvestris (Torr.) Torr. ex A. Gray ■☆

259707 Muhlenbergia sylvestris (Torr.) Torr. ex A. Gray;林生乱子草;Forest Muhly, Woodland Drop-seed, Woodland Satin Grass ■

259708 Muhlenbergia tenuiflora (Willd.) Britton, Sterns et Poggenb.;细花乱子草;Slender Muhly, Slender Satin Grass, Woodland Drop-seed ■☆

259709 Muhlenbergia tenuiflora (Willd.) Britton, Sterns et Poggenb. subsp. curvi-aristata (Ohwi) T. Koyama et Kawano = Muhlenbergia curviaristata (Ohwi) Ohwi ■

259710 Muhlenbergia tenuiflora (Willd.) Britton, Sterns et Poggenb. var. curviaristata (Ohwi) T. Koyama = Muhlenbergia curviaristata (Ohwi) Ohwi ■

259711 Muhlenbergia torreyi Hitchc.;环状乱子草;Ring Grass, Ring Muhly ■☆

259712 Muhlenbergia umbrosa Scribn. = Muhlenbergia sylvestris (Torr.) Torr. ex A. Gray ■☆

259713 Muhlenbergia uniflora (Muhl.) Fernald;单花乱子草;Bog Muhly, One-flowered Satin Grass ■☆

259714 Muhlenbergia uniflora (Muhl.) Fernald var. terrae-novae Fernald = Muhlenbergia uniflora (Muhl.) Fernald ■☆

259715 Muhlenbergia utilis Hitchc.;鞍状乱子草;Aparejo Grass ■☆

259716 Muhlenbergia viridissima Nees ex Steud. = Muhlenbergia huegelii Trin. ■

259717 Muhlenbergia wrightii Vasey;赖特乱子草;Spike Muhly ■☆

259718 Muilla S. Watson = Muilla S. Watson ex Benth. ■☆

259719 Muilla S. Watson ex Benth. (1879);北美百合属■☆

259720 Muilla clevelandii (S. Watson) Hoover = Bloomeria clevelandii S. Watson ■☆

259721 Muilla coronata Greene;冠北美百合■☆

259722 Muilla maritima (Torr.) S. Watson;北美百合■☆

259723 Muilla transmontana Greene;山地北美百合■☆

259724 Muiria C. A. Gardner = Muiriantha C. A. Gardner ●☆

259725 Muiria N. E. Br. (1927);宝辉玉属■☆

259726 Muiria hortenseae N. E. Br.;宝辉玉■☆

259727 Muiriantha C. A. Gardner(1942);缪尔芸香属●☆

259728 Muiriantha hassellii (F. Muell.) C. A. Gardner;缪尔芸香●☆

259729 Muitis Raf. = Caucalis L. ■☆

259730 Mukdenia Koidz. (1935);槭叶草属;Mapleleafgrass ■

259731 Mukdenia rossii (Oliv.) Koidz.;槭叶草(腊八菜,爬山虎,山砬子根,抓山虎);Mapleleafgrass ■

259732 Mukdenia rossii (Oliv.) Koidz. = Aceriphyllum rossii (Oliv.) Engl. ■

259733 Mukia Arn. (1840);帽儿瓜属(红纽子属);Mukia ■

259734 Mukia althaeoides (Ser.) M. Roem. = Mukia maderaspatana (L.) M. Roem. ■

259735 Mukia althaeoides (Ser.) Nakai = Mukia maderaspatana (L.) M. Roem. ■

259736 Mukia assamica Chakr. = Mukia javanica (Miq.) C. Jeffrey ■

259737 Mukia assamica Chakr. var. scabra Chakr. = Mukia javanica (Miq.) C. Jeffrey ■

259738 Mukia javanica (Miq.) C. Jeffrey;爪哇帽儿瓜(帽儿瓜,山冬

瓜);Java Mukia ■
259739 Mukia maderaspatana (L.) M. Roem.;帽儿瓜(毛花红纽子,毛花马瓟儿,山苦瓜,天花,野苦瓜,野毛瓜);Hairyflower Mukia, Mukia ■
259740 Mukia maderaspatana (L.) M. Roem. = Cucumis maderaspatanus L. ■
259741 Mukia scabrella (L.) Arn. = Cucumis maderaspatanus L. ■
259742 Mukia scabrella (L.) Arn. = Mukia maderaspatana (L.) M. Roem. ■
259743 Muldera Miq. = Piper L. ●■
259744 Mulfordia Rusby = Dimerocostus Kuntze ■☆
259745 Mulgedidm sibiricum Cass. ex Less. = Lagedium sibiricum (L.) Soják ■
259746 Mulgedium Cass. (1824);乳苣属(乳菊属,山莴苣属);Milklettuce, Mulgedium ■
259747 Mulgedium Cass. = Cicerbita Wallr. ■
259748 Mulgedium Cass. = Lactuca L. ■
259749 Mulgedium altaoicum C. H. An;博乐乳苣■
259750 Mulgedium azureum (Ledeb.) DC. = Cicerbita azurea (Ledeb.) Beauverd ■
259751 Mulgedium azureum DC. = Cicerbita azurea (Ledeb.) Beauverd ■
259752 Mulgedium bracteatum (Hook. f. et Thomson ex C. B. Clarke) C. Shih;苞叶乳苣;Bractbearing Mulgedium, Bractleaf Milklettuce ■
259753 Mulgedium cyaneum (D. Don) DC. = Chaetoseris cyanea (D. Don) C. Shih ■
259754 Mulgedium floridanum (L.) DC. = Lactuca floridana (L.) Gaertn. ■☆
259755 Mulgedium heterophyllum Nutt. = Lactuca pulchella (Pursh) DC. ■☆
259756 Mulgedium kamtschaticum Ledeb. = Lagedium sibiricum (L.) Soják ■
259757 Mulgedium lessertianum (Wall. ex C. B. Clarke) DC.;黑苞乳苣(高山苣,莱氏山莴苣);Blackbract Milklettuce, Lessert Mulgedium ■
259758 Mulgedium macrorhizum Royle = Cephalorrhynchus macrorrhizus (Royle) Tsuil ■
259759 Mulgedium meridionale C. Shih = Paraprenanthes polypodifolia (Franch.) C. C. Chang ex C. Shih ■
259760 Mulgedium monocephalum (C. C. Chang) C. Shih;单头乳苣(单头莴苣);Singlehead Milklettuce ■
259761 Mulgedium polypodifolium (Franch.) C. Shih = Paraprenanthes polypodifolia (Franch.) C. C. Chang ex C. Shih ■
259762 Mulgedium pulchellum (Pursh) G. Don;丽乳苣■☆
259763 Mulgedium qinghaicum S. W. Liu et T. N. Ho;青海乳苣;Qinghai Milklettuce ■
259764 Mulgedium robustum Wall. ex DC. = Chaetoseris cyanea (D. Don) C. Shih ■
259765 Mulgedium runcinatum Cass. = Lagedium sibiricum (L.) Soják ■
259766 Mulgedium runcinatum Cass. = Mulgedium tataricum (L.) DC. ■
259767 Mulgedium sagittatum Royle = Lactuca dolichophylla Kitam. ■
259768 Mulgedium sibiricum (L.) Cass. ex Less. = Lagedium sibiricum (L.) Soják ■
259769 Mulgedium sibiricum (L.) Less. = Lactuca sibirica (L.) Benth. ex Maxim. ■
259770 Mulgedium sibiricum Cass. ex Less. = Lagedium sibiricum (L.) Soják ■
259771 Mulgedium spicatum (Lam.) Small var. integrifolium (Torr. et A. Gray) Small = Lactuca biennis (Moench) Fernald ■☆
259772 Mulgedium tataricum (L.) DC.;乳苣(败酱,北莴苣,鞑靼乳苣,钩芙,苦板,苦菜,蒙古山莴苣,蒙山莴苣,乳菊,紫花山莴苣,紫花莴苣,紫山莴苣);Blue Lettuce, Common Mulgedium, Milklettuce, Tatar Lettuce, Tatarian Lettuce ■
259773 Mulgedium tataricum (L.) DC. = Lactuca tatarica (L.) C. A. Mey. ■
259774 Mulgedium tataricum (L.) DC. var. tibeticum (Hook. f.) C. K. Schmidt.;西藏乳苣■
259775 Mulgedium tianschanicum Regel et Schmalh. = Cicerbita thianschanica (Regel et Schmalh.) Beauverd ■
259776 Mulgedium umbrosum (Dunn) C. Shih;伞房乳苣;Corymb Milklettuce, Umbell Mulgedium ■
259777 Mulgedium villosum (Jacq.) Small = Lactuca floridana (L.) Gaertn. ■☆
259778 Mulguraea N. O'Leary et P. Peralta = Verbena L. ■●
259779 Mulinum Pers. (1805);骡草属■☆
259780 Mulinum chillanense Phil.;智利骡草■☆
259781 Mulinum crassifolium Phil.;厚叶骡草■☆
259782 Mullaghera Bubani = Lotus L. ■
259783 Mullera Juss. = Muellera L. f. (保留属名)●■☆
259784 Mullerochloa K. M. Wong = Bambusa Schreb. (保留属名)●
259785 Mullerochloa K. M. Wong(2005);澳竹属●☆
259786 Multidentia Gilli(1973);多齿茜属●☆
259787 Multidentia castaneae (Robyns) Bridson et Verdc.;栗色多齿茜●☆
259788 Multidentia crassa (Hiern) Bridson et Verdc.;粗多齿茜●☆
259789 Multidentia crassa (Hiern) Bridson et Verdc. var. ampla (S. Moore) Bridson et Verdc.;膨大多齿茜●☆
259790 Multidentia dichrophylla (Mildbr.) Bridson;二色叶多齿茜■☆
259791 Multidentia exserta Bridson;伸出多齿茜●☆
259792 Multidentia fanshawei (Tennant) Bridson;范肖多齿茜●☆
259793 Multidentia pobeguinii (Hutch. et Dalziel) Bridson;波别多齿茜●☆
259794 Multidentia sclerocarpa (K. Schum.) Bridson;硬果多齿茜●☆
259795 Muluorchis J. J. Wood = Tropidia Lindl. ■
259796 Mumeazalea Makino = Azaleastrum Rydb. ●
259797 Mumeazalea Makino = Rhododendron L. ●
259798 Munbya Boiss. = Arnebia Forssk. ●■
259799 Munbya Boiss. = Macrotomia DC. ●☆
259800 Munbya Pomel = Psoralea L. ●■
259801 Munbya plicata (Delile) Pomel = Cullen plicatum (Delile) C. H. Stirt. ■☆
259802 Munbya polystachya (Poir.) Pomel = Cullen americanum (L.) Rydb. ●☆
259803 Munchausia L. = Lagerstroemia L. ●
259804 Munchausia L. = Munchhausia L. ●
259805 Munchausia speciosa L. = Lagerstroemia speciosa (L.) Pers. ●
259806 Munchhausia L. = Lagerstroemia L. ●
259807 Munchhusia Fabr. = Hibiscus L. (保留属名)●■
259808 Munchusia Heist. ex Raf. = Hibiscus L. (保留属名)●■
259809 Munchusia Heist. ex Raf. = Munchhusia Fabr. ●■
259810 Munchusia Raf. = Hibiscus L. (保留属名)●■
259811 Munchusia Raf. = Munchhusia Fabr. ●■
259812 Mundia Kunth = Nylandtia Dumort. ■☆
259813 Mundia scoparia Eckl. et Zeyh. = Nylandtia scoparia (Eckl. et Zeyh.) Goldblatt et J. C. Manning ■☆

259814 Mundia spinosa (L.) DC. = Nylandtia spinosa (L.) Dumort. ■☆
259815 Mundubi Adans. = Arachis L. ■
259816 Mundulea (DC.) Benth. (1852); 栓皮豆属; Mundulea ●☆
259817 Mundulea Benth. = Mundulea (DC.) Benth. ●☆
259818 Mundulea ambatoana Baill. = Pyranthus ambatoana (Baill.) Du Puy et Labat ●☆
259819 Mundulea ambongoensis Baill. = Chadsia versicolor Bojer ●☆
259820 Mundulea anceps R. Vig.; 二棱栓皮豆●☆
259821 Mundulea anceps R. Vig. var. mangokyensis R. Vig. = Mundulea barclayi (Telfair ex Hook.) R. Vig. ex Du Puy et Labat ●☆
259822 Mundulea andringitrensis R. Vig. = Mundulea barclayi (Telfair ex Hook.) R. Vig. ex Du Puy et Labat ●☆
259823 Mundulea ankazobeensis Du Puy et Labat; 阿卡祖贝栓皮豆●☆
259824 Mundulea barclayi (Telfair ex Hook.) R. Vig. ex Du Puy et Labat; 巴克利栓皮豆●☆
259825 Mundulea betsileensis R. Vig. = Tephrosia betsileensis (R. Vig.) Du Puy et Labat ●☆
259826 Mundulea bibracteolata Dumaz-le-Grand = Tephrosia bibracteolata (Dumaz-le-Grand) Du Puy et Labat ●☆
259827 Mundulea chapelieri (Baill.) R. Vig. ex Du Puy et Labat; 沙普栓皮豆●☆
259828 Mundulea decaryana Dumaz-le-Grand = Tephrosia decaryana (Dumaz-le-Grand) Du Puy et Labat ●☆
259829 Mundulea densicoma Baill. = Mundulea barclayi (Telfair ex Hook.) R. Vig. ex Du Puy et Labat ●☆
259830 Mundulea elegans R. Vig. = Pyranthus tullearensis (Baill.) Du Puy et Labat ●☆
259831 Mundulea genistoides Dumaz-le-Grand = Tephrosia genistoides (Dumaz-le-Grand) Du Puy et Labat ●☆
259832 Mundulea genistoides Dumaz-le-Grand f. ambovombensis Dumaz-le-Grand = Tephrosia genistoides (Dumaz-le-Grand) Du Puy et Labat ●☆
259833 Mundulea grandidieri Baill. = Pyranthus ambatoana (Baill.) Du Puy et Labat ●☆
259834 Mundulea hysterantha Baker = Millettia richardiana (Baill.) Du Puy et Labat ●☆
259835 Mundulea ibityensis R. Vig. = Tephrosia ibityensis (R. Vig.) Du Puy et Labat ●☆
259836 Mundulea laxiflora Baker; 疏花栓皮豆●☆
259837 Mundulea lucens R. Vig. = Pyranthus lucens (R. Vig.) Du Puy et Labat ●☆
259838 Mundulea macrophylla R. Vig. = Sylvichadsia macrophylla (R. Vig.) Du Puy et Labat ●☆
259839 Mundulea micrantha R. Vig.; 小花栓皮豆●☆
259840 Mundulea obovata Du Puy et Labat; 倒卵栓皮豆●☆
259841 Mundulea parvifolia R. Vig. = Tephrosia parvifolia (R. Vig.) Du Puy et Labat ●☆
259842 Mundulea pauciflora Baker = Pyranthus pauciflora (Baker) Du Puy et Labat ●☆
259843 Mundulea pondoensis Codd = Tephrosia pondoensis (Codd) Schrire ●☆
259844 Mundulea pulchra Benth. = Millettia pulchra (Benth.) Kurz ●
259845 Mundulea pungens R. Vig. = Tephrosia pungens (R. Vig.) Du Puy et Labat ●☆
259846 Mundulea revoluta Baker = Mundulea barclayi (Telfair ex Hook.) R. Vig. ex Du Puy et Labat ●☆
259847 Mundulea richardiana Baill. = Millettia richardiana (Baill.) Du Puy et Labat ●☆
259848 Mundulea scoparia R. Vig. = Tephrosia parvifolia (R. Vig.) Du Puy et Labat ●☆
259849 Mundulea sericea (Willd.) A. Chev.; 绢毛栓皮豆●☆
259850 Mundulea sericea (Willd.) A. Chev. subsp. madagascariensis Du Puy et Labat; 马岛绢毛栓皮豆●☆
259851 Mundulea splendens R. Vig. = Pyranthus pauciflora (Baker) Du Puy et Labat ●☆
259852 Mundulea stenophylla R. Vig.; 窄叶栓皮豆●☆
259853 Mundulea suberosa (DC.) Benth. = Mundulea sericea (Willd.) A. Chev. ●☆
259854 Mundulea suberosa Benth.; 栓皮豆; Suberous Mundulea ●☆
259855 Mundulea tullearensis Baill. = Pyranthus tullearensis (Baill.) Du Puy et Labat ●☆
259856 Mundulea viridis R. Vig.; 绿花栓皮豆●☆
259857 Mungos Adans. = Ophiorrhiza L. ●■
259858 Munnickia Blume ex Rchb. = Munnickia Rchb. ●
259859 Munnickia Rchb. = Apama Lam. ●
259860 Munnickia Rchb. = Bragantia Lour. ●
259861 Munnickia Rchb. = Thottea Rottb. ●
259862 Munnicksia Deanst. = Hydnocarpus Gaertn. ●
259863 Munnozia Ruiz et Pav. (1794); 黑药菊属●■☆
259864 Munnozia affinis (S. F. Blake) H. Rob. et Brettell; 近缘黑药菊■☆
259865 Munnozia laxiflora Rusby; 疏花黑药菊■☆
259866 Munnozia longifolia Rusby; 长叶黑药菊■☆
259867 Munroa Benth. et Hook. f. = Munroa Torr. (保留属名) ■☆
259868 Munroa Torr. (1857) (保留属名); 芒罗草属■☆
259869 Munroa multiflora Phil.; 多花芒罗草■☆
259870 Munroa squarrosa Torr.; 芒罗草■☆
259871 Munrochloa M. Kumar et Remesh (2008); 印度竹属●☆
259872 Munroidendron Sherff (1952); 芒罗五加属●☆
259873 Munroidendron racemosum (C. N. Forbes) Sherff; 芒罗五加●☆
259874 Munronia Wight (1838); 地黄连属; Munronia ●
259875 Munronia delavayi Franch.; 云南地黄连(矮陀陀,思茅地黄连,小地黄连,小独根); Delavay Munronia, Yunnan Munronia ●◇
259876 Munronia delavayi Franch. = Munronia pinnata (Wall.) W. Theob. ●
259877 Munronia hainanensis F. C. How et T. C. Chen; 海南地黄连(七叶仔,七叶子); Hainan Munronia ●
259878 Munronia hainanensis F. C. How et T. C. Chen = Munronia pinnata (Wall.) W. Theob. ●
259879 Munronia hainanensis F. C. How et T. C. Chen var. microphylla X. M. Chen = Munronia pinnata (Wall.) W. Theob. ●
259880 Munronia hainanensis F. C. How et T. C. Chen var. microphylla X. M. Chen; 封开地黄连; Littleleaf Hainan Munronia ●
259881 Munronia henryi Harms; 滇黔地黄连(矮秃秃,矮陀陀,白花矮陀陀,地黄连,滇地黄连,亨氏地黄连,鸡血散,假苦楝,金丝矮陀,金丝矮陀陀,金丝岩陀,七匹散,千年矮,思茅地黄连,铁冬青,土黄连,小罗伞); Henry Munronia, Pudgy Munronia ●
259882 Munronia henryi Harms = Munronia pinnata (Wall.) W. Theob. ●
259883 Munronia heterophylla Merr. = Munronia pinnata (Wall.) W. Theob. ●
259884 Munronia heterotricha H. S. Lo; 小芙蓉; Differhair Munronia,

Diversi-hair Munronia ●
259885 Munronia heterotricha H. S. Lo = Munronia pinnata (Wall.) W. Theob. ●
259886 Munronia hunanensis H. S. Lo;湖南地黄连;Hunan Munronia ●
259887 Munronia hunanensis H. S. Lo = Munronia unifoliolata Oliv. ●
259888 Munronia javanica Benn. = Munronia pinnata (Wall.) W. Theob. ●
259889 Munronia neilgherrica Wight = Munronia pinnata (Wall.) W. Theob. ●
259890 Munronia petelotii Merr. = Munronia unifoliolata Oliv. ●
259891 Munronia pinnata (Wall.) W. Theob.;羽状地黄连●
259892 Munronia pumila Wight = Munronia pinnata (Wall.) W. Theob. ●
259893 Munronia simplicifolia Merr.;崖州地黄连;Simpleleaf Munronia,Yazhou Munronia ●
259894 Munronia simplicifolia Merr. = Munronia unifoliolata Oliv. ●
259895 Munronia sinica Diels;地黄连(花叶矮陀陀,花叶细辛,花叶寻胆,土黄连);China Munronia,Chinese Munronia ●
259896 Munronia sinica Diels = Munronia pinnata (Wall.) W. Theob. ●
259897 Munronia timoriensis Baill. = Munronia pinnata (Wall.) W. Theob. ●
259898 Munronia unifoliolata Oliv.;单叶地黄连(矮陀陀,地柑子,石柑子,小白花草);Monoleaf Munronia,Oneleaf Munronia ●
259899 Munronia unifoliolata Oliv. var. trifoliolata C. Y. Wu ex F. C. How et T. C. Chen = Munronia unifoliolata Oliv. ●
259900 Munronia unifoliolata Oliv. var. trifoliolata C. Y. Wu ex F. C. How et T. C. Chen;贵州地黄连(单叶地黄连,地柑子,石柑子,小白花草);Guizhou Oneleaf Munronia ●
259901 Munronia wallichii Wight = Munronia pinnata (Wall.) W. Theob. ●
259902 Munrozia Steud. = Munnozia Ruiz et Pav. ●■☆
259903 Muntafara Pichon = Tabernaemontana L. ●
259904 Muntafara Pichon(1948);蒙他木属(蒙他发木属)●☆
259905 Muntafara sessilifolia (Baker) Pichon = Tabernaemontana sessilifolia Baker ●☆
259906 Muntafara sessilifolis (Baker) Pichon;蒙他木(蒙他发木)●☆
259907 Muntingia L. (1753);文定果属(西印度樱桃属);Muntingia ●
259908 Muntingia bartramia L. = Commersonia bartramia (L.) Merr. ●
259909 Muntingia bartramia L. = Muntingia colabura L. ●
259910 Muntingia calabura L.;文定果(西印度樱桃);Calabura,Common Muntingia,Jam Tree,Jamaica Cherry,Strawberrytree ●
259911 Muntingiaceae C. Bayer,M. W. Chase et M. F. Fay(1998);文定果科●
259912 Munychia Cass. = Felicia Cass. (保留属名)●■
259913 Munychia brachyglossa (Cass.) Cass. = Felicia cymbalariae (Aiton) Bolus et Wolley-Dod ex Adamson et T. M. Salter ■☆
259914 Munychia cymbalariae (Aiton) Nees = Felicia cymbalariae (Aiton) Bolus et Wolley-Dod ex Adamson et T. M. Salter ■☆
259915 Munychia cymbalariae (Aiton) Nees var. microcephala DC. = Felicia cymbalariae (Aiton) Bolus et Wolley-Dod ex Adamson et T. M. Salter ■☆
259916 Munychia cymbalarioides DC. = Felicia cymbalarioides (DC.) Grau ■☆
259917 Munychia hirsuta (Vent.) DC. = Felicia cymbalariae (Aiton) Bolus et Wolley-Dod ex Adamson et T. M. Salter ■☆
259918 Munzothamnus P. H. Raven(1963);灌木莴苣属(粉莴苣属);Munz's Shrub ●☆
259919 Munzothamnus blairii (Munz et I. M. Johnst.) P. H. Raven;灌木莴苣●☆
259920 Muralta Adans. (废弃属名) = Clematis L. ●■
259921 Muralta Adans. (废弃属名) = Muraltia DC. (保留属名)●☆
259922 Muralta Juss. = Muraltia DC. (保留属名)●☆
259923 Muraltia DC. (1824)(保留属名);穆拉远志属●☆
259924 Muraltia Juss. = Muraltia DC. (保留属名)●☆
259925 Muraltia acerosa Harv.;针状穆拉远志●☆
259926 Muraltia acicularis Harv.;尖穆拉远志●☆
259927 Muraltia acipetala Harv.;尖瓣穆拉远志●☆
259928 Muraltia aciphylla Levyns;尖叶穆拉远志●☆
259929 Muraltia alba Levyns;白穆拉远志●☆
259930 Muraltia alopecuroides (L.) DC.;看麦娘穆拉远志●☆
259931 Muraltia alopecuroides (L.) DC. var. latifolia Harv. = Muraltia alba Levyns ●☆
259932 Muraltia alticola Schltr.;高原穆拉远志●☆
259933 Muraltia angulosa Turcz.;棱角穆拉远志●☆
259934 Muraltia angustiflora Levyns;狭花穆拉远志●☆
259935 Muraltia anthospermifolia Eckl. et Zeyh. = Muraltia ciliaris DC. ●☆
259936 Muraltia arachnoidea Chodat;蛛网穆拉远志●☆
259937 Muraltia aspalatha DC.;芳香木穆拉远志●☆
259938 Muraltia aspalathoides Schltr.;芳香木状穆拉远志●☆
259939 Muraltia asparagifolia Eckl. et Zeyh.;天门冬叶远志●☆
259940 Muraltia aspera Eckl. et Zeyh. = Muraltia thymifolia (Thunb.) DC. ●☆
259941 Muraltia azorella Chodat = Muraltia empetroides Chodat ●☆
259942 Muraltia barkerae Levyns;巴尔凯拉穆拉远志●☆
259943 Muraltia beiliana (Eckl. et Zeyh.) Harv. = Muraltia muraltioides (Eckl. et Zeyh.) Levyns ●☆
259944 Muraltia bolusii Levyns;博卢斯穆拉远志●☆
259945 Muraltia bondii Vlok;邦德穆拉远志●☆
259946 Muraltia brachyceras Schltr.;短角穆拉远志●☆
259947 Muraltia brachypetala Wolley-Dod;短瓣穆拉远志●☆
259948 Muraltia brevicornu DC.;澳非穆拉远志●☆
259949 Muraltia brevicornu E. Mey. = Muraltia brevicornu DC. ●☆
259950 Muraltia brevifolia DC. = Muraltia dumosa (Poir.) DC. ●☆
259951 Muraltia burmannii DC. = Muraltia ericoides (Burm. f.) Steud. ●☆
259952 Muraltia caledonensis Levyns;卡利登远志●☆
259953 Muraltia calycina Harv.;萼状穆拉远志●☆
259954 Muraltia candollei Eckl. et Zeyh. = Muraltia alopecuroides (L.) DC. ●☆
259955 Muraltia capensis Levyns;好望角穆拉远志●☆
259956 Muraltia carnosa E. Mey. ex Harv.;肉质穆拉远志●☆
259957 Muraltia chamaepitys Chodat;矮穆拉远志●☆
259958 Muraltia ciliaris DC.;睫毛穆拉远志●☆
259959 Muraltia cliffortiifolia Eckl. et Zeyh.;可利果穆拉远志●☆
259960 Muraltia collina Levyns;山丘穆拉远志●☆
259961 Muraltia commutata Levyns;变异穆拉远志●☆
259962 Muraltia comptonii Levyns;康普顿穆拉远志●☆
259963 Muraltia concava Levyns;凹穆拉远志●☆
259964 Muraltia conferta DC. = Muraltia alopecuroides (L.) DC. ●☆
259965 Muraltia conjuncta Chodat = Muraltia empetroides Chodat ●☆
259966 Muraltia crassifolia Harv.;厚叶穆拉远志●☆
259967 Muraltia curvipetala Levyns;曲瓣穆拉远志●☆
259968 Muraltia cyclolopha Chodat;环冠穆拉远志●☆

259969 Muraltia decipiens Schltr. ;迷惑远志●☆
259970 Muraltia demissa Wolley-Dod;下垂穆拉远志●☆
259971 Muraltia depressa DC. ;凹陷穆拉远志●☆
259972 Muraltia diabolica Levyns;魔鬼远志●☆
259973 Muraltia diffusa DC. = Muraltia stipulacea Burch. ex DC. ●☆
259974 Muraltia divaricata Eckl. et Zeyh. ;叉开穆拉远志●☆
259975 Muraltia divaricata Eckl. et Zeyh. var. obtusifolia Harv. = Muraltia rhamnoides Chodat ●☆
259976 Muraltia dregei Harv. = Muraltia harveyana Levyns ●☆
259977 Muraltia dumosa (Poir.) DC. ;短叶穆拉远志●☆
259978 Muraltia ecornuta N. E. Br. = Muraltia flanaganii Bolus ●☆
259979 Muraltia elsieae Paiva;埃尔西穆拉远志●☆
259980 Muraltia empetroides Chodat;岩高兰穆拉远志●☆
259981 Muraltia empleuridioides Schltr. ;凹脉卫矛穆拉远志●☆
259982 Muraltia empleuridioides Schltr. var. diversifolia Levyns;异叶远志●☆
259983 Muraltia ericifolia DC. ;毛叶穆拉远志●☆
259984 Muraltia ericoides (Burm. f.) Steud. ;石南状远志●☆
259985 Muraltia exilis Schltr. = Muraltia filiformis (Thunb.) DC. ●☆
259986 Muraltia fasciculata (Poir.) DC. = Muraltia ericoides (Burm. f.) Steud. ●☆
259987 Muraltia fernandi Chodat = Muraltia flanaganii Bolus ●☆
259988 Muraltia ferox Levyns;多刺远志●☆
259989 Muraltia filiformis (Thunb.) DC. ;线形穆拉远志●☆
259990 Muraltia filiformis (Thunb.) DC. var. caledonensis Levyns;卡利登线形穆拉远志●☆
259991 Muraltia flanaganii Bolus;弗拉纳根穆拉远志●☆
259992 Muraltia gillettiae Levyns;吉莱特穆拉远志●☆
259993 Muraltia guthriei Levyns;格斯里穆拉远志●☆
259994 Muraltia harveyana Levyns;哈维穆拉远志●☆
259995 Muraltia hirsuta Levyns;粗毛穆拉远志●☆
259996 Muraltia horrida Diels;多刺穆拉远志●☆
259997 Muraltia hyssopifolia Chodat;神香草叶远志●☆
259998 Muraltia incompta Harv. = Muraltia divaricata Eckl. et Zeyh. ●☆
259999 Muraltia inconstans Levyns = Muraltia thymifolia (Thunb.) DC. ●☆
260000 Muraltia juniperifolia (Poir.) DC. ;刺柏叶穆拉远志■☆
260001 Muraltia karroica Levyns;卡罗穆拉远志●☆
260002 Muraltia knysnaensis Levyns;克尼斯纳穆拉远志●☆
260003 Muraltia lancifolia Harv. ;剑叶穆拉远志●☆
260004 Muraltia langebergensis Levyns;朗厄山穆拉远志●☆
260005 Muraltia laricifolia Eckl. et Zeyh. = Muraltia macroceras DC. ●☆
260006 Muraltia leptorhiza Turcz. ;细根穆拉远志●☆
260007 Muraltia lewisiae Levyns;刘易斯穆拉远志●☆
260008 Muraltia lignosa Levyns;木质穆拉远志●☆
260009 Muraltia linophylla DC. = Muraltia ericoides (Burm. f.) Steud. ●☆
260010 Muraltia longicuspis Turcz. ;长尖穆拉远志●☆
260011 Muraltia macowanii Levyns;麦克穆拉远志●☆
260012 Muraltia macrocarpa Eckl. et Zeyh. ;大果穆拉远志●☆
260013 Muraltia macroceras DC. ;大角穆拉远志●☆
260014 Muraltia macropetala Harv. ;大瓣穆拉远志●☆
260015 Muraltia micrantha (Thunb.) A. Dietr. = Muraltia stipulacea Burch. ex DC. ●☆
260016 Muraltia minuta Levyns;微小穆拉远志●☆
260017 Muraltia mitior (P. J. Bergius) Levyns;柔软穆拉远志●☆
260018 Muraltia mixta (L. f.) DC. ;混杂穆拉远志■☆
260019 Muraltia montana Levyns;山地穆拉远志●☆
260020 Muraltia muirii F. Bolus;缪里穆拉远志●☆
260021 Muraltia muraltioides (Eckl. et Zeyh.) Levyns;厚壁穆拉远志■☆
260022 Muraltia mutabilis Levyns;易变穆拉远志●☆
260023 Muraltia namaquensis Levyns;纳马夸穆拉远志●☆
260024 Muraltia neglecta Levyns = Muraltia ericoides (Burm. f.) Steud. ●☆
260025 Muraltia obovata DC. ;倒卵穆拉远志●☆
260026 Muraltia occidentalis Levyns;西方穆拉远志●☆
260027 Muraltia orbicularis Hutch. ;圆形穆拉远志●☆
260028 Muraltia origanoides C. Presl;牛至穆拉远志●☆
260029 Muraltia oxysepala Schltr. ;尖萼穆拉远志●☆
260030 Muraltia pachyphylla Chodat = Muraltia rhamnoides Chodat ●☆
260031 Muraltia pageae Levyns;纸穆拉远志●☆
260032 Muraltia paludosa Levyns;沼泽穆拉远志●☆
260033 Muraltia pappeana Harv. ;帕珀穆拉远志●☆
260034 Muraltia parvifolia N. E. Br. ;小叶穆拉远志●☆
260035 Muraltia pauciflora (Thunb.) DC. ;少花叶穆拉远志●☆
260036 Muraltia petraea Chodat = Muraltia polyphylla (DC.) Levyns ●☆
260037 Muraltia pillansii Levyns;皮朗斯穆拉远志●☆
260038 Muraltia pilosa Harv. = Muraltia lancifolia Harv. ●☆
260039 Muraltia plumosa Chodat;羽状穆拉远志●☆
260040 Muraltia poiretii DC. = Muraltia ericoides (Burm. f.) Steud. ●☆
260041 Muraltia polyphylla (DC.) Levyns;多叶穆拉远志●☆
260042 Muraltia pottebergensis Levyns;波太伯格穆拉远志●☆
260043 Muraltia pubescens DC. ;柔毛穆拉远志●☆
260044 Muraltia pungens Schltr. ;锐尖穆拉远志●☆
260045 Muraltia rara Levyns;稀少穆拉远志●☆
260046 Muraltia reticulata Harv. = Muraltia origanoides C. Presl ●☆
260047 Muraltia rhamnoides Chodat;鼠李远志●☆
260048 Muraltia rhynostigma Chodat = Muraltia salsolacea Chodat ●☆
260049 Muraltia rigida E. Mey. ex Turcz. ;坚挺穆拉远志●☆
260050 Muraltia rosmarinifolia Levyns;迷迭香叶穆拉远志●☆
260051 Muraltia rubeacea Eckl. et Zeyh. ;淡红穆拉远志●☆
260052 Muraltia salsolacea Chodat;猪毛菜远志●☆
260053 Muraltia salteri Levyns = Muraltia satureioides DC. var. salteri (Levyns) Levyns ●☆
260054 Muraltia satureioides DC. ;香草穆拉远志●☆
260055 Muraltia satureioides DC. var. floribunda Levyns;繁花穆拉远志●☆
260056 Muraltia satureioides DC. var. salteri (Levyns) Levyns;索尔特穆拉远志●☆
260057 Muraltia saxicola Chodat;岩栖穆拉远志●☆
260058 Muraltia schlechteri Levyns;施莱穆拉远志●☆
260059 Muraltia scoparia (Eckl. et Zeyh.) Levyns = Nylandtia scoparia (Eckl. et Zeyh.) Goldblatt et J. C. Manning ■☆
260060 Muraltia serpylloides DC. ;百里香穆拉远志●☆
260061 Muraltia serrata Levyns;具齿穆拉远志●☆
260062 Muraltia spicata Bolus;穗状穆拉远志●☆
260063 Muraltia splendens Levyns;光亮穆拉远志●☆
260064 Muraltia squarrosa (L. f.) DC. ;粗鳞穆拉远志●☆
260065 Muraltia squarrosa Eckl. et Zeyh. = Muraltia alopecuroides

(L.) DC. ●☆
260066 Muraltia stenophylla Levyns;窄叶穆拉远志●☆
260067 Muraltia stipulacea Burch. ex DC.;托叶穆拉远志●☆
260068 Muraltia stokoei Levyns;斯托克穆拉远志●☆
260069 Muraltia striata DC. = Muraltia brevicornu DC. ●☆
260070 Muraltia striata Eckl. et Zeyh. = Muraltia angulosa Turcz. ●☆
260071 Muraltia tenuifolia (Poir.) DC.;细叶穆拉远志●☆
260072 Muraltia thunbergii Eckl. et Zeyh.;通贝里穆拉远志●☆
260073 Muraltia thymifolia (Thunb.) DC.;百里香叶穆拉远志■☆
260074 Muraltia trinervia (L. f.) DC.;三脉穆拉远志●☆
260075 Muraltia virgata DC. = Muraltia ericoides (Burm. f.) Steud. ●☆
260076 Muraltia vulpina Chodat;狐色穆拉远志●☆
260077 Muratina Maire = Salsola L. ●■
260078 Muratina zolotarevskyana Maire = Salsola tetrandra Forssk. ■☆
260079 Murbeckia Urb. et Ekmau = Forchhammeria Liebm. ●☆
260080 Murbeckiella Rothm. (1939);小穆尔芥属■☆
260081 Murbeckiella boryi (Boiss.) Rothm.;长荚小穆尔芥■☆
260082 Murbeckiella pinnatifida (Lam.) Rothm. subsp. boryi (Boiss.) Maire = Murbeckiella boryi (Boiss.) Rothm. ■☆
260083 Murbeckiella pinnatifida (Lam.) Rothm. var. longisiliqua (Font Quer) Maire = Murbeckiella boryi (Boiss.) Rothm. ■☆
260084 Murchisonia Brittan(1971);默奇森兰属■☆
260085 Murchisonia fragrans Brittan;默奇森兰■☆
260086 Murdannia Royle(1840)(保留属名);水竹叶属(水竹属);Murdannia,Waterbamboo ■
260087 Murdannia angustifolia (N. E. Br.) H. Hara = Murdannia loriformis (Hassk.) R. S. Rao et Kammathy ■
260088 Murdannia axillaris Brenan;腋花水竹叶■☆
260089 Murdannia blumei (Hassk.) Brenan;印尼水竹叶■☆
260090 Murdannia bracteata (C. B. Clarke) J. K. Morton ex D. Y. Hong;大苞水竹叶(癌草,痨子草,露水草,青竹鞘菜,痰火草,痰水草,围夹草);Largebract Murdannia,Largebract Waterbamboo ■
260091 Murdannia citrina D. Fang;橙花水竹叶;Orangeflower Murdannia,Orangeflower Waterbamboo ■
260092 Murdannia clarkeana Brenan;克氏水竹叶■☆
260093 Murdannia divergens (C. B. Clarke) Brückn.;紫背水竹叶(观音草,花竹叶,黄竹参,山竹叶草,土三七,细竹蒿草,仙茅,竹节草,竹叶参,竹叶兰,紫背鹿衔草);Purpleback Murdannia,Purpleback Waterbamboo ■
260094 Murdannia divergens (C. B. Clarke) Brückn. var. dilatata Hand. -Mazz. = Murdannia divergens (C. B. Clarke) Brückn. ■
260095 Murdannia edulis (Stokes) Faden;葶花水竹叶(大叶水竹叶,台湾水竹叶);Edible Murdannia,Edible Waterbamboo,Rhizome Waterbamboo ■
260096 Murdannia elata (Vahl) Brückn. = Murdannia japonica (Thunb.) Faden ■
260097 Murdannia formosana (N. E. Br.) K. S. Hsu;台湾水竹叶■
260098 Murdannia formosana (N. E. Br.) K. S. Hsu = Murdannia edulis (Stokes) Faden ■
260099 Murdannia hookeri (C. B. Clarke) Brückn.;根茎水竹叶;Hooker Murdannia ■
260100 Murdannia japonica (Thunb.) Faden;宽叶水竹叶;Broadleaf Murdannia,Broadleaf Waterbamboo ■
260101 Murdannia kainantensis (Masam.) D. Y. Hong;狭叶水竹叶;Narrowleaf Murdannia,Narrowleaf Waterbamboo ■
260102 Murdannia keisak (Hassk.) Hand. -Mazz.;疣草(水竹叶);Aneilima,Asian Spiderwort,Keisak Murdannia,Keisak Waterbamboo,Marsh Dewflower,Wartremoving Herb,Wart-removing Herb,Water Murdannia ■
260103 Murdannia keisak (Hassk.) Hand. -Mazz. = Murdannia triquetra (Wall.) Brückn. ■
260104 Murdannia lineolata (Blume) J. K. Morton = Murdannia japonica (Thunb.) Faden ■
260105 Murdannia loriformis (Hassk.) Rao Rolla et Kammathy;牛轭草(鸡嘴草,晒不死,水竹草,狭叶水竹叶);Loureiro Murdannia,Yoke Waterbamboo ■
260106 Murdannia loureirii (Hance) R. S. Rao et Kammathy = Murdannia spectabilis (Kurz) Faden ■
260107 Murdannia macrocarpa D. Y. Hong;大果水竹叶(地韭菜,红毛草,红竹壳菜,山韭菜,小征鸡舌癀,紫花竹草);Largefruit Murdannia,Largefruit Waterbamboo ■
260108 Murdannia malabarica (L.) Brückn. = Murdannia nudiflora (L.) Brenan ■
260109 Murdannia medica (Lour.) D. Y. Hong;少叶水竹叶;Poorleaf Murdannia,Poorleaf Waterbamboo ■
260110 Murdannia nudiflora (L.) Brenan;裸花水竹叶(白竹仔菜,百日晒,地韭菜,地兰花,地蓝花,地潭花,红毛草,红竹壳菜,节节烂,七日一枝花,肉草,山海带,桃簪草,天芒针,细竹篙草,细竹壳菜,细竹壳草,小号鸡舌癀,血见愁,鸭舌头,竹叶草);Nakedflower Murdannia,Nakedstem Dewflower,Nakeflower Waterbamboo ■
260111 Murdannia scapiflora (Roxb.) Royle = Murdannia edulis (Stokes) Faden ■
260112 Murdannia semiteres (Dalzell) Santapau;半柱水竹叶■☆
260113 Murdannia simplex (Vahl) Brenan;细竹蒿草(斑茅胆草,红韭菜,十二妹,书带水竹叶,土知母,细叶蒿草,细竹篙草,血见愁,云茅草,中国水竹叶);Little bargepole grass,Narrow-leaved Murdannia,Simplex Murdannia,Simplex Waterbamboo ■
260114 Murdannia sinica (Ker Gawl.) Brückn. = Murdannia simplex (Vahl) Brenan ■
260115 Murdannia spectabilis (Kurz) Faden;腺毛水竹叶(山野跖草);Glandhair Murdannia,Glandhair Waterbamboo ■
260116 Murdannia spirata (L.) Brückn.;矮水竹叶;Asiatic Dewflower,Dwarf Murdannia,Dwarf Waterbamboo ■
260117 Murdannia stenothyrsa (Diels) Hand. -Mazz.;树头花;Narrowpanicle Murdannia,Narrowpanicle Waterbamboo ■
260118 Murdannia stictosperma Brenan;直果水竹叶■☆
260119 Murdannia stricta Brenan;刚直水竹叶■☆
260120 Murdannia tenuissima (A. Chev.) Brenan;纤细水竹叶■☆
260121 Murdannia triquetra (Wall.) Brückn.;水竹叶(鸡舌草,鸡舌癀,肉草,三角菜,水金钗,细竹叶高草,鸭脚草,叶雅省草,竹野菜);Waterbamboo ■
260122 Murdannia triquetra (Wall.) Brückn. = Murdannia keisak (Hassk.) Hand. -Mazz. ■
260123 Murdannia undulata D. Y. Hong;波缘水竹叶;Wavemargin Murdannia,Wavemargin Waterbamboo ■
260124 Murdannia vaginata (L.) Brückn.;细柄水竹叶(鞘苞网籽草);Sheathbract Netseed,Slenderstalk Murdannia,Slenderstalk Waterbamboo ■
260125 Murdannia yunnanensis D. Y. Hong;云南水竹叶;Yunnan Murdannia,Yunnan Waterbamboo ■
260126 Murera J. St. -Hil. = Mourera Aubl. ■☆
260127 Muretia Boiss. (1844);穆雷特草属■☆

260128 Muretia Boiss. = Elaeosticta Fenzl ■☆
260129 Muretia fragrantissima (Lipsky) Korovin;香穆雷特草■☆
260130 Muretia lutes (M. Bieb.) Boiss.;黄穆雷特草■☆
260131 Muretia oeroilanica Korovin;穆雷特草■☆
260132 Muretia transcaspica Korovin;里海穆雷特草■☆
260133 Muretia transitoria Korovin;中间穆雷特草■☆
260134 Murex Kuntze = Pedalium D. Royen ex L. ■☆
260135 Murex L. ex Kuntze = Pedalium D. Royen ex L. ■☆
260136 Murianthe (Baill.) Aubrév. = Manilkara Adans.(保留属名)●
260137 Muricaria Desv. (1815);北非平卧芥属■☆
260138 Muricaria battandieri Hochr. = Muricaria prostrata (Desf.) Desv. ■☆
260139 Muricaria battandieri Hochr. var. subintegrifolium ? = Muricaria prostrata (Desf.) Desv. ■☆
260140 Muricaria prostrata (Desf.) Desv.;北非平卧芥■☆
260141 Muricaria prostrata (Desf.) Desv. var. battandieri (Hochr.) Pamp. = Muricaria prostrata (Desf.) Desv. ■☆
260142 Muricaria prostrata Desv. = Muricaria prostrata (Desf.) Desv. ■☆
260143 Muricauda Small = Arisaema Mart. ●■
260144 Muricauda dracontium (L.) Small = Arisaema dracontium (L.) Schott ■☆
260145 Muricia Lour. = Momordica L. ■
260146 Muricia cochinchinensis Lour. = Momordica cochinchinensis (Lour.) Spreng. ■
260147 Muricococcum Chun et F. C. How = Cephalomappa Baill. ●
260148 Muricococcum sinense Chun et F. C. How = Cephalomappa sinensis (Chun et F. C. How) Kosterm. ●◇
260149 Muriea M. M. Hartog = Manilkara Adans.(保留属名)●
260150 Muriea discolor (Sond.) Hartog = Manilkara discolor (Sond.) J. H. Hemsl. ●☆
260151 Murieanthe (Baill.) Aubrév. = Manilkara Adans.(保留属名)●
260152 Muriri J. F. Gmel. = Mouriri Aubl. ●☆
260153 Muriria Raf. = Muriri J. F. Gmel. ●☆
260154 Murocoa J. St. -Hil. = Maripa Aubl. ■☆
260155 Murocoa J. St. -Hil. = Mouroucoa Aubl. ■☆
260156 Murraea J. König ex L. = Murraya J. König ex L.(保留属名)●
260157 Murraea Murray = Murraya J. König ex L.(保留属名)●
260158 Murraya J. König ex L. (1771)('Murraea')(保留属名);九里香属(穿花针属,满山香属,十里香属,月橘属);Jasmin Orange, Jasmine Orange, Jasminorange, Jasmin-orange, Mock Orenge, Murraya, Orange Jessamine ●
260159 Murraya L. = Murraya J. König ex L.(保留属名)●
260160 Murraya alata Drake;翼叶九里香;Wingleaf Jasminorange, Wing-leaved Jasmin-orange ●
260161 Murraya alata Drake var. hainanensis Swingle = Murraya alata Drake ●
260162 Murraya cerasiformis Blanco = Glycosmis citrifolia (Willd.) Lindl. ●
260163 Murraya crenulata (Turcz.) Oliv.;兰屿九里香(兰屿月橘);Crenulate Jasminorange, Crenulate Jasmin-orange, Lanyu Jasminorange, Lanyu Jasmin-orange ●
260164 Murraya euchrestifolia Hayata;豆叶九里香(臭漆,穿花针,满山香,千只眼,山豆叶月橘,山黄皮,四数花九里香,透光草,野黄皮);Beanleaf Jasminorange, Euchresteleaf Jasminorange, Euchrest-leaved Jasmin-orange ●
260165 Murraya exotica L.;九里香(洋九里香,中华九里香);China Box Jasmine Orange, Chinese Box ●☆
260166 Murraya exotica L. = Murraya paniculata (L.) Jack ●
260167 Murraya japonensis Raeusch. = Murraya paniculata (L.) Jack ●
260168 Murraya koenigii (L.) Spreng.;调料九里香(柯氏九里香,麻绞叶,麻纹叶,石苓);Curry Leaf, Curry Tree, Curryleaf Jasminorange, Curryleaftree, Curry-leaved Jasmin-orange, Koenig Jasminorange ●
260169 Murraya kwangsiensis (C. C. Huang) C. C. Huang;广西九里香(佛山九里香,广西黄皮,假黄皮,假鸡皮,山柠檬,土前胡);Guangxi Jasminorange, Guangxi Jasmin-orange, Guangxi Wampee, Kwangsi Jasminorange ●
260170 Murraya kwangsiensis (C. C. Huang) C. C. Huang var. macrophylla C. C. Huang;大叶九里香;Bigleaf Jasminorange ●
260171 Murraya microphylla (Merr. et Chun) Swingle;小叶九里香;Littleleaf Jasminorange, Small-leaved Jasmin-orange ●
260172 Murraya omphalocarpa Hayata = Murraya paniculata (L.) Jack ●
260173 Murraya paniculata (L.) Jack;千里香(长果月橘,玚花,过山香,黄金桂,九里香,九秋香,九树香,兰屿九里香,满山香,木万年青,七里香,千只眼,青木香,山柑,山黄皮,十里香,石桂树,石辣椒,石柃,水万年青,四季青,四时橘,万里香,五里香,月橘,芸香);China Box, China Box Jasminorange, Chinese Box, Common Jasminorange, Common Jasmin-orange, Cosmetic Bark, Jasmine Orange, Jasminorange, Lanyu Jasminorange, Orange Jasmine, Orange Jessamine, Orange-jessamine, Paniculate Jasminorange, Thanaka ●
260174 Murraya paniculata (L.) Jack = Murraya exotica L. ●
260175 Murraya paniculata (L.) Jack var. exotica (L.) C. C. Huang = Murraya exotica L. ●
260176 Murraya paniculata (L.) Jack var. exotica (L.) C. C. Huang = Murraya paniculata (L.) Jack ●
260177 Murraya paniculata (L.) Jack var. omphalocarpa Tanaka = Murraya paniculata (L.) Jack ●
260178 Murraya tetramera C. C. Huang;四数九里香(满山香,满天香,千只眼,四数花九里香);Four-flowers Jasminorange, Tetramerous Jasminorange ●
260179 Murrinea Raf. = Baeckea L. ●
260180 Murrithia Zoll. et Moritzi = Pimpinella L. ■
260181 Murrya Griff. = Murraya J. König ex L.(保留属名)●
260182 Murtekias Raf. = Euphorbia L. ●■
260183 Murtonia Craib = Desmodium Desv.(保留属名)●■
260184 Murtughas Kuntze = Lagerstroemia L. ●
260185 Murtughas indica (L.) Kuntze = Lagerstroemia indica L. ●
260186 Murtughas tomentosa (C. Presl) Kuntze = Lagerstroemia tomentosa C. Presl ●
260187 Murtughas villosa (Wall. ex Kurz) Kuntze = Lagerstroemia villosa Wall. ex Kurz ●
260188 Murucoa J. F. Gmel. = Maripa Aubl. + Lettsomia Roxb. ●
260189 Murucoa J. F. Gmel. = Mouroucoa Aubl. ■☆
260190 Murucoa Kuntze = Mouroucoa Aubl. ■☆
260191 Murucuia Mill. = Passiflora L. ●■
260192 Murucuja Guett. = Murucuia Mill. ●■
260193 Murucuja Medik. = Passiflora L. ●■
260194 Murucuja Pers. = Murucuia Mill. ●■
260195 Murucuja Tourn. ex Medik. = Passiflora L. ●■
260196 Murueva Raf. = Maireria Scop. ■☆
260197 Murueva Raf. = Maripa Aubl. ■☆
260198 Musa L. (1753);芭蕉属;Banana, Banane, Hardy Banana,

Plantain, Plantain Banana ■

260199 Musa acuminata Colla;小果野蕉(阿加蕉,木桂根雷);Acuminate Banana, Banana, Edible Banana, Small Wild Banana ■

260200 Musa acuminata Colla var. chinensis Häkkinen et Wang Hong;云南小果野蕉■

260201 Musa acurainata Colla 'Dwarf Cavendish';矮卡文迪什芭蕉;China Banana, Chinese Banana ■

260202 Musa arnoldiana De Wild. = Ensete ventricosum (Welw.) Cheesman ■☆

260203 Musa aurantiaca G. Mann = Musa aurantiaca G. Mann ex Baker ■☆

260204 Musa aurantiaca G. Mann ex Baker;黄蕉■☆

260205 Musa bagshawei Rendle et Greves = Ensete ventricosum (Welw.) Cheesman ■☆

260206 Musa balbisiana Colla;野蕉(粉芭蕉,伦阿蕉,山芭蕉,树头芭蕉);Balbis Banana, Wild Banana ■

260207 Musa banksiana Kurz;班克斯蕉;Maroon-stemmed Banana, Native Banana ■☆

260208 Musa basjoo Siebold et Zucc.;芭蕉(巴且,芭蕉树,芭蕉头,芭苴,板蕉,大头芭蕉,大叶芭蕉,甘蕉,甘露树,绿天,瓶胆蕉,蘘荷,扇仙,天苴,无耳闻雪,香蕙,牙蕉);Ensete, Hardy Banana, Japan Banana, Japanese Banana ■

260209 Musa basjoo Siebold et Zucc. var. formosana (Warb.) S. S. Ying = Musa formosana (Warb. ex Schum.) Hayata ■

260210 Musa bihai L. = Heliconia bihai (L.) L. ■☆

260211 Musa buchananii Baker = Ensete ventricosum (Welw.) Cheesman ■☆

260212 Musa cavendishii Lamb. = Musa acuminata Colla 'Dwarf Cavendish' ■

260213 Musa cavendishii Lamb. = Musa nana Lour. ■

260214 Musa chevalieri Gagnep. = Ensete gilletii (De Wild.) Cheesman ■☆

260215 Musa chiliocarpa Backer ex K. Heyne;千层蕉■☆

260216 Musa chinensis Sweet = Musa nana Lour. ■

260217 Musa coccinea Andréws;红蕉(芭蕉红,观赏芭蕉,红花蕉,美人蕉,麒麟花,小芭蕉,指天蕉);Flowering Banana, Ornamental Banana, Scarlet Banana ■

260218 Musa davyae Stapf = Ensete ventricosum (Welw.) Cheesman ■☆

260219 Musa dechangensis J. L. Liu et M. G. Liu;德昌野芭蕉;Dechang Banana ■

260220 Musa dechangensis J. L. Liu et M. G. Liu = Musa balbisiana Colla ■

260221 Musa discolor Horan;异色蕉■☆

260222 Musa dybowskii De Wild.;迪布芭蕉■☆

260223 Musa elephantorum K. Schum. et Warb. = Ensete gilletii (De Wild.) Cheesman ■☆

260224 Musa ensete J. F. Gmel.;热非蕉;Abyssinian Banana, Ensete ■☆

260225 Musa ensete J. F. Gmel. = Ensete ventricosum (Welw.) Cheesman ■☆

260226 Musa ensete J. F. Gmel. var. montbeliardii Bois = Ensete ventricosum (Welw.) Cheesman ■☆

260227 Musa fecunda Stapf = Ensete ventricosum (Welw.) Cheesman ■☆

260228 Musa formosana (Warb. ex Schum.) Hayata;台湾芭蕉(山芎蕉)■

260229 Musa formosana (Warb.) Hayata = Musa basjoo Siebold et Zucc. var. formosana (Warb.) S. S. Ying ■

260230 Musa gilletii De Wild. = Ensete gilletii (De Wild.) Cheesman ■☆

260231 Musa glauca (Roxb.) Cheesman = Ensete glaucum (Roxb.) Cheesman ■

260232 Musa glauca Roxb. = Ensete glaucum (Roxb.) Cheesman ■

260233 Musa holstii K. Schum. = Ensete ventricosum (Welw.) Cheesman ■☆

260234 Musa homblei Bequaert ex De Wild. = Ensete homblei (Bequaert ex De Wild.) Cheesman ■☆

260235 Musa hybrid Hort.;杂种芭蕉;Canton Fibre ■☆

260236 Musa insularimontana Hayata;兰屿芭蕉(田代氏芭蕉)■

260237 Musa itinerans Cheesman;阿宽蕉(黑芭蕉,树头芭蕉,野芭蕉);Rhizomatic Banana ■

260238 Musa japonica Veitch. = Musa basjoo Siebold et Zucc. ■

260239 Musa lasiocarpa Franch. = Musella lasiocarpa (Franch.) C. Y. Wu ex H. W. Li ■

260240 Musa laurentii De Wild. = Ensete ventricosum (Welw.) Cheesman ■☆

260241 Musa liukiuensis (Matsum.) Makino ex Kuroiwa;琉球丝芭蕉■

260242 Musa liukiuensis (Matsum.) Makino ex Kuroiwa = Musa balbisiana Colla ■

260243 Musa livingstoniana Kirk = Ensete livingstonianum (Kirk) Cheesman ■☆

260244 Musa lushanensis J. L. Liu;芦山野芭蕉;Lushan Banana ■

260245 Musa lushanensis J. L. Liu = Musa balbisiana Colla ■

260246 Musa lushanensis J. L. Liu = Musa basjoo Siebold et Zucc. ■

260247 Musa luteola J. L. Liu = Musa balbisiana Colla ■

260248 Musa luteola J. L. Liu = Musa basjoo Siebold et Zucc. ■

260249 Musa martretiana A. Chev.;马特雷芭蕉■☆

260250 Musa nana Lour.;香蕉(矮把蕉,矮脚盾地雷,矮脚香蕉,甘蕉,高把蕉,高脚香蕉,高脚牙蕉,开远香蕉,龙溪蕉,梅花蕉,天宝蕉,香牙蕉,芎蕉,油蕉,中国矮蕉,中脚盾地雷);Canary Banana, Canary Islands Banana, Cavendish Banana, Chinese Banana, Dwarf Banana ■

260251 Musa nepalensis Wall. = Ensete glaucum (Roxb.) Cheesman ■

260252 Musa ornata Roxb.;美丽蕉(观赏芭蕉,紫苞芭蕉);Flowering Banana ■☆

260253 Musa paradisiaca L.;大蕉(粉芭蕉,粉蕉,甘蕉,甘露,弓蕉,鼓槌蕉,蕉果,美人蕉,木瓜芎蕉,西贡蕉,香蕉,香牙蕉,芎蕉);Adam's Apple, Adam's Fig, Apple Banana, Banana, Common Banana, Cooking Banana, Dessert Banana, Edible Banana, Embul, French Plantain, Plantain, Plantain Banana, Sea Fig, Silk Fig ■

260254 Musa paradisiaca L. 'Lady Finger';女士手指大蕉■

260255 Musa paradisiaca L. 'Red';红色大蕉■

260256 Musa paradisiaca L. 'Vittata';观赏芭蕉;Ornamental Banana ■

260257 Musa paradisiaca L. subsp. seminifera (Lour.) Baker = Musa basjoo Siebold et Zucc. ■

260258 Musa paradisiaca L. subsp. seminifera (Lour.) K. Schum.;种子粉芭蕉(山芭蕉子,野蕉,野蕉子)■

260259 Musa paradisiaca L. subsp. seminifera (Lour.) K. Schum. = Musa sapientum L. ■

260260 Musa paradisiaca L. var. formosana Warb. = Musa basjoo Siebold et Zucc. var. formosana (Warb.) S. S. Ying ■

260261 Musa paradisiaca L. var. formosana Warb. ex Schum. = Musa basjoo Siebold et Zucc. var. formosana (Warb.) S. S. Ying ■

260262 Musa paradisiaca L. var. formosana Warb. ex Schum. = Musa formosana (Warb. ex Schum.) Hayata ■
260263 Musa perrieri Claverie = Ensete perrieri (Claverie) Cheesman ■☆
260264 Musa proboscidea Oliv. = Ensete ventricosum (Welw.) Cheesman ■☆
260265 Musa ruandensis De Wild. = Ensete ventricosum (Welw.) Cheesman ■☆
260266 Musa rubra Wall. ex Kurz;阿希蕉(阿西蕉);Red Banana ■
260267 Musa rubronervata De Wild. = Ensete ventricosum (Welw.) Cheesman ■☆
260268 Musa sanguinea Hook. f.;血红蕉■
260269 Musa sapientum L. = Musa paradisiaca L. ■
260270 Musa schweinfurthii K. Schum. = Ensete ventricosum (Welw.) Cheesman ■☆
260271 Musa seminifera Lour. = Musa balbisiana Colla ■
260272 Musa seminifera Lour. = Musa basjoo Siebold et Zucc. ■
260273 Musa sinensis Sagot ex Baker = Musa nana Lour. ■
260274 Musa superba Roxb.;野生芭蕉■☆
260275 Musa textilis Nees;蕉麻(麻蕉,马尼拉蕉,马尼拉麻);Abaca, Abaca Banana, Manila Hemp ■
260276 Musa textilis Nees var. tashisor Hayata = Musa insularimontana Hayata ■
260277 Musa ulugurensis Warb. = Ensete ventricosum (Welw.) Cheesman ■☆
260278 Musa uranoscopos Lour. = Musa coccinea Andréws ■
260279 Musa velutina H. Wendl. et Drude;柔软蕉;Hairy Banana, Velvet Banana ■☆
260280 Musa ventricosa Welw. = Ensete ventricosum (Welw.) Cheesman ■☆
260281 Musa wilsonii Tutcher;树头芭蕉(桂吞,野芭蕉);E. H. Wilson Banana ■
260282 Musa wilsonii Tutcher = Ensete wilsonii (Tutcher) Cheesman ■
260283 Musa yunnanensis Häkkinen et Wang Hong;云南芭蕉■
260284 Musaceae Juss. (1789)(保留科名);芭蕉科;Banana Family ■
260285 Musanga C. Sm. ex R. Br. (1818);原伞树属(摩山麻属,伞树属)●☆
260286 Musanga R. Br. = Musanga C. Sm. ex R. Br. ●☆
260287 Musanga cecropioides R. Br.;原伞树(摩山麻);Corkwood, Umbrella Tree ●☆
260288 Musanga smithii R. Br.;史密斯原伞树;Umbrella-tree ●☆
260289 Muscadinia (Planch.) Small = Vitis L. ●
260290 Muscadinia Small = Vitis L. ●
260291 Muscarella Luer = Pleurothallis R. Br. ■☆
260292 Muscarella Luer(2006);小麝香兰属■☆
260293 Muscari Mill. (1754);葡萄风信子属(串铃花属,蓝壶花属,麝香兰属,蝇合草属);Grepe Hyacinth, Grepe-hyacinth ■☆
260294 Muscari albiflorum (Täckh. et Boulos) Hosni;白花葡萄风信子■☆
260295 Muscari armeniacum Leichtlin ex Baker;亚美尼亚蓝壶花(阿美尼亚麝香兰,串铃花,葡萄风信子,麝香兰);Armenia Grepe-hyacinth, Armenian Grape Hyacinth, Garden Grepe-hyacinth, Grape Hyacinth, Grepe-hyacinth ■☆
260296 Muscari armeniacum Leichtlin ex Baker 'Blue Spike';蓝穗串铃花■☆
260297 Muscari atlanticum Boiss. et Reut. = Muscari neglectum Guss. ex Ten. ■☆
260298 Muscari aucheri Baker;深蓝串铃花;Oxford-and-cambridge, Oxford-and-cambridge Flower ■☆
260299 Muscari azureum Fenzl;短叶风信子(天蓝串铃花);Grape Hyacinth, Shortleaf Hyacinthus ■☆
260300 Muscari bicolor Boiss.;二色葡萄风信子■☆
260301 Muscari botryoides (L.) Mill.;葡萄风信子(蓝壶花,蓝瓶花,葡萄百合,葡萄麝香兰,蝇合草,总状串铃花);Botryoidal Grepe-hyacinth, Common Grape Hyacinth, Common Grape-hyacinth, Feathered Hyacinth, Grape Flower, Grape Hyacinth, Grape-hyacinth, Hyacinth, Kleine Bisamhyazinthe, Kleine Traubenhyazinthe, Musk Grape Flower, Musk Hyacinth, Purple Grape-hyacinth, Purse Tassels, Tassel Hyacinth ■☆
260302 Muscari botryoides (L.) Mill. 'Album';白葡萄风信子;Grape Hyacinth, Pearl of Spain ■☆
260303 Muscari botryoides (L.) Mill. subsp. longifolium (Rigo) Garbari;长花葡萄风信子■☆
260304 Muscari botryoides (L.) Mill. var. album ? = Muscari botryoides (L.) Mill. 'Album' ■☆
260305 Muscari ciliatum Kotschy;缘毛葡萄风信子■☆
260306 Muscari coeruleum Losinsk.;天蓝葡萄风信子■☆
260307 Muscari commutatum Guss.;变异葡萄风信子■☆
260308 Muscari comosum (L.) Mill.;丛毛葡萄风信子(大蓝壶花,缨饰串铃花);Comose Grepe-hyacinth, Grape Hyacinth, Muscari, Tassel Grape Hyacinth, Tassel Grape-hyacinth, Tassel Hyacinth, Tasseled Grape Hyacinth, Tasselled Grape-hyacinth ■☆
260309 Muscari comosum (L.) Mill. 'Monstruosum' = Muscari comosum (L.) Mill. 'Plumosum' ■☆
260310 Muscari comosum (L.) Mill. 'Plumosum';羽绒缨饰串铃花;Feather Grape-hyacinth, Feather Hyacinth, Grape Hyacinth ■☆
260311 Muscari dolychanthum Woronow et Tron;长花串铃花■☆
260312 Muscari eburneum (Eig et Feinbrun) D. C. Stuart;象牙白葡萄风信子■☆
260313 Muscari forniculatum Fomin;拱葡萄风信子■☆
260314 Muscari grandifolium Baker;大叶葡萄风信子■☆
260315 Muscari grandifolium Baker var. populeum (Braun-Blanq. et Maire) Maire = Muscari grandifolium Baker ■☆
260316 Muscari grandifolium Baker var. rifanum Maire = Muscari grandifolium Baker ■☆
260317 Muscari latifolium J. Kirk.;宽叶串铃花■☆
260318 Muscari leucostomum Woronow;白孔葡萄风信子■☆
260319 Muscari lingulatum Baker = Muscari aucheri Baker ■☆
260320 Muscari macrocarpum Sweet;大果串铃花■☆
260321 Muscari maritimum Desf.;滨海葡萄风信子■☆
260322 Muscari moschatum Willd.;麝香葡萄风信子;Musk Hyacinth, Starch Hyacinth ■☆
260323 Muscari neglectum Guss. = Muscari neglectum Guss. ex Ten. ■☆
260324 Muscari neglectum Guss. ex Ten.;淀粉葡萄风信子;Starch Grape Hyacinth, Starch Grape-hyacinth ■☆
260325 Muscari neglectum Guss. ex Ten. var. atlanticum (Boiss. et Reut.) Maire = Muscari atlanticum Boiss. et Reut. ■☆
260326 Muscari pallens M. Bieb.;变苍白串铃花■☆
260327 Muscari paradoxum (Fisch. et C. A. Mey.) Baker;奇异串铃花■☆
260328 Muscari parviflorum Desf.;小花葡萄风信子■☆
260329 Muscari pendulum Trautv.;俯卧串铃花■☆
260330 Muscari polyanthum Boiss.;繁花串铃花■☆

260331 Muscari populeum Braun-Blanq. et Maire = Muscari grandifolium Baker ■☆

260332 Muscari racemosum (L.) Lam. et DC. = Muscari neglectum Guss. ex Ten. ■☆

260333 Muscari racemosum (L.) Mill.;总状葡萄风信子;Blue Bottle, Grape Hyacinth, Grape-hyacinth, Musk Hyacinth, Raceme Grepe-hyacinth, Starch Grape Hyacinth, Starch Grape-hyacinth, Starch Hyacinth ■☆

260334 Muscari racemosum (L.) Mill. = Muscari neglectum Guss. ex Ten. ■☆

260335 Muscari speciosum Marchesoni;美丽蓝壶花;Pretty Grepe-hyacinth ■☆

260336 Muscari stenanthum Freyn;窄花串铃花■☆

260337 Muscari steupii Woronow et Tron;斯泰串铃花■☆

260338 Muscari szowitzianum Baker;绍氏串铃花■☆

260339 Muscari tubergenianum Hoog ex Turrill = Muscari aucheri Baker ■☆

260340 Muscari turkewiczii (Woronow) Losinsk;图尔串铃花■☆

260341 Muscari woronowii Tron et Losinsk.;沃氏串铃花■☆

260342 Muscaria Haw. = Saxifraga L. ■

260343 Muscarimia Kostel. = Muscari Mill. ■☆

260344 Muscarimia Kostel. = Muscarimia Kostel. ex Losinsk. ■☆

260345 Muscarimia Kostel. ex Losinsk. (1935);穆斯卡风信子属■☆

260346 Muscarimia Kostel. ex Losinsk. = Muscari Mill. ■☆

260347 Muscarimia muscari (L.) Losinsk.;穆斯卡风信子■☆

260348 Muscarius Kuntze = Muscari Mill. ■☆

260349 Muschleria S. Moore(1914);杯冠瘦片菊属●☆

260350 Muschleria angolensis S. Moore;杯冠瘦片菊■☆

260351 Muschleria stolzii S. Moore = Brachythrix stolzii (S. Moore) Wild et G. V. Pope ■☆

260352 Muscipula Fourr. = Silene L. (保留属名)■

260353 Muscipula Rupp. = Ebraxis Raf. ■

260354 Muscipula Rupp. = Silene L. (保留属名)■

260355 Musella (Franch.) C. Y. Wu = Musa L. ■

260356 Musella (Franch.) C. Y. Wu ex H. W. Li(1978);地涌金莲属;Musella ■★

260357 Musella (Franch.) H. W. Li = Musa L. ■

260358 Musella (Franch.) H. W. Li = Musella (Franch.) C. Y. Wu ex H. W. Li ■★

260359 Musella lasiocarpa (Franch.) C. Y. Wu ex H. W. Li;地涌金莲(芭蕉蕉,地金莲,地莲花,地母金莲,地涌莲,金莲蕉,毛果矮蕉);Hairyfruit Musella ■

260360 Museniopsis (A. Gray) J. M. Coult. et Rose = Tauschia Schltdl. (保留属名)■☆

260361 Museniopsis Coulter et Rose = Tauschia Schltdl. (保留属名) ■☆

260362 Museniopsis J. M. Coult. et Rose = Tauschia Schltdl. (保留属名)■☆

260363 Musenium Nutt. = Musineon Raf. ex DC. ■☆

260364 Musgravea F. Muell. (1890);马斯山龙眼属●☆

260365 Musgravea stenostachya F. Muell.;马斯山龙眼●☆

260366 Musidendron Nakai = Phenakospermum Endl. ■☆

260367 Musidendron Nakai = Ravenala Adans. ●■

260368 Musilia Velen. = Rhanterium Desf. ●☆

260369 Musineon Raf. = Musineon Raf. ex DC. ■☆

260370 Musineon Raf. ex DC. (1820);姆西草属■☆

260371 Musineon alpinum J. M. Coult. et Rose;高山姆西草■☆

260372 Musineon hookeri Nutt.;胡克姆西草■☆

260373 Musineon tenuifolium Nutt.;细叶姆西草■☆

260374 Mussaenda Burm. ex L. = Mussaenda L. ●■

260375 Mussaenda L. (1753);玉叶金花属(盘银花属);Jadeleaf and Goldenflower, Mussaenda ●■

260376 Mussaenda abyssinica Chiov. = Mussaenda arcuata Lam. ex Poir. ●☆

260377 Mussaenda aegyptiaca Poir. = Pentas lanceolata (Forssk.) K. Schum. ●■

260378 Mussaenda afzelii G. Don;阿芙泽尔玉叶金花●☆

260379 Mussaenda afzelioides Wernham;拟阿芙泽尔玉叶金花●☆

260380 Mussaenda albiflora Hayata = Mussaenda parviflora Miq. ●

260381 Mussaenda angolensis Wernham;安哥拉玉叶金花●☆

260382 Mussaenda anomala H. L. Li;异形玉叶金花;Divers Jadeleaf and Goldenflower, Divers Mussaenda, Diverse Mussaenda ●◇

260383 Mussaenda antiloga Chun et W. C. Ko;壮丽玉叶金花;Antilogous Mussaenda, Glory Jadeleaf and Goldenflower ●

260384 Mussaenda arcuata Lam. ex Poir.;阔叶玉叶金花●☆

260385 Mussaenda arcuata Lam. ex Poir. var. parviflora S. Moore = Mussaenda arcuata Lam. ex Poir. ●☆

260386 Mussaenda arcuata Lam. ex Poir. var. pubescens Wernham = Mussaenda arcuata Lam. ex Poir. ●☆

260387 Mussaenda arcuata Poir. = Mussaenda arcuata Lam. ex Poir. ●☆

260388 Mussaenda bodinieri H. Lév. = Mussaenda pubescens W. T. Aiton ●

260389 Mussaenda brachyantha Wernham = Mussaenda landolphioides Wernham ●☆

260390 Mussaenda breviloba S. Moore;短裂玉叶金花;Shortlobe Jadeleaf and Goldenflower, Short-lobed Mussaenda ●

260391 Mussaenda buntingii Wernham = Mussaenda chippii Wernham ●☆

260392 Mussaenda caudatiloba D. Fang;尾裂玉叶金花;Caudatilobed Mussaenda ●

260393 Mussaenda cavaleriei H. Lév. = Emmenopterys henryi Oliv. ●

260394 Mussaenda chingii C. Y. Wu ex H. H. Hsue et H. Wu;仁昌玉叶金花;Ching Jadeleaf and Goldenflower, Ching's Mussaenda ●

260395 Mussaenda chippii Wernham;奇普玉叶金花●☆

260396 Mussaenda collenettei Hutch. = Mussaenda grandiflora Benth. ●☆

260397 Mussaenda dasyneura Mildbr.;毛脉玉叶金花●☆

260398 Mussaenda dawei Hutch.;道氏玉叶金花●☆

260399 Mussaenda decipiens H. Li;墨脱玉叶金花;Deceptious Mussaenda, Motuo Jadeleaf and Goldenflower ●

260400 Mussaenda dehiscens Craib = Schizomussaenda dehiscens (Craib) H. L. Li ●

260401 Mussaenda densiflora H. L. Li;密花玉叶金花;Dense Jadeleaf and Goldenflower, Denseflower Mussaenda ●

260402 Mussaenda discolor Thonn. ex DC. = Mussaenda elegans Schumach. et Thonn. ●☆

260403 Mussaenda divaricata Hutch.;展枝玉叶金花(白常山,散玉叶金花);Divaricate Jadeleaf and Goldenflower, Divaricate Mussaenda ●

260404 Mussaenda divaricata Hutch. var. mollis Hutch.;柔毛玉叶金花;Hairy Divaricate Mussaenda, Hairy Jadeleaf and Goldenflower ●

260405 Mussaenda elegans Schumach. et Thonn.;雅致玉叶金花●☆

260406 Mussaenda elegans Schumach. et Thonn. var. minor De Wild. et T. Durand = Mussaenda elegans Schumach. et Thonn. ●☆

260407 Mussaenda elegans Schumach. et Thonn. var. psilocarpa

Wernham = Mussaenda elegans Schumach. et Thonn. ●☆

260408 Mussaenda elegans Schumach. et Thonn. var. rotundifolia Wernham = Mussaenda elegans Schumach. et Thonn. ●☆

260409 Mussaenda elliptica Hutch.;椭圆玉叶金花;Elliptic Jadeleaf and Goldenflower, Elliptic Mussaenda, Elliptical Mussaenda ●

260410 Mussaenda elongata Hutch.;长玉叶金花;Elangate Mussaenda, Lengthened Mussaenda, Oblong Jadeleaf and Goldenflower ●

260411 Mussaenda entomophila Wernham = Mussaenda tenuiflora Benth. ■☆

260412 Mussaenda erosa Champ. = Mussaenda erosa Champ. ex Benth. ●

260413 Mussaenda erosa Champ. ex Benth.;楠藤(大茶根,大洋藤,厚叶白纸扇,火烧藤,胶鸟藤,马仔藤,南藤,啮状玉叶金花,玉叶金花);Erose Jadeleaf and Goldenflower, Erose Mussaenda ●

260414 Mussaenda erythrophylla K. Schum. et Thonn.;红玉叶金花(绯衣昆仑花,红茎玉叶金花,红叶金花,红叶玉叶金花,红纸扇);Ashanti Blood, Flame of the Forest ●☆

260415 Mussaenda esquirolii H. Lév.;大叶白纸扇(白叶藤,白叶玉叶金花,白纸扇,黐花,合叶通草,铁尺树,玉叶金花);Esquirol Jadeleaf and Goldenflower, Esquirol Mussaenda ●

260416 Mussaenda ferruginea K. Schum.;锈色玉叶金花●☆

260417 Mussaenda flava (Verdc.) Bakh. f. = Pseudomussaenda flava Verdc. ■☆

260418 Mussaenda frondosa L.;洋玉叶金花(白萼玉叶金花,白纸扇,印度玉叶金花);Handkerchief Plant, Leafy Jadeleaf and Goldenflower ●

260419 Mussaenda fulgens Tedlie = Mussaenda erythrophylla Schumach. et Thonn. ●☆

260420 Mussaenda glabrata Hutch. ex Gamble;脱毛玉叶金花;Glabrate Jadeleaf and Goldenflower, Glabrate Mussaenda ●☆

260421 Mussaenda gossweileri Wernham;戈斯玉叶金花●☆

260422 Mussaenda grandiflora Benth.;大花玉叶金花●☆

260423 Mussaenda hainanensis Merr.;海南玉叶金花(加辽莱藤);Hainan Jadeleaf and Goldenflower, Hainan Mussaenda ●

260424 Mussaenda heinsioides Hiern;海因斯茜玉叶金花●☆

260425 Mussaenda henryi Hutch.;南玉叶金花;Henry Jadeleaf and Goldenflower, Henry Mussaenda ●

260426 Mussaenda hirsutula Miq.;粗毛玉叶金花(毛玉叶金花);Hirsute Jadeleaf and Goldenflower, Hirsute Mussaenda ●

260427 Mussaenda hispida D. Don = Mussaenda macrophylla Wall. ●

260428 Mussaenda hispida Engl.;硬毛玉叶金花●☆

260429 Mussaenda holstii Wernham = Mussaenda microdonta Wernham ●☆

260430 Mussaenda hossei Craib;红毛玉叶金花(叶天天花,玉叶金花);Redhair Jadeleaf and Goldenflower, Red-haired Mussaenda ●

260431 Mussaenda hybrida Hort.;粉花玉叶金花●☆

260432 Mussaenda hybrida Hort. 'Alicia';粉叶金花;Powderleaf Goldenflower, Powderleaf Mussaenda ●☆

260433 Mussaenda incana Wall.;灰毛玉叶金花;Ash-grey Mussaenda, Greyhair Jadeleaf and Goldenflower, Grey-hair Mussaenda ●

260434 Mussaenda inflata H. H. Hsue et H. Wu;胀管玉叶金花;Inflated Jadeleaf and Goldenflower, Inflated Mussaenda, Inflated-tubed Mussaenda ●

260435 Mussaenda keniensis K. Krause = Mussaenda microdonta Wernham subsp. odorata (Hutch.) Bridson ●☆

260436 Mussaenda kotoensis Hayata = Mussaenda macrophylla Wall. ●

260437 Mussaenda kuliangensis Metcalf = Tarenna mollissima (Hook. et Arn.) Rob. ●

260438 Mussaenda kwangsiensis F. P. Metcalf;广西玉叶金花;Guangxi Jadeleaf and Goldenflower, Guangxi Mussaenda, Kwangsi Mussaenda ●

260439 Mussaenda kwangtungensis H. L. Li;广东玉叶金花;Guangdong Jadeleaf and Goldenflower, Guangdong Mussaenda, Kwangtung Mussaenda ●

260440 Mussaenda lanceolata (Forssk.) Spreng. = Pentas lanceolata (Forssk.) K. Schum. ●■

260441 Mussaenda lancifolia K. Krause;剑叶玉叶金花●☆

260442 Mussaenda landia Poir.;兰迪玉叶金花●☆

260443 Mussaenda landolphioides Wernham;胶藤玉叶金花●☆

260444 Mussaenda laurifolia A. Chev. = Mussaenda arcuata Lam. ex Poir. ●☆

260445 Mussaenda laxiflora Hutch.;疏花玉叶金花;Laxflower Jadeleaf and Goldenflower, Lax-flowered Mussaenda, Loose-flower Mussaenda ●

260446 Mussaenda leptantha Wernham;细花玉叶金花●☆

260447 Mussaenda leucophylla E. M. Petit;白叶玉叶金花●☆

260448 Mussaenda linderi Hutch. et Dalziel;林德玉叶金花●☆

260449 Mussaenda lotungensis Chun et W. C. Ko;乐东玉叶金花;Ledong Jadeleaf and Goldenflower, Ledong Mussaenda, Lotung Mussaenda ●

260450 Mussaenda luculia Buch.-Ham. ex D. Don = Luculia gratissima (Wall.) Sweet ●

260451 Mussaenda luteola Delile;非洲玉叶金花;Africa Mussaenda ●

260452 Mussaenda luteola Delile = Pseudomussaenda flava Verdc. ■☆

260453 Mussaenda luteola Hochst. ex A. Rich. = Vignaldia quartiniana A. Rich. ●☆

260454 Mussaenda macrophylla Wall.;大叶玉叶金花;Bigleaf Mussaenda, Large Jadeleaf and Goldenflower, Large-leaved Mussaenda, Macrophyllous Mussaenda ●

260455 Mussaenda macrophylla Wall. var. brevipilosa Jayaw.;短毛玉叶金花●

260456 Mussaenda macrosepala Stapf = Mussaenda grandiflora Benth. ●☆

260457 Mussaenda mairei H. Lév. = Emmenopterys henryi Oliv. ●

260458 Mussaenda membranifolia Merr.;膜叶玉叶金花;Membrane Jadeleaf and Goldenflower, Membranousleaf Mussaenda ●

260459 Mussaenda microdonta Wernham;小齿玉叶金花●☆

260460 Mussaenda microdonta Wernham subsp. odorata (Hutch.) Bridson;芳香玉叶金花●☆

260461 Mussaenda mollissima C. Y. Wu ex H. H. Hsue et H. Wu;多毛玉叶金花(粗毛玉叶金花,极毛玉叶金花);Hairy Jadeleaf and Goldenflower, Hairy Mussaenda, Many-hair Mussaenda ●

260462 Mussaenda monteroi Wernham = Pseudomussaenda monteroi (Wernham) Wernham ■☆

260463 Mussaenda monticola K. Krause;山地玉叶金花●☆

260464 Mussaenda monticola K. Krause var. glabrescens Bridson;渐光山地玉叶金花●☆

260465 Mussaenda multinervosa C. Y. Wu ex H. H. Hsue et H. Wu;多脉玉叶金花;Many-veins Mussaenda, Multi-nerved Mussaenda, Veiny Jadeleaf and Goldenflower ●

260466 Mussaenda nannanii Wernham;南南玉叶金花●☆

260467 Mussaenda nivea A. Chev. ex Hutch. et Dalziel;雪白玉叶金花●☆

260468 Mussaenda obtusa K. Krause = Mussaenda tenuiflora Benth. ●☆

260469 Mussaenda odorata Hutch. = Mussaenda microdonta Wernham subsp. odorata (Hutch.) Bridson ●☆

260470 Mussaenda paludosa E. M. Petit;沼泽玉叶金花●☆

260471 Mussaenda parryorum Fisch. = Mussaenda hainanensis Merr. ●

260472 Mussaenda parviflora Miq.;小花玉叶金花(白常山,台北玉叶金花,小玉叶金花,玉叶金花);Mussaenda, Small Jadeleaf and Goldenflower,Small-flower Mussaenda,Small-flowered Mussaenda ●

260473 Mussaenda parviflora Miq. = Mussaenda pubescens W. T. Aiton ●

260474 Mussaenda parviflora Miq. var. formosana Matsum. = Mussaenda parviflora Miq. ●

260475 Mussaenda parviflora Miq. var. yaeyamensis (Masam.) T. Yamaz.;八重山玉叶金花●☆

260476 Mussaenda pavettifolia Kurz = Duperrea pavettifolia (Kurz) Pit. ●

260477 Mussaenda perlaxa Wernham = Mussaenda monticola K. Krause ●☆

260478 Mussaenda philippica A. Rich.;菲律宾玉叶金花(菲岛玉叶金花);Philippine Jadeleaf and Goldenflower ●☆

260479 Mussaenda philippica Rich. 'Aurorea';白叶金花;Whiteleaf Jadeleaf and Goldenflower,Whiteleaf Mussaenda ●☆

260480 Mussaenda pingbianensis C. Y. Wu ex H. H. Hsue et H. Wu;屏边玉叶金花;Pingbian Jadeleaf and Goldenflower, Pingbian Mussaenda ●

260481 Mussaenda platyphylla Hiern = Leptactina platyphylla (Hiern) Wernham ●☆

260482 Mussaenda polita Hiern;亮玉叶金花●☆

260483 Mussaenda pubescens W. T. Aiton;玉叶金花(白茶,白常山,白带山,白蝶藤,白蝴蝶,白梅,白头公,白叶子,白纸扇,臭黄荆,大凉藤,蝴蝶藤,黄蜂藤,鸡良藤,假金银花,假忍冬藤,良口茶,凉茶藤,凉口茶,凉藤,凉藤子,两口烟藤,毛玉叶金花,蜻蜓翅,山白蟾,山甘草,生肌藤,水藤根,台湾玉叶金花,甜茶,土甘草,仙甘藤,小凉藤,野白纸扇,粘雀藤);Buddha's Lamp, Downy Mussaenda,Jadeleaf and Goldenflower ●

260484 Mussaenda pubescens W. T. Aiton f. clematidiflora Chun ex H. H. Hsue et H. Wu;灵仙玉叶金花(白茶,白蝴蝶,白头公,白叶子,白纸扇,大凉藤,蝴蝶藤,黄蜂藤,假忍冬藤,凉茶藤,凉口茶,凉藤,凉藤子,毛玉叶金花,蜻蜓翅,山甘草,生肌藤,水藤根,土甘草,仙甘藤,小凉藤,野白纸扇,玉叶金花,粘雀藤);Jadeleaf and Goldenflower ●

260485 Mussaenda punctulata Hutch. et Dalziel = Mussaenda linderi Hutch. et Dalziel ●☆

260486 Mussaenda rehderiana Hutch. = Mussaenda hossei Craib ●

260487 Mussaenda rivularis Welw. ex Hiern;溪边玉叶金花●☆

260488 Mussaenda rufa A. Rich.;浅红玉叶金花●☆

260489 Mussaenda rufa Bojer = Heinsia zanzibarica (Bojer) Verdc. ●☆

260490 Mussaenda scabrida Wernham = Mussaenda landolphioides Wernham ●☆

260491 Mussaenda scabrifolia Mildbr.;糙叶玉叶金花●☆

260492 Mussaenda sessilifolia Hutch.;无柄玉叶金花;Sessile Jadeleaf and Goldenflower,Sessile-leaved Mussaenda,Stalkless Mussaenda ●

260493 Mussaenda shikokiana Makino = Mussaenda taiwaniana Kaneh. ●

260494 Mussaenda simpliciloba Hand. -Mazz.;单裂玉叶金花;Simplelobe Jadeleaf and Goldenflower,Simple-lobed Mussaenda ●

260495 Mussaenda soyauxii Büttner;索亚玉叶金花●☆

260496 Mussaenda splendida Welw. = Mussaenda erythrophylla Schumach. et Thonn. ●☆

260497 Mussaenda stenocarpa Hiern = Pseudomussaenda stenocarpa (Hiern) E. M. Petit ■☆

260498 Mussaenda taihokuensis Masam. = Mussaenda parviflora Miq. ●

260499 Mussaenda taiwaniana Kaneh.;台湾玉叶金花;Taiwan Jadeleaf and Goldenflower,Taiwan Mussaenda ●

260500 Mussaenda taiwaniana Kaneh. = Mussaenda pubescens W. T. Aiton ●

260501 Mussaenda tenuiflora Benth.;纤花玉叶金花●☆

260502 Mussaenda tenuiflora Benth. var. thomensis G. Taylor;爱岛玉叶金花■☆

260503 Mussaenda treutleri Stapf;贡山玉叶金花;Gongshan Jadeleaf and Goldenflower,Gongshan Mussaenda ●

260504 Mussaenda tristigmatica Cummins;三柱头玉叶金花■☆

260505 Mussaenda ulugurensis Wernham = Mussaenda microdonta Wernham ●☆

260506 Mussaenda uniflora Hutch. et Dalziel = Mussaenda grandiflora Benth. ●☆

260507 Mussaenda wilsonii Hutch. = Mussaenda esquirolii H. Lév. ●

260508 Mussaenda zanzibarica Bojer = Heinsia zanzibarica (Bojer) Verdc. ●☆

260509 Mussaenda zenkeri Wernham;岑克尔玉叶金花●☆

260510 Mussaendopsis Baill. (1879);拟玉叶金花属●■☆

260511 Mussaendopsis beccariana Baill.;拟玉叶金花●■☆

260512 Mussatia Bureau = Mussatia Bureau ex Baill. ●☆

260513 Mussatia Bureau ex Baill. (1888);穆氏紫葳属●☆

260514 Mussatia prieurei Bureau;穆氏紫葳●☆

260515 Musschia Dumort. (1822);马德拉桔梗属●☆

260516 Musschia aurea (L. f.) Dumort.;黄穆桔梗●☆

260517 Musschia wollastoni Lowe;穆桔梗●☆

260518 Mussinia Willd. = Gazania Gaertn. ●■☆

260519 Mussinia speciosa Willd. = Gazania pectinata (Thunb.) Hartw. ●☆

260520 Mussinia uniflora (L. f.) Willd. = Gazania rigens (L.) Gaertn. var. uniflora (L. f.) Rössler ■☆

260521 Mustelia Cav. ex Steud. = Chusquea Kunth ●☆

260522 Mustelia Spreng. = Stevia Cav. ■●☆

260523 Mustelia Steud. = Chusquea Kunth ●☆

260524 Musteron Raf. = Erigeron L. ■●

260525 Mutabea J. F. Gmel. = Moutabea Aubl. ●☆

260526 Mutafinia Raf. = Limosella L. ■

260527 Mutarda Bernh. = Brassica L. ■●

260528 Mutella Gren. ex Mutel = Melissa L. ■

260529 Mutellina Wolf = Ligusticum L. ■

260530 Mutisia L. f. (1782);帚菊木属(卷须菊属,须叶菊属);Climbing Gazania,Mutisia ●☆

260531 Mutisia acuminata Ruiz et Pav.;渐尖帚菊木●☆

260532 Mutisia alba Phil.;白帚菊木●☆

260533 Mutisia breviflora Phil.;短花帚菊木●☆

260534 Mutisia decurrens Cav.;卷须帚菊木(双叉卷须菊)●☆

260535 Mutisia elegans Phil.;雅致帚菊木●☆

260536 Mutisia eriocephala Phil.;毛头帚菊木●☆

260537 Mutisia gracilis Meyen;细帚菊木●☆

260538 Mutisia grandiflora Humb. et Bonpl.;大花帚菊木●☆

260539 Mutisia hastata Cav.;戟形帚菊木●☆

260540 Mutisia heterochroa Gand.;异色帚菊木●☆

260541 Mutisia ilicifolia Cav.;冬青叶帚菊木;Hollyleaf Mutisia ●☆

260542 Mutisia latifolia D. Don;宽叶帚菊木●☆

260543 Mutisia linearifolia Remy;线叶帚菊木●☆

260544 Mutisia linifolia Hook.;亚麻叶帚菊木●☆

260545 Mutisia microcephala Sodiro ex Cabrera;小头帚菊木●☆

260546 Mutisia microneura Cuatrec.;小脉帚菊木●☆

260547 Mutisia microphylla Willd. ex DC.;小叶帚菊木●☆
260548 Mutisia oligodon Poepp. et Endl.;绒背卷须菊●☆
260549 Mutisia polyphylla Phil.;多叶帚菊木●☆
260550 Mutisia pulchella Speg.;美丽帚菊木●☆
260551 Mutisia reticulata Phil.;网脉帚菊木●☆
260552 Mutisia retrosa Cav.;倒向帚菊木●☆
260553 Mutisia splendens Renjifo;纤细帚菊木●☆
260554 Mutisia viciifolia Cav.;巢菜叶帚菊木(豆叶穆提菊);Vetchleaf Mutisia ●☆
260555 Mutisiaceae Burnett = Asteraceae Bercht. et J. Presl(保留科名)●■
260556 Mutisiaceae Burnett = Compositae Giseke(保留科名)●■
260557 Mutisiaceae Burnett;帚菊木科(须叶菊科)■☆
260558 Mutisiaceae Lindl. = Asteraceae Bercht. et J. Presl(保留科名)●■
260559 Mutisiaceae Lindl. = Compositae Giseke(保留科名)●■
260560 Mutisiopersea Kosterm. (1993);穆鳄梨属●
260561 Mutisiopersea Kosterm. = Persea Mill. (保留属名)●
260562 Mutuchi J. F. Gmel. = Moutouchi Aubl. ●
260563 Mutuchi J. F. Gmel. = Pterocarpus Jacq. (保留属名)●
260564 Muxiria Welw. = Eriosema (DC.) Desv. (保留属名)●■
260565 Muza Stokes = Musa L. ■
260566 Mwasumbia Couvreur et D. M. Johnson(2009);穆瓦番荔枝属●☆
260567 Myagropsis Hotr. ex O. E. Schulz = Sobolewskia M. Bieb. ■☆
260568 Myagropsis O. E. Schulz = Sobolewskia M. Bieb. ■☆
260569 Myagrum L. (1753);捕蝇荠属;Myagrum ■☆
260570 Myagrum aegyptium L. = Didesmus aegyptius (L.) Desv. ■☆
260571 Myagrum alyssum Mill. = Camelina alyssum (Mill.) Thell. ■☆
260572 Myagrum cornutum (Lam.) L. = Pugionium cornutum (L.) Gaertn. ■
260573 Myagrum hispanicum L. = Rapistrum rugosum (L.) All. subsp. linnaeanum (Boiss. et Reut.) Rouy et Foucaud ■☆
260574 Myagrum irregulare Asso = Calepina irregularis (Asso) Thell. ■☆
260575 Myagrum orientale L. = Rapistrum rugosum (L.) All. ■☆
260576 Myagrum paniculatum L. = Neslia paniculata (L.) Desv. ■
260577 Myagrum perfoliatum L.;捕蝇荠;Bird's-eye Cress, Mitre Cress ■☆
260578 Myagrum rugosum L. = Rapistrum rugosum (L.) All. ■☆
260579 Myagrum sativum L. = Camelina sativa (L.) Crantz ■
260580 Myanmaria H. Rob. (1999);大苞鸡菊花属●☆
260581 Myanmaria calycina (DC.) H. Rob.;大苞鸡菊花■☆
260582 Myanthe Salisb. = Caruelia Parl. ■
260583 Myanthe Salisb. = Melomphis Raf. ■☆
260584 Myanthe Salisb. = Ornithogalum L. ■
260585 Myanthus Lindl. = Catasetum Rich. ex Kunth ■☆
260586 Myaris C. Presl = Clausena Burm. f. ●
260587 Mycaranthes Blume = Eria Lindl. (保留属名)■
260588 Mycaranthes Blume(1825);拟毛兰属■
260589 Mycaranthes floribunda (D. Don) S. C. Chen et J. J. Wood;肖毛兰■
260590 Mycaranthes pannea (Lindl.) S. C. Chen et J. J. Wood;指叶肖毛兰■
260591 Mycaranthes stricta (Lindl.) Lindl. = Eria stricta Lindl. ■
260592 Mycaranthes stricta (Lindl.) Lindl. = Pinalia stricta (Lindl.) Kuntze ■
260593 Mycaridanthes Blume = Eria Lindl. (保留属名)■
260594 Mycelis Cass. (1824);墙莴苣属;Wall Lettuce ■☆
260595 Mycelis Cass. = Lactuca L. ■
260596 Mycelis muralis (L.) Dumort.;墙莴苣;Hare's Lettuce, Lion's Teeth, Sleepwort, Wall Lettuce, Wall-lettuce ■☆
260597 Mycelis muralis (L.) Dumort. = Lactuca muralis (L.) Gaertn. ■☆
260598 Mycelis muralis Dumort. = Mycelis muralis (L.) Dumort. ■☆
260599 Mycelis pseudosenecio Vaniot = Youngia pseudosenecio (Vaniot) C. Shih ■
260600 Mycelis sororia (Miq.) Nakai = Paraprenanthes sororia (Miq.) C. Shih ■
260601 Mycelis sororia (Miq.) Nakai var. pilipes Migo = Paraprenanthes pilipes (Migo) C. Shih ■
260602 Mycelis sororia Nakai var. nudipes Migo = Paraprenanthes sororia (Miq.) C. Shih ■
260603 Mycelis sororia Nakai var. pilipes Migo = Paraprenanthes pilipes (Migo) C. Shih ■
260604 Mycerinus A. C. Sm. (1931);叉隔莓属●☆
260605 Mycerinus sclerophyllus A. C. Sm.;叉隔莓●☆
260606 Mycetanthe Rchb. = Rhizanthes Dumort. ■☆
260607 Mycetia Reinw. (1825);腺萼木属;Mycetia ●
260608 Mycetia angustifolia Ridl.;狭叶腺萼木●☆
260609 Mycetia anisosepala F. C. How;罗浮腺萼木;Uunequal-sepaled Mycetia ●
260610 Mycetia anisosepala F. C. How = Mycetia coriacea (Dunn) Merr. ●◇
260611 Mycetia anlongensis H. S. Lo;安龙腺萼木;Anlong Mycetia ●
260612 Mycetia anlongensis H. S. Lo var. multiciliata H. S. Lo;那坡腺萼木;Napo Mycetia ●
260613 Mycetia balansae Drake;越南腺萼木●☆
260614 Mycetia brachybotrys Merr.;短穗腺萼木●☆
260615 Mycetia bracteata Hutch.;长苞腺萼木(具苞腺萼木);Bracteate Mycetia ●
260616 Mycetia brevipes F. C. How ex H. S. Lo;短柄腺萼木;Shortstalk Mycetia, Shortstipe Mycetia ●
260617 Mycetia brevisepala H. S. Lo;短萼腺萼木;Short-sepal Mycetia ●
260618 Mycetia cauliflora Reinw. = Mycetia longifolia (Wall.) Kuntze ●
260619 Mycetia congestiflora F. C. How;团花腺萼木;Denseflower Mycetia, Dense-flowered Mycetia ●
260620 Mycetia coriacea (Dunn) Merr.;革叶腺萼木(硬叶腺萼木);Hardleaf Mycetia, Hard-leaved Mycetia, Leatherleaf Mycetia ●◇
260621 Mycetia coriacea Merr. = Adenosacme coriacea Dunn ●☆
260622 Mycetia fasciculata (Blume) Blume ex Korth. = Bertiera fasciculata Blume ■☆
260623 Mycetia glandulosa Craib;腺萼木;Glaudular Mycetia, Glaudulose Mycetia, Mycetia ●
260624 Mycetia gracilis Craib;纤梗腺萼木(细腺萼木);Gracile Mycetia, Thin Mycetia, Thinpedicel Mycetia ●
260625 Mycetia hainanensis H. S. Lo;海南腺萼木;Hainan Mycetia ●
260626 Mycetia hirta Hutch.;毛腺萼木;Hair Mycetia, Hairy Mycetia ●
260627 Mycetia holotricha Kuntze;全毛腺萼木●☆
260628 Mycetia javanica Hook. f. = Mycetia cauliflora Reinw. ●
260629 Mycetia lanceolata Kuntze;披针叶腺萼木●☆
260630 Mycetia lanceolata Ridl. = Mycetia lanceolata Kuntze ●☆
260631 Mycetia listeri Deb;印度腺萼木●☆
260632 Mycetia longiflora F. C. How ex H. S. Lo;长花腺萼木;

Longflower Mycetia, Long-flowered Mycetia ●
260633 Mycetia longiflora F. C. How f. howii H. C. Lo;侯氏腺萼木;How's Mycetia ●
260634 Mycetia longifolia (Wall.) Kuntze;长叶腺萼木(侯氏腺萼木);Longleaf Mycetia ●
260635 Mycetia longifolia K. Schum. = Mycetia longifolia (Wall.) Kuntze ●
260636 Mycetia macrocarpa F. C. How ex H. C. Lo;大果腺萼木;Bigfruit Mycetia, Largefruit Mycetia ●
260637 Mycetia macrostachya (Hook. f.) Kuntze;大穗腺萼木;Large-spiked Mycetia ●
260638 Mycetia membranacea Fukuoka;膜叶腺萼木●☆
260639 Mycetia minor Ridl.;小腺萼木●☆
260640 Mycetia nepalensis H. Hara;垂花腺萼木;Nepal Mycetia, Nutantflower Mycetia ●
260641 Mycetia obovata Kuntze;倒卵叶腺萼木●☆
260642 Mycetia oligodonta Merr. = Mycetia sinensis (Hemsl.) Craib ●
260643 Mycetia ovatistipulata Fukuoka;卵托叶腺萼木●☆
260644 Mycetia paniculiformis Fukuoka;圆锥腺萼木●☆
260645 Mycetia parishii Craib;帕里什腺萼木●☆
260646 Mycetia radiciflora (C. B. Clarke) Airy Shaw;根花腺萼木●☆
260647 Mycetia rivicola Craib.;暹罗腺萼木●☆
260648 Mycetia rodgeri Deb et Mondal;缅甸腺萼木●☆
260649 Mycetia siamensis Fukuoka;泰国腺萼木●☆
260650 Mycetia sinensis (Hemsl.) Craib;华腺萼木(甜茶,腺萼木);China Mycetia, Chinese Mycetia ●
260651 Mycetia sinensis (Hemsl.) Craib f. angustisepala H. S. Lo;狭萼腺萼木;Narroecalyx Mycetia ●
260652 Mycetia sinensis (Hemsl.) Craib f. trichophylla H. S. Lo;毛叶腺萼木;Hairy-leaf Mycetia ●
260653 Mycetia stipulata Kuntze;托叶腺萼木●☆
260654 Mycetia stipulata Kuntze subsp. macrostachya (Hook. f.) Deb = Mycetia macrostachya (Hook. f.) Kuntze ●
260655 Mycetia sumatrana Merr.;苏门答腊腺萼木●☆
260656 Mycetia yunnanensis H. C. Lo;云南腺萼木;Yunnan Mycetia ●
260657 Myconella Sprague = Coleostephus Cass. ■
260658 Myconella Sprague = Kremeria Durieu ■
260659 Myconella multicaulis (Desf.) Maire = Coleostephus paludosus (Durieu) Alavi ■☆
260660 Myconella myconis (L.) Sprague = Coleostephus myconis (L.) Rchb. f. ■
260661 Myconella paludosa (Poir.) Maire = Mauranthemum paludosum (Poir.) Vogt et Oberpr. ■☆
260662 Myconia Lapeyr. = Ramonda Rich. (保留属名)■☆
260663 Myconia Neck. ex Sch. Bip. = Chrysanthemum L. (保留属名)■●
260664 Myconia Neck. ex Sch. Bip. = Coleostephus Cass. ■
260665 Myconia Sch. Bip. = Coleostephus Cass. ■
260666 Myconia chrysanthemum Sch. Bip. = Chrysanthemum myconis L. ■
260667 Myconia chrysanthemum Sch. Bip. = Coleostephus myconis (L.) Cass. ■
260668 Mycostylis Raf. = Sonneratia L. f. (保留属名)●
260669 Mycropus Gouan = Micropus L. ■☆
260670 Mycroseris Hook. et Arn. = Microseris D. Don ■☆
260671 Myctanthes Raf. = Aster L. ●■
260672 Myctirophora Nevski = Astragalus L. ●■
260673 Mygalurus Link = Festuca L. ■
260674 Mygalurus Link = Vulpia C. C. Gmel. ■
260675 Myginda Jacq. = Crossopetalum P. Browne ●☆
260676 Mylachne Steud. = Mylanche Wallr. ■☆
260677 Myladenia Airy Shaw(1977);齿腺大戟属☆
260678 Myladenia serrata Airy Shaw;齿腺大戟☆
260679 Mylanche Wallr. = Epifagus Nutt. (保留属名)■☆
260680 Mylinum Gaudin = Selinum L. (保留属名)■
260681 Myllanthus R. S. Cowan = Raputia Aubl. ●☆
260682 Mylocaryum Willd. = Cliftonia Banks ex C. F. Gaertn. ●☆
260683 Myobroma Steven = Astragalus L. ●■
260684 Myoda Lindl. = Ludisia A. Rich. ■
260685 Myodiura Salisb. = Ophrys L. ■☆
260686 Myodocarpaceae Doweld(2001);裂果红科●☆
260687 Myodocarpus Brongn. et Gris(1861);裂果红属●☆
260688 Myodocarpus elegans Dubard et R. Vig.;雅致裂果红●☆
260689 Myodocarpus floribundus Dubard et R. Vig.;多花裂果红●☆
260690 Myodocarpus gracilis (Dubard et R. Vig.) Lowry;细裂果红●☆
260691 Myodocarpus pachyphyllus Harms;厚叶裂果红●☆
260692 Myodocarpus pinnatus Brongn. et Gris;裂果红●☆
260693 Myogalum Link = Honorius Gray ■☆
260694 Myogalum Link = Ornithogalum L. ■
260695 Myonima Comm. ex Juss. (1789);闭茜属●☆
260696 Myonima grandiflora Willd. ex Schult.;大花闭茜●☆
260697 Myonima latifolia Bojer;宽叶闭茜●☆
260698 Myonima multiflora A. Rich. ex DC.;多花闭茜●☆
260699 Myonima velutina Cordem.;闭茜●☆
260700 Myoporaceae R. Br. (1810)(保留科名);苦槛蓝科(苦槛盘科);Myoporum Family ●
260701 Myoporaceae R. Br. (保留科名) = Scrophulariaceae Juss. (保留科名)●■
260702 Myopordon Boiss. (1846);棕片菊属■●☆
260703 Myopordon aucheri Boiss.;棕片菊■●☆
260704 Myoporum Banks = Myoporum Banks et Sol. ex G. Forst. ●
260705 Myoporum Banks et Sol. = Myoporum Banks et Sol. ex G. Forst. ●
260706 Myoporum Banks et Sol. ex G. Forst. (1786);苦槛蓝属(苦槛盘属);Boobtalla, Boobyalla, Myoporum ●
260707 Myoporum Sol. ex G. Forst. = Myoporum Banks et Sol. ex G. Forst. ●
260708 Myoporum acuminatum R. Br.;渐尖苦槛蓝;Northern Boobialla ●☆
260709 Myoporum bateae F. Muell.;紫花苦槛蓝●☆
260710 Myoporum boninense Koidz.;小笠原苦槛蓝●☆
260711 Myoporum bontioides (Siebold et Zucc.) A. Gray;苦槛蓝(叉蓝盘,海菊花,苦槛盘,苦蓝盘,义蓝盘);Common Myoporum, Myoporum ●
260712 Myoporum bontioides (Siebold et Zucc.) A. Gray = Pentacoelium bontioides Siebold et Zucc. ●
260713 Myoporum chinense (A. DC.) A. Gray = Myoporum bontioides (Siebold et Zucc.) A. Gray ●
260714 Myoporum chinense (A. DC.) A. Gray = Pentacoelium bontioides Siebold et Zucc. ●
260715 Myoporum debile (Andréws) R. Br.;柔弱苦槛蓝●☆
260716 Myoporum floribundum A. Cunn. ex Benth.;垂枝苦槛蓝;Weeping Boobialla ●☆
260717 Myoporum insulare R. Br.;海岛苦槛蓝;Boobialla, Cockatoo Bush, Tasmanian Ngaio ●☆

260718 Myoporum laetum G. Forst.;亮叶苦槛蓝(恩盖苦槛蓝,艳丽苦槛蓝);Mousehole Tree,Nagaio,Ngaio Tree ●☆

260719 Myoporum montanum R. Br.;水苦槛蓝;Water Bush,Western Boobialla ●☆

260720 Myoporum parvifolium R. Br.;小叶苦槛蓝(匍匐苦槛蓝,小花苦槛蓝);Creeping Boobialla,Creeping Myoporum,Littleleaf Myoporum,Prostrate Myoporum,Smallleaf Myoporum ●☆

260721 Myoporum platycarpum R. Br.;宽果苦槛蓝;Sugar-wood ●☆

260722 Myoporum sandwicense A. Gray;檀香山苦槛蓝;False Sandalwood,Naio ●☆

260723 Myoporum tenuifolium G. Forst.;薄叶苦槛蓝●☆

260724 Myopsia C. Presl = Heterotoma Zucc. ■☆

260725 Myopsis Benth. et Hook. f. = Myopsia C. Presl ■☆

260726 Myopteron Spreng. = Alyssum L. ■●

260727 Myopteron Spreng. = Berteroa DC. ■

260728 Myosanthus Desv. = Myosoton Moench ■

260729 Myosanthus Fourr. = Stellaria L. ■

260730 Myoschilos Ruiz et Pav. (1794);鼠唇檀香属●☆

260731 Myoschilos oblongum Ruiz et Pav.;鼠唇檀香●☆

260732 Myoseris Link = Crepis L. ■

260733 Myoseris Link = Lagoseris M. Bieb. ■

260734 Myosotidium Hook. (1859);查塔姆勿忘草属;Chatham Island Forget-me-not,Giant Forget-me-not ■☆

260735 Myosotidium hortensia Baill.;查塔姆勿忘草;Chatham Island Forget-me-not,Chatham Island Lily,Chatham Isle Forget-me-not,Chatham Isle Lily,Forget-me-not ■☆

260736 Myosotidium nobile Hook. = Myosotidium hortensia Baill. ■☆

260737 Myosotis L. (1753);勿忘草属;Forget me not,Forgetmenot,Forget-me-not,Mouse Ear,Mouse-ear,Scorpion Grass,Scorpion-grass ■

260738 Myosotis Mill. = Cerastium L. ■

260739 Myosotis Moench = Cerastium L. ■

260740 Myosotis Moench = Myosotis L. ■

260741 Myosotis Tourn. ex Moench = Cerastium L. ■

260742 Myosotis Tourn. ex Moench = Myosotis L. ■

260743 Myosotis abyssinica Boiss. et Reut.;阿比西尼亚勿忘草■☆

260744 Myosotis aequinoctialis Baker = Myosotis abyssinica Boiss. et Reut. ■☆

260745 Myosotis afropalustris C. H. Wright;非洲沼泽勿忘草■☆

260746 Myosotis albicans Riedl = Myosotis alpestris Hegetschw. subsp. asiatica Vest ex Hultén var. albicans (Riedl) Y. J. Nasir ■☆

260747 Myosotis alpestris F. W. Schmidt;高山勿忘草(勿忘草);Alpine Forget-me-not ■

260748 Myosotis alpestris F. W. Schmidt subsp. albomarginata (H. Lindb.) Maire = Myosotis atlantica Vestergr. ■☆

260749 Myosotis alpestris F. W. Schmidt subsp. asiatica Vestergr. ex Hultén = Myosotis alpestris F. W. Schmidt ■

260750 Myosotis alpestris F. W. Schmidt subsp. silvatica (Ehrh. ex Hoffm.) Maire = Myosotis latifolia Poir. ■☆

260751 Myosotis alpestris F. W. Schmidt var. macrocalycina (Batt.) Maire = Myosotis latifolia Poir. ■☆

260752 Myosotis alpestris F. W. Schmidt var. rifana Maire = Myosotis decumbens Host subsp. rifana (Maire) Greuter et Burdet ■☆

260753 Myosotis alpestris F. W. Schmidt var. speciosa (Pomel) Maire = Myosotis latifolia Poir. ■☆

260754 Myosotis alpestris Hegetschw. = Myosotis alpestris F. W. Schmidt ■

260755 Myosotis alpestris Hegetschw. subsp. asiatica Vest ex Hultén = Myosotis alpestris F. W. Schmidt ■

260756 Myosotis alpestris Hegetschw. subsp. asiatica Vest ex Hultén var. albicans (Riedl) Y. J. Nasir;变白高山勿忘草■☆

260757 Myosotis amoena (Rupr.) Boiss.;普里亚特勿忘草■☆

260758 Myosotis apula L. = Neatostema apulum (L.) I. M. Johnst. ■☆

260759 Myosotis arenaria Schrad. = Myosotis stricta Link ex Roem. et Schult. ■☆

260760 Myosotis arvensis (L.) Hill;田野勿忘草;Biddy's Eyes,Bird's Eye,Bugloss,Field Forget-me-not,Field Scorpion-grass,Forget-me-not,Lithewort,Little Forget-me-not,Love-me,Mouse Ear Scorpion Grass,Muuse-ear Scorpion-grass,Robin's Eye,Robin's Eyes,Snake's Grass ■☆

260761 Myosotis arvensis (L.) Hill var. versicolor Pers. = Myosotis discolor Pers. ex Murray ■☆

260762 Myosotis asiatica (Vestergr.) Schischk. et Serg.;亚洲勿忘草;Asia Forget-me-not ■☆

260763 Myosotis asiatica (Vestergr.) Schischk. et Serg. = Myosotis alpestris Hegetschw. ■

260764 Myosotis atlantica Vestergr.;大西洋勿忘草■☆

260765 Myosotis australis R. Br.;澳洲勿忘草■☆

260766 Myosotis azorica H. C. Watson ex Hook.;亚述尔勿忘草;Azores Forget-me-not ■☆

260767 Myosotis baltica Sam. ex H. Lindb. = Myosotis laxa Lehm. subsp. baltica (Sam.) Hyl. ex Nordh. ■☆

260768 Myosotis barbata M. Bieb. = Lappula barbata (M. Bieb.) Gürke ■☆

260769 Myosotis bothriospermoides Kitag.;承德勿忘草;Chengde Forget Me Not ■

260770 Myosotis brevifolia Salmon;短叶勿忘草;Northern Water Forget-me-not ■☆

260771 Myosotis brevifolia Salmon = Myosotis stolonifera (DC.) Leresche et Levier ■☆

260772 Myosotis caespitosa Schultz;沼泽勿忘草(丛生勿忘草,簇生小勿忘草);Tufted Forget Me Not,Tufted Forgetmenot,Tufted Forget-me-not ■

260773 Myosotis caespitosa Schultz = Myosotis laxa Lehm. subsp. caespitosa (Schultz) Hyl. ex Nordh. ■

260774 Myosotis caespitosa Schultz = Myosotis laxa Lehm. ■

260775 Myosotis caespitosa Schultz var. stolonifera DC. = Myosotis stolonifera (DC.) Leresche et Levier ■☆

260776 Myosotis cameroonensis Cheek et R. Becker;喀麦隆勿忘草■

260777 Myosotis chinensis A. DC. = Trigonotis peduncularis (Trevis.) Benth. ex S. Moore et Baker ■

260778 Myosotis chinensis DC. = Trigonotis peduncularis (Trevis.) Benth. ex S. Moore et Baker ■

260779 Myosotis collina Hoffm.;硬毛勿忘草;Early Lorget-me-not ■☆

260780 Myosotis collina Hoffm. var. gracillima (Loscos et C. Pardo) Halácsy = Myosotis ramosissima Rochel subsp. gracillima (Loscos et C. Pardo) Greuter et Burdet ■☆

260781 Myosotis collina Hoffm. var. senneniana (Maire) Maire = Myosotis congesta Shuttlew. ■☆

260782 Myosotis congesta Shuttlew.;密集勿忘草■☆

260783 Myosotis davurica Pall. ex Roem. et Schult. = Amblynotus rupestris (Pall. ex Georgi) Popov ex Serg. ■

260784 Myosotis debilis Pomel;弱小勿忘草■☆

260785 Myosotis decumbens Host;外倾勿忘草■☆

260786 Myosotis decumbens Host subsp. rifana (Maire) Greuter et

Burdet;里夫勿忘草■☆

260787 Myosotis deflexa Wahlenb. = Eritrichium deflexum (Wahlenb.) Y. S. Lian et J. Q. Wang ■

260788 Myosotis deflexa Wahlenb. = Hackelia deflexa (Wahlenb.) Opiz ■

260789 Myosotis densiflora K. Koch;密花勿忘草■☆

260790 Myosotis discolor Pers. = Myosotis discolor Pers. ex Murray ■☆

260791 Myosotis discolor Pers. ex Murray;变色勿忘草;Changeable Scorpion-grass, Changing Forget-me-not, Parti-coloured Scorpion-grass, Yellow and Blue Scorpion-grass, Yellow-and-blue Forget-me-not ■☆

260792 Myosotis discolor Pers. ex Murray subsp. canariensis (Pit.) Grau;加那利勿忘草■☆

260793 Myosotis discolor Pers. ex Murray subsp. dubia (Arrond.) Blaise;可疑勿忘草■☆

260794 Myosotis disstiflora Baker;疏花勿忘草;Garden Forget-me-not, Swiss Forget-me-not ■☆

260795 Myosotis dubia Arrond. = Myosotis discolor Pers. ex Murray subsp. dubia (Arrond.) Blaise ■☆

260796 Myosotis galpinii C. H. Wright;盖尔勿忘草■☆

260797 Myosotis gracillima Loscos et C. Pardo = Myosotis ramosissima Rochel subsp. gracillima (Loscos et C. Pardo) Greuter et Burdet ■☆

260798 Myosotis graminifolia A. DC.;禾叶勿忘草■☆

260799 Myosotis heterodoxa Pomel = Myosotis pusilla Loisel. ■☆

260800 Myosotis hispida K. Koch;早花勿忘草;Early Field Scorpion-grass, Early Forget-me-not ■☆

260801 Myosotis hispida Schltr. = Myosotis ramosissima Rochel ■☆

260802 Myosotis hookeri C. B. Clarke = Chionocharis hookeri (C. B. Clarke) I. M. Johnst. ■

260803 Myosotis idaea Boiss. et Heldr.;希腊勿忘草■☆

260804 Myosotis imitata Serg. = Myosotis alpestris F. W. Schmidt ■

260805 Myosotis incana Turcz. = Eritrichium incanum (Turcz.) A. DC. ■

260806 Myosotis intermedia Link = Myosotis arvensis (L.) Hill ■☆

260807 Myosotis intermedia Link ex Schultz;中型勿忘草■☆

260808 Myosotis keniensis T. C. E. Fr.;肯尼亚勿忘草■☆

260809 Myosotis krylovii Serg.;细根勿忘草■

260810 Myosotis lappula L. = Lappula myosotis Wolf ■

260811 Myosotis lappula L. = Lappula squarrosa (Retz.) Dumort. ■☆

260812 Myosotis latifolia Poir.;宽叶勿忘草;Broadleaf Forget-me-not ■☆

260813 Myosotis laxa Lehm.;疏松勿忘草(小勿忘草);Bay Forget-me-not, Small Forget-me-not, Smaller Forget-me-not, Tufted Forget-me-not ■

260814 Myosotis laxa Lehm. = Myosotis caespitosa Schultz ■

260815 Myosotis laxa Lehm. subsp. baltica (Sam.) Hyl. ex Nordh.;波罗的海勿忘草■☆

260816 Myosotis laxa Lehm. subsp. caespitosa (Schultz) Hyl. ex Nordh. = Myosotis caespitosa Schultz ■

260817 Myosotis laxa Lehm. subsp. caespitosa (Schultz) Nordh. = Myosotis caespitosa Schultz ■

260818 Myosotis lazica Popov;拉扎勿忘草■☆

260819 Myosotis lingulata Lehm. = Myosotis caespitosa Schultz ■

260820 Myosotis lingulata Lehm. = Myosotis laxa Lehm. subsp. caespitosa (Schultz) Hyl. ex Nordh. ■

260821 Myosotis lingulata Lehm. var. foliosa Ball. = Myosotis welwitschii Boiss. et Reut. ■☆

260822 Myosotis lithospermifolia Hornem.;紫草叶勿忘草■☆

260823 Myosotis lithuanica Besser;立陶宛勿忘草;Lithuania Forgetmenot ■☆

260824 Myosotis litoralis Steven ex Fisch.;海滨勿忘草■☆

260825 Myosotis longifolia Decne. = Eritrichium canum (Benth.) Kitam. ■

260826 Myosotis lutea (Cav.) Pers. var. tubuliflora (Murb.) Maire = Myosotis congesta Shuttlew. ■☆

260827 Myosotis lutea (Cav.) Pers. var. versicolor (Pers.) Thell. = Myosotis discolor Pers. ex Murray ■☆

260828 Myosotis lutea (Desr.) Rchb. ex DC.;杂花勿忘草■☆

260829 Myosotis macrocalycina Batt. = Myosotis latifolia Poir. ■☆

260830 Myosotis macrosiphon Font Quer et Maire;大管勿忘草■☆

260831 Myosotis macrosperma Engelm. = Myosotis verna Nutt. ■☆

260832 Myosotis marginata M. Bieb. = Lappula patula (Lehm.) Gürke ■☆

260833 Myosotis micrantha Pall. ex Lehm.;小花勿忘草;Scorpion-grass ■☆

260834 Myosotis micrantha Pall. ex Link = Myosotis stricta Link ex Roem. et Schult. ■☆

260835 Myosotis micrantha Pall. var. rigida (Pomel) Maire = Myosotis stricta Roem. et Schult. ■☆

260836 Myosotis microcarpa Wall. = Trigonotis microcarpa (A. DC.) Benth. ■

260837 Myosotis minimus ?;小勿忘草;Mousetail ■☆

260838 Myosotis montana Besser;山勿忘草(勿忘草)■☆

260839 Myosotis nankotaizanensis Sasaki = Trigonotis naokotaizanensis (Sasaki) Masam. et Ohwi ex Masam. ■

260840 Myosotis nemorosa Besser;栎林勿忘草■☆

260841 Myosotis palustris (L.) Hill = Myosotis scorpioides L. ■

260842 Myosotis palustris (L.) Nath.;沼泽勿忘草;Biddy's Eyes, Bird's Eye, Heaven's Eye, Heaven's Eyes, True Forget-me-not, Water Forget-me-not ■☆

260843 Myosotis palustris Lam. = Myosotis palustris (L.) Nath. ■☆

260844 Myosotis palustris With. = Myosotis scorpioides L. ■

260845 Myosotis pauciflora Ledeb. = Eritrichium pauciflorum (Ledeb.) DC. ■

260846 Myosotis peduncularis Trevis. = Trigonotis peduncularis (Trevis.) Benth. ex S. Moore et Baker ■

260847 Myosotis perpusilla Pomel = Myosotis pusilla Loisel. ■☆

260848 Myosotis propinqua Fisch. et C. A. Mey.;邻近勿忘草■☆

260849 Myosotis pseudopropinqua Popov;假邻近勿忘草■☆

260850 Myosotis pseuduvariabilis Popov;假易变勿忘草■☆

260851 Myosotis pusilla Loisel.;微小勿忘草■☆

260852 Myosotis pusilla Loisel. var. heterodoxa (Pomel) Batt. = Myosotis pusilla Loisel. ■☆

260853 Myosotis pusilla Loisel. var. perpusilla (Pomel) Batt. = Myosotis pusilla Loisel. ■☆

260854 Myosotis radicans Turcz. = Trigonotis radicans (Turcz.) Steven ■

260855 Myosotis ramosissima Rochel;多枝勿忘草;Early Forget-me-not ■☆

260856 Myosotis ramosissima Rochel subsp. gracillima (Loscos et C. Pardo) Greuter et Burdet;纤细多枝勿忘草■☆

260857 Myosotis ramosissima Rochel subsp. tubuliflora (Murb.) Greuter et Burdet;管花多枝勿忘草■☆

260858 Myosotis redowskii Hornem. = Lappula patula (Lehm.) Asch. ex Gürke ■

260859 Myosotis redowskii Hornem. = Lappula redowskii (Hornem.) Greene ■
260860 Myosotis refracta Boiss.;骤折勿忘草■☆
260861 Myosotis refracta Boiss. subsp. chitralica Kazmi;吉德拉尔勿忘草■☆
260862 Myosotis repens G. Don ex Hook.;匍匐勿忘草;Creeping Forget-me-not ■☆
260863 Myosotis rigida Pomel = Myosotis stricta Roem. et Schult. ■☆
260864 Myosotis rupestris Pall. = Eritrichium pauciflorum (Ledeb.) DC. ■
260865 Myosotis rupestris Pall. ex Georgi = Eritrichium pauciflorum (Ledeb.) DC. ■
260866 Myosotis rupicola Sm. = Myosotis alpestris Hegetschw. ■
260867 Myosotis sachalinensis Popov = Myosotis sylvatica Ehrh. ex Hoffm. ■
260868 Myosotis scorpioides L.;勿忘草(沼泽勿忘草);Common Forget-me-not, English Forget-me-not, Forget-me-not, Large Forget-me-not, True Forget-me-not, Water Forget-me-not, Water Scorpion-grass ■
260869 Myosotis scorpioides L. = Myosotis latifolia Poir. ■☆
260870 Myosotis scorpioides L. f. gracilis Boenn.;纤细沼泽勿忘草■☆
260871 Myosotis scorpioides L. subsp. caespitosa (Schultz) Herm. = Myosotis caespitosa Schultz ■
260872 Myosotis scorpioides L. var. arvensis L. = Myosotis arvensis (L.) Hill ■☆
260873 Myosotis scorpioides L. var. palustris L. = Myosotis palustris (L.) Nath. ■☆
260874 Myosotis secunda A. Murray;单侧勿忘草;Creeping Forget-me-not, Creeping Water Forget-me-not, Creeping Water Scorpion-grass ■☆
260875 Myosotis semiamplexicaulis A. DC.;半抱茎勿忘草■☆
260876 Myosotis senneniana Maire = Myosotis congesta Shuttlew. ■☆
260877 Myosotis setosa (Lehm.) Roem. et Schult.;刚毛勿忘草■☆
260878 Myosotis sicula Guss.;泽西勿忘草;Jersey Forget-me-not ■☆
260879 Myosotis silvatica Ehrh. ex Hoffm. = Myosotis alpestris Hegetschw. ■
260880 Myosotis sparsiflora J. C. Mikan;稀花勿忘草;Scatterflower Forget-me-not ■
260881 Myosotis speciosa Pomel = Myosotis latifolia Poir. ■☆
260882 Myosotis squarrosa Retz. = Lappula squarrosa (Retz.) Dumort. ■☆
260883 Myosotis stolonifera (DC.) Leresche et Levier;匍枝勿忘草;Northern Water Forget-me-not, Pale Forget-me-not ■☆
260884 Myosotis stolonifera (DC.) Leresche et Levier subsp. hirsuta R. Schust.;多毛匍匐勿忘草■☆
260885 Myosotis stricta Link ex Roem. et Schult.;劲直勿忘草;Blue Scorpion-grass, Small-flowered Forget-me-not, Strict Forget-me-not ■☆
260886 Myosotis stricta Roem. et Schult. = Myosotis stricta Link ex Roem. et Schult. ■☆
260887 Myosotis strigulosa Rchb. = Myosotis welwitschii Boiss. et Reut. ■☆
260888 Myosotis strigulosa Rchb. var. rhiphaea Pau et Font Quer = Myosotis stricta Roem. et Schult. ■☆
260889 Myosotis suaveolens Waldst. et Kit. = Myosotis alpestris F. W. Schmidt ■
260890 Myosotis suaveolens Waldst. et Kit. ex Willd.;草原勿忘草■
260891 Myosotis sylvatica (Ehrh.) Hoffm. = Myosotis sylvatica Ehrh. ex Hoffm. ■
260892 Myosotis sylvatica Ehrh. ex Hoffm.;林地勿忘草(林勿忘草,森林勿忘草,勿忘草);Blue Forget-me-not, Bugloss, Bullock's Eyes, Cat's Eyes, Forget-me-not, Garden Forget-me-not, Mountain Forget-me-not, Tufted Forget-me-not, Wood Forget-me-not, Wood Scorpion-grass, Woodland Forget Me Not, Woodland Forgetmenot, Woodland Forget-me-not ■
260893 Myosotis sylvatica Ehrh. ex Hoffm. 'Blue Ball';篮球小花勿忘草■☆
260894 Myosotis sylvatica Ehrh. ex Hoffm. 'White Ball';白球小花勿忘草■☆
260895 Myosotis sylvatica Ehrh. ex Hoffm. subsp. albomarginata H. Lindb. = Myosotis atlantica Vestergr. ■☆
260896 Myosotis sylvatica Ehrh. ex Hoffm. subsp. alpestris Koch = Myosotis alpestris Hegetschw. ■
260897 Myosotis sylvatica Ehrh. ex Hoffm. var. acaulis Y. L. Chang et S. D. Zhao;无茎勿忘草;Stemless Forget Me Not, Stemless Forgetmenot ■
260898 Myosotis sylvatica Ehrh. subsp. alpestris Koch = Myosotis alpestris F. W. Schmidt ■
260899 Myosotis tenuiflora Viv. = Buglossoides tenuiflora (L. f.) I. M. Johnst. ■☆
260900 Myosotis tubuliflora Murb. = Myosotis ramosissima Rochel subsp. tubuliflora (Murb.) Greuter et Burdet ■☆
260901 Myosotis turcomanica Popov;土库曼勿忘草■☆
260902 Myosotis ucrainica Czern.;乌克兰勿忘草■☆
260903 Myosotis uliginosa Schrad. = Myosotis caespitosa Schultz ■
260904 Myosotis uliginosa Schrad. = Myosotis laxa Lehm. subsp. caespitosa (Schultz) Hyl. ex Nordh. ■
260905 Myosotis verna Nutt.;春勿忘草;Early Scorpion-grass, Scorpion Grass, Spring Forget-me-not, White Forget-me-not, Yellow-and-blue Forget-me-not ■☆
260906 Myosotis versicolor (Pers.) Sm. = Myosotis discolor Pers. ex Murray ■☆
260907 Myosotis versicolor (Pers.) Sm. = Myosotis discolor Pers. ■☆
260908 Myosotis versicolor (Pers.) Sm. var. tubuliflora (Murb.) Maire = Myosotis ramosissima Rochel subsp. tubuliflora (Murb.) Greuter et Burdet ■☆
260909 Myosotis versicolor (Steven) Sweet;彩色勿忘草■☆
260910 Myosotis versicolor Pers. var. canariensis Pit. = Myosotis discolor Pers. ex Murray subsp. canariensis (Pit.) Grau ■☆
260911 Myosotis versicolor Sm. = Myosotis discolor Pers. ■☆
260912 Myosotis villosa Ledeb. = Eritrichium nanum (L.) Schrad. ex Gaudin subsp. villosum (Ledeb.) Brand ■
260913 Myosotis villosa Ledeb. = Eritrichium villosum (Ledeb.) Bunge ■
260914 Myosotis virginiana L. = Hackelia virginiana (L.) I. M. Johnst. ■☆
260915 Myosotis virginica (L.) Britton, Sterns et Poggenb. = Myosotis verna Nutt. ■☆
260916 Myosotis virginica (L.) Britton, Sterns et Poggenb. var. macrosperma (Engelm.) Fernald = Myosotis verna Nutt. ■☆
260917 Myosotis welwitschii Boiss. et Reut.;韦氏勿忘草■☆
260918 Myosotis welwitschii Boiss. et Reut. var. foliosa (Ball) Pau = Myosotis welwitschii Boiss. et Reut. ■☆
260919 Myosotodon Manning = Myosoton Moench ■
260920 Myosoton Moench (1794);鹅肠菜属(牛繁缕属);Giant Chickweed, Myosot, Water Chickweed, Waterstar Wort ■

260921 Myosoton aquaticum (L.) Fr. = Myosoton aquaticum (L.) Moench ■

260922 Myosoton aquaticum (L.) Moench;鹅肠菜(白头娘草,抽筋草,大鹅儿肠,鹅肠草,鹅儿肠,鹅耳肠,鸡卵菜,鸡卵茶,鸡娘草,牛繁缕,伸筋藤,石灰菜,水繁缕,壮筋丹);Giant Chickweed, Goose Starwort, Marsh Mouse Ear Chickweed, Myosot, Water Chickweed, Water Stitchwort, Waterstar Wort ■

260923 Myosoton aquaticum (L.) Moench = Stellaria aquatica (L.) Scop. ■☆

260924 Myospyrura Lindl. = Myxopyrum Blume ●

260925 Myostemma Salisb. = Hippeastrum Herb.(保留属名)■

260926 Myostoma Miers = Thismia Griff. ■

260927 Myosurandra Baill. = Myrothamnus Welw. ●☆

260928 Myosurandra moschata Baill. = Myrothamnus moschata (Baill.) Baill. ●☆

260929 Myosuros Adans. = Myosurus L. ■☆

260930 Myosurus L.(1753);鼠尾毛茛属(鼠尾巴属);Mousetail ■☆

260931 Myosurus apetalus Gay;无瓣鼠尾毛茛■☆

260932 Myosurus apetalus Gay var. montanus (G. R. Campb.) Whittem.;山地无瓣鼠尾毛茛■☆

260933 Myosurus breviscapus Huth = Myosurus minimus L. ■☆

260934 Myosurus cupulatus S. Watson;杯鼠尾毛茛■☆

260935 Myosurus egglestonii Wooton et Standl. = Myosurus nitidus Eastw. ■☆

260936 Myosurus lepturus (A. Gray) J. T. Howell = Myosurus minimus L. ■☆

260937 Myosurus lepturus (A. Gray) J. T. Howell var. filiformis (Greene) Greene ex Abrams = Myosurus minimus L. ■☆

260938 Myosurus lepturus Greene = Myosurus minimus L. ■☆

260939 Myosurus lepturus Greene var. filiformis (Greene) Greene = Myosurus minimus L. ■☆

260940 Myosurus minimus L.;鼠尾毛茛;Bloodstrange, Mouse Tail, Mousetail, Tiny Mouse's-tail, Tiny Mousetail ■☆

260941 Myosurus minimus L. subsp. major (Greene) G. R. Campb. = Myosurus minimus L. ■☆

260942 Myosurus minimus L. subsp. montanus G. R. Campb. = Myosurus apetalus Gay var. montanus (G. R. Campb.) Whittem. ■☆

260943 Myosurus minimus L. var. brevipes Emb. et Maire = Myosurus minimus L. ■☆

260944 Myosurus minimus L. var. breviscapus (Huth) Maire = Myosurus minimus L. ■☆

260945 Myosurus minimus L. var. filiformis Greene = Myosurus minimus L. ■☆

260946 Myosurus minimus L. var. major (Greene) K. C. Davis = Myosurus minimus L. ■☆

260947 Myosurus minimus L. var. sessiliflorus (Huth) G. R. Campb. = Myosurus sessilis S. Watson ■☆

260948 Myosurus nitidus Eastw.;光亮鼠尾毛茛■☆

260949 Myosurus sessilis S. Watson;无柄鼠尾毛茛■☆

260950 Myotoca Griseb. = Myotoca Griseb. ex Brand ■●☆

260951 Myotoca Griseb. ex Brand = Gilia Ruiz et Pav. ■●☆

260952 Myotoca Griseb. ex Brand = Phlox L. ■

260953 Myoxanthus Poepp. et Endl.(1836);鼠尾兰属(鼠花兰属)■☆

260954 Myoxanthus Poepp. et Endl. = Pleurothallis R. Br. ■☆

260955 Myoxanthus affinis (Lindl.) Luer;近缘鼠尾兰■☆

260956 Myoxanthus affinoides Luer;拟近缘鼠尾兰■☆

260957 Myoxanthus punctatus (Barb. Rodr.) Luer;斑点鼠尾兰■☆

260958 Myoxanthus tomentosus (Luer) Pupulin et M. A. Blanco;毛鼠尾兰■☆

260959 Myracodruon F. Allemão et M. Allemão = Astronium Jacq. ●☆

260960 Myrceugenella Kausel = Luma A. Gray ●☆

260961 Myrceugenia O. Berg(1857);温美桃金娘属(米尔库格木属)●☆

260962 Myrceugenia apiculata Nied.;细尖温美桃金娘●☆

260963 Myrceugenia rufa (Colla) Skottsb.;微红温美桃金娘(微红米尔库格木)●☆

260964 Myrceunella Kausel = Luma A. Gray ●☆

260965 Myrcia DC.(1827);桎柳桃金娘属●☆

260966 Myrcia DC. ex Guill. = Myrcia DC. ●☆

260967 Myrcia Sol. ex Lindl. = Pimenta Lindl. ●☆

260968 Myrcia acuminata DC.;渐尖桎柳桃金娘●☆

260969 Myrcia affinis Cambess.;近缘桎柳桃金娘●☆

260970 Myrcia albescens (Alain) Alain;灰白桎柳桃金娘●☆

260971 Myrcia alpina Kiaersk.;高山桎柳桃金娘●☆

260972 Myrcia alternifolia Miq.;异叶桎柳桃金娘●☆

260973 Myrcia angustifolia Nied.;窄叶桎柳桃金娘●☆

260974 Myrcia atropilosa (O. Berg) N. Silveira;暗毛桎柳桃金娘●☆

260975 Myrcia atropunctata Kiaersk.;暗斑桎柳桃金娘●☆

260976 Myrcia atrorufa McVaugh;锈黄桎柳桃金娘●☆

260977 Myrcia bicolor Kiaersk.;二色桎柳桃金娘●☆

260978 Myrcia brasiliensis Kiaersk.;巴西桎柳桃金娘●☆

260979 Myrcia brevifolia Barb. Rodr.;短叶桎柳桃金娘●☆

260980 Myrcia chilensis O. Berg;智利桎柳桃金娘●☆

260981 Myrcia ciliata Barb. Rodr.;睫毛桎柳桃金娘●☆

260982 Myrcia citrifolia (Aubl.) Urb.;橘叶桎柳桃金娘●☆

260983 Myrcia cordifolia O. Berg;心叶桎柳桃金娘●☆

260984 Myrcia crassifolia Kiaersk.;厚叶桎柳桃金娘●☆

260985 Myrcia dictyoneura Diels;指脉桎柳桃金娘●☆

260986 Myrcia ellipticifolia Cambess.;椭圆叶桎柳桃金娘●☆

260987 Myrcia emarginata Nied.;无边桎柳桃金娘●☆

260988 Myrcia eriocalyx DC.;毛萼桎柳桃金娘●☆

260989 Myrcia eriopoda St. -Lag.;毛梗桎柳桃金娘●☆

260990 Myrcia ferruginea Glaz.;锈色桎柳桃金娘●☆

260991 Myrcia floribunda Miq.;繁花桎柳桃金娘●☆

260992 Myrcia glabra (O. Berg) D. Legrand;光桎柳桃金娘●☆

260993 Myrcia glandulosa Kiaersk.;多腺桎柳桃金娘●☆

260994 Myrcia glauca Cambess.;灰蓝桎柳桃金娘●☆

260995 Myrcia graciliflora Sagot;细花桎柳桃金娘●☆

260996 Myrcia gracilis O. Berg;细桎柳桃金娘●☆

260997 Myrcia grandiflora Nied.;大花桎柳桃金娘●☆

260998 Myrcia guianensis DC.;圭亚那桎柳桃金娘●☆

260999 Myrcia hirtellifolia Gleason;毛叶桎柳桃金娘●☆

261000 Myrcia hirtiflora DC.;巴西毛花桎柳桃金娘●☆

261001 Myrcia laevigata O. Berg;平滑桎柳桃金娘●☆

261002 Myrcia lanceolata Cambess.;披针叶桎柳桃金娘●☆

261003 Myrcia laurifolia Cambess.;桂叶桎柳桃金娘●☆

261004 Myrcia leptoclada DC.;细枝桎柳桃金娘●☆

261005 Myrcia linearifolia Cambess.;线叶桎柳桃金娘●☆

261006 Myrcia longicaudata Lundell;长尾桎柳桃金娘●☆

261007 Myrcia longipes Kiaersk.;长梗桎柳桃金娘●☆

261008 Myrcia lucida McVaugh;亮桎柳桃金娘●☆

261009 Myrcia micrantha O. Berg;小花桎柳桃金娘●☆

261010 Myrcia microcarpa Cambess.;小果桎柳桃金娘●☆
261011 Myrcia micropetala Nied.;小瓣桎柳桃金娘●☆
261012 Myrcia microsiphonata D. Legrand;小管桎柳桃金娘●☆
261013 Myrcia mollis DC.;软桎柳桃金娘●☆
261014 Myrcia monantha Barb. Rodr.;单花桎柳桃金娘●☆
261015 Myrcia multiflora DC.;多花桎柳桃金娘●☆
261016 Myrcia nivea Cambess.;雪白桎柳桃金娘●☆
261017 Myrcia obovata Nied.;倒卵叶桎柳桃金娘●☆
261018 Myrcia obtusa Schauer;钝桎柳桃金娘●☆
261019 Myrcia oocarpa Cambess.;卵果桎柳桃金娘●☆
261020 Myrcia ovalifolia Kiaersk.;卵叶桎柳桃金娘●☆
261021 Myrcia paniculata Krug et Urb.;圆锥桎柳桃金娘●☆
261022 Myrcia pauciflora Nied.;寡花桎柳桃金娘●☆
261023 Myrcia pilosa DC.;柔毛桎柳桃金娘●☆
261024 Myrcia pinifolia Cambess.;松叶桎柳桃金娘●☆
261025 Myrcia pubiflora DC.;毛花桎柳桃金娘●☆
261026 Myrcia pycnantha (Benth.) Steyerm.;密花桎柳桃金娘●☆
261027 Myrcia reticulata Cambess.;网脉桎柳桃金娘●☆
261028 Myrcia robusta Sobral;粗壮桎柳桃金娘●☆
261029 Myrcia rotundifolia Kiaersk.;圆叶桎柳桃金娘●☆
261030 Myrcia salicifolia DC.;柳叶桎柳桃金娘●☆
261031 Myrcia saxatilis (Amshoff) McVaugh;岩石桎柳桃金娘●☆
261032 Myrcia sessiliflora McVaugh;无梗花桎柳桃金娘●☆
261033 Myrcia sessilifolia Kiaersk.;无柄叶桎柳桃金娘●☆
261034 Myrcia smithii D. Legrand et Kausel;史密斯桎柳桃金娘●☆
261035 Myrcia splendens DC.;纤细桎柳桃金娘●☆
261036 Myrcia stenocarpa Krug et Urb.;窄果桎柳桃金娘●☆
261037 Myrcia suaveolens Cambess.;香桎柳桃金娘●☆
261038 Myrcia subglabra McVaugh;近光桎柳桃金娘●☆
261039 Myrcia sylvatica DC.;林地桎柳桃金娘●☆
261040 Myrcia tomentosa Glaz.;绒毛桎柳桃金娘;Cabelhida ●☆
261041 Myrcia triflora Cambess.;三花桎柳桃金娘●☆
261042 Myrcialeucas Willis = Myrcialeucus Rojas ●
261043 Myrcialeucus Rojas = Eugenia L. ●
261044 Myrcianthes O. Berg(1856);繁花桃金娘属●☆
261045 Myrcianthes fragrans (Sw.) McVaugh;双果繁花桃金娘(双果番樱桃,辛普森番樱桃);Simpson Eugenia,Twinberry Eugenia ●☆
261046 Myrcianthes umbellulifera (Kunth) Alain;繁花桃金娘;Monos Plum ●☆
261047 Myrciaria O. Berg(1856);肖桎柳桃金娘属;Jaboticabe ●☆
261048 Myrciaria angustifolia (O. Berg) Mattos;狭叶肖桎柳桃金娘●☆
261049 Myrciaria cauliflora (Mart.) O. Berg;肖桎柳桃金娘;Jaboticabe ●☆
261050 Myrciaria cordifolia D. Legrand;心叶肖桎柳桃金娘●☆
261051 Myrciaria grandifolia Mattos;大叶肖桎柳桃金娘●☆
261052 Myrciaria lanceolata O. Berg;披针叶肖桎柳桃金娘●☆
261053 Myrciaria myriophylla O. Berg;密叶肖桎柳桃金娘●☆
261054 Myrciariopsis Kausel = Myrciaria O. Berg ●☆
261055 Myrciariopsis Kausel(1956);拟桎柳桃金娘属●☆
261056 Myrciariopsis baporeti (D. Legrand) Kausel;拟桎柳桃金娘●☆
261057 Myria Noronha ex Tul. = Terminalia L.(保留属名)●
261058 Myriachaeta Moritzi = Thysanolaena Nees ■
261059 Myriachaeta Zoll. et Moritzi = Thysanolaena Nees ■
261060 Myriactis Less.(1831);黏冠草属(矮菊属,齿冠草属,齿冠菊属,千星菊属);Myriactis ■
261061 Myriactis bipinnatisecta Kitam. = Myriactis humilis Merr. ■
261062 Myriactis bipinnatisecta Kitam. = Myriactis longipedunculata Hayata var. bipinnatisecta (Kitam.) Kitam. ■
261063 Myriactis candelabrum (H. Lév.) H. Lév. = Adenostemma lavenia (L.) Kuntze ■
261064 Myriactis candelabrum H. Lév. = Adenostemma lavenia (L.) Kuntze ■
261065 Myriactis delevayi Gagnep.;羽裂黏冠草(牙痛草,羽裂千星菊);Delavai Myriactis ■
261066 Myriactis formosana Kitam. = Myriactis humilis Merr. ■
261067 Myriactis formosana Kitam. = Myriactis longipedunculata Hayata var. formosana (Kitam.) Kitam. ■
261068 Myriactis gmelinii (Fisch. et C. A. Mey.) DC.;格氏黏冠草■☆
261069 Myriactis humilis Merr.;矮黏冠草(矮菊);Taiwan Myriactis ■
261070 Myriactis humilis Merr. var. bipinnatisecta (Kitam.) S. S. Ying = Myriactis humilis Merr. ■
261071 Myriactis japonensis Koidz.;日本黏冠草■☆
261072 Myriactis javanica DC. = Myriactis wightii DC. ■
261073 Myriactis longipedunculata Hayata;台湾黏冠草■
261074 Myriactis longipedunculata Hayata = Dysosma pleiantha (Hance) Woodson ■
261075 Myriactis longipedunculata Hayata = Myriactis humilis Merr. ■
261076 Myriactis longipedunculata Hayata var. bipinnatisecta (Kitam.) Kitam. = Myriactis humilis Merr. ■
261077 Myriactis longipedunculata Hayata var. bipinnatisecta (Kitam.) Kitam.;再裂台湾黏冠草■
261078 Myriactis longipedunculata Hayata var. formosana (Kitam.) Kitam.;单头台湾黏冠草■
261079 Myriactis longipedunculata Hayata var. formosana (Kitam.) Kitam. = Myriactis humilis Merr. ■
261080 Myriactis mekongensis Hand.-Mazz.;云南狐狸草;Mekong Myriactis ■
261081 Myriactis nepalensis Less.;圆舌黏冠草(杧果菜,尼泊尔千星菊,山羊梅,无喙齿冠菊,无喙粘冠草,牙痛草,野朝阳,油头草);Nepal Myriactis ■
261082 Myriactis wallichii Less.;狐狸草;Wallich Myriactis ■
261083 Myriactis wallichii Less. = Myriactis nepalensis Less. ■
261084 Myriactis wightii DC.;黏冠草;Stickypappo ■
261085 Myriactis wightii DC. var. cordata Y. Ling et C. Shih;心叶黏冠草;Heartleaf Myriactis ■
261086 Myriadenus Cass. = Chiliadenus Cass. ■●☆
261087 Myriadenus Cass. = Inula L. ●■
261088 Myriadenus Desv. = Zornia J. F. Gmel. ■
261089 Myrialepis Becc. = Myrialepis Becc. ex Hook. f. ●☆
261090 Myrialepis Becc. ex Hook. f.(1893);多鳞棕属(多鳞藤属,多鳞椰子属,细鳞果藤属);Myrialepis Palm ●☆
261091 Myrialepis scortechinii Becc.;多鳞棕;Myrialepis Palm ●☆
261092 Myriandra Spach = Hypericum L. ■●
261093 Myriangis Thouars = Angraecum Bory ■
261094 Myrianthea Tul. = Homalium Jacq. ●
261095 Myrianthea Tul. = Myriantheia Thouars ●
261096 Myriantheia Thouars = Homalium Jacq. ●
261097 Myrianthemum Gilg = Medinilla Gaudich. ex DC. ●
261098 Myrianthemum mirabile Gilg = Medinilla mirabilis (Gilg) Jacq.-Fél. ●☆
261099 Myrianthus P. Beauv.(1805);万花木属●☆
261100 Myrianthus arboreus P. Beauv.;乔木万花木;Cork Wood ●☆

261101 Myrianthus cuneifolius (Engl.) Engl.;肾叶万花木●☆

261102 Myrianthus cuneifolius Engl. = Myrianthus cuneifolius (Engl.) Engl. ●☆

261103 Myrianthus elegans Engl. = Myrianthus preussii Engl. subsp. seretii (De Wild.) Ruiter ●☆

261104 Myrianthus gracilis Engl. = Myrianthus preussii Engl. ●☆

261105 Myrianthus holstii Engl.;高大万花木;Giant Yellow Mulberry ●☆

261106 Myrianthus laurentii De Wild. = Myrianthus preussii Engl. subsp. seretii (De Wild.) Ruiter ●☆

261107 Myrianthus libericus Rendle;利比里亚万花木●☆

261108 Myrianthus mildbraedii Peter = Myrianthus holstii Engl. ●☆

261109 Myrianthus preussii Engl.;纤细万花木●☆

261110 Myrianthus preussii Engl. subsp. seretii (De Wild.) Ruiter;雅致万花木●☆

261111 Myrianthus scandens Louis ex Hauman;攀缘万花木●☆

261112 Myrianthus seretii De Wild. = Myrianthus preussii Engl. subsp. seretii (De Wild.) Ruiter ●☆

261113 Myrianthus serratus (Trécul) Benth. et Hook.;尖齿万花木●☆

261114 Myrianthus serratus (Trécul) Benth. et Hook. var. cuneifolius Engl. = Myrianthus cuneifolius (Engl.) Engl. ●☆

261115 Myrianthus serratus (Trécul) Benth. et Hook. var. letestui Ruiter;莱泰斯图万花木●☆

261116 Myrianthus talbotii Rendle = Myrianthus preussii Engl. ●☆

261117 Myriaspora DC. (1828);多子野牡丹属●☆

261118 Myriaspora paulensis DC.;多子野牡丹●☆

261119 Myrica Bubani = Myricaria Desv. ●

261120 Myrica L. (1753);杨梅属;Bayberry, Bog-myrtle, Sweet Gale, Wax Myrtle, Waxmyrtle, Wax-myrtle, White-grass ●

261121 Myrica L. = Myricaria Desv. ●

261122 Myrica adenophora Hance;青杨梅(八树称木,草野青杨梅,恒春杨梅,火梅,青梅,细叶杨梅,杨梅树);Green Bayberry, Green Waxmyrtle, Hengchun Bayberry ●◇

261123 Myrica adenophora Hance var. kusanoi Hayata = Myrica adenophora Hance ●◇

261124 Myrica aethiopica L. = Morella serrata (Lam.) Killick ●☆

261125 Myrica arborea Hutch. = Morella arborea (Hutch.) Cheek ●☆

261126 Myrica asplenifolia L.;蕨叶杨梅;Fernleaf Bayberry, Fernleaf Sweet Gale, Fernleaf Waxmyrtle, Sweet Fern, Sweet Gale ●☆

261127 Myrica asplenifolia L. = Comptonia peregrina (L.) J. M. Coult. ●☆

261128 Myrica asplenifolia L. var. tomentosa (A. Chev.) Gleason = Comptonia peregrina (L.) J. M. Coult. ●☆

261129 Myrica banksifolia J. C. Wendl. = Morella serrata (Lam.) Killick ●☆

261130 Myrica brevifolia E. Mey. ex C. DC. = Morella brevifolia (E. Mey. ex C. DC.) Killick ●☆

261131 Myrica burmannii E. Mey. ex C. DC. = Morella humilis (Cham. et Schltdl.) Killick ●☆

261132 Myrica californica Cham.;加州杨梅;Bay Berry, California Bayberry, California Wax Myrtle, California Wax-myrtle, Californian Bayberry, Candleberry Myrtle, Pacific Bayberry, Pacific Waxmyrtle, Wax Myrtle, Western Waxmyrtle ●☆

261133 Myrica californica Champ. et Schltdl. = Myrica californica Cham. ●☆

261134 Myrica caroliniensis Mill. = Myrica cerifera L. ●☆

261135 Myrica cavaleriei H. Lév. = Myrica esculenta Buch. -Ham. ex D. Don ●

261136 Myrica cavaleriei H. Lév. = Quercus engleriana Seemen ●

261137 Myrica cerifera L.;蜡杨梅(蜡果杨梅,蜡香桃木);Bayberry, Candele-berry, Candle Berry, Candleberry, Candle-berry Myrtle, Northern-candleberry, Southern Bayberry, Southern Wax Myrtle, Southern Waxmyrtle, Southern Wax-myrtle, Tallow Shrub, Wax Myrtle, Waxberry, Wax-tree ●☆

261138 Myrica cerifera L. var. angustifolia Aiton = Myrica cerifera L. ●☆

261139 Myrica cerifera L. var. arborescens Castigl. = Myrica cerifera L. ●☆

261140 Myrica cerifera L. var. augustifolia C. DC. = Myrica heterophylla Raf. ●☆

261141 Myrica cerifera L. var. dubia A. Chev. = Myrica cerifera L. ●☆

261142 Myrica cerifera L. var. frutescens Castigl. = Myrica pensylvanica Mirb. ●☆

261143 Myrica cerifera L. var. latifolia Aiton = Myrica heterophylla Raf. ●☆

261144 Myrica cerifera L. var. pumila Michx. = Myrica cerifera L. ●☆

261145 Myrica comptonia C. DC. = Comptonia peregrina (L.) J. M. Coult. ●☆

261146 Myrica conifera Burm. f. var. integra A. Chev. = Morella integra (A. Chev.) Killick ●☆

261147 Myrica cordifolia L. = Morella cordifolia (L.) Killick ●☆

261148 Myrica cordifolia L. var. microphylla A. Chev. = Morella cordifolia (L.) Killick ●☆

261149 Myrica curtissii A. Chev. = Myrica heterophylla Raf. ●☆

261150 Myrica curtissii A. Chev. var. media (Michx.) A. Chev. = Myrica heterophylla Raf. ●☆

261151 Myrica darisii H. Lév. = Antidesma venosum E. Mey. ex Tul. ●

261152 Myrica diversifolia Adamson = Morella diversifolia (Adamson) Killick ●☆

261153 Myrica dregeana A. Chev. = Morella humilis (Cham. et Schltdl.) Killick ●☆

261154 Myrica elliptica A. Chev. = Morella cordifolia (L.) Killick ●☆

261155 Myrica esculenta Buch. -Ham. ex D. Don;毛杨梅(大树杨梅,南亚杨梅,日本杨梅,小叶杨梅,杨梅树,野杨梅);Hairy Bayberry, Hairy Waxmyrtle ●

261156 Myrica esquirolii H. Lév. = Podocarpus macrophyllus (Thunb. ex Murray) D. Don ●

261157 Myrica esquirolii H. Lév. = Podocarpus macrophyllus (Thunb.) D. Don var. maki (Siebold) Endl. ●

261158 Myrica esquirolii H. Lév. = Podocarpus neriifolius D. Don ●

261159 Myrica farquhariana Wall. = Myrica esculenta Buch. -Ham. ex D. Don ●

261160 Myrica faya Aiton;法亚杨梅;Faya Tree, Fire Tree, Firetree ●☆

261161 Myrica floridana (Chapm.) A. W. Wood = Leitneria floridana Chapm. ●☆

261162 Myrica gale L.;甜杨梅(甜香杨梅,香杨梅);Bayberry, Bog Myrtle, Candleberry, Devonshire Myrtle, Dutch Myrtle, Fleawood, Gal, Gale, Gales, Gall, Gaul, Gaule, Gold, Gold Withy, Golden Osier, Golden Withy, Gole, Goule, Gow, Goyle, Meadow-fern, Moor Myrtle, Moss Wytham, Myrica Asplenifolia, Myrtle, Pacific Waxmyrtle, Pimento Royal, Scotch Gale, Sweet Gale, Sweet Willow, Sweet Withy, Wild Myrtle, Wild Sumach, Withywind ●

261163 Myrica gale L. var. subglabra (A. Chev.) Fernald = Myrica gale L. ●

261164 Myrica gale L. var. tomentosa C. DC. ;茸毛香杨梅;Tomentose Sweet Gale ●

261165 Myrica gale L. var. tomentosa C. DC. = Myrica gale L. ●

261166 Myrica glabrissima A. Chev. = Morella humilis (Cham. et Schltdl.) Killick ●☆

261167 Myrica goetzei Engl. = Morella salicifolia (Hochst. ex A. Rich.) Verdc. et Polhill var. goetzei (Engl.) Verdc. et Polhill ●☆

261168 Myrica hartwegii S. Watson;哈氏杨梅;Mmyrtle, Sierra Sweet-bay, Sierra Wax Myrtle, Wax-myrtle ●☆

261169 Myrica heterophylla Raf. ;异叶杨梅; Evergreen Bayberry, Myrtle, Swamp Bayberry, Wax-myrtle ●☆

261170 Myrica heterophylla Raf. var. curtissii (A. Chev.) Fernald = Myrica heterophylla Raf. ●☆

261171 Myrica holtzii Engl. et Brehmer = Spirostachys africana Sond. ■☆

261172 Myrica humbertii Staner et Lebrun = Morella salicifolia (Hochst. ex A. Rich.) Verdc. et Polhill subsp. mildbreadii (Engl.) Verdc. et Polhill ●☆

261173 Myrica humilis Cham. et Schltdl. = Morella humilis (Cham. et Schltdl.) Killick ●☆

261174 Myrica ilicifolia Burm. f. = Morella quercifolia (L.) Killick ●☆

261175 Myrica incisa A. Chev. = Morella quercifolia (L.) Killick ●☆

261176 Myrica inodora W. Bartram;无味杨梅;Candleberry, Odorless Bayberry, Odorless Wax-myrtle, Waxberry, Waxtree ●☆

261177 Myrica integra (A. Chev.) Killick = Morella integra (A. Chev.) Killick ●☆

261178 Myrica integrifolia Roxb. = Myrica esculenta Buch. -Ham. ex D. Don ●

261179 Myrica kandtiana Engl. = Morella kandtiana (Engl.) Verdc. et Polhill ●☆

261180 Myrica kilimandscharica Engl. = Morella salicifolia (Hochst. ex A. Rich.) Verdc. et Polhill var. kilimandscharica (Engl.) Verdc. et Polhill ●☆

261181 Myrica kraussiana Buchinger ex Meisn. = Morella kraussiana (Buchinger ex Meisn.) Killick ●☆

261182 Myrica laureola C. DC. = Myrica inodora W. Bartram ●☆

261183 Myrica macfarlanei Youngken = Myrica pensylvanica Mirb. ●☆

261184 Myrica mairei H. Lév. = Vaccinium pubicalyx Franch. ●

261185 Myrica meyeri-johannis Engl. = Morella salicifolia (Hochst. ex A. Rich.) Verdc. et Polhill subsp. meyeri-johannis (Engl.) Verdc. et Polhill ●☆

261186 Myrica microbracteata Weim. = Morella microbracteata (Weim.) Verdc. et Polhill ●☆

261187 Myrica mildbreadii Engl. = Morella salicifolia (Hochst. ex A. Rich.) Verdc. et Polhill subsp. mildbreadii (Engl.) Verdc. et Polhill ●☆

261188 Myrica mossii Burtt Davy = Morella serrata (Lam.) Killick ●☆

261189 Myrica multiflora (Lam.) DC. ;多花杨梅●☆

261190 Myrica multiflora (Lam.) DC. = Eugenia multiflora Lam. ●☆

261191 Myrica myrtifolia A. Chev. = Morella humilis (Cham. et Schltdl.) Killick ●☆

261192 Myrica nagi Thunb. = Myrica esculenta Buch. -Ham. ex D. Don ●

261193 Myrica nagi Thunb. = Nageia nagi (Thunb.) Kuntze ●

261194 Myrica nagi Thunb. = Podocarpus nagi (Thunb.) Zoll. et Moritzi ex Zoll. ●

261195 Myrica nana A. Chev. ;矮杨梅(滇杨梅,酸杨梅,杨梅,云南杨梅);Dwarf Bayberry, Dwarf Wax Myrtle, Dwarf Waxmyrtle ●

261196 Myrica nana A. Chev. var. luxuriana A. Chev. = Myrica nana A. Chev. ●

261197 Myrica natalensis C. DC. = Morella serrata (Lam.) Killick ●☆

261198 Myrica obovata C. DC. = Myrica inodora W. Bartram ●☆

261199 Myrica oligadenia Peter = Morella salicifolia (Hochst. ex A. Rich.) Verdc. et Polhill subsp. meyeri-johannis (Engl.) Verdc. et Polhill ●☆

261200 Myrica palustris Lam. = Myrica gale L. ●

261201 Myrica pensylvanica Loisel. = Myrica pensylvanica Mirb. ●☆

261202 Myrica pensylvanica Mirb. ;美国杨梅(宾州杨梅);Bayberry, Candleberry, Candletree, Candlewood, Northern Bayberry, Small Waxberry, Swamp Candleberry, Tallow Bayberry, Tallowshrub, Tallowtree, Wax Myrtle, Waxberry ●☆

261203 Myrica peregrina (L.) Kuntze = Comptonia peregrina (L.) J. M. Coult. ●☆

261204 Myrica pilulifera Rendle = Morella pilulifera (Rendle) Killick ●☆

261205 Myrica pilulifera Rendle var. puberula ? = Morella pilulifera (Rendle) Killick ●☆

261206 Myrica pumila (Michx.) Small = Myrica cerifera L. ●☆

261207 Myrica pusilla Raf. = Myrica cerifera L. ●☆

261208 Myrica quercifolia L. ;栎叶杨梅;Waxberry ●☆

261209 Myrica rapaneoides H. Lév. = Distylium dunnianum H. Lév. ●

261210 Myrica rivas-martinezii Santos;里瓦斯杨梅●☆

261211 Myrica rogersii Burtt Davy = Morella pilulifera (Rendle) Killick ●☆

261212 Myrica rubra (Lour.) Siebold et Zucc. ;杨梅(白蒂梅,鹤顶红,火梅木,火齐,火实,机子,棍梅,金丸,龙睛,朹子,日精曹公,锐叶杨梅,山杨梅,圣生梅,树梅,水杨梅,酸梅,杨果,杨氏子,朱红,珠红,珠蓉);China Bayberry, China Waxmyrtle, Chinese Bayberry, Chinese Strawberry, Chinese Wax Myrtle, Chinese Waxmyrtle, Red Bayberry, Strawberry tree ●

261213 Myrica rubra (Lour.) Siebold et Zucc. f. alba (Makino) Okuyama;水晶杨梅;White Chinese Waxmyrtle ●

261214 Myrica rubra (Lour.) Siebold et Zucc. var. atropurpurea Tsen;乌杨梅;Dark-purple Chinese Waxmyrtle ●

261215 Myrica rubra (Lour.) Siebold et Zucc. var. nana Tsen;钮珠杨梅;Dwarf Chinese Waxmyrtle ●

261216 Myrica rubra (Lour.) Siebold et Zucc. var. rosea Tsen;粉红杨梅;Rose Chinese Waxmyrtle ●

261217 Myrica rubra (Lour.) Siebold et Zucc. var. sylvestris Tsen;野杨梅;Wild Chinese Waxmyrtle ●

261218 Myrica rubra (Lour.) Siebold et Zucc. var. typica Tsen;红杨梅;Red Chinese Waxmyrtle ●

261219 Myrica rubra Lour. var. acuminata Nakai = Myrica rubra (Lour.) Siebold et Zucc. ●

261220 Myrica rubra Siebold et Zucc. = Myrica rubra (Lour.) Siebold et Zucc. ●

261221 Myrica rubra Siebold et Zucc. = Myrica rubra (Lour.) Siebold et Zucc. f. alba (Makino) Okuyama ●

261222 Myrica rubra Siebold et Zucc. var. acuminata Nakai = Myrica rubra (Lour.) Siebold et Zucc. f. alba (Makino) Okuyama ●

261223 Myrica rubra Siebold et Zucc. var. alba Tsen = Myrica rubra (Lour.) Siebold et Zucc. f. alba (Makino) Okuyama ●

261224 Myrica rubra Siebold et Zucc. var. atropurpurea Tsen = Myrica rubra (Lour.) Siebold et Zucc. var. atropurpurea Tsen ●

261225 Myrica rubra Siebold et Zucc. var. nana Tsen = Myrica rubra

(Lour.) Siebold et Zucc. var. nana Tsen ●
261226 Myrica rubra Siebold et Zucc. var. rosea Tsen = Myrica rubra (Lour.) Siebold et Zucc. var. rosea Tsen ●
261227 Myrica rubra Siebold et Zucc. var. sylvestris Tsen = Myrica rubra (Lour.) Siebold et Zucc. var. sylvestris Tsen ●
261228 Myrica rubra Siebold et Zucc. var. typica Tsen = Myrica rubra (Lour.) Siebold et Zucc. var. typica Tsen ●
261229 Myrica salicifolia Hochst. ex A. Rich. = Morella salicifolia (Hochst. ex A. Rich.) Verdc. et Polhill ●☆
261230 Myrica salicifolia Hochst. ex Rich.;柳叶杨梅●☆
261231 Myrica sapida Wall. = Myrica esculenta Buch.-Ham. ex D. Don ●
261232 Myrica seguini H. Lév. = Distylium dunnianum H. Lév. ●
261233 Myrica serrata Lam.;披针叶杨梅;Lance-leafed Waxberry ●☆
261234 Myrica serrata Lam. = Morella serrata (Lam.) Killick ●☆
261235 Myrica sessilifolia Raf. = Myrica heterophylla Raf. ●☆
261236 Myrica sessilifolia Raf. var. latifolia (Aiton) Raf. = Myrica heterophylla Raf. ●☆
261237 Myrica tomentosa (C. DC.) Asch. et Graebn.;绒毛杨梅●☆
261238 Myrica tomentosa (C. DC.) Asch. et Graebn. = Myrica gale L. var. tomentosa C. DC. ●
261239 Myrica usambarensis Engl. = Morella salicifolia (Hochst. ex A. Rich.) Verdc. et Polhill var. kilimandscharica (Engl.) Verdc. et Polhill ●☆
261240 Myrica zeyheri C. DC. = Morella quercifolia (L.) Killick ●☆
261241 Myricaceae Blume = Myricaceae Rich. ex Kunth(保留科名)●
261242 Myricaceae Blumr et Dumort. = Myricaceae Rich. ex Kunth(保留科名)●
261243 Myricaceae Rich. ex Kunth (1817) (保留科名);杨梅科;Bayberry Family, Bog-myrtle Family, Sweet Gale Family, Wax Myrtle Family, Waxmyrtle Family ●
261244 Myricanthe Airy Shaw(1980);万花戟属☆
261245 Myricanthe discolor Airy Shaw;万花戟☆
261246 Myricaria Desv. (1825);水柏枝属;False Tamarisk, Falsetamarisk, False-tamarisk ●
261247 Myricaria alipecuroides Schrenk = Myricaria bracteata Royle ●
261248 Myricaria alopecuroides Schrenk = Myricaria germanica (L.) Desv. subsp. alopecuroides (Schrenk) Kitam. ●
261249 Myricaria armena Boiss. et Huet = Myricaria squamosa Desv. ●
261250 Myricaria bracteata Royle;宽苞水柏枝(臭红柳,河柏,红柳,具苞水柏枝,水柽柳,西河柳);Broadbract Falsetamarisk, Broad-bracted False-tamarisk, Foxtail-like Falsetamarisk ●
261251 Myricaria bracteata Royle = Myricaria germanica (L.) Desv. subsp. alopecuroides (Schrenk) Kitam. ●
261252 Myricaria brevifolia Turcz. = Myricaria davurica (Willd.) Ehrenb. ●
261253 Myricaria cauliflora ?;茎花水柏枝;Jaboticaba ●☆
261254 Myricaria dahurica (Willd.) Ehrenb.;达呼里水柏枝(达呼里水柽柳,达乌里水柏枝,红沙柳,兴安水柏枝);Dahurian False Tamarix, Dahurian Falsetamarisk ●
261255 Myricaria dahurica (Willd.) Ehrenb. var. macrophylla Bunge = Myricaria davurica (Willd.) Ehrenb. ●
261256 Myricaria dahurica DC. = Myricaria davurica (Willd.) Ehrenb. ●
261257 Myricaria davurica (Willd.) Ehrenb. = Myricaria dahurica (Willd.) Ehrenb. ●
261258 Myricaria davurica (Willd.) Ehrenb. var. microphylla Bunge = Myricaria squamosa Desv. ●
261259 Myricaria elegans Royle;秀丽水柏枝;Elagant Falsetamarisk, Elagant False-tamarisk ●
261260 Myricaria elegans Royle = Tamaricaria elegans (Royle) Qaiser et Ali ●
261261 Myricaria elegans Royle var. tsetangensis P. Y. Zhang et Y. J. Zhang;泽当水柏枝;Zedang Elagant Falsetamarisk ●
261262 Myricaria germanica (L.) Desv.;水柏枝(臭红柳,观音柳,砂柳);False Tamarisk, German Tamarisk, Germany False Tamarisk, Germany Falsetamarisk, Myricaria ●☆
261263 Myricaria germanica (L.) Desv. = Myricaria bracteata Royle ●
261264 Myricaria germanica (L.) Desv. sensu Dyer = Myricaria germanica (L.) Desv. subsp. alopecuroides (Schrenk) Kitam. ●
261265 Myricaria germanica (L.) Desv. subsp. alopecuroides (Schrenk) Kitam. = Myricaria bracteata Royle ●
261266 Myricaria germanica (L.) Desv. subsp. pakistanica Qaiser;巴基斯坦水柏枝●☆
261267 Myricaria germanica (L.) Desv. var. alopecuroides (Schrenk) Kitam. = Myricaria bracteata Royle ●
261268 Myricaria germanica (L.) Desv. var. alopecuroides (Schrenk) Maxim. = Myricaria germanica (L.) Desv. subsp. alopecuroides (Schrenk) Kitam. ●
261269 Myricaria germanica (L.) Desv. var. bracteata (Royle) Franch. = Myricaria germanica (L.) Desv. subsp. alopecuroides (Schrenk) Kitam. ●
261270 Myricaria germanica (L.) Desv. var. bracteata (Royle) Franch. = Myricaria bracteata Royle ●
261271 Myricaria germanica (L.) Desv. var. laxiflora Franch. = Myricaria laxiflora (Franch.) P. Y. Zhang et Y. J. Zhang ●◇
261272 Myricaria germanica (L.) Desv. var. prostrata (Hook. f. et Thomson ex Benth. et Hook. f.) Dyer = Myricaria prostrata Hook. f. et Thomson ex Benth. et Hook. f. ●
261273 Myricaria germanica (L.) Desv. var. prostrata (Hook. f. et Thomson ex Benth. et Hook. f.) Dyer = Myricaria rosea W. W. Sm. ●
261274 Myricaria germanica (L.) Desv. var. squamosa (Desv.) Maxim. = Myricaria squamosa Desv. ●
261275 Myricaria germanica sensu Dyer = Myricaria germanica (L.) Desv. subsp. alopecuroides (Schrenk) Kitam. ●
261276 Myricaria hedinii Paulsen = Myricaria prostrata Benth. et Hook. f. ex Benth. et Hook. ●
261277 Myricaria hoffmeisteri Klotzsch = Myricaria squamosa Desv. ●
261278 Myricaria laxa W. W. Sm.;球花水柏枝;Lax Falsetamarisk, Lax False-tamarisk ●
261279 Myricaria laxa W. W. Sm. = Myricaria squamosa Desv. ●
261280 Myricaria laxiflora (Franch.) P. Y. Zhang et Y. J. Zhang;疏花水柏枝;Lax-flowered False-tamarisk, Loose-flower Falsetamarisk ●◇
261281 Myricaria longifolia (Willd.) Ehrenb.;长叶水柏枝●☆
261282 Myricaria longifolia (Willd.) Ehrenb. var. davurica (Willd.) Maxim. = Myricaria davurica (Willd.) Ehrenb. ●
261283 Myricaria macrostachya Kar. et Kir. = Myricaria germanica (L.) Desv. subsp. alopecuroides (Schrenk) Kitam. ●
261284 Myricaria paniculata P. Y. Zhang et Y. J. Zhang;三春水柏枝(臭红柳,观音柳,具苞水柏枝,砂柳,水柏枝);Paniculate Falsetamarisk, Paniculate False-tamarisk, Trispring Falsetamarisk ●
261285 Myricaria platyphylla Maxim.;宽叶水柏枝(阔叶柽柳,喇嘛杆,喇嘛棍,胖柳,沙红柳,心叶水柏枝);Broadleaf Falsetamarisk, Broad-leaved False-tamarisk ●◇
261286 Myricaria prostrata Benth. et Hook. f. = Myricaria prostrata Hook. f. et Thomson ex Benth. et Hook. f. ●

261287 Myricaria prostrata Benth. et Hook. f. ex Benth. et Hook. = Myricaria prostrata Hook. f. et Thomson ex Benth. et Hook. f. ●

261288 Myricaria prostrata Hook. f. et Thomson ex Benth. et Hook. f.;匍匐水柏枝(葡萄水柏枝);Creeping Falsetamarisk, Creeping False-tamarisk ●

261289 Myricaria prostrata Hook. f. et Thomson ex Benth. et Hook. f. = Myricaria rosea W. W. Sm. ●

261290 Myricaria pulcherrima Batalin;心叶水柏枝(和田水柏枝);Beautiful Falsetamarisk, Heartleaf Falsetamarisk, Heart-leaved False-tamarisk ●

261291 Myricaria rosea W. W. Sm.;卧生水柏枝;Rosy Falsetamarisk, Rosy False-tamarisk ●

261292 Myricaria scharti Vassilcz. = Myricaria germanica (L.) Desv. subsp. alopecuroides (Schrenk) Kitam. ●

261293 Myricaria squamosa Desv.;具鳞水柏枝(球花水柏枝,三春柳,山柳);Scaled Falsetamarisk, Squamate Falsetamarisk, Squamate False-tamarisk ●

261294 Myricaria trunciflora ?;截花水柏枝;Jaboticaba ●☆

261295 Myricaria vaginata Desv. = Tamarix ericoides Rottler et Willd. ●☆

261296 Myricaria wardii Marquand;小花水柏枝;Smallflower Falsetamarisk, Ward Falsetamarisk, Ward False-tamarisk ●

261297 Myrinia Lilja = Fuchsia L. ●■

261298 Myrioblastus Wall. ex Griff. = Cryptocoryne Fisch. ex Wydler ●■

261299 Myriocarpa Benth. (1846);万果木属(万果麻属)●☆

261300 Myriocarpa longipes Liebm.;长柄万果木●☆

261301 Myriocarpa stipitata Benth.;具柄万果木●☆

261302 Myriocephalus Benth. (1837);万头菊属■☆

261303 Myriocephalus stuartii (F. Muell. et Sond.) Benth.;万头菊;Poached-egg Daisy ■☆

261304 Myriocephalus stuartii Benth. = Myriocephalus stuartii (F. Muell. et Sond.) Benth. ●☆

261305 Myriochaeta Post et Kuntze = Myriachaeta Moritzi ■

261306 Myriochaeta Post et Kuntze = Thysanolaena Nees ■

261307 Myriocladus Swallen(1951);万序枝竹属(万枝竹属)●☆

261308 Myriocladus affinis Swallen;近缘万序枝竹●☆

261309 Myriocladus gracilis Swallen;细万序枝竹●☆

261310 Myriocladus purpureus Swallen;紫万序枝竹●☆

261311 Myriogomphus Didr. = Croton L. ●

261312 Myriogyne Less. = Centipeda Lour. ■●

261313 Myriogyne minuta (G. Forst.) Less. = Bidens pilosa L. ■

261314 Myriogyne minuta Less. = Centipeda minima (L.) A. Braun et Asch. ■

261315 Myriogyne minuta Less. = Centipeda orbicularis Lour. ■

261316 Myriolepis (Boiss.) Lledó, Erben et M. B. Crespo(2003);多鳞草属■☆

261317 Myriolepis Post et Kuntze = Myrialepis Becc. ex Hook. f. ●☆

261318 Myriolepis diffusa (Pourr.) Lledò, Erben et Crespo;松散多鳞草■☆

261319 Myriolepis ferulacea (L.) Lledò, Erben et Crespo;多鳞草■☆

261320 Myriolimon Lledó, Erben et M. B. Crespo = Myriolepis (Boiss.) Lledó, Erben et M. B. Crespo ■☆

261321 Myrioneuron R. Br. = Keenania Hook. f. ●

261322 Myrioneuron R. Br. ex Hook. f. (1873);密脉木属;Densevein, Myrioneuron ●

261323 Myrioneuron R. Br. ex Hook. f. = Keenania Hook. f. ●

261324 Myrioneuron R. Br. ex Kurz = Myrioneuron R. Br. ex Hook. f. ●

261325 Myrioneuron effusum (Pit.) Merr.;大叶密脉木;Bigleaf Myrioneuron, Largeleaf Densevein ●

261326 Myrioneuron faberi Hemsl. ex Forbes et Hemsl.;密脉木(贵州密脉木);Faber Densevein, Guizhou Densevein, Guizhou Myrioneuron ●

261327 Myrioneuron ligoneuron Hand.-Mazz.;贵州密脉木;Guizhou Densevein, Kweichow Densevein ●

261328 Myrioneuron nutans Wall. ex Kurz;垂花密脉木(俯垂密脉木);Dropin-flower Myrioneuron, Dropining Myrioneuron, Nutantflower Densevein ●

261329 Myrioneuron nutans Wall. ex Kurz var. effusum Pit. = Myrioneuron effusum (Pit.) Merr. ●

261330 Myrioneuron oligoneuron Hand.-Mazz. = Myrioneuron faberi Hemsl. ex Forbes et Hemsl. ●

261331 Myrioneuron tonkinensis Pit.;越南密脉木;Tonkin Myrioneuron, Vietnam Densevein ●

261332 Myrioneuron tonkinensis Pit. f. longipes H. C. Lo;长梗密脉木;Long-stalk Densevein, Long-stalk Tonkin Myrioneuron ●

261333 Myriopeltis Welw. ex Hook. f. = Treculia Decne. ex Trécul ●☆

261334 Myriophillum Neck. = Myriophyllum L. ■

261335 Myriophyllaceae Schultz Sch.;狐尾藻科■

261336 Myriophyllaceae Schultz Sch. = Haloragaceae R. Br.(保留科名)●■

261337 Myriophyllum L. (1753);狐尾藻属(狐尾草属,聚藻属);Featherfoil, Milfoil, Parrot Feather, Parrot's Feather, Parrotfeather, Parrot-feather, Water Milfoil, Water-milfoil ■

261338 Myriophyllum Ponted. ex L. = Myriophyllum L. ■

261339 Myriophyllum alterniflorum DC.;互花狐尾藻(互生花狐尾藻);Alternate Water-milfoil, Alternate-flowered Water-milfoil ■

261340 Myriophyllum alterniflorum DC. var. americanum Pugsley = Myriophyllum alterniflorum DC. ■

261341 Myriophyllum ambigum Nutt. = Myriophyllum humile Morong ■

261342 Myriophyllum aquaticum (Vell.) Verdc.;粉绿狐尾藻(水聚藻);Brazilian Parrot Feather, Brazilian Parrot's Feather, Brazilian Parrot-feather, Parrot Feather, Parrot Feather Watermilfoil, Parrot's Feather, Parrot's-feather, Water Feather ■☆

261343 Myriophyllum brasiliense Cambess. = Myriophyllum aquaticum (Vell.) Verdc. ■☆

261344 Myriophyllum dicoccum F. Muell.;二分果狐尾藻(双室狐尾藻,双室聚藻)■

261345 Myriophyllum exalbescens Fernald = Myriophyllum sibiricum Kom. ■

261346 Myriophyllum exasperatum D. Wang et al.;短喙狐尾藻■

261347 Myriophyllum farwellii Morong;法氏狐尾藻;Farwell's Milfoil, Farwell's Water-milfoil ■☆

261348 Myriophyllum heterophyllum Michx.;异叶狐尾藻;Coontail, Two-leaf Water-milfoil, Various-leaved Water-milfoil, Water Milfoil ■☆

261349 Myriophyllum hippuroides Nutt. ex Torr. et Gray;杉状狐尾藻;Western Water-milfoil ■☆

261350 Myriophyllum humile Morong;矮狐尾藻;Dwarf Parrotfeather, Low Water-milfoil ■

261351 Myriophyllum indicum C. B. Clarke = Myriophyllum tetrandrum Roxb. ■

261352 Myriophyllum indicum Wight ex C. B. Clarke = Myriophyllum tetrandrum Roxb. ■

261353 Myriophyllum limosum Hectot ex DC. = Myriophyllum

verticillatum L. ■
261354 Myriophyllum magdalenense Fernald = Myriophyllum sibiricum Kom. ■
261355 Myriophyllum oguraense Miki;东方狐尾藻(小仓狐尾藻)■☆
261356 Myriophyllum oguraense Miki subsp. yangtzense D. Wang;扬子狐尾藻■
261357 Myriophyllum pinnatum (Walter) Britton, Sterns, et Poggenb.;羽状狐尾藻;Green Parrot's Feather, Rough Water Milfoil ■☆
261358 Myriophyllum propinquum A. Cunn. = Myriophyllum ussuriense (Regel) Maxim. ■
261359 Myriophyllum proserpinacoides Gill ex Hook. et Arn. = Myriophyllum aquaticum (Vell.) Verdc. ■☆
261360 Myriophyllum sibiricum Kom.;西伯利亚狐尾藻;Common Water Milfoil, Common Water-milfoil, Short-spike Water-milfoil, Whitish Water-milfoil ■
261361 Myriophyllum sibiricum Kom. = Myriophyllum spicatum L. var. muricatum Maxim. ■
261362 Myriophyllum sibiricum Kom. = Myriophyllum spicatum L. ■
261363 Myriophyllum spathulatum Blatt. et Hallb. = Myriophyllum tuberculatum Roxb. ■
261364 Myriophyllum spicatum L.;穗状狐尾藻(大杂草,多穗狐尾藻,狗尾巴草,狐尾草,狐尾藻,金鱼藻,聚藻,泥茜,水藻,穗花狐尾藻,小二仙草,杂,札草);Eurasian Water Milfoil, Eurasian Watermilfoil, Eurasian Water-milfoil, European Water-milfoil, Parrot Feather, Parrotfeather, Spiked Milfoil, Spiked Watermilfoil, Spiked Water-milfoil, Water Yarrow ■
261365 Myriophyllum spicatum L. f. muricatum (Maxim.) Newman = Myriophyllum spicatum L. var. muricatum Maxim. ■
261366 Myriophyllum spicatum L. subsp. exalbescens (Fernald) Hultén = Myriophyllum sibiricum Kom. ■
261367 Myriophyllum spicatum L. subsp. squamosum Laest. ex Hartm. = Myriophyllum sibiricum Kom. ■
261368 Myriophyllum spicatum L. var. capillaceum Lange = Myriophyllum sibiricum Kom. ■
261369 Myriophyllum spicatum L. var. exalbescens (Fernald) Jeps. = Myriophyllum sibiricum Kom. ■
261370 Myriophyllum spicatum L. var. muricatum Maxim.;瘤果狐尾藻;Muricatum Parrotfeather ■
261371 Myriophyllum spicatum L. var. muricatum Maxim. = Myriophyllum sibiricum Kom. ■
261372 Myriophyllum spicatum L. var. muricatum Maxim. = Myriophyllum spicatum L. ■
261373 Myriophyllum spicatum L. var. squamosum (Laest. ex Hartm.) Hartm. = Myriophyllum sibiricum Kom. ■
261374 Myriophyllum tenellum Bigelow;纤细狐尾藻;Dwarf Water-milfoil, Slender Water-milfoil ■☆
261375 Myriophyllum tetrandrum Roxb.;四蕊狐尾藻;Fourstamen Parrotfeather ■
261376 Myriophyllum tuberculatum Roxb.;刺果狐尾藻■
261377 Myriophyllum ussuriense (Regel) Maxim.;乌苏里狐尾藻(三裂狐尾藻,乌苏里金鱼藻,乌苏里聚藻);Ussuri Parrotfeather ■
261378 Myriophyllum ussuriense (Regel) Maxim. = Myriophyllum propinquum A. Cunn. ■
261379 Myriophyllum verticillatum L.;狐尾藻(轮叶狐尾草,轮叶狐尾藻);Canada Parrot Feather, Canada Parrot's-feather, Canada Parrot-feather, Verticillate Parrotfeather, Water Milfoil, Whorled Water-milfoil ■
261380 Myriophyllum verticillatum L. = Myriophyllum ussuriense (Regel) Maxim. ■
261381 Myriophyllum verticillatum L. var. cheneyi Fassett = Myriophyllum verticillatum L. ■
261382 Myriophyllum verticillatum L. var. intermedium W. D. J. Koch = Myriophyllum verticillatum L. ■
261383 Myriophyllum verticillatum L. var. pectinatum Wallr. = Myriophyllum verticillatum L. ■
261384 Myriophyllum verticillatum L. var. pinnatifidum Wallr. = Myriophyllum verticillatum L. ■
261385 Myriophyllum verticillatum L. var. ussuriense Regel = Myriophyllum propinquum A. Cunn. ■
261386 Myriophyllum verticillatum L. var. ussuriense Regel = Myriophyllum ussuriense (Regel) Maxim. ■
261387 Myriopteron Griff. (1843);翅果藤属;Wingfruitvine, Wing-fruit-vine ●
261388 Myriopteron extensum (Wight et Arn.) K. Schum.;翅果藤(大对节生,奶浆果,婆婆针线包,野甘草);Extensed Wingfruitvine, Extensed Wing-fruit-vine ●
261389 Myriopteron horsfieldii (Miq.) Hook. f. = Myriopteron extensum (Wight et Arn.) K. Schum. ●
261390 Myriopteron horsfleldii (Miq.) Hook. = Myriopteron extensum (Wight et Arn.) K. Schum. ●
261391 Myriopteron paniculatum Griff. = Myriopteron extensum (Wight et Arn.) K. Schum. ●
261392 Myriopus Small = Tournefortia L. ●■
261393 Myriospora Post et Kuntze = Myriaspora DC. ●☆
261394 Myriostachya (Benth.) Hook. f. (1896);千穗草属■☆
261395 Myriostachya Hook. f. = Myriostachya (Benth.) Hook. f. ■☆
261396 Myriostachya wightiana Hook. f.;千穗草■☆
261397 Myriotriche Turcz. = Abatia Ruiz et Pav. ●☆
261398 Myripnois Bunge (1833);蚂蚱腿子属;Locustleg, Myripnois ●★
261399 Myripnois dioica Bunge;蚂蚱腿子(万花木);Common Myripnois, Locustleg ●
261400 Myripnois maximoviczii C. Winkl. = Pertya sinensis Oliv. ●
261401 Myripnois uniflora Maxim. = Pertya uniflora (Maxim.) Mattf. ●
261402 Myristica Gronov. (1755)(保留属名);肉豆蔻属;Macassar, Nutmeg, Papua Nutmeg ●
261403 Myristica Rottb. = Myristica Gronov. (保留属名) ●
261404 Myristica acuminata Lam. = Brochoneura acuminata (Lam.) Warb. ●☆
261405 Myristica amygdalina Wall. = Horsfieldia amygdalina (Wall.) Warb. ●
261406 Myristica angolensis Welw. = Pycnanthus angolensis (Welw.) Warb. ●☆
261407 Myristica angustifolia Roxb. = Knema cinerea (Poir.) Warb. var. glauca (Blume) Y. H. Li ●
261408 Myristica argentea Warb.;长形肉豆蔻(银肉豆蔻)●☆
261409 Myristica bicuhyba Schott;巴西肉豆蔻;Brazil Nutmeg ●☆
261410 Myristica cagayanensis Merr. = Myristica ceylanica A. DC. var. cagayanensis (Merr.) J. Sinclair ●◇
261411 Myristica calophylla Spruce;美叶肉豆蔻●☆
261412 Myristica ceylanica A. DC. var. cagayanensis (Merr.) J. Sinclair;台湾肉豆蔻(大实肉豆蔻,兰屿肉豆蔻,卵果肉豆蔻);Cagayan Nutmeg ●◇
261413 Myristica clarkeana King = Knema linifolia (Roxb.) Warb. ●

261414 Myristica conferta King = Knema conferta (King) Warb. ●

261415 Myristica conferta King var. tonkinensis Warb. = Knema tonkinensis (Warb.) W. J. de Wilde ●

261416 Myristica cookii Warb. = Myristica guatteriifolia A. DC. ●☆

261417 Myristica corticosa (Lour.) Hook. f. et Thomson = Knema globularia (Lam.) Warb. ●

261418 Myristica corticosa Hook. f. et Thomson = Knema globularia (Lam.) Warb. ●

261419 Myristica discolor Merr. = Myristica elliptica Wall. ex Hook. f. et Thomson var. simiarum (A. DC.) J. Sinclair ●

261420 Myristica discolor Merr. = Myristica simiarum A. DC. ●

261421 Myristica elliptica Wall. ex Hook. f. et Thomson var. simiarum (A. DC.) J. Sinclair = Myristica simiarum A. DC. ●

261422 Myristica erratica Hook. f. et Thomson = Knema erratica (Hook. f. et Thomson) J. Sinclair ●☆

261423 Myristica fatua Houtt.;野肉豆蔻;False Nutmeg, Fatuous Nutmug, Mountain Nutmeg, Nutmeg ●☆

261424 Myristica fragrans Houtt.;肉豆蔻(长壳玉果,顶头肉,豆叩,豆蔻,豆蔻花,蔻仁,揉叩,肉豆叩,肉果,肉扣,肉蔻,肉蔻霜,玉果,玉果花);Common Nutmeg, Common Nut-meg, Mace, Nutmeg, Nutmug ●

261425 Myristica furfuracea Hook. f. et Thomson = Knema furfuracea (Hook. f. et Thomson) Warb. ●

261426 Myristica glabra Blume = Horsfieldia glabra (Blume) Warb. ●

261427 Myristica glauca Blume = Knema conferta (King) Warb. ●

261428 Myristica glaucescens Hook. f. = Knema globularia (Lam.) Warb. ●

261429 Myristica glaucescens Hook. f. et Thomson = Knema globularia (Lam.) Warb. ●

261430 Myristica globularia Lam. = Knema globularia (Lam.) Warb. ●

261431 Myristica guatteriifolia A. DC.;短梗肉豆蔻;Shortpedicel Nutmug ●☆

261432 Myristica heterophylla Hayata = Myristica cagayanensis Merr. ●◇

261433 Myristica heterophylla Hayata = Myristica ceylanica A. DC. var. cagayanensis (Merr.) J. Sinclair ●◇

261434 Myristica hookeriana Wall.;胡克肉豆蔻●☆

261435 Myristica insipida R. Br.;无味肉豆蔻●☆

261436 Myristica kingii (Hook. f.) Warb. = Horsfieldia kingii (Hook. f.) Warb. ●◇

261437 Myristica kingii Hook. f. = Horsfieldia kingii (Hook. f.) Warb. ●◇

261438 Myristica kombo Baill. = Pycnanthus angolensis (Welw.) Warb. ●☆

261439 Myristica lanceolata Wall. = Knema globularia (Lam.) Warb. ●

261440 Myristica linifolia Roxb. = Knema linifolia (Roxb.) Warb. ●

261441 Myristica longifolia Wall. ex Blume = Knema linifolia (Roxb.) Warb. ●

261442 Myristica longifolia Wall. ex Blume var. erratica (Hook. f. et Thomson) Hook. f. et Thomson = Knema erratica (Hook. f. et Thomson) J. Sinclair ●☆

261443 Myristica madagascariensis Lam. = Brochoneura madagascariensis (Lam.) Warb. ●☆

261444 Myristica malabarica Lam.;孟买肉豆蔻;Malabar Nutmeg ●☆

261445 Myristica mannii Benth. = Scyphocephalium mannii (Benth.) Warb. ●☆

261446 Myristica microcarpa Willd. = Knema globularia Warb. ●

261447 Myristica microcephala Benth. = Pycnanthus angolensis (Welw.) Warb. ●☆

261448 Myristica missionis Wall. = Knema globularia (Lam.) Warb. ●

261449 Myristica missionis Wall. ex King = Knema globularia (Lam.) Warb. ●

261450 Myristica moschata Thunb.;麝香肉豆蔻;Moschate Nutmeg ●☆

261451 Myristica niohue Baill. = Staudtia kamerunensis Warb. ●☆

261452 Myristica officinalis Mart.;药用肉豆蔻(巴西肉豆蔻);Medicinal Nutmeg ●☆

261453 Myristica otoba Kunth;奥托肉豆蔻;Kunth Nutmeg ●☆

261454 Myristica philippinensis Kaneh. et Sasaki = Myristica simiarum A. DC. ●

261455 Myristica prainii King = Horsfieldia prainii (King) Warb. ●

261456 Myristica sebifera Sw.;几内亚肉豆蔻;Guinea Nutmeg ●☆

261457 Myristica simiarum A. DC.;菲律宾肉豆蔻(红头肉豆蔻,球果肉豆蔻,圆实肉豆蔻);Antao Nutmeg, Anuping ●

261458 Myristica simiarum A. DC. et DC. = Myristica elliptica Wall. ex Hook. f. et Thomson var. simiarum (A. DC.) J. Sinclair ●

261459 Myristica sphaerula Hook. f. = Knema globularia (Lam.) Warb. ●

261460 Myristica stenocarpa (Warb.) Boerl.;窄果肉豆蔻●☆

261461 Myristica surinamensis Roll. -Germ.;苏里南肉豆蔻;Baboen, Surinam Nutmeg, Ucahuba ●☆

261462 Myristica voury Baill. = Brochoneura vouri (Baill.) Warb. ●☆

261463 Myristica yunnanensis Y. H. Li;云南肉豆蔻;Yunnan Nutmeg ●◇

261464 Myristicaceae R. Br. (1810)(保留科名);肉豆蔻科;Nutmeg Family ●

261465 Myrmechila D. L. Jones et M. A. Clem. (2005);蚁兰属■☆

261466 Myrmechila D. L. Jones et M. A. Clem. = Chiloglottis R. Br. ■☆

261467 Myrmechis (Lindl.) Blume(1858);全唇兰属(金唇兰属);Entireliporchis, Myrmechis ■

261468 Myrmechis Blume = Myrmechis (Lindl.) Blume ■

261469 Myrmechis chinensis Rolfe;全唇兰;China Entireliporchis, Chinese Myrmechis ■

261470 Myrmechis drymoglossifolia Hayata;阿里山全唇兰(白花金唇兰,白花全唇兰,南湖全唇兰,日本金唇兰);Alishan Entireliporchis ■

261471 Myrmechis franchetiana (King et Pantl.) Schltr. = Myrmechis pumila (Hook. f.) Ts. Tang et F. T. Wang ■

261472 Myrmechis gracilis (Blume) Blume var. sasakii (Yamam.) S. S. Ying = Myrmechis drymoglossifolia Hayata ■

261473 Myrmechis gracilis Blume = Myrmechis drymoglossifolia Hayata ■

261474 Myrmechis japonica (Rchb. f.) Rolfe;日本全唇兰(白花金唇兰,全唇兰);Japan Entireliporchis, Japanese Myrmechis ■

261475 Myrmechis japonica (Rchb. f.) Rolfe var. sasakii (Yamam.) S. S. Ying = Myrmechis drymoglossifolia Hayata ■

261476 Myrmechis pumila (Hook. f.) Ts. Tang et F. T. Wang;矮全唇兰;Dwarf Entireliporchis ■

261477 Myrmechis sasakii Yamam. = Myrmechis drymoglossifolia Hayata ■

261478 Myrmechis tsukusiana Masam.;津久志全唇兰■☆

261479 Myrmechis urceolata Ts. Tang et K. Y. Lang;宽瓣全唇兰;Broadpetal Entireliporchis ■

261480 Myrmecia Schreb. = Tachia Aubl. ●☆

261481 Myrmecodendron Britton et Rose = Acacia Mill.(保留属名)●■

261482 Myrmecodia Jack(1823);块蚁茜属☆

261483 Myrmecodia alata Becc.;翅块蚁茜☆

261484 Myrmecodia angustifolia Valeton;狭叶块蚁茜☆
261485 Myrmecodia echinata Antoine;刺块蚁茜☆
261486 Myrmecodia glabra Britt.;光块蚁茜☆
261487 Myrmecodia inermis DC.;无刺块蚁茜☆
261488 Myrmecodia paucispina Valeton;寡刺块蚁茜☆
261489 Myrmecodia tuberosa Jack;块蚁茜☆
261490 Myrmecoides Elmer = Myrmecodia Jack☆
261491 Myrmeconauclea Merr.(1920);蚁乌檀属●☆
261492 Myrmeconauclea strigosa (Korth.) Merr.;蚁乌檀●☆
261493 Myrmecophila Rolfe = Schomburgkia Lindl. ■☆
261494 Myrmecophila Rolfe(1917);爱蚁兰属■☆
261495 Myrmecophila chionodora (Rchb. f.) Rolfe;爱蚁兰■☆
261496 Myrmecosicyos C. Jeffrey(1962);蚁瓜属■☆
261497 Myrmecosicyos incssorius C. Jeffrey;蚁瓜■☆
261498 Myrmecosicyos messorius C. Jeffrey = Cucumis messorius (C. Jeffrey) Ghebret. et Thulin ■☆
261499 Myrmecylon Hook. et Arn. = Memecylon L. ●
261500 Myrmedoma Becc. = Myrmephytum Becc. ☆
261501 Myrmedone T. Durand et Jacks. = Myrmidone Mart. ex Meisn. ●☆
261502 Myrmephytum Becc.(1884);蚁茜属☆
261503 Myrmephytum selebicum Becc.;蚁茜☆
261504 Myrmidone Mart.(1832);南美野牡丹属●☆
261505 Myrmidone Mart. ex Meisn. = Myrmidone Mart. ●☆
261506 Myrmidone macrosperma Mart.;南美野牡丹●☆
261507 Myrobalanaceae Juss. = Combretaceae R. Br.(保留科名)●
261508 Myrobalanaceae Juss. ex Martinov = Myristicaceae R. Br.(保留科名)●
261509 Myrobalanaceae Martinov = Myristicaceae R. Br.(保留科名)●
261510 Myrobalanifera Houtt. = Terminalia L.(保留属名)●
261511 Myrobalanus Gaertn. = Myrobalanifera Houtt. ●
261512 Myrobalanus Gaertn. = Terminalia L.(保留属名)●
261513 Myrobalanus belliricus Gaertn. = Terminalia bellerica (Gaertn.) Roxb. ●
261514 Myrobalanus catappua (L.) Kuntze = Terminalia catappa L. ●
261515 Myrobalanus chebulus (Retz.) Gaertn. = Terminalia chebula Retz. ●
261516 Myrobalanus chebulus Gaertn. = Terminalia chebula Retz. ●
261517 Myrobalanus gangeticus (Roxb.) Kostel. = Terminalia chebula Retz. ●
261518 Myrobalanus gangeticus Kostel. = Terminalia chebula Retz. ●
261519 Myrobalanus laurinoides (Teijsm. et Binn.) Kuntze = Terminalia bellerica (Gaertn.) Roxb. ●
261520 Myrobalanus myriocarpus (Van Heurck et Müll. Arg.) Kuntze = Terminalia myriocarpa Van Heurck et Müll. Arg. ●◇
261521 Myrobalanus myriocarpus Kuntze = Terminalia myriocarpa Van Heurck et Müll. Arg. ●◇
261522 Myrobalanus tomentella (Kurz) Kuntze = Terminalia chebula Retz. var. tomentella (Kurz) C. B. Clarke ●
261523 Myrobroma Salisb. = Vanilla Plum. ex Mill. ■
261524 Myrobroma fragrans Salisb. = Vanilla planifolia Andréws ■
261525 Myrocarpus Allemã(1847);脂果豆属(香果属);Myrocarpus ●☆
261526 Myrocarpus fastigiatus Allemã;香脂果豆(心形黄胆木,帚状香果)●☆
261527 Myrocarpus frondosus Allemã;叶脂果豆(多叶香果);Brazilian Myrocarpus, Cabreuva ●☆
261528 Myrodendron Schreb. = Houmiri Aubl. ●☆
261529 Myrodia Sw. = Quararibea Aubl. ●☆
261530 Myrosma L. f.(1882);香竹芋属■☆
261531 Myrosma cannifolia L. f.;香竹芋;Cannaleaf Myrosma, Marble Arrowroot ■☆
261532 Myrosmodes Rchb. f.(1854);香味兰属■☆
261533 Myrosmodes Rchb. f. = Aa Rchb. f. ■☆
261534 Myrosmodes brevis Schltr.;短香味兰■☆
261535 Myrosmodes nubigenum Rchb. f.;香味兰■☆
261536 Myrosmodes rostrata Soskov;喙香味兰■☆
261537 Myrospermum Jacq.(1760);香籽属●☆
261538 Myrospermum frutescens Jacq.;灌木香籽●☆
261539 Myrospermum pereirae Royle = Myroxylon balsamum (L.) Harms var. pereirae (Royle) Harms ●
261540 Myrothamnaceae Nied.(1891)(保留科名);香灌木科(密罗木科,香丛科,折扇叶科)●☆
261541 Myrothamnus Welw.(1859);香灌木属(密罗木属,香丛属,折扇叶属)●☆
261542 Myrothamnus flabellifolia Welw.;扇叶香灌木(密罗木);Flabellateleaf Myrothamnus ●☆
261543 Myrothamnus flabellifolia Welw. subsp. elongata Weim. = Myrothamnus flabellifolia Welw. ●☆
261544 Myrothamnus flabellifolia Welw. subsp. robusta Weim. = Myrothamnus flabellifolia Welw. ●☆
261545 Myrothamnus moschata (Baill.) Baill.;马岛香灌木(马达加斯加折扇叶)●☆
261546 Myrothamnus moschata Baill. = Myrothamnus moschata (Baill.) Baill. ●☆
261547 Myroxylon J. R. Forst. et G. Forst.(废弃属名) = Myroxylon L. f.(保留属名)●
261548 Myroxylon J. R. Forst. et G. Forst.(废弃属名) = Xylosma G. Forst.(保留属名)●
261549 Myroxylon L. f.(1782)(保留属名);南美槐属(拔尔撒谟属,吐鲁树属,香脂木豆属);Balm Tree, Balmtree, Balm-tree, Balsam-tree ●
261550 Myroxylon Mutis ex L. f. = Myroxylon L. f.(保留属名)●
261551 Myroxylon Mutis ex L. f. = Toluifera L.(废弃属名)●
261552 Myroxylon Mutis ex L. f. = Xylosma G. Forst.(保留属名)●
261553 Myroxylon balsamum (L.) Harms = Myroxylon toluiferum Humb. et Kunth ●☆
261554 Myroxylon balsamum (L.) Harms var. pereirae (Royle) Harms;秘鲁南美槐(厄瓜多尔胶树,秘鲁胶树,秘鲁香胶,秘鲁香胶树,秘鲁香树);Balsam-of-Peru, Peru Balsam-balm Tree, Peruvian Balsam, Tolu Balsam ●
261555 Myroxylon japonicum (Thunb.) Makino = Xylosma congesta (Lour.) Merr. ●
261556 Myroxylon japonicum Thunb. = Xylosma japonica (Thunb.) A. Gray ●
261557 Myroxylon leprosipes (Clos) Kuntze = Bennettiodendron leprosipis (Clos) Merr. ●
261558 Myroxylon leprosipes Kuntze = Bennettiodendron leprosipis (Clos) Merr. ●
261559 Myroxylon peruliferum L.;南美槐(厄瓜多尔胶树);Balm Tree, Balsam of Peru, Ecuador Balmtree, Peru Balsam, Peru Balsam-tree, Tolu Balsam ●
261560 Myroxylon racemosum (Siebold et Zucc.) Kuntze = Xylosma congesta (Lour.) Merr. ●

261561 Myroxylon toluiferum Humb. et Kunth;香脂树(秘鲁胶树,秘鲁香树,托路胶树,香脂木豆);Balsam Balmtree, Tolu Balsam Balm Tree, Tolu Balsam Tree, Tolu Balsam-balm Tree, Tolu Balsam-tree ●☆

261562 Myroxylum Post et Kuntze = Xylosma G. Forst. (保留属名)●

261563 Myroxylum Schreb. = Myroxylon J. R. Forst. et G. Forst. (废弃属名)●

261564 Myroxylum Schreb. = Xylosma G. Forst. (保留属名)●

261565 Myrrha Mitch. = ? Cryptotaenia DC. (保留属名)■

261566 Myrrhidendron J. M. Coult. et Rose(1894);香伞木属●☆

261567 Myrrhidendron glaucescens J. M. Coult. et Rose;香伞木●☆

261568 Myrrhidium (DC.) Eckl. et Zeyh. = Pelargonium L'Hér. ex Aiton ●■

261569 Myrrhidium Eckl. et Zeyh. = Pelargonium L'Hér. ex Aiton ●■

261570 Myrrhidium triangulare Eckl. et Zeyh. = Pelargonium multicaule Jacq. ■☆

261571 Myrrhidium urbanum Eckl. et Zeyh. = Pelargonium suburbanum Clifford ex C. Boucher ■☆

261572 Myrrhina Rupr. = Erodium L'Hér. ex Aiton ■●

261573 Myrrhiniaceae Arn. = Myrtaceae Juss. (保留科名)●

261574 Myrrhinium Schott(1827);香汁金娘属●☆

261575 Myrrhinium atropurpureum Schott;香汁金娘●☆

261576 Myrrhis Mill. (1754);草没药属(没药属,欧洲没药属,甜没药属,甜芹属);Myrrh, Sweet Cicely ■☆

261577 Myrrhis andicola Kunth = Oreomyrrhis andicola (Kunth) Hook. f. ■☆

261578 Myrrhis aristata (Thunb.) Spreng. = Osmorhiza aristata (Thunb.) Makino et Y. Yabe ■

261579 Myrrhis aristata Spreng. = Osmorhiza aristata (Thunb.) Makino et Y. Yabe ■

261580 Myrrhis aristata Thunb. = Osmorhiza aristata (Thunb.) Makino et Y. Yabe ■

261581 Myrrhis capensis (Thunb.) Spreng. = Annesorhiza thunbergii B. L. Burtt ■☆

261582 Myrrhis claytonii Michx. = Osmorhiza aristata (Thunb.) Makino et Y. Yabe ■

261583 Myrrhis claytonii Michx. = Osmorhiza claytonii (Michx.) C. B. Clarke ■☆

261584 Myrrhis longistylis Torr. = Osmorhiza longistylis (Torr.) DC. ■☆

261585 Myrrhis odorata (L.) Scop.;香欧洲没药(甜芹,香没药);Anise, Anise Chervil, Annaseed, Baron's Lady's Flower, Beaked Parsley, British Myrrh, Cicely, Cow Chervil, Cow-weed, Garden Myrrh, Giant Sweet Chervil, Great Chervil, Mock Chervil, Myrrh, Roman Plant, Shefherd's Needle, Shepherd's Needle, Smooth Cicely, Spanish Chervil, Sweet Angelica, Sweet Bracken, Sweet Chervil, Sweet Cicely, Sweet Cicely of Europe, Sweet Cis, Sweet Fern, Sweet Humlick, Sweet Sies, Sweet Withy, Switch, Wild Anise ■☆

261586 Myrrhis sylvestris Spreng. = Anthriscus sylvestris (L.) Hoffm. ■

261587 Myrrhodendrum Post et Kuntze = Myrrhidendron J. M. Coult. et Rose ●☆

261588 Myrrhodes Kuntze = Anthriscus Pers. (保留属名)■

261589 Myrrhodes Kuntze = Myrrhoides Fabr. ■

261590 Myrrhoides Fabr. = Anthriscus Pers. (保留属名)■

261591 Myrrhoides Heist. = Myrrhoides Heist. ex Fabr. ■☆

261592 Myrrhoides Heist. ex Fabr. (1759);拟草没药属■☆

261593 Myrrhoides Heist. ex Fabr. = Physocaulis (DC.) Tausch ■☆

261594 Myrrhoides nodosa (L.) Cannon;拟草没药■☆

261595 Myrrhoides sylvestris Kitz = Anthriscus sylvestris (L.) Hoffm. ■

261596 Myrsinaceae R. Br. (1810)(保留科名);紫金牛科;Myrsine Family ●

261597 Myrsinaceae R. Br. (保留科名) = Primulaceae Batsch ex Borkh. (保留科名)●■

261598 Myrsine L. (1753);铁仔属(大明橘属,竹杞属);Myrsine ●

261599 Myrsine acuminata Royle = Myrsine semiserrata Wall. ●

261600 Myrsine affinis A. DC.;拟密花树(山花);Similar Rapanea ●

261601 Myrsine africana L.;铁仔(矮林子,矮零子,簸赭子,炒米柴,大红袍,豆瓣柴,非洲铁仔,冷饭果,明立花,南非铁仔,霹拉子,碎米果,碎米棵,铁打杵,铁帚把,小暴格蚤,小铁仔,小叶铁仔,牙痛草,野茶);Africa Myrsine, African Boxwood, African Myrsine, Cape Myrtle ●

261602 Myrsine africana L. var. acuminata C. Y. Wu et C. Chen;尖叶铁仔;Acumite-leaf African Myrsine ●

261603 Myrsine africana L. var. acuminata C. Y. Wu et C. Chen = Myrsine africana L. ●

261604 Myrsine africana L. var. bifaria (Wall.) Franch. = Myrsine africana L. ●

261605 Myrsine africana L. var. bifaria Franch. = Myrsine africana L. ●

261606 Myrsine africana L. var. glandulosa J. M. Zhang;腺毛铁仔;Glandular African Myrsine ●

261607 Myrsine africana L. var. glandulosa J. M. Zhang = Myrsine africana L. ●

261608 Myrsine africana L. var. microphylla (Hayata) Dange;小叶铁仔;Small-leaf African Myrsine ●☆

261609 Myrsine africana L. var. retusa A. DC. = Myrsine africana L. ●

261610 Myrsine africana L. var. retusa Aiton;凹叶铁仔;Retuse African Myrsine ●☆

261611 Myrsine africana L. var. retusa Aiton = Myrsine africana L. ●

261612 Myrsine bifaria Wall. = Myrsine africana L. ●

261613 Myrsine bonensis A. DC. = Myrsine africana L. ●

261614 Myrsine buxifolia Hance = Distylium buxifolium (Hance) Merr. ●

261615 Myrsine cavaleriei H. Lév. = Eurya groffii Merr. ●

261616 Myrsine chevalieri H. Lév. = Sarcococca hookeriana Baill. var. digyna Franch. ●

261617 Myrsine cicatricosa (C. Y. Wu et C. Chen) Pipoly et C. Chen;多痕密花树;Cicatricosous Rapanea ●

261618 Myrsine edulis Engl.;可食铁仔●☆

261619 Myrsine elliptica Walker;广西铁仔;Elliptic Myrsine, Elliptical Myrsine ●

261620 Myrsine esquirolii H. Lév. = Maesa japonica (Thunb.) Moritzi ex Zoll. ●

261621 Myrsine faberi (Mez) Pipoly;平叶密花树(尖叶密花树,马木树,小黑果);Faber Rapanea ●

261622 Myrsine feddei H. Lév. = Ilex metabaptista Loes. var. myrsinoides (H. Lév.) Rehder ●

261623 Myrsine gerrardii Harv. et C. H. Wright = Robsonodendron eucleiforme (Eckl. et Zeyh.) R. H. Archer ●☆

261624 Myrsine gilliana Sond. = Rapanea gilliana (Sond.) Mez ●☆

261625 Myrsine integrifolia Merr.;全叶铁仔●☆

261626 Myrsine kwanfsiensis (E. Walker) Pipoly et C. Chen;广西密花树(狭叶密花树);Guangxi Rapanea, Kwangsi Rapanea, Narrowleaf Rapanea ●

261627 Myrsine laeta (L.) A. DC. = Embelia laeta (L.) Mez ●

261628 Myrsine laeta A. DC. = Embelia laeta (L.) Mez ●

261629 Myrsine linearis (Lour.) Poir.;打铁树(钝叶密花树,辣草,柳叶密花树,雀仔肾,烧灰树);Linear Rapanea Forgeirontree, Obtuseleaf Rapanea, Obtuse-leaved Rapanea ●

261630 Myrsine madagascariensis A. DC. = Rapanea erythroxyloides (Thouars ex Roem. et Schult.) Mez ●☆

261631 Myrsine marginata Mez = Myrsine stolonifera (Koidz.) E. Walker ●

261632 Myrsine maximowiczii (Koidz.) E. Walker;马氏铁仔;Maximowicz Rapanea ●☆

261633 Myrsine melanophloeos (L.) R. Br. = Rapanea melanophleos (L.) Mez ●☆

261634 Myrsine microphylla Hayata = Myrsine africana L. ●

261635 Myrsine mocquerysii Aug. DC.;莫克里斯铁仔●☆

261636 Myrsine neriifolia Siebold et Zucc. = Myrsine seguinii H. Lév. ●

261637 Myrsine neriifolia Siebold et Zucc. = Rapanea neriifolia (Siebold et Zucc.) Mez ●

261638 Myrsine neurophylla Gilg = Rapanea melanophleos (L.) Mez ●☆

261639 Myrsine okabeana (Tuyama) E. Walker = Myrsine maximowiczii (Koidz.) E. Walker ●☆

261640 Myrsine pillansii Adamson;皮朗斯铁仔●☆

261641 Myrsine playfairii Hemsl. = Myrsine linearis (Lour.) Poir. ●

261642 Myrsine potama D. Don = Myrsine africana L. ●

261643 Myrsine querimbensis Klotzsch = Sideroxylon inerme L. subsp. diospyroides (Baker) J. H. Hemsl. ●☆

261644 Myrsine rhododendroides Gilg;杜鹃铁仔●☆

261645 Myrsine rhododendroides Gilg = Rapanea melanophleos (L.) Mez ●☆

261646 Myrsine ruminata E. Mey. ex A. DC. = Embelia ruminata (E. Mey. ex A. DC.) Mez ●☆

261647 Myrsine runssorica Gilg = Rapanea melanophleos (L.) Mez ●☆

261648 Myrsine seguinii H. Lév.;密花树(打铁树,大明橘,狗骨头,哈雷,云南密花树);Nerium-leaf Rapanea, Oleander Leaf Rapanea, Oleanderleaf Rapanea, Oleander-leaved Rapanea, Yunnan Nerium-leaf Rapanea ●

261649 Myrsine semiserrata Wall. = Myrsine semiserrata Wall. ex Roxb. ●

261650 Myrsine semiserrata Wall. ex Roxb.;针齿铁仔(齿叶铁仔);Needletooth Myrsine, Serrate-leaf Myrsine, Serrate-leaved Myrsine ●

261651 Myrsine semiserrata Wall. ex Roxb. var. brachypoda Z. Y. Zhu;短柄铁仔;Short-stalk Needletooth Myrsine ●

261652 Myrsine semiserrata Wall. ex Roxb. var. brachypoda Z. Y. Zhu = Myrsine semiserrata Wall. ●

261653 Myrsine semiserrata Wall. ex Roxb. var. subspinosa ? = Myrsine semiserrata Wall. ●

261654 Myrsine semiserrata Wall. var. brachypoda Z. Y. Zhu = Myrsine semiserrata Wall. ex Roxb. ●

261655 Myrsine sequinii H. Lév.;大明橘(铁仔);Sequin Myrsine ●

261656 Myrsine simensis Hochst. ex DC. = Rapanea melanophleos (L.) Mez ●☆

261657 Myrsine stolonifera (Koidz.) E. Walker;光叶铁仔(蔓竹杞,匍匐铁仔);Glabrous-leaf Myrsine, Glabrous-leaved Myrsine, Stolon-bearing Myrsine ●

261658 Myrsine thunbergii Tanaka = Myrsine seguinii H. Lév. ●

261659 Myrsine thunbergii Tanaka = Symplocos glauca (Thunb.) Koidz. ●

261660 Myrsine undulata Wall. = Embelia undulata (Wall.) Mez ●

261661 Myrsine vaccinifolia Hayata = Myrsine africana L. ●

261662 Myrsine verruculosa (C. Y. Wu et C. Chen) Pipoly et C. Chen;瘤枝密花树;Rough Branches Rapanea, Tumorbranch Rapanea, Verruculose Rapanea ●

261663 Myrsiniluma Baill. = Pouteria Aubl. ●

261664 Myrsiphyllum Willd. = Asparagus L. ■

261665 Myrsiphyllum Willd. = Elide Medik. ■

261666 Myrsiphyllum alopecurum Oberm. = Asparagus alopecurus (Oberm.) Malcomber et Sebsebe ■☆

261667 Myrsiphyllum angustifolium (Mill.) Willd. = Asparagus asparagoides (L.) Druce ■☆

261668 Myrsiphyllum declinatum (L.) Oberm. = Asparagus declinatus L. ■☆

261669 Myrsiphyllum fasciculatum (Thunb.) Oberm. = Asparagus fasciculatus Thunb. ■☆

261670 Myrsiphyllum juniperoides (Engl.) Oberm. = Asparagus juniperoides Engl. ■☆

261671 Myrsiphyllum kraussianum Kunth = Asparagus kraussianus (Kunth) J. F. Macbr. ■☆

261672 Myrsiphyllum multituberosum (R. A. Dyer) Oberm. = Asparagus multituberosus R. A. Dyer ■☆

261673 Myrsiphyllum ovatum (T. M. Salter) Oberm. = Asparagus ovatus T. M. Salter ■☆

261674 Myrsiphyllum ramosissimum (Baker) Oberm. = Asparagus ramosissimus Baker ■☆

261675 Myrsiphyllum scandens (Thunb.) Oberm. = Asparagus scandens Thunb. ■☆

261676 Myrsiphyllum undulatum (L. f.) Oberm. = Asparagus undulatus (L. f.) Thunb. ■☆

261677 Myrsiphyllum volubile (Thunb.) Oberm. = Asparagus volubilis Thunb. ■☆

261678 Myrstiphylla Raf. = Myrstiphyllum P. Browne(废弃属名)●

261679 Myrstiphylla Raf. = Psychotria L. (保留属名)●

261680 Myrstiphyllum P. Browne(废弃属名) = Psychotria L. (保留属名)●

261681 Myrstiphyllum crirstatum (Hiern) Hiern = Chassalia cristata (Hiern) Bremek. ■☆

261682 Myrstiphyllum macrodiscus (K. Schum.) Hiern = Chassalia macrodiscus K. Schum. ■☆

261683 Myrstiphyllum nigropunctatum (Hiern) Hiern = Psychotria nigropunctata Hiern ●☆

261684 Myrstiphyllum reptans (Benth.) Hiern = Psychotria reptans Benth. ●☆

261685 Myrtaceae Adans. = Myrtaceae Juss. (保留科名)●

261686 Myrtaceae Juss. (1789)(保留科名);桃金娘科;Myrtle Family ●

261687 Myrtama Ovcz. et Kinzik. (1977);无梗柽柳属●

261688 Myrtama Ovcz. et Kinzik. = Myricaria Desv. ●

261689 Myrtama elegans (Royle) Ovcz. et Kinzik.;无梗柽柳●☆

261690 Myrtama elegans (Royle) Ovcz. et Kinzik. = Myricaria elegans Royle ●

261691 Myrtastrum Burret(1941);肖香桃木属●☆

261692 Myrtastrum rufo-punctatum (Panch. ex Brongn. et Gris) Burret;肖香桃木●☆

261693 Myrtekmania Urb. = Pimenta Lindl. ●☆

261694 Myrtella F. Muell. (1877);小香桃木属●☆

261695 Myrtella F. Muell. = Fenzlia Endl. ●☆

261696 Myrtella hirsutula F. Muell. ;小香桃木●☆

261697 Myrtella microphylla (Benth.) A. J. Scott;小叶小香桃木●☆

261698 Myrtella obtusa (Endl.) A. J. Scott;钝小香桃木●☆

261699 Myrteola O. Berg(1856)(保留属名);类香桃木属●☆

261700 Myrteola nummularia (Poir.) Berg;铜钱类香桃木●☆

261701 Myrteola phylicoides (Benth.) Landrum;菲利类香桃木●☆

261702 Myrthoides Wolf = Syzygium R. Br. ex Gaertn. (保留属名)●

261703 Myrthus Scop. = Myrtus L. ●

261704 Myrtilaria Hutch. = Mytilaria Lecomte ●

261705 Myrtillocactus Console(1897);龙神柱属(龙神木属);Myrtle Cactus ●

261706 Myrtillocactus geometrizans (Mart. et Pfeiff.) Console;龙神柱(浆果仙人柱,龙神木);Blue Candle, Blue-candle, Blue-flame, Whortleberry Cactus ●

261707 Myrtillocactus geometrizans (Mart. et Pfeiff.) Console f. cristatus P. V. Heath;龙神冠●☆

261708 Myrtillocactus schenckii (J. A. Purpus) Britton et Rose;仙人阁;Garambullo ●☆

261709 Myrtillocereus Frič et Kreuz. = Myrtillocactus Console ●

261710 Myrtilloides Banks et Sol. ex Hook. = Nothofagus Blume(保留属名)●☆

261711 Myrtillus Gilib. = Vaccinium L. ●

261712 Myrtiluma Baill. = Micropholis (Griseb.) Pierre ●☆

261713 Myrtiluma Baill. = Pouteria Aubl. ●

261714 Myrtinia Nees = Martynia L. ■

261715 Myrtobium Miq. = Lepidoceras Hook. f. ●☆

261716 Myrtoleucodendron Kuntze = Melaleuca L. (保留属名)●

261717 Myrtolobium Chalon = Lepidoceras Hook. f. ●☆

261718 Myrtolobium Chalon = Myrtobium Miq. ●☆

261719 Myrtomera B. C. Stone = Arillastrum Pancher ex Baill. ●☆

261720 Myrtophyllum Turcz. = Azara Ruiz et Pav. ●☆

261721 Myrtopsis Engl. (1896)(保留属名);拟香桃木属●☆

261722 Myrtopsis O. Hoffm. (废弃属名) = Myrtopsis Engl. (保留属名)●☆

261723 Myrtopsis calophylla (Baill.) Guillaumin;美叶拟香桃木●☆

261724 Myrtopsis malangensis O. Hoffm. = Eugenia malangensis (O. Hoffm.) Nied. ●☆

261725 Myrtopsis novae-caledoniae Engl. ;拟香桃木●☆

261726 Myrtus L. (1753);香桃木属(爱神木属,番桃木属,莫塌属,银香梅属);Chilean Guava, Myrtle ●

261727 Myrtus L. = Eugenia L. ●

261728 Myrtus acris Sw. = Pimenta racemosa (Mill.) J. W. Moore ●☆

261729 Myrtus acuminatissima Blume = Acmena acuminatissima (Blume) Merr. et L. M. Perry ●

261730 Myrtus androsaemoides L. = Syzygium bullockii (Hance) Merr. et L. M. Perry ●

261731 Myrtus angustifolia L. = Metrosideros angustifolia (L.) Sm. ●☆

261732 Myrtus ankarensis H. Perrier = Eugenia ankarensis (H. Perrier) A. J. Scott ●☆

261733 Myrtus brasiliana L. = Eugenia uniflora L. ●

261734 Myrtus bullata Banks et Sol. = Lophomyrtus bullata (Sol. ex A. Cunn.) Burret ●☆

261735 Myrtus canescens Lour. = Rhodomyrtus tomentosa (Aiton) Hassk. ●

261736 Myrtus capensis Harv. = Eugenia capensis (Eckl. et Zeyh.) Harv. ●☆

261737 Myrtus caryophylla Spreng. = Syzygium aromaticum (L.) Merr. et L. M. Perry ●

261738 Myrtus chinensis Lour. = Symplocos paniculata (Thunb.) Miq. ●

261739 Myrtus communis L. ;香桃木(爱神木,番桃木,莫塌,银香梅);Common Myrtle, Flower-of-the-sun, Greek Myrtle, Myrt Tree, Myrtle, Roman Myrtle, True Myrtle ●

261740 Myrtus communis L. 'Boetica';旋扭香桃木;Twisted Myrtle ●☆

261741 Myrtus communis L. 'Compacta';紧凑香桃木●☆

261742 Myrtus communis L. 'Variegata';斑叶香桃木●☆

261743 Myrtus communis L. var. baetica ? = Myrtus communis L. ●

261744 Myrtus communis L. var. italica ? = Myrtus communis L. ●

261745 Myrtus communis L. var. lusitanica ? = Myrtus communis L. ●

261746 Myrtus cumini L. = Syzygium cumini (L.) Skeels ●

261747 Myrtus dioica L. = Pimenta dioica (L.) Merr. ●☆

261748 Myrtus dumetorum Poir. = Rhodamnia dumetorum (Poir.) Merr. et L. M. Perry ●

261749 Myrtus guajava (L.) Kuntze = Psidium guajava L. ●

261750 Myrtus jambos (L.) Kunth = Syzygium jambos (L.) Alston ●

261751 Myrtus jambos Kunth = Syzygium jambos (L.) Alston ●

261752 Myrtus kameruniana (Engl.) Kuntze = Eugenia kameruniana Engl. ●☆

261753 Myrtus laurina Retz. = Symplocos cochinchinensis (Lour.) S. Moore var. laurina (Retz.) Raizada ●

261754 Myrtus leucadendron L. = Melaleuca leucadendron (L.) L. ●

261755 Myrtus lineata Blume = Syzygium lineatum (DC.) Merr. et L. M. Perry ●

261756 Myrtus luma Molina = Amomyrtus luma (Molina) Legrand et Kausel ●☆

261757 Myrtus madagascariensis H. Perrier = Eugenia madagascariensis (H. Perrier) A. J. Scott ●☆

261758 Myrtus nivellei Batt. et Trab. ;尼韦勒香桃木●☆

261759 Myrtus nivellei Batt. et Trab. subsp. tibesticus Quézel;提贝斯提香桃木●☆

261760 Myrtus parviflora (Lam.) Spreng. = Decaspermum parviflorum (Lam.) A. J. Scott ●

261761 Myrtus samarangensis Blume = Syzygium samarangense (Blume) Merr. et L. M. Perry ●

261762 Myrtus tomentosa Aiton = Rhodomyrtus tomentosa (Aiton) Hassk. ●

261763 Myrtus trinervia Lour. = Rhodamnia dumetorum (Poir.) Merr. et L. M. Perry ●

261764 Myrtus tripinnata Blanco = Syzygium jambos (L.) Alston var. tripinnatum (Blanco) C. Chen ●

261765 Myrtus ugni Bertero;智利香桃木;Chilean Guava, Ugni Shrub ●☆

261766 Myrtus zeylanica L. = Syzygium zeylanicum (L.) DC. ●

261767 Mysanthus G. P. Lewis et A. Delgado = Phaseolus L. ■

261768 Mysanthus G. P. Lewis et A. Delgado(1994);鼠花豆属■☆

261769 Myscolus Cass. = Scolymus L. ■☆

261770 Mysicarpus Webb = Alysicarpus Desv. (保留属名)■

261771 Mysotis Hill = Myosotis L. ■

261772 Mystacidium Lindl. (1837);触须兰属■☆

261773 Mystacidium angustum Rolfe = Angraecum angustum (Rolfe) Summerh. ■☆

261774 Mystacidium appendiculatum De Wild. = Aerangis appendiculata (De Wild.) Schltr. ■☆

261775 Mystacidium arthophyllum Kraenzl. ;直叶触须兰■☆

261776 Mystacidium batesii Rolfe = Rangaeris muscicola (Rchb. f.) Summerh. ■☆

261777 Mystacidium caffrum (Bolus) Bolus = Diaphananthe caffra (Bolus) H. P. Linder ■☆

261778 Mystacidium calceolus (Thouars) Cordem. = Angraecum calceolus Thouars ■☆

261779 Mystacidium capense (L. f.) Schltr.;好望角触须兰■☆

261780 Mystacidium carpophorum (Thouars) Cordem. = Angraecum calceolus Thouars ■☆

261781 Mystacidium caulescens (Thouars) Ridl. = Angraecum caulescens Thouars ■☆

261782 Mystacidium caulescens var. multiflorum (Thouars) T. Durand et Schinz = Angraecum multiflorum Thouars ■☆

261783 Mystacidium clavatum (Rendle) Rolfe = Angraecum multinominatum Rendle ■☆

261784 Mystacidium congolense De Wild. = Diaphananthe divitiflora (Kraenzl.) Schltr. ■☆

261785 Mystacidium curnowianus (Rchb. f.) Rolfe = Angraecum curnowianum (Rchb. f.) T. Durand et Schinz ■☆

261786 Mystacidium curvatum Rolfe = Rhipidoglossum curvatum (Rolfe) Garay ■☆

261787 Mystacidium dauphinense Rolfe = Angraecum dauphinense (Rolfe) Schltr. ■☆

261788 Mystacidium distichum (Lindl.) Pfitzer = Angraecum distichum Lindl. ■☆

261789 Mystacidium distichum (Lindl.) Pfitzer var. grandifolium De Wild. = Angraecum aporoides Summerh. ■☆

261790 Mystacidium dolabriforme Rolfe = Angraecopsis dolabriformis (Rolfe) Schltr. ■☆

261791 Mystacidium duemmerianum Kraenzl. = Diaphananthe bidens (Sw. ex Pers.) Schltr. ■☆

261792 Mystacidium erythropollinium (Rchb. f.) T. Durand et Schinz = Rhipidoglossum xanthopollinium (Rchb. f.) Schltr. ■☆

261793 Mystacidium exile (Lindl.) T. Durand et Schinz = Microcoelia exilis Lindl. ■☆

261794 Mystacidium filicorne Lindl. = Mystacidium capense (L. f.) Schltr. ●■☆

261795 Mystacidium flanaganii (Bolus) Bolus;弗拉纳根触须兰■☆

261796 Mystacidium fragrantissimum Benth. et Hook. f.;特香触须兰■☆

261797 Mystacidium gerrardii (Rchb. f.) Bolus = Diaphananthe xanthopollinia (Rchb. f.) Summerh. ■☆

261798 Mystacidium gladiifolium (Thouars) Rolfe = Angraecum mauritianum (Poir.) Frapp. ■☆

261799 Mystacidium globulosum (Ridl.) T. Durand et Schinz = Microcoelia globulosa (Ridl.) L. Jonss. ■☆

261800 Mystacidium gracile Finet = Chamaeangis gracilis Schltr. ■☆

261801 Mystacidium gracile Harv.;纤细触须兰■☆

261802 Mystacidium gracillimum Rolfe = Angraecopsis gracillima (Rolfe) Summerh. ■☆

261803 Mystacidium graminifolium Ridl. = Angraecum pauciramosum Schltr. ■☆

261804 Mystacidium grandidieranum (Rchb. f.) T. Durand et Schinz = Neobathiea grandidierana (Rchb. f.) Garay ■☆

261805 Mystacidium gravenreuthii (Kraenzl.) Rolfe = Aerangis gravenreuthii (Kraenzl.) Schltr. ■☆

261806 Mystacidium infundibulare (Lindl.) Rolfe = Angraecum infundibulare Lindl. ■☆

261807 Mystacidium kaessnerianum Kraenzl.;卡斯纳触须兰■☆

261808 Mystacidium keniae Rolfe;肯尼亚触须兰■☆

261809 Mystacidium laurentii De Wild.;洛朗触须兰■☆

261810 Mystacidium ledermannianum Kraenzl. = Tridactyle tridactylites (Rolfe) Schltr. ■☆

261811 Mystacidium leonis (Rchb. f.) Rolfe = Angraecum leonis (Rchb. f.) André ■☆

261812 Mystacidium longicaudatum Rolfe = Rangaeris longicaudata (Rolfe) Summerh. ■☆

261813 Mystacidium longicornu (Thunb.) T. Durand et Schinz = Mystacidium capense (L. f.) Schltr. ●■☆

261814 Mystacidium longifolium Kraenzl. = Ypsilopus longifolius (Kraenzl.) Summerh. ■☆

261815 Mystacidium mahonii Rolfe = Rhipidoglossum xanthopollinium (Rchb. f.) Schltr. ■☆

261816 Mystacidium mauritianum (Poir.) T. Durand et Schinz = Angraecum mauritianum (Poir.) Frapp. ■☆

261817 Mystacidium mildbraedii Kraenzl. = Rhipidoglossum mildbraedii (Kraenzl.) Garay ■☆

261818 Mystacidium multiflorum (Thouars) Cordem. = Angraecum multiflorum Thouars ■☆

261819 Mystacidium muscicola (Rchb. f.) T. Durand et Schinz = Rangaeris muscicola (Rchb. f.) Summerh. ■☆

261820 Mystacidium nguruense P. J. Cribb;恩古鲁触须兰■☆

261821 Mystacidium ochraceum Ridl. = Angraecum ochraceum (Ridl.) Schltr. ■☆

261822 Mystacidium pectinatum (Thouars) Benth. = Angraecum pectinatum Thouars ■☆

261823 Mystacidium pedunculatum Rolfe = Angraecopsis parviflora (Thouars) Schltr. ■☆

261824 Mystacidium peglerae Bolus = Diaphananthe xanthopollinia (Rchb. f.) Summerh. ■☆

261825 Mystacidium pellucidum Benth. et Hook. f.;透明触须兰■☆

261826 Mystacidium pingue (Frapp.) Cordem. = Angraecum pingue Frapp. ■☆

261827 Mystacidium polyanthum Kraenzl. = Rhipidoglossum polyanthum (Kraenzl.) Szlach. et Olszewski ■☆

261828 Mystacidium productum Kraenzl. = Diaphananthe bidens (Sw. ex Pers.) Schltr. ■☆

261829 Mystacidium pulchellum (Kraenzl.) Schltr.;美丽触须兰■☆

261830 Mystacidium pusillum Harv.;微小触须兰■☆

261831 Mystacidium rutilum (Rchb. f.) T. Durand et Schinz = Rhipidoglossum rutilum (Rchb. f.) Schltr. ■☆

261832 Mystacidium schumannii (Kraenzl.) Rolfe = Ancistrorhynchus schumannii (Kraenzl.) Summerh. ■☆

261833 Mystacidium sesquipedale (Thouars) Rolfe = Angraecum sesquipedale Thouars ■☆

261834 Mystacidium taeniophylloides Kraenzl. = Mystacidium venosum Harv. ex Rolfe ■☆

261835 Mystacidium tanganyikense Summerh.;坦噶尼喀触须兰■☆

261836 Mystacidium tenellum Ridl. = Angraecum tenellum (Ridl.) Schltr. ■☆

261837 Mystacidium thouarsii Finet = Angraecopsis trifurca (Rchb. f.) Schltr. ■☆

261838 Mystacidium trichoplectron (Rchb. f.) T. Durand et Schinz = Angraecum trichoplectron (Rchb. f.) Schltr. ■☆

261839 Mystacidium tridens (Lindl.) Rolfe = Angraecopsis tridens (Lindl.) Schltr. ■☆
261840 Mystacidium trifurcum (Rchb. f.) T. Durand et Schinz = Angraecopsis trifurca (Rchb. f.) Schltr. ■☆
261841 Mystacidium ugandense Rendle = Diaphananthe ugandensis (Rendle) Summerh. ■☆
261842 Mystacidium venosum Harv. ex Rolfe;多脉触须兰■☆
261843 Mystacidium verrucosum (Rendle) Rolfe = Angraecum conchiferum Lindl. ■☆
261844 Mystacidium viride Ridl. = Angraecum rhynchoglossum Schltr. ■☆
261845 Mystacidium walleri Rolfe = Jumellea walleri (Rolfe) la Croix ■☆
261846 Mystacidium xanthopollinium (Rchb. f.) T. Durand et Schinz = Diaphananthe xanthopollinia (Rchb. f.) Summerh. ■☆
261847 Mystacinus Raf.(废弃属名) = Helinus E. Mey. ex Endl.(保留属名)●☆
261848 Mystacorchis Szlach. et Marg. (2001);巴拿马毛兰属■☆
261849 Mystacorchis Szlach. et Marg. = Pleurothallis R. Br. ■☆
261850 Mystirophora Nevski = Astragalus L. ●■
261851 Mystropetalaceae Hook. f. (1853);宿苞果科■☆
261852 Mystropetalaceae Hook. f. = Balanophoraceae Rich.(保留科名)●■
261853 Mystropetalaceae Hook. f. = Nageiaceae D. Z. fu ●
261854 Mystropetalon Harv. (1838);宿苞果属(南非淀粉菰属)■☆
261855 Mystropetalon polemannii Harv.;宿苞果■☆
261856 Mystropetalon polemannii Harv. = Mystropetalon thomii Harv. ■☆
261857 Mystropetalon sollyii Harv. -Gibs. = Mystropetalon thomii Harv. ■☆
261858 Mystropetalon thomii Harv.;汤姆宿苞果■☆
261859 Mystroxylon Eckl. et Zeyh. (1835);匙木属●☆
261860 Mystroxylon aethiopicum (Thunb.) Loes.;埃塞俄比亚匙木●☆
261861 Mystroxylon aethiopicum (Thunb.) Loes. subsp. burkeanum (Sond.) R. H. Archer;伯克匙木●☆
261862 Mystroxylon aethiopicum (Thunb.) Loes. subsp. schlechteri (Loes.) R. H. Archer = Mystroxylon aethiopicum (Thunb.) Loes. ●☆
261863 Mystroxylon aethiopicum (Thunb.) Loes. var. burkeanum (Sond.) Loes. = Mystroxylon aethiopicum (Thunb.) Loes. subsp. burkeanum (Sond.) R. H. Archer ●☆
261864 Mystroxylon aethiopicum (Thunb.) Loes. var. pubescens (Oliv.) Brenan = Mystroxylon aethiopicum (Thunb.) Loes. ●☆
261865 Mystroxylon athranthum Eckl. et Zeyh. = Mystroxylon aethiopicum (Thunb.) Loes. ●☆
261866 Mystroxylon burkeanum Sond. = Mystroxylon aethiopicum (Thunb.) Loes. subsp. burkeanum (Sond.) R. H. Archer ●☆
261867 Mystroxylon confertiflorum Tul. = Mystroxylon aethiopicum (Thunb.) Loes. ●☆
261868 Mystroxylon englerianum (Loes.) Loes. = Mystroxylon aethiopicum (Thunb.) Loes. ●☆
261869 Mystroxylon eucleiforme Eckl. et Zeyh. = Robsonodendron eucleiforme (Eckl. et Zeyh.) R. H. Archer ●☆
261870 Mystroxylon filiforme Eckl. et Zeyh. = Robsonodendron eucleiforme (Eckl. et Zeyh.) R. H. Archer ●☆
261871 Mystroxylon goetzei Loes. = Mystroxylon aethiopicum (Thunb.) Loes. ●☆
261872 Mystroxylon holstii (Loes.) Loes. = Mystroxylon aethiopicum (Thunb.) Loes. ●☆
261873 Mystroxylon kubu Eckl. et Zeyh. = Mystroxylon aethiopicum (Thunb.) Loes. ●☆
261874 Mystroxylon macrocarpum Sond. = Cassine macrocarpa (Sond.) Kuntze ●☆
261875 Mystroxylon maritimum (Bolus) Loes. = Robsonodendron maritimum (Bolus) R. H. Archer ●☆
261876 Mystroxylon nyasicum Dunkley = Mystroxylon aethiopicum (Thunb.) Loes. ●☆
261877 Mystroxylon oligocarpum Eckl. et Zeyh. = Robsonodendron eucleiforme (Eckl. et Zeyh.) R. H. Archer ●☆
261878 Mystroxylon pubescens Eckl. et Zeyh. = Mystroxylon aethiopicum (Thunb.) Loes. ●☆
261879 Mystroxylon reticulatum (Eckl. et Zeyh.) D. Dietr. = Lauridia reticulata Eckl. et Zeyh. ●☆
261880 Mystroxylon schlechteri Loes. = Mystroxylon aethiopicum (Thunb.) Loes. ●☆
261881 Mystroxylon sessiliflorum Eckl. et Zeyh. = Mystroxylon aethiopicum (Thunb.) Loes. ●☆
261882 Mystroxylon spilocarpum Eckl. et Zeyh. = Mystroxylon aethiopicum (Thunb.) Loes. ●☆
261883 Mystroxylon ussanguense Loes. = Mystroxylon aethiopicum (Thunb.) Loes. ●☆
261884 Mytilaria Lecomte(1924);壳菜果属;Mytilaria ●
261885 Mytilaria laosensis Lecomte;壳菜果(半枫荷,鹤掌叶,壳苹果,米老排,山油桐);Laos Mytilaria ●
261886 Mytilicoccus Zoll. = Lunanea DC.(废弃属名)●☆
261887 Myxa (Bndl.) Lindl. = Cordia L.(保留属名)●
261888 Myxapyrus Hassk. = Myxopyrum Blume ●
261889 Myxochlamys A. Takano et Nagam. (2007);黏被姜属■☆
261890 Myxopappus Kallersjo(1988);黏被菊属■☆
261891 Myxopappus acutilobus (DC.) Källersjö;黏背菊■☆
261892 Myxopappus hereroensis (O. Hoffm.) Källersjö;海地黏背菊■☆
261893 Myxopyrum Blume(1826);胶核木属;Myxopyrum ●
261894 Myxopyrum ellipticilimbum Hung T. Chang = Myxopyrum smilacifolium Blume ●
261895 Myxopyrum hainannsis L. C. Chia;海南胶核木(胶核木);Hainan Myxopyrum ●
261896 Myxopyrum hainannsis L. C. Chia = Myxopyrum pierrei Gagnep. ●
261897 Myxopyrum pierrei Gagnep.;胶核木(胶核藤);Pierre Myxopyrum ●
261898 Myxopyrum smilacifolium Blume;阔叶胶核木;Broad-leaf Myxopyrum ●
261899 Myxospermum M. Roem. = Glycosmis Corrêa(保留属名)●
261900 Myzodendraceae J. Agardh. = Misodendraceae J. Agardh(保留科名)●☆
261901 Myzodendron Banks et Sol. ex R. Br. = Misodendrum Banks ex DC. ●☆
261902 Myzodendron R. Br. = Misodendrum Banks ex DC. ●☆
261903 Myzodendron Sol. ex DC. = Misodendrum Banks ex DC. ●☆
261904 Myzodendron Sol. ex G. Forst. = Misodendrum Banks ex DC. ●☆
261905 Myzodendrum Sol. ex G. Forst. = Misodendrum Banks ex DC. ●☆

261906 Myzorrhiza Phil. = Orobanche L. ■
261907 Myzorrhiza ludoviciana (Nutt.) Rydb. = Orobanche ludoviciana Nutt. ■☆
261908 Mzymtella Kolak. = Campanula L. ■●
261909 Nabadium Raf. = Ligusticum L. ■
261910 Nabaluia Ames(1920);加岛兰属■☆
261911 Nabaluia angustifolia de Vogel;狭叶加岛兰■☆
261912 Nabaluia clemensii Ames;加岛兰■☆
261913 Nabalus Cass. (1825);耳菊属;Nabalus ■
261914 Nabalus Cass. = Prenanthes L. ■
261915 Nabalus acerifolius Maxim. = Prenanthes acerifolia (Maxim.) Matsum. ■☆
261916 Nabalus alatus Hook. = Prenanthes alata (Hook.) D. Dietr. ■☆
261917 Nabalus albus (L.) Hook. = Prenanthes alba L. ■☆
261918 Nabalus altissimus (L.) Hook. = Prenanthes altissima L. ■☆
261919 Nabalus asper (Michx.) Torr. et A. Gray = Prenanthes aspera Schrad. ex Willd. ■
261920 Nabalus asperus (Michx.) Torr. et A. Gray = Prenanthes aspera Schrad. ex Willd. ■
261921 Nabalus bootii DC. = Prenanthes bootii (DC.) D. Dietr. ■☆
261922 Nabalus crepidineus (Michx.) DC. = Prenanthes crepidinea Michx. ■☆
261923 Nabalus fraseri DC. = Prenanthes serpentaria Pursh ■☆
261924 Nabalus fraseri DC. var. barbatus Torr. et A. Gray = Prenanthes barbata (Torr. et A. Gray) Milstead ex Cronquist ■☆
261925 Nabalus integrifolius Cass. = Prenanthes serpentaria Pursh ■☆
261926 Nabalus ochroleucus Maxim.;耳菊;Common Nabalus ■
261927 Nabalus ochroleucus Maxim. = Prenanthes blinii (H. Lév.) Kitag. ■
261928 Nabalus racemosus (Michx.) DC. = Prenanthes racemosa Michx. ■☆
261929 Nabalus racemosus (Michx.) Hook. = Prenanthes racemosa Michx. ■☆
261930 Nabalus repens (L.) Ledeb. = Chorisis repens (L.) DC. ■
261931 Nabalus roanensis Chick. = Prenanthes roanensis (Chick.) Chick. ■☆
261932 Nabalus sagittatus (A. Gray) Rydb. = Prenanthes sagittata (A. Gray) A. Nelson ■☆
261933 Nabalus serpentarius (Pursh) Hook. = Prenanthes serpentaria Pursh ■☆
261934 Nabalus tatarinowii (Maxim.) Nakai = Prenanthes tatarinowii Maxim. ■
261935 Nabalus tatarinowii (Maxim.) Nakai var. divisa Nakai et Kitag. = Prenanthes macrophylla Franch. ■
261936 Nabalus trifoliolatus Cass. = Prenanthes trifoliolata (Cass.) Fernald ■☆
261937 Nabalus virgatus DC. = Prenanthes autumnalis Walter ■☆
261938 Nabea Lehm. = Macnabia Benth. ex Endl. ●☆
261939 Nabea Lehm. = Nabea Lehm. ex Klotzsch ●☆
261940 Nabea Lehm. ex Klotzsch = Erica L. ●☆
261941 Nabea Lehm. ex Klotzsch(1833);南非杜鹃属●☆
261942 Nabea montana Lehm.;南非杜鹃●☆
261943 Nabelekia Roshev. = Festuca L. ■
261944 Nabelekia Roshev. = Leucopoa Griseb. ■
261945 Nabia Post et Kuntze = Macnabia Benth. ex Endl. ●☆
261946 Nabia Post et Kuntze = Nabea Lehm. ex Klotzsch ●☆
261947 Nabiasodendron Pit. = Gordonia J. Ellis(保留属名)●
261948 Nablonium Cass. = Ammobium R. Br. ex Sims ■☆
261949 Nachtigalia Schinz ex Engl. = Phaeoptilon Engl. ●☆
261950 Nachtigalia Schinz ex Engl. = Phaeoptilum Radlk. ●☆
261951 Nachtigalia protectoratus Schinz ex Engl. = Phaeoptilum spinosum Radlk. ●☆
261952 Nacibaea Poir. = Manettia Mutis ex L.(保留属名)●■☆
261953 Nacibaea Poir. = Nacibea Aubl. ●■☆
261954 Nacibea Aubl. = Manettia Mutis ex L.(保留属名)●■☆
261955 Nacrea A. Nelson = Anaphalis DC. ●■
261956 Nacrochlaena Hand.-Mazz. = Nothosmyrnium Miq. ■
261957 Naegelia Engl. = Amelanchier Medik. ●
261958 Naegelia Engl. = Malacomeles (Decne.) Engl. ●☆
261959 Naegelia Engl. = Nagelia Lindl. ●
261960 Naegelia Lindl. = Nagelia Lindl. ●
261961 Naegelia Regel = Smithiantha Kuntze ■☆
261962 Naegella Zoll. et Moritzi = Gouania Jacq. ●
261963 Naematospermum Steud. = Lacistema Sw. ●☆
261964 Naematospermum Steud. = Nematospermum Rich. ●☆
261965 Nagassari Adans. = Mesua L. ●
261966 Nagassarium Rumph. = Mesua L. ●
261967 Nagassarium Rumph. = Nagassari Adans. ●
261968 Nagatampo Adans. = Mesua L. ●
261969 Nagatampo Adans. = Nagassari Adans. ●
261970 Nageia Gaertn. (1788)(废弃属名);竹柏属;Nageia ●
261971 Nageia Gaertn.(废弃属名) = Podocarpus Pers.(保留属名)●
261972 Nageia Roxb. = Drypetes Vahl ●
261973 Nageia Roxb. = Putranjiva Wall. ●
261974 Nageia blumei (Endl.) Gordon = Nageia wallichiana (C. Presl) Kuntze ●
261975 Nageia falcata Kuntze = Podocarpus falcatus A. Cunn. ex Parl. ●☆
261976 Nageia falcata Kuntze var. gracilior (Pilg.) Silba = Podocarpus gracilior Pilg. ●◇
261977 Nageia fleuryi (Hickel) de Laub. = Podocarpus fleuryi Hickel ●◇
261978 Nageia formosensis (Dümmer) C. N. Page = Nageia nagi (Thunb.) Kuntze ●
261979 Nageia macrophylla (Thunb.) F. Muell. = Podocarpus macrophyllus (Thunb.) D. Don ●
261980 Nageia macrophylla (Thunb.) F. Muell. var. maki (Endl.) Voss = Podocarpus nakaii Hayata ●
261981 Nageia macrophylla (Thunb.) F. Muell. var. maki (Siebold et Zucc.) Voss = Podocarpus macrophyllus (Thunb.) D. Don var. maki (Siebold) Endl. ●
261982 Nageia maxima (de Laub.) de Laub. = Podocarpus maximus (de Laub.) Whitmore ●☆
261983 Nageia motleyi (Parl.) de Laub.;马来竹柏;Motlery Nageia ●☆
261984 Nageia nagi (Thunb. ex Murray) Kuntze = Nageia nagi (Thunb.) Kuntze ●
261985 Nageia nagi (Thunb.) Kuntze = Podocarpus nagi (Thunb.) Zoll. et Moritzi ex Zoll. ●
261986 Nageia nagi (Thunb.) Kuntze var. formosensis (Dümmer) Silba = Nageia nagi (Thunb.) Kuntze ●
261987 Nageia nagi (Thunb.) Kuntze var. koshuensis (Kaneh.) D. Z. Fu = Podocarpus formosensis Dümmer ●

261988 Nageia nankoensis (Hayata) R. R. Mill. = Nageia nagi (Thunb.) Kuntze ●
261989 Nageia wallichiana (C. Presl) Kuntze = Podocarpus wallichianus C. Presl ●◇
261990 Nageia wallichiana Kuntze = Podocarpus wallichianus C. Presl ●◇
261991 Nageiaceae D. Z. fu = Podocarpaceae Endl. (保留科名) ●
261992 Nageiaceae D. Z. fu(1992); 竹柏科; Nageia Family ●
261993 Nagelia Lindl. = Amelanchier Medik. ●
261994 Nagelia Lindl. = Malacomeles (Decne.) Engl. ●☆
261995 Nageliella L. O. Williams(1940); 纳格里兰属■☆
261996 Nageliella purpurea (Lindl.) L. O. Williams; 纳格里兰■☆
261997 Nagelocarpus Bullock = Erica L. ●☆
261998 Nagelocarpus Bullock(1954); 纳格尔杜鹃属●☆
261999 Nagelocarpus ciliatus (Benth.) Bullock = Erica serrata Thunb. ●☆
262000 Nagelocarpus serratus (Thunb.) Bullock = Erica serrata Thunb. ●☆
262001 Naghas Mirb. ex Steud. = Mesua L. ●
262002 Naghas Mirb. ex Steud. = Nagassari Adans. ●
262003 Nahusia Schneev. = Fuchsia L. ●■
262004 Naiadothrix Pennell = Bacopa Aubl. (保留属名) ■
262005 Naiadothrix Pennell = Benjaminia Mart. ex Benj. ■☆
262006 Naias Adans. = Najas L. ■
262007 Naias Juss. = Najas L. ■
262008 Naiocrene (Torr. et A. Gray) Rydb. (1906); 匍茎水繁缕属■☆
262009 Naiocrene (Torr. et A. Gray) Rydb. = Montia L. ■☆
262010 Naiocrene Rydb. = Naiocrene (Torr. et A. Gray) Rydb. ■☆
262011 Naiocrene parvifolia (DC.) Rydb. = Montia parvifolia (DC.) Greene ■☆
262012 Naiocrene parvifolia (Moc. ex DC.) Rydb. = Montia parvifolia (DC.) Greene ■☆
262013 Najadaceae Juss. (1789)(保留科名); 茨藻科; Naiad Family, Naias Family, Water-nymph Family ■
262014 Najadaceae Juss. (保留科名) = Hydrocharitaceae Juss. (保留科名) ■
262015 Najas L. (1753); 茨藻属(拂尾藻属); Bushy-pondweed, Naiad, Naid, Water-nymph ■
262016 Najas affinis Rendle = Najas welwitschii Rendle ■☆
262017 Najas alagnensis Pollini = Najas graminea Delile ■
262018 Najas ancistrocarpa A. Braun ex Magnus; 弯果茨藻(士林拂尾藻, 士蔺拂尾藻); Curvefruit Naiad ■
262019 Najas armata H. Lindb. = Najas marina L. subsp. armata (H. Lindb.) Horn ■☆
262020 Najas baldwinii Horn; 鲍德温茨藻■☆
262021 Najas browniana Rendle; 高雄茨藻; Gaoxiong Naiad ■
262022 Najas caespitosus (Maguire) Reveal = Najas flexilis (Willd.) Rostk. et Schmidt ■☆
262023 Najas canadensis Michx. = Najas flexilis (Willd.) Rostk. et Schmidt ■☆
262024 Najas chinensis N. Z. Wang; 中华茨藻; China Naiad ■
262025 Najas chinensis N. Z. Wang = Najas orientalis Triest et Uotila ■
262026 Najas delilei Rouy = Najas marina L. subsp. armata (H. Lindb.) Horn ■☆
262027 Najas filifolia R. R. Haynes; 线叶茨藻■☆
262028 Najas flexilis (Willd.) Rostk. et Schmidt; 折茨藻; Nodding Water-nymph, Northern Najad, Northern Water-nymph, Slender Naiad ■☆
262029 Najas flexilis (Willd.) Rostk. et W. L. E. Schmidt subsp. caespitosus Maguire = Najas flexilis (Willd.) Rostk. et Schmidt ■☆
262030 Najas flexilis (Willd.) Rostk. et W. L. E. Schmidt var. congesta Farw. = Najas flexilis (Willd.) Rostk. et Schmidt ■☆
262031 Najas flexilis (Willd.) Rostk. et W. L. E. Schmidt var. curassavica A. Braun = Najas guadalupensis (Spreng.) Magnus ■☆
262032 Najas flexilis (Willd.) Rostk. et W. L. E. Schmidt var. fusiformis Chapm. = Najas guadalupensis (Spreng.) Magnus ■☆
262033 Najas flexilis (Willd.) Rostk. et W. L. E. Schmidt var. guadalupensis (Spreng.) A. Braun = Najas guadalupensis (Spreng.) Magnus ■☆
262034 Najas flexilis (Willd.) Rostk. et W. L. E. Schmidt var. robusta Morong = Najas flexilis (Willd.) Rostk. et Schmidt ■☆
262035 Najas foveolata A. Braun ex Magnus; 多孔茨藻; Holey Naiad ■
262036 Najas fragilis (Willd.) Delile = Najas minor All. ■
262037 Najas fucoides Griff. = Najas marina L. ■
262038 Najas gracilis (Morong) Small = Najas marina L. ■
262039 Najas gracillima (A. Braun ex Engelm.) Magnus; 纤细茨藻(日本茨藻); Slender Najad, Slender Water-nymph, Thin Naiad ■
262040 Najas graminea Delile; 草茨藻(尘尾藻, 拂尾藻, 拂子藻); Herb Naiad, Ricefield Waternymph ■
262041 Najas graminea Delile = Najas gracillima (A. Braun ex Engelm.) Magnus ■
262042 Najas graminea Delile var. recurvata J. B. He, L. Y. Zhou et H. Q. Wang; 弯果草茨藻; Curvefruit Herb Naiad ■
262043 Najas graminea Delile var. vulgata Magnus = Najas graminea Delile ■
262044 Najas guadalupensis (Spreng.) Magnus; 南方茨藻; Guadalupe Water-nymph, Guadeloupe Naias, Southern Naiad, Southern Water-nymph ■☆
262045 Najas guadalupensis (Spreng.) Magnus subsp. floridana (R. R. Haynes et Wentz) R. R. Haynes et Hellq.; 佛罗里达茨藻■☆
262046 Najas guadalupensis (Spreng.) Magnus subsp. muenscheri (R. T. Clausen) R. R. Haynes = Najas guadalupensis (Spreng.) Magnus subsp. muenscheri (R. T. Clausen) R. R. Haynes et Hellq. ■☆
262047 Najas guadalupensis (Spreng.) Magnus subsp. muenscheri (R. T. Clausen) R. R. Haynes et Hellq.; 明氏茨藻; Muenscher's Water-nymph, Southern Naiad, Southern Water-nymph ■☆
262048 Najas guadalupensis (Spreng.) Magnus subsp. olivacea (Rosend. et Butters) R. R. Haynes et Hellq.; 齐墩果茨藻; Guadalupe Water-nymph, Southern Naiad, Southern Water-nymph ■☆
262049 Najas guadalupensis (Spreng.) Magnus var. floridana R. R. Haynes et Wentz = Najas guadalupensis (Spreng.) Magnus subsp. floridana (R. R. Haynes et Wentz) R. R. Haynes et Hellq. ■☆
262050 Najas guadalupensis (Spreng.) Magnus var. olivacea (Rosend. et Butters) R. R. Haynes = Najas guadalupensis (Spreng.) Magnus subsp. olivacea (Rosend. et Butters) R. R. Haynes et Hellq. ■☆
262051 Najas hagerupii Horn; 哈格吕普茨藻■☆
262052 Najas horrida A. Braun ex Magnus; 多刺茨藻■☆
262053 Najas horrida A. Braun ex Rendle = Najas horrida A. Braun ex Magnus ■☆
262054 Najas indica (Willd.) Cham.; 印度茨藻(中华茨藻); Indian Naiad ■☆
262055 Najas indica (Willd.) Cham. = Najas orientalis Triest et Uotila ■
262056 Najas indica (Willd.) Cham. var. gracillima A. Braun ex Engelm. = Najas gracillima (A. Braun ex Engelm.) Magnus ■

262057 Najas indica Cham. = Najas minor All. ■

262058 Najas intermedia Gorski = Najas marina L. var. intermedia (Gorski) Casper ■☆

262059 Najas interrupta K. Schum. = Najas horrida A. Braun ex Magnus ■☆

262060 Najas intramongolica Ma = Najas marina L. var. intramongolica (Ma) J. You ■

262061 Najas intrornongolica Ma = Najas marina L. var. brachycarpa Trautv. ■

262062 Najas japonica Nakai = Najas gracillima (A. Braun ex Engelm.) Magnus ■

262063 Najas liberiensis Horn = Najas baldwinii Horn ■☆

262064 Najas major All. = Najas marina L. ■

262065 Najas major All. var. angustifolia A. Braun ex K. Schum. = Najas marina L. ■

262066 Najas major All. var. microcarpa A. Braun = Najas marina L. subsp. microcarpa (A. Braun) Triest ■☆

262067 Najas marina L.;大茨藻(茨藻);Alkaline Water-nymph, Holly-leaved Naiad, Large Naiad, Spiny Naiad ■

262068 Najas marina L. subsp. armata (H. Lindb.) Horn;具刺茨藻■☆

262069 Najas marina L. subsp. brachycarpa (Trautv.) Tzvelev = Najas marina L. var. brachycarpa Trautv. ■

262070 Najas marina L. subsp. delilei (Rouy) Oberm. = Najas marina L. subsp. armata (H. Lindb.) Horn ■☆

262071 Najas marina L. subsp. ehrenbergii (A. Br.) Triest;爱伦堡茨藻■☆

262072 Najas marina L. subsp. intermedia (Gorski) Casper = Najas marina L. var. intermedia (Gorski) Casper ■☆

262073 Najas marina L. subsp. intermedia (Wolfg. ex Gorski) Casper;中间大茨藻■

262074 Najas marina L. subsp. microcarpa (A. Braun) Triest;小果大茨藻■☆

262075 Najas marina L. subsp. muricata (Delile) A. Braun ex Magnus = Najas marina L. subsp. armata (H. Lindb.) Horn ■☆

262076 Najas marina L. var. angustifolia A. Braun = Najas marina L. ■

262077 Najas marina L. var. brachycarpa Trautv.;短果茨藻;Shortfruit Spiny Naiad ■

262078 Najas marina L. var. delilei (Rouy) Maire = Najas marina L. subsp. armata (H. Lindb.) Horn ■☆

262079 Najas marina L. var. ehrenbergii (A. Br.) Schum. = Najas marina L. subsp. ehrenbergii (A. Br.) Triest ■☆

262080 Najas marina L. var. grossedentata Rendle;粗齿大茨藻;Thicktooth Spiny Naiad ■

262081 Najas marina L. var. intermedia (Gorski) A. Br. = Najas marina L. var. intermedia (Gorski) Casper ■☆

262082 Najas marina L. var. intermedia (Gorski) A. Br. = Najas marina L. ■

262083 Najas marina L. var. intermedia (Gorski) Casper;间型茨藻■☆

262084 Najas marina L. var. intramongolica (Ma) J. You;内蒙大茨藻(内蒙茨藻);Inner-mongolia Naiad ■

262085 Najas marina L. var. muricata (Delile) A. Braun = Najas marina L. subsp. armata (H. Lindb.) Horn ■☆

262086 Najas marina L. var. muricata (Delile) A. Braun ex K. Schum. = Najas marina L. subsp. armata (H. Lindb.) Horn ■☆

262087 Najas marina L. var. recurvata Dudley = Najas marina L. ■

262088 Najas microdon A. Braun var. curassavica A. Braun = Najas guadalupensis (Spreng.) Magnus ■☆

262089 Najas minor All.;小茨藻;Brittle Najad, Brittle Waternymph, Little Naiad, Slender-leaved Naiad, Small Naiad ■

262090 Najas minor All. var. setacea A. Braun = Najas setacea (A. Braun) Rendle ■☆

262091 Najas moshanensis N. Z. Wang;磨山茨藻;Moshan Naiad ■

262092 Najas moshanensis N. Z. Wang = Najas marina L. ■

262093 Najas moshanensis N. Z. Wang = Najas minor All. ■

262094 Najas muenscheri R. T. Clausen = Najas guadalupensis (Spreng.) Magnus subsp. muenscheri (R. T. Clausen) R. R. Haynes et Hellq. ■☆

262095 Najas muricata Delile = Najas marina L. subsp. armata (H. Lindb.) Horn ■☆

262096 Najas oguraensis Miki;澳古茨藻;Ogura Naiad ■

262097 Najas olivacea Rosend. et Butters = Najas guadalupensis (Spreng.) Magnus subsp. olivacea (Rosend. et Butters) R. R. Haynes et Hellq. ■☆

262098 Najas orientalis Triest et Uotila;东方茨藻;Oriental Naiad ■

262099 Najas orientalis Triest et Uotila = Najas chinensis N. Z. Wang ■

262100 Najas pectinata (Parl.) Magnus;篦状茨藻■☆

262101 Najas poyangensis S. F. Guan et Q. Lang;鄱阳茨藻;Poyang Naiad ■

262102 Najas poyangensis S. F. Guan et Q. Lang = Najas ancistrocarpa A. Braun ex Magnus ■

262103 Najas pseudogracillima Triest;假纤细茨藻■

262104 Najas pseudograminea W. Koch;假禾叶茨藻■

262105 Najas schweinfurthii Magnus;施韦茨藻■☆

262106 Najas seminuda Griff. = Najas graminea Delile ■

262107 Najas setacea (A. Braun) Rendle;刚毛茨藻■☆

262108 Najas tenuicaulis Miki;细茎茨藻■☆

262109 Najas tenuifolia R. Br.;细叶茨藻■☆

262110 Najas tenuissima A. Braun ex Magnus;薄茨藻■☆

262111 Najas ternata Roxb. ex Griff. = Najas minor All. ■

262112 Najas testui Rendle;泰斯蒂茨藻■☆

262113 Najas urbaniana O. C. Schmidt = Najas guadalupensis (Spreng.) Magnus ■☆

262114 Najas welwitschii Rendle;韦尔茨藻■☆

262115 Najas wrightiana A. Br.;赖氏茨藻;Wright's Waternymph ■☆

262116 Najas yezoensis Miyabe;北海道茨藻■☆

262117 Nalagu Adans.(废弃属名) = Leea D. Royen ex L.(保留属名)●■

262118 Naletonia Bremek. = Psychotria L.(保留属名)●

262119 Nallogia Baill. = Champereia Griff. ●

262120 Nama L.(1753)(保留属名);纳麻属(田基麻属)■

262121 Nama demissum A. Gray;紫纳麻;Purple Mat ■☆

262122 Nama dichotomum (Ruiz et Pav.) Choisy;二岐纳麻■☆

262123 Nama hispidum A. Gray;毛纳麻;Bristly Nama ■☆

262124 Nama zeylanicum L. = Hydrolea zeylanica (L.) J. Vahl ■

262125 Namacodon Thulin(1974);三片桔梗属(溪梗属)●☆

262126 Namacodon schinzianum (Markgr.) Thulin;三片桔梗●☆

262127 Namaquanthus L. Bolus(1954);纳兰角属●☆

262128 Namaquanthus farinosus L. Bolus = Wooleya farinosa (L. Bolus) L. Bolus ■☆

262129 Namaquanthus vanheerdei L. Bolus;纳兰角■☆

262130 Namaquanula D. Müll. -Doblies et U. Müll. -Doblies(1985);溪百合属(纳玛百合属)■☆

262131 Namaquanula bruce-bayeri D. Müll. -Doblies et U. Müll. -

Doblies;溪百合■☆
262132 Namaquanula bruynsii Snijman;布鲁溪百合■☆
262133 Namaquanula etesionamibensis D. Müll. -Doblies et U. Müll. -Doblies = Namaquanula bruce-bayeri D. Müll. -Doblies et U. Müll. -Doblies ■☆
262134 Namataea D. W. Thomas et D. J. Harris(2000);尼日利亚无患子属☆
262135 Namation Brand(1912);溪参属■☆
262136 Namation glandulosum Brand;溪参■☆
262137 Namibia (Schwantes) Dinter et Schwantes = Namibia (Schwantes) Dinter et Schwantes ex Schwantes ■☆
262138 Namibia (Schwantes) Dinter et Schwantes ex Schwantes (1927);粉昼花属■☆
262139 Namibia (Schwantes) Schwantes = Namibia (Schwantes) Dinter et Schwantes ex Schwantes ■☆
262140 Namibia Dinter et Schwantes = Namibia (Schwantes) Dinter et Schwantes ex Schwantes ■☆
262141 Namibia cinerea (Marloth) Dinter et Schwantes;灰色粉昼花■☆
262142 Namibia pomonae (Dinter) Dinter et Schwantes ex Walgate;粉昼花■☆
262143 Namophila U. Müll. -Doblies et D. Müll. -Doblies(1997);溪风信子属■☆
262144 Namophila uropetala U. Müll. -Doblies et D. Müll. -Doblies;尾瓣粉昼花■☆
262145 Nananthea DC. (1837);微黄菊属■☆
262146 Nananthea perpusilla (Loisel.) DC.;微黄菊■☆
262147 Nananthea tassiliensis Batt. et Trab. = Daveaua anthemoides Mariz ■☆
262148 Nananthera Willis = Nananthea DC. ■☆
262149 Nananthus N. E. Br. (1925);昼花属■☆
262150 Nananthus aloides (Haw.) Schwantes;芦荟状昼花■☆
262151 Nananthus aloides (Haw.) Schwantes var. latus L. Bolus = Nananthus aloides (Haw.) Schwantes ■☆
262152 Nananthus aloides (Haw.) Schwantes var. striatus (L. Bolus) L. Bolus = Nananthus vittatus (N. E. Br.) Schwantes ■☆
262153 Nananthus broomii (L. Bolus) L. Bolus = Nananthus vittatus (N. E. Br.) Schwantes ■☆
262154 Nananthus comptonii L. Bolus = Rabiea comptonii (L. Bolus) L. Bolus ■☆
262155 Nananthus cradockensis L. Bolus = Aloinopsis rubrolineata (N. E. Br.) Schwantes ■☆
262156 Nananthus crassipes (Marloth) L. Bolus = Aloinopsis spathulata (Thunb.) L. Bolus ■☆
262157 Nananthus difformis L. Bolus = Rabiea difformis (L. Bolus) L. Bolus ■☆
262158 Nananthus dyeri L. Bolus = Aloinopsis rubrolineata (N. E. Br.) Schwantes ■☆
262159 Nananthus gerstneri (L. Bolus) L. Bolus;格斯昼花■☆
262160 Nananthus jamesii (L. Bolus) L. Bolus = Aloinopsis rubrolineata (N. E. Br.) Schwantes ■☆
262161 Nananthus jamesii L. Bolus = Rabiea jamesii (L. Bolus) L. Bolus ■☆
262162 Nananthus lodewykii (L. Bolus) L. Bolus = Aloinopsis luckhoffii (L. Bolus) L. Bolus ■☆
262163 Nananthus loganii (L. Bolus) L. Bolus = Aloinopsis loganii L. Bolus ■☆
262164 Nananthus luckhoffii (L. Bolus) L. Bolus = Aloinopsis luckhoffii (L. Bolus) L. Bolus ■☆
262165 Nananthus margaritiferus L. Bolus;珍珠昼花■☆
262166 Nananthus orpenii (N. E. Br.) N. E. Br. = Prepodesma orpenii (N. E. Br.) N. E. Br. ■☆
262167 Nananthus pallens (L. Bolus) L. Bolus;苍白昼花■☆
262168 Nananthus peersii L. Bolus = Deilanthe peersii (L. Bolus) N. E. Br. ■☆
262169 Nananthus pole-evansii N. E. Br.;埃文斯昼花■☆
262170 Nananthus rosulatus (L. Bolus) G. D. Rowley = Aloinopsis rosulata (Kensit) Schwantes ■☆
262171 Nananthus rubrolineatus (N. E. Br.) Schwantes = Aloinopsis rubrolineata (N. E. Br.) Schwantes ■☆
262172 Nananthus schooneesii (L. Bolus) L. Bolus = Aloinopsis schooneesii L. Bolus ■☆
262173 Nananthus setiferus (L. Bolus) G. D. Rowley = Aloinopsis luckhoffii (L. Bolus) L. Bolus ■☆
262174 Nananthus spathulatus (Thunb.) G. D. Rowley = Aloinopsis spathulata (Thunb.) L. Bolus ■☆
262175 Nananthus tersus (N. E. Br.) G. D. Rowley = Prepodesma orpenii (N. E. Br.) N. E. Br. ■☆
262176 Nananthus transvaalensis (Rolfe) L. Bolus;德兰士瓦昼花■☆
262177 Nananthus transvaalensis (Rolfe) L. Bolus = Nananthus vittatus (N. E. Br.) Schwantes ■☆
262178 Nananthus transvaalensis (Rolfe) L. Bolus var. latus L. Bolus = Nananthus vittatus (N. E. Br.) Schwantes ■☆
262179 Nananthus villetii L. Bolus = Aloinopsis luckhoffii (L. Bolus) L. Bolus ■☆
262180 Nananthus vittatus (N. E. Br.) Schwantes;粗线昼花■☆
262181 Nananthus wilmaniae (L. Bolus) L. Bolus = Nananthus aloides (Haw.) Schwantes ■☆
262182 Nanarepenta Matuda(1962);匍匐薯蓣属☆
262183 Nanarepenta tolucana Matuda;匍匐薯蓣☆
262184 Nanari Adans. = Canarium L. ●
262185 Nanatus Phillips = Nananthus N. E. Br. ■☆
262186 Nandhirobaceae A. St. -Hil. = Cucurbitaceae Juss.(保留科名)●■
262187 Nandhirobaceae A. St. -Hil. = Nhandirobaceae A. St. -Hil. ex Endl. ●■
262188 Nandina Thunb. (1781);南天竹属;Heavenly Bamboo, Nandina ●
262189 Nandina domestica Thunb.;南天竹(白天竹,大椿,红枸子,红杷子,鸡爪黄连,阑天竹,蓝田竹,老鼠刺,猫儿伞,墨饭草,南天烛,南竹,南竹子,山黄连,山黄芩,天竹,天竹子,天竺,天烛,土黄连,万寿竹,乌饭草,线叶南天竹,小铁树,岩黄连,杨桐,珍珠盖凉伞,钻石黄);Chinese Sacred Bamboo, Common Nandina, Heavenly Bamboo, Heavenly-bamboo, Nandina, Nandina Heavenly Bamboo, Sacred Bamboo ●
262190 Nandina domestica Thunb. 'Alba';白南天竹;White Berry Nandina ●☆
262191 Nandina domestica Thunb. 'Filamentosa';丝状南天竹●☆
262192 Nandina domestica Thunb. 'Fire Power';火力南天竹(火神南天竹);Fire Power Nandina ●☆
262193 Nandina domestica Thunb. 'Firepower' = Nandina domestica Thunb. 'Fire Power' ●☆
262194 Nandina domestica Thunb. 'Gulf Stream';湾流南天竹;Gulf Stream Nandina ●☆

262195 Nandina domestica Thunb. 'Harbor Dwarf'; 矮型南天竹; Harbour Dwarf, Nandina ●☆
262196 Nandina domestica Thunb. 'Nana Purpurea'; 矮紫南天竹; Nandina, Plum Purple ●☆
262197 Nandina domestica Thunb. 'Nana'; 矮生南天竹●☆
262198 Nandina domestica Thunb. 'Pygmy' = Nandina domestica Thunb. 'Nana' ●☆
262199 Nandina domestica Thunb. 'Richmond'; 里士满南天竹●☆
262200 Nandina domestica Thunb. 'Shironanten'; 白果南天竹(白南天竹); Whitefuit Heavenly Bamboo, Whitefuit Nandina ●☆
262201 Nandina domestica Thunb. 'Umpqua Chief'; 乌姆普夸长官南天竹; Umpqua Chief Nandina ●☆
262202 Nandina domestica Thunb. 'Woods Dwarf'; 林矮南天竹; Dwarf Heavenly Bamboo, Wood's Dwarf Nandina ●☆
262203 Nandina domestica Thunb. var. leucocarpa Makino = Nandina domestica Thunb. 'Shironanten' ●☆
262204 Nandina domestica Thunb. var. linearifolia C. Y. Wu = Nandina domestica Thunb. ●
262205 Nandina domestica Thunb. var. linearifoplia C. Y. Wu ex S. Y. Bao = Nandina domestica Thunb. ●
262206 Nandinaceae Horan. (1858); 南天竹科●
262207 Nandinaceae Horan. = Berberidaceae Juss. (保留科名)●■
262208 Nandinaceae J. Agardh = Nandinaceae Horan. ●
262209 Nandiroba Adans. = Fevillea L. ■☆
262210 Nandiroba Adans. = Nhandiroba Adans. ■☆
262211 Nangha Zipp. ex Macklot = Artocarpus J. R. Forst. et G. Forst. (保留属名)●
262212 Nani Adans. (废弃属名) = Metrosideros Banks ex Gaertn. (保留属名)●☆
262213 Nani Adans. (废弃属名) = Xanthostemon F. Muell. (保留属名)●☆
262214 Nania Miq. = Metrosideros Banks ex Gaertn. (保留属名)●☆
262215 Nania Miq. = Nani Adans. (废弃属名)●☆
262216 Nania Miq. = Xanthostemon F. Muell. (保留属名)●☆
262217 Nannoglottis Maxim. (1881); 毛冠菊属; Dwarfnettle, Nannoglottis ■●★
262218 Nannoglottis carpesioides Maxim.; 毛冠菊; Common Dwarfnettle, Common Nannoglottis ■
262219 Nannoglottis carpesioides Maxim. var. yunnanensis Hand. -Mazz. = Nannoglottis yunnanensis (Hand. -Mazz.) Y. Ling et Y. L. Chen ■
262220 Nannoglottis delavayi (Franch.) Y. Ling et Y. L. Chen; 厚叶毛冠菊; Delavay, Delavay Nannoglottis ■
262221 Nannoglottis gynura (C. Winkl.) Y. Ling et Y. L. Chen; 狭舌毛冠菊; Narrowligule Dwarfnettle, Narrowligule Nannoglottis ■
262222 Nannoglottis hieraciphylla (Hand. -Mazz.) Y. Ling et Y. L. Chen; 玉龙毛冠菊; Yulong Nannoglottis ■
262223 Nannoglottis hookeri (Hook. f.) Kitam.; 虎克毛冠菊■
262224 Nannoglottis latisquama Y. Ling et Y. L. Chen; 宽苞毛冠菊; Broadbract Dwarfnettle, Broadbract Nannoglottis ■
262225 Nannoglottis macrocarpa Y. Ling et Y. L. Chen; 大果毛冠菊; Bigfruit Dwarfnettle, Bigfruit Nannoglottis ■
262226 Nannoglottis qinghaiensis Y. Ling et Y. L. Chen; 青海毛冠菊; Qinghai Dwarfnettle, Qinghai Nannoglottis ■
262227 Nannoglottis qinghaiensis Y. Ling et Y. L. Chen = Nannoglottis ravida (C. Winkl.) Y. L. Chen ■
262228 Nannoglottis ravida (C. Winkl.) Y. L. Chen; 西藏毛冠菊■
262229 Nannoglottis souliei (Franch.) Y. Ling et Y. L. Chen; 川西毛冠菊; W. Sichuan Dwarfnettle, W. Sichuan Nannoglottis ■
262230 Nannoglottis souliei (Franch.) Y. Ling et Y. L. Chen = Nannoglottis gynura (C. Winkl.) Y. Ling et Y. L. Chen ■
262231 Nannoglottis souliei (Franch.) Y. Ling et Y. L. Chen = Nannoglottis macrocarpa Y. Ling et Y. L. Chen ■
262232 Nannoglottis yunnanensis (Hand. -Mazz.) Y. Ling et Y. L. Chen; 云南毛冠菊; Yunnan Dwarfnettle, Yunnan Nannoglottis ■
262233 Nannorhops H. Wendl. = Nannorrhops H. Wendl. ●☆
262234 Nannorrhops H. Wendl. (1879); 马加里棕属(阿富汗棕属, 短桐属, 楠桐属, 中东矮棕属); Mazari Palm ●☆
262235 Nannorrhops ritchiana (Griff.) Aiton; 马加里棕; Mazari Palm ●☆
262236 Nannoseris Hedberg = Dianthoseris Sch. Bip. ex A. Rich. ■☆
262237 Nannoseris inopinata Cufod. = Dianthoseris schimperi Sch. Bip. ex A. Rich. ■☆
262238 Nannoseris schimperi (Sch. Bip. ex A. Rich.) Hedberg = Dianthoseris schimperi Sch. Bip. ex A. Rich. ■☆
262239 Nanobubon Magee = Ferula L. ■
262240 Nanobubon Magee(2008); 南非阿魏属■
262241 Nanochilus K. Schum. (1899); 短唇姜属■☆
262242 Nanochilus palembanicum K. Schum.; 短唇姜■☆
262243 Nanocnide Blume(1856); 花点草属(高墩草属); Dwarfnettle, Nanocnide ■
262244 Nanocnide closii H. Lév. et Vaniot = Acalypha brachystachya Hornem. ■
262245 Nanocnide closii H. Lév. et Vaniot = Pilea japonica (Maxim.) Hand. -Mazz. ■
262246 Nanocnide dichotoma S. S. Chien = Nanocnide japonica Blume ■
262247 Nanocnide japonica Blume; 花点草(高墩草, 加天草, 山归来, 油点草, 幼油草); Dwarfnettle, Japanese Nanocnide ■
262248 Nanocnide japonica Blume = Nanocnide lobata Wedd. ■
262249 Nanocnide lobata Wedd.; 毛花点草(遍地红, 波丝草, 灯笼草, 狗断肠, 红细草, 连钱草, 连钱草苎麻, 泡泡草, 蛇药草, 透骨消, 小九龙盘, 雪药); Hair Dwarfnettle, Lobate Nanocnide ■
262250 Nanocnide pilosa Migo = Nanocnide lobata Wedd. ■
262251 Nanodea Banks ex C. F. Gaertn. (1807); 小檀香属●☆
262252 Nanodea muscosa C. F. Gaertn.; 小檀香●☆
262253 Nanodeaceae Nickrent et Der; 小檀香科●☆
262254 Nanodes Lindl. = Epidendrum L. (保留属名)■☆
262255 Nanoglottis Post et Kuntze = Nannoglottis Maxim. ■●★
262256 Nanolirion Benth. = Caesia R. Br. ■☆
262257 Nanolirion capense (Bolus) Benth. et Hook. = Caesia capensis (Bolus) Oberm. ■☆
262258 Nanopetalum Hassk. = Cleistanthus Hook. f. ex Planch. ●
262259 Nanophyton Less. (1834-1835); 小蓬属; Nanophyton ●■
262260 Nanophyton erinaceum (Pall.) Bunge; 小蓬; Little Nanophyton ●■
262261 Nanophytum Endl. = Nanophyton Less. ●■
262262 Nanorops Post et Kuntze = Nannorrhops H. Wendl. ●☆
262263 Nanorrhinum Betsche = Linaria Mill. ■
262264 Nanorrhinum Betsche(1984); 肖柳穿鱼属●■☆
262265 Nanorrhinum acerbianum (Boiss.) Betsche = Kickxia macilenta (Decne.) Danin ■☆
262266 Nanorrhinum asparagoides (Schweinf.) Ghebr.; 天门冬肖柳穿鱼■☆
262267 Nanorrhinum bentii (V. Naray.) Betsche = Nanorrhinum macilentum (Decne.) Betsche ■☆

262268 Nanorrhinum dibolophyllum (Wickens) Betsche = Nanorrhinum ramosissimum (Wall.) Betsche ●☆

262269 Nanorrhinum hastatum (R. Br. ex Benth.) Ghebr. = Kickxia hastata (R. Br. ex Benth.) Dandy ■☆

262270 Nanorrhinum heterophyllum (Schousb.) Ghebr. = Kickxia heterophylla (Schousb.) Dandy ■☆

262271 Nanorrhinum macilentum (Decne.) Betsche = Kickxia macilenta (Decne.) Danin ■☆

262272 Nanorrhinum monodianum (Maire) Ibn Tattou = Kickxia monodiana (Maire) Sutton ■☆

262273 Nanorrhinum ramosissimum (Wall.) Betsche;多枝肖柳穿鱼●☆

262274 Nanorrhinum stenanthum (Franch.) Ghebr.;窄花肖柳穿鱼●☆

262275 Nanostelma Baill. = Tylophora R. Br. ●■

262276 Nanothamnus Thomson(1867);小绢菊属■☆

262277 Nanothamnus sericeus Thomson;小绢菊■☆

262278 Nanozostera Toml. et Posl. (2001);矮大叶藻属■☆

262279 Nanozostera capensis (Setch.) Toml. et Posl.;好望角矮大叶藻■☆

262280 Nanozostera japonica (Asch. et Graebn.) Toml. et Posl. = Zostera japonica Asch. et Graebn. ■

262281 Nanozostera noltei (Hornem.) Toml. et Posl.;诺尔特矮大叶藻;Dwarf Eelgrass ■☆

262282 Nansiatum Miq. = Natsiatum Buch. -Ham. ex Arn. ●

262283 Nanuza L. B. Sm. et Ayensu(1976);巴西翡若翠属■☆

262284 Nanuza plicata (Mart.) L. B. Sm. et Ayensu;巴西翡若翠■☆

262285 Napaea L. (1753);林仙花属(那配阿属)■☆

262286 Napaea dioica L.;林仙花(异株那配阿);Glade Mallow ●☆

262287 Napaea dioica L. f. stellata Fassett = Napaea dioica L. ●☆

262288 Napea Crantz = Napaea L. ■☆

262289 Napeanthus Gardner(1843);林仙苣苔属(那配阿苣苔属)■☆

262290 Napeanthus angustifolius Feuillet et L. E. Skog;狭叶林仙苣苔■☆

262291 Napeanthus bicolor (L. O. Williams) Barringer;二色林仙苣苔■☆

262292 Napeanthus macrostoma Leeuwenb.;大口林仙苣苔■☆

262293 Napeanthus rigidus Rusby;硬林仙苣苔■☆

262294 Napeanthus robustus Fritsch;粗壮林仙苣苔■☆

262295 Napeanthus saxicola Brandegee;岩地林仙苣苔■☆

262296 Napellus Wolf = Aconitum L. ■

262297 Napeodendron Ridl. = Walsura Roxb. ●

262298 Napimoga Aubl. = Homalium Jacq. ●

262299 Napina Frič = Neolloydia Britton et Rose ●☆

262300 Napina Frič = Thelocactus (K. Schum.) Britton et Rose ●

262301 Napoea Hill = Napaea L. ■☆

262302 Napoleona P. Beauv. = Napoleonaea P. Beauv. ●☆

262303 Napoleonaea P. Beauv. (1804);围裙花属●☆

262304 Napoleonaea alexanderi Baker f. = Napoleonaea imperialis P. Beauv. ●☆

262305 Napoleonaea angolensis Welw. = Napoleonaea vogelii Hook. et Planch. ●☆

262306 Napoleonaea cuspidata Miers = Napoleonaea imperialis P. Beauv. ●☆

262307 Napoleonaea egertonii Baker f.;埃杰顿围裙花●☆

262308 Napoleonaea gabonensis Liben;加蓬围裙花●☆

262309 Napoleonaea gascoignei Baker f. = Napoleonaea talbotii Baker f. ●☆

262310 Napoleonaea gossweileri Baker f.;戈斯围裙花●☆

262311 Napoleonaea heudelotii A. Juss.;厄德围裙花●☆

262312 Napoleonaea imperialis P. Beauv.;围裙花●☆

262313 Napoleonaea leonensis Hutch. et Dalziel = Napoleonaea vogelii Hook. et Planch. ●☆

262314 Napoleonaea letestui Pellegr. = Napoleonaea egertonii Baker f. ●☆

262315 Napoleonaea lutea Baker f. ex Hutch. et Dalziel;黄围裙花●☆

262316 Napoleonaea mannii Miers = Napoleonaea imperialis P. Beauv. ●☆

262317 Napoleonaea megacarpa Baker f. = Napoleonaea talbotii Baker f. ●☆

262318 Napoleonaea miersii Hook. f. = Napoleonaea imperialis P. Beauv. ●☆

262319 Napoleonaea natividadei A. Fern. et R. Fern. = Napoleonaea vogelii Hook. et Planch. ●☆

262320 Napoleonaea parviflora Baker f. = Napoleonaea vogelii Hook. et Planch. ●☆

262321 Napoleonaea reptans Baker f. ex Hutch. et Dalziel;匍匐围裙花●☆

262322 Napoleonaea septentrionalis Liben;北方围裙花●☆

262323 Napoleonaea talbotii Baker f.;塔尔博特围裙花●☆

262324 Napoleonaea vogelii Hook. et Planch.;安哥拉围裙花●☆

262325 Napoleonaea whitfieldii Lem. = Napoleonaea heudelotii A. Juss. ●☆

262326 Napoleonaeaceae A. Rich. (1827);围裙花科●☆

262327 Napoleonaeaceae A. Rich. = Lecythidaceae A. Rich. (保留科名)●

262328 Napoleonaenaceae P. Beauv. = Lecythidaceae A. Rich. (保留科名)●

262329 Napoleone Robin ex Raf. = Nelumbo Adans. ■

262330 Napus Mill. = Brassica L. ■●

262331 Napus Schimp. et Spenn. = Brassica L. ■●

262332 Naravel Adans. = Atragene L. ●☆

262333 Naravelia Adans. (1763)('Naravel')(保留属名);斯里兰卡莲属(拿拉藤属);Naravelia ●

262334 Naravelia DC. = Naravelia Adans. (保留属名)●

262335 Naravelia pilulifera Hance;两广锡兰莲(拿拉藤,锡兰莲);Globule-bearing Naravelia ●

262336 Naravelia pilulifera Hance var. yunnanensis Y. Fei = Naravelia zeylanica (L.) DC. ●

262337 Naravelia zeylanica (L.) DC.;锡兰莲(罗藤);Ceylon Naravelia ●

262338 Narbalia Raf. = Prenanthes L. ■

262339 Narcaceae Dulac = Solanaceae Juss. (保留科名)●■

262340 Narcetis Post et Kuntze = Lomatogonium A. Braun ■

262341 Narcetis Post et Kuntze = Narketis Raf. ■

262342 Narcissaceae Juss.;水仙科■

262343 Narcissaceae Juss. = Amaryllidaceae J. St. -Hil. (保留科名)●■

262344 Narcissaceae Juss. = Poaceae Barnhart(保留科名)■●

262345 Narcissoleucojum Ortega = Leucojum L. ■●

262346 Narcisso-Leucojum Ortega = Leucojum L. ■●

262347 Narcissulus Fabr. = Leucojum L. ■●

262348 Narcissus L. (1753);水仙属;Daffodil, Narcisse, Narcissus ■

262349 Narcissus albimarginatus D. Müll. -Doblies et U. Müll. -Doblies;白边水仙■☆

262350 Narcissus algirus Pomel = Narcissus tazetta L. subsp. aureus

(Loisel.) Baker ■☆

262351 Narcissus algirus Pomel var. discolor Batt. et Trab. = Narcissus tazetta L. subsp. aureus (Loisel.) Baker ■☆

262352 Narcissus algirus Pomel var. eminens Chabert = Narcissus tazetta L. subsp. aureus (Loisel.) Baker ■☆

262353 Narcissus assoanus Dufour;柱叶水仙;Rushleaf Jonquil ■☆

262354 Narcissus asturiensis (Jord.) Pugsley;阿斯图里水仙;Asturian Daffodil,Irish Queen Anne's Jonquil,Queen Anne's Irish Jonquil ■☆

262355 Narcissus atlanticus Stern;大西洋水仙■☆

262356 Narcissus aureus Loisel.;金黄水仙(黄水仙);Golden Daffodil,Golden Narcissus ■☆

262357 Narcissus aureus Loisel. = Narcissus tazetta L. subsp. aureus (Loisel.) Baker ■☆

262358 Narcissus bertolonii Parl. = Narcissus tazetta L. subsp. bertolonii (Parl.) Baker ■☆

262359 Narcissus biflorus Curtis = Narcissus medioluteus Mill. ■☆

262360 Narcissus broussonetii Lag.;布鲁索内水仙■☆

262361 Narcissus bulbocodium L.;围裙水仙;Hoop Petticoat Daffodil, Hoop-petticoat Daffodil,Petticoat Daffodil ■☆

262362 Narcissus bulbocodium L. f. pallidus Gatt. et Weiller = Narcissus bulcodonium L. var. pallidus (Gatt. et Weiller) Maire et Weiller ■☆

262363 Narcissus bulbocodium L. var. albidus Emb. et Maire = Narcissus bulcodonium L. subsp. albidus (Emb. et Maire) Maire ■☆

262364 Narcissus bulcodonium L. subsp. albidus (Emb. et Maire) Maire = Narcissus romieuxii Braun-Blanq. et Maire subsp. albidus (Emb. et Maire) A. Fern. ■☆

262365 Narcissus bulcodonium L. subsp. kesticus Maire et Wilczek = Narcissus peroccidentalis Fern. Casas ■☆

262366 Narcissus bulcodonium L. subsp. monophyllus (Durieu) Maire = Narcissus cantabricus DC. subsp. monophyllus (Durieu) A. Fern. ■☆

262367 Narcissus bulcodonium L. subsp. obesus (Salisb.) Maire = Narcissus obesus Salisb. ■☆

262368 Narcissus bulcodonium L. subsp. praecox Gatt. et Weiller = Narcissus cantabricus DC. subsp. praecox (Gatt. et Weiller) Sauvage ■☆

262369 Narcissus bulcodonium L. subsp. romieuxii (Braun-Blanq. et Maire) Emb. et Maire = Narcissus romieuxii Braun-Blanq. et Maire ■☆

262370 Narcissus bulcodonium L. var. candicans (Haw.) Pau = Narcissus cantabricus DC. ■☆

262371 Narcissus bulcodonium L. var. candicans Haw. = Narcissus cantabricus DC. ■☆

262372 Narcissus bulcodonium L. var. foliosus Maire = Narcissus cantabricus DC. subsp. monophyllus (Durieu) A. Fern. ■☆

262373 Narcissus bulcodonium L. var. kesticus Maire et Wilczek = Narcissus peroccidentalis Fern. Casas ■☆

262374 Narcissus bulcodonium L. var. mesatlanticus Emb. et Maire = Narcissus romieuxii Braun-Blanq. et Maire ■☆

262375 Narcissus bulcodonium L. var. pallidus (Gatt. et Weiller) Maire et Weiller = Narcissus cantabricus DC. ■☆

262376 Narcissus bulcodonium L. var. paucinervis Maire = Narcissus cantabricus DC. subsp. praecox (Gatt. et Weiller) Sauvage ■☆

262377 Narcissus bulcodonium L. var. rifanus Emb. et Maire = Narcissus romieuxii Braun-Blanq. et Maire ■☆

262378 Narcissus bulcodonium L. var. zaianicus Maire et al. = Narcissus romieuxii Braun-Blanq. et Maire subsp. albidus (Emb. et Maire) A. Fern. ■☆

262379 Narcissus calcicola Mendonça;钙生水仙■☆

262380 Narcissus campernelli Haw. = Narcissus odorus L. ■☆

262381 Narcissus canaliculatus Guss.;意大利山水仙;Italian Narcissus,Rose of Sharon,Sharewort,Water Nymph Flower ■☆

262382 Narcissus canaliculatus Guss. var. orientalis ?;东方山水仙;Bunch-flowered Narcissus,Chinese Narcissus,Chinese Sacred Lily, Cmnese Narcissus,Polyanthus Narcissus ■☆

262383 Narcissus canariensis Burb. = Narcissus tazetta L. var. canariensis (Burb.) Voss ■☆

262384 Narcissus cantabricus DC.;坎塔布连水仙■☆

262385 Narcissus cantabricus DC. subsp. kesticus (Maire et Wilczek) Ibn Tattou = Narcissus peroccidentalis Fern. Casas ■☆

262386 Narcissus cantabricus DC. subsp. monophyllus (Durieu) A. Fern.;单叶水仙■☆

262387 Narcissus cantabricus DC. subsp. praecox (Gatt. et Weiller) Sauvage;早水仙■☆

262388 Narcissus cantabricus DC. subsp. tananicus (Maire) A. Fern.;泰南水仙■☆

262389 Narcissus cantabricus DC. var. foliosus (Maire) A. Fern. = Narcissus cantabricus DC. ■☆

262390 Narcissus cantabricus DC. var. kesticus (Maire et Wilczek) A. Fern. = Narcissus peroccidentalis Fern. Casas ■☆

262391 Narcissus caucasicus (Fomin) Gorschk.;高加索水仙■☆

262392 Narcissus cavanillesii Barra et G. López;卡氏水仙■☆

262393 Narcissus clusii Dunal = Narcissus cantabricus DC. subsp. monophyllus (Durieu) A. Fern. ■☆

262394 Narcissus cuatrecasasii Fern. Casas et M. Lainz et Ruiz Rejón;夸特水仙■☆

262395 Narcissus cyclamineus DC.;仙客来水仙;Cyclamen-flowered Daffodil,Cyclamineus Daffodil,Cyclamineus Narcissus ■☆

262396 Narcissus elegans (Haw.) Spach;雅致水仙■☆

262397 Narcissus elegans (Haw.) Spach subsp. intermedius (Gay) Font Quer = Narcissus obsoletus (Haw.) Steud. ■☆

262398 Narcissus elegans (Haw.) Spach var. fallax Font Quer = Narcissus obsoletus (Haw.) Steud. ■☆

262399 Narcissus elegans (Haw.) Spach var. flavescens Maire = Narcissus obsoletus (Haw.) Steud. ■☆

262400 Narcissus elegans (Haw.) Spach var. intermedius (Gay) Batt. = Narcissus obsoletus (Haw.) Steud. ■☆

262401 Narcissus elegans (Haw.) Spach var. oxypetalus (Boiss.) Maire = Narcissus obsoletus (Haw.) Steud. ■☆

262402 Narcissus gayi (Henon) Pugsley = Narcissus pseudonarcissus L. ■

262403 Narcissus humilis (Cav.) Traub = Narcissus cavanillesii Barra et G. López ■☆

262404 Narcissus hybridus Hort.;杂交水仙;Daffodil ■☆

262405 Narcissus incomparabilis Mill.;喇叭水仙(橙黄水仙,明星水仙,星冠水仙);Butter-and-eggs, Buttered Eggs, Chalice Cup Narcissus,Half-skilt Daffodil, Nonesuch Daffodil,Primrose Peerless Narcissus ■☆

262406 Narcissus infundibulum Poir. = Narcissus odorus L. ■☆

262407 Narcissus intermedius Gay = Narcissus elegans (Haw.) Spach var. intermedius (Gay) Batt. ■☆

262408 Narcissus italicus Ker Gawl. = Narcissus tazetta L. subsp. italicus (Ker Gawl.) Baker ■☆

262409 Narcissus jeanmonodii Fern. Casas;让莫诺水仙■☆

262410 Narcissus jonquilla L.;丁香水仙(长寿花,灯芯草水仙);

Jonquil, Longlife Daffodil, Longlife Narcissus, Rush-leaved Narcissus, Wild Jonquil ■

262411 Narcissus jonquilla L. 'Flore Pleno';重瓣丁香水仙;Queen Anne's Jonquil ■☆

262412 Narcissus latifolius Schult. f.;宽叶水仙■☆

262413 Narcissus lobularis Schult. f. = Narcissus pseudonarcissus L. ■

262414 Narcissus majalis Curtis;五月水仙(甜水仙);Sweet Nancy Lily ■☆

262415 Narcissus major Curtis;大水仙■☆

262416 Narcissus marvieri Jahand. et Maire;马尔水仙■☆

262417 Narcissus medioluteus Mill.;双花水仙(青水仙,中黄水仙);Biflower Daffodil, Daffodil, Lent Rose, Primrose Peerless, Primrose-peerless, Two-flowered Narcissus ■☆

262418 Narcissus medioluteus Mill. = Narcissus biflorus Curtis ■☆

262419 Narcissus minimus Kunth = Narcissus asturiensis (Jord.) Pugsley ■☆

262420 Narcissus minor L.;小水仙■☆

262421 Narcissus monophyllus (Durieu) T. Moore = Narcissus cantabricus DC. subsp. monophyllus (Durieu) A. Fern. ■☆

262422 Narcissus monophyllus (Durieu) T. Moore var. foliosus Maire = Narcissus cantabricus DC. subsp. monophyllus (Durieu) A. Fern. ■☆

262423 Narcissus nanus Steud.;侏儒水仙■☆

262424 Narcissus nivalis Graells.;雪水仙(雪生水仙)■☆

262425 Narcissus obesus Salisb.;肥胖水仙■☆

262426 Narcissus obsoletus (Haw.) Steud.;模糊水仙■☆

262427 Narcissus obvallaris Salisb.;宽瓣水仙;Tenby Daffodil ■☆

262428 Narcissus obvallaris Salisb. = Narcissus pseudonarcissus L. ■

262429 Narcissus odorus L.;芳香水仙;Bacon-and-eggs, Buttery Eggs, Campernelle, Campernelle Jonquil, Easter Flower, Easter Rose, Hybrid Jonquil, Jonquil, Rush Daffodil, Sweet-scented Narcissus, Yellow Jack ■☆

262430 Narcissus oxypetalus Boiss. = Narcissus elegans (Haw.) Spach var. oxypetalus (Boiss.) Maire ■☆

262431 Narcissus pachybolbus Durieu = Narcissus tazetta L. subsp. pachybolbus (Durieu) Baker ■☆

262432 Narcissus pallidiflorus Pugsley;白花水仙■☆

262433 Narcissus papyraceus Ker Gawl.;白水仙(本白水仙花,小水仙);Paper-white Daffodil, Paperwhite Narcissus, Paper-white Narcissus, Small Daffodil ■☆

262434 Narcissus papyraceus Ker Gawl. subsp. polyanthus (Loisel.) Asch. et Graebn. = Narcissus tazetta L. subsp. polyanthus (Loisel.) Baker ■☆

262435 Narcissus papyraceus Ker Gawl. subsp. polyanthus (Loisel.) Asch. et Graebn.;多花白水仙■☆

262436 Narcissus papyraceus Ker Gawl. var. tingitanus (Roem.) Pau = Narcissus papyraceus Ker Gawl. ■☆

262437 Narcissus peroccidentalis Fern. Casas;毛里塔尼亚水仙■☆

262438 Narcissus poeticus L.;诗人水仙(红口水仙,红水仙,口红水仙花);Butter-and-eggs, Eggs-and-butter, Laus Tibi, Narcissus, Pheasant's Eye, Pheasant's Eye Narcissus, Pheasant's Eyes, Pheasants-eye, Pheasant's-eye Daffodil, Pheasant's-eye Narcissus, Poet Daffodil, Poet's Daffodil, Poet's Narcissus, Primrose Pearls, Rouge Daffodil, Rouge Narcissus, Sweet Nancy, White Daffodil, White Dilly, White Lily, White Nancy, Wild Nancy ■☆

262439 Narcissus poeticus L. subsp. recurvus (Haw.) P. D. Sell;反折水仙;Pheasant's-eye ■☆

262440 Narcissus polyanthus Loisel.;臭水仙;Manyflowered Daffodil, Manyflowered Narcissus ■☆

262441 Narcissus pseudonarcissus L.;黄水仙(假水仙,喇叭水仙,洋水仙);Affadil, Affrodile, Avandrill, Averill, Babies' Bells, Bell Rose, Bellbloom, Bellrose, Bell-rose, Bulrose, Butter-and-eggs, Cencleffe, Chalice Flower, Chalice Lily, Churn, Common Daffodil, Cow Flop, Cowslip, Crow Bells, Cuckoo Rose, Daff Lily, Daffadilly, Daffadoondilly, Daffadowndilly, Daffidowndilly, Daffodil, Daffodilly, Daffodowndilly, Daffy Downdilly, Daffydowndilly, Daft Lily, Dilly, Dilly Daff, Dilly Dally, Dong Bells, Down Dilly, Easter Lily, Easter Rose, English Daffodil, English Wild Daffodil, Fairy Bells, Giggary, Glens, Gold Bell, Gold Bells, Golden Trumpet, Goose Flop, Goose Leek, Gracy Daisy, Gracy Day, Gregory, Haverdril, Hen-and-chickens, Hoop Petticoat, Hoop Petticoats, Julian, King's Spear, Lady's Ruffles, Lanthorn Lily, Lent Cocks, Lent Cup, Lent Lily, Lent Pitcher, Lent Rose, Lent-cocks, Lentigo, Lenty Cup, Lenty Cups, Lenty Lily, Leny Cocks, Lenycocks, Lide Lily, Lily, Nancy, Neckwort, Princess' Robe, Queen Anne's Flower, St. Joseph's Staff, St. Peter's Bell, St. Peter's Bells, Sunbonnet, Sweet Nancy, Tenby Daffodil, Trumpet Daffodil, Trumpet Narcissus, Whit Sunday, Wild Daffodil, Wild Jonquil, Yellow Bells, Yellow Crow Bells, Yellow Daffodil, Yellow Lily, Yellow Maiden, Yellow Narcissus, Yellow Trumpet ■

262442 Narcissus pseudonarcissus L. 'Plenus';重瓣黄水仙■☆

262443 Narcissus pseudonarcissus L. obvallaris ? = Narcissus obvallaris Salisb. ■☆

262444 Narcissus pseudonarcissus L. var. major ?;大黄水仙;Spanish Daffodil ■☆

262445 Narcissus pumilus Salisb.;矮水仙■☆

262446 Narcissus requienii M. Roem. = Narcissus assoanus Dufour ■☆

262447 Narcissus romieuxii Braun-Blanq. et Maire;北非水仙■☆

262448 Narcissus romieuxii Braun-Blanq. et Maire subsp. albidus (Emb. et Maire) A. Fern.;白北非水仙■☆

262449 Narcissus romieuxii Braun-Blanq. et Maire var. rifanus (Emb. et Maire) A. Fern. = Narcissus romieuxii Braun-Blanq. et Maire ■☆

262450 Narcissus romieuxii Braun-Blanq. et Maire var. zaianicus (Maire et al.) A. Fern. = Narcissus romieuxii Braun-Blanq. et Maire ■☆

262451 Narcissus rupicola Dufour ex Schult. f.;岩生水仙■☆

262452 Narcissus rupicola Dufour subsp. marvieri (Jahand. et Maire) Maire et Weiller = Narcissus marvieri Jahand. et Maire ■☆

262453 Narcissus rupicola Dufour subsp. watieri (Maire) Maire et Weiller = Narcissus watieri Maire ■☆

262454 Narcissus serotinus L.;晚花水仙■☆

262455 Narcissus serotinus L. var. emarginatus Chabert = Narcissus serotinus L. ■☆

262456 Narcissus tananicus (Maire) Ibn Tattou = Narcissus cantabricus DC. subsp. tananicus (Maire) A. Fern. ■☆

262457 Narcissus tazetta L.;法国水仙(多花水仙,欧洲水仙,水仙);Bunch-flowered Daffodil, Bunch-flowered Narcissus, Chinese Sacred Lily, Cream Narcissus, Paper-white Narcissus, Polyanthus Daffodil, Polyanthus Narcissus, Rose-of-sharon ■☆

262458 Narcissus tazetta L. 'Plenus';重瓣法国水仙■☆

262459 Narcissus tazetta L. subsp. aureus (Loisel.) Baker;黄法国水仙■☆

262460 Narcissus tazetta L. subsp. bertolonii (Parl.) Baker = Narcissus tazetta L. subsp. aureus (Loisel.) Baker ■☆

262461 Narcissus tazetta L. subsp. gussonei Rouy = Narcissus tazetta L.

subsp. aureus (Loisel.) Baker ■☆

262462 Narcissus tazetta L. subsp. italicus (Ker Gawl.) Baker;意大利水仙■☆

262463 Narcissus tazetta L. subsp. pachybolbus (Durieu) Baker;粗水仙■☆

262464 Narcissus tazetta L. subsp. papyraceus (Ker Gawl.) Baker = Narcissus papyraceus Ker Gawl. ■☆

262465 Narcissus tazetta L. subsp. polyanthus (Loisel.) Baker = Narcissus papyraceus Ker Gawl. subsp. polyanthus (Loisel.) Asch. et Graebn. ■☆

262466 Narcissus tazetta L. var. algericus (Roem.) Maire et Weiller = Narcissus tazetta L. ■☆

262467 Narcissus tazetta L. var. canariensis (Burb.) Voss;加那利水仙■☆

262468 Narcissus tazetta L. var. chinensis Roem.;水仙(金盏银台,俪兰,凌波仙子,女史花,水仙花,天葱,天葱花,雅葱,雅蒜,雅蒜花,姚女儿,中国水仙);China Narcissus,Chinese Narcissus ■

262469 Narcissus tazetta L. var. chinensis Roem. 'Florepleno';重瓣水仙■☆

262470 Narcissus tazetta L. var. discolor Batt. = Narcissus tazetta L. ■☆

262471 Narcissus tazetta L. var. primulinus Maire = Narcissus tazetta L. ■☆

262472 Narcissus tingitanus Fern. Casas;丹吉尔水仙■☆

262473 Narcissus triandrus L.;西班牙水仙(三蕊水仙);Angel's Tears,Angels-tears,Ganymede's Cup ■☆

262474 Narcissus triandrus L. 'Albus';白西班牙水仙;Angel's Tears ■☆

262475 Narcissus viridiflorus Schousb.;绿花水仙;Rush Daffodil ■☆

262476 Narcissus watieri Maire;瓦捷水仙■☆

262477 Narda Vell. = Strychnos L. ●

262478 Nardaceae Martinov = Gramineae Juss.(保留科名)■●

262479 Nardaceae Martinov = Poaceae Barnhart(保留科名)■●

262480 Nardina Murr. = Nandina Thunb. ●

262481 Nardophyllum (Hook. et Arn.) Hook. et Arn. (1836);甘松菀属●☆

262482 Nardophyllum Hook. et Arn. = Nardophyllum (Hook. et Arn.) Hook. et Arn. ●☆

262483 Nardophyllum kingii A. Gray;金氏甘松菀●☆

262484 Nardophyllum obtusifolium Hook. et Arn.;钝叶甘松菀●☆

262485 Nardophyllum paniculatum Phil.;圆锥甘松菀●☆

262486 Nardophyllum parvifolium Phil.;小叶甘松菀●☆

262487 Nardosmia Cass. = Petasites Mill. ■

262488 Nardosmia frigida (L.) Hook. = Petasites frigidus (L.) Fr. ■☆

262489 Nardosmia japonica Siebold et Zucc. = Petasites japonicus (Siebold et Zucc.) Maxim. ■

262490 Nardosmia laevigata DC. var. subfaeminea DC. = Petasites rubellus (J. F. Gmel.) J. Toman ■

262491 Nardosmia palmata (Aiton) Hook. = Petasites frigidus (L.) Fr. var. palmatus (Aiton) Cronquist ■☆

262492 Nardosmia sagittata (Banks ex Pursh) Hook. = Petasites frigidus (L.) Fr. var. sagittatus (Banks ex Pursh) Chern. ■☆

262493 Nardosmia saxatilis Turcz. = Petasites rubellus (J. F. Gmel.) J. Toman ■

262494 Nardostachys DC. (1830);甘松属;Nardostachys ■

262495 Nardostachys chinensis Batalin = Nardostachys jatamansi (D. Don) DC. ■

262496 Nardostachys grandiflora DC. = Nardostachys jatamansi (D. Don) DC. ■

262497 Nardostachys jatamansi (D. Don) DC.;甘松(匙叶甘松,大花甘松,大花甘松香,甘松香,苦弥哆,宽叶甘松,人身香,麝男,香松);Ancient Spikenard,China Nardostachys,Chinese Nardostachys,Indian Nard,Indian Valerian,Largrflower Nardostachys,Nard,Spikenard,Spoonleaf Nardostachys ■

262498 Nardostachys latamansi ? = Nardostachys jatamansi (D. Don) DC. ■

262499 Narduretia Villar = Nardurus (Bluff,Nees et Schauer) Rchb. + Vulpia C. C. Gmel. ■

262500 Narduretia Villar = Vulpia C. C. Gmel. ■

262501 Narduretia cynosuroides (Desf.) Villar = Ctenopsis cynosuroides (Desf.) Paunero ex Romero García ■☆

262502 Narduretia cynosuroides (Desf.) Villar var. gypsacea (Willk.) Villar = Ctenopsis cynosuroides (Desf.) Paunero ex Romero García ■☆

262503 Narduretia delicatula (Lag.) Villar = Ctenopsis pectinella (Delile) De Not. ■☆

262504 Narduretia gypsacea (Willk.) Villar = Ctenopsis cynosuroides (Desf.) Paunero ex Romero García ■☆

262505 Narduroides Rouy(1913);假欧蔗草属■☆

262506 Narduroides salzmannii (Boiss.) Rouy;假欧蔗草■☆

262507 Nardurus (Bluff, Nees et Schauer) Rchb. = Nardurus Rchb. ■☆

262508 Nardurus (Bluff,Nees et Schauer) Rchb. = Vulpia C. C. Gmel. ■

262509 Nardurus Rchb. (1841);香尾禾属■☆

262510 Nardurus cynosuroides (Desf.) Batt. et Trab. = Ctenopsis cynosuroides (Desf.) Paunero ex Romero García ■☆

262511 Nardurus cynosuroides (Desf.) Batt. et Trab. var. maireanus (Villar) Maire = Ctenopsis cynosuroides (Desf.) Paunero ex Romero García ■☆

262512 Nardurus cynosuroides (Desf.) Batt. et Trab. var. pubecens Maire = Ctenopsis cynosuroides (Desf.) Paunero ex Romero García ■☆

262513 Nardurus demnatensis (Murb.) Maire = Wangenheimia demnatensis (Murb.) Stace ■☆

262514 Nardurus filiformis (Salzm. ex Willk. et Lange) C. Vicioso var. chinensis Franch. = Tripogon chinensis (Franch.) Hack. ■

262515 Nardurus filiformis (Salzm. ex Willk.) C. Vicioso var. chinensis Franch. = Tripogon chinensis (Franch.) Hack. ■

262516 Nardurus krausei (Regel) V. I. Krecz. et Bobrov;克劳斯香尾禾■☆

262517 Nardurus mamoraeus Maire = Micropyrum mamoraeum (Maire) Stace ■☆

262518 Nardurus maritimus (L.) Murb. = Vulpia unilateralis (L.) Stace ■☆

262519 Nardurus maritimus (L.) Murb. var. aristatus (Koch) Maire = Vulpia unilateralis (L.) Stace ■☆

262520 Nardurus maritimus (L.) Murb. var. trabutii Maire = Vulpia unilateralis (L.) Stace ■☆

262521 Nardurus montanus Boiss. et Reut. = Vulpia unilateralis (L.) Stace subsp. montana (Boiss. et Reut.) Cabezudo et al. ■☆

262522 Nardurus orientale Boiss. = Loliolum subulatum (Banks et Sol.) Eig ■☆

262523 Nardurus persicus Boiss. et Buhse = Vulpia persica (Boiss. et Buhse) V. I. Krecz. et Bobrov ■☆

262524 Nardurus poa (Lam.) Batt. et Trab. = Micropyrum tenellum (L.) Link ■☆

262525 Nardurus salzmannii Boiss. = Narduroides salzmannii (Boiss.) Rouy ■☆

262526 Nardurus subulatus (Banks et Sol.) Bor = Loliolum subulatum (Banks et Sol.) Eig ■☆

262527 Nardurus subulatus (Banks et Sol.) Bor = Lolium rigidum Gaudin subsp. lepturoides (Boiss.) Sennen et Mauricio ■☆

262528 Nardurus tenuiflorus (Schrad.) Boiss.;细花香尾禾■☆

262529 Nardurus tenuiflorus (Schrad.) Boiss. = Vulpia unilateralis (L.) Stace ■☆

262530 Nardurus unilateralis (L.) Boiss. = Vulpia unilateralis (L.) Stace ■☆

262531 Nardurus unilateralis (L.) Boiss. var. montanus (Boiss. et Reut.) Batt. et Trab. = Vulpia unilateralis (L.) Stace subsp. montana (Boiss. et Reut.) Cabezudo et al. ■☆

262532 Nardus L. (1753);干沼草属(欧莼草属);Matgrass, Matgrass, Nard Grass, Nardgrass ■☆

262533 Nardus aristatus L. = Psilurus incurvus (Gouan) Schinz et Thell. ■☆

262534 Nardus ciliaris L. = Eremochloa ciliaris (L.) Merr. ■

262535 Nardus incurvus Gouan = Psilurus incurvus (Gouan) Schinz et Thell. ■☆

262536 Nardus indicus L. f. = Microchloa indica (L. f.) P. Beauv. ■

262537 Nardus strictus L.;干沼草;Mat Grass, Matgrass, Mat-grass, Matweed, Nard Grass, Nardgrass ■☆

262538 Narega Raf. = Catunaregam Wolf ●

262539 Narega Raf. = Randia L. ●

262540 Naregamia Wight et Arn. (1834)(保留属名);吐根属(印度吐根属)●☆

262541 Naregamia africana (Welw.) Exell;非洲吐根●☆

262542 Naregamia africana (Welw.) Exell = Turraea africana (Welw.) Cheek ●☆

262543 Naregamia alata Wight et Arn.;印度吐根(果阿吐根,葡萄牙吐根);Goa Ipecacuanha ●☆

262544 Naregamia alata Wight et Arn. var. africana Welw. = Turraea africana (Welw.) Cheek ●☆

262545 Naregamia crenulata (Roxb.) Nicolson = Hesperethusa crenulata (Roxb.) M. Roem. ●☆

262546 Narenga Bor = Saccharum L. ■

262547 Narenga Bor(1940);河王八属;Narenga ■

262548 Narenga fallax (Balansa) Bor;金猫尾(黄茅草);Fallacious Sugarcane, Goldencattail Narenga ■

262549 Narenga fallax (Balansa) Bor = Saccharum fallax Balansa ■

262550 Narenga fallax (Balansa) Bor var. aristata (Balansa) L. Liou;短芒金猫尾(具芒金猫尾);Aristate Fallacious Sugarcane, Shortawn Goldencattail Narenga ■

262551 Narenga fallax (Balansa) Bor var. aristata (Balansa) L. Liou = Saccharum fallax Balansa ■

262552 Narenga porphyrocoma (Hance ex Trin.) Bor;河王八(草鞋密);Narenga, Narenga Sugarcane, Purple Narenga ■

262553 Narenga porphyrocoma (Hance ex Trin.) Bor = Saccharum narenga (Nees ex Steud.) Hack. ■

262554 Narenga porphyrocoma (Hance) Bor = Narenga porphyrocoma (Hance ex Trin.) Bor ■

262555 Narenga porphyrocoma (Hance) Bor = Saccharum narenga (Nees ex Steud.) Wall. ex Hack. ■

262556 Nargedia Bedd. (1874);纳吉茜属●☆

262557 Nargedia macrocarpa (Thwaites) Bedd.;纳吉茜●☆

262558 Nargedia macrocarpa Bedd. = Nargedia macrocarpa (Thwaites) Bedd. ●☆

262559 Narica Raf. = Sarcoglottis C. Presl ■☆

262560 Naringi Adans. = Hesperethusa M. Roem. ●☆

262561 Naringi crenulata (Roxb.) Nicolson = Hesperethusa crenulata (Roxb.) M. Roem. ●☆

262562 Narketis Raf. = Lomatogonium A. Braun ■

262563 Naron Medik. (废弃属名) = Dietes Salisb. ex Klatt(保留属名)■☆

262564 Naron Medik. (废弃属名) = Moraea Mill. (保留属名)■

262565 Nartheciaceae Fr. ex Bjurzon = Nartheciaceae Small ■

262566 Nartheciaceae Small = Melanthiaceae Batsch ex Borkh. (保留科名)■

262567 Nartheciaceae Small(1846);纳茜菜科(肺筋草科)■

262568 Narthecium Ehrh. = Anthericum L. ■☆

262569 Narthecium Ehrh. = Tofieldia Huds. ■

262570 Narthecium Gerard(废弃属名) = Narthecium Huds. (保留属名)■

262571 Narthecium Gerard(废弃属名) = Tofieldia Huds. ■

262572 Narthecium Huds. (1762)(保留属名);纳茜菜属(纳茜草属);Bog Asphodel, Bog-asphodel, Narthecium ■

262573 Narthecium alpinum Michx. = Tofieldia calyculata Wahlenb. ■☆

262574 Narthecium americanum Ker Gawl.;美洲纳茜菜;American Narthecium, Bog Asphodel, Yellow Asphodel ■☆

262575 Narthecium californicum Baker;加州纳茜菜;California bog-asphodel ■☆

262576 Narthecium caucasicum Miscz.;高加索纳茜菜■☆

262577 Narthecium globosum Turcz. ex Fisch. et C. A. Mey. = Rorippa globosa (Turcz. ex Fisch. et C. A. Mey.) Hayek ■

262578 Narthecium glutinosum Michx. = Tofieldia glutinosa (Michx.) Pers. ■☆

262579 Narthecium glutinosum Michx. = Triantha glutinosa (Michx.) Baker ■☆

262580 Narthecium occidentale (A. Gray) Grey;西方纳茜菜■☆

262581 Narthecium ossifragum (L.) Hudson var. americanum (Ker Gawl.) A. Gray = Narthecium americanum Ker Gawl. ■☆

262582 Narthecium ossifragum (L.) Hudson var. occidentale A. Gray = Narthecium californicum Baker ■☆

262583 Narthecium ossifragum Huds.;湿地纳茜菜(骨碎补纳茜菜);Bog Asphodel, King's Rod, Lancashire Asphodel, Maiden's Hair, Marsh Asphodel, Yellow-grass ■☆

262584 Narthecium palustre Bubani = Tofieldia palustris Huds. ■☆

262585 Narthecium pusillum Michx. = Tofieldia pusilla (Michx.) Pers. ■☆

262586 Narthex Falc. = Ferula L. ■

262587 Narthex asafoetida Falc. ex Lindl. = Ferula narthex Boiss. ■☆

262588 Narukila Adans. = Pontederia L. ■☆

262589 Narukila cordata (L.) Nieuwl. = Pontederia cordata L. ■☆

262590 Narum Adans. = Uvaria L. ●

262591 Naruma Raf. = Uvaria L. ●

262592 Narvalina Cass. (1825);软翼菊属●☆

262593 Narvalina domingensis Cass.;软翼菊■☆

262594 Narvelia Link = Atragene L. ●☆

262595 Narvelia Link = Naravel Adans. ●☆

262596 Narvelia Link = Naravelia Adans. (保留属名)●

262597 Nasa Weigend = Loasa Adans. ■●☆
262598 Nasa Weigend(1997);单苞刺莲花属■●☆
262599 Nasa aequatoriana (Urb. et Gilg) Weigend;单苞刺莲花■●☆
262600 Nashia Millsp. (1906);纳什木属●☆
262601 Nashia inaguensis Millsp.;纳什木;Moujean Tea ●☆
262602 Nashia spinifera (Urb.) Moldenke;刺纳什木●☆
262603 Nasmythia Huds. = Eriocaulon L. ■
262604 Nasmythia articulata Huds. = Eriocaulon aquaticum (Hill) Druce ■☆
262605 Nasmythia septangularis (With.) Mart. = Eriocaulon aquaticum (Hill) Druce ■☆
262606 Nasonia Lindl. = Centropetalum Lindl. ■☆
262607 Nasonia Lindl. = Fernandezia Ruiz et Pav. ■☆
262608 Nassauvia Comm. ex Juss. (1789);网菊属(钝柱菊属)●☆
262609 Nassauvia revoluta D. Don;外卷网菊■☆
262610 Nassauviaceae Burmeist. = Asteraceae Bercht. et J. Presl(保留科名)●■
262611 Nassauviaceae Burmeist. = Compositae Giseke(保留科名)●■
262612 Nassavia Vell. = Allophylus L. ●
262613 Nassawia Lag. = Nassauvia Comm. ex Juss. ●☆
262614 Nassella (Trin.) E. Desv. (1854);单花针茅属■☆
262615 Nassella chilensis (Trin.) E. Desv.;智利单花针茅;Chilean Needlegrass ■☆
262616 Nassella chilensis E. Desv. = Nassella chilensis (Trin.) E. Desv. ■☆
262617 Nassella manicata (E. Desv.) Barkworth;热带单花针茅;Tropical Needlegrass ■☆
262618 Nassella neesiana (Trin. et Rupr.) Barkworth;非洲单花针茅;Uruguayan Needlegrass ■☆
262619 Nassella neesiana (Trin. et Rupr.) Barkworth = Stipa neesiana Trin. et Rupr. ■☆
262620 Nassella pulchra (Hitchc.) Barkworth;美丽单花针茅;Purple Needle Grass,Purple Tussock Grass ■☆
262621 Nassella tenuissima (Trin.) Barkworth;纤细单花针茅;Mexican Feather Grass ■☆
262622 Nassella trichotoma (Nees) Hack. ex Arechav.;毛单花针茅;Serrated Tussock ■☆
262623 Nassella viridula (Trin.) Barkworth = Stipa viridula Trin. ■☆
262624 Nassovia Batsch = Nassauvia Comm. ex Juss. ●☆
262625 Nastanthus Miers = Acarpha Griseb. ■☆
262626 Nasturtiastrum (Gren. et Godr.) Gillet et Magne = Lepidium L. ■
262627 Nasturtiastrum Gillet et Magne = Lepidium L. ■
262628 Nasturtiicarpa Gilli = Calymmatium O. E. Schulz ■☆
262629 Nasturtioides Medik. = Lepidium L. ■
262630 Nasturtiolum Gray = Hornungia Rchb. ■
262631 Nasturtiolum Gray = Hutchinsia W. T. Aiton ■☆
262632 Nasturtiolum Medik. = Coronopus Zinn(保留属名)■
262633 Nasturtiopsis Boiss. (1867);类豆瓣菜属(拟豆瓣菜属)■☆
262634 Nasturtiopsis arabica Boiss. = Nasturtiopsis coronopifolia (Desf.) Boiss. subsp. arabica (Boiss.) Greuter et Burdet ■☆
262635 Nasturtiopsis coronopifolia (Desf.) Boiss.;类豆瓣菜■☆
262636 Nasturtiopsis coronopifolia (Desf.) Boiss. subsp. arabica (Boiss.) Greuter et Burdet;阿拉伯类豆瓣菜■☆
262637 Nasturtiopsis coronopifolia (Desf.) Boiss. var. ceratophylla (Desf.) O. E. Schulz = Nasturtiopsis coronopifolia (Desf.) Boiss. ■☆
262638 Nasturtiopsis coronopifolia (Desf.) Boiss. var. dasycarpa O. E. Schulz = Nasturtiopsis coronopifolia (Desf.) Boiss. ■☆
262639 Nasturtiopsis integrifolia (Boulos) Abdel Khalik et F. T. Bakker;全叶类豆瓣菜■☆
262640 Nasturtium Adans. = Lepidium L. ■
262641 Nasturtium Mill. (废弃属名) = Lepidium L. + Coronopus Zinn (保留属名)■
262642 Nasturtium Mill. (废弃属名) = Nasturtium W. T. Aiton(保留属名)■
262643 Nasturtium R. Br. = Rorippa Scop. ■
262644 Nasturtium Roth = Capsella Medik. (保留属名)■
262645 Nasturtium W. T. Aiton(1812)(保留属名);豆瓣菜属(水田芥属,水田荠属);Watercress ■
262646 Nasturtium Zinn = Thlaspi L. ■
262647 Nasturtium acaule Welw. = Rorippa madagascariensis (DC.) Hara ■☆
262648 Nasturtium africanum Braun-Blanq.;非洲豆瓣菜■☆
262649 Nasturtium album (Pall.) Spreng. = Smelowskia alba (Pall.) Regel ■
262650 Nasturtium amphibium (L.) R. Br. = Rorippa amphibia (L.) Besser ■☆
262651 Nasturtium armoracia (L.) Fr. = Armoracia rusticana (Lam.) Gaertn., B. Mey. et Scherb. ■
262652 Nasturtium asperum (L.) Coss.;粗糙豆瓣菜■☆
262653 Nasturtium asperum (L.) Coss. var. boissieri (Coss.) Coss.;布瓦西耶豆瓣菜■☆
262654 Nasturtium asperum (L.) Coss. var. munbyanum (Boiss. et Reut.) Coss. = Sisymbrella aspera (L.) Spach subsp. munbyana (Boiss. et Reut.) Greuter et Burdet ■☆
262655 Nasturtium atlanticum Ball = Roripella atlantica (Ball) Greuter et Burdet ■☆
262656 Nasturtium atrovirens (Hornem.) DC. = Rorippa indica (L.) Hiern ■
262657 Nasturtium austriacum Crantz = Rorippa austriaca (Crantz) Besser ■☆
262658 Nasturtium barbareifolium (DC.) B. Fedtsch. = Rorippa barbareifolia (DC.) Kitag. ■
262659 Nasturtium barbareifolium Fisch. = Rorippa barbareifolia (DC.) Kitag. ■
262660 Nasturtium barbareifolium Franch. = Rorippa elata (Hook. f. et Thomson) Hand.-Mazz. ■
262661 Nasturtium benghalense DC. = Rorippa benghalensis (DC.) H. Hara ■
262662 Nasturtium benuense Hutch. et Dalziel = Rorippa madagascariensis (DC.) Hara ■☆
262663 Nasturtium boissieri Coss. = Nasturtium asperum (L.) Coss. var. boissieri (Coss.) Coss. ■☆
262664 Nasturtium brachypus Webb = Rorippa micrantha (Roth) Jonsell ■☆
262665 Nasturtium caledonicum Sond. = Rorippa fluviatilis (E. Mey. ex Sond.) Thell. var. caledonica (Sond.) Marais ■☆
262666 Nasturtium cantoniense Hance = Rorippa globosa (Turcz. ex Fisch. et C. A. Mey.) Hayek ■
262667 Nasturtium coronopifolium (Desf.) Coss. = Nasturtiopsis coronopifolia (Desf.) Boiss. ■☆
262668 Nasturtium coronopifolium (Desf.) Coss. var. ceratophyllum (Desf.) Batt. = Nasturtiopsis coronopifolia (Desf.) Boiss. ■☆

262669 Nasturtium coronopifolium (Desf.) Coss. var. pumilum (Pomel) Batt. = Nasturtiopsis coronopifolia (Desf.) Boiss. ■☆

262670 Nasturtium cryptanthum A. Rich. var. mildbraedii O. E. Schulz = Rorippa cryptantha (Hochst. ex A. Rich.) Robyns et Boutique ■☆

262671 Nasturtium cryptanthum Hochst. ex A. Rich. = Rorippa cryptantha (Hochst. ex A. Rich.) Robyns et Boutique ■☆

262672 Nasturtium densiflorum Turcz. = Rorippa palustris (L.) Besser ■

262673 Nasturtium diffusum DC. = Rorippa benghalensis (DC.) H. Hara ■

262674 Nasturtium diffusum DC. = Rorippa indica (L.) Hiern ■

262675 Nasturtium dubium (Pers.) Kuntze = Rorippa dubia (Pers.) H. Hara ■

262676 Nasturtium dubium Kuntze = Rorippa dubia (Pers.) H. Hara ■

262677 Nasturtium elatum (Hook. f. et Thomson) Kuntze ex O. E. Schulz = Rorippa dubia (Pers.) H. Hara ■

262678 Nasturtium elatum Kuntze = Rorippa elata (Hook. f. et Thomson) Hand. -Mazz. ■

262679 Nasturtium elongatum E. Mey. ex Burtt Davy = Rorippa nudiuscula (E. Mey. ex Sond.) Thell. ■☆

262680 Nasturtium elongatum E. Mey. ex Burtt Davy var. serratum Burtt Davy = Rorippa nudiuscula (E. Mey. ex Sond.) Thell. ■☆

262681 Nasturtium fluviatile E. Mey. ex Sond. = Rorippa fluviatilis (E. Mey. ex Sond.) Thell ■☆

262682 Nasturtium fluviatile E. Mey. ex Sond. var. caledonicum (Sond.) Sond. = Rorippa fluviatilis (E. Mey. ex Sond.) Thell. var. caledonica (Sond.) Marais ■☆

262683 Nasturtium fluviatile E. Mey. var. brevistylum Sond. = Rorippa nudiuscula (E. Mey. ex Sond.) Thell. ■☆

262684 Nasturtium fontanum Asch. var. longisiliquum Irmisch = Nasturtium microphyllum Boenn. ex Rchb. ■☆

262685 Nasturtium globosum Turcz. = Rorippa globosa (Turcz. ex Fisch. et C. A. Mey.) Hayek ■

262686 Nasturtium globosum Turcz. ex Fisch. et C. A. Mey. = Rorippa globosa (Turcz. ex Fisch. et C. A. Mey.) Hayek ■

262687 Nasturtium henryi Oliv. = Yinshania henryi (Oliv.) Y. H. Zhang ■

262688 Nasturtium heterophyllum Blume = Rorippa dubia (Pers.) H. Hara ■

262689 Nasturtium heterophyllum Blume = Rorippa heterophylla (Blume) R. O. Williams ■

262690 Nasturtium hispidum f. tetrapoma N. Busch = Rorippa barbareifolia (DC.) Kitag. ■

262691 Nasturtium humifusum Guillaumin et Perr. = Rorippa humifusa (Guillaumin et Perr.) Hiern ■☆

262692 Nasturtium indicum (L.) DC. = Rorippa indica (L.) Hiern ■

262693 Nasturtium indicum (L.) DC. var. apetalum DC. = Rorippa dubia (Pers.) H. Hara ■

262694 Nasturtium indicum (L.) DC. var. benghalense (DC.) Hook. f. et T. Anderson = Rorippa benghalensis (DC.) H. Hara ■

262695 Nasturtium indicum (L.) DC. var. javanum Blume = Rorippa dubia (Pers.) H. Hara ■

262696 Nasturtium indicum L. = Rorippa indica (L.) Hiern ■

262697 Nasturtium indicum L. var. apetalum DC. = Rorippa dubia (Pers.) H. Hara ■

262698 Nasturtium indicum L. var. benghalense (DC.) Hook. f. et T. Anderson = Rorippa benghalensis (DC.) H. Hara ■

262699 Nasturtium indicum L. var. javanum Blume = Rorippa dubia (Pers.) H. Hara ■

262700 Nasturtium integrifolium Szyszyl. = Rorippa nudiuscula (E. Mey. ex Sond.) Thell. ■☆

262701 Nasturtium islandicum (Oeder) Sprague = Rorippa islandica (Oeder) Borbás ■

262702 Nasturtium kouytchense H. Lév. = Yinshania henryi (Oliv.) Y. H. Zhang ■

262703 Nasturtium lacustre A. Gray = Armoracia lacustris (A. Gray) Al-Shehbaz et V. M. Bates ■☆

262704 Nasturtium macrocarpum Boiss. = Ceriosperma macrocarpum (Boiss.) Greuter et Burdet ■☆

262705 Nasturtium madagascariensis DC. = Rorippa madagascariensis (DC.) Hara ■☆

262706 Nasturtium microcapsum Engl. et Gilg = Rorippa cryptantha (Hochst. ex A. Rich.) Robyns et Boutique ■☆

262707 Nasturtium microphyllum Boenn. ex Rchb.; 小叶豆瓣菜; One-row Yellow-cress, Watercress ■☆

262708 Nasturtium microphyllum Boenn. ex Rchb. = Rorippa microphylla (Boenn. ex Rchb.) Hyl. ex Á. Löve et D. Löve ■☆

262709 Nasturtium microspermum DC. = Rorippa cantoniensis (Lour.) Ohwi ■

262710 Nasturtium microspermum DC. var. macilentum Bunge = Rorippa cantoniensis (Lour.) Ohwi ■

262711 Nasturtium microspermum DC. var. vegetius Bunge = Rorippa cantoniensis (Lour.) Ohwi ■

262712 Nasturtium montanum Wall. = Rorippa dubia (Pers.) H. Hara ■

262713 Nasturtium montanum Wall. ex Hook. f. et T. Anderson = Rorippa montana (Wall. ex Hook. f. et Thomson) Small ■

262714 Nasturtium montanum Wall. ex Hook. f. et T. Thomson = Rorippa indica (L.) Hiern ■

262715 Nasturtium munbyanum Boiss. et Reut. = Sisymbrella aspera (L.) Spach ■☆

262716 Nasturtium nasturtium-aquaticum (L.) H. Karst. = Nasturtium officinale R. Br. ■

262717 Nasturtium nasturtium-aquaticum L. = Nasturtium officinale W. T. Aiton ■

262718 Nasturtium nasturtium-aquaticum L. = Rorippa nasturtium-aquaticum (L.) Hayek ■☆

262719 Nasturtium nebrodense Raf. = Lepidium hirtum (L.) Sm. ■☆

262720 Nasturtium nilolicum Boiss. = Rorippa micrantha (Roth) Jonsell ■☆

262721 Nasturtium obliquum Zoll. = Cardamine flexuosa With. ■

262722 Nasturtium officinale R. Br.; 豆瓣菜(水蔊菜,水芥菜,水生菜,水田芥,水瓮菜,无心菜,西洋菜,西洋菜干); Bilders, Billers, Bittercress, Brooklime, Brown Cress, Burley, Carpenter's Chips, Carsons, Crash, Creese, Eker, Horse Well-cress, Kerse, Kersouns, Rib, Rocket Water Cress, Shamrock, Stertion, Tarry Tongue, Tarry-tongue, Teng Tongue, Teng-tongue, Tongue-grass, Water Crash, Water Crease, Water Cress, Water Grass, Water Gress, Watercress, Water-cress, Well Girse, Well Karse, Well Kerse, Well-girse, Well-grass, Well-karse ■

262723 Nasturtium officinale R. Br. = Rorippa nasturtium-aquaticum (L.) Hayek ■☆

262724 Nasturtium officinale R. Br. f. siifolium Rchb. = Nasturtium officinale R. Br. ■

262725 Nasturtium officinale R. Br. var. microphyllum (Boenn. ex Rchb.) Thell. = Nasturtium microphyllum Boenn. ex Rchb. ■☆

262726 Nasturtium officinale R. Br. var. olgae (Regel et Schmalh.) Busch = Nasturtium microphyllum Boenn. ex Rchb. ■☆
262727 Nasturtium officinale R. Br. var. siifolium (Rchb.) W. D. J. Koch = Nasturtium officinale R. Br. ■
262728 Nasturtium officinale W. T. Aiton = Nasturtium officinale R. Br. ■
262729 Nasturtium palustre (L.) DC. = Rorippa islandica (Oeder) Borbás ■
262730 Nasturtium palustre (L.) DC. = Rorippa palustris (L.) Besser ■
262731 Nasturtium palustre (L.) DC. f. longipes Franch. = Rorippa palustris (L.) Besser ■
262732 Nasturtium palustre (L.) DC. f. stoloniferum Franch. = Rorippa palustris (L.) Besser ■
262733 Nasturtium palustre DC. = Rorippa islandica (Oeder) Borbás ■
262734 Nasturtium palustre DC. = Rorippa palustris (L.) Besser ■
262735 Nasturtium palustre DC. f. longipes Franch. = Rorippa palustris (L.) Besser ■
262736 Nasturtium palustre DC. f. stoloniferum Franch. = Rorippa palustris (L.) Besser ■
262737 Nasturtium pumilum Pomel = Nasturtiopsis coronopifolia (Desf.) Boiss. ■☆
262738 Nasturtium rivulorum Dunn = Hilliella rivulorum (Dunn) Y. H. Zhang et H. W. Li ■
262739 Nasturtium rivulorum Dunn = Yinshania rivulorum (Dunn) Al-Shehbaz et al. ■
262740 Nasturtium sessiliflorum Nutt. = Rorippa sessiliflora (Nutt. ex Torr. et A. Gray) Hitchc. ■☆
262741 Nasturtium sikokianum Franch. et Sav. = Rorippa cantoniensis (Lour.) Ohwi ■
262742 Nasturtium sikokianum Franch. et Sav. var. axillare Hayata = Rorippa cantoniensis (Lour.) Ohwi ■
262743 Nasturtium sinapis (Burm. f.) O. E. Schulz = Rorippa indica (L.) Hiern ■
262744 Nasturtium sinapis (Burm. f.) O. E. Schulz = Rorippa sinapis (Burm. f.) Keay ■☆
262745 Nasturtium sinuatum Nutt. = Rorippa sinuata (Nutt. ex Torr. et A. Gray) Hitchc. ■☆
262746 Nasturtium sterile (Airy Shaw) Oefelein;不育豆瓣菜;Yellow-cress ■☆
262747 Nasturtium sublyratum (Miq.) Franch. et Sav. = Rorippa dubia (Pers.) H. Hara ■
262748 Nasturtium sylvestre (L.) R. Br. = Rorippa sylvestris (L.) Besser ■
262749 Nasturtium sylvestre R. Br. = Rorippa sylvestris (L.) Besser ■
262750 Nasturtium tenue Miq. = Eutrema tenue (Miq.) Makino ■
262751 Nasturtium tibeticum Maxim.;西藏豆瓣菜;Tibet Watercress, Xizang Watercress ■
262752 Nasturtium tibeticum Maxim. = Dontostemon tibeticus (Maxim.) Al-Shehbaz et H. Ohba ■
262753 Nasturtium uniseriatum Howard et Manton = Nasturtium microphyllum Boenn. ex Rchb. ■☆
262754 Nastus Dioscorides ex Lunell = Cenchrus L. ■
262755 Nastus Juss. (1789);拿司竹属(狭叶竹属)●☆
262756 Nastus Lunell = Cenchrus L. ■
262757 Nastus aristatus A. Camus;具芒拿司竹●☆
262758 Nastus borbonicus J. F. Gmel.;团圆拿司竹;Reunion Bamboo, Reunion Isle Bamboo, Wet-forest Bamboo ●☆
262759 Nastus borbonicus J. F. Gmel. var. emirnensis Baker = Nastus emirnensis (Baker) A. Camus ●☆
262760 Nastus capitatus Kunth = Cathariostachys capitata (Kunth) S. Dransf. ●☆
262761 Nastus elatus Holttum;新几内亚拿司竹;Mingal Bamboo, New Guinea Clumping Bamboo ●☆
262762 Nastus elegantissimus (Hassk.) Holttum;西爪哇拿司竹;West Java Clumping Bamboo ●☆
262763 Nastus elongatus A. Camus;伸长拿司竹●☆
262764 Nastus emirnensis (Baker) A. Camus;埃米拿司竹●☆
262765 Nastus humbertianus A. Camus;亨伯特拿司竹●☆
262766 Nastus lokohensis A. Camus;洛克赫拿司竹●☆
262767 Nastus madagascariensis A. Camus;马岛拿司竹●☆
262768 Nastus perrieri A. Camus;佩里耶拿司竹●☆
262769 Nastus tessellata Nees = Thamnocalamus tessellatus (Nees) Soderstr. et R. P. Ellis ●☆
262770 Nastus tsaratananensis A. Camus;察拉塔纳纳拿司竹●☆
262771 Natalanthe Sond. = Tricalysia A. Rich. ex DC. ●
262772 Natalanthe floribunda Sond. = Tricalysia capensis (Meisn. ex Hochst.) Sim ●☆
262773 Natalia Hochst. = Bersama Fresen. ●☆
262774 Natalia lucens Hochst. = Bersama lucens (Hochst.) Szyszyl. ●☆
262775 Natalia paullinioides Planch. = Bersama abyssinica Fresen. ●☆
262776 Nathaliella B. Fedtsch. (1932);石玄参属(纳掌花属);Nathaliella ■
262777 Nathaliella alaica B. Fedtsch.;石玄参;Pamir Nathaliella ■
262778 Nathusia Hochst. = Schrebera Roxb. (保留属名)●☆
262779 Nathusia alata Hochst. = Schrebera alata (Hochst.) Welw. ●☆
262780 Nathusia holstii Engl. et Gilg = Schrebera alata (Hochst.) Welw. ●☆
262781 Natrix Moench = Ononis L. ■●
262782 Natschia Bubani = Nardus L. ■☆
262783 Natsiatopsis Kurz(1876);麻核藤属;Natsiatopsis ●
262784 Natsiatopsis thunbergiifolia Kurz;麻核藤;Clockvineleaf Natsiatopsis, Clockvine-leaved Natsiatopsis, Natsiatopsis ●
262785 Natsiatum Buch.-Ham. = Natsiatum Buch.-Ham. ex Arn. ●
262786 Natsiatum Buch.-Ham. ex Arn. (1834);薄核藤属;Natsiatum ●
262787 Natsiatum herpeticum Buch.-Ham. ex Arn.;薄核藤;Common Natsiatum ●
262788 Natsiatum japonicum Makino = Hosiea japonica (Makino) Makino ●☆
262789 Natsiatum oppositifolium Planch. = Iodes cirrhosa Turcz. ●
262790 Natsiatum sinense Oliv. = Hosiea sinensis (Oliv.) Hemsl. et E. H. Wilson ●
262791 Natsiatum tonkinensis Gagnep. = Natsiatum herpeticum Buch.-Ham. ex Arn. ●
262792 Nattamame Banks = Canavalia Adans. (保留属名)●■
262793 Nauchea Descourt. = Clitoria L. ●
262794 Nauclea Korth. = Neonauclea Merr. ●
262795 Nauclea L. (1762);乌檀属(黄胆木属);Fat Head Tree, Fatheadtree, Nauclea ●
262796 Nauclea africana Willd. = Mitragyna inermis (Willd.) K. Schum. ●☆
262797 Nauclea africana Willd. var. luzoniensis DC. = Mitragyna inermis (Willd.) K. Schum. ●☆
262798 Nauclea bracteosa Welw. = Hallea stipulosa (DC.) Leroy ●☆
262799 Nauclea brunonis Wall. ex G. Don = Mitragyna rotundifolia

(Roxb.) Kuntze ●

262800 Nauclea cadamba Roxb. = Neolamarckia cadamba (Roxb.) Bosser ●

262801 Nauclea citrifolia Poir. = Breonia chinensis (Lam.) Capuron ●☆

262802 Nauclea cordifolia Roxb. = Haldina cordifolia (Roxb.) Ridsdale ●

262803 Nauclea cuspidata Baker = Breonia cuspidata (Baker) Havil. ●☆

262804 Nauclea diderrichii (De Wild. et T. Durand) Merr.;迪氏乌檀(狄氏黄胆木);Badi, Bilinga, Diderrich Fatheadtree, Diderrich Nauclea, Opepe ●☆

262805 Nauclea diderrichii Merr. = Nauclea diderrichii (De Wild. et T. Durand) Merr. ●☆

262806 Nauclea diversifolia Wall. et G. Don = Mitragyna diversifolia Wall. ex G. Don ●☆

262807 Nauclea esculenta (Afzel. ex Sabine) Merr. = Sarcocephalus latifolius (Sm.) E. A. Bruce ●☆

262808 Nauclea formosima Matsum. = Uncaria hirsuta Havil. ●

262809 Nauclea gilletii (De Wild.) Merr.;吉勒特乌檀●☆

262810 Nauclea gilletii (De Wild.) Merr. var. lancifolia (A. Chev.) N. Hallé;剑叶乌檀●☆

262811 Nauclea grandis Blume = Goodyera rubicunda (Rchb. f.) J. J. Sm. ■

262812 Nauclea griffithii (Hook. f.) Havil. = Neonauclea griffithii (Hook. f.) Merr. ●

262813 Nauclea inermis (Willd.) Baill. = Mitragyna inermis (Willd.) K. Schum. ●☆

262814 Nauclea junghuhnii Merr.;琼氏乌檀(琼亨乌檀)●☆

262815 Nauclea laevigata (Wall. ex G. Don) Walp. = Uncaria laevigata Wall. ex G. Don ●

262816 Nauclea laevigata Walp. = Uncaria laevigata Wall. ex G. Don ●

262817 Nauclea lancifolia (A. Chev.) Aubrév. = Nauclea gilletii (De Wild.) Merr. var. lancifolia (A. Chev.) N. Hallé ●☆

262818 Nauclea latifolia Sm.;阔叶乌檀●☆

262819 Nauclea latifolia Sm. = Sarcocephalus latifolius (Sm.) E. A. Bruce ●☆

262820 Nauclea macrophylla Perr. et Lepr. ex DC. = Hallea stipulosa (DC.) Leroy ●☆

262821 Nauclea microcephala Delile = Breonadia salicina (Vahl) Hepper et J. R. I. Wood ●☆

262822 Nauclea officinalis (Pierre ex Pit.) Merr. et Chun;药乌檀(胆木,黄羊木,山熊胆,乌檀,细叶黄棵木,熊胆树);Medicinal Fat Head Tree, Medicinal Fatheadtree ●

262823 Nauclea orientalis (L.) L.;乌檀(东方乌檀,微红乌檀);Kanluang, Leichhardt, Leichhardt Tree, Oriental Fatheadtree ●

262824 Nauclea orientalis L. = Nauclea orientalis (L.) L. ●

262825 Nauclea pilosa Spreng. = Uncaria scandens (Sm.) Hutch. ●

262826 Nauclea platanocarpa Hook. f. = Mitragyna inermis (Willd.) K. Schum. ●☆

262827 Nauclea pobeguinii (Pobeg.) E. Petit;波伯乌檀(科物迪瓦黄胆木)●☆

262828 Nauclea pobeguinii (Pobeg.) Merr. = Sarcocephalus pobeguinii Pobeg. ●☆

262829 Nauclea racemosa Siebold et Zucc. = Sinoadina racemosa (Siebold et Zucc.) Ridsdale ●

262830 Nauclea reticulata Havil. = Neonauclea reticulata (Havil.) Merr. ●

262831 Nauclea reticulata Havil. = Neonauclea truncata (Hayata) Yamam. ●

262832 Nauclea rhynchophylla Miq. = Uncaria rhynchophylla (Miq.) B. D. Jacks. ●

262833 Nauclea rotundifolia Roxb. = Mitragyna rotundifolia (Roxb.) Kuntze ●

262834 Nauclea scandens Sm. = Uncaria scandens (Sm.) Hutch. ●

262835 Nauclea sericea Wall. ex G. Don = Neonauclea sessilifolia (Roxb.) Merr. ●

262836 Nauclea sessilifolia Roxb. = Neonauclea sessilifolia (Roxb.) Merr. ●

262837 Nauclea sessilifructus (Roxb.) D. Dietr. = Uncaria sessilifructus Roxb. ●

262838 Nauclea sessilifructus D. Dietr. = Uncaria sessilifructus Roxb. ●

262839 Nauclea setiloba Walp. = Uncaria lanosa Wall. f. setiloba (Benth.) Ridsdale ●

262840 Nauclea setiloba Walp. = Uncaria lanosa Wall. var. appendiculata (Benth.) Ridsdale ●

262841 Nauclea sinensis Oliv. = Uncaria sinensis (Oliv.) Havil. ●

262842 Nauclea stipulosa DC. = Hallea stipulosa (DC.) Leroy ●☆

262843 Nauclea subdita (Korth.) Vahl;假乌檀●☆

262844 Nauclea taiwaniana Hayata = Sinoadina racemosa (Siebold et Zucc.) Ridsdale ●

262845 Nauclea tetrandra Roxb. = Cephalanthus tetrandrus (Roxb.) Ridsdale ●

262846 Nauclea transversa Hayata = Sinoadina racemosa (Siebold et Zucc.) Ridsdale ●

262847 Nauclea trichotoma Zoll. et Moritzi = Metadina trichotoma (Zoll. et Moritzi) Bakh. f. ●

262848 Nauclea trillesii (Pierre ex De Wild.) Merr. = Nauclea diderrichii (De Wild. et T. Durand) Merr. ●☆

262849 Nauclea truncata Hayata = Neonauclea reticulata (Havil.) Merr. ●

262850 Nauclea truncata Hayata = Neonauclea truncata (Hayata) Yamam. ●

262851 Nauclea vanderguchtii (De Wild.) E. M. Petit;范德乌檀●☆

262852 Nauclea xanthoxylon (A. Chev.) Aubrév.;黄材乌檀●☆

262853 Naucleaceae (DC.) Wernh. = Rubiaceae Juss.(保留科名)●■

262854 Naucleaceae Wernh.;乌檀科(水团花科)●

262855 Naucleaceae Wernh. = Rubiaceae Juss.(保留科名)●■

262856 Naucleopsis Miq.(1853);乌檀桑属(类乌檀属)●☆

262857 Naucleopsis macrophylla Miq.;乌檀桑(类乌檀)●☆

262858 Naucorephes Raf. = Coccoloba P. Browne(保留属名)●

262859 Naudinia A. Rich.(废弃属名) = Naudinia Planch. et Linden(保留属名)●☆

262860 Naudinia A. Rich.(废弃属名) = Tetrazygia Rich. ex DC. ●☆

262861 Naudinia Decne. ex Seem. = Naudiniella Krasser ●☆

262862 Naudinia Decne. ex Triana = Astronidium A. Gray(保留属名)●☆

262863 Naudinia Decne. ex Triana = Lomanodia Raf.(废弃属名)●☆

262864 Naudinia Decne. ex Triana = Naudiniella Krasser ●☆

262865 Naudinia Planch. et Linden(1846)(保留属名);诺丹芸香属●☆

262866 Naudinia amabilis Planch. et Linden;诺丹芸香●☆

262867 Naudiniella Krasser = Astronidium A. Gray(保留属名)●☆

262868 Naudiniella Krasser = Lomanodia Raf.(废弃属名)●☆

262869 Nauenburgia Willd. = Flaveria Juss. ■●
262870 Nauenburgia trinervata Willd. = Flaveria trinervia (Spreng.) C. Mohr ■☆
262871 Nauenia Klotzsch = Lacaena Lindl. ■☆
262872 Naufraga Constance et Cannon(1967);碎舟草属■☆
262873 Naufraga balearica Constance et Cannon;碎舟草■☆
262874 Naumannia Warb. = Riedelia Oliv.(保留属名)■☆
262875 Naumburgia Moench = Lysimachia L. ●■
262876 Naumburgia thyrsiflora (L.) Rchb. = Lysimachia thyrsiflora L. ■
262877 Naumburgia thyrsiflora Rchb. = Lysimachia thyrsiflora L. ■
262878 Nauplius (Cass.) Cass. (1822);甲壳菊属●■☆
262879 Nauplius Cass. = Asteriscus Mill. ■●☆
262880 Nauplius Cass. = Nauplius (Cass.) Cass. ●■☆
262881 Nauplius Cass. = Odontospermum Neck. ex Sch. Bip. ■☆
262882 Nauplius aquaticus (L.) Cass. = Asteriscus aquaticus (L.) Less. ■☆
262883 Nauplius daltonii (Webb) Wiklund;多尔顿甲壳菊●☆
262884 Nauplius daltonii (Webb) Wiklund subsp. vogelii (Webb) Wiklund;沃格尔甲壳菊●☆
262885 Nauplius graveolens (Forssk.) Wiklund = Asteriscus graveolens (Forssk.) Less. ■☆
262886 Nauplius graveolens (Forssk.) Wiklund subsp. odorus (Schousb.) Wiklund = Asteriscus graveolens (Forssk.) Less. subsp. odorus (Schousb.) Greuter ■☆
262887 Nauplius graveolens (Forssk.) Wiklund subsp. stenophyllus (Link) Wiklund = Asteriscus graveolens (Forssk.) Less. subsp. stenophyllus (Link) Greuter ■☆
262888 Nauplius imbricatus (Cav.) Wiklund = Asteriscus imbricatus (Cav.) DC. ■☆
262889 Nauplius intermedius Webb = Asteriscus intermedius (DC.) Pit. et Proust ■☆
262890 Nauplius schultzii (Bolle) Wiklund = Asteriscus schultzii (Bolle) Pit. et Proust ■☆
262891 Nauplius sericeus (L. f.) Cass. = Asteriscus schultzii (Bolle) Pit. et Proust ■☆
262892 Nauplius smithii (Webb) Wiklund = Asteriscus smithii (Webb) Walp. ■☆
262893 Nautea Noronha = Tectona L. f.(保留属名)●
262894 Nauticalyx Hort. ex Loudon = Nautilocalyx Linden ex Hanst.(保留属名)■☆
262895 Nautilocalyx Linden = Nautilocalyx Linden ex Hanst.(保留属名)■☆
262896 Nautilocalyx Linden ex Hanst. (1854)(保留属名);舟萼苣苔属(紫凤草属);Nautilocalyx ■☆
262897 Nautilocalyx bullatus Sprague;水泡舟萼苣苔;Blistered Nautilocalyx ■☆
262898 Nautilocalyx forgetii Sprague;福尔盖舟萼苣苔;Forget Nautilocalyx ■☆
262899 Nautilocalyx lynchii (Hook. f.) Sprague;隆克舟萼苣苔(紫凤草);Lynch Nautilocalyx ■☆
262900 Nautilocalyx melittifolius (L.) Wiehler;甜叶舟萼苣苔;Pfeiffer Leaf Nautilocalyx ■☆
262901 Nautilocalyx picturatus L. E. Skog;画状舟萼苣苔;Picturesque Nautilocalyx ■☆
262902 Nautilocalyx villosus Sprague;毛舟萼苣苔;Hairy Nautilocalyx ■☆
262903 Nautochilus Bremek. = Ocimum L. ●■
262904 Nautochilus Bremek. = Orthosiphon Benth. ●■
262905 Nautochilus amabilis Bremek. = Ocimum labiatum (N. E. Br.) A. J. Paton ■☆
262906 Nautochilus breyeri Bremek. = Ocimum labiatum (N. E. Br.) A. J. Paton ■☆
262907 Nautochilus labiatus (N. E. Br.) Bremek. = Ocimum labiatum (N. E. Br.) A. J. Paton ■☆
262908 Nautochilus urticifolia Bremek. = Ocimum labiatum (N. E. Br.) A. J. Paton ■☆
262909 Nautonia Decne. (1844);诺东萝藦属☆
262910 Nautonia nummularia Decne.;诺东萝藦☆
262911 Nautophylla Guillaumin = Logania R. Br.(保留属名)■☆
262912 Navaea Webb et Berthel. = Lavatera L. ■●
262913 Navaea phoenicea (Vent.) Webb et Berthel. = Lavatera phoenicea Vent. ●☆
262914 Navajoa Croizat = Pediocactus Britton et Rose ●☆
262915 Navajoa peeblesiana (Croizat) L. D. Benson subsp. fickeisenii (Backeb. ex Hochstätter) Hochstätter = Pediocactus peeblesianus (Croizat) L. D. Benson subsp. fickeiseniae (Backeb. ex Hochstätter) Lüthy ●☆
262916 Navajoa peeblesiana (Croizat) L. D. Benson var. fickeisenii Backeb. ex Hochstätter = Pediocactus peeblesianus (Croizat) L. D. Benson subsp. fickeiseniae (Backeb. ex Hochstätter) Lüthy ●☆
262917 Navajoa peeblesiana Croizat = Pediocactus peeblesianus (Croizat) L. D. Benson ●☆
262918 Navarretia Ruiz et Pav. (1794);纳瓦草属■☆
262919 Navarretia atractyloides DC.;苍术纳瓦草■☆
262920 Navarretia filicaulis (A. Gray) Greene;线茎纳瓦草■☆
262921 Navarretia squarrosa (Eschsch.) Hook. et Arn.;粗鳞纳瓦草;Skunk Weed ■☆
262922 Navenia Benth. et Hook. f. = Lacaena Lindl. ■☆
262923 Navenia Benth. et Hook. f. = Nauenia Klotzsch ■☆
262924 Navenia Klotzsch ex Benth. et Hook. f. = Lacaena Lindl. ■☆
262925 Navenia Klotzsch ex Benth. et Hook. f. = Nauenia Klotzsch ■☆
262926 Navia Mart. ex Schult. et Schult. f. (1830);纳韦凤梨属(那芙属)■☆
262927 Navia Schult. f. = Navia Mart. ex Schult. et Schult. f. ■☆
262928 Navia acaulis Mart.;无茎纳韦凤梨■☆
262929 Navia affinis L. B. Sm.;近缘纳韦凤梨■☆
262930 Navia albiflora L. B. Sm., Steyerm. et H. Rob.;白花纳韦凤梨■☆
262931 Navia aurea L. B. Sm.;黄纳韦凤梨■☆
262932 Navia axillaris Betancur;腋生纳韦凤梨■☆
262933 Navia bicolor L. B. Sm.;二色纳韦凤梨■☆
262934 Navicularia Fabr. = Sideritis L. ■●
262935 Navicularia Heist. ex Adans. = Sideritis L. ■●
262936 Navicularia Heist. ex Fabr. = Sideritis L. ■●
262937 Navicularia Raddi = Ichnanthus P. Beauv. ■
262938 Navidura Alef. = Lathyrus L. ■
262939 Navipomoea (Roberty) Roberty = Ipomoea L.(保留属名)●■
262940 Navipomoea Roberty = Ipomoea L.(保留属名)●■
262941 Naxiandra (Baill.) Krasser = Axinandra Thwaites ●☆
262942 Naxiandra Krasser = Axinandra Thwaites ●☆
262943 Nayariophyton T. K. Paul(1988);枣叶槿属●
262944 Nayariophyton jujubifolium (Griff.) T. K. Paul. = Nayariophyton zizyphifolium (Griff.) D. G. Long et A. G. Mill. ●
262945 Nayariophyton zizyphifolium (Griff.) D. G. Long et A. G. Mill.;枣叶槿●

262946 Nayas Neck. = Najas L. ■
262947 Nazia Adans.(废弃属名) = Tragus Haller(保留属名) ■
262948 Nazia racemosa Kuntze = Tragus racemosus (L.) All. ■
262949 Nditris Spreng. = Decaspermum J. R. Forst. et G. Forst. ●
262950 Neactelis Raf. = Helianthus L. ■
262951 Neaea Juss. = Neea Ruiz et Pav. ●☆
262952 Neaera Salisb. = Stenomesson Herb. ■☆
262953 Nealchornea Huber(1913);尼尔大戟属■☆
262954 Nealchornea yapurensis Huber;尼尔大戟■☆
262955 Neamyza Tiegh. = Peraxilla Tiegh. ●☆
262956 Neanotis W. H. Lewis(1966);新耳草属(假耳草属);New Eargrass ■
262957 Neanotis boerhaavioides (Hance) W. H. Lewis;卷毛新耳草;Frizzle New Eargrass ■
262958 Neanotis calycina (Wall. ex Hook. f.) W. H. Lewis;紫花新耳草;Purpleflower New Eargrass ■
262959 Neanotis formosana (Hayata) W. H. Lewis;台湾新耳草(凉喉茶);Taiwan New Eargrass ■
262960 Neanotis hirsuta (L. f.) W. H. Lewis;薄叶新耳草(薄叶假耳草,见肿消,凉喉茶,台湾凉喉茶);Hirsute Anotis, Thinleaf New Eargrass ■
262961 Neanotis hirsuta (L. f.) W. H. Lewis f. glabricalycina (Honda) H. Hara;光萼新耳草(台湾凉喉茶) ■
262962 Neanotis hirsuta (L. f.) W. H. Lewis var. glabra (Honda) H. Hara;无毛薄叶新耳草■☆
262963 Neanotis hirsuta (L. f.) W. H. Lewis var. glabricalycina (Honda) W. H. Lewis = Neanotis hirsuta (L. f.) W. H. Lewis f. glabricalycina (Honda) H. Hara ■
262964 Neanotis hirsuta (L. f.) W. H. Lewis var. yakusimensis (Masam.) W. H. Lewis;屋久岛新耳草■☆
262965 Neanotis hondae (H. Hara) W. H. Lewis = Neanotis hirsuta (L. f.) W. H. Lewis var. glabra (Honda) H. Hara ■☆
262966 Neanotis ingrata (Wall. ex Hook. f.) W. H. Lewis;臭味新耳草(臭假耳草,假耳草,新耳草,一柱香);Common Anotis, Stink New Eargrass ■
262967 Neanotis ingrata (Wall. ex Hook. f.) W. H. Lewis f. parvifolia F. C. How ex W. C. Ko;小叶臭味新耳草;Smallleaf Stink New Eargrass ■
262968 Neanotis kwangtungensis (Merr. et F. P. Metcalf) W. H. Lewis;广东新耳草;Guangdong New Eargrass, Kwangtung New Eargrass ■
262969 Neanotis thwaitesiana (Hance) W. H. Lewis;新耳草;New Eargrass ■
262970 Neanotis urophylla (Wall. ex Wight et Arn.) W. H. Lewis;尾叶新耳草(黑脚杆,尖叶假耳草,胖儿草,尾叶假耳草);Caudateleaf New Eargrass ■
262971 Neanotis wightiana (Wall. ex Wight et Arn.) W. H. Lewis;西南新耳草(西南假耳草);Wight Anotis, Wight New Eargrass ■
262972 Neanthe O. F. Cook = Chamaedorea Willd.(保留属名) ●☆
262973 Neanthe O. F. Cook = Collinia (Mart.) Liebm. ex Oerst. ●☆
262974 Neanthe bella O. F. Cook = Chamaedorea elegans Mart. ●☆
262975 Neara Sol. ex Seem. = Meryta J. R. Forst. et G. Forst. ●☆
262976 Neatostema I. M. Johnst.(1953);低蕊紫草属■☆
262977 Neatostema apulum (L.) I. M. Johnst.;低蕊紫草■☆
262978 Nebasiodendeon Pit. = Gordonia J. Ellis(保留属名) ●
262979 Nebasiodendeon Pit. = Nabiasodendron Pit. ●
262980 Nebelia Neck. = Nebelia Neck. ex Sweet ●☆
262981 Nebelia Neck. ex Sweet = Brunia Lam.(保留属名) ●☆
262982 Nebelia Neck. ex Sweet(1830);内贝树属●☆
262983 Nebelia affinis (Brongn.) Sweet = Nebelia fragarioides (Willd.) Kuntze ●☆
262984 Nebelia angulata (Sond.) Kuntze = Raspalia angulata (Sond.) Nied. ●☆
262985 Nebelia aspera (Sond.) Kuntze;粗糙内贝树●☆
262986 Nebelia dregeana (Sond.) Kuntze = Raspalia dregeana (Sond.) Nied. ●☆
262987 Nebelia fragarioides (Willd.) Kuntze;草莓内贝树●☆
262988 Nebelia globosa (Thunb.) Dümmer = Nebelia fragarioides (Willd.) Kuntze ●☆
262989 Nebelia laevis (E. Mey. ex Sond.) Kuntze;平滑内贝树●☆
262990 Nebelia microphylla (Thunb.) Kuntze = Raspalia microphylla (Thunb.) Brongn. ●☆
262991 Nebelia paleacea (P. J. Bergius) Sweet;膜片内贝树●☆
262992 Nebelia sonderiana Kuntze = Raspalia affinis Nied. ●☆
262993 Nebelia sphaerocephala (Sond.) Kuntze;球头内贝树●☆
262994 Nebelia stokoei Pillans;斯托克内贝树●☆
262995 Nebelia tulbaghensis Schltr. ex Dümmer;塔尔巴赫内贝树●☆
262996 Neblinaea Maguire et Wurdack(1957);垂头毛菊木属●☆
262997 Neblinaea promontorium Maguire et Wurdack;垂头毛菊木●☆
262998 Neblinantha Maguire(1985);内布利纳龙胆属(尼布龙胆属)■☆
262999 Neblinantha neblinae Maguire;尼布龙胆■☆
263000 Neblinantha parvifolia Maguire;小叶尼布龙胆■☆
263001 Neblinanthera Wurdack(1964);内布利纳野牡丹属(尼布野牡丹属)☆
263002 Neblinanthera cumbrensis Wurdack;尼布野牡丹☆
263003 Neblinaria Maguire = Bonnetia Mart.(保留属名) ●☆
263004 Neblinathamnus Steyerm.(1964);尼布茜属●☆
263005 Neblinathamnus argyreus Steyerm.;尼布茜●☆
263006 Neblinathamnus brasiliensis Steyerm.;巴西尼布茜●☆
263007 Nebra Noronha ex Choisy = Neea Ruiz et Pav. ●☆
263008 Nebropsis Raf. = Aesculus L. ●
263009 Nebrownia Kuntze = Philonotion Schott ■
263010 Nebrownia Kuntze = Schismatoglottis Zoll. et Moritzi ■
263011 Necalistis Raf. = Ficus L. ●
263012 Necepsia Prain(1910);阿夫大戟属☆
263013 Necepsia afzelii Prain;阿芙大戟☆
263014 Necepsia afzelii Prain subsp. zenkeri Bouchat et J. Léonard;岑克尔阿芙大戟☆
263015 Necepsia castaneifolia (Baill.) Bouchat et J. Léonard subsp. chirindica (Radcl. -Sm.) Bouchat et J. Léonard;奇林达阿芙大戟☆
263016 Necepsia zairensis Bouchat et J. Léonard;扎伊尔阿芙大戟☆
263017 Necepsia zairensis Bouchat et J. Léonard var. lujae Bouchat et J. Léonard;卢亚阿芙大戟☆
263018 Nechamandra Planch.(1849);水生草属(尼采蔓藻属,虾子草属);Shrimpgrass ■
263019 Nechamandra Planch. = Lagarosiphon Harv. ■☆
263020 Nechamandra alternifolia (Roxb. ex Wight) Thwaites;水生草(软骨草,虾子草,鸭仔草);Cartilagegrass, Ducklinggrass, Shrimpgrass ■
263021 Nechamandra roxburghii Planch. = Nechamandra alternifolia (Roxb. ex Wight) Thwaites ■
263022 Neckeria J. F. Gmel. = Pollichia Aiton(保留属名) ●☆
263023 Neckeria Scop. = Corydalis DC.(保留属名) ■
263024 Neckia Korth.(1848);尼克木属●☆
263025 Neckia Korth. = Sauvagesia L. ●

263026 Neckia grandifolia Ridl.;大叶尼克木●☆
263027 Neckia lancifolia Hook. f.;披针叶尼克木●☆
263028 Neckia obovata Airy Shaw;倒卵尼克木●☆
263029 Neckia ovalifolia Capit.;卵叶尼克木●☆
263030 Neckia parviflora Ridl.;小花尼克木●☆
263031 Neckia philippinensis Merr. et Quisumb.;菲律宾尼克木●☆
263032 Neckia serrata Korth.;尼克木●☆
263033 Necramium Britton = Clidemia D. Don ●☆
263034 Necramium Britton = Sagraea DC. ●☆
263035 Necramium Britton(1924);特立尼达野牡丹属●☆
263036 Necramium gigantophyllum Britton;特立尼达野牡丹●☆
263037 Necranthus Gilli = Orobanche L. ■
263038 Necranthus Gilli(1968);尸花参属■☆
263039 Necranthus orobanchoides Gilli;尸花参☆
263040 Nectalisma Fourr. = Luronium Raf. ■☆
263041 Nectandra P. J. Bergius(废弃属名) = Gnidia L. ●☆
263042 Nectandra P. J. Bergius(废弃属名) = Nectandra Rol. ex Rottb. (保留属名)●☆
263043 Nectandra Rol. = Nectandra Rol. ex Rottb. (保留属名)●☆
263044 Nectandra Rol. ex Rottb. (1778)(保留属名);甘蜜树属(蜜腺樟属,蜜樟属,尼克樟属);Nectandra,Silverballi ●☆
263045 Nectandra Rottb. = Nectandra Rol. ex Rottb. (保留属名)●☆
263046 Nectandra Roxb. = Linostoma Wall. ex Endl. ●☆
263047 Nectandra Roxb. = Nectandra Rol. ex Rottb. ●☆
263048 Nectandra catesbyana (Michx.) Sarg. = Nectandra coriacea (Sw.) Griseb. ●☆
263049 Nectandra cinnamomoides Nees;肉桂甘蜜树(南美甘蜜树,南美肉桂)●☆
263050 Nectandra coriacea(Sw.) Griseb.;革质甘蜜树(革质尼克樟);Lancewood ●☆
263051 Nectandra coriacea Griseb. = Nectandra coriacea(Sw.)Griseb. ●☆
263052 Nectandra coto Rusby;柯托甘蜜树(柯托树);Coto Nectandra ●☆
263053 Nectandra cuspidata Nees et Mart. ex Nees;尖凸甘蜜树(尖凸尼克樟)●☆
263054 Nectandra elaiophora Barb. Rodr.;巴西甘蜜树(巴西尼克樟)●☆
263055 Nectandra falcifolia(Nees) J. A. Castigl. ex Mart. Crov.;镰叶甘蜜树(镰叶尼克樟)●☆
263056 Nectandra membranacea(Sw.) Griseb.;膜叶甘蜜树(膜叶尼克樟);Sweetwood ●☆
263057 Nectandra mollis Kunth;柔软甘蜜树●☆
263058 Nectandra oleifera Posada-Ar. ex Nates;产油甘蜜树●☆
263059 Nectandra pichuria(Kunth) Mez;南美甘蜜树;Pichurim Bean, Purchury Bean ●☆
263060 Nectandra pisi Miq.;豌豆甘蜜树(豌豆尼克樟)●☆
263061 Nectandra psammophila Nees et Mart. ex Nees;喜沙甘蜜树(喜沙尼克樟)●☆
263062 Nectandra rigida (Kunth) Nees;硬甘蜜树(绿心木);Rigid Nectandra ●☆
263063 Nectandra rodiei R. H. Schomb.;甘蜜树;Bibiru-bark Tree, Greenheart, Sweettree Nectandra ●☆
263064 Nectandra rodiei R. H. Schomb. = Chlorocardium rodiaei(R. H. Schomb.) Rohwer ●☆
263065 Nectandra rubra(Mez) C. K. Allen;红色甘蜜树(红色尼克樟)●☆
263066 Nectandra saligna Nees et Mart. ex Nees;柳状甘蜜树(柳状尼克樟)●☆
263067 Nectandra willdenoviana Nees;威尔甘蜜树(威尔尼克樟)●☆
263068 Nectariacaae Dulac = Liliaceae Juss. (保留科名)■●
263069 Nectarobothrium Ledeb. = Lloydia Salisb. ex Rchb. (保留属名)■
263070 Nectaropetalaceae Exell et Mendonca = Erythroxylaceae Kunth (保留科名)●
263071 Nectaropetalum Engl. (1902);腺瓣古柯属●☆
263072 Nectaropetalum acuminatum Verdc.;渐尖腺瓣古柯●☆
263073 Nectaropetalum capense(Bolus) Stapf et Boodle;好望角腺瓣古柯●☆
263074 Nectaropetalum carvalhoi Engl.;卡瓦略腺瓣古柯●☆
263075 Nectaropetalum congolense S. Moore = Pinacopodium congolense (S. Moore) Exell et Mendonca ●☆
263076 Nectaropetalum eligulatum(H. Perrier) Bard. -Vauc.;无舌腺瓣古柯●☆
263077 Nectaropetalum evrardii Bamps;埃夫拉尔腺瓣古柯●☆
263078 Nectaropetalum kaessneri Engl.;卡斯纳腺瓣古柯●☆
263079 Nectaropetalum kaessneri Engl. var. parvifolium Verdc. = Nectaropetalum kaessneri Engl. ●☆
263080 Nectaropetalum lebrunii G. C. C. Gilbert;勒布伦腺瓣古柯●☆
263081 Nectaropetalum zuluense (Schönland) Corbishley;祖卢腺瓣古柯●☆
263082 Nectaroscilla Parl. (1854);腺绵枣属■☆
263083 Nectaroscilla Parl. = Scilla L. ■
263084 Nectaroscilla hyacinthoides(L.) Parl.;腺绵枣■☆
263085 Nectaroscordum Lindl. (1836);蜜腺韭属;Honey Garlic ■☆
263086 Nectaroscordum Lindl. = Allium L. ■
263087 Nectaroscordum siculum Lindl.;保加利亚蜜腺韭;Honey Garlic ■☆
263088 Nectolis Raf. = Salix L. (保留属名)●
263089 Nectopix Raf. = Salix L. (保留属名)●
263090 Nectouxia DC. = Morettia DC. ■☆
263091 Nectouxia Kunth(1818);奈克茄属■☆
263092 Nectouxia formosa Kunth;奈克茄☆
263093 Nectris Schreb. = Cabomba Aubl. ■
263094 Nectusion Raf. = Salix L. (保留属名)●
263095 Neea Ruiz et Pav. (1794);黑牙木属;Blackening Teeth ●☆
263096 Neea parviflora Poepp. et Endl.;秘鲁黑牙木;Blackening Teeth ●☆
263097 Neea theifcra Oerst.;巴西黑牙木;Caparrosa ●☆
263098 Neeania Raf. = Neea Ruiz et Pav. ●☆
263099 Needhamia Cass. = Narvalina Cass. ●☆
263100 Needhamia R. Br. = Needhamiella L. Watson ●☆
263101 Needhamia Scop. (废弃属名) = Tephrosia Pers. (保留属名)●■
263102 Needhamiella L. Watson(1965);岩风石南属●☆
263103 Needhamiella pumilio(R. Br.) L. Watson;岩风石南●☆
263104 Neeopsis Lundell(1976);黄牙木属●☆
263105 Neeopsis flavifolia(Lundell) Lundell;黄牙木●☆
263106 Neeragrostis Bush = Eragrostis Wolf ■
263107 Neeragrostis reptans (Michx.) Nicora = Eragrostis reptans (Michx.) Nees ■☆
263108 Neerija Roxb. = Elaeodendron J. Jacq. ●☆
263109 Neesenbeckia Levyns(1947);尼斯莎属■☆
263110 Neesenbeckia punctoria(Vahl) Levyns;尼斯莎■☆
263111 Neesia Blume(1835)(保留属名);尼斯木棉属●☆
263112 Neesia Mart. ex Meisn. = Funifera Leandro ex C. A. May. ■☆
263113 Neesia Spreng. (废弃属名) = Neesia Blume(保留属名)●☆
263114 Neesia Spreng. (废弃属名) = Otanthus Hoffmanns. et Link ■☆
263115 Neesia altissima(Blume) Blume;尼斯木棉●☆
263116 Neesiella Sreem. = Indoneesiella Sreem. ■☆
263117 Neesiochloa Pilg. (1940);匍茎画眉草属■☆

263118 Neesiochloa barbata(Nees) Pilg.;匍茎画眉草■☆
263119 Nefflea Spach = Celsia L. ■☆
263120 Nefrakis Raf. = Brya P. Browne ●☆
263121 Negretia Ruiz et Pav. = Mucuna Adans.(保留属名)●■
263122 Negria Chiov. = Joannegria Chiov. ■☆
263123 Negria Chiov. = Lintonia Stapf ■☆
263124 Negria F. Muell.(1871);苣苔树属●☆
263125 Negria melicoides Chiov. = Lintonia nutans Stapf ■☆
263126 Negria rhabdothamnoides F. Muell.;苣苔树●☆
263127 Negundium Raf. = Negundo Boehm. ●
263128 Negundium Raf. ex Desv. = Negundo Boehm. ●
263129 Negundo Boehm.(1760);梣叶槭属●
263130 Negundo Boehm. = Acer L. ●
263131 Negundo Boehm. ex Ludw. = Acer L. ●
263132 Negundo Boehm. ex Ludw. = Negundo Boehm. ●
263133 Negundo Moench = Acer L. ●
263134 Negundo aceroides(L.) Moench = Acer negundo L. ●
263135 Negundo aceroides(L.) Moench subsp. violaceum(Kirchn.) W. A. Weber = Acer negundo L. var. violaceum(K. Koch) Dippel ●☆
263136 Negundo cissifolium Siebold et Zucc. = Acer cissifolium(Siebold et Zucc.) C. Koch ●
263137 Negundo interius(Britton) Rydb. = Acer negundo L. var. interius(Britton) Sarg. ●☆
263138 Negundo mandshuricum(Maxim.) Budishchev = Acer mandshuricum Maxim. ●
263139 Negundo negundo(L.) H. karst. = Acer negundo L. ●
263140 Negundo nikoense Miq. = Acer nikoense Maxim. ●
263141 Neidzwedzkia B. Fedtsch. = Incarvillea Juss. ■
263142 Neillia D. Don(1825);绣线梅属(奈尔氏木属,柰李木属,南梨属);Neillia ●
263143 Neillia affinis Hemsl.;川康绣线梅(川康南梨);Affinity Neillia, Related Neillia ●
263144 Neillia affinis Hemsl. var. pauciflora(Rehder) J. E. Vidal;少花川康绣线梅(少花绣线梅);Fewflower Affinity Neillia, Fewflower Neillia ●
263145 Neillia affinis Hemsl. var. polygyna Cardot ex Vidal;多果川康绣线梅(多果绣线梅);Manyfruit Affinity Neillia ●
263146 Neillia breviracemosa T. C. Ku;短序绣线梅;Breviracemose Neillia, Short-raceme Neillia ●
263147 Neillia densiflora Te T. Yu et L. T. Lu;密花绣线梅;Denseflower Neillia, Dense-flowered Neillia ●
263148 Neillia fugongensis T. C. Ku;福贡绣线梅;Fugong Neillia ●
263149 Neillia glandulocalyx H. Lév. = Neillia sinensis Oliv. ●
263150 Neillia gracilis Franch.;矮生绣线梅;Slender Neillia ●
263151 Neillia grandiflora Te T. Yu et L. T. Lu;大花绣线梅;Bigflower Neillia, Large-flowered Neillia ●
263152 Neillia hypomalaca Rehder = Neillia ribesioides Rehder ●
263153 Neillia jinggangshanensis Z. X. Yu;井冈山绣线梅;Jinggangshan Neillia ●
263154 Neillia longiracemosa Hemsl. = Neillia thibetica Bureau et Franch. ●
263155 Neillia longiracemosa Hemsl. var. lobata Rehder = Neillia thibetica Bureau et Franch. var. lobata(Rehder) Te T. Yu ●
263156 Neillia milisii Dunn = Neillia uekii Nakai ●
263157 Neillia pauciflora Rehder = Neillia affinis Hemsl. var. pauciflora(Rehder) J. E. Vidal ●
263158 Neillia ribesioides Rehder;毛叶绣线梅(钓竿柴);Currant Neillia ●
263159 Neillia rubiflora D. Don;粉花绣线梅;Redflower Neillia, Red-flowered Neillia ●
263160 Neillia serratisepala H. L. Li;云南绣线梅;Serrate-sepaled Neillia, Serratisepal Neillia ●
263161 Neillia sinensis Oliv.;中华绣线梅(钓杆柴,钓鱼竿,杆杆梢,黑楂子,华南梨,绣线梅);China Neillia, Chinese Neillia ●
263162 Neillia sinensis Oliv. f. glanduligera(Hemsl.) Rehder = Neillia sinensis Oliv. var. caudata Rehder ●
263163 Neillia sinensis Oliv. f. glanduligera(Hemsl.) Rehder = Neillia sinensis Oliv. ●
263164 Neillia sinensis Oliv. var. caudata Rehder;尾叶中华绣线梅(尾尖叶绣线梅,尾尖叶中华绣线梅);Caudate Chinese Neillia ●
263165 Neillia sinensis Oliv. var. duclouxii(Cardot ex J. E. Vidal) Te T. Yu;滇东中华绣线梅(滇东绣线梅);Ducloux Chinese Neillia ●
263166 Neillia sinensis Oliv. var. glanduligera Hemsl. = Neillia sinensis Oliv. ●
263167 Neillia sinensis Oliv. var. hypomalaca(Rehder) Hand. -Mazz. = Neillia sinensis Oliv. ●
263168 Neillia sinensis Oliv. var. hypomalaca(Rehder) Hand. -Mazz. = Neillia ribesioides Rehder ●
263169 Neillia sinensis Oliv. var. ribesioides(Rehder) J. E. Vidal = Neillia ribesioides Rehder ●
263170 Neillia sinensis Oliv. var. ribesioides(Rehder) Vidal = Neillia ribesioides Rehder ●
263171 Neillia sparsiflora Rehder;疏花绣线梅;Loose-flower Neillia, Sparsiflorous Neillia ●
263172 Neillia thibetica Bureau et Franch.;西康绣线梅(长穗南梨);Tibet Neillia ●
263173 Neillia thibetica Bureau et Franch. var. caudata(Rehder) J. E. Vidal = Neillia sinensis Oliv. var. caudata Rehder ●
263174 Neillia thibetica Bureau et Franch. var. duclouxii Cardot ex J. E. Vidal = Neillia sinensis Oliv. var. duclouxii(Cardot ex J. E. Vidal) Te T. Yu ●
263175 Neillia thibetica Bureau et Franch. var. lobata(Rehder) Te T. Yu;裂叶西康绣线梅;Lobate Tibet Neillia ●
263176 Neillia thibetica Bureau et Franchlet var. caudata(Rehder) J. E. Vidal = Neillia sinensis Oliv. var. caudata Rehder ●
263177 Neillia thibetica var. duclouxii Cardot ex J. E. Vidal = Neillia sinensis Oliv. var. duclouxii(Cardot ex J. E. Vidal) Te T. Yu ●
263178 Neillia thyrsiflora D. Don;绣线梅(棣棠花,复序南梨);Whiteflower Neillia, White-flowered Neillia ●◇
263179 Neillia thyrsiflora D. Don var. tonkinensis Vidal;毛果绣线梅;Tonkin Whiteflower Neillia ●
263180 Neillia tonkinensis Vidal = Neillia thyrsiflora D. Don var. tonkinensis Vidal ●
263181 Neillia tonkinensis Vidal var. bibractealata Vidal = Neillia thyrsiflora D. Don var. tonkinensis Vidal ●
263182 Neillia tunkinensis J. E. Vidal = Neillia thyrsiflora D. Don var. tonkinensis Vidal ●
263183 Neillia uekii Nakai;东北绣线梅;NE. China Neillia, Northeasten Neillia, Uek Neillia ●
263184 Neillia velutina Bureau = Neillia thibetica Bureau et Franch. ●
263185 Neillia velutina Bureau et Franch. = Neillia thibetica Bureau et Franch. ●
263186 Neillia villosa W. W. Sm. = Neillia ribesioides Rehder ●
263187 Neillia virgata Wall. = Neillia thyrsiflora D. Don ●◇

263188 Neilliaceae Miq.;绣线梅科●
263189 Neilliaceae Miq. = Rosaceae Juss.(保留科名)●■
263190 Neilreichia B. D. Jacks. = Carex L. ■
263191 Neilreichia Fenzl = Schistocarpha Less. ■●☆
263192 Neiosperma Raf. = Ochrosia Juss. ●
263193 Neipergia C. Morren = Acineta Lindl. ■☆
263194 Neippergia C. Morren = Acineta Lindl. ■☆
263195 Neisandra Raf. = Hopea Roxb.(保留属名)●
263196 Neisosperma Raf.(1838);肖玫瑰树属●☆
263197 Neisosperma Raf. = Ochrosia Juss. ●
263198 Neisosperma iwasakianum(Koidz.)Fosberg et Sachet;岩崎肖玫瑰树●☆
263199 Neisosperma nakaianum(Koidz.)Fosberg et Sachet;西洋玫瑰树(拉苦达利亚木,西洋菁草);Nakai's Ochrosia ●☆
263200 Neisosperma nakaianum(Koidz.)Fosberg et Sachet = Ochrosia nakaiana(Koidz.)Koidz. ex H. Hara ●☆
263201 Neja D. Don = Hysterionica Willd. ■☆
263202 Neja D. Don(1831);丝雏菊属■☆
263203 Neja ciliaris DC.;睫毛丝雏菊■☆
263204 Neja falcata Nees;镰形丝雏菊■☆
263205 Neja gracilis D. Don.;细丝雏菊■☆
263206 Neja linearifolia DC.;线叶丝雏菊■☆
263207 Neja macrocephala DC.;大头丝雏菊■☆
263208 Neja pinifolia(Poir.)G. L. Nesom;松叶丝雏菊■☆
263209 Nekemias Raf. = Ampelopsis Michx. ●
263210 Nelanaregam Adans.(废弃属名) = Naregamia Wight et Arn.(保留属名)●☆
263211 Nelanaregum Kuntze = Naregamia Wight et Arn.(保留属名)●☆
263212 Nelanaregum Kuntze = Nelanaregam Adans.(废弃属名)●☆
263213 Neleixa Raf. = Darluca Raf. ●■☆
263214 Neleixa Raf. = Faramea Aubl. ●☆
263215 Nelensia Poir. = Enslenia Raf. ■●
263216 Nelensia Poir. = Ruellia L. ■●
263217 Nelia Schwantes(1928);叉枝玉属●■☆
263218 Nelia meyeri Schwantes = Nelia pillansii(N. E. Br.)Schwantes ■☆
263219 Nelia meyeri Schwantes var. longipetala L. Bolus = Nelia pillansii(N. E. Br.)Schwantes ■☆
263220 Nelia pillansii(N. E. Br.)Schwantes;叉枝玉■☆
263221 Nelia robusta Schwantes = Nelia pillansii(N. E. Br.)Schwantes ■☆
263222 Nelia schlechteri Schwantes;施莱叉枝玉■☆
263223 Nelipus Raf. = Utricularia L. ■
263224 Nelipus limosa(R. Br.)Raf. = Utricularia limosa R. Br. ■
263225 Nelis Raf. = Goodyera R. Br. ■
263226 Nelitris Gaertn. = Decaspermum J. R. Forst. et G. Forst. ●
263227 Nelitris Gaertn. = Timonius DC.(保留属名)●
263228 Nelitris Spreng. = Decaspermum J. R. Forst. et G. Forst. ●
263229 Nelitris paniculata Lindl. = Decaspermum parviflorum(Lam.)A. J. Scott ●
263230 Nelitris parviflora(Lam.)Blume = Decaspermum parviflorum(Lam.)A. J. Scott ●
263231 Nelitris trinervia(Lour.)Spreng. = Rhodamnia dumetorum(Poir.)Merr. et L. M. Perry ●
263232 Nellica Raf. = Phyllanthus L. ●■
263233 Nelmesia Van der Veken(1955);奈尔莎属■☆
263234 Nelmesia melanostachya Van der Veken;奈尔莎■☆
263235 Nelsia Schinz(1912);羽毛苋属■☆
263236 Nelsia angolensis Bamps;安哥拉羽毛苋■☆
263237 Nelsia quadrangula(Engl.)Schinz;羽毛苋■☆
263238 Nelsonia R. Br.(1810);瘤子草属;Nelsonia ■
263239 Nelsonia albicans Kunth = Nelsonia canescens(Lam.)Spreng. ■
263240 Nelsonia brunelloides(Lam.)Kuntze = Nelsonia canescens(Lam.)Spreng. ■
263241 Nelsonia campestris R. Br. = Nelsonia canescens(Lam.)Spreng. ■
263242 Nelsonia canescens(Lam.)Spreng.;瘤子草;Greyishwhite Nelsonia ■
263243 Nelsonia canescens(Lam.)Spreng. var. smithii(Oerst.)E. Hossain;史密斯瘤子草■☆
263244 Nelsonia canescens(Lam.)Spreng. var. vestita(Schult.)E. Hossain;包被瘤子草■☆
263245 Nelsonia gracilis Vollesen;纤细瘤子草■☆
263246 Nelsonia nummulariifolia(Vahl)Roem. et Schult. = Nelsonia canescens(Lam.)Spreng. ■
263247 Nelsonia pohlii Nees = Nelsonia canescens(Lam.)Spreng. ■
263248 Nelsonia rotundifolia R. Br. = Nelsonia canescens(Lam.)Spreng. ■
263249 Nelsonia senegalensis Oerst. = Nelsonia canescens(Lam.)Spreng. ■
263250 Nelsonia smithii Oerst. = Nelsonia canescens(Lam.)Spreng. var. smithii(Oerst.)E. Hossain ■☆
263251 Nelsonia tomentosa A. Dietr. = Nelsonia canescens(Lam.)Spreng. ■
263252 Nelsonia vestita(Schult.)Schult. = Nelsonia canescens(Lam.)Spreng. var. vestita(Schult.)E. Hossain ■☆
263253 Nelsonia villosa Oerst. = Nelsonia canescens(Lam.)Spreng. ■
263254 Nelsoniaceae Sreem.;瘤子草科■
263255 Nelsoniaceae Sreem. = Acanthaceae Juss.(保留科名)●■
263256 Nelsoniaceae Sreem. = Nelumbonaceae A. Rich.(保留科名)■
263257 Nelsonianthus H. Rob. et Brettell(1973);簇叶千里光属■☆
263258 Nelsonianthus epiphyticus H. Rob. et Brettell;簇叶千里光■☆
263259 Neltoa Baill. = Grewia L. ●
263260 Neltuma Raf. = Prosopis L. ●
263261 Nelumbicum Raf. = Nelumbo Adans. ■
263262 Nelumbium Juss. = Nelumbo Adans. ■
263263 Nelumbium luteum Willd. = Nelumbo lutea Pers. ■
263264 Nelumbium nelumbo Druce = Nelumbo nucifera Gaertn. ■
263265 Nelumbium nuciferum Gaertn. = Nelumbo nucifera Gaertn. ■
263266 Nelumbium speciosum Willd. = Nelumbo nucifera Gaertn. ■
263267 Nelumbo Adans.(1763);莲属;Lotus,Nelumbium,Nelumbo,Sacred Bean,Water Lily ■
263268 Nelumbo caspica Schipcz.;里海莲;Caspian Lotus ■☆
263269 Nelumbo komarovii Grossh. = Nelumbo nucifera Gaertn. ■
263270 Nelumbo lutea Pers.;黄色莲(黄荷花,黄莲,黄莲花);Acorn,American Lily,American Lotus,American Lotus-lily,American Nelumbo,Chinquapin Water Chestnut,Duck,Duck Acorn,Lotus,Nelumbo,Pond Nut,Pond Nuts,Water Chinkapin,Water Chinquapin,Water-chinquapin,Yanquapin,Yellow Lotus ■
263271 Nelumbo lutea Willd. = Nelumbo lutea Pers. ■
263272 Nelumbo nucifera Gaertn.;莲(菂,菂薂,芙渠,芙蕖,芙蓉,茖葱,菡萏,荷,荷花,湖目,黄莲,莲花,莲藕,蔤,藕,石莲,水花,水芝,甜石莲,薂,药藕草,玉擎,玉蛹,泽芝,紫的);Bean of India,Bene of Egypt,Chinese Arrowroot,Chinese Lotus,East Indian Lily,East Indian Lotus,East-Indian Lotus,Egyptian Bean,Hindsacred Lotus,Hindu Lotus,Indian Lotus,Lotus,Oriental Lotus,Pythagorean Bean,Sacred Bean,Sacred Lily,Sacred Lotus ■
263273 Nelumbo nucifera Gaertn. 'Alba Grandiflora';大白莲■☆

263274 Nelumbo nucifera Gaertn. 'Alba Striata';白纹莲■☆
263275 Nelumbo nucifera Gaertn. 'Rosea Plena';重瓣粉莲■☆
263276 Nelumbo nucifera Gaertn. subsp. lutea (Willd.) Borsch et Barthlott = Nelumbo lutea Pers. ■
263277 Nelumbo nucifera Gaertn. var. macrorhizomata Nakai = Nelumbo nucifera Gaertn. ■
263278 Nelumbo pentapetala(Walter) Fernald = Nelumbo lutea Willd. ■
263279 Nelumbo pentapetala sensu Fernald = Nelumbo lutea Pers. ■
263280 Nelumbo speciosa G. Lawson = Nelumbo nucifera Gaertn. ■
263281 Nelumbonaceae A. Rich. (1827)(保留科名);莲科(睡莲科);Lotus-lily Family ■
263282 Nelumbonaceae Dumort. = Nelumbonaceae A. Rich. (保留科名)■
263283 Nemacaulis Nutt. (1848);毛头蓼属;Cottonheads ■☆
263284 Nemacaulis denudata Nutt.;毛头蓼■☆
263285 Nemacaulis denudata Nutt. var. gracilis Goodman et L. D. Benson;纤细毛头蓼;Slender Cottonheads ■☆
263286 Nemacianthus D. L. Jones et M. A. Clem. (2002);澳洲钻花兰属■☆
263287 Nemacianthus D. L. Jones et M. A. Clem. = Acianthus R. Br. ■☆
263288 Nemacladaceae Nutt. (1843);丝枝参科●■
263289 Nemacladaceae Nutt. = Campanulaceae Juss. (保留科名)■●
263290 Nemacladaceae Nutt. = Nepenthaceae Dumort. (保留科名)■●
263291 Nemacladus Nutt. (1842);丝枝参属(线枝草属)■☆
263292 Nemacladus glanduliferus Jeps.;丝枝参;Thread Plant ■☆
263293 Nemacladus gracilis Eastw.;纤细丝枝参■☆
263294 Nemacladus longiflorus A. Gray;长花丝枝参■☆
263295 Nemacladus montanus Greene;山地丝枝参■☆
263296 Nemacladus rubescens Greene;红丝枝参■☆
263297 Nemacladus tenuis(McVaugh) Morin;细丝枝参■☆
263298 Nemaconia Knowles et Westc. = Ponera Lindl. ■☆
263299 Nemallosis Raf. = Glinus L. ■
263300 Nemallosis Raf. = Mollugo L. ■
263301 Nemaluma Baill. = Pouteria Aubl. ●
263302 Nemampsis Raf. = Dracaena Vand. ex L. ●■
263303 Nemanthera Raf. = Ipomoea L. (保留属名)●■
263304 Nemanthera Raf. = Merremia Dennst. ex Endl. (保留属名)●■
263305 Nemastachys Steud. = Microstegium Nees ■
263306 Nemastachys Steud. = Pollinia Trin. ■☆
263307 Nemastylis Nutt. (1835);柱丝兰属;Celestial-lily, Shell-flower ■☆
263308 Nemastylis acuta(Barton) Herb. = Nemastylis geminiflora Nutt. ■☆
263309 Nemastylis acuta Herb. = Nemastylis geminiflora Nutt. ■☆
263310 Nemastylis floridana Small;佛罗里达柱丝兰;Celestial Lily, Fall-flowering Ixia, Florida Celestial ■☆
263311 Nemastylis geminiflora Nutt.;草地柱丝兰;Prairie Iris ■☆
263312 Nemastylis pringlei S. Watson = Nemastylis tenuis (Herb.) S. Watson subsp. pringlei(S. Watson) Goldblatt ■☆
263313 Nemastylis punctata (Herb.) Hemsl. = Alophia drummondii (Graham) R. C. Foster ■☆
263314 Nemastylis purpurea Herb. = Alophia drummondii (Graham) R. C. Foster ■☆
263315 Nemastylis tenuis(Herb.) S. Watson;弱小柱丝兰■☆
263316 Nemastylis tenuis(Herb.) S. Watson subsp. pringlei(S. Watson) Goldblatt;普氏柱丝兰■☆
263317 Nemastylis texana Whitehouse = Nemastylis geminiflora Nutt. ■☆
263318 Nematanthera Miq. = Piper L. ●■
263319 Nematanthus Nees = Willdenowia Thunb. ■☆
263320 Nematanthus Schrad. (1821)(保留属名);丝花苣苔属(袋鼠花属);Nematanthus ●■☆
263321 Nematanthus ecklonii Nees = Willdenowia incurvata (Thunb.) H. P. Linder ■☆
263322 Nematanthus fissus (Vell.) L. E. Skog;缝裂丝花苣苔;Split Nematanthus ■☆
263323 Nematanthus fluminensis Fritsch;流水丝花苣苔;Runningwater Nematanthus ■☆
263324 Nematanthus fritschii Hoehne;福瑞奇丝花苣苔;Fritsch Nematanthus ■☆
263325 Nematanthus gregarius D. L. Denham;群居丝花苣苔(群生袋鼠花);Flock Nematanthus, Goldfish Plant ■☆
263326 Nematanthus longipes DC.;长柄丝花苣苔;Longstalk Nematanthus ■☆
263327 Nematanthus nervosus(Fritsch) H. E. Moore;有脉丝花苣苔;Nerved Nematanthus ■☆
263328 Nematanthus perianthomegus(Vell.) H. E. Moore;周花丝花苣苔;Periflower Nematanthus ■☆
263329 Nematanthus strigillosus(Mart.) H. E. Moore;小伏毛丝花苣苔(糙毛袋鼠花);Strigulose Nematanthus ■☆
263330 Nematanthus tropicana?;热带丝花苣苔;Goldfish Plant ■☆
263331 Nematanthus wettsteinii(Fritsch) H. E. Moore;威特斯坦丝花苣苔;Wettstein Nematanthus ■☆
263332 Nematoceras Hook. f. = Corybas Salisb. ■
263333 Nematolepis Turcz. (1852);线鳞芸香属●☆
263334 Nematolepis phebalioides Turcz.;线鳞芸香●☆
263335 Nematophyllum F. Muell. = Templetonia R. Br. ex W. T. Aiton ●☆
263336 Nematopoa C. E. Hubb. (1957);线叶禾属■☆
263337 Nematopoa longipes(Stapf et C. E. Hubb.) C. E. Hubb.;线叶禾■☆
263338 Nematopogon(DC.) Bureau et K. Schum. = Digomphia Benth. ●☆
263339 Nematopogon Bureau et K. Schum. = Digomphia Benth. ●☆
263340 Nematopus A. Gray = Gnephosis Cass. ■☆
263341 Nematopyxis Miq. = Ludwigia L. ●■
263342 Nematopyxis japonica Miq. = Ludwigia epilobioides Maxim. ■
263343 Nematosciadium H. Wolff = Arracacia Bancr. ■☆
263344 Nematospermum Rich. = Lacistema Sw. ●☆
263345 Nematostemma Choux(1921);丝冠萝藦属■☆
263346 Nematostemma perrieri Choux;丝冠萝藦■☆
263347 Nematostemma perrieri Choux = Cynanchum nematostemma Liede ■☆
263348 Nematostigma A. Dietr. = Libertia Spreng. (保留属名)■☆
263349 Nematostigma Benth. et Hook. f. = Gironniera Gaudich. ●
263350 Nematostigma Benth. et Hook. f. = Nemostigma Planch. ●
263351 Nematostigma Planch. = Gironniera Gaudich. ●
263352 Nematostylis Hook. f. (1873);丝柱茜属●☆
263353 Nematostylis Hook. f. = Alberta E. Mey. ●☆
263354 Nematostylis Hook. f. = Ernestimeyera Kuntze ●☆
263355 Nematostylis anthophylla (A. Rich.) Baill. = Nematostylis loranthoides Hook. f. ☆
263356 Nematostylis loranthoides Hook. f.;丝柱茜☆
263357 Nematuris Turcz. = Ampelamus Raf. ●☆
263358 Nemauchenes Cass. = Crepis L. ■
263359 Nemaulax Raf. = Albuca L. ■☆
263360 Nemcia Domin(1923);异尖荚豆属■☆
263361 Nemcia atropurpurea(Turcz.) Domin;暗紫异尖荚豆■☆
263362 Nemcia capitata(Benth.) Domin;头状异尖荚豆■☆
263363 Nemcia obovata(Benth.) Crisp;倒卵异尖荚豆■☆

263364 Nemcia parviflora Domin;小花异尖荚豆■☆
263365 Nemcia pauciflora(C. A. Gardner) Crisp;少花异尖荚豆■☆
263366 Nemcia pulchella(Turcz.) Crisp;美丽异尖荚豆■☆
263367 Nemcia punctata(Turcz.) Crisp;斑点异尖荚豆■☆
263368 Nemcia pyramidalis(T. Moore) Crisp;塔形异尖荚豆■☆
263369 Nemcia truncata(Benth.) Crisp;平截异尖荚豆■☆
263370 Nemedra A. Juss. = Aglaia Lour.(保留属名)●
263371 Nemelataceae Dulac = Urticaceae Juss.(保留科名)●■
263372 Nemepiodon Raf. = Hymenocallis Salisb. ■
263373 Nemepis Raf. = Cuscuta L. ■
263374 Nemesia Vent.(1804);龙面花属;Nemesia ■●☆
263375 Nemesia acornis K. E. Steiner;无角龙面花■☆
263376 Nemesia acuminata Benth.;渐尖龙面花■☆
263377 Nemesia affinis Benth.;近缘龙面花■☆
263378 Nemesia albiflora N. E. Br.;白花龙面花■☆
263379 Nemesia angustifolia Grant ex Range;窄叶龙面花■☆
263380 Nemesia anisocarpa E. Mey. ex Benth.;异果龙面花■☆
263381 Nemesia annua?;一年生龙面花;Nemesia ■☆
263382 Nemesia azurea Diels;天蓝龙面花■☆
263383 Nemesia barbata(Thunb.) Benth.;髯毛龙面花■☆
263384 Nemesia barbata(Thunb.) Benth. var. minor Schinz;小髯毛龙面花■☆
263385 Nemesia bicornis(L.) Pers.;双角龙面花■☆
263386 Nemesia bicornis Sieber ex Pers. = Nemesia lucida Benth. ■☆
263387 Nemesia biennis Drège = Nemesia bicornis(L.) Pers. ■☆
263388 Nemesia bodkinii Bolus;博德金龙面花■☆
263389 Nemesia brevicalcarata Schltr.;短距龙面花■☆
263390 Nemesia caerulea Hiern;蓝龙面花;Blue Bird Nemesia☆
263391 Nemesia calcarata E. Mey. ex Benth.;距龙面花■☆
263392 Nemesia capensis(Spreng.) Kuntze = Nemesia fruticans(Thunb.) Benth. ■☆
263393 Nemesia capensis(Spreng.) Kuntze var. linearis(Vent.) Fourc. = Nemesia linearis Vent. ■☆
263394 Nemesia capensis(Thunb.) Kuntze subvar. pallida Kuntze = Nemesia pallida Hiern ■☆
263395 Nemesia capensis(Thunb.) Kuntze var. ecalcarata Kuntze;无距龙面花■☆
263396 Nemesia chamaedrifolia Vent. = Nemesia macrocarpa(Aiton) Druce ■☆
263397 Nemesia chamaedryfolia Vent.;石蚕叶龙面花■☆
263398 Nemesia chamaedryfolia Vent. var. natalensis Bernh.;纳塔尔龙面花■☆
263399 Nemesia cheiranthus E. Mey. ex Benth.;齿花龙面花■☆
263400 Nemesia chrysolopha Diels;金冠龙面花■☆
263401 Nemesia cynanchifolia Benth.;鹅绒藤龙面花■☆
263402 Nemesia deflexa Grant ex K. E. Steiner;外折龙面花■☆
263403 Nemesia denticulata(Benth.) Grant ex Fourc.;细齿龙面花■☆
263404 Nemesia diffusa Benth.;松散龙面花■☆
263405 Nemesia diffusa Benth. var. rigida?;坚挺龙面花■☆
263406 Nemesia divergens Benth. = Nemesia fruticans(Thunb.) Benth. ■☆
263407 Nemesia euryceras Schltr.;宽角龙面花■☆
263408 Nemesia flanaganii Hiern = Nemesia albiflora N. E. Br. ■☆
263409 Nemesia fleckii Thell.;弗莱克龙面花■☆
263410 Nemesia floribunda Lehm.;非洲龙面花■☆
263411 Nemesia floribunda Lehm. var. tenuior Bernh.;瘦龙面花■☆
263412 Nemesia foetens Vent. = Nemesia fruticans(Thunb.) Benth. ■☆
263413 Nemesia foetens Vent. var. latifolia(Benth.) Hiern = Nemesia fruticans(Thunb.) Benth. ■☆
263414 Nemesia fruticans(Thunb.) Benth.;灌丛龙面花;Compact Innocence ■☆
263415 Nemesia fruticans(Thunb.) Benth. var. divergens(Benth.) Norl. = Nemesia fruticans(Thunb.) Benth. ■☆
263416 Nemesia fruticans(Thunb.) Benth. var. linearis(Vent.) Norl. = Nemesia linearis Vent. ■☆
263417 Nemesia glabriuscula Hilliard et B. L. Burtt;光滑龙面花■☆
263418 Nemesia glaucescens Hiern;灰绿龙面花■☆
263419 Nemesia gracilis Benth.;纤细龙面花■☆
263420 Nemesia gracillima Dinter = Nemesia fruticans(Thunb.) Benth. ■☆
263421 Nemesia grandiflora Diels;大花龙面花■☆
263422 Nemesia guthriei Hiern = Nemesia barbata(Thunb.) Benth. ■☆
263423 Nemesia hanoverica Hiern;汉诺威龙面花■☆
263424 Nemesia hastata Benth. = Diascia integerrima E. Mey. ex Benth. ■☆
263425 Nemesia ionantha Diels;堇花龙面花■☆
263426 Nemesia karasbergensis L. Bolus;卡拉斯堡龙面花■☆
263427 Nemesia karroensis Bond;卡罗龙面花■☆
263428 Nemesia lanceolata Hiern;披针形龙面花■☆
263429 Nemesia leipoldtii Hiern;莱波尔德龙面花■☆
263430 Nemesia ligulata E. Mey. ex Benth.;舌状龙面花■☆
263431 Nemesia lilacina N. E. Br.;紫色龙面花■☆
263432 Nemesia linearis Vent.;线状龙面花■☆
263433 Nemesia linearis Vent. var. denticulata Kuntze = Nemesia lilacina N. E. Br. ■☆
263434 Nemesia linearis Vent. var. latifolia Benth. = Nemesia fruticans(Thunb.) Benth. ■☆
263435 Nemesia longicornis(Thunb.) Pers. = Diascia longicornis(Thunb.) Druce ■☆
263436 Nemesia lucida Benth.;光亮龙面花■☆
263437 Nemesia macrocarpa(Aiton) Druce;大果龙面花■☆
263438 Nemesia macroceras Schltr.;大角龙面花■☆
263439 Nemesia marlothii Grant ex Range;马洛斯龙面花■☆
263440 Nemesia maxii Hiern;马克斯龙面花■☆
263441 Nemesia minutiflora Pilg. = Nemesia pubescens Benth. ■☆
263442 Nemesia montana Norl. = Nemesia zimbabwensis Rendle ■☆
263443 Nemesia natalitia Sond. = Nemesia denticulata(Benth.) Grant ex Fourc. ■☆
263444 Nemesia pageae L. Bolus;纸龙面花■☆
263445 Nemesia pallida Hiern;苍白龙面花■☆
263446 Nemesia parviflora Benth.;小花龙面花■☆
263447 Nemesia patens(Thunb.) G. Don = Diascia patens(Thunb.) Grant ex Fourc. ■☆
263448 Nemesia picta Schltr.;着色龙面花■☆
263449 Nemesia pinnata(L. f.) E. Mey. ex Benth.;羽裂龙面花■☆
263450 Nemesia platysepala Diels;宽萼龙面花■☆
263451 Nemesia psammophila Schltr.;喜沙龙面花■☆
263452 Nemesia pubescens Benth.;短柔毛龙面花■☆
263453 Nemesia pubescens Benth. var. glabrior Benth. ex Hiern;无毛龙面花■☆
263454 Nemesia pulchella Schltr. ex Hiern;美丽龙面花■☆
263455 Nemesia ramosa Grant ex Range = Nemesia fleckii Thell. ■☆
263456 Nemesia rupicola Hilliard;岩生龙面花■☆
263457 Nemesia saccata E. Mey. ex Benth.;囊状龙面花■☆
263458 Nemesia silvatica Hilliard;林地龙面花■☆
263459 Nemesia strumosa(Benth.) Benth.;龙面花;Pouch Nemseia, Pouched Nemesia ■☆

263460 Nemesia strumosa Benth. = Nemesia strumosa(Benth.)Benth. ■☆
263461 Nemesia thunbergii G. Don = Nemesia fruticans(Thunb.)Benth. ■☆
263462 Nemesia umbonata(Hiern)Hilliard et B. L. Burtt;脐突龙面花■☆
263463 Nemesia versicolor Drège = Nemesia bicornis(L.)Pers. ■☆
263464 Nemesia versicolor E. Mey. = Nemesia versicolor E. Mey. ex Benth. ■☆
263465 Nemesia versicolor E. Mey. ex Benth.;变色龙面花■☆
263466 Nemesia versicolor E. Mey. ex Benth. var. oxyceras Benth.;尖角变色龙面花■☆
263467 Nemesia violiflora Rössler;堇色龙面花■☆
263468 Nemesia viscosa E. Mey. ex Benth.;黏龙面花■☆
263469 Nemesia williamsonii K. E. Steiner;威廉森龙面花■☆
263470 Nemesia zimbabwensis Rendle;津巴布韦龙面花■☆
263471 Nemexia Raf. = Smilax L. ●
263472 Nemexia biltmoreana Small = Smilax biltmoreana(Small)J. B. Norton ex Pennell ●☆
263473 Nemexia cerulea Raf. = Smilax herbacea L. ●☆
263474 Nemexia ecirrata(Engelm. ex Kunth)Small = Smilax ecirrhata S. Watson ●☆
263475 Nemexia herbacea(L.)Small = Smilax herbacea L. ●☆
263476 Nemexia herbacea(L.)Small subsp. melica A. Nelson = Smilax lasioneura Hook. ●☆
263477 Nemexia hugeri Small = Smilax hugeri(Small)J. B. Norton ex Pennell ●☆
263478 Nemexia lasioneura(Hook.)Rydb. = Smilax lasioneura Hook. ●☆
263479 Nemexia nigra Raf. = Smilax herbacea L. ●☆
263480 Nemexia tamnifolia(Michx.)Small = Smilax pseudochina Lour. ●☆
263481 Nemexia tenuis(Small)Small = Smilax lasioneura Hook. ●☆
263482 Nemia P. J. Bergius(废弃属名) = Manulea L.(保留属名)■●☆
263483 Nemia angolensis(Diels)Hiern = Manulea parviflora Benth. ■☆
263484 Nemia capensis J. F. Gmel. = Manulea cheiranthus(L.)L. ■☆
263485 Nemia cheiranthes(L.)P. J. Bergius = Manulea cheiranthus(L.)L. ■☆
263486 Nemia parviflora(Benth.)Hiern = Manulea parviflora Benth. ■☆
263487 Nemia rubra P. J. Bergius = Manulea rubra(P. J. Bergius)L. f. ■☆
263488 Nemitis Raf. = Apteria Nutt. ■☆
263489 Nemocharis Beurl. = Scirpus L.(保留属名)■
263490 Nemocharis radicans(Schkuhr.)Beurl. = Scirpus radicans Schkuhr ■
263491 Nemochloa Nees = Pleurostachys Brongn. ■☆
263492 Nemoctis Raf. = Lachnaea L. ●☆
263493 Nemodaphne Meisn. = Ocotea Aubl. ●☆
263494 Nemodon Griff. = Lepistemon Blume ■
263495 Nemolapathum Ehrh. = Rumex L. ■●
263496 Nemolepis Vilm. = Heliopsis Pers.(保留属名)■☆
263497 Nemopanthes Raf. = Nemopanthus Raf.(保留属名)●☆
263498 Nemopanthus Raf.(1819)(保留属名);美洲山冬青属(纳莫盘木属);Catberry,Cat-berry,Mountain Holly,Wild Holly ●☆
263499 Nemopanthus mucronata(L.)Trel.;美洲山冬青(薄叶纳莫盘木,钝叶冬青);Catberry,Cat-berry,Mountain Holly,Wild Holly ●☆
263500 Nemopanthus mucronatus(L.)Loes. = Ilex mucronata(L.)M. Powell,Savol. et S. Andréws ●☆
263501 Nemophila Nutt.(1822)(保留属名);粉蝶花属(幌菊属);Baby Blue-eyes,Californian Bluebell,Nemophila ■☆
263502 Nemophila Nutt. ex Barton = Nemophila Nutt.(保留属名)■☆
263503 Nemophila insignis Benth. = Nemophila menziesii Hook. et Arn. ■☆
263504 Nemophila maculata Benth. ex Lindl.;紫点粉蝶花(斑点粉蝶花,紫点幌菊);Five Spot,Five Spot Nemophila,Five-spot Baby,Five-spot Nemophila,Spotted Nemophila ■☆
263505 Nemophila menziesii Hook. et Arn.;粉蝶花(幌菊,显著粉蝶花);Baby Blue Eyes,Baby-blue Eyes,Baby-blue-eyes,Baby-blue-eyes Nemophila,Bady Blue-eyes,Menzies Nemophila,Nemophila,Remarkable Nemophila ■☆
263506 Nemopogon Raf. = Bulbine Wolf(保留属名)■☆
263507 Nemorella Ehrh. = Lysimachia L. ●■
263508 Nemorinia Fourr. = Luzula DC.(保留属名)■
263509 Nemorosa Nieuwl. = Anemone L.(保留属名)■
263510 Nemosenecio(Kitam.)B. Nord.(1978);羽叶菊属(羽叶千里光属);Pinnate Groundsel,Nemosenecio ■
263511 Nemosenecio concinnus(Franch.)C. Jeffrey et Y. L. Chen;裸果羽叶菊(裸缨羽叶千里光);Pappusless Nemosenecio,Pappusless Pinnate Groundsel ■
263512 Nemosenecio formosanus(Kitam.)B. Nord.;台湾刘寄奴(台湾羽叶千里光);Taiwan Nemosenecio,Taiwan Pinnate Groundsel ■
263513 Nemosenecio incisifolius(Jeffrey)B. Nord.;刻裂羽叶菊(刻叶千里光,锐裂羽叶千里光,锐叶羽叶千里光);Incisedleaf Nemosenecio,Sharpleaf Pinnate Groundsel ■
263514 Nemosenecio incisifolius(Jeffrey)B. Nord. var. gracilior Y. Ling = Nemosenecio incisifolius(Jeffrey)B. Nord. ■
263515 Nemosenecio nikoensis(Miq.)B. Nord.;日本羽叶菊(日光千里光);Niko Groundsel ■☆
263516 Nemosenecio solenoides(Dunn)B. Nord.;茄状羽叶菊(茄叶千里光,茄叶羽叶千里光);Eggplantleaf Pinnate Groundsel,Solan-like Nemosenecio ■
263517 Nemosenecio yunnanensis B. Nord.;滇羽叶菊(滇羽叶千里光);Yunnan Nemosenecio,Yunnan Pinnate Groundsel ■
263518 Nemoseris Greene = Rafinesquia Nutt.(保留属名)■☆
263519 Nemostigma Planch. = Gironniera Gaudich. ●
263520 Nemostima Raf. = Convolvulus L. ■●
263521 Nemostylis Herb. = Nemastylis Nutt. ■☆
263522 Nemostylis Steven = Phuopsis(Griseb.)Hook. f. ■
263523 Nemotopyxis Miq. = Ludwigia L. ●■
263524 Nemuaron Baill.(1873);喀香木属(喀里香属)●☆
263525 Nemuaron humboldtii Baill.;喀香木●☆
263526 Nemum Desv. = Nemum Desv. ex Ham. ■☆
263527 Nemum Desv. = Scirpus L.(保留属名)■
263528 Nemum Desv. ex Ham.(1825);林莎属■☆
263529 Nemum bulbostyloides(S. S. Hooper)J. Raynal;球花林莎■☆
263530 Nemum equitans(Kük.)J. Raynal;套折林莎■☆
263531 Nemum megastachyum(Cherm.)J. Raynal;大穗林莎■☆
263532 Nemum parviflorum Lye;小花林莎■☆
263533 Nemum spadiceum(Lam.)Desv. ex Ham.;枣红林莎■☆
263534 Nemuranthes Raf. = Habenaria Willd. ■
263535 Nenax Gaertn.(1788);奈纳茜属●☆
263536 Nenax acerosa Gaertn.;针状奈纳茜●☆
263537 Nenax acerosa Gaertn. subsp. macrocarpa(Eckl. et Zeyh.)Puff;大果奈纳茜●☆
263538 Nenax arenicola Puff;沙生奈纳茜●☆
263539 Nenax cinerea(Thunb.)Puff;灰色奈纳茜●☆
263540 Nenax coronata Puff;冠奈纳茜●☆
263541 Nenax divaricata T. M. Salter;叉开奈纳茜●☆
263542 Nenax dregei L. Bolus = Nenax cinerea(Thunb.)Puff ●☆
263543 Nenax elsieae Puff;埃尔西奈纳茜●☆
263544 Nenax glabra(Cruse)Kuntze = Nenax acerosa Gaertn. ●☆

263545 Nenax hirta(Cruse)Salter;多毛奈纳茜●☆
263546 Nenax hirta(Cruse)Salter subsp. calciphila Puff;喜岩奈纳茜●☆
263547 Nenax microphylla(Sond.)T. M. Salter;小叶奈纳茜●☆
263548 Nenax namaquensis Puff;纳马夸奈纳茜●☆
263549 Nenga H. Wendl. et Drude(1875);能加棕属(根柱槟榔属,蓝鞘棕属,南格槟榔属,南各榈属,南亚棕属);Nenga ●☆
263550 Nenga macrocarpa Scort. ex Becc.;大果能加棕;Bigfruit Nenga ●☆
263551 Nenga pumila(Mart.)H. Wendl.;矮能加棕;Dwarf Nenga ●☆
263552 Nenga wendlandiana Scheff.;温氏能加棕;Umu Palm ●☆
263553 Nengella Becc.(1877);小能加棕属;Nengella ●☆
263554 Nengella Becc. = Gronophyllum Scheff. ●☆
263555 Nengella flabellata Becc.;小能加棕;Flabellate Nengella ●☆
263556 Nenningia Opiz = Campanula L. ■●
263557 Nenuphar Link = Nuphar Sm.(保留属名)■
263558 Neoabbottia Britton et Rose = Leptocereus(A. Berger)Britton et Rose ●☆
263559 Neoabbottia Britton et Rose(1921);乔木柱属●☆
263560 Neoabbottia paniculata(Lam.)Britton et Rose;乔木柱●☆
263561 Neoacanthophora Bennet = Aralia L. ●■
263562 Neoachmandra W. J. De Wilde et Duyfjes = Bryonia L. ■☆
263563 Neoachmandra W. J. De Wilde et Duyfjes(2006);新泻根属■☆
263564 Neoachmandra japonica(Thunb. ex A. Murray)W. J. de Wilde et Duyfjes = Zehneria japonica(Thunb. ex A. Murray)H. Y. Liu ■
263565 Neoachmandra japonica(Thunb.)W. J. de Wilde et Duyfjes = Zehneria japonica(Thunb. ex A. Murray)H. Y. Liu ■
263566 Neoachmandra wallichii(C. B. Clarke)W. J. de Wilde et Duyfjes = Zehneria wallichii(C. B. Clarke)C. Jeffrey ■
263567 Neoalsomitra Hutch.(1942);棒锤瓜属(棒槌瓜属,穿山龙属);Clabgourd,Neoalsomitra ●■
263568 Neoalsomitra clavigera(Roem.)Hutch.;棒锤瓜(藏棒槌瓜,罗锅底,赛金刚);Tibet Neoalsomitra, Xizang Clabgourd, Xizang Neoalsomitra ●
263569 Neoalsomitra integrifoliola(Cogn.)Hutch. = Zanonia indica L. ■
263570 Neoalsomitra pubigera(Prain)Hutch.;毛果棒锤瓜;Hairyfruit Neoalsomitra ■
263571 Neoalsomitra tonkinensis (Gagnep.) Hutch. = Neoalsomitra integrifoliola(Cogn.)Hutch. ■
263572 Neoalsomitra tonkinensis(Gagnep.)Hutch. = Zanonia indica L. ■
263573 Neoancistrophyllum Rauschert = Ancistrophyllum (G. Mann et H. Wendl.)H. Wendl. ●☆
263574 Neoancistrophyllum Rauschert = Laccosperma (G. Mann et H. Wendl.)Drude ●☆
263575 Neoancistrophyllum acutiflorum (Becc.) Rauschert = Laccosperma acutiflorum(Becc.)J. Dransf. ●☆
263576 Neoancistrophyllum laeve(G. Mann et H. Wendl.)Rauschert = Laccosperma laeve(G. Mann et H. Wendl.)H. Wendl. ●☆
263577 Neoancistrophyllum laurentii (De Wild.) Rauschert = Laccosperma laurentii(De Wild.)J. Dransf. ●☆
263578 Neoancistrophyllum majus (Burret) Rauschert = Laccosperma majus(Burret)J. Dransf. ●☆
263579 Neoancistrophyllum opacum(G. Mann et H. Wendl.)Rauschert = Laccosperma opacum(G. Mann et H. Wendl.)Drude ●☆
263580 Neoancistrophyllum robustum(Burret)Rauschert = Laccosperma robustum(Burret)J. Dransf. ●☆
263581 Neoancistrophyllum secundiflorum (P. Beauv.) Rauschert = Laccosperma secundiflorum(P. Beauv.)Kuntze ●☆
263582 Neoapaloxylon Rauschert(1982);新柔木豆属●■☆
263583 Neoapaloxylon madagascariense(Drake)Rauschert;马岛新柔木豆●☆
263584 Neoapaloxylon mandrarense Du Puy et R. Rabev.;新柔木豆●☆
263585 Neoapaloxylon tuberosum(R. Vig.)Rauschert;块状新柔木豆●☆
263586 Neoastelia J. B. Williams(1987);新芳香草属■☆
263587 Neoastelia spectabilis J. B. Williams;新芳香草■☆
263588 Neoaulacolepis Rauschert = Aniselytron Merr. ■
263589 Neoaulacolepis Rauschert = Calamagrostis Adans. ■
263590 Neoaulacolepis Rauschert(1982);新沟浮草属■
263591 Neoaulacolepis clemensae (Hitchc.) Rauschert = Aniselytron treutleri(Kuntze)Soják ■
263592 Neoaulacolepis japonica (Hack.) Rauschert = Aniselytron treutleri(Kuntze)Soják ■
263593 Neoaulacolepis petelotii(Hitchc.)Rauschert = Deyeuxia petelotii(Hitchc.)S. M. Phillips et Wen L. Chen ■
263594 Neoaulacolepis treutleri (Kuntze) Rauschert = Aniselytron treutleri(Kuntze)Soják ■
263595 Neoaulacolepis treutleri (Kuntze) Rauschert var. japonica (Hack.)Osada = Aniselytron treutleri(Kuntze)Soják ■
263596 Neoaulacolepis treutleri (Kuntze) Rauschert var. japonica (Hack.)Osada = Aniselytron treutleri(Kuntze)Soják var. japonicum (Hack.)N. X. Zhao ■
263597 Neobaclea Hochr.(1930);新巴氏锦葵属■☆
263598 Neobaclea spirostegia Hochr.;新巴氏锦葵■☆
263599 Neobaileya Gandog. = Geranium L. ■●
263600 Neobakeria Schltr. = Massonia Thunb. ex Houtt. ■☆
263601 Neobakeria angustifolia(L. f.)Schltr. = Massonia echinata L. f. ■☆
263602 Neobakeria burchellii (Baker) Schltr. = Daubenya zeyheri (Kunth)J. C. Manning et A. M. Van der Merwe ■☆
263603 Neobakeria comata (Burch. ex Baker) Schltr. = Daubenya comata(Burch. ex Baker)J. C. Manning et A. M. Van der Merwe ■☆
263604 Neobakeria haemanthoides(Baker)Schltr. = Daubenya marginata (Willd. ex Kunth)J. C. Manning et A. M. Van der Merwe ■☆
263605 Neobakeria heterandra F. M. Leight. = Massonia pygmaea Kunth ■☆
263606 Neobakeria marginata (Willd. ex Kunth) Schltr. = Daubenya marginata(Willd. ex Kunth)J. C. Manning et A. M. Van der Merwe ■☆
263607 Neobakeria namaquensis Schltr. = Daubenya namaquensis (Schltr.)J. C. Manning et Goldblatt ■☆
263608 Neobakeria rugulosa(Licht. ex Kunth)Schltr. = Daubenya marginata (Willd. ex Kunth)J. C. Manning et A. M. Van der Merwe ■☆
263609 Neobalanocarpus P. S. Ashton(1982);新棒果香属●☆
263610 Neobalanocarpus heimii(King)P. S. Ashton;新棒果香●☆
263611 Neobambos Keng ex P. C. Keng = Sinobambusa Makino ex Nakai ●
263612 Neobambos dolicanthus(Keng)Keng ex P. C. Keng = Sinobambusa tootsik(Siebold)Makino ex Nakai ●
263613 Neobambos dolichanthus (Keng) P. C. Keng = Sinobambusa tootsik(Siebold)Makino ex Nakai ●
263614 Neobambus P. C. Keng = Sinobambusa Makino ex Nakai ●
263615 Neobaronia Baker = Phylloxylon Baill. ●☆
263616 Neobaronia phyllanthoides Baker = Phylloxylon xylophylloides (Baker)Du Puy,Labat et Schrire ●☆
263617 Neobaronia xiphoclada Baker = Phylloxylon xiphoclada(Baker) Du Puy,Labat et Schrire ●☆
263618 Neobaronia xylophylloides (Baker) Taub. = Phylloxylon xylophylloides(Baker)Du Puy,Labat et Schrire ●☆
263619 Neobartlettia R. M. King et H. Rob. = Bartlettina R. M. King et H. Rob. ●☆

263620 Neobartlettia Schltr. (1920);巴特兰属■☆
263621 Neobartlettia guianensis Schltr.;圭亚那巴特兰■☆
263622 Neobassia A. J. Scott(1978);新雾冰藜属●☆
263623 Neobassia astrocarpa(F. Muell.) A. J. Scott;新雾冰藜■☆
263624 Neobathiea Schltr. (1925);巴蒂兰属■☆
263625 Neobathiea filicornu Schltr. = Neobathiea grandidierana(Rchb. f.) Garay ■☆
263626 Neobathiea gracilis Schltr. = Aeranthes schlechteri Bosser ■☆
263627 Neobathiea grandidierana(Rchb. f.) Garay;格朗巴蒂兰■☆
263628 Neobathiea hirtula H. Perrier;多毛巴蒂兰■☆
263629 Neobathiea keraudrenae Toill. -Gen. et Bosser;克罗德朗巴蒂兰■☆
263630 Neobathiea perrieri Schltr.;佩里耶巴蒂兰■☆
263631 Neobathiea sambiranoensis Schltr. = Aeranthes schlechteri Bosser ■☆
263632 Neobathiea spatulata H. Perrier;匙形巴蒂兰■☆
263633 Neobaumannia Hutch. et Dalziel = Knoxia L. ■
263634 Neobaumannia hedyotoidea(K. Schum.) Hutch. et Dalziel = Knoxia hedyotoidea(K. Schum.) Puff et Robbr. ■☆
263635 Neobeckia Greene = Rorippa Scop. ■
263636 Neobeckia aquatica (Eaton) Greene = Armoracia aquatica (Eaton) Wiegand ■☆
263637 Neobeckia aquatica (Eaton) Greene = Armoracia lacustris (A. Gray) Al-Shehbaz et V. M. Bates ■☆
263638 Neobeguea J. -F. Leroy(1970);布格楝属●☆
263639 Neobeguea ankaranensis J. -F. Leroy;布格楝●☆
263640 Neobennettia Senghas = Lockhartia Hook. ■☆
263641 Neobenthamia Rolfe(1891);新本氏兰属■☆
263642 Neobenthamia gracilis Rolfe;新本氏兰■☆
263643 Neobertiera Wernham(1917);几内亚茜属■☆
263644 Neobesseya Britton et Rose = Coryphantha(Engelm.) Lem. (保留属名)●■
263645 Neobesseya Britton et Rose = Escobaria Britton et Rose ●☆
263646 Neobesseya Britton et Rose(1923);结分锦属■☆
263647 Neobesseya missouriensis(Sweet) Britton et Rose;结分锦■☆
263648 Neobesseya missouriensis(Sweet) Britton et Rose = Coryphantha missouriensis(Sweet) Britton et Rose ■☆
263649 Neobesseya similis (Engelm.) Britton et Rose = Coryphantha missouriensis(Sweet) Britton et Rose ■☆
263650 Neobinghamia Backeb. (1950);花环柱属(新宾哈米亚属)●☆
263651 Neobinghamia Backeb. = Haageocereus Backeb. ●☆
263652 Neobinghamia climaxantha(Werderm.) Backeb.;花环柱●☆
263653 Neobiondia Pamp. = Saururus L. ■
263654 Neoblakea Standl. (1930);新茜草属☆
263655 Neoboivinella Aubrév. et Pellegr. = Englerophytum K. Krause ●☆
263656 Neoboivinella argyrophylla (Hiern) Aubrév. et Pellegr. = Englerophytum magalismontanum(Sond.) T. D. Penn. ●☆
263657 Neoboivinella glomerulifera (Hutch. et Dalziel) Aubrév. et Pellegr. = Englerophytum oblanceolatum(S. Moore) T. D. Penn. ●☆
263658 Neoboivinella gossweileri(De Wild.) Liben;戈斯新茜草●☆
263659 Neoboivinella kilimandscharica (G. M. Schulze) Aubrév. et Pellegr. = Englerophytum natalense(Sond.) T. D. Penn. ●☆
263660 Neoboivinella natalensis(Sond.) Aubrév. et Pellegr. = Englerophytum natalense(Sond.) T. D. Penn. ●☆
263661 Neoboivinella wilmsii(Engl.) Aubrév. et Pellegr. = Englerophytum magalismontanum(Sond.) T. D. Penn. ●☆
263662 Neobolusia Schltr. (1895);新波鲁兰属■☆
263663 Neobolusia ciliata Summerh.;缘毛新波鲁兰■☆
263664 Neobolusia stolzii Schltr.;斯托尔兹新波鲁兰■☆
263665 Neobolusia stolzii Schltr. var. glabripetala Summerh.;光瓣新波鲁兰■☆
263666 Neobolusia tysonii(Bolus) Schltr.;泰森新波鲁兰■☆
263667 Neobolusia virginea (Bolus) Schltr. = Dracomonticola virginea (Bolus) H. P. Linder et Kurzweil ■☆
263668 Neobolvinella Aubrév. et Pellegr. = Bequaertiodendron De Wild. ●☆
263669 Neobotrydium Moldenke = Chenopodium L. ■●
263670 Neobotrydium Moldenke = Dysphania R. Br. ■
263671 Neobouteloua Gould(1968);新垂穗草属■☆
263672 Neoboutelous lophostachya(Griseb.) Gould;新垂穗草■☆
263673 Neoboutonia Müll. Arg. (1864);新野桐属●☆
263674 Neoboutonia africana (Müll. Arg.) Pax = Neoboutonia mannii Benth. ●☆
263675 Neoboutonia africana Müll. Arg. = Neoboutonia melleri (Müll. Arg.) Prain ●☆
263676 Neoboutonia canescens Pax = Neoboutonia melleri (Müll. Arg.) Prain ●☆
263677 Neoboutonia chevalieri Beille = Neoboutonia melleri (Müll. Arg.) Prain ●☆
263678 Neoboutonia diaguissensis Beille = Neoboutonia mannii Benth. ●☆
263679 Neoboutonia glabrescens Prain = Neoboutonia mannii Benth. ●☆
263680 Neoboutonia macrocalyx Pax;大萼新野桐●☆
263681 Neoboutonia mannii Benth.;曼氏新野桐●☆
263682 Neoboutonia melleri(Müll. Arg.) Prain;梅勒新野桐●☆
263683 Neoboutonia velutina Prain = Neoboutonia melleri (Müll. Arg.) Prain ●☆
263684 Neoboykinia Hara = Boykinia Nutt. (保留属名)●■☆
263685 Neoboykinia lycoctonifolia (Maxim.) H. Hara = Boykinia lycoctonifolia(Maxim.) Engl. ●☆
263686 Neobracea Britton(1920);布雷斯木属●☆
263687 Neobracea angustifolia Britton;布雷斯木●☆
263688 Neobreonia Ridsdale(1975);新黄梁木属●☆
263689 Neobreonia decaryana(Homolle) Ridsdale;新黄梁木●☆
263690 Neobrittonia Hochr. (1905);新强刺球属●☆
263691 Neobrittonia acerifolia(G. Don) Hochr.;新强刺球●☆
263692 Neobrittonia acerifolia Hochr. = Neobrittonia acerifolia(G. Don) Hochr. ●☆
263693 Neobuchia Urb. (1902);新木棉属●☆
263694 Neobuchia paulinae Urb.;新木棉●☆
263695 Neobuxbaumia Backeb. (1938);大凤龙属●☆
263696 Neobuxbaumia euphorbioides(Haw.) Buxb.;勇凤●☆
263697 Neobuxbaumia mezcalaensis(Bravo) Backeb.;梅斯卡拉大凤龙●☆
263698 Neobuxbaumia polylopha(DC.) Backeb.;大凤龙(鸡冠仙人柱)●☆
263699 Neobuxbaumia scoparia(Poselg.) Backeb.;帚状大凤龙●☆
263700 Neobyrnesia J. A. Armstr. (1980);新风车草属●☆
263701 Neobyrnesia suberosa J. A. Armstr.;新风车草●☆
263702 Neocabreria R. M. King et H. Rob. (1972);毛瓣亮泽兰属●☆
263703 Neocabreria catharinensis(Cabrera) R. M. King et H. Rob.;毛瓣亮泽兰●☆
263704 Neocaldasia Cuatrec. (1944);哥伦比亚菊属■☆
263705 Neocallitropsidaceae Doweld = Cupressaceae Gray(保留科名)●
263706 Neocallitropsis Florin(1944);皂柏属(新喀里多尼亚柏属)●☆
263707 Neocallitropsis pancheri(Carrière) de Laub.;皂柏(新喀里多尼亚柏);Araucaria ●☆

263708 Neocalyptrocalyx Hutch.(1967);新隐萼椰子属●☆
263709 Neocalyptrocalyx Hutch. = Capparis L. ●
263710 Neocalyptrocalyx nectarius(Veil.)Hutch.;新隐萼椰子●☆
263711 Neocardenasia Backeb. = Neoraimondia Britton et Rose ●☆
263712 Neocarya(DC.)Prance ex F. White(1976);新壳果属●☆
263713 Neocarya(DC.)Prance. = Neocarya(DC.)Prance ex F. White ●☆
263714 Neocarya macrophylla(Sabine)Prance = Neocarya macrophylla(Sabine)Prance ex F. White ●☆
263715 Neocarya macrophylla(Sabine)Prance ex F. White;新壳果;Ginger Bread Plum,Gingerbread Plum ●☆
263716 Neocaspia Tzvelev = Anabasis L. ●■
263717 Neocaspia Tzvelev = Caspia Galushko ●■
263718 Neocaspia foliosa(L.)Tzvelev = Salsola foliosa(L.)Schrad. ex Schult. ■
263719 Neocastela Small = Castela Turpin(保留属名)●
263720 Neoceis Cass. = Erechtites Raf. ■
263721 Neocentema Schinz(1911);新花刺苋属■☆
263722 Neocentema alternifolia(Schinz)Schinz;互叶新花刺苋■☆
263723 Neocentema robecchii(Lopr.)Schinz;新花刺苋■☆
263724 Neochamaelea(Engl.)Erdtman = Cneorum L. ●☆
263725 Neochamaelea(Engl.)Erdtman(1952);肖叶柄花属●☆
263726 Neochamaelea pulverulenta(Vent.)Erdtman;粉粒肖叶柄花●☆
263727 Neochevaliera A. Chev. et Beille = Chaetocarpus Thwaites(保留属名)●
263728 Neochevaliera Beille = Chaetocarpus Thwaites(保留属名)●
263729 Neochevaliera brazzavillensis Beille = Chaetocarpus africanus Pax ●
263730 Neochevalierodendron J. Léonard(1951);新舍瓦豆属●☆
263731 Neochevalierodendron stephanii(A. Chev.)J. Léonard;新舍瓦豆■☆
263732 Neochilenia Backeb.(1942);新智利球属●☆
263733 Neochilenia Backeb. = Nichelia Bullock ●■
263734 Neochilenia Backeb. = Pyrrhocactus(A. Berger)Backeb. ●■
263735 Neochilenia Backeb. ex Dölz = Neoporteria Britton et Rose ●■
263736 Neochilenia aerocarpa(F. Ritter)Backeb. = Neoporteria reichei(K. Schum.)Backeb. var. aerocarpa(F. Ritter)Ferryman ●☆
263737 Neochilenia aspillagae(Söhrens)Backeb. ex Dölz;曙光玉●☆
263738 Neochilenia eriocephala Backeb.;白露玉●☆
263739 Neochilenia eriosyzoides(F. Ritter)Backeb.;黄冥玉●☆
263740 Neochilenia fobeana(Mieckley)Backeb.;云彩玉●☆
263741 Neochilenia fusca(Muehlenpf.)Backeb.;翠烟玉●☆
263742 Neochilenia hankeana(C. F. Först. ex Rümpler)Dölz;秋仙玉●☆
263743 Neochilenia jussieui(Monv. ex Salm-Dyck)Backeb. ex Dölz;桃燻玉●☆
263744 Neochilenia krausii(F. Ritter)Backeb.;闇牛●☆
263745 Neochilenia kunzii(C. F. Först.)Backeb. ex Dölz;刺鯱玉●☆
263746 Neochilenia lembckei Backeb.;灵梦玉●☆
263747 Neochilenia napina(Phil.)Backeb.;智利仙人柱(豹头)●☆
263748 Neochilenia occulta(Phil.)Backeb. ex Dölz;雷头玉;Hidden Neoporteria ●
263749 Neochilenia odieri(Lem. ex Salm-Dyck)Backeb. ex Dölz;狼头玉;Odier Neoporteria ●☆
263750 Neochilenia paucicostata(F. Ritter)Backeb.;黑冠球(黑冠丸)●☆
263751 Neochilenia reichei(K. Schum.)Backeb. ex Dölz = Neoporteria reichei(K. Schum.)Backeb. ●☆
263752 Neochilenia taltalensis(Hutchison)Backeb.;太留玉●☆
263753 Neocinnamomum H. Liou(1934);新樟属;Neocinnamomum,Newcinnamon ●
263754 Neocinnamomum caudatum(Nees)Merr.;滇新樟(白桂,梅根,三股筋,沙癞叶,香味叶,羊角香);Caudate Neocinnamomum,Caudate Newcinnamon ●
263755 Neocinnamomum complanifructum S. K. Lee et F. N. Wei;扁果新樟●
263756 Neocinnamomum complanifructum S. K. Lee et F. N. Wei = Neocinnamomum lecomtei H. Liu ●
263757 Neocinnamomum confertiflorum(Meisn.)Kosterm. = Actinodaphne confertiflora Meisn. ●
263758 Neocinnamomum confertiflorum(Meisn.)Kosterm. = Parasassafras confertiflorum(Meisn.)D. G. Long ●
263759 Neocinnamomum delavayi(Lecomte)H. Liu;新樟(柴桂,荷花香,荷叶香,梅花香,梅叶香,楠木香,肉桂树,三股筋,少花新樟,香桂子,香叶,香叶树,香叶子,羊角香,野香叶树,云南柴桂,云南桂);Delavay Neocinnamomum,Newcinnamon ●
263760 Neocinnamomum delavayi(Lecomte)H. Liu var. pauciflorum Yen C. Yang = Neocinnamomum delavayi(Lecomte)H. Liu ●
263761 Neocinnamomum fargesii(Lecomte)Kosterm.;川鄂新樟(鸡筋树,三条筋);Farges Neocinnamomum,Farges Newcinnamon ●
263762 Neocinnamomum hainanianum C. K. Allen = Neocinnamomum lecomtei H. Liu ●
263763 Neocinnamomum lecomtei H. Liu;海南新樟(美共,木大刀王);Lacomte Neocinnamomum,Lacomte Newcinnamon ●
263764 Neocinnamomum mekongense(Hand.-Mazz.)Kosterm.;沧江新樟;Cangjiang Newcinnamon,Mekong Neocinnamomum ●
263765 Neocinnamomum parvifolium(Lecomte)H. Liu = Neocinnamomum delavayi(Lecomte)H. Liu ●
263766 Neocinnamomum poilanei H. Liu = Neocinnamomum caudatum(Nees)Merr. ●
263767 Neocinnamomum wilsonii C. K. Allen = Neocinnamomum fargesii(Lecomte)Kosterm. ●
263768 Neocinnamomum yunnanense H. Liu = Neocinnamomum caudatum(Nees)Merr. ●
263769 Neoclemensia Carr(1935);克莱门斯兰属■☆
263770 Neoclemensia spathulata Carr;克莱门斯兰■☆
263771 Neocleome Small = Cleome L. ●■
263772 Neocleome Small = Tarenaya Raf. ■
263773 Neocodon Kolak. et Serdyuk. = Campanula L. ■●
263774 Neocogniauxia Schltr.(1913);小唇兰属■☆
263775 Neocogniauxia hexaptera Schltr.;小唇兰■☆
263776 Neocogniauxia monophylla(Griseb.)Schltr.;单叶小唇兰■☆
263777 Neocolletia Hemsl.(1890)'Neocolletia';热亚纤豆属■☆
263778 Neocollettia gracilis Hemsl.;热亚纤豆■☆
263779 Neoconopodium(Koso-Pol.)Pimenov et Kljuykov(1987);新锥足芹属■☆
263780 Neoconopodium capnoides(Decne.)Pimenov et Kljuykovv;新锥足芹■☆
263781 Neocouma Pierre(1898);新牛奶木属●☆
263782 Neocouma ternstroemiacea(Müll. Arg.)Pierre;新牛奶木●☆
263783 Neocracca Kuntze = Coursetia DC. ●☆
263784 Neocribbia Szlach.(2003);新克里布兰属■
263785 Neocribbia Szlach. = Angraecum Bory ■
263786 Neocryptodiscus Hedge et Lamond = Prangos Lindl. ■☆
263787 Neocryptodiscus Hedge et Lamond(1987);新隐盘芹属■☆
263788 Neocryptodiscus ammophilus(Bunge)Hedge et Lamond;新隐盘芹■☆
263789 Neocryptodiscus cachroides(Schrenk)V. M. Vinogr. = Prangos

cachroides(Schrenk) Pimenov et V. N. Tikhom. ■
263790 Neocryptodiscus didymus(Regel) Hedge et Lamond. = Prangos didyma(Regel) Pimenov et V. N. Tikhom. ■
263791 Neocuatrecasia R. M. King et H. Rob. (1970);腺苞柄泽兰属■☆
263792 Neocuatrecasia dispar(B. L. Rob.) R. M. King et H. Rob.;腺苞柄泽兰■☆
263793 Neocupressus de Laub. = Hesperocyparis Bartel et R. A. Price ●☆
263794 Neocussonia(Harms) Hutch. = Schefflera J. R. Forst. et G. Forst.(保留属名)●
263795 Neocussonia Hutch. = Schefflera J. R. Forst. et G. Forst.(保留属名)●
263796 Neocussonia buchananii (Harms) Hutch. = Schefflera umbellifera(Sond.) Baill. ●☆
263797 Neocussonia monophylla(Baker) Hutch. = Schefflera monophylla (Baker) Bernardi ●☆
263798 Neocussonia myriantha(Baker) Hutch. = Schefflera myriantha (Baker) Drake ●☆
263799 Neocussonia umbellifera (Sond.) Hutch. = Schefflera umbellifera(Sond.) Baill. ●☆
263800 Neodawsonia Backeb. (1949);华翁属(新达乌逊属)●☆
263801 Neodawsonia Backeb. = Cephalocereus Pfeiff. ●
263802 Neodawsonia apicicephalius Backeb.;华翁●☆
263803 Neodeutzia(Engl.) Small = Deutzia Thunb. ●
263804 Neodeutzia Small = Deutzia Thunb. ●
263805 Neodielsia Harms = Astragalus L. ●■
263806 Neodielsia Harms(1905);迪氏豆属(狄氏豆属,新蝶豆属)■
263807 Neodielsia polyantha Harms;迪氏豆(狄氏豆,新蝶豆)■
263808 Neodillenia Aymard(1997);新五桠果属■☆
263809 Neodillenia venezuelana Aymard;新五桠果■☆
263810 Neodiscocactus Y. Ito = Discocactus Pfeiff. ●☆
263811 Neodiscocactus Y. Ito(1981);新圆盘玉属●☆
263812 Neodiscocactus heptacanthus(Rod.) Y. Ito;新圆盘玉■☆
263813 Neodissochaeta Bakh. f. = Dissochaeta Blume ●☆
263814 Neodistemon Babu et A. N. Henry(1970);双蕊麻属■☆
263815 Neodistemon indicum(Wedd.) Babu et A. N. Henry;双蕊麻■☆
263816 Neodonnellia Rose = Tripogandra Raf. ■☆
263817 Neodregea C. H. Wright(1909);德雷秋水仙属■☆
263818 Neodregea glassii C. H. Wright;德雷秋水仙■☆
263819 Neodriessenia M. P. Nayar(1977);新牡丹属●■
263820 Neodriessenia crystallina(Stapf) M. P. Nayar;新牡丹●☆
263821 Neodriessenia hirta(Ridl.) M. P. Nayar;粗毛新牡丹●☆
263822 Neodriessenia membranifolia (H. L. Li) C. Hansen = Blastus membranifolius H. L. Li ●
263823 Neodriessenia membranifolia(H. L. Li) C. Hansen = Stussenia membranifolia(H. L. Li) C. Hansen ●
263824 Neodriessenia pilosa M. P. Nayar;柔毛新牡丹●☆
263825 Neodriessenia purpurea M. P. Nayar;紫新牡丹●☆
263826 Neodryas Rchb. f. (1852);仙女兰属■☆
263827 Neodryas acuminata D. E. Benn. et Christenson;渐尖仙女兰■☆
263828 Neodryas alba D. E. Benn. et Christenson;白仙女兰■☆
263829 Neodryas densiflora Rchb. f.;仙女兰■☆
263830 Neodunnia R. Vig. (1950);新绣球茜属●☆
263831 Neodunnia R. Vig. = Millettia Wight et Arn.(保留属名)●■
263832 Neodunnia atrocyanea R. Vig.;新绣球茜●☆
263833 Neodunnia atrocyanea R. Vig. = Millettia richardiana (Baill.) Du Puy et Labat ●☆
263834 Neodunnia aurea R. Vig. = Millettia aurea(R. Vig.) Du Puy et Labat ●☆
263835 Neodunnia longeracemosa R. Vig. = Pongamiopsis pervilleana (Baill.) R. Vig. ●☆
263836 Neodypsis Baill. (1894);三角椰子属(新戴普司榈属,新散尾葵属)●☆
263837 Neodypsis Baill. = Dypsis Noronha ex Mart. ●☆
263838 Neodypsis baronii (Becc.) Jum. = Dypsis baronii (Becc.) Beentje et J. Dransf. ●☆
263839 Neodypsis basilongus Jum. et H. Perrier = Dypsis basilonga (Jum. et H. Perrier) Beentje et J. Dransf. ●☆
263840 Neodypsis canaliculatus Jum. = Dypsis canaliculata (Jum.) Beentje et J. Dransf. ●☆
263841 Neodypsis ceraceus Jum. = Dypsis ceracea(Jum.) Beentje et J. Dransf. ●☆
263842 Neodypsis compactus Jum. = Dypsis baronii(Becc.) Beentje et J. Dransf. ●☆
263843 Neodypsis decaryi Jum.;三角椰子(三角槟榔,新散尾葵)●☆
263844 Neodypsis decaryi Jum. = Dypsis decaryi(Jum.) Beentje et J. Dransf. ●☆
263845 Neodypsis gracilis Jum. = Dypsis oreophila Beentje ●☆
263846 Neodypsis heteromorphus Jum. = Dypsis heteromorpha(Jum.) Beentje et J. Dransf. ●☆
263847 Neodypsis lastelliana Baill.;红鞘三角椰子(红冠棕)●☆
263848 Neodypsis lastelliana Baill. = Dypsis lastelliana(Baill.) Beentje et J. Dransf. ●☆
263849 Neodypsis leptocheilos Hodel;红茎三角椰子●☆
263850 Neodypsis ligulatus Jum. = Dypsis ligulata(Jum.) Beentje et J. Dransf. ●☆
263851 Neodypsis lobatus Jum. = Dypsis ankaizinensis(Jum.) Beentje et J. Dransf. ●☆
263852 Neodypsis nauseosus Jum. et H. Perrier = Dypsis nauseosa(Jum. et H. Perrier) Beentje et J. Dransf. ●☆
263853 Neodypsis tanalensis Jum. et H. Perrier = Dypsis tanalensis (Jum. et H. Perrier) Beentje et J. Dransf. ●☆
263854 Neodypsis tsaratananensis Jum. = Dypsis tsaratananensis(Jum.) Beentje et J. Dransf. ●☆
263855 Neoeplingia Ramam., Hiriart et Medrano(1982);新蓝卷木属●☆
263856 Neoeplingia leucophylloides Ramam.;新蓝卷木●☆
263857 Neoescobaria Garay = Helcia Lindl. ■☆
263858 Neoevansia T. Marshall = Peniocereus(A. Berger) Britton et Rose ●
263859 Neoevansia diguetii(F. A. C. Weber) T. Marshall = Peniocereus striatus(Brandegee) Buxb. ●☆
263860 Neoevansia striata (Brandegee) Sánchez-Mej. = Peniocereus striatus(Brandegee) Buxb. ●☆
263861 Neofabricia J. Thomps. (1983);法布木属●☆
263862 Neofabricia J. Thomps. = Leptospermum J. R. Forst. et G. Forst.(保留属名)●☆
263863 Neofabricia mjoebergii(Cheel) J. Thompson;法布木●☆
263864 Neoferetia Baehni = Nothapodytes Blume ●
263865 Neofinetia Hu (1925);新风兰属(凤兰属,风兰属);Neofinetia, Windorchis ■
263866 Neofinetia falcata(Thunb. ex A. Murray) Hu = Neofinetia falcata (Thunb.) Hu ■
263867 Neofinetia falcata(Thunb.) Hu;新风兰(不死草,吊兰,凤兰,风兰,富贵兰,干兰,桂兰,见风生,镰形风兰,仙兰,象牙草,轩兰);Sickle Neofinetia, Sickle Windorchis ■
263868 Neofinetia richardsiana Christenson;短距风兰(短距凤兰);

Shortspur Neofinetia, Shortspur Windorchis ■

263869 Neofinetia xichangensis Z. J. Liu et S. C. Chen;西昌风兰;Xichang Neofinetia ■

263870 Neofranciella Guillaumin(1925);翅果茜属■☆

263871 Neofranciella pterocarpon Guillaumin;翅果茜■☆

263872 Neogaerrhinum Rothm. (1943);北美婆婆纳属■☆

263873 Neogaerrhinum filipes(A. Gray) Rothm.;北美婆婆纳■☆

263874 Neogaillonia Lincz. (1973);新加永茜属■☆

263875 Neogaillonia Lincz. = Gaillonia A. Rich. ex DC. ■☆

263876 Neogaillonia afghanica(Ehrendf) Lincz.;阿富汗新加永茜■☆

263877 Neogaillonia calcicola Puff = Gaillonia calcicola(Puff) Thulin ■☆

263878 Neogaillonia calycoptera (Decne.) Puff = Pterogaillonia calycoptera(Decne.) Lincz. ■☆

263879 Neogaillonia puberula (Balf. f.) Lincz. = Gaillonia puberula Balf. f. ■☆

263880 Neogaillonia reboudiana (Coss. et Durieu) Puff = Jaubertia reboudiana(Coss. et Durieu) Ehrend. et Schönb. -Tem. ☆

263881 Neogaillonia somaliensis Puff = Gaillonia somaliensis (Puff) Thulin ■☆

263882 Neogaillonia stscherbinovskii (Lincz.) Puff = Pterogaillonia calycoptera(Decne.) Lincz. ■☆

263883 Neogaillonia tinctoria(Balf. f.) Lincz. = Gaillonia tinctoria Balf. f. ■☆

263884 Neogardneria Schltr. = Neogardneria Schltr. ex Garay ■☆

263885 Neogardneria Schltr. ex Garay(1973);新嘉兰属(新蓬莱葛属)■☆

263886 Neogardneria murrayana(Gardner) Garay;新嘉兰■☆

263887 Neogaya Meisn. = Arpitium Neck. ex Sweet ■

263888 Neogaya Meisn. = Pachypleurum Ledeb. ■

263889 Neogaya mucronata Schrenk = Ligusticum mucronatum(Schrenk) Leute ■

263890 Neogaya mucronata Schrenk = Pachypleurum mucronatum(Schrenk) Schischk. ■

263891 Neogaya simplex Meisn. var. albomarginata Schrenk = Pachypleurum alpinum Ledeb. ■

263892 Neoglaziovia Mez(1891);芦状凤梨属(新格拉凤梨属)■☆

263893 Neoglaziovia variegata(Arruda) Mez;芦状凤梨;Caroa Fibre ■☆

263894 Neogleasonia Maguire = Bonnetia Mart. (保留属名)●☆

263895 Neogoetzea Pax(1900);单室土密树属●☆

263896 Neogoetzea brideliifolia Pax = Bridelia brideliifolia(Pax) Fedde ●☆

263897 Neogoetzia Pax = Bridelia Willd. (保留属名)●

263898 Neogoezia Hemsl. (1894);格茨草属■☆

263899 Neogoezia gracilipes Hemsl.;格茨草■☆

263900 Neogomesia Castaneda = Ariocarpus Scheidw. ●

263901 Neogomezia Buxb. = Ariocarpus Scheidw. ●

263902 Neogontscharovia Lincz. (1971);线叶彩花属●☆

263903 Neogontscharovia miranda(Lincz.) Lincz.;线叶彩花●☆

263904 Neogoodenia C. A. Gardner et A. S. George = Goodenia Sm. ●■☆

263905 Neogossypium Roberty = Gossypium L. ●■

263906 Neoguillauminia Croizat(1938);吉约曼大戟属☆

263907 Neoguillauminia cleopatra(Baill.) Croizat;吉约曼大戟☆

263908 Neogunnia Pax et K. Hoffm. = Gunniopsis Pax ■☆

263909 Neogymnantha Y. Ito = Rebutia K. Schum. ●

263910 Neogyna Rchb. f. (1852);新型兰属;Neogyna ■

263911 Neogyna gardneriana (Lindl.) Rchb. f.; 新型兰; Gardner Neogyna ■

263912 Neogyna gardneriana(Lindl.) Rchb. f. var. basiquinquelamellata Ts. Tang et F. T. Wang = Neogyna gardneriana(Lindl.) Rchb. f. ■

263913 Neogyna gardneriana(Lindl.) Rchb. f. var. basitrilamellata Ts. Tang et F. T. Wang = Neogyna gardneriana(Lindl.) Rchb. f. ■

263914 Neogyne Pfitzer = Neogyna Rchb. f. ■

263915 Neogyne Rchb. f. = Neogyna Rchb. f. ■

263916 Neohallia Hemsl. (1882);霍尔爵床属☆

263917 Neohallia borrerae Hemsl.;霍尔爵床☆

263918 Neoharmsia R. Vig. (1951);马岛新豆属●☆

263919 Neoharmsia baronii(Drake) R. Vig.;巴龙马岛新豆●☆

263920 Neoharmsia madagascariensis R. Vig.;马岛新豆●☆

263921 Neohemsleya T. D. Penn. (1921);昂斯莱榄属●☆

263922 Neohemsleya usambarensis T. D. Penn.;昂斯莱榄●☆

263923 Neohenricia L. Bolus(1938);姬天女属■☆

263924 Neohenricia sibbettii(L. Bolus) L. Bolus;西伯姬天女■☆

263925 Neohenricia spiculata S. A. Hammer;姬天女■☆

263926 Neohenrya Hemsl. = Tylophora R. Br. ●■

263927 Neohenrya augustiniana Hemsl. = Tylophora angustiniana (Hemsl.) Craib ●

263928 Neohickenia Frič = Parodia Speg. (保留属名)●

263929 Neohintonia R. M. King et H. Rob. (1971);刺毛亮泽兰属●☆

263930 Neohintonia R. M. King et H. Rob. = Koanophyllon Arruda ●☆

263931 Neohintonia monantha(Sch. Bip.) R. M. King et H. Rob.;刺毛亮泽兰●☆

263932 Neoholmgrenia W. L. Wagner et Hoch = Oenothera L. ●■

263933 Neoholmgrenia W. L. Wagner et Hoch(2009);新月见草属■☆

263934 Neoholstia Rauschert = Tannodia Baill. ■☆

263935 Neoholstia Rauschert(1982);霍尔斯特大戟属■☆

263936 Neoholstia sessiliflora (Pax) Rauschert = Tannodia tenuifolia (Pax) Prain var. glabrata Prain ■☆

263937 Neoholstia tenuifolia (Pax) Rauschert = Tannodia tenuifolia (Pax) Prain ■☆

263938 Neoholstia tenuifolia(Pax) Rauschert var. glabrata(Prain) Radcl. -Sm. = Tannodia tenuifolia(Pax) Prain var. glabrata Prain ■☆

263939 Neoholubia Tzvelev = Avena L. ■

263940 Neoholubia Tzvelev(2008);毛燕麦属■☆

263941 Neohopea G. H. S. Wood ex Ashton = Shorea Roxb. ex C. F. Gaertn. ●

263942 Neohouzeaua(A. Camus) Gamble = Neohouzeaua A. Camus ●

263943 Neohouzeaua A. Camus = Schizostachyum Nees ●

263944 Neohouzeaua A. Camus (1922); 李海竹属(新越竹属); Neohouzeaua ●

263945 Neohouzeaua coradata T. H. Wen et Q. H. Dai = Schizostachyum coradatum(T. H. Wen et Q. H. Dai) N. H. Xia ●

263946 Neohouzeaua dullooa (Gamble) A. Camus; 李海竹; Dullooa Bamboo ●☆

263947 Neohuberia Ledoux = Eschweilera Mart. ex DC. ●☆

263948 Neohumbertiella Hochr. (1940);新亨伯特锦葵属●☆

263949 Neohumbertiella Hochr. = Humbertiella Hochr. ●☆

263950 Neohumbertiella sakamaliensis Hochr.;新亨伯特锦葵●☆

263951 Neohusnotia A. Camus = Acroceras Stapf ■

263952 Neohusnotia A. Camus(1921);山鸡谷草属;Neohusnotia ■

263953 Neohusnotia amplectens(Stapf) C. C. Hsu = Acroceras amplectens Stapf ■☆

263954 Neohusnotia macra(Stapf) C. C. Hsu = Acroceras macrum Stapf ■☆

263955 Neohusnotia tonkinensis(Balansa) A. Camus;山鸡谷草(凤头黍);Tonkin Acroceras, Tonkin Neohusnotia ■

263956 Neohusnotia tonkinensis (Balansa) A. Camus = Acroceras tonkinense(Balansa) C. E. Hubb. ex Bor ■

263957 Neohymenopogon Bennet = Hymenopogon Wall. ●

263958 Neohymenopogon Bennet(1981);石丁香属(藏丁香属,网须木属);Hymenopogon,Stoneclave,Stonelilac ●

263959 Neohymenopogon oligocarpus(H. L. Li) Bennet;疏果石丁香(石针打不死,疏果藏丁香);Oligocarpous Hymenopogon,Scatterfruit Stoneclave ●

263960 Neohymenopogon parasiticus(Wall.) Bennet;石丁香(藏丁香,寄生石丁香,石参,石老虎);Longflower Stonelilac,Long-flowered Hymenopogon,Stoneclave ●

263961 Neohymenopogon parasiticus(Wall.) Bennet var. longiflorus F. C. How ex W. C. Chen = Neohymenopogon parasiticus(Wall.) Bennet ●

263962 Neohyptis A. Camus = Acroceras Stapf ■

263963 Neohyptis J. K. Morton = Plectranthus L'Hér. (保留属名) ●■

263964 Neohyptis J. K. Morton(1962);新山香属●☆

263965 Neohyptis paniculata(Baker) J. K. Morton;圆锥新山香●☆

263966 Neojatropha Pax = Mildbraedia Pax ■☆

263967 Neojatropha fallax (Pax) Pax = Mildbraedia carpinifolia (Pax) Hutch. ■☆

263968 Neojeffreya Cabrera(1978);修翅菊属■☆

263969 Neojeffreya decurrens(L.) Cabrera;修翅菊■☆

263970 Neojobertia Baill. (1888);若贝尔藤属●☆

263971 Neojobertia brasiliensis Baill.;若贝尔藤●☆

263972 Neojunghuhnia Koord. = Vaccinium L. ●

263973 Neokeithia Steenis = Chilocarpus Blume ●☆

263974 Neokochia(Ulbr.) G. L. Chu et S. C. Sand. (2009);新地肤属●■

263975 Neokochia(Ulbr.) G. L. Chu et S. C. Sand. = Kochia Roth ●■

263976 Neokoehleria Schltr. (1912);克勒兰属■☆

263977 Neokoehleria equitans Schltr.;克勒兰■☆

263978 Neokoeleria Schltr. = Neokoehleria Schltr. ■☆

263979 Neolabatia Aubrév. = Labatia Scop. (废弃属名) ●

263980 Neolabatia Aubrév. = Pouteria Aubl. ●

263981 Neolacis Wedd. = Apinagia Tul. emend. P. Royen ■☆

263982 Neolamarckia Bosser(1985);团花属(黄龙木属);Groupflower ●

263983 Neolamarckia cadamba(Roxb.) Bosser;团花(大叶黄梁木,黄梁木,黄龙木,加丹巴团花);Anthocephalus,Chinese Anthocephalus,Groupflower,Kadam,Kadam Tree,Laran ●

263984 Neolauchea Kraenzl. = Isabelia Barb. Rodr. ■☆

263985 Neolaugeria Nicolson(1979);劳格茜属●☆

263986 Neolaugeria apiculata(Britton et Standl.) Nicolson;劳格茜●☆

263987 Neolaugeria densiflora(Wright ex Griseb.) Nicolson;密花劳格茜●☆

263988 Neolehmannia Kraenzl. = Epidendrum L. (保留属名) ■☆

263989 Neolemaireocereus Backeb. (1942);新群戟柱属●☆

263990 Neolemaireocereus Backeb. = Lemaireocereus Britton et Rose ●☆

263991 Neolemaireocereus Backeb. = Stenocereus (A. Berger) Riccob. (保留属名) ●☆

263992 Neolemaireocereus stellatus(Pfeiff.) Backeb.;新群戟柱●☆

263993 Neolemonniera Heine(1960);良脉山榄属●☆

263994 Neolemonniera batesii(Engl.) Heine;贝茨良脉山榄●☆

263995 Neolemonniera clitandrifolia(A. Chev.) Heine;夹竹桃叶良脉山榄●☆

263996 Neolemonniera ogouensis(Pierre ex Dubard) Heine;奥古良脉山榄●☆

263997 Neolepia W. A. Weber = Lepidium L. ■

263998 Neolepia campestris (L.) W. A. Weber = Lepidium campestre (L.) Brot. ex Nyman ■

263999 Neoleptopyrum Hutch. = Leptopyrum Rchb. ■

264000 Neoleretia Baehni = Nothapodytes Blume ●

264001 Neoleretia pittosporoides (Oliv.) Baehni = Nothapodytes pittosporoides(Oliv.) Sleumer ●

264002 Neoleroya Cavaco(1971);勒鲁瓦茜属●☆

264003 Neoleroya verdcourtii Cavaco;勒鲁瓦茜●☆

264004 Neolexis Salisb. = Smilacina Desf. (保留属名) ■

264005 Neolindenia Baill. = Louteridium S. Watson ☆

264006 Neolindleya Kraenzl. (1899);新手参属■☆

264007 Neolindleya Kraenzl. = Platanthera Rich. (保留属名) ■

264008 Neolindleya camtschatica (Cham.) Nevski = Gymnadenia camtschatica(Cham.) Miyabe et Kudo ■☆

264009 Neolindleya camtschatica(Cham.) Nevski f. leucantha Toyok.;白花勘察加手参■☆

264010 Neolindleyella Fedde = Lindleya Kunth(保留属名) ●☆

264011 Neolitsea(Benth. et Hook. f.) Merr. (1906)(保留属名);新木姜子属;Newlitse,Neolitsea ●

264012 Neolitsea(Benth.) Merr. = Bryantea Raf. (废弃属名) ●

264013 Neolitsea(Benth.) Merr. = Neolitsea(Benth. et Hook. f.) Merr. (保留属名) ●

264014 Neolitsea Merr. = Neolitsea(Benth. et Hook. f.) Merr. (保留属名) ●

264015 Neolitsea aciculata(Blume) Koidz.;台湾新木姜子(锐叶新木姜子,香桂,玉山新木姜子);Sharp Tree-nerved Neolitsea,Taiwan Newlitse,Yushan Neolitsea ●

264016 Neolitsea aciculata (Blume) Koidz. var. variabilima (Hayata) J. C. Liao;变叶新木姜子(多变新木姜子);Varieble Neolitsea,Variedleaf Newlitse ●

264017 Neolitsea aciculata(Blume) Koidz. var. variabillima(Hayata) J. C. Liao = Neolitsea variabilis(Hayata) Kaneh. et Sasaki ●

264018 Neolitsea acuminatissima(Hayata) Kaneh. et Sasaki;尖叶新木姜子(高山新木姜子,渐尖叶新木姜子);Acuminate-leaf Newlitse,Acuminate-leaved Neolitsea, Acuminate-leaved Newlitse, Sharpleaf Newlitse ●

264019 Neolitsea acutotrinervia (Hayata) Kaneh. et Sasaki = Neolitsea aciculata(Blume) Koidz. ●

264020 Neolitsea alongensis Lecomte;下龙新木姜子;Along Newlitse ●

264021 Neolitsea aurata(Hayata) Koidz.;新木姜子(金毛新木姜子,金新木姜子,金叶新木姜子,三苍,新木姜,野玉桂);Common Newlitse,Golden-coloured Newlitse,Neolitsea,Newlitse ●

264022 Neolitsea aurata (Hayata) Koidz. = Neolitsea sericea (Blume) Koidz. var. aurata(Hayata) Hatus. ●

264023 Neolitsea aurata (Hayata) Koidz. f. glabrescens H. Liu = Neolitsea aurata(Hayata) Koidz. ●

264024 Neolitsea aurata(Hayata) Koidz. var. chekiangensis(Nakai) Yen C. Yang et P. H. Huang;浙江新木姜(浙江新木姜子);Zhejiang Newlitse ●

264025 Neolitsea aurata(Hayata) Koidz. var. glauca Yen C. Yang;粉叶新木姜子;Glaucous Newlitse ●

264026 Neolitsea aurata (Hayata) Koidz. var. paraciculata (Nakai) Yen C. Yang et P. H. Huang;云和新木姜子;Yunhe Newlitse ●

264027 Neolitsea aurata(Hayata) Koidz. var. undulatula Yen C. Yang et P. H. Huang;浙闽新木姜子;Criapateleaf Newlitse ●

264028 Neolitsea bawangensis R. H. Miao;坝王新木姜子;Bawang Newlitse ●

264029 Neolitsea boninensis Koidz.;小笠原木姜子●☆

264030 Neolitsea brevipes H. W. Li;短梗新木姜子;Shortpedicel Newlitse,Short-pediceled Newlitse ●

264031 Neolitsea buisanensis Yamam. et Kamik.;武威山新木姜子(武威新木姜子);Wuweishan Newlitse,Wuwishan Neolitsea ●

264032 Neolitsea buisanensis Yamam. et Kamik. var. sutsuoensis J. C. Liao;石厝新木姜子●

264033 Neolitsea calcicola Z. R. Xu;石山新木姜子;Shishan Newlitse ●

264034 Neolitsea cambodiana Lecomte;锈叶新木姜子(白背樟,大叶樟,红椆树,辣汁树,山坑紫,石槁,香胶木,锈叶新木姜);Rustyleaf Newlitse,Rusty-leaved Newlitse ●

264035 Neolitsea cambodiana Lecomte var. glabra Allen;香港新木姜子;Glabrous Newlitse ●

264036 Neolitsea chekiangensis Nakai = Neolitsea aurata (Hayata) Koidz. var. chekiangensis(Nakai) Yen C. Yang et P. H. Huang ●

264037 Neolitsea chinensis(Gamble) Chun = Neolitsea levinei Merr. ●

264038 Neolitsea chrysotricha H. W. Li;金毛新木姜子;Chrysohairy Newlitse,Golden-hair Newlitse,Golden-haired Newlitse ●

264039 Neolitsea chui Merr.;鸭公树(大香籽,大新木姜,大叶樟,青胶木,中叶樟);Bigleaf Newlitse,Chu Newlitse,Draketree ●

264040 Neolitsea chui Merr. var. brevipes Yen C. Yang = Neolitsea polycarpa H. Liu ●

264041 Neolitsea confertifolia (Hemsl.) Merr.;簇叶新木姜子(丛叶楠,簇叶楠,密叶新木姜子,台乌,乌药,香桂子树);Denseleaf Newlitse,Densi-leaved Newlitse ●

264042 Neolitsea cuipala(D. Don) Kosterm.;柔毛新木姜子●☆

264043 Neolitsea daibuensis Kamik.;大武山新木姜子(大武新木姜子);Dawushan Newlitse ●

264044 Neolitsea dealbata(R. Br.) Merr.;白色新木姜子;White Bolly Gum ●☆

264045 Neolitsea ellipsoidea Allen = Neolitsea ovatifolia Yen C. Yang et P. H. Huang ●

264046 Neolitsea ellipsoidea C. K. Allen;香果新木姜子(奉楠,乌身香槁,香果);Elliptical Fruit Newlitse, Elliptical Newlitse, Elliptical-fruited Newlitse,Fragrantfruit Newlitse ●

264047 Neolitsea ferruglnea Merr. = Neolitsea cambodiana Lecomte ●

264048 Neolitsea gilva Koidz.;淡黄褐新木姜子●☆

264049 Neolitsea glauca (Siebold) Koidz. = Neolitsea sericea (Blume) Koidz. ●◇

264050 Neolitsea gracilipes (Hemsl.) H. Liu = Neolitsea wushanica (Chun) Merr. ●

264051 Neolitsea gracilipes H. Liu = Neolitsea wushanica(Chun) Merr. ●

264052 Neolitsea hainanensis Yen C. Yang et P. H. Huang;海南新木姜子;Hainan Newlitse ●

264053 Neolitsea hiiranensis Tang S. Liu et J. C. Liao;南仁山新木姜子(南仁新木姜子);Nanrenshan Newlitse ●

264054 Neolitsea homilantha C. K. Allen;团花新木姜子;Agglomerate Flower Newlitse,Agglomerate Newlitse,Groupflower Newlitse ●

264055 Neolitsea hongkongensis (Chun) C. K. Allen = Neolitsea cambodiana Lecomte var. glabra Allen ●

264056 Neolitsea howii C. K. Allen;保亭新木姜子(宽昭新木姜子);Baoting Newlitse,How's Newlitse ●

264057 Neolitsea hsiangkweiensis Yen C. Yang et P. H. Huang;湘桂新木姜子;Hunan-Guangxi Newlitse,Xianggui Newlitse ●

264058 Neolitsea impressa Yen C. Yang;凹脉新木姜子;Impressed Newlitse,Impressed-leaf Newlitse,Impressedvein Newlitse ●◇

264059 Neolitsea konishii (Hayata) Kaneh. et Sasaki;五掌楠(竹叶楠);Konishi Neolitsea,Konishi Newlitse,Palm Newlitse ●

264060 Neolitsea kotoensis(Hayata) Kaneh. et Sasaki = Neolitsea villosa (Blume) Merr. ●

264061 Neolitsea kwangsiensis H. Liu;广西新木姜子;Guangxi Newlitse ●

264062 Neolitsea kwangtungensis Hung T. Chang;广东新木姜子;Guangdong Newlitse ●

264063 Neolitsea kwangtungensis Hung T. Chang = Neolitsea aurata (Hayata) Koidz. ●

264064 Neolitsea lanuginosa(Nees) Gamble = Neolitsea chrysotricha H. W. Li ●

264065 Neolitsea lanuginosa (Nees) Gamble = Neolitsea cuipala (D. Don) Kosterm. ●☆

264066 Neolitsea lanuginosa (Nees) Gamble = Neolitsea tomentosa H. W. Li ●

264067 Neolitsea lanuginosa (Nees) Gamble var. chinensis Gamble = Neolitsea levinei Merr. ●

264068 Neolitsea lanuginosa Gamble var. chinensis Gamble = Neolitsea levinei Merr. ●

264069 Neolitsea levinei Merr.;大叶新木姜子(大叶新木姜,鹅掌风,厚壳树,假玉桂,土玉桂);Big-leaved Newlitse,Chinese Newlitse,Largeleaf Newlitse,Levine's Newlitse ●

264070 Neolitsea levinei Merr. var. tibetica H. P. Tsui;西藏新木姜子;Tibet Newlitse,Xizang Largeleaf Newlitse ●

264071 Neolitsea longipedicellata Yen C. Yang et P. H. Huang;长梗新木姜子;Longpedicel Newlitse,Long-pediceled Newlitse ●

264072 Neolitsea lunglingensis H. W. Li;龙陵新木姜子(大香果,狗头骨,三股筋);Longling Newlitse,Lungling Newlitse ●

264073 Neolitsea menglaensis Yen C. Yang et P. H. Huang;勐腊新木姜子;Mengla Newlitse ●◇

264074 Neolitsea oblongifolia Merr. et Chun;长圆叶新木姜子(番椒槁,黑心,红玉李,鸡卵槁,柳槁,卵槁,香桂);Oblongleaf Newlitse,Oblong-leaved Newlitse ●

264075 Neolitsea obtusifolia Merr.;钝叶新木姜子(芳槁,黄果);Obtuseleaf Newlitse,Obtuse-leaved Newlitse ●

264076 Neolitsea ovatifolia Merr. var. puberula Yen C. Yang et P. H. Huang = Neolitsea ovatifolia Yen C. Yang et P. H. Huang ●

264077 Neolitsea ovatifolia Yen C. Yang et P. H. Huang;卵叶新木姜子;Ovateleaf Newlitse,Ovate-leaved Newlitse ●

264078 Neolitsea ovatifolia Yen C. Yang et P. H. Huang var. puberula Yen C. Yang et P. H. Huang;毛柄新木姜子;Hairy-stalk Newlitse ●

264079 Neolitsea pallens(D. Don) Momiy. et H. Hara;灰白新木姜子(灰毛新木姜子);Grey-hairy Newlitse,Pallid Newlitse ●

264080 Neolitsea paraciculata Nakai = Neolitsea aurata(Hayata) Koidz. var. paraciculata(Nakai) Yen C. Yang et P. H. Huang ●

264081 Neolitsea parvigemma(Hayata) Kaneh. et Sasaki;小芽新木姜子;Small-bud Neolitsea,Smallbud Newlitse,Small-buded Newlitse ●

264082 Neolitsea phanerophlebia Merr.;显脉新木姜子;Obvious Newlitse,Obviousnerve Newlitse,Obvious-nerved Newlitse ●

264083 Neolitsea phanerophlebia Merr. f. glabra H. Liu = Neolitsea ovatifolia Yen C. Yang et P. H. Huang ●

264084 Neolitsea pingbienensis Yen C. Yang et P. H. Huang;屏边新木姜子;Pingbian Newlitse ●

264085 Neolitsea pinninervis Yen C. Yang et P. H. Huang;羽脉新木姜子;Pinnate-nerve Newlitse,Pinnate-nerved Newlitse ●

264086 Neolitsea playfairii(Hemsl.) Chun = Lindera aggregata(Sims) Kosterm. var. playfairii(Hemsl.) H. P. Tsui ●

264087 Neolitsea polycarpa H. Liu;多果新木姜子(野桂皮);Many-fruit Newlitse,Polycarpous Newlitse ●

264088 Neolitsea pulchella(Meisn.) Merr.;美丽新木姜子;Beautiful Newlitse,Pretty Newlitse ●

264089 Neolitsea purpurascens Yen C. Yang;紫新木姜子;Purple Newlitse,Purplish Newlitse ●

264090 Neolitsea sericea(Blume)Koidz.;舟山新木姜子(白达木,白新木姜子,绢毛新木姜子,南钓樟,五爪楠,西波尔新木姜子,新木姜子,舟山新木姜);Japanese Silver Tree,Sericeous Newlitse,Silkyhair Newlitse ●◇

264091 Neolitsea sericea(Blume)Koidz. f. angustifolia Satomi;狭叶南钓樟;Narrowleaf Sericeous Newlitse ●☆

264092 Neolitsea sericea(Blume)Koidz. f. aurata(Hayata)Kitam. = Neolitsea sericea(Blume)Koidz. var. aurata(Hayata)Hatus. ●

264093 Neolitsea sericea(Blume)Koidz. f. xanthocarpa(Makino)Okuyama;黄果舟山新木姜子●☆

264094 Neolitsea sericea(Blume)Koidz. var. argentea Hatus.;银白舟山新木姜子●☆

264095 Neolitsea sericea(Blume)Koidz. var. aurata(Hayata)Hatus. = Neolitsea aurata(Hayata)Koidz. ●

264096 Neolitsea sericea(Blume)Koidz. var. gilva(Koidz.)Hatus. = Neolitsea gilva Koidz. ●☆

264097 Neolitsea shingningensis Yen C. Yang et P. H. Huang;新宁新木姜子;Xinning Newlitse ●

264098 Neolitsea sieboldii(Kuntze)Nakai = Neolitsea sericea(Blume)Koidz. ●◇

264099 Neolitsea subcaudata Merr. = Lindera pulcherrima(Wall.)Benth. ex Hook. f. var. attenuata C. K. Allen ●

264100 Neolitsea subfoveolata Merr. = Neolitsea chui Merr. ●

264101 Neolitsea sutchuanensis Yen C. Yang;四川新木姜子(官桂);Sichuan Newlitse ●

264102 Neolitsea sutchuanensis Yen C. Yang f. longipedicellata Yen C. Yang = Neolitsea sutchuanensis Yen C. Yang ●

264103 Neolitsea sutchuanensis Yen C. Yang f. longipedicellata Yen C. Yang = Neolitsea longipedicellata Yen C. Yang et P. H. Huang ●

264104 Neolitsea sutchuanensis Yen C. Yang var. gongshanensis H. W. Li;贡山新木姜子;Gongshan Newlitse ●

264105 Neolitsea sutchuanensis Yen C. Yang var. gongshanensis H. W. Li = Neolitsea sutchuanensis Yen C. Yang ●

264106 Neolitsea tomentosa H. W. Li;绒毛新木姜子;Tomentose Newlitse ●

264107 Neolitsea umbrosa(Meisn.)Gamble;小新木姜子;Shadeloving Newlitse ●

264108 Neolitsea undulatifolia(H. Lév.)C. K. Allen;波叶新木姜子(波叶木姜子);Wavy Newlitse,Wavyleaf Newlitse,Wavy-leaved Litse,Wavy-leaved Newlitse ●

264109 Neolitsea variabilima Hayata = Neolitsea aciculata(Blume)Koidz. var. variabilima(Hayata)J. C. Liao ●

264110 Neolitsea variabilis(Hayata)Kaneh. et Sasaki = Neolitsea aciculata(Blume)Koidz. var. variabilima(Hayata)J. C. Liao ●

264111 Neolitsea velutina W. T. Wang;毛叶新木姜子;Hairyleaf Newlitse,Hairy-leaved Newlitse ●

264112 Neolitsea villosa(Blume)Merr.;兰屿新木姜子;Koto Newlitse,Lanyu Neolitsea,Lanyu Newlitse ●

264113 Neolitsea viridis W. C. Cheng et S. Y. Hu = Neolitsea wushanica(Chun)Merr. ●

264114 Neolitsea wushanica(Chun)Merr.;巫山新木姜子(细柄新木姜子);Wushan Newlitse ●

264115 Neolitsea wushanica(Chun)Merr. var. pubens Yen C. Yang et P. H. Huang;紫云山新木姜子;Pubescent Wushan Newlitse ●

264116 Neolitsea zeylanica(Nees et T. Nees)Merr.;南亚新木姜子(南亚新木姜);Ceylon Newlitse ●

264117 Neolitsea zeylanica(Nees et T. Nees)Merr. var. fangii H. Liu = Neolitsea purpurascens Yen C. Yang ●

264118 Neolitsea zeylanica(Nees et T. Nees)Merr. var. obovata H. Liu = Neolitsea buisanensis Yamam. et Kamik. ●

264119 Neolitsea zeylanica(Nees)Merr. = Neolitsea zeylanica(Nees et T. Nees)Merr. ●

264120 Neolloydia Britton et Rose(1922);圆锥玉属(裸玉属,圆锥棱属)●☆

264121 Neolloydia conoidea(DC.)Britton et Rose;圆锥球(都锦);Texas Cone Cactus ●☆

264122 Neolloydia conoidea Britton et Rose = Neolloydia conoidea(DC.)Britton et Rose ●☆

264123 Neolloydia erectocentra(J. M. Coult.)L. D. Benson = Echinomastus erectocentrus(J. M. Coult.)Britton et Rose ■☆

264124 Neolloydia erectocentra(J. M. Coult.)L. D. Benson var. acunensis(T. Marshall)L. D. Benson = Echinomastus erectocentrus(J. M. Coult.)Britton et Rose var. acunensis(T. Marshall)Bravo ■☆

264125 Neolloydia grandiflora(Otto)Knuth;小栗仙人球●☆

264126 Neolloydia intertexta(Engelm.)L. D. Benson = Echinomastus intertextus(Engelm.)Britton et Rose ■☆

264127 Neolloydia intertexta(Engelm.)L. D. Benson var. dasyacantha(Engelm.)L. D. Benson = Echinomastus intertextus(Engelm.)Britton et Rose var. dasyacanthus(Engelm.)Backeb. ■☆

264128 Neolloydia johnsonii(Parry ex Engelm.)L. D. Benson = Echinomastus johnsonii(Parry ex Engelm.)E. M. Baxter ●☆

264129 Neolloydia macdowellii(Quehl)H. E. Moore;麦氏圆锥球●☆

264130 Neolloydia mariposensis(Hester)L. D. Benson = Echinomastus mariposensis Hester ■☆

264131 Neolloydia warnockii L. D. Benson = Echinomastus warnockii(L. D. Benson)Glass et R. A. Foster ■☆

264132 Neolobivia Y. Ito = Echinopsis Zucc. ●

264133 Neolobivia Y. Ito = Lobivia Britton et Rose ■

264134 Neolobivia Y. Ito(1957);新丽花球属●

264135 Neolobivia wrightiana(Backeb.)F. Ritter;新丽花球■☆

264136 Neololeba Widjaja(1997);新几内亚竹属●☆

264137 Neolophocarpus E. G. Camus = Schoenus L. ■

264138 Neolourya L. Rodrig. = Peliosanthes Andréws ■

264139 Neoluederitzia Schinz(1894);吕德蒺藜属●☆

264140 Neoluederitzia sericeocarpa Schinz;吕德蒺藜●☆

264141 Neoluffa Chakrav. = Siraifia Merr. ■

264142 Neoluffa sikkimensis Chakr. = Siraitia sikkimensis(Chakrav.)C. Jeffrey ex A. M. Lu et J. Q. Li ■

264143 Neomacfadya Baill.(1888);麦克紫葳属●☆

264144 Neomacfadya Baill. = Arrabidaea DC. ●☆

264145 Neomacfadya podopogon Baill.;麦克紫葳●☆

264146 Neomacfadyena K. Schum. = Neomacfadya Baill. ●☆

264147 Neomammillaria Britton et Rose = Mammillaria Haw.(保留属名)●

264148 Neomammillaria Britton et Rose(1923);银毛掌属■☆

264149 Neomammillaria milleri Britton et Rose = Mammillaria grahamii Engelm. ■☆

264150 Neomammillaria missouriensis(Sweet)Britton et Rose ex Rydb. = Coryphantha missouriensis(Sweet)Britton et Rose ■☆

264151 Neomammillaria viridiflora Britton et Rose = Mammillaria viridiflora(Britton et Rose)Boed. ■☆

264152 Neomandonia Hutch. = Skofitzia Hassk. et Kanitz ■

264153 Neomandonia Hutch. = Tradescantia L. ■

264154 Neomangenotia J. -F. Leroy = Commiphora Jacq.(保留属名)●
264155 Neomanniophyton Pax et K. Hoffm. = Crotonogyne Müll. Arg. ●☆
264156 Neomanniophyton chevalieri Beille = Crotonogyne chevalieri (Beille) Keay ●☆
264157 Neomanniophyton ledermannianum Pax et K. Hoffm. = Crotonogyne ledermanniana(Pax et K. Hoffm.)Pax et K. Hoffm. ●☆
264158 Neomarica Sprague(1928);新泽仙属(巴西鸢尾属,马蝶花属,新玛丽卡属,新玛丽雅属);Marica, New Nymph Flower, Walking Iris ■☆
264159 Neomarica caerulea(Ker Gawl.)Sprague;蓝泽仙(蓝马蝶花);Blue New Nymph Flower ■☆
264160 Neomarica glauca Sprague;灰泽仙;Glaucous Walking Iris ■☆
264161 Neomarica gracilis(Herb. et Hook.)Sprague;新泽仙花(巴西鸢尾,美丽鸢尾,门徒草,子弟草);Apostle Plant, New Nymph Flower ■☆
264162 Neomarica longifolia Sprague;长叶新泽仙;Longleaf Walking Iris ■☆
264163 Neomarica northiana(Schneev.)Sprague;香泽仙花(马蝶花,新玛丽雅);Apostle Plant, Fragrant New Nymph Flower, North's False Flag, Walking Iris ■☆
264164 Neomartinella Pilg.(1906);堇叶芥属(堇叶荠属);Violetcress, Neomartinella ■★
264165 Neomartinella grandiflora Al-Shehbaz;大花堇叶芥;Longflower Neomartinella ■
264166 Neomartinella guizhouensis S. Z. He et Y. C. Lan = Eutrema tenue(Miq.)Makino ■
264167 Neomartinella violifolia(H. Lév.)Pilg.;堇叶芥(马庭芥);Violetcress, Violetleaf Neomartinella ■
264168 Neomartinella yungshunensis(W. T. Wang)Al-Shehbaz;永顺堇叶芥;Yongshun Neomartinella ■
264169 Neomazaea Krug et Urb. = Mazaea Krug et Urb. ●☆
264170 Neomazaea Urb. = Mazaea Krug et Urb. ●☆
264171 Neomezia Votsch = Deherainia Decne. ●☆
264172 Neomezia Votsch(1904);俯垂假轮叶属●☆
264173 Neomezia cubensis(Radlk.)Votsch;俯垂假轮叶●☆
264174 Neomicrocalamus P. C. Keng = Racemobambos Holttum ●
264175 Neomicrocalamus P. C. Keng(1983);新小竹属;Neomicocalamus ●
264176 Neomicrocalamus mannii (Gamble) R. B. Majumdar = Cephalostachyum mannii(Gamble)Stapleton et D. Z. Li ●
264177 Neomicrocalamus microphyllus(J. R. Xue et T. P. Yi)P. C. Keng et T. P. Yi = Drepanostachyum microphyllum(J. R. Xue et T. P. Yi) P. C. Keng ex T. P. Yi ●
264178 Neomicrocalamus microphyllus(J. R. Xue et T. P. Yi)P. C. Keng et T. P. Yi = Ampelocalamus microphyllus(J. R. Xue et T. P. Yi)J. R. Xue et T. P. Yi ●
264179 Neomicrocalamus microphyllus J. R. Xue et T. P. Yi = Racemobambos prainii(Gamble)P. C. Keng et T. H. Wen ●
264180 Neomicrocalamus prainii(Gamble) P. C. Keng;新小竹;Prain Neomicocalamus ●
264181 Neomicrocalamus rectocuneatus W. T. Lin;弱竹;Straight-cuneate Neomicocalamus ●
264182 Neomicrocalamus yunnanensis(T. H. Wen)Ohrnb.;云南新小竹;Yunnan Neomicocalamus ●
264183 Neomicrocalamus yunnanensis (T. H. Wen) Ohrnb. = Melocalamus yunnanensis(T. H. Wen)T. P. Yi ●
264184 Neomillspaughia S. F. Blake(1921);巨蓼树属(新米尔蓼属)●☆
264185 Neomillspaughia emarginata S. F. Blake;巨蓼树(微缺新米尔蓼)●☆
264186 Neomimosa Britton et Rose = Mimosa L. ●■
264187 Neomimosa Britton et Rose(1928);新含羞草属●
264188 Neomimosa eurycarpa(B. L. Rob.)Britton et Rose;新含羞草●☆
264189 Neomirandea R. M. King et H. Rob.(1970);肉泽兰属●■☆
264190 Neomirandea biflora R. M. King et H. Rob.;双花肉泽兰■☆
264191 Neomirandea gracilis R. M. King et H. Rob.;纤细肉泽兰■☆
264192 Neomirandea tenuipes R. M. King et H. Rob.;细梗肉泽兰■☆
264193 Neomitranthes D. Legrand = Calyptrogenia Burret ●☆
264194 Neomitranthes D. Legrand(1977);新帽花木属●
264195 Neomitranthes glomerata(D. Legrand)D. Legrand;新帽花木●☆
264196 Neomolina F. H. Hellw. = Baccharis L.(保留属名)●■☆
264197 Neomolinia Honda = Diarrhena P. Beauv.(保留属名)■
264198 Neomolinia Honda et Sakis.(1930);新龙常草属(新麦氏草属)■
264199 Neomolinia Honda et Sakis. = Diarrhena P. Beauv.(保留属名)■
264200 Neomolinia fauriei(Hack.)Honda = Diarrhena fauriei(Hack.) Ohwi ■
264201 Neomolinia fauriei (Hack.) Honda = Diarrhena mandshuriea Maxim. ■
264202 Neomolinia japonica (Franch. et Sav.) Honda = Diarrhena japonica Franch. et Sav. ■
264203 Neomolinia koryoensis (Honda) Nakai = Diarrhena fauriei (Hack.)Ohwi ■
264204 Neomolinia mandshurica (Maxim.) Honda = Diarrhena mandshurica Maxim. ■
264205 Neomoorea Rolfe(1904);牧儿兰属■☆
264206 Neomoorea wallisii(Rchb. f.)Schltr.;牧儿兰■☆
264207 Neomortonia Wiehler(1975);莫顿苣苔属■☆
264208 Neomortonia alba Wiehler;白莫顿苣苔■☆
264209 Neomortonia nummularia(Hanst.)Wiehler;莫顿苣苔■☆
264210 Neomortonia rosea Wiehler;粉红莫顿苣苔■☆
264211 Neomphalea Pax et K. Hoffm. = Omphalea L.(保留属名)■☆
264212 Neomuellera Briq. = Plectranthus L'Hér.(保留属名)●■
264213 Neomuellera damarensis S. Moore = Plectranthus hereroensis Engl. ■☆
264214 Neomuellera welwitschii Briq. = Plectranthus welwitschii(Briq.) Codd ■☆
264215 Neomussaenda C. Tange(1994);新玉叶金花属●☆
264216 Neomyrtus Burret(1941);新香桃木属●☆
264217 Neomyrtus vitis-idaea(Raoul)Burret;新香桃木●☆
264218 Neonauclea Merr.(1915);新乌檀属(榄仁舅属,新黄胆木属);Neonauclea ●
264219 Neonauclea griffithii(Hook. f.)Merr.;新乌檀;Griffith Neonauclea, Neonauclea ●
264220 Neonauclea navillei(H. Lév.)Merr. = Neonauclea tsaiana S. Q. Zou ●
264221 Neonauclea peduncularis Merr.;梗花新乌檀(花柄新黄胆木)●☆
264222 Neonauclea reticulata(Havil.)Merr.;台湾新乌檀(榄仁舅);False Indian Almond, Taiwan Neonauclea, Truncate Newlitse ●
264223 Neonauclea reticulate (Havil.) Merr. = Neonauclea truncata (Hayata)Yamam. ●
264224 Neonauclea sessilifolia (Roxb.) Merr.;无柄新乌檀;Sessile Neonauclea ●
264225 Neonauclea truncata(Hayata)Yamam. = Neonauclea reticulata (Havil.)Merr. ●
264226 Neonauclea tsaiana S. Q. Zou;滇南新乌檀;H. T. Tsai Neonauclea, S. Yunnan Neonauclea ●

264227 Neonavajoa Doweld = Navajoa Croizat ●☆
264228 Neonavajoa Doweld = Pediocactus Britton et Rose ●☆
264229 Neonavajoa Doweld(1999);新月华玉属●☆
264230 Neonelsonia J. M. Coult. et Rose(1895);新瘤子草属■☆
264231 Neonelsonia acuminata(Benth.)J. M. Coult. et Rose ex Drude;尖新瘤子草■☆
264232 Neonelsonia ovata J. M. Coult. et Rose;卵新瘤子草■☆
264233 Neonesomia Urbatsch et R. P. Roberts(2003);沙黄花属;Goldenshrub ●☆
264234 Neonesomia palmeri(A. Gray) Urbatsch et R. P. Roberts;沙黄花;Texas Desert Goldenrod,Texas Goldenweed ●☆
264235 Neonianthe mairei Schltr. = Neottianthe secundiflora(Hook. f.) Schltr. ■
264236 Neonicholsonia Dammer(1901);沃森椰属(单序椰属,内奥尼古棕属,新尼氏椰子属,新聂口森桐属)●☆
264237 Neonicholsonia georgei Dammer;沃森椰●☆
264238 Neonotonia J. A. Lackey = Glycine Willd.(保留属名)■
264239 Neonotonia J. A. Lackey(1977);爪哇大豆属;Neonotonia ■
264240 Neonotonia verdcourtii Isely;韦尔德爪哇大豆■☆
264241 Neonotonia wightii(Wight et Arn.) J. A. Lackey;爪哇大豆;Java Soja,Neonotonia,Perennial Soybean ■
264242 Neonotonia wightii(Wight et Arn.) J. A. Lackey subsp. pseudojavanica(Taub.)J. A. Lackey;假爪哇大豆■☆
264243 Neonotonia wightii(Wight et Arn.) J. A. Lackey var. longicauda(Schweinf.)J. A. Lackey;长尾爪哇大豆■☆
264244 Neonotonia wightii(Wight et Arn.)J. A. Lackey var. mearnsii(De Wild.)J. A. Lackey;米尔斯爪哇大豆■☆
264245 Neonotonia wightii(Wight et Arn.)J. A. Lackey var. petitiana(A. Rich.)J. A. Lackey;佩蒂蒂爪哇大豆■☆
264246 Neopalissya Pax = Necepsia Prain☆
264247 Neopalissya castaneifolia(Baill.)Pax subsp. chirindica Radcl. -Sm. = Necepsia castaneifolia(Baill.)Bouchat et J. Léonard subsp. chirindica (Radcl. -Sm.)Bouchat et J. Léonard☆
264248 Neopallasia Poljakov(1955);栉叶蒿属;Neopallasia ■
264249 Neopallasia pectinata(Pall.)Poljakov;栉叶蒿(篦齿蒿,篦子蒿,恶臭蒿,棉叶栉,粘蒿,籽蒿);Pectinate Neopallasia ■
264250 Neopallasia tibetica Y. R. Ling;西藏栉叶蒿(西藏棉叶栉);Tibet Neopallasia,Xizang Neopallasia ■
264251 Neopallasia tibetica Y. R. Ling = Neopallasia pectinata(Pall.) Poljakov ■
264252 Neopallasia yunnanensis(Pamp.)Y. R. Ling = Neopallasia pectinata (Pall.)Poljakov ■
264253 Neopanax Allan = Pseudopanax K. Koch ●■
264254 Neopanax crassifolius? = Pseudopanax crassifolius K. Koch ●☆
264255 Neoparrya Mathias(1929);新巴料草属■☆
264256 Neoparrya lithophila Mathias;新巴料草■☆
264257 Neopatersonia Schönland(1912);新澳洲鸢尾属■☆
264258 Neopatersonia falcata G. J. Lewis;镰形新澳洲鸢尾■☆
264259 Neopatersonia namaquensis G. J. Lewis;纳马夸新澳洲鸢尾■☆
264260 Neopatersonia uitenhagensis Schönland;新澳洲鸢尾■☆
264261 Neopatersonia uitenhagensis Schönland = Ornithogalum uitenhagense(Schönland) J. C. Manning et Goldblatt ■☆
264262 Neopaulia Pimenov et Kljuykov = Paulia Korovin ■☆
264263 Neopaulia Pimenov et Kljuykov = Paulita Soják ■☆
264264 Neopaxia O. Nilsson = Montia L. ■☆
264265 Neopaxia O. Nilsson(1966);细叶水繁缕属■☆
264266 Neopaxia australasica(Hook. f.)Ö. Nilsson;细叶水繁缕■☆
264267 Neopectinaria Plowes = Pectinaria Haw.(保留属名)■☆
264268 Neopectinaria breviloba(R. A. Dyer) Plowes = Stapeliopsis breviloba(R. A. Dyer) Bruyns ■☆
264269 Neopectinaria stayneri(M. B. Bayer) Plowes = Stapeliopsis stayneri(M. B. Bayer) Bruyns ■☆
264270 Neopeltandra Gamble = Meineckia Baill. ■☆
264271 Neopentanisia Verdc.(1953);新五异茜属■☆
264272 Neopentanisia annua(K. Schum.)Verdc.;一年新五异茜■☆
264273 Neopentanisia gossweileri Verdc.;新五异茜■☆
264274 Neopetalonema Brenan = Gravesia Naudin ●☆
264275 Neopetalonema glanduligera(Pellegr.)Jacq. -Fél. = Dicellandra glanduligera(Pellegr.)Jacq. -Fél. ●☆
264276 Neopetalonema pulchrum(Gilg) Brenan = Gravesia pulchra (Gilg) Wickens ■●☆
264277 Neopetalonema pulchrum(Gilg) Brenan var. glandulosum A. Fern. et R. Fern. = Gravesia pulchra(Gilg) Wickens var. glandulosa (A. Fern. et R. Fern.) Wickens ■☆
264278 Neophloga Baill.(1894);安博沙椰属●☆
264279 Neophloga affinis Becc. = Dypsis scottiana(Becc.) Beentje et J. Dransf. ●☆
264280 Neophloga bernieriana(Baill.) Becc. = Dypsis bernierana (Baill.) Beentje et J. Dransf. ●☆
264281 Neophloga betamponensis Jum. = Dypsis betamponensis(Jum.) Beentje et J. Dransf. ●☆
264282 Neophloga brevicaulis Guillaumet = Dypsis brevicaulis (Guillaumet) Beentje et J. Dransf. ●☆
264283 Neophloga catatiana(Baill.) Becc. = Dypsis catatiana(Baill.) Beentje et J. Dransf. ●☆
264284 Neophloga commersoniana Baill. = Dypsis commersoniana(Baill.) Beentje et J. Dransf. ●☆
264285 Neophloga concinna(Baker) Becc. = Dypsis concinna Baker ●☆
264286 Neophloga concinna(Baker) Becc. var. triangularis(Jum. et H. Perrier) Jum. = Dypsis concinna Baker ●☆
264287 Neophloga corniculata Becc. = Dypsis corniculata(Becc.) Beentje et J. Dransf. ●☆
264288 Neophloga curtisii(Baker) Becc. = Dypsis curtisii Baker ●☆
264289 Neophloga digitata Becc. = Dypsis digitata(Becc.) Beentje et J. Dransf. ●☆
264290 Neophloga emirnensis(Baill.) Becc. = Dypsis heterophylla Baker ●☆
264291 Neophloga heterophylla(Baker) Becc. = Dypsis heterophylla Baker ●☆
264292 Neophloga indivisa Jum. et H. Perrier = Dypsis catatiana (Baill.) Beentje et J. Dransf. ●☆
264293 Neophloga integra Jum. = Dypsis integra(Jum.) Beentje et J. Dransf. ●☆
264294 Neophloga lanceolata Jum. = Dypsis jumelleana Beentje et J. Dransf. ●☆
264295 Neophloga linearis Becc. var. distachya Jum. = Dypsis heterophylla Baker ●☆
264296 Neophloga littoralis Jum. = Dypsis mangorensis(Jum.) Beentje et J. Dransf. ●☆
264297 Neophloga lucens Jum. = Dypsis lucens(Jum.) Beentje et J. Dransf. ●☆
264298 Neophloga lutea Jum. = Dypsis lutea(Jum.) Beentje et J. Dransf. ●☆
264299 Neophloga lutea Jum. var. transiens Jum. et H. Perrier = Dypsis

lutea(Jum.) Beentje et J. Dransf. ●☆
264300 Neophloga majorana Becc. = Dypsis heterophylla Baker ●☆
264301 Neophloga mangorensis Jum. = Dypsis mangorensis (Jum.) Beentje et J. Dransf. ●☆
264302 Neophloga microphylla Becc. = Dypsis concinna Baker ●☆
264303 Neophloga montana Jum. = Dypsis montana(Jum.) Beentje et J. Dransf. ●☆
264304 Neophloga occidentalis Jum. = Dypsis occidentalis (Jum.) Beentje et J. Dransf. ●☆
264305 Neophloga pervillei (Baill.) Becc. = Dypsis pervillei (Baill.) Beentje et J. Dransf. ●☆
264306 Neophloga poivreana(Baill.) Becc. = Dypsis poivreana(Baill.) Beentje et J. Dransf. ●☆
264307 Neophloga pygmaea Pic. Serm.;安博沙椰●☆
264308 Neophloga pygmaea Pic. Serm. = Dypsis commersoniana (Baill.) Beentje et J. Dransf. ●☆
264309 Neophloga rhodotricha (Baker) Becc. = Dypsis heterophylla Baker ●☆
264310 Neophloga sahanofensis Jum. et H. Perrier = Dypsis sahonofensis (Jum. et H. Perrier) Beentje et J. Dransf. ●☆
264311 Neophloga scottiana(Becc.) Becc. = Dypsis scottiana(Becc.) Beentje et J. Dransf. ●☆
264312 Neophloga simianensis Jum. = Dypsis simianensis (Jum.) Beentje et J. Dransf. ●☆
264313 Neophloga tenuisecta Jum. et H. Perrier = Dypsis concinna Baker ●☆
264314 Neophloga triangularis Jum. et H. Perrier = Dypsis concinna Baker ●☆
264315 Neophylum Tiegh. = Amyema Tiegh. ●☆
264316 Neopicrorhiza D. Y. Hong(1984);地黄莲属(胡黄连属,胡黄莲属);Neopicrorhiza ■
264317 Neopicrorhiza minima R. R. Mill;小地黄莲(小胡黄连);Least Neopicrorhiza ■
264318 Neopicrorhiza scrophulariiflora (Pennell) D. Y. Hong;地黄莲(歌孤露泽,胡黄连,胡黄莲,胡连,假黄连,西藏胡黄连);Figwortflower Picrorhiza ■
264319 Neopicrorhiza scrophulariiflora(Pennell) D. Y. Hong = Picrorhiza scrophulariiflora Pennell ■
264320 Neopieris Britton = Lyonia Nutt.(保留属名)●
264321 Neopilea Léandri = Pilea Lindl.(保留属名)■
264322 Neopilea anivoranensis (Léandri) Léandri = Pilea rivularis Wedd. ■☆
264323 Neopilea tsaratananensis Léandri = Pilea rivularis Wedd. ■☆
264324 Neoplatytaenia Geld.(1990);新阔带芹属■
264325 Neoplatytaenia Geld. = Semenovia Regel et Herder ■
264326 Neoplatytaenia pamirica Geld.;新阔带芹■☆
264327 Neoplatytaenia pimpinelloides (Nevski) Geld. = Semenovia pimpinelloides(Nevski) Manden. ■
264328 Neopometia Aubrév. = Pradosia Liais ●☆
264329 Neoporteria Backeb. = Neoporteria Britton et Rose ●■
264330 Neoporteria Backeb. = Nichelia Bullock ●■
264331 Neoporteria Backeb. = Pyrrhocactus (A. Berger) Backeb. et F. M. Knuth ●■
264332 Neoporteria Britton et Rose(1922);智利球属(新翁玉属,新智利球属);Neoporteria ●■
264333 Neoporteria Britton, Rose et Backeb. = Neoporteria Britton et Rose ●■
264334 Neoporteria atrispinosa (Backeb.) Backeb.;昏龙玉;Darkspinose Neoporteria ●☆
264335 Neoporteria bulbocalyx(Werderm.) Donald et G. D. Rowley;递豹球●☆
264336 Neoporteria carrizalensis(F. Ritter) A. E. Hoffm.;皱波智利球●☆
264337 Neoporteria castanea F. Ritter;庆鹊球(庆鹊丸);Chestnut-brown Neoporteria ●☆
264338 Neoporteria castaneoides(Cels) Werderm.;魔龙玉●☆
264339 Neoporteria cephalophora (Backeb.) Backeb.;黄龙球(黄龙丸)●☆
264340 Neoporteria chilensis(Hildm. ex K. Schum.) Britton et Rose;智利球(苍龙玉);Chile Pyrrhocactus ●☆
264341 Neoporteria choapensis(F. Ritter) Donald et G. D. Rowley;黑刺智利球●☆
264342 Neoporteria clavata(Sohrens ex K. Schum.) Werderm.;暗黑玉●☆
264343 Neoporteria clavata (Sohrens ex K. Schum.) Werderm. var. procera F. Ritter;流星玉●☆
264344 Neoporteria coimasensis F. Ritter;恋魔玉●☆
264345 Neoporteria crispa(F. Ritter) Donald et G. D. Rowley;弯刺智利球●☆
264346 Neoporteria ebenacantha Backeb.;黑刺秋仙玉;Blackspine Neoporteria ●
264347 Neoporteria esmeraldana(F. Ritter) Donald et G. D. Rowley;兰花智利球●☆
264348 Neoporteria gerocephala Y. Ito;白翁玉●☆
264349 Neoporteria hankeana(Forst.) Donald et G. D. Rowley;褐智利球●☆
264350 Neoporteria heteracantha(Backeb.) T. Marshall;紫龙玉●☆
264351 Neoporteria islayensis(C. F. Först.) Donald et G. D. Rowley;伊须罗玉●☆
264352 Neoporteria jussieui(Monv. ex Salm-Dyck) Britton et Rose;桃熏玉●☆
264353 Neoporteria krainziana(F. Ritter) Donald et G. D. Rowley;白锦玉●☆
264354 Neoporteria lindleyi(C. F. Först.) Donald & G. D. Rowley;林翁玉●☆
264355 Neoporteria litoralis F. Ritter = Neoporteria subgibbosa (Haw.) Britton et Rose ●
264356 Neoporteria mamillarioides(Hook.) Backeb.;龙珠球(龙珠丸)●☆
264357 Neoporteria microsperma F. Ritter;弥勒球(弥勒丸)●☆
264358 Neoporteria multicolor F. Ritter;多彩玉●☆
264359 Neoporteria napina (Phil.) Backeb.;豹头;Napiform Root Neoporteria, Turnopshape Neoporteria ●
264360 Neoporteria nidus (Söhrens) Britton et Rose;银翁玉;Nest Neoporteria ●
264361 Neoporteria nidus (Söhrens) Britton et Rose var. gerocephala (Y. Itô) F. Ritter = Neoporteria gerocephala Y. Ito ●☆
264362 Neoporteria nigrihorrida (Backeb.) Backeb.;瞟龙玉;Blackspinose Neoporteria ●☆
264363 Neoporteria occulta(Phil.) Britton et Rose = Neochilenia occulta (Phil.) Backeb. ex Dölz ●
264364 Neoporteria odieri(Lem. ex Salm-Dyck) Backeb. = Neochilenia odieri(Lem. ex Salm-Dyck) Backeb. ex Dölz ●☆
264365 Neoporteria polyraphis(Pfeiff. ex Salm-Dyck) Backeb.;豪龙玉;Manypin Neoporteria ●☆
264366 Neoporteria rapifera F. Ritter et Y. Ito;罗卒玉;Turnip Neoporteria ●☆
264367 Neoporteria recondita(F. Ritter) Donald et G. D. Rowley;隐蔽

智利球●☆
264368 Neoporteria reichei(K. Schum.) Backeb.;玉姬●☆
264369 Neoporteria reichei (K. Schum.) Backeb. var. aerocarpa (F. Ritter) Ferryman;黑露玉●☆
264370 Neoporteria robusta F. Ritter = Horridocactus robustus (F. Ritter) Y. Ito ■☆
264371 Neoporteria strausiana(K. Schum.) Donald et G. D. Rowley;斯铁心球(斯铁心丸);Straus Neoporteria ●☆
264372 Neoporteria subgibbosa (Haw.) Britton et Rose; 逆龙玉; Subgibbosous Neoporteria ●
264373 Neoporteria subgibbosa Britton et Rose f. litoralis (F. Ritter) Donald et G. D. Rowley;利踏天●☆
264374 Neoporteria taltalensis Hutchison;太留智利球●☆
264375 Neoporteria umadeave (Frič ex Werderm.) Donald et G. D. Rowley;寒鬼球●☆
264376 Neoporteria villosa (Monv.) A. Berger; 绀銮玉(混乱玉); Villose Neoporteria ●☆
264377 Neoporteria wagenknechtii F. Ritter;瓦氏智利球●☆
264378 Neopreissia Ulbr. = Atriplex L. ■●
264379 Neopringlea S. Watson(1891);普林格尔木属●☆
264380 Neopringlea integrifolia S. Watson;普林格尔木●☆
264381 Neopringlea trinervia(Standl. et Steyerm.) D. E. Lemke;三脉普林格尔木●☆
264382 Neoptychocarpus Buchheim(1959);皱果大风子属●☆
264383 Neoptychocarpus apodanthus(Kuhlm.) Buchheim;皱果大风子●☆
264384 Neopycnocoma Pax = Argomuellera Pax ●☆
264385 Neopycnocoma lancifolia Pax = Argomuellera lancifolia (Pax) Pax ●☆
264386 Neoraimondia Britton et Rose(1920);大织冠属●☆
264387 Neoraimondia arequipensis(Meyen) Backeb.;土星冠●☆
264388 Neoraimondia gigantea(Backeb.) Backeb.;大织冠●☆
264389 Neorapinia Moldenke = Vitex L. ●
264390 Neorapinia Moldenke(1955);拉潘草属●☆
264391 Neorapinia collina(Montrouz.) Moldenke;拉潘草●☆
264392 Neoraputia Emmerich = Raputia Aubl. ●☆
264393 Neoraputia Emmerich ex Kallunki = Raputia Aubl. ●☆
264394 Neorautanenia Schinz(1899);块茎豆属■☆
264395 Neorautanenia amboensis Schinz;块茎豆■☆
264396 Neorautanenia brachypus (Harms) C. A. Sm. = Neorautanenia amboensis Schinz ■☆
264397 Neorautanenia coriacea C. A. Sm. = Neorautanenia brachypus (Harms) C. A. Sm. ■☆
264398 Neorautanenia deserticola C. A. Sm. = Neorautanenia ficifolia (Benth. ex Harv.) C. A. Sm. ■☆
264399 Neorautanenia edulis C. A. Sm. = Neorautanenia amboensis Schinz ■☆
264400 Neorautanenia ficifolia(Benth. ex Harv.) C. A. Sm.;线叶块茎豆■☆
264401 Neorautanenia mitis(A. Rich.) Verdc.;柔软块茎豆■☆
264402 Neorautanenia orbicularis(Welw. ex Baker) Torre = Neorautanenia mitis(A. Rich.) Verdc. ■☆
264403 Neorautanenia pseudopachyrhiza (Harms) Milne-Redh. = Neorautanenia mitis(A. Rich.) Verdc. ■☆
264404 Neorautanenia pseudopachyrhiza (Harms) Milne-Redh. var. ellenbeckii(Harms) Cufod. = Neorautanenia mitis(A. Rich.) Verdc. ■☆
264405 Neorautanenia seineri (Harms) C. A. Sm. = Neorautanenia amboensis Schinz ■☆
264406 Neoregelia L. B. Sm. (1934);彩叶凤梨属(杯凤梨属,赪凤梨属,唇凤梨属,盖凤梨属,红背凤梨属,西洋万年青属,新凤梨属,羞凤梨属,胭脂凤梨属,艳凤梨属,杂色叶凤梨属);Neoregelia ■☆
264407 Neoregelia albiflora L. B. Sm.; 白花彩叶凤梨; Whiteflower Neoregelia ■☆
264408 Neoregelia ampullacea(Morren) L. B. Sm.;曲叶菠萝■☆
264409 Neoregelia carolinae(Beer) L. B. Sm.;彩叶凤梨(美丽凤梨);Blushing Bromeliad, Carolina Neoregelia ■☆
264410 Neoregelia carolinae(Beer) L. B. Sm. 'Tricolor';三色彩叶凤梨■☆
264411 Neoregelia carolinae(Beer) L. B. Sm. f. tricolor(M. B. Foster) M. B. Foster ex L. B. Sm. = Neoregelia carolinae(Beer) L. B. Sm. 'Tricolor' ■☆
264412 Neoregelia concentrica(Vell.) L. B. Sm.;同心彩叶凤梨(黑点彩叶凤梨);Concentrate Neoregelia ■☆
264413 Neoregelia concentrica(Vell.) L. B. Sm. 'Plutonis';红苞彩叶凤梨■☆
264414 Neoregelia cruenta (Graham) L. B. Sm.; 血红彩叶凤梨; Bloodred Neoregelia ■☆
264415 Neoregelia eleutheropetala(Ule) L. B. Sm.;离瓣彩叶凤梨(粉心菠萝);Eleuthro-petal Neoregelia ■☆
264416 Neoregelia farinosa(Ule) L. B. Sm.;白心彩叶凤梨;Crimson-cup Neoregelia ■☆
264417 Neoregelia hybrida Pinkie?;油点菠萝■
264418 Neoregelia laevis(Mez) L. B. Sm.;平滑彩叶凤梨■☆
264419 Neoregelia leprosa L. B. Sm.;白鳞彩叶凤梨■☆
264420 Neoregelia macrosepala L. B. Sm.;大萼彩叶凤梨■☆
264421 Neoregelia marmorata (Baker) L. B. Sm.; 石纹彩叶凤梨; Marble Neoregelia ■☆
264422 Neoregelia mooreana L. B. Sm.;穆氏彩叶凤梨■☆
264423 Neoregelia pineliana L. B. Sm.;皮氏彩叶凤梨■☆
264424 Neoregelia rosea L. B. Sm.;红叶尖彩叶凤梨■☆
264425 Neoregelia sarmentosa (Regel) L. B. Sm.; 蔓茎彩叶凤梨; Sarmentose Neoregelia ■☆
264426 Neoregelia spectabilis(T. Moore) L. B. Sm.;艳美彩叶凤梨(端红菠萝,端红凤梨,西洋万年青,艳凤梨);Beautiful Neoregelia, Finger Nail Plant, Fingernail Plant ■
264427 Neoregelia zonata(Mez) L. B. Sm.;横缟彩叶凤梨(紫纹菠萝);Zonate Neoregelia ■☆
264428 Neoregnellia Urb. (1924);寡珠片梧桐属●☆
264429 Neoregnellia cubensis Urb.;寡珠片梧桐(截顶山龙眼)●☆
264430 Neorhine Schwantes = Rhinephyllum N. E. Br. ●☆
264431 Neorites L. S. Sm. (1969);截顶山龙眼属●☆
264432 Neorites kevediana L. S. Sm.;截顶山龙眼●☆
264433 Neoroepera Müll. Arg. = Neoroepera Müll. Arg. et F. Muell. ●☆
264434 Neoroepera Müll. Arg. et F. Muell. (1866);勒珀大戟属●☆
264435 Neoroepera buxifolia Müll. Arg. et F. Muell.;勒珀大戟●☆
264436 Neorosea N. Hallé = Tricalysia A. Rich. ex DC. ●
264437 Neorosea adami N. Hallé = Sericanthe adami(N. Hallé) Robbr. ●☆
264438 Neorosea andongensis(Hiern) N. Hallé = Sericanthe andongensis (Hiern) Robbr. ●☆
264439 Neorosea auriculata (Keay) N. Hallé = Sericanthe auriculata (Keay) Robbr. ●☆
264440 Neorosea chevalieri(K. Krause) N. Hallé = Sericanthe chevalieri (K. Krause) Robbr. ●☆
264441 Neorosea jasminiflora(Klotzsch) N. Hallé = Tricalysia jasminiflora (Klotzsch) Benth. et Hook. f. ex Hiern ●☆

264442 Neorosea leonardii N. Hallé = Sericanthe leonardii (N. Hallé) Robbr. ●☆

264443 Neorosea odoratissima (K. Schum.) N. Hallé = Sericanthe odoratissima (K. Schum.) Robbr. ●☆

264444 Neorosea paroissei (Aubrév. et Pellegr.) N. Hallé = Sericanthe trilocularis (Scott-Elliot) Robbr. subsp. paroissei (Aubrév. et Pellegr.) Robbr. ●☆

264445 Neorosea pellegrinii N. Hallé = Sericanthe pellegrinii (N. Hallé) Robbr. ●☆

264446 Neorosea petitii N. Hallé = Sericanthe petitii (N. Hallé) Robbr. ●☆

264447 Neorosea raynaliorum N. Hallé = Sericanthe raynaliorum (N. Hallé) Robbr. ●☆

264448 Neorosea roseoides (De Wild. et T. Durand) N. Hallé = Sericanthe roseoides (De Wild. et T. Durand) Robbr. ●☆

264449 Neorosea suffruticosa (Hutch.) N. Hallé = Sericanthe suffruticosa (Hutch.) Robbr. ●☆

264450 Neorosea testui N. Hallé = Sericanthe testui (N. Hallé) Robbr. ●☆

264451 Neorosea trilocularis (Scott-Elliot) N. Hallé = Sericanthe trilocularis (Scott-Elliot) Robbr. ●☆

264452 Neorthosis Raf. = Ipomoea L. (保留属名)●■

264453 Neorthosis Raf. = Quamoclit Moench ●■

264454 Neorudolphia Britton (1924);新鲁豆属■☆

264455 Neorudolphia volubilis (Willd.) Britton;新鲁豆■☆

264456 Neoruschia Cath. et V. P. Castro = Oncidium Sw. (保留属名)■☆

264457 Neoruschia Cath. et V. P. Castro (2006);新舟叶兰属■☆

264458 Neosabicea Wernham = Manettia Mutis ex L. (保留属名)●■☆

264459 Neosasamorpha Tatew. (1940);新华箬竹属●

264460 Neosasamorpha Tatew. = Sasa Makino et Shibata ●

264461 Neosasamorpha asagishiana (Makino et Uchida) Tatew.;新华箬竹●

264462 Neosasamorpha kagamiana (Makino et Uchida) Koidz. = Sasa kagamiana Makino et Uchida ●☆

264463 Neosasamorpha kagamiana (Makino et Uchida) Koidz. subsp. yoshinoi (Koidz.) Sad. Suzuki = Sasa kagamiana Makino et Uchida subsp. yoshinoi (Koidz.) Sad. Suzuki ●☆

264464 Neosasamorpha magnifica (Nakai) Sad. Suzuki = Sasa magnifica (Nakai) Sad. Suzuki ●☆

264465 Neosasamorpha magnifica (Nakai) Sad. Suzuki subsp. fujitae (Sad. Suzuki) Sad. Suzuki = Sasa magnifica (Nakai) Sad. Suzuki subsp. fujitae Sad. Suzuki ●☆

264466 Neosasamorpha oshidensis (Makino et Uchida) Tatew. = Sasa oshidensis Makino et Uchida ●☆

264467 Neosasamorpha oshidensis (Makino et Uchida) Tatew. subsp. glabra (Koidz.) Sad. Suzuki = Sasa oshidensis Makino et Uchida subsp. glabra (Koidz.) Sad. Suzuki ●☆

264468 Neosasamorpha pubiculmis (Makino) Sad. Suzuki = Drymaria cordata (L.) Willd. ex Roem. et Schult. var. pacifica M. Mizush. ■☆

264469 Neosasamorpha pubiculmis (Makino) Sad. Suzuki subsp. sugimotoi (Nakai) Sad. Suzuki = Sasa pubiculmis Makino subsp. sugimotoi (Nakai) Sad. Suzuki ●☆

264470 Neosasamorpha shimidzuana (Makino) Koidz. = Sasa shimidzuana Makino ●☆

264471 Neosasamorpha shimidzuana (Makino) Koidz. subsp. kashidensis (Makino ex Koidz.) Sad. Suzuki = Sasa shimidzuana Makino subsp. kashidensis (Makino ex Koidz.) Sad. Suzuki ●☆

264472 Neosasamorpha stenophylla (Koidz.) Sad. Suzuki = Sasa stenophylla Koidz. ●☆

264473 Neosasamorpha takizawana (Makino et Uchida) Tatew. subsp. nakashimana (Koidz.) Sad. Suzuki = Sasa takizawana Makino et Uchida subsp. nakashimana (Koidz.) Sad. Suzuki ●☆

264474 Neosasamorpha tsukubensis (Nakai) Sad. Suzuki = Sasa tsukubensis Nakai ●☆

264475 Neosasamorpha tsukubensis (Nakai) Sad. Suzuki subsp. pubifolia (Koidz.) Sad. Suzuki = Sasa tsukubensis Nakai subsp. pubifolia (Koidz.) Sad. Suzuki ●☆

264476 Neoschimpera Hemsl. = Amaracarpus Blume ●☆

264477 Neoschischkinia Tzvelev = Agrostis L. (保留属名)■

264478 Neoschischkinia elegans (Thore) Tzvelev = Agrostis elegans Nees ■☆

264479 Neoschischkinia nebulosa (Boiss. et Reut.) Tzvelev = Agrostis nebulosa Boiss. et Reut. ■☆

264480 Neoschischkinia pourretii (Willd.) Valdés et H. Scholz = Agrostis pourretii Willd. ■

264481 Neoschischkinia reuteri (Boiss.) Valdés et H. Scholz = Agrostis reuteri Boiss. ■☆

264482 Neoschischkinia trunculata (Parl.) Valdés et H. Scholz = Agrostis truncatula Parl. ■☆

264483 Neoschmidia T. G. Hartley = Eriostemon Sm. ●☆

264484 Neoschmidia T. G. Hartley (2003);新蜡花木属●☆

264485 Neoschroetera Briq. = Larrea Cav. (保留属名)●☆

264486 Neoschumannia Schltr. (1905);舒曼萝藦属■☆

264487 Neoschumannia cardinea (S. Moore) Meve;心形舒曼萝藦■☆

264488 Neoschumannia kamerunensis Schltr.;舒曼萝藦■☆

264489 Neosciadium Domin (1908);新伞芹属■☆

264490 Neosciadium glochidiatum (Benth.) Domin;新伞芹■☆

264491 Neoscirpus Y. N. Lee et Y. C. Oh = Scirpus L. (保留属名)■

264492 Neoscirpus Y. N. Lee et Y. C. Oh (2006);新藨草属■

264493 Neoscortechia Kuntze = Neoscortechinia Pax ☆

264494 Neoscortechinia Pax (1897);新斯科大戟属☆

264495 Neoscortechinia angustifolia (Airy Shaw) Welzen;狭叶新斯科大戟☆

264496 Neoscortechinia arborea Pax et K. Hoffm.;北方新斯科大戟☆

264497 Neoscortechinia kingii Pax et K. Hoffm.;金氏新斯科大戟☆

264498 Neoscortechinia nicobarica Pax et K. Hoffm.;新斯科大戟☆

264499 Neoscortechinia sumatrensis S. Moore;苏门答腊新斯科大戟☆

264500 Neo-senea K. Schum. ex H. Pfeiff. = Lagenocarpus Nees ■☆

264501 Neo-Senea K. Schum. ex H. Pfeiff. = Lagenocarpus Nees ■☆

264502 Neosepicaea Diels (1922);豪斯曼藤属●☆

264503 Neoshirakia Esser = Sapium Jacq. (保留属名)●

264504 Neoshirakia Esser = Shirakia Hurus. ●

264505 Neoshirakia Esser (1998);新乌桕属●

264506 Neoshirakia japonica (Siebold et Zucc.) Esser;豪斯曼藤●☆

264507 Neosieversia Bolle = Novosieversia F. Bolle ●☆

264508 Neosilvia Pax = Mezilaurus Kuntze ex Taub. ●☆

264509 Neosinocalamus P. C. Keng = Dendrocalamus Nees ●

264510 Neosinocalamus P. C. Keng (1983);慈竹属(牡竹属);Lovebamboo, Neosinocalamus ●★

264511 Neosinocalamus affinis (Rendle) P. C. Keng 'Chrysotrichus';黄毛竹●

264512 Neosinocalamus affinis (Rendle) P. C. Keng 'Flavidorivens';大琴丝竹●

264513 Neosinocalamus affinis (Rendle) P. C. Keng 'Striatus';绿竿花慈竹●

264514 Neosinocalamus affinis (Rendle) P. C. Keng 'Viridiflavus';金丝慈竹●

264515 Neosinocalamus affinis(Rendle)P. C. Keng = Bambusa emeiensis L. C. Chia et H. L. Fung ●

264516 Neosinocalamus affinis(Rendle)P. C. Keng f. chrysotrichus(J. R. Xue et T. P. Yi)T. P. Yi = Neosinocalamus affinis(Rendle)P. C. Keng'Chrysotrichus' ●

264517 Neosinocalamus affinis(Rendle)P. C. Keng f. flavidorivens(J. R. Xue et T. P. Yi)T. P. Yi = Neosinocalamus affinis(Rendle)P. C. Keng'Flavidorivens' ●

264518 Neosinocalamus affinis(Rendle)P. C. Keng f. striatus T. P. Yi = Neosinocalamus affinis(Rendle)P. C. Keng'Striams' ●

264519 Neosinocalamus affinis(Rendle)P. C. Keng f. viridiflavus(J. R. Xue et T. P. Yi)T. P. Yi = Neosinocalamus affinis(Rendle)P. C. Keng'Viridiflavus' ●

264520 Neo-sinocalamus beecheyanus(Munro)P. C. Keng et T. H. Wen = Bambusa beecheyana Munro ●

264521 Neosinocalamus beecheyanus(Munro)P. C. Keng et T. H. Wen = Dendrocalamopsis beecheyana(Munro)P. C. Keng ●

264522 Neosinocalamus beecheyanus(Munro)P. C. Keng et T. H. Wen var. pubescens(P. F. Li)P. C. Keng et T. H. Wen = Dendrocalamopsis beecheyana(Munro)P. C. Keng var. pubescens(P. F. Li)P. C. Keng ●

264523 Neosinocalamus beecheyanus(Munro)P. C. Keng et T. H. Wen var. pubescens(P. F. Li)P. C. Keng et T. H. Wen = Bambusa beecheyana Munro var. pubescens(P. F. Li)W. C. Lin ●

264524 Neosinocalamus bicicatricatus(W. T. Lin)W. T. Lin = Dendrocalamopsis bicicatricata(W. T. Lin)P. C. Keng ●

264525 Neosinocalamus bicicatricatus(W. T. Lin)W. T. Lin. = Bambusa bicicatricata(W. T. Lin)L. C. Chia et H. L. Fung ●

264526 Neosinocalamus farinosus(Keng et P. C. Keng)P. C. Keng = Dendrocalamus farinosus(Keng et P. C. Keng)L. C. Chia et H. L. Fung ●

264527 Neosinocalamus farinosus(Keng et P. C. Keng)P. C. Keng et T. H. Wen = Dendrocalamus farinosus(Keng et P. C. Keng)L. C. Chia et H. L. Fung ●

264528 Neosinocalamus grandis(Q. H. Dai et X. L. Tao)T. H. Wen = Bambusa grandis(Q. H. Dai et X. L. Tao)Ohrnb. ●

264529 Neosinocalamus grandis(Q. H. Dai et X. L. Tao)T. H. Wen = Dendrocalamopsis daii P. C. Keng ●

264530 Neosinocalamus microphyllus(J. R. Xue et T. P. Yi)P. C. Keng et T. P. Yi = Ampelocalamus microphyllus(J. R. Xue et T. P. Yi)J. R. Xue et T. P. Yi ●

264531 Neosinocalamus rectocuneatus W. T. Lin;孖竹;Recti-cuneate Neosinocalamus,Twin Lovebamboo ●

264532 Neosinocalamus saxatilis(J. R. Xue et T. P. Yi)P. C. Keng et T. P. Yi = Ampelocalamus saxatilis(J. R. Xue et T. P. Yi)J. R. Xue et T. P. Yi ●

264533 Neosinocalamus saxatilis(J. R. Xue et T. P. Yi)P. C. Keng ex T. P. Yi = Drepanostachyum saxatile(J. R. Xue et T. P. Yi)P. C. Keng ex T. P. Yi ●

264534 Neosinocalamus stenoauritus(W. T. Lin)W. T. Lin = Dendrocalamopsis stenoaurita(W. T. Lin)P. C. Keng ex W. T. Lin ●

264535 Neosino-calamus stenoauritus(W. T. Lin)W. T. Lin. = Bambusa stenoaurita(W. T. Lin)T. H. Wen ●

264536 Neosinocalamus variostriatus(W. T. Lin)J. F. Zhuo = Bambusa variostriata(W. T. Lin)L. C. Chia et H. L. Fung ●

264537 Neosinocalamus yunnanensis J. R. Xue et Jia R. Xue = Bambusa xueana Ohrnb. ●

264538 Neosloetiopsis Engl. = Streblus Lour. ●

264539 Neosloetiopsis kamerunensis Engl. = Streblus usambarensis(Engl.) C. C. Berg ●☆

264540 Neosotis Gand. = Myosotis L. ■

264541 Neosparton Griseb.(1874);阿根廷马鞭草属●☆

264542 Neosparton ephedroides Griseb.;阿根廷马鞭草●☆

264543 Neosprucea Sleumer = Hasseltia Kunth ●☆

264544 Neostachyanthus Exell et Mendonca = Stachyanthus Engl.(保留属名)●☆

264545 Neostachyanthus donisii Boutique = Stachyanthus donisii(Boutique)Boutique ■☆

264546 Neostachyanthus nigeriensis(S. Moore)Exell et Mendonca = Stachyanthus nigeriensis S. Moore ●☆

264547 Neostachyanthus occidentalis Keay et J. Miège = Stachyanthus occidentalis(Keay et J. Miège)Boutique ●☆

264548 Neostachyanthus zenkeri(Engl.)Exell et Mendonca = Stachyanthus zenkeri Engl. ●☆

264549 Neostapfia Burtt Davy(1899);香枝黏草属■☆

264550 Neostapfia colusana Burtt Davy;香枝黏草■☆

264551 Neostapfiella A. Camus(1926);小香枝黏草属■☆

264552 Neostapfiella chloridiantha A. Camus;小香枝黏草■☆

264553 Neostenanthera Exell(1935);新窄药花属●☆

264554 Neostenanthera bakuana(A. Chev. ex Hutch. et Dalziel)Exell = Neostenanthera gabonensis(Engl. et Diels)Exell ●☆

264555 Neostenanthera gabonensis(Engl. et Diels)Exell;加蓬新窄药花●☆

264556 Neostenanthera hamata(Benth.)Exell;顶钩新窄药花●☆

264557 Neostenanthera macrantha(Mildbr. et Diels)Exell = Boutiquea platypetala(Engl. et Diels)Le Thomas ●☆

264558 Neostenanthera micrantha Exell = Neostenanthera gabonensis(Engl. et Diels)Exell ●☆

264559 Neostenanthera myristicifolia(Oliv.)Exell;肉豆蔻新窄药花●☆

264560 Neostenanthera neurosericea(Diels ex F. E. Weber)F. E. Weber;毛脉新窄药花●☆

264561 Neostenanthera neurosericea(Diels)Exell = Neostenanthera gabonensis(Engl. et Diels)Exell ●☆

264562 Neostenanthera platypetala(Engl. et Diels)Pellegr. = Boutiquea platypetala(Engl. et Diels)Le Thomas ●☆

264563 Neostenanthera pluriflora(De Wild.)Exell = Neostenanthera myristicifolia(Oliv.)Exell ●☆

264564 Neostenanthera robsonii Le Thomas;罗布森新窄药花●☆

264565 Neostenanthera yalensis Hutch. et Dalziel ex G. P. Cooper et Record = Neostenanthera hamata(Benth.)Exell ●☆

264566 Neostrearia L. S. Sm.(1958);昆士兰金缕梅属(新澳蛎花属)●☆

264567 Neostrearia fleckeri L. S. Sm.;昆士兰金缕梅●☆

264568 Neostricklandia Rauschert = Phaedranassa Herb. ■☆

264569 Neostyphonia Shafer = Rhus L. ●

264570 Neostyphonia Shafer = Styphonia Nutt. ●

264571 Neostyrax G. S. Fan(1996);新安息香属●

264572 Neosyris Greene = Llerasia Triana ●☆

264573 Neotainiopsis Bennet et Raizada = Eriodes Rolfe ■

264574 Neotainiopsis Bennet et Raizada = Tainiopsis Schltr. ■

264575 Neotainiopsis Bennet et Raizada(1981);新毛梗兰属■

264576 Neotainiopsis barbata(Lindl.)Bennet et Raizada = Eriodes barbata(Lindl.)Rolfe ■

264577 Neotanahashia Y. Ito = Neoporteria Britton et Rose ●■

264578 Neo-taraxacum Y. R. Ling et X. D. Sun(2001);新蒲公英属■

264579 Neotatea Maguire = Bonnetia Mart.(保留属名)●☆

264580 Neotatea Maguire(1972);新豆腐柴属●☆
264581 Neotatea colombiana Maguire;哥伦比亚新豆腐柴●☆
264582 Neotatea longifolia(Gleason)Maguire;长叶新豆腐柴●☆
264583 Neotatea neblinae Maguire;新豆腐柴●☆
264584 Neotchihatchewia Rauschert(1982);新菘蓝芥属■☆
264585 Neotchihatchewia isatidea(Boiss.)Rauschert;新菘蓝芥■☆
264586 Neotessmannia Burret(1924);特斯木属●☆
264587 Neotessmannia uniflora Burret;特斯木●☆
264588 Neothorelia Gagnep.(1908);托雷木属●☆
264589 Neothorelia laotica Gagnep.;托雷木●☆
264590 Neothymopsis Britton et Millsp. =Thymopsis Benth.(保留属名)■☆
264591 Neotia Scop. =Neottia Guett.(保留属名)■
264592 Neotina Capuron(1969);新马岛无患子属●☆
264593 Neotina coursii Capuron;新马岛无患子●☆
264594 Neotina isoneura(Radlk.)Capuron;异脉新马岛无患子●☆
264595 Neotinea Rchb. f.(1852);密花斑兰属;Dense-flowered Orchid ■☆
264596 Neotinea Rchb. f. et Poll. =Neotinea Rchb. f. ■☆
264597 Neotinea intacta(Link)Rchb. f. =Neotinea maculata(Desf.)Stearn ■☆
264598 Neotinea lactea(Poir.)R. M. Bateman,Pridgeon et Chase;乳白密花斑兰■☆
264599 Neotinea maculata(Desf.)Stearn;密花斑兰;Close-flowered Orchid,Dense-flowered Orchid,Irish Orchid ■☆
264600 Neotinea maculata(Desf.)Stearn var. stricta Landwehr =Neotinea maculata(Desf.)Stearn ■☆
264601 Neotinea tridentata(Scop.)R. M. Bateman,Pridgeon et Chase;三齿密花兰■☆
264602 Neotinea tridentata(Scop.)R. M. Bateman,Pridgeon et Chase subsp. conica(Willd.)R. M. Bateman,Pridgeon et Chase;圆锥密花斑兰■☆
264603 Neotorularia Hedge et J. Léonard(1986);念珠芥属(串珠芥属,扭果芥属,小蒜芥属,新念珠芥属);Beadcress,Torularia ■
264604 Neotorularia brachycarpa(Vassilcz.)Hedge et J. Léonard;短果念珠芥;Brachyfruit Beadcress,Brachyfruit Torularia ■
264605 Neotorularia bracteata(S. L. Yang)C. H. An;具苞念珠芥(具苞串珠芥);Bracteate Beadcress,Bracteate Torularia ■
264606 Neotorularia bracteata(S. L. Yang)C. H. An =Neotorularia brachycarpa(Vassilcz.)Hedge et J. Léonard ■
264607 Neotorularia brevipes(Kar. et Kir.)Hedge et J. Léonard;短梗念珠芥;Breviped Beadcress,Breviped Torularia ■
264608 Neotorularia conferta R. F. Huang =Neotorularia brachycarpa(Vassilcz.)Hedge et J. Léonard ■
264609 Neotorularia humilis(C. A. Mey.)Hedge et J. Léonard;蚓果芥(串珠芥,念珠芥,托木尔鼠耳芥,托穆尔拟南芥,托穆尔鼠耳芥,直毛串珠芥);Earthwormfruit Beadcress,Low Torularia,Tuemur Mouseear Cress ■
264610 Neotorularia humilis(C. A. Mey.)Hedge et J. Léonard f. angustifolia(C. H. An)Ma =Neotorularia humilis(C. A. Mey.)Hedge et J. Léonard ■
264611 Neotorularia humilis(C. A. Mey.)Hedge et J. Léonard f. angustifolia(C. H. An)Ma;窄叶蚓果芥;Narrowleaf Low Torularia ■
264612 Neotorularia humilis(C. A. Mey.)Hedge et J. Léonard f. glabrata(C. H. An)Ma =Neotorularia humilis(C. A. Mey.)Hedge et J. Léonard ■
264613 Neotorularia humilis(C. A. Mey.)Hedge et J. Léonard f. glabrata(C. H. An)Ma;无毛蚓果芥;Glabrous Low Torularia ■
264614 Neotorularia humilis(C. A. Mey.)Hedge et J. Léonard f. grandiflora(O. E. Schulz)Ma =Neotorularia humilis(C. A. Mey.)Hedge et J. Léonard ■
264615 Neotorularia humilis(C. A. Mey.)Hedge et J. Léonard f. grandiflora(O. E. Schulz)Ma;大花蚓果芥;Bigflower Low Torularia ■
264616 Neotorularia humilis(C. A. Mey.)O. E. Schulz f. hygrophila(E. Fourn.)C. H. An =Neotorularia humilis(C. A. Mey.)Hedge et J. Léonard ■
264617 Neotorularia humilis(C. A. Mey.)O. E. Schulz f. hygrophila(E. Fourn.)C. H. An;喜湿蚓果芥;Moistloving Low Torularia ■
264618 Neotorularia korolkowii(Regel et Schmalh.)Hedge et J. Léonard;甘新念珠芥(甘肃念珠芥);Gan-Xin Beadcress,Korolkov Torularia ■
264619 Neotorularia korolkowii(Regel et Schmalh.)Hedge et J. Léonard var. longicarpa(C. H. An)C. H. An =Neotorularia korolkowii(Regel et Schmalh.)Hedge et J. Léonard ■
264620 Neotorularia korolkowii(Regel et Schmalh.)Hedge et J. Léonard var. longicarpa(C. H. An)C. H. An;长果念珠芥;Longfruit Korolkov Torularia ■
264621 Neotorularia korolkowii(Regel et Schmalh.)O. E. Schulz var. longicarpa(C. H. An)C. H. An =Neotorularia korolkowii(Regel et Schmalh.)Hedge et J. Léonard var. longicarpa(C. H. An)C. H. An ■
264622 Neotorularia maximowiczii(Botsch.)Botsch.;马氏念珠芥;Maximowicz Beadcress ■
264623 Neotorularia maximowiczii(Botsch.)Botsch. =Neotorularia humilis(C. A. Mey.)Hedge et J. Léonard ■
264624 Neotorularia mollipila(Maxim.)C. H. An;绒毛念珠芥;Softpilose Torularia,Tomentose Beadcress ■
264625 Neotorularia mollipila(Maxim.)C. H. An =Sisymbriopsis mollipila(Maxim.)Botsch. ■
264626 Neotorularia pamirica C. H. An =Braya scharnhorstii Regel et Schmalh. ■
264627 Neotorularia parvia(C. H. An)C. H. An;小念珠芥;Small Beadcress,Small Torularia ■
264628 Neotorularia parvia(C. H. An)C. H. An =Neotorularia brachycarpa(Vassilcz.)Hedge et J. Léonard ■
264629 Neotorularia piasezkii(Maxim.)Botsch. =Neotorularia humilis(C. A. Mey.)Hedge et J. Léonard ■
264630 Neotorularia qingshuiheense(Ma et Zong Y. Chu)Al-Shehbaz et al.;清水河念珠芥(青水河念珠芥,清水河小蒜芥);Qingshuihe Torularia ■
264631 Neotorularia rossica(O. E. Schulz)Hedge et J. Léonard;俄罗斯扭果;Russia Torularia ■☆
264632 Neotorularia rosulifolia(K. C. Kuan et C. H. An)C. H. An;莲座念珠芥(莲座鳞蕊芥);Rosette Beadcress,Rosette Torularia ■
264633 Neotorularia rosulifolia(K. C. Kuan et C. H. An)C. H. An =Neotorularia korolkowii(Regel et Schmalh.)Hedge et J. Léonard ■
264634 Neotorularia sergievskiana(Polozhij)De Moor =Dontostemon glandulosus(Kar. et Kir.)O. E. Schulz ■
264635 Neotorularia shuanghuica(K. C. Kuan et C. H. An)C. H. An =Sisymbriopsis shuanghuica(K. C. Kuan et C. H. An)Al-Shehbaz et al. ■
264636 Neotorularia sulphurea(Korsh.)Ikonn. =Neotorularia korolkowii(Regel et Schmalh.)Hedge et J. Léonard ■
264637 Neotorularia tibetica(C. H. An)C. H. An;西藏念珠芥;Xizang Beadcress,Xizang Torularia ■
264638 Neotorularia tibetica(C. H. An)C. H. An =Neotorularia brachycarpa(Vassilcz.)Hedge et J. Léonard ■
264639 Neotorularia torulosa(Desf.)Hedge et J. Léonard;念珠芥(节马

康草);Beadgress,Turulus Torularia ■

264640 Neotorularia torulosa (Desf.) Hedge et J. Léonard var. scorpiuroides(Boiss.) Hedge et J. Léonard = Neotorularia torulosa (Desf.) Hedge et J. Léonard ■

264641 Neotreleasea Rose = Setcreasea K. Schum. et Syd. ■☆

264642 Neotreleasea Rose = Tradescantia L. ■

264643 Neotrewia Pax et K. Hoffm. (1914);新滑桃树属●☆

264644 Neotrewia cumingii Pax et K. Hoffm.;新滑桃树●☆

264645 Neotrigonostemon Pax et K. Hoffm. (1928);新三宝木属●☆

264646 Neotrigonostemon Pax et K. Hoffm. = Trigonostemon Blume(保留属名)●

264647 Neotrigonostemon diversifolius Pax et K. Hoffm.;新三宝木●☆

264648 Neottia Ehrh. = Neottia Guett. (保留属名)■

264649 Neottia Ehrh. = Ophrys L. ■☆

264650 Neottia Guett. (1754)(保留属名);鸟巢兰属(腐生兰属,雀巢兰属);Bird's-nest Orchid,Bird's-nest Orehis,Neottia,Nestorchid ■

264651 Neottia acuminata Schltr.;尖唇鸟巢兰(鸟巢兰,小鸟巢兰,亚洲鸟巢兰);Acutelip Neottia,Asia Neottia,Tinelip Nestorchid ■

264652 Neottia adnata(Sw.) Sw. = Pelexia adnata(Sw.) Spreng. ■☆

264653 Neottia amoena M. Bieb. = Spiranthes sinensis(Pers.) Ames ■

264654 Neottia aphylla Hook. = Sacoila lanceolata(Aubl.) Garay ■☆

264655 Neottia asistica Ohwi = Neottia acuminata Schltr. ■

264656 Neottia auriculata (Wiegand) Szlach. = Listera auriculata Wiegand ■☆

264657 Neottia australis R. Br. = Spiranthes sinensis(Pers.) Ames ■

264658 Neottia australis R. Br. var. chinensis Ker Gawl. = Spiranthes sinensis(Pers.) Ames ■

264659 Neottia bambusetorum (Hand.-Mazz.) Szlach.;高山对叶兰;Alp Listera ■

264660 Neottia biflora(Schltr.) Szlach.;二花对叶兰;Biflower Listera ■

264661 Neottia borealis(Morong) Szlach. = Listera borealis Morong ■☆

264662 Neottia brevicaulis(King et Pantl.) Szlach.;短茎对叶兰■

264663 Neottia brevilabris Ts. Tang et F. T. Wang;短唇鸟巢兰;Shortlip Neottia,Shortlip Nestorchid ■

264664 Neottia calcarata Sw. = Eltroplectris calcarata(Sw.) Garay et H. R. Sweet ■☆

264665 Neottia camtschatea(L.) Rchb. f.;勘察加鸟巢兰(北方鸟巢兰);Kamtschatka Neottia,Kamtschatka Nestorchid ■

264666 Neottia camtschatica Spreng. = Neottia camtschatea(L.) Rchb. f. ■

264667 Neottia caurina(Piper) Szlach. = Listera caurina Piper ■☆

264668 Neottia chenii S. W. Gale et P. J. Cribb;巨唇对叶兰;Biglip Largeflower Listera ■

264669 Neottia cinnabarina La Llave et Lex. = Dichromanthus cinnabarinus(La Llave et Lex.) Garay ■☆

264670 Neottia cordata(L.) Rich. = Listera cordata(L.) R. Br. ■☆

264671 Neottia deltoidea(Fukuy.) Szlach. = Neottia suzukii(Masam.) Szlach. ■

264672 Neottia discolor (Ker Gawl.) Steud. = Ludisia discolor (Ker Gawl.) A. Rich. ■

264673 Neottia divaricata(Panigrahi et P. Taylor) Szlach.;叉唇对叶兰;Divaricate Listera ■

264674 Neottia dongrergoensis Schltr. = Neottia listeroides Lindl. ■

264675 Neottia fangii(Ts. Tang et F. T. Wang ex S. C. Chen et G. H. Zhu) S. C. Chen;扇唇对叶兰■

264676 Neottia formosana S. C. Chen,S. W. Gale et P. J. Cribb;美丽对叶兰(长唇对叶兰)■

264677 Neottia gaudisartii Hand.-Mazz. = Holopogon gaudissartii(Hand.-Mazz.) S. C. Chen ■

264678 Neottia glandulosa Sims = Ponthieva racemosa(Walter) C. Mohr ■☆

264679 Neottia gracilis Bigelow = Spiranthes lacera(Raf.) Raf. ■☆

264680 Neottia grandiflora (A. Rich. et Galeotti) Kuntze = Hexalectris grandiflora(A. Rich. et Galeotti) L. O. Williams ■☆

264681 Neottia grandiflora(Rolfe) Szlach. = Neottia wardii(Rolfe) Szlach. ■

264682 Neottia grandiflora Schltr. = Neottia megalochila S. C. Chen ■

264683 Neottia grandis Blume = Goodyera grandis(Blume) Blume ■

264684 Neottia inayatii(Duthie) Beauverd;伊纳亚特鸟巢兰■☆

264685 Neottia japonica(M. Furuse) K. Inoue;日本鸟巢兰(日本对叶兰)■

264686 Neottia kamtschatica (Georgi) Spreng. = Neottia camtschatea (L.) Rchb. f. ■

264687 Neottia kamtschatica Lindl. = Neottia camtschatea(L.) Rchb. f. ■

264688 Neottia karoana Szlach.;卡氏对叶兰■

264689 Neottia kiusiana T. Hashim. et Hatus.;九州鸟巢兰■☆

264690 Neottia kuanshanensis(H. J. Su) T. C. Hsu et S. W. Chung;关山对叶兰■

264691 Neottia kungii Ts. Tang et F. T. Wang = Holopogon smithianus (Schltr.) S. C. Chen ■

264692 Neottia lacera Raf. = Spiranthes lacera(Raf.) Raf. ■☆

264693 Neottia latifolia Rich. = Listera ovata R. Br. ■

264694 Neottia lindleyana Decne. = Neottia listeroides Lindl. ■

264695 Neottia listeroides Lindl.;高山鸟巢兰;Alpine Neottia,Alpine Nestorchid ■

264696 Neottia longicaulis (King et Pantl.) Szlach.;毛脉对叶兰;Hairvein Listera ■

264697 Neottia lucida H. H. Eaton = Spiranthes lucida (H. H. Eaton) Ames ■☆

264698 Neottia macrantha(Fukuy.) Szlach. = Neottia formosana S. C. Chen,S. W. Gale et P. J. Cribb ■

264699 Neottia macrophylla D. Don = Herminium macrophyllum (D. Don) Dandy ■

264700 Neottia megalochila S. C. Chen;大花鸟巢兰;Bigflower Nestorchid,Neottia ■

264701 Neottia meifongensis(H. J. Su et C. Y. Hu) T. C. Hsu et S. W. Chung;梅峰对叶兰■

264702 Neottia micrantha Lindl. = Neottia acuminata Schltr. ■

264703 Neottia microphylla(S. C. Chen et Y. B. Luo) S. C. Chen,S. W. Gale et P. J. Cribb;小叶对叶兰■

264704 Neottia morrisonicola(Hayata) Szlach.;浅裂对叶兰(台湾双叶兰,玉山对叶兰,玉山双叶兰);Morrison Listera,Yushan Listera ■

264705 Neottia mucronata(Panigrahi et J. J. Wood) Szlach.;短柱对叶兰(对叶草);Shortstyle Listera ■

264706 Neottia nanchuanica (S. C. Chen) Szlach.;南川对叶兰;Nanchuan Listera ■

264707 Neottia nankomontana(Fukuy.) Szlach.;台湾对叶兰(南湖双叶兰);Taiwan Listera ■

264708 Neottia nephrophylla(Rydb.) Szlach. = Listera cordata(L.) R. Br. var. nephrophylla(Rydb.) Hultén ■☆

264709 Neottia nidus-avis(L.) Rich.;鸟巢兰;Bird-nest Neottia,Bird's Nest Orchid,Bird's-nest Orchid ■☆

264710 Neottia nidus-avis (L.) Rich. var. glandulosa Beck = Neottia nidus-avis(L.) Rich. ■☆

264711 Neottia nidus-avis(L.) Rich. var. mandshurica Kom.;东北鸟巢兰■

264712 Neottia nidus-avis (L.) Rich. var. manshurica Kom. = Neottia papilligera Schltr. ■

264713 Neottia nidus-avis Ts. Tang et F. T. Wang var. manshurica Kom. = Neottia papilligera Schltr. ■

264714 Neottia oblata(S. C. Chen)Szlach.;圆唇对叶兰;Oblate Listera ■

264715 Neottia oblonga Ts. Tang et F. T. Wang = Neottia acuminata Schltr. ■

264716 Neottia odorata Nutt. = Spiranthes odorata(Nutt.)Lindl. ■☆

264717 Neottia ovata(L.)Bluff et Fingerhut = Listera ovata R. Br. ■

264718 Neottia papilligera Schltr.;凹唇鸟巢兰;Fovealip Neottia, Fovealip Nestorchid ■

264719 Neottia papilligera Schltr. = Neottia nidus-avis(L.)Rich. var. mandshurica Kom. ■

264720 Neottia papilligera Schltr. f. glaberrima Kitag. = Neottia papilligera Schltr. ■

264721 Neottia parviflora(King et Pantl.)Schltr. = Neottia acuminata Schltr. ■

264722 Neottia pinetorum(Lindl.)Szlach.;西藏对叶兰;Tibet Listera, Xizang Listera ■

264723 Neottia plantaginea Hook. = Malaxis latifolia Sm. ■

264724 Neottia polystachya(Sw.)Sw. = Tropidia polystachya(Sw.) Ames ■☆

264725 Neottia procera Ker Gawl. = Goodyera procera(Ker Gawl.) Hook. ■

264726 Neottia pseudonipponica(Fukuy.)Szlach.;耳唇对叶兰(假日本双叶兰);False Japan Listera ■

264727 Neottia puberula(Maxim.)Szlach.;对叶兰(华北对叶兰);Common Listera, Puberulent Listera ■

264728 Neottia puberula Maxim. var. maculata(Ts. Tang et F. T. Wang) S. C. Chen, S. W. Gale et P. J. Cribb;花叶对叶兰■

264729 Neottia pubescens Willd. = Goodyera pubescens(Willd.)R. Br. ■☆

264730 Neottia reniformis(D. Don)Spreng. = Habenaria reniformis(D. Don)Hook. f. ■

264731 Neottia repens(L.)Sw. = Goodyera repens(L.)R. Br. ■

264732 Neottia rubicunda Blume = Goodyera rubicunda(Rchb. f.)J. J. Sm. ■

264733 Neottia salassia Steud. = Liparis salassia(Pers.)Summerh. ■☆

264734 Neottia schlechteriana Szlach. = Neottia megalochila S. C. Chen ■

264735 Neottia shaoi(S. S. Ying)Szlach. = Neottia japonica(M. Furuse)K. Inoue ■

264736 Neottia sinensis Pers. = Spiranthes sinensis(Pers.)Ames ■

264737 Neottia smithiana Schltr.;无喙鸟巢兰;Smith Neottia ■☆

264738 Neottia smithiana Schltr. = Holopogon smithianus(Schltr.)S. C. Chen ■

264739 Neottia smithii(Schltr.)Szlach.;川西对叶兰(小叶对叶兰);Smith Listera ■

264740 Neottia squamulosa Kunth = Sacoila squamulosa(Kunth)Garay ■☆

264741 Neottia strateumatica(L.)R. Br. = Pecteilis susannae(L.)Raf. ■

264742 Neottia subsessilis Ohwi = Neottia acuminata Schltr. ■

264743 Neottia suzukii(Masam.)Szlach.;无毛对叶兰(铃木氏双叶兰,太平山对叶兰,太平山双叶兰);Hairless Listera ■

264744 Neottia taibaishanensis P. H. Yang et K. Y. Lang;太白山鸟巢兰■

264745 Neottia taiwaniana(S. S. Ying)Szlach. = Neottia morrisonicola (Hayata)Szlach. ■

264746 Neottia taizanensis(Fukuy.)Szlach.;小花对叶兰(大山对叶兰,大山双叶兰);Smallflower Listera ■

264747 Neottia tenii Schltr.;耳唇鸟巢兰;Ten Neottia, Ten Nestorchid ■

264748 Neottia tianschanica(Grubov)Szlach.;天山对叶兰;Tianshan Listera ■

264749 Neottia uraiensis(S. S. Ying)Szlach. = Neottia suzukii (Masam.)Szlach. ■

264750 Neottia ussuriensis(Kom. et Nevski)Soó;乌苏里鸟巢兰;Ussur Neottia ■☆

264751 Neottia viridiflora Blume = Goodyera viridiflora(Blume)Blume ■

264752 Neottia wardii(Rolfe)Szlach.;大花对叶兰(半颗珠,大花鸟巢兰,小叶对口兰);Bigflower Listera, Largeflower Listera ■

264753 Neottia yueana(Ts. Tang et F. T. Wang)Szlach. = Neottia pinetorum(Lindl.)Szlach. ■

264754 Neottia yunnanensis(S. C. Chen)Szlach.;云南对叶兰;Yunnan Listera ■

264755 Neottiaceae Horan.;鸟巢兰科■

264756 Neottiaceae Horan. = Orchidaceae Juss.(保留科名)■

264757 Neottianthe(Rchb.)Schltr.(1919);兜被兰属;Hoodorchis, Hoodshape Orchis, Hoodshaped Orchid ■

264758 Neottianthe Schltr. = Neottianthe(Rchb.)Schltr. ■

264759 Neottianthe angustifolia K. Y. Lang;二狭叶兜被兰;Binarrowleaf Hoodorchis ■

264760 Neottianthe angustifolia K. Y. Lang = Neottianthe cucullata(L.) Schltr. ■

264761 Neottianthe calcicola(W. W. Sm.)Schltr. = Neottianthe cucullata(W. W. Sm.)Schltr. var. calcicola(W. W. Sm.)Soó ■

264762 Neottianthe camptoceras(Rolfe)Schltr.;大花兜被兰(红冰粉子,鸡心七,老鸭蒜,石兰花);Largeflower Hoodorchis, Largeflower Hoodshaped Orchid ■

264763 Neottianthe camptoceras(Rolfe)Schltr. var. calcicola(W. W. Sm.)Soó = Neottianthe calcicola(W. W. Sm.)Schltr. ■

264764 Neottianthe compacta Schltr.;川西兜被兰(斑被兜被兰);W. Sichuan Hoodorchis ■

264765 Neottianthe cucullata(L.)Schltr.;二叶兜被兰(百步还阳丹,兜被兰,鸟巢兰);Pink Frog-orchid, Twoleaf Hoodorchis, Twoleaf Hoodshaped Orchid ■

264766 Neottianthe cucullata(L.)Schltr. f. albiflora P. Y. Fu et S. Z. Liu;白花兜被兰;Whiteflower Hoodshaped Orchid ■

264767 Neottianthe cucullata(W. W. Sm.)Schltr. f. maculata(Nakai et Kitag.)Nakai et Kitag. = Neottianthe cucullata(L.)Schltr. ■

264768 Neottianthe cucullata(W. W. Sm.)Schltr. var. calcicola(W. W. Sm.)Soó;密花兜被兰;Denseflower Hoodorchis, Denseflower Hoodshaped Orchid ■

264769 Neottianthe fujisanensis(Sugim.)F. Maek.;富士山兜被兰■☆

264770 Neottianthe gymnadenioides(Hand.-Mazz.)K. Y. Lang et S. C. Chen;细距兜被兰;Smallspur Hoodorchis ■

264771 Neottianthe gymnadenioides(Hand.-Mazz.)K. Y. Lang et S. C. Chen = Neottianthe cucullata(W. W. Sm.)Schltr. var. calcicola(W. W. Sm.)Soó ■

264772 Neottianthe luteola K. Y. Lang et S. C. Chen;淡黄花兜被兰;Lightyellow Hoodorchis ■

264773 Neottianthe maculata(Nakai et Kitag.)Nakai et Kitag. = Neottianthe cucullata(L.)Schltr. ■

264774 Neottianthe mairei Schltr. = Neottianthe secundiflora(Hook. f.) Schltr. ■

264775 Neottianthe monophylla(Ames et Schltr.)Schltr.;一叶兜被兰(单叶手参);Single-leaf Gymnadenia, Singleleaf Hoodorchis ■

264776 Neottianthe monophylla(Ames et Schltr.)Schltr. = Neottianthe cucullata(L.)Schltr. ■

264777 Neottianthe oblonga K. Y. Lang;长圆叶兜被兰;Oblongleaf Hoodorchis ■

264778 Neottianthe ovata K. Y. Lang;卵叶兜被兰;Ooleaf Hoodorchis ■
264779 Neottianthe pseudodiphylax (Kraenzl.) Schltr.; 兜被兰; Common Hoodshaped Orchid, Hoodorchis ■
264780 Neottianthe pseudodiphylax (Kraenzl.) Schltr. = Neottianthe cucullata(L.) Schltr. ■
264781 Neottianthe pseudodiphylax (Kraenzl.) Schltr. var. monophylla (Ames et Schltr.) Soó = Neottianthe monophylla (Ames et Schltr.) Schltr. ■
264782 Neottianthe pseudodiphylax (Kraenzl.) Schltr. var. monophylla (Ames et Schltr.) Soó = Neottianthe cucullata(L.) Schltr. ■
264783 Neottianthe secundiflora (Hook. f.) Schltr.; 侧花兜被兰; Lateralflower Hoodorchis ■
264784 Neottidium Schltdl. = Neottia Guett. (保留属名) ■
264785 Neotuerckheimia Donn. Sm. = Amphitecna Miers ●☆
264786 Neoturczaninovia Koso-Pol. = Neoturczaninowia Koso-Pol. ■☆
264787 Neoturczaninowia Koso-Pol. (1924);图尔草属■☆
264788 Neotysonia Dalla Torre et Harms(1905);杯冠鼠麴草属■☆
264789 Neotysonia phyllostegia(F. Muell.) Paul G. Wilson = Neotysonia phyllostegia(F. Muell.) Paul G. Wilson ex J. W. Green ■☆
264790 Neotysonia phyllostegia (F. Muell.) Paul G. Wilson ex J. W. Green;杯冠鼠麴草■☆
264791 Neou Adans. ex Juss. = Parinari Aubl. ●☆
264792 Neo-urbania Fawc. et Rendle = Maxillaria Ruiz et Pav. ■☆
264793 Neoussuria Tzvelev = Silene L. (保留属名) ■
264794 Neoussuria Tzvelev(2002);新蝇子草属■☆
264795 Neo-uvaria Airy Shaw(1939);新紫玉盘属●☆
264796 Neo-uvaria acuminatissima(Miq.) Airy Shaw;尖新紫玉盘●☆
264797 Neo-uvaria foetida(Maing. ex Hook. f. et Thomson) Airy Shaw; 臭新紫玉盘●☆
264798 Neoveitchia Becc. (1921);新圣诞椰属(斐济椰属,斯托克椰属,斯托克棕属,新维氏椰子属,新伟奇榈属,纵花椰属)●☆
264799 Neoveitchia brunnea Dowe;褐新圣诞椰●☆
264800 Neoveitchia storckii(H. Wendl.) Becc.;新圣诞椰●☆
264801 Neoveitchia storckii Becc. = Neoveitchia storckii (H. Wendl.) Becc. ●☆
264802 Neovriesia Britton = Vriesea Lindl. (保留属名) ■☆
264803 Neowashingtonia Sudw. = Washingtonia H. Wendl. (保留属名) ●
264804 Neowashingtonia filamentosa(Franceschi) Sudw. = Washingtonia filifera(Linden ex André) H. Wendl. ex de Bary ●
264805 Neowashingtonia filifera(Linden) Sudw. = Washingtonia filifera (Linden ex André) H. Wendl. ex de Bary ●
264806 Neowashingtonia robusta(H. Wendl.) A. Heller = Washingtonia robusta H. Wendl. ●
264807 Neowawraea Rock = Flueggea Willd. ●
264808 Neowedia Schrad. = Ruellia L. ■●
264809 Neowerdermannia Backeb. (1930);群岭掌属(群岭属)●☆
264810 Neowerdermannia Frič = Neowerdermannia Backeb. ●☆
264811 Neowerdermannia chilensis Backeb.;阳岭●☆
264812 Neowerdermannia peruviana F. Ritter;天岭●☆
264813 Neowerdermannia vorwerkii Frič;群岭●☆
264814 Neowilliamsia Garay = Epidendrum L. (保留属名) ■☆
264815 Neowimmeria O. Deg. et I. Deg. = Lobelia L. ●■
264816 Neowolffia O. Gruss = Angraecum Bory ■
264817 Neowolffia O. Gruss(2007);芜萍兰属■☆
264818 Neowollastonia Wernham ex Ridl. = Melodinus J. R. Forst. et G. Forst. ●
264819 Neowormia Hutch. et Summerh. = Dillenia L. ●
264820 Neoxythece Aubrév. et Pellegr. = Pouteria Aubl. ●
264821 Neozenkerina Mildbr. = Staurogyne Wall. ■
264822 Neozenkerina bicolor Mildbr. = Staurogyne bicolor (Mildbr.) Champl. ■☆
264823 Nepa Webb = Stauracanthus Link ●☆
264824 Nepa Webb = Ulex L. ●
264825 Nepa boivinii (Webb) Webb = Stauracanthus boivinii (Webb) Samp. ●☆
264826 Nepenthaceae Bercht. et J. Presl = Nepenthaceae Dumort. (保留科名) ■●
264827 Nepenthaceae Dumort. (1829)(保留科名); 猪笼草科; Nepentes Family ■●
264828 Nepenthandra S. Moore = Trigonostemon Blume(保留属名) ●
264829 Nepenthes L. (1753); 猪笼草属; Nepentes, Pitcher Plant, Pitcher Plants, Pitcherplant, Pitcher-Plant ●■
264830 Nepenthes alata Blanco;具翼猪笼草■☆
264831 Nepenthes albomarginata T. Lobb ex Lindl.;白边猪笼草■☆
264832 Nepenthes ampullaria Jack ex Hook.;壶状猪笼草(瓶颈猪笼草)■☆
264833 Nepenthes bicalcarata Hook. f.;二距猪笼草■☆
264834 Nepenthes burbidgeae Hook. f. ex Burb.;布氏猪笼草■☆
264835 Nepenthes edwardsiana H. Low ex Hook. f.;埃氏猪笼草■☆
264836 Nepenthes globamphora Kurata et Toyosh.;球形猪笼草■☆
264837 Nepenthes gracilis Korth.;长叶猪笼草■☆
264838 Nepenthes gracilis Korth. = Nepenthes mirabilis(Lour.) Druce ●■
264839 Nepenthes hirsuta Hook. f.;刚毛猪笼草■☆
264840 Nepenthes hookeriana Lindl.;胡克猪笼草■☆
264841 Nepenthes lowii Hook. f.;娄氏猪笼草■☆
264842 Nepenthes macfarlanei Hemsl.;马氏猪笼草■☆
264843 Nepenthes madagascariensis Poir.;马岛猪笼草●☆
264844 Nepenthes masoalensis Schmid-Holl.;马苏阿拉猪笼草■☆
264845 Nepenthes maxima Reinw. ex Nees;大猪笼草■☆
264846 Nepenthes mirabilis(Lour.) Druce;猪笼草(捕虫草,担水桶,公仔瓶,猴子埕,猴子笼,雷公瓶,猪仔笼);Common Nepenthes, Common Pitcher Plant ●■
264847 Nepenthes mirabilis(Lour.) Merr. = Nepenthes mirabilis(Lour.) Druce ●■
264848 Nepenthes phyllamphora Willd. = Nepenthes mirabilis (Lour.) Druce ●■
264849 Nepenthes rafflesiana Jack ex Hook.;莱氏猪笼草(纳氏猪笼草)●■☆
264850 Nepenthes reinwardtiana Miq.;赖因瓦尔德猪笼草■☆
264851 Nepenthes rhombicaulis Kurata;菱形猪笼草■☆
264852 Nepenthes sanguinea Lindl.;血红猪笼草■☆
264853 Nepenthes stenophylla Mast.;细叶猪笼草■☆
264854 Nepenthes tentaculata Hook. f.;触毛猪笼草■☆
264855 Nepenthes thorelii Lecomte;托雷猪笼草■☆
264856 Nepenthes truncata Macfarl.;截叶猪笼草■☆
264857 Nepenthes veitchii Hook. f.;维奇猪笼草■☆
264858 Nepenthes villosa Hook. f.;柔毛猪笼草■☆
264859 Nepeta L. (1753);荆芥属(假荆芥属);Cat Mint, Catmint, Catnep, Catnip, Cat-nip, Nepeta ■●
264860 Nepeta Riv. ex L. = Nepeta L. ■●
264861 Nepeta acinifolia Spreng.;葡萄叶荆芥■☆
264862 Nepeta alaghezi Pojark.;阿拉赫兹荆芥;Alaghez Nepeta ■☆
264863 Nepeta algeriensis Noë;阿尔及利亚荆芥■☆
264864 Nepeta amethystina Poir.;紫水晶荆芥■☆

264865 Nepeta amethystina Poir. subsp. laciniata (Willk.) Ubera et Valdés;撕裂紫水晶荆芥■☆

264866 Nepeta amethystina Poir. subsp. mallophora (Webb et Heldr.) Ubera et Valdés var. baurguei (Briq.) Ubera et Valdés;紫晶荆芥■☆

264867 Nepeta amoena Stapf;可爱荆芥;Pleasant Nepeta ■☆

264868 Nepeta angustifolia C. Y. Wu = Nepeta hemsleyana Oliv. ex Prain ■

264869 Nepeta annua Pall.;小裂叶荆芥(细裂叶荆芥,总状花序荆芥);Little Schizonepeta, Racemose Nepeta, Thinlobed Schizonepeta ■

264870 Nepeta antiatlantica Emb. et Maire = Nepeta stachyoides Batt. ■☆

264871 Nepeta apuleii Ucria;阿普雷荆芥■☆

264872 Nepeta apuleii Ucria subsp. pallescens (Maire) Ivanina;苍白阿普雷荆芥■☆

264873 Nepeta atlantica Ball;大西洋荆芥■☆

264874 Nepeta atlantica Ball var. ballii Maire = Nepeta atlantica Ball ■☆

264875 Nepeta atlantica Ball var. mesatlantica Maire = Nepeta atlantica Ball ■☆

264876 Nepeta atroviridis C. Y. Wu et S. J. Hsuan;黑绿荆芥;Blackgreen Catnip, Blackgreen Nepeta ■

264877 Nepeta atroviridis C. Y. Wu et S. J. Hsuan = Nepeta dentata C. Y. Wu et S. J. Hsuan ■

264878 Nepeta azurea R. Br. ex Benth.;天蓝荆芥■☆

264879 Nepeta badachschanica Kudr.;巴达山荆芥;Badashan Nepeta ■☆

264880 Nepeta barbara Maire;外来荆芥■☆

264881 Nepeta biebersteiniana (Trautv.) Pojark.;毕氏荆芥■☆

264882 Nepeta biloba Hochst. ex Benth.;二裂荆芥■☆

264883 Nepeta bodinieri Vaniot = Nepeta cataria L. ■

264884 Nepeta bombaiensis Dalzell;孟买荆芥;Bombay Nepeta ■☆

264885 Nepeta botryoidea Sol. = Nepeta annua Pall. ■

264886 Nepeta botryoides Aiton;总状花序荆芥(紫花荆芥)■

264887 Nepeta botryoides Aiton = Nepeta annua Pall. ■

264888 Nepeta botryoides Aiton = Schizonepeta annua (Pall.) Schischk. ■

264889 Nepeta botryoides Sol. = Nepeta annua Pall. ■

264890 Nepeta bracteata Benth.;具苞荆芥(大苞荆芥);Bracteate Nepeta ■☆

264891 Nepeta brevifolia C. A. Mey.;短叶荆芥;Shortleaf Nepeta ■☆

264892 Nepeta bucharica Lipsky;布哈尔荆芥■☆

264893 Nepeta buhsei Pojark.;布塞荆芥■☆

264894 Nepeta buschii Sosn. et Manden.;布什荆芥■☆

264895 Nepeta campestris Benth.;田野荆芥;Field Nepeta ■☆

264896 Nepeta candeliana Maire = Nepeta multibracteata Desf. ■☆

264897 Nepeta cataria L.;荆芥(巴毛,薄荷,大茴香,假荆芥,假苏,凉薄荷,猫欢喜,拟荆芥,山藿香,土荆芥,香薷,小薄荷,小荆芥,心叶荆芥,樟脑草);Cataria, Catmint, Catnap, Catnep, Catnip, Cat-nip, Catrup, Cat's Wort, Dogmint, Field Mint, Nenufar, Nepeta, Nept Nepe ■

264898 Nepeta ciliaria Benth.;缘毛荆芥;Ciliate Nepeta ■☆

264899 Nepeta clarkei Hook. f.;克拉克荆芥;C. B. Clarke Nepeta ■☆

264900 Nepeta coerulescens Maxim.;蓝花荆芥(蓝花青兰,三花青兰);Blueflower Catnip, Blueflower Nepeta ■

264901 Nepeta complanata Dunn = Marmoritis complanata (Dunn) A. L. Budantzev ■

264902 Nepeta connata Royle ex Benth.;合生荆芥;Connate Nepeta ■☆

264903 Nepeta consanguinea Pojark.;亲缘荆芥■☆

264904 Nepeta cyanea Stev.;蓝色荆芥■☆

264905 Nepeta cyrenaica Quézel et Zaffran;昔兰尼荆芥■☆

264906 Nepeta daghestanica Pojark.;达赫斯坦荆芥■☆

264907 Nepeta decolorans Hemsl. = Marmoritis decolorans (Hemsl.) H. W. Li ■

264908 Nepeta decolorans Hemsl. = Phyllophyton decolorans (Hemsl.) Kudo ■

264909 Nepeta densiflora Kar. et Kir.;密花荆芥;Denseflower Catnip, Denseflower Nepeta ■

264910 Nepeta dentata C. Y. Wu et S. J. Hsuan;齿叶荆芥;Dentate Nepeta, Tooth Catnip ■

264911 Nepeta discolor Benth. ex Benth.;异色荆芥;Diversecolor Catnip, Diversecolor Nepeta ■

264912 Nepeta distans Royle;远离荆芥;Distant Nepeta ■☆

264913 Nepeta ehlersii Schweinf. = Clinopodium simense (Benth.) Kuntze ■☆

264914 Nepeta elliptica Royle ex Benth.;椭圆荆芥;Elliptic Nepeta ■☆

264915 Nepeta erecta Benth.;直立荆芥;Erect Nepeta ■☆

264916 Nepeta eriostachys Benth.;毛穗荆芥;Hairyspike Nepeta ■☆

264917 Nepeta erivanensis Grossh.;埃里温荆芥■☆

264918 Nepeta everandii S. Moore;浙荆芥;Everard Catnip, Everard Nepeta ■

264919 Nepeta everandii S. Moore = Nepeta fordii Hemsl. ■

264920 Nepeta faasenii Bergmans;法氏荆芥;Blue Catmint, Catnip, Catnip, Faasen's Catmint, Garden Catmint, Garden Cat-mint, Mauve Catmint, Ornamental Catmint ■☆

264921 Nepeta fedtschenkoi Pojark.;南疆荆芥;S. Xinjiang Catnip, South Xinjiang Nepeta ■

264922 Nepeta fedtschenkoi Pojark. = Nepeta pungens (Bunge) Benth. ■

264923 Nepeta fissa C. A. Mey.;半裂荆芥■☆

264924 Nepeta floccosa Benth.;丛卷毛荆芥;Floccose Catnip, Floccose Nepeta ■

264925 Nepeta fordii Hemsl.;心叶荆芥;Ford Nepeta, Heartleaf Catnip ■

264926 Nepeta formosa Kudr.;美叶荆芥;Taiwan Nepeta ■

264927 Nepeta gigantea?;巨荆芥;Giant Catmint ■☆

264928 Nepeta glechoma Benth. = Glechoma hederacea L. ■

264929 Nepeta glechoma Benth. = Glechoma longituba (Nakai) Kuprian. ■

264930 Nepeta glechoma Benth. var. grandiflora Fr. = Glechoma grandis (A. Gray) Kuprian. ■

264931 Nepeta glechoma Benth. var. grandis A. Gray = Glechoma grandis (A. Gray) Kuprian. ■

264932 Nepeta glechoma Benth. var. grandis A. Gray = Glechoma hederacea L. subsp. grandis (A. Gray) H. Hara ■

264933 Nepeta glechoma Benth. var. hirsuta Debeaux = Glechoma longituba (Nakai) Kuprian. ■

264934 Nepeta glechoma Benth. var. sinensis Miq. = Glechoma longituba (Nakai) Kuprian. ■

264935 Nepeta glutinosa Benth.;腺荆芥(粘荆芥);Glutinous Nepeta, Napal Catnip ■

264936 Nepeta gontscharovii Kudrjanzev;高恩恰洛夫荆芥■☆

264937 Nepeta govaniana Benth.;格万荆芥;Govan Nepeta ■☆

264938 Nepeta granatensis Boiss.;格拉荆芥■☆

264939 Nepeta grandiflora M. Bieb.;高加索大花荆芥(高加索荆芥,细花荆芥,纤细花荆芥);Caucasus Catmint, Slenderflower Nepeta ■☆

264940 Nepeta grossheimii Pojark.;格罗荆芥■☆

264941 Nepeta hajastana Grossh.;哈贾斯坦荆芥;Hajastan Nepeta ■☆

264942 Nepeta hederacea (L.) Britton, Sterns et Poggenb. = Glechoma hederacea L. ■

264943 Nepeta hederacea (L.) Trevis. = Glechoma hederacea L. ■

264944 Nepeta hederacea (L.) Trevis. var. parviflora Benth. = Glechoma hederacea L. var. micrantha Moric ■☆

264945 Nepeta hederacea Britton, Sterns et Poggenb. = Glechoma hederacea L. ■

264946 Nepeta hederacea Trevis.;疳取草;Field Balm, Gill-over-the-ground, Ground Ivy ■☆

264947 Nepeta hemsleyana Oliv. ex Prain;藏荆芥;Narrowleaf Nepeta, Xizang Catnip ■

264948 Nepeta henanensis C. S. Zhu;河南荆芥;Henan Catnip, Henan Nepeta ■

264949 Nepeta hindostana Haines;印度荆芥■☆

264950 Nepeta hispanica Boiss. et Reut.;西班牙荆芥■☆

264951 Nepeta huillensis Gürke = Clinopodium myrianthum (Baker) Ryding ■☆

264952 Nepeta iberica Pojark.;伊比利亚荆芥■☆

264953 Nepeta incana Thunb. = Caryopteris incana (Thunb.) Miq. ■

264954 Nepeta incana Thunb. ex Houtt. = Caryopteris incana (Thunb.) Miq. ■

264955 Nepeta indica L. = Anisomeles indica (L.) Kuntze ■

264956 Nepeta indica L. = Epimeredi indica (L.) Rothm. ■

264957 Nepeta ispahanica Boiss.;意斯帕罕荆芥;Ispahan Nepeta ■☆

264958 Nepeta japonica Maxim.;日本荆芥(急剎车苏,姜芥,荆芥,荆芥菜,荆芥草,鼠蓂);Japan Catnip, Japanese Nepeta ■

264959 Nepeta japonica Maxim. = Schizonepeta tenuifolia (Benth.) Briq. var. japonica (Maxim.) Kitag. ■

264960 Nepeta japonica Willd. = Caryopteris incana (Thunb.) Miq. ■

264961 Nepeta jomdaensis H. W. Li;江达荆芥;Jiangda Catnip, Jiangda Nepeta ■

264962 Nepeta knorringiana Pojark.;克脑容荆芥;Knorring Nepeta ■☆

264963 Nepeta kokamirica Regel;绢毛荆芥;Sericeous Catnip, Sericeous Nepeta ■

264964 Nepeta kokanica Regel;绒毛荆芥;Nappy Catnip, Tomentose Nepeta ■

264965 Nepeta komarovii E. A. Busch;科马罗夫荆芥■☆

264966 Nepeta kopetdaghensis Pojark.;克佩达赫荆芥;Kopetdagh Nepeta ■☆

264967 Nepeta koreana Nakai;朝鲜荆芥■☆

264968 Nepeta kubanica Pojark.;库班荆芥■☆

264969 Nepeta kunlunshanica C. Y. Yang et B. Wang = Nepeta floccosa Benth. ■

264970 Nepeta kunlunshanica Chang Y. Yang et B. Wang;昆仑荆芥;Kunlun Catnip, Kunlun Nepeta ■

264971 Nepeta kunlunshanica Chang Y. Yang et B. Wang = Nepeta floccosa Benth. ■

264972 Nepeta ladanolens Lipsky;拉达纳荆芥;Ladanol Nepeta ■☆

264973 Nepeta laevigata (D. Don) Hand. -Mazz.;穗花荆芥(荆芥,穗荆芥);Smooth Catnip, Smooth Nepeta, Spicate Nepeta ■

264974 Nepeta lamiifolia Willd.;野芝麻叶荆芥;Deadnettleleaf Nepeta ■☆

264975 Nepeta lamiopsis Benth. ex Hook. f.;假宝盖草;Deadnettle-like Nepeta ■

264976 Nepeta latifolia DC.;宽叶荆芥■☆

264977 Nepeta lavandulacea L.;大叶荆芥■☆

264978 Nepeta lavandulacea L. f. = Nepeta multifida L. ■

264979 Nepeta lavandulacea L. f. = Nepeta tenuifolia Benth. ■

264980 Nepeta leucolaena Benth. ex Hook. f.;白绵毛荆芥;White Cottony Nepeta, Whitecottony Catnip ■

264981 Nepeta leucophylla Benth.;白叶荆芥;Whiteleaf Nepeta ■☆

264982 Nepeta leucophylla Benth. = Nepeta cataria L. ■

264983 Nepeta linearis Royle ex Benth.;线叶荆芥;Linear Nepeta ■☆

264984 Nepeta lipskyi Kudr.;里波斯基荆芥;Lipsky Nepeta ■☆

264985 Nepeta longibracteata Benth.;长苞荆芥;Longbract Catnip, Longbract Nepeta ■

264986 Nepeta longituba Pojark.;长管荆芥;Longtube Nepeta ■☆

264987 Nepeta macrantha Dunn = Nepeta prattii H. Lév. ■

264988 Nepeta macrantha Fisch. = Nepeta sibirica L. ■

264989 Nepeta macrantha Franch. et Sav. = Nepeta sibirica L. ■

264990 Nepeta manchuriensis S. Moore;黑龙江荆芥;Heilongjiang Catnip, Manchrian Nepeta ■

264991 Nepeta mariae Regel;玛利亚荆芥■☆

264992 Nepeta maussarifii Lipsky;毛萨瑞夫荆芥;Maussarif Nepeta ■☆

264993 Nepeta membranifolia C. Y. Wu;膜叶荆芥;Membraneleaf Catnip, Membraneusleaf Nepeta ■

264994 Nepeta meyeri Benth.;迈耶荆芥■☆

264995 Nepeta micrantha Bunge;小花荆芥;Littleflower Catnip, Littleflower Nepeta ■

264996 Nepeta microcephala Pojark.;小头荆芥;Smallhead Nepeta ■☆

264997 Nepeta mollis Benth.;有毛荆芥;Hairy Nepeta ■☆

264998 Nepeta multibracteata Desf.;多苞荆芥■☆

264999 Nepeta multibracteata Desf. var. ballii Batt. et Jahand. = Nepeta algeriensis Noë ■☆

265000 Nepeta multibracteata Desf. var. candeliana (Maire) Maire = Nepeta algeriensis Noë ■☆

265001 Nepeta multifida L.;多裂叶荆芥(东北裂叶荆芥,荆芥,裂叶荆芥);Common Schizonepeta ■

265002 Nepeta multifida L. = Nepeta annua Pall. ■

265003 Nepeta multifida L. = Nepeta lavandulacea L. f. ■

265004 Nepeta multifida L. f. = Nepeta botryoides Aiton ■

265005 Nepeta mussinii Spreng. ex Henckel;穆氏荆芥(蓝花荆芥);Catmint, Catnip, Cat-nip, Garden Cat-mint, Persian Cat-mint ■☆

265006 Nepeta mutabilis A. Rich. = Hyptis mutabilis (A. Rich.) Briq. ■☆

265007 Nepeta nepetella L. subsp. amethystina (Poir.) Briq. = Nepeta amethystina Poir. ■☆

265008 Nepeta nepetella L. var. atlantica Batt. = Nepeta amethystina Poir. ■☆

265009 Nepeta nepetella L. var. laciniata (Willk.) Briq. = Nepeta amethystina Poir. subsp. laciniata (Willk.) Ubera et Valdés ■☆

265010 Nepeta nepetoides (Batt.) Harley = Pitardia nepetoides Batt. ■☆

265011 Nepeta nervosa Royle ex Benth.;具脉荆芥;Nerved Catnip, Nerved Nepeta ■

265012 Nepeta nervosa Royle ex Benth. var. lutea Hook. f.;黄花具脉荆芥;Yellowflower Nepeta ■

265013 Nepeta nivalis Benth. = Marmoritis nivalis (Jacq. ex Benth.) Hedge ■

265014 Nepeta nivalis Benth. = Phyllophyton nivale (Jacq. ex Benth.) C. Y. Wu ■

265015 Nepeta nivalis Jacq. ex Benth. = Marmoritis nivalis (Jacq. ex Benth.) Hedge ■

265016 Nepeta nuda L.;直齿荆芥(裸荆芥);Hairless Catmint, Naked Nepeta, Standtooth Catnip, Straight-tooth Nepeta ■

265017 Nepeta odorifera Lipsky;芳香荆芥■☆

265018 Nepeta olgae Regel;奥氏荆芥■☆

265019 Nepeta pallida K. Koch;苍白荆芥■☆

265020 Nepeta pamirensis Franch.;帕米尔荆芥;Pamir Nepeta ■☆

265021 Nepeta pannonica L. = Nepeta nuda L. ■

265022 Nepeta parviflora M. Bieb.;微花荆芥;Smallflower Nepeta ■☆

265023 Nepeta pectinata L. = Hyptis pectinata (L.) Poit. ■☆

265024 Nepeta persica Boiss.;波斯荆芥■☆
265025 Nepeta petitiana Baker;佩蒂蒂荆芥■☆
265026 Nepeta pharica Prain = Marmoritis pharica(Prain) A. L. Budantzev ■
265027 Nepeta podostachya Benth.;柄穗荆芥;Stalkedspike Nepeta ■☆
265028 Nepeta prattii H. Lév.;康藏荆芥(康滇荆芥,野藿香);Pratt Catnip,Pratt Nepeta ■
265029 Nepeta pseudofloccosa Pojark.;假丛毛荆芥■☆
265030 Nepeta pseudokokanica Pojark.;假浩罕荆芥■☆
265031 Nepeta pulchella Pojark.;美丽荆芥■☆
265032 Nepeta pungens(Bunge) Benth.;刺尖荆芥;Sharp Nepeta,Spinate Catnip ■
265033 Nepeta pusilla Benth. = Nepeta pungens(Bunge) Benth. ■
265034 Nepeta racemosa Lam.;总花荆芥;Raceme Catnip ■☆
265035 Nepeta raphanorhiza Benth.;块根荆芥(萝卜根荆芥);Radishroot Nepeta ■
265036 Nepeta reichenbachiana Fisch. et C. A. Mey.;列氏荆芥■☆
265037 Nepeta reticulata Desf. = Nepeta tuberosa L. subsp. reticulata (Desf.) Maire ■☆
265038 Nepeta robusta Hook. f. = Clinopodium robustum (Hook. f.) Ryding ■☆
265039 Nepeta rotundifolia (Benth.) Benth. = Marmoritis rotundifolia Benth. ■
265040 Nepeta ruderalis Buch.-Ham. ex Benth.;野生荆芥;Wild Nepeta ■☆
265041 Nepeta saccharata Bunge;库页荆芥■☆
265042 Nepeta salviifolia Royle ex Benth.;鼠尾草叶荆芥(鼠尾草荆芥);Sageleaf Catnip,Sageleaf Nepeta ■
265043 Nepeta satureioides Boiss.;香草荆芥■☆
265044 Nepeta schischkinii Pojark.;希施荆芥■☆
265045 Nepeta schugnanica Lipsky;舒格南荆芥■☆
265046 Nepeta scordotis L. var. vivianii Coss. = Nepeta vivianii(Coss.) Bég. et Vacc. ■☆
265047 Nepeta sessilis C. Y. Wu et S. J. Hsuan;无柄荆芥;Sessile Catnip,Sessile Nepeta ■
265048 Nepeta sibirica L.;大花荆芥(西伯利亚青兰);Siberia Catnip,Siberian Nepeta ■
265049 Nepeta sibirica L. = Nepeta ucranica L. ■
265050 Nepeta sintenisii Bornm.;新特尼斯荆芥;Sintenis Nepeta ■☆
265051 Nepeta sosnovskyi Askerova;锁斯诺夫斯基荆芥■☆
265052 Nepeta souliei H. Lév.;狭叶荆芥;Narrowleaf Catnip,Narrowleaf Nepeta ■
265053 Nepeta spathulifera Benth.;匙状荆芥;Spatulate Nepeta ■☆
265054 Nepeta spicata Benth. = Nepeta laevigata(D. Don) Hand.-Mazz. ■
265055 Nepeta spicata Benth. var. incana H. Lév. = Nepeta laevigata (D. Don) Hand.-Mazz. ■
265056 Nepeta stachyoides Batt.;假穗花荆芥■☆
265057 Nepeta stachyoides Batt. var. antiatlantica(Emb. et Maire) Maire = Nepeta stachyoides Batt. ■☆
265058 Nepeta stachyoides Batt. var. longibracteata Coss. = Nepeta stachyoides Batt. ■☆
265059 Nepeta stachyoides Batt. var. purpurea Maire et Wilczek = Nepeta stachyoides Batt. ■☆
265060 Nepeta stewartiana Diels;多花荆芥;Stewart Catnip,Stewart Nepeta ■
265061 Nepeta stewartiana Diels var. robusta Nakai et Kitag.;粗壮多花荆芥■
265062 Nepeta strictifolia Pojark.;直叶荆芥■☆
265063 Nepeta subhastata Regel;戟形荆芥;Subhastate Nepeta ■☆
265064 Nepeta subsessilis Maxim.;近无柄荆芥;Catmint,Catnip ■☆
265065 Nepeta subsessilis Maxim. f. albiflora Tatew.;白花无柄荆芥■☆
265066 Nepeta subsessilis Maxim. var. yesoensis Franch. et Sav. = Nepeta subsessilis Maxim. ■☆
265067 Nepeta sudanica F. W. Andréws;苏丹荆芥■☆
265068 Nepeta sulphurea K. Koch;硫色荆芥■☆
265069 Nepeta sungpanensis C. Y. Wu;松潘荆芥;Songpan Catnip,Songpan Nepeta ■
265070 Nepeta sungpanensis C. Y. Wu var. angustidentata C. Y. Wu et Y. C. Huang;狭齿松潘荆芥■
265071 Nepeta supina Steven;平卧荆芥;Backlie Catnip,Prostrate Nepeta ■
265072 Nepeta tarbagataica C. Y. Yang et B. Wang = Nepeta densiflora Kar. et Kir. ■
265073 Nepeta tarbagataica Chang Y. Yang et B. Wang;塔城荆芥;Tacheng Nepeta ■
265074 Nepeta tarbagataica Chang Y. Yang et B. Wang = Nepeta densiflora Kar. et Kir. ■
265075 Nepeta taxkorganica Y. F. Chang;喀什荆芥;Taxkorgan Nepeta ■
265076 Nepeta tenuiflora Benth.;细花荆芥■
265077 Nepeta tenuiflora Benth. = Schizonepeta tenuifolia (Benth.) Briq. ■
265078 Nepeta tenuifolia Benth.;裂叶荆芥(独行散,黑荆芥,胡荆芥,假苏,姜芥,姜荆,芥穗,京芥,荆芥,荆芥穗,荆芥炭,举卿古拜散,青荆芥,如圣散,石荆芥,鼠蓂,鼠实,四棱杆蒿,稳齿菜,细花荆芥,细叶荆芥,线芥,香荆芥,小茴香,新罗荆,一捻金,再生丹,郑芥);Fineleaf Schizonepeta,Smallflower Catnip,Tenuousflower Nepeta ■
265079 Nepeta teydea Webb et Berthel.;泰德荆芥■☆
265080 Nepeta teydea Webb et Berthel. var. albiflora Svent. = Nepeta teydea Webb et Berthel. ■☆
265081 Nepeta thomsonii Benth. ex Hook. f.;密叶荆芥;Denseleaf Nepeta,Thomson Catnip ■
265082 Nepeta thomsonii Benth. ex Hook. f. = Nepeta coerulescens Maxim. ■
265083 Nepeta tibestica Maire;提贝斯提荆芥■☆
265084 Nepeta tibetica Benth.;西藏荆芥;Tibet Nepeta,Xizang Nepeta ■☆
265085 Nepeta tibetica Benth. = Marmoritis rotundifolia Benth. ■
265086 Nepeta tibetica Jacq. ex Benth. = Marmoritis rotundifolia Benth. ■
265087 Nepeta tmgustifolia C. Y. Wu = Nepeta hemsleyana Oliv. ex Prain ■
265088 Nepeta transcaucasica Grossh.;外高加索荆芥;Transcaucasia Nepeta ■☆
265089 Nepeta transiliensis Pojark.;外伊犁荆芥■☆
265090 Nepeta trautvetteri Boiss. et Buhse;特劳特荆芥■☆
265091 Nepeta troitzkyi Sosn. ex Kutateladze;特罗伊斯基荆芥■☆
265092 Nepeta tuberosa L.;块荆芥■☆
265093 Nepeta tuberosa L. subsp. reticulata(Desf.) Maire;网状块荆芥■☆
265094 Nepeta ucranica L.;尖齿荆芥;Sharptooth Catnip,Sharptooth Nepeta,Ukrainian Catnip ■
265095 Nepeta ucranica L. = Nepeta nuda L. ■
265096 Nepeta ucranica L. = Nepeta pannonica L. ■
265097 Nepeta usafuensis Gürke = Clinopodium myrianthum (Baker) Ryding ■☆
265098 Nepeta vakhanica Pojark.;瓦克罕荆芥;Vakhan Nepeta ■☆
265099 Nepeta vaniotiana H. Lév. = Nepeta tenuifolia Benth. ■

265100 Nepeta veitchii Duthie;川西荆芥;Veitch Catnip, Veitch Nepeta ■
265101 Nepeta velutina Pojark.;毡毛荆芥(绒毛荆芥);Velvety Nepeta ■☆
265102 Nepeta versicolor Trevis. = Craniotome furcata(Link)Kuntze ■
265103 Nepeta virgata C. Y. Wu et S. J. Hsuan;帚枝荆芥;Broomshoot Catnip, Virgate Nepeta ■
265104 Nepeta vivianii(Coss.)Bég. et Vacc.;维维安荆芥■☆
265105 Nepeta wellmanii C. H. Wright = Clinopodium myrianthum(Baker) Ryding ■☆
265106 Nepeta wilsonii Duthie;圆齿荆芥;E. H. Wilson Nepeta, Roundtooth Catnip ■
265107 Nepeta yanthina Franch.;淡紫荆芥;Lightviolet Catnip, Purplish Lightviolet Nepeta ■
265108 Nepeta yesoensis(Franch. et Sav.)Prob. = Nepeta subsessilis Maxim. ■☆
265109 Nepeta zandaensis H. W. Li;札达荆芥;Zhada Catnip, Zhada Nepeta ■
265110 Nepetaceae Bercht. et J. Presl = Labiatae Juss.(保留科名)●■
265111 Nepetaceae Bercht. et J. Presl = Lamiaceae Martinov(保留科名)●■
265112 Nepetaceae Horan.;荆芥科■
265113 Nepetaceae Horan. = Labiatae Juss.(保留科名)●■
265114 Nepetaceae Horan. = Lamiaceae Martinov(保留科名)●■
265115 Nephelaphyllum Blume(1825);云叶兰属;Cloudleaforchis, Nephelaphyllum ■
265116 Nephelaphyllum chinense Rolfe = Collabium chinense(Rolfe) Ts. Tang et F. T. Wang ■
265117 Nephelaphyllum cristatum Rolfe;鸡冠云叶兰■
265118 Nephelaphyllum cristatum Rolfe = Nephelaphyllum tenuiflorum Blume ■
265119 Nephelaphyllum cristigerum Aver. = Nephelaphyllum tenuiflorum Blume ■
265120 Nephelaphyllum evrardii(Guillaumin)Ts. Tang et F. T. Wang = Tainia angustifolia(Lindl.)Benth. et Hook. f. ■
265121 Nephelaphyllum latilabre Ridl.;开唇云叶兰;Broadlip Nephelaphyllum ■☆
265122 Nephelaphyllum pulchrum Blume;美丽云叶兰;Beautiful Nephelaphyllum ■☆
265123 Nephelaphyllum tenuiflorum Blume;云叶兰(鸡冠云叶兰,细花云叶兰);Cloudleaforchis, Cristate Nephelaphyllum, Fineflower Nephelaphyllum ■
265124 Nephelium L.(1767);韶子属(红毛丹属,毛龙眼属);Rambutan ●
265125 Nephelium chinense(Sonna.)Druce = Litchi chinensis Sonn. ●
265126 Nephelium chryseum Blume;韶子(毛荔枝,毛召,山韶子);Golden Rambutan, Goldenyellow Rambutan, Gold-shining Rambutan ●
265127 Nephelium chryseum Blume var. topengii(Merr.)C. Y. Wu = Nephelium topengii(Merr.)H. S. Lo ●
265128 Nephelium didymum Craib;马尼拉龙眼●☆
265129 Nephelium lappaceum L.;红毛丹(毛龙眼,韶子);Rambotang, Rambustan, Rambutan, Rambutang ●
265130 Nephelium lappaceum L. = Nephelium chryseum Blume ●
265131 Nephelium lappaceum L. var. topengii(Merr.)C. Y. Wu = Nephelium topengii(Merr.)H. S. Lo ●
265132 Nephelium lappaceum L. var. topengii(Merr.)F. C. How et C. N. Ho = Nephelium topengii(Merr.)H. S. Lo ●
265133 Nephelium litchi Cambess. = Litchi chinensis Sonn. ●
265134 Nephelium longana(Lam.)Cambess. = Dimocarpus longan Lour. ●◇
265135 Nephelium longana Cambess. = Dimocarpus longan Lour. ●◇
265136 Nephelium malaiense Griff.;马来毛龙眼(马来龙眼);Malay Rambutan ●
265137 Nephelium mutabile Blume;多变韶子;Palasan, Pulasan ●☆
265138 Nephelium ramboutan-ake(Labill.)Leenh.;大红毛丹;Pulasan ●☆
265139 Nephelium topengii(Merr.)H. S. Lo;海南韶子(毛荔枝,毛苕,毛韶,山韶子,韶子);Hainan Rambutan, Topeng Rambutan ●
265140 Nephelochloa Boiss.(1844);东方早熟禾属■☆
265141 Nephelochloa altaica(Trin.)Griseb. = Eremopoa altaica(Trin.) Roshev. ■
265142 Nephelochloa altaica(Trin.)Griseb. = Poa altaica Trin. ■
265143 Nephelochloa altaica(Trin.)Griseb. = Poa diaphora Trin. ■
265144 Nephelochloa orientalis Boiss.;东方早熟禾■☆
265145 Nephelochloa persica(Trin.)Griseb. = Eremopoa persica (Trin.)Roshev. ■
265146 Nephelochloa songarica(Schrenk.)Griseb. = Poa diaphora Trin. ■
265147 Nephracis Post et Kuntze = Brya P. Browne ●☆
265148 Nephracis Post et Kuntze = Nefrakis Raf. ●☆
265149 Nephradenia Decne.(1844);肾腺萝藦属☆
265150 Nephradenia acerosa Decne.;肾腺萝藦☆
265151 Nephradenia filipes Malme;线梗肾腺萝藦☆
265152 Nephradenia fruticosa Donn. Sm.;灌木肾腺萝藦☆
265153 Nephradenia laurifolia Benth. et Hook. f.;桂叶肾腺萝藦☆
265154 Nephraea Hassk. = Nephrea Noronha ●
265155 Nephraea Hassk. = Pterocarpus Jacq.(保留属名)●
265156 Nephraeles B. D. Jacks. = Nephralles Raf. ■
265157 Nephralles Raf. = Commelina L. ■
265158 Nephrallus Raf. = Nephralles Raf. ■
265159 Nephrandra Willd. = Vitex L. ●
265160 Nephrangis(Schltr.)Summerh.(1948);肾管兰属■☆
265161 Nephrangis bertauxiana Szlach. et Olszewski;肾管兰■☆
265162 Nephrangis filiformis(Kraenzl.)Summerh.;线形肾管兰■☆
265163 Nephrantera Hassk. = Nephranthera Hassk. ■☆
265164 Nephranthera Hassk.(1842);肾药兰属■☆
265165 Nephranthera Hassk. = Renanthera Lour. ■
265166 Nephranthera matutina Hassk.;肾药兰■☆
265167 Nephrea Noronha = Pterocarpus Jacq.(保留属名)●
265168 Nephrocarpus Dammer = Basselinia Vieill. ●☆
265169 Nephrocarpus Dammer(1906);肾果棕属●☆
265170 Nephrocarpus schlechteri Dammer;肾果棕●☆
265171 Nephrocarya P. Candargy = Nonea Medik. ■
265172 Nephrocarya P. Candargy(1897);肾核草属■☆
265173 Nephrocarya horizontalis P. Candargy;肾核草■☆
265174 Nephrocodium Benth. et Hook. f. = Nephrocoelium Turcz. ■
265175 Nephrocodum C. Muell. = Nephrocoelium Turcz. ■
265176 Nephrocoelium Turcz. = Burmannia L. ■
265177 Nephrodesmus Schindl.(1916);肾索豆属■☆
265178 Nephrodesmus albus Schindl.;白肾索豆■☆
265179 Nephrodesmus ferrugineus Däniker;锈色肾索豆■☆
265180 Nephrodesmus parvifolius Schindl.;小叶肾索豆■☆
265181 Nephrogeton Rose ex Pittier = Niphogeton Schltdl. ■☆
265182 Nephroia Lour.(废弃属名)= Cocculus DC.(保留属名)●
265183 Nephroia cuneifolia Miers = Cocculus orbiculatus(L.)DC. ●
265184 Nephroia dilatata Miers = Cocculus orbiculatus(L.)DC. ●
265185 Nephroia pubinervis Miers ex Benth. = Cocculus orbiculatus(L.)DC. ●
265186 Nephroia pycnantha Miers = Cocculus orbiculatus(L.)DC. ●

265187 Nephroia sarmentosa Lour. = Cocculus orbiculatus(L.) DC. ●
265188 Nephromedia Kostel. = Trigonella L. ■
265189 Nephromeria(Benth.)Schindl. = Desmodium Desv.(保留属名)●■
265190 Nephromeria Schindl. = Desmodium Desv.(保留属名)●■
265191 Nephromischus Klotzsch = Begonia L. ●■
265192 Nephropetalum B. L. Rob. et Greenm.(1896);肾瓣梧桐属●☆
265193 Nephropetalum B. L. Rob. et Greenm. = Ayenia L. ●☆
265194 Nephropetalum pringlei Robinson et Greenm.;肾瓣梧桐●☆
265195 Nephrophyllidium Gilg(1895);肾叶睡菜属■☆
265196 Nephrophyllidium crista-galli(Hook.) Gilg = Nephrophyllidium crista-galli(Menzies ex Hook.) Gilg ■☆
265197 Nephrophyllidium crista-galli(Menzies ex Hook.) Gilg;肾叶睡菜;Deer Cabbage ■☆
265198 Nephrophyllidium crista-galli(Menzies ex Hook.) Gilg subsp. japonicum(Franch.) Yonek. et H. Ohashi;日本肾叶睡菜■☆
265199 Nephrophyllum A. Rich.(1850);肾叶旋花属■
265200 Nephrophyllum abyssinicum A. Rich.;阿比西尼亚肾叶旋花■☆
265201 Nephrosis Rich. ex DC. = Drepanocarpus G. Mey. ●☆
265202 Nephrosperma Balf. f.(1877);肾子棕属(塞岛刺椰属,塞舌尔椰属,塞舌尔棕属,肾籽椰、肾实椰子属,肾籽棕属,肾子榈属,肾子椰子属);Nephrosperma ●
265203 Nephrosperma vanhontteana Balf. f. = Nephrosperma vanhoutteanum(Van Houtte) Balf. f. ●
265204 Nephrosperma vanhoutteanum(Van Houtte) Balf. f.;肾子棕(肾籽棕,肾子椰子);Van Houtte Plant ●
265205 Nephrostigma Griff. = Cyathocalyx Champ. ex Hook. f. et Thomson ●
265206 Nephrostylus Gagnep.(1925);肾柱大戟属●☆
265207 Nephrostylus Gagnep. = Koilodepas Hassk. ●
265208 Nephrostylus poilanei Gagnep.;肾柱大戟●☆
265209 Nephrotheca B. Nord. et Kallersjo(2006);肾果菊属■☆
265210 Nephrotheca ilicifolia(L.) B. Nord. et Källersjö;肾果菊■☆
265211 Nephthytis Schott(1857);尼芬芋属■☆
265212 Nephthytis afzelii Schott;尼芬芋■☆
265213 Nephthytis constricta N. E. Br. = Nephthytis poissonii(Engl.) N. E. Br. var. constricta(N. E. Br.) Ntepe-Nyame ■☆
265214 Nephthytis gravenreuthii(Engl.) Engl. = Nephthytis poissonii(Engl.) N. E. Br. ■☆
265215 Nephthytis hallaei(Bogner) Bogner;哈勒尼芬芋■☆
265216 Nephthytis liberica N. E. Br. = Nephthytis afzelii Schott ■☆
265217 Nephthytis mayombensis de Namur et Bogner;马永贝尼芬芋■☆
265218 Nephthytis picturata N. E. Br. = Cercestis mirabilis(N. E. Br.) Bogner ■☆
265219 Nephthytis poissonii(Engl.) N. E. Br.;普瓦松尼芬芋■☆
265220 Nephthytis poissonii(Engl.) N. E. Br. var. constricta(N. E. Br.) Ntepe-Nyame;缢缩尼芬芋■☆
265221 Nephthytis swainei Bogner;斯瓦内尼芬芋■☆
265222 Nephthytis talbotii Rendle = Nephthytis poissonii(Engl.) N. E. Br. var. constricta(N. E. Br.) Ntepe-Nyame ■☆
265223 Nepogeton Rose ex Pirtier = Niphogeton Schltdl. ■☆
265224 Nepsera Naudin(1850);奈普野牡丹属●☆
265225 Nepsera aquatica Naudin;水奈普野牡丹●☆
265226 Nepsera glandulosa Naudin;腺奈普野牡丹●☆
265227 Nepsera pendulifolia Naudin;奈普野牡丹●☆
265228 Neptunia Lour.(1790);假含羞草属;False Bashfulgrass, Sensitive Brier ■
265229 Neptunia aquatica? = Neptunia oleracea Lour. ■
265230 Neptunia gracilis Benth.;细枝水合欢■
265231 Neptunia lutea Benth.;黄假含羞草(黄内波突尼亚)■☆
265232 Neptunia natans(L. f.) Druce = Neptunia triquetra(Vahl) Benth. ■☆
265233 Neptunia oleracea Lour.;海神草■☆
265234 Neptunia plena(L.) Benth.;假含羞草(水合欢);False Bashfulgrass ■
265235 Neptunia prostrata(Lam.) Baill. = Neptunia oleracea Lour. ■
265236 Neptunia prostrata Baill. = Neptunia oleracea Lour. ■
265237 Neptunia stolonifera(DC.) Guillaumin et Perr. = Neptunia oleracea Lour. ■
265238 Neptunia triquetra(Vahl) Benth.;三棱假含羞草■☆
265239 Neraudia Gaudich.(1826);多汁麻属●☆
265240 Neraudia angulata R. S. Cowan;窄多汁麻●☆
265241 Neraudia glabra Meyen;光多汁麻●☆
265242 Neraudia melastomifolia Gaudich.;多汁麻●☆
265243 Neraudia ovata Gaudich.;卵形多汁麻●☆
265244 Neraudia pyramidalis H. St. John;塔形多汁麻●☆
265245 Neretia Moq. = Oreobliton Durieu et Moq. ●☆
265246 Neriacanthus Benth.(1876);美爵床属■☆
265247 Neriacanthus grandiflorus Léonard;大花美爵床■☆
265248 Neriacanthus lehmannianus Lindau;莱赫曼美爵床■☆
265249 Neriacanthus nitidus Léonard;光亮美爵床■☆
265250 Neriacanthus purdieanus Benth.;美爵床■☆
265251 Neriandra A. DC. = Skytanthus Meyen ●☆
265252 Nerija Endl. = Elaeodendron J. Jacq. ●☆
265253 Nerija Endl. = Neerija Roxb. ●☆
265254 Nerine Herb.(1820)(保留属名);纳丽花属(尼润兰属,尼润属);Guernsey Lily, Nerine ■☆
265255 Nerine alta W. F. Barker = Nerine undulata(L.) Herb. ■☆
265256 Nerine angulata L. Bolus = Nerine angustifolia(Baker) Baker ■☆
265257 Nerine angustifolia(Baker) Baker;窄叶纳丽花■☆
265258 Nerine appendiculata Baker;附属物纳丽花■☆
265259 Nerine bowdenii W. Watson;宝典纳丽花;Cape Flower, Large Pink Nerine, Spider Japanese Lily ■☆
265260 Nerine bowdenii W. Watson subsp. wellsii C. A. Norris = Nerine bowdenii W. Watson ■☆
265261 Nerine brachystemon Baker = Nerine appendiculata Baker ■☆
265262 Nerine breachiae W. F. Barker = Nerine humilis(Jacq.) Herb. ■☆
265263 Nerine crispa Hort. = Nerine undulata Herb. ■☆
265264 Nerine curvifolia Herb.;曲叶纳丽花■☆
265265 Nerine curvifolia Jacq. = Nerine sarniensis(L.) Herb. ■☆
265266 Nerine duparquetiana(Baill.) Baker = Nerine laticoma(Ker Gawl.) T. Durand et Schinz ■☆
265267 Nerine falcata W. F. Barker = Nerine laticoma(Ker Gawl.) T. Durand et Schinz ■☆
265268 Nerine filamentosa W. F. Barker;丝状纳丽花■☆
265269 Nerine filifolia Baker;丝叶纳丽花;Grass-leaved Nerine ■☆
265270 Nerine filifolia Baker var. parviflora W. F. Barker = Nerine filifolia Baker ■☆
265271 Nerine flexuosa(Jacq.) Herb. = Nerine humilis(Jacq.) Herb. ■☆
265272 Nerine flexuosa Herb.;波瓣纳丽花■☆
265273 Nerine frithii L. Bolus;弗里思纳丽花■☆
265274 Nerine gibsonii Douglas;吉布森纳丽花■☆
265275 Nerine gracilis R. A. Dyer;纤细纳丽花(纤细尼润兰)■☆
265276 Nerine hesseoides L. Bolus;黑塞石蒜纳丽花■☆
265277 Nerine humilis(Jacq.) Herb.;小纳丽花■☆
265278 Nerine humilis Herb. = Nerine humilis(Jacq.) Herb. ■☆

265279 Nerine huttoniae Schönland;赫顿纳丽花■☆
265280 Nerine laticoma(Ker Gawl.)T. Durand et Schinz;宽毛纳丽花■☆
265281 Nerine lucida(Herb.)Herb. = Nerine laticoma(Ker Gawl.)T. Durand et Schinz ■☆
265282 Nerine marginata(Jacq.)Herb. = Brunsvigia marginata(Jacq.) Aiton ■☆
265283 Nerine masonorum L. Bolus;彩瓣纳丽花;Nerine ■☆
265284 Nerine pancratioides Baker;全能花状纳丽花■☆
265285 Nerine parviflora(W. F. Barker)Traub = Nerine filifolia Baker ■☆
265286 Nerine peersii W. F. Barker = Nerine humilis(Jacq.)Herb. ■☆
265287 Nerine platypetala McNeil;阔瓣纳丽花■☆
265288 Nerine pudica Hook. f.;羞涩纳丽花■☆
265289 Nerine pulchella Herb. = Nerine humilis(Jacq.)Herb. ■☆
265290 Nerine pulchella Herb. var. angustifolia Baker = Nerine angustifolia(Baker)Baker ■☆
265291 Nerine pusilla Dinter;微小纳丽花■☆
265292 Nerine rehmannii(Baker)L. Bolus;拉赫曼纳丽花■☆
265293 Nerine ridleyi E. Phillips;里德利纳丽花■☆
265294 Nerine sarniensis(L.)Herb.;萨尼亚纳丽花;Guernsey Flower, Guernsey Lily, Nerine, Red Nerine ■☆
265295 Nerine sarniensis Herb. = Nerine sarniensis(L.)Herb. ■☆
265296 Nerine schlechteri Baker = Nerine pancratioides Baker ■☆
265297 Nerine transvaalensis L. Bolus;德兰士瓦纳丽花■☆
265298 Nerine tulbaghensis W. F. Barker = Nerine humilis(Jacq.) Herb. ■☆
265299 Nerine undulata(L.)Herb.;纳丽花;Winter Nerine ■☆
265300 Nerine undulata Herb. = Nerine undulata(L.)Herb. ■☆
265301 Nerine veitchii Hort. = Nerine bowdenii W. Watson ■☆
265302 Nerine versicolor Herb.;变色纳丽花■☆
265303 Nerion St. -Lag. = Nerium L. ●
265304 Nerissa Raf. = Ponthieva R. Br. ■☆
265305 Nerissa Salisb. = Haemanthus L. ■
265306 Nerissa Salisb. = Scadoxus Raf. ■
265307 Nerisyrenia Greene(1900);鲜丽芥属■☆
265308 Nerisyrenia camporum Greene;鲜丽芥;Bicolor Fanmustard, Velvet Nerisyrenia ■☆
265309 Nerisyrenia linearifolia(S. Watson)Greene;线叶鲜丽芥■☆
265310 Nerium L.(1753);夹竹桃属;Oleander ●
265311 Nerium caudatum(L.)Lam. = Strophanthus caudatus(Burm. f.)Kurz ●
265312 Nerium caudatum(L.)Lam. = Strophanthus caudatus(L.)Kurz ●
265313 Nerium chinense Hunter = Strophanthus divaricatus(Lour.) Hook. et Arn. ●
265314 Nerium chinense Hunter ex Roxb. = Strophanthus divaricatus (Lour.)Hook. et Arn. ●
265315 Nerium coccineum Lodd. = Wrightia coccinea(Roxb.)Sims ●
265316 Nerium coccineum Roxb. = Wrightia coccinea(Roxb.)Sims ●
265317 Nerium coronarium Jacq. = Ervatamia coronaria(Jacq.)Stapf ●
265318 Nerium coronarium Jacq. = Tabernaemontana divaricata(L.)R. Br. ex Roem. et Schult. ●
265319 Nerium divaricatum L. = Tabernaemontana divaricata(L.)R. Br. ex Roem. et Schult. ●
265320 Nerium grandiflorum Roxb. = Cryptostegia grandiflora R. Br. ex Lindl. ●
265321 Nerium indicum Mill. 'Paichua' = Nerium oleander L. 'Album' ●
265322 Nerium indicum Mill. = Nerium oleander L. var. indicum (Mill.)O. Deg. et Greenwell ●
265323 Nerium indicum Mill. = Nerium oleander L. ●
265324 Nerium obesum Forssk. = Adenium obesum(Forssk.)Roem. et Schult. ●☆
265325 Nerium odorum Sol. = Nerium oleander L. ●
265326 Nerium odorum Sol. ex Aiton = Nerium oleander L. ●
265327 Nerium oleander L.;夹竹桃(白花夹竹桃,白羊桃,半年红,大节肿,枸拏儿,枸那,枸那卫,枸那夷,红花夹竹桃,叫出冬,九节肿,棋那卫,柳叶树,柳叶桃,柳叶桃树,欧夹竹桃,欧洲夹竹桃,水甘草,桃叶桃,洋夹竹桃,洋桃,洋桃梅);Ceylon Rose, Common Oleander, Laurier Rose, Ogbane, Oleander, Rhododaphne, Rhodophanes, Rose Bay, Rose Laurel, Rose Tree, Rosebay, Selon's Rose, South Sea Rose, Sweetscented Oleander, Sweet-scented Oleander, White Oleander ●
265328 Nerium oleander L. 'Album';白花夹竹桃;Whiteflower Oleander ●
265329 Nerium oleander L. 'Argiers';阿尔及尔夹竹桃●☆
265330 Nerium oleander L. 'Casablanca';卡萨布兰卡夹竹桃●☆
265331 Nerium oleander L. 'Delphine';戴尔芬夹竹桃●☆
265332 Nerium oleander L. 'Madonna Grandiflora';大花玛当娜夹竹桃●☆
265333 Nerium oleander L. 'Petite Pink';小粉夹竹桃●☆
265334 Nerium oleander L. 'Petite Salmon';小红夹竹桃●☆
265335 Nerium oleander L. 'Plenum';重瓣夹竹桃;Double Common Oleander ●
265336 Nerium oleander L. 'Roseum';玫瑰红夹竹桃●☆
265337 Nerium oleander L. 'Splendens Variegata';美丽斑叶夹竹桃●☆
265338 Nerium oleander L. 'Splendens';美丽夹竹桃●☆
265339 Nerium oleander L. var. indicum(Mill.)O. Deg. et Greenwell;印度夹竹桃;Indian Oleander ●
265340 Nerium oleander L. var. indicum Degener et Greenwell = Nerium oleander L. ●
265341 Nerium reticulatum Roxb. = Cryptolepis buchananii Roem. et Schult. ●
265342 Nerium salicinum Vahl = Breonadia salicina(Vahl)Hepper et J. R. I. Wood ●☆
265343 Nerium scandens Thonn. = Alafia scandens(Thonn.)De Wild. ●☆
265344 Nerium tinctorium Roxb. = Wrightia tinctoria R. Br. ●
265345 Nerium tomentosum Roxb. = Wrightia arborea(Dennst.)Mabb. ●
265346 Nerium tomentosum Roxb. = Wrightia tomentosa(Roxb.)Roem. et Schult. ●
265347 Nernstia Urb.(1923);能氏茜属●☆
265348 Nernstia mexicana Urb.;能氏茜●☆
265349 Nerophila Naudin(1850);喜湿野牡丹属☆
265350 Nerophila gentianoides Naudin;喜湿野牡丹☆
265351 Nerophila gentianoides Naudin = Chaetolepis gentianoides (Naudin)Jacq. -Fél. ●☆
265352 Nertera Banks et Sol. ex Gaertn. = Nertera Banks ex Gaertn.(保留属名)■
265353 Nertera Banks ex Gaertn.(1788)(保留属名);薄柱草属(深柱梦草属);Beadplant, Nertera ■
265354 Nertera Gaertn. = Nertera Banks ex Gaertn.(保留属名)■
265355 Nertera dentata Elmer = Hemiphragma heterophyllum Wall. var. dentatum(Elmer)T. Yamaz. ■
265356 Nertera depressa Banks et Sol. ex Gaertn.;台湾深柱梦草;Bead Plant, Coral Moss ■
265357 Nertera depressa Banks et Sol. ex Gaertn. = Nertera granadensis (Mutis ex L. f.)Druce ■

265358 Nertera granadensis(Mutis ex L. f.) Druce;红果薄柱草(格林纳达薄柱草,珊瑚念珠草,深柱梦草,台湾深柱梦草,苔珊瑚);Bead Plant, Beadplant, Bead-plant, Fruiting Duckweed, Makole, Pincushion, Redfruit Nertera ■

265359 Nertera nigricarpa Hayata;黑果薄柱草(黑果深柱梦草);Blackfruit Nertera ■

265360 Nertera nigricarpa Hayata = Nertera granadensis(Mutis ex L. f.) Druce ■

265361 Nertera sinensis Hemsl. ex Forbes et Hemsl.;薄柱草(冷水草,水泽兰);China Nertera, Chinese Bead Plant, Chinese Nertera ■

265362 Nertera taiwaniana Masam. = Nertera depressa Banks et Sol. ex Gaertn. ■

265363 Nertera taiwaniana Masam. = Nertera granadensis(Mutis ex L. f.) Druce ■

265364 Nertera yamashitae T. Yamaz.;山下薄柱草■☆

265365 Nerteria Sm. = Nertera Banks ex Gaertn.(保留属名)■

265366 Nervilia Comm. ex Gaudich. (1829)(保留属名);芋兰属(脉叶兰属);Nervilia, Taroorchis ■

265367 Nervilia abyssinica(Chiov.) Schltr. = Nervilia kotschyi(Rchb. f.) Schltr. ■☆

265368 Nervilia adolphii Schltr.;阿道夫芋兰■☆

265369 Nervilia affinis Schltr.;相近芋兰■☆

265370 Nervilia afzelii Schltr. = Nervilia petraea (Sw. ex Pers.) Summerh. ■☆

265371 Nervilia afzelii Schltr. var. grandiflora Summerh. = Nervilia crociformis(Zoll. et Moritzi) Seidenf. ■

265372 Nervilia afzelii Schltr. var. grandiflora Summerh. = Nervilia simplex(Thouars) Schltr. ■☆

265373 Nervilia aragoana Gaudich.;广布芋兰(东亚脉叶兰,脉叶兰,西藏芋兰,小一面锣,一点广,一面锣,芋兰);Blazon Nervilia, Blazon Taroorchis ■

265374 Nervilia ballii G. Will.;鲍尔芋兰■☆

265375 Nervilia barklyana (Rchb. f.) Schltr. = Nervilia bicarinata (Blume) Schltr. ■☆

265376 Nervilia bathiei Senghas = Nervilia simplex(Thouars) Schltr. ■☆

265377 Nervilia bicarinata(Blume) Schltr.;双凸芋兰■☆

265378 Nervilia biflora (Wight) Schltr. = Nervilia plicata (Andréws) Schltr. ■

265379 Nervilia bollei(Rchb. f.) Schltr. = Nervilia simplex (Thouars) Schltr. ■☆

265380 Nervilia carinata(Roxb.) Schltr. = Nervilia aragoana Gaudich. ■

265381 Nervilia commersonii (Blume) Schltr. = Nervilia bicarinata (Blume) Schltr. ■☆

265382 Nervilia crispata (Blume) Schltr. ex K. Schum. et Lauterb. = Nervilia crociformis(Zoll. et Moritzi) Seidenf. ■

265383 Nervilia crispata(Blume) Schltr. ex Kraenzl. = Nervilia simplex (Thouars) Schltr. ■☆

265384 Nervilia crociformis(Zoll. et Moritzi) Seidenf.;白脉芋兰■

265385 Nervilia crociformis(Zoll. et Moritzi) Seidenf. = Nervilia simplex (Thouars) Schltr. ■☆

265386 Nervilia cumberlegei Seidenf. et Smitinand;流苏芋兰(古氏脉叶兰);Tassel Nervilia, Tassel Taroorchis ■

265387 Nervilia dallachyana (F. Muell. ex Benth.) Schltr. = Nervilia plicata(Andréws) Schltr. ■

265388 Nervilia diantha Schltr. = Nervilia kotschyi(Rchb. f.) Schltr. ■☆

265389 Nervilia discolor(Blume) Schltr.;两色芋兰;Discolor Nervilia ■☆

265390 Nervilia discolor(Blume) Schltr. = Nervilia plicata (Andréws) Schltr. ■

265391 Nervilia discolor(Blume) Schltr. var. purpurea(Hayata) S. S. Ying = Nervilia plicata(Andréws) Schltr. var. purpurea(Hayata) S. S. Ying ■

265392 Nervilia discolor (Blume) Schltr. var. purpurea (Hayata) S. S. Ying = Nervilia plicata(Andréws) Schltr. ■

265393 Nervilia erosa P. J. Cribb = Nervilia simplex(Thouars) Schltr. ■☆

265394 Nervilia flabelliformis(Lindl.) Ts. Tang et F. T. Wang = Nervilia aragoana Gaudich. ■

265395 Nervilia fordii(Hance) Schltr.;毛唇芋兰(半边伞,独脚莲,独脚天葵,独叶莲,福氏芋兰,假天麻,磨地沙,青莲,青天葵,入地珍珠,山米子,水肿药,提心吊胆,天葵,铁帽子,小胖药,芋兰,珍珠叶,猪蝇耳,坠千斤);Hairlip Nervilia, Hairlip Taroorchis ■

265396 Nervilia francoisii H. Perrier ex J. Francois = Nervilia simplex (Thouars) Schltr. ■☆

265397 Nervilia fuerstenbergiana Schltr.;富尔芋兰■☆

265398 Nervilia gammieana(Hook. f.) Pfitzer;喜马拉雅芋兰■☆

265399 Nervilia gassneri Börge Pett.;加内芋兰■☆

265400 Nervilia ghindana(Fiori) Cufod. = Nervilia bicarinata(Blume) Schltr. ■☆

265401 Nervilia grandiflora Schltr. = Nervilia renschiana (Rchb. f.) Schltr. ■☆

265402 Nervilia humilis Schltr. = Nervilia simplex(Thouars) Schltr. ■☆

265403 Nervilia insolata Jum. et H. Perrier = Nervilia renschiana(Rchb. f.) Schltr. ■☆

265404 Nervilia kotschyi(Rchb. f.) Schltr.;考氏芋兰■☆

265405 Nervilia kotschyi (Rchb. f.) Schltr. var. purpurata (Rchb. f. et Sond.) Börge Pett.;紫色考氏芋兰■☆

265406 Nervilia lanyuensis S. S. Ying;兰屿芋兰(兰屿脉叶兰,兰屿一点广);Lanyu Nervilia, Lanyu Taroorchis ■

265407 Nervilia leguminosarum Jum. et H. Perrier;马岛芋兰■☆

265408 Nervilia mackinnonii(Duthie) Schltr.;七角叶芋兰(七角芋兰);Seven-angle Nervilia, Seven-angle Taroorchis ■

265409 Nervilia monantha Blatt. et McCann = Nervilia crociformis(Zoll. et Moritzi) Seidenf. ■

265410 Nervilia muratana S. W. Gale et S. K. Wu;滇南芋兰■

265411 Nervilia natalensis Schelpe = Nervilia renschiana (Rchb. f.) Schltr. ■☆

265412 Nervilia nipponica Makino;日本芋兰(单花脉叶兰);Japanese Nervilia ■

265413 Nervilia pectinata P. J. Cribb;篦状芋兰■☆

265414 Nervilia perrieri Schltr. = Nervilia affinis Schltr. ■☆

265415 Nervilia petraea(Afzel. ex Schrad.) Summerh. = Nervilia petraea (Sw. ex Pers.) Summerh. ■☆

265416 Nervilia petraea(Sw. ex Pers.) Summerh.;岩生芋兰■☆

265417 Nervilia pilosa Schltr. et H. Perrier = Nervilia affinis Schltr. ■☆

265418 Nervilia plicata(Andréws) Schltr.;毛叶芋兰(白铃子,红毛天葵,青天葵,一面锣,芋兰,紫花脉叶兰);Hairleaf Taroorchis, Hairyleaf Nervilia ■

265419 Nervilia plicata(Andréws) Schltr. = Nervilia plicata(Andréws) Schltr. var. purpurea(Hayata) S. S. Ying ■

265420 Nervilia plicata (Andréws) Schltr. var. purpurea (Hayata) S. S. Ying;紫花芋兰(一点广,紫背一点广,紫花脉叶兰,紫芋兰);Purpleflower Hairleaf Nervilia, Purpleflower Hairleaf Taroorchis ■

265421 Nervilia plicata (Andréws) Schltr. var. purpurea (Hayata) S. S. Ying = Nervilia plicata(Andréws) Schltr. ■

265422 Nervilia prainiana(King et Pantl.) Seidenf. = Nervilia crociformis (Zoll. et Moritzi) Seidenf. ■

265423 Nervilia prainiana (King et Pantl.) Seidenf. = Nervilia simplex (Thouars) Schltr. ■☆
265424 Nervilia punctata (Blume) Schltr.; 斑点芋兰; Punctate Nervilia ■☆
265425 Nervilia punctata (Blume) Schltr. var. nipponica (Makino) F. Maek. = Nervilia nipponica Makino ■
265426 Nervilia punctata Makino = Nervilia nipponica Makino ■
265427 Nervilia punctata Makino var. nipponica (Makino) F. Maek. = Nervilia taiwaniana S. S. Ying ■
265428 Nervilia purpurata (Rchb. f. et Sond.) Schltr. = Nervilia kotschyi (Rchb. f.) Schltr. var. purpurata (Rchb. f. et Sond.) Börge Pett. ■☆
265429 Nervilia purpurea (Hayata) Schltr.; 紫花脉叶兰 ■
265430 Nervilia purpurea (Hayata) Schltr. = Nervilia plicata (Andréws) Schltr. ■
265431 Nervilia purpurea (Hayata) Schltr. = Nervilia plicata (Andréws) Schltr. var. purpurea (Hayata) S. S. Ying ■
265432 Nervilia reniformis Schltr. = Nervilia simplex (Thouars) Schltr. ■☆
265433 Nervilia renschiana (Rchb. f.) Schltr.; 雷氏芋兰 ■☆
265434 Nervilia scottii (Rchb. f.) Schltr. = Nervilia aragoana Gaudich. ■
265435 Nervilia shirensis (Rolfe) Schltr.; 希尔芋兰 ■☆
265436 Nervilia similis Schltr. = Nervilia kotschyi (Rchb. f.) Schltr. ■☆
265437 Nervilia simplex (Thouars) Schltr.; 单枝芋兰 ■☆
265438 Nervilia stolziana Schltr.; 斯托尔兹芋兰 ■☆
265439 Nervilia taitoensis (Hayata) Schltr.; 台东脉叶兰; Taidong Nervilia ■
265440 Nervilia taiwaniana S. S. Ying; 台湾芋兰(单花脉叶兰,台湾脉叶兰,台湾一点广); Taiwan Nervilia, Taiwan Taroorchis ■
265441 Nervilia taiwaniana S. S. Ying = Nervilia nipponica Makino ■
265442 Nervilia tibetensis Rolfe; 西藏芋兰(白铃子,小面锣,小一面锣); Tibet Nervilia, Xizang Nervilia ■
265443 Nervilia tibetensis Rolfe = Nervilia aragoana Gaudich. ■
265444 Nervilia umbrosa (Rchb. f.) Schltr. = Nervilia bicarinata (Blume) Schltr. ■☆
265445 Nervilia velutina (E. C. Parish et Rchb. f.) Schltr. = Nervilia plicata (Andréws) Schltr. ■
265446 Nervilia viridiflava (Rchb. f.) Schltr. = Nervilia bicarinata (Blume) Schltr. ■☆
265447 Nervilia yaeyamensis Hayata = Nervilia aragoana Gaudich. ■
265448 Nesaea Comm. ex Juss. = Nesaea Comm. ex Kunth (保留属名) ■●☆
265449 Nesaea Comm. ex Kunth (1824) (保留属名); 海神菜属 ■●☆
265450 Nesaea J. V. Lamour (废弃属名) = Nesaea Comm. ex Kunth (保留属名) ■●☆
265451 Nesaea Kunth = Nesaea Comm. ex Kunth (保留属名) ■●☆
265452 Nesaea alata Immelman; 具翅海神菜 ■☆
265453 Nesaea anagalloides (Sond.) Koehne; 琉璃繁缕海神菜 ■☆
265454 Nesaea andongensis Welw. ex Hiern; 安东海神菜 ■☆
265455 Nesaea angolensis A. Fern. et Diniz; 安哥拉海神菜 ■☆
265456 Nesaea angustifolia A. Fern. et Diniz; 窄叶海神菜 ■☆
265457 Nesaea aspera (Guillaumin et Perr.) Koehne; 粗糙海神菜 ■☆
265458 Nesaea aurita Koehne; 长雄蕊海神菜 ■☆
265459 Nesaea baumii Koehne; 鲍姆海神菜 ■☆
265460 Nesaea cinerea A. Fern. et Diniz; 灰色海神菜 ■☆
265461 Nesaea cordata Hiern; 心形海神菜 ■☆
265462 Nesaea crassicaulis (Guillaumin et Perr.) Koehne; 粗茎海神菜 ■☆
265463 Nesaea cymosa Immelman; 聚伞海神菜 ■☆
265464 Nesaea dinteri Koehne; 丁特海神菜 ■☆
265465 Nesaea dinteri Koehne subsp. elata A. Fern.; 高海神菜 ■☆
265466 Nesaea dodecandra (DC.) Koehne; 十二雄蕊海神菜 ■☆
265467 Nesaea drummondii A. Fern.; 德拉蒙德海神菜 ■☆
265468 Nesaea erecta Guillaumin et Perr.; 直立海神菜 ■☆
265469 Nesaea erecta Guillaumin et Perr. f. villosa A. Fern.; 长柔毛海神菜 ■☆
265470 Nesaea floribunda Sond. = Nesaea radicans Guillaumin et Perr. var. floribunda (Sond.) A. Fern. ■☆
265471 Nesaea fruticosa A. Fern. et Diniz; 灌丛海神菜 ■☆
265472 Nesaea gazensis A. Fern.; 加兹海神菜 ■☆
265473 Nesaea heptamera Hiern; 七出海神菜 ■☆
265474 Nesaea heptamera Hiern var. bullockii Verdc.; 布洛克海神菜 ■☆
265475 Nesaea hispidula Rolfe = Nesaea kilimandscharica Koehne var. hispidula (Rolfe) Verdc. ■☆
265476 Nesaea icosandra Kotschy et Peyr.; 二十蕊海神菜 ■☆
265477 Nesaea jaegeri Koehne; 耶格海神菜 ■☆
265478 Nesaea kilimandscharica Koehne; 基利海神菜 ■☆
265479 Nesaea kilimandscharica Koehne var. hispidula (Rolfe) Verdc.; 微毛基利海神菜 ■☆
265480 Nesaea kilimandscharica Koehne var. ngongensis Verdc.; 恩贡海神菜 ■☆
265481 Nesaea kuntzei Koehne = Nesaea schinzii Koehne ■☆
265482 Nesaea linearis Hiern; 线状海神菜 ■☆
265483 Nesaea linifolia Welw. ex Hiern; 线叶海神菜 ■☆
265484 Nesaea loandensis (Welw. ex Hiern) Koehne; 罗安达海神菜 ■☆
265485 Nesaea luederitzii Koehne = Nesaea luederitzii Koehne ex Schinz ■☆
265486 Nesaea luederitzii Koehne ex Schinz; 吕德里茨海神菜 ■☆
265487 Nesaea luederitzii Koehne ex Schinz var. hereroensis?; 赫雷罗海神菜 ■☆
265488 Nesaea lythroides Welw. ex Hiern; 千屈菜海神菜 ■☆
265489 Nesaea maxima Koehne; 大海神菜 ■☆
265490 Nesaea minima Immelman; 微小海神菜 ■☆
265491 Nesaea moggii A. Fern.; 莫格海神菜 ■☆
265492 Nesaea mossiensis A. Chev. = Nesaea icosandra Kotschy et Peyr. ■☆
265493 Nesaea ondongana Koehne = Ammannia senegalensis Lam. var. ondongana (Koehne) Verdc. ■☆
265494 Nesaea ondongana Koehne var. beirana A. Fern. = Ammannia senegalensis Lam. var. ondongana (Koehne) Verdc. ■☆
265495 Nesaea ondongana Koehne var. evansiana (A. Fern. et Diniz) A. Fern. = Ammannia senegalensis Lam. var. ondongana (Koehne) Verdc. ■☆
265496 Nesaea ondongana Koehne var. orientalis A. Fern. = Ammannia senegalensis Lam. var. ondongana (Koehne) Verdc. ■☆
265497 Nesaea parkeri Verdc.; 帕克海神菜 ■☆
265498 Nesaea parkeri Verdc. var. longifolia Verdc.; 长叶帕克海神菜 ■☆
265499 Nesaea passerinoides (Welw. ex Hiern) Koehne; 雀状海神菜 ■☆
265500 Nesaea pedicellata Hiern; 具柄海神菜 ■☆
265501 Nesaea petrensis M. G. Gilbert et Thulin; 皮特拉海神菜 ■☆
265502 Nesaea polyantha Tul.; 多花海神菜 ■☆
265503 Nesaea polycephala Peter ex A. Fern.; 多头海神菜 ■☆
265504 Nesaea procumbens Peter = Nesaea pedicellata Hiern ■☆
265505 Nesaea purpurascens A. Fern.; 变紫海神菜 ■☆
265506 Nesaea pygmaea A. Fern. et Diniz; 矮小海神菜 ■☆
265507 Nesaea radicans Guillaumin et Perr.; 辐射海神菜 ■☆
265508 Nesaea radicans Guillaumin et Perr. var. floribunda (Sond.) A. Fern.; 繁花辐射海神菜 ■☆
265509 Nesaea radicans Guillaumin et Perr. var. latifolia A. Fern. et Diniz; 宽叶辐射海神菜 ■☆
265510 Nesaea ramosa A. Fern. et Diniz; 分枝海神菜 ■☆
265511 Nesaea ramosissima A. Fern. et Diniz; 多枝海神菜 ■☆

265512 Nesaea rautanenii Koehne;劳塔宁海神菜■☆
265513 Nesaea rigidula(Sond.)Koehne;稍坚挺海神菜■☆
265514 Nesaea rivularis(J. M. Wood et M. S. Evans)Koehne = Nesaea schinzii Koehne ■☆
265515 Nesaea robinsoniana A. Fern.;鲁滨逊海神菜■☆
265516 Nesaea sagittata Peter = Nesaea cordata Hiern ■☆
265517 Nesaea sagittifolia(Sond.)Koehne;箭叶海神菜■☆
265518 Nesaea sagittifolia(Sond.)Koehne var. glabrescens Koehne = Nesaea sagittifolia(Sond.)Koehne ■☆
265519 Nesaea sagittifolia(Sond.)Koehne. f. swaziensis Immelman;斯威士海神菜■☆
265520 Nesaea sagittifolia Koehne = Nesaea sagittifolia(Sond.)Koehne ■☆
265521 Nesaea salicifolia Kunth = Heimia salicifolia(Kunth)Link et Otto ●
265522 Nesaea sarcophylla(Welw. ex Hiern)Koehne;肉叶海神菜■☆
265523 Nesaea schinzii Koehne;欣兹海神菜■☆
265524 Nesaea schinzii Koehne subsp. subalata(Koehne)Verdc.;亚翅海神菜■☆
265525 Nesaea schinzii Koehne var. fleckii? = Nesaea schinzii Koehne ■☆
265526 Nesaea schinzii Koehne var. rehmannii? = Nesaea schinzii Koehne ■☆
265527 Nesaea schinzii Koehne var. subalata(Koehne)Verdc. = Nesaea schinzii Koehne subsp. subalata(Koehne)Verdc. ■☆
265528 Nesaea schlechteri A. Fern.;施莱海神菜■☆
265529 Nesaea spathulata A. Fern.;匙形海神菜■☆
265530 Nesaea stuhlmannii Koehne;斯图尔曼海神菜■☆
265531 Nesaea teixeirae A. Fern.;特谢拉海神菜■☆
265532 Nesaea transvaalica A. Fern. = Nesaea dinteri Koehne subsp. elata A. Fern. ■☆
265533 Nesaea triflora(L. f.)Kunth;三花海神菜■☆
265534 Nesaea triflora(L. f.)Kunth subsp. lupembensis Verdc.;卢彭贝海神菜■☆
265535 Nesaea volkensii Koehne;福尔海神菜■☆
265536 Nesaea wardii Immelman;沃德海神菜■☆
265537 Nesaea winkleri Koehne = Nesaea kilimandscharica Koehne var. hispidula(Rolfe)Verdc. ■☆
265538 Nesaea woodii Koehne;伍得海神菜■☆
265539 Nesaea zambatidis Immelman;赞比西海神菜■☆
265540 Nesampelos B. Nord.(2007);岛藤菊属●☆
265541 Nesampelos lucens(Poir.)B. Nord.;岛藤菊●☆
265542 Nescidia A. Rich. = Coffea L. ●
265543 Nescidia A. Rich. = Myonima Comm. ex Juss. ●☆
265544 Nescidia A. Rich. ex DC. = Coffea L. ●
265545 Nescidia A. Rich. ex DC. = Myonima Comm. ex Juss. ●☆
265546 Nesiota Hook. f.(1862);岛鼠李属●☆
265547 Nesiota elliptica(Roxb.)Hook. f.;岛鼠李●☆
265548 Neskiza Raf. = Carex L. ■
265549 Neslea Asch. = Neslia Desv.(保留属名)■
265550 Neslia Desv.(1815)(保留属名);球果荠属;Ball-mustard, Neslia ■
265551 Neslia apiculata Fisch. et C. A. Mey. = Neslia apiculata Fisch., C. A. Mey. et Ave'-Lall. ■☆
265552 Neslia apiculata Fisch.,C. A. Mey. et Ave'-Lall.;短尖球果荠■☆
265553 Neslia paniculata(L.)Desv.;球果荠;Ball Mustard, Ballmustard, Ball-mustard, Panicle Neslia, Yellow Ball Mustard ■
265554 Neslia paniculata(L.)Desv. subsp. apiculata(Fisher et al.)Maire = Neslia apiculata Fisch.,C. A. Mey. et Ave'-Lall. ■☆
265555 Neslia paniculata(L.)Desv. subsp. thracica(Velen.)Bornm. = Neslia apiculata Fisch.,C. A. Mey. et Ave'-Lall. ■☆
265556 Neslia paniculata Fisch.,C. A. Mey. et Ave'-Lall. subsp. thracica(Velen.)Bornm. = Neslia apiculata Fisch.,C. A. Mey. et Ave'-Lall. ■☆
265557 Neslia thracica Velen. = Neslia apiculata Fisch.,C. A. Mey. et Ave'-Lall. ■☆
265558 Nesobium Phil. ex Fuentes = Parietaria L. ■
265559 Nesocaryum I. M. Johnst.(1927);岛紫草属●☆
265560 Nesocaryum stylosum I. M. Johnst.;岛紫草●☆
265561 Nesocodon Thulin(1980);岛桔梗属■☆
265562 Nesocodon mauritianus(I. Richardson)Thulin;岛桔梗■☆
265563 Nesocrambe A. G. Mill.(2002);岛芥属(类两节芥属)■☆
265564 Nesocrambe A. G. Mill. = Hemicrambe Webb ■☆
265565 Nesodaphne Hook. f. = Beilschmiedia Nees ●
265566 Nesodoxa Calest. = Arthrophyllum Blume ●☆
265567 Nesodoxa Calest. = Eremopanax Baill. ●☆
265568 Nesodraba Greene = Draba L. ■
265569 Nesoea Wight = Ammannia L. ■
265570 Nesogenaceae Marais = Neuradaceae Kostel.(保留科名)■☆
265571 Nesogenaceae Marais = Orobanchaceae Vent.(保留科名)●■
265572 Nesogenaceae Marais(1981);岛生材科■●☆
265573 Nesogenes A. DC.(1847);岛生材属■●☆
265574 Nesogenes africanus G. Taylor;非洲岛生材●☆
265575 Nesogenes mansfeldianus Mildbr. = Nesogenes africanus G. Taylor ●☆
265576 Nesogordonia Baill. = Nesogordonia Baill. et H. Perrier ●☆
265577 Nesogordonia Baill. et H. Perrier(1845);尼索桐属●☆
265578 Nesogordonia dewevrei(De Wild. et T. Durand)Capuron ex R. Germ.;德韦尼索桐●☆
265579 Nesogordonia fouassieri(A. Chev.)Capuron ex N. Hallé = Nesogordonia leplaei(Vermoesen)Capuron ex R. Germ. ●☆
265580 Nesogordonia holtzii(Engl.)Capuron ex L. C. Barnett et Dorr;小花尼索桐●☆
265581 Nesogordonia ituriensis(De Wild.)Capuron = Nesogordonia kabingaensis(K. Schum.)Capuron ex R. Germ. ●☆
265582 Nesogordonia kabingaensis(K. Schum.)Capuron ex R. Germ.;卡宾加尼索桐●☆
265583 Nesogordonia leplaei(Vermoesen)Capuron = Nesogordonia leplaei(Vermoesen)Capuron ex R. Germ. ●☆
265584 Nesogordonia leplaei(Vermoesen)Capuron ex R. Germ.;尼索桐●☆
265585 Nesogordonia papaverifera(A. Chev.)Capuron = Nesogordonia papaverifera(A. Chev.)Capuron ex N. Hallé ●☆
265586 Nesogordonia papaverifera(A. Chev.)Capuron ex N. Hallé;罂粟尼索桐;Danta ●☆
265587 Nesogordonia parvifolia(M. B. Moss ex Milne-Redh.)Capuron ex Wild = Nesogordonia holtzii(Engl.)Capuron ex L. C. Barnett et Dorr ●☆
265588 Nesogordonia perpulchra N. Hallé;美丽尼索桐●☆
265589 Nesohedyotis(Hook. f.)Bremek.(1952);美耳茜属●☆
265590 Nesohedyotis arborea(Roxb.)Bremek.;美耳茜●☆
265591 Nesoluma Baill.(1891);岛榄属●☆
265592 Nesoluma polynesiacum Baill.;岛榄●☆
265593 Nesomia B. L. Turner(1991);墨香蓟属■☆
265594 Nesomia chiapensis B. L. Turner;墨香蓟■☆
265595 Nesopanax Seem. = Plerandra A. Gray ●
265596 Nesopanax Seem. = Schefflera J. R. Forst. et G. Forst.(保留属名)●
265597 Nesothamnus Rydb. = Perityle Benth. ●■☆

265598 Nesphostylis Verdc. (1970);飞地豆属■☆
265599 Nesphostylis holosericea(Baker) Verdc.;飞地豆■☆
265600 Nesphostylis junodii(Harms) Munyeny. et F. A. Bisby = Dolichos junodii(Harms) Verdc. ■☆
265601 Nessea Steud. = Nesaea Comm. ex Kunth(保留属名)■●☆
265602 Nestegis Raf. (1838);裸木犀属(无被木犀属);Matte ●☆
265603 Nestegis apetala(Vahl) L. A. S. Johnson;无瓣裸木犀●☆
265604 Nestegis elliptica Raf.;裸木犀●☆
265605 Nestegis monticola(Schltr.) L. A. S. Johnson;山地裸木犀●☆
265606 Nestegis sandwicensis (A. Gray) O. Deg., I. Deg. et L. A. S. Johnson;桑威奇无被木犀●☆
265607 Nestlera E. Mey. ex Walp. = Leucosidea Eckl. et Zeyh. ●☆
265608 Nestlera Spreng. (1818);长果金绒草属■☆
265609 Nestlera Steud. = Bouteloua Lag. (保留属名)■
265610 Nestlera Willd. ex Steud. = Botelua Lag. ■
265611 Nestlera acerosa(DC.) Harv. = Relhania acerosa(DC.) K. Bremer ●☆
265612 Nestlera angusta Compton = Relhania tricephala(DC.) K. Bremer ●☆
265613 Nestlera biennis(Jacq.) Spreng.;长果金绒草■☆
265614 Nestlera conferta DC. = Rosenia humilis(Less.) K. Bremer ●☆
265615 Nestlera consimilis S. Moore = Relhania relhanioides (Schltr.) K. Bremer ●☆
265616 Nestlera corymbosa Bolus = Relhania corymbosa (Bolus) K. Bremer ●☆
265617 Nestlera dieterlenii E. Phillips = Relhania dieterlenii (E. Phillips) K. Bremer ●☆
265618 Nestlera dinteri Muschl. ex Dinter = Rosenia humilis(Less.) K. Bremer ●☆
265619 Nestlera dregeana Harv. = Rosenia spinescens DC. ●☆
265620 Nestlera humilis Less. = Rosenia humilis(Less.) K. Bremer ●☆
265621 Nestlera incana Dinter ex Merxm. = Rosenia humilis (Less.) K. Bremer ●☆
265622 Nestlera levynsae Hutch. = Rosenia oppositifolia (DC.) K. Bremer ●☆
265623 Nestlera minuta(L. f.) DC. = Athanasia minuta(L. f.) Källersjö ●☆
265624 Nestlera muriculata DC. = Rosenia humilis(Less.) K. Bremer ●☆
265625 Nestlera oppositifolia DC. = Rosenia humilis(Less.) K. Bremer ●☆
265626 Nestlera oppositifolia DC. = Rosenia oppositifolia (DC.) K. Bremer ●☆
265627 Nestlera prostrata Harv. = Rosenia oppositifolia (DC.) K. Bremer ●☆
265628 Nestlera reflexa (Thunb.) DC. = Nestlera biennis (Jacq.) Spreng. ■☆
265629 Nestlera relhanioides Schltr. = Relhania relhanioides (Schltr.) K. Bremer ●☆
265630 Nestlera rosenioides Hutch. ex Compton = Rosenia humilis (Less.) K. Bremer ●☆
265631 Nestlera spinescens(DC.) Druce = Rosenia spinescens DC. ●☆
265632 Nestlera tricephala(DC.) Harv. = Relhania tricephala(DC.) K. Bremer ●☆
265633 Nestlera virgata N. E. Br. = Comborhiza virgata (N. E. Br.) Anderb. et K. Bremer ●☆
265634 Nestoria Urb. (1916);内斯特紫葳属●☆
265635 Nestoria Urb. = Pleonotoma Miers ●☆
265636 Nestoria albiflora(Salzm. ex DC.) Sandwith;白花内斯特紫葳●☆
265637 Nestoria obtusifoliolata Urb.;内斯特紫葳●☆
265638 Nestotus R. P. Roberts, Urbatsch et Neubig(1838);假黄花属;Goldenweed, Mock Goldenweed ●☆
265639 Nestotus macleanii (Brandegee) Urbatsch, R. P. Roberts et Neubig;假黄花;Yukon Goldenweed ●☆
265640 Nestotus stenophyllus (A. Gray) Urbatsch, R. P. Roberts et Neubig;窄叶假黄花;Narrowleaf Mock Goldenweed ●☆
265641 Nestronia Raf. (废弃属名) = Buckleya Torr. (保留属名)●
265642 Nestylix Raf. = Salix L. (保留属名)●
265643 Nesynstylis Raf. = Strumaria Jacq. ■☆
265644 Netouxia G. Don = Nectouxia Kunth ■☆
265645 Nettlera Raf. = Carapichea Aubl. (废弃属名)●
265646 Nettlera Raf. = Cephaelis Sw. (保留属名)●
265647 Nettlera Raf. = Psychotria L. (保留属名)●
265648 Nettoa Baill. = Corchorus L. ■●
265649 Nettoa Baill. = Grewia L. ●
265650 Neubeckia Alef. = Iris L. ■
265651 Neubeckia cristata(Sol. ex Aiton) Alef. = Iris cristata Sol. ex Aiton ■☆
265652 Neubeckia verna(L.) Small = Iris verna L. ■☆
265653 Neuberia Eckl. = Watsonia Mill. (保留属名)■☆
265654 Neuburghia Walp. = Neuburgia Blume ●☆
265655 Neuburgia Blume(1850);纽氏马钱属●☆
265656 Neuburgia alata(A. C. Sm.) A. C. Sm.;翅纽氏马钱●☆
265657 Neuburgia tuberculata Blume;纽氏马钱●☆
265658 Neuburgia tubiflora Blume;管花纽氏马钱●☆
265659 Neudorfia Adans. = Nolana L. ex L. f. ■☆
265660 Neudorfia Adans. = Zwingera Hofer ■
265661 Neuhofia Stokes = Baeckea L. ●
265662 Neumannia A. Rich. = Aphloia(DC.) Benn. ●☆
265663 Neumannia Brongn. = Pitcairnia L'Hér. (保留属名)■☆
265664 Neumannia myrtiflora (Galpin) T. Durand = Aphloia theiformis (Vahl) Benn. ●☆
265665 Neumannia theiformis (Vahl) A. Rich. = Aphloia theiformis (Vahl) Benn. ●☆
265666 Neumanniaceae Tiegh. = Aphloiaceae Takht. ●☆
265667 Neumanniaceae Tiegh. ex Bullock = Aphloiaceae Takht. ●☆
265668 Neumayera Rchb. (1841) = Arenaria L. ■
265669 Neuontobotrys O. E. Schulz(1924);垂穗芥属(南美芥属)■☆
265670 Neuontobotrys berningeri O. E. Schulz;垂穗芥■☆
265671 Neuontobotrys linearifolia(Kuntze) Al-Shehbaz;线叶垂穗芥■☆
265672 Neuracanthus Nees(1832);脉刺草属●■☆
265673 Neuracanthus africanus T. Anderson ex S. Moore;非洲脉刺草●☆
265674 Neuracanthus africanus T. Anderson ex S. Moore var. limpopoensis Bidgood et Brummitt;林波波脉刺草●☆
265675 Neuracanthus africanus T. Anderson ex S. Moore var. masaicus Bidgood et Brummitt;马萨脉刺草●☆
265676 Neuracanthus argyrophyllus Chiov.;银叶脉刺草●☆
265677 Neuracanthus brachystachyus Benoist;短穗脉刺草●☆
265678 Neuracanthus capitatus Balf. f.;头状脉刺草●☆
265679 Neuracanthus cladanthacanthus Chiov.;枝花脉刺草●☆
265680 Neuracanthus decorus S. Moore;装饰脉刺草●☆
265681 Neuracanthus decorus S. Moore subsp. strobilinus(C. B. Clarke) Bidgood et Brummitt;球果装饰脉刺草●☆
265682 Neuracanthus gracilior S. Moore;纤细脉刺草●☆
265683 Neuracanthus keniensis J. -P. Lebrun et Stork;肯尼亚脉刺草●☆
265684 Neuracanthus leandrii Benoist = Neuracanthus brachystachyus Benoist ●☆
265685 Neuracanthus lindaui C. B. Clarke;林道脉刺草●☆

265686 Neuracanthus madagascariensis Benoist;马岛脉刺草●☆
265687 Neuracanthus mahajangensis Bidgood et Brummitt;马任加●☆
265688 Neuracanthus niveus S. Moore;雪白脉刺草●☆
265689 Neuracanthus ovalifolius(Fiori)Bidgood et Brummitt;卵叶脉刺草●☆
265690 Neuracanthus pictus M. G. Gilbert;着色脉刺草●☆
265691 Neuracanthus polyacanthus(Lindau)C. B. Clarke;多花脉刺草●☆
265692 Neuracanthus richardianus(Nees)Boivin ex Benoist;理查德脉刺草●☆
265693 Neuracanthus robecchii(Lindau)C. B. Clarke;罗贝克脉刺草●☆
265694 Neuracanthus scaber S. Moore;粗糙脉刺草●☆
265695 Neuracanthus sphaerostachyus Dalzell;球穗脉刺草■☆
265696 Neuracanthus stolonosus Chiov. = Neuracanthus capitatus Balf. f. ●☆
265697 Neuracanthus stolonosus Chiov. var. ovalifolius Fiori = Neuracanthus ovalifolius(Fiori)Bidgood et Brummitt ●☆
265698 Neuracanthus strobilinus C. B. Clarke;球果脉刺草●☆
265699 Neuracanthus tephrophyllus Bidgood et Brummitt;灰叶脉刺草●☆
265700 Neuracanthus tephrophyllus Bidgood et Brummitt subsp. conifer Bidgood et Brummitt;球果灰叶脉刺草●☆
265701 Neuracanthus thymifolius Chiov. = Crabbea thymifolia(Chiov.) Thulin ■☆
265702 Neuracanthus trinervius Wight;三脉脉刺草■☆
265703 Neuracanthus ukambensis C. B. Clarke;乌卡脉刺草●☆
265704 Neuracanthus umbraticus Bidgood et Brummitt;荫蔽脉刺草●☆
265705 Neurachne R. Br. (1810);脉颖草属■☆
265706 Neurachne alopecuroides R. Br. ;脉颖草■☆
265707 Neuractis Cass. (1825);脉星菊属■☆
265708 Neuractis Cass. = Chrysanthellum Rich. ex Pers. ■☆
265709 Neuractis Cass. = Glossocardia Cass. ■
265710 Neuractis bidens(Retz.)Veldkamp ex Tadesse = Glossocardia bidens(Retz.)Veldkamp ■
265711 Neuractis bidens Veldkamp ex Mesfin = Glossocardia bidens (Retz.)Veldkamp ■
265712 Neuractis leschenaultii Cass. ;脉星菊■☆
265713 Neurada L. (1753);两极孔草属(脉叶莓属);Neurada ■☆
265714 Neurada austro-africana Schinz = Neuradopsis austro-africana (Schinz)Bremek. et Oberm. ■☆
265715 Neurada procumbens L. ;两极孔草;Procumbent Neurada ■☆
265716 Neurada procumbens L. var. orbicularis Delile = Neurada procumbens L. ■☆
265717 Neurada procumbens L. var. pentagona Delile = Neurada procumbens L. ■☆
265718 Neurada procumbens L. var. stellata Zohary et D. Zohary;星状两极孔草■☆
265719 Neuradaceae J. Agardh = Neuradaceae Kostel. (保留科名)■☆
265720 Neuradaceae Kostel. (1835)(保留科名);两极孔草科(脉叶莓科,脉叶苏科)■☆
265721 Neuradaceae Link = Neuradaceae Kostel. (保留科名)■☆
265722 Neuradopsis Bremek. et Oberm. (1935);类两极孔草属■☆
265723 Neuradopsis austro-africana(Schinz)Bremek. et Oberm. ;类两极孔草■☆
265724 Neuradopsis bechuanensis Bremek. et Schweick. ;贝专类两极孔草■☆
265725 Neuradopsis grieloidea Bremek. et Oberm. = Neuradopsis bechuanensis Bremek. et Schweick. ■☆
265726 Neuras Adans. = Neurada L. ■☆
265727 Neurilis Post et Kuntze = Millingtonia L. f. ●
265728 Neurilis Post et Kuntze = Nevrilis Raf. ●
265729 Neurocalyx Hook. (1837);棱萼草属☆
265730 Neurocalyx zeylanicus Hook. ;棱萼草☆
265731 Neurocarpaea K. Schum. = Nodocarpaea A. Gray☆
265732 Neurocarpaea R. Br. = Pentas Benth. ●■
265733 Neurocarpaea arvensis(Hiern)Hiern = Pentas arvensis Hiern ■☆
265734 Neurocarpaea herbacea Hiern = Pentas herbacea (Hiern) K. Schum. ■☆
265735 Neurocarpaea lanceolata (Forssk.) R. Br. = Pentas lanceolata (Forssk.)K. Schum. ●■
265736 Neurocarpaea lanceolata (Forssk.) R. Br. var. stenostygma Chiov. = Pentas lanceolata (Forssk.) K. Schum. var. stenostygma (Chiov.)Cufod. ●☆
265737 Neurocarpaea longiflora(Oliv.)S. Moore = Pentas longiflora Oliv. ●☆
265738 Neurocarpaea quadrangularis (Rendle) Rendle = Conostomium quadrangulare(Rendle)Cufod. ■☆
265739 Neurocarpaea thomsonii (Scott-Elliot) S. Moore = Pentas schimperiana(A. Rich.)Vatke ●☆
265740 Neurocarpon Desv. = Clitoria L. ●
265741 Neurocarpon Desv. = Neurocarpum Desv. ●
265742 Neurocarpum Desv. = Clitoria L. ●
265743 Neurocarpum cajanifolium C. Presl = Clitoria laurifolia Poir. ●
265744 Neurocarpus Post et Kuntze = Neurocarpaea R. Br. ●■
265745 Neurocarpus Post et Kuntze = Pentas Benth. ●■
265746 Neurochlaena Less. = Neurolaena R. Br. ■●☆
265747 Neuroctola Raf. ex Steud. = Nevroctola Raf. ■☆
265748 Neuroctola Raf. ex Steud. = Uniola L. ■☆
265749 Neuroctola Steud. = Nevroctola Raf. ■☆
265750 Neuroctola Steud. = Uniola L. ■☆
265751 Neurola Raf. = Sabbatia Adans. ■☆
265752 Neurolaena R. Br. (1817);脱衣菊属(锥果菊属)■●☆
265753 Neurolaena lobata(L.)Cass. ;浅裂脱衣菊■☆
265754 Neurolakis Mattf. (1924);蜜鞘糙毛菊属■☆
265755 Neurolakis modesta Mattf. ;蜜鞘糙毛菊■☆
265756 Neurolepis Meisn. (1843);脉鳞禾属;Neurolepis ●☆
265757 Neurolepis aristata(Munro)Hitchc. ;脉鳞禾●☆
265758 Neurolobium Baill. = Diplorhynchus Welw. ex Ficalho et Hiern ●☆
265759 Neuroloma Andrz. = Achoriphragma Soják ■
265760 Neuroloma Andrz. = Parrya R. Br. ●■
265761 Neuroloma Andrz. ex DC. (1824);盾脉芥属■☆
265762 Neuroloma Andrz. ex DC. = Achoriphragma Soják ■
265763 Neuroloma Andrz. ex DC. = Leiospora(C. A. Mey.)Dvorák ■
265764 Neuroloma Andrz. ex DC. = Parrya R. Br. ●■
265765 Neuroloma Endl. = Briza L. ■
265766 Neuroloma Endl. = Nevroloma Raf. ■
265767 Neuroloma ajanense (N. Busch.) Botsch. = Parrya nudicaulis (L.)Regel ■
265768 Neuroloma arabidiflorum(DC.)DC. = Parrya nudicaulis(L.)Regel ■
265769 Neuroloma beketovii(Krasser)Botsch. = Parrya beketovii Krasn. ■
265770 Neuroloma exscapum (C. A. Mey.) Steud. = Leiospora exscapa (C. A. Mey.)Dvorák ■
265771 Neuroloma exscapum(Ledeb.)Steud. = Parrya exscapa Ledeb. ■
265772 Neuroloma griffithii Botsch. = Parrya nudicaulis(L.)Regel ■
265773 Neuroloma lancifolium (Popov.) Botsch. = Parrya lancifolia Popov ■
265774 Neuroloma minjanense(Rech. f.)Botsch. = Parrya chitralensis Jafri ■
265775 Neuroloma minjanense(Rech. f.)Botsch. = Parrya minjanensis Rech. f. ■

265776 Neuroloma minjanense (Rech. f.) Botsch. = Parrya pinnatifida Kar. et Kir. ■
265777 Neuroloma nudicaule (L.) Andr. ex DC. = Parrya nudicaulis (L.) Regel ■
265778 Neuroloma nudicaule(L.) DC. = Parrya nudicaulis(L.) Regel ■
265779 Neuroloma pinnatifidum (Kar. et Kir.) Botsch. = Parrya pinnatifida Kar. et Kir. ■
265780 Neuroloma scapigerum(Adams.) DC. = Parrya nudicaulis(L.) Regel ■
265781 Neuroloma speciosum Steud. = Parrya nudicaulis(L.) Regel ■
265782 Neuroloma stenocarpum(Kar. et Kir.) Botsch. = Parrya pinnatifida Kar. et Kir. ■
265783 Neuropeltis Wall. (1824);盾苞藤属(盾苞果属);Neuropeltis ●■
265784 Neuropeltis acuminata(P. Beauv.) Benth.;渐尖盾苞藤●☆
265785 Neuropeltis aenea R. D. Good;铜色盾苞藤●☆
265786 Neuropeltis alnifolia Lejoly et Lisowski;桤叶盾苞藤●☆
265787 Neuropeltis anomala Pierre ex De Wild. = Neuropeltis velutina Hallier f. ●☆
265788 Neuropeltis incompta R. D. Good;装饰盾苞藤●☆
265789 Neuropeltis indochinensis Ooststr. = Neuropeltis racemosa Wall. ●■
265790 Neuropeltis integripetala(Merr. et Chun) C. Y. Wu = Neuropeltis racemosa Wall. ●■
265791 Neuropeltis laxiflora Lejoly et Lisowski;疏花盾苞藤●☆
265792 Neuropeltis prevosteoides Mangenot;落萼旋花盾苞藤●☆
265793 Neuropeltis pseudovelutina Lejoly et Lisowski;拟短绒毛盾苞藤●☆
265794 Neuropeltis racemosa Wall.;盾苞藤(盾苞果);Racemose Neuropeltis ●■
265795 Neuropeltis sanguinea R. D. Good;血红盾苞藤●☆
265796 Neuropeltis velutina Hallier f.;短绒毛盾苞藤●☆
265797 Neuropeltis velutina Hallier f. var. longeapiculata De Wild. = Neuropeltis velutina Hallier f. ●☆
265798 Neuropeltis vermoesenii De Wild. = Neuropeltis acuminata (P. Beauv.) Benth. ●☆
265799 Neuropeltopsis Ooststr. (1964);类盾苞藤属●☆
265800 Neuropeltopsis alba Ooststr.;类盾苞藤●☆
265801 Neurophyllodes(A. Gray) O. Deg. = Geranium L. ■●
265802 Neurophyllum Torr. et A. Gray = Peucedanum L. ■
265803 Neuropoa Clayton(1985);脉纹早熟禾属■☆
265804 Neuropoa fax(Willis et Court) Clayton;脉纹早熟禾■☆
265805 Neuropora Comm. ex Endl. = ? Antirhea Comm. ex Juss. ●
265806 Neuropteris Jack ex Burkill = Neuropeltis Wall. ●■
265807 Neuroscapha Tul. = Lonchocarpus Kunth(保留属名)●■☆
265808 Neurosperma Raf. = Momordica L. ■
265809 Neurosperma Raf. = Nevrosperma Raf. ■
265810 Neurospermum Bartl. = Momordica L. ■
265811 Neurotecoma K. Schum. = Spirotecoma (Baill.) Dalla Torre et Harms ●☆
265812 Neurotheca Salisb. ex Benth. = Neurotheca Salisb. ex Benth. et Hook. f. ■☆
265813 Neurotheca Salisb. ex Benth. et Hook. f. (1876);棱果龙胆属■☆
265814 Neurotheca baumii Gilg = Neurotheca congolana De Wild. et T. Durand ■☆
265815 Neurotheca congolana De Wild. et T. Durand;刚果棱果龙胆■☆
265816 Neurotheca corymbosa Hua;伞序棱果龙胆■☆
265817 Neurotheca densa De Wild. = Congolanthus longidens (N. E. Br.) A. Raynal ■☆
265818 Neurotheca exacoides Gilg = Neurotheca corymbosa Hua ■☆
265819 Neurotheca loeselioides(Spruce ex Progel) Baill.;络西花龙胆■☆
265820 Neurotheca loeselioides(Spruce ex Progel) Baill. subsp. robusta (Hua) A. Raynal;粗壮棱果龙胆■☆
265821 Neurotheca loeselioides Oliv. = Neurotheca loeselioides(Spruce ex Progel) Baill. ■☆
265822 Neurotheca loeselioides Oliv. var. compacta Oliv. = Neurotheca loeselioides(Spruce ex Progel) Baill. ■☆
265823 Neurotheca longidens N. E. Br. = Congolanthus longidens(N. E. Br.) A. Raynal ■☆
265824 Neurotheca robusta Hua = Neurotheca loeselioides (Spruce ex Progel) Baill. subsp. robusta(Hua) A. Raynal ■☆
265825 Neurotheca schlechteri Gilg ex Baker = Neurotheca congolana De Wild. et T. Durand ■☆
265826 Neurotropis(DC.) F. K. Mey. = Thlaspi L. ■
265827 Neustanthus Benth. = Pueraria DC. ●■
265828 Neustanthus chinensis Benth. = Pueraria lobata (Willd.) Ohwi subsp. thomsonii(Benth.) H. Ohashi et Tateishi ●
265829 Neustanthus chinensis Benth. = Pueraria lobata(Willd.) Ohwi ●■
265830 Neustanthus javanicus Benth. = Pueraria phaseoloides (Roxb.) Benth. var. javanica(Benth.) Baker ■☆
265831 Neustanthus peduncularis Graham ex Benth. = Pueraria peduncularis(Graham ex Benth.) Benth. ■
265832 Neustanthus phaseoloides Benth. = Pueraria phaseoloides (Roxb.) Benth. ■
265833 Neustruevia Juz. = Pseudomarrubium Popov ■☆
265834 Neustruevia karatavica Juz.;假欧夏至草■☆
265835 Neuvrada Augier = Neurada L. ■☆
265836 Neuwiedia Blume (1834);三蕊兰属;Neuwiedla, Threestamen Orchis ■
265837 Neuwiedia balansae Baill. ex Gagnep. = Neuwiedia singapureana (Baker) Rolfe ■
265838 Neuwiedia balansae Gagnep. = Neuwiedia singapureana(Baker) Rolfe ■
265839 Neuwiedia curtisii Rolfe = Neuwiedia singapureana(Baker) Rolfe ■
265840 Neuwiedia singapureana(Baker) Rolfe;三蕊兰;Falsehellebore-leaf Neuwiedla, Threestamen Orchis ■
265841 Neuwiedia veoatrifolia Blume = Neuwiedia singapureana (Baker) Rolfe ■
265842 Neuwiedia zollingeri Rchb. f. var. singapureana(Baker) de Vogel = Neuwiedia singapureana(Baker) Rolfe ■
265843 Neuwiedia zollingeri Rchb. f. var. singapureana(Wall. ex Baker) Vogel = Neuwiedia singapureana(Baker) Rolfe ■
265844 Neuwiediaceae R. Dahlgren ex Reveal et Hoogland = Orchidaceae Juss. (保留科名)■
265845 Neuwiediaceae R. Dahlgren ex Reveal et Hoogland;三蕊兰科■☆
265846 Nevada N. H. Holmgren = Smelowskia C. A. Mey. ex Ledebour (保留属名)■
265847 Nevada N. H. Holmgren(2004);内华达芹叶荠属■
265848 Nevadensia Rivas Mart. (2002);紫庭荠属■☆
265849 Nevadensia Rivas Mart. = Alyssum L. ■●
265850 Neves-armondia K. Schum. = Pithecoctenium Mart. ex Meisn. ●☆
265851 Nevilis Raf. = Millingtonia L. f. ●
265852 Nevillea Esterh. et H. P. Linder(1984);内维尔草属■☆
265853 Nevillea obtusissima(Steud.) H. P. Linder;内维尔草■☆
265854 Nevillea singularis Esterh.;单一内维尔草■☆
265855 Neviusa Benth. et Hook. f. = Neviusia A. Gray ●☆
265856 Neviusia A. Gray(1858);雪环木属;Snow Wreath, Snow-wreath ●☆

265857 Neviusia alabamensis A. Gray;雪环木;Alabama Snow Wreath, Alabama Snowwreath, Snow Wreath ●☆
265858 Nevosmila Raf. = Crateva L. ●
265859 Nevrilis Raf. = Millingtonia L. f. ●
265860 Nevrocarpon Spreng. = Clitoria L. ●
265861 Nevrocarpon Spreng. = Neurocarpum Desv. ●
265862 Nevroctola Raf. = Uniola L. ■☆
265863 Nevrodium Fee = Neurolaena R. Br. ■●☆
265864 Nevrola Raf. = Nevrolis Raf. ■
265865 Nevrolis Raf. = Celosia L. ■
265866 Nevroloma Raf. = Glyceria R. Br. (保留属名)■
265867 Nevroloma Spreng. = Neuroloma Andrz. ●■
265868 Nevroloma Spreng. = Parrya R. Br. ●■
265869 Nevropora Comm. ex Baill. = Neuropora Comm. ex Endl. ●
265870 Nevrosperma Raf. = Momordica L. ■
265871 Nevskiella(V. I. Krecz. et Vved.) V. I. Krecz. et Vved. = Bromus L. (保留属名)■
265872 Nevskiella V. I. Krecz. et Vved. (1934);纤雀麦属■☆
265873 Nevskiella V. I. Krecz. et Vved. = Bromus L. (保留属名)■
265874 Nevskiella gracillima (Bunge) V. I. Krecz. et Vved. = Bromus gracillimus Bunge ■
265875 Newberrya Torr. = Hemitomes A. Gray ●☆
265876 Newbouldia Seem. = Newbouldia Seem. ex Bureau ●☆
265877 Newbouldia Seem. ex Bureau(1864);非洲紫葳属(纽博紫葳属)●☆
265878 Newbouldia laevis(P. Beauv.) Bureau = Newbouldia laevis(P. Beauv.) Seem. ex Bureau ●☆
265879 Newbouldia laevis (P. Beauv.) Seem. ex Bureau;非洲紫葳;Akoko ●☆
265880 Newbouldia laevis Seem. = Newbouldia laevis (P. Beauv.) Seem. ex Bureau ●☆
265881 Newbouldia pentandra(Hook.) Seem.;五蕊非洲紫葳●☆
265882 Newbouldia pentandra(Hook.) Seem. = Newbouldia laevis(P. Beauv.) Seem. ex Bureau ●☆
265883 Newbouldia pentandra Seem. = Newbouldia pentandra(Hook.) Seem. ●☆
265884 Newcastelia F. Muell. (1857);纽卡草属●☆
265885 Newcastelia bracteosa F. Muell.;纽卡草●☆
265886 Newcastelia chrysophylla C. A. Gardner;金叶纽卡草●☆
265887 Newcastelia elliptica Munir;椭圆纽卡草●☆
265888 Newcastlia F. Muell. = Newcastelia F. Muell. ●☆
265889 Newoloma Raf. = Glyceria R. Br. (保留属名)■
265890 Newtonia Baill. (1888);纽敦豆属●☆
265891 Newtonia O. Hoffm. = Antunesia O. Hoffm. ●☆
265892 Newtonia angolensis O. Hoffm. = Distephanus angolensis (O. Hoffm.) H. Rob. et B. Kahn ●☆
265893 Newtonia aubrevillei(Pellegr.) Keay;奥布纽敦豆●☆
265894 Newtonia aubrevillei (Pellegr.) Keay var. lasiantha Brenan et Brummitt = Newtonia devredii G. C. C. Gilbert et Boutique ●☆
265895 Newtonia buchananii(Baker f.) G. C. C. Gilbert et Boutique;布坎南纽敦豆●☆
265896 Newtonia buchananii(Baker) Gilbert et Boutique;布氏纽敦豆●☆
265897 Newtonia camerunensis Villiers;喀麦隆纽敦豆●☆
265898 Newtonia devredii G. C. C. Gilbert et Boutique;德夫雷纽敦豆●☆
265899 Newtonia duparquetiana(Baill.) Keay;迪帕纽敦豆●☆
265900 Newtonia elliotii(Harms) Keay;埃利纽敦豆●☆
265901 Newtonia erlangeri(Harms) Brenan;厄兰格纽敦豆●☆
265902 Newtonia glandulifera(Pellegr.) G. C. C. Gilbert et Boutique;腺体纽敦豆●☆
265903 Newtonia grandifolia Villiers;大叶纽敦豆●☆
265904 Newtonia griffoniana(Baill.) Baker f.;格里丰纽敦豆●☆
265905 Newtonia hildebrandtii(Vatke) Torre;希尔德纽敦豆●☆
265906 Newtonia hildebrandtii(Vatke) Torre var. pubescens Brenan;毛希尔德纽敦豆●☆
265907 Newtonia insignis Baill. = Newtonia duparquetiana(Baill.) Keay ●☆
265908 Newtonia klainei Pierre ex Harms = Newtonia griffoniana (Baill.) Baker f. ●☆
265909 Newtonia leucocarpa(Harms) Gilbert et Boutique;白果纽敦豆●☆
265910 Newtonia paucijuga(Harms) Brenan;少轭纽敦豆●☆
265911 Newtonia scandens Villiers;攀缘纽敦豆●☆
265912 Newtonia zenkeri Harms = Newtonia griffoniana(Baill.) Baker f. ●☆
265913 Nexilis Raf. = Ameletia DC. ■
265914 Nexilis Raf. = Rotala L. ■
265915 Neyraudia Hook. f. (1896);类芦属(类芦竹属,望冬草属);Burmareed ■
265916 Neyraudia arundinacea(L.) Henrard;大类芦(类芦,马达加斯加类芦,望冬草);Madagascar Burmareed ■
265917 Neyraudia arundinacea (L.) Henrard var. zollingeri (Büse) Henrard = Neyraudia reynaudiana(Kunth) Keng ex Hitchc. ■
265918 Neyraudia fanjingshanensis L. Liou;梵净山类芦;Fanjingshan Burmareed ■
265919 Neyraudia madagascariensis (Kunth) Hook. f. = Neyraudia arundinacea(L.) Henrard ■
265920 Neyraudia madagascariensis (Kunth) Hook. f. var. zollingeri (Büse) Hook. f. = Neyraudia reynaudiana(Kunth) Keng ex Hitchc. ■
265921 Neyraudia mezii(Janowski) Veldkamp = Neyraudia reynaudiana (Kunth) Keng ex Hitchc. ■
265922 Neyraudia montana Keng;山类芦;Mountain Burmareed ■
265923 Neyraudia reynaudiana(Kunth) Keng ex Hitchc.;类芦(假芦,篱笆竹,聊箭杆子,石芒草,石珍茅,望冬草);Burma Reed, Burmareed, Cane Grass, Silk Reed, Silkreed ■
265924 Neyraudia reynaudiana (Kunth) Keng ex Hitchc. = Neyraudia arundinacea(L.) Henrard ■
265925 Nezahualcoyotlia R. González = Cranichis Sw. ■☆
265926 Nezahualcoyotlia R. González(1997);小宝石兰属■☆
265927 Nezahualcoyotlia gracilis (L. O. Williams) R. González = Cranichis gracilis L. O. Williams ■☆
265928 Nezera Raf. = Linum L. ●■
265929 Nhandiroba Adans. = Fevillea L. ■☆
265930 Nhandiroba Plum. ex Adans. = Fevillea L. ■☆
265931 Nhandirobaceae A. St. -Hil. ex Endl. = Cucurbitaceae Juss. (保留科名)●■
265932 Nhandirobaceae T. Lestib. = Cucurbitaceae Juss. (保留科名)●■
265933 Nialel Adans. (废弃属名) = Aglaia Lour. (保留属名)●
265934 Niara Dennst. = Ardisia Sw. (保留属名)●■
265935 Nibbisia Walp. = Aconitum L. ■
265936 Nibbisia Walp. = Nirbisia G. Don ■
265937 Nibo Steud = Emex Campd. (保留属名)■☆
265938 Nibo Steud. = Vibo Medik. (废弃属名)■☆
265939 Nibora Raf. = Gratiola L. ■
265940 Nicandra Adans. (1763)(保留属名);假酸浆属;Apple of Peru, Apple-of-Peru ■
265941 Nicandra Schreb. = Potalia Aubl. ●☆
265942 Nicandra anomala Link et Otto = Anisodus luridus Link et Otto ■

265943 Nicandra physalodes (L.) Scop. = Nicandra physaloides (L.) Gaertn. ■

265944 Nicandra physaloides(L.)Gaertn.;假酸浆(鞭打绣球,冰粉,草本酸木瓜,大千生,苦莪,蓝花天仙子,凉粉,水晶冰粉,水晶凉粉,田珠);Apple of Peru,Apple-of-Peru,Bell-weed,Shoo Fly,Shoo-fly,Shoofly Plant,Shoo-fly Plant ■

265945 Nicarago Britton et Rose = Caesalpinia L. ●

265946 Nichallea Bridson(1978);尼哈茜属●☆

265947 Nichallea soyauxii(Hiern)Bridson;尼哈茜●☆

265948 Nichelia Bullock = Neoporteria Britton et Rose ●■

265949 Nichelia Bullock = Pyrrhocactus (A. Berger) Backeb. et F. M. Knuth ●■

265950 Nicholsonia Span. = Desmodium Desv. (保留属名)●■

265951 Nicholsonia Span. = Nicolsonia DC. ●■

265952 Nicipe Raf. = Ornithogalum L. ■

265953 Niclouxia Batt. = Lifago Schweinf. et Muschl. ■☆

265954 Niclouxia saharae Batt. = Lifago dielsii Schweinf. et Muschl. ■☆

265955 Nicobariodendron Vasudeva Rao et Chakrab. (1986);尼科巴卫矛属●☆

265956 Nicobariodendron sleumeri Vasudeva Rao et Chakrab.;尼克卫矛●☆

265957 Nicodemia Ten. (1845);类醉鱼草属●

265958 Nicodemia Ten. = Buddleja L. ●■

265959 Nicodemia baroniana Oliv. = Buddleja acuminata Poir. ●☆

265960 Nicodemia diversifolia Ten.;类醉鱼草●

265961 Nicodemia madagascariensis (Lam.) R. Parker = Buddleja madagascariensis Lam. ●

265962 Nicolaia Horan. (1862)(保留属名);火炬姜属(尼古拉姜属)■☆

265963 Nicolaia Horan. (保留属名) = Etlingera Roxb. ■

265964 Nicolaia elatior(Jack.)Horan. = Etlingera elatior(Jack)R. M. Sm. ■

265965 Nicolaia hemisphaerica Horan.;半球火炬姜■☆

265966 Nicolaia solaris Horan.;喜阳火炬姜(喜阳尼古拉姜)■☆

265967 Nicolaia speciosa(Blume)Horan;美艳火炬姜(美艳尼古拉姜)■

265968 Nicolaia speciosa(Blume) Horan. = Etlingera elatior(Jack) R. M. Sm. ■

265969 Nicolasia S. Moore(1900);延叶菊属■●☆

265970 Nicolasia affinis S. Moore = Nicolasia heterophylla S. Moore subsp. affinis(S. Moore) Merxm. ■☆

265971 Nicolasia coronata Wild;饰冠延叶菊■☆

265972 Nicolasia coronata Wild subsp. planifolia Lisowski;平叶饰冠延叶菊■☆

265973 Nicolasia costata(Klatt)Thell.;单脉延叶菊■☆

265974 Nicolasia felicioides(Hiern)S. Moore;费利菊状延叶菊■☆

265975 Nicolasia heterophylla S. Moore;互叶延叶菊■☆

265976 Nicolasia heterophylla S. Moore subsp. affinis (S. Moore) Merxm.;近缘互叶延叶菊■☆

265977 Nicolasia lugardii N. E. Br. ex S. Moore = Nicolasia costata (Klatt) Thell. ■☆

265978 Nicolasia nitens(O. Hoffm.) Eyles;光亮延叶菊■☆

265979 Nicolasia nitens(O. Hoffm.) Eyles var. tenella Beentje;柔软光亮延叶菊■☆

265980 Nicolasia pedunculata S. Moore;梗花延叶菊■☆

265981 Nicolasia pedunculata S. Moore subsp. thermalis Wild;温泉延叶菊■☆

265982 Nicolasia quinqueseta O. Hoffm. ex Thell. = Nicolasia nitens(O. Hoffm.) Eyles ■☆

265983 Nicolasia stenoptera(O. Hoffm.) Merxm.;窄翅延叶菊■☆

265984 Nicolasia stenoptera(O. Hoffm.) Merxm. subsp. makarikariensis (Bremek. et Oberm.) Merxm.;马卡里延叶菊■☆

265985 Nicolasia vedderiana Dinter ex Merxm. = Nicolasia pedunculata S. Moore ■☆

265986 Nicolettia Benth. et Hook. f. = Nicolletia A. Gray ■☆

265987 Nicolletia A. Gray(1845);尼克菊属(沙洞菊属);Hole-in-the-sand Plant ■☆

265988 Nicolletia edwardsii A. Gray;尼克菊;Edwards Hole-in-the-sand Plant ■☆

265989 Nicolletia occidentalis A. Gray;西方尼克菊■☆

265990 Nicolletia trifida Rydb.;三裂尼克菊■☆

265991 Nicolsonia DC. (1825);辫子草属●■

265992 Nicolsonia DC. = Desmodium Desv. (保留属名)●■

265993 Nicolsonia barbata (L.) DC. = Desmodium barbatum (L.) Benth. et Oerst. ●☆

265994 Nicolsonia barbata (L.) DC. var. dimorpha (Welw. ex Baker) Schindl. = Desmodium barbatum(L.) Benth. var. dimorphum(Welw. ex Baker) B. G. Schub. ●☆

265995 Nicolsonia caffra E. Mey. = Desmodium dregeanum Benth. ●☆

265996 Nicolsonia cayennensis DC. = Desmodium barbatum(L.) Benth. et Oerst. ●☆

265997 Nicolsonia concinna (DC.) C. Chen et X. J. Cui;凹叶稗豆;Concaveleaf Nicolsonia ●

265998 Nicolsonia congesta Wight = Leptodesmia congesta Benth. ex Baker f. ●☆

265999 Nicolsonia gangetica (L.) C. Chen et X. J. Cui = Desmodium gangeticum(L.) DC. ●

266000 Nicolsonia heterocarpa(L.) C. Chen et X. J. Cui = Desmodium heterocarpon(L.) DC. ●

266001 Nicolsonia heterocarpa (L.) C. Chen et X. J. Cui var. angustifolium(Craib) C. Chen et X. J. Cui = Desmodium heterocarpon (L.) DC. subsp. angustifolium(Craib) Ohashi ●

266002 Nicolsonia heterocarpa (L.) C. Chen et X. J. Cui var. angustifolium(Craib) C. Chen et X. J. Cui = Desmodium reticulatum Champ. ex Benth. ●

266003 Nicolsonia heterocarpa(L.) C. Chen et X. J. Cui var. strigosum (Meeuwen) C. Chen et X. J. Cui = Desmodium heterocarpon (L.) DC. var. strigosum Meeuwen ●

266004 Nicolsonia major Steud. = Desmodium barbatum(L.) Benth. et Oerst. ●☆

266005 Nicolsonia megaphylla(Zoll. et Moritzi) C. Chen et X. J. Cui = Desmodium megaphyllum Zoll. et Moritzi ●

266006 Nicolsonia microphylla (Thunb.) C. Chen et X. J. Cui = Desmodium microphyllum(Thunb.) DC. ●■

266007 Nicolsonia oblata (Baker ex Kurz) C. Chen et X. J. Cui = Desmodium renifolium (L.) Schindl. var. oblatum (Baker ex Kurz) Ohashi ●

266008 Nicolsonia oxalidifolia Span.;马来亚辫子草■☆

266009 Nicolsonia radicans Steud. = Desmodium barbatum(L.) Benth. et Oerst. ●☆

266010 Nicolsonia renifolia (L.) C. Chen et X. J. Cui = Desmodium renifolium(L.) Schindl. ●

266011 Nicolsonia reptans Meisn. = Desmodium triflorum(L.) DC. ●■

266012 Nicolsonia setigera E. Mey. = Desmodium hirtum Guillaumin et Perr. ●☆

266013 Nicolsonia setigera E. Mey. = Desmodium setigerum(E. Mey.) Benth. ex Harv. ●☆

266014 Nicolsonia styracifolia (Osbeck) Desv. = Desmodium styracifolium (Osbeck) Merr. ●■

266015 Nicolsonia styracifolia Desv. = Desmodium styracifolium (Osbeck) Merr. ●■

266016 Nicolsonia triflora (L.) Griseb. = Desmodium triflorum (L.) DC. ●■

266017 Nicolsonia triflora Griseb. = Desmodium triflorum (L.) DC. ●■

266018 Nicolsonia velutina (Willd.) C. Chen et X. J. Cui = Desmodium velutinum (Willd.) DC. ●

266019 Nicolsonia villosa Schltdl. et Cham.;长柔毛辫子草■☆

266020 Nicoraella Torres (1997);尼克禾属■☆

266021 Nicoraepoa Soreng et L. J. Gillespie = Poa L. ■

266022 Nicoteba Lindau = Justicia L. ●■

266023 Nicoteba betonica (L.) Lindau = Justicia betonica L. ■☆

266024 Nicoteba fittonioides (S. Moore) Lindau = Justicia fittonioides S. Moore ■☆

266025 Nicoteba lanceolata Lindau = Peristrophe lanceolata (Lindau) Dandy ■☆

266026 Nicoteba marginata Lindau = Monechma depauperatum (T. Anderson) C. B. Clarke ■☆

266027 Nicoteba nilgherrensis (Nees) Lindau = Justicia nilgherrensis (Nees) C. B. Clarke ■☆

266028 Nicoteba trinervia (Vahl) Lindau = Justicia betonica L. ■☆

266029 Nicoteba versicolor Lindau = Justicia versicolor (Lindau) C. B. Clarke ■☆

266030 Nicotia Opiz = Nicotiana L. ●■

266031 Nicotiana L. (1753);烟草属;Flowering Tobacco, Nicotiana, Tabacco, Tabacco Plant ●■

266032 Nicotiana acuminata Hook. var. multiflora Reiche;多花烟草;Manyflower Tobacco ■☆

266033 Nicotiana affinis Hort. = Nicotiana alata Link et Otto ■

266034 Nicotiana africana Merxm.;非洲烟草■☆

266035 Nicotiana alata Link et Otto;花烟草(长花烟草,大花烟草,宿根烟草,香烟草花,翼叶烟草);Flowering Tobacco, Jasmine Tobacco, Nicotiana, Night-scented Tobacco, Sweet Tobacco, Tobacco Flower, Winged Tabacco ■

266036 Nicotiana alata Link et Otto var. grandiflora Comes;大花烟草■☆

266037 Nicotiana alata Link et Otto var. grandiflora Comes = Nicotiana alata Link et Otto ■

266038 Nicotiana attenuata Torr. ex S. Watson;北美烟草;Coyote Tobacco, Mountain Tobacco ■☆

266039 Nicotiana bigelovii S. Watson;毕氏烟草■☆

266040 Nicotiana bigelovii S. Watson var. exaltata?;极高烟草;Indian Tobacco ■☆

266041 Nicotiana chinensis Fisch. ex Lehm. = Nicotiana tabacum L. ■

266042 Nicotiana forgetiana Sander;红烟草;Red Tobacco ■☆

266043 Nicotiana glauca Graham;光烟草(粉蓝烟草,灰绿烟草,木烟草,烟草树);Greyblue Tabacco, Mustard Tree, Tree Tabacco, Tronadora ●

266044 Nicotiana glauca Graham var. angustifolia Comes = Nicotiana glauca Graham ●

266045 Nicotiana glauca Graham var. grandiflora Comes = Nicotiana glauca Graham ●

266046 Nicotiana humilis Link;低矮烟草■☆

266047 Nicotiana langsdorffii Schrank;兰氏烟草;Tobacco Plant ■☆

266048 Nicotiana longiflora Cav.;长花烟草;Desert Tobacco, Longflower Tabacco, Long-flowered Tobacco ■

266049 Nicotiana otophora Griseb.;耳烟草■☆

266050 Nicotiana paniculata L.;圆锥烟草■☆

266051 Nicotiana plumbaginifolia Viv.;灰叶烟草(白花丹叶烟草);Leadwortleaf Tabacco, Tex-mex Tobacco ■

266052 Nicotiana rugosa Mill. = Nicotiana rustica L. ■

266053 Nicotiana rustica L.;黄花烟草(蛤蟆烟,蓝花烟,老青烟花,莫合烟,山烟,山菸,小花烟,烟草,烟叶);Aztec Tabacco, Turkish Tobacco, Wild Tobacco ■

266054 Nicotiana sanderae Sander;烟草花(红花烟草);Flowering Tobacco, Hybrid Flowering Tobacco, Red-flowered Garden Nicotiana Tobacco Plant, Sander Tabacco ■☆

266055 Nicotiana sanderae Sander 'Crimson Rock';绯红石红花烟草■☆

266056 Nicotiana sanderae W. Watson 'Crimson Rock' = Nicotiana sanderae Sander 'Crimson Rock' ■☆

266057 Nicotiana sanderae W. Watson = Nicotiana sanderae Sander ■☆

266058 Nicotiana suaveolens Lehm.;澳洲烟草;Australian Tobacco ■☆

266059 Nicotiana sylvestris Speg.;林生烟草;Flowering Tobacco, South American Tobacco, White Shooting Stars ■☆

266060 Nicotiana tabacum L.;烟草(八角草,长命草,穿墙草,淡肉果,返魂草,返魂烟,芬,莨,金鸡脚下红,金丝醺,辣烟,南灵草,南蛮草,琵琶烟,仁草,贪报草,土烟草,相思草,烟,烟花,烟酒,烟叶,蔫草,延命草,野烟);Common Tabacco, Cultivated Tobacco, Indian Henbane, Sot-weed, Tabacco ■

266061 Nicotiana tabacum L. var. angustifolia Comes;狭叶烟草;Narrowleaf Tabacco ■

266062 Nicotiana tomentosa Ruiz et Pav.;高烟草;Giant Tabacco ■☆

266063 Nicotiana trigonophylla Dunal;沙地烟草;Desert Tobacco ■☆

266064 Nicotiana wigandioides K. Koch et Fintelm.;威根麻烟草■☆

266065 Nicotianaceae Martinov = Solanaceae Juss. (保留科名)●■

266066 Nicotianaceae Martinov;烟草科■

266067 Nicotidendron Griseb. = Nicotiana L. ●■

266068 Nicotidendron Griseb. = Siphaulax Raf. ●■

266069 Nictanthes All. = Nyctanthes L. ●

266070 Nictitella Raf. = Cassia L. (保留属名)●■

266071 Nictitella Raf. = Chamaecrista Moench ■●

266072 Nidema Britton et Millsp. (1920);尼德兰属■☆

266073 Nidema Britton et Millsp. = Epidendrum L. (保留属名)■☆

266074 Nidema ottonis (Rchb. f.) Britton et Millsp.;尼德兰■☆

266075 Nidorella Cass. (1825);长冠田基黄属■☆

266076 Nidorella aberdarica R. E. Fr. = Conyza vernonioides (Sch. Bip. ex A. Rich.) Wild ■☆

266077 Nidorella adolfi-friderici Muschl. = Conyza vernonioides (Sch. Bip. ex A. Rich.) Wild ■☆

266078 Nidorella altissima Benth. et Hook. f. = Psiadia altissima (DC.) Drake ●☆

266079 Nidorella amplexicaulis DC. = Nidorella undulata (Thunb.) Sond. ex Harv. ■☆

266080 Nidorella angustifolia O. Hoffm. = Nidorella anomala Steetz ■☆

266081 Nidorella anomala Steetz;异常长冠田基黄■☆

266082 Nidorella arborea R. E. Fr. = Conyza vernonioides (Sch. Bip. ex A. Rich.) Wild ■☆

266083 Nidorella auriculata DC.;耳形长冠田基黄■☆

266084 Nidorella auriculata DC. subsp. polycephala (DC.) Wild = Nidorella auriculata DC. ■☆

266085 Nidorella auriculata DC. var. obovata (DC.) Harv. = Nidorella auriculata DC. ■☆

266086 Nidorella auriculata DC. var. senecionea (DC.) Harv. = Nidorella auriculata DC. ■☆

266087 Nidorella bampsiana Lisowski = Conyza bampsiana (Lisowski) Lisowski ■☆
266088 Nidorella burundiensis Lisowski;布隆迪长冠田基黄■☆
266089 Nidorella chrysocoma DC. = Conyza stricta Willd. ex DC. ■
266090 Nidorella conyzoides Harv. = Psiadia punctulata(DC.) Vatke ●☆
266091 Nidorella densifolia O. Hoffm. = Nidorella resedifolia DC. ■☆
266092 Nidorella depauperata Harv. = Nidorella anomala Steetz ■☆
266093 Nidorella diversifolia Spreng. ex Steetz = Nidorella auriculata DC. ■☆
266094 Nidorella elliotii (S. Moore) Brenan = Conyza hypoleuca A. Rich. ■☆
266095 Nidorella feae Bég. = Conyza feae(Bég.) Wild ■☆
266096 Nidorella floribunda Lehm. = Conyza varia(Webb) Wild ■☆
266097 Nidorella foetida(L.) DC.;臭长冠田基黄■☆
266098 Nidorella forbesii Lowe ex Cout. = Conyza varia(Webb) Wild ■☆
266099 Nidorella frutescens Dinter = Nidorella resedifolia DC. subsp. frutescens Merxm. ●☆
266100 Nidorella gariepina DC. = Nolletia gariepina(DC.) Mattf. ■☆
266101 Nidorella hirta DC. = Nidorella resedifolia DC. ■☆
266102 Nidorella hottentotica DC.;霍屯督长冠田基黄■☆
266103 Nidorella hottentotica DC. var. lanata Harv. = Nidorella hottentotica DC. ■☆
266104 Nidorella hyssopifolia DC. = Nidorella foetida(L.) DC. ■☆
266105 Nidorella hyssopifolia DC. var. glabrata? = Nidorella foetida (L.) DC. ■☆
266106 Nidorella kraussii (Sch. Bip. ex Walp.) Harv. = Nidorella auriculata DC. ■☆
266107 Nidorella krookii O. Hoffm. = Nidorella resedifolia DC. ■☆
266108 Nidorella ligulata Scott-Elliot = Psiadia agathaeoides (Cass.) Drake ■☆
266109 Nidorella linearifolia (O. Hoffm.) O. Hoffm. = Conyza welwitschii(S. Moore) Wild ●☆
266110 Nidorella linifolia DC.;亚麻叶长冠田基黄■☆
266111 Nidorella longifolia DC. = Nidorella undulata(Thunb.) Sond. ex Harv. ■☆
266112 Nidorella malosana Baker = Nidorella spartioides (O. Hoffm.) Cronquist ■☆
266113 Nidorella membranifolia Steetz = Nidorella microcephala Steetz ■☆
266114 Nidorella mespilifolia (Less.) DC. = Microglossa mespilifolia (Less.) B. L. Rob. ●☆
266115 Nidorella microcephala Steetz;小头长冠田基黄■☆
266116 Nidorella mucronata DC. = Nidorella resedifolia DC. ■☆
266117 Nidorella nobrei A. Chev. = Conyza feae(Bég.) Wild ■☆
266118 Nidorella nordenstamii Wild;努登斯坦长冠田基黄■☆
266119 Nidorella nubigena Bolle = Conyza varia(Webb) Wild ■☆
266120 Nidorella obovata DC. = Nidorella auriculata DC. ■☆
266121 Nidorella pedunculata Oliv. = Conyza boranensis (S. Moore) Cufod. ■☆
266122 Nidorella pinnatilobata DC. = Nidorella resedifolia DC. ■☆
266123 Nidorella polycephala DC. = Nidorella auriculata DC. ■☆
266124 Nidorella punctulata DC. = Psiadia punctulata(DC.) Vatke ●☆
266125 Nidorella rapunculoides DC. = Nidorella resedifolia DC. ■☆
266126 Nidorella resedifolia DC.;木犀草长冠田基黄■☆
266127 Nidorella resedifolia DC. subsp. frutescens Merxm.;灌木长冠田基黄●☆
266128 Nidorella resedifolia DC. subsp. halophila Lisowski;喜盐长冠田基黄■☆
266129 Nidorella resedifolia DC. subsp. microcephala (Steetz) Wild = Nidorella microcephala Steetz ■☆
266130 Nidorella resedifolia DC. subsp. serpentinicola Wild;蛇纹岩长冠田基黄■☆
266131 Nidorella resedifolia DC. var. humilis Hiern = Nidorella resedifolia DC. ■☆
266132 Nidorella resedifolia DC. var. rapunculoides (DC.) Harv. = Nidorella resedifolia DC. ■☆
266133 Nidorella resedifolia DC. var. subvillosa Merxm. = Nidorella resedifolia DC. ■☆
266134 Nidorella senecionea DC. = Nidorella auriculata DC. ■☆
266135 Nidorella senecionidea DC. var. albanensis? = Nidorella auriculata DC. ■☆
266136 Nidorella solidaginidea DC. = Nidorella resedifolia DC. ■☆
266137 Nidorella spartioides(O. Hoffm.) Cronquist;绳索长冠田基黄■☆
266138 Nidorella sprengelii (Sch. Bip. ex Walp.) Harv. = Nidorella auriculata DC. ■☆
266139 Nidorella steetzii J. A. Schmidt = Conyza varia(Webb) Wild ■☆
266140 Nidorella stricta O. Hoffm. = Nidorella spartioides(O. Hoffm.) Cronquist ■☆
266141 Nidorella triloba(Decne.) DC. = Conyza stricta Willd. ex DC. ■
266142 Nidorella umbrosa Wild;耐荫长冠田基黄■☆
266143 Nidorella undulata(Thunb.) Sond. ex Harv.;波状长冠田基黄■☆
266144 Nidorella vernonioides Sch. Bip. ex A. Rich. = Conyza vernonioides(Sch. Bip. ex A. Rich.) Wild ■☆
266145 Nidorella welwitschii S. Moore = Conyza welwitschii(S. Moore) Wild ●☆
266146 Nidorella zavattarii(Lanza) Cufod.;扎瓦长冠田基黄■☆
266147 Nidorella zavattarii(Lanza) Cufod. var. lanzae Cufod. = Nidorella zavattarii(Lanza) Cufod. ■☆
266148 Nidularium Lem. (1854);巢凤梨属(鸟巢凤梨属,无邪鸟巢凤梨属);Nidularium ■☆
266149 Nidularium antoineanum Wawra;酒瓶菠萝■☆
266150 Nidularium billbergioides(Schult. f.) L. B. Sm.;松伞巢凤梨;Billbergialike Nidularium ■☆
266151 Nidularium billbergioides (Schult. f.) L. B. Sm. var. citrinum (Burch. ex Baker) Reitz;黄雀菠萝■☆
266152 Nidularium burchellii(Baker) Mez;伯氏巢凤梨■☆
266153 Nidularium carolinae Lem. = Neoregelia carolinae(Beer) L. B. Sm. ■☆
266154 Nidularium fulgens Lem.;深紫巢凤梨(巢凤梨,泽叶鸟巢凤梨);Bird's Nest Plant, Blushing Bromeliad ■☆
266155 Nidularium innocentii(Lem.) Lem.;巢凤梨(里红菠萝,里红凤梨,银线鸟巢凤梨);Bird's Nest Bromeliad, Innocent Nidularium ■☆
266156 Nidularium procerum Lindm.;红苞巢凤梨(红苞鸟巢凤梨)■☆
266157 Nidularium rutilans E. Morren;鲜红巢凤梨(鲜红花巢凤梨);Red Nidularium ■☆
266158 Nidus Riv. = Neottia Guett.(保留属名)■
266159 Nidus Riv. ex Kuntze = Neottia Guett.(保留属名)■
266160 Nidus listeroides(Lindl.) Kuntze = Neottia listeroides Lindl. ■
266161 Nidus-avis Ortega = Nidus Riv. ■
266162 Niebuhria DC. = Maerua Forssk. ●☆
266163 Niebuhria Neck. = Wedelia Jacq.(保留属名)■●
266164 Niebuhria Neck. ex Britten = Wedelia Jacq.(保留属名)■●
266165 Niebuhria Scop. = Baltimora L.(保留属名)■☆
266166 Niebuhria aethiopica Fenzl = Maerua aethiopica(Fenzl) Oliv. ●☆
266167 Niebuhria angustifolia(Harv.) Sprague = Maerua gilgii Schinz ●☆
266168 Niebuhria arenaria DC. = Maerua arenaria (DC.) Hook. f. et Thomson ●☆

266169 Niebuhria avicularis DC. = Maerua cafra(DC.) Pax ●☆

266170 Niebuhria cafra DC. = Maerua cafra(DC.) Pax ●☆

266171 Niebuhria nervosa Hochst. = Maerua nervosa(Hochst.) Oliv. ●☆

266172 Niebuhria oblongifolia (Forssk.) DC. = Maerua oblongifolia (Forssk.) A. Rich. ●☆

266173 Niebuhria oleoides DC. = Maerua cafra(DC.) Pax ●☆

266174 Niebuhria pedunculosa Hochst. = Maerua racemulosa(A. DC.) Gilg et Gilg-Ben. ●☆

266175 Niebuhria rosmarinoides Sond. = Maerua rosmarinoides(Sond.) Gilg et Gilg-Ben. ●☆

266176 Niebuhria triphylla (Thunb.) H. L. Wendl. = Maerua cafra (DC.) Pax ●☆

266177 Niebuhria undulata(Zeyh. ex Eckl. et Zeyh.) Sond. = Maerua racemulosa(A. DC.) Gilg et Gilg-Ben. ●☆

266178 Niebuhria woodii Oliv. = Bachmannia woodii(Oliv.) Gilg ●☆

266179 Niedenzua Pax = Adenochlaena Boiss. ex Baill. ■☆

266180 Niedenzuella W. R. Anderson = Hiraea Jacq. ●☆

266181 Niedenzuella W. R. Anderson(2006);亚马孙金虎尾属●☆

266182 Niederleinia Hieron. = Frankenia L. ●■

266183 Niedzwedzkia B. Fedtsch. (1915);尼德紫葳属●☆

266184 Niedzwedzkia B. Fedtsch. = Incarvillea Juss. ■

266185 Niedzwedzkia semiretschenskia B. Fedtsch.;尼德紫葳●☆

266186 Niemeyera F. Muell. (1867) = Apostasia Blume ■

266187 Niemeyera F. Muell. (1867)(废弃属名) = Niemeyera F. Muell. (1870)(保留属名)●☆

266188 Niemeyera F. Muell. (1870)(保留属名);尼迈榄属●☆

266189 Niemeyera prunifera(F. Muell.) F. Muell.;尼迈榄●☆

266190 Nienokuea A. Chev. = Polystachya Hook. (保留属名)■

266191 Nienokuea bambusoides A. Chev. = Polystachya microbambusa Kraenzl. ■☆

266192 Nienokuea lutea A. Chev. = Polystachya microbambusa Kraenzl. ■☆

266193 Nienokuea microbambusa (Kraenzl.) A. Chev. = Polystachya microbambusa Kraenzl. ■☆

266194 Nierembergia Ruiz et Pav. (1794);赛亚麻属(高花属);Cupflower, Cup-flower ■☆

266195 Nierembergia caerulea Gillies ex Miers;蓝高花(紫高杯花);Dwarf Cup Flower ■☆

266196 Nierembergia caerulea Gillies ex Miers 'Purple Robe';紫花蓝高花■☆

266197 Nierembergia frutescens Durieu;赛亚麻(高杯花);Tall Cupflower, Tall Cup-flower ■☆

266198 Nierembergia gracilis Hook.;细长赛亚麻■☆

266199 Nierembergia hippomanica Miers;南美赛亚麻;Cupflower, Dwarf Cupflower, Hippoman Cupflower, Nierembergia ■☆

266200 Nierembergia hippomanica Miers subsp. violacea Millan;堇色赛亚麻;Cup Flower ■☆

266201 Nierembergia hippomanica Miers var. caerulea(Gillies ex Miers) Millán;天蓝赛亚麻;Dwarf Cupflower ■☆

266202 Nierembergia hippomanica Miers var. glabriscula Dunal = Nierembergia linariifolia Graham var. glabriuscula(Dunal) Cocucci et Hunz. ■☆

266203 Nierembergia hippomanica Miers var. violacea Millán = Nierembergia linariifolia Graham var. glabriuscula(Dunal) Cocucci et Hunz. ■☆

266204 Nierembergia linariifolia Graham;线叶赛亚麻■☆

266205 Nierembergia linariifolia Graham var. glabriuscula (Dunal) Cocucci et Hunz.;光秃线叶赛亚麻■☆

266206 Nierembergia repens Ruiz et Pav.;爬行赛亚麻(银杯草,银花);Repent Cupflower, White-cup ■☆

266207 Nierembergia rivularis Miers = Nierembergia repens Ruiz et Pav. ■☆

266208 Nierembergia scoparia Sendtn.;帚状赛亚麻;Broom Cupflower ■☆

266209 Nietneria Benth. = Nietneria Klotzsch ex Benth. ■☆

266210 Nietneria Klotzsch et M. R. Schomb. = Nietneria Klotzsch ex Benth. ■☆

266211 Nietneria Klotzsch ex Benth. (1883);圭亚那纳茜菜属■☆

266212 Nietneria paniculata Steyerm.;圭亚那纳茜菜■☆

266213 Nietoa Schaffn. = Hanburia Seem. ■☆

266214 Nietoa Seem. ex W. Schaffn. = Hanburia Seem. ■☆

266215 Nigella L. (1753);黑种草属;Devil-in-a-bush, Fennelflower, Fennel-flower, Love-in-a-mist, Nigella ■

266216 Nigella arvensis L.;野黑种草(田野黑种草);Devil-in-a-bush, Field Fennelflower ■☆

266217 Nigella arvensis L. subsp. glaucescens (Guss.) Greuter et Burdet;灰绿野黑种草■☆

266218 Nigella arvensis L. var. cossoniana Ball = Nigella arvensis L. ■☆

266219 Nigella arvensis L. var. divaricata (Gaudich.) Boiss. = Nigella arvensis L. subsp. glaucescens(Guss.) Greuter et Burdet ■☆

266220 Nigella arvensis L. var. glauca Boiss. = Nigella arvensis L. subsp. glaucescens(Guss.) Greuter et Burdet ■☆

266221 Nigella arvensis L. var. glaucescens Guss. = Nigella arvensis L. subsp. glaucescens(Guss.) Greuter et Burdet ■☆

266222 Nigella arvensis L. var. hispanica(L.) Batt. et Trab. = Nigella hispanica L. ■☆

266223 Nigella arvensis L. var. intermedia Coss. = Nigella arvensis L. ■☆

266224 Nigella bucharica Schipcz.;布哈尔黑种草■☆

266225 Nigella damascena L.;黑种草(黑子草);Bird-drinking-at-a-fountain, Bishop's Wort, Bluebeard, Chase-the-devil, Crown of Thorns, Damask Fennel, Devil-among-the-tailors, Devil-in-a-bush, Devil-in-a-fog, Devil-in-a-frizzle, Devil-in-a-hedge, Devil-in-a-mist, Devil's Dew, Fennel Flower, Garden Fennel Flower, Gith, Herb Git, Jack in Prison, Jack-in-prison, Katherine's Flower, Kiss-me-twice-before-I-rise, Ladies-in-the-shade, Lady-in-the-bower, Lady's Bowler, Love-entangle, Love-entangled, Love-in-a-hedge, Love-in-a-mist, Love-in-a-puzzle, Love-in-the-mist, Nigella, Old Man's Beard, Prick-my-nose, Ragged Lady, Rose-among-the-thorns, Silver Slippers, Spider-in-his-web, Spider's Web, Spiderwort, Turban Bell, Wild Fennel ■

266226 Nigella damascena L. var. africana Brandt = Nigella damascena L. ■

266227 Nigella damascena L. var. minor Boiss. = Nigella damascena L. ■

266228 Nigella damascena L. var. oligogyna Caball. = Nigella damascena L. ■

266229 Nigella garidella Spenn.;小花黑种草;Garad Fennelflower ■☆

266230 Nigella glandulifera Freyn et Sint. ex Freyn;腺毛黑种草(黑种草,瘤果黑种草);Glandular Fennelflower, Glanduliferous Fennelflower ■

266231 Nigella hispanica L.;茴香叶黑种草;Fennelflower, Hispan Fennelflower ■☆

266232 Nigella hispanica L. subsp. atlantica Murb.;北非茴香叶黑种草■☆

266233 Nigella hispanica L. var. intermedia Coss. = Nigella hispanica L. ■☆

266234 Nigella hispanica L. var. parviflora Coss. = Nigella arvensis L. ■☆

266235 Nigella integrifolia Regel;全叶黑种草■☆

266236 Nigella orientalis L.;东方黑种草;Oriental Fennelflower ■☆

266237 Nigella oxypetala Boiss.;尖瓣黑种草■☆

266238 Nigella papillosa G. López = Nigella hispanica L. ■☆

266239 Nigella papillosa G. López subsp. atlantica(Murb.) G. López =

Nigella hispanica L. subsp. atlantica Murb. ■☆
266240 Nigella persica Boiss.;波斯黑种草■☆
266241 Nigella sativa L.;栽培黑种草(黑种草,家黑种草,食用黑种草,香黑种草);Black Cumin, Fennel Flower, Fitches, Florence Flower, Garden Fennelflower, Gith, Kalonji, Nutmeg Flower, Roman Coriander, Russian Carraway, Small Fennel ■
266242 Nigella segetalis M. Bieb.;田间黑种草■☆
266243 Nigellaceae J. Agardh = Ranunculaceae Juss.(保留科名)●■
266244 Nigellaceae J. Agardh;黑种草科■
266245 Nigellastrum Fabr. = Nigella L. ■
266246 Nigellastrum Heist. ex Fabr. = Nigella L. ■
266247 Nigellicereus (P. V. Heath) P. V. Heath = Stenocereus (A. Berger) Riccob.(保留属名)●☆
266248 Nigera Bubani = Caucalis L. ■☆
266249 Nigrina L. = Melasma P. J. Bergius ■
266250 Nigrina Thunb. = Chloranthus Sw. ■●
266251 Nigrina orobanchoides (Benth.) Kuntze = Alectra orobanchoides Benth. ■☆
266252 Nigrina ovatum (E. Mey. ex Benth.) Kuntze = Melasma scabrum P. J. Bergius var. ovatum (E. Mey. ex Benth.) Hiern ■☆
266253 Nigrina serrata Thunb. = Chloranthus serratus (Thunb.) Roem. et Schult. ■
266254 Nigrina sessiliflora (Vahl) Kuntze = Alectra sessiliflora (Vahl) Kuntze var. monticola (Engl.) Melch. ■☆
266255 Nigrina spicata Thunb. = Chloranthus spicatus (Thunb.) Makino ●
266256 Nigrina viscosa L. = Melasma scabrum P. J. Bergius ■☆
266257 Nigritella Rich. (1817);黑紫兰属;Nigritella ■☆
266258 Nigritella Rich. = Gymnadenia R. Br. ■
266259 Nigritella angustifolia Rich.;狭叶黑紫兰;Narrowleaf Nigritella ■☆
266260 Nigritella nigra (L.) Rchb. f.;黑紫兰;Black Nigritella, Black Vanilla Orchid, Vanilla Orchid ■☆
266261 Nigrolea Noronha = Kibara Endl. ●☆
266262 Nigromnia Carolin = Scaevola L.(保留属名)●■
266263 Nikitinia Iljin (1960);基叶菊属●☆
266264 Nikitinia leptoclada (Bornm. et Sint.) Iljin;基叶菊■☆
266265 Nil Medik. = Ipomoea L.(保留属名)●■
266266 Nilbedousi Augier = Ardisia Sw.(保留属名)●■
266267 Nilgirianthus Bremek. = Strobilanthes Blume ●■
266268 Nima Buch.-Ham. ex A. Juss. = Picrasma Blume ●
266269 Nima quassioides Buch.-Ham. ex A. Juss. = Picrasma quassioides (D. Don) A. W. Benn. ●
266270 Nimbo Donnst. = Murraya J. König ex L.(保留属名)●
266271 Nimiria Prain ex Craib = Acacia Mill.(保留属名)●■
266272 Nimmoia Wight = Aglaia Lour.(保留属名)●
266273 Nimmoia Wight = Ammannia L. ■
266274 Nimmoia Wight = Amoora Roxb. ●
266275 Nimmonia Wight (1840) = Ammannia L. ■
266276 Nimmonia Wight (1840) = Nimmoia Wight ■
266277 Nimphaea Neck. = Nymphaea L.(保留属名)■
266278 Nimphea Nocca = Nimphaea Neck. ■
266279 Nimphea Nocca = Nymphaea L.(保留属名)■
266280 Ninanga Raf. = Gomphrena L. + Froelichia Moench ■☆
266281 Nintooa Sweet = Lonicera L. ●■
266282 Nintooa confusa Sweet = Lonicera confusa (Sweet) DC. ●■
266283 Nintooa japonica (Thunb.) Sweet = Lonicera japonica Thunb. ●■
266284 Nintooa japonica Sweet = Lonicera japonica Thunb. ●■
266285 Nintooa longiflora (Lindl.) Sweet = Lonicera longiflora (Lindl.) DC. ●
266286 Nintooa longiflora Sweet = Lonicera longiflora (Lindl.) DC. ●■
266287 Niobaea Spach = Hypoxis L. ■
266288 Niobaea Spach = Niobea Willd. ex Schult. f. ■
266289 Niobe Salisb. = Hosta Tratt.(保留属名)■
266290 Niobe caerulea (Andréws) Nash = Hosta ventricosa (Salisb.) Stearn ■
266291 Niobea Willd. ex Schult. f. = Hypoxis L. ■
266292 Niopa (Benth.) Britton et Rose = Anadenanthera Speg. ●☆
266293 Niopa (Benth.) Britton et Rose = Piptadenia Benth. ●☆
266294 Niopa Britton et Rose = Anadenanthera Speg. ●☆
266295 Niopa Britton et Rose = Piptadenia Benth. ●☆
266296 Niota Adans. = Ceropegia L. ■
266297 Niota Lam. = Biporeia Thouars ●☆
266298 Niota Lam. = Quassia L. ●☆
266299 Niotoutt Adans. = Commiphora Jacq.(保留属名)●
266300 Nipa Benth. et Hook. f. = Nepa Webb ●
266301 Nipa Thunb. = Nypa Steck ●
266302 Nipa fructicans Thunb. = Nypa fructicans Wurmb. ●◇
266303 Nipaceae Brongn. ex Martinet = Arecaceae Bercht. et J. Presl(保留科名)●
266304 Nipaceae Brongn. ex Martinet = Palmae Juss.(保留科名)●
266305 Nipaceae Chadef. et Emb. = Arecaceae Bercht. et J. Presl(保留科名)●
266306 Nipaceae Chadef. et Emb. = Palmae Juss.(保留科名)●
266307 Niphaea Lindl. (1841);雪白苣苔属;Niphaea ■☆
266308 Niphaea oblonga Lindl.;长椭圆雪白苣苔;Oblong Niphaea ■☆
266309 Niphogeton Schltdl. (1857);雪草属■☆
266310 Niphogeton Schltdl. = Oreosciadium Wedd. ■☆
266311 Niphogeton andicola Schltdl.;雪草■☆
266312 Niphogeton bolivianum Mathias et Constance;玻利维亚雪草■☆
266313 Niphogeton ciliatum Rose ex Pittier;睫毛雪草■☆
266314 Niphus Raf. = Aristolochia L. ■●
266315 Niphus Raf. = Siphisia Raf. ●■
266316 Niphus Raf. ex Steud. = Aristolochia L. ■●
266317 Nipponanthemum (Kitam.) Kitam. (1978);倭菊属●☆
266318 Nipponanthemum Kitam. = Nipponanthemum (Kitam.) Kitam. ●☆
266319 Nipponanthemum nipponicum (Franch. ex Maxim.) Kitam.;倭菊;Nippon Daisy ■☆
266320 Nipponobambusa Muroi = Sasa Makino et Shibata ●
266321 Nipponocalamus Nakai = Arundinaria Michx. ●
266322 Nipponocalamus pygmaeus (Miq.) Nakai = Pleioblastus fortunei (Van Houtte) Nakai ●
266323 Nipponocalamus pygmaeus (Miq.) Nakai = Sasa pygmaea (Miq.) E. G. Camus ●
266324 Nipponorchis Masam. = Neofinetia Hu ■
266325 Nipponorchis falcata (Thunb.) Masam. = Neofinetia falcata (Thunb.) Hu ■
266326 Nirarathamnos Balf. f. (1882);索岛草属■☆
266327 Nirarathamnos asarifolius Balf. f.;索岛草■☆
266328 Nirbisia G. Don = Aconitum L. ■
266329 Niruri Adans. = Phyllanthus L. ●■
266330 Niruris Raf. = Niruri Adans. ●■
266331 Niruris Raf. = Phyllanthus L. ●■
266332 Nirwamia Raf. = Pellionia Gaudich.(保留属名)●■
266333 Nisa Noronha ex Thouars = Homalium Jacq. ●
266334 Nisomenes Raf. = Euphorbia L. ●■

266335 Nisoralis Raf. = Helicteres L. ●
266336 Nispero Aubrév. = Manilkara Adans.(保留属名)●
266337 Nissolia Jacq.(1760)(保留属名);尼索尔豆属(尼豆属)■☆
266338 Nissolia Mill.(废弃属名)= Lathyrus L. ■
266339 Nissolia Mill.(废弃属名)= Nissolia Jacq.(保留属名)■☆
266340 Nissolia montana Rose;山地尼索尔豆■☆
266341 Nissolia multiflora Rose;多花尼索尔豆■☆
266342 Nissolia parviflora Moench;小花尼索尔豆■☆
266343 Nissolia platycalyx S. Watson;宽萼尼索尔豆■☆
266344 Nissolia platycarpa Benth.;宽果尼索尔豆■☆
266345 Nissolia polyphylla Poir.;多叶尼索尔豆■☆
266346 Nissolia polysperma Bert ex DC.;多籽尼索尔豆■☆
266347 Nissolia punctata Lam.;斑点尼索尔豆■☆
266348 Nissolia uniflora Moench;单花尼索尔豆■☆
266349 Nissolius Medik.(废弃属名)= Machaerium Pers.(保留属名)●☆
266350 Nissoloides M. E. Jones.;类尼索尔豆属(尼豆属)■☆
266351 Nitelium Cass. = Dicoma Cass. ●☆
266352 Nitidobulbon Ojeda, Carnevali et G. A. Romero = Maxillaria Ruiz et Pav. ■☆
266353 Nitidobulbon Ojeda, Carnevali et G. A. Romero.(2009);肖鳃兰属■☆
266354 Nitrapia Pall. = Nitraria L. ●
266355 Nitraria L.(1759);白刺属;Lotus Tree, Niterhush, Nitraria, Nitrebush, Whitethorn ●
266356 Nitraria billardieri DC.;比拉底白刺;Billadi Nitraria, Billadi Whitethorn ●☆
266357 Nitraria caspica Willd. ex Pall. = Nitraria schoberi L. ●☆
266358 Nitraria komarovii Iljin et Lava;里海白刺;Komarov Nitraria, Komarov Whitethorn ●☆
266359 Nitraria pamirica L. I. Vassiljeva;帕米尔白刺;Pamir Nitraria, Pamir Whitethorn ●
266360 Nitraria praevisa Bobrov;毛瓣白刺;Hairpetal Whitethorn, Hairy-petal Nitraria ●
266361 Nitraria praevisa Bobrov = Nitraria roborowskii Kom. ●
266362 Nitraria retusa(Forssk.)Asch.;凹叶白刺(三齿白刺);Retuse Nitraria, Retuse Whitethorn, Three-toothed Nitraria, Three-toothed Whitethorn ●
266363 Nitraria retusa(Forssk.)Asch. subsp. tridentata(Desf.)A. Chev. = Nitraria retusa(Forssk.)Asch. ●
266364 Nitraria retusa Asch. subsp. euretusa Chiov. = Tribulocarpus dimorphanthus(Pax)S. Moore ●☆
266365 Nitraria roborowskii Kom.;大白刺(齿叶白刺,大果白刺,大果泡泡刺,罗氏白刺);Big Nitraria, Big Whitethorn, Roborowsk Nitraria ●
266366 Nitraria roborowskii Kom. = Nitraria schoberi L. ●☆
266367 Nitraria schoberi L.;盐生白刺(白刺,白棘,大果白刺,登相子,东蘼,沙蓬米);Saltliving Nitraria, Saltliving Whitethorn ●☆
266368 Nitraria schoberi L. = Nitraria sibirica Poir. ●
266369 Nitraria schoberi L. = Nitraria tangutorum Bobrov ●
266370 Nitraria schoberi L. var. caspica Pall. = Nitraria schoberi L. ●☆
266371 Nitraria schoberi L. var. globicarpa Kitag.;球果盐生白刺●
266372 Nitraria schoberi L. var. roborwvskii(Kom.)Hadidi = Nitraria schoberi L. ●☆
266373 Nitraria schoberi L. var. sibirica DC. = Nitraria sibirica Poir. ●
266374 Nitraria senegalensis Lam.;塞内加尔白刺;Senegal Nitraria, Senegal Whitethorn ●☆
266375 Nitraria senegalensis Poir. = Nitraria retusa(Forssk.)Asch. ●
266376 Nitraria sericea Jaub. et Spach. = Nitraria retusa(Forssk.)Asch. ●
266377 Nitraria sibirica Poir.;小果白刺(白刺,蛤蟆儿,哈莫儿,卡密,泡泡刺,酸胖,西伯利亚白刺,盐生白刺);Siberian Nitraria, Siberian Whitethorn ●
266378 Nitraria sibirica Poir. var. globicarpa(Kitag.)Kitag.;小球果白刺(球果白刺,球果东蘼)●☆
266379 Nitraria sinensis Kitag. = Nitraria sibirica Poir. ●
266380 Nitraria sphaerocarpa Maxim.;球果白刺(白刺泡泡刺,膜果白刺,泡果白刺,泡泡刺);Bubblefruit Whitethorn, Globose-fruit Nitraria, Round-fruited Nitraria ●
266381 Nitraria tangutorum Bobrov;白刺(甘青白刺,甘肃白刺,哈尔马格,酸胖,唐古特白刺,唐古特刺,唐古特泡泡刺);Tangut Nitraria, Tangut Whitethorn ●
266382 Nitraria tridentata Desf. = Nitraria retusa(Forssk.)Asch. ●
266383 Nitrariaceae Bercht et J. Presl(1820);白刺科●
266384 Nitrariaceae Lindl. = Nitrariaceae Bercht et J. Presl ●
266385 Nitrophila S. Watson(1871);对叶多节草属■☆
266386 Nitrophila mohavensis Munz et J. C. Roos;莫哈维对叶多节草■☆
266387 Nitrophila occidentalis(Moq.)S. Watson;西方对叶多节草■☆
266388 Nitrosalsola Tzvelev = Salsola L. ●■
266389 Nitrosalsola Tzvelev(1993);喜硝猪毛菜属■☆
266390 Nitrosalsola nitraria(Pall.)Tzvelev = Salsola nitraria Pall. ■
266391 Nivaria Fabr. = Leucojum L. ■●
266392 Nivaria Heist. = Leucojum L. ■●
266393 Nivaria Heist. ex Fabr. = Leucojum L. ■●
266394 Nivellea B. H. Wilcox, K. Bremer et Humphries(1993);十肋菊属■☆
266395 Nivellea nivellei(Braun-Blanq. et Maire)X. Wilcox et K. Bremer et Humphries;十肋菊■☆
266396 Nivenia R. Br. = Paranomus Salisb. ●☆
266397 Nivenia Vent.(1808);尼文木属;Nivenia ●☆
266398 Nivenia argentea Goldblatt;银白尼文木●☆
266399 Nivenia bolusii Gand. = Paranomus bolusii(Gand.)Levyns ●☆
266400 Nivenia capitata(Klatt)Weim. = Nivenia argentea Goldblatt ●☆
266401 Nivenia capitata R. Br. = Paranomus capitatus(R. Br.)Kuntze ●☆
266402 Nivenia concinna N. E. Br.;整洁尼文木●☆
266403 Nivenia corymbosa(Ker Gawl.)Baker;伞房尼文木;Corymbose Nivenia ●☆
266404 Nivenia corymbosa Baker = Nivenia corymbosa(Ker Gawl.)Baker ●☆
266405 Nivenia crithmifolia R. Br. = Paranomus bolusii(Gand.)Levyns ●☆
266406 Nivenia dispar N. E. Br.;异型尼文木●☆
266407 Nivenia diversifolia(Roem. et Schult.)E. Phillips et Hutch. = Paranomus longicaulis Salisb. ex Knight ●☆
266408 Nivenia dregei H. Buek ex Meisn. = Paranomus dregei(H. Buek ex Meisn.)Kuntze ●☆
266409 Nivenia fruticosa(L. f.)Baker;灌丛尼文木●☆
266410 Nivenia lagopus(Thunb.)R. Br. = Paranomus lagopus(Thunb.)Salisb. ●☆
266411 Nivenia levynsiae Weim.;勒温斯尼文木●☆
266412 Nivenia marginata R. Br. = Paranomus spathulatus(Thunb.)Kuntze ●☆
266413 Nivenia media R. Br. = Paranomus bracteolaris Salisb. ex Knight ●☆
266414 Nivenia micrantha Schltr. = Paranomus abrotanifolius Salisb. ex Knight ●☆
266415 Nivenia mollissima R. Br. = Paranomus candicans(Thunb.)

Kuntze ●☆
266416 Nivenia muirii E. Phillips et Hutch. = Paranomus spathulatus (Thunb.) Kuntze ●☆
266417 Nivenia parviflora Goldblatt;小花尼文木●☆
266418 Nivenia reflexa E. Phillips et Hutch. = Paranomus reflexus (E. Phillips et Hutch.) Fourc. ●☆
266419 Nivenia roodebergensis Compton = Paranomus roodebergensis (Compton) Levyns ●☆
266420 Nivenia sceptrum R. Br. = Paranomus sceptrum-gustavianus (Sparrm.) Hyl. ●☆
266421 Nivenia spathulata R. Br. = Paranomus spathulatus (Thunb.) Kuntze ●☆
266422 Nivenia spicata R. Br. = Paranomus spicatus (P. J. Bergius) Kuntze ●☆
266423 Nivenia stenosiphon Goldblatt;窄管尼文木●☆
266424 Nivenia stokoei (L. Guthrie) N. E. Br.;斯托克尼文木●☆
266425 Nivenia stylosa Salisb. = Nivenia corymbosa (Ker Gawl.) Baker ●☆
266426 Nivenia tomentosa E. Phillips et Hutch. = Paranomus tomentosus (E. Phillips et Hutch.) N. E. Br. ●☆
266427 Niveophyllum Matuda = Hechtia Klotzsch ■☆
266428 Nivieria Ser. = Triticum L. ■
266429 Nivieria monococca (L.) Ser. = Triticum monococcum L. ■
266430 Nivieria monococca Ser. = Triticum monococcum L. ■
266431 Noaea Moq. (1849);附药蓬属■●☆
266432 Noaea aretioides Coss. et Moq. ex Bunge = Anabasis aretioides (Coss. et Moq. ex Bunge) Coss. et Moq. ■☆
266433 Noaea leptoclada (Woronow) Iljin;细枝附药蓬■☆
266434 Noaea minuta Boiss. et Bal.;微小附药蓬■☆
266435 Noaea mucronata (Forssk.) Asch. et Schweinf.;钝尖附药蓬■☆
266436 Noaea oppositiflora (Pall.) C. A. Mey. = Girgensohnia oppositiflora (Pall.) Fenzl ●■
266437 Noaea spinosissima (L. f.) Moq. = Noaea mucronata (Forssk.) Asch. et Schweinf. ■☆
266438 Noahdendron P. K. Endress, B. Hyland et Tracey (1985);方舟木属●☆
266439 Noahdendron nicholasii P. K. Endress, B. Hyland et Tracey;方舟木●☆
266440 Noallia Buc'hoz = Eschweilera Mart. ex DC. ●☆
266441 Nobeliodendron O. C. Schmidt = Licaria Aubl. ●☆
266442 Nobula Adans. = Phyllis L. ●☆
266443 Nocca Cav. (废弃属名) = Lagascea Cav. (保留属名) ●■☆
266444 Noccaea Kuntze = Iberis L. ●■
266445 Noccaea Moench = Thlaspi L. ■
266446 Noccaea Willd. = Lagascea Cav. (保留属名) ●■☆
266447 Noccaea cochleariformis (DC.) Á. Löve et D. Löve = Thlaspi cochleariforme DC. ■
266448 Noccaea exauriculata (Kom.) De Moor = Thlaspi cochleariforme DC. ■
266449 Noccaea procumbens (L.) Rchb. = Hornungia procumbens (L.) Hayek ■
266450 Noccidium F. K. Mey. = Thlaspi L. ■
266451 Nochotta S. G. Gmel. = Cicer L. ■
266452 Nodocarpaea A. Gray (1883);节果茜属☆
266453 Nodocarpaea radicans A. Gray;节果茜☆
266454 Nodonema B. L. Burtt (1982);节丝苣苔属■☆
266455 Nodonema lineatum B. L. Burtt;节丝苣苔■☆
266456 Noea Boiss. et Balansa = Noaea Moq. ■●☆
266457 Nogalia Verdc. (1988);诺加紫草属■☆
266458 Nogalia drepanophylla (Baker) Verdc.;诺加紫草■☆
266459 Nogo Baehni = Lecomtedoxa (Pierre ex Engl.) Dubard ●☆
266460 Nogo chevalieri Baehni = Lecomtedoxa nogo (A. Chev.) Aubrév. ●☆
266461 Nogo heitziana (A. Chev.) Baehni = Lecomtedoxa nogo (A. Chev.) Aubrév. ●☆
266462 Nogo klaineana (Pierre ex Engl.) Baehni = Lecomtedoxa klaineana (Pierre ex Engl.) Dubard ●☆
266463 Nogra Merr. (1935);土黄芪属;Local Milkvetch ■
266464 Nogra guanxiensis C. F. Wei;广西土黄芪;Guangxi Local Milkvetch, Kwangsi Local Milkvetch ■
266465 Nogra simplicifolia (Dalzell) Raizada;土黄芪;Simpleleaf Local Milkvetch ■☆
266466 Noisettia Kunth (1823);宿瓣堇属■☆
266467 Noisettia frangulifolia Kunth;宿瓣堇■☆
266468 Noittetia Barb. Rodr. = Noisettia Kunth ■☆
266469 Nolana L. = Nolana L. ex L. f. ■☆
266470 Nolana L. ex L. f. (1762);铃花属(诺那阿属,小钟花属);Chilean Bellflower, Nolana ■☆
266471 Nolana atriplicifolia D. Don = Nolana paradoxa Hook. ■☆
266472 Nolana grandiflora Lehm. ex G. Don = Nolana paradoxa Hook. ■☆
266473 Nolana lanceolata Miers ex Dunal;剑叶铃花■☆
266474 Nolana paradoxa Hook.;铃花(南莱,小钟花)■☆
266475 Nolana prostrata L. f.;平卧铃花■☆
266476 Nolanaceae Bercht. et J. Presl (1820)(保留科名);铃花科(假茄科)■☆
266477 Nolanaceae Bercht. et J. Presl (保留科名) = Solanaceae Juss. (保留科名)●■
266478 Nolanaceae Dumort. = Nolanaceae Bercht. et J. Presl (保留科名)■☆
266479 Nolanaceae Dumort. = Solanaceae Juss. (保留科名)●■
266480 Noldeanthus Knobl. = Jasminum L. ●
266481 Noldeanthus angolensis Knobl. = Jasminum noldeanum Knobl. ●☆
266482 Nolina Michx. (1803);诺林兰属(酒瓶兰属,诺莉那属,诺林属,陷孔木属);Beargrass, Nolina ●☆
266483 Nolina arenicola Correll;沙地诺林兰;Sand Sacahuista ■☆
266484 Nolina atopocarpa Bartlett;佛罗里达诺林兰;Florida Beargrass ■☆
266485 Nolina bigelovii (Torr.) S. Watson;毕氏诺林兰;Beargrass, Bigelow Beargrass, Bigelow Nolina ■☆
266486 Nolina bigelovii (Torr.) S. Watson subsp. wolfii (Munz) E. Murray = Nolina parryi S. Watson ■☆
266487 Nolina bigelovii (Torr.) S. Watson var. parryi (S. Watson) L. D. Benson = Nolina parryi S. Watson ■☆
266488 Nolina bigelovii (Torr.) S. Watson var. wolfii (Munz) L. D. Benson = Nolina parryi S. Watson ■☆
266489 Nolina bigelovii S. Watson = Nolina bigelovii (Torr.) S. Watson ■☆
266490 Nolina brittoniana Nash;布里顿诺林兰;Britton's Beargrass ■☆
266491 Nolina caudata Trel. = Nolina microcarpa S. Watson ●☆
266492 Nolina cismontana Dice;丛林诺林兰;Chaparral Beargrass, Chaparral Nolina ■☆
266493 Nolina erumpens (Torr.) S. Watson;丘陵诺林兰;Beargrass, Foothills Nolina, Mesa Sacahuista ■☆
266494 Nolina erumpens (Torr.) S. Watson var. compacta Trel. = Nolina texana S. Watson ●☆
266495 Nolina erumpens S. Watson = Nolina erumpens (Torr.) S. Watson ■☆
266496 Nolina georgiana Michx.;乔治亚诺林兰;Georgia Beargrass ■☆

266497 Nolina greenei S. Watson ex Trel.;格林诺林兰■☆
266498 Nolina lindheimeriana (Scheele) S. Watson;林德诺林兰;Lindheimer's Beargrass ■☆
266499 Nolina longifolia(Schult. et Schult. f.) Hemsl.;长叶陷孔木;Mexican Grass Tree,Zacate ●☆
266500 Nolina longifolia Hemsl. = Beaucarnea longifolia Baker ●☆
266501 Nolina longifolia Hemsl. = Nolina longifolia (Schult. et Schult. f.) Hemsl. ●☆
266502 Nolina matapensis Wiggins;马太坪诺林;Matapen Nolina,Tree Beargrass ■☆
266503 Nolina micrantha I. M. Johnst.;小花诺林兰■☆
266504 Nolina microcarpa S. Watson;小果陷孔木;Beargrass,Sacahuista,Sawgrass ●☆
266505 Nolina nelsonii Rose;蓝陷孔木;Blue Beargrass Tree,Tree Sacahuista ●☆
266506 Nolina parryi S. Watson;帕里诺林兰(酒瓶兰);Beargrass,Giant Nolina,Parry Nolina,Parry's Beargrass ■☆
266507 Nolina parryi S. Watson subsp. wolfii Munz = Nolina parryi S. Watson ■☆
266508 Nolina recurvata(Lem.) Hemsl. = Beaucarnea recurvata Lem. ●☆
266509 Nolina texana S. Watson;得州陷孔木;Bunchgrass,Texas Bear Grass,Texas Sacahuiste ●☆
266510 Nolina texana S. Watson var. compacta(Trel.) I. M. Johnst. = Nolina texana S. Watson ●☆
266511 Nolina wolfii(Munz) Munz = Nolina parryi S. Watson ■☆
266512 Nolinaceae Nakai = Dracaenaceae Salisb. (保留科名)●
266513 Nolinaceae Nakai = Ruscaceae M. Roem. (保留科名)●
266514 Nolinaceae Nakai(1943);诺林兰科(玲花蕉科,南青冈科,陷孔木科)■●☆
266515 Nolinaea Baker = Nolina Michx. ●☆
266516 Nolinaea Baker = Nolinea Pers. ●■☆
266517 Nolinea Pers. = Nolina Michx. ●☆
266518 Nolinia K. Schum. = Molinia Schrank ■
266519 Nolitangere Raf. = Impatiens L. ■
266520 Nolletia Cass. (1825);麻点菀属■●☆
266521 Nolletia arenosa O. Hoffm.;砂麻点菀■☆
266522 Nolletia chrysocomoides(Desf.) Cass.;麻点菀■●☆
266523 Nolletia ciliaris(DC.) Steetz;缘毛麻点菀■☆
266524 Nolletia costata Klatt = Nicolasia costata(Klatt) Thell. ■☆
266525 Nolletia ericoides Merxm.;石南状麻点菀■☆
266526 Nolletia gariepina(DC.) Mattf.;加里普麻点菀■☆
266527 Nolletia rarifolia(Turcz.) Steetz;稀叶麻点菀■☆
266528 Nolletia rhodesiana S. Moore = Nolletia zambesica R. E. Fr. ■☆
266529 Nolletia ruderalis Hilliard;荒地麻点菀■☆
266530 Nolletia tenuifolia Mattf.;细叶麻点菀■☆
266531 Nolletia zambesica R. E. Fr.;赞比西麻点菀■☆
266532 Noltea Rchb. (1829);诺尔茶属;Soapbush ●☆
266533 Noltea africana(L.) Rchb. f.;诺尔茶●☆
266534 Noltia Eckl. ex Steud. = Selago L. ●☆
266535 Noltia Schumach. = Diospyros L. ●
266536 Noltia Schumach. et Thonn. = Diospyros L. ●
266537 Noltia tricolor Schumach. et Thonn. = Diospyros tricolor (Schumach. et Thonn.) Hiern ●☆
266538 Nomaphila Blume = Hygrophila R. Br. ●■
266539 Nomaphila Blume(1826);刚直爵床属●☆
266540 Nomaphila ciliata T. Anderson = Hygrophila ciliata (T. Anderson) Burkill ■☆
266541 Nomaphila glandulosa Klotzsch = Dyschoriste verticillaris (T. Anderson ex Oliv.) C. B. Clarke ■☆
266542 Nomaphila gracillima Schinz = Hygrophila gracillima (Schinz) Burkill ■☆
266543 Nomaphila laevis Nees = Hygrophila laevis(Nees) Lindau ■
266544 Nomaphila quadrangularis Klotzsch = Duosperma quadrangulare (Klotzsch) Brummitt ■☆
266545 Nomaphila stricta Nees;刚直爵床;Stiff Beargrass ■☆
266546 Nomismia Wight et Arn. = Rhynchosia Lour. (保留属名)●■
266547 Nomismia capitata(Heyne ex Roth) Wight et Arn. = Rhynchosia capitata(Heyne ex Roth) DC. ■☆
266548 Nomocharis Franch. (1889);豹子花属;Nomocharis ■
266549 Nomocharis aperta(Franch.) E. H. Wilson;开瓣豹子花(开瓣百合,山百合);Exposedpetal Lily ■
266550 Nomocharis aperta (Franch.) E. H. Wilson = Lilium apertum Franch. ■
266551 Nomocharis basilissa Farrer ex W. E. Evans;美丽豹子花;Beautiful Nomocharis ■
266552 Nomocharis biluoensis S. Yun Liang;碧罗豹子花;Biluo Nomocharis ■
266553 Nomocharis biluoensis S. Yun Liang = Nomocharis meleagrina Franch. ■
266554 Nomocharis euxantha W. W. Sm. et W. E. Evans = Lilium nanum Klotzsch var. flavidum(Rendle) Sealy ■
266555 Nomocharis farreri (W. E. Evans) Harr.;滇西豹子花;W. Yunnan Nomocharis,West Yunnan Nomocharis ■
266556 Nomocharis forrestii Balf. f.;滇蜀豹子花;Forrest Nomocharis ■
266557 Nomocharis forrestii Balf. f. = Nomocharis aperta(Franch.) E. H. Wilson ■
266558 Nomocharis henricii (Franch.) E. H. Wilson = Lilium henricii Franch. ■
266559 Nomocharis henricii(Franch.) E. H. Wilson f. maculata W. E. Evans = Lilium henricii Franch. var. maculatum (W. E. Evans) Woodcock et Stearn ■
266560 Nomocharis leucantha Balf. f. = Nomocharis pardanthina Franch. ■
266561 Nomocharis lophophora (Bureau et Franch.) W. E. Evans = Lilium lophophorum(Bureau et Franch.) Franch. ■
266562 Nomocharis lophophora(Bureau et Franch.) W. E. Evans var. wardii(Balf. f.) W. W. Sm. et W. E. Evans = Lilium lophophorum (Bureau et Franch.) Franch. ■
266563 Nomocharis mairei H. Lév.;宽瓣豹子花■
266564 Nomocharis mairei H. Lév. = Nomocharis pardanthina Franch. ■
266565 Nomocharis mairei H. Lév. f. candida W. E. Evans = Nomocharis pardanthina Franch. ■
266566 Nomocharis mairei H. Lév. f. leucantha(Balf. f.) W. E. Evans = Nomocharis pardanthina Franch. ■
266567 Nomocharis meleagrina Franch.;多斑豹子花;Peckled Nomocharis ■
266568 Nomocharis nana (Klotzsch et Garcke) E. H. Wilson = Lilium nanum Klotzsch ■
266569 Nomocharis nana (Klotzsch) E. H. Wilson = Lilium nanum Klotzsch ■
266570 Nomocharis pardanthina Franch.;豹子花(宽瓣豹子花);Common Nomocharis,Maire Nomocharis ■
266571 Nomocharis pardanthina Franch. f. punctulata Sealy = Nomocharis pardanthina Franch. ■
266572 Nomocharis pardanthina Franch. var. farrei W. E. Evans =

Nomocharis farreri(W. E. Evans) Harr. ■
266573 Nomocharis saluenense Balf. f.;云南豹子花(碟花百合,萨尔温豹子花);Dishflower Lily ■
266574 Nomocharis saluenense Balf. f. = Lilium saluenense(Balf. f.)S. Yun Liang ■
266575 Nomocharis souliei (Franch.) W. W. Sm. et W. E. Evans = Lilium souliei(Franch.)Sealy ■
266576 Nomocharis wardii Balf. f. = Lilium lophophorum (Bureau et Franch.) Franch. ■
266577 Nomochloa Nees = Pleurostachys Brongn. ■☆
266578 Nomochloa P. Beauv. = Blysmus Panz. ex Schult. (保留属名)■
266579 Nomochloa P. Beauv. ex T. Lestib. (废弃属名) = Blysmus Panz. ex Schult. (保留属名)■
266580 Nomochloa compressa (L.) Beetle = Blysmus compressus (L.) Panz. ■
266581 Nomophila Post et Kuntze = Hygrophila R. Br. ●■
266582 Nomophila Post et Kuntze = Nomaphila Blume ●☆
266583 Nomopyle Roalson et Boggan = Gloxinia L'Hér. ■☆
266584 Nomopyle Roalson et Boggan(2005);南美苣苔属■☆
266585 Nomosa I. M. Johnst. (1954);牧场紫草属■☆
266586 Nomosa rosei I. M. Johnst.;牧场紫草■☆
266587 Nonatelia Aubl. = Palicourea Aubl. ●☆
266588 Nonatelia Kuntze = Lasianthus Jack(保留属名)●
266589 Nonatelia africana(Hiern)Kuntze = Lasianthus africanus Hiern ●☆
266590 Nonatelia africana (Hook. f.) Kuntze = Triainolepis africana Hook. f. ●☆
266591 Nonatelia hildebrandtii (Vatke) Kuntze = Triainolepis africana Hook. f. subsp. hildebrandtii(Vatke)Verdc. ■☆
266592 Nonateliaceae Martinov = Rubiaceae Juss. (保留科名)●■
266593 Nonea Medik. (1789);假狼紫草属;Monkswort,Nonea,Nonnea ■
266594 Nonea alpestris(Steven)G. Don;高山假狼紫草■☆
266595 Nonea bourgaei Coss. = Nonea micrantha Boiss. et Reut. ■☆
266596 Nonea calycina(Roem. et Schult.)Selvi et Bigazzi et al.;萼状假狼紫草■☆
266597 Nonea caspica(Willd.)G. Don;假狼紫草;Common Nonea ■
266598 Nonea caspica (Willd.) G. Don subsp. melanocarpa (Boiss.) Riedl;黑果假狼紫草■☆
266599 Nonea caspica(Willd.)G. Don subsp. zygomorpha Riedl;对称假狼紫草■☆
266600 Nonea daghestanica Kusn.;达赫斯坦假狼紫草■☆
266601 Nonea decurrens(C. A. Mey.)G. Don;下延假狼紫草■☆
266602 Nonea edgeworthii A. DC.;埃奇沃斯狼紫草■☆
266603 Nonea embergeri(Sauvage et Vindt)Selvi et Bigazzi et al.;恩贝格尔假狼紫草■☆
266604 Nonea flavescens(C. A. Mey.)Fisch. et C. A. Mey.;浅黄假狼紫草■☆
266605 Nonea heterostemon Murb.;互冠假狼紫草■☆
266606 Nonea intermedia Ledeb.;间型假狼紫草■☆
266607 Nonea karsensis Popov;卡尔斯假狼紫草■☆
266608 Nonea lutea(Desr.)DC.;黄假狼紫草;Yellow Monkswort ■☆
266609 Nonea macropoda Popov;大足假狼紫草■☆
266610 Nonea melanocarpa Boiss. = Nonea caspica (Willd.) G. Don subsp. melanocarpa(Boiss.)Riedl ■☆
266611 Nonea micrantha Boiss. et Reut.;小花假狼紫草■☆
266612 Nonea micrantha Boiss. et Reut. var. bourgaei(Coss.)Murb. = Nonea micrantha Boiss. et Reut. ■☆
266613 Nonea micrantha Boiss. et Reut. var. ochroleuca Lange = Nonea micrantha Boiss. et Reut. ■☆
266614 Nonea multicolor Kunze = Nonea calycina(Roem. et Schult.) Selvi et Bigazzi et al. ■☆
266615 Nonea nigricans(Desf.)DC. = Nonea vesicaria(L.)Rchb. ■☆
266616 Nonea nigricans DC. = Nonea caspica(Willd.)G. Don ■
266617 Nonea nigricans DC. subsp. violacea (Desf.) Batt. = Nonea vesicaria(L.)Rchb. ■☆
266618 Nonea pallens Petr.;苍白假狼紫草■☆
266619 Nonea perezii Pau = Elizaldia heterostemon (Murb.) I. M. Johnst. ■☆
266620 Nonea phaneranthera Viv. = Nonea calycina(Roem. et Schult.) Selvi et Bigazzi et al. ■☆
266621 Nonea picta(M. Bieb.)Fisch. et C. A. Mey. = Nonea caspica (Willd.)G. Don ■
266622 Nonea picta Fisch. et C. A. Mey. = Nonea caspica(Willd.)G. Don ■
266623 Nonea pulla(L.)DC.;暗色假狼紫草■☆
266624 Nonea rosea Link;粉假狼紫草;Rose Monkswort ■☆
266625 Nonea setosa(Lehm.)Roem. et Schult.;刚毛假狼紫草■☆
266626 Nonea turcomanica Popov;土库曼假狼紫草■☆
266627 Nonea ventricosa(Sibth. et Sm.)Griseb.;偏肿假狼紫草■☆
266628 Nonea versicolor(Steven)Sweet;彩色假狼紫草■☆
266629 Nonea vesicaria(L.)Rchb.;膀胱假狼紫草(红假狼紫草);Red Monkswort ■☆
266630 Nonea vesicaria (L.) Rchb. var. luteola Sauvage et Vindt = Nonea vesicaria(L.)Rchb. ■☆
266631 Nonea vivianii A. DC.;维维安假狼紫草■☆
266632 Nonnea Medik. = Nonea Medik. ■
266633 Nonnea Rchb. = Nonea Medik. ■
266634 Nonnia St. -Lag. = Nonea Medik. ■
266635 Nopal Thierry ex Forst. et Riimpl. = Nopalea Salm-Dyck ●☆
266636 Nopalea Salm-Dyck = Opuntia Mill. ●
266637 Nopalea Salm-Dyck(1850);胭脂仙人掌属;Nopal ●☆
266638 Nopalea auberi(Sweet)Salm-Dyck;奥伯胭脂仙人掌●☆
266639 Nopalea cochenillifera(L.)Salm-Dyck;胭脂仙人掌●☆
266640 Nopalea cochenillifera(L.)Salm-Dyck = Opuntia cochinellifera (L.)Mill. ■
266641 Nopalea dejecta Salm-Dyck;降魔剑●☆
266642 Nopalea guatemalensis Rose;名剑士●☆
266643 Nopaleaceae Burnett = Cactaceae Juss. (保留科名)●■
266644 Nopaleaceae J. St. -Hil. = Cactaceae Juss. (保留科名)●■
266645 Nopaleaceae Schmid et Curtman = Cactaceae Juss. (保留科名)●■
266646 Nopalxochia Britton et Rose = Disocactus Lindl. ●☆
266647 Nopalxochia Britton et Rose(1923);令箭荷花属(孔雀仙人掌属);Nopalxochia ■
266648 Nopalxochia ackermannii(Haw.)F. M. Knuth;令箭荷花(红孔雀,孔雀仙人掌);Ackermann Nopalxochia, Orchid Cactus, Red Orchid Cactus ■
266649 Nopalxochia ackermannii (Haw.) F. M. Knuth = Disocactus ackermannii(Haw.)Barthlott ■☆
266650 Nopalxochia ackermannii (Haw.) F. M. Knuth = Epiphyllum ackermannii Haw. ■
266651 Nopalxochia phyllanthoides(DC.)Britton et Rose;小朵令箭荷花;Empress-of-Germany,Pond-lily Cactus ■
266652 Norantea Aubl. (1775);囊苞木属(诺兰属,扑克藤属)●☆
266653 Norantea brasiliensis Choisy;巴西囊苞木●☆
266654 Norantea guianensis Aubl.;圭亚那囊苞木(圭亚那诺兰)●☆

266655 Norantea indica Sweet;印度囊苞木●☆

266656 Norantea macrocarpa G. Don;大果囊苞木●☆

266657 Noranteaceae DC. ex Mart. = Marcgraviaceae Bercht. et J. Presl (保留科名)●■☆

266658 Noranteaceae T. Post et Kuntze = Marcgraviaceae Bercht. et J. Presl(保留科名)●■☆

266659 Noranteaceae T. Post et Kuntze;囊苞木科●

266660 Noratilea Walp. = Nonatelia Aubl. ●☆

266661 Nordenstamia Lundin = Gynoxys Cass. ●☆

266662 Nordenstamia Lundin(2006);南赤道菊属●☆

266663 Nordenstamia kingii(H. Rob. et Cuatrec.)B. Nord.;金氏南赤道菊●☆

266664 Nordenstamia longistyla(Greenm. et Cuatrec.)B. Nord.;长柱南赤道菊●☆

266665 Nordenstamia repanda(Wedd.)Lundin;南赤道菊●☆

266666 Nordmannia Fisch. et C. A. Mey. ex C. A. Mey. = Daphnopsis Mart. ●☆

266667 Nordmannia Ledeb. ex Nordm. = Trachystemon D. Don ●☆

266668 Norisca Dyer = Hypericum L. ■●

266669 Norisca Dyer = Norysca Spach ■●

266670 Norlindhia B. Nord.(2006);黑金盏属■☆

266671 Norlindhia amplectens(Harv.)B. Nord.;黑金盏■☆

266672 Norlindhia aptera B. Nord.;无翅黑金盏■☆

266673 Norlindhia breviradiata(Norl.)B. Nord.;短线黑金盏■☆

266674 Normanbokea Kladiwa et Buxb. = Neolloydia Britton et Rose ●☆

266675 Normanboria Butzin = Acrachne Wight et Arn. ex Chiov. ■

266676 Normanbya F. Muell. = Normanbya F. Muell. ex Becc. ●☆

266677 Normanbya F. Muell. ex Becc.(1885);黑桐属(黑狐狸椰子属,黑狐尾椰子属,隆氏椰子属,银叶狐尾椰属);Chusan Palm, Nothaphoebe, Wind Mill Palm ●☆

266678 Normanbya normanbyi L. H. Bailey;黑桐(澳洲黑桐,黑狐狸椰子,黑狐尾椰子,昆士兰黑椰子,针叶狐尾椰);Black Palm, Chusan Palm, Nothaphoebe, Wind Mill Palm ●☆

266679 Normandia Hook. f.(1872);诺曼茜属■☆

266680 Normandiodendron J. Léonard(1872);诺曼木属●☆

266681 Normandiodendron bequaertii(De Wild.)J. Léonard;贝卡尔诺曼茜■☆

266682 Normandiodendron romii(De Wild.)J. Léonard;罗姆诺曼茜■☆

266683 Normania Lowe = Solanum L. ●■

266684 Normania triphylla(Lowe)Lowe = Solanum trisectum Dunal ☆

266685 Norna Wahlenb. = Calypso Salisb.(保留属名)■

266686 Noronha Thouars ex Kunth = Dypsis Noronha ex Mart. ●☆

266687 Noronhaea Post et Kuntze = Noronhia Stadman ex Thouars ●☆

266688 Noronhia Stadman = Noronhia Stadman ex Thouars ●☆

266689 Noronhia Stadman ex Thouars(1806);诺罗木犀属●☆

266690 Noronhia alleizettei Dubard;阿雷诺罗木犀●☆

266691 Noronhia ambrensis H. Perrier;昂布尔木犀●☆

266692 Noronhia binia Roem. et Schult. = Noronhia emarginata(Lam.) Thouars ●☆

266693 Noronhia boinensis H. Perrier;博伊纳木犀●☆

266694 Noronhia boivinii Dubard;博伊文诺罗木犀●☆

266695 Noronhia brevituba H. Perrier;短管诺罗木犀●☆

266696 Noronhia buxifolia H. Perrier;黄杨叶诺罗木犀●☆

266697 Noronhia candicans H. Perrier;纯白诺罗木犀●☆

266698 Noronhia chartacea Stadtm. ex Hook. = Noronhia emarginata (Lam.)Thouars ●☆

266699 Noronhia crassinodis H. Perrier;粗节诺罗木犀●☆

266700 Noronhia crassiramosa H. Perrier;粗枝诺罗木犀●☆

266701 Noronhia cruciata H. Perrier;十字形诺罗木犀●☆

266702 Noronhia decaryana H. Perrier;德卡里诺罗木犀●☆

266703 Noronhia divaricata Scott-Elliot;叉开诺罗木犀●☆

266704 Noronhia emarginata (Lam.) Thouars; 微缺诺罗木犀; Madagascar Olive ●☆

266705 Noronhia gracilipes H. Perrier;细梗诺罗木犀●☆

266706 Noronhia humbertiana H. Perrier;亨伯特诺罗木犀●☆

266707 Noronhia introversa H. Perrier;内折诺罗木犀●☆

266708 Noronhia lanceolata H. Perrier;披针形诺罗木犀●☆

266709 Noronhia leandriana H. Perrier;利安诺罗木犀●☆

266710 Noronhia linearifolia Boivin ex Dubard;线叶诺罗木犀●☆

266711 Noronhia longipedicellata H. Perrier;长梗诺罗木犀●☆

266712 Noronhia louvelii H. Perrier;卢韦尔诺罗木犀●☆

266713 Noronhia luteola H. Perrier;黄诺罗木犀●☆

266714 Noronhia mangorensis H. Perrier;曼古鲁诺罗木犀●☆

266715 Noronhia myrtoides H. Perrier;桃金娘诺罗木犀●☆

266716 Noronhia oblanceolata H. Perrier;倒披针诺罗木犀●☆

266717 Noronhia ovalifolia H. Perrier;卵叶诺罗木犀●☆

266718 Noronhia pervilleana(Knobl.)H. Perrier;佩尔诺罗木犀●☆

266719 Noronhia populifolia H. Perrier;杨叶诺罗木犀●☆

266720 Noronhia sambiranensis H. Perrier;桑比朗诺罗木犀●☆

266721 Noronhia seyrigii H. Perrier;塞里格诺罗木犀●☆

266722 Noronhia tetrandra H. Perrier;四蕊诺罗木犀●☆

266723 Noronhia tubulosa H. Perrier;管状诺罗木犀●☆

266724 Noronhia verrucosa H. Perrier;多疣诺罗木犀●☆

266725 Noronhia verticillata H. Perrier;轮生诺罗木犀●☆

266726 Noronhia verticilliflora H. Perrier;轮叶诺罗木犀●☆

266727 Norraania Lowe = Solanum L. ●■

266728 Norrisia Gardner(1849);诺里斯马钱属●☆

266729 Norrisia malaccensis Gardner;诺里斯马钱●☆

266730 Norta Adans. = Sisymbrium L. ■

266731 Norta altissima(L.)Brittan = Sisymbrium altissium L. ■

266732 Nortenia Thouars = Torenia L. ■

266733 Nortenia thouarsii Cham. et Schltdl. = Torenia thouarsii(Cham. et Schltdl.)Kuntze ■☆

266734 Northea Hook. f. = Northia Hook. f. ●☆

266735 Northia Hook. f.(1884);诺斯榄属●☆

266736 Northia seychellana Hook. f.;诺斯榄●☆

266737 Northiopsis Kaneh. = Manilkara Adans.(保留属名)●

266738 Norysca Spach = Hypericum L. ■●

266739 Norysca Spach = Komana Adans. ■●

266740 Norysca aurea(Lour.)Blume = Hypericum monogynum L. ●

266741 Norysca chinensis(L.)Spach = Hypericum monogynum L. ●

266742 Norysca chinensis(L.)Spach var. salicifolia(Siebold et Zucc.) Y. Kimura = Hypericum monogynum L. ●

266743 Norysca cordifolia Blume = Hypericum cordifolium Choisy ●☆

266744 Norysca hookeriana (Wight et Arn.) Wight = Hypericum hookerianum Wight et Arn. ●

266745 Norysca hookeriana (Wight et Arn.) Wight var. leschenaultii sensu Y. Kimura = Hypericum choisianum Wall. ex N. Robson ●

266746 Norysca kouytchense (H. Lév.) Y. Kimura = Hypericum kouytchense H. Lév. ●

266747 Norysca longistyla(Oliv.)Y. Kimura = Hypericum longistylum Oliv. ●

266748 Norysca patula(Thunb. ex Murray)Voigt = Hypericum patulum Thunb. ●

266749 Norysca patula(Thunb.) Voigt = Hypericum patulum Thunb. ●
266750 Norysca puntctata Blume = Hypericum monogynum L. ●
266751 Norysca salicifolia (Siebold et Zucc.) K. Koch = Hypericum monogynum L. ●
266752 Norysca salicifolia Blume = Hypericum monogynum L. ●
266753 Norysca urala (Buch. -Ham. ex D. Don) K. Koch = Hypericum uralum Buch. -Ham. ex D. Don ●
266754 Norysca urala(Buch. -Ham. ex D. Don) K. Koch var. angustifolia Y. Kimura = Hypericum uralum Buch. -Ham. ex D. Don ●
266755 Norysca urala K. Koch = Hypericum uralum Buch. -Ham. ex D. Don ●
266756 Norysca urata K. Koch ex Dippel = Hypericum uralum Buch. -Ham. ex D. Don ●
266757 Nosema Prain = Platostoma P. Beauv. ■☆
266758 Nosema Prain(1904);龙船草属(假夏枯草属);Nosema ■
266759 Nosema cochinchinense(Lour.) Merr.;龙船草(狗尾射草,红色草,假夏枯草,青缸草,全缘萼);Cochinchina Nosema ■
266760 Nosema holocheilum(Hance) Kudo = Nosema cochinchinensis (Lour.) Merr. ■
266761 Nosema prunnelloides(Hemsl.) C. B. Clarke ex Prain = Nosema cochinchinensis(Lour.) Merr. ■
266762 Nostelis Raf. = Micromeria Benth. (保留属名) ■●
266763 Nostolachma T. Durand = Lachnostoma Kunth ●☆
266764 Nostolachma T. Durand(1888);藏咖啡属●
266765 Nostolachma crassifolia(Gamble) Deb et J. Lahiri;厚叶藏咖啡●☆
266766 Nostolachma densiflora(Blume) Bakh. f.;密花藏咖啡●☆
266767 Nostolachma jenkinsii (Hook. f.) Deb et J. Lahiri = Coffea jenkinsii Hook. f. ●
266768 Nostolachma odorata(Pierre) J. -F. Leroy;香藏咖啡●☆
266769 Nostolachma viridiflora(Ridl.) J. -F. Leroy ex A. P. Davis;绿花藏咖啡●☆
266770 Notanthera(DC.) G. Don(1834);背花寄生属●☆
266771 Notanthera G. Don = Loranthus Jacq. (保留属名) ●
266772 Notanthera G. Don = Notanthera(DC.) G. Don ●☆
266773 Notanthera heterophyllus G. Don.;背花寄生●☆
266774 Notaphoebe Blume ex Pax = Nothapodytes Blume ●
266775 Notaphoebe Griseb. = Nothaphoebe Blume ●
266776 Notaphoebe Pax = Nothaphoebe Blume ●
266777 Notapodytes Blume = Nothapodytes Blume ●
266778 Notarisia Pestal. ex Cesati = Ricotia L. (保留属名) ■☆
266779 Notechidnopsis Lavranos et Bleck(1985);南苦瓜掌属■☆
266780 Notechidnopsis columnaris (Nel) Lavranos et Bleck = Richtersveldia columnaris(Nel) Meve et Liede ●☆
266781 Notechidnopsis tessellata(Pillans) Lavranos et Bleck;南苦瓜掌■☆
266782 Notelaea Vent. (1804);南木犀属●☆
266783 Notelaea longifolia Vent.;长叶南木犀;Mock Olive ●☆
266784 Notelea Raf. = Notelaea Vent. ●☆
266785 Noterophila Mart. = Acisanthera P. Browne ●■☆
266786 Nothaphoebe Blume ex Pax = Nothaphoebe Blume ●
266787 Nothaphoebe Blume(1851);赛楠属;Nothaphoebe ●
266788 Nothaphoebe baviensis Lecomte = Caryodaphnopsis baviensis (Lecomte) Airy Shaw ●
266789 Nothaphoebe cavaleriei(H. Lév.) Yen C. Yang;赛楠(峨眉赛楠,假桂皮,西南赛楠,云楠树,运蓝树);Cavalerie's Nothaphoebe ●◇
266790 Nothaphoebe duclouxii Lecomte = Nothaphoebe cavaleriei (H. Lév.) Yen C. Yang ●◇
266791 Nothaphoebe fargesii H. Liu;城口赛楠;Farges' Nothaphoebe ●
266792 Nothaphoebe konishii(Hayata) Hayata;台湾赛楠(大叶楠,大叶润楠,台湾厚朴,小西赛楠,小西氏楠,小西氏赛楠);Konishi Machilus, Konishi's Nothaphoebe, Taiwan Nothaphoebe ●
266793 Nothaphoebe omeiensis(Gamble) Chun = Nothaphoebe cavaleriei (H. Lév.) Yen C. Yang ●◇
266794 Nothaphoebe panduriformis Gamble;琴叶赛楠(潘多赛楠)●☆
266795 Nothaphoebe petiolaris Meisn. = Alseodaphne petiolaris (Meisn.) Hook. f. ●
266796 Nothaphoebe pyriformis (Elmer) Merr. = Caryodaphnopsis tonkinensis(Lecomte) Airy Shaw ●
266797 Nothaphoebe tonkinensis Lecomte = Caryodaphnopsis tonkinensis (Lecomte) Airy Shaw ●
266798 Nothaphoebe tonkinensis Lecomte f. brevipedicellata Liou = Caryodaphnopsis henryi Airy Shaw ●
266799 Nothapodytes Blume(1851);假柴龙树属(马比木属,南柴龙树属,鹰紫花树属);Nothapodytes ●
266800 Nothapodytes amamiana Nagam. et Mak. Kato;雨海假柴龙树●☆
266801 Nothapodytes collina C. Y. Wu;厚叶假柴龙树;Mountanous Nothapodytes, Thickleaf Nothapodytes ●
266802 Nothapodytes dimorpha(Craib) Sleumer = Nothapodytes foetida (Wight) Sleumer ●
266803 Nothapodytes dimorpha (Craib) Sleumer = Nothapodytes nimmoniana(J. Graham) Mabb. ●
266804 Nothapodytes dimorpha C. Y. Wu = Nothapodytes obscura C. Y. Wu ●
266805 Nothapodytes foetida(Wight) Sleumer;臭味假柴龙树(臭假柴龙树,臭马比木);Foetid Nothapodytes ●
266806 Nothapodytes foetida (Wight) Sleumer = Nothapodytes nimmoniana (J. Graham) Mabb. ●
266807 Nothapodytes nimmoniana(J. Graham) Mabb.;青脆枝;Nimmon ●
266808 Nothapodytes obscura C. Y. Wu;薄叶假柴龙树;Obscure Nothapodytes, Thinleaf Nothapodytes ●
266809 Nothapodytes obtusifolia(Merr.) Howard;假柴龙树;Obtuseleaf Nothapodytes, Obtuse-leaved Nothapodytes ●
266810 Nothapodytes pittosporoides(Oliv.) Sleumer;中华假柴龙树(公黄珠子,贵州追风散,海桐假柴龙树,马比木,南紫花树,追风伞,追风散);Pittosporum-like Nothapodytes ●
266811 Nothapodytes tomentosa C. Y. Wu;毛假柴龙树;Tomentose Nothapodytes ●
266812 Notheria P. O' Byrne et J. J. Verm. (2000);诺氏兰属■☆
266813 Nothites Cass. = Stevia Cav. ■●☆
266814 Nothoalsomitra I. Telford(1982);假大盖瓜属■☆
266815 Nothoalsomitra suberosa(Bailey) I. Telford;假大盖瓜■☆
266816 Nothobaccaurea Haegens(2000);假木奶果属●☆
266817 Nothobaccaurea pulvinata(A. C. Sm.) Haegens;假木奶果●☆
266818 Nothobaccharis R. M. King et H. Rob. (1979);旋叶亮泽兰属●☆
266819 Nothobaccharis candolleana(Steud.) R. M. King et H. Rob.;旋叶亮泽兰■☆
266820 Nothobartsia Bolliger et Molau(1992);假巴茨列当属■☆
266821 Nothobartsia aspera(Brot.) Bolliger et Molau;假巴茨列当■☆
266822 Nothocalais(A. Gray) Greene = Microseris D. Don ■☆
266823 Nothocalais (A. Gray) Greene (1886);假橙粉苣属;False Agoseris, False Dandelion ■☆
266824 Nothocalais Greene = Nothocalais(A. Gray) Greene ■☆
266825 Nothocalais alpestris(A. Gray) K. L. Chambers;高山假橙粉苣;Alpine Lake False Dandelion ■☆
266826 Nothocalais cuspidata(Pursh) Greene;骤尖假橙粉苣;Prairie

False Dandelion ■☆
266827 Nothocalais cuspidata (Pursh) Greene = Microseris cuspidata (Pursh) Sch. Bip. ■☆
266828 Nothocalais nigrescens(L. F. Hend.) A. Heller;斑点假橙粉苣; Speckled False Dandelion ■☆
266829 Nothocalais troximoides (A. Gray) Greene; 山艾假橙粉苣; Sagebrush False Dandelion ■☆
266830 Nothocallitris A. V. Bobrov et Melikyan(1984);肖澳柏属●☆
266831 Nothocarpus Post et Kuntze = Nodocarpaea A. Gray☆
266832 Nothocelastrus Blume ex Kuntze = Perrottetia Kunth ●
266833 Nothocelastrus Blume ex Kuntze(1891);假南蛇藤属●☆
266834 Nothocelastrus alpestre Blume ex Kuntze;假南蛇藤●☆
266835 Nothocestrum A. Gray(1862);假夜香树属●☆
266836 Nothocestrum breviflorum A. Gray;短叶假夜香树●☆
266837 Nothocestrum inconcinnum H. St. John;假夜香树●☆
266838 Nothocestrum latifolium A. Gray;宽叶假夜香树●☆
266839 Nothocestrum longifolium A. Gray;长叶假夜香树●☆
266840 Nothochelone (A. Gray) Straw (1966); 假龟头花属; False Chelone ■☆
266841 Nothochelone nemorosa(Douglas ex Lindl.) Straw;假龟头花■☆
266842 Nothochilus Radlk. (1889);假唇列当属■●☆
266843 Nothochilus coccineus Radlk.;假唇列当■●☆
266844 Nothocissus(Miq.) Latiff(1982);假常春藤属●☆
266845 Nothocissus sterculiifolia(F. Muell. ex Benth.) Latiff;假常春藤●☆
266846 Nothocnestis Miq. = Bhesa Buch. -Ham. ex Arn. ●
266847 Nothocnestis Miq. = Kurrimia Wall. ex Thwaites ●
266848 Nothocnide Blume = Nothocnide Blume ex Chew ●☆
266849 Nothocnide Blume ex Chew = Pseudopipturus Skottsb. ●☆
266850 Nothocnide Blume ex Chew(1856);假落尾木属●☆
266851 Nothocnide Chew = Nothocnide Blume ex Chew ●☆
266852 Nothocnide discolor(C. B. Rob.) Chew;二色假落尾木●☆
266853 Nothocnide melastomatifolia(K. Schum.) Chew;假落尾木●☆
266854 Nothocnide mollissima(Blume) Chew;毛假落尾木●☆
266855 Nothoderris Blume ex Miq. = Derris Lour.(保留属名)●
266856 Nothodoritis Z. H. Tsi(1989);象鼻兰属;Trunkorchis ■★
266857 Nothodoritis zhejiangensis Z. H. Tsi;象鼻兰;Trunkorchis ■
266858 Nothofagaceae Kuprian. (1962);假山毛榉科(南青冈科,南山毛榉科,拟山毛榉科)●☆
266859 Nothofagaceae Kuprian. = Fagaceae Dumort.(保留科名)●
266860 Nothofagus(Blume) Oerst. = Nothofagus Blume(保留属名)●☆
266861 Nothofagus Blume(1851)(保留属名);假山毛榉属(假山毛榉科,假水青冈属,南青冈属);False Beech, Southern Beech ●☆
266862 Nothofagus alessandrii Espinosa;大叶假山毛榉(亚氏假水青冈);Ruil ●☆
266863 Nothofagus alpina(Poepp. et Endl.) Oerst. = Nothofagus procera (Poepp. et Endl.) Oerst. ●☆
266864 Nothofagus antarctica(G. Forst.) Oerst.;极地假山毛榉(极地南水青冈,南极假水青冈); Antarctic Beech, Antarctic False Beech, Nitre, Southern Beech ●☆
266865 Nothofagus betuloides(Mirb.) Oerst.;桦状假山毛榉(桦状假水青冈,桦状南水青冈)●☆
266866 Nothofagus cliffortioides Oerst.;可利果假山毛榉; Mountain Beech ●☆
266867 Nothofagus cunninghamii(Hook.) Oerst.;塔斯马尼亚假山毛榉(常绿假水青冈);Myrtle Beech, Myrtle Tree, Tasmanian Beech, Tasmanian Myrtle ●☆
266868 Nothofagus dombeyi(Mirb.) Oerst.;南方假山毛榉(榆叶南水青冈,智利假水青冈);Coigue ●☆
266869 Nothofagus dombeyi Blume = Nothofagus dombeyi (Mirb.) Oerst. ●☆
266870 Nothofagus fusca(Hook. f.) Oerst.;红叶假山毛榉(红假水青冈); New Zealand Beech, New Zealand Red Beech, Red Beech, Tawhai ●☆
266871 Nothofagus glauca Krasser;粉绿假山毛榉(粉绿假水青冈)●☆
266872 Nothofagus gunnii(Hook. f.) Oerst.;耿氏假山毛榉;Gunn's Beech, Tanglefoot Beech ●☆
266873 Nothofagus leoni Espinosa;莱氏假山毛榉●☆
266874 Nothofagus menziesii(Hook. f.) Oerst.;新西兰灰皮假山毛榉(银假水青冈,重齿南水青冈);New Zealand Beech, New Zealand Silver Beech, Silver Beech, Southland Beech ●☆
266875 Nothofagus moorei(F. Muell.) Krasser;莫雷假山毛榉(黑壳假水青冈);Antarctic Beech, Australian Beech, Niggerhead Beech ●☆
266876 Nothofagus nervosa(Phil.) Dimitri et Milano;有脉假水青冈; Raoul, Raouli, Rauli, Southern Beech ●☆
266877 Nothofagus nervosa Krasser = Nothofagus nervosa(Phil.) Dimitri et Milano ●☆
266878 Nothofagus nitida Krasser;光亮假山毛榉(光亮假水青冈)●☆
266879 Nothofagus obliqua(Mirb.) Blume;橡树假山毛榉(斜假水青冈,斜叶南水青冈);Chilean Beech, Rible Beech, Robble, Roble, Southern Beech ●☆
266880 Nothofagus obliqua (Mirb.) Oerst. = Nothofagus obliqua (Mirb.) Blume ●☆
266881 Nothofagus procera(Poepp. et Endl.) Oerst.;高山假山毛榉(高大假水青冈);Raoul, Rauli, Southern Beech ●☆
266882 Nothofagus procera(Poepp. et Endl.) Oerst. = Nothofagus nervosa (Phil.) Dimitri et Milano ●☆
266883 Nothofagus procera(Poepp. et Endl.) Oerst. = Nothofagus obliqua (Mirb.) Oerst. ●☆
266884 Nothofagus pumilio(Poepp. et Endl.) Krasser;矮生假山毛榉(矮假水青冈);Dwarf Chilean Beech, Lenga ●☆
266885 Nothofagus solandri(Hook. f.) Oerst.;黑色假山毛榉(黑假水青冈);Black Beech, Mountain Beech, New Zealand Beech ●☆
266886 Nothofagus truncata(Colenso) Cockayne;硬假山毛榉(坚硬假水青冈);Clinker Beech, Hard Beech ●☆
266887 Nothoholcus Nash = Holcus L.(保留属名)■
266888 Nothoholcus Nash = Notholcns Nash ex Hitchc. ■
266889 Notholcus Hitchc. = Holcus L.(保留属名)■
266890 Notholcus Nash ex Hitchc. = Holcus L.(保留属名)■
266891 Notholcus lanatus(L.) Nash ex Hitchc. = Holcus lanatus L. ■
266892 Notholcus lanatus Nash ex Hitchc. = Holcus lanatus L. ■
266893 Notholirion Wall. ex Boiss. (1882);假百合属(太白米属); Falselily ■
266894 Notholirion Wall. ex Voigt = Notholirion Wall. ex Boiss. ■
266895 Notholirion Wall. ex Voigt et Boiss. = Notholirion Wall. ex Boiss. ■
266896 Notholirion bulbuliferum(Lingelsh. ex H. Limpr.) Stearn;假百合(九子,太白米);Falselily, Hyacinth Falselily ■
266897 Notholirion bulbuliferum (Lingelsh.) Stearn = Notholirion bulbuliferum(Lingelsh. ex H. Limpr.) Stearn ■
266898 Notholirion campanulatum Cotton et Stearn; 钟花假百合; Bellshaped Falselily ■
266899 Notholirion hyacinthinum (E. H. Wilson) Stapf = Notholirion bulbuliferum(Lingelsh. ex H. Limpr.) Stearn ■
266900 Notholirion hyacinthinum (E. H. Wilson) Stapf = Notholirion bulbuliferum(Lingelsh.) Stearn ■

266901 Notholirion macrophyllum (D. Don) Boiss.;大叶假百合;Largeleaf Falselily ■
266902 Notholirion thomsonianum (Royle) Stapf;汤姆森假百合;Thomson Falselily ■☆
266903 Notholithocarpus Manos, Cannon et S. H. Oh = Quercus L. ●
266904 Notholithocarpus Manos, Cannon et S. H. Oh(1964);密花栎属●
266905 Nothomyrcia Kausel = Myrceugenia O. Berg ●☆
266906 Nothonia Endl. = Notonia DC. ●■☆
266907 Nothopanax Miq. (1856);梁王茶属(假参属);Falsepanax, False-panax ●
266908 Nothopanax Miq. = Polyscias J. R. Forst. et G. Forst. ●
266909 Nothopanax Miq. emend. Harms = Polyscias J. R. Forst. et G. Forst. ●
266910 Nothopanax arboreum Seem. = Pseudopanax arboreus(L. f. et Murray) Philipson ●☆
266911 Nothopanax bockii Harms ex Diels = Nothopanax davidii (Franch.) Harms ex Diels ●
266912 Nothopanax cochleatus (Lam.) Miq.;梁王茶;Cochleate Falsepanax ●☆
266913 Nothopanax davidii(Franch.) Harms ex Diels;异叶梁王茶(大卫梁王茶,贡山梁王茶,金刚尖,阔叶梁王茶,梁王茶,闷头黄,三叶枫,三叶树,树五加);David False Panax, David False-panax ●
266914 Nothopanax davidii (Franch.) Harms ex Diels = Metapanax davidii(Franch.) Frodin ex J. Wen et Frodin ●
266915 Nothopanax davidii(Franch.) Harms ex Diels var. gongshanensis C. B. Shang = Metapanax davidii (Franch.) Frodin ex J. Wen et Frodin ●
266916 Nothopanax davidii(Franch.) Harms ex Diels var. gongshanensis C. B. Shang;贡山梁王茶;Gongshan Falsepanax ●
266917 Nothopanax davidii(Franch.) Harms ex Diels var. longicaudatus K. M. Feng;尾叶梁王茶;Longcaudate Delavay Falsepanax, Longcaudate Nothopanax ●
266918 Nothopanax delavayi (Franch.) Harms ex Diels;掌叶梁王茶(白鸡骨头树,宝金刚,金刚散,金刚树,阔叶假参,阔叶梁王茶,良旺茶,良旺头,凉碗茶,梁王茶,山槟榔,台氏梁王茶,羊毛金刚);Delavay Nothopanax, Palmleaf Falsepanax ●
266919 Nothopanax delavayi (Franch.) Harms ex Diels = Metapanax delavayi(Franch.) Frodin ex J. Wen et Frodin ●
266920 Nothopanax delavayi (Franch.) Harms ex Diels var. longicaudatus K. M. Feng = Metapanax delavayi(Franch.) Frodin ex J. Wen et Frodin var. longicaudatus(K. M. Feng) R. Li et H. Li ●
266921 Nothopanax delavayi (Franch.) Harms ex Diels var. longicaudatus K. M. Feng = Nothopanax delavayi(Franch.) Harms ex Diels var. longipedicellatus C. B. Shang ●
266922 Nothopanax delavayi (Franch.) Harms ex Diels var. longipedicellatus C. B. Shang;长梗梁王茶(尾叶梁王茶);Longpedicel Falsepanax ●
266923 Nothopanax diversifolius Harms = Nothopanax davidii(Franch.) Harms ex Diels ●
266924 Nothopanax emeiensis Z. Y. Zhu = Macropanax rosthornii (Harms) C. Y. Wu ex G. Hoo ●
266925 Nothopanax farinosum(Delile) Seem. = Polyscias farinosa(Delile) Harms ●☆
266926 Nothopanax ficifolia Miq.;细叶木川芎;Thin-leaf Falsepanax ●
266927 Nothopanax fruticosum(L.) Miq.;木川芎(梁王茶,槭叶假参,槭叶假葠);Fruticose Falsepanax ●
266928 Nothopanax fruticosus(L.) Miq. = Polyscias fruticosa(L.) Harms ●
266929 Nothopanax latifolius Hand.-Mazz. = Metapanax davidii (Franch.) Frodin ex J. Wen et Frodin ●
266930 Nothopanax membranifolius W. W. Sm. = Merrilliopanax listeri (King) H. L. Li ●◇
266931 Nothopanax membranifolius W. W. Sm. = Merrilliopanax membranifolius(W. W. Sm.) C. B. Shang ●
266932 Nothopanax rosthornii Harms = Macropanax rosthornii (Harms) C. Y. Wu ex G. Hoo ●
266933 Nothopanax rosthornii Harms ex Diels = Macropanax rosthornii (Harms) C. Y. Wu ex G. Hoo ●
266934 Nothopegia Blume(1850)(保留属名);假藤漆属●☆
266935 Nothopegia colebrookiana(Wight) Blume;假藤漆●☆
266936 Nothopegiopsis Lauterb. (1920);类藤漆属●☆
266937 Nothopegiopsis Lauterb. = Semecarpus L. f. ●
266938 Nothopegiopsis nidificans Lauterb.;类藤漆●☆
266939 Nothophlebia Standl. = Pentagonia Benth. (保留属名) ■☆
266940 Nothophoebe Post et Kuntze = Nothaphoebe Blume ●
266941 Nothopothos(Miq.) Kuntze = Anadendrum Schott ●
266942 Nothoprotium Miq. (1861);假马蹄果属●☆
266943 Nothoprotium Miq. = Pentaspadon Hook. f. ●☆
266944 Nothoprotium sumatranum Blume;假马蹄果●☆
266945 Nothorhipsalis Doweld = Rhipsalis Gaertn. (保留属名)●
266946 Nothorhipsalis Doweld(2001);类仙人棒属■☆
266947 Nothorhipsalis houlletiana(Lem.) Doweld;类仙人棒■☆
266948 Nothorites P. H. Weston et A. R. Mast = Orites R. Br. ●☆
266949 Nothorites P. H. Weston et A. R. Mast(2008);大果山龙眼属●☆
266950 Nothoruellia Bremek. = Nothoruellia Bremek. et Narm.-Bremek. ■☆
266951 Nothoruellia Bremek. = Ruellia L. ■●
266952 Nothoruellia Bremek. et Narm.-Bremek. (1948);假芦莉草属■☆
266953 Nothoruellia Bremek. et Narm.-Bremek. = Ruellia L. ■●
266954 Nothoruellia scabrifolia (Valeton) Bremek. et Narm.-Bremek.;假芦莉草■☆
266955 Nothosaerva Wight(1853);头柱苋属■☆
266956 Nothosaerva brachiata(L.) Wight;头柱苋■☆
266957 Nothoscordum Kunth (1843) (保留属名);假葱属;False Garlic, False Onion, Honey-bells, Nothoscordum ■☆
266958 Nothoscordum aureum (Kellogg) Hook. f. = Bloomeria crocea (Torr.) Coville var. aurea(Kellogg) J. W. Ingram ■☆
266959 Nothoscordum bivalve (L.) Britton;条纹假葱;Crow Poison, False Garlic, Streak-leaved Garlic, Striate Nothoscordum, Yellow False Garlic ■☆
266960 Nothoscordum borbonicum Kunth;芳香假葱;Fragrant False Garlic, Onion Weed ■☆
266961 Nothoscordum fragrans (Vent.) Kunth = Nothoscordum borbonicum Kunth ■☆
266962 Nothoscordum fragrans (Vent.) Kunth = Nothoscordum gracile (Aiton) Stearn ■☆
266963 Nothoscordum fragrans Kunth = Nothoscordum gracile (Aiton) Stearn ■☆
266964 Nothoscordum gracile (Aiton) Stearn = Nothoscordum gracile (Dryand.) Stearn ■☆
266965 Nothoscordum gracile (Dryand.) Stearn;纤细假葱(香味假葱);Honey-bells, Slender False Garlic, Strongscented Garlic ■☆
266966 Nothoscordum inodorum (Aiton) G. Nicholson;蜜钟假葱;Honey-bells ■☆
266967 Nothoscordum mairei H. Lév. = Allium wallichii Kunth ■

266968 Nothoscordum neriniflorum(Herb.) Benth. et Hook. f. = Allium neriniflorum(Herb.) Baker ■

266969 Nothoscordum neriniflorum (Herb.) Benth. et Hook. f. var. albiflorum Kitag. = Allium neriniflorum(Herb.) Baker ■

266970 Nothoscordum nerinifolium Benth. et Hook. f.;假葱(合被韭);Oleanderleaf Nothoscordum ■☆

266971 Nothoscordum striatum (Jacq.) Kunth = Nothoscordum bivalve (L.) Britton ■☆

266972 Nothoscordum striatum Kunth = Nothoscordum bivalve (L.) Britton ■☆

266973 Nothoscordum texanum M. E. Jones = Nothoscordum bivalve (L.) Britton ■☆

266974 Nothosmyrnium Miq. (1867);白苞芹属;Whitebractcelery ■

266975 Nothosmyrnium japonicum Miq.;白苞芹(藁茇,藁本,鬼卿,鬼新,芹菜三七,石防风,水芹菜,土藁本,香藁本,紫茎芹);Japan Whitebractcelery,Japanese Whitebractcelery ■

266976 Nothosmyrnium japonicum Miq. var. sutchuensis H. Boissieu;川白苞芹(四川白苞芹);Sichuan Whitebractcelery ■

266977 Nothosmyrnium xizangense R. H. Shan et T. S. Wang;西藏白苞芹;Tibet Whitebractcelery,Xizang Whitebractcelery ■

266978 Nothosmyrnium xizangense R. H. Shan et T. S. Wang var. simpliciorum R. H. Shan et T. S. Wang;少裂西藏白苞芹■

266979 Nothospartium Pritz. = Notospartium Hook. f. ●☆

266980 Nothospermum Hort. = Nothospartium Pritz. ●☆

266981 Nothospondias Engl. (1905);伪槟榔青属●☆

266982 Nothospondias staudtii Engl.;伪槟榔青●☆

266983 Nothospondias talbotii S. Moore = Nothospondias staudtii Engl. ●☆

266984 Nothostele Garay(1982);假柱兰属■☆

266985 Nothostele acianthiformis(Rchb. f. et Warm.) Garay;假柱兰■☆

266986 Nothotaxus Florin = Pseudotaxus W. C. Cheng ●★

266987 Nothotaxus chienii (W. C. Cheng) Florin = Pseudotaxus chienii (W. C. Cheng) W. C. Cheng ●

266988 Nothotsuga Hu = Tsuga(Endl.) Carrière ●

266989 Nothotsuga Hu ex C. N. Page = Tsuga(Endl.) Carrière ●

266990 Nothotsuga longibracteata (W. C. Cheng) Hu = Tsuga longibracteata W. C. Cheng ●

266991 Nothotsuga longibracteata(W. C. Cheng) Hu ex C. N. Page = Tsuga longibracteata W. C. Cheng ●

266992 Nothria P. J. Bergius = Frankenia L. ●■

266993 Nothria repens P. J. Bergius = Frankenia repens(P. J. Bergius) Fourc. ●☆

266994 Noticastrum DC. (1836);银菀属■☆

266995 Noticastrum acuminatum(DC.) Cuatrec.;渐尖银菀■☆

266996 Noticastrum adscendens DC.;银菀■☆

266997 Noticastrum album Phil.;白银菀■☆

266998 Noticastrum glandulosum Phil.;多腺银菀■☆

266999 Notiophrys Lindl. = Platylepis A. Rich. (保留属名)■☆

267000 Notiophrys glandulosa Lindl. = Platylepis glandulosa (Lindl.) Rchb. f. ■☆

267001 Notiophrys occulta Lindl. = Polystachya anceps Ridl. ■☆

267002 Notiosciadium Speg. (1924);湿伞芹属(阿根廷伞芹属)■☆

267003 Notiosciadium pampicola Speg.;湿伞芹■☆

267004 Notjo Adans. (废弃属名) = Campsis Lour. (保留属名)●

267005 Notobasis(Cass.) Cass. (1825);银脉蓟属■☆

267006 Notobasis(Cass.) Cass. = Cirsium Mill. ■

267007 Notobasis Cass. = Notobasis(Cass.) Cass. ■☆

267008 Notobasis syriaca(L.) Cass.;银脉蓟■☆

267009 Notobubon B.-E. van Wyk = Athamanta L. ■☆

267010 Notobubon B.-E. van Wyk = Bubon L. ■☆

267011 Notobubon B.-E. van Wyk(2008);假糖胡萝卜属■☆

267012 Notobuxus Oliv. (1882);非洲黄杨属●☆

267013 Notobuxus Oliv. = Buxus L. ●

267014 Notobuxus acuminata(Gilg) Hutch. = Buxus acutata Friis ●☆

267015 Notobuxus benguellensis(Gilg) E. Phillips = Buxus benguellensis Gilg ●☆

267016 Notobuxus cordata Radcl.-Sm. = Buxus cordata (Radcl.-Sm.) Friis ●☆

267017 Notobuxus macowanii(Oliv.) E. Phillips = Buxus macowanii Oliv. ●☆

267018 Notobuxus madagascarica (Baill.) E. Phillips = Buxus madagascarica Baill. ●☆

267019 Notobuxus natalensis Oliv.;非洲黄杨●☆

267020 Notobuxus natalensis Oliv. = Buxus natalensis(Oliv.) Hutch. ●☆

267021 Notobuxus nyasica(Hutch.) E. Phillips = Buxus nyasica Hutch. ●☆

267022 Notobuxus obtusifolia Mildbr. = Buxus obtusifolia (Mildbr.) Hutch. ●☆

267023 Notocactus(K. Schum.) A. Berger et Backeb. = Notocactus(K. Schum.) Fric ■

267024 Notocactus(K. Schum.) A. Berger et Backeb. = Parodia Speg. (保留属名)●

267025 Notocactus(K. Schum.) Backeb. = Parodia Speg. (保留属名)●

267026 Notocactus(K. Schum.) Frič = Parodia Speg. (保留属名)●

267027 Notocactus(K. Schum.) Fric(1928);南国玉属;Ball Cactus,Ballcactus ■

267028 Notocactus A. Berger = Notocactus (K. Schum.) A. Berger et Backeb. ■

267029 Notocactus Backeb. ex Sida = Parodia Speg. (保留属名)●

267030 Notocactus apricus(Arechav.) A. Berger;河内球(河内丸);Notocactus ■☆

267031 Notocactus arricus A. Berger = Notocactus apricus (Arechav.) A. Berger ■☆

267032 Notocactus concinnus (Monv.) A. Berger = Parodia concinna (Monv.) N. P. Taylor ■☆

267033 Notocactus erinaceus(Haw.) Krainz = Parodia erinacea(Haw.) N. P. Taylor ■☆

267034 Notocactus floricomus(Arechav.) A. Berger;花柱(花冠丸)■☆

267035 Notocactus graessneri(K. Schum.) A. Berger;黄雪光;Graessner Ballcactus,Yellow Ball Cactus ■

267036 Notocactus graessneri (K. Schum.) A. Berger f. albisetus (Cullmann) N. Gerloff et Neduchal;白刚毛黄雪光■☆

267037 Notocactus haselbergii(Haage) A. Berger = Parodia haselbergii (Haage ex Rümpler) F. H. Brandt ■

267038 Notocactus haselbergii(Rümpler) A. Berger = Parodia haselbergii (Haage ex Rümpler) F. H. Brandt ■

267039 Notocactus herteri(Werderm.) Buining et Kreuz.;海特玉■☆

267040 Notocactus horstii F. Ritter;赫氏南国玉■☆

267041 Notocactus leninghausii(Haage) A. Berger;黄翁(光辉柱,金晃);Golden Ball Cactus,Golden Ball-cactus ■

267042 Notocactus magnificus (F. Ritter) Krainz ex N. P. Taylor = Parodia magnifica(F. Ritter) F. H. Brandt ■☆

267043 Notocactus mammulosus(Lehm.) A. Berger;黄云仙人球(鬼云球,鬼云丸)■

267044 Notocactus muricatus (Otto ex Pfeiff.) A. Berger;紫螺玉;Muricate Ballcactus ■☆

267045 Notocactus ottonis(Lehm.) A. Berger;青王球(华贵仙人球,青

王丸);Ottonis Ballcactus ■
267046 Notocactus ottonis(Lehm.) A. Berger var. schuldtii Kreuz.;宝贵青■☆
267047 Notocactus pampeanus(Speg.)Backeb.;狮子王球;Devil's Paw ■
267048 Notocactus roseoluteus Vliet;粉黄南国玉■☆
267049 Notocactus rutilans Daniker et Krainz;红冠球(红冠丸,赭红玉)■☆
267050 Notocactus schumannianus(Nicolai) A. Berger;金冠■☆
267051 Notocactus scopa(Link et Otto) A. Berger;小町(干果仙人球,刷毛玉);Silver Ball Cactus,Silver Ballcactus,Silver Ball-cactus ■
267052 Notocactus scopa (Link et Otto) A. Berger var. candidus (Pfeiff.) Backeb.;白乐天■☆
267053 Notocactus scopa (Link et Otto) A. Berger var. daenikerianus (Krainz) Krainz;黄金小町■☆
267054 Notocactus scopa(Spreng.) Backeb. = Cactus scopa Spreng. ■
267055 Notocactus scopa(Spreng.) Backeb. = Notocactus scopa(Link et Otto) A. Berger ■
267056 Notocactus scopa A. Berger = Notocactus scopa(Link et Otto) A. Berger ■
267057 Notocactus submammulosus(Lehm.) Backeb.;细粒玉■☆
267058 Notocactus submammulosus (Lehm.) Backeb. var. pampeanus (Speg.) Backeb.;狮王仙人球(狮子王丸)■
267059 Notocactus succineus F. Ritter;琥珀刺玉■☆
267060 Notocactus tabularis(Cels ex K. Schum.) Backeb.;盘玉■☆
267061 Notocactus uebelmannianus Buining;眩美玉■☆
267062 Notocampylum Tiegh. = Ouratea Aubl.(保留属名)●
267063 Notocampylum chevalieri Tiegh. = Campylospermum glaberrimum (P. Beauv.) Farron ●☆
267064 Notocampylum decrescens Tiegh. = Campylospermum glaberrimum (P. Beauv.) Farron ●☆
267065 Notocampylum nigricans Tiegh. = Campylospermum glaberrimum (P. Beauv.) Farron ●☆
267066 Notocampylum oliveri Tiegh. = Campylospermum oliveri (Tiegh.) Farron ●☆
267067 Notocentrum Naudin = Meriania Sw.(保留属名)●☆
267068 Notoceras R. Br. = Notoceras W. T. Aiton ■☆
267069 Notoceras W. T. Aiton(1812);背角芥属■☆
267070 Notoceras bicorne (Aiton) Amo = Notoceras bicorne (Aiton) Caruel ■☆
267071 Notoceras bicorne(Aiton) Caruel;背角芥■☆
267072 Notoceras bicorne (Aiton) Caruel var. prostratum (Lag.) Pau = Notoceras bicorne(Aiton) Caruel ■☆
267073 Notoceras canariense R. Br. = Notoceras bicorne(Aiton) Caruel ■☆
267074 Notoceras hispanicum DC. = Notoceras bicorne(Aiton) Caruel ■☆
267075 Notoceras quadricornis (Stephan) DC. = Tetracme quadricornis (Stephan) Bunge ■
267076 Notoceras sinuata Franch. = Diceratella incana Balf. f. ■☆
267077 Notochaete Benth.(1829);钩萼草属(钓萼属);Hookedsepal ■
267078 Notochaete hamosa Benth.;钩萼草(钩萼);Hookedsepal ■
267079 Notochaete longiaristata C. Y. Wu et H. W. Li;长刺钩萼草(长刺钩萼);Longspiny Hookedsepal ■
267080 Notochloe Domin(1911);澳南草属■☆
267081 Notochloe microdon(Benth.) Domin;澳南草■☆
267082 Notochnella Tiegh. = Brackenridgea A. Gray ●☆
267083 Notocles Salisb. = Aphoma Raf.(废弃属名)■
267084 Notocles Salisb. = Iphigenia Kunth(保留属名)■
267085 Notodanlhonia Zotov = Danthonia DC.(保留属名)■
267086 Notodanthonia Zotov = Rytidosperma Steud. ■☆
267087 Notodon Urb. = Poitea Vent. ●☆
267088 Notodontia Pierre ex Pit. = Lerchea L.(保留属名)●■
267089 Notodontia Pierre ex Pit. = Ophiorrhiza L. ●■
267090 Notodontia Pierre ex Pit. = Spiradiclis Blume ■●
267091 Notodontia micrantha(Drake) Pierre ex Pit. = Lerchea micrantha (Drake) H. S. Lo ■
267092 Notoleptopus Voronts. et Petra Hoffm. = Andrachne L. ●☆
267093 Notonema Raf. = Agrostis L.(保留属名)■
267094 Notonerium Benth. = Heliotropium L. ●■
267095 Notonia DC. = Kleinia Mill. ●■☆
267096 Notonia Wight et Arn. = Glycine Willd.(保留属名)■
267097 Notonia abyssinica A. Rich. = Kleinia abyssinica(A. Rich.) A. Berger ■☆
267098 Notonia amaniensis Engl. = Kleinia amaniensis (Engl.) A. Berger ■☆
267099 Notonia bequaertii De Wild. = Kleinia grantii (Oliv. et Hiern) Hook. f. ■☆
267100 Notonia coccinea Oliv. et Hiern = Kleinia grantii(Oliv. et Hiern) Hook. f. ■☆
267101 Notonia dalzielii Hutch. = Kleinia schweinfurthii(Oliv. et Hiern) A. Berger ■☆
267102 Notonia descoingsii Humbert = Kleinia descoingsii(Humbert) C. Jeffrey ■☆
267103 Notonia fulgens(Hook. f.) Guillaumin = Kleinia fulgens Hook. f. ■☆
267104 Notonia grantii Oliv. et Hiern = Kleinia grantii (Oliv. et Hiern) Hook. f. ■☆
267105 Notonia gregorii S. Moore = Kleinia gregorii(S. Moore) C. Jeffrey ■☆
267106 Notonia hildebrandtii Vatke = Kleinia abyssinica(A. Rich.) A. Berger var. hildebrandtii(Vatke) C. Jeffrey ■☆
267107 Notonia implexa(P. R. O. Bally) Agnew = Kleinia implexa (P. R. O. Bally) C. Jeffrey ■☆
267108 Notonia incisifolia P. R. O. Bally = Kleinia schweinfurthii (Oliv. et Hiern) A. Berger ■☆
267109 Notonia kleinioides Sch. Bip. = Kleinia kleinioides(Sch. Bip.) M. Taylor ■☆
267110 Notonia lunulata (Chiov.) Chiov. = Kleinia lunulata (Chiov.) Thulin ■☆
267111 Notonia madagascariensis Humbert = Kleinia madagascariensis (Humbert) P. Halliday ■☆
267112 Notonia oligodonta (C. Jeffrey) Agnew = Kleinia oligodonta C. Jeffrey ■☆
267113 Notonia opima S. Moore = Kleinia abyssinica (A. Rich.) A. Berger ■☆
267114 Notonia pendula(Forssk.) Chiov. = Kleinia pendula(Forssk.) DC. ■☆
267115 Notonia petraea R. E. Fr. = Kleinia petraea (R. E. Fr.) C. Jeffrey ■☆
267116 Notonia picticaulis(P. R. O. Bally) Cufod. = Kleinia picticaulis (P. R. O. Bally) C. Jeffrey ■☆
267117 Notonia schweinfurthii Oliv. et Hiern = Kleinia schweinfurthii (Oliv. et Hiern) A. Berger ■☆
267118 Notonia subulata P. R. O. Bally = Kleinia picticaulis(P. R. O. Bally) C. Jeffrey ■☆
267119 Notonia trachycarpa Kotschy = Kleinia pendula(Forssk.) DC. ■☆
267120 Notonia urundiensis De Wild. = Kleinia abyssinica(A. Rich.) A. Berger var. hildebrandtii(Vatke) C. Jeffrey ■☆
267121 Notonia welwitschii(O. Hoffm.) Hiern = Kleinia fulgens Hook. f. ■☆

267122 Notoniopsis B. Nord. = Kleinia Mill. ●■☆
267123 Notoniopsis abyssinica(A. Rich.) B. Nord. = Kleinia abyssinica(A. Rich.) A. Berger ■☆
267124 Notoniopsis coccinea (Oliv. et Hiern) B. Nord. = Kleinia grantii (Oliv. et Hiern) Hook. f. ■☆
267125 Notoniopsis fulgens(Hook. f.) B. Nord. = Kleinia fulgens Hook. f. ■☆
267126 Notoniopsis galpinii (Hook. f.) B. Nord. = Kleinia galpinii Hook. f. ■☆
267127 Notoniopsis grantii (Oliv. et Hiern) B. Nord. = Kleinia grantii (Oliv. et Hiern) Hook. f. ■☆
267128 Notoniopsis implexa(P. R. O. Bally) B. Nord. = Kleinia implexa (P. R. O. Bally) C. Jeffrey ■☆
267129 Notoniopsis petraea(R. E. Fr.) B. Nord. = Kleinia petraea(R. E. Fr.) C. Jeffrey ■☆
267130 Notoniopsis picticaulis (P. R. O. Bally) B. Nord. = Kleinia picticaulis(P. R. O. Bally) C. Jeffrey ■☆
267131 Notoniopsis schweinfurthii (Oliv. et Hiern) B. Nord. = Kleinia schweinfurthii(Oliv. et Hiern) A. Berger ■☆
267132 Notopappus Klingenb. = Haplopappus Cass. (保留属名) ■●☆
267133 Notophaena Miers = Discaria Hook. ●☆
267134 Notophilus Fourr. = Ranunculus L. ■
267135 Notopleura(Benth. et Hook. f.) Bremek. = Psychotria L. (保留属名) ●
267136 Notopleura(Hook. f.) Bremek. = Psychotria L. (保留属名) ●
267137 Notopora Hook. f. (1873); 背孔杜鹃属●☆
267138 Notopora schomburgkii Hook. f.; 背孔杜鹃●☆
267139 Notopora smithiana Steyerm. et Maguire; 史密斯背孔杜鹃●☆
267140 Notoptera Urb. (1901); 背翅菊属■☆
267141 Notoptera Urb. = Otopappus Benth. ●☆
267142 Notoptera brevipes S. F. Blake; 短梗背翅菊■☆
267143 Notoptera curviflora S. F. Blake; 弯花背翅菊■☆
267144 Notoptera hirsuta(Sw.) Urb.; 粗毛背翅菊■☆
267145 Notoptera hirsuta Urb. = Notoptera hirsuta(Sw.) Urb. ■☆
267146 Notoptera leptocephala S. F. Blake; 细头背翅菊■☆
267147 Notopterygium H. Boissieu (1903); 羌活属(背翅芹属); Notopterygium ■★
267148 Notopterygium forbesii H. Boissieu = Notopterygium franchetii H. Boissieu ■
267149 Notopterygium forbesii H. Boissieu var. oviforme(R. H. Shan) F. T. Pu = Notopterygium oviforme R. H. Shan ■
267150 Notopterygium forbesii H. Boissieu var. oviforme (R. H. Shan) Hung T. Chang = Notopterygium forbesii H. Boissieu var. oviforme (R. H. Shan) F. T. Pu ■
267151 Notopterygium forrestii H. Wolff; 澜沧羌活(高山羌活); Lancangjiang Notopterygium ■
267152 Notopterygium franchetii H. Boissieu; 宽叶羌活(川羌活, 大头羌, 鄂羌, 鄂羌活, 福氏羌活, 狗引子花, 黑药, 胡王使者, 护羌使者, 龙牙香, 岷羌活, 羌蚕, 羌滑, 羌活, 羌青, 曲药, 退风使者, 竹节羌); Forbes Notopterygium ■
267153 Notopterygium franchetii H. Boissieu = Notopterygium forbesii H. Boissieu ■
267154 Notopterygium incisum K. C. Ting ex Hung T. Chang; 羌活(蚕羌, 大头羌, 狗引子花, 黑药, 胡王使者, 护羌使者, 裂叶羌活, 羌蚕, 羌滑, 羌青, 曲药, 退风使者, 竹节羌, 竹节羌活); Incised Notopterygium ■
267155 Notopterygium oviforme R. H. Shan; 卵叶羌活(卵形宽叶羌活); Ovateleaf Notopterygium ■
267156 Notopterygium oviforme R. H. Shan = Notopterygium forbesii H. Boissieu var. oviforme(R. H. Shan) F. T. Pu ■
267157 Notopterygium pinnatiinvolucellatum F. T. Pu et Y. P. Wang; 羽苞羌活; Pinnatebract Notopterygium ■
267158 Notopterygium tenuifolium M. L. Sheh et F. T. Pu; 细叶羌活; Thinleaf Notopterygium ■
267159 Notopterygium weberbaurianum(Fedde ex H. Wolff) Pimenov et Kljuykov = Ligusticum weberbauerianum Fedde ex H. Wolff ■
267160 Notosceptrum Benth. = Kniphofia Moench(保留属名) ■☆
267161 Notosceptrum alooides (Bolus) Benth. = Aloe alooides (Bolus) Druten ■☆
267162 Notosceptrum andongensis(Baker) Benth. = Kniphofia benguellensis Baker ■☆
267163 Notosceptrum benguellense(Baker) Benth. = Kniphofia benguellensis Baker ■☆
267164 Notosceptrum brachystachyum Zahlbr. = Kniphofia brachystachya (Zahlbr.) Codd ■☆
267165 Notosceptrum natalense Baker = Kniphofia typhoides Codd ■☆
267166 Notoseris C. Shih(1987); 紫菊属; Purpledaisy, Notoseris ■★
267167 Notoseris dolichophylla C. Shih; 长叶紫菊; Longleaf Notoseris, Longleaf Purpledaisy ■
267168 Notoseris formosana(Kitam.) C. Shih; 台湾紫菊(台湾福王草); Taiwan Notoseris, Taiwan Purpledaisy ■
267169 Notoseris glandulosa (Dunn) C. Shih; 腺毛紫菊; Glandhair Purpledaisy, Glandular Notoseris ■
267170 Notoseris glandulosa (Dunn) C. Shih = Prenanthes glandulosa Dunn ■
267171 Notoseris gracilipes C. Shih; 细梗紫菊; Finestalk Notoseris, Slenderpedicelled Purpledaisy ■
267172 Notoseris guizhouensis C. Shih; 全叶紫菊; Entireleaf Purpledaisy, Guizhou Notoseris ■
267173 Notoseris henryi(Dunn) C. Shih; 多裂紫菊(川滇盘果菊, 箭叶苣, 梨铧草, 三角草, 异叶莴苣); Henry Lettuce, Henry Purpledaisy, Henry's Notoseris ■
267174 Notoseris melanantha(Franch.) C. Shih; 黑花紫菊; Blackflower Notoseris, Blackflower Purpledaisy ■
267175 Notoseris nanchuanensis C. Shih; 金佛山紫菊; Jinfoshan Notoseris, Jinfoshan Purpledaisy ■
267176 Notoseris porphyrolepis C. Shih; 南川紫菊; Nanchuan Notoseris, Nanchuan Purpledaisy ■
267177 Notoseris psilolepis C. Shih; 紫菊(光苞紫菊); Glabrousbract Notoseris, Nakephyllary Purpledaisy ■
267178 Notoseris rhombiformis C. Shih; 菱叶紫菊; Rhombicleaf Purpledaisy, Waterchestnutleaf Notoseris ■
267179 Notoseris triflora (Hemsl.) C. Shih; 三花紫菊; Threeflower Purpledaisy, Trilower Notoseris ■
267180 Notoseris wilsonii(C. C. Chang) C. Shih; 毛枝紫菊(峨眉紫菊); E. H. Wilson's Notoseris, Hairshoot Purpledaisy ■
267181 Notoseris yunnanensis C. Shih; 云南紫菊; Yunnan Notoseris, Yunnan Purpledaisy ■
267182 Notospartium Hook. f. (1857); 无叶金雀花属(南鹰爪豆属) ●☆
267183 Notospartium carmicheliae Hook. f.; 粉红无叶金雀花(南鹰爪豆); Pink Broom ●☆
267184 Notothixos Oliv. (1863); 背寄生属●☆
267185 Notothixos cornifolius Oliv.; 背寄生●☆
267186 Notothixos philippinensis Elmer; 菲律宾背寄生●☆
267187 Notothlaspi Hook. f. (1862); 南菥蓂属(南遏蓝菜属) ■☆

267188 Notothlaspi rosulatum Hook. f. ;南遏蓝菜;Penwiper Plant ■☆
267189 Nototriche Turcz. (1863);后毛锦葵属■☆
267190 Nototriche acaulis(Cav.)Krapov. ;无茎后毛锦葵■☆
267191 Nototriche argentea A. W. Hill;银后毛锦葵■☆
267192 Nototriche cinerea A. W. Hill;灰后毛锦葵■☆
267193 Nototriche ellipticifolia Hochr. ;椭圆后毛锦葵■☆
267194 Nototriche foetida Ulbr. ;臭后毛锦葵■☆
267195 Nototriche glabra Krapov. ;光后毛锦葵■☆
267196 Nototriche macrotuba Krapov. ;大管后毛锦葵■☆
267197 Nototriche megalorrhiza A. W. Hill;大根后毛锦葵■☆
267198 Nototriche nana A. W. Hill;矮后毛锦葵■☆
267199 Nototriche nigrescens A. W. Hill;黑后毛锦葵■☆
267200 Nototriche obtusa A. W. Hill;钝后毛锦葵■☆
267201 Nototriche parviflora(Phil.)A. W. Hill;小花后毛锦葵■☆
267202 Nototriche phyllanthos A. W. Hill;叶花后毛锦葵■☆
267203 Nototriche violacea A. W. Hill;堇色后毛锦葵■☆
267204 Nototrichium(A. Gray)W. F. Hillebr. (1888);四蕊苋属●☆
267205 Nototrichium fulvum Schinz;四蕊苋●☆
267206 Nototrichum Hillebr. = Nototrichium(A. Gray)W. F. Hillebr. ●☆
267207 Notouratea Tiegh. = Ouratea Aubl. (保留属名)●
267208 Notoxylinon Lewton(1915);南锦葵属●☆
267209 Notoxylinon australe(F. Muell.)Lewton;南锦葵●☆
267210 Notoxylinon flaviflorum(F. Muell.)Lewton;黄花南锦葵●☆
267211 Notoxylinon latifolium(Benth.)Lewton;宽叶南锦葵●☆
267212 Notoxylinon punctatum Lewton;斑点南锦葵●☆
267213 Notylia Lindl. (1825);展唇兰属;Notylia ■☆
267214 Notylia albida Klotzsch;白色展唇兰;Whitish Notylia ■☆
267215 Notylia barkeri Lindl. ;巴氏展唇兰;Barker Notylia ■☆
267216 Notylia bicolor Lindl. ;双色展唇兰(两色展唇兰);Bicolor Notylia ■☆
267217 Notylia pentachne Rchb. f. ;五角展唇兰■☆
267218 Notylia punctata Lindl. ;斑点展唇兰;Punctate Notylia ■☆
267219 Notyliopsis P. Ortiz(1996);类展唇兰属■☆
267220 Notyliopsis beatricis P. Ortiz;类展唇兰■☆
267221 Nouelia Franch. (1888);栌菊木属(栌菊属);Nouelia ●★
267222 Nouelia insignis Franch. ;栌菊木(栌菊);Insignis Nouelia ●◇
267223 Nouettea Pierre(1898);努特木属●☆
267224 Nouettea cochinchinensis Pierre;努特木●☆
267225 Nouhuysia Lauteth. = Sphenostemon Baill. ●☆
267226 Nouletia Endl. = Cuspidaria DC. (保留属名)●☆
267227 Novaguinea D. J. N. Hind(1972);新几内亚菊属■☆
267228 Novaguinea rudalliae D. J. N. Hind;新几内亚菊■☆
267229 Novatilea Wight = Norantea Aubl. ●☆
267230 Novatilia Wight = Palicourea Aubl. ●☆
267231 Novella Raf. = Cordia L. (保留属名)●
267232 Novenia S. E. Freire(1986);凤梨菀属■☆
267233 Novenia acaulis (Benth.) S. E. Freire et Hellw. = Novenia acaulis(Wedd. ex Benth.)S. E. Freire et Hellw. ■☆
267234 Novenia acaulis(Wedd. ex Benth.)S. E. Freire et Hellw. ;凤梨菀■☆
267235 Novenia tunariensis (Kuntze) S. E. Freire = Novenia acaulis (Wedd. ex Benth.)S. E. Freire et Hellw. ■☆
267236 Novopokrovskia Tzvelev = Conyza Less. (保留属名)■
267237 Novosieversia F. Bolle(1933);新五瓣莲属●☆
267238 Novosieversia glacialis(Adams)F. Bolle;新五瓣莲●☆
267239 Nowickea J. Martínez et J. A. McDonald(1989);巨商陆属■☆
267240 Nowickea glabra J. Martínez et J. A. McDonald;光滑巨商陆■☆
267241 Nowickea xolocotzii J. Martínez et J. A. McDonald;巨商陆■☆
267242 Nowodworskya C. Presl = Polypogon Desf. ■
267243 Nowodworskya J. Presl et C. Presl = Polypogon Desf. ■
267244 Nowodworskya fugax(Nees ex Steud.)Nevski = Polypogon fugax Ness ex Steud. ■
267245 Nowodworskya fugax Ness ex Steud. = Polypogon fugax Ness ex Steud. ■
267246 Nowodworskya semiverticillata (Forssk.) Nevski = Polypogon viridis(Gouan)Breistr. ■
267247 Noyera Trécul = Perebea Aubl. ●☆
267248 Nubigena Raf. = Cytisus Desf. (保留属名)●
267249 Nucamentaceae Hoffmanns. et Link = Ambrosiaceae Martinov ●■
267250 Nucamentaceae Hoffmanns. et Link = Asteraceae Bercht. et J. Presl(保留科名)●■
267251 Nucamentaceae Hoffmanns. et Link = Compositae Giseke(保留科名)●■
267252 Nuculaceae Dulac = Betulaceae Gray(保留科名)●
267253 Nuculaceae Lam. et DC. = Juglandaceae DC. ex Perleb(保留科名)●
267254 Nucularia Batt. (1903);双花蓬属●☆
267255 Nucularia perrinii Batt. ;双花蓬■☆
267256 Nucularia perrinii Batt. var. incrassata Maire = Nucularia perrinii Batt. ■☆
267257 Nudilus Raf. = Forestiera Poir. (保留属名)●☆
267258 Nufar Walk. = Nuphar Sm. (保留属名)■
267259 Nuihonia Dop = Craibiodendron W. W. Sm. ●
267260 Nuihonia sclerantha Dop = Craibiodendron scleranthum (Dop) Judd ●
267261 Numaeacampa Gagnep. = Codonopsis Wall. ex Roxb. ■
267262 Numisaureum Raf. = Reinwardtia Dumort. ●
267263 Nummularia Hill = Lysimachia L. ●■
267264 Numularia Fabe. = Nummularia Hill ●■
267265 Numularia Gray = Lerouxia Merat ●■
267266 Numularia Gray = Lysimachia L. ●■
267267 Nunnezharia Ruiz et Pav. (废弃属名) = Chamaedorea Willd. (保留属名)●☆
267268 Nunnezharoa Kuntze = Nunnezharia Ruiz et Pav. (废弃属名)●☆
267269 Nunnezharria Ruiz et Pav. (废弃属名) = Chamaedorea Willd. (保留属名)●☆
267270 Nunnezharria arenbergiana(H. Wendl.) Kuntze = Chamaedorea arenbergiana H. Wendl. ●☆
267271 Nunnezia Willd. = Chamaedorea Willd. (保留属名)●☆
267272 Nunnezia Willd. = Nunnezharia Ruiz et Pav. (废弃属名)●☆
267273 Nuphar Sibth. et Sm. = Nuphar Sm. (保留属名)■
267274 Nuphar Sm. (1809)(保留属名);萍蓬草属(萍蓬莲属,萍蓬属);Brandy Borrle, Cow Lily, Cowlily, Cow-lily, Marsh Collard, Spatter Dock, Spatterdock, Water Collard, Water-lily, Yellow Pond Lily, Yellow Pond-lily, Yellow Water-lily ■
267275 Nuphar × saijoensis(Shimada)Padgett et Shimada;西条萍蓬草■☆
267276 Nuphar advena(Aiton)W. T. Aiton;外来萍蓬草(美国萍蓬草);American Spatterdock, Common Spatterdock, Cow Lily, Southern Pond-iffy, Spatterdock, Yellow Pond Lily, Yellow Pond-lily, Yellow Water-lily ■☆
267277 Nuphar advena(Aiton)W. T. Aiton var. fraterna(G. S. Mill. et Standl.)Standl. = Nuphar variegata Durand ■☆
267278 Nuphar advena(Aiton)W. T. Aiton var. tomentosa Torr. et A. Gray = Nuphar advena(Aiton)W. T. Aiton ■☆

267279 Nuphar americana Prov. = Nuphar variegata Durand ■☆

267280 Nuphar bornetii H. Lév. et Vaniot;贵州萍蓬草(龙骨莲,水龙骨,野藕,子母莲);Bornet Cowlily ■

267281 Nuphar bornetii H. Lév. et Vaniot = Nuphar pumila(Timm)DC. ■

267282 Nuphar fluviatilis (R. M. Harper) Standl. = Nuphar advena (Aiton) W. T. Aiton ■☆

267283 Nuphar fraterna (G. S. Mill. et Standl.) Standl. = Nuphar variegata Durand ■☆

267284 Nuphar interfluitans Fernald = Nuphar advena (Aiton) W. T. Aiton ■☆

267285 Nuphar intermedia Ledeb.;中型萍蓬草■☆

267286 Nuphar japonica DC.;日本萍蓬草(萍蓬草);Japan Cowlily, Japanese Cow-lily ■

267287 Nuphar japonica DC. f. rubrotincta(Casp.)Kitam.;红花日本萍蓬草(萍蓬草)■☆

267288 Nuphar japonica DC. var. rubrotincta (Casp.) Ohwi = Nuphar japonica DC. f. rubrotincta(Casp.)Kitam. ■☆

267289 Nuphar japonica DC. var. saijoensis Shimada = Nuphar × saijoensis(Shimada)Padgett et Shimada ■☆

267290 Nuphar japonica DC. var. stenophylla Miki;狭叶日本萍蓬草■☆

267291 Nuphar kalmiana (Michx.) W. T. Aiton;北美萍蓬草;Kalm Cowlily ■☆

267292 Nuphar kalmiana (Michx.) W. T. Aiton = Nuphar microphylla (Pers.) Fernald ■☆

267293 Nuphar lutea(L.)Sibth. et Sm. subsp. macrophyllum(Small)E. O. Beal = Nuphar lutea(L.)Sm. ■

267294 Nuphar lutea(L.)Sm.;欧亚萍蓬草(黄花萍蓬草,黄萍蓬草,黄色萍蓬草,欧洲萍蓬草);Blob, Bobbins, Brandy Bottle, Brandy Bottles, Brandy-bottle, Bull's Eyes, Butter Churn, Butterpump, Cambie-leaf, Can Dock, Churn, Close Sciences, Closes Sciences, Common Water-lily, Cowlily, Crazy, Crazy Bet, Crazy Bets, Dillflowers, Europe Cowlily, European Cow Lily, European Cow-lily, Fairy Boats, Flatterdock, Floating Dock, Lily Can, Lily-can, Nenufar, Patty-pans, Queen of the River, Slender Naiad, Soldier Buttons, Soldier's Buttons, Spatterdock, Water Blob, Water Can, Water Coltsfoot, Water Cup, Water Golland, Water Rose, Yellow Pond Lily, Yellow Pond-lily, Yellow Water Lily, Yellow Water-lily ■

267295 Nuphar lutea(L.)Sm. subsp. advena(Aiton)Kartesz et Gandhi = Nuphar advena(Aiton)W. T. Aiton ■☆

267296 Nuphar lutea(L.)Sm. subsp. macrophylla(Small)E. O. Beal;大叶萍蓬草;Largeleaf Cowlily ■☆

267297 Nuphar lutea(L.)Sm. subsp. macrophylla(Small)E. O. Beal = Nuphar advena(Aiton)W. T. Aiton ■☆

267298 Nuphar lutea(L.)Sm. subsp. orbiculata(Small)E. O. Beal = Nuphar orbiculata(Small)Standl. ■☆

267299 Nuphar lutea(L.)Sm. subsp. ozarkana(G. S. Mill. et Standl.) E. O. Beal = Nuphar advena(Aiton)W. T. Aiton ■☆

267300 Nuphar lutea(L.)Sm. subsp. polysepala(Engelm.)E. O. Beal = Nuphar polysepala Engelm. ■☆

267301 Nuphar lutea (L.) Sm. subsp. pumila (Timm) E. O. Beal = Nuphar microphylla(Pers.)Fernald ■☆

267302 Nuphar lutea (L.) Sm. subsp. rubrodisca (Morong) Hellq. et Wiersema = Nuphar rubrodisca Morong ■☆

267303 Nuphar lutea(L.)Sm. subsp. sagittifolia(Walter)E. O. Beal = Nuphar sagittifolia(Walter)Pursh ■☆

267304 Nuphar lutea(L.)Sm. subsp. variegata(Durand)E. O. Beal = Nuphar variegata Durand ■☆

267305 Nuphar lutea Sibth. et Sm. = Nuphar lutea(L.)Sm. ■

267306 Nuphar lutea Sibth. et Sm. subsp. advenum (Aiton) Kartesz et Gandhi = Nuphar advena(Aiton)W. T. Aiton ■☆

267307 Nuphar lutea Sibth. et Sm. subsp. macrophylla(Small)E. O. Beal = Nuphar lutea(L.)Sm. subsp. macrophylla(Small)E. O. Beal ■☆

267308 Nuphar microcarpa (G. S. Mill. et Standl.) Standl. = Nuphar advena(Aiton)W. T. Aiton ■☆

267309 Nuphar microphylla(Pers.)Fernald;小叶萍蓬草;Small Pond-lily, Small Yellow Pond-lily, Yellow Pond-lily ■☆

267310 Nuphar minima (Willd.) Sm. = Nuphar microphylla (Pers.) Fernald ■☆

267311 Nuphar minima(Willd.)Sm. = Nuphar pumila(Timm)DC. ■

267312 Nuphar minima Sm. = Nuphar pumila(Timm)DC. ■

267313 Nuphar oguraensis Miki;龙骨莲(野藕);Ogura Cowlily ■☆

267314 Nuphar oguraensis Miki var. akiensis Shimada;秋萍蓬草■☆

267315 Nuphar orbiculata(Small)Standl.;圆萍蓬草■☆

267316 Nuphar ovata(G. S. Mill. et Standl.)Standl. = Nuphar advena (Aiton)W. T. Aiton ■☆

267317 Nuphar ozarkana (G. S. Mill. et Standl.) Standl. = Nuphar advena(Aiton)W. T. Aiton ■☆

267318 Nuphar polysepala Engelm.;多瓣萍蓬草■☆

267319 Nuphar pumila(Hoffm.)DC. = Nuphar pumila(Timm)DC. ■

267320 Nuphar pumila(Timm)DC.;萍蓬草(矮萍蓬,黄金莲,金莲花,冷骨风,萍蓬莲,水粟包,水粟子,小萍蓬草,小粟包,叶骨);Dwarf Cowlily, European Cow Lily, European Cowlily, Least Water-lily, Least Yellow Water Lily, Yellow Water-lily ■

267321 Nuphar pumila (Timm) DC. subsp. sinensis (Hand. -Mazz.) Padgett = Nuphar sinensis Hand. -Mazz. ■

267322 Nuphar pumila(Timm)DC. var. ozeensis H. Hara;尾濑萍蓬草■☆

267323 Nuphar puteora Fernald = Nuphar advena(Aiton)W. T. Aiton ■☆

267324 Nuphar rubrodisca Morong;红盘萍蓬草;Intermediate Pond-lily, Red-disk Pond-lily ■☆

267325 Nuphar rubrodiscum Morong = Nuphar rubrodisca Morong ■☆

267326 Nuphar sagittifolia(Walter)Pursh;箭叶萍蓬草;Arrow Cowlily, Arrow-leaf Pond-lily ■☆

267327 Nuphar shimadae Hayata;台湾萍蓬草(水莲花);Shimada Cowlily, Taiwan Cowlily ■

267328 Nuphar shimadae Hayata = Nuphar pumila(Timm)DC. ■

267329 Nuphar sinensis Hand. -Mazz.;中华萍蓬草;China Cowlily, Chinese Cow Lily ■

267330 Nuphar sinensis Hand. -Mazz. = Nuphar pumila (Timm) DC. subsp. sinensis(Hand. -Mazz.)Padgett ■

267331 Nuphar subintegerrima(Casp.)Makino;近全缘萍蓬草■☆

267332 Nuphar subintegerrima (Casp.) Makino f. rubrotincta (Casp.) Makino = Nuphar japonica DC. f. rubrotincta(Casp.)Kitam. ■☆

267333 Nuphar variegata Durand;斑叶萍蓬草;Bull-head Pond-lily, Cow-lily, Spatterdock, Yellow Pond-lily ■☆

267334 Nupharaceae A. Kern. = Nupharaceae Nakai ■

267335 Nupharaceae A. Kern. = Nymphaeaceae Salisb.(保留科名)■

267336 Nupharaceae Nakai = Nymphaeaceae Salisb.(保留科名)■

267337 Nupharaceae Nakai;萍蓬草科■

267338 Nuphylis(Nuphyllis)Thouars = Bulbophyllum Thouars(保留属名)■

267339 Nurmonia Harms = Turraea L. ●

267340 Nurmonia pulchella Harms = Turraea pulchella(Harms)T. D. Penn. ●☆

267341 Nutalla Raf. = Nuttallia Raf. ●■☆

267342 Nuttalia Raf. = Nuttallia Raf. ●■☆
267343 Nuttalia Torr. = Nuttallia Raf. ●■☆
267344 Nuttalla Raf. = Mentzelia L. ●■☆
267345 Nuttalla Raf. = Nuttallia Raf. ●■☆
267346 Nuttallanthus D. A. Sutton(1988);纳氏婆婆纳属(纳氏玄参属)■☆
267347 Nuttallanthus canadensis(L.)D. A. Sutton;加拿大纳氏婆婆纳(加拿大柳穿鱼,野生柳穿鱼);Annual Toadflax,Blue Toadflax,Canada Toadflax,Old-field Toadflax,Toadflax ■☆
267348 Nuttallanthus canadensis(L.)D. A. Sutton = Linaria canadensis (L.)Dum. Cours. ■☆
267349 Nuttallanthus texanus(Scheele)D. A. Sutton;得州纳氏婆婆纳(得州柳穿鱼);Blue Toadflax,Southern Blue Toadflax ■☆
267350 Nuttallanthus texanus (Scheele) D. A. Sutton = Linaria canadensis(L.)Dum. Cours. var. texana(Scheele)Pennell ■☆
267351 Nuttallia Barton = Callirhoe Nutt. ■●☆
267352 Nuttallia DC. = Nemopanthus Raf.(保留属名)●☆
267353 Nuttallia Dick ex Barton = Callirhoe Nutt. ■●☆
267354 Nuttallia Raf. = Mentzelia L. ●■☆
267355 Nuttallia Spreng. = Trigonia Aubl. ●☆
267356 Nuttallia Torr. et A. Gray = Oemleria Rchb. ●☆
267357 Nuttallia Torr. et A. Gray = Osmaronia Greene ●☆
267358 Nuttallia Torr. et A. Gray ex Hook. et Arn. = Oemleria Rchb. ●☆
267359 Nuttallia Torr. et A. Gray ex Hook. et Arn. = Osmaronia Greene ●☆
267360 Nux Duhamel = Juglans L. ●
267361 Nux Tourn. ex Adans. = Juglans L. ●
267362 Nuxia Comm. ex Lam.(1792);努西木属●☆
267363 Nuxia Lam. = Nuxia Comm. ex Lam. ●☆
267364 Nuxia angolensis Gilg = Nuxia congesta R. Br. ex Fresen. ●☆
267365 Nuxia annobonensis Mildbr.;安诺本努西木●☆
267366 Nuxia annobonensis Mildbr. = Lachnopylis annobonensis Mildbr. ●☆
267367 Nuxia autunesii Gilg = Nuxia oppositifolia(Hochst.)Benth. ●☆
267368 Nuxia breviflora S. Moore = Nuxia congesta R. Br. ex Fresen. ●☆
267369 Nuxia congesta R. Br. = Nuxia congesta R. Br. ex Fresen. ●☆
267370 Nuxia congesta R. Br. ex Fresen.;球冠努西木;Brittlewood,Wild Elder ●☆
267371 Nuxia congesta R. Br. ex Fresen. var. thomensis(Philipson)J. Lewis = Lachnopylis thomensis Philipson ●☆
267372 Nuxia corrugata Benth. = Buddleja loricata Leeuwenb. ●☆
267373 Nuxia dekindtiana Gilg = Nuxia congesta R. Br. ex Fresen. ●☆
267374 Nuxia dentata R. Br. ex Benth. = Nuxia oppositifolia(Hochst.) Benth. ●☆
267375 Nuxia dentata R. Br. ex Benth. var. glutinosa Engl. = Nuxia oppositifolia(Hochst.)Benth. ●☆
267376 Nuxia dysophylla Benth. = Buddleja dysophylla (Benth.) Radlk. ●☆
267377 Nuxia emarginata Sond. = Nuxia congesta R. Br. ex Fresen. ●☆
267378 Nuxia floribunda Benth.;多花努西木;Forest Elder,Forest Nuxia,Forest Wild Elder,Kite Tree ●☆
267379 Nuxia floribunda Benth. var. holstii Gilg = Nuxia floribunda Benth. ●☆
267380 Nuxia gilletii De Wild. = Nuxia congesta R. Br. ex Fresen. ●☆
267381 Nuxia glomerulata(C. A. Sm.)I. Verd.;团集努西木●☆
267382 Nuxia goetzeana Gilg = Nuxia congesta R. Br. ex Fresen. ●☆
267383 Nuxia gracilis Engl.;纤细努西木●☆
267384 Nuxia holstii(Gilg)Gilg = Nuxia floribunda Benth. ●☆
267385 Nuxia keniensis T. C. E. Fr. = Nuxia congesta R. Br. ex Fresen. ●☆
267386 Nuxia latifolia T. C. E. Fr. = Nuxia congesta R. Br. ex Fresen. ●☆
267387 Nuxia lobulata Benth. = Buddleja glomerata H. L. Wendl. ●☆
267388 Nuxia mannii Gilg = Nuxia congesta R. Br. ex Fresen. ●☆
267389 Nuxia odorata Gilg = Nuxia congesta R. Br. ex Fresen. ●☆
267390 Nuxia oppositifolia(Hochst.)Benth.;对叶努西木●☆
267391 Nuxia platyphylla Gilg = Nuxia congesta R. Br. ex Fresen. ●☆
267392 Nuxia polyantha Gilg = Nuxia floribunda Benth. ●☆
267393 Nuxia pubescens Sond. = Nuxia congesta R. Br. ex Fresen. ●☆
267394 Nuxia rupicola Gilg = Nuxia congesta R. Br. ex Fresen. ●☆
267395 Nuxia saligna(Willd.)Benth. = Buddleja saligna Willd. ●☆
267396 Nuxia sambesina Gilg = Nuxia congesta R. Br. ex Fresen. ●☆
267397 Nuxia schlechteri Gilg = Nuxia oppositifolia(Hochst.)Benth. ●☆
267398 Nuxia siebenlistii Gilg = Nuxia congesta R. Br. ex Fresen. ●☆
267399 Nuxia tomentosa Sond.;汤姆努西木●☆
267400 Nuxia tomentosa Sond. = Nuxia congesta R. Br. ex Fresen. ●☆
267401 Nuxia usambarensis Gilg = Nuxia floribunda Benth. ●☆
267402 Nuxia verticillata Comm. ex Lam.;轮生努西木●☆
267403 Nuxia viscosa Gibbs = Nuxia congesta R. Br. ex Fresen. ●☆
267404 Nuxia volkensii Gilg = Nuxia floribunda Benth. ●☆
267405 Nuxiopsis N. E. Br. ex Engl. = Dobera Juss. ●☆
267406 Nuytsia G. Don = Nuytsia R. Br. ex G. Don ●☆
267407 Nuytsia R. Br. = Nuytsia R. Br. ex G. Don ●☆
267408 Nuytsia R. Br. ex G. Don(1834);努氏桑寄生属(努伊特斯木属)●☆
267409 Nuytsia floribunda(Labill.)R. Br. ex G. Don;努氏桑寄生(多花努伊特斯木);Christmas Tree,Fire Tree,Fire-tree,Flame Tree,Flame-tree,Western Australian Christmas-tree,Western Australian Christnas Tree ●☆
267410 Nuytsiaceae Tiegh. = Loranthaceae Juss.(保留科名)●
267411 Nuytsiaceae Tiegh. ex Nakai = Loranthaceae Juss.(保留科名)●
267412 Nyachia Small = Paronychia Mill. ■
267413 Nyachia pulvinata Small = Paronychia chartacea Fernald ■☆
267414 Nyalel Augier = Aglaia Lour.(保留属名)●
267415 Nyalel Augier = Nialel Adans.(废弃属名)●
267416 Nyalelia Dennst. = Nyalel Augier ●
267417 Nyalelia Dennst. ex Kostel. = Aglaia Lour.(保留属名)●
267418 Nyalelia Dennst. ex Kostel. = Nialel Adans.(废弃属名)●
267419 Nychosma Schltdl. = Epidendrum L.(保留属名)■☆
267420 Nychosma Schltdl. = Nyctosma Raf. ■☆
267421 Nyctaginaceae Juss.(1789)(保留科名);紫茉莉科;Four-o'clock Family ●■
267422 Nyctaginia Choisy(1849);夜茉莉属■☆
267423 Nyctaginia capitata Choisy;头状夜茉莉;Scarlet Muskflower,Scarlet Musk-flower ■☆
267424 Nyctago Juss. = Mirabilis L. ■
267425 Nyctago jalapa(L.)DC. = Mirabilis jalapa L. ■
267426 Nyctandra Prior = Nectandra Rol. ex Rottb.(保留属名)●☆
267427 Nyctanthaceae J. Agardh = Oleaceae Hoffmanns. et Link(保留科名)●
267428 Nyctanthaceae J. Agardh;夜花科(腋花科)●☆
267429 Nyctanthes L.(1753);夜花属(腋花属);Night Jasmin,Nightjasmine,Night-jasmine,Tree of Sadness,Tree-of-sadness ●
267430 Nyctanthes arbor-tristis L.;夜花(红脚花,腋花);Indian Night Jasmine,Night Jasmin,Night-flowering Jasmine,Nightjasmine,Night-jasmine,Sad Tree,Tree of Sadness ●
267431 Nyctanthes elongata Bergius = Jasminum elongatum (Bergius)

Willd. ●
267432 Nyctanthes glauca L. f. = Jasminum glaucum(L. f.) W. T. Aiton ●☆
267433 Nyctanthes multiflora Burm. f. = Jasminum multiflorum(Burm. f.) Andréws ●
267434 Nyctanthes pubescens Retz. = Jasminum multiflorum(Burm. f.) Andréws ●
267435 Nyctanthes sambac L. = Jasminum sambac(L.) Aiton ●
267436 Nyctanthos St.-Lag. = Nyctanthes L. ●
267437 Nyctelea Scop. = Ellisia L.(保留属名)■☆
267438 Nyctelea nyctelea(L.) Britton = Ellisia nyctelea(L.) L. ■☆
267439 Nycteranthus Neck. ex Rothm. = Aridaria N. E. Br. ●☆
267440 Nycteranthus Rothm. = Phyllobolus N. E. Br. ●☆
267441 Nycteranthus abbreviatus(L. Bolus) Schwantes = Phyllobolus abbreviatus(L. Bolus) Gerbaulet ●☆
267442 Nycteranthus acuminatus(Haw.) Schwantes = Phyllobolus splendens(L.) Gerbaulet ●☆
267443 Nycteranthus albertensis(L. Bolus) Schwantes = Phyllobolus pumilus(L. Bolus) Gerbaulet ●☆
267444 Nycteranthus albicaulis(Haw.) Schwantes = Phyllobolus splendens(L.) Gerbaulet ●☆
267445 Nycteranthus anguineus(L. Bolus) Schwantes = Phyllobolus oculatus(N. E. Br.) Gerbaulet ●☆
267446 Nycteranthus arcuatus(L. Bolus) Schwantes = Aridaria noctiflora(L.) Schwantes ●☆
267447 Nycteranthus arenicola(L. Bolus) Schwantes = Phyllobolus oculatus(N. E. Br.) Gerbaulet ●☆
267448 Nycteranthus aureus(Thunb.) Schwantes = Phyllobolus nitidus(Haw.) Gerbaulet ●☆
267449 Nycteranthus ausanus(Dinter et A. Berger) Schwantes = Prenia tetragona(Thunb.) Gerbaulet ■☆
267450 Nycteranthus bijliae(N. E. Br.) Schwantes = Phyllobolus splendens(L.) Gerbaulet ●☆
267451 Nycteranthus blandus(L. Bolus) Schwantes = Phyllobolus splendens(L.) Gerbaulet ●☆
267452 Nycteranthus brevicarpus(L. Bolus) Schwantes = Aridaria brevicarpa L. Bolus ●☆
267453 Nycteranthus brevifolius(L. Bolus) Schwantes = Phyllobolus splendens(L.) Gerbaulet ●☆
267454 Nycteranthus calycinus(L. Bolus) Schwantes = Aridaria noctiflora(L.) Schwantes ●☆
267455 Nycteranthus canaliculatus(Haw.) Schwantes = Phyllobolus canaliculatus(Haw.) Bittrich ●☆
267456 Nycteranthus carneus(Haw.) Schwantes = Phyllobolus spinuliferus(Haw.) Gerbaulet ●☆
267457 Nycteranthus caudatus(L. Bolus) Schwantes = Phyllobolus caudatus(L. Bolus) Gerbaulet ●☆
267458 Nycteranthus celans(L. Bolus) Schwantes = Phyllobolus splendens(L.) Gerbaulet ●☆
267459 Nycteranthus commutatus(A. Berger) Schwantes = Phyllobolus grossus(Aiton) Gerbaulet ■☆
267460 Nycteranthus compactus(L. Bolus) Schwantes = Aridaria serotina L. Bolus ●☆
267461 Nycteranthus congestus(L. Bolus) Schwantes = Phyllobolus congestus(L. Bolus) Gerbaulet ●☆
267462 Nycteranthus constrictus(L. Bolus) Schwantes = Phyllobolus splendens(L.) Gerbaulet ●☆
267463 Nycteranthus debilis(L. Bolus) Schwantes = Aridaria noctiflora(L.) Schwantes ●☆
267464 Nycteranthus deciduus(L. Bolus) Schwantes = Phyllobolus deciduus(L. Bolus) Gerbaulet ●☆
267465 Nycteranthus decurvatus(L. Bolus) Schwantes = Phyllobolus decurvatus(L. Bolus) Gerbaulet ●☆
267466 Nycteranthus defoliatus(Haw.) Schwantes = Aridaria noctiflora(L.) Schwantes subsp. defoliata(Haw.) Gerbaulet ●☆
267467 Nycteranthus dejagerae(L. Bolus) Schwantes = Aridaria noctiflora(L.) Schwantes subsp. straminea(Haw.) Gerbaulet ●☆
267468 Nycteranthus delus(L. Bolus) Schwantes = Phyllobolus delus(L. Bolus) Gerbaulet ■☆
267469 Nycteranthus dinteri(L. Bolus) Schwantes = Phyllobolus melanospermus(Dinter et Schwantes) Gerbaulet ●☆
267470 Nycteranthus dyeri(L. Bolus) Schwantes = Phyllobolus splendens(L.) Gerbaulet ●☆
267471 Nycteranthus ebracteatus(N. E. Br.) Schwantes = Phyllobolus trichotomus(Thunb.) Gerbaulet ●☆
267472 Nycteranthus ebracteatus(N. E. Br.) Schwantes var. brevipetalus(L. Bolus) Schwantes = Phyllobolus trichotomus(Thunb.) Gerbaulet ●☆
267473 Nycteranthus elongatus(L. Bolus) Schwantes = Phyllobolus prasinus(L. Bolus) Gerbaulet ●☆
267474 Nycteranthus englishiae(L. Bolus) Schwantes = Prenia englishiae(L. Bolus) Gerbaulet ■☆
267475 Nycteranthus esterhuyseniae(L. Bolus) Schwantes = Aridaria noctiflora(L.) Schwantes subsp. straminea(Haw.) Gerbaulet ●☆
267476 Nycteranthus flexuosus(Haw.) Schwantes = Phyllobolus splendens(L.) Gerbaulet ●☆
267477 Nycteranthus floribundus(L. Bolus) Schwantes = Aridaria noctiflora(L.) Schwantes ●☆
267478 Nycteranthus fourcadei(L. Bolus) Schwantes = Phyllobolus splendens(L.) Gerbaulet ●☆
267479 Nycteranthus fragilis(N. E. Br.) Schwantes = Phyllobolus oculatus(N. E. Br.) Gerbaulet ●☆
267480 Nycteranthus framesii(L. Bolus) Schwantes = Phyllobolus spinuliferus(Haw.) Gerbaulet ●☆
267481 Nycteranthus fulvus(Haw.) Schwantes = Aridaria noctiflora(L.) Schwantes subsp. straminea(Haw.) Gerbaulet ●☆
267482 Nycteranthus geniculiflorus(L.) Schwantes = Aptenia geniculiflora(L.) Bittrich ex Gerbaulet ■☆
267483 Nycteranthus glanduliferus(L. Bolus) Schwantes = Phyllobolus sinuosus(L. Bolus) Gerbaulet ●☆
267484 Nycteranthus globosus(L. Bolus) Schwantes = Aridaria serotina L. Bolus ●☆
267485 Nycteranthus godmaniae(L. Bolus) Schwantes = Phyllobolus sinuosus(L. Bolus) Gerbaulet ●☆
267486 Nycteranthus gracilis(L. Bolus) Schwantes = Aridaria serotina L. Bolus ●☆
267487 Nycteranthus gratiae(L. Bolus) Schwantes = Phyllobolus grossus(Aiton) Gerbaulet ■☆
267488 Nycteranthus grossus(Aiton) Schwantes = Phyllobolus grossus(Aiton) Gerbaulet ■☆
267489 Nycteranthus herbertii(N. E. Br.) Schwantes = Phyllobolus herbertii(N. E. Br.) Gerbaulet ●☆
267490 Nycteranthus horizontalis(Haw.) Schwantes = Aridaria noctiflora(L.) Schwantes subsp. defoliata(Haw.) Gerbaulet ●☆
267491 Nycteranthus inaequalis(L. Bolus) Schwantes = Phyllobolus nitidus(Haw.) Gerbaulet ●☆

267492 Nycteranthus intricatus (L. Bolus) Schwantes = Aridaria brevicarpa L. Bolus ●☆

267493 Nycteranthus latipetalus (L. Bolus) Schwantes = Phyllobolus latipetalus (L. Bolus) Gerbaulet ●☆

267494 Nycteranthus laxipetalus (L. Bolus) Schwantes = Phyllobolus grossus (Aiton) Gerbaulet ■☆

267495 Nycteranthus laxus (L. Bolus) Schwantes = Phyllobolus decurvatus (L. Bolus) Gerbaulet ●☆

267496 Nycteranthus leptopetalus (L. Bolus) Friedrich = Phyllobolus splendens (L.) Gerbaulet ●☆

267497 Nycteranthus ligneus (L. Bolus) Schwantes = Phyllobolus melanospermus (Dinter et Schwantes) Gerbaulet ●☆

267498 Nycteranthus longisepalus (L. Bolus) Schwantes = Aridaria noctiflora (L.) Schwantes subsp. defoliata (Haw.) Gerbaulet ●☆

267499 Nycteranthus longispinulus (Haw.) Schwantes = Phyllobolus grossus (Aiton) Gerbaulet ■☆

267500 Nycteranthus longistylus (DC.) Schwantes = Mesembryanthemum longistylum DC. ■☆

267501 Nycteranthus longitubus (L. Bolus) Schwantes = Phyllobolus tenuiflorus (Jacq.) Gerbaulet ●☆

267502 Nycteranthus luteoalbus (L. Bolus) Schwantes = Prenia tetragona (Thunb.) Gerbaulet ■☆

267503 Nycteranthus macrosiphon (L. Bolus) Schwantes = Phyllobolus tenuiflorus (Jacq.) Gerbaulet ●☆

267504 Nycteranthus meridianus (L. Bolus) Schwantes = Aridaria noctiflora (L.) Schwantes subsp. defoliata (Haw.) Gerbaulet ●☆

267505 Nycteranthus meyeri (L. Bolus) Schwantes = Aridaria brevicarpa L. Bolus ●☆

267506 Nycteranthus muirii (L. Bolus) Schwantes = Aridaria noctiflora (L.) Schwantes subsp. defoliata (Haw.) Gerbaulet ●☆

267507 Nycteranthus multiseriatus (L. Bolus) Schwantes = Phyllobolus prasinus (L. Bolus) Gerbaulet ●☆

267508 Nycteranthus mutans (L. Bolus) Schwantes = Prenia tetragona (Thunb.) Gerbaulet ■☆

267509 Nycteranthus noctiflorus (L.) Rothm. = Aridaria noctiflora (L.) Schwantes ●☆

267510 Nycteranthus nothus (N. E. Br.) Schwantes = Phyllobolus splendens (L.) Gerbaulet ●☆

267511 Nycteranthus obtusus (L. Bolus) Schwantes = Phyllobolus decurvatus (L. Bolus) Gerbaulet ●☆

267512 Nycteranthus oculatus (N. E. Br.) Schwantes = Phyllobolus oculatus (N. E. Br.) Gerbaulet ●☆

267513 Nycteranthus odoratus (L. Bolus) Schwantes = Hereroa odorata (L. Bolus) L. Bolus ●☆

267514 Nycteranthus oubergensis (L. Bolus) Schwantes = Phyllobolus pumilus (L. Bolus) Gerbaulet ●☆

267515 Nycteranthus ovalis (L. Bolus) Schwantes = Aridaria serotina L. Bolus ●☆

267516 Nycteranthus parvisepalus (L. Bolus) Schwantes = Phyllobolus spinuliferus (Haw.) Gerbaulet ●☆

267517 Nycteranthus paucandrus (L. Bolus) Schwantes var. paucandrus = Aridaria serotina L. Bolus ●☆

267518 Nycteranthus paucandrus L. Bolus var. gracillima (L. Bolus) Schwantes = Aridaria serotina L. Bolus ●☆

267519 Nycteranthus peersii (L. Bolus) Schwantes = Phyllobolus tenuiflorus (Jacq.) Gerbaulet ●☆

267520 Nycteranthus pentagonus (L. Bolus) Schwantes = Phyllobolus splendens (L.) Gerbaulet subsp. pentagonus (L. Bolus) Gerbaulet ●☆

267521 Nycteranthus pentagonus (L. Bolus) Schwantes var. occidentalis? = Phyllobolus splendens (L.) Gerbaulet subsp. pentagonus (L. Bolus) Gerbaulet ●☆

267522 Nycteranthus platysepalus (L. Bolus) Schwantes = Phyllobolus grossus (Aiton) Gerbaulet ■☆

267523 Nycteranthus plenifolius (N. E. Br.) Schwantes = Phyllobolus splendens (L.) Gerbaulet ●☆

267524 Nycteranthus pomonae (L. Bolus) Schwantes = Phyllobolus oculatus (N. E. Br.) Gerbaulet ●☆

267525 Nycteranthus prasinus (L. Bolus) Schwantes = Phyllobolus prasinus (L. Bolus) Gerbaulet ●☆

267526 Nycteranthus primulinus (L. Bolus) Schwantes = Phyllobolus splendens (L.) Gerbaulet ●☆

267527 Nycteranthus pumilus (L. Bolus) Schwantes = Phyllobolus pumilus (L. Bolus) Gerbaulet ●☆

267528 Nycteranthus quartziticus (L. Bolus) Schwantes = Phyllobolus quartziticus (L. Bolus) Gerbaulet ●☆

267529 Nycteranthus quaternus (L. Bolus) Schwantes = Phyllobolus spinuliferus (Haw.) Gerbaulet ●☆

267530 Nycteranthus rabiei (L. Bolus) Schwantes = Phyllobolus rabiei (L. Bolus) Gerbaulet ●☆

267531 Nycteranthus rabiesbergensis (L. Bolus) Schwantes = Phyllobolus splendens (L.) Gerbaulet ●☆

267532 Nycteranthus radicans (L. Bolus) Schwantes = Prenia radicans (L. Bolus) Gerbaulet ●☆

267533 Nycteranthus recurvus (L. Bolus) Schwantes = Phyllobolus sinuosus (L. Bolus) Gerbaulet ●☆

267534 Nycteranthus rhodandrus (L. Bolus) Schwantes = Phyllobolus nitidus (Haw.) Gerbaulet ●☆

267535 Nycteranthus roseus (L. Bolus) Schwantes = Phyllobolus splendens (L.) Gerbaulet ●☆

267536 Nycteranthus salmoneus (Haw.) Schwantes = Phyllobolus canaliculatus (Haw.) Bittrich ●☆

267537 Nycteranthus saturatus (L. Bolus) Schwantes = Phyllobolus saturatus (L. Bolus) Gerbaulet ●☆

267538 Nycteranthus scintillans (Dinter) Schwantes = Phyllobolus oculatus (N. E. Br.) Gerbaulet ●☆

267539 Nycteranthus serotinus (L. Bolus) Schwantes = Aridaria serotina L. Bolus ●☆

267540 Nycteranthus sinuosus (L. Bolus) Schwantes = Phyllobolus sinuosus (L. Bolus) Gerbaulet ●☆

267541 Nycteranthus spinuliferus (Haw.) Schwantes = Phyllobolus spinuliferus (Haw.) Gerbaulet ●☆

267542 Nycteranthus splendens (L.) Schwantes = Phyllobolus splendens (L.) Gerbaulet ●☆

267543 Nycteranthus stramineus (Haw.) Schwantes = Aridaria noctiflora (L.) Schwantes subsp. straminea (Haw.) Gerbaulet ●☆

267544 Nycteranthus straminicolor (L. Bolus) Schwantes = Phyllobolus sinuosus (L. Bolus) Gerbaulet ●☆

267545 Nycteranthus strictus (L. Bolus) Schwantes = Phyllobolus spinuliferus (Haw.) Gerbaulet ●☆

267546 Nycteranthus subaequans (L. Bolus) Schwantes = Phyllobolus splendens (L.) Gerbaulet subsp. pentagonus (L. Bolus) Gerbaulet ●☆

267547 Nycteranthus subpatens (L. Bolus) Schwantes = Phyllobolus splendens (L.) Gerbaulet subsp. pentagonus (L. Bolus) Gerbaulet ●☆

267548 Nycteranthus subtruncatus (L. Bolus) Schwantes = Aridaria noctiflora

(L.)Schwantes subsp. straminea(Haw.)Gerbaulet ●☆
267549 Nycteranthus suffusus (L. Bolus) Schwantes = Prenia tetragona (Thunb.)Gerbaulet ■☆
267550 Nycteranthus sulcatus (Haw.) Schwantes = Phyllobolus splendens (L.)Gerbaulet ●☆
267551 Nycteranthus tenuiflorus(Jacq.)Schwantes = Phyllobolus tenuiflorus (Jacq.)Gerbaulet ●☆
267552 Nycteranthus tenuifolius(L. Bolus)Schwantes = Aridaria serotina L. Bolus ●☆
267553 Nycteranthus tenuifolius (L. Bolus) Schwantes var. speciosa L. Bolus = Aridaria serotina L. Bolus ●☆
267554 Nycteranthus tetragonus (Thunb.) Schwantes = Prenia tetragona (Thunb.) Gerbaulet ■☆
267555 Nycteranthus tetramerus (L. Bolus) Schwantes var. parviflorus? = Phyllobolus trichotomus(Thunb.)Gerbaulet ●☆
267556 Nycteranthus trichotomus (Thunb.) Schwantes = Phyllobolus trichotomus(Thunb.)Gerbaulet ●☆
267557 Nycteranthus umbelliflorus (Jacq.) Schwantes = Phyllobolus splendens(L.)Gerbaulet ●☆
267558 Nycteranthus varians (L. Bolus) Schwantes = Phyllobolus oculatus (N. E. Br.)Gerbaulet ●☆
267559 Nycteranthus vernalis(L. Bolus)Schwantes = Phyllobolus splendens (L.)Gerbaulet ●☆
267560 Nycteranthus vespertinus (L. Bolus) Schwantes = Aridaria vespertina L. Bolus ●☆
267561 Nycteranthus vigilans (L. Bolus) Schwantes = Mesembryanthemum longistylum DC. ■☆
267562 Nycteranthus viridiflorus (Aiton) Schwantes = Phyllobolus viridiflorus(Aiton) Gerbaulet ●☆
267563 Nycteranthus watermeyeri (L. Bolus) Schwantes = Phyllobolus spinuliferus(Haw.)Gerbaulet ●☆
267564 Nycteranthus willowmorensis(L. Bolus) Schwantes = Phyllobolus grossus(Aiton)Gerbaulet ■☆
267565 Nycterianthemum Haw. = Phyllobolus N. E. Br. ●☆
267566 Nycterinia D. Don = Zaluzianskya F. W. Schmidt(保留属名)■☆
267567 Nycterinia africana (L.) Benth. = Zaluzianskya villosa F. W. Schmidt ■☆
267568 Nycterinia capensis (L.) Benth. = Zaluzianskya capensis (L.) Walp. ■☆
267569 Nycterinia capensis (L.) Benth. var. foliosa Benth. = Zaluzianskya schmitziae Hilliard et B. L. Burtt ■☆
267570 Nycterinia capensis(L.) Benth. var. hirsuta Benth. = Zaluzianskya capensis(L.)Walp. ■☆
267571 Nycterinia capensis (L.) Benth. var. tenuifolia Benth. = Zaluzianskya capensis(L.)Walp. ■☆
267572 Nycterinia coriacea Benth. = Zaluzianskya capensis(L.)Walp. ■☆
267573 Nycterinia dentata Benth. = Zaluzianskya capensis(L.)Walp. ■☆
267574 Nycterinia divaricata(Thunb.) Benth. = Zaluzianskya divaricata (Thunb.)Walp. ■☆
267575 Nycterinia divaricata (Thunb.) Benth. var. parviflora Benth. = Zaluzianskya divaricata(Thunb.)Walp. ■☆
267576 Nycterinia longiflora Benth. = Zaluzianskya capensis(L.)Walp. ■☆
267577 Nycterinia lychnidea D. Don = Zaluzianskya maritima (L. f.) Walp. ■☆
267578 Nycterinia maritima(L. f.) Benth. = Zaluzianskya maritima(L. f.)Walp. ■☆
267579 Nycterinia microsiphon Kuntze = Zaluzianskya microsiphon (Kuntze)K. Schum. ■☆
267580 Nycterinia natalensis Bernh. = Zaluzianskya natalensis Bernh. ■☆
267581 Nycterinia ovata Benth. = Zaluzianskya ovata(Benth.)Walp. ■☆
267582 Nycterinia peduncularis Benth. = Zaluzianskya peduncularis (Benth.)Walp. ■☆
267583 Nycterinia peduncularis Benth. var. hirsuta? = Zaluzianskya peduncularis(Benth.)Walp. ■☆
267584 Nycterinia pumila Benth. = Zaluzianskya pumila (Benth.) Walp. ■☆
267585 Nycterinia pusilla Benth. = Zaluzianskya pusilla(Benth.)Walp. ■☆
267586 Nycterinia rigida Benth. = Zaluzianskya divaricata (Thunb.) Walp. ■☆
267587 Nycterinia selaginoides(Thunb.) Benth. = Zaluzianskya villosa F. W. Schmidt ■☆
267588 Nycterinia selaginoides (Thunb.) Benth. var. glabra Benth. = Zaluzianskya affinis Hilliard ■☆
267589 Nycterinia selaginoides(Thunb.)Benth. var. parviflora Benth. = Polycarena silenoides Harv. ex Benth. ■☆
267590 Nycterinia selaginoides(Thunb.)Benth. var. parviflora Benth. = Zaluzianskya affinis Hilliard ■☆
267591 Nycterinia spathacea Benth. = Zaluzianskya spathacea(Benth.) Walp. ■☆
267592 Nycterinia villosa Benth. = Zaluzianskya benthamiana Walp. ■☆
267593 Nycterisition Ruiz et Pav. = Chrysophyllum L. ●
267594 Nycterisition lanceolatum Blume = Chrysophyllum lanceolatum (Blume)A. DC. ●
267595 Nycterium Vent. = Solanum L. ●■
267596 Nycticalanthus Ducke(1932);夜花芸香属●☆
267597 Nycticalanthus speciosus Ducke;夜花芸香●☆
267598 Nyctocalos Teijsm. et Binn. (1861);照夜白属;Nyctocalos ●
267599 Nyctocalos brunfelsiiflora Teijsm. et Binn.;照夜白;Nyctocalos ●
267600 Nyctocalos pinnata Steenis;羽叶照夜白;Pinnate Nyctocalos ●◇
267601 Nyctocalos shanica MacGregor et W. W. Sm. = Nyctocalos brunfelsiiflora Teijsm. et Binn. ●
267602 Nyctocereus (A. Berger) Britton et Rose = Peniocereus (A. Berger) Britton et Rose ●
267603 Nyctocereus(A. Berger) Britton et Rose(1909);仙人杖属(蛇柱属,仙人鞭属,夜蛇柱属)■
267604 Nyctocereus Britton et Rose = Peniocereus(A. Berger) Britton et Rose ●
267605 Nyctocereus serpentinus(Lag. et Rodr.)Britton et Rose;仙人杖(大文字,蛇柱,仙人鞭,仙人条);Snake Cactus ■
267606 Nyctocereus serpentinus (Lag. et Rodr.) Britton et Rose var. ambiguus(Bonpl.)Borg;直立仙人杖■☆
267607 Nyctocereus serpentinus (Lag. et Rodr.) Britton et Rose var. splendens(Salm-Dyck ex Lem.)Borg;白刺仙人杖■☆
267608 Nyctocereus serpentinus (Lag. et Rodr.) Britton et Rose var. strictior(Salm-Dyck ex C. F. Först.)Borg;细茎仙人杖■☆
267609 Nyctophylax Zipp. (废弃属名) = Riedelia Oliv. (保留属名)■☆
267610 Nyctosma Raf. = Epidendrum L. (保留属名)■☆
267611 Nyctosma nocturna(Jacq.)Raf. = Epidendrum nocturnum Jacq. ■☆
267612 Nylandtia Dumort. (1822);尼兰远志属■☆
267613 Nylandtia scoparia(Eckl. et Zeyh.) Goldblatt et J. C. Manning;帚状尼兰远志■☆
267614 Nylandtia spinosa(L.)Dumort.;具刺尼兰远志■☆
267615 Nylandtia spinosa(L.)Dumort. var. scoparia(Eckl. et Zeyh.)C. T. Johnson et Weitz = Nylandtia scoparia(Eckl. et Zeyh.)Goldblatt et

J. C. Manning ■☆
267616 Nymania Gand. = Seseli L. ■
267617 Nymania K. Schum. = Phyllanthus L. ●■
267618 Nymania Kuntze = Freesia Exklon ex Klatt(保留属名)■
267619 Nymania Kuntze = Nymanina Kuntze ■☆
267620 Nymania Lindb. (1868);灯笼树属(红笼果属);Chinese Lantern ●☆
267621 Nymania capensis(Thunb.)Lindb.;灯笼树(红笼果,中国灯笼树);Chinese Lantern ●☆
267622 Nymania capensis Lindb. = Nymania capensis(Thunb.)Lindb. ●☆
267623 Nymanima T. Durand et Jacks. = Freesia Exklon ex Klatt(保留属名)■
267624 Nymanima T. Durand et Jacks. = Nymanina Kuntze ■☆
267625 Nymanina Kuntze = Freesia Exklon ex Klatt(保留属名)■
267626 Nymphaea Kuntze = Nuphar Sm.(保留属名)■
267627 Nymphaea L.(1753)(保留属名);睡莲属;Nymphaea, Pond-lily, Water Lily, Water Nymph, Waterlily, Water-lily, White Water-lily ■
267628 Nymphaea 'Gloriosa';华丽睡莲;Gloriosa Water Lily ■☆
267629 Nymphaea 'Leopardess';豹斑睡莲;Leopardess Water Lily ■☆
267630 Nymphaea 'Luciana';露西娅睡莲;Luciana Pink Beauty Water Lily ■☆
267631 Nymphaea 'Lucida';光亮睡莲;Lucida Water Lily ■☆
267632 Nymphaea 'Missouri';密苏里睡莲;Missouri Water Lily ■☆
267633 Nymphaea 'Newton';纽敦睡莲;Newton Water Lily ■☆
267634 Nymphaea 'Pink Opal';粉红乳睡莲;Pink Opal Water Lily ■☆
267635 Nymphaea 'Radiant Red';红射线睡莲;Radiant Red Water Lily ■☆
267636 Nymphaea 'Splendida';闪光睡莲;Splendida Water Lily ■☆
267637 Nymphaea 'Virginalis';洁白睡莲;Virginalis Water Lily ■☆
267638 Nymphaea 'Virginia';处女睡莲;Virginia Water Lily ■☆
267639 Nymphaea × hybrida(Peck)Peck;热带睡莲■☆
267640 Nymphaea × marliacea Wildsmith 'Carnea';肉色睡莲;Carnea Water Lily ■☆
267641 Nymphaea × sulphurea Hort.;硫色睡莲■☆
267642 Nymphaea acutidens Peter = Nymphaea lotus L. ■
267643 Nymphaea acutiloba DC. = Nymphaea tetragona Georgi ■
267644 Nymphaea advena(Aiton)W. T. Aiton subsp. macrophylla(Small) G. S. Mill. et Standl. = Nuphar advena(Aiton)W. T. Aiton ■☆
267645 Nymphaea advena Aiton;大黄睡莲;Cow Lily, Large Yellow Pond Lily, Spatter Dock, Yellow Waterlily ■☆
267646 Nymphaea advena Aiton = Nuphar advena(Aiton)W. T. Aiton ■☆
267647 Nymphaea advena Aiton subsp. macrophylla(Small)G. S. Mill. et Standl. = Nuphar advena(Aiton)W. T. Aiton ■☆
267648 Nymphaea alba L.;白睡莲;Alan, Can Dock, Europe White Waterlily, European White Water Lily, Flatterdock, Floating Dock, Lady of the Lake, Lougb Lily, Mermaids, Nenufar, Ninnyver, Platter Dock, Soldier Buttons, Soldier's Buttons, Swan-among-the-flowers, Water Bells, Water Blob, Water Can, Water Rose, Water Socks, Water-lily, White Water Lily, White Water-lily ■
267649 Nymphaea alba L. var. minor DC.;小白睡莲;Leser White Water Lily ■☆
267650 Nymphaea alba L. var. minoriflora(Borbás)Asch. et Graebn. = Nymphaea alba L. ■
267651 Nymphaea alba L. var. rubra E. J. Lönnr.;红花睡莲(红花洋睡莲,红睡莲);Red Water Lily, Red Waterlily ■
267652 Nymphaea americana(Prov.)G. S. Mill. et Standl. = Nuphar variegata Durand ■☆
267653 Nymphaea americana G. S. Mill. et Standl. = Nuphar variegata Durand ■☆
267654 Nymphaea ampla(Salisb.)DC.;美洲白莲;Ample Nymphaea, Ample Water Lily ■☆
267655 Nymphaea baumii Rehnelt et Henkel = Nymphaea heudelotii Planch. ■☆
267656 Nymphaea bombycina G. S. Mill. et Standl. = Nuphar orbiculata (Small)Standl. ■☆
267657 Nymphaea burttii Pring et Woodson = Nymphaea stuhlmannii (Engl.)Schweinf. et Gilg ■☆
267658 Nymphaea caerulea Savigny;蓝睡莲(浅蓝睡莲);Blue Lotus, Blue Lotus of Egypt, Blue Lotus-of-the-nile, Egyptian Lotus ■☆
267659 Nymphaea caerulea Savigny = Nymphaea nouchalii Burm. f. var. caerulea(Savigny)Verdc. ■☆
267660 Nymphaea caerulea Savigny subsp. zanzibarensis(Casp.)S. W. L. Jacobs;桑给巴尔蓝睡莲■☆
267661 Nymphaea calliantha Conard = Nymphaea nouchalii Burm. f. var. caerulea(Savigny)Verdc. ■☆
267662 Nymphaea calliantha Conard var. tenuis = Nymphaea nouchalii Burm. f. var. caerulea(Savigny)Verdc. ■☆
267663 Nymphaea calophylla Gilg = Nymphaea nouchalii Burm. f. var. petersiana(Klotzsch)Verdc. ■☆
267664 Nymphaea candida C. Presl;雪白睡莲(纯白睡莲,荷花睡莲,水莲草,睡莲);Snowwhite Waterlily ■
267665 Nymphaea capensis Thunb.;好望角睡莲(非洲蓝莲,海角睡莲,蓝睡莲,南非睡莲);Cape Blue Water Lily, Cape Blue Waterlily, Cape Blue Water-lily, Cape Water-lily ■☆
267666 Nymphaea capensis Thunb. = Nymphaea nouchalii Burm. f. var. caerulea(Savigny)Verdc. ■☆
267667 Nymphaea capensis Thunb. var. alba K. C. Landon = Nymphaea nouchalii Burm. f. var. caerulea(Savigny)Verdc. ■☆
267668 Nymphaea capensis Thunb. var. zanzibariensis(Casp.)Conard = Nymphaea nouchalii Burm. f. var. zanzibariensis(Casp.)Verdc. ■☆
267669 Nymphaea chartacea G. S. Mill. et Standl. = Nuphar advena (Aiton)W. T. Aiton ■☆
267670 Nymphaea citrina Peter = Nymphaea stuhlmannii (Engl.) Schweinf. et Gilg ■☆
267671 Nymphaea colorata Peter;袖珍睡莲;Blue Pigmy Water Lily, Colorata Water Lily, Coloured Nymphaea, Coloured Waterlily ■☆
267672 Nymphaea colorata Peter = Nymphaea nouchalii Burm. f. var. zanzibariensis(Casp.)Verdc. ■☆
267673 Nymphaea colorata Peter var. parviflora? = Nymphaea nouchalii Burm. f. var. zanzibariensis(Casp.)Verdc. ■☆
267674 Nymphaea cordata?;心叶睡莲;Floadng Hearts ■☆
267675 Nymphaea crassifolia (Hand.-Mazz.) Nakai = Nymphaea tetragona Georgi ■
267676 Nymphaea cyclophylla R. E. Fr.;圆叶睡莲■☆
267677 Nymphaea dentata Schumach. et Thonn. = Nymphaea lotus L. ■
267678 Nymphaea divaricata Hutch.;叉分睡莲■☆
267679 Nymphaea elegans Hook.;雅致睡莲;Blue Water-lily ■☆
267680 Nymphaea engleri Gilg = Nymphaea nouchalii Burm. f. var. caerulea(Savigny)Verdc. ■☆
267681 Nymphaea ericirosenii R. E. Fr. = Nymphaea heudelotii Planch. ■☆
267682 Nymphaea esquirolii H. Lév.;贵州睡莲;Esquirol Nymphaea, Esquirol Water Lily ■
267683 Nymphaea flava Leitn. = Nymphaea mexicana Zucc. ■

267684 Nymphaea flavovirens Lehm.；黄绿睡莲■☆

267685 Nymphaea fluviatilis R. M. Harper = Nuphar advena(Aiton) W. T. Aiton ■☆

267686 Nymphaea fraterna G. S. Mill. et Standl. = Nuphar variegata Durand ■☆

267687 Nymphaea gigantea Hook.；大睡莲；Australian Native Water-lily ■☆

267688 Nymphaea grandiflora Peter = Nymphaea nouchalii Burm. f. var. zanzibariensis(Casp.) Verdc. ■☆

267689 Nymphaea guineensis Schumach. et Thonn. = Nymphaea micrantha Guillaumin et Perr. ■☆

267690 Nymphaea heudelotii Planch.；厄德睡莲■☆

267691 Nymphaea holoxantha Peter = Nymphaea stuhlmannii (Engl.) Schweinf. et Gilg ■☆

267692 Nymphaea hybrida Peck = Nuphar rubrodisca Morong ■☆

267693 Nymphaea hypotricha Peter = Nymphaea lotus L. ■

267694 Nymphaea jamesoniana Planch.；詹姆士睡莲；James' Waterlily ■☆

267695 Nymphaea leibergii Morong；侏儒睡莲；Pygmy Water-lily, Small White Water-lily ■☆

267696 Nymphaea leucantha Peter = Nymphaea lotus L. ■

267697 Nymphaea liberiensis A. Chev. = Nymphaea lotus L. ■

267698 Nymphaea lotus L.；齿叶睡莲(埃及睡莲，睡莲)；Egyptian Lotus, Egyptian Water Lily, Toothed Waterlily, White Egyptian Lotus, White Egyptianlotus, White Lotus, White Lotus of Egypt ■

267699 Nymphaea lotus L. var. dentata(Schumach. et Thonn.) Casp. = Nymphaea lotus L. ■

267700 Nymphaea lotus L. var. parviflora Peter = Nymphaea lotus L. ■

267701 Nymphaea lotus L. var. pubescens(Willd.) Hook. f. et Thomson；柔毛齿叶睡莲；Pubescent Toothed Waterlily, Pubescent Water Lily ■

267702 Nymphaea lotus L. var. stuhlmannii Engl. = Nymphaea stuhlmannii(Engl.) Schweinf. et Gilg ■☆

267703 Nymphaea ludoviciana G. S. Mill. et Standl. = Nuphar advena (Aiton) W. T. Aiton ■☆

267704 Nymphaea lutea L. = Nuphar lutea(L.) Sm. ■

267705 Nymphaea lutea L. = Nuphar lutea Sibth. et Sm. ■

267706 Nymphaea lutea L. subsp. pumila(Timm) Bonnier et Layens = Nuphar pumila(Timm) DC. ■

267707 Nymphaea lutea L. var. minima Willd. = Nuphar pumila(Timm) DC. ■

267708 Nymphaea lutea L. var. pumila(Timm) Bonnier et Layens = Nuphar pumila(Timm) DC. ■

267709 Nymphaea lutea L. var. pumila Timm = Nuphar pumila(Timm) DC. ■

267710 Nymphaea macrophylla Small = Nuphar advena(Aiton) W. T. Aiton ■☆

267711 Nymphaea maculata Schumach. et Thonn.；斑点睡莲■☆

267712 Nymphaea magnifica Gilg = Nymphaea nouchalii Burm. f. var. caerulea(Savigny) Verdc. ■☆

267713 Nymphaea marliacea Lat. -Marl.；杂种睡莲■☆

267714 Nymphaea mexicana Zucc.；墨西哥黄睡莲(黄花睡莲，黄睡莲)；Banana Water-lily, Sun-lotus, Yellow Mexican Water Lily, Yellow Mexican Water-lily, Yellow Mexico Waterlily, Yellow Water Lily, Yellow Water-lily ■

267715 Nymphaea micrantha Guillaumin et Perr.；小花睡莲■☆

267716 Nymphaea microcarpa G. S. Mill. et Standl. = Nuphar advena (Aiton) W. T. Aiton ■☆

267717 Nymphaea microphylla Pers. = Nuphar microphylla (Pers.) Fernald ■☆

267718 Nymphaea mildbraedii Gilg = Nymphaea nouchalii Burm. f. var. caerulea(Savigny) Verdc. ■☆

267719 Nymphaea minor(Sims) DC. = Nymphaea odorata Aiton ■

267720 Nymphaea muschleriana Gilg = Nymphaea nouchalii Burm. f. var. caerulea(Savigny) Verdc. ■☆

267721 Nymphaea nelsonii Burtt Davy = Nymphaea nouchalii Burm. f. var. caerulea(Savigny) Verdc. ■☆

267722 Nymphaea nelumbo L. = Nelumbo nucifera Gaertn. ■

267723 Nymphaea nouchalii Burm. f.；延药睡莲(白花睡莲，蓝睡莲，星花睡莲)；Blue Indianlotus, Blue Lotus of India, Blue Waterlily ■

267724 Nymphaea nouchalii Burm. f. = Nymphaea lotus L. var. pubescens(Willd.) Hook. f. et Thomson ■

267725 Nymphaea nouchalii Burm. f. var. caerulea(Savigny) Verdc.；天蓝延药睡莲■☆

267726 Nymphaea nouchalii Burm. f. var. ovalifolia(Conard) Verdc.；椭圆叶延药睡莲■☆

267727 Nymphaea nouchalii Burm. f. var. petersiana(Klotzsch) Verdc.；彼得斯延药睡莲■☆

267728 Nymphaea nouchalii Burm. f. var. zanzibariensis (Casp.) Verdc.；桑给巴尔延药睡莲■☆

267729 Nymphaea nubica Lehm. = Nymphaea nouchalii Burm. f. var. caerulea(Savigny) Verdc. ■☆

267730 Nymphaea odorata Aiton；香睡莲；Alligator Bonnet, American Water Lily, American Waterlily, American Water-lily, American White Water-lily, Common Water-lily, Fragrant Water Lily, Fragrant Waterlily, Fragrant Water-lily, Lily, Odorata Water Lily, Pond Lily, Pond-lily, Star Lotus, Sweet-scented Waterlily, Sweet-scented Water-lily, Water Lily, White Pond Lily, White Water Lily, White Water-lily ■

267731 Nymphaea odorata Aiton 'Sulphureua Grandiflora'；硫黄大花香睡莲■☆

267732 Nymphaea odorata Aiton f. rubra (E. Guillon) Conard = Nymphaea odorata Aiton ■

267733 Nymphaea odorata Aiton subsp. tuberosa(Paine) Wiersema et Hellq. = Nymphaea tuberosa Paine ■☆

267734 Nymphaea odorata Aiton var. gigantea Tricker = Nymphaea odorata Aiton ■

267735 Nymphaea odorata Aiton var. godfreyi D. B. Ward = Nymphaea odorata Aiton ■

267736 Nymphaea odorata Aiton var. maxima (Conard) B. Boivin = Nymphaea odorata Aiton ■

267737 Nymphaea odorata Aiton var. minor Sims = Nymphaea odorata Aiton ■

267738 Nymphaea odorata Aiton var. rosea Pursh = Nymphaea odorata Aiton ■

267739 Nymphaea odorata Aiton var. stenopetala Fernald = Nymphaea odorata Aiton ■

267740 Nymphaea odorata Aiton var. villosa Casp. = Nymphaea odorata Aiton ■

267741 Nymphaea orbiculata Small = Nuphar orbiculata(Small) Standl. ■☆

267742 Nymphaea ovalifolia Conard = Nymphaea nouchalii Burm. f. var. ovalifolia(Conard) Verdc. ■☆

267743 Nymphaea ovata G. S. Mill. et Standl. = Nuphar advena(Aiton) W. T. Aiton ■☆

267744 Nymphaea ozarkana G. S. Mill. et Standl. = Nuphar advena (Aiton) W. T. Aiton ■☆

267745 Nymphaea pandiflora Peter = Nymphaea nouchalii Burm. f. var. zanzibariensis(Casp.) Verdc. ■☆

267746 Nymphaea petersiana Klotzsch = Nymphaea nouchalii Burm. f. var. petersiana(Klotzsch) Verdc. ■☆

267747 Nymphaea polychroma Peter = Nymphaea nouchalii Burm. f. var. zanzibariensis(Casp.) Verdc. ■☆
267748 Nymphaea polysepala (Engelm.) Greene = Nuphar polysepala Engelm. ■☆
267749 Nymphaea primulina Hutch. = Nymphaea sulphurea Gilg ■☆
267750 Nymphaea puberula G. S. Mill. et Standl. = Nuphar advena (Aiton) W. T. Aiton ■☆
267751 Nymphaea pubescens Willd. = Nymphaea lotus L. var. pubescens(Willd.) Hook. f. et Thomson ■
267752 Nymphaea pumila(Timm) Hoffm. = Nuphar pumila(Timm) DC. ■
267753 Nymphaea purpurascens Peter = Nymphaea nouchalii Burm. f. var. zanzibariensis(Casp.) Verdc. ■☆
267754 Nymphaea reichardiana F. Hoffm. = Nymphaea lotus L. ■
267755 Nymphaea richardiana F. Hoffm. = Nymphaea nouchalii Burm. f. var. ovalifolia(Conard) Verdc. ■☆
267756 Nymphaea rubra Roxb. ex Salisb.;红睡莲(红花睡莲);Indian Red Water Lily, Red Indian Water-lily ■☆
267757 Nymphaea rubrodisca (Morong) Greene = Nuphar rubrodisca Morong ■☆
267758 Nymphaea rufescens Guillaumin et Perr. = Nymphaea micrantha Guillaumin et Perr. ■☆
267759 Nymphaea sagittifolia Walter = Nuphar sagittifolia(Walter) Pursh ■☆
267760 Nymphaea scutifolia (Salisb.) DC. = Nymphaea nouchalii Burm. f. var. caerulea(Savigny) Verdc. ■☆
267761 Nymphaea spectabilis Gilg = Nymphaea nouchalii Burm. f. var. caerulea(Savigny) Verdc. ■☆
267762 Nymphaea sphaerantha Peter = Nymphaea nouchalii Burm. f. var. zanzibariensis(Casp.) Verdc. ■☆
267763 Nymphaea stellata Willd. = Nymphaea nouchalii Burm. f. ■
267764 Nymphaea stellata Willd. var. zanzibariensis(Casp.) Hook. f. = Nymphaea nouchalii Burm. f. var. zanzibariensis(Casp.) Verdc. ■☆
267765 Nymphaea stuhlmannii(Engl.) Schweinf. et Gilg;斯图尔曼睡莲■☆
267766 Nymphaea sulphurea Hort. = Nymphaea × sulphurea Gilg ■☆
267767 Nymphaea tetragona Georgi;睡莲(此碧花,蓬蓬草,蓬蓬花,瑞莲,水莲花,睡莲菜,子午莲);Pygmy Water Lily, Pygmy Waterlily, Pygmy Water-lily, Small White Water-lily, White Waterlily ■
267768 Nymphaea tetragona Georgi = Nymphaea nouchalii Burm. f. ■
267769 Nymphaea tetragona Georgi subsp. leibergii (Morong) A. E. Porsild = Nymphaea leibergii Morong ■☆
267770 Nymphaea tetragona Georgi var. angusta Casp.;日朝睡莲(睡莲,子午莲);Narrow Waterlily, Pygmy Water Lily, Pygmy Waterlily ■☆
267771 Nymphaea tetragona Georgi var. crassifolia(Hand. -Mazz.) Y. C. Chu;大花睡莲;Thick-flower Waterlily ■
267772 Nymphaea tetragona Georgi var. crassifolia(Hand. -Mazz.) Y. C. Chu = Nymphaea tetragona Georgi ■
267773 Nymphaea tetragona Georgi var. erythrostigmatica Koji Ito;红柱头睡莲■☆
267774 Nymphaea tetragona Georgi var. helvola Hort.;黄花睡莲■☆
267775 Nymphaea thermalis DC. = Nymphaea lotus L. ■
267776 Nymphaea thermarum Eb. Fisch.;温泉睡莲■☆
267777 Nymphaea tuberosa Paine;块茎睡莲;American White Water-lily, Magnolia Water Lily, Magnolia Water-lily, Tuberous Water Lily, Tuberous Water-lily, White Water-lily ■☆
267778 Nymphaea tuberosa Paine = Nymphaea odorata Aiton subsp. tuberosa(Paine) Wiersema et Hellq. ■☆
267779 Nymphaea tuberosa Paine = Nymphaea odorata Aiton ■
267780 Nymphaea variegata (Engelm. ex Clinton) G. S. Mill. = Nymphaea odorata Aiton ■
267781 Nymphaea vernayi Bremek. et Oberm. = Nymphaea nouchalii Burm. f. var. ovalifolia(Conard) Verdc. ■☆
267782 Nymphaea wenzelii Maack;温氏睡莲■☆
267783 Nymphaea zanzibariensis Casp.;非洲睡莲;Royal Purple Lily, Zanzibar Waterlily ■
267784 Nymphaea zanzibariensis Casp. = Nymphaea nouchalii Burm. f. var. zanzibariensis(Casp.) Verdc. ■☆
267785 Nymphaea zanzibariensis Casp. var. pallida Peter = Nymphaea nouchalii Burm. f. var. zanzibariensis(Casp.) Verdc. ■☆
267786 Nymphaea zenkeri Gilg = Nymphaea lotus L. ■
267787 Nymphaeaceae Salisb. (1805)(保留科名);睡莲科;Waterlily Family, Water-lily Family ■
267788 Nymphaeanthe Rchb. = Limnanthemum S. G. Gmel. ■
267789 Nymphaeanthe Rchb. = Nymphoides Ség. ■
267790 Nymphaeum Barsch = ? Nymphaeanthe Rchb. ■
267791 Nymphanthus Lour. = Phyllanthus L. ●■
267792 Nymphanthus chinensis Lour. = Glochidion puberum (L.) Hutch. ●
267793 Nymphanthus ruber Lour. = Phyllanthus ruber(Lour.) Spreng. ●
267794 Nymphea Raf. = Nymphaea L.(保留属名)■
267795 Nympheanthe Endl. = Limnanthemum S. G. Gmel. ■
267796 Nympheanthe Endl. = Nymphaeanthe Rchb. ■
267797 Nympheanthe Endl. = Nymphoides Ség. ■
267798 Nymphodes Kuntze = Nymphoides Ség. ■
267799 Nymphoides Hill = Nymphoides Ség. ■
267800 Nymphoides Ség. (1754);荇菜属(莕菜属);Floating Heart, Floating Hearts, Floatingheart, Fringed Water-lily ■
267801 Nymphoides aquatica(Walter) Fernald;水荇菜;Banana Lily, Floating Hearts ■☆
267802 Nymphoides aurantiaca(Dalzell ex Hook.) Kuntze;水金莲花(白花荇菜,黄花荇菜,金莲花);Orange Floatingheart, Whiteflower Floatingheart ■
267803 Nymphoides aurantiaca (Dalzell) Kuntze = Nymphoides aurantiaca(Dalzell ex Hook.) Kuntze ■
267804 Nymphoides bosseri A. Raynal;博瑟荇菜■☆
267805 Nymphoides brevipedicellata(Vatke) A. Raynal;短梗荇菜■☆
267806 Nymphoides cordata(Ell.) Fernald;心叶荇菜;Floating Hearts ■☆
267807 Nymphoides coreana(H. Lév.) H. Hara;小荇菜(小莕菜);Small Floatingheart ■
267808 Nymphoides crenata(F. Muell.) Kuntze = Nymphoides cristata (Roxb.) Kuntze ■
267809 Nymphoides cristata(Roxb.) Kuntze;水皮莲(水浮莲,水鬼莲,银莲花);Cristate Floatingheart ■
267810 Nymphoides cristata(Roxb.) Kuntze = Nymphoides coreana(H. Lév.) H. Hara ■
267811 Nymphoides cristata(Roxb.) Kuntze = Nymphoides hydrophylla (Lour.) Kuntze ■
267812 Nymphoides forbesiana(Griseb.) Kuntze;福布荇菜■☆
267813 Nymphoides germinata (R. Br.) Kuntze;彩色水荇菜;Variegated Water Snowflake ■☆
267814 Nymphoides germinata Kuntze = Nymphoides germinata(R. Br.) Kuntze ■☆
267815 Nymphoides guineensis A. Raynal;几内亚荇菜■☆
267816 Nymphoides humboldtiana Kuntze = Nymphoides indica (L.) Kuntze ■

267817 Nymphoides humilis A. Raynal;矮荇菜■☆

267818 Nymphoides hydrophylla(Lour.)Kuntze;刺种荇菜(刺种莕菜,龙骨瓣莕菜);Crested Floating Heart, Crested Floatingheart, Snowflake, Spineseed Floatingheart ■

267819 Nymphoides indica(L.)Kuntze;金银莲花(白花莕菜,印度莕菜,印度荇菜);India Floatingheart, Indian Floatingheart, Water Snowflake ■

267820 Nymphoides indica(L.)Kuntze subsp. occidentalis A. Raynal;西方金银莲花■☆

267821 Nymphoides koreana H. Lév.;朝鲜荇菜■☆

267822 Nymphoides lungtanensis S. P. Li, T. H. Hsieh et C. C. Lin;龙潭荇菜■

267823 Nymphoides milnei A. Raynal;米尔恩荇菜■☆

267824 Nymphoides nilotica (Kotschy et Peyr.) J. Léonard = Nymphoides forbesiana(Griseb.)Kuntze ■☆

267825 Nymphoides peltata(S. G. Gmel.)Kuntze;荇菜(大紫背浮萍,凫葵,接余,荾余,金莲儿,金莲子,莲叶荇菜,莲叶莕菜,藕蔬菜,水荷叶,水镜草,水葵,杏菜,杏公须,荇菜,荇丝菜,莕,莕公须,莕丝菜,靥子花);Floating Bogbean, Floating Heart, Fringed Water Lily, Fringed Water-lily, Shield Floatingheart, Water Fringe, Yellow Floating Heart, Yellow Floatingheart, Yellow Water Fringe ■

267826 Nymphoides peltata Kuntze = Nymphoides peltata(S. G. Gmel.) Kuntze ■

267827 Nymphoides rautanenii(N. E. Br.)A. Raynal;劳塔宁荇菜■☆

267828 Nymphoides tenuissima A. Raynal;纤细荇菜■☆

267829 Nymphoides thunbergiana(Griseb.)Kuntze;通贝里荇菜■☆

267830 Nymphona Bubani = Nuphar Sm.(保留属名)■

267831 Nymphosanthus Steud. = Nuphar Sm.(保留属名)■

267832 Nymphosanthus Steud. = Nymphozanthus Rich.(废弃属名)■

267833 Nymphozanthus Rich.(废弃属名) = Nuphar Sm.(保留属名)■

267834 Nymphozanthus advena (Aiton) Fernald = Nuphar advena (Aiton) W. T. Aiton ■☆

267835 Nymphozanthus ozarkanus(G. S. Mill. et Standl.) E. J. Palmer et Steyerm. = Nuphar advena(Aiton) W. T. Aiton ■☆

267836 Nymphozanthus rubrodiscus (Morong) Fernald = Nuphar rubrodisca Morong ■☆

267837 Nypa Steck(1757);水椰属(尼泊椰子属,尼帕榈属,聂柏榈属);Nipa Palm, Nypa, Nypa Palm, Watercoconut ●

267838 Nypa fructicans Wurmb.;水椰(露壁,烛子);Date Palm, Mangrove Palm, Nipa Palm, Nypa, Nypa Palm, Shrub Nypa, Shrub Watercoconut, Water palm ●◇

267839 Nypaceae Brongn. ex Le Maout et Decne. = Arecaceae Bercht. et J. Presl(保留科名)●

267840 Nypaceae Brongn. ex Le Maout et Decne. = Palmae Juss.(保留科名)●

267841 Nypaceae Tralau = Arecaceae Bercht. et J. Presl(保留科名)●

267842 Nypaceae Tralau = Palmae Juss.(保留科名)●

267843 Nypaceae Tralau;水椰科●

267844 Nypha Buch.-Ham. = Nypa Steck ●

267845 Nyphar Walp. = Nuphar Sm.(保留属名)■

267846 Nyrophylla Neck. = ? Persea Mill.(保留属名)●

267847 Nyrophylluna Kosterm. = Nyrophylla Neck. ●

267848 Nyssa Gronov. ex L. = Nyssa L. ●

267849 Nyssa L.(1753);蓝果树属(柅萨木属,紫树属);Black Gum, Tupelo, Tupelo Gum ●

267850 Nyssa aquatica L.;水蓝果树(湿生蓝果树);Cotton Gum, Swamp Tupelo, Tupelo, Tupelo Gum, Tupelo-gum, Water Gum, Water Tupelo, Wild Olive ●

267851 Nyssa arborea (Blume) Koord. = Nyssa javanica (Blume) Wangerin ●

267852 Nyssa arborea Koord. = Nyssa javanica(Blume) Wangerin ●

267853 Nyssa bifida Craib = Nyssa javanica(Blume) Wangerin ●

267854 Nyssa biflora Walter = Nyssa sylvatica Marshall var. biflora (Walter) Sarg. ●☆

267855 Nyssa caroliniana Poir. = Nyssa sylvatica Marshall ●☆

267856 Nyssa javanica(Blume) Wangerin;华南蓝果树(华南紫树,云南紫树);Javan Tupelo ●

267857 Nyssa leptophylla W. P. Fang et T. P. Chen;薄叶蓝果树(瘦叶蓝果树);Thinleaf Tupelo, Thin-leaved Tupelo ●

267858 Nyssa multiflora Elliott = Nyssa sylvatica Marshall ●☆

267859 Nyssa ogeche Bartram ex Marshall;欧吉齐蓝果树(高山紫树,酸蓝果树,酸味蓝果树);Ogeechee Lime, Ogeechee Tupelo, Sour Tupelo ●☆

267860 Nyssa ogeche Marshall = Nyssa ogeche Bartram ex Marshall ●☆

267861 Nyssa sessiliflora Hook. f. et Thomson = Nyssa javanica(Blume) Wangerin ●

267862 Nyssa shangszeensis W. P. Fang et Soong;上思蓝果树;Shangsi Tupelo ●

267863 Nyssa shweliensie(W. W. Sm.) Airy Shaw;瑞丽蓝果树(滇西蓝果树,滇西紫树);Ruili Tupelo ●

267864 Nyssa sinensis Oliv.;蓝果树(柅萨木,水鳖梨,水结梨,乌梨,宜沙木,紫树);China Tupelo, Chinese Tupelo ●

267865 Nyssa sinensis Oliv. var. oblongifolia W. P. Fang et Soong;矩圆叶蓝果树(长叶蓝果树);Oblong Tupelo, Oblongleaf Tupelo ●

267866 Nyssa sinensis Oliv. var. oblongifolia W. P. Fang et Soong = Nyssa sinensis Oliv. ●

267867 Nyssa sylvatica Marshall;多花蓝果树(多花紫树,美国蓝果树,野生蓝果树);American Tupelo, Black, Black Gum, Black Tupelo, Blackgum, Black-gum, Cotton Gum, Flowery Tupelo, Hill Blackgum, Ogeechee Lime, Pepper Turnip, Pepperidge, Sour Gum, Sour-gum, Swamp Tupelo, Tupelo, Tupelo Gum, Upland Tupelo, Wild Pear Tree, Yellow Gum ●☆

267868 Nyssa sylvatica Marshall 'Jermyn's Flame';杰明之火多花蓝果树●☆

267869 Nyssa sylvatica Marshall 'Sheffield Park';谢菲尔德公园多花蓝果树●☆

267870 Nyssa sylvatica Marshall 'Wisley Bonfire';卫斯里营火多花蓝果树●☆

267871 Nyssa sylvatica Marshall var. aquatica (Walter) Sarg. = Nyssa biflora Walter ●☆

267872 Nyssa sylvatica Marshall var. biflora(Walter) Sarg.;双花蓝果树(异花紫树);Swamp Black Gum, Swamp Tupelo ●☆

267873 Nyssa sylvatica Marshall var. caroliniana(Poir.) Fernald = Nyssa sylvatica Marshall ●☆

267874 Nyssa sylvatica Marshall var. dilatata Fernald = Nyssa sylvatica Marshall ●☆

267875 Nyssa sylvatica Marshall var. typica Fernald = Nyssa sylvatica Marshall ●☆

267876 Nyssa wenshanensis W. P. Fang et Soong;文山蓝果树;Wenshan Tupelo ●

267877 Nyssa wenshanensis W. P. Fang et Soong var. longipedunculata W. P. Fang et Soong = Nyssa wenshanensis W. P. Fang et Soong ●

267878 Nyssa wenshanensis W. P. Fang et Soong var. longipedunculata W. P. Fang et Soong;长梗蓝果树;Longpedicel Tupelo ●

267879 Nyssa yunnanensis W. C. Yin; 云南蓝果树(毛叶紫树); Yunnan Tupelo ●◇
267880 Nyssaceae Dumort. = Nyssaceae Juss. ex Dumort.(保留科名)●
267881 Nyssaceae Juss. ex Dumort.(1829)(保留科名);蓝果树科(珙桐科,紫树科); Nyssa Family, Sour-gum Family, Tupelo Family, Tupelo-gum Family ●
267882 Nyssaceae Juss. ex Dumort.(保留科名)= Cornaceae Bercht. et J. Presl(保留科名)●■
267883 Nyssaceae Juss. ex Dumort.(保留科名)= Ochnaceae DC.(保留科名)●■
267884 Nyssanthes R. Br.(1810);刺被苋属■☆
267885 Nyssanthes diffusa R. Br.;匍匐刺被苋■☆
267886 Nyssanthes erecta R. Br.;直立刺被苋■☆
267887 Nyssopsis Kuntze = Camptotheca Decne. ●★
267888 Nzidora A. Chev. = Tridesmostemon Engl. ●☆
267889 Oakes-Amesia C. Schweinf. et P. H. Allen = Sphyrastylis Schltr. ■☆
267890 Oakes-Amesia C. Schweinf. et P. H. Allen(1948);阿迈兰属■☆
267891 Oakes-Amesia cryptantha C. Schweinf. et P. H. Allen;阿迈兰■☆
267892 Oakesia S. Watson = Oakesiella Small ■☆
267893 Oakesia S. Watson = Uvularia L. ■☆
267894 Oakesia Tuck. = Corema D. Don ●☆
267895 Oakesia floridana(Chapm.)J. F. Macbr. = Uvularia floridana Chapm. ■☆
267896 Oakesia puberula(Michx.)S. Watson = Uvularia puberula Michx. ■☆
267897 Oakesia sessilifolia(L.)S. Watson = Uvularia sessilifolia L. ■☆
267898 Oakesiella Small = Uvularia L. ■☆
267899 Oakesiella floridana(Chapm.)Small = Uvularia floridana Chapm. ■☆
267900 Oakesiella puberula(Michx.)Small = Uvularia puberula Michx. ■☆
267901 Oakesiella sessilifolia(L.)Small = Uvularia sessilifolia L. ■☆
267902 Oaxacana Rose = Coaxana J. M. Coult. et Rose ■☆
267903 Oaxacania B. L. Rob. et Greenm.(1895);短冠孤泽兰属●☆
267904 Oaxacania B. L. Rob. et Greenm. = Hofmeisteria Walp. ■●☆
267905 Oaxacania malvifolia Robinson et Greenm;短冠孤泽兰●☆
267906 Obaejaca Cass. = Senecio L. ■●
267907 Obbea Hook. f. = Bobea Gaudich. ●☆
267908 Obeckia Griff. = Osbeckia L. ●■
267909 Obelanthera Turcz. = Saurauia Willd.(保留属名)●
267910 Obeliscaria Cass. = Obeliscotheca Adans. ■
267911 Obeliscaria Cass. = Obelisteca Raf. ■☆
267912 Obeliscaria Cass. = Rudbeckia L. ■
267913 Obeliscaria pulcherrima DC. = Ratibida columnifera(Nutt.) Wooton et Standl. ■☆
267914 Obeliscotheca Adans. = Rudbeckia L. ■
267915 Obeliscotheca Vaill. ex Adans. = Rudbeckia L. ■
267916 Obelisteca Raf. = Lepachys Raf. ■☆
267917 Obelisteca Raf. = Ratibida Raf. ■☆
267918 Obentonia Vell. = Angostura Roem. et Schult. ●☆
267919 Oberna Adans. = Silene L.(保留属名)■
267920 Oberna behen(L.)Ikonn. = Silene vulgaris(Moench) Garcke ■
267921 Oberna commutata(Guss.)Ikonn. = Silene vulgaris(Moench) Garcke ■
267922 Oberonia Lindl.(1830)(保留属名);鸢尾兰属(莪白兰属,树蒲属);Irisorchis, Oberonia ■
267923 Oberonia acaulis Griff.;显脉鸢尾兰(无茎鸢尾兰);Stemless Oberonia, Venose ■
267924 Oberonia acaulis Griff. var. luchunensis S. C. Chen;禄春鸢尾兰(绿春鸢尾兰);Luchun Irisorchis, Luchun Oberonia ■
267925 Oberonia anthropophora Lindl.;长裂鸢尾兰(拟虾须莪白兰);Longsplit Irisorchis, Longsplit Oberonia ■
267926 Oberonia anthropophora Lindl. var. arisanensis(Hayata) T. Hashim. = Oberonia arisanensis Hayata ■
267927 Oberonia arisanensis Hayata;阿里山鸢尾兰(阿里山莪白兰,高士佛莪白兰);Alishan Irisorchis, Alishan Oberonia ■
267928 Oberonia auriculata King et Pantl. = Oberonia caulescens Lindl. ex Wall. ■
267929 Oberonia austroyunnanensis S. C. Chen et Z. H. Tsi;滇南鸢尾兰;S. Yunnan Irisorchis, S. Yunnan Oberonia ■
267930 Oberonia bilobatolabella Hayata = Oberonia caulescens Lindl. ex Wall. ■
267931 Oberonia brevifolia(Hook. f.)Panigrahi = Oberonia mucronata(D. Don)Ormerod et Seidenf. ■
267932 Oberonia brevifolia Lindl. = Oberonia disticha(Lam.)Schltr. ■☆
267933 Oberonia cathayana Chun et Ts. Tang ex S. C. Chen;中华鸢尾兰;China Irisorchis, Chinese Oberonia ■
267934 Oberonia caulescens Lindl. = Oberonia caulescens Lindl. ex Wall. ■
267935 Oberonia caulescens Lindl. ex Wall.;狭叶鸢尾兰(滇莪白兰,二裂唇莪白兰,石葱,石三甲,五爪金叉,小金耳环,岩葱);Narrowleaf Irisorchis, Narrowleaf Oberonia ■
267936 Oberonia cavaleriei Finet;棒叶鸢尾兰(老鼠尾巴,石葱,鼠尾莪白兰,岩葱);Clavateleaf Oberonia, Stickleaf Irisorchis ■
267937 Oberonia cavaleriei Finet = Oberonia myosurus(G. Forst.) Lindl. ■☆
267938 Oberonia clarkei Hook. f. = Oberonia jenkinsiana Griff. ex Lindl. ■
267939 Oberonia delicata Z. H. Tsi et S. C. Chen;无齿鸢尾兰;Toothless Irisorchis, Toothless Oberonia ■
267940 Oberonia denticulata Wight = Oberonia mucronata(D. Don) Ormerod et Seidenf. ■
267941 Oberonia denticulata Wight var. brevifolia(Hook. f.)S. Misra = Oberonia mucronata(D. Don)Ormerod et Seidenf. ■
267942 Oberonia denticulata Wight var. iridifolia(Roxb.)S. Misra = Oberonia mucronata(D. Don)Ormerod et Seidenf. ■
267943 Oberonia disticha(Lam.)Schltr.;二列鸢尾兰■☆
267944 Oberonia ensiformis(Sm.)Lindl.;剑叶鸢尾兰;Swordleaf Irisorchis, Swordleaf Oberonia ■
267945 Oberonia equitans(Thouars)Schltr. = Oberonia disticha(Lam.) Schltr. ■☆
267946 Oberonia falcata King et Pantl.;细叶莪白兰■
267947 Oberonia falconeri Hook. f.;短耳鸢尾兰;Shortear Irisorchis, Shortear Oberonia ■
267948 Oberonia formosana Hayata = Oberonia japonica(Maxim.) Makino ■
267949 Oberonia gammiei King et Pantl.;齿瓣鸢尾兰;Toothpetal Irisorchis, Toothpetal Oberonia ■
267950 Oberonia gigantea Fukuy.;橙黄鸢尾兰(大莪白兰);Orangeyellow Irisorchis, Orangeyellow Oberonia ■
267951 Oberonia insularis Hayata;岛屿莪白兰■
267952 Oberonia insularis Hayata = Oberonia japonica(Maxim.)Makino ■
267953 Oberonia insularis Hayata = Oberonia pumila(Fukuy. ex S. C. Chen et K. Y. Lang)Ormerod ■
267954 Oberonia integerrima Guillaumin;全唇鸢尾兰(粗花茎鸢尾

兰);Entire Oberonia,Entirelip Irisorchis ■
267955 Oberonia iridifolia Lindl. = Oberonia ensiformis(Sm.) Lindl. ■
267956 Oberonia iridifolia Lindl. var. brevifolia Hook. f. = Oberonia mucronata(D. Don) Ormerod et Seidenf. ■
267957 Oberonia iridifolia Roxb. ex Lindl. = Oberonia mucronata(D. Don) Ormerod et Seidenf. ■
267958 Oberonia japonica(Maxim.) Makino;小叶鸢尾兰(岛屿莪白兰,日本莪白兰,台湾莪白兰,璎珞兰);Japan Irisorchis,Japanese Oberonia,Taiwan Oberonia ■
267959 Oberonia japonica(Maxim.) Makino f. rubriflora Honda;红花小叶鸢尾兰■☆
267960 Oberonia jenkinsiana Griff. ex Lindl.;条裂鸢尾兰;Jenkins Irisorchis,Jenkins Oberonia ■
267961 Oberonia kusukusensis Hayata;高士佛莪白兰■
267962 Oberonia kusukusensis Hayata = Oberonia arisanensis Hayata ■
267963 Oberonia kusukusensis Hayata = Oberonia rosea Hook. f. ■
267964 Oberonia kwangsiensis Seidenf.;广西鸢尾兰;Guangxi Irisorchis ■
267965 Oberonia latipetala L. O. Williams;阔瓣鸢尾兰;Broadpetal Irisorchis,Broadpetal Oberonia ■
267966 Oberonia longibracteata Lindl.;长苞鸢尾兰(长苞莪白兰);Longbract Irisorchis,Longbract Oberonia ■
267967 Oberonia longilabris King et Pantl. = Oberonia caulescens Lindl. ex Wall. ■
267968 Oberonia lunata (Blume) Lindl.;半月形鸢尾兰;Lunate Irisorchis,Lunate Oberonia ■☆
267969 Oberonia makinoi Masam. = Oberonia japonica (Maxim.) Makino ■
267970 Oberonia mannii Hook. f.;小花鸢尾兰;Smallflower Irisorchis,Smallflower Oberonia ■
267971 Oberonia menghaiensis S. C. Chen;勐海鸢尾兰;Menghai Irisorchis,Menghai Oberonia ■
267972 Oberonia menglaensis S. C. Chen et Z. H. Tsi;勐腊鸢尾兰;Mengla Irisorchis,Mengla Oberonia ■
267973 Oberonia mucronata(D. Don) Ormerod et Seidenf.;鸢尾兰(老鼠尾,老鼠尾巴,石扁兰,树扁竹,树竹,燕尾扁竹兰,野扁竹,鱼尾巴草,鸢尾叶莪白兰);Irisleaf Oberonia,Irisorchis ■
267974 Oberonia myosurus(G. Forst.) Lindl.;鼠尾鸢尾兰■
267975 Oberonia myriantha Lindl. = Oberonia acaulis Griff. ■
267976 Oberonia obcordata Lindl.;橘红鸢尾兰;Jacinth Irisorchis,Jacinth Oberonia ■
267977 Oberonia orbicularis Hook. f. = Oberonia obcordata Lindl. ■
267978 Oberonia pachyrachis Rchb. f. ex Hook. f.;扁葶鸢尾兰(扁花茎鸢尾兰);Flatscape Irisorchis,Thickrachis Oberonia ■
267979 Oberonia parvula King et Pantl. = Oberonia recurva Lindl. ■
267980 Oberonia pterorachis C. L. Tso = Oberonia caulescens Lindl. ex Wall. ■
267981 Oberonia pumila(Fukuy. ex Masam. et T. P. Lin) S. S. Ying = Hippeophyllum pumilum Fukuy. ex Masam. et T. P. Lin ■
267982 Oberonia pumila(Fukuy. ex S. C. Chen et K. Y. Lang) Ormerod;宝岛鸢尾兰■
267983 Oberonia pyrulifera Lindl.;裂唇鸢尾兰;Splitlip Irisorchis,Splitlip Oberonia ■
267984 Oberonia recurva Lindl.;华南鸢尾兰■
267985 Oberonia regnieri Finet = Oberonia gammiei King et Pantl. ■
267986 Oberonia rosea Hook. f.;玫瑰鸢尾兰(裂瓣莪白兰);Rose Irisorchis,Rose Oberonia ■
267987 Oberonia rufilabris Lindl.;红唇鸢尾兰(红唇莪白兰);Redlip Irisorchis,Redlip Oberonia ■
267988 Oberonia segawae T. C. Hsu et S. W. Chung;齿唇鸢尾兰■
267989 Oberonia seidenfadenii(H. J. Su) Ormerod;密花鸢尾兰(密花小骑士兰)■
267990 Oberonia setifera Lindl. = Oberonia recurva Lindl. ■
267991 Oberonia setigera Ames;刚毛鸢尾兰;Oberonia Orchid ■☆
267992 Oberonia siamensis Schltr. = Oberonia falconeri Hook. f. ■
267993 Oberonia sikkimensis Lindl. = Oberonia acaulis Griff. ■
267994 Oberonia sinica(S. C. Chen et K. Y. Lang) Ormerod;套叶鸢尾兰(套叶兰);China Hippeophyllum ■
267995 Oberonia smisrae Panigrahi = Oberonia mucronata (D. Don) Ormerod et Seidenf. ■
267996 Oberonia teres Kerr;圆柱叶鸢尾兰■
267997 Oberonia treutleri Hook. f. = Oberonia obcordata Lindl. ■
267998 Oberonia trilobata Griff. = Oberonia ensiformis(Sm.) Lindl. ■
267999 Oberonia umbraticola Rolfe = Oberonia pachyrachis Rchb. f. ex Hook. f. ■
268000 Oberonia variabilis Kerr;密苞鸢尾兰;Densebract Irisorchis,Densebract Oberonia ■
268001 Oberonia verticillata Wight var. khasiana Lindl. = Oberonia pyrulifera Lindl. ■
268002 Oberonia yunnanensis Rolfe = Oberonia caulescens Lindl. ex Wall. ■
268003 Oberonioides Szlach. (1995);小沼兰属■
268004 Oberonioides microtatantha(Schltr.) Szlach.;小沼兰(小软叶兰);Little Addermonth Orchid,Small Bogorchis ■
268005 Oberonioides oberoniiflora(Seidenf.) Szlach.;鸢尾小沼兰■☆
268006 Obesia Haw. = Piaranthus R. Br. ■☆
268007 Obesia Haw. = Stapelia L.(保留属名)■
268008 Obesia decora(Masson) Haw. = Piaranthus geminatus(Masson) N. E. Br. subsp. decorus(Masson) Bruyns ■☆
268009 Obesia geminata (Masson) Haw. = Piaranthus geminatus (Masson) N. E. Br. ■☆
268010 Obesia punctata (Masson) Haw. = Piaranthus punctatus (Masson) R. Br. ■☆
268011 Obesia serrulata(Jacq.) Sw. = Piaranthus geminatus(Masson) N. E. Br. subsp. decorus(Masson) Bruyns ■☆
268012 Obetia Gaudich. (1844);刺麻树属●☆
268013 Obetia australis Engl. = Obetia carruthersiana(Hiern) Rendle ●☆
268014 Obetia carruthersiana(Hiern) Rendle;卡拉瑟斯刺麻树●☆
268015 Obetia ficifolia (Savigny) Gaudich. var. heracleifolia Pers. = Obetia radula(Baker) B. D. Jacks. ●☆
268016 Obetia ficifolia Gaudich.;刺麻树●☆
268017 Obetia laciniata Baker = Obetia radula(Baker) B. D. Jacks. ●☆
268018 Obetia morifolia Baker = Obetia radula(Baker) B. D. Jacks. ●☆
268019 Obetia pinnatifida Baker = Obetia radula(Baker) B. D. Jacks. ●☆
268020 Obetia radula(Baker) B. D. Jacks.;小根刺麻树;Stinging Nettle Tree ●☆
268021 Obetia tenax(N. E. Br.) Friis;黏刺麻树●☆
268022 Obione Gaertn. = Atriplex L. ■●
268023 Obione acanthocarpa Torr. = Atriplex acanthocarpa (Torr.) S. Watson ■☆
268024 Obione argentea(Nutt.) Moq. = Atriplex argentea Nutt. ●☆
268025 Obione billardierei Moq. = Theleophyton billardierei (Moq.) Moq. ●☆
268026 Obione centralasiatica (Iljin) Kitag. = Atriplex centralasiatica

Iljin ●

268027 Obione chenopodioides Coss. et Durieu = Oreobliton thesioides Durieu et Moq. ■☆

268028 Obione confertifolia Torr. et Frém. = Atriplex confertifolia S. Watson ●☆

268029 Obione cordulata(Jeps.) Ulbr. = Atriplex cordulata Jeps. ●☆

268030 Obione coronata(S. Watson) Ulbr. = Atriplex coronata S. Watson ■☆

268031 Obione coulteri Moq. = Atriplex coulteri(Moq.) D. Dietr. ■☆

268032 Obione elegans Moq. = Atriplex elegans(Moq.) D. Dietr. ■☆

268033 Obione fera(L.) Moq. = Atriplex fera(L.) Bunge ●

268034 Obione fera Moq. = Atriplex fera(L.) Bunge ●

268035 Obione gardneri Moq. = Atriplex gardneri(Moq.) D. Dietr. ■☆

268036 Obione graciliflora(M. E. Jones) Ulbr. = Atriplex graciliflora M. E. Jones ■☆

268037 Obione graeca Moq. = Atriplex prostrata Boucher ex DC. ●

268038 Obione graeea Moq. = Atriplex tatarica L. ●

268039 Obione hymenelytra Torr. = Atriplex hymenelytra (Torr.) S. Watson ●☆

268040 Obione koenigii Moq. = Atriplex repens Roth ●

268041 Obione lentiformis Torr. = Atriplex lentiformis(Torr.) S. Watson ●☆

268042 Obione leucophylla Moq. = Atriplex leucophylla (Moq.) D. Dietr. ■☆

268043 Obione microcarpa Benth. = Atriplex pacifica A. Nelson ■☆

268044 Obione muricata Gaertn. = Atriplex sibirica L. ●

268045 Obione nummularia Moq. = Atriplex repens Roth ●

268046 Obione parishii(S. Watson) Ulbr. = Atriplex parishii S. Watson ■☆

268047 Obione phyllostegia Torr. ex S. Watson = Atriplex phyllostegia (Torr. ex S. Watson) S. Watson ■☆

268048 Obione polycarpa Torr. = Atriplex polycarpa S. Watson ●☆

268049 Obione portulacoides L. = Halimione portulacoides(L.) Aellen ●☆

268050 Obione powellii(S. Watson) Ulbr. = Atriplex powellii S. Watson ■☆

268051 Obione pusilla Torr. ex S. Watson = Atriplex pusilla(Torr.) S. Watson ■☆

268052 Obione rigida Torr. et Frém. = Atriplex confertifolia S. Watson ●☆

268053 Obione saccaria(S. Watson) Ulbr. = Atriplex saccaria S. Watson ■☆

268054 Obione sibirica(L.) Fisch. = Atriplex sibirica L. ●

268055 Obione sibirica Fisch. = Atriplex sibirica L. ●

268056 Obione suckleyana Torr. = Suckleya suckleyana(Torr.) Rydb. ■☆

268057 Obione tenuissima(A. Nelson) Ulbr. = Atriplex wolfii S. Watson var. tenuissima(A. Nelson) S. L. Welsh ■☆

268058 Obione torreyi S. Watson = Atriplex torreyi (S. Watson) S. Watson ●☆

268059 Obione truncata Torr. ex S. Watson = Atriplex truncata(Torr. ex S. Watson) A. Gray ●☆

268060 Obione tularensis(Coville) Ulbr. = Atriplex tularensis Coville ■☆

268061 Obione verrucifera(M. Bieb.) Moq. = Atriplex verrucifera M. Bieb. ●

268062 Obione verrucifera Moq. = Atriplex verrucifera M. Bieb. ●

268063 Obione wolfii(S. Watson) Ulbr. = Atriplex wolfii S, Watson ■☆

268064 Obistila Raf. = Anthericum L. ■☆

268065 Obletia Lemonn. ex Rozier = Verbena L. ■●

268066 Obletia Rozier = Verbena L. ■●

268067 Oblivia Strother(1989);忘藤菊属●☆

268068 Oblivia mikanioides(Britton) Strother;忘藤菊●☆

268069 Oblivia simplex(V. M. Badillo) H. Rob.;简单忘藤菊●☆

268070 Oblixilis Raf. = Laportea Gaudich.(保留属名)●■

268071 Oboejaca Steud. = Obaejaca Cass. ■●

268072 Oboejaca Steud. = Senecio L. ■●

268073 Obolaria Kuntze = Linnaea L. ●

268074 Obolaria L.(1753);小钱龙胆属(弗吉尼亚龙胆属)■☆

268075 Obolaria Siegesb. = Linnaea L. ●

268076 Obolaria Siegesb. ex Kuntze = Linnaea L. ●

268077 Obolaria Walt. = Bacopa Aubl.(保留属名)■

268078 Obolaria Walt. = Hydrotrida Small ■

268079 Obolaria virginica L.;弗吉尼亚龙胆;Pennywort ■☆

268080 Obolariaceae Martinov = Gentianaceae Juss.(保留科名)●■

268081 Obolinga Barneby(1989);小钱儿豆属■☆

268082 Obolinga zanonii Barneby;小钱儿豆■☆

268083 Oboskon Raf. = Salvia L. ●■

268084 Obregonia Frič et A. Berger = Obregonia Frič ●

268085 Obregonia Frič(1925);帝冠属;Obregonia ●

268086 Obregonia denegrii Fric;帝冠(迪耐仙人球);Artichoke Cactus, Denegri Obregonia, Obregonia ■

268087 Obsitila Raf.(废弃属名) = Anthericum L. ■☆

268088 Obsitila Raf.(废弃属名) = Trachyandra Kunth(保留属名)■☆

268089 Obtegomeria Doroszenko et P. D. Cantino(1998);北哥灌属●☆

268090 Obtegomeria P. D. Cantino et Doroszenko = Obtegomeria Doroszenko et P. D. Cantino ●☆

268091 Obtegomeria caerulescens(Benth.) Doroszenko et P. D. Cantino;北哥灌●☆

268092 Obularia L. = Obolaria L. ■☆

268093 Ocalia Klotzsch = Croton L. ●

268094 Ocampoa A. Rich. et Galeotti = Cranichis Sw. ■☆

268095 Oceanopapaver Guillaumin = Corchorus L. ■●

268096 Oceanopapaver Guillaumin(1932);海山柑属●☆

268097 Oceanopapaver neocaledonicum Guillaumin;海山柑●☆

268098 Oceanoros Small = Zigadenus Michx. ■

268099 Oceanoros leimanthoides (A. Gray) Small = Zigadenus densus (Desr.) Fernald ■☆

268100 Ocellochloa Zuloaga et Morrone = Panicum L. ■

268101 Ocellochloa Zuloaga et Morrone(2009);眼黍属■☆

268102 Ocellosia Raf. = ? Liriodendron L. ●

268103 Ochagavia Phil.(1856);红花凤梨属(奥卡凤梨属,欧查喀属);Tresco Rhodostachys ■☆

268104 Ochagavia carnea(Beer) L. B. Sm. et Looser;红花凤梨;Tresco Rhodostachys ■☆

268105 Ochagavia lindleyana(Lem.) Mez = Ochagavia carnea(Beer) L. B. Sm. et Looser ■☆

268106 Ochanostachys Mast.(1875);皮塔林属●☆

268107 Ochanostachys amentacea Mast.;皮塔林●☆

268108 Ochetocarpus Meyen = Scyphanthus Sweet ■☆

268109 Ochetophila Poepp. ex Endl. = Discaria Hook. ●☆

268110 Ochetophila Poepp. ex Reissek = Discaria Hook. ●☆

268111 Ochis blephariglottis Willd. = Platanthera blephariglottis (Willd.) Lindl. ■☆

268112 Ochis ciliaris L. = Platanthera ciliaris(L.) Lindl. ■☆

268113 Ochlandra Thwaites(1864);群蕊竹属;Reed Bamboo ●☆

268114 Ochlandra capitata (Kunth) E. G. Camus;头状群蕊竹;Madagascar Reed Bamboo ●☆

268115 Ochlandra capitata (Kunth) E. G. Camus = Cathariostachys capitata(Kunth) S. Dransf. ●☆

268116 Ochlandra ebracteata Raizada et Chatterji;印度群蕊竹;India Reed Bamboo ●☆

268117 Ochlandra perrieri A. Camus;马达加斯加群蕊竹;Madagascar

Reed Bamboo ●☆

268118 Ochlandra scriptoria(Dennst.)C. E. C. Fisch.;喀拉拉群蕊竹;Kerala Reed Bamboo,Tamil Nadu Reed Bamboo ●☆

268119 Ochlandra setigera Gamble;泰米尔群蕊竹;Kerala Reed Bamboo,Tamil Nadu Reed Bamboo ●☆

268120 Ochlandra stridula Moon ex Thwaites;斯里兰卡群蕊竹(锡兰群蕊竹);Ceylon Reed Bamboo,Sri Lanka Reed Bamboo ●☆

268121 Ochlandra stridula Moon ex Thwaites var. maculata(Trimen) Gamble;斑叶锡兰群蕊竹;Ceylon Mottled Reed Bamboo ●☆

268122 Ochlandra wightii(Munro)C. E. C. Fisch.;瓦氏群蕊竹;Kerala Reed Bamboo,Tamil Nadu Reed Bamboo ●☆

268123 Ochlopoa(Asch. et Graebn.)H. Scholz = Poa L. ■

268124 Ochlopoa(Asch. et Graebn.)H. Scholz(2003);骚草属■

268125 Ochlopoa annua(L.)H. Scholz subsp. pilantha(Ronniger)H. Scholz = Poa annua L. subsp. pilantha(Ronniger)H. Scholz ■☆

268126 Ochlopoa annua(L.)Scholz = Poa annua L. ■

268127 Ochlopoa dimorphanta(Murb.)H. Scholz et Valdés = Poa dimorphantha Murb. ■☆

268128 Ochlopoa infirma(Kunth)Scholz = Poa infirma Kunth ■

268129 Ochlopoa maroccana(Nannf.)Scholz = Poa maroccana Nannf. ■☆

268130 Ochlopoa rivolurum(Maire et Trab.)H. Scholz et Valdés = Poa rivulorum Maire et Trab. ■☆

268131 Ochlopoa supina(Schrad.)H. Scholz et Valdés = Poa supina Schrad. ■

268132 Ochna L.(1753);金莲木属(似梨木属);Bird's-eye Bush,Ochna ●

268133 Ochna acutifolia Engl. = Ochna holstii Engl. ●☆

268134 Ochna afzelii R. Br. ex Oliv.;阿芙泽尔金莲木●☆

268135 Ochna afzelii R. Br. ex Oliv. subsp. congoensis(Tiegh.)N. Robson;刚果金莲木●☆

268136 Ochna afzelii R. Br. ex Oliv. subsp. mechowiana(O. Hoffm.)N. Robson;梅休金莲木●☆

268137 Ochna afzelioides N. Robson;缅茄金莲木●☆

268138 Ochna alboserrata Engl. = Brackenridgea zanguebarica Oliv. ●☆

268139 Ochna angolensis I. M. Johnst. = Ochna manikensis De Wild. ●☆

268140 Ochna angustata N. Robson;狭金莲木●☆

268141 Ochna angustifolia Engl. et Gilg = Brackenridgea arenaria(De Wild. et T. Durand)N. Robson ●☆

268142 Ochna antunesii Engl. et Gilg = Ochna pulchra Hook. f. ●☆

268143 Ochna apetala Verdc.;无瓣金莲木●☆

268144 Ochna arborea Burch. ex DC.;树状金莲木●☆

268145 Ochna arborea Burch. ex DC. var. oconnorii(E. Phillips)Du Toit;德兰士瓦金莲木●☆

268146 Ochna ardisioides Webb = Ochna leucophloeos Hochst. ex A. Rich. ●☆

268147 Ochna arenaria De Wild. et T. Durand = Brackenridgea arenaria(De Wild. et T. Durand)N. Robson ●☆

268148 Ochna aschersoniana Schinz = Ochna pulchra Hook. f. ●☆

268149 Ochna atropurpurea DC.;大花金莲木;Large-flowered Ochna ●☆

268150 Ochna atropurpurea DC. var. angustifolia E. Phillips;窄叶大花金莲木●☆

268151 Ochna atropurpurea DC. var. natalitia(Meisn.)Harv. = Ochna natalitia(Meisn.)Walp. ●☆

268152 Ochna barbosae N. Robson;巴尔博萨金莲木●☆

268153 Ochna beirensis N. Robson;贝拉金莲木●☆

268154 Ochna bequaertii De Wild. = Brackenridgea arenaria(De Wild. et T. Durand)N. Robson ●☆

268155 Ochna boranensis Cufod. = Ochna insculpta Sleumer ●☆

268156 Ochna bracteosa Robyns et Lawalrée;多苞片金莲木●☆

268157 Ochna braunii Sleumer;布劳恩金莲木●☆

268158 Ochna brunnescens Engl. et Gilg = Ochna pulchra Hook. f. ●☆

268159 Ochna buettneri Engl. et Gilg = Ochna latisepala(Tiegh.)Bamps ●☆

268160 Ochna carvalhoi Engl. = Ochna kirkii Oliv. ●☆

268161 Ochna chilversii E. Phillips = Ochna natalitia(Meisn.)Walp. ●☆

268162 Ochna chirindica Baker f. = Ochna holstii Engl. ●☆

268163 Ochna ciliata Lam. var. hildebrandtii Engl. = Ochna thomasiana Engl. et Gilg ex Gilg ●☆

268164 Ochna cinnabarina Engl. et Gilg;朱红金莲木●☆

268165 Ochna citrina Gilg;柠檬金莲木●☆

268166 Ochna confusa Burtt Davy et Greenway;混乱金莲木●☆

268167 Ochna congoensis(Tiegh.)Gilg = Ochna afzelii R. Br. ex Oliv. subsp. congoensis(Tiegh.)N. Robson ●☆

268168 Ochna congoensis(Tiegh.)Gilg var. microphylla Gilg = Ochna afzelii R. Br. ex Oliv. ●☆

268169 Ochna cyanophylla N. Robson;蓝叶金莲木●☆

268170 Ochna debeerstii De Wild. = Ochna leptoclada Oliv. ●☆

268171 Ochna dekindtiana Engl. et Gilg = Ochna pygmaea Hiern ●☆

268172 Ochna delagoensis(Eckl. et Zeyh.)Walp. = Ochna arborea Burch. ex DC. ●☆

268173 Ochna densicoma Engl. et Gilg = Ochna holstii Engl. ●☆

268174 Ochna ferruginea Engl. = Brackenridgea arenaria(De Wild. et T. Durand)N. Robson ●☆

268175 Ochna fischeri Engl. = Ochna mossambicensis Klotzsch ●☆

268176 Ochna floribunda Baker = Brackenridgea arenaria(De Wild. et T. Durand)N. Robson ●☆

268177 Ochna fragrans Tiegh. = Ochna multiflora DC. ●☆

268178 Ochna fruticulosa Gilg = Ochna leptoclada Oliv. ●☆

268179 Ochna fuscescens Heine = Ochna pulchra Hook. f. ●☆

268180 Ochna gambleoides N. Robson;莢叶五加金莲木●☆

268181 Ochna gamostigmata Du Toit = Ochna atropurpurea DC. var. angustifolia E. Phillips ●☆

268182 Ochna gilgiana Engl. = Ochna membranacea Oliv. ●☆

268183 Ochna gilletiana Gilg = Ochna afzelii R. Br. ex Oliv. ●☆

268184 Ochna glauca I. Verd.;灰绿金莲木●☆

268185 Ochna gracilipes Hiern;细梗金莲木●☆

268186 Ochna harmandii Lecomte = Ochna integerrima(Lour.)Merr. ●

268187 Ochna hiernii(Tiegh.)Exell;希尔恩金莲木●☆

268188 Ochna hillii Hutch. = Ochna rhizomatosa(Tiegh.)Keay ●☆

268189 Ochna hockii De Wild. = Ochna katangensis De Wild. ●☆

268190 Ochna hoepfneri(Tiegh.)Engl. et Gilg = Ochna pygmaea Hiern ●☆

268191 Ochna hoffmannii-ottonis Engl. = Ochna pulchra Hook. f. ●☆

268192 Ochna holstii Engl.;霍尔金莲木●☆

268193 Ochna holtzii Gilg;霍尔兹金莲木●☆

268194 Ochna homblei De Wild. = Ochna pygmaea Hiern ●☆

268195 Ochna huillensis(Tiegh.)Exell = Ochna pulchra Hook. f. ●☆

268196 Ochna humilis Engl. = Ochna katangensis De Wild. ●☆

268197 Ochna hylophila Gilg = Ochna polyneura Gilg ●☆

268198 Ochna inermis(Forssk.)Schweinf.;无刺金莲木●☆

268199 Ochna insculpta Sleumer;雕刻金莲木●☆

268200 Ochna integerrima(Lour.)Merr.;金莲木(似梨木);Entire Ochna ●

268201 Ochna ituriensis De Wild. = Ochna afzelii R. Br. ex Oliv. ●☆

268202 Ochna japotapitta L.;斯里兰卡金莲木;Bird's-eye Bush,Ceylon Ochna ●☆

268203 Ochna katangensis De Wild.;加丹加金莲木●☆
268204 Ochna keniensis Sleumer = Ochna holstii Engl. ●☆
268205 Ochna kibbiensis Hutch. et Dalziel;基比金莲木●☆
268206 Ochna kirkii Oliv.;厚叶金莲木;Kirk Ochna●☆
268207 Ochna kirkii Oliv. subsp. multisetosa Verdc.;多刚毛金莲木●☆
268208 Ochna latisepala(Tiegh.)Bamps;宽萼金莲木●☆
268209 Ochna laurentiana Engl. ex De Wild. et T. Durand = Ochna afzelii R. Br. ex Oliv. ●☆
268210 Ochna leptoclada Oliv.;细枝金莲木●☆
268211 Ochna leucophloeos A. Rich. subsp. ugandensis Verdc.;乌干达金莲木●☆
268212 Ochna leucophloeos Hochst. ex A. Rich.;白皮金莲木●☆
268213 Ochna leucophloeos Hochst. ex A. Rich. var. micropetala Fiori = Ochna inermis(Forssk.)Schweinf. ●☆
268214 Ochna longipes Baker = Ochna holstii Engl. ●☆
268215 Ochna macrocalyx Cufod. = Ochna insculpta Sleumer ●☆
268216 Ochna macrocalyx Oliv.;大萼金莲木●☆
268217 Ochna macrocarpa Engl. = Ochna macrocalyx Oliv. ●☆
268218 Ochna manikensis De Wild.;马尼科金莲木●☆
268219 Ochna mannii Tiegh. = Ochna multiflora DC. ●☆
268220 Ochna mechowiana O. Hoffm. = Ochna afzelii R. Br. ex Oliv. subsp. mechowiana(O. Hoffm.)N. Robson ●☆
268221 Ochna membranacea Oliv.;膜质金莲木●☆
268222 Ochna membranacea Oliv. var. rubescens Hiern = Ochna hiernii(Tiegh.)Exell ●☆
268223 Ochna micrantha Schweinf. et Gilg;小花金莲木●☆
268224 Ochna micropetala Hochst. ex Martelli = Ochna leucophloeos Hochst. ex A. Rich. ●☆
268225 Ochna monantha Gilg;单花金莲木●☆
268226 Ochna mossambicensis Klotzsch;莫桑比克金莲木;African Bird's-eye Bush, Mozambique Ochna ●☆
268227 Ochna multiflora DC. = Ochna serrulata Walp. ●☆
268228 Ochna nandiensis Dale = Ochna insculpta Sleumer ●☆
268229 Ochna natalitia(Meisn.)Walp.;纳塔尔金莲木;Yellow Ipomoea ●☆
268230 Ochna natalitia Walp. = Ochna natalitia(Meisn.)Walp. ●☆
268231 Ochna oconnorii E. Phillips = Ochna arborea Burch. ex DC. var. oconnorii(E. Phillips)Du Toit ●☆
268232 Ochna ovata F. Hoffm.;卵叶金莲木●☆
268233 Ochna oxyphylla N. Robson;尖叶金莲木●☆
268234 Ochna padiflora Gilg = Ochna hiernii(Tiegh.)Exell ●☆
268235 Ochna palisotii Tiegh. = Ochna multiflora DC. ●☆
268236 Ochna parvifolia Vahl = Ochna inermis(Forssk.)Schweinf. ●☆
268237 Ochna polyneura Gilg;多脉金莲木●☆
268238 Ochna praecox Sleumer = Brackenridgea zanguebarica Oliv. ●☆
268239 Ochna pretoriensis E. Phillips;比勒陀利亚金莲木●☆
268240 Ochna procera Gilg = Ochna holstii Engl. ●☆
268241 Ochna prunifolia Engl. = Ochna holstii Engl. ●☆
268242 Ochna pseudoprocera Sleumer;假高金莲木●☆
268243 Ochna puberula N. Robson;微毛金莲木●☆
268244 Ochna pulchella Kuntze;雅丽金莲木;Peeling Plne ●☆
268245 Ochna pulchra Hook. f.;美丽金莲木●☆
268246 Ochna purpureocostata Engl. = Ochna mossambicensis Klotzsch ●☆
268247 Ochna pygmaea Hiern;矮小金莲木●☆
268248 Ochna quangensis Büttner = Ochna pulchra Hook. f. ●☆
268249 Ochna quintasii(Tiegh.)Exell = Ochna membranacea Oliv. ●☆
268250 Ochna rehmannii Szyszyl. = Ochna pulchra Hook. f. ●☆
268251 Ochna rhizomatosa(Tiegh.)Keay;根茎金莲木●☆
268252 Ochna rhodesica R. E. Fr. = Ochna afzelii R. Br. ex Oliv. ●☆
268253 Ochna richardsiae N. Robson;理查兹金莲木●☆
268254 Ochna rivae Engl. = Ochna inermis(Forssk.)Schweinf. ●☆
268255 Ochna rogersii Hutch. = Ochna inermis(Forssk.)Schweinf. ●☆
268256 Ochna roseiflora Engl. et Gilg = Brackenridgea arenaria(De Wild. et T. Durand)N. Robson ●☆
268257 Ochna rovumensis Gilg;鲁伍马金莲木●☆
268258 Ochna sapinii De Wild. = Ochna manikensis De Wild. ●☆
268259 Ochna schliebenii Sleumer;施利本金莲木●☆
268260 Ochna schweinfurthiana F. Hoffm.;施韦金莲木●☆
268261 Ochna serrulata(Hochst.)Walp.;细齿金莲木(多花金莲木,锯齿叶金莲木);Bird's Eye Bush Ochna, Bird's Eye Bush, Carnival Bush, Manyflower Ochna, Mickey Mouse Plant, Mickey-mouse Plant ●☆
268262 Ochna serrulata Walp. = Ochna serrulata(Hochst.)Walp. ●☆
268263 Ochna shirensis Baker = Ochna holstii Engl. ●☆
268264 Ochna smythei Hutch. et Dalziel = Ochna membranacea Oliv. ●☆
268265 Ochna splendida Engl. = Ochna macrocalyx Oliv. ●☆
268266 Ochna squarrosa L.;粗糙金莲木;Squamose Ochna ●☆
268267 Ochna staudtii Engl. et Gilg;施陶金莲木●☆
268268 Ochna stolzii Gilg ex Engl.;斯托尔兹金莲木●☆
268269 Ochna suberosa De Wild. = Ochna schweinfurthiana F. Hoffm. ●☆
268270 Ochna tenuipes Tiegh. = Ochna multiflora DC. ●☆
268271 Ochna tenuissima Stapf = Ochna membranacea Oliv. ●☆
268272 Ochna thomasiana Engl. et Gilg = Ochna thomasiana Engl. et Gilg ex Gilg ●☆
268273 Ochna thomasiana Engl. et Gilg ex Gilg;毛金莲木;Mickey Mouse Plant, Thomas' Bird's-eye Bush ●☆
268274 Ochna welwitschii Rolfe = Ochna afzelii R. Br. ex Oliv. subsp. mechowiana(O. Hoffm.)N. Robson ●☆
268275 Ochna wildemaniana Gilg ex De Wild. = Ochna katangensis De Wild. ●☆
268276 Ochna zeylanica Lam.;锡兰金莲木●☆
268277 Ochnaceae DC.(1811)(保留科名);金莲木科;Ochna Family ●■
268278 Ochnella Tiegh.(1902);小金莲木属●☆
268279 Ochnella Tiegh. = Ochna L. ●
268280 Ochnella alba Tiegh. = Ochna schweinfurthiana F. Hoffm. ●☆
268281 Ochnella barteri Tiegh. = Ochna membranacea Oliv. ●☆
268282 Ochnella debeerstii(De Wild.)Tiegh. = Ochna leptoclada Oliv. ●☆
268283 Ochnella dekindtiana(Engl. et Gilg)Tiegh. = Ochna pygmaea Hiern ●☆
268284 Ochnella densicoma(Engl. et Gilg)Tiegh. = Ochna holstii Engl. ●☆
268285 Ochnella humilis(Engl.)Tiegh. = Ochna katangensis De Wild. ●☆
268286 Ochnella leptoclada(Oliv.)Tiegh.;小金莲木●☆
268287 Ochnella leptoclada(Oliv.)Tiegh. = Ochna leptoclada Oliv. ●☆
268288 Ochnella mechowiana(O. Hoffm.)Tiegh. = Ochna afzelii R. Br. ex Oliv. subsp. mechowiana(O. Hoffm.)N. Robson ●☆
268289 Ochnella pygmaea(Hiern)Tiegh. = Ochna pygmaea Hiern ●☆
268290 Ochnella rhizomatosa Tiegh. = Ochna rhizomatosa(Tiegh.)Keay ●☆
268291 Ochnella schweinfurthiana(F. Hoffm.)Tiegh. = Ochna schweinfurthiana F. Hoffm. ●☆
268292 Ochnella tenuis Tiegh. = Ochna rhizomatosa(Tiegh.)Keay ●☆
268293 Ochocoa Pierre = Scyphocephalium Warb. ●☆
268294 Ochocoa gaboni Pierre = Scyphocephalium mannii(Benth.)Warb. ●☆
268295 Ochoterenaea F. A. Barkley(1942);奥绍漆属●☆
268296 Ochoterenaea colombiana F. A. Barkley;奥绍漆●☆

268297 Ochotia A. P. Khokhr. (1985);奥绍特草属■☆
268298 Ochotia A. P. Khokhr. = Magadania Pimenov et Lavrova ■☆
268299 Ochotia victoris(Schischk.) A. P. Khokhr.;奥绍特草■☆
268300 Ochotia victoris(Schischk.) A. P. Khokhr. = Magadania victoris Pimenov et Lavrova ■☆
268301 Ochotonophila Gilli(1956);繁缕石竹属■☆
268302 Ochotonophila allochrusoides Gilli;繁缕石竹■☆
268303 Ochradenus Delile(1813);赭腺木犀草属●☆
268304 Ochradenus aucheri Boiss.;奥切尔赭腺木犀草●☆
268305 Ochradenus baccatus Delile;浆果赭腺木犀草●☆
268306 Ochradenus randonioides Abdallah = Ochradenus somalensis Baker f. ●☆
268307 Ochradenus randonioides Abdallah var. glaber? = Ochradenus somalensis Baker f. ●☆
268308 Ochradenus somalensis Baker f.;索马里赭腺木犀草●☆
268309 Ochrante Warp. = Ochrantha Beddome ●
268310 Ochrantha Beddome = Ochranthe Lindl. ●
268311 Ochrantha Beddome = Turpinia Vent.(保留属名)●
268312 Ochranthaceae A. Juss. = Staphyleaceae Martinov(保留科名)●
268313 Ochranthaceae Endl. = Staphyleaceae Martinov(保留科名)●
268314 Ochranthaceae Lindl. ex Endl. = Staphyleaceae Martinov(保留科名)●
268315 Ochranthe Lindl. = Dalrympelea Roxb. ●☆
268316 Ochranthe Lindl. = Turpinia Vent.(保留属名)●
268317 Ochranthe arguta Lindl. = Turpinia arguta(Lindl.) Seem. ●
268318 Ochratellus Pierre ex L. Planch. = Ochrothallus Pierre ex Baill. ●☆
268319 Ochreata(Lojac.) Bobrov = Trifolium L. ■
268320 Ochreata polystachya(Fresen.) Bobrov = Trifolium polystachyum Fresen. ■☆
268321 Ochreinauclea Ridsdale et Bakh. f. (1979);赭檀属●☆
268322 Ochreinauclea missionis(Wall. ex G. Don) Ridsdale;赭檀(奥克雷茜)●☆
268323 Ochrocarpos Noronha ex Thouars = Garcinia L. ●
268324 Ochrocarpos Noronha ex Thouars = Mammea L. ●
268325 Ochrocarpos Thouars = Garcinia L. ●
268326 Ochrocarpos Thouars = Mammea L. ●
268327 Ochrocarpos yunnanensis H. L. Li = Mammea yunnanensis (H. L. Li) Kosterm. ●
268328 Ochrocarpus A. Juss. = Garcinia L. ●
268329 Ochrocarpus A. Juss. = Mammea L. ●
268330 Ochrocarpus Thouars;格脉树属(黄果木属);Ochrocarpus ●
268331 Ochrocarpus africanas Oliv.;非洲格脉树(非洲杏树);African Apricot, African Mammy Apple ●☆
268332 Ochrocarpus africanus(Sabine) Oliv. = Mammea africana Sabine ●☆
268333 Ochrocarpus longifolius Benth. et Hook. f.;长叶格脉树■☆
268334 Ochrocarpus siamensis T. Anderson;泰国格脉树(泰国黄果木)●☆
268335 Ochrocarpus yunnanensis H. L. Li;格脉树(云南黄果木);Chinese Mammy Apple, Yunnan Ochrocarpus ●◇
268336 Ochrocephala Dittrich(1983);赭头菊属●☆
268337 Ochrocephala imatongensis(Philipson) Dittrich;赭头菊■☆
268338 Ochrocodon Rydb. = Fritillaria L. ■
268339 Ochrolasia Turcz. = Hibbertia Andréws ●☆
268340 Ochroluma Baill. = Pouteria Aubl. ●
268341 Ochroma Sw. (1788);轻木属;Balsa ●
268342 Ochroma bicolor Rowlee;爪比来斯轻木(爪比来斯白塞木);Guapiles Balsa ●
268343 Ochroma boliviana Rowlee;玻利维亚轻木●☆
268344 Ochroma lagopus Sw.;轻木(巴沙木,白塞木,百色木,拉格普斯轻木,西印度白塞木,中美轻木);Balsa, Balsa Corkwood, Balsa Wood, Cork Tree, Corkwood, Down Tree, Guano, West Indies Balsa, West Ochroma ●
268345 Ochroma lagopus Sw. = Ochroma pyramidale(Cav. ex Lam.) Urb. ●
268346 Ochroma limonensis Rowlee;林檬白塞木;Limon Balsa ●☆
268347 Ochroma pyramidale(Cav. ex Lam.) Urb. = Ochroma lagopus Sw. ●
268348 Ochronelis Raf. = Helianthus L. ■
268349 Ochronerium Baill. = Tabernaemontana L. ●
268350 Ochronerium humblotii Baill. = Tabernaemontana humblotii (Baill.) Pichon ●☆
268351 Ochrosia Juss. (1789);玫瑰树属;Ochrosia, Yellow Wood ●
268352 Ochrosia acuminata Trimen;尖玫瑰树(奥克罗木);Acuminate Ochrosia ●☆
268353 Ochrosia balansae Baill. ex Guillaumin;巴兰玫瑰树●☆
268354 Ochrosia borbonica S. G. Gmel.;玫瑰树;Bourbon Ochrosia ●
268355 Ochrosia coccinea(Teijsm. et Binn.) Miq.;光萼玫瑰树(红玫瑰木);Crimson Ochrosia ●
268356 Ochrosia confusa Pichon;野玫瑰树;Confused Ochrosia ●☆
268357 Ochrosia elliptica Labill.;古城玫瑰树(椭圆玫瑰木,椭圆玫瑰树);Elliptic Yellowwood, Elliptical Ochrosia, Pokosola ●
268358 Ochrosia hexandra Koidz. = Excavatia hexandra(Koidz.) Hatus. ●☆
268359 Ochrosia iwasakiana (Koidz.) Koidz. = Neisosperma iwasakianum(Koidz.) Fosberg et Sachet ●☆
268360 Ochrosia nakaiana (Koidz.) Koidz. ex H. Hara = Neisosperma nakaianum(Koidz.) Fosberg et Sachet ●☆
268361 Ochrosia nakaiana Koidz. = Neisosperma nakaianum (Koidz.) Fosberg et Sachet ●☆
268362 Ochrosia vieillardii Guillaumin;维拉尔玫瑰树;Viellard Ochrosia ●☆
268363 Ochrosion St. -Lag. = Ochrosia Juss. ●
268364 Ochrosperma Trudgen(1987);赭籽桃金娘属●☆
268365 Ochrosperma lineare(C. T. White) Trudgen;赭籽桃金娘●☆
268366 Ochrosperma monticola Trudgen;山地赭籽桃金娘●☆
268367 Ochrothallus Pierre = Apostasia Blume ■
268368 Ochrothallus Pierre = Niemeyera F. Muell.(保留属名)●☆
268369 Ochrothallus Pierre ex Baill. = Apostasia Blume ■
268370 Ochrothallus Pierre ex Baill. = Niemeyera F. Muell.(保留属名)●☆
268371 Ochroxylum Schreb. = Curtisia Schreb.(废弃属名)●
268372 Ochroxylum Schreb. = Zanthoxylum L. ●
268373 Ochrus Mill. = Lathyrus L. ■
268374 Ochthephilus Wurdack(1972);圭亚那野牡丹属●☆
268375 Ochthephilus repentinus Wurdack;圭亚那野牡丹●☆
268376 Ochthocharis Blume(1831);丘陵野牡丹属●☆
268377 Ochthocharis borneensis Blume;博尔纳丘陵野牡丹●☆
268378 Ochthocharis dicellandroides(Gilg) Hansen et Wickens;二室蕊丘陵野牡丹●☆
268379 Ochthocharis setosa(Hook. f.) Hansen et Wickens;刚毛丘陵野牡丹●☆
268380 Ochthochloa Edgew. (1842);偏穗蟋蟀草属■☆
268381 Ochthochloa Edgew. = ? Eleusine Gaertn. ■
268382 Ochthochloa compressa(Forssk.) Hilu;偏穗蟋蟀草■☆
268383 Ochthochloa dactyloides Edgew. = Ochthochloa compressa (Forssk.) Hilu ■☆

268384 Ochthocosmus Benth.(1843);丘黏木属●☆
268385 Ochthocosmus africanus Hook. f. = Phyllocosmus africanus (Hook. f.) Klotzsch ●☆
268386 Ochthocosmus africanus Hook. f. var. puberulus R. Wilczek = Phyllocosmus africanus(Hook. f.) Klotzsch ●☆
268387 Ochthocosmus calothyrsus (Mildbr.) Hutch. et Dalziel = Phyllocosmus calothyrsus Mildbr. ●☆
268388 Ochthocosmus candidus(Engl. et Gilg) Hallier f. = Phyllocosmus lemaireanus(De Wild. et T. Durand) T. Durand et H. Durand ●☆
268389 Ochthocosmus chippii Sprague et Hutch. ex Hutch. et Dalziel = Phyllocosmus sessiliflorus Oliv. ●☆
268390 Ochthocosmus congolensis De Wild. et T. Durand = Phyllocosmus congolensis(De Wild. et T. Durand) T. Durand et H. Durand ●☆
268391 Ochthocosmus cuanzensis Exell et Mendonca;宽扎丘黏木●☆
268392 Ochthocosmus dewevrei (Engl.) Hallier f. = Phyllocosmus africanus(Hook. f.) Klotzsch ●☆
268393 Ochthocosmus gillettae Hutch. = Phyllocosmus lemaireanus(De Wild. et T. Durand) T. Durand et H. Durand ●☆
268394 Ochthocosmus glaber R. Wilczek = Phyllocosmus lemaireanus (De Wild. et T. Durand) T. Durand et H. Durand ●☆
268395 Ochthocosmus gossweileri Exell et Mendonca;戈斯丘黏木●☆
268396 Ochthocosmus lemaireanus De Wild. et T. Durand = Phyllocosmus lemaireanus(De Wild. et T. Durand) T. Durand et H. Durand ●☆
268397 Ochthocosmus lemaireanus De Wild. et T. Durand var. candidus (Engl. et Gilg) R. Wilczek = Phyllocosmus lemaireanus(De Wild. et T. Durand) T. Durand et H. Durand ●☆
268398 Ochthocosmus sessiliflorus(Oliv.) Baill. = Phyllocosmus sessiliflorus Oliv. ●☆
268399 Ochthocosmus thollonii De Wild. = Ochthocosmus congolensis De Wild. et T. Durand ●☆
268400 Ochthocosmus verschuerenii De Wild. = Ochthocosmus congolensis De Wild. et T. Durand ●☆
268401 Ochthocosmus zenkeri Hallier f. = Phyllocosmus sessiliflorus Oliv. ●☆
268402 Ochthodium DC.(1821);厚果芥属■☆
268403 Ochthodium aegyptiacum(L.) DC.;厚果芥■☆
268404 Ochtocharis parviflora Cogn. = Blastus cogniauxii Stapf ●
268405 Ochtochavis Warp. = Ochthocharis Blume ●☆
268406 Ochyrella Szlach. et R. González = Centrogenium Schltr. ■☆
268407 Ochyrella Szlach. et R. González(1996);阿根廷兰属■☆
268408 Ochyrorchis Szlach. = Habenaria Willd. ■
268409 Ochyrorchis arietina (Hook. f.) Szlach. = Habenaria arietina Hook. f. ■
268410 Ochyrorchis davidii (Franch.) Szlach. = Habenaria davidii Franch. ■
268411 Ochyrorchis ensifolia (Lindl.) Szlach. = Habenaria pectinata (Sm.) D. Don ■
268412 Ochyrorchis intermedia(D. Don) Szlach. = Habenaria intermedia D. Don ■
268413 Ochyrorchis limprichtii(Schltr.) Szlach. = Habenaria limprichtii Schltr. ■
268414 Ochyrorchis mairei(Schltr.) Szlach. = Habenaria mairei Schltr. ■
268415 Ochyrorchis oligoschista (Schltr.) Szlach. = Habenaria limprichtii Schltr. ■
268416 Ochyrorchis pectinata (D. Don) Szlach. = Habenaria pectinata (Sm.) D. Don ■
268417 Ocimastrum Rupr. = Circaea L. ■
268418 Ocimum L.(1753);罗勒属(罗簕属);Basil, Mosquito Bush ●■
268419 Ocimum acutum Thunb. = Perilla frutescens (L.) Britton var. crispa(Benth.) W. Deane ex Bailey ■
268420 Ocimum acutum Thunb. = Perilla frutescens (L.) Britton var. purpurascens(Hayata) H. W. Li ■
268421 Ocimum adscendens Willd.;上举罗勒(上举罗簕);Ascending Basil ●☆
268422 Ocimum adscendens Willd. = Ocimum filamentosum Forssk. ■☆
268423 Ocimum aegyptiacum Forssk. = Plectranthus aegyptiacus (Forssk.) C. Chr. ■●☆
268424 Ocimum affine Hochst. ex Benth. = Ocimum obovatum E. Mey. ex Benth. ■☆
268425 Ocimum africanum Lour. = Ocimum americanum L. var. pilosum (Willd.) A. J. Paton ■☆
268426 Ocimum africanum Lour. = Ocimum americanum L. ■
268427 Ocimum albostellatum(Verdc.) A. J. Paton;白星罗勒●☆
268428 Ocimum album L. = Ocimum americanum L. ■
268429 Ocimum americanum L.;灰罗勒(灰白罗勒,灰罗簕,美洲罗勒,美洲罗簕,南美罗勒,南美罗簕,樟脑罗勒,樟脑罗簕);America Basil, American Basil, Hoary Basil ■
268430 Ocimum americanum L. = Ocimum basilicum L. ■
268431 Ocimum americanum L. var. pilosum(Willd.) A. J. Paton;毛灰罗勒■☆
268432 Ocimum amicorum A. J. Paton;可爱罗勒■☆
268433 Ocimum andongense Hiern = Ocimum fimbriatum Briq. ■☆
268434 Ocimum angustifolium Benth.;窄叶罗勒■☆
268435 Ocimum angustilanceolatum De Wild. = Ocimum fimbriatum Briq. var. angustilanceolatum(De Wild.) A. J. Paton ■☆
268436 Ocimum aristatum Blume = Clerodendranthus spicatus(Thunb.) C. Y. Wu ex H. W. Li ●
268437 Ocimum aureoglandulosum Vaniot = Caryopteris aureoglandulosa (Vaniot) C. Y. Wu ●
268438 Ocimum basilicum L.;罗勒(矮糠,薄荷树,缠头花椒,臭苏,大型罗勒,丁香罗勒,光明子,光阴子,蒿黑,家薄荷,家佩兰,家佩蓝,金不换,荆芥,九层塔,九重塔,兰香,零陵香,罗簕,萝芳,佩兰,七层塔,千层塔,茹香,省头草,苏薄荷,香菜,香菜仔,香草,香花草,香花子,香荆芥,香佩兰,香头草,香叶草,小叶薄荷,薰,薰草,鸭香,野金沙,野金砂,翳子草,鱼生菜,鱼香,鱼香薄荷树,紫苏薄荷);Basil, Bassel, Bazell, Big Basil, Common Basil, Garden Basil, Hoary Basil, Large Sweet Basil, Lemon Basil, St. Joseph's Wort, Sweet Basil, Sweet Green Basil ■
268439 Ocimum basilicum L. var. album Benth. = Ocimum basilicum L. ■
268440 Ocimum basilicum L. var. crispum (Thunb.) E. G. Camus = Ocimum basilicum L. var. difforme Benth. ■☆
268441 Ocimum basilicum L. var. densiflorum Benth. = Ocimum basilicum L. ■
268442 Ocimum basilicum L. var. difforme Benth.;不齐罗勒■☆
268443 Ocimum basilicum L. var. glabratum Benth. = Ocimum basilicum L. ■
268444 Ocimum basilicum L. var. majus Benth. = Ocimum basilicum L. ■
268445 Ocimum basilicum L. var. pilosum(Willd.) Benth.;疏柔毛罗勒(毛罗勒);Pilose Basil ■
268446 Ocimum basilicum L. var. pilosum (Willd.) Benth. = Ocimum americanum L. var. pilosum(Willd.) A. J. Paton ■☆
268447 Ocimum basilicum L. var. purpurascens Benth.;浅紫罗勒■☆

268448 Ocimum basilicum L. var. thyrsiflorum (L.) Benth. = Ocimum basilicum L. ■

268449 Ocimum bequaertii De Wild. = Ocimum fimbriatum Briq. var. bequaertii(De Wild.) A. J. Paton ■☆

268450 Ocimum bracteosum Benth. = Hemizygia bracteosa (Benth.) Briq. ●☆

268451 Ocimum buchananii Baker = Orthosiphon buchananii(Baker) M. Ashby ●☆

268452 Ocimum burchellianum Benth. ;伯切尔罗勒■☆

268453 Ocimum caillei A. Chev. = Ocimum suave Willd. ●

268454 Ocimum calycosum Hochst. = Ocimum filamentosum Forssk. ■☆

268455 Ocimum cameronii (Baker) R. E. Fr. = Ocimum fimbriatum Briq. ■☆

268456 Ocimum campechianum Mill. ;坎比切罗勒■☆

268457 Ocimum camphora?;樟脑罗勒■☆

268458 Ocimum camporum Gürke = Endostemon camporum(Gürke) M. Ashby ●☆

268459 Ocimum canescens A. J. Paton;灰白罗勒■☆

268460 Ocimum canum Sims;灰色罗勒;Hoary Basil ■☆

268461 Ocimum canum Sims = Ocimum americanum L. ■

268462 Ocimum canum Sims var. integrifolium Engl. = Ocimum americanum L. ■

268463 Ocimum capitatum Baker = Ocimum decumbens Gürke ■☆

268464 Ocimum capitatum Roth. = Acrocephalus indicus (Burm. f.) Kuntze ■

268465 Ocimum caryophyllatum Roxb. = Ocimum basilicum L. ■

268466 Ocimum centrali-africanum R. E. Fr. ;中非罗勒■☆

268467 Ocimum chevalieri Briq. = Ocimum basilicum L. ■

268468 Ocimum circinatum A. J. Paton;卷须罗勒■☆

268469 Ocimum citriodorum Blanco = Ocimum citriodorum Vis. ●☆

268470 Ocimum citriodorum Vis. ;桔色罗勒;Lemon Basil ●☆

268471 Ocimum citriodorum Vis. = Ocimum basilicum L. ■

268472 Ocimum coddii(S. D. Will. et K. Balkwill) A. J. Paton;科德罗勒■☆

268473 Ocimum coetsa (Buch. -Ham. ex D. Don) Spreng. = Isodon coetsus(Buch. -Ham. ex D. Don) Kudo ●■

268474 Ocimum coetsa Spreng. = Rabdosia coetsa(Buch. -Ham. ex D. Don) H. Hara ●■

268475 Ocimum coloratum Hochst. ex Engl. = Orthosiphon schimperi Benth. ■☆

268476 Ocimum comigerum Hochst. ex Briq. = Ocimum filamentosum Forssk. ■☆

268477 Ocimum corchorifolium Hochst. ex Baker = Endostemon tereticaulis(Poir.) M. Ashby ■☆

268478 Ocimum crispum Thunb. = Perilla frutescens (L.) Britton var. crispa(Benth.) W. Deane ex Bailey ■

268479 Ocimum cuanzae I. M. Johnst. = Orthosiphon cuanzae (I. M. Johnst.) A. J. Paton ■☆

268480 Ocimum cufodontii(Lanza) A. J. Paton;卡佛罗勒■☆

268481 Ocimum cyclophyllum(Chiov.) Chiov. = Ocimum filamentosum Forssk. ■☆

268482 Ocimum dalabaense A. Chev. = Ocimum gratissimum L. ●

268483 Ocimum dambicola A. J. Paton;斑点罗勒■☆

268484 Ocimum darfurense Schweinf. ex Baker = Endostemon tereticaulis(Poir.) M. Ashby ■☆

268485 Ocimum decumbens Gürke;外倾罗勒■☆

268486 Ocimum depauperatum Vatke = Endostemon tenuiflorus (Benth.) M. Ashby ■☆

268487 Ocimum descampsii Briq. = Ocimum obovatum E. Mey. ex Benth. ■☆

268488 Ocimum dimidiatum Schumach. et Thonn. = Basilicum polystachyon(L.) Moench ■

268489 Ocimum dinteri Briq. = Ocimum americanum L. ■

268490 Ocimum dolomiticola A. J. Paton;多罗米蒂罗勒■☆

268491 Ocimum ellenbeckii Gürke;埃伦罗勒■☆

268492 Ocimum elskensii Robyns et Lebrun = Ocimum obovatum E. Mey. ex Benth. ■☆

268493 Ocimum ericoides(P. A. Duvign. et Plancke) A. J. Paton;石南状罗勒●☆

268494 Ocimum falcatum Gand. = Ocimum forskolei Benth. ■☆

268495 Ocimum fastigiatum Roth = Salvia plebeia R. Br. ■

268496 Ocimum filamentosum Forssk. ;丝状罗勒■☆

268497 Ocimum filiforme Gürke = Ocimum angustifolium Benth. ■☆

268498 Ocimum fimbriatum Briq. ;流苏罗勒■☆

268499 Ocimum fimbriatum Briq. var. angustilanceolatum (De Wild.) A. J. Paton;狭披针流苏罗勒■☆

268500 Ocimum fimbriatum Briq. var. bequaertii (De Wild.) A. J. Paton;贝卡尔罗勒■☆

268501 Ocimum fimbriatum Briq. var. ctenodon(Gilli) A. J. Paton;篦齿罗勒■☆

268502 Ocimum fimbriatum Briq. var. microphyllum (Sebald) A. J. Paton;小叶流苏罗勒■☆

268503 Ocimum fischeri Gürke;菲舍尔罗勒●☆

268504 Ocimum fissilabrum Briq. = Ocimum filamentosum Forssk. ■☆

268505 Ocimum flaccidum A. Rich. = Platostoma africanum P. Beauv. ■☆

268506 Ocimum formosum Gürke;美丽罗勒●☆

268507 Ocimum forskolei Benth. ;福氏罗勒■☆

268508 Ocimum forsskaolii Benth. ;福斯罗勒■☆

268509 Ocimum frutescens L. = Perilla frutescens(L.) Britton ■

268510 Ocimum fruticosum(Ryding) A. J. Paton;灌木罗勒●☆

268511 Ocimum fruticulosum Burch. = Ocimum americanum L. ■

268512 Ocimum galpinii Gürke = Ocimum obovatum E. Mey. ex Benth. var. galpinii(Gürke) A. J. Paton ■☆

268513 Ocimum glabrifolium De Wild. = Ocimum fimbriatum Briq. ■☆

268514 Ocimum gracile Benth. = Endostemon gracilis (Benth.) M. Ashby ●☆

268515 Ocimum grandiflorum Lam. ;大花罗勒●☆

268516 Ocimum grandiflorum Lam. subsp. densiflorum(A. J. Paton) A. J. Paton;密花罗勒●☆

268517 Ocimum grandiflorum Lam. subsp. turkanaense (Sebald) A. J. Paton;图尔卡纳罗勒■☆

268518 Ocimum gratissimum L. ;丁香罗勒(丁香罗簕,灌木罗勒,极香罗勒,极香罗簕,美罗勒,印度零陵香);African Basil,East Indian Basil,Shrubby Basil,Sweetscented Basil,Sweet-scented Basil, Tree-basil ●

268519 Ocimum gratissimum L. subsp. iringense Ayob. ex A. J. Paton;伊林加丁香罗勒●☆

268520 Ocimum gratissimum L. var. hildebrandtii Briq. = Ocimum gratissimum L. ●

268521 Ocimum gratissimum L. var. macrophyllum Briq. ;大叶丁香罗勒●☆

268522 Ocimum gratissimum L. var. mascarenarum Briq. = Ocimum gratissimum L. ●

268523 Ocimum gratissimum L. var. suave(Willd.) Hook. f. ;毛叶丁香

罗勒(臭草,毛叶丁香罗簕,甜香罗勒,甜香罗簕);Hairy-leaved Sweetscented Basil,Sweetscented Basil ●

268524 Ocimum gratissimum L. var. suave(Willd.)Hook. f. = Ocimum gratissimum L. ●

268525 Ocimum graveolens A. Br. = Ocimum americanum L. var. pilosum(Willd.)A. J. Paton ■☆

268526 Ocimum graveolens A. Braun;臭罗勒(阿比西尼亚罗勒);Abyssinian Basil ●☆

268527 Ocimum guineense Schumach. et Thonn. = Ocimum gratissimum L. ●

268528 Ocimum hararense Gürke = Ocimum lamiifolium Hochst. ex Benth. ■☆

268529 Ocimum heckmannianum Gürke = Ocimum obovatum E. Mey. ex Benth. ■☆

268530 Ocimum helianthemifolium Hochst. = Ocimum burchellianum Benth. ■☆

268531 Ocimum hians Benth. = Ocimum obovatum E. Mey. ex Benth. ■☆

268532 Ocimum hians Benth. var. glabrius(Benth.)Cufod. = Ocimum obovatum E. Mey. ex Benth. ■☆

268533 Ocimum hians Benth. var. macrocaulon Briq. = Ocimum obovatum E. Mey. ex Benth. ■☆

268534 Ocimum hians Benth. var. microphyllum Briq. = Ocimum obovatum E. Mey. ex Benth. ■☆

268535 Ocimum hildebrandtii Vatke = Platostoma hildebrandtii(Vatke)A. J. Paton ●☆

268536 Ocimum hirsutissimum(P. A. Duvign.)A. J. Paton;多毛罗勒■☆

268537 Ocimum hispidulum Schumach. et Thonn. = Ocimum americanum L. ■

268538 Ocimum homblei De Wild. = Ocimum centrali-africanum R. E. Fr. ■☆

268539 Ocimum huillense Hiern = Ocimum obovatum E. Mey. ex Benth. ■☆

268540 Ocimum inflexum Thunb. = Isodon inflexus(Thunb.)Kudo ■

268541 Ocimum inflexum Thunb. = Rabdosia inflexa(Thunb.)H. Hara ■

268542 Ocimum iringense Ayob. = Ocimum gratissimum L. subsp. iringense Ayob. ex A. J. Paton ●☆

268543 Ocimum irvinei J. K. Morton;欧文罗勒■☆

268544 Ocimum jamesii Sebald;詹姆斯罗勒■☆

268545 Ocimum johnstonii Baker = Ocimum kilimandscharicum Baker ex Gürke ■☆

268546 Ocimum kapiriense De Wild. = Ocimum obovatum E. Mey. ex Benth. var. galpinii(Gürke)A. J. Paton ■☆

268547 Ocimum katangense Robyns et Lebrun = Ocimum centrali-africanum R. E. Fr. ■☆

268548 Ocimum kelleri Briq. = Ocimum forskolei Benth. ■☆

268549 Ocimum kenyense Ayob. ex A. J. Paton;肯尼亚罗勒■☆

268550 Ocimum kilimandscharicum Baker ex Gürke;东非罗勒(樟脑罗勒);Camphor Basil ■☆

268551 Ocimum knyanum Vatke = Ocimum filamentosum Forssk. ■☆

268552 Ocimum knyanum Vatke var. astephanum Baker = Ocimum fimbriatum Briq. ■☆

268553 Ocimum konianense A. Chev. = Platostoma rotundifolium(Briq.)A. J. Paton ●☆

268554 Ocimum labiatum(N. E. Br.)A. J. Paton;唇状罗勒■☆

268555 Ocimum lamiifolium Hochst. ex Benth.;野芝麻罗勒■☆

268556 Ocimum lamiifolium Hochst. ex Benth. var. masaiense Ayob. = Ocimum masaiense Ayob. ex A. J. Paton ■☆

268557 Ocimum lanceolatum Schumach. et Thonn. = Ocimum basilicum L. ■

268558 Ocimum laxiflorum Baker = Endostemon obtusifolius(E. Mey. ex Benth.)N. E. Br. ■☆

268559 Ocimum madagascariensis Pers. = Plectranthus madagascariensis(Pers.)Benth. ■☆

268560 Ocimum masaiense Ayob. ex A. J. Paton;吗西罗勒■☆

268561 Ocimum membranaceum Benth. = Endostemon membranaceus(Benth.)Ayob. ex A. J. Paton et Harley ●☆

268562 Ocimum menthiifolium Hochst. ex Benth. = Ocimum forskolei Benth. ■☆

268563 Ocimum metallorum(P. A. Duvign.)A. J. Paton;光泽罗勒■☆

268564 Ocimum micranthum Dinter ex Launert = Ocimum gratissimum L. ●

268565 Ocimum micranthum Willd.;小花罗勒;Duppy Basil,Jumbie Balsam,Jumble Balsam,Littleflower Basil,Mosquito Bush,Mosquito Plant ●☆

268566 Ocimum minimum L.;最小罗勒;Bush Basil,St. Joseph's Wort ●☆

268567 Ocimum minutiflorum(Sebald)A. J. Paton;微花罗勒■☆

268568 Ocimum modestum Briq. = Ocimum obovatum E. Mey. ex Benth. ■☆

268569 Ocimum monocotyloides(Ayob.)A. J. Paton;单杯罗勒■☆

268570 Ocimum monostachyum P. Beauv. = Plectranthus monostachyus(P. Beauv.)B. J. Pollard ■☆

268571 Ocimum nakurense Gürke = Ocimum lamiifolium Hochst. ex Benth. ■☆

268572 Ocimum natalense Ayob. = Ocimum natalense Ayob. ex A. J. Paton ■☆

268573 Ocimum natalense Ayob. ex A. J. Paton;纳塔尔罗勒■☆

268574 Ocimum neumannii Gürke = Ocimum obovatum E. Mey. ex Benth. ■☆

268575 Ocimum nummularia(S. Moore)A. J. Paton;铜钱罗勒■☆

268576 Ocimum obovatum E. Mey. ex Benth.;倒卵罗勒■☆

268577 Ocimum obovatum E. Mey. ex Benth. subsp. cordatum(A. J. Paton)A. J. Paton;心形倒卵罗勒■☆

268578 Ocimum obovatum E. Mey. ex Benth. subsp. crystallinum(A. J. Paton)A. J. Paton;水晶倒卵罗勒■☆

268579 Ocimum obovatum E. Mey. ex Benth. var. galpinii(Gürke)A. J. Paton;盖尔倒卵罗勒■☆

268580 Ocimum obtusifolium E. Mey. ex Benth. = Endostemon obtusifolius(E. Mey. ex Benth.)N. E. Br. ■☆

268581 Ocimum odontopetalum C. H. Wright = Ocimum obovatum E. Mey. ex Benth. ■☆

268582 Ocimum odontosepalum S. Moore = Ocimum fimbriatum Briq. ■☆

268583 Ocimum paludosum(Baker)Roberty = Platostoma rotundifolium(Briq.)A. J. Paton ●☆

268584 Ocimum paniculatum Pers. = Plectranthus persoonii(Benth.)Hedge ■☆

268585 Ocimum petitianum A. Rich. = Ocimum americanum L. ■

268586 Ocimum peulhorum A. Chev. = Achyrospermum africanum Hook. f. ex Baker ■☆

268587 Ocimum piliferum Briq. = Ocimum forskolei Benth. ■☆

268588 Ocimum pilosum Willd. = Ocimum americanum L. var. pilosum(Willd.)A. J. Paton ■☆

268589 Ocimum pilosum Willd. = Ocimum basilicum L. var. pilosum(Willd.)Benth. ■

268590 Ocimum poggeanum Briq. = Ocimum angustifolium Benth. ■☆

268591 Ocimum polycladum Briq. = Ocimum filamentosum Forssk. ■☆

268592 Ocimum polystachyon L. = Basilicum polystachyon(L.)Moench ■

268593 Ocimum pseudokilimandscharicum Ayob. = Ocimum gratissimum L. ●
268594 Ocimum pseudoserratum(M. Ashby) A. J. Paton;假齿罗勒■☆
268595 Ocimum pumilum Gürke = Ocimum obovatum E. Mey. ex Benth. ■☆
268596 Ocimum punctatum Baker = Ocimum dambicola A. J. Paton ■☆
268597 Ocimum punctatum L. f. = Plectranthus punctatus(L. f.) L'Hér. ■☆
268598 Ocimum punctatum Thunb. = Mosla scabra(Thunb.) C. Y. Wu et H. W. Li ■
268599 Ocimum punctulatum J. F. Gmel. = Mosla scabra(Thunb.) C. Y. Wu et H. W. Li ■
268600 Ocimum pyramidatum(A. J. Paton) A. J. Paton;塔形罗勒■☆
268601 Ocimum pyramidatum (A. J. Paton) A. J. Paton = Becium pyramidatum A. J. Paton ■☆
268602 Ocimum racemosum Thunb. = Plectranthus verticillatus(L. f.) Druce ■☆
268603 Ocimum randii S. Moore = Ocimum angustifolium Benth. ■☆
268604 Ocimum rariflorum Hochst. = Endostemon obtusifolius(E. Mey. ex Benth.) N. E. Br. ■☆
268605 Ocimum rautanenii Briq. = Ocimum filamentosum Forssk. ■☆
268606 Ocimum reclinatum(S. D. Will. et K. Balkwill) A. J. Paton;拱垂罗勒■☆
268607 Ocimum reflexum Ehrenb. ex Schweinf. = Orthosiphon pallidus Royle ex Benth. ■☆
268608 Ocimum rigidum Benth. = Fuerstia rigida(Benth.) A. J. Paton ■☆
268609 Ocimum ringoeti De Wild. = Ocimum obovatum E. Mey. ex Benth. ■☆
268610 Ocimum roseoviolaceum Gürke;红堇罗勒■☆
268611 Ocimum rothii Baker = Ocimum lamiifolium Hochst. ex Benth. ■☆
268612 Ocimum rotundifolium Gürke;圆叶罗勒■☆
268613 Ocimum rubrocostatum Robyns et Lebrun = Ocimum decumbens Gürke ■☆
268614 Ocimum sanctum L.;圣罗勒(蔡板草,蕙草,九层塔,零陵香,神罗勒,薰草);Bush Tea, Holy Basil, Monk's Basil, Purple-stalked Basil ●
268615 Ocimum sanctum L. = Ocimum tenuiflorum L. ■●
268616 Ocimum sanctum L. var. angustifolium Benth.;狭叶圣罗勒■☆
268617 Ocimum sassandrae A. Chev. = Achyrospermum oblongifolium Baker ■☆
268618 Ocimum scabrum Thunb. = Mosla scabra(Thunb.) C. Y. Wu et H. W. Li ■
268619 Ocimum schweinfurthii Briq. = Ocimum obovatum E. Mey. ex Benth. ■☆
268620 Ocimum scoparium Gürke = Ocimum angustifolium Benth. ■☆
268621 Ocimum scutellarioides L. = Coleus scutellarioides(L.) Benth. ■
268622 Ocimum selloi Benth.;塞罗罗勒;Sello Basil ●☆
268623 Ocimum serpyllifolium Forssk.;百里香叶罗勒■☆
268624 Ocimum serpyllifolium Forssk. var. glabrius Benth. = Ocimum obovatum E. Mey. ex Benth. ■☆
268625 Ocimum serratum(Schltr.) A. J. Paton;具齿罗勒■☆
268626 Ocimum simile N. E. Br. = Ocimum basilicum L. ■
268627 Ocimum simulans Chiov. = Ocimum forskolei Benth. ■☆
268628 Ocimum siphonanthum Briq. = Plectranthus emirnensis(Baker) Hedge ■☆
268629 Ocimum spectabile(Gürke) A. J. Paton;壮观罗勒●☆
268630 Ocimum spicatum Deflers;穗状罗勒■☆
268631 Ocimum stenoglossum Briq. = Ocimum filamentosum Forssk. ■☆
268632 Ocimum stirbeyi Volkens et Schweinf. = Ocimum forskolei Benth. ■☆
268633 Ocimum stramineum Sims = Ocimum americanum L. ■
268634 Ocimum straminosum Baker = Ocimum forskolei Benth. ■☆
268635 Ocimum striatum Hochst. = Ocimum obovatum E. Mey. ex Benth. ■☆
268636 Ocimum stuhlmannii Gürke = Ocimum obovatum E. Mey. ex Benth. ■☆
268637 Ocimum suave Willd. = Ocimum gratissimum L. var. suave (Willd.) Hook. f. ●
268638 Ocimum suave Willd. = Ocimum gratissimum L. ●
268639 Ocimum suffrutescens Thonn. = Orthosiphon suffrutescens (Thonn.) J. K. Morton ●☆
268640 Ocimum superbum Buscal. et Muschl. = Ocimum gratissimum L. ●
268641 Ocimum sylvaticum Thonn. = Platostoma africanum P. Beauv. ■☆
268642 Ocimum tashiroi Hayata;台湾罗勒;Taiwan Basil ■
268643 Ocimum tenuiflorum Burm. f. = Basilicum polystachyon (L.) Moench ■
268644 Ocimum tenuiflorum L.;细花罗勒;Holy Basil, Thai Basil ■●
268645 Ocimum tereticaule Poir. = Endostemon tereticaulis(Poir.) M. Ashby ■☆
268646 Ocimum ternifolium Spreng. = Isodon ternifolius(D. Don) Kudo ●■
268647 Ocimum ternifolium Spreng. = Rabdosia ternifolia(D. Don) H. Hara ●■
268648 Ocimum teucriifolium Hochst. = Hemizygia teucriifolia (Hochst.) Briq. ●☆
268649 Ocimum thonningii Schumach. et Thonn. = Endostemon tereticaulis(Poir.) M. Ashby ■☆
268650 Ocimum thonningii Thonn. = Orthosiphon suffrutescens (Thonn.) J. K. Morton ●☆
268651 Ocimum thymoides Baker = Ocimum americanum L. ■
268652 Ocimum thyrsiflorum L. = Ocimum basilicum L. var. thyrsiflorum (L.) Benth. ■
268653 Ocimum tomentosum Oliv. = Ocimum jamesii Sebald ■☆
268654 Ocimum tomentosum Oliv. var. grandifolium Chiov. = Ocimum jamesii Sebald ■☆
268655 Ocimum tomentosum Thunb. = Plectranthus madagascariensis (Pers.) Benth. ■☆
268656 Ocimum tortuosum Baker = Ocimum kilimandscharicum Baker ex Gürke ■☆
268657 Ocimum trichodon Gürke = Ocimum gratissimum L. ●
268658 Ocimum tuberosum(Hiern) Baker = Ocimum fimbriatum Briq. ■☆
268659 Ocimum tuberosum De Wild. = Ocimum fimbriatum Briq. var. angustilanceolatum(De Wild.) A. J. Paton ■☆
268660 Ocimum tubiforme(R. D. Good) A. J. Paton;管状罗勒■☆
268661 Ocimum urticifolium Roth = Ocimum gratissimum L. ●
268662 Ocimum urticifolium Roth subsp. caryophyllatum Codd = Ocimum natalense Ayob. ex A. J. Paton ■☆
268663 Ocimum urundense Robyns et Lebrun;乌隆迪罗勒■☆
268664 Ocimum vandenbrandei(P. A. Duvign. et Plancke ex Ayob.) A. J. Paton;范登布兰德罗勒■☆
268665 Ocimum vanderystii(De Wild.) A. J. Paton;范德罗勒■☆
268666 Ocimum verticillatum L. f. = Plectranthus verticillatus (L. f.) Druce ■☆
268667 Ocimum verticillifolium Baker;轮叶罗勒■☆
268668 Ocimum vihpyense A. J. Paton;灌丛罗勒■☆
268669 Ocimum virgatum Buch. -Ham. ex D. Don = Salvia plebeia R. Br. ■

268670 Ocimum virgatum Thunb. = Salvia plebeia R. Br. ■

268671 Ocimum viride Willd.;绿罗勒;Fever Leaf,Fever Plant,Green Basil,Tea Bush ●☆

268672 Ocimum viride Willd. = Ocimum gratissimum L. ●

268673 Ocimum viridiflorum Roth = Ocimum gratissimum L. ●

268674 Ocimum waterbergense(S. D. Will. et K. Balkwill) A. J. Paton;沃特罗勒■☆

268675 Ocimum wilmsii Gürke = Hemizygia transvaalensis (Schltr.) M. Ashby ●☆

268676 Ocimum zatarhendi Forssk. = Plectranthus aegyptiacus (Forssk.) C. Chr. ■●☆

268677 Ockea F. Dietr. = Adenandra Willd.(保留属名)■☆

268678 Ockenia Steud. = Ockea F. Dietr. ■☆

268679 Ockia Bartl. et Wendl. = Ockea F. Dietr. ■☆

268680 Oclemena Greene = Aster L. ●■

268681 Oclemena Greene(1903);轮菀属;Aster ■☆

268682 Oclemena acuminata (Michx.) Greene;尖轮菀(轮菀);Mountain Aster, Sharp-leaved Aster, Whorled Aster, Whorled Wood Aster ■☆

268683 Oclemena blakei (Porter) G. L. Nesom;布莱克轮菀;Blake's Aster ■☆

268684 Oclemena nemoralis(Aiton) Greene;泥地轮菀;Bog Aster ■☆

268685 Oclemena reticulata (Pursh) G. L. Nesom;网轮菀;Pinebarren Whitetop Aster ■☆

268686 Oclorosis Raf. = Iodanthus(Torr. et A. Gray) Steud. ■☆

268687 Ocneron Raf. = Rolandra Rottb. ●☆

268688 Ocotea Aubl. (1775);绿心樟属(奥可梯木属,奥寇梯木属,樟桂属);Louro,Louro Preto,Ocotea ●☆

268689 Ocotea barcellensis Mez;巴西绿心樟●☆

268690 Ocotea barcellensis Mez = Ocotea cymbarum Kunth ●☆

268691 Ocotea bullata(Burch.) Baill.;水泡绿心樟;Black Stinkwood, Black Stink-wood,Stinkwood ●☆

268692 Ocotea canaliculata Mez;纵沟绿心樟;White Silverballi Louro ●☆

268693 Ocotea capparrapi(Nates) Dugand;卡帕绿心樟(卡帕樟桂)●☆

268694 Ocotea caracasana(Nees) Mez;厄委绿心樟●☆

268695 Ocotea catesbyana(Michx.) Sarg. = Nectandra coriacea (Sw.) Griseb. ●☆

268696 Ocotea caudata Mez;尾状绿心樟(南美樟);Caudate Ocotea ●☆

268697 Ocotea comoriensis Kosterm.;柯氏绿心樟●☆

268698 Ocotea coriacea (Sw.) Britton = Nectandra coriacea (Sw.) Griseb. ●☆

268699 Ocotea costulata Mez;小脉绿心樟(小脉樟桂);Abactiana Louro-canfora ●☆

268700 Ocotea cymbarum Kunth;舟状绿心樟;Brazilian Sassafras, Louro Inamui,Orinoco Sassafras ●☆

268701 Ocotea duckei Vattimo;杜克樟桂●☆

268702 Ocotea gabonensis Fouilloy;加蓬绿心樟●☆

268703 Ocotea gardneri Hutch. et M. B. Moss = Ocotea kenyensis (Chiov.) Robyns et R. Wilczek ●☆

268704 Ocotea gardneri Hutch. et M. B. Moss var. cuneata Lebrun = Ocotea kenyensis(Chiov.) Robyns et R. Wilczek ●☆

268705 Ocotea glaucescens Nees = Machilus glaucescens(Nees) H. W. Li ●

268706 Ocotea glaziovii Mez;格氏樟桂(奥可梯木);Glaziov Ocotea ●☆

268707 Ocotea glomerata(Nees) Mez;团伞绿心樟●☆

268708 Ocotea indecora Schott ex Meisn.;圭亚那绿心樟(无饰绿心樟);South American Sassafras ●☆

268709 Ocotea insularis(Meisn.) Mez;岛生绿心樟●☆

268710 Ocotea kenyensis(Chiov.) Robyns et R. Wilczek;肯尼亚绿心樟●☆

268711 Ocotea lanceolata (Nees) Nees = Phoebe lanceolata (Wall. ex Nees) Nees ●

268712 Ocotea lanceolata (Wall. ex Nees) Nees = Phoebe lanceolata (Wall. ex Nees) Nees ●

268713 Ocotea lanceolata Nees = Phoebe lanceolata (Wall. ex Nees) Nees ●

268714 Ocotea ligustrina Nees = Phoebe lanceolata(Wall. ex Nees) Nees ●

268715 Ocotea macrocarpa Kosterm.;大果绿心樟●☆

268716 Ocotea michelsonii Robyns et R. Wilczek;米歇尔松绿心樟●☆

268717 Ocotea neesiana(Miq.) Kosterm.;奈斯绿心樟●☆

268718 Ocotea oblonga(Meisn.) Mez;长圆绿心樟●☆

268719 Ocotea pedalifolia Mez = Ocotea insularis(Meisn.) Mez ●☆

268720 Ocotea platydisca Kosterm.;普氏绿心樟●☆

268721 Ocotea porosa(Mez) Barroso;细孔绿心樟●☆

268722 Ocotea pretiosa Mez;高贵绿心樟(贵奥可梯木,贵樟桂)●☆

268723 Ocotea pseudocoto Rusby;假樟桂●☆

268724 Ocotea puberula(Rich.) Nees;柔毛绿心樟(奥可梯木,短毛樟桂);Puberulous Ocotea ●☆

268725 Ocotea racemosa(Danguy) Kosterm.;总花绿心樟●☆

268726 Ocotea rodiaei (R. H. Schomb.) Mez = Chlorocardium rodiaei (R. H. Schomb.) Rohwer ●☆

268727 Ocotea rodiaei Mez = Ocotea rodiaei(R. H. Schomb.) Mez ●☆

268728 Ocotea rodiei (R. H. Schomb.) Mez;火炬绿心樟(圭亚那樟桂);Rodie Ocotea ●☆

268729 Ocotea rubra Mez;红绿心樟;Detenna,Red Louro ●☆

268730 Ocotea schomburgkiana Benth. et Hook. f.;苏姆绿心樟●☆

268731 Ocotea tarapotana(Meisn.) Mez;秘鲁绿心樟●☆

268732 Ocotea thouvenotii (Danguy) Kosterm.;毛绿心樟(绍氏绿心樟)●☆

268733 Ocotea trichophlebia Baker;毛脉绿心樟●☆

268734 Ocotea usambarensis Engl.;东非绿心樟;East African Camphorwood ●☆

268735 Ocotea viridis Kosterm.;绿心樟●☆

268736 Ocotea viridis Kosterm. = Ocotea kenyensis(Chiov.) Robyns et R. Wilczek ●☆

268737 Ocotea wachenheimii Benoist;瓦氏绿心樟●☆

268738 Ocotea zenkeri Engl. = Hypodaphnis zenkeri(Engl.) Stapf ●☆

268739 Ocreaceae Dulac = Polygonaceae Juss.(保留科名)●■

268740 Ocrearia Small = Saxifraga L. ■

268741 Octadenia R. Br. ex Fisch. et C. A. Mey. = Alyssum L. ■●

268742 Octadenia R. Br. ex Fisch. et C. A. Mey. = Lobularia Desv.(保留属名)■

268743 Octadesmia Benth. = Dilomilis Raf. ■☆

268744 Octadinia R. Br. ex Fisch. et C. A. Mey. = Lobularia Desv.(保留属名)■

268745 Octamyrtus Diels. (1922);八香木属●☆

268746 Octamyrtus elegans(Blume) Steenis;雅致八香木●☆

268747 Octamyrtus insignis Diels;八香木●☆

268748 Octamyrtus lanceolata C. T. White;披针叶八香木●☆

268749 Octandrorchis Brieger = Octomeria R. Br. ■☆

268750 Octanema Raf. = Capparis L. ●

268751 Octarillum Lour. = Elaeagnus L. ●

268752 Octarrhena Thwaites(1861);八雄兰属■☆

268753 Octarrhena albiflora(Ridl.) P. F. Hunt;白花八雄兰■☆

268754 Octarrhena angustifolia(Schltr.) Schuit.;窄叶八雄兰■☆

268755 Octarrhena caulescens(Ames)Ames = Phreatia caulescens Ames ■
268756 Octarrhena flava Carr;黄八雄兰■☆
268757 Octarrhena formosana(Rolfe ex Hemsl.) S. S. Ying = Phreatia formosana Rolfe ■
268758 Octarrhena formosana(Rolfe) S. S. Ying = Phreatia formosana Rolfe ■
268759 Octarrhena kotoinsularis (Fukuy.) S. S. Ying = Phreatia formosana Rolfe ■
268760 Octarrhena montana Schltr.;山地八雄兰■☆
268761 Octas Jack = Ilex L. ●
268762 Octavia DC. = Lasianthus Jack(保留属名)●
268763 Octelisia Raf. = Cassia L.(保留属名)●■
268764 Octella Raf. = Melastoma L. ●■
268765 Octerium Salisb. = Deidamia E. A. Noronha ex Thouars ■☆
268766 Octhocharis G. Don = Ochthocharis Blume ●☆
268767 Octima Raf. = Populus L. ●
268768 Octoceras Bunge(1847);八角荠属(刺果荠属)■☆
268769 Octoceras lehmannianum Bunge;八角荠(刺果荠)■☆
268770 Octoclinis F. Muell. = Callitris Vent. ●
268771 Octocnema Tiegh. = Octoknema Pierre ●☆
268772 Octodon Thonn. = Borreria G. Mey.(保留属名)●■
268773 Octodon Thonn. = Spermacoce L. ●■
268774 Octodon filifolium Schumach. et Thonn. = Spermacoce filifolia (Schumach. et Thonn.) J. -P. Lebrun et Stork ●☆
268775 Octodon setosum Hiern = Spermacoce octodon(Hepper) J. -P. Lebrun et Stork ●☆
268776 Octogonia Klotzsch = Simocheilus Klotzsch ●☆
268777 Octogonia glabella(Thunb.)Klotzsch = Erica glabella Thunb. ●☆
268778 Octogonia hirta Klotzsch = Erica glabella Thunb. subsp. laevis E. G. H. Oliv. ●☆
268779 Octoknema Pierre(1897);星毛树属(吊珠花属)●☆
268780 Octoknema affinis Pierre;近缘星毛树●☆
268781 Octoknema aruwimiensis Mildbr. = Octoknema affinis Pierre ●☆
268782 Octoknema borealis Hutch. et Dalziel;北方星毛树●☆
268783 Octoknema dinklagei Engl.;丁克星毛树●☆
268784 Octoknema klaineana Pierre;星毛树●☆
268785 Octoknema okoubaka Aubrév. et Pellegr. = Okoubaka aubrevillei Pellegr. et Normand ●☆
268786 Octoknema orientalis Mildbr.;东方星毛树●☆
268787 Octoknema winkleri Engl. = Octoknema affinis Pierre ●☆
268788 Octoknemaceae Endl. = Erythropalaceae Planch. ex Miq.(保留科名)●
268789 Octoknemaceae Endl. = Octoknemaceae Tiegh.(保留科名)●☆
268790 Octoknemaceae Endl. = Olacaceae R. Br.(保留科名)●
268791 Octoknemaceae Engl. = Octoknemaceae Tiegh.(保留科名)●☆
268792 Octoknemaceae Soler. = Octoknemaceae Tiegh.(保留科名)●☆
268793 Octoknemaceae Soler. = Olacaceae R. Br.(保留科名)●
268794 Octoknemaceae Tiegh.(1908)(保留科名);星毛树科(吊珠花科,腔藏花科,线状胎座科)●☆
268795 Octoknemaceae Tiegh.(保留科名) = Olacaceae R. Br.(保留科名)●
268796 Octoknemataceae Engl. = Octoknemaceae Tiegh.(保留科名)●☆
268797 Octolepis Oliv.(1865);八鳞瑞香属●☆
268798 Octolepis casearia Oliv.;嘉赐八鳞瑞香●☆
268799 Octolepis casearia Oliv. var. flamignii(De Wild.) Z. S. Rogers;刚果八鳞瑞香●☆
268800 Octolepis decalepis Gilg = Octolepis casearia Oliv. ●☆
268801 Octolepis dinklagei Gilg = Octolepis casearia Oliv. ●☆
268802 Octolepis dioica Capuron;异株八鳞瑞香●☆
268803 Octolepis dioica Capuron f. macrocarpa Capuron = Octolepis dioica Capuron ●☆
268804 Octolepis dioicaCapuron f. oblanceolata Capuron = Octolepis oblanceolata(Capuron) Z. S. Rogers ●☆
268805 Octolepis flamignii De Wild. = Octolepis casearia Oliv. var. flamignii(De Wild.) Z. S. Rogers ●☆
268806 Octolepis ibityensis Z. S. Rogers;伊比提八鳞瑞香●☆
268807 Octolepis macrophylla Gilg = Octolepis casearia Oliv. ●☆
268808 Octolepis nodosericea Gilg = Octolepis casearia Oliv. ●☆
268809 Octolepis oblanceolata(Capuron) Z. S. Rogers;倒披针形八鳞瑞香●☆
268810 Octolepis pierreana Gilg ex Engl. = Octolepis casearia Oliv. ●☆
268811 Octolobus Welw.(1869);八裂梧桐属●☆
268812 Octolobus angustatus Hutch. = Octolobus spectabilis Welw. ●☆
268813 Octolobus grandis Exell;大八裂梧桐●☆
268814 Octolobus heteromerus K. Schum.;互生八裂梧桐●☆
268815 Octolobus spectabilis Welw.;壮观八裂梧桐●☆
268816 Octolobus zenkeri Engl.;岑克尔八裂梧桐●☆
268817 Octomeles Miq.(1861);八果木属(八数木属)●☆
268818 Octomeles moluccana Warb.;八果木●☆
268819 Octomeles sumatrana Miq.;苏门答腊八果木;Binuang,Erima ●☆
268820 Octomeria D. Don = Eria Lindl.(保留属名)■
268821 Octomeria Pfeiff. = Otomeria Benth. ■☆
268822 Octomeria R. Br.(1813);八团兰属■☆
268823 Octomeria Raf. = Otomeria Benth. ■☆
268824 Octomeria convallarioides Wall. ex Lindl. = Eria spicata(D. Don) Hand. -Mazz. ■
268825 Octomeria pubescens (Hook.) Spreng. = Eria lasiopetala (Willd.) Ormerod ■
268826 Octomeria pubescens (Hook.) Sprengel = Dendrolirium lasiopetalum(Willd.) S. C. Chen et J. J. Wood ■
268827 Octomeria rosea (Lindl.) Spreng. = Cryptochilus roseus (Lindl.) S. C. Chen et J. J. Wood ■
268828 Octomeria rosea(Lindl.) Spreng. = Eria rosea Lindl. ■
268829 Octomeria spicata D. Don = Eria spicata(D. Don) Hand. -Mazz. ■
268830 Octomeria spicata D. Don = Pinalia spicata(D. Don) S. C. Chen et J. J. Wood ■
268831 Octomeria stellata(Lindl.) Spreng. = Eria javanica(Sw.) Blume ■
268832 Octomeris Naudin = Heterotrichum DC. + Miconia Ruiz et Pav.(保留属名)●☆
268833 Octomeris Naudin = Octonum Raf. ●☆
268834 Octomeron Robyns = Platostoma P. Beauv. ■☆
268835 Octomeron Robyns(1943);刚果草属■☆
268836 Octomeron montanum Robyns = Platostoma montanum(Robyns) A. J. Paton ●☆
268837 Octonum Raf. = Clidemia D. Don ●☆
268838 Octonum Raf. = Heterotrichum DC. ●☆
268839 Octopera D. Don = Erica L. ●☆
268840 Octopleura Griseb. = Ossaea DC. ●☆
268841 Octopleura Spruce ex Prog. = Neurotheca Salisb. ex Benth. et Hook. f. ■☆
268842 Octopleura loeselioides Spruce ex Progel = Neurotheca loeselioides(Spruce ex Progel) Baill. ■☆
268843 Octopleura loeselioides Spruce ex Progel var. grandiflora Knobl. = Neurotheca congolana De Wild. et T. Durand ■☆

268844 Octoplis Raf. = Gnidia L. ●☆
268845 Octopoma N. E. Br. (1930);白仙石属●☆
268846 Octopoma abruptum(A. Berger) N. E. Br.;离生白仙石●☆
268847 Octopoma calycinum(L. Bolus) L. Bolus = Zeuktophyllum calycinum (L. Bolus) H. E. K. Hartmann ●☆
268848 Octopoma conjunctum(L. Bolus) L. Bolus = Octopoma connatum(L. Bolus) L. Bolus ●☆
268849 Octopoma connatum(L. Bolus) L. Bolus;合生白仙石●☆
268850 Octopoma inclusum(L. Bolus) N. E. Br.;闭合白仙石●☆
268851 Octopoma octojuge(L. Bolus) N. E. Br.;八轭白仙石●☆
268852 Octopoma quadrisepalum(L. Bolus) H. E. K. Hartmann;四倍萼白仙石●☆
268853 Octopoma rupigenum(L. Bolus) L. Bolus;岩生白仙石●☆
268854 Octopoma subglobosum(L. Bolus) L. Bolus;亚球形白仙石●☆
268855 Octopoma tetrasepalum(L. Bolus) H. E. K. Hartmann;四萼白仙石●☆
268856 Octosomatium Gagnep. = Trichodesma R. Br. (保留属名)●■
268857 Octospermum Airy Shaw(1965);八籽大戟属■☆
268858 Octospermum pleiogynum(Pax et K. Hoffm.) Airy Shaw;八籽大戟■☆
268859 Octotheca R. Vig. = Schefflera J. R. Forst. et G. Forst. (保留属名)●
268860 Octotropis Bedd. (1874);八棱茜属●☆
268861 Octotropis terminalis C. B. Clarke = Prismatomeris tetrandra (Roxb.) K. Schum. ●
268862 Octotropis travancorica Bedd.;八棱茜●☆
268863 Ocymastrum Kuntze = Centranthus Neck. ex Lam. et DC. ■
268864 Ocymum Wernischek = Ocimum L. ●■
268865 Ocymum capitatum Roth = Acrocephalus indicus (Burm. f.) Kuntze ■
268866 Ocymum scutellarioides L. = Coleus scutellarioides(L.) Benth. ■
268867 Ocyricera H. Deane = Bulbophyllum Thouars(保留属名)■
268868 Ocyricera H. Deane(1894);紫豆兰属■☆
268869 Ocyroe Phil. = Nardophyllum(Hook. et Arn.) Hook. et Arn. ●☆
268870 Odacmls Raf. = Centella L. ■
268871 Oddoniodendron De Wild. (1925);奥多豆属●☆
268872 Oddoniodendron gilletii De Wild. = Oddoniodendron micranthum (Harms) Baker f. ■☆
268873 Oddoniodendron micranthum(Harms) Baker f.;小花奥多豆■☆
268874 Oddoniodendron normandii Aubrév.;诺氏奥多豆■☆
268875 Oddoniodendron romeroi Mendes;罗梅罗奥多豆■☆
268876 Odemena Greene = Aster L. ●■
268877 Odicardis Raf. = Veronica L. ■
268878 Odina Netto = Marupa Miers ●☆
268879 Odina Roxb. = Lannea A. Rich. (保留属名)●
268880 Odina acida(A. Chev.) Walp. = Lannea acida A. Rich. ●☆
268881 Odina alata Engl. = Lannea alata(Engl.) Engl. ●☆
268882 Odina barteri Oliv. = Lannea barteri(Oliv.) Engl. ●☆
268883 Odina cinerea Engl. = Lannea cinerea(Engl.) Engl. ●☆
268884 Odina cotoneaster Chiov. = Lannea cotoneaster(Chiov.) Sacleux ●☆
268885 Odina cuneifoliolata Engl. = Lannea cuneifoliolata (Engl.) Engl. ●☆
268886 Odina discolor Sond. = Lannea discolor(Sond.) Engl. ●☆
268887 Odina edulis Sond. = Lannea edulis(Sond.) Engl. ●☆
268888 Odina edulis Sond. var. glabrescens Engl. = Lannea schweinfurthii(Engl.) Engl. var. stuhlmannii(Engl.) Kokwaro ●☆
268889 Odina fruticosa Hochst. ex A. Rich. = Lannea fruticosa(Hochst. ex A. Rich.) Engl. ●☆
268890 Odina fulva Engl. = Lannea fulva(Engl.) Engl. ●☆
268891 Odina humilis Oliv. = Lannea humilis(Oliv.) Engl. ●☆
268892 Odina malifolia Chiov. = Lannea malifolia(Chiov.) Sacleux ●☆
268893 Odina minimifolia Chiov. = Lannea alata(Engl.) Engl. ●☆
268894 Odina nigritana Scott-Elliot = Lannea nigritana (Scott-Elliot) Keay ●☆
268895 Odina obcordata Engl. = Lannea obcordata(Engl.) Engl. ●☆
268896 Odina obovata Hook. f. ex Oliv. = Lannea obovata(Hook. f. ex Oliv.) Engl. ●☆
268897 Odina pinnata Rottler = Lannea coromandelica(Houtt.) Merr. ●
268898 Odina rivae Chiov. = Lannea rivae(Chiov.) Sacleux ●☆
268899 Odina schimperi Hochst. ex A. Rich. = Lannea schimperi (Hochst. ex A. Rich.) Engl. ●☆
268900 Odina schimperi Hochst. ex A. Rich. var. glabrescens Engl. = Lannea schimperi(Hochst. ex A. Rich.) Engl. ●☆
268901 Odina schweinfurthii Engl. = Lannea schweinfurthii (Engl.) Engl. ●☆
268902 Odina shimperi Hochst. ex A. Rich. = Lannea schimperi (Hochst. ex A. Rich.) Engl. ●☆
268903 Odina somalensis(Chiov.) Senni = Lannea somalensis(Chiov.) Cufod. ●☆
268904 Odina stuhlmannii Engl. = Lannea schweinfurthii(Engl.) Engl. var. stuhlmannii(Engl.) Kokwaro ●☆
268905 Odina stuhlmannii Engl. var. acutifoliolata? = Lannea schweinfurthii(Engl.) Engl. var. acutifoliolata(Engl.) Kokwaro ●☆
268906 Odina stuhlmannii Engl. var. brevifoliolata? = Lannea schweinfurthii(Engl.) Engl. var. stuhlmannii(Engl.) Kokwaro ●☆
268907 Odina stuhlmannii Engl. var. oblongifoliolata? = Lannea schweinfurthii(Engl.) Engl. var. stuhlmannii(Engl.) Kokwaro ●☆
268908 Odina tomentosa Engl. = Lannea humilis(Oliv.) Engl. ●☆
268909 Odina triphylla Hochst. ex A. Rich. = Lannea triphylla(Hochst. ex A. Rich.) Engl. ●☆
268910 Odina velutina(A. Rich.) Oliv. = Lannea velutina A. Rich. ●☆
268911 Odina wodier Roxb. = Lannea coromandelica(Houtt.) Merr. ●
268912 Odisca Raf. (废弃属名) = Colea Bojer ex Meisn. (保留属名)●☆
268913 Odixia Orchard(1982);少花山地菊属●☆
268914 Odixia achlaena(D. I. Morris) Orchard;少花山地菊●☆
268915 Odixia angusta(Wakef.) Orchard;窄少花山地菊●☆
268916 Ododeca Raf. = Lythrum L. ●■
268917 Ododeca Raf. = Mozula Raf. ●■
268918 Odoglossa Raf. = Coreopsis L. ●■
268919 Odollam Adans. = Cerbera L. ●
268920 Odollamia Raf. = Odollam Adans. ●
268921 Odonectis Raf. = Isotria Raf. ■☆
268922 Odonellia K. R. Robertson(1982);奥多旋花属■☆
268923 Odonellia eriocephala(Moric.) K. R. Robertson;奥多旋花■☆
268924 Odonellia hirtiflora(M. Martens et Galeotti) K. R. Robertson;毛花奥多旋花■☆
268925 Odonia Bertol. = Galactia P. Browne ■
268926 Odoniella K. Robertson = Odonellia K. R. Robertson ■☆
268927 Odoniella K. Robertson = Odonellia K. R. Robertson ■☆
268928 Odonostephana Alexander = Gonolobus Michx. ●☆
268929 Odontadenia Benth. (1841);齿腺木属●☆
268930 Odontadenia puncticulosa(Rich.) Pulle;细点齿腺木●☆
268931 Odontandra Willd. ex Roem. et Schult. = Trichilia P. Browne(保留属名)●
268932 Odontandria G. Don = Odontandra Willd. ex Roem. et Schult. ●

268933 Odontanthera Wight = Odontanthera Wight ex Lindl. ■☆
268934 Odontanthera Wight ex Lindl. (1838);齿药萝藦属■☆
268935 Odontanthera boveana (Decne.) Mabb. = Glossonema boveanum (Decne.) Decne. ■☆
268936 Odontanthera linearis (Fenzl) Mabb. = Conomitra linearis Fenzl ■☆
268937 Odontanthera radians (Forssk.) D. V. Field;齿药萝藦■☆
268938 Odontarrhena C. A. Mey. = Alyssoides Mill. ■●☆
268939 Odontarrhena C. A. Mey. = Alyssum L. ■●
268940 Odontarrhena microphylla C. A. Mey. = Alyssum sibiricum Willd. ■
268941 Odontarrhena obovata C. A. Mey. = Alyssum tortuosum Waldst. et Kit. ex Willd. ■
268942 Odontea Fourr. = Bupleurum L. ●■
268943 Odonteilema Turcz. = Acalypha L. ●■
268944 Odontella Tiegh. = Oncocalyx Tiegh. ●☆
268945 Odontella Tiegh. = Tapinanthus (Blume) Rchb. (保留属名)●☆
268946 Odontella kilimandscharica (Engl.) Tiegh. = Agelanthus elegantulus (Engl.) Polhill et Wiens ●☆
268947 Odontella schimperi (Hochst. ex A. Rich.) Tiegh. = Oncocalyx schimperi (Hochst. ex A. Rich.) M. G. Gilbert ●☆
268948 Odontella volkensii (Engl.) Tiegh. = Agelanthus sansibarensis (Engl.) Polhill et Wiens ●☆
268949 Odontella welwitschii (Engl.) Balle = Oncocalyx welwitschii (Engl.) Polhill et Wiens ●☆
268950 Odontelytrum Hack. (1898);裂苞浮黍属■☆
268951 Odontelytrum abyssinicum Hack.;阿比西尼亚裂苞浮黍■☆
268952 Odontilema Post et Kuntze = Acalypha L. ●■
268953 Odontilema Post et Kuntze = Odonteilema Turcz. ●■
268954 Odontitella Rothm. (1943);小疗齿草属■☆
268955 Odontitella Rothm. = Odontites Ludw. ■
268956 Odontitella virgata (Link) Rothm.;小疗齿草■☆
268957 Odontites Ludw. (1757);疗齿草属;Bartsia ■
268958 Odontites Spreng. = Bupleurum L. ●■
268959 Odontites australis (Boiss.) Font Quer = Odontites viscosus (L.) Clairv. subsp. australis (Boiss.) Jahand. et Maire ■☆
268960 Odontites caucasicus K. Koch;高加索疗齿草■☆
268961 Odontites ciliatus Pomel = Odontites discolor Pomel subsp. ciliatus (Pomel) Bolliger ■☆
268962 Odontites citrinus Bolliger;柠檬疗齿草■☆
268963 Odontites discolor Pomel;异色疗齿草■☆
268964 Odontites discolor Pomel subsp. ciliatus (Pomel) Bolliger;缘毛疗齿草■☆
268965 Odontites fradinii Pomel = Odontites triboutii Gren. et Paill. ■☆
268966 Odontites glutinosa Benth.;腺疗齿草;Glutinous Bartsia ■☆
268967 Odontites hollianus (Lowe) Benth.;霍尔疗齿草■☆
268968 Odontites jaubertianus D. Dietr.;法国疗齿草;French Bartsia ■☆
268969 Odontites lapiei Batt.;拉皮疗齿草■☆
268970 Odontites litoralis Fr.;滨海疗齿草■☆
268971 Odontites longiflorus (Vahl) Webb = Macrosyringion longiflorum (Vahl) Rothm. ■☆
268972 Odontites luteus Clairv. subsp. reboudii (Pomel) Quézel et Santa = Odontites triboutii Gren. et Paill. ■☆
268973 Odontites luteus Clairv. subsp. triboutii (Gren. et Paill.) Quézel et Santa = Odontites triboutii Gren. et Paill. ■☆
268974 Odontites maroccanus Bolliger;摩洛哥疗齿草■☆
268975 Odontites odontites (L.) Wettst. = Odontites serotina (Lam.) Dum. Cours. ■
268976 Odontites powellii Maire;鲍威尔疗齿草■☆
268977 Odontites pseudogranatensis Quézel = Bartsiella rameauana (Emb.) Bolliger ■☆
268978 Odontites purpureus (Desf.) G. Don;紫色疗齿草■☆
268979 Odontites purpureus (Desf.) G. Don subsp. ciliatus (Pomel) Quézel et Santa = Odontites discolor Pomel subsp. ciliatus (Pomel) Bolliger ■☆
268980 Odontites rameauanus Emb. = Bartsiella rameauana (Emb.) Bolliger ■☆
268981 Odontites reboudii Pomel = Odontites triboutii Gren. et Paill. ■☆
268982 Odontites rigidifolius (Biv.) Benth.;硬叶疗齿草■☆
268983 Odontites rubra (Baumg.) Pers.;红色疗齿草;Red Bartsia, Twiny Legs ■☆
268984 Odontites rubra (Baumg.) Pers. = Bartsia odontites Huds. ■☆
268985 Odontites salina Kotov;盐地疗齿草■☆
268986 Odontites serotina (Lam.) Dum. Cours.;红春疗齿草;Odontites, Red Bartsia ■
268987 Odontites serotina (Lam.) Dum. Cours. = Odontites vulgaris Moench ■
268988 Odontites squarrosus (Rchb.) Bolliger;粗鳞疗齿草■☆
268989 Odontites triboutii Gren. et Paill.;特里布疗齿草■☆
268990 Odontites verna (Bellardi) Dumort. subsp. serotina (Dumort.) Corb. = Odontites serotina (Lam.) Dum. Cours. ■
268991 Odontites verna Rchb.;春疗齿草;Cock's Comb, Eyebright Cow-wheat, Hen Gorse, Odontites, Poor Robin, Red Bartsia, Red Eyebright, Red Rattle, Twiny-legs ■☆
268992 Odontites violaceus Pomel;堇色疗齿草■☆
268993 Odontites violaceus Pomel var. brevifolius Emb. et Maire = Odontites maroccanus Bolliger ■☆
268994 Odontites violaceus Pomel var. lapiei (Batt.) Maire = Odontites lapiei Batt. ■☆
268995 Odontites viscosus (L.) Clairv.;黏疗齿草■☆
268996 Odontites viscosus (L.) Clairv. subsp. australis (Boiss.) Jahand. et Maire;南方黏疗齿草■☆
268997 Odontites viscosus (L.) Clairv. subsp. eriopodus Litard. et Maire;毛梗黏疗齿草■☆
268998 Odontites vulcanicus Bolliger;火山疗齿草■☆
268999 Odontites vulgaris Moench;疗齿草(齿叶草,疗叶草,秋疗齿草);Lateripening Bartsia, Odontites, Red Bartsia ■
269000 Odontocarpa Neck. = Valerianella Mill. ■
269001 Odontocarpa Neck. ex Raf. = Valerianella Mill. ■
269002 Odontocarpha DC. = Gutierrezia Lag. ■●☆
269003 Odontocarya Miers (1851);齿果藤属●☆
269004 Odontocarya asarifolia Barneby;齿果藤●☆
269005 Odontochilus Blume = Anoectochilus Blume (保留属名) ■
269006 Odontochilus Blume (1858);齿唇兰属■
269007 Odontochilus abbreviatus (Lindl.) Ts. Tang et F. T. Wang = Anoectochilus abbreviatus (Lindl.) Seidenf. ■
269008 Odontochilus abbreviatus (Lindl.) Ts. Tang et F. T. Wang = Rhomboda abbreviata (Lindl.) Ormerod ■
269009 Odontochilus bisaccatus (Hayata) Hayata ex T. P. Lin = Odontochilus lanceolatus (Lindl.) Blume ■
269010 Odontochilus bisaccatus Hayata;二囊齿唇兰■
269011 Odontochilus bisaccatus Hayata = Anoectochilus lanceolatus Lindl. ■
269012 Odontochilus brevistylis Hook. f.;短柱齿唇兰;Shortstyle Forkliporchis ■

269013 Odontochilus brevistylis Hook. f. = Anoectochilus brevistylis (Hook. f.) Ridl. ■

269014 Odontochilus candidus T. P. Lin et C. C. Hsu = Anoectochilus candidus (T. P. Lin et C. C. Hsu) K. Y. Lang ■

269015 Odontochilus candidus T. P. Lin et C. C. Hsu = Odontochilus brevistylis Hook. f. ■

269016 Odontochilus clarkei Hook. f.; 红萼齿唇兰; Redcalyx Forkliporchis ■

269017 Odontochilus clarkei Hook. f. = Anoectochilus clarkei (Hook. f.) Seidenf. ■

269018 Odontochilus crispus (Lindl.) Hook. f.; 小齿唇兰 (皱波齿唇兰); Curled Odontochilus, Small Forkliporchis ■

269019 Odontochilus crispus (Lindl.) Hook. f. = Anoectochilus crispus Lindl. ■

269020 Odontochilus densiflorus (Mansf.) Ts. Tang et F. T. Wang ex Merr. et F. P. Metcalf = Anoectochilus lanceolatus Lindl. ■

269021 Odontochilus densiflorus (Mansf.) Ts. Tang et F. T. Wang ex Merr. et F. P. Metcalf = Anoectochilus tortus (King et Pantl.) King et Pantl. ■

269022 Odontochilus elwesii C. B. Clarke ex Hook. f.; 西南齿唇兰 (西南开唇兰, 钟氏齿唇兰, 钟氏金线莲, 紫叶齿唇兰); Elwes Forkliporchis, Elwes Odontochilus ■

269023 Odontochilus elwesii C. B. Clarke ex Hook. f. = Anoectochilus elwesii (C. B. Clarke ex Hook. f.) King et Pantl. ■

269024 Odontochilus guangdongensis S. C. Chen; 广东齿唇兰■

269025 Odontochilus hatusimanus Ohwi et T. Koyama; 初岛齿唇兰■☆

269026 Odontochilus inabae (Hayata) Hayata ex T. P. Lin; 台湾齿唇兰 (白花金线莲, 单囊齿唇兰); Taiwan Forkliporchis ■

269027 Odontochilus inabae (Hayata) Hayata ex T. P. Lin = Anoectochilus inabae Hayata ■

269028 Odontochilus inabae (Hayata) Hayata var. candidus (T. P. Lin et C. C. Hsu) S. S. Ying = Odontochilus brevistylis Hook. f. ■

269029 Odontochilus inabae Hayata ex T. P. Lin = Anoectochilus inabae Hayata ■

269030 Odontochilus inabae Hayata var. candidus (T. P. Lin et C. C. Hsu) S. S. Ying = Odontochilus brevistylis Hook. f. ■

269031 Odontochilus inabae Hayata var. candidus (T. P. Lin et C. C. Hsu) S. S. Ying = Anoectochilus candidus (T. P. Lin et C. C. Hsu) K. Y. Lang ■

269032 Odontochilus koshunensis (Hayata) S. S. Ying = Anoectochilus koshunensis Hayata ■

269033 Odontochilus lanceolatus (Lindl.) Blume; 齿唇兰 (白线开唇兰, 二囊齿唇兰, 二囊开唇兰, 黄花齿唇兰, 双囊齿唇兰, 云南齿唇兰); Lanceolate Forkliporchis ■

269034 Odontochilus lanceolatus (Lindl.) Blume = Anoectochilus lanceolatus Lindl. ■

269035 Odontochilus moulmeinensis (E. C. Parish et Rchb. f.) Ts. Tang et F. T. Wang = Rhomboda moulmeinensis (E. C. Parish et Rchb. f.) Ormerod ■

269036 Odontochilus moulmeinensis (Parl. et Rchb. f.) Ts. Tang et F. T. Wang = Anoectochilus moulmeinensis (Parish, Rchb. f. et Sineref.) Seidenf. et Smitinand ■

269037 Odontochilus multiflorus (Rolfe ex Downie) Ts. Tang et F. T. Wang = Anoectochilus moulmeinensis (Parish, Rchb. f. et Sineref.) Seidenf. et Smitinand ■

269038 Odontochilus multiflorus (Rolfe ex Downie) Ts. Tang et F. T. Wang = Rhomboda moulmeinensis (E. C. Parish et Rchb. f.) Ormerod ■

269039 Odontochilus nanlingensis (L. P. Siu et K. Y. Lang) Ormerod; 南岭齿唇兰; Nanling Goldlineorchis ■

269040 Odontochilus poilanei (Gagnep.) Ormerod; 齿爪齿唇兰 (齿爪叠鞘兰, 齿爪翻唇兰); Toothclaw Dualsheathorchis ■

269041 Odontochilus pumilus Hook. f. = Myrmechis pumila (Hook. f.) Ts. Tang et F. T. Wang ■

269042 Odontochilus purpureus C. S. Leou = Anoectochilus elwesii (C. B. Clarke ex Hook. f.) King et Pantl. ■

269043 Odontochilus purpureus C. S. Leou = Odontochilus elwesii C. B. Clarke ex Hook. f. ■

269044 Odontochilus repens Downie = Anoectochilus tortus (King et Pantl.) King et Pantl. ■

269045 Odontochilus saprophyticus (Aver.) Ormerod; 腐生齿唇兰■

269046 Odontochilus tashiroi (Maxim.) Makino ex Kuroiwa; 田代氏齿唇兰■☆

269047 Odontochilus tortus King et Pantl.; 一柱齿唇兰; Singlestyle Forkliporchis ■

269048 Odontochilus tortus King et Pantl. = Anoectochilus tortus (King et Pantl.) King et Pantl. ■

269049 Odontochilus yunnanensis Rolfe = Anoectochilus lanceolatus Lindl. ■

269050 Odontochilus yunnanensis Rolfe = Odontochilus lanceolatus (Lindl.) Blume ■

269051 Odontocline B. Nord. (1978); 齿托菊属●☆

269052 Odontocline dolichantha (Krug et Urb.) B. Nord.; 齿托菊●☆

269053 Odontocline glabra (Sw.) B. Nord.; 光齿托菊●☆

269054 Odontocydus Turcz. = Draba L. ■

269055 Odontoglossum Kunth (1816); 齿瓣兰属 (齿舌兰属, 瘤瓣兰属); Almond-scented Orchid, Odontoglossum, Odontoglossum Orchid, Violet-scented Orchid ■

269056 Odontoglossum × coradinei Rchb. f.; 哥拉氏齿瓣兰■☆

269057 Odontoglossum × humeanum Rchb. f.; 胡氏齿瓣兰■☆

269058 Odontoglossum brevifolium Lindl.; 短叶齿瓣兰; Short-leaf Odontoglossum ■

269059 Odontoglossum cariniferum Rchb. f.; 龙骨齿瓣兰; Keeled Odontoglossum ■

269060 Odontoglossum cervantesii La Llave et Lex. = Lemboglossum cervantesii (La Llave et Lex.) Halb. ■

269061 Odontoglossum cirrhosum Lindl.; 卷须齿瓣兰; Tendrilled Odontoglossum ■

269062 Odontoglossum convallarioides (Schltr.) Ames et Correll; 铃兰齿瓣兰; Convallarialike Odontoglossum ■

269063 Odontoglossum cordatum Lindl.; 心形齿瓣兰; Cordate Odontoglossum ■

269064 Odontoglossum cordatum Lindl. = Lemboglossum cordatum (Lindl.) Halb. ■

269065 Odontoglossum crispum Lindl.; 皱波齿瓣兰 (瘤瓣兰); Crisped Odontoglossum ■

269066 Odontoglossum cristatum Lindl.; 鸡冠齿瓣兰 (齿舌兰); Cristate Odontoglossum ■

269067 Odontoglossum edwardii Rchb. f.; 爱氏齿瓣兰■☆

269068 Odontoglossum egertonii Lindl.; 艾氏齿瓣兰; Egerton Odontoglossum ■

269069 Odontoglossum grande Lindl.; 大齿瓣兰 (大花文心兰, 大瘤瓣兰); Baby Orchid, Big Odontoglossum, Tiger Orchid ■

269070 Odontoglossum hallii Lindl.; 霍尔齿瓣兰■☆

269071 Odontoglossum harryanum Rchb. f.; 哈氏齿瓣兰; Harrya Odontoglossum ■

269072 Odontoglossum hastilabium Lindl.;戟唇齿瓣兰;Hastatelip Odontoglossum ■
269073 Odontoglossum insleayi(Lindl.)Lindl.;伊氏齿瓣兰;Insleay Odontoglossum ■
269074 Odontoglossum laeve Lindl.;平滑齿瓣兰■☆
269075 Odontoglossum lindleyanum Rchb. f. et Warsz.;林德利齿瓣兰;Lindley Odontoglossum ■
269076 Odontoglossum luteo-purpureum Lindl.;黄紫齿瓣兰;Yeilowpurple Odontoglossum ■
269077 Odontoglossum maculatum La Llave et Lex.;斑点齿瓣兰;Spotted Odontoglossum ■
269078 Odontoglossum nobile Rchb. f.;高贵齿瓣兰;Noble Odontoglossum ■
269079 Odontoglossum noezliana Hort. = Cochlioda noezliana Rolfe ■☆
269080 Odontoglossum odoratum Lindl.;芳香齿瓣兰;Fragrant Odontoglossum ■
269081 Odontoglossum pardinum Lindl.;豹斑齿瓣兰;Leopardspot Odontoglossum ■
269082 Odontoglossum pendulum(La Llave et Lex.)Bateman;垂花齿瓣兰(垂花瘤瓣兰);Pendulous Odontoglossum ■
269083 Odontoglossum pulchellum Bateman ex Lindl.;美丽齿瓣兰;Beautiful Odontoglossum ■
269084 Odontoglossum ramosissimum Lindl.;多枝齿瓣兰;Manybranches Odontoglossum ■
269085 Odontoglossum roseum Lindl. = Cochlioda rosea(Lindl.)Benth. et Hook. f. ■☆
269086 Odontoglossum rossii Lindl. = Lemboglossum rossii(Lindl.) Halb. ■☆
269087 Odontoglossum schlieperanum Rchb. f.;施利珀齿瓣兰■☆
269088 Odontoglossum triumphans Rchb. f.;胜利齿瓣兰;Triumphal Odontoglossum ■
269089 Odontoglossum wallisii Linden et Rchb. f.;瓦氏齿瓣兰■☆
269090 Odontoglossum williamsianum Rchb. f.;威氏齿瓣兰■☆
269091 Odontoloma Kunth = Pollalesta Kunth ●☆
269092 Odontolophus Cass. = Centaurea L.(保留属名)●■
269093 Odontonema Nees ex Endl.(废弃属名)= Odontonema Nees(保留属名)●■☆
269094 Odontonema Nees(1842)(保留属名);火穗木属(齿花丝爵床属,鸡冠爵床属);Firespike ●■☆
269095 Odontonema Nees(保留属名)= Justicia L. ●■
269096 Odontonema callistachyum Kuntze;火穗木;Firespike ●☆
269097 Odontonema cuspidatum(Nees)Kuntze;斑驳火穗木;Mottled Toothedthread☆
269098 Odontonema rubrum Kuntze;红火穗木●☆
269099 Odontonema schomburgkianum Kuntze;垂花火穗木●☆
269100 Odontonema strictum(Nees)Kuntze;直立火穗木(红苞花,红楼花);Cardinal Guard,Firespike,Scarlet Flame ●☆
269101 Odontonema surinamense Bremek. = Pulchranthus surinamensis(Bremek.)V. M. Baum,Reveal et Nowicke ●☆
269102 Odontonema tubiforme(Bertol.)Kuntze;管状火穗木;Firespike ●☆
269103 Odontonema tubiforme Kuntze = Odontonema tubiforme(Bertol.)Kuntze ●☆
269104 Odontonemella Lindau = Mackaya Harv.(保留属名)●☆
269105 Odontonemella Lindau = Pseuderanthemum Radlk. ●■
269106 Odontonemella Lindau(1893);小火穗木属●☆
269107 Odontonemella indica Lindau;小火穗木●☆
269108 Odontonemella leptostachya Lindau;细花小火穗木●☆
269109 Odontonychia Small = Paronychia Mill. ■
269110 Odontonychia Small = Siphonychia Torr. et A. Gray(保留属名)■☆
269111 Odontonychia corymbosa(Small)Small = Paronychia erecta(Chapm.)Shinners ■☆
269112 Odontonychia erecta(Chapm.)Small = Paronychia erecta(Chapm.)Shinners ■☆
269113 Odontonychia interior Small = Paronychia rugelii(Chapm.)Shuttlew. ex Chapm. ■☆
269114 Odontophorus N. E. Br.(1927);齿缘玉属■☆
269115 Odontophorus albus L. Bolus = Odontophorus nanus L. Bolus ■☆
269116 Odontophorus angustifolius L. Bolus;窄叶齿缘玉■☆
269117 Odontophorus herrei L. Bolus = Odontophorus nanus L. Bolus ■☆
269118 Odontophorus marlothii N. E. Br.;马洛斯齿缘玉■☆
269119 Odontophorus nanus L. Bolus;小齿缘玉■☆
269120 Odontophorus prumulinus L. Bolus = Odontophorus nanus L. Bolus ■☆
269121 Odontophorus pusillus S. A. Hammer;微小齿缘玉■☆
269122 Odontophyllum(Less.)Spach = Relhania L'Hér.(保留属名)●☆
269123 Odontophyllum Sreem. = Aphelandra R. Br. ●■☆
269124 Odontophyllum Sreem. = Sreemadhavana Rauschert ●■☆
269125 Odontoptera Cass. = Arctotis L. ●■☆
269126 Odontorrhena C. A. Mey. = Alyssum L. ■●
269127 Odontorrhynchus M. N. Corrêa(1953);齿喙兰属■☆
269128 Odontorrhynchus alticola Garay;高原齿喙兰■☆
269129 Odontorrhynchus castillonii(Hauman)M. N. Corrêa;齿喙兰■☆
269130 Odontorrhynchus chilensis(A. Rich.)Garay;智利齿喙兰■☆
269131 Odontosiphon M. Roem. = Trichilia P. Browne(保留属名)●
269132 Odontospermum Neck. = Odontospermum Neck. ex Sch. Bip. ■☆
269133 Odontospermum Neck. ex Sch. Bip.(1844);齿子菊属;Gold Coin ■☆
269134 Odontospermum Neck. ex Sch. Bip. = Asteriscus Mill. ●■☆
269135 Odontospermum aquaticum(L.)Sch. Bip. = Asteriscus aquaticus(L.)Less. ■☆
269136 Odontospermum daltonii Webb = Nauplius daltonii(Webb) Wiklund ●☆
269137 Odontospermum graveolens(Forssk.)Sch. Bip. = Asteriscus graveolens(Forssk.)Less. ■☆
269138 Odontospermum imbricatum(Cav.)Ball = Asteriscus imbricatus(Cav.)DC. ■☆
269139 Odontospermum maritimum L. = Pallenis maritima(L.)Greuter ■☆
269140 Odontospermum maritimum L. var. microphylla Ball = Pallenis maritima(L.)Greuter ■☆
269141 Odontospermum maritimum L. var. perpusillum Batt. = Pallenis maritima(L.)Greuter ■☆
269142 Odontospermum odorum(Schousb.)Sch. Bip. = Asteriscus graveolens(Forssk.)Less. subsp. odorus(Schousb.)Greuter ■☆
269143 Odontospermum odorum(Schousb.)Sch. Bip. var. angustifolium Ball = Asteriscus graveolens(Forssk.) Less. subsp. odorus(Schousb.)Greuter ■☆
269144 Odontospermum pygmaeum(DC.)O. Hoffm. = Pallenis hierochuntica(Michon)Greuter ■☆
269145 Odontospermum schultzii Bolle = Asteriscus schultzii(Bolle)Pit. et Proust ■☆
269146 Odontospermum smithii Webb = Asteriscus smithii(Webb) Walp. ■☆
269147 Odontostelma Rendle(1894);齿冠萝藦属■☆
269148 Odontostelma minus S. Moore;齿冠萝藦■☆

269149 Odontostelma welwitschii Rendle = Schizoglossum welwitschii (Rendle) N. E. Br. ■☆
269150 Odontostemma Benth. = Arenaria L. ■
269151 Odontostemma Benth. ex G. Don = Arenaria L. ■
269152 Odontostemma glandulosum Benth. ex G. Don = Arenaria debilis Hook. f. ■
269153 Odontostemum Baker = Odontostomum Torr. ■☆
269154 Odontostephana Alexander = Gonolobus Michx. ●☆
269155 Odontostigma A. Rich. = Stemmadenia Benth. ●☆
269156 Odontostigma Zoll. et Moritzi = Gymnostachyum Nees ■
269157 Odontostomum Torr. (1857);齿口百合属■☆
269158 Odontostomum hartwegii Torr.;齿口百合■☆
269159 Odontostyles Breda = Bulbophyllum Thouars(保留属名)■
269160 Odontostylis Blume = Diphyes Blume ■
269161 Odontotecoma Bureau et K. Schum. = Tabebuia Gomes ex DC. ●☆
269162 Odontotrichum Zucc. = Psacalium Cass. ■☆
269163 Odontotrichum decompositum (A. Gray) Rydb. = Psacalium decompositum(A. Gray) H. Rob. et Brettell ■☆
269164 Odontychium K. Schum. = Alpinia Roxb. (保留属名)■
269165 Odoptera Raf. = Corydalis DC. (保留属名)■
269166 Odosicyos Keraudren(1981);齿瓜属■☆
269167 Odosicyos bosseri Keraudren;齿瓜■☆
269168 Odostelma Raf. = Passiflora L. ●■
269169 Odostemon Raf. (1819);齿蕊小檗属●☆
269170 Odostemon Raf. = Berberis L. ●
269171 Odostemon andrieuxii Standl.;安氏齿蕊小檗●☆
269172 Odostemon angustifolius Standl.;狭叶齿蕊小檗●☆
269173 Odostemon brevipes A. Heller;短梗齿蕊小檗●☆
269174 Odostemon gracilis Standl.;细齿蕊小檗●☆
269175 Odostemon longipes Standl.;长梗齿蕊小檗●☆
269176 Odostemon nervosus(Pursh) Rydb.;多脉齿蕊小檗●☆
269177 Odostemon pallidus Standl.;苍白齿蕊小檗●☆
269178 Odostemon tenuifolius Standl.;细叶齿蕊小檗●☆
269179 Odostemon trifoliolatus A. Heller;三小叶齿蕊小檗●☆
269180 Odostemum Steud. = Odostemon Raf. ●☆
269181 Odostima Raf. = Moneses Salisb. ex Gray ■
269182 Odotalon Raf. = Argythamnia P. Browne ●☆
269183 Odotheca Raf. = Homalium Jacq. ●
269184 Odyendea(Pierre) Engl. = Quassia L. ●☆
269185 Odyendea Engl. = Odyendea Pierre ex Engl. ●☆
269186 Odyendea Engl. = Quassia L. ●☆
269187 Odyendea Pierre ex Engl. (1896);奥迪苦木属●☆
269188 Odyendea Pierre ex Engl. = Quassia L. ●☆
269189 Odyendea gabonensis Engl. = Odyendyea gabonensis (Pierre) Engl. ●☆
269190 Odyendea zimmermannii Engl.;奥迪苦木●☆
269191 Odyendyea gabonensis(Pierre) Engl.;加蓬奥迪苦木●☆
269192 Odyendyea klaineana (Pierre) Engl. = Quassia undulata (Guillaumin et Perr.) F. Dietr. ●☆
269193 Odyendyea longipes Sprague = Quassia undulata(Guillaumin et Perr.) F. Dietr. ●☆
269194 Odyendyea zimmermannii Engl. = Quassia undulata(Guillaumin et Perr.) F. Dietr. ●☆
269195 Odyssea Stapf(1922);奥德草属(奥德赛草属)■☆
269196 Odyssea jaegeri(Pilg.) Robyns et Tournay = Psilolemma jaegeri (Pilg.) S. M. Phillips ■☆
269197 Odyssea mucronata(Forssk.) Stapf;奥德草■☆
269198 Odyssea paucinervis(Nees) Stapf;疏脉奥德草■☆
269199 Oeceoclades Lindl. (1832);节茎兰属■☆
269200 Oeceoclades Lindl. = Angraecum Bory ■
269201 Oeceoclades alismatophylla(Rchb. f.) Garay et P. Taylor;泽泻叶节茎兰■☆
269202 Oeceoclades ambongensis(Schltr.) Garay et P. Taylor;安邦节茎兰■☆
269203 Oeceoclades ambrensis(H. Perrier) Bosser et Morat;纳塔尔节茎兰■☆
269204 Oeceoclades analamerensis(H. Perrier) Garay et P. Taylor;阿纳拉迈尔节茎兰■☆
269205 Oeceoclades analavelensis(H. Perrier) Garay et P. Taylor;阿纳拉韦尔节茎兰■☆
269206 Oeceoclades angustifolia(Senghas) Garay et P. Taylor;窄叶节茎兰■☆
269207 Oeceoclades boinensis(Schltr.) Garay et P. Taylor;博伊纳节茎兰■☆
269208 Oeceoclades calcarata(Schltr.) Garay et P. Taylor;距节茎兰■☆
269209 Oeceoclades decaryana(H. Perrier) Garay et P. Taylor;德卡里节茎兰■☆
269210 Oeceoclades falcata (Thunb.) Lindl. = Neofinetia falcata (Thunb.) Hu ■
269211 Oeceoclades flavescens Bosser et Morat;浅黄节茎兰■☆
269212 Oeceoclades furcata Bosser et Morat;叉分节茎兰■☆
269213 Oeceoclades gracilis (Thouars) Lindl. = Chamaeangis gracilis Schltr. ■☆
269214 Oeceoclades gracillima(Schltr.) Garay et P. Taylor;细长节茎兰■☆
269215 Oeceoclades humbertii(H. Perrier) Bosser et Morat;亨伯特节茎兰■☆
269216 Oeceoclades lanceata(H. Perrier) Garay et P. Taylor;披针状节茎兰■☆
269217 Oeceoclades lonchophylla(Rchb. f.) Garay et P. Taylor;矛叶节茎兰■☆
269218 Oeceoclades longebracteata Bosser et Morat;长苞节茎兰■☆
269219 Oeceoclades lubbersiana (De Wild. et Laurent) Garay et P. Taylor;吕伯斯节茎兰■☆
269220 Oeceoclades mackenii(Rolfe ex Hemsl.) Garay et P. Taylor;梅肯节茎兰■☆
269221 Oeceoclades mackenii(Rolfe ex Hemsl.) Garay et P. Taylor = Oeceoclades maculata(Lindl.) Lindl. ■☆
269222 Oeceoclades maculata (Lindl.) Lindl.;斑点节茎兰;Monk Orchid ■☆
269223 Oeceoclades monophylla (A. Rich.) Garay et P. Taylor = Oeceoclades maculata(Lindl.) Lindl. ■☆
269224 Oeceoclades pandurata(Rolfe) Garay et P. Taylor;琴形节茎兰■☆
269225 Oeceoclades paniculata Lindl. = Robiquetia succisa (Lindl.) Seidenf. et Garay ■
269226 Oeceoclades parviflora (Thouars) Lindl. = Angraecopsis parviflora(Thouars) Schltr. ■☆
269227 Oeceoclades perrieri(Schltr.) Garay et P. Taylor;佩里耶节茎兰■☆
269228 Oeceoclades petiolata(Schltr.) Garay et P. Taylor;梗节茎兰■☆
269229 Oeceoclades peyrotii Bosser et Morat;佩罗节茎兰■☆
269230 Oeceoclades pulchra (Thouars) M. A. Clem. et P. J. Cribb = Eulophia pulchra(Thouars) Lindl. ■
269231 Oeceoclades pulchra (Thouars) P. J. Cribb et M. A. Clem. = Eulophia pulchra(Thouars) Lindl. ■

269232 Oeceoclades quadriloba(Schltr.)Garay et P. Taylor;四裂片节茎兰■☆
269233 Oeceoclades rauhii(Senghas)Garay et P. Taylor;劳氏节茎兰■☆
269234 Oeceoclades roseovariegata(Senghas)Garay et P. Taylor = Oeceoclades gracillima(Schltr.)Garay et P. Taylor ■☆
269235 Oeceoclades saundersiana(Rchb. f.)Garay et P. Taylor;桑德斯节茎兰■☆
269236 Oeceoclades sclerophylla(Rchb. f.)Garay et P. Taylor;硬叶节茎兰■☆
269237 Oeceoclades spathulifera(H. Perrier)Garay et P. Taylor;佛焰苞节茎兰■☆
269238 Oeceoclades ugandae(Rolfe)Garay et P. Taylor;乌干达节茎兰■☆
269239 Oeceoclades zanzibarica(Summerh.)Garay et P. Taylor;桑给巴尔节茎兰■☆
269240 Oechmea J. St. -Hil. = Aechmea Ruiz et Pav.(保留属名)■☆
269241 Oecoeclades Franch. et Sav. = Angraecum Bory ■
269242 Oecoeclades Franch. et Sav. = Oeceoclades Lindl. ■☆
269243 Oecopetalum Greenm. et C. H. Thomps.(1915);群瓣茱萸属●☆
269244 Oecopetalum greenmanii Standl., Steyerm. et R. A. Howard;格林曼群瓣茱萸●☆
269245 Oecopetalum mexicanum Greenm. et C. H. Thomps.;墨西哥群瓣茱萸●☆
269246 Oedematopus Planch. et Triana(1860);瘤足木属●☆
269247 Oedematopus dodecandrus Planch. et Triana;瘤足木●☆
269248 Oedera Crantz(废弃属名) = Dracaena Vand. ex L. ●■
269249 Oedera Crantz(废弃属名) = Oedera L.(保留属名)●☆
269250 Oedera L.(1771)(保留属名);紫纹鼠麴木属●☆
269251 Oedera aliena L. f. = Heterolepis aliena(L. f.)Druce ●☆
269252 Oedera alienata Thunb. = Hirpicium alienatum(Thunb.)Druce ■☆
269253 Oedera capensis(L.)Druce;好望角紫纹鼠麴木●☆
269254 Oedera conferta(Hutch.)Anderb. et K. Bremer;密集紫纹鼠麴木●☆
269255 Oedera epaleacea Beyers;膜片紫纹鼠麴木●☆
269256 Oedera foveolata(K. Bremer)Anderb. et K. Bremer;蜂窝紫纹鼠麴木●☆
269257 Oedera genistifolia(L.)Anderb. et K. Bremer;金雀花叶紫纹鼠麴木●☆
269258 Oedera hirta Thunb.;多毛紫纹鼠麴木●☆
269259 Oedera imbricata Lam.;覆瓦紫纹鼠麴木●☆
269260 Oedera intermedia DC. = Oedera imbricata Lam. ●☆
269261 Oedera laevis DC.;平滑紫纹鼠麴木●☆
269262 Oedera latifolia Less. = Oedera imbricata Lam. ●☆
269263 Oedera muirii C. A. Sm. = Oedera laevis DC. ●☆
269264 Oedera multipunctata(DC.)Anderb. et K. Bremer;多斑紫纹鼠麴木●☆
269265 Oedera nordenstamii(K. Bremer)Anderb. et K. Bremer;诺尔紫纹鼠麴木●☆
269266 Oedera prolifera L. f. = Oedera capensis(L.)Druce ●☆
269267 Oedera resinifera(K. Bremer)Anderb. et K. Bremer;胶紫纹鼠麴木●☆
269268 Oedera sedifolia(DC.)Anderb. et K. Bremer;景天叶鼠麴木●☆
269269 Oedera silicicola(K. Bremer)Anderb. et K. Bremer;燧石鼠麴木●☆
269270 Oedera squarrosa(L.)Anderb. et K. Bremer;粗鳞紫纹鼠麴木●☆
269271 Oedera trinervia Spreng. = Flaveria trinervia(Spreng.)C. Mohr ■☆
269272 Oedera uniflora(L. f.)Anderb. et K. Bremer;单花紫纹鼠麴木●☆
269273 Oedera viscosa(L'Hér.)Anderb. et K. Bremer;黏紫纹鼠麴木●☆
269274 Oedibasis Koso-Pol.(1916);胀基芹属;Oregon Plum ■
269275 Oedibasis apiculata(Kar. et Kir.)Koso-Pol.;细尖胀基芹■☆
269276 Oedibasis chaerophylloides(Regel et Schmalh.)Korovin;细叶胀基芹■☆
269277 Oedibasis karatavica Korovin;卡拉塔夫胀基芹■☆
269278 Oedibasis platycarpa Koso-Pol.;宽果胀基芹■
269279 Oedicephalus Nevski = Astragalus L. ●■
269280 Oedina Tiegh.(1895);肖五蕊寄生属●☆
269281 Oedina Tiegh. = Dendrophthoe Mart. ●
269282 Oedina brevispicata Polhill et Wiens;短穗肖五蕊寄生●☆
269283 Oedina erecta(Engl.)Tiegh.;直立肖五蕊寄生●☆
269284 Oedina pendens(Engl. et K. Krause)Polhill et Wiens;下垂肖五蕊寄生●☆
269285 Oedipachne Link = Eriochloa Kunth ■
269286 Oedmannia Thunb. = Rafnia Thunb. ■☆
269287 Oeginetia Wight = Aeginetia L. ■
269288 Oegroe B. D. Jacks. = Ocyroe Phil. ●☆
269289 Oehmea Buxb. = Mammillaria Haw.(保留属名)●
269290 Oemleria Rchb.(1841);俄勒冈李属(印安第李属);Oso Berry, Oso-berry ●☆
269291 Oemleria cerasiformis(Hook. et Arn.)Landon;俄勒冈李(印地安李);Indian Plum, Oregon Plum, Oso Berry, Oso-berry ●☆
269292 Oenanthe L.(1753);水芹属(水芹菜属);Oenanthe, Water Dropwort, Waterdropwort, Water-dropwort ■
269293 Oenanthe abchasica Schischk.;阿波哈斯水芹■☆
269294 Oenanthe alatinervis Y. Y. Qian;翅脉水芹;Alatinerved Waterdropwort ■
269295 Oenanthe alatinervis Y. Y. Qian = Oenanthe javanica(Blume)DC. subsp. rosthornii(Diels)F. T. Pu ■
269296 Oenanthe ambigua Nutt. = Oxypolis rigidior(L.)Raf. ■☆
269297 Oenanthe anomala Coss. = Oenanthe virgata Poir. ■☆
269298 Oenanthe apiifolia Brot. = Oenanthe crocata L. ■☆
269299 Oenanthe aquatica(L.)Poir.;水茴香;Deathin, Edgeweed, Fineleaf Waterdropwort, Fine-leaved Water Dropwort, Fine-leaved Water-dropwort, Horsebane, Water Dropwort, Water Fennel, Water Hemlock, Water-dropwort ■☆
269300 Oenanthe benghalensis Benth. et Hook. f.;短辐水芹(少花水芹,水芹菜);Bengal Waterdropwort ■
269301 Oenanthe benghalensis Benth. et Hook. f. = Oenanthe javanica(Blume)DC. ■
269302 Oenanthe callosa Salzm. = Oenanthe pimpinelloides L. subsp. callosa(DC.)Maire ■☆
269303 Oenanthe capensis(Cham. et Schltdl.)D. Dietr. = Annesorhiza nuda(Aiton)B. L. Burtt ■☆
269304 Oenanthe capensis Houtt. = Glia prolifera(Burm. f.)B. L. Burtt ■☆
269305 Oenanthe caudata C. Norman. = Oenanthe dielsii H. Boissieu subsp. stenophylla(H. Boissieu)C. Y. Wu et F. T. Pu ■
269306 Oenanthe caudata C. Norman. = Oenanthe thomsonii C. B. Clarke ■
269307 Oenanthe crocata L.;五数水芹(藏红花水芹);Belder-root, Beldrum, Bendock, Bilders, Billers, Cowbane, Dead Man's Creesh, Dead Man's Fingers, Dead Man's Tongue, Dead Tongue, Eltrot, Five-fingered Root, Green Marke, Hemlock Water Dropwort, Hemlock Water-dropwort, Water Dropwort, Water Hemlock, Water Lovage, Water Sapwort, Water-dropwort, Wild Rue, Yellow Water Dropwort ■☆
269308 Oenanthe decumbens Koso-Pol. = Oenanthe javanica(Blume)DC. ■

269309 Oenanthe dielsii H. Boissieu;西南水芹(臭蒿,胡萝卜七,细叶水芹,野芹菜,野芫荽);Diels Waterdropwort ■
269310 Oenanthe dielsii H. Boissieu = Oenanthe linearis Wall. ex DC. ■
269311 Oenanthe dielsii H. Boissieu subsp. stenophylla(H. Boissieu)C. Y. Wu et F. T. Pu = Oenanthe thomsonii C. B. Clarke subsp. stenophylla(H. Boissieu)F. T. Pu ■
269312 Oenanthe dielsii H. Boissieu subsp. stenophylla(H. Boissieu)C. Y. Wu et F. T. Pu;窄叶西南水芹(细叶水芹,野茴香,野芹菜);Thinleaf Waterdropwort ■
269313 Oenanthe dielsii H. Boissieu var. stenophylla(H. Boissieu)H. Boissieu. = Oenanthe thomsonii C. B. Clarke subsp. stenophylla(H. Boissieu)F. T. Pu ■
269314 Oenanthe dielsii H. Boissieu var. stenophylla H. Boissieu = Oenanthe dielsii H. Boissieu subsp. stenophylla(H. Boissieu)C. Y. Wu et F. T. Pu ■
269315 Oenanthe divaricata(R. Br.)Mabb.;叉开水芹■☆
269316 Oenanthe fedtschenkoana Koso-Pol.;范氏水芹■☆
269317 Oenanthe ferulacea Thunb. = Peucedanum ferulaceum (Thunb.)Eckl. et Zeyh. ■☆
269318 Oenanthe filiformis Lam. = Itasina filifolia(Thunb.)Raf. ■☆
269319 Oenanthe fistulosa L.;节水芹;Tubular Water Dropwort, Tubular Water-dropwort, Water Lovage, Water-dropwort ■☆
269320 Oenanthe fluviatilis Coleman;河岸水芹;River Water Dropwort, River Water-dropwort ■☆
269321 Oenanthe globulosa L.;小球水芹■☆
269322 Oenanthe globulosa L. subsp. kunzei (Willk.) Nyman = Oenanthe globulosa L. ■☆
269323 Oenanthe hookeri C. B. Clarke;高山水芹(无叶水芹);Hooker Waterdropwort ■
269324 Oenanthe inebrians Thunb. = Glia prolifera(Burm. f.) B. L. Burtt ■☆
269325 Oenanthe interrupta Thunb. = Lichtensteinia interrupta (Thunb.)Sond. ■☆
269326 Oenanthe javanica(Blume)DC.;水芹(楚葵,河芹,峦介芹菜,马芹,芹,芹菜,水蕲,水芹菜,水靳,水英,小叶芹,野芹,野芹菜);Chinese Celery, Flamingo Celery, Java Waterdropwort, Water Celery ■
269327 Oenanthe javanica(Blume)DC. f. rosea? = Oenanthe javanica (Blume)DC. ■
269328 Oenanthe javanica(Blume)DC. subsp. linearis(Wall. ex DC.) Murata = Oenanthe linearis Wall. ex DC. ■
269329 Oenanthe javanica(Blume)DC. subsp. rosthornii(Diels)F. T. Pu;卵叶水芹(山芹菜草,水川芎);Rosthorn Waterdropwort ■
269330 Oenanthe javanica (Blume) DC. subsp. stolonifera (Roxb.) Murata = Oenanthe javanica(Blume)DC. ■
269331 Oenanthe javanica (Blume) DC. subsp. stolonifera (Wall. ex DC.)Murata = Oenanthe javanica(Blume)DC. ■
269332 Oenanthe javanica(Blume)DC. var. japonica(Miq.)Honda = Oenanthe javanica(Blume)DC. ■
269333 Oenanthe kudoi Suzuki et Yamam. = Oenanthe javanica (Blume)DC. ■
269334 Oenanthe lachenalii C. C. Gmel.;欧洲水芹;Parsley Water Dropwort, Parsley Water-dropwort ■☆
269335 Oenanthe linearis Wall. ex DC.;线叶水芹(水芹菜);Linearleaf Waterdropwort ■
269336 Oenanthe linearis Wall. ex DC. = Oenanthe javanica(Blume) DC. subsp. linearis(Wall. ex DC.)Murata ■
269337 Oenanthe linearis Wall. ex DC. subsp. rivularis(Dunn)C. Y. Wu et F. T. Pu;蒙自水芹(水芹,溪岸水芹,溪边水芹,野水芹);Rivularislike Waterdropwort ■
269338 Oenanthe longifoliolata Schischk.;长小叶水芹■☆
269339 Oenanthe maroccana Pau et Font Quer = Oenanthe pimpinelloides L. ■☆
269340 Oenanthe mildbraedii H. Wolff;米尔德水芹■☆
269341 Oenanthe montana (Eckl. et Zeyh.) D. Dietr. = Annesorhiza nuda(Aiton)B. L. Burtt ■☆
269342 Oenanthe nodiflora Schousb. = Sclerosciadium nodiflorum (Schousb.)Ball ■☆
269343 Oenanthe normanii Metcalf = Oenanthe javanica(Blume)DC. ■
269344 Oenanthe obscura Spreng. = Lichtensteinia obscura (Spreng.)Koso-Pol. ■☆
269345 Oenanthe palustris(Chiov.)C. Norman;沼泽水芹■☆
269346 Oenanthe peucedanifolia Pollich;前胡叶水芹■☆
269347 Oenanthe phellandrium Lam.;软蕊水芹;Fine-leaved Water Dropwort ■☆
269348 Oenanthe pimpinelloides L.;茴芹型水芹;Callous-fruited Water Dropwort, Corkyfruit Waterdropwort, Corky-fruited Water-dropwort, Earthnut, Parsley Water Dropwort ■☆
269349 Oenanthe pimpinelloides L. subsp. callosa(DC.)Maire;硬皮水芹■☆
269350 Oenanthe procumbens(H. Wolff)C. Norman;伏卧水芹■☆
269351 Oenanthe pterocaulon Tang S. Liu, C. Y. Chao et T. I. Chuang;翼茎水芹菜;Wingstem Waterdropwort ■
269352 Oenanthe pterocaulon Tang S. Liu, C. Y. Chao et T. I. Chuang = Oenanthe javanica(Blume)DC. subsp. rosthornii(Diels)F. T. Pu ■
269353 Oenanthe rivularis Dunn = Oenanthe linearis Wall. ex DC. subsp. rivularis(Dunn)C. Y. Wu et F. T. Pu ■
269354 Oenanthe rosthornii Diels = Oenanthe javanica (Blume) DC. subsp. rosthornii(Diels)F. T. Pu ■
269355 Oenanthe ruwenzoriensis C. Norman = Oenanthe procumbens (H. Wolff)C. Norman ■☆
269356 Oenanthe sarmentosa C. Presl ex DC.;蔓茎水芹;Water Parsley ■☆
269357 Oenanthe seseloides C. Presl = Peucedanum ferulaceum (Thunb.)Eckl. et Zeyh. ■☆
269358 Oenanthe silaifolia M. Bieb.;虎耳草水芹;Narrow-leaved Water-dropwort, Sulphurwort ■☆
269359 Oenanthe silaifolia M. Bieb. subsp. media(Griseb.)Bertova = Oenanthe silaifolia M. Bieb. ■☆
269360 Oenanthe sinensis Dunn;中华水芹(油芹);China Waterdropwort ■
269361 Oenanthe sinensis Dunn = Oenanthe linearis Wall. ex DC. ■
269362 Oenanthe sophiae Schischk.;索非水芹■☆
269363 Oenanthe stolonifera(Roxb.)DC. = Oenanthe javanica(Blume) DC. ■
269364 Oenanthe stolonifera(Roxb.)Wall. ex DC. = Oenanthe javanica (Blume)DC. ■
269365 Oenanthe stolonifera (Roxb.) Wall. ex DC. var. javanica (Blume)Kuntze = Oenanthe javanica(Blume)DC. ■
269366 Oenanthe subbipinnata (Miq.) Drude = Oenanthe javanica (Blume)DC. ■
269367 Oenanthe subcallosa Maire = Oenanthe pimpinelloides L. subsp. callosa(DC.)Maire ■☆
269368 Oenanthe thomsonii C. B. Clarke;多裂叶水芹(细裂水芹);Thomson Waterdropwort ■

269369 Oenanthe thomsonii C. B. Clarke subsp. stenophylla (H. Boissieu) F. T. Pu;窄叶水芹■

269370 Oenanthe thomsonii C. B. Clarke var. stenophylla H. Boissieu = Oenanthe thomsonii C. B. Clarke subsp. stenophylla (H. Boissieu) F. T. Pu ■

269371 Oenanthe uhligii (H. Wolff) C. Norman = Oenanthe palustris (Chiov.) C. Norman ■☆

269372 Oenanthe virgata Poir.;条纹水芹■☆

269373 Oenocarpus Mart. (1823);酒实棕属(酒果椰属,酒实桐属,酒实椰属,酒实椰子属,葡果棕榈属,葡萄榈属);Bacaba Palm, Oenocarpus ●☆

269374 Oenocarpus bacaba Mart.;酒实棕(葡果棕榈);Bacaba Palm, Pataua, Seje ●☆

269375 Oenocarpus bataua Mart. var. oligocarpus (Griseb. et H. Wendl.) A. J. Hend.;少果酒实棕●☆

269376 Oenocarpus distichus Mart.;二列酒实棕;Bacaba Palm ●☆

269377 Oenone Tul. = Apinagia Tul. emend. P. Royen ■☆

269378 Oenonea Bubani = Melittis L. ■☆

269379 Oenophlea R. Hedw. = Berchemia Neck. ex DC. (保留属名) ●

269380 Oenoplea Michx. ex R. Hedw. (废弃属名) = Berchemia Neck. ex DC. (保留属名) ●

269381 Oenoplea R. Hedw. = Berchemia Neck. ex DC. (保留属名) ●

269382 Oenoplia (Pers.) Room. et Schult. = Berchemia Neck. ex DC. (保留属名) ●

269383 Oenoplia (Pers.) Room. et Schult. = Oenoplea Michx. ex R. Hedw. (废弃属名) ●

269384 Oenoplia Roem. et Schult. = Berchemia Neck. ex DC. (保留属名) ●

269385 Oenoplia Schult. ex Roem. et Schult. = Berchemia Neck. ex DC. (保留属名) ●

269386 Oenosciadium Pomel = Oenanthe L. ■

269387 Oenosciadium anomalum (Coss. et Durieu) Pomel = Oenanthe virgata Poir. ■☆

269388 Oenostachys Bullock = Gladiolus L. ■

269389 Oenostachys abyssinica (Brongn. ex Lem.) N. E. Br. = Gladiolus abyssinicus (Brongn. ex Lem.) Goldblatt et M. P. de Vos ■☆

269390 Oenostachys dichroa Bullock = Gladiolus dichrous (Bullock) Goldblatt ■☆

269391 Oenostachys huillensis (Welw. ex Baker) Goldblatt = Gladiolus huillensis (Welw. ex Baker) Goldblatt ■☆

269392 Oenostachys vaginifer (Milne-Redh.) Goldblatt = Gladiolus huillensis (Welw. ex Baker) Goldblatt ■☆

269393 Oenostachys zambesiacus (Baker) Goldblatt = Gladiolus magnificus (Harms) Goldblatt ■☆

269394 Oenothera L. (1753);月见草属(待霄草属);Evening Primrose, Eveningprimrose, Evening-primrose, Oenothera, Sundrops ●■

269395 Oenothera × gigantea Hort.;巨大月见草■☆

269396 Oenothera acaulis Cav.;无茎月见草■☆

269397 Oenothera affinis Cambess.;近缘月见草(亲缘月见草);Longflower Evening-primrose ■☆

269398 Oenothera albicaulis Pursh;白茎月见草;Prairie Evening Primrose ■☆

269399 Oenothera albinervis R. R. Gates = Oenothera villosa Thunb. ■

269400 Oenothera ammophiloides R. R. Gates et Catches.;假沙地月见草;False Sand Evening-primrose ■☆

269401 Oenothera angustissima R. R. Gates;窄叶月见草;Narrow-leaved Evening-primrose ■☆

269402 Oenothera angustissima R. R. Gates = Oenothera oakesiana (A. Gray) J. W. Robbins ex S. Watson et Coult. ■

269403 Oenothera berlandieri Walp.;墨西哥月见草;Mexican Everning Primrose ■☆

269404 Oenothera biennis L.;月见草(待霄草,红萼月见草,山芝麻,夜来香);Bastard Evening-primrose, Common Evening Primrose, Common Evening-primrose, Evening Primrose, Evening Star, Evening-primrose, Four-o'clock, German Sundrops, Large Rampion, Lesser Evening Primrose, Rest Haven, Tree Primrose ■

269405 Oenothera biennis L. subsp. caeciarum Munz = Oenothera biennis L. ■

269406 Oenothera biennis L. subsp. centralis Munz = Oenothera biennis L. ■

269407 Oenothera biennis L. var. canescens Torr. et A. Gray = Oenothera villosa Thunb. ■

269408 Oenothera biennis L. var. hirsutissima A. Gray = Oenothera villosa Thunb. ■

269409 Oenothera biennis L. var. oakesiana A. Gray = Oenothera oakesiana (A. Gray) J. W. Robbins ex S. Watson et Coult. ■

269410 Oenothera biennis L. var. parviflora (L.) Torr. et A. Gray = Oenothera parviflora L. ■

269411 Oenothera biennis L. var. pycnocarpa (G. F. Atk. et Bartlett) Wiegand = Oenothera biennis L. ■

269412 Oenothera biennis L. var. strigosa (Rydb.) Piper = Oenothera villosa Thunb. subsp. strigosa (Rydb.) W. Dietr. et P. H. Raven ■☆

269413 Oenothera biloba Durand;双裂月见草;Farewell-to-spring ■☆

269414 Oenothera bistorta Nutt. ex Torr. et A. Gray;二回旋扭月见草(二回旋月见草);Suncup ■☆

269415 Oenothera breviflora Torr. et A. Gray;短花月见草;White Evening Primrose ■☆

269416 Oenothera brevipes A. Gray ex Torr.;短梗月见草;Desert Primrose, Golden Evening Primrose ■☆

269417 Oenothera caespitosa Nutt.;丛生月见草;Fragrant Evening Primrose, Shortfruit Evening Primrose, Tufted Evening Primrose, White Evening Primrose ■☆

269418 Oenothera cambrica Rostanski;英国小花月见草;Small-flowered Evening-primrose ■☆

269419 Oenothera canovirens Steele = Oenothera villosa Thunb. ■

269420 Oenothera cheiranthifolia Hornem. ex Spreng.;桂竹香叶月见草;Beach Evening Primrose, Beach-primrose ■☆

269421 Oenothera cheradophila Bartlett = Oenothera villosa Thunb. subsp. strigosa (Rydb.) W. Dietr. et P. H. Raven ■☆

269422 Oenothera clelandii W. Dietr., P. H. Raven et W. L. Wagner;克氏月见草;Cleland's Evening-primrose, Evening Primrose, Sand Evening-primrose ■☆

269423 Oenothera cordata J. W. Loudon;心叶月见草;Heartleaf Evening-primrose ■☆

269424 Oenothera coronopifolia Torr. et A. Gray;鸟足叶月见草;Sand Evening Primrose ■☆

269425 Oenothera cruciata Nutt. ex G. Don;十字月见草;Small-flowering Evening Primrose ■☆

269426 Oenothera cruciata Nutt. ex G. Don var. sabulonensis Fernald = Oenothera parviflora L. ■

269427 Oenothera cruciata Nutt. ex G. Don var. stenopetala (E. P. Bicknell) Fernald = Oenothera oakesiana (A. Gray) J. W. Robbins ex S. Watson et Coult. ■

269428 Oenothera cymatilis Bartlett = Oenothera parviflora L. ■

269429 Oenothera deltoides Torr. et Freeman;三角形月见草;Birdcage Evening-primrose, Birdcage Plant, Desert Evening Primrose ■☆

269430 Oenothera depressa Greene = Oenothera villosa Thunb. ■

269431 Oenothera depressa Greene subsp. strigosa (Rydb.) Roy L. Taylor et MacBryde = Oenothera villosa Thunb. subsp. strigosa (Rydb.) W. Dietr. et P. H. Raven ■☆

269432 Oenothera drummondii Hook.;海滨月见草(待霄草,德氏月见草,海边月见草,海芙蓉);Drummond's Evening Primrose ■

269433 Oenothera elata Kunth;高月见草■☆

269434 Oenothera elata Kunth subsp. hookeri (Torr. et A. Gray) W. Dietr. et W. L. Wagner;胡克高月见草;Hooker's Evening Primrose ■☆

269435 Oenothera erythrosepala (Borbás) Borbás = Oenothera glazioviana Micheli ex Mart. ■

269436 Oenothera erythrosepala Borbás = Oenothera glazioviana Micheli ex Mart. ■

269437 Oenothera fallax Renner;间型月见草;Intermediate Evening-primrose ■☆

269438 Oenothera fruticosa L.;灌木月见草;Shrubby Sundrops, Sundrops ●☆

269439 Oenothera fruticosa L. subsp. glauca (Michx.) Straley = Oenothera glauca Michx. ■☆

269440 Oenothera fruticosa L. var. linearis (Michx.) S. Watson = Oenothera fruticosa L. ●☆

269441 Oenothera glauca Michx.;灰色月见草;Blue Leaf Sundrops, Evening Star, Large Evening Primrose ■☆

269442 Oenothera glazioviana Micheli = Oenothera glazioviana Micheli ex Mart. ■

269443 Oenothera glazioviana Micheli ex Mart.;黄花月见草(红萼月见草,拉马克月见草,夜来香,月见草);Evening Primrose, Garden Evening-primrose, Garden Primrose, Lamarck's Evening-primrose, Large-flowered Evening-primrose, Red Sepal Evening Primrose, Redsepal Evening-primrose, Red-sepal Evening-primrose ■

269444 Oenothera grandiflora Aiton = Oenothera grandiflora L'Hér. ex Aiton ■☆

269445 Oenothera grandiflora L'Hér. ex Aiton;大花月见草;Evening Primrose ■☆

269446 Oenothera grandis (Britton) Smyth;大月见草;Cut-leaf Evening-primrose, Large-flowered Cut-leaf Evening-primrose, Showy Evening-primrose ■☆

269447 Oenothera heterantha Nutt.;异形花月见草;Suncup ■☆

269448 Oenothera heterophylla Spach;异叶月见草;Evening Primrose ■☆

269449 Oenothera heterophylla Spach var. rhombipetala (Nutt. ex Torr. et A. Gray) Fosberg = Oenothera rhombipetala Nutt. ex Torr. et A. Gray ■☆

269450 Oenothera hookeri Torr. et A. Gray;胡克月见草;Hooker's Evening-primrose ■☆

269451 Oenothera humifusa Nutt.;阴地月见草;Seabeach Evening-primrose ■☆

269452 Oenothera indecora Cambess.;装饰月见草■☆

269453 Oenothera indecora Cambess. subsp. bonariensis W. Dietr.;波那利月见草■☆

269454 Oenothera jamesii Torr. et A. Gray;詹姆斯月见草■☆

269455 Oenothera kunthiana (Spach) Munz;库氏月见草;Kunth's Evening Primrose ■☆

269456 Oenothera laciniata Hill;裂叶月见草;Cut-leaf Evening-primrose, Cut-leaved Evening Primrose, Cut-leaved Evening-primrose, Ragged Evening Primrose, Ragged Evening-primrose ■

269457 Oenothera laciniata Hill f. integrifolia Jansen et Kloos;全缘叶月见草■☆

269458 Oenothera laciniata Hill var. grandiflora (S. Watson) B. L. Rob. = Oenothera grandis (Britton) Smyth ■☆

269459 Oenothera lamarckiana de Vries = Oenothera glazioviana Micheli ex Mart. ■

269460 Oenothera lamarckiana Ser. = Oenothera glazioviana Micheli ex Mart. ■

269461 Oenothera linifolia Nutt.;线叶月见草;Sundrops, Thread-leaved Sundrops ■☆

269462 Oenothera littoralis Schltdl. = Oenothera drummondii Hook. ■

269463 Oenothera longiflora L.;长花月见草■☆

269464 Oenothera macrocarpa Nutt.;长果月见草(大果月见草);Largefruit Evening Primrose, Missouri Primrose, Ozark Sundrop, Yellow Evening Primrose ■☆

269465 Oenothera macrocarpa Nutt. subsp. oklahomensis (Norton) W. L. Wagner = Oenothera macrocarpa Nutt. ■☆

269466 Oenothera missouriensis Sims = Oenothera macrocarpa Nutt. ■☆

269467 Oenothera missouriensis Sims var. oklahomensis (Norton) Munz = Oenothera macrocarpa Nutt. ■☆

269468 Oenothera mollissima L.;阿根廷月见草;Argentine Evening-primrose ■☆

269469 Oenothera mollissima L. subsp. stricta (Link) Quézel et Santa = Oenothera stricta Ledeb. ex Link ■

269470 Oenothera muricata L. = Oenothera biennis L. ■

269471 Oenothera nutans G. F. Atk. et Bartlett;纳托尔月见草;Nuttall's Evening-primrose, White Evening-primrose ■☆

269472 Oenothera nuttallii Sweet = Oenothera nutans G. F. Atk. et Bartlett ■☆

269473 Oenothera oakesiana (A. Gray) J. W. Robbins ex S. Watson et Coult.;曲序月见草;Oakes Evening Primrose, Oakes' Evening-primrose ■

269474 Oenothera octovalvis Jacq. = Ludwigia octovalvis (Jacq.) P. H. Raven ■

269475 Oenothera odorata Jacq.;香月见草(待霄草,山芝麻,香待霄草,夜来香,月见草,月下香);Fragrant Everning Primrose, Vespers Primrose ■☆

269476 Oenothera odorata Jacq. = Oenothera stricta Ledeb. ex Link ■

269477 Oenothera organensis Emerson = Oenothera organensis Munz ex Emerson ■☆

269478 Oenothera organensis Munz ex Emerson;奥尔甘月见草;Organ Mts. Evening Primrose ■☆

269479 Oenothera pallida Lindl.;苍白月见草;Pale Evening Primrose, Sundrops ■☆

269480 Oenothera parodiana Munz;帕罗德月见草■☆

269481 Oenothera parviflora L.;小花月见草;Least Evening Primrose, Littleflower Sundrops, Northern Evening Primrose, Northern Evening-primrose, Smallflower Sundrops, Small-flowered Evening Primrose, Small-flowered Evening-primrose ■

269482 Oenothera parviflora L. = Oenothera muricata L. ■

269483 Oenothera parviflora L. subsp. angustissima (R. R. Gates) Munz = Oenothera oakesiana (A. Gray) J. W. Robbins ex S. Watson et Coult. ■

269484 Oenothera parviflora L. var. angustissima (R. R. Gates) Wiegand = Oenothera oakesiana (A. Gray) J. W. Robbins ex S. Watson et Coult. ■

269485 Oenothera parviflora L. var. oakesiana (A. Gray) Fernald = Oenothera oakesiana (A. Gray) J. W. Robbins ex S. Watson et Coult. ■

269486 Oenothera perennis L.;多年生月见草(宿根月见草);Perennial Sundrops, Small Evening-primrose, Small Sundrops, Sundrops ■☆

269487 Oenothera perennis L. var. rectipilis(S. F. Blake)S. F. Blake = Oenothera perennis L. ■☆

269488 Oenothera perennis L. var. typica Munz = Oenothera perennis L. ■☆

269489 Oenothera pilosella Raf.;疏柔毛月见草;Meadow Evening-primrose, Meadow Sundrops, Pilose Sundrops, Prairie Sundrops, Sundrops ■☆

269490 Oenothera pilosella Raf. f. laevigata E. J. Palmer et Steyerm. = Oenothera pilosella Raf. ■☆

269491 Oenothera pratensis(Small)B. L. Rob.;草原月见草;Prairie Sundrops ■☆

269492 Oenothera procera Wooton et Standl. = Oenothera villosa Thunb. subsp. strigosa(Rydb.)W. Dietr. et P. H. Raven ■☆

269493 Oenothera pumila L.;矮小月见草■☆

269494 Oenothera pumila L. = Oenothera perennis L. ■☆

269495 Oenothera pumila L. var. rectipilis S. F. Blake = Oenothera perennis L. ■☆

269496 Oenothera pycnocarpa G. F. Atk. et Bartlett = Oenothera biennis L. ■

269497 Oenothera rhombipetala Nutt. ex Torr. et A. Gray;沙地月见草;Four-point Evening-primrose, Long-spike Evening-primrose, Sand Primrose ■☆

269498 Oenothera rosea L'Hér. ex Aiton;粉花月见草(红花月见草);Limpia Evening Primrose, Rose Eveningprimrose ■

269499 Oenothera rosea L'Hér. ex Aiton var. lyrata Pit. = Oenothera rosea L'Hér. ex Aiton ■

269500 Oenothera rubricapitata R. R. Gates = Oenothera parviflora L. ■

269501 Oenothera rydbergii House = Oenothera villosa Thunb. subsp. strigosa(Rydb.)W. Dietr. et P. H. Raven ■☆

269502 Oenothera serrulata Nutt. = Calylophus serrulatus(Nutt.)P. H. Raven ■☆

269503 Oenothera serrulata Nutt. var. typica Munz = Calylophus serrulatus(Nutt.)P. H. Raven ■☆

269504 Oenothera speciosa Nutt.;白月见草(白花月见草,裂叶月见草,美丽月见草);Mexican Evening Primrose, Showy Evening Primrose, Showy Evening-primrose, White Evening Primrose, White Evening-primrose, White Sundrops ■☆

269505 Oenothera speciosa Nutt. var. berlandieri Munz = Oenothera berlandieri Walp. ■☆

269506 Oenothera speciosa Nutt. var. childsii(L. H. Bailey)Munz;希尔德月见草■☆

269507 Oenothera stenopetala E. P. Bicknell = Oenothera oakesiana(A. Gray)J. W. Robbins ex S. Watson et Coult. ■

269508 Oenothera striata Link = Oenothera stricta Ledeb. ex Link ■

269509 Oenothera stricta Ledeb. ex Link;待宵草(劲直月见草,水芝麻,线叶月见草,香月见草,夜来香,月见草);Chilean Evening-primrose, Fragrant Evening Primrose, Fragrant Evening-primrose, Strict Evening Primrose ■

269510 Oenothera strigosa(Rydb.)Mack. et Bush;糙毛月见草;Common Evening-primrose ■☆

269511 Oenothera strigosa(Rydb.)Mack. et Bush = Oenothera villosa Thunb. subsp. strigosa(Rydb.)W. Dietr. et P. H. Raven ■☆

269512 Oenothera strigosa(Rydb.)Mack. et Bush subsp. canovirens(Steele)Munz = Oenothera villosa Thunb. ■

269513 Oenothera strigosa(Rydb.)Mack. et Bush subsp. cheradophila(Bartlett)Munz = Oenothera villosa Thunb. subsp. strigosa(Rydb.)W. Dietr. et P. H. Raven ■☆

269514 Oenothera stubbei W. Dietr., P. H. Raven et W. L. Wagner;奇瓦瓦月见草;Baja Evening Primrose, Chihuahuan Evening Primrose ■☆

269515 Oenothera suaveolens Desf. = Oenothera biennis L. ■

269516 Oenothera suaveolens Pers. = Oenothera biennis L. ■

269517 Oenothera tanacetifolia Torr. et A. Gray;菊蒿月见草;Tansy-leaved Evening-primrose ■☆

269518 Oenothera tetragona Roth var. hybrida(Michx.)Fernald = Oenothera fruticosa L. ●☆

269519 Oenothera tetraptera Cav.;四翅月见草(月见草,椎果月见草);Fourwing Eveningprimrose, Sundrops ■

269520 Oenothera triloba Nutt.;三裂月见草;Stemless Evening Primrose ■☆

269521 Oenothera victorini R. R. Gates et Catches.;维克托月见草;Victorin's Evening-primrose ■☆

269522 Oenothera villosa Thunb.;长毛月见草;Common Evening Primrose, Hairy Evening-primrose, Villose Eveningprimrose ■

269523 Oenothera villosa Thunb. subsp. canovirens(Steele)W. Dietr. et P. H. Raven = Oenothera villosa Thunb. ■

269524 Oenothera villosa Thunb. subsp. cheradophila(Bartlett)W. Dietr. et P. H. Raven = Oenothera villosa Thunb. subsp. strigosa(Rydb.)W. Dietr. et P. H. Raven ■☆

269525 Oenothera villosa Thunb. subsp. strigosa(Rydb.)W. Dietr. et P. H. Raven;短毛月见草;Hairy Evening-primrose ■☆

269526 Oenothera villosa Thunb. var. strigosa(Rydb.)Dorn = Oenothera villosa Thunb. subsp. strigosa(Rydb.)W. Dietr. et P. H. Raven ■☆

269527 Oenothera viminea Douglas;辞春月见草;Farewell-to-spring ■☆

269528 Oenothera whitneyi Grey;加利福尼亚月见草■☆

269529 Oenotheraceae C. C. Robin = Onagraceae Juss.(保留科名)■●

269530 Oenotheraceae Endl.;月见草科■

269531 Oenotheraceae Endl. = Onagraceae Juss.(保留科名)■●

269532 Oenotheraceae Vest = Onagraceae Juss.(保留科名)■●

269533 Oenotheridium Reiche = Clarkia Pursh ■

269534 Oeollanthus G. Don = Aeollanthus Mart. ex Spreng. ■☆

269535 Oeonia(Schltr.)Bosser = Oeonia Lindl.(保留属名)■☆

269536 Oeonia Lindl.(1824)('Aeonia')(保留属名);鸟花兰属■☆

269537 Oeonia Pierre ex Pax = Blachia Baill.(保留属名)●

269538 Oeonia brauniana H. Wendl. et Kraenzl.;布劳恩鸟花兰■☆

269539 Oeonia culicifera(Rchb. f.)Finet = Lemurella culicifera(Rchb. f.)H. Perrier ■☆

269540 Oeonia curvata Bosser;内折鸟花兰■☆

269541 Oeonia erostris(Frapp.)Cordem. = Beclardia macrostachya(Thouars)A. Rich. ■☆

269542 Oeonia forsythiana Kraenzl. = Oeonia rosea Ridl. ■☆

269543 Oeonia macrostachya(Thouars)Lindl. = Beclardia macrostachya(Thouars)A. Rich. ■☆

269544 Oeonia madagascariensis(Schltr.)Bosser;马岛鸟花兰■☆

269545 Oeonia madagascariensis(Schltr.)Bosser = Perrieriella madagascariensis Schltr. ■☆

269546 Oeonia oncidiiflora Kraenzl. = Oeonia rosea Ridl. ■☆

269547 Oeonia polystachya Benth. = Oeoniella polystachys(Thouars)Schltr. ■☆

269548 Oeonia robusta Schltr. = Sobennikoffia robusta(Schltr.)Schltr. ■☆

269549 Oeonia rosea Ridl.;粉红鸟花兰■☆

269550 Oeoniella Schltr.(1918);拟鸟花兰属■☆

269551 Oeoniella polystachys(Thouars)Schltr.;马岛拟鸟花兰■☆

269552 Oerstedella Rchb. f.(1852);厄斯兰属(奥特兰属)■☆

269553 Oerstedella Rchb. f. = Epidendrum L.（保留属名）■☆

269554 Oerstedella tenuiflora(Schltr.)Hágsater;细花厄斯兰■☆

269555 Oerstedella viridiflora Hágsater;绿花厄斯兰■☆

269556 Oerstedianthus Lundell = Ardisia Sw.（保留属名）●■

269557 Oerstedina Wiehler(1977);厄斯苣苔属■●☆

269558 Oerstedina cerricola Wiehler;厄斯苣苔■●☆

269559 Oerstedina mexicana Wiehler;墨西哥厄斯苣苔●☆

269560 Oeschinomene Poir. = Aeschynomene L. ●■

269561 Oeschynomene Raf. = Oeschinomene Poir. ●■

269562 Oesoulus Neck. = Aesculus L. ●

269563 Oestlundia W. E. Higgins = Epidendrum L.（保留属名）■☆

269564 Oestlundia W. E. Higgins(2001);新柱瓣兰属■☆

269565 Oestlundorchis Szlach.(1991);厄斯特兰属■☆

269566 Oestlundorchis chartacea(L. O. Williams)Szlach.;厄斯特兰■☆

269567 Oestlundorchis eriophora(B. L. Rob. et Greenm.)Szlach.;毛梗厄斯特兰■☆

269568 Oestlundorchis falcata(L. O. Williams)Szlach.;镰形厄斯特兰■☆

269569 Oestlundorchis flavo-ferruginea Szlach.;锈黄厄斯特兰■☆

269570 Oethionema Knowles et Westc. = Aethionema R. Br. ■☆

269571 Ofaiston Raf.(1837);单蕊蓬属■☆

269572 Ofaiston monandrum(Pall.)Moq.;单蕊蓬■☆

269573 Oftia Adans.(1763);硬核木属●■☆

269574 Oftia africana(L.)Bocq.;非洲硬核木●☆

269575 Oftia glabra Compton;光硬核木●☆

269576 Oftia jasminum(Medik.)Wettst. = Oftia africana(L.)Bocq. ●☆

269577 Oftia revoluta(E. Mey.)Bocq.;外卷硬核木●☆

269578 Oftiaceae Takht. et Reveal = Scrophulariaceae Juss.（保留科名）●■

269579 Oftiaceae Takht. et Reveal(1993);硬核木科(硬粒木科)●☆

269580 Ogastemma Brummitt(1982);微紫草属■☆

269581 Ogastemma pusillum(Bonnet et Barratte)Brummitt = Ogastemma pusillum(Coss. et Durieu ex Bonnet et Barratte)Brummitt ■☆

269582 Ogastemma pusillum(Coss. et Durieu ex Bonnet et Barratte)Brummitt;微紫草■☆

269583 Ogcerostylis Cass. = Angianthus J. C. Wendl.（保留属名）■●☆

269584 Ogcerostylis Cass. = Siloxerus Labill.（废弃属名）■●☆

269585 Ogcerostylus Cass. = Angianthus J. C. Wendl.（保留属名）■●☆

269586 Ogcerostylus Cass. = Siloxerus Labill.（废弃属名）■●☆

269587 Ogcodeia Bureau = Naucleopsis Miq. ●☆

269588 Ogiera Gass. = Eleutheranthera Poit. ex Bosc ■☆

269589 Oginetia Wight = Aeginetia L. ■

269590 Oglifa(Cass.)Cass. = Filago L.（保留属名）■

269591 Oglifa(Cass.)Cass. = Logfia Cass. ■☆

269592 Oglifa Cass. = Filago L.（保留属名）■

269593 Oglifa Cass. = Logfia Cass. ■☆

269594 Oglifa arizonica(A. Gray)Chrtek et Holub = Logfia arizonica(A. Gray)Holub ■☆

269595 Oglifa arvensis(L.)Cass. = Filago arvensis L. ■

269596 Oglifa californica(Nutt.)Rydb. = Logfia filaginoides(Hook. et Arn.)Morefield ■☆

269597 Oglifa depressa(A. Gray)Chrtek et Holub = Logfia depressa(A. Gray)Holub ■☆

269598 Oglifa dichotoma(Pomel)Chrtek et Holub = Filago clementei Willk. ■☆

269599 Oglifa gallica(L.)Chrtek et Holub = Filago gallica L. ■☆

269600 Oglifa gallica(L.)Chrtek et Holub = Logfia gallica(L.)Coss. et Germ. ■☆

269601 Oglifa lagopus(Willd.)Chrtek et Holub = Filago arvensis L. ■

269602 Oglifa minima(Sm.)Rchb. f. = Filago minima(Sm.)Pers. ■☆

269603 Ogygia Luer = Pleurothallis R. Br. ■☆

269604 Ohbaea Byalt et I. V. Sokolova = Sedum L. ●■

269605 Ohbaea Byalt et I. V. Sokolova(1999);岷江景天属■★

269606 Ohbaea balfourii(Raym.-Hamet)Byalt et I. V. Sokolova;岷江景天(巴氏红景天,贡山红景天);Minjiang Stonecrop ■

269607 O-Higgensia Steud. = Ohigginsia Ruiz et Pav. ●■☆

269608 Ohigginsia Ruiz et Pav. = Hoffmannia Sw. ●■☆

269609 Ohlendorffia Lehm.（废弃属名）= Aptosimum Burch. ex Benth.（保留属名）■●☆

269610 Ohlendorffia procumbens Lehm. = Aptosimum procumbens (Lehm.)Steud. ■☆

269611 Ohwia H. Ohashi = Catenaria Benth. ●

269612 Ohwia H. Ohashi(1999);小槐花属(奥槐花属)●

269613 Ohwia caudata(Thunb.)H. Ohashi;小槐花(巴人草,扁草子,草鞋板,长叶粘巴草,豆子草,饿蛆姆,逢人打,狗屙粘,旱蚂蝗,蝴蜞木,化痰精,金腰带,路边鸡,路边肖,蚂蝗草,蚂蝗根,蚂蝗木,磨草,抹草,拿身草,青酒缸,蛆草,锐叶小槐花,三把荠,山蚂蝗,水蛭草,味草,味噌草,畏草,小金青釭,羊带归,粘身草,粘衣草,粘衣刺);Caudate Tickclover ●

269614 Ohwia caudata(Thunb.)H. Ohashi = Desmodium caudatum (Thunb.)DC. ●

269615 Ohwia luteola(H. Ohashi et T. Nemoto)H. Ohashi;淡黄小槐花●

269616 Ohwia luteola H. Ohashi = Ohwia luteola(H. Ohashi et T. Nemoto)H. Ohashi ●

269617 Oianthus Benth. = Heterostemma Wight et Arn. ●

269618 Oileus Haw. = Narcissus L. ■

269619 Oionychion Nieuwl. = Viola L. ■●

269620 Oionychion Nieuwl. et Kaczm. = Viola L. ■●

269621 Oiospermum Less.(1829);小蓝冠菊属■☆

269622 Oiospermum involucratum(Spreng.)Less.;小蓝冠菊■☆

269623 Oiospermum nigritum Benth. = Kinghamia nigritana(Benth.)C. Jeffrey ■☆

269624 Oisodix Raf. = Salix L.（保留属名）●

269625 Oistanthera Markgr. = Tabernaemontana L. ●

269626 Oistonema Schltr.(1908);箭丝萝藦属☆

269627 Oistonema dischidioides Schltr.;箭丝萝藦☆

269628 Okea Steud. = Okenia F. Dietr. ■☆

269629 Okenia F. Dietr. = Adenandra Willd.（保留属名）■☆

269630 Okenia Schltdl. et Cham.(1830);沙花生属■☆

269631 Okenia hypogaea Schltdl. et Cham.;沙花生;Dune-groundnut ■☆

269632 Okoubaka Pellegr. et Normand(1946);热非檀香属●☆

269633 Okoubaka aubrevillei Pellegr. et Normand;热非檀香●☆

269634 Okoubaka aubrevillei Pellegr. et Normand var. glabrescentifolia J. Léonard;光叶热非檀香●☆

269635 Okoubaka michelsonii J. Léonard et Troupin;米氏热非檀香●☆

269636 Olacaceae Juss. = Olacaceae R. Br.（保留科名）●

269637 Olacaceae Juss. ex R. Br. = Olacaceae R. Br.（保留科名）●

269638 Olacaceae Mart. = Olacaceae R. Br. ●

269639 Olacaceae Mirb. ex DC. = Olacaceae R. Br.（保留科名）●

269640 Olacaceae R. Br.(1818)（保留科名）;铁青树科;Olax Family ●

269641 Olamblis Raf. = Carex L. ■

269642 Olax L.(1753);铁青树属;Olax ●

269643 Olax acuminata Wall. ex Benth.;尖叶铁青树;Acuminate Olax ●

269644 Olax andronensis Baker = Olax dissitiflora Oliv. ●☆

269645 Olax andronensis Baker = Olax obtusifolia De Wild. ●☆
269646 Olax angustifolia Compère;窄叶铁青树●☆
269647 Olax antsiranensis Z. S. Rogers et Malécot et Sikes;安齐朗铁青树●☆
269648 Olax aschersoniana Büttner;阿舍森铁青树●☆
269649 Olax austrosinensis Y. R. Ling;疏花铁青树(勃藤子);S. China Olax,South China Olax ●
269650 Olax autraniana Pierre = Olax triplinervia Oliv. ●☆
269651 Olax capuronii Z. S. Rogers et Malécot et Sikes;凯普伦铁青树●☆
269652 Olax chariensis A. Chev. = Olax subscorpioidea Oliv. var. durandii(Engl.)Michaud ●☆
269653 Olax denticulata Engl. = Olax triplinervia Oliv. ●☆
269654 Olax dissitiflora Oliv.;稀花铁青树●☆
269655 Olax durandii Engl. = Olax subscorpioidea Oliv. var. durandii (Engl.)Michaud ●☆
269656 Olax emirnensis Baker;埃米铁青树●☆
269657 Olax evrardii Gagnep. = Schoepfia fragrans Wall. ●
269658 Olax gambecola Baill.;甘贝铁青树●☆
269659 Olax gilletii De Wild. = Olax mannii Oliv. ●☆
269660 Olax glabriflora Danguy = Olax thouarsii(DC.)Valeton ●☆
269661 Olax gossweileri Exell et Mendonca;戈斯铁青树●☆
269662 Olax imbricata Merr. et Chun = Olax austrosinensis Y. R. Ling ●
269663 Olax imbricata Roxb.;菲律宾铁青树(青骨藤,铁青树);Philippin Olax,Wight Olax ●
269664 Olax insculpta Hutch. = Olax mannii Oliv. ●☆
269665 Olax lanceolata Cavaco et Rabenant.;披针铁青树●☆
269666 Olax latifolia Engl.;宽叶铁青树●☆
269667 Olax laxiflora Merr. ex H. L. Li = Olax austrosinensis Y. R. Ling ●
269668 Olax longifolia Engl.;长叶铁青树●☆
269669 Olax macrocalyx Engl. = Olax mannii Oliv. ●☆
269670 Olax major Stapf = Olax mannii Oliv. ●☆
269671 Olax mannii Oliv.;曼氏铁青树●☆
269672 Olax minquartioides Baill. ex Pellegr. = Olax gambecola Baill. ●☆
269673 Olax nana Wall. = Olax nana Wall. ex Benth. ●☆
269674 Olax nana Wall. ex Benth.;矮铁青树●☆
269675 Olax obtusifolia De Wild.;钝叶铁青树●☆
269676 Olax pentandra Sleumer;五蕊铁青树●☆
269677 Olax poggei Engl. = Olax gambecola Baill. ●☆
269678 Olax pseudoleioides Willd. ex Steud. = Olax thouarsii (DC.) Valeton ●☆
269679 Olax pynaertii De Wild.;皮那铁青树●☆
269680 Olax pyramidata A. Chev. = Olax gambecola Baill. ●☆
269681 Olax schlechteri Engl. = Olax subscorpioidea Oliv. ●☆
269682 Olax staudtii Engl.;施陶铁青树●☆
269683 Olax stuhlmannii Engl. = Olax dissitiflora Oliv. ●☆
269684 Olax subscorpioidea Oliv. var. durandii(Engl.)Michaud;杜朗铁青树●☆
269685 Olax subscorpioides Oliv.;蝎尾状铁青树(近蝎尾状铁青树)●☆
269686 Olax tessmannii Engl. = Olax latifolia Engl. ●☆
269687 Olax thouarsii(DC.)Valeton;索氏铁青树●☆
269688 Olax triplinervia Oliv.;三脉铁青树●☆
269689 Olax tsaratananensis Cavaco et Rabenant. = Olax emirnensis Baker ●☆
269690 Olax ubanghensis A. Chev. = Olax gambecola Baill. ●☆
269691 Olax verruculosa Engl. = Olax gambecola Baill. ●☆
269692 Olax viridis Oliv. = Olax gambecola Baill. ●☆
269693 Olax wightiana Wall. ex Wight et Arn. = Olax imbricata Roxb. ●
269694 Olax wildemanii Engl.;怀尔德曼铁青树●☆
269695 Olax zenkeri Engl. = Olax latifolia Engl. ●☆
269696 Olax zeylanica L.;斯里兰卡铁青树;Srilanka Olax ●☆
269697 Olbia Medik. = Lavatera L. ■●
269698 Oldenburgia Less.(1830);密绒菊属●☆
269699 Oldenburgia arbuscula DC. = Oldenburgia grandis (Thunb.) Baill. ■☆
269700 Oldenburgia grandis(Thunb.)Baill.;大密绒菊■☆
269701 Oldenburgia intermedia Bond;间型密绒菊■☆
269702 Oldenburgia paradoxa Less.;密绒菊■☆
269703 Oldenlandia L.(1753);蛇舌草属(耳掌属)●■
269704 Oldenlandia L. = Hedyotis L.(保留属名)●■
269705 Oldenlandia P. Browne = Jussiaea L. ●■
269706 Oldenlandia abyssinica(Hochst. ex A. Rich.)Hiern = Kohautia coccinea Royle ■☆
269707 Oldenlandia acicularis Bremek.;针形蛇舌草■☆
269708 Oldenlandia acutangula(Champ. ex Benth.)Kuntze = Hedyotis acutangula Champ. ex Benth. ■
269709 Oldenlandia acutidentata C. H. Wright = Kohautia cuspidata(K. Schum.)Bremek. ■☆
269710 Oldenlandia aemulans Bremek. = Oldenlandia corymbosa L. ■
269711 Oldenlandia affinis(Roem. et Schult.)DC.;近缘蛇舌草■☆
269712 Oldenlandia affinis(Roem. et Schult.)DC. subsp. fugax(Vatke) Verdc.;早萎蛇舌草■☆
269713 Oldenlandia alata Hook. f. = Hedyotis pterita Blume ■
269714 Oldenlandia alpestris K. Schum.;高山蛇舌草■☆
269715 Oldenlandia amaniensis K. Krause = Kohautia caespitosa Schnizl. subsp. amaniensis(K. Krause)Govaerts ■☆
269716 Oldenlandia amatymbica (Eckl. et Zeyh.) Kuntze = Kohautia amatymbica Eckl. et Zeyh. ■☆
269717 Oldenlandia amboensis Schinz = Kohautia amboensis (Schinz) Bremek. ■☆
269718 Oldenlandia ampliflora (Hance) Kuntze = Hedyotis ampliflora Hance ●■
269719 Oldenlandia anagallis Bremek.;琉璃繁缕蛇舌草■☆
269720 Oldenlandia angolensis K. Schum.;安哥拉蛇舌草■☆
269721 Oldenlandia angolensis K. Schum. var. hirsuta Verdc.;粗毛蛇舌草■☆
269722 Oldenlandia angustifolia Kuntze = Hedyotis tenelliflora Blume ■
269723 Oldenlandia aspera (Roth) DC. = Kohautia aspera (Roth) Bremek. ■☆
269724 Oldenlandia asperuliflora K. Schum. = Oldenlandia nervosa Hiern ●☆
269725 Oldenlandia assimilis (Tutcher) Chun = Hedyotis assimllis Tutcher ■
269726 Oldenlandia auricularia(L.)F. Muell. = Hedyotis auricularia L. ■
269727 Oldenlandia auricularia (L.) K. Schum. = Exallage auricularia (L.)Bremek. ■
269728 Oldenlandia auricularia (L.) K. Schum. = Hedyotis auricularia L. ■
269729 Oldenlandia azurea Dinter et K. Krause = Kohautia azurea (Dinter et K. Krause)Bremek. ■☆
269730 Oldenlandia benguellensis Hiern = Amphiasma benguellense (Hiern)Bremek. ■☆
269731 Oldenlandia biflora L. = Hedyotis biflora(L.)Lam. ■
269732 Oldenlandia bodinieri (H. Lév.) Chun = Hedyotis bodinieri H. Lév. ●■

269733 Oldenlandia boerhaavioides Hance = Neanotis boerhaavioides (Hance) W. H. Lewis ■
269734 Oldenlandia bojeri (Klotzsch) Hiern = Agathisanthemum bojeri Klotzsch ■☆
269735 Oldenlandia borrerioides Verdc. ;丰花草状蛇舌草■☆
269736 Oldenlandia boscii(DC.) Chapm. = Hedyotis boscii DC. ■☆
269737 Oldenlandia brachyloba (Sond.) Kuntze = Kohautia caespitosa Schnizl. subsp. brachyloba(Sond.) D. Mantell ■☆
269738 Oldenlandia brachypoda DC. = Hedyotis brachypoda (DC.) Sivar. et Biju ■
269739 Oldenlandia bracteosa (Hance) Kuntze = Hedyotis bracteosa Hance ■
269740 Oldenlandia breviflora Chiov. = Kohautia cynanchica DC. ■☆
269741 Oldenlandia bullockii Bremek. ;布洛克蛇舌草■☆
269742 Oldenlandia caerulea (L.) A. Gray = Hedyotis caerulea (L.) Hook. ■☆
269743 Oldenlandia caespitosa(Benth.) Hiern = Oldenlandia corymbosa L. var. caespitosa(Benth.) Verdc. ■☆
269744 Oldenlandia caespitosa(Benth.) Hiern var. lanceolata Bremek. = Oldenlandia corymbosa L. ■
269745 Oldenlandia caespitosa (Benth.) Hiern var. major Bremek. = Oldenlandia corymbosa L. var. caespitosa(Benth.) Verdc. ■☆
269746 Oldenlandia caespitosa (Benth.) Hiern var. subpedunculata (Kuntze) Bremek. = Oldenlandia corymbosa L. var. caespitosa (Benth.) Verdc. ■☆
269747 Oldenlandia caffra Eckl. et Zeyh. = Kohautia virgata (Willd.) Bremek. ■☆
269748 Oldenlandia calcitrapifolia Person ex Bremek. = Kohautia cynanchica DC. ■☆
269749 Oldenlandia cana Bremek. ;灰色蛇舌草■☆
269750 Oldenlandia capensis L. f. ;好望角蛇舌草■☆
269751 Oldenlandia capensis L. f. var. inconstans (Pomel) Maire = Oldenlandia capensis L. f. ■☆
269752 Oldenlandia capensis L. f. var. pleiosepala Bremek. ;多萼蛇舌草●☆
269753 Oldenlandia capitellata (Wall. ex G. Don) Kuntze = Hedyotis capitellata Wall. et G. Don ■
269754 Oldenlandia capitellata(Wall. ex G. Don) Kuntze var. glabra Pit. = Hedyotis capitellata Wall. ex G. Don ■
269755 Oldenlandia capitellata(Wall. ex G. Don) Kuntze var. glabra Pit. = Oldenlandia capitellata(Wall. ex G. Don) Kuntze ■
269756 Oldenlandia capitellata (Wall. ex G. Don) Kuntze var. mollis Pierre ex Pit. = Hedyotis capitellata Wall. var. mollis(Pierre ex Pit.) W. C. Ko ■
269757 Oldenlandia capitellata(Wall. ex G. Don) Kuntze var. mollissima Pit. = Hedyotis capitellata Wall. var. mollissima(Pit.) W. C. Ko ■
269758 Oldenlandia capitellata(Wall. ex G. Don) Kuntze var. mollissima Pit. = Hedyotis capitellata Wall. ex G. Don var. mollis (Pierre ex Pit.) W. C. Ko ■
269759 Oldenlandia capituliflora K. Krause = Kohautia cuspidata (K. Schum.) Bremek. ■☆
269760 Oldenlandia capituligera(Hance) Kuntze = Hedyotis capituligera Hance ■
269761 Oldenlandia cephalotes(Hochst.) Kuntze;大头蛇舌草■☆
269762 Oldenlandia chereevensis Pierre ex Pit. = Hedyotis cherreevensis (Pierre ex Pit.) W. C. Ko ■
269763 Oldenlandia chevalieri Bremek. ;舍瓦利耶蛇舌草■☆
269764 Oldenlandia chiovendae(Bremek.) Verdc. ;基奥蛇舌草■☆
269765 Oldenlandia chlorophylla (Hochst.) Kuntze = Agathisanthemum chlorophyllum(Hochst.) Bremek. ■☆
269766 Oldenlandia chrysotricha(Palib.) Chun = Hedyotis chrysotricha (Palib.) Merr. ■
269767 Oldenlandia cicendioides K. Schum. = Kohautia cicendioides (K. Schum.) Bremek. ■☆
269768 Oldenlandia coccinea (Royle) Hook. f. = Kohautia coccinea Royle ■☆
269769 Oldenlandia commutata Cufod. = Kohautia caespitosa Schnizl. subsp. amaniensis(K. Krause) Govaerts ■☆
269770 Oldenlandia confusa Hutch. et Dalziel = Kohautia confusa (Hutch. et Dalziel) Bremek. ■☆
269771 Oldenlandia congensis De Wild. et T. Durand = Oldenlandia angolensis K. Schum. ■☆
269772 Oldenlandia congesta Kuntze = Hedyotis philippensis(Willd. ex Spreng.) Merr. ex C. B. Rob. ■
269773 Oldenlandia connata (Hook. f.) Kuntze = Hedyotis coronaria (Kurz) Craib ■
269774 Oldenlandia consanguinea (Hance) Kuntze = Hedyotis consanguinea Hance ■
269775 Oldenlandia coronata(Wall. ex Hook. f. et Jacks.) Williams = Hedyotis coronaria(Kurz) Craib ■
269776 Oldenlandia corymbosa L. = Hedyotis corymbosa(L.) Lam. ■
269777 Oldenlandia corymbosa L. var. caespitosa(Benth.) Verdc. ;丛生蛇舌草■☆
269778 Oldenlandia corymbosa L. var. linearis(DC.) Verdc. ;线状蛇舌草■☆
269779 Oldenlandia corymbosa L. var. nana(Bremek.) Verdc. ;矮小蛇舌草■☆
269780 Oldenlandia corymbosa L. var. subpedunculata Kuntze = Oldenlandia corymbosa L. var. caespitosa(Benth.) Verdc. ■☆
269781 Oldenlandia costata (Roxb.) K. Schum. = Hedyotis costata (Roxb.) Kurz ■
269782 Oldenlandia crassifolia DC. = Hedyotis biflora(L.) Lam. ■
269783 Oldenlandia crassifolia DC. = Hedyotis coreana H. Lév. ■
269784 Oldenlandia crepiniana K. Schum. = Stephanococcus crepinianus(K. Schum.) Bremek. ■☆
269785 Oldenlandia cryptantha (Dunn) Chun = Hedyotis cryptantha Dunn ■
269786 Oldenlandia cryptocarpa Chiov. ;隐果蛇舌草■☆
269787 Oldenlandia crystallina Roxb. = Oldenlandia pumila(L. f.) DC. ■☆
269788 Oldenlandia cuspidata K. Schum. = Kohautia cuspidata (K. Schum.) Bremek. ■☆
269789 Oldenlandia cyanea Dinter = Kohautia aspera(Roth) Bremek. ■☆
269790 Oldenlandia cynanchica(DC.) K. Schum. ex Kuntze = Kohautia cynanchica DC. ■☆
269791 Oldenlandia cyperoides Verdc. ;莎草状蛇舌草■☆
269792 Oldenlandia debeerstii De Wild. et T. Durand = Kohautia coccinea Royle ■☆
269793 Oldenlandia decumbens (Hochst.) Hiern = Oldenlandia affinis (Roem. et Schult.) DC. subsp. fugax(Vatke) Verdc. ■☆
269794 Oldenlandia decumbens Spreng. = Vahlia digyna(Retz.) Kuntze ■☆
269795 Oldenlandia delagoensis Schinz = Kohautia caespitosa Schnizl. subsp. brachyloba(Sond.) D. Mantell ■☆
269796 Oldenlandia delicatula K. Schum. = Oldenlandia corymbosa L. var. linearis(DC.) Verdc. ■☆

269797 Oldenlandia densiflora Bremek.;密花蛇舌草■☆
269798 Oldenlandia dichotoma A. Rich. var. papillosa Chiov. = Oldenlandia herbacea(L.)Roxb. ■☆
269799 Oldenlandia diffusa(Willd.)Roxb. = Hedyotis diffusa Willd. ■
269800 Oldenlandia digyna Retz. = Bistella digyna(Retz.)Bullock ■☆
269801 Oldenlandia digyna Retz. = Vahlia digyna(Retz.)Kuntze ■☆
269802 Oldenlandia dinteri K. Krause = Kohautia ramosissima Bremek. ■☆
269803 Oldenlandia divaricata Engl. = Amphiasma divaricatum(Engl.) Bremek. ■☆
269804 Oldenlandia dolichantha Stapf = Conostomium quadrangulare (Rendle)Cufod. ■☆
269805 Oldenlandia echinulosa K. Schum.;小刺蛇舌草■☆
269806 Oldenlandia echinulosa K. Schum. var. pellucida (Hiern) Verdc.;透明小刺蛇舌草■☆
269807 Oldenlandia effusa(Hance)Kuntze = Hedyotis effusa Hance ■
269808 Oldenlandia effusa Oliv. = Kohautia longifolia Klotzsch ■☆
269809 Oldenlandia eludens Bremek. = Oldenlandia scopulorum Bullock ●☆
269810 Oldenlandia fasciculata Hiern = Conostomium fasciculatum (Hiern)Cufod. ■☆
269811 Oldenlandia fastigiata Bremek.;帚状蛇舌草■☆
269812 Oldenlandia fastigiata Bremek. var. longifolia? = Oldenlandia fastigiata Bremek. ■☆
269813 Oldenlandia fastigiata Bremek. var. somala(Bremek.)Verdc.;索马里蛇舌草■☆
269814 Oldenlandia filifolia K. Krause = Kohautia ramosissima Bremek. ■☆
269815 Oldenlandia filipes Bremek. = Oldenlandia scopulorum Bullock ●☆
269816 Oldenlandia florifera De Wild. = Oldenlandia nervosa Hiern ●☆
269817 Oldenlandia flosculosa Hiern;多小花蛇舌草■☆
269818 Oldenlandia flosculosa Hiern var. hirtella Bremek.;多毛蛇舌草■☆
269819 Oldenlandia forcipitistipula Verdc.;钳梗蛇舌草■☆
269820 Oldenlandia friesiorum Bremek.;弗里斯蛇舌草■☆
269821 Oldenlandia garuensis K. Krause = Kohautia tenuis(S. Bowdich) Mabb. ■☆
269822 Oldenlandia geminiflora(Sond.)Kuntze;对花蛇舌草■☆
269823 Oldenlandia globosa (A. Rich.) Hiern = Agathisanthemum globosum(Hochst. ex A. Rich.)Bremek. ■☆
269824 Oldenlandia golungensis Hiern = Oldenlandia echinulosa K. Schum. var. pellucida(Hiern)Verdc. ■☆
269825 Oldenlandia goreensis(DC.)Summerh.;戈雷蛇舌草■☆
269826 Oldenlandia goreensis (DC.) Summerh. var. trichocaulis Bremek.;毛茎戈雷■☆
269827 Oldenlandia graminifolia Chiov. = Kohautia cynanchica DC. ■☆
269828 Oldenlandia grandiflora(DC.)Hiern = Kohautia grandiflora DC. ■☆
269829 Oldenlandia grayi(Hook. f.)K. Schum. = Hedyotis leptopetala A. Gray ■☆
269830 Oldenlandia greenwayi Bremek. = Oldenlandia rupicola(Sond.) Kuntze ●☆
269831 Oldenlandia gregaria K. Schum.;聚生蛇舌草■☆
269832 Oldenlandia hainanensis Chun = Hedyotis hainanensis(Chun) W. C. Ko ■
269833 Oldenlandia hedyotidea (DC.) Hand.-Mazz. = Hedyotis hedyotidea(DC.)Merr. ●■
269834 Oldenlandia hedyotoides (Fisch. et C. A. Mey.) Boiss. = Oldenlandia capensis L. f. var. pleiosepala Bremek. ●☆
269835 Oldenlandia herbacea(L.)Roxb.;草本蛇舌草■☆
269836 Oldenlandia herbacea(L.)Roxb. = Hedyotis herbacea L. ■
269837 Oldenlandia herbacea (L.) Roxb. var. caespitosa Benth. = Oldenlandia corymbosa L. var. caespitosa(Benth.)Verdc. ■☆
269838 Oldenlandia herbacea(L.)Roxb. var. flaccida Bremek.;柔软草本蛇舌草■☆
269839 Oldenlandia herbacea(L.)Roxb. var. goetzei Bremek.;格兹蛇舌草■☆
269840 Oldenlandia herbacea (L.) Roxb. var. holstii (K. Schum.) Bremek.;霍尔蛇舌草■☆
269841 Oldenlandia herbacea (L.) Roxb. var. papillosa (Chiov.) Bremek. = Oldenlandia herbacea(L.)Roxb. ■☆
269842 Oldenlandia herbacea(L.)Roxb. var. suffruticosa Bremek.;亚灌木蛇舌草●☆
269843 Oldenlandia herbacea(L.)Roxb. var. uniflora Benth. = Hedyotis diffusa Willd. ■
269844 Oldenlandia herbacea DC. = Hedyotis corymbosa(L.)Lam. ■
269845 Oldenlandia herbacea L. var. uniflora Benth. = Hedyotis diffusa Willd. ■
269846 Oldenlandia heterophylla Miq. = Pseudopyxis heterophylla (Miq.)Maxim. ■
269847 Oldenlandia heynii G. Don = Hedyotis herbacea L. ■
269848 Oldenlandia hirsuta L. f. = Neanotis hirsuta(L. f.)W. H. Lewis ■
269849 Oldenlandia hirsuta L. f. var. glabra H. Hara = Neanotis hondae (H. Hara)W. H. Lewis ■☆
269850 Oldenlandia hirsuta L. f. var. glabra Honda = Neanotis hirsuta (L. f.)W. H. Lewis var. glabra(Honda)H. Hara ■☆
269851 Oldenlandia hirsuta L. f. var. glabricalycina Honda = Neanotis hirsuta(L. f.)W. H. Lewis var. glabricalycina(Honda)W. H. Lewis ■
269852 Oldenlandia hirtula (Sond.) Kuntze = Oldenlandia rupicola (Sond.)Kuntze var. hirtula(Sond.)Bremek. ■☆
269853 Oldenlandia hispida Lam. = Hedyotis hispida Retz. ■
269854 Oldenlandia hispida Poir. = Hedyotis verticillata(L.)Lam. ■
269855 Oldenlandia hockii De Wild.;霍克蛇舌草■☆
269856 Oldenlandia holstii K. Schum. = Oldenlandia herbacea (L.) Roxb. var. holstii(K. Schum.)Bremek. ■☆
269857 Oldenlandia huillensis Hiern = Oldenlandia sipaneoides K. Schum. ●☆
269858 Oldenlandia hurmanniana G. Don = Hedyotis corymbosa (L.) Lam. ■
269859 Oldenlandia hymenophylla Bremek.;膜叶蛇舌草■☆
269860 Oldenlandia inconstans Batt. = Oldenlandia capensis L. f. ■☆
269861 Oldenlandia japonica Miq. = Neanotis hirsuta (L. f.) W. H. Lewis ■
269862 Oldenlandia johnstonii(Oliv.)Engl.;约翰斯顿蛇舌草■☆
269863 Oldenlandia juncoides K. Schum. = Manostachya juncoides(K. Schum.)Bremek. ■☆
269864 Oldenlandia junodii Schinz = Oldenlandia rupicola (Sond.) Kuntze ●☆
269865 Oldenlandia kaessneri K. Schum. et K. Krause = Oldenlandia wiedemannii K. Schum. ■☆
269866 Oldenlandia kaessneri S. Moore = Dibrachionostylus kaessneri (S. Moore)Bremek. ●☆
269867 Oldenlandia kimuenzae De Wild. = Kohautia kimuenzae (De Wild.)Bremek. ■☆
269868 Oldenlandia kiusiana Makino = Hedyotis chrysotricha(Palib.) Merr. ■
269869 Oldenlandia lancea (Thunb. ex Maxim.) Kuntze = Hedyotis consanguinea Hance ■
269870 Oldenlandia lancea (Thunb. ex Maxim.) Kuntze = Hedyotis

lancea Thunb. ex Maxim. ■

269871 Oldenlandia lancifolia (Schumach.) DC.;剑叶蛇舌草■☆

269872 Oldenlandia lancifolia (Schumach.) DC. var. brevipes Bremek.;短梗剑叶蛇舌草■☆

269873 Oldenlandia lancifolia (Schumach.) DC. var. grandiflora Bremek.;大花剑叶蛇舌草■☆

269874 Oldenlandia lancifolia (Schumach.) DC. var. longipes Bremek.;长梗剑叶蛇舌草■☆

269875 Oldenlandia lancifolia (Schumach.) DC. var. microcarpa Bremek.;小果剑叶蛇舌草■☆

269876 Oldenlandia lancifolia (Schumach.) DC. var. rutshurensis (De Wild.) Bremek.;鲁丘蛇舌草■☆

269877 Oldenlandia lancifolia (Schumach.) DC. var. scabridula Bremek.;微糙剑叶蛇舌草■☆

269878 Oldenlandia lancifolia DC.;披针叶蛇舌草;Calycose Mille Graines ■☆

269879 Oldenlandia lasiocarpa (Klotzsch) Hiern = Kohautia caespitosa Schnizl. subsp. brachyloba (Sond.) D. Mantell ■☆

269880 Oldenlandia laurentii De Wild.;洛朗蛇舌草■☆

269881 Oldenlandia leclercii A. Chev. = Kohautia aspera (Roth) Bremek. ■☆

269882 Oldenlandia ledermannii K. Krause = Kohautia coccinea Royle ■☆

269883 Oldenlandia leopoldvillensis De Wild. = Oldenlandia auricularia (L.) K. Schum. ■

269884 Oldenlandia linearis DC. = Oldenlandia corymbosa L. var. linearis (DC.) Verdc. ■☆

269885 Oldenlandia linearis DC. var. nana Bremek. = Oldenlandia corymbosa L. var. nana (Bremek.) Verdc. ■☆

269886 Oldenlandia lineata (Roxb.) Kuntze = Hedyotis lineata Roxb. ■

269887 Oldenlandia littoralis Chiov. = Oldenlandia chiovendae (Bremek.) Verdc. ■☆

269888 Oldenlandia loganioides (Benth.) Kuntze = Hedyotis loganioides Benth. ■

269889 Oldenlandia longifolia (Klotzsch) K. Schum. = Kohautia longifolia Klotzsch ■☆

269890 Oldenlandia longifolia (Schumach.) DC. = Oldenlandia lancifolia (Schumach.) DC. ■☆

269891 Oldenlandia longipetala (Merr.) Chun = Hedyotis longipetala Merr. ■●

269892 Oldenlandia longituba Beck = Conostomium longitubum (Beck) Cufod. ■☆

269893 Oldenlandia luzuloides K. Schum. = Amphiasma luzuloides (K. Schum.) Bremek. ■☆

269894 Oldenlandia macrodonta Baker = Kohautia coccinea Royle ■☆

269895 Oldenlandia macrophylla DC. = Pentodon pentandrus (Schumach. et Thonn.) Vatke ■☆

269896 Oldenlandia macrostemon Kuntze = Hedyotis hedyotidea (DC.) Merr. ●■

269897 Oldenlandia mairei (H. Lév.) Serg. = Viburnum congestum Rehder ●

269898 Oldenlandia marginata Bremek. = Oldenlandia richardsonioides (K. Schum.) Verdc. ●☆

269899 Oldenlandia matthewii (Dunn) Chun = Hedyotis matthewii Dunn ■

269900 Oldenlandia megistosiphon K. Schum. = Conostomium quadrangulare (Rendle) Cufod. ■☆

269901 Oldenlandia mellii (Tutcher) Chun et Hand.-Mazz. = Hedyotis mellii Tutcher ■

269902 Oldenlandia micrantha Chiov. = Amphiasma micranthum (Chiov.) Bremek. ■☆

269903 Oldenlandia microcalyx K. Schum.;小萼蛇舌草■☆

269904 Oldenlandia microcarpa Bremek.;小果蛇舌草■☆

269905 Oldenlandia microcoryne K. Schum. = Oldenlandia echinulosa K. Schum. ■☆

269906 Oldenlandia microphylla De Wild. et T. Durand;小叶蛇舌草■☆

269907 Oldenlandia moandeensis De Wild. = Kohautia virgata (Willd.) Bremek. ■☆

269908 Oldenlandia monanthos (A. Rich.) Hiern;单花蛇舌草■☆

269909 Oldenlandia muscosa Bremek.;苔藓状蛇舌草■☆

269910 Oldenlandia natalensis (Hochst.) Kuntze = Conostomium natalense (Hochst.) Bremek. ■☆

269911 Oldenlandia natalensis (Hochst.) Kuntze var. hirsuta Bär = Conostomium natalense (Hochst.) Bremek. ■☆

269912 Oldenlandia neglecta Schinz = Kohautia cynanchica DC. ■☆

269913 Oldenlandia nematocaulis Bremek.;虫茎蛇舌草■☆

269914 Oldenlandia nervosa Hiern;多脉蛇舌草●☆

269915 Oldenlandia nesaeoides Hiern = Oldenlandia echinulosa K. Schum. ■☆

269916 Oldenlandia noctiflora (Hochst. ex A. Rich.) Hiern = Kohautia tenuis (S. Bowdich) Mabb. ■☆

269917 Oldenlandia nudicaulis Roth = Hedyotis ovatifolia Cav. ■

269918 Oldenlandia obbiadensis Chiov. = Kohautia caespitosa Schnizl. ■☆

269919 Oldenlandia obtusiloba Hiern = Kohautia obtusiloba (Hiern) Bremek. ■☆

269920 Oldenlandia oliverana K. Schum. = Oldenlandia rupicola (Sond.) Kuntze ●☆

269921 Oldenlandia omahekensis K. Krause = Kohautia cynanchica DC. ■☆

269922 Oldenlandia ovata (Thunb. ex Maxim.) Kuntze = Hedyotis ovata Thunb. ex Maxim. ■

269923 Oldenlandia ovata (Thunb.) Kuntze = Hedyotis ovata Thunb. ex Maxim. ■

269924 Oldenlandia ovatifolia (Cav.) DC. = Hedyotis ovatifolia Cav. ■

269925 Oldenlandia oxycoccoides Bremek.;红莓苔子蛇舌草■☆

269926 Oldenlandia paludosa K. Krause;沼泽蛇舌草■☆

269927 Oldenlandia paniculata L. = Hedyotis biflora (L.) Lam. ■

269928 Oldenlandia paniculata L. = Hedyotis paniculata (L.) Lam. ■

269929 Oldenlandia paniculata L. var. parvifolia A. Gray ex Maxim. = Hedyotis coreana H. Lév. ■

269930 Oldenlandia paniculata L. var. parvifolia A. Gray ex Maxim. = Hedyotis strigulosa (Bartl. ex DC.) Fosberg ■☆

269931 Oldenlandia papillosa K. Schum. = Kohautia caespitosa Schnizl. subsp. brachyloba (Sond.) D. Mantell ■☆

269932 Oldenlandia paridiflora (Dunn) Chun = Hedyotis paridiflora Dunn ■

269933 Oldenlandia parryi (Hance) Kuntze = Hedyotis tetrangularis (Korth.) Walp. ■

269934 Oldenlandia parva Troch.;较小蛇舌草■☆

269935 Oldenlandia parviflora (Benth.) Oliv. = Kohautia virgata (Willd.) Bremek. ■☆

269936 Oldenlandia patula Bremek.;张口蛇舌草■☆

269937 Oldenlandia pedunculata K. Schum. = Kohautia prolixipes (S. Moore) Bremek. ■☆

269938 Oldenlandia pellucida Hiern = Oldenlandia echinulosa K. Schum. var. pellucida (Hiern) Verdc. ■☆

269939 Oldenlandia pellucida Hiern var. echinulosa (K. Schum.)

Verdc. = Oldenlandia echinulosa K. Schum. ■☆

269940 Oldenlandia pellucida Hiern var. robustior Bremek. = Oldenlandia echinulosa K. Schum. var. pellucida (Hiern) Verdc. ■☆

269941 Oldenlandia peltospermum Hiern = Sacosperma paniculatum (Benth.) G. Taylor ●☆

269942 Oldenlandia pentandra (Schumach. et Thonn.) DC. = Pentodon pentandrus (Schumach. et Thonn.) Vatke ■☆

269943 Oldenlandia pinifolia (Wall. ex G. Don) K. Schum. = Hedyotis pinifolia Wall. ex G. Don ■

269944 Oldenlandia pinifolia K. Schum. = Hedyotis pinifolia Wall. et G. Don ■

269945 Oldenlandia platyphylla K. Schum. = Kohautia platyphylla (K. Schum.) Bremek. ■☆

269946 Oldenlandia platystipula (Merr.) Chun = Hedyotis platystipula Merr. ■

269947 Oldenlandia praetermissa Bremek.;疏忽蛇舌草■☆

269948 Oldenlandia procurrens K. Schum. = Parapentas silvatica (K. Schum.) Bremek. ■☆

269949 Oldenlandia prolixipes S. Moore = Kohautia prolixipes (S. Moore) Bremek. ■☆

269950 Oldenlandia proschii Briq.;普罗施蛇舌草■☆

269951 Oldenlandia psammophila Chiov. = Edgeworthia psammophila (Chiov.) Bremek. ●

269952 Oldenlandia psammophila Chiov. = Oldenlandia richardsonioides (K. Schum.) Verdc. var. laxiflora (Bremek.) Verdc. ●☆

269953 Oldenlandia psammophila Chiov. f. hirtella? = Oldenlandia richardsonioides (K. Schum.) Verdc. var. hirtella (Chiov.) Verdc. ●☆

269954 Oldenlandia pterita (Blume) Miq. = Hedyotis pterita Blume ■

269955 Oldenlandia pterita Miq. = Hedyotis pterita Blume ■

269956 Oldenlandia pulcherrima (Dunn) Chun = Hedyotis pulcherrima Dunn ■

269957 Oldenlandia pumila (L. f.) DC.;微小蛇舌草■☆

269958 Oldenlandia quadrangularis Kuntze = Hedyotis tetrangularis (Korth.) Walp. ■

269959 Oldenlandia ramosissima Dinter ex Bremek. = Kohautia ramosissima Bremek. ■☆

269960 Oldenlandia repens L. = Dentella repens (L.) J. R. Forst. et G. Forst. ■

269961 Oldenlandia rhodesiana S. Moore = Kohautia aspera (Roth) Bremek. ■☆

269962 Oldenlandia rhynchotheca K. Schum. = Conostomium rhynchothecum (K. Schum.) Cufod. ■☆

269963 Oldenlandia richardsonioides (K. Schum.) Verdc.;理氏蛇舌草●☆

269964 Oldenlandia richardsonioides (K. Schum.) Verdc. var. gracilis Verdc.;纤细理氏蛇舌草●■☆

269965 Oldenlandia richardsonioides (K. Schum.) Verdc. var. hirtella (Chiov.) Verdc.;毛理氏蛇舌草●☆

269966 Oldenlandia richardsonioides (K. Schum.) Verdc. var. laxiflora (Bremek.) Verdc.;疏花理氏蛇舌草●☆

269967 Oldenlandia rigida (Benth.) Hiern = Kohautia cynanchica DC. ■☆

269968 Oldenlandia robinsonii Verdc.;鲁滨逊蛇舌草●☆

269969 Oldenlandia rogersii S. Moore = Oldenlandia rupicola (Sond.) Kuntze ●☆

269970 Oldenlandia roseiflora K. Schum. et K. Krause = Oldenlandia monanthos (A. Rich.) Hiern ■☆

269971 Oldenlandia rosulata K. Schum.;莲座蛇舌草●☆

269972 Oldenlandia rosulata K. Schum. var. littoralis Verdc.;滨海莲座蛇舌草●☆

269973 Oldenlandia rosulata K. Schum. var. parviflora Bremek.;小花蛇舌草●☆

269974 Oldenlandia rotata Baker = Conostomium rotatum (Baker) Cufod. ■☆

269975 Oldenlandia rubioides Miq. = Hedyotis capitellata Wall. et G. Don ■

269976 Oldenlandia rufescens Schinz;浅红蛇舌草●☆

269977 Oldenlandia rupicola (Sond.) Kuntze;岩生蛇舌草●☆

269978 Oldenlandia rupicola (Sond.) Kuntze var. hirtula (Sond.) Bremek.;毛浅红蛇舌草■☆

269979 Oldenlandia rupicola (Sond.) Kuntze var. parvifolia Bremek. = Oldenlandia rupicola (Sond.) Kuntze ●☆

269980 Oldenlandia rutshurensis De Wild. = Oldenlandia lancifolia (Schumach.) DC. var. rutshurensis (De Wild.) Bremek. ■☆

269981 Oldenlandia saganensis Cufod. = Kohautia caespitosa Schnizl. subsp. amaniensis (K. Krause) Govaerts ■☆

269982 Oldenlandia salzmanni Benth. et Hook. f. = Oldenlandia salzmannii (DC.) Benth. et Hook. f. ex B. D. Jacks. ■☆

269983 Oldenlandia salzmannii (DC.) Benth. et Hook. f. ex B. D. Jacks.;萨尔蛇舌草;Salzmann's Mille Graines ■☆

269984 Oldenlandia sarcophylla Chiov. = Kohautia caespitosa Schnizl. ■☆

269985 Oldenlandia saxifragoides Chiov.;虎耳草蛇舌草●☆

269986 Oldenlandia scandens (Roxb.) Kuntze = Hedyotis scandens Roxb. ●■

269987 Oldenlandia schaeferi K. Krause = Kohautia caespitosa Schnizl. subsp. brachyloba (Sond.) D. Mantell ■☆

269988 Oldenlandia schimperi (C. Presl) T. Anderson = Kohautia caespitosa Schnizl. ■☆

269989 Oldenlandia schlechteri Schinz = Oldenlandia rupicola (Sond.) Kuntze var. hirtula (Sond.) Bremek. ■☆

269990 Oldenlandia schweinfurthii A. Terracc. = Kohautia caespitosa Schnizl. ■☆

269991 Oldenlandia sclerophylla Bremek.;硬叶蛇舌草●☆

269992 Oldenlandia scopulorum Bullock;岩栖蛇舌草●☆

269993 Oldenlandia scopulorum Bullock var. lanceolata Bremek. = Oldenlandia scopulorum Bullock ●☆

269994 Oldenlandia senegalensis (Cham. et Schltdl.) Hiern = Kohautia tenuis (S. Bowdich) Mabb. ■☆

269995 Oldenlandia setifera (DC.) K. Schum. = Kohautia virgata (Willd.) Bremek. ■☆

269996 Oldenlandia setulosa F. C. Wilson = Kohautia subverticillata (K. Schum.) D. Mantell ■☆

269997 Oldenlandia silvatica K. Schum. = Parapentas silvatica (K. Schum.) Bremek. ■☆

269998 Oldenlandia sipaneoides K. Schum.;西巴茜蛇舌草●☆

269999 Oldenlandia sipaneoides K. Schum. var. asperuloides Hiern = Oldenlandia hymenophylla Bremek. ■☆

270000 Oldenlandia sipaneoides K. Schum. var. pubescens Bremek. = Oldenlandia sipaneoides K. Schum. ●☆

270001 Oldenlandia somala Bremek. = Oldenlandia fastigiata Bremek. var. somala (Bremek.) Verdc. ■☆

270002 Oldenlandia somala Bremek. var. scabridula? = Oldenlandia scopulorum Bullock ●☆

270003 Oldenlandia somala Chiov. ex Bremek. = Oldenlandia fastigiata Bremek. var. somala (Bremek.) Verdc. ■☆

270004 Oldenlandia sordida K. Krause = Kohautia subverticillata (K. Schum.) D. Mantell ■☆

270005 Oldenlandia spermacocinus K. Schum. = Hedythyrsus spermacocinus (K. Schum.) Bremek. ■☆
270006 Oldenlandia sphaerocephala Schinz = Oldenlandia cephalotes (Hochst.) Kuntze ■☆
270007 Oldenlandia staelioides K. Schum. = Manostachya staelioides (K. Schum.) Bremek. ■☆
270008 Oldenlandia staelioides K. Schum. f. major De Wild. = Manostachya staelioides (K. Schum.) Bremek. ■☆
270009 Oldenlandia stellarioides Hiern = Kohautia stellarioides (Hiern) Bremek. ■☆
270010 Oldenlandia stenosiphon K. Schum. ex S. Moore = Kohautia caespitosa Schnizl. subsp. brachyloba (Sond.) D. Mantell ■☆
270011 Oldenlandia strigulosa DC. = Hedyotis strigulosa (Bartl. ex DC.) Fosberg ■☆
270012 Oldenlandia strumosa (A. Rich.) Hiern = Kohautia aspera (Roth) Bremek. ■☆
270013 Oldenlandia subverticillata K. Schum. = Kohautia subverticillata (K. Schum.) D. Mantell ■☆
270014 Oldenlandia taborensis Bremek.;泰伯蛇舌草■☆
270015 Oldenlandia tenella (Hochst.) Kuntze;柔弱蛇舌草■☆
270016 Oldenlandia tenelliflora (Blume) Elmer = Hedyotis tenelliflora Blume ■
270017 Oldenlandia tenerrima Markgr.;极细蛇舌草■☆
270018 Oldenlandia tenuipes (Hemsl. ex Forbes et Hemsl.) Kuntze = Hedyotis tenuipes Hemsl. ex Forbes et Hemsl. ■
270019 Oldenlandia tenuipes (Hemsl.) Kuntze = Hedyotis tenuipes Hemsl. ■
270020 Oldenlandia tenuissima Hiern = Oldenlandia corymbosa L. var. caespitosa (Benth.) Verdc. ■☆
270021 Oldenlandia tetrangularis (Korth.) Merr. = Hedyotis tetrangularis (Korth.) Walp. ■
270022 Oldenlandia thamnoidea K. Schum. = Hedythyrsus thamnoideus (K. Schum.) Bremek. ■☆
270023 Oldenlandia thymifolia Kuntze = Kohautia caespitosa Schnizl. subsp. brachyloba (Sond.) D. Mantell ■☆
270024 Oldenlandia toussidana Quézel;图西德蛇舌草■☆
270025 Oldenlandia trichotoma Schinz = Amphiasma divaricatum (Engl.) Bremek. ■☆
270026 Oldenlandia trinervia Retz. = Hedyotis trinervia (Retz.) Roem. et Schult. ■
270027 Oldenlandia uhligii K. Schum. et K. Krause = Oldenlandia wiedemannii K. Schum. ■☆
270028 Oldenlandia umbellata L.;小伞蛇舌草;Chay Root, Indian Madder ■☆
270029 Oldenlandia umbellata L. = Hedyotis umbellata (L.) Lam. ■
270030 Oldenlandia uncinella (Hook. et Arn.) Kuntze = Hedyotis uncinella Hook. et Arn. ■
270031 Oldenlandia uniflora L. = Hedyotis uniflora (L.) Lam. ■☆
270032 Oldenlandia uvinsae Verdc.;乌温扎蛇舌草■☆
270033 Oldenlandia vachellii (Hook. et Arn.) Kuntze = Hedyotis vachellii Hook. et Arn. ■
270034 Oldenlandia verticillata Bremek. = Oldenlandia bullockii Bremek. ■☆
270035 Oldenlandia verticillata L. = Hedyotis verticillata (L.) Lam. ■
270036 Oldenlandia violacea K. Schum. = Oldenlandia monanthos (A. Rich.) Hiern ■☆
270037 Oldenlandia virgata (Willd.) DC. = Kohautia virgata (Willd.) Bremek. ■☆
270038 Oldenlandia wauensis Hiern = Thecorchus wauensis (Hiern) Bremek. ●■☆
270039 Oldenlandia welwitschii Hiern = Kohautia caespitosa Schnizl. subsp. brachyloba (Sond.) D. Mantell ■☆
270040 Oldenlandia wiedemannii K. Schum.;维德曼蛇舌草■☆
270041 Oldenlandia wiedemannii K. Schum. var. glabricaulis Bremek. = Oldenlandia wiedemannii K. Schum. ■☆
270042 Oldenlandia wiedemannii K. Schum. var. laxiflora Verdc.;疏花蛇舌草■☆
270043 Oldenlandia xanthochroa (Hance) Kuntze = Hedyotis xanthochroa Hance ■
270044 Oldenlandia xerophylla Schinz = Kohautia subverticillata (K. Schum.) D. Mantell ■☆
270045 Oldenlandia yakusimensis Masam. = Neanotis hirsuta (L. f.) W. H. Lewis var. yakusimensis (Masam.) W. H. Lewis ■☆
270046 Oldenlandia yunnanensis (H. Lév.) Chun = Viburnum foetidum Wall. var. rectangulatum (Graebn.) Rehder ●
270047 Oldenlandia zanguebariae Lour. = Kohautia obtusiloba (Hiern) Bremek. ■☆
270048 Oldenlandia zoutpansbergensis Bremek. = Conostomium zoutpansbergense (Bremek.) Bremek. ■☆
270049 Oldenlandiopsis Terrell et W. H. Lewis (1990);拟蛇舌草属■☆
270050 Oldenlandiopsis callitri-choides (Griseb.) Terrell et W. H. Lewis;拟蛇舌草■☆
270051 Oldfeltia B. Nord. et Lundin (2002);多脉千里光属■☆
270052 Oldfeltia polyphlebia (Griseb.) B. Nord. et Lundin;多脉千里光■☆
270053 Oldfieldia Benth. et Hook. f. (1850);奥德大戟属●☆
270054 Oldfieldia africana Benth. et Hook. f.;热非奥德大戟;African Oak, African Teak ●☆
270055 Oldfieldia dactylophylla (Welw. ex Oliv.) J. Léonard;指叶奥德大戟●☆
270056 Oldfieldia macrocarpa J. Léonard;大果奥德大戟●☆
270057 Oldfieldia somalensis (Chiov.) Milne-Redh.;索马里奥德大戟●☆
270058 Olea L. (1753);木犀榄属(齐墩果属,油橄榄属);Ironwood, Olive ●
270059 Olea africana Mill. = Olea europaea L. subsp. africana (Mill.) P. S. Green ●
270060 Olea ambrensis H. Perrier;昂布尔木犀榄●☆
270061 Olea americana L.;美国齐墩果;American Olive ●☆
270062 Olea aquifolia Siebold et Zucc. = Osmanthus heterophyllus (G. Don) P. S. Green ●
270063 Olea attenuata Wall. ex G. Don = Chionanthus ramiflorus Roxb. ●
270064 Olea aucheri A. Chev. ex Ehrend. = Olea europaea L. subsp. cuspidata (Wall. ex G. Don) Cif. ●
270065 Olea brachiata (Lour.) Merr. = Olea brachiata (Lour.) Merr. ex G. W. Groff et H. H. Groff ●
270066 Olea brachiata (Lour.) Merr. ex G. W. Groff et H. H. Groff;滨木犀榄(白茶木);Brachiate Olive, Decussate Olive ●
270067 Olea brachiata (Lour.) Merr. ex G. W. Groff et H. H. Groff = Olea dioica Roxb. ●
270068 Olea brevipes L. C. Chia;短柄木犀榄;Shortstalk Olive ●
270069 Olea brevipes L. C. Chia = Olea tsoongii (Merr.) P. S. Green ●
270070 Olea capensis L.;野油橄榄;Black Ironwood ●☆
270071 Olea capensis L. subsp. enervis (Harv. ex C. H. Wright) I. Verd.;无脉木犀榄●☆
270072 Olea capensis L. subsp. hochstetteri (Baker) Friis et P. S. Green;

霍赫木犀榄●☆

270073 Olea capensis L. subsp. macrocarpa(C. H. Wright) I. Verd.;大果木犀榄●☆

270074 Olea capensis L. subsp. welwitschii (Knobl.) Friis et P. S. Green;韦尔木犀榄;Elgon Olive,Loliondo ●☆

270075 Olea caudatilimba L. C. Chia;尾叶木犀榄(多脉桂花);Caudate Olive,Tailleaf Olive,Tail-leaved Olive ●

270076 Olea chimanimanii Kupicha;奇马尼曼木犀榄●☆

270077 Olea chrysophylla Lam. = Olea europaea L. subsp. africana (Mill.) P. S. Green ●

270078 Olea chrysophylla Lam. var. aucheri A. Chev. = Olea europaea L. subsp. cuspidata(Wall. ex G. Don) Cif. ●

270079 Olea chrysophylla Lam. var. cuspidata (Wall. ex G. Don) A. Chev. = Olea europaea L. subsp. cuspidata(Wall. ex G. Don) Cif. ●

270080 Olea chrysophylla Lam. var. euchrysophylla A. Chev. = Olea europaea L. subsp. africana(Mill.) P. S. Green ●

270081 Olea chrysophylla Lam. var. ferruginea(Royle) A. Chev. = Olea europaea L. subsp. cuspidata(Wall. ex G. Don) Cif. ●

270082 Olea chrysophylla Lam. var. nubica (Schweinf. ex Baker) A. Chev. = Olea europaea L. subsp. africana(Mill.) P. S. Green ●

270083 Olea chrysophylla Lam. var. somaliensis(Baker) A. Chev. = Olea europaea L. subsp. africana(Mill.) P. S. Green ●

270084 Olea chrysophylla Lam. var. subnuda R. E. Fr. = Olea europaea L. subsp. cuspidata(Wall. ex G. Don) Cif. ●

270085 Olea chrysophylla Lam. var. verrucosa(Willd.) A. Chev. = Olea europaea L. subsp. cuspidata(Wall. ex G. Don) Cif. ●

270086 Olea clavata G. Don = Ligustrum lucidum W. T. Aiton ●

270087 Olea compactum Wall. ex G. Don = Ligustrum compactum (Wall. ex G. Don) Hook. f. et Thomson ex Decne. ●

270088 Olea concolor E. Mey. = Olea capensis L. ●☆

270089 Olea cuspidata Wall. et G. Don;尖叶木犀榄(鬼柳树,旱柳,锈鳞木犀榄);African Olive,Cuspidate Olive,Indian Olive,Rustscale Olive,Rusty Olive ●

270090 Olea cuspidata Wall. ex G. Don = Olea europaea L. subsp. africana(Mill.) P. S. Green ●

270091 Olea cuspidata Wall. ex G. Don = Olea europaea L. subsp. cuspidata(Wall. ex G. Don) Cif. ●

270092 Olea cuspidata Wall. ex G. Don = Olea ferruginea Royle ●

270093 Olea densiflora H. L. Li = Olea rosea Craib ex Hosseus ●

270094 Olea dioica Roxb.;异株木犀榄(白茶木);Dioecious Olive ●

270095 Olea dioica Roxb. = Olea tsoongii(Merr.) P. S. Green ●

270096 Olea dioica Roxb. var. wightiana(Wall. ex G. Don) DC.;球果木犀榄;Wight Dioecious Olive ●

270097 Olea emarginata Lam. = Noronhia emarginata(Lam.) Thouars ●☆

270098 Olea enervis Harv. ex C. H. Wright = Olea capensis L. ●☆

270099 Olea europaea L.;油橄榄(阿列布,木犀榄,齐墩果,齐墩果树,洋橄榄);Common Olive,European Olive,Oleaster,Olive,Olive Tree,Pyrene Oil,Virgin Oil ●

270100 Olea europaea L. subsp. africana(Mill.) P. S. Green;非洲木犀榄(南非油橄榄);African Olive,Brown Olive,South African Olive,South-african Olive,Wild Olive ●

270101 Olea europaea L. subsp. cuspidata(Wall. ex G. Don) Cif. = Olea cuspidata Wall. et G. Don ●

270102 Olea europaea L. subsp. cuspidata(Wall. ex G. Don) Cif. = Olea europaea L. subsp. africana(Mill.) P. S. Green ●

270103 Olea europaea L. subsp. ferruginea(Royle) Cif. = Olea europaea L. subsp. cuspidata(Wall. ex G. Don) Cif. ●

270104 Olea europaea L. subsp. maroccana(Greuter et Burdet) Vargas et al.;摩洛哥油橄榄●☆

270105 Olea europaea L. subsp. oleaster(Hoffmanns. et Link) Negodi = Olea europaea L. ●

270106 Olea europaea L. var. angustifolia Alleiz. = Olea europaea L. ●

270107 Olea europaea L. var. cyrenaica Cif. = Olea laperrinei Batt. et Trab. ●☆

270108 Olea europaea L. var. maireana Cif. = Olea laperrinei Batt. et Trab. ●☆

270109 Olea europaea L. var. nubica Schweinf. = Olea europaea L. subsp. africana(Mill.) P. S. Green ●

270110 Olea europaea L. var. olester DC.;棱枝油橄榄;Wild Olive ●

270111 Olea europaea L. var. sativa DC.;栽培油橄榄;Cultivated Olive ●

270112 Olea europaea L. var. sativa DC. = Olea europaea L. ●

270113 Olea europaea L. var. sylvestris(Mill.) Lehr = Olea europaea L. ●

270114 Olea europaea L. var. typica Cif. = Olea laperrinei Batt. et Trab. ●☆

270115 Olea exasperata Jacq.;粗糙木犀榄●☆

270116 Olea ferruginea Royle = Olea cuspidata Wall. et G. Don ●

270117 Olea ferruginea Royle = Olea europaea L. subsp. cuspidata (Wall. ex G. Don) Cif. ●

270118 Olea ferruginea Steud. = Olea africana Mill. ●

270119 Olea ferruginea Steud. = Olea europaea L. subsp. africana (Mill.) P. S. Green ●

270120 Olea foveolata E. Mey. = Chionanthus foveolatus (E. Mey.) Stearn ●☆

270121 Olea fragrans Thunb. = Osmanthus fragrans(Thunb. ex Murray) Lour. var. thunbergii Makino ●

270122 Olea fragrans Thunb. ex Murray = Osmanthus fragrans (Thunb. ex Murray) Lour. ●

270123 Olea gamblei C. B. Clarke;嘎氏木犀榄;Gamble Olive ●☆

270124 Olea gamblei C. B. Clarke = Olea salicifolia Wall. ex G. Don ●

270125 Olea glandulifera Desf. = Olea paniculata R. Br. ●

270126 Olea guangxiensis B. M. Miao;广西木犀榄;Guangxi Olive ●

270127 Olea guineensis Hutch. et C. A. Sm. = Olea capensis L. subsp. hochstetteri(Baker) Friis et P. S. Green ●☆

270128 Olea hainanensis H. L. Li;海南木犀榄;Hainan Olive ●

270129 Olea hochsterreri Baker;东非油橄榄(东非木犀榄);East African Olive ●☆

270130 Olea hochstetteri Baker = Olea capensis L. subsp. hochstetteri (Baker) Friis et P. S. Green ●☆

270131 Olea humilis Eckl. = Olea exasperata Jacq. ●☆

270132 Olea ilicifolia Hassk. = Osmanthus heterophyllus(G. Don) P. S. Green ●

270133 Olea indica Burm. f.;印度木犀榄●☆

270134 Olea japonicus Siebold = Osmanthus fortunei Carrière ●

270135 Olea kilimandscharica Knobl. = Olea europaea L. subsp. africana (Mill.) P. S. Green ●

270136 Olea lancea Lam.;披针叶木犀榄●☆

270137 Olea laperrinei Batt. et Trab.;拉佩里娜木犀榄●☆

270138 Olea laurifolia Lam.;月桂叶木犀榄;Black Ironwood ●☆

270139 Olea laurifolia Lam. = Olea capensis L. ●☆

270140 Olea laxiflora H. L. Li;疏花木犀榄;Laxiflorous Olive,Loose-flowered Olive,Scatterflower Olive ●

270141 Olea listeriana Sim ex Lister = Olea woodiana Knobl. ●☆

270142 Olea longipetiolata Merr. ex Tanaka et Odash. = Osmanthus matsumuranus Hayata ●

270143 Olea macrocarpa C. H. Wright = Olea capensis L. subsp.

macrocarpa(C. H. Wright) I. Verd. ●☆
270144 Olea madagascariensis Boivin ex H. Perrier;马岛木犀榄●☆
270145 Olea marginata Champ. ex Benth. = Osmanthus marginatus (Champ. ex Benth.) Hemsl. ex Knobl. ●
270146 Olea maroccana Greuter et Burdet = Olea europaea L. subsp. maroccana(Greuter et Burdet) Vargas et al. ●☆
270147 Olea mildbraedii(Gilg et G. Schellenb.) Knobl. = Chionanthus mildbraedii(Gilg et G. Schellenb.) Stearn ●☆
270148 Olea monticola Gand. = Olea europaea L. subsp. africana (Mill.) P. S. Green ●
270149 Olea muelleri Benth.;木犀榄;Mueller Olive ●
270150 Olea mussolinii Chiov.;野榄树;Baia, Wild Olive Tree ●☆
270151 Olea mussolinii Chiov. = Olea capensis L. subsp. welwitschii (Knobl.) Friis et P. S. Green ●☆
270152 Olea neriifolia H. L. Li;狭叶木犀榄;Narrowleaf Olive, Narrow-leaved Olive ●
270153 Olea oleaster Hoffmanns. et Link = Olea europaea L. var. olester DC. ●
270154 Olea oleaster Hoffmanns. et Link = Olea europaea L. ●
270155 Olea paniculata R. Br.;腺叶木犀榄(澳洲木犀榄,滇榄树,滇木犀榄,云南李榄,朱叶木犀榄);Australian Olive, Gland Olive, Glandular Olive, Glandular-leaved Olive, Ironwood, Yunnan Linociera, Yunnan Liolive ●
270156 Olea parvilimba(Merr. et Chun) B. M. Miao;小叶木犀榄(麦皮树,小叶李榄);Small-leaf Olive, Small-leaved Olive ●
270157 Olea peglerae C. H. Wright = Chionanthus peglerae (C. H. Wright) Stearn ●☆
270158 Olea perrieri A. Chev. ex H. Perrier;佩里耶木犀榄●☆
270159 Olea pervilleana Knobl. = Noronhia pervilleana (Knobl.) H. Perrier ●☆
270160 Olea polygama Wight;杂花木犀榄●☆
270161 Olea robusta (Roxb.) Wall. ex G. Don = Ligustrum robustum (Roxb.) Blume ●
270162 Olea rosea Craib = Olea rosea Craib ex Hosseus ●
270163 Olea rosea Craib ex Hosseus;红花木犀榄;Red-flowered Olive, Rose-flower Olive ●
270164 Olea salicifolia M. Barbero et al. = Olea europaea L. subsp. maroccana(Greuter et Burdet) Vargas et al. ●☆
270165 Olea salicifolia Wall. ex G. Don;喜马木犀榄;Gamble Olive ●
270166 Olea schimperi Gand. = Olea europaea L. subsp. africana (Mill.) P. S. Green ●
270167 Olea schliebenii Knobl. = Olea capensis L. ●☆
270168 Olea sinica Chun = Olea dioica Roxb. ●
270169 Olea somaliensis Baker = Olea europaea L. subsp. africana (Mill.) P. S. Green ●
270170 Olea subtrinervata Chiov. = Olea europaea L. subsp. africana (Mill.) P. S. Green ●
270171 Olea tetragonoclada L. C. Chia;方枝木犀榄;Fourangular Olive, Quadrangular Olive, Squarebranch Olive ●
270172 Olea tsoongii(Merr.) P. S. Green;云南木犀榄(白茶木,早生木犀榄,水扫把,异株木犀榄);Dryliving Olive, Yunnan Olive ●
270173 Olea urophylla(Gilg) Gilg et Schellenb. = Olea capensis L. ●☆
270174 Olea verrucosa Link = Olea europaea L. subsp. cuspidata(Wall. ex G. Don) Cif. ●
270175 Olea welwitschii(Knobl.) Gilg et Schellenb. = Olea capensis L. subsp. welwitschii(Knobl.) Friis et P. S. Green ●☆
270176 Olea welwitschii Gilg et G. Schellenb.;韦氏木犀榄;Elgon Olive, Loliondo ●☆
270177 Olea wightiana Wall. ex G. Don = Olea dioica Roxb. var. wightiana(Wall. ex G. Don) DC. ●
270178 Olea woodiana Knobl.;伍得木犀榄●☆
270179 Olea yuennanensis Hand.-Mazz. = Olea tsoongii(Merr.) P. S. Green ●
270180 Olea yuennanensis Hand.-Mazz. var. xeromorpha Hand.-Mazz. = Olea tsoongii(Merr.) P. S. Green ●
270181 Olea yunnanensis Hand.-Mazz. = Olea tsoongii (Merr.) P. S. Green ●
270182 Oleaceae Hoffmanns. et Link(1809)(保留科名);木犀榄科(木犀科);Ash Family, Olive Family ●
270183 Oleander Medik. = Nerium L. ●
270184 Olearia Moench(1802)(保留属名);树紫菀属(奥勒菊木属,榄叶菊属);Daisy Bush, Daisybush, Mountain Holly, Tree Daisy ●☆
270185 Olearia albida Hook. f.;白树紫菀(白奥勒菊木);Tanguru ●☆
270186 Olearia arborescens Druce;树状树紫菀(树状奥勒菊木);Common Tree Daisy ●☆
270187 Olearia avicenniifolia(Raoul) Hook. f.;海榄雌树紫菀(海榄雌榄叶菊,海榄雌叶奥勒菊木);Akeake ●☆
270188 Olearia cheesemanii Cockayne et Allan;溪畔树紫菀(溪岸奥勒菊木)●☆
270189 Olearia erubescens Dippel;红毛树紫菀(红毛奥勒菊木);Silky Daisy Bush ●☆
270190 Olearia frostii(F. Muell.) J. H. Willis;小叶树紫菀(小叶奥勒菊木)●☆
270191 Olearia furfuracea Hook. f.;糠秕树紫菀(糠秕奥勒菊木)●☆
270192 Olearia gunniana(DC.) Hook. = Olearia gunniana Hook. f. ex Hook. ●☆
270193 Olearia gunniana Hook. f. ex Hook. = Olearia phlogopappa DC. ●☆
270194 Olearia haastii Hook. f.;亮叶树紫菀(哈氏榄叶菊,亮叶奥勒菊木);Daisy Bush ●☆
270195 Olearia ilicifolia Hook. f.;冬青叶树紫菀(冬青叶奥勒菊木,麝香榄叶菊);Maori Holly, Mountain Holly ●☆
270196 Olearia insignis Hook. f.;莫尔树紫菀(莫尔伯勒奥勒菊木);Marlborough Rock Daisy ●☆
270197 Olearia lacunosa Hook. f.;凹点树紫菀(凹点榄叶菊)●☆
270198 Olearia macrodonta Baker;大齿树紫菀(大齿奥勒菊木,大齿榄叶菊);Maori Holly, New Zealand Holly ●☆
270199 Olearia mollis Cockayne;柔软树紫菀(柔软榄叶菊,狭叶奥勒菊木)●☆
270200 Olearia mollis Cockayne 'Zennorensis';泽若树紫菀(泽若柔软榄叶菊)●☆
270201 Olearia moschata Hook. f.;麝香树紫菀(麝香奥勒菊木)●☆
270202 Olearia muelleri Benth.;米勒树紫菀●☆
270203 Olearia myrsinoides F. Muell.;零乱树紫菀(零乱奥勒菊木);Blush Daisy Bush ●☆
270204 Olearia nummulariifolia Hook. f.;古钱树紫菀(古钱叶奥勒菊木,圆叶榄叶菊)●☆
270205 Olearia odorata Petrie;甜香树紫菀(甜香奥勒菊木)●☆
270206 Olearia paniculata Druce;新西兰树紫菀(新西兰奥勒菊木);Akiraho ●☆
270207 Olearia phlogopappa DC.;艳丽树紫菀(红缨榄叶菊,尖叶奥勒菊木,艳丽奥勒菊木);Australian Daisy Bus, Daisy Tree, Dusty Daisy Bush, May Flowering Tasmanian Daisy Bush, Snow Daisy Bush, Tasmanian Daisy Bush, Tree Aster ●☆
270208 Olearia phlogopappa DC. 'Blue Gum';蓝宝石树紫菀(蓝宝石艳丽奥勒菊木)●☆

270209 Olearia phlogopappa DC. 'Comber's Mauve';紫刷树紫菀(紫梳刷艳丽奥勒菊木)●☆

270210 Olearia phlogopappa DC. 'Rosea';玫瑰红树紫菀(玫瑰红艳丽奥勒菊木)●☆

270211 Olearia solandri Hook. f.;硬枝树紫菀(硬枝奥勒菊木)●☆

270212 Olearia stellulata DC. = Olearia phlogopappa DC. ●☆

270213 Olearia tomentosa DC.;毛树紫菀(毛奥勒菊木);Downy Daisy Bush ●☆

270214 Olearia traversii (F. Muell.) Hook. f.;查塔姆树紫菀(查塔姆奥勒菊木);Ake-ake, Chasam Island Akeake ●☆

270215 Olearia virgata Hook. f.;帚枝树紫菀(密枝奥勒菊木,帚枝榄叶菊)●☆

270216 Olearia viscidula Benth.;线叶树紫菀(线叶沙袋鼠);Wallaby Weed ●☆

270217 Oleaster Fabr. = Elaeagnus L. ●

270218 Oleaster Heist. = Elaeagnus L. ●

270219 Oleaster Heist. ex Fabr. = Elaeagnus L. ●

270220 Oleicarpon Airy Shaw = Dipteryx Schreb. (保留属名) ●☆

270221 Oleicarpus Dwyer = Dipteryx Schreb. (保留属名) ●☆

270222 Oleicarpus Dwyer = Oleiocarpon Dwyer ●☆

270223 Oleiocarpon Dwyer = Dipteryx Schreb. (保留属名) ●☆

270224 Oleobachia Hort. ex Mast. = Sterculia L. ●

270225 Oleoxylon Roxb. = Dipterocarpus C. F. Gaertn. ●

270226 Olfa Adans. = Isopyrum L. (保留属名) ■

270227 Olgaea Iljin (1922);蝟菊属(假漏芦属,鳍蓟菊属,鳍蓟属,猬菊属);Olgaea ■

270228 Olgaea baldschuanica (C. Winkl.) Iljin;巴尔德蝟菊■☆

270229 Olgaea echinantha Y. Ling = Olgaea tangutica Iljin ■

270230 Olgaea eriocephala (C. Winkl.) Iljin;毛头蝟菊■☆

270231 Olgaea hisaowutaishanensis (Chen) Y. Ling = Olgaea lomonosowii (Trautv.) Iljin ■

270232 Olgaea hsiaowutaishanensis (Chen) Y. Ling f. humilis Y. Ling = Olgaea lomonosowii (Trautv.) Iljin ■

270233 Olgaea lanipes (C. Winkl.) Iljin;九眼菊■

270234 Olgaea leucophylla (Turcz.) Iljin;火煤草(白背,白山蓟,长刺鳍蓟,多枝鳍蓟,火媒草,鳍蓟);Whiteleaf Olgaea ■

270235 Olgaea leucophylla (Turcz.) Iljin var. aggregata Y. Ling = Olgaea leucophylla (Turcz.) Iljin ■

270236 Olgaea leucophylla (Turcz.) Iljin var. albiflora Y. B. Chang;白花鳍蓟;Whiteflower Olgaea ■

270237 Olgaea leucophylla (Turcz.) Iljin var. albiflora Y. B. Chang = Olgaea leucophylla (Turcz.) Iljin ■

270238 Olgaea leucophylla (Turcz.) Iljin var. juncunda Iljin = Olgaea leucophylla (Turcz.) Iljin ■

270239 Olgaea lomonosowii (Trautv.) Iljin;蝟菊(大蓟,鳍蓟,鳍蓟菊);Lomonosow's Olgaea, Olgaea ■

270240 Olgaea longifolia (C. Winkl.) Iljin;长叶蝟菊■☆

270241 Olgaea nidulans (Rupr.) Iljin;巢状蝟菊■☆

270242 Olgaea nivea (C. Winkl.) Iljin;雪白蝟菊■☆

270243 Olgaea pectinata Iljin;新疆蝟菊;Xinjiang Olgaea ■

270244 Olgaea roborowskyi Iljin;假九眼菊;False Cottony Olgaea ■

270245 Olgaea sinensis (S. Moore) Iljin = Olgaea lomonosowii (Trautv.) Iljin ■

270246 Olgaea spinifera Iljin;刺蝟菊■☆

270247 Olgaea tangutica Iljin;青海鳍蓟(刺疙瘩);Tangut Olgaea ■

270248 Olgaea thomsonii (Hook. f.) Iljin;西藏蝟菊;Thomson Olgaea ■

270249 Olgaea vvedenskyi Iljin;韦氏蝟菊■☆

270250 Olgasis Raf. = Oncidium Sw. (保留属名) ■☆

270251 Oligacis Raf. = Rubus L. ●■

270252 Oligacoce Willd. ex DC. = Valeriana L. ●■

270253 Oligactis (Kunth) Cass. (1825);翼柄黄安菊属●☆

270254 Oligactis Cass. = Liabum Adans. ■●☆

270255 Oligactis Cass. = Oligactis (Kunth) Cass. ●☆

270256 Oligactis Kunth = Oligactis (Kunth) Cass. ●☆

270257 Oligactis Raf. = Oligactis (Kunth) Cass. ●☆

270258 Oligactis Raf. = Sericocarpus Nees ■☆

270259 Oligactis coriacea (Hieron.) H. Rob. et Brettell;革质翼柄黄安菊●☆

270260 Oligaerion Cass. = Ursinia Gaertn. (保留属名) ●■☆

270261 Oligandra Less. (1832) = Lucilia Cass. ■☆

270262 Oligandra Less. (1834) = Chenopodium L. ■●

270263 Oligandra Less. (1834-1835) = Lipandra Moq. ■●

270264 Oliganthemum F. Muell. = Allopterigeron Dunlop ■☆

270265 Oliganthera Endl. = Chenopodium L. ■●

270266 Oliganthera Endl. = Lipandra Moq. ■●

270267 Oliganthes Cass. (1817);短毛鸡菊花属●☆

270268 Oliganthes lanuginosa (Bojer ex DC.) Humbert;多绵毛短毛鸡菊花●☆

270269 Oliganthes lecomtei (Humbert) Humbert;勒孔特短毛鸡菊花●☆

270270 Oliganthes sublanata (Drake) Humbert;绵短毛鸡菊花●☆

270271 Oliganthes triflora Cass.;三叶短毛鸡菊花●☆

270272 Oliganthes tsaratananensis Humbert;察拉塔纳纳短毛鸡菊花●☆

270273 Oligarrhena R. Br. (1810);沙蓬石南属●☆

270274 Oligarrhena micrantha R. Br.;沙蓬石南●☆

270275 Oligloron Raf. = Capparis L. ●

270276 Oligobotrya Baker = Maianthemum F. H. Wigg. (保留属名) ■

270277 Oligobotrya Baker (1886);少穗花属(偏头七属) ■

270278 Oligobotrya henryi Baker = Maianthemum henryi (Baker) LaFrankie ■

270279 Oligobotrya henryi Baker var. violacea C. H. Wright = Maianthemum henryi (Baker) LaFrankie ■

270280 Oligobotrya limprichtii Lingelsh. = Maianthemum henryi (Baker) LaFrankie ■

270281 Oligobotrya limprichtii Lingelsh. ex H. Limpr. = Maianthemum henryi (Baker) LaFrankie ■

270282 Oligobotrya limprichtii Y. Ling = Maianthemum henryi (Baker) LaFrankie ■

270283 Oligobotrya limprichtii Y. Ling ex H. Limpr. = Maianthemum henryi (Baker) LaFrankie ■

270284 Oligobotrya szechuanica F. T. Wang et Ts. Tang = Maianthemum henryi (Baker) LaFrankie var. szechuanicum (F. T. Wang et Ts. Tang) H. Li ■

270285 Oligobotrya szechuanica F. T. Wang et Ts. Tang = Maianthemum szechuanicum (F. T. Wang et Ts. Tang) H. Li ■

270286 Oligocarpha Cass. = Brachylaena R. Br. ●☆

270287 Oligocarpha neriifolia (L.) Cass. = Brachylaena neriifolia (L.) R. Br. ●☆

270288 Oligocarpus Less. (1832);小金盏属■☆

270289 Oligocarpus Less. = Osteospermum L. ●■☆

270290 Oligocarpus acanthospermus (DC.) Bolus = Osteospermum acanthospermum (DC.) Norl. ■☆

270291 Oligocarpus burchellii (Hook. f.) B. Nord.;伯切尔小金盏■☆

270292 Oligocarpus calendulaceus (L. f.) Less.;小花小金盏■☆

270293 Oligocarpus tripteroides DC. = Oligocarpus calendulaceus (L.

f.) Less. ■☆

270294 OligocerasGagnep. (1925);小距大戟属■☆

270295 Oligoceras eberhardtii Gagnep.;小距大戟■☆

270296 Oligochaeta(DC.)K. Koch = Centaurea L.(保留属名)●■

270297 Oligochaeta(DC.)K. Koch(1843);寡毛菊属;Oligochaeta ■

270298 Oligochaeta K. Koch = Centaurea L.(保留属名)●■

270299 Oligochaeta K. Koch = Oligochaeta(DC.)K. Koch ■

270300 Oligochaeta divaricata(Fisch. et C. A. Mey.) C. Koch;叉开寡毛菊■☆

270301 Oligochaeta minima(Boiss.)Briq.;寡毛菊;Common Oligochaeta ■

270302 Oligochaeta tomentosa Czerep.;毛寡毛菊■☆

270303 Oligochaetochilus Szlach. (1911);寡毛兰属■☆

270304 Oligocladus Chodat = Oligocladus Chodat et Wilczek. ■☆

270305 Oligocladus Chodat et Wilczek. (1902);寡枝草属■☆

270306 Oligocladus andinus Chodat et Wilczek;寡枝草■☆

270307 Oligocodon Keay(1958);小冠茜属●☆

270308 Oligocodon cunliffeae(Wernham)Keay;小冠茜●☆

270309 Oligodora DC. = Athanasia L. ●☆

270310 Oligodora dentata DC. = Hymenolepis dentata(DC.)Källersjö ●☆

270311 Oligodorella Turcz. = Marasmodes DC. ■☆

270312 Oligodorella teretifolia Turcz. = Marasmodes polycephala DC. ■☆

270313 Oligoglossa DC. = Phymaspermum Less. ●☆

270314 Oligogyne DC. = Blainvillea Cass. ■●

270315 Oligogynium Engl. = Nephthytis Schott ■☆

270316 Oligogynium gravenreuthii Engl. = Nephthytis poissonii(Engl.) N. E. Br. ■☆

270317 Oligogynium poissonii Engl. = Nephthytis poissonii(Engl.) N. E. Br. ■☆

270318 Oligolepis Cass. ex DC. = Sphaeranthus L. ■

270319 Oligolepis Wight = Sphaeranthus L. ■

270320 Oligolepis angustifolius Steetz = Sphaeranthus steetzii Oliv. et Hiern ■☆

270321 Oligolepis sprunnera Steetz = Sphaeranthus angustifolius DC. ■☆

270322 Oligolobos Gagnep. (1907);稀裂水鳖属■☆

270323 Oligolobos Gagnep. = Ottelia Pers. ■

270324 Oligolobos balansae Gagnep.;稀裂水鳖■☆

270325 Oligolobos triflorus Gagnep. = Ottelia acuminata(Gagnep.)Dandy ■

270326 Oligomeris Cambess. (1839)(保留属名);川犀草属;Oligomeris ■●

270327 Oligomeris burchellii(Müll. Arg.) Harv. = Oligomeris dipetala (Aiton)Turcz. ■☆

270328 Oligomeris capensis(Thunb.)Harv.;好望角川犀草■☆

270329 Oligomeris capensis(Thunb.)Harv. var. burchellii(Müll. Arg.) Abdallah = Oligomeris dipetala(Aiton)Turcz. ■☆

270330 Oligomeris capensis (Thunb.) Harv. var. capensis (Thunb.) Perkins = Oligomeris dipetala(Aiton)Turcz. ■☆

270331 Oligomeris capensis(Thunb.)Harv. var. pumila(Harv.)Perkins = Oligomeris dipetala(Aiton)Turcz. ■☆

270332 Oligomeris capensis (Thunb.) Harv. var. virgata Harv. = Oligomeris dipetala(Aiton)Turcz. ■☆

270333 Oligomeris dipetala(Aiton)Turcz.;双瓣川犀草■☆

270334 Oligomeris dipetala(Aiton) Turcz. var. capensis(Thunb.)Müll. Arg. = Oligomeris dipetala(Aiton)Turcz. ■☆

270335 Oligomeris dipetala (Aiton) Turcz. var. pumila (Harv.) Müll. Arg. = Oligomeris dipetala(Aiton)Turcz. ■☆

270336 Oligomeris dipetala (Aiton) Turcz. var. spathulata (E. Mey. ex Turcz.)Abdallah;匙叶双瓣川犀草■☆

270337 Oligomeris dipetala (Aiton) Turcz. var. virgata (Harv.) Müll. Arg. = Oligomeris dipetala(Aiton)Turcz. ■☆

270338 Oligomeris dispersa Müll. Arg. = Oligomeris linifolia(Vahl)J. F. Macbr. ■

270339 Oligomeris dregeana(Müll. Arg.)Müll. Arg.;德雷川犀草■☆

270340 Oligomeris dregeana (Müll. Arg.) Müll. Arg. var. sphaerocarpa Abdallah = Oligomeris linifolia(Vahl ex Hornem.)J. F. Macbr. ■

270341 Oligomeris frutescens Dinter = Oligomeris dipetala (Aiton) Turcz. ■☆

270342 Oligomeris glaucescens Cambess. = Oligomeris linifolia(Vahl) J. F. Macbr. ■

270343 Oligomeris linifolia(Vahl ex Hornem.)J. F. Macbr.;川犀草;Linifolious Oligomeris ■

270344 Oligomeris linifolia (Vahl) J. F. Macbr. = Oligomeris linifolia (Vahl ex Hornem.)J. F. Macbr. ■

270345 Oligomeris lycopodioides Schinz et Dinter = Oligomeris dipetala (Aiton)Turcz. ■☆

270346 Oligomeris spathulata (E. Mey. ex Turcz.) Harv. = Oligomeris dipetala(Aiton)Turcz. var. spathulata(E. Mey. ex Turcz.)Abdallah ■☆

270347 Oligomeris subulata Webb = Oligomeris linifolia (Vahl ex Hornem.)J. F. Macbr. ■

270348 Oligomeris upingtoniae Dinter = Oligomeris dipetala (Aiton) Turcz. ■☆

270349 Oligonema S. Watson(1891) = Golionema S. Watson ■☆

270350 Oligonema S. Watson(1891) = Olivaea Sch. Bip. ex Benth. ■☆

270351 Oligoneuron Small = Solidago L. ■

270352 Oligoneuron Small(1903);白黄花属■☆

270353 Oligoneuron album(Nutt.)G. L. Nesom = Solidago ptarmicoides (Nees)B. Boivin ■☆

270354 Oligoneuron album(Nutt.)G. L. Nesom = Solidago ptarmicoides (Torr. et A. Gray)B. Boivin ■☆

270355 Oligoneuron bernardii (B. Boivin) G. L. Nesom = Solidago bernardii B. Boivin ■☆

270356 Oligoneuron bombycinum Lunell = Solidago rigida L. subsp. humilis(Porter)S. B. Heard et Semple ■☆

270357 Oligoneuron canescens Rydb. = Solidago rigida L. subsp. humilis (Porter)S. B. Heard et Semple ■☆

270358 Oligoneuron corymbosum(Elliott)Small var. humile(Porter)B. M. Kapoor et Beaudry = Solidago rigida L. subsp. humilis(Porter)S. B. Heard et Semple ■☆

270359 Oligoneuron grandiflorum(Raf.)Small = Solidago rigida L. ■☆

270360 Oligoneuron houghtonii(Torr. et Gray)G. L. Nesom = Solidago houghtonii Torr. et A. Gray ■☆

270361 Oligoneuron jacksonii(Kuntze)Small = Solidago rigida L. subsp. glabrata(E. L. Braun)S. B. Heard et Semple ■☆

270362 Oligoneuron krotkovii (B. Boivin) G. L. Nesom = Solidago krotkovii B. Boivin ■☆

270363 Oligoneuron nitidum(Torr. et A. Gray)Small = Solidago nitida Torr. et A. Gray ■☆

270364 Oligoneuron ohioense(Riddell)G. N. Jones = Solidago ohioensis Riddell ■☆

270365 Oligoneuron riddellii (Frank ex Riddell) Rydb. = Solidago riddellii Frank ex Riddell ■☆

270366 Oligoneuron riddellii(Frank)Rydb. = Solidago riddellii Frank ■☆

270367 Oligoneuron rigidum(L.)Small = Solidago rigida L. ■☆

270368 Oligoneuron rigidum(L.)Small var. glabratum(E. L. Braun)G. L. Nesom = Solidago rigida L. subsp. glabrata (E. L. Braun) S. B.

Heard et Semple ■☆

270369 Oligoneuron rigidum(L.)Small var. glabratum(E. L. Braun)G. L. Nesom = Solidago rigida L. ■☆

270370 Oligoneuron rigidum(L.)Small var. humile(Porter)G. L. Nesom = Solidago rigida L. ■☆

270371 Oligoneuron rigidum(L.)Small var. humile(Porter)G. L. Nesom = Solidago rigida L. subsp. humilis(Porter)S. B. Heard et Semple ■☆

270372 Oligopholis Wight = Christisonia Gardner ■

270373 Oligophyton H. P. Linder(1986);寡兰属■☆

270374 Oligophyton drummondii H. P. Linder et G. Will.;寡兰■☆

270375 Oligoron Raf. = Acerates Elliott ■☆

270376 Oligoron Raf. = Asclepias L. ■

270377 Oligoscias Seem. = Polyscias J. R. Forst. et G. Forst. ●

270378 Oligoscias madagascariensis Seem. = Polyscias madagascariensis (Seem.)Harms ●☆

270379 Oligosma Salisb. = Nothoscordum Kunth(保留属名)■☆

270380 Oligosmilax Seem. = Heterosmilax Kunth ●■

270381 Oligosmilax gaudichaudiana(Kunth)Seem. = Heterosmilax gaudichaudiana(Kunth)Maxim. ●

270382 Oligosmilax gaudichaudiana Seem. = Heterosmilax gaudichaudiana (Kunth)Maxim. ●

270383 Oligospermum D. Y. Hong = Odicardis Raf. ■

270384 Oligospermum D. Y. Hong = Veronica L. ■

270385 Oligosporus Cass. = Artemisia L. ●■

270386 Oligosporus affinis Less. = Artemisia pubescens Ledeb. ■

270387 Oligosporus bargusinensis (Spreng.) Poljakov = Artemisia bargusinensis Spreng. ■

270388 Oligosporus borealis(Pall.)Poljakov = Artemisia borealis Pall. ■

270389 Oligosporus campestris(L.)Cass. = Artemisia campestris L. ■

270390 Oligosporus campestris(L.)Cass. subsp. caudatus(Michx.)W. A. Weber = Artemisia campestris L. subsp. caudata(Michx.)H. M. Hall et Clem. ■☆

270391 Oligosporus campestris(L.)Cass. subsp. pacificus(Nutt.)W. A. Weber = Artemisia campestris L. subsp. pacifica(Nutt.)H. M. Hall et Clem. ■☆

270392 Oligosporus capillaris(Thunb.)Poljakov = Artemisia capillaris Thunb. ●

270393 Oligosporus changaicus (Krasch.) Poljakov = Artemisia dracunculus L. var. changaica(Krasch.)Y. R. Ling ■

270394 Oligosporus commutatus(Besser)Poljakov. = Artemisia pubescens Ledeb. ■

270395 Oligosporus demissus(Krasch.)Poljakov = Artemisia demissa Krasch. ■

270396 Oligosporus desertorum (Spreng.) Poljakov = Artemisia desertorum Spreng. ■

270397 Oligosporus dracunculus(L.)Poljakov = Artemisia dracunculus L. ■

270398 Oligosporus dracunculus(L.)Poljakov subsp. dracunculinus(S. Watson)W. A. Weber = Artemisia dracunculus L. ■

270399 Oligosporus duthreuil-de-rhinsi(Krasch.)Poljakov = Artemisia duthreuil-de-rhinsi Krasch. ■

270400 Oligosporus filifolius(Torr.)Poljakov = Artemisia filifolia Torr. ■☆

270401 Oligosporus giraldii(Pamp.)Poljakov = Artemisia giraldii Pamp. ■●

270402 Oligosporus groenlandicus(Hornem.)Á. Löve et D. Löve = Artemisia borealis Pall. ■

270403 Oligosporus halodendron(Turcz. ex Besser)Poljakov = Artemisia halodendron Turcz. ex Besser ●

270404 Oligosporus jacquemontiana(Besser)Poljakov = Artemisia dubia Wall. ex Besser var. subdigitata(Mattf.)Y. R. Ling ■

270405 Oligosporus japonicus(Thunb.)Poljakov = Artemisia japonica Thunb. ■

270406 Oligosporus kuschakewiczii(C. Winkl.)Poljakov = Artemisia kuschakewiczii C. Winkl. ■

270407 Oligosporus littoricola(Kitam.)Poljakov = Artemisia littoricola Kitam. ■

270408 Oligosporus macilentus(Maxim.)Poljakov = Artemisia macilenta (Maxim.)Krasch. ■●

270409 Oligosporus marschallianus Less. = Artemisia marschalliana Spreng. ■●

270410 Oligosporus nanschanica (Krasch.) Poljakov = Artemisia nanschanica Krasch. ■

270411 Oligosporus pacificus(Nutt.)Poljakov = Artemisia campestris L. subsp. pacifica(Nutt.)H. M. Hall et Clem. ■☆

270412 Oligosporus pamiricus (C. Winkl.) Poljakov = Artemisia dracunculus L. var. pamirica(C. Winkl.)Y. R. Ling et Humphries ■

270413 Oligosporus parviflorus (Buch. -Ham. ex Roxb.) Poljakov = Artemisia parviflora Buch. -Ham. ex Roxb. ■

270414 Oligosporus pycnocephalus Less. = Artemisia pycnocephala (Less.)DC. ■☆

270415 Oligosporus saposhnikovii (Krasch. ex Poljakov) Poljakov = Artemisia saposhnikovii Krasch. ex Poljakov ■●

270416 Oligosporus scoparius(Waldst. et Kit.)Less. = Artemisia scoparia Waldst. et Kit. ■

270417 Oligosporus scoparius (Waldst. et Kit.) Poljakov = Artemisia scoparia Waldst. et Kit. ■

270418 Oligosporus songaricus(Schrenk)Poljakov = Artemisia soongarica Schrenk ■●

270419 Oligosporus sphaerocephalus (Krasch.) Poljakov = Artemisia sphaerocephala Krasch. ●

270420 Oligosporus wellbyi(Hemsl. et H. Pearson)Poljakov = Artemisia wellbyi Hemsl. et Pears. ex Deasy ■

270421 Oligosporus xanthochloa (Krasch.) Poljakov = Artemisia xanthochloa Krasch. ■

270422 Oligostachyum Z. P. Wang et G. H. Ye = Arundinaria Michx. ●

270423 Oligostachyum Z. P. Wang et G. H. Ye(1982);少穗竹属;Oligostachyum, Poorspikebamboo ●★

270424 Oligostachyum bilobum W. T. Lin et Z. J. Feng;裂舌少穗竹;Bilobed Poorspikebamboo ●

270425 Oligostachyum exauriculatum N. X. Zhao et Z. Yu Li;无耳少穗竹;Earless Poorspikebamboo ●

270426 Oligostachyum fujianense Z. P. Wang et G. H. Ye;福建少穗竹;Fujian Poorspikebamboo ●

270427 Oligostachyum fujianense Z. P. Wang et G. H. Ye = Oligostachyum scabriflorum(McClure)Z. P. Wang et G. H. Ye var. breviligulatum Z. P. Wang et G. H. Ye ●

270428 Oligostachyum fujianense Z. P. Wang et G. H. Ye = Oligostachyum scabriflorum(McClure)Z. P. Wang et G. H. Ye ●

270429 Oligostachyum glabrescens (T. H. Wen) P. C. Keng et Z. P. Wang;屏南少穗竹;Pingnan Poorspikebamboo ●

270430 Oligostachyum glabrescens(T. H. Wen)Q. F. Zheng et Y. M. Lin = Oligostachyum glabrescens(T. H. Wen)P. C. Keng et Z. P. Wang ●

270431 Oligostachyum gracilipes(McClure)G. H. Ye et Z. P. Wang;细柄少穗竹;Finestipe Poorspikebamboo, Slender-stalked Oligostachyum ●

270432 Oligostachyum heterolodiculum W. T. Lin et Z. J. Feng;信宜少穗竹;Xinyi Poorspikebamboo ●

270433 Oligostachyum heterolodiculum W. T. Lin et Z. J. Feng = Oligostachyum puberulum(T. H. Wen)G. H. Ye et Z. P. Wang ●
270434 Oligostachyum heterolodiculum W. T. Lin et Z. J. Feng = Oligostachyum scabriflorum(McClure)Z. P. Wang et G. H. Ye ●
270435 Oligostachyum hupehense(J. L. Lu)Z. P. Wang et G. H. Ye;凤竹;Hubei Oligostachyum, Hubei Poorspikebamboo ●
270436 Oligostachyum lanceolatum G. H. Ye et Z. P. Wang;云和少穗竹;Lanceolate Oligostachyum, Yunhe Poorspikebamboo ●
270437 Oligostachyum lima (McClure) Demoly = Oligostachyum nuspiculum(McClure)Z. P. Wang et G. H. Ye ●
270438 Oligostachyum lubricum (T. H. Wen) P. C. Keng;四季竹;Fourseasons Poorspikebamboo, Lubricous Oligostachyum ●
270439 Oligostachyum nuspiculum(McClure)Z. P. Wang et G. H. Ye;林仔竹;Silva Oligostachyum, Woodlot Poorspikebamboo ●
270440 Oligostachyum oedogonatum (Z. P. Wang et G. H. Ye) Q. F. Zheng et K. F. Huang;肿节少穗竹;Swellennode Poorspikebamboo, Swellen-node Swellnode Oligostachyum ●
270441 Oligostachyum orthotropoides W. T. Lin = Pseudosasa hindsii (Munro)S. L. Chen et G. Y. Sheng ex T. G. Liang ●
270442 Oligostachyum paniculatum G. H. Ye et Z. P. Wang;圆锥少穗竹;Panicle Poorspikebamboo, Paniculate Oligostachyum ●
270443 Oligostachyum puberulum(T. H. Wen)G. H. Ye et Z. P. Wang;多毛少穗竹(多花少穗竹);Hairy Poorspikebamboo, Puberulent Oligostachyum ●
270444 Oligostachyum pulchellum(T. H. Wen)G. H. Ye et Z. P. Wang;鼎湖少穗竹;Dinghu Oligostachyum, Dinghu Poorspikebamboo ●
270445 Oligostachyum pulchellum(T. H. Wen)G. H. Ye et Z. P. Wang = Pseudosasa cantorii(Munro)P. C. Keng ex S. L. Chen et al. ●
270446 Oligostachyum scabriflorum(McClure)Z. P. Wang et G. H. Ye;糙花少穗竹(斑箨酸竹,糙花青篱竹,糙毛少穗竹);Roughflower Poorspikebamboo, Rough-flowered Arundinaria, Rough-flowered Cane-bamboo, Scabrousflower Cane, Scabrousflower Canebrake, Scabrous-flowered Oligostachyum ●
270447 Oligostachyum scabriflorum(McClure)Z. P. Wang et G. H. Ye var. breviligulatum Z. P. Wang et G. H. Ye;短舌少穗竹;Shorttongue Poorspikebamboo ●
270448 Oligostachyum scopulum(McClure)Z. P. Wang et G. H. Ye;毛稃少穗竹;Cliff Poorspikebamboo, Hairy-bracted Oligostachyum ●
270449 Oligostachyum shiuyingianum(L. C. Chia et But)G. H. Ye et Z. P. Wang;秀英竹;Shiuying Oligostachyum, Xiuying Poorspikebamboo ●
270450 Oligostachyum spongiosum(C. D. Chu et C. S. Chao)G. H. Ye et Z. P. Wang;斗竹;Sponge Poorspikebamboo, Spongy Oligostachyum ●
270451 Oligostachyum sulcatum Z. P. Wang et G. H. Ye;少穗竹(小叶唐竹);Grooved Oligostachyum, Poorspikebamboo ●
270452 Oligostachyum wuyishanicum S. S. You et K. F. Huang;武夷青篱竹;Wuyishan Poorspikebamboo ●
270453 Oligostemon Benth. = Duparquetia Baill. ■☆
270454 Oligostemon Turcz. = Meliosma Blume ●
270455 Oligostemon pictus Benth. = Duparquetia orchidacea Baill. ■☆
270456 Oligothrix DC. (1838);落冠千里光属■☆
270457 Oligothrix gracilis DC.;落冠千里光■☆
270458 Oligothrix newtonii O. Hoffm. = Psednotrichia newtonii (O. Hoffm.) Anderb. et P. O. Karis ■☆
270459 Oligothrix xyridopsis O. Hoffm. = Psednotrichia xyridopsis (O. Hoffm.) Anderb. et P. O. Karis ■☆
270460 Olimarabidopsis Al-Shehbaz, O'Kane et R. A. Price(1999);无苞芥属■
270461 Olimarabidopsis cabulica (Hook. f. et Thomson) Al-Shehbaz, O'Kane et R. A. Price;喀布尔无苞芥(赤水鼠耳芥);Alpine Little Mouseear Cress ■
270462 Olimarabidopsis pumila(Stephan)Al-Shehbaz, O'Kane et R. A. Price;无苞芥(矮大蒜芥,小鼠耳芥);Little Mouseear Cress ■
270463 Olinia Thunb. (1800);方枝树属(硬梨木属,硬梨属);Olinia ●☆
270464 Olinia acuminata Klotzsch = Olinia capensis(Jacq.)Klotzsch ●☆
270465 Olinia aequipetala(Delile)Cufod. = Olinia rochetiana Juss. ●☆
270466 Olinia capensis(Jacq.)Klotzsch;好望角方枝树●☆
270467 Olinia cymosa(L. f.)Thunb. = Olinia ventosa(L.)Cufod. ●☆
270468 Olinia cymosa Thunb.;方枝树(硬梨木);Cymose Olinia ●☆
270469 Olinia discolor Mildbr. = Olinia rochetiana Juss. ●☆
270470 Olinia emarginata Burtt Davy;亮果硬梨;Mountain Hard Pear, Transvaal Hard Pear ●☆
270471 Olinia huillensis A. Fern. et R. Fern. = Olinia rochetiana Juss. ●☆
270472 Olinia macrophylla Gilg = Olinia rochetiana Juss. ●☆
270473 Olinia micrantha Decne.;小花方枝树●☆
270474 Olinia radiata Hofmeyr et E. Phillips;辐射方枝树●☆
270475 Olinia rochetiana Juss.;罗歇方枝树●☆
270476 Olinia ruandensis Gilg = Olinia rochetiana Juss. ●☆
270477 Olinia usambarensis Gilg = Olinia rochetiana Juss. ●☆
270478 Olinia vanguerioides Baker f.;瓦氏茜方枝树●☆
270479 Olinia ventosa(L.)Cufod.;凸方枝树●☆
270480 Olinia volkensii Engl. = Olinia rochetiana Juss. ●☆
270481 Oliniaceae Arn. = Oliniaceae Harv. et Sond.(保留科名)●☆
270482 Oliniaceae Arn. ex Sond. = Oliniaceae Harv. et Sond.(保留科名)●☆
270483 Oliniaceae Harv. et Sond. (1862)(保留科名);方枝树科(阿林尼亚科)●☆
270484 Olisbaea Benth. et Hook. f. = Mouriri Aubl. ●☆
270485 Olisbaea Benth. et Hook. f. = Olisbea DC. ●☆
270486 Olisbaea Hook. f. = Mouriri Aubl. ●☆
270487 Olisbea DC. = Mouriri Aubl. ●☆
270488 Olisca Raf. = Juncus L. ■
270489 Olisia Spach = Stachys L. ●■
270490 Olivaea Sch. Bip. ex Benth. (1872);水菀属■☆
270491 Olivaea leptocarpa De Jong et Beaman;细果水菀■☆
270492 Olivaea tricuspis Sch. Bip.;水菀■☆
270493 Oliveranthus Rose = Echeveria DC. ●■☆
270494 Oliverella Rose = Echeveria DC. ●■☆
270495 Oliverella Rose = Oliveranthus Rose ■☆
270496 Oliverella Tiegh. (1895);肖大岩桐寄生属●☆
270497 Oliverella Tiegh. = Tapinanthus(Blume)Rchb.(保留属名)●☆
270498 Oliverella bussei(Sprague)Polhill et Wiens;布瑟肖大岩桐寄生●☆
270499 Oliverella campestris (Engl.) Tiegh. = Oliverella hildebrandtii (Engl.) Tiegh. ●☆
270500 Oliverella hildebrandtii(Engl.)Tiegh.;希尔德肖大岩桐寄生●☆
270501 Oliverella rubroviridis Tiegh.;红绿肖大岩桐寄生●☆
270502 Oliverella sacleuxii Tiegh. = Oliverella hildebrandtii (Engl.) Tiegh. ●☆
270503 Oliveria Vent. (1801);奥利草属■☆
270504 Oliveria decumbens Vent.;奥利草■☆
270505 Oliveriana Rchb. f. (1876);奥氏兰属■☆
270506 Oliveriana egregia Rchb. f.;奥氏兰■☆
270507 Oliverodoxa Kuntze = Riedelia Oliv.(保留属名)■☆
270508 Oliviera Post et Kuntze = Oliveria Vent. ■☆

270509 Olmeca Soderstr. (1982);奥尔梅克竹属(欧美卡竹属)●☆
270510 Olmeca reflexa Soderstr.;奥尔梅克竹●☆
270511 Olmedia Ruiz et Pav. (1794);奥尔桑属●☆
270512 Olmedia Ruiz et Pav. = Trophis P. Browne(保留属名)●☆
270513 Olmedia calophylla Poepp. et Endl.;奥尔桑●☆
270514 Olmediella Baill. (1880);奥尔木属●☆
270515 Olmediella betschlcriana(Göpp.)Loes.;奥尔木;Manzanote ●☆
270516 Olmedioperebea Ducke = Maquira Aubl. ●☆
270517 Olmedioperebea Ducke(1922);亚马孙桑属●☆
270518 Olmedioperebea calophylla(Poepp. et Endl.)Ducke = Olmedia calophylla Poepp. et Endl. ●☆
270519 Olmedioperebea sclerophylla Ducke = Maquira sclerophylla (Ducke)C. C. Berg ●☆
270520 Olmediophaena H. Karst. = Maquira Aubl. ●☆
270521 Olmediopsis H. Karst. = Pseudolmedia Trécul ●☆
270522 Olmedoa Post et Kuntze = Olmedia Ruiz et Pav. ●☆
270523 Olmedoa Post et Kuntze = Trophis P. Browne(保留属名)●☆
270524 Olmedoella Post et Kuntze = Olmediella Baill. ●☆
270525 Olmedophaena Post et Kuntze = Olmediophaena H. Karst. ●☆
270526 Olneya A. Gray(1854);腺荚豆属●☆
270527 Olneya tesota A. Gray;腺荚豆;Desert Ironwood, Ironwood, Tesota ●☆
270528 Olofuton Raf. = Capparis L. ●
270529 Olopetalum Klotzsch = Monsonia L. ■●☆
270530 Olostyla DC. = Coelospermum Blume ●
270531 Olostyla DC. = Holostyla DC. ●
270532 Olotrema Raf. = Carex L. ■
270533 Olsynium Raf. (1836);春钟属;Grass Widow ■☆
270534 Olsynium Raf. = Sisyrinchium L. ■
270535 Olsynium biflorum(Thunb.)Goldblatt;桂叶春钟■☆
270536 Olsynium douglasii(A. Dietr.)E. P. Bicknell;道格拉斯春钟■☆
270537 Olsynium douglasii (A. Dietr.) E. P. Bicknell var. inflatum (Suksd.)Cholewa et D. M. Hend.;膀胱春钟■☆
270538 Olsynium inflatum Suksd. = Olsynium douglasii(A. Dietr.)E. P. Bicknell var. inflatum(Suksd.)Cholewa et D. M. Hend. ■☆
270539 Oluntos Raf. = Ficus L. ●
270540 Oluntos Raf. = Urostigma Gasp. ●
270541 Olus calappoides Rumph. = Cycas rumphii Miq. ●◇
270542 Olusatrum Wolf = Smyrnium L. ■☆
270543 Olusatrum Wolf = Taenidia Drude + Smyrnium L. ■☆
270544 Olus-atrum Wolf = Taenidia Drude + Smyrnium L. ■☆
270545 Olympia Spach = Hypericum L. ■●
270546 Olymposciadium H. Wolff = Aegokeras Raf. ■☆
270547 Olympusa Klotzsch(1849);几内亚萝藦属☆
270548 Olynia Steud. = Olinia Thunb. ●☆
270549 Olynthia Lindl. = Eugenia L. ●
270550 Olyra L. (1759);奥禾属(奥鲁格草属,莪利笨属)■☆
270551 Olyra brevifolia Schumach. = Olyra latifolia L. ■☆
270552 Olyra guineensis Steud. = Olyra latifolia L. ■☆
270553 Olyra latifolia L.;奥禾(宽叶奥禾,宽叶莪利禾)■☆
270554 Olyraceae Bercht. et J. Presl = Gramineae Juss. (保留科名)■●
270555 Olyraceae Bercht. et J. Presl = Poaceae Barnhart(保留科名)■●
270556 Olythia Steud. = Eugenia L. ●
270557 Olythia Steud. = Olynthia Lindl. ●
270558 Omalanthus A. Juss. = Homalanthus A. Juss. (保留属名)●
270559 Omalanthus Less. (1832);脂心树属●☆
270560 Omalanthus Less. = Omalotes DC. ■●
270561 Omalanthus Less. = Tanacetum L. ■●
270562 Omalanthus fastuosus (Lindau) Fern. -Vill. = Homalanthus fastuosus(Lindau)Fern. -Vill. ●
270563 Omalanthus populifolius Graham;脂心树(奥杨,澳杨);Bleeding Heart, Bleeding Heart Tree, Native Poplar, Queensland Aussiepoplar ●☆
270564 Omalanthus populifolius Graham = Homalanthus populifolius Graham ●☆
270565 Omalocaldos Hook. f. = Faramea Aubl. ●☆
270566 Omalocarpus Choux = Deinbollia Schumach. et Thonn. ●☆
270567 Omalocladds Hook. f. = Faramea Aubl. ●☆
270568 Omaloclados Hook. f. = Homaloclados Hook. f. ●☆
270569 Omalocline Cass. = Crepis L. ■
270570 Omalotes DC. = Tanacetum L. ■●
270571 Omalotheca Cass. (1828);离缕鼠麴属;Arctic-cudweed ■
270572 Omalotheca Cass. = Gnaphalium L. ■
270573 Omalotheca nanchuensis (Y. Ling et Y. Q. Tseng) Holub = Gnaphalium nanchuanense Y. Ling et Y. Q. Tseng ■
270574 Omalotheca norvegica(Gunnerus)Sch. Bip. et F. W. Schultz;挪威离缕鼠麴;Norwegian Arctic-cudweed ■☆
270575 Omalotheca norvegica(Gunnerus)Sch. Bip. et F. W. Schultz = Gnaphalium norvegicum Gunnerus ■
270576 Omalotheca norvegica F. W. Schultz = Gnaphalium norvegicum Gunnerus ■
270577 Omalotheca stewartii(Clarke)Holub = Gnaphalium stewartii C. B. Clarke ex Hook. f. ■
270578 Omalotheca supina(L.)Cass. = Gnaphalium supinum L. ■
270579 Omalotheca supina(L.)DC.;高山离缕鼠麴;Alpine Arctic-cudweed ■☆
270580 Omalotheca supina Cass. = Gnaphalium supinum L. ■
270581 Omalotheca sylvatica(L.)Sch. Bip. et F. W. Schultz;林地离缕鼠麴;Woodland Arctic-cudweed ■☆
270582 Omalotheca sylvatica (L.) Sch. Bip. et F. W. Schultz = Gnaphalium sylvaticum L. ■
270583 Omania S. Moore = Lindenbergia Lehm. ■
270584 Omania S. Moore(1901);奥曼玄参属■☆
270585 Omania arabica S. Moore;奥曼玄参■☆
270586 Omanthe O. F. Cook = Chamaedorea Willd. (保留属名)●☆
270587 Ombrocharis Hand. -Mazz. (1936);喜雨草属;Ombrocharis ■★
270588 Ombrocharis dulcisHand. -Mazz.;喜雨草;Sweet Ombrocharis ■
270589 Ombrophytum Poepp. = Ombrophytum Poepp. ex Endl. ■☆
270590 Ombrophytum Poepp. ex Endl. (1836);南美菰属■☆
270591 Ombrophytum microlepis B. Hansen;小鳞南美菰■☆
270592 Ombrophytum violaceum B. Hansen;堇色南美菰■☆
270593 Omegandra G. J. Leach et C. C. Towns. (1993);澳苋属■☆
270594 Omeiocalamus P. C. Keng = Arundinaria Michx. ●
270595 Omeiocalamus P. C. Keng = Bashania P. C. Keng et T. P. Yi ●★
270596 Omentaria Salisb. = Tulbaghia L. (保留属名)■☆
270597 Omentaria cepacea Salisb. = Tulbaghia violacea Harv. ■☆
270598 Omiltemia Standl. (1918);奥米茜属●☆
270599 Omiltemia filisepala(Standl.)Morton;线萼奥米茜●☆
270600 Omiltemia floribunda(Standl.)J. H. Kirkbr.;繁花奥米茜●☆
270601 Omiltemia longipes Standl.;长梗奥米茜●☆
270602 Ommatodium Lindl. = Pterygodium Sw. ■☆
270603 Ommatodium volucris(L. f.)Lindl. = Pterygodium volucris(L. f.)Sw. ■☆
270604 Omoea Blume(1825);奥莫兰属■☆

270605 Omoea micrantha Blume;奥莫兰■☆
270606 Omoea philippinensis Ames;菲律宾奥莫兰■☆
270607 Omolocarpus Neck. = Nyctanthes L. ●
270608 Omonoia Raf. = Eschscholzia Cham. ■
270609 Omoscleria Nees = Scleria P. J. Bergius ■
270610 Omphacarpus Korth. = Micrococcus Beckm. ●
270611 Omphacarpus Korth. = Microcos Burm. ex L. ●
270612 Omphacarpus africanus Hook. f. = Grewia hookerana Exell et Mendonca ●☆
270613 Omphacomeria(Endl.)A. DC.(1857);扁豆檀香属■☆
270614 Omphacomeria A. DC. = Omphacomeria(Endl.)A. DC. ■☆
270615 Omphacomeria acerba(R. Br.)A. DC.;扁豆檀香■☆
270616 Omphalandria P. Browne(废弃属名) = Omphalea L.(保留属名)■☆
270617 Omphalea L.(1759)(保留属名);脐戟属■☆
270618 Omphalea cardiophylla Hemsl.;心叶脐戟■☆
270619 Omphalea diandra L.;二雄脐戟;Jamaican Navel-spurge ■☆
270620 Omphalea mansfeldiana Mildbr.;西方脐戟■☆
270621 Omphalea occidentalis Léandri = Omphalea mansfeldiana Mildbr. ■☆
270622 Omphalea triandra L.;三雄脐戟;Jamaica Cobnut ■☆
270623 Omphalissa Sahsb. = Hippeastrum Herb.(保留属名)■
270624 Omphalium Roth = Omphalodes Mill. ■☆
270625 Omphalium Wallr. = Omphalodes Mill. ■☆
270626 Omphalobium Gaertn. = Connarus L. ●
270627 Omphalobium Jacq. ex DC. = Schotia Jacq.(保留属名)●☆
270628 Omphalobium africanum(Lam.)DC. = Connarus africanus Lam. ●☆
270629 Omphalobium discolor Sond. = Cnestis polyphylla Lam. ●☆
270630 Omphalobium nervosum G. Don = Agelaea pentagyna(Lam.)Baill. ●☆
270631 Omphalobium schotia J. Jacq. ex DC. = Schotia latifolia Jacq. ●☆
270632 Omphalobium smeathmannii DC. = Connarus smeathmannii(DC.)Planch. ●☆
270633 Omphalobium thonningii DC. = Connarus thonningii(DC.)G. Schellenb. ●☆
270634 Omphalocarpum P. Beauv.(1800);脐果山榄属●☆
270635 Omphalocarpum Presl ex Dur. = Rourea Aubl.(保留属名)●
270636 Omphalocarpum Presl ex Dur. = Santalodes Kuntze(废弃属名)●☆
270637 Omphalocarpum Presl ex Dur. = Santaloides G. Schellenb.(保留属名)●☆
270638 Omphalocarpum adolfi-friedericii Engl. et K. Krause;弗里德里西脐果山榄●☆
270639 Omphalocarpum anocentrum Pierre ex Engl. = Omphalocarpum elatum Miers ●☆
270640 Omphalocarpum bequaertii De Wild.;贝卡尔脐果山榄●☆
270641 Omphalocarpum bomanehense De Wild. = Omphalocarpum lecomteanum Pierre ex Engl. ●☆
270642 Omphalocarpum bracteatum Baudon;具苞脐果山榄●☆
270643 Omphalocarpum brieyi De Wild.;布里脐果山榄●☆
270644 Omphalocarpum cabrae De Wild.;卡布拉脐果山榄●☆
270645 Omphalocarpum claessensii De Wild.;克莱森斯山榄●☆
270646 Omphalocarpum congolense Pierre ex Engl. = Omphalocarpum procerum P. Beauv. ●☆
270647 Omphalocarpum elatum Miers;高脐果山榄●☆
270648 Omphalocarpum ghesquierei De Wild.;盖斯基埃脐果山榄●☆
270649 Omphalocarpum laurentii De Wild. = Omphalocarpum procerum P. Beauv. ●☆
270650 Omphalocarpum lecomteanum Pierre ex Engl.;勒孔特脐果山榄●☆
270651 Omphalocarpum lescrauwaetii De Wild.;莱斯脐果山榄●☆
270652 Omphalocarpum letestui Aubrév. et Pellegr. = Omphalocarpum lecomteanum Pierre ex Engl. ●☆
270653 Omphalocarpum lujai De Wild.;卢亚脐果山榄●☆
270654 Omphalocarpum massoko Baudon;马索科脐果山榄●☆
270655 Omphalocarpum mayumbense Greves;马永巴脐果山榄●☆
270656 Omphalocarpum mildbraedii Engl. et K. Krause = Omphalocarpum lecomteanum Pierre ex Engl. ●☆
270657 Omphalocarpum mortehanii De Wild.;莫特汉脐果山榄●☆
270658 Omphalocarpum pachysteloides Mildbr. ex Hutch. et Dalziel;粗柱脐果山榄●☆
270659 Omphalocarpum pedicellatum De Wild.;具柄脐果山榄●☆
270660 Omphalocarpum pierreanum Engl. = Omphalocarpum procerum P. Beauv. ●☆
270661 Omphalocarpum procerum P. Beauv.;高大脐果山榄●☆
270662 Omphalocarpum radlkoferi Pierre = Omphalocarpum elatum Miers ●☆
270663 Omphalocarpum radlkoferi Pierre var. pluriloculare Engl. = Omphalocarpum elatum Miers ●☆
270664 Omphalocarpum sankuruense De Wild.;桑库鲁山榄●☆
270665 Omphalocarpum sphaerocarpum De Wild.;球脐果山榄●☆
270666 Omphalocarpum trillesianum Pierre ex Engl. = Omphalocarpum elatum Miers ●☆
270667 Omphalocarpum vermoesenii De Wild.;韦尔蒙森脐果山榄●☆
270668 Omphalocaryon Klotzsch = Scyphogyne Brongn. ●☆
270669 Omphalocaryon capitatum Klotzsch = Erica phacelanthera E. G. H. Oliv. ●☆
270670 Omphalocaryon glandulosum Klotzsch = Erica eglandulosa(Klotzsch)E. G. H. Oliv. ●☆
270671 Omphalocaryon muscosum(Aiton)Klotzsch = Erica muscosa(Aiton)E. G. H. Oliv. ●☆
270672 Omphalocaryon muscosum(Aiton)Klotzsch var. glabrum Klotzsch = Erica muscosa(Aiton)E. G. H. Oliv. ●☆
270673 Omphalococca Willd. = Aegiphila Jacq. ●■☆
270674 Omphalococca Willd. ex Schult. = Aegiphila Jacq. ●■☆
270675 Omphalodaphne(Blume)Nakai = Tetranthera Jacq. ●
270676 Omphalodes Boerl. = Omphalopus Naudin☆
270677 Omphalodes Mill.(1754);脐果草属(琉璃草属);Blue-eyed Mary,Navelseed,Navel-seed,Navelwort,Vcnus' Navelwort ■☆
270678 Omphalodes aquatica Brand = Trigonotis radicans(Turcz.)Steven subsp. sericea(Maxim.)Riedl ■
270679 Omphalodes aquatica Brand = Trigonotis radicans(Turcz.)Steven ■
270680 Omphalodes aquatica Brand var. sinica Brand = Trigonotis radicans(Turcz.)Steven ■
270681 Omphalodes aquatica Brand var. sinica Brand = Trigonotis radicans(Turcz.)Steven subsp. sericea(Maxim.)Riedl ■
270682 Omphalodes blepharolepis Maxim. = Microula blepharolepis(Maxim.)I. M. Johnst. ■
270683 Omphalodes bodinieri H. Lév. = Mitreola pedicellata Benth. ■
270684 Omphalodes cappadocica(Willd.)DC.;西亚脐果草;Dogwood Navelseed,Dogwood Navel-seed,Omphalodes ■☆
270685 Omphalodes cavaleriei H. Lév. = Trigonotis cavaleriei(H. Lév.)Hand. -Mazz. ■

270686 Omphalodes chekiangensis Migo = Sinojohnstonia chekiangensis (Migo) W. T. Wang ■

270687 Omphalodes ciliaris (Bureau et Franch.) Brand = Microula ciliaris (Bureau et Franch.) I. M. Johnst. ■

270688 Omphalodes cordata Hemsl. = Sinojohnstonia moupinensis (Franch.) W. T. Wang ■

270689 Omphalodes diffusa Maxim. = Microula diffusa (Maxim.) I. M. Johnst. ■

270690 Omphalodes esquirolii H. Lév. = Trigonotis cavaleriei (H. Lév.) Hand. -Mazz. ■

270691 Omphalodes fiffusa Maxim. = Microula diffusa (Maxim.) I. M. Johnst. ■

270692 Omphalodes formosana Masam. = Trigonotis naokotaizanensis (Sasaki) Masam. et Ohwi ex Masam. ■

270693 Omphalodes forrestii Diels = Microula forrestii (Diels) I. M. Johnst. ■

270694 Omphalodes intermedia (Fresen.) Decne. = Paracaryum intermedium (Fresen.) Lipsky ■☆

270695 Omphalodes japonica (Thunb. ex A. Murray) Maxim. = Omphalodes japonica (Thunb.) Maxim. ■☆

270696 Omphalodes japonica (Thunb.) Maxim.;日本脐果草■☆

270697 Omphalodes japonica (Thunb.) Maxim. f. albiflora S. Okamoto ex H. Hara;白花日本脐果草■☆

270698 Omphalodes japonica (Thunb.) Maxim. var. echinosperma Kitam.;刺籽日本脐果草■☆

270699 Omphalodes krameri Franch. et Sav.;克拉脐果草■☆

270700 Omphalodes krameri Franch. et Sav. f. alba (T. Ito) H. Hara;白克拉脐果草■☆

270701 Omphalodes krameri Franch. et Sav. var. laevisperma (Nakai) Ohwi;光子克拉脐果草■☆

270702 Omphalodes krameri Franch. et Sav. var. laevisperma (Nakai) Ohwi f. albiflora Satomi;白花光子克拉脐果草■☆

270703 Omphalodes kusnetzovii Klokov;库兹脐果草■☆

270704 Omphalodes laevisperma Nakai = Omphalodes krameri Franch. et Sav. var. laevisperma (Nakai) Ohwi ■☆

270705 Omphalodes linifolia (L.) Moench;亚麻叶脐果草(白梅草,线叶琉璃草); Argentine, Flaxleaf Navelseed, Linearleaf Houndstongue, Navelwort, Venus' Navelwort, Whiteflower Navelwort ■☆

270706 Omphalodes linifolia Moench = Omphalodes linifolia (L.) Moench ■☆

270707 Omphalodes loikae Sommier et H. Lév.;罗伊脐果草■☆

270708 Omphalodes longiflora DC. = Lindelofia longiflora Gurke ■☆

270709 Omphalodes luciliae Boiss.;双色脐果草■☆

270710 Omphalodes mairei H. Lév. = Trigonotis mairei (H. Lév.) I. M. Johnst. ■

270711 Omphalodes micrantha DC. = Paracaryum intermedium (Fresen.) Lipsky ■☆

270712 Omphalodes moupinensis Franch. = Sinojohnstonia moupinensis (Franch.) W. T. Wang ■

270713 Omphalodes nitida Hoffmanns. et Link;光亮脐果草■☆

270714 Omphalodes prolifera Ohwi;多育脐果草■☆

270715 Omphalodes rupestris Rupr.;岩地脐果草■☆

270716 Omphalodes scorpioides (Haenke) Schrank;蝎尾脐果草■☆

270717 Omphalodes sericea Brand var. koreana Brand = Trigonotis radicans (Turcz.) Steven ■

270718 Omphalodes sericea Maxim. = Trigonotis radicans (Turcz.) Steven subsp. sericea (Maxim.) Riedl ■

270719 Omphalodes sericea Maxim. = Trigonotis radicans (Turcz.) Steven ■

270720 Omphalodes sericea Maxim. var. koreana Brand = Trigonotis radicans (Turcz.) Steven subsp. sericea (Maxim.) Riedl ■

270721 Omphalodes trichocarpa Maxim. = Microula trichocarpa (Maxim.) I. M. Johnst. ■

270722 Omphalodes vaniotii H. Lév. = Trigonotis cavaleriei (H. Lév.) Hand. -Mazz. ■

270723 Omphalodes verna Moench;春脐果草; Blue-eyed Mary, Creeping Forget-me-not, Creeping Navel Seed, Creeping Navel-seed, Winter Forget-me-not ■☆

270724 Omphalogonus Baill. = Parquetina Baill. ■☆

270725 Omphalogonus nigritanus N. E. Br. = Periploca nigrescens Afzel. ●

270726 Omphalogramma (Franch.) Franch. (1898);独花报春属; Omphalogramma, Oneflowerprimrose ■

270727 Omphalogramma Franch. = Omphalogramma (Franch.) Franch. ■

270728 Omphalogramma brachysiphon W. W. Sm.;钟状独花报春(短筒独花报春); Belllike Oneflowerprimrose ■

270729 Omphalogramma delavayi (Franch.) Franch.;大理独花报春; Delavay Oneflowerprimrose ■

270730 Omphalogramma elegans Forrest;丽花独报春; Pretty Oneflowerprimrose ■

270731 Omphalogramma elwesianum (King ex Watt) Franch.;光叶独花报春(埃氏报春,唐古拉独花报春); Elwes Primrose, Smoothleaf Oneflowerprimrose ■☆

270732 Omphalogramma engleri (R. Knuth) Balf. f. = Omphalogramma vinciflorum (Franch.) Franch. ■

270733 Omphalogramma farreri Balf. f. = Omphalogramma delavayi (Franch.) Franch. ■

270734 Omphalogramma forrestii Balf. f.;中甸独花报春; Zhongdian Oneflowerprimrose ■

270735 Omphalogramma franchetii (Pax) W. J. Harley = Omphalogramma souliei Franch. ■

270736 Omphalogramma minus Hand. -Mazz.;小独花报春; Small Oneflowerprimrose ■

270737 Omphalogramma rockii W. W. Sm. = Omphalogramma vinciflorum (Franch.) Franch. ■

270738 Omphalogramma souliei Franch.;长柱独花报春(澜沧独花报春); Longstyle Oneflowerprimrose ■

270739 Omphalogramma souliei Franch. var. pubescens H. R. Fletcher = Omphalogramma souliei Franch. ■

270740 Omphalogramma tibeticum H. R. Fletcher;西藏独花报春; Xizang Oneflowerprimrose ■

270741 Omphalogramma vinciflorum (Franch.) Franch.;独花报春(毛独花报春); Hairy Oneflowerprimrose ■

270742 Omphalogramma viola-grandis (Farrer et Purdom) Balf. f. = Omphalogramma vinciflorum (Franch.) Franch. ■

270743 Omphalolappula Brand (1931);脐鹤虱属■☆

270744 Omphalolappula concava (F. Muell.) Brand;脐鹤虱■☆

270745 Omphalopappus O. Hoffm. (1891);齿冠瘦片菊属■☆

270746 Omphalopappus newtonii O. Hoffm.;齿冠瘦片菊■☆

270747 Omphalophthalma H. Karst. = Matelea Aubl. ●☆

270748 Omphalophthalmum H. Karst. = Matelea Aubl. ●☆

270749 Omphalopus Naudin (1851);脐足野牡丹属☆

270750 Omphalopus fallax Naudin;脐足野牡丹☆

270751 Omphalospora Bartl. = Veronica L. ■
270752 Omphalostigma Rchb. = Lisianthus P. Browne ■☆
270753 Omphalothalma Pritz. = Matelea Aubl. ●☆
270754 Omphalothalma Pritz. = Omphalophthalmum H. Karst. ●☆
270755 Omphalotheca Hassk. = Commelina L. ■
270756 Omphalothrix Kom. = Omphalothrix Maxim. ■
270757 Omphalothrix Maxim. (1859); 脐草属; Omphalothrix ■
270758 Omphalothrix longipes Maxim.; 脐草; Longstalk Omphalothrix, Omphalothrix ■
270759 Omphalotrigonotis W. T. Wang = Trigonotis Steven ■
270760 Omphalotrigonotis W. T. Wang (1984); 皿果草属; Omphalotrigonotis ■★
270761 Omphalotrigonotis cupulifera (I. M. Johnst.) W. T. Wang; 皿果草; Cup Omphalotrigonotis ■
270762 Omphalotrigonotis vaginata Y. Y. Fang; 具鞘皿果草; Vaginate Omphalotrigonotis ■
270763 Omphalotrix Maxim. = Omphalothrix Maxim. ■
270764 Omphnlocarpus Post et Kuntze = Omphalocarpum P. Beauv. ●☆
270765 Ona Ravenna = Olsynium Raf. ■☆
270766 Onagra Adans. = Oenothera L. ●■
270767 Onagra Mill. = Oenothera L. ●■
270768 Onagra biennis (L.) Scop. = Oenothera biennis L. ■
270769 Onagra erythrosepala Borbás = Oenothera glazioviana Micheli ex Mart. ■
270770 Onagra muricata (L.) Moench = Oenothera biennis L. ■
270771 Onagra strigosa Rydb. = Oenothera villosa Thunb. subsp. strigosa (Rydb.) W. Dietr. et P. H. Raven ■☆
270772 Onagraceae Adans. = Onagraceae Juss. (保留科名) ■●
270773 Onagraceae Juss. (1789) (保留科名); 柳叶菜科; Evening Primrose Family, Eveningprimrose Family, Evening-primrose Family, Willowherb Family ■●
270774 Oncella Tiegh. (1895); 瘤寄生属 ●☆
270775 Oncella ambigua (Engl.) Tiegh.; 可疑瘤寄生 ●☆
270776 Oncella curviramea (Engl.) Danser; 弯瘤寄生 ●☆
270777 Oncella gracilis Balle ex Polhill et Wiens; 瘤寄生 ●☆
270778 Oncella poecilobotrys (Werth) Danser = Oncella ambigua (Engl.) Tiegh. ●☆
270779 Oncella sacleuxii Tiegh. = Oncella ambigua (Engl.) Tiegh. ●☆
270780 Oncella schliebeniana Balle ex Polhill et Wiens; 施利瘤寄生 ●☆
270781 Oncerostylus Post et Kuntze = Angianthus J. C. Wendl. (保留属名) ■●☆
270782 Oncerostylus Post et Kuntze = Ogcerostylus Cass. ■●☆
270783 Oncerostylus Post et Kuntze = Styloncerus Spreng. ■●☆
270784 Oncerum Dulac = Silene L. (保留属名) ■
270785 Oncidiochilus Falc. = Cordylestylis Falc. ■
270786 Oncidiochilus Falc. = Goodyera R. Br. ■
270787 Oncidium Sw. (1800) (保留属名); 瘤瓣兰属 (金蝶兰属, 文心兰属); Oncidium, Oncidium Orchid ■☆
270788 Oncidium 'Golden shower'; 金蝶兰 ■☆
270789 Oncidium altissimum Lindl.; 极高瘤瓣兰; Tall Oncidium ■☆
270790 Oncidium ampliatum Lindl.; 大瘤瓣兰 (龟头文心兰); Largrflower Oncidium ■☆
270791 Oncidium ampliatum Lindl. 'Majus'; 大花文心兰 ■☆
270792 Oncidium aureum Lindl.; 黄花瘤瓣兰; Yellowflower Oncidium ■☆
270793 Oncidium auriferum Rchb. f.; 金黄瘤瓣兰; Goldenyellow Oncidium ■☆
270794 Oncidium bahamense Nash ex Britton et Millsp. = Oncidium variegatum (Sw.) Sw. ■☆
270795 Oncidium barbatum Lindl.; 髯毛瘤瓣兰; Bearded Oncidium ■☆
270796 Oncidium baueri Lindl.; 包氏瘤瓣兰; Bauer Oncidium ■☆
270797 Oncidium bicallosum Lindl.; 二硬体瘤瓣兰; Bicallus Oncidium ■☆
270798 Oncidium bifolium Sims; 二叶瘤瓣兰; Twoleaves Oncidium ■☆
270799 Oncidium cheirophorum Rchb. f.; 指状瘤瓣兰; Digitate Oncidium ■☆
270800 Oncidium citrinum Lindl.; 柠檬黄瘤瓣兰; Citrine Oncidium ■☆
270801 Oncidium concolor Hook.; 同色瘤瓣兰; Concolor Oncidium ■☆
270802 Oncidium crispum Lodd.; 皱波瘤瓣兰; Crisped Oncidium ■☆
270803 Oncidium crista-galli Rchb. f.; 鸡冠瘤瓣兰; Cristate Oncidium ■☆
270804 Oncidium cucullatum Lindl.; 兜状瘤瓣兰; Hoodshaped Oncidium ■☆
270805 Oncidium dasytyle Rchb. f.; 粗毛花柱瘤瓣兰; Thickstyle Oncidium ■☆
270806 Oncidium divaricatum (Lindl.) Beer; 极叉开瘤瓣兰; Divaricate Oncidium ■☆
270807 Oncidium ensatum Lindl.; 剑形瘤瓣兰; Swordshape Oncidium ■☆
270808 Oncidium falcipetalum Lindl.; 镰瓣瘤瓣兰; Falcatepetal Oncidium ■☆
270809 Oncidium flexuosum Sims; 黄叶瘤唇兰 ■☆
270810 Oncidium floridanum Ames = Oncidium ensatum Lindl. ■☆
270811 Oncidium forbesii Hook.; 福氏瘤唇兰 ■☆
270812 Oncidium guttatum (L.) Rchb. f.; 油点瘤唇兰 ■☆
270813 Oncidium guttatum (Lindl.) Rchb. f. var. intermedium (Lindl.) Rchb. f. = Trichocentrum undulatum (Sw.) Ackerman et M. W. Chase ■☆
270814 Oncidium harrisonianum Lindl.; 哈氏瘤唇兰 ■☆
270815 Oncidium hybridum Hort.; 文心兰 ■
270816 Oncidium incurvum Barker ex Lindl.; 内弯瘤瓣兰; Incurvate Oncidium ■☆
270817 Oncidium intermedium Knowles et Westc. = Trichocentrum undulatum (Sw.) Ackerman et M. W. Chase ■☆
270818 Oncidium jonesianum Rchb. f.; 约氏瘤唇兰 ■☆
270819 Oncidium leucochilum Bateman; 白唇瘤瓣兰; Whitelip Oncidium ■☆
270820 Oncidium limminghei E. Morren ex Lindl. = Psychopsiella limminghei (E. Morren ex Lindl.) Lückel et Braem ■☆
270821 Oncidium lindenii Lodd. ex Lindl. = Trichocentrum undulatum (Sw.) Ackerman et M. W. Chase ■☆
270822 Oncidium longifolium Lindl.; 长叶瘤瓣兰; Longleaf Oncidium ■☆
270823 Oncidium longipes Lindl. et Paxton; 长柄瘤瓣兰; Longstalk Oncidium ■☆
270824 Oncidium luridum Lindl.; 褐黄瘤瓣兰; Brownyellow Oncidium ■☆
270825 Oncidium luridum Lindl. = Trichocentrum undulatum (Sw.) Ackerman et M. W. Chase ■☆
270826 Oncidium luridum Lindl. var. intermedium Lindl. = Trichocentrum undulatum (Sw.) Ackerman et M. W. Chase ■☆
270827 Oncidium macranthum Lindl.; 大花瘤瓣兰; Largeflower Oncidium ■☆
270828 Oncidium maculatum (Aubl.) Urb.; 斑点瘤瓣兰; Spotted Oncidium ■☆
270829 Oncidium maculatum (Aubl.) Urb. = Trichocentrum undulatum (Sw.) Ackerman et M. W. Chase ■☆
270830 Oncidium marshallianum Rchb. f.; 马氏瘤唇兰 ■☆
270831 Oncidium onustum Lindl. = Zelenkoa onusta (Lindl.) M. W. Chase et N. H. Williams ■☆

270832 Oncidium ornithorynchum Kunth;鸟喙瘤瓣兰(鸟喙文心兰);Bird Beak Oncidium ■☆
270833 Oncidium panamense Schltr.;巴拿马瘤唇兰;Panama Oncidium ■☆
270834 Oncidium papilio Lindl.;四季蝶兰(飞蝶兰);Butterfly Orchid,Butterfly-orchid ■☆
270835 Oncidium parviflorum L. O. Williams;小花瘤瓣兰;Smallflower Oncidium ■☆
270836 Oncidium phymatochilum Lindl.;厚瘤突瘤瓣兰;Wartylip Oncidium ■☆
270837 Oncidium pulchellum Hook.;美丽瘤瓣兰;Beautiful Oncidium ■☆
270838 Oncidium pumilum Lindl.;矮生瘤瓣兰;Dwarf Oncidium ■☆
270839 Oncidium pusillum(L.)Rchb. f.;小瘤瓣兰;Small Oncidium ■☆
270840 Oncidium serratum Lindl.;锯齿瘤瓣兰;Serrate Oncidium ■☆
270841 Oncidium sphacelatum Lindl.;焦点瘤唇兰(飞燕兰,文心兰)■☆
270842 Oncidium splendidum A. Rich. ex Duch.;华彩瘤瓣兰(单顶叶瘤唇兰);Splendid Oncidium ■☆
270843 Oncidium tigrinum La Llave et Lex.;虎斑瘤瓣兰(单顶叶瘤唇兰,虎斑文心兰);Tigrine Oncidium ■☆
270844 Oncidium triquetrum(Sw.)R. Br.;三棱瘤瓣兰;Triquetrous Oncidium ■☆
270845 Oncidium undulatum(Sw.)Salisb. = Trichocentrum undulatum(Sw.)Ackerman et M. W. Chase ■☆
270846 Oncidium varicosum Lindl.;肿脉瘤瓣兰■☆
270847 Oncidium variegatum(Sw.)Sw. = Tolumnia bahamensis(Nash ex Britton et Millsp.)Braem ■☆
270848 Oncidium variegatum(Sw.)Sw. subsp. bahamense(Nash ex Britton et Millsp.)Withner = Oncidium variegatum(Sw.)Sw. ■☆
270849 Oncidium variegatum Lindl.;杂色瘤瓣兰;Variegated Oncidium ■☆
270850 Oncinema Arn.(1834);瘤丝萝藦属●☆
270851 Oncinema lineare(L. f.)Bullock;瘤丝萝藦●☆
270852 Oncinocalyx F. Muell.(1883);瘤萼马鞭草属■●☆
270853 Oncinocalyx betchei F. Muell.;瘤萼马鞭草■●☆
270854 Oncinotis Benth.(1849);瘤耳夹竹桃属●☆
270855 Oncinotis batesii Stapf = Oncinotis glabrata(Baill.)Stapf ex Hiern ●☆
270856 Oncinotis campanulata K. Schum. = Baissea campanulata(K. Schum.)de Kruif ●☆
270857 Oncinotis chirindica S. Moore = Oncinotis tenuiloba Stapf ●☆
270858 Oncinotis chlorogena K. Schum. = Oncinotis gracilis Stapf ●☆
270859 Oncinotis glabrata(Baill.)Stapf ex Hiern;光滑瘤耳夹竹桃●☆
270860 Oncinotis glandulosa Stapf = Oncinotis glabrata(Baill.)Stapf ex Hiern ●☆
270861 Oncinotis gracilis Stapf;纤细瘤耳夹竹桃●☆
270862 Oncinotis hirta Oliv.;多毛瘤耳夹竹桃●☆
270863 Oncinotis inandensis J. M. Wood et M. S. Evans = Oncinotis tenuiloba Stapf ●☆
270864 Oncinotis jespersenii De Wild. = Oncinotis glabrata(Baill.)Stapf ex Hiern ●☆
270865 Oncinotis malchairii De Wild. = Oncinotis gracilis Stapf ●☆
270866 Oncinotis melanocephala K. Schum. = Baissea myrtifolia(Benth.)Pichon ●☆
270867 Oncinotis mitis Stapf = Oncinotis gracilis Stapf ●☆
270868 Oncinotis natalensis Stapf = Oncinotis tenuiloba Stapf ●☆
270869 Oncinotis nigra Pichon = Oncinotis tomentella Radlk. ●☆
270870 Oncinotis nitida Benth.;光亮瘤耳夹竹桃●☆
270871 Oncinotis oblanceolata Engl. = Oncinotis tenuiloba Stapf ●☆
270872 Oncinotis obovata De Wild. = Oncinotis pontyi Dubard ●☆
270873 Oncinotis paniculosa Mildbr.;圆锥瘤耳夹竹桃●☆
270874 Oncinotis pontyi Dubard;蓬蒂瘤耳夹竹桃●☆
270875 Oncinotis pontyi Dubard var. breviloba Pichon = Oncinotis pontyi Dubard ●☆
270876 Oncinotis subsessilis K. Schum. = Baissea campanulata(K. Schum.)de Kruif ●☆
270877 Oncinotis tenuiloba Stapf;柔软瘤耳夹竹桃●☆
270878 Oncinotis thyrsiflora K. Schum. ex Stapf = Oncinotis gracilis Stapf ●☆
270879 Oncinotis tomentella Radlk.;绒毛瘤耳夹竹桃●☆
270880 Oncinotis zygodioides K. Schum. = Baissea zygodioides(K. Schum.)Stapf ●☆
270881 Oncinus Lour. = Melodinus J. R. Forst. et G. Forst. ●
270882 Oncinus cochinchinensis Lour. = Melodinus cochinchinensis(Lour.)Merr. ●
270883 Oncoba Forssk.(1775);鼻烟盒树属(恩科木属);Oncoba ●
270884 Oncoba angustipetala De Wild. = Oncoba tettensis(Klotzsch)Harv. var. macrophylla(Klotzsch)Hul et Breteler ●☆
270885 Oncoba aristata Oliv. = Oncoba mannii Oliv. ●☆
270886 Oncoba brachyanthera Oliv.;短药鼻烟盒树●☆
270887 Oncoba breteleri Hul;布勒泰尔鼻烟盒树●☆
270888 Oncoba brevipes Stapf;短梗鼻烟盒树(短梗大风子)●☆
270889 Oncoba bukobensis(Gilg)Hul et Breteler;布科巴鼻烟盒树●☆
270890 Oncoba caillei A. Chev. ex Hutch. = Oncoba dentata Oliv. ●☆
270891 Oncoba cauliflora Sleumer = Oncoba welwitschii Oliv. ●☆
270892 Oncoba crepiniana De Wild. et T. Durand;长瓣鼻烟盒树(长瓣大风子)●☆
270893 Oncoba cuneato-acuminata(De Wild.)Hul et Breteler;楔尖鼻烟盒树●☆
270894 Oncoba demeusei De Wild. et T. Durand = Oncoba poggei Gürke ●☆
270895 Oncoba dentata Oliv.;齿鼻烟盒树●☆
270896 Oncoba dentata Oliv. var. cuneato-acuminata De Wild. = Oncoba cuneato-acuminata(De Wild.)Hul et Breteler ●☆
270897 Oncoba echinata Oliv.;刺鼻烟盒树(刺恩科木,刺卡洛大风子,无刺大风子);Caloncoba,Gorli Oil ●☆
270898 Oncoba eximia Gilg = Buchnerodendron lasiocalyx(Oliv.)Gilg ●☆
270899 Oncoba fissistyla Warb. = Oncoba tettensis(Klotzsch)Harv. var. fissistyla(Warb.)Hul et Breteler ●☆
270900 Oncoba flagelliflora(Mildbr.)Hul;鞭花鼻烟盒树●☆
270901 Oncoba fragrans Gilg;香鼻烟盒树●☆
270902 Oncoba gilgiana Sprague;吉尔格鼻烟盒树●☆
270903 Oncoba glauca(P. Beauv.)Planch.;灰蓝鼻烟盒树●☆
270904 Oncoba kirkii Oliv. = Oncoba tettensis(Klotzsch)Harv. var. kirkii(Oliv.)Hul et Breteler ●☆
270905 Oncoba kivuensis(Bamps)Hul et Breteler;基伍鼻烟盒树●☆
270906 Oncoba klainii Pierre = Oncoba glauca(P. Beauv.)Planch. ●☆
270907 Oncoba kraussiana(Hochst.)Planch.;克劳斯鼻烟盒树●☆
270908 Oncoba lasiocalyx Oliv. = Buchnerodendron lasiocalyx(Oliv.)Gilg ●☆
270909 Oncoba laurentii De Wild. et T. Durand = Oncoba welwitschii Oliv. ●☆
270910 Oncoba laurina(C. Presl)Eichler;月桂鼻烟盒树●☆
270911 Oncoba laurina Eichler = Oncoba laurina(C. Presl)Eichler ●☆
270912 Oncoba longipes Gilg = Xylotheca longipes(Gilg)Gilg ●☆
270913 Oncoba lophocarpa Oliv.;冠果鼻烟盒树●☆
270914 Oncoba macrophylla(Klotzsch)Warb. = Oncoba tettensis

(Klotzsch) Harv. var. macrophylla (Klotzsch) Hul et Breteler ●☆
270915 Oncoba mannii Oliv.; 曼氏鼻烟盒树●☆
270916 Oncoba ngounyensis (Pellegr.) Hul; 恩戈尼亚鼻烟盒树●☆
270917 Oncoba ovalis Oliv.; 椭圆鼻烟盒树●☆
270918 Oncoba petersiana Oliv. = Oncoba tettensis (Klotzsch) Harv. var. macrophylla (Klotzsch) Hul et Breteler ●☆
270919 Oncoba poggei Gürke; 波格鼻烟盒树●☆
270920 Oncoba routledgei Sprague; 劳特利奇鼻烟盒树●☆
270921 Oncoba schweinfurthii (Gilg) Hul et Breteler; 施韦鼻烟盒树●☆
270922 Oncoba somalensis (Chiov.) Hul et Breteler; 索马里鼻烟盒树●☆
270923 Oncoba spinidens Hiern = Rawsonia lucida Harv. et Sond. ●☆
270924 Oncoba spinosa Forssk.; 鼻烟盒树(鼻烟树); Oncoba ●
270925 Oncoba spinosa Forssk. subsp. sidamensis Cufod.; 锡达莫鼻烟盒树●☆
270926 Oncoba spireana Pierre = Oncoba welwitschii Oliv. ●☆
270927 Oncoba stipulata Oliv.; 托叶鼻烟盒树●☆
270928 Oncoba stuhlmannii Gürke = Oncoba tettensis (Klotzsch) Harv. var. macrophylla (Klotzsch) Hul et Breteler ●☆
270929 Oncoba subtomentosa (Gilg) Hul et Breteler; 绒毛鼻烟盒树●☆
270930 Oncoba suffruticosa (Milne-Redh.) Hul et Breteler; 灌木鼻烟盒树●☆
270931 Oncoba sulcata Sim = Glyphaea tomentosa Mast. ●☆
270932 Oncoba tettensis (Klotzsch) Harv.; 泰特鼻烟盒树●☆
270933 Oncoba tettensis (Klotzsch) Harv. var. fissistyla (Warb.) Hul et Breteler; 裂柱鼻烟盒树●☆
270934 Oncoba tettensis (Klotzsch) Harv. var. kirkii (Oliv.) Hul et Breteler; 柯克鼻烟盒树●☆
270935 Oncoba tettensis (Klotzsch) Harv. var. macrophylla (Klotzsch) Hul et Breteler; 大叶鼻烟盒树●☆
270936 Oncoba welwitschii Oliv.; 韦氏鼻烟盒树(韦氏恩科木)●☆
270937 Oncocalamus (G. Mann et H. Wendl.) G. Mann et H. Wendl. = Oncocalamus (G. Mann et H. Wendl.) G. Mann et H. Wendl. ex Hook. f. ●☆
270938 Oncocalamus (G. Mann et H. Wendl.) G. Mann et H. Wendl. ex Hook. f. (1883); 鳞果藤属(聚花藤属, 瘤黄藤属, 肿胀藤属)●☆
270939 Oncocalamus (G. Mann et H. Wendl.) G. Mann et H. Wendl. ex Kerch. = Oncocalamus (G. Mann et H. Wendl.) G. Mann et H. Wendl. ex Hook. f. ●☆
270940 Oncocalamus (G. Mann et H. Wendl.) Hook. f. = Oncocalamus (G. Mann et H. Wendl.) G. Mann et H. Wendl. ex Hook. f. ●☆
270941 Oncocalamus G. Mann et H. Wendl. = Oncocalamus (G. Mann et H. Wendl.) G. Mann et H. Wendl. ex Hook. f. ●☆
270942 Oncocalamus acanthocnemis Drude; 刺足鳞果藤●☆
270943 Oncocalamus macrospathus Burret; 大苞鳞果藤●☆
270944 Oncocalamus mannii (H. Wendl.) H. Wendl.; 曼氏鳞果藤●☆
270945 Oncocalamus wrightianus Hutch. et H. Wendl.; 赖特鳞果藤●☆
270946 Oncocalyx Tiegh. (1895); 瘤萼寄生属●☆
270947 Oncocalyx Tiegh. = Odontella Tiegh. ●☆
270948 Oncocalyx Tiegh. = Tapinanthus (Blume) Rchb. (保留属名)●☆
270949 Oncocalyx angularis M. G. Gilbert; 棱角瘤萼寄生●☆
270950 Oncocalyx bolusii (Sprague) Wiens et Polhill; 博卢斯瘤萼寄生●☆
270951 Oncocalyx cordifolius Wiens et Polhill; 心叶瘤萼寄生●☆
270952 Oncocalyx fischeri (Engl.) M. G. Gilbert; 菲舍尔瘤萼寄生●☆
270953 Oncocalyx ghikae (Volkens et Schweinf.) M. G. Gilbert; 吉卡瘤萼寄生●☆
270954 Oncocalyx glabratus (Engl.) M. G. Gilbert; 光滑瘤萼寄生●☆
270955 Oncocalyx kelleri (Engl.) M. G. Gilbert; 凯勒瘤萼寄生●☆
270956 Oncocalyx quinquenervius (Hochst.) Wiens et Polhill; 五脉瘤萼寄生●☆
270957 Oncocalyx rhamnifolius (Engl.) Tiegh. = Spragueanella rhamnifolia (Engl.) Balle ●☆
270958 Oncocalyx schimperi (Hochst. ex A. Rich.) M. G. Gilbert; 欣珀瘤萼寄生●☆
270959 Oncocalyx sulfureus (Engl.) Wiens et Polhill; 硫色瘤萼寄生●☆
270960 Oncocalyx ugogensis (Engl.) Wiens et Polhill; 小叶瘤萼寄生●☆
270961 Oncocalyx welwitschii (Engl.) Polhill et Wiens; 韦尔瘤萼寄生●☆
270962 Oncocarpus A. Gray = Semecarpus L. f. ●
270963 Oncocarpus A. Gray (1853); 瘤果漆属●☆
270964 Oncocarpus densiflorus Merr.; 密花瘤果漆●☆
270965 Oncocarpus ferrugineus C. B. Rob.; 锈色瘤果漆●☆
270966 Oncocarpus macrophyllus C. B. Rob.; 大叶瘤果漆●☆
270967 Oncocarpus obovatus Merr.; 倒卵瘤果漆●☆
270968 Oncocyclus Siemssen = Iris L. ■
270969 Oncodeia Benth. et Hook. f. = Naucleopsis Miq. ●☆
270970 Oncodeia Benth. et Hook. f. = Ogcodeia Bureau ●☆
270971 Oncodia Lindl. = Brachtia Rchb. f. (保留属名)■☆
270972 Oncodostigma Diels = Meiogyne Miq. ●
270973 Oncodostigma Diels (1912); 钱木属(蕉木属, 钱氏木属); Oncodostigma ●
270974 Oncodostigma hainanense (Merr.) Tsiang et P. T. Li = Chieniodendron hainanense (Merr.) Tsiang et P. T. Li ●◇
270975 Oncodostigma leptoneura Diels; 钱木●☆
270976 Oncodostigma microflorum H. Okada; 小花钱木●☆
270977 Oncolon Raf. = Valerianella Mill. ■
270978 Oncoma Spreng. = Oxera Labill. ●☆
270979 Oncophyllum D. L. Jones et M. A. Clem. (2001); 瘤叶兰属■☆
270980 Oncophyllum globuliforme (Nicholls) D. L. Jones et M. A. Clem.; 瘤叶兰■☆
270981 Oncophyllum minutissimum (F. Muell.) D. L. Jones et M. A. Clem.; 小瘤叶兰■☆
270982 Oncorachis Morrone et Zuloaga = Panicum L. ■
270983 Oncorachis Morrone et Zuloaga (2009); 巴西黍属■☆
270984 Oncorhiza Pers. = Dioscorea L. (保留属名)■
270985 Oncorhiza Pers. = Oncus Lour. ■
270986 Oncorhynchus Lehm. = Orthocarpus Nutt. ■☆
270987 Oncosima Raf. = Valerianella Mill. ■
270988 Oncosiphon Källersjö (1988); 球黄菊属■☆
270989 Oncosiphon africanum (P. J. Bergius) Källersjö; 非洲球黄菊■☆
270990 Oncosiphon glabratum (Thunb.) Källersjö = Oncosiphon africanum (P. J. Bergius) Källersjö ■☆
270991 Oncosiphon grandiflorum (Thunb.) Källersjö; 大花球黄菊■☆
270992 Oncosiphon intermedium (Hutch.) Källersjö; 间型球黄菊■☆
270993 Oncosiphon piluliferum (L. f.) Källersjö; 美洲球黄菊; Globe Chamomile, Stinknet ■☆
270994 Oncosiphon sabulosum (Wolley-Dod) Källersjö; 砂地球黄菊■☆
270995 Oncosiphon schlechteri (Bolus ex Schltr.) Källersjö; 施莱球黄菊■☆
270996 Oncosiphon suffruticosum (L.) Källersjö; 灌状球黄菊; Shrubby Mayweed ■☆
270997 Oncosperma Blume (1838); 钩子棕属(刺菜椰属, 瘤籽榈属, 瘤子椰子属, 尼梆刺椰属); Oncosperma ●☆
270998 Oncosperma fasciculatum Thwaites; 簇生钩子棕; Katu-kitul Palm ●☆
270999 Oncosperma filamentosum Blume = Oncosperma tigillarium

(Jack) Ridl. ●☆
271000 Oncosperma gracilipes Becc.;细梗钩子棕●☆
271001 Oncosperma horridum (Griff.) Scheff.;有刺钩子棕;Byass Palm,Spiny Oncosperma ●☆
271002 Oncosperma platyphyllum Becc.;宽叶钩子棕●☆
271003 Oncosperma tigillarium (Jack) Ridl.;尼邦钩子棕;Nibung Oncosperma ●☆
271004 Oncosporum Putt. (1839);瘤子海桐属●☆
271005 Oncosporum Putt. = Marianthus Hügel ex Endl. ●☆
271006 Oncosporum bicolor Putt.;二色瘤子海桐●☆
271007 Oncosporum microphyllum Turcz.;小叶瘤子海桐●☆
271008 Oncostema Raf. (1837);瘤蕊百合属■☆
271009 Oncostema Raf. = Scilla L. ■
271010 Oncostema africana(Borzí et Mattei) Speta;非洲瘤蕊百合■☆
271011 Oncostema barba-caprae(Asch. et Barbey) Speta;热非瘤蕊百合■☆
271012 Oncostema elongata(Parl.) Speta;长瘤蕊百合■☆
271013 Oncostema maireana Brullo,Giusso et Terrasi;迈雷瘤蕊百合■☆
271014 Oncostema peruviana (L.) Speta;秘鲁瘤蕊百合;Peruvian Scilla ■☆
271015 Oncostema ramburei (Boiss.) Speta = Tractema ramburei (Boiss.) Speta ■☆
271016 Oncostema tingitana (Schousb.) Speta = Tractema tingitana (Schousb.) Speta ■☆
271017 Oncostema villosa(Desf.) Raf.;长柔毛瘤蕊百合■☆
271018 Oncostemma K. Schum. (1893);瘤冠萝藦属■☆
271019 Oncostemma cuspidatum K. Schum.;瘤冠萝藦■☆
271020 Oncostemon Spach = Oncostemum A. Juss. ●☆
271021 Oncostemum A. Juss. (1830);瘤蕊紫金牛属●☆
271022 Oncostemum acuminatum Mez;渐尖瘤蕊紫金牛●☆
271023 Oncostemum arboreum H. Perrier;树状瘤蕊紫金牛●☆
271024 Oncostemum arthriticum Baker;节状瘤蕊紫金牛●☆
271025 Oncostemum barbeyanum Mez;巴比瘤蕊紫金牛●☆
271026 Oncostemum boivinianum H. Perrier;博伊文瘤蕊紫金牛●☆
271027 Oncostemum botryoides Baker;葡萄瘤蕊紫金牛●☆
271028 Oncostemum brevipedatum Mez;短鸟足状瘤蕊紫金牛●☆
271029 Oncostemum buxifolium H. Perrier;黄杨叶瘤蕊紫金牛●☆
271030 Oncostemum capitatum H. Perrier;头状瘤蕊紫金牛●☆
271031 Oncostemum cauliflorum H. Perrier;茎花瘤蕊紫金牛●☆
271032 Oncostemum celastroides H. Perrier;南蛇藤瘤蕊紫金牛●☆
271033 Oncostemum commersonianum Lecomte = Oncostemum lucens H. Perrier ●☆
271034 Oncostemum coriaceum H. Perrier;革质瘤蕊紫金牛●☆
271035 Oncostemum coursii H. Perrier;库尔斯瘤蕊紫金牛●☆
271036 Oncostemum crenatum Mez;圆齿瘤蕊紫金牛●☆
271037 Oncostemum dauphinense H. Perrier;多芬瘤蕊紫金牛●☆
271038 Oncostemum denticulatum H. Perrier;细齿瘤蕊紫金牛●☆
271039 Oncostemum dissitiflorum (Baker) Mez = Oncostemum oliganthum(Baker) Mez ●☆
271040 Oncostemum divaricatum A. DC.;叉开瘤蕊紫金牛●☆
271041 Oncostemum elephantipes H. Perrier;象足瘤蕊紫金牛●☆
271042 Oncostemum ericophilum H. Perrier;毛叶瘤蕊紫金牛●☆
271043 Oncostemum evonymoides Mez;卫矛瘤蕊紫金牛●☆
271044 Oncostemum falcifolium Mez;镰叶瘤蕊紫金牛●☆
271045 Oncostemum filicinum Mez;蕨叶瘤蕊紫金牛●☆
271046 Oncostemum flexuosum Baker;曲折瘤蕊紫金牛●☆
271047 Oncostemum formosum H. Perrier;美丽瘤蕊紫金牛●☆
271048 Oncostemum forsythii Mez;福赛斯瘤蕊紫金牛●☆
271049 Oncostemum fuscopilosum(Baker) Mez;褐毛瘤蕊紫金牛●☆
271050 Oncostemum glaucum H. Perrier;灰绿瘤蕊紫金牛●☆
271051 Oncostemum gracile Mez;纤细瘤蕊紫金牛●☆
271052 Oncostemum gracilipes H. Perrier;细梗瘤蕊紫金牛●☆
271053 Oncostemum hildebrandtii Mez;希尔德瘤蕊紫金牛●☆
271054 Oncostemum hirsutum H. Perrier;粗毛瘤蕊紫金牛●☆
271055 Oncostemum humbertianum H. Perrier;亨伯特瘤蕊紫金牛●☆
271056 Oncostemum imparipinnatum H. Perrier;奇数羽状瘤蕊紫金牛●☆
271057 Oncostemum laevigatum Mez;光滑瘤蕊紫金牛●☆
271058 Oncostemum laurifolium(Bojer ex A. DC.) Mez;桂叶瘤蕊紫金牛●☆
271059 Oncostemum laxiflorum Mez;疏花瘤蕊紫金牛●☆
271060 Oncostemum leprosum Mez;鳞片瘤蕊紫金牛●☆
271061 Oncostemum leptocladum(Baker) Mez;细枝瘤蕊紫金牛●☆
271062 Oncostemum linearisepalum H. Perrier;线萼瘤蕊紫金牛●☆
271063 Oncostemum longipes(Baker) Mez;长梗瘤蕊紫金牛●☆
271064 Oncostemum lucens H. Perrier;亮瘤蕊紫金牛●☆
271065 Oncostemum macrocarpum H. Perrier;大果瘤蕊紫金牛●☆
271066 Oncostemum macrophyllum Mez;大叶瘤蕊紫金牛●☆
271067 Oncostemum macroscyphon(Baker) Mez;大瘤蕊紫金牛●☆
271068 Oncostemum macrostachyum Mez;大穗瘤蕊紫金牛●☆
271069 Oncostemum mandrakense H. Perrier = Oncostemum tenerum Mez ●☆
271070 Oncostemum matitanense H. Perrier;马蒂坦瘤蕊紫金牛●☆
271071 Oncostemum mezianum H. Perrier;梅茨瘤蕊紫金牛●☆
271072 Oncostemum microphyllum(Roem. et Schult.) Mez;小叶瘤蕊紫金牛●☆
271073 Oncostemum microsphaerum Baker;小球瘤蕊紫金牛●☆
271074 Oncostemum muscicola H. Perrier;苔地瘤蕊紫金牛●☆
271075 Oncostemum myrtifolium A. DC. = Oncostemum microphyllum (Roem. et Schult.) Mez ●☆
271076 Oncostemum myrtilloides H. Perrier;黑果瘤蕊紫金牛(黑果越橘)●☆
271077 Oncostemum nemorosum A. DC.;森林瘤蕊紫金牛●☆
271078 Oncostemum neriifolium Baker;夹竹桃叶瘤蕊紫金牛●☆
271079 Oncostemum nervosum Baker;多脉瘤蕊紫金牛●☆
271080 Oncostemum nitidulum(Baker) Mez;光亮瘤蕊紫金牛●☆
271081 Oncostemum oliganthum(Baker) Mez;贫花瘤蕊紫金牛●☆
271082 Oncostemum ovatoacuminatum H. Perrier;尖卵瘤蕊紫金牛●☆
271083 Oncostemum pachybotrys Mez;粗穗瘤蕊紫金牛●☆
271084 Oncostemum palmiforme H. Perrier;掌状瘤蕊紫金牛●☆
271085 Oncostemum paniculatum H. Perrier;圆锥瘤蕊紫金牛●☆
271086 Oncostemum pauciflorum A. DC.;少花瘤蕊紫金牛●☆
271087 Oncostemum pentagonum H. Perrier;五角瘤蕊紫金牛●☆
271088 Oncostemum phyllanthoides Baker;叶花瘤蕊紫金牛●☆
271089 Oncostemum platycladum Baker;扁枝瘤蕊紫金牛●☆
271090 Oncostemum polytrichum Baker;多毛瘤蕊紫金牛●☆
271091 Oncostemum pterocaule Mez;翼茎瘤蕊紫金牛●☆
271092 Oncostemum pustulosum H. Perrier;刚毛瘤蕊紫金牛●☆
271093 Oncostemum reflexum Mez;反折瘤蕊紫金牛●☆
271094 Oncostemum richardianum H. Perrier;理查德瘤蕊紫金牛●☆
271095 Oncostemum roseum Aug. DC.;粉红瘤蕊紫金牛●☆
271096 Oncostemum rubricaule H. Perrier;红茎瘤蕊紫金牛●☆
271097 Oncostemum rubronotatum H. Perrier;红斑纹瘤蕊紫金牛●☆
271098 Oncostemum scriptum H. Perrier;雕饰瘤蕊紫金牛●☆
271099 Oncostemum seyrigii H. Perrier;塞里格瘤蕊紫金牛●☆

271100 Oncostemum subcuspidatum H. Perrier;骤尖瘤蕊紫金牛●☆
271101 Oncostemum tenerum Mez;柔弱瘤蕊紫金牛●☆
271102 Oncostemum terniflorum H. Perrier;三出花瘤蕊紫金牛●☆
271103 Oncostemum triflorum H. Perrier;三花瘤蕊紫金牛●☆
271104 Oncostemum umbellatum(Baker)Mez;小伞瘤蕊紫金牛●☆
271105 Oncostemum vaccinifolium Baker;越橘瘤蕊紫金牛●☆
271106 Oncostemum venulosum Baker;细脉瘤蕊紫金牛●☆
271107 Oncostemum viride H. Perrier;绿花瘤蕊紫金牛●☆
271108 Oncostylis Mart. = Bulbostylis Kunth(保留属名)■
271109 Oncostylis Mart. ex Nees = Bulbostylis Kunth(保留属名)■
271110 Oncostylis Nees = Fimbristylis Vahl(保留属名)■
271111 Oncostylis Nees = Psilocarya Torr. ■
271112 Oncostylis Nees = Rhynchospora Vahl(保留属名)■
271113 Oncostylis arenaria Nees = Bulbostylis juncoides(Vahl)Kük. ex Osten ■☆
271114 Oncostylis tenuifolia (Rudge) Nees var. hirta Liebm. = Bulbostylis juncoides(Vahl)Kük. ex Osten ■☆
271115 Oncostylus(Schltdl.)F. Bolle = Geum L. ■
271116 Oncostylus(Schltdl.)F. Bolle(1933);肖路边青属■☆
271117 Oncotheca Baill. (1891);钩药茶属(昂可茶属)●☆
271118 Oncotheca balansae Baill.;钩药茶●☆
271119 Oncothecaceae Kobuski ex Airy Shaw(1965);钩药茶科(昂可茶科,五蕊茶科)●☆
271120 Oncufis Raf. = Cleome L. ●■
271121 Oncus Lour. = Dioscorea L.(保留属名)■
271122 Oncus esculentus Lour. = Dioscorea esculenta(Lour.)Burkill ■
271123 Oncyphis Post et Kuntze = Cleome L. ●■
271124 Oncyphis Post et Kuntze = Oncufis Raf. ●■
271125 Ondetia Benth. (1872);黄线菊属■☆
271126 Ondetia linearis Benth.;黄线菊■☆
271127 Ondinea Hartog(1970);澳洲睡莲属■☆
271128 Ondinea purpurea Hartog;澳洲睡莲■☆
271129 Onea Post et Kuntze = Diarrhena P. Beauv.(保留属名)■
271130 Onea Post et Kuntze = Onoea Franch. et Sav. ■
271131 Onefera Raf. = Chironia L. ●■☆
271132 Ongokea Pierre(1897);西赤非铁青属(恩戈木属)●☆
271133 Ongokea gore(Hua)Pierre;恩戈木(西赤非铁青木);Isano Oil ●☆
271134 Ongokea gore Pierre = Ongokea gore(Hua)Pierre ●☆
271135 Ongokea kamerunensis Engl. = Ongokea gore(Hua)Pierre ●☆
271136 Ongokea klaineana Pierre = Ongokea gore(Hua)Pierre ●☆
271137 Onheripus Raf. = Xylobium Lindl. ■☆
271138 Onira Ravenna(1983);爪被鸢尾属■☆
271139 Onira unguiculata(Baker)Ravenna;爪被鸢尾■☆
271140 Onites Raf. = Origanum L. ●■
271141 Onix Medik. = Astragalus L. ●■
271142 Onixotis Raf. (1837);缀星花属■☆
271143 Onixotis Raf. = Dipidax Lawson ex Salisb. ■☆
271144 Onixotis punctata(L.)Mabb.;斑点缀星花■☆
271145 Onixotis stricta(Burm. f.)Wijnands;缀星花■☆
271146 Onixotis triquetra(L. f.) Mabb. = Onixotis stricta(Burm. f.) Wijnands ■☆
271147 Onkeripus Raf. = Maxillaria Ruiz et Pav. ■☆
271148 Onkerma Raf. = Carex L. ■
271149 Onobroma Gaertn. = Carduncellus Adans. ■☆
271150 Onobroma Gaertn. = Carthamus L. ■
271151 Onobroma atractyloides(Coss. et Durieu) Pomel = Carthamus atractyloides(Pomel)Greuter ■☆
271152 Onobroma caeruleum(L.)Gaertn. = Carthamus caeruleus L. ■☆
271153 Onobroma caeruleum(L.) Gaertn. subsp. tingitanum(L.) DC. = Carthamus caeruleus L. subsp. tingitanus(L.)Batt. ■☆
271154 Onobroma calvum(Boiss. et Reut.) Pomel = Carthamus calvus (Boiss. et Reut.)Batt. ■☆
271155 Onobroma carlinoides(Pomel)Pomel = Carthamus calvus(Boiss. et Reut.)Batt. ■☆
271156 Onobroma carthamoides(Pomel) Pomel = Carthamus carthamoides (Pomel)Batt. ■☆
271157 Onobroma choulettianum(Pomel)Pomel = Carthamus chouletteanus (Pomel)Greuter ■☆
271158 Onobroma depauperatum (Pomel) Pomel = Carthamus calvus (Boiss. et Reut.)Batt. ■☆
271159 Onobroma eriocephalum(Boiss.) Pomel = Carthamus eriocephalus (Boiss.)Greuter ■☆
271160 Onobroma helenoides (Desf.) Pomel = Carthamus helenoides Desf. ■☆
271161 Onobroma hispanicum(Sch. Bip.)Pomel = Carthamus caeruleus L. ■☆
271162 Onobroma multifidum (Desf.) Pomel = Carthamus multifidus Desf. ■☆
271163 Onobroma pectinatum (Desf.) Pomel = Carthamus pectinatus Desf. ■☆
271164 Onobroma stricta Pomel = Carthamus strictus(Pomel)Batt. ■☆
271165 Onobruchus Medik. = Onobrychis Mill. ■
271166 Onobrychis Mill. (1754);驴喜豆属(驴豆属,驴食草属,驴食豆属);Esparcet,Holy Clover,Sainfoin ■
271167 Onobrychis alba(Waldst. et Kit.)Desv.;白花驴喜豆■☆
271168 Onobrychis alba(Waldst. et Kit.) Desv. subsp. mairei(Sirj.) Maire;迈氏白花驴喜豆■☆
271169 Onobrychis alba (Waldst. et Kit.) Desv. var. paucidentata (Pomel)Batt. = Onobrychis paucidentata Pomel ■☆
271170 Onobrychis altissima Grossh.;高大驴喜豆;Tallest Sainfoin ■☆
271171 Onobrychis amoena Popov et Vved.;秀丽驴喜豆■☆
271172 Onobrychis arenaria(Kit.)DC.;沙生驴喜豆(沙生驴食豆,野驴喜豆);Arenarous Sainfoin,Hungarian Sainfoin ■☆
271173 Onobrychis argentea Boiss. = Onobrychis conferta(Desf.)Desv. subsp. argentea(Boiss.)Guitt. et Kerguélen ■☆
271174 Onobrychis argentea Boiss. subsp. africana (Sirj.) Maire = Onobrychis conferta(Desf.)Desv. ■☆
271175 Onobrychis argentea Boiss. subsp. cristata (Pomel) Batt. = Onobrychis conferta(Desf.)Desv. ■☆
271176 Onobrychis argentea Boiss. var. pseudomadritensis Batt. = Onobrychis conferta(Desf.)Desv. ■☆
271177 Onobrychis argyrea Boiss.;银色驴喜豆■☆
271178 Onobrychis armata Pamp. = Onobrychis crista-galli(L.)Lam. ■☆
271179 Onobrychis armena Boiss.;亚美尼亚驴喜豆■☆
271180 Onobrychis atropatana Boiss. = Lathyrus atropatanus(Grossh.) Sirj. ■☆
271181 Onobrychis biebersteinii Sirj.; 毕伯氏驴喜豆; Bieberstein Sainfoin ■☆
271182 Onobrychis bobrovii Grossh.;鲍勃驴喜豆■☆
271183 Onobrychis buhseana Bunge;布赛驴喜豆■☆
271184 Onobrychis bungei Boiss.;邦奇驴喜豆■☆
271185 Onobrychis caput-galli(L.)Lam.;卡尔巴斯驴喜豆■☆
271186 Onobrychis caput-galli (L.) Lam. var. tripolitana Pamp. = Onobrychis caput-galli(L.)Lam. ■☆
271187 Onobrychis chorassanica Bunge;浩拉桑驴喜豆■☆

271188 Onobrychis conferta(Desf.)Desv.;密集驴喜豆■☆
271189 Onobrychis conferta (Desf.) Desv. subsp. argentea (Boiss.) Guitt. et Kerguélen;银白密集驴喜豆■☆
271190 Onobrychis cornuta(L.)Desv.;角状驴喜豆■☆
271191 Onobrychis crista-galli (L.) Lam.;匍匐驴食豆;Cockscomb Sainfoin,Creeping Sainfoin ■☆
271192 Onobrychis crista-galli (L.) Lam. var. armata (Pamp.) Le Houér. = Onobrychis crista-galli(L.)Lam. ■☆
271193 Onobrychis crista-galli (L.) Lam. var. gaertneriana (Boiss.) Batt. = Onobrychis crista-galli(L.)Lam. ■☆
271194 Onobrychis crista-galli (L.) Lam. var. ligulifera (Pau) Maire = Onobrychis crista-galli(L.)Lam. ■☆
271195 Onobrychis crista-galli Lam. = Onobrychis crista-galli (L.) Lam. ■☆
271196 Onobrychis cristata Pomel = Onobrychis conferta(Desf.)Desv. ■☆
271197 Onobrychis cuneifolia (Roth) DC. = Indigofera nummulariifolia (L.) Livera ex Alston ■
271198 Onobrychis cuneifolia DC. = Taverniera cuneifolia(Roth)Arn. ■☆
271199 Onobrychis cyri Grossh.;西尔驴喜豆■☆
271200 Onobrychis daghestanica Grossh.;达赫斯坦驴喜豆■☆
271201 Onobrychis darvasica Vassilcz.;达尔瓦斯驴喜豆■☆
271202 Onobrychis dasycephala Baker ex Aitch.;毛头驴喜豆■☆
271203 Onobrychis dealbata Stocks;白色驴喜豆■☆
271204 Onobrychis dielsii(Sirj.)Vassilcz.;迪尔斯驴喜豆■☆
271205 Onobrychis diffusa Cambess. = Taverniera cuneifolia (Roth) Arn. ■☆
271206 Onobrychis echidna Lipsky;蛇皮驴喜豆■☆
271207 Onobrychis eriophora Desv. = Hedysarum boveanum Basiner ■☆
271208 Onobrychis ferganica(Sirj.)Grossh.;费尔干驴喜豆■☆
271209 Onobrychis gontscharovii Vassilcz.;高氏驴喜豆■☆
271210 Onobrychis gracilis Besser;美驴喜豆;Gracile Sainfoin ■☆
271211 Onobrychis grandis Lipsky;高驴喜豆■☆
271212 Onobrychis grossheimii Kolak.;格罗驴喜豆■☆
271213 Onobrychis hajastana Grossh.;哈贾斯坦驴喜豆■☆
271214 Onobrychis hamata Vassilcz.;顶钩驴喜豆■☆
271215 Onobrychis heterophylla C. A. Mey.;异叶驴喜豆■☆
271216 Onobrychis hohenackeriana C. A. Mey.;霍氏驴喜豆■☆
271217 Onobrychis horrida Desv. = Hedysarum boveanum Basiner ■☆
271218 Onobrychis humilis(L.)G. López;低矮驴喜豆■☆
271219 Onobrychis humilis (L.) G. López subsp. jahandiezii (Sirj.) Greuter et Burdet;贾汉驴喜豆■☆
271220 Onobrychis hypargyrea Boiss. var. kabylica Bornm. = Onobrychis kabylica(Bornm.)Sirj. ■☆
271221 Onobrychis iberica Grossh.;伊比利亚驴喜豆■☆
271222 Onobrychis inermis Steven;无刺驴喜豆;Unarmed Sainfoin ■☆
271223 Onobrychis kabylica(Bornm.)Sirj.;卡比利亚驴喜豆■☆
271224 Onobrychis komarovii Grossh.;科马罗夫驴喜豆■☆
271225 Onobrychis laxiflora Baker;疏花驴喜豆■☆
271226 Onobrychis ligulifera Pau = Onobrychis crista-galli(L.)Lam. ■☆
271227 Onobrychis lipskyi Korovin;利普斯基驴喜豆■☆
271228 Onobrychis longiaculeata Pacz. ex Schmalh.;长刺驴喜豆;Longspiny Sainfoin ■☆
271229 Onobrychis major Boiss. et Kotschy;大驴喜豆■☆
271230 Onobrychis majorovii Grossh.;马氏驴喜豆■☆
271231 Onobrychis michauxlii DC.;米氏驴喜豆■☆
271232 Onobrychis micrantha Schrenk;小花驴喜豆(小花红豆草)■
271233 Onobrychis miniata Stev.;小驴喜豆■☆
271234 Onobrychis montana DC.;山地驴喜豆;Montane Sainfoin ■☆
271235 Onobrychis montana DC. = Onobrychis biebersteinii Sirj. ■☆
271236 Onobrychis nemecii Sirj.;奈氏驴喜豆■☆
271237 Onobrychis novopokrovskii Vassilcz.;诺沃驴喜豆■☆
271238 Onobrychis nummularia Stocks;铜钱驴喜豆■☆
271239 Onobrychis oxyodonta Boiss.;尖齿驴喜豆■☆
271240 Onobrychis oxytropoides Bunge ex Boiss.;尖耆驴喜豆■☆
271241 Onobrychis pallasii(Willd.)M. Bieb.;帕拉氏驴喜豆;Pallas Sainfoin ■☆
271242 Onobrychis pallasii(Willd.)M. Bieb. subsp. hypargyrea Maire = Onobrychis kabylica(Bornm.)Sirj. ■☆
271243 Onobrychis pallasii(Willd.)M. Bieb. subsp. kabylica(Bornm.) Maire = Onobrychis kabylica(Bornm.)Sirj. ■☆
271244 Onobrychis pallasii (Willd.) M. Bieb. var. aurasiaca Maire = Onobrychis kabylica(Bornm.)Sirj. ■☆
271245 Onobrychis pallasii (Willd.) M. Bieb. var. ayachica Emb. et Maire = Onobrychis kabylica(Bornm.)Sirj. ■☆
271246 Onobrychis pallasii (Willd.) M. Bieb. var. jolyi Maire = Onobrychis kabylica(Bornm.)Sirj. ■☆
271247 Onobrychis paucidentata Pomel;稀齿驴喜豆■☆
271248 Onobrychis peduncularis(Cav.)DC. = Onobrychis humilis(L.) G. López ■☆
271249 Onobrychis peduncularis (Cav.) DC. subsp. eriophora (Desv.) Maire = Onobrychis humilis(L.)G. López ■☆
271250 Onobrychis peduncularis (Cav.) DC. subsp. jahandiezii (Sirj.) Maire = Onobrychis humilis (L.) G. López subsp. jahandiezii (Sirj.) Greuter et Burdet ■☆
271251 Onobrychis peduncularis (Cav.) DC. var. antiatlantica Emb. et Maire = Onobrychis humilis(L.)G. López ■☆
271252 Onobrychis peduncularis (Cav.) DC. var. maroccana (Sirj.) Maire = Onobrychis humilis(L.)G. López ■☆
271253 Onobrychis peduncularis(Cav.)DC. var. maura(Pau)Jahand. et Maire = Onobrychis humilis(L.)G. López ■☆
271254 Onobrychis petraea(M. Bieb.)Fisch.;岩生驴喜豆■☆
271255 Onobrychis pulchella Schrenk;美丽红豆草;Beautiful Sainfoin, Spiffy Sainfoin ■
271256 Onobrychis radiata M. Bieb.;辐射驴喜豆■☆
271257 Onobrychis richardii Baker;理查德驴喜豆■☆
271258 Onobrychis rotundifolia (Vahl) Desv. = Indigofera nummulariifolia(L.)Livera ex Alston ■
271259 Onobrychis ruprechtii Grossh.;卢氏驴喜豆;Ruprecht Sainfoin ■☆
271260 Onobrychis sativa Lam. = Onobrychis viciifolia Scop. ■
271261 Onobrychis sativa Lam. var. pseudosupina Ball = Onobrychis viciifolia Scop. ■
271262 Onobrychis saxatilis(L.)Lam.;岩地驴喜豆■☆
271263 Onobrychis saxatilis (L.) Lam. var. atlantica Batt. et Maire = Onobrychis saxatilis(L.)Lam. ■☆
271264 Onobrychis saxatilis (L.) Lam. var. tagadirtensis Murb. = Onobrychis saxatilis(L.)Lam. ■☆
271265 Onobrychis schugnanica B. Fedtsch.;舒格南驴喜豆■☆
271266 Onobrychis seravschanica B. Fedtsch.;塞拉夫驴喜豆■☆
271267 Onobrychis sibirica Turcz. ex Besser;西伯利亚驴喜豆;Sibirian Sainfoin ■☆
271268 Onobrychis sintenisii Bornm.;西恩驴喜豆■☆
271269 Onobrychis sosnovskyi Grossh.;索斯诺夫斯基驴喜豆■☆
271270 Onobrychis stewartii Baker;斯图尔特驴喜豆■☆
271271 Onobrychis subacaulis Boiss.;近无茎驴喜豆■☆

271272 Onobrychis supina DC. ;平卧驴喜豆;Creeping Sainfoin ■☆
271273 Onobrychis tanaitica Spreng. ;顿河红豆草;Don River Sainfoin, Tanais Sainfoin ■
271274 Onobrychis tomentosa Schmalh. ;绒毛驴喜豆;Tomentose Sainfoin ■☆
271275 Onobrychis tournefortii(Willd.) Desv. ;唐氏驴喜豆■☆
271276 Onobrychis transcaspica V. Nikitin;里海驴喜豆■☆
271277 Onobrychis transcaucasica Grossh. ;外高加索驴喜豆;S. Caucasia Sainfoin ■☆
271278 Onobrychis vaginalis C. A. Mey. ;鞘驴喜豆;Sheathed Sainfoin, Vaginate Sainfoin ■☆
271279 Onobrychis vassilczenkoi Grossh. ;瓦氏驴喜豆■☆
271280 Onobrychis viciifolia Scop. ;驴喜豆(红豆草,红羊草,驴豆,驴食草,驴食豆,欧洲驴食草);Baby's Cradle, Baby's Cradles, Cock's Comb, Cock's Head, Cock's-head, Common Sainfoin, Devil's Candlesticks, Esparcet, Esparsette, Europe Sainfoin, Everlasting Grass, French, French Grass, French Hay, Hen's Bill, Holy Clover, Holyclover, Lucerne, Meadow Fatch, Medick Fetch, Medick Fitch, Medick Fitchling, Medick-fetch, Medick-fitch, Medick-fitchling, Medick-vetchling, Mediek Vetchling, Prince's Feathers, Red Fetchling, Red Fitchling, Sainfoin, St. Foyne, Titatch ■
271281 Onochiles Bubani = Alkanna Tausch(保留属名)●☆
271282 Onochiles Bubani et Penz. = Alkanna Tausch(保留属名)●☆
271283 Onochilis Mart. = Nonea Medik. ■
271284 Onoctonia Naudin = Poteranthera Bong. ■☆
271285 Onodontea G. Don = Alyssum L. ■●
271286 Onodontea G. Don = Anodontea Sweet ■●
271287 Onoea Franch. et Sav. = Diarrhena P. Beauv. (保留属名)■
271288 Onograriaceae Dulac = Onagraceae Juss. (保留科名)■●
271289 Onohualcoa Lundell = Mansoa DC. ●☆
271290 Ononis L. (1753);芒柄花属;Ononis, Restharrow ■●
271291 Ononis alba Poir. ;白芒柄花●☆
271292 Ononis alba Poir. subsp. monophylla(Desf.) Murb. ;单叶白芒柄花●☆
271293 Ononis alba Poir. subsp. poiretiana Maire = Ononis alba Poir. ●☆
271294 Ononis alba Poir. subsp. tuna(Pomel) Maire;阿尔及尔芒柄花●☆
271295 Ononis alba Poir. var. glabrescens Maire = Ononis alba Poir. ●☆
271296 Ononis alba Poir. var. intermedia Maire = Ononis alba Poir. ●☆
271297 Ononis alba Poir. var. trifoliolata (Sirj.) Maire = Ononis alba Poir. subsp. tuna(Pomel) Maire ●☆
271298 Ononis alba Poir. var. tuna(Pomel) Barratte = Ononis alba Poir. subsp. tuna(Pomel) Maire ●☆
271299 Ononis alba Poir. var. viscidula(Pomel) Barratte = Ononis alba Poir. subsp. tuna(Pomel) Maire ●☆
271300 Ononis alopecuroides L. ;看麦娘芒柄花;Foxtail Restharrow ●☆
271301 Ononis alopecuroides L. subsp. salzmanniana(Boiss. et Reut.) Maire = Ononis alopecuroides L. ●☆
271302 Ononis alopecuroides L. var. gattefossei Maire = Ononis alopecuroides L. ●☆
271303 Ononis angustissima Lam. ;极窄芒柄花●☆
271304 Ononis angustissima Lam. subsp. falcata(Viv.) Murb. ;镰形极窄芒柄花●☆
271305 Ononis angustissima Lam. subsp. filifolia Murb. ;丝叶极窄芒柄花●☆
271306 Ononis angustissima Lam. subsp. longifolia (Willd.) Förther et Podlech = Ononis angustissima Lam. ●☆
271307 Ononis angustissima Lam. subsp. longifolia (Willd.) Förther et Podlech;长叶极窄芒柄花■☆
271308 Ononis angustissima Lam. subsp. mauritii (Maire et Sennen) Förther et Podlech;毛里特芒柄花●☆
271309 Ononis angustissima Lam. subsp. paralias(Förther et Podlech) Dobignard;蓝芒柄花■☆
271310 Ononis angustissima Lam. subsp. polyclada Murb. ;多枝极窄芒柄花●☆
271311 Ononis angustissima Lam. subsp. unifoliolata Dobignard et Jacquemoud et Jeanm. ;单花极窄芒柄花●☆
271312 Ononis angustissima Lam. var. falcata(Viv.) Durand et Barratte = Ononis angustissima Lam. subsp. falcata(Viv.) Murb. ●☆
271313 Ononis angustissima Lam. var. garianica Pamp. = Ononis angustissima Lam. subsp. falcata(Viv.) Murb. ●☆
271314 Ononis angustissima Lam. var. tripolitana Pamp. = Ononis angustissima Lam. subsp. falcata(Viv.) Murb. ●☆
271315 Ononis angustissima Lam. var. ulicina Webb et Berthel. = Ononis angustissima Lam. ●☆
271316 Ononis anomala Pomel = Ononis natrix L. ●■
271317 Ononis antennata Pomel;毛芒柄花●☆
271318 Ononis antennata Pomel subsp. massaesyla(Pomel) Sirj. ;马萨芒柄花●☆
271319 Ononis anthylloides DC. = Lotononis umbellata(L.) Benth. ●☆
271320 Ononis antiquorum L. ;伊犁芒柄花;Yili Ononis, Yili Restharrow ■
271321 Ononis antiquorum L. = Ononis spinosa L. subsp. antiquorum (L.) Arcang. ■
271322 Ononis antiquorum L. subsp. pungens (Pomel) Batt. = Ononis spinosa L. subsp. antiquorum(L.) Arcang. ■
271323 Ononis antiquorum L. var. confusa Burnat = Ononis spinosa L. subsp. antiquorum(L.) Arcang. ■
271324 Ononis antiquorum L. var. horrida Murb. = Ononis spinosa L. subsp. antiquorum(L.) Arcang. ■
271325 Ononis antiquorum L. var. pungens (Pomel) Batt. = Ononis spinosa L. subsp. antiquorum(L.) Arcang. ■
271326 Ononis aragonensis Asso var. gomarica Font Quer = Ononis reuteri Boiss. ■☆
271327 Ononis aragonensis Asso var. microphylla Willk. = Ononis reuteri Boiss. ■☆
271328 Ononis aragonensis Asso var. reuteri Pau = Ononis reuteri Boiss. ■☆
271329 Ononis arborescens Desf. = Ononis hispida Desf. subsp. arborescens(Desf.) Sirj. ■☆
271330 Ononis arborescens Desf. var. glabrescens Pau et Font Quer = Ononis hispida Desf. subsp. arborescens(Desf.) Sirj. ■☆
271331 Ononis arborescens Desf. var. loberae (Sennen et Mauricio) Maire = Ononis hispida Desf. ■☆
271332 Ononis arborescens Desf. var. remotiflora Pau et Font Quer = Ononis hispida Desf. subsp. arborescens(Desf.) Sirj. ■☆
271333 Ononis arvensis L. ;芒柄花(野芒柄花);Field Restharrow, Goatroot Ononis, Restharrow ■
271334 Ononis atlantica Ball;大西洋芒柄花■☆
271335 Ononis aucheri Jaub. et Spach = Lotus garcinii DC. ■☆
271336 Ononis aurasiaca Förther et Podlech;奥拉斯芒柄花■☆
271337 Ononis austriaca Beck;奥地利芒柄花;Austrian Ononis ■☆
271338 Ononis baetica Clemente;伯蒂卡芒柄花;Salzmann's Restharrow ■☆
271339 Ononis biflora Desf. ;双花芒柄花■☆
271340 Ononis biflora Desf. var. grandiflora Maire = Ononis biflora Desf. ■☆

271341 Onons biflora Desf. var. maroccana Batt. et Pit. = Ononis biflora Desf. ■☆

271342 Ononis brachycarpa DC. = Ononis viscosa L. subsp. brachycarpa (DC.) Batt. ■☆

271343 Ononis breviflora DC. = Ononis viscosa L. subsp. breviflora (DC.) Nyman ■☆

271344 Ononis breviflora DC. var. pitardii Maire = Ononis viscosa L. subsp. breviflora(DC.) Nyman ■☆

271345 Ononis broussonetii DC. = Ononis pendula Desf. ●☆

271346 Ononis calycina Viv. = Ononis pubescens L. ●☆

271347 Ononis campestris Koch et Ziz;红芒柄花(刺芒柄花,芒柄花);Cammock,Erect Rest Harrow,Red Restharrow,Restharrow,Spiny Rest Harrow,Spiny Restharrow,Thorny Ononis,Thorny Rest Harrow ■

271348 Ononis campestris Koch et Ziz = Ononis spinosa L. ■

271349 Ononis candeliana Maire = Ononis natrix L. ●■

271350 Ononis capillaris Thunb. = Aspalathus bracteata Thunb. ●☆

271351 Ononis cenisia L. = Ononis cristata Mill. ●☆

271352 Ononis cenisia L. var. biflora Batt. = Ononis cristata Mill. ●☆

271353 Ononis cenisia L. var. mairei Sirj. = Ononis cristata Mill. ●☆

271354 Ononis cephalantha Pomel;头花芒柄花●☆

271355 Ononis cephalantha Pomel subsp. pseudocephalantha (Emb. et Maire) Maire;假头花芒柄花●☆

271356 Ononis cephalantha Pomel var. munbyana Maire = Ononis cephalantha Pomel ●☆

271357 Ononis cephalotes Boiss.;大头芒柄花■☆

271358 Ononis cephalotes Boiss. var. maroccana Font Quer = Ononis cephalotes Boiss. ■☆

271359 Ononis cephalotes Boiss. var. minutiflora Pau et Font Quer = Ononis cephalotes Boiss. ■☆

271360 Ononis cernua L. = Melolobium aethiopicum(L.) Druce ■☆

271361 Ononis chevalieri Sennen et Mauricio = Ononis polyphylla Ball ●☆

271362 Ononis cintrana Brot.;地中海芒柄花●☆

271363 Ononis cintrana Brot. var. macrodonta Pau = Ononis cintrana Brot. ●☆

271364 Ononis cintrana Brot. var. nainii(Batt.) Maire = Ononis cintrana Brot. ●☆

271365 Ononis cintrana Brot. var. zaiana Pau et Font Quer = Ononis cintrana Brot. ●☆

271366 Ononis cirtensis Batt. et Trab. = Ononis hirta Poir. ■☆

271367 Ononis clausonis Pomel;克劳森芒柄花●☆

271368 Ononis columnae All. = Ononis pusilla L. ■☆

271369 Ononis columnae All. var. microphylla Batt. = Ononis pusilla L. ■☆

271370 Ononis cossoniana Boiss. et Reut.;科森芒柄花●☆

271371 Ononis crinita Pomel;长软毛芒柄花●☆

271372 Ononis cristata Mill.;冠状芒柄花●☆

271373 Ononis cristata Mill. subsp. ayachica Dobignard, Jacquem. et Jeanm.;阿亚希芒柄花●☆

271374 Ononis cristata Mill. var. biflora (Batt.) Dobignard = Ononis cristata Mill. ●☆

271375 Ononis cristata Mill. var. mairei (Sirj.) Dobignard = Ononis cristata Mill. ●☆

271376 Ononis crotalarioides Coss. = Ononis viscosa L. subsp. brachycarpa(DC.) Batt. ■☆

271377 Ononis cuatrecasasii Devesa;夸特芒柄花●☆

271378 Ononis cuspidata Desf. = Ononis viscosa L. subsp. subcordata (Cav.) Sirj. ●☆

271379 Ononis decumbens Thunb. = Lotononis decumbens (Thunb.) B.-E. van Wyk ■●☆

271380 Ononis denhardtii Ten. = Ononis diffusa Ten. ■☆

271381 Ononis dentata Lowe;尖齿芒柄花●☆

271382 Ononis dicantha Sieber ex Rchb. = Ononis antiquorum L. ■

271383 Ononis diffusa Ten.;铺散芒柄花■☆

271384 Ononis diffusa Ten. var. distantiflora H. Lindb. = Ononis diffusa Ten. ■☆

271385 Ononis diffusa Ten. var. fallax Maire et Weiller = Ononis diffusa Ten. ■☆

271386 Ononis diffusa Ten. var. micrantha(Lowe) Sirj. = Ononis diffusa Ten. ■☆

271387 Ononis elongata Thunb. = Lotononis elongata (Thunb.) D. Dietr. ■☆

271388 Ononis euphrasiifolia Desf.;小米草芒柄花●☆

271389 Ononis excisa Thunb. = Crotalaria excisa(Thunb.) Baker f. ■☆

271390 Ononis falcata Viv. = Ononis angustissima Lam. subsp. falcata (Viv.) Murb. ●☆

271391 Ononis fasciculata Thunb. = Aspalathus fasciculata (Thunb.) Druce ●☆

271392 Ononis filicaulis Boiss.;线茎芒柄花■☆

271393 Ononis filiformis L. = Indigofera sarmentosa L. f. ●☆

271394 Ononis foetida Schousb. = Ononis viscosa L. subsp. porrigens Ball ●☆

271395 Ononis fruticosa L.;灌木状芒柄花;Shrubby Restharrow ●☆

271396 Ononis geminiflora Lag. = Ononis biflora Desf. ■☆

271397 Ononis gibraltarica Boiss. = Ononis hispanica L. f. subsp. ramosissima(Desf.) Förther et Podlech ●☆

271398 Ononis glabra Thunb. = Lotononis glabra(Thunb.) D. Dietr. ■☆

271399 Ononis glabrescens (Bonnet et Barratte) Hochr. = Ononis angustissima Lam. subsp. falcata(Viv.) Murb. ●☆

271400 Ononis glabrescens (Bonnet et Barratte) Hochr. = Ononis angustissima Lam. subsp. polyclada Murb. ●☆

271401 Ononis glabrescens (Bonnet et Barratte) Hochr. var. filifolia (Murb.) Batt. = Ononis angustissima Lam. subsp. filifolia Murb. ●☆

271402 Ononis glabrescens (Bonnet et Barratte) Hochr. var. minor Hochr. = Ononis angustissima Lam. subsp. polyclada Murb. ●☆

271403 Ononis glabrescens(Bonnet et Barratte) Hochr. var. murbeckii H. Lindb. = Ononis angustissima Lam. ●☆

271404 Ononis glaucescens Pomel = Ononis serrata Forssk. ■☆

271405 Ononis grandiflora Munby = Ononis pendula Desf. subsp. munbyi (Sirj.) Greuter et Burdet ●☆

271406 Ononis grandistipulata Sennen et Mauricio;大托叶芒柄花●☆

271407 Ononis hebecarpa Webb et Berthel.;柔毛果芒柄花●☆

271408 Ononis hesperia(Maire) Förther et Podlech;西方芒柄花■☆

271409 Ononis heterophylla Thunb. = Lotononis prostrata(L.) Benth. ■☆

271410 Ononis hircina Jacq. = Ononis arvensis L. ■

271411 Ononis hirsuta Thunb. = Lotononis hirsuta(Thunb.) D. Dietr. ■☆

271412 Ononis hirsuta Thunb. = Ononis arvensis L. ■

271413 Ononis hirta Poir.;多毛芒柄花■☆

271414 Ononis hirta Poir. var. cirtensis(Batt. et Trab.) Batt. = Ononis hirta Poir. ■☆

271415 Ononis hispanica L. f.;西班牙芒柄花■☆

271416 Ononis hispanica L. f. subsp. mauritii Maire et Sennen = Ononis angustissima Lam. subsp. mauritii (Maire et Sennen) Förther et Podlech ●☆

271417 Ononis hispanica L. f. subsp. ramosissima (Desf.) Förther et Podlech = Ononis ramosissima Desf. ●☆

271418 Ononis hispida Desf.;多刺芒柄花■☆
271419 Ononis hispida Desf. subsp. arborescens(Desf.) Sirj.;树状芒柄花■☆
271420 Ononis hispida Desf. var. cyrenaica E. A. Durand et Barratte = Ononis hispida Desf. ■☆
271421 Ononis hispida Desf. var. glabrescens Pau et Font Quer = Ononis hispida Desf. ■☆
271422 Ononis hispida Desf. var. glandulosa Maire = Ononis hispida Desf. ■☆
271423 Ononis hispida Desf. var. loberae Maire = Ononis hispida Desf. ■☆
271424 Ononis hispida Desf. var. pedunculiflora Sauvage = Ononis hispida Desf. ■☆
271425 Ononis hispida Desf. var. pseudohispida Jahand. et Maire = Ononis hispida Desf. ■☆
271426 Ononis hispida Desf. var. remotiflora Pau et Font Quer = Ononis hispida Desf. ■☆
271427 Ononis incisa Batt.;锐裂芒柄花■☆
271428 Ononis intermedia C. A. Mey. ex Beck.;间型芒柄花■☆
271429 Ononis involucrata P. J. Bergius = Lotononis involucrata(P. J. Bergius) Benth. ●☆
271430 Ononis jahandiezii Maire et Weiller;贾汉芒柄花■☆
271431 Ononis lagopus Thunb. = Aspalathus lotoides Thunb. subsp. lagopus(Thunb.) R. Dahlgren ●☆
271432 Ononis laxiflora Desf.;疏花芒柄花■☆
271433 Ononis laxiflora Desf. subsp. grandiflora(Munby) Batt. = Ononis pendula Desf. ●☆
271434 Ononis laxiflora Desf. var. flexipes Webb et Berthel. = Ononis laxiflora Desf. ■☆
271435 Ononis laxiflora Desf. var. leptophylla Batt. = Ononis pendula Desf. ●☆
271436 Ononis leiosperma Boiss.;光籽芒柄花■☆
271437 Ononis leucotricha Coss.;白毛芒柄花■☆
271438 Ononis leucotricha Coss. var. schousboei(Coss.) Maire = Ononis pinnata Brot. ●☆
271439 Ononis loberae Sennen = Ononis hispida Desf. var. loberae Maire ■☆
271440 Ononis marmorata Murb. = Ononis serrata Forssk. ■☆
271441 Ononis maroccana Pit. = Ononis biflora Desf. ■☆
271442 Ononis massesylia Pomel = Ononis antennata Pomel subsp. massaesyla(Pomel) Sirj. ●☆
271443 Ononis mauritanica L. = Indigofera mauritanica(L.) Thunb. ●☆
271444 Ononis mauritanica Pomel = Ononis hispanica L. f. subsp. ramosissima(Desf.) Förther et Podlech ●☆
271445 Ononis mauritii(Maire et Sennen) Sennen = Ononis angustissima Lam. subsp. mauritii(Maire et Sennen) Förther et Podlech ●☆
271446 Ononis maweana Ball;马韦芒柄花■☆
271447 Ononis maweana Ball var. fontqueri Pau = Ononis maweana Ball ■☆
271448 Ononis megalostachys Munby;大穗芒柄花●☆
271449 Ononis microphylla L. f. = Melolobium microphyllum(L. f.) Eckl. et Zeyh. ■☆
271450 Ononis minutissima L.;微小芒柄花■☆
271451 Ononis mitissima L.;柔软芒柄花;Mediterranean Restharrow ●☆
271452 Ononis mogadorensis Förther et Podlech;摩加多尔芒柄花■☆
271453 Ononis mollis Savi = Ononis reclinata L. ■☆
271454 Ononis mollis Savi var. brevipila Murb. = Ononis reclinata L. subsp. mollis(Savi) Bég. ■☆
271455 Ononis monophylla Desf. = Ononis alba Poir. subsp. monophylla (Desf.) Murb. ●☆
271456 Ononis monophylla Desf. subsp. alba(Poir.) Batt. = Ononis alba Poir. ●☆
271457 Ononis monophylla Desf. subsp. pedicellaris Batt. = Ononis pedicellaris(Batt.) Sirj. ●☆
271458 Ononis monophylla Desf. subsp. tuna (Pomel) Sennen et Mauricio = Ononis alba Poir. subsp. tuna(Pomel) Maire ●☆
271459 Ononis monophylla Desf. subsp. villosissima (Desf.) Batt. = Ononis villosissima Desf. ●☆
271460 Ononis monophylla Desf. var. trifoliata Maire = Ononis alba Poir. subsp. monophylla(Desf.) Murb. ●☆
271461 Ononis monophylla Desf. var. tuna(Pomel) Batt. = Ononis alba Poir. subsp. tuna(Pomel) Maire ●☆
271462 Ononis monophylla Desf. var. viscidula(Pomel) Batt. = Ononis alba Poir. subsp. monophylla(Desf.) Murb. ●☆
271463 Ononis nainii Batt. = Ononis cintrana Brot. ●☆
271464 Ononis natrix L.;黄芒柄花(大黄芒柄花);Goatroot, Goatroot Ononis, Large Yellow Rest Harrow, Large Yellow Restharrow, Snakeroot Ononis, Yellow Ononis, Yellow Restharrow, Yellow-flowered Restharcow ●■
271465 Ononis natrix L. subsp. angustissima (Lam.) Sirj. = Ononis angustissima Lam. ●☆
271466 Ononis natrix L. subsp. candeliana(Maire) Maire = Ononis natrix L. ●■
271467 Ononis natrix L. subsp. falcata (Viv.) Sirj. = Ononis angustissima Lam. subsp. falcata(Viv.) Murb. ●☆
271468 Ononis natrix L. subsp. filifolia (Murb.) Sirj. = Ononis angustissima Lam. subsp. filifolia Murb. ●☆
271469 Ononis natrix L. subsp. garianica(Pamp.) Maire et Weiller = Ononis angustissima Lam. subsp. falcata(Viv.) Murb. ●☆
271470 Ononis natrix L. subsp. hesperia Maire = Ononis hesperia (Maire) Förther et Podlech ■☆
271471 Ononis natrix L. subsp. inaequalifolia Asch. et Graebn. = Ononis natrix L. ●■
271472 Ononis natrix L. subsp. mauritii(Maire et Sennen) Sirj. = Ononis angustissima Lam. subsp. mauritii (Maire et Sennen) Förther et Podlech ●☆
271473 Ononis natrix L. subsp. polyclada (Murb.) Sirj. = Ononis angustissima Lam. subsp. polyclada Murb. ●☆
271474 Ononis natrix L. subsp. prostrata (Braun-Blanq. et Wilczek) Sirj.;平卧芒柄花■☆
271475 Ononis natrix L. subsp. ramosissima (Desf.) Batt. = Ononis hispanica L. f. subsp. ramosissima(Desf.) Förther et Podlech ●☆
271476 Ononis natrix L. var. adglutinans(C. Presl) Sirj. = Ononis natrix L. ●■
271477 Ononis natrix L. var. clausoniana Batt. = Ononis natrix L. ●■
271478 Ononis natrix L. var. clausoniana Batt. = Ononis ramosissima Desf. ●☆
271479 Ononis natrix L. var. condensata(Gren. et Godr.) Batt. = Ononis natrix L. ●■
271480 Ononis natrix L. var. fallacina Maire = Ononis natrix L. ●■
271481 Ononis natrix L. var. glabrescens Barratte = Ononis natrix L. ●■
271482 Ononis natrix L. var. glabriuscula(Buxb.) Sirj. = Ononis natrix L. ●■
271483 Ononis natrix L. var. hidumensis Emb. et Maire = Ononis natrix L. ●■
271484 Ononis natrix L. var. inaequifolia(DC.) Batt. = Ononis natrix L. ●■
271485 Ononis natrix L. var. major Boiss. = Ononis natrix L. ●■

271486 Ononis natrix L. var. mauritanica (Pomel) Batt. = Ononis ramosissima Desf. ●☆
271487 Ononis natrix L. var. media Boiss. = Ononis natrix L. ●■
271488 Ononis natrix L. var. mehdiae Sauvage = Ononis mogadorensis Förther et Podlech ■☆
271489 Ononis natrix L. var. mehdiae Sauvage = Ononis natrix L. ●■
271490 Ononis natrix L. var. melillensis(Emb. et Maire) Maire = Ononis natrix L. ●■
271491 Ononis natrix L. var. melillensis Maire = Ononis angustissima Lam. subsp. mauritii(Maire et Sennen) Förther et Podlech ●☆
271492 Ononis natrix L. var. murbeckii H. Lindb. = Ononis natrix L. ●■
271493 Ononis natrix L. var. picta(Desf.) Batt. = Ononis natrix L. ●■
271494 Ononis natrix L. var. prostrata Braun-Blanq. et Wilczek = Ononis natrix L. subsp. prostrata(Braun-Blanq. et Wilczek) Sirj. ■☆
271495 Ononis natrix L. var. pseudostenophylla Maire = Ononis natrix L. subsp. prostrata(Braun-Blanq. et Wilczek) Sirj. ■☆
271496 Ononis natrix L. var. ramosissima (Desf.) Vis. = Ononis hispanica L. f. subsp. ramosissima(Desf.) Förther et Podlech ●☆
271497 Ononis natrix L. var. reesei(Sirj.) Maire = Ononis natrix L. ●■
271498 Ononis natrix L. var. rifana (Emb. et Maire) Maire = Ononis natrix L. ●■
271499 Ononis natrix L. var. striata Batt. = Ononis natrix L. ●■
271500 Ononis natrix L. var. tomentosa Boiss. = Ononis natrix L. ●■
271501 Ononis ornithopodioides L.;鸟爪芒柄花●☆
271502 Ononis paniculata Cav. = Ononis pubescens L. ●☆
271503 Ononis paralias Förther et Podlech = Ononis angustissima Lam. subsp. paralias(Förther et Podlech) Dobignard ■☆
271504 Ononis parviflora Lam. = Ononis pusilla L. ■☆
271505 Ononis parviflora P. J. Bergius = Lotononis parviflora (P. J. Bergius) D. Dietr. ■☆
271506 Ononis pedicellaris(Batt.) Sirj.;花梗芒柄花●☆
271507 Ononis pedunculata Desf. = Ononis pendula Desf. ●☆
271508 Ononis pedunculata Desf. var. grandiflora Pau = Ononis pendula Desf. ●☆
271509 Ononis pendula Desf.;下垂芒柄花●☆
271510 Ononis pendula Desf. subsp. boissieri(Sirj.) Devesa;布瓦西耶芒柄花●☆
271511 Ononis pendula Desf. subsp. broussonetii(DC.) Emb. et Maire;布瓦芒柄花●☆
271512 Ononis pendula Desf. subsp. fontanesiana Quézel et Santa = Ononis pendula Desf. ●☆
271513 Ononis pendula Desf. subsp. grandiflora(Munby) Maire = Ononis pendula Desf. subsp. munbyi(Sirj.) Greuter et Burdet ●☆
271514 Ononis pendula Desf. subsp. munbyi(Sirj.) Greuter et Burdet;芒比芒柄花●☆
271515 Ononis pendula Desf. var. grandiflora Pau = Ononis pendula Desf. ●☆
271516 Ononis pendula Desf. var. leptophylla Batt. = Ononis pendula Desf. ●☆
271517 Ononis pendula Desf. var. maroccana (Sirj.) Maire = Ononis pendula Desf. ●☆
271518 Ononis pendula Desf. var. munbyi (Sirj.) Maire = Ononis pendula Desf. subsp. munbyi(Sirj.) Greuter et Burdet ●☆
271519 Ononis pendula Desf. var. paui Maire = Ononis pendula Desf. ●☆
271520 Ononis pendula Desf. var. penduliflora (Pau) Maire = Ononis pendula Desf. ●☆
271521 Ononis pendula Desf. var. tetuanensis (Pau) Maire = Ononis pendula Desf. ●☆
271522 Ononis penduliflora Pau = Ononis pendula Desf. subsp. munbyi (Sirj.) Greuter et Burdet ●☆
271523 Ononis peyerimhoffii Batt.;派里姆霍夫芒柄花●☆
271524 Ononis picta Desf. = Ononis natrix L. ●■
271525 Ononis picta Desf. var. clausonis Pomel = Ononis natrix L. ●■
271526 Ononis pinnata Brot.;羽状芒柄花●☆
271527 Ononis pinnata Brot. var. leucotricha (Coss.) Maire = Ononis leucotricha Coss. ■☆
271528 Ononis pinnata Brot. var. rosifolia(DC.) Sirj. = Ononis pinnata Brot. ●☆
271529 Ononis polyphylla Ball;多叶芒柄花●☆
271530 Ononis polysperma Barratte et Murb.;多籽芒柄花■☆
271531 Ononis porrigens Ball = Ononis viscosa L. subsp. porrigens Ball ●☆
271532 Ononis procurrens Wallr. = Ononis repens L. ■☆
271533 Ononis prostrata(L.) L. = Lotononis prostrata(L.) Benth. ■☆
271534 Ononis pseudocephalantha Emb. et Maire = Ononis cephalantha Pomel subsp. pseudocephalantha(Emb. et Maire) Maire ●☆
271535 Ononis pseudoserotina Batt. et Pit.;假晚熟芒柄花●☆
271536 Ononis pubescens L.;绒毛芒柄花●☆
271537 Ononis pubescens L. subsp. paniculata (Cav.) Sennen et Mauricio = Ononis pubescens L. ●☆
271538 Ononis pubescens L. var. semiunifolia Pau et Font Quer = Ononis pubescens L. ●☆
271539 Ononis pungens Pomel = Ononis spinosa L. subsp. antiquorum (L.) Arcang. ■
271540 Ononis pusilla L.;瘦小芒柄花;Small Restharrow ■☆
271541 Ononis pusilla L. subsp. saxicola(Boiss. et Reut.) Malag.;岩栖芒柄花■☆
271542 Ononis pusilla L. var. africana Sirj. = Ononis pusilla L. ■☆
271543 Ononis pusilla L. var. calycina (Rouy) Devesa et G. López = Ononis pusilla L. ■☆
271544 Ononis pusilla L. var. insinuata Font Quer = Ononis pusilla L. ■☆
271545 Ononis pusilla L. var. remotiflora (Willk.) Maire = Ononis pusilla L. ■☆
271546 Ononis pyramidalis Cav. = Ononis pubescens L. ●☆
271547 Ononis quinata Forssk. = Lotus quinatus(Forssk.) J. B. Gillett ■☆
271548 Ononis quinata Thunb. = Lotononis quinata(Thunb.) Benth. ■☆
271549 Ononis racemosa Thunb. = Crotalaria effusa E. Mey. ■☆
271550 Ononis ramosissima Desf.;分枝芒柄花●☆
271551 Ononis ramosissima Desf. subsp. mauritii Maire et Sennen = Ononis angustissima Lam. subsp. mauritii(Maire et Sennen) Förther et Podlech ●☆
271552 Ononis reclinata L.;拱垂芒柄花;Small Restharrow ■☆
271553 Ononis reclinata L. subsp. mollis(Savi) Bég.;柔软拱垂芒柄花■☆
271554 Ononis reclinata L. subsp. monophylla Bég. = Ononis reclinata L. subsp. mollis(Savi) Bég. ■☆
271555 Ononis reclinata L. var. calycina(Viv.) Bég. = Ononis reclinata L. ■☆
271556 Ononis reclinata L. var. inclusa Rouy = Ononis reclinata L. ■☆
271557 Ononis reclinata L. var. linnaei Webb et Berthel. = Ononis reclinata L. ■☆
271558 Ononis reclinata L. var. lutea Batt. et Pit. = Ononis cintrana Brot. ●☆
271559 Ononis reclinata L. var. minor Moris = Ononis reclinata L. ■☆
271560 Ononis reclinata L. var. mollis(Savi) Fiori = Ononis reclinata L. subsp. mollis(Savi) Bég. ■☆

271561 Ononis reclinata L. var. mollis (Savi) Heldr. = Ononis reclinata L. ■☆

271562 Ononis reclinata L. var. monophylla (Bég.) Pamp. = Ononis reclinata L. ■☆

271563 Ononis repens L.;匍匐芒柄花;Cammick,Cammock,Cammock Ononis, Carn-nock, Cat Whin, Chamock, Common Restharrow, Cornets,Crammick,Creeping Restharrow,Dumb Cammock,Finweed, Furze, Galium Circaezans, Gooseberry Pie, Goss, Ground Furze, Harrow-rest, Hen Gorse, Holdfast, Horse Breath, Horse-breath, Kammick Kamics, Kemmick, Kramics, Lady Whin, Land Whin, Liquorice Plant, Liquory-stick, Petty Whir, Poverty, Ramsey, Ramsons,Rassels,Rest Harrow,Restharrow,Rustburn,Sitfast,Small Rest Harrow, Spanish Root, Stainch, Stay-plough, Stinking Tam, Stinking Tommy, Whin, Whin-cammock, Wild Sweet Pea, Wrest Harrow,Wrest-harrow ■☆

271564 Ononis repens L. = Ononis spinosa L. subsp. maritima (Dumort.) P. Fourn. ■☆

271565 Ononis repens L. subsp. antiquorum (L.) Greuter = Ononis spinosa L. subsp. antiquorum (L.) Arcang. ■

271566 Ononis repens L. subsp. australis (Sirj.) Devesa = Ononis spinosa L. subsp. australis (Sirj.) Greuter et Burdet ●☆

271567 Ononis repens L. subsp. spinosa (L.) Greuter = Ononis spinosa L. ■

271568 Ononis reuteri Boiss.;路透芒柄花■☆

271569 Ononis rosea Durieu;粉红芒柄花●☆

271570 Ononis rosifolia DC. = Ononis pinnata Brot. ●☆

271571 Ononis rotundifolia L.;圆叶芒柄花;Round-leaved Rest Harrow ●☆

271572 Ononis salzmanniana Boiss. et Reut. = Ononis alopecuroides L. ●☆

271573 Ononis salzmanniana Boiss. et Reut. = Ononis baetica Clemente ■☆

271574 Ononis saxicola Boiss. et Reut. = Ononis pusilla L. subsp. saxicola (Boiss. et Reut.) Malag. ■☆

271575 Ononis schousboei Pit. = Ononis leucotricha Coss. ■☆

271576 Ononis sericea Thunb. = Argyrolobium lunare (L.) Druce subsp. sericeum (Thunb.) T. J. Edwards ●☆

271577 Ononis serotina Pomel;迟芒柄花■☆

271578 Ononis serrata Forssk.;具齿芒柄花■☆

271579 Ononis serrata Forssk. subsp. cossoniana (Boiss. et Reut.) Batt. = Ononis cossoniana Boiss. et Reut. ●☆

271580 Ononis serrata Forssk. subsp. diffusa (Ten.) Batt. = Ononis diffusa Ten. ■☆

271581 Ononis serrata Forssk. var. distantiflora H. Lindb. = Ononis diffusa Ten. ■☆

271582 Ononis serrata Forssk. var. erecta Webb et Berthel. = Ononis serrata Forssk. ■☆

271583 Ononis serrata Forssk. var. glaucescens (Pomel) Batt. = Ononis serrata Forssk. ■☆

271584 Ononis serrata Forssk. var. marmorata (Murb.) Maire = Ononis serrata Forssk. ■☆

271585 Ononis serrata Forssk. var. minor Ball = Ononis serrata Forssk. ■☆

271586 Ononis serrata Forssk. var. prostrata Boiss. = Ononis serrata Forssk. ■☆

271587 Ononis serrata Forssk. var. remota Jahand. et Maire = Ononis serrata Forssk. ■☆

271588 Ononis sicula Guss.;西西里芒柄花●☆

271589 Ononis sieberi DC.;西伯尔芒柄花●☆

271590 Ononis speciosa Lag.;美丽芒柄花●☆

271591 Ononis spicata Munby = Ononis spinosa L. ■

271592 Ononis spicata Thunb. = Aspalathus aemula E. Mey. ●☆

271593 Ononis spinosa L.;具刺芒柄花■☆

271594 Ononis spinosa L. = Ononis arvensis L. ■

271595 Ononis spinosa L. = Ononis campestris Koch et Ziz ■

271596 Ononis spinosa L. subsp. antiquorum (L.) Arcang. = Ononis antiquorum L. ■

271597 Ononis spinosa L. subsp. antiquorum (L.) Briq. = Ononis antiquorum L. ■

271598 Ononis spinosa L. subsp. australis (Sirj.) Greuter et Burdet;南方美丽芒柄花●☆

271599 Ononis spinosa L. subsp. maritima (Dumort.) P. Fourn.;滨海芒柄花■☆

271600 Ononis spinosa L. var. antiquorum (L.) Archang = Ononis antiquorum L. ■

271601 Ononis stenophylla Coss. = Ononis polysperma Barratte et Murb. ■☆

271602 Ononis stipulata Thunb. = Melolobium stipulatum (Thunb.) Harv. ■☆

271603 Ononis stricta Pomel;刚直芒柄花●☆

271604 Ononis strigosa Thunb. = Lotononis umbellata (L.) Benth. ●☆

271605 Ononis subcordata Cav. = Ononis viscosa L. subsp. subcordata (Cav.) Sirj. ●☆

271606 Ononis subocculta Vill. = Ononis pusilla L. ■☆

271607 Ononis subspicata Lag. = Ononis baetica Clemente ■☆

271608 Ononis talaverae Devesa et G. López = Ononis natrix L. ●■

271609 Ononis tazzaensis Förther et Podlech;塔扎芒柄花■☆

271610 Ononis tetuanensis Pau = Ononis pendula Desf. ●☆

271611 Ononis thomsonii (L.) Garcke;托马森芒柄花■☆

271612 Ononis thomsonii (L.) Garcke subsp. semiglabra (Maire) Dobignard;半光芒柄花■☆

271613 Ononis thomsonii (L.) Garcke var. ayachica Sauvage = Ononis thomsonii (L.) Garcke ■☆

271614 Ononis thomsonii (L.) Garcke var. glauca Emb. = Ononis thomsonii (L.) Garcke ■☆

271615 Ononis thomsonii (L.) Garcke var. grandiflora Pau et Font Quer = Ononis thomsonii (L.) Garcke ■☆

271616 Ononis thomsonii (L.) Garcke var. jahandiezii Maire = Ononis thomsonii (L.) Garcke subsp. semiglabra (Maire) Dobignard ■☆

271617 Ononis thomsonii (L.) Garcke var. lineata Sauvage = Ononis thomsonii (L.) Garcke subsp. semiglabra (Maire) Dobignard ■☆

271618 Ononis thomsonii (L.) Garcke var. parvifolia Pau et Font Quer = Ononis thomsonii (L.) Garcke ■☆

271619 Ononis thomsonii (L.) Garcke var. semiglabra Maire = Ononis thomsonii (L.) Garcke subsp. semiglabra (Maire) Dobignard ■☆

271620 Ononis tournefortii Coss.;图内福尔芒柄花■☆

271621 Ononis tournefortii Coss. var. ifniensis Caball. = Ononis tournefortii Coss. ■☆

271622 Ononis tournefortii Coss. var. microsperma Maire;小籽芒柄花■☆

271623 Ononis tournefortii Coss. var. purpurea Maire = Ononis tournefortii Coss. ■☆

271624 Ononis tridentata L.;三齿芒柄花■☆

271625 Ononis tridentata L. var. intermedia Lange = Ononis tridentata L. ■☆

271626 Ononis tridentata L. var. mauretanica Maire = Ononis tridentata L. ■☆

271627 Ononis tuna Pomel = Ononis alba Poir. subsp. tuna (Pomel) Maire ●☆

271628 Ononis tuna Pomel var. viscidula (Pomel) Batt. = Ononis alba

Poir. subsp. tuna(Pomel) Maire ●☆
271629 Ononis umbellata L. = Lotononis umbellata(L.) Benth. ●☆
271630 Ononis vaginalis Vahl;具鞘芒柄花■☆
271631 Ononis vaginalis Vahl var. compacta Bég. = Ononis vaginalis Vahl ■☆
271632 Ononis vaginalis Vahl var. rotundifolia Bég. = Ononis vaginalis Vahl ■☆
271633 Ononis vaginalis Vahl var. vestita(Viv.) Bég. = Ononis vaginalis Vahl ■☆
271634 Ononis vaginalis Vahl var. viviani Bég. = Ononis vaginalis Vahl ■☆
271635 Ononis variegata L.;斑点芒柄花■☆
271636 Ononis variegata L. var. alleizettei Faure et Maire = Ononis variegata L. ■☆
271637 Ononis variegata L. var. erioclada DC. = Ononis variegata L. ■☆
271638 Ononis variegata L. var. oranensis Doumergue = Ononis variegata L. ■☆
271639 Ononis villosa Thunb. = Lotononis azurea (Eckl. et Zeyh.) Benth. ■☆
271640 Ononis villosissima Desf.;长柔毛芒柄花●☆
271641 Ononis viscidula Pomel = Ononis alba Poir. var. viscidula (Pomel) Barratte ●☆
271642 Ononis viscosa L.;黏性芒柄花●☆
271643 Ononis viscosa L. subsp. brachycarpa(DC.) Batt.;短果芒柄花■☆
271644 Ononis viscosa L. subsp. breviflora(DC.) Nyman;短花芒柄花■☆
271645 Ononis viscosa L. subsp. foetida (Schousb.) Sirj. = Ononis viscosa L. subsp. porrigens Ball ●☆
271646 Ononis viscosa L. subsp. polyphylla (Ball) Maire = Ononis polyphylla Ball ●☆
271647 Ononis viscosa L. subsp. porrigens Ball;摩洛哥芒柄花●☆
271648 Ononis viscosa L. subsp. sieberi (DC.) Sirj. = Ononis sieberi DC. ●☆
271649 Ononis viscosa L. subsp. subcordata (Cav.) Sirj.;倒心形芒柄花●☆
271650 Ononis viscosa L. var. breviflora (DC.) Pamp. = Ononis viscosa L. ●☆
271651 Ononis viscosa L. var. clausonis (Pomel) Batt. = Ononis clausonis Pomel ●☆
271652 Ononis viscosa L. var. confusa Maire = Ononis viscosa L. ●☆
271653 Ononis viscosa L. var. fruticescens Ball = Ononis viscosa L. ●☆
271654 Ononis viscosa L. var. macrantha Emb. et Maire = Ononis viscosa L. ●☆
271655 Ononis viscosa L. var. pitardii(Maire) Sirj. = Ononis viscosa L. ●☆
271656 Ononis viscosa L. var. porrigens Ball = Ononis viscosa L. ●☆
271657 Ononis viscosa L. var. trifoliolata Sirj. = Ononis viscosa L. ●☆
271658 Ononis zaiana Benoist = Ononis cintrana Brot. ●☆
271659 Ononis zygantha Maire et Wilczek;对花芒柄花■☆
271660 Onopix Raf. = Cirsium Mill. ■
271661 Onopordon Hill = Onopordum L. ■
271662 Onopordon L. = Onopordum L. ■
271663 Onopordum L. (1753);大翅蓟属(大蓟菊属,大鳍菊属,棉毛蓟属,水飞雉属);Cotton Thistle, Cottonthistle, Scotch Thistle ■
271664 Onopordum Vaill. ex L. = Onopordum L. ■
271665 Onopordum abbreviatum(DC.) Pau var. viride(Rouy) Maire = Onopordum macracanthum Schousb. ■☆
271666 Onopordum acanthium L.;大翅蓟(棉毛蓟,苏格兰刺蓟,苏格兰蓟);Cock Thistle, Common Cottonthistle, Cotton Thistle, Down Thistle, Gum Thistle, Oat Thistle, Pig Leaves, Queen Mary's Thistle, Rough Dashel, Row Dashel, Row Dashle, Scotch Cotton Thistle, Scotch Cottonthistle, Scotch Cotton-thistle, Scotch Thistle, Scottish Thistle, Silver Thistle, Thistle-upon-thistle ■
271667 Onopordum acaulon L.;无茎大翅蓟■☆
271668 Onopordum acaulon L. subsp. uniflorum(Cav.) Franco;单花大翅蓟■☆
271669 Onopordum acaulon L. var. orbiculatum (Loscos) Pau = Onopordum acaulon L. ■☆
271670 Onopordum alexandrinum Boiss.;埃及大翅蓟;Egyptian Cottonthistle ■☆
271671 Onopordum alexandrinum Boiss. var. maroccanum Rouy = Onopordum dissectum Murb. ■☆
271672 Onopordum algeriense Pomel;阿尔及尔大翅蓟;Argerian Cottonthistle ■☆
271673 Onopordum ambiguum Fresen.;可疑大翅蓟■☆
271674 Onopordum arabicum L.;阿拉伯大翅蓟■☆
271675 Onopordum arenarium Pomel;沙地大翅蓟■☆
271676 Onopordum arenarium Pomel var. ramosum? = Onopordum arenarium Pomel ■☆
271677 Onopordum armenum Grossh.;亚美尼亚大翅蓟■☆
271678 Onopordum bracteatum Boiss. et Heldr.;卷苞大鳍菊;Curlybract Cottonthistle ■☆
271679 Onopordum candidum Nabelek;淡白大翅蓟■☆
271680 Onopordum cinereum Grossh.;灰大翅蓟■☆
271681 Onopordum confusum Pamp. = Onopordum nervosum Boiss. ■☆
271682 Onopordum cyrenaicum Maire et Weiller;昔兰尼大翅蓟■☆
271683 Onopordum deltoides Aiton = Synurus deltoides(Aiton) Nakai ■
271684 Onopordum dissectum Murb.;深裂大翅蓟■☆
271685 Onopordum dissectum Murb. subsp. murbeckii (H. Lindb.) Jahand. et Maire;穆尔拜克大翅蓟■☆
271686 Onopordum dissectum Murb. var. costatum Maire = Onopordum dissectum Murb. ■☆
271687 Onopordum dissectum Murb. var. lixense Maire = Onopordum dissectum Murb. ■☆
271688 Onopordum elongatum Lam.;伸长大翅蓟■☆
271689 Onopordum espinae Coss.;无刺大翅蓟■☆
271690 Onopordum frickii Tamamsch.;弗里克大翅蓟■☆
271691 Onopordum heteracanthum C. A. Mey.;异刺大翅蓟■☆
271692 Onopordum illyricum L.;伊利尔大翅蓟;Illyrian Cottonthistle, Illyrian Thistle ■☆
271693 Onopordum leptolepis DC.;羽冠大翅蓟;Featherpappo Cottonthistle ■
271694 Onopordum macracanthum Schousb.;大刺大翅蓟■☆
271695 Onopordum macracanthum Schousb. subsp. murcinum Sennen = Onopordum macracanthum Schousb. ■☆
271696 Onopordum murbeckii H. Lindb. = Onopordum dissectum Murb. subsp. murbeckii(H. Lindb.) Jahand. et Maire ■☆
271697 Onopordum nervosum Boiss.;多脉大翅蓟■☆
271698 Onopordum nervosum Boiss. subsp. platylepis (Murb.) Murb.;宽鳞多脉大翅蓟■☆
271699 Onopordum platylepis (Murb.) Murb. = Onopordum nervosum Boiss. subsp. platylepis(Murb.) Murb. ■☆
271700 Onopordum prjachinii Tamamsch.;普尔大翅蓟■☆
271701 Onopordum seravschanicum Tamamsch.;塞拉夫蓟■☆
271702 Onopordum sibthorpianum Boiss. et Heldr.;土耳其大鳍菊;Turkish Cottonthistle ■☆
271703 Onopordum sibthorpianum Boiss. var. arenarium(Pomel) Durand

et Barratte = Onopordum arenarium Pomel ■☆
271704 Onopordum sibthorpianum Boiss. var. viride Ball = Onopordum macracanthum Schousb. ■☆
271705 Onopordum tauricum Willd.;克里木大鳍菊;Bull Cottonthistle, Crimean Cotton-thistle, Taurian Thistle, Taurus Cotton Thistle, Taurus Cottonthistle ■☆
271706 Onopordum wallianum Maire;瓦氏大翅蓟■☆
271707 Onopyxos Spreng. = Cirsium Mill. ■
271708 Onopyxos Spreng. = Onopix Raf. ■
271709 Onopyxus Bubani = Carduus L. ■
271710 Onoseris Willd. (1803);驴菊木属●■☆
271711 Onoseris Willd. = Lycoseris Cass. ●☆
271712 Onoseris Willd. = Onoseris Willd. + Lycoseris Cass. ●☆
271713 Onoseris alata Rusby;翅驴菊木●☆
271714 Onoseris albicans(D. Don) Ferreyra;浅白驴菊木●☆
271715 Onoseris annua Less.;一年驴菊木■☆
271716 Onoseris denticulata Willd. ex DC.;小齿驴菊木●☆
271717 Onoseris discolor Muschl.;异色驴菊木●☆
271718 Onoseris glandulosa Hieron.;多腺驴菊木●☆
271719 Onoseris grandis Kuntze;大驴菊木●☆
271720 Onoseris linifolia Bertero;亚麻叶驴菊木●☆
271721 Onoseris macrophylla Wall. ex Steud.;大叶驴菊木●☆
271722 Onoseris mexicana Willd.;墨西哥驴菊木●☆
271723 Onoseris minima Domke;小驴菊木■☆
271724 Onoseris purpurata Willd.;紫驴菊木●☆
271725 Onoseris salicifolia Kunth;柳叶驴菊木●☆
271726 Onoseris trinervis Kuntze;三脉驴菊木●☆
271727 Onosma L. (1762);滇紫草属(驴臭草属);Golden-drop, Onosma ■
271728 Onosma adenopus I. M. Johnst.;腺花滇紫草;Glandular Onosma, Glandularflower Onosma ■
271729 Onosma alborosea Fisch. et C. A. Mey.;变色滇紫草■☆
271730 Onosma album W. W. Sm. et Jeffrey;白花滇紫草;White Onosma, Whiteflower Onosma ■
271731 Onosma ampliata Velen.;扩张驴臭草;Ample Onosma ■☆
271732 Onosma apiculata Riedl;细尖滇紫草;Apiculate Onosma ■
271733 Onosma arenaria Waldst. et Kit.;沙生驴臭草■☆
271734 Onosma armeniaca Klokov;亚美尼亚驴臭草■☆
271735 Onosma atrocyanea Franch.;深蓝驴臭草■☆
271736 Onosma azurea Schipcz.;天蓝驴臭草■☆
271737 Onosma baldshuanica Lipsky;巴尔德驴臭草■☆
271738 Onosma barbigera I. M. Johnst. = Onosma griffithii Vatke ■☆
271739 Onosma barsczewskii Lipsky;巴而谢驴臭草■☆
271740 Onosma bicolor Wall. ex G. Don = Maharanga bicolor(Wall. et G. Don) A. DC. ■
271741 Onosma bracteata Wall.;具苞滇紫草;Bracteate Onosma ■☆
271742 Onosma brevipilosa Schischk.;短毛驴臭草■☆
271743 Onosma calycina Steven;萼状驴臭草■☆
271744 Onosma caspica Willd. = Nonea caspica(Willd.) G. Don ■
271745 Onosma caucasica Levin;高加索驴臭草■☆
271746 Onosma chitralica I. M. Johnst.;吉德拉尔滇紫草■☆
271747 Onosma cingulata W. W. Sm. et Jeffrey;昭通滇紫草(昆明滇紫草);Cingulate Onosma, Zhaotong Onosma ■
271748 Onosma conferta W. W. Sm.;密花滇紫草;Denseflower Onosma ■
271749 Onosma cyrenaica E. A. Durand et Barratte;昔兰尼滇紫草■☆
271750 Onosma decasticha Y. L. Liu;易门滇紫草;Tenrows Onosma, Yimen Onosma ■
271751 Onosma dichroantha Boiss.;二色花滇紫草■☆
271752 Onosma dumetorum I. M. Johnst.;丛林滇紫草■
271753 Onosma dumetorum I. M. Johnst. = Maharanga dumetorum(I. M. Johnst.) I. M. Johnst. ■
271754 Onosma echinata Desf.;具刺滇紫草■☆
271755 Onosma echioides Desf. subsp. fastigiata Braun-Blanq. = Onosma fastigiata(Braun-Blanq.) Lacaita ■☆
271756 Onosma echioides L.;昭苏滇紫草(刺滇紫草,蓝蓟滇紫草);Echiumlike Onosma ■
271757 Onosma emodii Wall.;污花滇紫草■
271758 Onosma exserta Hemsl.;露蕊滇紫草;Exserted Onosma ■
271759 Onosma farreri I. M. Johnst.;小花滇紫草(小花小叶滇紫草);Farrer Onosma, Smallflower China Onosma ■
271760 Onosma fastigiata(Braun-Blanq.) Lacaita;帚状滇紫草■☆
271761 Onosma fastigiata (Braun-Blanq.) Lacaita subsp. mauretanica Maire;莫雷坦滇紫草■☆
271762 Onosma fastigiata(Braun-Blanq.) Lacaita var. kabylica Maire = Onosma fastigiata(Braun-Blanq.) Lacaita ■☆
271763 Onosma fastigiata(Braun-Blanq.) Lacaita var. maroccana(Pau) Maire = Onosma fastigiata(Braun-Blanq.) Lacaita subsp. mauretanica Maire ■☆
271764 Onosma fastigiata (Braun-Blanq.) Lacaita var. mesatlantica Maire = Onosma fastigiata(Braun-Blanq.) Lacaita ■☆
271765 Onosma fastigiata(Braun-Blanq.) Lacaita var. numidica Maire = Onosma fastigiata(Braun-Blanq.) Lacaita ■☆
271766 Onosma ferganensis Popov;费尔干驴臭草■☆
271767 Onosma fistulosa I. M. Johnst.;管状滇紫草;Fistular Onosma, Fistulose Onosma ■
271768 Onosma forrestii W. W. Sm. = Onosma conferta W. W. Sm. ■
271769 Onosma frutescens Lam.;灌木滇紫草;Golden Drop ●☆
271770 Onosma galalensis (Boiss.) Täckh. et Boulos = Podonosma galalensis Boiss. ■☆
271771 Onosma glomerata Y. L. Liu;团花滇紫草;Glomerate Onosma ■
271772 Onosma gmelinii Ledeb.;黄花滇紫草;Gmelin Onosma ■
271773 Onosma gracilis Trautv.;纤细驴臭草■☆
271774 Onosma griffithii Vatke;格氏滇紫草●☆
271775 Onosma hispida Wall. ex G. Don;硬毛滇紫草■☆
271776 Onosma hispida Wall. ex G. Don var. kashmirica(I. M. Johnst.) I. M. Johnst. = Onosma hispida Wall. ex G. Don ■☆
271777 Onosma hookeri C. B. Clarke;细花滇紫草;Hooker Onosma, Longflower Onosma ■
271778 Onosma hookeri C. B. Clarke subsp. wardii Stapf = Onosma hookeri C. B. Clarke ■
271779 Onosma hookeri C. B. Clarke var. hirsuta Y. L. Liu;毛柱滇紫草;Hirsute Hooker Onosma ■
271780 Onosma hookeri C. B. Clarke var. intermedia (Stapf) I. M. Johnst. = Onosma hookeri C. B. Clarke ■
271781 Onosma hookeri C. B. Clarke var. intermedia I. M. Johnst. = Onosma hookeri C. B. Clarke ■
271782 Onosma hookeri C. B. Clarke var. longiflora Duthie;长花滇紫草(藏紫草);Longflower Onosma ■
271783 Onosma hookeri C. B. Clarke var. wardii W. W. Sm. = Onosma wardii(W. W. Sm.) I. M. Johnst. ■
271784 Onosma hypoleuca I. M. Johnst.;里白滇紫草■☆
271785 Onosma irritans Popov ex Pavlov;过敏滇紫草;Sensitive Onosma ■
271786 Onosma johnstonii Riedl = Onosma limitanea I. M. Johnst. ■

271787 Onosma kashmirica I. M. Johnst. = Onosma hispida Wall. ex G. Don ■☆
271788 Onosma leucocarpa Popov;白果驴臭草■☆
271789 Onosma lijiangensis Y. L. Liu;丽江滇紫草;Lijiang Onosma ■
271790 Onosma limitanea I. M. Johnst. ;边界滇紫草(团花滇紫草);Glomerate-flower Onosma ■
271791 Onosma limitanea I. M. Johnst. var. parviflora I. M. Johnst. = Onosma limitanea I. M. Johnst. ■
271792 Onosma liui Kamelin et T. N. Popova;壤塘滇紫草;Liu Onosma ■
271793 Onosma livanovii Popov;利特维诺夫驴臭草■☆
271794 Onosma longiflora Duthie = Onosma hookeri C. B. Clarke var. longiflora Duthie ■
271795 Onosma longiloba Bunge;长裂驴臭草■☆
271796 Onosma luquanensis Y. L. Liu;禄劝滇紫草;Luquan Onosma ■
271797 Onosma lycopsioides C. E. C. Fisch. ;宽萼滇紫草■
271798 Onosma lycopsioides C. E. C. Fisch. = Maharanga lycopsioides (C. E. C. Fisch.) I. M. Johnst. ■
271799 Onosma maaikangensis W. T. Wang ex Y. L. Liu;马尔康滇紫草;Maerkang Onosma ■
271800 Onosma macrorhiza Popov;大根驴臭草■☆
271801 Onosma maracandica Zakirov;马拉坎达驴臭草■☆
271802 Onosma maroccana Pau = Onosma fastigiata (Braun-Blanq.) Lacaita subsp. mauretanica Maire ■☆
271803 Onosma mertensioides I. M. Johnst. ;川西滇紫草;W. Sichuan Onosma, West Sichuan Onosma ■
271804 Onosma micranthos Pall. = Heliotropium micranthum (Pall.) Bunge ■
271805 Onosma microcarpa Steven ex DC. ;小果滇紫草■☆
271806 Onosma microstoma I. M. Johnst. = Maharanga microstoma (I. M. Johnst.) I. M. Johnst. ■
271807 Onosma multiramosa Hand. -Mazz. ;多枝滇紫草;Manybranch Onosma, Multiramose Onosma ■
271808 Onosma multiramosa Hand. -Mazz. var. mekongensis Johnst. ;澜沧滇紫草;Lancang Onosma ■
271809 Onosma multiramosa Hand. -Mazz. var. mekongensis Johnst. = Onosma multiramosa Hand. -Mazz. ■
271810 Onosma nangqenensis Y. L. Liu;囊谦滇紫草;Nangqian Onosma ■
271811 Onosma oblongifolia W. W. Sm. = Onosma paniculata Bureau et Franch. ■
271812 Onosma oblongifolia W. W. Sm. et Jeffrey;矩叶滇紫草(短叶滇紫草);Oblong-leaf Onosma ■
271813 Onosma oblongifolia W. W. Sm. et Jeffrey = Onosma paniculata Bureau et Franch. ■
271814 Onosma paniculata Bureau et Franch. ;滇紫草(大紫草);Paniculate Onosma ■
271815 Onosma paniculata Bureau et Franch. var. hisrutistyla Lingelsh et Borza = Onosma paniculata Bureau et Franch. ■
271816 Onosma polychroma Klokov;多花驴臭草■☆
271817 Onosma polyphylla Ledeb. ;多叶驴臭草;Multileaf Onosma, Polyphyllous Onosma ■☆
271818 Onosma potaninii Popov = Onosma sinica Diels ■
271819 Onosma pyramidalis Hook. f. ;喜马拉雅驴臭草;Himalayan Comfrey ■☆
271820 Onosma rigida Ledeb. ;硬驴臭草;Rigid Onosma, Stiff Onosma ■☆
271821 Onosma rupestris M. Bieb. ;沼地驴臭草■☆
271822 Onosma saxatilis (Pall.) Lehm. = Stenosolenium saxatile (Pall.) Turcz. ■
271823 Onosma sericea Willd. ;绢毛驴臭草■☆
271824 Onosma setoa Ledeb. ;刚毛滇紫草(刚毛驴臭草);Setose Onosma ■
271825 Onosma setosa Ledeb. subsp. transrhymnensis (Klokov ex Popov) Kamelin;黄刚毛滇紫草■
271826 Onosma setosa Ledeb. var. dichroantha (Boiss.) Boiss. = Onosma dichroantha Boiss. ■☆
271827 Onosma simplicissima L. ;单茎滇紫草(黄花驴臭草,简单驴臭草);Yellowflower Onosma ■☆
271828 Onosma sinica Diels;小叶滇紫草;China Onosma, Chinese Onosma ■
271829 Onosma sinica Diels var. farreri (I. M. Johnst.) W. T. Wang ex Y. L. Liu = Onosma farreri I. M. Johnst. ■
271830 Onosma staminea Ledeb. ;雄蕊驴臭草■☆
271831 Onosma stellulata Waldst. et Kit. ;星毛滇紫草●☆
271832 Onosma strigosa Kunth = Lasiarrhenum strigosum (Kunth) I. M. Johnst. ■☆
271833 Onosma strigosa Y. L. Liu;良塘滇紫草;Strigose Onosma ■
271834 Onosma strigosa Y. L. Liu = Onosma liui Kamelin et T. N. Popova ■
271835 Onosma taurica Willd. ;克里木驴臭草;Crimean Golden Drop, Crimean Golden-drop, Golden-drop, Klimu Onosma, Long-tube Gold-drop Onosma, Long-tube Golddrop Onosmo ■☆
271836 Onosma thomsonii C. B. Clarke;托马森滇紫草●☆
271837 Onosma tinctoria M. Bieb. ;染色驴臭草;Tinctorial Onosma ■☆
271838 Onosma trachycarpa Levin;糙果驴臭草■☆
271839 Onosma transrhymnensis Klokov = Onosma setosa Ledeb. subsp. transrhymnensis (Klokov ex Popov) Kamelin ■
271840 Onosma transrhymnensis Klokov ex Popov = Onosma setosa Ledeb. subsp. transrhymnensis (Klokov ex Popov) Kamelin ■
271841 Onosma tsiangii I. M. Johnst. ;昆明滇紫草;Tsiang Onosma ■
271842 Onosma tsiangii I. M. Johnst. = Onosma cingulata W. W. Sm. et Jeffrey ■
271843 Onosma visianii Clem. ;维希安驴臭草■☆
271844 Onosma waddellii Duthie;丛茎滇紫草;Waddell Onosma ■
271845 Onosma waddellii Duthie var. brachylinea I. M. Johnst. = Onosma waddellii Duthie ■
271846 Onosma waltonii Duthie;西藏滇紫草;Tibet Onosma, Xizang Onosma ■
271847 Onosma wardii (W. W. Sm.) I. M. Johnst. ;德钦滇紫草(单头滇紫草,滇西滇紫草);Ward Onosma ■
271848 Onosma yajiangensis W. T. Wang ex Y. L. Liu;雅江滇紫草;Yajiang Onosma ■
271849 Onosma zayuensis Y. L. Liu;察隅滇紫草;Chayu Onosma, Tsayu Onosma ■
271850 Onosmaceae Martinov = Boraginaceae Juss. (保留科名)■●
271851 Onosmataceae Horan. = Boraginaceae Juss. (保留科名)■●
271852 Onosmidium Walp. = Onosmodium Michx. ■☆
271853 Onosmodium Michx. (1803);北美紫草属■☆
271854 Onosmodium bejariense A. DC. ;光北美紫草;Marble-seed, Smooth Onosmodium, Western False Gromwell ■☆
271855 Onosmodium bejariense A. DC. var. hispidissimum (Mack.) B. L. Turner;毛北美紫草;False Gromwell, Marble-seed, Soft-hair Marble-seed ■☆
271856 Onosmodium bejariense A. DC. var. hispidissimum (Mack.) B. L. Turner = Onosmodium molle Michx. ■☆
271857 Onosmodium bejariense A. DC. var. occidentale (Mack.) B. L.

Turner;西部北美紫草;Marble-seed,Western False Gromwell ■☆

271858 Onosmodium hispidissimum Mack. = Onosmodium bejariense A. DC. var. hispidissimum(Mack.)B. L. Turner ■☆

271859 Onosmodium hispidissimum Mack. = Onosmodium molle Michx. ■☆

271860 Onosmodium hispidissimum Mack. var. macrospermum Mack. et Bush = Onosmodium bejariense A. DC. var. hispidissimum(Mack.) B. L. Turner ■☆

271861 Onosmodium molle Michx.;软毛北美紫草;False Gromwell, Marbleseed, Marble-seed, Smooth Onosmodium, Soft-hair Marble-seed,Western False Gromwell ■☆

271862 Onosmodium molle Michx. subsp. hispidissimum (Mack.) Cochrane = Onosmodium bejariense A. DC. var. hispidissimum (Mack.)B. L. Turner ■☆

271863 Onosmodium molle Michx. subsp. occidentale(Mack.)Cochrane = Onosmodium bejariense A. DC. var. occidentale (Mack.) B. L. Turner ■☆

271864 Onosmodium molle Michx. var. hispidissimum(Mack.)Cronquist = Onosmodium bejariense A. DC. var. hispidissimum(Mack.)B. L. Turner ■☆

271865 Onosmodium molle Michx. var. occidentale (Mack.) I. M. Johnst. = Onosmodium bejariense A. DC. var. occidentale(Mack.) B. L. Turner ■☆

271866 Onosmodium occidentale Mack. = Onosmodium bejariense A. DC. var. occidentale(Mack.)B. L. Turner ■☆

271867 Onosmodium occidentale Mack. = Onosmodium molle Michx. ■☆

271868 Onosmodium occidentale Mack. var. sylvestre Mack. = Onosmodium bejariense A. DC. var. occidentale(Mack.)B. L. Turner ■☆

271869 Onosmodium subsetosum Mack. et Bush = Onosmodium molle Michx. ■☆

271870 Onosmodium virginianum A. DC.;弗州北美紫草■☆

271871 Onosuris Raf. = Oenothera L. ●■

271872 Onosurus G. Don = Oenothera L. ●■

271873 Onotrophe Cass. = Cirsium Mill. ■

271874 Onuris Phil.(1872);驴尾芥属(奥努芥属)■☆

271875 Onuris graminifolia Phil.;驴尾芥■☆

271876 Onuris oligosperma Gilg et Muschl.;寡籽驴尾芥■☆

271877 Onus Gilli = Mellera S. Moore ☆

271878 Onus Gilli(1971);肖梅莱爵床属☆

271879 Onus cochlearibracteatus Gilli;肖梅莱爵床☆

271880 Onus submuticus(C. B. Clarke)Gilli;无尖肖梅莱爵床■☆

271881 Onychacanthus Nees = Bravaisia DC. ●☆

271882 Onychium Blume = Dendrobium Sw.(保留属名)■

271883 Onychium affine Decne. = Dendrobium affine(Decne.)Steud. ■☆

271884 Onychium crumenatum(Sw.)Blume = Dendrobium crumenatum Sw. ■

271885 Onychium divaricatum(Poir.)Alston = Trichomanes divaricatum Poir. ☆

271886 Onychium flavescens Blume = Polystachya concreta (Jacq.) Garay et H. R. Sweet ■

271887 Onychium japonicum Blume = Dendrobium moniliforme (L.) Sw. ■

271888 Onychium lamellatum Blume = Dendrobium lamellatum(Blume) Lindl. ■☆

271889 Onychium mutabile Blume = Dendrobium mutabile (Blume) Lindl. ■☆

271890 Onychopetalum R. E. Fr.(1931);爪瓣花属(亚马孙番荔枝属)●☆

271891 Onychopetalum amazonicum R. E. Fr.;亚马孙爪瓣花(亚马孙番荔枝)●☆

271892 Onychopetalum lanceolatum R. E. Fr.;披针叶爪瓣花●☆

271893 Onychopetalum lucidum R. E. Fr.;光亮爪瓣花●☆

271894 Onychosepalum Steud.(1855);爪萼帚灯草属■☆

271895 Onychosepalum laxiflorum Steud.;爪萼帚灯草■☆

271896 Onychosepalum microcarpum K. A. Meney et J. S. Pate;小果爪萼帚灯草■☆

271897 Onyx Medik. = Astragalus L. ●■

271898 Oocarpon Micheli = Ludwigia L. ●■

271899 Oocarpon Micheli(1874);卵果柳叶菜属■☆

271900 Oocarpon jussiaeoides Micheli;卵果柳叶菜■☆

271901 Oocarpus Post et Kuntze = Ludwigia L. ●■

271902 Oocarpus Post et Kuntze = Oocarpon Micheli ■☆

271903 Oocephala(S. B. Jones)H. Rob.(1999);卵头瘦片菊属(卵头菊属)●☆

271904 Oocephala(S. B. Jones)H. Rob. = Vernonia Schreb.(保留属名)●■

271905 Oocephala agrianthoides (C. Jeffrey) H. Rob. = Vernonia agrianthoides C. Jeffrey ●☆

271906 Oocephala stenocephala (Oliv.) H. Rob. = Vernonia stenocephala Oliv. ■☆

271907 Ooclinium DC. = Praxelis Cass. ■●

271908 Oonopsis(Nutt.)Greene(1896);卵菀属■☆

271909 Oonopsis Greene = Oonopsis(Nutt.)Greene ■☆

271910 Oonopsis argillacea A. Nelson = Oonopsis multicaulis (Nutt.) Greene ■☆

271911 Oonopsis condensata (A. Nelson) A. Nelson = Oonopsis wardii (A. Gray)Greene ■☆

271912 Oonopsis engelmannii (A. Gray) Greene; 恩格尔曼卵菀; Engelmann's Goldenweed ■☆

271913 Oonopsis foliosa (A. Gray) Greene; 多叶卵菀; Leafy Goldenweed,Leafy-bracted Goldenweed ■☆

271914 Oonopsis foliosa(A. Gray)Greene var. monocephala(A. Nelson) Kartesz et Gandhi;单头多叶卵菀■☆

271915 Oonopsis monocephala A. Nelson = Oonopsis foliosa(A. Gray) Greene var. monocephala(A. Nelson)Kartesz et Gandhi ■☆

271916 Oonopsis multicaulis (Nutt.) Greene; 卵菀; Branched Goldenweed,Yellow-rayed Goldenweed ■☆

271917 Oonopsis wardii (A. Gray) Greene; 沃德卵菀; Ward's Goldenweed ■☆

271918 Oonopsis wardii(A. Gray)Greene var. condensata A. Nelson = Oonopsis wardii(A. Gray)Greene ■☆

271919 Oophytum N. E. Br.(1925);卵锥属(胡桃玉属)■☆

271920 Oophytum nanum(Schltr.)L. Bolus;小卵锥(胡桃玉)■☆

271921 Oophytum nanum L. Bolus = Oophytum nanum(Schltr.)L. Bolus ■☆

271922 Oophytum nordenstamii L. Bolus = Oophytum oviforme (N. E. Br.)N. E. Br. ■☆

271923 Oophytum oviforme(N. E. Br.)N. E. Br.;大卵锥■☆

271924 Oosterdickia Boehm. = Cunonia L.(保留属名)●☆

271925 Oosterdyckia Boehm. = Cunonia L.(保留属名)●☆

271926 Oosterdykia Kuntze = Oosterdyckia Boehm. ●☆

271927 Oothrinax(Bedd.)O. F. Cook = Zombia L. H. Bailey ●☆

271928 Oothrinax O. F. Cook = Zombia L. H. Bailey ●☆

271929 Opa Lour.(废弃属名) = Rhaphiolepis Lindl.(保留属名)●

271930 Opa Lour.(废弃属名) = Syzygium Gaertn. + Raphiolepis Lindl. ●

271931 Opa Lour. (废弃属名) = Syzygium R. Br. ex Gaertn. (保留属名) ●

271932 Opa japonica Seem. = Raphiolepis umbellata (Thunb. ex Murray) Makino ●

271933 Opa odorata Lour. = Syzygium odoratum (Lour.) DC. ●

271934 Opalatoa Aubl. = Apalatoa Aubl. (废弃属名) ●☆

271935 Opalatoa Aubl. = Crudia Schreb. (保留属名) ●☆

271936 Opanea Raf. = Rhodamnia Jack ●

271937 Oparanthus Sherff (1937); 齿脉菊属 ●☆

271938 Oparanthus albus (F. Br.) Sherff; 白齿脉菊 ●☆

271939 Oparanthus coriaceus (F. Br.) Sherff; 齿脉菊 ●☆

271940 Oparanthus intermedius Sherff; 间型齿脉菊 ●☆

271941 Opelia Pers. = Opilia Roxb. ●

271942 Opercularia Gaertn. (1788); 盖茜属 ■☆

271943 Opercularia aspera Gaertn.; 促成盖茜 ☆

271944 Opercularia brachyphylla F. Muell. ex Miq.; 短叶盖茜 ☆

271945 Opercularia diphylla Gaertn.; 双叶盖茜 ☆

271946 Opercularia hirsuta F. Muell. ex Benth.; 粗毛盖茜 ☆

271947 Opercularia multicaulis Bartl.; 多茎盖茜 ☆

271948 Opercularia ovata Hook. f.; 卵形盖茜 ☆

271949 Opercularia pauciflora Endl.; 少花盖茜 ☆

271950 Opercularia purpurea Bartl.; 紫盖茜 ☆

271951 Operculariaceae Dumort. = Rubiaceae Juss. (保留科名) ●■

271952 Operculariaceae Juss. ex Perleb = Rubiaceae Juss. (保留科名) ●■

271953 Operculicarya H. Perrier (1944); 盖果漆属 ●☆

271954 Operculicarya borealis Eggli; 北方盖果漆 ●☆

271955 Operculicarya capuronii Randrian. et Lowry; 凯普伦盖果漆 ●☆

271956 Operculicarya decaryi H. Perrier; 德卡里盖果漆; JabilyElephant Tree ●☆

271957 Operculicarya gummifera (Sprague) Capuron; 产胶盖果漆 ●☆

271958 Operculicarya gummifera (Sprague) Capuron var. seyrigii Capuron = Operculicarya gummifera (Sprague) Capuron ●☆

271959 Operculicarya hirsutissima Eggli; 粗毛盖果漆 ●☆

271960 Operculicarya hyphaenoides H. Perrier; 姜饼棕盖果漆 ●☆

271961 Operculicarya multijuga Randrian. et Lowry; 多对盖果漆 ●☆

271962 Operculicarya pachypus Eggli; 粗足盖果漆 ●☆

271963 Operculina Silva Manso (废弃属名) = Merremia Dennst. ex Endl. (保留属名) ●■

271964 Operculina aegyptia (L.) House = Merremia aegyptia (L.) Urb. ■☆

271965 Operculina convolvulus Silva Manso = Ipomoea operculata Mart. ■☆

271966 Operculina dissecta (Jacq.) House = Merremia dissecta (Jacq.) Hallier f. ■

271967 Operculina kentrocaulos (C. B. Clarke) Hallier f. = Merremia kentrocaulos (C. B. Clarke) Hallier f. ■☆

271968 Operculina macrocarpa (L.) Urb. = Merremia macrocarpa (L.) Roberty ■☆

271969 Operculina pteripes (G. Don) O'Donell = Calonyction pteripes G. Don ■☆

271970 Operculina tuberosa (L.) Meisn. = Merremia tuberosa (L.) Rendle ■

271971 Operculina turpetha (L.) Silva Manso = Convolvulus turpethum L. ■

271972 Operculina turpetha (L.) Silva Manso var. heterophylla Hallier f. = Operculina turpetha (L.) Silva Manso ■

271973 Operculina turpetha (L.) Silva Manso var. ventricosa (Bertero) Staples et Austin = Convolvulus ventricosus Silva Manso ■☆

271974 Opetiola Gaertn. = Mariscus Gaertn. ■

271975 Ophelia D. Don = Swertia L. ■

271976 Ophelia D. Don ex G. Don = Swertia L. ■

271977 Ophelia angustifolia D. Don = Swertia angustifolia Buch.-Ham. ex D. Don ■

271978 Ophelia bimaculata Siebold et Zucc. = Swertia bimaculata (Siebold et Zucc.) Hook. f. et Thomson ex C. B. Clarke ■

271979 Ophelia chinensis Bunge ex Griseb. = Swertia diluta (Turcz.) Benth. et Hook. f. ■

271980 Ophelia chirata Griseb. = Swertia chirayita Buch.-Ham. ex Wall. ■☆

271981 Ophelia ciliata D. Don ex G. Don = Swertia ciliata (D. Don ex G. Don) B. L. Burtt ■

271982 Ophelia cordata D. Don = Swertia cordata (G. Don) Wall. ex C. B. Clarke ■

271983 Ophelia cordata Wall. ex G. Don = Swertia cordata (G. Don) Wall. ex C. B. Clarke ■

271984 Ophelia diluta (Turcz.) Ledeb. = Swertia diluta (Turcz.) Benth. et Hook. f. ■

271985 Ophelia diluta (Turcz.) Ledeb. var. tosaensis (Makino) Toyok. = Swertia diluta (Turcz.) Benth. et Hook. f. var. tosaensis (Makino) H. Hara ■

271986 Ophelia fimbriata Hochst. = Swertia fimbriata (Hochst.) Cufod. ■☆

271987 Ophelia japonica (Schult.) Griseb. = Swertia japonica (Schult.) Makino ■☆

271988 Ophelia macrosperma C. B. Clarke = Swertia macrosperma (C. B. Clarke) C. B. Clarke ■

271989 Ophelia nervosa Griseb. = Swertia nervosa (G. Don) Wall. ex C. B. Clarke ■

271990 Ophelia pseudochinensis (H. Hara) Toyok. = Swertia pseudochinensis H. Hara ■

271991 Ophelia pulchella D. Don = Swertia angustifolia Buch.-Ham. ex D. Don var. pulchella (D. Don) Burkill ■

271992 Ophelia purpurascens D. Don = Swertia ciliata (D. Don ex G. Don) B. L. Burtt ■

271993 Ophelia purpurascens D. Don var. ciliata D. Don = Swertia ciliata (D. Don ex G. Don) B. L. Burtt ■

271994 Ophelia purpurascens Wall. ex D. Don = Swertia ciliata (D. Don ex G. Don) B. L. Burtt ■

271995 Ophelia racemosa Griseb. = Swertia racemosa (Griseb.) Wall. ex C. B. Clarke ■

271996 Ophelia racemosa Wall. ex Griseb. = Swertia racemosa (Griseb.) Wall. ex C. B. Clarke ■

271997 Ophelia tashiroi Maxim. = Swertia tashiroi (Maxim.) Makino ■☆

271998 Ophelia tetrapetala (Pall.) Grossh. = Swertia tetrapetala Pall. ■

271999 Ophelia umbellata (Makino) Toyokuni = Swertia swertopsis Makino ■☆

272000 Ophelia wilfordii A. Kern. = Swertia tetrapetala Pall. ■

272001 Ophelia wilfordii A. Kern. = Swertia wilfordii (A. Kern.) Kom. ■

272002 Ophellantha Standl. (1924); 中美大戟属 ☆

272003 Ophellantha spinosa Standl.; 美丽中美大戟 ☆

272004 Ophellantha steyermarkii Standl.; 中美大戟 ☆

272005 Ophelus Lour. = Adansonia L. ●

272006 Ophelus sitularius Lour. = Adansonia digitata L. ●

272007 Ophianthe Hanst. = Pentarhaphia Lindl. ■☆

272008 Ophianthes Raf. = Chelone L. ■☆

272009 Ophianthes Raf. = Penstemon Schmidel ●■

272010 Ophidion Luer (1982); 蛇兰属 ■☆

272011 Ophidion cunabulum(Luer et R. Escobar) Luer;蛇兰■☆
272012 Ophiobostryx Skeels = Bowiea Harv. ex Hook. f.(保留属名)■☆
272013 Ophiobotrys Gilg(1908);蛇果木属●☆
272014 Ophiobotrys zenkeri Gilg;蛇果木●☆
272015 Ophiocarpus(Bunge) Ikonn. = Astragalus L. ●■
272016 Ophiocaryon Endl. = Ophiocaryon R. H. Schomb. ex Endl. ●☆
272017 Ophiocaryon R. H. Schomb. ex Endl.(1841);蛇子果属●☆
272018 Ophiocaryon paradoxum R. H. Schomb. = Ophiocaryon paradoxum R. H. Schomb. ex Hook. ●☆
272019 Ophiocaryon paradoxum R. H. Schomb. ex Hook.;蛇子果;Snake Nut ●☆
272020 Ophiocaulon Hook. f. = Adenia Forssk. ●
272021 Ophiocaulon Raf. = Cassia L.(保留属名)●■
272022 Ophiocaulon Raf. = Chamaecrista Moench ■●
272023 Ophiocaulon apiculatum De Wild. et T. Durand = Adenia poggei (Engl.) Engl. ●☆
272024 Ophiocaulon cissampeloides(Planch. ex Hook.) Mast. = Adenia cissampeloides(Planch. ex Hook.) Harms ●☆
272025 Ophiocaulon dewevrei De Wild. et T. Durand = Adenia poggei (Engl.) Engl. ●☆
272026 Ophiocaulon gracile(Harms) Pellegr. = Adenia cissampeloides (Planch. ex Hook.) Harms ●☆
272027 Ophiocaulon gummifer Mast. = Adenia cissampeloides(Planch. ex Hook.) Harms ●☆
272028 Ophiocaulon poggei Engl. = Adenia poggei(Engl.) Engl. ●☆
272029 Ophiocaulon reticulatum De Wild. et T. Durand = Adenia cissampeloides(Planch. ex Hook.) Harms ●☆
272030 Ophiocephalus Wiggins(1933);蛇头列当属(蛇头玄参属)■☆
272031 Ophiocephalus angustifolius Wiggins;蛇头列当■☆
272032 Ophiochloa Filg., Davidse et Zuloaga(1993);巴西蛇草属■☆
272033 Ophiocolea H. Perrier(1938);蛇鞘紫葳属●☆
272034 Ophiocolea decaryi H. Perrier;德卡里蛇鞘紫葳●☆
272035 Ophiocolea delphinensis H. Perrier;德尔芬蛇鞘紫葳●☆
272036 Ophiocolea floribunda(Bojer ex Lindl.) H. Perrier;繁花蛇鞘紫葳●☆
272037 Ophiocolea velutina H. Perrier;短绒毛蛇鞘紫葳●☆
272038 Ophioglossella Schuit. et Ormerod(1998);金嘴蛇兰属■☆
272039 Ophioiris(Y. T. Zhao) Rodion.(2004);单苞鸢尾属■
272040 Ophiolyza Salisb. = Gladiolus L. ■
272041 Ophiomeris Miers = Thismia Griff. ■
272042 Ophione Schott = Dracontium L. ■☆
272043 Ophionella Bruyns = Pectinaria Haw.(保留属名)■☆
272044 Ophionella Bruyns(1981);肖梳状萝藦属■☆
272045 Ophionella arcuata(N. E. Br.) Bruyns;肖梳状萝藦■☆
272046 Ophionella arcuata(N. E. Br.) Bruyns subsp. mirkinii(Pillans) Bruyns;米尔金肖梳状萝藦■☆
272047 Ophionella arcuata(N. E. Br.) Bruyns var. mirkinii(Pillans) Bruyns = Ophionella arcuata(N. E. Br.) Bruyns subsp. mirkinii (Pillans) Bruyns ■☆
272048 Ophionella willowmorensis Bruyns;好望角肖梳状萝藦■☆
272049 Ophiopogon Ker Gawl.(1807)(保留属名);沿阶草属(麦冬属);Japanese Hyacinth, Lily Turf, Lily-tuff, Lilyturf, Mondo Grass, Sanke's Beard, Snake's-beard ■
272050 Ophiopogon Kunth = Liriope Lour. ■
272051 Ophiopogon aciformis F. T. Wang et Ts. Tang ex H. Li et Y. P. Yang;尖叶沿阶草;Sharpleaf Lilyturf ■
272052 Ophiopogon aciformis F. T. Wang et Ts. Tang ex H. Li et Y. P. Yang = Ophiopogon intermedius D. Don ■
272053 Ophiopogon albimarginatus D. Fang;白边沿阶草■
272054 Ophiopogon amblyphyllus F. T. Wang et L. K. Dai;钝叶沿阶草;Obtuseleaf Lilyturf ■
272055 Ophiopogon angustifoliatus(F. T. Wang et Ts. Tang) S. C. Chen;短药沿阶草;Narrowleaf Bock Lilyturf ■
272056 Ophiopogon argyi H. Lév. = Ophiopogon japonicus(L. f.) Ker Gawl. ■
272057 Ophiopogon bockianus Diels;连药沿阶草(兰花七,蒜苗七,野麦冬);Bock Lilyturf ■
272058 Ophiopogon bockianus Diels var. angustifoliatus F. T. Wang et Ts. Tang = Ophiopogon angustifoliatus(F. T. Wang et Ts. Tang) S. C. Chen ■
272059 Ophiopogon bodinieri H. Lév.;沿阶草(韭叶麦冬,野麦冬);Bodnier Lilyturf ■
272060 Ophiopogon bodinieri H. Lév. var. pygmaeus F. T. Wang et L. K. Dai;矮小沿阶草;Little Bodnier Lilyturf ■
272061 Ophiopogon bodinieri H. Lév. var. pygmaeus F. T. Wang et L. K. Dai = Ophiopogon bodinieri H. Lév. ■
272062 Ophiopogon cavaleriei H. Lév. = Aletris laxiflora Bureau et Franch. ■
272063 Ophiopogon chekiangensis Koiti Kimura et Migo = Ophiopogon japonicus(L. f.) Ker Gawl. ■
272064 Ophiopogon chingii F. T. Wang et Ts. Tang;长茎沿阶草(韭叶柴胡,山韭菜,铁丝草,野麦冬);Ching Lilyturf ■
272065 Ophiopogon chingii F. T. Wang et Ts. Tang var. glaucifolius F. T. Wang et L. K. Dai = Ophiopogon chingii F. T. Wang et Ts. Tang ■
272066 Ophiopogon chingii F. T. Wang et Ts. Tang var. glaucifolius F. T. Wang et L. K. Dai;粉叶沿阶草;Greyblueleaf Lilyturf ■
272067 Ophiopogon clarkei Hook. f.;长丝沿阶草;Clarke Lilyturf ■
272068 Ophiopogon clavatus C. H. Wright ex Oliv.;棒叶沿阶草;Clavateleaf Lilyturf ■
272069 Ophiopogon compressus Y. Wan et C. C. Huang;扁柄沿阶草;Flatstalk Lilyturf ■
272070 Ophiopogon compressus Y. Wan et C. C. Huang = Ophiopogon intermedius D. Don ■
272071 Ophiopogon corifolius F. T. Wang et L. K. Dai;厚叶沿阶草;Thickleaf Lilyturf ■
272072 Ophiopogon dielsianus Hand.-Mazz. = Ophiopogon sylvicola F. T. Wang et Ts. Tang ■
272073 Ophiopogon dracaenoides(Baker) Hook. f.;褐鞘沿阶草(八宝镇心丹,大叶沿阶草,少年青,水竹草,止咳竹,竹叶青);Brownsheath Lilyturf ■
272074 Ophiopogon fauriei H. Lév. et Vaniot = Liriope spicata(Thunb.) Lour. ■
272075 Ophiopogon filiformis H. Lév. = Ophiopogon bodinieri H. Lév. ■
272076 Ophiopogon filipes D. Fang;丝梗沿阶草;Thread-stalked Lilyturf ■
272077 Ophiopogon fooningensis F. T. Wang et L. K. Dai;富宁沿阶草;Fooning Lilyturf, Funing Lilyturf ■
272078 Ophiopogon formosanus(Ohwi) Ohwi = Ophiopogon bodinieri H. Lév. ■
272079 Ophiopogon formosanus(Ohwi) Ohwi = Ophiopogon intermedius D. Don ■
272080 Ophiopogon grandis W. W. Sm.;大沿阶草;Large Lilyturf ■
272081 Ophiopogon griffithii(Baker) Hook. f. = Ophiopogon intermedius D. Don ■

272082 Ophiopogon hainanensis Masam. = Ophiopogon platyphyllus Merr. et Chun ■

272083 Ophiopogon heterandrus F. T. Wang et L. K. Dai;异药沿阶草(舒筋草);Diversianther Lilyturf ■

272084 Ophiopogon hongjiangensis Y. Y. Qian;红疆沿阶草■

272085 Ophiopogon intermedius D. Don;间型沿阶草(长葶沿阶草,麦门冬,台湾沿阶草,蜈蚣七,野麦冬,紫花沿阶草);Intermediate Lilyturf ■

272086 Ophiopogon jaburan(Kunth)Lodd.;阔叶沿阶草(白沿阶草,厚叶沿阶草,芸豆兰);Giant Lily Turf, Lilyturf, Lucky Lilyturf, Snakebeard, White Lilyturf, White Lily-turf ■

272087 Ophiopogon jaburan(Kunth)Lodd. 'Variegata' = Ophiopogon jaburan(Kunth)Lodd. 'Vittatus' ■

272088 Ophiopogon jaburan(Kunth)Lodd. 'Vittatus';彩纹白沿阶草(花叶沿阶草)■

272089 Ophiopogon jaburan (Kunth) Lodd. var. variegata Hort. = Ophiopogon jaburan(Kunth)Lodd. 'Vittatus' ■

272090 Ophiopogon japonicus(L. f.)Ker Gawl.;麦冬(爱韭,不死草,不死药,不死叶,采阳子,超级大,川麦冬,川子,寸冬,寸麦冬,大叶麦冬,地麦冬,冬儿沙星,甘冬,杭麦冬,花园子,火冬,家边草,笕麦冬,阶前草,韭叶麦冬,阔叶麦冬,马韭,麦门,麦门东,麦门冬,麦门冬草,麦门苳,麦文,猫儿眼,门冬,虋冬,仆垒,青提,忍陵,莎草秀根,书带草,苏大,随脂,提青,土麦冬,乌韭,蜈蚣七根,香墩草,小麦冬,小叶麦冬,秀墩草,绣墩草,沿阶草,羊韭,羊耆,羊荠,禹葭,禹韭,浙麦冬,雉骨木,雉乌老草,朱麦冬);Dwarf Lilyturf, Dwarf Lily-turf, Lily-tuff, Mondo Grass ■

272091 Ophiopogon japonicus(L. f.)Ker Gawl. 'Nanus';矮生沿阶草;Dwarf Mondo Grass ■☆

272092 Ophiopogon japonicus (L. f.) Ker Gawl. = Ophiopogon intermedius D. Don ■

272093 Ophiopogon japonicus (L. f.) Ker Gawl. var. intermedius (D. Don) Maxim. = Ophiopogon intermedius D. Don ■

272094 Ophiopogon japonicus(L. f.)Ker Gawl. var. intermedius Maxim. = Ophiopogon intermedius D. Don ■

272095 Ophiopogon japonicus (L. f.) Ker Gawl. var. umbraticola (Hance) C. H. Wright = Ophiopogon umbraticola Hance ■

272096 Ophiopogon japonicus(L. f.)Ker Gawl. var. umbraticola C. H. Wright = Ophiopogon umbraticola Hance ■

272097 Ophiopogon japonicus(L. f.)Ker Gawl. var. variegata Hort.;花叶绣墩草;Variegated Dwarf Lilyturf ■

272098 Ophiopogon japonicus (L. f.) Ker Gawl. var. wallichianus Maxim. = Ophiopogon planiscapus Nakai ■☆

272099 Ophiopogon jiangchengensis Y. Y. Qian;江城沿阶草;Jiangcheng Lilyturf ■

272100 Ophiopogon kansuensis Batalin = Liriope kansuensis (Batalin) C. H. Wright ■

272101 Ophiopogon lancangensis H. Li et Y. P. Yang;澜沧沿阶草;Lancang Lilyturf ■

272102 Ophiopogon lancangensis H. Li et Y. P. Yang = Ophiopogon tinensis F. T. Wang et Ts. Tang ■

272103 Ophiopogon latifolius L. Rodrigues;大叶沿阶草;Largeleaf Lilyturf ■

272104 Ophiopogon lofouensis H. Lév. = Ophiopogon bodinieri H. Lév. ■

272105 Ophiopogon longibracteatus H. Li et Y. P. Yang;长苞沿阶草;Long-bract Lilyturf ■

272106 Ophiopogon longibracteatus H. Li et Y. P. Yang = Ophiopogon intermedius D. Don ■

272107 Ophiopogon longifolius Decne.;长叶沿阶草(麦门冬);Longleaf Lilyturf ■☆

272108 Ophiopogon longipedicellatus Y. Wan et C. C. Huang;长梗沿阶草;Longstalk Lilyturf ■

272109 Ophiopogon longipedicellatus Y. Wan et C. C. Huang = Ophiopogon intermedius D. Don ■

272110 Ophiopogon lushuiensis S. C. Chen;泸水沿阶草;Lushui Lilyturf ■

272111 Ophiopogon mairei H. Lév.;西南沿阶草(麦冬,野麦冬);Maire Lilyturf ■

272112 Ophiopogon marmoratus Pierre ex L. Rodrigues;丽叶沿阶草;Beautyful Lilyturf ■

272113 Ophiopogon mascari Decne. = Liriope muscari(Decne.)L. H. Bailey ■

272114 Ophiopogon megalanthus F. T. Wang et L. K. Dai;大花沿阶草;Largeflower Lilyturf ■

272115 Ophiopogon menglianensis H. W. Li;孟连沿阶草;Menglian Lilyturf ■

272116 Ophiopogon motouensis S. C. Chen;墨脱沿阶草;Motuo Lilyturf ■

272117 Ophiopogon multiflorus Y. Wan;隆安沿阶草;Long'an Lilyturf ■

272118 Ophiopogon muscari Decne. = Liriope muscari(Decne.)L. H. Bailey ■

272119 Ophiopogon paniculatus Z. Y. Zhu;锥序沿阶草;Paniculate Lilyturf ■

272120 Ophiopogon peliosanthoids F. T. Wang et Ts. Tang;长药沿阶草;Longanther Lilyturf ■

272121 Ophiopogon pingbienensis F. T. Wang et L. K. Dai;屏边沿阶草;Pingbian Lilyturf ■

272122 Ophiopogon planiscapus Nakai;扁葶沿阶草;Black Mondo Grass ■☆

272123 Ophiopogon planiscapus Nakai 'Arabicus';阿拉伯扁葶沿阶草;Black Mondo Grass ■☆

272124 Ophiopogon planiscapus Nakai 'Nigrescens';紫黑扁葶沿阶草■☆

272125 Ophiopogon planiscapus Nakai var. leucanths Nakai;白花扁葶沿阶草■☆

272126 Ophiopogon platyphyllus Merr. et Chun;宽叶沿阶草(阔叶沿阶草);Broadleaf Lilyturf ■

272127 Ophiopogon pseudotonkinensis D. Fang;拟多花沿阶草;Falsetonkin Lilyturf ■

272128 Ophiopogon reptans Hook. f.;蔓茎沿阶草;Reptent Lilyturf ■

272129 Ophiopogon reversus C. C. Huang;广东沿阶草(高节沿阶草);Guangdong Lilyturf, Kwangtung Lilyturf ■

272130 Ophiopogon revolutus F. T. Wang et L. K. Dai;卷瓣沿阶草;Revolute Lilyturf ■

272131 Ophiopogon sarmentosus F. T. Wang et L. K. Dai;匍茎沿阶草;Creeping Lilyturf, Rhizome Lilyturf ■

272132 Ophiopogon scaber Ohwi;野沿阶草;Wild Lilyturf ■

272133 Ophiopogon scaber Ohwi = Ophiopogon intermedius D. Don ■

272134 Ophiopogon sinense Y. Wan et C. C. Huang;中华沿阶草;China Lilyturf, Chinese Lilyturf ■

272135 Ophiopogon sparsiflorus F. T. Wang et L. K. Dai;疏花沿阶草(山韭菜);Laxflower Lilyturf ■

272136 Ophiopogon spicatus (Thunb.) Ker Gawl. = Liriope spicata (Thunb.) Lour. ■

272137 Ophiopogon spicatus(Thunb.)Ker Gawl. var. communis Maxim. = Liriope muscari(Decne.)L. H. Bailey ■

272138 Ophiopogon spicatus(Thunb.)Ker Gawl. var. koreanus Palib. =

Liriope spicata(Thunb.) Lour. ■

272139 Ophiopogon spicatus(Thunb.) Ker Gawl. var. minor Maxim. = Liriope minor(Maxim.) Makino ■

272140 Ophiopogon spicatus Ker Gawl.;穗花麦冬草;Spike Lilyturf ■

272141 Ophiopogon spicatus Ker Gawl. = Liriope muscari(Decne.) L. H. Bailey ■

272142 Ophiopogon spicatus Ker Gawl. = Liriope spicata(Thunb.) Lour. ■

272143 Ophiopogon spicatus Ker Gawl. var. communis Maxim. = Liriope muscari(Decne.) L. H. Bailey ■

272144 Ophiopogon spicatus Ker Gawl. var. koreanus Palib. = Ophiopogon spicatus Ker Gawl. ■

272145 Ophiopogon spicatus Ker Gawl. var. minor Maxim. = Liriope minor(Maxim.) Makino ■

272146 Ophiopogon spicatus Lodd. = Liriope graminifolia(L.) Baker ■

272147 Ophiopogon stenophyllus(Merr.) Rodr.;狭叶沿阶草;Narrowleaf Lilyturf ■

272148 Ophiopogon stolonifer H. Lév. et Vaniot = Ophiopogon japonicus (L. f.) Ker Gawl. ■

272149 Ophiopogon sylvicola F. T. Wang et Ts. Tang;林生沿阶草;Wooded Lilyturf, Woodland Lilyturf ■

272150 Ophiopogon szechuanensis F. T. Wang et Ts. Tang;四川沿阶草;Sichuan Lilyturf, Szechwan Lilyturf ■

272151 Ophiopogon tinensis F. T. Wang et Ts. Tang;云南沿阶草;Yunnan Lilyturf ■

272152 Ophiopogon tonkinensis L. Rodrigues;多花沿阶草;Tonkin Lilyturf ■

272153 Ophiopogon tsaii F. T. Wang et Ts. Tang;簇叶沿阶草(屏边沿阶草,大麦冬);Clustered Lilyturf ■

272154 Ophiopogon umbraticola Hance;阴生沿阶草;Shady Lilyturf ■

272155 Ophiopogon wallichianus(Kunth) Hook. f. = Ophiopogon intermedius D. Don ■

272156 Ophiopogon wallichianus Hook. f. = Ophiopogon intermedius D. Don ■

272157 Ophiopogon xiaokuai Z. Y. Zhu;小块沿阶草;Xiaokuai Lilyturf ■

272158 Ophiopogon xiaokuai Z. Y. Zhu = Ophiopogon intermedius D. Don ■

272159 Ophiopogon xylorrhizus F. T. Wang et L. K. Dai;木根沿阶草;Woodyroot Lilyturf ■

272160 Ophiopogon yunnanensis S. C. Chen;滇西沿阶草;W. Yunnan Lilyturf ■

272161 Ophiopogon zingiberaceus F. T. Wang et L. K. Dai;姜状沿阶草;Gingerlike Lilyturf ■

272162 Ophiopogonaceae Endl. = Convallariaceae L. ■

272163 Ophiopogonaceae Endl. = Ophiopogonaceae Meisn. ■

272164 Ophiopogonaceae Meisn.;沿阶草科■

272165 Ophiopogonaceae Meisn. = Convallariaceae L. ■

272166 Ophiopogonaceae Meisn. = Liliaceae Juss.(保留科名)■●

272167 Ophiopogonaceae Meisn. = Opiliaceae Valeton(保留科名)●

272168 Ophiopogonaceae Meisn. = Ruscaceae M. Roem.(保留科名)●

272169 Ophioprason Salisb. = Asphodelus L. ■☆

272170 Ophiorhipsalis(K. Schum.) Doweld = Cereus Mill. ●

272171 Ophiorhipsalis(K. Schum.) Doweld = Rhipsalis Gaertn.(保留属名)●

272172 Ophiorhipsalis(K. Schum.) Doweld(2001);蛇棒属●☆

272173 Ophiorrhiza L.(1753);蛇根草属;Ophiorrhiza ●■

272174 Ophiorrhiza acutiloba Hayata = Ophiorrhiza japonica Blume var. acutiloba(Hayata) Ohwi ■

272175 Ophiorrhiza acutiloba Hayata = Ophiorrhiza japonica Blume ■

272176 Ophiorrhiza alata Craib;有翅蛇根草;Wing Ophiorrhiza ■

272177 Ophiorrhiza alatiflora H. S. Lo;延翅蛇根草;Wingflower Ophiorrhiza ■

272178 Ophiorrhiza alatiflora H. S. Lo var. trichoneura H. S. Lo;毛脉蛇根草;Hairyvein Ophiorrhiza ■

272179 Ophiorrhiza asteriflora Y. M. Shui et W. H. Chen;星花蛇根草;Stellteflower Ophiorrhiza ■

272180 Ophiorrhiza aureolina H. S. Lo;金黄蛇根草;Goldyellow Ophiorrhiza ■

272181 Ophiorrhiza aureolina H. S. Lo f. qiongyaensis H. S. Lo;琼崖蛇根草;Qiongya Ophiorrhiza ■

272182 Ophiorrhiza austroyunnanensis H. S. Lo;滇南蛇根草;S. Yunnan Ophiorrhiza ■

272183 Ophiorrhiza bodinieri H. Lév. = Ophiorrhiza cantoniensis Hance ■

272184 Ophiorrhiza brevidentata H. S. Lo;短齿蛇根草;Shorttooth Ophiorrhiza ■

272185 Ophiorrhiza calcarata Hook. f.;察隅蛇根草;Spurred Ophiorrhiza ■

272186 Ophiorrhiza cana H. S. Lo;灰叶蛇根草;Greyleaf Ophiorrhiza ■

272187 Ophiorrhiza cantoniensis Hance;广州蛇根草(岩泽兰,朱砂草,紫金莲);Guangzhou Ophiorrhiza ■

272188 Ophiorrhiza carnosicaulis H. S. Lo;肉茎蛇根草;Fleshstem Ophiorrhiza ■

272189 Ophiorrhiza cavaleriei H. Lév. = Ophiorrhiza japonica Blume ■

272190 Ophiorrhiza chinensis H. S. Lo;中华蛇根草;China Ophiorrhiza, Chinese Ophiorrhiza ■

272191 Ophiorrhiza chinensis H. S. Lo f. emeiensis H. S. Lo;峨眉蛇根草;Emei Ophiorrhiza ■

272192 Ophiorrhiza chingii H. S. Lo;秦氏蛇根草;Ching Ophiorrhiza ■

272193 Ophiorrhiza cordata W. L. Sha ex H. S. Lo;心叶蛇根草;Heartleaf Ophiorrhiza ■

272194 Ophiorrhiza crassifolia H. S. Lo;厚叶蛇根草;Thickleaf Ophiorrhiza ■

272195 Ophiorrhiza darrisii H. Lév. = Mitreola pedicellata Benth. ■

272196 Ophiorrhiza densa H. S. Lo;密脉蛇根草;Densevein Ophiorrhiza ■

272197 Ophiorrhiza dimorphantha Hayata = Ophiorrhiza japonica Blume ■

272198 Ophiorrhiza dimorphantha Hayata f. brevistigma Hayata = Ophiorrhiza japonica Blume ■

272199 Ophiorrhiza dimorphantha Hayata f. longistigma Hayata = Ophiorrhiza japonica Blume ■

272200 Ophiorrhiza dulongensis H. S. Lo;独龙蛇根草;Dulong Ophiorrhiza ■

272201 Ophiorrhiza ensiformis H. S. Lo;剑齿蛇根草;Awordtooth Ophiorrhiza ■

272202 Ophiorrhiza eryei Champ. = Ophiorrhiza japonica Blume ■

272203 Ophiorrhiza esquirolii H. Lév. = Jasminum prainii H. Lév. ●

272204 Ophiorrhiza exigua(H. L. Li) H. S. Lo = Ophiorrhiza mitchelloides (Masam.) H. S. Lo ■

272205 Ophiorrhiza fangdingii H. S. Lo;方鼎蛇根草;Fangding Ophiorrhiza ■

272206 Ophiorrhiza fasciculata D. Don;簇花蛇根草;Fascicleflower Ophiorrhiza, Fascicular Ophiorrhiza ●■

272207 Ophiorrhiza filibracteolata H. S. Lo;大桥蛇根草;Silkybract Ophiorrhiza ■

272208 Ophiorrhiza gracilis Kurz;纤弱蛇根草;Weak Ophiorrhiza ■

272209 Ophiorrhiza grandibracteolata F. C. How ex H. S. Lo;大苞蛇根草;Bigbract Ophiorrhiza ■

272210 Ophiorrhiza hainanensis Y. C. Tseng; 海南蛇根草; Hainan Ophiorrhiza ■

272211 Ophiorrhiza harrisiana Heyne et G. Don var. rugosa (Wall.) Hook. f. = Ophiorrhiza rugosa Wall. ■

272212 Ophiorrhiza hayatana Ohwi;瘤果蛇根草(狭叶蛇根草,早田氏蛇根草);Rubblefruit Ophiorrhiza ■

272213 Ophiorrhiza hayatana Ohwi = Ophiorrhiza aureolina H. S. Lo f. qiongyaensis H. S. Lo ■

272214 Ophiorrhiza hispida Hook. f.; 尖叶蛇根草; Sharpleaf Ophiorrhiza ■

272215 Ophiorrhiza hispidula Wall. ex G. Don; 版纳蛇根草; Banna Ophiorrhiza ■

272216 Ophiorrhiza howii H. S. Lo;宽昭蛇根草(长花蛇根草);How Ophiorrhiza ■

272217 Ophiorrhiza huanjiangensis D. Fang et Z. M. Xie;环江蛇根草; Huanjiang Ophiorrhiza ■

272218 Ophiorrhiza humilis Y. C. Tseng;溪畔蛇根草(小蛇根草); Brookside Ophiorrhiza, Low-growing Ophiorrhiza ■

272219 Ophiorrhiza hunanica H. S. Lo;湖南蛇根草;Hunan Ophiorrhiza ■

272220 Ophiorrhiza inflata Maxim. = Ophiorrhiza pumila Champ. ex Benth. ■

272221 Ophiorrhiza japonica Blume;日本蛇根草(活血丹,散血草,蛇根草,四季花,天青地红,雪里开花,雪里梅,血和散,血经草,岩泽兰,猪菜,紫金莲,自来红,钻地风);Japanese Ophiorrhiza ■

272222 Ophiorrhiza japonica Blume f. plena T. Yamaz.;重瓣日本蛇根草■☆

272223 Ophiorrhiza japonica Blume var. acutiloba (Hayata) Ohwi = Ophiorrhiza japonica Blume ■

272224 Ophiorrhiza japonica Blume var. amamiana Hatus.;奄美蛇根草■☆

272225 Ophiorrhiza japonica Blume var. leiocarpa Hand.-Mazz. = Ophiorrhiza cantoniensis Hance ■

272226 Ophiorrhiza japonica Blume var. minor Krause = Ophiorrhiza japonica Blume ■

272227 Ophiorrhiza japonica Blume var. monticola (Hayata) Hatus.;山地日本蛇根草■☆

272228 Ophiorrhiza japonica Blume var. tashiroi (Maxim.) Ohwi;田代氏蛇根草■☆

272229 Ophiorrhiza kingiana Watt;金蛇草;King Ophiorrhiza ■

272230 Ophiorrhiza kotoensis Hatus. = Ophiorrhiza liukiuensis Hayata ■

272231 Ophiorrhiza kuroiwae Makino = Ophiorrhiza liukiuensis Hayata ■

272232 Ophiorrhiza kuroiwae Makino var. yaeyamensis (Ohwi) E. Walker = Ophiorrhiza kuroiwae Makino ■

272233 Ophiorrhiza kwangsiensis Merr. ex H. L. Li; 广西蛇根草; Guangxi Ophiorrhiza, Kwangsi Ophiorrhiza ■

272234 Ophiorrhiza labordei H. Lév. = Ophiorrhiza japonica Blume ■

272235 Ophiorrhiza laceolata Forsk. = Pentas lanceolata (Forssk.) K. Schum. ●

272236 Ophiorrhiza laevifolia H. S. Lo;平滑蛇根草;Velvet Ophiorrhiza ■

272237 Ophiorrhiza lanceolata Forssk. = Pentas lanceolata (Forssk.) K. Schum. ●■

272238 Ophiorrhiza laoshanica H. S. Lo; 老山蛇根草; Laoshan Ophiorrhiza ■

272239 Ophiorrhiza liangkwangensis H. S. Lo;两广蛇根草;Liangguang Ophiorrhiza ■

272240 Ophiorrhiza lignosa Merr.;木茎蛇根草;Woody Ophiorrhiza ■

272241 Ophiorrhiza liukiuensis Hayata;小花蛇根草(黑岩金蛇草); Littleflower Ophiorrhiza ■

272242 Ophiorrhiza liukiuensis Hayata = Ophiorrhiza kuroiwae Makino ■

272243 Ophiorrhiza longicornis H. S. Lo; 长角蛇根草; Longhorn Ophiorrhiza ■

272244 Ophiorrhiza longiflora F. C. How ex H. S. Lo = Ophiorrhiza howii H. S. Lo ■

272245 Ophiorrhiza longipes H. S. Lo; 长梗蛇根草; Longpedicel Ophiorrhiza ■

272246 Ophiorrhiza longzhouensis H. S. Lo; 龙州蛇根草; Longzhou Ophiorrhiza ■

272247 Ophiorrhiza luchuanensis H. S. Lo; 禄春蛇根草(绿春蛇根草);Luchun Ophiorrhiza ■

272248 Ophiorrhiza lurida Hook. f.;紫绿蛇根草(黄褐蛇根草);Lurid Ophiorrhiza, Yellowbrown Ophiorrhiza ■

272249 Ophiorrhiza macroantha H. S. Lo; 大花蛇根草; Bigflower Ophiorrhiza ■

272250 Ophiorrhiza macrodonta H. S. Lo; 大齿蛇根草; Bigtooth Ophiorrhiza ■

272251 Ophiorrhiza marchandii H. Lév. = Mitreola pedicellata Benth. ■

272252 Ophiorrhiza medogensis H. Li; 长萼蛇根草; Longcalyx Ophiorrhiza, Modog Ophiorrhiza ●■

272253 Ophiorrhiza micrantha Drake = Lerchea micrantha (Drake) H. S. Lo ■

272254 Ophiorrhiza mitchelloides (Masam.) H. S. Lo;东南蛇根草(棱萼茜,山茜草,玉兰草,早田草); SE. China Ophiorrhiza, Simlar Mitchella Ophiorrhiza ■

272255 Ophiorrhiza mitreola L. = Mitreola petiolata (J. F. Gmel.) Torr. et A. Gray ■

272256 Ophiorrhiza monticola Hayata = Ophiorrhiza japonica Blume var. monticola (Hayata) Hatus. ■☆

272257 Ophiorrhiza monticola Hayata = Ophiorrhiza japonica Blume ■

272258 Ophiorrhiza monticola Hayata f. brevistygma Hayata = Ophiorrhiza japonica Blume ■

272259 Ophiorrhiza monticola Hayata f. longistigma Hayata = Ophiorrhiza japonica Blume ■

272260 Ophiorrhiza mungos L.; 蛇根草(硬毛蛇根草); Common Ophiorrhiza ●■

272261 Ophiorrhiza mycetiifolia H. S. Lo;腺木叶蛇根草;Mycetialeaf Ophiorrhiza ■

272262 Ophiorrhiza nana (Edgew.) Hook. f. = Clarkella nana (Edgew.) Hook. f. ■

272263 Ophiorrhiza nana Edgew. = Clarkella nana (Edgew.) Hook. f. ■

272264 Ophiorrhiza nandanica H. S. Lo; 南丹蛇根草; Nandan Ophiorrhiza ■

272265 Ophiorrhiza napoensis H. S. Lo;那坡蛇根草;Napo Ophiorrhiza ■

272266 Ophiorrhiza nigricans H. S. Lo; 变黑蛇根草; Blacken Ophiorrhiza ■

272267 Ophiorrhiza nutans C. B. Clarke;垂花蛇根草; Nutantflower Ophiorrhiza ■

272268 Ophiorrhiza ochroleuca Hook. f.; 黄花蛇根草; Yellow Ophiorrhiza ■

272269 Ophiorrhiza oppositiflora Hook. f.;对生蛇根草; Oppisiteleaf Ophiorrhiza ■

272270 Ophiorrhiza paniculiformis H. S. Lo; 圆锥蛇根草; Panicle Ophiorrhiza ■

272271 Ophiorrhiza parachinensis Y. M. Shui et W. H. Chen;拟中华蛇

根草;Parachinense Ophiorrhiza ■

272272 Ophiorrhiza parviflora Hayata;细花蛇根草;Smallflower Ophiorrhiza ■

272273 Ophiorrhiza parviflora Hayata = Ophiorrhiza kuroiwae Makino ■

272274 Ophiorrhiza parviflora Hayata = Ophiorrhiza liukiuensis Hayata ■

272275 Ophiorrhiza pauciflora Hook. f.;少花蛇根草;Poorflower Ophiorrhiza ■

272276 Ophiorrhiza pellucida H. Lév.;透明蛇根草;Pellucid Ophiorrhiza ■

272277 Ophiorrhiza pellucida H. Lév. = Ophiorrhiza nana(Edgew.) Hook. f. ■

272278 Ophiorrhiza petrophila H. S. Lo;法斗蛇根草;Saxicolous Ophiorrhiza ■

272279 Ophiorrhiza pingbienensis H. S. Lo;屏边蛇根草;Pingbian Ophiorrhiza ■

272280 Ophiorrhiza prostrata D. Don = Ophiorrhiza rugosa Wall. ■

272281 Ophiorrhiza prostrata D. Don var. rugosa(Wall.) Kar et Panigrahi = Ophiorrhiza rugosa Wall. ■

272282 Ophiorrhiza pumila Champ. ex Benth.;短小蛇根草(白花蛇根草,荷包草,绿蛇根草,山苋菜,小蛇根草);Dwarf Ophiorrhiza ■

272283 Ophiorrhiza pumila Champ. ex Benth. = Ophiorrhiza aureolina H. S. Lo f. qiongyaensis H. S. Lo ■

272284 Ophiorrhiza pumila Champ. ex Benth. var. inflata(Maxim.) Masam. = Ophiorrhiza pumila Champ. ex Benth. ■

272285 Ophiorrhiza purpurascens H. S. Lo;紫脉蛇根草;Purplevein Ophiorrhiza ■

272286 Ophiorrhiza purpureonervis H. S. Lo;苍梧蛇根草;Cangwu Ophiorrhiza ■

272287 Ophiorrhiza rarior H. S. Lo;毛果蛇根草;Hairfruit Ophiorrhiza ■

272288 Ophiorrhiza repandicalyx H. S. Lo;大叶蛇根草;Largeleaf Ophiorrhiza ■

272289 Ophiorrhiza rhodoneura H. S. Lo;红脉蛇根草;Redvein Ophiorrhiza ■

272290 Ophiorrhiza rosea Hook. f.;四瓣蛇根草(粉花蛇根草,美丽蛇根草);Rose Ophiorrhiza ●■

272291 Ophiorrhiza rufipilis H. S. Lo;红毛蛇根草;Redhair Ophiorrhiza ■

272292 Ophiorrhiza rufopunctata H. S. Lo;红腺蛇根草;Redpunctate Ophiorrhiza ■

272293 Ophiorrhiza rugosa Wall.;匍地蛇根草(匍茎蛇根草);Rugose Ophiorrhiza ■

272294 Ophiorrhiza salicifolia H. S. Lo;柳叶蛇根草;Willowleaf Ophiorrhiza ■

272295 Ophiorrhiza seguini H. Lév. = Ophiorrhiza cantoniensis Hance ■

272296 Ophiorrhiza sichuanensis H. S. Lo;四川蛇根草;Sichuan Ophiorrhiza ■

272297 Ophiorrhiza stenophylla Hayata = Ophiorrhiza hayatana Ohwi ■

272298 Ophiorrhiza subrubescens Drake;变红蛇根草;Becoming Red Ophiorrhiza, Redden Ophiorrhiza ■

272299 Ophiorrhiza succirubra King ex Hook. f.;红汁蛇根草(地贵草,滇桂蛇根草,高原蛇根草);Plateau Ophiorrhiza ●■

272300 Ophiorrhiza tashiroi Maxim. = Ophiorrhiza japonica Blume var. tashiroi(Maxim.) Ohwi ■☆

272301 Ophiorrhiza tomentosa Jack;绒毛蛇根草■☆

272302 Ophiorrhiza umbricola W. W. Sm.;阴地蛇根草(天青地红,血经草,岩泽兰,阴生蛇根草,皱皮草,自来血);Shade Ophiorrhiza ■

272303 Ophiorrhiza violaceo-flammea H. Lév. = Ophiorrhiza cantoniensis Hance ■

272304 Ophiorrhiza wallichii Hook. f.;大果蛇根草;Wallich Ophiorrhiza ■

272305 Ophiorrhiza wenshanensis H. S. Lo;文山蛇根草;Wenshan Ophiorrhiza ■

272306 Ophiorrhiza wui H. S. Lo;吴氏蛇根草;Wu Ophiorrhiza ■

272307 Ophiorrhiza yintakensis Masam. = Ophiorrhiza cantoniensis Hance ■

272308 Ophiorrhiziphyllon Kurz(1871);蛇根叶属;Ophiorrhiziphyllon ■

272309 Ophiorrhiziphyllon hypoleucum(Benoist) Benoist = Staurogyne hypoleuca Benoist ■

272310 Ophiorrhiziphyllon hypoleucum Benoist = Staurogyne hypoleuca Benoist ■

272311 Ophiorrhiziphyllon macrobotryum Kurz;蛇根叶;Largeraceme Ophiorrhiziphyllon ■

272312 Ophioscorodon Wallr. = Allium L. ■

272313 Ophioscorodon tricoccum(Sol.) Wallr. = Allium tricoccum Sol. ■☆

272314 Ophioseris Raf. = Hieracium L. ■

272315 Ophiospermum Lour. = Aquilaria Lam.(保留属名)●

272316 Ophiospermum Rchb. = Aquilaria Lam.(保留属名)●

272317 Ophiospermum Rchb. = Ophispermum Lour. ●

272318 Ophiospermum sinense Lour. = Aquilaria sinensis(Lour.) Gilg ●◇

272319 Ophiostachys Delile = Chamaelirium Willd. ■☆

272320 Ophioxylaceae Mart. = Apocynaceae Juss.(保留科名)●■

272321 Ophioxylaceae Mart. ex Perleb = Apocynaceae Juss.(保留科名)●■

272322 Ophioxylon L. = Rauvolfia L. ●

272323 Ophioxylon chinense Hance = Rauvolfia verticillata(Lour.) Baill. ●

272324 Ophioxylon majus Hassk. = Rauvolfia serpentina(L.) Benth. ex Kurz ●

272325 Ophioxylon serpentinum L. = Rauvolfia serpentina(L.) Benth. ex Kurz ●

272326 Ophira Burm. ex L. = Grubbia P. J. Bergius ●☆

272327 Ophira Lam. = Grubbia P. J. Bergius ●☆

272328 Ophira Lam. = Strobilocarpus Klotzsch ●☆

272329 Ophira stricta Lam. = Grubbia tomentosa(Thunb.) Harms ●☆

272330 Ophiraceae Arn. = Grubbiaceae Endl. ex Meisn.(保留科名)●☆

272331 Ophiraceae Rchb. = Grubbiaceae Endl. ex Meisn.(保留科名)●☆

272332 Ophiria Becc. = Pinanga Blume ●

272333 Ophiria Lindl. = Ophira Lam. ●☆

272334 Ophiria Lindl. = Strobilocarpus Klotzsch ●☆

272335 Ophiriaceae Arn. = Grubbiaceae Endl. ex Meisn.(保留科名)●☆

272336 Ophiriaceae Arn. = Ophiraceae Rchb. ●☆

272337 Ophismenus Poir. = Oplismenus P. Beauv.(保留属名)■

272338 Ophispermum Lour. = Aquilaria Lam.(保留属名)●

272339 Ophispermum sinense Lour. = Aquilaria sinensis(Lour.) Spreng. ●◇

272340 Ophiuraceae Link = Gramineae Juss.(保留科名)■●

272341 Ophiuraceae Link = Poaceae Barnhart(保留科名)■●

272342 Ophiurinella Desv. = Psilurus Trin. ■☆

272343 Ophiurinella Desv. = Stenotaphrum Trin. ■

272344 Ophiurinella micrantha Desv. = Stenotaphrum micranthum (Desv.) C. E. Hubb. ■

272345 Ophiuros C. F. Gaertn.(1805);蛇尾草属;Ophiuros, Snaketailgrass ■

272346 Ophiuros cochinchinensis(Lour.) Merr. = Mnesithea laevis (Retz.) Kunth ■

272347 Ophiuros cochinchinensis Merr. = Heteropholis cochinchinensis

(Lour.) Clayton ■
272348 Ophiuros corymbosus(L. f.) Gaertn. = Ophiuros exaltatus(L.) Kuntze ■
272349 Ophiuros corymbosus Gaertn. = Ophiuros exaltatus(L.) Kuntze ■
272350 Ophiuros exaltatus(L.) Kuntze; 蛇尾草; Exaltate Ophiuros, Exalted Snaketailgrass ■
272351 Ophiuros laevis (Retz.) Benth. = Mnesithea laevis (Retz.) Kunth ■
272352 Ophiuros monostachyus J. Presl et C. Presl = Mnesithea laevis (Retz.) Kunth ■
272353 Ophiuros papillosus Hochst.;乳头蛇尾草■☆
272354 Ophiuros radicans Steud. = Lepturus radicans (Steud.) A. Camus ■☆
272355 Ophiuros shimadanus Ohwi et Odash. = Heteropholis cochinchinensis(Lour.) Clayton var. chenii(Y. C. Hsu) Sosef et de Koning ■
272356 Ophiuros shimadanus Ohwi et Odash. = Mnesithea laevis(Retz.) Kunth var. chenii(C. C. Hsu) de Koning et Sosef ■
272357 Ophiurus R. Br. = Ophiuros C. F. Gaertn. ■
272358 Ophiurus laevis (Retz.) Benth. = Mnesithea laevis (Retz.) Kunth ■
272359 Ophiurus perforatus (Roxb.) Trin = Mnesithea laevis (Retz.) Kunth ■
272360 Ophrestia H. M. L. Forbes (1948); 拟大豆属; Ophrestia, Subsoja ●■
272361 Ophrestia antsingyensis Du Puy et Labat;安钦吉拟大豆●☆
272362 Ophrestia breviracemosa Verdc.;短总花拟大豆■☆
272363 Ophrestia digitata(Harms) Verdc.;指裂拟大豆■☆
272364 Ophrestia hedysaroides(Willd.) Verdc.;岩黄耆拟大豆■☆
272365 Ophrestia humbertii Du Puy et Labat;亨伯特拟大豆●☆
272366 Ophrestia lyallii(Benth.) Verdc.;莱尔拟大豆■☆
272367 Ophrestia madagascariensis(F. J. Herm.) Verdc.;马岛拟大豆●☆
272368 Ophrestia nervosa H. M. L. Forbes = Ophrestia oblongifolia(E. Mey.) H. M. L. Forbes ■☆
272369 Ophrestia oblongifolia(E. Mey.) H. M. L. Forbes; 矩圆叶拟大豆■☆
272370 Ophrestia oblongifolia(E. Mey.) H. M. L. Forbes var. velutinosa H. M. L. Forbes;短绒毛拟大豆■☆
272371 Ophrestia pinnata(Merr.) H. M. L. Forbes; 羽叶拟大豆(羽叶大豆); Leatherleaf Subsoja, Pinnate Paraglycine, Pinnate-leaf Ophrestia ●■
272372 Ophrestia radicosa(A. Rich.) Verdc.;多根拟大豆■☆
272373 Ophrestia radicosa (A. Rich.) Verdc. var. schliebenii (Harms) Verdc.;施利本拟大豆■☆
272374 Ophrestia retusa H. M. L. Forbes = Ophrestia oblongifolia (E. Mey.) H. M. L. Forbes ■☆
272375 Ophrestia swazica H. M. L. Forbes = Ophrestia oblongifolia (E. Mey.) H. M. L. Forbes ■☆
272376 Ophrestia torrei Verdc.;托雷拟大豆■☆
272377 Ophrestia unicostata(F. J. Herm.) Verdc.;单脉拟大豆■☆
272378 Ophrestia unifoliolata(Baker f.) Verdc.;单小叶拟大豆■☆
272379 Ophrestia upembae(Hauman) Verdc.;乌彭巴拟大豆■☆
272380 Ophris Mill. = Listera R. Br. (保留属名) + Epipactis Zinn(保留属名) ■
272381 Ophrydaceae Raf. = Orchidaceae Juss. (保留科名) ■
272382 Ophrydaceae Vines = Orchidaceae Juss. (保留科名) ■
272383 Ophrydium Schrad. ex Nees = Ophryoscleria Nees ■
272384 Ophrydium Schrad. ex Nees = Scleria P. J. Bergius ■
272385 Ophryococcus Oerst. (1852);眉果茜属●☆
272386 Ophryococcus gesnerioides Oerst.;眉果茜●☆
272387 Ophryoscleria Nees = Scleria P. J. Bergius ■
272388 Ophryosporus Meyen(1834);微腺亮泽兰属■●☆
272389 Ophryosporus angustifolius B. L. Rob.;狭叶微腺亮泽兰■☆
272390 Ophryosporus cumingii(Sch. Bip.) Benth. et Hook. f.;卡明微腺亮泽兰■☆
272391 Ophryosporus macrodon Griseb.;大齿微腺亮泽兰■☆
272392 Ophrypetalum Diels(1936);眉瓣花属(颏瓣花属)●☆
272393 Ophrypetalum odoratum Diels;眉瓣花(颏瓣花)■☆
272394 Ophrypetalum odoratum Diels subsp. longipedicellatum Verdc.; 长梗眉瓣花(长梗颏瓣花)■☆
272395 Ophrys L. (1753);眉兰属(蜂兰属);Aplder Orchid, Ophrys, Spider-orchid ■☆
272396 Ophrys alaris L. f. = Pterygodium catholicum(L.) Sw. ■☆
272397 Ophrys alata Thunb. = Pterygodium alatum(Thunb.) Sw. ■☆
272398 Ophrys apifera Huds.; 蜜蜂眉兰; Adders, Bee Flower, Bee Ophrys, Bee Orchid, Bee Orchis, Bee-orchid, Blue Butcher, Bumble-bee, Dumble Dor, Hmnble Bee, Honey-bee Flower, Honey-flower, Humble-bee, Snakes-and-adders, Snakes-and-bee Orchis, Soldiers ■☆
272399 Ophrys apifera Huds. subsp. trollii(Hegetschw.) O. Bolòs; 黄蜂眉兰; Bee Orchid, Wasp Orchid, Wasp-orchid ■☆
272400 Ophrys apifera Huds. var. muteliae Mutel = Ophrys apifera Huds. ■☆
272401 Ophrys arachnites(Leopold) Hoffm. = Ophrys fuciflora(F. W. Schmidt) Moench ■☆
272402 Ophrys arachnitiformis Gren. et M. Philippe; 蛛毛眉兰; False Spider-orchid ■☆
272403 Ophrys aranifera Huds. = Ophrys sphegodes Mill. ■☆
272404 Ophrys argentea Vell.;银眉兰;Eyed Bee-orchid ■☆
272405 Ophrys atlantica Munby;大西洋眉兰■☆
272406 Ophrys atlantica Munby subsp. durieui(Rchb.) Maire et Weiller = Ophrys atlantica Munby ■☆
272407 Ophrys atlantica Munby subsp. hayekii(Fleischm. et Soó) Maire et Weiller = Ophrys mirabilis Geniez et Melki ■☆
272408 Ophrys atrata L. = Ceratandra atrata(L.) T. Durand et Schinz ■☆
272409 Ophrys auriculata(Wiegand) House = Listera auriculata Wiegand ■☆
272410 Ophrys barbata Walter = Calopogon barbatus(Walter) Ames ■☆
272411 Ophrys battandieri E. G. Camus;巴坦眉兰■☆
272412 Ophrys bertolonii Moretti;伯特眉兰;Bertoloni's Bee-orchid ■☆
272413 Ophrys bicolor Thunb. = Corycium bicolorum(Thunb.) Sw. ■☆
272414 Ophrys bilunulata Risso = Ophrys fusca Link subsp. bilunulata (Risso) Aldasoro et L. Sáez ■☆
272415 Ophrys bivalvata L. f. = Disa bivalvata (L. f.) T. Durand et Schinz ■☆
272416 Ophrys bombyliflora Link; 蜂花眉兰; Bumble-bee Orchid, Bumblebee-orchid ■☆
272417 Ophrys borealis(Morong) Rydb. = Listera borealis Morong ■☆
272418 Ophrys bracteata L. f. = Satyrium bracteatum(L. f.) Thunb. ■☆
272419 Ophrys caffra L. = Pterygodium caffrum(L.) Sw. ■☆
272420 Ophrys camtschatea L. = Neottia camtschatea(L.) Rchb. f. ■
272421 Ophrys catholica L. = Pterygodium catholicum(L.) Sw. ■☆
272422 Ophrys caucasica Woronow;高加索眉兰■☆
272423 Ophrys caurina(Piper) Rydb. = Listera caurina Piper ■☆
272424 Ophrys cernua L. = Spiranthes cernua(L.) Rich. ■☆
272425 Ophrys ciliata Biv. = Ophrys speculum Link ■☆

272426 Ophrys convallarioides (Sw.) W. Wight ex House = Listera convallarioides(Sw.) Elliott ■☆
272427 Ophrys corallorhiza L. = Corallorhiza trifida Chatel. ■
272428 Ophrys cordata L. = Listera cordata(L.) R. Br. ■☆
272429 Ophrys cretica (Vierh.) E. Nelson; 克里特眉兰; Cretan Bee-orchid ■☆
272430 Ophrys dyris Maire; 荒地眉兰■☆
272431 Ophrys episcopalis Poir. = Ophrys apifera Huds. ■☆
272432 Ophrys ferrum-equinum Desf.; 马蹄眉兰; Horseshoe-orchid ■☆
272433 Ophrys fucifera Sm. = Ophrys holosericea(Burm. f.) Greuter ■☆
272434 Ophrys fuciflora(F. W. Schmidt) Moench; 晚花蜘蛛眉兰(绢毛眉兰); Late Spider Orchid, Late Spider-orchid, Lateblooming Ophrys ■☆
272435 Ophrys fusca Link; 褐眉兰; Brown Bee Orchis, Dull Ophrys ■☆
272436 Ophrys fusca Link subsp. bilunulata(Risso) Aldasoro et L. Sáez; 双新月眉兰■☆
272437 Ophrys fusca Link subsp. dyris(Maire) Soó = Ophrys dyris Maire ■☆
272438 Ophrys fusca Link subsp. hayekii Fleischm. et Soó = Ophrys mirabilis Geniez et Melki ■☆
272439 Ophrys fusca Link subsp. iricolor (Desf.) K. Richt. = Ophrys iricolor Desf. ■☆
272440 Ophrys fusca Link var. iricolor(Desf.) Rchb. = Ophrys iricolor Desf. ■☆
272441 Ophrys galilaea Fleischm. et Bornm. subsp. murbeckii (Fleischm.) Del Prete = Ophrys subfusca(Rchb. f.) Hausskn. ■☆
272442 Ophrys holosericea(Burm. f.) Greuter = Ophrys apifera Huds. ■☆
272443 Ophrys holosericea(Burm. f.) Greuter = Ophrys fuciflora(F. W. Schmidt) Moench ■☆
272444 Ophrys insectifera L.; 蝶眉兰; Fly Orchis, Fly-orchid ■☆
272445 Ophrys inversa Thunb. = Pterygodium inversum(Thunb.) Sw. ■☆
272446 Ophrys iricolor Desf.; 虹眉兰■☆
272447 Ophrys japonica(Blume) Makino = Neottia japonica(M. Furuse) K. Inoue ■
272448 Ophrys kamtschatica Georgi = Neottia camtschatea(L.) Rchb. f. ■
272449 Ophrys kotschyi H. Fleischm. et Soó; 塞浦路斯眉兰; Cyprus Bee-orchid ■☆
272450 Ophrys kurdica D. Rückbr. et U. Rückbr.; 库尔德眉兰; Kurdish Bee-orchid ■☆
272451 Ophrys lancea Thunb. ex Sw. = Herminium lanceum(Thunb. ex Sw.) Vuijk ■
272452 Ophrys liliifolia L. = Liparis liliifolia(L.) Rich. ex Lindl. ■☆
272453 Ophrys loeselii L. = Liparis loeselii(L.) Rich. ■☆
272454 Ophrys lunulata Parl.; 新月眉兰; Crescent Ophrys ■☆
272455 Ophrys lutea (Tod.) Cav.; 黄花眉兰; Yellow Bee-orchid, Yellowflower Ophrys ■☆
272456 Ophrys lutea Cav. = Ophrys lutea(Tod.) Cav. ■☆
272457 Ophrys lutea Cav. subsp. minor (Tod.) O. Danesch et E. Danesch = Ophrys sicula Tineo ■☆
272458 Ophrys lutea Cav. subsp. subfusca (Rchb. f.) Murb. = Ophrys subfusca(Rchb. f.) Hausskn. ■☆
272459 Ophrys lutea Cav. var. subfusca Rchb. f. = Ophrys subfusca (Rchb. f.) Hausskn. ■☆
272460 Ophrys militaris?; 胄眉兰; Military Orchid, Soldier Orchid ■☆
272461 Ophrys mirabilis Geniez et Melki; 奇异眉兰■☆
272462 Ophrys monophyllos L. = Malaxis monophylla(L.) Sw. ■
272463 Ophrys monorchis L. = Herminium monorchis(L.) R. Br. ■
272464 Ophrys morrisonicola (Hayata) Makino = Neottia morrisonicola (Hayata) Szlach. ■
272465 Ophrys murbeckii Fleischm. = Ophrys subfusca (Rchb. f.) Hausskn. ■☆
272466 Ophrys muscifera Huds.; 蝇眉兰; Fly Ophrys, Fly Orchid, Fly-orchid ■☆
272467 Ophrys nephrophylla(Rydb.) Rydb. = Listera cordata(L.) R. Br. var. nephrophylla(Rydb.) Hultén ■☆
272468 Ophrys nervosa Thunb. = Liparis nervosa(Thunb.) Lindl. ■
272469 Ophrys nervosa Thunb. ex A. Murray = Liparis nervosa(Thunb. ex A. Murray) Lindl. ■
272470 Ophrys numida Devillers-Tersch.; 努米底亚眉兰■☆
272471 Ophrys oestrifera M. Bieb. = Ophrys scolopax Cav. ■☆
272472 Ophrys omegaifera Fleischm. subsp. dyris (Maire) Del Prete = Ophrys dyris Maire ■☆
272473 Ophrys ovata L. = Listera ovata(L.) R. Br. ■
272474 Ophrys paludosa L. = Malaxis paludosa(L.) Sw. ■☆
272475 Ophrys patens L. f. = Disa tenuifolia Sw. ■☆
272476 Ophrys picta Link; 着色眉兰■☆
272477 Ophrys reinholdii Spruner ex Boiss.; 莱氏眉兰; Reinhold's Bee-orchid ■☆
272478 Ophrys rosea(Boiss.) Samp. = Ophrys tenthredinifera Willd. ■☆
272479 Ophrys salassia Comm. ex A. Rich. = Liparis salassia (Pers.) Summerh. ■☆
272480 Ophrys schulzei Bornm. et Fleischm.; 卢里斯坦眉兰; Luristan Ophrys ■☆
272481 Ophrys scolopax Cav.; 鹬眉兰; Kingfisher Ophrys, Woodcock Orchid, Woodcock-orchid ■☆
272482 Ophrys scolopax Cav. subsp. apiformis(Desf.) Maire et Weiller = Ophrys sphegifera Willd. ■☆
272483 Ophrys scolopax Cav. var. chlorosepala Thell. = Ophrys sphegifera Willd. ■☆
272484 Ophrys scolopax Cav. var. honckenensis E. G. Camus = Ophrys sphegifera Willd. ■☆
272485 Ophrys scolopax Cav. var. picta(Link) Rchb. f. = Ophrys picta Link ■☆
272486 Ophrys shikokiana (Makino) Makino = Neottia japonica (M. Furuse) K. Inoue ■
272487 Ophrys sicula Tineo; 西西里眉兰; Monkey Orchid ■☆
272488 Ophrys speculum Link = Ophrys vernixia Brot. ■☆
272489 Ophrys sphegifera Willd.; 绿萼眉兰■☆
272490 Ophrys sphegodes Mill.; 蜘蛛眉兰; Early Spider-orchid, Spider Ophrys, Spider Orchid, Spider-orchid ■☆
272491 Ophrys sphegodes Mill. subsp. euaranifera (Hayek) Maire et Weiller = Ophrys sphegodes Mill. ■☆
272492 Ophrys subfusca(Rchb. f.) Hausskn.; 浅棕眉兰■☆
272493 Ophrys taurica(Aggeenko) Nevski; 克里木眉兰■☆
272494 Ophrys tenthredinifera Willd.; 蜂巢眉兰; Sawfly-orchid ■☆
272495 Ophrys tenthredinifera Willd. var. lutescens Batt. = Ophrys tenthredinifera Willd. ■☆
272496 Ophrys torta Thunb. = Spiranthes torta(Thunb.) Garay et H. R. Sweet ■☆
272497 Ophrys transhyrcana Czerniak.; 外吉尔康眉兰■☆
272498 Ophrys trifolia Walter = Liparis liliifolia(L.) Rich. ex Lindl. ■☆
272499 Ophrys triphylla Thunb. = Pterygodium volucris(L. f.) Sw. ■☆
272500 Ophrys unifolia G. Forst. = Microtis unifolia(J. Forst.) Rchb. f. ■
272501 Ophrys vallesiana Devillers et Devillers-Tersch.; 河谷眉兰■☆
272502 Ophrys vernixia Brot.; 光亮眉兰; Mirror of Venus, Mirror Orchid, Mirror-of-venus, Mirror-orchid ■☆

272503 Ophrys volucris L. f. = Pterygodium volucris(L. f.) Sw. ■☆
272504 Ophrys volucris Thunb. = Corycium orobanchoides(L. f.) Sw. ■☆
272505 Ophthalmacanthus Nees = Ruellia L. ■●
272506 Ophthalmoblapton Allemão(1849);闭眼大戟属☆
272507 Ophthalmoblapton brasiliense Walp.;巴西闭眼大戟☆
272508 Ophthalmoblapton crassipes Müll. Arg.;粗梗闭眼大戟☆
272509 Ophthalmoblapton macrophyllum Allemão;大叶闭眼大戟☆
272510 Ophthalmophyllum Dinter et Schwantes(1927);眼天属(风铃玉属)■☆
272511 Ophthalmophyllum acutum(L. Bolus) Tischer = Conophytum acutum L. Bolus ■☆
272512 Ophthalmophyllum australe L. Bolus = Conophytum caroli Lavis ■☆
272513 Ophthalmophyllum caroli(Lavis) Tischer = Conophytum caroli Lavis ■☆
272514 Ophthalmophyllum dinteri Schwantes ex Jacobsen = Conophytum friedrichiae(Dinter) Schwantes ■☆
272515 Ophthalmophyllum discretum G. D. Rowley = Conophytum longum N. E. Br. ■☆
272516 Ophthalmophyllum friedrichiae(Dinter) Dinter et Schwantes;风铃玉■☆
272517 Ophthalmophyllum friedrichiae(Dinter) Dinter et Schwantes = Conophytum friedrichiae(Dinter) Schwantes ■☆
272518 Ophthalmophyllum fulleri Lavis = Conophytum longum N. E. Br. ■☆
272519 Ophthalmophyllum haramoepense L. Bolus = Conophytum lydiae (H. Jacobsen) G. D. Rowley ■☆
272520 Ophthalmophyllum herrei Lavis = Conophytum longum N. E. Br. ■☆
272521 Ophthalmophyllum herrei Lavis = Ophthalmophyllum longum (N. E. Br.) Tischer ■☆
272522 Ophthalmophyllum latum Tischer = Conophytum maughanii N. E. Br. subsp. latum(Tischer) S. A. Hammer ■☆
272523 Ophthalmophyllum latum Tischer var. rubrum? = Conophytum maughanii N. E. Br. subsp. latum(Tischer) S. A. Hammer ■☆
272524 Ophthalmophyllum littlewoodii L. Bolus = Conophytum devium G. D. Rowley ■☆
272525 Ophthalmophyllum longitubum L. Bolus = Conophytum longum N. E. Br. ■☆
272526 Ophthalmophyllum longum(N. E. Br.) Tischer;长眼天■☆
272527 Ophthalmophyllum longum(N. E. Br.) Tischer = Conophytum longum N. E. Br. ■☆
272528 Ophthalmophyllum lydiae H. Jacobsen = Conophytum lydiae(H. Jacobsen) G. D. Rowley ■☆
272529 Ophthalmophyllum maughanii (N. E. Br.) Schwantes = Conophytum maughanii N. E. Br. ■☆
272530 Ophthalmophyllum maughanii (N. E. Br.) Schwantes ex Jacobsen;丽山■☆
272531 Ophthalmophyllum noctiflorum L. Bolus = Conophytum maughanii N. E. Br. subsp. latum(Tischer) S. A. Hammer ■☆
272532 Ophthalmophyllum praesectum(N. E. Br.) Schwantes;圣铃玉■☆
272533 Ophthalmophyllum pubescens Tischer = Conophytum pubescens (Tischer) G. D. Rowley ■☆
272534 Ophthalmophyllum rufescens(N. E. Br.) Tischer = Conophytum maughanii N. E. Br. ■☆
272535 Ophthalmophyllum schlechteri Schwantes;秀铃玉■☆
272536 Ophthalmophyllum schlechteri Schwantes = Conophytum longum N. E. Br. ■☆
272537 Ophthalmophyllum schuldtii Schwantes ex Jacobsen = Conophytum maughanii N. E. Br. ■☆
272538 Ophthalmophyllum spathulatum L. Bolus = Conophytum lydiae (H. Jacobsen) G. D. Rowley ■☆
272539 Ophthalmophyllum subfenestratum (Schwantes) Tischer = Conophytum subfenestratum Schwantes ■☆
272540 Ophthalmophyllum triebneri Schwantes;风琴玉■☆
272541 Ophthalmophyllum triebneri Schwantes = Conophytum friedrichiae(Dinter) Schwantes ■☆
272542 Ophthalmophyllum verrucosum Lavis = Conophytum verrucosum (Lavis) G. D. Rowley ■☆
272543 Ophthalmophyllum villetii L. Bolus;维氏眼天■☆
272544 Ophthalmophyllum villetii L. Bolus = Conophytum concordans G. D. Rowley ■☆
272545 Ophyostachys Steud. = Chamaelirium Willd. ■☆
272546 Ophyostachys Steud. = Ophiostachys Delile ■☆
272547 Ophyoxylon Raf. = Ophioxylon L. ●
272548 Ophyoxylon Raf. = Rauvolfia L. ●
272549 Ophyra Steud. = Grubbia P. J. Bergius ●☆
272550 Ophyra Steud. = Ophira Burm. ex L. ●☆
272551 Ophyrosporus Baker = Ophryosporus Meyen ■●☆
272552 Opicrina Raf. = Prenanthes L. ■
272553 Opilia Roxb. (1802);山柚子属(山柚仔属);Opilia ●
272554 Opilia afzelii Engl. = Urobotrya congolana (Baill.) Hiepko subsp. afzelii(Engl.) Hiepko ●☆
272555 Opilia amentacea Roxb.;山柚子;Common Opilia, Opilia ●
272556 Opilia amentacea Roxb. var. tomentella Oliv. = Opilia amentacea Roxb. ●
272557 Opilia angiensis De Wild. = Opilia amentacea Roxb. ●
272558 Opilia angolensis Exell et Mendonca = Opilia campestris Engl. ●☆
272559 Opilia bruneelii De Wild. = Urobotrya sparsiflora (Engl.) Hiepko subsp. bruneelii(De Wild.) Hiepko ●☆
272560 Opilia campestris Engl.;野山柚子●☆
272561 Opilia campestris Engl. var. glabra Hiepko;光滑野山柚子●☆
272562 Opilia campestris Engl. var. strobilifera(Hutch. et E. A. Bruce) Hiepko;球果山柚子●☆
272563 Opilia celtidifolia(Guillaumin et Perr.) Endl. ex Walp. = Opilia amentacea Roxb. ●
272564 Opilia celtidifolia (Guillaumin et Perr.) Endl. ex Walp. var. sphaerocarpa Chiov. = Opilia amentacea Roxb. ●
272565 Opilia celtidifolia (Guillaumin et Perr.) Endl. ex Walp. var. tomentella(Oliv.) G. Ll. Lucas = Opilia amentacea Roxb. ●
272566 Opilia celtidifolia Endl. ex Walp.;朴叶山柚子●☆
272567 Opilia congolana Baill. = Urobotrya congolana(Baill.) Hiepko ●☆
272568 Opilia macrocarpa Pierre et Engl. = Urobotrya congolana (Baill.) Hiepko ●☆
272569 Opilia mildbraedii Engl. = Thecacoris lucida(Pax) Hutch. ●☆
272570 Opilia minutiflora(Stapf) Engl. = Urobotrya congolana(Baill.) Hiepko ●☆
272571 Opilia obovata Peter;倒卵叶山柚子●☆
272572 Opilia parviflora Peter = Opilia amentacea Roxb. ●
272573 Opilia ruwenzoriensis De Wild. = Opilia amentacea Roxb. ●
272574 Opilia sadebeckii Engl. = Pentarhopalopilia umbellulata (Baill.) Hiepko ●☆
272575 Opilia sparsiflora Engl. = Urobotrya sparsiflora(Engl.) Hiepko ●☆
272576 Opilia strobilifera Hutch. et E. A. Bruce = Opilia campestris Engl. var. strobilifera(Hutch. et E. A. Bruce) Hiepko ●☆
272577 Opilia tomentella(Oliv.) Engl. = Opilia amentacea Roxb. ●
272578 Opilia umbellulata Baill. = Pentarhopalopilia umbellulata

(Baill.) Hiepko ●☆

272579 Opiliaceae(Benth.) Valeton = Opiliaceae Valeton(保留科名)●

272580 Opiliaceae Valeton(1886)(保留科名);山柚子科(山柑科,山柚仔科);Opilia Family ●

272581 Opisthiolepis L. S. Sm. (1952);背鳞山龙眼属●☆

272582 Opisthiolepis heterophylla L. S. Sm.;背鳞山龙眼●☆

272583 Opisthocentra Hook. f. (1867);背刺野牡丹属●☆

272584 Opisthocentra clidemioides Hook. f.;背刺野牡丹●☆

272585 Opisthopappus C. Shih(1979);太行菊属;Taihangdaisy ■★

272586 Opisthopappus longilobus C. Shih;长裂太行菊;Longlobed Taihangdaisy ■

272587 Opisthopappus longilobus C. Shih = Opisthopappus taihangensis (Y. Ling) C. Shih ■

272588 Opisthopappus taihangensis (Y. Ling) C. Shih;太行菊(野菊花);Taihangdaisy ■

272589 Opithandra B. L. Burtt(1956);后蕊苣苔属;Opithandra ■

272590 Opithandra acaulis (Merr.) B. L. Burtt;小花后蕊苣苔;Smallflower Opithandra ■

272591 Opithandra burttii W. T. Wang;龙南后蕊苣苔;Longnan Opithandra ■

272592 Opithandra cinerea W. T. Wang;灰叶后蕊苣苔;Greyleaf Opithandra ■

272593 Opithandra dalzielii(W. W. Sm.) B. L. Burtt;汕头后蕊苣苔;Dalziel Opithandra ■

272594 Opithandra dinghushanensis W. T. Wang;鼎湖后蕊苣苔;Dinghushan Opithandra ■

272595 Opithandra fargesii (Franch.) B. L. Burtt;皱叶后蕊苣苔;Wrinkleleaf Opithandra ■

272596 Opithandra lungshengensis W. T. Wang = Isometrum lungshengense(W. T. Wang) W. T. Wang et K. Y. Pan ■

272597 Opithandra obtusidentata W. T. Wang;钝齿后蕊苣苔;Bluntooth Opithandra ■

272598 Opithandra primuloides (Miq.) B. L. Burtt;日本后蕊苣苔;Japan Opithandra ■☆

272599 Opithandra primuloides(Miq.) B. L. Burtt f. albiflora(Makino) Okuyama;白花日本后蕊苣苔■☆

272600 Opithandra pumila(W. T. Wang) W. T. Wang;裂檐苣苔;Low Opithandra ■

272601 Opithandra sinohenryi(Chun) B. L. Burtt;毡毛后蕊苣苔(后蕊苣苔);Common Opithandra ■

272602 Opitzia Seita = Campanula L. ■●

272603 Opitzia Seita = Sykoraea Opiz ■●

272604 Opizia C. Presl = Opizia J. Presl et C. Presl ■☆

272605 Opizia J. Presl et C. Presl(1830);匍匐短柄草属■☆

272606 Opizia Raf. = Capsella Medik. (保留属名)■

272607 Opizia stohmifera J. Presl;匍匐短柄草■☆

272608 Oplexion Raf. = Lobostemon Lehm. ■☆

272609 Oplismenopsis L. Parodi(1937);类求米草属■☆

272610 Oplismenopsis najadum(Hack. et Arechav.) Parodi;类求米草■☆

272611 Oplismenus P. Beauv. (1810)(保留属名);求米草属(球米草属,缩箬属);Oplismenus ■

272612 Oplismenus aemulus (R. Br.) Roem. et Schult.;大屯求米草(中间型竹叶草);Intermediate Oplismenus ■

272613 Oplismenus aemulus (R. Br.) Roem. et Schult. = Oplismenus compositus(L.) P. Beauv. var. intermedius(Honda) Ohwi ■

272614 Oplismenus africanus P. Beauv.;非洲求米草(非洲须芒草,求米草);African Oplismenus, Basket Grass, Brittle Basketgrass, Honohonokukui ■☆

272615 Oplismenus africanus P. Beauv. 'Variegatus';花叶非洲求米草■☆

272616 Oplismenus africanus P. Beauv. = Oplismenus hirtellus(L.) P. Beauv. ■☆

272617 Oplismenus brasiliensis Raddi = Oplismenus hirtellus (L.) P. Beauv. ■☆

272618 Oplismenus bromoides (Lam.) P. Beauv. = Oplismenus burmannii(Retz.) P. Beauv. ■

272619 Oplismenus burmannii (Retz.) P. Beauv.;须芒草;Burmann Oplismenus ■

272620 Oplismenus burmannii(Retz.) P. Beauv. var. intermedius Honda = Oplismenus compositus (L.) P. Beauv. var. intermedius (Honda) Ohwi ■

272621 Oplismenus burmannii (Retz.) P. Beauv. var. lanatus (Büse) Backer;绵毛求米草■☆

272622 Oplismenus burmannii (Retz.) P. Beauv. var. multisetus (Hochst. ex A. Rich.) Scholz;多刚毛须芒草■☆

272623 Oplismenus capensis Hochst. = Oplismenus hirtellus (L.) P. Beauv. subsp. capensis(Hochst.) Mez ex U. Schulz ■☆

272624 Oplismenus colonus(L.) Kunth = Echinochloa colona(L.) Link ■

272625 Oplismenus compositus(L.) P. Beauv.;竹叶草(大渡求米草,大叶竹叶草,大竹叶草,多穗缩箬);Bamboo Leaf Grass, Composite Oplismenus, Owatar Oplismenus, Running Mountaingrass ■

272626 Oplismenus compositus(L.) P. Beauv. subsp. patens(Honda) T. Koyama = Oplismenus patens Honda ■

272627 Oplismenus compositus (L.) P. Beauv. var. angustifolius L. C. Chia = Oplismenus patens Honda var. angustifolius(L. C. Chia) S. L. Chen et Y. X. Jin ■

272628 Oplismenus compositus (L.) P. Beauv. var. flaccidus (R. Br.) Domin = Oplismenus aemulus(R. Br.) Roem. et Schult. ■

272629 Oplismenus compositus(L.) P. Beauv. var. formosanus(Honda) S. L. Chen et Y. X. Jin;台湾竹叶草;Taiwan Composite Oplismenus ■

272630 Oplismenus compositus(L.) P. Beauv. var. intermedius(Honda) Ohwi;中间型竹叶草(大屯求米草)■

272631 Oplismenus compositus(L.) P. Beauv. var. intermedius(Honda) Ohwi = Oplismenus aemulus(R. Br.) Roem. et Schult. ■

272632 Oplismenus compositus (L.) P. Beauv. var. owatarii (Honda) Ohwi;大叶竹叶草(大渡求米草)■

272633 Oplismenus compositus (L.) P. Beauv. var. owatarii (Honda) Ohwi = Oplismenus compositus(L.) P. Beauv. ■

272634 Oplismenus compositus(L.) P. Beauv. var. patens(Honda) Ohwi = Oplismenus patens Honda var. yunnanensis S. L. Chen et Y. X. Jin ■

272635 Oplismenus compositus(L.) P. Beauv. var. patens(Honda) Ohwi = Oplismenus compositus(L.) P. Beauv. ■

272636 Oplismenus compositus(L.) P. Beauv. var. patens(Honda) Ohwi = Oplismenus patens Honda ■

272637 Oplismenus compositus(L.) P. Beauv. var. rariflorus(C. Presl) U. Schulz = Oplismenus compositus(L.) P. Beauv. ■

272638 Oplismenus compositus (L.) P. Beauv. var. submuticus S. L. Chen et Y. X. Jin;无芒竹叶草;Awnless Composite Oplismenus ■

272639 Oplismenus crus-galli Kunth = Echinochloa crus-galli (L.) P. Beauv. ■

272640 Oplismenus crus-galli Kunth var. colonus(L.) Coss. et Durieu = Echinochloa colona(L.) Link ■

272641 Oplismenus crus-pavonis Kunth = Echinochloa crus-pavonis (Kunth) Schult. ■

272642 Oplismenus formosanus Honda = Oplismenus compositus(L.) P.

Beauv. var. formosanus(Honda)S. L. Chen et Y. X. Jin ■
272643 Oplismenus frumentaceus (Link) Kunth = Echinochloa frumentacea(Roxb.)Link ■
272644 Oplismenus frumentaceus Kunth = Echinochloa frumentacea (Roxb.)Link ■
272645 Oplismenus fujianensis S. L. Chen et Y. X. Jin;福建竹叶草;Fujian Oplismenus ■
272646 Oplismenus hirtellus(L.)P. Beauv. = Oplismenus africanus P. Beauv. ■☆
272647 Oplismenus hirtellus(L.)P. Beauv. subsp. capensis(Hochst.) Mez ex U. Schulz;好望角竹叶草■☆
272648 Oplismenus hirtellus (L.) P. Beauv. subsp. fasciculatus U. Schulz = Oplismenus hirtellus(L.)P. Beauv. ■☆
272649 Oplismenus hirtellus(L.)P. Beauv. subsp. imbecilis(R. Br.) U. Schulz = Oplismenus undulatifolius(Ard.)Roem. et Schult. var. imbecillis(R. Br.)Hack. ■
272650 Oplismenus hirtellus(L.)P. Beauv. subsp. imbecillis(R. Br.) U. Schulz = Oplismenus hirtellus(L.)P. Beauv. ■☆
272651 Oplismenus hirtellus(L.)P. Beauv. subsp. japonicus(Steud.) U. Schulz = Oplismenus undulatifolius(Ard.)Roem. et Schult. var. japonicus(Steud.)Koidz. ■
272652 Oplismenus hirtellus(L.)P. Beauv. subsp. japonicus(Steud.) U. Schulz = Oplismenus hirtellus(L.)P. Beauv. ■☆
272653 Oplismenus hirtellus (L.) P. Beauv. subsp. microphyllus (Honda)U. Schulz = Oplismenus hirtellus(L.)P. Beauv. ■☆
272654 Oplismenus hirtellus (L.) P. Beauv. subsp. microphyllus (Honda) U. Schulz = Oplismenus undulatifolius (Ard.) Roem. et Schult. var. microphyllus(Honda)Ohwi ■
272655 Oplismenus hirtellus(L.)P. Beauv. subsp. undulatifolius(Ard.) U. Schulz = Oplismenus undulatifolius(Ard.)Roem. et Schult. ■
272656 Oplismenus hirtellus(L.)P. Beauv. subsp. undulatifolius(Ard.) U. Schulz = Oplismenus hirtellus(L.)P. Beauv. ■☆
272657 Oplismenus hirtellus (L.) P. Beauv. var. imbecilis (R. Br.) Fosberg et Sachet = Oplismenus undulatifolius (Ard.) Roem. et Schult. var. imbecillis(R. Br.)Hack. ■
272658 Oplismenus hirtellus (L.) P. Beauv. var. imbecillis (R. Br.) Fosberg et Sachet = Oplismenus hirtellus(L.)P. Beauv. ■☆
272659 Oplismenus hirtellus(L.)P. Beauv. var. microphyllus(Honda) Fosberg et Sachet = Oplismenus undulatifolius (Ard.) Roem. et Schult. var. microphyllus(Honda)Ohwi ■
272660 Oplismenus hispidulus(Retz.) Kunth = Echinochloa hispidula (Retz.)Nees ■
272661 Oplismenus humbertianus Camus;亨伯特求米草■☆
272662 Oplismenus imbecillis(R. Br.) Roem. et Schult. = Oplismenus undulatifolius(Ard.)Roem. et Schult. var. imbecillis(R. Br.)Hack. ■
272663 Oplismenus imbecillis var. morrisonensis Honda = Oplismenus undulatifolius(Ard.)Roem. et Schult. var. imbecillis(R. r.)Hack. ■
272664 Oplismenus japonicus (Steud.) Honda = Oplismenus undulatifolius(Ard.)Roem. et Schult. var. japonicus(Steud.)Koidz. ■
272665 Oplismenus lanceolatus(Retz.)Kunth = Oplismenus compositus (L.)P. Beauv. ■
272666 Oplismenus loliaceus(Lam.)P. Beauv. = Oplismenus hirtellus (L.)P. Beauv. ■☆
272667 Oplismenus loliaceus P. Beauv. = Oplismenus undulatifolius (Ard.)Roem. et Schult. var. japonicus(Steud.)Koidz. ■
272668 Oplismenus mcrophyllus Honda = Oplismenus undulatifolius (Ard.)Roem. et Schult. var. microphyllus(Honda)Ohwi ■
272669 Oplismenus microphyllus Honda = Oplismenus undulatifolius (Ard.)Roem. et Schult. var. microphyllus(Honda)Ohwi ■
272670 Oplismenus microphyllus Honda ex Ui = Oplismenus hirtellus (L.)P. Beauv. ■☆
272671 Oplismenus microphyllus Honda ex Ui = Oplismenus undulatifolius(Ard.) Roem. et Schult. var. microphyllus(Honda) Ohwi ■
272672 Oplismenus multisetus A. Rich. = Oplismenus burmannii (Retz.)P. Beauv. ■
272673 Oplismenus nossibensis Mez;诺西波求米草■☆
272674 Oplismenus owatarii Honda = Oplismenus compositus(L.)P. Beauv. var. owatarii(Honda)Ohwi ■
272675 Oplismenus owatarii Honda = Oplismenus compositus(L.)P. Beauv. ■
272676 Oplismenus patens Honda; 疏穗竹叶草(大竹叶草); Loosespike Oplismenus ■
272677 Oplismenus patens Honda = Oplismenus compositus(L.)P. Beauv. var. patens(Honda)Ohwi ■
272678 Oplismenus patens Honda var. angustifolius(L. C. Chia)S. L. Chen et Y. X. Jin;狭叶竹叶草;Narrowleaf Composite Oplismenus, Narrowleaf Loosespike Oplismenus ■
272679 Oplismenus patens Honda var. yunnanensis S. L. Chen et Y. X. Jin;云南竹叶草;Yunnan Loosespike Oplismenus ■
272680 Oplismenus semialatus(R. Br.)Desv. = Alloteropsis semialata (R. Br.)Hitchc. ■
272681 Oplismenus simplex K. Schum. ex Engl. = Oplismenus hirtellus (L.)P. Beauv. subsp. capensis(Hochst.)Mez ex U. Schulz ■☆
272682 Oplismenus tsushinensis Honda = Oplismenus undulatifolius (Ard.)Roem. et Schult. var. japonicus(Steud.)Koidz. ■
272683 Oplismenus undulatifolius (Ard.) P. Beauv. = Oplismenus undulatifolius(Ard.)Roem. et Schult. ■
272684 Oplismenus undulatifolius(Ard.)Roem. et Schult.;求米草(球米草,缩箬,皱叶茅);Undulateleaf Oplismenus ■
272685 Oplismenus undulatifolius (Ard.) Roem. et Schult. = Oplismenus hirtellus(L.)P. Beauv. ■☆
272686 Oplismenus undulatifolius(Ard.) Roem. et Schult. f. japonicus (Hack.) T. Koyama = Oplismenus undulatifolius(Ard.) Roem. et Schult. var. japonicus(Steud.)Koidz. ■
272687 Oplismenus undulatifolius(Ard.)Roem. et Schult. subsp. japonicus (Steud.)U. Schulz = Oplismenus hirtellus(L.)P. Beauv. ■☆
272688 Oplismenus undulatifolius(Ard.)Roem. et Schult. var. bitatus S. L. Chen et Y. X. Jin;双穗求米草;Bitate Undulateleaf Oplismenus ■
272689 Oplismenus undulatifolius(Ard.) Roem. et Schult. var. glabrus S. L. Chen et Y. X. Jin; 光叶求米草; Glabrous Undulateleaf Oplismenus ■
272690 Oplismenus undulatifolius (Ard.) Roem. et Schult. var. imbecillis(R. Br.)Hack. = Oplismenus hirtellus(L.)P. Beauv. ■☆
272691 Oplismenus undulatifolius (Ard.) Roem. et Schult. var. imbecillis(R. Br.) Hack.;狭叶求米草(毛求米草);Narrowleaf Undulateleaf Oplismenus ■
272692 Oplismenus undulatifolius(Ard.)Roem. et Schult. var. japonicus (Steud.)Koidz. = Oplismenus hirtellus(L.)P. Beauv. ■☆
272693 Oplismenus undulatifolius(Ard.)Roem. et Schult. var. japonicus (Steud.)Koidz.;日本求米草;Japanese Undulateleaf Oplismenus ■
272694 Oplismenus undulatifolius (Ard.) Roem. et Schult. var. microphgllus(Honda)Ohwi = Oplismenus hirtellus(L.)P. Beauv. ■☆
272695 Oplismenus undulatifolius (Ard.) Roem. et Schult. var.

microphyllus (Honda) Ohwi = Oplismenus undulatifolius (Ard.) Roem. et Schult. var. microphgllus (Honda) Ohwi ■
272696 Oplismenus undulatifolius (Ard.) Roem. et Schult. var. microphyllus (Honda) Ohwi; 小叶求米草(小求米草); Smallleaf Undulateleaf Oplismenus ■
272697 Oplismenus zelayensis Kunth = Echinochloa crus-galli (L.) P. Beauv. var. zelayensis (Kunth) Hitchc. ■
272698 Oplonia Raf. (1838);青爵床属●☆
272699 Oplonia acuminata Stearn;尖青爵床●☆
272700 Oplonia linifolia (Benoist) Stearn;线叶青爵床●☆
272701 Oplonia minor (Benoist) Stearn;小青爵床●☆
272702 Oplonia puberula Stearn;微毛青爵床●☆
272703 Oplonia vincoides (Lam.) Stearn;野豌豆青爵床●☆
272704 Oplopanax (Torr. et A. Gray) Miq. (1863);刺参属(刺人参属); Devil's-club, Devirs-club, Oplopanax ●
272705 Oplopanax Miq. = Oplopanax (Torr. et A. Gray) Miq. ●
272706 Oplopanax elatus (Nakai) Nakai;刺参(刺人参,东北刺人参); Tall Oplopanax ●◇
272707 Oplopanax horridus (Sm.) Miq.;美洲刺参(美国刺参); Devil's Club, Prickly Oplopanax ●☆
272708 Oplopanax horridus (Sm.) Miq. var. brevilobus H. Hara;短裂刺参; Short-lobed Oplopanax ●
272709 Oplopanax horridus (Sm.) Miq. var. brevilobus H. Hara = Alnus × mayrii Callier nothovar. glabrescens Nakai ●
272710 Oplopanax horridus (Sm.) Miq. var. brevilobus H. Hara = Oplopanax japonicus (Nakai) Nakai ●
272711 Oplopanax horridus (Sm.) Miq. var. japonicus Nakai = Oplopanax japonicus (Nakai) Nakai ●
272712 Oplopanax japonicus (Nakai) Nakai; 日本刺参; Japanese Oplopanax ●
272713 Oploteca Raf. = Oplotheca Nutt. ■☆
272714 Oplotheca Nutt. = Froelichia Moench ■☆
272715 Oplotheca floridana Nutt. = Froelichia floridana (Nutt.) Moq. ■☆
272716 Oplotheca gracilis Hook. = Froelichia gracilis (Hook.) Moq. ■☆
272717 Oplotheca texana A. Braun = Froelichia gracilis (Hook.) Moq. ■☆
272718 Oplukion Raf. = Lycium L. ●
272719 Oplycium Post et Kuntze = Oplukion Raf. ●
272720 Opnithogalum Roem. = Ornithogalum L. ■
272721 Opocunonia Schltr. (1914);圆序光籽木属●☆
272722 Opocunonia Schltr. = Caldcluvia D. Don ●☆
272723 Opocunonia kaniensis Schltr.;圆序光籽木●☆
272724 Opodia Wittst. = Opoidia Lindl. ■☆
272725 Opodia Wittst. = Peucedanum L. ■
272726 Opodix Raf. = Salix L. (保留属名)●
272727 Opoidia Lindl. (1839);伊朗前胡属■☆
272728 Opoidia Lindl. = Peucedanum L. ■
272729 Opoidia galbanifera Lindl.;伊朗前胡■☆
272730 Opopanax W. D. J. Koch (1824);奥帕草属; Opopanax ■☆
272731 Opopanax armeniacum Bordz.;亚美尼亚奥帕草■☆
272732 Opopanax chironium (L.) Koch;奥帕草; Opopanax ■☆
272733 Opophytum N. E. Br. = Mesembryanthemum L. (保留属名)■●
272734 Opophytum ampliatum L. Bolus = Mesembryanthemum hypertrophicum Dinter ■☆
272735 Opophytum aquosum (L. Bolus) N. E. Br. = Mesembryanthemum hypertrophicum Dinter ■☆
272736 Opophytum australe L. Bolus = Mesembryanthemum hypertrophicum Dinter ■☆
272737 Opophytum dactylinum (Welw. ex Oliv.) N. E. Br.;指状求米草■☆
272738 Opophytum fastigiatum (Thunb.) N. E. Br. = Mesembryanthemum fastigiatum Thunb. ■☆
272739 Opophytum forskahlii (Hochst. ex Boiss.) N. E. Br. = Mesembryanthemum cryptanthum Hook. f. ■☆
272740 Opophytum forskhalii (Boiss.) N. E. Br. = Mesembryanthemum cryptanthum Hook. f. ■☆
272741 Opophytum gaussenii (Leredde) H. Jacobsen ex Greuter et Burdet = Mesembryanthemum cryptanthum Hook. f. ■☆
272742 Opophytum speciosum N. E. Br. = Mesembryanthemum hypertrophicum Dinter ■☆
272743 Opophytum theurkauffii (Maire) Maire = Mesembryanthemum cryptanthum Hook. f. ■☆
272744 Oporanthaceae Salisb. = Amaryllidaceae J. St. -Hil. (保留科名)●■
272745 Oporanthaceae Salisb. = Poaceae Barnhart (保留科名)■●
272746 Oporanthus Herb. = Sternbergia Waldst. et Kit. ■☆
272747 Oporinea W. H. Baxter = Oporinia D. Don ■☆
272748 Oporinia D. Don = Leontodon L. (保留属名)■☆
272749 Oporinia D. Don = Scorzoneroides Moench ■☆
272750 Opsago Raf. = Withania Pauquy (保留属名)●■
272751 Opsantha Delarbre = Amarella Gilib. (废弃属名)■
272752 Opsantha Delarbre = Gentiana L. ■
272753 Opsanthe Fourr. = Opsantha Delarbre ■
272754 Opsanthe Renealm. ex Fourr. = Opsantha Delarbre ■
272755 Opsiandra O. F. Cook = Gaussia H. Wendl. ●☆
272756 Opsiandra O. F. Cook. (1923);后蕊榈属(存雄椰子属)●☆
272757 Opsiandra maya O. F. Cook;后蕊榈●☆
272758 Opsianthes Lilja = Clarkia Pursh ■
272759 Opsianthes Lilja = Phaeostoma Spach ■
272760 Opsicocos H. Wendl. = ? Actinorhytis H. Wendl. et Drude ●
272761 Opsieston Bunge = Ofaiston Raf. ■☆
272762 Opsopaea Neck. = Helicteres Pluk. ex L. ●
272763 Opsopea Raf. = Sterculia L. ●
272764 Opulaster Medik. = Physocarpus (Cambess.) Raf. (保留属名)●
272765 Opulaster Medik. ex Kuntze = Physocarpus (Cambess.) Raf. (保留属名)●
272766 Opulaster Medik. ex Rydb. = Physocarpus (Cambess.) Raf. (保留属名)●
272767 Opulaster alabamensis Rydb. = Physocarpus opulifolius (L.) Maxim. ●☆
272768 Opulaster amurensis (Maxim.) Kuntze = Physocarpus amurensis (Maxim.) Maxim. ●
272769 Opulaster australis Rydb. = Physocarpus opulifolius (L.) Maxim. ●☆
272770 Opulaster intermedius Rydb. = Physocarpus opulifolius (L.) Maxim. var. intermedius B. L. Rob. ●☆
272771 Opulaster opulifolius (L.) Kuntze = Physocarpus opulifolius (L.) Maxim. ●☆
272772 Opulaster stellatus Rydb. = Physocarpus opulifolius (L.) Maxim. ●☆
272773 Opulus Mill. = Viburnum L. ●
272774 Opuntia (L.) Mill. = Opuntia Mill. ●
272775 Opuntia Mill. (1754); 仙人掌属; Cholla, Cholla Cactus, Cochineal Cactus, Indian Fig, Nopal, Opuntia, Pitaya, Prickly Pear, Pricklypear, Tuna ●
272776 Opuntia Tourn. ex Mill. = Opuntia Mill. ●

272777 Opuntia abjecta Small ex Britton et Rose = Opuntia triacantha (Willd.) Sweet ■☆
272778 Opuntia abyssi Hester = Cylindropuntia abyssi (Hester) Backeb. ■☆
272779 Opuntia acanthocarpa Engelm. et. J. M. Bigelow = Cylindropuntia acanthocarpa (Engelm. et. J. M. Bigelow) F. M. Knuth ■☆
272780 Opuntia acanthocarpa Engelm. et J. M. Bigelow var. coloradensis L. D. Benson = Cylindropuntia acanthocarpa (Engelm. et J. M. Bigelow) F. M. Knuth var. coloradensis (L. D. Benson) Pinkava ■☆
272781 Opuntia acanthocarpa Engelm. & J. M. Bigelow var. ganderi (C. B. Wolf) L. D. Benson = Cylindropuntia ganderi (C. B. Wolf) Rebman et Pinkava ■☆
272782 Opuntia acanthocarpa Engelm. et J. M. Bigelow subsp. ganderi C. B. Wolf = Cylindropuntia ganderi (C. B. Wolf) Rebman et Pinkava ■☆
272783 Opuntia acanthocarpa Engelm. et J. M. Bigelow var. ganderi (C. B. Wolf) L. D. Benson = Cylindropuntia ganderi (C. B. Wolf) Rebman et Pinkava ■☆
272784 Opuntia acanthocarpa Engelm. et J. M. Bigelow var. thornberi (Thornber et Bonker) L. D. Benson = Cylindropuntia acanthocarpa (Engelm. et J. M. Bigelow) F. M. Knuth var. thornberi (Thornber et Bonker) Backeb. ■☆
272785 Opuntia aciculata Griffiths;牛仔仙人掌;Chenille Prickly Pear, Cowboy's Red Whiskers ■☆
272786 Opuntia aciculata Griffiths var. orbiculata Backeb.;圆牛仔仙人掌■☆
272787 Opuntia aggeria Ralston et Hilsenb. = Grusonia aggeria (Ralston et Hilsenb.) E. F. Anderson ■☆
272788 Opuntia ammophila Small = Opuntia humifusa (Raf.) Raf. var. ammophila (Small) L. D. Benson ●☆
272789 Opuntia angustata Engelm. et J. M. Bigelow = Opuntia phaeacantha Engelm. ●☆
272790 Opuntia antillana Britton et Rose = Opuntia cubensis Britton et Rose ■☆
272791 Opuntia arborescens Engelm.;树仙人掌●☆
272792 Opuntia arborescens Engelm. var. versicolor (Engelm. ex J. M. Coult.) Dams = Cylindropuntia versicolor (Engelm. ex J. M. Coult.) F. M. Knuth ■☆
272793 Opuntia arbuscula Engelm.;小乔木仙人掌;Pencil Cholla, Tasajo ●☆
272794 Opuntia arbuscula Engelm. = Cylindropuntia arbuscula (Engelm.) F. M. Knuth ■☆
272795 Opuntia arenaria Engelm. = Opuntia polyacantha Haw. var. arenaria (Engelm.) B. D. Parfitt ■☆
272796 Opuntia articulata (Sweet) D. R. Hunt;关节仙人掌(武藏野)●☆
272797 Opuntia atrispina Griffiths;北美黑刺仙人掌;Dark-spined Prickly Pear ■☆
272798 Opuntia auberi Sweet;奥贝仙人掌;Lengua De Vaca ■☆
272799 Opuntia aurantiaca Lindl.;劝进帐;Orange Pricklypear, Tiger Pear ■☆
272800 Opuntia aurea E. M. Baxter;黄仙人掌;Yellow Beavertail ■☆
272801 Opuntia aureispina (S. Brack et K. D. Heil) Pinkava et B. D. Parfitt;金刺仙人掌;Golden-spined Prickly Pear ■☆
272802 Opuntia austrina Small;南蛮团扇;South Pricklypear ■☆
272803 Opuntia austrina Small = Opuntia humifusa (Raf.) Raf. ●☆
272804 Opuntia ballii Rose = Opuntia pottsii Salm-Dyck ■☆
272805 Opuntia basilaris Engelm. et J. M. Bigelow;丛立仙人掌(褐毛掌,基生仙人掌);Basal Pricklypear, Beavertail Cactus, Beavertail Pricklypear, Teddybear Cholla ■
272806 Opuntia basilaris Engelm. et J. M. Bigelow var. aurea (E. M. Baxter) T. Marshall = Opuntia aurea E. M. Baxter ■☆
272807 Opuntia basilaris Engelm. et J. M. Bigelow var. brachyclada (Griffiths) Munz;小丛立仙人掌;Little Beavertail Pricklypear ■☆
272808 Opuntia basilaris Engelm. et J. M. Bigelow var. longiareolata (Clover et Jotter) L. D. Benson;大峡谷仙人掌;Grand Canyon Beavertail Pricklypear ■☆
272809 Opuntia basilaris Engelm. et J. M. Bigelow var. ramosa Parish = Opuntia basilaris Engelm. et J. M. Bigelow ■
272810 Opuntia basilaris Engelm. et J. M. Bigelow var. treleasei (J. M. Coult.) J. M. Coult. ex Toumey;特里利斯仙人掌;Kern Beavertail Pricklypear, Trelease's Beavertail Pricklypear ■☆
272811 Opuntia bergeriana F. A. C. Weber = Opuntia bergeriana F. A. C. Weber ex A. Berger ■☆
272812 Opuntia bergeriana F. A. C. Weber ex A. Berger;赤花团扇(贝格尔仙人掌,红花团扇);Berger Pricklypear ■☆
272813 Opuntia bernardina Engelm. ex Parish = Cylindropuntia californica (Torr. et A. Gray) F. M. Knuth var. parkeri (J. M. Coult.) Pinkava ■☆
272814 Opuntia bigelovii Engelm.;金鞘仙人掌;Jumping Cholla, Teddybear Cholla, Teddy-bear Cholla ●☆
272815 Opuntia bigelovii Engelm. = Cylindropuntia bigelovii (Engelm.) F. M. Knuth ■☆
272816 Opuntia brachyarthra Engelm. et J. M. Bigelow = Opuntia fragilis (Nutt.) Haw. ■☆
272817 Opuntia brachyclada Griffiths = Opuntia basilaris Engelm. et J. M. Bigelow var. brachyclada (Griffiths) Munz ■☆
272818 Opuntia brasiliensis (Willd.) Haw.;猪耳掌(棵林歪,叶团扇);Brazil Cholla, Brazilian Pricklypear, Cuija ■
272819 Opuntia bulbispina Engelm.;鳞刺仙人掌■☆
272820 Opuntia calcicola Wherry = Opuntia humifusa (Raf.) Raf. ●☆
272821 Opuntia californica (Torr. et A. Gray) Coville = Cylindropuntia californica (Torr. et A. Gray) F. M. Knuth ■☆
272822 Opuntia californica (Torr. et A. Gray) Coville var. parkeri (J. M. Coult.) Pinkava = Cylindropuntia californica (Torr. et A. Gray) F. M. Knuth var. parkeri (J. M. Coult.) Pinkava ■☆
272823 Opuntia chinensis (Roxb.) K. Koch = Opuntia ficus-indica (L.) Mill. ●
272824 Opuntia chinensis K. Koch = Opuntia ficus-indica (L.) Mill. ●
272825 Opuntia chisosensis (M. S. Anthony) D. J. Ferguson;得州仙人掌;Texas Prickly-pear ■☆
272826 Opuntia chlorotica Engelm. et J. M. Bigelow;薄饼仙人掌;Pancake Prickly Pear, Pancake Pricklypear ■☆
272827 Opuntia chlorotica Engelm. et J. M. Bigelow var. santa-rita Griffiths et Hare = Opuntia santa-rita (Griffiths et Hare) Rose ■☆
272828 Opuntia clavata Engelm. = Grusonia clavata (Engelm.) H. Rob. ■☆
272829 Opuntia cochenillifera (L.) Mill. = Nopalea cochenillifera (L.) Salm-Dyck ●☆
272830 Opuntia cochinellifera (L.) Mill.;胭脂掌(肉掌,无刺仙人掌,仙人掌,胭脂仙人掌);Cochineal Fig, Cochineal Nopal Cactus, Cochineal Nopal-cactus, Cochineal Plant, Lengua De Vaca, Nopal, Nopal Cactus ■
272831 Opuntia columbiana Griffiths;哥伦比亚仙人掌■☆
272832 Opuntia compressa (Salisb.) J. F. Macbr.;匍地仙人掌(圆武扇);Prickly Pear Cactus ●☆
272833 Opuntia compressa (Salisb.) J. F. Macbr. = Opuntia humifusa (Raf.) Raf. ●☆
272834 Opuntia compressa (Salisb.) J. F. Macbr. var. ammophila

(Small) L. D. Benson = Opuntia humifusa(Raf.) Raf. var. ammophila (Small) L. D. Benson ●☆

272835 Opuntia compressa (Salisb.) J. F. Macbr. var. macrorhiza (Engelm.) L. D. Benson = Opuntia macrorhiza Engelm. ■

272836 Opuntia compressa J. F. Macbr. = Opuntia compressa(Salisb.) J. F. Macbr. ■☆

272837 Opuntia compressa J. F. Macbr. = Opuntia ficus-indica(L.) Mill. ●

272838 Opuntia compressa J. F. Macbr. var. allairei(Griffiths) Weniger = Opuntia humifusa(Raf.) Raf. ●☆

272839 Opuntia compressa J. F. Macbr. var. austrina (Small) L. D. Benson = Opuntia humifusa(Raf.) Raf. ●☆

272840 Opuntia compressa J. F. Macbr. var. fuscoatra (Engelm.) Weniger = Opuntia humifusa(Raf.) Raf. ●☆

272841 Opuntia compressa J. F. Macbr. var. grandiflora (Engelm.) Weniger = Opuntia macrorhiza Engelm. ■

272842 Opuntia compressa J. F. Macbr. var. macrorhiza(Engelm.) L. D. Benson = Opuntia macrorhiza Engelm. ■

272843 Opuntia compressa J. F. Macbr. var. microsperma (Engelm. et Bigelow) L. D. Benson = Opuntia humifusa(Raf.) Raf. ●☆

272844 Opuntia compressa J. F. Macbr. var. stenochila (Engelm.) Weniger = Opuntia macrorhiza Engelm. ■

272845 Opuntia corallicola (Small) Werderm. = Consolea corallicola Small ■☆

272846 Opuntia crinifera Salm-Dyck ex Pfeiff.;白发仙人掌(刺毛掌)■☆

272847 Opuntia cubensis Britton et Rose;古巴仙人掌■☆

272848 Opuntia curvispina Griffiths;弯刺仙人掌■☆

272849 Opuntia cylindrica (Lam.) DC.;锁链掌(大蛇);Cylindrical Pricklypear ■☆

272850 Opuntia cymochila Engelm. et J. M. Bigelow = Opuntia tortispina Engelm. et J. M. Bigelow ■☆

272851 Opuntia davisii Engelm. et J. M. Bigelow = Cylindropuntia davisii (Engelm. et J. M. Bigelow) F. M. Knuth ■☆

272852 Opuntia decumana (Willd.) Haw. = Opuntia ficus-indica (L.) Mill. ●

272853 Opuntia decumbens Salm-Dyck;俯卧仙人掌;Lengua De Vaca, Nopal De Culebra ■☆

272854 Opuntia delicata Rose = Opuntia pottsii Salm-Dyck ■☆

272855 Opuntia dillei Griffiths = Opuntia engelmannii Salm-Dyck ex Engelm. ■☆

272856 Opuntia dillenii(Ker Gawl.) Haw.;仙人掌(霸王,霸王树,凤尾芀,凤尾笏,观音刺,观音掌,火焰,火掌,金武扇,老鸦舌,龙舌,绿,平虑草,神仙掌,仙巴掌,仙人拳,玉芙蓉,玉英);Cacti, Cholla, Prickly Pear ●

272857 Opuntia dillenii (Ker Gawl.) Haw. = Opuntia santa-rita (Griffiths et Hare) Rose ■☆

272858 Opuntia dillenii (Ker Gawl.) Haw. = Opuntia stricta (Haw.) Haw. var. dillenii(Ker Gawl.) L. D. Benson ■

272859 Opuntia dillenii (Ker Gawl.) Haw. = Opuntia stricta (Haw.) Haw. ■

272860 Opuntia discata Griffiths = Opuntia engelmannii Salm-Dyck ex Engelm. ■☆

272861 Opuntia distans Britton et Rose;无刺仙人掌■☆

272862 Opuntia drummondii Graham = Opuntia pusilla(Haw.) Haw. ■☆

272863 Opuntia echinocarpa Engelm. et J. M. Bigelow = Cylindropuntia echinocarpa(Engelm. et J. M. Bigelow) F. M. Knuth ■☆

272864 Opuntia echinocarpa Engelm. et J. M. Bigelow var. major Engelm. = Cylindropuntia acanthocarpa(Engelm. et J. M. Bigelow) F. M. Knuth var. major(Engelm.) Pinkava ■☆

272865 Opuntia echinocarpa Engelm. et J. M. Bigelow var. parkeri J. M. Coult. = Cylindropuntia californica (Torr. et A. Gray) F. M. Knuth var. parkeri(J. M. Coult.) Pinkava ■☆

272866 Opuntia echinocarpa Engelm. et J. M. Bigelow var. wolfii L. D. Benson = Cylindropuntia wolfii(L. D. Benson) M. A. Baker ■☆

272867 Opuntia echios J. T. Howell;大团扇■☆

272868 Opuntia elata Link et Otto;艳肌团扇;Tall Pricklypear ●☆

272869 Opuntia elatior Mill.;山影掌(仙人掌)■

272870 Opuntia ellisiana Griffiths;爱丽丝仙人掌■☆

272871 Opuntia engelmannii Salm-Dyck = Opuntia engelmannii Salm-Dyck ex Engelm. ■☆

272872 Opuntia engelmannii Salm-Dyck = Opuntia ficus-indica(L.) Mill. ●

272873 Opuntia engelmannii Salm-Dyck ex Engelm.;苹果仙人掌;Cactus Apple, Engelmann's Pricklypear ■☆

272874 Opuntia engelmannii Salm-Dyck ex Engelm. var. flavispina (L. D. Benson) B. D. Parfitt et Pinkava = Opuntia engelmannii Salm-Dyck ex Engelm. var. flexispina(Griffiths) B. D. Parfitt et Pinkava ■☆

272875 Opuntia engelmannii Salm-Dyck ex Engelm. var. flexispina (Griffiths) B. D. Parfitt et Pinkava;弯刺苹果仙人掌■☆

272876 Opuntia engelmannii Salm-Dyck ex Engelm. var. lindheimeri (Engelm.) B. D. Parfitt et Pinkava;得州苹果仙人掌;Cow Tongue Prickly Pear, Texas Prickly Pear, Texas Pricklypear ■☆

272877 Opuntia engelmannii Salm-Dyck ex Engelm. var. linguiformis (Griffiths) B. D. Parfitt et Pinkava;牛舌仙人掌;Cow's Tongue Pricklypear ■☆

272878 Opuntia engelmannii Salm-Dyck ex Engelm. var. littoralis Engelm. = Opuntia littoralis(Engelm.) Cockerell ■☆

272879 Opuntia engelmannii Salm-Dyck ex Engelm. var. occidentalis (Engelm.) Engelm. = Opuntia occidentalis Engelm. ■☆

272880 Opuntia erinacea Engelm. et J. M. Bigelow;银仙人掌(刺猬仙人掌,银毛扇)■

272881 Opuntia erinacea Engelm. et J. M. Bigelow = Opuntia polyacantha Haw. var. erinacea (Engelm. et J. M. Bigelow) B. D. Parfitt ■☆

272882 Opuntia erinacea Engelm. et J. M. Bigelow var. aurea (E. M. Baxter) S. L. Welsh = Opuntia aurea E. M. Baxter ■☆

272883 Opuntia erinacea Engelm. et J. M. Bigelow var. columbiana (Griffiths) L. D. Benson = Opuntia columbiana Griffiths ■☆

272884 Opuntia erinacea Engelm. et J. M. Bigelow var. hystricina (Engelm. et J. M. Bigelow) L. D. Benson = Opuntia polyacantha Haw. var. hystricina(Engelm. et J. M. Bigelow) B. D. Parfitt ■☆

272885 Opuntia erinacea Engelm. et J. M. Bigelow var. rhodantha (K. Schum.) L. D. Benson = Opuntia polyacantha Haw. var. hystricina (Engelm. et J. M. Bigelow) B. D. Parfitt ■☆

272886 Opuntia erinacea Engelm. et J. M. Bigelow var. ursina(F. A. C. Weber) Parish = Opuntia polyacantha Haw. var. erinacea(Engelm. et J. M. Bigelow) B. D. Parfitt ■☆

272887 Opuntia erinacea Engelm. et J. M. Bigelow var. xanthostemma (K. Schum.) L. D. Benson = Opuntia polyacantha Haw. var. hystricina(Engelm. et J. M. Bigelow) B. D. Parfitt ■☆

272888 Opuntia ferruginispina Griffiths;锈刺仙人掌■☆

272889 Opuntia ficus-barbarica A. Berger;西班牙仙人掌■☆

272890 Opuntia ficus-barbarica A. Berger = Opuntia maxima Mill. ■

272891 Opuntia ficus-indica(L.) Mill.;梨果仙人掌(刺梨,大型宝剑,仙人掌,仙桃,印度无花果,印度仙人掌);Barbary Fig, Calico

Cactus, Edible Prickly Pear, Engelmann's Prickly Pear, Indian Fig, Indian Fig Pear, Indian-fig, Indian-fig Pricklypear, Mission Cactus, Mission Pricklypear, Prickly Pear, Spineless Cactus, Tuna Cactus ●
272892 Opuntia ficus-indica(L.) Mill. var. decumana(Willd.) Speg. = Opuntia ficus-indica(L.) Mill. ●
272893 Opuntia ficus-indica (L.) Mill. var. gymnocarpa (F. A. C. Weber) Speg. = Opuntia ficus-indica(L.) Mill. ●
272894 Opuntia ficus-indica(L.) Mill. var. saboten Makino = Opuntia ficus-indica(L.) Mill. ●
272895 Opuntia filipendula Engelm. = Opuntia pottsii Salm-Dyck ■☆
272896 Opuntia flexispina Griffiths = Opuntia engelmannii Salm-Dyck ex Engelm. var. flexispina(Griffiths) B. D. Parfitt et Pinkava ■☆
272897 Opuntia floccosa Salm-Dyck;玻利维亚仙人掌(卷毛仙人掌,羸翁);Mis of Peru ■☆
272898 Opuntia fragilis(Nutt.) Haw.;矮生仙人掌(朝日);Brittle Cactus, Brittle Prickly Pear, Brittle Pricklypear, Brittle Prickly-pear, Fragile Prickly Pear, Fragile Prickly-pear, Little Pricklypear, Little Prickly-pear ■☆
272899 Opuntia fragilis(Nutt.) Haw. var. brachyarthra(Engelm. et J. M. Bigelow) J. M. Coult. = Opuntia fragilis(Nutt.) Haw. ■☆
272900 Opuntia fragilis(Nutt.) Haw. var. denudata Wiegand et Backeb. = Opuntia fragilis(Nutt.) Haw. ■☆
272901 Opuntia fragilis Nutt. var. frutescens Engelm. = Cylindropuntia leptocaulis(DC.) F. M. Knuth ■☆
272902 Opuntia fragilis var. brachyarthra(Engelm. et J. M. Bigelow) J. M. Coult. = Opuntia fragilis(Nutt.) Haw. ■☆
272903 Opuntia frutescens (Engelm.) Engelm. = Cylindropuntia leptocaulis(DC.) F. M. Knuth ■☆
272904 Opuntia frutescens(Engelm.) Engelm. var. brevispina Engelm. = Cylindropuntia leptocaulis(DC.) F. M. Knuth ■☆
272905 Opuntia frutescens(Engelm.) Engelm. var. longispina Engelm. = Cylindropuntia leptocaulis(DC.) F. M. Knuth ■☆
272906 Opuntia fulgida Engelm.;光亮仙人掌;Chainfruit Cholla, Chainfruit Jumping Cholla, Jumping Chotla ■☆
272907 Opuntia fulgida Engelm. = Cylindropuntia fulgida(Engelm.) F. M. Knuth ■☆
272908 Opuntia fulgida Engelm. var. mamillata(Schott ex Engelm.) J. M. Coult. = Cylindropuntia fulgida (Engelm.) F. M. Knuth var. mamillata(Schott ex Engelm.) Backeb. ■☆
272909 Opuntia ganderi (C. B. Wolf) Rebman et Pinkava = Cylindropuntia ganderi(C. B. Wolf) Rebman et Pinkava ■☆
272910 Opuntia glomerata Haw.;纸仙人掌■☆
272911 Opuntia grahamii Engelm. = Grusonia grahamii(Engelm.) H. Rob. ■☆
272912 Opuntia grandiflora Engelm. = Opuntia macrorhiza Engelm. ■
272913 Opuntia heacockiae Arp = Opuntia polyacantha Haw. ●☆
272914 Opuntia heilii S. L. Welsh et Neese = Opuntia basilaris Engelm. et J. M. Bigelow var. longiareolata(Clover et Jotter) L. D. Benson ■☆
272915 Opuntia humifusa(Raf.) Raf.;圆武扇(缩团扇);Candelabra Cactus, Chain-link Cactus, Devil's-tongue, Eastern Prickly Pear, Eastern Pricklypear, Eastern Prickly-pear Cactus, Graham's Prickly Pear, Humifuse Pricklypear, Prickly Pear, Tree Cholla ●☆
272916 Opuntia humifusa(Raf.) Raf. = Opuntia compressa J. F. Macbr. ●☆
272917 Opuntia humifusa (Raf.) Raf. var. ammophila (Small) L. D. Benson;喜沙圆武扇●☆
272918 Opuntia humifusa (Raf.) Raf. var. ammophila (Small) L. D. Benson = Opuntia humifusa(Raf.) Raf. ●☆
272919 Opuntia humifusa (Raf.) Raf. var. austrina (Small) Dress = Opuntia humifusa(Raf.) Raf. ●☆
272920 Opuntia humifusa (Raf.) Raf. var. vaseyi (J. M. Coult.) A. Heller = Opuntia vaseyi(J. M. Coult.) Britton et Rose ■☆
272921 Opuntia hystricina Engelm. et Bigelow var. ursina (F. A. C. Weber) Backeb. = Opuntia polyacantha Haw. var. erinacea(Engelm. et J. M. Bigelow) B. D. Parfitt ■☆
272922 Opuntia hystricina Engelm. et J. M. Bigelow = Opuntia polyacantha Haw. var. hystricina(Engelm. et J. M. Bigelow) B. D. Parfitt ■☆
272923 Opuntia hystricina Engelm. et J. M. Bigelow var. nicholii(L. D. Benson) Backeb. = Opuntia polyacantha Haw. var. nicholii (L. D. Benson) B. D. Parfitt ■☆
272924 Opuntia imbricata (Haw.) DC.;锁链球(锁链掌);Cactus Tree, Cane Cholla, Imbricate Pricklypear, Shingled Pricklypear, Tree Cholla ●■
272925 Opuntia imbricata (Haw.) DC. = Cylindropuntia imbricata (Haw.) F. M. Knuth ■☆
272926 Opuntia imbricata(Haw.) DC. var. argentea M. S. Anthony = Cylindropuntia imbricata(Haw.) F. M. Knuth var. argentea(M. S. Anthony) Backeb. ■☆
272927 Opuntia impedata Small ex Britton et Rose = Opuntia humifusa (Raf.) Raf. ●☆
272928 Opuntia inamoena K. Schum.;智利团扇■☆
272929 Opuntia inermis (DC.) DC. = Opuntia santa-rita (Griffiths et Hare) Rose ■☆
272930 Opuntia inermis(DC.) DC. = Opuntia stricta(Haw.) Haw. ■
272931 Opunia invicta Brandegee = Corynopuntia invicta (Brandegee) F. M. Knuth ■☆
272932 Opuntia juniperina Britton et Rose = Opuntia polyacantha Haw. ●☆
272933 Opuntia kelvinensis V. E. Grant et K. A. Grant = Cylindropuntia kelvinensis(V. E. Grant et K. A. Grant) P. V. Heath ■☆
272934 Opuntia kleiniae DC. = Cylindropuntia kleiniae (DC.) F. M. Knuth ■☆
272935 Opuntia kleiniae DC. var. tetracantha (Toumey) T. Marshall = Cylindropuntia tetracantha(Toumey) F. M. Knuth ■☆
272936 Opuntia kunzei Rose = Grusonia kunzei(Rose) Pinkava ■☆
272937 Opuntia laevis J. M. Coult.;光滑仙人掌;Smooth Prickly Pear ■☆
272938 Opuntia lagunae Baxter;高仙人掌(大极殿)■
272939 Opuntia lanceolata Haw.;青海波■☆
272940 Opuntia larreyi F. A. C. Weber;拉里仙人掌;Nopal Camueso ■☆
272941 Opuntia lasiacantha Sweet = Opuntia lasiacantha Vindob. ex Sweet ■☆
272942 Opuntia lasiacantha Vindob. ex Sweet;毛花仙人掌■☆
272943 Opuntia laxiflora Griffiths;疏花仙人掌■☆
272944 Opuntia leptocarpa Mackensen = Opuntia macrorhiza Engelm. ■
272945 Opuntia leptocaulis(Engelm.) Engelm. var. brevispina(Engelm.) S. Watson = Cylindropuntia leptocaulis(DC.) F. M. Knuth ■☆
272946 Opuntia leptocaulis(Engelm.) Engelm. var. longispina(Engelm.) A. Berger = Cylindropuntia leptocaulis(DC.) F. M. Knuth ■☆
272947 Opuntia leptocaulis(Engelm.) Engelm. var. vaginata(Engelm.) S. Watson = Cylindropuntia leptocaulis(DC.) F. M. Knuth ■☆
272948 Opuntia leptocaulis DC.;姬珊瑚;Christmas Cholla, Desert Christmas Cactus, Slender-stemmed Pricklypear ■☆
272949 Opuntia leptocaulis DC. = Cylindropuntia leptocaulis(DC.) F. M. Knuth ■☆
272950 Opuntia leucotricha DC.;白毛仙人掌(棉花掌,银世界);Arborescent Pricklypear, Duraznillo, Duraznillo Blanco, Nopal

Blanco, Plains Prickly Pear ■

272951 Opuntia lindheimeri Engelm.；黄针仙人掌(赤丸团扇,琉璃镜)；Nopal ■

272952 Opuntia lindheimeri Engelm. = Opuntia engelmannii Salm-Dyck ex Engelm. var. lindheimeri(Engelm.) B. D. Parfitt et Pinkava ■☆

272953 Opuntia lindheimeri Engelm. var. aciculata (Griffiths) Bravo = Opuntia aciculata Griffiths ■☆

272954 Opuntia lindheimeri Engelm. var. chisosensis M. S. Anthony = Opuntia chisosensis(M. S. Anthony) D. J. Ferguson ■☆

272955 Opuntia lindheimeri Engelm. var. ellisiana(Griffiths) K. Hammer = Opuntia ellisiana Griffiths ■☆

272956 Opuntia lindheimeri Engelm. var. lehmannii L. D. Benson = Opuntia engelmannii Salm-Dyck ex Engelm. var. lindheimeri (Engelm.) B. D. Parfitt et Pinkava ■☆

272957 Opuntia lindheimeri Engelm. var. linguiformis (Griffiths) L. D. Benson = Opuntia engelmannii Salm-Dyck ex Engelm. var. linguiformis(Griffiths) B. D. Parfitt et Pinkava ■☆

272958 Opuntia lindheimeri Engelm. var. littoralis (Engelm.) J. M. Coult. = Opuntia littoralis(Engelm.) Cockerell ■☆

272959 Opuntia lindheimeri Engelm. var. tricolor(Griffiths) L. D. Benson = Opuntia engelmannii Salm-Dyck ex Engelm. var. lindheimeri (Engelm.) B. D. Parfitt et Pinkava ■☆

272960 Opuntia linguiformis Griffiths；火焰仙人掌(火焰太鼓)■

272961 Opuntia linguiformis Griffiths = Opuntia engelmannii Salm-Dyck ex Engelm. var. linguiformis(Griffiths) B. D. Parfitt et Pinkava ■☆

272962 Opuntia littoralis(Engelm.) Cockerell；黄刺掌；Coastal Prickly Pear ■☆

272963 Opuntia littoralis (Engelm.) Cockerell var. austrocalifornica L. D. Benson et Walkington = Opuntia vaseyi(J. M. Coult.) Britton et Rose ■☆

272964 Opuntia littoralis(Engelm.) Cockerell var. vaseyi(J. M. Coult.) L. D. Benson et Walkington = Opuntia vaseyi(J. M. Coult.) Britton et Rose ■☆

272965 Opuntia littoralis Britton et Rose = Opuntia littoralis(Engelm.) Cockerell ■☆

272966 Opuntia longiareolata Clover et Jotter = Opuntia basilaris Engelm. et J. M. Bigelow var. longiareolata(Clover et Jotter) L. D. Benson ■☆

272967 Opuntia macbridgei Britton et Rose；马氏仙人掌■☆

272968 Opuntia mackensenii Rose = Opuntia macrorhiza Engelm. ■

272969 Opuntia mackensenii Rose = Opuntia tortispina Engelm. et J. M. Bigelow ■☆

272970 Opuntia macrocentra Engelm.；大距仙人掌(大花心仙人掌,黑刺仙人掌)；Black-spine Prickly Pear, Black-spined Pricklypear, Purple Prickly Pear, Purple Pricklypear ■☆

272971 Opuntia macrocentra Engelm. var. aureispina S. Brack et K. D. Heil = Opuntia aureispina(S. Brack et K. D. Heil) Pinkava et B. D. Parfitt ■☆

272972 Opuntia macrorhiza Engelm.；粗根仙人掌；Plains Prickly Pear, Western Pricklypear ■

272973 Opuntia macrorhiza Engelm. var. pottsii (Salm-Dyck) L. D. Benson = Opuntia pottsii Salm-Dyck ■☆

272974 Opuntia mamillata Schott ex Engelm. = Cylindropuntia fulgida (Engelm.) F. M. Knuth var. mamillata(Schott ex Engelm.) Backeb. ■☆

272975 Opuntia martiniana(L. D. Benson) B. D. Parfitt；马丁仙人掌；Martin's Prickly Pear ■☆

272976 Opuntia maxima Mill.；橙黄仙人掌■

272977 Opuntia megacantha Salm-Dyck = Opuntia ficus-indica (L.) Mill. ●

272978 Opuntia mesacantha Raf. var. macrorhiza(Engelm.) J. M. Coult. = Opuntia macrorhiza Engelm. ■

272979 Opuntia mesacantha Raf. var. vaseyi J. M. Coult. = Opuntia vaseyi(J. M. Coult.) Britton et Rose ■☆

272980 Opuntia microdasys(Lehm.) Lehm. ex Pfeiff.；细刺仙人掌(白桃扇,黄毛掌,金乌帽子)；Angel's-wings, Bunny Ears, Bunny-ears, Bunny-ears Pricklypear, Polka Dot Cactus, Yellow Bunny-ears ■

272981 Opuntia microdasys (Lehm.) Lehm. ex Pfeiff. var. albispina Fobe；白毛掌(白桃扇,雪乌帽子)■

272982 Opuntia microdasys (Lehm.) Lehm. ex Pfeiff. var. rufida (Engelm.) K. Schum. = Opuntia rufida Engelm. ■☆

272983 Opuntia microdasys (Lehm.) Lehm. ex Pfeiff. var. rufida (Engelm.) K. Schum.；褐毛掌(红毛掌)■

272984 Opuntia microdasys (Lehm.) Lehm. ex Sweet = Opuntia microdasys(Lehm.) Lehm. ex Pfeiff. ■

272985 Opuntia militaris Britton et Rose = Opuntia triacantha(Willd.) Sweet ■☆

272986 Opuntia molinensis Speg. = Tephrocactus molinensis (Speg.) Backeb. ■☆

272987 Opuntia monacantha(Willd.) Haw.；单刺仙人掌(扁金铜,绿仙人掌,仙巴掌,仙人掌,玉英)；Common Prickly Pear, Common Pricklypear ■

272988 Opuntia monacantha Haw. = Opuntia monacantha (Willd.) Haw. ■

272989 Opuntia monocantha(Willd.) Haw. = Opuntia vulgaris Mill. ■

272990 Opuntia munzii C. B. Wolf = Cylindropuntia munzii(C. B. Wolf) Backeb. ■☆

272991 Opuntia nicholii L. D. Benson = Opuntia polyacantha Haw. var. nicholii(L. D. Benson) B. D. Parfitt ■☆

272992 Opuntia nigrispina K. Schum.；黑刺仙人掌■☆

272993 Opuntia occidentalis Engelm.；西部仙人掌■☆

272994 Opuntia occidentalis Engelm. var. littoralis (Engelm.) Parish = Opuntia littoralis(Engelm.) Cockerell ■☆

272995 Opuntia ochrocentra Small ex Britton et Rose = Opuntia cubensis Britton et Rose ■☆

272996 Opuntia opuntia(L.) H. Karst. = Opuntia humifusa(Raf.) Raf. ●☆

272997 Opuntia orbiculata Salm-Dyck ex Pfeiff.；绵毛掌(白妙)■☆

272998 Opuntia oricola Philbrick；密丛仙人掌；Chaparral Prickly Pear ■☆

272999 Opuntia parishii Orcutt = Grusonia parishii(Orcutt) Pinkava ■☆

273000 Opuntia parryi Engelm. = Cylindropuntia californica(Torr. et A. Gray) F. M. Knuth var. parkeri(J. M. Coult.) Pinkava ■☆

273001 Opuntia parryi Engelm. var. serpentina(Engelm.) L. D. Benson = Cylindropuntia californica(Torr. et A. Gray) F. M. Knuth ■☆

273002 Opuntia pentlandii Salm-Dyck；短茎节仙人掌■☆

273003 Opuntia phaeacantha Engelm.；紫果刺梨(仙人镜)；Brown-spined Pricklypear, Mojave Prickly Pear, Purple-fruited Prickly Pear ●☆

273004 Opuntia phaeacantha Engelm. var. brunnea Engelm. = Opuntia phaeacantha Engelm. ●☆

273005 Opuntia phaeacantha Engelm. var. camanchica(Engelm. et J. M. Bigelow) L. D. Benson；土人团扇●☆

273006 Opuntia phaeacantha Engelm. var. discata (Griffiths) L. D. Benson et Walk. = Opuntia engelmannii Salm-Dyck ex Engelm. ■☆

273007 Opuntia phaeacantha Engelm. var. flavispina L. D. Benson = Opuntia engelmannii Salm-Dyck ex Engelm. var. flexispina(Griffiths) B. D. Parfitt et Pinkava ■☆

273008 Opuntia phaeacantha Engelm. var. laevis (J. M. Coult.) L. D. Benson = Opuntia phaeacantha Engelm. ●☆

273009 Opuntia phaeacantha Engelm. var. major Engelm. = Opuntia phaeacantha Engelm. ●☆

273010 Opuntia phaeacantha Engelm. var. spinosibacca (M. S. Anthony) L. D. Benson = Opuntia spinosibacca M. S. Anthony ■☆

273011 Opuntia phyllanthus (L.) Mill. = Epiphyllum phyllanthus (L.) Haw. ■☆

273012 Opuntia pilifera F. A. C. Weber;纤毛仙人掌;Nopal Crinado ■☆

273013 Opuntia plumbea Rose = Opuntia macrorhiza Engelm. ■

273014 Opuntia polyacantha Haw.;繁花仙人掌(大花仙人掌,多刺仙人掌);Many-spined Opuntia, Plains Prickly Pear, Plains Pricklypear, Starvation Prickly Pear, Starvation Pricklypear ●☆

273015 Opuntia polyacantha Haw. var. arenaria (Engelm.) B. D. Parfitt;沙地繁花仙人掌;Sand Pricklypear ■☆

273016 Opuntia polyacantha Haw. var. erinacea (Engelm. et J. M. Bigelow) B. D. Parfitt;莫哈韦仙人掌;Grizzly Bear Cactus, Grizzly Bear Pricklypear, Mojave Pricklypear ■☆

273017 Opuntia polyacantha Haw. var. hystricina (Engelm. et J. M. Bigelow) B. D. Parfitt;豪猪仙人掌;Porcupine Pricklypear ■☆

273018 Opuntia polyacantha Haw. var. juniperina (Britton et Rose) L. D. Benson = Opuntia polyacantha Haw. ●☆

273019 Opuntia polyacantha Haw. var. nicholii (L. D. Benson) B. D. Parfitt;纳瓦霍仙人掌;Navajo Bridge Pricklypear ■☆

273020 Opuntia polyacantha Haw. var. rufispina (Engelm. et J. M. Bigelow) L. D. Benson = Opuntia polyacantha Haw. ●☆

273021 Opuntia polyacantha Haw. var. trichophora (Engelm.) J. M. Coult. = Opuntia polyacantha Haw. ●☆

273022 Opuntia pottsii Salm-Dyck;波茨仙人掌;Spiny Nopal ■☆

273023 Opuntia prolifera Engelm. = Cylindropuntia prolifera (Engelm.) F. M. Knuth ■☆

273024 Opuntia puberula Vindob. ex Sweet;微毛仙人掌;Nopal De Tortuga ■☆

273025 Opuntia pubescens Wendl.;短柔毛仙人掌;Abrojo, Chile De Perro ■☆

273026 Opuntia pulchella Engelm. = Grusonia pulchella (Engelm.) H. Rob. ■☆

273027 Opuntia pumila Rose;矮仙人掌;Vixivixio ■☆

273028 Opuntia pusilla (Haw.) Haw.;匍匐仙人掌;Creeping Cactus, Sandbur Pricklypear ■☆

273029 Opuntia pycnantha Engelm. var. margaritana J. M. Coult.;野狐;Opuntia ■☆

273030 Opuntia quitensis F. A. C. Weber;基塔仙人掌;Red Buttons Opuntia ■☆

273031 Opuntia rafinesquei Engelm. = Opuntia humifusa (Raf.) Raf. ●☆

273032 Opuntia rafinesquei Engelm. var. vaseyi (J. M. Coult.) K. Schum. = Opuntia vaseyi (J. M. Coult.) Britton et Rose ■☆

273033 Opuntia ramosissima Engelm. = Cylindropuntia ramosissima (Engelm.) F. M. Knuth ■☆

273034 Opuntia rhodantha K. Schum. = Opuntia polyacantha Haw. var. hystricina (Engelm. et J. M. Bigelow) B. D. Parfitt ■☆

273035 Opuntia robusta H. L. Wendl.;大王团扇(仙人镜,御镜);Bartolona, Silver Dollar ■☆

273036 Opuntia rosea DC.;粉红仙人掌■☆

273037 Opuntia rubescens Salm-Dyck ex DC.;墨乌帽子■☆

273038 Opuntia rufida Engelm.;母牛仙人掌(淡褐刺仙人掌);Blind Prickly Pear, Blind Pricklypear, Cow Blinder ■☆

273039 Opuntia rufida Engelm. var. tortiflora M. S. Anthony = Opuntia rufida Engelm. ■☆

273040 Opuntia salmiana J. Parm. = Opuntia salmiana J. Parm. ex Pfeiff. ■☆

273041 Opuntia salmiana J. Parm. ex Pfeiff.;珊瑚树■☆

273042 Opuntia santa-rita (Griffiths et Hare) Rose; 银 栖; Pest Pricklypear, Purple Pricklypear, Santa Rita Prickly Pear ■☆

273043 Opuntia schickendantzii F. A. C. Weber;执権团扇■☆

273044 Opuntia schottii Engelm. = Grusonia schottii (Engelm.) H. Rob. ■☆

273045 Opuntia schottii Engelm. var. grahamii (Engelm.) L. D. Benson = Grusonia grahamii (Engelm.) H. Rob. ■☆

273046 Opuntia schweriniana K. Schum. = Opuntia fragilis (Nutt.) Haw. ■☆

273047 Opuntia semispinosa Griffiths = Opuntia littoralis (Engelm.) Cockerell ■☆

273048 Opuntia serpentina Engelm. = Cylindropuntia californica (Torr. et A. Gray) F. M. Knuth ■☆

273049 Opuntia soehrensii Britton et Rose;索仑仙人掌■☆

273050 Opuntia sphaerica C. F. Först.;球形仙人掌■☆

273051 Opuntia spiniflora Phil. = Erdisia spiniflora (Phil.) Britton et Rose ●☆

273052 Opuntia spinosibacca M. S. Anthony;刺果仙人掌■☆

273053 Opuntia spinosior (Engelm.) M. Toumey = Cylindropuntia spinosior (Engelm.) F. M. Knuth ■☆

273054 Opuntia spinosior (Engelm.) M. Toumey var. neomexicana Toumey = Cylindropuntia spinosior (Engelm.) F. M. Knuth ■☆

273055 Opuntia spinulifera Salm-Dyck;小刺仙人掌■☆

273056 Opuntia stanlyi Engelm. ex B. D. Jacks. = Grusonia emoryi (Engelm.) Pinkava ■☆

273057 Opuntia stanlyi Engelm. ex B. D. Jacks. var. kunzei (Rose) L. D. Benson = Grusonia kunzei (Rose) Pinkava ■☆

273058 Opuntia stanlyi Engelm. ex B. D. Jacks. var. peeblesiana L. D. Benson = Grusonia kunzei (Rose) Pinkava ■☆

273059 Opuntia stenopetala Engelm.;窄瓣仙人掌;Tuna Colorada ■☆

273060 Opuntia streptacantha Lem.;扭花■☆

273061 Opuntia stricta (Haw.) Haw.;缩刺仙人掌(刺毛团扇);Coastal Prickly Pear, Pest Pricklypear ■

273062 Opuntia stricta (Haw.) Haw. var. dillenii (Ker Gawl.) L. D. Benson = Opuntia santa-rita (Griffiths et Hare) Rose ■☆

273063 Opuntia stricta (Haw.) Haw. var. dillenii (Ker Gawl.) L. D. Benson = Opuntia stricta (Haw.) Haw. ■

273064 Opuntia stricta (Haw.) Haw. var. dillenii (Ker Gawl.) L. D. Benson = Opuntia dillenii (Ker Gawl.) Haw. ●

273065 Opuntia strigil Engelm. var. flexispina (Griffiths) L. D. Benson = Opuntia engelmannii Salm-Dyck ex Engelm. var. flexispina (Griffiths) B. D. Parfitt et Pinkava ■☆

273066 Opuntia subarmata Griffiths = Opuntia engelmannii Salm-Dyck ex Engelm. var. lindheimeri (Engelm.) B. D. Parfitt et Pinkava ■☆

273067 Opuntia subulata (Muehlenpf.) Engelm.;将军仙人掌(将军);Cane Cholla, Eve's Needle ■☆

273068 Opuntia subulata (Muehlenpf.) Engelm. = Austrocylindropuntia subulata (Muehlenpf.) Backeb. ■☆

273069 Opuntia subulata Engelm. = Opuntia subulata (Muehlenpf.) Engelm. ■☆

273070 Opuntia sulphurea G. Don ex Loudon;硫磺团扇■☆

273071 Opuntia superbospina Griffiths = Opuntia phaeacantha Engelm. ●☆

273072 Opuntia tardispina Griffiths = Opuntia engelmannii Salm-Dyck ex

Engelm. var. lindheimeri(Engelm.)B. D. Parfitt et Pinkava ■☆

273073 Opuntia tessellata Engelm. = Cylindropuntia ramosissima (Engelm.) F. M. Knuth ■☆

273074 Opuntia tetracantha Toumey = Cylindropuntia tetracantha (Toumey) F. M. Knuth ■☆

273075 Opuntia thornberi Thornber et Bonker = Cylindropuntia acanthocarpa(Engelm. et J. M. Bigelow) F. M. Knuth var. thornberi (Thornber et Bonker) Backeb. ■☆

273076 Opuntia thurberi Engelm. subsp. versicolor (Engelm. ex J. M. Coult.) Felger et Lowe = Cylindropuntia versicolor(Engelm. ex J. M. Coult.) F. M. Knuth ■☆

273077 Opuntia tomentosa Salm-Dyck;柔毛仙人掌;Velvet Prickly Pear, Woollyjoint Pricklypear ●☆

273078 Opuntia tortispina Engelm. et Bigelow = Opuntia macrorhiza Engelm. ■

273079 Opuntia tortispina Engelm. et J. M. Bigelow;草原仙人掌;Plains Pricklypear ■☆

273080 Opuntia tortispina Engelm. et J. M. Bigelow var. cymochila (Engelm. et J. M. Bigelow) Backeb. = Opuntia tortispina Engelm. et J. M. Bigelow ■☆

273081 Opuntia tracyi Britton = Opuntia pusilla(Haw.) Haw. ■☆

273082 Opuntia treleasei J. M. Coult. = Opuntia basilaris Engelm. et J. M. Bigelow var. treleasei(J. M. Coult.) J. M. Coult. ex Toumey ■☆

273083 Opuntia triacantha(Willd.) Sweet;三花仙人掌■☆

273084 Opuntia trichophora Engelm. = Opuntia polyacantha Haw. ●☆

273085 Opuntia tuna(L.) Mill.;黄花仙人掌;Prickly Pear, Tuna ■☆

273086 Opuntia tuna Mill. = Opuntia tuna(L.) Mill. ■☆

273087 Opuntia tunicata(Lehm.) Link et Otto var. davisii (Engelm. et J. M. Bigelow) L. D. Benson = Cylindropuntia davisii (Engelm. et J. M. Bigelow) F. M. Knuth ■☆

273088 Opuntia tunicata(Lehm.) Pfeiff.;白鞘仙人掌(鞘仙人掌,着衣团扇);Prickly Pear, Tuna ●☆

273089 Opuntia tunicata (Lehm.) Pfeiff. = Cylindropuntia tunicata (Lehm.) F. M. Knuth ■☆

273090 Opuntia undulata Griffiths;绣边仙人掌■

273091 Opuntia ursina F. A. C. Weber = Opuntia polyacantha Haw. var. erinacea(Engelm. et J. M. Bigelow) B. D. Parfitt ■☆

273092 Opuntia vaginata Engelm. = Cylindropuntia leptocaulis (DC.) F. M. Knuth ■☆

273093 Opuntia vaseyi(J. M. Coult.) Britton et Rose;瓦齐仙人掌■☆

273094 Opuntia verschaffeltii Cels ex A. Weber;登龙■☆

273095 Opuntia versicolor;变色仙人掌;Staghorn Cholla ■☆

273096 Opuntia versicolor Engelm. ex J. M. Coult. = Cylindropuntia versicolor(Engelm. ex J. M. Coult.) F. M. Knuth ■☆

273097 Opuntia vestita Salm-Dyck;覆被仙人掌■☆

273098 Opuntia vexans Griffiths = Cylindropuntia imbricata (Haw.) F. M. Knuth ■☆

273099 Opuntia violacea Engelm. ex B. D. Jacks. = Opuntia macrocentra Engelm. ■☆

273100 Opuntia violacea Engelm. ex B. D. Jacks. var. castetteri L. D. Benson = Opuntia macrocentra Engelm. ■☆

273101 Opuntia violacea Engelm. ex B. D. Jacks. var. macrocentra (Engelm.) L. D. Benson = Opuntia macrocentra Engelm. ■☆

273102 Opuntia violacea Engelm. ex B. D. Jacks. var. santarita (Griffiths et Hare) L. D. Benson = Opuntia santa-rita(Griffiths et Hare) Rose ■☆

273103 Opuntia vulgaris Mill.;普通仙人掌(扁仙人掌,龟纹掌,少刺仙人掌,仙人掌);Common Prickly Pear, Drooping Prickly Pear ■

273104 Opuntia vulgaris Mill. 'Variegata';龟纹掌■☆

273105 Opuntia vulgaris Mill. = Opuntia ficus-indica(L.) Mill. ●

273106 Opuntia whipplei(Engelm. et J. M. Bigelow) F. M. Knuth var. laevior Engelm. = Cylindropuntia whipplei (Engelm. et J. M. Bigelow) F. M. Knuth ■☆

273107 Opuntia whipplei Engelm. et J. M. Bigelow = Cylindropuntia whipplei(Engelm. et J. M. Bigelow) F. M. Knuth ■☆

273108 Opuntia whipplei Engelm. et J. M. Bigelow var. spinosior Engelm. = Cylindropuntia spinosior(Engelm.) F. M. Knuth ■☆

273109 Opuntia whitneyana E. M. Baxter = Opuntia basilaris Engelm. et J. M. Bigelow ■

273110 Opuntia wigginsii L. D. Benson = Cylindropuntia echinocarpa (Engelm. et J. M. Bigelow) F. M. Knuth ■☆

273111 Opuntia wolfii (L. D. Benson) M. A. Baker = Cylindropuntia wolfii(L. D. Benson) M. A. Baker ■☆

273112 Opuntia wrightiana (E. M. Baxter) Peebles = Grusonia kunzei (Rose) Pinkava ■☆

273113 Opuntia wrightii Engelm. = Cylindropuntia kleiniae (DC.) F. M. Knuth ■☆

273114 Opuntia xanthostemma K. Schum. = Opuntia polyacantha Haw. var. hystricina(Engelm. et J. M. Bigelow) B. D. Parfitt ■☆

273115 Opuntiaceae Desv. = Cactaceae Juss.(保留科名)●■

273116 Opuntiaceae Juss. = Cactaceae Juss.(保留科名)●■

273117 Opuntiaceae Martinov = Cactaceae Juss.(保留科名)●■

273118 Opuntiopsis Knebel = Schlumbergera Lem. ●

273119 Orabanche Loscos et Pardo = Orobanche L. ■

273120 Orania Zipp.(1829);毒椰属(奥兰棕属,奥润榈属,毒果椰属,喙苞椰属,呕男椰子属);Orania Palm ●☆

273121 Orania disticha Burrer;二列毒椰●☆

273122 Orania longisquama(Jum.) J. Dransf. et N. W. Uhl;长鳞毒椰●☆

273123 Orania macrocladus Mart.;长枝毒椰(长枝奥兰棕);Ibul Palm ●☆

273124 Orania philippinensis Scheff. ex Becc.;菲律宾毒椰(菲律宾奥兰棕)●☆

273125 Orania sylvicola (Griff.) Moore;森林毒椰(森林奥兰棕);Forest Orania Palm ●☆

273126 Orania trispatha(J. Dransf. et N. W. Uhl) Beentje et J. Dransf.;三苞毒椰●☆

273127 Oraniopsis (Becc.) J. Dransf., A. K. Irvine et N. W. Uhl (1985);昆士兰椰属(昆士兰裙椰属,类奥兰棕属)●☆

273128 Oraniopsis J. Dransf., A. K. Irvine et N. W. Uhl = Oraniopsis (Becc.) J. Dransf., A. K. Irvine et N. W. Uhl ●☆

273129 Oraniopsis appendiculata(Bailey) J. Dransf., A. K. Irvine et N. W. Uhl;昆士兰椰●☆

273130 Oraoma Turcz. = Aglaia Lour.(保留属名)●

273131 Orbea Haw.(1812);牛角草属(牛角属)■☆

273132 Orbea Haw. = Stapelia L.(保留属名)■

273133 Orbea L. C. Leach = Orbea Haw. ■☆

273134 Orbea albocastanea(Marloth) Bruyns;白栗色牛角草■☆

273135 Orbea anguinea Haw. = Orbea variegata(L.) Haw. ■☆

273136 Orbea arida(Masson) Sweet = Quaqua arida(Masson) Bruyns ■☆

273137 Orbea baldratii(A. C. White et B. Sloane) Bruyns;巴尔德拉蒂牛角草■☆

273138 Orbea baldratii (A. C. White et B. Sloane) Bruyns subsp. somalensis Bruyns;索马里牛角草■☆

273139 Orbea bufonia Haw. = Orbea variegata(L.) Haw. ■☆

273140 Orbea carnosa(Stent) Bruyns;肉质牛角草■☆

273141 Orbea carnosa (Stent) Bruyns subsp. keithii (R. A. Dyer)

Bruyns;基思牛角草■☆
273142 Orbea caudata(N. E. Br.) Bruyns;尾状牛角草■☆
273143 Orbea caudata (N. E. Br.) Bruyns subsp. rhodesica (L. C. Leach) Bruyns;罗得西亚牛角草■☆
273144 Orbea ciliata (Thunb.) L. C. Leach = Diplocyatha ciliata (Thunb.) N. E. Br. ■☆
273145 Orbea circes(M. G. Gilbert) Bruyns;环牛角草■☆
273146 Orbea conjuncta(A. C. White et B. Sloane) Bruyns;接合牛角草■☆
273147 Orbea cooperi(N. E. Br.) L. C. Leach;库珀牛角草■☆
273148 Orbea curtisii Haw. = Orbea variegata(L.) Haw. ■☆
273149 Orbea decaisneana(Lehm.) Bruyns;德凯纳牛角草■☆
273150 Orbea decaisneana (Lehm.) Bruyns var. hesperidum (Maire) Dobignard = Orbea decaisneana(Lehm.) Bruyns ■☆
273151 Orbea decora(Masson) Steud. = Piaranthus geminatus(Masson) N. E. Br. subsp. decorus(Masson) Bruyns ■☆
273152 Orbea denboefii(Lavranos) Bruyns;卡贾多牛角草■☆
273153 Orbea distincta(E. A. Bruce) Bruyns;离生牛角草■☆
273154 Orbea doldii Plowes = Orbea macloughlinii (I. Verd.) L. C. Leach ■☆
273155 Orbea dummeri(N. E. Br.) Bruyns;达默牛角草■☆
273156 Orbea elegans Plowes;雅致牛角草■☆
273157 Orbea gemugofana(M. G. Gilbert) Bruyns;戈姆戈法牛角草■☆
273158 Orbea gerstneri(Letty) Bruyns;格斯牛角草■☆
273159 Orbea gerstneri (Letty) Bruyns subsp. elongata (R. A. Dyer) Bruyns;伸长牛角草■☆
273160 Orbea gilbertii(Plowes) Bruyns;吉尔伯特牛角草■☆
273161 Orbea hardyi(R. A. Dyer) Bruyns;哈迪牛角草■☆
273162 Orbea huernioides(P. R. O. Bally) Bruyns;龙王角牛角草■☆
273163 Orbea huillensis(Hiern) Bruyns;威拉牛角草■☆
273164 Orbea huillensis(Hiern) Bruyns subsp. flava Bruyns;黄威拉牛角草■☆
273165 Orbea inodora Haw. = Orbea variegata(L.) Haw. ■☆
273166 Orbea irrorata(Masson) L. C. Leach = Orbea verrucosa(Masson) L. C. Leach ■☆
273167 Orbea knobelii(E. Phillips) Bruyns;克诺贝尔牛角草■☆
273168 Orbea laikipiensis(M. G. Gilbert) Bruyns;肯尼亚牛角草■☆
273169 Orbea laticorona(M. G. Gilbert) Bruyns;宽冠牛角草■☆
273170 Orbea longidens(N. E. Br.) L. C. Leach;长齿牛角草■☆
273171 Orbea longii(C. A. Lückh.) Bruyns;朗氏牛角草■☆
273172 Orbea lugardii(N. E. Br.) Bruyns;卢格德牛角草■☆
273173 Orbea lutea(N. E. Br.) Bruyns;黄牛角草■☆
273174 Orbea lutea(N. E. Br.) Bruyns subsp. vaga(N. E. Br.) Bruyns;漫游黄牛角草■☆
273175 Orbea macloughlinii(I. Verd.) L. C. Leach;麦克牛角草■☆
273176 Orbea maculata(N. E. Br.) L. C. Leach;斑点牛角草■☆
273177 Orbea maculata (N. E. Br.) L. C. Leach subsp. kaokoensis Bruyns;卡奥科牛角草■☆
273178 Orbea maculata(N. E. Br.) L. C. Leach subsp. rangeana(Dinter et A. Berger) Bruyns;兰格牛角草■☆
273179 Orbea melanantha(Schltr.) Bruyns;黑花牛角草■☆
273180 Orbea miscella(N. E. Br.) Meve;混合牛角草■☆
273181 Orbea namaquensis(N. E. Br.) L. C. Leach;纳马夸牛角草■☆
273182 Orbea paradoxa(I. Verd.) L. C. Leach;奇异牛角草■☆
273183 Orbea pulchella(Masson) L. C. Leach;美丽牛角草■☆
273184 Orbea quinquenervia Haw. = Orbea variegata(L.) Haw. ■☆
273185 Orbea rangeana (Dinter et A. Berger) L. C. Leach = Orbea maculata(N. E. Br.) L. C. Leach subsp. rangeana (Dinter et A. Berger) Bruyns ■☆
273186 Orbea retusa Haw. = Orbea variegata(L.) Haw. ■☆
273187 Orbea rogersii(L. Bolus) Bruyns;罗杰斯牛角草■☆
273188 Orbea sacculata(N. E. Br.) Bruyns;小囊牛角草■☆
273189 Orbea schweinfurthii(A. Berger) Bruyns;施韦牛角草■☆
273190 Orbea semitubiflora(L. E. Newton) Bruyns;管花牛角草■☆
273191 Orbea semota(N. E. Br.) L. C. Leach;分离牛角草■☆
273192 Orbea semota(N. E. Br.) L. C. Leach subsp. orientalis Bruyns;东方分离牛角草■☆
273193 Orbea speciosa L. C. Leach = Orbea macloughlinii(I. Verd.) L. C. Leach ■☆
273194 Orbea sprengeri(Schweinf.) Bruyns;施普伦格牛角草■☆
273195 Orbea sprengeri (Schweinf.) Bruyns subsp. commutata (A. Berger) Bruyns;变异牛角草■☆
273196 Orbea sprengeri (Schweinf.) Bruyns subsp. foetida (M. G. Gilbert) Bruyns;臭牛角草■☆
273197 Orbea sprengeri (Schweinf.) Bruyns subsp. ogadensis (M. G. Gilbert) Bruyns;欧加登牛角草■☆
273198 Orbea subterranea(E. A. Bruce et P. R. O. Bally) Bruyns;地下牛角草■☆
273199 Orbea tapscottii(I. Verd.) L. C. Leach;塔普斯科特牛角草■☆
273200 Orbea tubiformis(E. A. Bruce et P. R. O. Bally) Bruyns;管状牛角草■☆
273201 Orbea ubomboensis (I. Verd.) Bruyns = Australluma ubomboensis (I. Verd.) Bruyns ■☆
273202 Orbea umbracula(M. D. Hend.) L. C. Leach;伞状牛角草■☆
273203 Orbea valida(N. E. Br.) Bruyns;刚直牛角草■☆
273204 Orbea valida(N. E. Br.) Bruyns subsp. occidentalis Bruyns;西方牛角草■☆
273205 Orbea variegata(L.) Haw.;斑叶牛角草■☆
273206 Orbea variegata Haw.;牛角草(豹纹魔星花,国章,牛角,杂色豹皮花);Carrion-flower, Variegate Carrionflower, Variegate Leopardflower ■
273207 Orbea verrucosa(Masson) L. C. Leach;多疣牛角草■☆
273208 Orbea verrucosa(Masson) L. C. Leach var. fucosa(N. E. Br.) L. C. Leach = Orbea verrucosa(Masson) L. C. Leach ■☆
273209 Orbea vibratilis(E. A. Bruce et P. R. O. Bally) Bruyns;颤毛牛角草■☆
273210 Orbea wilsonii(P. R. O. Bally) Bruyns;威氏牛角草■☆
273211 Orbea woodfordiana Haw. = Orbea variegata(L.) Haw. ■☆
273212 Orbea woodii(N. E. Br.) L. C. Leach;伍得牛角草■☆
273213 Orbeanthus L. C. Leach = Orbea Haw. ■☆
273214 Orbeanthus L. C. Leach(1978);环花萝藦属■☆
273215 Orbeanthus conjunctus(A. C. White et B. Sloane) L. C. Leach = Orbea conjuncta(A. C. White et B. Sloane) Bruyns ■☆
273216 Orbeanthus hardyi(R. A. Dyer) L. C. Leach = Orbea hardyi(R. A. Dyer) Bruyns ■☆
273217 Orbeckia G. Don = Osbeckia L. ●■
273218 Orbeopsis L. C. Leach(1978);类牛角草属■☆
273219 Orbeopsis albocastanea (Marloth) L. C. Leach = Orbea albocastanea(Marloth) Bruyns ■☆
273220 Orbeopsis caudata(N. E. Br.) L. C. Leach;尾状类牛角草■☆
273221 Orbeopsis caudata(N. E. Br.) L. C. Leach = Orbea caudata(N. E. Br.) Bruyns ■☆
273222 Orbeopsis caudata(N. E. Br.) L. C. Leach subsp. rhodesiaca(L. C. Leach) L. C. Leach = Orbea caudata(N. E. Br.) Bruyns subsp. rhodesica(L. C. Leach) Bruyns ■☆

273223 Orbeopsis gerstneri(Letty) L. C. Leach = Orbea gerstneri(Letty) Bruyns ■☆

273224 Orbeopsis gerstneri(Letty) L. C. Leach subsp. elongata(R. A. Dyer) L. C. Leach = Orbea gerstneri(Letty) Bruyns subsp. elongata (R. A. Dyer) Bruyns ■☆

273225 Orbeopsis gossweileri(S. Moore) L. C. Leach = Orbea huillensis (Hiern) Bruyns ■☆

273226 Orbeopsis huillensis (Hiern) L. C. Leach = Orbea huillensis (Hiern) Bruyns ■☆

273227 Orbeopsis knobelii(E. Phillips) L. C. Leach = Orbea knobelii (E. Phillips) Bruyns ■☆

273228 Orbeopsis lutea(N. E. Br.) L. C. Leach;类牛角草■☆

273229 Orbeopsis lutea(N. E. Br.) L. C. Leach = Orbea lutea(N. E. Br.) Bruyns ■☆

273230 Orbeopsis lutea(N. E. Br.) L. C. Leach subsp. vaga N. E. Br. = Orbea lutea(N. E. Br.) Bruyns subsp. vaga(N. E. Br.) Bruyns ■☆

273231 Orbeopsis melanantha(Schltr.) L. C. Leach = Orbea melanantha (Schltr.) Bruyns ■☆

273232 Orbeopsis tsumebensis(Oberm.) L. C. Leach = Orbea huillensis (Hiern) Bruyns ■☆

273233 Orbeopsis valida(N. E. Br.) L. C. Leach = Orbea valida(N. E. Br.) Bruyns ■☆

273234 Orbexilum Raf. (1832);蛇根豆属■☆

273235 Orbexilum Raf. = Psoralea L. ●■

273236 Orbexilum onobrychis(Nutt.) Rydb.;蛇根豆;French Grass ■☆

273237 Orbexilum pedunculatum (Mill.) Rydb.;萨姆蛇根豆;Sampson's Snakeroot ■☆

273238 Orbicularia Baill. = Phyllanthus L. ●■

273239 Orbignya Bertero(废弃属名) = Llagunoa Ruiz et Pav. ●☆

273240 Orbignya Bertero(废弃属名) = Orbignya Mart. ex Endl.(保留属名)●☆

273241 Orbignya Mart. ex Endl. (1837)(保留属名);油椰子属(奥比尼亚棕属,奥氏棕属,巴西油椰属,欧别榈属,藕氏椰子属);Aguassu,Babacu,Babassu Palm,Orbignya,Palm ●☆

273242 Orbignya Mart. ex Endl.(保留属名) = Attalea Kunth ●☆

273243 Orbignya barbosiana Burret;巴西油椰子(巴拉苏奥比尼亚棕,巴拉苏奥氏棕,巴西奥氏棕);Barassu Palm ●☆

273244 Orbignya cohune (Mart.) Standl.;考胡棕;Attalea Cohune, Cohune Nut,Cohune Palme,Cohune Tree,Cohunenut ●☆

273245 Orbignya cohune Standl. = Orbignya cohune(Mart.) Standl. ●☆

273246 Orbignya cuatrecasana Dugand;哥伦比亚油椰子●☆

273247 Orbignya oleifera Burret;油椰子;Babassu ●☆

273248 Orbignya spectabilis(Mart.) Burret;壮观油椰子;Curna Palm ●☆

273249 Orbinda Noronha = Smilax L. ●

273250 Orbis Luer = Pleurothallis R. Br. ■☆

273251 Orbivestus H. Rob. (1889);尾药瘦片菊属●☆

273252 Orbivestus H. Rob. = Vernonia Schreb.(保留属名)●■

273253 Orbivestus cinerascens(Sch. Bip.) H. Rob. = Vernonia cinerascens Sch. Bip. ●☆

273254 Orbivestus homilanthus(S. Moore) H. Rob. = Vernonia homilantha S. Moore ■☆

273255 Orbivestus karanguensis(Oliv.) H. Rob. = Vernonia karaguensis Oliv. ●☆

273256 Orbivestus undulatus (Oliv. et Hiern) H. Rob. = Vernonia undulata Oliv. et Hiern ■☆

273257 Orchadocarpa Ridl. (1905);卵果苣苔属■☆

273258 Orchadocarpa lilacina Ridl.;卵果苣苔■☆

273259 Orchaenactis O. Hoffm. = Orochaenactis Coville ■☆

273260 Orchanthe Seem. = Dalrympelea Roxb. ●☆

273261 Orchanthe Seem. = Ochranthe Lindl. ●

273262 Orchanthe Seem. = Turpinia Vent.(保留属名)●

273263 Orchiastrum Greene = Spiranthes Rich.(保留属名)■

273264 Orchiastrum Lem. = Lachenalia J. Jacq. ex Murray ■☆

273265 Orchiastrum Ség. = Spiranthes Rich.(保留属名)■

273266 Orchidaceae Adans. = Orchidaceae Juss.(保留科名)■

273267 Orchidaceae Juss. (1789)(保留科名);兰科;Orchid Family ■

273268 Orchidantha N. E. Br. (1886);兰花蕉属;Orchidantha ■

273269 Orchidantha chinensis T. L. Wu;兰花蕉;China Orchidantha, Chinese Orchidantha ■

273270 Orchidantha chinensis T. L. Wu var. longisepala(D. Fang) T. L. Wu;长萼兰花蕉■

273271 Orchidantha insularis T. L. Wu;海南兰花蕉;Hainan Orchidantha ■

273272 Orchidantha longisepala D. Fang = Orchidantha chinensis T. L. Wu var. longisepala(D. Fang) T. L. Wu ■

273273 Orchidanthaceae Dostal = Lowiaceae Ridl.(保留科名)■

273274 Orchidanthaceae Dostal;兰花蕉科■

273275 Orchidion Mitch. = Arethusa L. ■☆

273276 Orchidium Sw. = Calypso Salisb.(保留属名)■

273277 Orchidocarpum Michx. = Asimina Adans. ●☆

273278 Orchidocarpum arietinum Michx. = Asimina triloba(L.) Dunal ●☆

273279 Orchidocarpum grandiflorum (W. Bartram) Michx. = Asimina obovata(Willd.) Nash ●☆

273280 Orchidocarpum parviflorum Michx. = Asimina parviflora(Michx.) Dunal ●☆

273281 Orchidocarpum pygmaeum (W. Bartram) Michx. = Asimina pygmaea(W. Bartram) Dunal ●☆

273282 Orchidofunckia A. Rich. et Galeotti = Cryptarrhena R. Br. ■☆

273283 Orchidotypus Kraenzl. = Pachyphyllum Kunth ■☆

273284 Orchiodes Kuntze = Epipactis Ség.(废弃属名)■

273285 Orchiodes Kuntze = Epipactis Zinn(保留属名)■

273286 Orchiodes Kuntze = Goodyera R. Br. ■

273287 Orchiodes Trew. = Epipactis Zinn(保留属名)■

273288 Orchiodes Trew. = Goodyera R. Br. ■

273289 Orchiodes Trew. ex Kuntze = Epipactis Zinn(保留属名)■

273290 Orchiodes Trew. ex Kuntze = Goodyera R. Br. ■

273291 Orchiodes cordata(Lindl.) Kuntze = Goodyera viridiflora(Blume) Blume ■

273292 Orchiodes discolor(Ker Gawl.) Kuntze = Ludisia discolor(Ker Gawl.) A. Rich. ■

273293 Orchiodes foliosa(Lindl.) Kuntze = Goodyera foliosa(Lindl.) Benth. ex C. B. Clarke ■

273294 Orchiodes fumata(Thwaites) Kuntze = Goodyera fumata Thwaites ■

273295 Orchiodes fusca (Lindl.) Kuntze = Goodyera fusca (Lindl.) Hook. f. ■

273296 Orchiodes grandis(Blume) Kuntze = Goodyera rubicunda(Rchb. f.) J. J. Sm. ■

273297 Orchiodes marginata(Lindl.) Kuntze = Goodyera repens(L.) R. Br. ■

273298 Orchiodes nuda(Thouars) Kuntze = Cheirostylis nuda(Thouars) Ormerod ■☆

273299 Orchiodes occulata Kuntze = Platylepis occulta(Thouars) Rchb. f. ■☆

273300 Orchiodes procera(Ker Gawl.) Kuntze = Goodyera procera(Ker Gawl.) Hook. ■

273301 Orchiodes recurva(Lindl.) Kuntze = Goodyera recurva Lindl. ■
273302 Orchiodes repens(L.) Kuntze = Goodyera repens(L.) R. Br. ■
273303 Orchiodes rubicunda (Blume) Kuntze = Goodyera rubicunda (Rchb. f.) J. J. Sm. ■
273304 Orchiodes schlechtendaliana (Rchb. f.) Kuntze = Goodyera schlechtendaliana Rchb. f. ■
273305 Orchiodes secundiflora(Lindl.) Kuntze = Goodyera schlechtendaliana Rchb. f. ■
273306 Orchiodes velutina (Maxim. ex Regel) Kuntze = Goodyera velutina Maxim. ■
273307 Orchiodes viridiflora (Blume) Kuntze = Goodyera viridiflora (Blume) Blume ■
273308 Orchiodes vittata(Lindl.) Kuntze = Goodyera vittata Benth. ex Hook. f. ■
273309 Orchiops Salisb. = Lachenalia J. Jacq. ex Murray ■☆
273310 Orchipeda Blume = Voacanga Thouars ●
273311 Orchipeda dregei (E. Mey.) Scott-Elliot = Voacanga thouarsii Roem. et Schult. ●☆
273312 Orchipeda thouarsii (Roem. et Schult.) Baron = Voacanga thouarsii Roem. et Schult. ●☆
273313 Orchipedum Breda(1829);靴兰属■☆
273314 Orchipedum Breda, Kuhl et Hasselt = Orchipedum Breda ■☆
273315 Orchipedum echinatum Aver. et Averyanova;刺靴兰■☆
273316 Orchipedum plantaginifolium Breda;靴兰■☆
273317 Orchis L. (1753);红门兰属(雏兰属);Bloody Butcher, Orchid, Orchis, Salab-misri, Salep ■
273318 Orchis abortiva L. = Limodorum abortivum(L.) Sw. ■☆
273319 Orchis aceratorchis Soó = Galearis tschiliensis (Schltr.) S. C. Chen, P. J. Cribb et S. W. Gale ■
273320 Orchis aceratorchis Soó = Orchis tschiliensis(Schltr.) Soó ■
273321 Orchis alpestre (Fukuy.) S. S. Ying = Amitostigma alpestre Fukuy. ■
273322 Orchis altissima Ham. ex Hook. f. = Pecteilis susannae (L.) Raf. ■
273323 Orchis amblyoloba Nevski;钝裂红门兰■☆
273324 Orchis anatolica Boiss.;安纳托尔红门兰;Anatolian Orchid ■☆
273325 Orchis aphylla F. W. Schmidt = Epipogium aphyllum (F. W. Schmidt) Sw. ■
273326 Orchis aphylla Forssk. = Holothrix aphylla(Forssk.) Rchb. f. ■☆
273327 Orchis aristata Fisch. ex Lindl. = Dactylorhiza aristata(Fisch. ex Lindl.) Soó ■
273328 Orchis aristata Fisch. ex Lindl. f. albiflora (Koidz.) Tatew. = Dactylorhiza aristata (Fisch. ex Lindl.) Soó f. albiflora (Koidz.) F. Maek. ex Toyok. ■☆
273329 Orchis aristata Fisch. ex Lindl. var. immaculata Makino = Dactylorhiza aristata(Fisch. ex Lindl.) Soó ■
273330 Orchis aristata Fisch. ex Lindl. var. maculata Makino = Dactylorhiza aristata(Fisch. ex Lindl.) Soó ■
273331 Orchis aristata Fisch. ex Lindl. var. perbracteata Lepage = Dactylorhiza aristata(Fisch. ex Lindl.) Soó ■
273332 Orchis atlantica Willd. = Neotinea maculata(Desf.) Stearn ■☆
273333 Orchis baltica Klinge;波罗的海红门兰;Baltic Orchis ■
273334 Orchis barbata L. f. = Disa barbata(L. f.) Sw. ■☆
273335 Orchis basifoliata (Finet) Schltr. = Amitostigma basifoliatum (Finet) Schltr. ■
273336 Orchis beeringiana(Cham.) Kudo = Dactylorhiza aristata(Fisch. ex Lindl.) Soó ■
273337 Orchis beesiana W. W. Sm. = Orchis chusua D. Don ■
273338 Orchis beesiana W. W. Sm. = Ponerorchis chusua(D. Don) Soó ■
273339 Orchis bicornis L. = Satyrium bicorne(L.) Thunb. ■☆
273340 Orchis biflora L. = Schizodium satyrioides(L.) Garay ■☆
273341 Orchis bifolia L. = Platanthera bifolia(L.) Rich. ■
273342 Orchis blephariglottis Willd. = Platanthera blephariglottis (Willd.) Lindl. ■☆
273343 Orchis boryi Rchb. f.;博利红门兰;Bory's Orchid ■☆
273344 Orchis bracteata Muhl. = Coeloglossum viride(L.) Hartm. var. virescens(Muhl.) Luer ■☆
273345 Orchis bracteata Muhl. ex Willd. = Coeloglossum viride (L.) Hartm. ■
273346 Orchis bracteata Muhl. ex Willd. = Dactylorhiza viridis(L.) R. M. Bateman, Pridgeon et M. W. Chase ■
273347 Orchis brevicalcarata(Finet) Schltr. = Ponerorchis brevicalcarata (Finet) Soó ■
273348 Orchis burmanniana L. = Bartholina burmanniana (L.) Ker Gawl. ■☆
273349 Orchis canariensis Lindl.;加那利红门兰■☆
273350 Orchis carnea Dryand. = Satyrium carneum(Dryand.) R. Br. ■☆
273351 Orchis cernua Burm. f. = Holothrix cernua(Burm. f.) Schelpe ■☆
273352 Orchis champagneuxii Barnéoud = Anacamptis champagneuxii (Barnéoud) R. M. Bateman, Pridgeon et Chase ■☆
273353 Orchis chidori(Makino) Schltr. = Ponerorchis chidori(Makino) Ohwi ■☆
273354 Orchis chidori (Makino) Schltr. var. curtipes (Ohwi) Ohwi = Ponerorchis chidori(Makino) Ohwi var. curtipes(Ohwi) F. Maek. ■☆
273355 Orchis chingshuishania S. S. Ying;清水红门兰(清水山兰);Qingshui Orchis ■
273356 Orchis chingshuishania S. S. Ying = Orchis takasagomontana Masam. ■
273357 Orchis chingshuishania S. S. Ying = Ponerorchis takasagomontana (Masam.) Ohwi ■
273358 Orchis chlorantha Custer = Platanthera chlorantha Custer ex Rchb. ■
273359 Orchis chlorotica Woronow;绿红门兰■☆
273360 Orchis chrysea(W. W. Sm.) Schltr. = Ponerorchis chrysea(W. W. Sm.) Soó ■
273361 Orchis chusua D. Don = Orchis sichuanica K. Y. Lang ■
273362 Orchis chusua D. Don = Ponerorchis chusua(D. Don) Soó ■
273363 Orchis chusua D. Don f. parva? = Ponerorchis chusua(D. Don) Soó ■
273364 Orchis chusua D. Don var. delavayi (Schltr.) Soó = Orchis chusua D. Don ■
273365 Orchis chusua D. Don var. delavayi(Schltr.) Soó = Ponerorchis chusua(D. Don) Soó ■
273366 Orchis chusua D. Don var. nana King et Pantl. = Orchis chusua D. Don ■
273367 Orchis chusua D. Don var. nana King et Pantl. = Ponerorchis chusua(D. Don) Soó ■
273368 Orchis chusua D. Don var. pulchella(Hand. -Mazz.) Ts. Tang et F. T. Wang = Ponerorchis chusua(D. Don) Soó ■
273369 Orchis chusua D. Don var. tenii (Schltr.) Soó = Ponerorchis chusua(D. Don) Soó ■
273370 Orchis ciliaris L. = Habenaria ciliaris(L.) R. Br. ■☆
273371 Orchis clavellata Michx. = Platanthera clavellata(Michx.) Luer ■☆
273372 Orchis collina Russell = Anacamptis collina(Banks et Sol.) R.

M. Bateman, Pridgeon et Chase ■☆
273373 Orchis commelinifolia Roxb. = Habenaria commelinifolia (Roxb.) Wall. ex Lindl. ■
273374 Orchis commutata Tod.;变异红门兰;Toothed Orchid ■☆
273375 Orchis condensata Desf. = Anacamptis pyramidalis(L.) Rich. ■☆
273376 Orchis conica Willd. = Neotinea tridentata (Scop.) R. M. Bateman, Pridgeon et Chase subsp. conica(Willd.) R. M. Bateman, Pridgeon et Chase ■☆
273377 Orchis conopsea L. = Gymnadenia conopsea(L.) R. Br. ■
273378 Orchis constricta L. O. Williams = Neottianthe camptoceras (Rolfe) Schltr. ■
273379 Orchis cordata Willd. = Gennaria diphylla(Link) Parl. ■☆
273380 Orchis coriophora L.;革梗红门兰;Bug Orchid ■☆
273381 Orchis coriophora L. = Anacamptis coriophora (L.) R. M. Bateman, Pridgeon et Chase ■☆
273382 Orchis coriophora L. subsp. fragrans (Pollini) Sudre = Anacamptis coriophora (L.) R. M. Bateman, Pridgeon et Chase subsp. fragrans(Pollini) R. M. Bateman, Pridgeon et Chase ■☆
273383 Orchis coriophora L. subsp. major (E. G. Camus) Maire = Anacamptis coriophora(L.) R. M. Bateman, Pridgeon et Chase ■☆
273384 Orchis coriophora L. subsp. martrinii (Timb. -Lagr.) Nyman = Anacamptis coriophora (L.) R. M. Bateman, Pridgeon et Chase subsp. martrinii(Timb. -Lagr.) Jacquet. et Scappat. ■☆
273385 Orchis coriophora L. var. carpetana Willk. = Anacamptis coriophora(L.) R. M. Bateman, Pridgeon et Chase ■☆
273386 Orchis coriophora L. var. dolichoceras Maire = Anacamptis coriophora (L.) R. M. Bateman, Pridgeon et Chase subsp. fragrans (Pollini) R. M. Bateman, Pridgeon et Chase ■☆
273387 Orchis coriophora L. var. elongata Maire = Anacamptis coriophora (L.) R. M. Bateman, Pridgeon et Chase ■☆
273388 Orchis coriophora L. var. fragrans (Pollini) Batt. et Trab. = Anacamptis coriophora (L.) R. M. Bateman, Pridgeon et Chase subsp. fragrans(Pollini) R. M. Bateman, Pridgeon et Chase ■☆
273389 Orchis coriophora L. var. lusciniarum Maire = Anacamptis coriophora(L.) R. M. Bateman, Pridgeon et Chase ■☆
273390 Orchis coriophora L. var. major E. G. Camus = Anacamptis coriophora(L.) R. M. Bateman, Pridgeon et Chase ■☆
273391 Orchis coriophora L. var. martrinii (Timb. -Lagr.) Nyman = Anacamptis coriophora (L.) R. M. Bateman, Pridgeon et Chase subsp. martrinii(Timb. -Lagr.) Jacquet. et Scappat. ■☆
273392 Orchis coriophora L. var. polliniana (Spreng.) Pollini = Anacamptis coriophora(L.) R. M. Bateman, Pridgeon et Chase ■☆
273393 Orchis cornuta L. = Disa cornuta(L.) Sw. ■☆
273394 Orchis crenulata Schltr. = Ponerorchis crenulata(Schltr.) Soó ■
273395 Orchis cristata Michx. = Platanthera cristata(Michx.) Lindl. ■☆
273396 Orchis cruenta O. F. Muell. = Dactylorhiza incarnata (L.) Soó subsp. cruenta(O. F. Müller) P. D. Sell ■
273397 Orchis cruenta O. F. Müll. = Dactylorhiza incarnata (L.) Soó subsp. cruenta(O. F. Müll.) P. D. Sell ■
273398 Orchis cucullata L. = Neottianthe cucullata(L.) Schltr. ■
273399 Orchis curtipes Ohwi = Ponerorchis chidori(Makino) Ohwi var. curtipes(Ohwi) F. Maek. ■☆
273400 Orchis cyclochila(Franch. et Sav.) Maxim. = Galearis cyclochila (Franch. et Sav.) Soó ■
273401 Orchis cylindrostachya(Lindl.) Kraenzl. = Gymnadenia orchidis Lindl. ■
273402 Orchis cyrenaica E. A. Durand et Barratte = Anacamptis cyrenaica(Durand et Barratte) Dobignard ■☆
273403 Orchis delavayi Schltr. = Orchis chusua D. Don ■
273404 Orchis delavayi Schltr. = Ponerorchis chusua(D. Don) Soó ■
273405 Orchis dentata Sw. = Habenaria dentata(Sw.) Schltr. ■
273406 Orchis diantha Schltr. = Galearis spathulata(Lindl.) P. F. Hunt ■
273407 Orchis dilatata Pursh = Limnorchis dilatatus(Pursh) Rydb. ■☆
273408 Orchis dilatata Pursh = Platanthera dilatata(Pursh) Lindl. ex L. C. Beck ■☆
273409 Orchis discolor Pursh = Tipularia discolor(Pursh) Nutt. ■☆
273410 Orchis doyonensia Hand. -Mazz. = Platanthera roseotincta (W. W. Sm.) Ts. Tang et F. T. Wang ■
273411 Orchis draconis L. f. = Disa draconis(L. f.) Sw. ■☆
273412 Orchis durandii Boiss. et Reut. = Dactylorhiza durandii (Boiss. et Reut.) M. Lainz ■☆
273413 Orchis elata Poir.;高红门兰■☆
273414 Orchis elata Poir. = Dactylorhiza munbyana (Boiss. et Reut.) Aver. ■☆
273415 Orchis elata Poir. subsp. durandii (Boiss. et Reut.) Soó = Dactylorhiza durandii(Boiss. et Reut.) M. Lainz ■☆
273416 Orchis elata Poir. subsp. munbyana (Boiss. et Reut.) E. G. Camus = Dactylorhiza elata(Poir.) Soó ■☆
273417 Orchis elata Poir. var. algerica(Rchb.) Maire et Weiller = Orchis elata Poir. ■☆
273418 Orchis elata Poir. var. elongata Maire = Orchis elata Poir. ■☆
273419 Orchis elata Poir. var. poiretiana Maire et Weiller = Orchis elata Poir. ■☆
273420 Orchis euxina Nevski;黑红门兰■☆
273421 Orchis exilis Ames et Schltr.;细茎红门兰;Thinstem Orchis ■
273422 Orchis expansa Ten. = Anacamptis papilionacea (L.) R. M. Bateman, Pridgeon et Chase subsp. expansa(Ten.) Amard. et Dusak ■☆
273423 Orchis faberi(Rolfe) Soó = Amitostigma faberi(Rolfe) Schltr. ■
273424 Orchis falcata Thunb. = Neofinetia falcata(Thunb.) Hu ■
273425 Orchis falcata Thunb. ex A. Murray = Neofinetia falcata(Thunb. ex A. Murray) Hu ■
273426 Orchis fastigiata(Thouars) Spreng. = Cynorkis fastigiata Thouars ■☆
273427 Orchis fauriei Finet;福里埃红门兰■☆
273428 Orchis fauriei Finet = Chondradenia fauriei(Finet) Sawada ex F. Maek. ■☆
273429 Orchis fedtschenkoi Czerniak.;范氏红门兰■☆
273430 Orchis filicornis L. f. = Disa filicornis(L. f.) Thunb. ■☆
273431 Orchis flava L. = Platanthera flava(L.) Lindl. ■☆
273432 Orchis flava L. = Tulotis fuscescens Raf. ■
273433 Orchis flavescens K. Koch;浅黄红门兰■☆
273434 Orchis flexuosa L. = Schizodium flexuosum(L.) Lindl. ■☆
273435 Orchis foliosa Sw. = Habenaria epipactidea Rchb. f. ■☆
273436 Orchis formosensis S. S. Ying = Amitostigma gracile (Blume) Schltr. ■
273437 Orchis forrestii(Schltr.) Soó = Amitostigma monanthum(Finet) Schltr. var. forrestii(Schltr.) Ts. Tang et F. T. Wang ■
273438 Orchis fragrans Pollini = Anacamptis coriophora (L.) R. M. Bateman, Pridgeon et Chase subsp. fragrans(Pollini) R. M. Bateman, Pridgeon et Chase ■☆
273439 Orchis fuchsii Druce = Dactylorhiza fuchsii(Druce) Soó ■
273440 Orchis fuscescens L. = Platanthera souliei Kraenzl. ■
273441 Orchis fuscescens L. = Tulotis fuscescens Raf. ■
273442 Orchis galilaea Schltr.;莎草红门兰;Galilean Orchid ■☆
273443 Orchis geniculata Finet = Orchis monophylla(Collett et Hemsl.)

Rolfe ■

273444 Orchis geniculata Finet = Ponerorchis monophylla (Collett et Hemsl.) Soó ■

273445 Orchis gigantea Sm. = Pecteilis gigantea(Sm.) Raf. ■

273446 Orchis giraldiana Kraenzl. = Ponerorchis chusua(D. Don) Soó ■

273447 Orchis giraldiana Kraenzl. ex Diels = Orchis chusua D. Don ■

273448 Orchis gracilis (Blume) Soó = Amitostigma gracile (Blume) Schltr. ■

273449 Orchis gracilis (Blume) Soó var. chinensis (Rolfe) Soó = Amitostigma gracile(Blume) Schltr. ■

273450 Orchis graggeriana Soó = Dactylorhiza hatagirea(D. Don) Soó ■

273451 Orchis graminifolia (Rchb. f.) Ts. Tang et F. T. Wang = Ponerorchis graminifolia Rchb. f. ■☆

273452 Orchis graminifolia (Rchb. f.) Ts. Tang et F. T. Wang var. kurokamiana (Ohwi et Hatus.) Ohwi = Ponerorchis graminifollia Rchb. f. var. kurokamiana(Ohwi et Hatus.) T. Hashim. ■☆

273453 Orchis graminifolia (Rchb. f.) Ts. Tang et F. T. Wang var. suzukiana Ohwi = Ponerorchis graminifolia Rchb. f. var. suzukiana (Ohwi) Soó ■☆

273454 Orchis grandiflora Bigelow = Platanthera grandiflora (Bigelow) Lindl. ■☆

273455 Orchis habenaroides King et Pant. = Gymnadenia orchidis Lindl. ■

273456 Orchis hatagirea D. Don = Dactylorhiza hatagirea(D. Don) Soó ■

273457 Orchis hatagirea D. Don = Orchis latifolia L. ■

273458 Orchis hatagirea D. Don var. afghanica Soó = Dactylorhiza umbrosa(Kar. et Kir.) Nevski ■

273459 Orchis hircina (L.) Crantz = Himantoglossum hircinum (L.) Spreng. ■☆

273460 Orchis hispida Thunb. = Holothrix villosa Lindl. ■☆

273461 Orchis hispidula L. f. = Holothrix cernua(Burm. f.) Schelpe ■☆

273462 Orchis hookeri (Torr. ex A. Gray) A. W. Wood = Platanthera Hookeri(Torr. ex A. Gray) Lindl. ■☆

273463 Orchis hui Ts. Tang et F. T. Wang = Orchis limprichtii Schltr. ■

273464 Orchis hui Ts. Tang et F. T. Wang = Ponerorchis limprichtii (Schltr.) Soó ■

273465 Orchis huronensis Nutt. = Platanthera huronensis(Nutt.) Lindl. ■☆

273466 Orchis hyperborea L. = Platanthera hyperborea(L.) Lindl. ■☆

273467 Orchis iberica M. Bieb. ex Willd.;依城红门兰■☆

273468 Orchis ichneumonea Sw. = Habenaria ichneumonea (Sw.) Lindl. ■☆

273469 Orchis incarnata L.;肉色红门兰(肉红指兰,肉色肿根);Adam-and-eve, Balderry, Brush, Bull Dairy, Cain-and-abel, Cock's Comb, Darmell Goddard, Dead Man's Fingers, Dead Man's Hand, Dodgill-reepan, Early Marsh Orchid, Fleshycolored Orchis, King's Fingers, Lover's Wanton, Man Orchid, Meadow Rocket, Mount Caper, Mount Coper, Pull-dailies, Red Lead, Sweet Willie ■☆

273470 Orchis incarnata L. f. ochroleuca Bornm. = Dactylorhiza umbrosa (Kar. et Kir.) Nevski ■

273471 Orchis incarnata L. var. knorringiana Kraenzl. = Dactylorhiza umbrosa(Kar. et Kir.) Nevski ■

273472 Orchis incarnata L. var. kotschyi Rchb. f. = Dactylorhiza umbrosa(Kar. et Kir.) Nevski ■

273473 Orchis incarnata L. var. xauensis Pau et Font Quer = Dactylorhiza durandii(Boiss. et Reut.) M. Lainz ■☆

273474 Orchis intacta Link = Neotinea maculata(Desf.) Stearn ■☆

273475 Orchis integra Nutt. = Platanthera integra(Nutt.) A. Gray ex L. C. Beck ■☆

273476 Orchis italica Poir.;意大利红门兰;Wavy-leaved Monkey Orchid ■☆

273477 Orchis japonica Thunb. = Platanthera japonica (Thunb. ex A. Murray) Lindl. ■

273478 Orchis japonica Thunb. ex A. Murray = Platanthera japonica (Thunb. ex A. Murray) Lindl. ■

273479 Orchis joo-iokiana Makino = Ponerorchis joo-iokiana (Makino) Nakai ■☆

273480 Orchis kiraishiensis f. leucantha Masam. = Ponerorchis tominagai(Hayata) H. J. Su et J. J. Chen ■

273481 Orchis kiraishiensis Hayata;奇莱红门兰(红小蝶兰,南湖大山兰,南湖红门兰,奇莱红兰);Kirai Orchis, Nanhu Orchis ■

273482 Orchis kiraishiensis Hayata = Ponerorchis kiraishiensis (Hayata) Ohwi ■

273483 Orchis kiraishiensis Hayata f. leucantha Masam. = Orchis kunihikoana Masam. et Fukuy. ■

273484 Orchis kiraishiensis Hayata f. leucantha Masam. = Orchis tomingai(Hayata) H. J. Su ■

273485 Orchis kiraishiensis Hayata f. leucantha Masam. = Ponerorchis tominagai(Hayata) H. J. Su et J. J. Chen ■

273486 Orchis kiraishiensis Hayata var. leucantha(Masam.) Masam. = Ponerorchis tominagai(Hayata) H. J. Su et J. J. Chen ■

273487 Orchis kiraishiensis Hayata var. leucantha Masam. = Orchis kunihikoana Masam. et Fukuy. ■

273488 Orchis kiraishiensis Hayata var. leucantha Masam. = Orchis tomingai(Hayata) H. J. Su ■

273489 Orchis kiraishiensis Hayata var. leucantha Masam. = Ponerorchis tominagai(Hayata) H. J. Su et J. J. Chen ■

273490 Orchis knorringiana (Kraenzl.) Czerniak. = Dactylorhiza umbrosa(Kar. et Kir.) Nevski ■

273491 Orchis kotschyi(Rchb. f.) Schltr. = Dactylorhiza umbrosa(Kar. et Kir.) Nevski ■

273492 Orchis kuanshanensis S. S. Ying;关山红门兰(关山兰);Guanshan Orchis ■

273493 Orchis kuanshanensis S. S. Ying = Orchis tomingai(Hayata) H. J. Su ■

273494 Orchis kuanshanensis S. S. Ying = Ponerorchis tominagai (Hayata) H. J. Su et J. J. Chen ■

273495 Orchis kunihikoana Masam. et Fukuy.;大水窟红门兰■

273496 Orchis kunihikoana Masam. et Fukuy. = Orchis tomingai (Hayata) H. J. Su ■

273497 Orchis kunihikoana Masam. et Fukuy. = Ponerorchis tominagai (Hayata) H. J. Su et J. J. Chen ■

273498 Orchis lacera Michx. = Platanthera lacera(Michx.) G. Don ■☆

273499 Orchis lactea Poir. = Neotinea lactea (Poir.) R. M. Bateman, Pridgeon et Chase ■☆

273500 Orchis laeta Steinh.;愉悦红门兰■☆

273501 Orchis latifolia L.;宽叶红门兰(红门,红门兰,蒙古红门兰);Broadleaf Orchis, Broad-leaved Orchis, March Orchis, Marsh Orchid ■

273502 Orchis latifolia L. subsp. elata (Poir.) Maire = Dactylorhiza munbyana(Boiss. et Reut.) Aver. ■☆

273503 Orchis latifolia L. subsp. maurusia (Emb. et Maire) Maire = Dactylorhiza maurusia(Emb. et Maire) Raynaud ■☆

273504 Orchis latifolia L. var. angustata Maxim.;草甸红门兰■

273505 Orchis latifolia L. var. beeringiana Cham. = Dactylorhiza aristata (Fisch. ex Lindl.) Soó ■

273506 Orchis latifolia L. var. cruenta(O. F. Müll.) Lindl. = Dactylorhiza incarnata(L.) Soó subsp. cruenta(O. F. Müll.) P. D. Sell ■

273507 Orchis latifolia L. var. durandii (Boiss. et Reut.) Ball = Dactylorhiza durandii(Boiss. et Reut.) M. Lainz ■☆

273508 Orchis latifolia L. var. durandii (Boiss. et Reut.) Maire = Dactylorhiza durandii(Boiss. et Reut.) M. Lainz ■☆

273509 Orchis latifolia L. var. elongata Maire = Orchis elata Poir. ■☆

273510 Orchis latifolia L. var. incarnata L.;阔叶红门兰■☆

273511 Orchis latifolia L. var. munbyana(Boiss. et Reut.) Batt. et Trab. = Dactylorhiza munbyana(Boiss. et Reut.) Aver. ■☆

273512 Orchis laxiflora L. palustris?;沼泽红门兰■☆

273513 Orchis laxiflora Lam.;疏花红门兰(疏点红门兰);Jersey Orchid, Lax-flowered Orchid, Looseflower Orchis, Loose-flowered Orchid ■

273514 Orchis laxiflora Lam. = Anacamptis laxiflora(Lam.) R. M. Bateman, Pridgeon et Chase ■

273515 Orchis laxiflora Lam. subsp. robusta(Stephenson) H. Sund.;粗壮疏花红门兰■☆

273516 Orchis lepida(Rchb. f.) Soó = Amitostigma lepidum(Rchb. f.) Schltr. ■☆

273517 Orchis leucophaea Nutt. = Platanthera leucophaea (Nutt.) Lindl. ■☆

273518 Orchis limprichtii Schltr. = Ponerorchis limprichtii(Schltr.) Soó ■

273519 Orchis longibracteata Biv. = Himantoglossum robertianum (Loisel.) P. Delforge ■☆

273520 Orchis longicornu Poir.;长角红门兰;Long-spurred Orchid ■☆

273521 Orchis longicornu Poir. = Anacamptis longicornu(Poir.) R. M. Bateman, Pridgeon et Chase ■☆

273522 Orchis longicornu Poir. var. tlemcenensis Batt. = Anacamptis longicornu(Poir.) R. M. Bateman, Pridgeon et Chase ■☆

273523 Orchis longicruris Link = Orchis italica Poir. ■☆

273524 Orchis maculata L.;斑点红门兰;Crowfoot, Spotleaf Orchis, Spotted Orchis ■☆

273525 Orchis maculata L. subsp. baborica Maire et Weiller = Dactylorhiza battandieri Raynaud ■☆

273526 Orchis maculata L. subsp. maurusia(Emb. et Maire) Maire et Weiller = Dactylorhiza maurusia(Emb. et Maire) Raynaud ■☆

273527 Orchis mairei H. Lév. = Orchis chusua D. Don ■

273528 Orchis mairei H. Lév. = Ponerorchis chusua(D. Don) Soó ■

273529 Orchis majalis Rchb.;华丽指兰;Broad-leaved Marsh Orchid, Broad-leaved Orchid, Dandy Gussets, Dandy-gusset, Irish Marsh Orchid, Western Marsh Orchid ■☆

273530 Orchis markusii Tineo = Dactylorhiza insularis (Sommier) Landwehr ■☆

273531 Orchis mascula(L.) L.;强壮红门兰(斑点肿根,紫色兰花);Aaron's Beard, Adam-and-eve, Adder's Flower, Adder's Grass, Adder's Mouth, Adder's Tongue, Balderry, Ballocks Ballock-grass, Balloxe, Beldairy, Bildairy, Black Mary's Hand, Bloody Bones, Bloody Butcher, Bloody Fingers, Bloody Man's Fingers, Bloody Man's Hand, Blue Butcher, Bluebell, Bog Hyacinth, Bull Dairy, Bull Seg, Bull's Bags, Butcher, Butcher Boy, Butcher Flower, Candlegostes, Candlesticks, Chooky-pigs, Cling Fingers, Cling-fingers, Clothes Pegs, Cock-flower, Cock's Comb, Cowslip, Crakefeet, Crawfoot, Craw-taes, Cross Flower, Crow Flower, Crow Peck, Crow Toe, Crow Toes, Crowfoot, Crow's Flower, Cuckoo, Cuckoo Cock, Cuckoo Orchid, Cuckoo Orchis, Cuckoo Pint, Cuckoo-buds, Cuckoo-cock, Cuckoo-pint, Cuckoo's, Culverkeys, Curldoddy, Curley-doddies, Dandy Goslings, Darmell, Darmell Goddard, Dead Man's Finger, Dead Man's Fingers, Dead Man's Hand, Dead Man's Thumb, Devil's Hand, Dog's Dogger, Dogstones, Drake's Foot, Ducks-and-drakes, Early Purple Orchid, Early-purple Orchid, Female Handed Orchid, Female Satyrion, Finger Orchid, Fool's Stones, Fried Candlesticks, Frog's Mouth, Frogwort, Gander-gauze, Ganderglass, Gander-gosse, Gandigoslings, Gethsemane, Geuky Flower, Giddy Gander, Giddy-gander, Goasey-goosey-gander, Goat Stones, Goose-and-goslings, Goosey Gander, Goosey-gander, Goosey-goosey-gander, Goslings, Gowk Meat, Gowk's Meat, Grandfather Griggle, Granfer Goslings, Granfer Greygle, Granfer Grigg, Granfer Griggle, Granfer Griggle-sticks, Granfer-goslings, Granfer-greygles, Granfer-griddle-goosey-gander, Granfer-griggles, Greygle, Griggle, Gussets, Gussips, Hand Orchid, Hand Orchis, Hand Satyrion, Harestones, Heath Spotted Orchid, Hens, Hen's Comb, Hen's Kames, Jessamine, Jessamy, Johnny Cocks, Jolly Soldiers, Keatlegs, Keek Legs, Keek-legs, Kettle Cap, Kettle Case, Kettle-case, Kettle-pad, King Fingers, King-finger, King's Fingers, Kite's Legs, Kite's Pan, Lady's Fingers, Little Gossips, Locks-and-keys, Long Purples, Lords-and-ladies, Lover's Wanton, Male Orchis, Man Orchid, Meadow Orchid, Moorland Spotted Orchid, Naked Nannies, Nannyberry, Neatlegs, Nightcap, Old Woman's Pincushion, Paddock's Spindle, Palma Christi, Pinch-me-tight, Poor Man's Blood, Priest, Priest's Pintel, Priest's Pintle, Purple Hyacinth, Purples, Queen's Fingers, Ragwort, Ram's Horn, Ram's Horns, Red Butcher, Red Granfer-gregor, Red Lead, Red Robin, Regals, Ring Fingers, Sammy Gussets, Satyrion Royal, Scab Gowks, Scabgowk, Shoes-and-stockings, Single Castle, Single Ghost, Single Gusses, Skeat Legs, Skeat LegsSkeat-legs, Skeat-legs, Snakeflower, Snake's Flower, Soldiers, Soldier's Cap, Soldier's Jacket, Soldiers' Jackets, Spotleaf Orchis, Spotted Dog, Spotted Orchis, Spreesprinkle, Standelwelks, Stander-grass, Standerwort, Standing Gussets, Standle-grass, Standlewort, Stannen-grass, Tom Thumb, Tower, Underground Shepherd, Wake-robin ■☆

273532 Orchis mascula (L.) L. subsp. olbiensis (Reut.) Asch. et Graebn. = Orchis olbiensis Reut. ■☆

273533 Orchis mascula (L.) L. var. speciosa (Host) Koch = Orchis mascula(L.) L. ■☆

273534 Orchis mascula L. = Orchis mascula(L.) L. ■☆

273535 Orchis mauritiana Poir. = Angraecum mauritianum (Poir.) Frapp. ■☆

273536 Orchis maurusia Emb. et Maire = Dactylorhiza markusii(Tineo) H. Baumann et Künkele ■☆

273537 Orchis maxima K. Koch;大红门兰■☆

273538 Orchis membranacea Sw. ex Pers. = Habenaria membranacea (Sw. ex Pers.) Lindl. ■☆

273539 Orchis merle?;鸡臀红门兰;Goose-and-goslings, Parson's Nose ■☆

273540 Orchis merovensis Grossh. = Dactylorhiza umbrosa (Kar. et Kir.) Nevski ■

273541 Orchis militaris L.;四裂红门兰(盔状红门兰);Great Orchid, Military Orchid, Military Orchis, Soldier Orchid, Soldier Orchis, Soldier's Cullions ■

273542 Orchis monophylla (Collett et Hemsl.) Rolfe = Ponerorchis monophylla(Collett et Hemsl.) Soó ■

273543 Orchis monorchis(L.) All. = Herminium monorchis(L.) R. Br. ■

273544 Orchis montana Schmidt = Platanthera bifolia(L.) Rich. ■

273545 Orchis morio L.;绿翅红门兰(催眠红门兰,绿萼红门兰,绿脉红门兰,睡红门兰);Beldairy,Bildairy,Bleeding Willow,Bloody Man's Fingers,Bull Seg,Bull's Bags,Crakefeet,Crowfoot,Cuckoo,Dandy Goshen,Dandy Goslings,Darnell Goddard,Dead Man's Fingers,Fool's Ballocks,Fool's Stones,Frogwort,Gandergoose,Giddy Gander,Giddy-gander,Goose-and-goslings,Goosey Gander,Goosey-gander,Gowk Meat,Gowk's Meat,Green-veined Orchid,Green-winged Meadow Orchid,Green-winged Orchid,Keatlegs,King Fingers,King-finger,Kingfisher,Man Orchid,Meadow Orchid,Neatlegs,Nun,Paddock's Spindle,Parson's Nose,Queen's Fingers,Ram's Horn,Ram's Horns,Red Lead,Single Castle ■☆

273546 Orchis morio L. =Anacamptis morio(L.)R. M. Bateman,Pridgeon et Chase ■☆

273547 Orchis morio L. subsp. champagneuxii(Barnéoud)E. G. Camus = Anacamptis champagneuxii(Barnéoud)R. M. Bateman,Pridgeon et Chase ■☆

273548 Orchis morio L. subsp. picta(Loisel.)K. Richt. =Anacamptis morio(L.)R. M. Bateman,Pridgeon et Chase subsp. picta(Loisel.)Jacquet. et Scappat. ■☆

273549 Orchis morio L. var. champagneuxii(Barnéoud)Huds. =Anacamptis champagneuxii(Barnéoud)R. M. Bateman,Pridgeon et Chase ■☆

273550 Orchis munbyana Boiss. et Reut. =Dactylorhiza munbyana(Boiss. et Reut.)Aver. ■☆

273551 Orchis nana(King et Pantl.)Schltr. =Orchis chusua D. Don ■

273552 Orchis nana(King et Pantl.)Schltr. =Ponerorchis chusua(D. Don)Soó ■

273553 Orchis nanhutashanensis S. S. Ying=Orchis kiraishiensis Hayata ■

273554 Orchis nanhutashanensis S. S. Ying = Ponerorchis kiraishiensis (Hayata)Ohwi ■

273555 Orchis nivalis(Schltr.)Soó = Amitostigma monanthum(Finet) Schltr. ■

273556 Orchis nivea Nutt. =Platanthera nivea(Nutt.)Luer ■☆

273557 Orchis obcordata Willemet=Cynorkis fastigiata Thouars ■☆

273558 Orchis obtusata Banks ex Pursh=Platanthera obtusata(Banks ex Pursh)Lindl. ■☆

273559 Orchis ochroleuca Rchb. = Platanthera chlorantha Custer ex Rchb. ■

273560 Orchis olbiensis Reut.;奥尔比亚红门兰■☆

273561 Orchis omeishanica Ts. Tang,F. T. Wang et K. Y. Lang = Ponerorchis omeishanica(Ts. Tang,F. T. Wang et K. Y. Lang)S. C. Chen,P. J. Cribb et S. W. Gale ■

273562 Orchis orbiculata Pursh=Platanthera orbiculata(Pursh)Lindl. ■☆

273563 Orchis orientalis(Rchb. f.)Klinge subsp. turkestanica Klinge = Dactylorhiza umbrosa(Kar. et Kir.)Nevski ■

273564 Orchis pallens L.;淡色红门兰(苍白红门兰);Pale-flowered Orchid,Pall Orchis ■☆

273565 Orchis palustris Jacq.;沼地红门兰(沼泽红门兰);Jersey Orchis,Marshy Orchis ■☆

273566 Orchis palustris Jacq. = Anacamptis palustris(Jacq.)R. M. Bateman,Pridgeon et Chase ■☆

273567 Orchis palustris Jacq. var. mediterranea(Guss.) = Anacamptis palustris(Jacq.)R. M. Bateman,Pridgeon et Chase ■☆

273568 Orchis palustris Jacq. var. robusta Steph. =Anacamptis palustris(Jacq.)R. M. Bateman,Pridgeon et Chase ■☆

273569 Orchis papilionacea L.;蝶形红门兰;Butterfly-orchid,Pink Butterfly Orchid,Pink Butterfly-orchid ■☆

273570 Orchis papilionacea L. = Anacamptis papilionacea(L.)R. M. Bateman,Pridgeon et Chase ■☆

273571 Orchis papilionacea L. subsp. expansa(Ten.)Raynaud = Anacamptis papilionacea(L.)R. M. Bateman,Pridgeon et Chase subsp. expansa(Ten.)Amard. et Dusak ■☆

273572 Orchis papilionacea L. subsp. grandiflora(Boiss.)E. C. Nelson =Anacamptis papilionacea(L.)R. M. Bateman,Pridgeon et Chase subsp. expansa(Ten.)Amard. et Dusak ■☆

273573 Orchis papilionacea L. var. cyrenaica(Durand et Barratte)P. Delforge=Anacamptis cyrenaica(Durand et Barratte)Dobignard ■☆

273574 Orchis papilionacea L. var. expansa(Ten.)Lindl. =Anacamptis papilionacea(L.)R. M. Bateman,Pridgeon et Chase subsp. expansa (Ten.)Amard. et Dusak ■☆

273575 Orchis papilionacea L. var. grandiflora Boiss. = Anacamptis papilionacea(L.)R. M. Bateman,Pridgeon et Chase subsp. expansa (Ten.)Amard. et Dusak ■☆

273576 Orchis papilionacea L. var. rubra(Jacq.)Lindl. = Anacamptis papilionacea(L.)R. M. Bateman,Pridgeon et Chase ■☆

273577 Orchis parceflora (Finet) Hand. -Mazz. = Amitostigma parceflorum(Finet)Schltr. ■

273578 Orchis parcifloroides Hand. -Mazz. =Orchis chusua D. Don ■

273579 Orchis parcifloroides Hand. -Mazz. = Ponerorchis chusua(D. Don)Soó ■

273580 Orchis patens Desf.;铺展红门兰;Green Spotted Orchid ■☆

273581 Orchis patens Desf. subsp. canariensis(Lindl.)Asch. et Graebn. =Orchis canariensis Lindl. ■☆

273582 Orchis patens Desf. var. fontanesii Rchb. =Orchis patens Desf. ■☆

273583 Orchis pauciflora(Lindl.)Fisch. ex Schltr.;朝鲜红门兰■☆

273584 Orchis pauciflora (Lindl.) Fisch. ex Schltr. = Ponerorchis pauciflora(Lindl.)Ohwi ■

273585 Orchis pauciflora Fisch. ex Lindl. =Orchis chusua D. Don ■

273586 Orchis paxiana Schltr. = Galearis roborowskyi(Maxim.)S. C. Chen,P. J. Cribb et S. W. Gale ■

273587 Orchis paxiana Schltr. =Orchis roborowskii Maxim. ■

273588 Orchis pectinata Sm. =Habenaria pectinata(Sm.)D. Don ■

273589 Orchis pectinata Thunb. = Bartholina burmanniana(L.)Ker Gawl. ■☆

273590 Orchis persica Schltr. = Dactylorhiza umbrosa(Kar. et Kir.) Nevski ■

273591 Orchis physoceras (Schltr.) Soó = Amitostigma physoceras Schltr. ■

273592 Orchis picta Loisel.;色红门兰;Painted Orchis ■☆

273593 Orchis picta Loisel. = Anacamptis morio(L.)R. M. Bateman, Pridgeon et Chase subsp. picta(Loisel.)Jacquet. et Scappat. ■☆

273594 Orchis praetermissa Druce;紫指兰;Purple Marsh Orchid, Southern Marsh Orchid ■☆

273595 Orchis procera Sw. ex Pers. =Habenaria procera(Sw. ex Pers.) Lindl. ■☆

273596 Orchis provincialis Balb.;法红门兰;Provence Orchid, Provincial Orchis ■☆

273597 Orchis provincialis Balb. var. laeta(Steinh.)Maire et Weiller = Orchis laeta Steinh. ■☆

273598 Orchis psycodes L. =Platanthera psycodes(L.)Lindl. ■☆

273599 Orchis pugeensis K. Y. Lang = Ponerorchis pugeensis(K. Y. Lang)S. C. Chen ■

273600 Orchis pulchella Hand. -Mazz. =Orchis chusua D. Don ■

273601 Orchis pulchella Hand. -Mazz. =Ponerorchis chusua(D. Don)Soó ■

273602 Orchis punctulata Steven;点红门兰;Punctate Orchid,Punctate Orchis ■☆

273603 Orchis purpurascens Spreng. = Cynorkis purpurascens Thouars ■☆

273604 Orchis purpurea Huds.;紫花红门兰;Brown-winged Orchid, Lady Orchid, Lady Orchis, Male Orchid, Old Woman's Orchid, Purple Orchis, Winged Orchid ■☆

273605 Orchis purpurella T. Stephenson et T. A. Stephenson;小紫指兰;Dwarf Marsh Orchid, Dwarf Purple Orchid, Northern Marsit Orchid ■☆

273606 Orchis pyramidalis L. = Anacamptis pyramidalis(L.) Rich. ■☆

273607 Orchis quadripunctata Michx.;四斑红门兰;Four-spotted Orchid ■☆

273608 Orchis quinqueseta Michx. = Habenaria quinqueseta(Michx.) Eaton ■☆

273609 Orchis radiata Thunb. = Pecteilis radiata(Thunb.) Raf. ■

273610 Orchis repens(L.) Eyster ex Poir. = Goodyera repens(L.) R. Br. ■

273611 Orchis roborowskii Maxim. = Galearis roborowskyi(Maxim.) S. C. Chen, P. J. Cribb et S. W. Gale ■

273612 Orchis robusta(T. Stephenson) Golz et Reinhard = Anacamptis palustris(Jacq.) R. M. Bateman, Pridgeon et Chase subsp. robusta (T. Stephenson) R. M. Bateman, Pridgeon et Chase ■☆

273613 Orchis romana Sebast.;罗马红门兰■☆

273614 Orchis rotundifolia Banks ex Pursh;圆叶红门兰(北红门兰);One-leaf Orchid, Roundleaf Orchis, Round-leaved Orchis, Small Round-leaved Orchid, Small Round-leaved Orchis ■

273615 Orchis rotundifolia Banks ex Pursh = Amerorchis rotundifolia (Banks ex Pursh) Hultén ■☆

273616 Orchis rotundifolia Banks ex Pursh f. lineata(Mousley) E. G. Voss = Amerorchis rotundifolia(Banks ex Pursh) Hultén ■☆

273617 Orchis rotundifolia Banks ex Pursh var. lineata Mousley = Amerorchis rotundifolia(Banks ex Pursh) Hultén ■☆

273618 Orchis saccata Ten. = Anacamptis collina(Banks et Sol.) R. M. Bateman, Pridgeon et Chase ■☆

273619 Orchis saccata Ten. var. flavescens Soó = Anacamptis collina (Banks et Sol.) R. M. Bateman, Pridgeon et Chase ■☆

273620 Orchis sagittalis L. f. = Disa sagittalis(L. f.) Sw. ■☆

273621 Orchis sagittata Munby = Neotinea maculata(Desf.) Stearn ■☆

273622 Orchis salina Turcz. ex Lindl. = Orchis latifolia L. ■

273623 Orchis sambucina L.;接骨木红门兰;Elder-flower Orchid, Elder-flowered Orchid ■☆

273624 Orchis sanasunitensis H. Fleischm. = Dactylorhiza umbrosa (Kar. et Kir.) Nevski ■

273625 Orchis sancta L.;神圣红门兰;Holy Orchid ■☆

273626 Orchis satyrioides L. = Schizodium satyrioides(L.) Garay ■☆

273627 Orchis schelkovnikovii Woronow;赛氏红门兰■☆

273628 Orchis scopulorum Summerh.;岩栖红门兰■☆

273629 Orchis secunda(Nevski) Vorosch. = Ponerorchis chusua(D. Don) Soó ■

273630 Orchis secunda(Nevski) Vorosch. = Ponerorchis pauciflora (Lindl.) Ohwi ■

273631 Orchis secunda Thunb. = Holothrix secunda(Thunb.) Rchb. f. ■☆

273632 Orchis sichuanica K. Y. Lang = Ponerorchis sichuanica(K. Y. Lang) S. C. Chen ■

273633 Orchis simia Lam.;猴红门兰;Monkey Orchid ■☆

273634 Orchis sooii S. S. Ying = Amitostigma gracile(Blume) Schltr. ■

273635 Orchis spathulata(Lindl.) Rchb. f. ex Benth. = Galearis spathulata(Lindl.) P. F. Hunt ■

273636 Orchis spathulata(Lindl.) Rchb. f. ex Benth. = Orchis diantha Schltr. ■

273637 Orchis spathulata L. f. = Disa spathulata(L. f.) Sw. ■☆

273638 Orchis spathulata L. f. var. foliosa Finet = Galearis spathulata (Lindl.) P. F. Hunt ■

273639 Orchis spathulata L. f. var. wilsonii Schltr. = Galearis spathulata (Lindl.) P. F. Hunt ■

273640 Orchis spathulata L. f. var. wilsonii Schltr. = Orchis diantha Schltr. ■

273641 Orchis speciosa L. f. = Bonatea speciosa(L. f.) Willd. ■☆

273642 Orchis spectabilis L. = Galearis spectabilis(L.) Raf. ■☆

273643 Orchis spitzelii Saut.;施氏红门兰;Spitzel's Orchid ■☆

273644 Orchis stracheyi Hook. f. = Galearis roborowskyi(Maxim.) S. C. Chen, P. J. Cribb et S. W. Gale ■

273645 Orchis stracheyi Hook. f. = Orchis roborowskii Maxim. ■

273646 Orchis strateumatica L. = Zeuxine strateumatica(L.) Schltr. ■

273647 Orchis subrotunda King et Pantl. = Hemipilia calophylla Parl. et Rchb. f. ■

273648 Orchis sulphurea Link var. markusii(Tineo) Maire = Dactylorhiza markusii(Tineo) H. Baumann et Künkele ■☆

273649 Orchis susannae L. = Pecteilis susannae(L.) Raf. ■

273650 Orchis szechenyiana Rchb. f. ex Kanitz. = Galearis roborowskyi (Maxim.) S. C. Chen, P. J. Cribb et S. W. Gale ■

273651 Orchis szechenyiana Rchb. f. ex Kanitz. = Orchis roborowskii Maxim. ■

273652 Orchis taitung S. S. Ying = Orchis kunihikoana Masam. et Fukuy. ■

273653 Orchis taitungensis S. S. Ying;台东红门兰(台东兰);Taidong Orchis ■

273654 Orchis taitungensis S. S. Ying = Platanthera tipuloides(L. f.) Lindl. ■

273655 Orchis taitungensis S. S. Ying = Ponerorchis taiwanensis (Fukuy.) Ohwi ■

273656 Orchis taitungensis S. S. Ying var. alboflorens S. S. Ying;白花台东红门兰(白花台东兰)■

273657 Orchis taitungensis S. S. Ying var. alboflorens S. S. Ying = Platanthera tipuloides(L. f.) Lindl. ■

273658 Orchis taitungensis S. S. Ying var. alboflorens S. S. Ying = Ponerorchis taiwanensis(Fukuy.) Ohwi ■

273659 Orchis taiwanensis Fukuy. = Ponerorchis taiwanensis(Fukuy.) Ohwi ■

273660 Orchis taiwanensis S. S. Ying = Orchis taiwanensis Fukuy. ■

273661 Orchis taiwanensis S. S. Ying var. alboflorens S. S. Ying = Orchis taiwanensis Fukuy. ■

273662 Orchis takasagomontana Masam. = Ponerorchis takasagomontana (Masam.) Ohwi ■

273663 Orchis taoloii(S. S. Ying) T. P. Lin = Orchis kunihikoana Masam. et Fukuy. ■

273664 Orchis taoloii S. S. Ying = Orchis tomingai(Hayata) H. J. Su ■

273665 Orchis taoloii S. S. Ying = Ponerorchis tominagai(Hayata) H. J. Su et J. J. Chen ■

273666 Orchis tenella L. f. = Disa tenella(L. f.) Sw. ■☆

273667 Orchis tenii Schltr. = Orchis chusua D. Don ■

273668 Orchis tenii Schltr. = Ponerorchis chusua(D. Don) Soó ■

273669 Orchis tenuifolia Burm. f. = Disa tenella(L. f.) Sw. ■☆

273670 Orchis tephrosanthos Desf. = Orchis italica Poir. ■☆

273671 Orchis tephrosanthos Vill. = Orchis simia Lam. ■☆

273672 Orchis tetraloba(Finet) Schltr. = Amitostigma tetralobum (Finet) Schltr. ■

273673 Orchis tetraloba (Finet) Schltr. var. yunnanense Soó = Amitostigma tetralobum(Finet)Schltr. ■
273674 Orchis tibetica(Schltr.)Soó = Amitostigma tibeticum Schltr. ■
273675 Orchis tipuloides L. f. = Platanthera tipuloides(L. f.)Lindl. ■
273676 Orchis tominagae (Hayata) S. S. Ying = Ponerorchis tominagai (Hayata)H. J. Su et J. J. Chen ■
273677 Orchis tominagae(Hayata)Soó = Ponerorchis tominagai(Hayata)H. J. Su et J. J. Chen ■
273678 Orchis tomingai(Hayata)H. J. Su = Ponerorchis tominagai(Hayata) H. J. Su et J. J. Chen ■
273679 Orchis tomingai (Hayata) S. S. Ying = Amitostigma tominagai (Hayata)Schltr. ■
273680 Orchis tomingai(Hayata)S. S. Ying = Orchis tomingai(Hayata)H. J. Su ■
273681 Orchis traunsteineri Saut. ex Rchb.;陶恩氏红门兰;Irish Marsh Orchid, Narrow-leaved Marsh Orchid, Pugley's Marsh Orchid, Traunsteiner Orchis, Wlcklow Marsh Orchid ■☆
273682 Orchis tridentata Muhl. ex Willd. = Neotinea tridentata(Scop.)R. M. Bateman, Pridgeon et Chase ■☆
273683 Orchis tridentata Muhl. ex Willd. subsp. lactea (Poir.) Rouy = Neotinea lactea(Poir.)R. M. Bateman, Pridgeon et Chase ■☆
273684 Orchis tridentata Muhl. ex Willd. var. acuminata (Desf.) Maire et Weiller = Neotinea tridentata(Scop.)R. M. Bateman, Pridgeon et Chase ■☆
273685 Orchis tridentata Muhl. ex Willd. var. hanrii(Hénon)Maire et Weiller = Neotinea tridentata(Scop.)R. M. Bateman, Pridgeon et Chase ■☆
273686 Orchis tridentata Scop.;三齿红门兰;Toothed Orchid ■☆
273687 Orchis tripetaloides L. f. = Disa tripetaloides(L. f.)N. E. Br. ■☆
273688 Orchis triphylla K. Koch;三叶红门兰■☆
273689 Orchis triplicata Willemet = Calanthe triplicata(Willemet)Ames ■
273690 Orchis tschiliensis(Schltr.)Soó = Galearis tschiliensis(Schltr.) S. C. Chen, P. J. Cribb et S. W. Gale ■
273691 Orchis turkestanica (Klinge) Klinge ex B. Fedtsch. = Dactylorhiza umbrosa(Kar. et Kir.)Nevski ■
273692 Orchis umbrosa Kar. et Kir. = Dactylorhiza umbrosa (Kar. et Kir.)Nevski ■
273693 Orchis uniflora Roxb. = Diplomeris pulchella D. Don ■
273694 Orchis unifoliata Schltr. = Orchis chusua D. Don ■
273695 Orchis unifoliata Schltr. = Ponerorchis chusua(D. Don)Soó ■
273696 Orchis ustulata L.;焦红门兰;Burnt Orchid, Burnt-stlck Orchid, Burnt-tip Orchid, Dark-winged Orchid, Dark-winged Orchis, Dwarf Orchid ■☆
273697 Orchis vestita Lag. et Rodr. = Orchis elata Poir. ■☆
273698 Orchis virescens Muhl. = Coeloglossum viride(L.)Hartm. var. virescens(Muhl.)Luer ■☆
273699 Orchis viridiflora Rottl. ex Sw. = Habenaria viridiflora(Rottler ex Sw.)R. Br. ■
273700 Orchis viridifusca Albov;褐绿红门兰■☆
273701 Orchis wardii W. W. Sm. = Galearis wardii(W. W. Sm.)P. F. Hunt ■
273702 Orchis yunkiana (Fukuy.) S. S. Ying = Amitostigma gracile (Blume)Schltr. ■
273703 Orchites Schur = Traunsteinera Rchb. ■☆
273704 Orchyllium Barnhart = Utricularia L. ■
273705 Orcuttia Vasey(1886);二列春池草属■☆
273706 Orcuttia mucronata Crampton;钝尖二列春池草■☆
273707 Orcuttia pilosa Hoover;毛二列春池草■☆
273708 Orcuttia tenuis Hitchc.;细二列春池草■☆
273709 Orcya Vell. = Acanthospermum Schrank(保留属名)■
273710 Oreacanthus Benth.(1876);山刺爵床属■☆
273711 Oreacanthus coeruleus(S. Moore)Champl. et Figueiredo;天蓝山刺爵床■☆
273712 Oreacanthus mannii Benth.;曼氏山刺爵床■☆
273713 Oreacanthus schliebenii Mildbr.;施利本山刺爵床■☆
273714 Oreacanthus sudanicus Friis et Vollesen;苏丹山刺爵床■☆
273715 Oreamunoa Oerst. = Oreomunnea Oerst. ●☆
273716 Oreanthes Benth.(1844);山杜莓属●☆
273717 Oreanthes buxifolius Benth.;黄杨叶山杜莓●☆
273718 Oreanthes fragilis(A. C. Sm.)Luteyn;脆山杜莓●☆
273719 Oreanthes rotundifolius Luteyn;圆叶山杜莓●☆
273720 Oreanthus Raf. = Heuchera L. ■☆
273721 Oreanthus Raf. = Oreotrys Raf. ■☆
273722 Oreas Cham. et Schltdl. = Aphragmus Andrz. ex DC. ■
273723 Oreastrum Greene = Aster L. ●■
273724 Oreastrum Greene = Oreostemma Greene ■☆
273725 Oreastrum elatum Greene = Oreostemma elatum(Greene)Greene ■☆
273726 Orectanthe Maguire(1958);高花草属■☆
273727 Orectanthe ptaritepuiana(Steyerm.)Maguire;高花草■☆
273728 Orectospermum Schott(废弃属名) = Peltogyne Vogel(保留属名)●☆
273729 Oregandra Standl.(1929);雄杰茜属☆
273730 Oregandra panamensis Standl.;雄杰茜☆
273731 Oreinotinus Oerst. = Viburnum L. ●
273732 Oreiostachys Gamble = Nastus Juss. ●☆
273733 Oreithales Schltdl.(1856);黄莲花属■☆
273734 Oreithales integrifolia(Humb. ex Spreng.)Schltdl.;黄莲花■☆
273735 Orella Aubl. = Allamanda L. ●
273736 Orellana Kuntze = Bixa L. ●
273737 Oreobambos K. Schum.(1896);山竹属(川方竹属)●☆
273738 Oreobambos buchwaldii K. Schum.;山竹●☆
273739 Oreobatus Rydb. = Rubus L. ●■
273740 Oreobia Phil. = Jaborosa Juss. ●☆
273741 Oreoblastus Suslova = Christolea Cambess. ■
273742 Oreoblastus Suslova = Desideria Pamp. ■
273743 Oreoblastus Suslova(1972);山囊荠属■☆
273744 Oreoblastus flabellatus (Regel) Suslova = Desideria flabellata (Regel)Al-Shehbaz ■
273745 Oreoblastus himalayensis (Cambess.) Suslova = Christolea himalayensis(Cambess.)Jafri ■
273746 Oreoblastus himalayensis (Cambess.) Suslova = Desideria himalayensis(Cambess.)Al-Shehbaz ■
273747 Oreoblastus linearis(N. Busch)Suslova = Desideria linearis(N. Busch)Al-Shehbaz ■
273748 Oreoblastus parkeri(O. E. Schulz)Suslova = Christolea parkeri (O. E. Schulz)Jafri ■
273749 Oreoblastus parkeri(O. E. Schulz)Suslova = Desideria linearis (N. Busch)Al-Shehbaz ■
273750 Oreoblastus proliferus (Maxim.) Suslova = Desideria prolifera (Maxim.)Al-Shehbaz ■
273751 Oreoblastus stewartii(T. Anderson)Suslova = Christolea stewartii (T. Anderson)Jafri ■
273752 Oreoblastus stewartii(T. Anderson)Suslova = Desideria stewartii (T. Anderson)Al-Shehbaz ■
273753 Oreobliton Durieu = Oreobliton Durieu et Moq. ●☆

273754 Oreobliton Durieu et Moq. (1847);多蕊无针苋属●☆
273755 Oreobliton Moq. et Durieu = Oreobliton Durieu et Moq. ●☆
273756 Oreobliton thesioides Durieu et Moq.;多蕊无针苋■☆
273757 Oreobolopsis T. Koyama et Guagl. (1988);拟山莎属■☆
273758 Oreobolopsis tepalifera Koyama et Guagl.;拟山莎■☆
273759 Oreobolus R. Br. (1810);山莎属■☆
273760 Oreobroma Howell = Calandrinia Kunth(保留属名) + Lewisia Pursh + Montia L. ■☆
273761 Oreobroma Howell = Lewisia Pursh ■☆
273762 Oreobroma aridorum(Bartlett) A. Heller = Lewisia pygmaea(A. Gray) B. L. Rob. ■☆
273763 Oreobroma brachycalyx(Engelm. ex A. Gray) Howell = Lewisia brachycalyx Engelm. ex A. Gray ■☆
273764 Oreobroma columbianum(Howell ex A. Gray) Howell;哥伦比亚山莎■☆
273765 Oreobroma congdonii Rydb. = Lewisia congdonii(Rydb.) S. Clay ■☆
273766 Oreobroma cotyledon(S. Watson) Howell = Lewisia cotyledon(S. Watson) B. L. Rob. ■☆
273767 Oreobroma exarticulatum(H. St. John) Rydb. = Lewisia pygmaea (A. Gray) B. L. Rob. ■☆
273768 Oreobroma glandulosum Rydb. = Lewisia pygmaea(A. Gray) B. L. Rob. ■☆
273769 Oreobroma grayi(Britton) Rydb. = Lewisia pygmaea(A. Gray) B. L. Rob. ■☆
273770 Oreobroma heckneri C. V. Morton = Lewisia cotyledon (S. Watson) B. L. Rob. var. heckneri(C. V. Morton) Munz ■☆
273771 Oreobroma howellii(S. Watson) Howell = Lewisia cotyledon(S. Watson) B. L. Rob. var. howellii(S. Watson) Jeps. ■☆
273772 Oreobroma kelloggii(K. Brandegee) Rydb. = Lewisia kelloggii K. Brandegee ■☆
273773 Oreobroma leeanum(Porter) Howell = Lewisia leeana(Porter) B. L. Rob. ■☆
273774 Oreobroma longipetalum Piper = Lewisia longipetala(Piper) S. Clay ■☆
273775 Oreobroma minimum A. Nelson = Lewisia pygmaea(A. Gray) B. L. Rob. ■☆
273776 Oreobroma nevadense (A. Gray) Howell = Lewisia nevadensis (A. Gray) B. L. Rob. ■☆
273777 Oreobroma oppositifolium (S. Watson) Howell = Lewisia oppositifolia(S. Watson) B. L. Rob. ■☆
273778 Oreobroma pygmaeum(A. Gray) Howell = Lewisia pygmaea(A. Gray) B. L. Rob. ■☆
273779 Oreobroma triphyllum(S. Watson) Howell = Lewisia triphylla(S. Watson) B. L. Rob. ■☆
273780 Oreobroma yosemitanum(Jeps.) Rydb. = Lewisia kelloggii K. Brandegee ■☆
273781 Oreobulus Boeck. = Oreobolus R. Br. ■☆
273782 Oreobulus R. Br. ex Boeck. = Oreobolus R. Br. ■☆
273783 Oreocalamus Keng = Chimonobambusa Makino ●
273784 Oreocalamus armata (Gamble) T. H. Wen = Chimonobambusa armata(Gamble) J. R. Xue et T. P. Yi ●
273785 Oreocalamus communis (J. R. Xue et T. P. Yi) P. C. Keng = Chimonobambusa communis (J. R. Xue et T. P. Yi) T. H. Wen et Ohrnb. ●
273786 Oreocalamus communis (J. R. Xue et T. P. Yi) P. C. Keng = Qiongzhuea communis J. R. Xue et T. P. Yi ●
273787 Oreocalamus communis J. R. Xue et T. P. Yi = Chimonobambusa communis(J. R. Xue et T. P. Yi) T. H. Wen et Ohrnb. ex Ohrnb. ●
273788 Oreocalamus luzhiensis(J. R. Xue et T. P. Yi) P. C. Keng = Chimonobambusa luzhiensis (J. R. Xue et T. P. Yi) T. H. Wen et Ohrnb. ●
273789 Oreocalamus luzhiensis(J. R. Xue et T. P. Yi) P. C. Keng = Qiongzhuea luzhiensis J. R. Xue et T. P. Yi ●
273790 Oreocalamus luzhiensis (J. R. Xueet T. P. Yi) P. C. Keng = Chimonobambusa luzhiensis (J. R. Xue et T. P. Yi) T. H. Wen et Ohrnb. ex Ohrnb. ●
273791 Oreocalamus opienensis J. R. Xue et T. P. Yi = Chimonobambusa opienensis(J. R. Xue et T. P. Yi) T. H. Wen et Ohrnb. ex Ohrnb. ●
273792 Oreocalamus puberula (J. R. Xue et T. P. Yi) P. C. Keng = Chimonobambusa puberula (J. R. Xue et T. P. Yi) T. H. Wen et Ohrnb. ●
273793 Oreocalamus puberula (J. R. Xue et T. P. Yi) P. C. Keng = Qiongzhuea puberula J. R. Xue et T. P. Yi ●
273794 Oreocalamus puberulus (J. R. Xue et T. P. Yi) P. C. Keng = Chimonobambusa puberula (J. R. Xue et T. P. Yi) T. H. Wen et Ohrnb. ex Ohrnb. ●
273795 Oreocalamus rigidulus (J. R. Xue et T. P. Yi) P. C. Keng = Chimonobambusa rigidula (J. R. Xue et T. P. Yi) T. H. Wen et Ohrnb. ex Ohrnb. ●
273796 Oreocalamus rigidulus (J. R. Xue et T. P. Yi) P. C. Keng = Qiongzhuea rigidula(J. R. Xue et T. P. Yi) T. H. Wen et Ohrnb. ●
273797 Oreocalamus rigidulus J. R. Xue et T. P. Yi = Chimonobambusa rigidula(J. R. Xue et T. P. Yi) T. H. Wen et Ohrnb. ●
273798 Oreocalamus szechuanensis (Rendle) Keng = Chimonobambusa szechuanensis(Rendle) P. C. Keng ●◇
273799 Oreocalamus utilis Keng = Chimonobambusa utilis(Keng) P. C. Keng ●
273800 Oreocallis R. Br. (1810);美山属(美丽高山属);Pretty Mountain ●☆
273801 Oreocallis Small = Leucothoe D. Don ●
273802 Oreocallis grandiflora(Lam.) R. Br.;大华美山●☆
273803 Oreocallis mucronata(Willd.) Sleumer.;美尖美山●☆
273804 Oreocallis nova?;诺瓦美山;Red Silky-oak,Tree Waratah ●☆
273805 Oreocallis pinnata (Maiden et Betche) Sleumer;羽状美山;Pinnate Pretty Mountain ■☆
273806 Oreocarya Greene = Cryptantha Lehm. ex G. Don ■☆
273807 Oreocaryon Kuntze ex K. Schum. = Cruckshanksia Hook. et Arn. (保留属名)●☆
273808 Oreocaryum Post et Kuntze = Oroocaryon Kunae ex K. Schum. ●☆
273809 Oreocereus(A. Berger) Riccob. (1909);刺翁柱属(刺翁属,白貂属);Oreocereus ●
273810 Oreocereus(A. Berger) Riccob. = Borzicactus Riccob. ■☆
273811 Oreocereus Riccob. = Oreocereus(A. Berger) Riccob. ●
273812 Oreocereus celsianus (Salm-Dyck) A. Berger ex Riccob. var. foveolatus(Labour. ex Lem.) Borg;白恐龙(升恐龙)●☆
273813 Oreocereus celsianus(Salm-Dyck) Riccob.;丽翁锦(赛尔西刺翁柱,狮子锦);Old Man of the Andes,Old-man-of-the-andes ●☆
273814 Oreocereus celsianus Riccob. = Oreocereus celsianus (Salm-Dyck) Riccob. ●☆
273815 Oreocereus celsianus Riccob. var. bruennowii (Haage ex Rümpler) Borg;武烈柱;Bruennow Oreocereus ●
273816 Oreocereus doelzianus(Backeb.) Borg;鹤岑球●☆
273817 Oreocereus fossulatus(Labour. ex Lem.) Backeb. = Oreocereus

celsianus(Salm-Dyck) A. Berger ex Riccob. var. foveolatus(Labour. ex Lem.) Borg ●☆

273818 Oreocereus fossulatus(Labour.) Backeb. = Oreocereus celsianus (Salm-Dyck) A. Berger ex Riccob. var. foveolatus(Labour. ex Lem.) Borg ●☆

273819 Oreocereus hempelianus(Gürke) D. R. Hunt;白梦翁●☆

273820 Oreocereus hendriksenianus Backeb.;圣云锦;Hendriksen Oreocereus ●

273821 Oreocereus maximus Backeb.;巨翁锦●☆

273822 Oreocereus neocelsianus Backeb.;刺翁头仙人柱●

273823 Oreocereus ritteri Cullmann;白绍球(白貂柱,白绍丸)●☆

273824 Oreocereus tacnaensis F. Ritter;苍云龙●☆

273825 Oreocereus troflii (Kupper) Backeb. = Oreocereus trollii (Kupper) Kupper ●

273826 Oreocereus trollii(Kupper) Kupper;白云锦;Old Man of the Mountain, Old-man-of-the-andes, Old-man-of-the-andes Cactus, Troll Oreocereus ●

273827 Oreocereus variicolor Backeb.;彩翁锦●☆

273828 Oreocharis(Decne.) Lindl.(废弃属名) = Oreocharis Benth.(保留属名)■

273829 Oreocharis(Decne.) Lindl.(废弃属名) = Pseudomertensia Riedl ■

273830 Oreocharis Benth.(1876)(保留属名);马铃苣苔属(闻骨草属);Oreocharis ■

273831 Oreocharis Lindl. = Mertensia Roth(保留属名)■

273832 Oreocharis amabilis Dunn;马铃苣苔;Lovable Oreocharis ■

273833 Oreocharis amabilis Dunn = Oreocharis maximowiczii C. B. Clarke ■

273834 Oreocharis argyreia Chun ex K. Y. Pan;紫花马铃苣苔;Purpleflower Oreocharis ■

273835 Oreocharis argyreia Chun ex K. Y. Pan var. angustifolia K. Y. Pan;窄叶马铃苣苔;Narrowleaf Purpleflower Oreocharis ■

273836 Oreocharis aurantiaca Franch.;橙黄马铃苣苔(黄橙马铃苣苔,橘黄马铃苣苔);Orange Oreocharis ■

273837 Oreocharis aurea Dunn;黄马铃苣苔;Yellow Oreocharis ■

273838 Oreocharis aurea Dunn var. cordato-ovata(C. Y. Wu ex H. W. Li) K. Y. Pan = Oreocharis aurea Dunn var. cordato-ovata(C. Y. Wu ex H. W. Li) K. Y. Pan, A. L. Weitzman et L. E. Skog ■

273839 Oreocharis aurea Dunn var. cordato-ovata(C. Y. Wu ex H. W. Li) K. Y. Pan, A. L. Weitzman et L. E. Skog;卵心叶马铃苣苔;Heartovateleaf Oreocharis ■

273840 Oreocharis auricula(S. Moore) C. B. Clarke;长瓣马铃苣苔(岩白菜,皱皮草);Auriculate Oreocharis ■

273841 Oreocharis auricula(S. Moore) C. B. Clarke var. denticulata K. Y. Pan;细齿马铃苣苔;Denticulate Oreocharis ■

273842 Oreocharis benthamii C. B. Clarke;大叶石上莲(马铃苣苔,毛板草,毛耳草,晒不死,石上莲);Bentham Oreocharis ■

273843 Oreocharis benthamii C. B. Clarke var. reticulata Dunn;石上莲(白蚂蝗七,网脉石上莲);Reticulate Oreocharis ■

273844 Oreocharis bodinieri H. Lév.;毛药马铃苣苔;Hairanther Oreocharis ■

273845 Oreocharis cavalieri H. Lév.;贵州马铃苣苔;Guizhou Oreocharis ■

273846 Oreocharis cinnamomea Anthony;肉色马铃苣苔;Yellowishpink Oreocharis ■

273847 Oreocharis cordato-ovata C. Y. Wu ex H. W. Li = Oreocharis aurea Dunn var. cordato-ovata(C. Y. Wu ex H. W. Li) K. Y. Pan, A. L. Weitzman et L. E. Skog ■

273848 Oreocharis cordatula(Craib) Pellegr.;心叶马铃苣苔;Heartleaf Oreocharis ■

273849 Oreocharis dasyantha Chun;毛花马铃苣苔;Hairflower Oreocharis ■

273850 Oreocharis dasyantha Chun var. ferruginosa K. Y. Pan;锈毛马铃苣苔;Rusthair Oreocharis ■

273851 Oreocharis delavayi Franch.;椭圆马铃苣苔(洱源马铃苣苔);Delavay Oreocharis, Elliptic Oreocharis ■

273852 Oreocharis dentata A. L. Weitzman et L. E. Skog;川西马铃苣苔■

273853 Oreocharis elliptica J. Anthony = Oreocharis delavayi Franch. ■

273854 Oreocharis elliptica J. Anthony var. parvifolia W. T. Wang et K. Y. Pan = Oreocharis delavayi Franch. ■

273855 Oreocharis elliptica J. Anthony var. parvifolia W. T. Wang et K. Y. Pan;小叶马铃苣苔;Smallleaf Elliptic Oreocharis ■

273856 Oreocharis esquirolii H. Lév. = Oreocharis auricula(S. Moore) C. B. Clarke ■

273857 Oreocharis esquirolii H. Lév. = Thamnocharis esquirolii (H. Lév.) W. T. Wang ■

273858 Oreocharis filipes Hance = Paraboea filipes(Hance) B. L. Burtt ■

273859 Oreocharis flavida Merr.;黄花马铃苣苔(黄毛岩白菜,小岩白菜);Yellowflower Oreocharis ■

273860 Oreocharis fokienensis Franch. = Oreocharis maximowiczii C. B. Clarke ■

273861 Oreocharis forrestii(Diels) V. Naray.;丽江马铃苣苔(马铃苣苔,石苇);Forrest Oreocharis ■

273862 Oreocharis georgei Anthony;剑川马铃苣苔;Geroge Oreocharis ■

273863 Oreocharis henryana Oliv.;川滇马铃苣苔(黄花岩白菜,黄毛岩白菜,岩白菜);Henry Oreocharis ■

273864 Oreocharis henryana Oliv. = Isometrum farreri Craib ■

273865 Oreocharis heterandra D. Fang et D. H. Qin;异蕊马铃苣苔;Diversestamen Oreocharis ■

273866 Oreocharis leiophylla W. T. Wang = Bournea leiophylla(W. T. Wang) W. T. Wang et K. Y. Pan ex W. T. Wang ■

273867 Oreocharis leveilleana Fedde;绒毛马铃苣苔;Tomentose Oreocharis ■

273868 Oreocharis leveilleana Fedde = Oreocharis auricula(S. Moore) C. B. Clarke ■

273869 Oreocharis magnidens Chun ex K. Y. Pan;大齿马铃苣苔;Bigtooth Oreocharis ■

273870 Oreocharis mairei H. Lév. = Tremacron mairei Craib ■

273871 Oreocharis maximowiczii C. B. Clarke;大花石上莲(福建苦苣苔);Bigflower Oreocharis ■

273872 Oreocharis micrantha H. Lév. = Didymocarpus stenanthos C. B. Clarke ■

273873 Oreocharis minor(Craib) Pellegr.;小马铃苣苔;Mini Oreocharis ■

273874 Oreocharis nemoralis Chun;湖南马铃苣苔;Jugly Oreocharis ■

273875 Oreocharis nemoralis Chun var. lanata Y. L. Zheng et N. H. Xia;绵毛马铃苣苔;Lanate Oreocereus ■

273876 Oreocharis notochlaena (H. Lév. et Vaniot) H. Lév. = Ancylostemon notochlaenus(H. Lév. et Vaniot) Craib ■

273877 Oreocharis obliqua C. Y. Wu ex H. W. Li;斜叶马铃苣苔;Oblique Oreocharis ■

273878 Oreocharis primuloides H. Lév.;岩桐(岩白菜);Primrose-like Oreocereus ■☆

273879 Oreocharis rhytidophylla C. Y. Wu ex H. W. Li;网叶马铃苣苔;Wrinkledleaf Oreocharis ■

273880 Oreocharis rotundifolia K. Y. Pan;圆叶马铃苣苔;Roundleaf Oreocharis ■
273881 Oreocharis sericea(H. Lév.)H. Lév.;绢毛马铃苣苔;Sericeous Oreocharis ■
273882 Oreocharis sericea(H. Lév.)H. Lév. = Oreocharis auricula(S. Moore)C. B. Clarke ■
273883 Oreocharis sericea H. Lév. = Oreocharis auricula(S. Moore)C. B. Clarke ■
273884 Oreocharis squamigera H. Lév. = Oreocharis henryana Oliv. ■
273885 Oreocharis tonkinensis Kraenzl. = Boeica porosa C. B. Clarke ●
273886 Oreocharis tubicella Franch.;管花马铃苣苔;Tubecell Oreocharis ■
273887 Oreocharis tubiflora K. Y. Pan;筒花马铃苣苔;Tubeflower Oreocharis ■
273888 Oreocharis xiangguiensis W. T. Wang et K. Y. Pan;湘桂马铃苣苔;Xianggui Oreocharis ■
273889 Oreochloa Link(1827);山蓝禾属■☆
273890 Oreochloa disticha Link;山蓝禾■☆
273891 Oreochloa elegans Sennen;雅致山蓝禾■☆
273892 Oreochorte Koso-Pol.(1916);岩芹属■☆
273893 Oreochorte Koso-Pol. = Anthriscus Pers.(保留属名)■
273894 Oreochorte yunnanensis Koso-Pol.;岩芹■☆
273895 Oreochrysum Rydb.(1906);山黄花属■☆
273896 Oreochrysum Rydb. = Haplopappus Cass.(保留属名)■●☆
273897 Oreochrysum parryi(A. Gray)Rydb.;山黄花;Parry's Goldenweed ■☆
273898 Oreocnida B. D. Jacks. = Oreocnide Miq. ●
273899 Oreocnide Miq.(1851);紫麻属;Oreocnide, Woodnettle, Wood-nettle ●
273900 Oreocnide Miq. = Villebrunea Gaudich. ●
273901 Oreocnide acuminata(Roxb.)Kurz. = Oreocnide integrifolia (Gaudich.)Miq. ●
273902 Oreocnide boniana(Gagnep.)Hand.-Mazz.;膜叶紫麻;Filmleaf Woodnettle, Membranousleaf Woodnettle ●
273903 Oreocnide frutescens(Thunb.)Miq.;紫麻(白水苎麻,柴苎麻,大麻条,大麻叶,大毛叶,大叶麻,火木麻子,假山麻,山麻,山水柳,山苎麻,水麻叶,水苎麻,天青地白,小叶麻,雪果,野麻,紫苎麻);Shrubby Woodnettle, ShrubbyOreocnide, Woodnettle ●
273904 Oreocnide frutescens(Thunb.)Miq. = Villebrunea frutescens (Thunb.)Blume ●
273905 Oreocnide frutescens(Thunb.)Miq. subsp. insignis C. J. Chen;细梗紫麻;Slenderstalk Woodnettle ●
273906 Oreocnide frutescens(Thunb.)Miq. subsp. occidentalis C. J. Chen;滇藏紫麻;Western Shrubby Woodnettle ●
273907 Oreocnide fruticosa(Gaudich.)Hand.-Mazz. = Oreocnide frutescens(Thunb.)Miq. ●
273908 Oreocnide integrifolia(Gaudich.)Miq.;全缘叶紫麻(白叶子);Entireleaf Woodnettle, Entire-leaved Woodnettle ●
273909 Oreocnide integrifolia(Gaudich.)Miq. subsp. subglabra C. J. Chen;少毛紫麻(红花点草,红紫麻,少毛全缘叶紫麻);Subglabrousentire Woodnettle ●
273910 Oreocnide integrifolia(Gaudich.)Miq. subsp. subglabra C. J. Chen = Oreocnide integrifolia(Gaudich.)Miq. ●
273911 Oreocnide kwangsiensis Hand.-Mazz.;广西紫麻(广西花点草);Guangxi Woodnettle, Kwangsi Woodnettle ●
273912 Oreocnide obovata(C. H. Wright)Merr.;倒卵叶紫麻(道地杜,海南紫麻,癞皮根,懒皮棍);Obovateleaf Woodnettle ●
273913 Oreocnide obovata(C. H. Wright)Merr. var. mucronata C. J. Chen;凸尖紫麻(凸尖倒卵叶紫麻);Mucronate Obovateleaf Woodnettle ●
273914 Oreocnide obovata(C. H. Wright)Merr. var. mucronata C. J. Chen = Oreocnide obovata(C. H. Wright)Merr. ●
273915 Oreocnide obovata(C. H. Wright)Merr. var. paradoxa (Gagnep.)C. J. Chen;凹尖紫麻;Retuse Obovateleaf Woodnettle ●
273916 Oreocnide pedunculata(Shirai)Masam.;长梗紫麻(长梗紫苎麻);Long-pedicel Woodnettle, Longstalk Woodnettle ●
273917 Oreocnide rubescens(Blume)Miq.;红紫麻;Red Woodnettle, Reddish Woodnettle ●
273918 Oreocnide rubescens Blume = Oreocnide integrifolia(Gaudich.) Miq. subsp. subglabra C. J. Chen ●
273919 Oreocnide scabra(Blume)Miq. = Oreocnide rubescens(Blume) Miq. ●
273920 Oreocnide serulata C. J. Chen;细齿紫麻;Serrulate Woodnettle, Thintooth Woodnettle ●
273921 Oreocnide sylvatica(Blume)Miq. = Oreocnide rubescens (Blume)Miq. ●
273922 Oreocnide sylvatica Miq. = Oreocnide integrifolia(Gaudich.) Miq. subsp. subglabra C. J. Chen ●
273923 Oreocnide tonkinensis(Gagnep.)Merr. et Chun;宽叶紫麻;Broadleaf Woodnettle ●
273924 Oreocnide tonkinensis(Gagnep.)Merr. et Chun var. discolor Gagnep.;灰背叶紫麻;Dicolor Broadleaf Woodnettle ●
273925 Oreocnide tonkinensis(Gagnep.)Merr. et Chun var. discolor Gagnep. = Oreocnide obovata(C. H. Wright)Merr. ●
273926 Oreocnide tremula Hand.-Mazz. = Archiboehmeria atrata (Gagnep.)C. J. Chen ●◇
273927 Oreocnide trinervis(Wedd.)Miq.;三脉紫麻●
273928 Oreocnide villosa F. P. Metcalf;海南紫麻(越南紫麻);Hainan Woodnettle, Villose Woodnettle ●
273929 Oreocnide villosa F. P. Metcalf = Oreocnide tonkinensis (Gagnep.)Merr. et Chun ●
273930 Oreocome Edgew.(1845);山毛草属■☆
273931 Oreocome Edgew. = Selinum L.(保留属名)■
273932 Oreocome elata Edgew.;山毛草■☆
273933 Oreocome filicifolia Edgew. = Selinum filicifolium(Edgew.) Nasir ■☆
273934 Oreocome filicifolia Edgew. = Selinum tenuifolium Wall. ex C. B. Clarke ■
273935 Oreocome striata(DC.)Pimenov et Kljuykov = Ligusticum striatum Wall. ex DC. ■
273936 Oreocomopsis Pimenov et Kljuykov(1996);羽苞芹属■
273937 Oreocomopsis aromatica(W. W. Sm.)Pimenov et Kljuykov;西藏羽苞芹(芳香棱子芹,香棱子芹);Aromatic Pleurospermum, Aromatic Ribseedcelery ■
273938 Oreocomopsis aromatica(W. W. Sm.)Pimenov et Kljuykov = Pleurospermum aromaticum W. W. Sm. ■☆
273939 Oreocomopsis xizangensis Pimenov et Kljuykov = Oreocomopsis aromatica(W. W. Sm.)Pimenov et Kljuykov ■
273940 Oreocosmus Naudin = Tibouchina Aubl. ●■☆
273941 Oreodaphne Nees et Mart. = Ocotea Aubl. ●☆
273942 Oreodaphne Nees et Mart. ex Nees = Ocotea Aubl. ●☆
273943 Oreodaphne gaboonensis Meisn. = Beilschmiedia gaboonensis (Meisn.)Benth. et Hook. f. ●☆
273944 Oreodaphne mannii Meisn. = Beilschmiedia mannii(Meisn.)

Benth. et Hook. f. ●☆
273945 Oreodaphne minutiflora Meisn. = Beilschmiedia minutiflora (Meisn.) Benth. et Hook. f. ●☆
273946 Oreodendron C. T. White = Phaleria Jack ●☆
273947 Oreodendron C. T. White(1933);山瑞香属●☆
273948 Oreodendron biflorum C. T. White;山瑞香●☆
273949 Oreodoxa Kunth = Roystonea O. F. Cook ●
273950 Oreodoxa Willd.(废弃属名) = Euterpe Mart.(保留属名)●☆
273951 Oreodoxa Willd.(废弃属名) = Prestoea Hook. f.(保留属名)●☆
273952 Oreodoxa caribaea (Spreng.) Dammer et Urb. = Roystonea oleracea(Jacq.) O. F. Cook ●
273953 Oreodoxa oleracea(Jacq.) Mart. = Roystonea oleracea(Jacq.) O. F. Cook ●
273954 Oreodoxa regia Kunth = Roystonea floridana O. F. Cook ●☆
273955 Oreodoxa regia Kunth = Roystonea regia(Kunth) O. F. Cook ●
273956 Oreogenia I. M. Johnst. = Lasiocaryum I. M. Johnst. ●
273957 Oreogenia munroi (C. B. Clarke) I. M. Johnst. = Lasiocaryum munroi(C. B. Clarke) Johnst. ■
273958 Oreogenia trichocarpum (Hand. -Mazz.) Brand = Lasiocaryum trichocarpum(Hand. -Mazz.) I. M. Johnst. ■
273959 Oreogenia trichocarpum (Hand. -Mazz.) Brand. = Lasiocaryum trichocarpum(Hand. -Mazz.) I. M. Johnst. ■
273960 Oreogeum(Ser.) Golubk. = Geum L. ■
273961 Oreograstis K. Schum. = Carpha Banks et Sol. ex R. Br. ■☆
273962 Oreograstis emini K. Schum. = Carpha eminii (K. Schum.) C. B. Clarke ■☆
273963 Oreoherzogia W. Vent = Rhamnus L. ●
273964 Oreoleysera K. Bremer(1978);紫斑金绒草属●☆
273965 Oreoleysera montana(Bolus) K. Bremer;紫斑金绒草●☆
273966 Oreolirion E. P. Bicknell = Sisyrinchium L. ●
273967 Oreoloma Botsch. (1980);爪花芥属(山棒芥属)■
273968 Oreoloma eglandulosum Botsch.;少腺爪花芥(无腺棒果芥);Glanduleless Sterigmostemum ■
273969 Oreoloma matthioloides(Franch.) Botsch.;紫爪花芥(紫花棒果芥);Purpleflower Clubfruitcress, Purpleflower Sterigmostemum ■
273970 Oreoloma sulfureum Botsch. = Oreoloma violaceum Botsch. ■
273971 Oreoloma violaceum Botsch.;爪花芥(棒果芥,青新棒果芥,绒毛小梗棒果芥);Common Clubfruitcress, Common Sterigmostemum ■
273972 Oreomitra Diels(1912);山帽花属●☆
273973 Oreomitra bullata Diels;山帽花●☆
273974 Oreomunnea Oerst. (1856);枫桃属●☆
273975 Oreomunnea pterocarpa Oerst.;枫桃●☆
273976 Oreomyrrhis Endl. (1839);山茉莉芹属(山没药属,山薰香属);Oreomyrrhis ■
273977 Oreomyrrhis andicola(Kunth) Hook. f.;安第斯山茉莉芹■☆
273978 Oreomyrrhis gracilis Masam. = Oreomyrrhis involucrata Hayata ■
273979 Oreomyrrhis involucrata Hayata;山茉莉芹(山薰香,台湾山茉莉芹,台湾山薰香);Involucrate Oreomyrrhis, Taiwan Oreomyrrhis ■
273980 Oreomyrrhis involucrata Hayata var. gracilis Masam. = Oreomyrrhis involucrata Hayata ■
273981 Oreomyrrhis involucrata Hayata var. pubescens Masam. = Oreomyrrhis involucrata Hayata ■
273982 Oreomyrrhis nanhuensis C. H. Chen et J. C. Wang;南湖山熏香■
273983 Oreomyrrhis taiwaniana Masam. = Oreomyrrhis involucrata Hayata ■
273984 Oreonana Jeps. (1923);矮山芹属■☆
273985 Oreonana californica Jeps.;加州矮山芹■☆
273986 Oreonana clementis Jeps.;矮山芹■☆
273987 Oreonana purpurascens Shevock et Constance;紫矮山芹■☆
273988 Oreonesion A. Raynal(1965);岛山龙胆属■☆
273989 Oreonesion testui A. Raynal;岛山龙胆■☆
273990 Oreopanax Decne. et Planch. (1854);高山参属(山参属,山人参属)●☆
273991 Oreopanax andreanus Marchal;安氏高山参●☆
273992 Oreopanax argentatus Decne. et Planch.;银山参●☆
273993 Oreopanax capitatus (Jacq.) Decne. et Planch.;头状高山参(头状山人参);Caballera Palo ●☆
273994 Oreopanax capitatus Decne. et Planch. = Oreopanax capitatus (Jacq.) Decne. et Planch. ●☆
273995 Oreopanax chinensis Dunn = Schefflera chinensis(Dunn) H. L. Li ●
273996 Oreopanax eriocephalus Harms;毛头高山参●☆
273997 Oreopanax floribundus(Kunth) Decne. et Planch.;繁花高山参●☆
273998 Oreopanax formosanus Hayata = Sinopanax formosanus(Hayata) H. L. Li ●
273999 Oreopanax jelskii Szyszyl.;耶尔高山参●☆
274000 Oreopanax lehmannii Harms;莱氏高山参●☆
274001 Oreopanax nitidus Cuatrec.;光亮高山参●☆
274002 Oreopanax pavonii Seem.;帕冯高山参●☆
274003 Oreopanax rosei Harms;罗斯高山参●☆
274004 Oreopanax schimpfii Harms;欣普夫高山参●☆
274005 Oreopanax seemannianus Marchal;西门高山参●☆
274006 Oreopanax sessiliflorus Decne. et Planch.;无梗高山参●☆
274007 Oreopanax sodiroi Harms;索迪罗高山参●☆
274008 Oreopanax sprucei Seem.;斯普罗高山参●☆
274009 Oreopanax xalapensis Decne. et Planch.;巴西高山参●☆
274010 Oreophila D. Don = Hypochaeris L. ■
274011 Oreophila Nutt. = Pachystigma Raf. ●☆
274012 Oreophila Nutt. ex Torr. et A. Gray = Pachystigma Raf. ●☆
274013 Oreophilus W. E. Higgins et Archila = Lepanthes Sw. ■☆
274014 Oreophilus W. E. Higgins et Archila(2009);高山鳞花兰属■☆
274015 Oreophylax(Endl.) Kusn. = Gentiana L. ■
274016 Oreophylax Endl. = Gentianella Moench(保留属名)■
274017 Oreophylax Kusn. ex Connor et Edgar = Gentiana L. ■
274018 Oreophylax Willis = Gentiana L. ■
274019 Oreophysa(Bunge ex Boiss.) Bornm. (1905);小叶山豆属■☆
274020 Oreophysa microphylla(Jaub. et Spach) Browicz;小叶山豆■☆
274021 Oreophysa triphylla (Bunge ex Boiss.) Bornm. = Oreophysa microphylla(Jaub. et Spach) Browicz ■☆
274022 Oreophyton O. E. Schulz(1924);阿拉伯山芥属■☆
274023 Oreophyton falcatum(Hochst. ex A. Rich.) O. E. Schulz;阿拉伯山芥■☆
274024 Oreophyton falcatum (Hochst. ex A. Rich.) O. E. Schulz f. depauperatum O. E. Schulz = Oreophyton falcatum (Hochst. ex A. Rich.) O. E. Schulz ■☆
274025 Oreopoa Gand. = Poa L. ■
274026 Oreopoa H. Scholz et Parolly(2004);土耳其禾属■☆
274027 Oreopogon Post et Kuntze = Andropogon L.(保留属名)■
274028 Oreopogon Post et Kuntze = Oropogon Neck. ■
274029 Oreopolus Schltdl. = Cruckshanksia Hook. et Arn.(保留属名)●☆
274030 Oreoporanthera(Grüning) Hutch. = Oreoporanthera Hutch. ■☆
274031 Oreoporanthera Hutch. (1969);山地孔药大戟属■☆
274032 Oreoporanthera alpina(Cheeseman ex Hook. f.) Hutch.;山地孔药大戟■☆

274033 Oreorchis Lindl. (1858);山兰属;Oreorchis,Wildorchis ■
274034 Oreorchis angustata L. O. Williams ex N. Pearce et P. J. Cribb;西南山兰;SW. China Oreorchis,SW. China Wildorchis ■
274035 Oreorchis bilamellata Fukuy.;大霸山兰(双板山兰);Twolayer Oreorchis,Twolayer Wildorchis ■
274036 Oreorchis erythrochrysea Hand. -Mazz.;短梗山兰(独叶山兰,兰草,连珠白芨,山慈姑,小白芨,小山兰);Shortstalk Oreorchis,Shortstalk Wildorchis ■
274037 Oreorchis fargesii Finet;长叶山兰(密花山兰,山慈姑,头花山兰);Farges Oreorchis,Longleaf Wildorchis ■
274038 Oreorchis fargesii Finet var. subcapitata (Hayata) Schltr. = Oreorchis fargesii Finet ■
274039 Oreorchis fargesii Finet var. subcapitata Hayata = Oreorchis fargesii Finet ■
274040 Oreorchis foliosa (Lindl.) Lindl.;小山兰(独叶山兰);Little Oreorchis,Little Wildorchis ■☆
274041 Oreorchis foliosa (Lindl.) Lindl. = Oreorchis erythrochrysea Hand. -Mazz. ■
274042 Oreorchis foliosa(Lindl.) Lindl. var. indica(Lindl.) N. Pearce et P. J. Cribb = Oreorchis indica(Lindl.) Hook. f. ■
274043 Oreorchis gracilis Franch. et Sav. = Oreorchis patens(Lindl.) Lindl. ■
274044 Oreorchis gracilis Franch. et Sav. var. gracillima Hayata = Oreorchis patens(Lindl.) Lindl. ■
274045 Oreorchis gracillima(Hayata) Schltr.;细花山兰■
274046 Oreorchis gracillima (Hayata) Schltr. = Oreorchis patens (Lindl.) Lindl. ■
274047 Oreorchis indica(Lindl.) Hook. f.;囊唇山兰(印度山兰);India Oreorchis,India Wildorchis ■
274048 Oreorchis intermedia S. S. Chien = Oreorchis fargesii Finet ■
274049 Oreorchis lancifolia A. Gray = Oreorchis patens(Lindl.) Lindl. ■
274050 Oreorchis micrantha Lindl.;狭叶山兰(四裂山兰,南湖山兰);Narrowleaf Oreorchis,Narrowleaf Wildorchis ■
274051 Oreorchis nana Schltr.;硬叶山兰;Hardleaf Oreorchis,Hardleaf Wildorchis ■
274052 Oreorchis nepalensis N. Pearce et P. J. Cribb;大花山兰;Bigflower Oreorchis,Bigflower Wildorchis ■
274053 Oreorchis ohwii Fukuy. = Oreorchis fargesii Finet ■
274054 Oreorchis ohwii Fukuy. = Oreorchis micrantha Lindl. ■
274055 Oreorchis oligantha Schltr.;少花山兰■
274056 Oreorchis oligantha Schltr. = Oreorchis nana Schltr. ■
274057 Oreorchis parvula Schltr.;矮山兰;Dwarf Oreorchis,Dwarf Wildorchis ■
274058 Oreorchis patens(Lindl.) Lindl.;山兰(冰球子,兰草,山慈姑,双板山兰,细花山兰);Common Oreorchis,Common Wildorchis ■
274059 Oreorchis patens (Lindl.) Lindl. f. gracilis Makino = Oreorchis patens(Lindl.) Lindl. ■
274060 Oreorchis patens(Lindl.) Lindl. var. confluens Hand. -Mazz. = Oreorchis patens(Lindl.) Lindl. ■
274061 Oreorchis patens(Lindl.) Lindl. var. gracilis(Franch. et Sav.) Makino ex Schltr. = Oreorchis patens(Lindl.) Lindl. ■
274062 Oreorchis patens (Lindl.) Lindl. var. gracillima (Hayata) S. S. Ying = Oreorchis patens(Lindl.) Lindl. ■
274063 Oreorchis patens Lindl. var. gracillima (Hayata) S. S. Ying = Oreorchis patens(Lindl.) Lindl. ■
274064 Oreorchis rockii Schweinf. = Oreorchis nana Schltr. ■
274065 Oreorchis rockii Schweinf. = Oreorchis oligantha Schltr. ■
274066 Oreorchis rolfei Duthie = Oreorchis micrantha Lindl. ■
274067 Oreorchis setchuanica Ames et Schltr. = Oreorchis patens (Lindl.) Lindl. ■
274068 Oreorchis subcapitata(Hayata) Schltr. = Oreorchis fargesii Finet ■
274069 Oreorchis subcapitata Hayata;头花山兰■
274070 Oreorchis subcapitata Hayata = Oreorchis fargesii Finet ■
274071 Oreorchis unguiculata Finet = Cremastra unguiculata (Finet) Finet ■
274072 Oreorchis wilsonii Rolfe ex Adamson = Oreorchis patens (Lindl.) Lindl. ■
274073 Oreorchis yunnanensis Schltr. = Oreorchis patens (Lindl.) Lindl. ■
274074 Oreorhamnus Ridl. = Rhamnus L. ●
274075 Oreoschimperella Rauschert = Schimperella H. Wolff ■☆
274076 Oreoschimperella Rauschert(1982);山厚喙荠属■☆
274077 Oreoschimperella aberdarensis (C. Norman) Rauschert;阿伯德尔山厚喙荠■☆
274078 Oreoschimperella verrucosa(J. Gay ex A. Rich.) Rauschert;多疣山厚喙荠■☆
274079 Oreosciadium(DC.) Wedd. = Niphogeton Schltdl. ■☆
274080 Oreosciadium Wedd. = Niphogeton Schltdl. ■☆
274081 Oreosciadtum(DC.) Wedd. = Apium L. ■
274082 Oreosciadtum Wedd. = Apium L. ■
274083 Oreosedum Grulich = Sedum L. ●■
274084 Oreosedum album(L.) Grulich = Sedum album L. ■☆
274085 Oreosedum album (L.) Grulich subsp. micranthum (DC.) Velayos = Sedum album L. subsp. micranthum(DC.) Syme ■☆
274086 Oreosedum brevifolium(DC.) Grulich = Sedum brevifolium DC. ■☆
274087 Oreosedum caeruleum(L.) Grulich = Sedum caeruleum L. ■☆
274088 Oreosedum gattefossei (Batt. et Jahand.) Grulich = Sedum gattefossei Batt. et Jahand. ■☆
274089 Oreosedum gypsicola (Boiss. et Reut.) Grulich = Sedum gypsicola Boiss. et Reut. ■☆
274090 Oreosedum hirsutum(All.) Grulich = Sedum hirsutum All. ■☆
274091 Oreosedum hirsutum (All.) Grulich subsp. baeticum (Rouy) Velayos = Sedum hirsutum All. subsp. baeticum Rouy ■☆
274092 Oreosedum hispidum(Desf.) Grulich = Sedum pubescens Vahl ■☆
274093 Oreosedum magellense(Ten.) Grulich = Sedum magellense Ten. ■☆
274094 Oreosedum modestum(Ball) Grulich = Sedum modestum Ball ■☆
274095 Oreosedum nevadense (Coss.) Grulich = Sedum nevadense Coss. ■☆
274096 Oreosedum versicolor (Raym. -Hamet) Grulich = Sedum versicolor(Raym. -Hamet) Maire ■☆
274097 Oreosedum villosum (L.) Grulich subsp. aristatum (Emb. et Maire) Velayos = Sedum maireanum Sennen ■☆
274098 Oreosedum villosum (L.) Grulich subsp. nevadense (Coss.) Velayos = Sedum nevadense Coss. ■☆
274099 Oreoselinon Raf. = Oreoselinum Mill. ■☆
274100 Oreoselinum Adans. = Peucedanum L. ■
274101 Oreoselinum Mill. (1754);山蛇床属■☆
274102 Oreoselinum Mill. = Peucedanum L. ■
274103 Oreoselinum capense Eckl. et Zeyh. = Peucedanum polyactinum B. L. Burtt ■☆
274104 Oreoselinum nigrum Delarbre;山蛇床■☆
274105 Oreoselinum uliginosum Eckl. et Zeyh. = Peucedanum tenuifolium Thunb. ■☆
274106 Oreoselis Raf. = Oreoselinum Mill. ■☆

274107 Oreoseris DC. = Gerbera L. (保留属名) ■
274108 Oreoseris lanuginosa var. pusilla Wall. ex DC. = Leibnitzia pusilla (Wall. ex DC.) S. Gould ex Kitam. et S. Gould ■
274109 Oreoseris nivea DC. = Gerbera nivea (DC.) Sch. Bip. ■
274110 Oreosolen Hook. f. (1884);藏玄参属;Oreosolen ■
274111 Oreosolen alaicus (B. Fedtsch.) Pavlov = Nathaliella alaica B. Fedtsch. ■
274112 Oreosolen unguiculatus Hemsl. = Oreosolen wattii Hook. f. ■
274113 Oreosolen wattii Hook. f.;藏玄参;Watt Oreosolen ■
274114 Oreosparte Schltr. (1916);苏拉威西萝藦属■☆
274115 Oreosparte celebica Schltr.;苏拉威西萝藦■☆
274116 Oreosphacus Leyb. = Satureja L. ●■
274117 Oreosphacus Phil. = Satureja L. ●■
274118 Oreosplenium Zahlbr. ex Endl. = Ebermaiera Nees ■
274119 Oreosplenium Zahlbr. ex Endl. = Hygrophila R. Br. ●■
274120 Oreosplenium Zahlbr. ex Endl. = Zahlbrucknera Pohl ex Nees ■
274121 Oreostemma Greene = Aster L. ●■
274122 Oreostemma Greene (1900);山冠菊属;Mountaincrown ■☆
274123 Oreostemma alpigenum (Torr. et A. Gray) Greene;苔原山冠菊;Tundra Mountaincrown ■☆
274124 Oreostemma alpigenum (Torr. et A. Gray) Greene subsp. haydenii (Porter) Semple = Oreostemma alpigenum (Torr. et A. Gray) Greene var. haydenii (Porter) G. L. Nesom ■☆
274125 Oreostemma alpigenum (Torr. et A. Gray) Greene var. andersonii (A. Gray) G. L. Nesom;安氏山冠菊;Anderson's Mountaincrown ■☆
274126 Oreostemma alpigenum (Torr. et A. Gray) Greene var. haydenii (Porter) G. L. Nesom;海登山冠菊;Hayden's Mountaincrown ■☆
274127 Oreostemma elatum (Greene) Greene;山冠菊;Plumas Mountaincrown ■☆
274128 Oreostemma haydenii (Porter) Greene = Oreostemma alpigenum (Torr. et A. Gray) Greene var. haydenii (Porter) G. L. Nesom ■☆
274129 Oreostemma peirsonii (Sharsm.) G. L. Nesom;皮尔逊山冠菊;Peirson's Mountaincrown ■☆
274130 Oreostylidium Berggr. (1878);山地花柱草属(腺毛萼花柱草属)■☆
274131 Oreostylidium subulatum Berggr.;山地花柱草■☆
274132 Oreosyce Hook. f. (1871);山葫芦属■☆
274133 Oreosyce africana Hook. f.;山葫芦■☆
274134 Oreosyce africana Hook. f. = Cucumis oreosyce H. Schaef. ■☆
274135 Oreosyce aspera Cogn. = Cucumis sacleuxii Pailleux et Bois ■☆
274136 Oreosyce bequaertii De Wild. = Cucumis oreosyce H. Schaef. ■☆
274137 Oreosyce kelleri Cogn. = Cucumis kelleri (Cogn.) Ghebret. et Thulin ■☆
274138 Oreosyce parvifolia Cogn. = Cucumis oreosyce H. Schaef. ■☆
274139 Oreosyce subsericea (Hook. f.) A. Meeuse = Cucumis oreosyce H. Schaef. ■☆
274140 Oreosyce triangularis Cogn. = Cucumis oreosyce H. Schaef. ■☆
274141 Oreosyce villosa Cogn. = Cucumis oreosyce H. Schaef. ■☆
274142 Oreotelia Raf. = Seseli L. ■
274143 Oreothamnus Baum.-Bod. = Dracophyllum Labill. ●☆
274144 Oreothamnus Post et Kuntze = Orothamnus Pappe ex Hook. ●☆
274145 Oreothyrsus Lindau = Ptyssiglottis T. Anderson ■☆
274146 Oreotrys Raf. = Heuchera L. ■☆
274147 Oreoxis Raf. (1830);山尖草属■☆
274148 Oreoxis alpina (A. Gray) J. M. Coult. et Rose;山尖草■☆
274149 Oreoxylum Post et Kuntze = Oroxylum Vent. ●
274150 Oresbia Cron et B. Nord. (2006);蛛毛千里光属■☆
274151 Oresbia heterocarpa Cron et B. Nord.;蛛毛千里光■☆
274152 Orescia Reinw. = Lysimachia L. ●■
274153 Oresigonia Schltdl. ex Less. = Culcitium Bonpl. ■☆
274154 Oresigonia Willd. ex Less. = Werneria Kunth ■☆
274155 Oresitrophe Bunge (1835);独根草属;Oresitrophe ■★
274156 Oresitrophe rupifraga Bunge;独根草;Cliff Oresitrophe ■
274157 Oresitrophe rupifraga Bunge var. glabrescens W. T. Wang;无毛独根草;Glabrescent Oresitrophe ■
274158 Oresitrophe rupifraga Bunge var. glabrescens W. T. Wang = Oresitrophe rupifraga Bunge ■
274159 Orestia Ridl. = Orestias Ridl. ■☆
274160 Orestias Ridl. (1887);奥列兰属■☆
274161 Orestias elegans Ridl. = Orestias stelidostachya (Rchb. f.) Summerh. ■☆
274162 Orestias foliosa Summerh.;多叶奥列兰■☆
274163 Orestias micrantha Summerh.;小花奥列兰■☆
274164 Orestias stelidostachya (Rchb. f.) Summerh.;柱穗奥列兰■☆
274165 Orestion Kuntze ex Berg = Myrtus L. ●
274166 Orestion Raf. = Olearia Moench (保留属名) ●☆
274167 Orexis Salisb. = Lycoris Herb. ■
274168 Orfilea Baill. = Alchornea Sw. ●
274169 Orfilea Baill. = Lautembergia Baill. ●☆
274170 Orias Dode = Lagerstroemia L. ●
274171 Orias Dode (1909);川紫薇属(阿丽花属)●
274172 Orias excelsa Dode = Lagerstroemia excelsa (Dode) Chun ex S. K. Lee et L. F. Lau ●◇
274173 Oriastrum Poepp. = Chaetanthera Ruiz et Pav. ■☆
274174 Oriastrum Poepp. et Endl. = Chaetanthera Ruiz et Pav. ■☆
274175 Oriastrum Poepp. et Endl. = Oriastrum Poepp. ■☆
274176 Oriba Adans. = Anemone L. (保留属名) ■
274177 Oriba Adans. = Schefflera J. R. Forst. et G. Forst. (保留属名) ●
274178 Oribasia Moc. et Sessé ex DC. = Werneria Kunth ■☆
274179 Oribasia Schreb. = Nonatelia Aubl. ●☆
274180 Oribasia Schreb. = Palicourea Aubl. ●☆
274181 Oricia Pierre (1897);奥里克芸香属●☆
274182 Oricia bachmannii (Engl.) I. Verd.;巴氏奥里克芸香●☆
274183 Oricia gabonensis Pierre = Vepris gabonensis (Pierre) Mziray ●☆
274184 Oricia klaineana Pierre = Vepris gabonensis (Pierre) Mziray ●☆
274185 Oricia lecomteana Pierre;勒孔特奥里克芸香●☆
274186 Oricia leonensis Engl. = Vepris suaveolens (Engl.) Mziray ●☆
274187 Oricia renieri G. C. C. Gilbert = Vepris renieri (G. C. C. Gilbert) Mziray ●☆
274188 Oricia suaveolens (Engl.) I. Verd.;芳香奥里克芸香●☆
274189 Oricia suaveolens (Engl.) I. Verd. var. letesrantii Letouzey = Vepris suaveolens (Engl.) Mziray ●☆
274190 Oricia swynnertonii (Baker f.) I. Verd. = Oricia bachmannii (Engl.) I. Verd. ●☆
274191 Oricia transvaalensis I. Verd. = Oricia bachmannii (Engl.) I. Verd. ●☆
274192 Oricia trifoliolata (Engl.) I. Verd. = Vepris trifoliolata (Engl.) Mziray ●☆
274193 Oriciopsis Engl. (1931);拟奥里克芸香属●☆
274194 Oriciopsis Engl. = Vepris Comm. ex A. Juss. ●☆
274195 Oriciopsis glaberrima Engl. = Vepris glaberrima (Engl.) J. B. Hall ex D. J. Harris ●☆
274196 Origanon St.-Lag. = Origanum L. ●■
274197 Origanum L. (1753);牛至属(野薄荷属);Dittany, Marjorana,

Oregano, Origanum, Wild Marjorana ●■
274198 Origanum Tourn. ex L. = Origanum L. ●■
274199 Origanum × applii Boros;阿普牛至●☆
274200 Origanum albiflorum K. Koch;白花牛至●☆
274201 Origanum amanum Post;心叶牛至●☆
274202 Origanum angustifolium K. Koch;窄叶牛至●☆
274203 Origanum aureum?;黄牛至;Golden Marjoram ●☆
274204 Origanum ciliatum Willd. = Phaulopsis ciliata(Willd.) Hepper ■☆
274205 Origanum cinereum Noë = Origanum floribundum Munby ●☆
274206 Origanum compactum Benth.;紧密牛至●☆
274207 Origanum compactum Benth. var. hirsutoides Socorro et Espinar = Origanum compactum Benth. ●☆
274208 Origanum creticum Lour. = Origanum vulgare L. ●■
274209 Origanum cyrenaicum Bég. et Vacc.;昔兰尼牛至●☆
274210 Origanum dictamnus L.;希腊牛至(白鲜牛至);Cretan Dittany, Dittany, Dittany Candy, Dittany of Candy, Dittany of Crete, Dittany-of-crete, Hop Marjoram, Hop Plant, Right Dittany ■☆
274211 Origanum dubium Boiss. = Origanum majorana L. ■
274212 Origanum elongatum(Bonnet) Emb. et Maire;伸长牛至●☆
274213 Origanum floribundum Munby;繁花牛至●☆
274214 Origanum glandulosum Desf. = Origanum vulgare L. subsp. glandulosum(Desf.) K. Richt. ●■
274215 Origanum glandulosum Desf. var. glabrescens Maire = Origanum vulgare L. subsp. glandulosum(Desf.) K. Richt. ●■
274216 Origanum gracile K. Koch = Origanum vulgare L. subsp. gracile (K. Koch) Ietsw. ■☆
274217 Origanum grosii Pau et Font Quer;格罗斯牛至●☆
274218 Origanum heracleoticum Benth.;冬牛至;Sweet Marjoram, Winter Marjoram, Wintersweet ■☆
274219 Origanum heracleoticum L. = Origanum vulgare L. ●■
274220 Origanum hirtum Kuntze;毛牛至●☆
274221 Origanum humile Mill.;小牛至●☆
274222 Origanum kopetdaghense Boriss.;科佩特牛至■☆
274223 Origanum laevigatum Boiss.;亮叶牛至;Hopley's Purple Oregano, Ornamental Origano, Purple Origano ●☆
274224 Origanum majorana L.;欧牛至(麻药拉那草,马郁兰,墨角伦草);Annual Majoram, Garden Marjoram, Knotted Majoram, Knotted Marjoram, Majorana, Marjoram, Pot Marjoram, Sweet Majoram, Wild Marjoram ■
274225 Origanum majoranoides Willd. = Origanum majorana L. ■
274226 Origanum maru L.;叙利亚牛至;Bible Hyssop, Hyssop of the Bible, Syrian Hyssop, Syrian Marjoram, Syrian Oregano ■☆
274227 Origanum maru L. var. aegyptiacum?;埃及牛至;Egyptian Marjoram ■☆
274228 Origanum micranthum Vogel;小花牛至■☆
274229 Origanum microphyllum Sieber ex Benth.;小叶牛至;Oregano ■☆
274230 Origanum normale D. Don = Origanum vulgare L. ●■
274231 Origanum onites L.;法国牛至(奥尼牛至);Freneh Marjoram, Perennial Marjoram, Pot Marjoram, Winter Marjoram ●☆
274232 Origanum pampaninii(Brullo et Furnari) Ietsw.;潘帕尼尼牛至■☆
274233 Origanum rotundifolium Boiss.;圆叶牛至■☆
274234 Origanum sipyleum L.;锡山牛至■☆
274235 Origanum syriacum L. = Origanum maru L. ■☆
274236 Origanum tyttanthum Gontsch.;小白花牛至■☆
274237 Origanum vulgare L.;牛至(白花土荆芥,白花茵陈,北茵陈,薄荷,川香薷,地藿香,滇香薷,对叶接骨丹,接骨草,荆芥,罗罗香,满坡香,满山香,满天星,糯米条,琦香,乳香草,山薄荷,山苏子,暑草,水荆芥,苏子草,随经草,台湾野薄荷,土香薷,土茵陈,五香草,香草,香炉草,香茹,香茹草,香薷,香薷草,小甜草,小叶薄荷,野薄荷,野荆芥,野香薷,茵陈,玉兰至,止痢草);Argans, Bastard Marjoram, Common Marjoram, Common Origanum, Eastward Marjoram, English Marjoram, Goat's Marjoram, Greek Oregano, Grove Marjoram, Joy-of-the-mountain, La Marjolaine, Mageroum, Margery, Marjoram, Oregano, Orgament, Organ, Organy, Pot Marjoram, Wild Marjoram, Wild-marjoram ●■
274238 Origanum vulgare L. subsp. glandulosum(Desf.) K. Richt.;腺牛至●■
274239 Origanum vulgare L. subsp. gracile(K. Koch) Ietsw.;纤细牛至■☆
274240 Origanum vulgare L. var. formosanum Hayata;台湾野薄荷●■
274241 Origanum vulgare L. var. formosanum Hayata = Origanum vulgare L. ●■
274242 Origanum vulgare L. var. macrostachys?;克里特牛至■☆
274243 Origanum vulgare L. var. virens DC.;绿花牛至●■
274244 Origanum vulgare L. var. virens DC. = Origanum vulgare L. ●■
274245 Orimaria Raf. = Bupleurum L. ●■
274246 Orinocoa Raf. = Athenaea Sendtn.(保留属名)●☆
274247 Orinocoa Raf. = Deprea Raf.(废弃属名)●☆
274248 Orinus Hitchc. (1933);固沙草属;Orinus ■
274249 Orinus Hitchc. et Bor = Orinus Hitchc. ■
274250 Orinus anomala Keng ex P. C. Keng et L. Liou;四川固沙草(鸡爪草);Anomalous Orinus, Chickenclaw Grass ■
274251 Orinus arenicola Hitchc. = Orinus thoroldii (Stapf ex Hemsl.) Bor ■
274252 Orinus kokonorica (K. S. Hao) Keng ex X. L. Yang = Orinus kokonorica(K. S. Hao) Tzvelev ■
274253 Orinus kokonorica (K. S. Hao) Tzvelev;青海固沙草;Kokonor Orinus ■
274254 Orinus thoroldii(Stapf ex Hemsl.) Bor;固沙草;Tnorold Orinus ■
274255 Orinus tibetica N. X. Zhao;西藏固沙草;Xizang Orinus ■
274256 Oriophorum Gunn. = Eriophorum L. ■
274257 Orites Banks et Sol. ex Hook. f. = Donatia J. R. Forst. et G. Forst.(保留属名)●■☆
274258 Orites R. Br. (1810);红丝龙眼属●☆
274259 Orites excelsa R. Br.;大红丝龙眼木;Prickly Ash, Southern Silky Oak ●☆
274260 Orithalia Blume = Agalmyla Blume ●☆
274261 Orithia Blume ex Decne. = Orithalia Blume ●☆
274262 Orithyia D. Don = Tulipa L. ■
274263 Orithyia dasystemon Regel = Tulipa dasystemon(Regel) Regel ■
274264 Orithyia edulis Miq. = Amana edulis(Miq.) Honda ■☆
274265 Orithyia edulis Miq. = Tulipa edulis(Miq.) Baker ■☆
274266 Orithyia heterophylla Regel = Tulipa heterophylla(Regel) Baker ■
274267 Orithyia nutans Trautv. = Tulipa uniflora(L.) Besser ex Baker ■
274268 Orithyia uniflora(L.) D. Don = Tulipa uniflora (L.) Besser ex Baker ■
274269 Oritina R. Br. = Orites R. Br. ●☆
274270 Oritrephes Ridl. = Anerincleistus Korth. ●☆
274271 Oritrephes septentrionalis W. W. Sm. = Medinilla septentrionalis (W. W. Sm.) H. L. Li ●
274272 Oritrophium(Kunth) Cuatrec. (1961);白莲菀属■☆
274273 Oritrophium aciculifolium Cuatrec.;白莲菀■☆
274274 Oritrophium ferrugineum(Wedd.) Cuatrec.;锈色白莲菀■☆
274275 Orium Desv. = Clypeola L. ■☆
274276 Orixa Thunb. (1783);臭常山属(常山属,臭山羊属,和常山

属);Orixa ●

274277 Orixa japonica Thunb.;臭常山(拔马瘟,白胡椒,常山,臭苗,臭山羊,臭药,大骚羊,大山羊,大素药,地栀子,故椒树,和常山,日本常山,骚牯羊,栀子黄);Japan Orixa,Japanese Orixa ●

274278 Orixa japonica Thunb. f. glabrifolia Sugim. = Orixa japonica Thunb. ●

274279 Orixa japonica Thunb. f. velutina Hayashi = Orixa japonica Thunb. ●

274280 Orixa racemosa Z. M. Tan;串果常山;Racemose Orixa ●

274281 Orixa racemosa Z. M. Tan = Orixa japonica Thunb. ●

274282 Orixa subcoriacea Z. M. Tan;薄革叶常山;Subletherleaf Orixa ●

274283 Orixa subcoriacea Z. M. Tan = Orixa japonica Thunb. ●

274284 Oriza Franch. et Sav. = Oryza L. ■

274285 Orizopsis Raf. = Oryzopsis Michx. ■

274286 Orlaya Hoffm. (1814);奥尔雷草属●☆

274287 Orlaya daucoides(L.)Greuter;宽果奥尔雷草●☆

274288 Orlaya grandiflora(L.)Hoffm.;大花奥尔雷草;Large-flowered Orlaya ●☆

274289 Orlaya kochii Heywood = Orlaya daucoides(L.)Greuter ●☆

274290 Orlaya maritima(L.)Koch = Pseudorlaya pumila(L.)Parl. ●☆

274291 Orlaya maritima(L.)Koch var. breviaculeata Boiss. et Heldr. = Pseudorlaya pumila(L.)Parl. ●☆

274292 Orlaya maritima (L.) Koch var. tarhunensis Pamp. = Pseudorlaya pumila(L.)Parl. ●☆

274293 Orlaya platycarpos(L.)Koch = Orlaya daucoides(L.)Greuter ●☆

274294 Orleanesia Barb. Rodr. (1877);奥利兰属■☆

274295 Orleanesia amazonica Barb. Rodr.;奥利兰■☆

274296 Orleanesia cuneipetala Pabst;楔瓣奥利兰■☆

274297 Orleanesia maculata Garay;斑点奥利兰■☆

274298 Orleania Boehm. = Bixa L. ●

274299 Orleania Commel. ex Boehm. = Bixa L. ●

274300 Orlowia Gueldenst. ex Georgi = Phlomis L. ●■

274301 Ormenis(Cass.)Cass. = Cladanthus(L.)Cass. ●■☆

274302 Ormenis Cass. = Chamaemelum Mill. ■

274303 Ormenis africana(Jord. et Fourr.)Litard. et Maire = Santolina africana Jord. et Fourr. ●☆

274304 Ormenis aurea Durieu = Cladanthus mixtus(L.)Oberpr. et Vogt ●☆

274305 Ormenis eriolepis Maire = Cladanthus eriolepis(Maire)Oberpr. et Vogt ●☆

274306 Ormenis eriolepis Maire var. concolor? = Cladanthus eriolepis (Maire)Oberpr. et Vogt ●☆

274307 Ormenis eriolepis Maire var. discolor Maire et Wilczek = Cladanthus eriolepis(Maire)Oberpr. et Vogt ●☆

274308 Ormenis flahaultii Emb. = Cladanthus flahaultii(Emb.)Oberpr. et Vogt ●☆

274309 Ormenis lonadioides (Coss.) Maire = Rhetinolepis lonadioides Coss. ■☆

274310 Ormenis mixta (L.) Dumort. = Cladanthus eriolepis (Maire) Oberpr. et Vogt ●☆

274311 Ormenis mixta(L.)Dumort. = Cladanthus mixtus(L.)Oberpr. et Vogt ●☆

274312 Ormenis mixta (L.) Dumort. subsp. aurea (Durieu) Batt. = Cladanthus eriolepis(Maire)Oberpr. et Vogt ●☆

274313 Ormenis mixta(L.)Dumort. subsp. multicaulis(Braun-Blanq. et Maire)Maire = Cladanthus mixtus(L.)Oberpr. et Vogt ●☆

274314 Ormenis mixta (L.) Dumort. var. aurea (Durieu) Batt. = Cladanthus eriolepis(Maire)Oberpr. et Vogt ●☆

274315 Ormenis mixta(L.)Dumort. var. glabrescens Maire = Cladanthus eriolepis(Maire)Oberpr. et Vogt ●☆

274316 Ormenis multicaulis Braun-Blanq. et Maire = Cladanthus mixtus (L.)Oberpr. et Vogt ●☆

274317 Ormenis nobilis (L.) J. Gay = Cladanthus eriolepis (Maire) Oberpr. et Vogt ●☆

274318 Ormenis nobilis (L.) J. Gay subsp. aurea (L.) Maire = Cladanthus eriolepis(Maire)Oberpr. et Vogt ●☆

274319 Ormenis praecox(Link)Briq. = Chamaemelum fuscatum(Brot.) Vasc. ■☆

274320 Ormenis pseudosantolina Maire = Santolina africana Jord. et Fourr. ●☆

274321 Ormenis scariosa(Ball)Litard. et Maire = Cladanthus scariosus (Ball)Oberpr. et Vogt ●☆

274322 Ormiastis Raf. = Melinum Medik. ●■

274323 Ormiastis Raf. = Salvia L. ●■

274324 Ormilis Raf. = Ormiastis Raf. ●■

274325 Ormiscus Eckl. et Zeyh. = Heliophila Burm. f. ex L. ●■☆

274326 Ormiscus amplexicaulis (L. f.) Eckl. et Zeyh. = Heliophila amplexicaulis L. f. ■☆

274327 Ormiscus pusillus(L. f.)Eckl. et Zeyh. = Heliophila pusilla L. f. ■☆

274328 Ormiscus tenuisiliqua(DC.)Eckl. et Zeyh. = Heliophila pusilla L. f. ■☆

274329 Ormocarpopsis R. Vig. (1951);类链荚木属(拟链荚豆属)●☆

274330 Ormocarpopsis aspera R. Vig.;粗糙类链荚木●☆

274331 Ormocarpopsis calcicola R. Vig.;类链荚木●☆

274332 Ormocarpopsis itremoensis Du Puy et Labat;伊特雷穆链荚木●☆

274333 Ormocarpopsis mandrarensis Dumaz-le-Grand;曼德拉类链荚木●☆

274334 Ormocarpopsis parvifolia Dumaz-le-Grand;小叶类链荚木●☆

274335 Ormocarpopsis perrieriana R. Vig. = Ormocarpopsis aspera R. Vig. ●☆

274336 Ormocarpopsis tulearensis Du Puy et Labat;图莱亚尔类链荚木●☆

274337 Ormocarpum P. Beauv. (1810)(保留属名);链荚木属(滨槐属,链荚豆属);Chainpodtree,Ormocarpum ●

274338 Ormocarpum acuminatum Polhill;渐尖链荚木●☆

274339 Ormocarpum affine De Wild. = Ormocarpum kirkii S. Moore ●☆

274340 Ormocarpum aromaticum Baker f. = Ormocarpum trachycarpum (Taub.)Harms ●☆

274341 Ormocarpum bernierianum(Baill.)Du Puy et Labat;伯尼尔链荚木●☆

274342 Ormocarpum bibracteatum (A. Rich.) Baker = Ormocarpum pubescens(Hochst.)Cufod. ●☆

274343 Ormocarpum cochinchinense(Lour.)Merr.;链荚木(滨槐);Chainpodtree,Cochinchina Ormocarpum,Cochin-China Ormocarpum,Common Ormocarpum ●

274344 Ormocarpum discolor Vatke = Ormocarpum kirkii S. Moore ●☆

274345 Ormocarpum flavum J. B. Gillett;黄链荚木;Yellow Ormocarpum ●☆

274346 Ormocarpum gillettii Thulin = Zygocarpum gillettii (Thulin) Thulin et Lavin ●☆

274347 Ormocarpum guineense Hutch. et Dalziel ex Baker f. subsp. hispidum(Willd.) Brenan et J. Léonard = Ormocarpum sennoides (Willd.)DC. subsp. hispidum(Willd.)Brenan et J. Léonard ●☆

274348 Ormocarpum keniense J. B. Gillett;肯尼亚链荚木●☆

274349 Ormocarpum kirkii S. Moore;柯克链荚木●☆

274350 Ormocarpum klainei Tisser.;克莱恩链荚木●☆

274351 Ormocarpum megalophyllum Harms;大叶链荚木●☆
274352 Ormocarpum melanodictyotum Chiov. = Ormocarpum trachycarpum (Taub.) Harms ●☆
274353 Ormocarpum mimosoides S. Moore = Ormocarpum kirkii S. Moore ●☆
274354 Ormocarpum muricatum Chiov.;粗糙链荚木●☆
274355 Ormocarpum pubescens(Hochst.) Cufod.;软毛链荚木●☆
274356 Ormocarpum rectangulare Thulin = Zygocarpum rectangulare (Thulin) Thulin et Lavin ●☆
274357 Ormocarpum schliebenii Harms;施利本链荚木●☆
274358 Ormocarpum semoides DC. = Ormocarpum cochinchinense (Lour.) Merr. ●
274359 Ormocarpum sennoides(Willd.) DC.;异决明链荚木●☆
274360 Ormocarpum sennoides (Willd.) DC. = Ormocarpum cochinchinense(Lour.) Merr. ●
274361 Ormocarpum sennoides(Willd.) DC. subsp. hispidum(Willd.) Brenan et J. Léonard;硬毛链荚木●☆
274362 Ormocarpum setosum Burtt Davy = Ormocarpum trichocarpum (Taub.) Engl. ●☆
274363 Ormocarpum somalense J. B. Gillett = Zygocarpum somalense(J. B. Gillett) Thulin et Lavin ■☆
274364 Ormocarpum striolatum De Wild. = Ormocarpum trachycarpum (Taub.) Harms ●☆
274365 Ormocarpum trachycarpum(Taub.) Harms;糙果链荚木●☆
274366 Ormocarpum trichocarpum(Taub.) Engl.;毛果链荚木●☆
274367 Ormocarpum verrucosum P. Beauv.;多疣链荚木●☆
274368 Ormocarpum verrucosum P. Beauv. var. wombaliense J. Léonard;沃姆链荚木●☆
274369 Ormocarpum zambesianum Verdc.;赞比西链荚木●☆
274370 Ormopterum Schischk. (1950);链翅芹属■☆
274371 Ormopterum tuberosum Nasir;链翅芹■☆
274372 Ormopterum turcomanicum(Korovin) Schischk.;土库曼链翅芹☆
274373 Ormosciadium Boiss. (1844);链伞芹属■☆
274374 Ormosciadium pulchrum Schischk.;链伞芹■☆
274375 Ormosia Jacks. (1811)(保留属名);红豆树属(红豆属);Jumble Beans, Necklace Tree, Ormosia ●
274376 Ormosia acuminata Wall. = Ormosia fordiana Oliv. ●
274377 Ormosia angolensis Baker = Pericopsis angolensis (Baker) Meeuwen ●☆
274378 Ormosia apiculata H. Y. Chen;喙顶红豆(尖顶红豆);Apiculate Ormosia, Beakfruit Ormosia ●
274379 Ormosia balansae Drake;长脐红豆(长眉红豆,打蛀母,大叶食柱,山马母,鸭雄青);Balansa Ormosia ●
274380 Ormosia boluoensis Y. Q. Wang et P. Y. Chen;博罗红豆;Boluo Ormosia ●
274381 Ormosia brasseuriana De Wild. = Pericopsis angolensis(Baker) Meeuwen f. brasseuriana(De Wild.) Brummitt ●☆
274382 Ormosia cathayensis Hance = Ormosia semicastrata Hance ●
274383 Ormosia coccinea Jacks.;深红红豆●☆
274384 Ormosia coutinhoi Ducke;苏里南红豆(库廷红豆)●☆
274385 Ormosia dasycarpa Jacks.;毛果红豆树;Necklace Tree ●☆
274386 Ormosia elliptica Q. W. Yao et R. H. Chang;厚荚红豆(长荚红豆);Elliptical Ormosia, Thickpod Ormosia ●
274387 Ormosia elliptilimba Merr. et Chun = Ormosia balansae Drake ●
274388 Ormosia emarginata(Hook. et Arn.) Benth.;凹叶红豆(凹红豆);Emarginate Ormosia, Emarginateleaf Ormosia ●
274389 Ormosia eugeniifolia Tsiang ex R. H. Chang;蒲桃叶红豆(赤楠叶红豆,蒲桃红豆);Eugenia Ormosia, Eugenialeaf Ormosia, Eugenia-leaved Ormosia ●
274390 Ormosia ferruginea R. H. Chang;锈枝红豆;Rustshoot Ormosia, Rusty Ormosa, Rusty-branch Ormosa ●
274391 Ormosia fordiana Oliv.;肥荚红豆(大红豆,福氏红豆,鸡胆豆,鸡冠果,林罗木,青炒,青皮木,青竹蛇,三椿,食虫树,小孔雀豆,鸭公青,圆子红豆);Ford Ormosia ●
274392 Ormosia formosana Kaneh.;台湾红豆(青猴公,青猴公树,台湾红豆树);Formosan Ormosia, Taiwan Ormosia ●
274393 Ormosia glaberrima Y. C. Wu;光叶红豆(大叶青蓝木,台湾红豆树,广西红豆树,青猴公,青同,山红豆,乌心红豆);Glabrous Ormosia ●
274394 Ormosia hainanensis Gagnep. = Ormosia pinnata(Lour.) Merr. ●
274395 Ormosia hekouensis R. H. Chang;河口红豆;Hekou Ormosia ●
274396 Ormosia hengchuniana T. C. Huang, S. F. Huang et K. C. Yang;恒春红豆树;Hengchun Ormosia ●
274397 Ormosia henryi Hemsl. et E. H. Wilson = Ormosia henryi Prain ●
274398 Ormosia henryi Hemsl. et E. H. Wilson var. nuda F. C. How = Ormosia nuda(F. C. How) R. H. Chang et Q. W. Yao ●
274399 Ormosia henryi Prain;花榈木(臭木,臭桐柴,亨氏红豆,红豆树,花梨木,烂锅柴,桐木,毛叶红豆树,牛屎柴,牛屎樵,青豆风柴,青龙捆地,青皮树,青竹蛇,三钱三,相思树,鸭公青,硬皮黄檗);Henry Ormosia, Ormosia ●
274400 Ormosia henryi Prain var. nuda F. C. How = Ormosia nuda(F. C. How) R. H. Chang et Q. W. Yao ●
274401 Ormosia hosiei Hemsl. et E. H. Wilson;红豆树(宝树,鄂西红豆,鄂西红豆树,何氏红豆,黑樟,红宝树,红豆,红豆柴,花梨木,江阴红豆,江阴红豆树,胶丝,相思木,相思子,樟丝);Hosie Ormosia ●◇
274402 Ormosia howii Merr. et Chun ex H. Y. Chen;缘毛红豆;How Ormosia ●◇
274403 Ormosia indurata H. Y. Chen;韧荚红豆;Hardened Ormosia, Tenaciouspod Ormosia ●
274404 Ormosia inflata Merr. et Chun ex H. Y. Chen;胀荚红豆(凹叶红豆);Inflate Ormosia, Swelling Ormosia ●
274405 Ormosia jamaicensis Urb.;牙买加红豆(亚马孙红豆);Jamaican Ormosia ●☆
274406 Ormosia kwangsiensis L. Chun = Ormosia glaberrima Y. C. Wu ●
274407 Ormosia lancifolia W. C. Cheng et Q. W. Yao;相思子红豆;Lanceoleaf Ormosia ●
274408 Ormosia laxiflora Benth. = Pericopsis laxiflora (Benth.) Meeuwen ●☆
274409 Ormosia longipes H. Y. Chen;纤柄红豆(马蛋果);Longstalk Ormosia, Long-stalked Ormosia, Thinstalk Ormosia ●
274410 Ormosia menglaensis R. H. Chang;勐腊红豆●
274411 Ormosia merrilliana H. Y. Chen;两广红豆(大叶鸭公青,梅氏红豆,青皮木,青竹木,云开红豆);Merill Ormosia ●
274412 Ormosia microphylla Merr. ex Merr. et H. Y. Chen;小叶红豆(红心红豆,黄姜丝,苏檀木,紫檀);Littleleaf Ormosia, Smallleaf Ormosia, Small-leaved Ormosia ●◇
274413 Ormosia microphylla Merr. var. tomentosa R. H. Chang;绒毛小叶红豆;Tomentose Ormosia ●◇
274414 Ormosia microsperma Baker = Ormosia yunnanensis Prain ●
274415 Ormosia mollis Dunn = Ormosia henryi Prain ●
274416 Ormosia monosperma(Sw.) Urb.;单子红豆(纽千红豆树);Beadtree Ormosia ●
274417 Ormosia nanningensis H. Y. Chen;南宁红豆;Nanning Ormosia ●
274418 Ormosia napoensis Z. Wei et R. H. Chang;那坡红豆;Napo

Ormosia ●
274419　Ormosia nuda(F. C. How) R. H. Chang et Q. W. Yao;光叶花榈木(红豆树,秃叶亨氏红豆,秃叶红豆,秃叶花榈木);Bare-leaved Ormosia, Naked Ormosia, Nakedleaf Ormosia ●
274420　Ormosia obscurinervia Merr. et Chun ex Tanaka et Odash. = Ormosia simplicifolia Merr. et Chun ex H. Y. Chen ●
274421　Ormosia olivacea H. Y. Chen;榄绿红豆(红果树,相思红豆,胭脂树);Olive-coloured Ormosia, Olivegreen Ormosia ●
274422　Ormosia pachycarpa Champ. ex Benth.;茸荚红豆(毛红豆,青皮婆);Nappypod Ormosia, Thick-pod Ormosia, Thick-podded Ormosia ●
274423　Ormosia pachycarpa Champ. ex Benth. var. tenuis Chun ex R. H. Chang;薄毛茸荚红豆(疏茸红豆);Thinhair Thick-pod Ormosia ●
274424　Ormosia pachyptera H. Y. Chen;菱荚红豆(大红豆,火红豆);Ribpod Ormosia, Thickwing Ormosia, Thick-winged Ormosia ●
274425　Ormosia panamensis Benth.;巴拿马红豆●☆
274426　Ormosia paraensis Ducke;帕拉州红豆●☆
274427　Ormosia pingbianensis W. C. Cheng et R. H. Chang;屏边红豆(姐到羊,姊到羊);Pingbian Ormosia ●
274428　Ormosia pinnata(Lour.) Merr.;海南红豆(蟾蜍厚,大萼红豆,海南红豆树,食虫树,万年青,鸭公青,羽叶红豆,胀果红豆);Hainan Ormosia ●
274429　Ormosia polysperma H. Y. Chen = Ormosia xylocarpa Chun ex Merr. et H. Y. Chen ●
274430　Ormosia pubescens R. H. Chang;柔毛红豆;Pubescent Ormosia ●
274431　Ormosia purpureiflora H. Y. Chen;紫花红豆;Purple-flower Ormosia, Purple-flowered Ormosia ●
274432　Ormosia saxatilis K. M. Lan;岩生红豆;Rock-growing Ormosia, Saxicolous Ormosia, Saxitile Ormosia ●
274433　Ormosia semicastrata Hance;软荚红豆(红豆,红相思,黄姜树,山鸭公青,相思木,相思子);Soft Legume Ormosia, Soft-fruited Ormosia, Softlegume Ormosia, Soft-legumed Ormosia, Softpod Ormosia ●
274434　Ormosia semicastrata Hance f. litchifolia F. C. How;荔枝叶红豆(山仔蛀树,小叶红豆);Litchi-leaf Ormosia ●
274435　Ormosia semicastrata Hance f. pallida F. C. How;苍叶红豆(红子子树,鸡弹木,鸡眼树,假龙眼,相思豆,野火木);Pallid-leaf Ormosia ●
274436　Ormosia sericeolucida H. Y. Chen;亮毛红豆(假牛角漆,假牛角森,水栗木);Brighthair Ormosia, Silky-shining Ormosia ●
274437　Ormosia simplicifolia Merr. et Chun ex H. Y. Chen;单叶红豆;Simple-leaf Ormosia, Simple-leaved Ormosia ●
274438　Ormosia striata Dunn;槽纹红豆;Striate Ormosia ●
274439　Ormosia taiana C. Y. Chiao = Ormosia hosiei Hemsl. et E. H. Wilson ●◇
274440　Ormosia xylocarpa Chun ex Merr. et H. Y. Chen;木荚红豆(白果木,欢五柴,姜黄树,牛假森,牛角木,琼州红豆,山鸭公青,羊胆木,野油坛树);Wood-legume Ormosia, Woodpod Ormosia, Woody-legumed Ormosia ●
274441　Ormosia yaanensis N. Chao = Ormosia nuda(F. C. How) R. H. Chang et Q. W. Yao ●
274442　Ormosia yunnanensis Prain;云南红豆;Yunnan Ormosia ●
274443　Ormosia zahnii Harms;察恩红豆●☆
274444　Ormosiopsis Ducke = Ormosia Jacks.(保留属名)●
274445　Ormosiopsis Ducke(1925);类红豆树属●☆
274446　Ormosiopsis flava(Ducke) Ducke;类红豆树●☆
274447　Ormosolenia Tausch = Peucedanum L. ■
274448　Ormosolenia Tausch(1834);链管草属■☆
274449　Ormosolenia alpina(Schult.) Pimenov;链管草■☆
274450　Ormostema Raf. = Dendrobium Sw.(保留属名)■
274451　Ormycarpus Neck. = Raphanus L. ■
274452　Ornanthes Raf. = Fraxinus L. ●
274453　Ornduffia Tippery et Les = Villarsia Vent.(保留属名)■☆
274454　Ornduffia Tippery et Les(2009);奥尔睡菜属■☆
274455　Ornichia Klack.(1986);马岛龙胆属●☆
274456　Ornichia lancifolia(Baker) Klack.;剑叶马岛龙胆●☆
274457　Ornichia madagascariensis(Baker) Klack.;马岛龙胆●☆
274458　Ornichia trinervis(Desr.) Klack.;三脉马岛龙胆●☆
274459　Ornitharium Lindl. et Paxton = Pteroceras Hasselt ex Hassk. ■
274460　Ornithidium R. Br. = Maxillaria Ruiz et Pav. ■☆
274461　Ornithidium Salisb. = Maxillaria Ruiz et Pav. ■☆
274462　Ornithidium Salisb. ex R. Br. = Maxillaria Ruiz et Pav. ■☆
274463　Ornithidium confertum Griseb. = Maxillaria parviflora(Poepp. et Endl.) Garay ■☆
274464　Ornithidium imbricatum Wall. ex Hook. f. = Pholidota imbricata Hook. ■
274465　Ornithoboea Parish ex C. B. Clarke(1883);喜鹊苣苔属(雀苣苔属,喜雀苣苔属,异药苣苔属);Ornithoboea ■
274466　Ornithoboea arachnoidea(Diels) Craib;蛛毛喜鹊苣苔(喜鹊苣苔);Arachnislike Ornithoboea ■
274467　Ornithoboea calcicola C. Y. Wu ex H. W. Li;灰岩喜鹊苣苔;Calcicole Ornithoboea ■
274468　Ornithoboea darrisii(H. Lév.) Craib = Ornithoboea feddei(H. Lév.) B. L. Burtt ■
274469　Ornithoboea feddei(H. Lév.) B. L. Burtt;贵州喜鹊苣苔;Guizhou Ornithoboea ■
274470　Ornithoboea forrestii Craib = Ornithoboea arachnoidea(Diels) Craib ■
274471　Ornithoboea henryi Craib;喜鹊苣苔;Ornithoboea ■
274472　Ornithoboea lanata Craib = Ornithoboea arachnoidea(Diels) Craib ■
274473　Ornithoboea wildeana Craib;滇桂喜鹊苣苔;Wild Ornithoboea ■
274474　Ornithocarpa Rose(1905);喙果芥属■☆
274475　Ornithocarpa fimbriata Rose;喙果芥■☆
274476　Ornithocephalochloa Kurz = Thuarea Pers. ■
274477　Ornithocephalus Hook.(1824);雀首兰属(鸟首兰属)■☆
274478　Ornithocephalus brachyceras G. A. Romero et Carnevali;短角雀首兰■☆
274479　Ornithocephalus brachystachyus Schltr.;短穗雀首兰■☆
274480　Ornithocephalus ciliatus Lindl.;睫毛雀首兰■☆
274481　Ornithocephalus mexicanus A. Rich. et Galeotti;墨西哥雀首兰■☆
274482　Ornithocephalus microphyllus Barb. Rodr.;小叶雀首兰■☆
274483　Ornithochilus(Lindl.) Benth. = Ornithochilus(Wall. ex Lindl.) Benth. et Hook. f. ■
274484　Ornithochilus(Lindl.) Wall. ex Benth. = Ornithochilus(Wall. ex Lindl.) Benth. et Hook. f. ■
274485　Ornithochilus(Wall. ex Lindl.) Benth. et Hook. f.(1883);羽唇兰属;Featherlip Orchis ■
274486　Ornithochilus Wall. ex Lindl. = Ornithochilus(Wall. ex Lindl.) Benth. et Hook. f. ■
274487　Ornithochilus delavayi Finet = Ornithochilus difformis(Lindl.) Schltr. ■
274488　Ornithochilus difformis(Lindl.) Schltr.;羽唇兰(异形狭唇兰);Common Featherlip Orchis ■
274489　Ornithochilus eublepharon Hance = Ornithochilus difformis

(Lindl.) Schltr. ■

274490 Ornithochilus fuscus Lindl. = Ornithochilus difformis (Lindl.) Schltr. ■

274491 Ornithochilus yingiangensis Z. H. Tsi;盈江羽唇兰;Yingjiang Featherlip Orchis ■

274492 Ornithogalaceae Salisb.;羽唇兰科■

274493 Ornithogalaceae Salisb. = Hyacinthaceae Batsch ex Borkh. ■

274494 Ornithogalon Raf. = Ornithogalum L. ■

274495 Ornithogalum L. (1753);虎眼万年青属(海葱属,乌乳花属,圣星百合属);Ornithogalum, Star of Bethlehem, Star-of-bethelem, Star-of-bethlehem, Whiplash Star-of-bethlehem ■

274496 Ornithogalum abyssinicum (Jacq.) J. C. Manning et Goldblatt = Ornithogalum melleri Baker ■☆

274497 Ornithogalum aciphyllum Baker = Ornithogalum tenuifolium F. Delaroche ■☆

274498 Ornithogalum aestivum L. Bolus = Ornithogalum conicum Jacq. ■☆

274499 Ornithogalum affine Schult. f. = Ornithogalum pilosum L. f. ■☆

274500 Ornithogalum albanense J. C. Manning et Goldblatt;阿尔邦虎眼万年青■☆

274501 Ornithogalum albovirens Baker = Ornithogalum tenuifolium F. Delaroche ■☆

274502 Ornithogalum albucoides (Aiton) Thunb. = Ornithogalum suaveolens Jacq. ■☆

274503 Ornithogalum algeriense Jord. et Fourr.;阿尔及利亚虎眼万年青■☆

274504 Ornithogalum algeriense Jord. et Fourr. subsp. atlanticum Moret;亚特兰大虎眼万年青■☆

274505 Ornithogalum aloiforme Oberm. = Ornithogalum graminifolium Thunb. ■☆

274506 Ornithogalum alticola F. M. Leight. = Ornithogalum dubium Houtt. ■☆

274507 Ornithogalum altissimum L. f. = Drimia altissima (L. f.) Ker Gawl. ■☆

274508 Ornithogalum amboense Schinz = Albuca amboensis (Schinz) Oberm. ■☆

274509 Ornithogalum angustifolium L. Bolus = Ornithogalum graminifolium Thunb. ■☆

274510 Ornithogalum angustifoliura Bor;窄叶虎眼万年青;Star of Bethlehem ■☆

274511 Ornithogalum anomalum Baker = Drimia anomala (Baker) Benth. ■☆

274512 Ornithogalum apertum (I. Verd.) Oberm. = Ornithogalum concordianum (Baker) U. Müll. -Doblies et D. Müll. -Doblies ■☆

274513 Ornithogalum arabicum L.;阿拉伯虎眼万年青(阿拉伯虎海葱,无脊虎眼万年青,眼珠);Arabian Star Flower, Arabian Star of Bethlehem, Arabian Star-flower, Arabic Star-of-bethlehem, Star of Arabia, Star of Bethlehem ■☆

274514 Ornithogalum arabicum L. = Melomphis arabica (L.) Raf. ■☆

274515 Ornithogalum arabicum L. var. algeriense (Jord. et Fourr.) Maire = Melomphis arabica (L.) Raf. ■☆

274516 Ornithogalum arabicum L. var. hipponense (Jord. et Fourr.) Maire = Melomphis arabica (L.) Raf. ■☆

274517 Ornithogalum arabicum L. var. macrocomum (Jord. Maire et Weiller = Melomphis arabica (L.) Raf. ■☆

274518 Ornithogalum arabicum L. var. ochroleucum (Jord. et Fourr.) Maire et Weiller = Melomphis arabica (L.) Raf. ■☆

274519 Ornithogalum arabicum L. var. stenopetalum (Jord. et Fourr.) Maire et Weiller = Melomphis arabica (L.) Raf. ■☆

274520 Ornithogalum arcuatum Stev.;拱虎眼万年青■☆

274521 Ornithogalum attenuatum F. M. Leight. = Ornithogalum graminifolium Thunb. ■☆

274522 Ornithogalum aurantiacum Baker = Ornithogalum multifolium Baker ■☆

274523 Ornithogalum aureum Curtis = Ornithogalum dubium Houtt. ■☆

274524 Ornithogalum autumnulum U. Müll. -Doblies et D. Müll. -Doblies;秋虎眼万年青■☆

274525 Ornithogalum baeticum Boiss.;伯蒂卡海葱■☆

274526 Ornithogalum balansae Boiss.;巴兰海葱■☆

274527 Ornithogalum barba-caprae Asch. et Barbey = Oncostema barba-caprae (Asch. et Barbey) Speta ■☆

274528 Ornithogalum barba-caprae Asch. et Barbey subsp. basegii Chiov. = Oncostema barba-caprae (Asch. et Barbey) Speta ■☆

274529 Ornithogalum barbatum Jacq. = Ornithogalum suaveolens Jacq. ■☆

274530 Ornithogalum baurii Baker = Ornithogalum conicum Jacq. ■☆

274531 Ornithogalum benguellense Baker;本格拉虎眼万年青■☆

274532 Ornithogalum bergii Schltdl. = Ornithogalum hispidum Hornem. subsp. bergii (Schltdl.) Oberm. ■☆

274533 Ornithogalum bicornutum F. M. Leight.;双角虎眼万年青■☆

274534 Ornithogalum bifolium K. Koch;双叶虎眼万年青■☆

274535 Ornithogalum bivalve L. = Nothoscordum bivalve (L.) Britton ■☆

274536 Ornithogalum bolusianum Baker = Ornithogalum graminifolium Thunb. ■☆

274537 Ornithogalum boucheanum (Kunth) Asch.;布氏虎眼万年青■☆

274538 Ornithogalum brachystachys K. Koch;短穗虎眼万年青■☆

274539 Ornithogalum brevifolium F. M. Leight. = Ornithogalum juncifolium Jacq. ■☆

274540 Ornithogalum breviscapum F. M. Leight. = Ornithogalum tenuifolium F. Delaroche ■☆

274541 Ornithogalum britteniae F. M. Leight.;布里滕虎眼万年青■☆

274542 Ornithogalum broteroi Lainz = Cathissa broteroi (Lainz) Speta ■☆

274543 Ornithogalum brownleei F. M. Leight. = Ornithogalum dubium Houtt. ■☆

274544 Ornithogalum bulbiferum Pall. = Gagea bulbifera (Pall.) Roem. et Schult. ■

274545 Ornithogalum bulbinelloides Baker = Ornithogalum flexuosum (Thunb.) U. Müll. -Doblies et D. Müll. -Doblies ■☆

274546 Ornithogalum calcaratum Baker = Drimia calcarata (Baker) Stedje ■☆

274547 Ornithogalum campanulatum U. Müll. -Doblies et D. Müll. -Doblies;风铃草状虎眼万年青■☆

274548 Ornithogalum canadense L. = Albuca maxima Burm. f. ■☆

274549 Ornithogalum candidum Oberm.;纯白虎眼万年青■☆

274550 Ornithogalum candidum Oberm. var. tubiforme Oberm. = Ornithogalum tubiforme (Oberm.) Oberm. ■☆

274551 Ornithogalum capense L. = Eriospermum capense (L.) Thunb. ■☆

274552 Ornithogalum capillare J. M. Wood et M. S. Evans;纤毛虎眼万年青■☆

274553 Ornithogalum capillifolium Fourc. = Ornithogalum juncifolium Jacq. ■☆

274554 Ornithogalum capitatum Hook. f. = Drimia depressa (Baker) Jessop ■☆

274555 Ornithogalum caudatum Aiton = Ornithogalum caudatum Jacq. ■

274556 Ornithogalum caudatum Jacq.;虎眼万年青(海葱,乌乳花);False Seaonion, Whiplash Star-of-bethlehem ■

274557 Ornithogalum cepaceum Burm. f. = Bulbine cepacea (Burm. f.)

Wijnands ■☆

274558 Ornithogalum cepifolium Baker = Ornithogalum tenuifolium F. Delaroche ■☆

274559 Ornithogalum ceresianum F. M. Leight. = Ornithogalum thyrsoides Jacq. ■☆

274560 Ornithogalum cernuum Baker;俯垂虎眼万年青■☆

274561 Ornithogalum chloranthum Baker = Ornithogalum tenuifolium F. Delaroche ■☆

274562 Ornithogalum ciliatifolium F. M. Leight. = Ornithogalum hispidum Hornem. ■☆

274563 Ornithogalum ciliatum L. f. = Drimia ciliata (L. f.) J. C. Manning et Goldblatt ■☆

274564 Ornithogalum ciliiferum U. Müll. -Doblies et D. Müll. -Doblies;睫毛虎眼万年青■☆

274565 Ornithogalum cinnamomeum F. M. Leight. = Ornithogalum unifolium Retz. ■☆

274566 Ornithogalum cirrhulosum J. C. Manning et Goldblatt;流苏虎眼万年青■☆

274567 Ornithogalum citrinum Poelln. ex Schltr. = Ornithogalum dubium Houtt. ■☆

274568 Ornithogalum coarctatum Jacq. = Ornithogalum thyrsoides Jacq. ■☆

274569 Ornithogalum comosum L. var. atlanticum Baker = Ornithogalum algeriense Jord. et Fourr. ■☆

274570 Ornithogalum comptonii F. M. Leight. = Ornithogalum juncifolium Jacq. ■☆

274571 Ornithogalum comptum Baker = Ornithogalum juncifolium Jacq. ■☆

274572 Ornithogalum concordianum (Baker) U. Müll. -Doblies et D. Müll. -Doblies;孔克尔虎眼万年青■☆

274573 Ornithogalum conicum Jacq.;圆锥虎眼万年青■☆

274574 Ornithogalum conicum Jacq. subsp. strictum (L. Bolus) Oberm.;劲直虎眼万年青■☆

274575 Ornithogalum coniophylum K. Krause = Ornithogalum rautanenii Schinz ■☆

274576 Ornithogalum constrictum F. M. Leight.;缢缩虎眼万年青■☆

274577 Ornithogalum cooperi Baker = Drimia cooperi (Baker) Benth. ■☆

274578 Ornithogalum costatulum U. Müll. -Doblies et D. Müll. -Doblies;单脉虎眼万年青■☆

274579 Ornithogalum cremnophilum (Van Jaarsv. et A. E. van Wyk) J. C. Manning et Goldblatt;悬崖虎眼万年青■☆

274580 Ornithogalum crenulatum L. f. = Ornithogalum unifolium Retz. ■☆

274581 Ornithogalum crispifolium F. M. Leight. = Ornithogalum graminifolium Thunb. ■☆

274582 Ornithogalum crispum (Baker) J. C. Manning et Goldblatt;皱波虎眼万年青■☆

274583 Ornithogalum deltoideum Baker;三角虎眼万年青■☆

274584 Ornithogalum dinteri Baker = Ornithogalum stapffii Schinz ■☆

274585 Ornithogalum dipcadoides Baker = Dipcadi gracillimum Baker ■☆

274586 Ornithogalum diphyllum Baker;二叶虎眼万年青■☆

274587 Ornithogalum dipsacoides Baker;蛇状虎眼万年青■☆

274588 Ornithogalum disciferum F. M. Leight. = Ornithogalum rautanenii Schinz ■☆

274589 Ornithogalum distans L. Bolus = Ornithogalum hispidum Hornem. ■☆

274590 Ornithogalum divaricatum Lindl. = Chlorogalum pomeridianum Kunth var. divaricatum (Lindl.) Hoover ■☆

274591 Ornithogalum divergens Poir.;稍叉虎眼万年青■☆

274592 Ornithogalum dolichopharynx U. Müll. -Doblies et D. Müll. -Doblies;长虎眼万年青■☆

274593 Ornithogalum donaldsonii (Rendle) Greenway;索马里虎眼万年青■☆

274594 Ornithogalum dregeanum Kunth;德雷虎眼万年青■☆

274595 Ornithogalum dubium Houtt.;可疑虎眼万年青;Sun Star ■☆

274596 Ornithogalum dyeri Poelln. = Ornithogalum unifolium Retz. ■☆

274597 Ornithogalum dyeri Poelln. var. leistneri U. Müll. -Doblies et D. Müll. -Doblies;莱斯特纳虎眼万年青■☆

274598 Ornithogalum ebulbe Schltr. = Ornithogalum paludosum Baker ■☆

274599 Ornithogalum ecklonii Fisch. et C. A. Mey. = Ornithogalum tenuifolium F. Delaroche ■☆

274600 Ornithogalum ecklonii Schltdl. = Ornithogalum tenuifolium F. Delaroche ■☆

274601 Ornithogalum ensifolium Thonn. = Drimia glaucescens (Engl. et K. Krause) Scholz ■☆

274602 Ornithogalum epigeum F. M. Leight. = Ornithogalum juncifolium Jacq. ■☆

274603 Ornithogalum esterhuyseniae Oberm.;埃斯特虎眼万年青■☆

274604 Ornithogalum etesiogaripense U. Müll. -Doblies et D. Müll. -Doblies subsp. longipilosum U. Müll. -Doblies et D. Müll. -Doblies;长毛虎眼万年青■☆

274605 Ornithogalum excelsum Diels ex Engl. = Ornithogalum saundersiae Baker ■☆

274606 Ornithogalum exuviatum (Jacq.) Kunth = Drimia exuviata (Jacq.) Jessop ■☆

274607 Ornithogalum fergusoniae L. Bolus = Ornithogalum dubium Houtt. ■☆

274608 Ornithogalum fibrosum Desf. = Gagea fibrosa (Desf.) Schult. et Schult. f. ■☆

274609 Ornithogalum filibracteatum Oberm. = Ornithogalum seineri (Engl. et K. Krause) Oberm. ■☆

274610 Ornithogalum filiforme Ledeb. = Gagea filiformis (Ledeb.) Kunth ■

274611 Ornithogalum fimbriatum Willd. = Ornithogalum trichophyllum Boiss. et Heldr. ■☆

274612 Ornithogalum fimbriatum Willd. subsp. libycum Bég. et Vacc. = Ornithogalum trichophyllum Boiss. et Heldr. ■☆

274613 Ornithogalum fimbrimarginatum F. M. Leight.;澳非流苏虎眼万年青■☆

274614 Ornithogalum fischerianum Krasch.;菲舍尔虎眼万年青■☆

274615 Ornithogalum flanaganii Baker = Ornithogalum paludosum Baker ■☆

274616 Ornithogalum flavescens Jacq. = Ornithogalum dubium Houtt. ■☆

274617 Ornithogalum flavescens Lam.;黄色虎眼万年青■☆

274618 Ornithogalum flavissimum Jacq. = Ornithogalum dubium Houtt. ■☆

274619 Ornithogalum flavovirens Baker = Urginea flavovirens (Baker) Weim. ■☆

274620 Ornithogalum flexuosum (Thunb.) U. Müll. -Doblies et D. Müll. -Doblies;曲折虎眼万年青■☆

274621 Ornithogalum fragiferum Vill. = Gagea fragifera (Vill.) E. Bayer et G. Lopez ■

274622 Ornithogalum fragrans (Jacq.) J. C. Manning et Goldblatt = Albuca fragrans Jacq. ■☆

274623 Ornithogalum fragrans (Jacq.) Kunth = Drimia fragrans (Jacq.) J. C. Manning et Goldblatt ■☆

274624 Ornithogalum fuscatum Jacq. = Ornithogalum unifolium Retz. ■☆

274625 Ornithogalum galpinii Baker = Ornithogalum tenuifolium F. Delaroche ■☆

274626 Ornithogalum geniculatum Oberm.;膝曲虎眼万年青■☆
274627 Ornithogalum gifbergense U. Müll.-Doblies et D. Müll.-Doblies = Ornithogalum ciliiferum U. Müll.-Doblies et D. Müll.-Doblies ■☆
274628 Ornithogalum giganteum Jacq. = Urginea gigantea (Jacq.) Oyewole ■☆
274629 Ornithogalum gilgianum Schltr. ex Poelln. = Ornithogalum thyrsoides Jacq. ■☆
274630 Ornithogalum glandulosum Oberm.;具腺虎眼万年青■☆
274631 Ornithogalum glaucifolium U. Müll.-Doblies et D. Müll.-Doblies;灰绿虎眼万年青■☆
274632 Ornithogalum glaucophyllum Schltr. ex Poelln. = Ornithogalum pruinosum F. M. Leight. ■☆
274633 Ornithogalum glutinosum J. C. Manning et Goldblatt;黏性虎眼万年青■☆
274634 Ornithogalum gracile Baker = Ornithogalum paludosum Baker ■☆
274635 Ornithogalum gracilentum Baker = Ornithogalum paludosum Baker ■☆
274636 Ornithogalum graciliflorum K. Koch;纤花虎眼万年青■☆
274637 Ornithogalum gracillimum R. E. Fr. = Ornithogalum capillare J. M. Wood et M. S. Evans ■☆
274638 Ornithogalum graminifolium Thunb.;禾叶虎眼万年青■☆
274639 Ornithogalum gregorianum U. Müll.-Doblies et D. Müll.-Doblies;格雷戈尔虎眼万年青■☆
274640 Ornithogalum griseum Baker = Ornithogalum juncifolium Jacq. ■☆
274641 Ornithogalum hallei (U. Müll.-Doblies) J. C. Manning et Goldblatt = Ornithogalum glutinosum J. C. Manning et Goldblatt ■☆
274642 Ornithogalum hallii Oberm.;霍尔虎眼万年青■☆
274643 Ornithogalum haworthioides Baker = Drimia bolusii Baker ■☆
274644 Ornithogalum hermannii F. M. Leight. = Ornithogalum thyrsoides Jacq. ■☆
274645 Ornithogalum hirsutum L. = Hypoxis hirsuta (L.) Coville ■☆
274646 Ornithogalum hispidulum U. Müll.-Doblies et D. Müll.-Doblies;细毛虎眼万年青■☆
274647 Ornithogalum hispidum Hornem.;硬毛虎眼万年青■☆
274648 Ornithogalum hispidum Hornem. subsp. bergii (Schltdl.) Oberm.;贝格虎眼万年青■☆
274649 Ornithogalum humifusum Baker = Ornithogalum graminifolium Thunb. ■☆
274650 Ornithogalum hygrophilum Hilliard et B. L. Burtt = Ornithogalum conicum Jacq. ■☆
274651 Ornithogalum hyrcanum Grossh.;希尔康虎眼万年青■☆
274652 Ornithogalum inandense Baker = Ornithogalum graminifolium Thunb. ■☆
274653 Ornithogalum inconspicuum Baker = Ornithogalum tenuifolium F. Delaroche ■☆
274654 Ornithogalum indicum Schult. et Schult. f. = Chlorophytum tuberosum (Roxb.) Baker ■☆
274655 Ornithogalum ixioides W. T. Aiton = Triteleia ixioides (W. T. Aiton) Greene ■☆
274656 Ornithogalum japonicum Thunb. = Barnardia japonica (Thunb.) Schult. et Schult. f. ●
274657 Ornithogalum japonicum Thunb. = Scilla scilloides (Lindl.) Druce ■
274658 Ornithogalum juncifolium Jacq.;灯芯草叶虎眼万年青■☆
274659 Ornithogalum juttae K. Krause = Ornithogalum stapffii Schinz ■☆
274660 Ornithogalum karachabpoortense U. Müll.-Doblies et D. Müll.-Doblies;卡拉哈布虎眼万年青■☆
274661 Ornithogalum karasbergense Glover = Ornithogalum stapffii Schinz ■☆
274662 Ornithogalum karibibense Dinter ex Sölch = Ornithogalum rautanenii Schinz ■☆
274663 Ornithogalum karooicum F. M. Leight. = Ornithogalum hispidum Hornem. ■☆
274664 Ornithogalum kirkii Baker = Albuca kirkii (Baker) Brenan ■☆
274665 Ornithogalum knersvlaktense U. Müll.-Doblies et D. Müll.-Doblies;克内虎眼万年青■☆
274666 Ornithogalum kochii Parl.;高知虎眼万年青■☆
274667 Ornithogalum kochii Parl. var. elongatum Maire = Ornithogalum kochii Parl. ■☆
274668 Ornithogalum lacteum Jacq.;乳白虎眼万年青■☆
274669 Ornithogalum lacteum Jacq. = Ornithogalum conicum Jacq. ■☆
274670 Ornithogalum lacteum Jacq. var. conicum? = Ornithogalum conicum Jacq. ■☆
274671 Ornithogalum laikipiense L. E. Newton = Drimia macrocarpa Stedje ■☆
274672 Ornithogalum lanceolatum Labill.;披针叶海葱■☆
274673 Ornithogalum langebergense F. M. Leight. = Ornithogalum juncifolium Jacq. ■☆
274674 Ornithogalum leipoldtii L. Bolus = Ornithogalum dubium Houtt. ■☆
274675 Ornithogalum leptophyllum Baker = Ornithogalum juncifolium Jacq. ■☆
274676 Ornithogalum libycum (Bég. et Vacc.) Bég. et Vacc. = Melomphis arabica (L.) Raf. ■☆
274677 Ornithogalum limosum Fourc. = Ornithogalum juncifolium Jacq. ■☆
274678 Ornithogalum lineare Baker = Ornithogalum paludosum Baker ■☆
274679 Ornithogalum longibracteatum Jacq.;长苞海葱;Pregnant Onion ■☆
274680 Ornithogalum longicollum U. Müll.-Doblies et D. Müll.-Doblies;长颈海葱■☆
274681 Ornithogalum longiscapum Baker = Ornithogalum graminifolium Thunb. ■☆
274682 Ornithogalum longivaginatum N. E. Br. = Ornithogalum tenuifolium F. Delaroche ■☆
274683 Ornithogalum luteum L. = Gagea nakaiana Kitag. ■
274684 Ornithogalum macranthum Baker = Drimia macrantha (Baker) Baker ■☆
274685 Ornithogalum maculatum Jacq.;斑点虎眼万年青■☆
274686 Ornithogalum maculatum Jacq. var. splendens (L. Bolus) F. M. Leight. = Ornithogalum maculatum Jacq. ■☆
274687 Ornithogalum magnum Krasch. et Schischk.;大虎眼万年青■☆
274688 Ornithogalum marlothii F. M. Leight. = Ornithogalum hispidum Hornem. ■☆
274689 Ornithogalum melanopus Dinter ex Sölch = Ornithogalum stapffii Schinz ■☆
274690 Ornithogalum melleri Baker;梅勒虎眼万年青■☆
274691 Ornithogalum merxmuelleri Rössler = Ornithogalum puberulum Oberm. ■☆
274692 Ornithogalum miniatum Jacq.;黄花海葱(黄花虎眼万年青,眼珠);Yellowflower Star-of-bethlehem ■☆
274693 Ornithogalum miniatum Jacq. = Ornithogalum dubium Houtt. ■☆
274694 Ornithogalum minimum Baker = Ornithogalum pilosum L. f. ■☆
274695 Ornithogalum monophyllum Baker;单叶海葱■☆
274696 Ornithogalum montanum Ten.;山海葱■☆
274697 Ornithogalum monteiroi Baker = Albuca abyssinica Jacq. ■☆
274698 Ornithogalum muirii F. M. Leight. = Ornithogalum suaveolens

Jacq. ■☆
274699 Ornithogalum multifolium Baker;多叶海葱■☆
274700 Ornithogalum mundianum Kunth = Ornithogalum pilosum L. f. ■☆
274701 Ornithogalum namaquanulum U. Müll. -Doblies et D. Müll. -Doblies;纳马夸海葱■☆
274702 Ornithogalum namaquanulum U. Müll. -Doblies et D. Müll. -Doblies = Ornithogalum suaveolens Jacq. ■☆
274703 Ornithogalum narbonense Falk;纳博海葱■☆
274704 Ornithogalum narbonense L. = Loncomelos narbonensis (L.) Raf. ■☆
274705 Ornithogalum natalense Baker = Ornithogalum graminifolium Thunb. ■☆
274706 Ornithogalum neopatersonia J. C. Manning et Goldblatt;新帕特森虎眼万年青■☆
274707 Ornithogalum nervosum Burch. = Schizocarphus nervosus (Burch.) Van der Merwe ■☆
274708 Ornithogalum nutans L.;垂花海葱(俯垂虎眼万年青);Dove's Dung, Drooping Star of Bethlehem, Drooping Star-of-bethlehem, Neapolitan Star of Bethlehem, Nodding Star-of-bethlehem, Spiked Star-of-bethlehem, Star of Bethlehem ■☆
274709 Ornithogalum odoratissimum C. A. Sm. = Ornithogalum semipedale (Baker) U. Müll. -Doblies et D. Müll. -Doblies ■☆
274710 Ornithogalum oliganthum Baker = Ornithogalum juncifolium Jacq. ■☆
274711 Ornithogalum oostachyum Baker = Ornithogalum paludosum Baker ■☆
274712 Ornithogalum oreogenes Poelln. = Ornithogalum schlechterianum Schinz ■☆
274713 Ornithogalum ornithogaloides (Kunth) Oberm. = Ornithogalum flexuosum (Thunb.) U. Müll. -Doblies et D. Müll. -Doblies ■☆
274714 Ornithogalum orthophyllum Ten. subsp. baeticum (Boiss.) Zahar. = Ornithogalum baeticum Boiss. ■☆
274715 Ornithogalum orthophyllum Ten. subsp. kochii (Parl.) Zahar. = Ornithogalum kochii Parl. ■☆
274716 Ornithogalum orthophyllum Ten. var. algeriense (Jord. et Fourr.) Rapin = Ornithogalum algeriense Jord. et Fourr. ■☆
274717 Ornithogalum otavense K. Krause = Ornithogalum tenuifolium F. Delaroche ■☆
274718 Ornithogalum ovatum Thunb.;卵形虎眼万年青■☆
274719 Ornithogalum ovatum Thunb. subsp. oliverorum U. Müll. -Doblies et D. Müll. -Doblies;奥里弗虎眼万年青■☆
274720 Ornithogalum paludosum Baker;沼泽虎眼万年青■☆
274721 Ornithogalum paradoxum Jacq. = Eriospermum paradoxum (Jacq.) Ker Gawl. ■☆
274722 Ornithogalum patersoniae (Schönland) J. C. Manning et Goldblatt;帕特森虎眼万年青■☆
274723 Ornithogalum patersoniae Schönl. = Ornithogalum patersoniae (Schönland) J. C. Manning et Goldblatt ■☆
274724 Ornithogalum pauciflorum Baker = Ornithogalum schlechterianum Schinz ■☆
274725 Ornithogalum paucifolium U. Müll. -Doblies et D. Müll. -Doblies;少叶虎眼万年青■☆
274726 Ornithogalum pearsonii F. M. Leight.;皮尔逊虎眼万年青■☆
274727 Ornithogalum pendulinum U. Müll. -Doblies et D. Müll. -Doblies;下垂虎眼万年青■☆
274728 Ornithogalum pentheri Zahlbr.;彭泰尔虎眼万年青■☆
274729 Ornithogalum perparvum Poelln. = Ornithogalum pilosum L. f. ■☆
274730 Ornithogalum perpulchrum Schltr. ex Poelln. = Ornithogalum multifolium Baker ■☆
274731 Ornithogalum petraeum Fourc. = Ornithogalum juncifolium Jacq. ■☆
274732 Ornithogalum pillansii F. M. Leight. = Ornithogalum dubium Houtt. ■☆
274733 Ornithogalum pilosum L. f.;疏毛虎眼万年青■☆
274734 Ornithogalum pilosum L. f. subsp. pullatum (F. M. Leight.) Oberm. = Ornithogalum pullatum F. M. Leight. ■☆
274735 Ornithogalum platyphyllum Boiss.;宽叶虎眼万年青■☆
274736 Ornithogalum polyodontulum U. Müll. -Doblies et D. Müll. -Doblies;多齿虎眼万年青■☆
274737 Ornithogalum polyphlebium Baker = Ornithogalum prasinum Lindl. ■☆
274738 Ornithogalum polyphyllum Jacq.;多叶虎眼万年青■☆
274739 Ornithogalum prasinum Lindl.;草绿虎眼万年青■☆
274740 Ornithogalum pretoriense Baker = Ornithogalum tenuifolium F. Delaroche ■☆
274741 Ornithogalum pruinosum F. M. Leight.;白粉虎眼万年青■☆
274742 Ornithogalum puberulum Oberm.;微毛虎眼万年青■☆
274743 Ornithogalum pubescens Baker = Ornithogalum graminifolium Thunb. ■☆
274744 Ornithogalum pulchrum Schinz;美丽虎眼万年青■☆
274745 Ornithogalum pullatum F. M. Leight.;暗色虎眼万年青■☆
274746 Ornithogalum pyramidale L.;塔形虎眼万年青(塔形海葱);Bath Asparagus, Pyramidal Star-of-bethlehem, Pyrenees Star-of-bethlehem ■☆
274747 Ornithogalum pyramidale L. subsp. narbonense (L.) Asch. et Graebn. = Loncomelos narbonensis (L.) Raf. ■☆
274748 Ornithogalum pyrenaicum L.;比利牛斯虎眼万年青;Bath Asparagus, French Asparagus, French Grass, French Sparrow-grass, Prussian Asparagus, Prussian French Asparagus, Pyrenees Star of Bethlehem, Pyrenees Star-of-bethlehem, Sperage, Spiked Star of Bethlehem, Spiked Star-of-bethlehem, Wild Asparagus ■☆
274749 Ornithogalum pyrenaicum L. = Loncomelos pyrenaicus (L.) Holub ■☆
274750 Ornithogalum pyrenaicum L. var. flavescens (Lam.) Baker = Loncomelos pyrenaicus (L.) Holub ■☆
274751 Ornithogalum quartinianum (A. Rich.) Lanza = Albuca abyssinica Jacq. ■☆
274752 Ornithogalum ranunculoides L. Bolus = Ornithogalum multifolium Baker ■☆
274753 Ornithogalum rautanenii Schinz;劳塔宁虎眼万年青■☆
274754 Ornithogalum recurvum Oberm. = Ornithogalum stapffii Schinz ■☆
274755 Ornithogalum refractum Kit.;骤折虎眼万年青■☆
274756 Ornithogalum reverchonii Lange = Cathissa reverchonii (Lange) Speta ■☆
274757 Ornithogalum richardii F. M. Leight. = Ornithogalum deltoideum Baker ■☆
274758 Ornithogalum rogersii Baker;罗杰斯虎眼万年青■☆
274759 Ornithogalum roodiae E. Phillips = Ornithogalum suaveolens Jacq. ■☆
274760 Ornithogalum rossouwii U. Müll. -Doblies et D. Müll. -Doblies;罗素虎眼万年青■☆
274761 Ornithogalum rotatum U. Müll. -Doblies et D. Müll. -Doblies;辐射状虎眼万年青■☆
274762 Ornithogalum rubescens F. M. Leight. = Ornithogalum hispidum

Hornem. ■☆

274763 Ornithogalum rupestre L. f.;岩生虎眼万年青■☆

274764 Ornithogalum sabulosum U. Müll. -Doblies et D. Müll. -Doblies;砂地虎眼万年青■☆

274765 Ornithogalum salteri F. M. Leight. = Ornithogalum hispidum Hornem. ■☆

274766 Ornithogalum saltmarshei Baker = Ornithogalum tenuifolium F. Delaroche ■☆

274767 Ornithogalum saundersiae Baker;巨大虎眼万年青(巨海葱)■☆

274768 Ornithogalum scabrocostatum U. Müll. -Doblies et D. Müll. -Doblies;糙脉虎眼万年青■☆

274769 Ornithogalum schelkovnikovii Grossh.;绍尔虎眼万年青■☆

274770 Ornithogalum schischkinii Krasch.;希施虎眼万年青■☆

274771 Ornithogalum schlechterianum Schinz;施莱虎眼万年青■☆

274772 Ornithogalum schmalhausenii Albov;施马虎眼万年青■☆

274773 Ornithogalum scilloides Jacq. = Ornithogalum longibracteatum Jacq. ■☆

274774 Ornithogalum secundum Jacq.;单侧虎眼万年青■☆

274775 Ornithogalum seineri(Engl. et K. Krause) Oberm.;塞纳虎眼万年青■☆

274776 Ornithogalum semipedale(Baker) U. Müll. -Doblies et D. Müll. -Doblies;半柱虎眼万年青■☆

274777 Ornithogalum sessiliflorum Desf. = Stellarioides sessiliflora (Desf.) Speta ■☆

274778 Ornithogalum setifolium Kunth = Ornithogalum juncifolium Jacq. ■☆

274779 Ornithogalum simile J. C. Manning et Goldblatt;相似虎眼万年青■☆

274780 Ornithogalum sinense Lour. = Barnardia japonica (Thunb.) Schult. et Schult. f. ●

274781 Ornithogalum sinense Lour. = Scilla scilloides(Lindl.) Druce ■

274782 Ornithogalum sintenisii Freyn;辛太虎眼万年青■☆

274783 Ornithogalum sordidum Baker = Ornithogalum tenuifolium F. Delaroche ■☆

274784 Ornithogalum speciosum Baker = Ornithogalum maculatum Jacq. ■☆

274785 Ornithogalum spirale Schinz = Ornithogalum stapffii Schinz ■☆

274786 Ornithogalum splendens L. Bolus;红花虎眼万年青;Pretty Star-of-bethlehem ■☆

274787 Ornithogalum splendens L. Bolus = Ornithogalum maculatum Jacq. ■☆

274788 Ornithogalum stapffii Schinz;施塔普夫虎眼万年青■☆

274789 Ornithogalum stenophyllum Baker = Ornithogalum graminifolium Thunb. ■☆

274790 Ornithogalum stenostachyum Baker = Ornithogalum juncifolium Jacq. ■☆

274791 Ornithogalum strictum L. Bolus = Ornithogalum conicum Jacq. subsp. strictum(L. Bolus) Oberm. ■☆

274792 Ornithogalum strigosulum U. Müll. -Doblies et D. Müll. -Doblies;糙伏毛虎眼万年青■☆

274793 Ornithogalum suaveolens Jacq.;芳香虎眼万年青■☆

274794 Ornithogalum subcoriaceum L. Bolus;革质虎眼万年青■☆

274795 Ornithogalum subglandulosum U. Müll. -Doblies et D. Müll. -Doblies;小腺虎眼万年青■☆

274796 Ornithogalum subspicatum Baker = Ornithogalum tenuifolium F. Delaroche ■☆

274797 Ornithogalum subulatum Baker = Ornithogalum juncifolium Jacq. ■☆

274798 Ornithogalum tenellum Jacq. = Ornithogalum pilosum L. f. ■☆

274799 Ornithogalum tenuifolium F. Delaroche;细叶虎眼万年青■☆

274800 Ornithogalum tenuifolium F. Delaroche subsp. aridum Oberm.;旱生虎眼万年青■☆

274801 Ornithogalum tenuifolium F. Delaroche subsp. robustum Stedje = Ornithogalum tenuifolium F. Delaroche ■☆

274802 Ornithogalum tenuifolium F. Delaroche subsp. sordidum(Baker) Stedje = Ornithogalum tenuifolium F. Delaroche ■☆

274803 Ornithogalum tenuifolium Guss. var. trichophyllum (Boiss. et Heldr.) Boiss. = Ornithogalum trichophyllum Boiss. et Heldr. ■☆

274804 Ornithogalum tenuipes C. H. Wright = Ornithogalum juncifolium Jacq. ■☆

274805 Ornithogalum thermarum (Van Jaarsv.) J. C. Manning et Goldblatt;温泉虎眼万年青■☆

274806 Ornithogalum thermophilum F. M. Leight.;喜温虎眼万年青■☆

274807 Ornithogalum thunbergianulum U. Müll. -Doblies et D. Müll. -Doblies = Ornithogalum tortuosum Baker ■☆

274808 Ornithogalum thunbergianum Baker = Ornithogalum maculatum Jacq. ■☆

274809 Ornithogalum thunbergianum Baker var. concolor? = Ornithogalum maculatum Jacq. ■☆

274810 Ornithogalum thyrsoides Jacq.;白花虎眼万年青(锥花海葱);Chincherinchee, Chinks, Star of Bethlehem, Whiteflower Star-of-bethlehem ■☆

274811 Ornithogalum tortuosum Baker;扭曲虎眼万年青■☆

274812 Ornithogalum toxicarium C. Archer et R. H. Archer;毒虎眼万年青■☆

274813 Ornithogalum transcaucasicum Miscz.;外高加索虎眼万年青■☆

274814 Ornithogalum trichophyllum Baker = Ornithogalum graminifolium Thunb. ■☆

274815 Ornithogalum trichophyllum Boiss. et Heldr.;三叶虎眼万年青(流苏虎眼万年青)■☆

274816 Ornithogalum trichophyllum Boiss. et Heldr. var. libycum(Bég. et Vacc.) Pamp. = Ornithogalum trichophyllum Boiss. et Heldr. ■☆

274817 Ornithogalum triflorum Ledeb. = Lloydia triflora(Ledeb.) Baker ■

274818 Ornithogalum tropicale Baker;热带虎眼万年青■☆

274819 Ornithogalum tuberosum Mill. = Bulbine cepacea (Burm. f.) Wijnands ■☆

274820 Ornithogalum tubiforme(Oberm.) Oberm.;管状虎眼万年青■☆

274821 Ornithogalum tulbaghense Baker;塔尔巴赫虎眼万年青■☆

274822 Ornithogalum uitenhagense(Schönland) J. C. Manning et Goldblatt = Ornithogalum neopatersonia J. C. Manning et Goldblatt ■☆

274823 Ornithogalum umbellatum L.;伞花虎眼万年青(伞形虎眼万年青,圣诞星);Angel's Tears, Apostles, Betfy-go-to-bed-at-noon, Bethlem Star, Common Star-of-bethlehem, Dog Leek, Dog's Onion, Dove's Dung, Drooping Star-of-bethlehem, Eleven o'clock Flower, Eleven o'clock Lady, Four-o'clock, French Snowdrop, Jack-go-to-bed-at-noon, John-go-to-bed-at-noon, Lady Eleven o'clock, Modest Maiden, Nap-at-noon, Noon Peepers, One-o'clock, Open-and-shut, Peep-o'-day, Shame-faced Maiden, Six o'clock, Six o'clock Flower, Sleepy Dick, Sleepydick, Sleepy-dick, Snowdrop, Snowflake, Star of Bethlehem, Star of Hungary, Star-and-garter, Star-flower, Star-of-bethlehem, Starry Eyes, Sunflower, Ten o'clock, Twelve-o'clock, Wild Field Onion ■☆

274824 Ornithogalum umbellatum L. = Ornithogalum angustifolium L. Bolus ■☆

274825 Ornithogalum umbellatum L. subsp. kochii (Parl.) Maire et Weiller = Ornithogalum kochii Parl. ■☆

274826 Ornithogalum umbellatum L. var. algeriense (Jord. et Fourr.) Maire et Weiller = Ornithogalum algeriense Jord. et Fourr. ■☆
274827 Ornithogalum umbellatum L. var. angustifolium Batt. et Trab. = Ornithogalum kochii Parl. ■☆
274828 Ornithogalum umbellatum L. var. baeticum (Boiss.) Batt. et Trab. = Ornithogalum baeticum Boiss. ■☆
274829 Ornithogalum umbellatum L. var. elongatum Maire = Ornithogalum kochii Parl. ■☆
274830 Ornithogalum umbellatum L. var. joannoni (Jord. et Fourr.) Asch. et Graebn. = Ornithogalum algeriense Jord. et Fourr. ■☆
274831 Ornithogalum umbellatum L. var. latifolium Batt. et Trab. = Ornithogalum kochii Parl. ■☆
274832 Ornithogalum umgenense Baker = Ornithogalum tenuifolium F. Delaroche ■☆
274833 Ornithogalum undulatum (Aiton) Thunb. = Eucomis autumnalis (Mill.) Chitt. ■☆
274834 Ornithogalum uniflorum L. = Tulipa uniflora (L.) Besser ex Baker ■
274835 Ornithogalum unifoliatum (G. D. Rowley) Oberm.;单小叶虎眼万年青■☆
274836 Ornithogalum unifolium (L.) Ker Gawl. = Cathissa broteroi (Lainz) Speta ■☆
274837 Ornithogalum unifolium Dyer = Ornithogalum unifolium Retz. ■☆
274838 Ornithogalum unifolium Retz.;单叶虎眼万年青■☆
274839 Ornithogalum unifolium Retz. var. vestitum U. Müll. -Doblies et D. Müll. -Doblies;包被虎眼万年青■☆
274840 Ornithogalum urbanianum Schltr. ex Poelln. = Ornithogalum hispidum Hornem. ■☆
274841 Ornithogalum vallisgratiae Schltr. ex Poelln. = Ornithogalum schlechterianum Schinz ■☆
274842 Ornithogalum vandermerwei Barnes = Ornithogalum dubium Houtt. ■☆
274843 Ornithogalum virens Lindl. = Ornithogalum tenuifolium F. Delaroche ■☆
274844 Ornithogalum virgineum Sol. ex Baker = Ornithogalum rupestre L. f. ■☆
274845 Ornithogalum viride (L.) J. C. Manning et Goldblatt;绿花虎眼万年青■☆
274846 Ornithogalum vittatum (Ker Gawl.) Kunth = Ornithogalum suaveolens Jacq. ■☆
274847 Ornithogalum volutare J. C. Manning et Goldblatt;旋卷虎眼万年青■☆
274848 Ornithogalum watermeyeri L. Bolus = Ornithogalum unifolium Retz. ■☆
274849 Ornithogalum wilmaniae F. M. Leight. = Ornithogalum seineri (Engl. et K. Krause) Oberm. ■☆
274850 Ornithogalum witteklipense F. M. Leight. = Ornithogalum rupestre L. f. ■☆
274851 Ornithogalum woronowii Krasch.;沃氏虎眼万年青(武氏虎眼万年青)■☆
274852 Ornithogalum xanthochlorum Baker;黄绿虎眼万年青■☆
274853 Ornithogalum zebrinellum U. Müll. -Doblies et D. Müll. -Doblies;小条斑虎眼万年青■☆
274854 Ornithogalum zebrinum (Baker) Oberm.;条斑虎眼万年青■☆
274855 Ornithogalum zeyheri Baker = Ornithogalum flexuosum (Thunb.) U. Müll. -Doblies et D. Müll. -Doblies ■☆
274856 Ornithogloson Raf. = Ornithoglossum Salisb. ■☆
274857 Ornithoglossum Salisb. (1806);雀舌水仙属;Bird's Tongue, Bird's-tongue ■☆
274858 Ornithoglossum calcicola K. Krause et Dinter;钙生雀舌水仙■☆
274859 Ornithoglossum dinteri K. Krause;丁特雀舌水仙■☆
274860 Ornithoglossum glaucum Salisb. = Ornithoglossum viride (L. f.) W. T. Aiton ■☆
274861 Ornithoglossum glaucum Salisb. var. grandiflorum Baker = Ornithoglossum dinteri K. Krause ■☆
274862 Ornithoglossum glaucum Salisb. var. undulatum (Willd.) Baker = Ornithoglossum undulatum Sweet ■☆
274863 Ornithoglossum glaucum Salisb. var. zeyheri Baker = Ornithoglossum zeyheri (Baker) B. Nord. ■☆
274864 Ornithoglossum gracile B. Nord.;纤细雀舌水仙■☆
274865 Ornithoglossum lichtensteinii Schltdl. = Ornithoglossum undulatum Sweet ■☆
274866 Ornithoglossum parviflorum B. Nord.;小花雀舌水仙■☆
274867 Ornithoglossum undulatum (Willd.) Spreng. = Ornithoglossum undulatum Sweet ■☆
274868 Ornithoglossum undulatum (Willd.) Spreng. var. zeyheri (Baker) T. Durand et Schinz = Ornithoglossum zeyheri (Baker) B. Nord. ■☆
274869 Ornithoglossum undulatum Sweet;波状雀舌水仙■☆
274870 Ornithoglossum viride (L. f.) W. T. Aiton;绿雀舌水仙■☆
274871 Ornithoglossum viride (L. f.) W. T. Aiton var. grandiflorum (Baker) T. Durand et Schinz = Ornithoglossum undulatum Sweet ■☆
274872 Ornithoglossum viride (L. f.) W. T. Aiton var. undulatum (Willd.) J. F. Macbr. = Ornithoglossum undulatum Sweet ■☆
274873 Ornithoglossum vulgare B. Nord.;普通雀舌水仙■☆
274874 Ornithoglossum zeyheri (Baker) B. Nord.;泽赫雀舌水仙■☆
274875 Ornithophora Barb. Rodr. = Sigmatostalix Rchb. f. ■☆
274876 Ornithopodioides Heist. ex Fabr. = Coronilla L. (保留属名)●■
274877 Ornithopodiotdes Fabr. = Coronilla L. (保留属名)●■
274878 Ornithopodium Mill. = Ornithopus L. ■☆
274879 Ornithopus L. (1753);鸟足豆属;Bird's Foot, Bird's-foot ■☆
274880 Ornithopus compressus L.;密集鸟足豆;Yellow Bird's-foot, Yellow Serradella ■☆
274881 Ornithopus coriandrinus Fielding et Gardner = Antopetitia abyssinica A. Rich. ■☆
274882 Ornithopus coriandrinus Hochst. et Steud. = Antopetitia abyssinica A. Rich. ■☆
274883 Ornithopus durus Cav. = Coronilla repanda (Poir.) Guss. subsp. dura (Cav.) Cout. ●☆
274884 Ornithopus ebracteatus Brot. = Ornithopus pinnatus (Mill.) Druce ■☆
274885 Ornithopus exstipulus Thore = Ornithopus pinnatus (Mill.) Druce ■☆
274886 Ornithopus isthmocarpus Coss. = Ornithopus sativus Brot. subsp. isthmocarpus (Coss.) Dostál ■☆
274887 Ornithopus isthmocarpus Coss. var. africanus Maire = Ornithopus sativus Brot. subsp. isthmocarpus (Coss.) Dostál ■☆
274888 Ornithopus perpusillus L.;小鸟足豆;Bird's Foot, Bird's-foot, Little Serradella, Little White Bird's-foot ■☆
274889 Ornithopus perpusillus L. subsp. roseus (Dufour) Rouy = Ornithopus sativus Brot. ■☆
274890 Ornithopus pinnatus (Mill.) Druce;黄鸟足豆;Orange Bird's Foot, Orange Bird's-foot, Yellow Bird's-foot ■☆
274891 Ornithopus repandus Poir. = Coronilla repanda (Poir.) Guss. ●☆
274892 Ornithopus repandus Poir. var. durus (Cav.) Font Quer = Coronilla repanda (Poir.) Guss. subsp. dura (Cav.) Cout. ●☆

274893 Ornithopus roseus Dufour = Ornithopus sativus Brot. ■☆
274894 Ornithopus rubrum Lour. = Desmodium rubrum(Lour.) DC. ●
274895 Ornithopus sativus Brot.;鸟足豆(欧柅索豆);Common Bird's-foot, Common Serradella, Serradella ■☆
274896 Ornithopus sativus Brot. subsp. isthmocarpus (Coss.) Dostál;普通鸟足豆;Common Bird's-foot ■☆
274897 Ornithopus sativus L. = Ornithopus sativus Brot. ■☆
274898 Ornithopus scorpioides L. = Coronilla scorpioides(L.) W. D. J. Koch ●☆
274899 Ornithopus uncinatus Maire et Sam.;具钩鸟足豆■☆
274900 Ornithorhynchium Röhl. = Euclidium W. T. Aiton(保留属名)■
274901 Ornithosperma Raf. = Ipomoea L.(保留属名)●■
274902 Ornithospermum Dumoulin = Echinochloa P. Beauv.(保留属名)■
274903 Ornithostaphylos Small = Arctostaphylos Adans.(保留属名)●☆
274904 Ornithostaphylos Small(1914);鹊踏珠属●☆
274905 Ornithostaphylos oppositifolia Small;鹊踏珠●☆
274906 Ornithoxanthum Link = Gagea Salisb. ■
274907 Ornithropaceae Martinov = Sapindaceae Juss.(保留科名)●■
274908 Ornithrophaceae Martinov = Sapindaceae Juss.(保留科名)●■
274909 Ornithrophus Bojer ex Engl. = Weinmannia L.(保留属名)●☆
274910 Ornitopus Krock. = Ornithopus L. ■☆
274911 Ornitrope Pers. = Ornitrophe Comm. ex Juss. ●
274912 Ornitrophe Comm. ex Juss. = Allophylus L. ●
274913 Ornitrophe pinnata Poir. = Deinbollia pinnata (Poir.) Schumach. et Thonn. ●☆
274914 Ornitrophe spicata Poir. = Allophylus spicatus(Poir.) Radlk. ●☆
274915 Ornus Boehm. = Fraxinus L. ●
274916 Ornus floribunda G. Don = Fraxinus floribunda Wall. ex Roxb. ●
274917 Ornus urophylla G. Don = Fraxinus floribunda Wall. ex Roxb. ●
274918 Ornus xanthoxyloides G. Don = Fraxinus xanthoxyloides (G. Don) A. DC. ●
274919 Oroba Medik. = Lathyrus L. ■
274920 Oroba Medik. = Orobus L. ■
274921 Orobanchaceae Vent.(1799)(保留科名);列当科;Broomrape Family ●■
274922 Orobanche L.(1753);列当属;Broom Rape, Broomrape ■
274923 Orobanche Vell. = Besleria L. ●■☆
274924 Orobanche Vell. = Gesneria L. ●☆
274925 Orobanche acaulis Roxb. = Aeginetia acaulis(Roxb.) Walp. ■
274926 Orobanche aeginetia L. = Aeginetia indica Roxb. ■
274927 Orobanche aegyptiaca Pers.;分枝列当(瓜列当);Egyp Broomrape, Egyptian Broomrape ■
274928 Orobanche aegyptiaca Pers. subsp. tunetana (Beck) Maire = Orobanche tunetana Beck ■☆
274929 Orobanche aegyptiaca Pers. var. aemula (Beck) Beck = Orobanche aegyptiaca Pers. ■
274930 Orobanche aegyptiaca Pers. var. leianthera Maire = Orobanche aegyptiaca Pers. ■
274931 Orobanche aegyptiaca Pers. var. tacassea (Beck) Maire = Orobanche tunetana Beck ■☆
274932 Orobanche aethiopica Beck;埃塞俄比亚列当■☆
274933 Orobanche alba Stephan = Orobanche alba Stephan ex Willd. ■
274934 Orobanche alba Stephan ex Willd.;白列当(白花列当);Red Broomrape, Thyme Broomrape, White Broomrape ■
274935 Orobanche alba Stephan ex Willd. var. glabrata (C. A. Mey.) Beck = Orobanche alba Stephan ex Willd. ■
274936 Orobanche alba Stephan ex Willd. var. raddeana(Beck) Beck = Orobanche alba Stephan ex Willd. ■
274937 Orobanche alba Stephan ex Willd. var. wiedemanni (Boiss.) Beck = Orobanche alba Stephan ex Willd. ■
274938 Orobanche alba Willd. = Orobanche alba Stephan ex Willd. ■
274939 Orobanche alectra D. Dietr. = Harveya capensis Hook. ■☆
274940 Orobanche alsatica Kirschl. var. yunnanensis Beck = Orobanche yunnanensis(Beck) Hand. -Mazz. ■
274941 Orobanche alsatica Steph.;多色列当;Alsace Broomrape ■
274942 Orobanche alsatica Steph. subsp. libanotidis (Rupr.) Tzvelev = Orobanche alsatica Steph. ■
274943 Orobanche alsatica Steph. var. libanotidis (Rupr.) Beck. = Orobanche alsatica Steph. ■
274944 Orobanche alsatica Steph. var. yunnanensis Beck = Orobanche yunnanensis(Beck) Hand. -Mazz. ■
274945 Orobanche ambigua Pomel = Orobanche minor Sm. ■☆
274946 Orobanche americana L. = Conopholis americana(L.) Wallr. ■☆
274947 Orobanche amethystea Thuill.;紫晶列当■☆
274948 Orobanche amethystea Thuill. subsp. castellana (Reut.) Rouy;卡地列当■☆
274949 Orobanche amethystea Thuill. var. maura Jahand. et Maire = Orobanche amethystea Thuill. ■☆
274950 Orobanche ammophila C. A. Mey. = Orobanche coerulescens Stephan ex Willd. ■
274951 Orobanche amoena C. A. Mey.;美丽列当;Pretty Broomrape ■
274952 Orobanche amurensis(Beck) B. Becker ex Kom.;阿穆尔列当(黑龙江列当,黑水列当);Amur Broomrape ■
274953 Orobanche amurensis (Beck) B. Becker ex Kom. = Orobanche pycnostachya Hance var. amurensis Beck ■
274954 Orobanche amurensis (Beck) B. Becker ex Kom. = Orobanche pycnostachya Hance ■
274955 Orobanche amurensis (Beck) Kom. = Orobanche pycnostachya Hance var. amurensis Beck ■
274956 Orobanche androssovii Novopokr.;阿氏列当■☆
274957 Orobanche arenaria Borkh.;沙地列当■☆
274958 Orobanche artemisiae-campestris Gaudin;苦列当;Ox-tongue Broomrape, Picris Broomrape ■☆
274959 Orobanche asiatica Weinm. = Orobanche borealis Turcz. ■
274960 Orobanche asiatica Weinm. = Orobanche caesia Rchb. ■
274961 Orobanche barbata Poir. = Orobanche minor Sm. ■☆
274962 Orobanche barbata Poir. var. violacea Maire = Orobanche minor Sm. ■☆
274963 Orobanche bartlingii Griseb. = Orobanche alsatica Steph. ■
274964 Orobanche bicolor C. A. Mey. = Orobanche cernua Loefl. var. cumana(Wallr.) Beck ■
274965 Orobanche bicolor C. A. Mey. = Orobanche cumana Wallr. ■
274966 Orobanche bodinieri H. Lév. = Orobanche coerulescens Stephan ex Willd. ■
274967 Orobanche boninsimae (Maxim.) Tuyama = Platypholis boninsimae Maxim. ■☆
274968 Orobanche borealis Turcz.;北方列当;Asian Broomrape ■
274969 Orobanche borealis Turcz. = Orobanche caesia Rchb. ■
274970 Orobanche bovei Reut.;博韦列当■☆
274971 Orobanche brachypoda Novopokr.;短梗列当■☆
274972 Orobanche brassicae Novopokr.;光药列当;Brassica Broomrape ■
274973 Orobanche brevidens Novopokr.;短齿列当■☆
274974 Orobanche bucharica Novopokr. = Orobanche kashmirica C. B. Clarke ex Hook. f. ■☆

274975 Orobanche buhsei Reut. ex Boiss. et Buhse = Orobanche caryophyllacea Sm. ■

274976 Orobanche buhsei Reut. ex Boiss. et Buhse = Orobanche vulgaris Poir. ■

274977 Orobanche bungeana Beck;梭梭大列当■

274978 Orobanche caerulea Vill. = Orobanche purpurea Jacq. ■☆

274979 Orobanche caerulescens Steph. = Orobanche coerulescens Stephan ex Willd. ■

274980 Orobanche caesia Rchb. = Orobanche lanuginosa(C. A. Mey.) Greuter et Burdet ■

274981 Orobanche camptolepis Boiss. et Reut. = Orobanche cernua Loefl. ■

274982 Orobanche camptolepis Boiss. et Reut. ex Boiss. = Orobanche cernua Loefl. ■

274983 Orobanche canescens Bunge = Orobanche coerulescens Stephan ex Willd. ■

274984 Orobanche cannabis Vaucher ex Duby = Orobanche ramosa L. ■☆

274985 Orobanche caryophyllacea Sm.; 丝毛列当; Bedstraw Broomrape, Cloverscented Broomrape, Clove-scented Broomrape, Common Seradella, Pinklike Broomrape ■

274986 Orobanche caryophyllacea Sm. = Orobanche vulgaris Poir. ■

274987 Orobanche cernua Loefl.;弯管列当(二色列当,欧亚列当,向日葵列当);Drooping Broomrape, Nodding Broomrape ■

274988 Orobanche cernua Loefl. f. desertorum Beck = Orobanche cernua Loefl. ■

274989 Orobanche cernua Loefl. subsp. cumana (Wallr.) Soó = Orobanche cernua Loefl. var. cumana(Wallr.) Beck ■

274990 Orobanche cernua Loefl. subsp. cumana (Wallr.) Soó = Orobanche cumana Wallr. ■

274991 Orobanche cernua Loefl. var. cumana(Wallr.) Beck;欧亚列当■

274992 Orobanche cernua Loefl. var. cumana (Wallr.) Beck = Orobanche cumana Wallr. ■

274993 Orobanche cernua Loefl. var. desertorum (Beck) Stapf = Orobanche cernua Loefl. ■

274994 Orobanche cernua Loefl. var. desertorum Beck = Orobanche cernua Loefl. ■

274995 Orobanche cernua Loefl. var. hansii (A. Kern.) Beck; 直管列当;Hans Nodding Broomrape ■

274996 Orobanche cernua Loefl. var. hansii (A. Kern.) Beck = Orobanche hansii A. Kern. ■☆

274997 Orobanche cernua Loefl. var. latebracteata f. camptolepis(Boiss. et Reut.) Beck = Orobanche cernua Loefl. ■

274998 Orobanche changii B. Y. Chang = Boschniakia himalaica Hook. f. et Thomson ■

274999 Orobanche chrysacanthi Maire;黄刺列当■☆

275000 Orobanche cilicica Beck;缘毛列当■☆

275001 Orobanche cistanchoides Beck ex Stapf = Orobanche stocksii Boiss. ■☆

275002 Orobanche clarkei Hook. f.; 西藏列当; Clarke Broomrape, Xizang Broomrape ■

275003 Orobanche clausonis Pomel;克劳森列当■☆

275004 Orobanche clavata Schiman-Czeika = Orobanche cernua Loefl. ■

275005 Orobanche coelestis (Reut.) Beck = Orobanche coelestis (Reut.) Boiss. et Reut. ex Beck ■

275006 Orobanche coelestis(Reut.) Boiss. et Reut. ex Beck;长齿列当(紫花列当);Blue Broomrape, Skyblue Broomrape ■

275007 Orobanche coelestis (Reut.) Boiss. et Reut. ex Beck f. persia Beck = Orobanche coelestis(Reut.) Boiss. et Reut. ex Beck ■

275008 Orobanche coelestis Boiss. et Reut. ex Reut. = Orobanche coelestis(Reut.) Boiss. et Reut. ex Beck ■

275009 Orobanche coelestis Boiss. et Reut. ex Reut. f. persia Beck = Orobanche coelestis Boiss. et Reut. ex Reut. ■

275010 Orobanche coerulescens Stephan ex Willd.;列当(草苁蓉,独根草,鬼见愁,花苁蓉,栗当,栗党,兔子拐棒,兔子拐棍,兔子拐杖,兔子腿,紫花列当);Broom Rape, Broomrape, Skyblue Broomrape ■

275011 Orobanche coerulescens Stephan ex Willd. f. albiflora (Kuntze) H. Hara;白花列当■☆

275012 Orobanche coerulescens Stephan ex Willd. f. korshinskyi (Novopokr.) Ma = Orobanche coerulescens Stephan ex Willd. ■

275013 Orobanche coerulescens Stephan ex Willd. f. nipponica (Makino) Kitam. = Orobanche coerulescens Stephan ex Willd. ■

275014 Orobanche coerulescens Stephan ex Willd. f. ombrochares (Hance) Beck = Orobanche ombrochares Hance ■

275015 Orobanche coerulescens Stephan ex Willd. f. pekinensis Beck = Orobanche coerulescens Stephan ex Willd. ■

275016 Orobanche coerulescens Stephan ex Willd. f. typica Beck = Orobanche coerulescens Stephan ex Willd. ■

275017 Orobanche coerulescens Stephan ex Willd. var. albiflora Kuntze = Orobanche coerulescens Stephan ex Willd. ■

275018 Orobanche coerulescens Stephan f. korshinskyi(Novopokr.) Ma;北亚列当;Korshinsky Broomrape ■

275019 Orobanche coerulescens Stephan f. ombrochares(Hance) Beck = Orobanche ombrochares Hance ■

275020 Orobanche coerulescens Stephan var. albiflora Kuntze = Orobanche coerulescens Stephan ex Willd. ■

275021 Orobanche colorata K. Koch;着色列当■☆

275022 Orobanche comosula Novopokr. = Orobanche amoena C. A. Mey. ■

275023 Orobanche compacta Viv. = Cistanche compacta(Viv.) Bég. et Vacc. ■☆

275024 Orobanche condensata Moris = Orobanche variegata Wallr. ■☆

275025 Orobanche condensata Moris subsp. spartii (Guss.) Batt. = Orobanche variegata Wallr. ■☆

275026 Orobanche condensata Moris subsp. variegata(Wallr.) Batt. = Orobanche variegata Wallr. ■☆

275027 Orobanche connata K. Koch;合生列当■☆

275028 Orobanche consimilis Schiman-Czeika = Orobanche alba Stephan ex Willd. ■

275029 Orobanche crenata Forssk.;圆齿列当;Bean Broomrape ■☆

275030 Orobanche crenata Forssk. var. brachysepala Maire = Orobanche crenata Forssk. ■☆

275031 Orobanche crenata Forssk. var. owerini Beck = Orobanche crenata Forssk. ■☆

275032 Orobanche crenata Forssk. var. sylvestris (Beck) Beck = Orobanche crenata Forssk. ■☆

275033 Orobanche crinita Viv.;长软毛列当■☆

275034 Orobanche crinita Viv. subsp. occidentalis M. J. Y. Foley = Orobanche crinita Viv. ■☆

275035 Orobanche crinita Viv. var. occidentalis M. J. Y. Foley = Orobanche crinita Viv. ■☆

275036 Orobanche cruenta Bertol.;高加索列当;Caucasia Broomrape ■☆

275037 Orobanche cumana Wallr. = Orobanche cernua Loefl. var. cumana(Wallr.) Beck ■

275038 Orobanche cumana Wallr. = Orobanche cernua Loefl. ■

275039 Orobanche curviflora Viv. = Orobanche cernua Loefl. ■

275040 Orobanche cyanescens Harry Sm. = Orobanche sinensis Harry Sm. var. cyanescens(Harry Sm.)Z. Y. Zhang ■
275041 Orobanche cyrenaica Beck;昔兰尼列当■☆
275042 Orobanche densiflora Reut.;密花列当■☆
275043 Orobanche ducellieri Maire;迪塞利耶列当■☆
275044 Orobanche elatior Sutton;短唇列当;Knapweed Broomrape, Tall Broomrape ■
275045 Orobanche elatior Sutton = Orobanche major L. ■
275046 Orobanche epithymum DC. = Orobanche alba Stephan ex Willd. ■
275047 Orobanche epithymum DC. var. buhsei(Reut. ex Boiss.)Boiss. = Orobanche vulgaris Poir. ■
275048 Orobanche epithymumDC. = Orobanche alba Stephan ex Willd. ■
275049 Orobanche eximia Harry Sm. = Orobanche megalantha Harry Sm. ■
275050 Orobanche fasciculata Nutt.;簇生列当;Cancer-root, Clustered Broom-rape, Pinon Strangleroot ■☆
275051 Orobanche fasciculata Nutt. var. franciscana Achey = Orobanche fasciculata Nutt. ■☆
275052 Orobanche fasciculata Nutt. var. lutea (Parry) Achey = Orobanche fasciculata Nutt. ■☆
275053 Orobanche fasciculata Nutt. var. subulata Goodman = Orobanche fasciculata Nutt. ■☆
275054 Orobanche fasciculata Nutt. var. typica Achey = Orobanche fasciculata Nutt. ■☆
275055 Orobanche ferruginea K. Koch;锈列当■☆
275056 Orobanche flava F. W. Schultz = Orobanche flava Mart. ex F. W. Schultz ■☆
275057 Orobanche flava F. W. Schultz var. doriae Emb. et Maire = Orobanche flava F. W. Schultz ■☆
275058 Orobanche flava Mart. ex F. W. Schultz;鲜黄列当■☆
275059 Orobanche foetida Poir.;臭列当■☆
275060 Orobanche foetida Poir. var. comosa Ball = Orobanche foetida Poir. ■☆
275061 Orobanche foetida Poir. var. kabylica Maire = Orobanche foetida Poir. ■☆
275062 Orobanche foetida Poir. var. subgracilis Maire = Orobanche foetida Poir. ■☆
275063 Orobanche fuscovinosa Maire;棕脉列当■☆
275064 Orobanche galii Duby = Orobanche caryophyllacea Sm. ■
275065 Orobanche galii Duby = Orobanche vulgaris Poir. ■
275066 Orobanche galii Duby var. atlantica Batt. = Orobanche clarkei Hook. f. ■
275067 Orobanche galii Duby var. clausonis(Pomel)Batt. = Orobanche clarkei Hook. f. ■
275068 Orobanche gamosepala Reut.;联萼列当■☆
275069 Orobanche gigantea (Beck) Gontsch. = Orobanche kotschyi Reut. ■
275070 Orobanche glabra (C. A. Mey.) Hook. = Boschniakia rossica (Cham. et Schltdl.)B. Fedtsch. et Flerow ■
275071 Orobanche glabra Hook. = Boschniakia rossica (Cham. et Schltdl.)B. Fedtsch. et Flerow ■
275072 Orobanche glabrata C. A. Mey. = Orobanche alba Stephan ex Willd. ■
275073 Orobanche glabricaulis Tzvelev;光茎列当■☆
275074 Orobanche glaucantha Trautv.;苍白花列当■☆
275075 Orobanche gracilis Sm.;纤细列当■☆
275076 Orobanche gracilis Sm. var. deludens (Beck) A. Pujadas = Orobanche gracilis Sm. ■☆
275077 Orobanche gracilis Sm. var. psilantha Beck = Orobanche gracilis Sm. ■☆
275078 Orobanche gratiosa(Webb et Berthel.)Linding.;多姿列当■☆
275079 Orobanche grigorjevii Novopokr. Orobanche grigorjevii Novopokr.;格里氏列当■☆
275080 Orobanche grisebachii Reut.;格里泽巴赫列当■☆
275081 Orobanche grossheimii Novopokr.;格劳氏列当■☆
275082 Orobanche haenseleri Reut.;黑泽勒列当■☆
275083 Orobanche haenseleri Reut. var. deludens Beck = Orobanche gracilis Sm. ■☆
275084 Orobanche hansii A. Kern.;翰氏列当■☆
275085 Orobanche hansii A. Kern. = Orobanche cernua Loefl. var. hansii (A. Kern.)Beck ■
275086 Orobanche hederae Duby;常春藤列当;Ivy Broomrape ■☆
275087 Orobanche heldreichii (Reut.) Beck = Orobanche coelestis Boiss. et Reut. ex Reut. ■
275088 Orobanche heyniae Dinter = Alectra orobanchoides Benth. ■☆
275089 Orobanche hirtiflora (Reut.) Burkill = Orobanche hirtiflora (Reut.)Tzvelev ■☆
275090 Orobanche hirtiflora(Reut.)Tzvelev;毛花列当■☆
275091 Orobanche hohenackeri(Reut.)Tzvelev;豪氏列当■☆
275092 Orobanche hookeriana Ball;胡克列当■☆
275093 Orobanche humbertii Maire;亨伯特列当■☆
275094 Orobanche hymenocalyx Reut.;膜萼列当■☆
275095 Orobanche iberica(Beck)Tzvelev;伊比利亚列当■☆
275096 Orobanche inconspicua Gontsch. = Orobanche hansii A. Kern. ■☆
275097 Orobanche indica Buch.-Ham. ex Roxb. = Orobanche aegyptiaca Pers. ■
275098 Orobanche interrupta Pers.;间断列当■☆
275099 Orobanche japonensis Makino = Orobanche coerulescens Stephan ex Willd. ■
275100 Orobanche karatavica Pavlov;卡拉塔夫列当■☆
275101 Orobanche kashmirica C. B. Clarke ex Hook. f.;克什米尔列当■☆
275102 Orobanche kelleri Novopokr.;开莱尔列当(短齿列当);Keller Broomrape, Shorttooth Broomrape ■
275103 Orobanche korshinskyi Novopokr. = Orobanche coerulescens Stephan ex Willd. ■
275104 Orobanche korshinskyi Novopokr. = Orobanche coerulescens Stephan ex Willd. f. korshinskyi(Novopokr.)Ma ■
275105 Orobanche kotschyi Reut.;缢筒列当;Kotschy Broomrape ■
275106 Orobanche kotschyi Reut. var. gigantea Beck = Orobanche kotschyi Reut. ■
275107 Orobanche krylowii Beck;丝多毛列当;Krylow Broomrape ■
275108 Orobanche kurdica Boiss. et Hausskn. ex Boiss.;库尔得列当■☆
275109 Orobanche lactea Eckl. et Zeyh. ex C. Presl = Harveya capensis Hook. ■☆
275110 Orobanche laevis L. = Orobanche arenaria Borkh. ■☆
275111 Orobanche lanuginosa (C. A. Mey.) Beck = Orobanche caesia Rchb. ■
275112 Orobanche lanuginosa(C. A. Mey.)Beck ex Krylov = Orobanche lanuginosa(C. A. Mey.)Greuter et Burdet ■
275113 Orobanche lanuginosa(C. A. Mey.)Greuter et Burdet;毛列当;Hairy Broomrape, Lanuginose Broomrape ■
275114 Orobanche latisquama(F. W. Schultz)Batt.;宽鳞列当■☆
275115 Orobanche lavandulacea Rchb.;薰衣草列当■☆
275116 Orobanche laxa Pomel;松散列当■☆
275117 Orobanche leptantha Pomel;细花列当■☆

275118 Orobanche libanotidis Rupr. = Orobanche alsatica Steph. ■
275119 Orobanche linczevskii Novopokr.；林氏列当■☆
275120 Orobanche loricata Rchb. = Orobanche artemisiae-campestris Gaudin ■☆
275121 Orobanche ludoviciana Nutt.；路州列当；Broomrape, Louisiana Broom-rape, Prairie Broom-rape ■☆
275122 Orobanche ludoviciana Nutt. var. arenosa (Suksd.) Cronquist = Orobanche ludoviciana Nutt. ■☆
275123 Orobanche ludoviciana Nutt. var. cooperi Beck；库珀路州列当；Burro-weed Strangler ■☆
275124 Orobanche ludoviciana Nutt. var. genuina Beck = Orobanche ludoviciana Nutt. ■☆
275125 Orobanche ludoviciana Nutt. var. multiflora (Nutt.) Beck；多花路州列当■☆
275126 Orobanche lutea Baumg.；黄列当；Golden-yellow Broomrape ■☆
275127 Orobanche mairei H. Lév. = Orobanche coerulescens Stephan ex Willd. ■
275128 Orobanche major L.；高列当(大列当，短唇列当)；Big Broomrape, Greater Breomrape, Tall Broomrape ■
275129 Orobanche major L. = Orobanche caryophyllacea Sm. ■
275130 Orobanche major L. f. krylowii (Beck) Beck = Orobanche krylowii Beck ■
275131 Orobanche maritima Pugsley；海滨列当；Carrot Broomrape, Sea-carrot Broomrape ■☆
275132 Orobanche media Desf. = Orobanche cernua Loefl. ■
275133 Orobanche megalantha Harry Sm.；大花列当；Largeflower Broomrape ■
275134 Orobanche micrantha Wallr. = Orobanche ramosa L. ■☆
275135 Orobanche minor Sm.；欧小列当(小列当)；Broomrape, Chokeweed, Clover Broomrape, Clover Rape, Clover-rape, Common Broomrape, Dead Man, Devil's Root, Hellroot, Lesser Broomrape, Midsummer Men, New Chapel Flower, Orobanch, Shepherd's Pouch, Strangleweed ■☆
275136 Orobanche minor Sm. var. ambigua (Pomel) Batt. = Orobanche minor Sm. ■☆
275137 Orobanche minor Sm. var. flava Regel；黄欧小列当■☆
275138 Orobanche minor Sm. var. grisebachii (Reut.) Hadidi = Orobanche grisebachii Reut. ■☆
275139 Orobanche minor Sm. var. hyalina (Reut.) Batt. = Orobanche minor Sm. ■☆
275140 Orobanche minor Sm. var. pubescens (d'Urv.) Meikle = Orobanche pubescens d'Urv. ■☆
275141 Orobanche minor Sutton = Orobanche minor Sm. ■☆
275142 Orobanche mongolica Beck；中华列当(蒙古列当)；Mongol Broomrape, Mongolian Broomrape ■
275143 Orobanche multiflora Nutt.；多花列当；Broomrape, Spike Broomrape ■☆
275144 Orobanche multiflora Nutt. var. arenosa (Suksd.) Munz = Orobanche ludoviciana Nutt. ■☆
275145 Orobanche mupinensis Hu；宝兴列当；Baoxing Broomrape, Paohsing Broomrape ■
275146 Orobanche mutelii F. W. Schultz = Orobanche ramosa L. subsp. mutelii (F. W. Schultz) Cout. ■☆
275147 Orobanche mutelii F. W. Schultz subsp. brassicae Novopokr. = Orobanche brassicae Novopokr. ■
275148 Orobanche nana Noë ex Reut.；矮列当■☆
275149 Orobanche nana Reut. = Orobanche ramosa L. subsp. nana (Reut.) Cout. ■☆
275150 Orobanche nicotianae Wight = Orobanche cernua Loefl. ■
275151 Orobanche nikitinii Novopokr. = Orobanche solmsii C. B. Clarke ex Hook. f. ■
275152 Orobanche nipponica Makino = Orobanche coerulescens Stephan ex Willd. ■
275153 Orobanche nudiflora Wallr. = Orobanche minor Sm. ■☆
275154 Orobanche ombrochares Hance；毛药列当；Hairthrum Broomrape, Ombrocharis Broomrape ■
275155 Orobanche orientalis Beck；东方列当■☆
275156 Orobanche owerini Beck；欧氏列当■☆
275157 Orobanche oxyloba (Reut.) Beck = Orobanche orientalis Beck ■☆
275158 Orobanche oxyloba Beck = Orobanche orientalis Beck ■☆
275159 Orobanche pallidiflora Wimm. et Grab.；灰花列当■☆
275160 Orobanche papaveris?；罂粟列当■☆
275161 Orobanche parviflora E. Mey. ex Steud. = Alectra orobanchoides Benth. ■☆
275162 Orobanche pedunculata Roxb. = Aeginetia acaulis (Roxb.) Walp. ■
275163 Orobanche pedunculata Roxb. = Aeginetia pedunculata (Roxb.) Wall. ■☆
275164 Orobanche picridis F. W. Schultz = Orobanche artemisiae-campestris Gaudin ■☆
275165 Orobanche porphyrantha Beck = Orobanche uniflora L. ■☆
275166 Orobanche pratensis Eckl. et Zeyh. ex C. Presl = Harveya purpurea (L. f.) Harv. ex Hook. ■☆
275167 Orobanche pruinosa Lapeyr. = Orobanche crenata Forssk. ■☆
275168 Orobanche pruinosa Lapeyr. var. speciosa (DC.) Ball = Orobanche crenata Forssk. ■☆
275169 Orobanche pseudobarleriae Dinter = Alectra pseudobarleriae (Dinter) Dinter ■☆
275170 Orobanche psilotemon Novopokr. = Orobanche alba Stephan ex Willd. ■
275171 Orobanche pubescens d'Urv.；软毛列当■☆
275172 Orobanche pulchella (C. A. Mey.) Novopokr.；美花列当■☆
275173 Orobanche purpurea Jacq.；紫列当；Blue Broomrupe, Purple Broomrape, Yarrow Broomrape ■☆
275174 Orobanche purpurea Jacq. = Orobanche uniflora L. ■☆
275175 Orobanche purpurea Jacq. var. ballii Maire = Orobanche purpurea Jacq. ■☆
275176 Orobanche purpurea L. f. = Harveya purpurea (L. f.) Harv. ex Hook. ■☆
275177 Orobanche pycnostachya Hance；黄花列当(独根草)；Yellow Broomrape, Yellowflower Broomrape ■
275178 Orobanche pycnostachya Hance var. amurensis Beck = Orobanche amurensis (Beck) B. Becker ex Kom. ■
275179 Orobanche pycnostachya Hance var. genuina Beck = Orobanche pycnostachya Hance ■
275180 Orobanche pycnostachya Hance var. yunnanensis Beck = Orobanche coerulescens Stephan ex Willd. ■
275181 Orobanche quadrifida K. Koch = Orobanche caryophyllacea Sm. ■
275182 Orobanche raddeana Beck；拉氏列当■☆
275183 Orobanche raddeana Beck = Orobanche alba Stephan ex Willd. ■
275184 Orobanche ramosa L.；西班牙列当(分枝列当)；Branched Broomrape, Hemp Broomrape ■☆
275185 Orobanche ramosa L. = Orobanche aegyptiaca Pers. ■
275186 Orobanche ramosa L. subsp. mutelii (F. W. Schultz) Cout.；穆氏

列当■☆

275187 Orobanche ramosa L. subsp. nana(Reut.)Cout.;矮小分枝列当■☆

275188 Orobanche ramosa L. var. brevispicata(Ledeb.)Graham;短穗分枝列当■☆

275189 Orobanche ramosa L. var. nana (Reut.) Fiori = Orobanche ramosa L. ■☆

275190 Orobanche ramosa L. var. schweinfurthii (Beck) Hadidi = Orobanche schweinfurthii Beck ■☆

275191 Orobanche rapum Thuill.;欧列当■☆

275192 Orobanche rapum-genistae Thuill.;大列当;Great Broomrape, Greater Broomrape ■☆

275193 Orobanche rapum-genistae Thuill. subsp. benthamii (Timb.-Lagr.)P. Fourn. = Orobanche rapum-genistae Thuill. ■☆

275194 Orobanche rapum-genistae Thuill. var. bracteosa(Reut.)Beck = Orobanche rapum-genistae Thuill. ■☆

275195 Orobanche reticulata Wallr.;网状列当;Thistle Broomrape ■☆

275196 Orobanche rosea Tzvelev;粉列当■☆

275197 Orobanche rossica Cham. et Schltdl. = Boschniakia rossica (Cham. et Schltdl.)B. Fedtsch. et Flerow ■

275198 Orobanche rubens Wallr. = Orobanche lutea Baumg. ■☆

275199 Orobanche sanguinea C. Presl var. cyrenaica Beck = Orobanche cyrenaica Beck ■☆

275200 Orobanche scarlatina E. Mey. ex Drège = Harveya scarlatina (Benth.)Hiern ■☆

275201 Orobanche schelkovnikovii Tzvelev;塞尔列当■☆

275202 Orobanche schultzii Mutel;舒尔茨列当■☆

275203 Orobanche schultzii Mutel var. alexandrina Beck = Orobanche schultzii Mutel ■☆

275204 Orobanche schultzii Mutel var. pyramidalis (Reut.) Beck = Orobanche schultzii Mutel ■☆

275205 Orobanche schultzii Mutel var. stricta(Moris)Beck = Orobanche schultzii Mutel ■☆

275206 Orobanche schweinfurthii Beck;施韦列当■☆

275207 Orobanche sedii(Suksd.)Fernald = Orobanche uniflora L. ■☆

275208 Orobanche serratocalyx Beck;齿萼列当■☆

275209 Orobanche sinensis Harry Sm.;四川列当;China Broomrape, Chinese Broomrape ■

275210 Orobanche sinensis Harry Sm. var. cyanescens(Harry Sm.)Z. Y. Zhang;蓝花列当;Blueflower Chinese Broomrape ■

275211 Orobanche sintenisii Beck ex Bornm.;辛氏列当■☆

275212 Orobanche solenanthi Novopokr. et Pissjauk.;长蕊琉璃草列当■☆

275213 Orobanche solmsii C. B. Clarke ex Hook. f.;长苞列当;Longbract Broomrape ■

275214 Orobanche sordida C. A. Mey.;淡黄列当;Lightyellow Broomrape ■

275215 Orobanche speciosa DC. = Orobanche crenata Forssk. ■☆

275216 Orobanche spectabilis E. Mey. ex Drège = Harveya capensis Hook. ■☆

275217 Orobanche spectabilis Reut. = Orobanche kashmirica C. B. Clarke ex Hook. f. ■☆

275218 Orobanche spectabilis Reut. = Orobanche kotschyi Reut. ■

275219 Orobanche squammata G. Don = Harveya squamosa (Thunb.) Steud. ■☆

275220 Orobanche squamosa Thunb. = Harveya squamosa (Thunb.) Steud. ■☆

275221 Orobanche stocksii Boiss.;斯托克斯列当■☆

275222 Orobanche sulphurea Gontsch.;硫色列当■☆

275223 Orobanche terrae-novae Fernald = Orobanche uniflora L. ■☆

275224 Orobanche tetuanensis Ball = Orobanche gracilis Sm. ■☆

275225 Orobanche teucrii Holand.;香科列当■☆

275226 Orobanche tinctoria Forssk. = Cistanche phelypaea(L.)Cout. ■☆

275227 Orobanche transcaucasica Tzvelev;外高加索列当■☆

275228 Orobanche trichocalyx(Webb et al.)Beck;毛萼列当■☆

275229 Orobanche tubata E. Mey. ex Drège = Harveya speciosa Bernh. ■☆

275230 Orobanche tulbaghensis Eckl. et Zeyh. ex C. Presl = Harveya tulbaghensis(Eckl. et Zeyh. ex C. Presl)C. Presl ■☆

275231 Orobanche tunetana Beck;图内特列当■☆

275232 Orobanche tunetana Beck var. tacassea? = Orobanche tunetana Beck ■☆

275233 Orobanche uitenhagensis Eckl. ex Hook. = Harveya purpurea (L. f.)Harv. ex Hook. ■☆

275234 Orobanche uniflora L.;单花列当;Cancer-root, Naked Broom-rape, One-flowered Broomrape, One-flowered Broom-rape, One-flowered Cancer-root, Small Cancer-root ■☆

275235 Orobanche uniflora L. subsp. occidentalis (Greene) Abrams ex Ferris = Orobanche uniflora L. ■☆

275236 Orobanche uniflora L. var. minuta (Suksd.) Beck = Orobanche uniflora L. ■☆

275237 Orobanche uniflora L. var. occidentalis(Greene)Roy L. Taylor et MacBryde = Orobanche uniflora L. ■☆

275238 Orobanche uniflora L. var. purpurea (A. Heller) Achey = Orobanche uniflora L. ■☆

275239 Orobanche uniflora L. var. sedii (Suksd.) Achey = Orobanche uniflora L. ■☆

275240 Orobanche uniflora L. var. terrae-novae (Fernald) Munz = Orobanche uniflora L. ■☆

275241 Orobanche uniflora L. var. typica Achey = Orobanche uniflora L. ■☆

275242 Orobanche uralensis Beck;多齿列当;Manytooth Broomrape ■

275243 Orobanche varia E. Mey. ex Drège = Striga gesnerioides(Willd.) Vatke ■☆

275244 Orobanche variegata Wallr.;斑叶列当■☆

275245 Orobanche variegata Wallr. var. bonensis Beck = Orobanche variegata Wallr. ■☆

275246 Orobanche variegata Wallr. var. integrisepala Maire = Orobanche variegata Wallr. ■☆

275247 Orobanche variegata Wallr. var. nepae Maire = Orobanche variegata Wallr. ■☆

275248 Orobanche variegata Wallr. var. porphyrostigma Maire = Orobanche variegata Wallr. ■☆

275249 Orobanche variegata Wallr. var. pseudosatyrus Maire = Orobanche variegata Wallr. ■☆

275250 Orobanche variegata Wallr. var. sicula (Lojac.) Beck = Orobanche variegata Wallr. ■☆

275251 Orobanche versicolor F. W. Schultz;变色列当■☆

275252 Orobanche versicolor F. W. Schultz = Orobanche pubescens d'Urv. ■☆

275253 Orobanche versicolor F. W. Schultz var. homochroa(Beck)Maire et Weiller = Orobanche pubescens d'Urv. ■☆

275254 Orobanche versicolor F. W. Schultz var. macrophyllon (Beck) Pamp. = Orobanche pubescens d'Urv. ■☆

275255 Orobanche virginiana L.;弗州列当;Cancer-root ■☆

275256 Orobanche virginiana L. = Epifagus virginiana (L.) W. P. C. Barton ●☆

275257 Orobanche vitellina Novopokr.;蛋黄色列当■☆

275258 Orobanche vulgaris Poir.;普通列当■
275259 Orobanche vulgaris Poir. = Orobanche caryophyllacea Sm. ■
275260 Orobanche wendelboi Schiman-Czeika = Orobanche cernua Loefl. ■
275261 Orobanche wiedemanni Boiss. = Orobanche alba Stephan ex Willd. ■
275262 Orobanche yunnanensis (Beck) Hand. -Mazz.; 滇 列 当; Yunnan Broomrape ■
275263 Orobanchia Vand.(废弃属名) = Alloplectus Mart.(保留属名)● ■☆
275264 Orobanchia Vand.(废弃属名) = Nematanthus Schrad.(保留属名) ●■☆
275265 Orobella C. Presl = Vicia L. ■
275266 Orobium Rchb. = Aphragmus Andrz. ex DC. ■
275267 Orobium Rchb. = Oreas Cham. et Schltdl. ■
275268 Orobium Schrad. ex Nees = Lagenocarpus Nees ■☆
275269 Orobos St. -Lag. = Orobus L. ■
275270 Orobus L. = Lathyrus L. ■
275271 Orobus alatus Maxim. = Lathyrus komarovii Ohwi ■
275272 Orobus atropurpureus Desf. = Vicia sicula(Raf.)Guss. ■☆
275273 Orobus emodii Wall. ex Fritsch = Lathyrus emodii(Wall. ex Fritsch) Ali ■☆
275274 Orobus gmelinii Fisch. = Lathyrus emodii(Wall. ex Fritsch)Ali ■☆
275275 Orobus gmelinii Fisch. ex DC. = Lathyrus gmelinii (Fisch.) Fritsch ■
275276 Orobus humilis Ser. = Lathyrus humilis(Ser.)Spreng. ■
275277 Orobus lathyroides L. = Vicia unijuga A. Braun ■
275278 Orobus luteus L. = Lathyrus emodii(Wall. ex Fritsch)Ali ■☆
275279 Orobus myrtifolius (Muhl. ex Willd.) A. Hall = Lathyrus palustris L. ■
275280 Orobus ramuliflorus Maxim. = Vicia ramuliflora(Maxim.)Ohwi ■
275281 Orobus venosus Willd. ex Link = Vicia venosa (Willd. ex Link) Maxim. ■
275282 Orobus venosus Willd. ex Link var. willdenowianus Turcz. = Vicia venosa(Willd. ex Link)Maxim. ■
275283 Orobus vernus L. = Lathyrus roseus Stev. ■☆
275284 Orochaenactis Coville(1893);加州针垫菊属(美针垫菊属); California Mountain-pincushion ■☆
275285 Orochaenactis thysanocarpha(A. Gray)Coville;加州针垫菊■☆
275286 Oroga Raf. = Origanum L. ●■
275287 Orogenia S. Watson(1871);山地芹属■☆
275288 Orogenia fusiformis S. Watson;山地芹■☆
275289 Orogenia linearifolia S. Watson;线叶山地芹■☆
275290 Orollanthus E. Mey. = Aeollanthus Mart. ex Spreng. ■☆
275291 Oronicum Gray = Misopates Raf. ■☆
275292 Oronicum Gray = Orontium Pers. ■☆
275293 Orontiaceae Bartl.;金棒芋科■
275294 Orontiaceae Bartl. = Araceae Juss.(保留科名)■●
275295 Orontium L.(1753);金棒芋属(奥昂蒂属);Golden Club, Golden-club ■☆
275296 Orontium Pers. = Misopates Raf. ■☆
275297 Orontium Pers. = Termontis Raf.(1840)●■
275298 Orontium aquaticum L.;金棒芋(奥昂蒂);Golden Club, Golden-club ■☆
275299 Orontium japonicum Thunb. = Rohdea japonica(Thunb.)Roth et Kunth ■
275300 Oroocaryon Kunae ex K. Schum. = Cruckshanksia Hook. et Arn. (保留属名)●☆
275301 Oropetium Trin.(1820);复苏草属■☆
275302 Oropetium africanum(Coss. et Durieu)Chiov.;非洲复苏草■☆
275303 Oropetium africanum(Coss. et Durieu)Chiov. var. breviscapum Gillet et Quézel = Oropetium africanum(Coss. et Durieu)Chiov. ■☆
275304 Oropetium aristatum(Stapf)Pilg.;具芒复苏草■☆
275305 Oropetium capense Stapf;好望角复苏草■☆
275306 Oropetium capense Stapf var. hesperidum (Maire) Scholz = Oropetium hesperidum Maire ■☆
275307 Oropetium ennedicum H. Gillet et Quézel = Oropetium minimum (Hochst.)Pilg. ■☆
275308 Oropetium erythraeum Chiov. = Oropetium aristatum (Stapf) Pilg. ■☆
275309 Oropetium erythraeum Chiov. = Oropetium capense Stapf ■☆
275310 Oropetium hesperidum Maire;摩洛哥复苏草■☆
275311 Oropetium lepturoides Peter = Oropetium aristatum(Stapf)Pilg. ■☆
275312 Oropetium lepturoides Peter = Oropetium capense Stapf ■☆
275313 Oropetium majusculum (C. E. Hubb.) Cufod. = Oropetium minimum(Hochst.)Pilg. ■☆
275314 Oropetium minimum(Hochst.)Pilg.;微小复苏草■☆
275315 Oropetium tibesticum H. Gillet et Quézel = Oropetium capense Stapf ■☆
275316 Orophaca(Torr. et A. Gray)Britton = Astragalus L. ●■
275317 Orophaca Britton = Astragalus L. ●■
275318 Orophaca Nutt. = Astragalus L. ●■
275319 Orophea Blume(1825);澄广花属;Orophea ●
275320 Orophea anceps Pierre;斜叶澄广花(广西澄广花,米得洗,米敦斗);Guangxi Orophea, Kwangsi Orophea ●
275321 Orophea anceps Pierre = Orophea polycarpa A. DC. ●
275322 Orophea chinensis S. Z. Huang;中国澄广花;Chinese Orophea ●
275323 Orophea chinensis S. Z. Huang = Orophea multiflora Ast ●
275324 Orophea gracilis King = Orophea polycarpa A. DC. ●
275325 Orophea hainanensis Merr.; 澄广花(海南澄广花); Hainan Orophea ●
275326 Orophea hirsuta King;毛澄广花;Hirsute Orophea ●
275327 Orophea katschallica Kurz;安达曼澄广花●☆
275328 Orophea multiflora Ast;多花澄广花●☆
275329 Orophea palawanensis Elmer = Mezzettiopsis creaghii Ridl. ●
275330 Orophea polycarpa A. DC.;广西澄广花●
275331 Orophea polycarpa A. DC. sensu Merr. et Chun = Mezzettiopsis creaghii Ridl. ●
275332 Orophea polycarpa A. DC. var. anceps (Pierre) Ast = Orophea anceps Pierre ●
275333 Orophea polycarpa A. DC. var. undulata(Pierre)Ast = Orophea anceps Pierre ●
275334 Orophea polycephala Pierre = Orophea polycarpa A. DC. ●
275335 Orophea undulata Pierre = Orophea anceps Pierre ●
275336 Orophea undulata Pierre = Orophea polycarpa A. DC. ●
275337 Orophea yunnanensis P. T. Li;云南澄广花;Yunnan Orophea ●
275338 Orophochilus Lindau(1897);秘鲁爵床属■☆
275339 Orophochilus stipulaceus Lindau;秘鲁爵床■☆
275340 Orophoma Drude. = Mauritia L. f. ●☆
275341 Orophoma Spruce = Mauritia L. f. ●☆
275342 Orophoma Spruce ex Drude = Mauritia L. f. ●☆
275343 Oropogon Neck. = Andropogon L.(保留属名)■
275344 Orospodias Raf. = Prunus L. ●
275345 Orostachys(DC.)Fisch. = Orostachys Fisch. ex A. Berger ■
275346 Orostachys(DC.)Sweet = Sedum L. ●■
275347 Orostachys Fisch.(1809);瓦松属;Orostachys, Stonecrop ■

275348 Orostachys Fisch. ex A. Berger = Orostachys Fisch. ■

275349 Orostachys Steud. = Elymus L. ■

275350 Orostachys Steud. = Hordelymus(Jess.) Jess. ex Harz ■☆

275351 Orostachys Steud. = Orthostachys Ehrh. ■

275352 Orostachys aggregeata (Makino) H. Hara = Orostachys malacophylla(Pall.) Fisch. var. aggregata(Makino) H. Ohba ■☆

275353 Orostachys aggregeata(Makino) H. Hara var. boehmeri(Makino) Ohwi = Orostachys malacophylla (Pall.) Fisch. var. boehmeri (Makino) H. Hara ■☆

275354 Orostachys aliciae (Raym. -Hamet) H. Ohba = Kungia aliciae (Raym. -Hamet) K. T. Fu ■

275355 Orostachys boehmeri (Makino) H. Hara = Orostachys malacophylla(Pall.) Fisch. var. boehmeri(Makino) H. Hara ■☆

275356 Orostachys cartilaginea Boriss.;狼爪瓦松(干滴落,黄花瓦松,辽瓦松,乾滴塔,瓦松);Gristly Orostachys ■

275357 Orostachys cartilagineus Boriss. = Sedum erubescens(Maxim.) Ohwi ■

275358 Orostachys chanetii(H. Lév.) A. Berger;塔花瓦松(华北石莲草,塔形景天);Chanet Orostachys ■

275359 Orostachys erubescens(Maxim.) Ohwi;晚红瓦松■

275360 Orostachys erubescens (Maxim.) Ohwi = Orostachys spinosa (L.) Sweet ■

275361 Orostachys erubescens(Maxim.) Ohwi var. japonica(Maxim.) Ohwi = Orostachys japonica(Maxim.) A. Berger ■

275362 Orostachys erubescens (Maxim.) Ohwi var. polycephala (Makino) Ohwi = Orostachys japonica (Maxim.) A. Berger f. polycephala(Makino) H. Ohba ■☆

275363 Orostachys fimbriata(Turcz.) A. Berger;瓦松(厝莲,吊吊草,干滴落,干吊鳖,狗指甲,黄花瓦松,克秀巴,狼爪瓦松,狼爪子,流苏瓦松,猫头草,石扣子,石莲花,石塔花,酸溜溜,酸塔,酸窝窝,塔松,天蓬草,兔子拐杖,瓦宝塔,瓦葱,瓦花,瓦莲花,瓦霜,瓦塔,瓦玉,瓦鬃,晚红瓦松,屋上无根草,屋松,鲜瓦松,向天草,岩松,岩笋,柞叶荷草);Fimbriate Orostachys ■

275364 Orostachys fimbriata(Turcz.) A. Berger var. grandiflora F. Z. Li et X. D. Chen = Orostachys fimbriata(Turcz.) A. Berger ■

275365 Orostachys fimbriata(Turcz.) A. Berger var. grandiflora F. Z. Li et X. D. Chen;大花瓦松;Big-flower Fimbriate Orostachys ■

275366 Orostachys fimbriata(Turcz.) A. Berger var. shandongensis F. Z. Li et X. D. Chen = Orostachys fimbriata(Turcz.) A. Berger ■

275367 Orostachys fimbriata(Turcz.) A. Berger var. shandongensis F. Z. Li et X. D. Chen;山东瓦松;Shandong Fimbriate Orostachys ■

275368 Orostachys fimbriata var. grandiflora F. Z. Li et X. D. Chen = Orostachys fimbriata(Turcz.) A. Berger ■

275369 Orostachys fimbriata var. shandongensis F. Z. Li et X. D. Chen = Orostachys fimbriata(Turcz.) A. Berger ■

275370 Orostachys furusei Ohwi;古施瓦松■☆

275371 Orostachys genkaiensis Ohwi = Orostachys malacophylla(Pall.) Fisch. ■

275372 Orostachys iwarenge (Makino) H. Hara = Orostachys malacophylla(Pall.) Fisch. var. iwarenge(Makino) H. Ohba ■☆

275373 Orostachys iwarenge(Makino) H. Hara var. boehmeri(Makino) H. Ohba = Orostachys malacophylla (Pall.) Fisch. var. boehmeri (Makino) H. Hara ■☆

275374 Orostachys iwarenge Hara;岩莲华瓦松■☆

275375 Orostachys japonica(Maxim.) A. Berger;日本瓦松(晚红瓦松);Japan Orostachys ■

275376 Orostachys japonica (Maxim.) A. Berger f. polycephala (Makino) H. Ohba;多头日本瓦松■☆

275377 Orostachys jiuhuaensis X. H. Guo et X. L. Liu;九华瓦松;Jiuhuashan Orostachys ■

275378 Orostachys jiuhuaensis X. H. Guo et X. L. Liu = Orostachys fimbriata(Turcz.) A. Berger ■

275379 Orostachys malacophylla(Pall.) Fisch.;钝叶瓦松;Obtuseleaf Orostachys ■

275380 Orostachys malacophylla(Pall.) Fisch. = Sedum malacophyllum (Pall.) Fisch. ■

275381 Orostachys malacophylla(Pall.) Fisch. subsp. lioutschenngoi H. Ohba;慎谔瓦松■

275382 Orostachys malacophylla(Pall.) Fisch. var. aggregata(Makino) H. Ohba;分蘖瓦松■☆

275383 Orostachys malacophylla(Pall.) Fisch. var. aggregata(Makino) H. Ohba f. rosea(Sugaya) H. Ohba;粉红分蘖瓦松■☆

275384 Orostachys malacophylla(Pall.) Fisch. var. boehmeri(Makino) H. Hara;贝姆瓦松■☆

275385 Orostachys malacophylla(Pall.) Fisch. var. iwarenge(Makino) H. Ohba;日本钝叶瓦松■☆

275386 Orostachys minuta(Kom.) A. Berger;小瓦松;Small Orostachys ■

275387 Orostachys polycephala(Makino) H. Hara = Orostachys japonica (Maxim.) A. Berger f. polycephala(Makino) H. Ohba ■☆

275388 Orostachys ramosissima(Maxim.) Byalt = Orostachys fimbriata (Turcz.) A. Berger ■

275389 Orostachys roseus Berger = Orostachys thyrsiflora Fisch. ■

275390 Orostachys schoenlandii (Raym. -Hamet) H. Ohba = Kungia schoenlandii(Raym. -Hamet) K. T. Fu ■

275391 Orostachys sikokiana(Makino) Ohwi = Meterostachys sikokianus (Makino) Nakai ■☆

275392 Orostachys spinosa (L.) A. Berger = Orostachys spinosa (L.) Sweet ■

275393 Orostachys spinosa (L.) A. Berger = Sedum spinosum (L.) Thunb. ■

275394 Orostachys spinosa(L.) Sweet;黄花瓦松(晚红瓦松);Spinose Orostachys ■

275395 Orostachys stenostachya(Fröd.) H. Ohba = Kungia schoenlandii (Raym. -Hamet) K. T. Fu var. stenostachya(Fröd.) K. T. Fu ■

275396 Orostachys thyrsiflora Fisch.;小苞瓦松(刺叶瓦松,聚伞花瓦松);Thyrseflower Orostachys, Thyrsus Orostachys ■

275397 Orothamnus Pappe ex Hook. (1848);雅灌属●☆

275398 Orothamnus zeyheri Pappe ex Hook. f.;雅灌;Marsh Rose ●☆

275399 Oroxylon Steud. = Oroxylum Vent. ●

275400 Oroxylon Vent. = Oroxylum Vent. ●

275401 Oroxylum Vent. (1808);木蝴蝶属(千张纸属);India Trumpet Flower, India Trumpetflower, India Trumpet-flower, Indian Trumpet Flower, Indian Trumpetflower, Trumpet Flower, Trumpetflower ●

275402 Oroxylum indicum (L.) Benth. ex Kurz = Oroxylum indicum (L.) Vent. ●

275403 Oroxylum indicum(L.) Vent.;木蝴蝶(白故纸,白故子,白千层,白玉纸,白纸肉,朝简,朝筒,兜铃,故纸,海船,海船果心,海船皮,蝴蝶故纸,老鸦船,满天飞,毛鸦船,牛脚筒,破布子,破故纸,千层纸,千张纸,千纸肉,三百两银药,土大黄,土黄柏,王蝴蝶,鸭船层纸,盐水蝴蝶,羊脂木蝴蝶,洋故纸,玉蝴蝶,云故张,云故纸,纸肉);Broken Bones Plant, India Trumpetflower, Indian Trumpet Flower, Indian Trumpetflower, Midday Marvel, Midnight Horror, Trumpet Flower ●

275404 Oroya Britton et Rose = Oreocereus(A. Berger) Riccob. ●

275405 Oroya Britton et Rose(1922);髯玉属(彩髯玉属)●☆
275406 Oroya borchersii (Boed.) Backeb. = Echinocactus borchersii Boed. ●☆
275407 Oroya gibbosa F. Ritter;久髯玉■☆
275408 Oroya laxiareolata Rauh et Backeb.;极美球(极美丸)■☆
275409 Oroya neoperuviana Backeb. = Oroya peruviana Britton et Rose ■☆
275410 Oroya peruviana Britton et Rose;彩髯玉(丽髯玉,美髯球)■☆
275411 Orphanidesia Boiss. et Balansa = Epigaea L. ●☆
275412 Orphanidesia Boiss. et Balansa ex Boiss. = Epigaea L. ●☆
275413 Orphanodendron Barneby et J. W. Grimes(1990);哥伦比亚苏木属(奥尔法豆属)●☆
275414 Orphaodendron beraalii Barneby et J. W. Grimes;哥伦比亚苏木●☆
275415 Orphium E. Mey. (1838)(保留属名);奥费斯木属;Sticky Flower ●☆
275416 Orphium frutescens(L.)E. Mey.;奥费斯木;Sticky Flower ●☆
275417 Orphium frutescens E. Mey. = Orphium frutescens(L.)E. Mey. ●☆
275418 Orrhopygium Á. Löve = Aegilops L.(保留属名)■
275419 Orsidice Rchb. f. = Thrixspermum Lour. ■
275420 Orsina Bertol. = Inula L. ●■
275421 Orsina Bertol. = Nidorella Cass. ■☆
275422 Orsinia Bertol. ex DC. = Clibadium F. Allam. ex L. ●■☆
275423 Orsopea Raf. = Opsopea Raf. ●
275424 Orsopea Raf. = Sterculia L. ●
275425 Ortachne Nees = Ortachne Nees ex Steud. ■☆
275426 Ortachne Nees ex Steud. (1854);落花草属■☆
275427 Ortachne breviseta Hitchc.;短刚毛落花草■☆
275428 Ortachne floridana Nash;繁花落花草■☆
275429 Ortega L. = Ortegia L. ■☆
275430 Ortegaceae Martinov = Caryophyllaceae Juss.(保留科名)■●
275431 Ortegaea Kuntze = Ortegia L. ■☆
275432 Ortegia L. (1753);腺托草属■☆
275433 Ortegia Loefl. = Ortegia L. ■☆
275434 Ortegia hispanica L.;腺托草■☆
275435 Ortegioides Sol. ex DC. = Ammannia L. ■
275436 Ortegocactus Alexander(1961);矮疣球属(矮疣属)●☆
275437 Ortegocactus macdougallii Alexander;矮疣球●☆
275438 Ortgiesia Regel = Aechmea Ruiz et Pav.(保留属名)■☆
275439 Ortgiesia Regel(1867);异光萼荷属■☆
275440 Ortgiesia gracilis(Lindm.)L. B. Sm. et W. J. Kress;细异光萼荷■☆
275441 Ortgiesia tillandsioides Regel;异光萼荷■☆
275442 Orthaca Klotzsch = Orthaea Klotzsch ●☆
275443 Orthachne D. K. Hughes = Orthacna Post et Kuntze ■☆
275444 Orthacna Post et Kuntze = Ortachne Nees ex Steud. ■☆
275445 Orthaea Klotzsch(1851)('Orthaca');笔花莓属●☆
275446 Orthaea boliviensis B. Fedtsch. et Basil.;玻利维亚笔花莓●☆
275447 Orthaea brachysiphon(Sleumer)Luteyn;短管笔花莓●☆
275448 Orthaea breviflora A. C. Sm.;短花笔花莓●☆
275449 Orthaea caudata(A. C. Sm.)Luteyn;尾状笔花莓●☆
275450 Orthaea laurifolia Luteyn;桂叶笔花莓●☆
275451 Orthaea minor(A. C. Sm.)Luteyn;小笔花莓●☆
275452 Orthandra(Pichon)Pichon = Orthopichonia H. Huber ●☆
275453 Orthandra Burret = Mortoniodendron Standl. et Steyerm. ●☆
275454 Orthandra barteri(Stapf)Pichon = Orthopichonia barteri(Stapf) H. Huber ●☆
275455 Orthandra batesii (Wernham) Pichon = Orthopichonia cirrhosa (Radlk.) H. Huber ●☆
275456 Orthandra cirrhosa (Radlk.) Pichon = Orthopichonia cirrhosa (Radlk.) H. Huber ●☆
275457 Orthandra indeniensis (A. Chev.) Pichon = Orthopichonia indeniensis(A. Chev.)H. Huber ●☆
275458 Orthandra lacourtiana(De Wild.)Pichon = Orthopichonia barteri (Stapf) H. Huber ●☆
275459 Orthandra longituba (Wernham) Pichon = Orthopichonia indeniensis(A. Chev.)H. Huber ●☆
275460 Orthandra nigeriana Pichon = Orthopichonia cirrhosa(Radlk.) H. Huber ●☆
275461 Orthandra schweinfurthii (Stapf) Pichon = Orthopichonia schweinfurthii(Stapf)H. Huber ●☆
275462 Orthandra staudtii(Stapf)Pichon = Orthopichonia visciflua(K. Schum. ex Hallier f.)Vonk ●☆
275463 Orthantha(Benth.)A. Kern. (1888);直花玄参属■☆
275464 Orthantha(Benth.)Wettst. = Odontites Ludw. ■
275465 Orthantha A. Kern. = Orthantha(Benth.)A. Kern. ■☆
275466 Orthantha aucheri(Boiss.)Wettst.;奥氏直花玄参■☆
275467 Orthantha lutes(L.)Kern. ex Wettst.;直花玄参☆
275468 Orthanthe Lem. = Gloxinia L'Hér. ■☆
275469 Orthanthe Lem. = Sinningia Nees ●■☆
275470 Orthanthella Rauschert = Odontites Ludw. ■
275471 Orthanthera Wight(1834);直药萝藦属■☆
275472 Orthanthera albida Schinz;微白直药萝藦■☆
275473 Orthanthera browniana Schinz = Orthanthera jasminiflora(Decne.) Schinz ■☆
275474 Orthanthera butayei(De Wild.)Werderm.;布塔耶直药萝藦■☆
275475 Orthanthera gossweileri Norman;戈斯直药萝藦■☆
275476 Orthanthera jasminiflora(Decne.)Schinz;茉莉花直药萝藦■☆
275477 Orthanthera stricta Hiern;刚直直药萝藦■☆
275478 Orthanthera viminea Wight = Orthilia secunda(L.)House ■
275479 Orthechites Urb. = Secondatia A. DC. ●☆
275480 Orthilia Raf. (1840);单侧花属(侧花鹿含草属,侧花鹿含属);Nodding Wintergreen,Onewayflor,Serrated Wintergreen ■
275481 Orthilia nummularia (Rupr.) Y. L. Chou = Orthilia obtusata (Turcz.)H. Hara ■
275482 Orthilia obtusata(Turcz.)H. Hara;钝叶单侧花(团叶单侧花);Bluntleaf Onewayflor ■
275483 Orthilia obtusata(Turcz.)H. Hara var. xizanensis Y. L. Chou;西藏单侧花(西藏钝叶单侧花);Tibet Onewayflor ■
275484 Orthilia obtusata(Turcz.)H. Hara var. xizangensis Y. L. Chou = Orthilia obtusata(Turcz.)H. Hara ■
275485 Orthilia parvifolia Raf. = Orthilia secunda(L.)House ■
275486 Orthilia secunda(L.)House;单侧花(侧花鹿含,侧鹿蹄草,偏鹿蹄草);Nodding Wintergreen, One-sided Pyrola, One-sided Shinleaf, One-sided Shin-leaf, One-sided Wintergreen, Onewayflor, Serrated Wintergreen, Shin-leaf, Sideballs Pyrola, Side-bells Pyrola, Toothed Wintergreen, Yavering Bells ■
275487 Orthilia secunda(L.)House subsp. obtusata(Turcz.)Böcher = Orthilia obtusata(Turcz.)H. Hara ■
275488 Orthilia secunda (L.) House var. obtusata (Turcz.) House = Orthilia obtusata(Turcz.)H. Hara ■
275489 Orthilia secunda (L.) House var. obtusata (Turcz.) House = Orthilia secunda(L.)House ■
275490 Orthion Standl. et Steyerm. (1940);瘤果堇属■☆
275491 Orthion caudatum Lundell;尾瘤果堇■☆

275492 Orthion montanum Lundell;山地瘤果堇■☆
275493 Orthion subsessile(Standl.) Standl. et Steyerm.;瘤果堇■☆
275494 Orthocarpus Nutt. (1818);直果玄参属■☆
275495 Orthocarpus chinensis D. Y. Hong = Triphysaria chinensis (D. Y. Hong) D. Y. Hong ■
275496 Orthocarpus floribundus Benth. = Triphysaria floribunda (Benth.) T. I. Chuang et Heckard ■☆
275497 Orthocarpus hispidus Benth. = Triphysaria hispida Rydb. ■☆
275498 Orthocarpus micranthus Greene ex A. Heller = Triphysaria micrantha(Greene ex A. Heller) T. I. Chuang et Heckard ■☆
275499 Orthocarpus purpurascens Benth.;紫直果玄参;Common Owl's-clover, Escobita, Owl Clover ■☆
275500 Orthocentron Cass. = Cirsium Mill. ■
275501 Orthoceras R. Br. (1810);直角兰属■☆
275502 Orthochilus Hochst. ex A. Rich. = Eulophia R. Br. (保留属名)■
275503 Orthochilus mechowii Rchb. f. = Eulophia mechowii (Rchb. f.) T. Durand et Schinz ■☆
275504 Orthochilus renschianus Rchb. f. = Eulophia welwitschii (Rchb. f.) Rolfe ■☆
275505 Orthochilus welwitschii Rchb. f. = Eulophia welwitschii (Rchb. f.) Rolfe ■☆
275506 Orthoclada P. Beauv. (1812);直枝草属■☆
275507 Orthoclada P. Beauv. et C. E. Hubb. = Orthoclada P. Beauv. ■☆
275508 Orthoclada africana C. E. Hubb.;非洲直枝草■☆
275509 Orthodanum E. Mey. = Rhynchosia Lour. (保留属名)●■
275510 Orthodanum sordidum E. Mey. = Rhynchosia sordida (E. Mey.) Schinz ■☆
275511 Orthodon Benth. (1865);直齿草属■
275512 Orthodon Benth. = Mosla(Benth.) Buch. -Ham. ex Maxim. ■
275513 Orthodon Benth. et Oliv. = Orthodon Benth. ■
275514 Orthodon cavaleriei (H. Lév.) Kudo = Mosla cavaleriei H. Lév. ■
275515 Orthodon chinensis(Maxim.) Kudo = Mosla chinensis Maxim. ■
275516 Orthodon diantherus (Buch. -Ham. ex Roxb.) Hand. -Mazz. = Mosla dianthera(Buch. -Ham. ex Roxb.) Maxim. ■
275517 Orthodon diantherus (Buch. -Ham.) Hand. -Mazz. = Mosla dianthera(Buch. -Ham. ex Roxb.) Maxim. ■
275518 Orthodon exfoliatus C. Y. Wu = Mosla exfoliata(C. Y. Wu) C. Y. Wu et H. W. Li ■
275519 Orthodon fordii (Maxim.) Hand. -Mazz. = Mosla chinensis Maxim. ■
275520 Orthodon formosanus(Maxim.) Kudo = Mosla formosana Maxim. ■
275521 Orthodon grosseserratus (Maxim.) Kudo = Mosla grosseserrata Maxim. ■
275522 Orthodon grosseserratus Kudo = Mosla grosseserrata Maxim. ■
275523 Orthodon hangchouwensis var. cheteana Y. Z. Sun ex C. H. Hu = Mosla hangchowensis(Matsuda) C. Y. Wu var. cheteana(Y. Z. Sun ex C. H. Hu) C. Y. Wu et H. W. Li ■
275524 Orthodon hangchowensis (Matsuda) C. Y. Wu = Mosla hangchowensis(Matsuda) C. Y. Wu ■
275525 Orthodon hirtus Hara = Mosla dianthera (Buch. -Ham. ex Roxb.) Maxim. var. nana(H. Hara) Honda ■
275526 Orthodon hirtus Hara f. nanus? = Mosla dianthera (Buch. -Ham. ex Roxb.) Maxim. var. nana(H. Hara) Honda ■
275527 Orthodon japonicus Benth. ex Oliv. = Mosla japonica(Benth. ex Oliv.) Maxim. var. hadai(Nakai) Honda ■☆
275528 Orthodon japonicus Benth. ex Oliv. var. hadai Nakai = Mosla japonica(Benth. ex Oliv.) Maxim. var. hadai(Nakai) Honda ■☆
275529 Orthodon japonicus Benth. ex Oliv. var. thymoliferus? = Mosla japonica(Benth. ex Oliv.) Maxim. var. thymolifera(Makino) Kitam. ■☆
275530 Orthodon lanceolatus (Benth.) Kudo = Mosla scabra (Thunb.) C. Y. Wu et H. W. Li ■
275531 Orthodon longibracteatus C. Y. Wu et Hsuan = Mosla longibracteata(C. Y. Wu) C. Y. Wu et H. W. Li ■
275532 Orthodon longibracteatus C. Y. Wu et S. J. Hsuan = Mosla longibracteata(C. Y. Wu) C. Y. Wu et H. W. Li ■
275533 Orthodon longispicus C. Y. Wu = Mosla longispica (C. Y. Wu) C. Y. Wu et H. W. Li ■
275534 Orthodon lysimachiiforus (Hayata) Masam. = Mosla formosana Maxim. ■
275535 Orthodon mayebaranus Honda = Mosla dianthera (Buch. -Ham. ex Roxb.) Maxim. var. nana(H. Hara) Honda ■
275536 Orthodon pauciflorus C. Y. Wu = Mosla pauciflora(C. Y. Wu) C. Y. Wu et H. W. Li ■
275537 Orthodon pseudohirtus Fujita;伪毛荠宁■☆
275538 Orthodon punctatus(Thunb.) Kudo = Mosla scabra(Thunb.) C. Y. Wu et H. W. Li ■
275539 Orthodon punctatus (Thunb.) Kudo var. tetrantherus Hand. -Mazz. = Mosla dianthera(Buch. -Ham. ex Roxb.) Maxim. ■
275540 Orthodon scaber(Thunb.) Hand. -Mazz. = Mosla scabra (Thunb.) C. Y. Wu et H. W. Li ■
275541 Orthodon soochowensis (Matsuda) C. Y. Wu = Mosla soochowensis Matsuda ■
275542 Orthodon taikeinsis Fujita;大溪荠宁■☆
275543 Orthodon tenuicaulis Koidz. = Mosla dianthera (Buch. -Ham. ex Roxb.) Maxim. var. nana(H. Hara) Honda ■
275544 Orthogoneuron Gilg = Gravesia Naudin ●☆
275545 Orthogoneuron Gilg(1897);直脉藤属●☆
275546 Orthogoneuron dasyanthus Gilg;直脉藤●☆
275547 Orthogoneuron dasyanthus Gilg = Gravesia hylophila (Gilg) A. Fern. et R. Fern. ●☆
275548 Orthogynium Baill. (1885);直蕊藤属●☆
275549 Orthogynium gomphioides(DC.) Baill.;直蕊藤●☆
275550 Ortholobium Gagnep. = Archidendron F. Muell. ●
275551 Ortholobium Gagnep. = Cylindrokelupha Kosterm. ●
275552 Ortholoma(Benth.) Hanst. = Columnea L. ●■☆
275553 Ortholoma(Benth.) Hanst. = Trichantha Hook. f. ●☆
275554 Ortholoma Hanst. = Columnea L. ●■☆
275555 Ortholoma Hanst. = Trichantha Hook. f. ●☆
275556 Ortholotus Fourr. = Dorycnium Mill. ●■☆
275557 Orthomene Barneby et Krukoff(1971);月直藤属●☆
275558 Orthomene hirsuta(Krukoff et Moldenke) Barneby et Krukoff;粗毛月直藤●☆
275559 Orthomene prancei Barneby et Krukoff;月直藤●☆
275560 Orthopappus Gleason = Elephantopus L. ■
275561 Orthopappus Gleason(1906);直冠地胆草属■☆
275562 Orthopappus angustifolius(Sw.) Gleason;直冠地胆草■☆
275563 Orthopenthea Rolfe = Disa P. J. Bergius ■☆
275564 Orthopenthea atricapilla (Harv. ex Lindl.) Rolfe = Disa atricapilla(Harv. ex Lindl.) Bolus ■☆
275565 Orthopenthea bivalvata(L. f.) Rolfe = Disa bivalvata(L. f.) T. Durand et Schinz ■☆
275566 Orthopenthea bodkinii(Bolus) Rolfe = Disa bodkinii Bolus ■☆
275567 Orthopenthea elegans(Sond. ex Rchb. f.) Rolfe = Disa elegans Sond. ex Rchb. f. ■☆

275568 Orthopenthea fasciata(Lindl.) Rolfe = Disa fasciata Lindl. ■☆
275569 Orthopenthea minor(Sond.) Rolfe = Disa minor(Sond.) Rchb. f. ■☆
275570 Orthopenthea obtusa(Lindl.) Schelpe = Disa richardiana Lehm. ex Bolus ■☆
275571 Orthopenthea richardiana (Lehm. ex Bolus.) Rolfe = Disa richardiana Lehm. ex Bolus ■☆
275572 Orthopenthea rosea(Lindl.) Rolfe = Disa rosea Lindl. ■☆
275573 Orthopenthea schizodioides (Sond.) Rolfe = Disa schizodioides Sond. ■☆
275574 Orthopenthea triloba(Sond.) Rolfe = Disa oligantha Rchb. f. ■☆
275575 Orthopetalum Beer = Pitcairnia L'Hér.(保留属名)■☆
275576 Orthophytum Beer(1854);直凤梨属(多叶凤梨属,菝萝属,平叶属,直立凤梨属,直叶凤梨属)■☆
275577 Orthophytum glabrum Mez;无毛直凤梨■☆
275578 Orthophytum rubrum L. B. Sm.;红直凤梨■☆
275579 Orthophytum saxicola(Ule) L. B. Sm.;岩地直凤梨■☆
275580 Orthopichonia H. Huber(1962);西非夹竹桃属●☆
275581 Orthopichonia barteri(Stapf) H. Huber;巴特西非夹竹桃●☆
275582 Orthopichonia batesii (Wernham) H. Huber = Orthopichonia cirrhosa(Radlk.) H. Huber ●☆
275583 Orthopichonia cirrhosa(Radlk.) H. Huber;卷须西非夹竹桃●☆
275584 Orthopichonia indeniensis(A. Chev.) H. Huber;因德尼西非夹竹桃●☆
275585 Orthopichonia lacourtiana(De Wild.) Compère = Orthopichonia barteri(Stapf) H. Huber ●☆
275586 Orthopichonia longituba(Wernham) H. Huber = Orthopichonia indeniensis(A. Chev.) H. Huber ●☆
275587 Orthopichonia nigeriana (Pichon) H. Huber = Orthopichonia cirrhosa(Radlk.) H. Huber ●☆
275588 Orthopichonia schweinfurthii(Stapf) H. Huber;施韦西非夹竹桃●☆
275589 Orthopichonia seretii(De Wild.) Vonk;赛雷西非夹竹桃●☆
275590 Orthopichonia staudtii(Stapf) Huber = Orthopichonia visciflua (K. Schum. ex Hallier f.) Vonk ●☆
275591 Orthopichonia visciflua(K. Schum. ex Hallier f.) Vonk;流胶西非夹竹桃●☆
275592 Orthopogon R. Br.(废弃属名) = Oplismenus P. Beauv.(保留属名)■
275593 Orthopogon africanus(P. Beauv.) Sweet = Oplismenus hirtellus (L.) P. Beauv. ■☆
275594 Orthopogon burmannii(Retz.) R. Br. var. lanatus Büse = Oplismenus burmannii(Retz.) P. Beauv. var. lanatus(Büse) Backer ■☆
275595 Orthopogon burmannii (Retz.) Trin. = Oplismenus burmannii (Retz.) P. Beauv. ■
275596 Orthopogon imbecillis R. Br. = Oplismenus undulatifolius (Ard.) Roem. et Schult. var. imbecillis(R. Br.) Hack. ■
275597 Orthopogon imbecillis R. Br. = Oplismenus undulatifolius (Ard.) Roem. et Schult. ■
275598 Orthopogon loliaceus (Lam.) Spreng. = Oplismenus hirtellus (L.) P. Beauv. ■☆
275599 Orthopogon undulatifolius (Ard.) Spreng. = Oplismenus undulatifolius(Ard.) Roem. et Schult. ■
275600 Orthopogon undulatifolius Spreng. = Oplismenus undulatifolius (Ard.) Roem. et Schult. ■
275601 Orthopterum L. Bolus(1927);齿舌玉属■☆
275602 Orthopterum coegana L. Bolus;齿舌玉■☆
275603 Orthopterum waltoniae L. Bolus;瓦尔齿舌玉■☆
275604 Orthopterygium Hemsl.(1907);直翼漆属●☆
275605 Orthopterygium huaucui Hemsl.;直翼漆●☆
275606 Orthoraphium Nees = Stipa L. ■
275607 Orthoraphium Nees(1841);直芒草属;Orthoraphium ■
275608 Orthoraphium coreanum(Honda) Ohwi = Achnatherum coreanum (Honda) Ohwi ■
275609 Orthoraphium coreanum(Honda) Ohwi = Stipa coreana Honda ■☆
275610 Orthoraphium coreanum(Honda) Ohwi subsp. kengii(Ohwi) T. Koyama = Stipa coreana Honda var. japonica(Hack.) Y. N. Lee ■☆
275611 Orthoraphium coreanum(Honda) Ohwi var. kengii(Ohwi) Ohwi = Stipa coreana Honda var. japonica(Hack.) Y. N. Lee ■☆
275612 Orthoraphium grandifolium (Keng) Keng = Orthoraphium grandifolium(Keng) Keng ex P. C. Kuo ■
275613 Orthoraphium grandifolium(Keng) Keng ex P. C. Kuo;大叶直芒草;Largeleaf Orthoraphium ■
275614 Orthoraphium roylei Nees;直芒草;Royle Orthoraphium ■
275615 Orthorrhiza Stapf. = Diptychocarpus Trautv. ■
275616 Orthorrhiza persica Stapf = Diptychocarpus strictus(Fisch. ex M. Bieb.) Trautv. ■
275617 Orthosanthus Steud. = Orthrosanthus Sweet ■☆
275618 Orthoselis(DC.) Spach = Heliophila Burm. f. ex L. ●■☆
275619 Orthoselis Spach = Heliophila Burm. f. ex L. ●■☆
275620 Orthosia Decne.(1844);直萝藦属■☆
275621 Orthosia aphylla Malme;无叶直萝藦■☆
275622 Orthosia stenophylla Schltr.;窄叶直萝藦■☆
275623 Orthosia tomentosa(E. Fourn.) Malme;毛直萝藦■☆
275624 Orthosiphon Benth.(1830);鸡脚参属(猫须草属,直管草属);Javatea ●■
275625 Orthosiphon adenocaulis A. J. Paton et Hedge;腺茎鸡脚参●☆
275626 Orthosiphon adornatus Briq. = Hemizygia welwitschii(Rolfe) M. Ashby ●☆
275627 Orthosiphon adornatus Briq. var. angolensis? = Hemizygia welwitschii(Rolfe) M. Ashby ●☆
275628 Orthosiphon adornatus Briq. var. chlorochrous? = Hemizygia welwitschii(Rolfe) M. Ashby ●☆
275629 Orthosiphon adornatus Briq. var. oblongifolius? = Hemizygia welwitschii(Rolfe) M. Ashby ●☆
275630 Orthosiphon adornatus Briq. var. rotundifolius? = Hemizygia welwitschii(Rolfe) M. Ashby ●☆
275631 Orthosiphon affinis N. E. Br. = Hemizygia canescens(Gürke) M. Ashby ●☆
275632 Orthosiphon affinis N. E. Br. var. bafingensis A. Chev. = Orthosiphon rubicundus(D. Don) Benth. ■
275633 Orthosiphon albiflorus N. E. Br. = Hemizygia albiflora(N. E. Br.) M. Ashby ●☆
275634 Orthosiphon allenii(C. H. Wright) Codd;阿伦鸡脚参●☆
275635 Orthosiphon amabilis(Bremek.) Codd = Ocimum labiatum(N. E. Br.) A. J. Paton ■☆
275636 Orthosiphon ambiguus Bolus = Plectranthus ambiguus(Bolus) Codd ■☆
275637 Orthosiphon angolensis Taylor = Ocimum fimbriatum Briq. ■☆
275638 Orthosiphon argenteus A. J. Paton et Hedge;银色鸡脚参●☆
275639 Orthosiphon aristatus(Blume) Miq.;具芒鸡脚参(化石草,猫须草,肾草,肾茶);Cat's Moustache,Cat's Whiskers ●☆
275640 Orthosiphon aristatus(Blume) Miq. = Clerodendranthus spicatus (Thunb.) C. Y. Wu ex H. W. Li ●

275641 Orthosiphon atacorensis A. Chev. = Orthosiphon rubicundus(D. Don) Benth. ■

275642 Orthosiphon atamineus Benth.;雄蕊状鸡脚参;Stamen-like Javatea ■☆

275643 Orthosiphon australis Vatke = Orthosiphon suffrutescens(Thonn.) J. K. Morton ●☆

275644 Orthosiphon bartsioides Baker = Fuerstia bartsioides(Baker) G. Taylor ■☆

275645 Orthosiphon biflorus A. J. Paton et Hedge;双花鸡脚参●☆

275646 Orthosiphon bigibber Chiov.;双囊鸡脚参●☆

275647 Orthosiphon bodinieri Vaniot = Isodon lophanthoides(Buch.-Ham. ex D. Don) H. Hara ■

275648 Orthosiphon bolusii N. E. Br. = Hemizygia bolusii(N. E. Br.) Codd ●☆

275649 Orthosiphon bracteosus(Benth.) Baker = Hemizygia bracteosa (Benth.) Briq. ●☆

275650 Orthosiphon brevicaulis Baker = Plectranthus brevicaulis(Baker) Hedge ■☆

275651 Orthosiphon breviflorus Vatke = Platostoma hildebrandtii(Vatke) A. J. Paton ●☆

275652 Orthosiphon buchananii(Baker) M. Ashby;布坎南鸡脚参●☆

275653 Orthosiphon bullosus Chiov.;泡状鸡脚参■☆

275654 Orthosiphon buryi S. Moore = Orthosiphon suffrutescens(Thonn.) J. K. Morton ●☆

275655 Orthosiphon calaminthoides Baker = Orthosiphon suffrutescens (Thonn.) J. K. Morton ●☆

275656 Orthosiphon cameronii Baker = Ocimum fimbriatum Briq. ■☆

275657 Orthosiphon canescens Gürke = Hemizygia canescens(Gürke) M. Ashby ●☆

275658 Orthosiphon chevalieri Briq.;舍瓦利耶鸡脚参■☆

275659 Orthosiphon cladotrichos Gürke;毛枝鸡脚参■☆

275660 Orthosiphon cleistocalyx Vatke = Endostemon tereticaulis(Poir.) M. Ashby ■☆

275661 Orthosiphon coloratus Vatke = Orthosiphon rubicundus(D. Don) Benth. ■

275662 Orthosiphon comosus Wight et Ramaswami ex Benth.;丛毛鸡脚参;Tuftedhairy Javatea ■☆

275663 Orthosiphon cuanzae(I. M. Johnst.) A. J. Paton;宽扎鸡脚参■☆

275664 Orthosiphon debilis Hemsl. = Heterolamium debile(Hemsl.) C. Y. Wu ■

275665 Orthosiphon decipiens N. E. Br. = Hemizygia albiflora(N. E. Br.) M. Ashby ●☆

275666 Orthosiphon delavayi H. Lév. = Kinostemon ornatum(Hemsl.) Kudo ■

275667 Orthosiphon diffusus Benth.;披散鸡脚参;Diffuse Javatea ■☆

275668 Orthosiphon dinteri Briq. = Hemizygia petrensis(Hiern) M. Ashby ●☆

275669 Orthosiphon discolor A. J. Paton et Hedge;异色鸡脚参■☆

275670 Orthosiphon dissimilis N. E. Br.;不似鸡脚参■☆

275671 Orthosiphon dissitifolius Baker = Endostemon dissitifolius (Baker) M. Ashby ●☆

275672 Orthosiphon ehrenbergii Vatke = Orthosiphon pallidus Royle ex Benth. ■☆

275673 Orthosiphon ellenbeckii Gürke = Endostemon kelleri(Briq.) Ryding ●☆

275674 Orthosiphon elliottii Baker = Hemizygia elliottii(Baker) M. Ashby ●☆

275675 Orthosiphon ellipticus A. J. Paton et Hedge;椭圆鸡脚参●☆

275676 Orthosiphon emirnensis Baker = Plectranthus emirnensis(Baker) Hedge ■☆

275677 Orthosiphon engleri Perkins = Hemizygia petrensis(Hiern) M. Ashby ●☆

275678 Orthosiphon exilis A. J. Paton et Hedge;瘦小鸡脚参■☆

275679 Orthosiphon foliosus(S. Moore) N. E. Br. = Hemizygia foliosa S. Moore ●☆

275680 Orthosiphon fruticosus Codd;灌丛鸡脚参■☆

275681 Orthosiphon gerrardii N. E. Br. = Hemizygia gerrardii(N. E. Br.) M. Ashby ●☆

275682 Orthosiphon glabratus Benth. var. africanus? = Orthosiphon suffrutescens(Thonn.) J. K. Morton ●☆

275683 Orthosiphon glabrescens Vaniot = Isodon longitubus(Miq.) Kudo ■

275684 Orthosiphon glabrescens Vaniot = Isodon lophanthoides(Buch.-Ham. ex D. Don) H. Hara ■

275685 Orthosiphon glabrescens Vaniot = Rabdosia longituba(Miq.) H. Hara ■

275686 Orthosiphon glutinosus Chiov. = Endostemon gracilis(Benth.) M. Ashby ●☆

275687 Orthosiphon gofensis S. Moore = Endostemon tereticaulis(Poir.) M. Ashby ■☆

275688 Orthosiphon grandiflorus A. Terracc. = Orthosiphon grandiflorus Benth. ■

275689 Orthosiphon grandiflorus Benth.;大花鸡脚参(化石草,肾茶);Bigflower Javatea ■

275690 Orthosiphon helenae Buscal. et Muschl.;海伦娜鸡脚参■☆

275691 Orthosiphon heterophyllus Gürke = Hemizygia subvelutina (Gürke) M. Ashby ●☆

275692 Orthosiphon hildebrandtii Baker = Orthosiphon suffrutescens (Thonn.) J. K. Morton ●☆

275693 Orthosiphon hildebrandtii Vatke = Plectranthus emirnensis (Baker) Hedge ■☆

275694 Orthosiphon hockii De Wild. = Endostemon dissitifolius(Baker) M. Ashby ●☆

275695 Orthosiphon holubii N. E. Br. = Hemizygia petrensis(Hiern) M. Ashby ●☆

275696 Orthosiphon homblei De Wild. = Endostemon dissitifolius (Baker) M. Ashby ●☆

275697 Orthosiphon humbertii Danguy;亨伯特鸡脚参●☆

275698 Orthosiphon humilis N. E. Br. = Hemizygia foliosa S. Moore ●☆

275699 Orthosiphon incisus A. Chev. = Orthosiphon pallidus Royle ex Benth. ■☆

275700 Orthosiphon inconcinnus Briq. = Orthosiphon suffrutescens (Thonn.) J. K. Morton ●☆

275701 Orthosiphon incurvus Benth.;内弯鸡脚参;Incurved Javatea ■☆

275702 Orthosiphon johnstonii Baker;约翰斯顿鸡脚参■☆

275703 Orthosiphon kelleri Briq. = Endostemon kelleri(Briq.) Ryding ●☆

275704 Orthosiphon kirkii Baker = Ocimum filamentosum Forssk. ■☆

275705 Orthosiphon labiatus N. E. Br. = Ocimum labiatum(N. E. Br.) A. J. Paton ■☆

275706 Orthosiphon lanceolatus Gürke = Benguellia lanceolata(Gürke) G. Taylor ■☆

275707 Orthosiphon lanceolatus Sun ex C. H. Hu = Orthosiphon rubicundus Benth. var. hainanensis Y. Z. Sun ex C. Y. Wu ■

275708 Orthosiphon lanceolatus Y. Z. Sun ex C. H. Hu = Orthosiphon rubicundus Benth. var. hainanensis Y. Z. Sun ex C. Y. Wu ■

275709 Orthosiphon latidens N. E. Br. = Syncolostemon latidens(N. E. Br.) Codd ●☆

275710 Orthosiphon laurentii De Wild. = Hemizygia laurentii (De Wild.) M. Ashby ●☆

275711 Orthosiphon liebrechtsianus Briq. = Orthosiphon suffrutescens (Thonn.) J. K. Morton ●☆

275712 Orthosiphon linearis Benth. = Hemizygia linearis(Benth.) Briq. ●☆

275713 Orthosiphon longipes Baker;长梗鸡脚参■☆

275714 Orthosiphon macranthus Gürke = Syncolostemon macranthus (Gürke) M. Ashby ●☆

275715 Orthosiphon macrocheilus M. Ashby;大唇鸡脚参■☆

275716 Orthosiphon macrophyllus (Gürke) N. E. Br. = Hemizygia macrophylla(Gürke) Codd ●☆

275717 Orthosiphon mairei H. Lév. = Orthosiphon rubicundus(D. Don) Benth. ■

275718 Orthosiphon mairei H. Lév. = Orthosiphon wulfenioides(Diels) Hand. -Mazz. ■

275719 Orthosiphon malosanus Baker = Endostemon dissitifolius(Baker) M. Ashby ●☆

275720 Orthosiphon marmoritis(Hance) Dunn;石生鸡脚参(当芽,山薄荷,蛇头花,熊尾草);Stoneliving Javatea ■

275721 Orthosiphon marquesii Briq. = Hemizygia welwitschii(Rolfe) M. Ashby ●☆

275722 Orthosiphon menthifolius Briq. = Endostemon membranaceus (Benth.) Ayob. ex A. J. Paton et Harley ●☆

275723 Orthosiphon messinensis R. D. Good = Hemizygia elliottii (Baker) M. Ashby ●☆

275724 Orthosiphon minimiflorus Chiov.;微小鸡脚参■☆

275725 Orthosiphon miserabilis A. J. Paton et Hedge;贫弱鸡脚参■☆

275726 Orthosiphon mollis Baker = Orthosiphon suffrutescens(Thonn.) J. K. Morton ●☆

275727 Orthosiphon mombasicus Baker = Orthosiphon suffrutescens (Thonn.) J. K. Morton ●☆

275728 Orthosiphon mossianus R. D. Good = Hemizygia petrensis (Hiern) M. Ashby ●☆

275729 Orthosiphon muddii N. E. Br. = Hemizygia transvaalensis (Schltr.) M. Ashby ●☆

275730 Orthosiphon natalensis Gürke = Hemizygia pretoriae(Gürke) M. Ashby ●☆

275731 Orthosiphon neglectus Briq. = Orthosiphon suffrutescens (Thonn.) J. K. Morton ●☆

275732 Orthosiphon nigripunctatus G. Taylor;黑斑鸡脚参■☆

275733 Orthosiphon nyasicus Baker = Plectranthus nyasicus(Baker) M. Ashby ■☆

275734 Orthosiphon obbiadensis Chiov. = Endostemon obbiadensis (Chiov.) M. Ashby ■☆

275735 Orthosiphon oblongifolius Lanza;矩圆叶鸡脚参■☆

275736 Orthosiphon obscurus Briq. = Endostemon dissitifolius(Baker) M. Ashby ●☆

275737 Orthosiphon ornatus (S. Moore) R. D. Good = Hemizygia welwitschii(Rolfe) M. Ashby ●☆

275738 Orthosiphon pallidus Benth. = Orthosiphon pallidus Royle ex Benth. ■☆

275739 Orthosiphon pallidus Royle ex Benth.;苍白鸡脚参;Pallid Javatea ■☆

275740 Orthosiphon pallidus Royle ex Benth. var. minutiflora A. Chev. = Orthosiphon pallidus Royle ex Benth. ■☆

275741 Orthosiphon parvifolius Vatke;小叶鸡脚参■☆

275742 Orthosiphon persimilis N. E. Br. = Hemizygia persimilis(N. E. Br.) M. Ashby ●☆

275743 Orthosiphon petrensis Hiern = Hemizygia petrensis(Hiern) M. Ashby ●☆

275744 Orthosiphon physocalycinus A. Rich. = Hoslundia opposita Vahl ●☆

275745 Orthosiphon pseudornatus R. D. Good = Hemizygia welwitschii (Rolfe) M. Ashby ●☆

275746 Orthosiphon pseudorubicundus Lingelsh. et Borza = Orthosiphon rubicundus(D. Don) Benth. ■

275747 Orthosiphon pseudorubicundus Lingelsh. et Borza = Orthosiphon wulfenioides(Diels) Hand. -Mazz. ■

275748 Orthosiphon pseudoserratus M. Ashby = Ocimum pseudoserratum (M. Ashby) A. J. Paton ■☆

275749 Orthosiphon rabaiensis S. Moore var. parvifolia? = Orthosiphon suffrutescens(Thonn.) J. K. Morton ●☆

275750 Orthosiphon reflexus (Ehrenb. ex Schweinf.) Vatke = Orthosiphon pallidus Royle ex Benth. ■☆

275751 Orthosiphon reflexus(Ehrenb. ex Schweinf.) Vatke. f. pallidus (Royle ex Benth.) A. Terracc. = Orthosiphon pallidus Royle ex Benth. ■☆

275752 Orthosiphon rehmannii Gürke = Hemizygia rehmannii (Gürke) M. Ashby ●☆

275753 Orthosiphon retinervis Briq. = Endostemon membranaceus (Benth.) Ayob. ex A. J. Paton et Harley ●☆

275754 Orthosiphon rhodesianus S. Moore = Hemizygia bracteosa (Benth.) Briq. ●☆

275755 Orthosiphon robustus Hook. f.;粗壮鸡脚参;Robust Javatea ■☆

275756 Orthosiphon rogersii N. E. Br. = Hemizygia persimilis (N. E. Br.) M. Ashby ●☆

275757 Orthosiphon roseus Briq.;粉红鸡脚参■☆

275758 Orthosiphon ruber A. J. Paton et Hedge;红鸡脚参■☆

275759 Orthosiphon rubicundus(D. Don) Benth.;深红鸡脚参(海南猫须草,海南直管草);Deepred Javatea,Red Javatea ■

275760 Orthosiphon rubicundus (D. Don) Benth. = Orthosiphon wulfenioides(Diels) Hand. -Mazz. ■

275761 Orthosiphon rubicundus(D. Don) Benth. var. hainanensis Y. Z. Sun ex C. Y. Wu;海南鸡脚参(海南猫须草,海南深红鸡脚参,披针叶直管草,小种龙狗尾);Hainan Javatea ■

275762 Orthosiphon rubicundus Benth. = Orthosiphon rubicundus(D. Don) Benth. ■

275763 Orthosiphon rubicundus Benth. var. hainanensis Y. Z. Sun ex C. Y. Wu = Orthosiphon rubicundus(D. Don) Benth. var. hainanensis Y. Z. Sun ex C. Y. Wu ■

275764 Orthosiphon rufinervis G. Taylor;红脉鸡脚参■☆

275765 Orthosiphon salagensis Baker = Orthosiphon rubicundus (D. Don) Benth. ■

275766 Orthosiphon sarmentosus A. J. Paton et Hedge;蔓茎鸡脚参■☆

275767 Orthosiphon scabridus Briq. = Endostemon membranaceus (Benth.) Ayob. ex A. J. Paton et Harley ●☆

275768 Orthosiphon scapiger Benth.;花茎鸡脚参;Scape Javatea ■☆

275769 Orthosiphon schimperi Benth.;欣珀鸡脚参■☆

275770 Orthosiphon schinzianus Briq. = Hemizygia bracteosa(Benth.) Briq. ●☆

275771 Orthosiphon secundiflorus Baker = Plectranthus secundiflorus (Baker) Hedge ●☆

275772 Orthosiphon serratus Schltr. = Ocimum serratum(Schltr.) A. J.

Paton ■☆

275773 Orthosiphon shirensis Baker = Orthosiphon rubicundus (D. Don) Benth. ■

275774 Orthosiphon silvicola Gürke = Orthosiphon suffrutescens (Thonn.) J. K. Morton ●☆

275775 Orthosiphon sinensis Hemsl. = Orthosiphon marmoritis (Hance) Dunn ■

275776 Orthosiphon sinensis Tutcher = Orthosiphon marmoritis (Hance) Dunn ■

275777 Orthosiphon somalensis Vatke = Orthosiphon suffrutescens (Thonn.) J. K. Morton ●☆

275778 Orthosiphon spicatus (Thunb.) Backer, Bakh. f. et Steenis = Clerodendranthus spicatus (Thunb.) C. Y. Wu ex H. W. Li ●

275779 Orthosiphon spiralis Merr. = Clerodendranthus spicatus (Thunb.) C. Y. Wu ex H. W. Li ●

275780 Orthosiphon spiralis Merr. ex Groff = Clerodendranthus spicatus (Thunb.) C. Y. Wu ex H. W. Li ●

275781 Orthosiphon stamineus Benth.;长蕊鸡脚参;Big-flowered Java Tea, Cat's Whiskers, Indian Kidney Tea, Java Tea ■☆

275782 Orthosiphon stamineus Benth. = Clerodendranthus spicatus (Thunb.) C. Y. Wu ex H. W. Li ●

275783 Orthosiphon stenophyllus Gürke = Hemizygia stenophylla (Gürke) M. Ashby ●☆

275784 Orthosiphon stuhlmannii Gürke;斯图尔曼鸡脚参■☆

275785 Orthosiphon subvelutinus Gürke = Hemizygia subvelutina (Gürke) M. Ashby ●☆

275786 Orthosiphon suffrutescens (Thonn.) J. K. Morton;索马里鸡脚参●☆

275787 Orthosiphon tenuiflorus Benth. = Endostemon tenuiflorus (Benth.) M. Ashby ■☆

275788 Orthosiphon tenuifrons Briq. ex A. Chev. = Orthosiphon suffrutescens (Thonn.) J. K. Morton ●☆

275789 Orthosiphon tereticaule (Poir.) Chiov. = Endostemon tereticaulis (Poir.) M. Ashby ■☆

275790 Orthosiphon teucriifolius (Hochst.) N. E. Br. = Hemizygia teucriifolia (Hochst.) Briq. ●☆

275791 Orthosiphon teucriifolius (Hochst.) N. E. Br. var. galpinianus (Briq.) N. E. Br. = Hemizygia teucriifolia (Hochst.) Briq. ●☆

275792 Orthosiphon thorncroftii N. E. Br. = Hemizygia thorncroftii (N. E. Br.) M. Ashby ●☆

275793 Orthosiphon thymiflorus (Roth) Sleesen;百里香鸡脚参■☆

275794 Orthosiphon tomentosus Benth.;绒毛鸡脚参;Tomentose Javatea ■☆

275795 Orthosiphon tomentosus De Wild. = Endostemon dissitifolius (Baker) M. Ashby ●☆

275796 Orthosiphon transvaalensis Schltr. = Hemizygia transvaalensis (Schltr.) M. Ashby ●☆

275797 Orthosiphon tuberosus Briq. = Fuerstia rigida (Benth.) A. J. Paton ■☆

275798 Orthosiphon tubiformis R. D. Good = Ocimum tubiforme (R. D. Good) A. J. Paton ■☆

275799 Orthosiphon unyikensis Gürke = Endostemon dissitifolius (Baker) M. Ashby ●☆

275800 Orthosiphon varians N. E. Br. = Hemizygia petrensis (Hiern) M. Ashby ●☆

275801 Orthosiphon vernalis Codd;春鸡脚参■☆

275802 Orthosiphon viatorum S. Moore;扩散鸡脚参■☆

275803 Orthosiphon villosus Briq. = Endostemon dissitifolius (Baker) M. Ashby ●☆

275804 Orthosiphon violaceus Briq.;堇色鸡脚参■☆

275805 Orthosiphon wakefieldii Baker = Endostemon wakefieldii (Baker) M. Ashby ■☆

275806 Orthosiphon welwitschii Rolfe = Hemizygia welwitschii (Rolfe) M. Ashby ●☆

275807 Orthosiphon wilmsii Gürke = Orthosiphon suffrutescens (Thonn.) J. K. Morton ●☆

275808 Orthosiphon wilmsii Gürke var. komghensis N. E. Br. = Orthosiphon suffrutescens (Thonn.) J. K. Morton ●☆

275809 Orthosiphon woodii Gürke = Hemizygia teucriifolia (Hochst.) Briq. ●☆

275810 Orthosiphon wulfenioides (Diels) Hand. -Mazz.;鸡脚参(地葫芦,红根草,化虫消,化积药,普渡,山槟榔,山萝卜,山青菜,土地黄,直管花);Common Javatea ■

275811 Orthosiphon wulfenioides (Diels) Hand. -Mazz. = Orthosiphon rubicundus (D. Don) Benth. ■

275812 Orthosiphon wulfenioides (Diels) Hand. -Mazz. var. foliosus Stiber?;茎叶鸡脚参(鸡肝花);Leafy Javatea ■

275813 Orthosiphon xylorrhizus Briq. = Orthosiphon rubicundus (D. Don) Benth. ■

275814 Orthospermum (R. Br.) Opiz = Chenopodium L. ■●

275815 Orthospermum (R. Br.) Opiz = Orthosporum (R. Br.) Kostel. ■

275816 Orthospermum Opiz = Chenopodium L. ■●

275817 Orthospermum Opiz = Orthosporum (R. Br.) Kostel. ■

275818 Orthospermum Opiz = Orthosporum (R. Br.) T. Nees ■

275819 Orthosphenia Standl. (1923);直楔卫矛属●☆

275820 Orthosphenia mexicana Standl.;直楔卫矛●☆

275821 Orthosporum (R. Br.) C. A. Mey. ex T. Nees = Chenopodium L. ■●

275822 Orthosporum (R. Br.) Kostel. = Chenopodium L. ■●

275823 Orthosporum (R. Br.) T. Nees = Chenopodium L. ■●

275824 Orthosporum T. Nees = Chenopodium L. ■●

275825 Orthostachys (R. Br.) Spach = Orostachys (DC.) Fisch. ■

275826 Orthostachys Ehrh. = Elymus L. ■

275827 Orthostachys Ehrh. = Hordelymus (Jess.) Jess. ex Harz ■☆

275828 Orthostachys Post et Kuntze = Ortostachys Fourr. ■

275829 Orthostachys Post et Kuntze = Stachys L. ●■

275830 Orthostachys Spach = Orostachys (DC.) Fisch. ■

275831 Orthostemma Wall. ex Voigt = Pentas Benth. ●■

275832 Orthostemon O. Berg = Acca O. Berg ●☆

275833 Orthostemon O. Berg = Feijoa O. Berg ●

275834 Orthostemon R. Br. = Canscora Lam. ■

275835 Orthostemon kirkii N. E. Br. = Canscora diffusa (Vahl) R. Br. ex Roem. et Schult. ■

275836 Orthostemon sellowianus O. Berg = Feijoa sellowiana (O. Berg) O. Berg ●

275837 Orthotactus Nees = Justicia L. ●■

275838 Orthotheca Pichon = Cuspidaria DC. (保留属名)●☆

275839 Orthotheca Pichon = Heterocalycium Rauschert ●☆

275840 Orthotheca Pichon = Xylophragma Sprague ●☆

275841 Orthothecium Schott et Endl. = Helicteres Pluk. ex L. ●

275842 Orthothylax (Hook. f.) Skottsb. (1932);由片田葱属■☆

275843 Orthothylax (Hook. f.) Skottsb. = Helmholtzia F. Muell. ■☆

275844 Orthothylax glaberrimus (Hook. f.) Skottsb.;由片田葱■☆

275845 Orthotropis Benth. = Chorizema Labill. ●■☆

275846 Orthotropis Benth. ex Lindl. = Chorizema Labill. ●■☆

275847 Orthrosanthes Raf. = Orthrosanthus Sweet ■☆

275848 Orthrosanthus Sweet(1829);离蕊菖蒲属■☆
275849 Orthrosanthus chimboracensis(Kunth)Baker;南美离蕊菖蒲■☆
275850 Orthurus Juz.(1941);欧亚蔷薇属■●☆
275851 Orthurus Juz. = Geum L. ■
275852 Orthurus heterocarpus(Boiss.)Juz.;异果欧亚蔷薇●☆
275853 Orthurus kokanicus(Regel et Schmalh.)Juz.;欧亚蔷薇●☆
275854 Ortiga Neck. = Loasa Adans. ■●☆
275855 Ortmannia Opiz = Cistella Blume ■
275856 Ortmannia Opiz = Geodorum Jacks. ■
275857 Ortmannia cernua (Willd.) Opiz = Geodorum densiflorum (Lam.)Schltr. ■
275858 Ortostachys Fourr. = Stachys L. ●■
275859 Orucaria Juss. ex DC. = Drepanocarpus G. Mey. ●☆
275860 Orumbella J. M. Coult. et Rose = Podistera S. Watson ■☆
275861 Orvala L. = Lamium L. ■
275862 Orxera Raf. = Aerides Lour. ■
275863 Orychmophragmus Spach = Orychophragmus Bunge ■
275864 Orychophragmos Rchb. = Orychophragmus Bunge ■
275865 Orychophragmus Bunge(1835);诸葛菜属(二月兰属);Orychophragmus ■
275866 Orychophragmus diffusus Z. M. Tan et J. M. Xu;铺散诸葛菜;Diffuse Orychophragmus ■
275867 Orychophragmus diffusus Z. M. Tan et J. M. Xu = Orychophragmus violaceus(L.)O. E. Schulz ■
275868 Orychophragmus hupehensis(Pamp.) Z. M. Tan et X. Liang Zhang = Orychophragmus violaceus(L.) O. E. Schulz ■
275869 Orychophragmus limprichtianus(Pax) Al-Shehbaz et G. Yang;心叶诸葛菜(大叶葱芥,心叶碎米荠);Heartleaf Bittercress, Largeleaf Alliaria, Largeleaf Garlicmustard, Limpricht Bittercress ■
275870 Orychophragmus sonchifolius Bunge = Orychophragmus violaceus (L.)O. E. Schulz ■
275871 Orychophragmus sonchifolius Bunge var. hupehensis Pamp. = Orychophragmus violaceus(L.)O. E. Schulz ■
275872 Orychophragmus sonchifolius Bunge var. intermedius Pamp. = Orychophragmus violaceus(L.) O. E. Schulz ■
275873 Orychophragmus sonchifolius Bunge var. subintegrifolius Pamp. = Orychophragmus violaceus(L.)O. E. Schulz ■
275874 Orychophragmus taibaiensis Z. M. Tan et B. X. Zhao;太白诸葛菜;Taibai Orychophragmus ■
275875 Orychophragmus taibaiensis Z. M. Tan et B. X. Zhao = Orychophragmus violaceus(L.) O. E. Schulz ■
275876 Orychophragmus violaceus (L.) O. E. Schulz;诸葛菜(二月蓝);Violet Orychophragmus ■
275877 Orychophragmus violaceus (L.) O. E. Schulz var. homaeophyllus (Hance)O. E. Schulz = Orychophragmus violaceus(L.)O. E. Schulz ■
275878 Orychophragmus violaceus (L.) O. E. Schulz var. hupehensis (Pamp.)O. E. Schulz = Orychophragmus violaceus(L.)O. E. Schulz ■
275879 Orychophragmus violaceus (L.) O. E. Schulz var. hupehensis (Pamp.) O. E. Schulz;湖北诸葛菜;Hubei Orychophragmus ■
275880 Orychophragmus violaceus (L.) O. E. Schulz var. intermedius (Pamp.)O. E. Schulz = Orychophragmus violaceus(L.)O. E. Schulz ■
275881 Orychophragmus violaceus (L.) O. E. Schulz var. intermedius (Pamp.)O. E. Schulz;缺刻叶诸葛菜■
275882 Orychophragmus violaceus (L.) O. E. Schulz var. lasiocarpus Migo;毛果诸葛菜;Hairfruit Orychophragmus ■
275883 Orychophragmus violaceus (L.) O. E. Schulz var. lasiocarpus Migo = Orychophragmus violaceus(L.)O. E. Schulz ■
275884 Orychophragmus violaceus (L.) O. E. Schulz var. subintegrifolius (Pamp.)O. E. Schulz = Orychophragmus violaceus(L.)O. E. Schulz ■
275885 Oryctanthus(Griseb.)Eichler(1868);化石花属●☆
275886 Oryctanthus Eichler = Glutago Comm. ex Poir. ●☆
275887 Oryctanthus Eichler = Oryctanthus(Griseb.)Eichler ●☆
275888 Oryctanthus cordifolius(C. Presl)Urb.;心叶化石花●☆
275889 Oryctanthus grahamii(Benth.)Engl.;格氏化石花●☆
275890 Oryctanthus grandis Kuijt;大化石花●☆
275891 Oryctanthus neurophyllus Kuijt;脉叶化石花●☆
275892 Oryctanthus occidentalis Eichler;西方化石花●☆
275893 Oryctanthus ovalifolius J. F. Macbr.;卵叶化石花●☆
275894 Oryctes S. Watson(1871);内华达茄属☆
275895 Oryctes nevadensis S. Watson;内华达茄☆
275896 Oryctina Tiegh. = Oryctanthus(Griseb.)Eichler ●☆
275897 Orygia Forssk. = Corbichonia Scop. ■☆
275898 Orygia decumbens Forssk. = Corbichonia decumbens(Forssk.) Exell ■☆
275899 Orygia mucronata Klotzsch = Corbichonia decumbens(Forssk.) Exell ■☆
275900 Orygia portulacifolia Forssk. = Talinum portulacifolium (Forssk.)Asch. ex Schweinf. ■☆
275901 Orygia rubriviolacea Friedrich = Corbichonia rubriviolacea (Friedrich)C. Jeffrey ■☆
275902 Orymaria Meisn. = Bupleurum L. ●■
275903 Orymaria Meisn. = Orimaria Raf. ●■
275904 Orypetalum K. Schum. = Oxypetalum R. Br.(保留属名)●■☆
275905 Orysa Desv. = Oryza L. ■
275906 Orythia Endl. = Agalmyla Blume ●☆
275907 Oryxis A. Delgado et G. P. Lewis = Dolichos L.(保留属名)■
275908 Oryxis A. Delgado et G. P. Lewis(1997);山地镰扁豆属■
275909 Oryza L.(1753);稻属;Rice ■
275910 Oryza alta Swallen;高秆野生稻■☆
275911 Oryza angustifolia C. E. Hubb. = Leersia nematostachya Launert ■☆
275912 Oryza australiensis Domin;澳洲野生稻■☆
275913 Oryza barthii A. Chev.;巴蒂野生稻■☆
275914 Oryza brachyantha A. Chev. = Oryza brachyantha A. Chev. et Roehr. ■☆
275915 Oryza brachyantha A. Chev. et Roehr.;短药野生稻■☆
275916 Oryza brachyantha A. Chev. et Roehr. var. guineensis A. Chev. = Oryza brachyantha A. Chev. et Roehr. ■☆
275917 Oryza breviligulata A. Chev. et Roehr. = Oryza barthii A. Chev. ■☆
275918 Oryza coarctata Roxb.;印第安稻■☆
275919 Oryza eichingeri Peter;紧穗野生稻■☆
275920 Oryza eichingeri Peter var. longearistata? = Oryza punctata Kotschy ex Steud. ■☆
275921 Oryza fatua K. Koening ex Trin. = Oryza rufipogon Griff. ■
275922 Oryza fatua K. Koening ex Trin. = Oryza sativa L. ■
275923 Oryza fatua K. Koening ex Trin. var. longiaristata Ridl. = Oryza rufipogon Griff. ■
275924 Oryza formosana Masam. et S. Suzuki = Oryza rufipogon Griff. ■
275925 Oryza formosana Masam. et S. Suzuki = Oryza sativa L. ■
275926 Oryza glaberrima Steud.;光稃稻(非洲野生稻);Glabrous Rice, Red Rice ■
275927 Oryza glauca Robyns = Oryza eichingeri Peter ■☆
275928 Oryza grandiglumis(Don.)Prodoehl;大颖野生稻■☆
275929 Oryza granulata Nees et Arn. ex Watt = Oryza meyeriana(Zoll. et Moritzi) Baill. subsp. granulata(Nees et Arn. ex Watt) Tateoka ■

275930 Oryza guineensis A. Chev. = Oryza brachyantha A. Chev. et Roehr. ■☆
275931 Oryza hexandra Döll = Leersia hexandra Sw. ■
275932 Oryza latifolia Desv.;阔叶稻(宽叶野生稻);Broadleaf Rice ■
275933 Oryza latifolia Desv. var. silvatica Camus = Oryza officinalis Wall. ex Watt ■
275934 Oryza latifolia P. Beauv. = Oryza latifolia Desv. ■
275935 Oryza longiglumis Jansen;长护颖野生稻■☆
275936 Oryza longistaminata A. Chev. et Roehr.;长雄蕊野生稻■☆
275937 Oryza meyeriana(Zoll. et Moritzi) Baill.;疣粒野生(鬼稻稻,野稻,疣粒稻);Mayer Rice ■
275938 Oryza meyeriana(Zoll. et Moritzi) Baill. subsp. granulata(Nees et Arn. ex Watt) Tateoka = Oryza granulata Nees et Arn. ex Watt ■
275939 Oryza meyeriana(Zoll. et Moritzi) Baill. subsp. granulata(Nees et Arn. ex Watt) Tateoka;疣粒稻(颗粒野生稻,野稻);Wild Rice ■
275940 Oryza meyeriana(Zoll. et Moritzi) Baill. subsp. tuberculata W. C. Wei et Y. G. Lu = Oryza meyeriana(Zoll. et Moritzi) Baill. subsp. granulata(Nees et Arn. ex Watt) Tateoka ■
275941 Oryza meyeriana(Zoll. et Moritzi) Baill. subsp. tuberculata W. C. Wei et Y. G. Lu = Oryza granulata Nees et Arn. ex Watt ■
275942 Oryza meyeriana(Zoll. et Moritzi) Baill. var. granulata(Nees et Arn. ex Watt) Duist. = Oryza granulata Nees et Arn. ex Watt ■
275943 Oryza meyeriana(Zoll. et Moritzi) Baill. var. granulata(Nees et Arn. ex Watt) Duist. = Oryza meyeriana(Zoll. et Moritzi) Baill. subsp. granulata(Nees et Arn. ex Watt) Tateoka ■
275944 Oryza meyeriana(Zoll. et Moritzi) Baill. var. silvatica(Camus) Veldkamp = Oryza officinalis Wall. ex Watt ■
275945 Oryza mezii Prodoehl = Oryza barthii A. Chev. ■☆
275946 Oryza minuta J. Presl ex C. Presl;小粒稻(山鸡谷,小粒野生稻);Smallgrain Rice ■
275947 Oryza minuta J. Presl ex C. Presl var. silvatica(Camus) Veldkamp = Oryza officinalis Wall. ex Watt ■
275948 Oryza nivara S. D. Sharma et Shastry;尼瓦拉野生稻■☆
275949 Oryza officinalis Wall. = Oryza officinalis Wall. ex Watt ■
275950 Oryza officinalis Wall. ex Watt;药用稻(药用野生稻)■
275951 Oryza oryzoides(L.) Brand et K. Koch = Leersia oryzoides(L.) Sw. ■
275952 Oryza perennis Moench subsp. barthii(A. Chev.) A. Chev. = Oryza barthii A. Chev. ■☆
275953 Oryza perrieri A. Camus = Leersia perrieri(A. Camus) Launert ■☆
275954 Oryza prehensilis(Nees) Steud. = Prosphytochloa prehensilis(Nees) Schweick. ■☆
275955 Oryza punctata Kotschy ex Steud.;斑点野生稻■☆
275956 Oryza ridleyi Hook. f.;马来野生稻■☆
275957 Oryza rufipogon Griff.;普通野生稻(野生稻);Brownbeard Rice, Red Rice, Wild Rice ■
275958 Oryza sativa L.;稻(杭,粳,陆稻,米,黏稻,糯,糯米,秫稻,稌,亚洲栽培稻);Paddy, Rice, Sake, Sea Matting ■
275959 Oryza sativa L. 'Glutinosa' = Oryza sativa L. var. glutinosa Matsum. ■
275960 Oryza sativa L. f. spontanea Roshev.;野稻■
275961 Oryza sativa L. f. spontanea Roshev. = Oryza rufipogon Griff. ■
275962 Oryza sativa L. subsp. indica M. Kato;籼稻■
275963 Oryza sativa L. subsp. japonica M. Kato;粳稻■
275964 Oryza sativa L. subsp. rufipogon(Griff.) de Wet = Oryza rufipogon Griff. ■
275965 Oryza sativa L. var. formosana(Masam. et S. Suzuki) Yeh et Hend? = Oryza sativa L. ■
275966 Oryza sativa L. var. glutinosa Matsum.;糯稻(稻米,江米,糯米,元米);Sticky Rice ■
275967 Oryza sativa L. var. latifolia Döll = Oryza glaberrima Steud. ■
275968 Oryza sativa L. var. latifolia Döll = Oryza latifolia Desv. ■
275969 Oryza sativa L. var. rufipogon(Griff.) G. Watt = Oryza rufipogon Griff. ■
275970 Oryza sativa L. var. rufipogon G. Watt = Oryza rufipogon Griff. ■
275971 Oryza sativa L. var. terrestris Makino = Oryza sativa L. ■
275972 Oryza schlechteri Pilg.;极短粒野生稻■
275973 Oryza schweinfurthiana Prodoehl = Oryza punctata Kotschy ex Steud. ■☆
275974 Oryza silvestris Stapf ex A. Chev. = Oryza longistaminata A. Chev. et Roehr. ■☆
275975 Oryza stapfii Roshev. = Oryza barthii A. Chev. ■☆
275976 Oryza tisserantii A. Chev. = Leersia tisserantii(A. Chev.) Launert ■☆
275977 Oryza triticoides Griff. = Oryza coarctata Roxb. ■☆
275978 Oryza ubanghensis A. Chev.;乌班吉稻■☆
275979 Oryzaceae(Kunth) Herter = Gramineae Juss.(保留科名)■●
275980 Oryzaceae(Kunth) Herter = Poaceae Barnhart(保留科名)■●
275981 Oryzaceae Bercht. et J. Presl = Gramineae Juss.(保留科名)■●
275982 Oryzaceae Bercht. et J. Presl = Poaceae Barnhart(保留科名)■●
275983 Oryzaceae Burnett = Gramineae Juss.(保留科名)■●
275984 Oryzaceae Burnett = Poaceae Barnhart(保留科名)■●
275985 Oryzaceae Herter = Gramineae Juss.(保留科名)■●
275986 Oryzaceae Herter = Poaceae Barnhart(保留科名)■●
275987 Oryzaceae Herter;稻科■
275988 Oryzetes Salisb. = Hygrophila R. Br. ●■
275989 Oryzidium C. E. Hubb. et Schweick.(1936);浮海绵草属■☆
275990 Oryzidium barnardii C. E. Hubb. et Schweick.;浮海绵草■☆
275991 Oryzopsis Michx.(1803);拟稻属(落芒草属);Mountain Rice, Rice Grass, Ricegrass, Rice-grass, Smilo-grass ■
275992 Oryzopsis Michx. = Piptatherum P. Beauv. ■
275993 Oryzopsis acuta(L. Liou ex Z. L. Wu) L. Liou = Achnatherum henryi(Rendle) S. M. Phillips et Z. L. Wu var. acutum(L. Liou ex Z. L. Wu) S. M. Phillips et Z. L. Wu ■
275994 Oryzopsis aequiglumis Duthie ex Hook. f. = Piptatherum aequiglume(Duthie ex Hook. f.) Roshev. ■
275995 Oryzopsis aequiglumis Duthie ex Hook. f. var. ligulata P. C. Kao et Z. L. Wu = Piptatherum aequiglume(Duthie ex Hook. f.) Roshev. var. fasciculatum(Hack.) Freitag ■
275996 Oryzopsis aequiglumis Duthie ex Hook. f. var. ligulata P. C. Kao et Z. L. Wu = Piptatherum aequiglume Duthie ex Hook. f. var. ligulatum(P. C. Kuo et Z. L. Wu) S. M. Phillips et Z. L. Wu ■
275997 Oryzopsis asiatica Mez = Achnatherum caraganum(Trin. et Rupr.) Nevski ■
275998 Oryzopsis asperifolia Michx.;糙叶落芒草;Rough Oryzopsis, Roughleaf Ricegrass, Rough-leaved Rice Grass ■
275999 Oryzopsis brachyclada Pilg. = Piptatherum gracile Mez ■
276000 Oryzopsis canadensis(Poir.) Torr.;加拿大落芒草;Canada Mountain Rice Grass, Canadian Rice Grass ■☆
276001 Oryzopsis chinensis Hitchc.;中华落芒草(华落芒草);China Ricegrass, Chinese Ricegrass ■
276002 Oryzopsis chinensis Hitchc. = Achnatherum chinensis(Hitchc.) Tzvelev ■
276003 Oryzopsis coerulescens(Desf.) Hack.;堇色落芒草■☆

276004 Oryzopsis coerulescens (Desf.) Hack. = Piptatherum coerulescens(Desf.) P. Beauv. ■☆
276005 Oryzopsis coerulescens (Desf.) Hack. var. grandis Pamp. = Oryzopsis grandis(Pamp.) Maire et Weiller ■☆
276006 Oryzopsis coerulescens (Desf.) Hack. var. teneriffae Christ = Piptatherum coerulescens(Desf.) P. Beauv. ■☆
276007 Oryzopsis fasciculata Hack. = Piptatherum aequiglume (Duthie ex Hook. f.) Roshev. ■
276008 Oryzopsis ferganensls Litv.;费尔干拟稻(费尔干落芒草)■☆
276009 Oryzopsis geminiramula Ohwi = Piptatherum munroi(Stapf) Mez ■
276010 Oryzopsis gracilis(Mez) Pilg. = Piptatherum gracile Mez ■
276011 Oryzopsis grandis(Pamp.) Maire et Weiller;大落芒草■☆
276012 Oryzopsis grandispicula P. C. Kuo et Z. L. Wu = Piptatherum grandispiculum(P. C. Kuo et Z. L. Wu) S. M. Phillips et Z. L. Wu ■
276013 Oryzopsis henryi (Rendle) Keng = Oryzopsis henryi (Rendle) Keng ex P. C. Kuo ■
276014 Oryzopsis henryi(Rendle) Keng ex P. C. Kuo;湖北落芒草(亨利落芒草,羽茅落芒草);Henry Ricegrass ■
276015 Oryzopsis henryi (Rendle) Keng ex P. C. Kuo = Achnatherum henryi(Rendle) S. M. Phillips et Z. L. Wu ■
276016 Oryzopsis henryi(Rendle) Keng ex P. C. Kuo var. acuta L. Liou ex Z. L. Wu = Achnatherum henryi (Rendle) S. M. Phillips et Z. L. Wu var. acutum(L. Liou ex Z. L. Wu) S. M. Phillips et Z. L. Wu ■
276017 Oryzopsis henryi(Rendle) Keng ex P. C. Kuo var. acuta L. Liou ex Z. L. Wu;尖颖落芒草;Acuteglume Ricegrass ■
276018 Oryzopsis henryi Rendle(Rendle) Keng ex P. C. Kuo = Oryzopsis henryi(Rendle) Keng ex P. C. Kuo ■
276019 Oryzopsis hilariae(Pazij) Uniyal = Piptatherum hilariae Pazij ■
276020 Oryzopsis holciformis Hack.;绒毛草型落芒草■☆
276021 Oryzopsis humilis Bor = Piptatherum hilariae Pazij ■
276022 Oryzopsis hymenoides(Roem. et Schult.) Ricker et Piper;长毛落芒草(印度落芒草);Indian Ricegrass, Indian Rice-grass, Longhair Ricegrass ■
276023 Oryzopsis hymenoides (Roem. et Schult.) Ricker ex Piper = Achnatherum hymenoides(Roem. et Schult.) Barkworth ■☆
276024 Oryzopsis kashmirensis Hack. ex Hook. f. = Oryzopsis munroi Stapf ex Hook. f. ■
276025 Oryzopsis keniensis Pilg. = Stipa keniensis(Pilg.) Freitag ■☆
276026 Oryzopsis kokanica (Regel) Roshev. = Oryzopsis tianschanica Drobow et Vved. ■
276027 Oryzopsis kokanica (Regel) Roshev. = Piptatherum kokanica (Regel) Ovcz. et Czukav. ■
276028 Oryzopsis kopetdagensis Roshev.;科佩特落芒草■☆
276029 Oryzopsis lateralis (Regel) Stapf ex Hook. f. = Piptatherum laterale(Regel) Munro ex Nevski ■
276030 Oryzopsis lateralis Stapf = Piptatherum gracile Mez ■
276031 Oryzopsis lateralis Stapf var. effusa Stapf = Piptatherum gracile Mez ■
276032 Oryzopsis latifolia Roshev.;宽叶拟稻■☆
276033 Oryzopsis macrospicula P. C. Kuo et Z. C. Wu = Piptatherum grandispiculum(P. C. Kuo et Z. L. Wu) S. M. Phillips et Z. L. Wu ■
276034 Oryzopsis microcarpa Pilg. = Piptatherum vicarium (Grig.) Roshev. ■☆
276035 Oryzopsis miliacea (L.) Asch. et Graebn. = Piptatherum miliaceum(L.) Coss. ■☆
276036 Oryzopsis miliacea (L.) Asch. et Graebn. f. thomasii (Duby) Asch. et Graebn. = Piptatherum miliaceum(L.) Coss. subsp. thomasii (Duby) Freitag ■☆
276037 Oryzopsis miliacea(L.) Benth. et Hook. f. ex Asch. et Schweinf. = Piptatherum miliaceum(L.) Coss. ■☆
276038 Oryzopsis molinioides(Boiss.) Hack. ex Paulsen;麦氏草状落芒草■☆
276039 Oryzopsis multiradiata (Hack.) Hand.-Mazz.;多枝落芒草;Manybranched Ricegrass ■
276040 Oryzopsis multiradiata (Hack.) Hand.-Mazz. = Oryzopsis aequiglumis Duthie ex Hook. f. ■
276041 Oryzopsis multiradiata (Hack.) Hand.-Mazz. = Piptatherum aequiglume(Duthie ex Hook. f.) Roshev. ■
276042 Oryzopsis munroi Stapf = Piptatherum munroi(Stapf) Mez ■
276043 Oryzopsis munroi Stapf ex Hook. f. = Piptatherum munroi(Stapf ex Hook. f.) Mez ■
276044 Oryzopsis munroi Stapf ex Hook. f. f. multiradiata Hack. = Piptatherum aequiglume(Duthie ex Hook. f.) Roshev. ■
276045 Oryzopsis munroi Stapf ex Hook. f. var. parviflora Z. L. Wu = Piptatherum aequiglume(Duthie ex Hook. f.) Roshev. var. parviflora (Z. L. Wu) S. M. Phillips et Z. L. Wu ■
276046 Oryzopsis munroi Stapf f. multiradiata Hack. = Piptatherum aequiglume(Duthie ex Hook. f.) Roshev. ■
276047 Oryzopsis munroi Stapf var. parviflora Z. L. Wu = Piptatherum munroi(Stapf) Mez var. parviflorum(Z. L. Wu) S. M. Phillips et Z. L. Wu ■
276048 Oryzopsis obtusa Stapf = Piptatherum kuoi S. M. Phillips et Z. L. Wu ■
276049 Oryzopsis obtusa Stapf ex Oliv. = Piptatherum kuoi S. M. Phillips et Z. L. Wu ■
276050 Oryzopsis paradoxa(L.) Nutt. = Piptatherum paradoxum(L.) P. Beauv. ■☆
276051 Oryzopsis paradoxa (L.) Nutt. var. eriolemma Maire = Piptatherum paradoxum(L.) P. Beauv. ■☆
276052 Oryzopsis pauciflora Bég. et Vacc. = Piptatherum miliaceum (L.) Coss. ■☆
276053 Oryzopsis psilolepis (P. C. Kuo et Z. L. Wu) L. Liou = Piptatherum tibeticum Roshev. var. psilolepis(P. C. Kuo et Z. L. Wu) S. M. Phillips et Z. L. Wu ■
276054 Oryzopsis pubiflora Hack. = Piptatherum laterale (Regel ex Regel) Munro ex Nevski ■
276055 Oryzopsis pungens (Torr. ex Spreng.) Hitchc.;山地落芒草;Mountain Rice Grass, Pungent Oryzopsis, Short-horned Rice Grass ■☆
276056 Oryzopsis purpurascens Hack. = Piptatherum purpurascens (Hack.) Roshev. ■☆
276057 Oryzopsis racemosa(Sm.) Hitchc. = Oryzopsis racemosa(Sm.) Ricker ex Hitchc. ■☆
276058 Oryzopsis racemosa (Sm.) Ricker ex Hitchc.;黑籽落芒草;Blackseed Ricegrass, Black-seeded Mountain Rice, Black-seeded Rice Grass, Racemose Oryzopsis ■☆
276059 Oryzopsis songarica(Trin. et Rupr.) B. Fedtsch. = Piptatherum songaricum(Trin. et Rupr.) Roshev. ■
276060 Oryzopsis stewartiana Bor = Piptatherum munroi(Stapf ex Hook. f.) Mez var. parviflorum(Z. L. Wu) S. M. Phillips et Z. L. Wu ■
276061 Oryzopsis stewartiana Bor = Piptatherum munroi(Stapf) Mez ■
276062 Oryzopsis tianschanica Drobow et Vved.;天山落芒草;Tianshan Ricegrass ■
276063 Oryzopsis tianschanica Drobow et Vved. = Piptatherum songaricum(Trin. et Rupr.) Roshev. ■
276064 Oryzopsis tibetica(Roshev.) P. C. Kuo = Piptatherum tibeticum

Roshev. ■

276065 Oryzopsis tibetica Roshev. = Oryzopsis tibetica(Roshev.)P. C. Kuo ■

276066 Oryzopsis tibetica var. psilolepis P. C. Kuo et Z. L. Wu = Piptatherum tibeticum Roshev. var. psilolepis(P. C. Kuo et Z. L. Wu) S. M. Phillips et Z. L. Wu ■

276067 Oryzopsis vicaria Grig. = Piptatherum vicarium(Grig.)Roshev. ■☆

276068 Oryzopsis virescens(Trin.)Becker;绿落芒草;Green Ricegrass ■☆

276069 Oryzopsis wendelboi Bor = Piptatherum hilariae Pazij ■

276070 Osa Aiello(1979);奥萨茜属■☆

276071 Osa pulchra(D. R. Simpson)Aiello;奥萨茜■☆

276072 Osbeckia L.(1753);金锦香属(朝天罐属);Osbeckia ●■

276073 Osbeckia abyssinica Gilg = Antherotoma senegambiensis (Guillaumin et Perr.)Jacq. -Fél. ●☆

276074 Osbeckia afzelii(Hook. f.)Cogn. = Osbeckia decandra(Sm.) DC. ●☆

276075 Osbeckia andringitrensis H. Perrier = Rousseauxia andringitrensis(H. Perrier)Jacq. -Fél. ●☆

276076 Osbeckia angustifolia D. Don = Osbeckia chinensis L. var. angustifolia(D. Don)C. Y. Wu et C. Chen ●■

276077 Osbeckia angustifolia D. Don = Osbeckia chinensis L. ●■

276078 Osbeckia antennina Sm. = Heterotis antennina(Sm.)Benth. ●☆

276079 Osbeckia antherotoma Naudin = Antherotoma naudinii Hook. f. ■☆

276080 Osbeckia asper Blume = Otanthera scaberrima(Hayata)Ohwi ●◇

276081 Osbeckia australiana Naudin;澳洲金锦香●☆

276082 Osbeckia bicolor H. Perrier = Rousseauxia dionychoides(Cogn.) Jacq. -Fél. ●☆

276083 Osbeckia brazzae Cogn. = Dissotis glaberrima A. Fern. et R. Fern. ●☆

276084 Osbeckia buettneriana Cogn. ex Büttner = Heterotis buettneriana (Cogn. ex Büttner)Jacq. -Fél. ●☆

276085 Osbeckia buraevii Cogn. = Dissotis buraevii(Cogn.)A. Fern. et R. Fern. ●☆

276086 Osbeckia canescens E. Mey. ex Graham = Heterotis canescens (E. Mey. ex R. A. Graham)Jacq. -Fél. ●☆

276087 Osbeckia capitata Benth. = Osbeckia chinensis L. var. angustifolia(D. Don)C. Y. Wu et C. Chen ●■

276088 Osbeckia capitata Benth. ex Wall. = Osbeckia capitata Benth. ex Walp. ●■

276089 Osbeckia capitata Benth. ex Walp.;头序金锦香;Capitate Osbeckia ●■

276090 Osbeckia chinensis L.;金锦香(昂天巷子,杯子草,朝天罐,大香炉,蜂窝草,罐罐草,葫芦草,化痰草,金杯草,金石榴,金香炉,金钟草,九盏灯,柳叶花,芦柳叶花,马松子,七孔莲,七星坠地,山牡丹,天吊香,天香炉,细花包,细架金石榴,细金香炉,细九尺,响天钟,向天石榴,小背笼,小朝天罐,小金钟,仰天盅,仰天钟,张天缸,装天瓮,紫金钟);China Osbeckia,Chinese Osbeckia ●■

276091 Osbeckia chinensis L. var. angustifolia(D. Don)C. Y. Wu et C. Chen;宽叶金锦香(菀不留,窄叶金锦香);Narrowleaf Osbeckia ●■

276092 Osbeckia chrysophylla (Desr.) H. Perrier = Rousseauxia chrysophylla(Desr.)DC. ●☆

276093 Osbeckia chrysophylla var. heterochroma H. Perrier = Rousseauxia chrysophylla(Desr.)DC. ●☆

276094 Osbeckia cogniauxiana De Wild. = Antherotoma senegambiensis (Guillaumin et Perr.)Jacq. -Fél. ●☆

276095 Osbeckia congolensis Cogn. ex Büttner = Dissotis congolensis (Cogn. ex Büttner)Jacq. -Fél. ●☆

276096 Osbeckia congolensis Cogn. ex Büttner var. robustior Büttner = Dissotis congolensis(Cogn. ex Büttner)Jacq. -Fél. ●☆

276097 Osbeckia crepiniana Cogn. = Antherotoma senegambiensis (Guillaumin et Perr.)Jacq. -Fél. ●☆

276098 Osbeckia crinita Benth. ex C. B. Clarke;假朝天罐(茶罐花,朝天罐,朝天瓮子,赤红莲,大金钟,倒罐草,倒罐子,公石榴,罐罐花,罐子草,火炼金丹,九果根,酒罐根,酒里坛,酒瓶子果,柯摆奎,阔叶金锦香,痢疾罐,痢止草,罗浮金锦香,尿罐草,瓶儿草,七孔莲,天罐子,天葡萄,向天葫芦,小红参,小尾光叶,张天刚,张天罐,张天师,盅盅花,紫金钟);Wideleaf Osbeckia,Wide-leaved Osbeckia ●

276099 Osbeckia crinita Benth. ex C. B. Clarke var. yunnanensis Cogn. = Osbeckia crinita Benth. ex C. B. Clarke ●

276100 Osbeckia crinita Benth. ex Naudin = Osbeckia stellata Buch. -Ham. ex Ker Gawl. ●

276101 Osbeckia crinita Benth. ex Naudin var. yunnanensis Cogn. = Osbeckia stellata Buch. -Ham. ex Ker Gawl. ●

276102 Osbeckia debilis Sond. = Antherotoma debilis(Sond.)Jacq. -Fél. ■☆

276103 Osbeckia decandra(Sm.)DC.;十雄金锦香●☆

276104 Osbeckia decumbens(P. Beauv.)DC. = Heterotis decumbens (P. Beauv.)Jacq. -Fél. ●☆

276105 Osbeckia densiflora Gilg = Antherotoma densiflora(Gilg)Jacq. -Fél. ■☆

276106 Osbeckia elegans Robyns et Lawalrée = Dissotis elegans(Robyns et Lawalrée)A. Fern. et R. Fern. ●☆

276107 Osbeckia elliotii Cogn. = Rousseauxia chrysophylla(Desr.)DC. ●☆

276108 Osbeckia eximia Sond. = Dissotis princeps(Kunth)Triana ●☆

276109 Osbeckia glauca Benth.;灰叶金锦香●☆

276110 Osbeckia grandiflora Sm. = Dissotis grandiflora(Sm.)Benth. ●☆

276111 Osbeckia hainanensis Masam.;海南金锦香;Hainan Osbeckia ●

276112 Osbeckia hirsuta Cogn. = Antherotoma phaeotricha(Hochst.) Jacq. -Fél. ■☆

276113 Osbeckia homblei De Wild. = Dissotis homblei(De Wild.)A. Fern. et R. Fern. ●☆

276114 Osbeckia humberti H. Perrier = Rousseauxia humbertii(H. Perrier)Jacq. -Fél. ●☆

276115 Osbeckia incana Walp. = Heterotis canescens(E. Mey. ex R. A. Graham)Jacq. -Fél. ●☆

276116 Osbeckia japonica Naudin = Osbeckia chinensis L. ●■

276117 Osbeckia kainantensis Masam. = Osbeckia chinensis L. ●■

276118 Osbeckia kewensis C. E. C. Fisch.;厚叶金锦香●☆

276119 Osbeckia lebrunii Robyns et Lawalrée = Dissotis lebrunii (Robyns et Lawalrée)A. Fern. et R. Fern. ●☆

276120 Osbeckia liberica Stapf = Dissotis multiflora(Sm.)Triana ●☆

276121 Osbeckia luxenii De Wild. = Dissotis luxenii(De Wild.)A. Fern. et R. Fern. ●☆

276122 Osbeckia madagascariensis Cogn. = Rousseauxia madagascariensis (Cogn.)Jacq. -Fél. ●☆

276123 Osbeckia mairei(H. Lév.)Craib;三叶金锦香;Maire Osbeckia ●

276124 Osbeckia mairei(H. Lév.)Craib = Osbeckia stellata Buch. -Ham. ex Ker Gawl. ●

276125 Osbeckia mairei Craib = Osbeckia mairei(H. Lév.)Craib ●

276126 Osbeckia mandrarensis H. Perrier = Rousseauxia mandrarensis (H. Perrier)Jacq. -Fél. ●☆

276127 Osbeckia melastomatoides Merr. et Chun = Phyllagathis melastomatoides(Merr. et Chun)W. C. Ko ●

276128 Osbeckia minimifolia Jum. et H. Perrier = Rousseauxia minimifolia(Jum. et H. Perrier) Jacq. -Fél. ●☆
276129 Osbeckia multiflora Sm. = Dissotis multiflora(Sm.) Triana ●☆
276130 Osbeckia nepalensis Hook. f.;蚂蚁花(大叶金锦香,尼泊尔金锦香,响铃果,野牡丹,窄腰泡);Ant Osbeckia,Nepal Osbeckia ●
276131 Osbeckia nepalensis Hook. f. var. albiflora Lindl. = Osbeckia nepalensis Hook. f. ●
276132 Osbeckia nepalensis Hook. f. var. albifolia Lindl.;白蚂蚁花;Whiteleaf Nepal Osbeckia ●
276133 Osbeckia nutans Wall. ex C. B. Clarke;花头金锦香●
276134 Osbeckia octandra DC.;八蕊金锦香●☆
276135 Osbeckia opipara C. Y. Wu et C. Chen;朝天罐(昂天盅,大金钟,倒罐子,倒水莲,蜂窝草,高脚红缸,高脚红罐,公石榴,罐子草,阔叶金锦香,猫耳朵,瓶儿草,线鸡脚,向天葫芦,仰天罐,张天缸);Jar Osbeckia,Osbeckia ●
276136 Osbeckia opipara C. Y. Wu et C. Chen = Osbeckia stellata Buch. -Ham. ex Ker Gawl. ●
276137 Osbeckia paludosa Craib = Osbeckia stellata Buch. -Ham. ex Ker Gawl. ●
276138 Osbeckia paludusa Craib;湿生金锦香;Wetland Osbeckia ●
276139 Osbeckia pauciramosa Jacq. -Fél. = Dissotis buraevii (Cogn.) A. Fern. et R. Fern. var. pauciramosa (Jacq. -Fél.) A. Fern. et R. Fern. ●☆
276140 Osbeckia phaeotricha Hochst. = Antherotoma phaeotricha(Hochst.) Jacq. -Fél. ■☆
276141 Osbeckia phaeotricha Hochst. var. debilis (Sond.) Sond. = Antherotoma debilis(Sond.) Jacq. -Fél. ■☆
276142 Osbeckia postpluvialis Gilg = Antherotoma debilis (Sond.) Jacq. -Fél. ■☆
276143 Osbeckia princeps (Kunth) DC. = Dissotis princeps (Kunth) Triana ●☆
276144 Osbeckia pulchra Geddes;响铃金锦香(响铃果);Beautiful Osbeckia ●
276145 Osbeckia pulchra Geddes = Osbeckia stellata Buch. -Ham. ex Ker Gawl. ●
276146 Osbeckia repens(Desr.) DC. = Melastoma dodecandrum Lour. ●■
276147 Osbeckia repens DC. = Melastoma dodecandrum Lour. ●■
276148 Osbeckia rhopalotricha C. Y. Wu;棍毛金锦香;Clavatehair Osbeckia,Club-haired Osbeckia,Club-hairy Osbeckia ●
276149 Osbeckia rhopalotricha C. Y. Wu = Osbeckia stellata Buch. -Ham. ex Ker Gawl. ●
276150 Osbeckia robusta Craib = Osbeckia crinita Benth. ex C. B. Clarke ●
276151 Osbeckia robusta Craib = Osbeckia stellata Buch. -Ham. ex Ker Gawl. ●
276152 Osbeckia rostrata D. Don;秃金锦香;Rostrate Osbeckia ●
276153 Osbeckia rostrata D. Don = Osbeckia mairei Craib ●
276154 Osbeckia rostrata D. Don = Osbeckia stellata Buch. -Ham. ex Ker Gawl. ●
276155 Osbeckia rostrata D. Don var. longicollis Triana = Osbeckia opipara C. Y. Wu et C. Chen ●
276156 Osbeckia rostrata D. Don var. longicollis Triana = Osbeckia rostrata D. Don ●
276157 Osbeckia rostrata D. Don var. marginulata C. B. Clarke = Osbeckia opipara C. Y. Wu et C. Chen ●
276158 Osbeckia rotundifolia Sm. = Heterotis rotundifolia(Sm.) Jacq. -Fél. ●☆
276159 Osbeckia rubicunda Arn.;锡兰金锦香;Ceylon Osbeckia ●☆
276160 Osbeckia rubropilosa De Wild. = Heterotis buettneriana(Cogn. ex Büttner) Jacq. -Fél. ●☆
276161 Osbeckia saxicola Gilg = Antherotoma senegambiensis (Guillaumin et Perr.) Jacq. -Fél. ●☆
276162 Osbeckia scaberrima Hayata = Melastoma intermedium Dunn ●■
276163 Osbeckia scaberrima Hayata = Otanthera scaberrima (Hayata) Ohwi ●◇
276164 Osbeckia senegambiensis Guillaumin et H. Perrier = Dissotis senegambiensis Triana ●☆
276165 Osbeckia senegambiensis Guillaumin et Perr. = Antherotoma senegambiensis(Guillaumin et Perr.) Jacq. -Fél. ●☆
276166 Osbeckia sikkimensis Craib;锡金金锦香(星毛金锦香);Sikkim Osbeckia ●
276167 Osbeckia sikkimensis Craib = Osbeckia stellata Buch. -Ham. ex Ker Gawl. ●
276168 Osbeckia stellata Buch. -Ham. ex D. Don = Osbeckia sikkimensis Craib ●
276169 Osbeckia stellata Buch. -Ham. ex D. Don = Osbeckia stellata Buch. -Ham. ex Ker Gawl. ●
276170 Osbeckia stellata Buch. -Ham. ex Ker Gawl.;星毛金锦香(星金锦香);Stellatehair Osbeckia ●
276171 Osbeckia stellata Buch. -Ham. ex Ker Gawl. var. crinita (Benth. ex Naudin) C. Hansen = Osbeckia stellata Buch. -Ham. ex Ker Gawl. ●
276172 Osbeckia stellata Ham. ex D. Don = Osbeckia crinita Benth. ex C. B. Clarke ●
276173 Osbeckia stellata Ham. ex D. Don = Osbeckia sikkimensis Craib ●
276174 Osbeckia swynnertonii Baker f. = Dissotis swynnertonii (Baker f.) A. Fern. et R. Fern. ●☆
276175 Osbeckia tamatavensis H. Perrier = Rousseauxia tamatavensis (H. Perrier) Jacq. -Fél. ●☆
276176 Osbeckia togoensis Cogn.;多哥金锦香●☆
276177 Osbeckia tubulosa Sm.;管状金锦香●☆
276178 Osbeckia umlaasiana Hochst. = Heterotis canescens(E. Mey. ex R. A. Graham) Jacq. -Fél. ●☆
276179 Osbeckia yunnanensis Franch. ex Cogn. = Osbeckia crinita Benth. ex C. B. Clarke ●
276180 Osbeckia yunnanensis Franch. ex Craib = Osbeckia stellata Buch. -Ham. ex Ker Gawl. ●
276181 Osbeckia zambesiensis Cogn. = Antherotoma phaeotricha (Hochst.) Jacq. -Fél. ■☆
276182 Osbeckia zanzibarensis Naudin = Heterotis prostrata (Thonn.) Benth. ●☆
276183 Osbeckia zeylanica Hell. var. decandra Sm. = Osbeckia decandra (Sm.) DC. ●☆
276184 Osbeckiastrum Naudin = Dissotis Benth. (保留属名) ●☆
276185 Osbeckiastrum heudelotii Naudin = Dissotis grandiflora (Sm.) Benth. ●☆
276186 Osbertia Greene = Erigeron L. + Haplopappus Cass. (保留属名) ■●☆
276187 Osbertia Greene(1895);单头金菀属■☆
276188 Osbertia heleniastrum Greene;单头金菀■☆
276189 Osbornia F. Muell. (1862);奥斯本木属●☆
276190 Osbornia octodonta F. Muell.;奥斯本木●☆
276191 Oscaria Lilja = Auganthus Link ■
276192 Oscaria Lilja = Primula L. ■
276193 Oscaria chinensis Lilja = Primula sinensis Sabine ex Lindl. ■
276194 Oschatzia Walp. (1848);奥沙茨草属■☆

276195 Oschatzia Walp. = Azorella Lam. ■☆
276196 Oscularia Schwantes(废弃属名) = Lampranthus N. E. Br.(保留属名)■
276197 Oscularia alba(L. Bolus)H. E. K. Hartmann;白光淋菊●☆
276198 Oscularia caulescens(Mill.)Schwantes = Mesembryanthemum caulescens Mill. ●☆
276199 Oscularia cedarbergensis(L. Bolus)H. E. K. Hartmann;锡达淋菊●☆
276200 Oscularia compressa(L. Bolus)H. E. K. Hartmann;扁光淋菊●☆
276201 Oscularia comptonii(L. Bolus)H. E. K. Hartmann;康普顿光淋菊●☆
276202 Oscularia copiosa(L. Bolus)H. E. K. Hartmann;丰富光淋菊;Ice Plant ●☆
276203 Oscularia cremnophila Van Jaarsv. et Desmet et A. E. van Wyk;悬崖光淋菊●☆
276204 Oscularia deltata(Mill.)Schwantes = Oscularia deltoides(L.)Schwantes ●☆
276205 Oscularia deltata Schwantes var. major(Weston)Schwantes = Oscularia major(Weston)Schwantes ●☆
276206 Oscularia deltoides(L.)Schwantes = Lampranthus deltoides(L.)Glen ex Wijnands ●☆
276207 Oscularia deltoides(L.)Schwantes var. major(Weston)Schwantes = Oscularia major(Weston)Schwantes ●☆
276208 Oscularia deltoides(L.)Schwantes var. muricata(A. Berger)Schwantes = Oscularia deltoides(L.)Schwantes ●☆
276209 Oscularia deltoides(L.)Schwantes var. pedunculata(N. E. Br.)Schwantes = Oscularia pedunculata(N. E. Br.)Schwantes ●☆
276210 Oscularia falciformis(Haw.)H. E. K. Hartmann = Lampranthus falciformis(Haw.)N. E. Br. ●☆
276211 Oscularia guthriae(L. Bolus)H. E. K. Hartmann;格斯里光淋菊●☆
276212 Oscularia lunata(Willd.)H. E. K. Hartmann;新月光淋菊●☆
276213 Oscularia major(Weston)Schwantes;大光淋菊●☆
276214 Oscularia muricata(Haw.)Schwantes ex H. Jacobsen = Oscularia deltoides(L.)Schwantes ●☆
276215 Oscularia ornata(L. Bolus)H. E. K. Hartmann;装饰光淋菊●☆
276216 Oscularia paardebergensis(L. Bolus)H. E. K. Hartmann;帕尔光淋菊●☆
276217 Oscularia pedunculata(N. E. Br.)Schwantes;梗花光淋菊●☆
276218 Oscularia piquetbergensis(L. Bolus)H. E. K. Hartmann;皮克特光淋菊●☆
276219 Oscularia prasina(L. Bolus)H. E. K. Hartmann;草绿光淋菊●☆
276220 Oscularia primiverna(L. Bolus)H. E. K. Hartmann;早春光淋菊■☆
276221 Oscularia steenbergensis(L. Bolus)H. E. K. Hartmann;斯滕光淋菊●☆
276222 Oscularia superans(L. Bolus)H. E. K. Hartmann;上升光淋菊■☆
276223 Oscularia thermarum(L. Bolus)H. E. K. Hartmann;温泉光淋菊■☆
276224 Oscularia vernicolor(L. Bolus)H. E. K. Hartmann;光泽光淋菊●☆
276225 Oscularia vredenburgensis(L. Bolus)H. E. K. Hartmann;弗里登堡光淋菊■☆
276226 Osculisa Raf. = Carex L. ■
276227 Oserya Tul. et Wedd.(1849);奥赛里苔草属■☆
276228 Oserya biceps Tul. et Wedd.;双头奥赛里苔草■☆
276229 Oserya longifolia Novelo et C. T. Philbrick;长叶奥赛里苔草■☆
276230 Oserya minima P. Royen;小奥赛里苔草■☆
276231 Oshimella Masam. et Suzuki = Whytockia W. W. Sm. ■★
276232 Oshimella formosana Masam. = Whytockia sasakii(Hayata)B. L. Burtt ■
276233 Oshimella formosana Masam. et Suzuki = Whytockia sasakii(Hayata)B. L. Burtt ■
276234 Oshimella sasakii(Hayata)Masam. et Suzuki = Whytockia sasakii(Hayata)B. L. Burtt ■
276235 Oskampia Baill. = Lycopsis L. ■
276236 Oskampia Moench = Nonea Medik. ■
276237 Oskampia Raf. = Tournefortia L. ●■
276238 Osmadenia Nutt.(1841);臭腺菊属■☆
276239 Osmadenia Nutt. = Hemizonia DC. ■☆
276240 Osmadenia tenella Nutt.;臭腺菊■☆
276241 Osmanthes Raf. = Dracaena Vand. ex L. ●■
276242 Osmanthus Lour.(1790);木犀属;Devilwood, Holly Olive, Osmanther, Osmanthus ●
276243 Osmanthus × burkwoodii(Burkwood et Skipwith)P. S. Green;细齿木犀(中裂桂花);Burkwood Osmanthus ●☆
276244 Osmanthus acuminatus(Makino)Nakai = Osmanthus fragrans(Thunb. ex Murray)Lour. ●
276245 Osmanthus acuminatus(Wall. ex G. Don)Nakai = Osmanthus fragrans(Thunb. ex Murray)Lour. ●
276246 Osmanthus acuminatus Wall. ex G. Don = Osmanthus fragrans(Thunb. ex Murray)Lour. ●
276247 Osmanthus acuminatus Wall. ex G. Don var. longifolius DC. = Osmanthus fragrans(Thunb. ex Murray)Lour. ●
276248 Osmanthus acutus Masam. et Mori;尖叶木犀●
276249 Osmanthus acutus Masam. et Mori = Osmanthus heterophyllus(G. Don)P. S. Green ●
276250 Osmanthus americanus(L.)Gray;美洲木犀(美洲桂);American Wild Olive, Devil Wood, Devilwood, Devilwood Osmanther, Devilwood Osmanthus, Wild Olive, Wild-olive ●☆
276251 Osmanthus angustifolius Hung T. Chang = Osmanthus marginatus(Champ. ex Benth.)Hemsl. ex Knobl. ●
276252 Osmanthus apiculatus Hung T. Chang;尖凸木犀;Apiculate Osmanther, Apiculate Osmanthus ●
276253 Osmanthus apiculatus Hung T. Chang = Osmanthus marginatus(Champ. ex Benth.)Hemsl. ex Knobl. ●
276254 Osmanthus aquifolium Siebold et Zucc. = Osmanthus heterophyllus(G. Don)P. S. Green ●
276255 Osmanthus aquifolium Siebold et Zucc. var. japonicus(Siebold ex Makino)Makino = Osmanthus fortunei Carrière ●
276256 Osmanthus armatus Diels;红柄木犀;China Osmanther, Chinese Osmanthus ●
276257 Osmanthus asiaticus Nakai;亚洲木犀(银桂,银木犀);Asia Osmanther, Asian Osmanthus, Pfeiffer Osmanthus ●
276258 Osmanthus asiaticus Nakai = Osmanthus fragrans(Thunb. ex Murray)Lour. ●
276259 Osmanthus asiaticus Nakai var. aurantiacus Makino;黄花亚洲木犀;Yellow Asia Osmanther ●☆
276260 Osmanthus asiaticus Nakai var. thunbergii Makino;通氏亚洲木犀(桑氏亚洲木犀);Thunberg Osmanther ●☆
276261 Osmanthus attenuatus P. S. Green;狭叶木犀;Attenuate Osmanthus, Narrowleaf Osmanther, Narrow-leaved Osmanther ●
276262 Osmanthus aurantiacus(Makino)Nakai = Osmanthus fragrans(Thunb. ex Murray)Lour. var. aurantiacus Makino ●
276263 Osmanthus aurantiacus(Makino)Nakai var. hunbergii(Makino)Honda = Osmanthus fragrans(Thunb. ex Murray)Lour. var. thunbergii Makino ●
276264 Osmanthus bambusifolius Hung T. Chang;竹叶木犀;Bamboo-

leaf Osmanthus, Osmanther ●

276265 Osmanthus bambusifolius Hung T. Chang = Osmanthus yunnanensis(Franch.) P. S. Green ●◇

276266 Osmanthus bibracteatis Hayata = Osmanthus heterophyllus(G. Don) P. S. Green ●

276267 Osmanthus bibracteatus Hayata = Osmanthus heterophyllus(G. Don) P. S. Green var. bibracteatus(Hayata) P. S. Green ●

276268 Osmanthus bracteatus Matsum.;琉球木犀;Osmanther ●

276269 Osmanthus bracteatus Matsum. = Osmanthus marginatus (Champ. ex Benth.) Hemsl. ex Knobl. ●

276270 Osmanthus brevipetiolatus Hung T. Chang; 短柄木犀; Osmanther, Short-petal Osmanthus, Tail-leaved Osmanthus ●

276271 Osmanthus brevipetiolatus Hung T. Chang = Osmanthus yunnanensis(Franch.) P. S. Green ●◇

276272 Osmanthus caudatifolius P. Y. Bai et J. H. Pang;尾叶桂花; Caudate Osmanthus, Tailleaf Osmanther, Tail-leaved Osmanthus ●

276273 Osmanthus caudatifolius P. Y. Bai et J. H. Pang = Osmanthus henryi P. S. Green ●

276274 Osmanthus caudatus Hung T. Chang; 长尾木犀; Caudate Osmanther ●

276275 Osmanthus caudatus Hung T. Chang = Osmanthus marginatus (Champ. ex Benth.) Hemsl. ex Knobl. ●

276276 Osmanthus cooperi Hemsl.;宁波木犀(华东木犀);Cooper Osmanther, Cooper Osmanthus ●

276277 Osmanthus corymbosus H. W. Li; 平顶桂花; Corymbate Osmanther, Corymbate Osmanthus ●

276278 Osmanthus corymbosus H. W. Li = Osmanthus marginatus (Champ. ex Benth.) Hemsl. ex Knobl. ●

276279 Osmanthus cylindricus Hung T. Chang; 筒果木犀; Tubefruit Osmanther ●

276280 Osmanthus cylindricus Hung T. Chang = Osmanthus marginatus (Champ. ex Benth.) Hemsl. ex Knobl. ●

276281 Osmanthus daibuensis Hayata = Osmanthus lanceolatus Hayata ●

276282 Osmanthus decorus(Boiss. et Balansa) Kasapligil;美丽木犀(华丽木犀)●☆

276283 Osmanthus delavayi Franch.;管花木犀(豆瓣香,山桂花,山桂花木犀,云南桂花); Delavay Osmanther, Delavay Osmanthus, Delavay Teaolive, Pfeiffer Olive ●

276284 Osmanthus didymopetalus P. S. Green;双瓣木犀(对瓣木犀,离瓣木犀);Geminatepetal Osmanthus, Geminate-petaled Osmanther ●

276285 Osmanthus dinggyeensis P. Y. Bai; 定结桂花; Dingjie Osmanther, Dingjie Osmanthus ●

276286 Osmanthus enervius Masam. et Mori; 无脉木犀; Nerveless Osmanther, Nerveless Osmanthus, Taiwan Osmanthus ●

276287 Osmanthus fordii Hemsl.; 石山桂花; Ford Osmanther, Ford Osmanthus ●

276288 Osmanthus forrestii Rehder = Osmanthus yunnanensis(Franch.) P. S. Green ●◇

276289 Osmanthus forrestii Rehder var. brevipedicellatus Hand. -Mazz. = Osmanthus yunnanensis(Franch.) P. S. Green ●◇

276290 Osmanthus fortunei Carrière; 齿叶木犀; Fortune Osmanther, Fortune Osmanthus, Fortune's Osmanthus ●

276291 Osmanthus fragrans(Thunb. ex Murray) Lour.;木犀(丹桂,桂花,金桂,金粟,九里香,木犀花,木樨,岩桂,银桂);Fragrant Olive, Fragrant Tea Olive, Kwei, Olivier Odorant, Pfeiffer Olive, Pfeiffer Osmanther, Pfeiffer Osmanthus, Pfeiffer Tea, Tea Olive ●

276292 Osmanthus fragrans(Thunb. ex Murray) Lour. var. aurantiacus Makino;金木犀(丹桂);Golden Pfeiffer Osmanther, Golden Pfeiffer Osmanthus ●

276293 Osmanthus fragrans(Thunb. ex Murray) Lour. var. aurantiacus Makino f. thunbergii (Makino) T. Yamaz. = Osmanthus fragrans (Thunb. ex Murray) Lour. var. thunbergii Makino ●

276294 Osmanthus fragrans(Thunb. ex Murray) Lour. var. aurantiacus Makino f. leucanthus T. Yamaz.;白花木犀(丹桂)●☆

276295 Osmanthus fragrans (Thunb. ex Murray) Lour. var. latifolius Makino;银桂;Brodleaf Osmanther, Brodleaf Pfeiffer Osmanthus ●

276296 Osmanthus fragrans (Thunb. ex Murray) Lour. var. latifolius Makino = Osmanthus fragrans(Thunb. ex Murray) Lour. ●

276297 Osmanthus fragrans (Thunb. ex Murray) Lour. var. thunbergii Makino;淡黄木犀(金桂);Thunberg Pfeiffer Osmanther, Thunberg Pfeiffer Osmanthus ●

276298 Osmanthus fragrans (Thunb.) Lour. = Osmanthus fragrans (Thunb. ex Murray) Lour. ●

276299 Osmanthus fragrans(Thunb.) Lour. f. latifolius(Makino) Makino = Osmanthus fragrans(Thunb. ex Murray) Lour. ●

276300 Osmanthus fragrans(Thunb.) Lour. var. acuminata(Wall. ex G. Don) Blume = Osmanthus fragrans(Thunb. ex Murray) Lour. ●

276301 Osmanthus fragrans (Thunb.) Lour. var. aurantiacus Makino = Osmanthus fragrans(Thunb. ex Murray) Lour. var. aurantiacus Makino ●

276302 Osmanthus fragrans (Thunb.) Lour. var. aurantiacus Makino f. leucanthus T. Yamaz. = Osmanthus fragrans (Thunb. ex Murray) Lour. var. aurantiacus Makino f. leucanthus T. Yamaz. ●☆

276303 Osmanthus fragrans (Thunb.) Lour. var. aurantiacus Makino f. thunbergii (Makino) T. Yamaz. = Osmanthus fragrans (Thunb. ex Murray) Lour. var. thunbergii Makino ●

276304 Osmanthus fragrans (Thunb.) Lour. var. latifolius Makino = Osmanthus fragrans(Thunb. ex Murray) Lour. var. latifolius Makino ●

276305 Osmanthus fragrans (Thunb.) Lour. var. latifolius Makino = Osmanthus fragrans(Thunb. ex Murray) Lour. ●

276306 Osmanthus fragrans (Thunb.) Lour. var. thunbergii Makino = Osmanthus fragrans(Thunb. ex Murray) Lour. ●

276307 Osmanthus fragrans Lour. = Osmanthus fragrans (Thunb. ex Murray) Lour. ●

276308 Osmanthus gamostromus Hayata = Osmanthus lanceolatus Hayata ●

276309 Osmanthus gracilinervis L. C. Chia ex R. L. Lu; 细脉木犀; Slender-nerved Osmanthus, Smallnerved Osmanther, Thin-nerve Osmanthus ●

276310 Osmanthus hachijoensis Nakai = Osmanthus insularis Koidz. ●☆

276311 Osmanthus hainanensis P. S. Green; 显脉木犀; Hainan Osmanther, Hainan Osmanthus ●

276312 Osmanthus henryi P. S. Green; 蒙自桂花; Henry Osmanther, Henry Osmanthus ●

276313 Osmanthus heterophyllus(G. Don) P. S. Green;柊树(刺格,刺柊,冬青叶桂花,冬青叶木犀榄,冬树,杠谷树,枸骨,尖叶木犀,猫儿刺,日本桂花,异型叶木犀,异叶木犀,异叶型木犀,异叶柊树,圆叶木犀); Bibract Diversifolious Osmanther, Diversifolious Osmanther, Diversifolious Osmanthus, False Holly, Goshiki False Holly, Holly Olive, Holly Osmanthus, Holly Tea Olive, Hollyleaf Osmanther, Japanese Olive ●

276314 Osmanthus heterophyllus (G. Don) P. S. Green 'Aureomarginatus'; 金边柊树; Goldedge Osmanther, Goldedge Osmanthus ●

276315 Osmanthus heterophyllus(G. Don) P. S. Green 'Aureus';金叶柊树(金边柊树);Goldenleaf Osmanther, Goldenleaf Osmanthus ●

276316 Osmanthus heterophyllus(G. Don) P. S. Green 'Goshiki';高斯科柊树;Variegata Pfeiffer Olive ●

276317 Osmanthus heterophyllus(G. Don) P. S. Green 'Gulftide';海湾潮柊树●☆

276318 Osmanthus heterophyllus(G. Don) P. S. Green 'Purpureus';紫叶柊树;Purple False Holly ●

276319 Osmanthus heterophyllus(G. Don) P. S. Green 'Rotundifolius';矮生柊树●

276320 Osmanthus heterophyllus(G. Don) P. S. Green 'Variegatus';银边柊树(斑叶柊树);Variegata Pfeiffer Olive ●

276321 Osmanthus heterophyllus(G. Don) P. S. Green var. bibracteatus (Hayata) P. S. Green = Osmanthus heterophyllus (G. Don) P. S. Green ●

276322 Osmanthus heterophyllus(G. Don) P. S. Green var. bibracteatus (Hayata) P. S. Green;异叶柊树(异叶冬树)●

276323 Osmanthus hupehensis Hung T. Chang; 湖北木犀; Hubei Osmanther, Osmanthus ●

276324 Osmanthus hupehensis Hung T. Chang = Osmanthus urceolatus P. S. Green ●

276325 Osmanthus ilicifolius (Hassk.) Carrière = Osmanthus heterophyllus(G. Don) P. S. Green ●

276326 Osmanthus ilicifolius (Hassk.) Carrière var. bibracteatus (Hayata) K. Mori = Osmanthus heterophyllus (G. Don) P. S. Green var. bibracteatus(Hayata) P. S. Green ●

276327 Osmanthus ilicifolius (Hassk.) Mouill.; 冬青叶桂花; Holly-leaved Osmanthus, Ilexleaf Osmanther, Ilex-leaved Osmanthus ●

276328 Osmanthus ilicifolius (Hassk.) Mouill. = Osmanthus heterophyllus(G. Don) P. S. Green ●

276329 Osmanthus ilicifolius(Hassk.) Mouill. f. subangulatus(Makino) Makino et Nemoto = Osmanthus heterophyllus(G. Don) P. S. Green ●

276330 Osmanthus ilicifolius (Hassk.) Mouill. var. bibracteatus (Hayata) Mori = Osmanthus heterophyllus (G. Don) P. S. Green var. bibracteatus(Hayata) P. S. Green ●

276331 Osmanthus ilicifolius (Hassk.) Mouill. var. bibracteatus (Hayata) Mori = Osmanthus heterophyllus(G. Don) P. S. Green ●

276332 Osmanthus ilicifolius (Hassk.) Mouill. var. subangulatus (Makino) Makino = Osmanthus heterophyllus(G. Don) P. S. Green ●

276333 Osmanthus ilicifolius(Hassk.) Mouill. var. undulatifolius Makino = Osmanthus heterophyllus(G. Don) P. S. Green ●

276334 Osmanthus ilicifolius (Hassk.) Standish = Osmanthus heterophyllus(G. Don) P. S. Green ●

276335 Osmanthus ilicifolius(Hassk.) Standish = Osmanthus heterophyllus (G. Don) P. S Green var. bibracteatus(Hayata) P. S. Green ●

276336 Osmanthus insularis Koidz.; 岛生木犀; Insular Osmanther, Insular Osmanthus ●☆

276337 Osmanthus insularis Koidz. f. aureus(Hatus.) Hatus.;黄花岛生木犀●☆

276338 Osmanthus insularis Koidz. var. okinawensis T. Yamaz.;冲绳木犀●☆

276339 Osmanthus integrifolius Hayata = Osmanthus heterophyllus(G. Don) P. S. Green ●

276340 Osmanthus intermedius Nakai = Osmanthus fragrans(Thunb. ex Murray) Lour. var. aurantiacus Makino f. thunbergii (Makino) T. Yamaz. ●

276341 Osmanthus iriomotensis T. Yamaz.;西表木犀●☆

276342 Osmanthus japonica Siebold ex Hassk. = Osmanthus fortunei Carrière ●

276343 Osmanthus kaoi(Tang S. Liu et J. C. Liao) S. Y. Lu;高氏木犀;Kao Osmanther, Kao Osmanthus ●

276344 Osmanthus lanceolatus Hayata;锐叶木犀(披针叶木犀,锐齿木犀,山桂花); Lanceolate Osmanther, Lanceolate Osmanthus, Mountain Pfeiffer Osmanthus ●

276345 Osmanthus lanceolatus Hayata var. kaoi Tang S. Liu et J. C. Liao = Osmanthus kaoi(Tang S. Liu et J. C. Liao) S. Y. Lu ●

276346 Osmanthus latifolius (Makino) Koidz. = Osmanthus fragrans (Thunb. ex Murray) Lour. ●

276347 Osmanthus liangshanensis Hung T. Chang;凉山木犀;Liangshan Osmanther, Liangshan Osmanthus ●

276348 Osmanthus liangshanensis Hung T. Chang = Osmanthus marginatus(Champ. ex Benth.) Hemsl. ex Knobl. var. longissimus (Hung T. Chang) R. L. Lu ●

276349 Osmanthus liangshanensis Hung T. Chang = Osmanthus yunnanensis(Franch.) P. S. Green ●◇

276350 Osmanthus lipingensis D. J. Liu = Osmanthus attenuatus P. S. Green ●

276351 Osmanthus longibracteatus Hung T. Chang;长苞木犀;Longbract Osmanther ●

276352 Osmanthus longibracteatus Hung T. Chang = Osmanthus fragrans (Thunb. ex Murray) Lour. ●

276353 Osmanthus longicarpus Hung T. Chang; 长果木犀; Longfruit Osmanther ●

276354 Osmanthus longicarpus Hung T. Chang = Osmanthus marginatus (Champ. ex Benth.) Hemsl. ex Knobl. ●

276355 Osmanthus longipetiolatus Hung T. Chang = Osmanthus matsumuranus Hayata ●

276356 Osmanthus longispermus Hung T. Chang;长籽木犀;Longseed Osmanther ●

276357 Osmanthus longispermus Hung T. Chang = Osmanthus marginatus(Champ. ex Benth.) Hemsl. ex Knobl. ●

276358 Osmanthus longissimus Hung T. Chang = Osmanthus marginatus (Champ. ex Benth.) Hemsl. ex Knobl. var. longissimus (Hung T. Chang) R. L. Lu ●

276359 Osmanthus macrocarpus P. Y. Bai; 大果桂花; Bigfruit Osmanther ●

276360 Osmanthus macrocarpus P. Y. Bai = Osmanthus fragrans(Thunb. ex Murray) Lour. ●

276361 Osmanthus marginatus(Champ. ex Benth.) Hemsl. = Osmanthus marginatus(Champ. ex Benth.) Hemsl. ex Knobl. ●

276362 Osmanthus marginatus (Champ. ex Benth.) Hemsl. ex Knobl.;厚边木犀(广西琼榄,松田氏木犀,狭叶木犀,小叶木犀,月桂); Marginate Osmanther, Marginate Osmanthus, Matsuda Osmanthus, Narrow-leaf Osmanther, Narrow-leaf Osmanthus ●

276363 Osmanthus marginatus (Champ. ex Benth.) Hemsl. ex Knobl. var. formosanus Matsum. = Osmanthus marginatus (Champ. ex Benth.) Hemsl. ex Knobl. var. pachyphyllus (Hung T. Chang) R. L. Lu ●

276364 Osmanthus marginatus (Champ. ex Benth.) Hemsl. ex Knobl. var. formosanus Matsum. = Osmanthus matsumuranus Hayata ●

276365 Osmanthus marginatus (Champ. ex Benth.) Hemsl. ex Knobl. var. longissimus (Hung T. Chang) R. L. Lu; 长叶木犀; Long-leaf Marginate Osmanthus, Long-leaf Osmanther ●

276366 Osmanthus marginatus (Champ. ex Benth.) Hemsl. ex Knobl. var. nanchuanensis Hung T. Chang = Osmanthus marginatus(Champ. ex Benth.) Hemsl. ex Knobl. ●

276367 Osmanthus marginatus (Champ. ex Benth.) Hemsl. ex Knobl. var. pachyphyllus (Hung T. Chang) R. L. Lu = Osmanthus marginatus (Champ. ex Benth.) Hemsl. ex Knobl. ●

276368 Osmanthus marginatus (Champ. ex Benth.) Hemsl. ex Knobl. var. pachyphyllus (Hung T. Chang) R. L. Lu;厚叶木犀;Thickleaf Osmanther ●

276369 Osmanthus matsudai Hayata = Osmanthus marginatus (Champ. ex Benth.) Hemsl. ex Knobl. ●

276370 Osmanthus matsumuranus Hayata;牛矢果(长叶木犀,大叶木犀,羊屎木);Large-leaved Osmanther, Taiwan Osmanther, Taiwan Osmanthus ●

276371 Osmanthus maximus Hung T. Chang; 大果木犀; Bigfruit Osmanther ●

276372 Osmanthus maximus Hung T. Chang = Osmanthus matsumuranus Hayata ●

276373 Osmanthus minor P. S. Green;小叶木犀(小叶月桂);Little-leaf Osmanthus, Small Osmanther, Small-leaved Osmanther ●

276374 Osmanthus nanchuanensis Hung T. Chang;南川木犀;Nanchuan Osmanther ●

276375 Osmanthus nanchuanensis Hung T. Chang = Osmanthus marginatus (Champ. ex Benth.) Hemsl. ex Knobl. ●

276376 Osmanthus nudirhachis Hung T. Chang;裸轴木犀;Nakedaxil Osmanther ●

276377 Osmanthus nudirhachis Hung T. Chang = Osmanthus marginatus (Champ. ex Benth.) Hemsl. ex Knobl. ●

276378 Osmanthus obovatifolius Kaneh. = Osmanthus matsumuranus Hayata ●

276379 Osmanthus obtusifolius Hung T. Chang = Osmanthus armatus Diels ●

276380 Osmanthus okinawensis? = Osmanthus insularis Koidz. ●☆

276381 Osmanthus omeiensis W. P. Fang ex Hung T. Chang;峨眉木犀;Emei Osbeckia, Emei Osmanther, Omei Osmanther ●

276382 Osmanthus omeiensis W. P. Fang ex Hung T. Chang = Osmanthus marginatus (Champ. ex Benth.) Hemsl. ex Knobl. ●

276383 Osmanthus ovalis Miq. = Osmanthus fragrans (Thunb. ex Murray) Lour. ●

276384 Osmanthus pachyphyllus Hung T. Chang = Osmanthus marginatus (Champ. ex Benth.) Hemsl. ex Knobl. var. pachyphyllus (Hung T. Chang) R. L. Lu ●

276385 Osmanthus pedunculatus Gagnep. = Osmanthus matsumuranus Hayata ●

276386 Osmanthus polyneurus Hung T. Chang;多脉桂花;Manynerve Osmanther ●

276387 Osmanthus polyneurus Hung T. Chang = Osmanthus yunnanensis (Franch.) P. S. Green ●◇

276388 Osmanthus polyneurus P. Y. Bai = Olea caudatilimba L. C. Chia ●

276389 Osmanthus pubipedicellatus L. C. Chia ex Hung T. Chang;毛柄木犀;Hairy-pedicel Osbeckia, Hairy-pediceled Osbeckia, Hairystipt Osmanther ●◇

276390 Osmanthus racemosus X. H. Song; 总状桂花; Racemose Osmanther, Racemose Osmanthus ●

276391 Osmanthus rehderianus Hand. -Mazz. = Osmanthus yunnanensis (Franch.) P. S. Green ●◇

276392 Osmanthus rehderianus Hand. -Mazz. var. tenianus Hand. -Mazz. = Osmanthus yunnanensis (Franch.) P. S. Green ●◇

276393 Osmanthus reticulatus P. S. Green; 网脉木犀; Netveined Osmanther, Net-veined Osmanthus, Reticulate Osmanthus ●

276394 Osmanthus rigidus Nakai;九州木犀●☆

276395 Osmanthus sandwicensis (Gray) Knobl.;夏威夷木犀;Olopua, Osmanther, Pua ●☆

276396 Osmanthus serrulatus Rehder;短丝木犀(喜马拉雅木犀);Serralate Osmanthus, Serrate Osmanthus, Smalltoothed Osmanther ●

276397 Osmanthus sinensis (Hand. -Mazz.) Hand. -Mazz. = Osmanthus marginatus (Champ. ex Benth.) Hemsl. ex Knobl. ●

276398 Osmanthus sinensis Lavallée = Osmanthus fragrans (Thunb. ex Murray) Lour. ●

276399 Osmanthus suavis King ex C. B. Clarke;香花木犀;Delightful Osmanthus, Fragrant Osbeckia, Joyful Osmanther ●

276400 Osmanthus triandrus Hung T. Chang; 三蕊木犀; Tricalyxed Osmanthus ●

276401 Osmanthus triandrus Hung T. Chang = Osmanthus marginatus (Champ. ex Benth.) Hemsl. ex Knobl. ●

276402 Osmanthus urceolatus P. S. Green; 坛花木犀; Jarshape Osmanther, Urceolar-flowered Osmanthus, Urceolatue Osmanthus ●

276403 Osmanthus venosus Pamp.;毛木犀(毛桂花);Hair Osmanther, Hairy Osbeckia, Veined Osmanthus ●◇

276404 Osmanthus wilsonii Nakai = Osmanthus matsumuranus Hayata ●

276405 Osmanthus yunnanensis (Franch.) P. S. Green;野桂花(滇桂花,云南桂花);Yunnan Osmanther, Yunnan Osmanthus ●◇

276406 Osmanthus zentaroanus Makino = Osmanthus insularis Koidz. ●☆

276407 Osmaronia Greene = Oemleria Rchb. ●☆

276408 Osmaronia cerasiformis (Torr. et A. Gray) Greene = Oemleria cerasiformis (Hook. et Arn.) Landon ●☆

276409 Osmaton Raf. = Carum L. ■

276410 Osmelia Thwaites (1858);香风子属●☆

276411 Osmelia gardneri Thwaites;香风子●☆

276412 Osmelia philippinensis Benth.;菲律宾香风子●☆

276413 Osmelia zeylanica C. B. Clarke;斯里兰卡香风子●☆

276414 Osmhydrophora Barb. Rodr. = Tanaecium Sw. ■☆

276415 Osmia Sch. Bip. = Chromolaena DC. ●■

276416 Osmia frustrata (B. L. Rob.) Small = Chromolaena frustrata (B. L. Rob.) R. M. King et H. Rob. ■☆

276417 Osmia ivifolia (L.) Sch. Bip. = Chromolaena ivifolia (L.) R. M. King et H. Rob. ■☆

276418 Osmia odorata (L.) Sch. Bip. = Chromolaena odorata (L.) R. M. King et H. Rob. ■

276419 Osmiopsis R. M. King et H. Rob. (1975);藤泽兰属●☆

276420 Osmiopsis plumeri (Urb. et Ekman) R. M. King et H. Rob.;藤泽兰●☆

276421 Osmites L. (废弃属名) = Relhania L'Hér. (保留属名) ●☆

276422 Osmites angustifolia DC. = Osmitopsis pinnatifida (DC.) K. Bremer subsp. angustifolia (DC.) K. Bremer ●☆

276423 Osmites anthemoides DC. = Osmitopsis osmitoides (Less.) K. Bremer ●☆

276424 Osmites asteriscoides P. J. Bergius = Osmitopsis asteriscoides (P. J. Bergius) Less. ●☆

276425 Osmites calycina L. f. = Relhania calycina (L. f.) L'Hér. ●☆

276426 Osmites dentata Thunb. = Osmitopsis dentata (Thunb.) K. Bremer ●☆

276427 Osmites hirsuta Less. = Osmitopsis afra (L.) K. Bremer ●☆

276428 Osmites leucantha (L.) Druce = Osmitopsis afra (L.) K. Bremer ●☆

276429 Osmites parvifolia DC. = Osmitopsis parvifolia (DC.) Hofmeyr ●☆

276430 Osmites pinnatifida DC. = Osmitopsis pinnatifida (DC.) K.

Bremer ●☆

276431 Osmitiphyllum Sch. Bip. = Peyrousea DC. (保留属名) ●☆

276432 Osmitopsis Cass. (1817); 旋叶菊属●☆

276433 Osmitopsis afra(L.) K. Bremer; 非洲旋叶菊●☆

276434 Osmitopsis asteriscoides(P. J. Bergius) Less.; 星箱草旋叶菊●☆

276435 Osmitopsis calva Gand. = Osmitopsis asteriscoides (P. J. Bergius) Less. ●☆

276436 Osmitopsis dentata(Thunb.) K. Bremer; 齿叶旋叶菊●☆

276437 Osmitopsis glabra K. Bremer; 光滑旋叶菊●☆

276438 Osmitopsis nana Schltr.; 矮小旋叶菊●☆

276439 Osmitopsis osmitoides(Less.) K. Bremer; 旋叶菊●☆

276440 Osmitopsis parvifolia(DC.) Hofmeyr; 小叶旋叶菊●☆

276441 Osmitopsis pinnatifida(DC.) K. Bremer; 羽裂旋叶菊●☆

276442 Osmitopsis pinnatifida (DC.) K. Bremer subsp. angustifolia (DC.) K. Bremer; 窄叶旋叶菊●☆

276443 Osmitopsis pinnatifida (DC.) K. Bremer subsp. serrata K. Bremer; 尖齿羽裂旋叶菊●☆

276444 Osmitopsis tenuis K. Bremer; 细旋叶菊●☆

276445 Osmodium Raf. = Onosmodium Michx. ■☆

276446 Osmoglossum(Schltr.) Schltr. (1922); 香唇兰属■☆

276447 Osmoglossum Schltr. = Osmoglossum(Schltr.) Schltr. ■☆

276448 Osmoglossum acuminatum Schltr.; 尖香唇兰■☆

276449 Osmoglossum candidum(Linden et André) Garay; 白香唇兰■☆

276450 Osmorhiza Raf. (1819)(保留属名); 香根芹属(臭根属); Pfeiffer Cicely, Pfeiffer Root ■

276451 Osmorhiza amurensis F. Schmidt = Osmorhiza aristata(Thunb.) Makino et Y. Yabe ■

276452 Osmorhiza amurensis F. Schmidt = Osmorhiza aristata(Thunb.) Makino et Y. Yabe var. montana Makino ■☆

276453 Osmorhiza amurensis F. Schmidt ex Maxim. = Osmorhiza aristata (Thunb.) Makino et Y. Yabe ■

276454 Osmorhiza amurensis F. Schmidt var. montana? = Osmorhiza aristata(Thunb.) Makino et Y. Yabe var. montana Makino ■☆

276455 Osmorhiza aristata(Thunb.) Makino et Y. Yabe; 香根芹(臭根, 水芹三七, 野胡萝卜); Aniseroot, Aristate Pfeiffer root, Long-styled Pfeiffer Cicely ■

276456 Osmorhiza aristata(Thunb.) Makino et Y. Yabe var. brevistylis (DC.) B. Boivin = Osmorhiza claytonii(Michx.) C. B. Clarke ■☆

276457 Osmorhiza aristata (Thunb.) Makino et Y. Yabe var. laxa (Royle) Constance = Osmorhiza aristata(Thunb.) Makino et Y. Yabe var. laxa(Royle) Constance et R. H. Shan ■

276458 Osmorhiza aristata (Thunb.) Makino et Y. Yabe var. laxa (Royle) Constance et R. H. Shan; 疏叶香根芹(香根芹); Scatterleaf Pfeiffer Root ■

276459 Osmorhiza aristata(Thunb.) Makino et Y. Yabe var. longistylis (Torr.) B. Boivin = Osmorhiza longistylis(Torr.) DC. ■☆

276460 Osmorhiza aristata (Thunb.) Makino et Y. Yabe var. montana Makino; 山地香根芹■☆

276461 Osmorhiza aristata (Thunb.) Makino et Y. Yabe var. montana Makino = Osmorhiza aristata(Thunb.) Makino et Y. Yabe ■

276462 Osmorhiza aristata (Thunb.) Rydb. = Osmorhiza aristata (Thunb.) Makino et Y. Yabe ■

276463 Osmorhiza berteroi DC.; 智利香根芹; Chilean Pfeiffer Cicely, Tapering Pfeiffer-root ■☆

276464 Osmorhiza brevistylis DC. = Osmorhiza claytonii(Michx.) C. B. Clarke ■☆

276465 Osmorhiza chilensis Hook. et Arn. = Osmorhiza berteroi DC. ■☆

276466 Osmorhiza claytonii(Michx.) C. B. Clarke; 北美香根芹; Bland Pfeiffer Cicely, Clayton Pfeiffer root, Clayton's Pfeiffer-root, Hairy Pfeiffer Cicely, Pfeiffer Cicely, Woolly Pfeiffer Cicely ■☆

276467 Osmorhiza claytonii (Michx.) C. B. Clarke = Osmorhiza aristata (Thunb.) Makino et Y. Yabe ■

276468 Osmorhiza claytonii C. B. Clarke = Osmorhiza aristata(Thunb.) Makino et Y. Yabe var. laxa(Royle) Constance et R. H. Shan ■

276469 Osmorhiza divaricata(Britton) Suksd. = Osmorhiza berteroi DC. ■☆

276470 Osmorhiza japonica Siebold et Zucc. = Osmorhiza aristata (Thunb.) Makino et Y. Yabe ■

276471 Osmorhiza laxa Royle = Osmorhiza aristata(Thunb.) Makino et Y. Yabe var. laxa(Royle) Constance et R. H. Shan ■

276472 Osmorhiza longistylis (Torr.) DC.; 长柱香根芹; Anise Root, Anise-root, Long-styled Pfeiffer Cicely, Long-styled Pfeiffer-root, Pfeiffer Anise, Smooth Pfeiffer Cicely ■☆

276473 Osmorhiza longistylis(Torr.) DC. var. brachycoma S. F. Blake = Osmorhiza longistylis(Torr.) DC. ■☆

276474 Osmorhiza longistylis (Torr.) DC. var. imbarbata Salamun = Osmorhiza longistylis(Torr.) DC. ■☆

276475 Osmorhiza longistylis (Torr.) DC. var. villicaulis Fernald = Osmorhiza longistylis(Torr.) DC. ■☆

276476 Osmorhiza longistylis DC. = Osmorhiza aristata(Thunb.) Makino et Y. Yabe ■

276477 Osmorhiza lonigstylis sensu A. Gray = Osmorhiza aristata (Thunb.) Makino et Y. Yabe ■

276478 Osmorhiza montana Makino = Osmorhiza aristata (Thunb.) Makino et Y. Yabe var. montana Makino ■☆

276479 Osmorhiza nuda Torr. = Osmorhiza berteroi DC. ■☆

276480 Osmoscleria Lindl. = Omoscleria Nees ■

276481 Osmoscleria Lindl. = Scleria P. J. Bergius ■

276482 Osmoshiza Raf. = Osmorhiza Raf. (保留属名) ■

276483 Osmothamuus DC. = Rhododendron L. ●

276484 Osmoxylon Miq. (1863); 兰屿八角金盘属; Osmoxylon ●

276485 Osmoxylon kotoense Hayata = Boerlagiodendron pectinatum Merr. ●

276486 Osmoxylon pectinatum (Merr.) Philipson; 兰屿八角金盘; Pectinate Osmoxylon ●

276487 Osmyne Salisb. = Ornithogalum L. ■

276488 Ossaea DC. (1828); 奥萨野牡丹属●☆

276489 Ossaea acuminata DC.; 渐尖奥萨野牡丹●☆

276490 Ossaea angustifolia(DC.) Triana; 窄叶奥萨野牡丹●☆

276491 Ossaea brachystachya Naudin; 短穗奥萨野牡丹●☆

276492 Ossaea capitata Vinha; 头状奥萨野牡丹●☆

276493 Ossaea ciliata Alain; 睫毛奥萨野牡丹●☆

276494 Ossaea cinerea Cogn.; 灰奥萨野牡丹●☆

276495 Ossaea echinata M. Gómez; 刺奥萨野牡丹●☆

276496 Ossaea fascicularis Griseb.; 簇生奥萨野牡丹●☆

276497 Ossaea flaccida Brade; 柔软奥萨野牡丹●☆

276498 Ossaea flavescens DC.; 浅黄奥萨野牡丹●☆

276499 Ossaea fragilis Cogn.; 脆奥萨野牡丹●☆

276500 Ossaea gracilis Alain; 细奥萨野牡丹●☆

276501 Ossaea grandifolia Gleason; 大叶奥萨野牡丹●☆

276502 Ossaea heterotricha Wright; 异毛奥萨野牡丹●☆

276503 Ossaea hirsuta Triana; 粗毛奥萨野牡丹●☆

276504 Ossaea lanceolata Urb. et Ekman; 披针叶奥萨野牡丹●☆

276505 Ossaea lateriflora DC.; 侧花奥萨野牡丹●☆

276506 Ossaea macrandra Millsp.; 大蕊奥萨野牡丹●☆

276507 Ossaea micrantha Macfad., Fawc. et Rendle;小花奥萨野牡丹●☆
276508 Ossaea microphylla Triana;小叶奥萨野牡丹●☆
276509 Ossaea multiflora DC.;多花奥萨野牡丹●☆
276510 Ossaea pauciflora Urb.;少花奥萨野牡丹●☆
276511 Ossaea polychaeta Urb. et Ekman;多毛奥萨野牡丹●☆
276512 Ossaea robusta Cogn.;粗壮奥萨野牡丹●☆
276513 Ossaea salicifolia Crueg.;柳叶奥萨野牡丹●☆
276514 Ossaea sanguinea Cogn.;血红奥萨野牡丹●☆
276515 Ossaea trichocalyx Pittier;毛萼奥萨野牡丹●☆
276516 Ossaea trichopetala C. Wright;毛瓣奥萨野牡丹●☆
276517 Ossaea trichopoda Gleason;毛梗奥萨野牡丹●☆
276518 Ossea Lonic. ex Nieuwl. et Lunell = Swida Opiz ●
276519 Ossea Nieuwl. et Lunell = Swida Opiz ●
276520 Ossiculum P. J. Cribb et Laan(1986);骨兰属■☆
276521 Ossiculum aurantiacum P. J. Cribb et Laan;骨兰■☆
276522 Ossifraga Rumph. = Euphorbia L. ●■
276523 Ostachyrium Steud. = Otachyrium Nees ■☆
276524 Ostachyrium Steud. = Panicum L. ■
276525 Ostenia Buchenau = Hydrocleys Rich. ■☆
276526 Osteocarpum F. Muell. (1858);石果藜属■☆
276527 Osteocarpum F. Muell. = Threlkeldia R. Br. ●☆
276528 Osteocarpum salsuginosum F. Muell.;石果藜■☆
276529 Osteocarpus Kuntze = Osteocarpum F. Muell. ■☆
276530 Osteocarpus Phil = Alona Lindl. ■☆
276531 Osteocarpus Phil = Mona O. Nilsson ■☆
276532 Osteocarpus Phil. = Nolana L. ex L. f. ■☆
276533 Osteomeles Lindl. (1821);小石积属;Bonyberry, Bony-berry ●
276534 Osteomeles anthyllidifolia (Sm.) Lindl.;小石积;Polynesia Bonyberry, Polynesian Bonyberry ●
276535 Osteomeles anthyllidifolia(Sm.) Lindl. f. subrotunda(K. Koch) Koidz. = Osteomeles anthyllidifolia(Sm.) Lindl. var. subrotunda(K. Koch) Masam. ●
276536 Osteomeles anthyllidifolia (Sm.) Lindl. var. subrotunda (C. Koch) Masam. = Osteomeles subrotunda K. Koch ●
276537 Osteomeles anthyllidifolia (Sm.) Lindl. var. subrotunda (K. Koch) Masam. = Osteomeles subrotunda K. Koch ●
276538 Osteomeles anthyllidifolia Lindl. = Osteomeles schwerinae C. K. Schneid. ●
276539 Osteomeles anthyllidifolia Lindl. f. subrotunda(K. Koch) Koidz. = Osteomeles subrotunda K. Koch ●
276540 Osteomeles anthyllidifolia Lindl. var. subrotunda (K. Koch) Masam. = Osteomeles subrotunda K. Koch ●
276541 Osteomeles boninensis Nakai = Osteomeles schwerinae C. K. Schneid. ●
276542 Osteomeles chinensis Lingelsh. et Borza = Osteomeles schwerinae C. K. Schneid. ●
276543 Osteomeles lanata Nakai ex Makino et Nemoto;绵毛小石积●☆
276544 Osteomeles schwerinae C. K. Schneid.;华西小石积(地石榴,黑果,糊炒果,老鸦果,马屎果,砂糖果,小石积);China Bonyberry, Chinese Bonyberry, Chinese Bony-berry ●
276545 Osteomeles schwerinae C. K. Schneid. var. boninensis (Nakai) Koidz. = Osteomeles schwerinae C. K. Schneid. ●
276546 Osteomeles schwerinae C. K. Schneid. var. microphylla Rehder et E. H. Wilson;小叶华西小石积;Smallleaf China Bonyberry, Smallleaf Chinese Bonyberry ●
276547 Osteomeles schwerinae C. K. Schneid. var. multijuga Koidz. = Osteomeles schwerinae C. K. Schneid. var. microphylla Rehder et E. H. Wilson ●
276548 Osteomeles subrotunda C. Koch = Osteomeles subrotunda K. Koch ●
276549 Osteomeles subrotunda C. Koch var. glabrata Te T. Yu = Osteomeles subrotunda K. Koch var. glabrata Te T. Yu ●
276550 Osteomeles subrotunda K. Koch;圆叶小石积(不凋木,小石积);Roundleaf Bonyberry, Round-leaved Bonyberry ●
276551 Osteomeles subrotunda K. Koch = Osteomeles anthyllidifolia (Sm.) Lindl. var. subrotunda(K. Koch) Masam. ●
276552 Osteomeles subrotunda K. Koch var. glabrata Te T. Yu;无毛圆叶小石积●
276553 Osteophloeum Warb. (1897);骨皮树属(硬皮楠属)●☆
276554 Osteophloeum platyspermum(A. DC.) Warb.;阔籽骨皮树●☆
276555 Osteophloeum platyspermum Warb. = Osteophloeum platyspermum (A. DC.) Warb. ●☆
276556 Osteospermum L. (1753);骨籽菊属(骨子菊属,麦秆菊属);African Daisy ●■☆
276557 Osteospermum acanthospermum(DC.) Norl.;刺果骨籽菊■☆
276558 Osteospermum aciphyllum DC.;尖叶骨籽菊■☆
276559 Osteospermum acutifolium (Hutch.) Norl. = Dimorphotheca acutifolia Hutch. ■☆
276560 Osteospermum afromontanum Norl. = Tripteris afromontana (Norl.) B. Nord. ■☆
276561 Osteospermum amplectens (Harv.) Norl. = Norlindhia amplectens (Harv.) B. Nord. ■☆
276562 Osteospermum angolense Norl. = Tripteris angolensis(Norl.) B. Nord. ●☆
276563 Osteospermum arctotoides L. f. = Arctotis arctotoides(L. f.) O. Hoffm. ■☆
276564 Osteospermum armatum Norl.;具刺骨籽菊■☆
276565 Osteospermum asperulum(DC.) Norl.;粗糙骨籽菊■☆
276566 Osteospermum asperum (Thunb.) Less. = Osteospermum rigidum Aiton ■☆
276567 Osteospermum attenuatum Hilliard et B. L. Burtt;渐狭骨籽菊■☆
276568 Osteospermum auriculatum (S. Moore) Norl. = Tripteris auriculata S. Moore ●☆
276569 Osteospermum barberae (Harv.) Norl. = Dimorphotheca barberae Harv. ■☆
276570 Osteospermum bidens Thunb.;二齿骨籽菊■☆
276571 Osteospermum bipinnatum Thunb. = Garuleum bipinnatum (Thunb.) Less. ■☆
276572 Osteospermum bolusii(Compton) Norl.;博卢斯骨籽菊■☆
276573 Osteospermum breviradiatum Norl. = Norlindhia breviradiata (Norl.) B. Nord. ■☆
276574 Osteospermum burchellii DC. = Osteospermum corymbosum L. ■☆
276575 Osteospermum burttianum B. Nord.;伯特骨籽菊■☆
276576 Osteospermum caeruleum Aiton = Garuleum pinnatifidum (Thunb.) DC. ■☆
276577 Osteospermum calcareum Muschl. ex Dinter = Osteospermum montanum Klatt ■☆
276578 Osteospermum calendulaceum Harv. = Garuleum latifolium Harv. ■☆
276579 Osteospermum calendulaceum L. f.;臭骨籽菊;Stinking Roger ■☆
276580 Osteospermum calendulaceum L. f. = Oligocarpus calendulaceus (L. f.) Less. ■☆
276581 Osteospermum caulescens Harv. = Dimorphotheca caulescens Harv. ■☆

276582 Osteospermum ciliatum P. J. Bergius;缘毛骨籽菊■☆
276583 Osteospermum clandestinum(Less.)Norl. = Monoculus monstruosus (Burm. f.)B. Nord. ■☆
276584 Osteospermum connatum DC. = Tripteris amplexicaulis(Thunb.) Less. ●☆
276585 Osteospermum coriaceum DC. = Osteospermum junceum P. J. Bergius ■☆
276586 Osteospermum coriaceum DC. var. asperulum? = Osteospermum asperulum(DC.)Norl. ■☆
276587 Osteospermum corymbosum DC. = Osteospermum imbricatum L. ■☆
276588 Osteospermum corymbosum DC. var. lasiocaulon? = Osteospermum imbricatum L. ■☆
276589 Osteospermum corymbosum DC. var. parvifolium Harv. = Osteospermum imbricatum L. ■☆
276590 Osteospermum corymbosum DC. var. rotundifolium? = Osteospermum imbricatum L. ■☆
276591 Osteospermum corymbosum L.;伞序骨籽菊■☆
276592 Osteospermum corymbosum L. var. rotundifolium DC. = Osteospermum rotundifolium(DC.)Norl. ■☆
276593 Osteospermum crassifolium(O. Hoffm.)Norl. = Tripteris crassifolia O. Hoffm. ●☆
276594 Osteospermum cuspidatum DC. = Inuloides tomentosa(L. f.)B. Nord. ■☆
276595 Osteospermum dentatum Burm. f. = Tripteris dentata(Burm. f.) Harv. ●☆
276596 Osteospermum dichotomum E. Mey. ex DC. = Osteospermum imbricatum L. ■☆
276597 Osteospermum dregei(DC.)Norl.;德雷骨籽菊■☆
276598 Osteospermum dregei(DC.)Norl. var. reticulatum Norl. = Dimorphotheca dregei DC. var. reticulata(Norl.)B. Nord. ■☆
276599 Osteospermum ecklonis(DC.)Norl.;蓝心骨籽菊(蓝心菊);Blue and White Daisybush, Sunscape Daisy ■☆
276600 Osteospermum ecklonis(DC.)Norl. = Dimorphotheca ecklonis DC. ■☆
276601 Osteospermum elegans Bolus = Osteospermum rigidum Aiton var. elegans(Bolus)Norl. ■☆
276602 Osteospermum elsieae Norl.;埃尔西骨籽菊■☆
276603 Osteospermum ephedroides DC. = Osteospermum bidens Thunb. ■☆
276604 Osteospermum falcatum E. Mey. = Gymnostephium ciliare(DC.) Harv. ■☆
276605 Osteospermum fallax Spreng. ex DC. = Euryops munitus(L. f.) B. Nord. ●☆
276606 Osteospermum filiforme Thunb. = Osteospermum triquetrum L. f. ■☆
276607 Osteospermum foveolatum DC. = Osteospermum polygaloides L. ■☆
276608 Osteospermum fruticosum(L.)Norl.;灌木骨籽菊(南非骨籽菊);Cape Daisy, Shrubby Daisybush, South African Daisy, Trailing African Daisy ●☆
276609 Osteospermum fruticosum(L.)Norl. = Dimorphotheca fruticosa (L.)Less. ■☆
276610 Osteospermum glaberrimum O. Hoffm. = Osteospermum imbricatum L. var. nervatum(DC.)Norl. ■☆
276611 Osteospermum glabratum(Thunb.)Less. = Tripteris oppositifolia(Aiton)B. Nord. ●☆
276612 Osteospermum glabrum N. E. Br.;光骨籽菊■☆
276613 Osteospermum glandulosum A. Spreng. = Osteospermum imbricatum L. ■☆
276614 Osteospermum grandidentatum DC.;大齿骨籽菊■☆
276615 Osteospermum grandidentatum DC. var. hispidum Harv. = Osteospermum grandidentatum DC. ■☆
276616 Osteospermum grandidentatum DC. var. natalense Sch. Bip. = Osteospermum grandidentatum DC. ■☆
276617 Osteospermum grandiflorum DC.;大花骨籽菊●☆
276618 Osteospermum hamiltoni S. Moore = Osteospermum muricatum E. Mey. ex DC. ■☆
276619 Osteospermum helichrysoides DC. = Osteospermum imbricatum L. var. helichrysoides(DC.)Norl. ■☆
276620 Osteospermum herbaceum L. f.;草本骨籽菊■☆
276621 Osteospermum heterophyllum DC. = Euryops brachypodus (DC.)B. Nord. ●☆
276622 Osteospermum hirsutum Thunb.;粗毛骨籽菊■☆
276623 Osteospermum hispidum Harv.;硬毛骨籽菊■☆
276624 Osteospermum hispidum Harv. var. viride Norl.;绿花硬毛骨籽菊■☆
276625 Osteospermum hybrid Hort.;杂种骨籽菊;African Daisy ■☆
276626 Osteospermum hyoseroides(DC.)Norl. = Monoculus hyoseroides (DC.)B. Nord. ■☆
276627 Osteospermum ilicifolium L. = Nephrotheca ilicifolia(L.)B. Nord. et Källersjö ■☆
276628 Osteospermum imbricatum Harv. = Osteospermum polygaloides L. ■☆
276629 Osteospermum imbricatum L.;覆瓦骨籽菊■☆
276630 Osteospermum imbricatum L. var. helichrysoides(DC.)Norl.;蜡菊状骨籽菊■☆
276631 Osteospermum imbricatum L. var. nervatum(DC.)Norl.;多脉骨籽菊■☆
276632 Osteospermum incanum Burm. f. = Chrysanthemoides incana (Burm. f.)Norl. ●☆
276633 Osteospermum jucundum(E. Phillips)Norl.;紫轮菊■☆
276634 Osteospermum jucundum(E. Phillips)Norl. = Dimorphotheca jucunda E. Phillips ■☆
276635 Osteospermum junceum P. J. Bergius;灯芯草骨籽菊■☆
276636 Osteospermum karrooicum(Bolus)Norl.;卡卢骨籽菊■☆
276637 Osteospermum lanceolatum DC.;披针形骨籽菊■☆
276638 Osteospermum lanosum(DC.)Compton et E. Phillips = Chrysanthemoides incana(Burm. f.)Norl. ●☆
276639 Osteospermum lavandulaceum DC. = Osteospermum bidens Thunb. ■☆
276640 Osteospermum laxum DC. = Osteospermum ciliatum P. J. Bergius ■☆
276641 Osteospermum leiocarpum DC. = Euryops leiocarpus(DC.)B. Nord. ●☆
276642 Osteospermum leptolobum(Harv.)Norl.;细裂片骨籽菊●☆
276643 Osteospermum marginatum A. Spreng. = Osteospermum junceum P. J. Bergius ■☆
276644 Osteospermum marlothianum Muschl. ex Dinter = Chrysanthemoides incana(Burm. f.)Norl. ●☆
276645 Osteospermum microcarpum(Harv.)Norl.;小果骨籽菊■☆
276646 Osteospermum microcarpum(Harv.)Norl. = Tripteris microcarpa Harv. ●☆
276647 Osteospermum microcarpum(Harv.)Norl. subsp. septentrionale (Norl.)Norl. = Tripteris microcarpa Harv. subsp. septentrionalis (Norl.)B. Nord. ●☆

276648 Osteospermum microcarpum (Harv.) Norl. var. septentrionale Norl. = Tripteris microcarpa Harv. subsp. septentrionalis (Norl.) B. Nord. ●☆
276649 Osteospermum microphyllum DC.;小叶骨籽菊■☆
276650 Osteospermum moniliferum L. = Chrysanthemoides monilifera (L.) Norl. ●☆
276651 Osteospermum moniliferum L. f. foliis-subintegris Engl. = Chrysanthemoides monilifera(L.) Norl. subsp. septentrionalis Norl. ●☆
276652 Osteospermum moniliferum L. var. angustifolium DC. = Chrysanthemoides monilifera (L.) Norl. subsp. subcanescens (DC.) Norl. ●☆
276653 Osteospermum moniliferum L. var. lanosum DC. = Chrysanthemoides incana(Burm. f.) Norl. ●☆
276654 Osteospermum moniliferum L. var. rotundatum (DC.) Harv. = Chrysanthemoides monilifera(L.) Norl. subsp. rotundata(DC.) Norl. ●☆
276655 Osteospermum monocephalum (Oliv. et Hiern) Norl. = Tripteris monocephala Oliv. et Hiern ●☆
276656 Osteospermum montanum Klatt;山地骨籽菊■☆
276657 Osteospermum monticola Norl. = Osteospermum thodei Markötter ■☆
276658 Osteospermum multicaule Norl. = Osteospermum bolusii (Compton) Norl. ■☆
276659 Osteospermum muricatum E. Mey. ex DC.;钝尖骨籽菊■☆
276660 Osteospermum muricatum E. Mey. ex DC. subsp. longiradiatum Norl.;长射线骨籽菊■☆
276661 Osteospermum nervatum DC. = Osteospermum imbricatum L. var. nervatum(DC.) Norl. ■☆
276662 Osteospermum nervosum (Hutch.) Norl. = Tripteris nervosa Hutch. ●☆
276663 Osteospermum niveum L. f. = Arctotheca populifolia (P. J. Bergius) Norl. ■☆
276664 Osteospermum nyikense Norl. = Tripteris nyikensis (Norl.) B. Nord. ●☆
276665 Osteospermum odoratum Klatt = Tripteris microcarpa Harv. ●☆
276666 Osteospermum oppositifolium (Aiton) Norl. = Tripteris oppositifolia(Aiton) B. Nord. ●☆
276667 Osteospermum pachypteris DC. = Osteospermum spinescens Thunb. ■☆
276668 Osteospermum picridioides DC. = Tripteris aghillana DC. ●☆
276669 Osteospermum pinnatifidum Thunb. = Garuleum pinnatifidum (Thunb.) DC. ■☆
276670 Osteospermum pinnatilobatum Norl. = Tripteris pinnatilobata (Norl.) B. Nord. ●☆
276671 Osteospermum pinnatipartitum DC. = Euryops pinnatipartitus (DC.) B. Nord. ●☆
276672 Osteospermum pinnatum(Thunb.) Norl.;羽状骨籽菊■☆
276673 Osteospermum pinnatum(Thunb.) Norl. var. breve Norl.;短羽状骨籽菊■☆
276674 Osteospermum pisiferum L. var. canescens DC. = Chrysanthemoides monilifera(L.) Norl. subsp. canescens(DC.) Norl. ●☆
276675 Osteospermum plebeium DC. = Osteospermum rigidum Aiton ■☆
276676 Osteospermum polycephalum (DC.) Norl. = Tripteris polycephala DC. ●☆
276677 Osteospermum polygaloides L.;远志骨籽菊■☆
276678 Osteospermum polygaloides L. var. latifolium Norl.;宽叶远志骨籽菊■☆
276679 Osteospermum potbergense A. R. Wood et B. Nord.;贝尔热骨籽菊■☆
276680 Osteospermum psammophilum Klatt = Dimorphotheca polyptera DC. ■☆
276681 Osteospermum pterospermum E. Mey. ex DC. = Osteospermum spinosum L. var. runcinatum P. J. Bergius ■☆
276682 Osteospermum pterospermum E. Mey. ex DC. f. integrifolium O. Hoffm. = Osteospermum spinosum L. ■☆
276683 Osteospermum pulchrum Norl. = Dimorphotheca acutifolia Hutch. ■☆
276684 Osteospermum pungens Harv. = Osteospermum ciliatum P. J. Bergius ■☆
276685 Osteospermum pyrifolium Norl.;梨叶骨籽菊■☆
276686 Osteospermum rangei Muschl. = Chrysanthemoides incana (Burm. f.) Norl. ●☆
276687 Osteospermum retirugum DC. = Osteospermum imbricatum L. ■☆
276688 Osteospermum rigidum Aiton;硬骨籽菊■☆
276689 Osteospermum rigidum Aiton var. elegans(Bolus) Norl.;雅致骨籽菊■☆
276690 Osteospermum riparium O. Hoffm. = Dimorphotheca fruticosa (L.) Less. ■☆
276691 Osteospermum rosulatum Norl. = Tripteris rosulata (Norl.) B. Nord. ●☆
276692 Osteospermum rotundatum DC. = Chrysanthemoides monilifera (L.) Norl. subsp. rotundata(DC.) Norl. ●☆
276693 Osteospermum rotundifolium(DC.) Norl.;圆叶骨籽菊■☆
276694 Osteospermum scabrum Thunb. = Gibbaria scabra (Thunb.) Norl. ■☆
276695 Osteospermum scariosum DC.;干膜质骨籽菊■☆
276696 Osteospermum scariosum DC. = Tripteris aghillana DC. ●☆
276697 Osteospermum scariosum DC. var. integrifolium(Harv.) Norl. = Tripteris aghillana DC. var. integrifolia Harv. ●☆
276698 Osteospermum sinuatum(DC.) Norl.;深波骨籽菊■☆
276699 Osteospermum sinuatum(DC.) Norl. = Tripteris sinuata DC. ●☆
276700 Osteospermum sinuatum(DC.) Norl. var. lineare(Harv.) Norl. = Tripteris sinuata DC. var. linearis(Harv.) B. Nord. ●☆
276701 Osteospermum sonchifolium DC. var. subpetiolatum Harv.;亚柄骨籽菊■☆
276702 Osteospermum spathulatum (DC.) Norl. = Tripteris spathulata DC. ●☆
276703 Osteospermum spinescens Thunb.;小刺骨籽菊■☆
276704 Osteospermum spinescens Willd. = Osteospermum spinosum L. var. runcinatum P. J. Bergius ■☆
276705 Osteospermum spinigerum (Norl.) Norl. = Tripteris spinigera Norl. ●☆
276706 Osteospermum spinosum L.;大刺骨籽菊■☆
276707 Osteospermum spinosum L. var. integrifolium P. J. Bergius = Osteospermum spinosum L. ■☆
276708 Osteospermum spinosum L. var. runcinatum P. J. Bergius;倒齿骨籽菊■☆
276709 Osteospermum squarrosum Harv. = Osteospermum rigidum Aiton ■☆
276710 Osteospermum striatum Burtt Davy;条纹骨籽菊■☆
276711 Osteospermum subauritum DC. = Osteospermum rigidum Aiton ■☆
276712 Osteospermum subcanescens DC. = Chrysanthemoides monilifera (L.) Norl. subsp. subcanescens(DC.) Norl. ●☆
276713 Osteospermum subulatum DC.;钻形骨籽菊■☆
276714 Osteospermum tanacetifolium MacOwan = Garuleum tanacetifolium(MacOwan) Norl. ■☆
276715 Osteospermum tenuilobum DC. = Euryops tenuilobus (DC.) B.

Nord. ●☆
276716 Osteospermum teretifolium Thunb. = Pteronia teretifolia (Thunb.) Fourc. ●☆
276717 Osteospermum thodei Markötter;索德骨籽菊■☆
276718 Osteospermum tomentosum (L. f.) Norl. = Inuloides tomentosa (L. f.) B. Nord. ■☆
276719 Osteospermum tridens DC. = Osteospermum spinescens Thunb. ■☆
276720 Osteospermum trigonospermum DC. = Osteospermum rigidum Aiton ■☆
276721 Osteospermum tripteroideum DC. = Osteospermum spinescens Thunb. ■☆
276722 Osteospermum triquetrum L. f.;三棱骨籽菊■☆
276723 Osteospermum triquetrum L. f. var. aciphyllum (DC.) Harv. = Osteospermum aciphyllum DC. ■☆
276724 Osteospermum uvedalium L.;离苞果;Bearsfoot, Yellow-flowered Leaf Cup ■☆
276725 Osteospermum uvedalium L. = Smallanthus uvedalius (L.) Mack. ex Small ■
276726 Osteospermum vaillantii (Decne.) Norl. = Tripteris vaillantii Decne. ●☆
276727 Osteospermum volkensii (O. Hoffm.) Norl. = Tripteris volkensii O. Hoffm. ●☆
276728 Osteospermum wallianum Norl. = Dimorphotheca walliana (Norl.) B. Nord. ■☆
276729 Osteospermum zeyheri Spreng. ex DC. = Osteospermum herbaceum L. f. ■☆
276730 Osterdamia Kuntze = Zoysia Willd. (保留属名)■
276731 Osterdamia Neck. = Zoysia Willd. (保留属名)■
276732 Osterdamia Neck. ex Kuntze = Zoysia Willd. (保留属名)■
276733 Osterdamia japonica (Steud.) Hitchc. = Zoysia japonica Steud. ■
276734 Osterdamia liukiuensis Honda = Zoysia sinica Hance ■
276735 Osterdamia matrella (L.) Kuntze = Zoysia matrella (L.) Merr. ■
276736 Osterdamia sinica (Hance) Kuntze = Zoysia sinica Hance ■
276737 Osterdamia tenuifolia (Willd.) Kuntze = Zoysia tenuifolia Willd. ex Thiele ■
276738 Osterdamia zoysia Honda = Zoysia matrella (L.) Merr. ■
276739 Osterdamia zoysia Honda var. tenuifolia (Willd.) Honda = Zoysia tenuifolia Willd. ex Thiele ■
276740 Osterdikia Adans. = Cunonia L. (保留属名)●☆
276741 Osterdikia Adans. = Oosterdyckia Boehm. ●☆
276742 Osterdyckia Rchb. = Osterdikia Adans. ●☆
276743 Ostericum Hoffm. (1816);山芹属(奥斯特属);Hillcelery, Ostericum ■
276744 Ostericum Hoffm. = Angelica L. ■
276745 Ostericum citriodorum (Hance) C. Q. Yuan et R. H. Shan;隔山香(白花前胡,枸橼当归,过山香,鸡山香,鸡爪参,鸡爪前胡,假当归,金鸡爪,九步香,柠檬当归,柠檬香碱草,前胡,人参归,山党参,山竹青,山竹香,十里香,天木香,土白芷,土柴胡,土当归,香白芷,香前胡,雄前胡,岩风,野茴香,野天竹,正香前胡);Lemonfragrant Hillcelery ■
276746 Ostericum filisectum Y. C. Chu = Ostericum maximowiczii (F. Schmidt ex Maxim.) Kitag. var. filisectum (Y. C. Chu) R. H. Shan et C. Q. Yuan ■
276747 Ostericum florentii (Franch. et Sav. ex Maxim.) Kitag.;弗洛朗山芹■☆
276748 Ostericum grosseserratum (Maxim.) Kitag.;大齿山芹(朝鲜独活,朝鲜羌活,大齿当归,大齿独活,福参,建参,建人参,山水芹菜,碎叶山芹,土当归,土人参);Bigtooth Hillcelery ■
276749 Ostericum huadongense Z. H. Pan et X. H. Li;华东山芹;E. China Hillcelery ■
276750 Ostericum koreanum (Maxim.) Kitag. = Ostericum grosseserratum (Maxim.) Kitag. ■
276751 Ostericum longipedicellatum (H. Wolff) Pimenov et Kljuykov = Angelica longipedicellata (H. Wolff) M. Hiroe ■
276752 Ostericum maximowiczii (F. Schmidt ex Maxim.) Kitag.;全叶山芹(马氏当归,全叶独活);Maximowicz Angelica, Maximowicz Hillcelery ■
276753 Ostericum maximowiczii (F. Schmidt ex Maxim.) Kitag. f. australis (Kom.) Kitag. = Ostericum maximowiczii (F. Schmidt ex Maxim.) Kitag. var. australe (Kom.) Kitag. ■
276754 Ostericum maximowiczii (F. Schmidt ex Maxim.) Kitag. var. alpinum R. H. Shan et C. Q. Yuan;高山全叶山芹(高山叶山芹);Alp Maximowicz Hillcelery ■
276755 Ostericum maximowiczii (F. Schmidt ex Maxim.) Kitag. var. australe (Kom.) Kitag.;大全叶山芹;Big Maximowicz Hillcelery ■
276756 Ostericum maximowiczii (F. Schmidt ex Maxim.) Kitag. var. filisectum (Y. C. Chu) R. H. Shan et C. Q. Yuan = Ostericum maximowiczii (F. Schmidt ex Maxim.) Kitag. var. filisectum (Y. C. Chu) C. Q. Yuan et R. H. Shan ■
276757 Ostericum maximowiczii (F. Schmidt ex Maxim.) Kitag. var. filisectum (Y. C. Chu) C. Q. Yuan et R. H. Shan;丝叶山芹■
276758 Ostericum melanotilingia (H. Boissieu) Kitag. = Angelica decursiva (Miq.) Franch. et Sav. ■
276759 Ostericum miquelianum (Maxim.) Kitag. = Ostericum sieboldii (Miq.) Nakai ■
276760 Ostericum muliense (R. H. Shan et F. T. Pu) Pimenov et Kljuykov. = Pachypleurum muliense R. H. Shan et F. T. Pu ■
276761 Ostericum palustre Besser = Angelica palustris Hoffm. ■☆
276762 Ostericum praeteritum Kitag. = Ostericum sieboldii (Miq.) Nakai var. praeteritum (Kitag.) C. C. Huang ■
276763 Ostericum praeteritum Kitag. f. piliferum Kitag. = Ostericum sieboldii (Miq.) Nakai var. praeteritum (Kitag.) C. C. Huang ■
276764 Ostericum pratense Hoffm.;草山芹;Meadows Hillcelery, Meadows Ostericum ■☆
276765 Ostericum scaberulum (Franch.) C. Q. Yuan et R. H. Shan = Ostericum scaberulum (Franch.) R. H. Shan et C. Q. Yuan ■
276766 Ostericum scaberulum (Franch.) R. H. Shan et C. Q. Yuan;疏毛山芹(粗糙叶当归,黄藁本);Laxhair Hillcelery ■
276767 Ostericum scaberulum (Franch.) R. H. Shan et C. Q. Yuan var. longiinvolucellatum C. Y. Wu et F. T. Pu;长苞山芹■
276768 Ostericum sieboldii (Miq.) Nakai;山芹(背翅当归,背翅独活,米格当归,秦陇当归,山芹菜,山芹当归,山芹独活,望天芹,狭叶山芹,小芹当归);Hillcelery ■
276769 Ostericum sieboldii (Miq.) Nakai f. hirsutum (Hiyama) H. Hara;毛叶山芹(毛山芹)■
276770 Ostericum sieboldii (Miq.) Nakai f. roseum Hiyama;粉山芹■
276771 Ostericum sieboldii (Miq.) Nakai f. roseum Hiyama = Ostericum sieboldii (Miq.) Nakai ■
276772 Ostericum sieboldii (Miq.) Nakai var. hirsutum Hiyama;毛山芹■
276773 Ostericum sieboldii (Miq.) Nakai var. hirsutum Hiyama = Ostericum sieboldii (Miq.) Nakai ■
276774 Ostericum sieboldii (Miq.) Nakai var. hirsutum Hiyama = Ostericum sieboldii (Miq.) Nakai f. hirsutum (Hiyama) H. Hara ■
276775 Ostericum sieboldii (Miq.) Nakai var. microphyllum Ma;小叶山

芹;Littleleaf Hillcelery,Smallleaf Hillcelery ■

276776 Ostericum sieboldii(Miq.) Nakai var. microphyllum Ma = Ostericum sieboldii(Miq.) Nakai ■

276777 Ostericum sieboldii(Miq.) Nakai var. praeteritum(Kitag.) C. C. Huang;狭叶山芹;Narrowleaf Hillcelery ■

276778 Ostericum tenuifolium(Pall. ex Spreng.) Y. C. Chu;细叶山芹;Thinleaf Hillcelery ■

276779 Ostericum tsusimense(Y. Yabe) Kitag. = Tilingia tsusimensis (Y. Yabe) Kitag. ■☆

276780 Ostericum viridiflorum(Turcz.) Kitag.;绿花山芹(二角芹,绿花当归,绿花独活);Green Hillcelery ■

276781 Ostetza Steud. = Calea L. ●■☆

276782 Ostetza Steud. = Oteiza La Llave ●☆

276783 Ostinia Clairv. = Mespilus L. ●☆

276784 Ostinia cotoneaster(L.) Clairv. = Cotoneaster integerrimus Medik. ●

276785 Ostinia cotoneaster Clairv. = Cotoneaster integerrimus Medik. ●

276786 Ostodes Blume(1826);叶轮木属;Ostodes ●

276787 Ostodes katharinae Pax et K. Hoffm.;云南叶轮木(滇叶轮木);Yunnan Ostodes ●

276788 Ostodes kuanggii Y. T. Chang;绒毛叶轮木;Floss Ostodes, Kuang Ostodes ●

276789 Ostodes paniculatus Blume;叶轮木;Ostodes,Paniculate Ostodes ●

276790 Ostodes thyrsanthus Pax = Ostodes katharinae Pax et K. Hoffm. ●

276791 Ostrearia Baill.(1871);澳蛎花属●☆

276792 Ostrearia Baill. ex Nied. = Ostrearia Baill. ●☆

276793 Ostrearia australiana Baill.;澳蛎花●☆

276794 Ostreocarpus Rich. ex Endl. = Aspidosperma Mart. et Zucc.(保留属名)●☆

276795 Ostrowskia Regel(1884);轮叶风铃属(大钟花属);Giant Bell,Giant Bell-Flower ■☆

276796 Ostrowskia magnifica Regel;轮叶风铃;Giant Bell-flower, Great Oriental Bellflower ■☆

276797 Ostruthium Link = Imperatoria L. ■☆

276798 Ostruthium Link = Peucedanum L. ■

276799 Ostrya Hill(废弃属名) = Carpinus L. ●

276800 Ostrya Hill(废弃属名) = Ostrya Scop.(保留属名)●

276801 Ostrya Scop.(1760)(保留属名);铁木属(苗榆属);Hop Hornbeam,Hop-hornbeam,Hop-horn-beam,Ironwood ●

276802 Ostrya baileyi Rose = Ostrya knowltonii Coville ●☆

276803 Ostrya carpinifolia Scop.;欧洲铁木(鹅耳枥铁木,鹅耳枥叶铁木);Europe Ironwood, European Hop Hornbeam, European Hop-hornbeam,Hop Hornbeam ●

276804 Ostrya carpinifolia Scop. = Ostrya japonica Sarg. ●

276805 Ostrya chisosensis Correll;得州铁木;Big Bend Hop-hornbeam, Chisos Hop-hornbeam ●☆

276806 Ostrya italica Scop.;意大利铁木●☆

276807 Ostrya italica Scop. subsp. virginiana(Mill.) H. Winkl. = Ostrya japonica Sarg. ●

276808 Ostrya japonica Sarg.;铁木(苗榆,穗子榆);Japan Ironwood, Japanese Hop Hornbeam,Japanese Hop-hornbeam ●

276809 Ostrya japonica Sarg. f. homochaeta(Honda) Koji Ito;单毛铁木●☆

276810 Ostrya japonica Sarg. var. homochaeta Honda = Ostrya japonica Sarg. f. homochaeta(Honda) Koji Ito ●☆

276811 Ostrya knowltonii Coville;诺尔顿铁木(亚利桑那铁木);Iironwood, Ironwood, Knowlton Hophornbeam, Knowlton Ironwood, Knowlton's Hop-hornbeam, Western Hophornbeam, Western Hop-hornbeam ●☆

276812 Ostrya knowltonii Coville subsp. chisosensis(Correll) E. Murray = Ostrya chisosensis Correll ●☆

276813 Ostrya liana Hu = Ostrya japonica Sarg. ●

276814 Ostrya mandshurica Budisch. ex Trautv. = Carpinus cordata Blume ●

276815 Ostrya multinervis Rehder;多脉铁木;Manynerve Hophornbeam,Manynerve Ironwood,Multinerved Hop-hornbeam ●

276816 Ostrya rehderiana Chun;天目铁木(小叶穗子榆);Rehder Hophornbeam,Rehder Hop-hornbeam,Rehder Ironwood ●◇

276817 Ostrya trichocarpa D. Fang et Y. S. Wang;毛果铁木;Hairy-fruit Hophornbeam,Hairyfruit Ironwood,Hairy-fruited Hop-hornbeam ●

276818 Ostrya virginiana(Mill.) K. Koch;美洲铁木(角木,穷人木,维州铁木);American Hop Hornbeam, American Hop-hornbeam, Eastern Hop Hornbeam, Eastern Hophornbeam, Eastern Hop-hornbeam, Hop, Hophornbeam, Hornbeam, Ironwood, Lever Wood, Leverwood, Lever-wood, North American Ironwood, Poor Man's Lignumvitae ●☆

276819 Ostrya virginiana(Mill.) K. Koch f. glandulosa(Spach) J. F. Macbr. = Ostrya virginiana(Mill.) K. Koch ●☆

276820 Ostrya virginiana(Mill.) K. Koch var. glandulosa(Spach) Sarg. = Ostrya virginiana(Mill.) K. Koch ●☆

276821 Ostrya virginiana(Mill.) K. Koch var. glandulosa Sarg. = Ostrya virginiana(Mill.) K. Koch ●☆

276822 Ostrya virginiana(Mill.) K. Koch var. lasia Fernald = Ostrya virginiana(Mill.) K. Koch ●☆

276823 Ostrya virginiana Maxim. = Ostrya japonica Sarg. ●

276824 Ostrya virginica(Mill.) K. Koch var. japonica Maxim. ex Sarg. = Ostrya japonica Sarg. ●

276825 Ostrya virginica Willd. var. glandulosa Spach = Ostrya virginiana (Mill.) K. Koch ●☆

276826 Ostrya yunnanensis W. K. Hu ex P. C. Li;云南铁木(鸡尿皮树); Yunnan Hophornbeam, Yunnan Hop-hornbeam, Yunnan Ironwood ●◇

276827 Ostryocarpus Hook. f.(1849);铁荚果属■☆

276828 Ostryocarpus major Stapf = Aganope gabonica(Baill.) Polhill ■☆

276829 Ostryocarpus parviflorus Micheli = Millettia griffoniana Baill. ●☆

276830 Ostryocarpus racemosus A. Chev. = Dalbergiella welwitschii (Baker) Baker f. ●☆

276831 Ostryocarpus riparius Hook. f.;河岸铁荚果●☆

276832 Ostryocarpus welwitschii Baker = Dalbergiella welwitschii (Baker) Baker f. ●☆

276833 Ostryocarpus zenkerianus(Harms) Dunn;岑克尔铁荚果■☆

276834 Ostryoderris Dunn = Aganope Miq. ●

276835 Ostryoderris brownii Hoyle = Andira inermis(W. Wright) DC. subsp. rooseveltii(De Wild.) J. B. Gillett ex Polhill ●☆

276836 Ostryoderris chevalieri Dunn = Xeroderris stuhlmannii(Taub.) Mendonça et E. P. Sousa ●☆

276837 Ostryoderris gabonica (Baill.) Dunn = Aganope gabonica (Baill.) Polhill ■☆

276838 Ostryoderris impressa Dunn = Aganope impressa(Dunn) Polhill ■☆

276839 Ostryoderris leucobotrya Dunn = Aganope leucobotrya(Dunn) Polhill ■☆

276840 Ostryoderris lucida(Welw. ex Baker) Baker f. = Aganope lucida (Welw. ex Baker) Polhill ■☆

276841 Ostryoderris stuhlmannii (Taub.) Harms = Xeroderris stuhlmannii(Taub.) Mendonca et E. P. Sousa ●☆

276842 Ostryodium Desv. = Flemingia Roxb. ex W. T. Aiton(保留属名)●■

276843 Ostryodium Desv. = Maughania J. St. -Hil. ●■

276844 Ostryopsis Decne. (1873);虎榛子属(胡榛子属);Ostryopsis ●★

276845 Ostryopsis cinerascens(Franch.)T. Hong et J. W. Li;毛叶虎榛子;Hairy-leaf Ostryopsis, Hairy-leaved Ostryopsis ●

276846 Ostryopsis davidiana Decne.;虎榛子(胡榛子,棱榆);David Ostryopsis ●

276847 Ostryopsis davidiana Decne. var. cinerascens Franch. = Ostryopsis nobilis Balf. f. et W. W. Sm. ●

276848 Ostryopsis mianningensis T. Hong;四川虎榛子(虎榛子,冕宁虎榛子);Mianning Ostryopsis, Sichuan Ostryopsis ●

276849 Ostryopsis nobilis Balf. f. et W. W. Sm.;滇虎榛(大叶虎榛子,叶上花,云南虎榛子);Yunnan Ostryopsis ●

276850 Ostryopsis nobilis Balf. f. et W. W. Sm. var. parvifolia Hu ex T. Hong et J. W. Li;小叶云南虎榛子;Littleleaf Yunnan Ostryopsis ●

276851 Oswalda Cass. = Clibadium F. Allam. ex L. ●■☆

276852 Oswaldia Less. = Oswalda Cass. ●■☆

276853 Osyricera Blume = Bulbophyllum Thouars(保留属名)■

276854 Osyriceras Post et Kuntze = Osyricera Blume ■

276855 Osyridaceae Juss. ex Martinov = Santalaceae R. Br. (保留科名)●■

276856 Osyridaceae Link = Santalaceae R. Br. (保留科名)●■

276857 Osyridaceae Link;沙针科●

276858 Osyridaceae Raf. = Santalaceae R. Br. (保留科名)●■

276859 Osyridicarpos A. DC. (1857);韧果檀香属●☆

276860 Osyridicarpos kirkii Engl. = Osyridicarpos schimperianus (Hochst. ex A. Rich.) A. DC. ●☆

276861 Osyridicarpos linearifolius Engl. = Thesium triflorum Thunb. ex L. f. ●☆

276862 Osyridicarpos mildbraedianus T. C. E. Fr. = Osyridicarpos schimperianus(Hochst. ex A. Rich.) A. DC. ●☆

276863 Osyridicarpos natalensis A. DC. = Osyridicarpos schimperianus (Hochst. ex A. Rich.) A. DC. ●☆

276864 Osyridicarpos scandens Engl. = Osyridicarpos schimperianus (Hochst. ex A. Rich.) A. DC. ●☆

276865 Osyridicarpos schimperianus(Hochst. ex A. Rich.) A. DC.;欣珀韧果檀香●☆

276866 Osyris L. (1753);沙针属;Osyris ●

276867 Osyris abyssinica Hochst. ex A. Rich. = Osyris lanceolata Hochst. et Steud. ●

276868 Osyris abyssinica Hochst. ex A. Rich. f. latifolia Fiori = Osyris quadripartita Salzm. ex Decne. ●

276869 Osyris abyssinica Hochst. ex A. Rich. var. speciosa A. W. Hill = Osyris speciosa(A. W. Hill) J. C. Manning et Goldblatt ●☆

276870 Osyris alba L.;欧沙针(白沙针);Poet's Cassia, White Osyris ●☆

276871 Osyris angustifolia Baker = Thesium triflorum Thunb. ex L. f. ●☆

276872 Osyris arborea Wall. = Osyris wightiana Wall. ex Wight ●

276873 Osyris arborea Wall. ex A. DC. = Osyris quadripartita Salzm. ex Decne. ●

276874 Osyris arborea Wall. ex A. DC. var. rotundifolia P. C. Tam = Osyris quadripartita Salzm. ex Decne. ●

276875 Osyris arborea Wall. ex A. DC. var. stipitata Lecomte = Osyris quadripartita Salzm. ex Decne. ●

276876 Osyris arborea Wall. var. rotundifolia P. C. Tam = Osyris wightiana Wall. ex Wight var. rotundifolia(P. C. Tam) P. C. Tam ●

276877 Osyris arborea Wall. var. stipitata Lecomte = Osyris wightiana Wall. ex Wight var. stipitata(Lecomte) P. C. Tam ●

276878 Osyris compressa(P. J. Bergius) A. DC.;东非沙针(扁沙针);East African Sandalwood ●☆

276879 Osyris compressa A. DC. = Osyris compressa(P. J. Bergius) A. DC. ●☆

276880 Osyris densifolia Peter = Osyris quadripartita Salzm. ex Decne. ●

276881 Osyris japonica Thunb. = Helwingia japonica(Thunb.) F. Dietr. ●

276882 Osyris laeta Peter = Osyris quadripartita Salzm. ex Decne. ●

276883 Osyris lanceolata Hochst. et Steud. = Osyris quadripartita Salzm. ex Decne. ●

276884 Osyris lanceolata Hochst. et Steud. ex A. DC. = Osyris quadripartita Salzm. ex Decne. ●

276885 Osyris oblanceolata Peter = Osyris quadripartita Salzm. ex Decne. ●

276886 Osyris parvifolia Baker = Osyris quadripartita Salzm. ex Decne. ●

276887 Osyris quadripartita Salzm. ex Decne.;沙针(干檀香,山苏木,山芝麻,土檀香,香疙瘩,小青皮,小青香,小仙人掌);Wight Osyris ●

276888 Osyris quadripartita Salzm. ex Decne. var. canariensis Kämmer = Osyris quadripartita Salzm. ex Decne. ●

276889 Osyris rhamnoides Scop. = Hippophae rhamnoides L. ●

276890 Osyris rigidissima Engl. = Osyris quadripartita Salzm. ex Decne. ●

276891 Osyris rotundata Griff. = Dendrotrophe buxifolia(Blume) Miq. ●

276892 Osyris speciosa(A. W. Hill) J. C. Manning et Goldblatt;美丽沙针●☆

276893 Osyris tenuifolia Engl.;细叶沙针;East African Sandalwood, Thin-leaf Osyris ●☆

276894 Osyris tenuifolia Engl. = Osyris quadripartita Salzm. ex Decne. ●

276895 Osyris urundiensis De Wild. = Osyris quadripartita Salzm. ex Decne. ●

276896 Osyris wightiana Wall. ex Wight = Osyris quadripartita Salzm. ex Decne. ●

276897 Osyris wightiana Wall. ex Wight var. rotundifolia(P. C. Tam) P. C. Tam;豆瓣香树●

276898 Osyris wightiana Wall. ex Wight var. rotundifolia(P. C. Tam) P. C. Tam = Osyris quadripartita Salzm. ex Decne. ●

276899 Osyris wightiana Wall. ex Wight var. stipitata(Lecomte) P. C. Tam;滇沙针●

276900 Otacanthus Lindl. (1862);耳刺玄参属■●☆

276901 Otacanthus caeruleus Lindl.;蓝耳刺玄参;Amazon Blue, Brazilian Snapdragon ■☆

276902 Otachyrium Nees(1829);耳颖草属■☆

276903 Otachyrium boliviensis Renvoize;玻利维亚耳颖草■☆

276904 Otachyrium grandiflorum Send. et Soderstr.;大花耳颖草■☆

276905 Otachyrium versicolor(Döll ex Mart.) Henrard;异色耳颖草■☆

276906 Otamplis Raf. = Cocculus DC. (保留属名)●

276907 Otandra Salisb. = Geodorum Jacks. ■

276908 Otandra cernua (Willd.) Salisb. = Geodorum densiflorum (Lam.) Schltr. ■

276909 Otanema Raf. = Asclepias L. ■

276910 Otanthera Blume = Melastoma L. ●■

276911 Otanthera Blume(1831);耳药花属(糙叶金锦香属,耳蕊花属,耳药属);Earanther, Ear-anther, Otanthera ●

276912 Otanthera fordii Hance = Bredia fordii(Hance) Diels ●

276913 Otanthera fordii Hance = Phyllagathis fordii(Hance) C. Chen ●

276914 Otanthera scaberrima(Hayata) Ohwi;耳药花(糙叶耳药花,糙叶金锦香,细毛金锦香);Rough-leaf Earanther, Rough-leaved Earanther, Taiwan Earanther, Taiwan Ear-anther ●◇

276915 Otanthera scaberrima (Hayata) Ohwi = Melastoma intermedium Dunn ●■
276916 Otanthus Hoffmanns. et Link(1809);灰肉菊属;Cottonweed ■☆
276917 Otanthus maritimus (L.) Hoffmanns. et Link;灰肉菊;Cotton Weed, Cottonweed ●☆
276918 Otaria Kunth = Asclepias L. ■
276919 Otaria Kunth ex G. Don = Asclepias L. ■
276920 Otatea (McClure et E. W. Sm.) C. E. Calderón et Soderstr. (1980);毛细管箭竹属(奥塔特竹属);Otatea ●☆
276921 Otatea (McClure et E. W. Sm.) C. E. Calderón et Soderstr. = Sinarundinaria Nakai ●
276922 Otatea McClure et E. W. Sm. = Otatea (McClure et E. W. Sm.) C. E. Calderón et Soderstr. ●☆
276923 Otatea acuminata (Munro) C. E. Calderón et Soderstr.;狭叶毛细管箭竹(狭叶奥塔特竹);Mexican Weeping Bamboo ●☆
276924 Otatea aztecorum (McClure et E. W. Sm.) C. E. Calderón et Soderstr.;毛细管箭竹●☆
276925 Otatea aztecorum (McClure et E. W. Sm.) C. E. Calderón et Soderstr. = Yushania aztecorum McClure et E. W. Sm. ●☆
276926 Oteiza La Llave = Calea L. ●■☆
276927 Oteiza La Llave ex DC. = Oteiza La Llave ●☆
276928 Oteiza La Llave(1832);奥特菊属●☆
276929 Oteiza acuminata La Llave;奥特菊●☆
276930 Othake Raf. = Palafoxia Lag. ■☆
276931 Othake reverchonii Bush = Palafoxia reverchonii (Bush) Cory ■☆
276932 Othake roseum Bush = Palafoxia rosea (Bush) Cory ■☆
276933 Othanthera G. Don = Orthanthera Wight ■☆
276934 Othera Thunb. = Ilex L. ●
276935 Othera japonica Thunb. = Ilex integra Thunb. ●◇
276936 Othera japonica Thunb. = Orixa japonica Thunb. ●
276937 Othera orixa Lam. = Orixa japonica Thunb. ●
276938 Otherodendron Makino = Microtropis Wall. ex Meisn. (保留属名)●
276939 Otherodendron Makino(1909);台油木属●
276940 Otherodendron illiciifolium Hayata;台油木●☆
276941 Otherodendron japonicum (Franch. et Sav.) Makino = Microtropis japonica (Franch. et Sav.) Hallier f. ●
276942 Otherodendron liukiuense Nakai = Microtropis japonica (Franch. et Sav.) Hallier f. ●
276943 Otherodendron matsudae Hayata = Microtropis fokienensis Dunn ●
276944 Othlis Schott = Doliocarpus Rol. ●☆
276945 Othocallis Salisb. (1866);领苞风信子属■☆
276946 Othocallis Salisb. = Scilla L. ■
276947 Othocallis caucasica (Miscz.) Speta;高加索领苞风信子■☆
276948 Othocallis monanthos (K. Koch) Speta;单花领苞风信子■☆
276949 Othocallis siberica (Haw.) Speta;西伯利亚领苞风信子■☆
276950 Othocallis siberica (Haw.) Speta = Scilla siberica Haw. ■☆
276951 Otholobium C. H. Stirt. (1981);美非补骨脂属●☆
276952 Otholobium C. H. Stirt. = Psoralea L. ●■
276953 Otholobium acuminatum (Lam.) C. H. Stirt.;渐尖美非补骨脂●☆
276954 Otholobium arborescens C. H. Stirt.;树状美非补骨脂●☆
276955 Otholobium argenteum (Thunb.) C. H. Stirt.;银白美非补骨脂●☆
276956 Otholobium bolusii (H. M. L. Forbes) C. H. Stirt.;博卢斯美非补骨脂●☆
276957 Otholobium bowieanum (Harv.) C. H. Stirt.;鲍伊美非补骨脂●☆
276958 Otholobium bracteolatum (Eckl. et Zeyh.) C. H. Stirt.;小苞片美非补骨脂●☆
276959 Otholobium caffrum (Eckl. et Zeyh.) C. H. Stirt.;开菲尔美非补骨脂●☆
276960 Otholobium candicans (Eckl. et Zeyh.) C. H. Stirt.;纯白美非补骨脂●☆
276961 Otholobium canescens (Eckl. et Zeyh.) C. H. Stirt.;灰白美非补骨脂●☆
276962 Otholobium carneum (E. Mey.) C. H. Stirt.;肉色美非补骨脂●☆
276963 Otholobium decumbens (Aiton) C. H. Stirt. = Otholobium virgatum (Burm. f.) C. H. Stirt. ■☆
276964 Otholobium flexuosum C. H. Stirt.;曲折美非补骨脂●☆
276965 Otholobium foliosum (Oliv.) C. H. Stirt.;繁叶美非补骨脂●☆
276966 Otholobium foliosum (Oliv.) C. H. Stirt. subsp. gazense (Baker f.) Verdc.;加兹美非补骨脂●☆
276967 Otholobium fruticans (L.) C. H. Stirt.;灌木美非补骨脂;Capetown Pea ●☆
276968 Otholobium gazense (Baker f.) C. H. Stirt. = Otholobium foliosum (Oliv.) C. H. Stirt. subsp. gazense (Baker f.) Verdc. ●☆
276969 Otholobium glandulosum (L.) Grimes;具腺美非补骨脂;Jesuits' Tea ●☆
276970 Otholobium hamatum (Harv.) C. H. Stirt.;顶钩美非补骨脂●☆
276971 Otholobium heterosepalum (Fourc.) C. H. Stirt.;异萼美非补骨脂■☆
276972 Otholobium hirtum (L.) C. H. Stirt.;多毛美非补骨脂■☆
276973 Otholobium incanum C. H. Stirt.;灰毛美非补骨脂●☆
276974 Otholobium macradenium (Harv.) C. H. Stirt.;大腺美非补骨脂■☆
276975 Otholobium mundianum (Eckl. et Zeyh.) C. H. Stirt.;蒙德美非补骨脂■☆
276976 Otholobium nigricans C. H. Stirt.;变黑美非补骨脂●☆
276977 Otholobium obliquum (E. Mey.) C. H. Stirt.;偏斜美非补骨脂■☆
276978 Otholobium parviflorum (E. Mey.) C. H. Stirt.;小花美非补骨脂■☆
276979 Otholobium pictum C. H. Stirt.;着色美非补骨脂●☆
276980 Otholobium polyphyllum (Eckl. et Zeyh.) C. H. Stirt.;多叶美非补骨脂●☆
276981 Otholobium polystictum (Benth. ex Harv.) C. H. Stirt.;多点美非补骨脂■☆
276982 Otholobium pungens C. H. Stirt.;锐尖美非补骨脂●☆
276983 Otholobium pustulatum C. H. Stirt.;泡状美非补骨脂●☆
276984 Otholobium racemosum (Thunb.) C. H. Stirt.;多枝美非补骨脂●☆
276985 Otholobium rotundifolium (L. f.) C. H. Stirt.;圆叶美非补骨脂●☆
276986 Otholobium rubicundum C. H. Stirt.;稍红美非补骨脂●☆
276987 Otholobium saxosum C. H. Stirt.;岩栖美非补骨脂●☆
276988 Otholobium sericeum (Poir.) C. H. Stirt.;绢毛美非补骨脂■☆
276989 Otholobium spicatum (L.) C. H. Stirt.;穗状美非补骨脂■☆
276990 Otholobium stachyerum (Eckl. et Zeyh.) C. H. Stirt.;长穗美非补骨脂■☆
276991 Otholobium striatum (Thunb.) C. H. Stirt.;条纹美非补骨脂■☆
276992 Otholobium swartbergense C. H. Stirt.;斯瓦特美非补骨脂●☆
276993 Otholobium thomii (Harv.) C. H. Stirt.;汤姆美非补骨脂■☆
276994 Otholobium trianthum (E. Mey.) C. H. Stirt.;三花美非补骨脂●☆
276995 Otholobium uncinatum (Eckl. et Zeyh.) C. H. Stirt.;具钩美非补骨脂●☆
276996 Otholobium venustum (Eckl. et Zeyh.) C. H. Stirt.;雅致美非补骨脂●☆
276997 Otholobium virgatum (Burm. f.) C. H. Stirt.;线纹美非补骨脂■☆
276998 Otholobium wilmsii (Harms) C. H. Stirt.;维尔姆斯美非补骨脂■☆
276999 Otholobium zeyheri (Harv.) C. H. Stirt.;泽赫美非补骨脂■☆

277000 Othonna L. (1753);厚敦菊属(肉叶菊属)●■☆
277001 Othonna abrotanifolia (Harv.) Druce;美叶厚敦菊●☆
277002 Othonna abrotanifolia L. = Euryops abrotanifolius (L.) DC. ●☆
277003 Othonna aeonioides Dinter = Othonna furcata (Lindl.) Druce ●☆
277004 Othonna alba Compton;白厚敦菊●☆
277005 Othonna albicaulis Dinter = Hertia pallens (DC.) Kuntze ■☆
277006 Othonna ambifaria S. Moore = Emilia ambifaria (S. Moore) C. Jeffrey ■☆
277007 Othonna amplexicaulis Thunb. = Othonna parviflora P. J. Bergius ●☆
277008 Othonna amplexifolia DC.;褶叶厚敦菊●☆
277009 Othonna arborescens L.;树状厚敦菊●☆
277010 Othonna arbuscula (Thunb.) Sch. Bip.;小乔木厚敦菊●☆
277011 Othonna athanasiae L. f. = Euryops speciosissimus DC. ●☆
277012 Othonna auriculifolia Licht. ex Less.;耳叶厚敦菊●☆
277013 Othonna avasimontana Dinter = Lopholaena cneorifolia (DC.) S. Moore ■☆
277014 Othonna bainesii Oliv. et Hiern;贝恩斯厚敦菊●☆
277015 Othonna barkerae Compton = Othonna osteospermoides DC. ●☆
277016 Othonna bergeri Spreng. = Othonna coronopifolia L. ●☆
277017 Othonna brachyanthera Hiern = Senecio brachyantherus (Hiern) S. Moore ●☆
277018 Othonna brachypoda DC. = Othonna heterophylla L. f. ●☆
277019 Othonna brandbergensis B. Nord.;布兰德山厚敦菊●☆
277020 Othonna bulbosa L.;球根厚敦菊●☆
277021 Othonna burttii B. Nord.;伯特厚敦菊●☆
277022 Othonna cacalioides L. f.;蟹甲草厚敦菊■☆
277023 Othonna cakilefolia DC. var. latifolia? = Othonna incisa Harv. ●☆
277024 Othonna capensis L. H. Bailey;黄花新月●☆
277025 Othonna capillaris L. f. = Gymnodiscus capillaris (L. f.) DC. ■☆
277026 Othonna carnosa Less.;多肉厚敦菊■☆
277027 Othonna cheirifolia L.;掌叶厚敦菊●☆
277028 Othonna cheirifolia L. = Hertia cheirifolia (L.) Kuntze ■☆
277029 Othonna chromochaeta (DC.) Sch. Bip.;色毛厚敦菊■☆
277030 Othonna ciliata L. f.;缘毛厚敦菊●☆
277031 Othonna clavifolia Marloth;棒叶厚敦菊●☆
277032 Othonna cneorifolia (DC.) Sch. Bip. = Lopholaena cneorifolia (DC.) S. Moore ■☆
277033 Othonna coriifolia Sond. = Lopholaena coriifolia (Sond.) E. Phillips et C. A. Sm. ■☆
277034 Othonna coronopifolia L.;鸟足叶厚敦菊●☆
277035 Othonna crassifolia Harv. = Othonna capensis L. H. Bailey ●☆
277036 Othonna cuneata DC.;楔形厚敦菊●☆
277037 Othonna cyanoglossa DC. = Othonna auriculifolia Licht. ex Less. ●☆
277038 Othonna cylindrica (Lam.) DC.;柱状厚敦菊●☆
277039 Othonna cylindrica DC. = Othonna cylindrica (Lam.) DC. ●☆
277040 Othonna decurrens Hutch.;下延厚敦菊●☆
277041 Othonna dentata L.;尖齿厚敦菊●☆
277042 Othonna denticulata Aiton = Othonna parviflora P. J. Bergius ●☆
277043 Othonna digitata L. f.;指裂厚敦菊●☆
277044 Othonna dinteri Muschl. ex Dinter = Hertia ciliata (Harv.) Kuntze ■☆
277045 Othonna disticha N. E. Br. = Lopholaena disticha (N. E. Br.) S. Moore ■☆
277046 Othonna divaricata Hutch.;叉开厚敦菊●☆
277047 Othonna diversifolia (DC.) Sch. Bip.;异叶厚敦菊●☆
277048 Othonna ericoides L. f. = Euryops ericoides (L. f.) B. Nord. ●☆
277049 Othonna eriocarpa (DC.) Sch. Bip.;绵毛果厚敦菊●☆
277050 Othonna euphorbioides Hutch.;大戟状厚敦菊●☆
277051 Othonna filicaulis Jacq.;线茎厚敦菊●☆
277052 Othonna floribunda Schltr.;繁花厚敦菊●☆
277053 Othonna frutescens L.;灌木厚敦菊●☆
277054 Othonna furcata (Lindl.) Druce;叉分厚敦菊●☆
277055 Othonna glauca Klatt = Emilia marlothiana (O. Hoffm.) C. Jeffrey ■☆
277056 Othonna gracilis Hiern = Emilia hiernii C. Jeffrey ■☆
277057 Othonna grandidentata DC. = Othonna pluridentata DC. ●☆
277058 Othonna graveolens O. Hoffm.;烈味厚敦菊●☆
277059 Othonna gymnodiscus (DC.) Sch. Bip.;裸盘厚敦菊●☆
277060 Othonna hallii B. Nord.;霍尔厚敦菊●☆
277061 Othonna hederifolia B. Nord.;常春藤叶厚敦菊●☆
277062 Othonna herrei Pillans;赫勒厚敦菊●☆
277063 Othonna heterophylla L. f.;互叶厚敦菊●☆
277064 Othonna huillensis Welw. ex Hiern;威拉厚敦菊●☆
277065 Othonna humilis Schltr.;低矮厚敦菊●☆
277066 Othonna imbricata Thunb. = Euryops imbricatus (Thunb.) DC. ●☆
277067 Othonna incisa Harv.;锐裂厚敦菊●☆
277068 Othonna intermedia Compton;间型厚敦菊●☆
277069 Othonna lactucifolia DC. = Othonna auriculifolia Licht. ex Less. ●☆
277070 Othonna lamulosa Schinz = Othonna lasiocarpa (DC.) Sch. Bip. ●☆
277071 Othonna lasiocarpa (DC.) Sch. Bip.;毛果厚敦菊●☆
277072 Othonna lateriflora L. f. = Euryops lateriflorus (L. f.) DC. ■☆
277073 Othonna lepidocaulis Schltr.;鳞茎厚敦菊●☆
277074 Othonna leptodactyla Harv.;细指厚敦菊●☆
277075 Othonna lineariifolia (DC.) Sch. Bip.;线叶厚敦菊●☆
277076 Othonna lingua (Less.) Sch. Bip.;舌状厚敦菊■☆
277077 Othonna linifolia Burm. f. = Euryops tenuissimus (L.) DC. ■☆
277078 Othonna linifolia L.;亚麻叶厚敦菊●☆
277079 Othonna linifolia L. = Euryops linifolius (L.) DC. ■☆
277080 Othonna linifolia L. f. = Othonna stenophylla Levyns ●☆
277081 Othonna litoralis Dinter = Othonna lasiocarpa (DC.) Sch. Bip. ●☆
277082 Othonna lobata Schltr.;浅裂厚敦菊●☆
277083 Othonna lyrata DC.;大头羽裂厚敦菊●☆
277084 Othonna macrocephala Muschl. ex Dinter = Hertia ciliata (Harv.) Kuntze ■☆
277085 Othonna macrophylla DC.;大叶厚敦菊●☆
277086 Othonna macrosperma DC.;大籽厚敦菊●☆
277087 Othonna maroccana (Batt.) Jeffrey;摩洛哥厚敦菊■☆
277088 Othonna membranifolia DC.;膜叶厚敦菊●☆
277089 Othonna minima DC. = Othonna cacalioides L. f. ■☆
277090 Othonna mucronata Harv.;短尖厚敦菊●☆
277091 Othonna multicaulis Harv.;多茎厚敦菊●☆
277092 Othonna multifida Thunb. = Euryops multifidus (Thunb.) DC. ●☆
277093 Othonna munita L. f. = Euryops munitus (L. f.) B. Nord. ●☆
277094 Othonna muschleriana Dinter = Hertia pallens (DC.) Kuntze ■☆
277095 Othonna natalensis Sch. Bip.;纳塔尔厚敦菊●☆
277096 Othonna obtusiloba Harv.;钝裂厚敦菊●☆
277097 Othonna oleracea Compton;蔬菜厚敦菊●☆
277098 Othonna osteospermoides DC.;骨籽菊状厚敦菊●☆
277099 Othonna ovalifolia Hutch.;卵叶厚敦菊●☆
277100 Othonna pachypoda Hutch.;厚足厚敦菊●☆
277101 Othonna pallens DC. = Hertia pallens (DC.) Kuntze ■☆
277102 Othonna palustris L. = Tephroseris palustris (L.) Fourr. ■
277103 Othonna papaveroides Hutch.;罂粟厚敦菊●☆

277104 Othonna papillosa Dinter = Othonna sedifolia DC. ●☆
277105 Othonna parviflora L. = Othonna quinquedentata Thunb. ●☆
277106 Othonna parviflora P. J. Bergius;小花厚敦菊●☆
277107 Othonna patula Schltr.;张开厚敦菊●☆
277108 Othonna pavelkae Lavranos;保韦尔斯厚敦菊●☆
277109 Othonna pavonia E. Mey. ex DC.;孔雀厚敦菊●☆
277110 Othonna pectinata L. = Euryops pectinatus(L.)Cass. ●☆
277111 Othonna perfoliata Jacq. = Othonna amplexifolia DC. ●☆
277112 Othonna perfoliata Thunb.;穿叶厚敦菊●☆
277113 Othonna petiolaris DC.;柄叶厚敦菊●☆
277114 Othonna picridioides DC. = Othonna auriculifolia Licht. ex Less. ●☆
277115 Othonna pillansii Hutch. = Othonna cacalioides L. f. ■☆
277116 Othonna pinnata L. f.;羽状厚敦菊●☆
277117 Othonna pinnatifida Thunb. = Cineraria othonnoides Harv. ■☆
277118 Othonna pinnatilobata Sch. Bip. = Othonna retrofracta Jacq. ●☆
277119 Othonna plantaginea Hiern;车前厚敦菊●☆
277120 Othonna pluridentata DC.;稀齿厚敦菊●☆
277121 Othonna polycephala Klatt = Emilia ambifaria(S. Moore)C. Jeffrey ■☆
277122 Othonna primulina DC.;报春厚敦菊●☆
277123 Othonna pteronioides Harv.;橙菀厚敦菊●☆
277124 Othonna purpurascens Harv.;变紫厚敦菊●☆
277125 Othonna pusilla Dinter = Senecio sulcicalyx Baker ■☆
277126 Othonna pygmaea Compton;小厚敦菊●☆
277127 Othonna quercifolia DC.;栎叶厚敦菊●☆
277128 Othonna quinquedentata Thunb.;五齿厚敦菊●☆
277129 Othonna quinqueradiata DC.;五射线厚敦菊●☆
277130 Othonna ramulosa DC.;多枝厚敦菊●☆
277131 Othonna rechingeri B. Nord.;雷钦格尔厚敦菊●☆
277132 Othonna reticulata DC.;网状厚敦菊●☆
277133 Othonna retrofracta F. Bolus, L. Bolus et Glover = Othonna lasiocarpa(DC.)Sch. Bip. ●☆
277134 Othonna retrofracta Jacq.;反折厚敦菊●☆
277135 Othonna retrorsa DC.;反曲厚敦菊●☆
277136 Othonna rhopalophylla Dinter = Senecio aloides DC. ■☆
277137 Othonna rigens(L.)Levyns = Othonna parviflora P. J. Bergius ●☆
277138 Othonna rosea Harv.;粉红厚敦菊●☆
277139 Othonna rosea Klatt = Emilia ambifaria(S. Moore)C. Jeffrey ■☆
277140 Othonna rotundifolia DC.;圆叶厚敦菊●☆
277141 Othonna rufibarbis Harv.;红毛厚敦菊●☆
277142 Othonna scapigera Harv. = Othonna natalensis Sch. Bip. ●☆
277143 Othonna schaeferi Muschl. ex Dinter = Othonna lasiocarpa(DC.)Sch. Bip. ●☆
277144 Othonna schlechteriana Dinter = Euryops asparagoides(Licht. ex Less.)DC. ●☆
277145 Othonna sedifolia DC.;景天叶厚敦菊●☆
277146 Othonna sibirica L. = Ligularia sibirica(L.)Cass. ■
277147 Othonna sibirica L. = Ligularia thyrsoidea(Ledeb.)DC. ■
277148 Othonna sparsiflora(S. Moore)B. Nord.;稀花厚敦菊●☆
277149 Othonna spinescens DC.;细刺厚敦菊●☆
277150 Othonna stenophylla Levyns;窄叶厚敦菊●☆
277151 Othonna subumbellata DC. = Othonna quinquedentata Thunb. ●☆
277152 Othonna sulcata Thunb. = Euryops sulcatus(Thunb.)Harv. ●☆
277153 Othonna surculosa Muschl. ex Dinter = Othonna lasiocarpa(DC.)Sch. Bip. ●☆
277154 Othonna tagetes L. = Steirodiscus tagetes(L.)Schltr. ■☆
277155 Othonna tenuissima Haw. = Othonna cylindrica(Lam.)DC. ●☆
277156 Othonna tenuissima L. = Euryops tenuissimus(L.)DC. ■☆
277157 Othonna tephrosioides Sond.;灰色厚敦菊●☆
277158 Othonna trifida L. f. = Euryops trifidus(L. f.)DC. ■☆
277159 Othonna trifurcata L. f. = Euryops tenuissimus(L.)DC. subsp. trifurcatus(L. f.)B. Nord. ■☆
277160 Othonna trinervia DC.;三脉厚敦菊●☆
277161 Othonna triplinervia DC.;离基三脉厚敦菊●☆
277162 Othonna tuberosa DC. = Othonna heterophylla L. f. ●☆
277163 Othonna tuberosa Thunb. = Othonna bulbosa L. ●☆
277164 Othonna umbelliformis DC.;伞花厚敦菊●☆
277165 Othonna uniflora Savigny = Euryops abrotanifolius(L.)DC. ●☆
277166 Othonna viminea E. Mey. ex DC.;软枝厚敦菊●☆
277167 Othonna virginea L. f. = Euryops virgineus(L. f.)DC. ●☆
277168 Othonna whyteana Britten;怀特厚敦菊●☆
277169 Othonna zeyheri Sond.;泽耶尔厚敦菊●☆
277170 Othonnopsis Jaub. et Spach = Hertia Less. ■●☆
277171 Othonnopsis Jaub. et Spach = Othonna L. ●■☆
277172 Othonnopsis cheirifolia(L.)Jaub. et Spach = Hertia cheirifolia(L.)Kuntze ■☆
277173 Othonnopsis maroccana Batt. = Othonna maroccana(Batt.)Jeffrey ■☆
277174 Othostemma Pritz. = Hoya R. Br. ●
277175 Othostemma Pritz. = Otostemma Blume ●
277176 Othrys Noronha ex Thouars = Crateva L. ●
277177 Otidia Lindl. ex Sweet = Pelargonium L'Hér. ex Aiton ●■
277178 Otidia corallina Eckl. et Zeyh. = Pelargonium alternans J. C. Wendl. ■☆
277179 Otidia laxa Sweet = Pelargonium laxum(Sweet)G. Don ■☆
277180 Otidia microphylla Eckl. et Zeyh. = Pelargonium alternans J. C. Wendl. ■☆
277181 Otilix Raf.(废弃属名) = Lycianthes(Dunal)Hassl.(保留属名)●■
277182 Otilix Raf.(废弃属名) = Solanum L. ●■
277183 Otillis Gaertn. = Leea D. Royen ex L.(保留属名)●■
277184 Otiophora Zucc.(1832);耳梗茜属■☆
277185 Otiophora angolensis R. D. Good = Otomeria lanceolata Hiern ■☆
277186 Otiophora angustifolia Verdc.;窄叶耳梗茜■☆
277187 Otiophora burttii Milne-Redh. = Otiophora pauciflora Baker subsp. burttii(Milne-Redh.)Verdc. ■☆
277188 Otiophora caerulea(Hiern)Bullock;天蓝耳梗茜■☆
277189 Otiophora caespitosa S. Moore = Otiophora pycnostachys K. Schum. ■☆
277190 Otiophora calycophylla(Sond.)Schltr. et K. Schum.;萼叶耳梗茜■☆
277191 Otiophora calycophylla(Sond.)Schltr. et K. Schum. subsp. verdcourtii Puff;韦尔德耳梗茜■☆
277192 Otiophora cupheoides N. E. Br.;萼距花耳梗茜■☆
277193 Otiophora densiflora Baer = Otiophora cupheoides N. E. Br. ■☆
277194 Otiophora hebe Verdc. = Otiophora calycophylla(Sond.)Schltr. et K. Schum. ■☆
277195 Otiophora hirsuta Baer = Otiophora cupheoides N. E. Br. ■☆
277196 Otiophora inyangana N. E. Br.;伊尼扬加耳梗茜■☆
277197 Otiophora inyangana N. E. Br. subsp. parvifolia(Verdc.)Puff;小叶耳梗茜■☆
277198 Otiophora inyangana N. E. Br. var. parvifolia Verdc. = Otiophora inyangana N. E. Br. subsp. parvifolia(Verdc.)Puff ■☆

277199 Otiophora lanceolata Verdc.;披针形耳梗茜■☆
277200 Otiophora latifolia Verdc. = Otiophora villicaulis Mildbr. ■☆
277201 Otiophora latifolia Verdc. var. bamendensis? = Otiophora villicaulis Mildbr. ■☆
277202 Otiophora latifolia Verdc. var. villosa? = Otiophora villicaulis Mildbr. ■☆
277203 Otiophora lebruniana(Bamps)Robbr. et Puff;勒布伦耳梗茜■☆
277204 Otiophora lebruniana (Bamps) Robbr. et Puff var. devrediana (Bamps) Robbr. et Puff;德夫雷耳梗茜■☆
277205 Otiophora multicaulis Verdc.;多茎耳梗茜■☆
277206 Otiophora parviflora Verdc.;小花耳梗茜■☆
277207 Otiophora parviflora Verdc. var. stolzii Verdc. = Otiophora stolzii (Verdc.) Verdc. ■☆
277208 Otiophora pauciflora Baker;少花耳梗茜■☆
277209 Otiophora pauciflora Baker subsp. burttii (Milne-Redh.) Verdc.;伯特小花耳梗茜■☆
277210 Otiophora pauciflora Baker var. burttii(Milne-Redh.) Verdc. = Otiophora pauciflora Baker subsp. burttii(Milne-Redh.) Verdc. ■☆
277211 Otiophora pauciflora Baker var. ovata Verdc. = Otiophora pauciflora Baker ■☆
277212 Otiophora perrieri Homolle;佩里耶耳梗茜■☆
277213 Otiophora pulchella De Wild. = Otiophora lanceolata Verdc. ■☆
277214 Otiophora pycnoclada K. Schum.;密枝耳梗茜■☆
277215 Otiophora pycnostachys K. Schum.;密穗耳梗茜■☆
277216 Otiophora rupicola Verdc.;岩生耳梗茜■☆
277217 Otiophora scabra Zucc.;粗糙耳梗茜■☆
277218 Otiophora scabra Zucc. subsp. diffusa(Verdc.) Puff;铺散耳梗茜■☆
277219 Otiophora scabra Zucc. var. diffusa Verdc. = Otiophora scabra Zucc. subsp. diffusa(Verdc.) Puff ■☆
277220 Otiophora scabra Zucc. var. glabra Verdc. = Otiophora scabra Zucc. ■☆
277221 Otiophora stolzii(Verdc.) Verdc.;斯托尔兹耳梗茜■☆
277222 Otiophora villicaulis Mildbr.;毛茎耳梗茜■☆
277223 Otiophora villicaulis Mildbr. var. villosa (Verdc.) Verdc. = Otiophora villicaulis Mildbr. ■☆
277224 Otites Adans. = Silene L.(保留属名)■
277225 Otites borysthenica (Gruner) Klokov = Silene borysthenica (Gruner) Walters ■
277226 Otites parviflora(Ehrh.) Grossh. = Silene borysthenica(Gruner) Walters ■
277227 Otoba(A. DC.) H. Karst. (1882);耳基豆蔻属(耳基楠属)●☆
277228 Otoba H. Karst. = Otoba(A. DC.) H. Karst. ●☆
277229 Otoba acuminata(Standl.) A. H. Gentry;渐尖耳基豆蔻●☆
277230 Otoba parvifolia(Mgf.) A. H. Gentry;小叶耳基豆蔻●☆
277231 Otocalyx Brandegee(1914);耳萼茜属■☆
277232 Otocalyx chiapensis Brandegee;耳萼茜■☆
277233 Otocarpum Willk. = Matricaria L. ■
277234 Otocarpum Willk. = Otospermum Willk. ■☆
277235 Otocarpus Durieu(1847);耳果芥属■☆
277236 Otocarpus virgatus Durieu;耳果芥■☆
277237 Otocephalua Chiov. = Calanda K. Schum. ■☆
277238 Otocephalus umbelliferus Chiov. = Calanda rubricaulis K. Schum. ■☆
277239 Otochilus Lindl. (1830);耳唇兰属;Earliporchis ■
277240 Otochilus albus Lindl.;白花耳唇兰;White Earliporchis ■
277241 Otochilus albus Lindl. var. lancilabius (Seidenf.) Pradhan = Otochilus lancilabius Seidenf. ■
277242 Otochilus forrestii W. W. Sm. = Otochilus porrectus Lindl. ■
277243 Otochilus fragrans (Wall. ex Lindl.) Nichols. = Otochilus porrectus Lindl. ■
277244 Otochilus fuscus Lindl.;狭叶耳唇兰;Narrowleaf Earliporchis ■
277245 Otochilus lancifolia Griff. = Otochilus fuscus Lindl. ■
277246 Otochilus lancilabius Seidenf.;宽叶耳唇兰(耳唇兰);Broadleaf Earliporchis ■
277247 Otochilus latifolius Griff. = Otochilus porrectus Lindl. ■
277248 Otochilus porrectus Lindl.;耳唇兰(宽叶耳唇兰);Earliporchis ■
277249 Otochlamys DC. = Cotula L. ■
277250 Otochlamys eckloniana DC. = Cotula eckloniana(DC.) Levyns ■☆
277251 Otochlamys pedunculata Schltr. = Cotula pedunculata(Schltr.) E. Phillips ■☆
277252 Otoglossum(Schltr.) Garay et Dunst. (1976);耳舌兰属■☆
277253 Otoglossum brachypterum(Rchb. f.) Garay et Dunst.;短翅耳舌兰■☆
277254 Otoglossum brevifolium(Lindl.) Garay et Dunst.;短叶耳舌兰■☆
277255 Otoglyphis Pomel = Cotula L. ■
277256 Otoglyphis Pomel = Otochlamys DC. ■
277257 Otoglyphis pubescens (Desf.) Pomel = Aaronsohnia pubescens (Desf.) K. Bremer et Humphries ■☆
277258 Otolepis Turcz. = Otophora Blume ●
277259 Otomeria Benth. (1849);非洲耳茜属■☆
277260 Otomeria angolensis(R. D. Good) Verdc. = Otomeria lanceolata Hiern ■☆
277261 Otomeria batesii Wernham = Otomeria volubilis (K. Schum.) Verdc. ■☆
277262 Otomeria calycina Hiern = Pentas pauciflora Baker ■☆
277263 Otomeria cameronica(Bremek.) Hepper;卡梅伦非洲耳茜■☆
277264 Otomeria dilatata Hiern = Otomeria elatior (A. Rich. ex DC.) Verdc. ■☆
277265 Otomeria elatior(A. Rich. ex DC.) Verdc.;较高非洲耳茜■☆
277266 Otomeria elatior(A. Rich.) Verdc. f. f. speciosa(Baker) Verdc. = Otomeria elatior(A. Rich. ex DC.) Verdc. ■☆
277267 Otomeria graciliflora K. Schum. ex De Wild. = Otomeria lanceolata Hiern ■☆
277268 Otomeria guineensis Benth.;几内亚非洲耳茜■☆
277269 Otomeria herbacea (Hiern) Hiern ex R. D. Good = Pentas herbacea(Hiern) K. Schum. ■☆
277270 Otomeria heterophylla K. Schum. = Conostomium quadrangulare (Rendle) Cufod. ■☆
277271 Otomeria lanceolata Hiern;披针形非洲耳茜■☆
277272 Otomeria leptocarpa S. Moore = Otomeria lanceolata Hiern ■☆
277273 Otomeria linearifolia Bremek. = Batopedina linearifolia (Bremek.) Verdc. ■☆
277274 Otomeria madiensis Oliv.;马迪非洲耳茜■☆
277275 Otomeria micrantha K. Schum.;小花非洲耳茜■☆
277276 Otomeria monticola K. Krause = Pentanisia monticola (K. Krause) Verdc. ■☆
277277 Otomeria oculata S. Moore;小眼非洲耳茜■☆
277278 Otomeria rupestris Hiern = Pentas glabrescens Baker ●☆
277279 Otomeria speciosa (Baker) Scott-Elliot = Otomeria elatior (A. Rich. ex DC.) Verdc. ■☆
277280 Otomeria tenuis A. Chev. ex Hutch. et Dalziel = Batopedina tenuis(A. Chev. ex Hutch. et Dalziel) Verdc. ■☆
277281 Otomeria volubilis(K. Schum.) Verdc.;缠绕非洲耳茜■☆

277282 Otonephelium Radlk. (1890);耳韶属■☆
277283 Otonephelium stipulaceum Radlk.;耳韶■☆
277284 Otonychium Blume = Harpullia Roxb. ●
277285 Otopappus Benth. (1873);耳冠菊属●☆
277286 Otopappus acuminatus S. Watson;渐尖耳冠菊●☆
277287 Otopappus alternifolius B. L. Rob.;互叶耳冠菊●☆
277288 Otopappus asperulus S. F. Blake;粗糙耳冠菊●☆
277289 Otopappus australis S. F. Blake.;南方耳冠菊●☆
277290 Otopappus brevipes B. L. Rob.;短梗耳冠菊●☆
277291 Otopappus cordatus S. F. Blake;心形耳冠菊●☆
277292 Otopappus curviflorus Hemsl.;弯花耳冠菊●☆
277293 Otopappus ferrugineus V. M. Badillo;锈色耳冠菊●☆
277294 Otopappus glabratus S. F. Blake;光滑耳冠菊●☆
277295 Otopappus hirsutus(Sw.)R. L. Hartm. et Stuessy;粗毛耳冠菊●☆
277296 Otopappus mexicanus(Rzed.)H. Rob.;墨西哥耳冠菊●☆
277297 Otopappus microcephalus S. F. Blake;小头耳冠菊●☆
277298 Otopappus trinervis S. F. Blake;三脉耳冠菊●☆
277299 Otopetalum F. Lehm. et Kraenzl. = Kraenzlinella Kuntze ■☆
277300 Otopetalum F. Lehm. et Kraenzl. = Pleurothallis R. Br. ■☆
277301 Otopetalum Miq. (1857);耳瓣夹竹桃属●☆
277302 Otopetalum Miq. = Ichnocarpus R. Br. (保留属名)●■
277303 Otopetalum Miq. = Micrechites Miq. ●
277304 Otopetalum micranthum Miq.;耳瓣夹竹桃●☆
277305 Otophora Blume = Lepisanthes Blume ●
277306 Otophora Blume(1849);瓜耳木属;Otophora ●
277307 Otophora Post et Kuntze = Otiophora Zucc. ■☆
277308 Otophora amoena Blume;可爱瓜耳木;Loveable Otophora ●☆
277309 Otophora unilocularis (Leenh.) H. S. Lo; 瓜耳木; Common Otophora, Otophora ●◇
277310 Otophora unilocularis (Leenh.) H. S. Lo = Lepisanthes unilocularis Leenh. ●◇
277311 Otophylla(Benth.)Benth. = Agalinis Raf. (保留属名)■☆
277312 Otophylla(Benth.)Benth. = Tomanthera Raf. (废弃属名)■☆
277313 Otophylla Benth. = Otophylla(Benth.)Benth. ■☆
277314 Otophylla auriculata (Michx.) Small = Agalinis auriculata (Michx.) S. F. Blake ■☆
277315 Otoptera DC. (1825);耳翅豇豆属●☆
277316 Otoptera burchellii DC.;布尔非洲豇豆●☆
277317 Otoptera madagascariensis R. Vig.;耳翅豇豆●☆
277318 Otosema Benth. = Millettia Wight et Arn. (保留属名)●■
277319 Otosema aethiopica (L.) Raf. = Zantedeschia aethiopica (L.) Spreng. ■
277320 Otosema extensa Benth. = Millettia extensa Benth. ●☆
277321 Otosema macrophylla Benth. = Millettia extensa Benth. ●☆
277322 Otosma Raf. = Zantedeschia Spreng. (保留属名)■
277323 Otospermum Willk. (1864);耳实菊属(耳子菊属)■☆
277324 Otospermum Willk. = Matricaria L. ■
277325 Otospermum glabrum(Lag.)Willk.;耳实菊(耳子菊)■☆
277326 Otostegia Benth. (1834);耳盖草属(奥托斯特草属,奥托蓁特草属,奥氏草属);Otostegia ●☆
277327 Otostegia arabica Jaub. et Spach = Otostegia fruticosa(Forssk.) Schweinf. ex Penz. subsp. schimperi(Benth.)Sebald ●☆
277328 Otostegia benthamiana Jaub. et Spach = Otostegia fruticosa (Forssk.)Schweinf. ex Penz. ●☆
277329 Otostegia bucharica B. Fedtsch.;布哈尔奥氏草●☆
277330 Otostegia ellenbeckii Gürke = Otostegia erlangeri Gürke ●☆
277331 Otostegia ericoidea Ryding;欧石南奥氏草●☆
277332 Otostegia erlangeri Gürke;厄兰格奥氏草●☆
277333 Otostegia fedtschenkoana Kudr.;范德奥氏草●☆
277334 Otostegia fruticosa(Forssk.)Schweinf. ex Penz.;灌丛奥氏草●☆
277335 Otostegia fruticosa(Forssk.)Schweinf. ex Penz. subsp. schimperi (Benth.)Sebald;阿拉伯灌丛奥氏草●☆
277336 Otostegia hildebrandtii(Vatke et Kurtz)Sebald;希尔德奥氏草●☆
277337 Otostegia integrifolia Benth. = Rydingia integrifolia (Benth.) Scheen et V. A. Albert ■☆
277338 Otostegia kaiseri Täckh. = Otostegia fruticosa (Forssk.) Schweinf. ex Penz. subsp. schimperi(Benth.)Sebald ●☆
277339 Otostegia limbata Benth.; 奥氏草(奥托蓁特草); Limbate Otostegia ●☆
277340 Otostegia longipetiolata Chiov. = Otostegia fruticosa (Forssk.) Schweinf. ex Penz. ●☆
277341 Otostegia microphylla (Desr.) Asch. et Schweinf. = Otostegia fruticosa (Forssk.) Schweinf. ex Penz. subsp. schimperi (Benth.) Sebald ●☆
277342 Otostegia modesta S. Moore;适度奥氏草■☆
277343 Otostegia modesta S. Moore var. buranensis Sebald;布朗奥氏草●☆
277344 Otostegia moluccoides Jaub. et Spach = Otostegia fruticosa (Forssk.)Schweinf. ex Penz. ●☆
277345 Otostegia olgae(Regel)Korsh.;奥尔加奥氏草●☆
277346 Otostegia persica Burm.;波斯奥氏草●☆
277347 Otostegia repanda Benth. = Otostegia fruticosa (Forssk.) Schweinf. ex Penz. ●☆
277348 Otostegia schimperi (Benth.) Boiss. = Otostegia fruticosa (Forssk.)Schweinf. ex Penz. subsp. schimperi(Benth.)Sebald ●☆
277349 Otostegia somala (Patzak) Sebald = Isoleucas somala (Patzak) Scheen ●☆
277350 Otostegia steudneri Schweinf. = Otostegia tomentosa A. Rich. subsp. steudneri(Schweinf.)Sebald ■☆
277351 Otostegia tomentosa A. Rich.;绒毛奥氏草■☆
277352 Otostegia tomentosa A. Rich. subsp. steudneri (Schweinf.) Sebald;斯托德奥氏草■☆
277353 Otostemma Blume = Hoya R. Br. ●
277354 Otostemma lacunosum(Blume)Blume = Hoya lacunosa Blume ●
277355 Otostemma lacunosum Blume = Hoya lacunosa Blume ●
277356 Ototropis Nees = Desmodium Desv. (保留属名)●■
277357 Ototropis Nees ex L. = Desmodium Desv. (保留属名)●■
277358 Ototropis Post et Kuntze = Indigofera L. ●■
277359 Ototropis Post et Kuntze = Oustropis G. Don ●■
277360 Otoxalis Small = Oxalis L. ■●
277361 Ottelia Pers. (1805);海菜花属(水车前属);Ottelia ■
277362 Ottelia R. Hedw. = Stratiotes L. ■☆
277363 Ottelia abyssinica (Ridl.) Gürke = Ottelia ulvifolia (Planch.) Walp. ■☆
277364 Ottelia acuminata(Gagnep.)Dandy;海菜花(海菜,海茄子,蓼叶海菜花,龙爪菜,水菜花,水茄子,异叶水车前); Acuminate Ottelia ■
277365 Ottelia acuminata(Gagnep.)Dandy var. crispa(Hand. -Mazz.) H. Li;波叶海菜花;Crispate Ottelia ■
277366 Ottelia acuminata(Gagnep.)Dandy var. jingxiensis H. Q. Wang et X. Z. Sun;靖西海菜花;Jingxi Ottelia ■
277367 Ottelia acuminata(Gagnep.)Dandy var. lunanensis H. Li;路南海菜花;Lunan Ottelia ■
277368 Ottelia acuminata (Gagnep.) Dandy var. tonhaiensis H. Li = Ottelia acuminata(Gagnep.)Dandy ■

277369 Ottelia alismoides(L.) Pers.;龙舌草(白车前草,海菜,龙舌头,龙爪菜,龙爪草,瓢羹菜,山窝鸡,水白菜,水车前,水车前草,水厚合,水芥菜,水莴苣,塘地菜);Duck Lettuce, Ducklettuce, Duck-lettuce, Gragontongue Ottelia, Waterplantain Ottelia ■
277370 Ottelia alismoides (L.) Pers. f. oryzetorum Kom. = Ottelia alismoides(L.) Pers. ■
277371 Ottelia australis Bremek. = Ottelia ulvifolia(Planch.) Walp. ■☆
277372 Ottelia balansae(Gagnep.) Dandy = Ottelia sinensis(H. Lév. et Vaniot) H. Lév. ex Dandy ■
277373 Ottelia baumii Gürke = Ottelia ulvifolia(Planch.) Walp. ■☆
277374 Ottelia benguellensis Gürke = Ottelia ulvifolia(Planch.) Walp. ■☆
277375 Ottelia bongoensis Gürke;邦戈水车前■☆
277376 Ottelia brachyphylla(Gürke) Dandy;短叶水车前■☆
277377 Ottelia brevifolia Gürke;非洲短叶水车前■☆
277378 Ottelia buchneri Gürke = Ottelia ulvifolia(Planch.) Walp. ■☆
277379 Ottelia cavaleriei Dandy = Ottelia acuminata(Gagnep.) Dandy ■
277380 Ottelia chevalieri De Wild. = Hydrocharis chevalieri(De Wild.) Dandy ■☆
277381 Ottelia condorensis Gagnep. = Ottelia alismoides(L.) Pers. ■
277382 Ottelia cordata(Wall.) Dandy;水菜花;Heartleaf Ottelia ■
277383 Ottelia crassifolia (Ridl.) Welw. ex Rendle = Ottelia ulvifolia (Planch.) Walp. ■☆
277384 Ottelia crispa (Hand. -Mazz.) Dandy = Ottelia acuminata (Gagnep.) Dandy var. crispa(Hand. -Mazz.) H. Li ■
277385 Ottelia cylindrica(T. C. E. Fr.) Dandy;柱形水车前■☆
277386 Ottelia demersa H. Li et C. X. You;沉水海菜花;Submerged Ottelia ■
277387 Ottelia demersa H. Li et C. X. You = Ottelia sinensis(H. Lév. et Vaniot) H. Lév. ex Dandy ■
277388 Ottelia dioecia S. Z. Yan = Ottelia alismoides(L.) Pers. ■
277389 Ottelia emersa Z. C. Zhao et R. L. Luo;出水水菜花;Floating Ottelia ■
277390 Ottelia esquirolii (H. Lév. et Vaniot) Dandy;大叶海菜花;Esquirol Ottelia ■☆
277391 Ottelia esquirolii(H. Lév. et Vaniot) Dandy = Ottelia acuminata (Gagnep.) Dandy ■
277392 Ottelia exserta(Ridl.) Dandy;索马里水车前■☆
277393 Ottelia fischeri(Gürke) Dandy;菲舍尔水车前■☆
277394 Ottelia gigas T. C. E. Fr.;巨大水车前■☆
277395 Ottelia halogena De Wild. et T. Durand = Ottelia ulvifolia (Planch.) Walp. ■☆
277396 Ottelia indica Planch. = Ottelia alismoides(L.) Pers. ■
277397 Ottelia japonica Miq.;日本水车前;Japan Ottelia ■☆
277398 Ottelia japonica Miq. = Blyxa japonica(Miq.) Maxim. ex Asch. et Gurke ■
277399 Ottelia japonica Miq. = Ottelia alismoides(L.) Pers. ■
277400 Ottelia kunenensis(Gürke) Dandy;库内内水车前■☆
277401 Ottelia lancifolia A. Rich. = Ottelia ulvifolia(Planch.) Walp. ■☆
277402 Ottelia latifolia De Wild. = Ottelia ulvifolia(Planch.) Walp. ■☆
277403 Ottelia massaiensis Gürke = Ottelia ulvifolia(Planch.) Walp. ■☆
277404 Ottelia muricata(C. H. Wright) Dandy;粗糙水车前■☆
277405 Ottelia obtusifolia T. C. E. Fr.;钝叶水车前■☆
277406 Ottelia plantaginea Welw. ex Rendle = Ottelia ulvifolia (Planch.) Walp. ■☆
277407 Ottelia polygonifolia (Gagnep.) Dandy;蓼叶海菜花;Knotweedleaf Ottelia ■☆
277408 Ottelia polygonifolia (Gagnep.) Dandy = Ottelia acuminata (Gagnep.) Dandy ■
277409 Ottelia rohrbachiana(Asch. et Gürke) Gürke = Ottelia ulvifolia (Planch.) Walp. ■☆
277410 Ottelia scabra Baker;糙水车前■☆
277411 Ottelia schweinfurthii Gürke = Ottelia ulvifolia(Planch.) Walp. ■☆
277412 Ottelia sinensis(H. Lév. et Vaniot) H. Lév. ex Dandy;贵州水车前;Guizhou Ottelia ■
277413 Ottelia somalensis Chiov. = Ottelia exserta(Ridl.) Dandy ■☆
277414 Ottelia ulvifolia(Planch.) Walp.;苔叶水车前■☆
277415 Ottelia verdickii Gürke;韦尔水车前■☆
277416 Ottelia vernayi Bremek. et Oberm. = Ottelia ulvifolia(Planch.) Walp. ■☆
277417 Ottelia vesiculata Ridl. = Ottelia ulvifolia(Planch.) Walp. ■☆
277418 Ottelia yunnanensis (Gagnep.) Dandy;云南海菜花;Yunnan Ottelia ■☆
277419 Ottelia yunnanensis (Gagnep.) Dandy = Ottelia acuminata (Gagnep.) Dandy ■
277420 Ottilis Endl. = Leea D. Royen ex L.(保留属名)●■
277421 Ottilis Endl. = Otillis Gaertn. ●
277422 Ottleya D. D. Sokoloff = Hosackia Douglas ex Benth. ■☆
277423 Ottleya D. D. Sokoloff(1999);奥特利豆属■☆
277424 Ottoa Kunth(1821);奥托草属■☆
277425 Ottoa oenanthoides Kunth;奥托草■☆
277426 Ottochloa Dandy(1931);露籽草属(奥图草属,半颖黍属);Ottochloa ■
277427 Ottochloa arnottiana(Nees ex Steud.) Dandy = Ottochloa nodosa (Kunth) Dandy ■
277428 Ottochloa malabarica(L.) Dandy;马拉巴尔露籽草(奥图草);Malabar Ottochloa ■☆
277429 Ottochloa malabarica (L.) Dandy = Ottochloa nodosa (Kunth) Dandy var. micrantha (Balansa ex A. Camus) S. L. Chen et S. M. Phillips ■
277430 Ottochloa nodosa(Kunth) Dandy;露籽草(奥图草,大节奥图草,小花露籽草,新店奥图草);Common Ottochloa, Nodose Ottochloa ■
277431 Ottochloa nodosa(Kunth) Dandy var. micrantha(Balansa ex A. Camus) S. L. Chen et S. M. Phillips;小花露籽草(半颖黍);Littleflower Ottochloa ■
277432 Ottonia Spreng. = Piper L. ●■
277433 Ottonna palustris L. = Tephroseris palustris(L.) Fourr. ■
277434 Ottoschmidtia Urb. (1924);施密特茜属☆
277435 Ottoschmidtia dorsiventralis Urb.;施密特茜☆
277436 Ottoschmidtia microphylla Urb.;小叶施密特茜☆
277437 Ottoschulzia Urb. (1912);危地马拉茱萸属■☆
277438 Ottoschulzia cubensis Urb.;古巴茱萸■☆
277439 Ottoschulzia domingensis Urb.;危地马拉茱萸■☆
277440 Ottoschulzia pallida Lundell;苍白危地马拉茱萸■☆
277441 Ottosonderia L. Bolus(1958);紫仙石属●☆
277442 Ottosonderia monticola(Sond.) L. Bolus;山地紫仙石●☆
277443 Ottosonderia obtusa L. Bolus;紫仙石●☆
277444 Oubanguia Baill. (1890);毛轴革瓣花属●☆
277445 Oubanguia africana Baill.;非洲毛轴革瓣花●☆
277446 Oubanguia africana Baill. var. denticulata(Tiegh.) Letouzey = Oubanguia africana Baill. ●☆
277447 Oubanguia alata Baker f.;具翅毛轴革瓣花●☆
277448 Oubanguia denticulata Tiegh. = Oubanguia africana Baill. ●☆
277449 Oubanguia klainei Tiegh. = Oubanguia laurifolia(Pierre ex De

Wild.) Tiegh. ●☆

277450 Oubanguia laurifolia(Pierre ex De Wild.) Tiegh. ;桂叶毛轴革瓣花●☆

277451 Oudemansia Miq. = Helicteres Pluk. ex L. ●

277452 Oudneya R. Br. (1826);乌德芥属■☆

277453 Oudneya R. Br. = Henophyton Coss. et Durieu ■☆

277454 Oudneya africana R. Br. ;乌德芥■☆

277455 Oudneya africana R. Br. = Henophyton deserti(Coss. et Durieu) Coss. et Durieu ■☆

277456 Oudneya africana R. Br. subsp. cydamensis Le Houér. = Henophyton deserti(Coss. et Durieu) Coss. et Durieu ■☆

277457 Oudneya africana R. Br. subsp. zygarrhena(Maire) Le Houér. = Henophyton zygarrhenum(Maire) Gómez-Campo ■☆

277458 Oudneya zygarrhena Maire = Henophyton zygarrhenum(Maire) Gómez-Campo ■☆

277459 Ougeinia Benth. (1852);奥根豆属(印度红豆属)●

277460 Ougeinia Benth. = Desmodium Desv. (保留属名)●■

277461 Ougeinia dalbergioides Benth. = Ougeinia oogeinsis(Roxb.) Hochr. ●☆

277462 Ougeinia oogeinsis(Roxb.) Hochr. ;奥根豆(印度红豆);Chariot Tree ●☆

277463 Ouratea Aubl. (1775)(保留属名);乌拉木属(奥里木属,赛金莲木属);Ouratea ●

277464 Ouratea Aubl. = Gomphia Schreb. ●

277465 Ouratea acutissima Gilg = Rhabdophyllum affine(Hook. f.) Tiegh. subsp. acutissimum(Gilg) Farron ●☆

277466 Ouratea affinis(Hook. f.) Engl. ex Gilg = Rhabdophyllum affine (Hook. f.) Tiegh. ●☆

277467 Ouratea afzelii Gilg = Campylospermum reticulatum(P. Beauv.) Farron var. turnerae(Hook. f.) Farron ●☆

277468 Ouratea ambacensis Hutch. et Dalziel = Campylospermum zenkeri (Engl. ex Tiegh.) Farron ●☆

277469 Ouratea amplectens(Stapf) Engl. = Campylospermum amplectens (Stapf) Farron ●☆

277470 Ouratea andongensis(Hiern) Exell;安东奥里木●☆

277471 Ouratea angustifolia(Engl.) Gilg = Campylospermum vogelii (Hook. f.) Farron var. angustifolium(Engl.) Farron ●■☆

277472 Ouratea angustifolia(Vahl) Baill. ;狭叶奥里木●☆

277473 Ouratea arnoldiana De Wild. et T. Durand = Rhabdophyllum arnoldianum(De Wild. et T. Durand) Tiegh. ●☆

277474 Ouratea ashantiensis De Wild. = Campylospermum flavum (Schumach. et Thonn.) Farron ●☆

277475 Ouratea axillaris(Oliv.) Engl. = Idertia axillaris(Oliv.) Farron ●☆

277476 Ouratea barteri Hutch. et Dalziel = Rhabdophyllum arnoldianum (De Wild. et T. Durand) Tiegh. ●☆

277477 Ouratea brachybotrys Gilg = Campylospermum glaucum(Tiegh.) Farron ●☆

277478 Ouratea bracteata Gilg;具苞奥里木●☆

277479 Ouratea bracteato-pedunculata De Wild. = Campylospermum laxiflorum(De Wild. et T. Durand) Tiegh. ●☆

277480 Ouratea bracteolata Gilg = Campylospermum vogelii(Hook. f.) Farron var. costatum(Tiegh.) Farron ●☆

277481 Ouratea brunneo-purpurea Gilg = Campylospermum reticulatum (P. Beauv.) Farron ●☆

277482 Ouratea bukobensis Gilg = Campylospermum bukobense(Gilg) Farron ●☆

277483 Ouratea cabrae Gilg = Campylospermum cabrae(Gilg) Farron ●☆

277484 Ouratea calophylla(Hook. f.) Engl. et Gilg = Rhabdophyllum calophyllum(Hook. f.) Tiegh. ●☆

277485 Ouratea calophylloides Hutch. et Dalziel;美叶奥里木●☆

277486 Ouratea cameronii Hutch. et Dalziel = Campylospermum duparquetianum(Baill.) Tiegh. ●☆

277487 Ouratea claessensii De Wild. = Campylospermum claessensii(De Wild.) Farron ●☆

277488 Ouratea congesta(Oliv.) Engl. ex Gilg = Campylospermum congestum(Oliv.) Farron ●☆

277489 Ouratea conrauana Engl. et Gilg = Campylospermum vogelii (Hook. f.) Farron var. angustifolium(Engl.) Farron ●■☆

277490 Ouratea coriacea De Wild. et T. Durand = Campylospermum densiflorum(De Wild. et T. Durand) Farron ●☆

277491 Ouratea corymbosa Engl. = Campylospermum duparquetianum (Baill.) Tiegh. ●☆

277492 Ouratea decrescens(Tiegh.) A. Chev. = Campylospermum glaberrimum(P. Beauv.) Farron ●☆

277493 Ouratea densiflora De Wild. et T. Durand = Campylospermum densiflorum(De Wild. et T. Durand) Farron ●☆

277494 Ouratea dewevrei De Wild. et T. Durand = Campylospermum vogelii(Hook. f.) Farron var. poggei(Engl.) Farron ●☆

277495 Ouratea divergentiflora De Wild. = Campylospermum reticulatum (P. Beauv.) Farron ●☆

277496 Ouratea divergentiflora De Wild. var. brevipedicellata? = Campylospermum reticulatum(P. Beauv.) Farron ●☆

277497 Ouratea dubiosa De Wild. = Campylospermum laxiflorum(De Wild. et T. Durand) Tiegh. ●☆

277498 Ouratea duparquetiana(Baill.) Baill. = Campylospermum duparquetianum(Baill.) Tiegh. ●☆

277499 Ouratea dusenii Gilg;杜森奥里木●☆

277500 Ouratea dybovskii(Tiegh.) Aké Assi = Campylospermum dybowskii Tiegh. ●☆

277501 Ouratea elongata(Oliv.) Engl. ex Gilg = Campylospermum elongatum(Oliv.) Tiegh. ●☆

277502 Ouratea febrifuga Engl. et Gilg = Campylospermum lecomtei (Tiegh.) Farron ●☆

277503 Ouratea flamignii De Wild. = Campylospermum laxiflorum(De Wild. et T. Durand) Tiegh. ●☆

277504 Ouratea flava(Schumach. et Thonn.) Hutch. et Dalziel ex Stapf = Campylospermum flavum(Schumach. et Thonn.) Farron ●☆

277505 Ouratea floribunda De Wild. = Gomphia likimiensis(De Wild.) Verdc. ●☆

277506 Ouratea gentilii De Wild. = Campylospermum dybowskii Tiegh. ●☆

277507 Ouratea glaberrima(P. Beauv.) Engl. ex Gilg = Campylospermum glaberrimum(P. Beauv.) Farron ●☆

277508 Ouratea goossensii De Wild. = Campylospermum strictum (Tiegh.) Farron ●☆

277509 Ouratea gossweileri Cavaco = Ochna latisepala(Tiegh.) Bamps ●☆

277510 Ouratea gymnoura Gilg et Mildbr. = Campylospermum strictum (Tiegh.) Farron ●☆

277511 Ouratea hiernii(Tiegh.) Exell = Campylospermum hiernii (Tiegh.) Exell ●☆

277512 Ouratea insculpta Gilg = Campylospermum glaberrimum(P. Beauv.) Farron ●☆

277513 Ouratea intermedia De Wild. = Campylospermum reticulatum (P. Beauv.) Farron var. turnerae(Hook. f.) Farron ●☆

277514 Ouratea ituriensis Gilg et Mildbr. = Campylospermum laxiflorum

(De Wild. et T. Durand) Tiegh. ●☆
277515 Ouratea kitsoni De Wild. = Campylospermum glaberrimum (P. Beauv.) Farron ●☆
277516 Ouratea laevis De Wild. et T. Durand = Campylospermum laeve (De Wild. et T. Durand) Farron ●☆
277517 Ouratea laevis De Wild. et T. Durand var. ipamuensis De Wild. = Campylospermum strictum (Tiegh.) Farron ●☆
277518 Ouratea latepaniculata De Wild. = Campylospermum dybowskii Tiegh. ●☆
277519 Ouratea laurentii De Wild. = Campylospermum flavum (Schumach. et Thonn.) Farron ●☆
277520 Ouratea laxiflora De Wild. et T. Durand = Campylospermum laxiflorum (De Wild. et T. Durand) Tiegh. ●☆
277521 Ouratea lecomtei Tiegh. = Campylospermum lecomtei (Tiegh.) Farron ●☆
277522 Ouratea leptoneura Gilg = Rhabdophyllum welwitschii Tiegh. ●☆
277523 Ouratea leroyana (Tiegh.) Keay;勒罗伊奥里木●☆
277524 Ouratea likimiensis De Wild. = Gomphia likimiensis (De Wild.) Verdc. ●☆
277525 Ouratea lobopetala Gagnep. = Gomphia serrata (Gaertn.) Kanis ●
277526 Ouratea longipes (Tiegh.) T. Durand et H. Durand = Rhabdophyllum arnoldianum (De Wild. et T. Durand) Tiegh. ●☆
277527 Ouratea luanoensis De Wild. = Campylospermum reticulatum (P. Beauv.) Farron ●☆
277528 Ouratea lundensis Cavaco;隆德奥里木●☆
277529 Ouratea lunzuensis N. Robson = Gomphia lunzuensis (N. Robson) Verdc. ●☆
277530 Ouratea lutambensis Sleumer = Gomphia lutambensis (Sleumer) Verdc. ●☆
277531 Ouratea luzuensis N. Robson = Campylospermum reticulatum (P. Beauv.) Farron ●☆
277532 Ouratea macrobotrys Gilg = Campylospermum laxiflorum (De Wild. et T. Durand) Tiegh. ●☆
277533 Ouratea malelaensis De Wild. = Campylospermum dybowskii Tiegh. ●☆
277534 Ouratea mannii (Oliv.) Engl. = Campylospermum mannii (Oliv.) Tiegh. ●☆
277535 Ouratea mannii (Oliv.) Engl. var. brachypoda (Oliv.) Gilg = Campylospermum oliveri (Tiegh.) Farron ●☆
277536 Ouratea micrantha (Hook. f.) Hutch. et Dalziel;小花奥里木●☆
277537 Ouratea mildbraedii Gilg = Idertia mildbraedii (Gilg) Farron ●☆
277538 Ouratea molleri (Tiegh.) Exell = Campylospermum vogelii (Hook. f.) Farron var. molleri (Tiegh.) Farron ●☆
277539 Ouratea monantha Gilg ex Engl. = Rhabdophyllum affine (Hook. f.) Tiegh. subsp. monanthum (Gilg ex Engl.) Farron ●☆
277540 Ouratea monticola Gilg = Campylospermum monticola (Gilg) Cheek ●☆
277541 Ouratea morsonii Hutch. et Dalziel = Idertia morsonii (Hutch. et Dalziel) Farron ●☆
277542 Ouratea myrioneura Gilg = Rhabdophyllum welwitschii Tiegh. ●☆
277543 Ouratea newiensis De Wild. = Campylospermum flavum (Schumach. et Thonn.) Farron ●☆
277544 Ouratea nutans (Hiern) Exell;俯垂奥里木(俯垂乌拉木)●☆
277545 Ouratea oliveri (Tiegh.) Keay = Campylospermum oliveri (Tiegh.) Farron ●☆
277546 Ouratea oliveriana Gilg = Campylospermum excavatum (Tiegh.) Farron ●☆
277547 Ouratea parviflora (A. St.-Hil.) Engl. = Gomphia parviflora DC. ●☆
277548 Ouratea pauciflora Gilg = Rhabdophyllum affine (Hook. f.) Tiegh. subsp. pauciflorum (Tiegh.) Farron ●☆
277549 Ouratea pellucida De Wild. et T. Durand = Campylospermum reticulatum (P. Beauv.) Farron ●☆
277550 Ouratea poggei (Engl.) Gilg = Campylospermum hiernii (Tiegh.) Exell ●☆
277551 Ouratea pseudospicata Gilg = Campylospermum reticulatum (P. Beauv.) Farron ●☆
277552 Ouratea pynaertii De Wild. = Campylospermum flavum (Schumach. et Thonn.) Farron ●☆
277553 Ouratea quintasii (Tiegh.) Exell = Rhabdophyllum arnoldianum (De Wild. et T. Durand) Tiegh. var. quintasii (Tiegh.) Farron ●☆
277554 Ouratea refracta De Wild. et T. Durand = Rhabdophyllum refractum (De Wild. et T. Durand) Tiegh. ●☆
277555 Ouratea reticulata (P. Beauv.) Engl. ex Gilg = Campylospermum reticulatum (P. Beauv.) Farron ●☆
277556 Ouratea reticulata (P. Beauv.) Engl. ex Gilg var. andongensis Hiern = Ouratea andongensis (Hiern) Exell ●☆
277557 Ouratea reticulata (P. Beauv.) Engl. ex Gilg var. angustifolia Engl. = Campylospermum vogelii (Hook. f.) Farron var. angustifolium (Engl.) Farron ●■☆
277558 Ouratea reticulata (P. Beauv.) Engl. ex Gilg var. poggei Engl. = Campylospermum vogelii (Hook. f.) Farron var. poggei (Engl.) Farron ●☆
277559 Ouratea reticulata (P. Beauv.) Engl. ex Gilg var. schweinfurthii Engl. = Campylospermum densiflorum (De Wild. et T. Durand) Farron ●☆
277560 Ouratea reticulata (P. Beauv.) Engl. ex Gilg var. turnerae (Hook. f.) J. B. Hall = Campylospermum reticulatum (P. Beauv.) Farron var. turnerae (Hook. f.) Farron ●☆
277561 Ouratea reticulata Engl. ex Gilg var. nutans Hiern = Ouratea nutans (Hiern) Exell ●☆
277562 Ouratea rigida De Wild. = Rhabdophyllum rigidum (De Wild.) Farron ●☆
277563 Ouratea sacleuxii (Tiegh.) Beentje = Campylospermum sacleuxii (Tiegh.) Farron ●☆
277564 Ouratea scheffleri Engl. et Gilg = Campylospermum scheffleri (Engl. et Gilg) Farron ●☆
277565 Ouratea schlechteri Gilg = Campylospermum flavum (Schumach. et Thonn.) Farron ●☆
277566 Ouratea schoenleiniana (Klotzsch) Gilg = Campylospermum schoenleinianum (Klotzsch) Farron ●☆
277567 Ouratea schusteri Gilg ex Engl. = Gomphia scheffleri (Gilg) Verdc. subsp. schusteri (Gilg ex Engl.) Verdc. ●☆
277568 Ouratea serrata (Gaertn.) N. Robson = Campylospermum serratum (Gaertn.) Bittrich et M. C. E. Amaral ●
277569 Ouratea sibangensis Gilg = Campylospermum hiernii (Tiegh.) Exell ●☆
277570 Ouratea spiciformis (Tiegh.) A. Chev. = Campylospermum squamosum (DC.) Farron ●☆
277571 Ouratea spinulososerrata Gilg = Campylospermum flavum (Schumach. et Thonn.) Farron ●☆
277572 Ouratea squamosa (DC.) Engl. = Campylospermum squamosum (DC.) Farron ●☆
277573 Ouratea staudtii (Tiegh.) Keay = Rhabdophyllum arnoldianum

(De Wild. et T. Durand) Tiegh. var. staudtii (Tiegh.) Farron ●☆
277574 Ouratea stenorrhachis Gilg = Rhabdophyllum affine (Hook. f.) Tiegh. subsp. myrioneurum (Gilg) Farron ●☆
277575 Ouratea striata (Tiegh.) Lecomte = Campylospermum striatum (Tiegh.) M. C. E. Amaral ●
277576 Ouratea striata (Tiegh.) Lecomte = Gomphia striata (Tiegh.) C. F. Wei ●
277577 Ouratea subcordata (Stapf) Engl. = Campylospermum subcordatum (Stapf) Farron ●☆
277578 Ouratea subumbellata Gilg = Rhabdophyllum welwitschii Tiegh. ●☆
277579 Ouratea sulcata (Tiegh.) Keay = Campylospermum sulcatum (Tiegh.) Farron ●☆
277580 Ouratea talbotii De Wild. = Campylospermum flavum (Schumach. et Thonn.) Farron ●☆
277581 Ouratea thonneri De Wild. = Rhabdophyllum thonneri (De Wild.) Farron ●☆
277582 Ouratea turnerae (Hook. f.) Hutch. et Dalziel = Campylospermum reticulatum (P. Beauv.) Farron var. turnerae (Hook. f.) Farron ●☆
277583 Ouratea umbricola Engl. = Campylospermum umbricola (Tiegh.) Farron ●☆
277584 Ouratea unilateralis Gilg = Campylospermum laxiflorum (De Wild. et T. Durand) Tiegh. ●☆
277585 Ouratea vanderystii De Wild. = Rhabdophyllum arnoldianum (De Wild. et T. Durand) Tiegh. ●☆
277586 Ouratea variifolia De Wild. = Campylospermum reticulatum (P. Beauv.) Farron ●☆
277587 Ouratea vogelii (Hook. f.) Engl. ex Gilg = Campylospermum vogelii (Hook. f.) Farron ●☆
277588 Ouratea warneckei Gilg ex Engl. = Campylospermum reticulatum (P. Beauv.) Farron ●☆
277589 Ouratea welwitschii (Tiegh.) Exell = Rhabdophyllum welwitschii Tiegh. ●☆
277590 Ouratea zenkeri Engl. et Gilg = Campylospermum zenkeri (Engl. ex Tiegh.) Farron ●☆
277591 Ouratea zeylanica Alston = Ochna zeylanica Lam. ●☆
277592 Ouratella Tiegh. = Ouratea Aubl. (保留属名) ●
277593 Ouret Adans. (废弃属名) = Aerva Forssk. (保留属名) ●■
277594 Ourisia Comm. ex Juss. (1789); 匍地梅属■☆
277595 Ourisia caespitosa Hook. f.; 簇生匍地梅■☆
277596 Ourisia macrocarpa Hook. f.; 大果匍地梅; Mountain Foxglove ■☆
277597 Ourisia magellanica Poepp. et Endl. = Ourisia ruelloides (L. f.) Kuntze ■☆
277598 Ourisia microphylla Poepp. et Endl.; 鳞叶匍地梅■☆
277599 Ourisia pinnata Wall. ex Benth. = Ellisiophyllum pinnatum (Wall. ex Benth.) Makino ■
277600 Ourisia ruelloides (L. f.) Kuntze; 红花匍地梅■☆
277601 Ourisianthus Bonati = Artanema D. Don (保留属名) ■☆
277602 Ourouparia Aubl. (废弃属名) = Uncaria Schreb. (保留属名) ●
277603 Ourouparia africana (G. Don) Baill. = Uncaria africana G. Don ●☆
277604 Ourouparia africana K. Schum. = Uncaria africana G. Don ●☆
277605 Ourouparia enormis Yamam. = Quisqualis indica L. ●
277606 Ourouparia formosana (Matsum.) Matsum. et Hayata = Uncaria hirsuta Havil. ●
277607 Ourouparia hirsuta (Havil.) Yamam. = Uncaria hirsuta Havil. ●
277608 Ourouparia rhynchophylla (Miq.) Matsum. = Uncaria rhynchophylla (Miq.) B. D. Jacks. ●
277609 Ourouparia setiloba Sasaki = Uncaria hirsuta Havil. ●
277610 Oustropis G. Don = Indigofera L. ●■
277611 Outarda Dumort. = Coutarea Aubl. ●■☆
277612 Outea Aubl. (废弃属名) = Macrolobium Schreb. (保留属名) ●☆
277613 Outreya Jaub. et Spach = Jurinea Cass. ●■
277614 Outreya Jaub. et Spach (1843); 乌特雷菊属■☆
277615 Outreya carduiformis Jaub. et Spach; 乌特雷菊■☆
277616 Ouvirandra Thouars = Aponogeton L. f. (保留属名) ■
277617 Ouvirandra heudelotii Kunth = Aponogeton subconjugatum Schumach. et Thonn. ■
277618 Ouvirandra hildebrandtii Kurtz ex Eichler = Aponogeton abyssinicus Hochst. ex A. Rich. ■☆
277619 Ovaria Fabr. = Solanum L. ●■
277620 Overstratia Deschamps ex R. Br. = Saurauia Willd. (保留属名) ●
277621 Ovidia Meisn. (1857) (保留属名); 奥维木属●☆
277622 Ovidia Raf. (废弃属名) = Commelina L. ■
277623 Ovidia Raf. (废弃属名) = Ovidia Meisn. (保留属名) ●☆
277624 Ovidia andina Meisn.; 奥维木●☆
277625 Ovieda L. = Clerodendrum L. ●■
277626 Ovieda Spreng. = Lapeyrousia Pourr. ■☆
277627 Ovieda erythrantha Klotzsch ex Klatt = Lapeirousia erythrantha (Klotzsch ex Klatt) Baker ■☆
277628 Ovieda fistulosa Spreng. ex Klatt = Xenoscapa fistulosa (Spreng. ex Klatt) Goldblatt et J. C. Manning ■☆
277629 Ovieda micrantha E. Mey. ex Klatt = Lapeirousia micrantha (E. Mey. ex Klatt) Baker ■☆
277630 Ovieda mitis L. = Clerodendrum indicum (L.) Kuntze ●
277631 Ovieda purpureolutea Klatt = Lapeirousia fastigiata (Lam.) Ker Gawl. ■☆
277632 Ovilla Adans. = Jasione L. ■☆
277633 Ovostima Raf. = Aureolaria Raf. ■☆
277634 Owataria Matsum. = Suregada Roxb. ex Rottler ●
277635 Owataria formosana Matsum. = Suregada aequorea (Hance) Seem. ●
277636 Owenia F. Muell. (1857); 欧文楝属(欧文尼亚属); Emu Plum ●☆
277637 Owenia Hllsenb. ex Meisn. = Oxygonum Burch. ex Campd. ●■☆
277638 Owenia acidula F. Muell.; 微酸欧文楝; Dilly Boolen, Emu Apple, Gruie, Mooley Plum, Sour Plum ●☆
277639 Owenia cepiodora F. Muell.; 欧文楝●☆
277640 Owenia cerasifera F. Muell.; 樱叶欧文楝; Cherry Emu Plum ●☆
277641 Owenia reticulata F. Muell.; 网状欧文楝●☆
277642 Owenia vernicosa F. Muell.; 漆光欧文楝●☆
277643 Oxalidaceae R. Br. (1818) (保留科名); 酢浆草科; Oxalis Family, Sorrel Family, Woodsorrel Family, Wood-sorrel Family ■●
277644 Oxalis L. (1753); 酢浆草属; Cape Shamrock, Lady's Sorrel, Oxalis, Redwood Sorrel, Shamrock, Sheep Sorrel, Sheepsorrel, Wood Sorrel, Woodsorrel, Wood-sorrel ■●
277645 Oxalis abercornensis R. Knuth; 阿伯康酢浆草■☆
277646 Oxalis abyssinica (Steud. ex A. Rich.) Walp. = Biophytum abyssinicum Steud. ex A. Rich. ■☆
277647 Oxalis abyssinica Turcz. = Oxalis pes-caprae L. ■
277648 Oxalis acetosella L.; 白花酢浆草(大酸溜溜, 东北酢浆草, 欧洲酢浆草, 三块瓦, 山酢浆草, 酸酢浆草); Alla, Alleluia, Allolida, Altiluda, Bird's Bannock, Bird's Bread-and-cheese, Bread-and-cheese-and-cider, Bread-and-milk, Butter-and-cheese, Butter-and-eggs, Cheese, Cheese-and-bread, Claver Sorrel, Claver-sorrel, Cuckoo Bread-and-cheese, Cuckoo Cheese, Cuckoo Cheese-and-bread, Cuckoo Sorrel, Cuckoo Spice, Cuckoo-bread, Cuckoo-cheese, Cuckoo-

meat, Cuckoo's Bread, Cuckoo's Bread-and-cheese, Cuckoo's Clover, Cuckoo's Meat, Cuckoo's Sorrel, Cuckoo's Sourock, Cuckoo's Sourocks, Cuckoo's Victuals, Cuckoosour, Cuckoo-spice, Darmell Goddard, Egg-and-cheese, European Wood Sorrel, Evening Twilight, Fairy Bells, Fox's Meat, French Sorrel, God Almighty's Bread-and-cheese, Good Luck, Gowk Meat, Gowk's Clover, Gowk's Meat, Green Sauce, Green Snob, Green Sorrel, Hallelujah, Hare's Meat, Irish Shamrock, King Fingers, King-finger, Lady Cakes, Lady's Clover, Lady's Sorrel, Laverock, Lujula, Rabbit's Food, Rabbit's Meat, Salt Cellar, Salt-cellar, Shamrock, Sheep Soórag, Sheep's Sorrel, Sheep-Soórag, Sleeping Beauty, Sleeping Clover, Sorrel, Sour Clover, Sour Dock, Sour Grass, Sour Sab, Sour Sabs, Sour Sally, Sour Sap, Sour Suds, Sour Trefoil, Sourock, Stabwort, Stobwort, Stubwort, Three-leaved Laverock, True Wood Sorrel, White Wood Sorrel, Whitsun Flower, Wild Clover, Wild Shamrock, Woman's Nightcap, Wood Ash, Wood Sorrel, Woodsorrel, Wood-sorrel, Wood-sorrel Oxalis, Woodsow, Woodsower ■

277649 Oxalis acetosella L. f. vegeta (Tatew.) M. Mizush.;生动酢浆草■☆

277650 Oxalis acetosella L. subsp. formosana Terao;台湾山酢浆草; Taiwan Wood Sorrel ■

277651 Oxalis acetosella L. subsp. formosana Terao = Oxalis acetosella L. subsp. griffithii (Edgew. et Hook. f.) H. Hara ■

277652 Oxalis acetosella L. subsp. formosana Terao = Oxalis griffithii Edgew. et Hook. f. ■

277653 Oxalis acetosella L. subsp. griffithii (Edgew. et Hook. f.) H. Hara f. rubriflora Makino = Oxalis griffithii Edgew. et Hook. f. f. rubriflora (Makino) Sugim. ■☆

277654 Oxalis acetosella L. subsp. griffithii (Edgew. et Hook. f.) H. Hara var. kantoensis Terao = Oxalis griffithii Edgew. et Hook. f. var. kantoensis (Terao) T. Shimizu ■☆

277655 Oxalis acetosella L. subsp. griffithii (Edgew. et Hook. f.) H. Hara = Oxalis griffithii Edgew. et Hook. f. ■

277656 Oxalis acetosella L. subsp. japonica (Franch. et Sav.) H. Hara = Oxalis acetosella L. subsp. griffithii (Edgew. et Hook. f.) H. Hara ■

277657 Oxalis acetosella L. subsp. japonica (Franch. et Sav.) H. Hara = Oxalis griffithii Edgew. et Hook. f. ■

277658 Oxalis acetosella L. subsp. leucolepis (Diels) C. C. Huang et L. R. Xu = Oxalis leucolepis Diels ■

277659 Oxalis acetosella L. subsp. taemoni (Yamam.) S. F. Huang et T. C. Huang;大霸尖山酢浆草;Taemon Woodsorrel ■

277660 Oxalis acetosella L. var. japonica (Franch. et Sav.) Makino = Oxalis acetosella L. subsp. griffithii (Edgew. et Hook. f.) H. Hara ■

277661 Oxalis acetosella L. var. longicapsula Terao;长果酢浆草■☆

277662 Oxalis acetosella L. var. rhodantha (Fernald) R. Knuth = Oxalis montana Raf. ■☆

277663 Oxalis acetosella L. var. vegeta Tatew. = Oxalis acetosella L. f. vegeta (Tatew.) M. Mizush. ■☆

277664 Oxalis acida Merr.;酸酢浆草;Acid Oxalis, Acid Woodsorrel, Sour Oxalis, Sour Woodsorrel ■☆

277665 Oxalis adenodes Sond.;腺状酢浆草■☆

277666 Oxalis adenophylla Gillies;腺叶酢浆草■☆

277667 Oxalis adspersa Eckl. et Zeyh.;上举酢浆草■☆

277668 Oxalis aemula Schltr. ex R. Knuth = Oxalis purpurea L. ■☆

277669 Oxalis albella R. Knuth = Oxalis pseudocernua R. Knuth ■☆

277670 Oxalis algoensis Eckl. et Zeyh.;阿尔高酢浆草■☆

277671 Oxalis amamiana Hatus. = Oxalis exilis A. Cunn. ■☆

277672 Oxalis ambigua Jacq.;可疑酢浆草■☆

277673 Oxalis amblyodonta T. M. Salter;钝齿酢浆草■☆

277674 Oxalis amblyosepala Schltr.;钝萼酢浆草■☆

277675 Oxalis amoena Jacq. = Oxalis polyphylla Jacq. ■☆

277676 Oxalis anemonoides Eckl. et Zeyh. = Oxalis heterophylla DC. ■☆

277677 Oxalis angusta Sond. = Oxalis adspersa Eckl. et Zeyh. ■☆

277678 Oxalis annae F. Bolus;安娜酢浆草■☆

277679 Oxalis anomala T. M. Salter;异常酢浆草■☆

277680 Oxalis anthelmintica A. Rich.;驱虫酢浆草■☆

277681 Oxalis anthelmintica A. Rich. var. glabrostyla Roti Mich.;光柱驱虫酢浆草■☆

277682 Oxalis apodisecias Turcz. = Biophytum petersianum Klotzsch ●■

277683 Oxalis approximata Sond. = Oxalis eckloniana C. Presl var. sonderi T. M. Salter ■☆

277684 Oxalis arenosa F. Bolus = Oxalis recticaulis Sond. ■☆

277685 Oxalis argillacea F. Bolus;陶土酢浆草■☆

277686 Oxalis argyrophylla T. M. Salter;银叶酢浆草■☆

277687 Oxalis aridicola T. M. Salter;旱生酢浆草■☆

277688 Oxalis articulata Savigny;繁花酢浆草;Alleluia, Cuckoo's-meat, Pink-sorrel, Sheep's Sorrel, Wood-sorrel ■☆

277689 Oxalis asinina Jacq. = Oxalis fabifolia Jacq. ■☆

277690 Oxalis atrata Weintroub = Oxalis obtusa Jacq. ■☆

277691 Oxalis aurea Schltr.;金黄酢浆草■☆

277692 Oxalis ausensis R. Knuth;奥斯酢浆草■☆

277693 Oxalis austro-orientalis R. Knuth ex Engl. = Oxalis extensa T. M. Salter ■☆

277694 Oxalis balsamifera E. Mey. ex Sond. = Oxalis luteola Jacq. ■☆

277695 Oxalis barrelieri L.;巴雷酢浆草■☆

277696 Oxalis bifida Thunb.;双裂酢浆草■☆

277697 Oxalis bifolia Eckl. et Zeyh. = Oxalis eckloniana C. Presl var. sonderi T. M. Salter ■☆

277698 Oxalis bifurca Lodd.;二叉酢浆草■☆

277699 Oxalis bifurca Lodd. var. angustiloba Sond.;窄片二叉酢浆草■☆

277700 Oxalis bifurca Lodd. var. incana Eckl. et Zeyh. = Oxalis bifurca Lodd. var. angustiloba Sond. ■☆

277701 Oxalis bipunctata Graham = Oxalis corymbosa DC. ■

277702 Oxalis bowieana Lodd.;大花酢浆草(花酢浆草);Big-flower Oxalis, Bowie's Oxalis, Bowie's Wood-sorrel, Largeflower Woodsorrel, Red-flower Woodsorrel ■

277703 Oxalis bowiei Lindl.;鲍伊酢浆草■☆

277704 Oxalis bowiei Lindl. = Oxalis bowieana Lodd. ■

277705 Oxalis brachycarpa Schltr. = Oxalis pallens Eckl. et Zeyh. ■☆

277706 Oxalis brasiliensis Lodd.;巴西酢浆草■☆

277707 Oxalis brevicaulis Sond. = Oxalis hirta L. ■☆

277708 Oxalis breviscapa Jacq. = Oxalis purpurea L. ■☆

277709 Oxalis bulbillifera X. S. Shen et H. Sun;珠芽酢浆草; Bulbiferous Wood Sorrel ■

277710 Oxalis burkei Sond.;伯克酢浆草■☆

277711 Oxalis burkei Sond. var. multiglandulosa? = Oxalis pardalis Sond. ■☆

277712 Oxalis burtoniae T. M. Salter;伯顿酢浆草■☆

277713 Oxalis bushii Small = Oxalis stricta L. ■

277714 Oxalis calligera Sond. = Oxalis foveolata Turcz. ■☆

277715 Oxalis callimarginata Weintroub = Oxalis goniorrhiza Eckl. et Zeyh. ■☆

277716 Oxalis callosa R. Knuth;硬皮酢浆草■☆

277717 Oxalis calvinensis R. Knuth;光秃酢浆草■☆

277718 Oxalis campicola T. M. Salter;平原酢浆草■☆
277719 Oxalis campylorrhiza T. M. Salter;弯根酢浆草■☆
277720 Oxalis capillacea E. Mey. ex Sond.;细毛酢浆草■☆
277721 Oxalis caprina Eckl. et Zeyh. = Oxalis livida Jacq. var. altior T. M. Salter ■☆
277722 Oxalis caprina L.;山羊酢浆草■☆
277723 Oxalis cernua Thunb.;金杯酢浆草■
277724 Oxalis cernua Thunb. = Oxalis pes-caprae L. ■
277725 Oxalis cernua Thunb. var. microphylla Batt. = Oxalis pes-caprae L. ■
277726 Oxalis chapmaniae Exell;查普曼酢浆草■☆
277727 Oxalis chinensis Haw. = Oxalis corniculata L. ■
277728 Oxalis chrysantha Progel;金花酢浆草■☆
277729 Oxalis ciliariflora Eckl. et Zeyh. = Oxalis obtusa Jacq. ■☆
277730 Oxalis ciliaris Jacq.;缘毛酢浆草■☆
277731 Oxalis ciliaris Jacq. var. pageae(L. Bolus)T. M. Salter;纸酢浆草■☆
277732 Oxalis clavifolia Sond.;棒叶酢浆草■☆
277733 Oxalis collina Eckl. et Zeyh. = Oxalis algoensis Eckl. et Zeyh. ■☆
277734 Oxalis coloradensis Rydb. = Oxalis stricta L. ■
277735 Oxalis commutata Sond.;变异酢浆草■☆
277736 Oxalis commutata Sond. = Oxalis tenella Eckl. et Zeyh. ■☆
277737 Oxalis commutata Sond. var. concolor T. M. Salter;同色酢浆草■☆
277738 Oxalis commutata Sond. var. montana T. M. Salter;山地变异酢浆草■☆
277739 Oxalis commutata Sond. var. pusilla R. Knuth = Oxalis depressa Eckl. et Zeyh. ■☆
277740 Oxalis comosa E. Mey. ex Sond.;簇毛酢浆草■☆
277741 Oxalis compressa L. f.;扁酢浆草■☆
277742 Oxalis comptonii T. M. Salter;康普顿酢浆草■☆
277743 Oxalis confertifolia(Kuntze)R. Knuth;密叶酢浆草■☆
277744 Oxalis convexula Jacq.;弯曲酢浆草■☆
277745 Oxalis convexula Jacq. var. dilatata Eckl. et Zeyh. = Oxalis depressa Eckl. et Zeyh. ■☆
277746 Oxalis copiosa F. Bolus;丰富酢浆草■☆
277747 Oxalis corniculata L.;酢浆草(斑鸠草,斑鸠酸,鹁鸪酸,长血草,赤孙施,冲天泡,醋酢草,醋啾啾,醋母草,东阳火草,黄花草,黄花酢浆草,黄花梅,鸠酸,鸠酸草,老鸦咀,老鸦酸,老鸦嘴,六叶莲,满天星,铺地莲,蒲瓜酸,雀儿草,雀儿酸,雀林草,三角酸,三梅草,三苗酸,三叶破铜钱,三叶酸,三叶酸草,三叶酸浆,水晶花,酸斑苋,酸草,酸酢草,酸醋酱,酸得溜,酸箕,酸浆,酸浆草,酸角草,酸饺草,酸溜草,酸梅草,酸迷迷草,酸米草,酸母,酸母草,酸枇子,酸酸草,酸味草,酸味子,酸芝草,孙施,田字草,王瓜酸,咸酸草,咸酸甜,小酸茅,小酸苗,盐酸草,野王瓜草);Creeping Lady's Sorrel, Creeping Oxalis, Creeping Woodsorrel, Creeping Wood-sorrel, Creeping Yellow Wood-sorrel, Garden Trifoly, Jimsonweed, Lady's Sorrel, Procumbent Yellow Sorrel, Procumbent Yellow-sorrel, Sleeping Beauty, Wood Sorrel, Yellow-sorrel ■
277748 Oxalis corniculata L. f. atropurpurea(Planch.)R. Knuth = Oxalis corniculata L. ■
277749 Oxalis corniculata L. f. atropurpurea(Planch.)Van Houtte ex Hegi;暗紫酢浆草;Red Velvet Shamrock ■☆
277750 Oxalis corniculata L. f. erecta Makino = Oxalis corniculata L. ■
277751 Oxalis corniculata L. f. plena Sakata;重瓣酢浆草■☆
277752 Oxalis corniculata L. f. rubrifolia(Makino)H. Hara;红叶酢浆草■☆
277753 Oxalis corniculata L. f. tropaeoloides(Schlachter ex Planch.)R. Knuth = Oxalis corniculata L. f. atropurpurea(Planch.)Van Houtte ex Hegi ■☆
277754 Oxalis corniculata L. f. villosa(M. Bieb.)Goiran = Oxalis corniculata L. ■
277755 Oxalis corniculata L. subsp. repens(Thunb.)Masam. = Oxalis corniculata L. ■
277756 Oxalis corniculata L. subsp. subglabra(Kuntze)Masam. = Oxalis corniculata L. ■
277757 Oxalis corniculata L. var. atropurpurea Planch. = Oxalis corniculata L. ■
277758 Oxalis corniculata L. var. dillenii(Jacq.)Trel. = Oxalis dillenii Jacq. ■☆
277759 Oxalis corniculata L. var. dillenii Jacq. = Oxalis corniculata L. ■
277760 Oxalis corniculata L. var. glabrocapsula Roti Mich. = Oxalis corniculata L. ■
277761 Oxalis corniculata L. var. langloisii(Small)Wiegand = Oxalis corniculata L. ■
277762 Oxalis corniculata L. var. lupulina(Kunth)Zucc. = Oxalis corniculata L. ■
277763 Oxalis corniculata L. var. macrophylla Arsène = Oxalis corniculata L. ■
277764 Oxalis corniculata L. var. macrophylla Arsène ex R. Knuth = Oxalis corniculata L. ■
277765 Oxalis corniculata L. var. minor Laing = Oxalis corniculata L. ■
277766 Oxalis corniculata L. var. pubescens Batt. = Oxalis corniculata L. ■
277767 Oxalis corniculata L. var. radicosa(A. Rich.)Roti Mich. = Oxalis corniculata L. ■
277768 Oxalis corniculata L. var. repens(Thunb.)Zucc. = Oxalis corniculata L. ■
277769 Oxalis corniculata L. var. reptans Laing = Oxalis corniculata L. ■
277770 Oxalis corniculata L. var. ringoettii(De Wild.)R. Knuth = Oxalis semiloba Sond. ■☆
277771 Oxalis corniculata L. var. stricta(L.)C. C. Huang et L. R. Xu = Oxalis stricta L. ■
277772 Oxalis corniculata L. var. taiwanensis Masam. = Oxalis corniculata L. ■
277773 Oxalis corniculata L. var. trichocaulon H. Lév.;毛茎酢浆草■☆
277774 Oxalis corniculata L. var. villosa(M. Bieb.)Hohen. = Oxalis corniculata L. ■
277775 Oxalis corniculata L. var. viscidula Wiegand = Oxalis corniculata L. ■
277776 Oxalis corymbosa DC.;红花酢浆草(大老鸦酸,大酸味草,大咸酸甜草,大叶酢浆草,地麦子,多花酢浆草,隔夜合,老鸦酸,南天七,三夹莲,水酸芝,铜锤草,一粒雪,紫酢浆草,紫花酢浆草);Copperhammwer grass, Corymb Wood Sorrel, Dr. Martius' Wood-sorrel, Large-flowered Pink-sorrel, Multi-flowered Oxalis, Pink Wood Sorrel, Pink Woodsorrel, Red Woodsorrel, Violet Woodsorrel Oxalis ■
277777 Oxalis corymbosa DC. = Oxalis debilis Kunth ■
277778 Oxalis crassipes Urb.;粗梗酢浆草■☆
277779 Oxalis crenata Jacq.;圆齿酢浆草;Oca, Oka Oxalis ■☆
277780 Oxalis crispula Sond.;皱波酢浆草■☆
277781 Oxalis crocea T. M. Salter;镉黄酢浆草■☆
277782 Oxalis cuneata Jacq.;楔形酢浆草■☆
277783 Oxalis cuprea Lodd. = Oxalis obtusa Jacq. ■☆
277784 Oxalis cymosa Small = Oxalis stricta L. ■
277785 Oxalis dammeriana Schltr. = Oxalis depressa Eckl. et Zeyh. ■☆
277786 Oxalis davyana R. Knuth;戴维酢浆草■☆
277787 Oxalis debilis Kunth;粉花酢浆草;Large-flowered Pink-sorrel, Pink Wood Sorrel, Pink Woodsorrel ■
277788 Oxalis debilis Kunth subsp. corymbosa(DC.)Lourteig = Oxalis corymbosa DC. ■

277789 Oxalis debilis Kunth var. corymbosa (DC.) Lourteig = Oxalis corymbosa DC. ■
277790 Oxalis decipiens Schltr. = Oxalis purpurea L. ■☆
277791 Oxalis decora R. Knuth = Oxalis tenella Jacq. ■☆
277792 Oxalis densa N. E. Br.;密集酢浆草■☆
277793 Oxalis densifolia Sond. = Oxalis confertifolia(Kuntze)R. Knuth ■☆
277794 Oxalis densifolia Turcz. = Oxalis confertifolia(Kuntze)R. Knuth ■☆
277795 Oxalis dentata Jacq. = Oxalis livida Jacq. var. altior T. M. Salter ■☆
277796 Oxalis denticulata Wolley-Dod = Oxalis nidulans Eckl. et Zeyh. var. denticulata(Wolley-Dod)T. M. Salter ■☆
277797 Oxalis deppei Sweet = Oxalis tetraphylla Cav. ■☆
277798 Oxalis depressa Eckl. et Zeyh.;凹陷酢浆草■☆
277799 Oxalis deserticola T. M. Salter;荒漠酢浆草■☆
277800 Oxalis dichotoma T. M. Salter;二歧酢浆草■☆
277801 Oxalis diffusa Boreau = Oxalis stricta L. ■
277802 Oxalis dilatata L. Bolus;膨大酢浆草■☆
277803 Oxalis dillenii Jacq.;获氏酢浆草;Dillenius' Oxalis,Southern Yellow Wood-sorrel,Sussex Yellow-sorrel ■☆
277804 Oxalis dillenii Jacq. = Oxalis florida Salisb. ■☆
277805 Oxalis dillenii Jacq. = Oxalis stricta L. ■
277806 Oxalis dillenii Jacq. subsp. filipes (Small) G. Eiten = Oxalis florida Salisb. ■☆
277807 Oxalis dillenii Jacq. var. radicans Shinners = Oxalis dillenii Jacq. ■☆
277808 Oxalis dines Ornduff;二齿酢浆草■☆
277809 Oxalis disticha Jacq.;二列酢浆草■☆
277810 Oxalis disticha Jacq. var. alba T. M. Salter = Oxalis dines Ornduff ■☆
277811 Oxalis divergens Eckl. et Zeyh. = Oxalis tenella Jacq. ■☆
277812 Oxalis dregei Sond.;德雷酢浆草■☆
277813 Oxalis droseroides E. Mey. ex Sond.;茅膏菜酢浆草■☆
277814 Oxalis duriuscula Schltr.;稍硬酢浆草■☆
277815 Oxalis ebracteata Savign.;无苞酢浆草■☆
277816 Oxalis eckloniana C. Presl;埃氏酢浆草■☆
277817 Oxalis eckloniana C. Presl var. montigena(Schltr.)R. Knuth;山生埃氏酢浆草■☆
277818 Oxalis eckloniana C. Presl var. robusta T. M. Salter;粗壮埃氏酢浆草■☆
277819 Oxalis eckloniana C. Presl var. sonderi T. M. Salter;森诺埃氏酢浆草■☆
277820 Oxalis edwardsiae F. Bolus = Oxalis pulchella Jacq. var. glauca T. M. Salter ■☆
277821 Oxalis engleriana Schltr.;恩格勒酢浆草■☆
277822 Oxalis ennephylla Cav.;九叶酢浆草;Scurvy Sorrel,Scurvy-grass ■☆
277823 Oxalis europaea Jacq. = Oxalis stricta L. ■
277824 Oxalis europaea Jord. = Oxalis fontana Bunge ■
277825 Oxalis europaea Jord. f. cymosa(Small)Wiegand = Oxalis stricta L. ■
277826 Oxalis europaea Jord. f. pilosella Wiegand = Oxalis stricta L. ■
277827 Oxalis europaea Jord. f. subglabrata Wiegand = Oxalis stricta L. ■
277828 Oxalis europaea Jord. f. villicaulis Wiegand = Oxalis stricta L. ■
277829 Oxalis europaea Jord. var. bushii (Small) Wiegand = Oxalis stricta L. ■
277830 Oxalis europaea Jord. var. bushii (Small) Wiegand f. vestita Wiegand = Oxalis stricta L. ■
277831 Oxalis europaea Jord. var. rufa(Small)Young = Oxalis stricta L. ■
277832 Oxalis exilis A. Cunn.;奄美酢浆草;Lesser Yellow-sorrel ■☆
277833 Oxalis extensa T. M. Salter;伸展酢浆草■☆
277834 Oxalis fabifolia Jacq.;蚕豆叶酢浆草■☆
277835 Oxalis falcata Sond. = Oxalis falcatula T. M. Salter ■☆
277836 Oxalis falcatula T. M. Salter;小镰酢浆草■☆
277837 Oxalis fergusoniae T. M. Salter;费格森酢浆草■☆
277838 Oxalis fibrosa F. Bolus;纤维质酢浆草■☆
277839 Oxalis filifolia Jacq. = Oxalis polyphylla Jacq. ■☆
277840 Oxalis fimbriata E. Phillips = Oxalis obtusa Jacq. ■☆
277841 Oxalis flabellifolia Jacq.;扇叶酢浆草;Flabellateleaf Oxalis,Flabellateleaf Woodsorrel ■☆
277842 Oxalis flabellifolia Jacq. = Oxalis flava L. ■☆
277843 Oxalis flava L.;鲜黄酢浆草■☆
277844 Oxalis flava L. var. trifoliata E. Mey. = Oxalis flaviuscula T. M. Salter ■☆
277845 Oxalis flaviuscula T. M. Salter;浅黄酢浆草■☆
277846 Oxalis floribunda Jacq. = Oxalis articulata Savigny ■☆
277847 Oxalis floribunda Lehm. = Oxalis articulata Savigny ■☆
277848 Oxalis florida E. Mey. ex Sond. = Oxalis adspersa Eckl. et Zeyh. ■☆
277849 Oxalis florida Salisb.;多花酢浆草(黄酢浆草);Pink Oxalis,Yellow Wood Sorrel ■☆
277850 Oxalis foliosa Blatt. = Oxalis corniculata L. ■
277851 Oxalis fontana Bunge;泉酢浆草■
277852 Oxalis fontana Bunge = Oxalis corniculata L. ■
277853 Oxalis fontana Bunge = Oxalis stricta L. ■
277854 Oxalis fontana Bunge var. bushii (Small) Hara = Oxalis fontana Bunge ■
277855 Oxalis fontana Bunge var. bushii(Small)Hara = Oxalis stricta L. ■
277856 Oxalis fourcadei T. M. Salter;富尔卡德酢浆草■☆
277857 Oxalis foveolata Turcz.;蜂窝酢浆草■☆
277858 Oxalis fragilis T. M. Salter;脆酢浆草■☆
277859 Oxalis framesii L. Bolus = Oxalis obtusa Jacq. ■☆
277860 Oxalis furcillata T. M. Salter;叉酢浆草■☆
277861 Oxalis furcillata T. M. Salter var. caulescens?;具茎酢浆草■☆
277862 Oxalis galpinii Burtt Davy = Oxalis davyana R. Knuth ■☆
277863 Oxalis galpinii Schltr. = Oxalis smithiana Eckl. et Zeyh. ■☆
277864 Oxalis giftbergensis T. M. Salter;吉福特酢浆草■☆
277865 Oxalis glabra Thunb.;光滑酢浆草■☆
277866 Oxalis glandulosa Jacq. = Oxalis recticaulis Sond. ■☆
277867 Oxalis glaucoides R. Knuth = Oxalis recticaulis Sond. ■☆
277868 Oxalis glaucovirens Sond. = Oxalis stenoptera Turcz. ■☆
277869 Oxalis goetzei Engl.;格兹酢浆草■☆
277870 Oxalis goniorrhiza Eckl. et Zeyh.;节根酢浆草■☆
277871 Oxalis gracilipes Schltr.;丝梗酢浆草■☆
277872 Oxalis gracilis Jacq.;纤细酢浆草■☆
277873 Oxalis gracilis Jacq. var. purpurea T. M. Salter;紫纤细酢浆草■☆
277874 Oxalis grammopetala Sond.;瓣酢浆草■☆
277875 Oxalis grammophylla T. M. Salter;禾叶酢浆草■☆
277876 Oxalis grandiflora Jacq. = Oxalis variabilis Jacq. ■☆
277877 Oxalis grandis Small;大酢浆草;Large Yellow Wood Sorrel,Oxalis,Sourgrass ■☆
277878 Oxalis griffithii Edgew. et Hook. f.;山酢浆草(白花酢浆草,大酸梅草,大酸米子草,地海椒,断脚蜈蚣,飞天鹅,老鸦酸,麦穗酢浆草,麦穗七,麦子七,三角酢浆草,三块瓦,上天梯,深山酢浆草,紫参七,钻地蜈蚣);Griffith Wood Sorrel,Griffith Woodsorrel ■
277879 Oxalis griffithii Edgew. et Hook. f. = Oxalis acetosella L. subsp. griffithii(Edgew. et Hook. f.)H. Hara ■
277880 Oxalis griffithii Edgew. et Hook. f. f. rubriflora(Makino)Sugim.;

红花山酢浆草■☆

277881 Oxalis griffithii Edgew. et Hook. f. var. kantoensis (Terao) T. Shimizu;河原山酢浆草■☆

277882 Oxalis guthriei F. Bolus = Oxalis engleriana Schltr. ■☆

277883 Oxalis halenbergensis Dinter = Oxalis luederitzii Schinz ■☆

277884 Oxalis hedysaroides Kunth;岩黄芪状酢浆草(火蕨酢酱草,小红枫)■☆

277885 Oxalis helicoides T. M. Salter;卷须酢浆草■☆

277886 Oxalis helicoides T. M. Salter var. alba?;白卷须酢浆草■☆

277887 Oxalis heterophylla DC.;互叶酢浆草■☆

277888 Oxalis hirsuta Sond.;粗毛酢浆草■☆

277889 Oxalis hirta L.;毛酢浆草(狭叶酢浆草);Hairy Woodsorrel, Hirtose Oxalis, Tropical Woodsorrel ■☆

277890 Oxalis hirta L. var. canescens R. Knuth;灰白酢浆草■☆

277891 Oxalis hirta L. var. intermedia T. M. Salter;间型毛酢浆草■☆

277892 Oxalis hirta L. var. polioeides T. M. Salter;拟灰色酢浆草■☆

277893 Oxalis hirta L. var. secunda (Jacq.) T. M. Salter;单侧酢浆草■☆

277894 Oxalis hirta L. var. tenuicaulis R. Knuth;细茎酢浆草■☆

277895 Oxalis hirta L. var. tubiflora (Jacq.) T. M. Salter;管花酢浆草■☆

277896 Oxalis humilis Thunb. = Oxalis purpurea L. ■☆

277897 Oxalis hupehensis Knuth;湖北酢浆草;Hubei Oxalis ■☆

277898 Oxalis hupehensis R. Knuth = Oxalis acetosella L. subsp. griffithii (Edgew. et Hook. f.) H. Hara ■

277899 Oxalis hupehensis R. Knuth = Oxalis griffithii Edgew. et Hook. f. ■

277900 Oxalis imbricata Eckl. et Zeyh.;覆瓦酢浆草■☆

277901 Oxalis imbricata Eckl. et Zeyh. var. cuneifolia T. M. Salter;楔叶酢浆草■☆

277902 Oxalis imbricata Eckl. et Zeyh. var. violacea R. Knuth;堇色酢浆草■☆

277903 Oxalis inaequalis Weintroub;不等酢浆草■☆

277904 Oxalis incana Eckl. et Zeyh. = Oxalis bifurca Lodd. var. angustiloba Sond. ■☆

277905 Oxalis incarnata L.;苍白酢浆草;Crimson Woodsorrel, Pale Oxalis, Pale Pink-sorrel ■☆

277906 Oxalis inconspicua T. M. Salter;显著酢浆草■☆

277907 Oxalis inops Eckl. et Zeyh. = Oxalis depressa Eckl. et Zeyh. ■☆

277908 Oxalis interior (Small) Fedde = Oxalis stricta L. ■

277909 Oxalis involuta T. M. Salter;内卷酢浆草■☆

277910 Oxalis ipomaeiflora Schltr. ex R. Knuth = Oxalis adenodes Sond. ■☆

277911 Oxalis japonica Franch. et Sav. = Oxalis acetosella L. subsp. japonica (Franch. et Sav.) H. Hara ■

277912 Oxalis japonica Franch. et Sav. = Oxalis griffithii Edgew. et Hook. f. ■

277913 Oxalis kamiesbergensis T. M. Salter;卡米斯贝赫酢浆草■☆

277914 Oxalis knuthiana Dinter ex Range = Oxalis luederitzii Schinz ■☆

277915 Oxalis knuthiana T. M. Salter;克努特酢浆草■☆

277916 Oxalis kubusensis R. Knuth = Oxalis luederitzii Schinz ■☆

277917 Oxalis laburnifolia Jacq. = Oxalis purpurea L. ■☆

277918 Oxalis laciniata Cav.;蓝花酢浆草■☆

277919 Oxalis lacunosa Eckl. et Zeyh. = Oxalis obtusa Jacq. ■☆

277920 Oxalis lanata L. f.;绵毛酢浆草■☆

277921 Oxalis lanata L. f. var. rosea T. M. Salter;粉红绵毛酢浆草■☆

277922 Oxalis langloisii (Small) Fedde = Oxalis corniculata L. ■

277923 Oxalis lasiorrhiza T. M. Salter;毛根酢浆草■☆

277924 Oxalis lateriflora Jacq. = Oxalis livida Jacq. var. altior T. M. Salter ■☆

277925 Oxalis latifolia Kunth;阔叶酢浆草;Broadleaf Woodsorrel, Broad-leaved Sorrel, Garden Pink-sorrel, Mexican Oxalis ■☆

277926 Oxalis lawsonii F. Bolus;劳森酢浆草■☆

277927 Oxalis laxa E. Mey. = Oxalis ebracteata Savign. ■☆

277928 Oxalis laxicaulis R. Knuth;疏茎酢浆草■☆

277929 Oxalis leipoldtii Schltr.;莱波尔德酢浆草■☆

277930 Oxalis leptocalyx Sond.;细萼酢浆草■☆

277931 Oxalis leptogramma T. M. Salter;细纹酢浆草■☆

277932 Oxalis leucolepis Diels;白鳞酢浆草;Whitescale Woodsorrel ■

277933 Oxalis leucolepis Diels = Oxalis acetosella L. subsp. leucolepis (Diels) C. C. Huang et L. R. Xu ■

277934 Oxalis leucolepis Diels var. griffithii (Edgew. et Hook. f.) R. C. Srivast. = Oxalis griffithii Edgew. et Hook. f. ■

277935 Oxalis leucotricha Turcz. = Oxalis pulchella Jacq. var. leucotricha (Turcz.) T. M. Salter ■☆

277936 Oxalis levis T. M. Salter;平滑酢浆草■☆

277937 Oxalis libyca Viv. = Oxalis pes-caprae L. ■

277938 Oxalis lightfootii E. Phillips = Oxalis heterophylla DC. ■☆

277939 Oxalis lindaviana Schltr.;林达维酢浆草■☆

277940 Oxalis linearis Jacq.;线状酢浆草■☆

277941 Oxalis lineolata T. M. Salter;细线酢浆草■☆

277942 Oxalis livida Jacq.;铅色酢浆草■☆

277943 Oxalis livida Jacq. var. altior T. M. Salter;丰满酢浆草■☆

277944 Oxalis livida Jacq. var. dentata (Jacq.) R. Knuth = Oxalis livida Jacq. var. altior T. M. Salter ■☆

277945 Oxalis lobata Sims;多裂酢浆草■☆

277946 Oxalis loddigesiana Eckl. et Zeyh. = Oxalis tenuifolia Jacq. ■☆

277947 Oxalis louisae T. M. Salter;路易斯酢浆草■☆

277948 Oxalis luederitzii Schinz;吕德里茨酢浆草■☆

277949 Oxalis lupinifolia Jacq. = Oxalis flava L. ■☆

277950 Oxalis lupulina Kunth = Oxalis corniculata L. ■

277951 Oxalis luteola Jacq.;淡黄酢浆草■☆

277952 Oxalis magellanica G. Forst.;新几内亚酢浆草■☆

277953 Oxalis mairei R. Knuth ex Engl. = Oxalis pes-caprae L. ■

277954 Oxalis marlothii Schltr. ex R. Knuth;马洛斯酢浆草■☆

277955 Oxalis martiana Zucc. = Oxalis articulata Savigny ■☆

277956 Oxalis martiana Zucc. = Oxalis corymbosa DC. ■

277957 Oxalis massoniana T. M. Salter;马森酢浆草■☆

277958 Oxalis massoniana T. M. Salter var. flavescens?;浅黄马森酢浆草■☆

277959 Oxalis megalorrhiza Jacq.;大根酢浆草;Fleshy Yellow-sorrel ■☆

277960 Oxalis melanograpta T. M. Salter;黑酢浆草■☆

277961 Oxalis melanosticta Sond.;黑点酢浆草■☆

277962 Oxalis melanosticta Sond. var. latifolia T. M. Salter;宽叶酢浆草■☆

277963 Oxalis membranacea Weintroub = Oxalis obtusa Jacq. ■☆

277964 Oxalis meyeri Sond. = Oxalis adspersa Eckl. et Zeyh. ■☆

277965 Oxalis microdonta T. M. Salter;小齿酢浆草■☆

277966 Oxalis minima Sond. = Oxalis sonderiana (Kuntze) T. M. Salter ■☆

277967 Oxalis minima Steud. = Oxalis corniculata L. ■

277968 Oxalis minuta Thunb.;微小酢浆草■☆

277969 Oxalis monophylla L.;单叶酢浆草■☆

277970 Oxalis monophylla L. var. minor T. M. Salter;小单叶酢浆草■☆

277971 Oxalis monophylla L. var. rotundifolia T. M. Salter;圆单叶酢浆草■☆

277972 Oxalis monophylla L. var. stenophylla (Meisn.) Sond.;窄单叶酢浆草■☆

277973 Oxalis montana Raf.;山地酢浆草;Common Wood Sorrel, Great Wood-sorrel, Mountain Wood-sorrel, Sourgrass, Wood-sorrel ■☆

277974 Oxalis montana Raf. f. rhodantha Fernald = Oxalis montana Raf. ■☆
277975 Oxalis multicaulis Eckl. et Zeyh.；多茎酢浆草■☆
277976 Oxalis multiflora Jacq. = Oxalis hirta L. ■☆
277977 Oxalis mundtii Sond. = Oxalis ciliaris Jacq. ■☆
277978 Oxalis namaquana Sond.；纳马夸酢浆草■☆
277979 Oxalis natans L. f.；浮水酢浆草■☆
277980 Oxalis neaei DC.；尼艾酢浆草■☆
277981 Oxalis nidulans Eckl. et Zeyh.；巢状酢浆草■☆
277982 Oxalis nidulans Eckl. et Zeyh. var. denticulata (Wolley-Dod) T. M. Salter；细齿酢浆草■☆
277983 Oxalis nortieri T. M. Salter；诺尔捷酢浆草■☆
277984 Oxalis obliquifolia Steud. ex A. Rich.；斜叶酢浆草■☆
277985 Oxalis obtriangulata Maxim.；三角酢浆草；Obtriangular Oxalis, Obtriangular Woodsorrel ■
277986 Oxalis obtriangulata Maxim. = Oxalis acetosella L. subsp. griffithii (Edgew. et Hook. f.) H. Hara ■
277987 Oxalis obtriangulata Maxim. = Oxalis acetosella L. subsp. japonica (Franch. et Sav.) H. Hara ■
277988 Oxalis obtusa Jacq.；钝酢浆草■☆
277989 Oxalis oculata T. M. Salter = Oxalis callosa R. Knuth ■☆
277990 Oxalis oligadenia Schltr. ex R. Knuth = Oxalis recticaulis Sond. ■☆
277991 Oxalis oligophylla T. M. Salter；寡叶酢浆草■☆
277992 Oxalis oligotricha Baker；寡毛酢浆草■☆
277993 Oxalis orbicularis T. M. Salter；圆形酢浆草■☆
277994 Oxalis oregana Nutt.；红酢浆草；Common Wood-sorrel, Redwood Sorrel ■☆
277995 Oxalis oreophila T. M. Salter；喜山酢浆草■☆
277996 Oxalis orthopoda T. M. Salter；直梗酢浆草■☆
277997 Oxalis otaviensis R. Knuth = Oxalis depressa Eckl. et Zeyh. ■☆
277998 Oxalis pageae L. Bolus = Oxalis ciliaris Jacq. var. pageae (L. Bolus) T. M. Salter ■☆
277999 Oxalis pallens Eckl. et Zeyh.；变苍白酢浆草■☆
278000 Oxalis pallida T. M. Salter et Exell = Oxalis adspersa Eckl. et Zeyh. ■☆
278001 Oxalis palmifrons T. M. Salter；掌叶酢浆草■☆
278002 Oxalis pardalis Sond.；豹斑酢浆草■☆
278003 Oxalis patula Eckl. et Zeyh. = Oxalis tenuifolia Jacq. ■☆
278004 Oxalis pectinata Jacq. = Oxalis flava L. ■☆
278005 Oxalis pendulifolia T. M. Salter；垂叶酢浆草■☆
278006 Oxalis pentaphylla Sims = Oxalis polyphylla Jacq. var. pentaphylla (Sims) T. M. Salter ■☆
278007 Oxalis pentaphylloides Sond. = Oxalis variifolia Steud. ■☆
278008 Oxalis pes-caprae L.；黄花酢浆草(百慕达酢浆草，垂酢浆草，金盃酢浆草，毛茛酢浆草)；Bermuda Buttercup, Bermuda-buttercup, Burmuda Butter Cup, Buttercup Oxalis, Cape Sorrel, Sour Sobs, Soursob, Wild Sorrel, Wood Sorrel, Yellow Woodsorrel ■
278009 Oxalis pes-caprae L. var. sericea (L. f.) T. M. Salter；绢毛酢浆草■☆
278010 Oxalis petraea T. M. Salter；岩生酢浆草■☆
278011 Oxalis phellandroides E. Mey. ex Meisn. = Oxalis livida Jacq. var. altior T. M. Salter ■☆
278012 Oxalis pillansiana T. M. Salter et Exell；皮朗斯酢浆草■☆
278013 Oxalis pillosella R. Knuth = Oxalis adspersa Eckl. et Zeyh. ■☆
278014 Oxalis polyadenia Schltr. = Oxalis multicaulis Eckl. et Zeyh. ■☆
278015 Oxalis polyphylla Jacq.；多叶酢浆草■☆
278016 Oxalis polyphylla Jacq. var. alba T. M. Salter；白多叶酢浆草■☆
278017 Oxalis polyphylla Jacq. var. heptaphylla T. M. Salter；互多叶酢浆草■☆
278018 Oxalis polyphylla Jacq. var. minor T. M. Salter；小多叶酢浆草■☆
278019 Oxalis polyphylla Jacq. var. pentaphylla (Sims) T. M. Salter；五叶酢浆草；Fiveleaf Sorrel, Five-leaved Wood-sorrel ■☆
278020 Oxalis polyphylla Jacq. var. pubescens Sond.；毛多叶酢浆草■☆
278021 Oxalis polytricha Sond. = Oxalis linearis Jacq. ■☆
278022 Oxalis porphyriosiphon T. M. Salter；紫管酢浆草■☆
278023 Oxalis primuloides R. Knuth；报春酢浆草■☆
278024 Oxalis procumbens Steud. = Oxalis corniculata L. ■
278025 Oxalis procumbens Steud. ex A. Rich. = Oxalis corniculata L. ■
278026 Oxalis procumbens Steud. ex A. Rich. subsp. bathieana Lourteig = Oxalis corniculata L. ■
278027 Oxalis psammophila G. Will.；喜沙酢浆草■☆
278028 Oxalis pseudocernua R. Knuth；浅白酢浆草■☆
278029 Oxalis pseudohirta T. M. Salter；假毛酢浆草■☆
278030 Oxalis psilopoda Turcz.；光足酢浆草■☆
278031 Oxalis pulchella Jacq.；美丽酢浆草■☆
278032 Oxalis pulchella Jacq. var. glauca T. M. Salter；灰绿酢浆草■☆
278033 Oxalis pulchella Jacq. var. leucotricha (Turcz.) T. M. Salter；白毛酢浆草■☆
278034 Oxalis pulchella Jacq. var. tomentosa Sond.；绒毛酢浆草■☆
278035 Oxalis pulvinata Sond.；叶枕酢浆草■☆
278036 Oxalis punctata L. f.；斑点酢浆草■☆
278037 Oxalis purpurata Jacq. var. bowiei (Lindl.) Sond. = Oxalis bowieana Lodd. ■
278038 Oxalis purpurata Lindl. var. bowiei (Lindl.) Sond. = Oxalis bowiei Lindl. ■☆
278039 Oxalis purpurea L.；紫酢浆草；Purple Woodsorrel ■☆
278040 Oxalis purpurea Thunb. var. montigena (Schltr.) R. Knuth = Oxalis eckloniana C. Presl var. montigena (Schltr.) R. Knuth ■☆
278041 Oxalis pusilla Jacq.；瘦小酢浆草■☆
278042 Oxalis pusilla R. Knuth = Oxalis luederitzii Schinz ■☆
278043 Oxalis pusilla Salisb. = Oxalis corniculata L. ■
278044 Oxalis radicosa A. Rich.；矮酢浆草；Dwarf Woodsorrel ■☆
278045 Oxalis radicosa A. Rich. = Oxalis corniculata L. ■
278046 Oxalis ramigera Sond. = Oxalis reclinata Jacq. ■☆
278047 Oxalis ramigera Sond. var. micromera Sond. = Oxalis reclinata Jacq. var. micromera (Sond.) T. M. Salter ■☆
278048 Oxalis reclinata Jacq.；拱垂酢浆草■☆
278049 Oxalis reclinata Jacq. var. micromera (Sond.) T. M. Salter；小本拱垂酢浆草■☆
278050 Oxalis reclinata Jacq. var. quinata T. M. Salter；五出拱垂酢浆草■☆
278051 Oxalis recticaulis Sond.；茎酢浆草■☆
278052 Oxalis reflexa T. M. Salter；反折酢浆草■☆
278053 Oxalis reinwardtii Zucc. = Biophytum abyssinicum Steud. ex A. Rich. ■☆
278054 Oxalis repens Thunb. = Oxalis corniculata L. ■
278055 Oxalis repens Thunb. f. speciosa Masam. = Oxalis corniculata L. ■
278056 Oxalis repens Thunb. var. erecta (Makino) Masam. = Oxalis corniculata L. ■
278057 Oxalis repens Thunb. var. stricta Hatus. = Oxalis stricta L. ■
278058 Oxalis reptatrix Jacq. = Oxalis hirta L. ■☆
278059 Oxalis rhomboidea T. M. Salter；菱形酢浆草■☆
278060 Oxalis ringoettii De Wild. = Oxalis semiloba Sond. ■☆
278061 Oxalis robinsonii T. M. Salter et Exell；鲁滨逊酢浆草■☆
278062 Oxalis rosea Jacq.；玫瑰红花酢浆草；Amnual Pink-sorrel, Rose

Oxalis, Rosy Woodsorrel ■☆
278063 Oxalis rubella Jacq. = Oxalis hirta L. ■☆
278064 Oxalis rubra A. St. -Hil.;西方红花酢浆草;Pink Oxalis, Red-flower Oxalis, Window Box Oxalis, Windowbox Woodsorrel ■☆
278065 Oxalis rubroflora Jacq. = Oxalis ambigua Jacq. ■☆
278066 Oxalis rubro-punctata T. M. Salter;红斑酢浆草■☆
278067 Oxalis rufa Small = Oxalis stricta L. ■
278068 Oxalis rupestris Raf. = Oxalis dillenii Jacq. ■☆
278069 Oxalis salmonicolor Schltr. = Oxalis eckloniana C. Presl ■☆
278070 Oxalis salteri L. Bolus;索尔特酢浆草■☆
278071 Oxalis sanguinea Jacq. = Oxalis purpurea L. ■☆
278072 Oxalis saronensis F. Bolus = Oxalis droseroides E. Mey. ex Sond. ■☆
278073 Oxalis schaeferi R. Knuth;谢弗酢浆草■☆
278074 Oxalis secunda Jacq. = Oxalis hirta L. var. secunda (Jacq.) T. M. Salter ■☆
278075 Oxalis seineri R. Knuth = Oxalis lawsonii F. Bolus ■☆
278076 Oxalis semiglandulosa Sond. = Oxalis droseroides E. Mey. ex Sond. ■☆
278077 Oxalis semiloba Sond.;半裂酢浆草■☆
278078 Oxalis semiloba Sond. subsp. uhehensis (Engl.) Exell;乌赫酢浆草■☆
278079 Oxalis sensitiva L. = Biophytum sensitivum (L.) DC. ●■
278080 Oxalis sericea L. f. = Oxalis pes-caprae L. var. sericea (L. f.) T. M. Salter ■☆
278081 Oxalis sessilis Buch. -Ham. ex Baill. = Biophytum petersianum Klotzsch ●■
278082 Oxalis setosa E. Mey. ex Sond.;刚毛酢浆草■☆
278083 Oxalis shinanoensis T. Ito = Oxalis stricta L. ■
278084 Oxalis simplex T. M. Salter;简单酢浆草■☆
278085 Oxalis smithiana Eckl. et Zeyh.;史密斯酢浆草■☆
278086 Oxalis sonderiana (Kuntze) T. M. Salter;森诺酢浆草■☆
278087 Oxalis sororia Schltr. ex R. Knuth = Oxalis recticaulis Sond. ■☆
278088 Oxalis stellata Eckl. et Zeyh.;星状酢浆草■☆
278089 Oxalis stellata Eckl. et Zeyh. var. glandulosa T. M. Salter;具腺酢浆草■☆
278090 Oxalis stellata Eckl. et Zeyh. var. gracilior T. M. Salter;细星状酢浆草■☆
278091 Oxalis stenocarpa Schltr. = Oxalis glabra Thunb. ■☆
278092 Oxalis stenopetala T. M. Salter;窄瓣酢浆草■☆
278093 Oxalis stenophylla Meisn. = Oxalis monophylla L. var. stenophylla (Meisn.) Sond. ■☆
278094 Oxalis stenoptera Turcz.;窄翅酢浆草■☆
278095 Oxalis stenoptera Turcz. var. alba T. M. Salter;白酢浆草■☆
278096 Oxalis stenorrhyncha T. M. Salter;窄喙酢浆草■☆
278097 Oxalis stictocheila T. M. Salter;斑花酢浆草■☆
278098 Oxalis stokoei Weintroub;斯托克酢浆草■☆
278099 Oxalis stricta L.;直酢浆草(紧密酢浆草,老鸦酸,扭筋草,扭伤草,欧洲酢浆草,酸溜酒,酸溜溜);Common Yellow Oxalis, Dillenius Sauerldee, Gray-green Wood Sorrel, Lady's Sorrel, Lady's-sorrel, Strict Creeping Woodsorrel, Sussex Yellow-sorrel, Tall Wood-sorrel, Upright Yellow Sorrel, Uptight Yellow-sorrel, Yellow Wood Sorrel, Yellow Wood-sorrel ■
278100 Oxalis stricta L. = Oxalis corniculata L. var. stricta (L.) C. C. Huang et L. R. Xu ■
278101 Oxalis stricta L. = Oxalis dillenii Jacq. ■☆
278102 Oxalis stricta L. = Oxalis fontana Bunge ■
278103 Oxalis stricta L. sensu Lourteig = Oxalis dillenii Jacq. ■☆
278104 Oxalis stricta L. sensu Voss = Oxalis dillenii Jacq. ■☆
278105 Oxalis stricta L. var. decumbens Bitter = Oxalis stricta L. ■
278106 Oxalis stricta L. var. piletocarpa Wiegand = Oxalis stricta L. ■
278107 Oxalis stricta L. var. rufa (Small) Farw. = Oxalis stricta L. ■
278108 Oxalis stricta L. var. villicaulis (Wiegand) Farw. = Oxalis stricta L. ■
278109 Oxalis strictophylla Sond. = Oxalis purpurea L. ■☆
278110 Oxalis strigosa T. M. Salter;糙伏毛酢浆草■☆
278111 Oxalis suavis R. Knuth;芳香酢浆草■☆
278112 Oxalis subsessilis L. Bolus;近无柄酢浆草■☆
278113 Oxalis suteroides T. M. Salter;裂口花酢浆草■☆
278114 Oxalis taimonii Yamam. = Oxalis acetosella L. subsp. taemoni (Yamam.) S. F. Huang et T. C. Huang ■
278115 Oxalis taiwanensis (Masam.) Masam. = Oxalis corniculata L. ■
278116 Oxalis talbotii Baker f. = Biophytum talbotii (Baker f.) Hutch. et Dalziel ■☆
278117 Oxalis tenella Eckl. et Zeyh. = Oxalis commutata Sond. ■☆
278118 Oxalis tenella Jacq.;柔软酢浆草■☆
278119 Oxalis tenuifolia Jacq.;细叶酢浆草■☆
278120 Oxalis tenuipes T. M. Salter;细梗酢浆草■☆
278121 Oxalis tenuipes T. M. Salter var. biapiculata?;双尖细梗酢浆草■☆
278122 Oxalis tenuis T. M. Salter;细酢浆草■☆
278123 Oxalis teretifolia Jacq. = Oxalis gracilis Jacq. ■☆
278124 Oxalis tetraphylla Cav.;四叶酢浆草(好运草);Cordyline Terminalis, False Shamrock, Four-leaved Clover, Good Luck Plant, Good-luck Leaf, Good-luck Plant, Lucky Clover, Rosette Oxalis ■☆
278125 Oxalis thunbergiana Eckl. et Zeyh. = Oxalis tenuifolia Jacq. ■☆
278126 Oxalis tomentosa L. f.;绒毛酢酱草■☆
278127 Oxalis triangularis A. St. -Hil. 'Silver Leaves';银斑三角酢酱草■☆
278128 Oxalis trichophylla Baker;毛叶酢酱草■☆
278129 Oxalis truncatula Jacq.;平截酢酱草■☆
278130 Oxalis tuberosa Molina;块根酢浆草;Oca, Oka Oxalis ■☆
278131 Oxalis tubiflora Jacq. = Oxalis hirta L. var. tubiflora (Jacq.) T. M. Salter ■☆
278132 Oxalis tysonii E. Phillips;泰森酢酱草■☆
278133 Oxalis uhehensis Engl. = Oxalis semiloba Sond. subsp. uhehensis (Engl.) Exell ■☆
278134 Oxalis uliginosa Schltr.;沼泽酢酱草■☆
278135 Oxalis urbaniana Schltr. = Oxalis goniorrhiza Eckl. et Zeyh. ■☆
278136 Oxalis valdiviensis Barnéoud;智利酢浆草;Chilean Yellow-sorrel ■☆
278137 Oxalis variabilis Jacq.;芙蓉酢浆草;Cape Oxalis, Cup Oxalis ■☆
278138 Oxalis variabilis Jacq. = Oxalis purpurea L. ■☆
278139 Oxalis variabilis Jacq. var. alba Hort.;白芙蓉酢浆草;White Oxalis ■☆
278140 Oxalis variabilis Jacq. var. rubra Jacq.;红芙蓉酢浆草;Red Oxalis, Ruddy Woodsorrel ■☆
278141 Oxalis variifolia Steud.;异叶酢酱草■☆
278142 Oxalis versicolor L.;杂色酢浆草■☆
278143 Oxalis versicolor L. var. flaviflora Sond.;黄花杂色酢浆草■☆
278144 Oxalis versicolor L. var. latifolia Wolley-Dod;宽叶杂色酢浆草■☆
278145 Oxalis vigilans L. Bolus = Oxalis bowiei Lindl. ■☆
278146 Oxalis villosa M. Bieb. = Oxalis corniculata L. ■
278147 Oxalis violacea L.;紫花酢浆草(大本盐酸草,堇花酢浆草,紫酢浆草);Purple Woodsorrel, Violet Wood Sorrel, Violet Wood-sorrel ■
278148 Oxalis violacea L. f. albida Fassett = Oxalis violacea L. ■
278149 Oxalis violacea L. var. trichophora Fassett = Oxalis violacea L. ■

278150 Oxalis virginea Jacq.;纯白酢酱草■☆
278151 Oxalis viscidula Schltr.;微黏酢酱草■☆
278152 Oxalis viscosa E. Mey. ex Sond.;黏酢酱草■☆
278153 Oxalis vulgaris Gray = Oxalis acetosella L. ■
278154 Oxalis xantha T. M. Salter;黄酢酱草■☆
278155 Oxalis zeyheri Sond.;泽赫酢酱草■☆
278156 Oxalistylis Baill. = Phyllanthus L. ●■
278157 Oxallis Noronha = Oxalis L. ■●
278158 Oxandra A. Rich. (1841);剑木属(酸蕊花属)●☆
278159 Oxandra lanceolata(Sw.) Baill.;披针叶剑木(披针剑木);Asta,Lancewood ●☆
278160 Oxandra lanceolata Baill. = Oxandra lanceolata(Sw.) Baill. ●☆
278161 Oxanthera Montrouz. (1860);尖药芸香属;Woodsour ●☆
278162 Oxanthera brevipes B. C. Stone;短梗尖药芸香●☆
278163 Oxanthera fragrans Montrouz.;尖药芸香●☆
278164 Oxanthera undulata(Guillaumin) Swingle;波状尖药芸香●☆
278165 Oxera Labill. (1824);全叶双蕊木属●☆
278166 Oxera puchella Labill.;全叶双蕊木●☆
278167 Oxerostylus Steud. = Angianthus J. C. Wendl. (保留属名)■●☆
278168 Oxerostylus Steud. = Ogcerostylus Cass. ■●☆
278169 Oxia Rchb. = Axia Lour. ■
278170 Oxia Rchb. = Boerhavia L. ■
278171 Oxicedrus Garsault = Juniperus L. ●
278172 Oxicedrus Garsault = Oxycedrus(Dumort.) Hort. ex Carrière ●
278173 Oxiceros Lour. = Oxyceros Lour. ●
278174 Oxiceros Lour. = Randia L. ●
278175 Oxicoccus Neck. = Oxycoccus Hill ●
278176 Oxicoccus Neck. = Vaccinium L. ●
278177 Oxiphoeria Hort. Angl. ex Dum. Cours. = Humea Sm. ●☆
278178 Oxiphoeria Hort. ex Dum. Cours. = Humea Sm. ●☆
278179 Oxipolis Raf. = Oxypolis Raf. ■☆
278180 Oxis Medik. = Oxalis L. ■●
278181 Oxis Medik. = Oxys Mill. ■●
278182 Oxisma Raf. = Loreya DC. + Henriettella Naudin ●☆
278183 Oxleya A. Cunn. = Flindersia R. Br. ●
278184 Oxleya Hook. = Flindersia R. Br. ●
278185 Oxodium Raf. = Piper L. ●■
278186 Oxodon Steud. = Chaptalia Vent. (保留属名)■☆
278187 Oxodon Steud. = Oxydon Less. ■☆
278188 Oxyacantha Medik. = Crataegus L. + Pyracantha M. Roem. ●
278189 Oxyacanthus Chevall. = Grossularia Mill. ●
278190 Oxyacanthus Chevall. = Ribes L. ●
278191 Oxyadenia Spreng. = Leptochloa P. Beauv. ■
278192 Oxyadenia Spreng. = Oxydenia Nutt. ■
278193 Oxyandra Rchb. = Sloanea L. ●
278194 Oxyanthe Steud. = Phragmites Adans. ■
278195 Oxyanthera Brongn. = Thelasis Blume ■
278196 Oxyanthus DC. (1807);尖花茜属■☆
278197 Oxyanthus DC. = Megacarpha Hochst. ■☆
278198 Oxyanthus angustifolius K. Schum. = Oxyanthus tenuis Stapf ■☆
278199 Oxyanthus bagshawei S. Moore = Oxyanthus formosus Hook. f. ■☆
278200 Oxyanthus brevicaulis K. Krause;短茎尖花茜■☆
278201 Oxyanthus breviflorus Benth. = Oxyanthus formosus Hook. f. ■☆
278202 Oxyanthus chloroleucas K. Schum. = Pleiocoryne fernandense (Hiern) Rauschert ●☆
278203 Oxyanthus degiorgii De Wild. = Oxyanthus dubius De Wild. ■☆
278204 Oxyanthus dubius De Wild.;可疑尖花茜■☆
278205 Oxyanthus formosus Hook. f.;美丽尖花茜■☆
278206 Oxyanthus fraterculus N. Hallé = Oxyanthus brevicaulis K. Krause ■☆
278207 Oxyanthus gerrardii Sond. = Oxyanthus speciosus DC. subsp. gerrardii(Sond.) Bridson ■☆
278208 Oxyanthus goetzei K. Schum.;格兹尖花茜■☆
278209 Oxyanthus goetzei K. Schum. subsp. keniensis Bridson;肯尼亚尖花茜■☆
278210 Oxyanthus gossweileri S. Moore = Ganguelia gossweileri (S. Moore) Robbr. ■☆
278211 Oxyanthus gracilis Hiern;纤细尖花茜■☆
278212 Oxyanthus hirsutus DC. = Oxyanthus racemosus (Schumach. et Thonn.) Keay ■☆
278213 Oxyanthus huillensis I. Nogueira = Oxyanthus speciosus DC. subsp. mollis(Hutch.) Bridson ■☆
278214 Oxyanthus klaineanus Pierre = Oxyanthus formosus Hook. f. ■☆
278215 Oxyanthus latifolius Sond.;宽叶尖花茜■☆
278216 Oxyanthus laurentii De Wild. = Oxyanthus subpunctatus (Hiern) Keay ■☆
278217 Oxyanthus laxiflorus K. Schum. ex Hutch. et Dalziel;疏花尖花茜■☆
278218 Oxyanthus ledermannii K. Krause;莱德尖花茜■☆
278219 Oxyanthus lepidus S. Moore;小鳞尖花茜■☆
278220 Oxyanthus lepidus S. Moore var. unyorensis(S. Moore) Bridson = Oxyanthus dubius De Wild. ■☆
278221 Oxyanthus leptactina Wernham = Leptactina laurentiana Dewèvre ●☆
278222 Oxyanthus letouzeyanus Sonké;勒图尖花茜■☆
278223 Oxyanthus litoreus S. Moore = Oxyanthus unilocularis Hiern ■☆
278224 Oxyanthus longitubus R. D. Good = Oxyanthus formosus Hook. f. ■☆
278225 Oxyanthus macrophyllus Schweinf. ex Hiern = Oxyanthus unilocularis Hiern ■☆
278226 Oxyanthus mayumbensis R. D. Good;马永巴尖花茜■☆
278227 Oxyanthus microphyllus K. Krause = Oxyanthus dubius De Wild. ■☆
278228 Oxyanthus molliramis K. Krause = Oxyanthus schumannianus De Wild. et T. Durand ■☆
278229 Oxyanthus mollis Hutch. = Oxyanthus speciosus DC. subsp. mollis(Hutch.) Bridson ■☆
278230 Oxyanthus montanus Sonké;山地尖花茜■☆
278231 Oxyanthus monteiroae N. E. Br. = Oxyanthus latifolius Sond. ■☆
278232 Oxyanthus natalensis Sond. = Oxyanthus pyriformis (Hochst.) Skeels ■☆
278233 Oxyanthus okuensis Cheek et Sonké;奥库尖花茜■☆
278234 Oxyanthus oliganthus K. Schum.;寡花尖花茜■☆
278235 Oxyanthus oxycarpus S. Moore = Oxyanthus lepidus S. Moore ■☆
278236 Oxyanthus pallidus Hiern;苍白尖花茜■☆
278237 Oxyanthus platystylis Hiern = Schumanniophyton magnificum (K. Schum.) Harms. f. letestuanum N. Hallé ■☆
278238 Oxyanthus pyriformis(Hochst.) Skeels;梨形尖花茜■☆
278239 Oxyanthus pyriformis (Hochst.) Skeels subsp. brevitubus Bridson;短管梨形尖花茜■☆
278240 Oxyanthus pyriformis (Hochst.) Skeels subsp. longitubus Bridson;长管梨形尖花茜■☆
278241 Oxyanthus pyriformis (Hochst.) Skeels subsp. tanganyikensis Bridson;坦噶尼喀尖花茜■☆
278242 Oxyanthus racemosus(Schumach. et Thonn.) Keay;总状尖花茜■☆
278243 Oxyanthus robbrechtianus Sonké;罗布尖花茜■☆
278244 Oxyanthus rubriflorus Hiern = Oxyanthus racemosus(Schumach.

et Thonn.) Keay ■☆

278245 Oxyanthus sankuruensis De Wild. = Oxyanthus pallidus Hiern ■☆

278246 Oxyanthus schlechteri K. Schum. = Oxyanthus latifolius Sond. ■☆

278247 Oxyanthus schubotzianus K. Krause = Oxyanthus pallidus Hiern ■☆

278248 Oxyanthus schumannianus De Wild. et T. Durand;舒曼尖花茜■☆

278249 Oxyanthus setosus Keay;刚毛尖花茜■☆

278250 Oxyanthus smithii Hiern;史密斯尖花茜■☆

278251 Oxyanthus speciosus DC.;雅致尖花茜■☆

278252 Oxyanthus speciosus DC. subsp. gerrardii(Sond.) Bridson;杰勒德尖花茜■☆

278253 Oxyanthus speciosus DC. subsp. globosus Bridson = Oxyanthus speciosus DC. ■☆

278254 Oxyanthus speciosus DC. subsp. mollis(Hutch.) Bridson;柔软尖花茜■☆

278255 Oxyanthus speciosus DC. subsp. stenocarpus (K. Schum.) Bridson;窄果雅致尖花茜■☆

278256 Oxyanthus speciosus DC. var. glaber Bridson = Oxyanthus speciosus DC. subsp. stenocarpus(K. Schum.) Bridson ■☆

278257 Oxyanthus speciosus DC. var. pubescens I. Nogueira = Oxyanthus speciosus DC. subsp. mollis(Hutch.) Bridson ■☆

278258 Oxyanthus speciosus W. T. Aiton = Oxyanthus tubiflorus (Andréws) DC. ■☆

278259 Oxyanthus stenocarpus K. Schum. = Oxyanthus speciosus DC. subsp. stenocarpus(K. Schum.) Bridson ■☆

278260 Oxyanthus subpunctatus(Hiern) Keay;斑点尖花茜■☆

278261 Oxyanthus swynnertonii S. Moore = Oxyanthus goetzei K. Schum. ■☆

278262 Oxyanthus swynnertonii S. Moore var. breviflorus? = Oxyanthus goetzei K. Schum. ■☆

278263 Oxyanthus tenuis Stapf;细尖花茜■☆

278264 Oxyanthus tenuistylus R. D. Good = Oxyanthus gracilis Hiern ■☆

278265 Oxyanthus thonningii Benth. = Oxyanthus racemosus (Schumach. et Thonn.) Keay ■☆

278266 Oxyanthus troupinii Bridson;特鲁皮尼尖花茜■☆

278267 Oxyanthus tubiflorus(Andréws) DC.;管花尖花茜■☆

278268 Oxyanthus ugandensis Bridson;乌干达尖花茜■☆

278269 Oxyanthus unilocularis Hiern;单室尖花茜■☆

278270 Oxyanthus unyorensis S. Moore = Oxyanthus dubius De Wild. ■☆

278271 Oxyanthus villosus G. Don = Macrosphyra longistyla(DC.) Hiern ●☆

278272 Oxyanthus zanguebaricus(Hiern) Bridson;赞古尖花茜●☆

278273 Oxybaphus L'Hér. ex Willd. (1797);山紫茉莉属■

278274 Oxybaphus L'Hér. ex Willd. = Mirabilis L. ■

278275 Oxybaphus albidus (Walter) Sweet = Mirabilis albida (Walter) Heimerl ■☆

278276 Oxybaphus angustifolius Sweet = Mirabilis linearis (Pursh) Heimerl ■☆

278277 Oxybaphus bodinii Holzinger = Mirabilis linearis(Pursh) Heimerl ■☆

278278 Oxybaphus carletonii (Standl.) Weath. = Mirabilis glabra (S. Watson) Standl. ■☆

278279 Oxybaphus coahuilensis (Standl.) Weath. = Mirabilis albida (Walter) Heimerl ■☆

278280 Oxybaphus coccineus Torr. = Mirabilis coccinea(Torr.) Benth. et Hook. f. ■☆

278281 Oxybaphus comatus(Small) Weath. = Mirabilis albida(Walter) Heimerl ■☆

278282 Oxybaphus decumbens (Nutt.) Sweet = Mirabilis linearis (Pursh) Heimerl ■☆

278283 Oxybaphus exaltatus (Standl.) Weath. = Mirabilis glabra (S. Watson) Standl. ■☆

278284 Oxybaphus giganteus (Standl.) Weath. = Mirabilis gigantea (Standl.) Shinners ■☆

278285 Oxybaphus glaber S. Watson = Mirabilis glabra (S. Watson) Standl. ■☆

278286 Oxybaphus glabrifolius (Ortega) Vahl var. crassifolius Choisy = Mirabilis laevis(Benth.) Curran var. crassifolia(Choisy) Spellenb. ■☆

278287 Oxybaphus himalaicus Edgew.;山紫茉莉(东亚紫茉莉,喜马拉雅紫茉莉)■

278288 Oxybaphus himalaicus Edgew. var. chinensis (Heimerl) D. Q. Lu;中华山紫茉莉;China Woodsorrel ■

278289 Oxybaphus hirsutus (Pursh) Sweet = Mirabilis albida (Walter) Heimerl ■☆

278290 Oxybaphus laevis Benth. = Mirabilis laevis(Benth.) Curran ■☆

278291 Oxybaphus lanceolatus (Rydb.) Standl. = Mirabilis albida (Walter) Heimerl ■☆

278292 Oxybaphus linearis (Pursh) B. L. Rob. = Mirabilis linearis (Pursh) Heimerl ■☆

278293 Oxybaphus multiflorus Torr. = Mirabilis multiflora (Torr.) A. Gray ■☆

278294 Oxybaphus nyctagineus (Michx.) Sweet = Mirabilis nyctaginea (Michx.) MacMill. ■☆

278295 Oxybaphus nyctagineus(Michx.) Sweet var. latifolius A. Gray = Mirabilis latifolia(A. Gray) Diggs, Lipscomb et O'Kennon ■☆

278296 Oxybaphus pauciflorus Buckley = Mirabilis albida (Walter) Heimerl ■☆

278297 Oxybaphus pseudaggregatus(Heimerl) Weath. = Mirabilis albida (Walter) Heimerl ■☆

278298 Oxybaphus pumilus (Standl.) Standl. = Mirabilis albida (Walter) Heimerl ■☆

278299 Oxybaphus viscosus(Cav.) L'Hér. = Mirabilis viscosa Cav. ■☆

278300 Oxybssis Kar. et Kir. = Chenopodium L. ■●

278301 Oxycarpha S. F. Blake(1918);尖托菊属■●☆

278302 Oxycarpha suaedifolia S. F. Blake;尖托菊■●☆

278303 Oxycarpus Lour. (1790);尖果藤黄属●☆

278304 Oxycarpus Lour. = Garcinia L. ●

278305 Oxycarpus cochinchinensis Lour. = Cratoxylum cochinchinense (Lour.) Blume ●

278306 Oxycarpus gangetica Buch. -Ham. = Garcinia cowa Roxb. ●

278307 Oxycaryum Nees = Scirpus L. (保留属名)■

278308 Oxycaryum Nees(1842);尖果莎草属■☆

278309 Oxycaryum cubense(Poepp. et Kunth) Lye;尖果莎草;Burhead Sedge ■☆

278310 Oxycaryum schinzii(Boeck.) Palla;欣兹尖果莎草■☆

278311 Oxycaryum schomburgkianum Nees = Oxycaryum cubense (Poepp. et Kunth) Lye ■☆

278312 Oxycedrus(Dumort.) Hort. ex Carrière = Juniperus L. ●

278313 Oxycedrus Hort. ex Carrière = Juniperus L. ●

278314 Oxyceros Lour. (1790);鸡爪簕属(尖角茜树属);Cockclawthorn ●

278315 Oxyceros Lour. = Benkara Adans. ●■

278316 Oxyceros Lour. = Randia L. ●

278317 Oxyceros bispinosus(Griff.) Tirveng. = Oxyceros sinensis Lour. ●

278318 Oxyceros evenosa(Hutch.) T. Yamaz.;无脉鸡爪簕;Veinless Cockclawthorn ●

278319 Oxyceros griffithii(Hook. f.) W. C. Chen;琼滇鸡爪簕(海南山黄皮,思茅茜树);Griffith Cockclawthorn, Griffith Randia, Hainan

Randia ●

278320 Oxyceros griffithii(Hook. f.)W. C. Chen = Randia griffithii Hook. f. ●

278321 Oxyceros rectispina(Merr.)T. Yamaz.;直刺鸡爪簕(黄金牙,直刺山黄皮);Rectispine Randia, Straight Cockclawthorn, Straight Spine Randia ●

278322 Oxyceros rectispina(Merr.)T. Yamaz. = Randia rectispina Merr. ●

278323 Oxyceros sinensis Lour.;鸡爪簕(华茜草树,鸡捶笏,鸡槌簕,鸡爪笏,鸡爪䈰,九耳木,凉粉木,猫簕,痧麻木,塘角鱼笏);China Cockclawthorn,China Randia,Chinese Randia ●

278324 Oxyceros sinensis Lour. = Randia sinensis(Lour.)Roem. et Schult. ●

278325 Oxychlaena Post et Kuntze = Anaglypha DC. ■☆

278326 Oxychlaena Post et Kuntze = Gibbaria Cass. ■☆

278327 Oxychlaena Post et Kuntze = Oxylaena Benth. ex Anderb. ●☆

278328 Oxychlamys Schltr. = Aeschynanthus Jack(保留属名)●■

278329 Oxychloe Phil.(1860);锐尖灯芯草属■☆

278330 Oxychloe andina Phil.;锐尖灯芯草■☆

278331 Oxychloris Lazarides(1985);膜颖虎尾草属■☆

278332 Oxychloris scariosa(F. Muell.)Lazarides;膜颖虎尾草■☆

278333 Oxycladaceae(Miers)Schnizl. = Plantaginaceae Juss.(保留科名)■

278334 Oxycladaceae(Miers)Schnizl. = Scrophulariaceae Juss.(保留科名)●■

278335 Oxycladaceae Schnizl. = Plantaginaceae Juss.(保留科名)■

278336 Oxycladaceae Schnizl. = Scrophulariaceae Juss.(保留科名)●■

278337 Oxycladium F. Muell. = Mirbelia Sm. ●☆

278338 Oxycladus Miers = Monttea Gay ●☆

278339 Oxyclectes Kuntze = Croton L. ●

278340 Oxycoca Raf. = Oxycoccus Hill ●

278341 Oxycoccaceae A. Kern.;红莓苔子科●

278342 Oxycoccaceae A. Kern. = Ericaceae Juss.(保留科名)●

278343 Oxycoccoides(Benth. et Hook. f.)Nakai = Hugeria Small ●

278344 Oxycoccoides(Benth. et Hook. f.)Nakai = Vaccinium L. ●

278345 Oxycoccoides Nakai = Hugeria Small ●

278346 Oxycoccoides Nakai = Vaccinium L. ●

278347 Oxycoccoides japonica Nakai = Hugeria japonica(Miq.)Nakai ●☆

278348 Oxycoccoides japonica Nakai var. sinica Nakai = Vaccinium japonicum Miq. var. sinicum(Nakai)Rehder ●

278349 Oxycoccos R. Hedw. = Oxycoccus Hill ●

278350 Oxycoccus Hill = Vaccinium L. ●

278351 Oxycoccus Hill(1756);红莓苔子属(毛蒿豆属,酸果蔓属);Cranberry,European Cranberry ●

278352 Oxycoccus Tourn. = Oxycoccus Hill ●

278353 Oxycoccus Tourn. ex Adans. = Oxycoccus Hill ●

278354 Oxycoccus intermedius(A. Gray)Rydb. = Vaccinium oxycoccos L. ●

278355 Oxycoccus japonicus(Miq.)Makino = Vaccinium japonicum Miq. ●

278356 Oxycoccus japonicus(Miq.)Nakai = Vaccinium japonicum Miq. ●

278357 Oxycoccus japonicus(Miq.)Nakai var. lasiostemon(Hayata)Makino et Nemoto = Vaccinium japonicum Miq. var. lasiostemon Hayata ●

278358 Oxycoccus macrocarpus(Aiton)Pers. = Vaccinium macrocarpon Aiton ●☆

278359 Oxycoccus microcarpus Turcz. = Vaccinium microcarpum (Turcz. ex Rupr.)Schmalh. ●

278360 Oxycoccus microcarpus Turcz. ex Rupr.;小果红莓苔子(毛蒿豆,小果越橘);Littlefruit Cranberry, Small-fruit Blueberry, Small-fruit Cranberry,Small-fruited Blueberry ●

278361 Oxycoccus microcarpus Turcz. ex Rupr. = Vaccinium microcarpum(Turcz. ex Rupr.)Schmalh. ●

278362 Oxycoccus microcarpus Turcz. ex Rupr. = Vaccinium oxycoccos L. ●

278363 Oxycoccus microcarpus Turcz. ex Rupr. f. kirigaminensis(Honda et Tobita)Honda;信州白花红莓苔子●☆

278364 Oxycoccus ovalifolius(Michx.)Porsild = Vaccinium oxycoccos L. ●

278365 Oxycoccus oxycoccos(L.)Adolphi = Vaccinium oxycoccos L. ●

278366 Oxycoccus oxycoccos(L.)MacMill.;红莓苔子(大果毛蒿豆,甸虎,酸尔蔓,酸果越橘,小果越橘);Bogberry, Bogwort, Cornberry, Cranberry, Cranberry Wire, Cranberry-wire, Crane, Craneberry, Crannaberry, Crawnberry, Craw-taes, Croneberry, European Cranberry, Feaberry, Fenberry, Groundcherrylike Bladderwort, Largefruit Cranberryf, Marsh Whortleberry, Marshwort, Meaberry, Moorberry, Moor-berry, Moss-berry, Moss-millions, Moss-mingin, Oxycoccus Blueberry, Small Cranberry, Small European Cranberry, Wild Cranberry ●

278367 Oxycoccus oxycoccos(L.)MacMill. = Vaccinium oxycoccos L. ●

278368 Oxycoccus oxycoccus MacMill. = Vaccinium oxycoccos L. ●

278369 Oxycoccus palustris Pers. = Vaccinium oxycoccos L. ●

278370 Oxycoccus palustris Pers. subsp. hagerupii(Á. Löve et D. Löve) Khokhr. et Mazurenko = Vaccinium oxycoccos L. ●

278371 Oxycoccus palustris Pers. var. intermedius(A. Gray)Howell = Vaccinium oxycoccos L. ●

278372 Oxycoccus palustris Pers. var. ovalifolius(Michx.)Seym. = Vaccinium oxycoccos L. ●

278373 Oxycoccus palustris Pers. var. pusillus Dunal = Oxycoccus microcarpus Turcz. ex Rupr. ●

278374 Oxycoccus pusillus(Dunal)Nakai = Vaccinium microcarpum (Turcz. ex Rupr.)Schmalh. ●

278375 Oxycoccus pusillus(Dunal)Nakai. = Oxycoccus microcarpus Turcz. ex Rupr. ●

278376 Oxycoccus quadripetalus Gilib. = Oxycoccus oxycoccos(L.) MacMill. ●

278377 Oxycoccus quadripetalus Gilib. = Vaccinium oxycoccos L. ●

278378 Oxycoccus quadripetalus Gilib. f. leucanthus T. Shimizu;白花红莓苔子●☆

278379 Oxycoccus quadripetalus Gilib. subsp. microcarpus(Turcz. ex Rupr.)Braun-Blanquet = Vaccinium microcarpum(Turcz. ex Rupr.) Schmalh. ●

278380 Oxycoccus quadripetalus Gilib. var. microphyllus(Lange)Porsild = Vaccinium oxycoccos L. ●

278381 Oxycoccus vulgaris Hill = Oxycoccus oxycoccos(L.)MacMill. ●

278382 Oxycoccus vulgaris Hill = Vaccinium oxycoccus L. ●

278383 Oxydaceae Rupr. = Oxalidaceae R. Br.(保留科名)●■

278384 Oxydectes Kuntze = Croton L. ●

278385 Oxydectes L. ex Kuntze = Croton L. ●

278386 Oxydectes punctata Kuntze = Croton cascarilloides Raeusch. ●

278387 Oxydendron D. Dietr. = Oxydendrum DC. ●☆

278388 Oxydendrum DC.(1839);酸木属(酸叶树属);Sorrel-tree, Sourwood,Sour-wood ●☆

278389 Oxydendrum arboreum(L.)DC.;酸木(酸叶树);Lily-of-the-valley Tree,Redwood Sorrel,Sorrel Tree,Sour Wood,Sourwood,Tree Sorrel ●☆

278390 Oxydenia Nutt. = Leptochloa P. Beauv. ■

278391 Oxydiastrum Dur. = Eugenia L. ●

278392 Oxydiastrum Dur. = Psidiastrum Bello ●

278393 Oxydium Benn. = Desmodium Desv.(保留属名)●■

278394 Oxydon Less. = Chaptalia Vent.(保留属名)■☆

278395 Oxyglottis(Bunge)Nevski = Astragalus L. ●■

278396 Oxygonum Burch. = Oxygonum Burch. ex Campd. ●■☆
278397 Oxygonum Burch. ex Campd. (1819);马岛翼蓼属●■☆
278398 Oxygonum alatum Burch.;马岛翼蓼●☆
278399 Oxygonum alatum Burch. var. incisum Sond. = Oxygonum alatum Burch. ●☆
278400 Oxygonum alatum Burch. var. integrifolium Sond. = Oxygonum alatum Burch. ●☆
278401 Oxygonum alatum Burch. var. longisquamatum Germish.;长鳞马岛翼蓼●☆
278402 Oxygonum alatum Burch. var. marlothii Engl. = Oxygonum alatum Burch. ●☆
278403 Oxygonum annuum S. Ortiz et Paiva;一年马岛翼蓼■☆
278404 Oxygonum atriplicifolium(Meisn.)Martelli;索马里马岛翼蓼●☆
278405 Oxygonum auriculatum R. A. Graham;耳形马岛翼蓼●☆
278406 Oxygonum buchananii(Dammer)J. B. Gillett;布坎南马岛翼蓼■☆
278407 Oxygonum calcaratum Meisn. = Oxygonum dregeanum Meisn. var. canescens(Sond.)Germish. ●☆
278408 Oxygonum callensii Robyns et E. M. Petit = Oxygonum fruticosum Dammer ex Milne-Redh. ●☆
278409 Oxygonum canescens Sond. = Oxygonum dregeanum Meisn. var. canescens(Sond.)Germish. ●☆
278410 Oxygonum canescens Sond. var. subglabra Schinz = Oxygonum dregeanum Meisn. var. canescens(Sond.)Germish. ●☆
278411 Oxygonum carnosum R. A. Graham;肉质马岛翼蓼●☆
278412 Oxygonum delagoense Kuntze;迪拉果马岛翼蓼●☆
278413 Oxygonum delagoense Kuntze var. strictum C. H. Wright = Oxygonum delagoense Kuntze ●☆
278414 Oxygonum dentatum Burch. ex Meisn.;尖齿岛翼蓼●☆
278415 Oxygonum dregeanum Meisn.;德雷马岛翼蓼●☆
278416 Oxygonum dregeanum Meisn. subsp. lanceolatum Germish.;披针形马岛翼蓼●☆
278417 Oxygonum dregeanum Meisn. subsp. streyi Germish.;施特赖马岛翼蓼●☆
278418 Oxygonum dregeanum Meisn. subsp. swazicum(Burtt Davy) Germish.;斯威士马岛翼蓼●☆
278419 Oxygonum dregeanum Meisn. var. canescens(Sond.)Germish.;灰白马岛翼蓼●☆
278420 Oxygonum dregeanum Meisn. var. dissectum Germish.;深裂马岛翼蓼●☆
278421 Oxygonum dregeanum Meisn. var. linearifolium Germish.;线叶德雷马岛翼蓼●☆
278422 Oxygonum dregeanum Meisn. var. lobophyllum Germish.;裂叶德雷马岛翼蓼●☆
278423 Oxygonum dregeanum Meisn. var. pilosum Germish.;疏毛德雷马岛翼蓼●☆
278424 Oxygonum dregeanum Meisn. var. pubescens(C. H. Wright) Burtt Davy = Oxygonum delagoense Kuntze ●☆
278425 Oxygonum dregeanum Meisn. var. strictum(C. H. Wright)R. A. Graham = Oxygonum delagoense Kuntze ●☆
278426 Oxygonum dregeanum Meisn. var. swazicum(Burtt Davy)R. A. Graham = Oxygonum dregeanum Meisn. subsp. swazicum(Burtt Davy)Germish. ●☆
278427 Oxygonum dregeanum Meisn. var. wittei(Staner)R. A. Graham;维特马岛翼蓼●☆
278428 Oxygonum dregei Meisn. = Oxygonum dregeanum Meisn. ●☆
278429 Oxygonum ellipticum R. A. Graham;椭圆马岛翼蓼●☆
278430 Oxygonum elongatum Dammer = Oxygonum sinuatum(Hochst. et Steud. ex Meisn.)Dammer ●☆
278431 Oxygonum fruticosum Dammer ex Milne-Redh.;灌丛马岛翼蓼●☆
278432 Oxygonum gramineum R. A. Graham;禾状马岛翼蓼●☆
278433 Oxygonum hastatum S. Ortiz;戟形马岛翼蓼●☆
278434 Oxygonum hirtum Peter;多毛马岛翼蓼●☆
278435 Oxygonum humbertii Robyns = Oxygonum stuhlmannii Dammer ●☆
278436 Oxygonum junodii De Wild. = Oxygonum delagoense Kuntze ●☆
278437 Oxygonum leptopus Mildbr.;细梗马岛翼蓼●☆
278438 Oxygonum limbatum R. A. Graham;具边马岛翼蓼●☆
278439 Oxygonum lineare De Wild.;线形马岛翼蓼●☆
278440 Oxygonum litorale R. A. Graham;滨海马岛翼蓼●☆
278441 Oxygonum lobatum R. A. Graham;浅裂马岛翼蓼●☆
278442 Oxygonum maculatum R. A. Graham = Oxygonum stuhlmannii Dammer ●☆
278443 Oxygonum magdalenae Peter;马格达莱纳马岛翼蓼●☆
278444 Oxygonum natalense Schltr. = Oxygonum dregeanum Meisn. ●☆
278445 Oxygonum ovalifolium Robyns et E. M. Petit;卵叶马岛翼蓼●☆
278446 Oxygonum overlaetii Robyns = Oxygonum dregeanum Meisn. var. wittei(Staner)R. A. Graham ●☆
278447 Oxygonum pachybasis Milne-Redh.;粗基马岛翼蓼●☆
278448 Oxygonum pubescens C. H. Wright = Oxygonum delagoense Kuntze ●☆
278449 Oxygonum quarrei De Wild.;卡雷马岛翼蓼●☆
278450 Oxygonum robustum Germish.;粗壮马岛翼蓼●☆
278451 Oxygonum sagittatum R. A. Graham;箭头马岛翼蓼●☆
278452 Oxygonum salicifolium Dammer;柳叶马岛翼蓼●☆
278453 Oxygonum schliebenii Mildbr.;施利本马岛翼蓼●☆
278454 Oxygonum sinuatum(Hochst. et Steud. ex Meisn.)Dammer;深波马岛翼蓼●☆
278455 Oxygonum somalense Chiov. = Oxygonum atriplicifolium(Meisn.) Martelli ●☆
278456 Oxygonum somalense Chiov. var. pterocarpum? = Oxygonum sinuatum(Hochst. et Steud. ex Meisn.)Dammer ●☆
278457 Oxygonum stuhlmannii Dammer;斯图马岛翼蓼●☆
278458 Oxygonum subfastigiatum R. A. Graham;亚帚状马岛翼蓼●☆
278459 Oxygonum tenerum Milne-Redh.;细马岛翼蓼●☆
278460 Oxygonum thulinianum S. Ortiz;图林马岛翼蓼●☆
278461 Oxygonum tristachyum(Baker)H. Perrier;三穗马岛翼蓼●☆
278462 Oxygonum vanderystii Robyns;范德马岛翼蓼●☆
278463 Oxygonum wittei Staner = Oxygonum dregeanum Meisn. var. wittei(Staner)R. A. Graham ●☆
278464 Oxygonum zeyheri Sond. = Oxygonum dregeanum Meisn. var. canescens(Sond.)Germish. ●☆
278465 Oxygonum zeyheri Sond. var. swazicum Burtt Davy = Oxygonum dregeanum Meisn. subsp. swazicum(Burtt Davy)Germish. ●☆
278466 Oxygraphis Bunge(1836);鸦跖花属;Oxygraphis ■
278467 Oxygraphis chamissonis(Schltdl.)Freyn;哈米逊鸦跖花■☆
278468 Oxygraphis cymbalaria(Pursh) Prantl = Halerpestes cymbalaria (Pursh) Green ■
278469 Oxygraphis delavayi Franch.;脱萼鸦跖花(滇鸦跖花);Delavay Oxygraphis ■
278470 Oxygraphis delavayi Franch. var. nyingchiensis W. L. Cheng;林芝鸦跖花;Linzhi Oxygraphis ■
278471 Oxygraphis delavayi Franch. var. nyingchiensis W. L. Cheng = Oxygraphis delavayi Franch. ■
278472 Oxygraphis endicheri(Walp.)Bennet et S. Chandra;圆齿鸦跖花(多瓣鸦跖花);Manypetal Oxygraphis,Multipetalous Oxygraphis ■

278473 Oxygraphis glacialis (Fisch. ex DC.) Bunge; 鸦跖花; Common Oxygraphis ■

278474 Oxygraphis glacialis (Fisch. ex DC.) Bunge = Ranunculus kamtchaticus DC. ■

278475 Oxygraphis glacialis (Fisch.) Bunge = Oxygraphis glacialis (Fisch. ex DC.) Bunge ■

278476 Oxygraphis involucrata Riedl = Ranunculus similis Hemsl. ■

278477 Oxygraphis plantaginifolia (Murray) Prantl = Halerpestes ruthenica (Jacq.) Ovcz. ■

278478 Oxygraphis polypetala (Royle) Hook. f. et Thomson = Oxygraphis endicheri (Walp.) Bennet et S. Chandra ■

278479 Oxygraphis polypetala Hook. f. et Thomson = Oxygraphis endicheri (Walp.) Bennet et S. Chandra ■

278480 Oxygraphis tenuifolia W. E. Evans; 小鸦跖花; Slenderleaf Oxygraphis ■

278481 Oxygraphis vulgaris Freyn; 欧鸦跖花(伏尔加鸦跖花)■☆

278482 Oxygyne Schltr. (1906); 三蕊杯属; Oxygyne ■☆

278483 Oxygyne hyodoi C. Abe et Akasawa; 非洲三蕊杯■☆

278484 Oxygyne shinzatoi (Hatus.) C. Abe et Akasawa; 日本三蕊杯■☆

278485 Oxygyne triandra Schltr.; 三蕊杯■☆

278486 Oxylaena Benth. = Anaglypha DC. ■☆

278487 Oxylaena Benth. = Gibbaria Cass. ■☆

278488 Oxylaena Benth. = Oxylaena Benth. ex Anderb. ●☆

278489 Oxylaena Benth. ex Anderb. (1991); 针被鼠麹木属(针状鼠麹木属)●☆

278490 Oxylaena acicularis (Benth.) Anderb.; 针状鼠麹木●☆

278491 Oxylapathon St. -Lag. = Oxyria Hill ■

278492 Oxylapathon St. -Lag. = Rumex L. ■●

278493 Oxylepis Benth. = Helenium L. ■

278494 Oxylobium Andréws (1807) (保留属名); 尖荚豆属; Shaggy Pea ■☆

278495 Oxylobium ilicifolium (Andréws) Domin; 冬青叶尖荚豆; Holly-leaf Pea ■☆

278496 Oxylobus (DC.) A. Gray = Oxylobus (Moq. ex DC.) A. Gray ■●☆

278497 Oxylobus (Moq. ex DC.) A. Gray (1880); 尖裂菊属; Oxylobus ■●☆

278498 Oxylobus glanduliferus (Hemsl.) A. Gray; 腺点尖裂菊■☆

278499 Oxylobus glanduliferus A. Gray = Oxylobus glanduliferus (Hemsl.) A. Gray ■☆

278500 Oxylobus trinervius (Moc. ex DC.) A. Gray; 三脉尖裂菊■☆

278501 Oxymeris DC. = Leandra Raddi ●■☆

278502 Oxymeris quinquedentata DC. = Leandra quinquedentata (DC.) Cogn. ●☆

278503 Oxymitra (Blume) Hook. f. et Thomson = Friesodielsia Steenis ●☆

278504 Oxymitra (Blume) Hook. f. et Thomson = Richella A. Gray ●

278505 Oxymitra (Blume) Hook. f. et Thomson (1855); 尖帽花属●☆

278506 Oxymitra Hook. f. et Thomson = Friesodielsia Steenis ●☆

278507 Oxymitra Hook. f. et Thomson = Oxymitra (Blume) Hook. f. et Thomson ●☆

278508 Oxymitra Hook. f. et Thomson = Richella A. Gray ●

278509 Oxymitra albida (Engl.) Sprague et Hutch. = Friesodielsia gracilipes (Benth.) Steenis ●☆

278510 Oxymitra albida (Engl.) Sprague et Hutch. var. longipedicellata Baker f. = Friesodielsia gracilipes (Benth.) Steenis ●☆

278511 Oxymitra Bisch. = Oxymitra (Blume) Hook. f. et Thomson ●☆

278512 Oxymitra Bisch. ex Lindenb. = Oxymitra (Blume) Hook. f. et Thomson ●☆

278513 Oxymitra gabonensis Engl. et Diels = Neostenanthera gabonensis (Engl. et Diels) Exell ●☆

278514 Oxymitra gabriaciana Baill. = Goniothalamus glabriacianus (Baill.) Ast ●

278515 Oxymitra glaucifolia Hutch. et Dalziel = Friesodielsia glaucifolia (Hutch. et Dalziel) Steenis ●☆

278516 Oxymitra gracilipes Benth. = Friesodielsia gracilipes (Benth.) Steenis ●☆

278517 Oxymitra grandiflora Boutique = Friesodielsia enghiana (Diels) Verdc. ●☆

278518 Oxymitra hamata Benth. = Neostenanthera hamata (Benth.) Exell ●☆

278519 Oxymitra hirsuta (Benth.) Sprague et Hutch. = Friesodielsia hirsuta (Benth.) Steenis ●☆

278520 Oxymitra longipedicellata (Baker f.) Sprague et Hutch. = Friesodielsia gracilipes (Benth.) Steenis ●☆

278521 Oxymitra montana (Engl. et Diels) Sprague et Hutch. = Friesodielsia montana (Engl. et Diels) Steenis ●☆

278522 Oxymitra mortehanii De Wild. = Friesodielsia montana (Engl. et Diels) Steenis ●☆

278523 Oxymitra myristicifolia Oliv. = Neostenanthera myristicifolia (Oliv.) Exell ●☆

278524 Oxymitra obanensis (Baker f.) Sprague et Hutch. = Friesodielsia enghiana (Diels) Verdc. ●☆

278525 Oxymitra patens Benth. = Cleistopholis patens (Benth.) Engl. et Diels ●☆

278526 Oxymitra platypetala Benth. = Friesodielsia gracilis (Hook. f.) Steenis ●☆

278527 Oxymitra rosea Sprague et Hutch. = Friesodielsia rosea (Sprague et Hutch.) Steenis ●☆

278528 Oxymitra soyauxii Sprague et Hutch. = Friesodielsia montana (Engl. et Diels) Steenis ●☆

278529 Oxymitra staudtii Engl. et Diels = Cleistopholis staudtii Engl. et Diels ●☆

278530 Oxymitra velutina Sprague et Hutch. = Friesodielsia velutina (Sprague et Hutch.) Steenis ●☆

278531 Oxymitra welwitschii Hiern = Uvaria welwitschii (Hiern) Engl. et Diels ●☆

278532 Oxymitus C. Presl = Argylia D. Don ●☆

278533 Oxymyrrhine Schauer = Baeckea L. ●

278534 Oxymyrsine Bubani = Ruscus L. ●

278535 Oxynepeta Bunge = Nepeta L. ■●

278536 Oxynia Noronha = Averrhoa L. ●

278537 Oxynix B. D. Jacks. = Oxynia Noronha ●

278538 Oxyodon DC. = Chaptalia Vent. (保留属名)■☆

278539 Oxyodon DC. = Oxydon Less. ■☆

278540 Oxyosmyles Speg. (1901); 水螅草属☆

278541 Oxyotis Welw. ex Baker = Aeollanthus Mart. ex Spreng. ■☆

278542 Oxyotis nodosus Welw. ex Baker = Aeollanthus candelabrum Briq. ■☆

278543 Oxyotis sedoides Welw. ex Baker = Aeollanthus sedoides Hiern ■☆

278544 Oxypappus Benth. (1845); 尖冠菊属■☆

278545 Oxypappus scaber Benth.; 尖冠菊■☆

278546 Oxypetalum R. Br. (1810) (保留属名); 尖瓣花属(尖瓣木属); Oxypetalum ●■☆

278547 Oxypetalum caeruleum Decne.; 天蓝尖瓣花(尖瓣藤,琉璃唐棉,天蓝尖瓣木); Skyblue Oxypetalum, Tweedia ●■☆

278548 Oxypetalum caeruleum Decne. = Tweedia caerulea D. Don ex Sweet ●■☆

278549 Oxyphaeria Steud. = Oxypheria DC. ●☆
278550 Oxypheria DC. = Humea Sm. ●☆
278551 Oxypheria DC. = Oxiphoeria Hort. ex Dum. Cours. ●☆
278552 Oxyphoeria Dum. Cours. = Calomeria Vent. ■●☆
278553 Oxyphyllum Phil. (1860);腋刺菊属(尖叶菊属)●☆
278554 Oxyphyllum ulicinum Phil.;腋刺菊■☆
278555 Oxypogon Raf. = Lathyrus L. ■
278556 Oxypolis Raf. (1825);毒牛芹属■☆
278557 Oxypolis longifolia(Pursh)Small = Oxypolis rigidior(L.)Raf. ■☆
278558 Oxypolis rigidior(L.)J. M. Coult. et Rose = Sium rigidius L. ■☆
278559 Oxypolis rigidior(L.)Raf.;毒牛芹;Common Water-dropwort, Cowbane, Hog Fennel, Sourwood, Stiff Cowbane ■☆
278560 Oxypolis rigidior(L.)Raf. var. ambigua(Nutt.)B. L. Rob. = Oxypolis rigidior(L.)Raf. ■☆
278561 Oxypolis rigidior(L.)Raf. var. longifolia(Pursh)Britton = Oxypolis rigidior(L.)Raf. ■☆
278562 Oxypolis turgida Small = Oxypolis rigidior(L.)Raf. ■☆
278563 Oxypteryx Greene = Asclepias L. ■
278564 Oxyramphis Wall. = Campylotropis Bunge ●
278565 Oxyramphis Wall. ex Meisn. = Lespedeza Michx. ●■
278566 Oxyramphis macrostyla Wall. = Campylotropis macrostyla(D. Don)Schindl. ●☆
278567 Oxyramphis stenocarpa Klotzsch = Campylotropis stenocarpa (Klotzsch)Schindl. ●☆
278568 Oxyrhachis Pilg. (1932);刺纤叶草属■☆
278569 Oxyrhachis gracillima(Baker)C. E. Hubb.;刺纤叶草■☆
278570 Oxyrhachis gracillima(Baker)C. E. Hubb. subsp. occidentalis Gledhill = Oxyrhachis gracillima(Baker)C. E. Hubb. ■☆
278571 Oxyrhachis mildbraediana Pilg. = Oxyrhachis gracillima(Baker) C. E. Hubb. ■☆
278572 Oxyrhamphis Rchb. = Lespedeza Michx. ●■
278573 Oxyrhamphis Rchb. = Oxyramphis Wall. ex Meisn. ●■
278574 Oxyrhynchus Brandegee(1912);尖喙豆属(尖喙荚豆属)■☆
278575 Oxyrhynchus volubilis Brandegee;尖喙豆;Twining Bluehood ■☆
278576 Oxyria Hill(1765);山蓼属;Mountain Sorrel, Mountainsorrel, Mountain-sorrel ■
278577 Oxyria digyna(L.)Hill;山蓼(二蕊山蓼,陆肖,肾叶山蓼,酸浆菜,酸浆草);Alpine Mountain Sorrel, Alpine mountain-sorrel, Kidney Sorrel, Kidneyleaf Mountainsorrel, Mountain Sorrel ■
278578 Oxyria digyna(L.)Hill f. elatior R. Br. = Oxyria digyna(L.) Hill ■
278579 Oxyria elatior R. Br. ex Meisn. = Oxyria digyna(L.)Hill ■
278580 Oxyria mairei H. Lév. = Oxyria sinensis Hemsl. ■
278581 Oxyria reniformis Hook. = Oxyria digyna(L.)Hill ■
278582 Oxyria reniformis Hook. var. elatior Regel = Oxyria digyna(L.) Hill ■
278583 Oxyria sinensis Hemsl.;中华山蓼(红马蹄窝,红马蹄乌,金边莲,马蹄草,酸猪草);China Mountainsorrel ■
278584 Oxys Mill. = Oxalis L. ■●
278585 Oxysepala Wight = Bulbophyllum Thouars(保留属名)■
278586 Oxysma Post et Kuntze = Loreya DC. + Henriettella Naudin ●☆
278587 Oxysma Post et Kuntze = Oxisma Raf. ●☆
278588 Oxyspermum Eckl. et Zeyh. = Galopina Thunb. ●☆
278589 Oxyspermum asperum Eckl. et Zeyh. = Galopina aspera(Eckl. et Zeyh.)Walp. ●☆
278590 Oxyspora DC. (1828);尖子木属(酒瓶花属);Oxyspora ●
278591 Oxyspora balansae(Cogn.)J. F. Maxwell = Allomorphia balansaei Cogn. ●
278592 Oxyspora balansae(Cogn.)J. F. Maxwell var. baviensis (Guillaumin)J. F. Maxwell = Allomorphia baviensis Guillaumin ●
278593 Oxyspora balansae(Cogn.)J. F. Maxwell var. setosa(Craib)J. F. Maxwell. = Allomorphia setosa Craib ●
278594 Oxyspora cavaleriei H. Lév. = Fordiophyton faberi Stapf ●■
278595 Oxyspora cernua(Roxb.)Hook. f. et Thomson ex Triana;墨脱尖子木;Motuo Oxyspora ●
278596 Oxyspora cernua(Roxb.)Triana = Oxyspora cernua Hook. f. et Thomson ex Triana ●
278597 Oxyspora cernua Hook. f. et Thomson ex Triana = Oxyspora cernua(Roxb.)Hook. f. et Thomson ex Triana ●
278598 Oxyspora curtisii King = Allomorphia curtisii(King)Ridl. ●
278599 Oxyspora glabra H. L. Li = Oxyspora yunnanensis H. L. Li ●
278600 Oxyspora howellii Jeffrey et W. W. Sm. = Allomorphia howellii (Jeffrey et W. W. Sm.)Diels ●
278601 Oxyspora montana(Diels)J. F. Maxwell = Cyphotheca montana Diels ●◇
278602 Oxyspora paniculata(D. Don)DC.;尖子木(拜杆菜,暴牙郎,遍山红,秤杆菜,酒瓶果,酒瓶花,满山红,三叶藤,小煨罐,砚山红,映山红);Bristletips, Common Oxyspora ●
278603 Oxyspora paniculata(D. Don)DC. var. vagans(Roxb.)J. F. Maxwell = Oxyspora vagans(Roxb.)Wall. ●
278604 Oxyspora paniculata(D. Don)DC. var. yunnanensis(H. L. Li)J. F. Maxwell = Oxyspora yunnanensis H. L. Li ●
278605 Oxyspora pauciflora(Benth.)Benth. = Blastus pauciflorus (Benth.)Guillaumin ●
278606 Oxyspora pauciflora Benth. = Blastus pauciflorus(Benth.) Guillaumin ●
278607 Oxyspora serrata Diels = Plagiopetalum esquirolii(H. Lév.) Rehder ●
278608 Oxyspora serrata Diels = Plagiopetalum serratum(Diels)Diels ●
278609 Oxyspora spicata J. F. Maxwell = Styrophyton caudatum(Diels) S. Y. Hu ●◇
278610 Oxyspora teretipetiolata(C. Y. Wu et C. Chen)W. H. Chen et Y. M. Shui;翅茎尖子木(翅茎异形木);Webstem Allocheilos, Wingedstem Allomorphia, Wing-stemmed Allomorphia ●
278611 Oxyspora vagans(Roxb.)Wall.;刚毛尖子木;Hispid Oxyspora ●
278612 Oxyspora vagans(Roxb.)Wall. = Oxyspora paniculata(D. Don) DC. ●
278613 Oxyspora yunnanensis H. L. Li;滇尖子木;Yunnan Oxyspora ●
278614 Oxystelma R. Br. (1810);尖槐藤属(高冠藤属);Oxystelma ●■
278615 Oxystelma R. Br. = Sarcostemma R. Br. ■
278616 Oxystelma alpini Decne. = Oxystelma esculentum(L. f.)R. Br. ■
278617 Oxystelma bornouense R. Br.;非洲尖槐藤●☆
278618 Oxystelma esculentum(L. f.)R. Br.;尖槐藤(高冠藤,小双飞蝴蝶);Edible Oxystelma ■
278619 Oxystelma esculentum(L. f.)Sm. = Oxystelma esculentum(L. f.)R. Br. ■
278620 Oxystelma hooperianum Blume = Raphistemma hooperianum (Blume)Decne. ●
278621 Oxystelma ovatum P. T. Li et S. Z. Huang = Telosma cordata (Burm. f.)Merr. ●
278622 Oxystelma senegalense Decne. = Oxystelma bornouense R. Br. ●☆
278623 Oxystelma wallichii Wight = Oxystelma esculentum(L. f.)Sm. ■
278624 Oxystemon Planch. et Triana = Clusia L. ●☆
278625 Oxystigma Harms(1897);尖柱苏木属●☆

278626 Oxystigma gilbertii J. Léonard = Prioria gilbertii (J. Léonard) Breteler ●☆

278627 Oxystigma mannii (Baill.) Harms = Prioria mannii (Baill.) Breteler ●☆

278628 Oxystigma mortehanii De Wild. = Prioria oxyphylla (Harms) Breteler ●☆

278629 Oxystigma msoo Harms;莫索尖柱苏木●☆

278630 Oxystigma msoo Harms = Prioria msoo(Harms) Breteler ●☆

278631 Oxystigma oxyphyllum(Harms) J. Léonard;尖叶尖柱苏木(尖柱苏木);Lolagbola,Tchitola ●☆

278632 Oxystigma oxyphyllum (Harms) J. Léonard = Prioria oxyphylla (Harms) Breteler ●☆

278633 Oxystigma stapfiana A. Chev. = Stachyothyrsus stapfiana (A. Chev.) J. Léonard et Voorh. ■☆

278634 Oxystophyllum Blume = Dendrobium Sw. (保留属名) ■

278635 Oxystophyllum Blume(1825);拟石斛属■

278636 Oxystophyllum changjiangense(S. J. Cheng et C. Z. Tang) M. A. Clem.;昌江拟石斛(昌江石斛,肉质花石斛);Changjiang Dendrobium ■

278637 Oxystylidaceae Hutch.;尖柱花科■☆

278638 Oxystylidaceae Hutch. = Brassicaceae Burnett(保留科名)■●

278639 Oxystylidaceae Hutch. = Capparaceae Juss. (保留科名)●■

278640 Oxystylidaceae Hutch. = Cleomaceae Airy Shaw ●■

278641 Oxystylidaceae Hutch. = Cruciferae Juss. (保留科名)■●

278642 Oxystylis Torr. et Frém. (1845);尖柱花属■☆

278643 Oxystylis lutea Torr. et Frém.;尖柱花■☆

278644 Oxytandrum Neck. = Apeiba Aubl. ●☆

278645 Oxytenanthera Munro(1868);锐药竹属(滇竹属);Yunnan-bamboo ●☆

278646 Oxytenanthera abyssinica(A. Rich.) Munro;阿比西尼亚滇竹;Abyssinian Bamboo,Abyssinian Yunnan-bamboo,Ethiopian Bamboo,Ethiopian Climbing Bamboo ●☆

278647 Oxytenanthera albo-ciliata Munro = Gigantochloa albo-ciliata (Munro) Kurz ●

278648 Oxytenanthera albociliata Munro = Gigantochloa albociliata (Munro) Kurz ●

278649 Oxytenanthera aliena McClure;异滇竹;Distinct Yunnan-bamboo ●☆

278650 Oxytenanthera borzii Mattei = Oxytenanthera abyssinica (A. Rich.) Munro ●☆

278651 Oxytenanthera braunii Pilg. = Oxytenanthera abyssinica (A. Rich.) Munro ●☆

278652 Oxytenanthera felix Keng = Gigantochloa felix(Keng) P. C. Keng ●

278653 Oxytenanthera macrothyrsus K. Schum. = Oxytenanthera abyssinica(A. Rich.) Munro ●☆

278654 Oxytenanthera nigrociliata (Büse) Munro = Gigantochloa nigrociliata(Büse) Kurz ●

278655 Oxytenanthera parviflora P. C. Keng = Gigantochloa parviflora (P. C. Keng) P. C. Keng ●

278656 Oxytenanthera ruwensorensis Chiov. = Sinarundinaria alpina(K. Schum.) C. S. Chao et Renvoize ●☆

278657 Oxytenia Nutt. (1848);锐叶菊属;Copperweed,Copper-weed ●☆

278658 Oxytenia Nutt. = Euphrosyne DC. ■☆

278659 Oxytenia Nutt. = Iva L. ■☆

278660 Oxytenia acerosa Nutt. = Iva acerosa(Nutt.) R. C. Jacks. ■☆

278661 Oxytheca Nutt. (1848);尖苞蓼属(杯花属);Puncturebract ■☆

278662 Oxytheca caryophylloides Parry = Sidotheca caryophylloides (Parry) Reveal ■☆

278663 Oxytheca dendroidea Nutt.;尖苞蓼■☆

278664 Oxytheca emarginata H. M. Hall = Sidotheca emarginata(H. M. Hall) Reveal ■☆

278665 Oxytheca glandulosa Nutt. = Eriogonum glandulosum (Nutt.) Nutt. ex Benth. ■☆

278666 Oxytheca hirtiflora(A. Gray ex S. Watson) Greene = Eriogonum hirtiflorum A. Gray ex S. Watson ■☆

278667 Oxytheca inermis S. Watson = Eriogonum inerme (S. Watson) Jeps. ■☆

278668 Oxytheca insignis (Curran) Goodman = Aristocapsa insignis (Curran) Reveal et Hardham ■☆

278669 Oxytheca luteola Parry = Goodmania luteola (Parry) Reveal et Ertter ■☆

278670 Oxytheca perfoliata Torr. et A. Gray;圆叶尖苞蓼;Round-leaf Puncturebract ■☆

278671 Oxytheca reddingiana M. E. Jones = Eriogonum spergulinum A. Gray var. reddingianum(M. E. Jones) J. T. Howell ■☆

278672 Oxytheca spergulina(A. Gray) Greene = Eriogonum spergulinum A. Gray ■☆

278673 Oxytheca trilobata A. Gray = Sidotheca trilobata(A. Gray) Reveal ■☆

278674 Oxytheca watsonii Torr. et A. Gray;沃森尖苞蓼;Watson's Puncturebract ■☆

278675 Oxythece Miq. = Neoxythece Aubrév. et Pellegr. ●

278676 Oxythece Miq. = Pouteria Aubl. ●

278677 Oxytria Raf. (废弃属名) = Schoenolirion Torr. (保留属名)■☆

278678 Oxytria albiflora (Raf.) Pollard = Schoenolirion albiflorum (Raf.) R. R. Gates ■☆

278679 Oxytropis DC. (1802)(保留属名);棘豆属(马豆草属);Crazyweed, Locoweed, Pointvetch, Point-vetch, Rocky Montain Locoweed ●■

278680 Oxytropis aciphylla Ledeb.;猫头刺(刺叶柄棘豆,鬼见愁,老虎爪子,猫儿刺,胀萼猫头刺);Cathead Crazyweed,Inflated Calyx Crazyweed,Spiny-leaf Crazyweed,Spiny-leaved Crazyweed ●

278681 Oxytropis aciphylla Ledeb. f. albiflora Z. Y. Chang et al. = Oxytropis aciphylla Ledeb. ●

278682 Oxytropis aciphylla Ledeb. var. gracilis Krylov = Oxytropis aciphylla Ledeb. ●

278683 Oxytropis aciphylla Ledeb. var. utriculata H. C. Fu;胀萼猫头刺●

278684 Oxytropis aciphylla Ledeb. var. utriculata H. C. Fu = Oxytropis aciphylla Ledeb. ●

278685 Oxytropis acutirostrata Ulbr. = Oxytropis racemosa Turcz. ■

278686 Oxytropis adamsiana(Trautv.) Vassilcz.;阿达姆棘豆■☆

278687 Oxytropis adscendens Gontsch.;上举棘豆■☆

278688 Oxytropis aequipetala Bunge = Oxytropis lehmanni Bunge ■

278689 Oxytropis ajanensis Bunge;阿扬湾棘豆■☆

278690 Oxytropis alajica Drobow;阿拉棘豆■☆

278691 Oxytropis albana Stev.;阿尔邦棘豆■☆

278692 Oxytropis albana Stev. = Oxytropis humifusa Kar. et Kir. ■

278693 Oxytropis albiflora Bunge;白花棘豆■☆

278694 Oxytropis albovillosa B. Fedtsch.;白毛棘豆■☆

278695 Oxytropis algida Bunge = Oxytropis dichroantha Schrenk ■

278696 Oxytropis alpestris Schischk.;沼泽棘豆■☆

278697 Oxytropis alpicola Bunge = Oxytropis pauciflora Bunge ■

278698 Oxytropis alpicola Turcz.;高山生棘豆■

278699 Oxytropis alpicola Turcz. = Oxytropis alpina Bunge ■

278700 Oxytropis alpina Bunge;高山棘豆;Alp Crazyweed, Alpine Crazyweed ■

278701 Oxytropis altaica(Pall.)Pers.;阿尔泰棘豆;Altai Crazyweed ■
278702 Oxytropis ambigua(Pall.)DC.;似棘豆(可疑棘豆);Dubious Crazyweed ■
278703 Oxytropis ammophila Turcz.;喜砂棘豆■☆
278704 Oxytropis amoena Kar. et Kir. = Oxytropis lapponica (Wahlenb.)J. Gay ■
278705 Oxytropis ampullata(Pall.)Pers.;瓶状棘豆;Bottle Crazyweed ■
278706 Oxytropis anadyrensis Vassilcz.;阿纳代尔棘豆■☆
278707 Oxytropis andaensis P. H. Huang et L. H. Zhuo;安达棘豆;Anda Crazyweed ■
278708 Oxytropis andaensis P. H. Huang et L. H. Zhuo = Oxytropis oxyphylla(Pall.)DC. ■
278709 Oxytropis anertii Nakai = Oxytropis anertii Nakai ex Kitag. ■
278710 Oxytropis anertii Nakai ex Kitag.;长白棘豆(老鹳草,毛棘豆);Changbai Crazyweed ■
278711 Oxytropis anertii Nakai ex Kitag. f. albiflora(Z. J. Zong et X. R. He)X. Y. Zhu et H. Ohashi = Oxytropis anertii Nakai ■
278712 Oxytropis anertii Nakai ex Kitag. var. albiflora Zh. J. Zong et X. R. He = Oxytropis anertii Nakai ex Kitag. ■
278713 Oxytropis anertii Nakai ex Kitag. var. albiflora Zh. J. Zong et X. R. He;白花长白棘豆;Whieflower Changbai Crazyweed ■
278714 Oxytropis angustifolia Ulbr. = Oxytropis bicolor Bunge ■
278715 Oxytropis approximata Less.;密鳞棘豆■☆
278716 Oxytropis arctica R. Br.;北极棘豆■☆
278717 Oxytropis arenaria Jurtzev = Oxytropis hailarensis Kitag. ■
278718 Oxytropis arenaria Jurtzev = Oxytropis oxyphylla(Pall.)DC. ■
278719 Oxytropis argentata(Pall.)Pers.;银棘豆(斋桑棘豆);Siver Crazyweed ■
278720 Oxytropis argyraea DC. = Oxytropis argentata(Pall.)Pers. ■
278721 Oxytropis argyrophylla Ledeb. = Oxytropis argentata (Pall.) Pers. ■
278722 Oxytropis arnertii Nakai ex Kitag.;阿氏棘豆■☆
278723 Oxytropis aspera Gontsch.;粗糙棘豆■☆
278724 Oxytropis assiensis Vassilcz.;阿西棘豆;Assi Crazyweed ■
278725 Oxytropis astragaloides Borbs.?;黄耆棘豆■☆
278726 Oxytropis aurea Vassilcz.;金黄棘豆■☆
278727 Oxytropis auriculata C. W. Chang;耳瓣棘豆;Earpetal Crazyweed ■
278728 Oxytropis austrosachalinensb Vassilcz.;南库页棘豆■☆
278729 Oxytropis avis Saposhn.;山雀棘豆(小鸟棘豆);Bird Crazyweed,Tit Crazyweed ■
278730 Oxytropis avis Saposhnikow = Oxytropis merkensis Bunge ■
278731 Oxytropis avisoides P. C. Li;鸟状棘豆;Birdlike Crazyweed ■
278732 Oxytropis baicalensis(Pall.)Pall. ex Besser = Oxytropis caerulea (Pall.)DC. ■
278733 Oxytropis baissunensis Vassilcz.;拜孙棘豆■☆
278734 Oxytropis baldshuanica V. Fedtsch.;巴尔德棘豆■☆
278735 Oxytropis barkolensis X. Y. Zhu et al.;八里坤棘豆■
278736 Oxytropis baxoiensis P. C. Li;八宿棘豆;Basu Crazyweed,Boxoi Crazyweed ■
278737 Oxytropis beketovii Krasn. = Astragalus beketovii (Krasn.) B. Fedtsch. ■
278738 Oxytropis bella B. Fedtsch. ex O. Fedtsch.;美丽棘豆;Beautiful Crazyweed,Spiffy Crazyweed ■
278739 Oxytropis bellii(Macoun)Palib.;雅致棘豆■☆
278740 Oxytropis bicolor Bunge;二色棘豆(地丁,地角儿苗,鸡咀咀,猫爪花,人头草);Two-color Crazyweed ■
278741 Oxytropis bicolor Bunge f. luteola(C. W. Chang)X. Y. Zhu et H. Ohashi = Oxytropis bicolor Bunge ■
278742 Oxytropis bicolor Bunge var. luteola C. W. Chang;淡黄花鸡咀咀;Yellowish Twocolor Crazyweed ■
278743 Oxytropis bicolor Bunge var. luteola C. W. Chang = Oxytropis bicolor Bunge ■
278744 Oxytropis biflora P. C. Li;二花棘豆;Biflor Crazyweed, Twoflowered Crazyweed ■
278745 Oxytropis biloba Saposhn.;二裂棘豆;Bilobe Crazyweed ■
278746 Oxytropis bobrovii B. Fedtsch.;鲍勃棘豆■☆
278747 Oxytropis bogdoschanica Jurtzev;博格多山棘豆;Bogodosch Crazyweed ■
278748 Oxytropis boguschi B. Fedtsch.;博古什棘豆■☆
278749 Oxytropis brachybotrys Bunge = Oxytropis Podoloba Kar. et Kir. ■
278750 Oxytropis brachycarpa Vassilcz.;短果棘豆■☆
278751 Oxytropis brachycarpa Vassilcz. = Oxytropis tianschanica Bunge ■
278752 Oxytropis bracteata Basil.;具苞棘豆■☆
278753 Oxytropis bracteolata Vassilcz.;小苞棘豆■☆
278754 Oxytropis brevicaulis Ledeb.;短茎棘豆■☆
278755 Oxytropis brevipedunculata P. C. Li;短梗棘豆;Shortpeduncle Crazyweed,Shortstalk Crazyweed ■
278756 Oxytropis cachemiriana Cambess.;喀什米尔棘豆(多叶棘豆);Thousandleaves Crazyweed ■☆
278757 Oxytropis caerulea (Pall.) DC.;蓝花棘豆;Blue Crazyweed, Locoweed,Skyblue Crazyweed ■
278758 Oxytropis caerulea(Pall.)DC. f. albiflora(H. C. Fu)X. Y. Zhu et H. Ohashi = Oxytropis caerulea(Pall.)DC. ■
278759 Oxytropis caerulea (Pall.) DC. subsp. subfalcata (Hance) S. H Cheng ex H. C. Fu = Oxytropis caerulea(Pall.)DC. ■
278760 Oxytropis caespitosa(Pall.)Pers.;丛生棘豆■☆
278761 Oxytropis caespitosula Gontsch. = Oxytropis caespitosula Gontsch. ex Vassilcz. et B. Fedtsch. ■
278762 Oxytropis caespitosula Gontsch. ex Vassilcz. et B. Fedtsch.;小丛生棘豆(丛生棘豆);Smallclump Crazyweed ■
278763 Oxytropis campanulata Vassilcz.;风铃草状棘豆■☆
278764 Oxytropis campestris (L.) DC.;乳黄棘豆(野棘豆);Cold Mountain Crazyweed, Plains Crazyweed, Yellow Milk Vetch, Yellow Oxytropis ■☆
278765 Oxytropis campestris (L.) DC. subsp. rishiriensis (Matsum.) Toyok.;利尻棘豆■☆
278766 Oxytropis campestris(L.)DC. var. chartacea(Fassett)Barneby;北方野棘豆;Cold Mountain Crazyweed,Fassett's Locoweed,Northern Yellow Locoweed ■☆
278767 Oxytropis cana Bunge;灰棘豆;Grey Crazyweed ■
278768 Oxytropis candicans(Pall.)DC.;淡白棘豆■☆
278769 Oxytropis capusii Franch.;卡普斯棘豆■☆
278770 Oxytropis carduchorum Hedge = Oxytropis savellanica Bunge ex Boiss. ■
278771 Oxytropis carinthiaca Fisch. = Oxytropis lapponica(Wahlenb.) J. Gay ■
278772 Oxytropis carpathica Uechtr.;卡尔帕索斯棘豆■☆
278773 Oxytropis caucasica Regel;高加索棘豆■☆
278774 Oxytropis caudata DC.;尾棘豆■☆
278775 Oxytropis caulescens Gontsch.;具茎棘豆■☆
278776 Oxytropis chankaensis Jurtzev = Oxytropis oxyphylla(Pall.)DC. ■
278777 Oxytropis chantengriensis Vassilcz.;托木尔峰棘豆;Tuomur Crazyweed ■

278778 Oxytropis chartacea Fassett = Oxytropis campestris(L.)DC. var. chartacea(Fassett)Barneby ■☆
278779 Oxytropis chesneyoides Gontsch.;雀儿豆状棘豆■☆
278780 Oxytropis chiliophylla Royle ex Benth.;臭棘豆(打夏,多叶棘豆,莪大夏,轮叶棘豆,密叶棘豆);Stink Crazyweed,Tibet Crazyweed ■
278781 Oxytropis chiliophylla Royle ex Benth. = Oxytropis microphylla (Pall.)DC. ■
278782 Oxytropis chinensis Bunge = Oxytropis coerulea(Pall.)DC. ■
278783 Oxytropis chinglingensis C. W. Chang;秦岭棘豆;Chingling Crazyweed,Qinling Crazyweed ■
278784 Oxytropis chionobia Bunge;雪地棘豆;Snow Crazyweed ■
278785 Oxytropis chionophylla Schrenk;雪叶棘豆;Snowleaf Crazyweed ■
278786 Oxytropis chorgossica Vassilcz.;霍城棘豆;Huocheng Crazyweed ■
278787 Oxytropis chrysotricha Franch. = Oxytropis ochrantha Turcz. var. chrysotricha(Franch.)G. Z. Qian ■
278788 Oxytropis chrysotricha Franch. = Oxytropis ochrantha Turcz. ■
278789 Oxytropis ciliata Turcz.;缘毛棘豆;Ciliate Crazyweed ■
278790 Oxytropis cinerascens Bunge;灰叶棘豆;Greyish Crazyweed,Greyleaf Crazyweed ■
278791 Oxytropis coerulea(Pall.)DC. = Oxytropis subfalcata Hance ■
278792 Oxytropis coerulea(Pall.)DC. subsp. subfalcata(Hance)S. H. Cheng ex H. C. Fu = Oxytropis subfalcata Hance ■
278793 Oxytropis coerulea(Pall.)DC. subsp. subfalcata(Hance)S. H. Cheng ex H. C. Fu = Oxytropis coerulea(Pall.)DC. ■
278794 Oxytropis coerulea(Pall.)DC. subsp. subfalcata(Hance)S. H. Cheng ex H. C. Fu = Oxytropis mandshurica Bunge ■
278795 Oxytropis coerulea(Pall.)DC. subsp. subfalcata(Hance)S. H. Cheng ex H. C. Fu;近镰状蓝花棘豆;Somewhot Falcate Crazyweed ■
278796 Oxytropis collina Turcz. = Oxytropis grandiflora(Pall.)DC. ■
278797 Oxytropis columbina Vassilcz.;哥伦比亚棘豆■☆
278798 Oxytropis coluteoides Vassilcz.;膀胱棘豆■☆
278799 Oxytropis confusa Bunge;混合棘豆;Mix Crazyweed ■
278800 Oxytropis crassiuscula Boriss.;粗棘豆■☆
278801 Oxytropis cretacea Basil.;白垩棘豆■☆
278802 Oxytropis curviflora Turcz. ex Besser = Oxytropis caerulea (Pall.)DC. ■
278803 Oxytropis cuspidata Bunge;尖喙棘豆(尖叶棘豆);Sharpbill Crazyweed ■
278804 Oxytropis cyanea M. Bieb.;蓝棘豆■☆
278805 Oxytropis daqingshanica Y. Z. Zhao et Zhong Y. Chu;大青山棘豆;Daqingshan Crazyweed ■
278806 Oxytropis daqingshanica Y. Z. Zhao et Zhong Y. Chu = Oxytropis ochrantha Turcz. ■
278807 Oxytropis dasypoda Rupr. ex Boiss.;毛足棘豆■☆
278808 Oxytropis davidii Franch. = Oxytropis myriophylla(Pall.)DC. ■
278809 Oxytropis deflexa(Pall.)DC.;急弯棘豆;Deflexed Crazyweed ■
278810 Oxytropis densa Benth. ex Bunge;密丛棘豆(大托叶棘豆,于田棘豆);Dense Crazyweed,Denseclump Crazyweed ■
278811 Oxytropis densiflora P. C. Li;密花棘豆(密叶棘豆)■
278812 Oxytropis densiflora P. C. Li var. multiramosa(P. C. Li)X. Y. Zhu et H. Ohashi;多枝密花棘豆(多枝棘豆)■
278813 Oxytropis densifolia P. C. Li;密叶棘豆;Dense Leaflets Crazyweed,Denseleaf Crazyweed ■
278814 Oxytropis dichroantha Schrenk;色花棘豆(二花棘豆);Dicolorflower Crazyweed,Twoflowers Crazyweed ■
278815 Oxytropis diffusa Ledeb. = Oxytropis glabra(Lam.)DC. ■
278816 Oxytropis diversifolia E. Peter;二型叶棘豆(变叶棘豆,异叶棘豆);Different-leaf Crazyweed,Twoform Crazyweed ■
278817 Oxytropis diversifolia E. Peter = Oxytropis neimonggolica C. W. Chang et Y. Z. Zhao ■
278818 Oxytropis dorogostajskyi Kuzen.;多罗高棘豆■☆
278819 Oxytropis drakeana Franch. = Oxytropis glabra(Lam.)DC. var. drakeana(Franch.)C. W. Chang ■
278820 Oxytropis drakeana Franch. = Oxytropis glabra(Lam.)DC. ■
278821 Oxytropis dutreuilii Franch. = Astragalus dutreuilii(Franch.) Grubov et N. Ulziykh. ■
278822 Oxytropis echidna Vved.;蛇皮棘豆■☆
278823 Oxytropis erecta Kom.;直立棘豆■☆
278824 Oxytropis eriocarpa Bunge;绵果棘豆;Flossfruit Crazyweed ■
278825 Oxytropis falcata Bunge;镰荚棘豆(镰萼棘豆,镰形棘豆);Falcate Crazyweed,Sicklecalyx Crazyweed ■
278826 Oxytropis falcata Bunge var. maquensis C. W. Chang;玛曲棘豆;Maqu Crazyweed ■
278827 Oxytropis ferganensis Vassilcz.;费尔干棘豆■☆
278828 Oxytropis fetissivii Bunge;粗毛棘豆(硬毛棘豆);Hardhair Crazyweed ■
278829 Oxytropis filiformis DC.;线棘豆(丝状棘豆,线叶棘豆);Linear Crazyweed,Threadlike Crazyweed ■
278830 Oxytropis flavovirens H. Ohba et al. = Oxytropis barkolensis X. Y. Zhu et al. ■
278831 Oxytropis floribunda(Pall.)DC.;多花棘豆;Flowery Crazyweed ■
278832 Oxytropis fominii Grossh.;福明棘豆■☆
278833 Oxytropis fragiliphylla Q. Wang et al.;脱叶棘豆■
278834 Oxytropis friabilis H. Ohba et al. = Oxytropis pauciflora Bunge ■
278835 Oxytropis frigida Kar. et Kir.;冷棘豆;Cold Crazyweed ■
278836 Oxytropis frigida Kar. et Kir. = Oxytropis alpina Bunge ■
278837 Oxytropis fruticulosa Bunge;灌木状棘豆■☆
278838 Oxytropis ganningensis C. W. Chang;陇东棘豆;Ganning Crazyweed ■
278839 Oxytropis geblari Fisch.;格布棘豆■☆
278840 Oxytropis gerzeensis P. C. Li;改则棘豆(江孜棘豆);Gaize Crazyweed,Gerze Crazyweed ■
278841 Oxytropis giraldii Ulbr.;华西棘豆;Girald Crazyweed ■
278842 Oxytropis glabra(Lam.)DC.;小花棘豆(绊肠草,包头棘豆,断肠草,苦马豆,马绊肠,勺草,小蓝花棘豆,醉马草,醉马豆);Glabrous Crazyweed,Smallflower Crazyweed ■
278843 Oxytropis glabra(Lam.)DC. var. drakeana(Franch.)C. W. Chang;包头棘豆■
278844 Oxytropis glabra(Lam.)DC. var. drakeana(Franch.)C. W. Chang = Oxytropis glabra(Lam.)DC. ■
278845 Oxytropis glabra(Lam.)DC. var. pamirica B. Fedtsch. = Oxytropis hirsutiuscula Freyn ■
278846 Oxytropis glabra(Lam.)DC. var. tanuis Palib.;细叶棘豆(小叶棘豆,小叶小花棘豆);Small-leaf Crazyweed ■
278847 Oxytropis glabra(Lam.)DC. var. tenuis Palib. = Oxytropis glabra(Lam.)DC. ■
278848 Oxytropis glacialis Benth. ex Bunge;冰川棘豆(冰棘豆);Glacial Crazyweed ■
278849 Oxytropis glacialis Benth. ex Bunge = Oxytropis humifusa Kar. et Kir. ■
278850 Oxytropis glacialis Benth. ex Bunge = Oxytropis proboscidea Bunge ■

278851 Oxytropis glandulosa Turcz.;具腺棘豆■☆
278852 Oxytropis glareosa Vassilcz.;砾石棘豆;Gravel Crazyweed ■
278853 Oxytropis glareosa Vassilcz. = Oxytropis glabra(Lam.) DC. ■
278854 Oxytropis globiflora Bunge;球花棘豆(团花棘豆);Ballflower Crazyweed ■
278855 Oxytropis gmelinii Fisch.;格氏棘豆■☆
278856 Oxytropis goloskokovii Bajtenov = Oxytropis gorbunovii Boriss. ■
278857 Oxytropis gorbunovii Boriss.;中亚棘豆(帕米尔棘豆);Gorbunov Crazyweed ■
278858 Oxytropis gracillima Bunge;沙珍棘豆(泡泡草,沙棘豆,砂棘豆,砂珍棘豆);Sandliving Crazyweed ■
278859 Oxytropis gracillima Bunge = Oxytropis racemosa Turcz. ■
278860 Oxytropis gracillima Bunge f. albiflora(P. Y. Fu et Y. A. Chen) H. C. Fu = Oxytropis racemosa Turcz. ■
278861 Oxytropis gracillima Bunge f. albiflora(P. Y. Fu et Y. A. Chen) H. C. Fu = Oxytropis racemosa Turcz. f. albiflora(P. Y. Fu et Y. A. Chen) C. W. Chang ■
278862 Oxytropis grandiflora (Pall.) DC.;大花棘豆;Bigflower Crazyweed ■
278863 Oxytropis grenardii Franch. = Oxytropis microphylla(Pall.) DC. ■
278864 Oxytropis grubovii N. Ulziykh.;刺垫棘豆;Grubov Crazyweed ●
278865 Oxytropis grubovii N. Ulziykh. = Chesneya macrantha H. S. Cheng ex H. C. Fu ●■
278866 Oxytropis gueldenstaedtioides Ulbr.;米口袋状棘豆;Gueldenstaedtia-like Crazyweed, Ricebag Crazyweed ■
278867 Oxytropis guinanensis Y. H. Wu;贵南棘豆;Guinan Crazyweed ■
278868 Oxytropis gymnogyne Bunge;裸蕊棘豆■☆
278869 Oxytropis hailarensis Kitag.;海拉尔棘豆(呼伦贝尔棘豆,尖叶棘豆,羚羊蛋,泡泡草,山棘豆,山泡泡);Hailar Crazyweed ■
278870 Oxytropis hailarensis Kitag. = Oxytropis oxyphylla(Pall.) DC. ■
278871 Oxytropis hailarensis Kitag. f. chankaensis (Jurtzev) Kitag. = Oxytropis oxyphylla(Pall.) DC. ■
278872 Oxytropis hailarensis Kitag. f. liocarpa(H. C. Fu) P. Y. Fu et Y. A. Chen = Oxytropis oxyphylla(Pall.) DC. ■
278873 Oxytropis hailarensis Kitag. f. psilocarpa (Kitag.) Kitag. = Oxytropis oxyphylla(Pall.) DC. ■
278874 Oxytropis hailarensis Kitag. var. liocarpa(H. C. Fu) P. Y. Fu et Y. A. Chen;光果海拉尔山棘豆(光果山棘豆);Smooth-fruited Crazyweed ■
278875 Oxytropis halleri Bunge;紫色棘豆;Purple Crazyweed, Purple Mountain Milk Vetch, Purple Oxytropis ■☆
278876 Oxytropis hedinii Ulbr. = Oxytropis falcata Bunge ■
278877 Oxytropis heteropoda Bunge;异足棘豆■☆
278878 Oxytropis heterotricha Turcz.;异毛棘豆■☆
278879 Oxytropis hidakamontana Miyabe et Tatew. = Oxytropis retusa Matsum. ■☆
278880 Oxytropis hippolytii Boriss.;希波利特棘豆■☆
278881 Oxytropis hirsuta Bunge;长硬毛棘豆(硬毛棘豆);Hirtose Crazyweed ■
278882 Oxytropis hirsutiuscula Freyn;短硬毛棘豆;Hispidulous Crazyweed ■
278883 Oxytropis hirta Bunge;硬毛棘豆(猫尾巴豆,毛棘豆);Hisute Crazyweed ■
278884 Oxytropis hirta Bunge var. flavida G. Z. Qian;黄花硬毛棘豆;Yellowflower Hisute Crazyweed ■
278885 Oxytropis hirta Bunge var. flavida G. Z. Qian = Oxytropis hirta Bunge ■
278886 Oxytropis hirta Bunge var. wutuensis C. W. Chang = Oxytropis hirta Bunge ■
278887 Oxytropis hirta Bunge var. wutuiensis C. W. Chang;武都棘豆;Wudu Crazyweed, Wutu Crazyweed ■
278888 Oxytropis holanshanensis H. C. Fu;贺兰山棘豆;Helanshan Crazyweed ■
278889 Oxytropis holdereri Ulbr. = Oxytropis falcata Bunge ■
278890 Oxytropis hulunbailensis H. C. Fu et S. H. Cheng = Oxytropis hailarensis Kitag. ■
278891 Oxytropis hulunbailensis H. C. Fu et S. H. Cheng = Oxytropis oxyphylla(Pall.) DC. ■
278892 Oxytropis hulunbailensis H. C. Fu et S. H. Cheng var. liocarpa H. C. Fu = Oxytropis hailarensis Kitag. var. liocarpa(H. C. Fu) P. Y. Fu et Y. A. Chen ■
278893 Oxytropis hulunbailensis H. C. Fu et S. H. Cheng var. liocarpa H. C. Fu = Oxytropis oxyphylla(Pall.) DC. ■
278894 Oxytropis humifusa Kar. et Kir.;铺地棘豆(伏生棘豆,匍地棘豆);Procumbent Crazyweed, Sprawl Crazyweed ■
278895 Oxytropis humifusa Kar. et Kir. var. grandiflora Bunge = Oxytropis humifusa Kar. et Kir. ■
278896 Oxytropis humifusa Kar. et Kir. var. grandiflora Bunge = Oxytropis melanotricha Bunge ■
278897 Oxytropis humilis C. W. Chang;矮棘豆;Dwarf Crazyweed ■
278898 Oxytropis humilis C. W. Chang = Oxytropis chinglingensis C. W. Chang ■
278899 Oxytropis hystrix Schrenk;猬刺棘豆(刺猬棘豆,多刺棘豆);Hedgekog-spiny Crazyweed, Porcupine Crazyweed ●
278900 Oxytropis imbricata Kom. = Oxytropis merkensis Bunge ■
278901 Oxytropis immersa(Baker et Aitch.) Bunge ex B. Fedtsch.;和硕棘豆;Immersed Crazyweed ■
278902 Oxytropis incanescens Freyn = Oxytropis immersa (Baker ex Aitch.) Bunge ex B. Fedtsch. ■
278903 Oxytropis ingrata Freyn = Oxytropis chiliophylla Royle ex Benth. ■
278904 Oxytropis ingrata Freyn = Oxytropis microphylla(Pall.) DC. ■
278905 Oxytropis inschanica H. C. Fu et H. S. Cheng;阴山棘豆;Yinshan Crazyweed ■
278906 Oxytropis integripetala Bunge;全瓣棘豆■☆
278907 Oxytropis intermedia Bunge;间型棘豆■☆
278908 Oxytropis introflexa Freyn = Oxytropis poncinsii Franch. ■
278909 Oxytropis iridum Dickoré et Kriechb. = Oxytropis eriocarpa Bunge ■
278910 Oxytropis japonica Maxim.;日本棘豆;Japan Crazyweed, Japanese Crazyweed ■☆
278911 Oxytropis japonica Maxim. f. albiflora Makino;白花日本棘豆■☆
278912 Oxytropis japonica Maxim. var. sericea Koidz.;绢毛日本棘豆■☆
278913 Oxytropis japonica Maxim. var. sericea Koidz. f. leucantha Toyok.;白花绢毛日本棘豆■☆
278914 Oxytropis johannensis(Fernald) Fernald;约翰棘豆;St. John's River Oxytropls ■☆
278915 Oxytropis jucunda Vved.;愉悦棘豆■☆
278916 Oxytropis kamtschatica Hultén;勘察加棘豆■☆
278917 Oxytropis kanitzii N. D. Simpson = Oxytropis imbricata Kom. ■
278918 Oxytropis kanitzii N. D. Simpson = Oxytropis merkensis Bunge ■
278919 Oxytropis kansuensis Bunge;甘肃棘豆(疯马豆,马绊肠,施巴草,田尾草);Gansu Crazyweed, Kansu Crazyweed ■
278920 Oxytropis karataviensis Pavlov;卡拉塔夫棘豆■☆
278921 Oxytropis karjaginii Grossh.;卡里亚金棘豆■☆

278922 Oxytropis kasbekii Bunge;卡斯拜卡棘豆■☆
278923 Oxytropis katangensis Basil.;加丹加棘豆■☆
278924 Oxytropis kawasimensis Sugaw.;川岛棘豆■☆
278925 Oxytropis ketmenica Soposhn.;克特明棘豆;Ketmen Crazyweed ■
278926 Oxytropis komarovii Vassilcz.;科马罗夫棘豆■☆
278927 Oxytropis komarovii Vassilcz. = Oxytropis hirta Bunge ■
278928 Oxytropis komei Saposhn. = Oxytropis eriocarpa Bunge ■
278929 Oxytropis konlonica H. Ohba = Oxytropis yunnanensis Franch. ■
278930 Oxytropis kopetdagensis Gontsch.;科佩特棘豆■☆
278931 Oxytropis koreana Nakai = Oxytropis racemosa Turcz. ■
278932 Oxytropis koreana Nakai ex Kitag. = Oxytropis racemosa Turcz. ■
278933 Oxytropis kossinskyi B. Fedtsch. et Basil. = Oxytropis aciphylla Ledeb. ●
278934 Oxytropis krylovii Schipcz.;克氏棘豆;Krylov Crazyweed ■
278935 Oxytropis kubanensis Leskov;库班棘豆■☆
278936 Oxytropis kudoana Miyabe et Tatewaki;无茎棘豆■☆
278937 Oxytropis kunashiriensis Kitam.;国后棘豆■☆
278938 Oxytropis kusnetzovii Krylov;库斯棘豆■☆
278939 Oxytropis ladyginii Krylov;拉德京棘豆;Ladygin Crazyweed ■
278940 Oxytropis lambertii Pursh;紫棘豆(白棘豆);Crazy Weed, Crazyweed, Loco-weed, Purple Loco, Purple Locoweed, Stemless Loco, Whitepoint Loco ■☆
278941 Oxytropis lanata(Pall.)DC.;绵毛棘豆;Woolly Crazyweed ■
278942 Oxytropis lanata(Pall.)DC. = Oxytropis hailarensis Kitag. ■
278943 Oxytropis lanata(Pall.)DC. var. psilocarpa Kitag. = Oxytropis hailarensis Kitag. ■
278944 Oxytropis lanata(Pall.)DC. var. psilocarpa Kitag. = Oxytropis oxyphylla(Pall.)DC. ■
278945 Oxytropis lanceatifoliola H. Ohba et al.;披针叶棘豆■
278946 Oxytropis langshanica H. C. Fu;狼山棘豆;Langshan Crazyweed ■
278947 Oxytropis lanuginosa Kom.;多伦棘豆;Lanuginose Crazyweed ■
278948 Oxytropis lapponica(Wahlenb.)J. Gay;拉普兰棘豆;Lappon Crazyweed ■
278949 Oxytropis lapponica(Wahlenb.)J. Gay var. humifusa(Kar. et Kir.)Baker = Oxytropis humifusa Kar. et Kir. ■
278950 Oxytropis lapponica(Wahlenb.)J. Gay var. jacquemontiana Benth. ex Baker = Oxytropis humifusa Kar. et Kir. ■
278951 Oxytropis lapponica(Wahlenb.)J. Gay var. xanthantha? = Oxytropis lapponica(Wahlenb.)J. Gay ■
278952 Oxytropis lasiocarpa Gontsch.;光果棘豆■☆
278953 Oxytropis latialata P. C. Li;宽翼棘豆;Broadwing Crazyweed ■
278954 Oxytropis latibracteata Jurtzev;宽苞棘豆(球花棘豆);Broadbract Crazyweed, Strobile Crazyweed ■
278955 Oxytropis latibracteata Jurtzev var. longibracteata Y. Huan Wu;长宽苞棘豆;Long Broadbract Crazyweed ■
278956 Oxytropis lazica Boiss.;拉扎棘豆■☆
278957 Oxytropis lehmanni Bunge;等瓣棘豆;Lehmann Crazyweed ■
278958 Oxytropis leptophylla(Pall.)DC.;薄叶棘豆(光棘豆,棘豆,山泡泡);Hillbubble Crazyweed, Thinleaf Crazyweed ■
278959 Oxytropis leptophylla(Pall.)DC. var. turbinata H. C. Fu;陀螺棘豆;Turbinate Hillbubble Crazyweed ■
278960 Oxytropis leptophysa Bunge;囊状细棘豆■☆
278961 Oxytropis leucantha(Pall.)Bunge;欧白花棘豆■☆
278962 Oxytropis leucocephala Ulbr. = Oxytropis kansuensis Bunge ■
278963 Oxytropis leucocyana Bunge;淡蓝棘豆■☆
278964 Oxytropis leucopodia Ledeb. = Oxytropis squammulosa DC. ■
278965 Oxytropis leucotricha Turcz.;欧白毛棘豆■☆
278966 Oxytropis lhasaensis X. Y. Zhu;拉萨棘豆■
278967 Oxytropis limprichtii Ulbr. = Oxytropis moellendorffii Bunge ex Maxim. ■
278968 Oxytropis linczevskii Gontsch.;林契棘豆■☆
278969 Oxytropis linearibracteata P. C. Li;线苞棘豆;Linearbract Crazyweed, Linearbracted Crazyweed ■
278970 Oxytropis lipskyi Gontsch.;利普斯基棘豆■☆
278971 Oxytropis litoralis Kom.;滨海棘豆■☆
278972 Oxytropis litvinovii B. Fedtsch.;里特棘豆■☆
278973 Oxytropis longialata P. C. Li;长翼棘豆(长梗棘豆);Longstalk Crazyweed, Longwing Crazyweed ■
278974 Oxytropis longibracteata Kar. et Kir.;长苞棘豆;Longbract Crazyweed ■
278975 Oxytropis longipedunculata C. W. Chang;长梗棘豆;Long-peduncled Crazyweed, Longstalk Crazyweed ■
278976 Oxytropis longipedunculata C. W. Chang = Oxytropis kansuensis Bunge ■
278977 Oxytropis longipes Fisch. = Oxytropis longipes Fisch. ex Bunge ■☆
278978 Oxytropis longipes Fisch. ex Bunge;西伯利亚长柄棘豆■☆
278979 Oxytropis longirostra DC.;长喙棘豆■☆
278980 Oxytropis lupinoides Grossh.;羽扇豆状棘豆■☆
278981 Oxytropis luteo-caerulea(Baker)Ali;黄蓝棘豆■☆
278982 Oxytropis lycotriche Bunge = Oxytropis aciphylla Ledeb. ●
278983 Oxytropis macrobotrys Bunge;长穗棘豆;Longspike Crazyweed ■
278984 Oxytropis macrocarpa Kar. et Kir.;大果棘豆■☆
278985 Oxytropis macrodonta Gontsch.;大齿棘豆■☆
278986 Oxytropis maduoensis Y. Huan Wu;玛多棘豆■
278987 Oxytropis maidantalensis B. Fedtsch.;迈丹塔尔棘豆■☆
278988 Oxytropis malloryana Dunn;马老亚纳棘豆■
278989 Oxytropis malocophylla Bunge;钝叶棘豆■☆
278990 Oxytropis mandshurica Bunge;东北棘豆(蓝花棘豆);Northeast Crazyweed ■
278991 Oxytropis mandshurica Bunge = Oxytropis coerulea(Pall.)DC. ■
278992 Oxytropis mandshurica Bunge f. albiflora H. C. Fu = Oxytropis caerulea(Pall.)DC. ■
278993 Oxytropis mandshurica Bunge var. albiflora H. C. Fu;白花东北棘豆;Whiteflower Northeast Crazyweed ■
278994 Oxytropis maqinensis Y. Huan Wu;玛沁棘豆■
278995 Oxytropis maqinensis Y. Huan Wu var. deformisifloris Y. Huan Wu;畸花棘豆■
278996 Oxytropis maqinensis Y. Huan Wu var. deformisifloris Y. Huan Wu = Oxytropis maqinensis Y. Huan Wu ■
278997 Oxytropis marina Vassilcz.;海生棘豆■☆
278998 Oxytropis martjanovii Krylov;马氏棘豆;Martijanov Crazyweed ■
278999 Oxytropis maydelliana Trautv.;迈氏棘豆■☆
279000 Oxytropis megalantha H. Boissieu;东方大花棘豆■☆
279001 Oxytropis megalantha H. Boissieu f. albiflora Ohba;白大花棘豆■☆
279002 Oxytropis megalorrhyncha Nevski;大喙棘豆■☆
279003 Oxytropis meinshausenii C. A. Mey.;萨拉套棘豆;Salatao Crazyweed ■
279004 Oxytropis melaleuca Bunge;黑白棘豆■☆
279005 Oxytropis melanocalyx Bunge;黑萼棘豆;Blackcalyx Crazyweed ■
279006 Oxytropis melanocalyx Bunge var. brevidentata C. W. Chang = Oxytropis sitaipaiensis T. P. Wang ex C. W. Chang var. brevidentata (C. W. Chang) X. Y. Zhu et H. Ohashi ■
279007 Oxytropis melanotricha Bunge;黑毛棘豆;Blackhair Crazyweed ■
279008 Oxytropis melanotricha Bunge = Oxytropis humifusa Kar. et Kir. ■

279009 Oxytropis merkensis Bunge;米尔克棘豆(密花棘豆);Denseflower Crazyweed,Merk Crazyweed ■

279010 Oxytropis mertensiana Turcz.;迈尔棘豆■☆

279011 Oxytropis meyeri Bunge;迈耶棘豆■☆

279012 Oxytropis michelsonii B. Fedtsch.;米氏棘豆■☆

279013 Oxytropis microcarpa Gontsch.;小果棘豆■☆

279014 Oxytropis microphylla(Pall.)DC.;小叶棘豆(瘤果棘豆);Littleleaf Crazyweed,Smallleaf Crazyweed ■

279015 Oxytropis microphylla Hook. f. et Thomson ex Bunge = Oxytropis microphylla(Pall.)DC. ■

279016 Oxytropis microsphaera Bunge;小球棘豆;Samllball Crazyweed ■

279017 Oxytropis middendorffii Trautv.;米登多夫棘豆■☆

279018 Oxytropis moellendorffii Bunge ex Maxim.;窄膜棘豆;Moellendorff Crazyweed ■

279019 Oxytropis moellendorffii Bunge ex Maxim. var. sylinchanensis (Franch.) G. Z. Qian = Oxytropis moellendorffii Bunge ex Maxim. ■

279020 Oxytropis mollis Royle ex Benth.;软毛棘豆(长喙棘豆,柔毛棘豆);Longbill Crazyweed,Softhair Crazyweed ■

279021 Oxytropis mollis Royle ex Benth. var. nepalensis? = Oxytropis mollis Royle ex Benth. ■

279022 Oxytropis monophylla Grubov;单叶棘豆■

279023 Oxytropis montana(L.)DC. = Oxytropis melanocalyx Bunge ■

279024 Oxytropis montana DC. = Oxytropis melanocalyx Bunge ■

279025 Oxytropis multiceps Nutt.;高头棘豆(多枝棘豆);Manybranched Crazyweed ■☆

279026 Oxytropis multiramosa P. C. Li = Oxytropis densiflora P. C. Li var. multiramosa(P. C. Li) X. Y. Zhu et H. Ohashi ■

279027 Oxytropis mumynabadensis B. Fedtsch.;土耳其斯坦棘豆■☆

279028 Oxytropis muricata (Pall.) DC.;糙荚棘豆;Roughpod Crazyweed ■

279029 Oxytropis myriophylla(Pall.)DC.;多叶棘豆(长肉芽草,狐尾藻棘豆,鸡翎草);Denseleaf Crazyweed,Leafy Crazyweed ■

279030 Oxytropis myriophylloides Hurus. = Oxytropis myriophylla (Pall.)DC. ■

279031 Oxytropis nangqianensis X. Y. Zhu;囊谦棘豆■

279032 Oxytropis neimonggolica C. W. Chang et Y. Z. Zhao;内蒙古棘豆;Inner Mongol Crazyweed ■

279033 Oxytropis niedzweckiana Popov;尼氏棘豆■☆

279034 Oxytropis nigrescens(Pall.)Fisch.;浅黑棘豆■☆

279035 Oxytropis ningxiaensis C. W. Chang;六盘山棘豆(宁夏棘豆);Liupanshan Crazyweed,Ningxia Crazyweed ■

279036 Oxytropis ningxiaensis C. W. Chang = Oxytropis giraldii Ulbr. ■

279037 Oxytropis nitens Turcz.;伊尔库特棘豆;Shining Crazyweed ■☆

279038 Oxytropis nivalis Franch. = Oxytropis proboscidea Bunge ■

279039 Oxytropis nivea Bunge;雪白棘豆■☆

279040 Oxytropis nuda Basil.;裸棘豆■☆

279041 Oxytropis nutans Bunge;垂花棘豆;Nutateflower Crazyweed ■

279042 Oxytropis ochotensis Bunge;鄂霍次克棘豆■☆

279043 Oxytropis ochrantha Turcz.;黄穗棘豆(黄毛棘豆,黄土毛棘豆);Yellowhair Crazyweed ■

279044 Oxytropis ochrantha Turcz. f. diversicolor H. C. Fu et Ma = Oxytropis ochrantha Turcz. ■

279045 Oxytropis ochrantha Turcz. f. diversicolor H. C. Fu et Ma = Oxytropis ochrantha Turcz. var. diversicolor(H. C. Fu et Ma) G. Z. Qian ■

279046 Oxytropis ochrantha Turcz. subsp. diversicolor(H. C. Fu et Ma) P. C. Li = Oxytropis ochrantha Turcz. ■

279047 Oxytropis ochrantha Turcz. var. albopilosa P. C. Li = Oxytropis ochrantha Turcz. ■

279048 Oxytropis ochrantha Turcz. var. allipilosa P. C. Li;白毛黄穗棘豆;Whitehair Crazyweed ■

279049 Oxytropis ochrantha Turcz. var. chrysotricha (Franch.) G. Z. Qian;黄毛棘豆■

279050 Oxytropis ochrantha Turcz. var. diversicolor(H. C. Fu et Ma) G. Z. Qian = Oxytropis ochrantha Turcz. ■

279051 Oxytropis ochrantha Turcz. var. diversicolor(H. C. Fu et Ma) G. Z. Qian;异色黄穗棘豆(异色黄毛棘豆)■

279052 Oxytropis ochrantha Turcz. var. longibracteata Ts. Tang et F. T. Wang ex F. C. Fu;长苞黄穗棘豆(长苞黄毛棘豆,长苞黄色棘豆)■

279053 Oxytropis ochrocephala Bunge;黄花棘豆(黄车轴草,马绊肠,团巴草);Yellowflower Crazyweed ■

279054 Oxytropis ochrocephala Bunge var. longibracteata P. C. Li;长苞黄花棘豆;Longbract Yellowflower Crazyweed ■

279055 Oxytropis ochroleuca Bunge;淡黄棘豆;Lightyellow Crazyweed ■

279056 Oxytropis ochrolongibracteata X. Y. Zhu et H. Ohashi;赭苞棘豆(长苞黄花棘豆)■

279057 Oxytropis oligantha Bunge = Oxytropis chionobia Bunge ■

279058 Oxytropis ornata Vassilcz.;装饰棘豆■☆

279059 Oxytropis owerinii Bunge;奥维棘豆■☆

279060 Oxytropis oxyphylla(Pall.)DC.;尖叶棘豆(羚羊蛋,泡泡草,山棘豆,山泡泡)■

279061 Oxytropis oxyphylla(Pall.)DC. = Oxytropis hailarensis Kitag. ■

279062 Oxytropis oxyphylla(Pall.)DC. var. leiocarpa(H. C. Fu) Y. Z. Zhao = Oxytropis oxyphylla(Pall.)DC. ■

279063 Oxytropis oxyphylla (Pall.) DC. var. psilocarpa (Kitag.) G. Z. Qian = Oxytropis oxyphylla(Pall.)DC. ■

279064 Oxytropis pagobia Bunge;冰河棘豆■

279065 Oxytropis pagobia Bunge = Oxytropis globiflora Bunge ■

279066 Oxytropis pagobia Bunge var. angustifolia Vassilcz. = Oxytropis globiflora Bunge ■

279067 Oxytropis pallasii Pers.;帕拉氏棘豆;Pallas Crazyweed ■☆

279068 Oxytropis pamirica Danguy = Oxytropis immersa (Baker ex Aitch.) Bunge ex B. Fedtsch. ■

279069 Oxytropis parasericeopetala P. C. Li;长萼棘豆;Longcalyx Crazyweed ■

279070 Oxytropis paratragacanthoides Vassilcz. = Oxytropis tragacanthoides Fisch. ex DC. ●■

279071 Oxytropis pauciflora Bunge;少花棘豆;Few Flower Crazyweed,Poorflower Crazyweed ■

279072 Oxytropis pellita Bunge;地皮棘豆;Thinpeel Crazyweed ■

279073 Oxytropis penduliflora Gontsch.;蓝垂花棘豆;Blue Nutateflower Crazyweed ■☆

279074 Oxytropis physocarpa Ledeb.;囊果棘豆■☆

279075 Oxytropis piceetorum Vassilcz.;沥青棘豆■☆

279076 Oxytropis pilosa (L.) DC.;疏毛棘豆(毛棘豆,也苗花);Laxhair Crazyweed ■

279077 Oxytropis pilosissima Vved.;多毛棘豆■☆

279078 Oxytropis platonychia Bunge;宽柄棘豆(宽爪棘豆);Broadstalk Crazyweed ■

279079 Oxytropis platysema Schrenk;宽瓣棘豆(光叶棘豆);Broadpetal Crazyweed ■

279080 Oxytropis podoloba Kar. et Kir.;长柄棘豆;Longstalk Crazyweed ■

279081 Oxytropis polyadenia Freyn = Oxytropis chiliophylla Royle ex

Benth. ■

279082 Oxytropis polyadenia Freyn = Oxytropis microphylla(Pall.)DC. ■

279083 Oxytropis polyphylla Ledeb.;丰叶棘豆■☆

279084 Oxytropis poncinsii Franch.;帕米尔棘豆;Pamir Crazyweed ■

279085 Oxytropis popovii Vassilcz. = Oxytropis falcata Bunge ■

279086 Oxytropis proboscidea Bunge = Oxytropis glacialis Benth. ex Bunge ■

279087 Oxytropis prostrata Pall.;平卧棘豆;Lying-flat Crazyweed, Prostrate Crazyweed ■☆

279088 Oxytropis proxima Boriss.;近基棘豆■☆

279089 Oxytropis przewalskii Kom.;哈密棘豆(勃氏棘豆);Przewalsk Crazyweed ■

279090 Oxytropis psammocharis Hance = Oxytropis gracilima Bunge ■

279091 Oxytropis psammocharis Hance = Oxytropis racemosa Turcz. ■

279092 Oxytropis psammocharis Hance f. albiflora P. Y. Fu et Y. A. Chen = Oxytropis racemosa Turcz. ■

279093 Oxytropis psammocharis Hance f. albiflora P. Y. Fu et Y. A. Chen = Oxytropis racemosa Turcz. f. albiflora(P. Y. Fu et Y. A. Chen)C. W. Chang ■

279094 Oxytropis psammocharis Hance f. albiflora P. Y. Fu et Y. A. Chen = Oxytropis gracilima Bunge f. albiflora(P. Y. Fu et Y. A. Chen)H. C. Fu ■

279095 Oxytropis psammocharis Hance subsp. mongolica H. C. Fu = Oxytropis racemosa Turcz. ■

279096 Oxytropis pseudocoerulea P. C. Li;假蓝花棘豆■

279097 Oxytropis pseudofrigida Saposhn.;阿拉套棘豆;Alatao Crazyweed ■

279098 Oxytropis pseudoglandulosa Gontsch. ex Grubov;拟腺棘豆■

279099 Oxytropis pseudohirsuta Q. Wang et Chang Y. Yang;假长毛棘豆;Pseudohirsute Crazyweed ■

279100 Oxytropis pseudolanuginosa Jurtzev = Oxytropis lanuginosa Kom. ■

279101 Oxytropis pseudomyriophylla S. H. Cheng ex X. Y. Zhu et al.;拟多叶棘豆■

279102 Oxytropis puberula Boriss.;微柔毛棘豆;Puberulent Crazyweed ■

279103 Oxytropis pulvinata Saposhn. = Oxytropis tianschanica Bunge ■

279104 Oxytropis pulvinoides Vassilcz.;垫状棘豆■☆

279105 Oxytropis pumila Fisch. ex DC.;普米腊棘豆■

279106 Oxytropis pumilio(Pall.)Ledeb.;侏儒棘豆■☆

279107 Oxytropis pumilla Bunge;细小棘豆(微棘豆);Micro Crazyweed, Mini Crazyweed ■

279108 Oxytropis qamdoensis X. Y. Zhu, Y. F. Du et H. Ohashi;昌都棘豆■

279109 Oxytropis qiemoensis H. Ohba et al. = Oxytropis nutans Bunge ■

279110 Oxytropis qilianshanica C. W. Chang et C. L. Zhang = Oxytropis qilianshanica C. W. Chang et C. L. Zhang ex X. Y. Zhu et H. Ohashi ■

279111 Oxytropis qilianshanica C. W. Chang et C. L. Zhang ex X. Y. Zhu et H. Ohashi;祁连山棘豆;Qilianshan Crazyweed ■

279112 Oxytropis qinghaiensis Y. Huan Wu;青海棘豆■

279113 Oxytropis qitaiensis X. Y. Zhu et al.;奇台棘豆■

279114 Oxytropis racemosa Turcz.;砂珍棘豆(东北棘豆,鸡嘴豆,毛抓抓,泡泡草,泡泡豆,沙棘豆,砂棘豆);Raceme Crazyweed ■

279115 Oxytropis racemosa Turcz. f. albiflora(P. Y. Fu et Y. A. Chen) C. W. Chang = Oxytropis racemosa Turcz. ■

279116 Oxytropis racemosa Turcz. f. albiflora(P. Y. Fu et Y. A. Chen) C. W. Chang;白花砂珍棘豆■

279117 Oxytropis ramosissima Kom.;多枝棘豆;Branchy Crazyweed ■

279118 Oxytropis recognita Bunge;斋桑棘豆;Zhaisang Crazyweed ■

279119 Oxytropis recognita Bunge = Oxytropis argentata(Pall.)Pers. ■

279120 Oxytropis reniformis P. C. Li;肾瓣棘豆;Kidney Shaped Crazyweed, Kidneypetal Crazyweed ■

279121 Oxytropis retusa Matsum.;微凹棘豆■☆

279122 Oxytropis revoluta Ledeb.;外卷棘豆■☆

279123 Oxytropis revoluta Ledeb. subsp. hidakamontana(Miyabe et Tatew.)Toyok. = Oxytropis retusa Matsum. ■☆

279124 Oxytropis revoluta Ledeb. subsp. kudoana(Miyabe et Tatew.) Toyok. = Oxytropis revoluta Ledeb. ■☆

279125 Oxytropis revoluta Ledeb. var. kudoana(Miyabe et Tatew.)T. Shimizu = Oxytropis revoluta Ledeb. ■☆

279126 Oxytropis rhynchophysa Schrenk;乌卢套棘豆;Beaksac Crazyweed ■

279127 Oxytropis riparia Litv.;河岸棘豆;Oxus Locoweed ■☆

279128 Oxytropis rishiriensis Matsum. = Oxytropis campestris(L.)DC. subsp. rishiriensis(Matsum.)Toyok. ■☆

279129 Oxytropis robusta Popov;粗壮棘豆■☆

279130 Oxytropis rosea Bunge;粉花棘豆(红花棘豆);Rose Crazyweed, Rosy Crazyweed ■☆

279131 Oxytropis roseiformis B. Fedtsch.;蔷薇棘豆■☆

279132 Oxytropis roseililacina Vassilcz.;粉紫色棘豆■☆

279133 Oxytropis rubriargillosa Vassilcz.;陶土棘豆■☆

279134 Oxytropis rubricaudex Hultén;红尾棘豆■☆

279135 Oxytropis rubsaamenii B. Fedtsch.;吕布萨门棘豆■☆

279136 Oxytropis rukutamensis Sugaw.;鲁库塔穆棘豆■☆

279137 Oxytropis rupifraga Bunge;悬岩棘豆;Precipice Crazyweed ■

279138 Oxytropis ruthenica Vassilcz.;俄罗斯棘豆■☆

279139 Oxytropis sacciformis H. C. Fu;囊萼棘豆;Saccate-calyx Crazyweed, Sacsepal Crazyweed ■

279140 Oxytropis sachalinenais Miyabe et Tatewaki;库页棘豆■☆

279141 Oxytropis salina Vassilcz.;盐生棘豆;Salt Crazyweed ■

279142 Oxytropis salina Vassilcz. = Oxytropis glabra(Lam.)DC. ■

279143 Oxytropis saposhnicovii Krylov;萨氏棘豆;Saposhnicov Crazyweed ■

279144 Oxytropis sarkandensis Vassilcz.;萨坎德棘豆;Sarkand Crazyweed ■

279145 Oxytropis saurica Saposhn.;萨乌尔棘豆;Saur Crazyweed ■

279146 Oxytropis savellanica Bunge ex Boiss.;伊朗棘豆;Iran Crazyweed ■

279147 Oxytropis scabrida Gontsch.;微糙棘豆■☆

279148 Oxytropis schensiensis Kom. = Oxytropis moellendorffii Bunge ex Maxim. ■

279149 Oxytropis schischkinii Vassilcz.;希施棘豆■☆

279150 Oxytropis schmidtii Meinsh.;施米德棘豆■☆

279151 Oxytropis schrenkii Trautv.;塔城棘豆;Schrenk Crazyweed ■

279152 Oxytropis selengensis Bunge = Oxytropis oxyphylla(Pall.)DC. ■

279153 Oxytropis selengensis Bunge var. longiscapa Hurus. = Oxytropis oxyphylla(Pall.)DC. ■

279154 Oxytropis semenowii Bunge;谢米诺夫棘豆;Semenov Crazyweed ■

279155 Oxytropis seravschanica Gontsch.;塞拉夫棘豆■☆

279156 Oxytropis sericea Nutt. ex Torr. et A. Gray;绢毛棘豆(疯草);Locoweed ■☆

279157 Oxytropis sericopetala Prain et C. E. C. Fisch.;毛瓣棘豆(丝毛瓣棘豆);Hairpetal Crazyweed, Sericeous Petal Crazyweed ■

279158 Oxytropis setosa(Pall.)DC.;刚毛棘豆■☆

279159 Oxytropis severzovii Bunge;赛氏棘豆;Severzov Crazyweed ■☆

279160 Oxytropis shanxiensis X. Y. Zhu;山西棘豆■
279161 Oxytropis shensiana Ulbr. = Oxytropis trichophora Franch. ■
279162 Oxytropis shokanbetsuensis Miyabe et Tatew.;暑寒别棘豆■☆
279163 Oxytropis shokanbetsuensis Miyabe et Tatew. f. pilosa Toyok.;疏毛暑寒别棘豆■☆
279164 Oxytropis sichuanica C. W. Chang;四川棘豆;Sichuan Crazyweed ■
279165 Oxytropis sinkiangensis H. S. Cheng ex C. W. Chang;新疆棘豆;Xinjiang Crazyweed ■
279166 Oxytropis sitaipaiensis T. P. Wang ex C. W. Chang;西太白棘豆;Sitapai Crazyweed, W. Taibai Crazyweed ■
279167 Oxytropis sitaipaiensis T. P. Wang ex C. W. Chang var. brevidentata (C. W. Chang) X. Y. Zhu et H. Ohashi;短萼齿棘豆;Shorttooth Blackcalyx Crazyweed ■
279168 Oxytropis siziwangensis Y. Z. Zhao et Z. Y. Chu;四子王棘豆;Siziwang Crazyweed ■
279169 Oxytropis songarica(Pall.)DC.;准葛尔棘豆;Dzungar Crazyweed ■
279170 Oxytropis sordida(Willd.)Pers.;污色棘豆(北极棘豆)■☆
279171 Oxytropis spicata(Pall.)O. Fedtsch. et B. Fedtsch.;穗状棘豆■☆
279172 Oxytropis spinifer Vassilcz.;温泉棘豆(长刺棘豆);Spine Crazyweed, Spiny Crazyweed ●■
279173 Oxytropis spinifer Vassilcz. = Oxytropis hystrix Schrenk ●
279174 Oxytropis splendens Douglas ex G. Don;光亮棘豆;Crazyweed, Locoweed, Purple Loco, Stemless Loco ■☆
279175 Oxytropis squammulosa DC.;鳞萼棘豆;Scalecalyx Crazyweed, Scalycalyx Crazyweed ■
279176 Oxytropis squammulosa DC. var. purpurea G. Z. Qian = Oxytropis squammulosa DC. ■
279177 Oxytropis squamulosa DC. var. purpurea G. Z. Qian;紫花鳞萼棘豆;Purpleflower Scalecalyx Crazyweed ■
279178 Oxytropis stenophylla Bunge;狭叶棘豆■☆
279179 Oxytropis stipulosa Kom. = Oxytropis densa Benth. ex Bunge ■
279180 Oxytropis stracheyana Bunge;胀果棘豆;Bulgefruit Crazyweed ■
279181 Oxytropis strobilacea Bunge = Oxytropis latibracteata Jurtzev ■
279182 Oxytropis stukovii Palib.;斯图棘豆■☆
279183 Oxytropis suavis Boriss.;芳香棘豆■☆
279184 Oxytropis subcapitata Gontsch.;近头形棘豆;Subcapitate Crazyweed ■☆
279185 Oxytropis subfalcata Hance;紫花棘豆(八头把子,鸡窝子草,兰麻团,米口袋,小黄芪);Purple Crazyweed ■
279186 Oxytropis subfalcata Hance = Oxytropis caerulea(Pall.)DC. ■
279187 Oxytropis subfalcata Hance var. albiflora C. W. Chang;白紫花棘豆(米口袋);Whiteflower Crazyweed ■
279188 Oxytropis subfalcata Hance var. albiflora C. W. Chang = Oxytropis caerulea(Pall.)DC. ■
279189 Oxytropis submutica Bunge;无尖棘豆■☆
279190 Oxytropis subpodoloba P. C. Li;短序棘豆;Shortstalk Crazyweed ■
279191 Oxytropis subverticillaris Ledeb.;亚轮生棘豆■☆
279192 Oxytropis sulphurea (Fisch.) Ledeb.;硫黄棘豆;Sulfur Crazyweed ■
279193 Oxytropis susamyrensis B. Fedtsch.;苏萨梅尔棘豆■☆
279194 Oxytropis sylinchanensis Franch. = Oxytropis moellendorffii Bunge ex Maxim. ■
279195 Oxytropis sylvatica(Pall.)DC.;林生棘豆;Woods Crazyweed ■☆
279196 Oxytropis talassica Gontsch.;特拉斯棘豆;Talss Crazyweed ■☆
279197 Oxytropis taochensis Kom.;洮河棘豆;Taohe Crazyweed, Taoho Crazyweed ■
279198 Oxytropis tashkurensis S. H. Cheng ex X. Y. Zhu et al.;塔什库儿干棘豆■
279199 Oxytropis tatarica Cambess. ex Bunge. = Oxytropis tatarica Hook. f. et Thomson ex Bunge. ●☆
279200 Oxytropis tatarica Hook. f. et Thomson ex Bunge.;鞑靼棘豆;Tatar Crazyweed ●☆
279201 Oxytropis tennirostria Boriss.;细喙棘豆■☆
279202 Oxytropis tenuis Palib. = Oxytropis glabra(Lam.)DC. ■
279203 Oxytropis tenuissima Vassilcz.;极细棘豆■☆
279204 Oxytropis terekensia B. Fedtsch.;捷列克棘豆■☆
279205 Oxytropis thionantha Ulbr. = Oxytropis kansuensis Bunge ■
279206 Oxytropis thomasii Gaudin = Oxytropis lapponica(Wahlenb.)J. Gay ■
279207 Oxytropis thomsonii Benth. ex Bunge = Oxytropis mollis Royle ex Benth. ■
279208 Oxytropis tianschanica Bunge;天山棘豆;Tianshan Crazyweed ■
279209 Oxytropis tibetica Bunge = Oxytropis chiliophylla Royle ex Benth. ■
279210 Oxytropis tibetica Bunge = Oxytropis microphylla(Pall.)DC. ■
279211 Oxytropis tomentosa Gontsch.;绒毛棘豆■☆
279212 Oxytropis tragacanthoides Fisch. ex DC.;胶黄耆状棘豆(胶黄芪状棘豆,膜黄芪棘豆);Milkvetch-like Crazyweed ●■
279213 Oxytropis transalaica Vassilcz.;外阿拉棘豆■☆
279214 Oxytropis trautvetteri Meinsh.;特劳特棘豆■☆
279215 Oxytropis trichocalycina Bunge ex Boiss.;毛齿棘豆(毛萼棘豆);Hairtooth Crazyweed, Hairycalyx Crazyweed ■
279216 Oxytropis trichophora Franch.;毛状棘豆(地角儿苗,毛序棘豆);Hairraceme Crazyweed, Hairy Crazyweed ■
279217 Oxytropis trichophysa Bunge;毛泡棘豆;Hairbubble Crazyweed ■
279218 Oxytropis trichosphaera Freyn;毛序棘豆(毛球棘豆);Haiball Crazyweed ■
279219 Oxytropis trichosphaera Freyn = Oxytropis bella B. Fedtsch. ex O. Fedtsch. ■
279220 Oxytropis triphylla (Pall.) Pers.;三叶棘豆;Threeleaf Crazyweed ■☆
279221 Oxytropis tschimganica Gontsch.;契穆干棘豆■☆
279222 Oxytropis tschujae Bunge = Oxytropis pauciflora Bunge ■
279223 Oxytropis tudanensis X. Y. Zhu et al.;土丹棘豆■
279224 Oxytropis tukemansuensis X. Y. Zhu et al.;土克曼棘豆■
279225 Oxytropis turczaninovii Jurtzev = Oxytropis ochrantha Turcz. ■
279226 Oxytropis ugamica Gontsch.;乌噶姆棘豆■☆
279227 Oxytropis uralensis(L.)DC. = Oxytropis latibracteata Jurtzev ■
279228 Oxytropis uralensis DC.;乌拉尔棘豆;Ural Crazyweed ■☆
279229 Oxytropis uralensis Franch. = Oxytropis bicolor Bunge ■
279230 Oxytropis uralensis Ledeb. var. pumila Ledeb. = Oxytropis alpina Bunge ■
279231 Oxytropis uralensis Ulbr. = Oxytropis latibracteata Jurtzev ■
279232 Oxytropis uratensis Franch. = Oxytropis bicolor Bunge ■
279233 Oxytropis valerii I. T. Vassilcz.;维力棘豆■
279234 Oxytropis vermicularis Freyn;维米苦拉棘豆■
279235 Oxytropis verticillaris Ledeb. = Oxytropis oxyphylla(Pall.)DC. ■
279236 Oxytropis viridiflava Kom.;绿黄棘豆;Greenyellow Crazyweed ■
279237 Oxytropis wutaiensis Tatew. et Hurus.;五台山棘豆;Wutaishan Crazyweed ■
279238 Oxytropis wutaiensis Tatew. et Hurus. var. glabrata Tatew. et Hurus. = Oxytropis wutaiensis Tatew. et Hurus. ■
279239 Oxytropis xinglongshanica C. W. Chang;兴隆山棘豆;Xinglong Crazyweed ■

279240 Oxytropis xinglongshanica C. W. Chang var. obesusicorollata Y. Huan Wu;肥冠棘豆■
279241 Oxytropis yanchiensis X. Y. Zhu et al.;盐池棘豆■
279242 Oxytropis yekenensis X. Y. Zhu et al.;野克棘豆■
279243 Oxytropis yunnanensis Franch.;云南棘豆;Yunnan Crazyweed ■
279244 Oxytropis zekogensis Y. H. Wu;泽库棘豆;Zeku Crazyweed ■
279245 Oxyura DC. = Layia Hook. et Arn. ex DC.(保留属名)■☆
279246 Oxyura chrysanthemoides DC. = Layia chrysanthemoides(DC.) A. Gray ■☆
279247 Oyama(Nakai)N. H. Xia et C. Y. Wu(2008);天女花属●
279248 Oyama globosa(Hook. f. et Thomson)N. H. Xia et C. Y. Wu;毛叶天女花(毛叶木兰,毛叶玉兰,锈毛木兰,锈毛天女花);Globe-flowered Magnolia, Hairleaf Magnolia, Hairyleaf Magnolia, Hairy-leaved Magnolia ●
279249 Oyama sieboldii(K. Koch)N. H. Xia et C. Y. Wu;天女花(木兰,天女木兰,小花木兰);Oyama Magnolia,Siebold's Magnolia ●
279250 Oyama sinensis(Rehder et E. H. Wilson)N. H. Xia et C. Y. Wu;圆叶天女花(华木兰,天女花,锈毛木兰,圆叶木兰,圆叶玉兰,中国天女花);China Magnolia, Chinese Magnolia, Roundleaf Magnolia ●◇
279251 Oyama wilsonii(Finet et Gagnep.)N. H. Xia et C. Y. Wu;西康天女花(川滇木兰,鸡蛋花,龙女花,西昌厚朴,西康木兰,西康玉兰,枝子皮);Wilson Magnolia,Wilson's Magnolia ●
279252 Oyedaea DC.(1836);喙芒菊属■☆
279253 Oyedaea acuminata Benth. et Hook. f.;渐尖喙芒菊■☆
279254 Oyedaea angustifolia Gardner;狭叶喙芒菊■☆
279255 Oyedaea annua Hassl.;一年生喙芒菊■☆
279256 Oyedaea boliviana Britton;玻利维亚喙芒菊■☆
279257 Oyedaea mexicana Rzed.;墨西哥喙芒菊■☆
279258 Oyedaea ovalifolia A. Gray;卵叶喙芒菊■☆
279259 Oyedaea reticulata S. F. Blake;网状喙芒菊■☆
279260 Oyedaea rotundifolia Baker;圆叶喙芒菊■☆
279261 Ozandra Raf. = Melaleuca L.(保留属名)●
279262 Ozanonia Gand. = Rosa L. ●
279263 Ozanthes Raf. = Benzoin Boerh. ex Schaeff. ●
279264 Ozanthes Raf. = Lindera Thunb.(保留属名)●
279265 Ozarthris Raf. = Viscum L. ●
279266 Oziroe Raf. = Ornithogalum L. ■
279267 Ozodia Wight et Arn. = Foeniculum Mill. ■
279268 Ozodia foeniculacea Wight et Arn. = Foeniculum vulgare Mill. ■
279269 Ozodycus Raf. = Cucurbita L. ■
279270 Ozomelis Raf. = Mitella L. ■
279271 Ozophyllum Schreb. = Ticorea Aubl. ●☆
279272 Ozoroa Delile(1843);奥佐漆属●☆
279273 Ozoroa albicans R. Fern. et A. Fern.;微白奥佐漆●☆
279274 Ozoroa argyrochrysea(Engl. et Gilg)R. Fern. et A. Fern.;银黄奥佐漆●☆
279275 Ozoroa aurantiaca(Van der Veken)R. Fern. et A. Fern.;橙色奥佐漆●☆
279276 Ozoroa barbertonensis Retief;巴伯顿奥佐漆●☆
279277 Ozoroa benguellensis(Engl.)R. Fern.;本格拉奥佐漆●☆
279278 Ozoroa cinerea(Engl.)R. Fern. et A. Fern.;灰色奥佐漆●☆
279279 Ozoroa concolor(C. Presl)De Winter;同色奥佐漆●☆
279280 Ozoroa crassinervia(Engl.)R. Fern. et A. Fern.;粗脉奥佐漆●☆
279281 Ozoroa dekindtiana(Engl.)R. Fern. et A. Fern.;德金奥佐漆●☆
279282 Ozoroa dispar(C. Presl)R. Fern. et A. Fern.;异型奥佐漆●☆
279283 Ozoroa engleri R. Fern. et A. Fern.;恩格勒奥佐漆●☆
279284 Ozoroa fulva(Van der Veken)R. Fern. et A. Fern.;黄褐奥佐漆●☆
279285 Ozoroa fulva(Van der Veken)R. Fern. et A. Fern. var. nitidula?;光亮黄褐奥佐漆●☆
279286 Ozoroa gomesiana R. Fern. et A. Fern.;戈梅斯奥佐漆●☆
279287 Ozoroa gossweileri(Exell)R. Fern. et A. Fern.;戈斯奥佐漆●☆
279288 Ozoroa hereroensis(Schinz)R. Fern. et A. Fern.;赫雷罗奥佐漆●☆
279289 Ozoroa homblei(De Wild.)R. Fern. et A. Fern.;洪布勒奥佐漆●☆
279290 Ozoroa hypoleuca(Van der Veken)R. Fern. et A. Fern.;白背奥佐漆●☆
279291 Ozoroa insignis Delile;显著奥佐漆●☆
279292 Ozoroa insignis Delile = Ozoroa obovata(Oliv.)R. Fern. et A. Fern. ●☆
279293 Ozoroa insignis Delile subsp. reticulata(Baker f.)J. B. Gillett;网状显著奥佐漆●☆
279294 Ozoroa insignis Delile var. intermedia R. Fern.;间型奥佐漆●☆
279295 Ozoroa insignis Delile var. latifolia(Engl.)R. Fern.;宽叶奥佐漆●☆
279296 Ozoroa kassneri(Engl. et Brehmer)R. Fern. et A. Fern.;卡斯纳奥佐漆●☆
279297 Ozoroa kassneri(Engl. et Brehmer)R. Fern. et A. Fern. f. rhodesica R. Fern. et A. Fern.;罗得西亚奥佐漆●☆
279298 Ozoroa kassneri(Engl. et Brehmer)R. Fern. et A. Fern. f. velutina R. Fern. et A. Fern.;短绒毛奥佐漆●☆
279299 Ozoroa kassneri(Engl. et Brehmer)R. Fern. et A. Fern. f. villosa R. Fern. et A. Fern.;长柔毛奥佐漆●☆
279300 Ozoroa kwangoensis(Van der Veken)R. Fern. et A. Fern.;宽果河奥佐漆●☆
279301 Ozoroa longipes(Engl. et Gilg)R. Fern. et A. Fern.;长柄奥佐漆●☆
279302 Ozoroa longipetiolata R. Fern. et A. Fern.;长梗奥佐漆●☆
279303 Ozoroa macrophylla R. Fern. et A. Fern.;大叶奥佐漆●☆
279304 Ozoroa marginata(Van der Veken)R. Fern. et A. Fern.;具边奥佐漆●☆
279305 Ozoroa mildredae(Meikle)R. Fern. et A. Fern. var. longifolia R. Fern.;长叶奥佐漆●☆
279306 Ozoroa mucronata(Bernh.)R. Fern. et A. Fern.;短尖奥佐漆●☆
279307 Ozoroa namaensis(Schinz et Dinter)R. Fern.;纳马奥佐漆●☆
279308 Ozoroa namaquensis(Sprague)Von Teichman et A. E. van Wyk;纳马夸奥佐漆●☆
279309 Ozoroa nigricans(Van der Veken)R. Fern. et A. Fern.;变黑奥佐漆●☆
279310 Ozoroa nigricans(Van der Veken)R. Fern. et A. Fern. var. elongata?;伸长变黑奥佐漆●☆
279311 Ozoroa nitida(Engl. et Brehmer)R. Fern. et A. Fern.;光亮奥佐漆●☆
279312 Ozoroa obovata(Oliv.)R. Fern. et A. Fern.;倒卵奥佐漆●☆
279313 Ozoroa obovata(Oliv.)R. Fern. et A. Fern. f. elliptica?;椭圆倒卵奥佐漆●☆
279314 Ozoroa obovata(Oliv.)R. Fern. et A. Fern. f. grandifolia R. Fern. et A. Fern.;大叶倒卵奥佐漆●☆
279315 Ozoroa okavangensis R. Fern. et A. Fern.;奥卡万戈奥佐漆●☆
279316 Ozoroa pallida(Van der Veken)R. Fern. et A. Fern.;苍白奥佐漆●☆
279317 Ozoroa paniculosa(Sond.)R. Fern. et A. Fern.;圆锥奥佐漆●☆
279318 Ozoroa paniculosa(Sond.)R. Fern. et A. Fern. var. salicina?;柳叶奥佐漆●☆

279319 Ozoroa pseudoverticillata(Van der Veken) R. Fern. et A. Fern.;拟轮生奥佐漆●☆
279320 Ozoroa pulcherrima(Schweinf.) R. Fern. et A. Fern.;美丽奥佐漆●☆
279321 Ozoroa pwetoensis(Van der Veken) R. Fern. et A. Fern.;普韦特奥佐漆●☆
279322 Ozoroa pwetoensis(Van der Veken) R. Fern. et A. Fern. var. angustifolia R. Fern. et A. Fern.;窄叶普韦特奥佐漆●☆
279323 Ozoroa pwetoensis(Van der Veken) R. Fern. et A. Fern. var. nitidula R. Fern. et A. Fern.;光亮普韦特奥佐漆●☆
279324 Ozoroa pwetoensis(Van der Veken) R. Fern. et A. Fern. var. subreticulata?;网状普韦特奥佐漆●☆
279325 Ozoroa rangeana(Engl.) R. Fern. et A. Fern. = Ozoroa dispar (C. Presl) R. Fern. et A. Fern. ●☆
279326 Ozoroa reticulata(Baker f.) R. Fern. et A. Fern. = Ozoroa insignis Delile subsp. reticulata(Baker f.) J. B. Gillett ●☆
279327 Ozoroa reticulata(Baker f.) R. Fern. et A. Fern. subsp. grandifolia R. Fern. et A. Fern. = Ozoroa insignis Delile subsp. reticulata(Baker f.) J. B. Gillett ●☆
279328 Ozoroa reticulata(Baker f.) R. Fern. et A. Fern. var. cinerea R. Fern. et A. Fern. = Ozoroa insignis Delile subsp. reticulata(Baker f.) J. B. Gillett ●☆
279329 Ozoroa reticulata(Baker f.) R. Fern. et A. Fern. var. crispa R. Fern. et A. Fern. = Ozoroa insignis Delile subsp. reticulata(Baker f.) J. B. Gillett ●☆
279330 Ozoroa reticulata(Baker f.) R. Fern. et A. Fern. var. foveolata R. Fern. et A. Fern. = Ozoroa insignis Delile subsp. reticulata(Baker f.) J. B. Gillett ●☆
279331 Ozoroa reticulata(Baker f.) R. Fern. et A. Fern. var. mossambicensis R. Fern. et A. Fern. = Ozoroa insignis Delile subsp. reticulata(Baker f.) J. B. Gillett ●☆
279332 Ozoroa reticulata(Baker f.) R. Fern. et A. Fern. var. nyasica R. Fern. et A. Fern. = Ozoroa insignis Delile subsp. reticulata(Baker f.) J. B. Gillett ●☆
279333 Ozoroa robusta(Van der Veken) R. Fern. et A. Fern.;粗壮奥佐漆●☆
279334 Ozoroa schinzii(Engl.) R. Fern. et A. Fern.;欣兹奥佐漆●☆
279335 Ozoroa sphaerocarpa R. Fern. et A. Fern.;球果奥佐漆●☆
279336 Ozoroa stenophylla(Engl. et Gilg) R. Fern. et A. Fern.;窄叶奥佐漆●☆
279337 Ozoroa uelensis(Van der Veken) R. Fern. et A. Fern.;韦莱奥佐漆●☆
279338 Ozoroa verticillata(Engl.) R. Fern. et A. Fern.;轮生奥佐漆●☆
279339 Ozoroa viridis R. Fern. et A. Fern.;绿奥佐漆●☆
279340 Ozoroa xylophylla(Engl. et Gilg) R. Fern. et A. Fern.;木叶奥佐漆●☆
279341 Ozothamnus R. Br. (1817);新蜡菊属(奥兆萨菊属);Ozothamnus ●■☆
279342 Ozothamnus R. Br. = Helichrysum Mill.(保留属名)●■
279343 Ozothamnus adnatus DC.;贴叶新蜡菊(贴叶奥兆萨菊)●☆
279344 Ozothamnus coralloides Hook. f.;珊瑚新蜡菊(珊瑚奥兆萨菊)●☆
279345 Ozothamnus diosmifolius(Vent.) DC.;卷叶奥兆萨菊;Pill Flower, Rice Flower, White Dogwood ●☆
279346 Ozothamnus ferrugineus(Labill.) Sweet;锈色新蜡菊●☆
279347 Ozothamnus hookeri Sond.;胡克新蜡菊(胡克奥兆萨菊);Kerosene Bush ●☆
279348 Ozothamnus ledifolius(DC.) Hook. f.;杜香叶新蜡菊(杜香叶奥兆萨菊);Kerosene Bush, Kerosene Weed ●☆
279349 Ozothamnus obcordatus DC.;心叶新蜡菊(心叶奥兆萨菊);Gray Everlasting ●☆
279350 Ozothamnus rodwayi Orchard;密毛新蜡菊(密毛奥兆萨菊);Rodway Ozothamnus ●☆
279351 Ozothamnus rosmarinifolius(Labill.) Sweet;迷迭香新蜡菊(迷迭香奥兆萨菊);Snow-in-summer ●☆
279352 Ozothamnus rosmarinifolius(Labill.) Sweet = Helichrysum rosmarinifolium DC. ●☆
279353 Ozothamnus selago Hook. f.;柏枝新蜡菊(石生奥兆萨菊)●☆
279354 Ozotis Raf. = Aesculus L. ●
279355 Ozotrix Raf. = Torilis Adans. ■
279356 Ozoxeta Raf. = Helicteres Pluk. ex L. ●